电气工程师手册

《电气工程师手册》编辑委员会　编

周鹤良　主编

中国电力出版社
CHINA ELECTRIC POWER PRESS

本书为综合性电气技术工具书。主要包括电气工程基础、电工设备与电工材料、电力系统、电能应用、电气控制与自动化等 5 部分，全面、系统地介绍了电气工程各专业主要技术内容，反映了电气工程各领域发展的前沿技术，既有理论性，又有实践性。主要为读者提供相关或相邻专业的技术知识和常用的数据资料，在日常工作和学习中起到备查、提示和指导的作用。

本书内容全面、实用便查、注重发展、作者权威，适合从事电气工作的技术人员使用，也可供其他有关专业人员和高等院校师生参考。

图书在版编目（CIP）数据

电气工程师手册/《电气工程师手册》编辑委员会编.
—北京：中国电力出版社，2008.4（2022.12 重印）
ISBN 978-7-5083-5459-0

Ⅰ. 电…　Ⅱ. 电…　Ⅲ. 电气工程-技术手册　Ⅳ. TM‑62

中国版本图书馆 CIP 数据核字（2007）第 053915 号

中国电力出版社出版发行
北京市东城区北京站西街 19 号　100005　http://www.cepp.sgcc.com.cn
策划编辑：周　娟　　责任编辑：杨淑玲
责任印制：杨晓东　　责任校对：黄　蓓
三河市万龙印装有限公司印刷·各地新华书店经售
2008 年 4 月第 1 版·2022 年 12 月第 15 次印刷
787mm×1092mm　1/16·111.75 印张·3300 千字
定价：168.00 元

前　　言

　　电气工程主要研究在电能生产、传输及其使用过程中，各类电气设备和系统设计、制造、运行、测量和控制等方面的工程技术。电能作为现代最主要的二次能源，在生产和生活中获得了极广泛的应用，其生产和传输已形成"电力工业"，运行与管理的科技含量迅速提高；同时，电能的生产、传输、使用及其控制设备，也在不断地发展或更新，逐步与电子计算机技术、微电子技术、电力电子技术相结合，形成新型的电工技术与设备，电气工程在国民经济发展中正发挥着越来越重要的作用。为了向电气工程领域的工作者提供更好的服务，2005 年开始，中国电工技术学会和中国电力出版社共同组织该领域的知名专家、学者和教授，编辑出版《电气工程师手册》（以下简称《手册》）。

　　该《手册》全面、系统地介绍了电气工程各专业主要技术内容，既有理论性，又有实践性，是一本综合性电气技术工具书，主要为读者提供相关或相邻专业的技术知识和常用数据资料，在日常工作和学习中起到备查、提示和指导的作用。该《手册》的出版必将为广大电气工程技术人员提供更便利、更快捷的帮助。

　　《手册》在编写过程中本着"内容全面、实用便查、注重发展、作者权威"的方针，具有以下特点：

　　1. 内容全面，语言简练。《手册》高度概括了电气工程各专业最基本、最常用以及最新的技术内容，用简练的语言对电气工程所涉及专业领域中的复杂系统进行了归纳总结，尽量做到卷小面广。

　　2. 实用便查，方便读者。《手册》收录了电气工程师最常用的数据和资料，按专业进行了归纳整理，方便广大电气专业工作者在实际工作中查阅。

　　3. 注重发展，突出新技术。《手册》在编写过程中结合电气领域的新发展以及新标准、新技术，尽量使书中的内容反映最前沿电气技术发展，尤其是在电力电子技术和新能源发电（核能发电、风力发电、太阳能光伏发电、生物质能发电）等领域都做了全新的阐述。

　　4. 作者权威，数据准确。《手册》由中国电工技术学会组织编写，由原机械工业部电工局局长、现中国电工技术学会名誉理事长周鹤良担任主编，汇集了清华大学、浙江大学、上海交通大学、华中科技大学、西安交通大学和哈尔滨工业大学等全国知名高校和科研院所的著名专家教授，代表了国内电气工程领域的最高水平。

　　值此《手册》出版之际，谨向参与《手册》编纂出版工作的全体编审人员及有关单位表示诚挚的感谢。在此，特别鸣谢三垦力达电气（江阴）有限公司和杭申控股集团有限公司对该《手册》出版工作给予的大力支持。对于书中存在的不妥或缺陷，恳请广大读者提出宝贵意见，以便今后修订和完善。

周鹤良

编 辑 说 明

在科学技术迅猛发展的今天，科技创新已成为国家发展的重要战略。快速发展的电气技术，使原有电气工程方面的工具书难以满足现代科技人员的现实需要，他们迫切希望了解电气工程各专业领域的科研成果、设计经验和发展动态，获得最新的技术资料，以解决实际工作中遇到的各种问题。为满足广大读者需求，中国电工技术学会和中国电力出版社共同组织国内知名高校和科研院所的权威专家教授编纂了此部《电气工程师手册》。

一、篇目框架结构

《电气工程师手册》按照电气工程基础、电工设备与电工材料、电力系统、电能应用、电气控制与自动化的顺序编排，共分5部分28篇。

第1部分电气工程基础 包括常用数据与资料、电气工程理论基础、高电压物理基础、电气安全4篇。

（1）常用数据与资料包括计量单位和量纲、物理常数和常用材料物理性能、电工标准、数学公式等章节。

（2）电气工程理论基础包括电磁现象及其物理规律性、电磁场的分析与计算、电磁场优化设计基础、电网络分析、电网络综合、磁路、电子技术基础、电能质量、电磁兼容等章节。

（3）高电压物理基础包括电介质的极化、电导与损耗，气体放电的基本物理过程，气体间隙的击穿强度，气体中的沿面放电，液体和固体介质的击穿等章节。

（4）电气安全包括电气安全常用名词术语，安全电压与安全电流，电气装置的接地和接零，电气装置的绝缘、屏护和间距，防雷保护，触电急救等章节。

第2部分电工设备与电工材料 包括电工材料、电气测量和仪表、开关电器、限制电器、变压器与互感器、电机、电线电缆、电力电子器件与设备、高电压试验技术9篇。

（1）电工材料包括绝缘材料，半导体材料，导体和超导材料，电工合金，磁性材料，特殊光、电功能材料等章节。

（2）电气测量和仪表包括电气测量概论、电量测量、磁量测量、非电量的测量、常用电测仪表、自动测试系统等章节。

（3）开关电器包括开关电器基础、低压开关电器、高压开关电器、成套开关设备等章节。

（4）限制电器包括电抗器、电压互感器和电流互感器、避雷器等章节。

（5）变压器与互感器包括变压器的额定值、技术标准，变压器原理，变压器的设计要点，变压器试验，干式电力变压器，变流（整流）变压器，互感器等章节。

（6）电机包括基础知识、同步电机、异步电机、直流电机、控制电机、新型特种电机、电机的运行与控制、电机的选择与维护等章节。

（7）电线电缆包括裸电线与裸导体制品、绕组线、电气装备用绝缘电线、电气装备用电缆、输配电电力电缆、通信电缆、光纤和光缆等章节。

（8）电力电子器件与设备包括概论、电力电子器件、电力电子电路、电力电子技术应用和装置等章节。

（9）高电压试验技术包括高电压试验基本要求、交流高电压试验设备、直流高电压试验设备、冲击电压发生器、冲击电流发生器、稳态高电压的测量、冲击高电压的测量、绝缘监测和诊断等章节。

第3部分电力系统 包括火力发电与水力发电，核能发电，新能源发电，输电系统，配电系统，电力系统继电保护、通信及监测与控制，电力系统规划与电力市场7篇。

（1）火力发电与水力发电包括火力发电、水力发电、发电厂电气系统等章节。

（2）核能发电包括核能发电概述，核能发电的理论基础，压水堆核电厂系统，压水堆核电厂仪表和控制系统，核电厂安全，核电厂的调试、运行和退役等章节。

（3）新能源发电包括概论、风力发电、太阳能光伏发电、生物质能发电、地热发电、海洋能发电等章节。

（4）输电系统包括输电系统概述、交流输电、高压直流输电、输电线路、变电所等章节。

（5）配电系统包括配电系统的组成及基本结构，配电系统的分析模型及信息模型，配电系统中的开关、变压器及线路设备，配电系统电源、负荷及电能质量，配电自动化及配电管理系统，配电系统节能与需求侧管理，配电设备及系统试验等章节。

（6）电力系统继电保护、通信及监控与控制包括电力系统继电保护、电力系统通信、电力系统调度自动化、电力系统自动控制等章节。

（7）电力系统规划与电力市场包括电力负荷预测、电力系统电源规划、电力网络规划、电力市场、需求侧管理等章节。

第4部分电能应用 包括电气照明、电加热、电化学与电池3篇。

（1）电气照明包括电气照明技术基础、电气照明系统、智能电气照明网络、电气照明的典型应用等章节。

（2）电加热包括电加热概论、电阻加热、电弧炉、感应加热、特殊加热设备等章节。

（3）电化学与电池包括电化学基础及应用、电化学应用技术、化学电源等章节。

第5部分电气控制与自动化 包括自动控制与系统、电器设备智能化、电力设备在线检测与故障诊断、楼宇自动化、电气传动控制5篇。

（1）自动控制与系统包括总论、经典控制理论、现代控制理论、智能控制、其他控制技术、自动控制系统等章节。

（2）电器设备智能化包括电器设备智能化概论、电器设备的智能监控、电器的智能操作、电器智能化的关键共性技术、电器智能化技术在配电网自动化中的应用等章节。

（3）电力设备在线检测与故障诊断包括电力设备在线检测与诊断概述、发电机在线检测与诊断、电力变压器在线检测与诊断、GIS在线检测与诊断、断路器在线检测与诊断、电力电缆在线检测与诊断、避雷器在线检测与诊断、绝缘子在线检测与诊断、电容型设备在线检测与诊断、电力设备状态诊断与寿命评估技术等章节。

（4）楼宇自动化包括楼宇自动化的一般概念、常用检测装置与执行装置、楼宇自动化监控系统、楼宇自动化系统通信协议、系统集成、系统设计与主要产品介绍等章节。

（5）电气传动控制包括概述、直流调速传动、交流调速传动、电气传动控制设备、电气传动应用实例等章节。

二、特点

内容全面，语言简练；实用便查，方便读者；注重发展，突出新技术；作者权威，数据准确。

三、读者对象

《电气工程师手册》是一部全面系统概括电气工程各专业主要技术内容的综合性工具书，主要适用大专（或相当于工程师）及以上水平从事电气工作的技术人员，也可供其他有关专业人员和高等院校的师生参考。

四、作者介绍

《电气工程师手册》由中国电工技术学会组织编写，汇集了清华大学、浙江大学、上海交通大学、华中科技大学、西安交通大学和哈尔滨工业大学等全国知名高校和科研院所的著名专家教授，代表了国内电气工程的最高水平。各篇的主编、执笔和主审的署名均置于相应篇首。

目　　录

第3篇　高电压物理基础

第4篇 电 气 安 全

第5篇 电 工 材 料

第6篇　电气测量和仪表

第7篇　开　关　电　器

第8篇　限　制　电　器

第9篇　变压器与互感器

第10篇　电　　机

第 11 篇　电　线　电　缆

第 12 篇 电力电子器件与设备

第 13 篇　高 电 压 试 验 技 术

第14篇　火力发电与水力发电

第15篇　核　能　发　电

第16篇　新 能 源 发 电

第17篇　输　电　系　统

第18篇　配　电　系　统

第 19 篇　电力系统继电保护、通信及监测与控制

第 20 篇　电力系统规划与电力市场

第 21 篇　电　气　照　明

第 22 篇　电　加　热

第23篇　电化学与电池

第24篇　自动控制与系统

第 25 篇　电器设备智能化

第26篇　电力设备在线检测与故障诊断

第27篇　楼宇自动化

第28篇　电 气 传 动 控 制

第1篇

常用数据与资料

主　编　詹琼华（华中科技大学）

执　笔　詹琼华（华中科技大学）

　　　　陈德智（华中科技大学）

第1章　计量单位和量纲

1.1　法定计量单位

我国法定计量单位是以国际单位制（SI）的单位为基础，同时选用一些非国际单位制的单位构成的。它包括：国际单位制（SI）的基本单位（表 1.1-1）；包括 SI 辅助单位在内的具有专门名称的 SI 导出单位（表 1.1-2）；可与国际单位制并用的我国法定计量单位（表 1.1-3）；由词头和以上单位构成的十进倍数和分数单位（表 1.1-4）。

表 1.1-1　国际单位制（SI）的基本单位

计量	单位名称	符号	定　义
长度	米	m	米是光在真空中 1/299792458s 时间间隔内所经路径的长度（1983 年第 17 届国际计量大会决议）
质量	千克（公斤）	kg	千克等于国际千克原器的质量（1889 年第 1 届和 1901 年第 3 届国际计量大会决议）
时间	秒	s	秒是铯-133 原子基态的两个超精细能级之间跃迁所对应的辐射 9192631770 个周期的持续时间（1967 年第 13 届国际计量大会决议 1）
电流	安[培]	A	在真空中，截面积可忽略的两根相距 1m 的无限长平行圆直导线内通以等量恒定电流时，若导线间相互作用力在每米长度上为 2×10^{-7}N，则每根导线中的电流为 1A（1946 年国际计量委员会决议 2，1948 年第 9 届国际计量大会批准）
热力学温度	开[尔文]	K	开尔文是水三相点热力学温度的 1/273.16（1967 年第 13 届国际计量大会决议 4）
物质的量	摩[尔]	mol	摩尔是一系统物质的量，该系统中所包含的基本单元数与 0.012kg 碳-12 的原子数目相等，使用摩尔时，基本单元应予指明：可以是原子、分子、离子、电子及其他粒子，或是这些粒子的特定组合（1971 年第 14 届国际计量大会决议 3）

续表

计量	单位名称	符号	定　义
发光强度	坎[德拉]	cd	坎德拉是一光源（频率为 540THz 的单色辐射）在给定方向上的发光强度，且在该方向上的辐射强度为（1/683）W/sr（1979 年第 16 届国际计量大会决议 3）

表 1.1-2　包括 SI 辅助单位在内的具有专门名称的 SI 导出单位

量 的 名 称	SI 导出单位名称	符号	用 SI 基本单位和 SI 导出单位表示
[平面]角	弧度	rad	$1rad=1m/m=1$
立体角	球面度	sr	$1sr=1m^2/m^2=1$
频率	赫[兹]	Hz	$1Hz=1s^{-1}$
力	牛[顿]	N	$1N=1kg \cdot m/s^2$
压力,压强,应力	帕[斯卡]	Pa	$1Pa=1N/m^2$
能[量],功,热量	焦[耳]	J	$1J=1N \cdot m$
功率,辐[射能]通量	瓦[特]	W	$1W=1J/s$
电荷[量]	库[仑]	C	$1C=1A \cdot s$
电压,电动势,电位,(电势)	伏[特]	V	$1V=1W/A$
电容	法[拉]	F	$1F=1C/V$
电阻	欧[姆]	Ω	$1\Omega=1V/A$
电导	西[门子]	S	$1S=1\Omega^{-1}$
磁通[量]	韦[伯]	Wb	$1Wb=1V \cdot s$
磁通[量]密度,磁感应强度	特[斯拉]	T	$1T=1Wb/m^2$
电感	亨[利]	H	$1H=1Wb/A$
摄氏温度	摄氏度	℃	$1℃=1K$
光通量	流[明]	lm	$1lm=1cd \cdot sr$
[光]照度	勒[克斯]	lx	$1lx=1lm/m^2$
[放射性]活度	贝可[勒尔]	Bq	$1Bq=1s^{-1}$
吸收剂量 比授[予]能 比释动能	戈[瑞]	Gy	$1Gy=1J/kg$
剂量当量	希[沃特]	Sv	$1Sv=1J/kg$

表 1.1-3   可与 SI 单位并用的我国法定计量单位

量 的 名 称	单位名称	单位符号	与 SI 单位的关系
时间	分	min	$1\min = 60s$
	[小]时	h	$1h = 60\min = 3600s$
	日,(天)	d	$1d = 24h = 86400s$
[平面]角	度	°	$1° = (\pi/180)\,\text{rad}$
	[角]分	′	$1′ = (1/60)° = (\pi/10800)\,\text{rad}$
	[角]秒	″	$1″ = (1/60)′ = (\pi/648000)\,\text{rad}$
体 积	升	L,(l)	$1L = 1dm^3 = 10^{-3}m^3$
质 量	吨	t	$1t = 10^3 kg$
	原子质量单位	u	$1u \approx 1.660540 \times 10^{-27} kg$
旋转速度	转每分	r/min	$1r/\min = (1/60)s^{-1}$
长 度	海里	n mile	$1n\ mile = 1852m$(只用于航行)
速 度	节	kn	$1kn = 1n\ mile/h = (1852/3600)m/s$(只用于航行)
能	电子伏	eV	$1eV \approx 1.602177 \times 10^{-19}J$
级 差	分贝	dB	
线密度	特[克斯]	tex	$1tex = 10^{-6}kg/m$
面 积	公顷	hm^2	$1hm^2 = 10^4 m^2$

注: 1. 平面角单位度、分、秒的符号,在组合单位中应采用 (°)、(′)、(″) 的形式。例如,不用°/s 而用 (°)/s。

    2. 升的两个符号同等地位,可任意选用。

    3. 公顷的国际通用符号为 ha。

表 1.1-4   用于构成十进制数和分数单位的 SI 词头

因 数	词头名称		符 号
	中 文	英 文	
10^{24}	尧[它]	yotta	Y
10^{21}	泽[它]	zetta	Z
10^{18}	艾[可萨]	exa	E
10^{15}	拍[它]	peta	P
10^{12}	太[拉]	tera	T
10^{9}	吉[咖]	giga	G
10^{6}	兆	mega	M
10^{3}	千	kilo	k
10^{2}	百	hecto	h
10^{1}	十	deca	da
10^{-1}	分	deci	d
10^{2}	厘	centi	c
10^{3}	毫	milli	m
10^{-6}	微	micro	μ

续表

因 数	词头名称		符 号
	中 文	英 文	
10^{-9}	纳[诺]	nano	n
10^{-12}	皮[可]	pico	p
10^{-15}	飞[母托]	femto	f
10^{-18}	阿[托]	atto	a
10^{-21}	仄[普托]	zepto	z
10^{-24}	幺[科托]	yocto	y

1.2 常用的物理量的单位

常用的物理量的单位包括以下内容:空间、时间和周期的量和单位 (表 1.1-5);力学的量和单位 (表 1.1-6);电学和磁学的量和单位 (表 1.1-7);热学的量和单位 (表 1.1-8);光及有关电磁辐射的量和单位 (表 1.1-9);声学的量和单位 (表 1.1-10);常用的物理化学和分子物理学的量和单位 (表 1.1-11);常用的原子物理学、物理学及固本物理的量和单位 (表 1.1-12);常用的核反应和电离辐射的量和单位 (表 1.1-13)。

表 1.1－5　　　　　　　　　　　空间、时间和周期的量和单位

量 的 名 称	符　号	单 位 名 称	单 位 符 号	备　注
[平面]角	$\alpha,\beta,\gamma,\theta,\varphi$	弧度,{度},[角]分,[角]秒}	rad,{$°,',''$}	$1°=0.017453$rad
立体角	Ω	球面度	sr	1sr$=1$m$^2/$m$^2=1$
长度	l,L			
宽	b			
高	h			公里为千米的俗称
厚	d,δ	米,{海里}	m,{n mile}	1n mile$=1852$m
半径	r,R			1Å(埃)$=10^{-10}$m(准确值)
直径	d,D			
程长	s			
距离	d,r			
面积	$A,(S)$	平方米,{公顷}	m^2,{hm^2}	1hm$^2=10^4$m^2
体积	V	立方米,{升}	m^3,{L,l}	1L$=10^{-3}$m^3
时间 时间间隔 持续时间	t	秒,{分,[小]时,日(天)}	S,{min,h,d}	
时间常数	τ	秒	s	
角速度	ω	弧度每秒,{度每秒,度每分,度每[小]时}	rad$/$s;{$(°)/$s,$(°)/$min,$(°)/$h}	
角加速度	α	弧度每二次方秒,{度每二次方秒}	rad$/$s^2,{$(°)/$s^2}	
速度	v c u,v,w	米每秒,{千米每[小]时,节}	m$/$s,{km$/$h,kn}	1km$/$h$=0.277778$m$/$s 1kn$=0.514444$m$/$s
加速度	a			
重力加速度, 自由落体加速度	g	米每二次方秒	m$/$s^2	标准重力加速度 $g_n=9.80665$ m$/$s^2
周期	T	秒	s	
频率	f,ν	赫[兹]	Hz	
旋转频率,(转速)	n	每秒,负一次方秒,(转每分)	s^{-1},(r$/$min)	1 r$/$min$=\dfrac{\pi}{30}$rad$/$s
角频率,(圆频率)	ω	弧度每秒	rad$/$s	$\omega=2\pi f$

表 1.1－6　　　　　　　　　　　力 学 的 量 和 单 位

量 的 名 称	符　号	单 位 名 称	单 位 符 号	备　注
质　量	m	千克(公斤),{吨}	kg,{t}	1t$=1000$kg
线质量,线密度	ρ_1	千克每米,{特[克斯]}	kg$/$m,{tex}	1tex$=$km 纤维细度单位
面质量,面密度	$\rho_A,(\rho_S)$	千克每平方米	kg$/$m^2	$\rho_A=m/A$
体积质量, [质量]密度	ρ	千克每立方米,{吨每立方米,千克每升}	kg$/$m^3,{t$/$m^3,kg$/$L}	1t$/$m$^3=10^3$kg$/$m^3 1kg$/$L$=10^3$kg$/$m^3

续表

量 的 名 称	符 号	单位名称	单位符号	备 注
动 量	p	千克米每秒	kg·m/s	
动量矩,角动量	L	千克二次方米每秒	kg·m²/s	
转动惯量 (惯性矩)	$J,(I)$	千克二次方米	kg·m²	
力 重量	F $W,(P,G)$	牛[顿]	N	$1N = 1kg·m/s^2 = 1J/m$ $W = mg$
力矩,力偶矩 转矩	M M,T	牛[顿]米	N·m	
压力,压强 正应力 切应力	p σ τ	帕[斯]卡	Pa	$1Pa = 1N/m^2$
[动力]粘度	$\eta,(\mu)$	帕[斯卡]秒	Pa·s	
运动粘度	ν	二次方米每秒	m²/s	
表面张力	γ,σ	牛[顿]每米	N/m	$1N/m = 1J/m^2$
功 能[量]	$W,(A)$ E	焦[耳]	J	
功 率	P	瓦[特]	W	$1W = 1J/s$

表 1.1-7   电学和磁学的量和单位

量 的 名 称	符 号	单位名称	单位符号	备 注
电 流	I	安[培]	A	
电荷[量]	Q	库[仑]	C	$1C = 1A·s$
体积电荷 电荷[体]密度	$\rho,(\eta)$	库[仑]每立方米	C/m³	$\rho = Q/V$
面积电荷 电荷面密度	σ	库[仑]每平方米	C/m²	$\sigma = Q/A$
电场强度	E	伏[特]每米	V/m	$E = F/Q$ $1V/m = 1N/C$
电位,(电势) 电位差,(电势差), 电压电动势	V,φ $U,(V)$ E	伏[特]	V	$1V = 1W/A = 1A×1\Omega = 1A/S$
电通[量]密度	D	库[仑]每平方米	C/m²	
电通[量]	Ψ	库[仑]	C	$\Psi = D·A$
电 容	C	法[拉]	F	$1F = 1C/V, C = Q/U$
介电常数(电容率) 真空介电常数 (真空电容率)	ε ε_0	法[拉]每米	F/m	$\varepsilon = D/E$ $\varepsilon_0 = 1/(\mu_0 c_0^2)$ $= 8.854188×10^{-12}F/m$
相对介电常数 (相对电容率)	ε_r	—	1	$\varepsilon_r = \varepsilon/\varepsilon_0$

续表

量 的 名 称	符 号	单位名称	单位符号	备 注
电极化率	χ,χ_e	一	1	$\chi=\varepsilon_r-1$
电极化强度	P	库[仑]每平方米	C/m^2	$\boldsymbol{P}=\boldsymbol{D}-\varepsilon_0\boldsymbol{E}$
电偶极矩	$p,(p_c)$	库[仑]米	$C\cdot m$	
面积电流 电流密度	$J,(S)$	安[培] 每平方米	A/m^2	
线电流 电流线密度	$A,(\alpha)$	安[培]每米	A/m	
体积电磁能, 电磁能密度	w	焦[耳]每立方米	J/m^3	
坡印廷矢量	S	瓦[特]每平方米	W/m^2	
电磁波的相 平面速度	c	米每秒	m/s	如介质中的速度用符号c,则真空中的速度用符号c_0
电磁波在真空中 的传播速度	c,c_0	米每秒	m/s	$c_0=1/\sqrt{\varepsilon_0/\mu_0}=299792458m/s$
[直流]电阻	R	欧[姆]	Ω	$R=U/I,1\Omega=1V/A$
[直流]电导	G	西[门子]	S	$G=1/R,1S=1A/V=1\Omega^{-1}$
电阻率	ρ	欧[姆]米	$\Omega\cdot m$	$\rho=RA/l$
电导率	γ,σ	西[门子]每米	S/m	$\gamma=1/\rho$
[有功]电能[量]	W	焦[耳], {瓦[特][小]时}	$J,\{W\cdot h\}$	$1kW\cdot h=3.6MJ$
磁场强度	H	安[培]每米	A/m	$1A/m=1N/Wb$
磁位差,(磁势差) 磁通势,磁动势	U_m F,F_m	安[培]	A	$U_m=\int_{r_1}^{r_2}\boldsymbol{H}\cdot dr\quad F=\oint\boldsymbol{H}\cdot dr$
磁通[量]密度 磁感应强度	B	特[斯拉]	T	$1T=1Wb/m^2=1V\times s/m^2$
磁通[量]	Φ	韦[伯]	Wb	$1Wb=1V\cdot s$
磁矢位(磁矢势)	A	韦[伯]每米	Wb/m	
磁导率 真空磁导率	μ μ_0	亨[利]每米	H/m	$\boldsymbol{B}=\mu\boldsymbol{H},1H/m=1V\cdot s$ $\mu_0=4\pi\times10^{-7}H/m$ $=1.256657\times10^{-6}H/m$
相对磁导率	μ_r	一	1	$\mu_r=\mu/\mu_0$
磁化强度	$M,(H_i)$	安[培]每米	A/m	$\boldsymbol{M}=(\boldsymbol{B}/\mu_0)-\boldsymbol{H}$
磁极化强度	$J,(B_i)$	特[斯拉]	T	$\boldsymbol{J}=\boldsymbol{B}-\mu_0\boldsymbol{H},1T=1Wb/m^2$
磁阻	R_m	每亨[利]	H^{-1}	$1H^{-1}=1A/Wb$
磁导	$\Lambda,(P)$	亨[利]	H	$\Lambda=1/R_m,1H=1Wb/A$
自感 互感	L M,L_{12}	亨[利]	H	$L=\Phi/I$ $M=\Phi_1/I_2$
导纳,(复[数]导纳)	Y			

量 的 名 称	符 号	单位名称	单位符号	备 注
导纳模,(导纳)	$\lvert Y \rvert$	西[门子]	S	$1S = 1A/V$
电纳	B			$Y = 1/Z$
[交流]电导	G			
阻抗,(复[数]阻抗)	Z	欧[姆]	Ω	$Z = R + jX, \lvert Z \rvert = \sqrt{R^2 + X^2}$
阻抗模,(阻抗)	$\lvert Z \rvert$			$X = \omega L - \dfrac{1}{\omega C}$
[交流]电阻	R			
电抗	X			（当一感抗和一容抗串联时）
[有功]功率	P	瓦[特]	W	$1W = 1J/s = 1V \cdot A$
无功功率	Q, P_Q	乏	var	$Q = \sqrt{S^2 - P^2}$
视在功率(表现功率)	S, P_S	伏[特]安[培]	VA	$S = UI$
功率因数	λ	一	1	$\lambda = P/S, \lambda = \cos\varphi$
品质因数	Q	一	1	$Q = \lvert X \rvert / R$
频率	f, v	赫[兹]	Hz	
旋转频率	n	每秒,负一次方秒	s^{-1}	
角频率	ω	弧度每秒	rad/s	$\omega = 2\pi f$
		每秒,负一次方秒	s^{-1}	

表 1.1-8　　　　　　　　　　**热 学 的 量 和 单 位**

量 的 名 称	符 号	单位名称	单位符号	备 注
热力学温度	$T, (\Theta)$	开[尔文]	K	
摄氏温度	t, θ	摄氏度	℃	$t = T - T_0, T_0 = 273.16K$ $t = [(T/K) - 273.15] ℃$
线[膨]胀系数	α_l	每开[尔文]	K^{-1}	$\alpha_l = (1/l) \cdot dl/dT$
体[膨]胀系数	$\alpha_V (\alpha, \gamma)$			$\alpha_V = (1/V) \cdot dV/dT$
热、热量	Q	焦[耳]	J	$1J = 1N \cdot m$
热流量	Φ	瓦[特]	W	$1W = 1J/s$
热导率,(导热系数)	$\lambda, (\kappa)$	瓦[特]每米开[尔文]	W/(m·K)	
传热系数	$K, (k)$	瓦[特]每平方米开[尔文]	W/(m²·K)	
热阻	R	开[尔文]每瓦[特]	K/W	
热容	C	焦[耳]每开[尔文]	J/K	
质量热容,比热容	c	焦[耳]每千克开[尔文]	J/(kg·K)	$c = C/m$
熵	S	焦[耳]每开[尔文]	J/K	
质量熵 比熵	s	焦[耳]每千克开[尔文]	J/(kg·K)	
能[量]	E	焦[耳]	J	
焓	H	焦[耳]	J	$H = U + pV$
质量能 比能	e	焦[耳]每千克	J/kg	
质量焓	h	焦[耳]每千克	J/kg	

表 1.1－9   光及有关电磁辐射量和单位

量 的 名 称	符 号	单 位 名 称	单 位 符 号	备 注
频率	f, ν	赫[兹]	Hz	$1\text{Hz} = 1\text{s}^{-1}$
角频率	ω	每秒 弧度每秒	s^{-1} rad／s	$\omega = 2\pi f$
波长	λ	米	m	曾用埃（Å），$1\text{Å} = 1 \times 10^{-10}\text{m}$ 不推荐用 Å
辐[射]能	$Q, W, (U, Q_e)$	焦[耳]	J	$1\text{J} = 1\text{kg} \cdot \text{m}^2／\text{s}^2$
辐[射]能密度	$w, (u)$	焦[耳]每立方米	J／m^3	
辐[射]功率 辐[射]能通量	$P, \Phi, (\Phi_e)$	瓦[特]	W	$1\text{W} = 1\text{J}／\text{s}$ $\Phi = \int \Phi_\lambda \mathrm{d}\lambda$
辐[射]照度	$E, (E_e)$	瓦[特]每平方米	W／m^2	
辐[射]强度	$I, (I_e)$	瓦[特]每球面度	W／sr	
辐[射]亮度,辐射度	$L, (L_e)$	瓦[特]每球面度平方米	W／(sr · m^2)	$L = \int L_\lambda \mathrm{d}\lambda$
发光强度	$I, (I_v)$	坎[德拉]	cd	$I = \int I_\lambda \mathrm{d}\lambda$
光通量	$\Phi, (\Phi_v)$	流[明]	lm	$\mathrm{d}\Phi = I\mathrm{d}\Omega, 1\text{lm} = 1\text{cd} \cdot \text{sr}$
光量	$Q, (Q_v)$	流[明]秒、 流[明][小]时	lm · s、{lm · h}	$1\text{lm} \cdot \text{h} = 3600\text{lm} \cdot \text{s}$
[光]亮度	$L, (L_v)$	坎[德拉]每平方米	cd／m^2	该单位曾称尼特(nt),已废除
[光]照度	$E, (E_v)$	勒[克斯]	lx	$1 \text{ lx} = 1\text{lm}／\text{m}^2$
光出射度	$M, (M_v)$	流[明]每平方米	lm／m^2	该量曾称为面发光度
光视效能	K	流[明]每瓦[特]	lm／W	$K = \Phi_v／\Phi_e$
曝光量	H	勒[克斯]秒	lx · s	

表 1.1－10   声 学 的 量 和 单 位

量 的 名 称	符 号	单 位 名 称	单 位 符 号	备 注
静压,(瞬时)声压	p_s, P	帕[斯卡]	Pa	$1\text{Pa} = 1\text{N}／\text{m}^2$,过去曾用微巴
(瞬时)[声]质点位移	$\xi, (x)$	米	m	
(瞬时)[声]质点速度	u, v	米每秒	m／s	$u = \partial\xi／\partial t$
(瞬时)体积流量, (体积速度)	$U, q, (q_V)$	立方米每秒	m^3／s	$U = Su, S$ 为面积
声速,(相速)	c	米每秒	m／s	
声能密度	$w, (e), (D)$	焦[耳]每立方米	J／m^3	
声功率	W, P	瓦[特]	W	$1\text{W} = 1\text{J}／\text{s}$
声强[度]	I, J	瓦[特]每平方米	W／m^2	
声阻抗率 [媒质的声]特性阻抗	Z_s Z_c	帕[斯卡]秒每米	Pa · s／m	
声阻抗	Z_a	帕[斯卡]秒每立方米	Pa · s／m^3	
声质量	M_a	帕[斯卡]二次方秒每立方米	Pa · s^2／m^3	
声导纳	Y_a	立方米每帕[斯卡]秒	m^3／(Pa · s)	$Y_a = Z_a^{-1}$

量 的 名 称	符　号	单 位 名 称	单位符号	备　注
声压级 声强级 声功率级	L_p L_L L_W	贝[尔]	B	通常用 dB 为单位 1dB = 0.1B
混响时间	$T,(T_{60})$	秒	s	
隔声量	R	贝[尔]	B	通常用 dB 为单位
吸声量	A	平方米	m^2	

表 1.1－11　　　　　　　　物理化学和分子物理学的量和单位

量 的 名 称	符　号	单 位 名 称	单位符号	备　注
物质的量	$n,(v)$	摩[尔]	mol	
摩尔质量	M	千克每摩[尔]	kg／mol	
摩尔体积	V_m	立方米每摩[尔]	m^3／mol	
摩尔热力学能 摩尔焓	U_m H_m	焦[耳]每摩[尔]	J／mol	该量也称摩尔内能
摩尔热容 摩尔熵	C_m S_m	焦[耳]每摩[尔]开 [尔文]	J／(mol·K)	
B 的浓度 B 的物质的量浓度	c_B	摩[尔]每立方米	mol／m^3	在化学中也表示成[B]
溶质 B 的质量摩尔浓度	b_B,m_B	摩[尔]每千克	mol／kg	
扩散系数 热扩散系数	D D_T	二次方米每秒	m^2／s	
离子的电荷数	z	一	l	无量纲,负离子 z 为负值
离子强度	I	摩[尔]每千克	mol／kg	
摩尔电导率	Λ_m	西[门子] 二次方米每摩[尔]	S·m^2／mol	

表 1.1－12　　　　　　原子物理学、核物理学及固体物理学的量和单位

量 的 名 称	符　号	单 位 名 称	单位符号	备　注
质子[静]质量 电子[静]质量 中子[静]质量	m_p m_e m_n	千克,(原子量单位)	kg,(u)	1u = (1.6605402±0.0000010)× 10^{-27} kg
元电荷	e	库[仑]	C	
玻尔半径	a_0	米	m	埃(Å), 1Å = 10^{-10} m 10Å = 1nm
核四极矩	Q	二次方米	m^2	
核半径	R	米	m	该量常用 fm 表示,1fm = 10^{-15} m
核的结合能	E_B	焦[耳], {电子伏}(常用)	J,{eV}	1eV = (1.60217733±0.00000049)× 10^{-19} J
[放射性]活度	A	贝可[勒尔]	Bq	1Bq = 1s^{-1}, 1Ci(居里) = 3.7×10^{10} Bq

续表

量 的 名 称	符 号	单位名称	单位符号	备 注
衰变常量	λ	每秒	s^{-1}	$\lambda = 1/\tau$
半衰期	$T_{1/2}$	秒，{分，[小]时，日（天）}	s，{min，h，d}	
功函数	$\Phi，W$	焦[耳]，{电子伏}	J，{eV}	
费密能[量] 禁带宽度 施主电离能 受主电离能	$E_F，\varepsilon_F$ E_g E_d E_a	焦[耳]，{电子伏}	J，{eV}	
弛豫时间 载流子寿命	τ $\tau，\tau_n，\tau_p$	秒	s	

表 1.1-13   常用的核反应和电离辐射的量和单位

量 的 名 称	符 号	单位名称	单位符号	备 注
反应能	Q	焦[耳]，{电子伏}	J，{eV}	该量通常以 eV 为单位
截面	σ	平方米	m^2	
宏观截面 宏观总截面	Σ $\Sigma_{tot}，\Sigma_T$	每米	m^{-1}	
粒子注量	Φ	每平方米	m^{-2}	
能注量	Ψ	焦[耳]每平方米	J/m^2	
质量衰减系数	μ_m	二次方米每千克	m^2/kg	
半厚度	$d_{1/2}$	米	m	
形成每对离子平均损失的能量	W_i	焦[耳]，{电子伏}	J，{eV}	
复合系数	α	立方米每秒	m^3/s	
扩散系数，粒子数密度的扩散系数	$D，D_n$	二次方米每秒	m^2/s	
慢化密度	q	每立方米秒	m^{-3}/s	
对数能降①	u	一	1	
平均自由程	$l，\lambda$	米	m	
授[予]能	ε	焦[耳]	J	
吸收剂量	D	戈[瑞]	Gy	该量 SI 单位焦[耳]每千克的专名 $1rad$（拉德）$= 10^{-2}Gy$
剂量当量	H	希[沃特]	Sv	该量 SI 单位焦[耳]每千克的专名 $1rem$（雷姆）$= 10^{-2}Sv$
比释动能	K	戈[瑞]	Gy	
照射量	X	库[仑]每千克	C/kg	$1R$（伦琴）$= 2.58 \times 10^{-4}C/kg$（准确值）
粒子辐射度	P	每平方米秒球面度	$m^{-2}/(s \cdot sr)$	
能量辐射度	γ	瓦[特]每平方米球面度	$W \cdot m^{-2} \cdot sr^{-1}$	

① 能量为 E 的中子，其对数能降的定义是：$u = \ln E_0/E$，其中 E_0 为参考能量。

1.3 单位换算关系

单位换算关系包括：时间和空间的单位换算；力学单位的换算；热学单位的换算；电学和磁学单位的换算以及光学、声学和和电离辐射有关单位的换算。

1.3.1 时间和空间的单位换算

1. 长度单位换算　国际单位制长度基本单位是米（m），长度单位间换算关系见表 1.1-14。

2. 面积单位换算　法定计量单位是平方米（m^2），其他面积单位换算关系见表 1.1-15。

表 1.1-14　　　　长度单位换算

单位名称	符号	换算关系	备 注
千米（公里）	km	1000m	
厘米	cm	10^{-2}m	

续表

单位名称	符号	换算关系	备 注
毫米	mm	10^{-3}m	
英里	mile	1609.344m	
码	yd	0.9144m	
英尺	ft	0.3048m	
海里	n mile	1852m	
埃	Å	10^{-10}m	常用于表示光谱线的波长及其他微小长度
费密	fm	10^{-15}m	用于原子核物理学
天文单位	AU	1.495978×10^{11}m	
秒差距	pc	3.0857×10^{16}m	
光年	l. y.	9.46053×10^{15}m	

表 1.1-15　　　　　　面积单位换算

平方公里 /km^2	公顷 /ha	公亩 /a	平方米 /m^2	平方厘米 /cm^2	平方英里 /$mile^2$	英亩 /acre	靶恩 /b	圆密耳	亩
1	10^2	10^4	10^6		0.3861				
	1	10^2	10^4			0.02471			
		1	10^2						
			10^{-4}	1					
			10^{-28}				1		
			5.06707×10^{-10}					1	
			666.6						1

3. 体积和容积单位换算　法定计量单位是立方米（m^3），体积单位换算关系见表 1.1-16。

表 1.1-16　　　　体积单位换算

立方米 /m^3	升 /L	立方厘米 /cm^3	立方码 /yd^3	英加仑 /Ukgal	美加仑 /Usgal
1	1000	10^6	1.308	220	264.2

4. 时间单位换算（表 1.1-17）

5. 角速度、转速单位换算（表 1.1-18）

6. 速度单位换算（表 1.1-19）

表 1.1-17　　　　时间单位换算

单位名称	符号	与法定计量单位的关系	备 注
周		604800s（7d）	
月		2592000s（30d）	可与法定计量单位并用
年	a	31536000s（365d）	
		31622400s（366d）	
回归年	atrop	3.15569×10^7s	
恒星年		3.15582×10^7s	d 表示 1 日

表 1.1-18　　　　　　角速度和转速单位换算

转每分/（r/min）	转每秒/（r/s）	弧度每秒/（rad/s）	度每分/（°/min）	度每秒/（°/s）
1	0.0166667	0.104720	360	6
60	1	6.28319	21600	360
9.54930	0.159155	1	3437.75	57.2958
0.00277778	4.62963×10^{-5}	2.90888×10^{-4}	1	0.0166667
0.166667	0.00277778	0.0174533	60	1

表 1.1 - 19　　　　　　　　　　速 度 单 位 换 算

千米每时 /(km/h)	米每分 /(m/min)	米每秒 /(m/s)	厘米每秒 /(cm/s)	英里每时 /(mile/h)	海里每时 /(nmile/h)
1	16.6667	0.2778	27.7778	0.6214	0.54
0.06	1	0.01667	1.6667	0.03728	0.0324
3.6	60	1	100	2.2369	1.944
0.036	0.6	0.01	1	0.0224	0.01944
1.6093	26.82	0.4470	44.7040	1	0.87
1.852	30.867	0.514	51.4	1.1508	1

7. 加速度单位换算（表 1.1 - 20）

表 1.1 - 20　　　　加速度单位换算

单位名称	符号	与法定计量 单位的关系	备注
伽（galileo）	Gal	$10^{-2} m/s^2$	
毫伽（milligal）	mGal	$10^{-5} m/s^2$	
英尺每二次方秒	fl/s²	$0.3048 m/s^2$	
标准重力加速度	g_n	$9.80665 m/s^2$	

8. 平面角单位换算（表 1.1 - 21）

表 1.1 - 21　　　　平面角单位换算

单位名称	符号	与法定计量 单位的关系	备注
圆周角	ir.Pla	6.28318rad	2π rad
转	r	6.28318rad	2π rad
冈	(g),gon,gr	0.0157080rad	0.9°或($\pi/200$)rad
直角	L	1.57080rad	0.5πrad

1.3.2　力学单位换算

1. 质量　法定计量单位为千克（kg），质量单位间换算关系见表 1.1 - 22。

表 1.1 - 22　　　　质量单位换算

单位名称	符号	换算关系
吨	t	1000kg
英吨	ton	1016kg
美吨	sh.ton	907.185kg
斤		0.5kg
磅	lb	0.45359kg
米制克拉		2×10^{-4}kg
盎司	oz	0.02835kg
格令	gr	6.47989×10^{-5}kg

2. 密度

常用的线密度换算关系

1tex（特克斯）= 10^{-6}kg/m

1lb/ft（磅每英尺）= 1.48816kg/m

常用的体密度换算关系

1t/m³（吨每立方米）= 1000kg/m³

1t/m³（吨每立方米）= 1000g/L

3. 力和重量

力的 SI 单位制导出单位为牛顿（N）

1N（牛顿）= 10^5dyn（达因）

1kgf（千克力）= 9.80665N（牛）

1lbf（磅力）= 32.1740pdl（磅达）= 4.44822N（牛）

4. 压力、压强（表 1.1 - 23）

表 1.1 - 23　　　　　　　　　　压力、压强单位换算

帕[斯卡] /Pa	微巴 /pbar	毫巴 /mbar	巴 /bar	千克力每 平方毫米 /(kgf/mm²)	工程大气压 /at	毫米水柱 /mmH²O 或(kgf/m²)	标准大气压 /atm	毫米汞柱 /mmHg
1	10	0.01	10^{-5}	1.02×10^{-7}	1.02×10^{-5}	0.102	0.99×10^{-5}	0.0075
0.1	1	0.001				0.0102		
100	1000	1	0.001			10.2		0.7501
10^5	10^6	1000	1	0.0102	1.02	10197	0.9869	750.1
98.07×10^5		98067	98.07	1	100	10^6	96.78	73556

续表

帕[斯卡] /Pa	微巴 /pbar	毫巴 /mbar	巴 /bar	千克力每 平方毫米 /(kgf/mm²)	工程大气压 /at	毫米水柱 /mmH²O 或(kgf/m²)	标准大气压 /atm	毫米汞柱 /mmHg
98067		980.7	0.9807	0.01	1	10^4	0.9678	735.6
9.807	98.07	0.0981		0.0001	1	$0.9678×10^{-4}$	0.0736
101325		1013	1.013	1.0332	10332	1	760
133.322	1333	1.333		0.00136	13.6	0.00132	1

5. 力矩和转矩（表1.1-24）

表1.1-24   力矩和转矩单位换算

牛[顿]米 /N·m	千克力米 /kgf·m	克力厘米 /gf·cm	达因厘米 /dyn·cm
1	0.1020	$0.1020×10^5$	10^7
9.807	1	10^5	$9.807×10^7$
$9.807×10^{-5}$	10^{-5}	1	980.7
10^{-7}	$1.020×10^{-8}$	$1.020×10^{-3}$	1

6. [动力]黏度和运动黏度

常用的动力黏度换算有

1P(泊)=0.1Pa·s(帕)[斯卡]秒

1kgf·s/m²(千克力秒每平方米)=9.81Pa·s

常用的运动黏度换算有

1St(斯)[托克斯]=10^{-4}m²/s

1ft²/s(平方英尺每秒)=$92.9×10^{-3}$m²/s

7. 功和能（表1.1-25）

表1.1-25   功和能单位换算

米制马力(小)时 /(hp·h)	千克力·米 /(kgf·m)	焦耳 /J	尔格 /erg	千瓦小时 /(kW·h)	英马力(小)时 /(hp·h)
1	$2.7×10^5$	$2.64780×10^6$	$2.64780×10^{13}$	0.735499	0.986320
$3.70370×10^{-6}$	1	9.80665	$9.80665×10^7$	$2.72407×10^{-6}$	$3.65304×10^{-6}$
$3.77672×10^{-7}$	0.101972	1	10^7	$2.77778×10^{-7}$	$3.72506×10^{-7}$
$3.77672×10^{-14}$	$1.01972×10^{-8}$	10^{-7}	1	$2.77778×10^{-14}$	$3.72506×10^{-14}$
1.35962	$3.67098×10^5$	$3.6×10^6$	$3.6×10^{13}$	1	1.34102
1.01387	$2.73745×10^5$	$2.68452×10^6$	$2.68452×10^{13}$	0.745700	

8. 功率   常用的功率换算有

1W(瓦)[特]=1×J/s

1kgf·m/s(千克力米每秒)=9.80665W

1[米制]马力=735.499W

1hp([英制]马力)=745.7W

1.3.3 热学单位换算

1. 温度（表1.1-26）   表中℃、F、K分别表示该温标和该温标单位的任一温度数值。

表1.1-26   温度单位换算

摄氏度/℃	华氏度/F	开[尔文]/K
C	$\frac{9}{5}$C+32	C+273.15
$\frac{5}{9}$(F-32)	F	$\frac{5}{9}$(F+459.67)
K-273.15	$\frac{9}{5}$K-459.67	K

2. 热导率（表1.1-27）

表1.1-27   热导率单位换算

千卡每米时开[尔文] /[kcal/(m·h·K)]	卡每厘米秒开[尔文] /[cal/(cm·s·K)]	瓦特每米开[尔文] /[W/(m·K)]	焦[耳]每厘米秒开[尔文] /[J/(cm·s·K)]
1	$2.77778×10^{-3}$	1.163	0.0116
360	1	418.68	4.1868
0.859845	$0.238846×10^{-2}$	1	0.01
85.98	0.239	100	1

3. 传热系数（表1.1－28）

表1.1－28　　　　　　　　　　　　传热系数单位换算

千卡每平方米时开[尔文] /[kcal/(m²·h·K)]	卡每平方厘米秒开[尔文] /[cal/(cm²·s·K)]	瓦[特]每平方厘米秒开[尔文] /[W/(cm²·s·K)]	焦[耳]每平方米开[尔文] /[J/(m²·K)]
1	2.77778×10^{-5}	1.163×10^{-4}	1.163
36000	1	4.1868	41868
8598.45	0.238	1	10^4
0.859845	0.238846×10^{-4}	10^{-4}	1

4. 比热容和比熵（表1.1－29）

表1.1－29　　　比热容和比熵单位换算

焦耳每千克 开[尔文] /[J/(kg·K)]	千卡每千克开 [尔文] /[kcal/(kg·K)]	热化学千卡每 千克开[尔文] /[kcalth/(kg·K)]
1	0.238846×10^{-3}	0.239×10^{-2}
4186.8	1	1.0067
4184	0.9993	1

1.3.4　电学和磁学单位换算

电荷：1安培小时$(A\cdot h)=3.6\times10^3C(库仑)$

磁通量：$1Mx(麦克斯韦)=10^{-8}Wb(韦伯)$
磁通密度：$1Gs(高斯)=10^{-4}T(特斯拉)$
磁场强度：$1Oe(奥斯特)=79.5775A/m$
磁通势：$1Gb(吉伯)=0.795775A$

1.3.5　光学和声学单位换算

1. 常用单位与法定计量单位的关系
光亮度单位：$1nt(尼特)=1cd/m^2$
$1sb(熙提)=10^4cd/m^2$
光照度单位：$1ph(辐透)=10^4lx$
$1fc(烛光/英尺^2)=10.76lx$
2. 常用的声学单位与法定计量单位（表1.1－30）

表1.1－30　　　　　　　声　学　单　位　换　算

单位名称	单位符号	与法定计量单位的关系	备　注
达因每平方厘米	dyn/cm²	0.1Pa	声压,静压力
尔格每立方厘米	erg/cm³	$0.1J/m^3$	声能密度
尔格每秒	erg/s	$10^{-7}W$	声功率,声能通量
尔格每秒平方厘米	erg/(s·cm²)	$0.001W/m^2$	声强度

1.3.6　核反应和电离辐射单位换算（表1.1－31）

表1.1－31　　　　　　　核反应和电离辐射单位换算

单位名称	单位符号	与法定计量单位的关系	备　注
尔　格	erg	$10^{-7}J$	反应能,辐射能,共振能
尔格平方厘米	erg·cm²	$10^{-11}J\cdot m^2$	总原子阻止本领
尔格平方厘米每克	erg·cm²/g	$10^{-8}J\cdot m^2/kg$	总质量阻止本领
居　里	Ci	$3.7\times10^{10}Bq$	放射性活度
拉　德	Rad,rd	0.01Gy	吸收剂量
雷　姆	rem	0.01Sv	剂量当量
伦　琴	R	$2.58\times10^{-4}C/kg$	照射量

第2章 物理常数和常用材料物理性能

2.1 物理常数数据

2.1.1 物理和电学的常数表（表1.2-1）

表1.2-1 物理和电学常数

名　称	符　号	数　值	SI　单位
真空介电常数（真空电容率）	ε_0	$8.854187818\times10^{-12}$	$F\cdot m^{-1}$，$A\cdot s\cdot V^{-1}\cdot m^{-1}$
真空磁导率（磁常数）	μ_0	1.2566×10^{-6}	$H\cdot m^{-1}$，$A\cdot s\cdot V^{-1}\cdot m^{-1}$
真空中光速	c，c_0	2.99792×10^{8}	$m\cdot s^{-1}$
电磁波在真空中速度	c，c_0	2.99792×10^{8}	$m\cdot s^{-1}$
原子质量单位	u	1.6605655×10^{-24}	g
电子[静止]质量	m_e	0.9109534×10^{-27}	g
质子[静止]质量	m_p	1.6726485×10^{-24}	g
中子[静止]质量	m_n	1.6749543×10^{-24}	g
电子电荷	e	1.6021892×10^{-19}	$C\cdot A\cdot s$
[经典]电子半径	r_e	2.8179380×10^{-15}	m
玻尔半径	a_0	5.2917706×10^{-11}	m
氢原子玻尔轨道半径	r	5.292×10^{-11}	m
原子核半径	r	$1.2\times10^{-13}\times\sqrt[3]{\text{相对原子质量}}$	cm
法拉第常数	F	9.648456×10^{4}	$c\cdot mol^{-1}$，$A\cdot s/mol$
玻耳兹曼常数	k	1.380662×10^{-23}	$J\cdot K^{-1}$，$W\cdot s\cdot K^{-1}$
斯忒藩-玻耳兹曼常数	σ	5.67032×10^{-8}	$W\cdot m^{-2}\cdot K^{-4}$
阿伏加德罗常数	L，N_A	6.022045×10^{23}	mol^{-1}

2.1.2 常用电磁波谱频率区段（表1.2-2）

表1.2-2 常用电磁波谱频率区段

频率/Hz	应用说明
$50/3\sim600$	电力，电动机，电动工具
$600\sim10^{4}$	淬火，熔炼
$50\sim10^{9}$	感应加热
$10^{2}\sim10^{4}$	有线电话
$10^{3}\sim2\times10^{5}$	无线电报
$2\times10^{5}\sim2\times10^{6}$	无线电广播
$2\times10^{6}\sim3\times10^{9}$	短波、超短波通信
$3\times10^{9}\sim3\times10^{11}$	微波
$10^{9}\sim10^{12}$	赫兹波

续表

频率/Hz	应用说明
$10^{12}\sim3.7\times10^{14}$	红外线热辐射
$3.7\times10^{14}\sim8.3\times10^{14}$	可见光
$8.3\times10^{14}\sim3\times10^{16}$	紫外线
$3\times10^{16}\sim10^{23}$	伦琴射线
$3\times10^{18}\sim3\times10^{21}$	γ射线
$3\times10^{18}\sim10^{24}$	宇宙线

2.1.3 大气压力、温度与海拔的关系（表1.2-3）

表1.2-3 大气压力、温度与海拔的关系[①]

海拔/m	大气压力/Pa	温度/K
−300	104981	290.100

续表

海拔/m	大气压力/Pa	温度/K
−250	104365	289.775
−200	103751	289.450
−100	102532	288.800
−50	101927	288.475
0	101325	288.150
250	98357.6	286.525
500	95461.3	284.900
600	94322.3	284.250
700	93194.4	283.601
800	92077.5	282.951
900	90971.5	282.301
1000	89876.3	281.651
1100	88791.8	281.001
1200	87718.0	280.351
1300	86654.8	279.702
1400	85602.0	279.052
1500	84559.7	278.402
1600	83527.7	277.753
1700	82505.9	277.103
1800	81494.3	276.453
1900	80492.9	275.804
2000	79501.4	275.154
2100	78519.9	274.505
2200	77548.3	273.855
2300	76586.4	273.205
2400	75634.2	272.556
2500	74691.7	271.906
2600	73758.8	271.257
2700	72835.3	270.607
2800	71921.3	269.958
2900	71016.6	269.309
3000	70121.2	268.659
3100	69234.9	268.010
3200	68357.8	267.360
3300	67489.7	266.711
3400	66630.6	266.062
3500	65780.1	265.413
3600	64939.0	264.763

续表

海拔/m	大气压力/Pa	温度/K
3700	64106.4	264.114
3800	63282.5	263.465
3900	62467.2	262.816
4000	61660.4	262.166
4100	60862.2	261.517
4200	60072.3	260.868
4300	59290.8	260.219
4400	58517.6	259.570
4500	57752.6	258.921
4600	56995.7	258.272
4700	56246.9	257.623
4800	55506.1	256.974
4900	54773.2	256.325
5000	54048.3	255.676
5500	50539.3	252.431
6000	47217.6	249.187
6500	44075.5	245.943
7000	41105.3	242.700
7500	38299.7	239.457
8000	35651.6	236.215
8500	33154.2	232.974
9000	30800.7	229.733
10000	26499.9	223.252

① 资料来源 ISO2533 标准大气，第 1 版. 1975.05.15。

2.2　常用材料的物理性能

2.2.1　常用电工导体材料的电性能（表 1.2-4）

表 1.2-4　　常用电工导体材料的电性能

（测量温度 20℃）

名　称	电阻率 ρ /($\Omega \cdot mm^2$/m)	电导数 γ /[m/($\Omega \cdot mm^2$)]	电阻温度系数 α_{20} /(1/K)
铝	0.0278	36	−0.00390
锑	0.417	2.4	
铅	0.208	4.8	
铬-镍-铁	0.10	10	
纯铁	0.10	10	

续表

名　称	电阻率 ρ /(Ω·mm²/m)	电导数 /[m/(Ω·mm²)]	电阻温度系数 α_{20} /(1/K)
低碳钢	0.13	7.7	-0.00660
金	0.0222	45	
石墨	8.00	0.125	-0.00020
铸铁	1	1	
镉	0.076	13.1	
碳	40	0.025	-0.00030
康铜	0.48	2.08	-0.00003
导电器材用铜	0.0175	57	-0.00380
镁	0.0435	23	
锰铜	0.423	2.37	±0.00001
黄铜 Ms58	0.059	17	+0.00150
黄铜 Ms63	0.071	14	
德国银	0.369	2.71	+0.00070
镍	0.087	11.5	+0.00400
尼克林合金①	0.5	20	+0.00023
铂	0.111	9	+0.00390
汞	0.941	1.063	+0.00090
银	0.016	62.5	+0.00377
钨	0.059	17	
锌	0.061	16.5	+0.00370
锡	0.12	8.3	+0.00420

① 尼克林合金是一种锌镍铜三元素的 α 单相组织合金。接近我国的 BZn 15～20 牌号的锌白铜，化学成分（质量分数）：Cu62%，Ni+Co13.5～16.5%，余量为 Zn 和 0.9% 的杂质。

2.2.2 常用绝缘材料的电性能（表1.2-5）

表1.2-5　　　　常用绝缘材料的电性能

名　称	电阻率 ρ	相对介电常数 ε_r
聚四氯乙烯	10^{17}	2
聚苯乙烯		3
环氧树脂		3.6
聚酰胺		5

续表

名　称	电阻率 ρ	相对介电常数 ε_r
酚醛塑料	10^{13}	3.6
酚醛树脂		8
硬质胶		2.5
胶质不碎玻璃	10^{14}	3.2
石蜡油	10^{17}	2.2
石油		2.2
变压器油（矿物性）		2.2
变压器油（植物性）		2.5
电容器油	$10^{15}\sim10^{16}$	2.1～2.3
松节油		2.2
橄榄油		3
蓖麻油		4.7
云母板		5
石英		4.5
玻璃	10^{14}	5
云母	10^{16}	6
瓷	10^{13}	4.4
页岩		4
皂石		6
大理石	10^{9}	8
硬橡胶	10^{15}	4
软橡胶		2.5
人造琥珀	10^{17}	
电力电缆绝缘		4.2
通信电缆绝缘		1.5
电缆填料		2.5
纸		2.3
刚纸（硬化纸板）		2.5
浸渍纸		5
油纸		4
胶纸板		4.5
层压纸板		4
真空		1
空气	10^{18}	1
水（蒸馏）	10^{6}	80
石蜡	10^{17}	2.2
马来树胶		4
虫胶		3.7

2.2.3　常用固体材料的机械性能（表 1.2－6）

表 1.2－6　　　　　　　　　常用固体材料的力学性能

材料名称		弹性模量 E/GPa	切变模量 G/GPa	体积模量 K/GPa	泊松比 μ	屈服极限 σ_s/MPa	强度极限 σ_b/MPa
金 属	铝	70	26	75	0.34	30～140	60～160
	铜	124	16	130	0.35	47～320	200～350
	金	80	28	167	0.12	6～210	110～230
	铁	195	76		0.29	160	350
	铁（铸）	110	15		0.25		110～320
	铅	16	6		0.14		15～18
	镍	205	79	176	0.31	140～660	180～730
	铂	168	61	210	0.38	15～180	125～200
	银	76	28	100	0.37	55～330	140～380
	钽	186					340～930
	锡	17	17	52	0.36	9～14	15～200
	钛	110	41	110	0.34	200～500	250～700
	钨	360	140				1000～4000
	锌	97	36	100	0.35		110～200
合 金	黄铜（65/36）	105	38	115	0.35	62～430	330～530
	康铜（60/40）	163	61	157	0.33	200～440	400～570
	杜拉铝（4.4%铜）	70	27	70	0.33	125～450	230～500
	锰铜（84%铜）	124	47				265
	铁镍合金（77%镍）	220					540～910
	镍铬合金（80/20）	186					170～900
	磷青铜	100			0.38	110～670	330～750
	钢（软）	210	81	170	0.30	240	480
	钢	210	81	170	0.30	450	600

材料名称		弹性模量 E/GPa	切变模量 G/GPa	体积模量 K/GPa	泊松比 μ	屈服极限 σ_s/MPa	强度极限 σ_b/MPa	
							拉　伸	压　缩
非 金 属	矾土	200～400			0.24		140～200	1000～2500
	砖（A 级）	1～50						69～140
	混凝土（28 天）	10～17			0.1～0.21			27～55
	玻璃	50～80			0.2～0.27		30～90	
	花岗岩	40～70						90～235
	尼龙 6	1～2.5					70～85	50～100
	有机玻璃	2.7～3.5					50～75	80～140
	聚苯乙烯	2.5～4.0						
	聚乙烯	0.1～1.0					35～60	80～110
	聚四氟乙烯	0.4～0.6					7～38	15～20
	聚氯乙烯（可塑）	～0.3					17～28	5～12
	橡胶（天然、加硫）	0.001～1			0.46～0.49		14～40	75～100
	砂石	14～55					14～40	
	本材（沿纤维方向）	8～13						30～135
							20～110	50～100

注：资料来源：摘自 A. M. Howatson 等. Egineering Tables and Data. Chapman and Hall,1972.

2.2.4 部分液体材料的性能（表1.2-7）

表1.2-7　　　　　　　　　　部分液体材料的性能

名　称	分子式	密度/(kg/m³)	质量热容/[kJ/(kg·K)]	黏度/(N·s/m²)	导热系数/[W/(m·K)]	凝固点/K	熔解热/(kJ/kg)	沸点/K	汽化热/(kJ/kg)	相对介电常数 ε_r
醋酸	$C_2H_4O_2$	1049	2.18	0.001155	0.171	290	181	391	402	6.15
乙醇	C_2H_5OH	785.1	2.44	0.001095	0.171	158.6	108	351.46	846	24.3
甲醇	CH_3OH	786.5	2.51	0.00056	0.202	175.5	98.8	337.8	1100	32.6
丙醇	C_3H_8O	800.0	2.37	0.00192	0.161	146	86.5	371	779	20.1
氨（液态）		823.5	4.38		0.353					16.9
苯	C_8H_6	873.8	1.73	0.000601	0.144	278.68	126	353.3	390	2.2
溴	Br_2		0.473	0.00095		245.84	66.7	331.6	193	3.2
二硫化碳	CS_2	1261	0.992	0.00036	0.161	161.2	57.6	319.40	351	2.64
四氯化碳	CCl_4	1584	0.816	0.00091	0.104	250.35	174	349.6	194	2.23
蓖麻油		956.1	1.97	0.650	0.180	263.2				4.7
醚	$C_4H_{10}O$	713.5	2.21	0.000223	0.130	157	96.2	307.7	372	4.3
甘油	$C_3H_8O_3$	1259	2.62	0.950	0.287	264.8	200	563.4	974	40
煤油		820.1	2.09	0.00164	0.145				251	
亚麻仁油		929.1	1.84	0.0331		253		560		3.3
苯酚	C_6H_6O	1072	1.43	0.0080	0.190	316.2	121	455		9.8
海水		1025	3.76~4.10			270.6				
水	H_2O	997.1	4.18	0.00089	0.609	273	333	373	2260	78.54
制冷剂 R-11	CCl_3F	1476	0.870	0.00042	0.993	162		297.0	180(297K)	2.0
制冷剂 R-12	CCl_2F_2	1331	0.971		0.071	115	34.4	243.4	165(297K)	2.0
制冷剂 R-22	CHF_2Cl	1194	1.26		0.086	113	183	232.4	232(297K)	2.0

注：1. 本表数据是在101323Pa气压、300K温度下测定。

2. 资料来源：（1）《Handbook of Materials Science》，Vol.1 General Properies. 1974；

（2）CRC《Handbook of Fables for Applied Engineering Science》. 1970。

2.2.5 部分气体材料的性能（表1.2-8）

表1.2-8　　　　　　　　　　部分气体材料的性能

名　称	分子式	密度(0℃)/(g/L)	液化点/K	质量定压热容 c_p/[10³J/(kg·K)]	黏度(20℃)/(10⁶N·s/m²)	相对介电常数 ε_r(0℃)
空气		1.2929		1.0048	18.12	1.000576
二氧化碳	CO_2	1.9769	216	5.0074	14.57(15℃)	1.000946
一氧化碳	CO	1.2504	66	1.0383	18.40	1.000695
氨	NH_3	0.7710	198	2.1780(23~100℃)	10.2	1.0072

名 称	分子式	密度(0℃) /(g/L)	液化点 /K	质量定压热容 c_p /[10^3J/(kg·K)]	黏度(20℃) /(10^6N·s/m²)	相对介电常数 ε_r (0℃)
乙烷	C_2N_6	1.3566	101	1.6496	10.1	1.00150
氯化氢	HCl	1.6392	161.8	0.8122(13～100℃)	14.0	
硫化氢	H_2S	1.539	187	1.0262(20～206℃)	13.0	1.00332
沼气	CH_4	0.717	80.6	0.6573	12.01	1.000991
二氧化硫	SO_2	2.9269	197	0.6464(16～202℃)	12.9	1.00905
乙炔	C_2H_2	1.1747		1.6035(13℃)		

注:1. 表中数据是在 101323Pa 气压下测定。

　　2. 主要资料来源:《Handbook of Engineering Fundamentals》.Esbbach. 3ed. 1974,P. 1504－1505.

第 3 章 电 工 标 准

3.1 标准和标准化的基本概念

3.1.1 标准的定义

为在一定的范围内获得最佳秩序，对活动或其结果规定共同的和重复使用的规则、导则或特性的文件，称为标准。该文件经协商一致制定并经一个国际或国内公认机构的批准。标准应以科学、技术和经验的综合成果为基础，以促进最佳社会效益为目的。标准不仅是从事生产、建设工作的共同依据，而且是国际贸易合作、商品质量检验的依据。

据中国国家标准 GB 3935.1 文本，标准的定义：对重复性事物和概念所做的统一规定，它以科学、技术和实践经验的综合成果为基础，经有关方面协商一致，由主管机构批准，以特定形式发布，作为共同遵守的准则和依据。

3.1.2 标准化的定义

为在一定的范围内获得最佳秩序，对实际的或潜在的问题制定共同的和重复使用的规则的活动，称为标准化。它包括制定、发布及实施标准的过程。标准化的重要意义是改进产品、过程和服务的适用性和一致性，防止自立贸易壁垒，促进技术合作。

标准化的定义：指在经济、技术、科学及管理等社会实践中，对重复性事物和概念通过制定、发布和实施标准，达到统一，以获得最佳秩序和社会效益的活动。

上述标准化定义中，"通过制定、发布和实施标准，达到统一"是标准化的实质；"获得最佳秩序和社会效益"则是标准化的目的。

在国民经济的各个领域中，凡具有多次重复使用和需要制定标准的具体产品，以及各种定额、规划、要求、方法、概念等，都可称为标准化对象。

标准化对象一般可分为两大类：一类是标准化的具体对象，即需要制定标准的具体事物；另一类是标准化总体对象，即各种具体对象的总和所构成的整体，通过它可以研究各种具体对象的共同属性、本质和普遍规律。

标准化是沟通国际贸易和国际技术合作的技术纽带、通过标准化能够很好地解决商品交换中的质量、安全、可靠性和互换性配套等问题。标准化的程度直接影响到贸易中技术壁垒的形成和消除。

3.2 中国标准的分级和代号

《中华人民共和国标准化法》将我国标准分为国家标准、行业标准、地方标准、企业标准四级。我国的国家标准由国务院标准化行政主管部门制定；行业标准由国务院有关行政主管部门制定；地方标准由省、自治区和直辖市标准化行政主管部门制定；企业标准由企业自己制定。

3.2.1 国家标准

国家标准是指对全国经济技术发展有重大意义，需要在全国范围内统一的技术要求所制定的标准。国家标准在全国范围内适用，其他各级标准不得与之相抵触。国家标准是四级标准体系中的主体。国家标准及行业标准的代号一律用两个汉语拼音大写字母表示，编号由标准代号（顺序号）批准年代组合而成。

国家标准用 GB 表示；国家推荐的标准用 GB/T 表示；国家指导性标准用 GB/Z 表示。实例：GB/T 8582—2000。

3.2.2 行业标准

行业标准是指对没有国家标准而又需要在全国某个行业范围内统一的技术要求所制定的标准。行业标准是对国家标准的补充，是专业性、技术性较强的标准。行业标准的制定不得与国家标准相抵触，国家标准公布实施后，相应的行业标准即行废止。

行业标准用该行业主管部门名称的汉语拼音字母表示，如机械行业标准用 JB 表示，化工行业标准用 HG 表示，轻工行业标准用 QB 表示等等。实例：JB/T 8916—1999,是指机械行业 1999 年颁布的第 8 916 项标准。

3.2.3 地方标准

地方标准是指对没有国家标准和行业标准而又需要在省、自治区、直辖市范围内统一工业产品的安全、卫生要求所制定的标准，地方标准在本行政区域内适用，不得与国家标准和行业标准相抵触。国家标准、行业标准公布实施后，相应的地方标准即行废止。地方标准代号由"DB"和各省、市、自治区行政区划代码前两位数加斜线组成，如广东省地方标准代号为 DB44。实例：DBJT/ 25 – 85 – 2000。

3.2.4 企业标准

企业标准指企业所制定的产品标准和在企业内需要协调、统一的技术要求和管理、工作要求所制定的标准。企业标准是企业组织生产、经营活动的依据。

企业标准代号以 Q 为代表，以企业名称的代码为字母表示，在 Q 前冠以省市自治区的简称汉字，如京 Q/JB 1—1989 是北京机械工业局 1989 年颁布的企业标准。

3.3 国际标准和国外先进标准

3.3.1 国际标准

国际标准是指国际标准化组织 ISO 和国际电工委员会 IEC 所制定的标准，以及国际标准化组织已列入《国际标准题内关键词索引》中的 27 个国际组织制定的标准和公认具有国际先进水平的其他国际组织制定的某些标准。

3.3.2 国外先进标准

国外先进标准是指未经 ISO 确认并公布的其他国际组织的标准、发达国家的国家标准、区域性组织的标准、国际上有权威的团体标准和企业（公司）标准中的先进标准。

3.3.3 产品质量认证

产品质量认证（以下简称认证）是依据产品标准和相应技术要求，经认证机构确认并通过颁发认证证书和认证标志来证明某一产品符合相应标准和相应技术要求的活动。产品质量认证是标准化的一个重要内容。认证的定义包括以下几项基本概念：

（1）认证的依据是标准。由于国家标准（GB/T）或国际标准（ISO、IEC、ITU 等）是发展生产、提高质量、促进贸易的衡量标准，理所当然地成为质量认证的基础和依据。

（2）认证的对象是产品。按照国际标准化组织的规定，将产品分为两类，即有形产品（通常人们使用的产品或商品）和无形产品（包括工艺性作业，如电镀、热处理、焊接，以及各类形式的服务）。

（3）认证的批准方式是颁发认证证书和/或允许产品使用认证标志。

（4）认证是贯彻标准和相应技术要求的一项质量监督活动。

（5）认证活动是由认证机构领导并实施的。按照国际标准化组织的要求，认证机构必须具备不受第

一方（生产方）和第二方（使用方）经济利益所支配的第三方公正地位。

3.3.4 国际标准的编号

国际电工委员会（IEC）负责制定和批准电工与电子技术领域的各种技术标准。

国际标准化组织（ISO）负责制定和批准除电工与电子技术领域以外的各种技术标准。ISO 标准号的构成成分为"ISO+顺序号+年代号（制定或修订年份）"，如 ISO3347：1976 即表示 1976 年颁布的有关木材剪应力测定的标准。

正式标准：ISO/R—推荐标准；DIS—国际标准草案；ISO/TR—ISO 技术报告。

区域性标准是指区域性标准组织通过的标准，或在一定的情况下经从事标准化活动的区域性组织通过的标准，如欧洲电气标准协调委员会（CENEL）标准；国际标准化组织制定的标准：ISO 实例：ISO/IEC 15045 – 1 – 2004；国际电工委员会制定的标准：IEC 实例：IEC 60601 – 1 – 4；美国国家标准：ANSI 实例：ASNT 144 01 – Jan – 2002；英国国家标准：BS 实例：BS BS 5906：1980；美国材料与试验协会标准：ASTM 实例：ASTM D3359 – 02；美国电气与电子工程师学会标准：IEEE 实例：IEEE 1149. 1 – 2001。

3.4 标准文献及其检索

3.4.1 标准文献的作用及其概况

1. 标准文献及其作用 广义的标准文献包括一切与标准化工作有关的文献（如标准目录、标准汇编、标准年鉴、标准的分类法、标准单行本等等）。标准文献是标准化工作的成果，也是进一步推动科研、生产标准化进程的动力，标准文献有助于了解各国的经济政策、生产水平、资源情况和标准化水平。

2. 标准文献概况 目前，世界已有的技术标准达 75 万件以上，与标准有关的各类文献也有数十万件。制订标准数量较多的国家有美国（10 万多件）、原西德（约 3.5 万件）、英国（BS 标准 9000 个）、日本（JIS 标准 8000 多个），另外，法国和前苏联制订的标准也较多。

通常所说的国际标准主要是指 ISO（国际标准化组织）、IEC（国际电工委员会）和 ITU（国际电信联盟），同时，还包括国际标准组织认可的其他 27 个国际组织制定的标准论题（如 ITU 国际电信联盟）。我国于 1978 年重新加入 ISO，于 1957 年加入 IEC，到 2000 年底，我国已批准发布了国家标准近 1.7 万个、备案行业标准 2.2 万个、地方标准 7500 个、备

案企业标准3.5万个。

3.4.2 标准文献的检索

《中华人民共和国国家标准目录》T‐652.1／CG2，由国家标准局编，中国标准出版社出版，有顺序目录和分类目录两部分。

《中国国家标准汇编》T‐652.1／39，中国国家标准出版社出版，自1983年至今已出版近200卷，收录了公开发布的全国现行的国家标准，其各卷及正文按国家标准号顺序排列，在已知标准号情况下，可直接查到标准全文。

《ISO标准目录》（ISO Catalogue）T‐65／39，由国际标准化组织编辑出版，年刊，每年2月以英法两种文字出版，报道上一年度的全部现行标准，包括新近批准生效的标准和作废的标准（TC类号、标准号、标准名称、出版情况、页数及英法文对照的标准名、主题索引、标准序号索引、废弃标准目录）。

《美国材料与试验协会标准》（ASTM），由国际标准化组织（ISO）编辑出版，为季度累积本。报道一季度发布的正式标准和草案标准，按TC分类号编排，有英、法文对照。

《IEC出版物目录》(Catalogue of IEC Publication)，以英、法两种文字编辑出版，年刊。主要报道上一年度的全部IEC标准。

3.4.3 标准文献数据库

万方数据库—中外标准 http：//210.32.205.31：85/kjxx／zwbz 72. html

http：//scitechinfo. wanfangdata. com. cn／

国家标准化管理委员会 http：//www. sac. gov. cn/home. asp

中国标准网 http：//www. zgbzw. com／

中国工程技术标准信息网 http：//www. std. cetin. net. cn／

3.5 电工标准

3.5.1 常用的电工标准

近年来，国家颁发了一系列与IEC接口的国家系列标准，如1996~2000年颁发的GB/T 4728.1—4728.13《电气简图用图形符号》，取代了1984~1985年版的国家标准《电气图用图形符号》；1997年颁发的GB/T 6988.1—6988.4《电气技术用文件的编制》，取代了1986年版国标《电气制图》；2000年颁布的GB/T 18656《工业系统、装置与设备以及工业产品系统内端子的标识》，部分取代了GB/T 5094—1985《电

气技术中的项目代号》及GB/T 7159—1987《电气技术的文字符号制定通则》。常用电工标准见表1.3‐1。

表1.3‐1 常用电工标准目录

国 标 号	标 准 名 称
GB/T 4728.1—2005	电气简图用图形符号 第1部分：一般要求
GB/T 4728.2—2005	电气简图用图形符号 第2部分：符号要素、限定符号和其他常用符号
GB/T 4728.3—2005	电气简图用图形符号 第3部分：导体和连接件
GB/T 4728.4—2005	电气简图用图形符号 第4部分：基本无源元件
GB/T 4728.5—2005	电气简图用图形符号 第5部分：半导体管和电子管
GB/T 4728.6—2000	电气简图用图形符号 第6部分：电能的发生与转换
GB/T 4728.7—2000	电气简图用图形符号 第7部分：开关、控制和保护器件
GB/T 4728.8—2000	电气简图用图形符号 第8部分：测量仪表、灯和信号器件
GB/T 4728.9—1999	电气简图用图形符号 第9部分：电信：交换和外围设备
GB/T 4728.10—1999	电气简图用图形符号 第10部分：电信：传输
GB/T 4728.11—2000	电气简图用图形符号 第11部分：建筑安装平面布置图
GB/T 4728.12—1996	电气简图用图形符号 第12部分：二进制逻辑元件
GB/T 4728.13—1996	电气简图用图形符号 第13部分：模拟元件
GB/T 6988.1—1997	电气技术用文件的编制 第1部分：一般要求
GB/T 6988.2—1997	电气技术用文件的编制 第2部分：功能性简图
GB/T 6988.3—1997	电气技术用文件的编制 第3部分：接线图和接线表
GB/T 6988.4—2002	电气技术用文件的编制 第4部分：位置文件与安装文件
GB/T 5465.1—1996	电气设备用图形符号绘制原则

续表

国 标 号	标 准 名 称
GB/T 5465.2—1996	电气设备用图形符号
GB/T 16679—1996	信号与连接线的代号
GB/T 18656—2002	工业系统、装置与设备以及工业产品 系统内端子的标识
GB/T 4026—2004	人机界面标志标识的基本方法和安全规则设备端子和特定导体终端标识及字母数字系统的应用通则
GB 4884—1985	绝缘导线的标记

3.5.2 标准电压

GB 156—1993 标准电压见表 1.3-2～表 1.3-5。

表 1.3-2　220～1000V（1140V）的交流电力系统及设备的额定（标称）电压值

系统标称电压/V	设备额定电压/V	备　注
220/380	220/380	表中有斜线的数值,斜线左边为相电压,右边为线电压,没有斜线的表示为线电压
380/660	380/660	1140V 仅限于矿井使用
1000(1140)	1000(1400)	

表 1.3-3　3kV 及以上交流系统三相系统的额定（标称）电压值及设备最高电压值

系统标称电压/kV	设备最高电压/kV	备　注
3	3.6	
6	7.2	
10	12	
(20)	(24)	
35	40.5	括号内为用户有要求时使用的值,电气设备的额定电压可从本表中选取,由产品标准确定
66	72.5	
110	125 (123)	
220	252 (245)	
330	363	
500	550	
(750)	(800)	
—	1200	

表 1.3-4　交流 380V 及以下和直流 2000V 及以下的电气设备额定电压值

直流额定电压/V		交流额定电压/V	
优先值	补充值	优先值	补充值
—	1.2	—	—
2	—	—	—
—	2.4	—	—
3	—	—	—
—	4.5	—	—
—	5	—	5
6	—	6	—
—	9	—	—
12	—	12	—
—	15	—	15
24	—	24	—
—	30	—	—
36	—	36	—
—	—	—	42
48	—	48	—
60	—	—	60
1.5	—	—	—
72	—	—	—
—	—	—	100
110	—	110	—
—	—	—	127
160	—	—	—
220	—	220	—
—	—	380	—
—	400	—	—
440	—	—	—
—	630	—	—
800	—	—	—
1000	—	—	—
—	1250	—	—
1500	—	—	—
2000	—	—	—

表 1.3－5　　　　发电机的额定电压值

直流发电机 额定电压 /V	交流发电机 额定电压 /V	备 注
115	115	
230	230	
460	400	
—	690	
—	3150	与发电机出线端 配套的电气设备额 定电压可以采用发 电机的额定电压， 在产品标准中具体 规定
—	6300	
—	10500	
—	13800	
—	15750	
—	18000	
—	20000	
—	22000	
—	24000	
—	36000	

3.5.3　标准电流

标准电流见表 1.3－6。

表 1.3－6　　　标准电流（GB/T 762—1996）

1	1.25	1.6	2	2.5	3.15	4	5	6.3	8
10	12.5	16	20	25	31.5	40	50	63	80
100	125	160	200	250	315	400	500	630	800
1000	1250	1600	2000	2500	3150	4000	5000	6300	8000
10000									

注：1A 及 10000A 以上的电流额定值按照以上规定取值。

3.5.4　标准频率

标准频率见表 1.3－7。

表 1.3－7　　　标准频率（GB/T 1980～1996）

50 — (60)	100	150	200	250	300	400	500	600	750
1000	1200	1500	2000	2400	3000	4000	8000	10000	

注：括号内的频率仅供专用电源系统使用，加有横线的频率为优先值。

表 1.3－8　　　　其他常用电工标准

标准号/ISBN 号	中文标准名称/图书名称
GB/T 4798.1—2005	电工电子产品应用环境条件 第1部分：储存
GB/T 11804—2005	电工电子产品环境条件 术语
GB/T 19678—2005/ IEC 62079：2001	说明书的编制、构成、内容和表示方法
GB/T 4772.1～4772.3—1999	旋转电机尺寸和输出功率等级
GB/T 19529—2004	技术信息与文件的构成
GB/T 2900.33—2004	电工术语 电力电子技术
GB 19517—2004	国家电气设备安全技术规范
GB/T 2900.49—2004	电工术语 电力系统保护
GB/T 2900.65—2004	电工术语 照明
GB/T 2900.66—2004	电工术语 半导体器件和集成电路
GB/T 11804—1989	电工电子产品环境条件术语
GB/T 6988.6—1993	控制系统功能表图的绘制
GB/T 2900.17—1994	电工术语 电气继电器
GB/T 2900.50—1998	电工术语 发电、输电及配电通用术语
GB 12173—1990	矿用一般型电气设备
GB/T 15139—1994	电工设备结构总技术条件
GB/T 2900.52—2000	电工术语 发电、输电及配电 发电
GB/T 4074.1～4074.6—1999	绕组线试验方法（合订本）
GB/T 2900.5—2002	电工术语 绝缘固体、液体和气体
GB/T 13811—2003	电工术语 超导电性
GB/T 2900.63—2003	电工术语 基础继电器
GB/T 2900.64—2003	电工术语 有或无时间继电器
GB/T 9637—2001	电工术语 磁性材料与元件
GB/T 2900.61—2002	电工术语 物理和化学
GB/T 2900.60—2002	电工术语 电磁学

续表

标准号/ISBN 号	中文标准名称/图书名称
GB/T 2900.59—2002	电工术语 发电、输电及配电 变电站
GB/T 2900.57—2002	电工术语 发电、输电及配电 运行
GB/T 2900.56—2002	电工术语 自动控制
GB/T 2900.62—2003	电工术语 原电池
GB/T 2900.4—1994	电工术语 电工合金
GB/T 2900.27—1995	电工术语 小功率电机
GB/T 2900.18—1992	电工术语 低压电器
GB/T 2900.25—1994	电工术语 旋转电机
GB/T 2900.26—1994	电工术语 控制电机
GB/T 2900.15—1997	电工术语 变压器、互感器、调压器和电抗器
GB/T 762—2002	标准电流等级
GB/T 1980—1996	标准频率
GB/T 5465.1~5465.2—1996	电气设备用图形符号（合订本）
GB/T 2900.36—2003	电工术语 电力牵引
GB 156—2003	标准电压
GB 7159—1987	电气技术中的文字符号制订通则
GB/T 7451—1987	电光源名词
GB 7356—1987	电气系统说明书用简图的编制
GB/T 13394—1992	电工技术用字母符号 旋转电机量的符号
GB 2900.11—1988	蓄电池名词术语

续表

标准号/ISBN 号	中文标准名称/图书名称
GB/T 2900.1—1992	电工术语 基本术语
GB/T 2900.16—1996	电工术语 电力电容器
GB/T 2900.19—1994	电工术语 高电压试验技术和绝缘配合
ISBN GB/T 2900.20—1994	电工术语 高压开关设备
GB/T 2900.23—1995	电工术语 工业电热设备
GB/T 2900.28—1994	电工术语 电动工具
ISBN GB/T 2900.32—1994	电工术语 电力半导体器件
GB/T 2900.35—1998	电工术语 爆炸性环境用电气设备
GB/T 2900.39—1994	电工术语 电机、变压器专用设备
GB/T 2900.45—1996	电工术语 水轮机、蓄能泵和水泵水轮机
GB/T 2900.51—1998	电工术语 架空线路
GB/T 2900.7—1996	电工术语 电炭
GB/T 2900.8—1995	电工术语 绝缘子
GB/T 2900.9—1994	电工术语 火花塞
GB/T 2422—1995	电工电子产品环境试验术语
GB/T 16499—1996	编制电气安全标准的导则
GB/T 13498—1992	高压直流输电术语
GB/T 2900.10—2001	电工术语 电缆

第4章　数　学　公　式

4.1　数学常数

$\pi = 3.1415\ 92653\ 58979\ 32384\ 62643$

$\pi^{-1} = 0.31830\ 98861\ 83790\ 67153\ 77675$

$e = 2.7182\ 81828\ 45904\ 52353\ 60287$

$e^{-1} = 0.36787\ 94411\ 71442\ 32159\ 55238$

$\sqrt{2} = 1.4142\ 13562\ 37309\ 50488$

$\sqrt{3} = 1.7320\ 50807\ 56887\ 72935$

$\sqrt{5} = 2.2360\ 67977\ 49978\ 96964$

$\sqrt{10} = 3.1622\ 77660\ 16837\ 93320$

$\sqrt{\pi} = 1.7724\ 53850\ 90551\ 60272$

$\lg 2 = 0.30102\ 99956\ 63981\ 19521$

$\lg 3 = 0.47712\ 12547\ 19662\ 43729$

$\ln 2 = 0.6931\ 47180\ 55994\ 53094$

$\ln 3 = 1.0986\ 12288\ 66810\ 96913$

$\ln 10 = 2.3025\ 85092\ 99404\ 56840$

$1\text{rad} = 57.2957\ 79513\ 08232\ 08767°$

$1° = 0.0174\ 53292\ 51994\ 32957\text{rad}$

$\gamma = 0.5772\ 15664\ 90153\ 28606\ 06512$

$\ln\gamma = -0.5495\ 39312\ 98164\ 48223\ 37662$

4.2　阶乘、排列和组合、二项式定理

1. 阶乘　$n! = 1 \cdot 2 \cdot 3 \cdots (n-2)(n-1)n$

$(2n)!! = 2 \cdot 4 \cdot 6 \cdots (2n-2) \cdot (2n)$

$(2n+1)!! = 1 \cdot 3 \cdot 5 \cdots (2n-1) \cdot (2n+1)$

$0! = 1,\ 0!! = 0,\ (-1)!! = 0$

2. 排列　从 n 个不同元素中每次取 m 个元素的排列。

$$P_n^m (\text{或 } A_n^m) = \frac{m!}{(n-m)!}$$

3. 组合　从 n 个不同元素中每次取 m 个元素的组合。

$$C_n^m = \frac{n!}{m!\ (n-m)!}$$

4. 二项式定理

$$(a+b)^n = \sum_{j=0}^{n} C_n^j a^{n-j} b^j$$

4.3　复数

欧拉公式　$e^{j\phi} = \cos\phi + j\sin\phi$

若　$z_1 = a + jb = r_1 e^{j\phi_1}$，$z_2 = c + jd = r_2 e^{j\phi_2}$

则　$z_1 \pm z_2 = (a \pm c) + j(b \pm d)$

$z_1 \cdot z_2 = r_1 r_2 e^{j(\phi_1 + \phi_2)}$

$z_1 / z_2 = \frac{r_1}{r_2} e^{j(\phi_1 - \phi_2)}\ (r_2 \neq 0)$

复数 $z = x + jy = re^{j\phi}$ 的共轭复数：$\bar{z} = x - jy$

棣莫弗公式　$z^n = r^n e^{jn\phi} = r^n (\cos n\phi + j\sin n\phi)$

$z^{\frac{1}{n}} = r^{\frac{1}{n}} e^{j\frac{\phi + 2k\pi}{n}}$，$k = 0, 1, 2, \cdots, (n-1)$

$e^{j2\pi} = 1$，$e^{j\pi} = -1$，$e^{j\frac{\pi}{2}} = j$，$e^{j\frac{3\pi}{2}} = -j$

4.4　常用函数

1. 三角函数，反三角函数，三角形基本定理

(1) 基本恒等式

$\tan\alpha = \sin\alpha/\cos\alpha$，$\cot\alpha = 1/\tan\alpha$

$\csc\alpha = 1/\sin\alpha$，$\sec\alpha = 1/\cos\alpha$

$\sin^2\alpha + \cos^2\alpha = 1$，$\csc^2\alpha - \cot^2\alpha = 1$

$\sec^2\alpha - \tan^2\alpha = 1$

(2) 诱导公式

$\sin(-\alpha) = -\sin\alpha$，$\cos(-\alpha) = \cos\alpha$

$\tan(-\alpha) = -\tan\alpha$

$\sin\left(\frac{\pi}{2} - \alpha\right) = \cos\alpha$，$\cos\left(\frac{\pi}{2} - \alpha\right) = \sin\alpha$

$\tan\left(\frac{\pi}{2} - \alpha\right) = \cot\alpha$

$\sin(\pi - \alpha) = \sin\alpha$，$\cos(\pi - \alpha) = -\cos\alpha$

$\tan(\pi - \alpha) = -\tan\alpha$

(3) 和（差）角公式

$\sin(\alpha \pm \beta) = \sin\alpha\cos\beta \pm \cos\alpha\sin\beta$

$\cos(\alpha \pm \beta) = \cos\alpha\cos\beta \mp \sin\alpha\sin\beta$

$\tan(\alpha \pm \beta) = \dfrac{\tan\alpha \pm \tan\beta}{1 \mp \tan\alpha\tan\beta}$

$\cot(\alpha \pm \beta) = \dfrac{\cot\alpha\cot\beta \mp 1}{\cot\beta \pm \cot\alpha}$

(4) 倍角公式

$\sin 2\alpha = 2\sin\alpha\cos\alpha = \dfrac{2\tan\alpha}{1 + \tan^2\alpha}$

$\cos 2\alpha = \cos^2\alpha - \sin^2\alpha = 1 - 2\sin^2\alpha$

$\quad = 2\cos^2\alpha - 1 = \dfrac{1 - \tan^2\alpha}{1 + \tan^2\alpha}$

$\tan 2\alpha = \dfrac{2\tan\alpha}{1 - \tan^2\alpha}$，$\cot 2\alpha = \dfrac{\cot^2\alpha - 1}{2\cot\alpha}$

$\sin 3\alpha = 3\sin\alpha - 4\sin^3\alpha$，$\cos 3\alpha = 4\cos^3\alpha - 3\cos\alpha$

(5) 半角公式

$$\sin\frac{\alpha}{2} = \pm\sqrt{\frac{1-\cos\alpha}{2}}, \quad \cos\frac{\alpha}{2} = \pm\sqrt{\frac{1+\cos\alpha}{2}}$$

$$\tan\frac{\alpha}{2} = \pm\sqrt{\frac{1-\cos\alpha}{1+\cos\alpha}} = \frac{1-\cos\alpha}{\sin\alpha} = \frac{\sin\alpha}{1+\cos\alpha}$$

（6）和差与积互化公式

$$a\sin\alpha + b\cos\alpha = (a^2+b^2)^{\frac{1}{2}}\sin\left(\alpha+\arctan\frac{b}{a}\right)$$

$$\sin\alpha + \sin\beta = 2\sin\frac{\alpha+\beta}{2}\cos\frac{\alpha-\beta}{2}$$

$$\sin\alpha - \sin\beta = 2\cos\frac{\alpha+\beta}{2}\sin\frac{\alpha-\beta}{2}$$

$$\cos\alpha + \cos\beta = 2\cos\frac{\alpha+\beta}{2}\cos\frac{\alpha-\beta}{2}$$

$$\cos\alpha - \cos\beta = -2\sin\frac{\alpha+\beta}{2}\sin\frac{\alpha-\beta}{2}$$

$$\tan\alpha \pm \tan\beta = \frac{\sin(\alpha\pm\beta)}{\cos\alpha\cos\beta}$$

$$2\sin\alpha\cos\beta = \sin(\alpha+\beta) + \sin(\alpha-\beta)$$
$$2\cos\alpha\cos\beta = \cos(\alpha+\beta) + \cos(\alpha-\beta)$$
$$2\sin\alpha\sin\beta = -\cos(\alpha+\beta) + \cos(\alpha-\beta)$$

（7）反三角函数

$$\sin(\arcsin x) = x, \quad |x| \leqslant 1$$
$$\cos(\arccos x) = x, \quad |x| \leqslant 1$$
$$\tan(\arctan x) = x, \quad |x| \leqslant \infty$$
$$\sin(\arccos x) = \sqrt{1-x^2}, \quad |x| \leqslant 1$$
$$\tan(\arcsin x) = \frac{x}{\sqrt{1-x^2}}, \quad |x| \leqslant 1$$
$$\cos(\text{arccot}\,x) = \frac{x}{\sqrt{1+x^2}}, \quad |x| < +\infty$$
$$\arcsin(\sin x) = x, \quad |x| \leqslant \frac{\pi}{2}$$
$$\arccos(\cos x) = x, \quad 0 \leqslant x \leqslant \pi$$
$$\arctan(\tan x) = x, \quad |x| < \frac{\pi}{2}$$
$$\arcsin x + \arccos x = \frac{\pi}{2}$$
$$\arctan x + \text{arccot}\,x = \frac{\pi}{2}$$

（8）三角形基本定理。设三角形三个角 A，B，C 的三条对边分别为 a，b，c，外接圆半径为 R，有

正弦定理 $\dfrac{a}{\sin A} = \dfrac{b}{\sin B} = \dfrac{c}{\sin C} = 2R$

余弦定理 $a^2 = b^2 + c^2 - 2bc\cos A$

正切定理 $\tan\dfrac{A-B}{2} = \dfrac{a-b}{a+b}\cot\dfrac{C}{2}$

面积公式

$$S = \frac{1}{2}ab\sin C = \sqrt{p(p-a)(p-b)(p-c)}$$
$$\left[p = \frac{1}{2}(a+b+c)\right]$$

内切圆半径 $r = 4R\sin\dfrac{A}{2}\sin\dfrac{B}{2}\sin\dfrac{C}{2}$

$$= \sqrt{\frac{(p-a)(p-b)(p-c)}{p}}$$

2. 双曲函数、反双曲函数和对数函数

（1）双曲函数

双曲正弦　$\sinh x = \dfrac{e^x - e^{-x}}{2}$

双曲余弦　$\cosh x = \dfrac{e^x + e^{-x}}{2}$

双曲正切　$\tanh x = \dfrac{\sinh x}{\cosh x} = \dfrac{e^x - e^{-x}}{e^x + e^{-x}}$

双曲余切　$\coth x = \dfrac{\cosh x}{\sinh x} = \dfrac{e^x + e^{-x}}{e^x - e^{-x}}$

双曲正割　$\text{sech}\,x = \dfrac{1}{\cosh x} = \dfrac{2}{e^x + e^{-x}}$

双曲余割　$\text{csch}\,x = \dfrac{1}{\sinh x} = \dfrac{2}{e^x - e^{-x}}$

（2）双曲函数的基本关系

$$\sinh(-x) = -\sinh x, \quad \cosh(-x) = \cosh x$$
$$\tanh x \coth x = 1, \quad \cosh^2 x - \sinh^2 x = 1$$
$$\text{sech}^2 x + \tanh^2 x = 1, \quad \coth^2 x - \text{csch}^2 x = 1$$
$$\cosh x + \sinh x = e^x, \quad \cosh x - \sinh x = e^{-x}$$

（3）反双曲函数

反双曲正弦　$\text{arsinh}\,x = \ln(x + \sqrt{x^2+1})$

反双曲余弦　$\text{arcosh}\,x = \pm\ln(x + \sqrt{x^2-1})$
$$(x \geqslant 1)$$

反双曲正切　$\text{artanh}\,x = \dfrac{1}{2}\ln\dfrac{1+x}{1-x}$
$$(|x| < 1)$$

反双曲余切　$\text{arcoth}\,x = \dfrac{1}{2}\ln\dfrac{x+1}{x-1}$
$$(|x| > 1)$$

（4）反双曲函数的基本关系

$$\text{arsinh}\,x = \pm\text{arcosh}(\sqrt{x^2+1})$$
$$\text{arcosh}\,x = \pm\text{arsinh}(\sqrt{x^2-1})$$
$$\text{artanh}\,x = \text{arsinh}\left(\frac{x}{\sqrt{1-x^2}}\right)$$
$$\text{arsinh}\,x \pm \text{arsinh}\,y =$$
$$\text{arsinh}(x\sqrt{1+y^2} \pm y\sqrt{1+x^2})$$
$$\text{arcosh}\,x \pm \text{arcosh}\,y =$$
$$\text{arcosh}[xy \pm \sqrt{(x^2-1)(y^2-1)}]$$
$$\text{artanh}\,x \pm \text{artanh}\,y = \text{artanh}\frac{x\pm y}{1\pm xy}$$

（5）对数函数

$$\log_a a = 1, \quad \log_a 1 = 0, \quad \log_a x^n = n\log_a x$$
$$a^{\log_a x} = x$$
$$\log_a(x \cdot y) = \log_a x + \log_a y$$

$$\log_a\left(\frac{x}{y}\right) = \log_a x - \log_a y$$

$$\log_a x = \frac{\log_b x}{\log_b a} , \ \log_a b \cdot \log_b a = 1$$

3. 三角函数、双曲线函数和指数函数的关系

$$e^{jx} = \cos x + j\sin x , \quad e^x = \cosh x + \sinh x$$

$$\sin x = \frac{e^{jx} - e^{-jx}}{2j} , \quad \sinh x = \frac{e^x - e^{-x}}{2}$$

$$\cos x = \frac{e^{jx} + e^{-jx}}{2} , \quad \cosh x = \frac{e^x + e^{-x}}{2}$$

$$\sin jx = j\sinh x , \ \cos jx = \cosh x$$

$$\sinh jx = j\sin x , \ \cosh jx = \cos x$$

4.5 矩阵

1. 矩阵及矩阵代数运算、特殊方阵、特征根、特征向量和特征方程

$m \times n$ 阶矩阵记作 $(a_{ij})_{m \times n}$ 或 $A_{m \times n}$ 简记为 A，即

$$A = A_{m \times n} = (a_{ij})_{m \times n} = \begin{pmatrix} a_{11} & a_{12} & \cdots & a_{1n} \\ a_{21} & a_{22} & \cdots & a_{2n} \\ \vdots & \vdots & & \vdots \\ a_{m1} & a_{m2} & \cdots & a_{mn} \end{pmatrix}$$

若 $m = n$，A 称为 n 阶方阵。

（1）方阵 A 的迹与秩。n 阶方阵 A 的所有主对角元之和，称为 A 的迹。记作 $\mathrm{tr}A = \sum_{i=1}^{n} a_{ii}$。

若 n 阶方阵 A 的 n 个列向量中有 r 个线性无关（$r \leqslant n$），而所有个数大于 r 的列向量都线性相关，则称 r 为矩阵 A 的列秩，类似可定义矩阵 A 的行秩。矩阵 A 的列秩和行秩一定相等，亦称之为矩阵 A 的秩，记作 $\mathrm{rank}A = r$。如果 $r = n$，则称 A 为满秩矩阵，必有 $|A| \neq 0$，故非奇异方阵为满秩矩阵。若 $r < n$ 则称 A 为降秩矩阵，即是奇阵。

（2）矩阵的代数运算，见表 1.4－1。

（3）一些特殊方阵，见表 1.4－2。

（4）矩阵的特征值、特征向量和特征方程。

对 n 阶方阵 A 和 n 维向量 α，如果有一个数 λ，使 $\lambda \alpha = A \alpha$，则称 λ 为矩阵 A 的特征值（特征根），α 为 A 的特征值 λ 所对应的特征向量。

$A - \lambda I$ 称为特征矩阵。$|A - \lambda I|$ 为矩阵 A 的特征多项式。$|A - \lambda I| = 0$ 称为矩阵 A 的特征方程。特征方程的 n 个根 λ_1，λ_2，$\cdots$，λ_n 就是矩阵 A 的 n 个特征值（亦称本征值）。集合 $\{\lambda_1, \lambda_2, \cdots, \lambda_n\}$ 称为 A 的谱，记作 $\mathrm{ch}A$。

表 1.4－1　　　　　　　　　　　　　　　　矩阵的代数运算法则

说明和运算公式	一 般 规 律
加减　同阶矩阵才能相加减。各对应位置元素相加减 设　$A = (a_{ij})_{m \times n}$，$B = (b_{ij})_{m \times n}$，$C = A \pm B$ 则　$c_{ij} = a_{ij} \pm b_{ij}$（$i = 1, 2, \cdots, m$，$j = 1, 2, \cdots, n$）	$A + B = B + A$（交换律） $(A + B) + C = A + (B + C)$（结合律）
数乘　数乘矩阵时，将数乘到矩阵的每个元素上 $$k\begin{pmatrix} a_{11} & a_{12} & \cdots & a_{1n} \\ a_{21} & a_{22} & \cdots & a_{2n} \\ \vdots & \vdots & & \vdots \\ a_{m1} & a_{m2} & \cdots & a_{mn} \end{pmatrix} = \begin{pmatrix} ka_{11} & ka_{12} & \cdots & ka_{1n} \\ ka_{21} & ka_{22} & \cdots & ka_{2n} \\ \vdots & \vdots & & \vdots \\ ka_{m1} & ka_{m2} & \cdots & ka_{mn} \end{pmatrix}$$	$kA = Ak$ $k(A + B) = kA + kB$ $(k + h)A = kA + hA$ $k(hA) = h(kA)$ （k，h 为任意常数）
乘法　若 A、B 分别为 $m \times n$ 阶和 $n \times s$ 阶矩阵，则 $C = AB$，$c_{ij} = \sum_{k=1}^{n} a_{ik}b_{kj}$（$i = 1, 2, \cdots, m$；$j = 1, 2, \cdots, n$）；$C$ 为 $m \times s$ 阶矩阵。 二矩阵相乘的条件是左矩阵的列数必须等于右矩阵的行数	$(AB)C = A(BC)$（结合律） $(A + B)C = AC + BC$ $C(A + B) = CA + CB$（分配律） $k(AB) = (kA)B = A(kB)$ 一般地，$AB \neq BA$

说明和运算公式	一 般 规 律
转置　把 $(a_{ij})_{m \times n}$ 的行同列互换后得到的 $n \times m$ 阶矩阵称为 A 的转置矩阵（简称转阵）记作 A^T 或 A'，即 $$A^T = A' = \begin{pmatrix} a_{11} & a_{12} & \cdots & a_{1n} \\ a_{21} & a_{22} & \cdots & a_{2n} \\ \vdots & \vdots & & \vdots \\ a_{m1} & a_{m2} & \cdots & a_{mn} \end{pmatrix}^T = \begin{pmatrix} a_{11} & a_{21} & \cdots & a_{m1} \\ a_{12} & a_{22} & \cdots & a_{m2} \\ \vdots & \vdots & & \vdots \\ a_{1n} & a_{2n} & \cdots & a_{mn} \end{pmatrix}$$	$(A+B)^T = A^T + B^T$ $(kA)^T = kA^T$（k 为任意常数） $(A^T)^T = A$ $(AB)^T = B^T A^T$ $(A_1 A_2 \cdots A_s)^T = A_s^T \cdots A_2^T A_1^T$ $(A^k)^T = (A^T)^k$（k 为正整数）
共轭　把矩阵 A 的所有元素换成它们的共轭复数得到的矩阵称为 A 的共轭矩阵，记作 A^* 或 $\overline{A}$，即 $$A^* = \overline{A} = (\overline{a_{ij}})$$	$(A+B)^* = A^* + B^*$ $(kA)^* = k^* A^*$（k 为任意常数） $(AB)^* = A^* B^*$，$(A^T)^* = (A^*)^T$

表 1.4 – 2　　　一些特殊方阵

特殊矩阵类型	定义（或矩阵应满足的条件）
单位矩阵 E（或 I）	$a_{ij} = \delta_{ij} = \begin{cases} 1 & i = j \\ 0 & i \neq j \end{cases}$
零矩阵	$a_{ij} = 0$
纯量矩阵 αI	$a_{ij} = a\delta_{ij}$
对角矩阵	$a_{ij} = a_i \delta_{ij}$
降阶（退化）矩阵	$|A| = 0$（或称奇异矩阵）
对称矩阵	$A = A^T$
斜对称矩阵	$A = -A^T$
上三角矩阵	$a_{ij} = 0 \quad i > j$
严格上三角矩阵	$a_{ij} = 0 \quad i \geqslant j$
下三角矩阵	$a_{ij} = 0 \quad i < j$
严格下三角矩阵	$a_{ij} = 0 \quad i \leqslant j$
转置共轭矩阵	$A^{T*} = A^+$（或记做 A^H，亦称作 A 的结合矩阵）
厄米特矩阵	$A = A^+ = A^H$
斜厄米特矩阵	$A = -A^+ = -A^H$
互逆矩阵	$AB = BA = I$，记作 $A^{-1} = B$ 或 $B^{-1} = A$ 矩阵 A 可逆的充要条件是 $\det A = |A| \neq 0$
伴随矩阵 $\tilde{A}$（或附加矩阵）	$\tilde{A}$ 的第 i 行第 j 列元素是行列式 $|A| = |(a_{ij})|$ 的第 j 行第 i 列元素的代数余子式。$A^{-1} = \dfrac{\tilde{A}}{|A|}$
正交矩阵	$A^T = A^{-1}$ 或 $A^T A = AA^T = I$
酉矩阵	$A^+ = A^{-1}$ 或 $A^+ A = AA^+ = I$
正规矩阵	$A^+ A = AA^+$

2. 矩阵的求导、积分及变换

（1）矩阵的导数。若矩阵 A 的元素 a_{ij} 都是变量 t 的函数，则 A 对 t 的一阶导数定义为

$$\frac{dA}{dt} = \begin{bmatrix} \dfrac{da_{11}(t)}{dt} & \dfrac{da_{12}(t)}{dt} & \cdots & \dfrac{da_{1n}(t)}{dt} \\ \vdots & \vdots & & \vdots \\ \dfrac{da_{m1}(t)}{dt} & \dfrac{da_{m2}(t)}{dt} & \cdots & \dfrac{da_{mn}(t)}{dt} \end{bmatrix}$$

同样可定义矩阵的高阶导数 $\dfrac{d^2 A}{dt^2}$，$\cdots$，$\dfrac{d^n A}{dt^n}$（设各元素对 t 高阶可微）。

（2）矩阵的积分。矩阵 A 的积分定义为

$$\int A dt = \begin{bmatrix} \int a_{11} dt & \int a_{12} dt & \cdots & \int a_{1n} dt \\ \vdots & \vdots & & \vdots \\ \int a_{m1} dt & \int a_{m2} dt & \cdots & \int a_{mn} dt \end{bmatrix}$$

同样可定义矩阵的多重积分。

（3）矩阵的相似变换和正交变换。

1）相似变换　设 A、B 是两个 n 阶矩阵，如果有 n 阶满秩矩阵 Q 存在，使得 $B = Q^{-1}AQ$，则称矩阵 A 与矩阵 B 相似，记作 $B \sim A$。

2）正交变换　若有正交矩阵 Q 存在：$Q^{-1} = Q^T$，则称 $Q^T A Q = Q^{-1} A Q$ 为矩阵 A 的正交变换。

4.6　微积分

1. 导数运算法则和基本公式

（1）导数运算基本法则。若 c 为常数，函数 $u = u(x)$，$v = v(x)$ 的导数存在，则

$$c' = 0, \quad (cu)' = cu'$$
$$(u+v)' = u' + v', \quad (uv)' = u'v + uv'$$
$$\left(\frac{u}{v}\right)' = \frac{u'v - uv'}{v^2} \quad (v \neq 0)$$

$$\frac{dy}{dx} = 1 \Big/ \frac{dx}{dy}$$

设 $y = f(u)$，$u = g(x)$，则 $\frac{dy}{dx} = f'(u)g'(x)$；

设 $y = g(t)$，$x = f(t)$，则 $\frac{dy}{dx} = \frac{dy}{dt} \Big/ \frac{dx}{dt} = \frac{g'(t)}{f'(t)}$。

(2) 基本函数的导数公式，见表 1.4-3。

表 1.4-3　　基本函数导数公式

$f(x)$	$f'(x)$
x^μ	$\mu x^{\mu-1}$
e^x	e^x
a^x	$a^x \ln a$
x^x	$x^x(1 + \ln x)$
$\ln x$	$\dfrac{1}{x}$
$\log_a x$	$\dfrac{1}{x \ln a}$
$\sin x$	$\cos x$
$\cos x$	$-\sin x$
$\tan x$	$\sec^2 x$
$\cot x$	$-\csc^2 x$
$\arcsin x$	$\dfrac{1}{\sqrt{1-x^2}}$
$\arccos x$	$-\dfrac{1}{\sqrt{1-x^2}}$
$\arctan x$	$\dfrac{1}{1+x^2}$
$\sinh x$	$\cosh x$
$\cosh x$	$\sinh x$
$\tanh x$	$\mathrm{sech}^2 x$
$\coth x$	$-\mathrm{csch}^2 x$
$\mathrm{arsinh} x$	$\dfrac{1}{\sqrt{1+x^2}}$
$\mathrm{arcosh} x$	$\dfrac{1}{\sqrt{x^2-1}}$ $(x>1)$
$\mathrm{artanh} x$	$\dfrac{1}{1-x^2}$

2. 不定积分和定积分

(1) 不定积分的基本性质

$$d\int f(x)dx = f(x)dx,\quad \left[\int f(x)dx\right]' = f(x),$$

$$\int cf(x)dx = c\int f(x)dx$$

$$\int [f(x) + g(x)]dx = \int f(x)dx + \int g(x)dx$$

$$\int uv'dx = uv - \int vu'dx \ (分部积分法)$$

$$\int f(x)dx = \int f[\varphi(t)]\varphi'(t)dt,\ (x = \varphi(t) (换元法)$$

(2) 基本函数积分表（省略了积分常数）

$$\int kdx = kx \ (k \text{ 为常数})$$

$$\int x^\mu dx = \frac{x^{\mu+1}}{\mu+1} \ (\mu \neq -1)$$

$$\int \frac{dx}{x} = \ln x$$

$$\int e^x dx = e^x$$

$$\int a^x dx = \frac{a^x}{\ln a}$$

$$\int \sin x dx = -\cos x$$

$$\int \sinh x dx = \cosh x$$

$$\int \cos x dx = \sin x$$

$$\int \cosh x dx = \sinh x$$

$$\int \tan x dx = -\ln|\cos x|$$

$$\int \cot x dx = \ln|\sin x|$$

$$\int \frac{dx}{\cos^2 x} = \tan x$$

$$\int \frac{dx}{\sin^2 x} = -\cot x$$

$$\int \frac{dx}{\sqrt{1-x^2}} = \arcsin x$$

$$\int \frac{dx}{1+x^2} = \arctan x$$

$$\int \frac{dx}{\sqrt{x^2+1}} = \ln(x + \sqrt{x^2+1})$$

$$\int \frac{dx}{\sqrt{x^2-1}} = \ln(x + \sqrt{x^2-1}) \ (|x|>1)$$

$$\int \frac{dx}{x^2-1} = \frac{1}{2}\ln\left|\frac{x-1}{x+1}\right| \ (x \neq 1)$$

(3) 部分常用函数的定积分

伽马（Γ）函数：

$$\Gamma(n) = \int_0^\infty x^{n-1}e^{-x}dx = \int_0^1 \left(\ln\frac{1}{x}\right)^{n-1}dx$$

$(n > 0)$

$$\Gamma(n+1) = n\Gamma(n) = n! \quad (n \text{ 为正整数})$$

$$\Gamma\left(\frac{1}{2}\right) = \sqrt{\pi}$$

尤拉常数：$\gamma = -\int_0^\infty e^{-x}\ln x dx = 0.5772157$

$$\int_0^\infty \frac{x^{m-1}}{1+x^n}\mathrm{d}x = \frac{\pi}{n\sin\frac{m\pi}{n}} \quad (0 < m < n)$$

$$\int_0^\infty \frac{\mathrm{d}x}{1+x^n} = \frac{\pi}{n\sin\frac{\pi}{n}} \quad (n > 1)$$

$$\int_0^\infty \frac{\mathrm{d}x}{(1+x^2)^n} = \frac{\pi}{2}\frac{(2n-3)!!}{(2n-2)!!} \quad (n > 1)$$

$$\int_0^1 \frac{\mathrm{d}x}{\sqrt{1-x^n}} = \frac{\sqrt{\pi}}{n}\frac{\Gamma\left(\frac{1}{n}\right)}{\Gamma\left(\frac{1}{n}+\frac{1}{2}\right)} \quad (n > 0)$$

$$\int_0^\infty e^{-ax}\mathrm{d}x = \frac{1}{a}$$

$$\int_0^\infty xe^{-x^2}\mathrm{d}x = \frac{1}{2}$$

$$\int_0^\infty x^2 e^{-x^2}\mathrm{d}x = \frac{\sqrt{\pi}}{4}$$

$$\int_0^\infty e^{-x^2}\mathrm{d}x = \sqrt{\pi} \text{（欧拉—泊松积分）}$$

$$\int_0^{\pi/2} \sin^m x \cos^n x\mathrm{d}x = \frac{(m-1)!!\,(n-1)!!}{(m+n)!!} \times c$$

（m，n 为整数。当 m，n 均为偶数时，$c = \frac{\pi}{2}$；m 或 n 为奇数时，$c = 1$）

$$\int_0^\infty \frac{\sin ax}{x}\mathrm{d}x = \begin{cases} \pi/2 & (a > 0) \\ -\pi/2 & (a < 0) \end{cases} \text{（狄利克雷积分）}$$

$$\int_0^{\frac{\pi}{2}} \frac{\sin^2 nx}{\sin^2 x}\mathrm{d}x = \frac{n\pi}{2} \text{（费耶积分）}$$

$$\int_0^\infty \frac{\tan ax}{x}\mathrm{d}x = \begin{cases} \pi/2 & (a > 0) \\ -\pi/2 & (a < 0) \end{cases}$$

$$\int_0^\infty e^{-ax}\sin bx\mathrm{d}x = \frac{b}{a^2+b^2} \quad (a > 0)$$

$$\int_0^\infty e^{-ax}\cos bx\mathrm{d}x = \frac{a}{a^2+b^2} \quad (a > 0)$$

3. 级数

（1）常用求和式。

$$1 - \frac{1}{3} + \frac{1}{5} - \frac{1}{7} + \cdots = \frac{\pi}{4}$$

$$\frac{1}{1^2} + \frac{1}{2^2} + \frac{1}{3^2} + \cdots = \frac{\pi^2}{6}$$

$$\frac{1}{1^2} + \frac{1}{3^2} + \frac{1}{5^2} + \cdots = \frac{\pi^2}{8}$$

$$1 + 2 + 3 + \cdots + n = \frac{n(n+1)}{2}$$

$$1^2 + 2^2 + 3^2 + \cdots + n^2 = \frac{n(n+1)(2n+1)}{6}$$

$$1^3 + 2^3 + 3^3 + \cdots + n^3 = \frac{n^2(n+1)^2}{4}$$

等差数列求和 $a + (a+d) + (a+2d) + \cdots + [a+(n-1)d] = na + \frac{n(n-1)d}{2}$

等比数列求和 $a + aq + aq^2 + \cdots + aq^{n-1} = \frac{a(1-q^n)}{1-q}$

（2）泰勒级数。如果函数 $f(x)$ 在 $x = x_0$ 的某邻域内任意次可导，则称 $\sum_{n=0}^\infty \frac{f^{(n)}(x_0)}{n!}(x-x_0)^n$ 为 $f(x)$ 在点 $x = x_0$ 处的泰勒级数。特别是，当 $x_0 = 0$ 时称为马克劳林级数。

（3）几种重要函数的幂级数，见表 1.4-4。

表 1.4-4　　　　　　　　　　　　　　　**几种重要函数的幂级数**

函　数	展　开　式	收　敛　域
$(1+x)^\mu$	$1 + \mu x + \frac{\mu(\mu-1)}{2}x^2 + \cdots + \frac{\mu(\mu-1)\cdots(\mu-n+1)}{n!}x^n + \cdots$	$\lvert x \rvert < 1$
$\sin x$	$x - \frac{x^3}{3!} + \frac{x^5}{5!} - \cdots + (-1)^n \frac{x^{2n+1}}{(2n+1)!} + \cdots$	$\lvert x \rvert < +\infty$
$\cos x$	$1 - \frac{x^2}{2!} + \frac{x^4}{4!} - \cdots + (-1)^n \frac{x^{2n}}{(2n)!} + \cdots$	$\lvert x \rvert < +\infty$
$\tan x$	$x + \frac{1}{3}x^3 + \frac{2}{15}x^5 + \frac{17}{315}x^7 + \cdots + \frac{2^{2n}(2^{2n}-1)B_n}{(2n)!}x^{2n-1} + \cdots$①	$\lvert x \rvert < \frac{\pi}{2}$
$\arcsin x$	$x + \frac{1}{6}x^3 + \frac{3}{40}x^5 + \frac{15}{336}x^7 + \cdots + \frac{(2n-1)!!}{(2n+1)(2n)!!}x^{2n+1} + \cdots$	$\lvert x \rvert < 1$
$\arccos x$	$\frac{\pi}{2} - x - \frac{1}{6}x^3 - \frac{3}{40}x^5 - \cdots - \frac{(2n-1)!!}{(2n+1)(2n)!!}x^{2n+1} - \cdots$	$\lvert x \rvert < 1$

续表

函　数	展　开　式	收　敛　域
e^x	$1 + x + \dfrac{x^2}{2} + \dfrac{x^3}{6} + \cdots + \dfrac{x^n}{n!} + \cdots$	$\|x\| < +\infty$
$a^x = e^{x\ln a}$	$1 + \ln a \cdot x + \dfrac{(\ln a \cdot x)^2}{2} + \dfrac{(\ln a \cdot x)^3}{6} + \cdots + \dfrac{(\ln a \cdot x)^n}{n!} + \cdots$	$\|x\| < +\infty$
$\ln x$	$2\left[\dfrac{x-1}{x+1} + \dfrac{1}{3}\left(\dfrac{x-1}{x+1}\right)^2 + \cdots + \dfrac{1}{2n+1}\left(\dfrac{x-1}{x+1}\right)^n + \cdots \right]$	$x > 0$
$\ln x$	$(x-1) - \dfrac{1}{2}(x-1)^2 + \dfrac{1}{3}(x-1)^3 - \cdots (-1)^{n+1}\dfrac{1}{n}(x-1)^n + \cdots$	$0 < x \leqslant 2$
$\ln(1+x)$	$x - \dfrac{x^2}{2} + \dfrac{x^3}{3} - \dfrac{x^4}{4} + \cdots + (-1)^{n+1}\dfrac{x^n}{n} + \cdots$	$-1 < x \leqslant 1$
$\sinh x$	$x + \dfrac{x^3}{3!} + \dfrac{x^5}{5!} + \dfrac{x^7}{7!} + \cdots + \dfrac{x^{2n+1}}{(2n+1)!} + \cdots$	$\|x\| < +\infty$
$\cosh x$	$1 + \dfrac{x^2}{2!} + \dfrac{x^4}{4!} + \dfrac{x^6}{6!} + \cdots + \dfrac{x^{2n}}{(2n)!} + \cdots$	$\|x\| < +\infty$

① B_n 为贝努利系数，由下式确定：$1 + \dfrac{1}{2^{2n}} + \dfrac{1}{3^{2n}} + \dfrac{1}{4^{2n}} + \cdots + \dfrac{1}{m^{2n}} + \cdots = \dfrac{\pi^{2n}2^{2n-1}}{(2n)!}B_n$。

4. 傅里叶级数、傅里叶变换

（1）傅里叶级数。满足关系式 $f(t+T) = f(t)$ 的函数 $f(t)$ 是周期为 T 的周期函数。如果周期函数 $f(t)$ 在区间上满足狄利克莱（Dirichlet）条件：①连续或只有有限个第一类间断点（在这种间断点，函数的跃变值有限）；②只有有限个极值点，则 $f(t)$ 在区间 $\left(-\dfrac{T}{2}, \dfrac{T}{2}\right)$ 可以展开成傅里叶级数

$$f(t) = \frac{a_0}{2} + \sum_{n=1}^{\infty}(a_n\cos n\omega t + b_n\sin n\omega t)$$

式中，a_n 和 b_n 是傅里叶系数；$\omega = 2\pi/T$，称为圆频率。由正交函数的性质，可得傅里叶系数的计算公式

$$a_n = \frac{2}{T}\int_{-\frac{T}{2}}^{\frac{T}{2}} f(t)\cos n\omega t \,\mathrm{d}t$$

$$b_n = \frac{2}{T}\int_{-\frac{T}{2}}^{\frac{T}{2}} f(t)\sin n\omega t \,\mathrm{d}t \quad (n = 0, 1, 2, \cdots)$$

（2）几种常见的函数的傅里叶级数。见表 1.4-5。

（3）傅里叶变换（傅氏变换）。若非周期函数 $f(t)$ 在任一有限区间上满足狄利克莱条件，且在 $(-\infty, +\infty)$ 上绝对可积，即广义积分 $\int_{-\infty}^{+\infty}|f(t)|\mathrm{d}t = $ 有限值，则函数 $f(t)$ 的傅氏变换为

$$F(\omega) = \int_{-\infty}^{+\infty} f(t)e^{-\mathrm{j}\omega t}\mathrm{d}t$$

$F(\omega)$ 的逆变换为

$$f(t) = \frac{1}{2\pi}\int_{-\infty}^{+\infty} F(\omega)e^{\mathrm{j}\omega t}\mathrm{d}\omega$$

$f(t)$ 与 $F(\omega)$ 构成一个傅里叶变换对。需要指出，傅里叶变换存在多种不同的定义方式，对于每种定义方式，其傅里叶变换对是唯一的。

若 $f(t)$ 是偶函数，则有傅氏余弦变换

$$F_c(\omega) = 2\int_0^{+\infty} f(t)\cos\omega t\,\mathrm{d}t$$

其逆变换为

$$f(t) = \frac{1}{\pi}\int_0^{+\infty} F_c(\omega)\cos\omega t\,\mathrm{d}\omega$$

若 $f(t)$ 是奇函数，则有傅氏正弦变换

$$F_s(\omega) = 2\int_0^{+\infty} f(t)\sin\omega t\,\mathrm{d}t$$

表 1.4 - 5　　　　　　　　　　几种重要函数的傅里叶级数

函　数	傅里叶级数 $\left(\omega = \dfrac{2\pi}{T}\right)$	波　形
$f(t) = \begin{cases} -h & \left(-\dfrac{T}{2} < t < 0\right) \\ h & \left(0 < t < \dfrac{T}{2}\right) \end{cases}$	$f(t) = \dfrac{4h}{\pi} \sum\limits_{n=1}^{\infty} \dfrac{\sin(2n-1)\omega t}{2n-1}$	
$f(t) = \begin{cases} h & (0 < t < a) \\ 0 & (a < t < T) \end{cases}$	$f(t) = \dfrac{ah}{T} + \dfrac{2h}{\pi} \sum\limits_{n=1}^{\infty} \dfrac{1}{n} \sin\dfrac{n\omega a}{2} \cos n\omega \times$ $\left(t - \dfrac{a}{2}\right)$	
$f(t) = \begin{cases} \dfrac{h}{a}(a - |t|) & (-a \leqslant t \leqslant a) \\ 0 & (a < t < T - a) \end{cases}$	$f(t) = \dfrac{ah}{T} + \dfrac{hT}{a\pi^2} \times$ $\sum\limits_{n=1}^{\infty} \dfrac{(1 - \cos n\omega a)\cos n\omega t}{n^2}$	
$f(t) = \dfrac{ht}{T} \quad (0 < t < T)$	$f(t) = \dfrac{h}{2} - \dfrac{h}{\pi} \sum\limits_{n=1}^{\infty} \dfrac{\sin n\omega t}{n}$	
$f(t) = \begin{cases} -h & (-T+a \leqslant t < -a) \\ \dfrac{h}{a}t & (-a \leqslant t < a) \\ h & (a \leqslant t < T - a) \\ \dfrac{h}{a}(T-t) & (T-a \leqslant t < T+a) \end{cases}$	$f(t) = \dfrac{hT}{a\pi^2} \sum\limits_{n=1}^{\infty} \dfrac{\sin m\omega a \sin m\omega t}{m^2} \times$ $\left(m = \dfrac{2n-1}{2}\right)$	
$f(t) = \dfrac{4ht^2}{T^2} \quad \left(-\dfrac{T}{2} < t < \dfrac{T}{2}\right)$	$f(t) = \dfrac{h}{3} + \dfrac{4h}{\pi^2} \sum\limits_{n=1}^{\infty} \dfrac{(-1)^n \cos n\omega t}{n^2}$	
$f(t) = \begin{cases} E\sin\omega t & (0 \leqslant \omega t \leqslant \pi) \\ 0 & (\pi < \omega t < 2\pi) \end{cases}$	$f(t) = \dfrac{E}{2}\sin\omega t +$ $\dfrac{2E}{\pi}\left(\dfrac{1}{2} - \sum\limits_{n=1}^{\infty} \dfrac{\cos 2n\omega t}{4n^2 - 1}\right)$	

续表

函　　数	傅里叶级数 $\left(\omega = \dfrac{2\pi}{T}\right)$	波　　形
$f(t) = E \mid \sin\omega t \mid$	$f(t) = \dfrac{4E}{\pi}\left(\dfrac{1}{2} - \sum\limits_{n=1}^{\infty} \dfrac{\cos 2n\omega t}{4n^2 - 1}\right)$	
$f(t) = E\sin(\omega t + \pi/6)$ $\left(0 \leqslant \omega t \leqslant \dfrac{2\pi}{3}\right)$	$f(t) = \dfrac{3\sqrt{3}E}{\pi}\left(\dfrac{1}{2} - \sum\limits_{n=1}^{\infty} \dfrac{\cos 3n\omega t}{9n^2 - 1}\right)$	
$f(t) = E\sin(\omega t + \pi/3)$ $\left(0 \leqslant \omega t \leqslant \dfrac{\pi}{3}\right)$	$f(t) = \dfrac{6E}{\pi}\left(\dfrac{1}{2} - \sum\limits_{n=1}^{\infty} \dfrac{\cos 6n\omega t}{36n^2 - 1}\right)$	

其逆变换为

$$f(t) = \frac{1}{\pi}\int_0^{+\infty} F_s(\omega)\sin\omega t\,\mathrm{d}\omega$$

正弦变换、余弦变换与傅氏变换的关系为

$$F_c(\omega) = F(\omega), \quad F_s(\omega) = jF(\omega)$$

傅氏变换的卷积定理　若 $F(\omega)$、$G(\omega)$ 是 $f(t)$ 和 $g(t)$ 的傅氏变换，则 $F(\omega)G(\omega)$ 为 f 和 g 之卷积的傅氏变换。卷积定义为

$$f * g = \int_{-\infty}^{+\infty} f(\tau)g(t - \tau)\,\mathrm{d}\tau$$

(4) 几种常见的傅氏变换对，见表 1.4 − 6。

表 1.4 − 6　　　　傅 氏 变 换 简 表

$f(t)$	$F(\omega)$
$\begin{cases}1 & (\mid t \mid \leqslant \tau/2) \\ 0 & (\mid t \mid > \tau/2)\end{cases}$	$\dfrac{2\sin(\omega\tau/2)}{\omega}$
$\begin{cases}\mathrm{e}^{-\beta t} & (t \geqslant 0) \\ 0 & (t < 0)\end{cases}$	$\dfrac{1}{\beta + j\omega}$
$\begin{cases}1 - \dfrac{2}{\tau}\mid t \mid & \left(\mid t \mid \leqslant \dfrac{\tau}{2}\right) \\ 0 & \left(\mid t \mid > \dfrac{\tau}{2}\right)\end{cases}$	$\dfrac{4}{\tau\omega^2}\left(1 - \cos\dfrac{\omega\tau}{2}\right)$
$\dfrac{1}{\sqrt{2\pi}\,\sigma}\mathrm{e}^{-\frac{t^2}{2\sigma^2}}$	$\mathrm{e}^{-\frac{\sigma^2\omega^2}{2}}$

续表

$f(t)$	$F(\omega)$
$\dfrac{\sin\omega_0 t}{\pi t}$	$\begin{cases}1 & (\mid \omega \mid \leqslant \omega_0) \\ 0 & (\mid \omega \mid > \omega_0)\end{cases}$
$\begin{cases}\cos\omega_0 t & \left(\mid t \mid \leqslant \dfrac{\tau}{2}\right) \\ 0 & \left(\mid t \mid > \dfrac{\tau}{2}\right)\end{cases}$	$\dfrac{\sin\dfrac{(\omega - \omega_0)\tau}{2}}{\omega - \omega_0} + \dfrac{\sin\dfrac{(\omega + \omega_0)\tau}{2}}{\omega + \omega_0}$
$\delta(t)$	1
$\sum\limits_{n=-\infty}^{\infty} \delta(t - nT)$	$\dfrac{2\pi}{T}\sum\limits_{n=-\infty}^{\infty} \delta\left(\omega - \dfrac{2n\pi}{T}\right)$
$\sin at^2$	$\sqrt{\dfrac{\pi}{a}}\cos\left(\dfrac{\omega^2}{4a} + \dfrac{\pi}{4}\right)$
$\cos at^2$	$\sqrt{\dfrac{\pi}{a}}\cos\left(\dfrac{\omega^2}{4a} - \dfrac{\pi}{4}\right)$
$\dfrac{\sin^2\omega_0 t}{t^2}$	$\begin{cases}\pi\left(\omega_0 - \dfrac{\mid \omega \mid}{2}\right) & (\mid \omega \mid \leqslant 2\omega_0) \\ 0 & (\mid \omega \mid > 2\omega_0)\end{cases}$
$\mid t \mid$	$-2/\omega^2$
$1/\mid t \mid$	$-\sqrt{2\pi}/\mid \omega \mid$

5. 拉普拉斯变换（拉氏变换）

（1）拉氏变换对。设 $f(t)$ 是实变数 $t(t > 0)$ 的函数，且在 $[0, +\infty)$ 上有定义，它是连续函数或分段连续函数；$f(t)$ 是指数级的，即当 $t > T$（T 是某一相当大正数）时，$|f(t)| \leq Me^{at}$，M、a 是实常数，则 $f(t)$ 的拉氏变换定义为

$$F(s) = \int_0^{+\infty} f(t)e^{-st}dt$$

相应地有拉普拉斯逆变换式（拉普拉斯变换的反演公式）

$$f(t) = \frac{1}{2\pi j}\int_{\beta-j\infty}^{\beta+j\infty} F(s)e^{st}ds$$

此式亦简称拉氏逆变换式（或拉氏逆变换）。式中，$F(s)$ 称为 $f(t)$ 的象函数；$f(t)$ 称为 $F(s)$ 的原函数。象函数和相应的原函数构成拉氏变换对。

为了照顾电路和系统可能在 $t = 0$ 时有冲激信号 $A\delta(t)$ 存在，拉氏变换的积分下限应取 $t = 0^-$，$f(t)$ 的定义域应从 0^- 到 ∞，这样就能把冲激 $\delta(t)$ 包括进去。

（2）拉氏变换若干性质和定理见表 1.4－7。

（3）拉氏变换简表见表 1.4－8。

表 1.4－7　　　　　　拉氏变换若干性质和定理 $\{\mathscr{L}[f_i(t)] = F_i(s)\}$

特性与定理	表 达 式	条件和说明
线性	$\mathscr{L}[af_1(t) + bf_2(t)] = a\mathscr{L}[f_1(t)] + b\mathscr{L}[f_2(t)]$ $\mathscr{L}^{-1}[aF_1(s) + bF_2(s)] = a\mathscr{L}^{-1}[F_1(s)] + b\mathscr{L}^{-1}[F_2(s)]$	a、b 为常数
位移特性	时域延迟：$\xi[f(t-\tau)] = e^{-s\tau}F(s)$	τ 为非负实数
	频域延迟：$\xi[e^{at}f(t)] = F(s-a)$	$Re(s-a) > c$
微 分	$\mathscr{L}[f'(t)] = sF(s) - f(0)$ $\mathscr{L}[f^{(n)}(t)] = s^nF(s) - [s^{n-1}f(0) + s^{n-2}f'(0) + \cdots + f^{(n-1)}(0)]$	$Re(s) > c$。若初值为零则 $\xi[f'(t)] = sF(s)$，$\xi[f^{(n)}(t)] = s^nF(s)$
积 分	$\mathscr{L}\left[\int_0^t f(t)dt\right] = \frac{1}{s}\mathscr{L}[f(t)] = \frac{1}{s}F(s)$ $\mathscr{L}\left[\underbrace{\int_0^t dt \int_0^t dt \cdots \int_0^t f(t)dt}_{n\text{次}}\right] = \frac{1}{s^n}F(s)$	
初值定理	$\lim_{t\to 0}f(t) = \lim_{s\to\infty}sF(s)$ 或 $f(0) = \lim_{s\to\infty}sF(s)$	$\lim_{s\to\infty}sF(s)$ 存在
终值定理	$\lim_{t\to\infty}f(t) = \lim_{s\to 0}sF(s)$ 或 $f(\infty) = \lim_{s\to 0}sF(s)$	$sF(s)$ 所有奇点均在 s 平面左半部
卷积定理	$\mathscr{L}[f_1(t) \cdot f_2(t)] = F_1(s) \cdot F_2(s)$ $\mathscr{L}^{-1}[F_1(s) \cdot F_2(s)] = f_1(t) \cdot f_2(t)$	

表 1.4－8　　　　拉 氏 变 换 简 表　　　　　　　　　　　　　　　　　　　续表

$F(s)$	$f(t)$	$F(s)$	$f(t)$
$\dfrac{1}{s}$	$u(t) = \begin{cases} 1 & (t \geq 0) \\ 0 & (t < 0) \end{cases}$	$\dfrac{1}{s+a}$	e^{-at}
1	$\delta(t)$	$\dfrac{1}{(s+a)^2}$	te^{-at}
$\dfrac{1}{s^n}$ $(n = 1, 2, \cdots)$	$\dfrac{t^{(n-1)}}{(n-1)!}u(t)$	$\dfrac{1}{(s+a)(s+b)}$	$\dfrac{e^{-at} - e^{-bt}}{b-a}$
$\dfrac{1}{s(s+a)}$	$\dfrac{1}{a}(1 - e^{-at})$	$\dfrac{1}{s^2(s+a)}$	$\dfrac{1}{a^2}(e^{-at} + at - 1)$

续表

$F(s)$	$f(t)$
$\dfrac{a}{s^2 + a^2}$	$\sin at$
$\dfrac{s}{s^2 + a^2}$	$\cos at$
$\dfrac{s}{s^2 - a^2}$	$\cosh at$
$\dfrac{1}{s(s^2 + a^2)}$	$\dfrac{1}{a^2}(1 - \cos at)$
$\dfrac{a}{s^2 - a^2}$	$\sinh at$
$\dfrac{1}{s^2(s^2 + a^2)}$	$\dfrac{1}{a^3}(a t - \sin at)$
$\dfrac{s}{(s + a)(s + b)}$	$\dfrac{ae^{-at} - be^{-bt}}{a - b}$

（4）用部分分式法求拉氏逆变换（海维塞德展开定理）。计算拉氏逆变换的基本方法是部分分式法，即将 $F(s)$ 展成部分分式，成为可在拉氏变换表中查到的 s 的简单函数，然后通过反查拉氏变换表求取原函数 $f(t)$。

设 $F(s) = F_1(s)/F_2(s)$，$F_1(s)$ 的阶次不高于 $F_2(s)$ 的阶次，用 $F_1(s)$ 除以 $F_2(s)$，以得到一个 s 的多项式与一个余式之和。下面是三种基本部分展开式：

当 $F_1(s)/F_2(s)$ 有 n 个单极点时

$$F(s) = \frac{F_1(s)}{(s + p_1)(s + p_2)\cdots(s + p_n)}$$

$$= \frac{a_1}{s + p_1} + \frac{a_2}{s + p_2} + \cdots + \frac{a_n}{s + p_n}$$

当 $-p_1$ 和 $-p_2$ 为共轭复数极点时

$$F(s) = \frac{F_1(s)}{(s + p_1)(s + p_2)(s + p_3)\cdots(s + p_n)}$$

$$= \frac{a_1 s + a_2}{(s + p_1)(s + p_2)} + \frac{a_3}{s + p_3} + \cdots + \frac{a_n}{s + p_n}$$

当 $-p_1$ 是 r 阶极点，其他均为单极点时

$$F(s) = \frac{F_1(s)}{(s + p_1)^r(s + p_{r+1})\cdots(s + p_n)}$$

$$= \frac{b_r}{(s + p_1)^r} + \frac{b_{r-1}}{(s + p_1)^{r-1}} + \cdots + \frac{b_1}{s + p_1} +$$

$$\frac{a_{r+1}}{s + p_{r+1}} + \frac{a_{r+2}}{s + p_{r+2}} + \cdots + \frac{a_n}{s + p_n}$$

式中，a_1，a_2，$\cdots$，a_{r+1}，a_{r+1}，$\cdots$，a_n 和 b_r，b_{r-1}，$\cdots$，b_1 为常数。为了确定这些常数，用 $F_2(s)$ 的一个因子 $(s + p_k)$ 乘以 $F_1(s)/F_2(s)$ 及其展开式的各项（$k = 1，2，\cdots，n$）所得的恒等式对所有 s 的值都成立，相继令 $s = -p_k$，即可一一确定各常数。

6. Z 变换

（1）Z 变换。连续信号被采样后就得到离散函数，处理这类函数应用 Z 变换法。它在离散系统中所起的作用犹如拉氏变换之于连续系统。设 $z = e^{sT}$，Z 变换定义为

$$Z[x(t)] = X(z) = \sum_{k=0}^{\infty} x(kT)z^{-k}$$

（2）Z 变换表，见表 1.4 - 9。

表 1.4 - 9　　　　　　　Z 变 换 表

$x(t)$ 或 $x(k)$	$X(z)$
$\delta(t)$	1
$\delta(t - kT)$	z^{-k}
$u(t)$	$\dfrac{z}{z - 1}$
t	$\dfrac{Tz}{(z - 1)^2}$
e^{-at}	$\dfrac{z}{z - e^{-aT}}$
$1 - e^{-at}$	$\dfrac{(1 - e^{-aT})z}{(z - 1)(z - e^{-aT})}$
$\sin\omega t$	$\dfrac{z\sin\omega T}{z^2 - 2z\cos\omega T + 1}$
$\cos\omega t$	$\dfrac{z(z - \cos\omega T)}{z^2 - 2z\cos\omega T + 1}$
te^{-at}	$\dfrac{Tze^{-aT}}{(z - e^{-aT})^2}$
$e^{-at}\sin\omega t$	$\dfrac{ze^{-aT}\sin\omega T}{z^2 - 2ze^{-aT}\cos\omega T + e^{-2aT}}$
$e^{-at}\cos\omega t$	$\dfrac{z^2 - ze^{-aT}\cos\omega T}{z^2 - 2ze^{-aT}\cos\omega T + e^{-2aT}}$
t^2	$\dfrac{T^2 z(z + 1)}{(z - 1)^3}$
a^k	$\dfrac{z}{z - a}$
$a^k\cos k\pi$	$\dfrac{z}{z + a}$

4.7　矢量

矢量分析如下：

（1）矢量代数

$\boldsymbol{A} \cdot \boldsymbol{B} = \boldsymbol{B} \cdot \boldsymbol{A}$，$\boldsymbol{A} \cdot \boldsymbol{A} = A^2$，$\boldsymbol{A} \times \boldsymbol{B} = -\boldsymbol{B} \times \boldsymbol{A}$，

$(\boldsymbol{A} \times \boldsymbol{B}) \cdot \boldsymbol{C} = (\boldsymbol{B} \times \boldsymbol{C}) \cdot \boldsymbol{A} = (\boldsymbol{C} \times \boldsymbol{A}) \cdot \boldsymbol{B}$，

$(A \times B) \times C = (C \cdot A)B - (C \cdot B)A$

（2）矢量微分（假定 A、B、φ 和 ψ 的偏导数存在）。

梯度　$\text{grad}\varphi = \nabla\varphi$

散度　$\text{div}A = \nabla \cdot A$

旋度　$\text{rot}A = \nabla \times A$

$\nabla(\varphi + \psi) = \nabla\varphi + \nabla\psi$

$\nabla(\varphi\psi) = \psi\nabla\varphi + \varphi\nabla\psi$

$\nabla \cdot (A + B) = \nabla \cdot A + \nabla \cdot B$

$\nabla \times (A + B) = \nabla \times A + \nabla \times B$

$\nabla \cdot (\psi A) = \nabla\psi \cdot A + \psi(\nabla \cdot A)$

$\nabla \times (\psi A) = \nabla\psi \times A + \psi(\nabla \times A)$

$\nabla \cdot (A \times B) = B \cdot (\nabla \times A) - A \cdot (\nabla \times B)$

$\nabla \times (A \times B) = (B \cdot \nabla)A - (A \cdot \nabla)B - B(\nabla \cdot A) + A(\nabla \cdot B)$

$\nabla \cdot (\nabla\varphi) \equiv \nabla^2\varphi,$

$\nabla \times (\nabla \times A) = \nabla(\nabla \cdot A) - \nabla^2 A$

$\nabla \times (\nabla\varphi) = 0, \quad \nabla \cdot (\nabla \times A) = 0$

（3）矢量积分。

斯托克斯定理 $\oint_l A \cdot \mathrm{d}l = \int_S \nabla \times A \cdot \mathrm{d}S$

高斯定理 $\oint_S A \cdot \mathrm{d}S = \int_V \nabla \cdot A \mathrm{d}V$

$\oint_S \mathrm{d}S \times A = \int_V \nabla \times A \mathrm{d}V$

$\oint_S \psi \mathrm{d}S = \int_V \nabla\psi \mathrm{d}V$

$\oint_l \psi \mathrm{d}l = \int_S \mathrm{d}S \times \nabla\psi$

格林第一公式

$\int_V (\varphi \nabla^2\psi + \nabla\psi \cdot \nabla\varphi)\mathrm{d}V = \oint_S (\varphi \nabla\psi) \cdot \mathrm{d}S$

格林第二公式

$\int_V (\varphi \nabla^2\psi - \psi\nabla^2\varphi)\mathrm{d}V = \oint_S (\varphi \nabla\psi - \psi \nabla\varphi)\mathrm{d}S$

（4）矢量正交曲面坐标系表示与坐标变换。

直角坐标系 $A = e_x A_x + e_y A_y + e_z A_z$

圆柱坐标系 $A = e_\rho A_\rho + e_\phi A_\phi + e_z A_z$

球坐标系 $A = e_r A_r + e_\theta A_\theta + e_\phi A_\phi$

$$\begin{pmatrix} A_x \\ A_y \\ A_z \end{pmatrix} = \begin{pmatrix} \cos\phi & -\sin\phi & 0 \\ \sin\phi & \cos\phi & 0 \\ 0 & 0 & 1 \end{pmatrix}\begin{pmatrix} A_\rho \\ A_\phi \\ A_z \end{pmatrix}$$

$$\begin{pmatrix} A_\rho \\ A_\phi \\ A_z \end{pmatrix} = \begin{pmatrix} \cos\phi & \sin\phi & 0 \\ -\sin\phi & \cos\phi & 0 \\ 0 & 0 & 1 \end{pmatrix}\begin{pmatrix} A_x \\ A_y \\ A_z \end{pmatrix}$$

$$\begin{pmatrix} A_x \\ A_y \\ A_z \end{pmatrix} = \begin{pmatrix} \sin\theta\cos\phi & \cos\theta\cos\phi & -\sin\phi \\ \sin\theta\sin\phi & \cos\theta\sin\phi & \cos\phi \\ \cos\theta & -\sin\theta & 0 \end{pmatrix}\begin{pmatrix} A_r \\ A_\theta \\ A_\phi \end{pmatrix}$$

$$\begin{pmatrix} A_r \\ A_\theta \\ A_\phi \end{pmatrix} = \begin{pmatrix} \sin\theta\cos\phi & \sin\theta\sin\phi & \cos\theta \\ \cos\theta\cos\phi & \cos\theta\sin\phi & -\sin\theta \\ -\sin\phi & \cos\phi & 1 \end{pmatrix}\begin{pmatrix} A_x \\ A_y \\ A_z \end{pmatrix}$$

$$\begin{pmatrix} A_\rho \\ A_\phi \\ A_z \end{pmatrix} = \begin{pmatrix} \sin\theta & \cos\theta & 0 \\ 0 & 0 & 1 \\ \cos\theta & -\sin\theta & 0 \end{pmatrix}\begin{pmatrix} A_r \\ A_\theta \\ A_\phi \end{pmatrix}$$

$$\begin{pmatrix} A_r \\ A_\theta \\ A_z \end{pmatrix} = \begin{pmatrix} \sin\theta & 0 & \cos\theta \\ \cos\theta & 0 & -\sin\theta \\ 0 & 1 & 0 \end{pmatrix}\begin{pmatrix} A_\rho \\ A_\phi \\ A_z \end{pmatrix}$$

（5）正交坐标系中的微分运算。

直角坐标系

$\nabla\varphi = e_x \dfrac{\partial\varphi}{\partial x} + e_y \dfrac{\partial\varphi}{\partial y} + e_z \dfrac{\partial\varphi}{\partial z}$

$\nabla \cdot A = \dfrac{\partial A_x}{\partial x} + \dfrac{\partial A_y}{\partial y} + \dfrac{\partial A_z}{\partial z}$

$\nabla \times A = e_x\left(\dfrac{\partial A_z}{\partial y} - \dfrac{\partial A_y}{\partial z}\right) + e_y\left(\dfrac{\partial A_x}{\partial z} - \dfrac{\partial A_z}{\partial x}\right) + e_z\left(\dfrac{\partial A_y}{\partial x} - \dfrac{\partial A_x}{\partial y}\right)$

$\nabla^2\varphi = \dfrac{\partial^2\varphi}{\partial x^2} + \dfrac{\partial^2\varphi}{\partial y^2} + \dfrac{\partial^2\varphi}{\partial z^2}$

$\nabla^2 A = e_x \nabla^2 A_x + e_y \nabla^2 A_y + e_z \nabla^2 A_z$

圆柱坐标系

$\nabla\varphi = e_\rho \dfrac{\partial\varphi}{\partial\rho} + e_\phi \dfrac{1}{\rho}\dfrac{\partial\varphi}{\partial\phi} + e_z \dfrac{\partial\varphi}{\partial z}$

$\nabla \cdot A = \dfrac{1}{\rho}\dfrac{\partial}{\partial\rho}(\rho A_\rho) + \dfrac{1}{\rho}\dfrac{\partial A_\phi}{\partial\phi} + \dfrac{\partial A_z}{\partial z}$

$\nabla \times A = e_\rho\left(\dfrac{1}{\rho}\dfrac{\partial A_z}{\partial\phi} - \dfrac{\partial A_\phi}{\partial z}\right) + e_\phi\left(\dfrac{\partial A_\rho}{\partial z} - \dfrac{\partial A_z}{\partial\rho}\right) + \dfrac{e_z}{\rho}\left(\dfrac{\partial}{\partial\rho}(\rho A_\phi) - \dfrac{\partial A_\rho}{\partial\phi}\right)$

$\nabla^2\varphi = \dfrac{1}{\rho}\dfrac{\partial}{\partial\rho}\left(\rho\dfrac{\partial\varphi}{\partial\rho}\right) + \dfrac{1}{\rho^2}\left(\dfrac{\partial^2\varphi}{\partial\phi^2}\right) + \dfrac{\partial^2\varphi}{\partial z^2}$

$\nabla^2 A = e_\rho\left(\nabla^2 A_\rho - \dfrac{A_\rho}{\rho^2} - \dfrac{2}{\rho^2}\dfrac{\partial A_\phi}{\partial\phi}\right) + e_\phi\left(\nabla^2 A_\phi - \dfrac{A_\phi}{\rho^2} + \dfrac{2}{\rho^2}\dfrac{\partial A_\rho}{\partial\phi}\right) + e_z \nabla^2 A_z$

球坐标系

$\nabla\varphi = e_r \dfrac{\partial\varphi}{\partial r} + e_\theta \dfrac{1}{r}\dfrac{\partial\varphi}{\partial\theta} + e_\phi \dfrac{1}{r\sin\theta}\dfrac{\partial\varphi}{\partial\phi}$

$\nabla \cdot A = \dfrac{1}{r^2}\dfrac{\partial}{\partial r}(r^2 A_r) + \dfrac{1}{r\sin\theta}\dfrac{\partial}{\partial\theta}(A_\theta\sin\theta) + \dfrac{1}{r\sin\theta}\dfrac{\partial A_\phi}{\partial\phi}$

$\nabla \times A = \dfrac{e_r}{r\sin\theta}\left[\dfrac{\partial}{\partial\theta}(A_\phi\sin\theta) - \dfrac{\partial A_\theta}{\partial\phi}\right] +$

$$\frac{e_\theta}{r} \left[\frac{1}{\sin\theta} \frac{\partial A_r}{\partial \phi} - \frac{\partial}{\partial r}(rA_\phi) \right] +$$

$$\frac{e_\phi}{r} \left[\frac{\partial}{\partial r}(rA_\theta) - \frac{\partial A_r}{\partial \theta} \right]$$

$$\nabla^2 \varphi = \frac{1}{r^2} \frac{\partial}{\partial r}\left(r^2 \frac{\partial \varphi}{\partial r} \right) + \frac{1}{r^2 \sin\theta} \frac{\partial}{\partial \theta}\left(\sin\theta \frac{\partial \varphi}{\partial \theta} \right) + \frac{1}{r^2 \sin^2\theta} \frac{\partial^2 \varphi}{\partial \phi^2}$$

$$\nabla^2 A = e_r \left[\nabla^2 A_r - \frac{2}{r^2}\left(A_r + \cot\theta A_\theta + \csc\theta \frac{\partial A_\phi}{\partial \phi} + \frac{\partial A_\theta}{\partial \theta} \right) \right] +$$

$$e_\theta \left[\nabla^2 A_\theta - \frac{1}{r^2}\left(\csc^2\theta A_\theta - 2\frac{\partial A_r}{\partial \theta} + 2\cot\theta\csc\theta \frac{\partial A_\phi}{\partial \phi} \right) \right] +$$

$$e_\phi \left[\nabla^2 A_\phi - \frac{1}{r^2}\left(\csc^2\theta A_\phi - 2\csc\theta \frac{\partial A_r}{\partial \phi} - 2\cot\theta\csc\theta \frac{\partial A_\theta}{\partial \phi} \right) \right]$$

4.8 近似计算和数值计算

1. 误差和有效数字

（1）误差来源。利用数学解决实际问题所建立的数学模型通常总是近似的，其误差称为模型误差（model error）。数学模型中常常包含一些参量，如质量、温度、电压等，此类量通过观测确定，产生的误差称为观测误差（observational error）。数学模型常常只能得到近似解，其误差称为截断误差（truncation error）或方法误差。使用计算机进行计算，由于字长的限制，原始数据在计算机上表示会产生误差，每次运算又可能产生新的误差，称为舍入误差（rounding error）或计算误差。

（2）观测误差。包括系统误差和随机误差，前者指由测量仪器和测量方法引入的误差，它表征了测量结系统的准确度。后者是由测量中的随机因素导致的误差，它表征了测量系统的精密度。测量结果既精密又准确，则称精确。

随机误差符合正态型分布曲线，它可以通过多次测量来消除或减小。其计算公式见表1.4-10。

表1.4-10　　多次测量中随机误差分析计算公式

名　称	计算公式	表征含义
算术平均值	$\bar{x} = \frac{1}{n}\sum\limits_{i=1}^{n} x_i$	算术平均值是该系列测量的最佳值
残差（剩余误差）	$v_i = x_i - \bar{x}$	各次测量结果与最佳值的差别
标准误差（均方根误差 σ）	$\sigma = \sqrt{\dfrac{\sum\limits_{i=1}^{n}(x_i-\bar{x})^2}{n-1}}$	反映多次测量结果的相互符合程度，表征测量系统的精密度

续表

名　称	计算公式	表征含义
最佳值的均方根误差 σ_M	$\sigma_M = \dfrac{\sigma}{\sqrt{n}}$	算术平均值与真值 x 的差别。多次测量的平均值可显著减少随机误差

（3）有效数字。设 a 是真值，A 是近似值，则 $|A-a| = \Delta_a$ 是绝对误差（absolute error）；$\dfrac{\Delta_a}{|a|} = \delta_a$ 是相对误差（relative error）。如果 Δ_a 不超过 a 的某一数位上的半个单位，那么在 A 中，从这一位往左，除去最左面第一个非零数字前的零外，所有数字都叫有效数字（significant digits）。例如，由四舍五入得到的数据，0.34 有两位有效数字，而 0.3400 有 4 位有效数字。

（4）运算误差。设 a、b 是精确值，A、B 是相应的近似值，绝对误差分别为 Δ_a、Δ_b，相对误差分别为 δ_a、δ_b，则运算误差（可能的上限）为

$$\Delta_{a\pm b} = \Delta_a + \Delta_b, \Delta_{a\cdot b} = |b|\Delta_a + |a|\Delta_b,$$

$$\Delta_{\frac{a}{b}} = \frac{|b|\Delta_a + |a|\Delta_b}{b^2}$$

$$\delta_{a+b} = \max(\delta_a, \delta_b), \delta_{a\cdot b} = \delta_a + \delta_b,$$

$$\delta_{\frac{a}{b}} = \delta_a + \delta_b$$

若需要计算函数值 $y = f(x_1, x_2, \cdots, x_n)$，而 $x_1, x_2, \cdots, x_n$ 的近似值分别为 $x_1^*, x_2^*, \cdots, x_n^*$，$y$ 的近似值为 $y^* = f(x_1^*, x_2^*, \cdots, x_n^*)$，则函数值 y^* 的误差（可能的上限）为 $\Delta_y \approx \sum\limits_{i=1}^{n} \left| \dfrac{\partial f}{\partial x_i^*} \right| \Delta_{x_i}$。

（5）有效数字运算规则。加减运算中，最后结果的有效数字，自左起不超过参加运算的数字的第一个出现的安全数字；乘除运算中，最后结果的有效数字不超过参加运算的数字中的最少的有效数字。例如

$$60.4 + 22.32 = 82.72 \approx 82.7, 60.4 - 58.30 = 2.10 \approx 2.1, 243 \times 0.34 = 82.62 \approx 83$$

2. 插值与曲线拟合

（1）插值。设 $f(x)$ 为定义在区间 $[a, b]$ 的函数，已知离散数据 (x_i, y_i)，$y_i = f(x_i)(i = 0, 1, \cdots, n)$，其中 $a \leqslant x_0 < x_1 < \cdots < x_n \leqslant b$。若有一个函数满足 $P(x_i) = y_i(i = 0, 1, 2, \cdots, n)$，称 $P(x)$ 为 $f(x)$ 的插值函数，$x_0, x_1, \cdots, x_n$ 称为插值节点，$[a, b]$ 为插值区间。由于函数 $f(x)$ 的形式可能是未知的，或者虽然形式已知但难以处理，常用插值函数 $P(x)$ 逼近 $f(x)$，以利于计算和分析。

插值方法有多种，多项式插值是最常用的。节点

数不多时，拉格朗日（Lagrange）插值是很方便的一种多项式插值方法

$$L_n(x) = \sum_{i=0}^{n} y_i l_i(x)$$

式中，$l_i(x) = \prod_{j=0,\, j \neq i}^{n} \dfrac{x - x_j}{x_i - x_j}$

$$= \frac{(x - x_0) \cdots (x - x_{i-1})(x - x_{i+1}) \cdots (x - x_n)}{(x_i - x_0) \cdots (x_i - x_{i-1})(x_i - x_{i+1}) \cdots (x_i - x_n)}$$

高次多项式插值可能导致龙格现象，因此当区间 $[a, b]$ 很大、数据量较多时，常采用分段插值的方法，如样条插值。

（2）曲线拟合。曲线拟合是指从一组实验数据 $(x_i, y_i)(i = 0, 1, \cdots, n)$ 寻找自变量 x 和因变量 y 之间的一个函数关系式 $y = P(x)$，从图形上看就是由给定的 n 个点拟合一条曲线。由于实验数据往往带有观测误差，与插值不同，拟合不要求曲线精确地通过这些点，而是希望 $y = P(x)$ 与给定点的误差平方和

$$\sum_{i=0}^{n} \left[P(x_i, a_0, a_1, \cdots a_m) - y_i \right]^2$$

最小。根据这一原则，通过最小二乘法确定参数 $a_0, a_1, \cdots, a_m$。一般说来，参数的个数总是远少于已知点的数目，$P(x)$ 的函数类型则要通过理论分析和实际计算才能确定。

3. 数值积分

数值积分主要针对被积函数非常复杂或者缺乏解析表达式的情况，是一种近似积分方法。龙贝格积分法和高斯积分法都是很好的数值积分方法，在许多算法书中都能找到它们的计算程序。这里主要介绍高斯积分法。

高斯积分具有 $(2n + 1)$ 阶精度，计算公式为

$$\int_{-1}^{1} f(x)\, dx \approx \sum_{i=0}^{n} A_i f(x_i)$$

式中，x_i 为高斯积分点；A_i 为权系数，其值按表 1.4-11 选取。如果积分区间不在 $[-1, 1]$，可通过 $t = \dfrac{b-a}{2} x + \dfrac{a+b}{2}$ 实现变换：

$$\int_a^b f(t)\, dt = \frac{b-a}{2} \int_{-1}^{1} f\!\left(\frac{b-a}{2} x + \frac{a+b}{2} \right) dx$$

表 1.4 - 11　　一维高斯积分点的位置和权因子

n	ξ_i	ω_i
1	±0.577350269 2	1.0000000000
2	±0.7745966692	0.5555555556
	0.0000000000	0.8888888889
3	±0.8611363116	0.3478548451
	±0.3399810436	0.6521451549
4	±0.9061798459	0.2369268851
	±0.5384693101	0.4786286705
	0.0000000000	0.5688888889

续表

n	ξ_i	ω_i
5	±0.9324695142	0.1713244924
	±0.6612093865	0.3607615730
	±0.2386191861	0.4679139346

4. 常微分方程、偏微分方程和线性代数方程组的数值计算方法

（1）常微分方程的数值计算方法。常微分方程分为初值问题和边值问题。初值问题常用龙格-库塔法求解，而边值问题可以用打靶法转化为初值问题求解，或者使用有限差分法求解。

一阶常微分方程初值问题描述为 $y' = f(x, y)$，$y(x_0) = y_0$。龙格-库塔法是一种逐步递推的数值计算方法，常用的四阶龙格-库塔法经典公式为

$$y_{k+1} = y_k + \frac{h}{6}(K_1 + 2K_2 + 2K_3 + K_4)$$

$$K_1 = f(x_k, y_k)$$

$$K_2 = f\!\left(x_k + \frac{h}{2}, y_k + \frac{h}{2} K_1 \right)$$

$$K_3 = f\!\left(x_k + \frac{h}{2}, y_k + \frac{h}{2} K_2 \right)$$

$$K_4 = f(x_k + h, y_k + h K_3)$$

高阶常微分方程初值问题一般化为一阶方程组求解，例如 $y'' + q(x) y' = r(x)$ 能够化为

$$\begin{cases} y' = z(x) \\ z' = r(x) - q(x)z(x) \end{cases}$$

（2）偏微分方程的数值计算方法。双曲型、抛物型和椭圆型三类方程都可用有限差分法求解；椭圆型方程常用有限元法求解，对几何条件和物理条件都比较复杂的问题，有限元法比有限差分法有更广泛的适应性。偏微分方程的数值求解编程比较复杂，一般都依赖于专门的分析软件。在电气工程中的电磁场问题分析软件大都是基于有限元方法的，目前有许多商用软件可供选择，如 ANSYS，ANSOFT，JMAG 等。

（3）线性代数方程组的求解方法。线性代数方程组的求解可分为直接法和迭代法。直接法多数基于高斯消去法，如果在计算中没有舍入误差，则经过有限次算术运算可以得到方程的精确解。迭代法是把方程组 $Ax = b$ 改写为等价的形式 $x = Bx + f$，从一组给定的初值 $x^{(0)}$ 出发，使用迭代技术 $x^{(k+1)} = Bx^{(k)} + f$ 得到方程组的解答。对于大型的线性代数方程组，迭代法通常更可取，这不仅因为在大量的计算中，舍入误差可能对计算结果产生显著的影响，也因为许多数值分析技术所形成的大型线性代数方程组常常是一个稀疏方程组（系数矩阵中包含大量的 0 元素），迭代技术可以不用存储和处理这些 0 元素，从而节省了

内存和计算量。在电磁场数值计算中，不完全乔列斯基分解预处理共轭梯度法（ICCG 法）是目前最为有效的一种迭代方法。

4.9 概率和统计

1. 概率

（1）概率的简单性质。事件 A 的概率记为 $P(A)$。

若必然事件记为 U，不可能事件记为 V，则 $P(U) = 1$，$P(V) = 0$，$0 \leqslant P(A) \leqslant 1$；

若 $A \subset B$（事件 B 包含事件 A），则 $P(A) \leqslant P(B)$；

若 $\overline{A}$ 是 A 的对立事件，则 $P(A) + P(\overline{A}) = 1$。

（2）概率的基本运算。概率加法定理：$P(A + B) = P(A) + P(B) - P(AB)$。式中，$A + B$ 表示事件 A、B 至少有一个发生；AB 表示事件 A 与事件 B 同时发生。

若事件 A 与事件 B 互斥：$AB = V$，则事件 $A + B$ 的概率：$P(A + B) = P(A) + P(B)$。

若 $\sum\limits_{k=1}^{n} A_k = U$，$A_i A_j = V(i \neq j)$，则 $\sum\limits_{k=1}^{n} P(A_k) = 1$。

条件概率：在事件 A 出现的条件下事件 B 出现的概率，记作 $P(B \mid A)$，称为条件概率，计算式为 $P(B \mid A) = \dfrac{P(AB)}{P(A)}$。

概率乘法定理：$P(AB) = P(A)P(B \mid A) = P(B)P(A \mid B)$。

对于独立事件，则事件 A 与 B 同时发生的概率为 $P(AB) = P(A)P(B)$。

对于概率相同的 n 个独立事件的积事件 $\prod\limits_{i=1}^{n} A_i$ 的概率为 $P\left(\prod\limits_{i=1}^{n} A_i\right) = \left[P(A)\right]^n$。

2. 随机变量的分布函数和数字特征

（1）随机变量的分布函数。随机变量 ξ 的取值小于某一数 x 的概率是 x 的函数时，即 $F(x) = P(\xi < x)$，称 $F(x)$ 为此随机变量 ξ 的分布函数。分布函数具有以下性质：

1）$0 \leqslant F(x) \leqslant 1$，且 $F(-\infty) = 0$，$F(+\infty) = 1$。

2）$F(x)$ 是非减函数，即 $F(x_1) \leqslant F(x_2)$，当 $(x_1 \leqslant x_2)$。

3）$P(x_1 < \xi < x_2) = F(x_2) - F(x_1)$，即 ξ 落在区间 (x_1, x_2) 上的概率等于分布函数 $F(x)$ 在该区间上的增量。

4）$F(x)$ 是右连续的，即 $F(x + 0) = F(x)$。

（2）分布密度。分布密度 $f(x)$ 定义为 $f(x) = \lim\limits_{\Delta x \to 0} \dfrac{P(x < \xi < x + \Delta x)}{\Delta x}$。对于连续随机变量，分布密度 $f(x)$ 是分布函数 $F(x)$ 的导函数，从而 $P(x_1 < \xi <$

$x_2) = \int_{x_1}^{x_2} f(x)\,\mathrm{d}x$ 及 $F(x) = \int_{-\infty}^{x} f(t)\,\mathrm{d}t$。

（3）正态分布。如果随机变量 ξ 的分布密度 $f(x) = \dfrac{1}{\sigma\sqrt{2\pi}} \mathrm{e}^{-\frac{(x-\mu)^2}{2\sigma^2}}$，其中 μ、σ（$\sigma > 0$）为常数，称 ξ 服从参数为 μ、σ 的正态分布（或高斯分布），记做 $\xi \sim N(\mu, \sigma^2)$。当 $\mu = 0$、$\sigma = 1$ 时称标准正态分布，如图 1.4-1 与图 1.4-2 所示。μ、σ 所代表的含义见表 1.4-12。

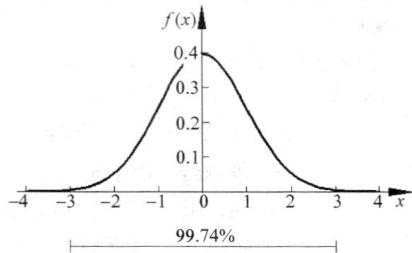

图 1.4-1 标准正态分布密度

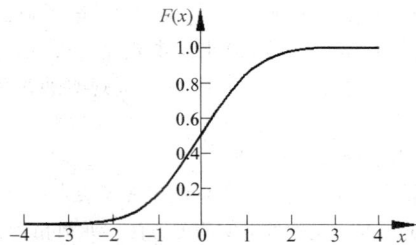

图 1.4-2 标准正态分布函数

一般地说，如果研究的某个量是被彼此间相互独立的大量偶然因素所影响，且每一因素在总的影响中只起很小的作用，则由这个总的影响所引起的该量的变化，就近似地服从正态分布。

3σ 规则：正态随机变量 ξ 落在 $(\mu - 3\sigma, \mu + 3\sigma)$ 内的概率为 99.74%，也就是说，ξ 在距离平均值 3σ 以外出现的概率是很小的，此称之为 3σ 规则。

表 1.4-12 随机变量 ξ 的数字特征

数 字 特 征	正 态 分 布
平均数（数学期望）$E(\xi)$	μ
方差 $D(\xi)$	σ^2
标准差（均方差）	σ

3. 统计量概念

（1）总体（母体）与样本（随机样本、子样）。研究某个问题，它的对象的所有可能观察结果的全体称为总体（或称母体），记作 X。总体中的每个元素称为个体。从总体 X 中任意抽出的部分个体，称为总体的一个随机样本，简称样本（或子样）。样本中含有个体的个数称为样本大小（或容量）。

（2）抽样分布、统计量。样本是随机变量，是进行统计判断的依据，它的函数也是随机变量。如 X_1，X_2，$\cdots$，X_n 是来自总体 X 的一个样本，$g(X_1$，X_2，$\cdots$，$X_n)$ 是 X_1，X_2，$\cdots$，X_n 的函数，且 g 中不含任何未知数，则称 $g(X_1$，X_2，$\cdots$，$X_n)$ 是一个统计量。如 x_1，x_2，$\cdots$，x_n 是相应于样本 X_1，X_2，$\cdots$，X_n 的样本值，即样本的观察值，则可定义几个统计量见表 1.4 – 13。

表 1.4 – 13　　　几种常用的统计量

统计量名称	样本表示式	观察值表示式
样本平均值	$\overline{X} = \dfrac{1}{n}\sum\limits_{i=1}^{n} X_i$	$\overline{x} = \dfrac{1}{n}\sum\limits_{i=1}^{n} x_i$
样本方差	$S^2 = \dfrac{1}{n-1}\sum\limits_{i=1}^{n}(X_i - \overline{X})^2$	$s^2 = \sum\limits_{i=1}^{n}(x_i - \overline{x})^2$
样本标准差	$S = \sqrt{S^2}$	$s = \sqrt{s^2}$
样本 k 阶原点矩	$A_k = \dfrac{1}{n}\sum\limits_{i=1}^{n} X_i^k$ $k = 1, 2, \cdots$	$a_k = \dfrac{1}{n}\sum\limits_{i=1}^{n} x_i^k$ $k = 1, 2, \cdots$
样本 k 阶中心矩	$B_k = \dfrac{1}{n}\sum\limits_{i=1}^{n}(X_i - \overline{X})^k$ $k = 1, 2, \cdots$	$b_k = \dfrac{1}{n}\sum\limits_{i=1}^{n}(x_i - \overline{x})^k$ $k = 1, 2, \cdots$

4. 参数估计和假设检验

（1）参数估计。如果总体 X 的分布函数的形式已知，但它的一个或多个参数为未知，根据来自母体 X 的一个样本 X_1，X_2，$\cdots$，X_n，x_1，x_2，$\cdots$，x_n 是相应的样本值。对未知参数 θ 的值进行估计称为参数估计。参数估计分为点估计和区间估计。

所谓点估计，就是要构造一个适当的统计量 $\hat{\theta}(X_1$，X_2，$\cdots$，$X_n)$，用它的观测值 $\hat{\theta}(x_1$，x_2，$\cdots$，$x_n)$ 作为未知参数 θ 的估计值。常用构造估计量的方法有矩估计法和极大似然估计法两种，具体步骤参见参考文献 [9]、[20]。

所谓区间估计是要估计参数的一个范围，以及这个范围包含参数 θ 真值的可信程度。这样的范围通常以区间的形式给出，所以称为区间估计。这样的区间即所谓置信区间。

（2）假设检验（统计检验）。在总体分布函数完全未知或只知其形式，但不知其参数的情况下，为了推断总体的某些性质，提出某些关于总体的假设。假设检验就是采用合理的法则，对假设作出判断，认为适当则接受，不适当则拒绝。

5. 正态概率纸和回归分析

（1）正态概率纸。利用正态概率纸可判定某一随机变量的一批试验数据是否遵从正态分布，并可对 μ，σ 作出估计。

正态概率纸以各分组数据的上值为横坐标，累积频率为纵坐标分别描点。若所描的点大致在一条直线上，则可判定此随机变量遵从正态分布。然后凭目力配置一条直线，此直线称为回归直线。

从纵坐标刻度为 50 的点引出一条水平线与回归直线相交，此交点所对应的横坐标即为 μ 的估值；从纵坐标刻度为 15.9 的点引水平线与回归直线相交，此交点所对应的横坐标就是 μ 估值与 σ 估值之差，由此可算得 σ 的估值。

（2）回归分析。把不具有确定函数关系而只具有相关关系的变量，通过统计处理得出反映变量间关系的主流趋向曲线（回归曲线），并对实际数据偏离该曲线的程度作出概率估计。

设随机变量 y 与 x 之间存在着某种相关关系，且 x 是可以控制或可以精确观测其数值的自变量，即可认作普通的变量。由于 y 是随机变量，对于 x 的每一个确定值，y 有它的分布。若 y 的数学期望存在，其值随 x 之值而定，即 y 的数学期望是 x 的函数，记作 $\mu(x)$，$\mu(x)$ 称为 x 的回归。$y = \mu(x)$ 就称为 y 关于 x 的回归函数或回归方程。

对于一元线性回归，设变量 x 和 y 的 n 次观测值为 (x_1, y_1)，(x_2, y_2)，$\cdots$，(x_n, y_n)，若 x 和 y 间存在一定的线性关系，则可用下列直线方程进行拟合：$\hat{y} = a + bx$。式中，a、b 可利用最小二乘法解得

$$b = \frac{\sum\limits_{i=1}^{n}(x_i - \overline{x})(y_i - \overline{y})}{\sum\limits_{i=1}^{n}(x_i - \overline{x})^2}, \quad a = \overline{y} - b\overline{x}$$

式中，$\overline{x}$、$\overline{y}$ 分别为 x_i 和 y_i 的平均值。

一元线性回归的相关系数。两变量之间的线性关系密切程度可用相关系数 r 表示

$$r = \frac{\sum\limits_{i=1}^{n}(x_i - \overline{x})(y_i - \overline{y})}{\sqrt{\sum\limits_{i=1}^{n}(x_i - \overline{x})^2 \sum\limits_{i=1}^{n}(y_i - \overline{y})^2}}$$

当 $|r| = 1$ 时，x、y 为完全线性关系；$|r| < 1$ 时，x、y 有一定的线性关系，而 $|r|$ 越接近 1，表示线性关系越密切；当 $|r| = 0$ 表示 x、y 间毫无线性关系。

一元线性回归的回归线的精度：可用剩余标准差 s 表示

$$s = \sqrt{\frac{1}{n-2}\sum\limits_{i=1}^{n}(y_i - \overline{y})^2}$$

s 越小，则回归方程预报的 y 值越准确。

参 考 文 献

［1］ GB－3100－3102—1993. 量和单位. 北京：中国标准出版社，1994.

［2］ 机械工程手册电机工程编辑委员会. 电机工程手册. 2 版. 北京：机械工业出版社，1996.

［3］ GB/T 2900.1—1990. 电工术语. 基本术语. 北京：中国标准出版社，1993.

［4］ 全国自然科学名词审定委员会. 基础物理. 北京：科学出版社，1986.

［5］ 王云江. 光学技术手册. 北京：机械工业出版社，1987.

［6］ 沈山豪，等. 物理学词典声学手册. 北京：科学出版社，1986.

［7］ K. Gieck. Technische formelsamming. Heilbornni Giech Verlag. 1984.

［8］ F 格鲁姆等. 辐射学. 缪学鼎等译. 北京：机械工业出版社，1987.

［9］ 数学手册编写组. 数学手册. 北京：高等教育出版社，1979.

［10］ A. M. Howatson. et al. Engineering Tables and Data. Chapman & Hall. Ltd，1972.

［11］ 太原重型机械学院. 机械工程手册. 北京：机械工业出版社，1982.

［12］ 周克定. 电工数学. 武汉：华中工学院出版社，1984.

［13］ 绪方胜彦. 现代控制工程. 卢伯英译. 北京：科学出版社，1975.

［14］ 简明数学手册编写组. 简明数学手册. 上海：上海教育出版社，1978.

［15］ 盛剑霓. 工程电磁场数值分析. 西安：西安交通大学出版社，1991.

［16］ 王梓坤. 常用数学公式大全. 重庆：重庆出版社，1991.

［17］ 胡之光. 电机电磁场的分析和计算. 修订本. 北京：机械工业出版社，1989.

［18］ 何镇邦等. 概率论和数理统计. 北京：北京理工大学出版社，1988.

［19］ 王福保等. 概率论和数理统计. 上海：同济大学出版社，1988.

［20］ 盛骤等. 概率论和数理统计. 北京：高等教育出版社，1990.

［21］ 驹宫安男. 数学公式、数表、单位及物理常数.电工技术手册. 施妙根译.北京：机械工业出版社，1984.

［22］ 茆诗松等. 可靠性设计. 上海：华东师范大学出版社，1984.

［23］ 中华人民共和国标准化法. 七届人大常委会五次会议通过，1988.

［24］ 中华人民共和国标准化实施细则. 国务院发布，1990.

［25］ GB1.1 标准化工作导则 标准编写的基本规定. 北京：中国标准出版社.

［26］ 李春田. 标准化概论(修订本). 北京：中国人民大学出版社，1988.

［27］ 金光主. 标准化工作手册. 北京：中国标准出版社，1993.

［28］ 采用国际标准和国外先进标准管理办法. 北京：国家标准监督局，1993.

［29］ 中国电工技术学会. 国际及国外先进标准浅析.北京：机械工业出版社，1988.

［30］ 沈永欢，梁在中，许履瑚等编. 实用数学手册.北京：科学出版社，1987.

［31］ 现代应用数学手册编委会. 现代应用数学手册. 北京：清华大学出版社，2005.

［32］ 电气工程师手册第二版编辑委员会编. 电气工程师手册. 北京：机械工业出版社，2000.

［33］ M Abramowitz, I A Stegun. Handbook of Mathematical Functions with Fomulas, Graphs, and mamthematical Tables. Applied Mathematics Series－55(National Bureau of Standards；Tenth Printing，December 1972，New York).

［34］ 于轮元. 电气测量技术. 西安：西安交通大学出版社，1988.

第2篇

电气工程理论基础

主　编　倪光正　徐德鸿（浙江大学）

执　笔　倪光正　钱照明　杨仕友　范承志

　　　　姚缨英　周　浩　张红岩　王小海

　　　　沈　红　蔡忠法　熊素铭　倪培宏

（浙江大学）

第 1 章　电磁现象及其物理规律性

1.1　物质的导电性

1.1.1　金属导电

导体中有大量的自由电子，在电场 E 作用下，自由电子受到与电场方向相反的电场力而产生加速运动，但同时又因互相碰撞，及与处于热振动的阳离子或杂质原子碰撞，不断减速。这样，在动态平衡状态下，自由电子以平均速度（漂移速度）$v = kE$（k 为取决于导体结构等物理条件的性能参数，称为迁移率）定向运动，形成稳定的电流。

依据电流密度 $J = \rho v$，代入前式便得

$$J = \rho kE = \gamma E \qquad (2.1-1)$$

上式即为欧姆定律的微分形式，表征了导体导电的基本规律性。

1.1.2　气体导电

在通常情况下，气体中的自由电荷极少，是良好的绝缘体。但在外界某些因素（如紫外线、X 射线，以及放射线的照射，或将气体加热）的作用下，气体分子可发生电离，产生出较多的自由电子和离子，这时的气体就变成能导电的物质。

气体的导电规律如图 2.1-1 所示。在充有气体的密封玻璃管内的两端电极施加可变电压，可观察到当电压 U 较小时（曲线的 OA 段），U 与电流 I 成正比，即服从欧姆定律。当 U 增加到某一程度时，电流便达到饱和值（曲线的 BC 段）。若电压继续升高，将会观察到电流又会随着电压的升高而增大（曲线的 CD 段），其起因于此时电子和正离子获得了较大的动能，当它们与中性分子碰撞时，足以使中性分子电离，从而产生出新的电子和正离子（碰撞电离）。在上述各阶段的导电过程中，如果撤去导致气体电离

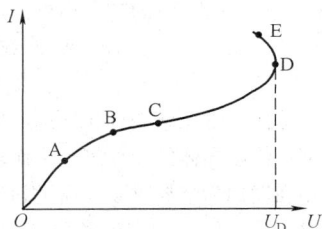

图 2.1-1　气体的导电规律

的外界作用，则气体中的离子会很快消失，电流也就随之中止。这种必须依赖于外界的电离作用而维持的气体导电过程称为"气体的被激导电"。

当两电极间电压进一步增加到某一数值 U_D 时，电流将突然增大，同时，极间电压突然下降（曲线的 DE 段），产生了雪崩式碰撞电离的过程。这时即使撤去外界的电离作用，导电过程仍然继续进行，这种现象称为"气体的自激导电"。在气体自激导电时，往往伴随有发声、发光等现象。

当气体由被激导电过渡到自激导电时，即称该气体已被"击穿"或"点燃"。使气体击穿的最小电压 U_D 称为击穿电压。气体击穿后的放电形式主要取决于气体的性质、压强、电极的形状和距离，外施电压的高低，以及电源的功率等因素，而可能采取辉光放电、弧光放电、火花放电及电晕放电等形式。

1.1.3　液体导电

在许多种液体（盐类、酸类及碱类等水溶液）中，由于离子在电场作用下产生有规则的移动而形成电流。这些离子与中性原子或分子相比较，具有多余的电子（负离子）或缺少电子（正离子）。正离子（亦称阳离子）通常是金属离子和氢离子，在电场力作用下向阴极移动；负离子（亦称阴离子）通常是酸根和羟基族离子，在电场力作用下向阳极移动。这种导电的液体称为电解质或称第二类导体。它与金属导体（第一类导体）不同，电解质中的电流与物质迁移有关。

电解质导电时，其中的正负离子沿相反方向运动，这时电流密度为

$$J = n_+ ev_+ + n_- ev_- \qquad (2.1-2)$$

式中，n_+、n_- 和 v_+、v_- 分别为正、负离子的浓度和正、负离子的迁移速率；e 为一个离子的电荷。

定义离子的迁移率 $u = v/E$，即在数值上等于在单位电场强度下一个离子所获得的迁移速率。于是，电解质中的电流密度可表示为

$$J = (n_+ u_+ + n_- u_-) eE \qquad (2.1-3)$$

可见，在电解质导电时，欧姆定律仍然成立。

液体在呈现导电性，即其内有电流通过的同时，将伴随有化学变化，此时，在电极上有溶质或其他物质组成部分析出或电极被腐蚀，这种现象称为电解。

1.2 物质的磁性

能够激发磁场，并在磁场中受到作用力的性质称为物质的磁性。自然界中有些物质能呈现出磁性（顺磁质或抗磁质）；少数物质，如铁、镍、钴等能呈现出很强的磁性（铁磁质）。人类最早发现的具有磁性的物体是天然磁铁矿石（Fe_3O_4）。

磁性是物质的固有属性。近代物理学表明，原子内绕原子核运动的电子具有轨道磁矩，物质的抗磁性就与这种轨道运动有关。此外，原子核以及电子、质子、中子等基本粒子还存在自旋，具有内禀磁矩。电子的内禀磁矩是物质的顺磁性和铁磁性的起源。通常情况下，多数物质并不呈现磁性，是因热运动使其原子和电子的磁矩取向不一所致。

1.2.1 顺磁质

磁化方向与外磁场方向相同的物质称为顺磁质。例如，铝、钨、液态氧、氯化铜等。

由于顺磁质的磁化方向与外磁场方向相同，故置于外磁场中的顺磁质内部的磁感应强度将增加，即顺磁质会部分地"收缩"磁感应线。

顺磁质的磁化率 χ_m 为一很小的正值，因而相对磁导率 $\mu_r > 1$，且 $\mu_r \approx 1$。

顺磁性起源于电子的自旋磁矩。在顺磁质的原子中，电子的自旋磁矩不完全抵消，因而具有固有磁矩。无外磁场时，由于热运动，各原子磁矩的取向无规则，因此，磁介质不呈现磁性，处于未磁化状态。在外磁场中，电子的自旋磁矩将转向外磁场方向，此即顺磁效应的来源。热运动对磁矩的定向起干扰作用，故温度越高，顺磁效应越弱，即 μ_r 随温度的升高而减小。

1.2.2 抗磁质

磁化方向与外磁场方向相反的物质称为抗磁质。例如，铋、铜、二氧化碳、氯化钠等。

由于抗磁质的磁化方向与外磁场方向相反，故置于外磁场中的抗磁质内部的磁感应强度将减小，即抗磁质会部分地"排斥"磁感应线。

抗磁质的磁化率 χ_m 为一很小的负值，因而相对磁导率 $\mu_r < 1$，且 $\mu_r \approx 1$。

抗磁性起源于外磁场对物质原子中作轨道运动的电子产生洛伦兹力的结果。例如，无外磁场时，两个电子在原子中作反方向运动的磁矩互相抵消。但是，在外磁场作用下，电子所受的洛伦兹力将使绕外磁场方向作圆周运动的电子的角速度减小（$\omega = \omega_0 - eB/2m$）；使逆外磁场方向作圆周运动的电子的角速度增加

（$\omega = \omega_0 + eB/2m$）。其结果是这两个磁矩不再相消，而在沿外磁场相反的方向上产生了感应磁矩。

因为一切物质的原子中都存在电子的轨道运动，所以一切物质都具有抗磁性。仅因洛伦兹力的作用而使电子轨道磁矩产生的变化极小，故抗磁性极其微弱。而且在许多物质中，这种微弱的抗磁性又会被强得多的顺磁性或铁磁性所掩盖。

1.2.3 铁磁质

铁磁质是磁性很强的物质。例如，铁、镍、钴、某些稀土族元素以及铁氧体。铁磁质的磁化规律与顺磁质和抗磁质不同。它在磁化过程中磁化强度和磁场强度间不呈线性关系，且有磁饱和、剩磁和磁滞现象。铁磁质的这些特性可以用铁磁质的基本组成——磁畴理论来解释。铁磁质都有一个居里温度（如铁的居里温度为769℃），超过这一温度，铁磁质就失去铁磁性而变为顺磁性。

铁磁材料通常按矫顽力 H_C 的大小可分为软磁材料和硬磁材料两大类。软磁材料的矫顽力 H_C 很小，剩磁 B_r 非常容易消除，磁滞回线狭长，在交变磁场中磁滞损耗小，因而在电气电子设备中得到了广泛的应用。硬磁材料的特点是矫顽力 H_C 大，剩磁 B_r 也大；且其磁滞回线展宽，磁滞特性非常显著，适合制作永久磁体。

1.3 超导体

1911 年首先发现汞在 4.173K 温度以下时，其电阻值消失，并初次称之为"超导性"。现已知道许多金属、合金和化合物都可能具有超导性，并具有完全抗磁性。

1. 超导性　与常导金属相比较，超导体的直流电阻率在临界温度 T_C 下突然消失，呈现超导性，如图 2.1 - 2 所示。超导体有电阻时称其处于正常态；电阻消失时称其处于超导态。表征超导体的基本临界参量有临界温度 T_C、临界磁场 H_C 和临界电流 I_C。在无外磁场的情况下，超导体由正常态转变到超导态或反之的温度称为临界温度；使超导体的超导态破坏而转变到正常态所需的磁场强度称为临界磁场；通过超导体的电流达到一定值时，也可使超导态破坏而转变到正常态，此电流值称为临界电流。

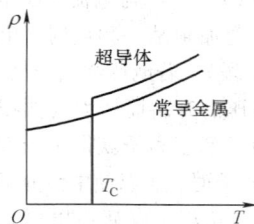

图 2.1 - 2　常导金属和超导体的电阻率在低温下的变化

2. 完全抗磁性　超导体处于超导态时，在外磁场强度不大的情况下，磁场线不能穿入厚度为 10^{-5}cm 数量级的表面层以下的超导体内部，此时，超导体呈现完全抗磁性。这种现象称为迈斯纳效应，如图 2.1−3 所示。

超导体的上述特性可由以下物理图像解释：超导体中导电的电子是结合成对的，这种电子对（库珀对）不能相互独立地运动，而只能以关联的形

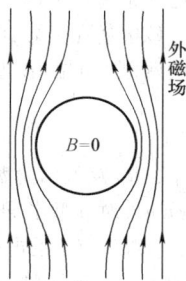

图 2.1−3　超导体的完全抗磁性

式作集体运动。当某一电子对受到扰动时，就要涉及这个电子对所在空间范围内的所有其他电子对。这个空间范围内的所有电子对，在动量上彼此关联成为有序的集体。因此，电子对的有序滚动，就不像正常的电子那样会受到点阵原子的碰撞，从而呈现电阻消失的现象。

超导体的许多特性，如电阻消失、完全抗磁性、隧道效应等，已在许多科学技术领域中得到应用，诸如超导电缆、各类超导磁体、超导轴承、超导磁强计等典型工程应用，均显示出突出的优点和广阔的前景。

1.4　等离子体

等离子体是有别于固体、液体和气体的另一种物质的聚集态。

等离子体是达到一定密度的电离气体或带电粒子的集合，它具有以下两个基本特征：

（1）由于电磁相互作用而呈现的协作效应。

（2）准电中性。

等离子体具有消除其内部电场的趋势，这种效应是带电粒子通过改变其空间位置的组合而产生的，称为德拜屏蔽效应。而实现这种屏蔽要求有一定的距离，该距离称为德拜长度 λ_D，其定义为

$$\lambda_D = (kT_e/4\pi n e^2)^{1/2} \quad (2.1-4)$$

式中，k 为玻尔兹曼常数；T_e 与 n 分别为电子温度与密度；e 是电子电荷。由分析可粗略地认为，等离子体中的带电粒子只与距离在德拜长度以内的那些粒子发生相互作用；或者说，带电粒子与德拜球以外的粒子不发生电磁相互作用，因此，λ_D 又称为屏蔽长度。

由此可见，要保证等离子体中的带电粒子发生集体性的协作效应，其电磁相互作用的有效范围 λ_D 必须远大于粒子间的平均距离 $n_0^{-1/3}$（n_0 为平均粒子数密度），即

$$\lambda_D \gg n_0^{-1/3} \quad (2.1-5)$$

分析同样表明，要保证等离子体的准电中性其必须具备的条件为

$$\lambda_D^2/L^2 \ll 1 \quad (2.1-6)$$

式中，L 为所论等离子体系统的线度。式（2.1−6）的物理含义是：因等离子体中的扰动所引起的电子密度和离子密度的变化，导致了其在平均意义上的不能抵消的电荷密度的变化必须远小于电子（或离子）电荷密度的改变。

等离子体与许多科学技术相关联，并有着广泛的技术应用。如天体物理学、氢弹及受控热核反应、磁流体发电、等离子体推进（用于宇宙飞行）、同位素分离、无线电通信、等离子体化学、气体激光以及各种气体放电、等离子体喷涂、焊接、切割等。

1.5　电磁效应

1.5.1　电热效应

具有电阻 R 的导体，当有电流 I 通过时将产生热；同样，因交变磁场在导体中感生涡流时将产生热。电热效应的规律性由焦耳定律给出，即电流通过电阻时放出的热量（焦耳热）$Q = I^2Rt$（J）。若将转换为热能的电能以热系统的单位度量，则需用热功当量 1cal = 4.19J 予以换算。

电热效应的物理本质在于：电子在电场中漂移运动时，通过碰撞，电子把由电场加速获得的动能传递给阳离子或杂质原子而减速；获得能量的阳离子或杂质原子则因振动加剧，导致导体温度上升。这就是焦耳热产生的机理。

1.5.2　热电效应

1. 温差电效应　把两种不同金属的两端分别连接起来，则当两接触处存在温度差时，将产生电动势且有电流流通。这种电动势称为热电动势；电流称为热电流。这一物理现象即是温差电效应（亦称塞贝克效应）。

温差电效应的物理本质在于：若在一金属内部有温差，则从高温的一侧向低温的一侧将有热能流动，与此同时，沿同方向源于电子的热扩散产生电流，从而低温处因电子过剩而带负电，高温处则因缺少电子而带正电，因此，产生电位差 U，高温处为正极。然而，由此产生的电场将妨碍电子连续不断地热扩散。当这两个作用达到动态平衡时，此时电位差 U 即呈现为热电动势。

热电偶就是由两种金属组成的测温元件。当热电偶保持 1°C 温度差时产生的电动势，称作热电功率。由多个温差电偶相连接组成温差电堆，即可获得较高

的热电动势，以适应温度的自动控制或远距离控制等工程应用的需求。

2. 珀耳帖效应 当电流 I 通过两种不同金属接触面时，在接触面处除产生焦耳热外，还伴随有电子从能级高的金属扩散到能级低的金属中去的放热或吸热现象。且当电流的方向相反时，放热和吸热交换。这一现象称为珀耳帖效应，而在接触面两侧呈现的电位差则称为珀耳帖电动势。

金属和 p 型半导体，或金属和 n 型半导体接触也能产生珀耳帖效应。对这两类半导体而言，取决于通过金属和半导体的电流方向，其接触面处的吸热和放热效应对换。因此，金属和 p 型半导体、n 型半导体接合而成的组合体，其一侧因吸热成为冷却面，另一侧则因放热而成为发热面，由于这两个面并存，故按需要选择其一，即可得理想的加热或冷却效果。这一基于珀耳帖效应的配置是电子制冷、制热的基本元件，已被应用于自动温度调节技术之中。

1.5.3 光电效应

物质在光的照射下释放电子的现象称为光电效应。1887 年赫兹发现了光电效应，但直至 1905 年爱因斯坦引入光子概念后，才满意地解释了这一现象。爱因斯坦认为光是以光速运动的粒子——光子所组成，每个光子的能量 W 决定于光的频率 ν，即 $W = h\nu$（h 为普朗克常数）。对于固体，当内部的电子吸收了光子而形成了光电子时，光子的能量部分消耗于被辐射固体物质的电子逸出功 A，另一部分转换成光电子的动能 $mv^2/2$。按照能量守恒定律，应有如下关系

$$h\nu = A + \frac{mv^2}{2} \qquad (2.1-7)$$

上式称为爱因斯坦光电效应方程。由此方程可见，并非任意频率的光辐照固体物质都能产生光电子。只有当光的频率 $\nu \geqslant A/h$ 时，才能发生光电效应。不仅固体，气体和液体也均会产生光电效应。

利用光电效应可制成光电管、光电池、光电摄像管、光电倍增管等光电器件，广泛应用于自动控制和电视等方面。

1.5.4 霍尔效应

当施加外磁场垂直于半导体中流过的电流时，则会在半导体中垂直于磁场和电流的方向产生电动势，这种现象称为霍尔效应。

霍尔效应的物理本质在于：形成电流 I 的载流子在外磁场 B_o 中受到洛伦兹力的作用，将聚集到半导体的一侧，而产生空间电荷。这一空间电荷分布便建立起一个抵消洛伦兹力作用的电场，直至相互平衡为止。该电场在半导体（霍尔元件）的垂直于电流方向的两侧产生霍尔电动势 E_H（V）为

$$E_H = R_H \frac{IB_o}{d} f\left(\frac{l}{b}\right) \qquad (2.1-8)$$

式中，R_H 为霍尔常数（m^3/C），对 n 型半导体 $R_H = -1/nq$，对 p 型半导体 $R_H = 1/nq$（n 为载流子的浓度，q 为载流子的电荷）；d 为霍尔元件的厚度（m）；$f(l/b)$ 为霍尔元件的形状系数（l 为霍尔元件的长度；b 为霍尔元件的宽度）。

霍尔效应在磁测量技术领域中可用以测量恒定磁场、交变磁场以及脉冲磁场，并可用于测量直流或交流电路的电流和功率，测定半导体类型，以及转换信号等。

1.5.5 磁阻效应

磁阻效应是指某些金属或半导体材料在磁场中其电阻值随磁场的增加而增大的现象。

磁阻效应和霍尔效应一样，也是起因于作用在导体中运动载流子上的洛伦兹力。对处于外磁场中的半导体，其内运动载流子的速度值范围很大，因此，霍尔场只能补偿作用在具有平均速度的电子上的洛伦兹力，而运动速度较慢和较快的电子仍然被偏转。因此，正是由于电子运动路径平均长度的增加导致了磁阻效应。

不同材料的磁阻效应是不相同的。除在强脉冲磁场作用下，磁阻效应通常并不明显。

在磁场测量中，常应用由锑化铟（InSb）线绕成螺旋形的圆盘（柯尔比诺圆盘）探头，以获得对应于该材料的最大的磁阻效应（在 $B_o = 1T$ 的磁场中，电阻将增大 25 倍）。近年来，已成功地应用了一种利用磁膜磁阻效应的磁强计。它由含钴的铁镍合金的各向异性薄膜电阻器件制成，其厚度为 $(200 \sim 500) \times 10^{-8}$ cm，通过电桥法测量其电阻的变化，能够测量到 10^{-11} T 的微小磁感应强度值。

1.5.6 压电效应

某些电介质晶体在沿特定方向的压力作用下，会在其端面出现异号的电荷分布，从而在其内部出现电场的现象称为压电效应。而在张力情况下，两端面的电荷将改变符号。

有时把上述压电效应称为"正压电效应"，而把它的逆效应，即置于电场中的电介质晶体会发生机械形变的现象称为"逆压电效应"或"电致伸缩"。

在压电效应中，端面上产生的电荷 q 与施加的力 F_x 之间的关系为 $q = d_{11}F_x$。式中，d_{11} 称为压电模数，

对于给定的晶体而言，它是常量。

压电效应已被广泛应用于晶体振荡器、各类电声器件、超声波发生器和非电量检测等技术之中。

1.5.7　电化学效应

凡研究电子导电相（金属）与离子导电相（电解质）之间发生的各种界面效应，即伴随有电现象的化学反应的现象，统称为电化学效应。

本篇 1.1.3 节中已指出的电解现象便是在由第一类导体（金属）和第二类导体（电解质）组成的电化学体系中所发生的电化学效应。电化学效应发生在这两类导体的接触界面处。取决于电化学效应发生的条件和结果，通常把电化学体系的组成可分类为原电池、电解电池和腐蚀电池等（参见第 23 篇）。

电化学效应在电解冶金、材料工程、能源技术等科学技术领域中都得到了广泛的应用。

1.5.8　磁光效应

光是一种电磁波，它沿着光轴（垂直于电场振动面）以波动方式向前传播。当光在各向异性物质中传播时，就要产生偏振光。而当偏振光通过有磁场作用的某些各向异性介质时，由于介质电磁特性的变化，将使光的偏振面（电场振动面）发生旋转，这一现象称为磁光效应。

根据产生磁光效应时光所通过的介质（样品）是透射的还是反射的性质，分别称之为法拉第磁光效应和克尔磁光效应。磁光效应法即是利用磁场对光和介质的相互作用而产生的磁光效应来测量磁场的一种方法。

1. 法拉第磁光效应　1846 年法拉第发现，当平面偏振光透过外磁场作用下的各向异性介质时，其偏振面（极化面）相对于入射光要发生旋转。通常称这种介质为非活性物质。而对活性物质则不然，除此之外还需包括其本身的固有旋光特性。总之，不同的物质其极化面的旋转是不同的。描述法拉第磁光效应的定量关系式为

$$\theta = \rho\, l B_0 \qquad (2.1-9)$$

式中，θ 为极化面旋转的角度；ρ 为弗尔德常数，一般小于 10 rad/（m·T）；l 为透过介质中的光程；B_0 为外磁场的磁感应强度。

2. 克尔磁光效应　平面偏振光从被外磁场磁化的物质表面反射而产生椭圆偏振光，使其偏振面相对于入射光发生旋转的现象称为克尔磁光效应。椭圆偏振光其椭圆长轴相对于原偏振面所旋转的角度为

$$\theta = K_K M \qquad (2.1-10)$$

式中，K_K 为克尔常数，它决定于光的波长和温度，

通常具有 2×10^{-3} 的数量级；M 为磁化强度。

利用磁光效应法测量磁场与传统的磁场测量法相比，具有以下优越性：能实现耐高压、耐腐蚀、耐绝缘，而为一般方法不能进行的磁场测量；因传感器的温度系数小，扩展了测量的工作温度范围（由液氦至室温和更高温度）；具有宽频带的传输特性，可测量非正弦磁场；由于采用光纤传输，特别在高频场中提高了测量的可靠性等。

1.5.9　电光效应

与磁光效应相对应，对于某些各向异性介质，如锗酸铋（$Bi_{12}GeO_{20}$）、硅酸铋（$Bi_{12}SiO_{20}$）和铌酸锂（$LiNbO_3$）等晶体，在适当方向上施加电场 E_0 后，当光在该各向异性介质中传播时，就要产生双折射现象，称这种现象为电光效应。当电光效应与外加电场呈线性关系时，即

$$\Gamma = k_e l E_0 \qquad (2.1-11)$$

称为泡克尔斯效应。式（2.1-11）中，k_e 为由各向异性介质和波长确定的常数；l 为透过介质中的光程；E_0 为外电场的电场强度。

与传统的电场或电压测量方法相比，利用各向异性介质中的泡克尔斯效应测量电场或电压的优越性是显而易见的。如同本篇 1.5.8 节中关于磁光效应法测量磁场的优越性的阐述，基于泡克尔斯效应制成的光纤电场传感器不仅对被测电场畸变作用小，而且特别适用于测量高电位区域和远距离处的电场；同样，制成的光纤电压互感器与传统的基于电磁感应原理的电压互感器相比，其主要优点是频带宽，动态范围大，传感单元与测量单元电气隔离，易于与计算机接口。

1.5.10　磁共振

一般来说，磁共振是物质的磁矩（自旋）系统在恒定磁场和一定频率的交变磁场同时作用下，当恒定磁场强度和交变磁场频率满足一定关系时，磁矩系统从交变磁场吸收电磁能量的现象。磁共振现象是基于 1896 年发现的塞曼效应的原理，即在恒定磁场 B_0 的作用下物质的磁矩（自旋）系统将发生磁致能级分裂，称为塞曼能级分裂。根据经典物理学观点，该磁矩系统会产生磁矩 μ 绕磁场 B_0 所作的旋进运动（拉莫尔旋进），其旋进角频率 $\omega_0 = \gamma B_0$（旋磁比 $\gamma = \mu/L$，L 为磁矩系统的角动量）。因此，当外施交变磁场的角频率 ω 与磁矩的旋进角频率 ω_0 相等时，即

$$\omega = \gamma B_0 \qquad (2.1-12)$$

时产生磁共振，磁矩系统将从交变磁场吸收最大的电磁能量。磁共振在本质上是一种能级间跃迁的量子效应。

磁共振现象与物质磁性有密切的关系。磁共振包含顺磁共振（EPR）、核磁共振（NMR）、铁磁共振和回转磁共振等。

磁共振现象在物理学、化学、生物学和量子电子学等方面都有重要的应用。就其应用于磁测量技术而言，理论与实验证实，塞曼能级分裂的能量与外恒定磁场的磁感应强度成正比。因此，只要测量出外施交变磁场在共振时的角频率，就可间接求得能级分裂的能量，从而确定外恒定磁场的磁感应强度。由于频率可以测量得非常准确，故利用磁共振法便可大大提高测量磁场的精确度。工程上有核磁共振法、顺磁共振法和光泵磁共振法等测量磁场的方法。以核磁共振法为例，其测量精确度可高达 10^{-6} 数量级，常用于标准磁场量具基准、精密磁强计等应用之中。若适当地选择核样品，恒定磁场的测量范围可从 10^{-4} T 扩延到 25T。

1.6　生物电磁效应

1.6.1　生物系统的电磁特性

人体组织的物质组成中绝大部分为氢、碳、氮、氧等轻元素，通常认为它们是非磁性的，即人体的磁导率可看成 $\mu = \mu_0$，且绝大多数为抗磁性。少数含有过渡族原子，如 Fe、Mn、Cu 等元素的生物材料（如含 Fe 的血红蛋白、肌红蛋白和铁蛋白；含 Cu 的血蓝蛋白和肝铜蛋白）在一定条件下显现为顺磁性。因此，生物材料的结构和功能与磁性相关。

人体组织的电导率 γ 是位置和频率的函数，而且随温度变化，某些组织还显现出各向异性，如脑白质，当电流平行于神经轴索纤维时，其电导率是电流横跨纤维方向时的 10 倍。因此，人体组织的电学性质具有高度的非均匀性和色散性。从微观上看，各种生物组织的分子内部存在着很强的电场，而且在分子尺度范围内改变位置时，电场强度变化很大（目前的测量技术还无法测定）。通常，细胞膜内外存在着 70mV 左右的电位差，内负外正。当神经被刺激时，大脑发出控制脉冲，上述细胞的跨膜电压瓦解，细胞放电。这样，神经冲动经过神经传导细胞的复杂系统传播到肌肉神经，并"告诉"肌肉产生所需要的运动。

当生物体置于外界电磁环境中时，生物体的带电粒子要受到电场力作用而发生生命运动的变化，且取决于外界电磁场的性质而产生不同的电磁过程。如在静电场中，生物介质发生极化；在时变场中，自由电子受强迫振动而产生传导电流，因介质极化产生极化电流。电流通过电子、离子的运动和碰撞，使电磁能转化为热能，从而生物体产生相应的生物效应。

1.6.2　生物电磁技术

基于生物电磁效应，目前在生物医学工程中的电磁应用领域正日趋扩展，其中，对应于大脑皮质和心肌中的生物电活动，通过在颅外头皮处和在胸、肢体上安置引导电极的方法，有记录相应的皮层自发脑电活动 [脑电图（ECG）]，以及心肌电活动 [心电图（ECG）] 的医学影像装置；对应于人体各部位组织的磁场（其磁感应强度 B 一般在约 $10^{-13} \sim 10^{-8}$ T 之间），记录其相应的磁场随时间变化的关系，有称之为磁图 [心磁图（MCG）、脑磁图和肺磁图等] 的医学影像装置。应指出，因人体组织磁场远低于地磁场和环境磁场，故对人体进行磁场测量需要特殊的实验条件，例如在磁屏蔽室内采用高灵敏度的磁强计（如超导量子干涉仪式磁强计），或采用磁场梯度计。此外，基于磁共振原理、顺磁共振成像、核磁共振成像等采用 CT（计算机断层成像）技术，可根据所获得的共振图像和谱线来研究生物材料的微观结构及其与功能之间的关系，以及应用于人工心脏输血的磁电泳仪，应用于分离红、白血球的电磁泳仪等。

第 2 章　电磁场的分析与计算

2.1　电磁场物理模型的构成

对应于各种电工电子装置中的宏观电磁现象与过程的分析研究，即所论电磁场问题，是指在一个被界定的或无限扩展的空间内，必须予以关注、研究的宏观电磁物理效应。该空间由给定几何结构及其电磁性能的某一种或多种媒质所组成，其中，激励源（电荷、电流）在媒质空间中产生其相应的电场或磁场，或合一的时变电磁场的物理效应。

2.1.1　电磁场的基本物理量——源量和场量

在电磁场物理模型的构造中，其激励源（电荷与电流）的描述归结为源量，表征为电荷 q 与电流密度 J；而其场效应的描述则归结为场量，表征为电场强度 E 与磁感应强度 B。

电荷是物质的固有属性之一。任何物质内都存在正负两类电荷。通常，物体内正负电荷数量相等，呈电中性。当物体失去或得到一定量的电子时，即呈现为带正电或负电的状态。

电荷量是量子化的，即电荷是不连续的，其最小的、不可分割的基本电荷量为电子 e 所带有的电荷量。在宏观意义下，考察由大量聚集的电荷所产生的电磁效应时，可采用连续任意取值的平均密度函数的方法，来给定带电体的电荷量。因而取决于电荷的分布形态，其源量可描述为点电荷 q（C）；体电荷密度 ρ（C/m^3）；面电荷密度 σ（C/m^2）或线电荷密度 τ（C/m）。

电流源于电荷的运动，在电磁场物理模型构造中，定义了与电流 i 相关的点函数——电流密度 J（A/m^2）为源量，即

$$|J| = \lim_{\Delta S_n \to 0} \frac{\Delta i}{\Delta S_n} = \frac{di}{dS_n}$$

式中，Δi 为流过垂直于电荷流动方向的面元 ΔS_n 内的电流；J 方向定义为正电荷运动的方向；取决于定向运动电荷的分布形态，其相应的源量可描述为体电流密度 J（A/m^2）；面电流密度 K（A/m）或线电流 I（A）。

电场强度 E（N/C 或 V/m）是描述电场的基本物理量，可通过电场中试体电荷 $q_t(r')$ 在场点（r）处所受的电场力 F 定义为

$$E(r) = \lim_{q_t \to 0} \frac{F(r)}{q_t}$$

式中，试体电荷 q_t（>0）的尺寸与电量都很小，以使其引入将不影响所研究的电场；r' 和 r 分别为源点和场点的位置矢量（位矢），即

$$r' = x'e_x + y'e_y + z'e_z \; ; \; r = xe_x + ye_y + ze_z$$

磁感应强度 B（T 或 Wb/m^2）是描述磁场的基本物理量，同样，可通过磁场中以速度 v 运动的元电荷 dq 所受到的磁场力（洛伦兹力）$dF = dq(v \times B)$ 予以定义，其数值为

$$B = \frac{(dF)_{max}}{dqv}$$

2.1.2　电磁场中的媒质及其电磁参数

媒质导电、导磁或绝缘、抗磁等电磁性能均与形成媒质的物质材料的微观结构相关。但就宏观电磁现象与过程的分析而言，媒质可看成是"连续"的，即只需研究其微观结构在与电磁场相互作用下所表征的宏观统计平均效应，因而分别采用了电导率 γ、磁导率 μ 和介电常数 ε 三个宏观电磁参数来描述媒质的电磁性能。其中，电导率 γ 反映了材料的导电性能；磁导率 μ 反映了材料宏观的磁化性能；介电常数 ε 则反映了材料在电场作用下的极化性能。

当场空间引入相应媒质，分析存在介质极化效应的合成电场时，还引入电位移矢量 D（C/m^2）为基本物理量，其定义式为 $D = \varepsilon E$；同样，分析存在磁媒质磁化效应的合成磁场时，还引入磁场强度 H（A/m）为基本物理量，其定义式为 $H = B/\mu$。

真空（自由空间）作为一种特殊媒质，其电磁性能的等效宏观电磁参数为介电常数 ε_0（$\varepsilon_0 \approx 8.854 \times 10^{-12} F/m$）和磁导率 μ_0（$\mu_0 = 4\pi \times 10^{-7} H/m$）。

常见的均匀各向同性、线性电介质（绝缘材料）的相对介电常数 $\varepsilon_r = \varepsilon/\varepsilon_0$ 见表 2.2-1。

表 2.2-1　　　　　常见电介质（绝缘材料）的相对介电常数

电介质	空气	纯水	六氟化硫	云母	陶瓷	硬橡胶	环氧树脂	变压器油	聚乙烯	玻璃	纸
相对介电常数 ε_r	1.0	81	1.002	5.4	5.3~6.5	2.5~3	4	2~3	2.26	4~7	3

2.2 电磁场的基本定律

2.2.1 法拉第电磁感应定律

1831 年法拉第总结电磁感应现象的规律性指出：导体回路中感应电动势 e 的大小与穿过回路的磁通随时间的变化率成正比，即

$$e = -\frac{d\Phi}{dt} = -\frac{d}{dt}\int_S \boldsymbol{B} \cdot d\boldsymbol{S} \qquad (2.2-1)$$

式中，S 为由回路 l 所界定的任意曲面，且规定感应电动势 e 和磁通 Φ 两者参考方向成右螺旋关系。这样，上式表述符合楞次定律，即闭合回路中的感应电动势及其所产生的感应电流总是企图阻止与回路相交链的磁通的变化。应指出，式（2.2-1）与下式等同

$$e = \oint_l \boldsymbol{E}_i \cdot d\boldsymbol{l} = -\int_S \frac{\partial \boldsymbol{B}}{\partial t} \cdot d\boldsymbol{S} + \int_l (v \times \boldsymbol{B}) \cdot d\boldsymbol{l}$$

$$(2.2-2)$$

在物理意义上，上式右边第一项描述了电磁感应效应中的感生电动势（变压器电动势）；右边第二项则描述了动生电动势（发电机电动势）。

2.2.2 安培环路定律

安培环路定律指出，磁场强度沿任一闭合回路的线积分等于穿过该回路所限定面积的传导电流的代数和，即

$$\oint_l \boldsymbol{H} \cdot d\boldsymbol{l} = \Sigma I = \int_S \boldsymbol{J}_c \cdot d\boldsymbol{S} \qquad (2.2-3)$$

式中，当积分路径 l 的绕行方向与电流方向符合右螺旋关系时，电流为正，反之为负。

2.2.3 电磁场的基本方程组——麦克斯韦方程组

麦克斯韦以"涡旋电场"的假设推广了法拉第电磁感应定律，即只要与任一假想闭合回路相交链的磁通发生变化，即使没有感应电流，但源于感应电场将产生如式（2.2-1）所定义的感应电动势；同时，以位移电流的假设，拓展安培环路定律为全电流定律。从而，基于全电流定律、电磁感应定律、磁通连续性原理和高斯定理，麦克斯韦给出了宏观电磁现象基本规律的数学描述，即如下的电磁场基本方程组（积分形式）

$$\oint_l \boldsymbol{H} \cdot d\boldsymbol{l} = \int_S \boldsymbol{J}_c \cdot d\boldsymbol{S} + \int_S \boldsymbol{J}_D \cdot d\boldsymbol{S} + \int_S \boldsymbol{J}_v \cdot d\boldsymbol{S}$$

$$(2.2-4a)$$

$$\oint_l \boldsymbol{E} \cdot d\boldsymbol{l} = -\int_S \frac{\partial \boldsymbol{B}}{\partial t} \cdot d\boldsymbol{S} \qquad (2.2-4b)$$

$$\oint_S \boldsymbol{B} \cdot d\boldsymbol{S} = 0 \qquad (2.2-4c)$$

$$\oint_S \boldsymbol{D} \cdot d\boldsymbol{S} = \int_V \rho dV \qquad (2.2-4d)$$

式中，$\boldsymbol{J}_c = \gamma \boldsymbol{E}$ 为传导电流密度；$\boldsymbol{J}_D = \frac{\partial \boldsymbol{D}}{\partial t}$ 为位移电流密度；$\boldsymbol{J}_v = \rho v$ 为运流电流密度。

为在"点"尺度上分析随时间与空间变化的电磁场，在引入矢量分析的旋度和散度概念的基础上，可将电磁场基本方程组［式（2.2-4a）~式（2.2-4d）］进而表达为如下的微分形式

$$\nabla \times \boldsymbol{H} = \left.\begin{matrix} \boldsymbol{J}_c \\ \boldsymbol{J}_v \end{matrix}\right\} + \frac{\partial \boldsymbol{D}}{\partial t} \qquad (2.2-5a)$$

$$\nabla \times \boldsymbol{E} = -\frac{\partial \boldsymbol{B}}{\partial t} \qquad (2.2-5b)$$

$$\nabla \cdot \boldsymbol{B} = 0 \qquad (2.2-5c)$$

$$\nabla \cdot \boldsymbol{D} = \rho \qquad (2.2-5d)$$

2.3 静电场的分析与计算

2.3.1 静电场的基本方程组

在真空或存在导体和电介质的媒质空间中，由相对于观察者为静止的，且其电量不随时间而变化的电荷所激发的静态场，即称之为静电场。

静电场基本规律性的数学描述，归结为如下的基本方程组

$$\text{积分形式} \qquad \oint_S \boldsymbol{D} \cdot d\boldsymbol{S} = \int_V \rho dV \qquad (2.2-6a)$$

$$\oint_l \boldsymbol{E} \cdot d\boldsymbol{l} = 0 \qquad (2.2-6b)$$

$$\text{微分形式} \qquad \nabla \cdot \boldsymbol{D} = \rho \qquad (2.2-7a)$$

$$\nabla \times \boldsymbol{E} = 0 \qquad (2.2-7b)$$

2.3.2 两种媒质分界面上的边界条件

各种电磁装置中通常遇到的是多种媒质共存的状况。由基本方程组可知，此时，场量在分界面上必须满足如下的边界条件

$$E_{1t} = E_{2t} \qquad (2.2-8)$$
$$D_{2n} - D_{1n} = \sigma \qquad (2.2-9)$$

2.3.3 场分布

1. 基于电场强度 $\boldsymbol{E}$ 的分析　在单一的均匀各向同性、线性电介质 ε 的场空间中，源于各种可能的激励源，应用叠加原理，任一场点处的电场强度 $\boldsymbol{E}$ 可一般性地表达为

$$\boldsymbol{E}(r) = \frac{1}{4\pi\varepsilon}\left[\int_{V'} \frac{\rho(r')\,dV'}{R^2}\boldsymbol{e}_R + \int_{S'} \frac{\sigma(r')\,dS'}{R^2}\boldsymbol{e}_R + \right.$$
$$\left. \int_{l'} \frac{\tau(r')\,dl'}{R^2}\boldsymbol{e}_R + \sum_{K=1}^{n} \frac{q_K(r')}{R_K^2}\boldsymbol{e}_{R_K}\right] \text{(V/m 或 N/C)}$$

$$(2.2-10)$$

式中，R 为源点与场点间的距离；$\boldsymbol{e}_R$ 为由源点指向场

点的单位矢量。

当场源和媒质结构具有特定的面、柱或球对称性的特征时，对这类对称性场的分析，应用高斯定理〔式（2.2-6a）〕计算其电位移矢量 D（或电场强度 E）的分布是十分简便和有效的方法。在该方法应用中，应合宜地选取高斯面 S，即令高斯面 S 上的电通量密度 D（或 E）与高斯面 S 间有确定的量值和方向上的关联，如令 D（或 E）在高斯面 S 上为某一定值（含零值），且其方向处处与高斯面 S 相垂直。

几种典型场源分布的电场强度见表 2.2-2。

表 2.2-2　　几种典型场源分布的电场强度

	点电荷 q	均匀带电球面	均匀带电球体	无限大均匀带电平面	无限长均匀带电圆柱面
场结构					
场分布特征	球对称性的轴对称场①	球对称性的轴对称场	球对称性的轴对称场	面对称性的平行平面场②	圆柱对称性的平行平面场
电场强度	$E = \dfrac{q}{4\pi\varepsilon_0 R^2}e_R$	$r<a \quad E = 0$ $r>a$ $E = \dfrac{Q}{4\pi\varepsilon_0 r^2}e_r$	$r<a$ $E = \dfrac{\rho\,r}{3\varepsilon_0}e_r$ $r>a$ $E = \dfrac{\rho\,a^3}{3\varepsilon_0 r^2}e_r$	$E = \dfrac{\sigma}{2\varepsilon_0}e_n$ 式中，e_n 为平面的法向单位矢量	$r<a \quad E=0$ $r>a$ $E = \dfrac{\tau}{2\pi\varepsilon_0 r}e_r$ $= \dfrac{\sigma\,a}{\varepsilon_0 r}e_r$ 式中，τ 为位于轴线上与面电荷密度 σ 分布等效的线电荷密度

①轴对称场—在过对称轴的一系列旋转平面（子午面）上，具有完全相同的场分布特征的场。

②平行平面场—在一系列相互平行的平面上，具有完全相同的场分布特征的场。

2. 基于电位函数 φ 的分析　基于静电场的无旋性〔式（2.2-7b）〕，可采用标量电位函数 φ 为辅助计算量，其与电场强度 E 的关联为 $E = -\nabla\varphi$。在单一的均匀各向同性、线性电介质 ε 的场空间中，源于各种可能的激励源，应用叠加原理，电位 φ 可一般性地表达为

$$\varphi(r) = \frac{1}{4\pi\varepsilon}\left[\int_{V'}\frac{\rho(r')\,\mathrm{d}V'}{R} + \int_{S'}\frac{\sigma(r')\,\mathrm{d}S'}{R} + \int_{l'}\frac{\tau(r')\,\mathrm{d}l'}{R} + \sum_{K=1}^{n}\frac{q_K(r')}{R_K}\right] \quad (\mathrm{V})$$

$$(2.2-11)$$

几种典型场源分布的电位见表 2.2-3。

表 2.2-3　　几种典型场源分布的电位

	点电荷 q	均匀带电球面	均匀带电球体	无限长均匀带等量异号电荷的同轴圆柱面	一对带等量异号电荷的无限长电轴
场结构					
场分布特征	球对称性的轴对称场	球对称性的轴对称场	球对称性的轴对称场	圆柱对称性的平行平面场	平行平面场
电位参考点	$\varphi\mid_{r\to\infty} = 0$	$\varphi\mid_{r\to\infty} = 0$	$\varphi\mid_{r\to\infty} = 0$	$\varphi\mid_{r=b} = 0$	$\varphi\mid_{x=0} = 0$
电位	$\varphi = \dfrac{q}{4\pi\varepsilon_0 R}$	$r<a$ $\varphi = \dfrac{Q}{4\pi\varepsilon_0 a}$ $r>a$ $\varphi = \dfrac{Q}{4\pi\varepsilon_0 r}$	$r<a$ $\varphi = \dfrac{\rho\,a^2}{2\varepsilon_0} - \dfrac{\rho\,r^2}{6\varepsilon_0}$ $r>a$ $\varphi = \dfrac{\rho\,a^3}{3\varepsilon_0 r}$	$\varphi = \dfrac{\tau}{2\pi\varepsilon_0}\ln\dfrac{b}{r}$ $= \dfrac{U_0}{\ln\dfrac{b}{a}}\ln\dfrac{b}{r}$ 式中，τ 为位于轴线上与面电荷密度 σ 分布等效的线电荷密度	$\varphi = \dfrac{\tau}{2\pi\varepsilon_0}\ln\dfrac{\rho_2}{\rho_1}$

3. 边值问题 就一般含有多种媒质的工程电磁场问题而言，以位函数 u 为待求量构造相应的边值问题（即偏微分方程的定解问题）是其展开分析的有效的求解方法。

在静电场分析中，位函数 u 即为电位函数 φ，其边值问题的数学描述为

泛定方程（泊松或拉普拉斯方程）

$$\nabla^2 \varphi_i(\boldsymbol{r}) = -\frac{\rho_i(\boldsymbol{r}')}{\varepsilon_i}$$

或 $$\nabla^2 \varphi_i(\boldsymbol{r}) = 0 \quad (\boldsymbol{r}, \boldsymbol{r}' \in D) \quad (i = 1, n)$$

$$(2.2-12)$$

定解条件（边界条件）

$$\varphi(\boldsymbol{r}) \Big|_S = f_1(\boldsymbol{r}_b) \qquad (2.2-12a)$$

$$\frac{\partial \varphi(\boldsymbol{r})}{\partial n} \Big|_S = f_2(\boldsymbol{r}_b) \qquad (2.2-12b)$$

$$\left[\varphi(\boldsymbol{r}) + f_3(\boldsymbol{r}) \frac{\partial \varphi(\boldsymbol{r})}{\partial n} \right] \Big|_S = f_4(\boldsymbol{r}_b)$$

$$(2.2-12c)$$

$$\varphi_1(\boldsymbol{r}) \Big|_L = \varphi_2(\boldsymbol{r}) \Big|_L \qquad (2.2-12d)$$

$$\left[\varepsilon_2 \frac{\partial \varphi_2(\boldsymbol{r})}{\partial n} - \varepsilon_1 \frac{\partial \varphi_1(\boldsymbol{r})}{\partial n} \right] \Big|_L = -\sigma \Big|_L$$

$$(2.2-12e)$$

式（2.2-12a）称为第一类边界条件，式中，$\boldsymbol{r}_b$ 为相应边界点的位矢。第一类边界条件与泛定方程组合成第一类边值问题。式（2.2-12b）称为第二类边界条件。式（2.2-12c）称为第三类边界条件。两者分别与泛定方程组合成相应的第二类或第三类边值问题。应该指出，在以上边值问题构造中，对应于多种媒质（$i = 1, n$）的结构，应分域定义待求电位函数 φ_i 的泛定方程；同时，对于定解条件，还需给出与式（2.2-8）～式（2.2-9）相应的两种媒质分界面上的边界条件 [式（2.2-12d）和式（2.2-12e）]。

对于边值问题的求解，直接积分法和分离变量法归属其直接求解的方法；镜像法（含电轴法）、复位函数法、保角变换法，以及有限差分法、有限元法、矩量法和模拟电荷法等数值计算方法，则是归属数学建模等价于边值问题的间接求解的方法。

（1）分离变量法。当位函数是两个或大于两个坐标变量的函数时，分离变量法是直接求解边值问题的一种经典方法。方法应用于拉普拉斯方程定解问题的具体步骤是：首先，基于场域边界几何形状的特征，选用适当的坐标系；其次，设位函数由两个或两个以上各自仅含一个坐标变量的函数的乘积组成其试

探解，代入场方程，借助于"分离"常数，可得相应的两个或两个以上的常微分方程；然后，求其通解并组合成偏微分方程的通解，最终以给定的定解条件决定其中的待定常数和函数后，即可解得待求的位函数。通常，当场域边界面（线）和某一正交曲线坐标系的坐标面（线）相吻合时，此方法是一种有效的解析求解方法。

（2）镜像法。此方法的实质是以一个或多个位于场域边界外虚设的镜像电荷替代实际边界上未知的较为复杂的电荷分布，从而将原非均匀媒质空间变换成无限大均匀媒质的空间，使分析计算过程得以明显简化。根据惟一性定理可知，这些等效电荷的引入必须维持原问题边界条件不变，这样，才能保证原场域中的静电场分布没有变化，同时，这也正是确定等效电荷量值和位置的依据。由于这些等效电荷有时可以简捷地置于镜像位置，故称作镜像电荷，而由此构成的分析方法即称为镜像法。

当界面形状比较规则（如平面、球面等）时，基于前述场的惟一性定理，可以采用镜像法求解。

（3）有限元法。传统的有限元法以变分原理为基础，把所要求解的边值问题，首先转化为相应的变分问题，即泛函求极值问题；然后，利用剖分插值，离散化变分问题为普通多元函数的极值问题，即最终归结为一组多元的代数方程组，解之即得待求边值问题的数值解。有限元法的核心在于剖分插值，即将所研究的连续场分割为若干单元，然后用比较简单的插值函数来表示每个单元的解，且在全部单元总体合成后再引入边界条件。这样，方法的构造极大地得到简化。此外，作为自然边界条件，第二、三类及不同媒质分界面上的边界条件在单元总体合成时将隐含地得到满足，进一步简化了方法的构造。

顺应工程领域各类物理场日益发展的分析需要，有限元法的内涵不断延拓，同时，应用加权余量法已可直接导出与任何微分方程型数学模型相关联的有限元方程。因而有限元法已成为主导的数值计算方法，且是各种商用计算软件包（如 ANSYS、ANSOFT 等软件）的构成基础。

2.4 恒定电流的电场和磁场分析与计算

源于导体中电荷持续的定向运动所形成的直流（恒定电流），不仅在导体内呈现其恒定电场效应，而且同时在导体内外空间呈现其恒定磁场效应。

2.4.1 恒定电场的基本方程组及其分析

导电媒质中恒定电场基本规律性的数学描述，归结为如下的基本方程组

积分形式　　$\oint_S \boldsymbol{J}_c \cdot \mathrm{d}\boldsymbol{S} = 0$　　　(2.2-13a)

$$\oint_l \boldsymbol{E} \cdot \mathrm{d}\boldsymbol{l} = 0 \qquad (2.2-13b)$$

微分形式　　$\nabla \cdot \boldsymbol{J}_c = 0$　　　(2.2-14a)

$$\nabla \times \boldsymbol{E} = 0 \qquad (2.2-14b)$$

基于微分方程的相似性（见表 2.2-4），均匀导电媒质中恒定电场的分析完全可类比于均匀介质中静电场的分析。从而，静电比拟方法的应用，既可利用已知的静电场的计算结果，直接推求相应的恒定电场的解答；又可利用电流场模拟，即以相应的电流场的造型通过实测得出待求静电场问题的解答。

表 2.2-4　导电媒质内（电源外）恒定电场与静电场（$\rho=0$ 处）的比拟

导电媒质内恒定电场（电源外）	$\nabla \cdot \boldsymbol{J}_c = 0$	$\nabla \times \boldsymbol{E} = 0$	$\boldsymbol{J}_c = \gamma \boldsymbol{E}$	$\nabla^2 \varphi = 0$	$I = \int_S \boldsymbol{J}_c \cdot \mathrm{d}\boldsymbol{S}$
静电场（$\rho=0$ 处）	$\nabla \cdot \boldsymbol{D} = 0$	$\nabla \times \boldsymbol{E} = 0$	$\boldsymbol{D} = \varepsilon \boldsymbol{E}$	$\nabla^2 \varphi = 0$	$q = \int_S \boldsymbol{D} \cdot \mathrm{d}\boldsymbol{S}$
物理量间的比拟关系	$\boldsymbol{J}_c \sim \boldsymbol{D}$	$\boldsymbol{E} \sim \boldsymbol{E}$	$\gamma \sim \varepsilon$	$\varphi \sim \varphi$	$I \sim q$

2.4.2　恒定磁场的基本方程组

恒定磁场基本规律性的数学描述，归结为如下的基本方程组

积分形式　　$\oint_l \boldsymbol{H} \cdot \mathrm{d}\boldsymbol{l} = \int_S \boldsymbol{J}_c \cdot \mathrm{d}\boldsymbol{S}$　　(2.2-15a)

$$\oint_S \boldsymbol{B} \cdot \mathrm{d}\boldsymbol{S} = 0 \qquad (2.2-15b)$$

微分形式　　$\nabla \times \boldsymbol{H} = \boldsymbol{J}_c$　　　(2.2-16a)

$$\nabla \cdot \boldsymbol{B} = 0 \qquad (2.2-16b)$$

2.4.3　两种媒质分界面上的边界条件

在多种媒质共存的状况下，由基本方程组可导得场量在不同媒质分界面上必须满足如下的边界条件

$$B_{1n} = B_{2n} \qquad (2.2-17)$$

$$H_{1t} - H_{2t} = K \qquad (2.2-18)$$

2.4.4　场分布

1. **基于磁感应强度 $\boldsymbol{B}$ 的分析**　在单一的均匀各向同性、线性媒质 μ 的场空间中，源于各种可能的激励源，应用叠加原理，由毕奥-沙伐定律可知，任一场点处的磁感应强度 $\boldsymbol{B}$（T 或 Wb/m²）一般性地可表达为

$$\boldsymbol{B}(\boldsymbol{r}) = \frac{\mu}{4\pi}\left[\int_V \frac{\boldsymbol{J}_c(\boldsymbol{r}') \times \boldsymbol{e}_R}{R^2}\mathrm{d}V' + \int_{S'} \frac{\boldsymbol{K}(\boldsymbol{r}') \times \boldsymbol{e}_R}{R^2}\mathrm{d}S' + \right.$$
$$\left. \int_{l'} \frac{I\mathrm{d}\boldsymbol{l}' \times \boldsymbol{e}_R}{R^2} \right] \qquad (2.2-19)$$

对于一些具有对称性场分布特征的磁场问题，若能找到一条闭合曲线 l，在该曲线上，各点的磁感应强度 $\boldsymbol{B}$ 的数值相等，且 $\boldsymbol{B}$ 的方向与线元 $\mathrm{d}\boldsymbol{l}$ 方向间有不变的夹角关系，则安培环路定律〔式（2.2-15a）〕也是应用于场分布分析计算的有效方法。

几种典型激磁场源的磁感应强度分布见表 2.2-5。

表 2.2-5　几种典型激磁场源的磁感应强度

	无限长直载流导线	无限大均匀面电流片	无限大均匀体电流密度分布的汇流排
场结构			
场分布特征	圆柱对称性的平行平面场	面对称性的平行平面场	面对称性的平行平面场
磁感应强度	$\boldsymbol{B} = \dfrac{\mu_0 I}{2\pi\rho}\boldsymbol{e}_\phi$	$\boldsymbol{B} = -\dfrac{\mu_0 K}{2}\boldsymbol{e}_x$ $\boldsymbol{B}' = \dfrac{\mu_0 K}{2}\boldsymbol{e}_x$	$y > d/2 \quad \boldsymbol{B} = -\dfrac{\mu_0 J d}{2}\boldsymbol{e}_x$ $y < -d/2 \quad \boldsymbol{B} = \dfrac{\mu_0 J d}{2}\boldsymbol{e}_x$ $-d/2 < y < d/2 \quad \boldsymbol{B} = -\mu_0 J y \boldsymbol{e}_x$

	无限长直圆柱形载流导线	环形线电流	长直均匀密绕的载流螺线管
场结构			
场分布特征	圆柱对称性的平行平面场	轴对称场	轴对称场
磁感应强度	$\rho < a \quad \boldsymbol{B} = \dfrac{\mu_0 J}{2}\rho\, \boldsymbol{e}_\phi$ $\rho > a \quad \boldsymbol{B} = \dfrac{\mu_0 I}{2\pi\rho}\boldsymbol{e}_\phi = \dfrac{\mu_0 J a^2}{2\rho}\boldsymbol{e}_\phi$	位于轴线上任一场点 P $\boldsymbol{B} = \dfrac{\mu_0 I a^2}{2\,(a^2 + z^2)^{3/2}}\boldsymbol{e}_z$	位于轴线上任一场点 P $\boldsymbol{B} = \dfrac{\mu_0 I N}{2}(\cos\theta_2 - \cos\theta_1)\boldsymbol{e}_z$ 式中，N 为单位长度上线圈的匝数

2. 基于矢量磁位 A 的分析 基于恒定磁场的无散性 [式 (2.2-16b)]，可定义矢量磁位函数 A，它与磁感应强度 B 的关联为 $B = \nabla \times A$；进而依据恒定磁场的有旋性 [式 (2.2-16a)]，即可在令 $\nabla \cdot A = 0$（库仑规范）的基础上，得出关于矢量磁位的基本方程为

$$\nabla^2 A = -\mu J_c \qquad (2.2-20)$$

由上述矢量形式的泊松方程的特解可知，在单一的均匀各向同性、线性媒质 μ 的场空间中，源于各种可能的激励源，应用叠加原理，任一场点处的矢量磁位 A 可一般性地表达为

$$A(r) = \frac{\mu}{4\pi}\Big[\int_{V'} \frac{J_c(r')}{R}\mathrm{d}V' + \int_{S'}\frac{K(r')}{R}\mathrm{d}S' + $$

$$\int_{l'}\frac{I\mathrm{d}l'}{R}\Big] \quad (\text{Wb/m}) \qquad (2.2-21)$$

应指出，虽然矢量磁位的引入，并没有任何具体的物理意义，但它作为一个纯粹的计算辅助量，与直接应用磁感应强度 B 求解磁场相比，其突出的应用价值不仅在于简化了典型的二维磁场（平行平面磁场或轴对称磁场）问题的分析计算，而且易于数学建模（构建边值问题），并实用于电磁场的 CAA、CAD 磁场分析的后处理技术等。

3. 基于标量磁位 φ_m 的分析 在媒质 μ 的无源区中，矢量场 B 是无旋的，故可引入标量磁位函数 φ_m，它与磁感应强度 B 的关联为 $B = -\mu\nabla\varphi_m$；进而依据恒定磁场的无散性，$\nabla \cdot B = 0$ [式 (2.2-16b)]，可得出关于标量磁位的基本方程为

$$\nabla^2 \varphi_m = 0 \qquad (2.2-22)$$

因此，对于无源区中的磁场分析，通常可借助标量磁位 φ_m 这一计算辅助量，由其所构造的边值问题出发求解，概念清晰，方法简明。此外，对于环形载流回路、长直平行载流导线组等典型磁场问题的分析，标量磁位 φ_m 有其特定的应用价值。

2.5 电路参数——电阻、电感和电容

电磁场场分布的解答，为求得相应电磁系统与装置的端口参数——电阻 R、电感 L 或电容 C 奠定了理论分析与计算的基础。

2.5.1 电阻与接地电阻的计算

导电媒质的电阻 R 定义为

$$R = \frac{U}{I} = \frac{\int_l \boldsymbol{E} \cdot \mathrm{d}l}{\int_S \boldsymbol{J}_c \cdot \mathrm{d}S} \qquad (2.2-23)$$

基于静电比拟方法，电阻 R（Ω）也可通过相应的静电场模型的电容参数 C 求得，其关系式为

$$R = \frac{\varepsilon}{\gamma C} \qquad (2.2-24)$$

电系统的接地技术既是保障人身和设备安全运行，又是为其正常工作提供零电位基准的必不可少的技术措施。主要取决于电流由接地器流经大地的土壤电阻，接地电阻 R 是表征该技术的一个重要的技术参数。基于 2.7.2 节所述的似稳场条件，几种典型接地器的工频接地电阻可按静态场关系得出，列于表 2.2-6 中。

表 2.2 – 6   几种典型接地器的工频接地电阻

接地器	深埋球形接地器	半球形接地器	垂直安置的棒形接地器	水平放置的棒形接地器
接地电阻	$R = \dfrac{1}{4\pi\gamma\,a}$ 式中，a 为球半径	$R = \dfrac{1}{2\pi\gamma\,a}$	$R = \dfrac{1}{2\pi\gamma\,l}\ln\dfrac{2l}{a}$ 式中，a 为棒半径；l 为棒长度	$R = \dfrac{1}{2\pi\gamma\,l}\ln\dfrac{l^2}{2ah}$ 式中，a 为棒半径；l 为棒长度；h 为棒与地面间距离

2.5.2　电感——自感和互感的计算

1. **自感**　描述一个载流线圈因自身电流变化而呈现感应电动势效应的物理参数，称为自感系数 L。自感 L(H)恒为正值，其定义为

$$L = \frac{\psi}{I} = \frac{N\Phi}{I} \qquad (2.2-25)$$

式中，ψ 为与线圈相交链的磁链（Wb）；N 为线圈匝数；Φ 为穿过线圈的磁通（Wb）；I 为线圈中的电流。当存在磁通与载流线匝"部分交链"情况时，线圈的总磁链 ψ 应表示为相应线匝磁链的总和，即应令上式中 $\psi = \sum N_i\Phi_i$。

2. **互感**　描述因一电路中的电流变化在相邻的另一电路中呈现感应电动势效应的物理参数，称为互感系数 M。定义线圈 1 对线圈 2 的互感 M_{21}（H）为

$$M_{21} = \frac{\psi_{21}}{I_1} = \frac{N_2\Phi_{21}}{I_1} \qquad (2.2-26)$$

式中，ψ_{21} 为线圈 1 中的电流 I_1 所产生的与线圈 2 相交链的磁链（互感磁链）；N_2 为线圈 2 的匝数；Φ_{21} 为电流 I_1 所产生的穿过线圈 2 的磁通（互感磁通）。

同样，可定义线圈 2 对线圈 1 的互感 M_{12}（H），即

$$M_{12} = \frac{\psi_{12}}{I_2} = \frac{N_1\Phi_{12}}{I_2} \qquad (2.2-27)$$

可以证明 $M_{12} = M_{21}$。取决于互感磁通与自感磁通之间是增助还是互削的效应，互感值可正可负。

自感和互感统称为电感，其值与线圈形状、尺寸、匝数和媒质的磁导率相关；互感还与两线圈间的相互位置相关。几种典型结构的自感和互感计算关系式见表 2.2 – 7。

表 2.2 – 7   几种典型结构的自感和互感计算关系式

结构	具有圆截面的圆环	同轴电缆	无限长两线传输线
电感	$L = \mu_0 R\left[\ln\left(\dfrac{8R}{a}\right) - 1.75\right]$ 式中，R 为圆环的平均半径；a 为圆截面导线的半径 $R \gg a$	$L = \dfrac{\mu_0 l}{2\pi}\left[\dfrac{1}{4} - \ln\left(\dfrac{b}{a}\right)\right]$ 式中，a、b 为内外导线的半径；l 为电缆长度 外导线的厚度略而不计 $l \gg a$、b	$L = \dfrac{\mu_0 l}{\pi}\left[\dfrac{1}{4} + \ln\left(\dfrac{D}{a}\right)\right]$ 式中，a 为导线的半径；D 为线间距；l 为传输线长度 $l \gg D \gg a$

	无限长三相传输线 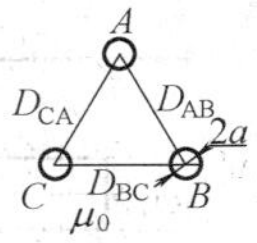	单层密绕长螺线管线圈 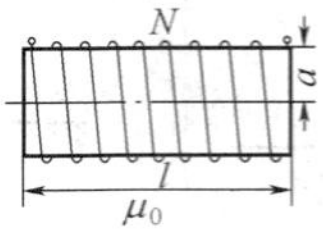	两对双导线传输线 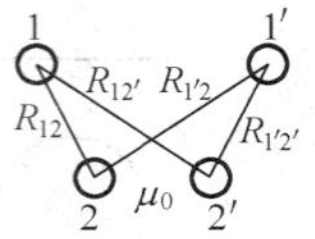
结构			
电感	一相等效自感 $$L_\Phi = \frac{\mu_0 l}{2\pi}\left[\ln\frac{D'}{a} + \frac{1}{4}\right]$$ 式中，a 为导线半径；$D' = \sqrt[3]{D_{AB}D_{BC}D_{CA}}$ 为导线轴线间距离的几何平均值；l 为传输线长度 $l \gg D' \gg a$	$$L = \frac{\mu_0 N^2 \pi a^2}{l} \times$$ $$\left[\sqrt{1+\left(\frac{a}{l}\right)^2} - \frac{a}{l}\right]$$ 式中，a 为螺线管的半径；N 为螺线管的线圈匝数；l 为螺线管的长度	$$M = \frac{\mu_0}{2\pi}\ln\left(\frac{R_{12'}R_{1'2}}{R_{12}R_{1'2'}}\right)$$ 式中，$R_{12'}$、$R_{1'2}$、R_{12} 和 $R_{1'2'}$ 为相应导线轴线间的距离

2.5.3 电容的计算

1. **两导体系统的电容** 对于由两个带等量异号电荷 q，电位差为 U 的导体组成的系统，其电容 $C(\mathrm{F})$ 定义为

$$C = \frac{q}{U} = \frac{\int_s \boldsymbol{D}\mathrm{d}\boldsymbol{S}}{\int_l \boldsymbol{E}\mathrm{d}\boldsymbol{l}} \qquad (2.2-28)$$

电容值与两导体的形状、尺寸、相互位置和导体间的介质相关。几种典型结构的电容计算关系式见表 2.2-8。

2. **多导体系统的电容** 对于由多个导体组成的系统，必须在部分电容概念的基础上，通过多导体系统的电荷与电位的关系，才能得出系统中相关导体间电容（等值电容或工作电容）的量值。

表 2.2-8　　　　　　　　　　　几种典型结构的电容计算关系式

	平板电容器 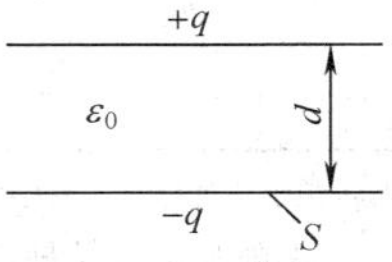	圆柱形电容器 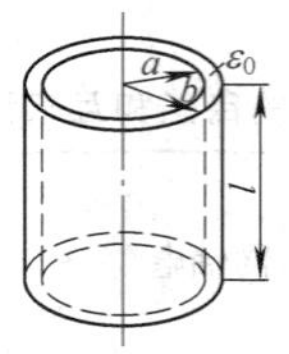	球形电容器 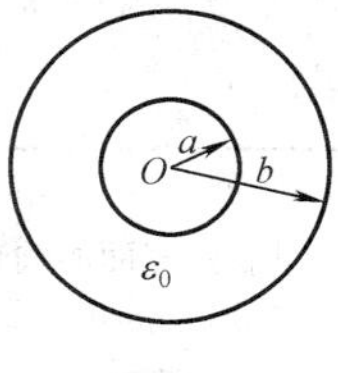
结构			
电容	在忽略边缘效应的前提下，其电容 $$C = \frac{\varepsilon_0 S}{d}$$ 式中，S 为极板的面积；d 为极板间距离，且远小于 S 的线度尺寸	在忽略边缘效应的前提下，其电容 $$C = \frac{2\pi\varepsilon_0 l}{\ln\dfrac{b}{a}}$$ 式中，a、b 为内外圆柱面的半径；l 为圆柱电容器的长度	$$C = \frac{4\pi\varepsilon_0 ab}{b - a}$$ 式中，a、b 为内外球面的半径 注：当 $b \to \infty$ 时，即得孤立导电球的电容为 $C = 4\pi\varepsilon_0 a$

续表

	无限长两线传输线	无限长单架空传输线的对地电容	无限长三相输电线间的电容
结构			
电容	$C = \dfrac{\pi\varepsilon_0 l}{\ln\left[\dfrac{D}{2a}+\sqrt{\left(\dfrac{D}{2a}\right)^2-1}\right]}$ 当 $D \gg a$ $C = \dfrac{\pi\varepsilon_0 l}{\ln\left(\dfrac{D}{a}\right)}$ 式中，a 为导线半径；D 为导线间距；l 为传输线长度	$C = \dfrac{2\pi\varepsilon_0 l}{\ln\left[\dfrac{h}{a}+\sqrt{\left(\dfrac{h}{a}\right)^2-1}\right]}$ 当 $h \gg a$ $C = \dfrac{2\pi\varepsilon_0 l}{\ln\left(\dfrac{2h}{a}\right)}$ 式中，a 为导线半径；h 为导线轴线与地面间的距离；l 为传输线长度	每相电容 $C = \dfrac{2\pi\varepsilon_0 l}{\ln\left(\dfrac{D}{a}\right)}$ 式中，a 为导线半径；$D' = \sqrt[3]{D_{AB}D_{BC}D_{CA}}$ 为导线轴线间距离的几何平均值

2.6　电磁能量和电磁力

2.6.1　电磁能量

由麦克斯韦方程组可导出描述电磁场能量守恒和功率平衡关系的坡印廷定理如下

$$-\oint_S \boldsymbol{S} \cdot \mathrm{d}\boldsymbol{S} = \frac{\mathrm{d}W}{\mathrm{d}t} + P \qquad (2.2-29)$$

式中，$\boldsymbol{S} = \boldsymbol{E} \times \boldsymbol{H}$ 为电磁功率流的面密度矢量，被称为坡印廷矢量，描述了电磁功率流的空间流动方向（即电磁波的传播方向）；$W = W_e + W_m$ 为由闭合面 S 所界定的体积 V 内储存的电磁能量；P 为体积 V 内消耗的功率。

基于场分布，坡印廷定理 [式（2.2-29）] 既是分析计算电磁场的功率、能量传播的基础，也是计算相应电磁系统等效电路参数的理论依据。

电磁场的物质性表明，电磁能量 W（J）可通过其能量密度 w 的体积分算得，即

$$W = \int_V w\mathrm{d}V = \int_V (w_e + w_m)\,\mathrm{d}V$$
$$= \int_V \left(\frac{\boldsymbol{D}\cdot\boldsymbol{E}}{2} + \frac{\boldsymbol{B}\cdot\boldsymbol{H}}{2}\right)\mathrm{d}V$$
$$(2.2-30)$$

式中，w_e、w_m 分别为体积 V 内的电场能量密度和磁场能量密度。

2.6.2　电磁力

电磁力是电荷、电流在电磁场中受力的总称。

1. 电场力的计算

（1）两点电荷之间的电场力。依据库仑定律可

知，在无限大均匀介质 ε 中，两相距为 r 的点电荷 q、q' 间的电场力 $\boldsymbol{F}$（N）为

$$\boldsymbol{F} = \frac{q\,q'}{4\pi\varepsilon\,r^2}\boldsymbol{e}_r \qquad (2.2-31)$$

式中，$\boldsymbol{e}_r$ 为由 q 指向 q' 的单位矢量。

（2）点电荷 q' 在电场 $\boldsymbol{E}$ 中所受的电场力 $\boldsymbol{F}$（N）为

$$\boldsymbol{F} = q'\boldsymbol{E} \qquad (2.2-32)$$

式中，$\boldsymbol{E}$ 是除电荷 q' 外其余电荷在该电荷所在处所产生的电场强度。

（3）虚位移法求电场力。对于电荷分布形态复杂的带电系统，可采用虚位移法，即通过假设带电体在电场力作用下发生某一"虚位移"，则由该过程中电场能量的变化与外力及电场力作功之间的功能平衡关系，可得电场力 $\boldsymbol{F}$（N）的计算关系式如下

$$F = \frac{\partial W_e}{\partial g}\bigg|_{\varphi_k=\text{常量}} \quad \text{或} \quad F = -\frac{\partial W_e}{\partial g}\bigg|_{q_k=\text{常量}}$$
$$(2.2-33)$$

式中，g 为广义坐标（距离、面积、体积或角度等）。电场力 F（广义力）的假定正方向与广义坐标 g 增加方向相一致。

（4）基于法拉第观点求电场力。电场中，由 $\boldsymbol{D}$ 线组成的每一段电位移管，沿其轴线方向的纵张力和在垂直于轴线方向的侧压力量值 f（N/m²）都为

$$f = \frac{1}{2}\boldsymbol{D}\cdot\boldsymbol{E} \qquad (2.2-34)$$

2. 磁场力的计算

（1）洛伦兹力公式。点电荷 $\mathrm{d}q$ 在磁场中以速度 v 运动所受的力称为洛伦兹力，即

$$\mathrm{d}\boldsymbol{F} = \mathrm{d}q(v \times \boldsymbol{B}) \qquad (2.2-35)$$

（2）安培力公式。磁场作用于元电流段 $I\mathrm{d}\boldsymbol{l}$ 上的力

$$\mathrm{d}\boldsymbol{F} = I\mathrm{d}\boldsymbol{l} \times \boldsymbol{B} \qquad (2.2-36)$$

（3）虚位移法求磁场力。对于复杂形态的电磁系统，可采用虚位移法，即通过假设该电磁系统在磁场力作用下发生某一"虚位移"，则由该过程中磁场能量的变化与外力及磁场力作功之间的功能平衡关系，可得磁场作用于载流导体或媒质上的磁场力 F（N）为

$$F = \frac{\partial W_{\mathrm{m}}}{\partial g}\bigg|_{I_k = 常量} \quad 或 \quad F = -\frac{\partial W_{\mathrm{m}}}{\partial g}\bigg|_{\psi_k = 常量}$$
$$(2.2-37)$$

式中，g 为广义坐标（距离、面积、体积或角度等）。磁场力 F（广义力）的假定正方向与广义坐标 g 增加方向相一致。

（4）基于法拉第观点求磁场力。磁场中，由 $\boldsymbol{B}$ 线组成的每一段磁感应强度管，沿其轴线方向的纵张力和在垂直于轴线方向的侧压力量值 f（N/m²）都为

$$f = \frac{1}{2}\boldsymbol{B} \cdot \boldsymbol{H} \qquad (2.2-38)$$

可以导出，磁场作用于两媒质（μ_1、μ_2）分界面上每一元面积的力（磁压力），总是与该元面积相垂直，其值 f（N/m²）为

$$f = f_{\mathrm{n}} = \frac{\mu_2 - \mu_1}{2\mu_1\mu_2}(B_{1n}^2 + \mu_1\mu_2 H_{1t}^2)$$
$$(2.2-39)$$

此力恒由磁导率较大的媒质指向磁导率较小的媒质。对于空气（$\mu_1 = \mu_0$）和铁磁体（$\mu_2 = \mu_r\mu_0 \gg \mu_0$）的界面，由上式可得工程上磁场力 f（N/m²）的近似算式为

$$f = \frac{B^2}{2\mu_0} \qquad (2.2-40)$$

此力恒由铁磁体指向空气。

2.7 动态电磁场与电磁波

2.7.1 基本方程组与导出方程组

从电磁场基本规律性的数学描述——麦克斯韦方程组出发，在场量解耦的基础上，可导得无源区场量所应满足的广义波动方程如下

$$\left(\nabla^2 - \mu\gamma\frac{\partial}{\partial t} - \mu\varepsilon\frac{\partial^2}{\partial t^2}\right)\begin{Bmatrix} \boldsymbol{H} \\ \boldsymbol{B} \\ \boldsymbol{E} \\ \boldsymbol{D} \end{Bmatrix} = \{\boldsymbol{0}\}$$
$$(2.2-41)$$

在媒质线性、场源随时间作正弦变化，且为稳态（即时谐电磁场）的情况下，可采用相量法，将上式转换为如下的以相量形式表述的亥姆霍兹方程

$$(\nabla^2 + K^2)\begin{Bmatrix} \dot{\boldsymbol{H}} \\ \dot{\boldsymbol{B}} \\ \dot{\boldsymbol{E}} \\ \dot{\boldsymbol{D}} \end{Bmatrix} = \{\boldsymbol{0}\} \qquad (2.2-42)$$

式中，$K^2 = \omega^2\mu\varepsilon - \mathrm{j}\omega\mu\gamma$。由此即可由时域分析转换为频域分析。

2.7.2 电磁辐射

随时间变化的场源 ρ 或 $\boldsymbol{J}$ 所激励的电磁场以波的形式在空间传播，即呈现电磁辐射现象。

特定电磁装置或应用中的电磁波信号均占有一定的频谱宽度。频谱作为一种特殊资源，为防止其相互干扰，必须对其进行合理分配与有效管理。图 2.2-1 为电磁波频谱分配图，图中不仅给出了频率、波长范围，还简明地描述了相应的应用领域。

在电磁辐射现象分析中，若所论电磁系统的尺度 $r \ll \lambda$（电磁波波长），则可忽略电磁波的滞后效应，即场与源两者变化在时间上没有时差。因此，在每一瞬时对其电磁现象的分析完全等同于静场的分析。这一类型的时变电磁场称为准静态电磁场（似稳场），而 $r \ll \lambda$ 即被定义为似稳场条件。工频电磁场即属似稳场范畴。

2.7.3 均匀平面电磁波

在电磁辐射远区的有限空间范围内，电磁波趋向于均匀平面电磁波形态。此外，实际较复杂的电磁波常可视为若干均匀平面电磁波的叠加。因此，均匀平面电磁波为论述的主题。

1. 理想介质中的均匀平面电磁波　在理想介质的无源区，由广义波动方程［式（2.2-41）］可知，场量应满足如下的波动方程

$$\left(\nabla^2 - \mu\varepsilon\frac{\partial^2}{\partial t^2}\right)\begin{Bmatrix} \boldsymbol{H} \\ \boldsymbol{B} \\ \boldsymbol{E} \\ \boldsymbol{D} \end{Bmatrix} = \{\boldsymbol{0}\} \qquad (2.2-43)$$

2. 有损媒质中的均匀平面电磁波　电介质中的极化损耗，以及导体中的磁化或欧姆损耗，均令电介质与导体归类为有损媒质。由广义波动方程［式（2.2-41）］可知，在有损媒质中场量应满足如下的波动方程

$$\left(\nabla^2 - \mu\gamma\frac{\partial}{\partial t}\right)\begin{Bmatrix} \boldsymbol{H} \\ \boldsymbol{B} \\ \boldsymbol{E} \\ \boldsymbol{D} \end{Bmatrix} = \{\boldsymbol{0}\} \qquad (2.2-44)$$

频率/Hz	频段	主要应用领域	波长/m

图 2.2 - 1　电磁波频谱分配图

对电气工程装置所涉及的导电媒质中的时谐电磁场问题，如 2.7.4 节和 2.7.5 节所述，此时，进而归类为良导体（$\gamma \gg \omega\varepsilon$）情况下的均匀平面电磁波问题，满足如下相量形式的涡流方程

$$(\nabla^2 - \mathrm{j}\omega\mu\gamma)\begin{Bmatrix}\dot{H}\\ \dot{B}\\ \dot{E}\\ \dot{J}\end{Bmatrix} = \{0\} \qquad (2.2-45)$$

2.7.4　集肤效应、邻近效应和电磁屏蔽

1. 集肤效应　置于变化磁场中的导电媒质，或在导电媒质中通以交变电流，均将因交变磁场产生的感应电场的作用，导致场量主要分布于导体表面，且沿导体纵深方向衰减的所谓集肤效应。基于良导体条件下平面电磁波的分析，工程上定义如下透入深度 d，即

$$d = \sqrt{\frac{2}{\omega\mu\gamma}} \qquad (2.2-46)$$

表征了电磁波在导体中的衰减率（距导体表面 d 处的场量值衰减为其表面值的 $1/e$ 倍）。集肤效应决定了导体交流电阻值的增大，且减小了其内电感。

2. 邻近效应　当多导体系统置于变化磁场中，或在其中通有交变电流，则电的集肤效应进而呈现为邻近效应，即此时某导体的集肤效应将不仅取决于自身通过的交变电流，而且还与其他邻近导体中的交变电流相关。

3. 电磁屏蔽　电磁屏蔽是用于减弱空间某区域内电磁场的技术装置。静电屏蔽和静磁屏蔽归属电磁屏蔽的特殊类型。

对静电场或低频电场（电准静态场）的屏蔽，采用非磁性金属壳或金属网接地的方法；对静磁场或低频磁场（磁准静态场）的屏蔽，应采用铁磁材料制成的屏蔽体，且要求屏蔽体有一定的厚度或采取多层屏蔽的组合形式。此外，若该屏蔽体接地，则同时实现了电场屏蔽；对高频电磁场的屏蔽，则应采用透入深度小，且为非铁磁材料的屏蔽罩接地方法。

2.7.5 涡流损耗、磁滞损耗和电介质损耗

1. 涡流损耗 位于交变磁场中的导体，在其内部将产生与磁场交链的感应电流，该感应电流自成闭合回路，故又称为涡流。在大多数电气设备中，力求减小涡流及其损耗，但同时，涡流也有其广泛的工业应用，如感应加热、无损检测、金属淬火等。

涡流的去磁作用同样导致集肤效应，其在导体中消耗的平均功率，即涡流损耗为

$$P = \int_V \frac{J^2}{\gamma} dV \qquad (2.2-47)$$

当频率较低时，薄板状导体中的涡流损耗为

$$P = \frac{1}{12} \gamma \, \omega^2 a^2 V B_{av}^2 \qquad (2.2-48)$$

式中，a 为薄导板的厚度；B_{av} 为垂直于导板厚度侧截面上的磁感应强度的平均值；ω 为磁场交变的角频率；V 为薄导板的体积。

2. 磁滞损耗 因磁性材料在交变磁场作用下存在不可逆的磁化过程，由此引起的能量损耗称为磁滞损耗。磁滞损耗计算的经验公式为

$$P_h = \eta \, B_m^n f V \qquad (2.2-49)$$

式中，B_m 为磁滞回线上磁感应强度的最大值；η、n 为与材料有关的常数；V 为磁性材料的体积。

3. 电介质损耗 当电介质同时存在电极化损耗和欧姆损耗时，其特性参数（等效复介电常数）可表示为

$$\widetilde{\varepsilon}_e = \varepsilon' - j\left(\varepsilon'' + \frac{\gamma}{\omega}\right) \qquad (2.2-50)$$

式中，ε' 为在时谐电磁场作用下的电介质的介电常数；ε'' 为表征电介质中的电极化损耗的参数；γ 为电介质的电导率。

通常采用介质损耗角正切（$\tan\delta$）来表征电介质中的损耗，即

$$\tan\delta = \frac{\varepsilon'' + \dfrac{\gamma}{\omega}}{\varepsilon'} = \frac{G}{\omega C} \qquad (2.2-51)$$

式中，G 为电介质样品的全部有功电导；C 为电介质样品的全部电容。

工程上，称 $\tan\delta \ll 1$ 的介质为低损耗介质。通过测量电气设备的 $\tan\delta$ 可以检验设备的绝缘缺陷，如绝缘受潮、老化等。$\tan\delta \gg 1$ 的媒质即为良导体。

2.7.6 导引电磁波

为实现电磁波沿着指定路径的定向传播，工程上设计的导波系统有传输线、微带、波导和光纤等。

1. 均匀传输线（详见第 4 章：电网络的分析） 当传输线（平行双导线或同轴线）的线度尺寸 l 与其所导引的电磁波波长 λ 可比拟时，则必须考虑电磁波的滞后效应，即传输线应采用分布参数的电路模型来描述。沿线电磁参数均匀分布的传输线称为均匀传输线。

双导线及同轴线是一类 TEM 波（电场与磁场均垂直于波传播方向的横电磁波）传输线，但同轴线也能传输 TM 波（仅磁场与波传播方向相垂直的横磁波）或 TE 波（仅电场与波传播方向相垂直的横电波）。双导线仅适用于传输 100MHz 以下的电磁波，同轴线一般传输低于 3000MHz 的电磁波。

2. 波导 金属波导以其损耗小、电磁屏蔽性能好的特点，适用于远距离传输厘米波和毫米波数量级的 TE 波或 TM 波。工程上，微波传输与通信设备中常见的金属波导其结构是由四块金属板围成的矩形波导，以及由截面为圆形的金属管所构成的圆波导等。

矩形波导传播电磁波的重要特性之一是其场的多模结构，即可传输 TE_{mn} 波或 TM_{mn} 波多种模式的电磁波（m、n 分别为矩形波导宽壁和窄壁上半个驻波的数目）。对于一定的模式和波导尺寸而言，能传输该模式的最低频率被称为截止频率 f_{cmn}，即

$$f_{cmn} = \frac{1}{\sqrt{\mu \varepsilon}} \sqrt{\left(\frac{m}{2a}\right)^2 + \left(\frac{n}{2b}\right)^2}$$

$$(2.2-52)$$

式中，a 为矩形波导宽壁的内尺寸；b 为矩形波导窄壁的内尺寸。

工程上，为便于向波导输送或由波导提取能量，通常采取单模传输。例如，在矩形波导中按主模 TE_{10} 波单模传输的要求，由式（2.2-52）即可选择相应尺寸的矩形波导。

3. 光纤 光纤是一种典型的介质波导，它是构建光纤通信的传输媒体，是实现远距离信号传输的最佳选择。光纤通信与电通信相比较，其优点是：频带宽、信息容量大；传输损耗小；信号在纤芯内部传输不向外辐射，不易被窃听，不产生纤间串扰，不受外界电磁干扰影响等。20 世纪 80 年代，随着交换机和传送装置的数字化，实现了以陆上中继网为主的光纤通信。其后，在海底电缆通信系统中引入光纤，实现了比卫星通信延迟小、差错少的高质量国际通信系统。今天，为构建大容量海底电缆系统，及面向全球因特网迅猛发展的需求，光纤正日益发挥其工程应用价值。

光纤是直径为 $125\mu m$ 的玻璃纤维。它由折射率高的被称为纤芯的中心部分和称为包层的折射率低的外围部分所组成。取决于不同的用途，对于高速远距

离通信所采用的单模光纤，纤芯直径为 $7 \sim 9\mu m$；对于区内、设备间通信所采用的多模光纤，纤芯直径为 $50\mu m$。光纤对拉力的承受能力较强，但对弯折的承受力较差，故在包层外还覆盖有两层保护层。第一层的外径为 $400\mu m$，采用紫外线硬化树脂材料。此包裹后的状态称为基准线。在基准线的外面再用尼龙包裹构成第二层保护层，外径为 $900\mu m$。包有两层保护层的光纤称为芯线。芯线有时由一条基准线组成，有时由多条基准线排成带状组成。将芯线或带状芯线堆放在有抗拉构件的聚乙烯骨架的槽中，且外包坚固的外皮，即构成光缆。

在光纤中，光信号在折射率高的纤芯和折射率低的包层的交界面上经全反射进行传送。光纤的传输损耗很小，故限制光纤远距离信号传输的主要因素是其色散现象（即含有一定频谱的光信号在传输中将因与频率相关的传播速度上的差异，导致信号失真的现象）。色散有材料色散和波导色散，对于多模光纤还存在有模间色散。

第3章 电磁场优化设计基础

3.1 电磁场优化设计的数学模型和分析方法

3.1.1 电磁场优化设计的数学模型

电磁场优化设计即电磁场工程问题的综合设计。因在综合设计过程中，必然涉及电磁场的数值分析和计算，故称之为电磁场优化设计。电磁场优化设计问题可一般性地描述为具有约束条件的数学规划问题，即

$$\min f(x) \ (x \in X)$$

式中，$f: X \rightarrow R(X = \{x \in E^n | g(x) \geq 0, \ h(x) = 0\})$ 为目标函数；$x = [x_1 x_2 \cdots x_n]^T$ 为决策变量；$g(x) = [g_1(x) g_2(x) \cdots g_m(x)]^T$ 为不等式约束条件；$h(x) = [h_1(x) h_2(x) \cdots h_p(x)]^T$ 为等式约束条件。

3.1.2 电磁场优化设计的分析方法

电磁场优化设计问题的分析方法一般可分为直接解法和间接解法。直接解法即根据目标函数取极值的数学条件，通过目标函数对决策变量的偏导数为零，确定优化问题的解；间接解法首先将电磁场优化问题分解为一系列正问题，然后利用一定的优化方法进行迭代求解。

3.1.3 电磁场优化设计的主要内容

电磁场优化问题的主要内容包括电磁场正问题的数值计算、优化算法、电磁装置或系统电磁参数的数值计算等。

3.2 电磁场优化设计的确定类优化算法

3.2.1 最速下降法

在寻求目标函数的极值问题时，人们总希望从某一点出发，选择一个目标函数值下降最快的方向，以利于尽快达到极小点。数学分析表明，可微函数在某点沿其负梯度方向下降最快。因此，最速下降法就是以目标函数的负梯度为搜索方向而构造的一类优化算法。

3.2.2 牛顿法

设目标函数 $f(x)$ 是二次可微函数。现将 $f(x)$ 在点 $x^{(k)}$ 附近按泰勒公式展开

$$f(x) = f(x^k) + \nabla f(x^k)^T + \frac{1}{2}(x - x^k)H(x^k)$$
$$(x - x^k) + o(\parallel x - x^k \parallel^2)$$

假设 $f(x)$ 在点 $x^{(k)}$ 的 Hessian 矩阵 $H(x^k)$ 是非奇异的，则 $f(x)$ 的二阶近似

$$f(x) = f(x^k) + \nabla f(x^k)^T + \frac{1}{2}(x - x^k)H(x^k)(x - x^k)$$

的极值点是

$$x^{k+1} = x^k - [H(x^k)]^{-1} \nabla f(x^k)$$

因此，可以取 x^{k+1} 作为 $f(x)$ 的极值点的 $k+1$ 次近似。用 $k+1$ 代替 k，重复上述过程，在适当的条件下，这一序列收敛到某一极值点。

3.2.3 共轭梯度算法

共轭梯度法最初由 Hesteness 和 Stiefel 于 1952 年提出用以求解线性代数方程组，后来，人们把这种方法用于求解无约束最优化问题，使之成为一种重要的优化方法。其基本思想是把共轭性与最速下降法相结合，利用已知点处的梯度构造一组共轭方向，并沿这组方向进行搜索，求出目标函数的极小点。根据共轭方向的基本性质，这种方法具有二次终止性。

3.2.4 变尺度法

变尺度法是一种拟牛顿法，是为了在牛顿法中避免二阶偏导数的计算以及克服 Hessian 矩阵非正定问题提出的一种改进方法。如果令

$$p^{(k)} = x^{k+1} - x^k, \ q^{(k)} = \nabla f(x^{k+1}) - \nabla f(x^k)$$

则在 Hessian 矩阵 $H(x^k)$ 可逆的条件下，经过一定的数学运算，近似有

$$p^{(k)} = H_{k+1} q^{(k)}$$

因此，问题的关键是如何确定满足上述条件的 Hessian 矩阵 H_{k+1}。著名的变尺度方法（DFP 法）中 Hessian 矩阵 H_{k+1} 的计算式为

$$\Delta H_k = \frac{p^{(k)} p^{(k)T}}{p^{(k)T} q^{(k)}} - \frac{H_k q^{(k)} q^{(k)T} H_k}{q^{(k)T} H_k q^{(k)}}$$

$$H_{k+1} = H_k + \Delta H_k$$

将牛顿法中的 $H(x^k)$ 的精确计算式用上述的近

似计算式代替，即得DFP方法。

3.2.5　模式搜索法

模式搜索法是由 Hooke 和 Jeeves 于 1961 年提出的，因此又称为 Hooke - Jeeves 方法。这种方法的基本思想，从几何意义上讲，是寻找较小函数值的"山谷"，力图使迭代产生的序列沿"山谷"走向逼近极小点。算法从初始基点开始，包括两种类型的移动，即探测移动和模式移动。探测移动依次沿 n 个坐标轴进行，用以确定新的基点和有利于函数值的下降方向。模式移动沿相邻两个基点连线方向进行，试图顺着"山谷"使函数值尽快减小。

3.2.6　包维尔算法

包维尔算法是求解无约束优化问题的一种直接搜索法。这种方法把整个搜索过程分成若干个阶段，每一阶段（一轮迭代）由 $n+1$ 次一维搜索组成。在算法的每一阶段中，先依次沿着已知的 n 个方向搜索，求得这一阶段的最优点；再用最后的搜索方向取代前 n 个方向之一，开始新一轮的迭代。

3.2.7　可变多面体算法

可变多面体方法也是一种求解无约束优化问题的方法。它的基本思想是，在 n 维空间 E^n 中构造 $n+1$ 个顶点的多面体，其中任意 n 个顶点均不在 E^n 的一个 $n-1$ 维子空间中。计算每个顶点的目标函数的值。选取其中目标函数值最大的顶点，通过其他顶点的中心进行映射，希望得到具有较小目标函数值的顶点，来构造多面体。这样逐次改变，逐步进行改进。若通过映射得不到较好的顶点，可将原多面体进行压缩，得到新的多面体，重新进行映射来改进多面体的顶点。通过这些步骤可以期望多面体的顶点收敛到目标函数的局部极小点。

3.2.8　惩罚函数法（外点法）

对于3.1.1节所述的一般有约束的非线性规划问题，可通过将约束条件随同一个参数并入到目标函数而形成一个新的无约束问题，当参数变化时就得到了一系列无约束问题，通过求解一系列无约束问题所得的解来逼近原来有约束问题的解，这类方法称为序列无约束极小化方法（SUMT）。惩罚函数法即为此类方法中的一种。对于一般有约束的非线性规划问题，惩罚函数 $P(x)$ 的一般形式为

$$P(x) = \sum_{i=1}^{m} \phi\left[(g_i(x)\right] + \sum_{j=1}^{p} \varphi\left[(h_j(x)\right]$$

式中，$\phi(y)$、$\varphi(y)$ 为连续函数，满足

$$\phi(y) = 0 \quad (y \geq 0)$$
$$\phi(y) > 0 \quad (y < 0)$$
$$\varphi(y) = 0 \quad (y = 0)$$
$$\varphi(y) > 0 \quad (y \neq 0)$$

对于给定的 $P(x)$，可定义新的目标函数

$$G(x, r) = f(x) + \frac{1}{r}P(x)$$

式中，$r > 0$ 为一正实数，称之为控制参数。当 r 很小时，此问题的解应落在使 $P(x)$ 很小的点上。当 $r \to 0$ 时，此无约束问题的解趋于原问题的可行解内，从而得到原问题的解。

3.3　电磁场优化设计的随机类优化算法

3.3.1　模拟退火算法

模拟退火算法（Simulated Annealing Algorithm，SA），其基本思想最早由 N. Metropolis 等人提出，但把它发展成为一种优化算法，并应用于组合优化问题，则要归功于 S. Kirkpatrick 等人。模拟退火算法是一种随机的搜索方法，其基本原理是：设极小化优化问题中目标函数的第 k 和 $k+1$ 次计算值分别为 f_k 和 f_{k+1}，若 $f_{k+1} < f_k$，则新点 x_{k+1} 被接受，算法从 x_{k+1} 开始进行下一次迭代，直到满足给定的收敛判据；若 $f_{k+1} \geq f_k$，则作随机处理，新点的接受与否由 $\exp\left(-\frac{f_{k+1} - f_k}{T}\right) > r$［其中 r 为（0，1）上均匀分布的随机数，T 为控制参数］决定。如果条件成立，x_{k+1} 也被接受；反之，则被放弃。该算法的基本迭代过程如图 2.3 - 1 所示。

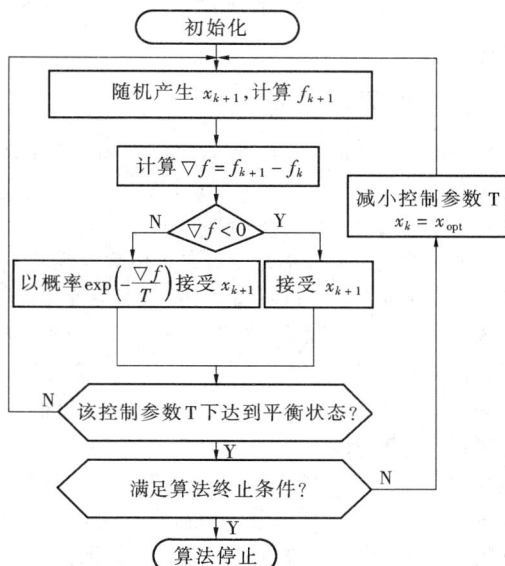

图 2.3 - 1　SA 算法的基本原理与计算流程

3.3.2 基因算法

基因算法是一种基于自然选择原理和自然遗传机制的随机搜索（寻优）方法。它模拟自然界中的生命进化机制，在人工系统中实现特定目标的优化。该算法由 N 个随机产生的种群开始，通过繁殖、交叉和变异等操作，种群一代一代向好的方面进化，直到满足一定的终止条件为止。其基本迭代过程为：

STEP1：初始化。随机产生初始种群 $P(t)$，并计算初始种群的适值和目标函数。

STEP2：由初始种群 $P(t)$，通过繁殖、交叉和变异，产生新的种群 $P(t+1)$。

STEP3：终止条件判定。如果条件满足，则算法终止，否则令 $P(t) = P(t+1)$，然后转 STEP2，继续寻优。

一般的遗传算法都包含三个基本算子：繁殖（Reproduction）、交叉（Crossover）和变异（Mutation）算子。

3.3.3 禁忌算法（Tabu Search Method）

禁忌算法也是一种启发式的随机搜索算法，是 F. Glover 等为求解组合优化问题而提出的。该算法在连续变量函数优化问题中的应用，远没有它在组合优化方面应用得广泛和深入。设极小化问题为 $\min f(x)$，$E^n \rightarrow R$。禁忌算法可简述如下：从任一初始状态 x 开始，算法从当前状态 x 的邻域 $N(x)$ 中随机产生一系列新点 $x_1, x_2, x_3, \cdots, x_p$；取所有新点中"最好"的点 $x^* \{f(x^*) = \min[f(x_1), f(x_2), \cdots, f(x_p)]\}$ 为新的当前状态点，即令 $x = x^*$，继续迭代；这个过程一直持续下去，直到满足一定的终止条件为止。

3.3.4 粒子群算法

粒子群优化算法是人们通过模拟鸟、鱼等群体觅食行为和过程而提出的一种智能优化算法。类似于基因算法，该算法也是以种群为基础进行迭代计算的。在粒子群算法中，种群称之为群，个体称之为粒子。与基因算法不同，粒子群算法中没有交叉与变异等操作。该算法的基本原理是：对于由 $N_{popsize}$ 个粒子组成的群，任一粒子 i（$i \in \{1, 2, \cdots, N_{popsize}\}$）都有一位置矢量 $x_i = (x_i^1, x_i^2, \cdots, x_i^D)$（相当于优化问题的一个可行解，$D$ 为优化变量的个数）与之对应。在迭代过程中，粒子 i 通过跟踪两个"极值点"实现其位置矢量的更新；其中第一个"极值点"是该粒子到目前为止搜索到的"最优点"（P_{best}），记为 $p_i = (p_i^1, p_i^2, \cdots, p_i^D)$；而另一个"极值点"则是第 i 个

粒子所有相邻粒子到目前为止找到的"最好点"（G_{best}），记为 $g_i = (g_i^1, g_i^2, \cdots, g_i^D)$。粒子 i 下一迭代步（$k+1$）的位置矢量 $x_i(k+1)$，由该粒子当前迭代步（k）的位置矢量 $x_i(k)$ 加上一个矢量增量 $\Delta x_i(k+1)$ 确定；该矢量增量 $\Delta x_i(k+1)$ 又称为速度矢量 $v_i(k+1)$，它决定粒子 i 下一迭代步移动的方向与速度。该过程的具体数学描述为

$$v_d^i(k+1) = v_d^i(k) + c_1 r_1[p_d^i - x_d^i(k)] + c_2 r_2[g_d^i - x_d^i(k)]$$

$$v_d^i(k+1) = \frac{v_d^i(k+1)v_d^{max}}{|v_d^i(k+1)|}[if|v_d^i(k+1)| > v_d^{max}]$$

$$x_d^i(k+1) = x_d^i(k) + v_d^i(k+1)$$

式中，c_1、c_2 为两个正常量；r_1、r_2 为 $[0, 1]$ 区间内的随机数；v_d^{max} 是粒子在 d 坐标方向上的速度限值。

3.4 表面响应模型及其在电磁场优化设计中的应用

3.4.1 表面响应模型

表面响应模型（Response Surface Model or Methodology，RSM）是将数理统计知识用于建立系统（装置）输入-输出关系的一种方法。该方法的核心是根据系统在一系列采样点上的响应，利用一定的基函数构造输入-输出关系的解析解。因此，构造 RSM 模型需要解决的关键问题是确定合适的基函数以构造输出变量与输入变量之间的关系。

3.4.2 基于表面响应模型的快速全局优化算法

为提高随机类优化算法的搜索效率，近年来人们提出了将表面响应模型和随机优化算法相结合的新的优化策略。其基本思想是：首先将决策变量（优化变量）空间离散为一系列采样点，并利用数值计算方法计算出与待求优化问题对应的目标/约束函数在这些采样点上的函数值；然后根据这些采样点的函数值，利用一定的表面响应模型重构目标/约束函数；最后，应用某一优化算法，对重构的优化问题进行寻优计算，得到原问题的近似解。应用这类混合优化策略求解电磁场逆问题的一般迭代过程如下：

初始化：根据一定的规则，在可行域内产生一系列采样点；利用电磁场数值计算方法，计算这些采样点上的目标函数和约束函数的函数值。

Step1：确定表面响应模型的基函数，以及每个采样点上基函数的参数值。

Step2：利用基于选定基函数的表面响应模型重构原优化问题；然后应用随机优化算法求解该重构的

优化问题，得到原问题的近似解。

Step3：以 Step2 得到的近似解为初值，应用某一确定类的搜索方法，直接对原优化问题进行优化，得到优化问题的改进解并输出改进解。

值得指出的是，在某些情况下，不必进行 Step3 的寻优计算。显然，在上述迭代过程中，仅在计算目标/约束函数采样点值时需要进行电磁场数值计算，因此与传统的求解方法相比，这种方法的计算效率显著提高。

3.4.3 基于径向函数的表面响应模型

目前电磁场优化 RSM 模型中最常用的基函数是径向基函数（RBF）。根据现有文献，常用的 RBF 有

$$H(r) = r$$
$$H(r) = \exp(-r^2)$$
$$H(r) = (r^2 + h)^\beta \quad (0 < \beta < 1)$$
$$H(r) = \frac{1}{(r^2 + h)^\alpha} \quad (\alpha > 0)$$

式中，$r = \| X - X_i \|$ 为欧几里德范数。在上式中，$\beta = 0.5$ 时的 RBF 称为 multiquadrics（MQ）函数。取决于所采用的不同的 RBF，得到的重构（插值函数）并不相同。研究表明，MQ 函数性能最佳，在实际应用中得到了较好的计算结果。在 MQ 函数中，形状参数 h 的改变将影响插值函数的曲率；当 h 较小时，所得到的插值函数曲线较尖；当 h 变大时，得到的函数曲线就会趋于平滑；一般而言，h 取值不宜太大或太小，否则会导致奇异矩阵。为此，对不同的工程问题需进行不同的处理。

基于 RBF 构造的 RSM 模型是插值型的，可以表达系统输入变量与输出变量之间的非线性关系；利用这种模型，不需要太多的运算即可得出输出参数值。具体过程简述如下：

对于 $\forall f \in R$，其基于 RBF 的近似表达式为

$$f(X) = \sum_{j=1}^{N} c_j H(\| X - X_j \|)$$

式中，$H(r) = H(\| X - X_j \|)$ 是某一 RBF 基函数；X_j 为采样点坐标；N 为采样点总数；c_j 为待定系数，可由以下的矩阵方程解得

$$[c_j] = [X_{ij}]^{-1}[f_i]$$

式中，$f_i = f(X_i)$；$X_{ij} = \sqrt{\| X_j - X_i \|^2 + h}$ $(i, j = 1, 2, \cdots, N)$；h 为形状参数，它决定重构函数的曲率。

3.5 矢量优化问题及矢量优化算法

3.5.1 矢量优化问题

一般来说，实际工程优化问题几乎全属多（冲突）目标函数的全局优化问题。多目标优化问题一般又称为矢量优化问题，其数学描述为

$$\min \quad \bar{f}(\bar{x}) \quad (\bar{x} \in X)$$

式中

$$\bar{f}: X \to E^k$$
$$X = \{\bar{x} \in E^n \mid \bar{g}(\bar{x}) \geqslant 0, \bar{h}(\bar{x}) = 0\}$$

式中，$\bar{x} = [x_1 \quad x_2 \quad \cdots \quad x_n]^T$ 为决策变量；$\bar{f}(\bar{x}) = [f_1(\bar{x}) \quad f_2(\bar{x}) \quad \cdots \quad f_k(\bar{x})]^T$ 为目标函数；$\bar{g}(\bar{x}) = [g_1(\bar{x}) \quad g_2(\bar{x}) \quad \cdots \quad g_m(\bar{x})]^T$ 为不等式约束条件；$\bar{h}(\bar{x}) = [\bar{h}_1(\bar{x}) \quad \bar{h}_2(\bar{x}) \quad \cdots \quad \bar{h}_p(\bar{x})]^T$ 为等式约束条件。

3.5.2 矢量优化问题的 PARETO 解

上述矢量优化问题的 Pareto 解定义为：点 $\bar{x}^*$ 为矢量优化问题的一个 Pareto 最优解，当且仅当：在 E^n 中不存在点 $\bar{x}$ 满足 $f_i(\bar{x}) \leqslant f_i(\bar{x}^*)(i = 1, 2, \cdots, k)$，同时至少存在某一 $i_0 \in (1, 2, \cdots, k)$，使得 $f_{i_0}(\bar{x}) \leqslant f_{i_0}(\bar{x}^*)$。换言之，点 $\bar{x}^*$ 为矢量优化问题的一个 Pareto 最优解，当且仅当其他点 $\bar{x}$ 在改进某些目标函数的同时，不得不牺牲至少一个其他目标函数。

为便于理解，图 2.3-2 给出了两目标函数极小化问题 PARETO 解的示意图。图中虚线和粗实线围成的区域为目标函数空间（E^k），而其中粗实线即为该问题的 PARETO 解。

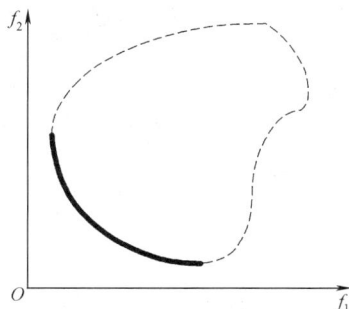

图 2.3-2 双目标函数极小化
PARETO 解的示意图
（粗实线为 PARETO 解）

3.5.3 矢量优化问题适值的确定

一般而言，对于多目标函数优化问题，可以将目标函数进行加权处理并求和作为多目标函数优化问题的评价函数，由此将多目标优化问题转化为单目标函数问题。由于权系数的预先设定，故而寻找最优解时往往不能找到完整的 Pareto 曲面（线）。近年来，在多

目标优化问题研究中，人们已经提出了很多计算适值的新方法。目前，比较常用的方法有 RANKING METHOD、Non - Dominated Sorting Method 等。

3.5.4　矢量优化算法的评价标准

衡量多目标函数优化算法的标准与单目标函数的不完全相同。一般而言，对于矢量优化算法，要求它既能搜索到矢量优化问题的 PARETO 解，同时又能保证搜索到的 PARETO 解均匀分布于目标函数空间和决策变量空间。

第4章 电网络分析

4.1 概述

电路是导电通路的统称，用于电能的传输和分配，以及电信号的传导。电路组成一般可分为三部分：电源、负载和连接导线。

4.1.1 电路元件

1. 电阻元件 元件两端电压和流过元件的电流有确定的对应关系，该元件称为电阻元件，简称电阻，用字母 R 表示。电阻的倒数称为电导，用字母 G 表示。在国际单位制（SI 制）中，电阻和电导的单位分别是欧姆（Ω）和西门子（S）。

端电压与端电流成正比的电阻元件称为线性电阻，其符号如图 2.4-1（a）所示。线性电阻两端电压 u 和通过其中的电流 i 满足欧姆定律，即

$$u = Ri \qquad (2.4-1)$$

一般导体的电阻率随温度而变化，大部分金属的电阻都随工作温度的升高而增加。在一定温度范围内，导体电阻的温度与电阻值的关系可用下式表示

$$R_2 = R_1 [1 + \alpha(t_2 - t_1)] \qquad (2.4-2)$$

式中，R_2 和 R_1 分别是温度为 t_2 和 t_1 时的导体电阻；α 是以 t_1 为基准温度时的导体的温度系数。

线性电阻中消耗的功率 P（W）和能量 W（J）分别为

$$P = ui = Ri^2 = Gu^2 \qquad (2.4-3)$$

和

$$W = Pt = Ri^2 t \qquad (2.4-4)$$

电能表的计量单位是千瓦小时（kW·h），也称为度，其单位间换算关系为

$$1 \text{ 度} = 1 \text{kW·h} = 1000 \times 3600 J = 3.6 \times 10^6 J$$

2. 电容元件 元件两端电压和元件上的电荷有确定的对应关系，该元件称为电容元件，用字母 C 表示。电容元件是体现电场储能的二端元件，其符号如图 2.4-1（c）所示；单位是法拉（F）（1F＝C/V）。对于线性电容 C，其电容上的电荷与端电压成正比，即

$$q = Cu_C \qquad (2.4-5)$$

电容中的电流等于电荷的变化率，故电容两端的电压与电容电流之间的关系式为

$$i_C(t) = \frac{dq(t)}{dt} = \frac{d[Cu_C(t)]}{dt} \qquad (2.4-6)$$

3. 电感元件 元件中电流和元件磁链有确定的对应关系，该元件称为电感元件，用字母 L 表示。电感元件是体现磁场储能的二端元件，其符号如图 2.4-1（b）所示；单位是亨利（H）。

若电感上交链的磁链与其通过的电流呈比例关系，则该电感称为线性电感，其表达式为

$$\psi = Li_L \qquad (2.4-7)$$

在 SI 制中，磁链 ψ 的单位是韦伯（Wb）。

当电感中的电流变化时，将在电感两端产生感应电压。线性电感上的电压与电流之间的关系为

$$u_L(t) = L \frac{di_L(t)}{dt} \qquad (2.4-8)$$

4.1.2 电源

1. 独立电源元件 独立电源可以是各种电池、发电机、电子电源，也可以是微小的电信号。根据电源的不同特性，可建立以下两种表征电源元件的电路模型：

（1）电压源。提供确定的电压，其电压值始终保持不变。图 2.4-2（a）为电压源的符号，其中 U_s 表征从正极到负极的电压降落。

（2）电流源。提供确定的电流，其电流值不随端电压的变化而变化。图 2.4-2（b）为电流源的符号。

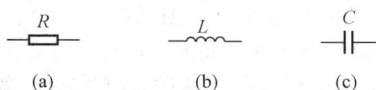

（a）　　　　　　　　（b）

图 2.4-2

2. 受控电源元件 受控电源是晶体管、运算放大器、变压器等元器件的电路模型。在受控电源中，电压源的电压或电流源的电流为电路中其他支路电压或电流的函数。受控源有两个端口，可分为四种类型。图 2.4-3 中依次描述了电压控制电流源（VCCS）、电压控制电压源（VCVS）、电流控制电压源（CCVS）和电流控制电流源（CCCS）这四种受控电源的符号，其中 g、μ、r、α 为相应的控制系数。

（a）　　　　　（b）　　　　　（c）

图 2.4-1

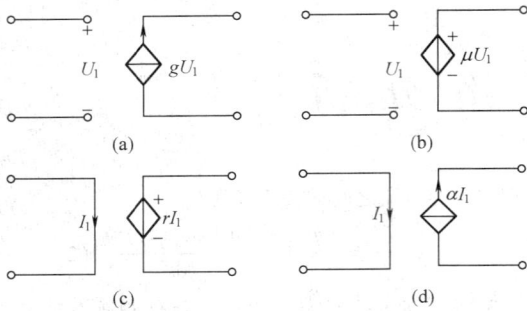

图 2.4 - 3

4.1.3 支路中电流、电压的参考方向与关系式

在电路分析中，电流的正方向规定为正电荷运动的方向。分析时需对每个元件假设一个电流的正方向，即电流的参考方向（可任意假定）。

取决于支路电压的参考方向，如图 2.4 - 4（a）、（b）所示支路电压可分别表示为

$$U = RI + U_s ; \quad U = - RI - U_s$$

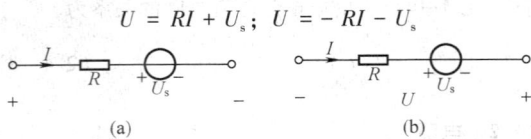

图 2.4 - 4

当电压和电流的参考方向选为一致时，称为关联参考方向。此时，若元件功率 $P = UI$ 为正值，则该元件消耗功率；若 P 为负值，则该元件发出功率。

当电压和电流的参考方向相反时，称为非关联参考方向。此时，当元件功率 $P = UI$ 为正值时，该元件发出功率；当 P 为负值时，则该元件消耗功率。

4.1.4 基尔霍夫定律

1. 名词解释

支路：由单个或若干个元件串联组成的电路称为支路。

节点：三条或三条以上的支路的连接点称为节点。

回路：由若干支路组成的闭合路径。

独立回路：凡任一回路包含一条其他回路所没有的支路，则该回路称为独立回路。

网孔：回路内部不含有支路的回路称为网孔。网孔回路是一组独立回路。

2. 基尔霍夫电流定律（KCL） 它反映了连接于任一节点上各支路电流的约束关系，即流出（或流入）任一节点的各支路电流的代数和为零

$$\Sigma I = 0 \qquad (2.4 - 9)$$

式中规定：流出节点的电流取正号，流入节点的电流

取负号。

3. 基尔霍夫电压定律（KVL） 它反映了任一回路中各电压的约束关系，即在电路的任一闭合回路中，各支路电压的代数和为零

$$\Sigma U = 0 \qquad (2.4 - 10)$$

式中，电压的正负号根据支路电压和回路绕向而定。当支路电压的参考方向与回路绕行方向一致时，取正号；反之，取负号。

由此可推论：沿任一回路各元件（无源元件）上电压降的代数和等于该回路中各电压源电动势的代数和。其表达式为

$$\Sigma RI = \Sigma U_s \qquad (2.4 - 11)$$

式中，当电流的参考方向与回路绕行方向一致时 RI 取正号，反之取负号；当电压源电动势方向与回路绕行方向一致时 U_s 取正号，反之取负号。

4.1.5 电路的简化

1. 电阻电路的串联和并联（如图 2.4 - 5 所示）
电阻串联时总电阻等于串联电阻之和，即

$$R = R_1 + R_2 + \cdots + R_n$$

电阻并联时总电导等于并联支路电导之和，即

$$\frac{1}{R} = \frac{1}{R_1} + \frac{1}{R_2} + \cdots + \frac{1}{R_n}$$

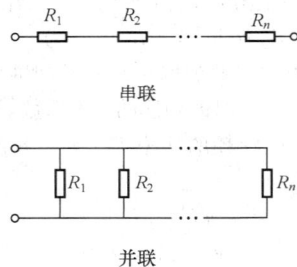

串联

并联

图 2.4 - 5

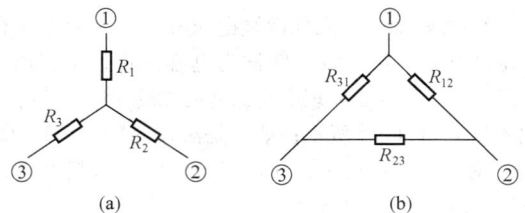

图 2.4 - 6

2. 电路的 Y-△ 变换 图 2.4 - 6（a）、（b）分别表示了由三个元件组成的三角形（△形）和星形（Y形）连接方式。两者可以等效互换，其各元件之间的关系式为

$$R_{12} = \frac{R_1R_2 + R_2R_3 + R_3R_1}{R_3}$$

$$R_{23} = \frac{R_1R_2 + R_2R_3 + R_3R_1}{R_1} \qquad (2.4-12)$$

$$R_{31} = \frac{R_1R_2 + R_2R_3 + R_3R_1}{R_2}$$

和

$$R_1 = \frac{R_{12}R_{31}}{R_{12} + R_{23} + R_{31}}$$

$$R_2 = \frac{R_{23}R_{12}}{R_{12} + R_{23} + R_{31}} \qquad (2.4-13)$$

$$R_3 = \frac{R_{31}R_{23}}{R_{12} + R_{23} + R_{31}}$$

当星形联结或三角形联结的三个电阻相同时，称为对称星形或三角形电阻电路。此时，$R_1 = R_2 = R_3 = R_Y$，$R_{12} = R_{23} = R_{31} = R_\triangle$，即有

$$R_\triangle = 3R_Y \qquad (2.4-14)$$

4.2 电路分析的基本方法及定理

4.2.1 支路电流法

以支路电流为电路变量，根据 KCL、KVL 建立电路方程，并联合求解，从而解出各支路电流的方法，称为支路电流法。

设一个平面连通电路共有 b 条支路，n 个节点，则该电路必有 $b-n+1$ 个独立回路。

应用支路电流法对 n 个节点，根据 KCL 列出 $n-1$ 个独立电流方程；对 $b-n+1$ 个独立回路，根据 KVL 列出 $b-n+1$ 回路电压方程。由此解总量为 b 个独立方程组，即可求出 b 条支路电流。

此方法直观，可直接求出支路电流。但当支路较多时，求解时方程数多，计算工作较繁杂。

4.2.2 回路电流法

基于电流连续性原理，回路电流法是以一组独立回路电流为变量，由 KVL 列写电路方程求解电路的方法。各支路电流则可根据该支路上回路电流的代数和求得。

以图 2.4-7 所示电路为例，选择网孔回路为独立回路，设回路电流 I_{l1}、I_{l2} 为求解变量，依据 KVL 可列出以下电路方程：

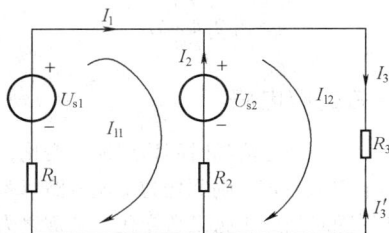

$$\begin{cases} (R_1 + R_2)I_{l1} - R_2I_{l2} = U_{s1} - U_{s2} \\ (R_2 + R_3)I_{l2} - R_2I_{l1} = U_{s2} \end{cases}$$

写成一般形式为

$$\begin{cases} R_{11}I_{l1} + R_{12}I_{l2} = \displaystyle\sum_{l_1} U_s \\ R_{21}I_{l1} + R_{22}I_{l2} = \displaystyle\sum_{l_2} U_s \end{cases}$$

式中，R_{11}、R_{22} 称为 l_1、l_2 回路的自电阻，分别等于各自回路中各电阻之和，恒为正；R_{12}、R_{21} 称为 l_1、l_2 回路的互电阻，等于 l_1、l_2 两回路的公共支路电阻（若 I_{l1}、I_{l2} 流经公共电阻时方向一致，则互电阻为正；反之为负）；当各电压源电动势与回路方向一致时，相应电压源电压取正；反之取负。

当由以上方程组解出 I_{l1}、I_{l2} 后，则支路电流即为 $I_1 = I_{l1}$；$I_2 = -I_{l1} + I_{l2}$；$I_3 = I_{l2}$。

对于含有 n 个节点、b 条支路的一般电路，可对 $b-n+1$ 个基本回路列写回路电流方程如下

$$\begin{cases} R_{11}I_{L1} + R_{12}I_{L2} + \cdots + R_{11}I_{L1} = \displaystyle\sum_{L1} U_s \\ R_{21}I_{L1} + R_{22}I_{L2} + \cdots + R_{21}I_{L1} = \displaystyle\sum_{L2} U_s \\ \quad LL \\ R_{11}I_{L1} + R_{12}I_{L2} + \cdots + R_{11}I_{L1} = \displaystyle\sum_{L1} U_s \end{cases}$$

$$(2.4-15)$$

4.2.3 节点电压法

在电路中，当选取任一节点为参考节点时，其余各节点与该参考节点之间的电压称为各节点的节点电压。以节点电压为未知量，对 $n-1$ 个独立节点列写 KCL 方程，从而求出各节点电压的方法，称为节点电压法。

对于图 2.4-8 所示电路，以节点 c 为参考节点，有

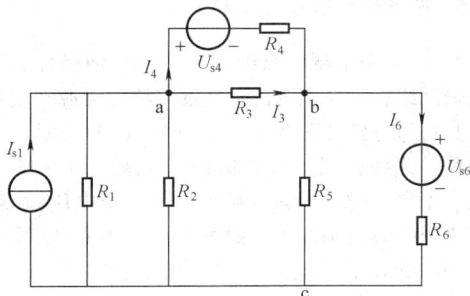

图 2.4-7

图 2.4-8

$$\begin{cases} (G_1 + G_2 + G_3 + G_4) U_a - (G_3 + G_4) U_b \\ = G_4 U_{s4} + I_{s1} - \\ (G_3 + G_4) U_a + (G_3 + G_4 + G_5 + G_6) U_b \\ = - G_4 U_{s4} + G_6 U_{s6} \end{cases}$$

联立求解可得 U_a、U_b，即可得到各支路电流。

节点电压方程的一般形式可写为

$$G_{kk} U_k - \sum_{\substack{j=1 \\ j \neq k}}^{(n-1)} G_{kj} U_j = \sum_{(k)} G U_s + \sum_{(k)} I_s$$

$$(2.4-16)$$

式中，左边第一项是主节点电压 U_k 乘以其自电导 G_{kk}，取正号；第二项是各个相邻节点电压 U_j 乘以主节点 k 与其相邻节点 j 之间互电导 G_{kj} 之和，取负号。右边第一项是与主节点 k 相连的各电压源电压乘以该支路电导的代数和，其中当电压源的电动势方向指向主节点 k 时取正；反之取负；第二项是与主节点 k 相连的各电流源电流的代数和，其中当电流源的电流流向主节点 k 时取正；反之取负。

4.2.4　叠加定理

线性电路中，在多个独立电源共同作用下的任意支路电流或电压等于当每个独立电源单独作用情况下，在该支路产生的电流或电压的代数和，称为叠加定理。

图 2.4-9 (a) 所示电路，根据叠加定理可分为电压源和电流源分别作用时的电路 (b) 和 (c)，故支路电流 I_1 即为

$$I_1 = I_1' + I_1'' = \frac{U_s}{R_1 + R_2} - \frac{R_2 I_s}{R_1 + R_2}$$

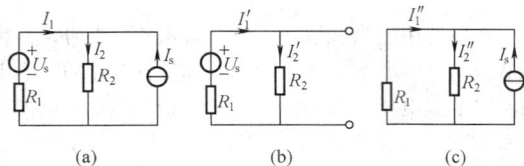

图 2.4-9

4.2.5　戴维南定理和诺顿定理

1. **戴维南定理**　含有电源的二端网络称为有源一端口网络，不含电源的二端网络称为无源一端口网络，其符号分别如图 2.4-10 (a)、(b) 所示。

任一线性有源一端口网络 [如图 2.4-11 (a) 所示] 对其余部分而言，可等效为一个电压源 U_d 和电阻 R_d 相串联的电路 [如图 2.4-11 (b) 所示]，其中，U_d 的值等于该有源一端口网络的开路电压，且其正极与开路端高电位点对应；R_d 等于令该有源一端口网络内所有独立电源为零（即电压源短接、电流源开

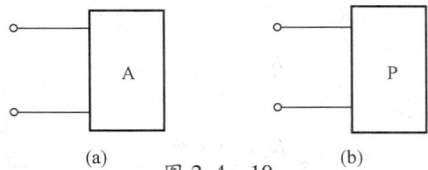

图 2.4-10

路）后所构成的无源一端口网络的等效电阻。此即为戴维南定理，而由 U_d 与 R_d 串联组成的电路称为戴维南等效电路。

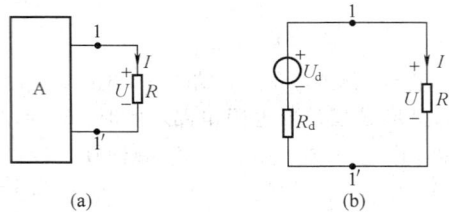

图 2.4-11

2. **最大功率的传输条件**　当一个线性有源一端口网络转化为戴维南等效电路后，在其端口接上可变电阻 $R = R_d$ [即满足最大功率传输条件：R_d（信号源内阻）$= R$（负载电阻）]，此时，外电路可获最大功率 $P_R = P_{max} = \dfrac{U_d}{4R_d}$，其传输效率为 50%。

3. **诺顿定理**　任一线性有源一端口网络 [如图 2.4-12 (a) 所示] 对其余部分而言，可等效为一个电流源 I_d 与一个电阻 R_d 相并联的电路 [如图 2.4-12 (b) 所示]，其中，I_d 的值等于有源一端口网络端口的短路电流，且其方向从高电位点流出；R_d 等于令该有源一端口网络内所有独立电源为零（即电压源短接、电流源开路）后所构成的无源一端口网络的等效电阻。

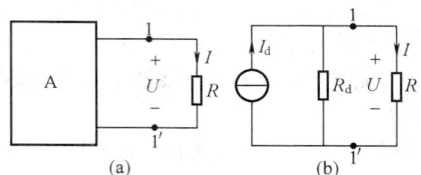

图 2.4-12

4.3　正弦交流电路

电路中电压和电流随时间作周期性变化，且在一周期内的平均值为零，则称之为交流电路。若电压和电流的波形随时间作正弦函数变化，则称之为正弦交流电路。

4.3.1 正弦交流电流

图 2.4 - 13 表示了正弦交流电流在规定的参考方向下，流过电阻支路时的变化波形，其函数关系可表示为

$$i(t) = I_m \sin(\omega t + \psi)$$

式中，$i(t)$ 表示电流的瞬时值；I_m 为最大值（幅值）；ω 为电流变化的角频率；ψ 为初相位。

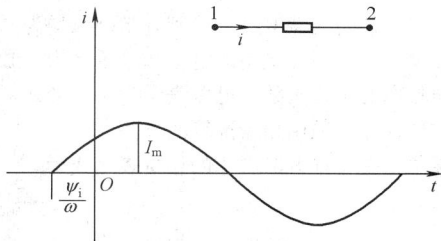

图 2.4 - 13

正弦交流电变化一个循环所需时间称为周期 T，单位为秒（s）。电流每秒种变化的次数称为频率 f，单位为赫兹（Hz）。周期与频率互为倒数关系。正弦量的角频率 $\omega = 2\pi/T = 2\pi f$，它表示每秒变化的弧度数，也称为角速度。

因正弦量的变化规律可由其幅值、角速度和初相位来确定，故正弦量的振幅、频率（角频率）和初相位被称为正弦量的三要素。

4.3.2 周期交流电量的有效值

周期性电压、电流的有效值是根据能量（或功率）等效的概念来定义的。电流有效值为

$$I = \sqrt{\frac{1}{T} \int_0^T i(t)^2 \mathrm{d}t} \qquad (2.4 - 17)$$

式中，有效值 I 等于其瞬时值的二次方在一周期内的平均值再取平方根，故有效值又称为方均根值。

同理，周期性变化的电压有效值为

$$U = \sqrt{\frac{1}{T} \int_0^T u(t)^2 \mathrm{d}t} \qquad (2.4 - 18)$$

当周期性电压、电流为正弦变化时，$I = I_m/\sqrt{2}$，$U = U_m/\sqrt{2}$。电气工程上通常所指正弦电压、电流值均指其有效值。

4.3.3 正弦交流电量的相量表示

正弦量除了用波形和瞬时表达式表示外，还可以表示成复相量形式，即正弦函数的时域表达式，相量表示与相量图均可用来表示一个正弦电压或电流。如正弦交流电流 $i = \sqrt{2} I \sin(\omega t + \psi)$，其相量表示为 $\dot{I} = I \angle \psi$，

相应的相量图如图 2.4 - 14 所示。从而，对于一个同频率的稳态正弦交流电路，在电路分析时可以采用相量进行分析计算，即稳态正弦交流电路的计算可转换为复数的四则运算。

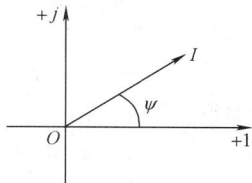

图 2.4 - 14

4.3.4 正弦交流电路中的元件欧姆定律

1. 电阻元件（如图 2.4 - 15 所示）当正弦电流流经电阻 R，且选定其电压、电流的参考方向一致时，相量形式的欧姆定律为

$$\dot{U} = \dot{I} R \qquad (2.4 - 19)$$

上式同时表述了电阻元件上正弦电压与电流之间的相位关系和有效值关系。

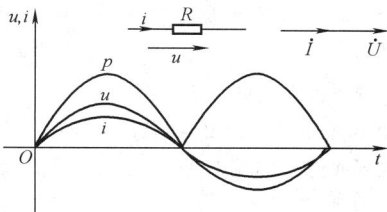

图 2.4 - 15

电阻元件吸收的瞬时功率为

$$p = ui = 2UI \sin^2 \omega t = UI - UI \cos 2\omega t \qquad (2.4 - 20)$$

电阻元件消耗的平均功率为

$$P = \frac{1}{T} \int_0^T p \mathrm{d}t = UI = I^2 R = \frac{U^2}{R} \qquad (2.4 - 21)$$

2. 电感元件（如图 2.4 - 16 所示）当电流通过自感为 L 的线性电感元件时，若取其两端电压与电流的参考方向一致，则由楞次定律可知，其电流与电压之间的关系式为

$$u_L = \frac{\mathrm{d}\psi}{\mathrm{d}t} = L \frac{\mathrm{d}i}{\mathrm{d}t}$$

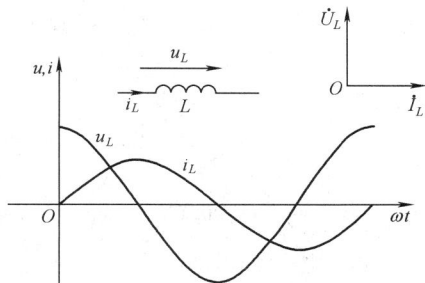

图 2.4 - 16

当通过电感的电流为正弦交流电流 $i = \sqrt{2}\,I\sin\omega t$ 时,电感元件两端的电压为

$$u_L = \sqrt{2}\,I\omega L\sin(\omega t + 90\degree)$$

故相量形式的欧姆定律为

$$\dot{U}_L = \mathrm{j}\omega L\dot{I}_L = \mathrm{j}X_L\dot{I}_L \qquad (2.4-22)$$

式中,感抗 X_L 是电感 L 和通过电感的电流的角频率 ω 的乘积,即

$$X_L = \frac{U_L}{I_L} = \omega L = 2\pi f L \qquad (2.4-23)$$

式(2.4-22)表明,电感电压的有效值 U_L 与电流有效值 I_L 之间的比值为电抗 X_L,简称感抗;同时,电感电压 u_L 的相位比电流 i_L 的相位超前 $\pi/2$(rad)。

输入电感元件的瞬时功率为

$$
\begin{aligned}
p_L &= u_L i_L = 2U_L\sin(\omega t + 90\degree)\sin\omega t\\
&= U_L I_L\sin 2\omega t \qquad (2.4-24)
\end{aligned}
$$

电感元件的平均功率为

$$P_L = \frac{1}{T}\int_0^T p_L\mathrm{d}t = \frac{1}{T}\int_0^T U_L I_L\sin 2\omega t\,\mathrm{d}t = 0 \qquad (2.4-25)$$

可见,电感元件不消耗有功功率。

3. 电容元件(如图 2.4-17 所示) 当取线性非时变电容元件 C 两端电压 u_C 与电流 i_C 的参考方向一致时,则有

$$i_C = \frac{\mathrm{d}q}{\mathrm{d}t} = C\frac{\mathrm{d}u_C}{\mathrm{d}t} \qquad (2.4-26)$$

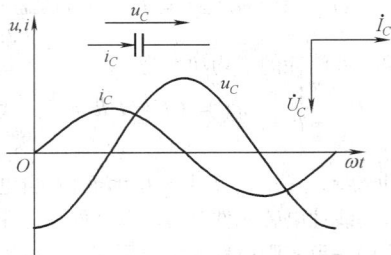

图 2.4-17

当所施加的电压为正弦交流电压 $u_C = \sqrt{2}\,U_C \times \sin(\omega t - 90\degree)$ 时,电容电流为

$$i_C = C\frac{\mathrm{d}u_C}{\mathrm{d}t} = \sqrt{2}\omega CU_C\cos(\omega t - 90\degree) = \sqrt{2}I_C\sin(\omega t) \qquad (2.4-27)$$

相量形式的欧姆定律为

$$\dot{I}_C = \mathrm{j}\omega C\dot{U}_C = \mathrm{j}\frac{1}{X_C}\dot{U}_C \qquad (2.4-28)$$

式中,$X_C = \dfrac{1}{\omega C} = \dfrac{1}{2\pi f C}$,称为电容的电抗,简称容抗。

电容电压与电流的有效值之间关系为 $U_C = X_C I_C$,电压相位滞后电流相位 90°。

电容元件的瞬时功率为

$$p_C = u_C i_C = U_C I_C\sin 2\omega t \qquad (2.4-29)$$

平均功率为

$$P_C = \frac{1}{T}\int_0^T p_C\mathrm{d}t = \frac{1}{T}\int_0^T U_C I_C\sin 2\omega t\,\mathrm{d}t = 0 \qquad (2.4-30)$$

可见,电容元件并不消耗电能。

4.3.5 基尔霍夫定律的相量形式

对于复杂的线性电路,若所有激励源均为同一频率的正弦函数,则各支路的电流和电压都为与激励源有相同频率的正弦函数,可以表示为相量形式,从而在电路计算中可采用相量计算的方法。

基尔霍夫节点电流定律的相量表达式为

$$\Sigma\dot{I} = 0 \qquad (2.4-31)$$

基尔霍夫电压定律的相量表达式为

$$\Sigma\dot{U} = 0 \qquad (2.4-32)$$

4.3.6 正弦交流电路的阻抗、导纳

RLC 串联电路(如图 2.4-18 所示)的等效阻抗为

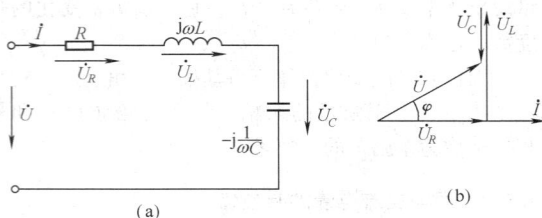

图 2.4-18

$$Z = R + \mathrm{j}\omega L - \mathrm{j}\frac{1}{\omega C} = R + \mathrm{j}X_L - \mathrm{j}X_C = R + \mathrm{j}X \qquad (2.4-33)$$

式中,复阻抗 Z 的实部为电路的电阻值;虚部 $X = X_L - X_C = \omega L - \dfrac{1}{\omega C}$ 为电路的电抗。复阻抗也可表示成极坐标形式,即

$$Z = R + \mathrm{j}X = z\angle\varphi \qquad (2.4-34)$$

式中,z 为复阻抗的模 $\left(z = \sqrt{R^2 + X^2} = |\dot{U}/\dot{I}|\right)$;$\varphi$ 为阻抗角 $\left(\varphi = \arctan\dfrac{X}{R}\right)$。

当 $X > 0$,则阻抗角 $\varphi > 0$,这时电路的阻抗呈电感性;如果 $X < 0$,阻抗角 $\varphi < 0$,则电路阻抗呈容性;当 $X = 0$ 时,阻抗角 $\varphi = 0$,电路呈电阻性。

电路的导纳等于电流相量与电压相量之比值,是阻抗的倒数,即有

$$Y = \frac{1}{Z} = \frac{1}{R + \mathrm{j}X} = G - \mathrm{j}B \qquad (2.4-35)$$

式中，导纳 Y 中的实部 G 是该电路的电导；虚部 $B = B_L - B_C$ 为电路的电纳。

4.3.7　正弦交流电路的功率计算

如图 2.4－19 所示，设一端口网络的端口电压 $u = \sqrt{2}U\sin(\omega t + \psi_u)$，流入端口的电流 $i = \sqrt{2}I\sin(\omega t + \psi_i)$，且电压与电流参考方向一致，则输入该一端口网络的瞬时功率为

$$p = ui = UI\cos(\psi_u - \psi_i) - UI\cos(2\omega t + \psi_u + \psi_i)$$

$$(2.4－36)$$

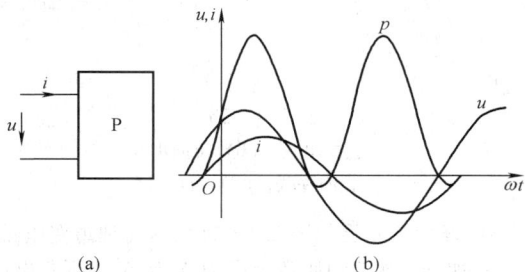

图 2.4－19

一周期内电路吸收的平均功率，也称为有功功率，其值为

$$P = \frac{1}{T}\int_0^T p\,dt = UI\cos(\psi_u - \psi_i) = UI\cos\varphi$$

$$(2.4－37)$$

式中，U、I 为负载端电压和电流的有效值；$\varphi = \psi_u - \psi_i$ 为端电压与电流在关联参考方向下的相位差；$\cos\varphi$ 称为功率因数，故 $\varphi = \psi_u - \psi_i$ 也称作功率因数角。

电路吸收的无功功率为

$$Q = UI\sin\varphi \qquad (2.4－38)$$

无功功率的单位为伏安，简称乏（var）。

额定电压和额定电流乘积称作视在功率，其定义为

$$S = UI \qquad (2.4－39)$$

视在功率的单位为伏安（V·A）或千伏安（kV·A）。

有功功率、无功功率和视在功率之间的关系为

$$P = S\cos\varphi;\quad Q = S\sin\varphi;$$

$$S = UI = \sqrt{P^2 + Q^2};\quad \tan\varphi = \frac{Q}{P}$$

$$(2.4－40)$$

4.4　谐振、互感及三相交流电路

4.4.1　电路的谐振

1. RLC 串联谐振（电压谐振）　串联谐振的条件为

$$\omega L = \frac{1}{\omega C}$$

$$(2.4－41)$$

电路发生谐振时的角频率称为谐振角频率 ω_0，即

$$\omega_0 = \frac{1}{\sqrt{LC}} \qquad (2.4－42)$$

电路谐振频率为

$$f_0 = \frac{1}{2\pi}\frac{1}{\sqrt{LC}} \qquad (2.4－43)$$

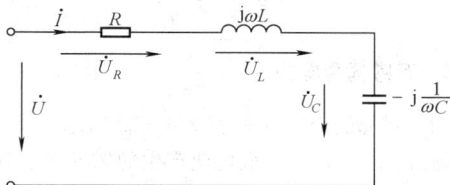

图 2.4－20

电路发生串联谐振时，电路的总电抗 $X = 0$，即感抗 X_L 与容抗 X_C 为

$$X_L = X_C = \omega_0 L = \frac{1}{\omega_0 C} = \sqrt{\frac{L}{C}} = \rho$$

$$(2.4－44)$$

式中，ρ 为谐振电路的特性阻抗（Ω）。

串联谐振电路的特征阻抗 ρ 与电阻 R 的比值为串联电路的品质因数 Q，即

$$Q = \frac{\rho}{R} = \frac{\omega_0 L}{R} = \frac{1}{R\omega_0 C} = \frac{1}{R}\sqrt{\frac{L}{C}}$$

$$(2.4－45)$$

式中，Q 为一无量纲的量。品质因数也可以写成为谐振时电感电压 U_L（或电容电压 U_C）与电阻上电压 U_R 的比值，即

$$Q = \frac{\rho}{R} = \frac{I_0\rho}{I_0 R} = \frac{U_C}{U_R} = \frac{U_L}{U_R} \qquad (2.4－46)$$

2. RLC 并联谐振（电流谐振）　并联谐振的条件为

$$\omega L = \frac{1}{\omega C} \qquad (2.4－47)$$

电路发生并联谐振时的角频率称为并联谐振角频率 ω_0，即

$$\omega_0 = \frac{1}{\sqrt{LC}} \qquad (2.4－48)$$

电路并联谐振频率为

$$f_0 = \frac{1}{2\pi}\frac{1}{\sqrt{LC}} \qquad (2.4－49)$$

并联谐振电路的品质因数定义为电路感纳 $1/(\omega_0 L)$（或容纳 $\omega_0 C$）与电导 $G = 1/R$ 之比，即

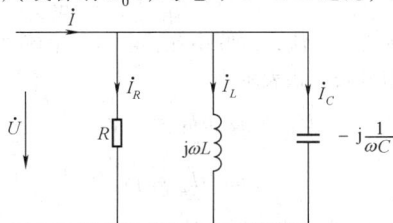

图 2.4－21

$$Q = \frac{\omega_0 C}{G} = \frac{1}{\omega_0 LG} = \frac{1}{G}\sqrt{\frac{C}{L}} \quad (2.4-50)$$

品质因数也等于电感电流的幅值（或电容电流的幅值）与流过电阻的电流幅值之比

$$Q = \frac{I_C}{I_R} = \frac{I_L}{I_R} \quad (2.4-51)$$

4.4.2　互感耦合电路

两个相邻的线圈（如图 2.4-22 所示），当一线圈中通过交变电流时，此电流产生的磁场线不但与该线圈自身交链，同时也会有部分磁场线穿过邻近的另一线圈，并在此线圈中产生感应电动势。这种由于一个线圈的电流变化，通过磁通耦合在另一线圈中产生感应电动势的现象称为互感现象。

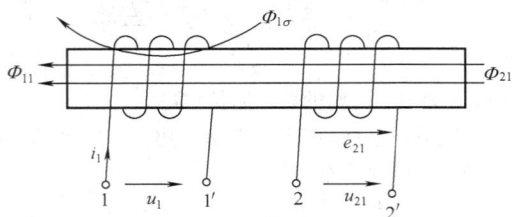

图 2.4-22

1. 磁链与互感系数　若线圈的匝数为 N，电路中其交链的磁通量为 Φ，则该线圈交链的磁链为 $\Psi = N\Phi$。互感磁链与电流间的关系可用互感系数（简称为互感，其单位为亨利（H））予以描述，即

$$M_{21} = \frac{\Psi_{21}}{i_1} = M_{12} = \frac{\Psi_{12}}{i_2} \quad (2.4-52)$$

2. 同名端　在实际电路中，互感元件常用同名端标记两个磁耦合线圈之间的绕向结构关系。

同名端：当电流流入两个互感耦合线圈的端点时，其磁通是互相增助的，则称这两个端点为同名端（一般用 " · " 或其他符号予以标记）。

3. 互感电动势与互感电压　线圈中的互感电动势和互感电压分别为

$$e_{21} = -M\frac{di_1}{dt}, \qquad e_{12} = -M\frac{di_2}{dt}$$

和

$$u_{21} = M\frac{di_1}{dt}, \qquad u_{12} = M\frac{di_2}{dt}$$

对于正弦交变电流，线圈中互感电压与电流之间的关系可用相量表达式表示为

$$\left.\begin{array}{l} \dot{U}_{21} = j\omega M\dot{I}_1 = jX_M\dot{I}_1 \\[2mm] \dot{U}_{12} = j\omega M\dot{I}_2 = jX_M\dot{I}_2 \end{array}\right\} \quad (2.4-53)$$

式中，$X_M = \omega M$ 称为互感电抗。

当两个线圈以如下不同方式串联连接时

（图 2.4-23），其总电感分别为

正向串联：$L = L_1 + L_2 + 2M$

反向串联：$L = L_1 + L_2 - 2M$

正向并联：$L = \dfrac{L_1 L_2 - M^2}{L_1 + L_2 - 2M}$

反向并联：$L = \dfrac{L_1 L_2 - M^2}{L_1 + L_2 + 2M}$

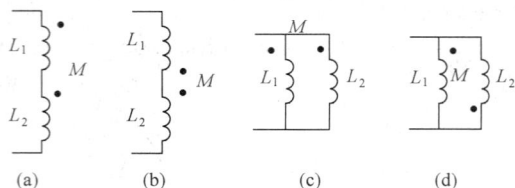

图 2.4-23

（a）正向串联；（b）反向串联；
（c）正向并联；（d）反向并联

4. 理想变压器　图 2.4-24 所示为理想变压器，设其一次和二次绕组匝数分别为 N_1 与 N_2，则其电压关系为

$$\frac{\dot{U}_1}{\dot{U}_2} = \frac{N_1 j\omega\dot{\Phi}_0}{N_2 j\omega\dot{\Phi}_0} = \frac{N_1}{N_2} = n \quad (2.4-54)$$

电流关系为

$$\frac{\dot{I}_1}{\dot{I}_2} = -\frac{N_2}{N_1} \quad (2.4-55)$$

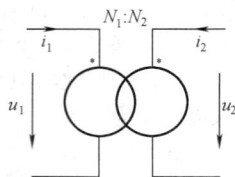

图 2.4-24

当理想变压器二次侧输出端接有负载 Z_L 时，则一次侧的入端等效阻抗为

$$Z = \frac{\dot{U}_1}{\dot{I}_1} = \left(\frac{N_1}{N_2}\right)^2 Z_L = n^2 Z_L \quad (2.4-56)$$

4.4.3　对称三相正弦交流电路

1. 三相正弦交流电源　三相正弦交流电是由三相发电机产生的，其输出的对称三相电源的端电压为

$$\left.\begin{array}{l} u_A(t) = \sqrt{2}E\sin\omega t \\[2mm] u_B(t) = \sqrt{2}E\sin(\omega t - 120°) \\[2mm] u_C(t) = \sqrt{2}E\sin(\omega t - 240°) \end{array}\right\} \quad (2.4-57)$$

用相量表示即为

$$\left.\begin{array}{l} \dot{U}_A = U\angle 0° \\ \dot{U}_B = \dot{U}_A\angle -120° = U\angle -120° \\ \dot{U}_C = \dot{U}_B\angle -120° = U\angle -240° \end{array}\right\} \tag{2.4-58}$$

其波形图和相量图分别如图 2.4-25 所示。

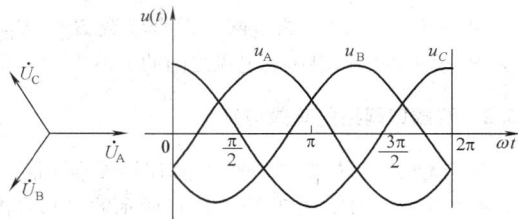

图 2.4-25

2. 星形联结和三角形联结

(1) 星形联结(Ｙ联结)。图 2.4-26 为星形联结的三相电路图。图中，Z_1 表示每相线路阻抗；从电源端点 A、B、C 至负载端点 A′、B′、C′ 的三根连线称为相线；Ｙ联结的三相电源的中点 N 与负载中点 N′ 的连线称为中线。在三相星形联结中，具有三根相线和一根中线的供电方式称为三相四线制，无中线的供电方式称为三相三线制。

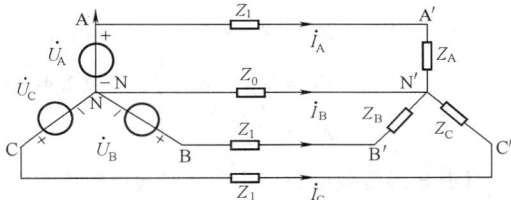

图 2.4-26

Ｙ形联结的对称三相负载的线电压、线电流与相电压、相电流之间的关系如下：

线电压有效值是相电压有效值的 $\sqrt{3}$ 倍，线电压相位超前相电压 30°，即 $\dot{U}_L = \sqrt{3}\dot{U}_\phi \angle 30°$。

线电流等于相电流，即 $\dot{I}_L = \dot{I}_\phi$。

(2) 三角形联结(△联结)。图 2.4-27 为三角形联结的三相电路图。在三角形联结中，电源每相绕组的末端与后一相绕组的首端相连，接成一个三角形，并从三个节点引出三根相线。由于三相电源是对称的，因此三角形连接后其内部总电动势为零。

△联结的对称三相负载的线电压、线电流与相电压、相电流之间的关系如下：线电流有效值是相电流有效值的 $\sqrt{3}$ 倍，线电流相位滞后相电流 30°，即 $\dot{I}_L = \sqrt{3}\dot{I}_\phi \angle -30°$，线电压等于相电压，即 $\dot{U}_L = \dot{U}_\phi$。

3. 对称三相电路的计算
对称三相电路可以用单相图来进行计算，其分析基点在于：

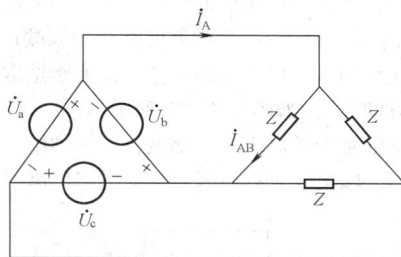

图 2.4-27

(1) Ｙ联结的各中性点是等电位的，即中线电流恒为零，中线阻抗不影响其他电压、电流的分布。

(2) 由于中性点之间的等电位，故各相电流仅决定于各自的相电压和相阻抗值，各相计算具有独立性。在计算时，可任取一相电路，并把各中性点相连组成单相图，对于图 2.4-26 所示电路，其单相图如图 2.4-28 所示。

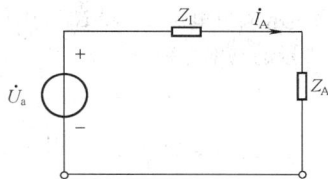

图 2.4-28

(3) 当用单相图计算出一相电压电流后，其余二相可由该对称三相电路的对称性直接写出。

(4) 对于△形联结电路，可由 △-Ｙ 转换后进行单相计算，然后根据 △-Ｙ 电压电流的转换关系求出实际电压电流分布。

4. 对称三相电路的功率
三相负载所吸收的有功功率等于

$$P = \sqrt{3}U_1 I_1 \cos\varphi \tag{2.4-59}$$

式中，U_1，I_1 分别为线电压和线电流；$\cos\varphi$ 为一相负载的功率因数。

三相电路的无功功率为

$$Q = \sqrt{3}U_1 I_1 \sin\varphi \tag{2.4-60}$$

三相电路的视在功率为

$$S = \sqrt{3}U_1 I_1 \tag{2.4-61}$$

4.5 双端口网络

一个网络若有四个端子与外电路相连接，则称该网络为四端网络。如果流进一个端子的电流等于流出另一个端子的电流，则称这两个端子为一个端口。四端网络中，如果两对端子的流入和流出的电流始终相等（如图 2.4－29 所示），则该网络称为双端口网络。

双端口网络端口电压的参考方向通常选取与电流的参考方向相同（如图 2.4－29 所示）。

电子线路中的放大器、滤波器，电力电子线路中的变压器、输电线等都可等效为双端口网络。

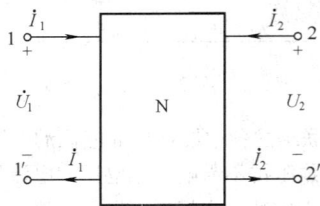

图 2.4－29

4.5.1　双端口网络的参数

1. 开路参数（Z 参数）　双端口网络若用端口电流 $\dot{I}_1$、$\dot{I}_2$ 来表示端口电压 $\dot{U}_1$ 和 $\dot{U}_2$，则可得到一组以开路参数表示的基本方程

$$\left.\begin{array}{l} \dot{U}_1 = Z_{11}\dot{I}_1 + Z_{12}\dot{I}_2 \\ \dot{U}_2 = Z_{21}\dot{I}_1 + Z_{22}\dot{I}_2 \end{array}\right\} \quad (2.4-62)$$

当双端口网络内不存在受控源时，根据互易定理，应有 $Z_{12}=Z_{21}$。可见，无受控源网络只需要三个参数来代表，即四个参数中只有三个是独立参数。如果双端口网络有 $Z_{11}=Z_{22}$，即被称为对称双端口网络。

2. 短路参数（Y 参数）　若用双端口网络的端口电压 $\dot{U}_1$ 和 $\dot{U}_2$ 来表示端口电流 $\dot{I}_1$ 和 $\dot{I}_2$，则可得到一组以短路参数 Y 表征的基本方程

$$\left.\begin{array}{l} \dot{I}_1 = Y_{11}\dot{U}_1 + Y_{12}\dot{U}_2 \\ \dot{I}_2 = Y_{21}\dot{U}_1 + Y_{22}\dot{U}_2 \end{array}\right\} \quad (2.4-63)$$

当双端口网络内不包含受控源时，$Y_{12}=Y_{21}$。如果双端口网络除 $Y_{12}=Y_{21}$ 外，还有 $Y_{11}=Y_{22}$，则这种网络被称为对称双端口网络。

3. 传输参数（T 参数）　若用输出端的电压 $\dot{U}_2$ 和电流（$-\dot{I}_2$）来表示输入端电压 $\dot{U}_1$ 和电流 $\dot{I}_1$，则可得到以传输参数为系数的一组端口特性方程

$$\left.\begin{array}{l} \dot{U}_1 = A\dot{U}_2 + B(-\dot{I}_2) \\ \dot{I}_1 = C\dot{U}_2 + D(-\dot{I}_2) \end{array}\right\} \quad (2.4-64)$$

若双端口网络不包含受控源，则有 $AD-BC=1$；对于对称双端口网络，进而有 $A=D$。

4. 混合参数（H 参数）　若给定双端口网络的 $\dot{I}_1$ 和 $\dot{U}_2$，求取 $\dot{U}_1$ 和 $\dot{I}_2$，则双端口网络的端口特性方程为

$$\left.\begin{array}{l} \dot{U}_1 = H_{11}\dot{I}_1 + H_{12}\dot{U}_2 \\ \dot{I}_2 = H_{21}\dot{I}_1 + H_{22}\dot{U}_2 \end{array}\right\} \quad (2.4-65)$$

式（2.4－65）即为以双端口网络混合参数 H_{11}、H_{12}、H_{21}、H_{22} 表示的端口电压、电流之间的关系式。

4.5.2　双端口网络的等效电路

对于无独立源和受控源的双端口网络，可用三个独立参数予以表征。图 2.4－30(a) 所示的 T 形和图 2.4－30(b) 所示 π 形电路即为双端口网络等效电路。

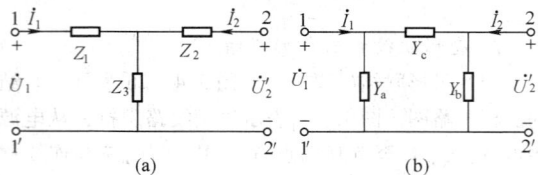

图 2.4－30　T 形和 π 形电路

对于 T 形等效电路，若 Z 参数已知，T 形等效电路的三个阻抗值为

$$\left.\begin{array}{l} Z_1 = Z_{11} - Z_{12} \\ Z_2 = Z_{22} - Z_{12} \\ Z_3 = Z_{12} \end{array}\right\} \quad (2.4-66)$$

对于 π 形等效电路，若已知双端口网络的短路参数 Y，则有

$$\left.\begin{array}{l} Y_a = Y_{11} + Y_{12} \\ Y_b = Y_{22} + Y_{12} \\ Y_c = -Y_{12} \end{array}\right\} \quad (2.4-67)$$

4.5.3　双端口网络的连接

双端口网络连接方式如图 2.4－31 所示，包括级联图 2.4－31(a)、并联图 2.4－31(b)、串联图 2.4－31(c) 等。

多个双端口网络以图 2.4－31(a) 方式相连时称为双端口网络的级联。每一双端口网络称为一节，多个网络级联后的整个网络仍为一双端口网络。若每一双端口网络的传输参数已知，则级联时，其合成的双端口网络传输参数 **T** 等于各网络传输参数矩阵之积，即

$$\boldsymbol{T} = \boldsymbol{T}_A \boldsymbol{T}_B$$

两双端口网络的并联是将其输入、输出端口分别

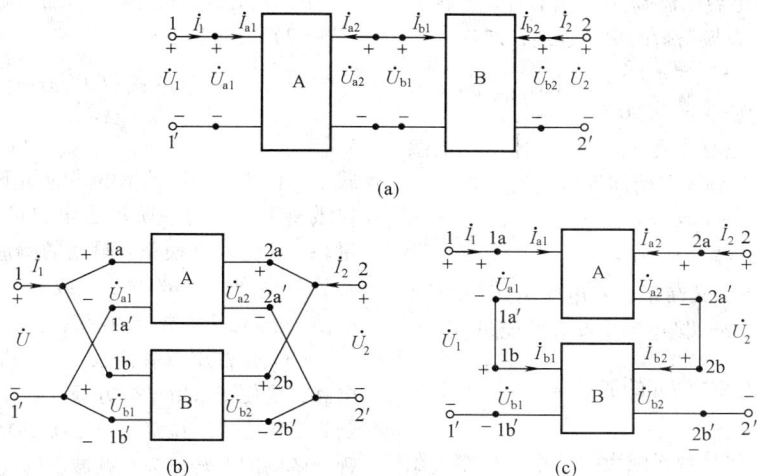

(a)

(b)

(c)

图 2.4-31

并联，构成一新的双端口网络，如图 2.4-31(b)所示。此时，该等效双端口网络的短路参数 Y 为其并联网络短路参数矩阵之和，即

$$Y = Y_a + Y_b$$

双端口网络串联是将两个双端口网络的输入、输出端口分别串联，构成一新的双端口网络，如图 2.4-31(c)所示。串联连接时，合成的双端口网络开路参数 Z 等于两串联网络开路参数矩阵之和，即

$$Z = Z_A + Z_B$$

4.5.4 回转器和负阻抗变换器

1. 回转器 它是一种双端口网络，电路符号如图 2.4-32 所示，$r(g)$ 是回转电阻(电导)，回转器端

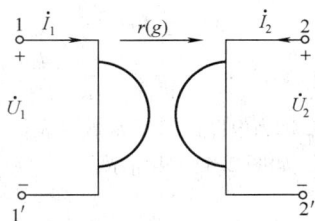

图 2.4-32

口电压和电流的关系为

$$\left. \begin{aligned} \dot{U}_1 &= -r\dot{I}_2 \\ \dot{U}_2 &= r\dot{I}_1 \end{aligned} \right\} \tag{2.4-68}$$

写成 Z 参数矩阵形式有

$$\begin{pmatrix} \dot{U}_1 \\ \dot{U}_2 \end{pmatrix} = \begin{pmatrix} \dot{Z}_{11} & \dot{Z}_{12} \\ \dot{Z}_{21} & \dot{Z}_{22} \end{pmatrix} \begin{pmatrix} \dot{I}_1 \\ \dot{I}_2 \end{pmatrix}$$

$$= \begin{bmatrix} 0 & -r \\ r & 0 \end{bmatrix} \begin{bmatrix} \dot{i}_1 \\ \dot{i}_2 \end{bmatrix} = \begin{bmatrix} Z \end{bmatrix} \begin{bmatrix} \dot{i}_1 \\ \dot{i}_2 \end{bmatrix}$$

2. 负阻抗变换器 它能将一个阻抗或元件参数按一定比例进行变换并改变其符号的一种双口元件，电路符号如图 2.4-33 所示。负阻抗变换器的端口电

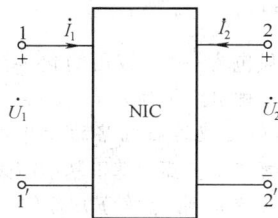

图 2.4-33

压电流关系为

$$\left. \begin{aligned} \dot{U}_1 &= K\dot{U}_2 \\ \dot{I}_2 &= K\dot{I}_1 \end{aligned} \right\} \tag{2.4-69}$$

4.6 电路的过渡过程

若电路中含有电感或电容这类储能元件，则当电路出现结构改变时，如接通、断开、改接等情况，或其激励、电路参数骤然变化时，常使电路从一个稳定状态进入另一个稳定状态。电路状态的改变一般并非即时完成，而需经历一段时间，这段时间所发生的过程即称为过渡过程。

4.6.1 换路定则和初始条件

电路的结构、参数突然改变或激励的突然变化，统称为换路。在换路时，电路通常服从换路定则。

换路定则 1：当电容电流 i_C 为有限值时，电容上的电荷 q_C 和电压 u_C 在换路瞬间保持连续，即

$$\left.\begin{array}{l} q_C(0+) = q_C(0-) \\ u_C(0+) = u_C(0-) \end{array}\right\} \quad (2.4-70)$$

换路定则 2：当电感电压 u_L 为有限值时，电感中的磁链 ψ_L 和电流 i_L 在换路瞬间保持连续，即

$$\left.\begin{array}{l} \psi_L(0+) = \psi_L(0-) \\ i_L(0+) = i_L(0-) \end{array}\right\} \quad (2.4-71)$$

换路定则的物理意义在于，若电容电压（电荷）或电感电流（磁链）突变，则电容中储存的能量 $W_C = \dfrac{1}{2}Cu_C^2 = \dfrac{1}{2}\dfrac{q^2}{C}$ 或电感中储存的能量 $W_L = \dfrac{1}{2}Li_L^2 = \dfrac{1}{2}\dfrac{\psi^2}{L}$ 也会突变。这将呈现无限大的功率，显然，在实际电路中是不可能发生的。

换路定则为过渡过程中初始值的确定提供了计算依据。

需注意的是，当电路中存在由电压源、电容组成的回路或纯电容回路时，电容电压可能会跳变。当电路中存在由电流源和电感组成的割集或纯电感割集时，电感电流也可能会发生跳变。

4.6.2 一阶电路

当电路中只包含一个（或可简化为一个）电容或电感时的过渡过程电路称为一阶电路。

1. 一阶线性过渡过程电路的计算方法

（1）经典解法及步骤。基于基尔霍夫定律和元件约束定律建立动态电路的微分方程组（数学模型），然后，由微分方程解得电路的过渡过程，其求解的基本思路和步骤如下：

1）用换路定则确定电容或电感上的初始条件。

2）建立动态电路的一阶微分方程模型。

3）求微分方程的特解和其齐次方程的通解，合成全解。

4）利用初始条件确定积分常数。

（2）三要素公式

$$f(t) = f_p(t) + [f(0+) - f_p(0+)]e^{-\frac{t}{\tau}}$$

$$(2.4-72)$$

式中，包含了一阶动态电路的如下三个要素：$f_p(t)$：在激励作用下的一阶动态电路的强制分量（稳态分量）；$f(0+)$：在换路后瞬间的响应初始值；τ：时间常数 $[\tau = R_{eq}C（RC 电路）或 \tau = L/R_{eq}（RL 电路）]$，$R_{eq}$ 是储能元件两端口的等效电阻。

（3）拉普拉斯变换法（运算法）。对线性非时变电路，为便于求解微分方程，常在数学上实施从时域到频域的变换。拉普拉斯变换即把在时域求解微分方程全解的问题转化为在频域求解代数方程的问题。分析思路是：首先，通过拉普拉斯变换，将已知的时域函数变换为频域函数（也称象函数），从而时域函数的微分方程转化为相应的频域函数的代数方程，求解代数方程，得到相应的象函数；然后，进行拉普拉斯反变换，返回时域，最终得到原时域微分方程的全解。

2. RC 电路的过渡过程

（1）RC 电路的零输入响应。当电路无外部激励，仅由储能元件的初始储能（电容电压或电感电流）产生的过渡过程称为零输入响应。设电容初始电压为 $u_C(0^-) = U_0$，则

电路的动态方程

$$RC\frac{du_C(t)}{dt} + u_C(t) = 0$$

零输入响应为

$$u_C(t) = U_0 e^{-\frac{t}{RC}}$$

$$i(t) = C\frac{du_C}{dt} = -\frac{U_0}{R}e^{-\frac{t}{RC}} \quad (2.4-73)$$

式中，$\tau = RC$ 称为电路的时间常数，表征了过渡过程进展的快慢，如图 2.4-34 所示。

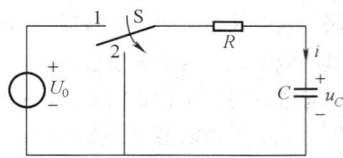

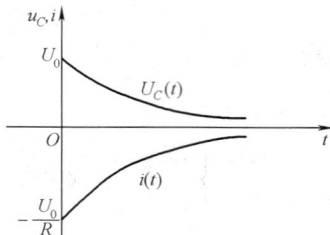

图 2.4-34 RC 电路的过渡过程

（2）RC 电路的零状态响应。电路无初始储能，即 $u_C(0^-) = 0$，仅由外部激励（如直流电源 U_s）产生的过渡过程称为零状态响应（见图 2.4-35）。

电路的动态方程

$$RC \frac{\mathrm{d}u_C(t)}{\mathrm{d}t} + u_C(t) = U_s$$

零状态响应为

$$u_C(t) = U_s(1 - \mathrm{e}^{-\frac{t}{RC}})$$

$$i(t) = C \frac{\mathrm{d}u_C}{\mathrm{d}t} = \frac{U_s}{R} \mathrm{e}^{-\frac{t}{RC}} \qquad (2.4-74)$$

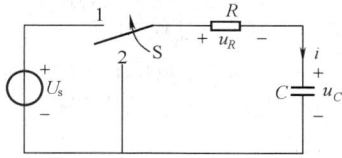 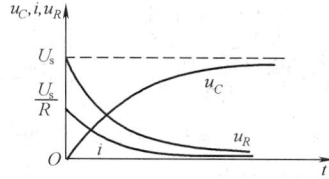

图 2.4 − 35

若外加正弦交流电源 $u_s(t) = U_m \sin(\omega t + \psi)$ 激励，且设 $u_C(0^-) = 0$，则有

电路的动态方程

$$RC \frac{\mathrm{d}u_C(t)}{\mathrm{d}t} + u_C(t) = U_m \sin(\omega t + \psi)$$

零状态响应为

$$u_C(t) = \frac{U_m}{z\omega C} \sin(\omega t + \psi + \varphi - 90°) + \frac{U_m}{z\omega C} \cos(\psi + \varphi) \mathrm{e}^{-\frac{t}{RC}}$$

$$i_C(t) = \frac{U_m}{z} \sin(\omega t + \psi + \varphi) - \frac{U_m}{zR\omega C} \cos(\psi + \varphi) \mathrm{e}^{-\frac{t}{RC}}$$

$$(2.4-75)$$

式中，$z = \sqrt{R^2 + \left(\frac{1}{\omega C}\right)^2}$；$\varphi = \arctan 1/R\omega C$。

由式(2.4 − 75)可见，正弦交流电源激励的过渡过程与接入时电源初相位(时间)有关：① 当 $\psi + \varphi = 90°$ 时，不出现过渡过程，电路直接进入稳态；② 当

$\psi + \varphi = 0°$ 时，暂态分量最大，若 $1/\omega C \gg R$ 时，电路将出现很大的冲击电流；③ 一般情况介于前两者之间。

3. RL 电路的过渡过程

(1) RL 电路的零输入响应。设电感初始电流为 $i_L(0^-) = I_0$，则

电路的动态方程

$$L \frac{\mathrm{d}i_L(t)}{\mathrm{d}t} + Ri_L(t) = 0$$

零输入响应为

$$i_L(t) = I_0 \mathrm{e}^{-\frac{R}{L}t}$$

$$u_L(t) = L \frac{\mathrm{d}i_L(t)}{\mathrm{d}t} = -I_0 R \mathrm{e}^{-\frac{R}{L}t} \qquad (2.4-76)$$

式中，时间常数 $\tau = L/R$ 表征了过渡过程进展的快慢，如图 2.4 − 36 所示。

(2) RL 电路的零状态响应。设电路无初始储能 $i_L(0^-) = 0$，仅由外部激励(直流电源 U_s)产生过渡过程响应(如图 2.4 − 37 所示)。

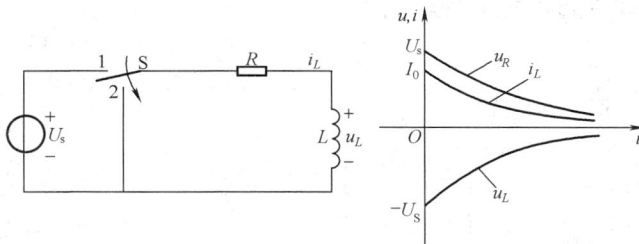

图 2.4 − 36

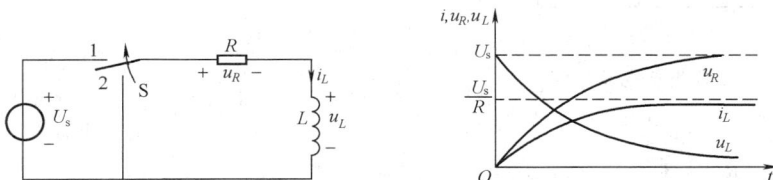

图 2.4 − 37

电路的动态方程

$$L\frac{\mathrm{d}i_L(t)}{\mathrm{d}t} + Ri_L(t) = U_s$$

零状态响应为

$$i_L(t) = \frac{U_s}{R}\left(1 - \mathrm{e}^{-\frac{R}{L}t}\right)$$

$$u_L(t) = L\frac{\mathrm{d}i_L(t)}{\mathrm{d}t} = U_s\mathrm{e}^{-\frac{R}{L}t} \quad (2.4-77)$$

若外加正弦交流电源 $u_s(t) = U_m\sin(\omega t + \psi)$ 激励，且设电容初始电压为 $i_L(0^-) = 0$，则有

电路的动态方程

$$L\frac{\mathrm{d}i_L(t)}{\mathrm{d}t} + Ri_L(t) = U_m\sin(\omega t + \psi)$$

零状态响应为

$$i_L(t) = \frac{U_m}{z}\sin(\omega t + \psi - \varphi) - \frac{U_m}{z}\sin(\psi - \varphi)\mathrm{e}^{-\frac{R}{L}t}$$

$$(2.4-78)$$

式中，$z = \sqrt{R^2 + (\omega L)^2}$；$\varphi = \arctan\dfrac{\omega L}{R}$。

由式(2.4-78)可见，正弦交流电源激励的过渡过程与接入时电源初相位(时间)有关：①当 $\psi - \varphi = 0°$ 时，不出现过渡过程，电路直接进入稳态；②当 $\psi - \varphi = 90°$ 时，暂态分量最大；③一般情况介于两者之间。

4.6.3　二阶电路

若电路中含有两个独立的储能元件，即应有二阶微分方程予以描述，称为二阶电路。

1. 二阶电路的零输入响应(RLC 电路短路放电过程)　图 2.4-38 为 RLC 串联电路，设电容初始电压为 $u_C(0-) = U_0$，电感处于零初始状态，即 $i_L(0-) = 0$。开关闭合后，根据基尔霍夫电压定律可得二阶微分方程为

$$LC\frac{\mathrm{d}^2u_C}{\mathrm{d}t^2} + RC\frac{\mathrm{d}u_C}{\mathrm{d}t} + u_C = 0$$

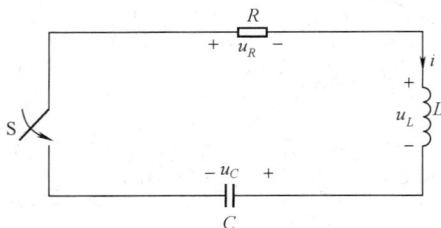

图 2.4-38　RLC 串联电路

其特征方程为

$$s^2 + \frac{R}{L}s + \frac{1}{LC} = 0$$

特征根为

$$\left.\begin{aligned} s_1 &= -\frac{R}{2L} + \sqrt{\left(\frac{R}{2L}\right)^2 - \frac{1}{LC}} \\ s_2 &= -\frac{R}{2L} - \sqrt{\left(\frac{R}{2L}\right)^2 - \frac{1}{LC}} \end{aligned}\right\}$$

可见，特征根与电路结构和参数相关。根据电路参数的不同，其过渡过程响应可分为三种情况：

(1) 当 $R > 2\sqrt{L/C}$ 时，过渡过程是非周期情况，称为过阻尼情况。此时特征方程有两个不相等的负实根。

电容电压

$$u_C(t) = \frac{U_0}{s_2 - s_1}(s_2\mathrm{e}^{s_1 t} - s_1\mathrm{e}^{s_2 t})$$

电容电流

$$i(t) = \frac{CU_0 s_1 s_2}{s_2 - s_1}(\mathrm{e}^{s_1 t} - \mathrm{e}^{s_2 t})$$

电感电压

$$u_L(t) = L\frac{\mathrm{d}i}{\mathrm{d}t} = \frac{LCU_0 s_1 s_2}{s_2 - s_1}(s_1\mathrm{e}^{s_1 t} - s_2\mathrm{e}^{s_2 t})$$

$$(2.4-79)$$

(2) 当 $R = 2\sqrt{L/C}$ 时，过渡过程是临界阻尼情况，此时特征方程有两个相等的负实根，即

$$s_1 = s_2 = -\frac{R}{2L} = s$$

电容电压

$$u_C(t) = U_0(1 - st)\mathrm{e}^{st}$$

电容电流

$$i(t) = -\frac{U_0}{L}t\mathrm{e}^{st}$$

电感电压

$$u_L(t) = L\frac{\mathrm{d}i}{\mathrm{d}t} = -U_0(1 + st)\mathrm{e}^{st} \quad (2.4-80)$$

$u_C(t)$、$i(t)$、$u_L(t)$ 随时间变化仍然是非周期性、非振荡性的，如图 2.4-39 所示。

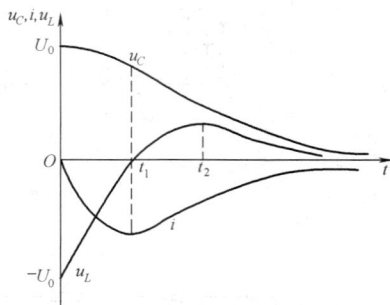

图 2.4-39　$u_C(t)$、$i(t)$、$u_L(t)$ 随时间
变化曲线

(3) 当 $R < 2\sqrt{L/C}$ 时，过渡过程为欠阻尼情况，输出周期性振荡。令 $\alpha = R/2L$，称为衰减系数，$\omega_0 =$

$1/\sqrt{LC}$ 为谐振角频率，$\omega_d = \sqrt{\omega_0^2 - \alpha^2}$ 称为振荡角频率，则特征根为

$$s_{1,2} = \frac{R}{2L} \pm \sqrt{\left(\frac{R}{2L}\right) - \frac{1}{LC}} = -\alpha \pm j\sqrt{\omega_0^2 - \alpha^2}$$

$$= -\alpha \pm j\omega_d$$

电容电压

$$u_C(t) = U_0 \frac{\omega_0}{\omega_d} e^{-\alpha t} \sin(\omega_d t + \theta)$$

电容电流

$$i(t) = \frac{U_0}{L\omega_d} e^{-\alpha t} \sin(\omega_d t + \theta)$$

电感电压

$$u_L(t) = U_0 \frac{\omega_0}{\omega_d} e^{-\alpha t} \sin(\omega_d t - \theta) \quad (2.4-81)$$

式中，$\theta = \arctan\left(\dfrac{\omega_d}{\alpha}\right)$。$u_C(t)$、$i(t)$、$u_L(t)$ 都是振幅按指数规律衰减的正弦波（见图 2.4-40）。

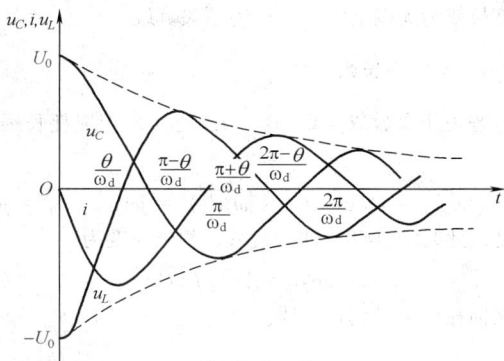

图 2.4-40

若 $R = 0$，即衰减系数 $\alpha = 0$，响应呈无阻尼等幅振荡。这时：

电容电压　$u_C(t) = U_0 \sin\left(\omega_0 t + \dfrac{\pi}{2}\right)$

电容电流　$i_C(t) = \dfrac{U_0}{\omega_0 L} \sin(\omega_0 t + \pi)$

电感电压　$u_L(t) = U_0 \sin\left(\omega_0 t - \dfrac{\pi}{2}\right)$

$$(2.4-82)$$

2. 二阶电路的零状态响应（RLC 电路接通直流电源过程）　RLC 串联电路（见图 2.4-41），设电容初始电压 $u_C(0-) = 0$，电感初始电流 $i_L(0-) = 0$。电路的 KVL 方程为

$$LC \frac{d^2 u_C}{dt^2} + RC \frac{du_C}{dt} + u_C = U_s$$

当 $R > 2\sqrt{\dfrac{L}{C}}$ 时

$$u_C(t) = U_s - \frac{U_s}{s_1 - s_2}(s_1 e^{s_2 t} - s_2 e^{s_1 t})$$

当 $R = 2\sqrt{\dfrac{L}{C}}$ 时

$$u_C(t) = U_s - U_s(1 + \alpha t)e^{-\alpha t}$$

当 $R = 2\sqrt{\dfrac{L}{C}}$ 时

$$u_C(t) = U_s - U_s \frac{\omega_0}{\omega_d} e^{-\alpha t} \sin\left(\omega_d t + \arctan \frac{\omega_d}{\alpha}\right)$$

$$(2.4-83)$$

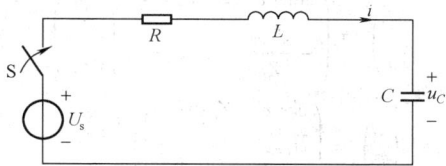

图 2.4-41

4.7　分布参数电路

当元件和电路的线度尺寸 l 与电源频率 f 所对应的波长 λ 相当时（$\lambda = v/f$，v 为真空中的光速），电路计算应采用分布参数电路的方法。

在高压远距离交流电力线路、高频信号电信线路中，同一瞬间沿线的电压、电流都不相同，必须作为分布参数处理；计算机和高速数控系统，虽然线路尺寸不大，但当 $l > \lambda/30$ 时，若仍采用集中参数电路的方法，则会造成很大误差。同样，当电路在极短时的冲击电压（或电流）的作用下，例如变压器在雷电冲击波作用下，变压器绕组间电压的分布也需用分布参数的方法处理。

在分布参数电路（简称长线）中，电压、电流不仅是时间的函数，而且是距离的函数。分布参数致使信号传输有延迟现象，有各种行波和驻波现象，其阻抗匹配的性质与集中参数也不相同。

4.7.1　均匀传输线方程

1. 分布参数电路模型（见图 2.4-42）

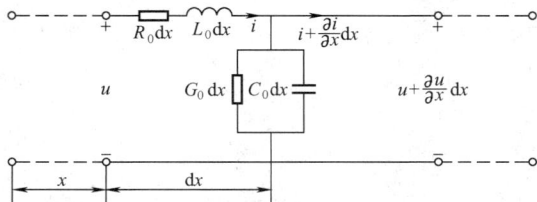

图 2.4-42　分布参数电路模型

2. 分布参数电路方程

$$-\frac{\partial u}{\partial x} = R_0 i + L_0 \frac{\partial i}{\partial t}$$

$$-\frac{\partial i}{\partial x} = G_0 u + C_0 \frac{\partial u}{\partial t} \quad (2.4-84)$$

式中，传输线特性的电路参数 R_0 为导线每单位长度

具有的电阻（Ω/m）；L_0 为导线每单位长度具有的电感（H/m）；C_0 为单位长度导线之间的电容（F/m）；G_0 为单位长度导线之间的电导（S/m）。

3. 正弦稳态分析　此时，长线在频域分析中的复数方程为

$$\begin{pmatrix} \dot{U} \\ \dot{I} \end{pmatrix} = \begin{pmatrix} \text{ch}\gamma x & -Z_C\text{sh}\gamma x \\ -\dfrac{\text{sh}\gamma x}{Z_C} & \text{ch}\gamma x \end{pmatrix} \begin{pmatrix} \dot{U}_1 \\ \dot{I}_1 \end{pmatrix}$$

或

$$\begin{pmatrix} \dot{U} \\ \dot{I} \end{pmatrix} = \begin{pmatrix} \text{ch}\gamma x' & Z_C\text{sh}\gamma x' \\ \dfrac{\text{sh}\gamma x'}{Z_C} & \text{ch}\gamma x' \end{pmatrix} \begin{pmatrix} \dot{U}_2 \\ \dot{I}_2 \end{pmatrix}$$

$$(2.4-85)$$

式中，$x'=l-x$，l 为均匀传输线长度；$\dot{U}_1$、$\dot{U}_2$、$\dot{I}_1$、$\dot{I}_2$ 分别为输入、输出端的电压和电流；$\gamma = [(R_0+j\omega L_0)(G_0+j\omega C_0)]^{1/2} = (Z_0 Y_0)^{1/2} = \beta+j\alpha$，$\gamma$、$\beta$、$\alpha$ 分别称为传播系数、衰减系数和相位系数；$Z_C = Z_0/\gamma = \sqrt{Z_0/Y_0} = z_C e^{j\theta}$，称为长线的特性阻抗（$\Omega$）；$Z_0 = R_0+j\omega L_0$ 是长线的单位长度的串联阻抗（Ω/m）；$Y_0 = G_0+j\omega C_0$ 是长线的单位长度的并联导纳（S/m）。

4.7.2　无反射长线

若在长线的终端连接与特性阻抗 Z_C 相同的负载，即

$$Z_2 = \frac{\dot{U}_2}{\dot{I}_2} = Z_C$$

则有 $\dot{U}=\dot{U}_2 e^{\gamma x'}$、$\dot{I}=\dot{I}_2 e^{\gamma x'}$，故沿线任一点等效入端阻抗（输入阻抗）为

$$Z_i = Z_2 = Z_C$$

这说明终端阻抗与传输线阻抗相匹配，称该长线为匹配长线，或称无反射长线。无反射长线相当于无限长的输电线。

4.7.3　无畸变长线

若线路参数满足条件

$$L_0/R_0 = C_0/G_0$$

则有

$$\beta = \sqrt{R_0 G_0}, \quad \alpha = \omega L_0\sqrt{G_0/R_0} = \omega\sqrt{L_0 C_0}$$

相位速度

$$v = \omega/\alpha = 1/\sqrt{L_0 C_0}$$

此时，β 和 v 都与频率无关，即没有相位畸变，称该长线为无畸变线，又称为不失真线。

4.7.4　无损耗长线

若长线参数 $R_0=0$，$G_0=0$，则称为无损耗长线。此时

$$\gamma = \sqrt{Z_0 Y_0} = \sqrt{(j\omega L_0)(j\omega C_0)} = j\omega\sqrt{L_0 C_0} = j\alpha$$

可见，此时的 $\beta=0$，即无衰减。相位速度为

$$v = \omega/\alpha = 1/\sqrt{L_0 C_0}$$

即无损耗线也是无畸变线。

第 5 章 电 网 络 综 合

5.1 概述

5.1.1 综合

网络综合是指依据理论，将电网络设计过程和元件参数通过数学建模与解算，以确定满足所需激励-响应特性的网络结构和参数。综合问题的解答不唯一。滤波器是电网络综合系统中最具代表性的关键技术。在电子信息、电力与通信系统等工程领域中，滤波器作为电网络综合的核心技术，具有重要的工程应用价值。

5.1.2 滤波器

1. 定义和分类 滤波器是给出规定响应的系统，如图 2.5 - 1 所示，其特性可用一组激励-响应关系表征。滤波器可按多种不同方法分类。按处理信号的不同，滤波器可分为模拟滤波器和数字滤波器，前者可处理模拟的或连续时间信号，后者可处理数字信号（具有量化幅度电平的离散时间信号）；按输出信号频率的不同，分为低通、高通、带通、带阻和全通滤波器。模拟滤波器又按滤波器的频率范围，可分为集总参数滤波器或分布参数滤波器。此外，按构成元件的不同，可分为有源滤波器或无源滤波器。无源网络由电阻、电容、电感（包括互感和理想变压器）等元件构成；除电阻和电容外，还含有有源器件（通常为运算放大器）的网络称为有源网络。

2. 表征函数 设模拟滤波器响应的象函数为 $U_o(s)$，激励的象函数为 $U_i(s)$，则其描述函数见表 2.5 - 1。滤波器的幅度函数、相位函数或群时延函数，共同表征了该滤波器的特性。

图 2.5 - 2 所示为各种理想滤波器的幅度特性。图 2.5 - 2(a) 所示为低通滤波器的特性，$0 \sim \omega_c$ 称为滤波器的通带，$\omega_c \sim \infty$ 称为阻带；图 2.5 - 2(b) 所示为高通滤波器的特性，其通带为 $\omega_c \sim \infty$，阻带为 $0 \sim \omega_c$；图 2.5 - 2(c) 所示为带通滤波器的特性，其通带为 $\omega_{c1} \sim \omega_{c2}$，阻带为 $0 \sim \omega_{c1}$ 和 $\omega_{c2} \sim \infty$；图 2.5 - 2(d) 所示为带阻滤波器的特性，其通带为 $0 \sim \omega_{c1}$ 和 $\omega_{c2} \sim \infty$，阻带为 $\omega_{c1} \sim \omega_{c2}$；图 2.5 - 2(e) 所示为全通滤波器，通带为 $0 \sim \infty$，这类滤波器主要用于相位补偿和移相。

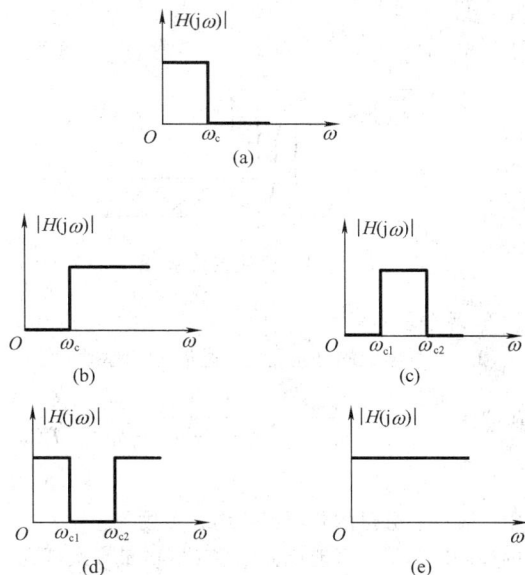

图 2.5 - 1 滤波器

图 2.5 - 2 各种理想滤波器的幅度特性
(a)低通滤波器；(b)高通滤波器；(c)带通滤波器；
(d)带阻滤波器；(e)全通滤波器

表 2.5 - 1   模拟滤波器的表征函数

转移象函数	频域响应函数	幅度函数	相位函数	群时延函数
$H(s) = \dfrac{U_o(s)}{U_i(s)}$	$H(j\omega) = \|H(j\omega)\| e^{j\angle H(j\omega)}$	$\|H(j\omega)\|$	$\varphi(\omega) = \angle H(j\omega)$	$\tau(\omega) = -\dfrac{d}{d\omega}\varphi(\omega)$

5.2 归一化和去归一化

将实际元件参数经阻抗和频率折算后，所得参数称为归一化参数，该运算称为归一化。按各种综合方法得到的网络参数通常为归一化参数，需归算为实际的参数，称之为去归一化。设 k_Z 和 k_ω 为分别阻抗和

频率的归一化系数，且以下标"N"表示归一化参数，无下标者为实际参数，两者关系如下

$$R = k_Z R_N ; \quad L = \frac{k_Z}{k_\omega} L_N ; \quad C = \frac{1}{k_Z k_\omega} C_N \quad (2.5-1)$$

5.3　逼近问题

5.3.1　基本概念和基本约束

1. 逼近和容差图　理想低通滤波器的幅度特性［见图 2.5-2（a）］，具有非因果性，因而是不可实现的，故需用具有可实现性的转移函数来描述所需的技术要求，称该过程为逼近。图 2.5-3 所示为低通滤波器的容差图，逼近的幅度函数必须落在阴影范围内，使其幅度特性与所求电路的特性尽可能相似，图中给出了低通滤波器设计必备的 4 个技术指标，分别为 A_{max}（通带内允许最大衰减）；A_{min}（阻带内允许最小衰减）；ω_c（通带角频率）；ω_s（阻带角频率）。

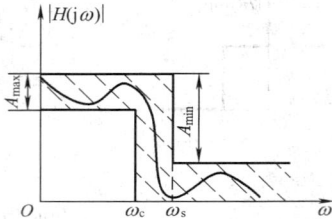

图 2.5-3　滤波器容差图

2. 两个基本约束

（1）转移函数的可实现性。通常转移函数可表示为

$$H(s) = \frac{a_m s^m + a_{m-1} s^{m-1} + \cdots + a_1 s + a_0}{b_n s^n + b_{n-1} s^{n-1} + \cdots + b_1 s + b_0} = \frac{Q(s)}{P(s)} \quad (2.5-2)$$

式中，分子、分母的各项系数均为实数，且分子多项式的最高次幂最多只能比分母多项式的最高次幂高一次，分母的最低次幂只能比分子的最低次幂的低一次；同时，分母为霍尔维茨（Hurwitz）多项式。

霍尔维茨（Hurwitz）多项式的定义如下：如果一个实系数多项式 $P(s)$ 满足下述条件，则 $P(s)$ 为霍尔维茨（Hurwitz）多项式：

条件 1　$P(s)$ 在 s 平面的右半平面无零点。

条件 2　$P(s)$ 在 jω 轴上若有零点，只能是单阶零点。

当 $P(s)$ 满足条件 1，且在 jω 轴上无零点时，称为严格的霍尔维茨（Hurwitz）多项式。

（2）逼近方式。由希尔伯特定理可知，可分别根据幅度函数或相位函数的要求构造转移函数 $H(s)$。一般来说，不可能同时满足两者的要求。常用的勃特沃茨响应和切比雪夫响应满足幅度函数的要求，贝塞尔响应满足相位函数的要求。利用幅度函数逼近的过程为，首先构造幅度函数的模平方函数 $|H(j\omega)|^2$，而 $|H(j\omega)|^2 = H(s)H(-s)$，经解析延拓，并限定 $H(s)$ 是最小相位函数（指零点只在 s 的左半平面或 jω 轴上的网络函数），则可得唯一的 $H(s)$。表 2.5-2 给出了常用的两种低通逼近函数及其设计参数的确定，具体数据可参阅相关书籍。

所有零点都在无穷远处的滤波器称为全极点滤波器，如满足勃特沃茨响应、切比雪夫响应或贝塞尔响应的滤波器。

5.3.2　频率变换与元件变换

高通、带通和带阻模拟滤波器的逼近和实现，可通过频率变换或元件变换由其低通原型得到，步骤如图 2.5-4 所示。

图 2.5-5 所示为归一化低通和高通滤波器的幅度函数，高通滤波器和低通滤波器的容差图对应关系如图 2.5-6 所示，表 2.5-3 给出了低通滤波器和高通滤波器之间的对应变换。

表 2.5-2　常用的低通响应函数及其设计参数的确定

	归一化模平方函数	归一化转移函数 $H(s)$	设计需确定的参数	去归一化运算关系
勃特沃茨响应（Butterworth）	$\|H(j\Omega)\|^2 = \dfrac{H^2(0)}{1+\Omega^{2n}}$	$H(s) = \dfrac{H(0)}{P(s)}$	$\varepsilon = \sqrt{10^{0.1A_{max}}-1}$ $n \geqslant \dfrac{\lg \dfrac{10^{0.1A_{min}}-1}{10^{0.1A_{max}}-1}}{2\lg \dfrac{\omega_s}{\omega_c}}$	$\Omega = \varepsilon^{\frac{1}{n}}\left(\dfrac{\omega}{\omega_c}\right)$
切比雪夫响应（Chebyshev）	$\|H(j\Omega)\|^2 = \dfrac{H^2(0)}{1+\varepsilon^2 C_n^2(\Omega)}$	$H(s) = \dfrac{H(0)}{P(s)}$	$\varepsilon = \sqrt{10^{0.1A_{max}}-1}$ $n \geqslant \dfrac{\operatorname{arccosh}\left[\dfrac{\sqrt{10^{0.1A_{min}}-1}}{\varepsilon}\right]}{\operatorname{arccosh}\dfrac{\omega_s}{\omega_c}}$	$\Omega = \dfrac{\omega}{\omega_c}$

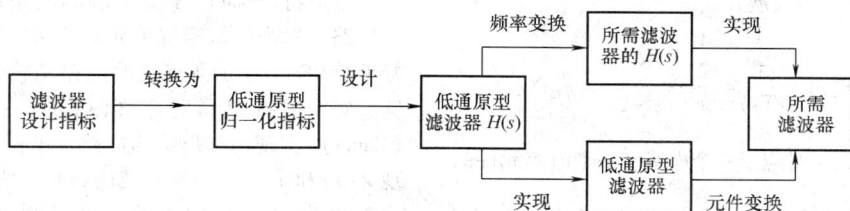

图 2.5-4 模拟滤波器设计流程图

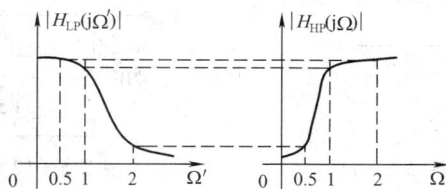

图 2.5-5 归一化低通和高通
滤波器的幅度函数

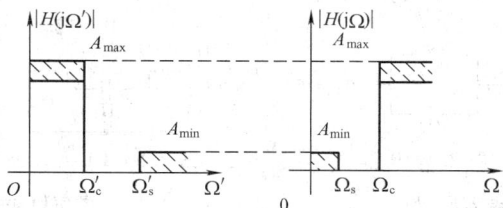

图 2.5-6 低通和高通滤波器的容差图

表 2.5-3 从低通到高通的变换

参 数	频率变换		元 件 变 换	
	截止频率	阻带边界		
高通（实际）参数	ω_C	ω_s	$C = \dfrac{1}{\omega_C L'}$ ⊣⊢	$L = \dfrac{1}{\omega_C C'}$ ⌇
低通（归一化）参数	1	$\Omega'_s = \dfrac{\omega_C}{\omega_s}$	L' ⌇	C' ⊣⊢

5.4 无源网络的实现

无源网络综合常用的设计指标是一端口策动点函数和二端口网络的电压比转移函数，实现流程，如图 2.5-7 所示。

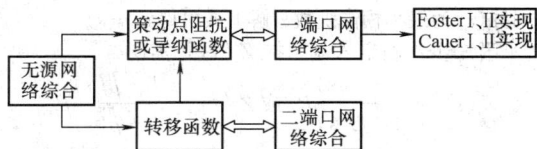

图 2.5-7 无源网络综合流程图

5.4.1 无源策动点函数实现

无源策动点导抗函数包括策动点阻抗函数和策动点导纳函数，如图 2.5-8 所示，表征了一端口网络的电压、电流特性。

策动点阻抗函数 $Z(s) = \dfrac{U(s)}{I(s)}$

策动点导纳函数 $Y(s) = \dfrac{I(s)}{U(s)}$

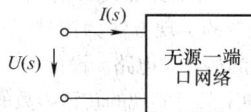

图 2.5-8 无源策动点导抗函数

当给定的策动点导抗函数是正实函数时，才能用无源一端口网络实现。福斯特（Foster）法和考尔（Cauer）法是两个典型规范实现（用最少元件实现）方式。LC 无源网络的策动点函数的实现过程如下：设 LC 策动点阻抗为 $Z(s) = \dfrac{s(s^2+2)}{(s^2+1)}$，其部分分式展开式为 $Z(s) = s + \dfrac{s}{s^2+1}$，式中，阻抗 $\dfrac{k_i s}{s^2+\omega_i^2}$，对应于一个电感和一个电容元件的并联电路，如图 2.5-9 所示（参数 $C_i = \dfrac{1}{k_i}$，$L_i = \dfrac{k_i}{\omega_i^2}$）。阻抗可用图 2.5-10 电路实现。策

动点导纳函数部分分式展开式

$$Y(s) = \frac{1}{Z(s)} = \frac{\frac{1}{2}}{s} + \frac{\frac{1}{2}s}{(s^2+2)}$$

式中，导纳 $\frac{k_i s}{s^2+\omega_i^2}$，对应于一个电感和一个电容元件的串联电路，如图 2.5 - 11 所示（参数 $L_i = 1/k_i$，$C_i = k_i/\omega_i^2$）。导纳 $Y(s)$ 可用图 2.5 - 12 所示电路实现。阻抗 $z(s) = \frac{s(s^2+2)}{(s^2+1)}$ 的考尔实现过程见表 2.5 - 4。

福斯特（Foster）I 型实现的电路结构为阻抗串联电路，每个串联阻抗单元对应 $Z(s)$ 的一个极点；福斯特（Foster）II 型实现的电路结构为阻抗并联电路，每个阻抗单元对应 $Z(s)$ 的一个零点；考尔（Cauer）I 实现为梯形结构电路，串臂和并臂交替实现 $Z(s)$ 和 $Y(s)$ 在 $s = \infty$ 处的特性；考尔（Cauer）II 实现也为梯形结构电路，串臂和并臂交替实现 $Z(s)$ 和 $Y(s)$ 在 $s = 0$ 处的特性。四种方法可混合使用，以便得到最佳网络。

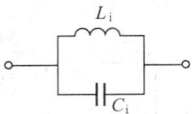

图 2.5 - 9

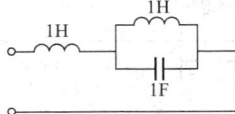

图 2.5 - 10

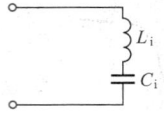

图 2.5 - 11

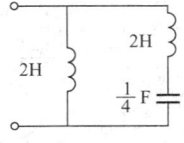

图 2.5 - 12

表 2.5 - 4   考尔（Cauer）实现法说明

	实现过程	$Z(s)$ 连分式	实现电路
Cauer I	依次移走 $Z(s)$，$Y(s)$ 在 $s = \infty$ 处的极点。将分子、分母多项式均按降幂排列，作长除法，可得阻抗连分式	$Z(s) = s + \dfrac{1}{s + \dfrac{1}{s}}$	1H 1H 1F
Cauer II	依次移走 $Z(s)$，$Y(s)$ 在 $s = 0$ 处的极点。将分子、分母多项式均按升幂排列，作长除法，可得阻抗连分式	$Z(s) = \dfrac{1}{\dfrac{1}{2s} + \dfrac{1}{\dfrac{4}{s} + \dfrac{1}{\dfrac{1}{2s}}}}$	$\frac{1}{4}$F 2H 2H

5.4.2 模拟滤波器的无源实现

模拟滤波器的无源实现，首先需将转移函数变换为相应的策动点导抗函数，然后根据转移函数的传输零点，选择考尔I或考尔II实现其策动点导抗函数，如图 2.5 - 7 所示。主要的实现方法为达林顿法，图 2.5 - 13 所示为双端带载的达林顿电路。设信号源内阻为 R_s，负载电阻为 R_L，利用其可实现的转移函数的形式为

$$H(s) = \frac{k\, s^m}{B(s)} \qquad (2.5 - 3)$$

式中，$B(s)$ 是 n 阶霍尔维茨多项式，且分母多项式和分子多项式的幂次关系为 $0 \leq m \leq n$。

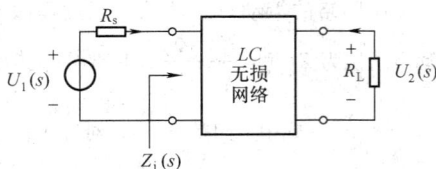

图 2.5 - 13   双端带载的达林顿电路

步骤如下：

第一步：确定 $\rho(s)$

设正弦稳态时，负载电阻输出的有功功率为 P_2，信号源所能提供的最大有功功率为 $P_{\max}$，定义反射系数 $\rho(j\omega)$ 为

$$|\rho(j\omega)|^2 = \frac{P_{\max} - P_2}{P_{\max}} \qquad (2.5 - 4)$$

即 $\rho(s)\rho(-s) = 1 - \dfrac{4R_s}{R_L} H(s)H(-s)$ $(2.5 - 5)$

限定 $\rho(s)$ 为最小相位函数，解上式可得到 $\rho(s)$。

第二步：确定入端阻抗 $Z_i(s)$ 并实现

$$Z_i(s) = \frac{1+\rho(s)}{1-\rho(s)}R_s \text{ 或 } Z_i(s) = \frac{1-\rho(s)}{1+\rho(s)}R_s \qquad (2.5 - 6)$$

当负载电阻为 1Ω 时，两个选择都正确；当负载电阻不为 1Ω 时，只有一个正确。当式(2.5 - 3)中 $m = 0$ 时，$R_L = Z_i(0)$，用考尔 I 方法实现；当式(2.5 - 3)中 $m = n$ 时，$R_L = Z_i(\infty)$，用考尔 II 方法实现。

5.5   模拟 RC 滤波器的有源实现

有源 RC 模拟滤波器的实现，可分为直接实现法和级联实现法。

5.5.1 直接实现法

直接实现法将转移函数 $H(s)$ 作为整体来实现，有仿真电感模拟法、频变负阻法、跳耦模拟法和状态变量法等多种方法。其中，状态变量法的实现电路由加法器、反相器和若干积分器构成，具有多种不同电路结构，可同时实现低通、高通和带通转移函数，调整电阻阻值可实现勃特沃茨、切比雪夫和贝塞尔等不同响应，其优势在于使用时便于调整。在工业界，常以二阶电路为基本单元，图 2.5 - 14 所示为常用的一种电路结构，其可实现的转移函数见表 2.5 - 5。将电压 $U_1(s)$，$U_2(s)$，$U_3(s)$ 用图 2.5 - 15 所示加法电路适当组合，则可实现任意传输零点的转移函数（二端口网络的转移函数的零点，称为传输零点）。

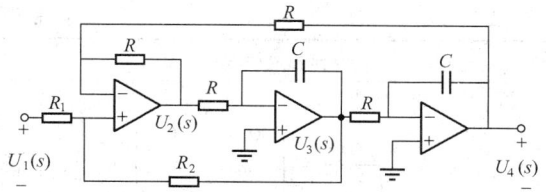

图 2.5 - 14　状态变量法实现电路

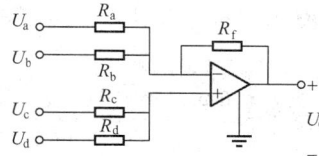

图 2.5 - 15　加法电路

表 2.5 - 5　可实现的转移函数

输出电压	$U_2(s)$	$U_3(s)$	$U_4(s)$
转移函数	$H(s) = \dfrac{2R_2 s^2}{(R_1+R_2)s^2+2R_1s+(R_1+R_2)}$	$H(s) = \dfrac{-2R_2 s}{(R_1+R_2)s^2+2R_1s+(R_1+R_2)}$	$H(s) = \dfrac{2R_2}{(R_1+R_2)s^2+2R_1s+(R_1+R_2)}$
滤波器类型	高　通	带　通	低　通

5.5.2 级联实现

当式 (2.5 - 2) 满足 $m \leqslant n$ 时，转移函数可分解为若干个一阶和二阶转移函数的积。级联实现是指分别实现这些一阶和二阶转移函数，并将实现电路依次级联，构成所需网络。

1. 一阶转移函数　一阶转移函数，常用的实现电路为积分电路，如图 2.5 - 16 所示，其转移函数为

$$H(s) = \frac{U_2(s)}{U_1(s)} = -\frac{1}{sCR} = -\frac{1}{sT} \quad (2.5 - 7)$$

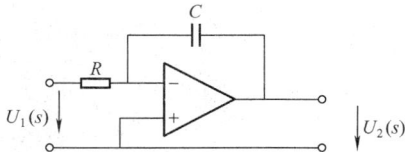

图 2.5 - 16　积分电路

2. 二阶转移函数　双二次节转移函数一般表示为

$$H(s) = H_0 \frac{s^2 + a_1 s + a_0}{s^2 + b_1 s + b_0}$$

$$= H_0 \frac{s^2 + \left(\dfrac{\omega_z}{Q_z}\right)s + \omega_z^2}{s^2 + \left(\dfrac{\omega_p}{Q_p}\right)s + \omega_p^2} \quad (2.5 - 8)$$

式中，H_0 是一个常数；ω_z 称为零点频率；Q_z 称为零点 Q 值；ω_p 称为极点频率；Q_p 称为极点 Q 值。二阶低通、高通、带通、带阻和全通函数可以看成是双二次函数的特殊情况。具有式 (2.5 - 8) 所示转移函数的电路，被称为双二次节电路。这类电路有多种不同的结构，单运算放大器双二次节电路是其一种主要的实现电路。

5.6　灵敏度分析

5.6.1　相对灵敏度

设 y 为网络 N 的任一响应，x 为电路任一参数，则定义 y 关于 x 的相对灵敏度，也称为归一化灵敏度为

$$S_x^y = \frac{\partial y / \partial x}{y / x} = \frac{\partial (\ln y)}{\partial (\ln x)} \quad (2.5 - 9)$$

响应偏差与元件参数的偏差和灵敏度的关系为

$$\frac{\Delta y}{y} = \frac{\Delta x}{x} S_x^y \quad (2.5 - 10)$$

5.6.2　滤波器常用灵敏度

1. 转移函数灵敏度　设电路的转移函数为 $H(s) = \dfrac{Q(s)}{P(s)}$，常用灵敏度的计算见表 2.5 - 6。

表 2.5－6   常 用 灵 敏 度

转移函数灵敏度	幅度灵敏度	相位灵敏度
$S_x^{H(s)} = \dfrac{\partial H(s)/\partial x}{H(s)/x} = x\left[\dfrac{\dfrac{\partial Q(s)}{\partial x}}{Q(s)} - \dfrac{\dfrac{\partial P(s)}{\partial x}}{P(s)}\right]$	$S_x^{\mid H(j\omega)\mid} = \mathrm{Re}\left[S_x^{H(j\omega)}\right]$ $S_x^{H(j\omega)} = S_x^{\mid H(j\omega)\mid} + \mathrm{j}\dfrac{\partial\varphi(\omega)}{\partial x/x}$	$S_x^{\varphi(\omega)} = \dfrac{1}{\varphi(\omega)}\mathrm{Im}\left[S_x^{H(j\omega)}\right]$

2. ω 和 Q 灵敏度 式（2.5－8）双二次函数的 ω 灵敏度表示为

$$S_x^{\omega_p} = \frac{\partial\omega_p/\partial x}{\omega_p/x} = \frac{\partial(\ln\omega_p)}{\partial(\ln x)} \qquad (2.5-11)$$

相应地可得到其他参数对网络某个元件的灵敏度的表达式

3. 增益灵敏度

$$\varphi_x^{\alpha(\omega)} = \frac{\partial\alpha(\omega)}{\dfrac{\partial x}{x}} = \frac{\partial[20\lg\mid H(j\omega)\mid]}{\partial(\ln x)}$$

$$= 8.686 S_x^{\mid H(j\omega)\mid} \qquad (2.5-12)$$

5.6.3 多参数灵敏度

设网络函数 $H(s)$ 是 m 个元件值 x_j 的函数，当所有元件值 x_j 同时变化所引起的 H 的变化量 ΔH 可以用灵敏度近似表示为

$$\Delta H \approx \sum_{i=1}^{m}\frac{\partial H}{\partial x_i}\Delta x_i = H\sum_{i=1}^{m}\left(\frac{\partial H}{\partial x_i}\frac{x_i}{H}\right)\frac{\Delta x_i}{x_i}$$

$$= H\sum_{i=1}^{m}S_{x_i}^{H}\frac{\Delta x_i}{x_i} \qquad (2.5-13)$$

网络函数的相对变化量可表示为

$$\frac{\Delta H}{H} \approx \sum_{i=1}^{m}S_{x_i}^{H}\frac{\Delta x_i}{x_i} \qquad (2.5-14)$$

第6章 磁 路

在电气设备中为了获得较强的磁场，通常利用铁磁材料的高导磁性能将其制成一定形状的人为的磁通路径，使磁通大部分通过这一路径闭合。所谓磁路就是用铁磁等材料（可以含有空气隙）构成特殊的路径，并在构成磁路的铁心上绕有一定匝数的线圈或在磁路中包含剩磁很大的硬磁材料。前者是通常所指的磁路；后者就是所谓的永磁磁路。

磁路分析可仿照电路分析，但磁路分析需要考虑

非线性和分布性。

6.1 磁路与磁路基本定律

6.1.1 磁路及其构造

常见的电动机、电器与电测仪表等利用铁磁材料使磁场集中，其磁通在规定的路径（磁路）里闭合。图 2.6-1 是常见磁路的几个示例。

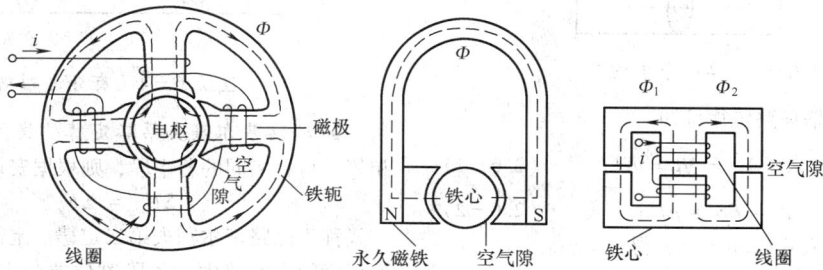

图 2.6-1 磁路示例

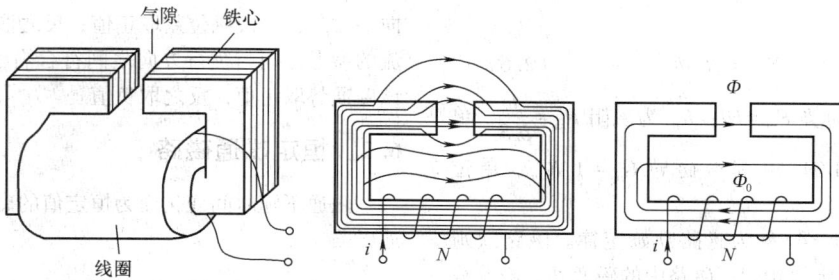

图 2.6-2 磁路的基本构造

磁路的基本构成包含铁心、气隙、线圈或永磁材料。铁心由导磁性能良好的铁磁材料组成，相当于电路中的导体，起着引导磁通的作用。气隙也能导磁，有些气隙是工作气隙，例如，电磁铁依托气隙磁场作用才能吸合，电动机借助于气隙磁场才能感生电动势或驱使转子旋转。磁路中也有一些对应于结构和装配需要的非工作气隙。在规定的路径里闭合的那部分磁通称为主磁通，其余的磁通称为漏磁通，在图 2.6-2 中，闭合于铁心和气隙中的磁通是主磁通，而在心柱间那部分磁通是漏磁通。

磁路问题是研究磁通与电流之间关联的规律性。在磁路分析时往往需要考虑漏磁通是其分析中的一个

特点。

6.1.2 磁路的物理量与参数

磁路的物理量是磁通 Φ、磁位差 U_m 和磁通势 F_m（即 NI，N 为线圈的匝数），其中 U_m 的单位为 A；F_m 的单位为 At 或 A；Φ 的单位为 Wb。

与电路类似，具有相同磁通的一段磁路称为支路，支路的交点称为节点。从任意节点出发，经过一些支路和节点构成回路。

6.1.3 磁路欧姆定律

磁路欧姆定律描述了磁通与磁通势之间的关系。

以图 2.6－3 所示的简单磁路为例，设：

（1）无分支磁路由某种铁磁物质构成，其截面面积为 S，平均长度为 l，且平均长度远大于截面的线度尺寸，因此可近似认为磁通在横截面上均匀分布。

（2）磁路长度以平均长度计之，即沿磁路中心线构成闭合路径。

（3）不计漏磁，仅计算主磁通。

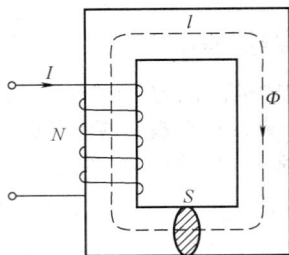

图 2.6－3　单一分支磁路

由磁场的安培环路定律可知

$$\oint_l \vec{H} \cdot \mathrm{d}\vec{l} = Hl = NI \qquad (2.6-1)$$

而

$$\Phi = BS = \mu HS \qquad (2.6-2)$$

将式（2.6－1）代入式（2.6－2），得

$$\Phi = \frac{NI}{\dfrac{l}{\mu S}} = \frac{F_\mathrm{m}}{R_\mathrm{m}} \qquad (2.6-3)$$

或改写为

$$F_\mathrm{m} = R_\mathrm{m}\Phi \qquad (2.6-4)$$

式中，F_m 为磁通势 $F_\mathrm{m} = NI$；R_m 为磁阻 $R_\mathrm{m} = \dfrac{l}{\mu S}$，单位为 $\mathrm{A/V} \cdot \mathrm{s} = 1/H$。也常令磁导 $G_\mathrm{m} = 1/R_\mathrm{m}$，单位为 H。

表达式（2.6－4）称为磁路欧姆定律。磁路欧姆定律与电路欧姆定律相似。磁路中的磁通 Φ、磁通势 $NI(F_\mathrm{m})$ 和磁阻 R_m 分别与电路中的电流 I、电压源的电压 U（或电动势 E）和电阻 R 相对应。

如果 l 为闭合磁路中的一段，则定义磁压 $U_\mathrm{m} = Hl$，从而，磁路欧姆定律也可表示为

$$U_\mathrm{m} = \Phi R_\mathrm{m} \qquad (2.6-5)$$

若无分支磁路是由具有不同截面的几段磁路组成，则磁路欧姆定律可表示成如下的形式

$$\Sigma F_\mathrm{m} = \Phi \Sigma R_\mathrm{m} \qquad (2.6-6)$$

式中，ΣF_m 为总磁通势，当线圈中 I 的方向与磁路 l 的方向符合右手螺旋关系时，I 取正值；反之，取负值，ΣR_m 为磁路中各段磁阻之和。

6.1.4　磁路基尔霍夫定律

1. 磁路基尔霍夫第一定律　根据磁通连续性原理，在忽略漏磁通的前提下，无分支磁路内磁通处处相同；对有分支磁路，如图 2.6－4 所示，穿过包围任一磁路分支点的闭合面的磁通代数和必为零，即

$$\Sigma \Phi = 0 \qquad (2.6-7)$$

换句话说，在磁路分支点上所连各支路磁通的代数和等于零，此即磁路基尔霍夫第一定律。

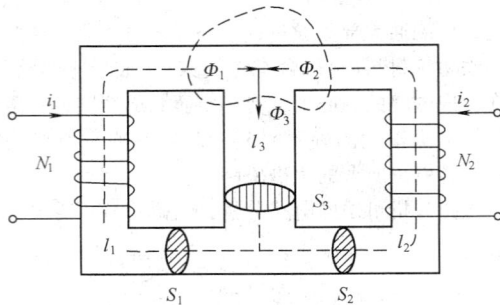

图 2.6－4　有分支磁路

2. 磁路基尔霍夫第二定律　设磁路可分为截面相等、材料相同的若干段，则根据安培环路定律，有

$$\Sigma U_\mathrm{m} = \Sigma F_\mathrm{m} \qquad (2.6-8)$$

上式称为磁路基尔霍夫第二定律。定律表明，在磁路的任意闭合回路中，各段磁位差（即磁压）的代数和等于各磁通势的代数和。应用式（2.6－8）时，要选定磁路回线的绕行方向，当磁通的参考方向与绕行方向一致时，该段磁位差取正值；反之取负值。励磁电流的参考方向与绕行方向之间符合右手螺旋关系时，该磁通势取正值，反之取负值。

6.2　恒定磁通磁路

磁通不随时间变化而为恒定值的磁路称为恒定磁通磁路。

6.2.1　正、逆问题的分析与计算

磁路中的正问题是已知某一分支磁路中的磁通（或磁感应强度），求励磁线圈中的电流或磁通势。磁路中的逆问题是已知线圈的磁通势，求各分支磁路中的磁通。

6.2.2　无分支磁路的计算

设磁路由铁磁材料和空气隙组成，如图 2.6－5 所示。

1. 正问题——已知磁通求磁通势　计算步骤如下：

（1）根据每一段磁路是均匀的，即具有相同材料和截面积的要求，将磁路分段。

（2）按磁路的几何尺寸计算各磁路段的截面积及

其平均长度。

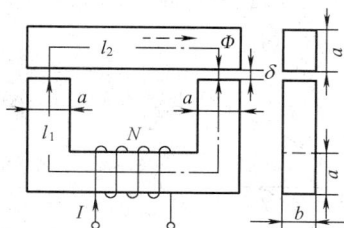

图 2.6-5 典型磁路的几何尺寸

在计算磁路截面积时，凡遇以下情况需乘以一定的系数：

（1）如果铁心由覆盖有绝缘漆的电工钢片叠成，则其有效面积等于由几何尺寸决定的视在面积乘以叠压系数 K。K 也称为填充系数，取决于硅钢片的厚度、表面绝缘层的厚度及叠装的松紧度，约在 0.9～0.97 之间，故有效截面积应小于材料截面积。

（2）如果磁路中有空气隙，气隙边缘处的磁场线将有向外扩张的趋势，称为边缘效应。因此，空气隙的有效截面积大于由几何尺寸决定的视在面积，且气隙越长，边缘效应越显著。工程上采用近似公式计算。当气隙较短，其长度 δ 不超过矩形截面短边或圆形截面半径的 1/5 时，有效截面积 S 可按下列近似公式计算

边长为 a、b 的矩形铁心 $S = ab + (a+b)\delta$

半径为 r 的圆形铁心 $S = \pi r^2 + 2\pi r\delta$

（3）根据给定的磁通 Φ，求各段材料中的 $B = \Phi/S$，S 为相应材料的有效截面积；

（4）由各段磁路中的磁感应强度 B，求出相应的磁场强度 H。对于铁磁材料，B 和 H 服从于基本磁化曲线；对于空气隙的磁场，有

$$H_a = \frac{B_a}{\mu_0} = 0.8 \times 10^6 B_a \qquad (2.6-9)$$

式中，$H_a(\text{A}/\text{m})$、$B_a(\text{T})$ 分别为气隙中的磁场强度和磁感应强度。

（5）根据每段磁路中心线长度求出每段磁路的磁位差 $U_m (U_m = Hl)$。

（6）根据磁路基尔霍夫第二定律，求得磁通势

$$F_m = NI = \sum Hl \qquad (2.6-10)$$

2. 逆问题——已知磁通势求磁通　对于磁路的逆问题，一般应用图解法或试探法求解，计算步骤如下：

（1）先假设一个磁通值，按正问题的计算步骤求出相应的磁通势。

（2）将计算所得的磁通势与已知磁通势加以比较。修改上一次假设的磁通值，重新计算，反复修

正，直至所得磁通势与已知磁通势相近为止。

显然，第一次假设的磁通值是解此类问题的关键。由于在含有空气隙的磁路中，气隙磁位差一般占总磁通势的绝大部分，因此，可用给定磁通势除以气隙磁阻得出磁通的上限值，然后，取略小于此上限值的磁通作为初值试算。为减少试探次数，将试探多次所得的磁通和磁通势，做成 $F_m \sim \Phi$ 曲线，据此曲线，即能较快地找到与已知磁通势相应的磁通值。

6.3 交变磁通磁路

交流电工设备一般在正弦电压下工作，其中电流和磁通是交变的。这类磁路属于交变磁通磁路（简称交流磁路）。由于铁磁物质在交变磁化下将产生饱和、磁滞、涡流等现象，因此，它们不仅对交变磁路还对电路（铁心线圈电路）的特性产生影响。此时，交流磁路计算除应用磁路基本定律外，还需应用电磁感应定律。

6.3.1 无分支正弦交变磁通磁路的分析

1. 变压器电动势　N 匝铁心线圈接至交流电源，忽略线圈电阻及漏磁通，且按图 2.6-6 所示的线圈电压 u、电流 i、磁通 Φ 及感应电动势 e 的参考方向，则有

$$u = -e = N\frac{d\Phi}{dt} \qquad (2.6-11)$$

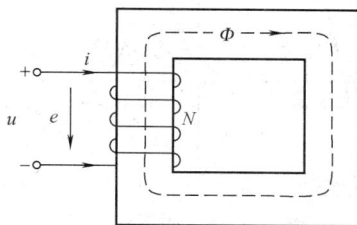

图 2.6-6 无分支交变磁通磁路

可见当电压为正弦量时，磁通也是正弦量，设

$$\Phi = \Phi_m \sin\omega t \qquad (2.6-12)$$

则有

$$u = \omega N \Phi_m \sin\left(\omega t + \frac{\pi}{2}\right) \qquad (2.6-13)$$

因而电压及感应电动势的有效值与主磁通的最大值之间的关系是

$$U = E = \frac{\omega N \Phi_m}{\sqrt{2}} = \sqrt{2}\,\pi f N \Phi_m = 4.44 f N \Phi_m$$

$$(2.6-14)$$

2. 磁化电流波形　略去磁滞和涡流的影响，铁心材料的 BH 曲线即为基本磁化曲线。将基本磁化曲线的纵、横坐标各乘以相应的比例系数就可转化成与其相似

的 φ~i 曲线。设磁通为正弦波，则产生磁通的电流波形可由 φ~i 曲线用作图法得到，如图 2.6 - 7 所示。由于

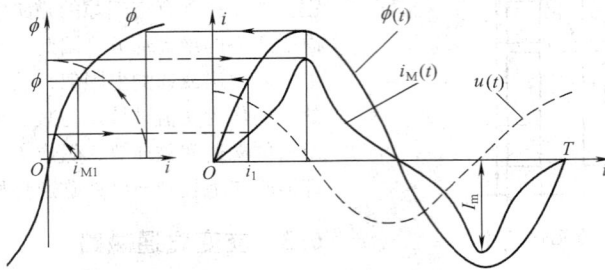

图 2.6 - 7　交变电压磁通和磁化电流波形

由图 2.6 - 7 可见，当电压为正弦波时，磁通也是正弦波，两者相位相差 90°，但磁化电流却是尖顶的非正弦波，其起因是铁磁材料的饱和导致 φ~i 曲线的非线性。

如果考虑磁滞的影响，电流波形将如图 2.6 - 8 所示，与图 2.6 - 7 相比，电流的最大值仍然相同，但由于磁滞的影响，在磁化和去磁过程中，电流变化的波形在最大值两侧不再对称。这一结果可以看成产生交变磁通的磁化电流是在仅考虑饱和影响的尖顶波 $i_{ms}(t)$ 的基础上，叠加了由磁滞影响而产生的附加分量 $i_{md}(t)$，即

$$i_M(t) = i_{ms}(t) + i_{md}(t) \qquad (2.6 - 15)$$

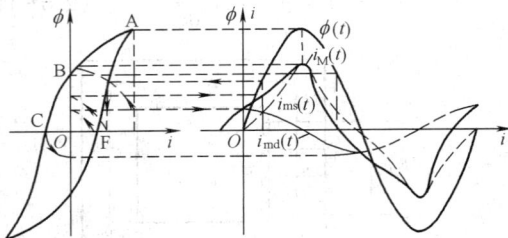

图 2.6 - 8　磁滞的影响

如果进而考虑涡流的影响，则有功电流包括因磁滞损耗引起的 $i_{md}(t)$ 与因涡流损耗引起的 $i_{ec}(t)$ 两部

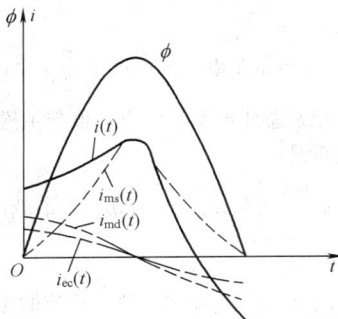

图 2.6 - 9　涡流的影响

分。而涡流是由铁心中的感应电压所产生的，其变化规律与感应电压相同，因此，总电流波形如图 2.6 - 9 中 $i(t)$ 所示。

同理可知，当线圈中的电流为正弦波时，磁通 $\Phi(t)$ 的波形将因磁饱和而呈现平顶状。

3. 涡流损耗　涡流在导体中流动将产生两种效应：一是磁效应，它作用于磁路使原磁通分布变得不均匀；二是焦耳热效应，形成功率损耗，即所谓的涡流损耗。在电气设备中，为减小涡流在铁心中产生的上述两种效应，通常均用含硅 1% ~ 5%（质量分数）的电工钢片叠装成铁心，片间有绝缘涂层，以阻隔涡流，降低涡流损耗。经推导可知，薄片状铁心中当平行于薄板平面穿过正弦波磁通时，其单位体积的涡流损耗计算公式为

$$P_{e0} = \sigma \pi^2 f^2 d^2 B_m^2 / 6 \qquad (2.6 - 16)$$

式中，σ 为电导率；d 为叠片厚度；f 为电源频率；B_m 为磁感应强度的幅值。

减小叠片厚度是降低涡流损耗十分有效的措施，在工频时采用 d 为 0.35mm 和 0.5mm 的硅钢片，在音频范围厚度应减小到 0.02 ~ 0.05mm，在高频时常采用粉末铁心或铁淦氧磁体。工程上，常把涡流损耗的计算公式简化为

$$P_{e0} = \sigma_e f^2 B_m^2 \qquad (2.6 - 17)$$

式中，系数 σ_e 决定于铁心材料的电导率与叠片厚度。

4. 磁滞损耗　磁滞损耗是由于铁心在交变磁化下，内部磁畴不断改变排列方向和发生畴壁位移而造成不可逆的能量损耗。磁滞损耗的能量是由线圈引入的电功率经电磁耦合传输到铁心中，并转变为热能使铁心温度升高。不难证明，磁滞回线所包围的面积乘以纵、横坐标的比例尺就等于单位体积的铁磁物质磁化一周的磁滞损耗。

对于具有均匀截面的磁路，若忽略漏磁通及线圈的铜损 i^2R，则取自于电源的功率为

$$p = ui = iN\frac{\mathrm{d}\phi}{\mathrm{d}t} = lSH\frac{\mathrm{d}B}{\mathrm{d}t} = VH\frac{\mathrm{d}B}{\mathrm{d}t}$$

$$(2.6 - 18)$$

式中，V 为均匀截面铁心的体积。故电源供给的平均功率为

$$P = \frac{1}{T}\int_0^T p\,dt = fV\oint H\,dB \quad (2.6-19)$$

可以证明，上式中 $\oint H\,dB$ 与磁滞回线的面积成比例。令 P_{h0} 为铁心交变磁化一个循环时单位体积的磁滞损耗，则有

$$P_{h0} = \oint H\,dB \quad (2.6-20)$$

工程上常用经验公式

$$P_{h0} = \sigma_h B_m^n \quad (2.6-21)$$

计入电源频率 f 及铁心体积 V，则得如下计算磁滞损耗的公式

$$P_h = \sigma_h fV B_m^n \quad (2.6-22)$$

式中，系数 σ_h 决定于铁心材料性质和选用单位有关，可由实验确定或从手册查到。当 $B_m < 1\text{T}$ 时，n 可取 1.6；当 $B_m > 1\text{T}$ 时，n 宜取 2。

实践表明，在电动机和变压器中，磁滞损耗常较涡流损耗大 2~3 倍，因此，减小铁心磁滞损耗特别值得重视。由上述分析可知，要减小磁滞损耗，则磁滞回线的面积必须小。软磁材磁滞回线的面积远小于硬磁材料磁滞回线的面积，故电磁设备的铁心普遍采用软磁材料。

5. 铁耗 在交变磁通下，铁心中的磁滞损耗和涡流损耗，统称为铁心损耗。前者与磁通变化的频率成正比；后者则与频率的二次方成正比，且两者都与变化磁通的最大值有关。国家冶金部制定的电工钢片（带）的最大比损耗值（单位质量内的损耗）用带下标的字母 P 表示，下标的第一个数字表示磁感应强度的最大值 B_m（T）；第二个数字表示测试频率（Hz）。例如，$P_{1.0/5.0}$ 表明在 $f = 50\text{Hz}$，$B_m = 1.0\text{T}$ 时的最大比铁损耗值。P 的单位为 W/kg。比铁损耗值乘以铁磁材料的质量，即为总铁损耗值

$$P_{Fe} = \sum_k m_k P_{Fek} \quad (2.6-23)$$

式中，m_k 为第 k 段磁路的重量；P_{Fek} 为第 k 段磁路的比铁损耗。

当 B_m 与 f 不同于给定值时，损耗 P（W/kg）可按下式计算

$$P = P_{1.0/50}\left(\frac{B_m}{1.0}\right)^n\left(\frac{f}{50}\right)^{1.3} \quad (2.6-24)$$

计算交变磁通时，可根据给定电工钢片的有功功率 P 和无功功率 Q 与磁感应强度 B_m 的数据（通常由曲线或表格给出），从给定的 Q_m、B_m 查出 P 和 Q，然后根据下列公式求得磁化电流的有功分量和无功分量

$$I_a = \frac{P_{Fe}}{4.44fNB_mS} = \frac{mP}{4.44fNB_mS} \quad (2.6-25)$$

$$I_\tau = \frac{Q_{Fe}}{4.44fNB_mS} = \frac{mQ}{4.44fNB_mS} \quad (2.6-26)$$

式中，m 为铁磁材料的质量；P 为单位质量的比铁损耗有功值；Q 为单位质量的比铁损耗无功值。

6.3.2 含铁心线圈电路的分析

当正弦电压施加于铁心线圈时，磁通为正弦，电流因磁饱和畸变为非正弦。若将电流的非正弦波用等效正弦波代替，则可用相量法通过等效电路分析铁心线圈中的电磁过程。

当铁心损耗忽略不计时，将电流 $i(t)$ 视为正弦波，则磁通 $\phi(t)$ 与电流 $i(t)$ 为同相位的正弦波，所以 $i(t)$ 在相位上滞后于外施电压 $u(t)$ 90°，其相量图和电路模型如图 2.6-10(a) 所示。实际上磁化电流 i_M 是以 I_m 为峰值的尖顶波，I_m 值可从已知的磁通峰值并利用基本磁化曲线计算得到（见图 2.6-7）。$i_M(t)$ 的有效值则为

$$I_M = \frac{I_m}{K_p} \quad (2.6-27)$$

式中，K_p 为波顶因数（峰值与有效值之比）。当电流为正弦波时，$K_p = \sqrt{2}$；当电流为尖顶波时，$K_p > \sqrt{2}$。令 $K_p = \sqrt{2}\xi$，当铁心尚未饱和时，$\xi = 1$；当铁心饱和时，$\xi > 1$。工程上将不同材料的 B_m 与 ξ 关系画成曲线，以供计算使用。

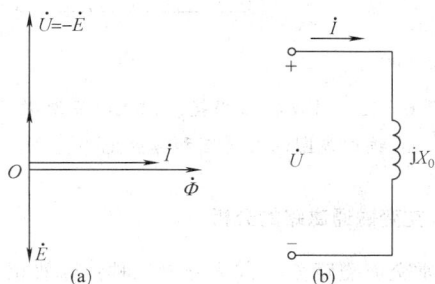

图 2.6-10 无铁心损耗时铁心线圈的电路模型和相量图

当计及铁心损耗时，ϕ 与 i 的关系取决于动态磁滞回线。电流 $i(t)$ 仍视为正弦波，但这时磁通 $\phi(t)$ 与电流 $i(t)$ 不同相，因此 u 与 i 的相位差小于 90° 而大于零，其相量图以及电路模型如图 2.6-11 所示。

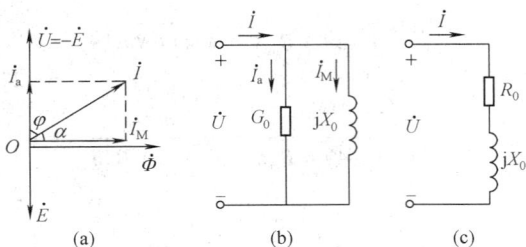

图 2.6 - 11 计及铁心损耗时铁心线圈的
相量图和等效电路

由于磁滞和涡流存在，使励磁电流中还含有功分量 $i_a(t)$。其有效值为

$$I_a = \frac{P_{Fe}}{E} \qquad (2.6-28)$$

式中，P_{Fe} 为磁损耗；E 为感应电动势。

线圈励磁电流

$$\dot{I} = \dot{I}_a + \dot{I}_M = \sqrt{I_a^2 + I_M^2} \angle \alpha \quad (2.6-29)$$

式中，$\alpha = \arctan(I_a/I_M)$ 为损耗角，即励磁电流超前于磁通的相位角。一般情况下因为 $I_M \gg I_a$，α 很小。

由于漏磁通主要通过空气而闭合，所以它在电路中以线性电感 L_s 表示，称为漏电感，定义为漏磁通链与电流的比值，相应的漏电抗为 X_s。当还需计及铜耗时，可用串入电路的电阻表示，其相量图以及电路模型如图 2.6 - 12 所示。

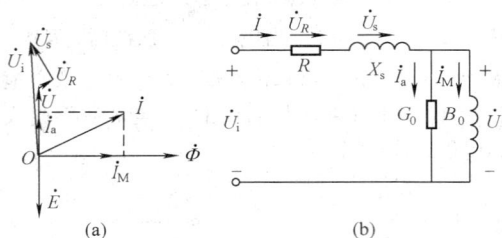

图 2.6 - 12 计及铁心损耗、铜耗以及漏磁时
铁心线圈的相量图和等效电路

6.3.3 交变磁通磁路的分析

通常交流磁路分析方法分为三种：等效正弦波法、波形分析法和谐波分析法。

等效正弦波法适用于铁心未充分饱和或气隙较大因而波形畸变不严重的场合，其实质是通过有效值相等的正弦波来表示波形略有畸变的尖顶波（励磁电流）或平顶波（磁通），从而采用等效电路和相量法进行计算，如 6.3.2 节所述。

波形分析法，其实质是分段线性化方法。将磁化曲线分段线性等效，然后由线圈上所加电压波形求得

磁感应强度波形。该方法适用于无气隙且经常工作于饱和状态的磁路，特别是导磁体具有接近于矩形或直角形磁滞回线的磁路，如脉冲变压器等。

谐波分析法，将非线性波形通过傅里叶级数分解为若干个谐波，各谐波分别计算求解。该方法的主要缺点是计算过于繁琐，难以给出明确的物理含义。

6.4 永磁磁路

永磁磁路由永久磁钢与气隙组成，如图 2.6 - 13 所示。永久磁钢的磁特性取决于磁滞回线在第二象限的去磁工作段。永磁磁路中的磁场由永磁材料的剩磁决定，其大小与磁路中气隙大小以及磁化过程有关。此外，永磁磁路的分析与永磁体的设计相关。通常，永磁磁路有以下三类问题：①给定永磁结构确定气隙磁通；②给定气隙和磁通确定永磁磁路结构；③气隙改变时如何确定磁通。

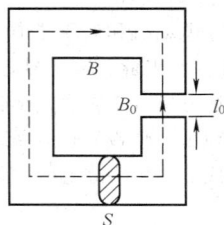

图 2.6 - 13 永磁磁路

1. 给定磁路结构求气隙磁通 ϕ，通常采用图解法 若给定永久磁铁的长度 l、截面积 S 和气隙长度 l_0，则根据给定材料的退磁曲线和磁铁的尺寸，可作出磁路磁铁部分的 $\phi - Hl$ 曲线如图 2.6 - 14 所示，然后根据给定的气隙尺寸（忽略边缘效应），求出气隙磁通与磁压的关系 $\phi_0 - Hl$ 如下

$$\phi_0 = -\frac{\mu_0 S_0}{l_0} Hl \qquad (2.6-30)$$

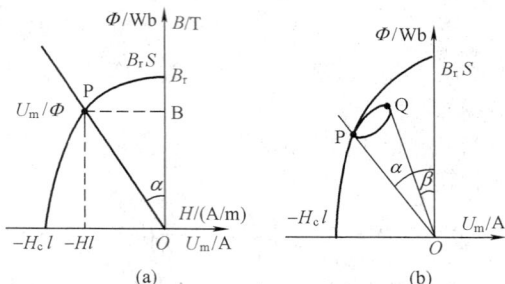

图 2.6 - 14 永磁磁路解

上式称为负载线［图 2.6 - 14（a）中 OP 线］。由负载线与退磁曲线的交点 P（工作点）即可得待求工况下磁铁中的 ϕ 与 Hl。

2. 给定空气气隙中的磁通 ϕ，求永久磁铁的尺寸

如图 2.6-13 所示永磁磁路，由已知的气隙磁通和空气隙有效截面积 S_0，得气隙磁感应强度 $B_0 = \phi_0 / S_0$ 和磁场强度 $H_0 = B_0 / \mu_0$。若磁路均匀，且长度为 l，则由磁路基尔霍夫第二定律得出永磁体中磁场强度为 $H = -\dfrac{H_0}{l} l_0$ $= -\dfrac{B_0}{\mu_0 l} l_0$，对应于永磁材料 $\phi - U_m$ 曲线上的 P 点 [图 2.6-14(a)]，其中 $\alpha = \arctan(l_0 / \mu_0 S_0)$。在磁铁材料、磁铁截面积和磁路总长度一定的情况下，α 角随 l_0 的增加而增加，可见气隙起退磁作用。

因为 $\alpha = \arctan(l_0 / \mu_0 S_0) = \arctan(Hl/BS)$，可见满足给定 ϕ、S_0 和 l_0 的工作点可能会有无穷多个。基于工程应用，应令永磁体的体积 $(l \times S)$ 最小，即

$$V = Sl = -\frac{B_0 H_0}{BH} S_0 l_0 = -\frac{\phi^2}{\mu_0 S_0} \cdot \frac{1}{BH}$$

$$(2.6-31)$$

显然，这时磁路尺寸对应于 BH 乘积值为最大，即应取磁能积曲线上最大值为磁路的工作点。

3. 气隙改变时磁通的确定　如果在上述磁路的气隙中放入长度为 l' 的软铁，这时因 $\beta = \arctan \dfrac{l_0 - l'}{\mu_0 S_0}$，工作点将沿局部磁滞回线移动到 Q 点，如图 2.6-14(b)所示。

第 7 章 电 子 技 术 基 础

7.1 半导体器件

7.1.1 晶体二极管

半导体二极管的内部结构有点接触型、面接触型、平面型;所用材料有硅、锗、砷化镓;按用途类别有检波管、整流管、稳压管、开关管和变容管等。

1. 整流二极管 整流二极管的电路符号和伏安特性如图 2.7 - 1 所示。伏安特性中,反向饱和电流 I_s 很小,硅管为 nA 数量级,锗管为 μA 数量级。硅管的开启电压 U_{TH} 约为 0.5V 左右,锗管约为 0.2V 左右。整流二极管的主要参数见表 2.7 - 1。

2. 稳压二极管 稳压二极管工作于反向击穿状态,当流过的电流值变动时,其两端的电压基本不变。电路符号和伏安特性如图 2.7 - 2 所示。稳压二极管的主要参数见表 2.7 - 2。

表 2.7 - 1 整流二极管的主要参数

参 数 名 称	定 义	数 值 范 围
额定正向平均电流 I_F	允许通过的最大正向平均电流	决定于管子功率
最大反向电压 U_{RM}	反向击穿电压	
最大反向工作电压 U_R	常取最大反向击穿电压的一半	$U_R = \left(\dfrac{1}{2} \sim \dfrac{2}{3} \right) U_{RM}$
反向电流 I_R	反向电压等于 U_R 时的反向电流	
正向压降 U_F	正向导电时其两端的电压	锗管约 0.3V,硅管约为 0.7V 左右

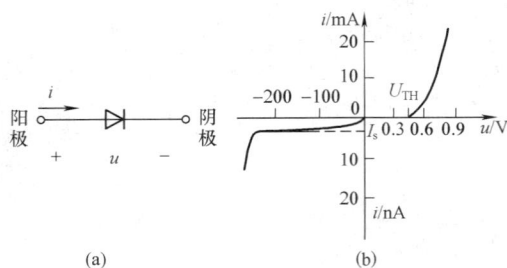

图 2.7 - 1 硅整流二极管的电路符号和伏安特性
(a)电路符号;(b)硅二极管的伏安特性

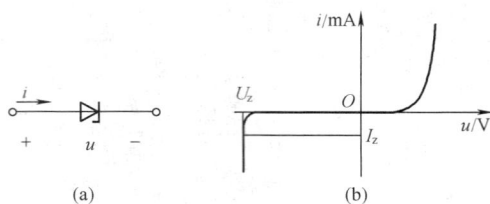

图 2.7 - 2 稳压二极管的电路符号和伏安特性
(a)电路符号;(b)稳压二极管的伏安特性

表 2.7 - 2 稳压二极管的主要参数

参 数 名 称	定 义	数 值 范 围
稳定电压 U_Z	击穿后,对应于规定电流(即稳定电流)时,稳压管两端的电压值	
稳定电流 I_Z	两端电压达到稳定电压 U_Z 时所对应的电流	

续表

参 数 名 称	定 义	数 值 范 围
最大稳定电流 I_{ZM}	稳压管允许工作的最大反向电流	$P_Z = U_Z I_{ZM}$
耗散功率 P_Z	$P_Z = U_Z I_{ZM}$	
动态电阻 r_Z	稳压状态下，稳压管两端电压变化量与流过的电流变化量之比	越小越好

7.1.2　晶体三极管

晶体三极管由硅或锗材料制成，有 NPN 型和 PNP 型之分。NPN 型的基本结构和符号如图 2.7－3 所示。

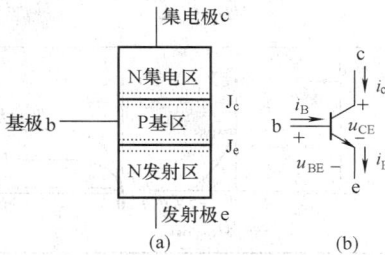

图 2.7－3　NPN 型晶体管
结构和符号
（a）结构；（b）符号

晶体三极管的输入特性和输出特性如图 2.7－4 所示。

其输出特性可分为三个区：

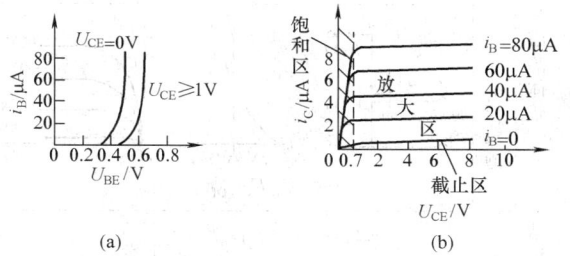

图 2.7－4　晶体三极管共射组态的特性曲线
（a）共发射极输入特性 $i_B = f(u_{BE})|_{u_{CE}=常数}$；
（b）共发射极输出特性 $i_C = f(u_{CE})|_{i_B=常数}$

（1）截止区 $i_B = 0$，$i_C = 0$。有时把 $i_B = 0$ 的输出特性曲线以下的区域称为截止区。

（2）放大区 $i_B > 0$、$u_{CE} > 0.7V$，即曲线水平部分的区域。此时 $i_C = \bar{\beta} i_B + I_{CEO}(I_{CEO} = (1 + \bar{\beta}) I_{CBO})$。

（3）饱和区 $i_B > I_{BS}$（临界饱和基极电流），$U_{CE} \leqslant 0.7V$ 的区域。

晶体管的主要参数见表 2.7－3。

表 2.7－3　　　　　　　　　　晶体三极管的主要参数

类型	名 称 和 符 号	意 义	
直流参数	共射直流电流放大系数 $\bar{\beta}$	$\bar{\beta} = (I_C - I_{CEO})/I_B$	
	共基直流电流放大系数 $\bar{\alpha}$	$\bar{\alpha} = (I_C - I_{CBO})/I_E$	
	集-基间反向饱和电流 I_{CBO}	发射极开路时，c-b 间反向电流	
	集-射间穿透电流 I_{CEO}	基极开路时，c-b 间的电流	
交流参数	共射交流电流放大系数 β	$\beta = \Delta I_C / \Delta I_B$	$\left(\alpha = \dfrac{\beta}{1+\beta},\ \beta = \dfrac{\alpha}{1-\alpha}\right)$
	共基交流电流放大系数 α	$\alpha = \Delta I_C / \Delta I_E$	（低频时 $\beta \approx \bar{\beta}$，$\alpha \approx \bar{\alpha}$）
	特征频率 f_T	β 下降为 1 时的频率	
极限参数	集电极最大电流 I_{CM}	集电极最大允许直流电流值	
	集电极最大允许功耗 P_{CM}	集电极允许耗散的最大功率	
	集-射反向击穿电压 $U_{(BR)CEO}$	基极开路时，c-b 间的击穿电压	

7.1.3　场效应晶体管

场效应晶体管的类型较多，其结构上分为结型和绝缘栅型；特性上分为增强型和耗尽型。相应的电路符号、外加电压极性和特性曲线见表 2.7－4，主要参数见表 2.7－5。

表 2.7-4   场效应晶体管的类型、电路符号、外加电压极性和特性曲线

表 2.7-5   场效应晶体管的主要参数

名 称	符 号	意 义
开启电压	$U_{GS(TH)}$	增强型管参数,见表 2.7-4 的特性曲线
夹断电压	$U_{GS(OFF)}$	耗尽型管参数,见表 2.7-4 的特性曲线
饱和漏极电流	I_{DSS}	耗尽型管参数,见表 2.7-4 的特性曲线
直流输入电阻	R_{GS}	$R_{GS} = U_{GS}/I_G$
低频跨导	g_m	$g_m = \mathrm{d}i_D/\mathrm{d}u_{GS} \approx \Delta i_D/\Delta u_{GS}(U_{DS}\text{不变})$
漏源电容	C_{DS}	D-S 极间电容
栅源电容	C_{GS}	G-S 极间电容
栅漏电容	C_{GD}	G-D 极间电容
最大漏极电流	I_{DM}	工作时允许的最大漏极电流
最大耗散功率	P_{DM}	漏极允许的最大功耗
漏源击穿电压	$U_{(BR)DS}$	使 I_D 急剧增加的 U_{DS} 值

7.1.4 集成运算放大器

集成运算放大器(简称集成运放)通常是一种集成化的高放大倍数、高输入电阻、低输出电阻的直接耦合多级放大电路。按其性能可分为通用型和专用型两大类。通用型集成运放的性能指标适用于无特殊要求的场合;专用型运放的某些性能指标较突出,可满足某些特殊应用的需要。

集成运算放大器主要由输入级、中间级、输出级和偏置电路四部分组成。其框图和符号如图 2.7-5所示。

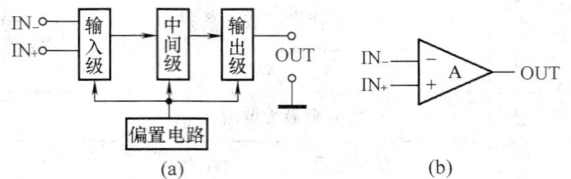

图 2.7-5 集成运算放大器的
电路组成框图和图形符号
(a)组成框图; (b)图形符号

集成运算放大器的主要性能参数有:

（1）开环差模电压增益 A_{od}。集成运放开环时的差模电压放大倍数，即 $A_{od} = \Delta u_o / \Delta u_{Id}$，常用分贝表示。

（2）共模抑制比 K_{CMR}。差模电压增益与共模电压增益之比，即

$$K_{CMR} = \frac{A_{ud}}{A_{uc}} \text{或} K_{CMR(dB)} = 20 \lg \frac{A_{ud}}{A_{uc}} \text{（dB）}$$

（3）开环差模输入电阻 R_{id}。开环时的差模输入电压变化量与输入电流变化量之比。

（4）开环输出电阻 R_o。开环时的输出电压变化量与输出电流变化量之比。

（5）输入失调电压 U_{IO}。为使集成运放的静态输出电压为零，而需在输入端所加的直流补偿电压。

（6）输入失调电流 I_{IO}。集成运放的静态输出电压为零时，两输入端的偏置电流之差，即 $I_{IO} = |I_{B1} - I_{B2}|$。

（7）输入失调电压温漂 $\dfrac{dU_{IO}}{dT}$。

（8）输入失调电流温漂 $\dfrac{dI_{IO}}{dT}$。

（9）输入偏置电流 I_{IB}。集成运放两输入端偏置电流平均值，即 $I_{IB} = \dfrac{I_{B1} + I_{B2}}{2}$。

（10）静态功耗 P_D。

（11）最大共模输入电压 U_{ICM}。集成运放所能承受的最大正、负共模输入电压。

（12）开环带宽 BW。开环差模电压增益随信号频率的增加而下降−3dB 时的信号频率范围。

（13）单位增益带宽 f_c。开环差模电压增益随频率的增加而下降至 1（0dB）时的频带宽度。

（14）转换速率 SR。在额定负载条件下，当输入阶跃信号增大到额定输出电压时，输出电压对时间的最大变化率。

此外，还有输入偏置电流温漂、输入噪声电压、建立时间、输入电容、电源电压抑制比、电源电压范围等参数。

对于理想集成运算放大器，各项性能参数为理想值。其中主要有 A_{od}、R_{id} 和 K_{CMR} 为无穷大，R_o、U_{IO} 和 I_{IO} 为零。由此可得理想远放的两个重要特性如下：

（1）虚短特性。由于 $A_{od} = \Delta u_o / \Delta u_{Id} \to \infty$，所以对应一定的输出，两输入端之间的差模电压近似为零，即 $u_+ \approx u_-$。

（2）虚断特性。由于 $R_{id} \to \infty$，所以流经两输入端的电流近似为零。

利用理想集成运放的特性，可大大简化集成运放电路的分析，其电压传输特性如图 2.7−6 所示。

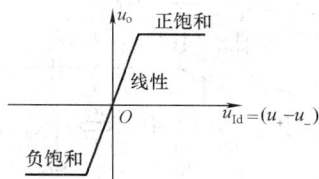

图 2.7−6 集成运放的电压传输特性

在线性区，$u_o = A_{od} \cdot u_{Id}$，线性范围很小；在非线性区，$u_o$ 接近正电源电压值（当 $u_+ > u_-$，即正向饱和时）或负电源电压值（当 $u_+ < u_-$，即负向饱和时）。

7.2 基本放大电路

晶体管基本放大电路有共射放大电路、共集放大电路、共基放大电路三种组态，场效应晶体管基本放大电路有共源放大电路、共漏放大电路、共栅放大电路三种组态，其电路结构和性能指标等见表 2.7−6。

表 2.7−6　　　　晶体管放大电路三种组态和场效应晶体管放大电路三种组态

放大电路名称	电 路 结 构	简化的微变等效电路	动态性能指标	适用场合
晶体管共射放大电路			电压增益 $A_u \approx \dfrac{\beta R_c // R_L}{r_{be}}$ 输入电阻 $R_i \approx R_{b1} // R_{b2} // r_{be}$ 输出电阻 $R_o \approx R_c$	既有电压放大又有电流放大，特别适合多级放大电路的中间级

放大电路名称	电路结构	简化的微变等效电路	动态性能指标	适用场合

晶体管共集放大电路	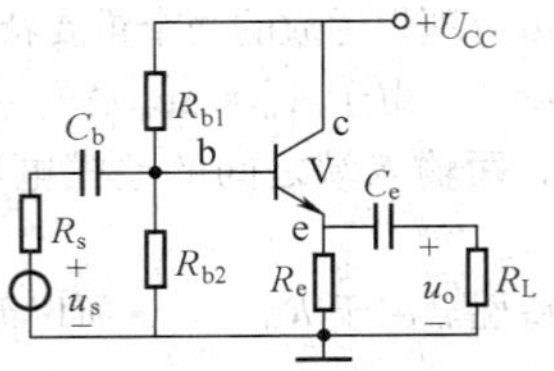	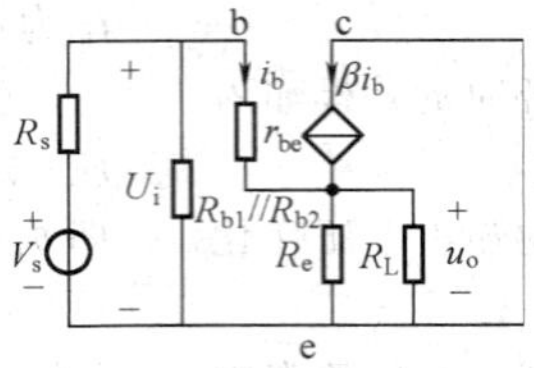	电压增益 $A_u \approx \dfrac{(1+\beta)(R_e // R_L)}{r_{be}+(1+\beta)(R_e // R_L)}$
			输入电阻 $R_i \approx R_{b1} // R_{b2} // [r_{be}+(1+\beta)(R_e // R_L)]$
			输出电阻 $R_o \approx R_e // \dfrac{r_{be}+R_{b1}//R_{b2}//R_s}{1+\beta}$
				输入电阻高、输出电阻低,多用于输入级、输出级或缓冲级

晶体管共基放大电路	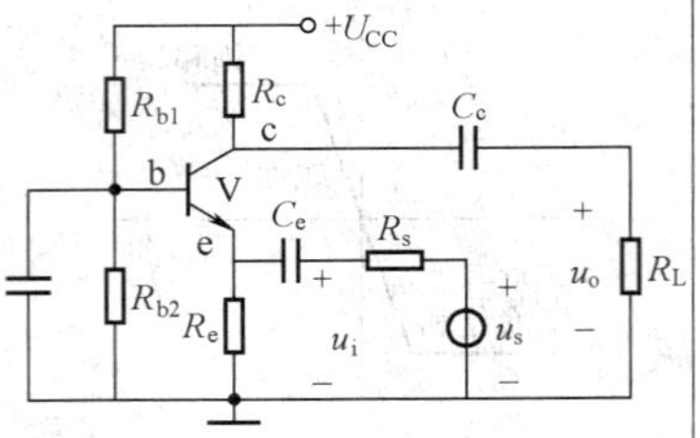	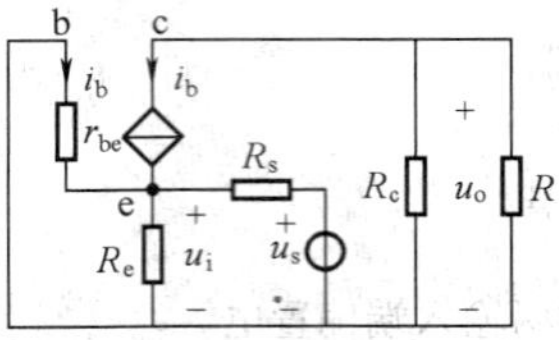	电压增益 $A_u \approx \dfrac{\beta(R_c // R_L)}{r_{be}}$ 输入电阻 $R_i \approx R_e // \dfrac{r_{be}}{1+\beta}$ 输出电阻 $R_o \approx R_c$	高频响应较好,常用于宽频或高频放大电路,高频振荡电路

场效应晶体管共源放大电路	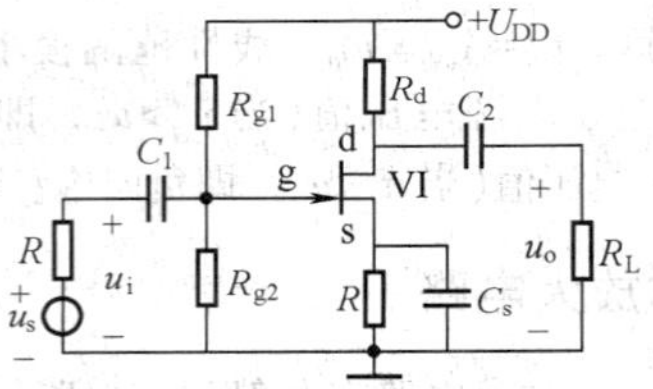	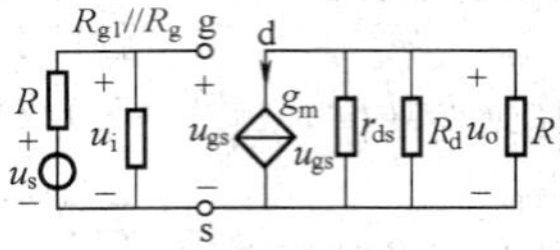	电压增益 $A_u \approx -g_m R'_L$
			式中 $R'_L = r_{ds} // R_d // R_L$
			输入电阻 $R_i \approx R_{g1} // R_{g2}$
			输出电阻 $R_o \approx R_d$
				与晶体管共射放大电路对应

场效应管共漏放大电路	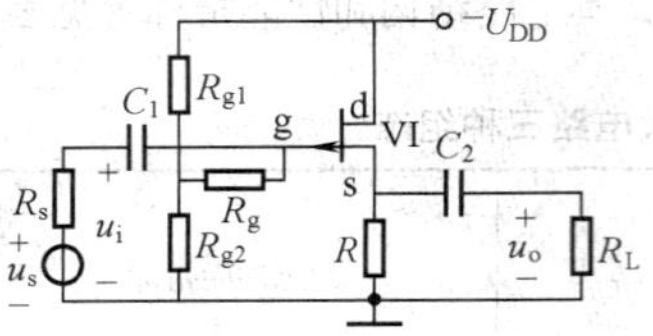	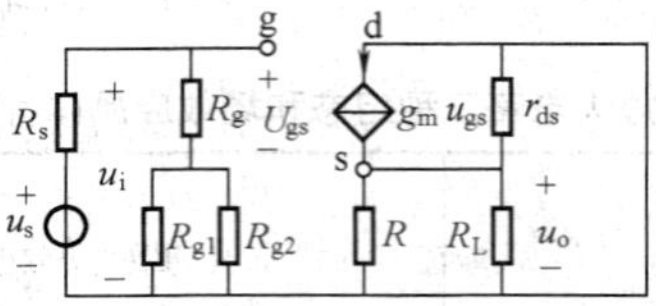	电压增益 $A_u \approx \dfrac{g_m R'_L}{1+g_m R'_L}$
			其中 $R'_L = r_{ds} // R // R_L$
			输入电阻 $R_i \approx R_g + R_{g1} // R_{g2}$
			输出电阻 $R_o \approx R // r_{ds} // \dfrac{1}{g_m}$
				与晶体管共集放大电路对应

场效应管共栅放大电路	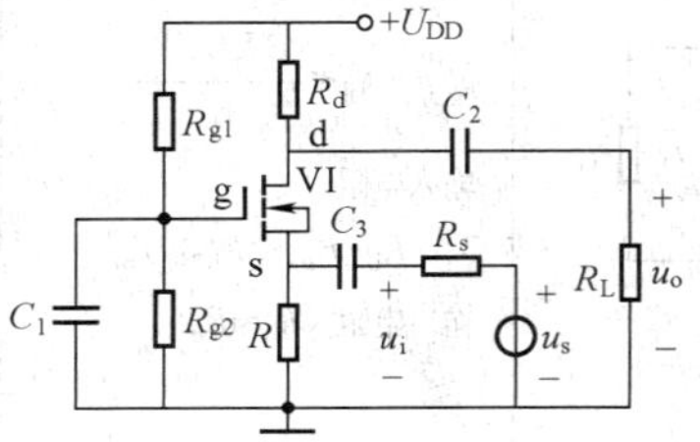	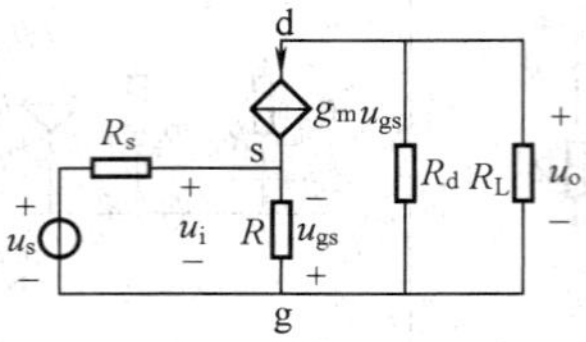	电压增益 $A_u \approx g_m R'_L$ 输入电阻 $R_i \approx R // \dfrac{1}{g_m}$ 输出电阻 $R_o \approx R_d$	与晶体管共基放大电路对应

7.3　集成运放组成的运算电路

集成运放组成的主要运算电路见表 2.7－7。

表 2.7－7　　　　　　　　　　　集成运放组成的主要运算电路

运算电路名称		电 路 形 式	输 出 关 系 式
比例运算电路	反相输入方式	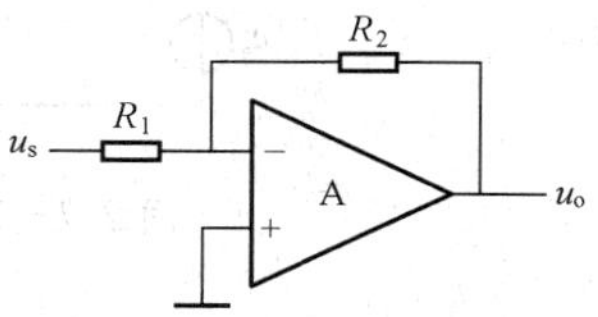	$u_{\mathrm{o}} = -\dfrac{R_2}{R_1} u_{\mathrm{s}}$
	同相输入方式	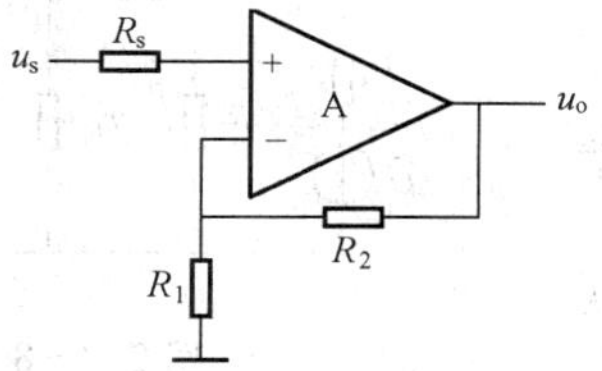	$u_{\mathrm{o}} = \left(1 + \dfrac{R_2}{R_1}\right) u_{\mathrm{s}}$
求和运算电路	反相输入方式	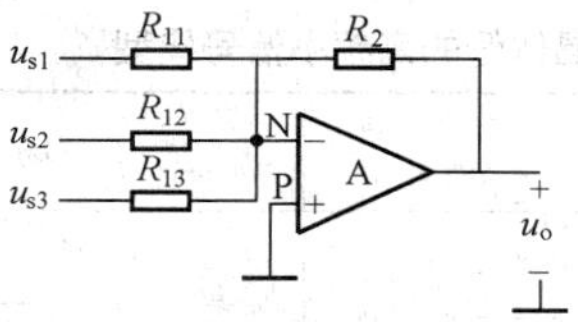	$u_{\mathrm{o}} = -\left(\dfrac{R_2}{R_{11}} u_{\mathrm{s}1} + \dfrac{R_2}{R_{12}} u_{\mathrm{s}2} + \dfrac{R_2}{R_{13}} u_{\mathrm{s}3}\right)$
	同相输入方式	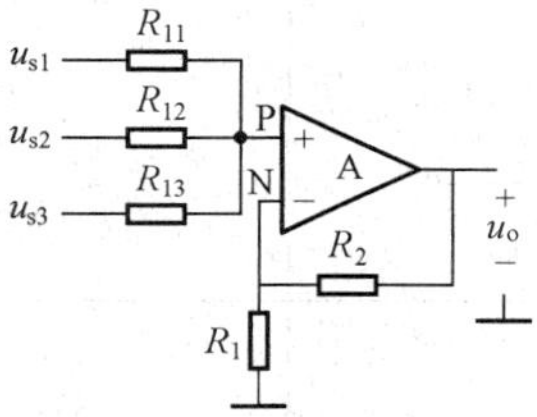	$u_{\mathrm{o}} = \left(1 + \dfrac{R_2}{R_1}\right) u_{\mathrm{N}} = \left(1 + \dfrac{R_2}{R_1}\right) (R_{11} /\!/ R_{12} /\!/ R_{13})$ $\left(\dfrac{u_{\mathrm{s}1}}{R_{11}} + \dfrac{u_{\mathrm{s}2}}{R_{12}} + \dfrac{u_{\mathrm{s}3}}{R_{13}}\right)$
减法运算		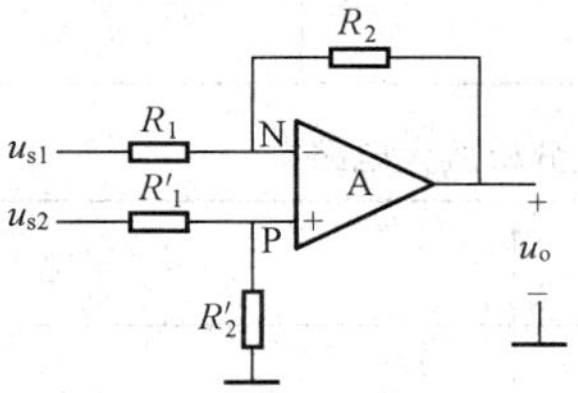	$u_{\mathrm{o}} = -\dfrac{R_2}{R_1} u_{\mathrm{s}1} + \left(1 + \dfrac{R_2}{R_1}\right) \dfrac{R'_2}{R'_1 + R'_2} u_{\mathrm{s}2}$ 当 $R_1 = R'_1$，$R_2 = R'_2$ 时 $u_{\mathrm{o}} = \dfrac{R_2}{R_1}(u_{\mathrm{s}2} - u_{\mathrm{s}1})$
积分运算		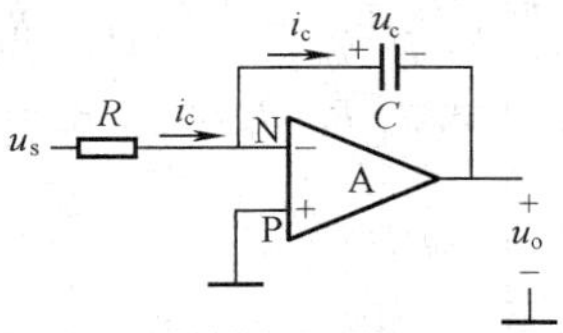	设 $u_{\mathrm{c}}(0) = 0$，则 $u_{\mathrm{o}} = -\dfrac{1}{RC} \displaystyle\int_0^t u_{\mathrm{s}} \mathrm{d}t$
微分运算		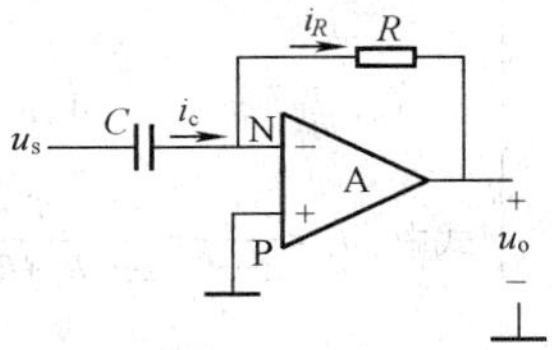	$u_{\mathrm{o}} = -RC \dfrac{\mathrm{d}u_{\mathrm{s}}}{\mathrm{d}t}$

7.4 放大器的频率特性

频率特性是放大电路对不同频率正弦信号的稳态响应，是放大电路的重要特性之一。

7.4.1 晶体管和场效应晶体管的频率特性

三极管和场效应晶体管的高频小信号模型见表 2.7−8。

7.4.2 阻容耦合放大器频率特性

三极管共射放大电路如图 2.7−7 所示，它的全频段等效电路如图 2.7−8 所示。C 通常为 $10 \sim 100 \mu F$，C_i 通常为 $10 \sim 100 pF$。

采用分频段分析法对放大电路进行分析，见表 2.7−9。

综上可知，单级共射放大电路的全频段电压放大倍数的表达式可表示为

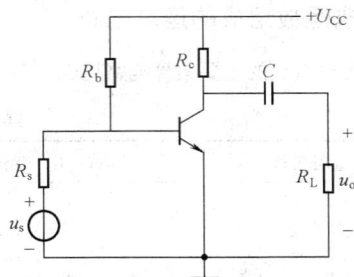

图 2.7−7 共射放大电路

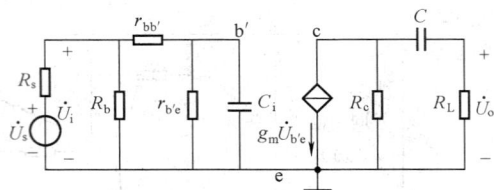

图 2.7−8 全频段等效电路

表 2.7−8　　　　　三极管和场效应晶体管的高频小信号模型

类　型	三　极　管	场　效　应　晶　体　管
高频小信号模型	$C_i = C_{b'e} + (1 - \dot{K}) C_{b'c}$	
参数说明	$\dot{K} = \dfrac{\dot{U}_{ce}}{\dot{U}_{b'e}}$, $g_m = \dfrac{\beta_0}{r_{b'e}}$ β_0 即中频时 β	$C'_{gs} = C_{gs} + (1 - \dot{K}) C_{gd}$ $\dot{K} = \dfrac{\dot{U}_{ds}}{\dot{U}_{gs}} = -g_m R'_L$

表 2.7−9　　　　　　　　　　分频段分析放大电路

分频段	等　效　电　路	电　压　增　益
中频段		$\dot{A}_{vsm} = \dfrac{\dot{U}_o}{\dot{U}_s} = \dfrac{R_i}{R_s + R_i} \cdot \dfrac{r_{b'e}}{r_{be}} \cdot (-g_m R'_L)$ 式中，$R_i = R_b /\!/ r_{be}$, $r_{be} = r_{bb'} + r_{b'e}$ $g_m = \dfrac{\beta_0}{r_{b'e}}$
低频段		$\dot{A}_{vsL} = A_{vsm} \dfrac{jf/f_L}{1 + jf/f_L}$ 式中，$f_L = \dfrac{1}{2\pi \tau_L} = \dfrac{1}{2\pi (R_c + R_L) C}$

续表

分频段	等 效 电 路	电 压 增 益
高频段		$$\dot{A}_{vH} = \dot{A}_{vsm} \cdot \frac{1}{1+\mathrm{j}f/f_H}$$ 式中　$f_H = \frac{1}{2\pi\tau_H} = \frac{1}{2\pi R'_s C_i}$ $$R'_s = r_{b'e} // [r_{bb'} + R_s // R_b]$$

$$\dot{A}_{vs} \approx \dot{A}_{vsm} \frac{\mathrm{j}f/f_L}{1+\mathrm{j}f/f_L} \cdot \frac{1}{1+\mathrm{j}f/f_H}$$

其幅频和相频特性如图 2.7-9 所示。

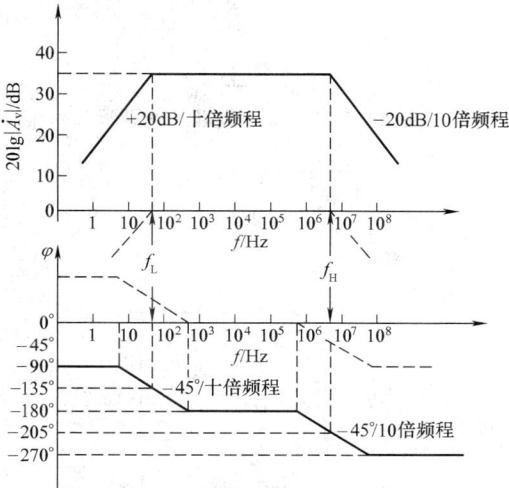

图 2.7-9　单级阻容耦合放大器的
幅频和相频特性

多级放大器的频率特性表达式如下

$$\dot{A}_v \approx \dot{A}_{vm} \prod_k \frac{\mathrm{j}\dfrac{f}{f_{Lk}}}{1+\mathrm{j}\dfrac{f}{f_{Lk}}} \prod_i \frac{1}{1+\mathrm{j}\dfrac{f}{f_{Hi}}}$$

7.4.3　运算放大器的频率特性

　　运算放大器是直耦式多级放大器，所以低频截止频率为零，但有多个高频截止频率。当信号频率升高时，运算放大器的增益将随着信号频率的升高而降低，输出与输入电压之间也将产生相移，不再是简单的同相或反相关系，其幅频特性如图 2.7-10 所示。图中，−3dB 频率 f_H(上限频率)也称运算放大器的带宽。通用型运算放大器的带宽 f_H 仅为几赫兹至十几赫兹，但在实用电路中，由于引入了负反馈，可大大拓展闭环放大电路的带宽，使带宽达到几十千赫以上。

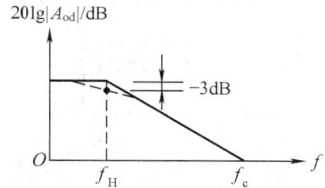

图 2.7-10　运算放大器幅频特性

7.5　正弦信号发生器

7.5.1　文氏电桥正弦振荡器

　　文氏电桥正弦波振荡器如图 2.7-11 所示。放大环节为同相输入的比例运算电路，其中 R'_2 为非线性元件，起稳幅作用。RC 串并联电路构成正反馈，同时又起选频作用。当 $\omega = \omega_0 = 1/RC$ 时，反馈相位为 0，满足自激振荡的相位条件。所以只有在此时才能产生单一频率的振荡。此时正反馈系数 $F = 1/3$，所以当

$$A_f = \frac{R'_1 + R'_2}{R'_1} = 1 + \frac{R'_2}{R'_1} \geq 3$$ 时，才能满足振荡的幅度条件。

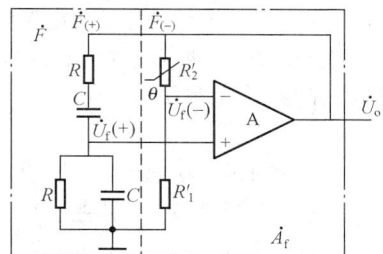

图 2.7-11　文氏电桥正弦振荡器

7.5.2　三点式正弦振荡器

　　三点式正弦振荡器是 LC 振荡器中应用较为广泛的一种。有电感三点式和电容三点式。电感三点式如图 2.7-12 所示；电容三点式如图 2.7-13 所示。电感三点式的振荡频率为

$$f_0 = \frac{1}{2\pi\sqrt{LC}} = \frac{1}{2\pi\sqrt{(L_1 + L_2)C}}$$

电容三点式的振荡频率为

$$f_0 = \frac{1}{2\pi\sqrt{LC}} = \frac{1}{2\pi\sqrt{L\dfrac{C_1 C_2}{C_1 + C_2}}}$$

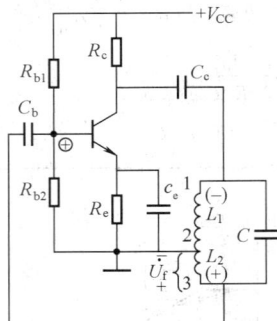

图 2.7 - 12　电感三点式
LC 振荡器

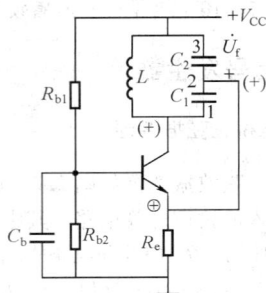

图 2.7 - 13　电容三点式
LC 振荡器

7.5.3　石英晶体正弦振荡器

石英晶体是利用 SiO_2 结晶体的压电效应制成的一种谐振器件。图 2.7 - 14(a)、(b)、(c)、(d)分别是其外形、结构、等效电路和电路符号。

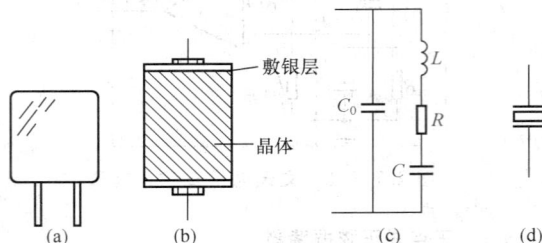

图 2.7 - 14　石英晶体
(a)外形；(b)结构；(c)等效电路；(d)电路符号

石英晶体振荡器电路的两种基本形式为并联式晶体振荡器(见图 2.7 - 15)和串联式晶体振荡器(如图 2.7 - 16 所示)。

并联式晶体振荡器的振荡频率选在串联谐振频率 f_s 和并联谐振频率 f_p 之间，呈电感性的石英晶体与两只电容形成电容三点式振荡器。

串联式晶体振荡器中石英晶体接在正反馈支路中，当 $f = f_s$ 时，晶体电抗为 0，正反馈最强，满足振荡条件；而在其他频率下不满足振荡条件，所以振荡频率为 f_s。

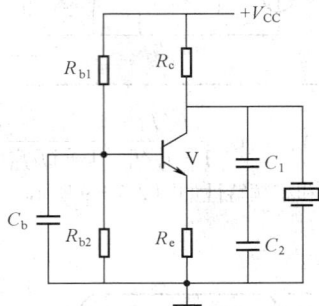

图 2.7 - 15　并联式晶体振荡器

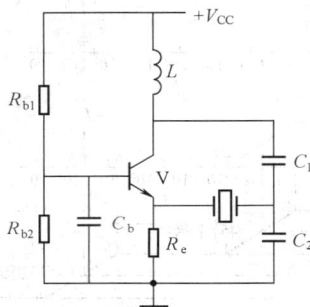

图 2.7 - 16　串联式晶体振荡器

7.5.4　压控振荡器

在一些场合，要求电路的振荡频率与控制电压成比例。图 2.7 - 17 所示是某一种压控振荡器，主要由积分器(A1)、同相滞回比较器(A2)和二极管、稳压管组成。

当同相滞回比较器输出高电平($= U_Z$)，VD 截止，积分器反向积分，u_o 线性下降，当 u_o 下降至 0 并继续下

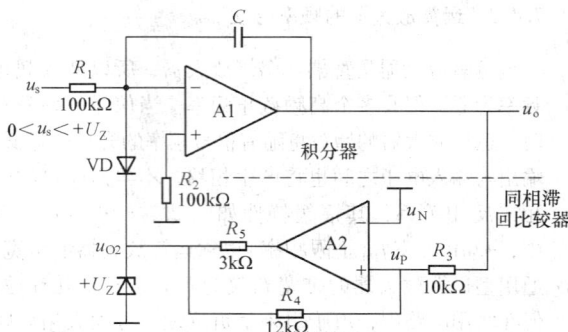

图 2.7 - 17　压控振荡器

降至 U_{TL} 时，比较器输出变为低电平（$-U_D \approx -0.7V$），随后 VD 导电，C 放电很快，u_o 上升，当升至 U_{TH} 时，输出又变高电平，如此周而复始，产生振荡。

从波形图（如图 2.7 - 18 所示）可知，反向积分时

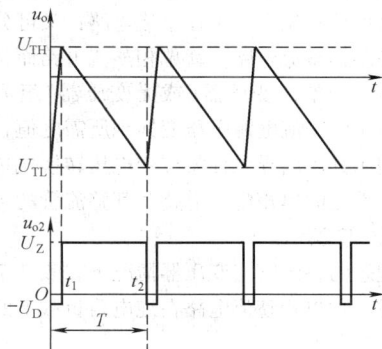

图 2.7 - 18 压控振荡器波形

间长，而放电时间很短，振荡周期主要由反向积分时间决定，所以振荡周期和振荡频率分别为

$$T \approx \frac{R_1 R_3 C}{R_4} \cdot \frac{U_Z + U_D}{u_S}$$

$$f \approx \frac{R_4}{R_1 R_3 C} \cdot \frac{u_S}{U_Z + U_D}$$

7.6 功率放大器

7.6.1 甲类功率放大器

甲类功率放大器也即前面介绍的单管基本放大电路。管子的静态工作点设置在放大区的中间位置，信号加上后管子在整个周期导通。因为静态时工作电流较大，所以静态功耗较大，输出效率比较低，理论上最大值只有 50%。

7.6.2 乙类功率放大器

1. 乙类功率放大器的主要形式　静态时管子截止，信号加上后管子在半个周期导通。乙类功率放大

器主要有两种形式：双电源供电的互补对称功放电路（OCL 电路）；单电源供电的互补对称功放电路（OTL 电路）。OCL 电路如图 2.7 - 19 所示，VT1、VT2 是完全对称的 NPN 管和 PNP 管。

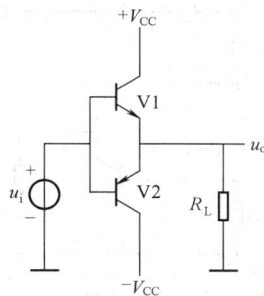

图 2.7 - 19　双电源供电的
互补对称功放电路

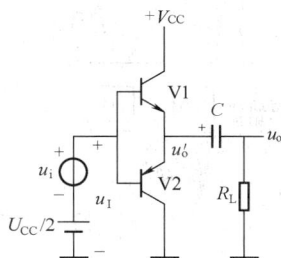

图 2.7 - 20　单电源供电的
互补对称功放电路

OCL 电路中，静态时（$u_i = 0$），V1、V2 截止，静态输出 $U_{OQ} = 0$。动态信号 u_i 加入后，$u_i > 0$ 时，V1 导通，V2 截止；$u_i < 0$ 时，V2 导通，V1 截止，u_o 输出完整的正弦波形。

OTL 电路（见图 2.7 - 20），工作情况和双电源情况类似，只是增加了一只大容量的电解电容器 C。

2. 功率放大电路的主要技术指标　以双电源互补对称功放电路的主要技术指标为例，见表 2.7 - 10。

表 2.7 - 10　　　　　　　　　双电源互补对称功放电路的主要技术指标

输　　出	输出功率	电源提供的平均功率	输出效率	最大输出功率	最大效率	管　　耗
$u_o = U_{om} \sin \omega t$ $i_o = (U_{om}/R_L) \sin \omega t$	$P_o = \dfrac{U_{om}^2}{2R_L}$	$P_E = \dfrac{2U_{CC}U_{om}}{\pi R_L}$	$\eta = \dfrac{P_o}{P_E} = \dfrac{\pi U_{om}}{4U_{CC}}$	$P_{om} \approx \dfrac{U_{CC}^2}{2R_L}$	$\eta_{max} = \dfrac{\pi}{4} \approx 78.5\%$	$P_{V1M} = P_{V2M}$ $= \dfrac{1}{2} P_{VM} \approx 0.2 P_{om}$

3. 功放管的选取　在互补对称功放电路中，功放管必须按以下几点原则选取：

（1）管子的功耗 $P_{CM} > 0.2 P_{om}$。

（2）功放管的耐压 $U_{(BR)CEO} > 2U_{CC}$。

（3）功放管允许的最大集电极电流 $I_{CM} > U_{CC}/R_L$。

7.6.3 甲乙类功率放大器

乙类功率放大器由于在静态条件下 V1、V2 都处于截止状态，动态时存在严重的交越失真。为了克服交越失真，必须给互补对称功放电路设置一定的静态

工作点，使静态时 V1、V2 都处于微导通状态，称为甲乙类互补对称功率输出电路，如图 2.7 - 21 所示。利用二极管提供静态偏置，克服交越失真，其他分析都同乙类功率放大器。

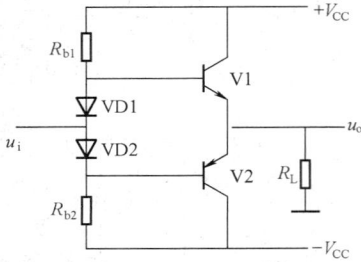

图 2.7 - 21　甲乙类互补对称功率输出电路

7.7　电源电路

7.7.1　单相整流电路

整流是将交流电转换成直流电的过程。整流电路可分类为可控整流和不可控整流电路；又可分类为单相整流和多相整流电路。就单相整流电路而言，它由整流二极管和整流变压器（或无变压器）组成。整流变压器用于将交流电源电压变换到所需之值，整流二极管则利用其单向导电性将交变电压转换成单向的脉动电压。常见的单相整流电路及其整流管的导通次序如图 2.7 - 22 所示。

在理想的整流管与变压器情况下，表 2.7 - 11 列出了上述三种单相整流电路在纯电阻负载下的特性。

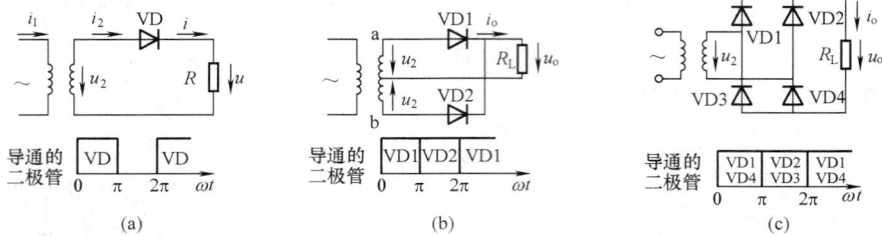

图 2.7 - 22　单相整流电路及整流管的导通次序
（a）半波；（b）全波；（c）桥式

表 2.7 - 11　　　　单相整流电路在纯电阻负载下的特性比较

电路形式	整流输出表达式	输出电压平均值	整流管承受的最大反向电压	整流管电流平均值	整流效率	脉动系数	纹波的最低频率	整流脉动次数
半波整流	$\dfrac{\sqrt{2}}{\pi}U_2\left\{1+\dfrac{\pi}{2}\cos\omega t+\dfrac{2}{3}\cos 2\omega t-\dfrac{2}{15}\cos 4\omega t+\cdots\right\}$	$0.45U_2$	$\sqrt{2}U_2$	$0.45\dfrac{U_2}{R_L}$	28.7%	1.57	f	1
全波整流	$\dfrac{2\sqrt{2}}{\pi}U_2\left\{1+\dfrac{2}{3}\cos 2\omega t-\dfrac{2}{15}\cos 4\omega t+\right.$	$0.9U_2$	$2\sqrt{2}U_2$	$0.9\dfrac{U_2}{R_L}$	57.8%	0.67	$2f$	2
桥式整流	$\left.\dfrac{4}{35}\cos 6\omega t+\cdots\right\}$	$0.9U_2$	$\sqrt{2}U_2$	$0.9\dfrac{U_2}{R_L}$	81%	0.67	$2f$	2

7.7.2　线性直流稳压电源

直流稳压电源根据所含调整管的工作状态可分为线性和开关型两种类型。按调整管与负载的连接方式，又可分为串联型和并联型两种。

串联型直流稳压电源的典型组成框图如图 2.7 - 23 所示。

常用的串联型直流稳压电源集成电路有三端固定式集成稳压器和三端可调式集成稳压器。三端固定式集成稳压器的三个引出端分别是输入端、输出端和公

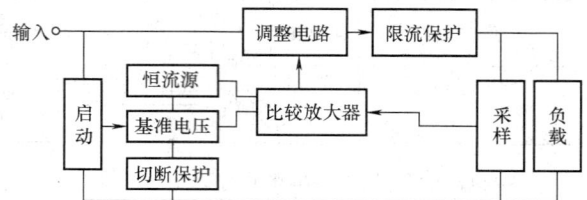

图 2.7 - 23　串联型直流稳压电源的组成框图

共（接地）端，通常有 7800（输出正电压）和 7 900（输出负电压）两个系列。三端可调式集成稳压器的

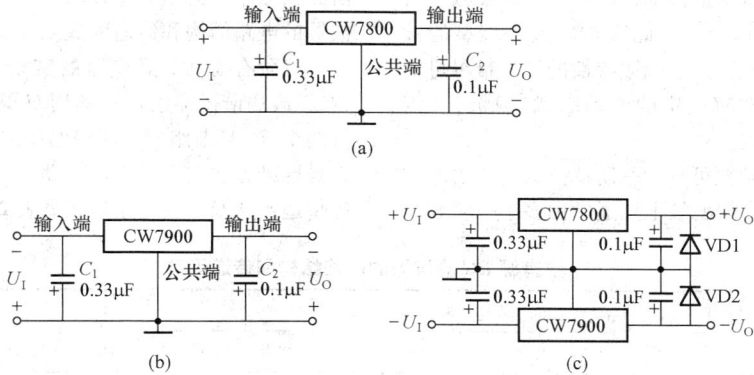

图 2.7 - 24　三端集成稳压器的典型应用
(a)输出正电压；(b)输出负电压；
(c)输出正、负对称电压

三个引出端分别为输入端、输出端和可调端，其输出电压可在一定范围内连续可调。图 2.7 - 24 是三端集成稳压器的典型应用。

7.7.3　开关稳压电源

在开关型稳压电源中，调整管工作于开关状态（饱和导通或截止两种状态）。这种稳压电路的优点是效率高，体积小和重量轻；主要缺点是输出高频纹波较大，稳压精度较差，电路较复杂。

开关型稳压电源按调整管的控制方式分为脉宽调制式、频率调制式和脉宽与频率均能改变的混合调制式。开关型稳压电源多采用串联型。按调整管控制脉冲的形成方式分为自激式和他激式。常用的他激式具有专门的脉冲形成和控制电路，其组成框图如图 2.7 - 25 所示。

在小功率开关稳压电源中，通常把基准电压单元、比较放大单元、开关控制单元和开关调整管等集成在一起，称为集成开关电源控制器。它与外接的滤波器及其他相关电路一起构成各种开关型稳压电源。

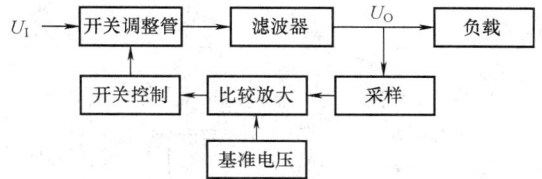

图 2.7 - 25　开关型稳压电源的组成框图

7.8　信号处理和变换电路

7.8.1　有源滤波器

有源滤波器通常是由集成运放和 RC 反馈网络构成，按照频率特性的不同有四种基本类型：低通滤波器（LPF）、高通滤波器（HPF）、带通滤波器（BPF）和带阻滤波器（BEF）。它们的幅频特性如图 2.7 - 26 所示。

理想滤波器的幅频特性是矩形的，因而没有过渡带。有源滤波器的过渡带越窄，说明滤波器对频率的选择性越好，越接近于理想特性。常见的有巴特沃斯（Butterworth）和切比雪夫（Chebyshev）两种逼近理想

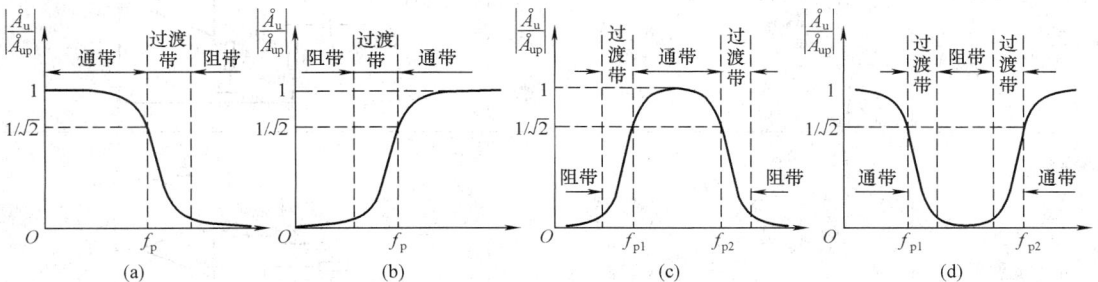

图 2.7 - 26　各种滤波器的幅频特性
(a)LPF；(b)HPF；(c)BPF；(d)BEF

滤波器的方法。巴特沃斯型滤波器是尽可能使幅频特性具有最宽的平坦部分，因此又称最大平坦型滤波器；切比雪夫型滤波器是使幅频特性的过渡带尽可能陡直，而让通带增益有一定的波动起伏（纹波），因此又称纹波型滤波器。

有源滤波器按阶数可分为一阶滤波器、二阶滤波器及高阶滤波器。高阶滤波电路通常由多个一阶和二阶滤波电路作为基本单元级联构成。一阶有源 RC 滤波器的电路结构和传递函数见表 2.7 - 12。

二阶有源 RC 滤波器的实现方法有：由运放及 RC 组成的谐振器组成；利用双积分回路构成；运放及两个 RC 环节组成，压控电压源型二阶有源滤波器就是这种方法实现的常用电路。二阶有源 RC 滤波器的传递函数及常用电路形式见表 2.7 - 13。

表 2.7 - 12　　一阶有源 *RC* 滤波器的电路结构和传递函数

电 路 名 称	电 路 结 构		传 递 函 数
	反 相 型	同 相 型	
一阶有源 RC 低通滤波器	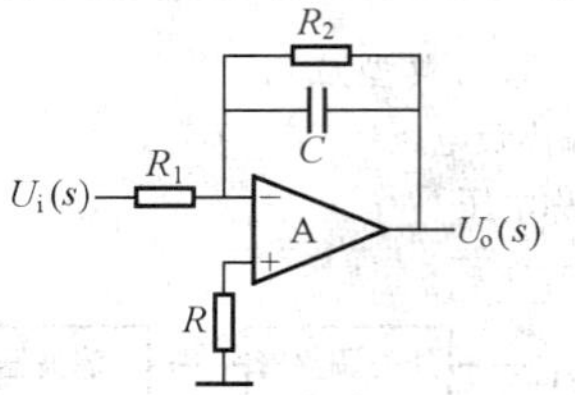	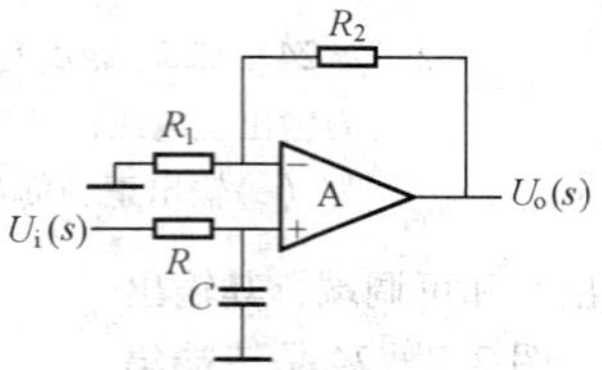	$A_u(s) = \dfrac{U_o(s)}{U_i(s)} = \dfrac{a_0}{s + \omega_0}$
一阶有源 RC 高通滤波器	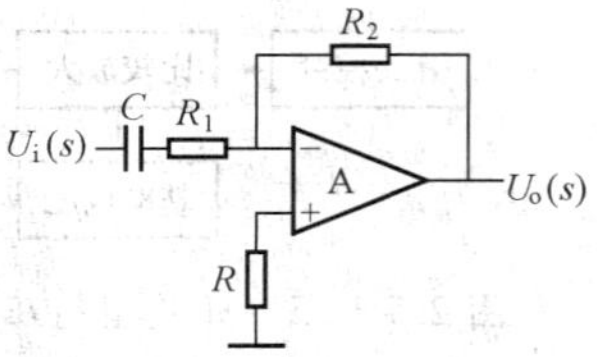	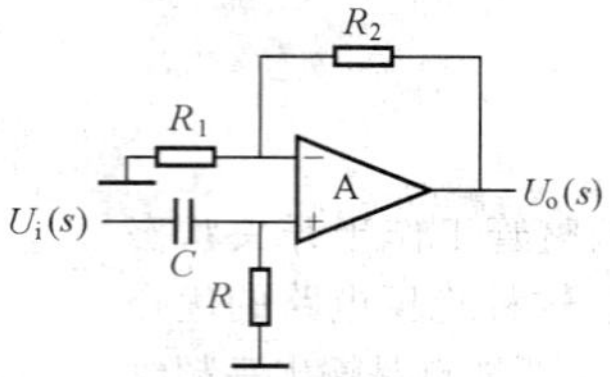	$A_u(s) = \dfrac{U_o(s)}{U_i(s)} = \dfrac{a_1 s}{s + \omega_0}$

表 2.7 - 13　　二阶有源 *RC* 滤波器的传递函数及常用电路

电 路 名 称	传 递 函 数	常 用 电 路
二阶有源 RC 低通滤波器	$A_u(s) = \dfrac{a_0}{s^2 + \dfrac{\omega_0}{Q}s + \omega_0^2}$	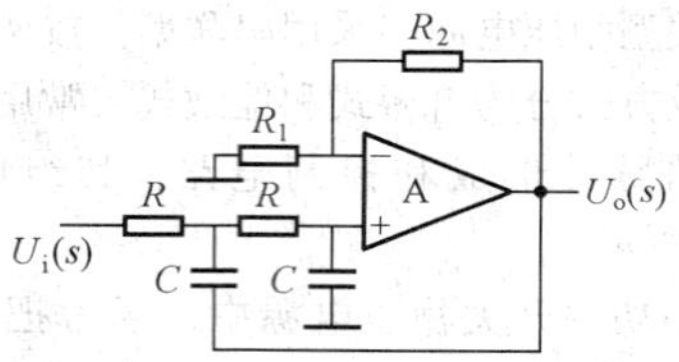
二阶有源 RC 高通滤波器	$A_u(s) = \dfrac{a_2 s^2}{s^2 + \dfrac{\omega_0}{Q}s + \omega_0^2}$	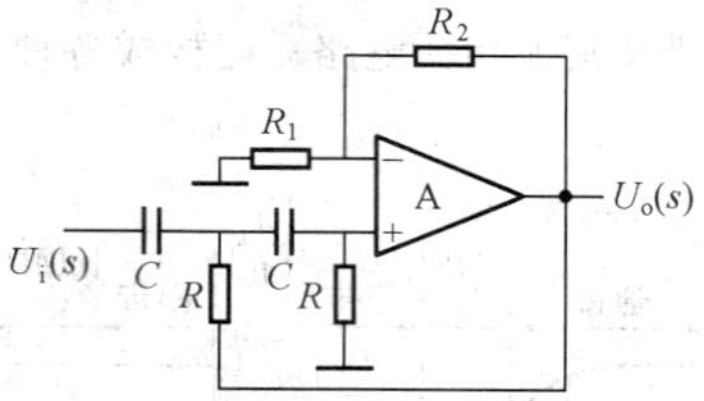
二阶有源 RC 带通滤波器	$A_u(s) = \dfrac{a_1 s}{s^2 + \dfrac{\omega_0}{Q}s + \omega_0^2}$	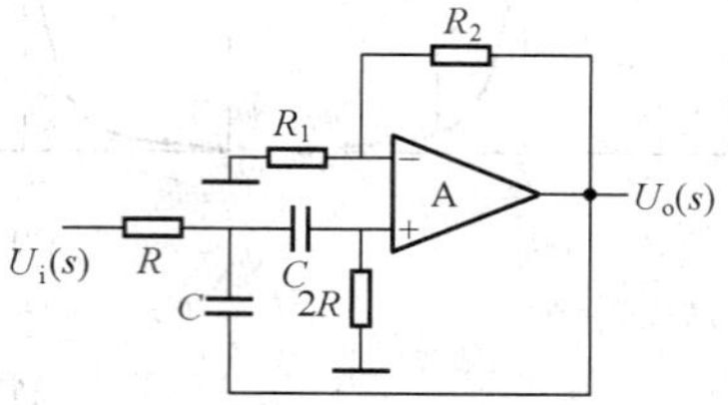

续表

电路名称	传 递 函 数	常 用 电 路
二阶有源 RC 带阻滤波器	$A_u(s) = \dfrac{a_2(s^2 + \omega_0^2)}{s^2 + \dfrac{\omega_0}{Q}s + \omega_0^2}$	

7.8.2　调制解调器

将低频信号的信息用高频信号某种电参数的变化来表示的过程称为调制。包含语言或音乐的低频原始信号称为基带信号，也称基波或调制信号；用来"装载"基波的高频信号称为载波，或被调制信号；经过调制后包含基带信号信息的高频信号称为已调信号，如图 2.7－27 所示。调制实质上是将基带信号及载波变换为已调信号，而解调则是从已调信号中取出相应的基带信号，是调制的逆过程。

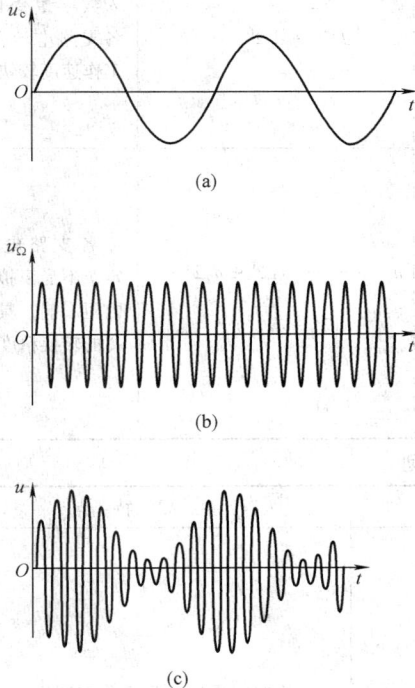

(a)

(b)

(c)

图 2.7－27　调制过程

(a) 基波（调制信号）；(b) 载波；

(c) 已调信号（调幅波）

调制方式有调幅（AM）、调频（FM）和脉冲宽度调制（PWM）。调幅是利用载波的幅度变化来传递信息的，调幅波的频宽是调制信号最高频率的两倍。为了提高功率及波段的利用率，可只发送双边带（DSB）信号或单边带（SSB）信号。调幅波的解调通常称为检波，检波器由非线性器件和低通滤波器组成，检波方式有包络线检波和同步检波。调频是使载波频率随调制信号的幅度成正比变化，而载波的振幅保持不变。调频方法有直接调频法和间接调频法。调频波的解调通常称为鉴频，其功能是将调频波频率的变化变换为电压的变化。脉冲宽度调制是用脉冲的宽度变化来传递信息，脉宽调制有较强的抗干扰能力。

例如，计算机外设调制解调器（Modem）能将数字信号翻译成可沿普通电话线传送的脉冲信号，并被线路另一端的另一个调制解调器接收，从而完成了两台计算机间的通信。调制与解调还是解决直耦放大电路或低频放大电路零漂的有效方法之一，隔离放大器就是利用这一原理制作的。

7.8.3　集成锁相环

集成锁相环路（PLL）是以消除频率误差为目的的相位反馈控制电路，其原理是利用相位误差作为反馈信号去消除频率误差，从而实现无频差的频率跟踪和相位跟踪。锁相环主要由鉴相器、环路滤波器和压控振荡器三部分组成，其组成框图如图 2.7－28 所示。

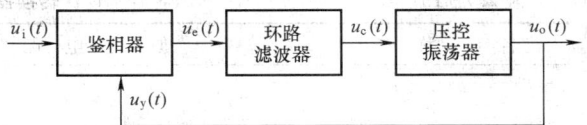

图 2.7－28　锁相环组成框图

当集成锁相环环路锁定（也称同步）时，相位误差为一常数（称为稳态相位误差），压控振荡器的振荡频率等于输入信号的频率。

7.8.4　D/A 转换器

D/A 转换器将数字量转换到模拟量。D/A 转换器有多种类型，较常见的是权电阻网络型、倒 T 型电阻网络型和权电流型等，见表 2.7 - 14。

D/A 转换器通常由电阻网络（或电流源网络）、模拟开关和求和放大器三个部分组成。模拟开关的接通与否受输入数字量的控制，而求和放大器的输出电压则与输入的数字量成正比。D/A 转换器的主要参数有分辨率、精度、线性度、建立时间和温度系数等。

7.8.5 A/D 转换器

A/D 转换器将模拟量转换到数字量。A/D 转换器有多种类型，常用的有并行比较型、逐次逼近型和双积分型等，见表 2.7 - 15。A/D 转换器的主要参数有分辨率、精度和转换时间等。

表 2.7 - 14 D/A 转换器的几种类型

名　　称	原　理　电　路	输　出　电　压	主　要　特　点
权电阻网络 D/A 转换器	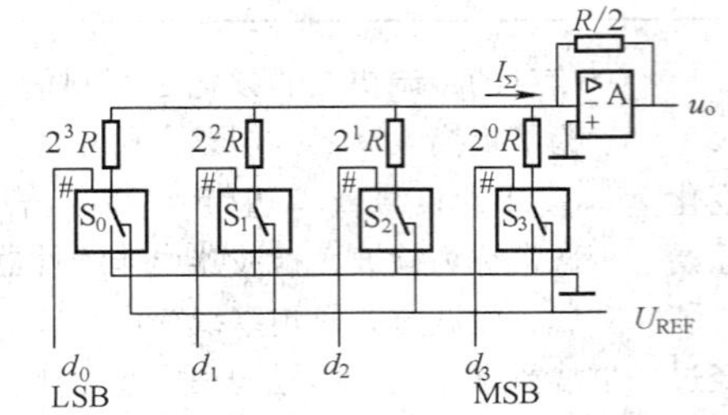	$u_o = -\dfrac{U_{REF}}{2^4}(d_3 2^3 + d_2 2^2 + d_1 2^1 + d_0 2^0)$	电路简单、直观。各个电阻值相差太大，精度难以保证
倒 T 型电阻网络 D/A 转换器	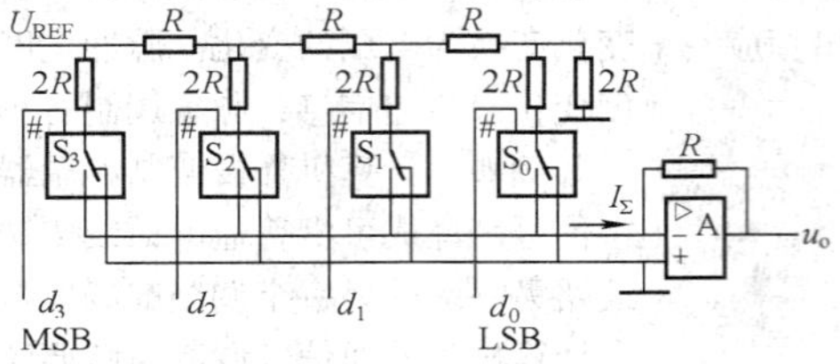	$u_o = -\dfrac{U_{REF}}{2^4}(d_3 2^3 + d_2 2^2 + d_1 2^1 + d_0 2^0)$	只用 R、$2R$ 两种阻值的电阻。输入数字量变化时，各支路电流不变。工作速度较快
权电流 D/A 转换器	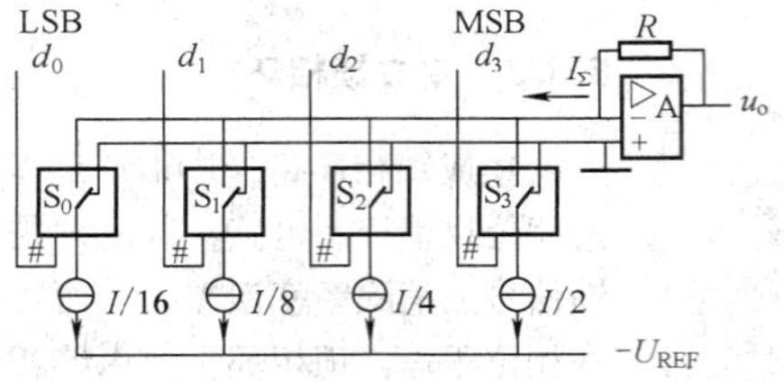	$u_o = -\dfrac{IR}{2^4}(d_3 2^3 + d_2 2^2 + d_1 2^1 + d_0 2^0)$	各支路电流恒定，不受模拟开关内阻影响，具有较高的转换精度

表 2.7 - 15 A/D 转换器的几种类型

名　　称	原　理　电　路	主　要　特　点
并行比较型 A/D 转换器	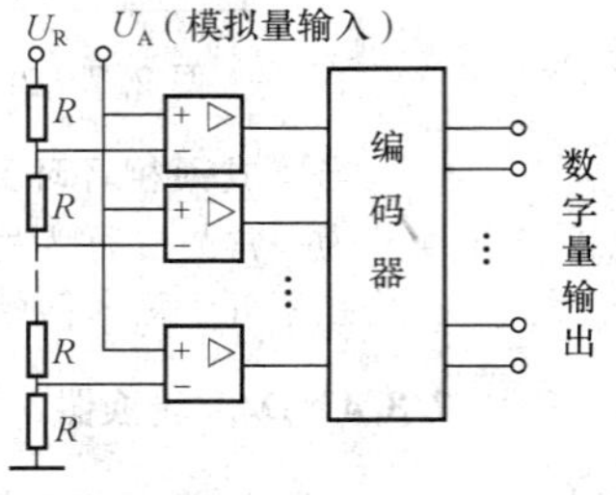	转换速度最快，几乎是在瞬间完成的。缺点是所需硬件较多

续表

名　称	原　理　电　路	主　要　特　点
逐次逼近型 A／D 转换器	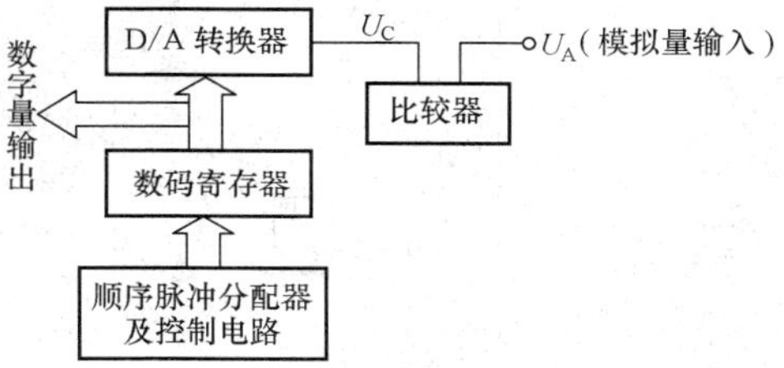	比较逐位进行，转换速度较快，转换时间与位数成正比，转换一次需 $(n+2)$ 个时钟周期。精度主要取决于 D/A 转换器的位数和非线性
双积分型 A/D 转换器	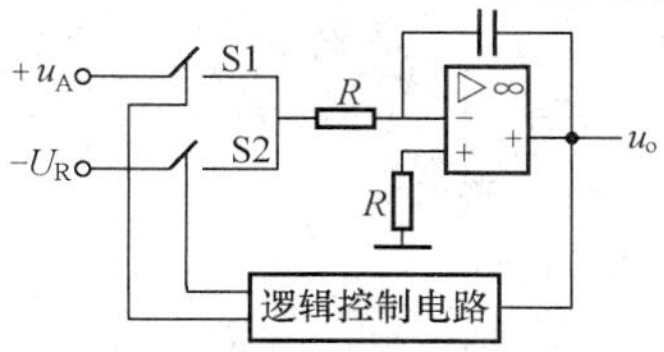	属于间接转换型，一次转换过程包括定时积分和定值积分两个阶段。转换时间在几十毫秒以上。具有很强的抗干扰能力

7.9　逻辑门电路和组合逻辑电路

7.9.1　TTL 集成门电路

门电路是实现各种逻辑关系的基本电路，是组成数字电路的基本单元。常用门电路的逻辑符号和逻辑表达式见表 2.7－16。

集成门电路按照组成门电路的器件种类分为 TTL（晶体管—晶体管逻辑）门电路和 MOS 门电路。54/74 系列是最流行的通用 TTL 门电路，其典型电路型式（以与非门为例）见表 2.7－17。另外，TTL 门电路中还有 ECL（发射极耦合逻辑）门电路、I^2L（集成注入逻辑）门电路、HTL（高阈值逻辑）门电路等种类。

表 2.7－16　门电路的逻辑符号和逻辑表达式

名　称	逻辑符号 国标符号（GB 4728）	逻辑符号 常用符号	逻辑表达式	逻辑功能说明
非门	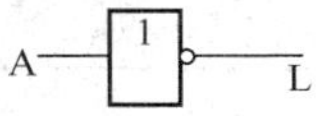	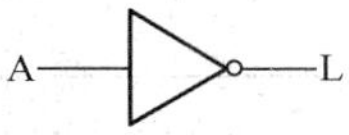	$L=\overline{A}$	输出和输入反相
与门	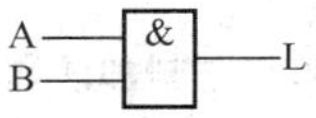	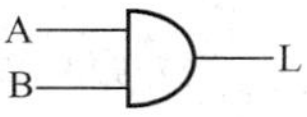	$L=AB$	输入全为 1，输出才为 1
或门	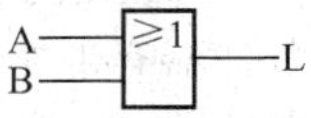	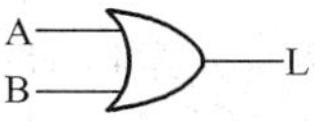	$L=A+B$	只要输入有 1 个为 1，输出就为 1
与非门	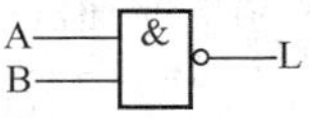	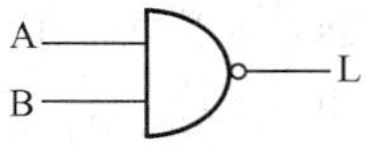	$L=\overline{AB}$	输入为 1，输出才为 0
或非门	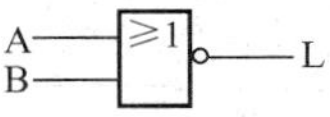	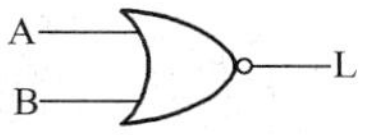	$L=\overline{A+B}$	只要输入有 1 个为 1，输出就为 0
与或非门	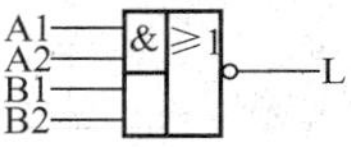	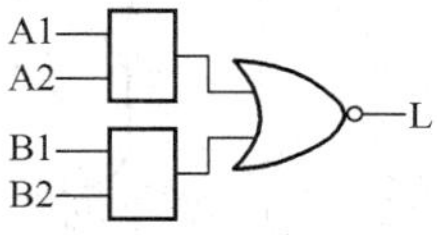	$L=\overline{A1A2+B1B2}$	输入只要使或门有一组为 1，输出就为 0
异或门	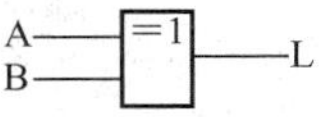	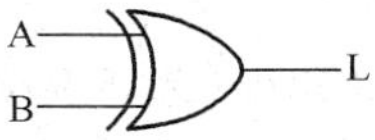	$L=A\overline{B}+\overline{A}B=A\oplus B$	输入 A 和 B 不相同时，输出为 1

表 2.7－17　　　　　　　　　　　TTL 门电路典型电路型式

电路名称	典 型 电 路	符 号	特 点
图腾柱输出与非门			54/74 系列输入电路采用多发射极三极管，输出采用互补对称电路。54/74S 系列门电路中采用肖特基三极管来提高开关速度
集电极开路输出（OC）与非门			输出级集电极开路，应用时需外接上拉电阻，可实现线与功能
三态输出（TSL）与非门			当 EN = 1 时，输出 L = AB，当 EN = 0 时，输出 L 为高阻抗状态。三态门电路可实现总线连接

7.9.2　CMOS 集成门电路

MOS 集成门电路根据所用 MOS 管可分为两大类：一类是单沟道（P 沟道或 N 沟道）MOS 组成的逻辑门电路；另一类是由 PMOS 管和 NMOS 管组成的双沟道互补 MOS 管门电路，即 CMOS 门电路。CMOS 电路的优点是功耗低，抗干扰能力强及开关速度快。CMOS 反相器和传输门是构成各种 MOS 集成电路的基础。CMOS 反相器与传输门如图 2.7－29 所示。

7.9.3　半加、全加和二进制加法器

加法器的功能是执行二进制的加法，它是算术运算电路的基本单元。加法器有半加器和全加器两种。其中半加器不考虑低位的进位，而全加器则考虑来自低位的进位。图 2.7－30 是半加器和全加器的符号及其实现。

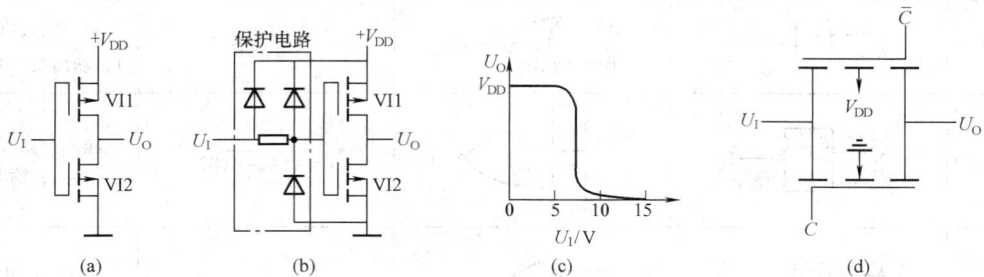

图 2.7－29　CMOS 反相器和传输门
（a）反相器基本电路；（b）输入保护电路；（c）反相器电压传输特性；（d）传输门

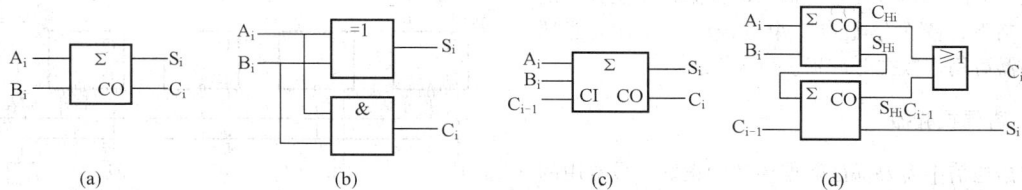

图 2.7-30　半加器和全加器的符号及逻辑图

（a）半加器符号；（b）半加器逻辑图；（c）全加器符号；（d）全加器逻辑图

实际的二进制加法器包含多个一位全加器，如一个 4 位二进制加法器就包含 4 个全加器。为了提高运算速度，还可以采取超前进位措施。

7.9.4　编码器和译码器

编码是将某一种信息用数码的形式来表示。具有编码功能的电路称为编码器。编码器有二进制编码器和二-十进制编码器。二进制编码器将 2^n 个特定对象编制成 n 位二进制代码，例如，4 线-2 线编码器、8 线-3 线编码器、16 线-4 线编码器都是二进制编码器。二-十进制编码器的输入是 0~9 十个数字，输出是一组二进制编码的代码，因此又称 BCD 码编码器。BCD 码编码器通常是优先编码器，优先编码器允许两个以上的输入信号同时输入，但是编码器只对优先权高的输入实现编码。

译码是编码的逆过程，译码器是将二进制代码所代表的输入还原出来的组合逻辑电路。译码器有二进制译码器和二-十进制译码器、显示译码器等。二进制译码器输入是 n 位的二进制代码，输出为 2^n 种组合，分别对应着某一个输入。例如，2 线-4 线译码器的符号和真值表如图 2.7-31 所示。

显示译码器的功能是将代码译成相关的数字、文字或图形。最常见的是将二进制代码译成十进制数字，在数码管上显示出来。数码管是由七段或八段（带小数点）发光二极管组成，如图 2.7-32 所示。当 f、e 不亮，其他各段均亮时，显示数码"3"，其余类推。

7.9.5　数据选择器和数据分配器

数据选择器又称多路选择器或多路开关，简称 MUX。其功能是从 2^n 路并行输入的数据在 n 位地址的控制下，选择所需要的一个数据传送到输出通道中。以 4 选 1 数据选择器为例，其框图和真值表如图 2.7-33 所示。

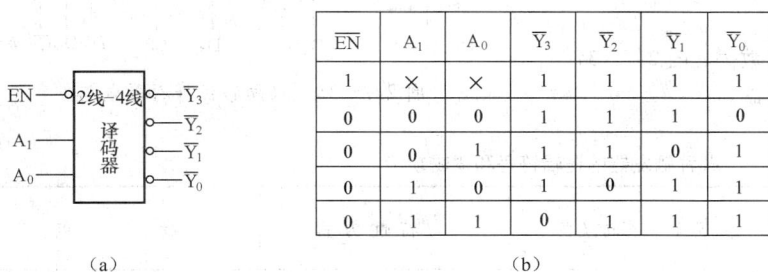

（a）

$\overline{EN}$	A_1	A_0	$\overline{Y}_3$	$\overline{Y}_2$	$\overline{Y}_1$	$\overline{Y}_0$
1	×	×	1	1	1	1
0	0	0	1	1	1	0
0	0	1	1	1	0	1
0	1	0	1	0	1	1
0	1	1	0	1	1	1

（b）

图 2.7-31　2 线-4 线译码器

（a）电路符号；（b）真值表

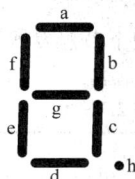

图 2.7-32　八段数码管的组成

（a）

使能	选择地址		输出
$\overline{EN}$	A_1	A_0	Z
1	×	×	0
0	0	0	D_0
0	0	1	D_1
0	1	0	D_2
0	1	1	D_3

（b）

图 2.7-33　4 选 1 数据选择器

（a）框图；（b）真值表

数据分配器是将一串行输入的数据在 n 位分配地址的控制下，依次分配到 2^n 个输出端。具有使能端的译码器可用作数据分配器。

7.9.6　奇偶校验器

数据通信中需要保证数据传送的正确，最常用的方法是采用奇偶校验位来判断数据传送过程中是否有误。奇偶校验码是一种通过增加冗余位使得码字中"1"的个数为奇数或偶数的编码方法。实现奇偶校验的组合电路称为奇偶校验器。奇偶校验器通常设计成 9 位二进制数，以适应一个字节的应用要求。奇偶校验器只能检查一位错误，且没有纠错的能力。

7.10　触发器和时序逻辑电路

7.10.1　触发器

触发器具有可以预先设置的两种稳定状态，在无外界信号作用下，输出状态是稳定的；当外界信号起作用时，稳定状态很快地转化（称为触发）。因此，它具有记忆或存储一位二值信息的功能，是构成时序逻辑电路的基本单元。按照逻辑功能，触发器可分为 RS 触发器、D 触发器、JK 触发器、T 触发器等，各种触发器的逻辑符号和逻辑功能见表 2.7 - 18。

触发器的触发方式有直接触发、电平触发、边沿触发、主从触发和维持阻塞触发等方式。同一功能的触发器因电路结构的不同可以有不同的触发方式。

7.10.2　寄存器和移位寄存器

寄存器能够接收、存放和传送数码。图 2.7 - 34 是用四个 D 触发器组成的四位寄存器。

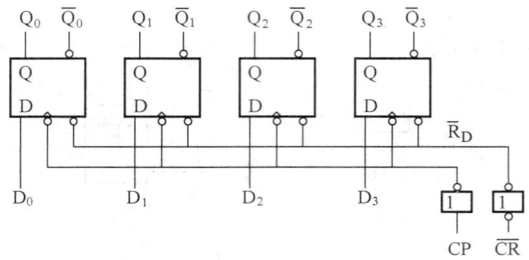

图 2.7 - 34　用 D 触发器组成的四位寄存器

移位寄存器除了具有寄存器的功能外，还具有移位的功能。移位寄存器中各触发器的状态可以在脉冲的作用下，依次向左或向右移动，从而实现数据的串行与并行之间的转换。移位寄存器有单向移位寄存器和双向移位寄存器两种。图 2.7 - 35 是实现双向移位寄存器的逻辑电路。

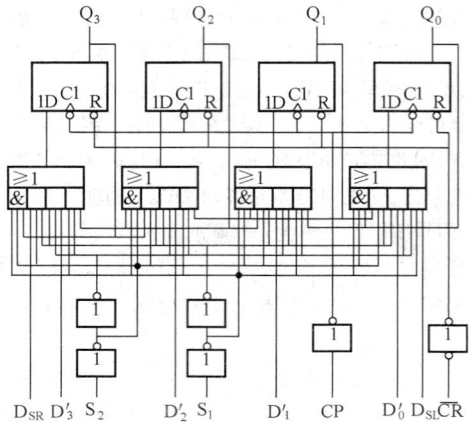

图 2.7 - 35　双向移位寄存器电路

表 2.7 - 18　　　　　　　　　各种触发器的逻辑符号和逻辑功能

类　　型	逻辑符号	逻辑状态转换表			特 性 方 程	特　　　　点
		R　S	Q^{n+1}	功能		
RS 触发器		0　0	Q^n	保持	$Q^{n+1}=S+\overline{R}Q^n$	双端输入，是触发器的基本形式。RS 不能同时为 1。RS 状态的改变将影响输出状态
		0　1	1	置1	约束条件：RS = 0	
		1　0	0	置0		
		1　1	不定	不定		
D 触发器		D	Q^{n+1}	功能	$Q^{n+1}=D$	单端输入，输出状态与 D 相同。用于锁存数据
		0	0	置0		
		1	1	置1		

续表

类　型	逻辑符号	逻辑状态转换表			特性方程	特　　点
JK 触发器	J —□ Q CP —▷ K —□ Q̄	J　K	Q^{n+1}	功能	$Q^{n+1}=J\,\overline{Q}^n+\overline{K}Q^n$	双端输入，可实现数据的锁存和状态转换
		0　0	Q^n	保持		
		0　1	0	置0		
		1　0	1	置1		
		1　1	$\overline{Q}^n$	翻转		
T 触发器	T —□ Q CP —▷ Q̄	T	Q^{n+1}	功能	$Q^{n+1}=T\,\overline{Q}^n+\overline{T}Q^n$	将 JK 触发器的 JK 两端连在一起即成为 T 触发器
		0	Q^n	保持		
		1	$\overline{Q}^n$	翻转		

7.10.3　计数器

计数器的功能是对脉冲个数进行计数。计数器的种类很多，按计数脉冲输入方式，分为同步和异步计数器；按计数时数字的增减方式，计数器分为加法、减法和可逆计数器；按编码方式，分为二进制、十进制和任意进制计数器。

图 2.7-36 是用两种触发方式实现的 3 位二进制计数器，其中，图 2.7-36(a) 是异步计数器，电路中至少有一个触发器的 CP 脉冲来自前一级的输出，因此，触发器的状态翻转有先有后，计数速度较慢；图 2.7-36(b) 是同步计数器，电路中 CP 脉冲都连接在一起，使各触发器的状态翻转与时钟脉冲同步。

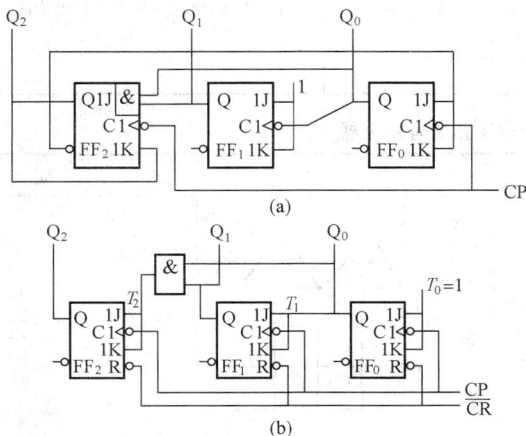

(a)

(b)

图 2.7-36　异步和同步计数器
(a)异步计数器；(b)同步计数器

7.10.4　顺序脉冲发生器

按电路结构不同，顺序脉冲发生器分成计数型和移位型两大类。计数型顺序脉冲发生器由二进制计数器和译码器组成。图 2.7-37 是由十进制计数器

74160 和译码器 74LS138 组成的顺序脉冲发生器。计数器 74160 和与非门组成 8 进制计数器，在 CP 脉冲作用下顺序产生 000 ~ 111 的信号，该信号经译码器 74LS138 译码后输出 8 路低电平顺序脉冲信号。

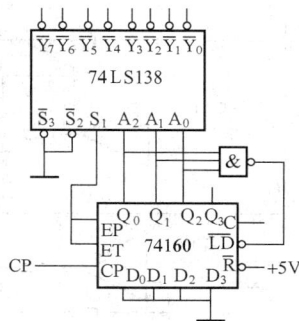

图 2.7-37　计数型顺序
脉冲发生器

移位型顺序脉冲发生器通常由移位寄存器型计数器(即环形计数器和扭环形计数器)组成。图 2.7-38 是由移位寄存器组成的顺序脉冲发生器。图中若断开 FF_3 的 Q 与 FF_0 的 D 之间的连接，则 4 个 D 触发器就组成了移位寄存器。移位型顺序脉冲发生器的名称即由此而来。环形计数器和扭环形计数器一般具有自启动的功能。为了确保移位型顺序脉冲发生器工作在有效的循环内，应对电路进行修改，增加自启动的功能。

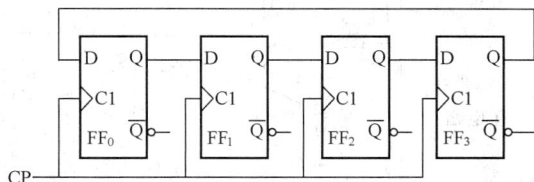

图 2.7-38　移位型顺序脉冲发生器

7.11　脉冲电路

7.11.1　模拟比较器和非正弦信号发生器

模拟比较器是组成非正弦信号发生器的基本单元电路，通常由通用型集成运放或集成电压比较器组成，专用的集成电压比较器具有响应时间短，工作速度快，输出电平与 TTL 数字电路兼容等优点，目前市场上已有多种性能优良的专用集成电压比较器可供选用，如 LM311、MC14574 等。

模拟电压比较器的型式主要有单限比较器和滞回比较器，它们的典型电路和电压传输特性见表 2.7 - 19。

常见的由模拟电压比较器组成的非正弦信号发生器见表 2.7 - 20。

表 2.7 - 19　　　单限比较器和滞回比较器的典型电路和电压传输特性

电路名称	典型电路	电压传输特性	阈值电平
单限比较器	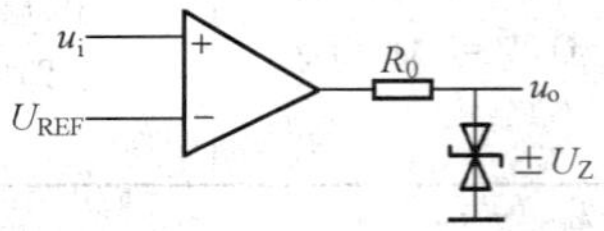	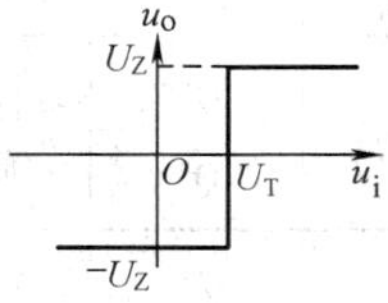	$U_T = U_{REF}$
	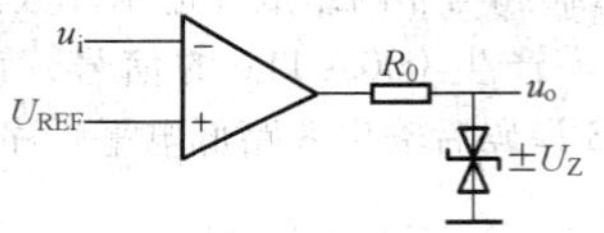	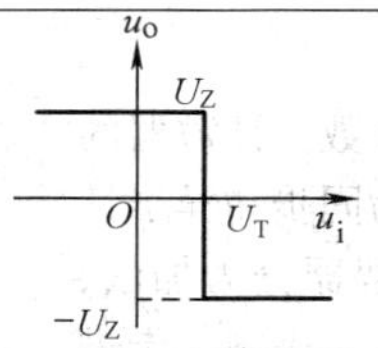	$U_T = U_{REF}$
滞回比较器	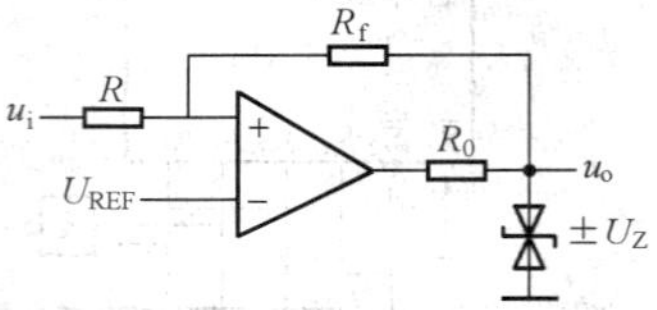	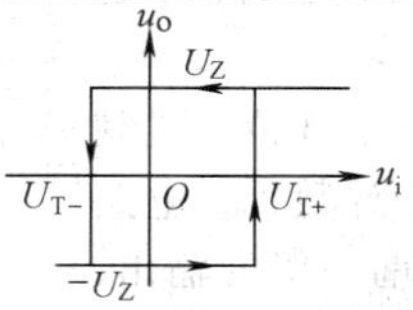	$U_{T\pm} = \dfrac{R + R_f}{R_f} U_{REF} \pm \dfrac{R}{R_f} U_Z$
	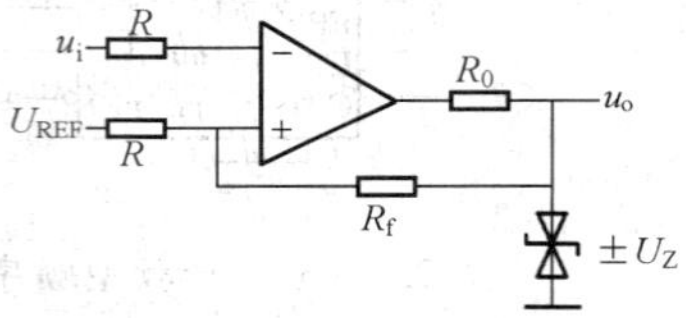	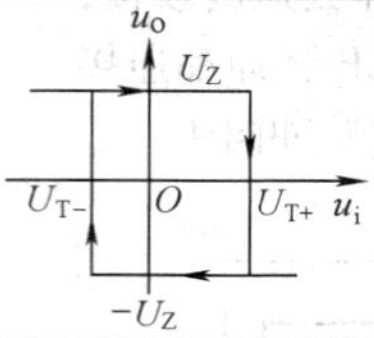	$U_{T\pm} = \pm \dfrac{R}{R + R_f} U_Z + \dfrac{R_f}{R + R_f} U_{REF}$

表 2.7 - 20　　　由模拟电压比较器组成的非正弦信号发生器

电路名称	典型电路	波形	周期
方波发生电路	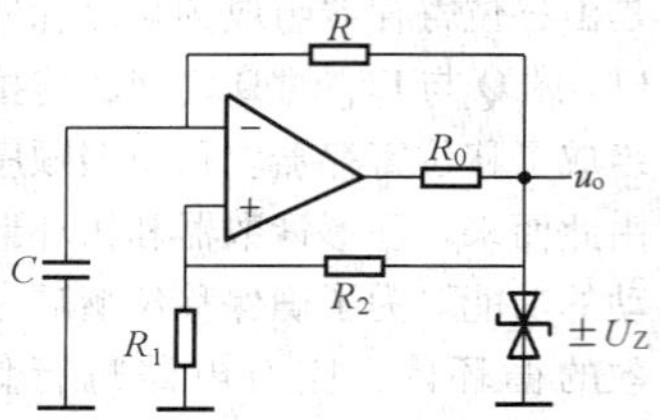	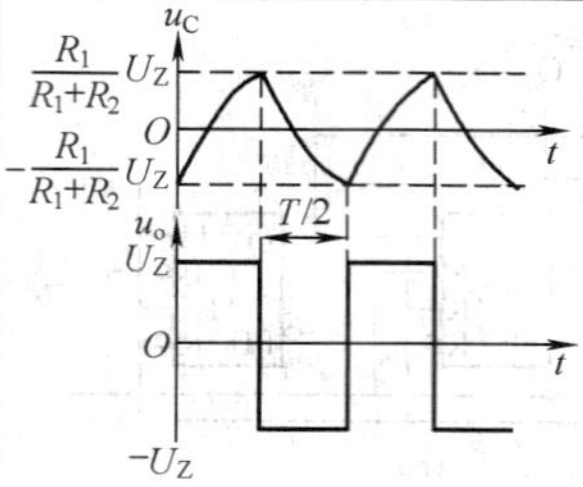	$T = 2RC\ln\left(1 + 2\dfrac{R_1}{R_2}\right)$
三角波发生电路	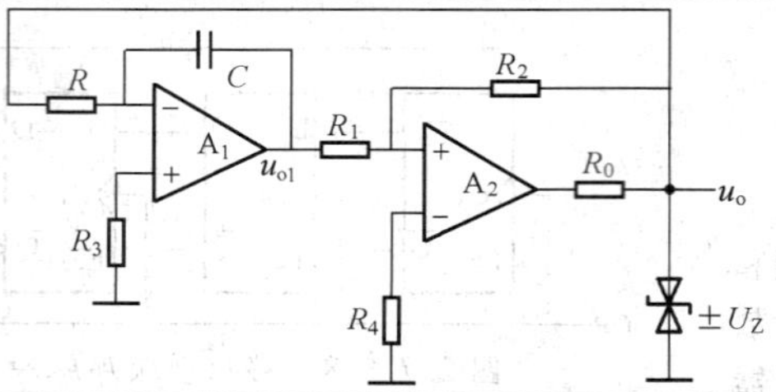	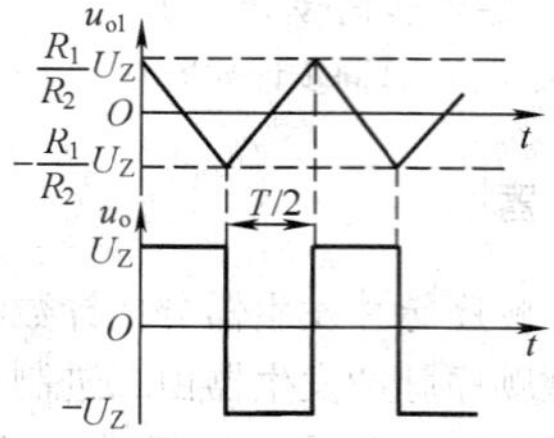	$T = 4RC\dfrac{R_1}{R_2}$

7.11.2　逻辑门组成的非正弦信号发生器

逻辑门组成的非正弦信号发生器又称为多谐振荡器，分为对称式多谐振荡器、非对称式多谐振荡器和环形多谐振荡器。图2.7-39是实际中应用较多的典型电路。

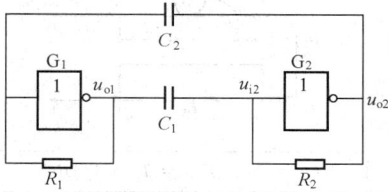

图 2.7-39　对称式多谐振荡器

7.11.3　555 集成定时器

555 集成定时器是一种多用途的单片集成电路，它有双极型和 CMOS 两类。图 2.7-40 是双极型 555 定时器的原理电路图。它由两个电压比较器、一个基本 RS 触发器(由双与非门组成)、一个放电晶体管和三个 $5\text{k}\Omega$ 电阻组成的分压器组成。555 定时器的功能表见表 2.7-21。

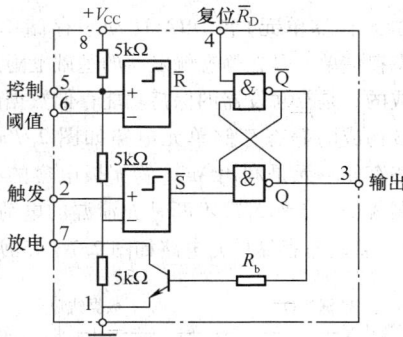

图 2.7-40　双极型 555 定时器的
原理电路图

表 2.7-21　　　555 定时器功能表

复　位	触发输入	阈值输入	输　出
0	×	×	0
1	$<\frac{1}{3}U_{CC}$	$<\frac{2}{3}U_{CC}$	1
1	$>\frac{1}{3}U_{CC}$	$>\frac{2}{3}U_{CC}$	0
1	$>\frac{1}{3}U_{CC}$	$<\frac{2}{3}U_{CC}$	不变

7.11.4　555 集成定时器组成的脉冲发生器

用 555 定时器组成的脉冲发生器及其波形如图 2.7-41 所示。其周期为 $T = T_H + T_L = (R_1 + 2R_2)C\ln 2$，振荡频率为 $f = \dfrac{1.43}{(R_1 + 2R_2)C}$，占空比为 $q = \dfrac{T_H}{T} = \dfrac{R_1 + R_2}{R_1 + 2R_2}$。

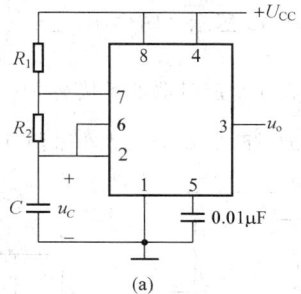

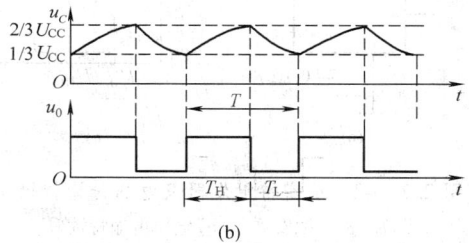

(a)

(b)

图 2.7-41　对称式多谐振荡器

(a)脉冲发生器电路；(b)脉冲发生器波形

7.11.5　单稳态触发器

用 555 定时器组成的单稳态触发器见表 2.7-22。

表 2.7-22　　　　　　　　用 555 定时器组成的单稳态触发器

名　称	非重触发的单稳态触发器	可重触发的单稳态触发器
电路图		

名　称	非重触发的单稳态触发器	可重触发的单稳态触发器
波形图		
输出脉冲宽度	$T_W = 1.1RC$	$T_W = T_1 + T'_W = T_1 + 1.1RC$

7.11.6 施密特触发器

用 555 定时器组成的施密特触发器及电压传输特性如图 2.7-42 所示，图中 $U_{TL} = \frac{1}{3}U_{CC}$，$U_{TH} = \frac{2}{3}U_{CC}$。若在 555 定时器的 5 脚外加一个控制电压 UCO，则可通过改变 UCO 的大小来调节回差的大小。

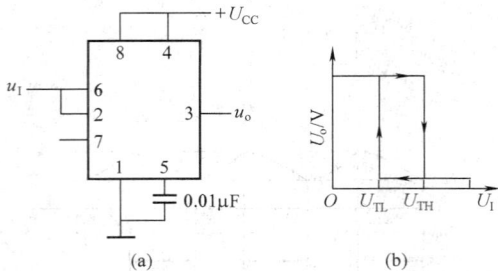

图 2.7-42　施密特触发器及电压传输特性
(a)施密特触发器；(b)电压传输特性

7.12　RAM 和 ROM

7.12.1　RAM

RAM 是 Random Access Memory 的缩写，通常称为随机存取存储器或读写存储器。RAM 由存储体、地址译码器、读/写控制电路三个部分组成，其基本结构如图 2.7-43 所示。

RAM 的特点是操作者能任意选中存储器中的某个地址单元，对该地址中的信息进行读出操作或写入新的信息。读出操作时，原信息保留；写入新信息时，新信息将取代原信息。电路一旦失电，信息全无；恢复供电后，原信息不能恢复，RAM 中的信息为随机数。

根据存储体存储数据方式的不同，RAM 可分为

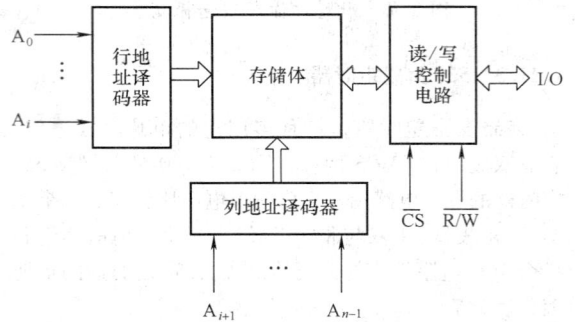

图 2.7-43　RAM 结构框图

SRAM(静态存储单元)和 DRAM(动态存储单元)两种。静态存储单元是在静态触发器的基础上附加门控管而构成的，是靠触发器的保持功能存储数据的。六管 CMOS 构成的静态存储单元电路如图 2.7-44 所示。动态存储单元是利用 MOS 管栅极电容的存储电荷效应制成的，工作时需不断补充泄漏的电荷(称为刷新)，四管动态存储单元电路如图 2.7-45 所示。

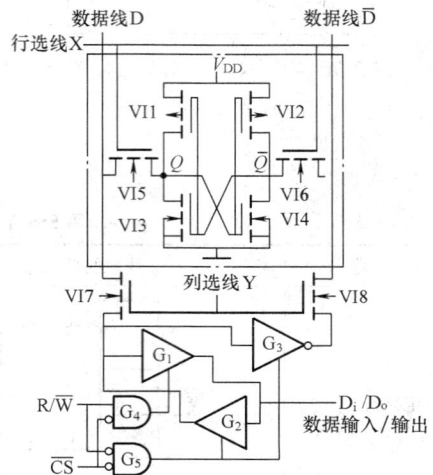

图 2.7-44　六管 CMOS 静态存储单元

V_{DD}

预充电脉冲 ϕ

VI9　　VI10

行选线 X

数据线 D　VI3　Q　$\overline{Q}$　VI4　数据线 $\overline{D}$

VI1　VI2

C_{01}　C_1　C_2　C_{02}

列选线 Y

VI5　VI6

D_1　VI7　VI8　$\overline{D}_0$

W　　R

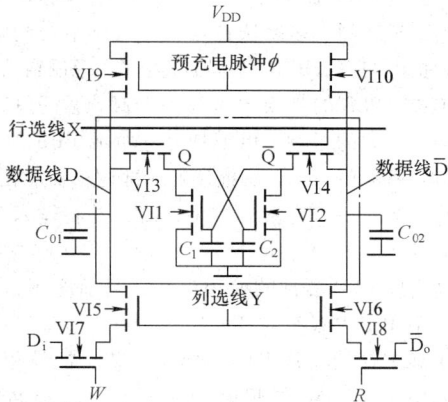

图 2.7 - 45　四管存储单元电路

7.12.2　ROM

ROM 是 Read Only Memory 的缩写，即只读存储器。ROM 在正常工作状态下只能读出数据。电路掉电后，ROM 中的内容仍然保持不变。ROM 属于组合逻辑电路。ROM 的结构框图如图 2.7 - 46 所示。

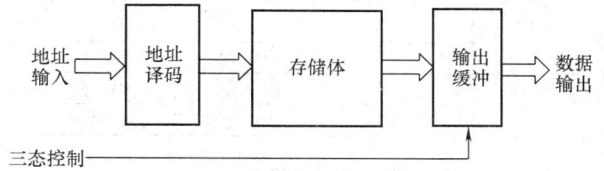

地址输入 → 地址译码 → 存储体 → 输出缓冲 → 数据输出

三态控制

图 2.7 - 46　ROM 的结构框图

一个 4×4 字位容量的 ROM 电路图和真值表见图 2.7 - 47。

ROM 中的存储体是由固定连接的与阵列及可编程的或阵列组成，根据 ROM 的编程方式，ROM 分为掩模型 ROM、可一次编程的 PROM(熔丝型或短路型)、紫外线擦除式 PROM (简称 UVEPROM 或 EPROM)、电可擦除 PROM (简称 EEPROM 或 E^2PROM)和 Flash 存储器等。

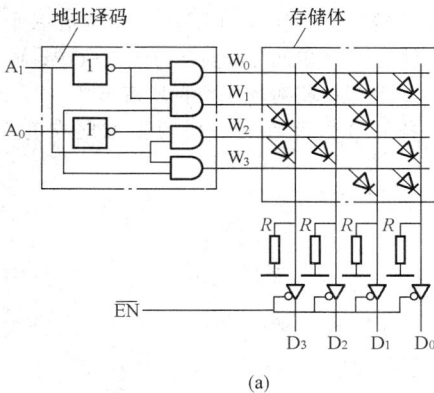

地址译码　　存储体

A_1　　　W_0

A_0　　　W_1

W_2

W_3

R　R　R　R

$\overline{EN}$

D_3　D_2　D_1　D_0

(a)

地址		字线	位线			
A_1	A_0	W	D_3	D_2	D_1	D_0
0	0	W_0	0	1	1	1
0	1	W_1	1	0	1	0
1	0	W_2	1	1	0	1
1	1	W_3	0	0	0	1

(b)

图 2.7 - 47　4×4 字位的 ROM 电路
(a)电路图；(b)真值表

7.13　可编程逻辑器件

7.13.1　低密度可编程逻辑器件

可编程逻辑器件(Programmable Logic Devices，PLD 是在门阵列的基础上发展起来的一种新型 ASIC 集成电路，经历了从 PROM、PLA、PAL、GAL 等低密度 PLD 到 CPLD、FPGA 等高密度 PLD 的发展过程。用 PLD 实现的数字系统，具有集成度高、速度快、功耗小、可靠性高等优点，能使数字系统的设计实现"硬件软化化"和"系统芯片化"。

低密度 PLD 器件的集成度小于1000个门，其基本结构如图 2.7 - 48 所示。

低密度 PLD 器件的输入电路主要由缓冲器构成。

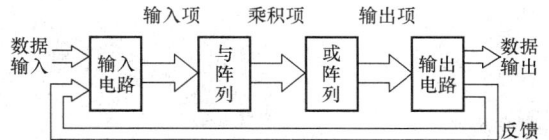

数据输入 → 输入电路 → 与阵列 → 或阵列 → 输出电路 → 数据输出

输入项　乘积项　输出项

反馈

图 2.7 - 48　低密度可编程逻辑器件的基本结构

器件的核心电路为可编程与阵列和可编程或阵列。根据与阵列、或阵列及输出电路的结构，低密度 PLD 器件可分为只读存储器(Programmalbe Read Only Memory，PROM)、可编程逻辑阵列(Programmable Logic Arrays，PLA)、可编程阵列逻辑(Programmable Array Logic，PAL)、通用阵列逻辑(Generic Array Logic，GAL)等。各种低密度 PLD 器件的结构特性见

表2.7－23。

表 2.7－23　　低密度 PLD 器件的结构特性

分　类	与阵列	或阵列	输出电路形式
PROM	固　定	可编程	固　定
PLA	可编程	可编程	固　定
PAL	可编程	固　定	固　定
GAL	可编程	固　定	可编程

7.13.2　高密度可编程逻辑器件

高密度 PLD 器件的基本结构如图 2.7－49 所示，主要由 I/O 单元、基本逻辑单元块（Basic Logic Block，BLB）和可编程互连资源（Programmable Interconnect，PI）构成。

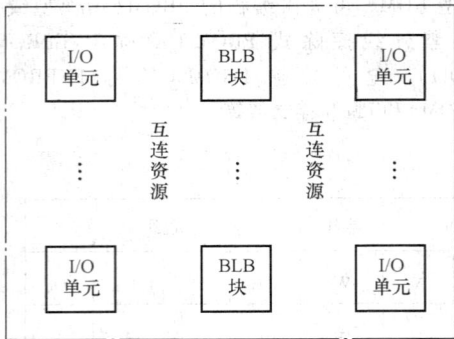

图 2.7－49　高密度 PLD 器件的基本结构

高密度 PLD 器件的 I/O 单元中包括输入、输出寄存器、三态门、多路选择器、输出摆率控制电路、边界扫描电路等。BLB 块是器件内部实现逻辑功能的最小单位，BLB 的规模大小对整个高密度 PLD 器件的结构有很大的影响。可编程互连资源 PI 的功能主要是将各基本逻辑单元块描述的局部逻辑功能相互连在一起，构成一个完整的数字系统，并将输入/输出连接至具体的 I/O 单元。

高密度 PLD 器件的编程工艺，目前应用最为广泛的是采用 E^2PROM 或 Flash Memory 工艺，另一种是采用静态存储器技术的 SRAM 工艺。从编程方式看，采用 E^2PROM 或 Flash Memory 工艺的高密度 PLD 器件都采用在系统编程（In System Program，ISP）技术，采用 SRAM 工艺的 PLD 器件都采用在电路配置（在 In Circuit Reconfiguration，ICR）编程方式。

从 PLD 器件的结构看，高密度 PLD 器件主要有 CPLD 和 FPGA 器件。CPLD 器件中的基本逻辑块的规模相对较大，且往往由多个 BLB 构成一个大块，在各大块和 I/O 单元之间再布有连线资源；而 FPGA 器件的 BLB 规模相对较小，且所有 BLB 以矩阵形式排列，各 BLB 之间在行、列两个方向布有多种连线资源。

第8章 电 能 质 量

8.1 电能质量概论

8.1.1 电能质量定义

电能质量主要包括电压质量、频率质量和供电可靠性三个方面，其具体内容包括频率偏差、电压偏差、电压波动与闪变、三相不平衡、暂时或瞬态过电压、波形畸变、电压暂降与短时间中断以及供电连续性等。

8.1.2 电能质量分类

电能质量分类见表2.8-1。

表 2.8-1 电能质量分类概述

类 型	扰动性质	特征指标	产生原因	后 果	解决方法
陷波	稳态	持续时间、幅值	调速驱动器	计时器计时错误、通信干扰	电容器、隔离电感器
三相不对称	稳态	不平衡因子	不对称负载	设备过热、继电保护误动、通信干扰	静止无功补偿
谐波	稳态	谐波频谱电压、电流波形	非线性负载、固态开关负载	设备过热、继电器保护误动、设备绝缘破坏	有源、无源滤波
电压闪变	稳态	波动幅值、出现频率、调制频率	电弧炉、电动机起动	伺服电动机运行不正常	静止无功补偿
瞬时电压上升瞬时电压下降	暂态	幅值、持续时间、瞬时值/时间	远端发生故障、电动机起动	设备停运、敏感负载不能正常运行	不间断电源、动态电压恢复器
谐振暂态	暂态	波形、峰值、持续时间	线路、负载和电容器组的投切	设备绝缘破坏、损坏电力电子设备	滤波器、隔离变压器、避雷器
脉冲暂态	暂态	上升时间、峰值、持续时间	闪电电击线路、感性电路开合	设备绝缘破坏	避雷器
噪声	稳态/暂态	幅值、频谱	不正常接地、固态开关负载	微处理器控制设备不正常运行	正确接地、滤波器

8.1.3 电能质量标准

从20世纪80年代初到2003年，国家技术监督局先后组织制定并颁布了六项电能质量国家标准，即GB/T 12325—2003《电能质量 供电电压允许偏差》修订版；GB/T 15945—1995《电能质量 电力系统频率允许偏差》；GB/T 15543—1995《电能质量 三相电压允许不平衡度》；GB/T 14549—1993《电能质量 公用电网谐波》；GB 12326—2000《电能质量 电压波动和闪变》修订版；GB/T 18481—2001《电能质量暂时过电压和瞬态过电压》。

8.2 供电电压偏差

8.2.1 概述

电压偏差是指当电力系统电压变化率小于每秒1%时，系统某一节点的实际电压与系统标称电压(亦即额定电压)之差值。该电压偏差可以用有效值或标幺值(以标称电压为基值)表示。电压偏差与无功功率的不平衡和供配电网架结构等因素相关。

8.2.2 电压偏差过大的危害

发生电压偏差，会导致电气设备的性能和效率下降，乃至影响其使用寿命；过电压会危及电气设备的绝缘性能，甚至损坏设备；电压偏低，会导致输电功率的静态稳定极限过低，出现小扰动时易不稳定；在系统缺乏无功电源情况下，运行电压低，有可能造成电压不稳定，导致电网崩溃。

8.2.3 供电电压偏差的测量

电压监测仪主要用于对电力系统正常运行状态因缓慢变化所引起的电压偏差进行连续监测和统计，其功能是监测电压偏差，统计电压合格率或电压超限率，具体可分为记录式和统计式两种。

记录式监测仪能贮存和显示电压超过上、下限累计时间及电压监测总计时间。统计式电压测量仪应在上述功能基础上还具有按月和按日统计的功能，能显示和打印电压合格率及合格累计时间；可以显示数据，打印各项记录和统计值；实时显示被测电压；能预置被测电压额定值。

8.2.4 供电电压偏差的控制

控制电压偏差是指通过各种调压手段和方法，使电压偏差控制在规定范围之内，以保证系统稳定可靠运行。而实现系统在额定电压前提下的无功功率平衡是保证电压质量的基本条件。

1. 系统调压手段——中枢点电压管理 电压的中枢点是指某些特定的用于对电力系统电压进行监视、控制和调整的母线。中枢点的调压方式有顺调压、逆调压和恒调压三种。

（1）顺调压。中枢点电压在高峰负荷时略低，但不低于线路额定电压的 102.5%；低谷负荷时中枢点电压略高，但不高于线路额定电压 107.5%。顺调压要求低，不用安装特殊调压设备，只适用供电距离短、负荷波动不大的电压中枢点。

（2）逆调压。中枢点在高峰负荷时的电压高于低谷负荷时的电压。中枢点的电压在最大负荷时应高于线路额定电压 5%，在最小负荷运行时等于线路额定电压。逆调压要求高，需在中枢点安装调相机、有载调压变压器或静止补偿器等特殊调压设备，适用于线路长、损耗大、负荷变动大的中枢点。

（3）恒调压。在任何负荷时，中枢点的电压基本不变，一般保持在 102% ~ 105% 的额定电压。通常用于向负荷波动甚小的用户供电的中枢点，若负荷波动

大，也需特殊调压设备。

2. 电压调整的措施

（1）利用系统调压的方法。

1）发电机调压。发电机是最基本的无功功率电源，改变励磁电流可以调节其端电压。发电机可以在其额定电压的 95% ~ 105% 范围内保持额定功率运行。这种调压方法应优先考虑，但仅适用于由发电机直接供电的、线路短、电压损耗小的负荷，在多级大中型系统中，则用作辅助措施。

2）改变变压器分接头调压。双绕组变压器在高压侧、三绕组变压器在高中压侧都有分接头开关。根据调压要求，合理选择分接头，改变变比以实现调压。普通变压器的分接头调整不能带负荷进行，但有载调压变压器可以带负荷调压，且调压范围宽。这种调压方法在无功电源充裕的系统中应优先采用，尤其在多级系统中，有载调压是保证电压质量唯一可行的方法。

3）改变电力网参数调压。通过改变网络参数 R 和 X 来改变电压损耗以达到调压目的。可以采用分裂导线降低线路电抗，在高压电力网中串接电容器补偿，供电可靠时切投双回线路或并联运行的变压器等多种方法。

（2）配置充足的无功功率。主要是改变电力网无功功率分配。采用无功补偿装置就近向负荷提供无功功率，这种调压效果在导线横截面积较大的高压电力网中尤为显著。主要的无功补偿设备有并联电容器、并联电抗器、同步调相机、静止补偿器等。

8.3 电力系统频率偏差

8.3.1 概述

电力系统频率偏差是指在正常运行条件下，系统频率的实际值与标称值之差。产生频率偏差的根本原因是有功功率的不平衡。

8.3.2 频率偏差的危害

异步电动机的转速随着频率变化会影响生产流程，波及产品质量；系统频率下降使电动机的输出功率降低；发电机组效率降低，严重时可能引发系统频率崩溃或电压崩溃；会造成汽轮机的叶片疲劳损伤和断裂；低频率导致系统电压水平降低，给系统电压调整带来困难；频率的不稳定会影响电子设备的工作特性，降低准确度；频率偏差大使感应式电能表的计量误差加大等。

8.3.3 频率偏差的测量

1. 测量仪表 具有统计功能的数字式自动记录

仪表，其绝对误差不大于 0.01Hz。

2. 测量方法

(1) 测量正弦稳态交流的单相电压信号在预定的时间间隔内的周期数。

(2) 在假定测量时间内电压相量的幅值不变的前提下，可用旋转的正序电压相量的傅里叶级数进行分析，以求得相角的变化率，再折算成频率。

(3) 在快速傅氏变换中，频率偏差与泄漏系数成线性关系，采用带通滤波器减小由非工频分量形成的误差；用最小面积方法，将同相位和 90°相位的电压波形进行泰勒级数展开，以求得频率的偏差。

8.3.4 频率偏差调整与控制

1. 电力系统频率调整

(1) 一次调整。利用发电机组的调速器，对于变动幅度小 (0.1%~0.5%)、变动周期短 (10s 以内) 的频率偏差所做的调整。

(2) 二次调整。利用发电机组的调频器，对于变动幅度较大 (0.5%~1.5%)、变动周期较长 (10s~30min) 的频率偏差所做的调整。二次调整有手动调频和自动调频两种方式。自动调频是通过装在调频厂和调度所的自动发电控制 (AGC) 装置实现的。自动发电控制装置的调频方式主要分为三类：恒定频率控制 (FFC)、恒交换功率控制 (FTC) 和联络线功率偏差控制 (TBC)。

2. 电力系统频率控制 电力系统应当具有足够的负荷备用和事故备用容量。一般分别按最大负荷的 5%~10% 和 10%~15% 配备系统的负荷备用和事故用容量。在调度所或变电所装设直接控制用户负荷的装置，并备有事故拉闸序位表；在系统内安装按频率降低自动减负荷装置和在可能被解列而导致功率过剩的地区装设按频率升高自动切除发电机等装置。

8.4 电压三相不平衡

8.4.1 概述

1. 概念 对于三相平衡系统，A、B、C 三相电压幅值相同，且相位顺序相差 $2\pi/3$，否则系统不平衡。三相不平衡分为事故性不平衡和正常性不平衡，前者是由于三相系统中某一相 (或两相) 出现故障所致，后者由系统中三相元件或负荷不对称所致。三相不平衡的分析可采用对称分量法，即任何一组不对称的三相相量 $\dot{A}$、$\dot{B}$、$\dot{C}$ 都可以分解为相序各不相同，且三相对称的零序、正序和负序的三组相量。

2. 三相不平衡度 三相不平衡度是衡量正常性不平衡运行工况的指标。

(1) 通常用三相电压 (或电流) 的负序分量的有效值与正序分量有效值之比表示。常采用百分比的形式，用 ε (包括 ε_U 和 ε_I) 表示为

$$\varepsilon_U = \frac{U_2}{U_1} \times 100\% \qquad (2.8-1)$$

式中，ε_U 为三相电压的不平衡度；U_1、U_2 为电压正序、负序分量的有效值 (kV)。

(2) 上述方法需要计算正、负序分量，实际处理比较困难。若给定三相电量的数值 a、b、c，则在不含零序分量的三相系统中，可根据数值 a、b、c 计算不平衡度如下

$$\varepsilon = \frac{\sqrt{1 - \sqrt{3 - 6p}}}{\sqrt{1 + \sqrt{3 - 6p}}} \times 100\% \qquad (2.8-2)$$

式中，$p = \dfrac{a^4 + b^4 + c^4}{(a^2 + b^2 + c^2)^2}$。

(3) 工程上估算某个不对称负荷在公共连接点造成三相电压不平衡度的公式为

$$\varepsilon_U \approx \frac{\sqrt{3} I_2 U_L}{S_d} \times 100\% \qquad (2.8-3)$$

式中，I_2 为负荷电流的负序分量 (A)；U_L 为公共连接点的线电压值 (kV)；S_d 为公共连接点的短路容量 (MVA)。

上式仅用于和发电厂或大型电动机电气距离较远的公共连接点处三相电压不平衡度的近似计算。

(4) 三相对称系统中，计算由接于相间的单相负荷所引起的三相电压不平衡度为

$$\varepsilon_U \approx \frac{S_L}{S_d} \qquad (2.8-4)$$

式中，S_L 为单相负荷容量 (MVA)；S_d 为计算点的三相短路容量 (MVA)。

8.4.2 三相不平衡产生的危害

不对称运行会增加发电机转子的损耗及发热，产生振动，降低利用率；在不平衡电压下，感应电动机的定子和转子铜损增加，发热加剧，使得最大转矩和过载能力降低；变压器处于不平衡负载下运行会由于磁路不平衡而造成附加损耗；引起基于负序分量的多种起动元件的保护装置发生误动作，危及电网安全；干扰计算机系统，增加输电线损耗。

8.4.3 电压三相不平衡的测量仪器

根据不同的测量原理，可供测量的仪器有：负序过滤器型测量仪、调制型负序测量仪、旋转磁场型负序测量仪、多相整流型负序测量仪和数字型序分量测量仪等。

8.4.4　电压三相不平衡的控制

1. 由线路不平衡引起的三相不平衡　三相线路的等效电阻远小于线路电抗，而电抗的大小与线路的材料、截面积、绝缘介质等有关，且与三相导线的排列方式相关（排列成等边三角形时，供电线路平衡；排列成水平或垂直时，供电线路不平衡）。

2. 由不对称负荷引起的三相不平衡　将不对称负荷分散接到不同的供电点，以减小集中连接造成不平衡度超标问题；不对称负荷合理分配到各相，尽量使其平衡化；使连接点的短路容量足够大；采用平衡装置，如三相不同容量的电容器组、带旋转磁场的变压器型平衡装置、具有分相补偿性能静止型无功补偿装置（SVC）等。

8.5　波形畸变与电力谐波

8.5.1　概述

1. 谐波畸变　谐波是一个周期电气量的正弦波分量，其频率为基波频率的整数倍。

（1）有效值和总谐波畸变率。

1）谐波频谱分析。在频域分析中，将畸变的周期性电流（或电压）分解成傅里叶级数

$$i(t) = \sum_{h=1}^{M} \sqrt{2} I_h \sin(h \omega_1 t + \beta_h) \quad (2.8-5)$$

式中，ω_1 为工频的角频率（rad/s）；h 为谐波次数；I_h 为第 h 次谐波电流的有效值（A）；β_h 为第 h 次谐波电流的初相角（rad）；M 为所考虑的最高次谐波的次数，取决于波形的畸变度和分析精度，通常取 $M \le 50$。

2）有效值

$$I = \sqrt{\frac{1}{T} \int_0^T i^2(t) \, dt} = \sqrt{I_1^2 + \sum_{h=2}^{M} I_h^2} \quad (2.8-6)$$

3）h 次谐波电流的含有率

$$HRI_h = \frac{I_h}{I_1} \times 100\% \quad (2.8-7)$$

4）电流总谐波畸变率

$$THD_I = \frac{\sqrt{\sum_{h=2}^{M} I_h^2}}{I_1} \times 100\% \quad (2.8-8)$$

畸变电压的傅里叶级数分解、有效值 U、谐波含有率 HRU_h、总谐波畸变率 THD_U 的计算方法同上。

（2）三相电路中的谐波。A、B、C 三相第 h 次谐波电压分别如下所示

$$\left. \begin{array}{l} u_{ah} = \sqrt{2} U_h \sin(h \omega_1 t + \varphi_h) \\ u_{bh} = \sqrt{2} U_h \sin(h \omega_1 t + \varphi_h - h \times 120°) \\ u_{ch} = \sqrt{2} U_h \sin(h \omega_1 t + \varphi_h + h \times 120°) \end{array} \right\}$$

$$(2.8-9)$$

在三相基波电压完全对称、三相电压波形完全相同的条件下，当 $h = 3k + 1$ 时，三相电压谐波的相序同于基波的相序，为正序性谐波；当 $h = 3k + 2$ 时，为负序性谐波；当 $h = 3k + 3$ 时，则为零序性谐波。

2. 供电系统典型谐波源　各种含铁心设备，如变压器、电抗器等，其铁磁饱和特性呈现非线性；各种交直流换流装置、双向晶闸管可控开关设备 PWM 变频器等电力电子设备；交流电弧炉和交流电焊机等。

8.5.2　谐波的影响与危害

旋转电动机等的附加谐波损耗与发热，会缩短使用寿命；谐波谐振过电压，会造成电气元件及设备的故障与损坏；电能计量错误；对通信系统产生电磁干扰，使电信质量下降；重要的和敏感的自动控制、保护装置不正确动作；危害到功率处理器自身的正常运行。

8.5.3　谐波的测量

谐波测量仪器主要有频谱分析仪和谐波分析仪。

测量方法是选择在电网正常供电时系统可能出现的最小运行方式，且在谐波源工作周期内产生谐波量大的时段内进行。原则上选取谐波源用户接入公用电网的公共连接点作为谐波的监测点，要求监测点的谐波水平必须符合相关的谐波国家标准规定。对于负荷变化快的谐波源，两次测量之间的间隔时间不大于 2min，测量次数应满足数理统计的要求，一般不少于 30 次；取测量时段内各相持续测量过程中实测值的 95% 概率值，并取三相中最大一相的值，作为该测试时段的谐波水平值，以此作为判断谐波是否超过标准允许值的依据。

8.5.4　电力谐波的抑制技术

1. 降低谐波源谐波电流含量　电力系统中大量的谐波源是换流器，增加其脉动数对降低谐波电流含量最为有效。脉动数越多，则换流器注入电力系统特征谐波的起始最低次数越高，其谐波含量明显下降。

2. 装设交流滤波器　在谐波源处装设滤波器，就地吸收谐波电流，可使注入系统的谐波降到很低的程度。这是当前最主要的抑制谐波方法。交流滤波器

分为无源和有源两种，目前广泛使用的是普通的无源交流滤波器，所用的设备和技术都简单可靠。

3. 采用较高一级电压供电 谐波源的供电电压对系统的谐波状况有影响。供电网的电压等级越高，其短路容量越大，容许存在的谐波电流也越大。

8.6 电压波动与闪变

8.6.1 概述

1. 电压波动 一系列电压变动或工频电压包络线的周期性变化即呈现为电压波动。电压波动值定义为电压方均根值的两个极值 U_{max} 和 U_{min} 之差 ΔU，常以其额定电压 U_N 的百分数表示其相对百分值。通常将波动电压看成以工频额定电压为载波，其电压的幅值受频率范围在 $0.05 \sim 35Hz$ 的电压波动分量调制的调幅波。

2. 闪变

（1）定义。电光源的电压波动造成灯光照度不稳定的人眼视感反应即称为闪变。

（2）与闪变相关一些主要概念。

1）闪变觉察率 F

$$F = \frac{C + D}{A + B + C + D} \times 100\% \quad (2.8-10)$$

式中，A 为没有觉察的人数；B 为略有觉察的人数；C 为有明显觉察的人数；D 为难以忍受的人数。

2）瞬时闪变视感度 $S(t)$。反映人的瞬时闪变感觉水平，用闪变强弱的瞬时值随时间变化来描述。通常规定闪变觉察率 $F = 50\%$ 为瞬时闪变视感度的衡量单位，对应于 $S(t) = 1$ 觉察单位。

3）视感度频率特性系数 $K(f)$。在 $S(t) = 1$ 觉察单位下，最小电压波动值与各频率电压波动值的之比。

4）波形因数 $R(f)$。在 $S(t) = 1$ 觉察单位下，相同频率的两种不同波形（正弦波和矩形波）的电压波动之比。

（3）闪变水平评估。

1）短时间闪变水平值 P_{st}。描述较短时间内（通常取 10min）电压波动的统计特征，适用于对单一闪变源的干扰评价。

2）长时间闪变水平值 P_{lt}。描述较长时间内（通常取 2h）电压波动的统计特征，适用于多闪变源的随机运行情况，或者工作占空比不定，且长时间运行的单闪变源。

8.6.2 闪变的发生与危害

供电系统中电压波动和闪变均由用户波动性负荷所引起，其中周期性或近似周期性的波动性负荷对闪变的影响更为严重。照明闪变，影响人的视觉感受；而电压波动和闪变会使生产与产品质量受到损失。

8.6.3 电压波动与闪变的测量

为检测出电压波动分量，通常将电压波动看成以工频电压为载波（50Hz 或 60Hz），其电压的有效值或峰值受到以电压波动分量作为调幅波的调制。基于调制波调制原理，电压波动检测可分为同步检测法、有效值检测法和整流检测法三种方法。国际上对应于这三种方法的闪变测量仪分别为 IEC 和 UIE 推荐的闪变仪、日本 ΔV_{10} 闪变仪以及英国 ERA 闪变仪。

8.6.4 电压波动与闪变的抑制技术

安装补偿器；改进运行操作和工艺，例如采用电动机降压起动等技术措施，电弧炉电极升降的自动调节和将炉料中大的废钢铁块加以破碎等；架设专线将大容量冲击性负荷用户接至较高电压等级的供电系统，以提高供电能力等。

8.7 电压暂降与短时间中断

8.7.1 概述

电压暂降指在工频条件下，电压有效值减小到 $0.1 \sim 0.9$ p.u.（标幺值）之间，持续时间为 0.5 周波至 1min 的短时间电压变动现象。按照电压变化持续的时间的长短，电压暂降可分为瞬时、暂时和短时三类。

短时间电压中断是指供电电压降低到 0.1p.u. 以下，持续时间为 0.5 周波至 1min 的电压变动现象。按照中断持续的时间的长短，短时间电压中断可分为暂时和短时两类。

电压暂降和中断与系统短路、感应电动机起动、雷击、保护装置切除故障等因素有关。

8.7.2 电压暂降与短时间中断的危害

复杂的电子设备很多对短时间的电压变化较为敏感。电压暂降与短时间中断可能会引起计算机系统紊乱，调速设备跳闸以及机电设备误操作等，严重影响设备的正常工作。

8.7.3 电压暂降与中断的特征量检测方法

电压暂降（包括短时间电压中断）的特征量主要是幅值和持续时间，随着研究的深入，对特征量的认识也会更加全面，例如频次和相位跳变也逐步成为衡量暂降的量值。目前检测特征量的主要方法如下：

1. 有效值计算方法 通过计算发生暂降时的电压有效值来确定暂降情况，通常采用滑动平均值法。这种方法可以衡量电压的暂降程度，但不能很明确地给出电压暂降的起止时刻和暂降发生时可能出现的相位跳变大小。

2. 缺损电压计算方法 定义缺损电压为期望的瞬时电压和实际瞬时电压之间的差值，期望的瞬时电压可看作是理想的工频参考电压。通过分析缺损电压，得到暂降发生后电压相位跳变的大小，进而选择合适的电压补偿方式。

3. 瞬时电压 dq 分解法 缺损电压方法并未解决暂降电压幅值和相位的瞬时确定问题，不便直接用于电压暂降的实时补偿。借助 abc - dq 坐标变换可以有效地得以解决。dq 变换结果中的 d 轴分量反映了电压的有效值。实际的电压暂降多为单相事件，而 abc - dq 坐标变换是针对三相电路而言，因此，可以将单相电源为参考电压构造一个虚拟的三相系统，再进行分析。

8.7.4 电压暂降与中断的抑制

1. 减少故障数 通常可以采用将架空线入地或外加绝缘，架设附加的屏蔽导线，增加维护和巡视的频度等措施。这些措施不仅可以减少电压暂降的发生，也可以减少供电中断事故，但代价高。

2. 缩短故障切除时间 这种方法可以明显减少电压暂降的幅值及持续时间，可以应用有限流作用的熔断器、快速故障限流器、固态开关以及反时延过电流继电器等设备。输电系统要求故障清除时间更短，还可以通过缩小分级区域来缩短故障清除时间或采用速动后备保护。

3. 改变供电方式 采用母线分段或多设配电站的方法来限制同一回供电母线上的馈线数；在系统中的关键位置安装限流线圈；对于高敏感负荷，可以考虑由多电源供电，这样可以减少中断的发生。改变供电方式效果好，但代价也高，仅适用于对供电质量要求高的工商业用户。

4. 安装缓解设备 这是应用最普遍的缓解电压瞬变的方法，即在供电系统与用电设备的接口处安装附加设备。例如动态电压调节器（DVR）和统一电能质量控制器（UPQC），适用于因输电系统短路故障引起的电源暂降，而采用不间断电源（UPS）是解决供电中断的有效方法。

5. 提高用电设备的抗扰能力 对于一些敏感性设备，可以适当地改变设备内部参数；采用宽范围 DC/DC 变换器；对变频器，可以增大直流母线容量，以有效防止单相和相间故障引起的电压暂降；改进换流器或整流器及其控制方法；对所有接触器、继电器、传感器等器件的抵御能力进行检查分析并采取一定措施。

第9章 电 磁 兼 容

9.1 概述

电磁兼容性 EMC 包括两方面的含义：

（1）电子设备或系统内部的各个部件和子系统、一个系统内部的各台设备、乃至相邻几个系统，能在它们自己所产生的电磁环境及在它们所处的外界电磁环境中，能按原设计要求正常运行。换句话说，它们应具有一定的电磁敏感度，以保证它们对电磁干扰具有一定的抗扰度。

（2）该设备或系统自己产生电磁噪声必须限制在一定的电平，由它所造成的电磁干扰 EMI 不致对它周围的电磁环境造成严重的污染和影响其他设备或系统的正常运行。

9.1.1 噪声与电磁干扰源

1. 自然干扰源 大自然现象所造成的各种电磁噪声。它们主要包括大气层噪声、雷电、太阳异常电磁辐射及来自宇宙的电磁辐射噪声等。其中，雷电属于最常见的，也是最严重的大气层电磁干扰源。它的闪击电流很大，最大可达兆安培量级，电流的上升时间为微秒量级，持续时间可达几个毫秒乃至几秒，它所辐射的电磁场频率范围大致为 10Hz～300kHz，主频在数千赫兹。源于银河系及超远星系的高能粒子运动和银河系恒星体上的爆炸现象引起的电磁噪声，其干扰信号的频谱通常在数十 MHz 到数十 GHz 的范围。

2. 人为干扰源 来源于各种电气设备的电磁干扰源。它们主要包括元器件的固有噪声、物理或化学噪声、放电噪声、电磁波辐射噪声、非线性开关过程噪声等。

（1）元器件的固有噪声。

1）电阻热噪声。源于电阻器发热而引起的电子热骚动。电阻器上产生的开路噪声电压（有效值）为

$$U_t = \sqrt{4KTBR} \qquad (2.9-1)$$

式中，K 为玻尔兹曼常数（1.38×10^{-23}J/K）；T 为热力学温度（K）；B 为被分析系统（电路）的等效噪声带宽或系统等效电压增益平方平带宽（Hz）；R 为电阻器的电阻（Ω）。

2）散粒噪声。电流流过势垒而产生的噪声，它主要存在于电子管和半导体器件中。

散粒噪声电流的有效值定义为

$$I_{sh} = \sqrt{2qI_{dc}B} \qquad (2.9-2)$$

式中，q 为电子电荷（1.6×10^{-19}C）；I_{dc} 为流过器件的直流电流（A）；B 为噪声带宽（Hz）。

$$\frac{I_{sh}}{\sqrt{B}} = \sqrt{2qI_{DC}} = 5.66\times10^{-10}\sqrt{I_{DC}}$$
$$(2.9-3)$$

3）接触噪声。两种材料接触不良造成的电导率的波动造成的噪声。

当频率很低时，该噪声具有下述的频率特性

$$\frac{I_f}{\sqrt{B}} = \frac{kI_{DC}}{\sqrt{f}} \qquad (2.9-4)$$

式中，I_{DC} 为通过器件直流电流的平均值（A）；f 为频率（Hz）；k 为与材料及电极几何形状有关的常数；B 为频率 f 为中心的频带（Hz）。

4）爆米花噪声。半导体器件 P-N 结中的金属杂质造成的缺陷引起的噪声。它的干扰电压幅值通常是热噪声的 2～100 倍；它的功率密度具有 $1/f^n$ 的频率特性（n 通常等于 2）。

（2）物理或化学噪声。

1）原电池噪声。两块不同的金属构成化学湿电池引起的噪声。原电池序列表见表 2.9-1。

表 2.9-1 原 电 池 序 列 表

阳极端（最易被腐蚀）

第一组	1. 锰	2. 锌	3. 镀锌的钢	
第二组	4. 铝 2S 8. 铁	5. 镉 9. 不锈钢（未钝化）	6. 铝 17ST	7. 钢
第三组	10. 铅锡焊料 13. 镍（未钝化）	11. 铅 14. 黄铜（青铜）	12. 锡 15. 紫铜	16. 黄铜
第四组	17. 铜-镍合金 21. 不锈钢（钝化）	18. Monel 22. 银	19. 银焊料	20. 镍（钝化）
第五组	23. 石墨	24. 金	25. 铂	

阴极端（不易腐蚀）

2）电解噪声。两块相同的金属相互接触，接触面间存在电解液（如带弱酸的水汽等），并且流过直流电流时，将产生电解反应。

3）摩擦及导线移动造成的噪声。通常，导线中的金属芯线与其绝缘外套不可能保持固定的紧密接触，以致当弯曲电缆线时，两者相互摩擦会产生感应电荷，造成摩擦噪声。

（3）放电噪声。在放电过程中，属于瞬态放电的有静电放电和火花放电，属于持续放电的有电晕放电（光放电）和弧光放电。

1）静电放电。两种材料互相摩擦和紧随着的分离会产生静电。表 2.9-2 按照材料电子亲合力的次序列出了一些典型材料的摩擦序列表。

表 2.9-2　电子亲合力序列表

正极性

1. 空气	18. 硬橡皮
2. 人的皮肤	19. 聚酯薄膜
3. 石棉	20. 环氧玻璃
4. 玻璃	21. 镍，铜
5. 云母	22. 黄铜，银
6. 人的头发	23. 金，铂
7. 尼龙	24. 泡沫聚苯乙烯
8. 毛	25. 聚丙烯
9. 皮	26. 聚酯
10. 铅	27. 赛璐珞
11. 丝绸	28. Orlon
12. 铝	29. 泡沫聚氨酯
13. 纸	30. 聚乙烯
14. 棉花	31. 聚丙烯
15. 木头	32. 聚乙烯基塑料
16. 钢	33. 硅
17. 封蜡	34. 四氟乙烯
	负极性

表 2.9-3 列出了在不同条件下，人体活动产生静电电压的一些例子。

表 2.9-3　典型的静电电压

产生静电的途径	静 电 电 压	
	10%~20% 相对湿度	65%~90% 相对湿度
在地毯上走路	35000	15000
在乙烯地板上走路	12000	250
工人移动一张工作台	6000	100
打开一个乙烯袋子	7000	600
拎起一个普通的聚乙烯袋子	20000	12000
坐在椅子上	18000	1500

表 2.9-4 示出了一些常见半导体器件的静电放电损坏电压参考值。

表 2.9-4　常见半导体器件静电放电的易损电压参考值

器件类型	对静电放电的易损电压参考值 /V
肖特基二极管	300~2500
肖特基 TTL	1000~2500
双极晶体管 BJT	300~7000
ECL	500~1500
晶闸管（ECR）	680~1000
JFET	140~7000
MOSFET	100~200
CMOS	250~3000
GaAs FET	100~300
EPROM	100

2）电晕放电噪声。主要来自高压输电线的持续放电噪声。噪声频谱在 15kHz~400MHz 的频率范围。

3）辉光放电。持续的辉光放电物理现象已广泛地应用于离子管、等离子反应器和低压气体放电灯中。但是还存在一些不控的辉光放电干扰源，例如：电气开关接通（或断开）瞬间，触头之间也会产生"辉光放电"现象。

4）弧光放电。持续弧光放电的典型应用是电弧焊接和高压气体放电灯等。当电气开关换接时，也会产生不控的弧光放电过程。

（4）电磁波辐射噪声。由辐射电磁波的电子装置所造成的噪声。例如无线电电视广播、通信、遥感、遥控、遥测、雷达等各种发射机，这些装置以向空间辐射电磁波为目的，但它同时也会在相应的发射频率（包括它们的高次谐波）范围内对其他电子装置造成干扰。此外，还有一些装置（例如：中频、高频感应加热电源，高频开关电源，电子镇流器，超声波发生器，高速数字脉冲电路，核电磁脉冲等），也会在它的附近空间里产生辐射电磁场。这些辐射电磁场也会构成对电磁环境的污染。

（5）半导体器件开关过程和开关电路引起的噪声。

1）半导体器体开关过程造成的电磁噪声在电子装置中，无论是主回路还是控制回路，在器件开关过程中，都存在着高的 di/dt，形成高频环路，构成环形天线辐射高频电磁场；另一方面，它们通过线路或元器件的引线电感，引起瞬态电磁噪声电压，或形成振子天线辐射高频电磁场，或构成共模电压噪声源，通过分布电容形成共模干扰电流。半导体器件开关过程造成的电磁噪声的强度和频谱与半导体器件的工作频率、开关速度、引线长度、电路布线等直接相关。

2）整流电路造成的谐波干扰和电磁噪声。它与交流供电电网直接相连，所以它本身产生的谐波干扰和电磁噪声，以及由它供电的后级电路产生的电磁噪声，均可通过整流电路，以传导耦合的形式引入电网，造成对接在同一电网内的其他设备的干扰。

3）用脉冲宽度调制（PWM）技术的各种电力电子电路造成的电磁噪声。主功率电路中，通常会流过一系列的 PWM 功率脉冲电流，取决于其重复频率及其谐波含量和脉冲前沿陡度，而且它们产生的电磁噪声强度很大。

9.1.2　电磁干扰耦合途径

干扰源把噪声能量耦合到被干扰对象有两种方式：传导和辐射，如图 2.9-1 所示。

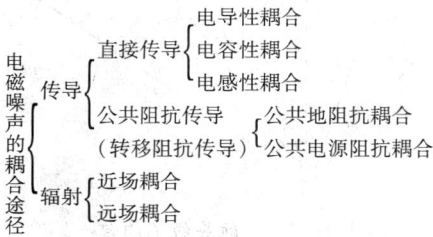

电磁噪声的耦合途径 {
　传导 {
　　直接传导 {
　　　电导性耦合
　　　电容性耦合
　　　电感性耦合
　　}
　　公共阻抗传导（转移阻抗传导） {
　　　公共地阻抗耦合
　　　公共电源阻抗耦合
　　}
　}
　辐射 {
　　近场耦合
　　远场耦合
　}
}

图 2.9-1　电磁噪声的耦合方式

传导耦合是指电磁噪声的能量在电路中以电压或电流的形式，通过金属导线或其他元件（如电容器、电感器、变压器等）耦合至被干扰设备（电路）。可分为直接传导耦合、公共阻抗耦合和转移阻抗耦合三种。

辐射耦合是指电磁噪声的能量，以电磁场能量的形式，通过空间辐射传播，耦合到被干扰设备（电路）。

1. 传导耦合

（1）直接传导耦合。

1）电导性耦合。在考虑 EMC 问题时，必须考虑导线不但有电阻，而且有电感 L_t，漏电阻 R_g 以及杂散电容 C_p。它们构成一个谐振回路，其谐振频率为

$$f_o = \frac{1}{2\pi\sqrt{L_t C_p}} \qquad (2.9-5)$$

通常，工作频率多低于 f_o，因此该导线一般呈感性。

导线的直流电阻

$$R_{DC} = \rho \frac{l}{A} = \frac{l}{A\,\sigma} \qquad (2.9-6)$$

式中，l 为导线的长度（m）；A 为导线的截面积，$(m)^2$；ρ 为导线的电阻率（$\Omega\cdot m$）；σ 为导线的电导率 $\sigma = \sigma_r\sigma_c$，其中，$\sigma_c$ 为铜的电导率，σ_r 为其他金属对铜的相对电导率。

铜箔条的交流电阻为

$$R_{AC} = R_{DC}\frac{t}{\delta} \qquad (2.9-7)$$

式中，t 为导体表面向导体中心的距离；δ 为集肤深度。

$$\delta = \frac{1}{\sqrt{\pi f\mu\sigma}} = \frac{66}{\sqrt{\mu_r\sigma_r f}} \quad (mm)$$

式中，μ 为金属导体的磁导率，且 $\mu = \mu_r\mu_c$；μ_c 为铜的磁导率，$\mu_c = 4\pi \times 10^{-7}H/m$；$\mu_r$ 为其他金属，对铜的相对磁导率；f 为频率（Hz）。

一根直的圆导线，若直径为 D，离地面的高度为 h，且 $h > 1.5D$，则该导线单位长度的外部电感为

$$L_w \approx 0.2\ln\left(\frac{4h}{D}\right) \quad (\mu H/m) \quad (2.9-8)$$

若该导线为印制电路板上的铜箔条，则

$$L_w \approx 0.2\ln\left(\frac{2h}{w+t}\right) \quad (\mu H/m) \quad (2.9-9)$$

式中，w 为铜箔的宽度；t 为铜箔的厚度。

为了有效地减小导线电感对信号传输的不良影响及减小噪声传导耦合，良好的 EMC 设计应将连接导线制成均匀传输线，并使传输线的特征阻抗 Z_0 与负载阻抗匹配。

圆直导线-地平面传输线的特性阻抗为

$$Z_0 = \frac{60}{\sqrt{\varepsilon_r}}\ln\left[\frac{2h}{D} + \sqrt{\left(\frac{2h}{D}\right)^2 - 1}\right] \quad (\Omega)$$
$$(2.9-10)$$

当 $\dfrac{2h}{D} \gg 1$ 时，有

$$Z_0 = \frac{60}{\sqrt{\varepsilon_r}}\ln\left(\frac{4h}{D}\right) \quad (\Omega) \quad (2.9-11)$$

式中，ε_r 为相对介电常数。

印制电路板上条状导线-地平面传输线的特性阻抗为

$$Z_0 = \frac{377}{\sqrt{\varepsilon_r}}\frac{h}{w} \quad (\Omega) \quad (t \ll h \ll w \ll)$$
$$(2.9-12)$$

平行圆直导线的特性阻抗为

$$Z_0 = \frac{120}{\sqrt{\varepsilon_r}}\ln\left(\frac{2d}{D}\right) \quad (\Omega) \quad (d \gg D)$$
$$(2.9-13)$$

同轴电缆的特性阻抗为

$$Z_0 = \frac{60}{\sqrt{\varepsilon_r}}\ln\left(\frac{D_0}{D_i}\right) \quad (\Omega) \quad (2.9-14)$$

2）电感性耦合。电感性耦合是指干扰源产生的噪声磁场与被干扰回路发生磁通交链，以互感的形式产生的传导性干扰。回路中感生干扰电压为

$$U_N = j\omega M I_1 = M \frac{di_1}{dt} \qquad (2.9-15)$$

屏蔽层和芯线之间也存在着磁耦合的问题。假如屏蔽线的屏蔽层中流过噪声电流 I_S，由此在芯线中因电磁感应而得到的噪声电压等于

$$U_N = j\omega M I_S \qquad (2.9-16)$$

3）电容性耦合。当噪声源为高压小电流时，它对周围元器件或系统（设备）的干扰，则主要表现为电容性耦合干扰。

两个导体之间的电容耦合在导体对地之间产生的噪声电压 U_N 可以表示为

$$U_N = \frac{j\omega[C_{12}/(C_{12}+C_{2G})]}{j\omega + 1/R(C_{12}+C_{2G})} U_1 \quad (2.9-17)$$

通常情况下 $R \ll \dfrac{1}{j\omega(C_{12}+C_{2G})}$，所以

$$U_N \approx j\omega R C_{12} U_1 \qquad (2.9-18)$$

削弱电容耦合的有效手段是采用静电场屏蔽。静电场屏蔽的目的在于减小 C_{12}。为此，良好的静电场屏蔽必须满足下列条件：①露出屏蔽层之外的芯线部分越短越好。②屏蔽层必须良好接地。

（2）公共阻抗耦合。当干扰源的输出回路与被干扰电路存在一个公共阻抗时，电磁噪声将会通过公共阻抗耦合到被干扰电路而产生干扰。"公共阻抗"是由公共地线和公共电源线的引线电感所造成的阻抗和不同接地点间的地电位差造成的寄生耦合。

（3）转移阻抗耦合。当考虑同轴电缆的芯线与其屏蔽层之间的耦合问题时，用转移阻抗的方法。

2. 电磁辐射耦合

（1）准静态场、感应电磁场和辐射电磁场。设流过直线元的电流为 I，在自由空间中，不考虑反射和折射时，当 $l \ll \lambda$，$l \ll r$ 时，在距直线元 r 处 P 点产生的电、磁场为

$$E_\theta = \frac{Il\beta^3 \sin\theta}{4\pi\omega\varepsilon_0}\left[-\frac{1}{j(\beta r)} + \frac{1}{(\beta r)^2} + \frac{1}{j(\beta r)^3}\right]$$

$$E_r = \frac{Il\beta^3 \cos\theta}{2\pi\omega\varepsilon_0}\left[\frac{1}{(\beta r)^2} + \frac{1}{j(\beta r)^3}\right] \quad (2.9-19)$$

$$H_\phi = \frac{Il\beta^2 \sin\theta}{4\pi}\left[-\frac{1}{j(\beta r)} + \frac{1}{(\beta r)^2}\right]$$

式中，β 为相位常数，$\beta = 2\pi/\lambda$；ε_0 为自由空间的介电常数；E_θ、E_r、H_ϕ 为电场和磁场强度在球坐标中分量。

可以把一根实际导线看成是由若干直线元，l_1，l_2，… 的串联，在各段直线元中流过的电流可分别为 I_1，l_1，I_2，… 各段至 P 点的距离分别为 r_1，r_2，…，空间角分别为 θ_1，θ_2，…，如图 2.9-2 所示。这样，P 点的电场强度就等于每小段直线元在该点产生场强的叠加，即

$$E_\theta = \sum_n E_{\theta_n}$$

$$E_r = \sum_n E_{r_n} \qquad (2.9-20)$$

$$H_\phi = \sum_n H_{\varphi_n}$$

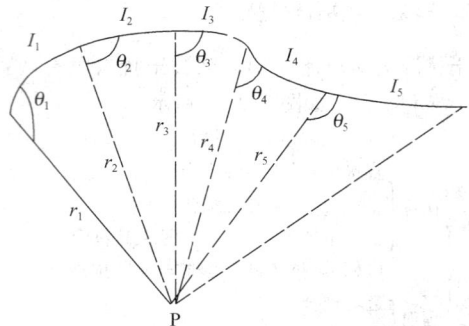

图 2.9-2 实际导线不均匀
电流分段处理示意图

按观测点至源的不同距离进行下列近似处理：

1）若 $\beta r \gg 1$，即

$$r \gg \frac{\lambda}{2\pi}, \quad (\beta r)^{-1} > (\beta r)^{-2} > (\beta r)^{-3}$$

式（2.9-19）中的 $(\beta r)^{-1}$ 为主要项，其他项可略去不计，这时，电磁场主要呈远场或辐射场性质。

2）若 $\beta r \ll 1$，即

$$r \ll \frac{\lambda}{2\pi}, \quad (\beta r)^{-1} < (\beta r)^{-2} < (\beta r)^{-3}$$

式（2.9-19）中 $(\beta r)^{-3}$ 为主要项，电磁场主要呈近场或准静态场性质。

3）若 $\beta r = 1$，即

$$r = \frac{\lambda}{2\pi}, \quad (\beta r)^{-1} = (\beta r)^{-2} = (\beta r)^{-3}$$

称为过渡区或引入场。

4）$(\beta r)^{-2}$ 项介于 $(\beta r)^{-1}$（辐射场）与 $(\beta r)^{-3}$（近场）之间，它对应的电场强度分量常称为电磁感应项。在近场中，准静态电场强度最大，感应电场强度次之，辐射电场强度最小；在远场中，辐射电场强度最大，感应电场强度次之，准静态电场强度最小。

在讨论电磁场问题时，还有一类典型的辐射源，那就是一个具有足够小面积 A 的环形导线中流过电流 I 所构成的环状天线元。与前面分析类似，一个实际的环形电路，可分解成许多小圆环元的叠加。P 点的

电场强度应为每个小圆环元的 A_n 在该点所产生的场强的叠加。

环形天线电磁场的计算与直线元电磁计算类似，同样存在着准静态场、感应场和辐射场，其近似计算结果列于表 2.9-5 中。

表 2.9-5 环形天线近场、远场、引入场的近似电场强度

场强性质	H_θ	H_r	E_ϕ
远 场	$\dfrac{\pi IA}{\lambda^2 r}\sin\theta$	$\dfrac{IA}{\lambda r^2}\cos\theta$	$\dfrac{120\pi^2 IA}{\lambda^2 r}\sin\theta$
近 场	$\dfrac{IA}{4\pi r^3}\sin\theta$	$\dfrac{IA}{2\pi r^3}\cos\theta$	$\dfrac{60\pi IA}{\lambda r^2}\sin\theta$
引入场	$\dfrac{2IA\pi^2}{\lambda^3}\sin\theta$	$\dfrac{4\sqrt{2}IA\pi^2}{\lambda^3}\cos\theta$	$\dfrac{240\sqrt{2}IA\pi^3}{\lambda^3}\sin\theta$

（2）波阻抗。波阻抗是描述电磁辐射的重要基本概念之一，它对电磁波在传播过程中的反射与吸收关系十分密切。

空间中某点的波阻抗，定义为该点的电场强度与磁场强度之比，用 Z_W 表示，即

$$Z_W = \frac{E}{H} \qquad (2.9-21)$$

不论是直线源，还是环状天线源，它们在远场的波阻抗均为 377Ω，与自由空间的特征阻抗 Z_0 相等，并与源的性质无关。

对于直线源或偶极子源，近场波阻抗为

$$Z_{W近} = 120\pi\frac{\lambda}{2\pi r} = Z_0\frac{\lambda}{2\pi r} >> Z_0$$

对于环形电流源，从表 2.9-5 可得

$$Z_W = 120\pi\frac{2\pi r}{\lambda} = Z_0\left(\frac{2\pi r}{\lambda}\right) << Z_0$$

9.2 屏蔽

屏蔽技术是实现电磁干扰防护的最基本也是最重要的手段之一。

按欲屏蔽的电磁场性质分类，屏蔽技术通常可分为三大类：电场屏蔽（静电场屏蔽及低频交变电场屏蔽）、磁场屏蔽（直流磁场屏蔽和低频交流磁场屏蔽）及电磁场屏蔽（同时存在电场及磁场的高频辐射电磁场的屏蔽）。

从屏蔽体的结构分类，可以分为完整屏蔽体屏蔽（屏蔽室或屏蔽盒）、非完整屏蔽体屏蔽（带有孔洞、金属网、波导管及蜂窝结构等）以及编织带屏蔽（屏蔽线、电缆等）。

9.2.1 屏蔽原理

金属屏蔽体可以对电场起到屏蔽作用，但是，屏蔽体的屏蔽必须完善并良好接地，低频交变电场的屏蔽则与静电屏蔽的情况完全一样。磁场屏蔽通常采取下列办法：①采用高磁导率材料用于屏蔽直流和低频磁场。②采用反向磁场抵消的办法，实现磁屏蔽。在高频磁场屏蔽的场合，这种金属屏蔽体应为良导体，如铜、铝或铜镀银等。在利用屏蔽电缆实现磁屏蔽场合，电缆屏蔽层必须在两端接地，这样可以将芯线中产生的磁场抵消掉，从而达到磁场屏蔽的目的。

对于射频电磁波来说，必须同时对电场与磁场加以屏蔽，故通常称为"电磁屏蔽"。高频电磁屏蔽的机理，则主要是基于电磁波穿过金属屏蔽体产生波反射和波吸收的机理。电磁波到达屏蔽体表面时，之所以会产生波反射，其主要原因是电磁波的波阻抗与金属屏蔽体的特征阻抗不相等，两者数值相差越大，波反射引起的损耗也越大。波反射还和频率有关：频率越低，反射越严重。而电磁波在穿透屏蔽体时产生的吸收损耗，则主要是由电磁波在屏蔽体中感生的涡流引起的。感生的涡流可产生一个反磁场抵消原干扰磁场，同时涡流在屏蔽体内流动，产生热损耗。此外，电磁波在穿过屏蔽层时，有时还会产生多次反射。

9.2.2 屏蔽效能及计算

1. 理想屏蔽体屏蔽效能的计算

（1）屏蔽系数 η_s。系指被干扰的导体（或电路）在加屏蔽后的感应电压 U_s 与未加屏蔽时感应电压 U_o 之比，即

$$\eta_s = \frac{U_s(有屏蔽)}{U_o(无屏蔽)}$$

显然 η_s 越小，表示屏蔽效果越好。

（2）透射系数 T（Transmmission）。系指加屏蔽后某一测量点的电场强度（E_s，H_s）与同一测量点未加屏蔽时的电场强度（E_o，H_o）之比，即

对电场 $\quad T_E = \dfrac{E_s(有屏蔽)}{E_o(无屏蔽)}$

对磁场 $\quad T_H = \dfrac{H_s(有屏蔽)}{H_o(无屏蔽)}$

T 越小，表示屏蔽效果越好。

（3）屏蔽效能 S_E 是指未加屏蔽时某一测量点的电场强度（E_o，H_o）与加屏蔽后同一测量点的电场强度（E_s，H_s）之比，以 dB 为单位。

对电场 $\quad S_E = 20\lg\dfrac{E_o(无屏蔽)}{E_s(有屏蔽)}$ （dB）

$$(2.9-22)$$

对磁场 $\quad S_H = 20\lg\dfrac{H_o(无屏蔽)}{H_s(有屏蔽)}$ （dB）

$$(2.9-23)$$

屏蔽效能 S_E 越大，表示屏蔽效果越好。

屏蔽效果随着频率、屏蔽体的几何形状、尺寸、测试点在屏蔽体中的位置、被衰减场的形式、电磁波注入的方位、极性等许多因素有关。

$$|T| = |T_{反射}| \times |T_{吸收}| \times |T_{多次反射}|$$

$$S_E = R + A + B \quad (dB) \qquad (2.9-24)$$

式中　$R = 20\lg \dfrac{1}{|T_{反射}|}$ （dB）称为反射损耗

$$(2.9-25)$$

$$A = 20\lg \dfrac{1}{|T_{吸收}|} \quad (dB) \text{ 称为吸收损耗}$$

$$(2.9-26)$$

$$B = 20\lg \dfrac{1}{|T_{多次反射}|} \quad (dB) \text{ 称为多次反射损耗}$$

$$(2.9-27)$$

（4）电磁波的反射损耗 R。在大多数情况下，屏蔽体材料为金属，它周围的介质为空气或绝缘体。所以电场在屏蔽体的界面几乎被全部反射。这意味着，很薄的一层金属板就可以良好地屏蔽电磁场中的电场分量。此外，电磁场中的磁场分量进入屏蔽体后，在体内得到加强，并在屏蔽体的界面 2 处反射最强。由此可见，对磁场的屏蔽必须依靠在屏蔽体内对磁场分量的吸收才行，因而为了实现磁场屏蔽，对屏蔽体材料及厚度均有一定要求。

1）远场中的反射损耗

$$R_{远} = 20\lg \dfrac{94.25}{|Z_s|} \quad (dB) \qquad (2.9-28)$$

$$|Z_s| = 3.68 \times 10^{-7} \sqrt{\dfrac{\mu_r}{\sigma_r}} \sqrt{f} \quad (\Omega)$$

$$(2.9-29)$$

式中，σ_r 铜的相对电导率；μ_r 相对磁导率。

2）近场中的电磁波反射损耗。高阻抗电场时的反射损耗

$$R_E = 20\lg \dfrac{4.51 \times 10^9}{fr|Z_s|} = 321.7 + 10\lg\left(\dfrac{\sigma_r}{\mu_r f^3 r^2}\right) \quad (dB)$$

$$(2.9-30)$$

低阻抗磁场时的反射损耗

$$R_H = 20\lg \dfrac{1.97 \times 10^{-6} fr}{|Z_s|} = 14.6 + 10\lg\left(\dfrac{f r^2 \sigma_r}{\mu_r}\right) \quad (dB)$$

$$(2.9-31)$$

（5）电磁波的吸收损耗 A。吸收损耗为

$$A = 1314.3t \sqrt{\mu_r \sigma_r} \quad (dB) \qquad (2.9-32)$$

式中，t 为金属屏蔽体的厚度（cm）；f 为电磁波的频率（MHz）；

（6）电磁波的多次反射损耗 B。为了计算上述电磁波磁场分量在屏蔽层中的多次反射对屏蔽效能的影响，引入一个对磁场多次反射校正因子

$$B = 20\lg\left(1 - e^{\frac{2t}{\delta}}\right) \quad (dB) \qquad (2.9-33)$$

式中，t 为屏蔽层的厚度；δ 为集肤深度；B 与 t/δ 的关系曲线示于图 2.9-3。

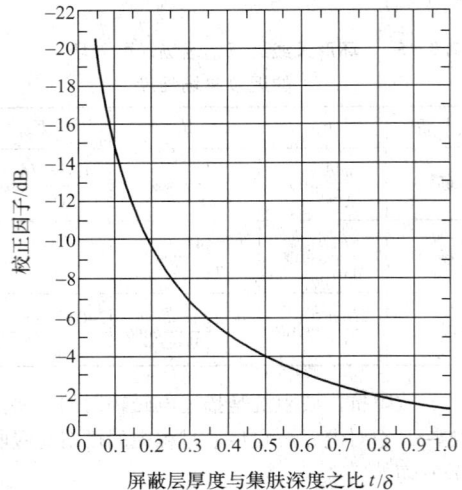

图 2.9-3　磁场的多次反射因子 B 与 $\dfrac{t}{\delta}$ 关系

2. 不完整屏蔽对屏蔽效果的影响　实际上完整的屏蔽体是不存在的，屏蔽体上的门、盖、各种开孔、通风孔、开关、仪表和绞链等等，均不得不破坏屏蔽的完整性，使实际屏蔽体的实际屏蔽效能降低。

屏蔽的不完整性对磁场泄漏的影响又常常比对电场泄漏的影响严重。

（1）缝隙的影响。设在金属屏蔽体中有一无限长的缝隙，其间隙为 g，屏蔽板的厚度为 t，入射电磁波的磁场强度为 H_0，泄漏到屏蔽体中的磁场强度为 H_p，当集肤深度 $\delta > 0.3g$ 时，得

$$H_P = H_0^{-\pi t/g} \qquad (2.9-34)$$

磁场通过该缝隙的衰减为

$$S_g = 20\lg \dfrac{H_0}{H_p} = 27.27 \dfrac{t}{g} \quad (dB) \quad (2.9-35)$$

（2）开孔的影响。设孔的面积为 S，屏蔽板的面积为 A，当 $A \gg S$、圆孔的直径或方孔的边长比波长小得多时，则通过孔洞泄漏的磁场强度为

$$H_p = 4\left(\dfrac{S}{A}\right)^{\frac{3}{2}} H_0$$

若屏蔽板上有 n 个孔，则总的泄漏磁场为

$$H_{pn} = 4n\left(\dfrac{S}{A}\right)^{\frac{3}{2}} H_0 \qquad (2.9-36)$$

若孔洞为矩形，其短边为 a，长边为 b，面积为 S'，设与矩形孔泄漏等效的圆面积为 S，则

$$S = kS', \quad k = \sqrt[3]{\frac{b}{a}\varepsilon^2}$$

$$\varepsilon = \begin{cases} 1 \\ \dfrac{b}{2a\ln\dfrac{0.63b}{a}} \end{cases} \quad \text{当} \frac{b}{a} >> 1 \text{ 时,(即狭长矩形孔)}$$

$$(2.9-37)$$

在有孔洞的实际情况下,金属屏蔽板后侧电磁波总的透射系数 T_Σ 应为金属屏蔽板本身的透射系数 T_S 与孔洞电磁波的透射系数之和,即

$$T_\Sigma = T_S + T_{nh}$$

式中

$$T_{nh} = \frac{H_{pn}}{H_0} = 4n\left(\frac{S}{A}\right)^{\frac{3}{2}} \quad (2.9-38)$$

因此,实际的屏蔽效能变为

$$S_E = 20\lg\left(\frac{1}{T_S + T_{nh}}\right) \quad (\text{dB}) \quad (2.9-39)$$

(3)金属网的影响。设网眼的空隙宽度为 b,则由网眼构成的波导管的截止频率为 $2b$,金属屏蔽网的屏蔽效能可近似地用下式估算:

当 $\dfrac{\lambda}{2} << b$ 时 $S_E = 0$

当 $\dfrac{\lambda}{2} >> b$ 时

$$S_E = 20\lg\left(\frac{\frac{\lambda}{2}}{b}\right) = 20\lg\left[\frac{1.5\times10^4}{bf}\right]$$

$$(2.9-40)$$

式中,b 为网眼的空隙宽度(cm);f 为电磁波的频率(MHz)。

实践证明,在最主要的电磁干扰频率范围 $1\sim100\text{MHz}$ 内,金属屏蔽网的屏蔽效能 $S_E = 60\sim100\text{dB}$($b = 1.27\text{mm}$)。玻璃夹层金属屏蔽网的屏蔽效能也可做到 $50\sim90\text{dB}$。

(4)薄膜及导电玻璃的影响(表 2.9-6)。

表 2.9-6 金属网与导电玻璃窗屏蔽效能的比较

频 率 /MHz	金属屏蔽网 /dB	导电玻璃 /dB	屏蔽网的优势 /dB
1	98	74~95	3~24
10	93	52~72	21~41
10^2	82	28~46	36~54
10^3	60	4~21	39~56

(5)屏蔽电缆的影响。一般来说,单层编织材料的屏蔽效能大约在 $50\sim60\text{dB}$ 之间,双层编织材料可达 $80\sim90\text{dB}$。

9.2.3 屏蔽体设计

在实际应用中,大到屏蔽室和大型电气设备的机壳;小到各种传感器的屏蔽壳体、电子部体的屏蔽盒和机内屏蔽线(缆)等。它们的工作环境不同,对屏蔽的要求也不同。

1. 屏蔽体设计的一般原则

(1)首先确定屏蔽设计所面临的电磁环境。例如:欲屏蔽的主要电磁干扰源是什么?它属于什么类型?是高阻抗电场、低阻抗磁场还是平面波?场的强度、频率以及屏蔽体至主要干扰源的距离或被屏蔽的干扰源到被干扰电路的距离等。

(2)确定最易接受干扰电路的敏感度,以决定对完整屏蔽体的屏蔽要求。

(3)进行屏蔽体的结构设计,包括:① 确定屏蔽体上必须的各种开孔、窥视窗以及必要的电缆进出口孔。这些开孔均不可避免地使屏蔽完整性遭到破坏,从而造成部分磁场的泄漏,对此必须要作出估算,从而确定对实际屏蔽体的屏蔽要求。②根据上述屏蔽要求,决定屏蔽层数(单、双层)、屏蔽材料、防止屏蔽完整性遭到破坏的各种窗口屏蔽结构等。

(4)进行屏蔽完整性的工艺设计。主要目的是保证前述各种可能出现的非完整屏蔽窗口的屏蔽完整性。

2. 屏蔽层材料的选择

(1)电场及平面波电磁场屏蔽材料的选择。为了良好地屏蔽高阻抗电场及平面波电磁场,屏蔽材料必须具有良好的电导率。屏蔽平面波对屏蔽材料的要求与屏蔽电场相同,只是要求屏蔽材料有一定的厚度,具体数值与电磁波的频率有关。

(2)磁场(特别是低频磁场)屏蔽材料的选择。对高频磁场的屏蔽,屏蔽材料的选择与屏蔽电场的要求一样:当频率较低时,选择高磁导率材料,不是靠感生涡流产生的反磁场,而是靠屏蔽材料的低磁阻特性。

特别需要指出的是,通常手册或产品说明书中给出的磁性材料的磁导率,均是指在直流工作情况下的磁导率。当频率增高时,磁导率将逐渐下降。

由于磁饱和的关系,当磁场强度较大时,磁导率会下降,最好采用多层屏蔽的结构,在加工高磁导率材料的过程中,磁性材料因受到敲打、冲击、钻孔、弯折等各种原因造成的机械应力,材料的磁导率都会明显下降。

3. 屏蔽体的结构设计

(1)单层屏蔽结构与多层屏蔽结构。尽量采用单层、完整的屏蔽结构。电子设备使用塑料外壳的越来越多,为了防止电磁波的辐射或屏蔽外界电磁波的干扰,必须采用新的单层屏蔽方法。最常见的是,用金

属箔带在设备壳体内壁粘贴一层或几层金属箔（通常是用铜箔或铝箔），为保证其屏蔽的完整性，接缝处必须要用导电黏合剂或混有金属微粒的黏合剂，同时，要保证它们良好接地。可采用导电涂料和金属喷涂（镍粉涂料或镀锌喷涂）等方法制成薄膜屏蔽层。

对磁场屏蔽而言，特别是对低频磁场而言，常常不得不采用多层屏蔽，通常采用双层屏蔽结构。

设计多层屏蔽结构的原则是：

1）各屏蔽层之间不能有电气上的连接。

2）应根据所处电磁环境最大磁场强度的情况，合理安排各屏蔽层的材料。

3）屏蔽罩尽量不要开孔或开缝，不致产生局部磁饱和。

4）第一屏蔽层屏蔽高频电磁场时，当屏蔽罩上必须开孔时，应该注意开孔的方位，以保证涡流能在材料中均匀分布。

（2）屏蔽体通风孔的结构设计。合理的结构设计，可以使屏蔽体上开了若干通风孔以后，不但能保证良好的通风散热，而且能保证屏蔽效能不下降。其基本出发点在于，将每个通风孔设计成对欲屏蔽的电磁波构成衰减波导管的形状，如图 2.9-4 所示。

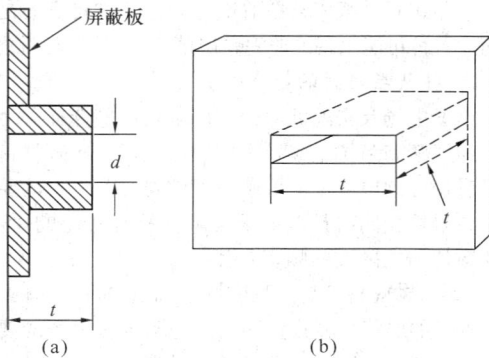

图 2.9-4　波导管形式的通风孔截面图
(a) 圆形；(b) 矩形孔
d—圆形通风孔的直径；l—矩形通风孔
最长直线尺寸；t—波导管的深度。

图 2.9-4(a) 和 (b) 波导管的截止频率为

$$f_c = \frac{6.9 \times 10^9}{d} \quad (\text{Hz}) \quad 圆形波导管$$

$$(2.9-41)$$

$$f_c = \frac{5.9 \times 10^9}{l} \quad (\text{Hz}) \quad 矩形波导管$$

$$(2.9-42)$$

当电磁波的频率远低于上述波导管的截止频率时，波导管对电磁波具有衰减器特性，它对磁场的屏蔽效能为

$$S_{E圆} = 32\frac{t}{d} \quad (\text{dB}) \qquad (2.9-43)$$

$$S_{E矩} = 27.2\frac{l}{b} \quad (\text{dB}) \qquad (2.9-44)$$

从上两式可见，当 $t \geqslant 3d$ 或 $l \geqslant 3b$ 时，屏蔽效能可高达 100dB。

（3）与屏蔽体外有关连的部件屏蔽结构设计。

1）电缆连接器的屏蔽。连接器的插座配合同轴电缆插头，必须与屏蔽体壁构成无缝隙的屏蔽体。

为了控制地电流，只在特定的接地端接地。在屏蔽体的电缆连接器处，电缆的屏蔽层应与其外壳四周均匀良好地焊接或紧密地压在一起，以保证插座与插头四周保持均匀良好的接触，力求没有缝隙泄漏。

2）电源变压器的屏蔽。

①电源变压器的静电屏蔽。电网中出现的各种噪声（如雷击、浪涌、跌落等引起的各种瞬态噪声）都会通过输电线进入电源变压器，再通过电源变压器一次、二次绕组之间的分布电容耦合进入电子电路。即使该电源变压器密封在一个屏蔽盒中，它仍旧给该屏蔽体与外界电网之间造成了一个窗口，从而破坏了屏蔽体的完整性。

在电源变压器一次、二次绕组之间加一层静电屏蔽，如图 2.9-5 所示。其中，C_1、C_2 分别为变压器一次绕组和二次绕组与静电屏蔽层之间的分布电容，C_s 为一、二次侧之间的漏电容，Z 为接地层接地阻抗。理想的静电屏蔽应当是 $C_s = 0$，$Z = 0$。

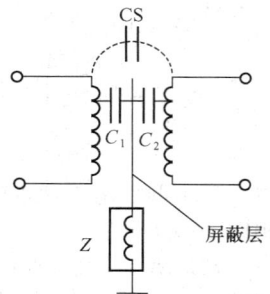

图 2.9-5　电源变压器一次、二次绕组之间分布电容耦合及静电屏蔽

②多层屏蔽电源变压器。在对隔离电网中各种噪声通过电源变压器进入电子设备要求严格的场合（例如，微弱信号测量、放大），仅仅依靠前述简单的单层静电屏蔽结构，有时还是不能满足实际需要的，常常需要采用各种多层屏蔽电源变压器结构，它们有：双屏蔽隔离电源变压器、三屏蔽电源变压器和噪声隔离电源变压器等。

a. 双屏蔽隔离电源变压器。它的一、二次绕组匝数比为 1:1，它们分别绕制在环形铁心的两臂上，并分别设置各自独立的静电屏蔽层，铁心及两个屏蔽层均必须良好接地。这种结构清楚地表明，它是以减小一、二次绕组之间的分布电容为主要目的的。它的一、二次绕组的漏感通常都比较大。

接 地 方 法	分布电容/pF
一次侧、二次侧屏蔽层与铁心均接地	1.2
一次侧屏蔽层与铁心接地,二次侧级屏蔽悬空	1.9
一次侧屏蔽层与铁心接地,二次侧屏蔽接次级另电位	2.1
一次屏蔽层接一次侧零电位,铁心及二次侧屏蔽接地	4.2
一次侧屏蔽层悬空,铁心及二次侧屏蔽接地	6.0
一次侧、二次侧屏蔽层接地,铁心悬空	1.4
一次侧屏蔽层接地,铁心及二次侧屏蔽悬空	4.0
铁心接地,一次侧、二次侧屏蔽层悬空	27
二次侧屏蔽层接地,铁心及一次侧屏蔽悬空	6.1

b. 三屏蔽电源变压器。三屏蔽电源变压器的结构原理图如图 2.9-6 所示。该电源变压器的一次绕组具有单独的静电屏蔽层,它与铁心同时接机壳及安全地,而二次绕组则具有双重静电屏蔽层:内屏蔽层接仪器主要电路的信号地;外屏蔽层接仪器的内屏蔽罩,作为仪器的防护端,接测量电缆的屏蔽层,保证了仪器内屏蔽罩的屏蔽完整性。广泛地用于高精度、高性能的数字测量仪器中。一、二次绕组之间的漏电容也可做到只有几皮法,整机共模抑制比可达到 140dB 以上。

c. 噪声隔离变压器(Noise Cutout Transformer, NCT)。它是一种电源变压器整体和变压器绕组都加屏蔽的多层屏蔽电源变压器。它的结构、铁心材料、铁心形状以及线圈的位置都比较特殊。它的主要特点是一次侧、二次侧之间的漏电容极小,保证了很高的共模噪声抑制比,同时它采用了特殊的磁性材料,并从结构上尽量减少空间耦合,使它的磁导率在几千赫兹时即急剧下降。这样,就能非常有效地抑制一次、二次绕组之间的高频差模噪声的磁耦合,保证很高的

高频差模噪声抑制比。这种变压器在国外已作为电磁兼容专用元件投入市场,最大的功率容量可达50kVA,在 10kHz~5MHz 频带范围内,共模噪声抑制比一般为 40~100dB,高者可达 140dB;差模噪声抑制比也可达到 16~74dB 不等。

3)其他各种非完整屏蔽窗口屏蔽结构设计。

①窥视窗的屏蔽结构。可以采用薄膜屏蔽体结构(如导电玻璃)或玻璃夹层金属屏蔽网结构。

②仪表盘的屏蔽结构。表计用一个电气上金属密封的小屏蔽罩罩起来,四周用金属垫衬与金属面板相连,保持电气上的良好接触。表计的面板部分用导电玻璃密封,表计与屏蔽体内其他电路用穿心电容器连接。

③面板上可调电位器、可调电容器及传动轴的屏蔽结构。为了保证屏蔽体屏蔽的完整性,仅仅在开孔四周采用金属衬垫是不可能做到可转动手柄与开孔之间没有缝隙的。为此,在要求较高的场合,可将调节手柄改为用绝缘材料做成,并通过衰减波导管引到仪表面板,这种结构的屏蔽效能可做到 80dB。

④屏蔽罩、盖板屏蔽结构。力求使接缝长度尽可能的短,接触尽可能好。为此,应保证接缝处的接触面尽量平整、无挠曲,洁净、无油脂、无氧化物、无灰尘等。此外,还应当用点焊及加紧固螺钉的办法来减小接缝长度。

4. 屏蔽体的工艺设计 为了保证屏蔽体的完整性,工艺上必须要保证屏蔽体所有可能的接缝处在电气上的长期稳定、可靠的良好接触和密封。为了上述目的,专门设计的各种 EMI 衬垫、弹性指簧和导电密封胶作为 EMI 的特殊元件得到了广泛的应用。

(1)EMI 衬垫(gasket)。射频衬垫是置于两块金属之间、对射频密封的垫衬元件,最常用的材料是内部含有金属丝的泡沫橡胶或充填银粉等导电粉料的导电橡胶,也有的用各种软金属、金属编织物或接触簧片等。

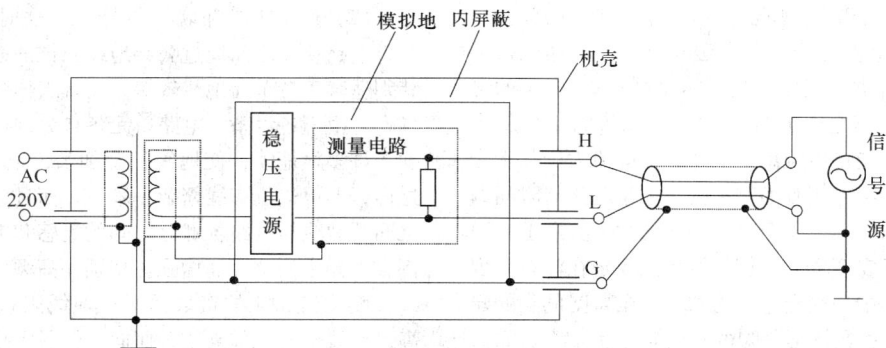

图 2.9-6 三屏蔽电源变压器屏蔽层接地示意图

（2）弹性指簧。弹性指簧通常安装在设备门框上，以保证关上门后能保持接触面屏蔽的完整性，而且能提供跨配合表面的地接触。弹性指簧的材料多用表面镀金或镀银的铜铍合金。

（3）导电胶。防护金属表面、保证两金属面电气上的连续性。常用的导电胶是银-硅胶，它是具有高电导率的润滑的粘性胶。它在高温及低温（−54 ～ +232）℃时均稳定，能抗潮湿，耐腐蚀，化学稳定性好，对辐射不敏感，高温时不会流动，有很好的固定作用，其典型电阻率为 $0.02\Omega \cdot cm$。

9.3　接地

9.3.1　概述

广义地说："地"可以定义为一个等位点或一个等位面，它为电路、系统提供一个参考电位，其数值可以与大地电位相同，也可以不同。一个良好的接地系统必须达到下列几个目的：① 保证接地系统具有很低的公共阻抗，使系统中各路电流，通过该公共阻抗产生的直接传导噪声电压最小。② 在有高频电流的场合，保证"信号地"对"大地"有较低的共模电压，使通过"信号地"产生的辐射噪声最低。③保证地线与信号线构成的电流回路具有最小的面积，使外界干扰磁场穿过该回路产生的差模干扰电压最小，同时，也避免由地电位差通过地回路引起过大的地电流，造成传导干扰。④ 保证人身和设备的安全。

按照接地的主要功能划分，接地系统主要由下列四种子接地系统组成：安全地、信号地、机壳（架）地和屏蔽地。虽然在绝大多数设备或系统中，上述几个子接地系统的地线均汇总在一点与大地相连，但是，绝不意味着它们可以随意接大地。

9.3.2　安全地系统

1. 防止设备漏电的安全接地　人体的皮肤处于干燥洁净和无破损情况下，人体电阻可达 40 ～ 100kΩ。当人体处于出汗、潮湿状态时，人体电阻可降到 1000Ω 左右。通常，当人体流过 0.2～1mA 的电流时，会感到麻电；流过 5～20mA 电流时，会发生肌肉痉挛，不能自控脱离带电体；当电流大于几十毫安时，心肌则会停止收缩和扩张；如果电流与时间的乘积超过 50mA·s，便会造成触电死亡。实用上，通常以电压表示安全界限，例如，我国规定在没有高度危险的建筑物中，安全电压为 65V；在高度危险的建筑物中为 36V；在特别危险的建筑物中为 12V。而一般家用电器的安全电压为 36V，以保证万一触电时流经人体的电流也小于 40mA。

为了确保人身安全，必须将设备金属外壳或机架与接大地的接地体相连。

2. 防雷安全接地　防雷接地的目的是将雷电电流引入大地，保护设备和人身安全。防止雷击的措施，通常是采用避雷针，若避雷针离地面高度为 h，则它的防雷保护面积等于 $9\pi h^2$。

在设计防雷安全接地时，还必须注意防护雷击接地瞬态电流通过避雷针下引导体所产生的瞬态高压可能对它周围的物体、设备或人体造成的间接伤害。

为此，在考虑防雷接地时，离下引导体 15cm 以内的所有金属导体都应与下引导体良好搭接以保持同电位。

9.3.3　信号地系统

信号地是指控制信号或功率传输电流流通的参考电位基准线或基准面。如果在一个实际的系统中，控制信号或功率的传输未经任何形式的电隔离（如变压器电隔离、光耦合电隔离等），整个系统则只有一个信号地，否则就可能有若干独立的信号地，而这些独立的信号地之间又存在着通过寄生电容的耦合，情况则更为复杂。总之，不但对噪声的直接传导耦合具有直接的影响，而且它对拾取或感应外界噪声也举足轻重。

1. 单点信号地系统　系统中所有的信号接地线只有一个公共接地点。而在实际使用的单点信号接地系统中，又有下列两种情况：共用信号地线串联一点接地与独立信号地线并联一点接地两种情况。

（1）信号地线串联一点接地方式。这种信号接地方式简单、方便、易行。但是，系统内各部分的电流均会通过地线公共阻抗产生直接传导耦合，将作为差模干扰信号串联在各自的输入回路中。所以，公共接地点应放在最靠近低电平的电路或设备处，以保证该处产生最小的噪声直接传导耦合。它用于要求不高、各级电平悬殊不太大的场合。

（2）独立地线并联一点接地。这时不存在各设备、电路单元之间通过公共地线阻抗的耦合问题，它特别适合于各单元地线较短，而且工作频率比较低的场合。由于各设备、电路单元各自分别接地，势必增加了许多根地线，使地线长度加长，地线阻抗增加。这样，不但造成布线繁杂、笨重，而且，地线与地线之间，地线与电路各部分之间的电感和电容耦合强度都会随频率的增高而增强。特别在高频情况下，当地线长度达到 λ/4 的奇数倍时，地线阻抗可以变得很高，地线会转化成天线，而向外辐射干扰。所以，在采用这种接地方式时，每根地线的长度都不允许超过λ/20。

(a)

(b)

(c)

双列式封装集成块　　去耦电容器　　地线　　总去耦电容器

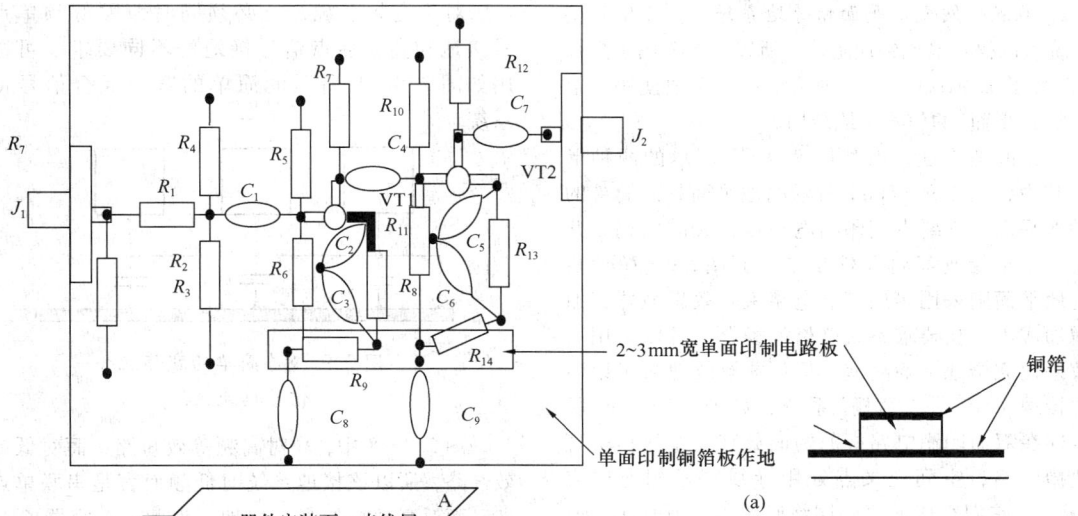

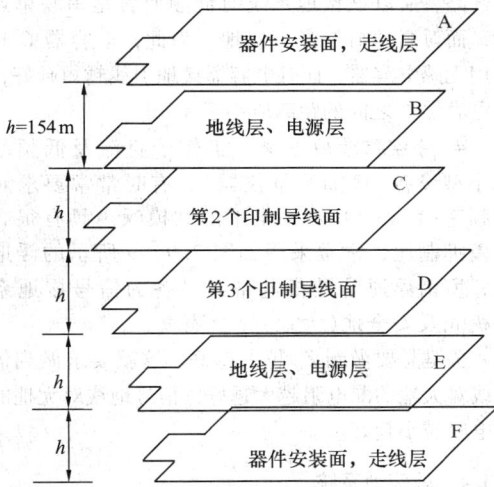

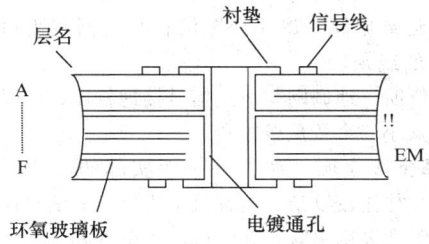

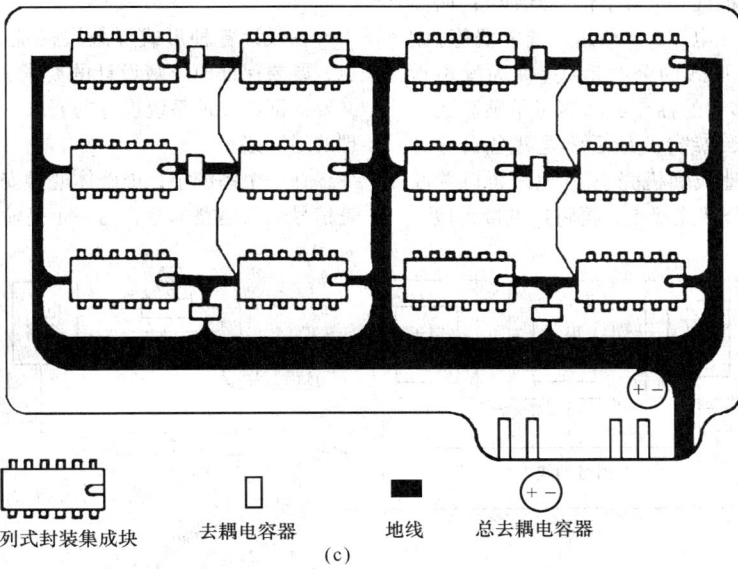

图 2.9－7　地平面和地栅系统示意图

2. 多点地网或地平面信号地系统 多点信号接地系统可以得到最低的地阻抗，所以它主要用于高频（通常大于 10MHz）。在这种系统中，必须使用"地栅"或"地平面"的信号接地结构。

常见的地平面，有如图 2.9 - 7 所示的两种形式：其中，图 2.9 - 7(a) 所示的地平面是最简单的一种地平面，它要占用印刷电路板较大的面积，并采用若干绝缘支架将元件架空；而图 2.9 - 7(b) 所示的地平面则采用多层印刷电路板，效果最好，但会增加成本。在要求不太严格的场合，可以采用一种效果比完全地平面略差，但仍能有效地减小地阻抗的接地系统——"地栅"系统，如图 2.9 - 7(c) 所示。即在双面印刷电路板的两面分别制作互相垂直的地栅网络，空间交叉点处用导线穿板相连构成"地栅"，它们组成的每一网络间距可控制在 1.3cm 左右，在这种接地系统中，主要的地线应用粗的栅条，以便运载电路中的主要电流；其他栅网则可以用细一点的线条。

实验证明，地栅网与单点信号接地相比，地噪声电压可以减小一个数量级左右。

3. 混合信号地系统 在一个实际的工业系统中，情况往往比较复杂，很难只采用单一的信号接地方式，而常常采用串联和并联接地或单点和多点接地组合成的混合接地方式。

大多数实际的低频接地系统，常常采用串联和并联接地相结合的混合信号接地系统。首先要将各种接地线有选择地归类：几个低电平的电路可以采用串联接地的形式共用一根地线（称为小信号地线）；而高电平电路和强噪声电平电路（如马达、继电器等）则采用另一组串联接地形式的公共地线（称为噪声地线）；机壳及所有可移动的抽斗、门等再单独联成一根地线（称为机壳、架地线）。最后将这些各自分开的小信号地线、噪声地线和机壳（架）地线再以并联接地的形式连于一个公共连接点，再将这点接大地。

对于宽频系统，就必须同时兼顾低频单点信号接地和高频多点信号接地的不同要求。可以采用如图 2.9 - 8 所示的简单的宽频混合信号接地系统。

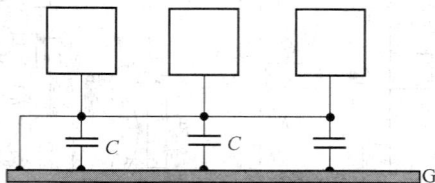

图 2.9 - 8 简单的宽频混合信号接地系统

图 2.9 - 8 中，C 对高频等效短路，而对低频等效开路，所以该接地系统对低频而言是串联单点接地，而对高频则是多点接地。为此，电容器 C 必须选用无感电容器，而且电容器接地引线越短越好，相邻电容器 C 之间的距离应小于 $\lambda/10$。

4. 浮空信号地系统 工作于直流及低频范围的小型设备（例如测量仪器），有时常常要求对市电频率（例如 50Hz）高电平的共模噪声具有很高的共模抑制比，常常采用如图 2.9 - 9 所示的浮地系统，所谓浮地就是将电路或设备的信号接地系统与机壳及安全地（大地）完全隔离。

关键是要做到 Z_g 越大越好，这就要求做到信号地线对大地的漏电阻越大越好，信号地线对大地的分布电容越小越好。

9.3.4 屏蔽地系统

在设计各种形式屏蔽层接地方式时，必须要注意，既要保证原屏蔽设计的要求，不降低屏蔽效能；又要保证原接地系统设计的要求，不会因之构成不合理的地回路。

在一个系统中，屏蔽体通常安排在两个部分：一是信号输入电路部分；另一个是输出部分。

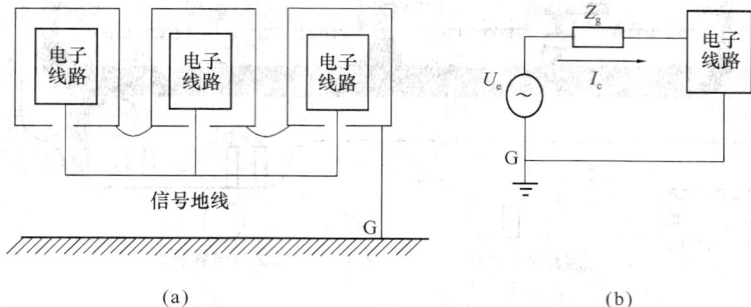

(a)

(b)

图 2.9 - 9 低频浮地系统示意图

1. 低电平、信号输入部分的屏蔽地子系统设计

低电平、低频信号屏蔽地子系统设计。频率低于 1MHz 的低频接地系统，通常应当采用单点接地方式，并采用双绞屏蔽线或多芯绞合屏蔽线，那么屏蔽层应当怎样合理接地呢？

1）信号源本身浮空，放大器接地。其示意图如图 2.9 - 10(a) 所示，图中 U_s 为输入信号源，C_1、C_2、C_3 分别为信号线之间及信号线与屏蔽层之间的分布电容，U_{g1} 为放大器的信号地对放大器端大地的共模噪声电压，U_{g2} 为信号源处大地电位与放大器地线系统接的大地接地点电位之间的噪声电位差。若双绞屏蔽线的屏蔽层分别按图示虚线所表示的四种不同方式接地，可以得到如图 2.9 - 10(b)、(c)、(d) 对应接法 B、C、D 的三个等效电路。

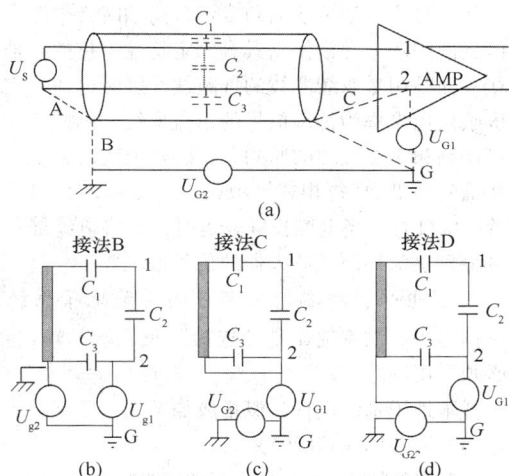

$$U_{12} = \frac{C_1}{C_1 + C_2}(U_{G2} + U_{G1}) \quad U_{12} = 0 \quad U_{12} = \frac{C_1}{C_1 + C_2}U_{G1}$$

图 2.9 - 10 信号源不接地，放大器接地时，
屏蔽层应接放大器的信号地线（接法 C）

从图可见，接法 A 是最不可取的，产生很大的串模噪声信号。比较其他三种接法的等效电路及对 U_{12} 的计算，很容易看出，接法 C 是最合适的。

2）信号源接地，放大器浮空。这种情况的示意图和屏蔽层的四种可能接地方式与图 2.9 - 10 类似，可得接法 C 是最不可取的，而接法 A 最佳，即这时屏蔽层应与信号源的接地点相接。

3）信号源、放大器均接地。其示意图如图 2.9 - 11 所示，图中 U_{g1} 为信号源 U_s 的接地端 0 对信号源处大地 G_1 之间的共模噪声电压，U_{g2} 为放大器信号地端 2 对放大器处大地 G_2 之间的共模噪声电压，U_{g3} 为 G_1，G_2 两个不同接大地端之间的噪声地点位差。从图可见，当屏

蔽层浮空时，U_{g1}，U_{g2}，U_{g3} 串联在 $G_1 - 0 - 2 - G_2 - G_1$ 中形成地回路噪声电流，它在信号地线 $0 - 2$ 上产生的压降，成为差模噪声电压进入放大器。这时只能将屏蔽层屏蔽线两端分别与信号源信号地端及放大器信号地端相连，如图 2.9 - 11 中虚线所示。

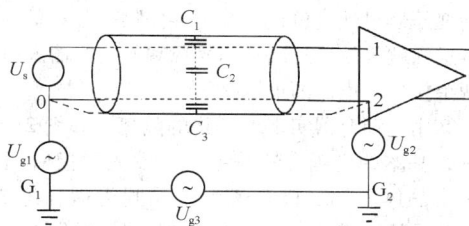

图 2.9 - 11 信号源及放大器均接地时，
屏蔽层两端应与两者信号地端相连

4）信号源与放大器均接地时的隔离技术。

①用信号隔离变压器或平衡变压器实现地环路的隔离示意图如 2.9 - 12(a) 所示，这种方案的实际隔离效果，取决于信号隔离变压器的静电屏蔽结构与工艺。必须注意，这里的隔离变压器本身就是一个对周围噪声磁场十分敏感的元件，由于它处于低电平，因此必须对它进行仔细的磁屏蔽。

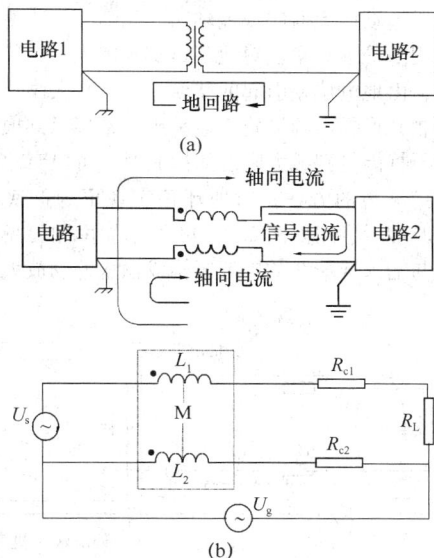

图 2.9 - 12 用信号隔离变压器和
平衡变压器隔离地回路
（a）用信号隔离变压器隔离；（b）用平衡变压器隔离

在实际应用中，信号源有时为非电量传感器，信号常为直流量或频率极低的分量。这时，就不可能采用上述信号隔离变压器的方法，而应当采用如图 2.9 - 12(b) 所示的平衡变压器的方案。图 2.9 - 12(b) 所示电路和等效电路表明，对有用信号 U_s 而言，

该变压器的两个绕组中流过大小相等的信号差模电流，所以，变压器对信号分量呈现极低的阻抗，而对由地电位差 U_G 引起的共模噪声而言，它们使两个绕组中同时流过大小相等的共模轴向电流，只要变压器绕组的电感对共模噪声频率的感抗足够高，这就能使平衡变压器对地电位差引起的共模噪声分量呈现高阻抗，这样就等效于隔离了信号源和放大器输入信号回路两个接地端形成的地回路。

②用光耦合器实现地环路的隔离。如图 2.9 - 13 所示，基本的光耦合器是由一个发光二极管通过光与一个晶体管、二极管或一个晶闸管耦合组成的，并封装在同一管壳中。这种光耦合器提供了最彻底的隔离，因为电路 1 和电路 2 只可能通过光束实现耦合。

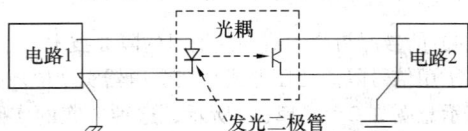

图 2.9 - 13　用光耦合器隔离地环路

光耦合器在数字脉冲电路中已经得到了最广泛的应用。近年来，性能良好的线性光耦合器也已商业化。

③用差动放大器实现地环路的隔离。

④用防护屏蔽实现对地环路实现隔离。当信号电平极低，由地电位差引起的共模噪声电平太大，或者各种抑制共模噪声的措施已经采用，希望对共模噪声引起的干扰能得到最大限度的抑制时，可以对放大器采取防护屏蔽的方法，对地环路实现更为彻底的隔离。其原理示意图如图 2.9 - 14 所示。由图可见，防护屏蔽与输入屏蔽线的屏蔽层构成输入差动放大器的

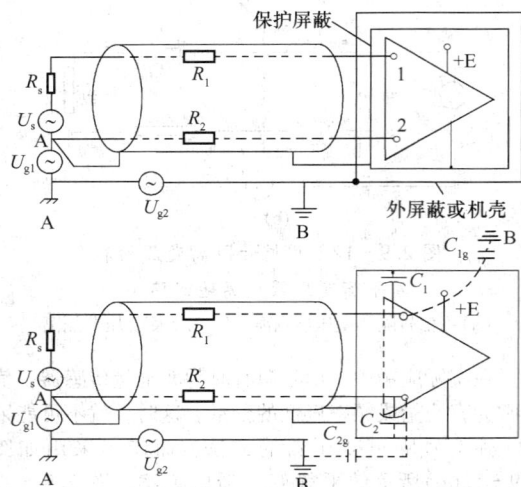

图 2.9 - 14　用防护屏蔽对地环路实现彻底的隔离

屏蔽体，屏蔽层的左端接信号源的接地端 A′，右端接防护屏蔽，起到静电屏蔽的作用。如果屏蔽是理想的，即防护屏蔽层的漏电容 C_{1G} 及 C_{2G} 等于零的话，共模噪声电压 U_{g1}、U_{g2} 在差动放大器输入电路中产生的共模噪声电流为零，在放大器输入端产生的噪声电压也为零。实际上，即使屏蔽十分良好的防护屏蔽，漏电容 C_{1g} 和 C_{2g} 也总是存在的，大约在几个皮法左右。这样，由于差动放大器输入电路的高度对称性，由已被大大减小的共模噪声电流转化为放大器输入端的差模噪声将会变得非常小。

2. 低电平、高频信号屏蔽地子系统　当频率高于 1MHz 或者电缆线长度超过 1/10 波长以及在处理高速脉冲数字电路时，信号地必须采用多点接地、地栅网或地平面信号接地系统，以保证各部件、电路的信号地保持同一电位。

从信号或功率传输的角度讲，高频时必须考虑阻抗匹配的问题。常常使用具有固定特性阻抗的同轴电缆线，而不用带双绞芯线的屏蔽线作屏蔽电缆，它的外屏蔽层用来作为传输信号的返流地线。因此，它必须遵循高频多点接地的原则，将同轴电缆的屏蔽层多点接信号地平面(每相邻屏蔽接地点之间的距离应小于等于 λ/10)。当电缆长度较短时，则将电缆屏蔽层两端分别接信号源及放大器的信号地。

3. 高电平、功率输出部分的屏蔽地子系统设计　高电平、功率输出部分连接到负载端的输出线，也必须采用屏蔽电缆。

屏蔽地子系统设计，概括成如下几点原则：

(1) 屏蔽体应接噪声地。

(2) 在低频时，输出电缆通常用双芯或多芯绞合屏蔽电缆接负载。屏蔽层接地的原则与上节所讨论的情况类似：当负载不接地时，屏蔽层在噪声地一端接地；当负载也接地时，可在噪声地与负载地两端同时接地。

(3) 在传输高频及脉冲功率信号时，输出电缆通常用同轴电缆线，以确保良好的阻抗匹配和较长距离的低损耗传输。这时，同轴电缆线的屏蔽层通常同时充当返流导线，可以保证输出电缆最小的杂散电磁场。这时，屏蔽层应采用多点接噪声地的形式。

(4) 在对输出电缆杂散低频磁场需要严格控制的场合，应用铁管等高磁导材料制成的金属管，将输出电缆屏蔽。

9.4　滤波

9.4.1　概述

对于传导干扰，滤波则是十分有效的方法。

这与通信及信号处理中所讨论的信号滤波器基本

原理相同，但是，它们具有下列完全不同的特点：

（1）EMI 滤波器中用的 L、C 元件，通常需要处理和承受相当大的无功电流和无功电压，即它们必须具有足够大的无功功率容量。

（2）信号处理中用的滤波器，通常总是按阻抗完全匹配状态设计的，所以可以保证得到预想的滤波特性。但是，EMI 滤波器通常在失配状态下运行，因此，必须认真考虑它们的失配特性，以保证它们在 0.15~30MHz 范围内，能得到足够好的滤波特性。

（3）EMI 滤波器主要是用来抑制因瞬态噪声或高频噪声造成的 EMI，所以，对所用的 L、C 元件寄生参数的控制，要求比较苛刻。因而，对 EMI 滤波器的制作与安装均必须认真对待。

（4）EMI 滤波器虽然是抗电磁干扰的重要元件，但是，使用时必须仔细了解其特性，并正确使用。否则，不但收不到应有的效果，而且有时还会导致新的噪声。例如，如果滤波器与端阻抗严重失配，可能产生"振铃"；如果使用不当，还可能使滤波器对某一频率产生谐振；若滤波器本身缺乏良好的屏蔽或接地不当，还可能给电路引进新的噪声。特别是用于电源中的 EMI 滤波器，由于它流过较大的功率流，上述因不正确使用造成的后果可能会十分严重。即使它们用于信号电路中，虽能抑制干扰，同时对有用信号却会带来一定的畸变。

9.4.2　EMI 滤波器设计

EMI 滤波器通常按插入损耗的要求进行设计。

1．电阻性阻抗及阻抗匹配情况下，单级 EMI 滤波器的设计

（1）单级 LC 滤波器的设计。该滤波器电路如图 2.9-15 所示，从图可见，源和负载阻抗均为电阻，而且数值相等。

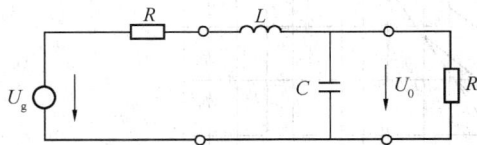

图 2.9-15　电阻性阻抗及阻抗
匹配时的单级 LC 滤波器

该滤波器的插入损耗为

$$IL = 10\lg\left(1 + F^2\frac{D^2}{2} + F^2\right)$$

式中，F 为对截止频率 f_0 规一化系数

$$F = \frac{f}{f_0} = 2\pi f\sqrt{LC}$$

D 是该电路的阻尼率 d 的函数

$$D = \frac{1-d}{\sqrt{d}} \qquad (2.9-45)$$

而

$$d = \frac{L}{CR^2} \qquad (2.9-46)$$

在理想阻尼情况下，$d = 1$，该滤波器为 Butterworth 低通滤波器。其插入损耗的频率特性如图 2.9-16 所示。

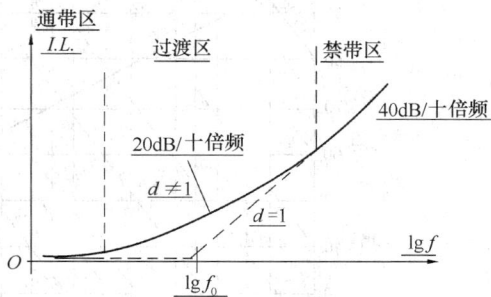

图 2.9-16　电阻性阻抗及阻抗匹配时的
单级 LC 滤波器插入损耗特性

图 2.9-16 中 $d = 1$ 对应低通滤波器情况，在过渡区中 IL 以 40dB/10 倍频的斜率衰减，而 $d \neq 1$ 时，则以 20dB/10 倍频的斜率衰减。在通带和禁带中，均可用 $d = 1$ 的理想阻尼情况计算，而在过渡带中，则必须用 $d \neq 1$ 的曲线计算。

通常将单级 LC 滤波器的插入损耗 IL 制成图表形式，以方便于设计。

举例说明如何利用上述两个图表具体设计滤波器参数。设计一个单级 LC 滤波器，要求它在 150kHz 处，提供 60dB 的插入损耗。设计步骤如下：

① 从图 2.9-17 可查得，$IL = 60$dB 对应的滤波器截止频率应为 5kHz。

② 计算规一化频率值 $F = \dfrac{150\text{kHz}}{5\text{kHz}} = 30$。

③ 利用图 2.9-18 查得，该值处于过渡区内，对应的 $a = 3$，即

$$d = 10^{\pm3} \quad (10^{-3} < d < 10^{+3})$$

④ 根据 $f_0 = (2\pi\sqrt{LC})^{-1} = 5\text{kHz}$，$10^{-3} < \dfrac{L}{CR^2} < 10^3$ 及实际允许情况，即可最后决定所要求的 L、C 值。图 2.9-17 及图 2.9-18 也同样适用于 LC 滤波器的设计。

（2）单级 π 滤波器的设计。如图 2.9-19 所示。插入损耗

$$IL = 10\lg\left[1 + (FD)^2 - 2F^4D + F^6\right]$$
$$(2.9-47)$$

为了计算规一化频率 F，首先求 π 型滤波器的截止频率

$$f_0 = \frac{1}{2\pi} \sqrt[3]{\frac{2}{RLC^2}} \quad d \neq 1$$

$$f_0 = \frac{1}{2\pi} \sqrt{\frac{2}{LC}} \quad d = 1$$

按下式求 D，$D = \dfrac{1-d}{\sqrt[3]{d}}$

式中 $\quad d = \dfrac{L}{2CR^2}$

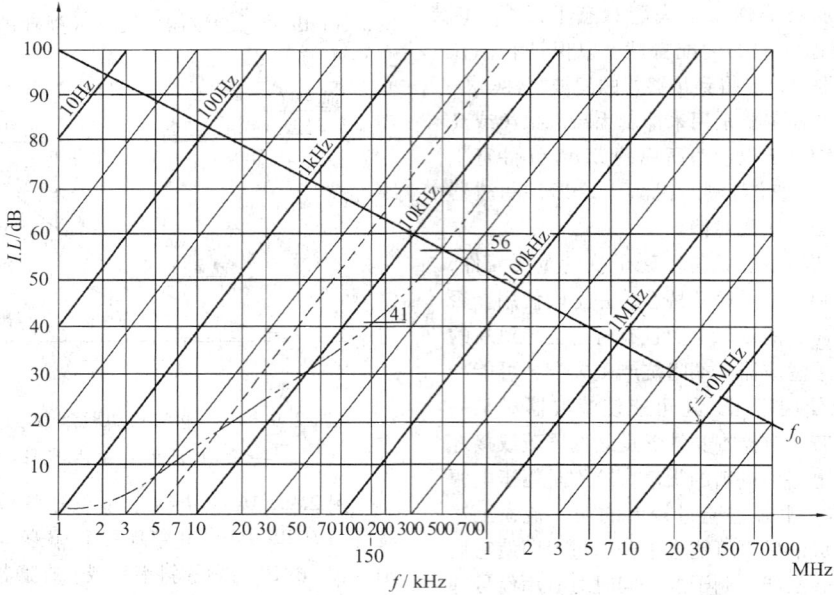

图 2.9-17　源和负载阻抗为电阻性，阻抗匹配
且具有理想阻尼 $(d=1)$ 的 LC 滤波器插入损耗特性

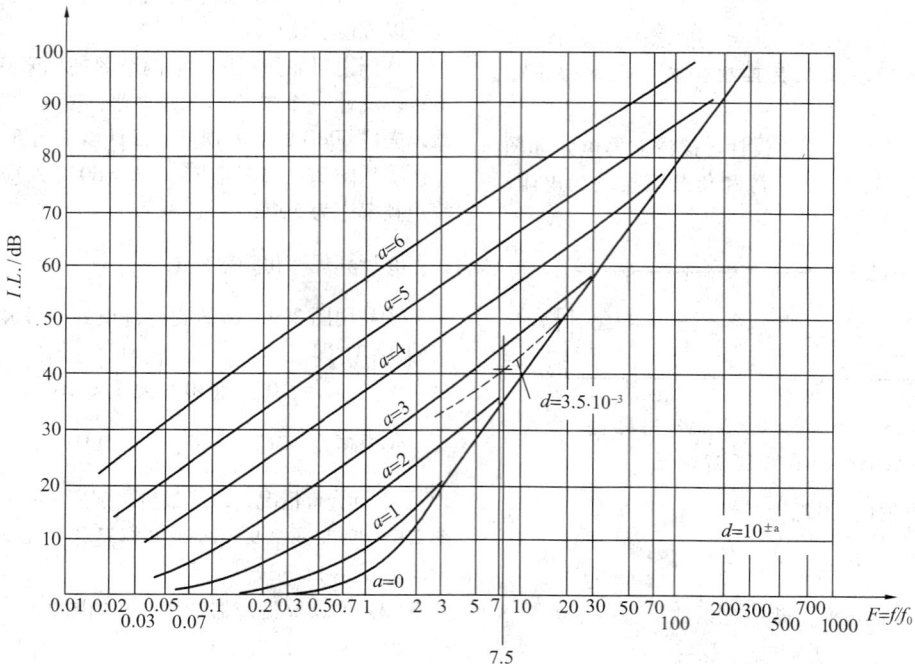

图 2.9-18　源和负载阻抗为电阻性，阻抗匹配但具有非理想
阻尼 $(d \neq 1)$ 的 LC 滤波器插入损耗特性

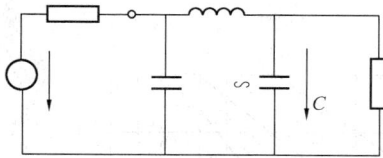

图 2.9－19　电阻性、源和负载阻抗
匹配时的 π 型滤波器

可求得 π 型滤波器插入损耗的特性，如图
2.9－20所示。

当 $d=1$ 时，与 Butterworth 的曲线相同；当 $d>1$ 时，出现过阻尼；$d<1$ 时，如虚线所示，呈现欠阻尼，曲线在过渡区内出最大值 IL_{max}。

$$IL_{max} = 10\lg\left(1 + \frac{4D^3}{27}\right)$$

该点对应的规一化频率

$$F_{max} = \sqrt{\frac{D}{3}}$$

当

$$F_{min} = \sqrt{D}$$

时，曲线落回到 $IL=0$ 处。而在实际情况下，落回点对应的 IL 与电路的 Q 值有关。图 2.9－21、图 2.9－22、图 2.9－23 分别示出了单级 π 型滤波器，在源及负载阻抗为电阻性，阻抗匹配的情况下，对应理想阻尼 $d=1$、过阻尼（$d>1$）、欠阻尼（$d<1$）情况下的插入损耗特性。

（3）单级 T 型滤波器的设计。单级 T 型滤波器也可利用图 2.9－21～图 2.9－23 的图表进行设计，插入损耗同样可按式(2.9－47)进行计算，但是截止频率 f_0 和阻尼率 d 应按下面公式进行计算

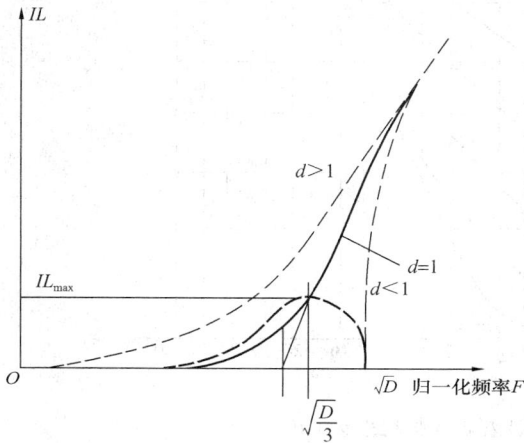

图 2.9－20　源和负载阻抗为电阻性，阻抗匹配
π 型滤波器插入损耗的特性

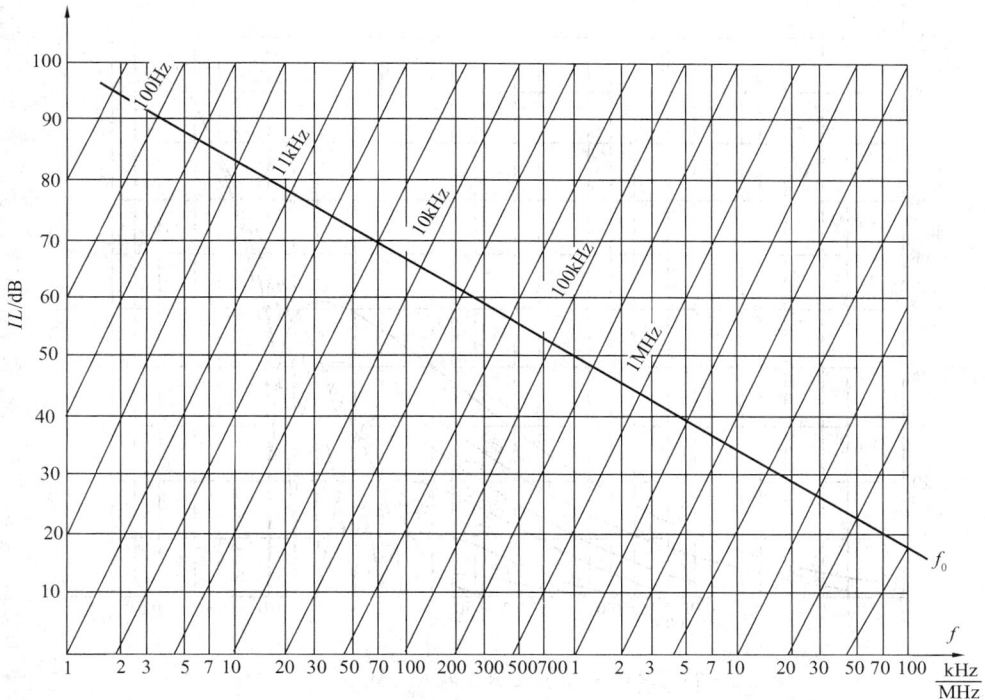

图 2.9－21　单级 π 型滤波器在源及负载阻抗为电阻性，
阻抗匹配，理想阻尼情况下的插入损耗特性

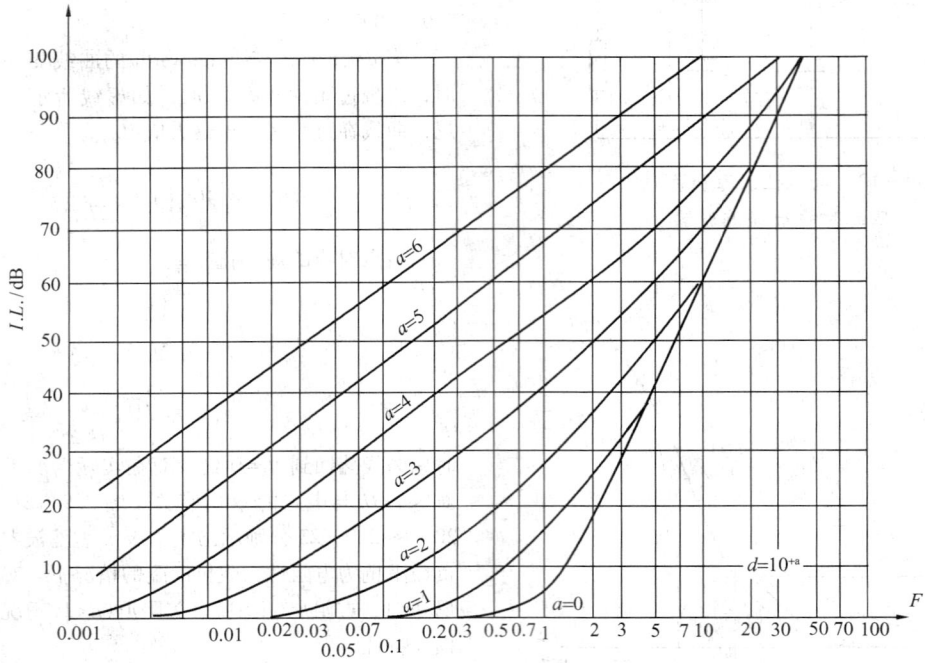

图 2.9 - 22　单级 π 型滤波器在源及负载阻抗为电阻性，
阻抗匹配，过阻尼情况下的插入损耗特性

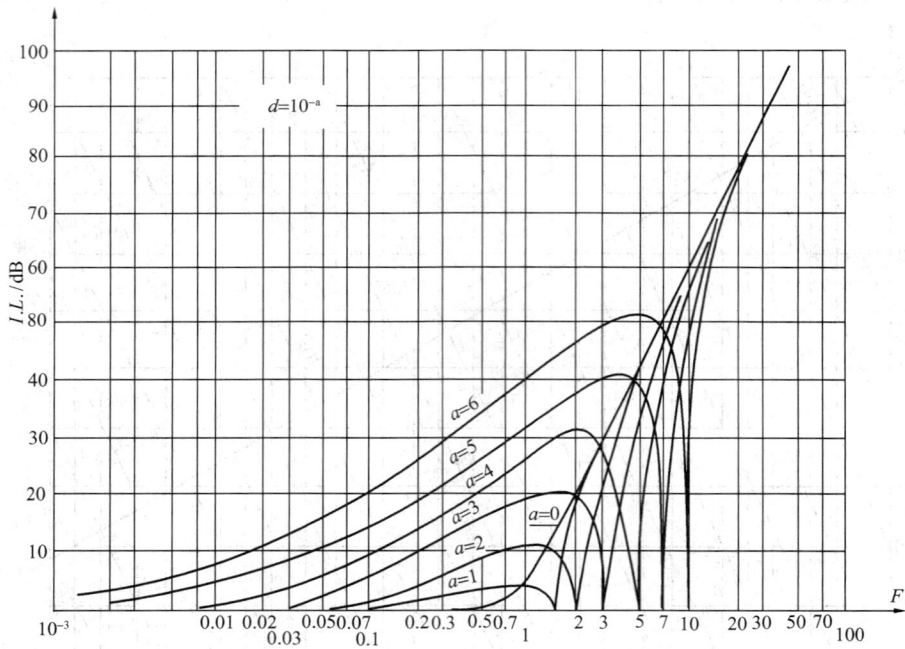

图 2.9 - 23　单级 π 型滤波器在源及负载阻抗为电阻性，
阻抗匹配，欠阻尼情况下的插入损耗特性

$$f_0 = \frac{1}{2\pi} \sqrt[3]{\frac{2R}{L^2 C}} \quad d \neq 1$$

$$f_0 = \frac{1}{2\pi} \sqrt{\frac{2}{LC}} \quad d = 1$$

$$d = \frac{R^2 C}{2L}$$

2. EMI 滤波器最差阻抗匹配情况下插入损耗的计算 实际的 EMI 滤波器，多数工作在阻抗不匹配的状态。可用一些简化关系式研究各种最坏情况下的插入损耗

$$Z_g = R_g + jX_g, \quad Z_L = R_L + jX_L,$$
$$Z_{1i} = R_{1i} + jX_{1i}, \quad Z_{2i} = R_{2i} + jX_{2i},$$

式中，Z_g 为噪声源阻抗；Z_L 为负载阻抗；Z_{1i} 为滤波器输入阻抗；Z_{2i} 为滤波器输出阻抗，为分析方便，设输出端开路时，滤波器输入阻抗

$$\overline{Z_{10}} = Z_{10} \exp(-j\theta_0) = R_{10} + jX_{10} = Z_{11} = \frac{A_{11}}{A_{21}}$$

输入端开路时，滤波器的输出阻抗

$$\overline{Z_{20}} = Z_{20} \exp(-j\theta_{20}) = R_{20} + jX_{20} = Z_{22} = \frac{A_{22}}{A_{21}}$$

输出端短路时，滤波器输入阻抗

$$\overline{Z_{1S}} = Z_{1S} \exp(-j\theta_{1S}) = R_{1S} + jX_{1S} = Z_{11} - \frac{Z_{12}Z_{21}}{Z_{22}} = \frac{A_{12}}{A_{22}}$$

输入端短路时，滤波器的输出阻抗

$$\overline{Z_{2S}} = Z_{2S} \exp(-j\theta_{2S}) = R_{2S} + jX_{2S} = Z_{22} - \frac{Z_{12}Z_{21}}{Z_{11}} = \frac{A_{12}}{A_{11}}$$

下面分别对几种对设计 EMI 滤波器影响最重要的阻抗失配情况进行讨论。

（1）噪声源阻抗很低。噪声源阻抗很低，即 $Z_g \approx 0$ 时，插入损耗的最坏情况是

$$R_L = 0, \quad X_L = \frac{R_{2i}^2 + X_{2i}^2}{X_{2i}^2}$$

这时对应的插入损耗为

$$IL_{\min} = |A_{11}| \times \left| \frac{R_{2S}}{X_{2S}} \right| = |A_{11}| \times \cos\theta_{2s}$$

（2）高负载阻抗情况。当负载接近开路状态时，即 $Z_L \approx \infty$，最低插入损耗的最坏源阻抗情况是

$$R_g = 0, \quad X_g = -X_{10}$$

这时对应的插入损耗为

$$IL_{\min} = |A_{11}| \times \left| \frac{R_{10}}{X_{10}} \right| = |A_{11}| \cos\theta_{10}$$

（3）已知噪声源阻抗情况。最低插入损耗对应的最坏负载阻抗情况是

$$R_L = 0, \quad X_L = \frac{X_{2i}^2 - X_g^2 + R_{2i}^2 - R_g^2 + \sqrt{Z}}{2(X_g - X_{2i})}$$
$$= \frac{Z_{2i}^2 - Z_g^2 + \sqrt{Z}}{2(X_g - X_{2i})} \quad (2.9-48)$$

式中，$Z = (X_g - X_{2i})^4 + (R_g^2 - R_{2i}^2)^2 + 2(X_g - X_{2i})^2(R_g + R_{2i})^2$ （2.9-49）

当源阻抗中的电阻分量不为零或不是非常小时，对应的最低插入损耗为

$$IL_{\min} = |A_{11}| \times \left| \frac{Z_g + Z_{10}}{Z_{10}} \right| \times \left| \frac{\sqrt{Z_1}}{2R_g} - \frac{\sqrt{Z_2}}{2R_g} \right|$$
（2.9-50）

式中 $Z_1 = (R_{2i} + R_g)^2 + (X_{2i} + X_g)^2$
$Z_2 = (R_{2i} - R_g)^2 + (X_{2i} - X_g)^2$

若源阻抗为纯电抗，即 $R_g = 0$，对应最低插入损耗的最坏负载条件是

$$R_L = 0, \quad X_L = \frac{R_{2i}^2}{X_g - X_{2i}} - X_{2i} \quad (2.9-51)$$

这时，对应的插入损耗为

$$IL_{\min} = |A_{11}| \times \left| \frac{Z_g + Z_{10}}{Z_{10}} \right| \times \sqrt{\frac{R_{2i}^2}{(X_g - X_{2i})^2 + R_{2i}^2}}$$
（2.9-52）

（4）负载阻抗已知情况。在某些情况下，负载阻抗可近似知道，而 EMI 的源阻抗可能在较宽的范围内变化。比如，我们想设计一个对多种电子装置适用的、通用型的 EMI 滤波器，而电网接点处的阻抗是知道的。这时最低插入损耗对应的最坏源阻抗条件，以及相应的插入损耗，可利用式（2.9-48）~式（2.9-52）并将原式中的参数 Z_g，Z_{10}，A_{11}，Z_{2i} 分别用 Z_L，Z_{20}，A_{22}，Z_{1i} 置换即可。

3. 阻抗失配条件下，EMI 滤波器阻抗匹配网络 EMI 滤波器，特别是电源 EMI 滤波器的插入损耗特性可以用图 2.9-24 表示，由图可见，EMI 滤波器必须满足下列几点要求：

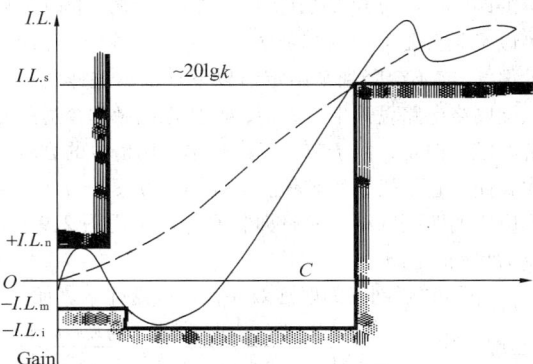

图 2.9-24 EMI 滤波器的插入损耗特性

（1）在电网频率 f_m 附近，EMI 滤波器造成的插入衰减或插入增益均必须限制在 $+IL_m \sim -IL_m$ 范围之内。

（2）在电网频率 f_m 到滤波下限频率 f_L 之间的频

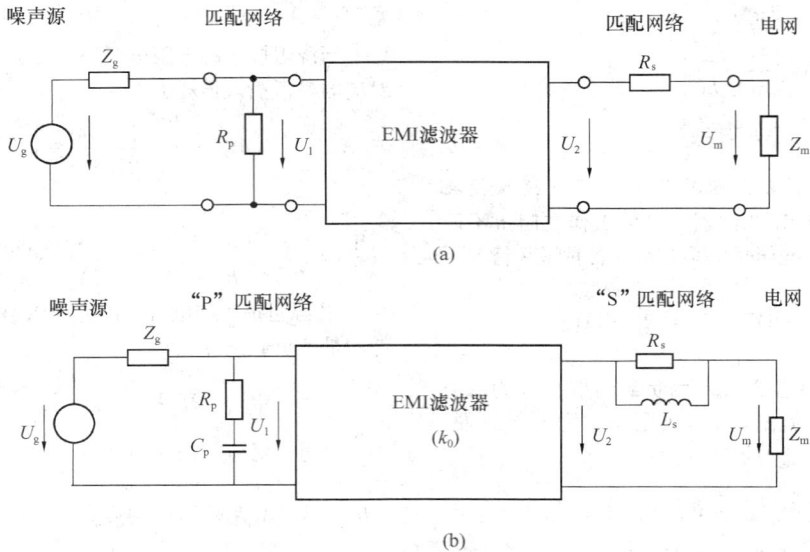

图 2.9 - 25 阻抗不匹配情况下，利用匹配网络设计 EMI 滤波器
(a)带有损耗匹配电阻的 EMI 滤波器；(b)带"P"及"S"匹配网络的 EMI 滤波器

率范围内，滤波器不能导致谐振，并且其插入增益不允许超过$-IL_i$。

（3）在截止频带范围内，即$f \geqslant f_L$，插入损耗应高于IL_s。

图 2.9 - 25 是用来讨论最坏情况下 EMI 滤波器设计的示意图。最坏情况下插入损耗设计方法的基本出发点是，借助于在 EMI 滤波器的输入和输出部分插入适当的匹配网络，可以将因为源和负载阻抗不匹配而引起的不良影响削弱到可接受的程度。假设插入损耗的减小，甚至变成信号增益源自谐振，那么，最简单的匹配网络仅仅用如图 2.9 - 25(a)所示的电阻就可以了。只要采用适当的R_p和R_s，衰减因子(即插入损耗)将不会降到某给定值以下。虽然这样的损耗匹配网络电路设计十分方便，而且也能做到合适的阻抗匹配，但是，由于它对工作频率有用信号的衰减很大，使得它不能成为实际的工程解决方案。为此，实际应用的匹配网络和噪声抑制元件可采用图 2.9 - 25(b)所示的电路。

"p"和"s"网络的匹配效果μ可以这样来表征

$$匹配效果 \mu = \frac{加匹配网络后，最差情况下的衰减因子}{截止频率 f_L 下不加匹配网络时的衰减因子}$$
$$(2.9 - 53)$$

"p"网络的匹配效果用μ_p来表示，"s"网络的匹配效果用μ_s来表示，则可以求得对并联电阻R_p及串联电阻R_s的限制

$$R_p < X_{10}(\omega_L) \sqrt{\mu_p^2 - 1} \qquad (2.9 - 54)$$

$$R_s > \frac{X_{2s}(\omega_L)}{\sqrt{\mu_s^2 - 1}} \qquad (2.9 - 55)$$

式中，$X_{10}(\omega_L)$ = 由输入端看入，在f_L处的开路阻抗；$X_{2s}(\omega_L)$ = 由输出端看入，在f_L处的短路阻抗。

阻抗匹配情况对输入阻抗的影响可以用ε来表征，它等于带匹配网络时，从滤波器向源和向负载侧看入的输入阻抗与不带匹配网络时的相应输入阻抗的比值。根据上述分析，可以将对匹配网络参数选择的限制表达为

$$|Z_{pg}| = |Z_g // Z_p| < 2\varepsilon_p Z_{1i\min} \qquad (2.9 - 56)$$

$$|Z_{sm}| = |Z_m + Z_s| > \frac{Z_{2i\min}}{2\varepsilon_s} \qquad (2.9 - 57)$$

选取低的ε_s和ε_p，LC滤波器电路将工作在接近于阻抗匹配状态，最坏情况 EMI 滤波器的衰减因子的计算公式

$$IL_s \geqslant K = K_0 \times \frac{(1 - \varepsilon_p)(1 - \varepsilon_s)}{\mu_p \mu_s}$$
$$(2.9 - 58)$$

为了简化设计

$$Z_{1i\min} = Z_{10}(\omega_L) = X_{1m} \qquad (2.9 - 59)$$
$$Z_{2i\min} = Z_{1s}(\omega_L) = X_{2m} \qquad (2.9 - 60)$$

自行设定μ_s，μ_p，ε_s，ε_p的值，根据式(2.9 - 58)~式(2.9 - 60)匹配网络的元件值，可按下列不等式进行计算

$$C_p \geqslant \frac{1}{\varepsilon_p \omega_L X_{1m}} \qquad (2.9 - 61)$$

$$\varepsilon_{\rm p} X_{\rm 1m} - \sqrt{(\varepsilon_{\rm p} X_{\rm 1m})^2 - \frac{1}{(\omega_{\rm L} C_{\rm p})^2}} \geqslant$$

$$R_{\rm p} \geqslant \varepsilon_{\rm p} X_{\rm 1m} + \sqrt{(\varepsilon_{\rm p} X_{\rm 1m})^2 - \frac{1}{(\omega_{\rm L} C_{\rm p})^2}}$$

$$(2.9-62)$$

$$R_{\rm p} \geqslant \frac{1}{\omega_{\rm L} C_{\rm p} \sqrt{\mu_{\rm p}^2 - 1}} \qquad (2.9-63)$$

$$L_{\rm s} \geqslant \frac{X_{\rm 2m}}{\varepsilon_{\rm s} \omega_{\rm L}} \qquad (2.9-64)$$

$$\frac{1}{\dfrac{\varepsilon_{\rm s}}{X_{\rm 2m}} + \sqrt{\left(\dfrac{\varepsilon_{\rm s}}{X_{\rm 2m}}\right)^2 - \dfrac{1}{(\omega_{\rm L} L_{\rm s})^2}}} \leqslant R_{\rm s}$$

$$\leqslant \frac{1}{\dfrac{\varepsilon_{\rm s}}{X_{\rm 2m}} - \sqrt{\left(\dfrac{\varepsilon_{\rm s}}{X_{\rm 2m}}\right)^2 - \dfrac{1}{(\omega_{\rm L} L_{\rm s})^2}}} \qquad (2.9-65)$$

$$R_{\rm s} \leqslant \omega_{\rm L} L_{\rm s} \sqrt{\mu_{\rm s}^2 - 1} \qquad (2.9-66)$$

4. 其他电路结构 EMI 滤波器匹配网络的计算

（1）低输入阻抗和高输出阻抗——CL 结构。如前所述，该电路结构的输入端应接"s"匹配网络，输出端接"p"网络。最坏情况下的衰减因子等于

$$IL_{\rm s} \geqslant K = K_0 \frac{1}{4\varepsilon_{\rm p} \varepsilon_{\rm s}} \left(\frac{\omega}{\omega}\right)^2 \qquad (2.9-67)$$

式中，系数 $\dfrac{1}{4\varepsilon_{\rm p} \varepsilon_{\rm s}}$ 反映了滤波器输入端的 RC 衰减器及输出端的 LR 衰减器对电压衰减的影响。输入衰减器由"s"网络的串联电阻 $R_{\rm s}$ 和滤波电路的电容器组成；输出衰减器则由滤波电路的电感器和"p"网络的并联电阻 $R_{\rm p}$ 组成。

（2）低输入阻抗和低输出阻抗——π 结构。该结构的输入及输出端均应接"s"匹配网络，最差情况下的衰减因子可按下式计算

$$IL_{\rm s} \geqslant K = K_0 \frac{1 - \varepsilon_{\rm so}}{2\varepsilon_{\rm si} \mu_{\rm so}} \cdot \frac{\omega}{\omega_{\rm L}} \qquad (2.9-68)$$

式中，系数 $\dfrac{1 - \varepsilon_{\rm so}}{2\varepsilon_{\rm si} \mu_{\rm so}}$ 反映了滤波器输出端（用下标 o 表示）和输入端（用下标 i 表示）衰减器对电压衰减的影响。这两个衰减器分别由"s"网络的串联电阻 $R_{\rm s}$ 和滤波电路的输入电容组成。

（3）高输入阻抗和高输出阻抗——T 结构。应在 T 型滤波器的输入端及输出端分别接"p"匹配网络，构成适应最坏情况的 EMI 滤波器。它的衰减因子为

$$IL_{\rm s} \geqslant K = K_0 \frac{1 - \varepsilon_{\rm po}}{2\varepsilon_{\rm po} \mu_{\rm po}} \cdot \frac{\omega}{\omega_{\rm L}} \qquad (2.9-69)$$

5. 最差阻抗匹配情况下应用阻抗匹配网络 EMI 滤波器的设计步骤

（1）一般设计步骤。

1）首先决定最合适的滤波器结构。即根据对 EMI 滤波器插入损耗的大小，源和负载阻抗的大小，选择最合适的 EMI 滤波器电路形式。对于最差阻抗匹配情况的 EMI 滤波器，在插入损耗要求不太高的场合，最好采用单级滤波器，并加上合适的阻抗匹配网络，而不要采用多级滤波器。

2）设置匹配效果系数 μ 和输入阻抗匹配系数 ε 的数值。

3）设计匹配网络和滤波器电路的元件参数。匹配网络元件的数值由不等式(2.9-61)~式(2.9-66)进行计算，其实际采用的数值，在满足上述不等式限制条件下可自由选用。$C_{\rm p}$、$L_{\rm s}$ 的数值应当越小越好，目的是力求减小低频损失，如果可能的话，$\mu_{\rm s}$ 和 $\mu_{\rm p}$ 的数值应当设为小于 $\sqrt{2}$。

4）如果 μ 和 ε 的数值设置不当的话，计算得到的匹配网络元件的数值将会不切实际，这时必须重新设置 μ 和 ε 的数值，并重新计算，直到满足要求为止。

（2）设计举例。

设计任务：要求设计一个 EMI 滤波器，它在 0.15~30MHz 范围中的插入损耗应当不小于 40dB。

设计步骤：

1）由于对该滤波器插入损耗的要求并不太高，对源和负载阻抗也没有进行特殊说明，所以选用单级 LC 滤波电路，并在其输入端接一个"p"匹配网络，在其输出端接一个"s"匹配网络，以消除阻抗失配带来的不良影响。

2）设置 $\varepsilon_{\rm p} = \varepsilon_{\rm s} = 0.05$

$$\mu_{\rm p} = \mu_{\rm s} = \sqrt{2}$$

根据式(2.9-58)，计算得到要求该滤波器具有最小的电压衰减 $K_0 = 222$。

3）为了使滤波器电感 L 上因流过额定工作电流而产生的低频(50Hz)压降不致过大，取电感 $L = 1{\rm mH}$。此外，设计最差情况下的 EMI 滤波器时，可用电压衰减代替插入损耗，所以对于一个 LC 滤波器 $C = \dfrac{K_0}{\omega_{\rm L} L} = \dfrac{222}{6.28^2 \times 1.5^2 \times 10^{10} \times 10^{-3}}$，取 $C = 250{\rm nF}$。

滤波器输出端开路时，输入阻抗

$$Z_{\rm 1O} = {\rm j}\omega L \frac{\omega^2 LC - 1}{\omega^2 LC} \qquad (2.9-70)$$

滤波器输入端短路时，滤波器输出端看入的输入阻抗

$$Z_{\rm 2S} = {\rm j}\omega L \frac{1}{1 - \omega^2 LC} \qquad (2.9-71)$$

根据式(2.9-59)、式(2.9-60)，在频率为 $f_{\rm L}$ 时，

上述两个输入阻抗的数值分别为

$$X_{1m} = \omega_L L \frac{\omega_L^2 LC - 1}{\omega_L^2 LC}$$

$$= 2\pi \times 150 \times 10^3 \times 10^{-3} \times$$

$$\frac{6.28^2(150 \times 10^3)^2 \times 10^{-3} \times 250 \times 10^{-9} - 1}{6.28^2(150 \times 10^3)^2 \times 10^{-3} \times 250 \times 10^{-9}}$$

$$= 938\Omega$$

$$X_{2m} = \omega_L L \frac{1}{1 - \omega_L^2 LC} = 4.27\Omega$$

根据式(2.9-61)，可得

$$C_p \geq \frac{1}{\varepsilon_p \omega_L X_{1m}} = \frac{1}{0.05 \times 2\pi \times 150 \times 10^3 \times 938}$$

$$= 22.6nF$$

取 $\qquad C_p = 25nF$

根据式(2.9-62)、式(2.9-63)，可得对 R_p 的限制范围为

$$26.3\Omega < R_p < 68.3\Omega$$

$$42.3\Omega < R_p$$

因此，取 $R_p = 50\Omega$。

根据式(2.9-64)，可得 L_s 的数值

$$L_s \geq \frac{X_{2m}}{\varepsilon_s \omega_L} = \frac{4.27}{0.05 \times 2\pi \times 150 \times 10^3} = 90.7\mu H$$

为了力求减小对电网频率能量损失，减小电感器的体积和重量，L_s 应取得尽量小一些，故取 $L_s = 100\mu H$。

根据式(2.9-65)、式(2.9-66)，可得对 R_s 的限制范围为

$$59\Omega < R_s < 152\Omega 及$$

$$R_s < 94.5\Omega$$

由于应取最高的 R_s 值，使电网频率能量损失最小，所以 R_s 值应选得尽量靠近上限，取 $R_s = 91\Omega$。

图 2.9-26 是最终设计的，最差情况下 EMI 滤波器的电路图，它在任何源和负载阻抗的情况下，都能保证在 150kHz 处可以得到 40dB 的插入损耗。

6. 多级电源 EMI 滤波器的设计

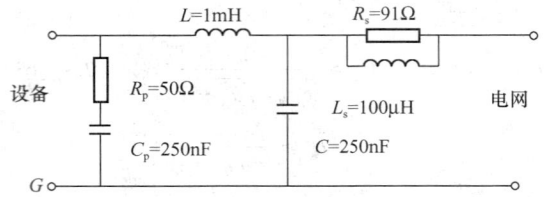

图 2.9-26 最差情况下 EMI 滤波器，
在 150kHz 保证 40dB 的插入损耗

电源 EMI 滤波器对所用的串联电感 L 及并联电容 C_y 的最大值有所限制，限制表达式如式(2.9-72)和(2.9-73)所示。允许采用的 C_y 的最大值为

$$C_y = \frac{I_g}{U_m \times 2\pi f_m} \times 10^6 \quad (nF) \quad (2.9-72)$$

式中，U_m 为电网电压；f_m 为电网频率(Hz)；I_g 为允许的接地漏电流(mA)。允许 LC 乘积的最大值为

$$L_{max} C_{ymax} = \frac{\Delta U_{max} \times I_m}{I_g \times U_m} \times \frac{1}{\omega_m^2} \quad (2.9-73)$$

在有些对滤波器插入损耗要求较高的场合(如 $IL > 40\sim50dB$)，采用有阻抗匹配网络的单级 LC 滤波器不能符合要求，这时就不得不采用多级滤波器。图 2.9-27 绘出了三组对应不同 LC 乘积值时，单级、两级及三级 LC 滤波器的电压衰减(插入损耗)的频率特性。

下面用一实例对如何应用图 2.9-27 中曲线进行说明：希望设计一个电源 EMI 滤波器，要求它在 160kHz 时，电压衰减达到 80dB，从图 2.9-27 可得

若用单级 LC 滤波，得 $LC = 10^4 \mu H\mu F$；

若用两级 LC 滤波，得 $LC = 10^2 \mu H\mu F$。

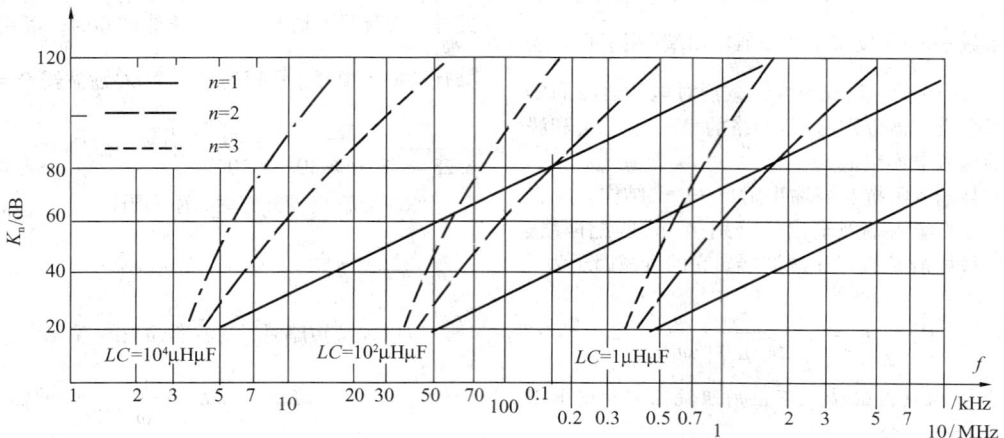

图 2.9-27 多级 LC 滤波器电压衰减的频率特性

显然，若采用两级滤波，LC 乘积大大减小，无论是滤波器的成本、体积还是重量均大大减小，而且阻抗失配对滤波器插入损耗特性的影响也大大减小。当然，在设计时，如能同时考虑阻抗失配的因素，即首先根据阻抗失配情况，选取合适的 LC 滤波电路结构，然后再根据对 $L_{max}C_{max}$ 乘积的限制，选取滤波器的级数和具体的 L、C 参数，那就更加合理了。

9.4.3 EMI 滤波器的布局和装配

（1）EMI 滤波器应当安装在尽量靠近欲抑制噪声的端子处。

（2）在设计和装配 EMI 滤波器时，必须做到无论是电网中的瞬态电压，还是电气设备引起的浪涌电流，均不会造成滤波器的损坏。

（3）大电流 EMI 滤波器的损耗可能会很大，能量将大部分损耗在 EMI 扼流圈上，因此，必须十分注意它们的有效冷却，并尽量使它们与滤波电容器远离。

（4）电力电子装置常常导致非正弦的网侧电流，低次谐波较强，因此可能引起明显的音频噪声。所以，应将 EMI 滤波电感线圈进行浸渍处理，将铁心胶合，再用有弹性的紧固物将 EMI 滤波电感器紧固，以减小这种噪声。

（5）在正确安排 EMI 滤波器内部的元件位置时，应主要考虑三个方面的问题：滤波电感器的杂散磁场、滤波电容器的引线走向和接地。

此外，电源 EMI 滤波器中用的滤波电容必须配接一个 $0.1 \sim 1M\Omega$ 的泄放电阻，当切断 EMI 滤波器时，它为滤波电容器提供放电通道。

在对带有 EMI 滤波器的电子装置进行绝缘耐压试验时，必须特别当心。因为试验时，滤波器中的 C_y 将同时承受试验电压。

9.4.4 直流电源去耦滤波器设计

1. 直流电源的公共阻抗 在大多数的电子系统中，直流电源及其配电系统为许多电路所公用，它们不允许成为这些电路相互耦合的通道。一个电源配电系统的主要功能，应当是在负载电流变化的条件下，给所有负载提供一个近于恒定不变的直流电压，因此，由负载而产生的任何交流信号不允许在直流电源母线上产生任何交流压降。

直流供电电路中产生的瞬态噪声电压，起源于电源负载电流的突变 ΔI_L。如果假设该电流变化是瞬时的，则因之产生的瞬变电压的幅值 ΔU_L 是电源供电传输线特征阻抗 Z_0 的函数。

$$Z_0 = \sqrt{\frac{L_T}{C_T}} \qquad (2.9-74)$$

$$\Delta U_L = \Delta I_L Z_0 \qquad (2.9-75)$$

为了减小 ΔU_L，要求直流供电母线的特征阻抗 Z_0 尽量低（典型值应当小于几欧姆）。由式（2.9-74）可知，要求 L_T 尽量小，C_T 尽量大。

为了减小 L_T 和增大 C_T，供电母线应用矩形截面的导线，并使两条母线尽量靠近。图 2.9-28 列出了几种不同母线结构及对应的特征阻抗计算公式。

图 2.9-29 是一种采用这种供电母线结构的与集成电路配用的商品化的供电母线排。

2. 放大器的直流电源去耦滤波 对由它供电的每个电路或每一组电路加接电源去耦滤波器，使由电源内阻抗耦合引起的噪声电平降到最小。众所周知，常用的去耦滤波器有 RC 滤波器和 LC 滤波器两种形

并行线	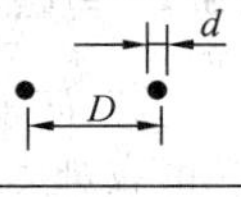	$Z_0 = \dfrac{120}{\sqrt{\varepsilon_r}} \mathrm{arccos}h\left(\dfrac{D}{d}\right)$ $D/d \geqslant 3,\ Z_0 = \dfrac{120}{\sqrt{\varepsilon_r}} \ln\left(\dfrac{2D}{d}\right)$
地面上的线	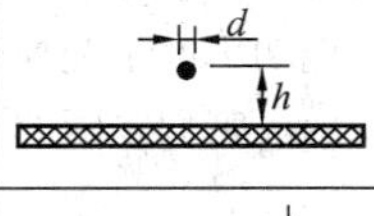	$Z_0 = \dfrac{60}{\sqrt{\varepsilon_r}} \mathrm{arccos}h\left(\dfrac{2h}{d}\right)$ $2h/d \geqslant 3,\ Z_0 = \dfrac{60}{\sqrt{\varepsilon_r}} \ln\left(\dfrac{4h}{d}\right)$
并行扁平导体	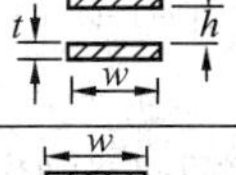	$w \geqslant h$ 和 $h \geqslant t,\ Z_0 = \dfrac{377}{\sqrt{\varepsilon_r}} \left(\dfrac{h}{w}\right)$
地面上的扁平导体	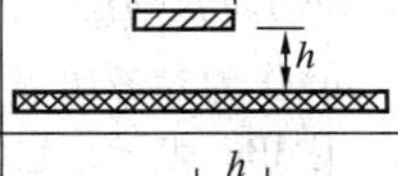	$w \geqslant h,\ Z_0 = \dfrac{377}{\sqrt{\varepsilon_r}} \left(\dfrac{h}{w}\right)$
相邻的扁平导体	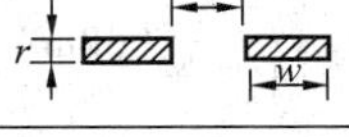	$w \geqslant t,\ Z_0 = \dfrac{120}{\sqrt{\varepsilon_r}} \ln\left[\dfrac{\pi(h+w)}{w+t}\right]$

图 2.9-28 几种不同母线结构及对应的特征阻抗

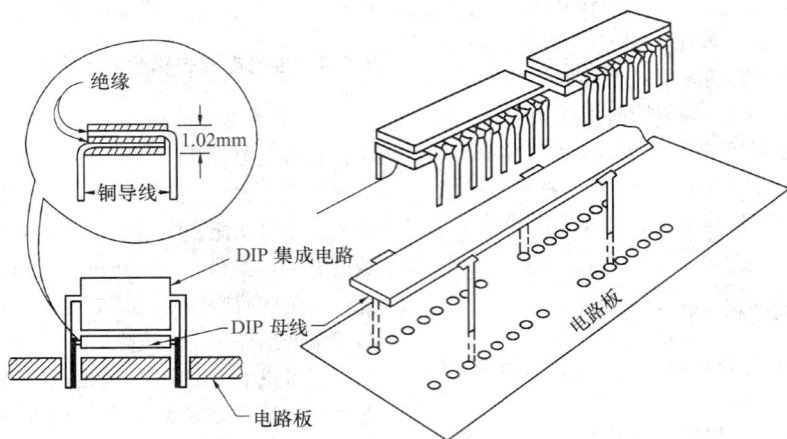

图 2.9 - 29 与集成电路配用的商品化的供电母线排

式。对于前者，欲滤除的噪声电压转变成热量，为滤波器中的 R 所消耗；而对于后者，则必须保证滤波器的固有谐振频率远低于后接电路的有用信号频率，必须注意，在这种滤波器中，噪声实际上并未真正被消除，而是存贮在电感器中，它有可能成为新的辐射噪声源。

3. 电源高频去耦滤波 进入或引出屏蔽体的电源线都应当加以适当的去耦合滤波，以防止它们将屏蔽体内的高频噪声电压通过电源电缆线带出屏蔽体外。对于音频信号，用一般的电源去耦滤波器已经足够，但是，在高频情况下，应当特别注意保证高频滤波器的有效性。例如，应通过穿心电容器，使屏蔽体内的电源电缆线穿过屏蔽体，并且应用极低引线电感的云母或陶瓷电容器接在高频电路的末端。

4. 高速数字脉冲电路中用的电源去耦滤波 高速数字脉冲电路中的电源去耦滤波特别重要，每块集成电路最好配备一只高频去耦滤波电容器，那么一块印刷电路板上就必然接有若干只高频去耦滤波电容器，它们在每次开关过程后，都必须重新充电。这个重复充电的任务通常是由放在同一块印刷电路板上的总体电源去耦滤波电容器来承担的，而总体去耦滤波电容器再由电源通过直流母线对它充电。总体去耦滤波器对每个去耦滤波电容器充电的电流频率，通常要比单个高频去耦滤波电容器的放电频率要低得多。总体去耦电容器电容量，通常为所有单个去耦滤波电容器容量总和的 10 倍以上。

选择等效串联电感小的电容器，例如，钽电解电容器或金属膜聚碳酸酯电容器。此外，外部噪声可能通过电源母线进入印刷电路板或系统，而印刷电路板或系统内产生的噪声，也可能通过电源母线传到系统外面。因此，在设计电源母线系统时，还必须考虑

到，应将高频瞬态电流力求局限于数字逻辑印刷电路板上，而不允许它们流到直流电源母线中。解决这一问题的最有效的办法是，总体去耦滤波器再串接一个 $1 \sim 10 \mu H$ 的电感器，或在电源母线上加一粒磁珠，然后再将其接到外部电源母线。

用于数字脉冲电路中的单个去耦滤波电容器，必须能提供 $15 \sim 150 MHz$ 的高频电流，所以，它们必须是等效串联电感极小的高频用的电容器。最合适的用于数字脉冲电路的去耦滤波电容器是片状或多层陶瓷电容器。为了保证该电容器能提供足够大的瞬态电流，其最小容量必须满足下列条件

$$C \geqslant \frac{\Delta I \Delta t}{\Delta U} \qquad (2.9 - 76)$$

去耦滤波电容器必须紧靠集成电路安装，力求最短的电容器引线和最小的瞬态电流回路面积。

9.5 电磁兼容标准与测量

9.5.1 电磁兼容测量单位及换算

为了便于讨论宽功率范围的测量问题，常采用分贝 dB 这种表达系统，通常，参考功率为瓦（W）。当把功率电平变换到 dB 系统时，计量单位则用 dBW 表示。它们之间的变换关系为

$$P_{(dBW)} = 10 \lg P_{(W)} \qquad (2.9 - 77)$$

式中，$P_{(W)}$ 为测量得的功率（W）。

在许多测量场合，例如，信号发生器输出校正、接收机灵敏度、传送损失等，用毫瓦 mW（下面简写为 m）作为参考功率更为方便，这时，在 dB 计量系统中，用 dBm 表示，它们之间的变换关系如下式所示

$$0dBmW = 0dBm = 1mW = -30dBW$$
$$(2.9 - 78)$$

$$P_{(dBm)} = P_{(dBW)} + 30 \qquad (2.9 - 79)$$

在 EMC 测量中，很少用功率作为参考单位，而常用电压作为参考单位，为此，以上表达式可以表示为

$$P = \frac{U^2}{R} \quad (2.9-80)$$

式中，U 为电压（V）；R 为被测电压两端的电阻值（Ω），代入式（2.9-77）~ 式（2.9-79），可得

$$P_{(\mathrm{dBW})} = 10\lg\left(\frac{U^2}{R}\right) \quad (2.9-81)$$

$$P_{(\mathrm{dBm})} = 10\lg\left(\frac{U^2}{R}\right) + 30 \quad (2.9-82)$$

在差模条件下，两个网络或一个网络的电压比 K_U 可从功率比 K_p 获得

$$K_p = \frac{P_1}{P_2} = \frac{\dfrac{U_1^2}{R_1}}{\dfrac{U_2^2}{R_2}} = \frac{U_1^2 R_2}{U_2^2 R_1} \quad (2.9-83)$$

$$K_{p(\mathrm{dB})} = 10\lg\left(\frac{P_1}{P_2}\right) = 10\lg\left(\frac{U_1}{U_2}\right)^2 + 10\lg\left(\frac{R_2}{R_1}\right) \quad (2.9-84)$$

如果 $R_1 = R_2 = R$，则可得

$$K_{U(\mathrm{dB})} = 10\lg\left(\frac{U_1}{U_2}\right)^2 = 20\lg\left(\frac{U_1}{U_2}\right) \quad (2.9-85)$$

式中，U_2 为参考电压，取为 1V，则可得

$$U_{(\mathrm{dBV})} = 20\lg U \quad (2.9-86)$$

在 EMC 测量中，$1\mu V$ 常用作参考电压，可得

$$1\mu V = 10^{-6} V = 0\mathrm{dB}\mu V = -120\mathrm{dBV} \quad (2.9-87)$$

$$U_{(\mathrm{dB}\mu V)} = U_{(\mathrm{dBV})} + 120 \quad (2.9-88)$$

知道了 dBm 和 dBμV，必须变换到工程实际中，可以利用式（2.9-82）、式（2.9-86）和式（2.9-88），得到下列变换方程式

$$\begin{aligned} P_{(\mathrm{dBm})} &= U_{(\mathrm{dB}\mu V)} - 120 - 10\lg(R) + 30 \\ &= U_{(\mathrm{dB}\mu V)} - 90 - 10\lg(R) \quad (2.9-89) \end{aligned}$$

在实际测量中，人们还经常用测量频谱来获得 EMI 信息，而在频谱测量中，人们常用振幅密度函数（或是其他频谱量）来表征宽带相干信号，其频谱常用伏/赫兹（V/Hz）为表征单位，它又称为宽带单位。而在 EMC 测量中，则用 μV/MHz 作为计量单位较为合适，它们之间的变换关系为

$$A_{(\mathrm{dB}\mu V/\mathrm{MHz})} = A_{(\mathrm{dBV/Hz})} + 240 \quad (2.9-90)$$

测得的宽带相干信号的电压，是测量带宽的函数。可测得的电压的准确数值可以通过下式积分计算而近似求得

$$U = \int_{f_c-\frac{B}{2}}^{f_c+\frac{B}{2}} A(f)\,\mathrm{d}f = A_c \times B \quad (2.9-91)$$

式中，B 为测量带宽；f_c 为测量带宽的中心频率；$A(f)$ 为振幅密度函数，它为频率的函数；A_c 为在频率 f_c 处对应的振幅密度值。

将该关系式转换成 dB 系统，可测量电压 U（这里看成是窄带单位）与宽带单位之间的关系，可用下式转换

$$U_{(\mathrm{dB}\mu V)} = A_{c(\mathrm{dB}\mu V/\mathrm{MHz})} + 20\lg B_{(\mathrm{MHz})} \quad (2.9-92)$$

传导 EMI 的一些技术指标限值，是用电流单位来表示的，参考电流通常为 $1\mu A$。假设用一个小的电阻 R_s 串联在测量电路中，用 EMI 测量仪测量该电阻两端的电压 $U_{(\mu V)}$，则可测得未知电流 I

$$I_{(\mathrm{dB}\mu A)} = U_{(\mathrm{dB}\mu V)} - 20\lg(R_s) \quad (2.9-93)$$

若 $R_s = 1\Omega$，噪声电流的数值（单位为 $\mathrm{dB}\mu A$）则与噪声电压的数值（单位为 $\mathrm{dB}\mu V$）相同。

常用电流探头作为电流传感器，而用 EMI 接收机作为一个调谐电压表。

电流探头可用转移阻抗 Z_T 来表征

$$Z_T = \frac{U}{I} \quad (2.9-94)$$

式中，U 为电流探头两端接 50Ω 时（即接 EMI 测量仪时）的输出电压；I 为电流探头处导线中流过的未知的被测电流。

若用 dB 单位表示，可得

$$I_{(\mathrm{dB}\mu A)} = U_{(\mathrm{dB}\mu V)} - Z_{T(\mathrm{dB}\Omega)} \quad (2.9-95)$$

9.5.2 电磁兼容标准

1. EMC 国际标准发展简介　电磁干扰（EMI）问题，早在 19 世纪电气和电子工业发展初期，就引起了工程界的重视。德国的柏林电气协会和英国的邮电部门当时就相应地建立了有关的研究组织。国际无线电干扰特别委员会（Comite International Special des Perturbations Radioelectriques，or International Committee for Radio Interference，CISPR）是第一个颁布无线电干扰协议的国际性组织。

近几十年来，从家用电器到各种电力电子装置及各类半导体装置日益广泛的使用，对提供无污染电网供电的要求，变得日益迫切和苛刻。为此，IEC 于 1977 年成立了 TC77 专委会，后来专门成立了一个相应的专委会—TC65 专委会专门负责这方面的工作。目前，该专委会是 IEC 中专门研究工业自动化和过程控制系统中 EMC 问题的一个技术委员会，它下设了一个 WG4 工作组，陆续提出了一套分阶段出版的 EMS 测试标准—IEC 801 标准。分列如下：

IEC 801-1　　　总论

IEC 801-2　　　静电放电抗扰度

IEC 801 - 3　　　射频电磁场的抗扰度

IEC 801 - 4　　　电快速瞬态脉冲抗扰度

IEC 801 - 5　　　雷电浪涌抗扰度

IEC 801 - 6　　　由 9kHz 以上射频电磁场引起的射频传导干扰的抗干扰度

由于 IEC 801 标准的内容与 IEC TC77 专委会的工作内容部分重叠，决定由 TC77 专委会负责制定一套完整的电磁兼容性基础标准，即 IEC61000。由下列各部分组成：

IEC 61000 - 1《总论》

IEC 61000 - 2《环境》

IEC 61000 - 3《限值》

IEC 61000 - 4《试验和测量技术》

IEC 61000 - 5《安装与调试指南》

IEC 61000 - 6《其他》。

2. 世界各国 EMC 标准简介　　除了上述 IEC 和 CISPR 国际性 EMC 标准化组织以外，世界各国均分别成立了相应的制定和颁布 EMC 标准及规范的组织，负责颁布各国自己的 EMC 标准和规范文件。最具影响力的 EMC 标准有两个：一个是前述的欧洲标准和 IEE，CISPR 标准；另一个是以美国电气与电子工程师学会（Institute of Electrical and Electronics Engineers，IEEE）和美国国家标准协会（American National Standard Institute，ANSI）所编制的有关标准。

3. 我国的 EMC 标准　　1983 年 10 月 31 日颁布了首份 EMC 国家标准 GB 3907—1983《工业无线电干扰基本测量方法》。之后又相继颁发了 GB 4343—1984《电动工具、家用电器和类似器具无线电干扰特性的测量方法和允许值》、GB 4365—1984《无线电干扰名词术语》、GB 4859—1984《电气设备抗干扰特性的基本测量方法》等 30 余项国家标准，这些标准的基本依据是 IEC/CISPR 标准、IEC/TC77 或 IEC/TC65 制定的有关标准。到目前为止，我国已制定的 EMC 国家标准主要有：

1. GB 3907—1983　工业无线电干扰基本测量方法

2. GB 4343.1—2003　家用电器、电动工具和类似器具的要求　第一部分：发射

3. GB 4365—1984　无线电干扰名词术语

4. GB 4824.1~4824.2—1984　工业、科学和医疗射频设备无线电干扰特性的测量方法及允许值

5. GB 4859—1984　电力设备的抗干扰特性基本测量方法

6. GB 6113—1985　电磁干扰测量仪

7. GB 6114—1985　广播接收机干扰特性测量方法

8. GB 6830—1986　电信线路遭受强电线路危险影响的容许值

9. GB 8702—1988　电磁辐射防护规定

10. GB 8703—1988　辐射防护规定

11. GB 14023—1992　车辆、机动船和火花点火发动机驱动的装置无线电干扰特性的测量方法及允许值

12. GB 6364—1986　航空无线电导航台站电磁环境要求

13. GB 6833.1—1986　电子测量仪器电磁兼容性试验规范

14. GB 7236—1987　广播接收机干扰特性限额值

15. GB 7343—1987　10kHz~30MHz 无源无线电干扰滤波器和抑制元件抑制特性的测量方法

16. GB 7349—1987　高压架空输电线、变电站无线电干扰测量方法

17. GB 7432—1987　同轴电缆载波通信系统抗无线电广播和通信干扰的指标

18. GB 7433—1987　对称电缆载波通信系统抗无线电广播和通信干扰的指标

19. GB 7434—1987　架空明线载波通信系统抗无线电广播和通信干扰的指标

20. GB 7495—1987　架空电力线路与调幅广播收音台的防护间距

21. GB 9254—1988　信息技术设备的无线电干扰极限值和测量方法

22. GB 13421—1992　无线电发射机杂散发射功率电平的限值和测量方法

23. GB 13613—1992　对海中远程无线电导航台站电磁环境要求

24. GB 13614—1992　短波无线电测向台（站）电磁环境要求

25. GB 13615—1992　地球站电磁环境保护要求

26. GB 13616—1992　微波接力站电磁环境保护要求

27. GB 13617—1992　短波无线电收信台（站）电磁环境要求

28. GB 13618—1992　对空情报雷达站电磁环境防护要求

29. GB/T 13619—1992　微波接力通信系统干扰计算方法

30. GB/T 13620—1992　卫星通信地球站与地面微波站之间协调区的确定和干扰计算方法

31. GB/ 13836—1992　30MHz~1GHz 声音和电视信号的电缆分配系统设备与部件辐射干扰特性允许值和测量方法

32. GB 13837—1992　声音和电视广播接收机及有关设备干扰特性允许值和测量方法

33. GB/T 13838—1992　声音和电视广播接收机

及有关设备辐射抗扰度特性允许值和测量方法

34. GB/T 13839—1992 声音和电视广播接收机及有关设备内部抗扰度允许值和测量方法

35. GB/T 13926.1—1992 工业过程测量和控制装置的电磁兼容性 总论

36. GB/T 13926.2—1992 工业过程测量和控制装置的电磁兼容性 静电放电要求

37. GB/T 13926.3—1992 工业过程测量和控制装置的电磁兼容性 辐射电磁场要求

38. GB/T 13926.4—1992 工业过程测量和控制装置的电磁兼容性 电快速瞬变脉冲要求 对于军用设备的干扰防护及兼容标准,国防科工委颁布了国家军用标准(GJB)。

9.5.3 电磁兼容测量

1. 传导型 EMI 的测量

(1) 传导型干扰电压测量。

1) 传导型差模干扰电压测量。CISPR 规定仅在 150~1605kHz 频率范围内,测量纯差模噪声电压,该电压应采用具有对称输入端的 EMI 仪器进行测量,

并且该仪器的输入端应当用一个屏蔽的平衡变压器将被测端隔离,该平衡变压器在测量频率范围内的输入阻抗应高于 1000Ω。为了使得对称输入的 EMI 仪器能进行这项测量,CISPR 建议采用 Δ-LISN。

标准单相测量线路示于图 2.9-30,开关 S 接于 D 点测得的电压为差模电压;接于 C 点,EMI 仪器测得的电压为共模电压。

2) 传导型共模干扰电压测量。图 2.9-31 是一个 CISPR 标准推荐的用单相 50Ω/50μH V-LISN 测量共模 EMI 电压的示意图,这种 V-LISN 只适用于 100A 以下的电流。当网侧电流大于 100A 而小于 400A 时,应当采用 50Ω/5μH 的 V-LISN。

当被测设备的网侧额定电流较大(例如大于 100A)时,不可能用 LISN 来测量 EMI 电压,CISPR 推荐采用电容性电压探头进行测量,测试电路如图 2.9-32 所示。应当选取隔直电容器以保证测量电路的阻抗近似为 1500Ω。这时,要特别注意高质量的接地,而且必须要采用特殊的防护措施,防止感应电流或其他扰动效应,以确保这些扰动导致的测量值的变化控制在 1dB 之内。

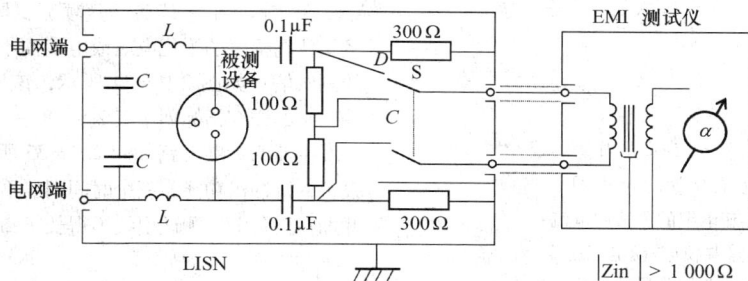

图 2.9-30 用 CISPR 标准规定的 Δ-LISN 及平衡输入
隔离的 EMI 测量传导差模 EMI 电压

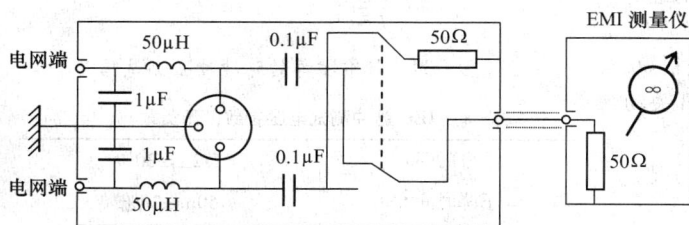

图 2.9-31 用单相 CISPR 50Ω/50μH
V-LISN 测量共模 EMI 电压

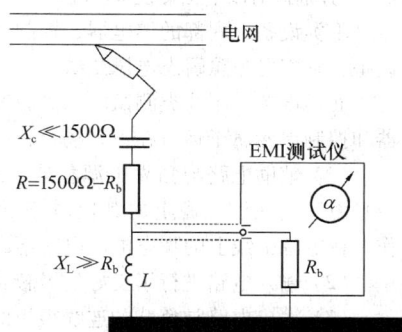

图 2.9-32 用电容性探头进行传导
EMI 电压测量电路

（2）传导干扰电流测量。CISPR 标准和参照 CISPR标准建立的一些国际标准，虽然并不要求测量 EMI 电流，但是，有些标准（例如 MIL－Std。461/462，DEF Std。59—41 等大多数其他的军用标准、航空和车辆工业标准）规定了对干扰电流电平的要求。另外，为了全面地确定 EMI 噪声源的特性和测量电网的等效高频阻抗，也要求测量 EMI 电流。所以，测量传导干扰电流在传导 EMI 测量中，也是非常基本重要的测量内容，高频电流探头可以用来分别测量差模电流、共模电流、屏蔽电流等。其测量示意图如图2.9－33所示。

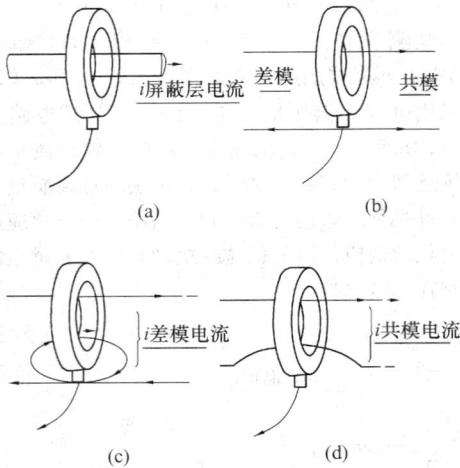

图 2.9－33　用电流探头测量电缆中各种电流分量的示意图
（a）测量屏蔽电缆的屏蔽层电流；
（b）测量共模/差模电流；
（c）最大的差模分量的检测；
（d）最大共模分量的检测

2. 传导型敏感度 EMS 的测量　IEC 标准规定了三种脉冲电压耐量和高频干扰测试电压等级（I，II，III类），分别针对以下三类设备情况：

I 类设备：内部的继电器、控制单元等则属 I 类设备，它们可免除瞬态电压测试。

II 类设备：用 II 类测试电压等级进行试验的继电器和控制单元属于运行在下列场合：

（1）辅助电路与独立电源相连，或者连线很短，并且由于连在该电源上的其他电路没有什么开关动作，在电源引线上的瞬态电压电平不高的情况。

（2）输入电路进行了良好的屏蔽和接地的情况。

（3）输出电路与负载的连线很短的情况。

（4）通常不要求电压耐量测试，但是希望特别安全的场合。

III 类设备：用 III 类测试电压等级进行试验的继电器和控制单元包括：

（1）附属电路连接到主电源，连线很长，并且接在同一电源上的其他电路的开关动作，可能会产生幅值很高的瞬态冲击电压的场合。

（2）输入引线可能很长，并且没有采取有效的屏蔽、接地措施。

（3）输出电路与负载之间的连线很长，所以可能出现幅值很高的干扰电压。

（4）正常情况下，低一些的测试电压就足够了，但需要额外的安全裕量。

表 2.9－7　　EMS 电压耐量测试要求

被测设备类别	脉冲电压耐量 /kV	衰减振荡波电压耐量/kV	
		差　模	共　模
I	0	—	—
II	1	0.5	1.0
III	5	1.0	2.5

根据 IEC 标准和各国规定的标准，传导型 EMS 的测试方法很多，这里列出几种常用的 EMS 试验方法——脉冲冲击试验；高频干扰测试；静电放电测试；快速瞬态脉冲和脉冲群试验等。

3. 脉冲冲击试验　这项测试是检验被测设备能否经受住高幅度的干扰电压或电流而不至损坏。标准推荐的测试信号如图 2.9－34 所示，该脉冲为 $1.2/50\mu s$ 脉冲，它的详细指标列于表 2.9－8 中。产生该脉冲试验信号发生器的标准电路如图 2.9－35 所示。为了检查被测设备的抗冲击功能，三个时间间隔不少于 5s 的正、负脉冲加在设备上，测试引线不得长于 2m。

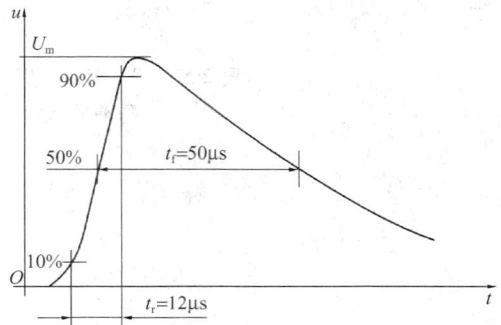

图 2.9－34　标准推荐的脉冲冲击测试信号

表 2.9－8　　IEC 脉冲测试电压参数，无负载

上升时间 t_r	$1.2\mu s \pm 30\%$
下降时间 t_r	$50\mu s \pm 20\%$
源阻抗	$500\Omega \pm 10\%$
源能量	$0.5Ws \pm 10\%$

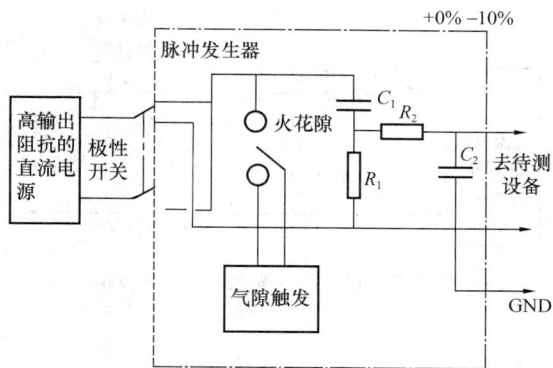

图 2.9－35 脉冲试验信号发生器的标准电路

脉冲电压峰值	元 件 参 数			
/kV	R_1	R_2	C_1	C_2
5	1800Ω	500Ω	0.035μF	800μF
1				10μF

被测设备接到测试电路端子前起始测试峰值电压耐压裕量。

4. 高频干扰测试 高频干扰测试，是检测 EUT 在规定的高频干扰测试条件下是否能正常工作。虽然，测试信号只规定了一种频率，但它可以测试 EUT 耐高频噪声的能力。

图 2.9－36 给出了被称为 1MHz 阻尼振荡或 1MHz 振铃波的测试信号波形，其波形参数示于表 2.9－9 中，相应的信号发生器电路如图 2.9－37 所示。

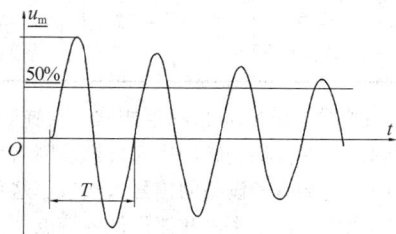

图 2.9－36 阻尼振荡、
振铃波测试信号波形

表 2.9－9 阻尼振荡、振铃波测试
信号波形参数

频率	1MH±10%
源阻抗	200Ω±10%
下跌到起始幅值一半时包络线包含的振铃波周期数	3~6
重复周期	400Hz
测试时间	2s±10%
被测设备接到测试电路端子前起始测试峰值电压耐压裕量	+0%~−10%

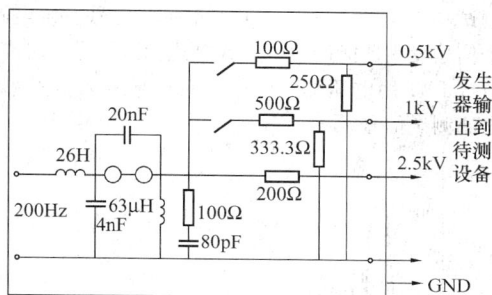

图 2.9－37 阻尼振荡、振铃波
信号发生器电路图

高频测试信号加在注入点上的持续时间为 2s，测试连线不得长于 2m。测试信号加在每个输入、输出端子和地之间（纵向），所有独立电路之间（纵向），以及同一电路的各接线端子之间（横向）。高频信号加在同一电路中各接线端子之间的横向注入接法如图 2.9－38所示；高频信号加在接线端子与地之间及加在所有独立电路之间的纵向注入接法如图 2.9－39 所示。

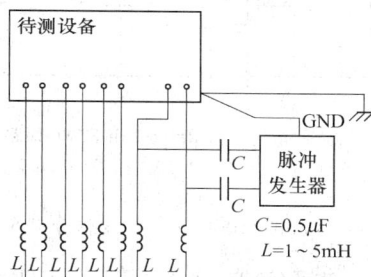

图 2.9－38 高频信号加在同一电路中
各接线端子之间的横向注入接法

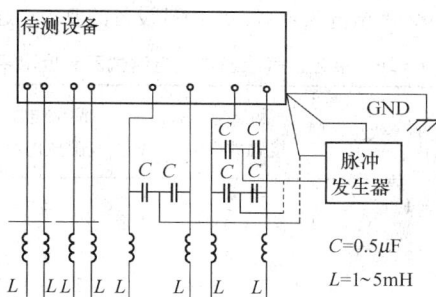

图 2.9－39 高频信号加在接线端子与地
之间（实线）及加在所有独立
电路之间（虚线）的纵向注入接法

除此以外，还有一些其他的高频测试信号，其中较著名的是 0.5μs/100kHz 振铃波，如图 2.9－40 所示，该信号的第一个半波的持续时间没有规定，而是依测试项而定。图 2.9 - 41 为相应的信号发生电路。这个信号发生器能产生电压或电流测试信号：对高输入阻抗 EUT 用电压测试信号；对低输入阻抗的 EUT 用电流测试信号。

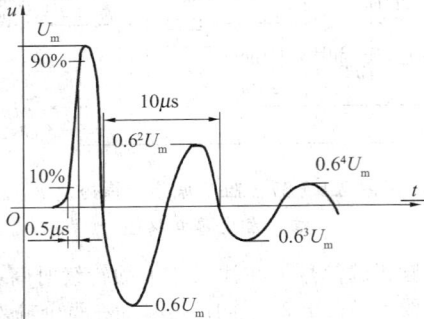

图 2.9 - 40 0.5μs/100kHz 振铃波高频测试信号

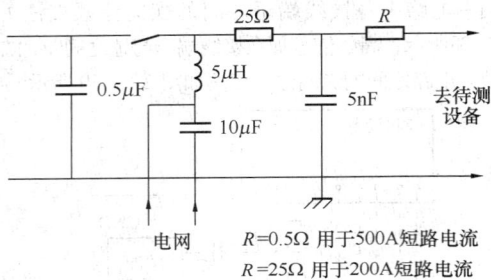

R=0.5Ω 用于 500A 短路电流
R=25Ω 用于 200A 短路电流

图 2.9 - 41 0.5μs/100kHz 振铃波信号发生器电路

3. 静电放电（ESD）测试 现代电子设备中常包含许多对静电放电非常敏感的电子器件。ESD 测试就是根据这种情况发展起来的。ESD 测试分两种：①接触放电；②气隙放电。

依据测试环境和测试条件分几种测试等级，见表 2.9 - 10，测试电压越高，对测试设备的要求也越高。

表 2.9 - 10 接触、气隙静电放电测试严酷度电平

电平等级	测试电压 接触放电/kV	测试电压 气隙放电/kV
1	2	2
2	4	4
3	6	8
4	8	15

图 2.9 - 42 是 ESD 发生器的简化电路图。

标准中推荐的 ESD 试验放电电流波形如图 2.9 - 43 所示，表 2.9 - 11 给出了该放电电流的规定参数。这些值要用带宽为 1000MHz 的设备测量。

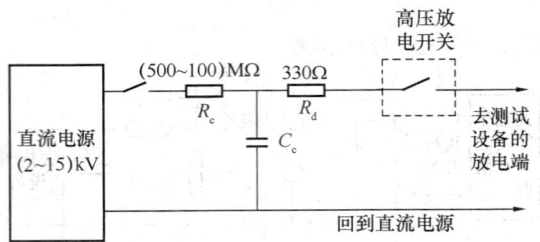

图 2.9 - 42 ESD 发生器简化线路

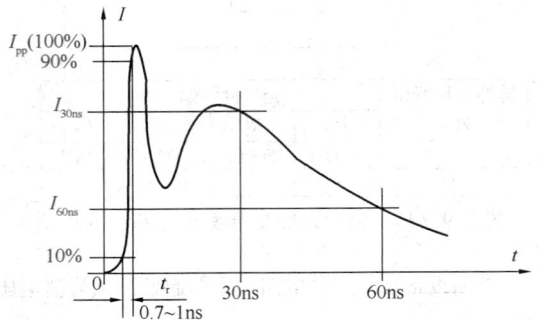

图 2.9 - 43 推荐的 ESD 试验放电电流波形

表 2.9 - 11 静电放电测试的电流参数

测试等级	第一峰值 /A，±10%	30ns 时的电流值 /A，±30%	60ns 时的电流值 /A，±30%
2	7.5	4	2
2	15	8	4
3	22.5	12	6
4	30	16	8

4. 快速瞬变脉冲和脉冲群测试 快速瞬变脉冲/脉冲群测试，是将瞬变脉冲串通过耦合网络注入到电源、控制电路和电子设备的信号入端口。这些干扰具有上升时间短、重复率高和能量低的特点。

表 2.9 - 12 给出了快速瞬变脉冲/脉冲群测试的测验等级。

表 2.9 - 12 快速瞬变脉冲/脉冲群测试严酷度等级

测试等级	开路测试电压±10%	
	电源/kV	I/O 信号、数据和控制线/kV
1	0.5	0.25
2	1	0.5
3	2	1
4	4	2

1 级：具有良好的保护环境。

2 级：受保护的环境。

3 级：由继电器切换的控制电路对快速瞬变脉冲群未加抑制措施；工业线路与属于较高严酷环境等级的其他线路隔离不完善。

4 级：由继电器切换的控制电路对瞬变脉冲群未采取抑制措施；工业线路与属于较高严酷环境等级的其他线路不隔离。

图 2.9-44 快速瞬变脉冲/脉冲群（EFT/B）发生器的简化电路图。

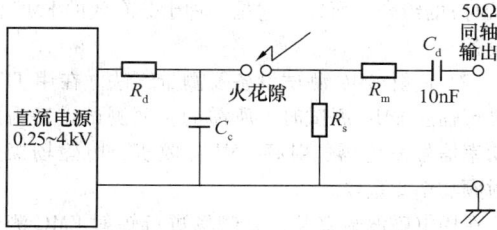

图 2.9-44　快速瞬变脉冲/脉冲群发生器简化电路图

标准规定的 EFT/B 测试脉冲串的单个脉冲波形如图 2.9-45 所示。EFT/B 测试脉冲串的重复率与测试电压相关，推荐的重复率为

5kHz±20%	0.25kV
5kHz±20%	0.5kV
5kHz±20%	1.0kV
2.5kHz±20%	2.0kV

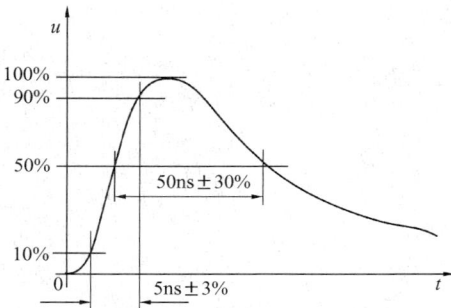

图 2.9-45　EFT/B 测试脉冲串中单个脉冲波形

使用电容耦合钳，EFT/B 测试可以不通过与被测件的终端、屏蔽层或其他部分电连接，而把测试信号注入到被测件中。图 2.9-46 为三相线路的测试方案。

图 2.9-47 给出了大部分常见 EMS 测试信号的频谱，电网中可能产生的共模瞬态干扰的频谱也画在图中。

图 2.9-47 频谱清晰地显示出，IEC 1.2/50μs 脉冲冲击电压信号覆盖了 200kHz 以内的干扰测试需要，然而，高频 EMS 测试最好用快速瞬变脉冲测试。

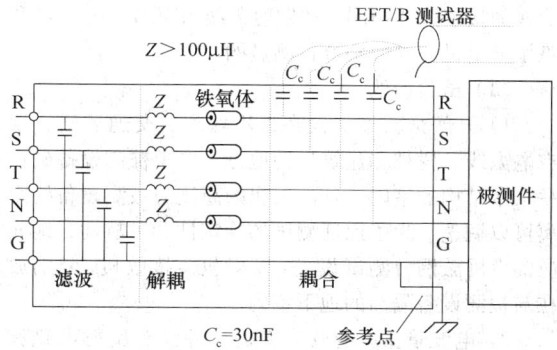

图 2.9-46　三相线路的 EFT/B 测试方案

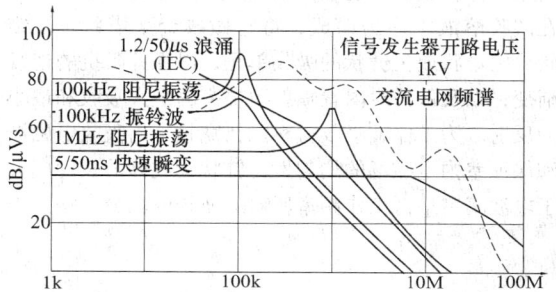

图 2.9-47　常见 EMS 测试信号的频谱

电磁耦合与瞬变干扰的上升时间有着的密切联系，图 2.9-48 给出了公共电网上测得的干扰电压和各种 EMS 脉冲测试信号的电压上升率与峰值电压，比较发现，只有 5ns 上升时间的快速瞬脉冲才能模拟电网中最严酷的情况，而 75ns 上升时间的衰减振荡测试信号只能够满足中等严酷情况的需要。

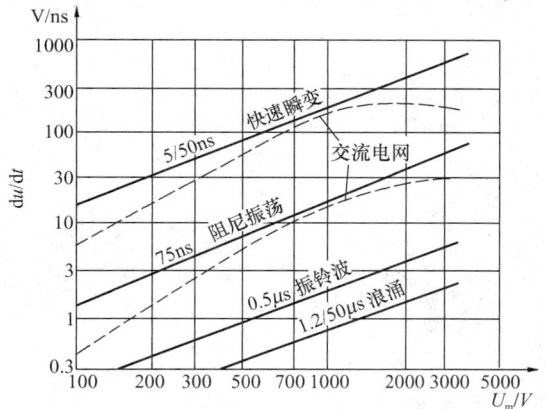

图 2.9-48　公共电网上测得的干扰电压和各种 EMS 测试信号的电压上升率

5. 辐射型 EMI 及 EMS 的测量　特点：①对测试场地有更加严格的要求——必须完全隔绝空间的杂散电磁波；②主要的电磁场传感器为天线，针对不同的测试要求和测试频率范围，必须采用相对应的不同

形式的接收天线(EMI)和发射天线(EMS);③电场和磁场分量是需要分别进行测量的。

(1)试验场地。

1)开阔试验场。设在远离城市、交通要道、架空电力线、树林和建筑物的地方。要求被测设备放在一个木结构的室内,外面天线的高度与被测设备的距离可以调整。为了保证测试的稳定性和可靠性,地面应铺设屏蔽网,测试设备(发射机,接收机)分别放在与被测设备隔离的地下室内。

2)电波暗室。电波暗室是一种没有反射电磁波的屏蔽室,屏蔽室内壁敷以对电磁波有强烈吸收作用的吸收体。吸收体通常用阻燃的聚氨酯类的泡沫塑料在碳胶溶液中渗透而成,将它做成金字塔状、棱锥状、圆锥状或尖劈状的吸收单元,以保证阻抗的连续渐变,以及保证对内置辐射源功率的最大吸收和最小的反射。为了保证吸收材料能在宽频带内吸收电磁波和保证室内电磁场的均匀性,锥状吸收体的长度应大于电波暗室最低工作频率所对应波长的四分之一。因此,电波暗室多用于 100MHz 以上高频辐射 EMI 及 EMS 的测量。

3)横向电磁波室(TEM)。是近十几年迅速发展起来的一种新型的 EMC 测试室。它本质上是一个矩形的、由内、外两个导体组成的阻抗为 50Ω 的传输线。TEM 室是一个良好的电波暗室,可以有效地屏蔽外界环境电磁场对测量的影响,同时它又可看成为一条传输线(进行 EMS 测试时)和接收天线(进行 EMI 测试时)的组合。所以,它是一种十分有效的 EMC 测量设备。

(2)辐射 EMC 测试设备及测量方法。在用 TEM 室进行辐射 EMC 测试时,所需的主要测试设备为射频功率信号发生器、射频 EMI 接收机、电磁场探头和射频功率测量仪。

在用电磁波暗室及在开阔场进行辐射 EMC 测试时,除上述设备以外,还需要各频段对应的各种接收天线(EMI 测试)及各频段对应的各种发射天线(EMS 测试)。

参 考 文 献

[1] 蔡圣善，朱耘，徐建军. 电动力学. 2 版. 北京：高等教育出版社，2002.

[2] 宓子宏，徐在新. 物理学词典（电磁学分册）. 北京：科学出版社，1983.

[3] Б. M. 亚沃尔斯基，A. A. 杰特拉夫. 物理学手册. 北京：科学出版社，1986.

[4] 蔡诗东，夏蒙梦，李银安，等. 物理学词典（等离子体物理学分册）. 北京：科学出版社，1985.

[5] 正田英介，高木正藏. 电磁学. 北京：科学出版社，2002.

[6] 李国栋. 当代磁学. 北京：中国科学技术大学出版社，1999.

[7] 李大明. 磁场的测量. 北京：机械工业出版社，1993.

[8] J. A. Stratton. Electromagnetic Theory. McGraw-Hill，1941.

[9] 倪光正. 工程电磁场原理. 北京：高等教育出版社，2002.

[10] 冯慈璋. 电磁场. 2 版. 北京：高等教育出版社，1983.

[11] S. Ramo，J. R. Whinnery & T. Van Duzer. Fields and Waves in Communication Electronics. $2^{nd}ed$，John Wiley & Sons，1984.

[12] H. A. Haus，J. R. Melcher. Electromagnetic Fields and Energy. Pretice Hall，1989.

[13] Carl T. A. Johnk. Engineering Electromagnetic Fields. John Wiley & Sons，Inc，1975.

[14] Л. A. Бессонов. 电工理论基础. 北京：高等教育出版社，1986.

[15] 杨儒贵. 电磁场与电磁波. 北京：高等教育出版社，2003.

[16] 谢处方，饶克谨. 电磁场与电磁波. 3 版. 北京：高等教育出版社，2003.

[17] 马信山，张济世，王平. 电磁场基础. 北京：清华大学出版社，1995.

[18] 方正瑚，李培芳. 工程电磁学. 杭州：浙江大学出版社，1989.

[19] 陈抗生. 电磁场与电磁波. 北京：高等教育出版社，2003.

[20] 正田英介. 通信技术. 北京：科学出版社，2001.

[21] 倪光正，杨仕友，钱秀英，等. 工程电磁场数值计算. 北京：机械工业出版社，2004.

[22] П. Л. Калантаров，П. A. Цейтлин. 电感计算手册. 北京：机械工业出版社，1986.

[23] 陈宝林. 最优化理论与算法. 北京：清华大学出版社，1989.

[24] 刘德贵，费景高，于泳江，等. FORTRAN 算法语言汇编：第二分册. 北京：国防工业出版社，1983.

[25] 姚恩瑜，何勇，陈仕平. 数学规划与组合优化. 杭州：浙江大学出版社，2001.

[26] 范承志，孙盾，章梅. 电路原理. 2 版. 北京：机械工业出版社，2004.

[27] 邱关源. 电路（第 4 版）. 北京：高等教育出版社，1999.

[28] 周庭阳，张红岩. 电网络理论. 杭州：浙江大学出版社，1997.

[29] N. 巴拉巴尼安，T. A. 比卡特. 电网络理论. 夏承铨，刘国柱，宁超，刘述云，黄东泉译. 第 1 版. 北京：高等教育出版社，1983.

[30] E. A. Guillemin. Synthesis of Passive Networks. 1st edition. New York：John Wiley & Sons，1957.

[31] D. A. Calahan. Computer-Aided Network Design. 1st edition. New York：McGraw-Hill Book Co.，1968.

[32] F. F. Kuo. Network Analysis and Synthesis. 2nd edition. New York：John Wiley & Sons，1966.

[33] 加博 C. 特默斯，桑吉特 K. 米特纳. 现代滤波器理论与设计. 王志洁译. 北京：人民邮电出版社，1984.

[34] 陈惠开. 无源与有源滤波器-理论与应用. 徐守义，李国祥，江崇吉，王承训译. 北京：人民邮电出版社，1989.

[35] 哈里. Y-F. 拉姆. 模拟和数字滤波器设计与实现. 冯乔云，应启珩，陆延丰，孟宪元译. 北京：人民邮电出版社，1985.

[36] 黄席椿，高顺泉. 滤波器综合法设计原理. 北京：人民邮电出版社，1978.

[37] 阿瑟. B. 威廉斯. 电子滤波器设计手册. 喻春轩等译. 北京：电子工业出版社，1986.

[38] 邱关源. 电网络理论. 北京：科学出版社，1988.

[39] 周庭阳. N 端口网络. 北京：高等教育出版社，1991.

[40] 蔡元宇，陈永祥，杨其允. 电路及磁路. 2 版. 北京：高等教育出版社，2000.

[41] 陈崇源. 高等电路. 武汉：武汉大学出版社，2000.

[42] 周长源. 电路理论基础. 2 版. 北京：高等教育出版社，1996.

[43] 邱关源. 电路原理 I . 上海：人民教育出版社，1978.

[44] 傅维谭. 电磁测量. 北京：中央广播大学出版社，1985.

[45] 电机工程手册编委会. 电机工程手册. 北京：机械工业出版社，1982.

[46] 唐任远. 现代永磁电机理论与设计. 北京：机械工业出版社，1997.

[47] 郑家龙，王小海，章安元. 集成电子技术基础教程. 北京：高等教育出版社，2002.

[48] 余国综. 化工机械工程手册. 北京：化学工业出版社，2002.

[49] 机械工程手册编委会. 机械工程手册. 2 版 . 北京：机械工业出版社，1997.

[50] 电机工程手册编委会 . 电机工程手册 . 2 版 . 北京：机械工业出版社，1997.

[51] 童诗白，徐振英. 现代电子学及应用. 北京：高等教育出版社，1994.

[52] 中国集成电路大全编委会编. 中国集成电路大全——TTL电路. 北京：国防工业出版社，1985.

[53] 中国集成电路大全编委会编. 中国集成电路大全——CMOS 电路. 北京：国防工业出版社，1985.

[54] 马维新. 电力系统电压. 北京：中国电力出版社，1998.

[55] 蔡邠. 电力系统频率. 北京：中国电力出版社，1998.

[56] 林海雪. 电力系统的三相不平衡. 北京：中国电力出版社，1998.

[57] 吕润馀. 电力系统高次谐波. 北京：中国电力出版社，1998.

[58] 孙树勤. 电压波动与闪变. 北京：中国电力出版社，1998.

[59] Dugan, Roger C., et al. Electrical Power Systems Quality. 1st edition. New York：McGraw Hill，1996.

[60] Hadi Swadat. Power system analysis. 1st edition. New York：McGraw Hill，1999.

[61] J. Arrillaga, N R Watson. Power System Quality Assessment. 1st edition. New York：John Wiley&Sons，2000.

[62] Arrilaga, etc. Power System Harmonics. 1st edition. New York：John Wiley and Sons Ltd，1985.

[63] 肖湘宁. 电能质量分析与控制. 北京：中国电力出版社，2004.

第3篇

高电压物理基础

主　编　李盛涛（西安交通大学）

　　　　王友功（西安交通大学）

执　笔　李盛涛（西安交通大学）

　　　　王友功（西安交通大学）

第1章　电介质的极化、电导与损耗

1.1　电介质的极化

根据电介质的物理结构，电介质的极化可分为以下四种类型：电子位移极化、离子位移极化、转向极化、空间电荷极化。现分别对它们加以说明。

1.1.1　电子位移极化

组成电介质的基本粒子都是由带正电的原子核和围绕核旋转的电子构成的。当不存在外电场时，原子中电子云的中心与原子核重合，如图3.1-1(a)所示，此时电矩为零。当有外电场时，电场力使荷正电的原子核沿电场方向位移，荷负电的电子云中心向电场反方向位移，原子中出现了感应电矩，如图3.1-1(b)所示，称为电子位移极化。电场中所有电介质都存在电子位移极化。极化完成时间极快，约为$10^{-14} \sim 10^{-15}$s，这就是说，即使所加外电场的频率达到光频，电子位移极化也来得及完成。一般这种极化并不引起能量损耗。

单个粒子的电子位移极化电矩与温度无关，因为温度不会改变粒子的半径。温度的变化，只是通过介质密度的变化改变介质的电子位移极化率。

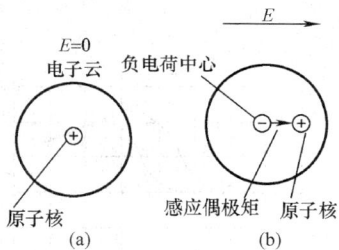

图3.1-1　电子位移极化
(a)极化前；(b)极化后

1.1.2　离子位移极化

在由离子组成的介质中，外电场的作用除产生电子位移极化外，还有正、负离子相对位移而形成的极化，称为离子位移极化。图3.1-2为氯化钠晶体的离子位移极化。

当无外电场时，各正负离子对构成的偶极矩彼此抵消，极化强度为零；加外电场后，所有的钠离子沿电场方向移动，而氯离子则沿电场反方向移动。结果，出现正负离子对构成的偶极矩，形成一定的极化强度。

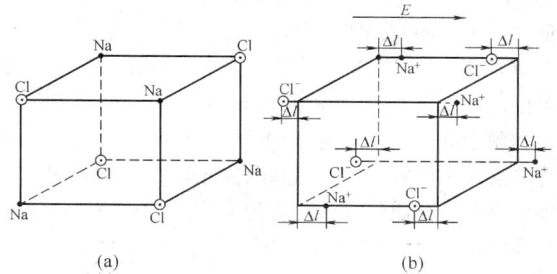

图3.1-2　氯化钠晶体的离子位移极化
(a)加电场前；(b)加电场后

离子位移极化完成的时间约为$10^{-13} \sim 10^{-12}$s。因此，只要交变电场的频率低于红外光频率，离子位移极化便可以完成。大多数情况下，离子位移极化有极微量的能量损耗。离子位移极化率随温度的升高略有增大，这是由于温度升高时，电介质体积膨胀，离子间的距离增大，相互作用的弹性力减弱的结果。

1.1.3　转向极化

在极性电介质中，即使没有外加电场，由于分子中正、负电荷的作用中心不重合而具有偶极矩，称为固有偶极矩。但由于分子的不规则热运动，使各个分子偶极矩方向的排列无序，宏观上并不呈现电矩。施加外电场后，固有偶极矩转向电场方向，对外呈现出宏观电矩，形成极性分子的转向极化。但是由于受分子热运动的干扰，这种转向不能与电场完全一致。

转向极化的建立需要较长的时间，约为$10^{-8} \sim 10^{-2}$s，甚至更长。所以，在频率不高、甚至是工频的交变电场中，转向极化的建立就可能跟不上电场的变化，从而使极化率减小。转向极化伴有能量损耗。

1.1.4　空间电荷极化

上述三种极化都是由带电质点的弹性位移或转向形成的，而空间电荷极化完全不同，它是由带电质点（电子或正、负离子）的移动形成的。在大多数绝缘结构中，电介质往往呈层状结构。在电场作用下，电荷在两层介质的界面上堆积，造成新的空间分布，从而产生电矩。这种极化称为空间电荷极化。

最明显的空间电荷极化是夹层极化。在实际的电气设备中，有不少多层介质的例子，如电缆、电容器、变压器的绝缘等，都是由多层介质组成的。现以最简单的双层介质模型来分析其中的物理过程。

如图 3.1-3 所示，各层介质的电容与电导分别为 C_1、C_2 和 G_1、G_2；直流电源电压为 U。为了说明简便，全部参数均略去单位。设 $C_1 = 1$，$C_2 = 2$，$G_1 = 2$，$G_2 = 1$，$U = 3$。当 U 作用在 AB 两端极板上时，其初瞬时电容上的电荷和电位分布如图 3.1-4(a) 所示。整个介质的等效电容为 $C'_{eq} = Q'/U = 2/3$。到达稳态时，电容上的电荷和电位分布如图 3.1-4(b) 所示。整个介质的等效电容为 $C''_{eq} = Q''/U = 4/3$。C_1 和 C_2 界面上堆积的电荷量为 $+4-1 = +3$。

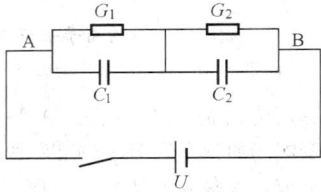

图 3.1-3 双层介质极化

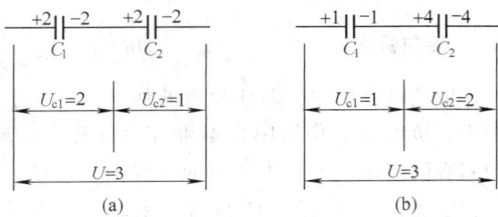

图 3.1-4 双层介质中电荷和电位分布
(a)初瞬时；(b)稳态时

由此可见，夹层的存在将会造成电荷在夹层界面上的堆积和等效电容的增大，电荷堆积是通过介质电导 G 完成的。一般绝缘介质的电导很小，所以这种极化过程将是很缓慢的，它的形成时间从几十分之一秒到几十分钟，甚至有时长达几小时。显然，这种极化也伴随着能量损耗。

1.2 电介质的相对介电常数 ε

1.2.1 气体介质的相对介电常数

由于气体分子间的距离很大，即密度很小，因此气体的极化率很小，故一切气体的相对介电常数都接近于 1。表 3.1-1 列出了某些气体的相对介电常数。任何气体的相对介电常数均随温度的升高而减小，随压力的增大而增大，但影响都很小。

1.2.2 液体介质的相对介电常数

1. 中性液体介质 中性液体介质的相对介电常数不大，其值在 1.8~2.7 范围内。相对介电常数与温度的关系和单位体积中分子数与温度的关系接近一致。石油、苯、四氯化碳、硅油等为中性液体介质。

2. 极性液体介质 这类介质通常具有较大的相对介电常数，如果作为电容器的浸渍剂，可使电容器的比电容增大。但在交变电场中的介质损耗较大，故高压绝缘中很少使用，只有蓖麻油和少数合成液体在某些场合有使用。

影响极性液体介质相对介电常数的主要因素有：

(1)相对介电常数与温度的关系。如图 3.1-5 所示，低温时分子间的束缚力强，转向较难，转向极化对相对介电常数的贡献较小；当温度升高后，分子间的束缚力减弱，转向较易，转向极化对相对介电常数的贡献增大；但温度进一步升高，分子的热运动又使极性分子趋于无序排列，阻碍了转向极化，使相对介电常数减小。

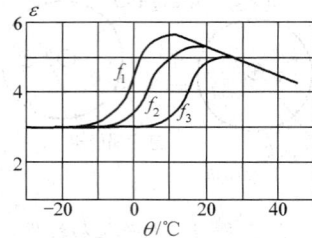

图 3.1-5 氯化联苯的相对介电常数与温度和频率的关系 $f_3 > f_2 > f_1$

(2)相对介电常数与电场频率的关系。电场频率对极性液体的相对介电常数影响很大，如图 3.1-6

表 3.1-1 某些气体的相对介电常数 ε

气体种类	氦	氢	氧	氮	甲烷	二氧化碳	乙烯	空气
$\varepsilon(20\ ^{\circ}C，1MPa)$	1.000072	1.00027	1.00055	1.00060	1.00095	1.00096	1.00138	1.00059

所示。当频率相当低时，极性分子来得及随电场转动，相对介电常数值很大，接近于直流电压下测得的相对介电常数 ε_0。当频率使分子的转向来不及跟上电

场的变化时，相对介电常数开始减小，最终接近于电子位移极化所引起的相对介电常数值 ε_∞。部分极性液体介质的相对介电常数见表 3.1－2。

表 3.1－2　　　　　　部分液体介质的电导率和相对介电常数

液体种类	液体名称	温度 $\theta/{}^\circ\mathrm{C}$	相对介电常数/ε	电导率 $\gamma/(\mathrm{S/cm})$	纯净程度
中性	变压器油	80	2.2	0.5×10^{-12}	未净化的
	变压器油	80	2.1	2×10^{-15}	净化的
	变压器油	80	2.1	0.5×10^{-15}	两次净化的
	变压器油	80	2.1	10^{-18}	高度净化的
极性	三氯联苯	80	5.5	10^{-11}	工程上应用
	蓖麻油	20	4.5	10^{-12}	工程上应用
强极性	水	20	81	10^{-7}	高度净化的
	乙醇	20	25.7	10^{-8}	净化的

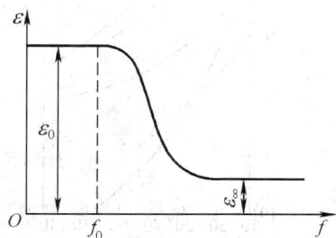

图 3.1－6　极性液体介质的介电常数与频率的关系

1.2.3　固体介质的相对介电常数

1. 中性固体介质　由中性分子构成的固体介质只具有电子式极化和离子式极化，相对介电常数较小。相对介电常数与温度的关系也与单位体积内的分子数与温度的关系接近。石蜡、聚乙烯、聚丙烯、聚四氟乙烯、聚苯乙烯等属于中性固体介质；云母、石棉等是晶体型离子结构的中性固体介质；无机玻璃则是无定型离子结构的中性固体介质。

2. 极性固体介质　由于分子具有极性，所以这类介质的相对介电常数都较大，一般为 3~6，甚至更大。相对介电常数与温度的关系与极性液体类似。图 3.1－7 为硫化天然橡胶的相对介电常数与温度等的关系。属于极性固体介质的有树脂、纤维、橡胶、虫胶、有机玻璃、涤纶等。

1.2.4　相对介电常数在电气工程应用中的意义

1. 选择适当相对介电常数的介质　由于介质在不同绝缘结构中的作用不同，所以应选用不同相对介

电常数的介质。例如，在电动机及电缆中，为了减小充电电流与极化发热损耗，应使用 ε 小的材料；而电容器中介质的主要作用是储存能量，故应采用 ε 大的材料。

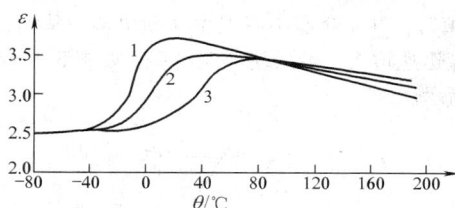

图 3.1－7　硫化天然橡胶的相对介电常数与温度、电场频率的关系
1—60Hz；2—3kHz；3—300kHz

2. 采用浸渍绝缘　固体绝缘中容易存在气隙，气隙的相对介电常数约为 1。由于交流电场中介质的电场分布与 ε 成反比，这样气隙将承受高的电场，容易导致气隙的局部放电。采用液体浸渍绝缘消除气泡，可以提高介质的绝缘强度。

3. 电缆中的分阶绝缘　电缆中电场沿厚度方向分布不均，内层场强大于外层。如果采用分阶绝缘即内层 ε 大、外层 ε 小的材料，就可以达到内外层场强分布较为均匀的目的。

4. 用以监测电气设备的受潮　因水的 ε 大，设备受潮后材料的 ε 增大，通过 ε 的变化可以判断设备的受潮程度。

1.3　电介质的电导

电介质的电导与金属的电导有本质上的区别。气体介质的电导是由电离出来的自由电子和正、负离子

在电场作用下移动造成的。液体和固体介质的电导是由于介质的基本物质及其所含杂质分子的化学分解或热离解形成的带电质点(电子、离子)沿电场方向移动造成的。它是离子式电导。

1.3.1　气体介质的电导

当气体中无电场存在时，外界因素(宇宙线、地面上的放射性辐射、太阳光中的紫外线等)大约使单位立方厘米气体介质每秒产生一对离子，同时正负离子又在不断复合，最后达到平衡状态。离子浓度约为 $500 \sim 1000$ 对/cm^3。当存在电场时，这些离子在电场力的作用下，克服与气体分子碰撞的阻力而移动，在电场方向得到速度 v，它与电场强度 E 的比值 $\mu = v/E$，称为离子的迁移率。当电场强度很小时，μ 接近为常数，即电流密度与电场强度成正比，如图3.1-8的Ⅰ区所示。当电场强度进一步增大，外界因素所造成的离子接近全部趋向电极时，电流密度即趋于饱和，如图 3.1-8 的Ⅱ区所示。在该两区内气体的电导是极小的。对标准状态下的空气来说，图中 E_1 和 E_2 值分别约为 $5 \times 10^{-3} V/cm$ 和 $10^4 V/cm$。当场强超过 E_2 值时，气体介质中将发生碰撞电离，从而使电流密度迅速增大，最后使气隙击穿，如图 3.1-8 的Ⅲ区所示。

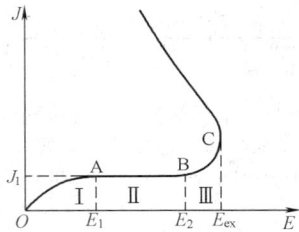

图 3.1-8　气体介质中的电流密度
与场强的关系

1.3.2　液体介质的电导

中性液体本身分子的离解是极微弱的，其电导主要由离解性杂质和悬浮于液体中的荷电粒子引起的，所以电导对杂质非常敏感。纯净的中性液体电导率可达 $10^{-18} S/cm$。

极性液体介质的电导不仅与杂质有关，而且与本身分子的离解度有关。如果其他条件相同，极性液体介质的电导大于中性液体介质。液体的相对介电常数越大，则其电导也越大。强极性液体(如水、酒精等)，即使是高度净化了的，电导率亦然很大。表 3.1-2 列出了部分液体介质的电导率值。

影响液体介质电导的因素主要有：

1. 温度　温度升高时，液体介质的黏度降低，离子受电场力作用移动所受的阻力减小，离子的迁移率增加，使电导增大。同时，液体介质分子或离子的热离解度增加，也使电导增大。理论和实验均证明液体介质的电导率与温度的关系可以近似地表示为

$$\gamma = Ae^{-B/T} \qquad (3.1-1)$$

式中，A、B 为常数；T 为热力学温度；γ 为电导率。当温度变化的范围不大时，液体介质的电导率与温度的关系也可以写成

$$\gamma = \gamma_0 e^{\alpha(\theta - \theta_0)} \qquad (3.1-2)$$

式中，α 为常数；θ 为液体介质的温度($^\circ C$)；γ_0 为 $\theta = \theta_0$ 时的电导率。

图 3.1-9 表示常用液体介质电阻率与温度的关系。

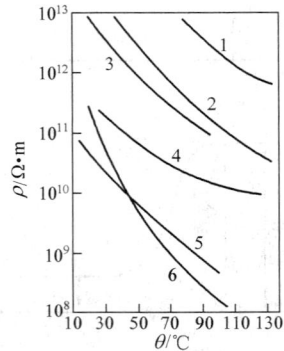

图 3.1-9　常用液体介质电阻率与温度的关系
1—变压器油(很洁净)；2—变压器油(洁净)；
3—凡士林油；4—变压器油(工业用)；
5—蓖麻籽油；6—五氯联苯

2. 电场强度　在极纯净的液体介质中，电导率与电场强度的关系与气体介质相似(类似图 3.1-8)，但是，一般工程用纯净液体介质的电导率与电场强度的关系却更接近于图 3.1-10，通常观察不到饱和电流段。电场强度小时，电导率接近为一常数；电场强度超过某定值时，电场将使离解出来的离子数迅速增加，电导也迅速增加，电流密度随场强呈指数律增长。

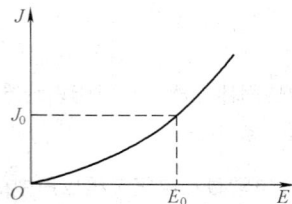

图 3.1-10　工程用纯净变压器
油中电流密度与场强的关系

1.3.3　固体介质的电导

具有中性分子的固体介质的电导主要是由杂质离子引起的，只有当温度较高时，中性分子本身才可能发生离解，产生自由离子，形成电导。此外，外界因素（例如高能射线）的作用也可能使中性分子发生离解。

离子式结构固体介质的电导主要是由离子在热运动影响下脱离晶格移动产生的。例如，在 NaCl 晶体中，温度升高时，离子在晶格中平衡位置附近振动加强，当温度达到一定值时，有些离子脱离原来所在晶格，进入新的晶格，这就造成了电荷的移动。当无外电场时，电荷移动是无规律的，对外不形成电流；当存在外电场时，这些电荷会在电场方向获得某一合成速度，形成电流。另外，杂质在离子式结构的固体中也是造成电导的原因之一。下面来讨论影响固体介质电导的一些因素。

1. 温度　温度对固体介质电导率的影响与液体相似，因此式（3.1-1）和式（3.1-2）也同样适用于固体介质。

2. 电场强度　与液体介质的情况相似，在电场强度小于某一定值时，固体介质的电导率与电场强度几乎无关；当电场强度大于某定值时，固体介质的电导率与电场强度的关系可近似地表示为

$$\gamma = \gamma_0 e^{b(E-E_0)} \tag{3.1-3}$$

式中，γ_0 是 E_0 时的电导率；E_0 为电导率与电场强度无关时的最大电场强度；b 为常数，由材料特征所决定。

3. 杂质　杂质会明显增大介质的电导率，某些介质很容易吸潮（水分），这就相当于在介质中加入了强极性杂质。除体积电导外，还存在表面电导。表面电导是由于介质表面吸附水分、尘埃或导电性沉淀物形成的，其中水分起着特别重要的作用。因此，在相同工作条件下，亲水性介质（如玻璃、陶瓷等）的表面电导要比憎水性介质（石蜡、聚四氟乙烯等）的表面电导大得多。一般中性介质的表面电导最小，极性介质次之，离子性介质最大。将介质表面洗净、烘干或表面涂以憎水性石蜡、有机硅等，可以降低其表面电导。

1.4　电介质的损耗

1.4.1　电介质的等效电路和相量图

电介质在交变电场作用下会有部分能量转变成热能，形成介质损耗。根据形成损耗的机理，介质损耗主要有电导损耗、局部放电损耗和松弛损耗等。

1. 电导损耗　实际的电介质均具有一定的电导，由贯穿电导电流引起的损耗称为介质的电导损耗。温度升高会使电导损耗增大，而与电场频率无关。

2. 局部放电损耗　当电场高于一定数值时，电极周围的空气会发生电晕放电，或者是液、固组合绝缘中发生局部放电，都会产生局部放电损耗。局部放电不仅产生热量，同时放电产物也会加速介质的老化。

3. 松弛损耗　在交变电场作用下，电介质的极化需要一定的时间，这样极化与电场就产生了相位差，形成了介质损耗。建立极快的极化过程（如电子、离子位移极化）实际不产生损耗，对应的电流是纯电容电流。缓慢极化才会引起能量损耗，例如，偶极子的转向极化要克服质点间的作用力产生损耗，空间电荷极化中带电质点的移动也会产生损耗。

通过以上分析，可以使用图 3.1-11（a）所示的等效电路来研究电介质的损耗。图中，R_{lk} 为泄漏电阻，I_{lk} 为漏导电流；C_g 为真空和无损耗极化所形成的电容；I_g 为流过 C_g 的电流；C_p 为有损耗极化所形成的电容；R_p 为有损耗极化所形成的等效电阻；I_p 为流过 R_p-C_p 支路的电流，可分为有功分量 I_{pr} 及无功分量 I_{pc}。

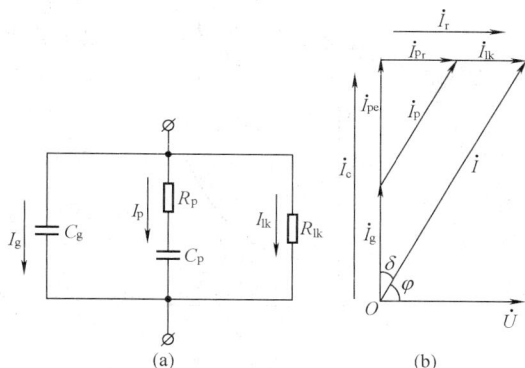

图 3.1-11　电介质的等效电路及
电流与电压的相量图

可以从上面的等效电路画出电介质在正弦电压作用下的电流与电压的相量图，如图 3.1-11（b）所示。电容电流 $\dot{I}_g$、$\dot{I}_{pc}$ 合成纯电容电流 $\dot{I}_c$，有功分量电流 $\dot{I}_{pr}$ 与漏导电流 $\dot{I}_{lk}$ 合成纯电阻电流 $\dot{I}_r$，$\dot{I}_c$、$\dot{I}_r$ 合成总电流 $\dot{I}$。总电流相量 $\dot{I}$ 与总电容电流 $\dot{I}_c$ 之间的夹角为 δ，称为电介质的损耗角。通常用介质损耗角正切 $\tan\delta$ 来表征介质损耗的大小，即介质中总的有功电流与总的无功电流之比

$$\tan\delta = I_r / I_c \tag{3.1-4}$$

设介质中的电场强度为 E，则单位体积介质中的

损耗功率为

$$p = E^2 \omega\, \varepsilon \tan\delta \qquad (3.1-5)$$

对于均匀介质的总损耗功率为

$$P = u^2 \omega\, C \tan\delta \qquad (3.1-6)$$

1.4.2 气体介质中的损耗

我们已经知道，气体介质的极化率极小。当电场强度小于气体分子游离所需的值时，气体介质的电导极小，所以此时气体介质中的损耗也是极小的，工程中可以略去不计。但当电场强度超过气体分子游离所需的值时，气体介质将产生游离，介质损耗增大，且随着电压的升高快速增大。

1.4.3 液体和固体介质中的损耗

中性液体或中性固体介质中的极化主要是电子位移极化和离子位移极化，它们是无损的或几乎是无损的。于是，这类介质中的损耗主要由电导决定，介质损耗与温度、电场强度的关系决定于电导与这些因素的关系，如图3.1-12和图3.1-13所示，可以写成

$$p = \gamma E^2 \qquad (3.1-7)$$

$$\tan\delta = \frac{1.8 \times 10^{12}}{\varepsilon f}\gamma \qquad (3.1-8)$$

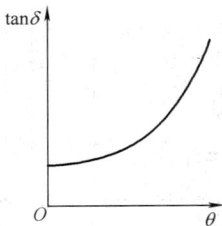

图 3.1-12　中性液体(或固体)电介质的 $\tan\delta$ 与温度的关系

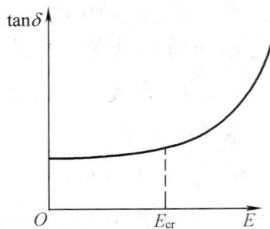

图 3.1-13　中性液体(或固体)电介质的 $\tan\delta$ 与场强的关系

极性液体和极性固体介质中的损耗主要包括电导损耗和偶极损耗两部分，所以，它与温度、频率等因素有较复杂的关系。图3.1-14表示松香油的 $\tan\delta$ 与温度的关系。温度较低时，松香油的黏度大，偶极子的转向困难，故 $\tan\delta$ 较小；随着温度的升高，油的黏度减小，偶极子的转向较易，故 $\tan\delta$ 增大；温度再高时，松香油的黏度更小，偶极子转动时的摩擦损耗减小，故 $\tan\delta$ 减小；温度更高时，虽然偶极子转动时的摩擦损耗减小，但因电导随温度升高迅速增加，使电导损耗迅速增大，总的损耗及 $\tan\delta$ 也都迅速增大。

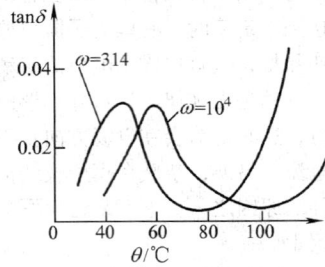

图 3.1-14　松香油的 $\tan\delta$ 与温度的关系

图3.1-15表示极性液体介质的损耗与频率的关系。当频率很低时，介质损耗主要由电导决定，偶极损耗很小，故总的损耗较小；但因频率很低，电容电流很小，故 $\tan\delta$ 却比较大。当电源频率增高时，偶极子转动频率和偶极损耗随之增高；与此同时，随着频率的升高，偶极极化不充分，使相对介电常数减小，电容电流不能与频率成正比地增长。以上两种因素的结合，使得在某频率范围内，$\tan\delta$ 随频率增大而增长。当频率更高时，偶极子的转动已完全跟不上电源频率，损耗功率趋于恒定，相对介电常数也达到较低的稳定值，电容电流则与频率成正比例增长，此时，$\tan\delta$ 近乎与频率成反比地减小。

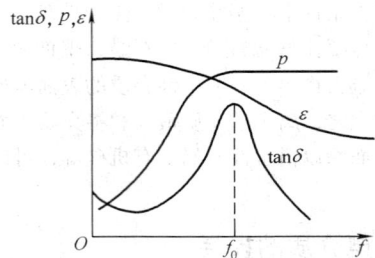

图 3.1-15　极性液体介质中的损耗与频率的关系

极性固体介质的 $\tan\delta$ 与温度的关系如图3.1-16所示，它与极性液体介质的损耗是类似的。

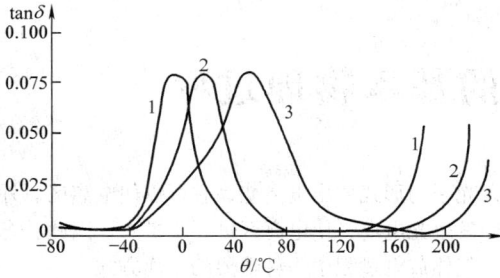

图 3.1-16　硫化天然橡胶的
$\tan\delta$ 与温度的关系
1—60Hz；2—3kHz；3—300kHz

1.4.4　介质损耗在电气工程应用中的意义

（1）作为绝缘介质应选用 $\tan\delta$ 尽可能小的材料。特别是高压、高频下使用的材料更应当使用 $\tan\delta$ 小的材料，否则会加快热老化，甚至会导致热击穿。

（2）$\tan\delta$ 会影响材料在高压大容量电气设备中的应用。例如，高压电缆中介质损耗应小于载流芯损耗的 10%，根据经验公式 $u \leqslant 10^4 / \sqrt{\varepsilon \tan\delta}$，可以计算出不同绝缘材料电缆的最高传输电压分别为：油纸绝缘电缆为 57kV，聚乙烯绝缘电缆为 220kV，聚氯乙烯绝缘电缆为 13kV，丁基橡胶绝缘电缆为 50kV。减小 $\tan\delta$ 可以提高电缆的最高传输电压。

（3）根据 $\tan\delta = f(u)$ 曲线（见图 3.1-13）可以判断局部放电的到来。根据 $\tan\delta$ 的温度曲线（见图 3.1-14）可以优化配方，使得工作温度下 $\tan\delta$ 出现较小的值。

（4）可以利用绝缘老化或者受潮后 $\tan\delta$ 的增大情况来判断电气设备的绝缘性能。

（5）利用介质损耗进行高频加热，这时希望 $\tan\delta$ 大，可对材料进行快速干燥。

1.5　复合介质的相对介电常数与介质损耗

前面主要介绍单一介质的极化与损耗，但通常绝缘材料多是由几种宏观电气性能不同的介质复合而成的，如层压板、油浸纸等。复合介质可以是并联、串联和混联组成，利用等效电路可以计算复合介质的相对介电常数 ε 与介质损耗 $\tan\delta$。两种介质采用并联和串联时的等效电路分别如图 3.1-17 和图 3.1-18 所示。其中第一种介质和第二种介质的相对介电常数、介质损耗角正切、电导率、所占有的厚度或者面积分别为 ε_1、ε_2、$\tan\delta_1$、$\tan\delta_2$、γ_1、γ_2、d_1、d_2、S_1、S_2。这样可以很容易求得第一种介质占复合介质的体积比 $a = d_1/(d_1+d_2)$（串联时），$a = S_1/(S_1+S_2)$（并联）。利用等效电路可以得到交流电场作用下复合介质相对介电常数与介质损耗角正切的计算公式如下：

并联时

$$\varepsilon = a\varepsilon_1 + (1-a)\varepsilon_2 \qquad (3.1-9)$$

$$\tan\delta = \frac{a\,\varepsilon_1\tan\delta_1 + (1-a)\varepsilon_2\tan\delta_2}{a\,\varepsilon_1 + (1-a)\varepsilon_2} \qquad (3.1-10)$$

串联时

$$\varepsilon = \frac{\varepsilon_1\varepsilon_2}{\varepsilon_1(1-a) + a\,\varepsilon_2} \qquad (3.1-11)$$

$$\tan\delta = \frac{a\,\varepsilon_2\tan\delta_1 + (1-a)\varepsilon_1\tan\delta_2}{a\,\varepsilon_2 + (1-a)\varepsilon_1} \qquad (3.1-12)$$

混联时可以利用通用公式计算

$$\varepsilon^k = a\varepsilon_1^k + (1-a)\varepsilon_2^k \qquad (3.1-13)$$

$$\tan\delta = \frac{a\,\varepsilon_1^k\tan\delta_1 + (1-a)\varepsilon_2^k\tan\delta_2}{a\,\varepsilon_1^k + (1-a)\varepsilon_2^k} \qquad (3.1-14)$$

式中，k 为常数，它与串并联百分比有关，完全串联时 $k = -1$，并联时 $k = 1$，一般情况下 $1 > k > -1$。例如，电缆纸大约 2/3 体积的纤维与空气串联，1/3 并联，k 约等于 -1/2。

当一种介质经研磨后均匀分布在第二种介质中，此时 $k \ll 1$，可以得到近似计算式

$$\ln\varepsilon = a\ln\varepsilon_1 + (1-a)\ln\varepsilon_2 \qquad (3.1-15)$$
$$\ln\tan\delta = a\ln\tan\delta_1 + (1-a)\ln\tan\delta_2 \qquad (3.1-16)$$

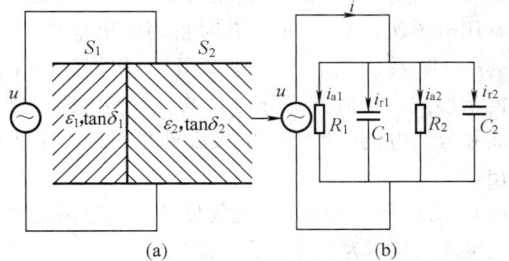

图 3.1-17　并联复合介质及其等效电路

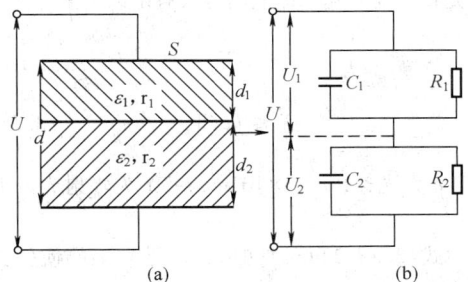

图 3.1-18　串联复合介质及其等效电路

第 2 章 气体放电的基本物理过程

用作高压电器设备绝缘的介质有气体、液体、固体及其复合介质，其中气体是最常见的绝缘介质。例如，架空输电线路的绝缘和电器的外绝缘就是靠空气间隙和空气与固体介质的复合绝缘来实现的。与固体和液体介质相比，气体绝缘介质的优点是不存在老化问题，而且在击穿后具有绝缘的自恢复特性，因此使用十分广泛。

2.1 带电质点的产生与消失

中性气体分子是不导电的，但由于宇宙射线和其他射线的作用，会产生少量的带电质点，例如大气中每立方厘米通常约有 500 ~ 1000 对正、负带电质点。这种极少量的带电质点对气体的绝缘性能并没有多少影响。只有出现大量带电质点的情况下，气体才会丧失绝缘性能。气体中带电质点的来源有两个：一是气体分子本身发生电离；另一是气体中的固体或液体金属发生表面电离。

2.1.1 气体中电子和正离子的产生

电子脱离原子核的束缚成为自由电子和正离子的过程称为电离。电离所需的能量称为电离能 W_i，通常用电子伏（eV）表示，有时也用电离电位 U_i 表示，$U_i = W_i/e$（e 为电子的电荷量）。根据外界不同的能量形式，电离方式分为光电离、热电离、碰撞电离和分级电离。另外，电极表面也可以有电子的逸出。

1. 光电离 光辐射引起气体分子的电离过程称为光电离。频率为 ν 的光子能量为

$$W = h\nu \qquad (3.2-1)$$

式中，h 为普朗克常数，$h = 6.626 \times 10^{-34} J \cdot s$。

光辐射要引起气体电离必须满足以下条件

$$h\nu \geq W_i$$

或

$$\lambda \leq hc/W_i \qquad (3.2-2)$$

式中，c 为光速，$c = 3 \times 10^8 m/s$；λ 为辐射光的波长（m）。

由式（3.2-2）可以知道，可见光不能使气体直接发生光电离，只有波长更短的 X 射线、γ 射线才能使气体发生光电离。但是正、负带电质点在复合时会以光子的形式放出电离能，它可以使电离区以外的空间发生光电离，使电离区进一步扩大。因此，光电离是气体放电过程中一种重要的电离方式。

2. 碰撞电离 电子或离子在电场作用下受到加速所获得的动能 $\frac{1}{2}mv^2$ 与质点电荷量 e、电场强度 E 以及碰撞前的行程 x 有关，即

$$\frac{1}{2}mv^2 = eEx \qquad (3.2-3)$$

高速运动的质点与中性原子或分子碰撞时，如原子或分子获得的能量等于或大于其电离能，就会发生电离。因此，电离的条件为

$$eEx \geq W_i \quad 或 \quad x \geq U_i/E \qquad (3.2-4)$$

式（3.2-4）表示为了使碰撞能够导致电离，质点在碰撞前必须行走的距离。增大气体中的电场强度 E 可以使 x 值减小，提高外施电压也会使碰撞电离的概率增大。

碰撞电离是气体放电过程中产生带电质点的最重要的方式，且主要是由电子碰撞引起的，离子的碰撞电离概率比电子小得多。这是因为电子的体积小，因而自由行程比离子大得多，在电场中获得的动能比离子大得多。另外，又由于电子的质量小，当电子的动能不足以使中性质点电离时，电子会发生弹性碰撞而不损失动能；离子则相反，每次碰撞都会使速度减小，影响动能的积累。因此一般只考虑电子引起的碰撞电离。

3. 热电离 由气体热状态引起的气体的电离称为热电离，热电离实质上并不是一种独立的电离形式，而是包含着碰撞电离与光电离，只是其能量来源于热能。室温下热电离的概率很低，只有在电弧放电产生的高温（超过 1000K）条件下才会有明显的热电离过程。研究常温下气体绝缘性能时不需要考虑热电离。

4. 分级电离 原子中电子在外界因素的作用下可跃迁到能级较高的外层轨道，称之为激励，所需的能量称为激励能 W_e。由于激励能比电离能小，因此，原子或分子有可能在外界给予的能量小于 W_i 但大于 W_e 时发生激励。表 3.2-1 给出几种气体和水蒸气的电离电位和激励电位的比较，可见通常激励电位比电离电位要小得多。

表 3.2-1 某些气体原子和分子的电离
电位和激励电位 （eV）

气体名称	第一电离电位	第二电离电位	第一激励电位
N_2	15.8		6.1
N	14.5	29.8	6.3
O_2	12.5		7.9
H_2	15.9		10.8
He	24.6	54.2	19.8
Ne	21.6	40.7	16.6
H_2O	12.7		7.6
CO_2	14.4		10.0

原子或分子在激励态下再获得能量而发生电离称为分级电离，此时所需要的能量小于 W_i（为 W_i-W_e）。通常分级电离的概率很小，因为激励态是不稳定的，一般经过约 10^{-8} s 就会回到基态（正常状态）。某些原子具有亚激励态很难回到基态，通常需要从外界获得能量跃迁到更高能级后才能回到基态，因此平均寿命较长，可达 $10^{-5} \sim 10^{-4}$ s，从而使分级电离的概率增加。

5. 电极表面的电子逸出 从金属表面逸出的电子也会进入气体间隙参与电离过程。要使电子从金属表面逸出需要一定的能量，称为逸出功。表 3.2-2 给出一些金属的逸出功。由表可见，金属电极的逸出功比气体的电离能小得多，因此电极表面的电子发射在气体放电过程中起着相当重要的作用。

表 3.2-2 部分金属的逸出功 （eV）

金属名称	铯	锌	铝	铬	铁	镍	铜	银	钨	金	铂	氧化铜
逸出功	1.8	3.3	4.08	4.37	4.48	5.24	4.70	4.73	4.54	4.82	6.3	5.34

电子从金属表面逸出所需的能量可通过下述途径获得。

（1）正离子撞击金属电极表面。正离子的总能量为其动能和位能之和，其位能即是气体的电离能。通常正离子的动能较小，如果忽略动能，则只有当正离子的位能不小于金属表面逸出功的两倍时才能产生自由电子，这是因为正离子的位能只有在与电子结合时才能放出来，欲从金属表面离出一个自由电子，正离子必须从金属表面逸出两个电子，其中的一个与自身结合成中性质点，另一个成为自由电子。这个电子发射过程称为二次电子发射，其概率是很小的（仅约为 1%~2%）。

（2）热电子发射。高温下金属中的电子获得巨大的动能，可以从电极表面逸出，称为热电子发射。热电子发射仅对电弧放电有意义，并在电子、离子器

件中得到应用。

（3）光电子发射。当照射光的光子能量大于电极表面的逸出功时，可产生光电子发射。由于金属的逸出功比气体的电离能小得多，所以用紫外光照射电极即可以产生光电子发射。

（4）场致发射。阴极表面电场强度很大时，也可以使阴极放出电子，称为场致发射。所需的电场强度约在 10^6 V/cm 数量级。但因气隙的击穿强度远低于此值，所以击穿过程中不会出现场致发射。但在真空的击穿过程中，场致发射具有决定性的作用。

2.1.2 气体中负离子的形成

电子与气体分子或原子碰撞时，不但可以产生正离子和电子，也可能发生电子的附着过程形成负离子。电子附着过程放出能量，气体原子获得一个电子形成负离子所放出的能量称为电子的亲和能 E。E 值越大，就越易与电子结合形成负离子。卤族元素的电子外层轨道中增添一个电子，即可形成像惰性气体一样的稳定结构，因而具有很大的亲和能。其他如 O_2、H_2O、SF_6 等气体分子也很容易形成负离子，而惰性气体和氮气则不会形成负离子。可引入电负性概念说明原子吸引电子的能力。电负性越大，表明原子在分子中吸引电子的能力越大。表 3.2-3 列出卤族元素的电子亲和能与电负性值，由表可见 F 的电负性值最大。

表 3.2-3 卤族元素的电子亲和能 E 和电负性值

元素	亲和能/eV	电负性值
F	3.45	4.0
Cl	3.61	3.0
Br	3.36	2.8
I	3.06	2.5

必须指出，负离子的形成使自由电子数减少，因而对放电的发展起到抑制作用。SF_6 气体含 F，俘获电子的能力很强，因而具有较高的耐电强度。

电负性气体捕获电子的能力除与气体性质有关外，还与电子的动能有关，电子速度高时不容易被捕获，因此电场强度很高时电子附着率很低。以 SF_6 为例，当电子能量超过 1eV 时，电子附着过程很难发生，这就是为什么 SF_6 气体在有局部高场强的间隙中其耐电强度会大大下降的原因。

2.1.3 带电质点的消失

气体中带电质点的消失主要有下列三种方式：带电质点受电场力的作用流入电极、带电质点的扩散、带电质点的复合。

1. 带电质点受电场力的作用而流入电极　带电质点在电场力的作用下作定向运动，其平均速度将达到某个稳定值。这一平均速度 v_d 一般可写成 $v_d = bE$，b 称为带电质点在电场中的迁移率，是指带电质点在单位电场强度作用下的平均速度。

电子的质量和直径与离子相差极大，因此其迁移率也大不相同，现分别讨论如下：

（1）离子的迁移率。试验表明，气体分子或原子的质量越大，其离子的迁移率就越小。离子的迁移率与气体相对密度近似成反比。当 E/p 值（E 为电场强度，p 为气体压强）不很大［小于 $10^6 \text{V}/(\text{m} \cdot \text{Pa})$］时，离子的迁移率与电场强度无关；当 E/p 值很大时，离子的迁移率逐渐减小。

（2）电子的迁移率。与离子不同，即使在弱电场中电子的迁移率也随电场强度而变。试验表明，电子的迁移率与 E^m 成反比，这里 $0 < m < 0.5$。实验得出，在正常大气条件下，即使在电场强度接近放电场强时，电子的迁移率约比离子大 100 倍；电场强度较弱时，两者的差距更大。

2. 带电质点的扩散　带电质点从浓度较大的区域向浓度较小的区域的移动，称为带电质点的扩散。扩散是质点的热运动造成的，气压越低，温度越高，则扩散就越快。电子的热运动速度高，自由行程大，所以扩散速度比离子快得多。

3. 带电质点的复合　带异号电荷的质点相遇，发生电荷的传递和中和还原为中性质点的过程称为复合。带电质点复合时会以光辐射的形式将电离时获得的能量释放出来，这种光辐射在一定条件下能导致间隙中其他质点的电离。因此，复合并不一定削弱放电，在某些情况下，复合引起的光电离可促进放电的发展。带电质点的复合率与正、负电荷的浓度有关，浓度越高，则复合率越高。在复合过程中，异号质点间的静电力也起着重要作用，这一点与扩散过程是不同的。

2.2　放电的电子崩阶段

气体放电的现象与规律随气体的种类、气压和间隙中电场的均匀度而异，但气体放电都是从电子碰撞电离开始发展到电子崩阶段的。

2.2.1　非自持放电和自持放电的不同特点

如前所述，宇宙线和各种射线会使气体发生微弱的电离而产生少量带电质点；另一方面，正、负带电质点又在不断复合，使气体空间保持一定浓度的带电质点。因此，在气隙的电极间施加电压时，可检测到微小的电流。如图 3.1-8 所示，在 $J\text{-}E$ 曲线的 OA 段，气隙中电流随外施电压的提高而增大，

这是因为带电质点向电极运动的速度加快而导致复合率减小所致。当电场接近 E_1 时，电流趋于饱和，因为此时由外电离因素产生的带电质点全部进入电极，电流值仅取决于外电离因素的强弱而与电场无关了。这种饱和电流是很微小的，在无人工照射的情况下，电流密度约在 $10^{-19} \text{A}/\text{cm}^2$ 数量级。用石英汞灯照射阴极时也不超过 $10^{-12} \text{A}/\text{cm}^2$，气隙仍处于绝缘状态。当电场升高至 E_2 时，电流又开始增大，这是由于电子碰撞电离引起的。因为电子在电场作用下积累起碰撞电离所需要的动能。电场继续升高至 E_{ex} 时，电流急剧上升，说明此时气隙转入导电状态，即气体发生击穿了。

在 $J\text{-}E$ 曲线的 BC 段，虽然电流增长很快，但电流值仍很小（微安级），此时气体中的电流仍要靠外电离因素来维持，一旦去除外电离因素，电流将消失。因此，外施电场低于 E_{ex} 时的放电是非自持放电。

电场达到 E_{ex} 后，放电可以自行维持，称为自持放电，相应的电压称为放电起始电压。自持放电的形式随气压与外电路阻抗的不同而异，低气压下为辉光放电。常压或高气压下当外电路阻抗较大时为火花放电，外电路阻抗很小时则为电弧放电。如气隙中电场极不均匀，则当放电由非自持转入自持时，曲率半径较小的电极表面将出现电晕（蓝紫色光晕），这种情况下起始电压即是电晕起始电压。击穿电压要比放电起始电压高得多。

2.2.2　电子崩的形成

图 3.2-1 为电子崩示意图。假定由于外电离因素的作用在阴极附近出现一个初始电子，这个电子在向阳极运动时，如电场强度足够大，则会发生碰撞电离产生一个新电子。新电子与初始电子在向阳极的行进过程中还会发生碰撞电离，产生两个新电子，使电子总数增加到 4 个，第三次电离后电子数将增加到 8 个，即按几何级数不断增加。因此将电子的这种雪崩式剧增现象称为电子崩。

为了分析电子碰撞电离产生的电流，引入电子碰撞电离系数 α，它代表一个电子沿电力线行走 1cm 时平均碰撞电离的次数。图 3.2-2 是计算间隙中电子

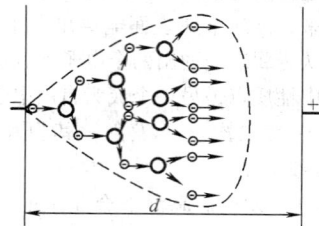

图 3.2-1　电子崩示意图

数增长的示意图。设外电离因素在阴极表面产生的初始电子数为 n_0，到达距阴极 x 处电子数增加到 n 个。

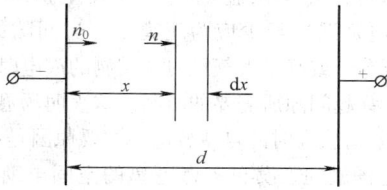

图 3.2-2 计算间隙中电子数
增长的示意图

这 n 个电子行经 dx 后产生 dn 个新电子，即

$$dn = n\alpha\,dx \quad \text{或} \quad \frac{dn}{n} = \alpha dx \quad (3.2-5)$$

将式（3.2-5）积分，可得到

$$n = n_0 e^{\int_0^x \alpha dx} \quad (3.2-6)$$

对于均匀电场，α 不随 x 变化，所以有

$$n = n_0 e^{\alpha x} \quad (3.2-7)$$

到达阳极的电子数为

$$n = n_0 e^{\alpha d} \quad (3.2-8)$$

式（3.2-8）说明，初始电子从阴极到阳极的过程中，间隙中所增加的电子数为

$$\Delta n = n - n_0 = n_0(e^{\alpha d} - 1) \quad (3.2-9)$$

到达阴极的正离子数与新增加的电子数相等，回路中各处总电流相等，其值为

$$I = I_0 e^{\alpha d} \quad (3.2-10)$$

式中，I_0 为外电离因素引起的初始光电流。

式（3.2-10）表明，尽管电子崩电流以指数函数增长，但放电仍不是自持的，因为 $I_0 = 0$ 时，$I = 0$。这就表明只有电子崩过程放电是不能自持的。

2.2.3 影响电子碰撞电离系数 α 的因素

设电子的平均自由行程为 λ，则在 1cm 长度内电子的平均碰撞次数为 $1/\lambda$。如果能知道碰撞引起电离的概率，即可求得电子碰撞电离系数 α。

设 $x=0$ 处有 n_0 个电子沿电力线运动，行经距离 x 时还剩下 n 个电子未发生过碰撞，则在 x 到 $x+dx$ 这一距离中发生碰撞的电子数应为

$$-dn = n\frac{dx}{\lambda}$$

式中，负号是考虑增量 dn 实际上是负的，将上式积分可得

$$n = n_0 \exp(-x/\lambda) \quad (3.2-11)$$

式（3.2-11）说明自由行程的分布规律，自由行程大于 λ 的占电子总数的 36.8%，大于 3λ 的仅占 5%。对于一个电子来说，$\exp(-x/\lambda)$ 表示自由行程大于 x 的概率。

由式（3.2-4）已知，碰撞引起电离的条件是 $x \geq U_i/E$，因此，碰撞引起电离的概率为 $\exp(-U_i/E\lambda)$，这样就得到电子碰撞电离系数的表达式为

$$\alpha = \frac{1}{\lambda}\exp(-U_i/E\lambda) \quad (3.2-12)$$

电子的平均自由行程与气体的性质（气体分子的大小）和密度有关。对于同一种气体，平均自由行程与气体密度成反比，即与温度成正比而与气压 p 成反比

$$\lambda \propto \frac{T}{p} \quad (3.2-13)$$

当气温恒定时，式（3.2-12）可改写成

$$\alpha = Ap\exp(-Bp/E) \quad (3.2-14)$$

式中，A 为与气体性质有关的常数，$B = AU_i$。

由式（3.2-14）不难看出，p 很大（即 λ 很小）或 p 很小（λ 很大）时 α 都比较小。这是因为 λ 很小时虽然单位距离内碰撞次数多，但碰撞引起电离的概率很小；λ 很大时虽然电离概率很大但碰撞的次数很少，所以 α 也不大。

2.3 自持放电的条件

上节已经指出，只有电子崩过程不能发生自持放电，要达到自持放电的条件，必须在气隙内初始电子崩消失之前产生新的电子（二次电子），以取代外电离因素产生的初始电子。实验表明，二次电子的产生与气压和气隙长度的乘积（pd）有关。pd 值较小时，自持放电的条件可用汤逊理论来说明；pd 较大时，则要用流注理论来解释。对于空气来说，pd 值的分界线约为 26kPa·cm。

2.3.1 pd 值较小时的自持放电

汤逊理论认为，二次电子的来源是正离子碰撞阴极，使阴极表面发生电子逸出。设每个正离子可从阴极表面平均释放 γ 个自由电子。

1. 汤逊判据 根据式（3.2-9），当一个初始电子到达阳极时，电子崩中的正离子数为（$e^{\alpha d}-1$）个，这些正离子到达阴极时将产生 $\gamma(e^{\alpha d}-1)$ 个二次电子，如果二次电子数等于 1，则放电就可以在无外电离因素的情况下维持下去。因此，均匀电场中自持放电的条件（即汤逊判据）是

$$\gamma(e^{\alpha d} - 1) = 1 \quad \text{或} \quad \gamma e^{\alpha d} \approx 1$$

$$(3.2-15)$$

2. 气体击穿的巴申定理 根据自持放电条件可以得到击穿电压的表达式，从式中可以看出击穿电压

与气体状态等因素的关系。将式（3.2-14）代入式（3.2-15），可得

$$Apde^{-Bpd/U_b} = \ln(1/\gamma) \qquad (3.2-16)$$

式中，U_b 为恒温条件下均匀电场中气体的击穿电压。

式（3.2-16）表明，U_b 是气压和间隙长度乘积 pd 的函数，可以写成

$$U_b = f(pd) \qquad (3.2-17)$$

巴申在汤逊理论之前就从实验中总结出式（3.2-17）的规律了，称为巴申定理。图 3.2-3 给出空气和其他气体的巴申曲线。由图可见，空气在 $pd \approx 0.07\,kPa \cdot cm$ 时击穿电压出现极小值；$U_b = f(pd)$ 具有极小值可从式（3.2-16）看出。将式（3.2-16）对 pd 求导，并令其等于零，即可从理论上导出击穿电压极小值时的 pd 值。击穿电压 U_b 具有极小值是容易理解的。设 d 不变而改变 p，则从式（3.2-14）可以看出，p 很大（即 λ 很小）或 p 极小（即 λ 很大）时，α 都很小，因此这两种情况下气隙都不容易放电。

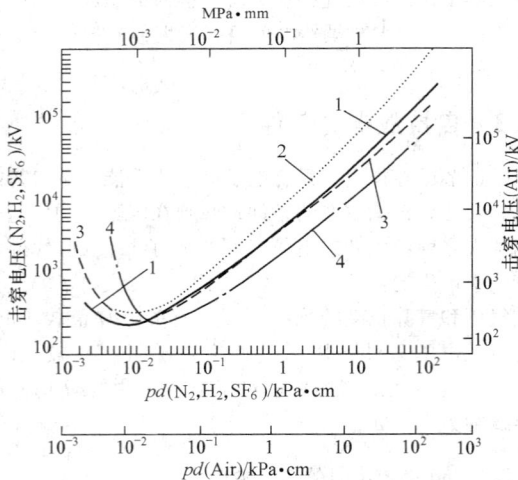

图 3.2-3 空气和其他气体的巴申曲线
1—空气；2—SF_6；3—N_2；4—H_2

3. 气体密度对击穿的影响　巴申定理是在气体温度不变的情况下得出的。对于气温并非稳定的情况下，式（3.2-17）应改写成

$$U_b = f(\delta d) \qquad (3.2-18)$$

式中，δ 为气体相对密度，指气体密度与标准大气条件（$p_s = 101.3\,kPa$，$T_s = 293\,kPa$）下的密度之比，即

$$\delta = \frac{T_s}{p_s} \cdot \frac{p}{T} = 2.9\frac{p}{T} \qquad (3.2-19)$$

式中，p 为击穿实验时的气压（kPa）；T 为击穿实验时的温度（℃）。

2.3.2　pd 值较大时的自持放电

按汤逊理论，从施加电压到发生击穿的时间（称为放电延迟）至少应为正离子穿过间隙的时间，但在气压等于或高于大气压时，实测的放电时延迟小于正离子穿越间隙所需要的时间。这表明汤逊理论不适用于 pd 值较大时的自持放电。主要原因是：

（1）汤逊理论没有考虑电离的空间电荷会使电场发生畸变，从而影响放电过程。

（2）汤逊理论没有考虑光子在放电过程中的作用（空间光电离和阴极表面光电离）。

当 pd 较小时，这两个因素的影响不显著，这是因为：

（1）空间电荷是电子崩过程中气体分子电离产物，显然 pd 值越高，电子崩过程造成的空间电荷就越多，而且是按指数规律急剧地增加。这些空间电荷对电场的畸变程度，是随着 pd 值的增大而急剧增大的。

（2）电子崩里电子数的急剧增长意味电子浓度和正离子浓度的急剧增长，这就必然伴随着强烈的复合和反激励，由此放出的光子数量急剧地增加。在强场区内，由光子电离出来的电子很容易形成二次电子崩。

对放电发展过程进行实验研究的方法之一是将云室（即电离室）中的放电过程拍摄照片。云室中充有所研究的气体和饱和蒸气，在施加电压的同时使云室中气体体积适当地膨胀而导致温度下降，于是蒸气转入过饱和状态，在放电形成的离子周围凝结，使放电过程成为可见的现象。云室的研究表明，pd 值较大时的放电过程也是从电子崩开始的，但是当电子崩发展到一定的阶段后会产生电离特强、发展速度更快的新的放电区，这种过程称为流注放电。实验观察表明，流注的发展速度比电子崩的发展速度要快一个数量级，且流注并不像电子崩那样沿电力线方向发展，而是常会出现曲折的分支。

1. 流注的形成　流注理论认为，形成流注的必要条件是电子崩发展到足够大，气隙中的空间电荷足以使电场产生明显畸变，大大加强了崩头及崩尾处的电场。另一方面，电子崩中电荷密度很大，复合过程频繁，放射出的光子在强电场区很容易引起光电离。所以流注理论认为，二次电子的主要来源是空间光电离。

图 3.2-4 表示电子崩空间电荷对平板电极中原电场的畸变。如图 3.2-4（a）所示，在电场的作用下，电子在向阳极运动的途中，不断地发生撞击电离，形成电子崩，电子数和正离子数随电子崩延伸的距离按

指数规律急剧增长。由于电子的迁移率比正离子的迁移率大两个数量级，所以电子总是跑在崩头部分，而正离子则相对很缓慢地向阴极移动。由于电子的扩散作用，电子崩在发展过程中，半径逐渐增大，其外形像一个头部为球状圆锥体。绝大部分电子都集中在崩头部分，其后，直到尾部，则是正离子区。空间电荷加强了崩头及崩尾的电场而削弱了崩内正、负电荷区之间的电场，使崩内大量的正、负电荷易于复合，将电离能以光子的形式释放出来。由于崩头及崩尾的电场明显增强，因此，在崩头或崩尾的空间光电离会产生新的二次电子崩（二次崩）。二次崩和初崩汇合，使放电区迅速扩大，其速度显然比电子运动速度要快得多。

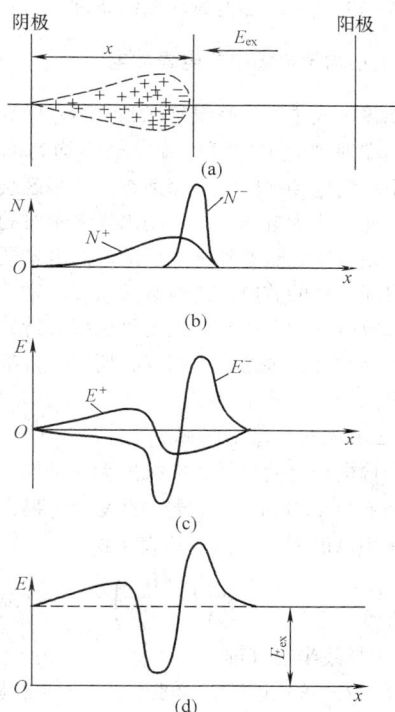

图 3.2 - 4　平板电极间电子崩空间
电荷对原电场的畸变

（a）电子崩示意图；（b）电子崩中空间电荷浓度分布；
（c）空间电荷的电场；（d）合成电场 E_{ex} 为电源场强

图 3.2 - 5 是流注形成示意图，表示初崩头部放出的光子在崩头前方和崩尾后方分别产生空间光电离，并且各形成一个二次崩，很快与初始崩汇合的过程。

2. 流注的自持放电条件　一旦出现流注，放电就可以由自身产生的空间光电离而维持。因此形成流注的条件就是自持放电的条件。由前述可知，初始电子崩头部电荷必须达到一定数量才能使原电场畸变和造成足够的光电离。实际上，初崩头部的负电荷几乎

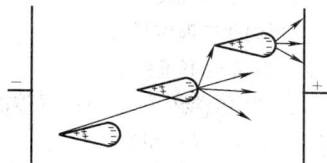

图 3.2 - 5　流注形成示意图

等于整个电子崩中全部正电荷量。即使不这样考虑，至少可以认为初崩头部的负电荷量与整个电子崩中的总电离数 $e^{\alpha d}$ 有一个大致固定的比值。如果要求前者为某一定值，也即是要求后者达到另一定值，即均匀电场自持放电的条件为

$$e^{\alpha d} = 常数 \qquad (3.2 - 20)$$

式（3.2 - 20）也可按式（3.2 - 16）的形式改写为

$$\gamma' e^{\alpha d} = 1 \quad 或 \quad \alpha d = \ln \frac{1}{\gamma'} \qquad (3.2 - 21)$$

因此，流注理论的自持放电条件和汤逊理论的自持放电条件具有完全相同的形式，但必须注意这只是形式上的相似，γ' 为另一个常数，并非是汤逊理论中的阴极二次发射系数，两者维持放电的过程是不同的。

根据实验结果可以推算出空气中流注自持放电的条件为

$$\alpha d = \ln \frac{1}{\gamma'} \approx 20 \qquad (3.2 - 22)$$

这说明初崩头部电子数要达到 $e^{\alpha d} > 10^8$ 时放电才转入自持。对于长度为厘米级的平板间隙，在标准大气条件下空气的击穿场强约为 30kV/cm（电压以峰值表示）。

流注理论可以解释汤逊理论无法说明的 pd 值大时的放电现象。如放电的细通道形式，且有时火花通道成曲折形；放电时延小于离子穿越极间距离的时间；再如击穿电压与阴极材料无关等。但必须指出，两种理论各适用于一定条件下的放电过程，不能相互代替。

2.3.3　电负性气体的情况

以上分析并未考虑电子的附着过程，这对 N_2 等非电负性气体是适用的，但对 SF_6 等强电负性气体则不适用。对强电负性气体，除考虑 α 和 γ 过程外，还应考虑 η 过程（电子附着过程）。η 的定义与 α 相似，即一个电子沿电力线方向行走 1cm 时平均发生的电子附着次数。可见在电负性气体中有效的碰撞电离系数为

$$\bar{\alpha} = \alpha - \eta \qquad (3.2 - 23)$$

参照式（3.2 - 5）～式（3.2 - 8）的推导，可以写出均匀电场中到达阳极的电子数为 $\alpha - \eta$

$$n = n_0 e^{(\alpha-\eta)d} \qquad (3.2-24)$$

由于强电负性气体的工程应用属于流注放电的范畴，故只讨论其流注自持放电条件。

研究表明，均匀电场中强电负性气体的流注自持放电条件与式（3.2-22）相似，即

$$(\alpha - \eta)d = K \qquad (3.2-25)$$

对于不均匀电场可以写成

$$\int (\alpha - \eta)\mathrm{d}x = K \qquad (3.2-26)$$

实验研究表明，SF_6 气体中的 $K=10.5$。SF_6 的 K 值小于空气的相应值是可以理解的，因为 SF_6 的电子崩中除电子与正离子外，还有负离子。由于强电负性气体中 $\bar{\alpha}<\alpha$，所以其自持放电场强比非电负性气体高很多。在标准大气条件下，均匀电场中 SF_6 的击穿场强为 $E_b \approx 89kV/cm$，约为相同条件下空气间隙击穿场强的 3 倍。

2.4 不均匀电场中的气体放电

电气设备中很少有均匀电场的情况。但对于高压电器绝缘结构中的不均匀电场，还要区分为稍不均匀电场和极不均匀电场，因为这两种不均匀电场中的放电是不同的。

2.4.1 稍不均匀电场和极不均匀电场的不同特点

高压实验室中测量电压用的球隙是典型的稍不均匀电场的例子。稍不均匀电场中的放电特点与均匀电场类似，在间隙击穿前看不到放电迹象。

必须注意，任何电极形状随着极间距离的增大都会从稍不均匀电场变成极不均匀电场。图 3.2-6 给出半径为 r 的球间隙的放电特性与极间距离 d 的关系。由图可见，当 $d \leqslant 4r$ 时，放电具有稍不均匀电场的特点，即击穿电压与电晕起始电压是相同的；$d \geqslant 8r$ 时，放电具有极不均匀电场的特点，此时电晕起始电压明显低于击穿电压。$4r<d<8r$ 范围内放电过程不稳定，

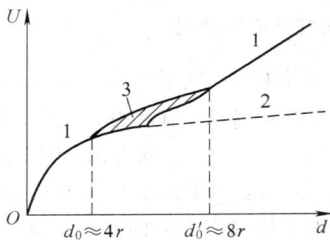

图 3.2-6 球间隙的放电特性
与极间距离 d 的关系
1—击穿电压；2—电晕起始电压；
3—放电不稳定区

击穿电压的分散性很大，这一范围属于过渡区。

要在稍不均匀电场和极不均匀电场之间划分明确的界线是困难的，通常可用电场的不均匀系数来判断。电场不均匀系数 f 的定义是间隙中最大场强 E_m 与平均场强 E_a 的比值。

$$f = \frac{E_m}{E_a} \qquad (3.2-27)$$

通常 $f<2$ 时，为稍不均匀电场；$f>4$ 时，为极不均匀电场。

在稍不均匀电场中放电达到自持放电条件时发生击穿，但因为 $f>1$，此时间隙中平均场强比均匀间隙要小，因此，在同样间隙距离时稍不均匀电场间隙的击穿电压比均匀场的击穿电压低。在极不均匀间隙中自持放电的条件即是电晕起始的条件。

2.4.2 极不均匀电场中的电晕放电

高压输电线之间的空气绝缘和实验室中高压发生器的输出端对墙壁的空气绝缘是极不均匀电场的例子。极不均匀电场中间隙击穿前在高场强区会出现蓝紫色的晕光，称为电晕放电。刚出现电晕时的电压称为电晕起始电压，随着外施电压的升高电晕层逐渐扩大，此时间隙中的放电电流也会从微安级增大到毫安级。电晕放电起始电压在理论上可根据自持放电条件求取，但这种计算很繁且不精确，所以通常都是根据试验得出的经验公式来确定。

1. 电晕放电的起始场强

对于输电线路的导线，在标准大气条件下电晕的起始场强 E_c（kV/cm）（指导线的表面场强，交流电压下电压用峰值表示）的经验表达式为

$$E_c = 30\left(1 + \frac{0.3}{\sqrt{r}}\right) \qquad (3.2-28)$$

式中，r 为导线半径（cm）。

式（3.2-28）说明，导线半径 r 越小，则 E_c 值越大，这是可以理解的。因为 r 越小，电场越不均匀，即间隙中场强随离导线距离的增加而下降得越快，也就是说碰撞电离系数 α 随离导线距离的增加而减小得越快。根据式（3.2-26）可以写出输电线路起始电晕的条件为

$$\int_0^{x_c} \alpha \mathrm{d}x = K \qquad (3.2-29)$$

式中，x_c 为起始电晕层的厚度，$x>x_c$ 时，$\alpha \approx 0$。

可见电场越不均匀，则要满足式（3.2-29）时导线表面场强应越高。式（3.2-28）表明，当 $r \rightarrow \infty$ 时（即均匀电场的情况），$E_c=30kV/cm$，与 2.3.2 小节中给出的值是一致的。

对于非标准大气条件，要进行气体密度的修正，

此时式（3.2-8）E_c（kV/cm）应改写为

$$E_c = 30\delta\left(1 + \frac{0.3}{\sqrt{r\delta}}\right) \quad (3.2-30)$$

式中，δ 为气体相对密度。

实际上导线表面并不是光滑的，所以对绞线要考虑导线的表面粗糙系数 m_1。此外，对于雨雪等使导线表面偏离理想状态的因素（雨水的雨滴使导线表面形成凸起的导电物）可用系数 m_2 加以考虑。此时 E_c（kV/cm）应改写成

$$E_c = 30m_1m_2\delta\left(1 + \frac{0.3}{\sqrt{r\delta}}\right) \quad (3.2-31)$$

理想光滑导线 $m_1 = 1$，绞线 $m_1 = 0.8 \sim 0.9$；好天气时 $m_2 = 1$，坏天气时 m_2 可按 0.8 估算。

算得 E_c 后，就不难根据电极布置求得电晕起始电压 U_c。例如，对于离地面高度为 h 的单根导线可写出

$$U_c = E_c r \ln\frac{2h}{r} \quad (3.2-32)$$

对于距离为 d 的两根平行导线（$d \gg r$）则可写出

$$U_c = 2E_c r \ln\frac{d}{r} \quad (3.2-33)$$

2. 电晕放电的危害与对策　气体中的电晕放电具有下列几种效应：

（1）伴随着电离、复合、激励、反激励等过程而有声、光、热等效应。

（2）在尖端或电极的某些突出处，电子和离子在局部强场的驱动下高速运动，与气体分子交换动量，会形成"电风"。当电极可动时（如悬挂的导线等），气体对"电风"的反作用力会使电极发生振动或转动。

（3）产生高频脉冲电流，造成电磁辐射，其频谱约为 0.1～100MHz，造成对无线电的干扰。超高压输电线路电晕会发出一定程度的可听噪声。控制线路上电晕造成的无线电干扰和噪声干扰已成为线路设计中必须重视的问题。

（4）各种形式的气体放电都会产生某些化学反应，例如：在空气中或氧气中产生臭氧（O_3）；在空气中产生 NO 和 NH_3；在 H_2 和 N_2 的混合气体中形成 NH_3；将氮分子（N_2）分解成单原子氮（N）等。对电力工程有重要意义的是在空气中形成 O_3、NO 和 NO_2。电晕放电和电晕前的无声放电所产生的化学反应却反而比其他强度高的放电（如火花、电弧等）强烈得多。O_3 是强烈氧化剂，对金属和有机绝缘物有强烈的氧化作用。NO 或 NO_2 会与空气中的水分

（H_2O）化合成硝酸类，是强烈的腐蚀剂。所以，电晕是促使有机绝缘老化的重要因素之一。

（5）以上各点都使电晕放电产生能量的损耗，在某些情况下，损耗会达到可观的程度。

由此可见，大多情况下，电晕会带来很多有害的影响，这是不希望的。最有效的消除电晕的方法是改进电极形状，增大电极的曲率半径。在建造输电线路时，必须考虑输电线的电晕问题，并采取措施减小电晕放电的危害。解决的途径是限制导线表面的场强。通常是以好天气时导线电晕损耗接近于零的条件来选择架空导线的尺寸。对于超高压和特高压线路来说，最好的解决方法是采用分裂导线，即将每相线路分裂成几根并联的导线。分裂导线超过两根时，通常布置在圆的内接正多边形的顶点。

分裂导线的表面最大场强不仅与导线直径和分裂的根数有关，而且与分裂导线间的距离 D 有关，在某一最佳 D 值时导线表面最大场强 E_m 会出现一个极小值，如图 3.2-7 所示。图 3.2-7 给出的是用于 500kV 线路的三分裂导线表面最大场强 E_m 与分裂子导线间距 D 的关系。由图可知，当 D 约为 30cm 时，E_m 出现最小值。因为 D 过小，分裂导线的分裂半径太小，使分裂导线的优点不能得到充分发挥；但是 D 过大时，则由于每相的子导线之间的电场屏蔽作用被减弱，所以此时 E_m 随 D 的增加而增大。

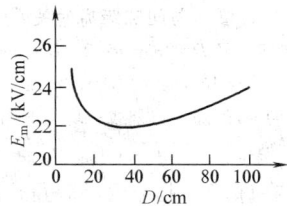

图 3.2-7　分裂导线最大场强
与分裂间距的关系

必须指出，在选择 D 值时并不仅是以 E_m 为最小的条件作为设计依据。使用分裂导线可以增加线路电容，减小线路电感，从而使输电线路的传输能力增加。由于 D 值增加有利于线路电感的减少，所以工程应用中常取 $D = 40 \sim 50$cm。从限制电晕放电的观点来看，对 330kV 及以上电压等级的线路应采用分裂导线，例如，对 330kV、500kV 和 750kV 的线路可分别采用二分裂、三分裂和四分裂导线。

近年来发展很快的大功率紧凑型高压输电线路，每相子导线数比传统的输电线路多，这主要是为了要大幅度的提高线路的传输功率，同时也因为相间距离减小的缘故。这种情况下为了使子导线表面电荷分布比较均匀，子导线的排列常按优化设计进行布置，不

一定都布置在圆内接正多边形的顶点。

3. 电晕放电的利用 在某些情况下可以利用电晕放电降低输电线上雷电冲击或操作冲击过电压的幅值和陡度；利用电晕放电产生的空间电荷来改善极不均匀电场的分布，以提高击穿电压。

图 3.2-8 给出导线-板间隙中，不同直径 D 的导线的工频击穿电压（有效值）与间隙距离 d 的关系。由图可见，导线直径 D 在厘米级时，击穿电压与尖-板间隙很接近；但当导线直径减小到 0.05cm 时，击穿电压值几乎接近于均匀电场时的情况。这是由于细线电晕放电时形成的均匀电晕层，改善了间隙中的电场分布，因而使击穿电压提高。导线直径较大时，因为电极表面不可能绝对光滑，所以在整个表面发生电晕之前缺陷处先发生刷形放电，因此，击穿电压与尖-板间隙相近。

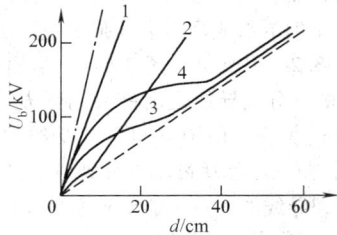

图 3.2-8 导线-板间隙中工频击穿电压
（有效值）与间隙距离的关系
1—导线直径 D=0.5mm；2—D=3mm；
3—D=16mm；4—D=20mm；
虚线—尖-板间隙；点划线—均匀电场间隙

电晕放电在许多工业部门已获得广泛应用，例如，净化工业废气的静电除尘器、净化水用的臭氧发生器、静电喷涂等都是电晕放电在工业中应用的例子。

2.4.3 不均匀电场中放电的极性效应

在不均匀电场中，放电总是从曲率半径较小的电极表面开始，而与该电极的电位值与电压的极性无关。这是因为放电只取决于电场强度的大小。但曲率半径较小的电极的电压极性不同，放电产生的空间电荷对原场的畸变不同，因此同一间隙在不同电压极性下的电晕起始电压不同，击穿电压也不同，这就是放电的极性效应。现以棒-板间隙为例，讨论极性效应（指曲率半径较小电极上的电压极性，例如正极性是指棒电极的电压为正极性）。

1. 自持放电前的阶段 图 3.2-9 表示正极性的棒-板电极中，自持放电前空间电荷对原场的畸变

情况。图 3.2-9（a）说明棒电极附近已有发展得相当充分的电子崩。因为棒电极为正极性，所以电子崩中的电子迅速进入棒电极，而正离子则因运动速度慢而暂时留在棒电极附近，如图 3.2-9（b）所示。这些正空间电荷削弱了棒电极附近的电场，加强了电荷外部空间的电场，如图 3.2-9（c）所示。因此，空间电荷遏制了棒极附近流注的形成，从而提高了电晕起始电压。

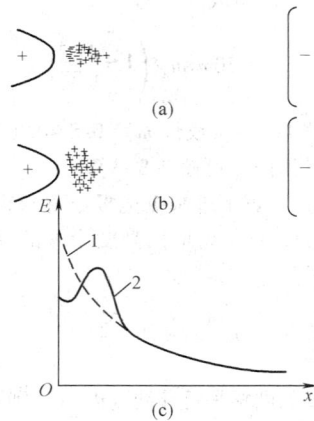

图 3.2-9 正极性棒-板电极中自持放电前
空间电荷对原电场的畸变
1—原电场分布；
2—有空间电荷时的电场分布

图 3.2-10 给出负极性棒-板电极中空间电荷对原电场的畸变。这种情况下电子崩也是首先出现在棒电极附近，如图 3.2-10（a）所示。电子崩中的电子迅速扩散并向板电极运动，而正离子则缓慢地向棒电极移动，因而在棒电极附近的空间正电荷的浓度很大。空间电荷的作用与正极性时相反，它加强了棒电极附近的场强而削弱了空间电荷的外部空间的电场，如图 3.2-10（c）所示。这种情况下空间电荷在棒极附近加速了流注的形成，因而电晕起始电压较正极性时要低，这一分析已为实验所证实。

2. 自持放电后的阶段 它是指极不均匀电场中由电晕发展到击穿的阶段。

由图 3.2-9（c）可见，正极性棒-板电极中空间电荷加强了放电区外部空间的电场。因此随着放电区的扩大，强电场区将逐渐向板电极方向推进。这说明满足自持放电条件后，随着外施电压的增大，电晕层很容易扩展而导致间隙的最终击穿。从图 3.2-10（c）可知，负极性棒-板电极中空间电荷使放电区的外部空间的电场削弱，这样电晕层不容易扩展。因此，尽管负极性棒-板间隙的电晕起始电压低，但其击穿电压却比正极性棒-板电极要高很多。

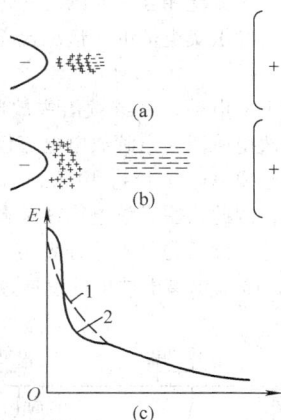

图 3.2 - 10　负极性棒-板电极中自持放电前
空间电荷对原电场的畸变
1—原电场分布；2—有空间电荷时的电场分布

由此可见，对于极不均匀电场间隙来说，击穿的极性效应刚好与电晕起始放电的极性效应相反。就击穿而言，则极不均匀场间隙的极性效应与稍不均匀场间隙是相反的。

输电线路和高压电器的外绝缘都属于极不均匀场间隙，因此，交流电压下击穿都发生在外施电压的正半周，考核绝缘冲击特性时应施加正极性的冲击电压。

2.5　雷电放电的发展过程

作用于电力系统的大气过电压，是由带有电荷的雷云对地放电引起的，那么，为了了解大气过电压的产生与发展，就要先了解雷云放电的发展过程。雷电放电包括雷云对大地、雷云对雷云和雷云内部的放电现象。这里主要研究雷云对大地的放电，因为这是造成雷害事故的主要因素。最常见的，也是我们主要研究的是线性雷电，球状雷电是很少见的。

雷云是积聚了大量电荷的云层。通常认为，在含有饱和水蒸气的大气中，当有强烈的上升气流时，就会使空气中的水滴带电，这些带电的水滴被气流驱动，逐渐在云层的某些部位集中起来，这就是我们平时所说的带电雷云。测量数据表明，雷云主要荷电部分横向范围可扩展到几千米，并在垂直方向将雷云电荷分离成两个大的电荷中心。负电荷云层分布在大约 1.5~5km 的高度（中心高度约为 2~3km），而正电荷云层在大约 4~10km 的高度。云的最低部分不大的区域中也还可能有正电荷的局部聚集，如图 3.2 - 11 所示。雷云平均电场强度为 1.5kV/cm，在雷云雷击前实测到的最大电场强度为 3.4kV/cm，在稳定下雨时，大约只有 40V/cm。

按雷电发展的方向可将雷电区分为下行雷和上行

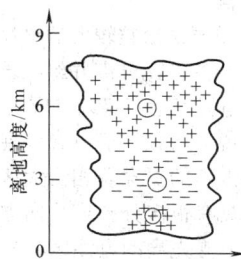

图 3.2 - 11　雷云电荷分布示意图

雷两种。下行雷是在雷云中产生并向大地发展的，上行雷则是由接地物顶部向雷云方向发展的。雷电的极性是由雷云流入大地的电荷符号决定的。大量实测表明，不论地质情况如何，雷电大部分（约 90%）是负极性雷。

雷云对大地的放电通常包括若干次重复的放电过程，而每次的放电又分为先导放电与主放电两个阶段。当带电的雷云某一点的电荷比较多，且它附近的电场强度达到足以使空气绝缘破坏的强度（约 25~30kV/cm）时，空气便开始电离，使这一部分变为导电性通道。这个导电性通道的形成，称为先导放电。先导放电是不连续的，雷云对地放电的第一先导是分级发展的，每一级先导发展的速度相当高，但每发展到一定长度（平均约 50cm），就有一个 10~100μs 的间隔。因此，它的平均速度较慢，约为光速的 1/1000 左右。先导放电的不连续性称为分级先导，历时约 0.005~0.010s。分级先导的原因一般解释为：由于先导通道内电离还不是很强烈，它的导电性不是很好，由于雷云下移的电荷需要一段时间，待通道头部的电荷增多，电场超过空气电离场强时，先导将又继续发展。

在先导通道形成的初始阶段，发展方向仍然受到一些偶然因素的影响，并不固定。但当它距地面一定高度时，地面的高耸物体上出现感应电荷，使局部电场增强，先导通道的发展将沿其头部至感应电荷集中点之间发展。即放电通道的发展具有定向性，或者说雷击具有选择性。上述使先导通道具有定向性的高度，称之谓定向高度。

当先导通道的头部与带异号电荷的集中点之间距离很小时，先导通道端部约为雷云对地的电位（可高达 10MV），而另一端为地电位，故剩余的空气间隙中的电场强度极高，使空气间隙迅速电离。电离后产生的正、负电荷将分别向上、下运动，中和先导通道与被击物的电荷，便开始了放电的第二阶段，即主放电阶段。主放电阶段的时间极短，约 50~100μs，移动速度为光速的 1/20~1/2；主放电时电流可到达数千安，最大可达 200~300kA。主放电到达云端时，意味着主放电阶段结束。

发展先导，需要供给它较大的电流，而这些电荷原来是分散在大量的彼此分离并绝缘着的水性质点上的，雷云的自然电导远远不足以供应先导所需的电荷。这就可以无疑地说，与先导形成和发展的同时，在云中一定存在足够强烈的贯穿着相当大区域的气体电离放电过程，它将具有很多分支状向雷云深处发展的反向先导。这些分支先导的流注区将贯穿到雷云的相当大的部分，并从大量的水性质点上卸下电荷，汇集起来将它们供给先导通道，如图 3.2－12 所示。存在这个过程的间接的证明是：在下行先导发展时间内能观察到云中发出散射的光芒。总的说来，下行先导和

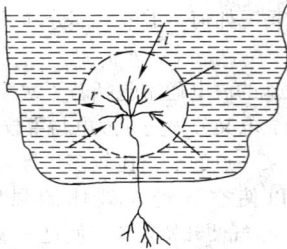

图 3.2－12　为供应下行先导所需电荷而在云中发展反向先导的示意图

云中放电组成一个彼此相互关联的统一体，很可能是从云中卸下电荷和汇集电荷的快慢决定着下行先导发展的平均速度。

雷云中剩下的电荷，将继续沿主放电通道下移，此时称为余晖放电阶段。余晖放电电流仅数百安，但持续的时间可达 0.03～0.15s。由于雷云中可能存在多个电荷中心，因此，雷云放电往往是多重的，且沿原来的放电通道，此时先导不是分级的，而是连续发展的。图 3.2－13 表示雷电放电的发展过程。

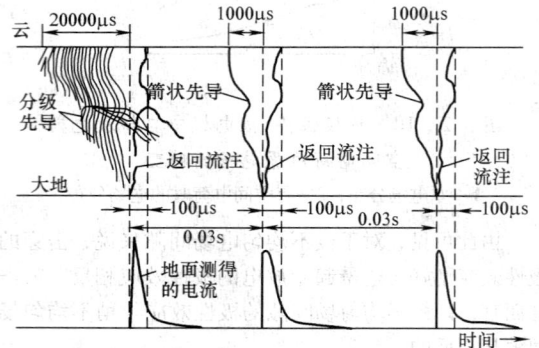

图 3.2－13　雷电放电的发展过程和入地电流的示意图

第 3 章 气体间隙的击穿强度

上一章介绍了气体放电的物理过程,可以说明气体击穿的一些实验现象和规律,但由于气体放电理论还不够完善,至今无法对气体间隙的击穿电压进行精确计算。因此,工程应用中大多仍要参照一些典型电极的击穿电压试验数据和实验规律来选择绝缘距离。

3.1 稳态电压下的击穿

气体间隙的击穿电压与外施电压的种类有关,直流与工频电压均为持续作用的电压,这类电压随时间的变化率很小,在放电发展所需要的时间范围内(以 μs 计),可以认为外施电压没什么变化,统称为稳态电压。

3.1.1 均匀电场中的击穿

高压静电电压表的电极布置是均匀电场间隙的一个实例。均匀电场中电极布置对称,因此无击穿的极性效应。均匀场间隙(一般距离不大)中各处电场强度相等,击穿所需时间极短,因此其直流击穿电压与工频击穿电压峰值以及 50% 冲击击穿电压实际上是相同的,且击穿电压的分散性很小,击穿电压(峰值)U_b(kV)可用以下经验公式表示

$$U_b = 24.22\delta d + 6.08\sqrt{\delta d} \qquad (3.3-1)$$

式中,d 为间隙距离(cm);δ 为空气的相对密度,见式(3.2-19)。

实验表明,d 在 $1\sim10$cm 范围内,击穿强度 E_b(以电压峰值表示)约等于 30kV/cm。

3.1.2 稍不均匀电场中的击穿

高压实验室中测量电压用的球间隙和测介质损耗用的标准电容器中的同轴圆柱电极,都是稍不均匀电场间隙的应用实例,因此以下重点讨论这两种典型的电极布置。

1. 球间隙 当两球对称放置,测量对地对称的直流电压时无极性效应。但通常在一球接地的情况下,因大地的影响,电场分布并不对称,如图 3.3-1 所示,仍具有极性效应。

一球接地时,直径为 D 的球隙的击穿电压 U_b 与间隙 d 的关系如图 3.3-2 所示。由图可见,当 $d < D/4$ 时,由于大地对球隙电场分布影响很小,电场相当均匀,因此与前述均匀场间隙相似,交、直流和冲击电压

下击穿电压相同。当 $d > D/4$ 时,电场不均匀程度增大,大地对间隙中电场分布的畸变作用增大,因此,击穿场强下降,且出现极性效应,即不接地球为正极时击穿电压较高,工频交流电压作用下击穿电压的峰值与负极性时相同。球隙测压器的工作范围为 $d \leq D/2$;若 $d \geq D/2$,则因放电分散性增大,不能保证测量的精度。

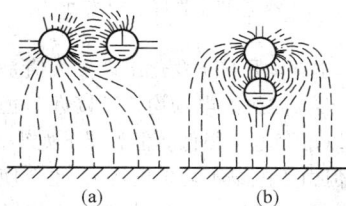

图 3.3-1 球隙中一球接地时的电场分布
(a)球水平放置;(b)球垂直放置

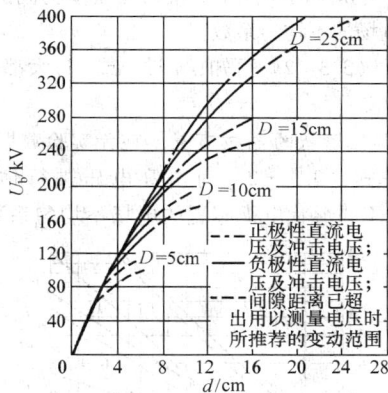

图 3.3-2 一球接地时球隙测压器的击穿电压与间隙 d 的关系

2. 同轴圆柱电极 高压标准电容器、单芯电缆及 GIS 的分相封闭母线等都属于这类电极布置。图 3.2-3 给出空气中同轴圆柱外电极半径 R 固定为 10cm 时,电晕起始电压 U_c 与击穿电压 U_b 随内电极半径 r 的变化关系。由图可见,当内电极半径很小,即 $r/R < 0.1$ 时,间隙属于极不均匀电场,此时击穿前先出现电晕,且 U_c 的值很低,因此上述电器设备均不采用这一 r/R 范围。当 $r/R > 0.1$ 时,间隙属稍不均匀电场,击穿前不出现电晕,且当 $r/R \approx 0.33$ 时,击穿电压出现极大值。上述电气设备的绝缘将 r/R 选取在 $0.25\sim0.4$

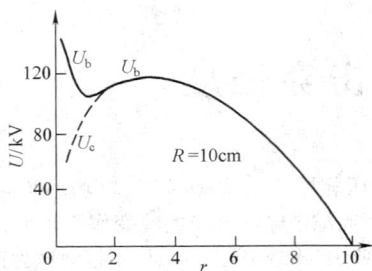

图 3.3 - 3 空气中同轴圆柱电极的电晕起始
电压 U_e 及击穿电压 U_b 与内电极
（为负极）半径 r 的关系

的范围内。击穿电压随 r 变化出现极大值是可以理解的。因为 r 很大时虽然电场均匀度接近 1，但因间隙距离很小，所以击穿电压很低。但如果 r 太小，虽然间隙距离增大，但由于电场不均匀度增大，也会使击穿电压下降。由式 (3.2 - 27) 可以写出稍不均匀场间隙击穿电压的表达式为

$$U_b = E_m \frac{d}{f} \qquad (3.3 - 2)$$

式中，E_m 为击穿时间隙中的最大场强；d 为间隙距离；f 为间隙电场的不均匀系数。

由式 (3.3 - 2) 可知，d 过小或 f 过大都会使 U_b 下降。

3. 其他形状的电极布置　在无实验数据的情况下，可按式 (3.3 - 2) 对击穿电压进行估算。图 3.3 - 4 为不同形状电极布置的电场不均匀系数曲线。

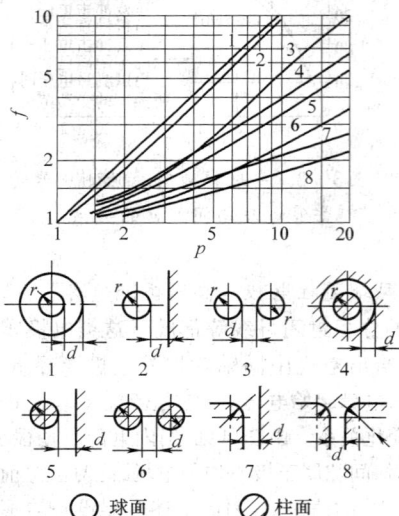

○ 球面　 ⊘ 柱面

图 3.3 - 4 不同形状的电极布置的
电场不均匀系数 f 与间隙几何特性
参数 p 的关系 $[P = (r+d)/r]$

由图可见，对于相同的间隙距离，电力线发散程度越大，则电场越不均匀。所以球状电极的电场不均匀系数大于相同半径的圆柱状电极（前者的电力线为三维发散，而后者为二维发散）。还可以看到，间隙距离增大时，电场不均匀系数也增大。

3.1.3 极不均匀电场中的击穿

实验表明，当间隙距离很大时，不同形状电极的间隙击穿电压差别并不大，在一极接地时都接近于棒-板电极的击穿数据。因此，通常选取棒-板和棒-棒作为典型电极，分别用来估算工程中不对称布置和对称布置时所需的绝缘距离。

不对称布置的极不均匀间隙的极性效应很明显，而且其击穿的极性效应与稍不均匀场间隙相反，图 3.3 - 5 给出棒-板和棒-棒空气间隙的直流击穿电压与间隙距离的关系。由图可见，正极性棒-板电极的击穿电压比负极性时低得多，而棒-棒电极则介于两者之间，棒-棒电极的击穿电压比同样间隙距离的棒-板电极高是可以理解的，因为间隙距离为 d 的棒-棒电极可看成两个间隙距离为 $d/2$ 的棒-板间隙串联，任何形状电极的间隙电场不均匀度都是随间隙距离的增大而增大的，所以间隙距离为 d 的棒-板间隙的电场不均匀度大于间隙距离为 $d/2$ 的棒-板间隙电场的不均匀度。

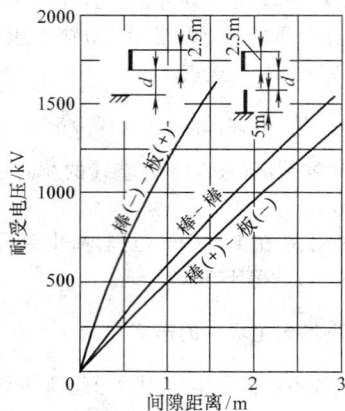

图 3.3 - 5 给出棒-板和棒-棒空气间隙的直流
击穿电压与间隙距离的关系

工程应用中很少有两电极完全对称的情况，因为通常是一极接地的。当棒-棒电极的一极接地时，其击穿电压比棒-板电极高得不多。图 3.3 - 6 为空气中一极接地的棒-棒间隙和棒板间隙的工频击穿电压（有效值）与间隙距离的关系曲线。工频电压下棒-板电极的击穿总是发生在棒为正极性的半周，因此，其击穿电压的峰值与直流电压下棒-板电极的击穿电

压相近。在图 3.3-6 中，当 $d \geqslant 50\text{cm}$ 时，棒-棒间隙的平均击穿场强 E_b 约为 3.8kV/cm（有效值）或 5.36kV/cm（峰值）；棒-板间隙的 E_b 略低，约为 3.35kV/cm（有效值）或 4.8kV/cm（峰值）。

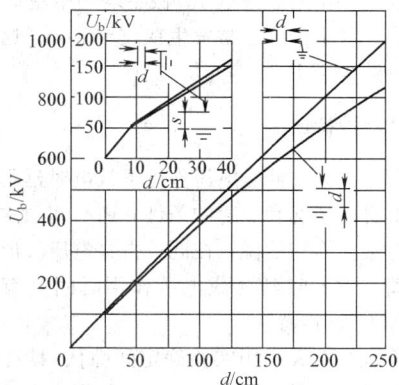

图 3.3-6　棒-棒和棒-板间隙的工频
击穿电压（有效值）与间隙
距离的关系

3.2　雷电冲击电压下的击穿

3.2.1　冲击电压的标准波形

雷云放电引起的大气过电压的波形是随机的，但在实验室中用冲击电压发生器产生冲击电压来模拟雷电过电压时必须采用标准波形，使不同实验室的实验结果可以互相比较，图 3.3-7 表示雷电冲击电压的标准波形和确定其波前和波长时间的方法（波长指冲击波衰减至半峰值的时间）。图中 0 为原点，M 为波峰，但在示波图中这两点都不易确定，因为波形在 0 点处往往模糊不清；而 M 点处波形很平，难以确定其出现的时间。国际上都用图示的方法求得名义零点 G，这样波前时间 T_1 和波长时间 T_2 都从 G 算起。对于操作冲击波，T_1 和 T_2 都从真实原点算

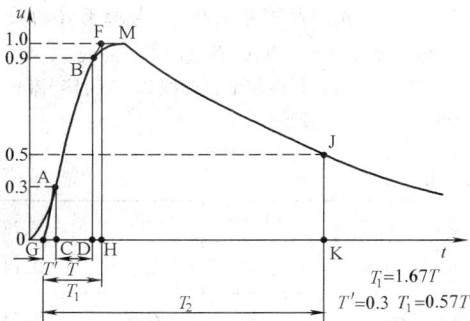

图 3.3-7　雷电冲击电压全波

起，这是因为操作波上升较平缓，原点附近的波形可以看得清楚。

我国和国际上多数国家对标准雷电波形规定为

$$T_1 = 1.2\mu\text{s} \pm 30\%, \quad T_2 = 50\mu\text{s} \pm 20\%$$

对不同极性的标准雷电波形可表示为 $+1.2/50\mu\text{s}$ 或 $-1.2/50\mu\text{s}$。

3.2.2　放电时延

从上一章可知，要使气体间隙击穿，不仅需要外施电压高于临界击穿电压 U_0，而且还需要外施电压维持一定的时间以保证放电发展过程的完成。图 3.3-8 表示冲击击穿所需要的时间，从开始加压的瞬时起到气隙完全击穿为止总的时间称为击穿时间 t_b，它由三部分组成：

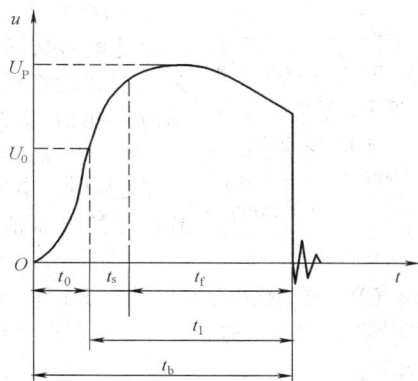

图 3.3-8　冲击击穿所需的时间

（1）升压时间 t_0——电压从 0 升到静态击穿电压 U_0 所需的时间。

（2）统计时延 t_s——从电压达到 U_0 的瞬时起到气隙中形成第一个有效电子为止的时间。

（3）放电形成时延 t_f——从形成第一个有效电子的瞬时起到气隙完全被击穿为止的时间。这里说的第一个有效电子是指该电子能发展一系列的电离过程，最后导致间隙完全击穿的那个电子。

这样，$t_b = t_0 + t_s + t_f$，其中 $t_s + t_f = t_1$ 称为放电时延。在 $d < 1\text{cm}$ 的短间隙中，特别是电场比较均匀时，$t_f \ll t_s$，这时，全部放电时延实际上就等于统计时延。统计时延的长短具有概率统计的性质，通常取其平均值，称为平均统计时延。

为了减小统计时延，可以采用紫外线或其他高能射线对间隙进行人工照射，使阴极表面释放出更多的电子，例如用较小的球隙测量冲击电压时通常需要采取这种措施。较长的间隙中，放电时延主要决定于放电形成时延，且电场越不均匀

则放电形成时延越长。显然，对间隙施加高于击穿所需的最低电压，可以使统计时延和放电形成时延缩短。

3.2.3　50% 击穿电压及冲击系数

由于放电时延服从统计规律，因此，冲击击穿电压具有一定的分散性。一般的规律是，放电时延越长，则冲击击穿电压的分散性越大，即电场越不均匀或间隙越长，则冲击击穿电压的分散性越大，也就是说低概率击穿电压与 100% 击穿电压的差别越大。

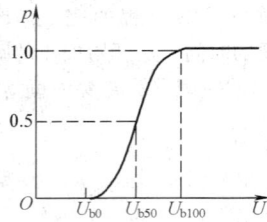

图 3.3 - 9　冲击电压作用
下的击穿概率

U_{b0} —冲击耐受电压；

U_{b50} —50% 冲击击穿电压；

U_{b100} —100% 冲击击穿电压

如图 3.3 - 9 所示。

从确定间隙耐受冲击电压的绝缘能力来看，希望在实验中求取低概率击穿电压 U_{b0}（U_{b0} 可看作是绝缘的冲击耐受电压），但这通常是很难准确求得的。国内外实践都是求取 50% 放电电压，即多次施加电压时有半数会导致击穿的电压值 U_{b50}，

由于气隙击穿的概率分布接近正态分布，故气隙的耐受概率与所加电压的关系可以从正态分布率求得，见表 3.3 - 1。

由表 3.3 - 1 可见，当外加电压为 $U_{b50}(1-3\sigma)$ 时，气隙的耐受概率已达 99.86%，可认为是能够耐受了，故通常都以此值作为气隙的耐受电压，即根据 50% 冲击击穿电压和标准偏差 σ 即可估算出 U_{b0} 值。

$$U_{b0} = U_{b50}(1 - 3\sigma) \qquad (3.3-3)$$

图 3.3 - 10 给出空气中棒-棒（一极接地）及棒-板空气间隙的雷电 50% 冲击击穿电压与间隙距离的关系。与图 3.3 - 6 比较可以看出，50% 冲击击穿电压比工频击穿电压的峰值要高一些，这是由于雷电冲击电压作用时间短的缘故。同一间隙的 50% 冲击击

穿电压与稳态击穿电压 U_{ss} 之比，称为冲击系数 β。

$$\beta = U_{b50}/U_{ss} \qquad (3.3-4)$$

均匀电场和稍不均匀电场间隙的放电时延短，击穿的分散性小，冲击击穿通常发生在波峰附近，所以这种情况下冲击系数接近 1。极不均匀电场间隙的放电时延长，冲击击穿通常发生在波尾部分，这种情况下冲击系数大于 1。

3.2.4　伏-秒特性

前面已提到，冲击电压作用下放电时延不仅取决于间隙本身的情况和照射的条件，还与间隙的外施电压幅值有关。换句话说，在同一击穿电压波形下，击穿电压值与放电时延（或电压作用时间）有关。这一特征称为伏-秒特性。

图 3.3 - 11 表示用实验确定间隙伏-秒特性的方法。实验过程中保持冲击电压的波形不变，逐渐升高电压使间隙发生击穿，并根据示波图记录击穿电压 U 与击穿时间 t。例如图 3.3 - 11 共有 5 个幅值不同的击穿电压；逐渐提高冲击电压幅值后，击穿分别发生在波尾、波峰和波前部分。伏-秒特性的实验点 1、2、3、4、5 是这样确定的：击穿发生在波

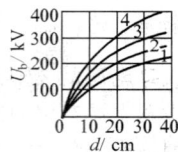

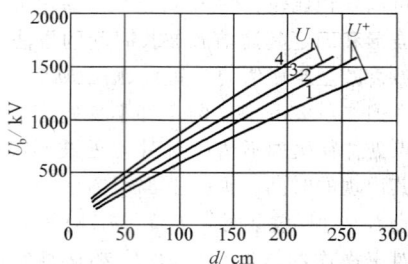

图 3.3 - 10　气隙的击穿电压 U_b 与距离 d 的关系
（电压波形为 1.2/50μs 雷电冲击。曲线 1、4
为棒-板间隙，板极接地；曲线 2、3 为棒-棒
间隙，一棒极接地）

表 3.3 - 1　　　　　　　　　　　　　　　　气 隙 击 穿 概 率 分 布

外加电压 u/U_{b50}	$1-\sigma$	$1-1.3\sigma$	$1-2\sigma$	$1-3\sigma$	$1+\sigma$	$1+1.3\sigma$	$1+2\sigma$	$1+3\sigma$
耐受概率（%）	84.15	90	97.7	99.86	15.85	10	2.3	0.14
击穿概率（%）	15.85	10	2.3	0.14	84.15	90	97.7	99.86

前或波峰时，U 与 t 均取击穿时的值（图中的 4 与 5）；击穿发生在波尾时，t 取击穿瞬间的时间值，但 U 取冲击电压的峰值而不取击穿瞬间的电压值（图中 1、2、3），即 U 应取击穿过程中外施电压的最大值。连接 1、2、3、…各点，即可画出伏-秒特性曲线。由于放电时延有分散性，即在每级电压下可测得不同的放电时延，所以伏-秒特性实际上不是一条曲线而是如图 3.3-12 所示的一条包带，其下包线是 0%伏-秒特性曲线，上包线是 100%伏-秒特性曲线。通常我们说的伏-秒特性曲线实际上指的是 50%伏-秒特性，而前述 50%击穿电压则只是 50%伏-秒特性曲线上的一个点。显然伏-秒特性比 50%击穿电压提供了更完整的击穿特性数据，因而在绝缘配合中伏-秒特性具有重要意义。例如，在雷电过电压作用下，若保护间隙动作或绝缘子串发生闪络，则电气设备绝缘承受的不是冲击全波而是作用时间更短的截断波，这种情况下只有伏-秒特性才能说明绝缘能否耐受这种雷电过电压。

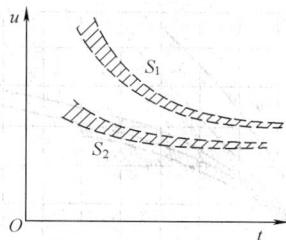

图 3.3-13　两个气隙的伏-秒特性带没有交叉的情况

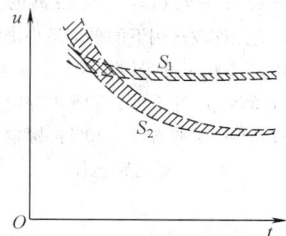

图 3.3-14　两个气隙的伏-秒特性带发生交叉的情况

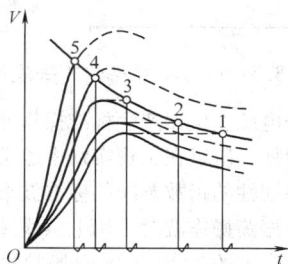

图 3.3-11　实验确定间隙伏-秒特性的方法

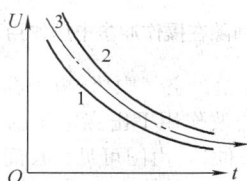

图 3.3-12　气体间隙伏-秒特性示意图
1—0%伏-秒特性；2—100%伏-秒特性；
3—50%伏-秒特性

图 3.3-13、图 3.3-14 表示电气设备绝缘伏-秒特性与避雷器伏-秒特性 S_1 和 S_2 的配合情况。图 3.3-13 是正确的配合，即任何情况下避雷器都会先动作，从而保护了电气设备的绝缘。而图 3.3-14 则是不正确的配合，因为尽管在幅值较低的冲击波作用下避雷器可以起保护作用；但在幅值很高的陡波作用下，在避雷器动作之前电气设备的绝缘已先击穿了。由此可以看出，为了达到良好的绝缘配合，希望避雷器等保护电器的伏-秒特性平坦一些。

用试验方法求取伏-秒特性的工作是很繁复的，因此，在工程中有时用 2μs 冲击击穿电压和 50%冲击击穿电压这两个数值来大致反映伏-秒特性。

3.3　操作冲击电压下的击穿

电力系统在操作或发生事故时，因电感和电容回路的振荡产生的过电压，称为操作过电压。操作过电压峰值有时可高达最大相电压的 3~3.5 倍。研究表明，长间隙在操作冲击波作用下击穿电压比工频击穿电压还要低，如图 3.3-15 所示。因此目前的试验标准规定，对额定电压在 300kV 以上的高压电气设备要进行操作冲击电压试验。

3.3.1　操作冲击电压下击穿的 U 形曲线

研究表明，长空气间隙的操作冲击击穿通常发生在波前部分，因而其击穿电压与波前时间有关与波尾时间无关。图 3.3-16 表示棒-板气隙的正极性操作冲击击穿电压与操作冲击波的波前时间的关系。波前时间在某一区域内，气隙的 50%击穿电压具有最小值，以此值作为标么值的基准，与此相应的波前时间称为临界波前时间。由图可见，当棒-板气隙距离 d 增大时，临界波前时间也随之增大。间距小于 6m 的气隙，其临界波前时间大致在 100~300μm 范围内。此时击穿场强低于工频击穿场强。高压电力工程中其他形式的气隙，其操作冲击击穿电压与波前时间的关系也大多呈 U 形曲线。棒-板

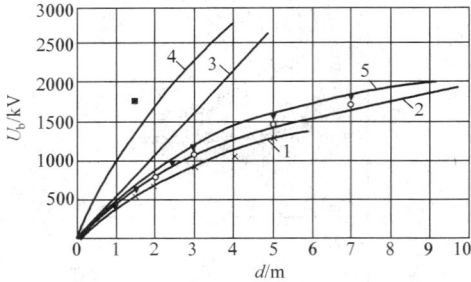

图 3.3 - 15 不同性质电压作用下棒-
板气隙的击穿电压与气隙距离的关系
1—斜角波前操作波作用下的平均最小击穿电压；
2—+100/3200μs 冲击波，50%击穿电压；
3—+1.5/40μs 冲击波，50%击穿电压；
4—-1.5/40μs 冲击波，50%击穿电压；
5—工频击穿电压

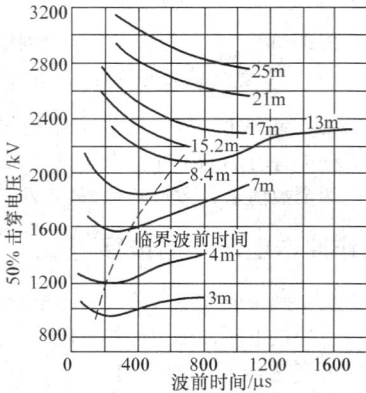

图 3.3 - 16 棒-板气隙的操作冲击击穿
电压与操作冲击波前时间的关系
（未对气象条件进行校正）

气隙最为显著，伸长型电极（如分裂导线）形成的
气隙最不显著，正极性比负极性显著。对于操作冲
击电压作用下长间隙击穿的 U 形曲线通常可用放电
时延和空间电荷的形成与迁移这两种相反作用的影
响来解释。U 形曲线极小值左边 E_b 随 t_f 的减小而
增大是放电时延在起作用，右边 E_b 随 t_f 的增加而
增大，是因为电压作用时间增加后空间电荷迁移的
范围扩大，更好地改善了间隙中的电场分布，从而
使击穿电压提高。

　　还有一点需要注意：在同极性的雷电冲击标准波
作用下，棒-棒与棒-板间隙的击穿电压差别不大，而
在操作电压作用下，它们之间的差别就很大，其他不
同形式气隙的击穿电压差别也较大。另外，对于气隙

的操作冲击击穿电压来说，附近接地物体的邻近效应
（对击穿电压的影响）也较大，这些情况都启示我们
在设计高压电力装置时，应注意尽量避免出现棒-板
型气隙，并尽量减少附近接地物体的影响。

3.3.2 操作冲击电压的推荐波形

　　图 3.3 - 17 为标准操作冲击波形。国际电工委员
会（IEC）和我国国家标准规定的操作冲击电压标准
波形为 250/2500μs，波前时间 T_c（图中 OA 段）为
250μs ± 20%；半峰值时间 T_h（图中 OB 段）为
2500μs ± 60%；峰值允差 ±3%。

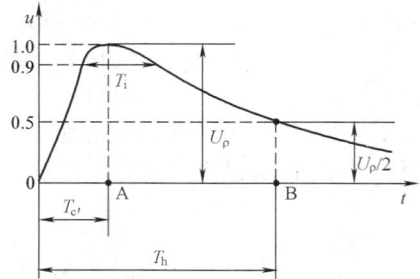

图 3.3 - 17 标准操作冲击波形

　　采用冲击电压发生器产生标准操作冲击波时，发
生器的效率很低，所以在工程实践中也常采用振荡操
作波代替非周期性的指数衰减的标准波形。用冲击电
压发生器产生振荡操作波时，用电感线圈取代波前电
阻，可提高发生器的效率。GIS 现场验收试验中如采
用操作波试验，一般都采用此方法，以减小运输到现
场设备的体积与重量。

3.3.3 长空气间隙在操作冲击电压作用下的击穿强度

　　图 3.3 - 18 给出空气中棒-板间隙在正极性雷电
冲击和操作冲击波作用下击穿电压的比较（图中数
据为标准大气条件）。由图可见，长间隙的雷电冲击
击穿电压远比操作冲击击穿电压要高，且操作冲击
击穿电压在间隙长度超过 5m 时呈现明显的饱和趋势。
还可以看出，间隙距离越大，最小击穿电压与标准操
作冲击波下的击穿电压的差别越大。当间隙长度达
25m 时，操作冲击下的最低击穿强度仅为 1kV/cm。
图3.3 - 18中所示的操作冲击波下最小击穿电压 U_{min}，
在间隙距离为 $d = 1 \sim 27m$ 范围内，可用以下经验公式
表示

$$U_{min} = 1.08\ln(0.46d + 1) \qquad (3.3 - 5)$$

　　棒-板间隙的操作冲击击穿电压比同样距离的其
他间隙要低。其他间隙的操作冲击击穿电压 U_a 可根
据其间隙系数 k 和棒-板间隙的操作冲击击穿电压 U_r

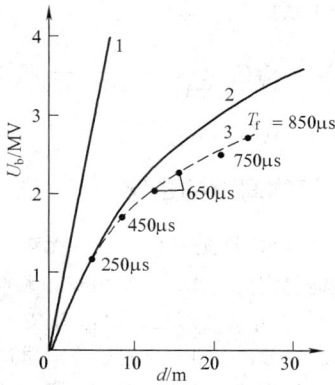

图 3.3－18 空气中棒－板间隙正在极性雷电
冲击和操作冲击波作用下的击空电压
1—1.2/50μs；2—250/2500μs；
3—最小击穿电压曲线

（均指 50％击穿电压）来估算，即

$$k = \frac{U_a}{U_r} \qquad (3.3-6)$$

间隙系数 k 与间隙的几何形状，即间隙中的电场分布有关，k 的数值可在绝缘手册中查到。但是工程中为了保证可靠性和经济性，常需要在 1∶1 的模型上进行试验，以取得可靠的数据。图 3.3－19 给出了各种典型空气间隙 50％操作冲击击穿电压的最小值与间隙距离的关系。

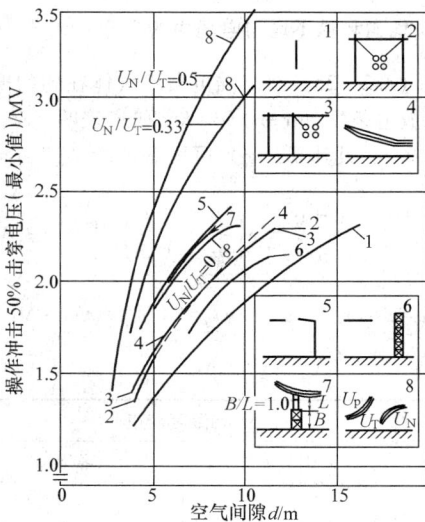

图 3.3－19 各种典型空气间隙的 50％操作
冲击击穿电压的最小值与间隙距离的关系
U_P—正极性电压；U_N—负极性电压；
U_T—总电压

3.4 大气条件对气隙击穿的影响

试验表明，大气中气隙的放电电压随空气密度的增大而提高，这是因为空气密度增大时电子的平均自由程减小，使电离过程削弱造成的。

湿度对放电的影响比较复杂。在极不均匀电场中，空气中的水分能提高间隙的击穿电压，这是因为水分子具有弱电负性的缘故。但湿度对均匀电场间隙击穿的影响很小，因为均匀场在击穿前各处的场强都很高，即电子运动速度很高，不易被水分子俘获形成负离子。所以，在均匀场或稍不均匀场中，通常湿度的影响可以忽略不计。当空气的相对湿度很高而在固体绝缘表面发生凝露时，电场分布会发生畸变，因而导致气隙击穿电压或沿固体绝缘表面的闪络电压的下降。

3.4.1 空气密度校正因数和湿度校正因数

根据国家标准，大气状态不同时外绝缘的放电电压（空气间隙的击穿或空气中沿固体绝缘表面的闪络）可按下式校正

$$U = \frac{K_d}{K_h} U_s \qquad (3.3-7)$$

式中，U_s 为标准大气状态下（气压为 0.1013MPa，温度为 20℃，绝对湿度为 11g／m³）外绝缘放电电压；U 为实际大气状态下外绝缘的放电电压；K_d 为空气密度校正因数；K_h 为湿度校正因数。

显然，大气状态不同时，外绝缘的试验电压也按式（3.3－7）换算。

空气密度校正因数为

$$K_d = \left(\frac{p}{p_s}\right)^m \left(\frac{273 + t_s}{273 + t}\right)^n \qquad (3.3-8)$$

式中，p 为实验条件下的气压（Pa）；t 为实验条件下的气温（℃）；p_s，t_s 为标准状态下的气压和气温。

湿度校正因数为

$$K_h = k^w \qquad (3.3-9)$$

式中，k 是绝对湿度的函数，根据外施电压形式的不同分别采用图 3.3－20 中曲线ⓐ或ⓑ。

式（3.2－8）和式（3.2－9）中的幂 m，n 和 w 取决于电压的形式、极性和放电距离 d，如表 3.3－2 和图 3.3－21 所示。由于缺乏确切的数据，标准中假定 $m = n$，即

$$K_d = \delta^m \qquad (3.3-10)$$

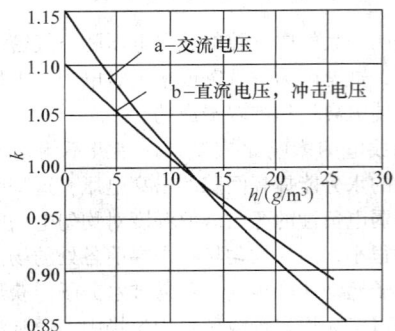

图 3.3 - 20　k 与绝对湿度 h 的关系

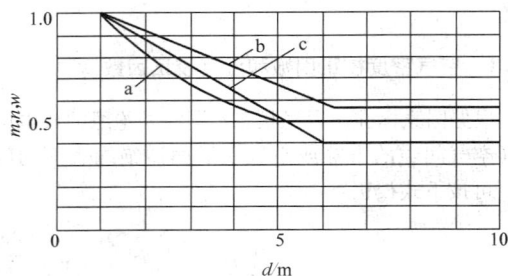

图 3.3 - 21　m、n 和 w 与放电距离的关系

式中，δ 为空气相对密度，见式（3.2 - 19）。

对于任何不属于表 3.3 - 2 所列类型的电极装置，只对空气密度进行校正，其指数取 $m = n = 1$，而不作湿度校正。

3.4.2　海拔的影响

随着海拔增加，空气密度减小，因此，外绝缘的放电电压也随之下降。海拔对外绝缘放电电压的影响可根据经验公式计算。国家标准 GB 311—1983 规定：对于用于海拔为 1000m 以上，但不超过 4000m 的设备外绝缘及干式变压器的绝缘，在非高海拔地区进行试验时，试验电压 U 应为标准状态下的试验电压 U_s

乘以海拔校正系数 K_A，即

$$U = K_A U_s = \frac{1}{1.1 - H \times 10^{-4}} U_s \quad (3.3 - 11)$$

式中，H 为安装地点的海拔（m）。

3.5　SF$_6$ 气体间隙的击穿

六氟化硫（SF$_6$）是一种无色、无味、不燃、无毒、化学性能稳定的气体，一般由硫和氟直接燃烧合成，经净化干燥精制处理后，以液态装入钢瓶内贮运，使用时减压放出。SF$_6$ 的相对分子质量大，分子中含有电负性很强的氟原子，具有良好的绝缘性能和灭弧性能。在均匀电场中，其击穿强度约为空气的 2.3~3 倍，在 3~4 个大气压下，其击穿强度大致等于或优于变压器油，灭弧能力约为空气的 100 倍。SF$_6$ 的液化温度较低，可以满足工程应用需要。例如，充气压力为 0.75MPa 时，液化温度不高于 −25℃；充气压力为 0.45MPa 时，液化温度不高于 −40℃。由于 SF$_6$ 气体具有优异的理化电气性能，广泛用于断路器、全封闭组合开关、避雷器、电容器、充气管道电缆和变压器等，对电气设备的小型轻量和提高功率起了重要的作用。例如，500kV GIS 的体积只有敞开式配电装置的 1/50 左右。另一方面，SF$_6$ 气体绝缘与变压器油相比则有防火、防爆的优点。但 SF$_6$ 气体的沸点较高，击穿场强对导电杂质和电极表面状态比较敏感，价格较贵，而且也是一种温室气体，故使用受到一定限制。

3.5.1　均匀和稍不均匀电场中的击穿

式（3.2 - 25）给出强电负性气体在均匀电场中的自持放电条件 $(\alpha - \eta) d = K$。研究表明，SF$_6$ 气体的 $K = 10.5$，且其 $(\alpha - \eta)$ 可用下式表示

$$\frac{\alpha - \eta}{p} = c\left[\frac{E}{p} - \left(\frac{E}{p}\right)_0\right] \quad (3.3 - 12)$$

式中，$c = 28$（kV）$^{-1}$；$(E/p)_0 = 88.5$kV/（mm·MPa）。

试验电压形式	电极形状	极性	空气密度校正	湿度校正		
			指数 m 和 n	因数 k	指数 w	
直流电压	球对球间隙	+			0	
		−			0	
	棒对棒间隙，悬式绝缘子	+	1.0	见图 3.3 - 20 曲线 b	1.0	
		−			1.0	
	棒对板间隙，支柱绝缘子	+			1.0	
		−			0	

表 3.3 - 2　　　　　　　　　　　　　　　　　　　　大气校正因数的应用[①]

续表

试验电压形式	电极形状	极性	空气密度校正	湿度校正	
			指数 m 和 n	因数 k	指数 w
交流电压	球对球间隙	～	1.0		0
	支柱绝缘子 悬式绝缘子 棒对棒间隙	～	见图 3.3－21 曲线 c	见图 3.3－20 曲线 a	见图 3.3－21 曲线 a
	棒对板间隙	～			见图 3.3－21 曲线 c 当 $h>11$g$/$m^3 取 $w=0$
雷电冲击电压	球对球间隙	+	1.0	见图 3.3－20 曲线 b	0 0
	棒对板间隙	+			1.25 0
	支柱绝缘子 悬式绝缘子 棒对棒间隙	+			1.25 1.0
操作冲击电压	球对球间隙	+	1.0 1.0	见图 3.3－20 曲线 a	0 0
	支柱绝缘子 悬式绝缘子 棒对板间隙 棒对棒间隙	+	见图 3.3－21 曲线 c		见图 3.3－21 曲线 b 0

①湿试验和人工污秽试验不作湿度校正，这些试验的空气密度校正正在考虑中。

将式（3.3－12）代入式（3.2－25）中，可得出击穿电压的表达式为

$$U_b = \left(\frac{E}{p}\right)_0 pd + \frac{K}{c} \qquad (3.3-13)$$

$$= 88.5pd + 0.38kV$$

工程应用中 $pd=1～12$MPa · mm 时，式（3.3－13）可近似地写为

$$U_b = 89(pd)^{0.92} \qquad (3.3-14)$$

图 3.3－22 给出平行板电极中 SF$_6$ 气体击穿时的 E/p 值与 pd 关系的实验结果。可见在 SF$_6$ 气压不高时（图中最大气压不超过 0.027MPa），其击穿服从巴申定律（图中虚线表示的曲线偏离巴申曲线是因为电极间距离过大，已不能保证极间为均匀电场）。由图可见，在 pd 不太小时，$E_b/p = (E/p)_0 = 88.5$kV$/($mm · MPa$)$，与式（3.3－14）是完全一致的。当 pd 很小时，$E_b/p > (E/p)_0$，这是因为式（3.3－13）中 K/c 项在起作用的缘故。

必须指出，上述实验是在气压很低的情况下进行

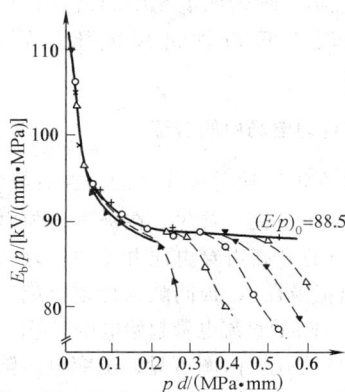

图 3.3－22　平行板电极中 SF$_6$ 的
E/p 值与 pd 的关系

实验气压 Pa： · ——666.5；×——333；▲——6665；
△——9998；○——13330；▼——16663；
▽——19995；+——26660

的。实验表明，在 SF$_6$ 气体中，一般当 $p>0.2$MPa

时，就会出现击穿偏离巴申曲线的现象，这一气压值远比空气中出现偏离巴申曲线的气压要低。

SF$_6$ 气体绝缘设备中经常遇到的是稍不均匀电场间隙，例如，同轴圆柱电极是 GIS 中最常见的电极布置形式。图 3.3 - 23 为同轴圆柱电极中 SF$_6$ 气体的击穿场强与气压的关系曲线。由图可见，在工程应用的情况下，SF$_6$ 的击穿场强并不像式（3.3 - 13）所示的那样与气压 p 成正比关系，即击穿场强的增大比气压的增加的程度要小一些。由图还可看到，稍不均匀电场中 SF$_6$ 的冲击系数很小，雷电波的冲击系数约为 1.25，操作波时约为 1.05~1.11。所以 GIS 等气体绝缘设备的绝缘尺寸是由雷电冲击试验电压决定的。

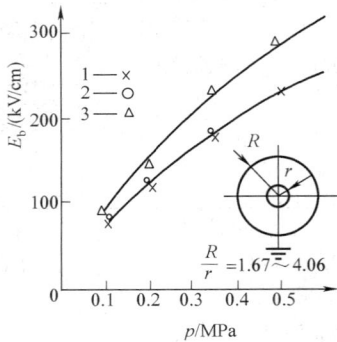

图 3.3 - 23　同轴圆柱电极中 SF$_6$ 气体的
击穿场强与气压的关系（$t = 20℃$）
1—工频电压 1min（峰值）；
2—190/3600μs 操作冲击；
3—1.2/50μs 雷电冲击

另外，在稍不均匀的电场中的击穿具有极性效应，一般情况下负极性击穿电压比正极性低 10% 左右。

3.5.2　极不均匀电场中的击穿

SF$_6$ 气体在极不均匀电场中的击穿有异常现象，主要表现在两个方面。首先，在极不均匀电场间隙中，随着气压的升高击穿电压并不总是增大的。图 3.3 - 24 给出正极性棒—板间隙的棒电极端部曲率半径 r 变化时，SF$_6$ 的直流电晕起始电压 U_c 和击穿电压 U_b 随气压 p 的变化。由图可见，击穿电压随气压的增大先增大至一极大值，然后下降至一极小值，其后再慢慢上升。这种驼峰曲线在压缩空气中也会出现，但空气中出现击穿电压驼峰的气压很高，一般在 1MPa 左右，而 SF$_6$ 中则通常出现在 0.1~0.2MPa 的范围，即在绝缘的正常工作气压的范围内，所以需要特别加以注意。图 3.3 - 24 还表明，棒端曲率半径越小，即电场越不均匀时，驼峰现象越明显。

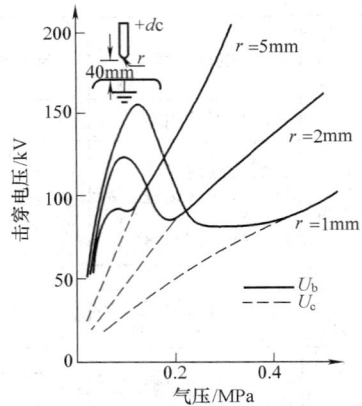

图 3.3 - 24　正棒—板间隙的棒电极
端部曲率半径 r 变化时 SF$_6$ 的直
流电晕起始电压 U_c 和击穿电压
U_b 随气压的变化

SF$_6$ 气体在极不均匀电场间隙中击穿的另一个异常现象是，在出现击穿驼峰的电压范围内，雷电冲击击穿电压明显低于稳态击穿电压。实验表明，雷电过电压下冲击系数可低到 0.6 左右。这种异常击穿现象在空气中从未见过报道。

极不均匀电场间隙中 SF$_6$ 击穿出现异常现象的原因很复杂，出现击穿驼峰前，棒电极处的电晕具有辉光放电形式，这种情况下电晕空间电荷对棒电极有很好的屏蔽作用。当气压升高到击穿驼峰区，实验观察到除稳定电晕外还有一些明亮的线状放电。这种线状放电形式与长间隙放电时记录到的相似，因而被称为先导放电。驼峰区由于稳定电晕和先导放电同时存在，因此，电晕仍对击穿起到一定的稳定化作用。气压进一步升高时，空间电荷不易扩散到最佳位置，因此，对棒电极的屏蔽作用大大削弱。在雷电冲击波作用下，由于电晕空间电荷来不及移动到稳态电压作用时的位置，电晕对击穿的稳定化作用很弱。在驼峰区气压范围内，冲击击穿电压几乎完全由先导放电决定，所以冲击击穿电压明显低于稳态击穿电压。

在进行绝缘设计时，应尽量避免极不均匀间隙电场的出现，因为虽然减小棒端曲率半径可以提高击穿的驼峰电压，但必须注意其起始电晕电压是下降的，而且在驼峰区的冲击击穿电压实际上也是未提高的。由于电极具有严重缺陷时相当于不均匀电场的情况，U_b-p 曲线有可能出现驼峰，因而在现场高压试验中不可降低气压来做降低耐压的验收试验。

3.5.3　影响 SF$_6$ 击穿场强的因素

电极表面缺陷、导电微粒和气体中固体介质表面

状态对 SF_6 气体击穿场强有很大影响。

1. 电极表面缺陷的影响　从图 3.3-22 可知，随着间隙中宏观电场不均匀程度的增大，SF_6 气体的击穿场强急剧下降（图中虚线）。实际上 SF_6 气体对于电极表面缺陷引起的微观电场不均匀也十分敏感。例如，电极表面粗糙度为几个微米或者几十个微米时，不会影响大气间隙的击穿强度，但在 SF_6 中则会使击穿场强明显下降。其原因是当电场强度增大时，空气的电离系数增加得缓慢，而 SF_6 的有效电离系数增长很快。

图 3.3-25 为 SF_6 中电极表面粗糙度系数 ζ 与电极表面粗糙度 R_a 的关系。ζ 为实际击穿场强与理论击穿场强（即理想光滑表面电极的击穿场强）的比值。由图可见，ζ 值随 p 和 R 的增大而减小。工程中 ζ 通常只有 0.7 甚至更小。可见气体绝缘设备中，SF_6 气体绝缘强度实际上并没有得到充分利用。

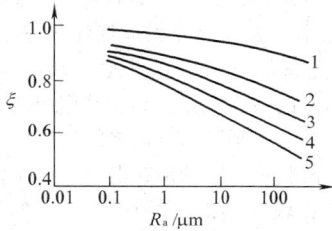

图 3.3-25　SF_6 中电极表面粗糙度系数

ζ 与电极表面粗糙度 Ra 的关系

气压值：1—0.05MPa；2—0.1MPa；3—0.15MPa；

4—0.25MPa；5—0.4MPa

除了表面粗糙度外，电极表面还有其他随机的缺陷。由于这类缺陷出现的概率与电极表面积有关，所以电极表面积越大，击穿场强越低，称之为面积效应。图 3.3-26 给出了 SF_6 中击穿场强与电极面积关系的实验曲线。由图可见，电极表面越光滑和气压越高，面积效应越显著，这是因为电极表面偶然因素对光滑表面的影响更大。随着面积的增加，击穿场强减小并趋近于某一极限值 E_{min}。

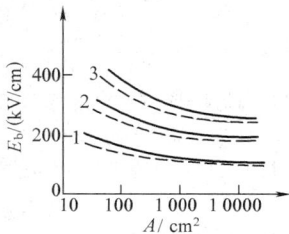

图 3.3-26　SF_6 中击穿场强与电极

面积的关系

气压值：1—0.2MPa；2—0.4MPa；3—0.6MPa；

表面粗糙度 R_a：—0.5μm；-----20μm

2. 导电微粒的影响　导电微粒可分为两种类型，即固定导电微粒和自由导电微粒。电极上的固定导电微粒的作用与前述电极表面缺陷相似。当线状导电微粒直立在电极表面时，有可能使稍不均匀电场变为极不均匀电场（$U-p$ 曲线出现驼峰）。自由导电微粒在电极间电场作用下跳动时，也会使电场畸变。图 3.3-27 给出同轴圆柱电极中由长度为 l 的线状自由导电微粒（铜线）引发的击穿电压与气压的关系。当线状微粒较长时，可以看到（$U-p$ 曲线有明显的驼峰）。

在充气管道电缆中，常根据法拉第笼的原理设置微粒陷阱，以消除自由微粒的影响。对于固定导电微粒，则可用加电压"老练"（用强电场或火花消除微粒）的方法加以消除。

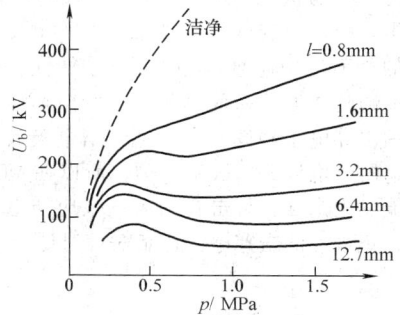

图 3.3-27　同轴圆柱电极（150/250mm）

中自由导电微粒引发的交流击穿电压（有

效值）与气压的关系，铜线直径为 0.4mm

（虚线为无导电微粒）

3. 固体介质的影响　固体介质的沿面放电常常是气体绝缘设备中绝缘的薄弱环节，如固体介质表面有污秽和发生凝露时，放电电压就会大大降低。

3.5.4　快速暂态过电压下的击穿

GIS 中开关操作会产生快速暂态过电压（Very Fast Transient Overvoltage，VFT），可能导致 GIS 和邻近设备的绝缘事故。VFT 有以下三个特点：

1. VFT 的波前很陡　其上升时间通常在 5~20ns 范围。这是由于 SF_6 气体击穿特性决定的，因为压缩的强电负性气体的击穿场强很高，击穿瞬间气体间隙由绝缘状态向导通状态的跃迁时间极短，形成极陡的波前。

2. VFT 的幅值通常不高　其值与开关触头间电弧重燃特性有关，也与被切断母线上残余电荷产生的电压值有关。试验表明，其幅值很少超过最大相电压的 2 倍。

3. VFT 有高频电压分量　这是因为 GIS 的尺寸较常规的敞开式配电装置小得多，过电压行波在 GIS 中折、反射所需时间很短，一般振荡频率在 0.1 ~ 1MHz 范围内。

快速暂态过电压下发生的绝缘事故，曾使人认为 SF₆ 气体在 VFT 波形下绝缘强度可能特别低。但研究表明事实并非如此。目前对幅值并不高的作用下的事故有两种解释：一种观点认为，当操作隔离开关引起触头间发生放电时，由于击穿通道具有分支，使放电通道与外壳间电场发生畸变，在随后出现的过电压作用下引起触头间击穿通道与外壳间发生击穿。另一种观点认为，VFT 引起击穿是因为电极表面有缺陷的缘故。图 3.3 - 28 表示电极表面状态不同时 GIS 的伏-秒特性示意图，图中电压以相对值表示。由图可见，当电极表面完好时，GIS 具有典型的稍不均匀电场间隙的伏-秒特性，即冲击波的波前越陡或波前时间越短，击穿电压越高，且负极性的击穿电压略低于正极性。当电极表面有针状突起物时，电场分布极不均匀，所以在 VFT 作用下有可能发生击穿，且击穿的极性效应与电极完好时相反，正极性的击穿电压比负极性时低得多。

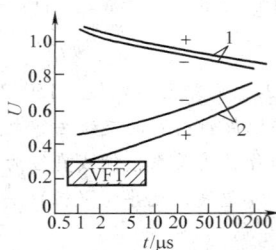

图 3.3 - 28　不同电极表面状态的 GIS 的
伏-秒特性
1—电极表面完好；2—电极表面有针状突起物

3.6　提高气隙击穿电压的措施

提高气隙击穿电压不外乎两种途径：一是改善电场分布使之尽量均匀；二是设法削弱气体中的电离过程。在解决工程问题时，应根据实际情况采取行之有效的措施。

3.6.1　改善电场分布

电场分布越均匀，间隙的平均击穿强度越高，因此，改善电场分布可以有效地提高间隙的击穿电压。改善间隙电场分布的方法如下。

1. 优化电极形状　采用屏蔽罩，增大电极曲率半径，改善电极边缘形状，以消除边缘效应。即使对于极不均匀电场的长空气间隙，电极形状对击穿也有相当明显的作用。

2. 利用空间电荷对原电场的畸变作用　利用电晕放电产生的空间电荷来改善极不均匀场间隙中电场分布，从而提高间隙的击穿电压（见图 3.2 - 7）。但应该指出，上述细线效应只存在于一定的间隙距离范围之内，间隙距离超过一定值，细线也将产生刷状放电，从而破坏比较均匀的电晕层。另外，此种提高击穿电压的方法仅在持续电压作用下有效，不适用于雷电冲击电压。

3. 覆盖绝缘层　稍不均匀电场中，在曲率半径小的电极表面覆盖固体绝缘层，可以明显提高空气间隙的击穿电压。因为固体绝缘层处在最高场强区，减弱了空气间隙的电场。

4. 极不均匀电场中采用屏障　在极不均匀电场的空气间隙中，放入薄片固体绝缘材料（如纸或纸板），在一定条件下可以显著地提高间隙的击穿电压。屏障本身的击穿电压不高，其作用在于表面上积聚的空间电荷，使屏障与电极之间形成比较均匀的电场，从而提高整个间隙的击穿电压。可见，屏障应靠近电极，使比较均匀的电场区扩大。离尖电极过近时，屏障上空间电荷的分布将变得不均匀，使屏障效应减弱。因此，屏障有一最佳位置，距尖电极约为间隙宽度的 20%。图 3.3 - 29 给出正棒-板间隙中屏障使电场分布改善的示意图。负棒-板间隙的作用是相似的，只是此时屏障上积聚的是负电荷。

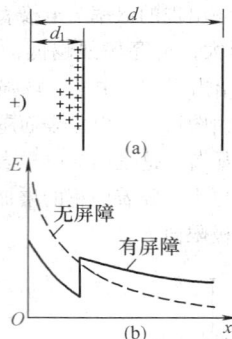

图 3.3 - 29　正棒-板间隙中屏障作用示意图
（a）击穿前屏障上的电荷积聚；
（b）屏障上电荷改善间隙的电场分布

工频电压下，在棒-板电极中设置屏障可以显著地提高击穿电压，因为工频电压下击穿总是发生在棒电极为正极性的半周内。雷电冲击电压下，屏障也可以提高正棒-板间隙的击穿电压，但幅度比稳态电压下要小。

3.6.2　减弱电离过程

提高气压可以减小电子的平均自由行程，从而减弱气体电离过程。此外，强电负性气体的电子附着过程也会大大削弱碰撞电离过程。采用高真空使电子的平均自由行程远大于间隙长度，使极间碰撞电离几乎不可能发生。

1. 采用高气压　提到气压以提高气体的绝缘强度是一种行之有效的方法。图 3.3－30 为压缩空气、SF_6、高真空、变压器油和大气在均匀电场中击穿电压的比较。由图可见，2.8MPa 的空气具有很高的击穿电压，但这种情况下电器设备外壳的机械强度和密封要求很高，因此，目前广泛使用 SF_6 气体，因为它达到同样的击穿场强时气压可以低得多。

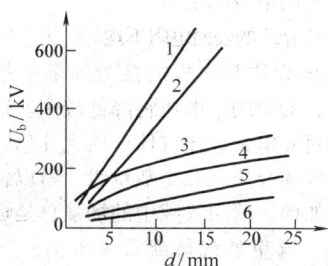

图 3.3－30　均匀电场中几种介质的
击穿电压与距离的关系

1—2.8MPa 空气；2—0.7MPa 的 SF_6；

3—高真空；4—变压器油；

5—0.1MPa 的 SF_6；6—大气压的空气

由于高气压的空气在极不均匀电场中的 U_b－p 曲线有驼峰现象，因此，在极不均匀电场间隙中采用高气压的优点并不明显。

2. 强电负性气体的应用　SF_6 属于强电负性气体，其绝缘强度比空气高得多，因此，用于电气设备时气压不必太高，使设备的制造和运行得以简化。目前得到工程应用的强电负性气体只有 SF_6 及 SF_6－N_2 混合气体，通常该混合气体的混合比在 1∶1 左右，这种混合气体的液化温度能满足高寒地区的要求，其绝缘强度约为纯 SF_6 的 85%。

3. 高真空的采用　由图 3.3－30 可见，间隙距离较小时，高真空的击穿场强很高，其值超过压缩气体。但间隙距离较大时，击穿场强急剧减小，明显低于压缩气体间隙的击穿场强。进一步还可以看出，高真空间隙的击穿场强随间隙的增大而急剧下降。真空击穿理论认为，高真空小间隙的击穿与阴极表面的强场发射有关，由于强场发射导致电极局部过热，使电极释放出气体破坏了真空，从而引起击穿。间隙距离较大时，随着间隙距离及电压的增大，电子从阴极到阳极积聚了很大的动能，高能电子轰击阳极使阳极释放出正离子及辐射出光子。正离子及光子到达阴极后又将加强阴极的表面电离。在此反复过程中产生越来越大的电子流，使电极局部气化，导致间隙击穿，这就是全电压效应。可见，真空间隙的击穿电压与电极材料、电极表面粗糙度和清洁度等多种因素有关。研究表明，击穿电压随电极材料熔点的提高而增大，对电极采取冷却措施也可使击穿电压提高。

第 4 章　气体中的沿面放电

在气体绝缘结构中，高压导体总是需要用固体绝缘件来支撑或悬挂的，这种固体绝缘件称为绝缘支撑，在绝缘设备外的绝缘支撑常称为绝缘子。高压导体穿过接地隔板、电器外壳或墙壁时，也需要用固体绝缘件加以固定，这类固体绝缘件称为套管。沿着气体与固体介质的分界面上发展的放电现象称为沿面放电，沿整个分界面发生的贯穿性放电称为闪络。在放电距离相同时，闪络电压低于纯气隙的击穿电压。因此，在工程中，很多情况下事故往往是由闪络造成的，这就是说研究沿面放电特性是十分重要的。

4.1　界面的典型电场分布

气体介质与固体介质交界面上的电场分布对沿面放电的特性有很大影响。界面电场分布有三种典型情况，如图 3.4-1 所示。

（1）固体介质处于均匀电场中，界面与电力线平行，如图 3.4-1（a）所示。工程中较少见，但实际中会遇到固体介质处于稍不均匀场中，此时放电现象与均匀电场中的现象有很多相似之处。

（2）固体介质处于极不均匀场中，电力线垂直于界面的分量远大于平行于界面的分量，如图 3.4-1（b）所示的套管即是这种情况。

（3）固体介质处于极不均匀电场中，但界面的大部分地方，电场的平行分量比垂直分量大，如图 3.4-1（c）所示的支柱绝缘子即是这种情况。

完全与电力线平行，如图 3.4-1（a）所示。宏观上看，固体圆柱的存在，并不影响极间电场分布，但此时气隙的击穿总是以沿固体介质表面闪络形式完成的，且闪络电压总是显著低于纯气隙的击穿电压。主要原因是：

（1）固体介质表面不可能绝对光滑，总有一定程度的粗糙性，致使介质表面的微观电场畸变，贴近固体介质表面薄层气体中的最大场强将比其他部位大。

（2）固体介质表面多少会吸附气体中的水分，造成介质表面的电场畸变。

（3）固体介质的表面电阻不均匀，也会使电场畸变。

（4）固体介质与电极的接触如果不紧密，留有薄层气隙时，沿面闪络电压将降低较多。这是因为固体介质的相对介电常数比气体介质大几倍，固体介质的电导率比气体介质大几个数量级，所以，不论作用的电压波形如何，薄层气隙中的场强总是远大于其他部分的场强，这里的气体就首先游离，产生自由电子，给沿面放电创造有利条件。

在均匀电场中，在不同类型电压作用下，玻璃圆柱的闪络电压与闪络距离的关系如图 3.4-2 所示。在稳态高频电压作用下，介质表面电阻不均匀性的影响较小，故闪络电压较高；在直流电压或工频电压作用下，这个影响大，故闪络电压最低。由图可见，在均匀场中，不论电压波形如何，闪络电压与闪络距离大致呈线性关系。

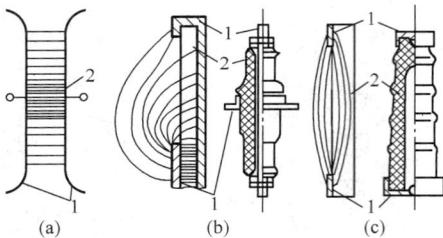

图 3.4-1　介质在电场中的典型
布置方式

（a）均匀电场；（b）界面上电力线有强垂直分量；
（c）界面上电力线有弱垂直分量
1—电极；2—固体介质

4.2　均匀电场中的沿面放电

如在均匀电场中放置一个圆柱形固体介质，柱面

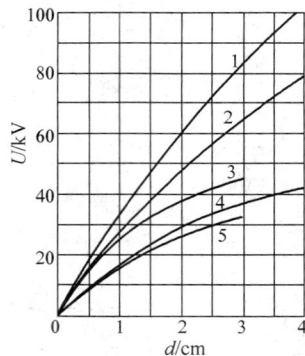

图 3.4-2　均匀电场中沿着玻璃圆柱表面
空气隙的闪络电压

1—纯空气隙的击穿电压；2—10^5 Hz 交流电压；
3—雷电冲击电压；4—直流电压；
5—50Hz 交流电压

闪络电压与固体绝缘材料的特性有关，如图 3.4-3 所示。可以看出，石蜡的闪络电压比陶瓷的高。这是因为石蜡表面不易吸附水分，而瓷和玻璃表面吸附水分能力大的缘故。还可以看出，闪络电压低于纯空气间隙的击穿电压，这是因为固体介质表面吸附水分形成水膜时，水膜中离子在电场作用下向电极移动，会使沿面电场分布不均。此外，介质表面粗糙，也会使电场分布畸变，从而使闪络电压降低。上述影响因素在高气压时表现更为明显，如图 3.4-4 所示。

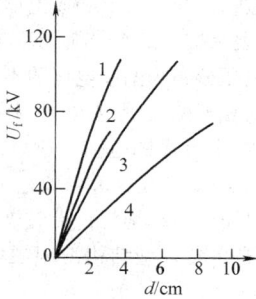

图 3.4-3 均匀电场中沿不同材料工频
闪络电压（峰值）的比较
1—空气隙击穿；2—石蜡；
3—瓷或玻璃；4—与电极接触不良的瓷

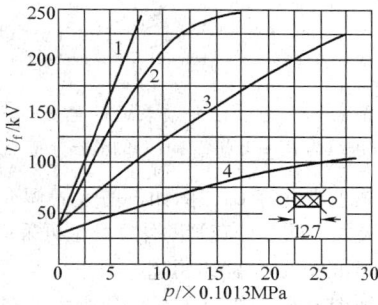

图 3.4-4 均匀电场（干燥氮气）中沿圆柱
表面的闪络电压与气压的关系
1—无圆柱，纯氮气隙；2—塑料；
3—胶布板；4—瓷

从图 3.4-3 曲线 4 还可以看出，若固体介质与电极间存在气隙将使闪络电压明显降低。这是因为气体介质的相对介电常数低，气隙中的场强将比平均场强高得多，因此，气隙中将发生局部放电。放电产生的带电质点到达固体介质与气体介质的界面时，使原来的电场畸变造成的。可见固体介质与电极接触的好坏对闪络电压的影响很大。为消除气隙中的放电，可以在固体介质与电极的接触面上形成一导电覆盖层使

气隙短路，或采用内屏蔽电极以减小界面在电极处的电场。图 3.4-5 以支柱绝缘子为例，说明内屏蔽电极对提高闪络电压的作用。由图可见，内屏蔽电极深度越大，则正极性雷电冲击闪络电压越高，但 h 太大，会使负极性冲击闪络电压有所下降，因为 h 增大将使接地电极处界面上的场强增大。所以图 3.4-5 中内屏蔽电极有一最佳深度，约 10cm 左右。

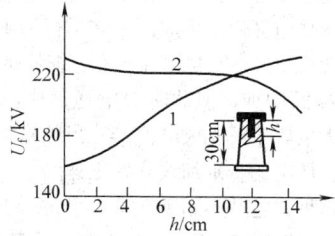

图 3.4-5 支柱绝缘子内屏蔽电极深度
h 对雷电冲击闪络电压的影响
1—正极性；2—负极性

如前所述，SF_6 气体绝缘多用在稍不均匀场，在常用的气压范围内（0.06~0.5MPa），不论是何种电压波形，耐受场强与气压几乎成线性关系，如图 3.4-6 所示。

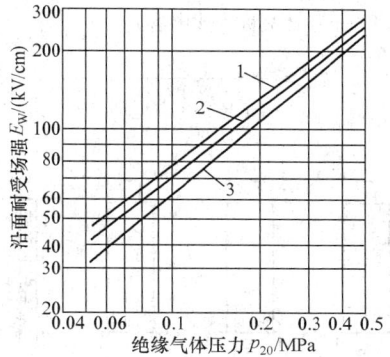

图 3.4-6 稍不均匀场 SF_6 气体中沿面
耐受场强与气压的关系
1—正极性雷电冲击电压；
2—负极性雷电冲击电压；
3—工频交流电压

4.3 极不均匀电场中的沿面放电

图 3.4-1 说明按电力线在界面上垂直分量的强弱，极不均匀电场中沿面放电可分为两种类型。有强垂直分量时闪络电压较低，且放电对绝缘的危害也大，因此，本节中将对这种沿面放电作较为详细的讨论。

4.3.1　具有强垂直分量时的沿面放电

套管和高压电机绕组出槽口的结构都属于具有强垂直分量的情况，现以最简单的套管为例进行讨论。

图 3.4-7 表示在交流电压下套管沿面放电发展的过程和套管表面电容的等效图。随着外施电压的升高，首先在接地法兰处出现电晕放电形成的光环〔见图 3.4-7（a）〕，这是因为在此处的电场强度最高。电压继续升高，放电区逐渐形成由许多平行的细线火花组成的光带〔见图 3.4-7（b）〕。放电细线的长度随外施电压的提高而增加，但此时放电通道中电流密度较小，压降较大，属于辉光放电范畴。当外施电压超过某一临界值后，放电的个别细线开始迅速增长，转变为树枝状放电，这种放电并不固定在某一个位置上，而是在不同的位置交替出现，称为滑闪放电〔见图 3.4-7（c）〕。滑闪放电的火花随外施电压迅速增长，通常闪络电压比滑闪放电电压高得不多。为进一步分析固体介质介电性能与几何尺寸对沿面放电的影响，可将介质用电容、电阻组成的等效电路表示套管型沿面放电，如图 3.4-7（d）所示。因为放电只与电场分布有关，而与电极的电位无关，所以图 3.4-8 中为便于分析，习惯将法兰上加高压而导杆处于地电位。图中 R_s 表示固体介质单位面积的表面电阻，C_0 表示介质单位表面积对导杆的电容（F/cm^2）（又称为比电容）。

$$C_0 = \frac{\varepsilon_r}{4\pi \times 9 \times 10^{11} R \ln \dfrac{R}{r}} \quad (3.4-1)$$

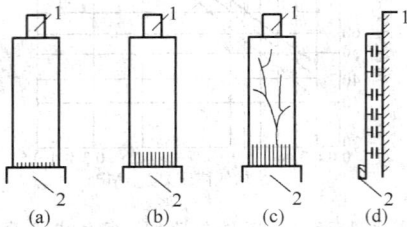

图 3.4-7　套管沿面放电的示意图
（a）电晕放电；（b）细线状辉光放电；
（c）滑闪放电；（d）套管表面电容等效图
1—导杆；2—接地法兰

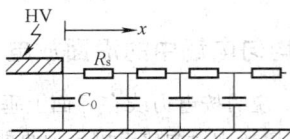

图 3.4-8　分析套管型沿面放电的等效电路图
R_s—单位面积介质表面的电阻；
C_0—介质的比电容

式中，ε_r 为固体介质的相对介电常数；r、R 为圆柱形介质的内、外半径（cm）。

等效电路中未画出与 C_0 并联的介质体积电阻，因为即使在工频电压下绝缘电阻也远比 C_0 的容抗大，故可以忽略。

从图 3.4-8 的等效电路可以得到工频电压下沿面放电的起始电压 U_0（滑闪和电晕起始）与比电容 C_0 的关系为

$$U_0 = \frac{k_f}{\sqrt{C_0}} \quad (3.4-2)$$

式中，k_f 为系数，由介质性能和放电形式决定。

图 3.4-9 表示按图 3.4-8 所示等效电路求得的沿介质表面的电压分布。图中电压的不均匀分布是容易理解的，因为靠近法兰处的 R_s 中流过的电流大于远离法兰处的 R_s 中流过的电流，所以法兰附近的场强最大。从图 3.4-8 和式（3.4-2）可知，R_s 和 C_0 越小，则沿面电压分布越均匀，沿面放电的起始电压 U_0 越高，因此提高套管型结构滑闪放电电压的措施可归纳如下。

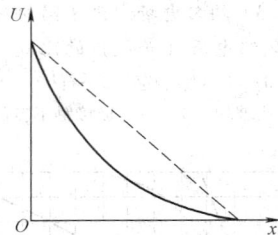

图 3.4-9　套管沿介质表面的电压分布
（虚线为 $R_s \to 0$ 或 $C_0 \to 0$ 时的电压分布）

（1）减小比电容 C_0，例如，增大固体介质的厚度，特别是加大法兰处套管的外径。也可采用相对介电常数 ε_r 小的介质，例如用瓷—油组合绝缘或者是空气代替纯瓷介质。如图 3.4-10 所示的空气腔套管，既使用了相对介电常数 ε_r 小的空气，又加大了法兰处套管的外径。

（2）减小绝缘表面电阻，即减小介质的表面电阻率。例如在电机绝缘的出槽口部分涂半导体漆（图

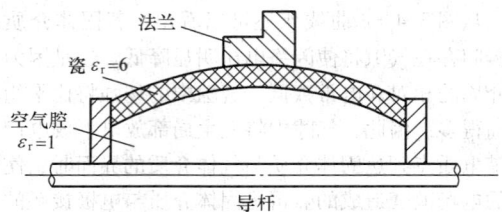

图 3.4-10　空气腔套管示意图

3.4-11)，在套管靠近接地法兰处涂半导体釉（图 3.4-12）等，均可以提高沿面放电电压。其中图 3.4-12 的方法既减小了绝缘的表面电阻，又使电力线只穿过单一的固体介质。

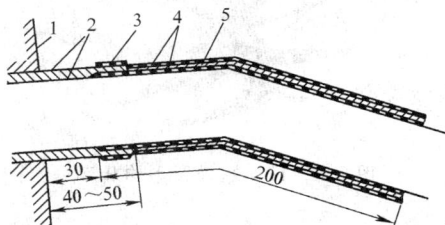

图 3.4-11 电动机定子绕组出槽口处导线绝缘涂半导体漆

1—定子铁心；2—槽口漆；3—铁石棉带；4—端部漆；5—绸带

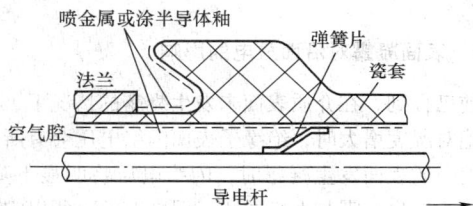

图 3.4-12 套管靠近接地法兰处涂半导体釉，内腔喷金属层

（3）在绝缘内部加电容极板，适当调节极板之间的电容，强制各部分电位，使沿面电位梯度均匀化，从而提高闪络电压，如图 3.4-13 所示。

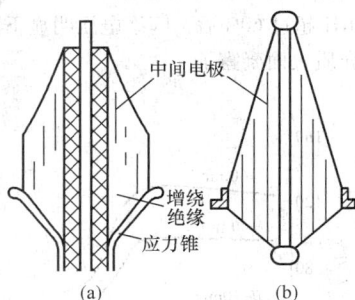

图 3.4-13 用电容极板调整电场的示意图

（a）电缆终端盒；（b）电容套管

工频电压下滑闪放电电压 U_{cr}（kV）（有效值）的经验公式为

$$U_{cr} = \frac{1.36 \times 10^{-4}}{C_0^{0.44}} \qquad (3.4-3)$$

比较式（3.4-2）与式（3.4-3）可知，理论分析与实验结果是符合的。

必须指出，滑闪现象只出现在工频交流电压和冲击电压下，直流电压下没有明显的滑闪放电现象，而且介质厚度对闪络电压的影响也很小，这是因为直流下 C_0 不起作用。

4.3.2 具有弱垂直分量的沿面放电

电场具有弱垂直分量的情况下，电极形状和布置已使电场很不均匀，因而电介质表面积聚电荷使电压重新分布所造成的电场畸变，不会显著降低沿面放电电压。另外，这种情况下，沿表面没有较大的电容电流通过，因而垂直于放电发展方向的介质厚度对放电电压实际上没有影响。图 3.4-14 给出圆管形固体介质上套有两个环状电极时，沿面工频闪络电压峰值与极间距离的关系。由图可知，闪络电压与空气击穿电压的差别不大，因此，这种情况下为提高沿面放电电压，主要从改进电极形状即改善电极附近的电场入手。例如，采用如图 3.4-5 所示的内屏蔽电极，或采用屏蔽罩和均压环等。图 3.4-15 给出高压绝缘子柱采用均压环改善电压分布的例子。采用均压环不但减弱了电极边缘的场强，而且还由于流经均压环与介质表面间的分布电容电流，部分地弥补了介质的对地电容电流，改善了电压分布，从而提高了闪络电压。一般高度在 2m 以上的绝缘子柱和套管采用均压装置后有良好的效果。例如 3.3m 高的绝缘子柱的闪络电压为 588kV，装上直径为 1.5m 的圆形均压环后，闪络电压可提高到 834kV，即增加约 42%。

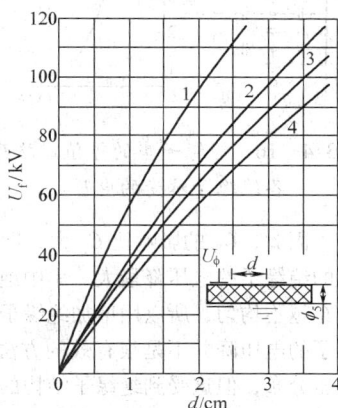

图 3.4-14 沿不同材料圆管表面工频闪络电压与极间距离的关系

1—纯空气隙击穿；2—石蜡；3—胶纸；4—瓷或玻璃

330kV 及以上的悬式绝缘子串一般也装有均压

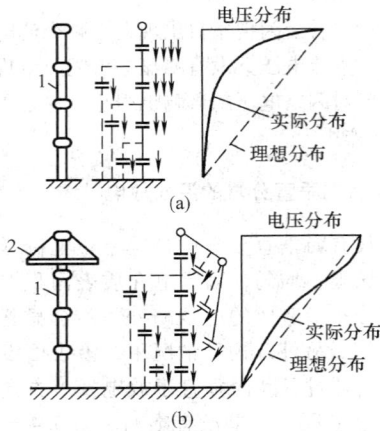

图 3.4-15 高压绝缘子
串的电压分布
（a）无均压环；（b）有均压环
1—绝缘子串；2—均压环

环。长绝缘子串的电压分布很不均匀，这是由于绝缘
子的金属部分与接地的铁塔和高压导线间有杂散电容
引起的。图 3.4-16 为绝缘子串的等效回路及各绝缘
子承受的电压。图中，C_E 为绝缘子对杆塔的杂散电
容，C_L 为绝缘子对导线的杂散电容。一般绝缘子本
身的电容 C 约为 30~50pF，C_E 约为 4~5pF，而 C_L 仅

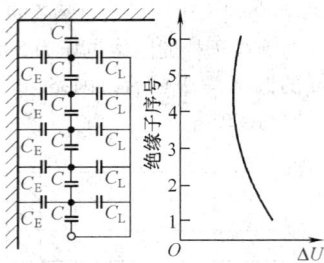

图 3.4-16 绝缘子串的等值回路及
各绝缘子承受的电压

为 0.5~1pF，因此，C_E 的影响比 C_L 大，即绝缘子串
中靠近导线的绝缘子的电压降最大。串中绝缘子数越
多，电压分布越不均匀，所以用增加绝缘子数来减少
导线处绝缘子的电压降并不是很有效的方法。增大 C
可以改善电压分布，但这受到绝缘子结构的限制，常
常无法实现。在导线处装均压环可使 C_L 增大，以补
偿 C_E 的影响。例如，330kV 线路的绝缘子串由 19 片
绝缘子组成时，靠导线的第一片绝缘子的电压为总电
压的 11.5%。如图 3.4-17 所示，装了翘椭圆形的均
压环以后，第一片绝缘子的电压下降为 7.1%，效果
十分明显。

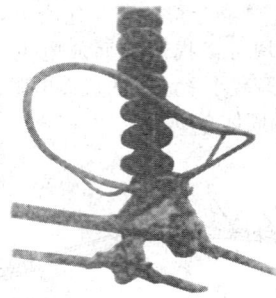

图 3.4-17 翘椭圆形均压环

4.4 受潮表面的沿面放电

户内绝缘子和套管在环境相对湿度很大时，介质
表面会发生凝露。户外绝缘子和套管在受雨淋时，部
分介质表面会完全被水膜覆盖，这种情况下闪络电压
比介质表面受潮时下降更为严重，绝缘设计时应予以
考虑。

4.4.1 表面凝露对沿面放电的影响

前已提到，在介质表面未发生凝露的情况下，空
气中绝对湿度增大时，绝缘子表面闪络电压会有所提
高。但介质表面发生凝露时，闪络电压将明显下降。
因为是否发生凝露与大气的相对湿度有关，所以它不
仅取决于绝对湿度的大小，还与介质表面的温度
有关。

图 3.4-18 表示清洁的环氧树脂支柱绝缘子的交
流闪络电压与空气相对湿度的关系。由图可见，当相
对湿度（RH）在 60% 以下时，闪络电压 U_f 随 RH 的
增加略有提高，这在沿面放电距离为 60mm 时尤为明
显。但当 RH 超过 60% 后，闪络电压明显下降，其原
因就在于介质表面凝露了。

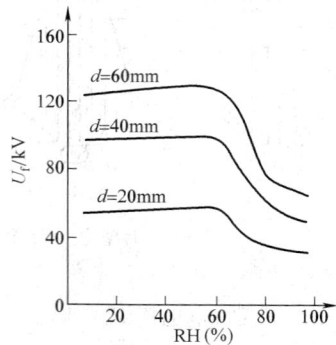

图 3.4-18 清洁的环氧支柱绝缘子的交流
闪络电压与空气相对湿度的关系
（环境温度为 30℃）

SF$_6$ 中绝缘子表面凝露会使闪络电压大大下降，图 3.4-19 表示 SF$_6$ 中绝缘支撑的工频闪络电压与气体相对湿度的关系。图中曲线 1 说明，在一般环境温度下（-2~40）℃，当相对湿度为 50% 时，闪络电压 U_f 可下降 5%~17%。但曲线 2 表明在低温下（-29~-2）℃ U_f 的下降并不明显，因为气体中的水分将在固体表面凝结成霜而不是液态的露。

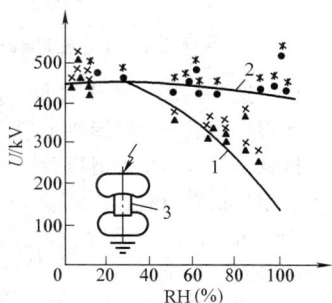

图 3.4-19　SF$_6$ 中工频闪络电压
与气体相对湿度的关系
（气压为 0.35MPa）
1—气温为（-2~40）℃，×—闪络电压，
▲耐受电压；2—气温为（-29~-2）℃，
＊—闪络电压，●—耐受电压；
3—环氧绝缘子

4.4.2　淋雨对沿面放电的影响

淋雨状态下的闪络电压，即湿闪络电压是户外绝缘子的重要性能指标，也是决定户外绝缘子外形的重要因素。介质表面完全淋湿时，雨水形成连续的导电层，因此泄漏电流增大，闪络电压大大降低，其降低的程度将随雨水电阻率、雨量、所加电压的性质和持续时间而异。

图 3.4-20 表示雨水电阻率对工频湿闪电压的影响。从图可见，当电阻率增到 160Ω·m 后，闪络电

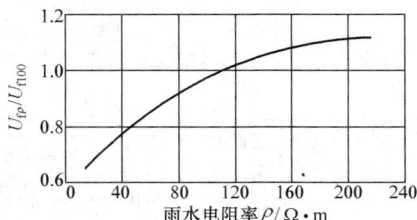

图 3.4-20　工频闪络电压
与雨水电阻率的关系
（110kV 以下支柱绝缘子的数据）
$U_{f\rho}$—电阻率为 ρ 时的闪络电压；
U_{f100}—电阻率为 100Ω·m 时闪络电压

压趋于稳定。图 3.4-21 表示雨量对工频湿闪电压的影响。可以看出，当雨量增加到 4mm/min 左右时，闪络电压即趋于稳定。

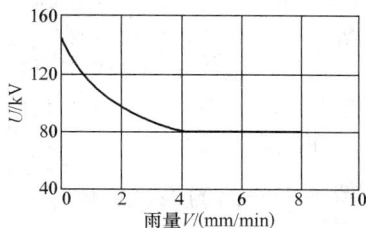

图 3.4-21　工频闪络电压（有效值）
与雨量的关系
（110kV 以下支柱绝缘子的数据）

为了统一湿闪试验的条件，我国国家标准规定：雨水电阻率为 100Ω·m±15%（20℃ 时），雨量为 1~1.5mm/min，淋雨角为 45°。空气温度对湿闪电压几乎没有影响；水温的影响则已反映在雨水电阻率中；气压的影响暂不作校正。若湿闪条件无另加说明，即指标准雨量下的湿闪。实验结果表明，标准的人工雨淋湿的光滑瓷柱的湿闪电压仅为干闪电压的 40%~50%。

电压性质和持续时间对湿闪电压的影响规律是：电压波形的等效频率越高，电压作用的时间越短，则湿闪电压越高。以常用的悬式绝缘子为例，其干、湿闪络电压比与电压波形的关系如下：

雷电冲击湿闪络电压 $U_{fs} \approx (0.9~0.95)U_{fg}$

1min 工频湿闪络电压 $U_{fs} \approx (0.50~0.72)U_{fg}$

1min 直流湿闪络电压 $U_{fs} \approx (0.36~0.50)U_{fg}$

式中，U_{fs} 为湿闪络电压；U_{fg} 为干闪络电压。

对同为工频电压来说，湿闪电压与电压作用时间的关系如图 3.4-22 所示。将电压作用时间减小到十分之几秒，湿闪络电压就有显著提高。

要提高绝缘子的湿闪络电压，必须在绝缘子外形

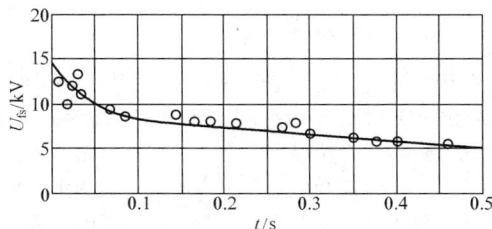

图 3.4-22　沿着瓷板表面的工频湿闪电压与
电压作用时间的关系
（闪络距离 6cm，雨水电导率
$\gamma_{20} = 4 \times 10^{-2}$S/m）

设计时改变淋雨状态，使介质表面有一部分不直接受雨淋，为此，户外绝缘子都设有伞裙。绝缘子伞裙突出于主干直径的宽度与伞间距离之比，通常取为 1：2。伞裙宽度进一步增大不能再提高湿闪络电压，因为这种情况下放电已经离开表面而在伞边缘的空气间隙中发生。如果绝缘子运行地区的污染较重，为了适当增大泄漏距离，可将伞宽与伞距之比加大，即在 0.5~1 的范围内选取。

4.5 污秽绝缘表面的沿面放电

户外绝缘子常会受到工业污秽或自然界盐碱、飞尘等污染。干燥情况下，绝缘子表面污层的电导很小，对闪络电压影响很小。但当大气湿度很高，或在毛毛雨、雾、露、霜等不利气候条件下，绝缘子表面污层被湿润，其表面电导剧增使绝缘子泄漏电流急剧增加。结果绝缘子的闪络电压（污闪电压）大大降低，甚至有可能在工作电压下发生闪络，如图 3.4-23 所示。因为污闪事故一般是在工作电压下发生的，常常会造成长时间、大面积停电，要待不利气象条件消失以后才能恢复供电，因此，污闪事故对电力系统的危害特别大。因此研究脏污表面的沿面放电，对污秽地区的绝缘设计和安全运行有着重要意义。

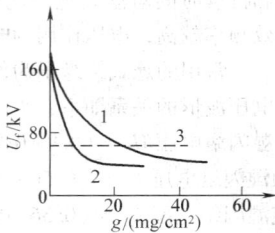

图 3.4-23　绝缘子的闪络电压与
污秽程度的关系
1—电站烟灰；2—铝厂灰尘；
3—绝缘子工作电压

4.5.1 污闪的发展过程

污秽闪络过程与清洁表面的闪络过程完全不同，下面以常用的悬式绝缘子为例来加以说明（见图 3.4-24）。

污秽绝缘子润湿后，含在污层中的可溶性物质便逐渐溶解于水，成为电解质，在绝缘子表面上形成一层薄薄的导电液膜。在润湿饱和时，污层的表面电阻比干燥时可能下降几个数量级，绝缘子的泄漏电流相应地剧增。在铁脚附近，因直径最小，电流密度最大，发热最大。该处表面就被逐渐烘干。先是在靠近铁脚的某处形成局部烘干区，该区域表面的电阻率增大，迫使原来流经该区表面的电流转移到该区两侧的

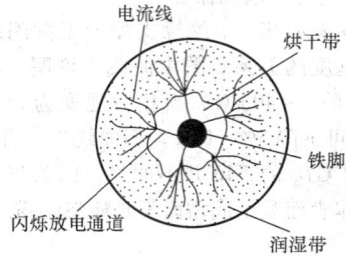

图 3.4-24　悬式绝缘子污闪发展过程示意图

湿膜上去，加快了这些湿膜的烘干过程。发展下去，在铁脚的四周便很快形成一个环形烘干带。干带具有很大的电阻，这就使干带分担的电压激增。当加在干带上某处的场强超过临界值时，该处就发生局部沿面放电（由于这种放电具有不稳定的、时断时续的性质，称为闪烁放电）。

下面用图 3.4-25 所示涂有污层的玻璃板的放电过程来进一步说明绝缘子的污闪发展过程。实验中施加恒定的工频电压，同时使污层受潮。污层刚受潮时，介质表面的电压分布是均匀的，如图 3.4-25（a）所示。由于污层不可能十分均匀，且各处受潮情况也会有差别，使污层表面电阻不均匀。电阻大的地方发热多，污层干得快些，因而使该处的电阻更大，如此在污层表面逐渐形成一个或几个高电阻的干燥带（干带）。干带的出现，使污层的泄漏电流减小，并在干带形成很大的电压降，如图 3.4-25（b）所示。当干带的电位梯度超过沿面闪络场强时，干带发生放电，

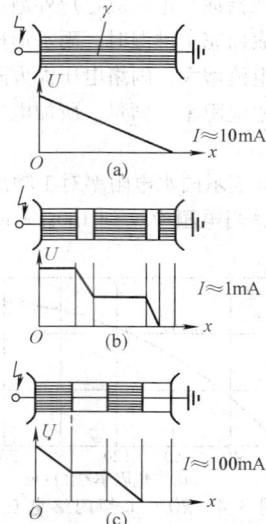

图 3.4-25　涂有污层的玻璃板的
污秽放电过程与电压分布
（a）均匀的导电污层；（b）污层中出现了干带；
（c）出现局部电弧

放电的热量使干带进一步扩大。同时由于湿润区的不断缩小，即回路中与干带串联的电阻减小，使电流迅速增大以致引起热电离。所以干带放电具有电弧特性，这就是局部电弧阶段［图 3.4－25（c）］，局部电弧是否能发展成闪络，决定于外施电压的大小和剩余污层的电阻。由图 3.4－26 所示的模型电路可以看出，外施电压越高或剩余电阻 R 的阻值越小，则越容易发展成闪络。

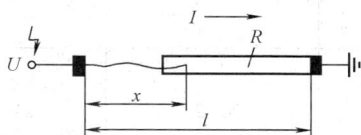

图 3.4－26　确定干带局部电弧能否发展
成闪络的模型电路

可见，污闪是一个局部电弧的发展过程，也是一个污秽层烘干的过程，因此，发展需要较长的时间。

4.5.2　影响污闪电压的因素

表面泄漏电流的大小对污闪过程起着十分重要的作用。泄漏电流大小与湿润方式、污层性质、污秽量、泄漏距离以及外施电压等有关，主要影响因素如下。

1. *湿润方式*　实践表明，下大雨时绝缘子表面积聚的污秽，特别是水溶性导电物质，很容易被雨水冲掉，因此不容易发生污闪。最容易发生污闪的气象条件是雾、露、融雪和毛毛雨等，因为这些气象条件下污层极易达到饱和湿润的状态而又不被冲掉。

2. *污秽的性质和污染程度*　图 3.4－23 表明污闪电压与污秽的性质和污染程度有关，污秽的电导率越高和介质表面沉积的污秽量越大，则污闪电压越低。对于一定形状的绝缘子，其表面泄漏电流正比于表面电导率。因此可以推论，污闪电压将随表面电导率的增加而减小，图 3.4－27 所示的实验结果证明了这一点。

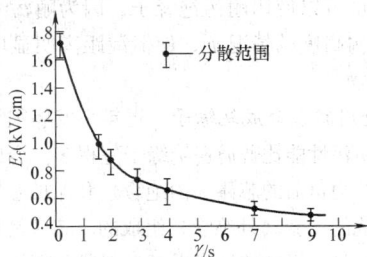

图 3.4－27　盘型悬式绝缘子的湿污闪
场强与表面电导率的关系

3. *爬电距离*　由图 3.4－26 可见，与局部电弧串联的剩余电阻的阻值越大，则沿面闪络越不容易发生。在污层表面电导率一定的情况下，爬电距离

（又称为泄漏距离）越长，则剩余电阻的阻值越大，因此，绝缘子的爬电距离是影响污闪电压的重要因素。图 3.4－28 给出了两种不同污秽情况下，绝缘子污闪电压与爬电距离的关系。由图可见，爬电距离增加时，污闪电压差不多成正比地增大。这就是说，对某一类型的绝缘子串，其湿污闪电压与其总爬电距离有近似的线性关系。由此可以导出一个极重要的参数——爬电比距，其定义为绝缘子串总的爬电距离与作用在绝缘子串上的最高电压（有效值）之比。它是绝缘设计中的重要控制参数。在绝缘结构具有优良防污性能的前提下，保证一定的爬电比距是防止污闪的最重要、最根本的措施。

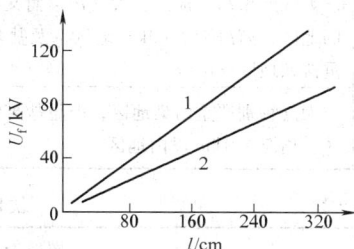

图 3.4－28　绝缘子污闪电压与爬电距离的关系
1—炉灰，$10\mathrm{mg/cm^2}$；2—水泥，$10\mathrm{mg/cm^2}$

4. *电压形式*　由于污闪是局部电弧不断拉长的过程，因此，电压作用时间越短，就越不容易导致闪络。在严重污秽的情况下，绝缘子在不同电压作用下的污闪电压与干燥状态下闪络电压的比值可按下列数据估计：雷电冲击电压下为 0.9；操作冲击电压下为 0.5，工频电压下为 0.2；直流电压下为 0.15。直流电压下污闪电压最低，这是因为直流电弧不像交流电弧的电流每半周过零一次，因此，局部电弧的熄灭比交流时要困难得多。

4.5.3　污秽等级的划分

由图 3.4－28 可见，等量的不同污秽对闪络的影响是不同的。为了用一个参数同时表征污秽性质及污秽量，以简化对污秽严重程度的描述，采用污层等效附着盐密（度）这一概念。污秽等效附着盐密是与绝缘子表面单位面积上污物导电性相当的等效盐（NaCl）的量（以 $\mathrm{mg/cm^2}$ 表示）。

我国电力部门早期对污秽等级的划分，只给出定性的描述，而现行的污秽分级标准已采用等效附着盐密来划分污秽等级，见表 3.4－1 和表 3.4－2。

表 3.4－1、表 3.4－2 给出不同污秽等级下，绝缘子应具有的爬电比距。中性点非直接接地系统中，一相接地时系统仍允许运行一定时间，此时另外两相的对地电压会升高，因此，要求有较大的爬电比距。

表 3.4－1 高压架空线路污秽分级标准

污秽等级	污秽条件		爬电比距/（mm/kV）	
	污湿特性	盐密/（mg/cm²）	中性点直接接地	中性点非直接接地
0	大气清洁地区及离海岸 50km 以上地区	0~0.03	16	19
1	大气轻度污染地区或大气中等污染地区，盐碱地区，炉烟污秽地区，离海岸 10~50km 地区，在污秽季节中干燥少雾（含毛毛雨）或雨量较多时	0.03~0.10	16~20	19~24
2	大气中等污染地区，盐碱地区，炉烟污秽地区，离海岸 3~10km 地区，在污秽季节中潮湿多雾（含毛毛雨）但雨量较少时	0.05~0.10	20~25	24~30
3	大气严重污染地区，大气污秽而又有重雾的地区，离海岸 1~3km 地区，及盐场附近重盐碱地区	0.10~0.25	25~32	30~38
4	大气特别严重污染地区，严重盐雾侵袭地区，离海岸 1km 以内地区	>0.25	32~38	38~45

表 3.4－2 发电厂、变电所污秽分级标准

污秽等级	污秽条件		爬电比距/（mm/kV）	
	污湿特性	盐密/（mg/cm²）	中性点直接接地	中性点非直接接地
1	大气无明显污染地区或大气轻度污染地区，在污秽季节中干燥少雾（含毛毛雨）或雨量较多时	0~0.03	17	20
2	大气中等污染地区，沿海地区及盐场附近，在污秽季节中多雾（含毛毛雨）且雨量较少	0.03~0.25	25	30
3	大气严重污染地区，严重盐雾地区	>0.25	35	40

4.5.4 防止污闪的措施

绝缘子污闪是影响电力系统安全运行的重要问题之一，为提高线路和变电所的运行可靠性可采取以下措施。

1. 定期或不定期清扫 根据污秽程度，在容易发生污闪的季节定期进行清扫，可以有效地减少或防止污闪事故。清扫绝缘子的工作量和劳动强度很大，一般采用带电水冲洗法，效果较好，但必须注意水冲洗时不能引起相间闪络。在绝缘设计时，应使污秽地区绝缘子表面在风雨下易于将脏污冲洗掉，即应有较好的自清扫性能。

2. 进行表面处理 在绝缘子表面涂憎水性的涂料，这样表面不易形成连续的水膜，使绝缘子泄漏电流减小，污闪电压就不会下降太多。常用的涂料为有机硅油、硅脂、地腊等，它们的使用寿命不长，只在特别严重的污秽地区使用。研究表明，对涂有憎水性覆盖层的瓷表面进行等离子放电处理，防污闪性能优于通常使用的涂料。

3. 采用耐污绝缘子 加强线路绝缘的最简单的方法是在绝缘子串中增加悬式绝缘子片数，即增加泄漏距离。也可以使用耐污绝缘子，因为耐污绝缘子在不增加结构高度的情况下，使泄漏距离明显增大，较为经济。

4. 使用新型合成绝缘子 近年来发展很快的合成绝缘子，防污性能比普通瓷绝缘子好得多。合成绝缘子是由承受外力负荷的芯棒（内绝缘）和保护芯棒免受大气环境侵扰的伞套（外绝缘）组成的。芯棒是环氧玻璃纤引拔棒，具有极高的抗张强度。制造伞套的理想材料是硅橡胶，具有优良的耐候性和高低温稳定性，它重量轻、体积小、抗拉强度高、制造工艺简单。由于硅橡胶是憎水性材料，因此在运行中不需清扫，其污闪电压比瓷绝缘子高得多，并且已有一定的运行经验，已作为一项有效的防污闪措施正在推广。

第 5 章　液体与固体介质的击穿

液体与固体电介质广泛应用于各种电气设备。例如，液体介质中应用最广泛的是变压器油，它是变压器的主要绝缘介质。电容器油和电缆油则作为固体绝缘的浸渍剂分别用于电容器和电缆中。固体介质有绝缘纸、纸板、塑料薄膜等。此外，云母是电动机绝缘的主要绝缘介质，环氧树脂已广泛用来制造绝缘子。用作外绝缘的固体介质有电瓷、玻璃和某些合成材料如硅橡胶、各种合成塑料等。

液体和固体介质的击穿与气体的击穿有很大的不同。本章主要说明液体与固体介质的击穿机理及击穿特性。

5.1　液体介质的击穿

5.1.1　液体介质的击穿机理

目前对液体介质击穿机理的研究远不及对气体介质的研究，至今还没有一个较为完善的击穿理论，主要原因在于：工程用液体介质中总含有某些气体、液体或固体杂质，这些杂质的存在对液体介质的击穿过程影响很大。因此，宜将液体介质分为纯净液体和工程液体介质。

一般认为，纯净的液体介质的击穿过程与气体介质的击穿过程相似。在液体介质中总会有一些最初的自由电子，这些电子在电场的作用下运动，产生碰撞电离而导致击穿。液体介质的密度远比气体介质的大，其中电子的自由行程很短，不易积累到足以产生碰撞电离所需的动能，因此，纯净液体介质的耐电强度总比常态下气体介质的耐电强度高得多，在很小的均匀场间隙中可达到 $100MV/m$。纯净液体介质的击穿属于电击穿的性质。

工程用液体介质总是不纯净的，原因是在注入电气设备的过程中难免有杂质混入；在与大气接触时，会从大气中吸收气体和水分；常有各种纤维、碎屑进入液体中；在设备运行中，本身老化分解出气体、水分和聚合物。由于电场力的作用，这些杂质会在电场方向被拉长、定向，逐渐沿电场排列成杂质的"小桥"，导致击穿，常称为小桥击穿理论。这一理论与实验现象是符合的。它与热过程紧密联系，属于热击穿的性质，也有人将它称为杂质击穿。击穿场强很少超过 $30MV/m$，一般在 $20\sim25MV/m$ 的范围内（以上击穿场强均指在标准试油杯中所得数据，间隙距离为

2.5mm）。

液体介质的击穿理论还很不成熟，虽然有些理论在一定程度上能解释击穿的规律性，但大都只是定性的，在工程实际中还只能靠实验数据。

5.1.2　影响液体介质击穿的因素

由于杂质对液体介质的击穿有很大影响，而且极间电场越均匀，则影响就越大。这是因为在极不均匀电场中，击穿前高场强区会出现局部放电，引起液体的扰动，使小桥不易在极间排成。因此，工程中用来检验油的质量的油杯采用均匀电场电极，油间隙距离为 2.5mm，如图 3.5-1 所示。以下讨论影响因素时，相当一部分实验规律是在标准油杯中得到的。

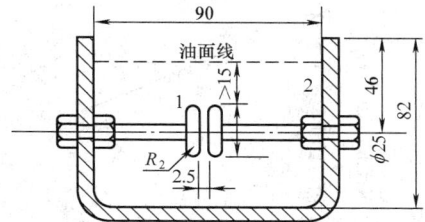

图 3.5-1　我国标准试油器示意图
1—黄铜电极；2—绝缘外壳

1. 绝缘油的种类　不同液体介质的电气强度差别很大。一般说来，极性较大的绝缘油电气强度较小，极性小的油电气强度较大。油中引入芳环或芳烃含量大的油电气强度较大。合成油的成分单一，纯度高，一般比矿物油的电气强度大。同类结构的液体电气强度随密度的增大而提高。

2. 杂质的影响　油中杂质包括水分、气体、固体杂质等。油中溶解状态的气体和水分与击穿强度的关系不大，悬浮状态的水将使击穿强度大为降低。因为水的介电常数远大于液体介质，水滴在电场方向被拉长，具有伸长椭圆形状。极化了的水滴或受潮的纤维向高场强区运动，逐渐形成导电小桥，导致液体介质的击穿。变压器油击穿场强与含水量的关系见图 3.5-2。由图可见，变压器油的含水量在 0.0002 时，已使油的击穿强度降得很低。含水量再增大时，对油的击穿强度不会有更大的影响，因为这种情况下，大部分水分将沉降到油杯的底部而不再影响油的击穿。

气泡对液体介质的击穿强度也有明显的影响，因

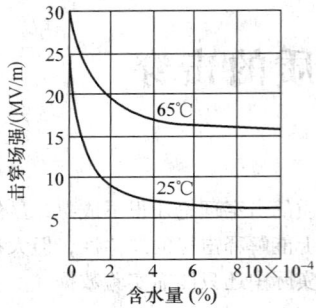

图 3.5-2 油中含水量对击穿场强的影响

此,用标准油杯检验油的品质时,油应沿杯壁慢慢注入,以避免油中出现气泡,同时应在加电压前使已注入油的油杯静置一定时间以消除油中气泡。

油中悬浮的固体杂质包括纤维、金属颗粒、碳颗粒等,对击穿电压的影响决定于颗粒的大小和种类,如图 3.5-3 所示。

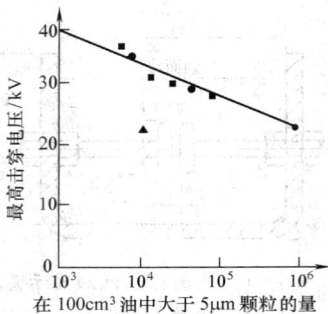

图 3.5-3 变压器油击穿电压与
油中悬浮颗粒量的关系
■—新油中检出颗粒;●—纤维颗粒;
▲—黄铜颗粒

3. 温度的影响 油的击穿电压与温度的关系比较复杂,和油的含水量有很大关系。图 3.5-4 为标准油杯中变压器油的工频击穿电压与温度的关系。由图可见,干燥油的击穿强度与温度没有多大关系,但受潮的油的击穿强度与油的温度有很大的关系。在 0 ℃ 到约 80 ℃ 的范围内,油的击穿强度随温度的上升而显著提高。这是因为水分在油中的溶解度随温度的升高而增加,使悬浮状态的水分减少的缘故。温度再升高时,由于油中水分汽化,使击穿强度下降,但仍比室温时高。温度低于 0 ℃ 时,图 3.5-4 曲线 2 的击穿电压随温度的下降而提高,这是因为油中悬浮水滴将冻结成冰粒,同时油的密度增大的缘故。在 -10 ℃ 附近出现最小值,60~80 ℃ 时出现最大值。去水、脱气的油并不出现上述现象。

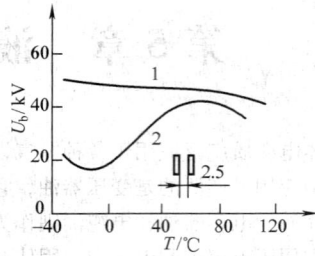

图 3.5-4 温度对变压器油击穿电压的影响
1—干燥的油;2—有水分的油

在极不均匀电场中,油间隙的工频击穿电压与温度的关系不大,因为水滴等杂质对极不均匀电场中击穿电压的影响不大。

4. 压力的影响 当油中含有气体,油的击穿电压将随压力的增大而上升,如图 3.5-5 所示。

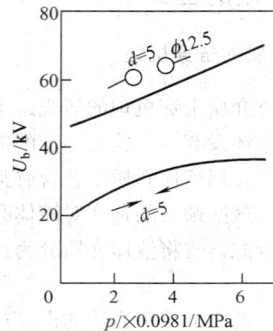

图 3.5-5 变压器油交流击穿
电压与压力的关系

5. 电压作用时间、频率、电压形式的影响 杂质形成小桥所需的时间,比气体放电所需的时间要长。所以油间隙击穿电压随电压作用时间的增加而下降。变压器油的平均伏秒特性示于图 3.5-6。当电压作用时间超过 1min 时,击穿电压与时间的关系不明显,下降的原

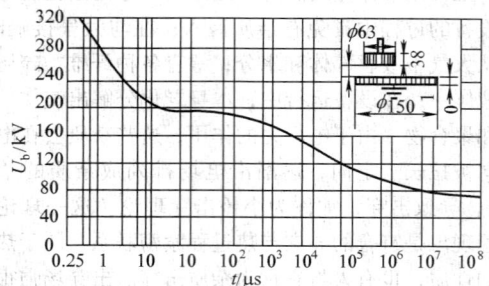

图 3.5-6 圆柱端-板电场下变压器
油的平均伏-秒特性

因主要是油的老化。矿物油的击穿电压与频率的关系示于图 3.5－7，随频率的增加击穿电压上升。

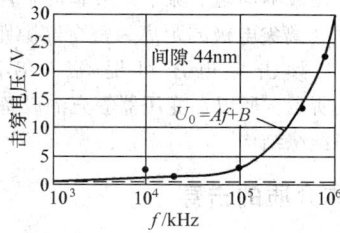

图 3.5－7 矿物油的击穿电压与频率的关系

同样，油间隙的冲击击穿强度比工频击穿强度要高得多。极不均匀电场中冲击系数约为 1.4～1.5，均匀电场中可达 2 或更高。图 3.5－8 给出在稍不均匀电场中，冲击击穿电压与工频击穿电压的比较。可以看出，油中冲击系数比空气中大得多。

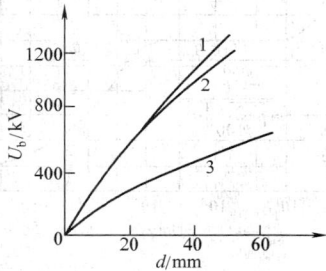

图 3.5－8 稍不均匀电场中冲击击穿电压与工频击穿电压的比较

1——1.2/50μs 波；2——+1.2/50μs 波；3——工频电压

6. 油体积的影响 实验表明，变压器油击穿场强随油道宽度及电极面积的增大而下降，即油的击穿场强随电场作用下油体积 V 的增大而下降，这是因为间隙中缺陷（即杂质）出现的概率随油体积的增加而增大的缘故，见图 3.5－9。在均匀电场中，油体积为油间隙内的油体积；在不均匀电场中，表示最大场强 90% 以上电场作用下的油体积。

因此必须注意，不能将实验室中小体积油的测试结果，直接用于电气设备绝缘的设计。

7. 电极效应及电场均匀性 电极效应主要是电极材料、覆盖、极性、吸气等的影响。电极吸气会降低击穿电压；易发射电子的材料作电极，击穿电压低；电极覆盖薄层绝缘材料，击穿电压上升。电场是否均匀，冲击电压的极性等对油的击穿场强也有不可忽视的影响。

5.1.3 提高液体介质击穿强度的方法

因为油中杂质对击穿强度影响很大，因此，一方

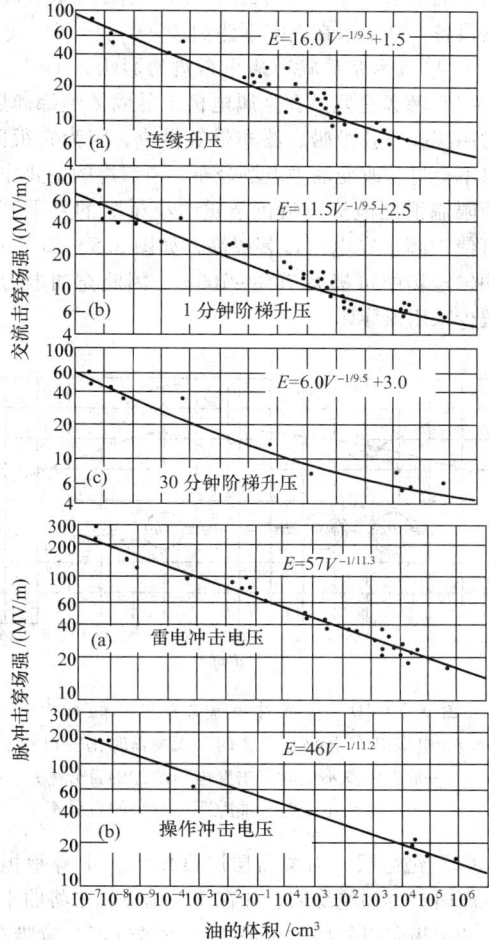

图 3.5－9 均匀电场中变压器油击穿场强与油体积 V 的关系

面要设法提高油的品质，即去除油中固态杂质、水分和气泡；另一方面在绝缘设计中采取措施以减小杂质的影响，如采用覆盖层、绝缘层或屏障等。具体措施如下：

1. 提高并保持油的品质

（1）过滤 使油在压力下通过滤油机中的滤纸，可将纤维、碳粒等固态杂质除去，油中大部分水分和有机酸等也会被滤纸所吸附。如果在油中先加一些白土、硅胶等吸附剂吸附后再过滤，效果更好。对于运行中的变压器，常用此法来恢复变压器油的绝缘性能。

（2）干燥及防潮 绝缘件在浸油前必须干燥，必要时可用真空干燥法去除水分。有些电器设备不可能全密封时，可在呼吸器的空气入口处放置干燥剂，以防止潮气进入。

（3）祛气 将油加热、喷雾并抽真空，可以达

到去除油中水分和气体的目的。对于电压等级较高的电器设备，常要求在真空下注油。

2. 用固体介质减小油中杂质的影响

（1）覆盖是紧贴在金属电极上的固体绝缘薄层，通常用漆膜、胶纸带、漆布带等做成。因为它很薄，所以不会显著改变油中电场分布。覆盖层的主要作用在于限制泄漏电流，阻止杂质"小桥"的发展，因而可使工频击穿电压显著提高，如图3.5－10所示。在均匀电场中可提高70%~100%。因此充油电力设备很少采用裸导体。

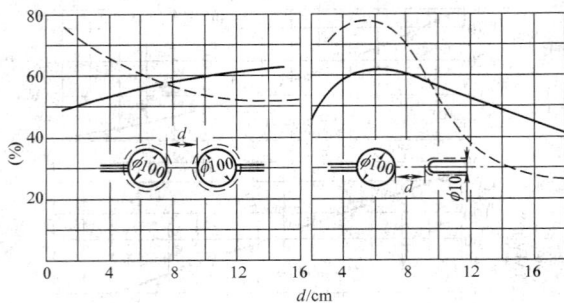

图 3.5－10 覆盖对油隙击穿电压的影响
（电极以12层漆膜覆盖时与无覆盖时比较）
——油隙距离不变时，击穿电压增加的百分率；
——击穿电压不变时，油隙距离减小的百分率

（2）绝缘层。当覆盖层厚度增大，本身承担一定电压时，称为绝缘层。如在不均匀电场中将曲率半径小的电极包以较厚的电缆纸（或皱纹纸，黄蜡布）等固体绝缘层，它不但像覆盖层那样可减小油中杂质的有害影响，而且绝缘层承担一定电压，使油中最大场强降低，因而可大大提高工频和冲击击穿电压。

（3）屏障（极间障）是指在油间隙中放置尺寸

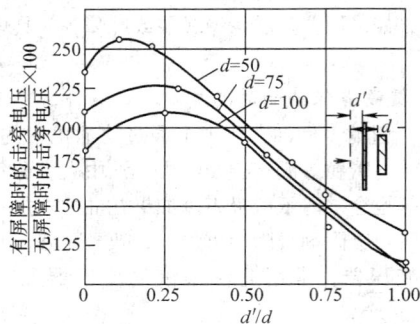

图 3.5－11 工频电压下极不均匀电场中
平板形极间障对油隙击穿电压的影响
（极间障为一片厚2.5mm的电工纸板；
油的耐电强度为18kV/2.5mm）

较大的隔板，它既能阻止杂质"小桥"的形成，又能如气体间隙中的屏障那样改善间隙中的电场均匀度。因此，在极不均匀油隙中效果非常显著。屏障在最佳位置时（离尖电极的距离为整个间隙距离的0.2倍左右）工频击穿电压可提高一倍以上，如图3.5－11所示。所以在变压器等充油设备中广泛采用油—屏障绝缘结构。

5.2 固体介质的击穿

固体介质的固有击穿强度比液体和气体介质高，其击穿的特点是击穿强度与电压作用时间有很大关系。图3.5－12表示固体介质击穿电压与电压作用时间的关系。由图可见，随电压作用时间的不同，固体介质的击穿有三种不同的形式，区域A、区域B、区域C分别对应电击穿，热击穿和电化学击穿。

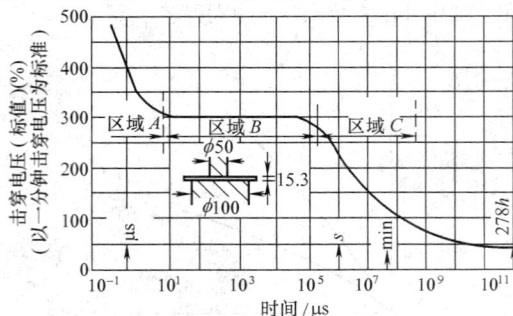

图 3.5－12 电工纸板的击穿电压与
电压作用时间的关系

5.2.1 电击穿

固体介质的电击穿过程与气体相似，由碰撞电离形成电子崩，当电子崩足够强时，破坏介质的晶格结构导致击穿。

电击穿直接反映介质本身的特性，与介质的物质结构有关，均匀电场中与外界条件如介质厚度、加压时间、周围媒质、环境温度等无关。各种不同固体介质的击穿场强处在较狭窄的范围内（100~1000MV/m）。在不均匀电场中，电击穿通常发生在电场强度最大的地方，如电极的边缘，电极表面有毛刺的场强集中处等。

由于介质的不均匀性，使得固体介质击穿强度分散性常很大。加大试样的面积或体积，材料的弱点出现概率增大，使击穿场强降低，这就是所谓击穿的体积效应。图3.5－13给出聚乙烯的短时击穿强度与绝缘厚度的关系。由图可见，随绝缘厚度的增加，击穿强度大大降低。

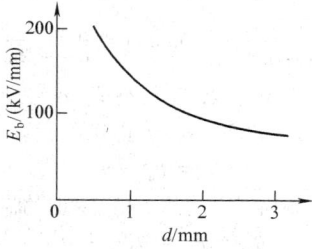

图 3.5-13　聚乙烯的短时击穿强度
与绝缘厚度的关系

固体介质在冲击电压多次作用下，其击穿电压 U_b 低于单次冲击作用时的击穿电压。这是因为固体介质是非自恢复绝缘，如每次冲击电压下介质发生部分损伤，则多次冲击电压作用下这部分损伤会扩大导致击穿。这种现象称为累积效应，如图 3.5-14 所示。大部分有机材料有明显的累积效应。

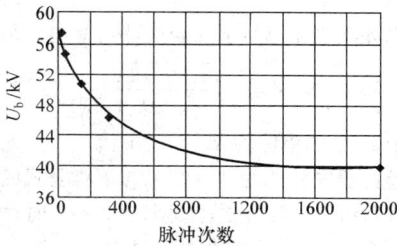

图 3.5-14　油浸电缆纸（6 层，
每层厚 0.18mm）的击穿
电压与脉冲次数的关系

5.2.2　热击穿

热击穿理论以福克的理论最为完善。该理论以均匀介质为基础，全面考虑了介质的发热和冷却条件，根据此理论计算出的击穿电压值与实验结果较好的相符。但此理论用了很繁复的数学，使它不适用于实际工程的绝缘计算。曼特罗夫以福克理论为基础，提出了固体介质热击穿电压的近似计算公式。该公式相当简单，其结果却能与福克理论计算结果很接近，所以适用于实际工程中的绝缘计算。下面介绍曼特罗夫的热击穿电压计算公式的推演过程。

1. 介质的热平衡关系　假设介质的厚度为 $2h$，被置于两平行电极 A、B 之间；又假设电极和介质有足够大的面积，使得介质中间部分的电场可认为是均匀的，介质内由介质损耗产生的热流将垂直的流向介质表面，如图 3.5-15 所示。

为了进行计算，引入下列符号：

$2h$——介质厚度（cm）；

ρ_v——体积电阻率（$\Omega\cdot$ cm）；

r——体积电导率（S/cm）；

λ——介质的导热系数 [W/(m·K)]；

U——电极间电压（V）；

E——电场强度（V/cm）；

θ_m——介质中心的温度（℃）；

θ_s——介质表面的温度（℃）；

θ_0——介质周围媒质的温度（℃）；

σ——介质表面的散热系数 [W/(m·K)]；

ε——相对介电常数。

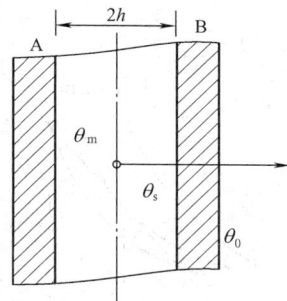

图 3.5-15　推演热击穿理论的
假设条件

在交流电压作用下，介质的损耗为

$$P = U^2 \omega C\tan\delta \qquad (3.5-1)$$

当介质达到热平衡时，介质损耗产生的热量全部从表面散出，则有

$$0.24E^2\left(\frac{\omega\varepsilon\tan\delta}{4\pi\times9\times10^{11}}\right)h = \sigma(\theta_s - \theta_0)$$
$$(3.5-2)$$

当介质中有自发热源时，并不是全部热量都需要通过厚度为 h 的热阻路程才能传出，而是只要通过厚度为 $h/2$ 的热阻路程即可传出（平均地看）。这样，在外施电压作用下，介质内产生的热量经每平方厘米面积、每秒钟内流到介质表面的热量可近似按下式计算

$$Q_g = \lambda\frac{\theta_m - \theta_s}{h/2} = 2\lambda\frac{\theta_m - \theta_s}{h} \quad (3.5-3)$$

当介质处于热平衡时，其中产生的热量 Q_g 与通过表面散发到外界媒质中去的热量 Q_s 应相等，即

$$2\lambda\frac{\theta_m - \theta_s}{h} = \sigma(\theta_s - \theta_0) \qquad (3.5-4)$$

将上式展开化简代入式（3.5-1），并消去 θ_s，即得到

$$0.24E^2\left(\frac{\omega\varepsilon\tan\delta}{4\pi\times9\times10^{11}}\right)h = \frac{2\sigma\lambda(\theta_m - \theta_0)}{\sigma h + 2\lambda}$$
$$(3.5-5)$$

已知

$$\tan\delta = \tan\delta_0 e^{b(\theta_m - \theta_0)} \qquad (3.5-6)$$

式中，b 为介质性质决定的常数；$\tan\delta_0$ 为介质温度 θ_0 时的值。因此

$$0.24E^2 \left[\frac{\omega\, \varepsilon \tan\delta_0 e^{b(\theta_m - \theta_0)}}{4\pi \times 9 \times 10^{11}} \right] h = \frac{2\sigma\lambda(\theta_m - \theta_0)}{\sigma h + 2\lambda}$$

$$(3.5-7)$$

式（3.5-7）指出，介质内产生的热量与温度成指数函数关系，而由介质表面散发出的热量则与温度成线性关系。当作用在介质上的电压分别为 $U_1 < U_2 < U_3$ 时，所产生的相应热量可用曲线 $Q_{g1} < Q_{g2} < Q_{g3}$ 来表示，介质表面的散热可用斜直线 Q_s 表示，如图 3.5-16 所示。

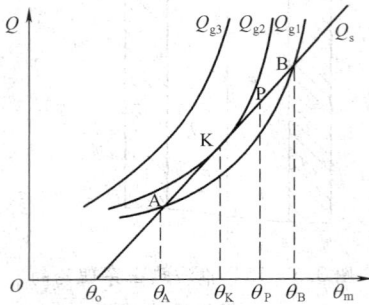

图 3.5-16 介质中的热平衡关系

若相应于电压 U_1 所产生的发热曲线 Q_{g1} 与散热线相交于 A 点及 B 点，假设介质中初始温度为 θ_p，此时，$Q_s > Q_g$，所以介质中心温度将冷却到 θ_A，此时 $Q_g = Q_s$。如果由于某些原因介质中心的温度低于 θ_A，则 $Q_g > Q_s$，介质中心的温度必然将升高到 θ_A。因此，与温度 θ_A 相应的 A 点是介质在电压 U_1 作用下稳定的热平衡点。再看交点 B，若由于某种原因使介质中心温度稍低于 θ_B，则 $Q_s > Q_g$，介质中心温度也将冷却到 θ_A。若介质中温度稍高于 θ_B，则 $Q_g > Q_s$，介质的温度就必然升高，直到发生热击穿为止。由此可见，B 点是不稳定点。

在某一较高的电压 U_2 时，散热直线可能与发热曲线 Q_{g2} 相切于 K 点。显然，此时介质已没有热平衡点，在电压 U_2 作用下，介质的温度将不断升高，以致导致热击穿。当电压再升高，例如为 U_3 时，热平衡更不可能成立，因为在任何温度下，Q_g 总是大于 Q_s。

分析指出，当发热曲线 Q_g 与散热线 Q_s 在交点处有相同斜率时，就是热平衡不成立的条件，即热击穿的条件。这一条件可以用下式来表达

$$\frac{dQ_g}{d\theta} = \frac{dQ_s}{d\theta} \qquad (3.5-8)$$

将式（3.5-7）的左右两边分别对温度微分，即

$dQ_g/d\theta$ 和 $dQ_s/d\theta$，再代入式（3.5-8）得

$$\frac{0.24\omega\, \varepsilon}{36\pi \times 10^{11}} E^2 hb\tan\delta = \frac{2\sigma\lambda}{\sigma h + 2\lambda} \qquad (3.5-9)$$

2. 计算热击穿电压的公式及其分析 从式（3.5-5）及式（3.5-9）可得到

$$1/b = \theta_m - \theta_0$$

由此可以确定交流电压下热击穿时的临界温度为

$$\theta_m = \theta_k = \theta_0 + 1/b \qquad (3.5-10)$$

因 $U = 2hE$，介质的热击穿电压值可从式（3.5-9）求得

$$U_b = 2\sqrt{\frac{8\pi \times 9 \times 10^{11} \times \sigma h\lambda}{0.24b\, \omega\, \varepsilon\tan\delta(\sigma h + 2\lambda)}}$$

$$(3.5-11)$$

根据式（3.5-10），并计算出恒定系数，上式可写成

$$U_b = 4.67 \times 10^6 \sqrt{\frac{\sigma h\lambda}{b\, \varepsilon\, f \tan\delta_0(\sigma h + 2\lambda)}}$$

$$(3.5-12)$$

同理可以导出直流电压下介质的热击穿电压为

$$U_b = 3.48 \sqrt{\frac{\sigma h\lambda}{a\gamma_0(\sigma h + 2\lambda)}} \qquad (3.5-13)$$

上两式中，U_b 的单位为 V。

将曼特罗夫公式的计算结果与福克公式的计算结果相比较后可知，当介质厚度小于 20mm 时，两者相差不大于 5%；当介质厚度不超过 200mm 时，两者相差不大于 10%。

由于热击穿是一个热平衡的过程。因此击穿所需要时间较长，常常需要几个小时，即使在大大提高试验电压时也需要好几分钟。因此，绝缘试验中常用的工频 1min 耐压不能考验固体介质的热击穿特性。例如对带电作业的操作杆的耐压试验要求施加电压 5min。

在电击穿的领域内，如果频率的变化不造成电场均匀度的改变，则击穿电压与频率几乎无关。但在热击穿的领域，按照理论，击穿电压应与 $\sqrt{\varepsilon f \tan\delta}$ 成

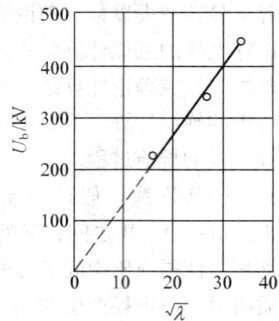

图 3.5-17 击穿电压与波长
（单位以米计）平方根的关系

反比。在高频范围内，频率变动使 $\tan\delta$ 和 ε 变动很小，因而击穿电压应与 $\sqrt{f}$ 成反比，也即应与 $\sqrt{\lambda}$ 成正比（此处 λ 为波长），图 3.5－17 所示的实验结果证实了这一点。所以交流电压的频率提高时，热击穿的可能性比工频大得多，有时需要采取专门的冷却措施，以充分利用介质的电气绝缘强度。例如，中频电容器，一般需在夹层中通冷却水冷却。在直流电压下，正常未受潮的绝缘很少有可能发生热击穿。这是因为直流电压下介质中没有极化损耗而只有很小的电导电流，所以介质发热远比交流电压下要小。

对于某些具有吸水性的固体介质，受潮增大时，击穿电压迅速下降。这是因为介质中含水量增大，其电导率和介质损耗均迅速增加，很容易造成热击穿。图 3.5－18 表示浸渍电缆纸的击穿电压与含水量的关系。

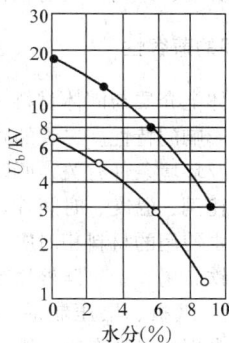

图 3.5－18　浸渍电缆线的
击穿电压与含水量的关系
●—3 层；○—1 层

5.2.3　电化学击穿

图 3.5－12 表明，对绝缘施加电压几个月后甚至几年后，击穿强度仍在下降，这显然已与热过程无关，而是由于介质加电压引起介质老化而导致强度下降。

1. 局部放电引起介质的击穿　绝缘老化的主要原因多是介质内气隙的局部放电造成的。例如，环氧浇注绝缘和挤压成型的塑料绝缘等内部常有气泡，多层介质如电缆绝缘或电容器绝缘在纸层或塑料薄膜的层间也存在气隙，此外，固体介质与电极的接触处也可能有气隙。在工作电压作用下，由于气隙中电场比固体介质中的高，而气隙的击穿场强远低于固体的击穿场强，因此，介质中可长期存在局部放电而并不击穿。局部放电产生的活性气体，如 O_3、NO、NO_2 等对介质将产生氧化和腐蚀作用。此外，由于带电粒子对介质表面的撞击，也会使介质受到机械的损伤和局部过热，导致介质的老化。在交流电压下每半周至少发生两次局部放电，所以电压频率越高，单位时间内

局部放电次数越多，即局部放电对绝缘的危害越严重。

直流电压下局部放电的情况不同。在气隙中场强大于放电起始场强时，虽然也发生局部放电，但由此生成的正、负离子在电场作用下运动到气隙壁上形成与外电场相反的空间电荷电场，如图 3.5－19 所示。空间电荷电场使气隙中的合成场强下降，放电可能熄灭。待气隙中的离子经过气隙表面的电导互相中和后，气隙中的场强又提高到放电起始场强，才发生第二次放电。由于气隙表面的漏导很小，离子的中和需要较长的时间（常以秒来计）。因此直流电压作用下局部放电的危害性较交流时小。

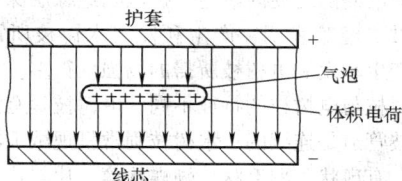

图 3.5－19　直流电压作用下
气泡中场强减弱的示意图

各种材料耐受局部放电的性能是不同的。陶瓷、云母等无机材料有较强的耐局部放电的性能，而塑料等有机材料耐局部放电的性能较差，因此，在设计时应使绝缘在工作电压下不发生局部放电。

提高绝缘局部放电电压的措施可分为两类：一是尽量消除气隙或设法减小气隙的尺寸，因为气隙的击穿场强随气隙厚度的减小而明显提高。钢管充油电缆中用高油压来消除电缆绝缘层中可能出现的气隙，就是一个应用实例。第二类措施是设法提高空隙的击穿场强，即用液体介质或高耐电强度的压缩气体充填空隙。如电容器、电缆、互感器及电容套管中的油浸绝缘，就是一个例子。近年来，也有一些用压缩的 SF_6 气体代替油浸渍剂的应用实例，如气体绝缘变压器、电容器中用 SF_6 气体与薄膜作为绝缘等。

2. 树枝化击穿　在电场作用下固体介质中产生了具有气化了的如树枝的痕迹，树枝是充满气体的微细管道，如图 3.5－20 所示。

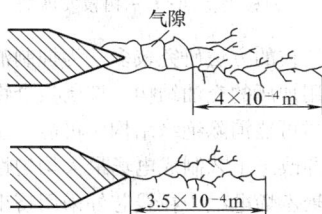

图 3.5－20　电极尖端有、无
气隙时的电树枝

根据树枝产生的原因不同，可分为电树枝、水树枝与电化学树枝。

电树枝是在高电场作用下，介质气隙中发生局部放电并缓慢扩散形成的树枝。造成树枝的原因可能是局部放电时电子和离子的轰击作用；局部温升作用使介质局部过热和热分解；树枝尖端形成的高电场作用以及电子注入效应。电极的电子注入是树枝产生的主要原因，因为电子束注入介质，使之发生裂解产生气隙，在其中的局部放电导致产生树枝的通道，进而形成树枝的发展。

当介质中有微量水分存在时，水中的离子在电场作用下往复冲击绝缘物，使其发生疲劳损坏和化学分解，电解液便随之逐渐渗透、扩散到绝缘层深处，形成水树枝。经验表明，产生和发展水树枝所需的场强，比产生和发展电树枝所需的场强低得多。

水树枝与电树枝的特征不同，电树枝具有清晰分支，树枝管道是连续的；水树枝则常呈现线毛状一片或多片，有扇状、羽毛状、蝴蝶状等，片与片之间不一定连续。

另外，还有因环境污染或者介质中存在杂质而引起的电化学树枝，如电缆中因腐蚀性气体在线芯处扩散，与铜发生反应形成电化学树枝。

树枝的发生与发展过程如图 3.5－21 所示。它存在一个潜伏期 t_1 和发展期 t_2，潜伏期与介质的树枝引发难易程度有关，发展期决定于树枝发展的难易。电树枝中 t_1 主要受电极附近有无气隙存在；电极处的电场强度；电场的机械应力反复作用使介质发生疲劳损坏引起裂纹，成为树枝的引发点。t_2 主要决定于介质中的局部放电强度及材料的耐树枝化能力。

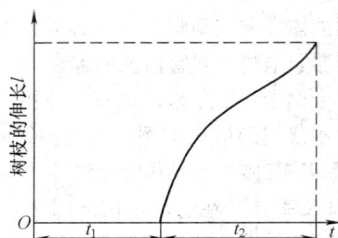

图 3.5－21　树枝与加压时间的关系
t_1—树枝潜伏期；t_2—树枝发展期

抑制电树枝的方法研究较多。为抑制油纸绝缘的树枝，可采用加压的充油结构。抑制聚合物电树枝的主要方法是尽可能消除绝缘结构中可能产生的任何电场突异点，即改进工艺制成电场最大均匀性的绝缘结构。如高压聚乙烯电缆中在线芯外采用挤出半导体屏蔽层或者是（防）发射屏，来抑制电极的电子发射。更通用的方法还有在聚合物中添加各种添加剂，如稳

压剂可以吸收注入的电子，免于对聚合物的破坏作用。使用较多的是芳香族衍生物，如蒽、菲、苊类化合物。其稳压原理是基于苯环的电离势低于介质中脂肪族碳氢化合物的电离势，在电子的弹性碰撞下，苯环先行电离，得到的二次电子能量较小，不易再产生电离，从而避免了对介质分子的破坏。苯环形成的阳性游离基又与热电子作用，还原成原来的状态。另外，还有一些有机半导体、弱电解液和石英、二氧化钛等矿物填料也可以起到抑制树枝发展的作用。采用高聚物共混可以提高聚合物本身的耐树枝化性能。

5.3　组合绝缘

电器设备的内部绝缘结构中常用液体与固体介质构成组合绝缘，这种情况下设备绝缘强度不仅取决于所用介质的绝缘强度，还与介质的互相配合有关。

5.3.1　介质之间的兼容性

主要表明液体电介质与固体材料一起使用时，彼此不会出现有害影响的特性。二者的相互作用与相互之间使用的比例及环境条件有关，所以兼容性试验中均有规定的材料比例、温度、时间等。添加的接触材料应与电气设备中使用的材料相对应，例如变压器常用的材料有铜、铁、锡、铅、硅钢片等金属材料及硅钢片漆、电缆纸、纸板、层压制品、合成纸、橡胶等；电力电容器常用的材料有铝、铁、锡、铅、电容器纸、纸板、薄膜等。

试验方法主要是参照 IEC 60588－5、IEC 60588－6 氯化联苯与一些固体材料兼容性筛选试验方法。将一定比例（国内常按 1mL 油加入表面积 $1cm^2$ 的固体）的固体材料浸于液体中，在 100℃ 下老化 168 h。老化后测量油的电气性能（主要是 $\tan\delta$）及酸值以及固体材料物理性能的变化。如果满足规定指标要求，即为兼容性优良。固体材料物理性能的变化，可以根据设备的应用需要来考虑。

由于合成高分子薄膜及各种合成纸、复合纸的应用越来越广，它们与绝缘油的作用过程缓慢，一般的兼容性试验尚不足以发现它们之间存在的问题，需要专门进行绝缘油与薄膜等的兼容性试验。试验方法主要参照 IEC 15—C143 文件提出的"兼容性试验方法可以根据膜在液体中的膨胀或溶解程度，或者二者的污染程度来确定"。包括膜对绝缘油的污染、浸油后薄膜性能的变化及油对膜的浸渍性能等。

1. 膜对绝缘油的污染　用一定比例的膜或者复合纸（如 PPLP）浸于绝缘油中进行老化，测量老化前后油的电气性能（$\tan\delta$、ρ_v 等）。多以性能变化的大小来评定污染性。

2. 浸油后薄膜性能的变化　薄膜浸油后，油分

子向膜中扩散，造成薄膜吸油、膨胀，同时膜中的非结晶和非等规部分向油中溶解。作用大小受温度、时间的影响并与绝缘油的分子结构、黏度及膜的结构、结晶度等有关。吸油有利于膜的浸渍，但过量的吸油会使膜过度膨胀，影响运行中油的补充，降低组合绝缘的局部放电性能。根据薄膜浸渍前后膜的变化，薄膜的吸油率 W_X、溶解率 W_R 及厚度膨胀率 d_P 可计算如下

$$W_X = (W_1 - W_2)/W_0 \times 100\%$$
$$W_R = (W_0 - W_2)/W_0 \times 100\%$$
$$d_P = (d_1 - d_0)/d_0 \times 100\%$$

式中，W_0、W_1、W_2 分别为浸渍前、后以及清洗掉吸油后薄膜的质量（g）；d_0、d_1 分别为浸渍前、后薄膜的厚度（mm）。

3. 绝缘油对膜的浸渍性能　例如在电容器中，元件都是卷制并压紧的，油在膜层间的扩散与膜的湿润性、表面状况及油的表面张力有关。试验表明，PXE 在膜层间的扩散速度大于矿物油。矿物油、烷基苯使膜的吸油、溶解及膨胀均较大，兼容性欠佳。相关的试验还表明，CPE、M/DBT、SAS-40 等与聚丙烯薄膜具有优良的兼容性。粗化膜由于存在大量毛细管作用，故浸渍性能优于光膜。

5.3.2　油-屏障绝缘与油纸绝缘的特点

油-屏障绝缘（见图 3.5-11）是以油为主要绝缘介质，因为它有很好的冷却作用，所以广泛用于变压器中。屏障的作用是改善油间隙中电场分布并阻止杂质小桥的形成。由于油隙的击穿场强随间隙距离的减小而提高，所以也可以采用多个屏障将油隙分隔成多个较短的油隙。在油-屏障绝缘中，屏障的总厚度不宜过大。因为固体介质的介电常数比油高，所以固体介质的总厚度增加会引起液体介质中场强的提高。

油纸绝缘，或以液体浸渍的塑料薄膜，则是以固体介质为主体的组合绝缘，液体介质只是用作填充空隙的浸渍剂，因此，这种组合绝缘的击穿强度很高，但散热条件较差。

油纸绝缘的直流击穿场强高于交流时的值，这是因为直流电压作用下油与纸中的场强分配比交流时合理。交流电压下，油、纸中场强与它们的介电常数成反比，因为油的介电常数比纸小，所以油中场强比纸高。又因为油的击穿场强比纸的低，因此场强分配是不合理的。直流电压下，两种介质中场强分配与它们的体积电阻成正比。油的体积电阻率比纸小，因此，油中场强比纸中低，即此时场强分配合理。

5.3.3　多层介质中的电场

组合绝缘属于多层介质的组合，多数是两种介质

的组合 。这里只分析最简单的情况，即平板电极中双层介质的交界面与等位面重合以及与等位面斜交的两种情况。

1. 介质界面与等位面重合的情况　如图 1-18 所示，均匀电场中双层介质的电场强度 E_1 和 E_2 分别为

$$E_1 = \frac{\varepsilon_2 U}{\varepsilon_1 d_2 + \varepsilon_2 d_1}（交流）\quad E_1 = \frac{\gamma_2 U}{\gamma_1 d_2 + \gamma_2 d_1}（直流）$$

$$(3.5-14)$$

$$E_2 = \frac{\varepsilon_1 U}{\varepsilon_1 d_2 + \varepsilon_2 d_1}（交流）\quad E_2 = \frac{\gamma_1 U}{\gamma_1 d_2 + \gamma_2 d_1}（直流）$$

$$(3.5-15)$$

式（3.5-14）与式（3.5-15）表明，在极间绝缘距离 $d = d_1 + d_2$ 不变的情况下，增大 ε_2 时使 E_2 减小，但却使 E_1 增大。因此在电场比较均匀的油间隙中放置多个屏障，会使油中场强明显增大，反而对绝缘不利。

2. 介质界面与电极表面斜交的情况　这种情况下，电位移矢量与界面之间的角度不是 90°，因此，会在第二种介质中发生折射，如图 3.5-22 所示。电力线入射角和折射角的关系为

$$\frac{\tan\alpha_1}{\tan\alpha_2} = \left(\frac{E_{t1}}{E_{n1}}\right) \bigg/ \left(\frac{E_{t2}}{E_{n2}}\right) = \frac{E_{n2}}{E_{n1}} = \frac{\varepsilon_1}{\varepsilon_2}$$

$$(3.5-16)$$

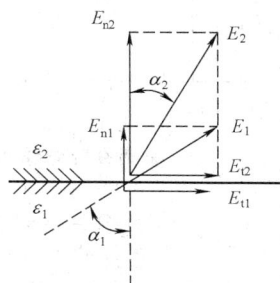

图 3.5-22　电力线在两种
介质中的折射

图 3.5-23 表示平行板电极间两种介质的界面与电极表面斜交时电力线与等位面的分布情况。由图可

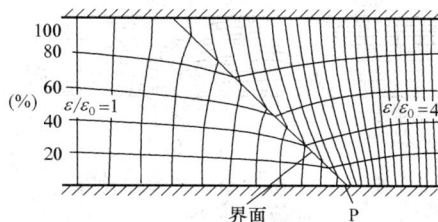

图 3.5-23　平行板电极间两种介质的界面
与电极表面斜交时电力线与等位面的分布

见，P 点处等位面受到压缩，使这一点的场强大大增加。因此，在绝缘设计中必须注意这一现象。

5.3.4　电场的调整方法

1. **主体绝缘的电场调整**　上述多介质系统中电场分布规律可用于绝缘结构的电场调整。例如，电力电缆在绝缘层较厚时，常用分阶绝缘的方法来降低缆芯附近的场强。图 3.5 - 24 为分阶绝缘的示意图，图中 $\varepsilon_1 > \varepsilon_2 > \varepsilon_3 > , \cdots , > \varepsilon_n$ 且满足 $\varepsilon_1 \gamma_1 = \varepsilon_2 \gamma_2 = \cdots = \varepsilon_n \gamma_n =$ 常数的条件。这种情况下电缆中电场分布如图 3.5 - 24（b）所示，使外层介质也能得到充分利用，可使电缆尺寸缩小。要使各层中最大场强 E_{max} 完全相同实际上是难以做到的，但在工程中可以在内层使用高密度纤维纸，使其介电常数 ε 高于外层低密度纸的 ε，以降低缆芯处的场强。

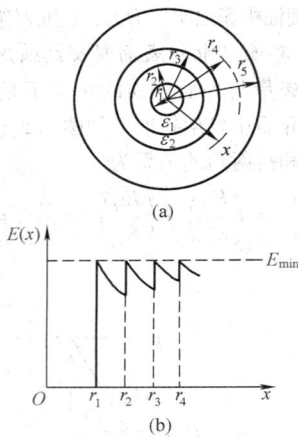

(a)

(b)

图 3.5 - 24　采用分阶绝缘的
电力电缆
$(\varepsilon_1 \gamma_1 = \varepsilon_2 \gamma_2 = \cdots = \varepsilon_n \gamma_n)$
（a）几何尺寸；（b）电场分布

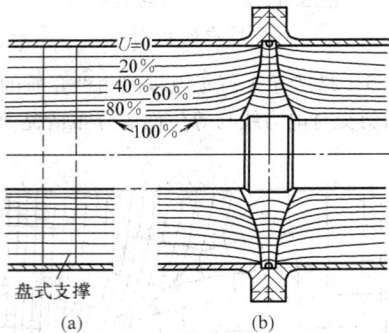

盘式支撑

(a)　　　　(b)

图 3.5 - 25　GIS 中盘形环氧绝缘子的
沿面电位分布
（a）简单盘形支撑；（b）支撑形状使界面上
的电位分布均匀

关于不同介质中电力线的折射，在工程中也可以加以利用。图 3.5 - 25 表示 GIS 中盘形环氧绝缘子的沿面电位分布。采用等厚度的盘形支撑绝缘子时，沿面的电位分布是不均匀的，但改变绝缘子形状使电力线发生折射，可以使界面上电位分布变得均匀 [图 3.5 - 25（b）]，因此提高了沿面放电电压。

对于多层介质，还可以在不同绝缘厚度处夹入不同长度的导电金属箔作为电容极板，起调整电场的作用。这种调整电场的方法，在电容套管（见图 3.4 - 13）和油纸绝缘的高压电流互感器中都得到应用。

2. **局部高场强的处理**　许多组合绝缘的结构复杂，其最大场强常出现在某些边角、转弯、接合、交叠、棱缘等处。许多地方不仅存在垂直于绝缘分界面的场强，还存在平行于绝缘分界面的场强，促使发展沿面放电。这可能是更危险的，因为沿面放电的场强常远小于绝缘本体的击穿场强。这些局部强场区常成为绝缘系统中的薄弱点，易产生局部放电，进而导致整体绝缘的击穿。对这些局部高场强必须加以改善。下面举一些常见例子加以说明。

（1）电容器极板边缘。电容器极板边缘处的电场比较集中，为了防止沿面放电，工艺上总是将极板边缘与介质层边缘错开一定距离（称为留边量）。如果浸渍良好，端部空隙将由浸渍剂填充；如果浸渍不够完善，此处就易残留气泡。即使此空隙被浸渍剂全部填充，也会因浸渍剂的耐受场强较低，而此处电场又高，故仍容易发展局部放电。有效的改进方法是将极板（铝箔）折边，如图 3.5 - 26 所示。对比试验表明：局部放电起始场强二者之比为 1.4~1.6；局部放电熄灭场强二者之比为 1.3~1.8。可见，折边的效果是很显著的。这是因为切边铝箔边缘总是存在锐角，造成电场强烈集中。经折边后，微观看极板边缘毕竟成为一个小圆弧，局部场强自然减小很多。为此，铝箔折边工艺曾获得迅速推广。

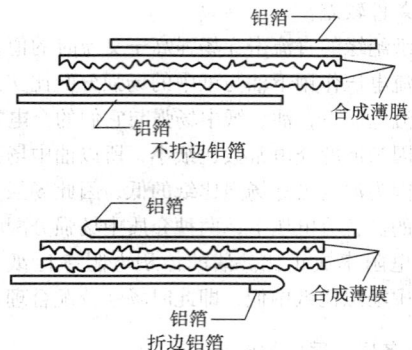

铝箔

铝箔

合成薄膜

不折边铝箔

铝箔

铝箔

合成薄膜

折边铝箔

图 3.5 - 26　铝箔折边示意

（2）高压陶瓷电容器。由于每个电容元件只有单层陶瓷介质，为解决极板边缘的放电问题，可以将陶瓷介质做成翻边形状，如图 3.5－27 所示。这种结构将极板边缘的不均匀电场全部埋入高耐电强度的陶瓷介质中，从而消除了边缘局部放电的条件。

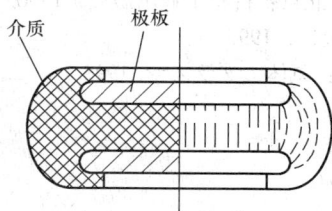

图 3.5－27　高压陶瓷电容器极板边缘结构

（3）胶纸电容式套管的电容极板边缘。与上述类似的问题也存在于胶纸电容套管绝缘中。胶纸套管的电容芯是由单面上胶的绝缘纸在加热状态下卷绕在导电芯管上。电容极板边缘必然存在空气隙，如图3.5－28所示。这里不能沿用前述铝箔折边的方法来处理，因为铝箔经折边后，其边缘场强虽有所减弱，但由于边缘极板厚度加倍，气隙也随之扩大，故仍易产生局部放电。

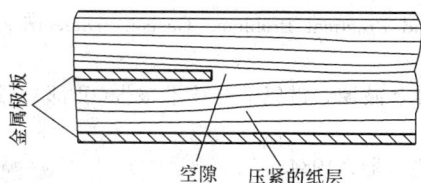

图 3.5－28　胶纸电容套管极板边缘的空隙

由于这里的极板没有载流任务，对极板的厚度没有要求，故可采用金属化纸作极板，或用半导电材料（一般由石墨粉和树脂组成）印刷在绝缘纸上充作极板，目的是使极板的厚度减到极小。这样，极板边缘极薄的空隙，就很容易被胶纸层上的胶所填充。

（4）电缆线芯的外表和护套内壁。电缆线芯由多根圆导线或型线绞合而成，线芯表面凹凸不平，容易形成局部高场强。在线芯表面与绝缘层间形成许多间隙，特别是许多楔形间隙，如图 3.5－29 所示。这些间隙虽被浸渍剂填充，但由于一般浸渍剂的介电常数和耐电强度都比绝缘纸小得多，故楔形间隙中就可能产生局部放电，这是不允许的。

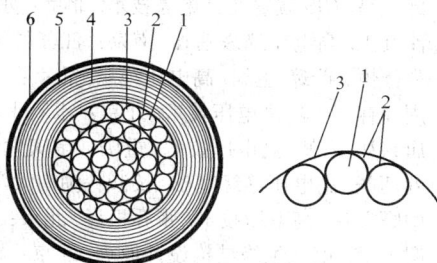

图 3.5－29　电缆线芯表面的间隙
1—线芯；2—楔形间隙；3—线芯屏蔽层；
4—护套；5—护套屏蔽层；6—绝缘层

类似的情况也存在于绝缘外表层与金属护套内壁之间。有一定刚性的金属护套不可能与绝缘层外表紧密贴合；电缆浸渍剂的热膨胀系数比电缆纸或护套金属大 1 个数量级，在运行中，电缆的温度变化，会在金属护套内壁形成空隙，造成局部电场集中，导致局部放电。

在线芯外表和绝缘层外采用屏蔽层，可将间隙屏蔽在电场之外，即可消除局部的高场强，使电缆绝缘的耐受电压和局部放电电压大幅度提高。

上述屏蔽原理也广泛用于变压器、电抗器之类的绝缘结构中。

参 考 文 献

[1]　电气工程师手册第二版编辑委员会. 电气工程师手册. 2 版. 北京：机械工业出版社，2000.

[2]　机械工程手册电机工程手册编辑委员会. 电机工程手册. 2 版. 北京：机械工业出版社，1996.

[3]　邱毓昌，施围，张文元. 高电压工程. 西安：西安交通大学出版社，1995.

[4]　電気学会ハンドブック出版委員会. 放電ハンドブック（上巻）：気体、プラズマ. 1998.

[5]　邱毓昌. GIS 装置及其绝缘技术. 北京：水利水电出版社，1994.

[6]　沈其工. 高电压绝缘基础. 南京：江苏科学技术出版社，1990. 5.

[7]　朱德恒，严璋 主编. 高电压绝缘. 北京：清华大学出版社，1994.

[8]　周泽存 主编. 高电压技术. 北京：水利水电出版社，1988.

[9]　唐兴祚 编著. 高电压技术. 重庆：重庆大学出版社，1991.

[10]　刘炳尧. 高电压绝缘基础. 长沙：湖南大学出版社，1986. 7.

[11]　中野义映. 高电压技术. 张乔根译. 北京：科学出版社，2004.

[12]　谢恒堃. 电气绝缘结构设计原理. 北京：机械工业出版社，1993.

[13]　杨津基. 气体放电. 北京：科学出版社，1983.

[14]　金维芳. 电介质物理学. 2 版. 北京：机械工业出版社，1997.

[15]　次世代送変電機器のガス絶縁方式調査専門委員会. 電気学会技術報告，第 841 号. 電気学会，2001.

[16]　Niemeyer. A Systematic Search for Insulation Gases and Their Environmental Evaluation. Gaseous Dielectrics VI-II, Klumer Academic/Plenum Publisher, New York, 1998.

[17]　T Kawamura, et al. SF_6/N_2 Mixtures for HV Equipment and Practical Problem. Gaseous Dielectrics VIII, Klumer Academic/Plenum Publisher, New York, 1998.

[18]　液体中の伝導・破壊現象調査専門委員会。液体中の伝導と破壊。電気学会技術報告（Ⅱ部），第 424 号，1987. 2.

[19]　王友功等. 聚丙烯薄膜与绝缘油相容性的试验研究. 电力电容器，1984.

[20]　李盛涛，郑晓泉著. 聚合物电树枝化. 北京：机械工业出版社，2006.

[21]　葛正言. 国外电机绝缘材料组合相容性试验研究概述. 电机技术. 1980(2).

第4篇

电气安全

主　编　孙亲锡（华中科技大学）

执　笔　孙亲锡（华中科技大学）

第1章　电气安全常用术语

1. 电气事故　指由电流、电磁场、雷电、静电或某些电路故障等直接造成建筑设施、电气设备毁坏、人或动物伤亡，以及引起火灾和爆炸等后果的事件。

2. 触电电流　指通过人体或动物体并具有可能引起病理、生理效应特征的电流。

3. 故障电流　指由绝缘损坏或绝缘被短路而造成的电流。

4. 绝缘　一是指导体绝缘后所获得的全部性能；二是指所有用于使器件绝缘的材料。

5. 绝缘电阻　指用绝缘材料隔开的两个异体之间，在规定条件下的电阻。

6. 人体总阻抗　指人的体内电阻与皮肤阻抗的矢量和。

7. 电气间隙　指两导电部分之间的最短直线距离。

8. 保护间隙　指带电部分与地之间用以限制可能发生最大过电压的间隙。

9. 隔离　一是用使一个器件或电路与另外的器件或电路完全断开；二是用隔开的办法提供一种规定的防护等级，以隔开任何带电的电路。

10. 安全距离　指为防止人体触及或接近带电体，防止车辆或其他的物体碰撞或接近带电体等造成的危险，在其间所需保持的一定空间距离。

11. 触电　人体接触设备的带电体，导致电流通过人体，造成各种伤害人体的感觉，并危及生命。触电形式有三种：

（1）单线触电。人站在地面或其他接地体上，身体其他部分触及某一相带电体所形成的触电。其危害程度与电网的中性点是否接地有直接关系。

（2）双线触电。人体两处同时触及两相带电体所形成的，危害程度大于单线触电。

（3）跨步电压触电。多发生在输电线断线，且断线带电下坠与大地接触构成短路，或某接地电阻偏大，在发生雷击或接地故障时，有大量电流流入大地，因而在接地点周围大地上产生了电压降。当人接近接地点时，两脚之间承受了跨步电压而形成触电。

12. 接地　将大气设备的某一部分通过接地装置同大地紧密连接起来。接地可分为正常接地和非人为的故障接地两类。正常接地又有工作接地和安全接地之分。接地是最古老的安全措施。

（1）工作接地。维持系统安全运行的接地，在正常情况下没有电流或只有很小的不平衡电流流过，如三相四线制380V系统变压器中性点接地。

（2）保护接地。电力设备的金属外壳等，由于绝缘破坏或其他原因而可能呈现危险电压，为了防止这种危险电压危及人身安全而设置的接地。即将金属外壳通过接地装置与大地相连。

（3）接零。将电气设备的金属外壳等与中性点直接接地系统中的零线相连。零线是指与变压器直接接地的中性点连接的中性线。

（4）重复接地。将零线上的一处或多处，通过接地装置与大地再次可靠地接地。

13. 接地体　埋入地中并直接与大地接触的金属导体。

14. 接地线　电气设备、电力线路杆搭的接地螺栓与接地零线连接用导体。

15. 接地装置　接地体与接地线的总和。

16. 接地电阻　接地体对地电阻和接地线电阻的总和，称为接地装置的接地电阻；其值等于接地装置对地电压与通过接地体流入地中电流的比值，该电流为工频电流。若为雷电流，则此时的接地电阻称为冲击接地电阻。

第 2 章 安全电压与安全电流

2.1 安全电压及其有关因素

国际电工委员会认为：不危及人身安全的电压称为安全电压。通常，安全电压取决于人体允许的安全电流和人体电阻。

人体电阻由体内电阻和皮肤电阻两部分组成，前者是恒定的，其值约为 500Ω，并与接触的电压无关；后者与皮肤干燥或潮湿的程度有关，并与接触的电压有关。电压升高，人体电阻下降。我国建议正常情况下人体的平均电阻取为 1500Ω。

我国规定安全电压的上限为 42（额定供电压）~50V（设备空载电压）。根据不同的使用条件，安全电压的国家标准分为 5 个等级（见表 4.2-1）。

表 4.2-1 安全电压等级与选用说明

安全电压（有效值）		适 用 说 明
额定值/V	空载上限值/V	
42	50	在有触电危险的场所使用的手持式电动工具等
36	43	在矿井、多导电粉尘的场所使用的行灯等
24	29	可供某些具有人体可能偶然触及的带电设备选用
12	15	
6	8	

表中的安全电压为电气设备空载电压的上限值。我国规定，当空载电压超过规定的上限值时，便认为它不符合安全电压标准。

2.2 安全电流及其有关因素

人体接触裸露的带电导体或设备时，通过人体的电流可能伤害人体或导致死亡。后果的严重程度取决于通过人体要害部位电流的大小、持续时间与电源频率。触电对人体要害部位的最危险后果，是心室纤维性颤动，可立即导致血液循环停止。

医学研究把流过人体的工频（50Hz）电流分为感知电流、摆脱电流与致命电流。实验统计表明，成年男人的平均感知电流为 0.7mA。人体触电后，能自动摆脱电源的最大电流，称为摆脱电流，成年男人平均摆脱电流为 16mA，成年女人的平均摆脱电流为 10mA。在较短时间内，能危及生命的最小电流称为致命电流，该电流能引起心室纤维性颤动。

从确保人身安全的观点出发，工频电流流经人体电流的大小和持续时间，应小于引起心室纤维性颤动的电流值和持续时间。对于大多数人而言，可以忍受的极限值是 5~30mA 的工频电流。因此，对工频电流，我国规定的安全电流允许值为 30mA；对高空或水面作业，因触电可能导致作业人员摔死或溺死，此时安全允许电流以不引起强烈痉挛的 5mA 为宜。

2.3 跨步电压与接触电压及其有关因素

2.3.1 跨步电压

电气设备运行时，接地故障是多种多样的。例如，金属外壳接地的电气设备绝缘损坏漏电、高压线路导线断落在地等等，都会发生电流流向大地并扩散形成不同的地电位梯度。漏电流在地中呈半球形流动，靠近漏电流接地点，半球形的截面小，电阻大，压降梯度也大。当人在接地电流流散的区域内行走时，由于地面各点电位不同（指在接地点附近 20m 的范围内），因此在两脚之间（一般按 0.8m 考虑）存在电位差（即跨步电压），在跨步电压作用下，人也会触电。跨步电压的高低与人体距带电接地体或相线碰地处的距离有关，显然，人越接近接地点，由于地面电位梯度大，跨步电压也大，因而也就越危险，若距离接地点达 20m 以上时，跨步电压接近零。

2.3.2 接触电压

接触电压是指人体同时触及接地电流回路两点时呈现的电位差。越接近接地体或碰地处，接触电压越低，反之越高。距接地体或碰地处约 20m 的地方，接触电压最高，其值与电气设备的对地电压相当。一般以人站在离漏电设备 0.8m 处、手触及漏电设备距地 1.8m 高度的外壳时，所受的电位差作为计算接触电压的依据。

第 3 章　电气装置的接地与接零

3.1　电气装置的接地与接零概述

3.1.1　工作接地、保护接地和保沪接零

1. 工作接地　低压配电系统目前多采用三相四线制 380/220V 中性点直接接地电网。这种为满足电力系统和电气装置工作特性的需要而进行的接地，称为工作接地，以保证电气装置可靠运行。避雷器接地也属工作接地。

2. 保护接地　电气装置的外壳接地称为保护接地，其目的是防止电气装置的绝缘被击穿后使金属外壳带电，使人体有触电危险。如电动机外壳接地与油断路器的金属外壳接地都属保护接地。

3. 保护接零　低压接地系统中，将电气装置的金属结构部分与中性线连起来，称为保护接零。当发生接地故障时，可使保护装置迅速动作而切断故障电流，确保人员免遭触电危险。

3.1.2　接地与接零的技术要求

（1）根据《电力设备接地设计技术规程》规定：由同一台发电机、同一台变压器或同一段母线供电的低压线路，不宜同时采用接零和接地两种保护方式。因为如果将某些设备采用保护接地，另一些设备采用保护接零，则当采用保护接地的设备漏电时，保护接零的设备外壳也将同时带电。

JGJ/T 16—1992《民用建筑电气设计技术规程》中对电气设备的接地有如下规定：在中性点直接接地的低压电力网中，电力装置宜采用低压接零保护；在中性点非直接接地的低压电力网中，电力装置宜采用低压接地保护；由同一台发电机、同一台变压器或同一段母线供电的低压电力网中，不宜同时采用上述两种保护方式；在中性点直接接地的低压电力电网中，当全部采用低压接零保护确有困难时，也可以同时采用上述两种方式，但不接零的电力装置或线段，应装设能自动切除接地故障的装置（如漏电保护装置等）。

（2）在中性点直接接地的低压电网中，所有设备的外壳宜作接零保护，接在保护地线（PE 线）上；N 线（中性线）与外壳绝缘。

（3）在中性点不直接接地的电网中，所有设备的外壳宜作接地保护。

（4）禁止在保护地线（PE 线）或保护中线（PEN）上装设熔断器或单独的断流开关。

（5）保护地线 PE 或保护中线 PEN 必须有足够的截面积，以保证故障时短路电流的通过，并满足机械强度对最小尺寸的要求。当保护地线（PE 线）所有材质与相线相同时，PE 线最小截面积应符合表 4.3-1 的规定。

表 4.3-1　　PE 线最小截面积

相线芯线截面积 S /mm^2	PE 线最小截面积/mm^2
$S \leqslant 16$	S
$16 < S \leqslant 35$	16
$S > 35$	$S/2$

3.1.3　保护接地的 IT 方式与 TT 方式

我国目前采用的变配电系统接地接零形式的常用代号含义见表 4.3-2。

表 4.3-2　变配电系统及接地接零形式代号

系统	T	变压器低压侧中性点直接接地系统
	I	变压器低压侧中性点不接地或不直接接地系统
保护方式	T	保护接地
	N	保护接零（中性线）
	C	中性线（N）与保护线（PE）合一的接零保护
	S	中性线（N）与保护线（PE）分开的接零保护

例如

TT——保护接地系统；

TN——保护接零系统；

PEN——保护中性线（兼有保护线和中性线作用）；

TN-S——N 线与 PE 线分开的变压器中性点接地系统；

TN-C——N 线与 PE 线合一的变压器中性点接地系统；

TN-C-S——N 线与 PE 线部分合一、部分分开的变压器中性点接地系统。

1. IT 接地方式

（1）接地图（见图 4.3-1）。图中 L1、L2、L3 为不接地电网 A、B、C 三相供电线；PE 为设备的保护接地线。

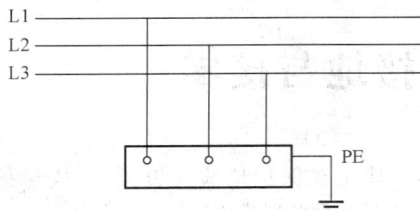

图 4.3-1 IT 接地方式

（2）特点如下：

1）这种保护方式的实质是限制故障设备的对地电压，属故障电压保护，其原理如图 4.3-2 所示。由于接地装置接地电阻 R_b 与人体电阻 R_r 并联，则一般情况下的对地电压为

$$U_d = \frac{3UR_b}{|3R_b + Z|}$$

式中，U 为电网相电压；Z 为电网每相对地绝缘的复数阻抗。

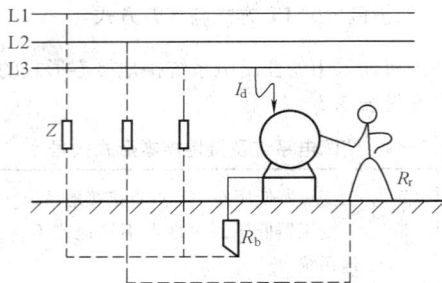

图 4.3-2 IT 接地方式保护原理

因为 $R_b < Z$，所以设备对地电压大大降低。只要控制 $R_b \leqslant 4\Omega$，即可在发生单相接地故障时，将漏电设备对地电压限制在安全范围之内，触电危险得以消除。

2）由于单相接地电流较小，发生单相接地后，系统还可继续运行。

（3）应用场所。煤矿等井下作业以及工厂等希望尽量少停电的系统。

（4）IT 系统可采用如下保护器。绝缘监视器、过电流动作保护器、剩余电流动作保护器（又称漏电断路器）。

2. TT 接地方式

（1）接线图（见图 4.3-3）。

（2）特点如下：

1）由于电源中性点是接地的，如果发生一相接地故障（设备金属外壳与相线短接），这时故障电流主要经设备接地装置的接地电阻 R_b 和电源中性点接地装置的接地电阻 R_0 构成回路，漏电设备对地电压

和零线对地电压分别为

$$U_d = \frac{R_b}{R_b + R_0}U, \quad U_0 \approx \frac{R_0}{R_b + R_0}U$$

此种接地方式导致了零线产生对地电压 U_0，而且 U_d 和 U_0 都可能远远超过安全电压，当人体触及漏电设备或触及零线时都可能发生致命的触电危险。

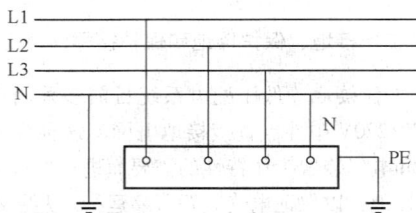

图 4.3-3 TT 接地方式

2）由于故障电流主要经 R_b 和 R_0 构成回路（见图 4.3-4），其大小可简化为

$$I_d \approx \frac{U}{R_0 + R_b}$$

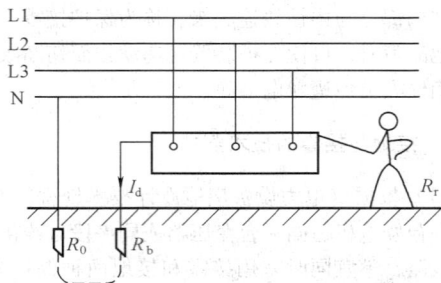

图 4.3-4 故障电流回路

由于 R_0 和 R_b 都是欧姆级的数值，因此故障电流不可能太大，假若 R_0、R_b 均为 4Ω 时，I_d 也只有 27.5A，一般的过电流保护装置不能自动跳闸起保护作用，故一般情况下不采用 TT 接地方式。

（3）应用场所：某些小负载供电系统。此时用电设备的外露可导电部分采用各自的 PE 接地线；系统中要有快速切除接地故障的自动装置及其他措施，并保证零线没有触电的危险。

（4）TT 系统主要采用剩余电流动作保护器。

3.1.4 保护接零的 TN-S 方式、TN-C 方式与 TN-C-S 方式

保护接零就是在低压三相四线制中性点直接接地的供电系统中，把电气设备在正常情况下不带电的金属部分与电网的零线（中性线）紧密地连接起来。当电气设备绝缘损坏，其中一相带电部分碰到设备外壳时，能通过外壳形成相对零线的单相短路，短路电

流能促使线路上的过电流保护装置迅速动作，从而断开故障部分的电源，消除触电危险。

低压三相四线制电网中，有工作零线和保护零线之分，前者就是中性线，通常用 N 表示；后者即保护导体，通常用 PE 表示。若一根线既是工作零线又是保护零线，则用 PEN 表示。

1. TN-S 方式（五线制方式）

（1）接线图（见图 4.3-5）。

（2）特点。用电设备外露可导电部分接到 PE 上。在正常工作时 PE 线上没有电流，因此设备的外露可导电部分不呈现对地电压。一旦发生一相带电部分与设备的外露可导电部分短接事故，由于 PE 线的电阻很小，将产生很大的短路电流使保护装置迅速切断电源。该方式比较安全，但费用高。

（3）应用场所。环境条件比较差的场所，也适用于数据处理、精密检测装置的供电系统。

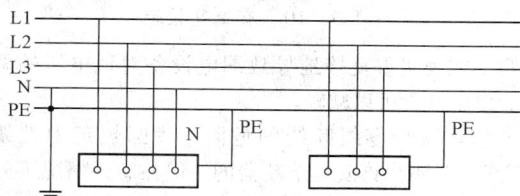

图 4.3-5　TN-S 方式

（4）TN-S 系统的分支回路中性线可装设熔断器或开关。

2. TN-C 方式（四线制方式）

（1）接线图（见图 4.3-6）。

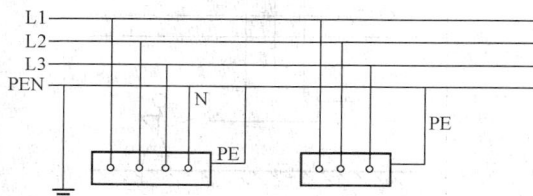

图 4.3-6　TN-C 方式

（2）特点。中性线 N 和 PE 线合并成 PEN 线，在三相负载不平衡时，PEN 线上有电流。因此所采用的保护装置要合适，当单相短路电流大于其整定电流的 1.5 倍时，即能迅速动作；为了保证在发生事故时有足够的单相短路电流，PEN 线要有足够大的导线截面积。

（3）应用场所。应用广泛，即一般场所应用都可以。

（4）TN-C 系统保护干线不准接熔断器或漏电保护器。

3. TN-C-S 方式

（1）接线图（见图 4.3-7）。

（2）特点。在系统的末端将 PEN 线分为 PE 线和 N 线（分开后不允许再合并）。对于共用部分截面积，铜芯不得小于 $10mm^2$，铝芯不得小于 $16mm^2$，如系电缆芯线，则不得小于 $4mm^2$。

（3）应用场所。环境较差的场所。

（4）要求 PE 线与 N 线分开后，不得再合并。

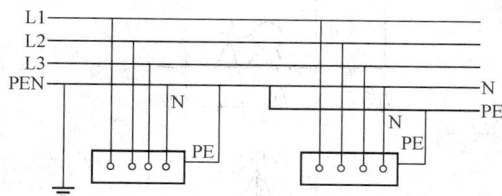

图 4.3-7　TN-C-S 方式

4. 接零保护的迅断和限压要求　迅速切断电源是保护接零的基本保护方式。在单相短路故障时，短路电流越大，保护装置动作越快；反之，动作越慢。短路电流为

$$I_d = U/Z$$

上式表明单相短路电流取决于电网电压和相零线回路阻抗，为保证在发生漏电时有较大的短路电流 I_d，以迫使线路上的保护装置迅速动作、切断电源，我国设计规范规定，当用继电保护装置作过电流保护时，单相短路电流应大于其整定电流的 1.5 倍，即 $I_d \geq 1.5 I_{zd}$。

当用熔断器作过电流保护时，单相短路电流应大于其额定电流的 4 倍，即 $I_d \geq 4 I_{re}$。当熔断器额定电流为 5A，短路电流为 3×5A、4×5A 和 5×5A 时，各类熔断器的熔断时间见表 4.3-3。

表 4.3-3　　低压熔断器的保护特性

熔断器型号	额定电流/A	相应短路电流下的熔断时间/s		
		3×5A	4×5A	5×5A
RM(380)	5	12	5	2.5
RM(220)	5	7	2	0.8
RTO	5	0.4	1.12	0.05
RLI	5	8	1	0.2
RCI	5	10	3.5	1.5

保护装置动作快，故障持续时间短，电流通过人体的持续时间亦短，致命的危险性就小。

由于 TN 方式的接零保护是基于工作接地之上。所谓工作接地是在三相四线制低压电网中，变压器低压中性点的接地称为工作接地。没有工作接地，就不可能有 TN 方式，工作接地的限压作用如图 4.3-8 所示（相电压为 220V）。

当发生一相接地故障时，接地电流 I_d 经故障接地电阻 R_d 和工作接地电阻 R_0 构成回路，并引起各相

对地电压发生变化，当 $R_0 \leqslant 4\Omega$ 时，则中性点位移受到限制，即可把中性（零线）对地电压 U_{Nd} 限制在 50V 以下。此时未接地两相对地电压不会超过 250V，即被限制在低压范围内。

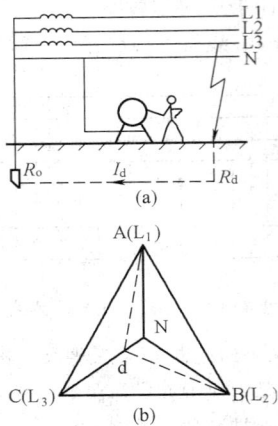

图 4.3 - 8 工作接地的限压作用

(a) 工作接地作用；(b) 中性点位移

3.1.5 单独接地、共同接地和重复接地

1. 单独接地 指将电器装置和金属外壳各自分别就近进行接地；或将同一性质的装置集中连组，再单独接地。

2. 共同接地 指不同性质的接地采用共同接地装置，或将不同性质的接地装置用等电位连接成共同接地装置。

3. 重复接地 指零线上工作接地以外其他点的再次接地。重复接地是提高 TN 方式安全性能的重要措施，其保护作用如下：

(1) 降低漏电设备对地电压。漏电设备是指由于导线绝缘老化、受潮、腐蚀及机械损伤使外壳带电。发生漏电事故瞬间到线路中保护装置动作切断电源要有一段时间，在此段时间内，设备外壳是带电的，其对地电压 U_d 在无重复接地时（见图 4.3-9）为

$$U_d = \left| \frac{Z_N}{Z_N + Z_{ph}} \right| U$$

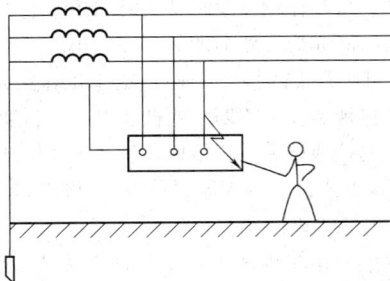

图 4.3 - 9 无重复接地

式中，Z_N 为中性点至故障点间零线阻抗；Z_{ph} 为中性点至故障点间相线阻抗。

显然用增大零线截面以减少其阻抗是不经济的，所以一般情况下 U_d 通常高于安全电压。在有重复接地时（见图 4.3 - 10），漏电设备对地电压 U_α 为

$$U_\alpha = \frac{R_b}{R_b + R_0} \left| \frac{Z_N}{Z_N + Z_{ph}} \right| U$$

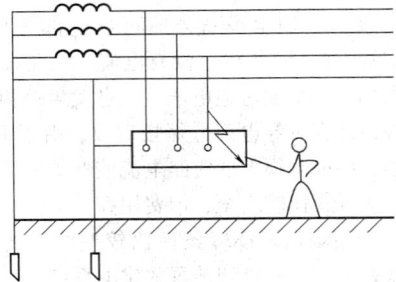

图 4.3 - 10 有重复接地

上式表明重复接地导致漏电设备对地电压的降低，触电危险可以减轻。

(2) 减轻零线断线的危险。我国规定中性线（零线）是不允许安装熔断器的，但在意外情况下外力使保护零线断开的可能性是不能完全排除的。当零线断开，又没有重复接地时，若人体触及漏电设备，则人体和工作接地构成回路，因为人体电阻 R_r 远大于 R_0，所以人体几乎承受全部相电压，造成致命的触电事故，如图 4.3 - 11 所示。

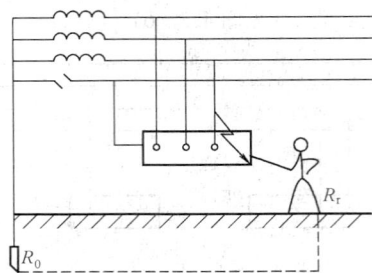

图 4.3 - 11 零线断线的危险

图 4.3 - 12 是在零线上加有重复接地装置，当发生上述事故时，较大的事故电流通过 R_b 和 R_0 形成回路，漏电设备对地电压降低，触电危险性有所减轻，但并不能完全消除触电的危险。

(3) 缩短故障持续时间。工作接地和重复接地对于零线构成并联分支，当发生短路事故时增大短路电流，而且线路越长，效果越显著，大的短路电流能使线路保护装置迅速动作，切断电源，从而缩短了故障持续时间。

(4) 改善防雷性能。架空线路零线上的重复接

地，对雷电流有分流作用，从而限制了雷电过电压。

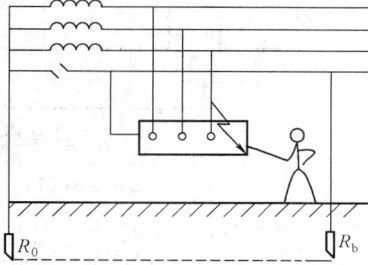

图 4.3 - 12

对三相三线制中性点不接地（IT）系统，不存在重复接地；三相四线（TT）或三相五线（TN）系统的常用重复接地的形式如图 4.3 - 13 所示。

图 4.3 - 13（b）形式中，重复接地点应在 PE 线上，重复接地点不得再与 N 线交连相接。图 4.3 - 13（c）形式中 PE 线在重复接地点引出，重复接地点必须与 N 线交连。图 4.3 - 13（d）形式中，用电设备的零线（N 线）与系统的 N 线（MN 干线）交连，不得再与其他地线（包括外壳）相接；设备的外壳则必须直接接地，不得再与 N 线相接。

3.1.6　特殊接地

1. 电子设备接地

（1）电子设备接地的种类。

1）信号地。为了使电子设备在工作时有一个统一的公共参考电位（即基准电位），不致于因浮动而引起信号量的误差，并防止其内外的有害电磁场干扰，使电子设备稳定可靠地工作，实现其固有的功能，电子设备中的信号电路应接地，简称信号接地。这个"地"可以是大地，也可以是接地母线、总接地端子等。

2）安全地。当电子设备由 TN（或 TT）系统供电的交流线路引入时，为了保证人身和电子设备本身的安全，防止在发生接地故障时其外露导电部分上出现超过限值的危险接触电压，电子设备的外露导电部分应接保护线或接大地，这种接地称为安全接地，即电子设备的保护性接地。

（2）信号地的接地形式。

1）一点接地。各电子设备的信号接地或电子设备中各部分电路均以总接地端子为基准电位点，再由总接地端子引出接地线与接地极相连接的接地方式。

这种接地形式适用于低频（$f<1$MHz）电子设备。

这种接地形式可分为串联式一点接地和并联式一点接地，如图 4.3 - 14 所示。

串联式一点接地因部分设备或电路间存在共用的接地线，所以其信号可能会互相影响，但这种接地形式简便易行，仍可用于电平相近的各低频电子设备，不过应注意将其中电平最低者置于距接地端子最近处。并联式一点接地避免了串联式一点接地的缺点，但因接地线数量较多而使布线复杂化。

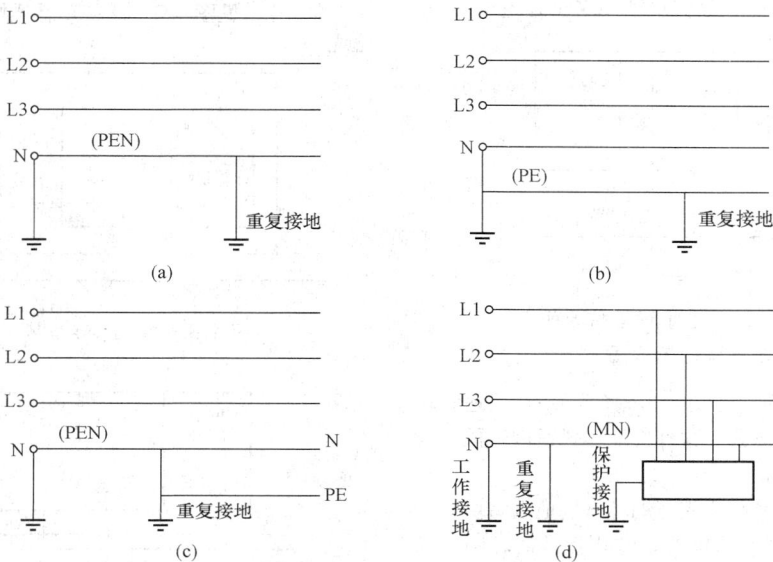

图 4.3 - 13
(a) TN - C 系统重复接地；(b) TN - S 系统重复接地；
(c) TN - C - S 系统重复接地；(d) TT 系统重复接地

(a)

(b)

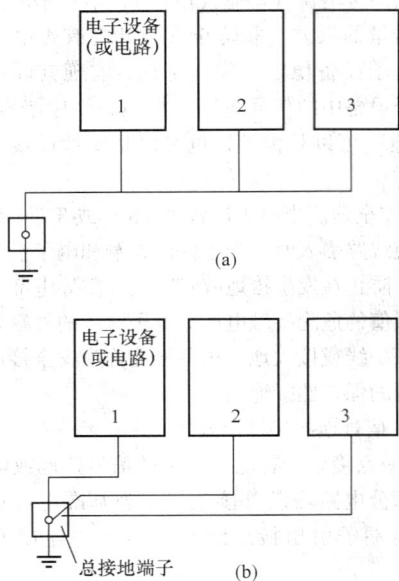

图 4.3-14　电子设备信号一点接地示意图
(a) 串联式一点接地；(b) 并联式一点接地

2) 多点接地（见图 4.3-15）。各电子设备的信号地或电子设备中的各部分信号电路，分别以最短的接地线接至接地母线（以此为基准电位）上，以降低各接地线的阻抗，减小各接地线之间的电感耦合及分布电容而引起的电容耦合。由接地母线至接地极的接地线应采取适当的屏蔽措施，以免其接收或辐射干扰信号。这种接地形式适用于高频（$f > 10MHz$）电子设备。

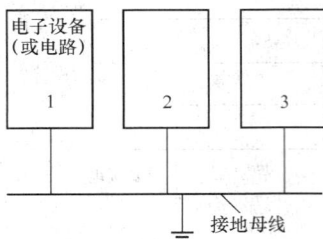

图 4.3-15　电子设备信号的
多点接地示意图

3) 混合式接地（见图 4.3-16）。一点接地和多点接地混合的接地形式。这种接地形式适用于低频与高频之间的电子设备。

信号地接地线一般采用薄铜排，接地电阻值一般要求不大于 4Ω，若与防雷接地共用接地时，则要求不大于 1Ω。

2. 电子计算机接地

（1）电子计算机接地种类。可分为信号接地（也称逻辑接地）和安全接地。

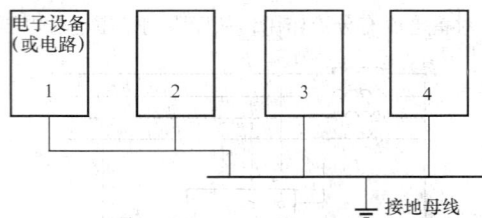

图 4.3-16　电子设备信号地混合式接地示意图

（2）电子计算机的接地形式。

1) 一点接地。将电子计算机的各机柜中的信号接地接至机房内活动地板下已接大地的铜排网的同一点。安全接地则接保护线 PE 或接总接地端子，再接至铜排网的接地点，见图 4.3-17。

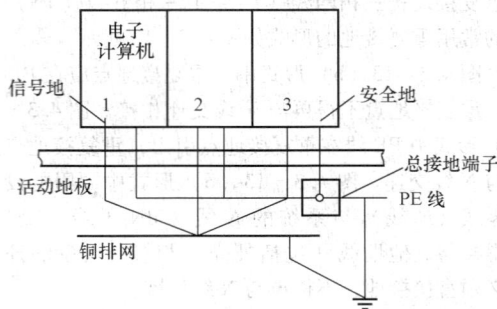

图 4.3-17　一点接地

2) 悬浮接地。①悬浮接地形式之一：电子计算机内各部分电路之间只依靠磁场耦合（如变压器）来传递信号，整个电子计算机包括外壳都与大地绝缘（即悬浮），见图 4.3-18；②悬浮接地形式之二（见图 4.3-19）。

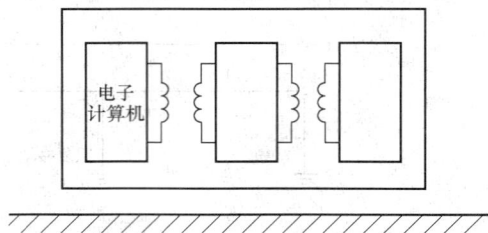

图 4.3-18　悬浮接地形式之一

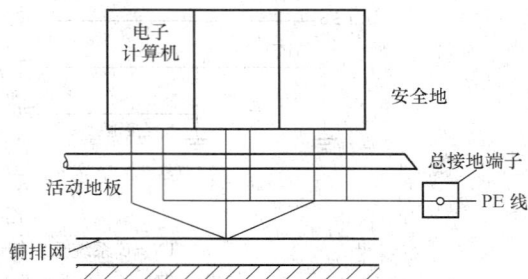

图 4.3-19　悬浮接地形式之二

以上不同接地形式，适用于相应的电子计算机。对于某一确定的电子计算机来说，它的接地形式及接地要求在做产品硬件设计时就已被确定了，因此应根据其说明书的具体要求来决定其接地形式。

3）信号地接地线的选择。运行经验证明，由电子计算机至铜排网的这一段接地线，一般采用 0.35mm×100mm 或 0.5mm×100mm 的薄铜排较合适。

4）铜排网的布置。电子计算机房活动板地下的铜排网，一般按活动地板的尺寸采用 0.6m×0.6m 的网格，也可按电子计算机机柜布置的位置来敷设，这样可以减小接地线的长度。

3. 屏蔽接地　电气装置为了防止其内部或外部电磁感应或静电感应的干扰而对屏蔽体进行的接地，称为屏蔽接地。例如，某些电气设备的金属外壳、电子设备的屏蔽罩或屏蔽线缆的接地就属屏蔽接地，某些建筑物或建筑物中某些房间的金属屏蔽体的接地也可称为屏蔽接地。屏蔽接地有以下几种：

（1）静电屏蔽体的接体。其目的是为了把金属屏蔽体上感应的静电干扰信号直接导入地中，同时减小分布电容的寄生耦合，保证人身安全。一般要求其接地电阻不大于4Ω。

（2）电磁屏蔽体的接地。其目的是为了减小电磁感应的干扰和静电耦合，保证人身安全。一般要求其接地电阻不大于4Ω。

（3）磁屏蔽体的接地。其目的是为了防止形成环路产生环流而引起磁干扰。磁屏蔽体的接地主要考虑接地点的位置以避免产生接地环流。一般要求其接地电阻不大于4Ω。

（4）屏蔽室的接地。其屏蔽体应在电源滤波器处，即在进线口处一点接地。

（5）屏蔽线缆的接地。当电子设备之间采用多芯线缆连接，且工作频率 $f \le 1MHz$，其工作长度 L 与波长 λ 之比 $L/\lambda \le 0.15$ 时，其屏蔽层应采用一点接地（又称单端接地）。

当 $f > 1MHz$，$L/\lambda > 0.15$ 时，应采用多点接地，并应使接地点间距离 $S \ge 0.2\lambda$，如图 4.3-20 所示。

3.1.7　保护方式选择

（1）不允许在 TN 方式的三相四线低压电网中混用 TT 方式。若特殊需要采用 TT 方式时，则要求线路上必须装有快速切除接地故障的自动保护装置。

（2）在三相四线制低压电网中，应采取接零保护。

（3）工厂厂房或其他建筑物内，如有接地电网和不接地电网的两种供电方式，则应分别采取保护接零措施和保护接地措施。考虑到二者的接地装置总是通过各种金属构件、管道等多次连接起来的，因此允

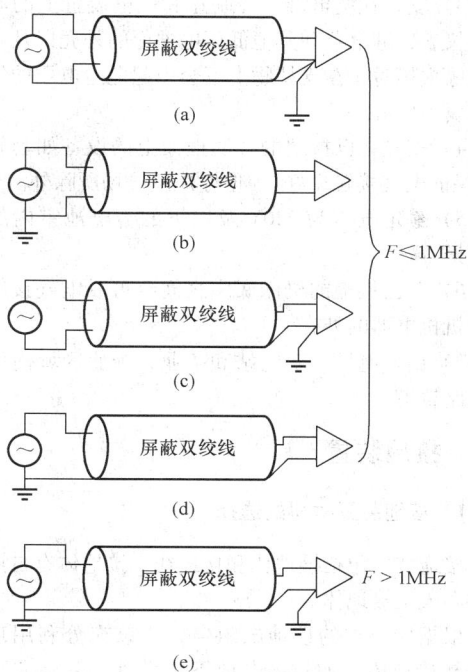

图 4.3-20　屏蔽线缆接地

许两种方式共用一套接地装置，接地电阻应符合其中最小值的要求。

（4）电力设备的下列金属部分，除另有规定者外，均应接地或接零：

1）电机、变压器及其他电器的金属底座和外壳，互感器的二次绕组。

2）电力设备的传动装置。

3）配电屏和控制屏，以及保护屏的框架。

4）交、直流电力电缆的接线盒，终端盒的金属外壳和电缆的金属护层，穿线的钢管。

5）装有避雷线的电力线路杆塔。

6）在非沥青地面的居民区内，无避雷线的小接地电流架空电力线路的金属杆塔和钢筋混凝土杆塔。

7）装在配电线路杆上的开关设备、电容器等电力设备。

（5）电力设备的下列金属部分，除另有规定者外，可不接地或不接零：

1）在木质、沥青等不良导电地面的干燥房间内，交流额定电压为 380V 及以下，直流额定电压为 440V 及以下的电气设备的外壳；但当有可能同时触及上述电气设备外壳和已接地的其他物体时，则仍应接地。

2）在干燥场所，交流额定电压为 127V 及以下，直流额定电压为 110V 及以下的电力设备外壳，但爆炸危险场所除外。

3) 安装在配电屏、控制盘和配电装置上的电气测量仪表，继电器和其他低压电器等的外壳以及当发生绝缘损坏时，在支持物上不会引起危险电压的绝缘子金属底座等。

4) 安装在已接地的金属框架上的设备如套管等（应保证电气接触良好），但爆炸危险场所除外。

5) 额定电压为220V及以下的蓄电池室内的金属框架。

6) 与已接地的机床底座之间有可靠电气接触的电动机机电器的外壳。

7) 由发电厂、变电站和工业、企业区域内引出的铁路轨道。

3.2 接地装置

3.2.1 接地装置材料的选择

接地装置包括接地体和接地线。接地体有自然接地体和人工接地体。

根据所要求的接地电阻值，应该充分利用现有的自然接地体，如敷设在地下的水管，其他非可燃液体、气体的金属管道、金属井管、与大地有可靠连接的建筑物及构筑物金属结构，水工构筑物的金属构件和金属桩等。当自然接地体还不能满足要求时，应该设人工接地体，人工接地体常由钢管、圆钢、角钢、扁钢等制成。为了保证足够的机械强度，并考虑到防腐蚀的要求，一般钢接地体和接地线的规格见表4.3-4，常用低压电气设备外露接地线的规格见表4.3-5。

表4.3-4　钢接地体和接地线的规格

种类和规格		地　上		地下
		室内	室外	
圆钢直径/mm		5	6	8（10）
扁钢	截面积/mm^2	24	48	48
	厚度/mm	3	4	4（6）
角钢厚度/mm		2	2.5	4（6）
钢管管壁厚度/mm		2.5	2.5	3.5（4.5）

注：1. 括号内数值系指直流电力网中参数。
　　2. 电力线路杆塔的接地体引出线的截面积应不小于50mm^2，引出线应热镀锌。

表4.3-5　低压电气设备外露的接地线的规格

序号	名　称	接地线截面积/mm^2		
		铜	铝	钢
1	明敷的裸导体	4	6	12
2	绝缘导体	1.5	2.5	

续表

序号	名　称	接地线截面积/mm^2		
		铜	铝	钢
3	电缆的接地芯或与相线包在同一保护外壳内的多芯导线的接地芯	1	1.5	

3.2.2 接地装置的安装

1. 对安装的一般要求

（1）接地体宜避开人行道和建筑物出入口附近；与建筑物的距离应不小于1.5m，与独立避雷针的接地体之间的距离应不小于3m。接地体的上端埋入深度应不小于0.6m，并应埋在冻土层以下的潮湿土壤中。

（2）电气设备及构架应该接地部分，都应直接与接地体或它的接地干线相连接，不允许把几个接地的部分用接地线串联起来，再与接地体连续。

（3）不论所需的接地电阻是多少，接地体都不能少于两根。其间距离应不小于2.5m。

（4）接地线位置应便于检查，并不妨碍设备的拆卸与检修。接地线的颜色标志一般为黑色。

（5）接地装置各接地体的连接，要用电焊或气焊，不允许用锡焊，且不得有虚焊；一般焊接时，可用螺钉、铆钉等连接，但必须防止锈蚀。

2. 接地体的埋设　垂直接地体通常采用钢管或角钢。埋设前应先挖一个地沟，然后再将接地体打入地下，上端露出沟底10~20cm，以便于焊接。

水平埋设的接地体，埋深为0.5~1.0m，可采用环形、放射式等。其材料通常采用扁钢和圆钢。

3.2.3 接地电阻及其测量

符合规定的接地电阻（见表4.3-6）是保证安全的重要条件，因此各种接地装置的接地电阻应当定期测量，至少每年进行测量和检查一次，一般应当在雨季前或其他土壤最干燥的季节进行测量。

表4.3-6　电力系统和电气设备要求的接地电阻

序号	电力线路名称	接地装置特点	接地电阻值/Ω
1	1kV以上大接地电流的电力线路	仅用于该线路的接地电阻	≤0.5[②]
2	1kV以上小接地电流的电力线路	仅用于该线路的接地电阻	$\leqslant\dfrac{250}{I}\leqslant 10$[④]
3		与1kV以下线路的共同接地装置	$\leqslant\dfrac{125}{I}\leqslant 10$[④]

续表

序号	电力线路名称	接地装置特点	接地电阻值/Ω
4	1kV 以下中心点直接接地电力线路	与容量在100kV[①]以上的发电机或变压器相连接的接地装置	≤4
5		上述（序号4）装置的重复接地	≤10
6		与容量在100kV[①]以下的发电机或变压器相连接的接地装置	≤10
7		上述（序号6）装置的重复接地	≤33[③]
8	引入线上装有 25A 以下的熔断器的小容量线路电气设备	高低压电气设备联合接地	≤4
9		工业电子设备的接触	≤10
10		电流电压互感器二次线圈接地	≤10
11		任何供电系统	≤10

续表

序号	电力线路名称	接地装置特点	接地电阻值/Ω
12	土壤电阻率大于 500Ω·m 的高土壤电阻率地区	1kV 以下小接地短路电流系统的电气设备的接地	≤20
13		发电厂和变电所接地装置	≤10
14		大接地短路电流系统发电厂和变电所接地装置	≤5

① 指单台或并联的总容量而言。

② 用自然接地体能达到接地电阻要求时，还必须采用接地电阻不大于 1Ω 的人工辅助接地体。

③ 重复接地应不小于三处。

④ I 为接地装置流入地中的电流。

　　各种接地装置的电阻值都应以实测数据为依据，最简单的测量方法是用接地电阻测定器测量。

第 4 章 电气装置的绝缘、屏护和间距

从防止触电的角度考虑，绝缘、屏护和间距都是防止直接接触电击的安全措施。

4.1 绝缘

绝缘是用电阻率在 $10^7\Omega\cdot m$ 以上的电工绝缘材料把带电体封闭起来。良好的绝缘是保证设备和线路正常运行的必要条件，也是防止触及带电体的基本措施。

(1) 电气设备的绝缘应符合其相应的电压等级，常用电工绝缘材料的击穿强度可查表。

(2) 电气设备的绝缘应符合环境条件和使用条件，也就是说其绝缘材料应能长时间耐受电气、机械、化学、生物等有害因素的作用而不遭致破坏。

(3) 绝缘电阻是电气设备最基本的性能指标。不同的线路或设备对绝缘电阻有不同的要求，一般来说，高压电器比低压电器要求高，移动设备比固定设备要求高。几种常用指标为：

1) 配电盘二次线路的绝缘电阻应不低于 $1M\Omega$，在潮湿环境允许降低为 $0.5M\Omega$。

2) 新装和大修后的低压线路和设备，要求绝缘电阻不低于 $0.5M\Omega$。运行中的线路和设备可降低为每伏工作电压 1000Ω。

3) 携带式电气设备的绝缘电阻应不低于 $2M\Omega$。

4) 10kV 高压架空线路每个绝缘子的绝缘电阻不低于 $300M\Omega$，35kV 以上的应不低于 $500M\Omega$。

4.2 屏护

屏护是采用遮栏、护罩、护盖、箱匣等装置将带电体同外界隔绝开来。它包括屏蔽和障碍两种方式。屏护装置不论是永久性的还是临时性的，都是最简单、最常用的安全装置，为了保证其有效性，屏护装置必须符合以下安全条件：

(1) 屏护装置所用材料应有足够的机械强度和良好的耐火性能。

(2) 屏护装置应有足够的尺寸。遮栏高度应不低于 1.7m，下部边缘离地应不超过 0.1m。网眼屏护的网眼应不大于 20mm×20mm～40mm×40mm。对于低压设备，网眼遮栏与裸导体距离不宜小于 0.15m，10kW 设备不宜小于 0.35m。户内栅栏应不低于 1.2m，户外应不低于 1.5m。

(3) 保证足够的安装距离。对于低压设备，栅栏与裸导体距离不宜小于 0.8m，栏条距离应不超过 0.2m。

(4) 凡用金属材料制成的屏护装置，必须接地（或接零），以防止屏护意外带电而造成触电。

(5) 遮栏、栅栏等屏护装置上，应根据被屏护对象挂上"止步，高压危险"等标示牌。

(6) 应配合采用信号装置及联锁装置，前者可用灯光或仪表指示，后者可采用自动装置断电，以保护越过屏护装置的人。

4.3 间距

间距是在带电体与地面之间、带电体与其他设施和设备之间、带电体与带电体之间必须保持一定的安全距离。间距的大小决定于电压的高低、设备的类型、安装的方式等因素。

1. 线路间距（见表 4.4-1）

表 4.4-1　架空线路导线间最小距离

线距电压/kV ＼ 档距/m	40 及以下	50	60	70
高压	0.6	0.65	0.7	0.75
低压	0.3	0.4	0.45	0.5

线距电压/kV ＼ 档距/m	80	90	100	110	120
高压	0.85	0.9	1.0	1.05	1.15
低压	—	—	—	—	—

注：1. 表中所列数值适用于导线的各类排列方式。

2. 靠近电杆的两导线间的水平距离不小于 0.5m。

几种线路同杆架设时应取得有关部门同意，而且必须保证电力线路在通信线路上方，高压线路在低压线路上方。线距和间距应满足表 4.4-1 和表 4.4-2 的要求。

表 4.4-2　同杆线路的最小距离

	直线杆/m	分支（或转角）杆/m
10kV 与 10kV	0.8	0.45/0.60[①]
10kV 与低压	1.2	1.0
低压与低压	0.6	0.3
低压与高压	1.5	1.2

① 转角或分支线横担采用 0.45m，距下面的横担采用 0.6m。

2. 设备间距

（1）室外安装的变压器，其外部之间的距离一般不小于 1.5m，外廓与围栏或建筑物之间的距离应不小于 0.8m。室外配电箱底离地面高度一般为 1.3m。

（2）室内安装的变压器，其外廓至后壁及侧壁的距离，容量为 1000kVA 及以下者应不小于 0.6m，容量为 1250kVA 及以上者应不小于 0.8m；外廓至门的距离应分别不小于 0.8m、1.0m。

（3）高压配电装置与低压配电装置在许可条件下应分室装设。如在同一室单列布置时，高压开关柜与低压配电屏之间的距离应不小于 2m。当配电装置长度超过 6m 时，屏后应有两个通向本室或其他房间的出口，且其间距不宜大于 15m。

（4）车间低压配电盘底口距地面高度，暗装的可取 1.4m，明装的可取 1.2m。明装的电能表板底口距地面的高度可取 1.8m。

（5）一般开关设备安装高度为 1.3～1.5m；板把开关离地面高度可取 1.4m；拉线开关离地面高度可取 3m；室内吊灯灯具高度一般应大于 2.5m。

3. 户内线路与工业管道和工艺设备的间距（见表 4.4－3）

表 4.4－3　　户内线路与工业管道和工艺设备的最小距离

布线方式		导线穿金属管 /mm	电缆 /mm	明设绝缘导线 /mm	裸母线 /mm	吊车滑触线 /mm	配电设备 /mm
煤气管	平行	100	500	1000	1000	1500	1500
	交叉	100	300	300	500	500	—
乙炔管	平行	100	1000	1000	2000	3000	3000
	交叉	100	500	500	500	500	—
氧气管	平行	100	500	500	1000	1500	1500
	交叉	100	300	300	500	500	—
蒸汽管	平行	1000（500）	1000（500）	1000（500）	1000	1000	500
	交叉	300	300	300	500	500	—
暖热水管	平行	300（200）	500	300（200）	1000	1000	100
	交叉	100	100	100	500	500	—
通风管	平行	—	200	200	1000	1000	100
	交叉	—	100	100	500	500	—
上、下水管	平行	—	200	200	1000	1000	100
	交叉	—	100	100	500	500	—
压缩空气管	平行	—	200	200	1000	1000	100
	交叉	—	100	100	500	500	—
工艺设备	平行				1500	1500	100
	交叉				1500	1500	—

第 5 章 防 雷 保 护

5.1 雷电与过电压的有关概念

5.1.1 常用名词术语

1. 直击雷 雷电直接击在建筑物（包括电气装置）和构筑物上，产生电效应、热效应和机械效应。

2. 雷电流 雷电直接击在低接地电阻物体时流过该物体至地下的电流。通常雷电流的最大值为 150kA。

3. 雷电流陡度 雷电流的上升速度，通常雷电流陡度为 30kA／μs。

4. 雷电感应 雷电放电时，在附近导体上产生的静电感应和电磁感应，它可能使金属部件间产生火花。

5. 雷电波侵入 由于雷电对架空线路或金属管道的作用，雷电波可能沿着这些管线侵入屋内，危及人身安全或损坏设备。

6. 电磁感应 雷击后巨大的雷电流在周围空间产生瞬变的强磁场，该强磁场能在邻近导体上感应出很高的电压。

7. 静电感应 当雷云接近地面，在架空线路或其他导电凸出物顶部感应大量电荷，一旦主放电发生，放电通道中的正、负电荷迅速中和，架空线路或导电凸物上的感应电荷将转换成强烈的高电压冲击波。

5.1.2 雷电与过电压

当雷击地面电气设备时，雷电流通过电气设备泄入地中，高达几十千安甚至数百千安的雷电流通过设备时，必须在其电阻（设备的自身电阻和接地电阻）上产生压降，其值可高达数百万甚至数千万伏，这一压降称为"直击雷过电压"。若雷电并没有直击设备，而是发生在设备附近的两块雷块雷云之间或雷云对地面的其他物体之间，由于电磁和静电感应的作用，也会在设备上产生很高的电压，称为感应雷过电压。

5.1.3 雷电的一般规律与危害

1. 能够产生雷电的云，称为雷雨云，又称雷暴、雷暴云或积雨云 随着空中云层电荷的积累，其周围空气中的电场强度不断加强。当空气中的电场强度达到一定程度时，在两块带异号电荷的雷云之间或雷云与地之间的空气绝缘就会因被击穿而剧烈放电，出现耀眼的电光。同时，强大的放电电流所产生的高温，使周围的空气或其他介质发生猛烈膨胀，发出震耳欲聋的响声，这就是我们通常所说的雷电。

2. 雷电的危害来源

（1）雷电电压很高，可达数百万伏乃至更高的冲击电压，导致发电机、电力变压器等电气设备绝缘的毁坏，进而可能造成短路，发生火灾和爆炸事故。巨大的雷电流流入地下，会在雷击点及其连接的金属部分产生极高的对地电压，导致接触电压或跨步电压的触电危险。

（2）雷电流很大，雷电主放电电流可达数十万安，该数十万安的电流通过导体，瞬间内转换出大量热能，造成易燃品燃烧或金属熔化、飞溅而引起火灾或爆炸。

（3）雷电放电的静电感应和电磁感应。雷云的先导放电阶段，虽然其放电功率时间较长，放电电流也较小，也并没有击中建筑物和设备，但先导通道中布满了与雷云同极性的电荷，在其附近的建筑物和设备上感应异号的束缚电荷，使建筑物和设备上的电位上升，这种现象叫雷电放电的静电感应。由静电感应产生的设备和建筑物的对地电压可以击穿数十厘米的空气间隙，这对一些存放易爆物质的场所来说是危险的。另外，由于静电感应，附近的金属物之间也会产生火花放电，引起燃烧或爆炸。

当输电线路或电气设备附近落雷时，虽然没有造成直击，但雷电放电时，由于其周围电磁场的剧烈变化，在设备或导线上产生感应过电压，其值最大可达 500kV。这对于电压等级较低、绝缘水平不高的设备或输电线路是非常危险的。在引入室内的电力线路或配电线路上产生过电压，不仅会损坏设备，而且会造成人身伤亡事故。

5.2 电气装置的防雷

5.2.1 防雷设备

防雷设备主要有避雷针、避雷线、避雷网、避雷带和避雷器等。

1. 避雷针装置 该装置由接闪器、引下线和接地装置组成，避雷针作为接闪器安装在高出被保护物的突出地位，当遇直接雷击时，它能把雷电引向自身，然后通过引下线和接地装置，把雷电流泄入大地；而当雷云临近建筑物时，它能把感应的静电荷引向尖端放电和雷电中和。

单根避雷针的保护范围见图 4.5-1。

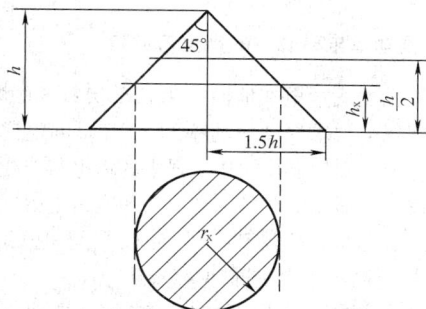

图 4.5-1　单根避雷针的保护区域

图中 h 为避雷针高度，在任一高度 h_x 平面上的保护半径 r_x 按下式确定

当 $h_x \geqslant h/2$ 时，$r_x = (h-h_x)k$

当 $h_x < h/2$ 时，$r_x = (1.5h-2h_x)k$

式中，k 为高度影响系数，$h<30\text{m}$ 时，$k=1$；$30\text{m}<h\leqslant120\text{m}$ 时，$k=5.5/\sqrt{h}$。

避雷针一般用镀锌圆钢或钢管制成。针长 1m 以下者，圆钢直径不得小于 12mm，钢管直径不得小于 20mm；针长 1~2m 者，圆管直径不得小于 16mm，钢管直径不得小于 25mm。装设在烟囱上方时，宜采用 20mm 以上的圆钢，以提高耐腐蚀能力。

引下线一般采用圆钢或扁钢，如用钢绞线作引下线，其截面积应不小于 25mm²。引下线应沿建筑物和构筑物外墙敷设，并经最短途径接地，作暗敷设时，截面积应加大一级。建筑物和构筑物的金属构件（如消防梯、检视梯）可用作引下线，但所有金属构件间均应连成电气通路。在易受机械损坏的地方，可用角钢在地面 1.7m 至地下 0.3m 的一段加经保护，角钢和引下线应连接起来。

防雷接地装置与一般接地装置的要求大体相同，其所用材料的最小尺寸应稍大于其他接地装置的最小尺寸。防雷接地电阻一般指冲击接地电阻。接地电阻按防雷种类、建设物和构筑类别而定。常用防雷装置要求的接地电阻值见表 4.5-1。

2. 避雷器　有保护间隙、管型避雷器和阀型避雷器等。避雷器并联在被保护设备或设施上，正常时处在不导通的状态；出现雷击过电压时，击穿放电，切断过电压，起保护作用，过电压终止后，迅速恢复不导通状态的正常情况。

表 4.5-1　　常用防雷装置要求的接地电阻值

防雷装置名称	接地特点	接地电阻/Ω
无避雷线的架空线	小接地短路电流系统中水泥杆、金属杆	$R\leqslant30$
	低压线路水泥杆、金属杆	$R\leqslant30$
	零线重复接地	$R\leqslant10$
	低压进户线绝缘子铁脚	$R\leqslant30$
建筑物	第一类防雷建筑物（防直击雷）	$R\leqslant10$
	第一类防雷建筑物（防感应雷）	$R\leqslant5$
	第二类防雷建筑物（防直击雷）	$R\leqslant10$
	第三类防雷建筑物（防直击雷）	$R\leqslant30$
	烟囱接地	$R\leqslant30$
防雷设备	保护变电所的户外独立避雷针	$R\leqslant25$
	装设在变电所架空进线上的避雷针	$R\leqslant25$
	阀型避雷器	$R\leqslant5$

（1）保护间隙。是最简单的避雷器，主间隙做成角形，水平安装，利于电弧随着热空气上升被拉长而熄灭，间隙和辅助间隙的距离可根据表 4.5-2 进行选择。

保护间隙主要用于缺乏其他避雷器的场合。由于其灭弧能力有限，为了提高供电的可靠性，送电端应装置自动重合闸。当用于保护变压器时，保护间隙宜安装在高压熔断器里侧，以缩小停电范围。

表 4.5-2　　主间隙和辅助间隙距离选择

额定电压/kV	3	6	10
主间隙距离/mm	8	15	25
辅助间隙距离/mm	5	10	10

（2）管型避雷器。实质上是一个具有较高灭弧能力的保护间隙。由于其伏安性陡，放电分散性大，动作时产生载波，因此一般不能用来保护高压电

器设备的绝缘。在我国高压电网中，管型避雷器只用作线路弱绝缘保护和变电站进线保护。

新型管型避雷器几乎没有续流，适用于雷电活动频繁的地区，尤其是用于农村电网配电设备的保护效果较好。

（3）阀型避雷器。主要部件是间隙和阀片（非线性电阻片）。阀片的作用是限制工频续流，使间隙可以切断工频续流。

FS 型避雷器又称配电型，阀片将续流峰值限制在 50A，切断比约为 1.8。

FZ 型避雷器用于电站，低温阀片将续流峰值限制在 80A，切断比亦为 1.8。

普通阀型（FS、FZ 型）避雷器的通流能力不大，因此，不宜像管型避雷器那样装在雷电活动频繁的地方，而只宜装在变电站内。

对于阀型避雷器，要定期测绝缘电阻，用 2500V 及以上兆欧表测量运行中的 FS 避雷器的绝缘电阻应不低于 2000MΩ。泄漏电流也应定期测量，不带并联电阻者，不宜超过 10mA；带并联电阻者，一般不宜超过 400mA。不带并联电阻的避雷器应每 1～3 年测定一次工频放电电压，运行中的 FS－10 型避雷器的工频放电电压应在 26～31kV 范围内；FZ－10 型避雷器的工频放电电压也应在此范围内。

5.2.2 人身防护

雷电伤人是雷击后的过电压产生的，过电压对人体的伤害可分为冲击接触过电压对人体的伤害、冲击跨步过电压对人体的伤害及设备过电压对人体的反击三种。雷电流通过设备及其接地装置时产生冲击高压，人触及设备时手脚之间的电位差就是冲击接触电压；反击伤害是指避雷针、架构、建筑物及设备等在遭受雷击雷电流流过时产生很高的冲击电位，当人与其距离足够近时，对人体产生放电而使人体受到的伤害。

根据雷电触电事故分析，《电业安全工作规程》规定：电气运行人员必须注意电触电的防护问题，以保护人身安全。

（1）雷暴时，发电厂变电所的工作人员应尽量避免接近容易遭到雷击的户外配电装置。在进行巡回检查时，应按规定的路线进行。在巡视高压屋外配电装置时，应穿绝缘鞋，并不得靠近避雷针和避雷器。

（2）雷电时，禁止在室外和室内的架空引入线上进行检修和试验工作，若正在做此类工作时，应立即停止，并撤离现场。

（3）雷电时，应禁止屋外高空检修、试验工作，禁止户外高空带电作业和等电位工作。

（4）对输配电线路的运行和维护人员，雷电时，禁止进行倒闸操作和更换熔断器的工作。

（5）雷暴时，非工作人员应尽量减少外出。如果外出工作遇到雷暴时，应停止高压线路上的工作。

5.3 供电系统对高功率电磁脉冲的防护

5.3.1 高功率电磁脉冲的产生与危险

（1）雷暴雨放电在地面产生几千伏每米的电场，在雷雨区每个雷暴提供的功率约 10^8W，闪电完成大地与雷电云之间的电荷输送，强大的雷电流产生强烈的电磁效应，形成辐射场。高功率超宽带电磁式武器辐射也形成高功率脉冲，高空核爆炸电磁脉冲（HEMP）属高功率电磁脉冲。

（2）电磁脉冲作用下的架空电缆、埋地电缆和金属管道等长导体往往成为电磁脉冲能量收集器。高空核爆炸电磁脉冲在架空线上可产生几十万到几百伏的陡脉冲电压，称为 HEMP 过电压，它是空间电磁场对输电线连续耦合的结果，其耦合方式包括辐射耦合和传导耦合两种。雷电对电力直接效应即直接由雷击产生的物理效应，例如，燃烧、侵蚀、爆炸、结构变形和高压冲击液。雷电流引起的次级效应即辐射效应，产生脉冲电压。HEMP 感应过电压对供电系统的危害表现如下：

1）引起电气设备内绝缘击穿和外绝缘闪络。高功率电磁脉冲感应过电压侵入变压器。可能引起变压器绕组间绝缘击穿。通过变压器高压侧耦合到低压侧的过电压仍有很高的数值，会引起低压电气设备，特别是测量、保护等二次设备绝缘的损坏。

2）引起保护装置误动作，造成停电、解列等事故。随着微电子器件、微型计算机等微电子设备在电力系统中的广泛应用，这一危害日益严重。

5.3.2 供电系统对高功率电磁脉冲的防护

（1）采用埋地电缆是实施供电系统核电磁脉冲防护的一项重要措施。

（2）安装避雷器防护雷电过电压和 HEMP 过电压。避雷器的保防水平可用冲击放电电压来衡量。10kV 普通阀式避雷器和氧化锌避雷器均可防护雷电过电和 HEMP 过电压，后者是防护 HEMP 过电压的最佳选择。

（3）如果避雷器直接装在被保护的变压器端，由于实际安装中避雷器和变压器之间有一段电气距离，如图 4.5－2 所示。图中 x 为避雷器引线长度。

要使变压器得到可靠保护，即要求避雷器的冲击的响应电压和残压低于变压器的冲击耐压，则要求避

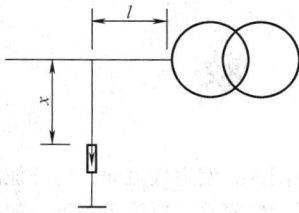

图 4.5-2　避雷器和变压器
之间的电气距离

雷器和变压器之间的电气距离 l 应满足以下关系

$$l + 2x \leqslant \frac{cmU_a}{a}$$

式中，U_a 为避雷器冲击响应电压（kV）；a 为脉冲电压上升沿陡度（kV/ns）；c 为光速（0.3m/ns）；

m 为保护裕度，$m = \dfrac{U_1}{U_a} - 1$；U_1 为变压器冲击耐压。

（4）10/0.4kV 配电变压器作为 10kV 市电供电系统的关键设备，是核电磁脉冲防护的重点对象。与防雷一样，其主要防护手段是安装电压限幅器，将传导至变压器高压侧的 HEMP 过电压限制到变压器能够承受的程度。一般选用 10kV 配电型氧化锌避雷器作为防雷和防核电磁脉冲的电压限幅器。在中性点的不接地系统中，应选用串联间隙的氧化锌避雷器。

（5）供电系统由于大量使用电子器件，因此，二次设备的核电磁脉冲防护，既要限制线路上的过电压，也要使空间的电磁环境满足要求。一般是使用屏蔽系统，如所有导线经由电缆屏蔽槽引入，计算机置入屏蔽室内等。

第 6 章 触 电 急 救

触电急救的基本原则是动作迅速、方法正确。首先，要使触电者迅速脱离电源；其次，根据触电者的伤害程度，施行包括人工呼吸在内的各种正确的急救方式。

1. 脱离电源

（1）对于低压触电事故，可采用下列方法使触电者脱离电源：

1）如果触电地点附近有电源开关或电源插头，可立即拉开开关或拔出插头，断开电源。但应注意开关有可能装在零线上，而导致断不了电源。

2）若无法利用开关切断电源时，可用有绝缘柄的电工钳或用干燥木柄的斧头切断电线，断开电源；或用干木板等绝缘物插入触电者身下，以隔断电源。

3）当电线搭落在触电者身上或被挤压在身下时，可用干燥的衣服、手套、绳索、木板、木棒等绝缘物作为工具，拉开触电者或拉开电线，使触电者脱离电源，但切勿触及他的皮肉。

4）当救护中必须接触触电者身体或皮肉时，救护人员必须戴绝缘手套，穿绝缘靴，救护人员应与地绝缘，且单手进行操作。

（2）对于高压触电事故，可采用下列方法使触电者脱离电源：

1）立即通知有关部门停电。

2）戴上绝缘手套，穿上绝缘靴，用相应电压等级的绝缘工具按顺序拉开开关。

3）在室外架空线路上救护触电者时，应将金属裸体一端接地（可用铁棒插入 1m 以下土壤中），再将另一端扔向线路，造成人为的三相短路，迫使自动保护装置迅速动作切断电源。

如果触电者处在高处，还必须防止触电者脱离电源后可能的摔伤。

2. 现场急救方法 当触电者脱离电源后，应速请医生前来诊治和做好送医院的准备，与此同时，根据触电者的具体伤势，迅速对症救护。

（1）如果触电者伤势不重，神志清醒，但有些慌，四肢发麻，全身无力，或者虽一度昏迷，但已经清醒过来，此时应使触电者安静休息，不要走动，等待医生到来或送往医院。

（2）如果触电者伤势较重，已失去知觉，但心脏跳动和呼吸还存在，此时应使触电者舒适、安静地平卧；周围不围人，使空气流通，解开他的衣服以利于呼吸，如果大气寒冷，要注意保温。如果发现触电者呼吸困难、稀少或发生痉挛，应准备在其心脏跳动停止或呼吸停止后立即作进一步的抢救，即将其送往医院。

（3）如果触电者伤势严重，呼吸停止或心脏跳动停止，或二者都已停止，应立即施行人工呼吸和胸外挤压，并急送医院，在送往医院的途中，也不能中止上述急救措施。

（4）人工呼吸。人工呼吸法是触电急救行之有效的方法，以口对口（鼻）人工呼吸法效果最好。

施行人工呼吸前，应迅速将触电者身上妨碍呼吸的衣领、上衣、裤带等解开，并迅速取出触电者口腔内妨碍呼吸的食物等，以免堵塞呼吸道。

做口对口（鼻）人工呼吸时，应使触电者仰卧，并使其头部充分后仰（可用一只手扶在触电者颈后），使鼻孔朝上，以利于他呼吸畅通。其操作步骤如下：

1）使触电者鼻（或口）紧闭，救护人深吸一口气后紧贴触电者的口（或鼻），向内吹气，为时约 2s。

2）吹气完毕，立即离开触电者的口（或鼻）并松开触电者的鼻孔（或嘴唇），让他自行呼气，为时约 3min。

在施行人工呼吸的同时，必须随时观察触电者，若发现其嘴唇稍有张合，眼皮稍有活动及喉咙部有咽物的动作，则应注意是否已开始自行呼吸，触电者开始呼吸时，即可停止人工呼吸。如果人工呼吸停止几秒钟后，触电者仍无能力自行呼吸，应立即恢复人工呼吸。

（5）胸外心脏挤压法。是触电者心脏跳动停止后的急救方法。做胸外心脏挤压时，应使触电者仰卧在比较坚实的地方，操作方法如下：

1）救护人员跪在触电者一侧或骑在其腰部两侧，两手相叠，手掌根部放在心窝上方，胸骨下 1/3～1/2 处。

2）掌根用力垂直向下（脊背方向）挤压，压出心脏里面的血液。对成人应压陷 3～4cm，以每秒钟挤压一次，每分钟 60 次为宜。

3）挤压后掌根迅速全部放松，让触电者胸部自动复原，血液充满心脏，放松时掌根不必完全离开胸部。

在对触电儿童进行人工呼吸时，只可小口吹气，施行胸外挤压时，可以只用一只手挤压，用力要轻。

如果触电者呼吸和心脏跳动都停止，应当同时进行口对口（鼻）人工呼吸和胸外心脏挤压。如果现场仅有一个人实施抢救，两种方法应交替进行，即每次吹气 2~3 次，再挤压 10~15 次。

进行人工呼吸和胸外心脏挤压抢救要坚持不断，切不可轻率中止，运送医院途中也不能中止抢救，只有经医生作出无法救活的诊断后方可停止。

参 考 文 献

［1］ 陈崇源，陈乔夫. 最新实用电工手册. 成都：成都科技大学出版社，1995.
［2］ 周壁华，陈彬，石立华. 电磁脉冲及其工程防护. 北京：国防工业出版社，2003.
［3］ 王士政. 工矿企业电气工程师手册. 北京：中国水利水电出版社，2002.
［4］ 潘龙德. 电业安全. 北京：中国电力出版社，2002.
［5］ 李桂中. 现代电力工程师技术手册. 天津：天津大学出版社，1994.
［6］ 朱建德. 潘品英. 实践电工手册. 北京：机械工业出版社，1998.
［7］ 刘介才. 现代电工技术手册. 北京：中国水利水电出版社，2003.

第5篇

电 工 材 料

主　编　李盛涛（西安交通大学）

王友功（西安交通大学）

执　笔　李盛涛（西安交通大学）

王友功（西安交通大学）

第1章 绝 缘 材 料

1.1 绝缘材料概论

1.1.1 绝缘材料的介电性能

电介质（绝缘体）是其中的正负电荷在电场作用下主要为极化的一大类物质。电介质禁带宽度 E_g 较大（大于 4eV），价带中的电子难以跃迁到导带，电荷处于束缚状态，因而在电场中只能极化，难以参加导电。电介质的介电特性和名词术语见表 5.1-1。

利用电介质的电绝缘性，在电工、电子设备中达到隔离不同电位的导体、限制电流流向的目的。因此，绝缘材料都具有击穿强度 E_b 和体积电阻率 ρ_v 高、$\tan\delta$ 低的特点，在应用中往往还需要它同时起机械支撑和固定、散热冷却、灭弧等作用。电介质作为电气功能材料应用时，不仅限于电绝缘性能，而是利用它的各种特性。随着高新技术的发展，功能电介质发展很快，并且得到了越来越广泛的应用。

应当注意绝缘材料的电气性能与环境条件有密切关系，通常不能用某一环境条件下测得的性能代表全部工作范围内的性能。此外，实验方法对材料性能的测量值也有强烈影响。

表 5.1-1   电介质的介电特性和名词术语

特性	名词术语	说　　明
介质极化	电介质极化	在外电场作用下，电介质内部沿电场方向出现宏观偶极矩，介质表面出现束缚电荷
	电极化强度 P	单位体积电介质内沿电场方向电偶极矩总和，P 通常与电场强度 E 成正比，但铁电体的 P 与 E 间呈非线性关系，并有电滞效应
	相对介电常数 ε_r（相对电容率）	介电常数 ε 与真空介电常数 ε_0 的比值。$\varepsilon_r>1$。气体的 ε_r 接近 1，非极性电介质的 ε_r 约为 2~2.5，极性电介质的 ε_r 约为 $5\sim10^2$，晶体的 ε_r 约为 $5\sim10^5$
绝缘电阻	介质电导 G	$G=I_v/U$，式中，I_v 为载流子在直流电压 U 作用下的泄漏电流
	电导率 σ	$\sigma=j_v/E$，$\sigma=ne\mu$，式中，j_v 为泄漏电流密度，n 为载流子浓度，μ 为迁移率
	绝缘电阻 R	$R=1/G=U/I_v$
	体积电阻率 ρ_v	$\rho_v=1/\sigma=E/j_v$。与泄漏电流中体积电流相应的电阻率（$\Omega\cdot m$）。绝缘材料一般 $\rho_v\geqslant 1M\Omega\cdot m$
	表面电阻率 ρ_s	与泄漏电流中表面电流相应的电阻率（Ω）
介质损耗	损耗角 δ	电压与电流相位差的余角
	介质损耗角正切 $\tan\delta$	非极性电介质约 10^{-4}，极性电介质大于或等于 10^{-3}
	介质损耗 P	$P=\omega CU^2\tan\delta$，ω 为电场角频率，P 包含由松弛极化引起的松弛损耗和由泄漏电流引起的电导损耗 $P_R=U^2/R$
介质击穿	介质击穿	当电压高于临界值时，流过介质内部的电流剧增，电介质发生由绝缘状态转变为导电状态的突变现象，称为电击穿。由介质损耗引起介质局部的发热速率高于散热速率时，由热不平衡导致介质的热破坏现象称为热击穿。热击穿时 E_b 比电击穿时低得多
	击穿电压 U_b	击穿时的电压值。交流击穿时为电压有效值
	击穿强度 E_b	$E_b=U_b/d$，式中，d 为击穿处的厚度；E_b 又称为绝缘强度。气体介质 E_b 可达到几个 MV/m；纯净液体 E_b 接近 10^2MV/m，工程液体的 E_b 较低；固体介质 E_b 可达 $10^2\sim10^3$MV/m，以云母片和聚合物薄膜为最高
	不均匀介质的击穿	指包括固体、液体或气体组合构成的绝缘结构中的一种击穿形式。击穿往往是从耐电强度低的气体中开始，表现为局部放电，然后或快或慢地随时间发展至固体介质劣化损伤逐步扩大，致使介质击穿

1.1.2 绝缘材料的老化

绝缘材料老化直接影响电工、电子设备的可靠性和使用寿命。

与金属等材料不同，绝缘材料的性能相当容易随时间延长而变化。在电工、电子设备长期运行或长期贮存时，在不同的老化因子作用下，绝缘材料特别是有机绝缘材料会发生一系列化学（降解、氧化和交联等）变化，导致绝缘材料分解，产生低分子挥发物，出现气孔，液体黏度变化，固体材料表面发黏、脆化、炭化、极性增大、变色、发生龟裂和变形等，从而使性能发生不可逆变化，逐步丧失原有的功能特性，这种现象称为老化。

绝缘材料的老化有热老化、大气老化、电老化和机械老化等。热老化主要是热和氧长期联合对绝缘材料作用；大气老化主要是光（特别是紫外线）、氧、臭氧、水和其他化学因素的长期联合作用；电老化主要是电场、热和氧的长期联合作用；机械老化主要是机械力、热和氧的联合作用。此外，高能射线、生物和微生物作用等也是不可忽视的老化因素。老化中出现的各种自由基对老化的发展有重要作用。

1. 绝缘材料的热老化与耐温等级 温度是影响绝缘材料正常老化速率的最重要因素。各种绝缘系统，要按规定的老化试验方法，分别评定绝缘材料的耐热指数和绝缘系统的耐热等级，参见 IEC60216 标准。耐热指数由温度指数和半寿命温差两个参数构成：温度指数是在特定试验条件下，对应规定寿命（通常为 20000h）的摄氏温度；对应寿命减半的温度为另一温度指数，半寿命温差是两个温度指数的差值。绝缘材料的耐热等级见表 5.1-2。

表 5.1-2　绝缘材料的耐热等级

(IEC publication 85, 1984)

耐热等级	温度范围/℃	材　料
Y	<90	纸、棉、绢、天然橡胶、尿素树脂、苯胺树脂
A	<105	油浸纸、棉、漆布、苯酚树脂、珐琅
E	<120	聚氨酯、PVF、环氧树脂、PET、醇酸树脂
B	<130	玻璃纤维、石棉、虫胶、环氧、醇酸树脂
F	<155	醇酸树脂、环氧、硅醇酸树脂
H	<180	硅树脂、硅橡胶
200 ℃	<200	云母、石棉
220 ℃	<220	陶瓷、玻璃、PTFE
250 ℃	<250	石英

如果使用温度超过绝缘材料规定的耐热等级，材料将加速老化。A 级绝缘如果使用温度超过 8℃，寿命将缩短一半左右。B 级绝缘使用温度超过 10℃，H 级绝缘使用温度超过 12℃，寿命也将缩短一半。

2. 电老化 放电类型是影响绝缘材料电老化速率的重要因素。在强的法向电场作用下，绝缘材料内部气隙将发生局部放电，表面间隙发生电晕放电；在强发散电场作用下，绝缘材料内部将在不同运行条件下分别发生电树枝化、水树枝化和化学树枝化放电，引起放电老化击穿；在强沿面电场作用下，绝缘材料表面将随电压的上升而分别发生沿面电晕放电、电火花放电和电弧放电，引起绝缘材料表面腐蚀、树枝状电痕化、炭化直至表面上导体间发生短路。电老化后的击穿与化学反应有关，其介电强度更低，是决定绝缘体系长期工作场强的主要因素。

绝缘材料的耐放电性可以根据规定的电老化试验方法进行评定。例如，根据电晕试验得到的材料在一定的电晕放电或局部放电条件下直到击穿的时间长短表示材料的耐电晕性；根据电痕化试验得到的材料在规定电压和表面污秽条件下形成规定电痕化所需的时间长短表示材料的耐电痕性；根据电弧试验得到的材料在规定电压和电流下形成导电层直至电弧熄灭的时间长短表示材料的耐电弧性。参见 IEC 出版物 343、112、587 和 628，ASTMD2275—1968、D3756—1979。绝缘材料的寿命与多种因素有关，与绝缘体系结构紧密联系，因此，多因子老化试验最好通过接近相应绝缘体系的运行条件进行。

1.1.3 绝缘材料应用中需要注意的问题

1. 绝缘材料的兼容性 绝缘系统内，各绝缘材料间应能相互容纳、彼此不会出现有害影响。绝缘系统多数是由几种绝缘材料组成的，兼容性差时，通过材料间分子相互扩散、电荷交换、材料运行中产生的老化产物的作用等使材料发生一系列物理、化学反应，从而使绝缘材料组合后性能显著降低。要根据产品结构特点和要求，通过规定的试验方法，评价不同绝缘材料组合时的兼容性，以确定合理的绝缘系统。

2. 优化绝缘系统电场和热场分布 绝缘材料串联组合时，绝缘系统电场与各组成材料阻抗成比例分布，把 ε_r 大、ρ_v 较小的绝缘材料放在电场强的部位，有利于改善电场分布，使绝缘材料所承受的最大场强降低。绝缘中气泡的 E_b 低，但它 ε_r 小而 ρ_v 高，承受的电场高，因而最易击穿，要力求消除它。绝缘系统中选用导热性高的材料可以降低绝缘层所承受的温度差，根据温度分布情况可以采用耐热指数较低的绝缘材料，以降低成本，实现绝缘系统设计的优化。

3. 绝缘材料的环境友好　有些绝缘材料虽然介电性能好，但会危害环境或人们的健康，不宜选用。例如，不宜选用多氯联苯绝缘油、氟利昂气体，SF₆ 气体要逐步替代；电缆、绝缘灌注胶等要尽量采用无卤低烟阻燃料。

4. 确保绝缘系统的综合性能　绝缘系统的性能取决于材料结构，而绝缘材料内的化学结构和绝缘系统中材料的真正组合结构实际上是由绝缘工艺确定的，制备工艺中要尽量防止产生沿电场方向的长气隙和绝缘层皱折。合理的绝缘工艺是达到绝缘系统综合性能指标的可靠保证。

1.1.4　绝缘材料的分类和用途

在实际的电工、电子设备中使用的绝缘材料的种类非常多，为此，采用两种分类方法进行分类，见表5.1-3 和表5.1-4。

表 5.1-3　绝缘材料的分类

气　体			空气、氮气、氢气、氩气 六氟化硫（SF₆）、各种氟利昂气体
液　体			矿物油、植物油 合成油（烷基苯、聚丁烯、苄基甲苯、硅油等）
固体	天然	无机	云母、石棉、石英
		有机	绝缘纸、纤维（棉、麻） 天然橡胶、天然树脂（虫胶等） 沥青、硬沥青
	合成	无机	玻璃、陶瓷
		有机	热塑性聚合物（聚乙烯、聚氯乙烯、聚对苯二甲酸乙二酯、氟树脂等） 热固性聚合物（环氧树脂、不饱和聚酯树脂、硅树脂等） 合成橡胶（丁基橡胶、硅橡胶等）

表 5.1-4　绝缘材料的按用途分类

电力设备用绝缘材料		
电容器	绝缘纸	电容器纸、电缆纸
	绝缘薄膜	聚丙烯、聚苯乙烯、聚对苯二甲酸乙二酯
	浸渍剂	矿物油、二芳基乙烷、苄基甲苯
	其他	云母、玻璃、陶瓷

续表

变压器	高压引线	上漆纤维布、电缆纸、导电纸
	线圈部	电缆纸、层压纸板
	绝缘油	矿物油、烷基苯
	套管	陶瓷
旋转电动机	线圈绝缘	云母、玻璃云母、聚酰亚胺、环氧
	槽隙绝缘	玻璃基环氧、聚酰亚胺
	黏接、浸渍	环氧、各种漆
	线圈支撑、固定材料	FRP
电缆	固体绝缘	电缆纸、聚乙烯、聚氯乙烯、复合纸
	绝缘油	矿物油、烷基苯、聚丁烯
	橡胶	丁基橡胶、氯丁橡胶、硅橡胶

电子设备和器件用绝缘材料		
配线电线	被覆材料	低密度聚乙烯、聚氯乙烯
电容器	电介质	电容器纸、聚对苯二甲酸乙二酯、聚丙烯、聚苯乙烯、BaTiO₃、TiO₂
光纤	光纤芯材	聚甲基丙烯酸盐
	被覆材料	氟树脂、尼龙
印制电路板	摄录像机	环氧玻璃
半导体元器件	密封材料	聚酰亚胺玻璃、玻璃、陶瓷
	层间绝缘	环氧树脂、低熔点玻璃
	控制极绝缘	SiO₂、SiN₄

1.2　气体和液体电介质

1.2.1　气体电介质和真空绝缘

气体介质损耗小，绝缘电阻高，击穿后能迅速恢复绝缘性能，广泛用作电气设备的绝缘，在一些场合，还起灭弧、冷却和保护作用。氮气和 SF₆ 气体是使用最多的绝缘气体。由于 SF₆ 气体是温室气体，需要替代。真空具有绝缘强度高的优点，故有时采用真空绝缘。气体介质和真空绝缘的性能见表 5.1-5。

表 5.1 − 5 气体介质和真空绝缘的性能

介 质	性 能 和 应 用
空 气	均匀电场中，在很宽的气压和电极间隙范围内的击穿电压服从巴申定律。当压力增大时，击穿电压明显上升。常态下，气体 E_b 约 3MV/m，起始电晕场强为 2.3MV/m。不均匀电场下，气体 E_b 下降，起始电晕场强仅 0.4MV/m 左右
氮 气	可防止绝缘油氧化及潮分侵入，抑制热老化。主要用作变压器、电缆等的保护气体
氢 气	热导率、比热容高，主要用作电机的冷却介质
六氟化硫（SF_6）	介电强度高（见图 5.1 − 1），耐电弧、灭弧能力强、不燃，广泛用于 SF_6 全封闭组合电器、SF_6 断路器、气体绝缘变压器、充气管路电缆、X 射线装置电源等。缺点是击穿电压对导电杂质、电极表面状态较敏感；液化温度偏高，不宜用于高寒地区；当金属、水分和电弧作用同时存在时，会产生少量极毒的 SF_4、SOF_2 及有腐蚀性的 SO_2、HF 等分解物，使用过程中应采取相应预防措施。同时它还是温室气体
混合气体	通常是在 SF_6 中加入其他气体，例如 SF_6-N_2、SF_6-氟化烃混合气体等，可有效地克服 SF_6 的上述缺点，而且对 SF_6 的击穿电压影响不大。C_4F_8 气体对地球的温暖化系数（GWP）比 SF_6 气体小得多，与其他气体混合也许是一种性能更好的混合气体
真空（$10^3 \sim 10^5 Pa$）	间隙绝缘击穿强度高，真空开关具有动作快、不燃不爆等特点 电极的材质、形状、表面状态等对真空间隙的击穿强度有明显的影响

表 5.1 − 6 各种绝缘气体的一般特性

名 称	分子式	密度 /(g/L)	沸点 /°C	质量热容 (25°C, 0.1MPa) /[J/(kg·K)]	热导率 (25°C) /[W/(m·K)]	相对电气强度 (SF_6 为 1)
空气	N_2+O_2	1.18	−196	1.004	0.317(100°C)	0.34~0.4
氮	N_2	1.2506	−195.8	1.037	0.0258(30°C)	0.37~0.43
氢	H_2	0.0825	−252.8	14.27	0.0429(100°C)	0.2~0.22
二氧化碳	CO_2	—	−78.7	0.832	—	0.32~0.37
六氟化硫	SF_6	6.10	−63.8	0.595	0.0168(100°C)	1.0
二氟二氯甲烷	CCl_2F_2(R−12)	5.575(−11°C)	−29.8	0.607	0.00944	0.92~1.16
三氟三氯乙烷	$C_2Cl_3F_3$(R−113)	7.38	47.6	0.674(60°C)	0.0075	1.98~2.5
四氟二氯乙烷	$C_2Cl_2F_4$(R−114)	7.83	3.6	0.712	0.0103	1.0~1.45

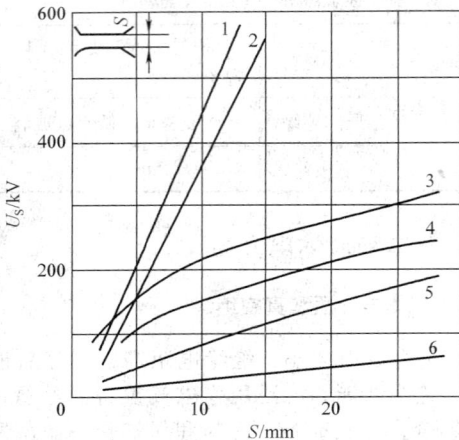

图 5.1 − 1 SF_6 气体及其他介质在均匀电场中的
直流放电电压与间距的关系

1—空气，2.8MPa；2—SF_6，0.7MPa；3—高真空；
4—变压器油；5—SF_6，0.1MPa；6—空气，0.1MPa

1.2.2 液体电介质（绝缘油）

液体电介质又称为绝缘油，在电气设备中起电绝缘、散热、浸渍和填充作用，开关中还起灭弧作用。电气设备对液体电介质的要求主要是：①具有优良的电气绝缘性能。首先要求液体介质应具有高的电气强度；其次是介质损耗因数小、电阻率高及适当的相对电容率，同时在电场作用下具有优良的吸气性。②具有优良的物理、化学性能及热、氧化老化稳定性。即要求绝缘油的倾点低，闪点高，蒸发损失小，着火危险性小，黏度小，黏度—温度特性优良，热导率和比热容大，热膨胀系数小。③与共用固体材料的兼容性优良，与多种材料共用时，不应相互产生恶化作用。④绝缘油的毒性要小，生物降解性好，环境友好。⑤来源广，价格低。

绝缘油按其来源可分为矿物油、合成油和植物油三类。

植物油虽然 ε 和 $\tan\delta$ 随温度和频率的变化较大，黏度大，但是耐电弧性及稳定性较好，击穿时没有炭粒，无毒。可用于低压、脉冲电容器及特种变压器中。作绝缘使用的植物油主要有蓖麻油、菜籽油、棉籽油等。

矿物油主要是以环烷基石油为基础提炼精制得到的绝缘油，主要成分是烷烃、环烷烃和芳香烃。按绝缘油的用途可分为变压器、电容器油和电缆油。变压器油分为 10、25、45 等三个牌号，分别表示倾点不高于 $-10\,^\circ\mathrm{C}$、$-25\,^\circ\mathrm{C}$ 和 $-45\,^\circ\mathrm{C}$。用户可根据变压器运行地区的温度，选用不同牌号的变压器油。开关中使用相应的变压器油代用。β 油是从石油中提炼出来的高燃点碳氢化合物，用于高燃点的开关和变压器。电容器油有两个牌号，1 号为电力电容器油，2 号为电信电容器油。

合成油发展很快，各种合成油的主要性能见表 5.1-7。使用较多的有聚丁烯、烷基苯、硅油、二芳基乙烷、苄基甲苯、SAS-40 等。它们的电气性能、理化性能优良。聚丁烯主要用于纸绝缘电力电缆的浸渍剂和钢管电缆的填充油，还可用作自愈式电容器浸渍剂。烷基苯的电气强度高、$\tan\delta$ 小、吸气性优良，主要用于电容器和高压充油电缆。二芳基乙烷（PXE）、苄基甲苯（M/DBT）、SAS-40（60% 的单苄基甲苯与 40% 的二苯乙烷混合）具有很强的吸气性，与聚丙烯薄膜的兼容性、抗局部放电性能优良，是目前最优良的全膜电容器的浸渍剂。硅油耐热、难燃，可用于特殊要求的电容器及变压器。此外，PAO（Polyalphaolefin，聚 α-烯烃）和 POXE（Pheny-orthoxylylethane，苯基邻二甲苯基乙烷）按一定比例混合可用于变压器[11]，U_b 比矿物油高 10%～15%，且对含水量不敏感，耐老化，生物降解快，有利于环保。

表 5.1-7　　　　　各种液体介质的一般性能

指　标 ＼ 绝缘油名称	矿物油	烷基苯	甲基硅油	苯甲基硅油	二芳基乙烷	苄基甲苯	SAS-40	聚丁烯	β 油
密度(20°C)/(g/cm³)	0.88	0.87	0.93～0.97	1.01～1.1	0.988	1.00	0.991	0.905	0.870
折射率(20°C)	1.481	1.489	1.40	1.47～1.48	—	—	1.568	—	—
闪点(闭口)/°C≥	135	135	160～300	240	150	144	130	252	272
倾点/°C	-45	-60	-60	-65	-47.5	-55	-65	-60	-24
运动黏度/(×10⁻⁶ m²/s)　20°C	37～45	7.3	—	31	—	—	82(60°C)	380	380
运动黏度　40°C	9～12	3.0	—	18	6.3	2.6		115	115
比色散	106～115	136	—	124	185	—	205	—	—
相对电容率(50Hz)　25°C	2.2	2.22	2.6	2.80	—	—	4.2	2.2	2.2
相对电容率　80°C	2.1	—	—	2.6	2.50	2.50	3.55	—	—
tanδ(50Hz)(%)　20°C	—	—	0.01	0.01	—	—	0.5	0.01	0.01
tanδ(50Hz)(%)　80°C	0.5	0.2	—	0.04	0.5	—	5	—	—
体积电阻率/Ω·m　20°C≥	1×10^{12}	1×10^{14}	1×10^{14}	1×10^{14}	—	—	1×10^{12}	1×10^{12}	1×10^{12}
体积电阻率　80°C≥	1×10^{11}	1×10^{14}	—	3×10^{13}	10^{13}	2×10^{13}	—	—	—
U_B(20°C, 50Hz, 2.5mm)/kV	60	70	45	45	70	70	70	60	56
析气性	放气	吸气	放气	吸气	强吸气	强吸气	强吸气	放气	差
表面张力/(×10⁻³ N/m)	≥40	—	—	—	35.4	36	—	—	45
热导率/[W/(m·K)]	0.20	—	—	0.145	—	—	—	0.110	—
主要用途	变压器、电容器、电缆		变压器电容器	电容器				电缆、低压电容器	变压器

1.3　无机绝缘材料

无机绝缘材料主要是由硅、硼、铝等多种金属氧化物组成的离子结构为主的固体材料。主要特点是耐热性高，稳定性好，绝缘性能优良；但脆性大，工艺性差。常用的无机绝缘材料有玻璃、陶瓷、石棉、云母、绝缘氧化膜等。

1.3.1 玻璃

由 SiO_2 构成的石英玻璃和在 SiO_2 中混入其他金属氧化物（Na_2O、K_2O 等）混合熔融，添加不同的金属氧化物可以得到性质不同的玻璃。代表性玻璃的特性见表 5.1 – 8。

表 5.1 – 8　各种玻璃的特性

玻璃名称	软化温度 /℃	相对介电常数 （1~10MHz）	tanδ(%) （1~10MHz）	绝缘强度 /（kV/mm）
碱玻璃	550~600	6~8	1	5~20
铅玻璃	400~600	7~10	0.05	5~20
硼硅酸盐玻璃	550~700	4.5~5.0	0.15~0.35	20~35
高硼硅酸耐热玻璃	1500	3.8	0.05~0.08	—
石英玻璃	1500	3.5~4.5	0.01~0.03	25~40

（1）绝缘子玻璃可以用高碱玻璃（碱金属氧化物 $R_2O>5\%$）或低碱玻璃（硼硅酸玻璃和铝镁玻璃，$R_2O\leq5\%$），多采用高碱玻璃。绝缘子玻璃的性能取决于玻璃的组成和热加工程序。

（2）硼硅酸盐玻璃、硅铝酸盐玻璃、钠玻璃和石英玻璃，主要用于制造电真空器件、灯泡和灯管等。

（3）玻璃陶瓷状材料，微晶化后弯折强度和硬度提高，表面平滑，有玻璃光泽，可像玻璃一样进行成型加工。

（4）低熔点玻璃（玻璃焊药）以 $B_2O_3-Pb-ZnO$ 系或 $B_2O_3-Pb-SiO$ 系为基材配置而成，可在较低的温度下焊接金属、陶瓷、玻璃。适于作电子和半导体器件的密封或焊封材料、硅半导体器件的钝化膜。

1.3.2 陶瓷

陶瓷是将金属氧化物原材料粉碎后，经过高温烧结而成的。一般来说，陶瓷虽然具有优良的耐热性、稳定的化学特性、机械强度大及绝缘强度良好的优点，但是耐热冲击以及机械冲击的能力较弱。常用绝缘陶瓷的品种和性能见表 5.1 – 9。主要用作高低压、高频、高温条件下的电绝缘及电容器介质。其中机械强度高的瓷有高铝质瓷、高铝瓷（$w_{Al_2O_3}>75\%$）；高温绝缘性能优异的瓷有高铝瓷、氮化硼瓷、镁橄榄石瓷；氧化铍瓷导热性极好，约为氧化铝的 10 倍；高温瓷的线膨胀系数特别小，新发展的高温瓷有碳化物瓷、硼化物瓷等。

表 5.1 – 9　　　　　　　　　　常用绝缘陶瓷的品种和性能

性　能	工频（高低压）瓷		高频瓷				高温瓷	
	长石瓷	高铝质瓷	滑石瓷	高铝瓷	氮化硼	氧化铍	董青石	锆英石
线胀系数 /[μm/(m·K)]	4.0~6.8	5~6	8.0~10	4.5~5	6.4~9.2	7.58	2.0~4.0	4.8~6.9
抗拉强度/MPa ≥	20~29	44~64	39~49	44~59	27~51	97~130	20~29	69~78
抗弯强度/MPa ≥	49~69	118~124	118~157	137~196	40~82	168~203	44~64	157~196
冲击韧度/(kJ/m²) ≥	16~19	25~30	29~40	29~49	—	—	—	—
E_b/(MV/m)	25~35	25~35	30~45	30~35	—	14	5~20	10~25
$tanδ/\times10^{-3}$	15~20	20~30	1~1.5	1.5~2	0.3	0.5	20	
ρ_v/Ω·m	$10^5~10^6$	10^7	10^6	—	10^8	$>10^6$	$10^3~10^6$	
ε_r	5.2~6.0	6.5~7.5	5.7~6.5	7.0~8.0	3.57	6.8	4.5~5.0	8.0~10
安全使用温度/℃	1000	1350~1600	1000~1300	1350~1500	—	—	1200	
主要用途	高低压绝缘子、套管	高压、超高压、高强度绝缘子	高频绝缘子，线圈架	电子管座，基片半导体封装	集成电路散热片，微波散热板	高频、大功率瓷器件封装	电热器散热板	线绕电阻心体，断路器灭弧片

1.3.3 石棉

纤维状石棉中，温石棉纤维强度较高，柔韧性好，可用它加工绝缘制品或作塑料的填料。石棉中的含水量和 Fe_3O_4 对其介电性能有较大影响。石棉纸由石棉纤维混以少量玻璃纤维或有机纤维抄制而成，主要用作电器的隔弧绝缘材料。石棉带由石棉纱织造而成，主要用作电动机线圈的绕包绝缘材料。石棉水泥制品包括石棉水泥板和异型件，由温石棉纤维和水泥混合后压制或抄制而成，它不燃，可机加工，用作耐电弧绝缘材料。

1.3.4 云母及其制品

1. 片云母 云母分为天然云母和合成云母。天然云母中适合用作工业电介质的有白云母和金云母。合成云母与天然云母类似。云母片具有很高的耐热性和电气绝缘性（见表 5.1-10）、耐电晕性和耐化学性，广泛用于电动机绝缘、高温绝缘。

表 5.1-10 云母的性能

品　种	天然白云母	天然金云母	合成云母
工作温度/℃	600	850	1100
E_b/(MV/m)	150~280	125~200	185~238
$\tan\delta$(1MHz)/$\times10^{-3}$	0.2~0.5	1	0.34
ρ_v/MΩ·m	1×10^9	$1\times10^{7-8}$	1×10^9
ε_r	6~8	5~7	5.8~6.3
吸水率（%）	1.82	0.29	0.14

2. 云母纸 以云母为原料经过制浆、造纸工艺过程制成。煅烧造纸法把云母放在高温下煅烧后造纸，称熟云母纸。这种纸的介电强度较高，质地柔软，渗透性好，吸胶量大，适宜制造多胶粉云母带、云母板和粉云母箔等。机械造纸法把云母放在高压水下冲击后机械破碎后造纸，称为生云母纸或大鳞片云母纸。这种纸渗透性差，吸胶量少，适宜制造少胶粉云母带、换向器粉云母板和耐热粉云母板。合成云母纸用于制造耐高温绝缘材料。超薄型云母纸经过增强后，可作标准电容器的固体介质。

3. 云母板、云母带和云母管

1）云母板由片云母和粉云母与胶黏剂、补强材料制成。当胶黏剂为热固性材料时，制成硬质云母板，否则为软质云母板。软质云母板具有柔软性和可挠性，经分切制成云母带。

硬质云母板的电气性能优良，E_b 达 18~40MV/m。B 级绝缘采用虫胶和环氧胶黏剂，H 级采用聚酰亚胺、磷酸盐、有机硅、二苯醚胶黏剂。换向器云母板胶含量低（≤6%），热收缩率小，厚度均匀性好，主要用于加工直流电动机换向器片间绝缘。改性有机硅粉云母板采用金云母大鳞片云母纸，性能好且价格低，用于 H 级换向器。耐热粉云母板胶黏剂用磷酸盐或特殊有机硅树脂。耐热粉云母板含胶量少，耐潮耐水，E_b 达到 46~69MV/m，在 500℃下热失重低于 1%，在 900℃冷热冲击下不变形，工作温度可达 600~1000℃，可加工性好，主要用作耐高温电气设备和家用电器绝缘。软质云母板主要用于中小电动机槽绝缘和端部层间绝缘。

2）云母带按含胶量分为多胶、少胶、中胶三种。主要用于高压大中型电动机主绝缘和耐火电缆绝缘，其中少胶云母带用于电动机线圈真空压力浸渍绝缘。

3）云母管是用软质云母板卷制塑制成型得到的管状材料，主要用作电动机、电气设备的引出线绝缘和电极绝缘套管。

1.3.5 绝缘氧化膜

绝缘氧化膜是指在金属表面形成一定厚度的绝缘氧化膜。它具有相当高的绝缘性能，例如铝线表面 40μm 的氧化铝薄层，U_b 达 250V。将铝线通过 2% 的草酸水溶液，在铝线和水溶液间加电压即可得到氧化铝膜。氧化膜的优点是耐热性高，绝缘厚度薄；缺点是有气孔，易吸潮。

绝缘氧化膜对半导体器件极为重要，典型代表是 MOS 器件的绝缘氧化膜及器件表面的钝化膜。SiO_2 是将硅放入氧气或者水蒸气中加热得到的，它性能优良，可作为硅表面的绝缘。但 SiO_2 对碱离子的迁移率较大，为弥补这一缺陷，可采用高密度的氮化硅膜。为更有效地吸收碱离子，可采用在有 P_2O_5 的环境中对硅加热，用气相生长法生成磷硅酸玻璃（PSG）膜。如果用硼代替磷，可得到硼硅酸玻璃（BSG）膜。各种绝缘氧化膜的特性见表 5.1-11。

表 5.1-11 绝缘氧化膜的特性

材料名称	折射率(5460A)	ε_r	E_b/(MV/m)	备注
SiO_2	1.43~1.46	3.4~3.8	200~900	热氧化
Si_3N_4	1.96	7.4	1000	化学气相淀积（CVD）
Al_2O_3	1.7	8.1	400~800	

续表

材料名称	折射率（5460A）	ε_r	$E_b/(MV/m)$	备 注
PSG	1.45~1.48	3.8~4.0	200~600	CVD
BSG	1.45~1.48	3.8~4.0	200~600	CVD
TiO_2	1.96~2.6	80	50	$Ti(OC_3H_7)_4+H_2O$ 分解
Ta_2O_2	1.77	27		$Ta(OC_2H_5)_5+H_2O$

1.4 纤维材料与浸渍纤维制品

纤维有无机纤维和有机纤维。常用电工纤维的品种如下：①天然纤维，包括棉纤维、麻纤维、蚕纤维；②合成纤维，包括聚酯纤维、聚酰胺纤维、聚芳酰胺纤维、聚砜酰胺纤维等；③无机纤维，包括无碱玻璃纤维、石英纤维、陶瓷纤维、碳纤维等。

纤维制品是由纤维编织而成，有纱、绳、管、带和布等不同形式，直接或经绝缘漆浸渍制成浸渍纤维制品，用作电动机和电器的线圈绝缘、端部绑扎固定绝缘及接线端的包扎绝缘。典型的纤维材料和纤维制品如下。

1. 玻璃纤维 从熔体玻璃高速拉出多根纤维束润滑后收卷而成。它具有耐热性好、不燃、机械强度高等优点，适于纺纱织布或作塑料增强材料。无碱玻璃纤维绳由无碱玻璃纱并捻而成，耐热性和绝缘性好，机械强度高，适于作绕组的绑扎材料。玻璃布由玻璃纱织成，可作玻璃漆布、层压制品底材及云母制品补强材料。

2. 编织带 有棉布带、玻璃布带、合成纤维带和涤玻交织带等。编织带主要用作线圈包扎绝缘。

3. 无纬带 是由无碱长玻璃纤维纱浸渍热固性树脂后制成的带状半固化材料。其中网状带不易断丝，绑扎拉力强。H级有聚酰亚胺、聚二苯醚等无纬带；F级有不饱和聚酯、环氧无纬带；B级有聚酯无纬带；B~H级有丙烯酸酯网状绑扎带。无纬带主要用于绑扎电动机转子和变压器铁心。

4. 绝缘黏带 由薄片基材涂布黏合剂后经烘焙、分切而成。有压敏型、溶剂活化型和加热型。有聚酰胺薄膜-聚酰亚胺胶黏带、聚酰亚胺薄膜-F46胶黏带、聚酰亚胺薄膜-丙烯酸酯、聚酯薄膜-丙烯酸酯、聚丙烯薄膜-丙烯酸酯、橡胶玻璃布等多种绝缘黏带。绝缘黏带使用简便，越来越多地用作线圈绝缘、引线包扎绝缘和各种标志物。

5. 绝缘漆布 是以各种电工用布作底材，浸渍或涂布绝缘漆后经烘干而成的柔软绝缘材料。电工用布有棉布、玻璃布、锦纶绸和涤纶绸等。玻璃布耐热性好，吸潮少。H级有聚酰亚胺、硅橡胶、有机硅玻璃漆布；F级有聚酯玻璃漆布；B级有醇酸玻璃漆布和沥青醇酸漆布；A级有油性漆布绸。它们广泛用作电动机、电器的绝缘和导线绕包绝缘。

1.5 绝缘纸、纸板与复合纸

绝缘纸和纸板是由纤维制成的。通常定量小于 $225g/m^2$ 的称为纸，定量大于 $225g/m^2$ 的称为纸板。绝缘纸有植物纤维绝缘纸、合成纤维绝缘纸和无机纤维绝缘纸。绝缘纸和绝缘纸板广泛用作各种电器和电缆的绝缘材料，也是层压制品、复合材料等的基材和补强材料。

1.5.1 植物纤维绝缘纸

植物纤维纸以木材、棉花等经制浆造纸而成。电容器纸等用气状打浆法制造，通过打浆达到横向纤维细化，提高电性能；浸渍纸等用游离打浆法制造，通过打浆达到纵向切断纤维，提高渗透性能。纸的性能见表 5.1-12。

1.5.2 合成纤维绝缘纸

合成纤维绝缘纸是由合成树脂制成浆状物或纤维后，用抄纸方法或非织布方法制造而成的，其浸渍性好，多数性能优于植物纤维绝缘纸，广泛应用于电动机、电器和电缆中。合成纤维纸性能见表 5.1-13。不同类纤维也可混合抄纸，例如聚砜-聚酯纤维纸（Ad 纸）。

表 5.1-12　　　　　纸 的 性 能

性 能	电缆纸	电容器纸	浸渍纸	通信电缆纸	纸成型件
密度/(g/cm^3)	0.85	1~1.22	—	0.8~0.82	0.9~1.2
抗拉强度/MPa	69~81	98~166	36~60	61~81	39~49
$E_b/(MV/m)$	60	30~60	—		35

续表

性　　能	电缆纸	电容器纸	浸渍纸	通信电缆纸	纸成型件
$\tan\delta(100)/10^{-3}\leqslant$	2.2~7	2~2.7	—	—	—
ω(灰分)(%)≤	0.28~1	0.35	0.8	0.26~1	—
水抽出液电导率/(mS/m)≤	4~10	3~4	—	—	0.4~1.0

表5.1-13　　　　　　　　　　　　　合成纤维纸的性能

性　　能		聚芳酰胺纤维纸（Nomex）	聚砜酰胺纤维纸（芳砜纶纤维纸）	聚噁二唑纤维纸	聚酯纤维纸（无纺布）
定量/(g/m²)		82~90	147	169	—
拉伸力/N	纵	43~90	60.3	10.7	14.3/MPa
	横	30~34	42.4	7.6	13.2/MPa
伸长率(%)	纵	1.5~3.9	4.9	—	19
	横	1.6~3.7	3.8	—	26
热收缩率(%)		1(751#250 ℃),0.4(418#300 ℃)	2.5~3.5(250 ℃)	1(270 ℃)	4.4(135 ℃)
E_b/(MV/m)		12.1~39	16.4	20	
主要用途		750#：H级电动机绝缘；缓冲材料 758#(含粉云母)和751#：H级电动机、变压器绕包导线绝缘	H级电动机绝缘	H级干式变压器、电机绝缘	复合制品基材

1.5.3　无机纤维绝缘纸

无机纤维绝缘纸有玻璃纸、陶瓷纸、Al_2O_3-SiO_2纸和石棉纸。

玻璃纸是由玻璃微纤维与少量黏合剂制成，由于玻璃纤维不能进行热轧处理，这种纸较疏松，特点是热稳定性很高，耐温可达538 ℃，热导率高，吸潮小，耐化学试剂性好。

陶瓷纸是由陶瓷纤维、合成纤维和高温黏合剂组成。陶瓷纸的高温性能好，弹性模量大，耐压强度高，抗蠕变性能优异，尺寸稳定，适于用作机车牵引电动机绝缘。

Al_2O_3-SiO_2纸是由Al_2O_3 51%、SiO_2 47%和有机黏合剂2%~5%(质量分数)制成。这种纸的连续工作温度达1260 ℃，但不耐强酸、碱。

1.5.4　复合纸

复合纸由薄膜和纸复合而成。多数以聚丙烯薄膜、聚酯薄膜、聚酰亚胺薄膜、绝缘纸为原料，经浸渍压合后制成。复合纸能明显改善薄膜的抗撕性和浸渍性。各种复合纸的性能见表5.1-14。

表5.1-14　　　　　　　　　　　　　各种复合纸的性能

性　　能		聚酯薄膜-聚酯纤维纸	聚酯薄膜-聚芳酰胺纤维纸（DMD）	聚酯薄膜-聚芳酰胺纤维纸（NMN）	聚酰亚胺薄膜-聚芳酰胺纤维纸（NHN）	聚丙烯薄膜-木浆纤维纸（PPLP）
工作温度/℃		120	130~155	155	180	
定量/(g/cm²)		2.25~2.75	2.08~2.32	1.73~1.97	1.75~2.05	密度：0.92g/cm³
抗拉强度/MPa	纵	60~95	80~85	80~95	80~90	53.8
	横	60~65	60~65	50~65	50~60	34.6
边缘抗撕力/N	纵	190~210	—	—	—	剥离强：63.6kN/m
	横	200~220	—	—	—	—

续表

性　能	聚酯薄膜-聚酯纤维纸	聚酯薄膜-聚芳酰胺纤维纸（DMD）	聚酯薄膜-聚芳酰胺纤维纸（NMN）	聚酰亚胺薄膜-聚芳酰胺纤维纸（NHN）	聚丙烯薄膜-木浆纤维纸（PPLP）
$E_b/(MV/m)$	30~50	45~55	35~45	40~45	138
主要用途	电动机槽绝缘和端部绝缘			电动机、干式变压器绝缘	高压充油电缆绝缘

1.5.5　绝缘纸板

绝缘纸板有植物纤维绝缘纸板和合成纤维纸板，是由湿的绝缘纸或合成纸多层叠合压制而成的。合成纤维绝缘纸板主要是聚芳酰胺纤维纸板。绝缘纸板的品种、型号和特点见表 5.1-15。

表 5.1-15　　绝缘纸板的品种、型号和特点

品种型号	厚度规格/mm	特　点
50/50 绝缘纸板	0.1~0.5	具有良好的耐弯曲性和耐热性
100/100 绝缘纸板 30~34	0.1~0.5	薄型板，又称青壳纸或黄壳纸，具有良好的机械强度和绝缘性能
	0.8~3.0	厚板型，热压板，幅面宽，紧度大，机械强度好，压缩系数小，绝缘强度高
993 型 Nomex 聚芳酰胺纤维纸板	1.0~6.0	中密度板，具有良好硬度和适形性，较高浸渍性和优异性能
994 型 Nomex 聚芳酰胺纤维纸板	1.0~9.6	高密度硬板，具有很高抗压能力，较高油浸渍性和良好综合性能

1.6　绝缘漆、胶和熔敷粉末

1.6.1　绝缘漆

绝缘漆主要是以天然树脂或合成树脂作为漆基（成膜物质），加入某些辅助材料（如溶剂、稀释剂、填料、颜料等）组成。按用途可分为浸渍漆、漆包线漆、覆盖漆、硅钢片漆、防电晕漆。

1. 浸渍漆　用来浸渍处理电动机、电器线圈，填充绝缘系统中的间隙和微孔，并在被浸渍物表面形成连续漆膜，有效提高绝缘系统的整体性、导热性和防潮性。

有溶剂浸渍漆的优点是使用方便，浸渍性好，贮存稳定，价格低廉等；缺点是浸渍和烘焙时间长（漆膜干燥时间约 0.5~3h），易燃不安全，并造成大气和环境污染等。

无溶剂漆有沉浸型、滴浸型、滚浸型和连续沉浸型等产品。无溶剂漆内层干燥性好，绝缘层内气隙少，提高了导线间的黏结强度和导热性；浸渍次数少，烘焙时间短（凝胶时间约为 4~60min），有利于节能，也减少了对环境的污染。常用的无溶剂漆有 C 级的聚酰亚胺浸渍漆、H 级的改性聚酰亚胺、聚酯改性有机硅等浸渍漆以及二苯醚型、聚酯型等，F 级的改性聚酯、环氧亚胺少溶剂浸渍漆以及聚酯酰亚胺型、聚酯亚胺型、环氧聚酯亚胺型、改性不饱和聚酯型和环氧硼胺型等。

2. 漆包线漆　用于涂覆金属导线制造各种用途的漆包线。漆膜特点是附着力强，柔韧性好，耐磨，有一定弹性，电气性能好，耐溶剂性好，对导体无腐蚀作用。对漆包线漆的要求是固体含量高，黏度低，流平性好，固化成膜快，能适应涂线工艺的要求，贮存期长等。漆包线漆的品种及特性见表 5.1-16。

3. 覆盖漆　涂覆于绝缘部件表面，改善外观和抵抗环境影响。覆盖漆具有干燥快、漆膜坚硬、附着力强、耐潮、耐油、耐腐蚀等特性。

覆盖漆有瓷漆和清漆两类。清漆多用于绝缘部件表面和电器内表面；瓷漆含有颜料或填料，多用于线圈和金属表面。覆盖漆的干燥方式有晾干和烘干两种，使用覆盖漆时应严格控制漆的黏度和均匀性，使用瓷漆时要将填料和颜料搅拌均匀。特殊覆盖漆见表 5.1-17。

表 5.1-16　　　　　　　　　　　　　　漆包线漆的品种及特性

性能	C 级	H 级	F 级	B 级	E 级	直焊性	耐冷媒	自黏性
品种	聚酰亚胺漆包线漆	聚酰胺酰亚胺、聚酯酰亚胺、水溶性聚酯亚胺漆包线漆	改性聚酯漆包线漆	聚酯漆包线漆	缩醛漆包线漆	聚氨酯、改性聚酯漆包线漆	耐冷媒缩醛、聚酰亚胺漆包线漆	自黏直焊聚氨酯、自黏性缩醛漆包线漆

表 5.1-17   特殊覆盖漆的性能

性能	耐高温	耐潮	防霉	耐油	户外用
品种	H 级： 聚酯改性有机硅漆 聚酯改性有机硅瓷漆 有机硅醇酸气干漆 有机硅瓷漆 F 级：聚酯晾干瓷漆	聚氨酯气干漆 聚酯改性有机硅瓷漆 环氧酯气干漆 环氧酯瓷漆 环氧醇酸灰瓷漆	有机硅瓷漆 环氧酯气干漆 环氧酯灰瓷漆	有机硅醇酸气干瓷漆 聚酯灰瓷漆 环氧酯气干漆 醇酸灰瓷漆	有机硅醇酸瓷漆 醇酸气干漆

4. 硅钢片漆 用于涂覆硅钢片，降低铁心的涡流损耗，增加防锈和耐腐蚀能力。硅钢片漆膜特点是附着力强，坚硬，光滑，厚度均匀，并有良好的耐潮和耐油性，电气性能好。

耐高温硅钢片漆有：H 级的聚酰亚胺硅钢片漆；F 级的二苯醚环氧酚醛、环氧酚醛、环氧酯酚醛、水溶性酚醛、二甲苯醇酸等漆。

5. 防电晕漆 主要是在绝缘清漆中加入具有导电性的炭黑、石墨、碳化硅等，得到不同电阻率的漆，用于高压大电机的槽部和端部绝缘以及电器的高场强区，防止发生电晕。

1.6.2 灌注胶和包封胶

灌注胶和包封胶是由树脂、固化剂、填料、阻燃剂等配制成的可流动、可固化树脂混合物。包封胶是一种高黏度涂料。配料中添加适当的 Al_2O_3 填料能显著提高胶的热导率。

1. 灌注胶 采用模具灌注工艺制备零部件。配制灌注胶时，要保证配料充分混合均匀并消泡；浇注模具要预热；浇注后的浇注件应逐级降温，防止产生内应力而造成开裂。酸酐-环氧灌注胶通常为 B 级，在配料中添加"海岛结构"型增韧剂，能有效降低浇注件的内应力。H 级可采用环氧-异氰酸树脂耐热灌注胶。灌注胶固化后收缩率小，电气、力学、化学性能好。灌注胶广泛用于 20kV 以下电流互感器、10kV 以下电压互感器、干式变压器、户内及户外绝缘子、断路器绝缘子和电缆接线盒等。

2. 包封胶 采用浸渍、涂敷或模塑方法包封电子元器件，保证在各种环境条件下，电工、电子设备可靠运行。包封胶可采用加热、常温和光辐照等方式固化。固化后包封胶具有化学稳定性好、导热性好、线膨胀系数小、耐潮性好、电气性能好等特点。其主要产品有硅酮、环氧、1,2-聚丁二烯等包封胶。

1.6.3 熔敷粉末

它是由树脂与固化剂、阻燃剂、增韧剂、颜料、填充剂等配制而成的粉体涂料。熔敷粉末采用流化床或静电喷涂工艺涂敷各种零部件。它有热固性和热塑

性两类。涂覆工件需进行后固化处理。由于这种涂料无溶剂，一次涂敷厚度较厚，余料可回收，因此具有经济合理、节能、不污染环境、劳动生产率高等优点，固化后的绝缘涂层坚硬光滑，边角覆盖率高，具有防潮、耐热、耐化学品性能，电气和力学性能良好。它的主要产品是环氧类和聚酯类树脂粉末，还有丙烯酸酯（耐气候）、三聚氰胺（耐化学、耐热）、聚氨酯（弹性）和聚酰亚胺（耐热）等品种。环氧粉末又分为高温熔敷、低温熔敷、弹性和阻燃等品种，主要用于中、小型电动机转子和定子绝缘、电子元器件绝缘等。

1.7 层压制品

层压制品是由底材浸以黏合剂，用不同成型方法制成的层状结构绝缘材料。常用的底材是纸、棉布和无碱玻璃布。常用的黏合剂是酚醛、环氧、不饱和聚酯、三聚氰胺、有机硅、改性二苯醚和聚酰亚胺。层压制品包括层压板、覆铜箔层压板、层压管、层压棒、引拔成型制品、真空压力浸胶制品、成型绝缘件等。

1.7.1 层压板

底材上胶后经叠合、热压制成。代表性层压板性能见表 5.1-18。

1. 酚醛和环氧层压板 酚醛层压板的机加工性、电气和力学性能好，但耐热性差，主要用作普通电工、电子设备绝缘和机械部件。环氧层压板的电气和力学性能优良，耐热性较高，吸水性小。除环氧纸板外，环氧层压板均可用作 B、F 级电动机、电器的绝缘。

2. 耐热层压板 有机硅层压板采用有机硅树脂作黏合剂，以无碱玻璃布为底材制成的。它耐热性好，但力学性能较差。二苯醚层压板采用芳环类二苯醚树脂作为黏合剂，以玻璃布为底材制成。其特点是高温下力学性能较好，耐化学腐蚀。聚酰亚胺层压板采用聚酰亚胺树脂作为黏合剂，以无碱玻璃布为底材制成，目前应用最多的是聚胺酰亚胺层压板，高温下机械强度高，耐辐照性好。耐热层压板可用作 H 级电动机、电器和干式变压器绝缘。

表 5.1 - 18 代表性层压板主要性能

性能	酚醛层压纸板	酚醛层压布板	环氧层压板	有机硅玻璃层压板	二苯醚玻璃层压板	聚酰亚胺层压板
温度指数/℃	105～120	110	130～155	180	180	180
垂直层向弯曲强度/MPa	75～135	90～140，66.8[①]	110～350，420[②]	90～120	300[③]	350[③]
1mm 板 90℃油中 1min 后 E_b（平行板)/(MV/m)	12.1～15.8	8.4	14.2～15.8		20	22
3mm 板 90℃油中 1min 后 E_b（平行板)/(MV/m)	7～13	5～7，60[①]	7～12	8～10		
吸水性（1mm 板)/mg	48～450	128～206，$4×10^{-3}$[①]	18～35，$4×10^{-4}$[②]	9～32	0.075	

① 尼龙布底材。
② 微气隙环氧层压板。
③ 180℃、2h 后。

1.7.2 层合管

层压管有三种成型方法：卷绕成型是最普通的制管法；缠绕成型可制成大型管材；真空压力浸渍成型法要求进行真空压力浸渍，可制得微气隙层压管。酚醛层合纸管主要用作一般变压器、高压开关绝缘。环氧层合玻璃布管性能好，耐热性较高，主要用作高压电器绝缘。缠绕成型玻璃丝管主要用作高压开关和少油断路器绝缘。微气隙玻璃布管致密性好、性能高，主要用作超高压电器绝缘。

1.7.3 层合棒和引拔棒

层合棒和引拔棒分别采用模压成型和引拔成型法制成。引拔棒是用不饱和聚酯树脂或环氧树脂浸渍玻璃纱，通过模孔引拔、加热固化成型的连续棒材。酚醛布棒主要用作电动机、电器的绝缘和绝缘结构件；环氧玻璃布棒主要用作 B 级电动机、电器绝缘和绝缘结构件。引拔棒抗拉强度高，长度随意性大，主要用作高压开关拉杆、电动机槽楔和有机绝缘子心棒。

1.8 电工塑料与橡胶

1.8.1 电工橡胶

它由纯胶、各种助剂与填料等混合后，在一定温度、压力、时间下硫化而成的弹性体。电缆橡胶的主要品种和性能见表 5.1 - 19。其中天然橡胶的柔软性、弹性、抗拉强度及耐磨性较好，但耐老化性、耐油性、耐溶剂性差；三元乙丙橡胶是乙烯、丙烯和第三单体的共聚物，橡胶的耐臭氧性、抗电晕性好；氯丁橡胶耐气候性、耐油、阻燃、耐溶剂、耐化学药品、耐磨性好；硅橡胶主要为甲基乙烯基硅橡胶，加

工性能好，硫化后高温抗拉强度高，永久变形小，电气性能随温度和频率变化甚微，耐电弧。

其他还有丁苯橡胶，它的耐热、耐臭氧、耐电晕、气密性好，吸水性低，主要用于中压电力电缆和船用电缆的绝缘；丁腈橡胶和氯醚橡胶耐油、耐溶剂，主要用于潜油电泵电缆护套和电动机、电器引接线；氟橡胶主要是偏二氟乙烯和全氟丙烯共聚物，耐热、耐油、耐溶剂、耐化学药品、耐臭氧、耐气候性好，用于特种电缆的护套和附件的垫圈或嵌件。

表 5.1 - 19 电缆橡胶的主要品种和性能

性能	天然橡胶	三元乙丙橡胶	氯丁橡胶	氯磺化聚乙烯	硅橡胶
工作温度/℃ ≤	60～65	80～90	70～80	90～105	180～200
脆化温度/℃	-50	-40	-35	-40	-70
抗拉强度/MPa	20	18	15	20	5
E_b/(MV/m) ≥	20	35	20	25	30
$\tan\delta$（1MHz)/10^{-3}	2.5	4	35	50	5
主要用途	低压电线电缆绝缘护套	高压电缆，矿用、船用、控制、测井电缆、电动机引接线	户外电缆护套	电线电缆护套材料，低压电线绝缘	高温船用电缆，H 级电动机引接线，彩电高压包引线，热电偶补偿线，电缆附件

1.8.2 电工软塑料、热塑性弹性体和热收缩材料

1. 软塑料 它由玻化温度和熔点较低的软树脂或增塑后的硬树脂加入各种配合剂（稳定剂、抗氧剂、阻燃剂等）和填料，经捏合、混炼塑化、造粒而成。对于交联型塑料，需要交联处理。电工软塑料和热塑性弹性体的主要品种和性能见表5.1-20。

表 5.1-20 电工软塑料和热塑弹性体的主要品种和性能

性 能	绝缘PVC	护套PVC	LDPE	XLPE	PP	F-40	F-46	聚氨酯
工作温度/℃	60~105	60~90	70	90	110	150	200	90
抗拉强度/MPa	18	12	13	17	30	40	22	40
断裂后伸长率(%)	200	300	550	400	550	250	300	550
E_b/(MV/m)≥	20	16	28	28	28	18	22	—
$\tan\delta$(50Hz)/10^{-3}	80	—	0.2	0.5	0.2	0.6	0.1	—

（1）聚氯乙烯（PVC）。配方中需添加大量增塑剂或与聚合物共混以增加柔软性。高温配方增塑剂可采用偏苯三酸三辛酯；耐油配方增塑剂可用丁腈橡胶；阻燃配方增塑剂可加三氧化二锑与氯化石蜡，加入氧化钼可降低发烟量；交联聚氯乙烯可采用三（甲基丙烯酸三羟甲基）丙烷酯为辐射交联敏化剂。软聚氯乙烯的力学性能，电气性能良好，有较好的耐化学品和耐潮性，不延燃，成本较低。大量用于线缆的绝缘和护套。

（2）聚乙烯。有高密度（HDPE）、中密度（MDPE）、低密度（LDPE）、线性低密度（LLDPE）聚乙烯等品种。低烟无卤阻燃配方加入大量氢氧化铝及辅助阻燃剂；化学发泡聚乙烯加少量偶氮黑；加乙丙橡胶共混可以改善耐环境应力开裂性能；辐照交联聚乙烯加少量敏化剂；温水交联聚乙烯加入有机硅氧烷和催化剂，分别制成A、B料，使用时将两份料混合挤出成型，在90℃水或潮气条件下交联。聚乙烯的电气性能优良，其ε_r和$\tan\delta$随频率变化小，耐潮、耐寒，主要用作通信电缆绝缘和护套、光缆护套。交联聚乙烯（XLPE）主要用于高压电力电缆和控制电缆绝缘。

（3）聚丙烯（PP）。为提高柔软性需采用改性聚丙烯。户外配方加2份炭黑；为改善挤出性能可加少量的共混橡胶。其电气性能与聚乙烯相当，物理、力学性能优于聚乙烯。聚丙烯可用于通信电缆和油井电缆绝缘。

（4）氟塑料。代表品种有F-40辐照交联（四氟乙烯-乙烯共聚物）电缆绝缘，其耐热和耐溶剂性卓越，阻燃，广泛用于航空、油井、车辆、电器等方面。

其他软塑料还有：乙烯-丙烯酸乙酯共聚物（EEA）和乙烯-乙酸乙酯共聚物（EVA）的弹性大，填料受容性好，可用作低压电线绝缘和通信电缆护套、低烟无卤阻燃料、半导电屏蔽料。聚酰胺（尼龙1010或66）耐磨，抗切割，耐寒，耐热，耐油，耐溶剂，且阻燃。它主要用于航空电缆的护层。

2. 热塑弹性体 指兼具工作温度下的高弹性和高温时的热塑性材料。热塑性弹性体加工方法与电工软塑料相同。主要品种有聚氨酯、苯乙烯-聚丁二烯嵌段共聚物、改性聚烯烃、聚酯-聚醚等几类弹性体。聚氨酯弹性体具有优异的耐磨、耐油、耐化学品、耐气候、耐辐射、抗撕、高强度、高伸长率、高模量、易着色、易加工等性能，是电缆、光缆理想的护套材料。

3. 热收缩材料 制品受热后，能自动收缩到拉伸处理前的形状尺寸，原理是基于聚合物的弹性记忆效应。由于应用方便，已经广泛应用于电工技术中。如低压电缆终端头和接头、小元器件的包封与防潮、电动机线圈工艺用保护材料等。常用的热收缩材料的主要品种和收缩性能见表5.1-21。复合热收缩材料是新品种，在收缩带的内表面涂热熔融胶，加热时带子收缩，内层熔融使层间黏合，因此，使用更方便，密封绝缘性能更好。此外，聚酯薄膜、合成纤维编织带等也可用作热收缩材料。

表 5.1-21 常用热收缩材料的主要品种和收缩性能

性能	聚乙烯	交联聚乙烯	聚丙烯	聚苯乙烯	聚四氟乙烯	聚偏二氯乙烯
收缩温度/℃	113	70~120	110	100	76	65~100
收缩力/MPa	0.3	9.8	2.0~3.9	0.5~1.0	1~2	1

1.8.3 热塑性硬塑料

一般是由玻化温度、熔点较高的树脂与无机填料、稳定剂等配制而成，主要采用注射成型。有些品种成型后对其制件需进行后处理，以消除内应力。热塑性硬塑料刚性大，力学性能优异，制品尺寸稳定性好，适于制造各种电气和机械零部件。代表性热塑性塑料的主要性能见表 5.1－22。

1. 聚酰胺塑料（尼龙） 品种较多，其中玻璃纤维增强的尼龙性能较好，可制造电器壳体、线圈骨架、仪表齿轮等结构部件。

2. 聚酯塑料 有聚对苯二甲酸乙二酯（PETP）、聚对苯二甲酸丁二酯（PBTP）等。玻璃纤维增强后可在 140 ℃下长期使用。其力学和电气性能优异，吸水性小，尺寸稳定。适于制造电器、仪表的支架和线圈骨架、计时器外壳等绝缘零部件。

3. 聚苯硫醚塑料（PPS） 抗蠕变、难燃、耐焊锡，吸水性小，易加工。适于制造高温电器元件、电子仪表等部件。

其他还有聚砜塑料：绝缘电阻高、耐热，可制造高压开关座、电动机槽锲、碳刷架、接线柱等绝缘部件；ABS 塑料：表面硬度高，耐磨，耐化学药品，可制造各种仪表、电器外壳、支架等绝缘部件；改性聚苯醚塑料：吸水性极小，成型工艺性能好，适于制造电器开关、接插件等绝缘结构部件；聚苯乙烯塑料：透光性好，改性苯乙烯可提高冲击强度，适于制造各种仪表外壳、线圈骨架等部件；有机玻璃：耐候性和透光性好，易于加工，可制造电器、仪表外壳等绝缘部件。

1.8.4 热固性塑料

热固性塑料由树脂、填料及其他配合剂（稳定剂、抗氧剂、阻燃剂等）配制成的粉粒状或纤维状材料，在热和压力作用下经模压、注射、传递模塑成型加工成为不熔的固化物。代表性热固性塑料的主要性能见表 5.1－23。

1. 氨基塑料 三聚氰胺甲醛塑料以石棉、玻璃纤维为主要填料，耐电弧性、耐电痕性优良，适于制造防爆电动机电器、高低压电器绝缘部件、灭弧罩及耐弧部件。

2. 聚酯类塑料 湿式不饱和聚酯塑料以苯乙烯作交联剂，以玻璃纤维增强，加工制成团状（DMC）、片状（SMC）塑料，各项性能优异，尺寸稳定，吸水性小，适于制造开关外壳、高低压电器耐电弧部件、电动机换向器等绝缘结构件。干式不饱和聚酯以邻苯二烯丙酯（DAP）预聚体作为交联剂，用玻璃纤维补强，性能优异，储存期长，适于制造在高低温交变和高温条件下使用的电动机、电器及电信设备等的绝缘件。密胺聚酯塑料适于注射成型，各项性能优良，吸水性小，耐磨性好，适于制造低压电器壳体、动触头支架等绝缘部件。

3. 酚醛和环氧（EPDR）塑料 酚醛塑料以酚醛树脂或改性酚醛树脂为基体，加入木粉、无机填料及其他添加剂经炼塑加工制成。有通用型、耐热型、电气型及玻璃纤维增强型等品种，适用于不同场合。环氧酚醛模塑料以酚醛环氧或双酚 A 环氧为基料加工制成，电气性能、耐酸碱性、耐冷热交变性好，适于制造多孔电连接器、低压电器绝缘零部件。

表 5.1－22　　　　　　代表性热塑性塑料主要性能

性　能	尼龙 6		PBTP		聚碳酸酯		聚苯硫醚		聚砜	ABS
ω（玻璃纤维）（%）	0	30	0	30	0	15	0	42	0	—
变形温度（18.2MPa）/℃ ≥	86	195	55	205	126	146	135	260	150	68
抗拉强度/MPa ≥	64	125	50.2	108	60.3	93.2	54.4	141	54.4	141
E_b/(MV/m) ≥	21	25	18	20	16	30	26	18.4	26	18.4
耐燃性	V－0	V－0	V－0	V－0	不燃	不燃	不燃	不燃	V－0~V－2	HB

表 5.1－23　　　　　　代表性热固性塑料的主要性能

性　能	酚醛塑料	环氧酚醛塑料	三聚氰胺甲醛玻璃纤维塑料	密胺聚酯塑料	SMC	干式不饱和聚酯塑料
负荷变形温度/℃≥	140	200	160	160	250	190
抗弯强度/MPa≥	50	100	120	65	150	55
E_b（90℃油）/(MV/m)≥	5.8	13~15	10(常态下)	10(常态下)	12~18	10(常态下)
绝缘电阻/MΩ≥	1×10^6	1×10^4	1×10^3	1×10^4	1×10^7	1×10^4
相对电痕指数(CTI)/V≥	175	300	600	180	180	180
耐电弧性/s≥	—	180	180	180	180	180

其他热固性塑料有玻璃纤维增强聚胺-酰亚胺塑料：耐热、耐辐射、耐氟利昂；有机硅石棉塑料：耐电弧性、耐热性高，它们适于制造耐高温电动机、电器的绝缘零部件。

1.9　电工塑料薄膜

电工薄膜是厚度为数百微米以下的高分子薄片材料，质地柔软，使用方便。

电工薄膜的性能和用途见表 5.1-24。其中聚丙烯薄膜分为普通型、粗化型和金属化型，粗化型易于浸渍。聚丙烯和聚酯薄膜是双轴定向薄膜，机械强度高。聚酰亚胺薄膜不燃，耐辐照。聚四氟乙烯薄膜不燃。缺点：聚乙烯薄膜不耐热，力学性能差；聚酯薄膜耐碱性、耐电晕性差，易水解；聚四氟乙烯薄膜机械强度低，与其他材料的黏合力极差，经过改进的全氟乙丙烯薄膜热封性较好。其他氟塑料薄膜还有聚偏二氟乙烯薄膜、乙烯-四氟乙烯共聚物薄膜、乙烯-三氟氯乙烯共聚物薄膜等。此外，耐热 F 级新型薄膜有聚酰胺亚胺、聚噁二唑、聚芳酯和聚对苯二甲酸丁二酯薄膜；H 级有聚芳酰胺、聚苯硫醚、聚醚砜薄膜；H 级以上有聚醚醚酮薄膜。其中聚苯硫醚和聚对苯二甲酸丁二酯薄膜具有特别高的机械强度；聚醚醚酮薄膜具有特别高的击穿强度；聚醚砜薄膜具有特别高的 ρ_v。

表 5.1-24　常用电工薄膜的性能和用途

性　能		聚酯薄膜	聚丙烯薄膜	聚酰亚胺薄膜	聚四氟乙烯薄膜	聚苯乙烯薄膜	聚乙烯薄膜	聚碳酸酯薄膜
使用温度/℃		$-80\sim125$	$-40\sim105$	$-269\sim250$	$-250\sim250$	85	$-60\sim80$ 110[1]	$-100\sim122$[2] 146
抗拉强度 /MPa	纵	$140\sim200$	>120	$\geqslant98$[2]	>10[2]	>50	$9.8\sim17.6$ $15\sim25$[1]	$58\sim82$[2] $106\sim240$
	横	$140\sim200$	>170	$\geqslant137$	>30			
$E_b/(\mathrm{MV/m})$		>130	>150	$100\sim150$		>116	>40	>145
$\tan\delta/\times10^{-3}$		<5 <20[3]	<0.3	<10	0.5 0.2[3]	3[3]	0.4[3]	$0.8\sim2.5$ 0.8[3]
ε_r(50Hz)		3.2	2.2	<4	$1.8\sim2.2$	$2.3\sim3.7$[3]	2.9[3]	2.9[3]
主要用途		电动机，变压器，电容器，电缆，复合制品，黏带，磁带基材	电容器、电缆、电动机绝缘、黏带基材、驻极体	电动机绝缘、黏带、印制电路板基材、耐辐射电器绝缘	电动机电器、电容器绝缘、印制电路板基材	高频电缆、电容器	电缆、电容器、超导绝缘	电动机、电容器、薄膜开关、扬声器

① 辐照交联聚乙烯薄膜。

② 取向前。

③ 1MHz 下测量。

第2章 半导体材料

2.1 半导体材料概述

2.1.1 半导体材料的分类与物理性质

导电性能介于绝缘体与导体之间（室温下电导率为 $10^{-8} \sim 10^6 \mathrm{S/m}$）的一大类物质，统称为半导体。它有元素、化合物、固溶体、非晶、有机半导体等五类。半导电材料的基本特性和名词术语见表 5.2-1。

表 5.2-1 半导体材料的基本特性和名词术语

名词术语		说　明
能带	禁带宽度 E_g	导带底与价带顶之间的能量差。例如绝缘体的 E_g 高于 $4 \sim 5\mathrm{eV}$，价带中的电子难以跃迁到导带，导电能力极低
	半导体	E_g 低于 $4 \sim 5\mathrm{eV}$，价带电子可能激发到导带，成为自由电子、价带中出现自由空穴，两种载流子在电场作用下均参于导电
载流子	迁移率 μ	单位电场作用下，半导体中载流子的平均漂移速度 $[\mathrm{m^2/(V \cdot s)}]$。$\mu$ 的大小取决于晶体中各种散射机构，即与晶格缺陷、杂质浓度和温度密切相关；半导体有自由电子迁移率 μ_n 和自由空穴迁移率 μ_p，$\mu_n > \mu_p$，NPN 晶体管和 N 沟道 MOS 器件都以电子作为工作载流子
	载流子浓度	分别有导带中自由电子浓度 n 和价带中自由空穴浓度 p
	爱因斯坦关系	$D/\mu = kT/q$，式中，D 为扩散系数，μ 为 μ_n 或 μ_p

续表

名词术语		说　明
非平衡载流子	非平衡载流子	外界因素（如光照或电注入等）作用下，半导体中载流子超出平衡态的载流子
	非平衡载流子寿命 τ	非平衡载流子的平均生存时间（从产生到复合消失的时间）。τ 长短与晶体缺陷、杂质浓度和表面状态有关，即与载流子的 D、扩散长度 L 有关：$L = (D\tau)^{1/2}$
导电能力	电导率 σ	两种载流子均参与导电：$\sigma = ne\mu_n + pe\mu_p$
	电阻率 ρ	$\rho = 1/\sigma$，是决定器件耐电压能力等的重要因素，可用四探针法方便测出

2.1.2 能带结构与本征半导体

利用能带结构研究半导体的性质是非常方便的。能带结构中分为允许电子存在的允带和不允许电子存在的禁带。允带中价电子存在的能带称为价带，价带上面的允带称为导带。考虑物质的导电性时，只需考虑价带、导带以及它们之间的禁带即可，如图 5.2-1 所示。根据泡利不相容原理，一种能量状态只能允许一个电子进入，并从低能量能级逐渐向高能量能级填充。绝缘体和本征半导体的价电子数与价带的状态数相等，价带被充满，称为满带。导带中没有电子，所以不导电。导体的导带中有自由电子，故可以导电。

在外界因素的激励下（如温度升高），半导体中一些电子可从价带跃迁到导带，分别在导带出现自由电子，价带中留下的空位，称为空穴。自由电子和空穴都是电荷载体，称为载流子。绝缘体的禁带宽度 E_g 在 5eV 以上，常温下电子难以激发到导带，故不能导电。在温度 T 下，本征半导体载流子浓度随温度迅速增加：$n_i = p_i \propto \exp(-E_g/kT)$，因此可作为温度探测和控制器件。图 5.2-2 示出半导体硅、锗、砷化镓的 n_i

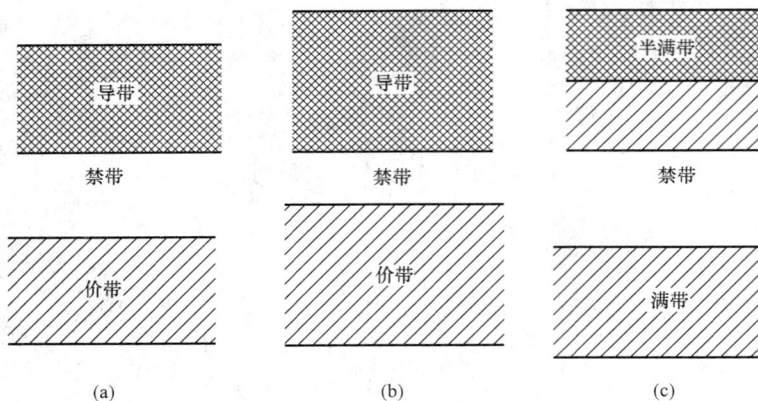

图 5.2-1　固体的能带结构示意图

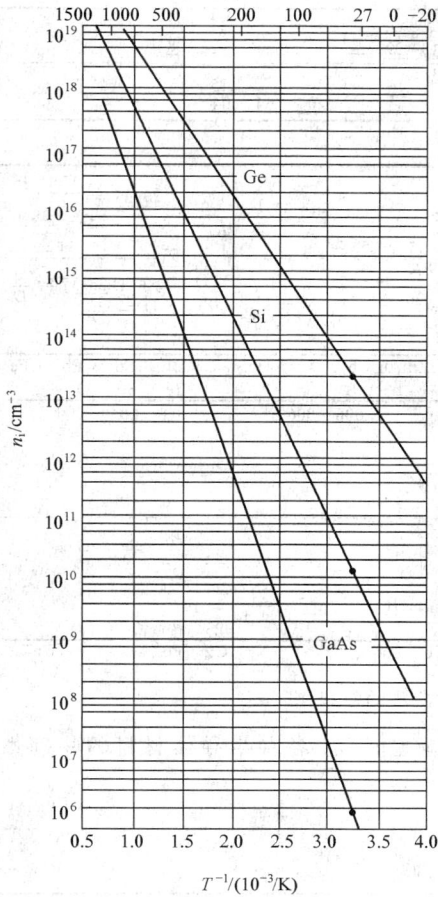

图 5.2-2 硅、锗、砷化镓的 n_i 与温度的关系

与温度的关系。

不同的半导体 E_g 不同，在一定温度下的载流子浓度也不同：E_g 越大，本征载流子浓度越低，随温度变化越激烈。半导体材料的光效应与 E_g 密切相关，光子能量 $h\nu$（h 为普朗克常数，ν 为光波频率）等于 E_g 时，吸收或发射光子的效率最高。要使其对可见光灵敏，希望半导体材料的 E_g 在 $1.7\sim3.1\text{eV}$ 范围内。

固溶体半导体的 E_g 与组成它的化合物的组分有关，E_g 可在两种化合物的 E_g 之间随组分变化而连续变化。

2.1.3 N 型和 P 型半导体

不存在绝对纯净和结晶完整的半导体材料。相反，为使半导体符合各种器件的使用要求，往往特意掺入适当的杂质，以控制其导电类型和导电能力，称为杂质半导体。杂质和缺陷均在半导体禁带中引入能级，杂质不同引入能级的位置、

性质和作用也不同，其中一些浅能级（与导带和价带相距很近的能级）杂质特别重要。硅、锗中的 V 族杂质磷、砷、锑，比硅、锗多一个价电子，其能级在导带底附近的禁带中，常温下就能被激发，释放电子到导带（施主电离），因而称为施主杂质；硅、锗中的 III 族元素硼、铝、镓等比硅、锗少一个价电子，其能级在价带顶附近的禁带中，常温下价带电子就能被激发到该能级上（受主电离），杂质接受电子，价带中少了电子增加了空穴，因而称该杂质为受主杂质。

杂质半导体中，施主或受主的载流子浓度一般远比对应温度下本征载流子的浓度高得多。浅的施、受主杂质在室温下都能全部电离，为导带或价带提供电子或空穴，使半导体的导电能力增强。前者称为 N 型半导体（电子型导电）；后者称为 P 型半导体（空穴型导电）。在 N 型半导体中，电子是多数载流子（多子），空穴是少数载流子（少子）；P 型半导体则相反。在非简并、热平衡态下，不管 N 型还是 P 型，多子与少子的浓度满足 $nP=n_i^2$ 的关系。表明杂质半导体中一种载流子增加多少倍，另一种载流子浓度将减少多少倍。半导体的导电能力和性质受杂质浓度和性质的支配。图 5.2-3 为硅、锗、砷化镓中 μ_n、μ_p 与杂质浓度的关系。

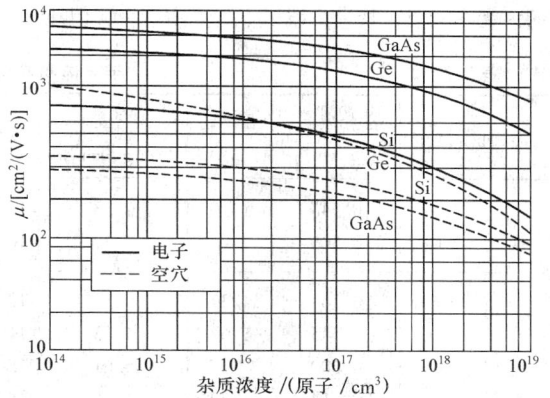

图 5.2-3 硅、锗、砷化镓中 μ_n、μ_p
与杂质浓度的关系

杂质有两类：①浅能级杂质：如硅、锗中的 III、V 族，III-V 族化合物半导体中的 II、VI 族，它们的电离能很小，作用主要是控制导电类型和导电能力；②深能级杂质：一些重金属杂质，如铜、金、铁等，其特点是产生能级离导带和价带能级较远，同时可多重电离，在禁带中引入多重能级，且有的能级是施主，有的是受主。它们在半导体中往往起复合中心的作用，减少非平衡载流子的寿命，一般情况下要尽量减少这些杂质。但在开关晶体管中，掺入这种杂质可

Ge 0.66eV GAP CENTER

Li .0093 Sb .0096 P .012 As .013 S .18/.28 Se .14/.3 Te .11 ... Cu .12A/.3A Au .04A/.26A .04D/.33A Ag .09A/.28A .15D/.13

B .01 Al .01 Ti .01 Cr .011 ... Cd .06/.02 .095 Hg .12/.035 .16/.055 .07 Ni .087/.09D Mn .23/.16 Fe .31 .2/.04 Pt .27A/.2 .04D

Si 1.12 GAP CENTER

Li .033 Sb .039 P .045 As .054 Bi .069 Te .14/.21 Ti .11A/.25 .4 C .25/.41 Mg .14/.26 Se .3/.43 Cr .32 Ta .26 ... Mn .36/.45A Ag .25A/.55 Cd .34A/.54A Pt .49/.53A Si .49 ... .35/.5D .33/.5D .31/.53D .28/.24 .27 ... .26/.35D .25/.34D .22/.37 .17/.41 .16/.4 .14 .51 .38D .51

B .045 Al .067 Ga .072/.3/.16 In .34/.17 Ti .35/.42D Pd .33/.19 ... Na ... Be ...

GaAs 1.42 GAP CENTER

Si .0058 Ge .006 S .006 Sn .006 Te .03 Se .0059 ... A .63A .67A

.44/.37 .52/.19 .53D .24/.023

C .026 Be .028 Mg .028 Zn .031 Si .035 Cd .035 Li .05/.023 Ge .07/.04 Au .09/.095 Mn .11 Ag .12 Pb .16 Co .17 Ni .21/.14 Cu .24/.023 .19 Fe Cr

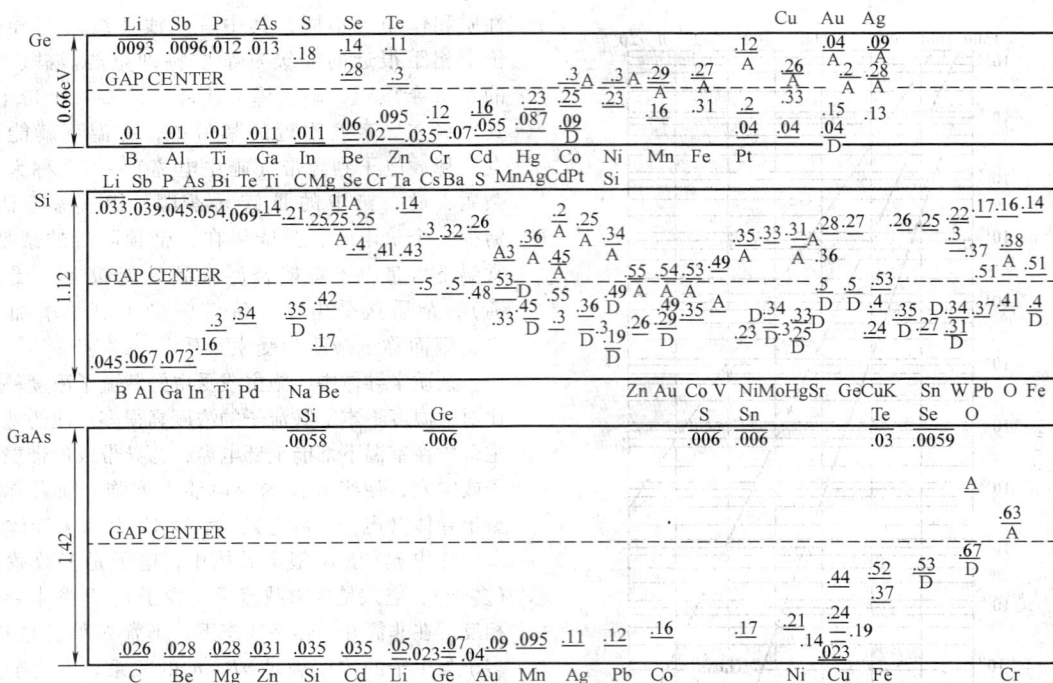

图 5.2-4 硅、锗、砷化镓中杂质的能级图

提高开关速度。图 5.2-4 为硅、砷化镓、砷化镓中杂质的能级图，禁带中线以上为施主能级，但注有 A 的为受主能级；禁带中线以下为受主能级，但注有 D 的为施主能级。各种半导体材料的物理性质见表5.2-2。

表 5.2-2　　　　　　　　　　半导体材料的物理性质（300K）

类别	材料	晶格常数 a/nm	熔点 $T_m/^\circ C$	密度 $d/(g/cm^3)$	ε_r	E_g 300K	E_g 0K	类型跃迁	μ_n /[m²/(V·s)]	μ_p /[m²/(V·s)]
元素	Si	0.543	1420	2.33	11.9	1.12	1.153	间	0.135	0.048
	Ge	0.566	941	5.32	16.0	0.66	0.75	间	0.39	0.19
Ⅲ-Ⅴ族	GaAs	0.564	1237	5.31	13.1	1.4	1.5	直	0.85	0.04
	GaP	0.545	1467	4.13	11.1	2.3	2.4	间	0.011	0.0075
	GaSb	0.609	712.1	5.61	15.7	0.7	0.8	直	0.2	0.08
	AlSb	0.614	1080	4.26	14.4	1.6	1.6	间	0.02	0.03
	InAs	0.606	943	5.66	14.6	0.4	0.4	直	2.26	0.02
	InP	0.586	1070	4.79	12.4	1.3	1.4	直	0.3	0.015
	InSb	0.648	525.2	5.78	17.7	0.2	0.2	直	10	0.075
	AlAs	0.566	1740	3.60	10.9	2.9	—	直	0.018	
Ⅱ-Ⅵ族	CdS	0.583	1750	4.84	5.4	2.6	2.6	直	0.021	0.0018
	CdSe	0.605	1350	5.74	10.0	1.7	1.9	直	0.05	—
	CdTe	0.648	1098	5.86	11.0	1.5	1.6	直	0.06	0.01
	ZnS	0.541	1850	4.09	5.2	3.6	—	直	0.012	0.0005
	ZnSe	0.567	1515	5.26	8.4	2.7	2.8	直	0.01	0.0016
	ZnTe	0.609	1238	5.70	9.0	2.3	2.4	直	0.053	0.09
	HgTe	0.643	670	5.20	—	0.3				

类别	材料	晶格常数 a/nm	熔点 T_m/°C	密度 d/(g/cm³)	ε_r	E_g		类型跃迁	μ_n /[m²/(V·s)]	μ_p /[m²/(V·s)]
						300K	0K			
其他化合物半导体	SiC	0.436	2830	3.21	10.0	2.6	3.1	间	0.03	0.005
	PbS	0.594	1077	7.50	169	0.4	—	直	0.06	0.02
	PbSe	0.615	1062	8.10	210	0.3	—	直	0.14	0.14
	PbTe	0.644	904	8.16	425	0.3	0.2	直	0.6	0.4
	Bi₂Te	1.045	580	7.70	—	0.2	—	—	1	0.04

2.2 元素半导体

元素半导体仅由单一元素组成的半导体材料称为元素半导体。具有半导体性质的元素有 C、Si、Ge、Sn、P、As、Sb、Se、Te 和 I 等,其中最常用的是硅(Si)和锗(Ge)。研究和使用最早的半导体材料是锗,但硅在许多方面显示出比锗更优越,是目前各种电力电子器件、集成电路等制作中必不可少的原材料。

2.2.1 硅、锗单晶的主要技术参数及选用

表示硅、锗单晶性能和质量的基本参数有导电类型、电阻率及其均匀性、非平衡载流子寿命、晶向和位错密度等。

1. 导电类型 根据器件的结构和工艺条件选用不同导电类型的单晶,如晶闸管选用 N 型硅,PNP 双结型扩散晶体管选用 P 型硅等。

2. 电阻率 ρ 及其均匀性 电阻率反映单晶中的杂质浓度,是决定器件耐压的重要参数,耐压要求高的器件选用 ρ 高的单晶;电阻率均匀性会影响器件的性能,面积大的大功率器件、集成度高的集成电路要求单晶断面 ρ 的均匀性好;器件性能要求一致,则单晶纵向 ρ 要均匀。电阻率与杂质浓度关系如图 5.2-5 所示。从图中可由电阻率查出杂质浓度,或者相反。

3. 非平衡载流子寿命 非平衡载流子的平均生存时间 τ。其长短与晶体缺陷、杂质浓度和表面状态有关,即与载流子的扩散系数 D、扩散长度 L 有关,$L = (D\tau)^{1/2}$,一般希望 τ 大。深能级杂质会缩短载流子寿命,但可以提高开关速度。

4. 迁移率 单位电场作用下,半导体中载流子的平均漂移速度 [m²/(V·s)]。其大小与晶格缺陷、杂质浓度及温度密切相关。

5. 晶向 不同晶向生长的单晶具有不同的特性,硅、锗单晶通常是沿 <111>、<100>、<110> 三种晶向生长。晶体管采用 <111> 晶向,可得到平整的 PN 结截面。MOS 器件为了降低表面态,常采用沿 <100> 晶向单晶。

6. 位错密度 单位体积单晶中位错线的总长度。为计量方便,近似地以单位截面积上位错线露头数(位错腐蚀坑数)表示。各种器件都要求单晶的位错密度低。

2.2.2 硅单晶中杂质的扩散

扩散系数 D 反应杂质在材料中的扩散速度。设温度 T 无限高时杂质的扩散系数为 D_0,活化能为 E_a,k

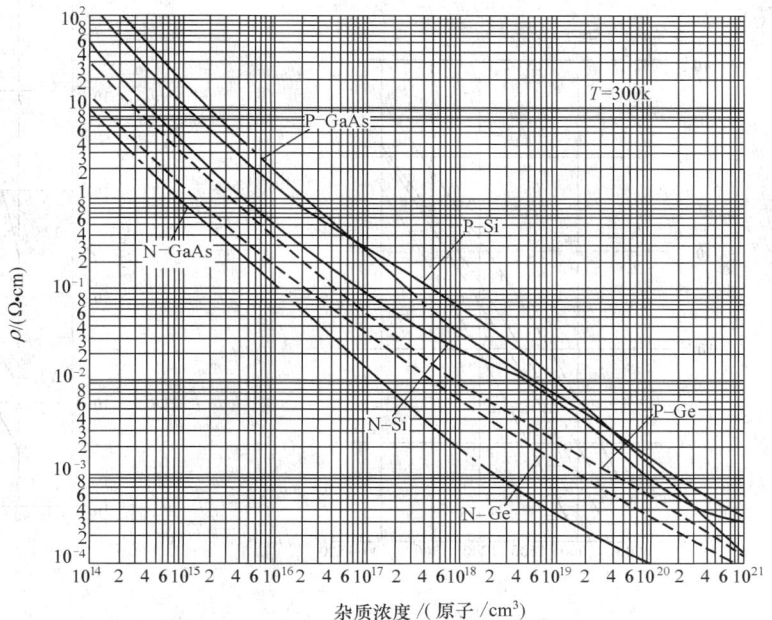

图 5.2-5 硅、锗、砷化镓中电阻率与杂质浓度关系

为玻尔兹曼常数，则 $D = D_0 \exp(-E_a/kT)$。从该式可计算某一温度下的扩散系数 D。再结合扩散源情况、扩散温度、扩散时间以及杂质浓度等，即可计算扩散层中杂质浓度分布及扩散深度。重金属元素在硅中的扩散系数一般都比较高，因此要求高放大倍数的器件应严防金、铜等快扩散杂质的玷污。一些常用杂质在硅、锗中的扩散系数与温度的关系如图 5.2-6 所示。

制备重掺杂低阻单晶或器件工艺中制作高浓度的扩散层（如发射区），应选用固溶度大 C_B 的杂质，固溶度取决于杂质原子与硅（或锗）原子的半径差，

半径差愈大，固溶度愈小；杂质原子的价电子数与硅（或锗）的差别愈大，固溶度也愈小。硅中杂质固溶度与温度的关系如图 5.2-7 所示。

2.2.3 非晶硅和多孔硅

1. **非晶硅** 非晶态下的 C、Si、Ge、Sn、P、As、Sb、Se 等元素半导体以及化合物半导体大多具有半导电性。但具有实用价值的只有非晶态硒及硅。非晶态固体原子的排列不具备长程有序性，如用蒸发、溅射和化学气相淀积的各种薄膜，都属于非晶态。非晶硅（α-Si）具有四面体结构，但键角和键长相对单晶硅发生了畸变。用辉光放电法分解不同比例的硼烷-硅烷，可制出 σ 在几个数量级内变化的 α-SiH。非晶硅电性能可控，用非晶硅制作光电池，其光能吸收率高，工艺简单，能耗低且适于大面积生产，是一种优良的太阳能转换材料。

2. **多孔硅** P 型、P+型或 N+型硅在 HF 阴极反应过程中，在较低电流密度或较高的 HF 浓度下，硅表面形成一层无光泽的黑色、棕色或红色的薄膜，该薄膜称为多孔硅。它的厚度可从几微米至几十微米，仍呈单晶状，但充满了空隙。孔径达 2nm 甚至更大些，孔优先在电流流动方向排列。多孔排列的电阻率、晶格常数都大于单晶硅，其热氧化速度比单晶硅快得多。它在超大规模集成电路中是制作 SOI（绝缘体上硅材料）和隐埋导电层的最佳方案之一，还可用来制作气敏、湿敏传感器和真空微电子器件的场发射阴极等。

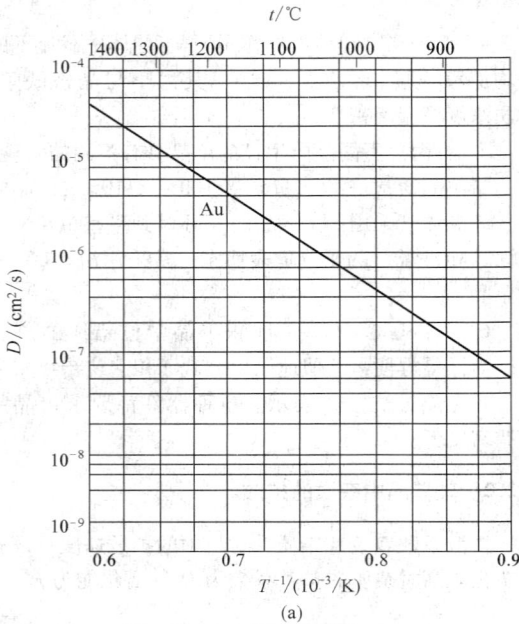

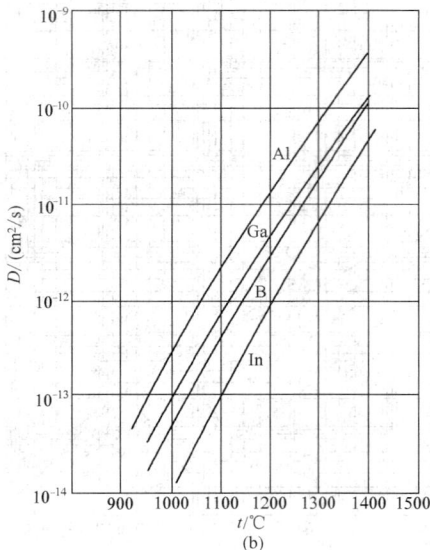

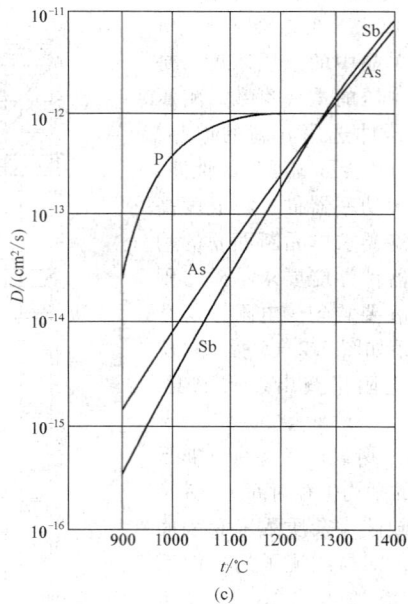

图 5.2-6　常用杂质在硅、锗中的扩散系数与温度的关系

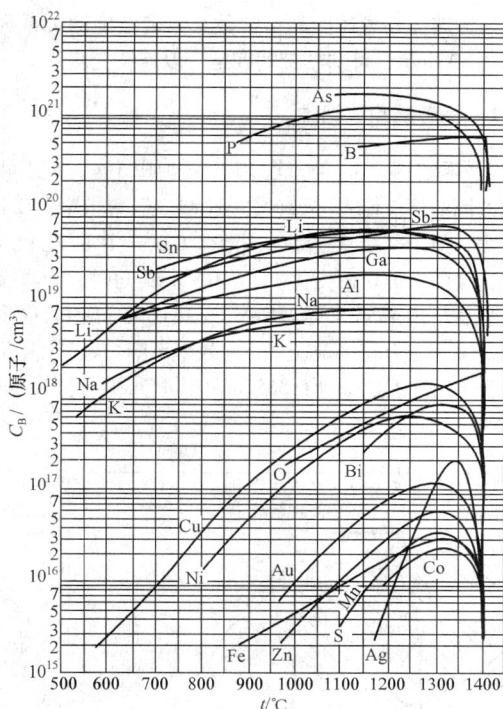

图 5.2-7 硅中杂质固溶度与温度的关系

2.3 化合物半导体

化合物半导体中最重要的是Ⅲ-Ⅴ族化合物（其中的硼、铝、镓、铟与氮、磷、砷、锑组成的 16 种化合物），其次是Ⅱ-Ⅵ族化合物，另外还有一些Ⅳ-Ⅵ族化合物、Ⅳ-Ⅳ族化合物及氧化物等。由于它们的不同特性，使之在不同场合得到应用。

2.3.1 Ⅲ-Ⅴ族化合物半导体

1. 砷化镓 它是研究和应用最早、性能较优的重要化合物半导体之一，其物理性质见表 5.2-2。特点是：①禁带宽度比硅大（$E_g = 1.43eV$），直接跃迁型，因而它更适合制作高温（450℃）、大功率、光电转换、近红外光电器件等；②电子迁移率约为硅的 7 倍，用于制作场效应晶体管、微波集成电路、放大、逻辑等器件；③砷化镓与多种固溶体化合物半导体的晶格匹配良好，可用作镓砷磷、镓铝砷、铟镓磷或硒化锌等非Ⅲ-Ⅴ族化合物半导体器件的衬底。砷化镓中的杂质能级、性能参数与影响因素的关系如图 5.2-3、图 5.2-4、图 5.2-5 和图 5.2-8 所示。

2. 磷化镓 室温下的禁带宽度大（$E_g = 2.24eV$），因而波长较长的黄光、红光皆能透过，故其晶片、晶锭皆为橙色透明体。间接跃迁型，是高效率多色性发光材料，具有很高的光电转换效率。

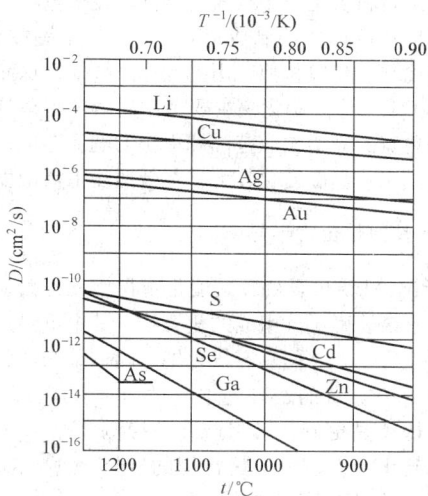

图 5.2-8 砷化镓中杂质的扩散系数与温度的关系

经液相外延生长发射结，锌-氧中心复合获得红光，效率达 12.6%；通过渗氮形成GaP-N等电子陷阱，实现绿色光发射，效率达 7%。

3. 锑化铟和砷化铟 锑化铟的特点是禁带宽度（$E_g = 0.18eV$）小，μ_n大（硅中的 60 倍）。锑化铟可制成光电导型、光生伏特型和光磁电型 3 种探测器；更适用于制造超低温下工作的红外探测器。它有显著的磁阻效应，是制作霍尔器件和光磁电器件的良好材料。砷化铟的电子迁移率也很高，也可以制作霍尔器件。

2.3.2 Ⅱ-Ⅵ族化合物半导体

通常是指Ⅱ族元素锌、镉、汞与Ⅵ族元素硫、硒、碲组成的化合物。这些化合物一般有自补偿效应，只能以一种导电类型存在，称为单极性半导体。除碲化镉以外，Ⅱ-Ⅵ族化合物都是单极性半导体。

1. 硫化锌和硒化锌 硫化锌具有闪锌矿型或纤维锌矿型晶体结构，是一种重要的发光材料。在硫化锌粉中加入活性剂铜、锰、铅等可烧成场致发光材料。硫化锌单晶或烧结片是良好的红外窗口材料，P型单晶材料可做激光调制器，和其他 N 型Ⅱ-Ⅵ族化合物（如硫化镉）可组成异质结发光体。硒化锌可作黄光和绿光的结型发光器件。

2. 硫化镉、硒化镉和碲化镉 硫化镉属六方晶系，有很强的各向异性，单晶的导电类型通常为 N型，主要用作红外窗口、激光调制器、γ射线探测器等。单晶型硫化镉光敏电阻不但在可见光区域具有很高的灵敏度，而且对 X 射线，α、β 和 γ 射线也很灵敏。粉末材料可制成场致发光器件、光敏电阻、光电池等。碲化镉可掺杂制成 PN 结，其化学键极性小，晶体用途与硫化镉相似，用它制作的核辐射探测器可在 150 ℃下工作。硒化镉主要用作光敏电阻，具有比硫化镉更宽的光谱响应范围和更快的响应速度，但其灵敏度随工作温度变化较大，在低照度下灵敏度低。

2.3.3 其他化合物半导体

1. Ⅳ-Ⅵ族化合物 一般是指Ⅳ族元素铅、锡和Ⅵ族元素硫、硒、碲组成的化合物，其中重要的是铅的 3 种化合物，它们具有氯化钠的晶体结构。其特点是 E_g 小，有显著的红外光电导效应。多层薄膜光电导性能比单晶更好，可制造红外探测器。①硫化铅光敏电阻是常用的红外探测器，低温下的探测度更高，主要缺点是响应时间长。②硫的铅化物是激光材料。③硒化铅光敏电阻是薄膜型探测器，室温下响应波长可达4.5μm，77K 时可延伸到 6μm，该探测器测度高，可在较高温度下工作。

2. Ⅳ-Ⅳ族化合物 实用价值较高的是碳化硅，其单晶一般为 N 型，是间接跃迁型材料。其特点是 E_g 大，热导率高，电子迁移率大，化学稳定性好，耐高温和抗辐射等。可制作耐500 ℃以上的高温晶体管、大功率器件和蓝、黄、红色发光二极管等。因抗辐射而在空间技术中有其独特的地位。

3. 氧化物半导体 氧化物半导体的离子性强，属立方晶系，禁带宽度大。①氧化铅可作光导摄像管的靶面，当铅和氧偏离化学比或掺入某些杂质时，能改变氧化铅的导电类型，适当调整施主与受主比例，可得到本征氧化铅材料，因此，可以把氧化铅作成 P-I-N 型光电导靶。②氧化锌单晶主要用作光敏材料，氧化锌粉制造压敏电阻，是避雷器的核心部件。③二氧化锡和二氧化钛是制造气敏器件的材料。

2.4 固溶体半导体

这种半导体可看作是两种或两种以上结晶类型相同的材料组成的合金，它与化合物的基本差别在于组成比例不同。化合物的组成比例是固定不变的，固溶体则是连续可变或在一定范围内连续可变。这样固溶体的性质也会随组分比的变化而变化，人工调控组分比以达到某些特殊要求。半导体固溶体有二元系、三元系、四元系固溶体之分，二元系固溶体由两种元素半导体合成，三元系、四元系固溶体则由两种化合物

合成。固溶体半导体的晶格常数与禁带宽度的关系如图 5.2－9 所示，可知禁带宽度是可以连续变化的。

2.4.1 镓砷磷和镓铝砷

1. 镓砷磷（$GaAs_{1-x}P_x$） 它是由 GaAs 和 GaP 形成的固溶体。GaAs 是直接跃迁型，但禁带窄；GaP 禁带宽，但为间接跃迁型。固溶体 $GaAs_{1-x}P_x$ 的 E_g 和跃迁性质会随组分 x 而变化。x 在 0～0.53 间时，为直接跃迁型，E_g 由 1.43eV 增至 2eV；x 在 0.53～1 时，能带类似 GaP，变为间接跃迁型，光效率下降。x 由 1 降到0，发光光子波长由 565nm（GaP）升到 900nm（GaAs）。

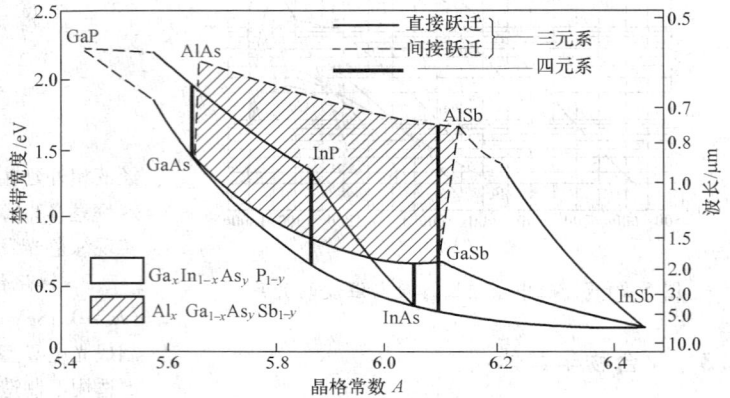

图 5.2－9 固溶体半导体的晶格常数与禁带宽度的关系

它主要用于可见光的场致发光，包括红、黄光发光管。

2. 镓铝砷（$Ga_{1-x}Al_xAs$） 当 x>0.35 时，由直接跃迁型变为间接跃迁型。作为发光材料用时不如镓砷磷，但在高电流密度下的发光效率恶化问题远小于镓砷磷，且制成双异质结可提高激光器内部的光增益，使阈值电流大为下降，实现室温下连续工作。由于镓铝砷与砷化镓有良好的晶格匹配，因而用砷化镓作衬底可制成优良的异质结。

2.4.2 碲镉汞（$Hg_{1-x}Cd_xTe$）

碲镉汞是 CdTe 和 HgTe 的连续固溶体。当 x 从0.17 增大到 1 时，E_g 从 0 连续增大到 1.6eV，且为直接跃迁型。这为制备多个响应波段的红外探测器提供了可能。其优点是：①电子有效质量小，本征载流子浓度低，反向饱和电流小，探测器噪声低，探测度高；②电子迁移率高，响应频带宽；③是本征跃迁，量子效率高；④载流子寿命长，因而光电导增益高。

碲镉汞晶体中的点缺陷对其电气性能有决定性影响。其中汞空位起受主作用，碲空位起施主作

用。导电类型、载流子浓度等可以用掺杂或热处理来控制。碲镉汞探测器有光电导型和光生伏特型两种，用于制作响应 $0.8 \sim 40 \mu m$ 波长范围的探测器和 MIS 或 MOS 结构型器件，是第三代应用最广泛的半导体材料。

2.4.3 碲锑铋$[(Bi_{1-x}Sb_x)_2Te_3]$和碲硒铋 $[Bi_2(Se_{1-x}Te_x)_3]$

两种固溶体都是重要的半导体制冷和温差电材料。可用区熔法或正常凝固法制造取向单晶或用粉末冶金法制造多晶。后者工艺简单，成本较低。用于制冷元件，用取向单晶的制冷性能优于多晶体。

2.5 其他半导体材料

2.5.1 半导体超晶格材料

半导体超晶格材料是一种人工合成材料，由交替生长的两种半导体薄层成分构成，两个半导体薄层以不变的厚度周期交替，形成了一个人工周期，即超晶格常数。半导体中沿超晶格生长方向的势能有周期性的变化，周期比自然晶体的晶格常数大得多，其电子状态把正常的布里渊区分割成许多微布里渊区而出现一些新的电子特性，如调整禁带宽度、负阻效应、调制掺杂出现的迁移率增强效应等。又如量子阱激光器、量子阱光电探测器、光学双稳态器件、调制掺杂效应晶体管等。目前，已经制造出化合物、元素及非晶态超晶格半导体材料，一般可用分子束外延和金属有机化合物汽相淀积技术制造。

2.5.2 磁性半导体

有两类磁性材料具有明显的半导体特性。一类是镧系稀土元素铕（Eu）、钐（Sm）、镱（Yd）等的氧化物，硫系（硫、硒、碲）化合物及铁、钴、镍的氧化物，它们具有类似氯化钠的晶体结构。另有一些如 $CdCr_2S_4$、$FeCr_2S_4$、$CoCr_2S_4$ 等具有尖晶石结构的三元化合物。它们的光、电特性随外加磁场或内部磁有序程度的变化而改变，并可通过掺杂来控制磁性能。

在居里温度 T_c 以下，这类材料处于磁有序状态，随外加磁场的增强或温度的降低，光吸收的波长向长波方向移动，电导率急剧增大。在磁性半导体中掺杂可以降低 T_c，晶格中的阳离子空位起受主作用，阴离子空位起施主作用。

2.5.3 有机半导体

有机半导体是一种有机半导电高分子材料，主要有两类：一类是蒽、萘等芳香族有机化合物单组分晶体；另一类是由两种不同分子构成的络合物（例如 Cs 与紫蒽酮的络合物），它们是双组分晶体。有机半导体的单晶制备很困难，通常只能获得粉末或者薄膜。

有机半导体的载流子迁移率很小，无论是电子还是空穴的迁移率均小于 $0.0001 m^2/(V \cdot s)$，但是在光敏、热敏、压敏等传感器技术中前景光明。聚苯胺黑粉，可用 HCl 酸进行可逆电化学掺杂，易成膜。用作一、二次电池阴极材料可与无机电池竞争，是第一个实际使用的有机半导体材料。已经了解到的有机半导体的一些物理效应及其典型材料见表 5.2-3。

表 5.2-3　　有机半导体的物理效应及材料

效 应	典 型 材 料	典 型 数 据 摘 要
光电导	三苯基甲烷系染料	光电流为 $10^{-4} \sim 10^{-8}A/cm^3$ 光暗电导比为 $10^2 \sim 10^3$ 量子效率约为 10%
光电子发射	紫蒽酮·Cs	量子效率为 $0.01 \sim 0.1$
光生电动势	CdS/有机半导体 N 型结 SnN_2/有机半导体 P 型结	开路电压为 $0.3 \sim 1.0V$
介 电	六甲基四胺	$\Delta n = 4.18 \times 10^{-10} \cdot E \cdot n_0^3 cm/V$ Δn 为外加电场 E 下折射率 n 的增量 $\Delta n = n - n_0$
热 电	聚乙烯萘·TC-NQ/铂电极	塞贝克系数 $2.3 \sim 2.7 mV/^\circ C$
压 电	间苯二酚	压电率为 $0.55 ^\circ C/(N \cdot m)$
压 阻	异紫蒽染料	电阻随压力的增加而减小
整 流	铂电极与银电极间夹苯二甲蓝素·Cu	整流比 ≈ 500
	铜电极与铝电极间夹苯二甲蓝素·Cu	整流比 ≈ 20

第 3 章　导体和超导材料

3.1　导电金属材料

3.1.1　导电金属材料的一般性质

导体是电荷能自由响应外电场作规则运动形成电流的一大类物质。金属是最重要的导体材料,电子自由运动使金属导电性高。金属兼有机械强度高、易加工、可焊接、不易氧化、资源丰富等优点,因此,在电气、电子工程中得到广泛应用。例如,制作各种输电线、信号线和通信电缆、电池极板、电力设备和元器件的导电零件等。导体最重要的特性是导体电导率 σ 或电阻率 ρ

$$\rho = R(A/L)$$

式中, R 为电阻(Ω); A 为导体的截面积(mm^2); L 为导体长度(m); ρ 的单位为 $\mu\Omega \cdot m$ ($1\mu\Omega \cdot m = 1\Omega \cdot mm^2/m$);电导率 $\sigma = 1/\rho$,单位为 MS/m。常用金属的 ρ (20 ℃)为 0.0162~1。

在交流情况下,导体中产生交变磁场,使得越接近导体表面电流密度越大,称为集肤效应。导体的直流电阻 R_{ac} 与交流电阻 R_{dc} 之比为

$$R_{ac}/R_{dc} = \pi d \sqrt{f/500\rho}$$

式中, f 为频率; d 为导线直径。为了减小集肤效应的影响,可以减小导线直径,采用绞线及空心导线等,高频情况下可以采取表面镀银。

影响导电金属电阻率的主要因素有温度、杂质、冷变形及退火。

1. 温度　温度升高,金属的电阻率增大。当温度变化范围不大时,一般可表示为

$$\rho = \rho_0 [1 + \alpha_p(t - t_0)]$$

式中, ρ 为任意温度 t 时的电阻率; ρ_0 为起始温度 t_0 时的电阻率; α_p 为电阻率的温度系数平均值。

2. 合金元素与杂质　合金元素与杂质导致金属的晶格畸变使电阻增大,它们与基体金属的原子半径相差愈大,电阻率增加愈大,导电合金的导电性通常低于相应的纯金属。

3. 冷变形　冷变形会使金属的晶格畸变,电阻率增加,一般不超过4%,合金稍大。

4. 退火　可使冷变形金属减少晶体缺陷,消除内应力,从而使电阻降低到原有水平。

导电金属的机械强度也是非常重要的技术指标之一,影响因素有纯度、晶粒大小、冷变形度以及热处理工艺等。冷变形是提高金属强度的最有效方法,通过控制冷变形度和热处理工艺可获得不同硬度的产品。导电合金和复合导体可显著提高机械强度。

3.1.2　铜与铜合金

质量分数超过 99.90% 的铜,具有高的电导率,是应用最广的导体材料。冷变形度达 90% 的硬铜,用作输电线、架空导线、开关零件、换向器片等,经 450~600 ℃退火的软铜,用作各种绝缘电线电缆的线芯。氧的质量分数低于 0.003% 的无氧铜适用于电真空器件、耐高温导体、超导线的复合基体等。铜的主要性能见表 5.3-1。

表 5.3-1　　　导体铜的主要性能

特　性	硬　铜	软　铜
ρ(20 ℃)/($\mu\Omega \cdot m$)	0.01777	0.01724①
α_p(20 ℃)/(10^{-3}/K)	3.81	3.93
热导率(20 ℃)/[W/(m · K)]	386	386
线膨胀系数/(10^{-6}/K)	16.6	16.6
蠕变极限/MPa	20 ℃:68.6　200 ℃:49.0 400 ℃:13.7	
E(20 ℃)/MPa	112770	
伸长率(%)	1~2	30~520
抗拉强度/MPa	343~441	196~235
疲劳强度/MPa	108.8~117.6	58.8~68.6
屈服强度/MPa	294~374	58.8~78.4

① IEC 规定 20 ℃纯铜电阻率 0.017241 $\mu\Omega \cdot m$ 为退火工业纯铜标准,以 100%IACS 表示。

铜中添加少量的单质或化合物元素构成铜合金,以满足不同用途的导电需要。电工用导电铜合金特性和用途见表 5.3-2。

表 5.3-2   电工用导电铜合金的特性和用途

铜合金	$\sigma/(MS/m)$	σ_b/MPa	特　　　点	主　要　用　途
银　铜	$40\sim56$	$370\sim490$	强度高，耐蠕变，耐磨，耐腐蚀	换向器片、点焊电极、通信线、引线、高热应力下焊低碳钢用电极轮
镉　铜	$48\sim52$	$400\sim500$	导热好，耐磨，耐腐蚀，硬度高	电阻焊电极、架空导线、高强度绝缘线、通信线、开关零件
镧　铜	56	$390\sim400$	可替代银铜	换向器片、引线
锆　铜	$50\sim52$	$400\sim500$	耐高温（500℃）	高速电动机换向器、深井油井电缆芯、二极管引线、开关零件
铬　铜	$41\sim48$	$410\sim520$	导热好，耐热（450℃）	电阻焊电极、电极支撑座、凸焊大型模具
铬锆铜	$43\sim52$	$460\sim600$	最适于焊低碳钢	电阻焊电极、适于焊低碳钢、涂层钢；二极管引线
铍　铜	$10\sim26$	$650\sim1085$	强度高，弹性稳定性好，耐磨，耐蚀，无磁性	焊不锈钢，耐热钢电极、镶嵌电极、弹簧、导电嘴、无火花工具
镍硅铜	$23\sim26$	$600\sim800$	热处理后性能类似铍铜	闪光焊焊块、集电环、衬套、导电弹簧、输电线路耐蚀紧固件
镍锡铜	6	$600\sim1440$	强度高，电导率小	继电器、电位器、微动开关、接插件、传感器敏感元件
镍钛铜	$23\sim35$	$560\sim830$	耐高温，热处理后替代铍铜	闪光焊对焊块、点焊电极、CO_2 保护焊导电嘴
镍磷铜	$35\sim40$	600	强度高，弹性高	导电弹簧、接线柱、接线夹、高强度导电零件
钛　铜	$6\sim36$	$650\sim1200$	力学性能优良	电焊机电极、高强度导电零件、弹簧
铁　铜	$30\sim40$	$40\sim450$	强度高	电真空器件结构材料、电器接触桥
氧化铝铜	$45\sim54$	$441\sim600$	耐高温	电阻焊电极、换向器、热电偶导线、耐高温导线、真空管耐温元件

3.1.3　铝和铝合金

导电用铝的纯度应大于 99.5%。铝的导电性（$\sigma=61\%$ IACS）仅次于铜，机械强度约为铜的一半，耐腐蚀，表面形成致密的 Al_2O_3 膜可防止腐蚀，密度为铜的 30%，延展性好，易拉丝或碾成铝箔，资源丰富，价格比铜低，因此，除对导体尺寸及机械强度等有特殊要求的场合，应优先采用铝作导电材料。在相同损耗，传输相同电能情况下，采用铝线的截面积比铜线的截面积约增大 150% 即可。铝的长期工作温度不宜超过 90℃，短期工作温度

不宜超过 120℃。

为了提高其耐热性和机械强度等，可在尽量少地降低电导率的前提下，在铝中添加镁、硅、铁等形成。热处理型铝镁硅合金等可用作架空线和电车线等；非热处理型铝铁等合金，适于制造电线、电缆线芯和电磁线等。电工用导电铝及铝合金的特性和用途见表5.3-3。

因铝及铝合金表面的氧化膜影响焊接。铝、铜焊接时易形成脆性的 $CuAl_2$ 化合物。铝和铝的焊接可采用氩弧焊、冷压焊、压接焊和钎焊等，此外，也可以使用套管连接法连接铝-铝或铝-铜。

表 5.3-3   导电用铝及铝合金特性和用途

名　称	$\sigma(\%IACS)$	σ_b/MPa	特　　点	主　要　用　途
铝	61	$70\sim95$		电线电缆芯、电容器的铝箔电极
铝镁硅	$52\sim60$	$304\sim407$	强度高	架空导线
铝镁	$53\sim56$	$225\sim255$	中强度	架空导线和接触线、平线缆线芯
铝镁铁	$58\sim60$	$113\sim117.6$	强度稍高，电导率减小较少	电线电缆芯、电磁线
铝镁铁铜	$58\sim60$	$113\sim127$		
铝镁硅铁	53	113		

续表

名 称	σ (%IACS)	σ_b /MPa	特 点	主 要 用 途
铝 锆	58~60	176~186	耐热性好，150 ℃以上	架空线和汇流排
铝 铁	61	88	强度略高于铝	使用范围同铝
铝 硅	50~53	255~323	加工性好，可拉细线	电子工业连接线
铝稀土	61	157~196	加入少量 Re 耐腐蚀	满足电工铝性能要求

3.1.4 复合导体

采用热轧、喷涂等工艺，将两种或两种以上金属复合起来制成的具有耐热、耐腐蚀、高强度、高导电等特性的金属导体，分别制成线、棒、板、片、管等各种型材。常用复合导体的特性和用途见表 5.3 - 4。

表 5.3 - 4 常用复合导体的特性和用途

分类	品 种	特 点	主 要 用 途
高强度	铝包钢线	强度高，耐腐蚀，电导率为 20% ~40%IACS	输配电线、载波避雷线、通信线，大跨越架空线
	钢铝接触线	强度高，耐磨	电车线
	铜包钢线	强度高，耐磨，耐腐蚀	高频通信线、大跨越地区架空导线
	镀锡铜包钢线	强度高，耐腐蚀，焊接性好	高频通信线、大跨越地区架空导线
	铜包钢排	强度高，耐磨，耐腐蚀	小型电动机换向片、电刷弹簧、汇流排、拦条
耐高温	铝覆铁	抗高温氧化	电子管阳极
	铝黄铜覆铜	电导率 80%IACS，抗高温氧化	高温大电流导体（如电炉配电用汇流排）
	镍包铜	电导率 89%IACS，抗高温氧化	400~650 ℃范围高温导线
	镍包银	同镍包铜	400（10%镍层）~650 ℃（20%镍层）高温导线
	耐热合金包银	电导率高，抗高温氧化	650~800 ℃范围高温导线
高电导	铜包铝线和排	电导率，强度高于铝，焊接性好，工作温度为 250 ℃	高频通信线和屏蔽线、电视电缆、电磁线、换向片、导电排等
	银覆铝	电导率高，接触性好	航空导线、波导管
耐腐蚀	银包或镀银铜线	易焊接、抗氧化、导电性、接触性好	高温导线线芯及线圈、雷达电缆用编织导体
	不锈钢覆铜	耐腐蚀和导热性好，电导率高	大功率真空管零件
	镀银铜包钢线	强度高，抗氧化性好	射频电缆及高温导线线芯
	镀锡铜线或铜包钢线	耐腐蚀，焊接性好	橡皮绝缘电线电缆、仪表连接线、编织线和软接线等
高弹性	铜覆铍铜	弹性及导电性好	导电弹簧
	弹簧钢覆铜	高弹性，高电导，耐高温腐蚀	导电弹簧
其他	铁镍钴合金包钢	导热好，热膨胀系数与玻璃相近	与玻璃密封的导电导热材料

3.2 电炭制品和其他导电材料

电炭制品的优点：①导电性能好，电阻率可达 $6\mu\Omega\cdot m$；②具有很高的热导率 93~293W/（m·K）；③热膨胀系数小，为金属材料的 1/6~1/2，冷热循环下不易碎裂；④耐高温；⑤化学性能稳定；⑥具有非常好的自润滑性能。电炭和聚合物导体的导电性是来自电子和其他电荷的迁移运动。温度升高可能使晶格热运动加强而降低电导率，也可能使其中的电荷受到更强的热激发作用而提高电导率。

3.2.1 电刷

电刷用于电动机集电环或换向器，要求电刷的机械磨损、电损耗及噪声要小，并且不软化，不出现有害的火花。由于电炭材料制作的电刷在相对滑动接触时能形成含石墨的薄膜层，有利于保持良好的接触，具有很强的耐磨性，故采用较多。常用的有石墨电刷（润滑性好，适用于圆周速度高的电动机）；电化石墨电刷（电阻率较高，接触电压降大，适用于高压小电流直流电动机）；金属石墨电刷（电阻率较低，接触电压降小，适用于低压大电流直流电动机）；树脂黏合石墨电刷（电阻率较高）和浸渍金属石墨电

刷（电阻率较低）五类。

电刷运行中常见的故障有磨损不均匀，磨损异常，过热，出现有害火花，电刷镜面镀铜等，应及时排除故障或更换电刷。

3.2.2　碳棒、石墨和碳纤维

碳棒、石墨和碳纤维的种类、特点和用途见表 5.3－5。

表 5.3－5　碳棒、石墨和碳纤维的种类、特点和用途

种类		特点和用途
碳棒	照明碳棒	用碳棒作电极的弧光灯，照明设备中发光强度最高。用于电影放映、高色温摄影、紫外线型和阳光型以及照相制版碳棒等
	碳弧气刨碳棒	应用于碳弧气刨工艺。碳弧气刨是利用碳弧产生的热能将金属熔化，再用压缩空气将已熔化的金属吹掉的一种刨削金属方法
	光谱碳棒	具有纯度高、导电性和热稳定性好的特点。电弧波谱范围为 200～350mm。用作可见光谱分析摄谱仪的碳电极
	电池用碳棒	导电性、化学稳定性好，用作锌干电池正极集流体
石墨	碳滑块、滑板	导电性、自润滑性好，不与金属黏合，接触电阻稳定，切断时很少出现电弧放电等，是无轨电车和电力机车从导线引入电能的滑动接触件
	石墨集电体	一种柔性石墨，延展性、导电性好，用作双电层电容器的集电体
	电真空器件用高纯石墨	纯度高、结构致密、热导率高、线膨胀系数小、电子热发射率高、性能稳定，用作大功率电子管阳极和栅极，某些真空电弧用加热、隔热和支撑元件以及其他电真空器件的石墨件等
	电火花加工用石墨	机械加工性能好、耐高温、耐腐蚀、热稳定性好等，用作电火花加工的电极
	石墨和金属石墨触头	石墨触头用作电气控制设备中配电盘、继电器和接触器的接触体；金属石墨触头用作电气控制设备中断路器和继电器的接触件
	石墨防爆膜	压力波动敏感，耐腐蚀性能好，安全可靠等。它是一种压力容器的安全附件，用于电流互感器、封闭式断路器的安全装置上
碳纤维及其复合材料		碳纤维密度小、比强度和比模量大，耐腐蚀，耐热、热导率大、热系数低，柔性好。普通型碳纤维用作导静电材料，燃料电池的耐腐蚀电极、电解质的载体或隔膜。高性能型碳纤维主要用于碳纤维-碳（C／C）、碳纤维-塑料（CDRP）、碳纤维-金属（CFRM）复合材料。C／C 用于制造电刷、大型中空电极、燃料电池电极及发热元件，CFRP 用于制造汽轮发电机端部线圈护环，CFRM 用于制造电刷、触头、大型蓄电池电极和电火花加工用电极等

3.2.3　导电胶和导电银浆

1. 导电胶　主要由银粉、树脂及溶剂混合而成，树脂固化后银粉相互接触而导电，$\sigma = 1 \sim 100 MS／m$。用于各种电子元件导电黏结（可避免高温焊接）及导电涂层。导电胶涂层的导电性和柔性取决于银粉的含量和颗粒形态、树脂种类及固化条件。选用密度小且呈片状银粉，适当提高固化温度，延长固化时间能提高电导率。

2. 导电银浆　由银或氧化银粉、玻璃料及树脂等调制而成，有高温银浆、中温银浆、银钯浆料及铂银浆料等多种，可涂敷或印刷，附着力强。烧成后具有高电导率和可焊性。用于高通滤波器、太阳电池、

液晶显示元件、热敏电阻、压敏电阻、玻璃釉电位器等的端头导体、厚膜电路电子元件导体、厚膜电路导带、内部连线等。

3.2.4　覆铜箔层压板

覆铜箔层压板有硬质覆铜箔层压板、柔性覆铜箔层压板和陶瓷覆铜箔层压板三大类：①硬质覆铜箔层压板是由上胶的底材与电解铜箔（单面或双面）叠合、热压成型的印制电路基板。所用胶有酚醛和环氧两种，环氧覆铜箔层压板具有较高的电气、力学和耐热性能。按加工性能又有热冲型和冷冲型两种，耐热性好的有自熄型覆铜箔层压板，广泛用作电气、电子设备的印制电路板。②柔性覆铜箔层压板（薄膜覆

铜箔层压板）系采用上胶的聚酯薄膜、聚酰亚胺薄膜等与电解铜箔制成的柔性印制电路基板。这种板柔性好，电气、力学性能好，聚酰亚胺薄膜铜箔板耐热性高，可在高温条件下浸焊。③陶瓷覆铜箔层压板（DCB），铜和氧化铝间通过氧化物中间层形成化学键提供足够的剥离强度。该产品的特点是，热导率高、散热性好，工作温度可达 $-55 \sim 850\ ℃$，在同样电流负荷下的导体截面可减少 88%；热膨胀系数接近硅片，因此芯片可直接焊在陶瓷覆铜箔层压板上，大大减少模块的热阻；电绝缘性能好。可用于各种集成度的模块、大功率模块、电子线路中结构和连接用材料、固态继电器等。

3.3 超导材料

3.3.1 超导现象

1. **超导体及其临界参量** 一般金属在很低的温度范围内电阻率随温度降低而减少，逐渐趋于很低的常数值。但某些元素、合金、化合物在无外磁场情况下，当温度下降到临界温度（T_C）时，电阻突然消失，变为超导态。具有超导态的材料称为超导体。一定温度下，超导体突然从超导态转变为正常态的外磁场强度称为临界磁场（H_C）。H_C 与温度有关，如图 5.3 - 1 所示，部分超导体在正常态与超导态之间存在混合态（正常态与超导态共存），有两个临界磁场，即超导体开始偏离完全抗磁性、磁能开始穿入样品内部的外磁场强度，称为下临界磁场（H_{C1}）和样品开始由混合态转变为正常态的最大外磁场强度，称为上临界磁场（H_{C2}）。存在混合态的超导体称为第二类超导体，无混合态的超导体称为第一类超导体（$H_{C1} = H_{C2} = H_C$），除铌和钒之外的元素超导体均属于第一类超导体。在给定的温度和磁场下，超导体保持超导态能传输的最大电流称为临界电流（I_C），超过 I_C 时，材料的超导态受到破坏转变为正常态。$I_C =$

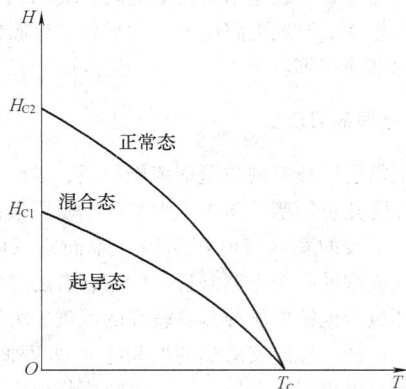

图 5.3 - 1 临界磁场与温度的关系

$crH_C/2$，式中，r 为试样截面半径；c 为光速。单位截面积能承载的临界电流称为临界电流密度 j_C。以上这些临界值是超导体的特征值。

2. **超导体的基本特性** 超导体的两个相互独立的基本特性是零电阻性（$<10^{-28}\mu\Omega \cdot m$）和完全抗磁性。

为什么材料在超导态时电阻为零呢？根据巴丁（Bardeen）、库帕（Cooper）、斯瑞费（Scbriffer）的研究结果（称为 BCS 理论），超导体中传导超导电流的超导电子是双双结合成对的，超导电子对不能相互独立地运动，只能以关联的形式作集体运动。在该电子对所在空间范围内的所有其他电子对，在动量上彼此关联成有序的集体，以一个波动进行传播，因此超导电子对运动时不同于正常电子，不会被晶体缺陷和晶格振动散射而产生电阻，从而呈现电阻消失现象。由于电子结成电子对，使能量降低成为一种稳定态，一对超导电子对具有的能量比两个正常电子的能量低 2Δ，这个降低的 2Δ 能量称为能隙。当电子获得大于 2Δ 的能量时即进入正常态。能隙的大小与温度有关，满足

$$2\Delta = 6.4kT_C \left(1 - \frac{T}{T_C}\right)^{1/2}$$

式中，k 为玻耳兹曼常量。

超导电子对中电子之间空间相互关联的范围称为相干长度（ξ_0），可认为是电子对的尺寸，约为 $10^{-9} \sim 10^{-6}$ m。

超导态的物质为什么会出现完全抗磁性（迈斯纳效应）呢？这是由于外磁场在试样表面产生一个感应电流，它产生的附加磁场总是与外磁场大小相等、方向相反，因而合成磁场为零。因为这个电流起着屏蔽磁场的作用，故又称为屏蔽电流。它沿着表面层流过，因而磁场也穿透同样深度，称为磁场穿透深度 λ，可表示为

$$\lambda = \lambda_0 [1 - (T/T_0)^4]^{-1/2}$$

式中，T 是测量时的温度；λ_0 是 0K 下磁场穿透深度，它是一个物质常数，一般在 5×10^{-7} m。λ 一般有数十纳米。所以只有当试样厚度比 λ 大得多时，才能把试样看成是完全抗磁性的。

3. **超导体的约瑟夫森效应** 两层超导材料之间夹有 1nm 左右的绝缘层形成隧道结，在隧道结上加直流电源时，电流可以无阻的通过隧道结，结上不产生电压降低，称为直流约瑟夫森效应。隧道结的 $U-I$ 特性如图 5.3 - 2（a）所示。I 轴上的电流是直流约瑟夫森电流，电流大小与外部电流源的大小对应。I_c 是临界电流，当 $I>I_c$ 后，结上出现电压降，这是正常电子的作用，电压随电流的增大而增大。此时，若减小电流，即使 $I<I_c$，电压也不会返回到零，显示出

滞后特性。当 I 接近零时，电压才会返回到零的状态。如果改变电流的符号，电压也改变符号，呈现对原点对称的特性。

当在隧道结加上有限的直流电压 U 时，结上电流大于 I_c，此时除正常电子隧道电流外，还会出现一个高频超导电流，称为交流约瑟夫森效应。频率 f 与电压 U 的大小有关，

$$f = 2Ue/h$$

式中，e 为电子电荷量；h 为普朗克常数。当电压为 1mV 时，f 为 483.6GHz。结区以同样的频率向外发射电磁波。这个电流无法在图 5.3-2（a）上表示出来。但是如果用频率 f 的电磁波照射加有电压 U 的隧道结，随电压 U 的增大，电流出现阶梯状变化，称为电流阶梯（又称为 Shapiro 阶梯），如图 5.3-2（b）所示。阶梯的电压宽度 ΔU 相等，$\Delta U = hf/2e$。利用该性质可以高精度地测量微小电压，例如采用 10GHz 的微波，ΔU 为 20.578μV，可用作电压测量的标准。

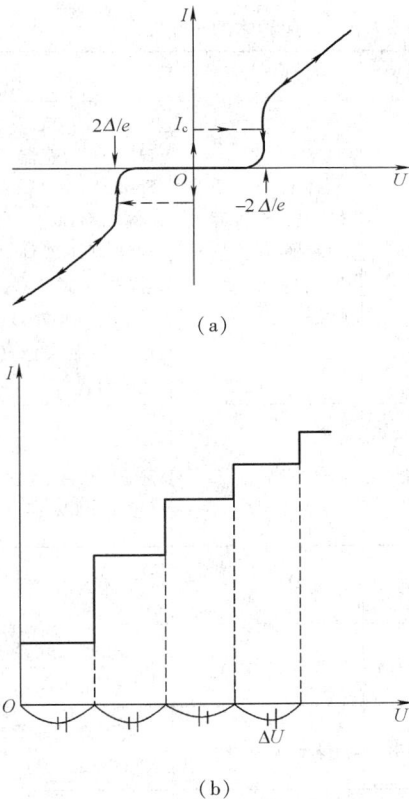

（a）

（b）

图 5.3-2　约瑟夫森效应
（a）直流约瑟夫森效应的 $U-I$ 特性；
（b）微波照射产生的电流阶梯

3.3.2　超导体分类

根据磁场中不同的磁化特性，超导体分为一、二、三类。第一类超导体是除 Nb、V、Tc 外的一般元素超导体。第二类超导体主要是合金和化合物，在正常态和超导态之间存在混合态。当合金和化合物内部存在杂质、位错等缺陷时，称为第三类超导体。它们的磁化曲线如图 5.3-3 所示。磁场中的第二类超导体处于混合态时，由于传输的直流电流也要产生磁场，引起磁通线分布不均，从而造成磁通流动，导致产生功率损耗，所以出现了第三类超导体。研究发现超导体中的杂质、位错等具有阻止磁通线流动的作用，称为磁通的钉扎作用，这是由于磁通线在不均匀处的能量低（存在位谷）所致。由于它的磁化曲线存在着磁滞回线，类似于硬磁材料的磁化曲线，因而又叫硬超导体。缺陷的钉扎作用使硬超导体处于混合态时可以无阻地传输巨大的直流电流。

各类超导体在交变磁场中都会出现交流损耗。处于抗磁态的超导体，在频率小于 10^{10} Hz 时，不会有显著的交流损耗。处在混合态时的交流损耗包括：①磁滞损耗，源于晶体缺陷对于磁通线的钉扎作用；②粘滞损耗，是磁通线芯中正常电子运动时产生的能量损耗。频率小 10^6 Hz 时主要是磁滞损耗，大于 10^6 Hz 时主要是粘滞损耗。

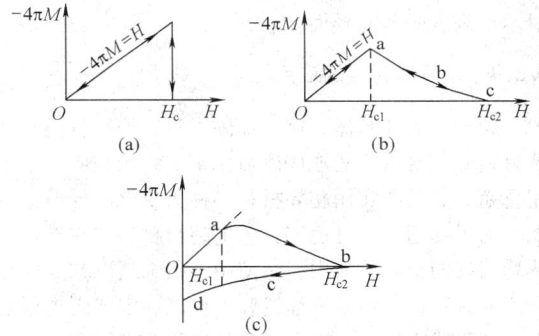

（a） （b）

（c）

图 5.3-3　超导体的磁化曲线
（a）一类；（b）二类；（c）三类

3.3.3　超导材料

超导材料的种类很多，单一元素超导体使用较少，多使用合金及化合物超导材料，最常见超材料的性能见表 5.3-6。

合金超导材料的超导性能好，易与稳定化金属基体复合加工成各种形状的材料，对应力、应变不敏感。NbTi 合金（Nb-60% 和 TiNb-66%Ti）是应用最广泛的超导体，前者具有较高的 H_{c2}，更适用于强磁场。后者在低磁场下具有较高的临界电流密度 J_c。三元合金 NbTiTa 的 H_{c2} 比 NbTi 稍高。一些化合物超导体的性能比 NbTi 合金更为优越，Nb_3Sn 是应用最普遍的化合物超导体，掺入 Ti 的 Nb_3Sn 有更好的高磁场性能。

表 5.3-6   一些超导体的超导性能

超 导 体	晶 型	T_C/K	$H_{C2}(4.2K)/[(1/4\pi)MA/m]$	$J_C/(kA/cm^2)$[①]
Nb	体心立方（A_2）	9.25	3.9	—
Pb	面心立方（A_1）	7.2	$H_C = 63.9kA/m$	
Nb-（60%~70%）Ti	体心立方（A_2）	9.3~9.7	120~110	400（4.2K，5T）
Nb-60%Ti-4%Ta	体心立方（A_2）	9.9	124	160（2.05K，104T）
Nb_3Sn	B-W 型（A-15）	18.3	225	55（4.2K，12T）
Nb_3Al	B-W 型（A-15）	19	295	10（4.2K，25T）
$YBa_2Cu_3O_{7-x}$	钙钛矿结构	90	~500	140（77K，1T）块材
$Bi_2Si_2Ca_2Cu_3O_x$	钙钛矿结构	110	~500	13（77K，0T）千米长带 70（77K，0T）轧制短样

① J_C 特性年年在提高，仅供参考。

超导陶瓷是 20 世纪 80 年代研究出的新超导材料，将 T_C 提高到约 100K，处于液氮温区具有超导性，是一种极有发展前途的超导材料。它是一种具有钙钛矿结构的层状超导体，晶胞中含有不同层数的 Cu-O 面，其 T_C 和超导相晶胞中 Cu-O 面的层数有关。一些主要高 T_C 超导体的层状结构使其超导电性显示出高度的各向异性。

3.3.4 超导体材料的应用

超导体需和基体金属、加固材料、绝缘材料和屏蔽材料等复合后才能形成磁热稳定、结构强固、适于制备超导装置的实用超导材料，称为复合超导体。例如，为了使超导线材稳定：①把超导材料埋在导电导热很好的金属母材中；②使用多根细线以减少发热和磁通跳跃；③将多根细线和母材以一定节距进行绞合，消除线间耦合，以满足各种使用要求。

超导体的一些应用见表 5.3-7。应用对于材料要求是 T_C、H_{C2}、J_C 高，交流损耗低，磁、热稳定性好，线材长度足够及价格合理。低温超导材料要着重在提高性能的同时降低成本。高温超导材料要着重研究制备线材和大型块材的技术。图 5.3-4 表示直流超导电缆截面图。

表 5.3-7   超导体的一些应用

超导装置	特 点	应 用
磁 体	体积小，质量轻，磁场强度高切稳性好，强磁场空间大，均匀性好	对撞机（例如 LHT），加速器（例如 Spring-8），核聚变（例如 ITER），高温超导体内插磁体（24T，4.2K），磁分离装置（选矿，水处理），医用磁共振成像（已有近万台）
储 能	效率高	100kW·h 级装置，高温超导储能飞轮（已有 100W·h 装置）
磁悬浮列车	高速	日本的山梨线
故障限流器	动作快	高温超导样机 15kV/10.6kA
超导轴承	无机械摩擦	高温超导轴承 2.4kg，33000r/min
超导电动机	效率高	发电机（如 super GM）；电动机
超导电缆	损耗低，功率大	高温超导电流引线；高温超导电缆（已达 50m，3300A）

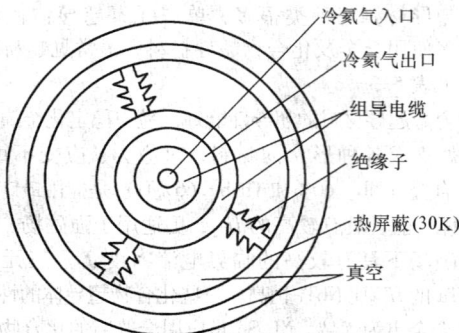

冷氦气入口
冷氦气出口
组导电缆
绝缘子
热屏蔽（30K）
真空

图 5.3-4 直流超导电缆截面图

第 4 章　电 工 合 金

4.1　电阻合金

4.1.1　电阻合金概述

电阻合金是一类以电阻为主要特征的材料，包括调节器、精密仪器仪表、传感器、薄膜电阻等使用的合金电阻材料。要求它具有适当的电阻率、电阻温度系数 α、β（参见 3.1.1 节）小、电阻—温度曲线的线性度好，对铜的热电动势（E_{Cu}）小，电阻稳定性高，耐腐蚀、抗氧化、机械性能和加工性能好，易焊接等。

保证电阻元器件精度和稳定性的主要措施有：①选择合适的合金材质；②选取合理的线径，减小电流发热；③元器件骨架膨胀系数应与电阻合金接近，可选用吸潮性小的陶瓷骨架，以免增加应力；④绕制电阻时，张力应稳定，避免振动使电阻线发生位移和松动；⑤采用老化稳定处理工艺以消除应力；⑥焊接要牢固，防止假焊。500Ω 以下采用锡焊或银焊，1Ω 以下采用银焊，使用中性焊剂。

4.1.2　可变电阻和固定电阻用电阻合金的性能

1. 可变电阻用电阻合金的性能　常用电阻合金有：①普通调节电阻合金，用于制造变阻器材料，其作用是调节电流、电压，常用材料性能见表 5.4-1；②贵金属电阻合金，用于要求较高的仪表及精密电位器，常用合金及特点见表 5.4-2。

2. 固定电阻用电阻合金　电桥、电位差计、标准电阻器、电压表、电流表、精密分流器等用的电阻材料，主要是锰铜型电阻合金，性能见表 5.4-3。高阻值电阻器、电阻箱及小型化电阻元件等常采用镍铬系高电阻率合金，性能见表 5.4-4。

表 5.4-1　　　　　　　　普通调节用电阻合金的性能和特点

名称	ρ（20℃）/（$\mu\Omega\cdot m$）	电阻温度系数/（μ/K）	E_{Cu}/（μV/℃）	最高工作温度/℃	σ_b/MPa	特　点
康　铜	0.48	−40~40	−45	500	390~600	抗氧化性和机械加工性良好
新康铜	0.49	−40~40	2.0	500	240~400	抗氧化性能比康铜差
镍　铬	1.08~1.10	50~70	>5.0	500	600~800	耐腐蚀性能好、焊接性能较差
镍铬铁	1.12	150	1.0	500	600~800	耐热性能良好、焊接性能较差
铁铬铝	1.25	120	3.5~4.5	1000	600~750	耐热性好、焊接性差、价廉

表 5.4-2　　　　　　　　　　　贵金属电阻合金

类　型	常用合金元素	特　点
铂　基	锗、铱、钌、铜	耐腐蚀、耐磨、抗氧化性好、接触电阻低且稳定、噪声低
金　基	银、铜、镍、铬、钒	耐腐蚀、抗氧化、接触电阻低且稳定；接触压力大时耐磨性差
钯　基	金、银、铜、钼、铝、铁	电阻率高且温度系数低、机械性能、耐磨性好；抗有机物腐蚀性差
银　基	锰、锡、锑	抗酸、碱溶液和 CO_2 等气体腐蚀；但易硫化、硬度低、耐磨性差

表 5.4-3　　　　　　　　　锰铜型电阻合金的性能和特点

名　称	ρ（20℃）/（$\mu\Omega\cdot m$）	α/（μ/℃）	β/（μV/℃）	E_{Cu}/（μV/℃）	工作温度/℃	特　点
通用型锰铜	0.47	−10~10	−0.70~0	≤1.0	5~45	稳定性高、焊接性好、抗氧化性差
锗锰铜	0.43	−3~3	−0.04~0	≤1.7	0~70	电阻随温度变化率很小
硅锰铜	0.35	−3~5	−0.25~0	≤1	5~45	电阻温度曲线平坦，电阻率及电阻变化率较小

续表

名　　称	$\rho(20\,^\circ C)$ $/(\mu\Omega\cdot m)$	α $/(\mu/^\circ C)$	β $/(\mu/^\circ C)$	E_{Cu} $/(\mu V/^\circ C)$	工作温度 $/^\circ C$	特　　点
F1 锰铜	—	0~10	—	2	20~80	变化率较小
F2 锰铜	0.44	0~40	-0.7~0	2	20~80	电阻最高点温度比通用型锰铜高
铝锰铜	0.42	-3~10	-0.2~0	-2	10~100	抗氧化、耐腐蚀性能好
滑线锰铜	0.45	-20~20	-0.5~0	2	20~80	抗氧化性较好

表 5.4－4　　　　　　　　　　　　　镍铬系高阻合金性能与特点

名　　称	$\rho(20\,^\circ C)$ $/(\mu\Omega\cdot m)$	α $/(\mu/^\circ C)$	E_{Cu} $/(\mu V/^\circ C)$	工作温度 $/^\circ C$	特　　点
镍铬铝铁	1.33	-20~20	2.5	-55~125	机械强度高、耐磨性好、焊接性较差
镍铁铝铜	1.33	-20~20	2.5	-55~125	焊接性能比镍铬铝铁略好
镍铬锰硅	1.2~1.4	-10~10	2	-55~125	焊接性能比镍铁铝铜略好
镍铬铝钒	1.6~1.8	-30~30	5	-55~125	耐腐蚀性能很好，焊接性能较差
镍锰铬钼	1.8~2.0	-50~50	7	-55~125	耐热、耐腐蚀性很好，焊接性能较好

4.2　电热合金

4.2.1　电热合金概述

电热合金是用来制造电阻加热装置中的发热元件。要求电热合金的电阻率较大，电阻温度系数低，电气性能长期稳定；具有较高的耐高温氧化性及对各种气体的耐蚀性；具有较高的高温强度及良好的加工性能。

电热合金的主要技术参数有：①电阻率($\mu\Omega\cdot m$)，用以计算元件的电阻值；②米电阻（Ω/m），即每米长的电阻值；③快速寿命值（h），是在高温冷热冲击下得到的寿命值；④工艺性能—抗弯折次数、伸长率或者缠绕性能，保证材料在加工过程中不得出现分层及开裂；⑤单位表面负荷 W（W/cm^2），表示元件的发热能力，是电热元件设计时重要的数据。

4.2.2　电热合金的品种与性能

1. 电热合金的品种与性能　主要品种与性能见表 5.4－5。表中还列入了部分高熔点金属的性能。

表 5.4－5　　　　　　　　　　　　电热合金的品种、性能和特点

品　　种		最高使用 温度/$^\circ C$	ρ（20 $^\circ C$） $/(\mu\Omega\cdot m)$	σ_b $/(\times10^6 MPa)$	伸长率 （%）≥	特　　点
合金	铁铬铝[①]	1250~1400	1.25~1.53	588~834	10~16	铁素体组织，有磁性。高温抗氧化性高于镍铬
	镍铬铁	950~1100	1.04	>600	20	抗氧化性低于镍铬，加工性好、价廉
	镍　铬	1150~1250	1.14~1.20	637~785	20	奥氏体组织，基本无磁性
	镍　铁	350~500	0.36~0.52[②]	539~637	20~35	具有功率自控作用，有磁性
	铜　基		0.26	>380	>35	抗弯折，用于电热毯等
高熔点 金属	铂	1600	0.106[②]	157~177	—	铂可在空气中使用，氧化物在高温下挥发，影响寿命；钽在惰性气体或真空中使用，钼、钨可在惰性气体、真空或氢气中使用
	钼	1800	0.0563[②]	785~1177		
	钽	2200	0.124[②]	294~441		
	钨	2400	0.0549[②]	1079		

① 铁铬铝合金在含硫的还原性气氛及部分燃烧的氢中耐用性较差；电热合金不能在卤素及其化合物中或其气氛中使用；在高温下铁铬铝合金表面的保护膜 Al_2O_3 与耐火材料中含有的 Fe_2O_3 和 SiO_2 形成低熔点化合物，加速电热合金的损坏，故应采用 Fe_2O_3 质量分数在 1.5% 以下和 Al_2O_3 质量分数在 48% 以上的高铝耐火砖或者黏土砖。最好采用氩弧焊进行快速焊接，以防止焊口因过热而脆断。

② 温度系数大。

2. 使用注意事项

（1）最高使用温度。是指本身表面温度，约高出被加热物体和周围介质温度100℃以上，选用时应加以注意。

（2）合理选择元件的形状和尺寸。为了保证高温刚性，防止螺旋圈软化倒塌导致短路。

（3）引出端截面。为降低元件引出端温度，减少电能损失和便于连接电源线，元件引出棒（或带）的截面积至少应为元件截面积的3倍。

（4）单位表面负荷 W 的选用。W 增大可减少元件数，但将提高元件温度，缩短元件寿命。它的选用与电热元件的材质、规格、电热设备构造、工作温度、加热介质、传热方式等密切相关。一般工业用电阻炉选择的数值为：线材约为 $1.4 \sim 1.8 W/cm^2$，带材约为 $1.8 \sim 2.2 W/cm^2$。对实验室马弗炉：线材约为 $1.6 \sim 2.0 W/cm^2$，带材约为 $2.0 \sim 2.5 W/cm^2$。对高温管式炉：线材约为 $1.5 \sim 1.89 W/cm^2$，带材约为 $1.9 \sim 2.3 W/cm^2$。日用盘式开启电炉：线材约为 $4 \sim 8 W/cm^2$。

4.3 电触头材料

4.3.1 电触头分类及其对材料的要求

电触头通常可分为开闭触头、滑动触头和固定触头。按电触头所承受的负载不同，又可分为弱电、强电和真空触头三大类。对这类材料的要求是：①体积电阻率小，硬度适中，能承受较大的接触压力以减小接触电阻；②化学性质稳定，表面不易生成化合物，耐电弧性能好，触头分合时产生的由放电引起的磨损变形小；③应尽量选用高熔点和升华材料，以防止触头闭合时由于高温而导致熔焊；④直流下的材料转移小。

4.3.2 电触头材料的特性及用途

（1）弱电触头材料的特性及应用。常用材料有银、金、铂、钯及它们的部分合金，其特性及用途见表5.4-6。

（2）强电触头材料的特性及应用。常用材料有银氧化物触头材料及烧结触头材料，其特性及用途见表5.4-7。

（3）真空触头材料的特性及应用。真空触头材料属强电触头范围。由于真空中触头表面特别干净，比在空气中更容易熔焊，因此，要求具有更高的抗熔焊性。在真空断路器中触头间的开距小，要求尽量小的截止电流和极低的含气量。常用触头材料的特性及用途见表5.4-8。

表5.4-6 弱电触头材料的特性及应用

触头材料	性 能 特 点	用 途
银	导电导热性好，接触电阻低，加工性能好，抗硫化性差，有经时变化，表面不会氧化	用于继电器、电话机、小电流接触器主触头及辅助触头
细晶银	性能与纯银相似，但晶粒小，强度和耐蚀性能高于银	高温场合可替代银
银铜	机械强度高，耐磨损好，但抗氧化和耐蚀性差。在接触压力小的场合下使用，接触电阻不稳定	用于微电动机换向器、集电环等的滑动部件及接触压力大的开关触头
银镁镍	能在软态下成型，通过内氧化可提高硬度，且不再随时间而变化；对硫敏感；不宜与铜及铜合金覆层	用于微型继电器簧片、苛刻温度负载的触头
银钯	耐磨性好，材料转移性小，硬度高	电话继电器、精密电位器
铂与铂铱	在无机介质中稳定，接触可靠性高，但在有机介质中易形成机聚合物，使接触可靠性降低，价格高	用于高可靠性通信及开闭频繁的触头、强腐蚀条件下的精密触头
钯、钯铜、钯铱	耐磨性好，滑动性好，接触可靠，寿命长，材料转移性小，抗熔焊及耐损蚀性优良，但在有机蒸汽中易形成有机聚合物，接触可靠性降低	汽车信号继电器、小信号开闭频繁的触头、轻负载滑动触头
金	化学稳定性高，抗硫化、抗有机污染以及接触电阻稳定，但硬度低，易粘着	开闭频率低、性能可靠的触头
金银	克服金易粘着的缺点，抗熔焊性差	小型继电器触头
金镍	提高抗熔焊性，降低材料转移，但易形成氧化膜	电刷和集电环材料
金银铜	降低成本	滑动触头

表 5.4－7　　　　　　　　　　　　　　强电触头材料的特性及应用

触头材料	性 能 特 点	用 途
银氧化镉	抗熔焊及耐蚀损性优良，灭弧能力强，接触电阻小且稳定，对人体有害	用于微型开关、低压接触器、低压断路器、大电流继电器等
银氧化锡	热稳定性、抗熔焊性好，直流下材料迁移少，内氧化速度缓慢，表面易聚集 SnO_2，温升高	用于大中容量交直流接触器、过电流继电器、低压开关等
银氧化锌	抗熔焊，分断特性好，燃弧时间短	用于中小容量断路器、漏电保护开关
银氧化铜	抗熔焊，耐蚀损	用于中等容量断路器和大电流接触器
多元银金属氧化物	综合了 $AgCdO$ 及 $AgSnO_2$ 的优点，既抗熔焊，又能满足温升的要求	用于交直流大电流接触器、过电流继电器
银 镍	耐蚀损性优良，熄弧性能好，接触电阻小且稳定，对硫敏感，大电流下抗熔焊性差，常与 AgC 配对	低压中小电流接触器、断路器、继电器
银钼、银钨、银碳化钨	高硬度，熔焊、材料迁移少、耐烧损，但工作中形成表面氧化膜使接触电阻增大。含钼时具有好的自净化作用，银碳化钨接触电阻稳定，耐电弧性好，可与银镍配对使用	高、低压断路器及保护开关
银石墨	抗熔焊性好，接触电阻小，滑动性能好，但耐电蚀损性差，脆弱，难焊接	低压断路器及线路保护开关、铁路信号继电器
铜 钨	高熔点，高硬度，切削性能好，抗熔焊性极好，但比 AgW 更易氧化，只能在油、SF_6 中使用	高压断路器、负荷开关、油断路器触头
铜碳化钨	抗熔焊，耐蚀损，WC 分解生成的 CO 和 CO_2 可保护其不受氧化，空气断路器中可替代 AgW	高压断路器、负荷开关、油断路器触头
铜石墨	导电导热性好，抗熔焊，有自润滑特性，可部分替代 AgC	隔离开关的滑动触头、负荷开关的换向触头

表 5.4－8　　　　　　　　　　　　　　真空触头材料的特性及应用

触头材料	性 能 特 点	用 途
铜铋铈	电导率高，抗熔焊性优越，灭弧能力强	10kV，8.7kA 真空断路器
铜铋银	机械强度高，耐电蚀损性好，触头间的耐电强度高	10kV，20kA 真空断路器
铜钨碲	触头间隙的耐电强度高，截流值偏大	33～10kV 真空接触器
铜钨碳化钨	耐腐蚀性及分断能力较高，抗熔焊，触头间的耐电强度及截流值介于铜钨碲与镶嵌式触头之间	广泛用于 1.14kV 真空接触器，也可用于 3kV 真空接触器
铜 铬	截流水平低（<5A）耐压水平高，开断能力大，耐电蚀损性好，吸气能力强。抗熔焊性、导电导热性略逊于铜铋系触头材料	广泛用于中压等级（10kV，50kA 以下，36kV，31.5kA 以下）真空接触器
Mo 基镶嵌 Sb－Bi	截流值低（0.75A），电寿命高，抗熔焊性好，耐压水平低，不能一次封排	用于 1.14kV 真空接触器

4.3.3　触头的连接

触头连接质量的好坏直接影响开关性能，常见触头连接方法见表 5.4－9。

表 5.4－9　　触头连接方法的特点与应用

续表

连接法	特 点	应 用
铆接	铆接时不加热，底座的弹性不受影响，不会氧化，设备、工艺简单，易于自动化	用于小电流轻负载开关电器
钎焊	钎料与焊件共同加热，在焊件不熔化的情况下钎料熔化，湿润并充填焊件连接处的间隙，钎料与焊件互相熔解、扩散、牢固结合	电阻钎焊适用于中小电流电器中的规则元件，火焰钎焊和感应钎焊适合于任何形状的小工件
点焊	通电加热加压使材料熔化，焊接牢固，电气稳定性好，作业环境清洁	适用于微小部件

连接法	特　点	应　用
缝焊	用旋转电极滚轮代替点焊的固定电极产生一连串焊点形成焊缝；效率高，可得到长尺寸条料	适于制造带触桥的触头元件

续表

4.4　熔体材料

4.4.1　熔体材料的分类及其选用

熔体是熔断器的主要部件。当通过熔断器的电流大于规定值时，熔体即熔断而自动断开电路，从而达到保护电力线路和电气设备的目的。按使用条件和性能要求不同可分三类：①快速熔体，特点是在正常工作条件下工作温度较高，但功率损耗较低，在过载或短路情况下能迅速、准确地切断故障电流，分断能力一般大于 50kA（有效值）。对快速熔体的要求是导电、导热、抗氧化稳定性，与石英砂相容性好，热容量、熔化潜热及气化潜热小，易加工。银、铝等纯金属为常用快速熔体材料。②一般熔体，特点是具有长期载流能力，能在故障时按规定时间分断故障电流。采用锌或铅-锡类合金低熔点材料时，可分断较小的过载电流和不很大的短路电流，反之则采用铜等高熔点金属；保护电动机和电热设备的熔体应具有较大的延时动作特性，保护电动机的小容量熔体多采用焊有低熔点金属的高熔点金属丝所构成的二元熔体，大容量熔体有时用铜等高熔点金属；电热设备可采用对温度敏感的合金或化学物质作熔体。③特殊熔体，特点

是在大于熔体材料熔点的温度下，电阻值呈非线性突变，例如当短路电流通过金属钠熔体时，钠将气化成高温、高压的等离子体切断电流，过载电流切除后，温度降低，金属钠熔体又恢复到低电阻状态，可继续使用。所以这类熔体适用于制作自复熔断器。

4.4.2　常用熔体材料

1. 纯金属熔体材料　常用纯金属熔体材料有银、铜、铝、锡、铅和锌等。①银具有高的电导率和热导率，无论在空气中或石英砂中均能良好承受长期通电和连续过载；机械加工性和焊接性好，能制成精确尺寸和复杂外形的熔体；银广泛用作高性能熔断器的熔体。②铜也具有良好的导电、导热性和可加工性，机械强度高，价格比银低；但铜质熔体较高温度时易氧化，对周期性变化的负载特别敏感，熔断特性不够稳定，适合作一般电力回路保护用的熔断器熔体。③铝价格低廉，电导率和热导率略低，但其热电常数小，耐氧化性能好，电阻值和熔断特性也较稳定，在某些场合可部分代替纯银作熔断器的熔体。④锌、锡和铅：这些材料的机械强度较低，热导率小，熔化时间长，适宜用来保护小型电动机，也可焊在银或铜丝上做成二元熔体用于延时熔断器中。常用纯金属熔体材料的物理性能见表 5.4 - 10。

2. 共晶型低熔点合金熔体材料　锡、铅、铋和镉等为主成分的共晶型低熔点合金对周围温度变化敏感，适合作保护电热设备用的各种熔断器熔体，使用中往往需借助附加弹簧等产生的机械应力作用来提高熔断器动作灵敏度，熔体本身也应有相应的机械强度。低熔点合金熔体材料性能见表 5.4 - 11。

表 5.4 - 10　　　　　　　　　　　纯金属熔体材料的物理性能

物理性能	银	铜	铝	锌	铅	锡	镍	钠	钨	镉	铋
密度/（g/cm³）	10.5	8.93	2.7	7.14	11.34	7.30	8.90	0.97	19.3	8.64	9.80
熔点/℃	960.8	1083	660.1	419.5	327.4	231.9	1453	97.8	3380	320.9	271
热导率/[W/(m·K)]	418.7	393.6	238.6	111	34.3	48.1	87.9	125.6	165	92.1	7.95
熔化潜热/（kJ/mol）	11.4	13.0	10.5	7.2	5.0	7.1	17.7	6.7	46.9	6.4	10.9
ρ(20℃)/μΩ·m	1.6	1.67	2.69	5.92	20.6	12.8	6.84	4.6	5.5	7.4	116

表 5.4 - 11　　　　　　　　　　代表性低熔点合金熔体材料的成分和熔点

化学成分（质量分数）（%）		Bi	20	45	49	50	52	54	55.5	56	57	—	50	—	20
	Pb	20	23	18	27	40	26	44.5	—	—	32	50	—	38	—
	Sn	—	8	12	13	—	—	—	40	43	50	—	67	62	80
	Cd	—	5	—	10	8	20	—	—	—	18	—	33	—	—
	其他	Hg60	In19	In21					Zn4						
熔点/℃		20	47	57	70	92	103	124	130	138	145	160	177	183	200

4.4.3　熔体的外形与额定电流

1. 熔体形状　①截面为圆的均匀丝状或截面为矩形的狭带状,用于额定电流在 10A 及以下熔体;②变截面的片状,用于大于 10A 的熔体。线状熔体以空心螺旋形结构最理想,片状熔体以波浪形、锯齿形结构较好,因为它们均能吸收熔体在热胀冷缩中的部分变形。

2. 熔断器的额定电流　熔体熔化时电流和线径有关。

熔体在空气中,熔化电流和线径的关系为

$$I_{min} = (d - 0.005)/K_1 \quad (线径 = 0.02 \sim 0.2mm)$$

$$I_{min} = K_2 d^{1.5} \quad (线径 \geqslant 0.2mm)$$

熔体埋在石英砂中,对于线径为 0.1~1.5mm 的铜熔体为

$$I_{min} = 7.8 d^{1.2} (熔体上无锡球时)$$

$$I_{min} = 5.2 d^{1.2} (熔体上焊有锡球时)$$

熔断器的额定电流　$I_n = I_{min}/K_3$

式中,I_{min} 为最低熔化电流(A);d 为线径(mm);K_1、K_2、K_3 为与材料有关的系数,见表 5.4-12。

表 5.4-12　K_1、K_2、K_3 与材料有关的系数

材料	银	铜	铝	锌	铅	锡	铅锡	锌铅
K_1	0.031	0.034	—	—	—	—	—	—
K_2	68.9	80.0	59.1	14.0	10.8	12.8	10.8	—
K_3	1.15 ~ 1.6	1.6 ~ 2.1	—	—	—	—	1.15 ~ 1.3	1.25 ~ 1.45

4.5　热双金属材料

4.5.1　热双金属简介

热双金属片是由两层具有不同热膨胀系数的金属、合金组成的复合材料。其中热膨胀系数大的一层称为主动层,热膨胀系数小的一层,称为被动层。在主动层和被动层之间有时还夹有铜或镍组成的中间层,组成热双金属的任何一层称为组元层。一般热双金属材料制成片材或带材,当温度变化时,材料的曲率会发生变化,产生推力,把热能转变为机械能,用以产生驱动、指示、调节及补偿等功能。

热双金属元件按特性分为七类:①通用型,具有中等灵敏度和使用温度范围,适用范围广;②高温型,适用 300~600℃下工作;③低温型,适用 0℃以下范围工作;④高灵敏型,热敏感性高,电阻率较高,适用于体积小、热灵敏度高的场合;⑤电阻型,具有一系列电阻率的热双金属,适用于小型化、标准化的系列化产品;⑥耐腐蚀型,适用于腐蚀气氛环境的产品;⑦特殊型,如突变型、磁致伸缩型双金属等。

热双金属片的主要特性参数有:①热弯曲特性包括比弯曲、温曲率、敏感系数;②线性温度范围;③允许使用温度范围;④弹性模量;⑤电阻率;⑥内应力及允许弯曲应力;⑦其他,如软化温度、耐腐蚀性等。

常用热双金属元件外形有:螺旋形、条形和碟形三种。螺旋形元件常用于需要作较大运动的场合,它可再分成平螺旋、直螺旋和双螺旋。平螺旋适用于空间十分紧凑的设计,直螺旋提供易受到热源的大表面积,双螺旋产生沿着螺旋轴线的线性运动;条形元件用于需要小量运动的场合;碟形用于快速的跳跃运动。

4.5.2　热双金属的材料

组元层的性能是热双金属特性的主要因素,要求它们有合适的热膨胀特性、一定的电阻率、耐腐蚀性、机械强度、可加工性、可焊性以及工作温度范围内稳定的金相组织等。主动层要求材料具有较高的热膨胀系数,被动层具有较小的热膨胀系数,使用的材料及其性能见表 5.4-13。

表 5.4-13　热双金属材料与特性

	材料代号	线膨胀系数($\times 10^{-6}/℃$)	$\rho(20℃)/(\mu\Omega \cdot m)$	弹性模量($20℃$)/$\times 10^3$MPa	居里点/℃
主动层	Mn75Ni15Cu10	27.0	170	110	—
	3Ni24Cr2	18.1	80	200	—
	Ni20Mn6	20.0	78	240	—
	Ni19Cr11	17.6	78	210	—
被动层	Ni34	2.6 (20~100℃)	86	150	165
	Ni36	<1.8 (20~100℃)	78	150	230
	Ni42	4.8 (20~100℃)	58	150	340
	Ni50	9.7 (20~500℃)	47	170	480

4.5.3 热双金属元件的选用和制造中的注意事项

1. 热双金属元件的选用 ①根据使用温度选择元件材料：所选材料允许使用温度的上、下限必须超过元件工作中可能达到的最高和最低温度。②元件形状的选择：元件的用材选定后，便可根据它的动作方式、位移大小、允许空间和受力情况选用合适的元件形状。

2. 热双金属元件制造中的注意事项 ①冲剪、弯折、卷绕和固定：热双金属片应沿片材轧制方向落料，边缘不应有毛刺。螺旋元件绕制时，要估计反弹力，以便保证要求的外形尺寸。元件可用铆钉、螺钉、点焊或钎焊法固定。②元件的热处理：加工成型后的元件必须进行热处理。较厚平板形元件，保温时间应长，反复次数可少些；螺旋形、U 形元件体积小，厚度薄，反复处理次数可增多；对动作频繁、精度高的元件，应增多热处理次数，保温时间不宜太长；承受大负荷的热双金属元件，应在相同的负荷条件下进行热处理。③表面处理：为了提高元件的热吸收率，其表面需经处理，处理方法有涂层法、氧化法及无光精整法。低温环境中可用涂层，高温环境中元件表面可电镀 Ni、Cu、Sn 等。

4.6 热电材料和热电偶

4.6.1 热电偶原理与材料特性

当两种成分不同的导体或半导体组成回路，两个接触点温度不同时，回路中就会出现电流。当回路断开时两端间有电动势（热电动势），该效应称为塞贝克（Seebeck）效应。每变化 1 ℃所引起的热电动势变化量（塞贝克系数，单位：μV/℃）值为金属的 5~90 倍，半导体可比金属高 10 多倍，聚合物半导体比一般半导体更高。热电偶就是由两种成分不同的导体或半导体端点焊接在一起组成的感温元件。其焊接端部称为测温端或热端，另一端称为自由端或冷端。如自由端温度保持恒定，则热电动势为工作温度的单值函数（热电特性）。根据仪表指示的热电动势即可查出对应的温度值。

热电偶材料具备以下特性：①热电温度函数连续，呈线性的单值函数关系，二次仪表能精确显示；②热电特性、化学稳定性和抗氧化性能稳定，均匀性及重复性好；③电阻温度系数低；④高温下使用时熔点高，蒸汽压低；⑤加工性和机械性能好等。

4.6.2 标准型热电偶和补偿导线

国际电工委员会（IEC）制定了七种标准型热电偶，其分度号为 S、R、B、K、T、E 和 J。我国国际中还增加了镍铬－金铁低温热电偶。

标准型热电偶的分度表是温度和热电动势之间的关系，由于它不是理想的线性，可根据材料在不同温区的特性，采用不同幂的多项式来表示。各种标准型热电偶的整百度电动势值见表 5.4－14，查表即可近似计算各温度的电动势值。

工业应用的热电偶，其自由端常靠近热源。为了消除自由端温度变化所产生的误差，通常采用柔性的补偿导线把热电偶的自由端延伸到远离热源处。补偿导线的品种、性能和配用热电偶见表 5.4－15。自由端温度如果不为 0 ℃，热电偶所测得的温度应加以修正。

表 5.4－14　标准型热电偶的整百度热电动势值

温度/℃	S 型铂铑 10－铂	R 型铂铑 13－铂	B 型铂铑 30－铂铑 6	K 型镍铬－镍硅（铝）	T 型铜－康铜	E 型镍铬－康铜	J 型铁－康铜	NiCr－AuFe 0.07	Cu－AuFe 0.07
−270	—	—	—	−6.458	−6.258	−9.835	—	−5.280	−1.702
−200	—	—	—	−5.891	−5.603	−8.824	−7.890	−4.117	−0.896
−100	—	—	—	−3.553	−3.378	−5.237	−4.632	−2.167	−0.309
100	0.645	0.647	0.033	4.095	4.277	6.317	5.268	2.231	−0.191
200	1.440	1.468	0.178	8.137	9.286	13.419	10.777	—	—
300	2.323	2.400	0.431	12.207	14.860	21.033	16.325	—	—
400	3.260	3.407	0.786	16.395	20.869	28.943	21.846	—	—
500	4.234	4.471	1.241	20.640	—	36.999	27.388	—	—
600	5.237	5.582	1.791	24.902	—	45.085	33.096	—	—
700	6.274	6.741	2.430	29.128	—	53.110	39.130	—	—
800	7.345	7.949	3.154	33.277	—	61.022	45.498	—	—
900	8.448	9.203	3.957	37.325	—	68.783	51.8765	—	—

续表

温度/℃	S 型铂铑 10－铂	R 型铂铑 13－铂	B 型铂铑 30－铂铑6	K 型镍铬－ 镍硅（铝）	T 型铜－ 康铜	E 型镍铬－ 康铜	J 型铁－ 康铜	NiCr－AuFe 0.07	Cu－AuFe 0.07
1000	9.585	10.503	4.833	41.269	—	76.358	57.942		
1100	10754	11.846	5.777	45.108	—	—	63.777		
1200	11.947	13.224	6.783	48.828	—	—	69.536		
1300	13.155	14.624	7.845	52.398	—	—			
1400	14.368	16.035	8.952	—	—	—			
1500	15.576	17.445	10.094	—	—	—			
1600	16.771	18.842	11.257	—	—	—			
1700	17.942	20.215	12.426	—	—	—			
1800	—	—	13.585	—	—	—			

表 5.4－15　　　　　　　　　　　　　　热 电 偶 的 补 偿 导 线

热　电　偶		补偿导线温度范围/℃	补偿导线材料	
			正　极	负　极
标准型热电偶	S、R	0~150	铜	铜镍合金
	B	0~100		铜
	K	−20~150	热电偶延伸 铁	热电偶延伸 康　铜
		−20~100	铜	
	E、J、T	—	热电偶延伸	热电偶延伸
	NiCr－AuFe	—		
	Cu－AuFe	—		
铂铑－铂		≤100	铜	铜镍合金（99.4%Cu，0.6%Ni）

第 5 章　磁　性　材　料

5.1　磁性材料的特性和分类

5.1.1　磁性材料的基本特性

磁性材料的基本特性用以下名词术语表示，见表5.5－1。起始磁化曲线、退磁曲线、磁滞回线和回复线如图5.5－1和图5.5－2所示。

5.1.2　磁性材料的分类

磁性材料按矫顽力速增的顺序分为软磁材料、磁记录和磁记忆材料、永磁（硬磁）材料。软磁材料

矫顽力低（$H_{CB} \leqslant 1kA/m$），H_{CJ} 与 H_{CB} 差别小，磁导率高，在较低外磁场下能产生较高的磁感应强度，并随外磁场增大而很快达到饱和，当外磁场去除后，磁性能基本消失。主要用于制作传递、转换能量和信息的磁性零部件和器件。永磁材料矫顽力高（$H_{CB} > 1kA/m$），H_{CJ} 与 H_{CB} 差别大，磁化饱和后再去除磁场，磁体仍能储存一定的磁能量，在较长时间内保持强而稳定的磁性。主要用于需要产生恒定磁通的磁路中，在一定空间内提供恒定的磁场作为磁场源。磁记录和磁记忆材料的磁特性介于上面两者之间。

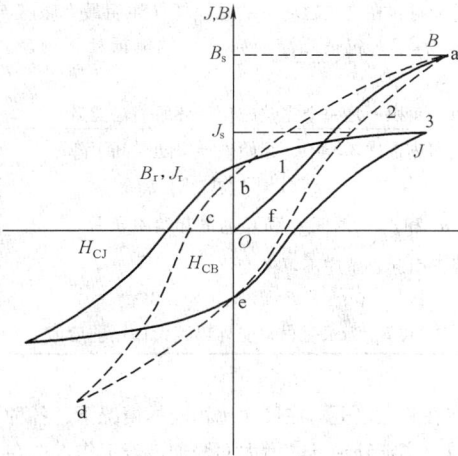

图5.5－1　磁性材料的基本特征
1(Oa)—起始磁化曲线；2(bc，ef)—退磁曲线；
3(abcdefa)—磁滞回线

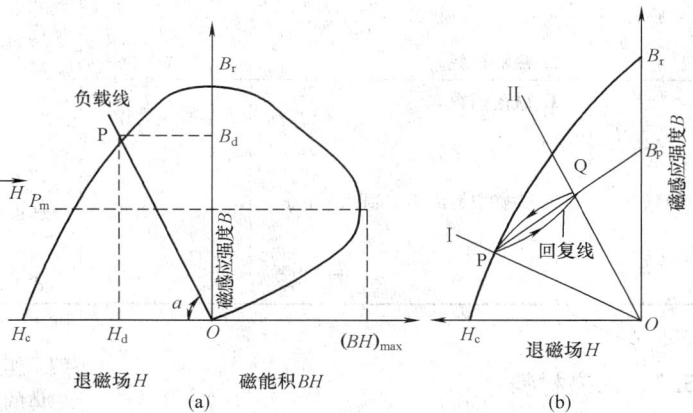

图5.5－2　退磁曲线（P_mB_r 弧线）和永磁材料特性
（a）永磁材料特性表示；（b）永磁材料工作状态

表 5.5－1　　　　　　　　　磁性能参数（见图5.5－1、图5.5－2）

分类	参　　数	单　位	意　　义
磁强度	1. 磁感应强度（磁通密度）B	T	单位面积通过的磁通，表示电流在磁场中受力的量
	2. 饱和磁感应强度 B_s	T	磁体被磁化到饱时的磁感应强度
	3. 剩余磁感应强度（剩磁）B_r	T	磁场从最大值降到零时的 B 值
	4. 磁极化强度 J	T	物质被磁化的程度
	5. 剩余磁极化强度 J_r	T	磁场从最大值降到零时的 J
	6. 磁场强度 H	A/m	$H = B/\mu$
	7. 剩磁比 $R_r = B_r/B_s$		磁滞回线接近矩形的程度
	8. 最大磁能积 $(BH)_{max}$	J/m³	永磁材料退磁曲线上 B、H 乘积最大值［如图5.5－2（a）所示］

分类	参 数	单 位	意 义
磁导率	1. 磁导率 μ	H/m	磁化曲线上任意一点的 B 与 H 之比：$B=\mu H$
	2. 真空磁导率（磁常数 μ_0）	H/m	在真空中的 μ；$B=\mu_0 H+J$，$\mu_0=4\pi\times10^{-7}\,\mathrm{H/m}$
	3. 相对磁导率 μ_r	—	绝对磁导率与真空磁导率之比
	4. 最大磁导率 μ_m	H/m	在整个磁化曲线上磁导率的最大值
	5. 回复磁导率 μ_{rec}	H/m	回复线上 ΔB 与 ΔH 之比：$\mu_{rec}=\Delta B/\Delta H$
磁性能与温度关系	1. 磁导率温度系数 $\alpha_{\mu i}$	1/℃	$\alpha_{\mu i}=(\mu_2-\mu_1)/[\mu_1(T_2-T_1)]$ 式中，μ_1 和 μ_2 为温度 T_1 和 T_2 时的起始磁导率
	2. 磁感应温度系数 α_B	1/℃	经饱和磁化的永磁材料，B 随温度可逆变化 $\alpha_B=[(B_2-B_1)/B_1(T_2-T_1)]\times100\%$ 式中，B_1 和 B_2 为温度 T_1 和 T_2 时的磁感应强度
	3. 居里温度（居里点）T_C	℃	材料温度升高到此温度时失去磁性
矫顽力	1. 矫顽力 H_{CB}	A/m	使 B 降为零时的退磁场强度
	2. 内禀矫顽力 H_{CJ}	A/m	使 J 降为零的退磁场强度
损耗	1. 铁损 P	W	单位质量材料在交变磁场下的总损耗（注明最大磁感应强度和频率），包括磁滞损耗 P_n、涡流损耗和剩余损耗
	2. 磁滞损耗 P_n	W	磁滞回线面积，是一个完整磁化循环所消耗能量
磁稳定性	1. 减落因数 D_F	—	无机械和热干扰环境中，起始磁导率随时间下降 $D_F=(\mu_1-\mu_2)/[\mu_1\cdot\lg(t_2/t_1)]$ 式中，μ_1 和 μ_2 为时间 t_1 和 t_2 时的起始磁导率
	2. 磁感应衰减率（退磁率）φ	%	外界因素引起磁感应不可逆变化 $\varphi=[(B_{m1}-B_m)/B_m]\times100\%$ 式中，B_m 和 B_{m1} 为永磁材料受外界因素作用前后值

5.2 永磁材料

5.2.1 永磁材料的特性

永磁材料的主要特性是高的矫顽力 H_{CB}、剩余磁感应强度 B_r、居里温度 T_C、最大磁能积 $(BH)_{max}$ 以及磁稳定性，小的温度系数。当永磁体在静态条件下工作（如磁电式仪表中）时，工作点在图 5.5－2 的 OP 负载线上，当永磁体在动态条件下工作（如永磁电动机中）时，工作状态在途中两个磁化状态 P 和 Q 所决定的回复线上往复移动。为使磁路最佳化，应尽可能使工作点接近最大磁能积点，但是还需结合永磁体的使用场合和工作状态，考虑其形状、加工性、价格和 μ_{rec} 等因素。

影响永磁材料磁稳定性的因素有：

1. 温度稳定性　它是由温度引起的，随永磁体的材质和尺寸比的不同而异，如 LNG37 会产生高温退磁和低温退磁，钡铁氧体会产生低温退磁。因此在选用具有低温退磁性质的永磁体时，应使永磁体在最低使用温度

下的工作点在膝点之上。在尺寸比相同的情况下，各种永磁体的退磁率随外磁场的增大而增加。若工作点选在膝点之上，则受外磁场的影响很小。

改善温度稳定性的途径是：①调整成分、结构及工艺；②进行预稳定化处理，在一定的温度下放置一段时间，高温或低温退磁、不同温度范围的温度循环强制退磁等。

2. 时间稳定性　主要是金相组织变化和磁后效。铝镍钴合金、铁氧体、铁铬钴和稀土钴永磁材料不会产生组织变化，钕铁硼合金易氧化而产生组织变化。各种永磁材料除各向异性钡铁氧体外都会产生磁后效，它们对时间的退磁率随时间对数而变化。

3. 机械振动和冲击　引起的退磁率一般不大，磁体尺寸比越大、矫顽力越高、冲击和振动的强度越低时，则 φ 越小。显著的退磁一般发生在多次冲击和较长时间振动的初期，以后则趋于缓慢和稳定。

4. 辐照影响　在低于 $3\times10^7\,\mathrm{lm/cm^2}$（流明/厘米^2）的照射下，各种永磁体材料会产生不同程

度的 φ。

5. 化学稳定性 主要是抗氧化性和耐腐蚀性，氧化和腐蚀使磁体的成分和组织发生变化，使磁性变差。提高化学稳定性的方法有：添加合金元素以提高耐腐蚀性；改善制造工艺；进行表面保护处理等。

5.2.2 常用永磁材料

表 5.5 - 2 列出了一些常用永磁材料的磁性能。

1. 铝镍钴合金 它是目前我国电动机、电器工业中应用较多的一种永磁材料，它的组织结构稳定，剩磁较大，磁感应温度系数小，居里点高，矫顽力和最大磁能积在永磁材料中居中等水平。对于特大、特小及异形永磁体，其特性会下降。各向异性永磁体非最佳磁方向的磁特性仅为最优方向磁性的 1/3，因此在使用时，要选用最优磁性方向。另外，它的加工性差，对体积小、尺寸精度高的永磁体多用粉末烧结铝镍钴合金。

2. 铁氧体永磁材料 化学组成用 $MO \cdot nFe_2O_3$ 表示，其中 M 为 Ba、Sr、Pb 中的一种或两种以上的二价金属离子，$n \approx 5.0 \sim 6.0$。材料分各向同性和各向异性两类。它的矫顽力高，时效变化少，电阻率高，密度小，因不含镍、钴元素，故价格低廉，又因为其材料来源丰富，所以在许多场合逐渐代替铝镍钴合金，是目前产量最大的永磁材料。虽然它的最大磁能积不高，但最大回复磁能积较大，适用于动态条件下工作的永磁体，如各种永磁电动机。其缺点是剩磁较低，磁感应温度系数较大，不宜用于电工测量仪表。此外，在低温下会可逆退磁，耐机械冲击能力较弱，不适合低温下使用。

3. 稀土钴永磁材料 磁性能优良，剩磁与铝镍钴合金相当，矫顽力是铁氧体的 3~4 倍，最大磁能积是高性能铝镍钴合金的 2~4 倍，退磁曲线大致呈直线，动态磁能积大，相对回复磁导率接近 1，适于动态条件下工作；稳定性好，不易受外磁场影响，温度系数较低，仅略高于铝镍钴合金；宜做微型和薄片状永磁体，使设备小型轻量化。缺点是价格高，居里温度比铝镍钴合金稍低，由于含大量易氧化的稀土元素，导致耐蚀性低，使磁性下降；在高温 250 ℃以上会产生退磁，加工时要防止发热；磁体硬而脆，只能磨削加工。

4. 可加工永磁材料 是指机械性能好，可进行各种切削加工，适于制造形状复杂的磁体。主要有铁铬钴永磁材料、铜镍铁永磁材料、铂钴和铂铁永磁材料、铁钴钒永磁材料等，表 5.5 - 2 中列出了铁铬钴永磁材料的磁性能。

5. 钕铁硼合金 为第三代稀土永磁材料，产品性能列当今永磁材料最高水平：最大磁能积达到 $431kJ/m^3$，远优于第一、二代稀土永磁；机械强度高，韧性好，密度比稀土钴永磁低 13%，更有利于磁体小型轻量化；不含 Sm 等稀贵元素，价格低廉（只相当于 AmCo 合金的 1/2~1/3），资源丰富。但居里温度 T_C 较低（312 ℃），使用温度低于 150 ℃，磁感应温度系数较大 $[-1260\mu m/(m \cdot K)]$，热稳定性和耐腐蚀性能差，易生锈，限制了它的使用范围。加入适量的钴、铝和重稀土元素，可使 T_C 升高到 $450 \sim 500$ ℃，磁感应温度系数降低到 $500 \sim 700\mu m/(m \cdot K)$。加入一定量的钛、铌等元素，可提高内禀矫顽力 H_{CJ}，降低高温不可逆损失，增强热稳定性。

表 5.5 - 2 几类永磁材料的磁性能

种类	牌号	剩磁 B_r /T	矫顽力 H_{CB} /(kA/m)	最大磁能积 $(BH)_{max}$ /(kJ/m³)	μ_{rec}	磁温度系数 α_B [$\mu m/(m \cdot K)$]	居里点 T_C /℃	B_S /(kA/m)
铝镍钴合金	LN10[①]	0.60	40	9.6	4.5~5.5	-220	760	200
	LNG34	1.20	44	34	4.0~5.0	—	—	240
	LNGT28	1.00	58	28	3.5~5.5		860	
	LNGT36J	0.70	140	36	1.5~2.5			
	LNG44	1.25	52	44	2.5~4.0	-160		240
	LNG52	1.30	56	52	1.5~3.0	-160	890	240
	LNGT60	0.90	110	60	1.5~2.5	-200-250	850	400
	LNGT72	1.05	112	72	1.5~2.5	-200-250	850	400
	FLN8[①]	0.52	40	8	4.5~5.5		760	200
	FLNG28	1.05	46	28	4.0~5.0		890	240
	FLNG34	1.12	47	34	3.0~4.5		890	240
	FLNGT33J	0.65	136	33	1.5~3.5		—	—

续表

种类	牌号	剩磁 B_r/T	矫顽力 H_{CB}/(kA/m)	最大磁能积 $(BH)_{max}$/(kJ/m³)	μ_{rec}	磁温度系数 α_B/[μm/(m·K)]	居里点 T_C/℃	B_S/(kA/m)
铁氧体永磁材料	Y10T	≥0.20	128~160	6.4~9.6			450	
	Y15	0.28~0.36	128~192	14.3~17.5			450~460	
	T20	0.32~0.38	128~192	18.3~21.5			450~460	
	Y25	0.35~0.39	152~208	22.3~25.5	1.05~1.3	−1800~ −1200	450~460	800
	Y30	0.38~0.42	160~216	26.3~29.5			450~460	
	Y35	0.40~0.44	176~216	30.3~33.4			450~460	
	Y25H	0.36~0.39	176~216	23.9~27.1			460	
	Y30BH	0.38~0.40	224~240	27.1~30.3			460	
稀土钴永磁材料	XGS80/36	0360	320	64~88	1.10	−900	450~500	1600
	XGS96/40	0.70	360	88~104	1.10	−900	450~500	1600
	XGS112/96	0.73	520	104~120	1.05~1.10	−500	700~750	2400
	XGS128/120	0.78	560	120~135	1.05~1.10	−500	700~750	2400
	XGS144/120	0.84	600	135~150	1.05~1.10	−500	700~750	2400
	XGS240/46	1.06	440	220~250	1.00~1.05	−300	800~850	1600
可加工永磁材料	2J83	1.05	48	24~32			—	—
	2J84	1.20	52	32~40			—	—
	2J85	1.30	44	40~48			—	—
钕铁硼合金②	NTP 208G	1.03~1.10	720~800	192~224			—	—
	NTP 208C	1.03~1.10	720~840	192~224			—	—
	NTP 240D	1.10~1.18	640~720	224~256	—	−126	—	—
	NTP 240Z	1.10~1.18	760~880	224~256			—	—
	NTP 272D	1.18~1.25	640~720	256~288			—	—
	NTP 272Z	1.18~1.25	800~880	256~288			—	—

① 表示各向同性；其他为各向异性。

② 牌号用主要成分"钕""铁""硼"汉语拼音第一个字母组合作前冠，后面的数字表示该材料最大磁能的标准值，数字后面字母"D""Z""G""C"分别表示低、中、高和超高磁极化强度矫顽力。

6. **黏结永磁材料** 用黏结剂与磁粉混合制成。特点是：成品率高，可大批量生产，材料可再生利用，成本低；尺寸精度高，不需二次加工能制成径向取向磁体和多极充磁；磁体力学性能好，耐磨、耐冲击；磁性均匀一致，但磁性能低于相应的纯永磁材料。

这类永磁材料以黏结铁氧体产量最大，特别是各向同性橡胶黏结铁氧体。黏结稀土永磁使用的磁粉材料目前有三大类：$SmCo_5$ 系、Sm_2TM_{17} 系和 NdFeB 系，主要由压缩和注射成型制成。各向异性黏结 Nd 系永磁试样的 $(BH)_{max}$ 现已达 160kJ/m³，各向异性黏结 SmFeN 系磁体居里温度和耐蚀性比 NdFeB 系磁体更高，很有发展前途。这类材料的主要磁性能见表5.5−3。

表 5.5−3　铁氧体黏结和稀土系黏结永磁材料的主要磁性能

类型	成型法	黏结剂或磁粉	取向方法	B_r/mT	H_{CB}/(kA/m)	$(BH)_{max}$/(kJ/m³)	耐热性/℃
铁氧体黏结	挤出	PVC, CPE, NBR, EPDR	各向同性	130~180	80~103	3.2~4.8	120~130
			各向异性	210~270	127~191	6.4~16	120~130
	注射	PA−6, PP, PPS, EVA	各向同性	130~160	80~103	3.2~4.8	120~180
			各向异性	230~290	159~191	10.4~17.6	120~180
	压延	PVC, CPE, NBR, EPDR	各向同性	120~160	72~111	2.4~4.8	120~130
			各向异性	180~280	119~199	4.2~14.4	120~130

续表

类型	成型法	黏结剂或磁粉	取向方法	B_r/mT	H_{CB}/(kA/m)	$(BH)_{max}$/(kJ/m³)	耐热性/°C
稀土系黏结	压缩	磁粉 NdFeB	各向同性	660	358~462	64~80	—
			各向异性	820	565	119~127	—
	注射	磁粉 NdFeB	各向同性	520~550	294~367	40~48	—
			各向异性	700	454	80~88	—
	压缩	磁粉 Sm_2TM_{17}	—	870	525	135	—
	注射		—	640~680	414~493	67.6~84	—

7. 半硬磁材料 磁特性介于软磁和永磁材料之间（但更接近永磁材料），是一类磁性随外磁场在一定范围内变化的条件下工作的材料。磁滞回线面积较大、矩形度好，剩磁在 0.9T 以上，矫顽力为 0.8~24kA/m。多数半硬磁材料塑性良好，可进行锻扎、拉丝、冲压、弯曲等机械加工。主要用于制作磁滞电动机和铁簧继电器等。其主要品种和特性见表 5.5-4。

表 5.5-4 磁滞合金（半硬磁）的主要品种及其特性

品　　种	合金牌号	H_μ/(kA/m)	B_μ/mT	Wh_μ[1]/(kJ/m³)	K_μ[2]≥
铁钴钼磁滞合金 热扎(或锻)棒材	2J21	9.6~12.8	1000~1300	20	0.46
	2J25	17.6~22.4	900~1200	38	0.50
	2J27	24.2~28.8	900~1200	47	0.45
磁滞合金 冷轧带	2J4	4.0~5.2	1300~1600	15	0.62
	2J9	8.8~12	900~1250	22	0.59
	2J12	20~28	800~1100	45	0.56
	2J51	2.8~4.0	1200~1600	10	0.58
	2J53	6.4~12	600~900	10	0.45

[1] 单位体积材料磁化一周相应的磁滞损耗。
[2] 回线的凸起系数。

5.3 软磁材料

5.3.1 纯铁与低碳钢

纯铁特点是饱和磁感应强度 B_s 高，具有高磁导率和低矫顽力。在直流和低频下使用，如继电器铁心、直流电机导磁材料、电磁铁磁屏蔽器件等。由于高纯度的铁成本高，因此在电气工业中用的是含有微量杂质的电磁纯铁。如将纯铁在氢中 1150~1480°C退火，可以除去杂质以改善磁性。纯铁存在着磁老化现象，铁内含有的氮逐渐形成铁氮化合物，使磁性缓慢恶化。熔炼时加入铝、钛及钒等，可使氮含量减少。纯铁缺点是 ρ 低（0.1μΩ·m），涡流损耗大，不适用于交流。电磁纯铁的磁性能见表 5.5-5。

低碳钢是含碳量小于 0.1% 的铁碳合金，磁性能良好，在较强磁场（2~4kA/m）下磁感应强度高，硬度比硅钢低，冲压特性好，价格低廉。常用低碳钢含碳量为 0.05%~0.08%，厚度为 0.50mm、0.65mm。主要用于小功率电动机和变压器的铁心、直流电磁铁的铁心材料、直流电动机的磁轭和高速转子。低碳钢的典型磁特性见表 5.5-6。

表 5.5-5 电磁纯铁的磁性能

磁性等级	牌　号	H_{CB}/(A/m) ≤	μ_m/(mH/m) ≥	不同磁场强度(A/cm)下的磁感应强度 B/T≥					
				B_3	B_5	B_{10}	B_{25}	B_{50}	B_{100}
普通	DT3，DT4 DT5，DT6	96	7.5	1.3	1.4	1.5	1.62	1.71	1.8
高级	DT3A，DT4A DT5A，DT6A	72	8.8						
特级	DT4E，DT6E	48	11.3						
超级	DT4C，DT6C	32	15.1						

表 5.5－6　　　　　　　　　　　　　　　　低碳钢的典型磁特性

饱和磁感应强度 B_S/T	矫顽力 H_{CB}/(A/m)	相对磁导率 μ_r		不同厚度下铁损 $P_{15/50}$[①]/(W/kg)			电阻率 /$\mu\Omega \cdot$m
		$H=(10^3/4\pi)$A/m	$H=(10^4/4\pi)$A/m	0.35mm	0.47mm	0.64mm	
2.14	72	2000	1530	6.22	7.10	8.70	12.5

① $P_{15/50}$表示波形为正弦波，频率为50Hz，磁感应强度峰值为1.5T，每千克材料的功率损耗（W）。

5.3.2 热（冷）轧硅钢片

铁中加入硅后消除了纯铁严重的磁时效现象，随着硅含量的增加，B_S降低，ρ、μ增加，矫顽力、磁滞损耗减小，从而扩大了应用领域。

1. 热轧硅钢片　它是磁性并不取向的硅钢片，分以下两种：①低硅钢片：硅的质量分数为1%～2%，B_S高，力学性能好，厚度一般为0.5mm，主要用于电动机转子，又称热轧电机硅钢片；②高硅钢片：硅的质量分数为3%～5%，损耗低，磁导率高，厚度多为0.35mm，主要用于变压器铁心，又称为变压器硅钢片。主要规格和磁性能见表5.5－7。

2. 冷轧硅钢片　分为非取向和单取向两种。

（1）冷轧非取向硅钢片。经冷轧达到成品厚度（多为0.35mm和0.5mm两种），但经热处理后破坏了

晶粒取向，使材料基本上各向同性。含硅量低于取向硅钢，因而B_S更高。主要用于电动机铁心，故又称为冷轧电动机硅钢片，其主要品种和性能见表5.5－8。

（2）冷轧单取向硅钢片。磁性有强烈各向异性，轧制方向是性能的择优方向，有较低的铁心损耗（与非取向硅钢片相比）和较优的磁特性。与热轧硅钢片相比，磁性能、塑性、表面质量更好。带材平整，使材料的填充系数增加约2%～3%。主要用于制造变压器，又称为冷轧变压器硅钢片。其主要品种和性能见表5.5－8。

5.3.3 铁镍合金

又称为坡莫合金，镍的质量分数约为30%～80%的铁镍合金可作软磁材料。它的特点是起始磁导率和最大磁导率都非常高，且矫顽力小，低磁场下磁滞损

表 5.5－7　　　　　　　　　　　　　　　　热轧电工硅钢片的厚度和性能

牌 号	厚度 /mm	磁感应强度[①]/T ≥					铁损[②]/（W/kg） ≤			
		B_5	B_{10}	B_{25}	B_{50}	B_{100}	$P_{10/50}$	$P_{15/50}$	$P_{7.5/400}$	$P_{10/400}$
DR530－50	0.50	—	—	1.51	1.61	1.74	2.20	5.30	—	—
DR510－50	0.50	—	—	1.54	1.64	1.76	2.10	5.10	—	—
DR490－50	0.50	—	—	1.56	1.66	1.77	2.00	4.90	—	—
DR450－50	0.50	—	—	1.54	1.64	1.76	1.85	4.50	—	—
DR420－50	0.50	—	—	1.54	1.64	1.76	1.80	4.20	—	—
DR405－50	0.50	—	—	1.50	1.61	1.74	1.80	4.05	—	—
DR360－50	0.50	—	—	1.45	1.56	1.68	1.60	3.60	—	—
DR315－50	0.50	—	—	1.45	1.56	1.68	1.35	3.15	—	—
DR290－50	0.50	—	—	1.44	1.55	1.67	1.20	2.90	—	—
DR265－50	0.50	—	—	1.44	1.55	1.67	1.10	2.65	—	—
DR360－35	0.35	—	—	1.46	1.57	1.71	1.60	3.60	—	—
DR320－35	0.35	—	—	1.45	1.56	1.68	1.35	3.20	—	—
DR280－35	0.35	—	—	1.45	1.56	1.68	1.15	2.80	—	—
DR255－35	0.35	—	—	1.44	1.54	1.66	1.05	2.55	—	—
DR225－35	0.35	—	—	1.44	1.54	1.66	0.90	2.25	—	—
DR1750G－35	0.35	1.23	1.32	1.44	—	—	—	—	10.00	17.50
DR1250G－35	0.20	1.21	1.30	1.42	—	—	—	—	7.20	12.50
DR1100G－10	0.10	1.20	1.29	1.40	—	—	—	—	6.30	11.00

① B_5、B_{25}表示磁场强度为5A/cm和25A/cm时，基本换向磁化曲线上的磁感应强度，其他类推。

② $P_{10/50}$和$P_{7.5/400}$表示波形为正弦波，频率分别为50Hz和400Hz，磁感应强度峰值分别为1.0T和0.75T时，每千克材料的功率损耗（W），其他类推。

耗相当低，电阻率又比硅钢高，因此，可用于频率较高的场合，特别适合于电信工业。铁镍合金的性能与含镍量有关，添加 Mo、Cu 的铁镍合金可以减缓无序相到有序相的转变过程，得到需要的性能。根据磁特性的不同，铁镍合金分为以下几类。它们的化学成分及磁性能见表 5.5-9。

1. 高初始磁导率铁镍合金　镍的质量分数为 36% 左右，磁导率较低，电阻率最大，可用于低失真变压器、宽带变压器和继电器中。镍的质量分数为 50% 左右，饱和磁感应强度最大，磁导率中等，多用于中频变压器、仪表变压器、继电器电动机铁心及磁屏蔽元件等。镍的质量分数为 80% 左右，加入少量

锰、铜的铁镍合金，磁导率特别高，损耗相当低，可用于质量轻、体积小的场合。

2. 矩磁铁镍合金　磁滞回线矩形比为 0.8 ~ 1.0。要得到矩形磁滞回线，首先是各向异性不为零。经大压缩的冷轧和退火，可得到 (100)[001]（立方）结构，冷轧方向的磁导率很高，具有矩形磁滞回线。可用于磁放大器、变换器及存储器中。

3. 恒磁导率铁镍合金　在一定磁场范围内磁导率基本保持不变软磁合金 65%Ni-Fe 合金，通过横向磁场热处理，成为很好的恒磁导率合金。主要用于单极性脉宽变压器、高音质音频变压器、交流恒电感元件。

表 5.5-8　　　　　　　　　　冷轧硅钢片的性能

分　类	厚度/mm	牌　　号	铁损 $P_{15/50}$/(W/kg)≤	磁感应强度 B_{10}/T≥	理论密度 d/(g/cm³)
冷轧非取向	0.35	DW270-35	2.70	1.58	7.60
		DW360-35	3.60	1.61	7.65
		DW435-35	4.35	1.65	7.70
		DW500-35	5.00	1.65	7.75
		DW550-35	5.50	1.66	7.75
	0.50	DW315-50	3.15	1.58	7.60
		DW400-50	4.00	1.61	7.65
		DW465-50	4.65	1.65	7.70
		DW540-50	5.40	1.65	7.75
		DW620-50	6.20	1.66	7.75
		DW800-50	8.00	1.69	7.80
冷轧单取向	0.30	DQ122G-30①	1.22	1.88	7.65
		DQ133G-30①	1.33	1.88	
		DQ133-30	1.33	1.79	
		DQ162-30	1.62	1.74	
		DQ179-30	1.79	1.71	
		DQ196-30	1.96	1.68	
	0.35	DQ126G-35①	1.26	1.88	7.65
		DQ137G-35①	1.37	1.88	
		DQ151-35	1.51	1.77	
		DQ183-35	1.83	1.71	
		DQ200-35	2.00	1.68	
		DQ230-35	2.30	1.63	

① 牌号中的 G 表示高感应取向。

表 5.5-9　　　　　　　　　　软磁铁镍合金的性能

类型	合金成分(质量分数) (%)余 Fe	相对初始磁导率 μ_{ri}	相对最大磁导率 μ_{rm}	矫顽力 H_{CB} /(A/m)	B_S /T	B_r /T	矩形比 R_r B_r/B_S	居里点 T_C/℃	电阻率 ρ /×10⁻⁸
高初始磁导率	36Ni	3	20	0.16	1.3			250	75
	48 Ni	11	80	0.024	1.55			480	48
	56 Ni	30	125	0.016	1.5			500	45
	4Mo-80 Ni	40	200	0.012	0.8			460	58
	4Mo-5Cu-77 Ni	40	200	0.012	0.8			400	58
	5Mo-80 Ni	70	300	0.014	0.78			400	65
矩磁	4Mo-80 Ni			0.024	0.8	0.66	0.80	460	58
	4Mo-5Cu-77 Ni			0.024	0.8	0.66	0.80	400	58
	3Mo-65 Ni			0.02	1.25	1.05	0.94	520	60
	50 Ni			0.08	1.60	1.05	0.95	500	45
恒磁导率	4Mo-5Cu-77 Ni			0.012	0.8	0.12		400	58
	3Mo-65 Ni			0.10	1.25	0.15		520	60

铁镍合金都以薄的冷轧带供应，厚度最薄达0.005mm。这类材料大都制成卷绕环状铁心，层间用沉积法复以氧化绝缘，然后在真空和保护气氛中热处理（施加或不加磁场）。经过热处理后的铁心可获得最佳磁性。但是磁性对机械应力的影响非常敏感，所以必须装入各种塑料或铝制的保护盒中，以免在运输、绕线、装配及运行中受到机械应力而导致磁性恶化。

5.3.4 铁钴合金

提高铁中钴含量可提高 B_S，钴的质量分数为36%左右时可得到 B_S 值最高的磁性材料，钴的质量分数为50%的合金 μ_1 较高。加入钒可增加电阻率和改善延展性。热处理时施以磁场，可提高磁导率和降低 H_{CB}，增加磁滞回线的矩形性。铁钴合金的居里点特别高，达980°C，因此可在高温下使用。主要用于

直流电磁铁铁心、航空发电机定子及受话器的振动膜片。铁钴合金的性能见表5.5-10。

5.3.5 软磁铁氧体

铁氧体电阻率高（$1\sim10^8\Omega\cdot m$），涡流损耗小，特别适用于高频领域。常用的软磁铁氧体有 Mn-Zn、Ni-Zn、Mn-Mg 等尖晶石型及含 Ba 平面型六角晶系铁氧体，磁导率和饱和磁感应强度高，矫顽力低，化学稳定性好，价格低廉，性能受频率影响小。无线电、微波和脉冲技术中广泛用作各类高频电感和变压器磁心、磁头、电波吸收材料、磁传感器及毫米波旋磁材料等。Mn-Zn 用于1MHz 以下；Ni-Zn 用于 $1\sim200MHz$ 范围。几百兆赫到数兆赫范围内，多用平面六角铁氧体。软磁铁氧体的用途及主要性能见表5.5-11。

表 5.5-10 铁钴合金的成分和性能

产品	成分(质量分数)(%)			μ_1 /(mH/m)	μ_m /(mH/m)	B_S /T	B_r /T	H_{CB} /(A/m)	ρ /($\mu\Omega\cdot m$)	特点及应用
	Fe	Co	V							
1J22	余	49~51	0.8~1.8	—	—	2.2 (B_{8000})①	—	128	0.04	用于电磁铁铁心和极头,磁控管中端焊管,力矩电动机转子等
海坡柯 (Hiperco)	63	35	(Cr)1.5	0.8	12.7	2.42	1.30	80	0.28	在很高磁场下有高磁导率,用于电动机、变压器铁心
坡明杜 (Permendur)	50	50		1.0	6.3	2.45	1.40	160	0.07	极脆,用于直流电磁铁和极头
2V 坡明杜 (2VPermengdur)	49	49	2	1.0	5.7	2.40	1.40	64	0.28	可延展,用于受话器振动膜
超坡明杜 (Supermendur)	49	49	2	1.3	7.5	2.40	1.15	21	0.28	与2V坡明杜相似,但性能好得多

① B_{8000} 是 H 为 8000A/m 时的 B。

表 5.5-11 软磁铁氧体按用途的分类及主要性能

性能	低频变压器	中频电感器 天线棒	宽频带脉冲 变压器	高磁通密度 软磁铁氧体	高频电感器 功率变压器
起始磁导率 μ_1	800~2500	500~1000	1500~10000	1000~3000	70~150
$(\tan\delta/\mu_1)/10^{-6}$	0.8~1.8(10kHz) 1.5~10(100kHz)	5~10(100kHz) 120~40(1MHz)	1~10(10kHz) 4~60(100kHz)	—	20~50(1MHz) 60~120(10kHz)
饱和磁感应强度 B_S/T	0.35~0.5	0.4	0.3~0.5	0.35~0.52	0.35~0.42

续表

性　能	低频变压器	中频电感器 天线棒	宽频带脉冲 变压器	高磁通密度 软磁铁氧体	高频电感器 功率变压器
居里温度 T_C /℃	140~210	200~280	90~280	180~280	350~490
电阻率 ρ /Ω·m	0.5~7	1~20	0.02~0.5	0.2~1	$>10^3$
近似成分摩尔分数 （%）	MnO27 ZnO20 $Fe_2O_3$53	MnO34 ZnO14 $Fe_2O_3$52	MnO27 ZnO20 $Fe_2O_3$53	MnO27 ZnO20 $Fe_2O_3$53	MnO27 ZnO20 $Fe_2O_3$53
使用频率/MHz	≤0.2	0.1~2	≤100	0.7~1	—

5.4 磁记录和磁记忆材料

5.4.1 磁记录和记忆介质

　　磁记录介质要求信息密度高，保存性好，因此，应具有较大的 B_r 和 H_{CB}，矩形比大。将材料薄薄地涂敷在非铁磁性衬底上，制成磁鼓、磁带和磁盘，作为表面存储器。这类材料的性能见表5.5-12。

表 5.5-12　磁记录介质材料的性能

材料	B_r /T	H_{CB} /(A/m)	T_C /℃	用　途
$\gamma-Fe_2O_3$	0.11	24000	675	磁带：厚度 5~12μm 磁盘：厚度 1~2μm
$Co-\gamma-Fe_2O_3$ CrO_2	0.13 0.13	48000 40000	520 120	电视录像带：厚5μm
Fe60Co40 粉	0.2	40000	1000	分解能比 $\gamma-Fe_2O_3$ 高
Co-Ni-P 薄膜	1.2	40000	—	磁鼓：厚0.1μm

　　1. 磁光记录介质　综合了磁性介质的可擦除可重写特性及光盘的大信息容量、非接触读写、可更换性等优点，是目前最先进的可擦除光存储技术。在计算机大容量存储器、数字化录音、录像系统中的应用中越来越多。磁光记录介质应具有垂直磁各向异性、足够大的磁光增益指数、合适的居里温度及补偿温度、在室温及读出温度下矫顽力大而磁化强度小等。

　　2. 磁泡记忆材料　当铁磁材料的薄膜具有垂直膜面的单轴磁各向异性时，在一定外磁场下可产生圆柱状磁畴，称为磁泡。利用磁泡的"有"与"无"来代表二进制数码，在外磁控制下，磁泡具有可以产生、传输、复制、读出、擦除等功能。所制成的磁泡存储器是全固态器件，具有容量大、体积小、功耗小、可靠性高等优点，目前已有单片容量为4Mbit的磁泡存储器商品，并且仍在发展之中。在计算机、电话通信系统、飞行记录器及数控设备中获得了广泛的应用。磁泡存储材料应有足够大的垂直磁各向异性、低矫顽力、高畴壁迁移率、高居里温度等，石榴石铁氧体磁泡材料已逐渐成为磁泡材料的主流，其他有非晶膜及正铁氧体等。

5.4.2 磁头材料

　　磁头材料要求 B_s 高，B_r 和 H_{CB} 低，磁导率高，磁致伸缩系数 λ_s 低，硬度大，耐磨性、温度稳定性好等。磁头材料的性能见表5.5-13。

表 5.5-13　　　　　　　　　　　　　　　磁头材料的主要性能

材　料		B_r /10^2	H_{CB} /(A/m)	B_s /T	ρ /(μΩ·m)	维氏硬度 HV	λ_s /10^{-8}	居里温度 /℃	用　途
热压 Ni-Zn 铁氧体		3~15	11.8~27.6	0.4~0.46	10^9	900	—	150~200	视频
热压 Mn-Zn 铁氧体		30~100	11.8~15.8	0.4~0.6	$5×10^4$	700	—	90~700	视频
单晶 Mn-Zn 铁氧体		4~10	3.95	0.4	$5×10^2$	600~650	—	100~265	视频
晶态	4%Mo 坡莫合金	11	2.0	0.8	1	120	0	460	音频
	铝铁合金	40	3.0	0.8	1.5	290	0	—	
	铝硅铁合金	80	2.0	1.0	0.85	500	0	500	

续表

材料		B_r /×10²	H_{CB} /(A/m)	B_S /T	ρ /μΩ·m	维氏硬度 HV	λ_s /×10⁻⁸	居里温度 /℃	用途
非晶态	铁基，$Fe_{78}Si_{10}B_{12}$	40	2.4	1.45	1.3	—	30	425	—
	铁镍基，$Fe_{40}Ni_{40}P_{16}B_6$	120	0.64	0.87	1.3	750	11	247	音频
	钴铁基，$Fe_5Co_{70}Si_{15}B_{10}$	200	0.48	0.85	1.3	900	0.1	400	视频
	钛钴锆，$(Fe_{0.8}Co_{0.2})_{90}Zr_{10}$	—	3.2	1.57	1.4	—	19	347	—

5.5 特殊磁性材料

5.5.1 磁温度补偿合金

实际是 Ni 的质量分数为 30%~32% 的铁镍合金，居里点在室温至 200℃之间，低于居里点时，磁感应随温度下降而急剧减小，几乎呈线性关系。可用它补偿永磁体磁路中因温度变化而引起的气隙磁通变化，作磁分路中的磁温度补偿材料。为使磁感应强度一次性地完全补偿，可把成分稍有不同的两种合金平行地黏结起来使用。磁温度补偿合金的特性见表 5.5-14。

5.5.2 微波磁性材料

微波磁性材料分为尖晶石型铁氧体和石榴石型铁氧体两大类。尖晶石型铁氧体包括 Mg 系（Mg·Mn·Al）、Ni 系（Ni·Zn·Ni·Ai）和 Li 系。石榴石型铁氧体主要含 Y 和 Fe，亦称 YIG，主要包括 $Y_3Fe_5O_{12}$（YIG）和用 Al、Gd 或 Ca、V 置换的 YIG 和 YIG 单晶石榴石铁氧体。主要用于微波通信、移动通信、广播（VHF 以上）、各种测量仪器回路中的隔离器、环形不可逆元件和可变移相器、调幅器中。要求损耗低，温度特性优良，有适当的磁饱和性等。

5.5.3 非晶态磁性材料

在 Fe、Ni、Co 中加入 Si、B、C、P 等元素从熔融态急冷制得。有多种品种：①高磁饱和型非晶态软磁材料，电阻率高（比晶态合金高 3~4 倍），损耗低（硅钢片的 1/3~1/4），软磁特性优良，可用于电抗器等；②高磁导率型非晶态软磁材料，电阻率高，损耗低，可用于信息敏感元件和小功率器件（如磁头、磁屏蔽、漏电保护开关等）。其他还有非晶态或微晶永磁合金，非晶态亚磁、旋磁、磁光、磁饱和记录材料。

5.5.4 磁滞伸缩材料

铁磁性和亚铁磁性材料由于磁化状态的改变，引起长度和体积微小变化的现象称为磁滞伸缩，磁性体长度沿磁化方向的相对变化率（即 $\lambda = \Delta l / l$）称为磁致伸缩系数。要求磁致伸缩材料应具有大的机电耦合系数（磁弹耦合常数）K 和良好的力学性能。主要材料有三类：①金属磁滞伸缩材料，包括纯镍、铁铝（1J13）和 FeCo 等，具有高的饱和磁滞伸缩和低的矫顽力，可用于大功率超声装置；②铁氧体磁滞伸缩材料（Ni-Cu-Co 系），电声效率高，频率响应好，机械品质因数高，可用于高频范围及滤波器元件；③稀土超磁滞伸缩材料，如 RFe_2 具有比一般材料大 1~2 个数量级的磁滞伸缩系数，用于各种传感器和声发射器等。磁滞伸缩材料的特性见表 55-15。

表 5.5-14　　　　磁温度补偿合金的特性

合金牌号	磁场强度为 8000A/m 时不同温度下的磁感应强度 B /T					磁感应强度降落差/T		
	-20℃	20℃	40℃	60℃	80℃	$B_{-20}\sim B_{20℃}$	$B_{20}\sim B_{40℃}$	$B_{20}\sim B_{80℃}$
1J30	0.4~0.8	0.2~0.45	—	0.02~0.13	—	—	—	—
1J31	0.6~0.85	0.4~0.65	—	0.15~0.45	—	—	—	—
1J32	0.8~0.11	0.6~0.95	—	0.40~0.75	—	—	—	—
1J33	—	0.4~0.7	—	—	0.1~0.4	—	—	0.22~0.42
1J38	0.25~0.42	0.05~0.24	0.015~0.12	—	—	0.16~0.24	0.035~0.15	—

表 5.5-15　　　　磁致伸缩材料的特性

特性	Ni	13%Al-Fe	Ni-Cu-Co铁氧体	特性	Ni	13%Al-Fe	Ni-Cu-Co铁氧体
线膨胀系数/μK⁻¹	12	12~13	8	饱和磁感强度/mT	610	1400	170
弹性模量/MPa	205800	156800	117600	饱和磁致伸缩系数/×10⁻⁶	-40	-40	-30
居里温度/℃	358	500	550	最佳偏压磁场/(A/m)	796~1193	477~796	796~1193
电阻率/Ω·m	7×10⁻⁸	9×10⁻⁷	75	机电耦合系数(%)	20~30	20~30	20

第6章 特殊光、电功能材料

6.1 基于光电效应的光电材料

6.1.1 光电导材料

光电导材料是指光照下呈现电导急剧增加的材料，广泛用于静电复印、静电制版、全息照相、激光打印等领域。主要的光电导材料有硒系光电导材料、有机光电导材料和无定形硅系列光电导材料。

1. 硒系光电导材料 由于无定形硒具有高的暗电阻率、高的光电特性、耐腐蚀性优良、可重复使用等优点，至今在复印感光体中仍占主流地位。硒系感光体必须具备的光、电特性及使用特性为：①高的带电性和低的暗衰减，材料具有的暗电阻率应在 $10^{12} \sim 10^{13} \Omega \cdot m$ 以上，感光体膜厚在 $60 \mu m$ 以上。②高的感度和宽的光谱响应，有效的方法是在硒中添加碲、砷等元素，以及采用多层式结构。③低的残余电荷。材料应具有高的纯度。④低的光电疲劳，无定形硒在光、电、热、压力反复作用下会逐渐结晶化，使暗电阻率下降，导致出现疲劳现象。加入少量 As（质量分数约为 1.0%）可减缓结晶化过程。⑤高的表面硬度，添加 Te、As、As_2Se_3 可使硬度显著提高。

硒感光体主要有硒板和硒鼓，结构上分为单层、双层和多层。硒板主要用于 X 光探伤和 X 光诊断。硒鼓主要用于复印机、激光打印机等。

2. 有机光电导材料（OPC） 由于它具有成本低、工艺简单、寿命长、质量轻的特点，应用十分广泛。较有发展前途的有偶氮系、酞菁系产品。酞菁系感光体的感度伸向近红外区，除用于普通复印机外，还可以用于激光打印机及智能激光复印机。新型复印机中大部分已采用 OPC 感光体。

OPC 感光体的关键技术是提高感光灵敏度。这就要求 OPC 材料光的吸收系数大，产生载流子的迁移率大，寿命长，载流子生成量子的效率高。具体的增感技术有四种：添加色素；形成电荷转移络合物；感光材料在感光体内为微晶分散型；采用多层结构机能分离型，即载流子的发生与输送分别由载流子产生层（CGL）和载流子输送层（CTL）来完成。

使用低分子树脂分散型载流子发生材料（CGM）可以得到较大的载流子迁移率。目前常用的载流子发生物质有多环醌系化合物、偶氮系化合物、酞菁系化合物、菁化合物。载流子输送物质（CTM）要求离子化电

位小，载流子注入效率高，迁移率大，耐光性好，不吸收可见光，对电晕充电的耐受能力强，纯度高。常用的 CTM 物质有噁唑、吡唑啉、腙及烯胺化合物。

3. 无定形硅系列光电导材料 无定形硅系列感光体分为氢化无定形硅（a-Si：H）和无定形硅合金。无定形硅合金又分为无定形锗化硅（a-SiGe：H）、无定形碳化硅（a-SiC：H）、无定形氮化硅（a-SiN：H）以及部分氢被 F 置换的无定形硅。改变无定形硅合金的成分可以控制能隙宽度，如图 5.6-1 所示。无定形锗化硅的能隙小，可用于长波长增感用的感光材料。无定形碳化硅和无定形氮化硅的能隙宽度大，所制造的高阻膜可用于保护感光体的表面以及阻止电荷从表面和基板进行注入。用无定形硅制造的分层型感光体的结构如图 5.6-2 所示。无定形硅系列感光体不仅感度高，且无公害，寿命长，可靠性高，是一种非常理想的感光材料，广泛用于复印机和打印机的感光体。

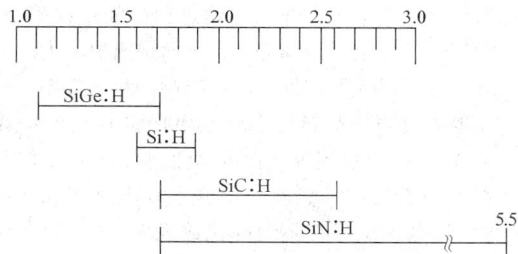

图 5.6-1 无定形硅合金与能隙宽度的关系

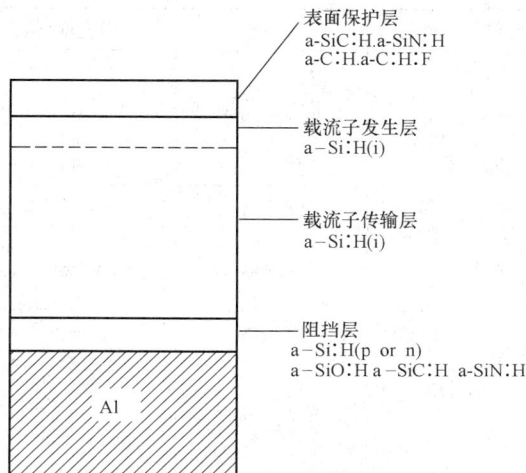

图 5.6-2 分层型无定形硅感光体的结构

6.1.2 光敏电阻材料

光敏电阻材料是光照下电导率能发生改变的物体。在光敏电阻材料中，除了晶体结构外，禁带宽度 E_g 对其性能影响甚大。光敏电阻是均质型半导体光电器件，选用禁带宽、迁移率大的 N 型半导体可获得大的增益。

光敏电阻通常采用蒸发的方法制得 $0.1\sim1\mu m$ 大小的晶粒聚合而成的 $1\mu m$ 厚的多孔结构。常用光敏电阻材料有硫化铅、碲化铅、砷化铅、硫化镉、锑化铟等。单晶型硫化镉对可见光及 X、α、β 和 γ 射线都很灵敏。但受单晶层尺寸限制，光电流容量小。多晶型硫化镉可制成光电流大和光谱灵敏范围较宽的光敏电阻，但响应时间较长。硒化镉比硫化镉的光谱灵敏范围大，响应速度快，但低温性能较差。

6.1.3 光电阴极材料与光电二极管

1. 光电阴极材料 当入射光波长 $\lambda<\lambda_0=hc/\phi$（$\lambda_0$ 为产生光电子发射的临界波长，ϕ 为逸出功）时会产生光电子发射，利用该效应的光-电转换器件有光电倍增管、像增强管等真空电子器件，其关键材料是光电阴极材料。对光电阴极材料的要求是：①光吸收系数大；②光电子在体内传输过程中能量损失小，逸出深度大；③电子亲和势低，表面逸出概率大。一些半导体在可见光及红外范围都有高的量子效率。

主要光电阴极材料有多碱光电阴极材料（锑、铯在可见光区，银、氧、铯等波长可延伸到红外区，能满足夜视技术和激光技术发展的需要）、零电子亲和势材料（铯被吸附在掺锌的 P 型砷化镓表面）和负电子亲和势材料（重掺杂的 P 型砷化镓覆盖 Cs_2O 层）。

2. 光电二极管 主要是硅、锗和砷化镓等 Ⅲ~Ⅴ族化合物半导体。按工作原理光电二极管分为耗尽层型和雪崩型；按器件结特性可分为 P-N 结、P-I-N 结、异质结、金属半导体（肖特基势垒）结；按对光的响应可分为紫外、红外、可见光波段的光电二极管。决定光谱响应的关键因素是材料的吸收系数 α（强烈地依赖于波长），其长波限决定于半导体材料的禁带宽度，波长短时 α 大，光电流小；硅、锗的短波限分别为 $0.4\mu m$ 和 $0.3\mu m$。

6.1.4 红外光电导探测器材料

大气中对红外辐射的"透明窗"主要分布在 $1\sim3\mu m$、$3\sim5\mu m$、$8\sim14\mu m$ 三个波段，适用于这些波段的探测器材料及其探测器性能见表 5.6-1。

本征半导体探测器用于长波限在 $7.5\mu m$ 以内的红外区中，探测器效率高，响应时间较短，工作温度不要求极低，使用方便。三元系碲镉汞和碲锡铅因其禁带宽度在 $0.09\sim0.05eV$，可制作 $8\sim14\mu m$ 波段的本征探测器。

制作非本征半导体红外探测器的材料有掺杂锗、锗-硅合金和掺硼、铝、镓、磷、砷、锑等杂质的硅。掺杂锗探测器响应时间较短，但工作温度要求较低。

6.1.5 太阳能电池材料

太阳能电池是利用光生电动势效应将光能转换为电能的固态电子器件。光电池分为金属-半导体和 P-N 结型半导体两类。光电流与材料禁带宽度有密切关系，应尽量选择 E_g 在 $0.9\sim1.5eV$ 范围内的半导体材料。一些太阳能电池及材料的性能参数见表 5.6-2。

表 5.6-1　　　　　　　红外探测器及其材料的性能

材　料	探测器	禁带宽度/eV	长波限/μm	响应时间/s	工作温度
Si	光电二极管	1.11	1.0	—	室温
Ge	光电二极管	0.66	1.5	—	室温
PbS 单晶	光导探测器	0.40	—	32	77K
	光伏探测器	0.40	—	10	77K
InAs 单晶	光伏探测器	0.40	3.8	1	室温
PbSe 薄膜	探测器	0.25	4.5	2	室温
InSb	探测器	0.16	7.5	2×10^{-2}	室温
			5.5	1	77K
HgCdTe	光导探测器	—	10	1.2	77K
	光伏二极管	—	10.6	0.3~1.0	77K
		—	2.5	—	室温
		—	5.0	—	室温
PbSnTe	光伏探测器	—	12.1	10^{-2}	77K

表 5.6 - 2　　太阳能电池及材料的性能参数

材料	E_g /eV	截止波长 /μm	材料所吸收总太阳能(%)	理论转换效率(%)	实际达到的转换效率(%)
Si	1.11	1.1	76	22	18
InP	1.25	0.97	69	25	6
GaAs	1.35	0.90	65	26	11
CdTe	1.45	0.84	61	27	5
CdS	2.4	0.50	24	18	8

　　非晶硅（α - Si）光电性能优良，吸收系数比单晶硅大一个数量级，单位面积非晶硅太阳能电池用硅量仅为单晶硅太阳能电池的 1%。它可沉积在金属及玻璃片上，做成大面积电池。

6.2　能把其他能量转变为光能的发光材料

6.2.1　电（场）致发光材料

　　可将电能（电场激发）直接转换成光能的材料，大多是半导体材料。主要的电（场）致发光材料及其物理性质见表 5.6 - 3。

表 5.6 - 3　　电致发光材料

半导体材料	跃迁方式	发射光波长 /μm	光（色）
ZnS	直接	0.34	近紫外
SiC	间接	0.45	蓝
ZnSe	直接	0.48	蓝
CaP	间接	0.565	黄、绿
		0.68	红
ZnTe	—	0.62	橙
CaTe	—	0.85	近红外
InP	直接	0.92	近红外
CaSb	—	1.5	中红外
InAs	直接	3.4	远红外
PbS	直接	4.3	远红外
InSb	直接	5.3	远红外
PbSe	直接	8.5	远红外
CaAsP	—	0.55~0.90	红
InPAs	—	0.91~3.15	近红外~远红外
InCaAs	—	0.85~3.15	近红外~远红外

　　发光二极管（LEI）是利用半导体 P - N 结、MS 结、MIS 结制成的发光器件，用于显示、显像、探测辐射场等领域。用于固体显示的发光材料有注入型场致发光材料和本征场致发光材料。发光二极管发射光的波长由半导体材料禁带宽度决定，Ⅱ~Ⅳ族化合物的禁带宽度较大，可以发出可见光和蓝光，但这类化合物制作 P - N 结比较难，且发光效率不够高。用 Zn 和 O 掺入晶体后，红光的发光效率可达 7%，是目前发光效率最高的材料之一。

6.2.2　荧光材料和磷光体

　　荧光材料的特点是分子或原子吸收能量后即刻发光，供给能量中断时，发光几乎立即停止。只有以苯环为骨干的芳香族化合物和杂环化合物才能产生荧光，分为光致荧光、电致荧光和射线荧光等几类。

　　磷光体特点是吸收能量后所发射的光量子能量和波长与荧光一样，但激发态持续时间长。磷光体是具有缺陷的某些复杂的无机晶体物质，由基质和激活剂两部分组成：基质多半是Ⅱ族金属的硫化物、硒化物和氧化物，如 CaS、BaS、ZnS、CdS 等；激活剂是重金属。磷光体最重要的应用是显示和照明，常用磷光体的应用见表 5.6 - 4。

表 5.6 - 4　　磷光体的应用

应用	要求	选用材料
α 射线	涂层物质余辉短	ZnS∶Ag，ZnS∶Cu 涂蒽
γ 射线	透明单晶	NaI∶Tl
X 射线	灵敏度高	CaWO$_4$，Y$_2$O$_2$S∶Tb，BaFCl∶Eu
荧光灯	提高显色性和亮度	［3Ca$_3$(PO$_4$)$_2$·Ca(F,Cl)$_2$∶Sb,Mn］，BaMg$_2$Al$_{16}$O$_{12}$∶Eu，(Ce,Tb)MgAl$_{11}$O$_{19}$Y$_2$O$_3$∶Eu
高压汞灯	提高显色性	Y(P,V)O$_4$∶Eu
红外	红外光转换成可见光	(LaF$_3$∶Yb,Er)，(NaYF$_4$∶Yb,Er)
黑白电视	蓝色、黄色混合获得白色	蓝∶ZnS∶Ag，黄∶［(Zn,Cd)S∶Cu,Al］
彩色电视	蓝、绿、红三色	蓝∶ZnS∶Ag，绿∶［(Zn,Cd)S∶Cu,Al］和(ZnS∶Cu,Al)，红∶Y$_2$O$_3$S∶Eu 或 Y$_2$O$_3$∶Eu
雷达	要求长余辉	ZnS∶Ag 和［(Zn,Cd)S∶Cu,Al］，ZnF$_2$∶Mn 和 MgF$_2$∶Mn

6.2.3 激光器材料

激光器材料有等离子体、气体、液体、半导体、晶体、玻璃和玻璃陶瓷等多种。晶体激光材料是在基质晶体中掺入适量的激活离子，激活离子来自 3 价和

2 价铁系、镧系和锕系元素。晶体激光材料大体又可分为氟化物、盐类和氧化物 3 类，目前实用的主要晶体激光材料见表 5.6 - 5。半导体材料有硫化铅、砷化镓、锑化铟、砷化铟、锑化镓、磷化铟、铟镓砷、铟磷砷、铅镓砷、镓砷磷等。

表 5.6 - 5 主要晶体激光材料

材料名称	分子式	熔点/℃	硬度/莫氏	热导率/[mW/(cm·℃)]	特 点
红宝石	Al_2O_3	2040	9	320	有很高的重复频率
钇铝柘榴石	$Y_3Al_5O_{12}$	1950	8.5	140	重复频率较高，室温下连续输出
铝酸钇	$YAlO_3$	1875	8.5~9	140	与钇铝柘榴石相似
氟磷酸钙	$Ca_5(PO_4)_3F$	1705	5~5.5	24(a)，20(c)	增益大
氟钇钙钠	$NaCaYF_6$	1400	—	—	800℃下能正常工作
硫代氧化镧	La_2O_2S	2070	350	—	高增益
硅酸氧灰石	$CaLa_4(SiO_4)_3O$	2180	7	19(a)，19(c)	高贮能，高效率
钨酸钙	$CaWO_4$	1580	4.5	46	可在常温下连续振荡
氧化钇	Y_2O_3	2450	6.8	34	高效率

6.3 铁电、压电和热释电材料

当外力使材料伸缩时会产生电压且具有可逆性质的材料称为压电材料，由于温度变化产生极化的材料称为热释电材料，它们都是由于材料存在自发极化引起的。不但具有自发极化，而且自发极化的方向能被外电场改变的材料称为铁电材料。同铁磁材料相似，铁电材料具有电畴和电滞回线。这三种材料存在密切关系，有些材料同时兼有三种功能。

6.3.1 压电材料

对某些材料施加作用力，材料将产生形变，且在材料内部产生极化，在其表面上产生电荷，若撤去外力，会回到不带电状态，这就是正压电效应。相反，若在电介质的极化方向施加电场，这些电介质也会发生形变，即为逆压电效应，统称为压电效应。具有压电效应的介质材料称为压电材料。常见的压电材料有压电晶体和压电陶瓷。可用于换能器，包括声-电换能型和水声-电换能型（如水声器）等。

压电效应可用压电方程描述

$$D_i = \varepsilon_{i,j}^{X,T}E_j + d_{i,j}^X X_j \qquad x_m = d_{j,m}^X E_j + S_{m,i}^E X_i$$

式中，E 为电场强度；D 为电位移；X 为应力；x 为应变。

该式有 3 个常数，分别称为恒定压力下的介电常数 ε（F/m）；压电应变常数 d（C/N）；应力产生弹性应变的弹性柔顺常数 S（m^2/N）。机电耦合系数 K 定义为

$$K = 机电转换获得的能量/输入的总能量$$

1. 压电单晶材料 ①石英是最早获得使用的压电材料。石英晶体透明度、稳定性极好，老化极微，不加任何防护能耐 100%RH 的湿度；机械损耗小，机械特性稳定，最大安全力为 98N/m；压电系数的温度特性好，没有热释电效应；体积电阻率高（>10^{12}Ω·m）；加工比较容易；因此现在仍被广泛应用。缺点是由于耦合系数小而带宽窄，输入损耗大，频率降低时阻抗值过大而难以取得匹配等。②水溶性压电晶体。特点是耦合系数比水晶高，阻抗值及电阻率低，因此易受潮，温度特性较差，机械强度低，正被压电陶瓷取代。单科晶系中的硫酸锂（$Li_2SO_4·H_2O$）耦合系数大，ε 小，用作 0.5~10MHz 高频材料时性能卓越，但难以加工成薄片，且防湿性较差。③铌酸锂（$LiNbO_3$）用单晶拉晶法生长，耦合系数大，弹性损耗小，居里点高（铌酸锂高达 1210℃），可用于高频或高温。常见压电晶体材料的特性见表 5.6 - 6。

2. 压电陶瓷 它是由钛、钡、锆、铌等元素的氧化物经混合、成型、烧结后再经高电压极化而成的多晶压电材料。钛酸钡发现最早，以后发展了锆钛酸铅系陶瓷、铌酸盐陶瓷、三元系和四元系压电陶瓷。

①钛酸钡陶瓷，压电系数约为石英的 50 倍，介电常数也高，但其居里点较低（约为 115 ℃），机械强度也不高，用于变换器。②铌酸铅压电陶瓷。特点是居里点高，介电常数小，高温性能稳定，常用于水声换能器。③锆钛酸铅压电陶瓷（PZT），压电系数较高，居里点温度在 300～400 ℃之间，性能稳定，是目前常用的压电材料。④三元系压电陶瓷由铌镁酸铅 $[Pb(Mg_{1/3}, Nb_{2/3})O_3]$、钛酸铅（$PbTiO_3$）、锆酸铅（$PbZrO_3$）三种基本组分组成。⑤四元系压电陶瓷 $[Pb(Sn_{1/3}, Nb_{2/3})_A(Zn_{1/3}, Nb_{2/3})_B Ti_C Zr_D O_3]$，A、B、C、D 四种组分比例可改变。优点是容易烧结，机电耦合系数、介电常数、机械强度高，且压电性能随温度变化小。常见压电陶瓷材料的特性见表 5.6-7。

6.3.2 铁电体

铁电体有电畴，能自发极化而且极化方向随外电场方向而变，因此介电常数 ε_r 特别高。铁电体分为铁电晶体、铁电陶瓷、铁电薄膜、弛豫型铁电陶瓷等。

1. 铁电晶体 ①以 $BaTiO_3$、$KNbO_3$ 为代表的钙钛矿型铁电晶体，是重要的电光和非线性光学材料。②以 $Sr_{1-x}Ba_xNbO_3$ 为代表的钨青铜型铁电晶体，室温时自发极化较大，具有很大的热释电效应和线性电光效应，抗光损伤能力强。已用于热释电探测和电光器件。另外，还有 $Pb_{1-x}Ba_xNb_2O_3$ 是一种很有前途的光折变材料。③以 $LiNbO_3$、$LiTaO_3$ 为代表的铌酸锂型铁电晶体，是以高自发极化和高居里点著称的铁电体，具有优良的压电、电光和声光特性。前者加入铁可提高光折变灵敏度，成为高灵敏度的全息照相存储介

质；后者热释电系数大，响应快，可制造快速光脉冲的热释电探测器。④以 KH_2PO_4 等为代表的氢键型铁电晶体，特别适用于电光调制。

2. 铁电陶瓷 这是一类最重要的铁电材料，它由氧化物粉末经陶瓷工艺制成。从晶体结构看有钙钛矿结构、钨青铜结构、层状氧化铋结构和焦绿石结构等。许多材料具有优良的铁电、压电、电光特性，广泛用于电容器、压电器件、电光器件和热释电器件等。钛酸钡是发现最早、研究最为透彻的一种铁电体。钛酸钡基和钛酸锶基高介瓷容易制造、价格低，广泛用于电容器。缺点是 $\tan\delta$ 较大，ε_r 易随电场强度变化，E_b 较低，电容-温度系数 θ_c 较大。钛酸锶基高介瓷在 $SrTiO_3$ 中加入 Bi、Ti 的氧化物，可以克服上述特点，在高电压高介瓷电容器中应用广泛。此外，还有晶界层电容器材料，以晶界为电介质，用于制造小型大容量电容器。常用高介瓷性能见表 5.6-8。

3. 铁电薄膜 因其具有电光效应、非线性光学效应、压电效应和热释电效应等多种特性，又具有便于平面化和集成化的特点，因而获得广泛的应用。制备方法有电子束蒸镀、离子束溅射、金属有机化学气相沉积等。主要研制了高度择优取向铁电薄膜，用于制造热释电探测器、超声传感器、记忆元件、光波导等。

4. 弛豫型铁电陶瓷 这是一种具有扩散相变特征的铁电材料，在外电场作用下，形成的应变 x 与电场 E 的二次方成正比，比压电材料的应变大，是一种电致伸缩材料，如 $Pb(Mg_{1/3}Nb_{2/3})O_3 - PbTiO_3$，可用于伺服位移制动器、光学应变镜、应变光栅、微角度调节器、超声外科手术刀、精密控位技术等。

表 5.6-6 　　　　　　　　　　　常用压电单晶体的特性

压电单晶[①]	振动模式[②]	弹性柔顺系数 S /(pm^2/N)	压电常数 d /(pC/N)	ε /(pF/m)	机电耦合系数 K （%）
石英	长度纵波	12.7	2.25	40.6	9.9
	厚度纵波	11.6	2.04	40.6	9.3
	厚度切向	25.7	4.4	40.6	13.7
罗歇尔盐	长度纵波	67	435	4440	78
	长度纵波	98.9	-28.4	98.5	28.8
磷酸二氢铵	长度纵波	53	24.6	138	29
磷酸二氢钾	长度纵波	48.5	10.7	196	12
酒石酸乙二胺	长度纵波	38.8	11.3	74	21.5
酒石酸二钾	长度纵波	42.5	-12.2	58	24.5
硫酸锂	厚度纵波	20	15	91.5	35

表 5.6-7   常用压电陶瓷的特性

压 电 陶 瓷 [1]	弹性模量 E /GPa	d_{31} /(pC/N)	d_{33} /(pC/N)	ε_{33}^{T} /(pF/m)	机电耦合系数	
					K_{31}(%)	K_{33}(%)
BaTiO$_3$	118	-56	160	12500	17	45
97BaTiO$_3$-3CaTiO$_3$	122	-53	135	12300	17	43
90BaTiO$_3$-4PbTiO$_3$-6CaTiO$_3$	124	-40	115	7100	16.7	48
96BaTiO$_3$-4PbTiO$_3$	114	-38	105	8800	14	39
锆钛酸铅-4	815	-97	235	8750	28	63
锆钛酸铅-5	67.5	-140	320	12000	32	70
锆钛酸铅-6	86.5	-78	191	8600	25	60
Pb(NbO$_3$)$_2$	29	-33	90	2400	11.5	31

① 名称符号前的数字是成分的质量百分数。

表 5.6-8   常用钛酸钡基、钛酸锶基高介瓷性能

高 介 能		$\varepsilon_r/10^2$	$\tan\delta$	E_b/(MV/m)	θ_c(%)
钛酸钡基	BaTiO$_3$-CaSnO$_3$ 系	110~200	—		-80~-90
	BaTiO$_3$-CaZrO$_3$-Bi$_3$NbZrO$_3$ 系	60~65		≥8	55
	BaTiO$_3$-Bi$_2$O$_3$·3SnO$_2$ 系	21~24			4.5~6.9
钛酸锶基	SBT(SrTiO$_3$Bi$_2$O$_3$nTi$_2$)	9~11	6×10^{-4}		
	SMBT(Mn 部分置换 Sr)	10~12.5	<4×10^{-3}		<10
	SBBT,SPBT(Ba 或 Pb 部分置换 Sr)	16~35	≈10^{-4}	15~18	≈30
	SPMBT(Mg 和 Pb 部分置换 Sr)	≈18	≈10^{-4}		<15
	SPCBT(Ca 和 Pb 部分置换 Sr)	26(随外电场升高)		14.3	
	SrTiO$_3$晶界层电容器材料	>600			±40

6.3.3 驻极体和液晶材料

1. 驻极体 是在无外电场的条件下，能长期保持电极化状态并向周围环境施加电作用力的电介质。长期贮存的电荷可以是真实电荷、极化电荷或两者并存。电介质必须经过充电（驻极）才能形成驻极体。驻极方法有高温时施加直流电场的热极化法、电晕充电法、液体接触法、电子束注入法以及穿透辐照引起的电离等，分别得到热驻极体（每升高 1K 使单位体积产生的电荷量称为热电常数）、电驻极体、光驻极体和辐照驻极体。

驻极体有两类：①有机聚合物驻极体，如蜡、聚四氟乙烯（PTFE）、四氟乙烯和六氟丙烯共聚物（Teflon-FEP）、聚偏氟乙烯（PVDF）、聚酯（PET）、聚乙烯（PE）等，其中氟碳聚合物化学结构稳定，热稳定性好，电荷密度高且保存能力强，是优良的驻极体材料；②无机材料驻极体，有钛酸盐类陶瓷（如 BaTiO$_3$ 等）、金属氧化物（如 Al$_2$O$_3$、SiO$_2$）等。

驻极体具有静电效应、压电效应和热电效应，而且制造工艺简便，成本低，原材料消耗低，广泛用于制造各种电声器材、高效空气过滤器、治疗软组织等。

2. 液晶 液晶分子呈长线形或盘形，线形分子按分子在电场中发生取向极化作用，改变对环境光的反射或投射特性，因此可利用局域电极控制明暗，以形成与背景不同的具有一定对比度的数字或符号。液晶主要用作各种显示器件，其最大特点是"无源显示"，显示工作电压一般为 20~30V，功耗为 500μW/cm^2，场效应液晶功耗更小，仅几毫瓦，工作电压仅为 3~5V；液晶的制造工艺简单，价格低廉。缺点是响应时间长，低温性能差，对比度小，工作寿命不长。用

于光电显示的多为向列型液晶。液晶的特点是同时具有流动性和各向异性。热致液晶在一定温度范围内为液晶态；溶致液晶溶于适当的溶剂中，在一定浓度范围内为液晶态。对液晶的要求是：①合适的温度范围，约为 $-20 \sim 60\,^{\circ}C$；②良好的化学、物理稳定性；③满足电光特性要求：阈值电压低、响应快、对比度好、余辉小等。目前使用的材料有芳酯类、氰基联苯类和苯基环烷等有机化合物。

6.4　基于电性对外界因素的敏感材料

6.4.1　电压敏感材料

电压敏感材料具有电流电压非线性特性的材料。当压敏元件两端的外加电压较低时，压敏元件呈现高阻态且伏安特性呈现线性关系；当外加电压超过某一临界值时，电压稍有增加，电流可陡然增加几个数量级，这就是压敏效应。电流-电压特性近似表示为

$$I = (U/C)^{\alpha}$$

式中，C 为压敏电阻常数（相当于电阻值）；α 为非线性指数。

压敏特性有 α、C、压敏电压 U_C（对应 1mA 所施加的电压）及其温度系数 θ_V。氧化锌是最重要的压敏陶瓷材料，在电力系统、电子线路和电气设备中得到广泛应用，尤其在过电压保护、高能浪涌的吸收以及高压稳定等方面的应用更为突出。

另外，由聚合物黏合剂及碳化硅可配制成碳化硅非线性电阻防电晕漆，在一定电场强度范围内，电阻率随电场强度的提高而下降

$$\rho = \rho_0 \exp(-\beta E)$$

式中，β 为非线性系数（m/MV）；ρ_0 为加电场前的电阻率。

使用防晕材料时，要根据电气设备或元件结构特点选定合适的防晕层参数：β 值、ρ_0 值及防晕层长度。对高压发电机线圈端部，ρ_0 约为 $10^{10}\,\Omega \cdot m$，β 值约为 $10 \sim 15m/MV$，防晕层长度可达到 $10 \sim 15cm$。当防晕层长度受到限制时，可适当提高 ρ_0 值、降低 β 值。

主要压敏材料的特性见表 5.6-9。

6.4.2　热敏及 PTC 材料

它们是电阻率 ρ 随温度发生显著变化的材料。电阻率 ρ 与温度关系为

$$\rho = \rho_0 \exp(B/T)$$

式中，ρ_0、ρ 为升温前后的电阻率；B 为材料常数（K）。

热敏材料一般分为三类：①负温度系数（NTC）材料，广泛用于控温和测温传感器。特点是电阻率随温度升高而减小，如 Mn - Co - Ni 系，B 值为 2000 ~ 7000K，使用温度小于 200 $^{\circ}C$；$CoO - Al_2O_3 - CaSiO_4$ 系，B 值为 6500 ~ 16500K，使用温度为 300 ~ 1000 $^{\circ}C$。②正温度系数（PTC）材料，即电阻率随温度的升高而增大，具有温度开关特性。③负电阻突变特性（CTR）材料，即临界温度热敏电阻，如 $Ag_2S - CuS$ 系和 V 系氧化物材料，主要用于火灾报警器。

PTC 材料又有：①无机材料添加微量元素 Mn、Y 等，例如 $BaTiO_3$ 系半导体陶瓷和新 V_2O_5 系陶瓷；②聚合物添加碳黑等导电组分，例如 PE、氟塑料等添加碳黑；③无机-有机复合材料。PTC 材料主要用于火警探测传感器、温度自控、过电流过热保护、彩电消磁、电动机起动、墙体、输油管道加热等场合。自动控温加热电缆可取代蒸汽广泛用于石油、化工、电力和民用建筑等场合，具有节能、环保、使用寿命长、维护方便、控温效果好、适应性强等优点。热敏材料的分类和特性见表 5.6-10。

表 5.6-9　　　　　　　　　　　　　主要压敏材料的特性

压敏瓷	主要原料	压敏效应机理	α	U_C /V	θ_V /($\times 10^{-3}/^{\circ}C$)	特　征
氧化锌压敏瓷	ZnO 添加 Mg、Bi、Co、Mn、Sb、Cr 等氧化物	ZnO 晶粒和晶界层界面形成肖特基势垒	10 ~ 100	22 ~ 26000	-1	α 大，可调节 U_C 值
碳化硅压敏瓷	SiC 粉末	SiC 晶粒表面氧化膜和接触电阻的非线性	2 ~ 7	—	-2	耐大电流
氧化铁压敏瓷	Fe_2O_3 中添加碱土金属氧化物	Fe_2O_3 陶瓷基体与非欧姆接触电极间形成表面阻挡层	3 ~ 5	7.5 ~ 38	-6	U_C 低，电容量大
氧化钛压敏瓷	TiO_2 添加 Nb_2O_5 等以半导化，并添加 Bi、Ca、Si 等氧化物	半导化 TiO_2 晶粒和含有 Bi_2O_3 的晶界层间形成肖特基势垒	2.3 ~ 3.5	6.4 ~ 32	-3	U_C 低，电容量大
$SrTiO_3$ 压敏瓷	$SrTiO_3$ 添加 Nb、Ta 或稀土氧化物以半导化，再添加 Mn、Co、Ni 等的氧化物	$SrTiO_3$ 晶粒与晶界层间形成肖特基势垒	3 ~ 8	5 ~ 500	-0.6 ~ 2	U_C 低，范围广，电容量大

表 5. 6 - 10　　　　　　　　　　　　热敏电阻材料的分类和特性

系别和主要成分		分类	B 常数/K	使用温度/℃	备　注
氧化物系	Mn - Ni 系氧化物	NTC	4000～7000	<200	体型,厚膜
	Mn - Co - Ni 系氧化物		2000～7000	<200	
	$ZrO_2 - Y_2O_3$ 系	NTC	12000	700～2000	体型(高温用)
	$CoO - Al_2O_3 - CaSiO_4$ 系		65000～16500	300～1000	
	$Mg(Al, Cr, Fe)_2O_4$ 系		≈ 10000		
	Ba - Ti - Nb - Mn 系	PTC	$\alpha = (0.15～0.2)/℃$	<300	体型
	V 系氧化物	CTR	$\alpha = -(0.1～1)/℃$	20～100	体型
聚合物系	PE -碳黑	PTC	$\alpha = (0.1～0.15)/℃$	<120	体型
非氧化物系化合物	SiC	NTC	2000～3000	-100～450	体型单晶
	SnSe	NTC	～2000	-130～30	真空蒸发薄膜
单体	Ge	NTC	2000～4500	<250	真空蒸发薄膜

6.4.3　力敏材料

电学特性随外力作用而发生显著变化的材料。由于测量电阻值比测量电容值方便,因此,一般应用电阻型力敏材料。最常用的有两类:①金属应变电阻材料,主要特性见表 5.6 - 11;②半导体压阻材料,具有半导体压阻效应。力敏材料的主要特性指标是灵敏系数 K(表示单位应变引起的阻值相对变化量)、电阻率 ρ、电阻温度系数、膨胀系数 α、对铜电动势 E_{CU}、力学性能、静态和动态最高使用温度等。

目前,制造力敏元件最常见的材料是硅半导体材料,元件的电特性决定于制造过程中掺入或扩散到硅单晶中的杂质。单晶硅的灵敏系数具有各向异性的特点。此外,还开发了异质结外延材料(硅-蓝宝石、硅-尖晶石)及其他化合物材料。

6.4.4　湿敏材料

电学特性随湿度发生显著变化的材料。一般是利用表面吸附引起的电导率变化获得有用信号。成分主要是不同类别的金属氧化物,结构上采用微粒状粉末堆积体或者多孔状的多晶烧结体。电阻率通常为 $10^{-6}～10^{6}\Omega \cdot m$,半导化过程使晶粒体的电阻率大为降低,而晶界电阻要比体内电阻高得多,晶界存在高阻效应能提高湿敏特性。根据电阻率随湿度的变化,可分为:①负特性湿敏材料,电阻率随湿度的增加而下降;②正特性湿敏材料。湿敏材料的主要特性是:湿敏度,RH 每变化 1% 时的电阻率变化;湿度温度系数,即每变化 1 ℃ 相对湿度的变化。典型的湿敏材料有:①瓷粉膜型湿敏材料,代表的是 Fe_3O_4 粉。特点是测湿元件体积小,结构简单,价格低廉,使用时间长,适用于精度要求不高、工作湿度不高(室温附近)、无油气及其他污染的场合;②烧结体型的湿敏材料,如 $ZnCr_2O_4$、$MgCr_2O_4$ 等,特点是感湿灵敏度适中,低阻值温度特性好,并且有足够的耐火度;③厚膜型湿敏材料,如 $MnWO_4$、$NiWO_4$ 等,主要用于湿度的测量和控制。

6.4.5　气敏材料

物理参量随外界气体种类和浓度而变化的敏感材料。主要有:①半导体气敏材料,如 SnO_2、ZnO、$\gamma - Fe_2O_3$、$Ln_{1-x}Sr_xCoO_3$ 等,利用电导率随吸收气体的吸附化学反应而改变特性;②接触燃烧式气敏材料,

表 5. 6 - 11　　　　　　　　　　　金属力敏材料特性

金属力敏材料	ρ /mΩ·m	电阻温度系数 /(μ/K)	灵敏系数 K	α /(μ/K)	σ_b /MPa	使用温度/℃		E_{CU} /(μV/℃)
						静态	动态	
康铜合金	4.5～5.2	±20	1.9～2.1	15	4.4～6.9	300	400	43
卡玛合金	12.4～14.2	±20	2.4～2.6	13.3	9.8～12.8	450	800	—
铁铬铝	13～15	30～40	—	14	7.8	700	1000	2～3
铂钨合金	0.8	0.7	3.5	0.3～9.2	2.5	800	1000	6.1
铂	0.9～1.1	3900	4～6	8.9	1.8	800	1000	7.6

如 $Pt - Al_2O_3 + Pt$ 丝、$Pd - Al_2O_3 + Pt$ 丝，利用材料对气体的接触燃烧反应热而改变另一种材料电阻值的特性；③固体电解质气敏材料，如 $CaO - ZrO_2$（CSZ）、$Y_2O_3 - TbO_2$、LaF_3、$PbCl_2$、$PbBr_2$、K_2CO_3 和 $Ba(NO_3)_2$ 等，利用固体电解质对气体的选择透过性能，产生浓差电动势等。气敏材料主要性能参数是灵敏度、响应时间、恢复时间、选择性、稳定性等，主要气敏材料种类见表 5.6 - 12。

表 5.6 - 12　气　敏　材　料

材料种类	被测气体及工作温度
SnO_2	还原性气体
$SnO_2 + Pd$，Pt	还原性气体
$SnO_2 + Rh$	甲烷，350 ℃
$SnO_2 + ThO_2$	氢，150 ℃；一氧化碳，200 ℃
$SnO_2 + Ti$，Nb	丙烷，280 ℃
$SnO_2 + Na_2O$	丁烷
$SnO_2 + Cr_2O_3$	还原性气体
$SnO_2 + Pd$	一氧化碳
ZnO	还原性气体
$ZnO + Pd$，Pt	还原性气体
$ZnO + V_2O_5 + Ag_2O$	酒精，250~400 ℃
$\alpha - Fe_2O_3$	还原性气体，400 ℃
$\gamma - Fe_2O_3 + Pt$，Ir	可燃性气体，250 ℃
$\gamma - Fe_2O_3$	丙烷，350 ℃
TiO_2	氧，350 ℃
CoO	氧
$Co_{1-x}Mg_xO$	氧

6.4.6　磁敏电阻材料

磁敏电阻材料的电阻值随外施磁场的变化而变化。与霍尔器件相比，磁敏电阻结构简单，可将多个元件集成在同一基片上，使温度系数很小（达 $10^{-5}/℃$）。磁敏电阻有半导体磁敏电阻和强磁性薄膜磁敏电阻。半导体磁敏电阻常用的主体材料有锑化铟、砷化铟以及它们的某些共晶体。选用载流子迁移率大的材料可使磁敏电阻效应更加显著：

只有一种载流子的半导体：

$$(\rho - \rho_0)/\rho_0 = \Delta\rho/\rho_0 = 0.275\mu^2 B^2$$

有电子和空穴两种载流子时：

$$\Delta\rho/\rho_0 = (p/n)\mu_n\mu_p B^2$$

式中，ρ、ρ_0 为磁感应强度为 B 和 0 时的电阻率；n、p 为电子密度、空穴密度；μ、μ_n、μ_p 为载流子的迁移率、电子迁移率、空穴迁移率。

强磁性磁阻效应的基本特征是电阻率与磁化方向有关：平行磁化方向 $\rho_{//}$，垂直磁化方向 $\rho_\perp$。常以 $(\Delta\rho/\rho_0)$ 表示材料磁阻效应大小，其中 $\Delta\rho = \rho_{//} - \rho_\perp$，$\rho_0$ 为退磁状态下的电阻率。一般选 $(\Delta\rho/\rho_0)$ 大的材料，主要是镍-钴（Ni-Co）和镍-铁（Ni-Fe）等的镍基合金。

强磁性薄膜材料具有以下特点：对于弱磁场的灵敏度很高（3×10^{-3} T 时达 25mV /mA），具有倍频性、磁饱和特性，灵敏度具有方向性，可靠性高，温度特性好，使用温度范围宽。

参 考 文 献

[1] 电气工程师手册编辑委员会. 电气工程师手册. 2版. 北京：机械工业出版社，2000.
[2] 机械工程手册电机工程手册编辑委员会. 电机工程手册. 2版. 北京：机械工业出版社，1996.
[3] 金维芳. 电介质物理学. 2版. 北京：机械工业出版社，1997.
[4] 巫松桢，谢大荣，陈寿田，俞秉莉. 电气绝缘材料科学与工程. 西安：西安交通大学出版社，1996.
[5] 刘耀南，邱昌荣. 电气绝缘测试技术. 2版. 北京：机械工业出版社，1994.
[6] 电工绝缘手册编审委员会. 电工绝缘手册. 北京：机械工业出版社，1994.
[7] 葛正言. 国外电机绝缘材料组合相容性试验研究概述. 电机技术. 1980(2).
[8] 徐应麟，王元宏，夏国梁. 高聚物材料的实用阻燃技术. 北京：化学工业出版社，1987.
[9] 蔡永源，刘静娴. 高分子材料阻燃技术手册. 北京：化学工业出版社，1993.
[10] 邱毓昌，施围，张文元. 高电压工程. 西安：西安交通大学出版社，1995.
[11] 兰之达. 面向21世纪的合成绝缘液体(取自第14届国际供电会议). 华东电力. 1998(4)：48.
[12] 李存惠. 绝缘材料通讯，1996(1)：29.
[13] 工程材料实用手册编委会. 工程材料实用手册. 北京：中国标准出版社，1989.
[14] 许长清. 合成树脂及塑料手册. 北京：化学工业出版社，1991.
[15] 刘恩科，朱秉升，罗晋生等. 半导体物理学. 第4版. 北京：国防工业出版社，1994.
[16] 周永溶. 半导体物理学. 北京：北京理工大学出版社，1992.
[17] 黄庆安. 硅微机械加工技术. 北京：科学出版社，1996.
[18] 唐森，王压. 导电高分子材料的研究与最新发展. 化工新型材料. 1992(10)：1.
[19] 电工材料应用手册第一版编辑委员会. 电工材料应用手册. 北京：机械工业出版社，1999.
[20] 吴南屏. 电工材料学. 北京：机械业出版社，1993.
[21] 李圣华. 炭和石墨制品(上、下). 北京：冶金工业出版社，1987.
[22] 宋正芳. 碳石墨制品的性能及其应用. 北京：机械工业出版社，1997.
[23] 张裕怿，李玉芝. 超导物理. 合肥：中国科学技术大学，1991.
[24] 张晓辉，钟力生，徐传骧. DCB板的原材料对其性能的影响，电力电子技术，(4)：99，1997.
[25] 凯尔 A. 电接触和电接触材料. 赵华人等译. 北京：机械工业出版社，1993.
[26] 黄永杰. 磁性材料. 北京：电子工业出版社，1994.
[27] 过壁君等. 磁性薄膜与磁性粉体. 成都：电子科技大学出版社，1994.
[28] 过壁君. 磁记录材料及应用. 成都：电子科技大学出版社，1991.
[29] 龙毅等. 新功能磁性材料及其应用. 北京：机械工业出版社，1997.
[30] 师昌绪. 材料大典. 北京：化学工业出版社，1994.
[31] 功能材料及其应用手册编写组. 功能材料及其应用手册. 北京：机械工业出版社，1991.
[32] 陈维，王羽中，陈寿田等. $MgTiO_3$ 对 $SrTiO_3-Bi_2O_3$ 系统的微观结构和介电性能的影响. 西安交通大学学报. 31(4)：6，1997.
[33] (日)电气学会编. 电工电子技术手册. 徐国鼐等译. 北京：科学出版社，2004.

第6篇

电气测量和仪表

主　编　王小海（浙江大学）

副主编　陈隆道（浙江大学）

执　笔　王小海（浙江大学）

　　　　陈隆道（浙江大学）

　　　　姚缨英（浙江大学）

　　　　孙　盾（浙江大学）

第 1 章　电 气 测 量 概 论

1.1　测量的概念

1.1.1　测量

测量就是用实验的方法把被测量与标准量进行比较的过程。被测量与标准量应是同类物理量，或者可借以推算出被测量的异类量。测量（比较）的结果一般表示为

$$X = A_x[X_0]$$

式中，X 为被测量；A_x 为纯数字量；$[X_0]$ 为测量单位。

测量包括三个因素，即测量对象、测量方法和测量设备。

1.1.2　测量方法

1. 按测量结果的获取方式分

（1）直接测量。用预先按标准量标定好的仪表对被测量进行测量，或用标准量直接与被测量进行比较，从而得出被测量的值，叫做直接测量。例如用温度计测量温度。该方法的优点是测量过程简单迅速。

（2）间接测量。用直接测量方法测量几个与被测量有确切函数关系的物理量，然后通过函数关系式求出被测量的值，叫做间接测量。例如用伏安法测量电阻。该方法测量过程复杂费时，一般应用于以下情况：直接测量很不方便；间接测量比直接测量的误差小；缺乏直接测量仪器。

（3）组合测量。在测量两个或两个以上相关的未知量时，通过改变测量条件，通过直接测量和间接测量所获得的数据，求解一组联合方程而获取被测量之值，叫做组合测量。例如测量标准电阻的电阻温度系数 α 和 β，可分别测出 $20\,^\circ\text{C}$、t_1 和 t_2 三个温度下的电阻值 R_{20}、R_{t1} 和 R_{t2}，代入公式

$$R_t = R_{20}[1 + \alpha(t - 20) + \beta(t - 20)^2]$$

然后求解联立方程得到被测量值 α 和 β。

2. 按测量读数的获取方式分

（1）直读测量法。从仪器仪表的指示直接获取被测量的值，叫做直读式测量。例如用万用表测量电流。该方法具有测量过程简单、快捷的优点，但一般测量准确度较低。

（2）比较测量法。将被测量与同类的标准量进行比较，根据比较的结果推算被测量的值，叫做比较测量法。比较测量法有替代法、零值法和差值法。该方法的特点是利用标准量参与比较，测量准确度高，但往往测量设备较贵，过程较复杂。电桥、电位差计就是利用比较测量法的原理设计制作的典型比较式测量设备。

3. 按测量性质分

（1）时域测量。也称为瞬态测量，主要是测量被测量随时间的变化规律。例如用示波器测量脉冲信号的上升沿、下降沿、过冲、平顶跌落、脉冲宽度等。

（2）频域测量。也称为稳态测量，主要是测量被测量随频率的变化规律。例如用频谱分析仪测量信号的频率，用函数分析仪测量单元电路的幅频特性、相频特性等。

（3）数据域测量。也称为逻辑量测量。例如用逻辑分析仪测量数字电路的逻辑状态、时序等。

1.1.3　测量过程

一个完整的测量过程一般有以下三个阶段：

1. 准备阶段　在认真分析测量对象的性质、特点、测量条件的前提下，根据对测量结果的准确度要求选择恰当的测量方法和测量设备，从而拟定测量步骤。

2. 测量阶段　在了解测量设备的特性、使用方法的前提下，按照已拟定的测量步骤进行测量，科学而严肃地记录数据。

3. 数据处理阶段　按照选定的测量方法及理论，计算出被测量的测量结果的估计值，根据误差传递理论，对测量结果估计值的不确定度作出合理的评定。

1.2　测量单位

1.2.1　单位和单位制

测量单位的确定与统一是非常重要的。为了对同样一个物理量在不同时间、不同地点进行测量时得到相同的结果，必须采用公认的、固定不变的单位。每个国家的计量部门都以专门的法律规定这样的单位。在国际范围内，单位的通用是通过协商来加以调整的。

独立定义的单位称为基本单位；由基本单位推导出来的单位称为导出单位。由基本单位与导出单位形成的完整的单位体系称为单位制。目前绝大多数国家公认并使用的是国际单位制（SI）。

（1）国际单位制的构成。

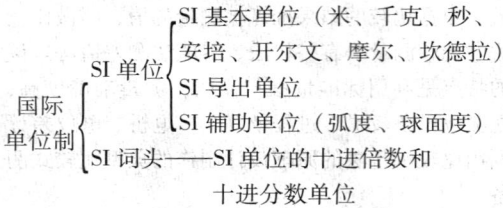

$$
国际\atop单位制\begin{cases} SI单位\begin{cases} SI基本单位（米、千克、秒、\\ 安培、开尔文、摩尔、坎德拉）\\ SI导出单位\\ SI辅助单位（弧度、球面度）\end{cases}\\ SI词头——SI单位的十进倍数和\\ \qquad 十进分数单位\end{cases}
$$

（2）电磁量单位。在电磁测量技术领域中，采用国际单位制七个基本单位中的前四个，即米、千克、秒、安培，就可以推导出其他各种电磁物理量的单位，这样制定的单位称为国际单位制的电磁学单位，各个物理量的符号、定义、量纲等见表 6.1-1。

1.2.2 有效数字

由于测量数据都是近似数，每个数据位数各不相同，为了使测量结果的表示准确统一、计算方便，在数据处理时需要对测量数据和相关常数进行舍入处理。

表 6.1-1 　　　　　　　　　　　电磁学单位表

物 理 量	符 号	定义公式	量 纲	单位名称	单位符号	备 注
电流	I, i		$[I]$	安培	A	
频率	f	$f=1/t$	$[T^{-1}]$	赫兹（赫）	Hz	
力	F	$F=ma$	$[LMT^{-2}]$	牛顿	N	
功、能	W	$W=Fl$	$[L^2MT^{-2}]$	焦耳	J	
功率	P	$P=W/t$	$[L^2MT^{-3}]$	瓦特（瓦）	W	
有功功率（交流）	P	$P=UI\cos\varphi$	$[L^2MT^{-3}]$	瓦特（瓦）	W	
无功功率（交流）	Q	$Q=UI\sin\varphi$	$[L^2MT^{-3}]$	乏	var	
视在功率（交流）	S	$S=UI$	$[L^2MT^{-3}]$	伏安	V·A	
电量、电荷	Q	$Q=It$	$[TI]$	库仑（库）	C	
电通量	Ψ	$\Psi=Q$	$[TI]$	库仑（库）	C	
电位移 （电通密度）	D	$Q=\int_S DdS$ $D=Q/S$	$[L^{-2}TI]$	库/米^2	C/m^2	
电动势、电压	$E, e,$ U, u	$E(或U)=P/I$	$[L^2MT^{-3}I^{-1}]$	伏特（伏）	V	电位和电位差用符号 φ，单位为 V
电场强度	E	$E=U/l$	$[LMT^{-3}I^{-1}]$	伏/米	V/m	
电阻	R, r	$R=U/I$	$[L^2MT^{-3}I^{-2}]$	欧姆（欧）	Ω	
电阻率	ρ	$\rho=RS/l$	$[L^3MT^{-3}I^{-2}]$	欧·米	$\Omega\cdot m$	
电导	G	$G=1/R$	$[L^{-2}M^{-1}T^3I^2]$	西门子（西）	S	
电导率	γ	$\gamma=Gl/S$	$[L^{-3}M^{-1}T^3I^2]$	西/米	S/m	$\varepsilon_r=$ 相对介电常数
电容	C	$C=Q/U$	$[L^{-2}M^{-1}T^4I^2]$	法拉（法）	F	
介电常数（电容率）	ε	$\varepsilon=\varepsilon_r\varepsilon_0$	$[L^{-3}M^{-1}T^4I^2]$	法/米	F/m	
真空介电常数 （真空电容率	ε_0	$\varepsilon_0=\dfrac{1}{c_0^2\mu_0}$ $=8.854\times10^{-12}F/m$	$[L^{-3}M^{-1}T^4I^2]$	法米	F/m	c_0 为真空中电磁波传播速度 $=$ $2.9779\times10^8 m/s$
磁通量	Φ	$e=-d\Phi/dt$	$[L^2MT^{-2}I^{-1}]$	韦伯	Wb	
磁感应强度 （磁通密度）	B	$B=\Phi/S$	$[MT^{-2}I^{-1}]$	韦伯/米^2 =特斯拉	Wb/m^2=T	
自感（电感）	L	$L=N\Phi/I$ $e=-L\dfrac{di}{dt}$	$[L^2MT^{-2}I^{-2}]$	亨利（亨）	H	
互感	M	$e_M=-M\dfrac{di}{dt}$	$[L^2MT^{-2}I^{-2}]$	亨利（亨）	H	
磁场强度	H	$H=F_m/l$	$[L^{-1}I]$	安/米	A/m	
磁动势（磁通势）	F_m	$F_m=NI$	$[I]$	安或安匝	A 或 At	
磁阻	R_m	$R_m=F_m/\Phi_m$	$[L^{-2}M^{-1}T^2I^2]$	1/亨利	1/H	
磁导率	μ	$\mu=\mu_r\mu_0$	$[LMT^{-2}I^{-2}]$	亨/米	H/m	μ_r 为相对磁导率
真空磁导率	μ_0	$\mu_0=4\pi\times10^{-7}H/m$	$[LMT^{-2}I^{-2}]$	亨/米	H/m	

1. 数据舍入规则（亦称修约规则） 就是"四舍五入"规则，小于 5 就舍，大于 5 就入，而恰好等于 5 时则应用偶数法则，即以保留数据的末位为单位，它后面的数大于 0.5 者末位进 1；小于 0.5 者末位不变；恰好为 0.5 则使末位凑成偶数：末位为奇数时进 1，为偶数时舍弃。

每个数据经舍入后，末位是欠准数据，末位以前的数字是准确数字。其舍入误差不会大于末位单位的一半，该近似数从左边第一个非零数字到最末一位数字为止的全部数字，称为有效数字。例如，0.26 是两位有效数字，10.70 是四位有效数字。

2. 有效数字的运算规则

（1）加减运算。在参与加减运算的各数中，对小数位数多的近似数做舍入处理，使其比小数位数最少的数只多一位，计算结果的小数位数保留与小数位数最少的数相同。

（2）乘除运算。在参与乘除运算的各数中，对有效数字多的近似数做舍入处理，使其比有效数字最少的数只多一位有效数字，计算结果的有效数字位数与有效数字最少的数相同。

（3）乘方、开方运算。在近似数乘方或开方运算时，原近似数有几位有效数字，计算结果就保留几位有效数字。

1.3 电学量具

根据测量单位的定义复制出体现测量单位大小的计量器具称为量具。电学量具的主要作用是维持电学单位的统一，保证量值准确传递。按照在单位量值传递中的地位、作用和准确度，将量具分为基准器、标准器和工作量具三大类。

1. 基准器 用现代最先进的科学技术能达到的以最高准确度来复现和保存某物理量计量单位的计量器具，称为基准器。基准器可分为国家基准器、副基准器和工作基准器。国家基准器是具有现代科学技术水平能达到的最高准确度的计量器具，经国家鉴定并批准，作为统一全国计量单位量值的最高依据。国家基准也称为主基准。副基准是通过直接或间接与国家基准比对，从而确定其量值，并经国家鉴定批准的计量器具，在全国复现计量单位的地位仅次于国家基准。工作基准是经过与国家基准或副基准比对，并经国家鉴定，用以检定计量标准的计量器具。有了工作基准，国家基准和副基准就不会由于频繁使用而丧失其准确度。

2. 标准器 按照国家规定的准确度等级，作为检定依据的计量器具或物质。

3. 工作量具 供给生产、科研和工程测量使用的计量量具，按准确度高低分为若干不同等级。在电学计量中经常使用的工作量具是标准电池、标准电阻、标准电容、标准电感和频率标准。

1.3.1 标准电池

标准电池是复现"伏特"量值的标准量具。标准电池内各种物质的化学性能稳定、成分纯净、配方严格。根据电解液的浓度，分为饱和标准电池和不饱和标准电池两种。标准电池的等级是按照年电动势变化率划分的，其主要技术指标详见表 6.1－2。

在保存和使用标准电池时，应注意：①按规定的温度和湿度使用与存放标准电池；②标准电池不能过载，极性绝对不能反接；③不能振动、晃动和倾斜放置，绝对不能倒置；④注意保管检定证书和检定数据。

1.3.2 标准电阻

标准电阻是电阻单位欧姆的标准量具，其作用是确保欧姆单位的统一。它的优点是电阻值稳定、结构简单、便于使用，并且热电效应、残余电感、寄生电容小。标准电阻线一般用温度系数很小的锰铜丝制作，其主要技术指标详见表 6.1－3。

表 6.1－2　　　　　　　　　　　　标准电池的主要技术指标

类型	级别	在+20℃时的电动势实际值 /V	在1min最大允许流过的电流 /μA	在1年中电动势的允许变化 /μV	温度/℃		内阻值/Ω 不大于		相对湿度 (%)
					保证准确度	可使用于	新的	使用中的	
饱和	0.0002	1.0185900~1.0186800	0.1	2	19~21	15~25	700		≤80
	0.0005	1.0185900~1.0186800	0.1	5	18~22	10~30	700		≤80
	0.001	1.013590~1.018680	0.1	10	15~25	5~35	700	1500	≤80
	0.005	1.01855~1.01868	1	50	10~30	0~40	700	2000	≤80
	0.01	1.01855~1.01868	1	100	5~40	0~40	700	30000	≤80
不饱和	0.005	1.01880~1.01930	1	50	15~25	10~30	500		≤80
	0.01	1.01880~1.01930	1	100	10~30	5~40	500	3000	≤80
	0.02	1.0186~1.0196	10	200	5~40	0~50	500	3000	≤80

表 6.1 - 3　　　　　　　　　　　　　　　标准电阻的主要技术指标

准确度级别	电阻名义值 /Ω	功率/W		电压/V		使用环境条件	
		额定值	最大值	额定值	最大值	温度/°C	相对湿度（%）
一等	$10^{-3} \sim 10^5$	0.03				20±1	<80
二等	$10^{-3} \sim 10^5$	0.1				20±2	<80
0.005	$10^{-3} \sim 10^5$	0.1	0.3			20±5	<80
0.01	10^{-4}	0.1				20±10	<80
	$10^{-3} \sim 10^5$	0.1	1			20±10	<80
	$10^{-1} \sim 10^{-3}$	1	3			20±10	<80
	$10^6 \sim 10^7$			100	300	20±10	<70
0.02	$10^{-4} \sim 10^5$	0.1	1			20±15	<80
	10^6			100	300	20±15	<70
	10^7			300	500	20±15	<70
0.05	10^{-4}	1	10			20±15	<80
	$10^6 \sim 10^8$			300	500	20±15	<70

在保存和使用标准电阻时，应注意：①在规定的温度、湿度等条件下保管和使用；②铭牌上给定的是环境温度为 20°C 时的电阻值，若在其他温度下使用，标准电阻的阻值按下式计算

$$R_t = R_{20}[1 + \alpha(t - 20) + \beta(t - 20)^2]$$

式中，R_t、R_{20} 分别为 t°C、20°C 时的电阻值；α、β 分别为标准电阻的一次和二次温度系数。

1.3.3　标准电感

标准电感通常由绝缘铜导线在大理石或陶瓷框架上绕制而成。标准电感有自感和互感两种。标准自感有一个线圈；标准互感有两个线圈，其直流电阻很小，电感值随频率和电流的变化极小。标准自感的主要技术指标详见表 6.1 - 4。

表 6.1 - 4　　标准电感的主要技术指标

准确度等级	固有误差 （%）	年稳定度 /(×10^{-4}/年)	温度系数 /(×10^{-5}/°C)
0.01	±0.01	±0.5	±1
0.02	±0.02	±0.8	±2
0.05	±0.05	±1.5	±5
0.1	±0.1	±3	±5
0.2	±0.2	±6	±10
0.5	±0.5	±15	±10
1.0	±1.0	±30	±10

使用标准电感时应注意：①不能超过标准电感的额定电流；②在规定的频率范围内使用；③标准电感附近不能有铁磁物质和干扰磁场。

1.3.4　标准电容

标准电容是保存和传递电容单位"法拉"的电学量具，具有准确度高、损耗小、长期稳定和温度系数小等特点，通常分为气体介质电容器和固体介质电容器两种，主要技术指标详见表 6.1 - 5。

表 6.1 - 5　　标准电容的主要技术指标

准确度等级	固有误差 （%）	年稳定度 /(×10^{-4}/a)	损耗角正切 /(×10^{-4})		温度系数 /(×10^{-5}/°C)	
			气体介质	固体介质	气体介质	固体介质
0.01	±0.01	±0.5	0.5	1	±1	±3
0.02	±0.02	±0.8	0.5	3	±2	±3
0.05	±0.05	±1.5	1	5	±5	±5
0.1	±0.1	±3	1	5	±5	±5
0.2	±0.2	±6	1	10	±10	±10

1.3.5　频率标准

交流电每秒变化的次数称为频率标准。1967 年国际计量大会正式决定采用铯[133]原子基态的二超精细能级之间跃迁对应的辐射频率为原始频率标准，其频率值是 9192631770Hz。铯束原子频率标准稳定度已超过 10^{-13}。此外，国际上还有激光频率标准，其准确度可达 10^{-15} 量级，稳定度可达 10^{-15} 或更好。

1.4　测量误差

研究测量误差的目的，是要认识和掌握误差规

律，从而指导测试工作，获得尽可能接近真值的测量结果。

1.4.1 相关名词术语

1. **真值** 表征物理量与给定特定量定义一致的量值。真值是客观存在的，但是不可测量的。

2. **约定真值** 按照国际公认的单位定义，利用科学技术发展的最高水平所复现的单位基准。约定真值的误差是可以忽略的。

3. **相对真值** 也称实际值，是在满足规定准确度时用来代替真值使用的值。

4. **标称值** 是计量或测量器具上标注的量值。在给出量具标称值时，通常应给出其准确度等级或误差范围。

5. **示值** 也称测量值，是由测量仪器给出的量值。

6. **准确度** 是测量结果中系统误差和随机误差的综合，表示测量结果与真值的一致程度。

1.4.2 测量误差的来源及分类

测量误差的来源主要有以下四个方面：

（1）仪器仪表误差。是仪器仪表本身及其附件所引入的误差。

（2）影响误差。是由于各种环境因素与仪器仪表所要求的使用条件不一致所造成的误差。

（3）方法和理论误差。由于测量方法不合理、理论分析不全面或采用了近似公式引起的误差。

（4）人员误差。由于测量者的分辨能力、视觉疲劳、固有习惯或缺乏责任心等人为因素引起的误差。

根据测量误差产生的原因及其性质，测量误差分为三类：

（1）系统误差。在相同条件下多次测量同一量值时，误差的大小和符号保持恒定，或在改变测量条件时，按一定规律变化的误差，称为系统误差。系统误差表征测量结果的正确度，系统误差越小，测量结果越正确。

（2）随机误差。在相同条件下多次测量同一量值时，误差的大小和符号均是无规律变化的误差，称为随机误差。一次测量的随机误差没有规律，但是足够多次的测量数据总体服从统计规律。随机误差表征测量结果的精密度，随机误差越小，精密度越高。

（3）粗大误差。明显超出规定条件下预期的误差。确认含有粗大误差的测量结果称为坏值。在处理测量数据时，必须剔除所有坏值。

1.4.3 测量误差的表示方法

1. **绝对误差 Δx** 测量值 x 与被测量的真值 x_0

之差，称为绝对误差。

$$\Delta x = x - x_0$$

由于真值的不可知性，常用约定真值或相对真值代替真值。在实际测量中，常定义绝对误差的负值为修正值 C，即

$$C = -\Delta x = x_0 - x$$

测量值加上修正值就可获得相对真值，即实际值。绝对误差虽然不能表示测量的准确度，但在修正数据误差时使用方便。评价测量结果的准确度通常使用相对误差。

2. **相对误差 δ** 绝对误差 Δx 与真值 x_0 的百分比，称为相对误差，即

$$\delta_0 = \frac{\Delta x}{x_0} \times 100\%$$

式中，真值 x_0 有时也用约定真值或相对真值代替。由于一般无法知道约定真值或相对真值，分母往往用测量值 x 代替，即

$$\delta_x = \frac{\Delta x}{x} \times 100\%$$

式中，δ_0 和 δ_x 分别称为真值相对误差和示值相对误差。相对误差越小，测量准确度越高。

3. **引用误差 γ** 绝对误差 Δx 与仪表量程 x_m 的百分比，称为引用误差，即

$$\gamma = \frac{\Delta x}{x_m} \times 100\%$$

仪表量程是指测量范围的上限值和下限值之间以被测量单位计的代数差。

4. **仪表的准确度（最大引用误差 γ_m）** 仪表在全量程范围内可能产生的最大绝对误差 Δx_m 的绝对值与仪表的上限量的百分比，称为最大引用误差，即

$$\gamma_m = \frac{|\Delta x_m|}{x_m} \times 100\%$$

仪表的准确度与最大引用误差之间满足下面关系

$$\gamma_m \leq a\%$$

式中，a 称为仪表的准确度等级指数，电测量仪表的准确度等级指数 a 分为：0.1、0.2、0.5、1.0、1.5、2.5、5.0 共 7 级。在应用准确度等级为 a 的电测量仪表进行测量时，产生的最大绝对误差为

$$\Delta x_m \leq \pm a\% \times x_m$$

用数字显示的直读式仪表，其误差形式常表示为

$$\Delta x = \pm a\% x \pm n \text{ 个字}$$

1.4.4 误差的综合

1. **误差的传递** 设被测量 y 与各测量值 x_i 之间有以下函数关系

$$y = f(x_1, x_2, \cdots, x_n)$$

若自变量 x_j 各自有独立的绝对误差 Δx_1, Δx_2, $\cdots$, Δx_n, 则绝对误差为

$$\Delta y = \sum_{j=1}^{n} \frac{\partial f}{\partial x_j} \Delta x_j$$

其相对误差为

$$\delta_y = \frac{\Delta y}{y} = \sum_{j=1}^{n} \frac{\partial \ln f}{\partial x_j} \Delta x_j$$

2. 系统误差的综合

（1）已定系统误差的综合。当误差的大小、符号和函数关系均已知时，直接用误差传递公式进行合成，即

$$\varepsilon_y = \sum_{j=1}^{n} \frac{\partial f}{\partial x_j} \varepsilon_j \qquad \delta_y = \frac{\varepsilon_y}{y} = \sum_{j=1}^{n} \frac{\partial \ln f}{\partial x_j} \varepsilon_j$$

式中，ε_y、ε_j 分别为函数 y 和变量 x_j 的系统误差。

（2）系统不确定度的综合。对于未定系统误差，往往只知道误差极限而不知道其确切的大小和符号，通常用两种方法合成。

1）绝对值和法。将各分项误差取绝对值求和，即

$$\gamma_{ym} = \pm \sum_{j=1}^{n} \left| \frac{\partial f}{\partial x_j} \gamma_{jm} \right|$$

$$\delta_{ym} = \pm \sum_{j=1}^{n} \left| \frac{\partial \ln f}{\partial x_j} \gamma_{jm} \right|$$

式中，γ_{ym}、γ_{jm} 分别为函数 y 和变量 x_j 的系统不确定

度或误差限；δ_{ym} 为函数 y 的相对不确定度。

2）方和根合成法。将各分项误差先平方，再求和，最后开平方，并在前面冠以"±"号，得到

$$\gamma_{ym} = \pm \sqrt{\sum_{j=1}^{n} \left(\frac{\partial f}{\partial x_j} \gamma_{jm} \right)^2}$$

$$\delta_{ym} = \pm \sqrt{\sum_{j=1}^{n} \left(\frac{\partial \ln f}{\partial x_j} \gamma_{jm} \right)^2}$$

3. 随机误差的综合

$$\hat{\sigma}_{\bar{y}} = \pm \sqrt{\sum_{j=1}^{n} \left(\frac{\partial f}{\partial x_j} \hat{\sigma}_{\bar{x}_j} \right)^2}$$

$$\hat{\lambda}_{\bar{y}} = \pm \sqrt{\sum_{j=1}^{n} \left(\frac{\partial f}{\partial x_j} \hat{\lambda}_{\bar{x}_j} \right)^2}$$

$$\frac{\hat{\sigma}_{\bar{y}}}{y} = \pm \sqrt{\sum_{j=1}^{n} \left(\frac{\partial \ln f}{\partial x_j} \hat{\sigma}_{\bar{x}_j} \right)^2}$$

$$\frac{\hat{\lambda}_{\bar{y}}}{y} = \pm \sqrt{\sum_{j=1}^{n} \left(\frac{\partial \ln f}{\partial x_j} \hat{\lambda}_{\bar{x}_j} \right)^2}$$

式中，$\sigma_{\bar{y}}$、$\lambda_{\bar{y}}$ 分别为函数 y 和变量 x_j 的标准差和随机不确定度。

4. 不同性质误差的综合

首先将系统误差和随机误差分别合成，然后用绝对和法或者方和根法综合。

第 2 章　电　量　测　量

2.1　概论

　　电量测量是指对电路电量和电路元件参数进行测量。在直流电路中，通常测量直流电压（U）、电流（I）、功率（P）和电阻（R）；在交流电路中，通常测量交流电压（u）、电流（i）、有功功率（P）、无功功率（Q）、视在功率（S）、电能（W）、功率因数（$\cos\varphi$）、相位（φ）、频率（f）和交流电阻（R）、电容（C）、电感（L）、电感器的品质因数（Q）以及电容器的介质损耗角正切（$\tan\delta$）。

　　按被测信号的频率特性，电量测量可以分为直流测量和交流测量，其中交流测量又分为低频测量和高频测量；按测量方式，电量测量可以分为直接测量、间接测量和组合测量；按测量方法，电量测量可分为直读法和比较法；按给出测量结果的方式，电量测量可以分为数字化测量和模拟测量；按被测量的数值范围，电量测量可以分为大信号测量、中等量值信号测量和微小信号测量。大、中、小信号的分段范围见表 6.2－1。

表 6.2－1　　大、中、小信号的分段范围

种　　类	小（低）	中	大（高）
直流电流/A	$10^{-17}\sim10^{-6}$	$10^{-6}\sim10^{2}$	$10^{2}\sim10^{5}$
交流电流/A	$10^{-7}\sim10^{-3}$	$10^{-3}\sim10^{3}$	$10^{3}\sim10^{5}$
直流电压/V	$10^{-10}\sim10^{-4}$	$10^{-4}\sim10^{2}$	$10^{2}\sim10^{6}$
交流电压/V	$10^{-7}\sim10^{-3}$	$10^{-3}\sim10^{3}$	$10^{3}\sim10^{5}$
电阻/Ω	$10^{-9}\sim10^{-1}$	$10^{-1}\sim10^{6}$	$10^{6}\sim10^{20}$
电容/F	$10^{-18}\sim10^{-10}$	$10^{-10}\sim10^{-4}$	$10^{-4}\sim10^{2}$
电感/H		$10^{-5}\sim10^{0}$	

2.2　电路基本电量的测量

2.2.1　中等量值电压和电流的测量

　　1. 一般测量　中等量值的电流和电压常用直读仪表测量，测量电流时，将电流表串联在测量线路中；测量电压时，将电压表并联在测量线路中。值得注意的是：串入测量线路的电流表内阻 R_A 应远小于负载电阻 R；并入测量线路中的电压表内阻 R_V 应远大于负载电阻 R。

　　2. 精确测量

　　（1）用直流电位差计测量直流电压。测量线路如图 6.2－1 所示，检流计开关 S 接 1 时，调节 R_P 改变工作电流 I，使检流计指零；将检流计开关 S 转接

2，调节 R，使检流计再指零，则有

$$U_X = RI = \frac{R}{R_S}E_S$$

　　测量误差范围为 $10^{-6}\sim10^{-3}$，测量范围为 $10\text{mV}\sim2\text{V}$，最小分度值为 $0.1\sim1\mu\text{V}$。

　　（2）用直流电位差计测量直流电流。测量线路如图 6.2－2 所示，用电位差计测出标准电阻 R_B 两端的电压 U_X，由 U_X 与 R_B 的比值就是被测电流 I_X。测量时，标准电阻的电流端接被测电流，电压端接电位差计，注意通过标准电阻的电流不要超过其允许值。该方法的测量范围为 $10^{-7}\sim10^{4}\text{A}$。

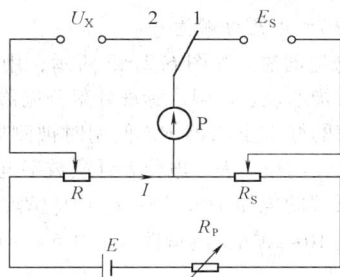

图 6.2－1　用电位差计测量直流电压
U_X—被测电压；E_S—标准电池电动势；E—供电电源；
P—检流计；R_S—确定工作电流及温度补偿盘电阻；
R—测量盘电阻；R_P—工作电流调节盘电阻

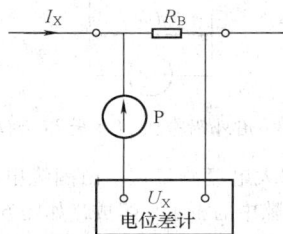

图 6.2－2　用电位差计测量直流电流
R_B—标准电阻；I_X—被测电流；U_X—电位差计
测得的电位差；P—检流计

　　（3）用交直流比较仪测量交流电压、电流。要对交流电压、电流进行精确测量，可以采用交直流比较的方法，先将交流电压、电流转换为相应的直流量，再对直流进行精确测量，常用的几种交直流比较仪的原理及相关参数见表 6.2－2。

表 6.2 - 2   交直流比较仪的原理及相关参数

名　　　称	热电比较仪	电动比较仪	静电比较仪	电子变换器
原　　理	在热电变换器上分别施加交直流量，当热电偶的热电动势相等时，表明交直流有效值相等	当电动系机构与磁电系机构力矩相等时，表明交直流有效值相等	当交流机构与直流机构两个力矩相等时，表明交直流有效值相等	根据电子器件的整流原理，交流量的平均值等于直流量
交流误差（%）	0.01~0.1	0.02~0.1	0.001~0.01	0.05~0.5
频带/Hz	0~10^4	0~10^3	0~10^7	0~10^3
交直流量作用次序	异时（同时）	同时	同时（异时）	同时
交换时间	长	短	较长	最短
过载能力	差	好	较差	好
适用范围	电压、电流、功率	电压、电流、功率	电压、电流、功率	电压、电流
自动化否	手动	手动、半自动	手动	自动

2.2.2 大电流的测量

1. 直流大电流的测量

（1）分流器法。如图 6.2 - 3 所示，用外附分流器可以扩大指示仪表量限，标准外附分流器是一个具有四个端钮的标准电阻器 R，使用时被测电流 I_x 从电流端接入，用毫伏表、电位差计或数字电压表测出电压端钮两端的电压 U_x，则：$I_x = U_x/R$。该方法的测量范围是 $10~10^4$A，测量误差为 $0.5\% ~ 0.1\%$。

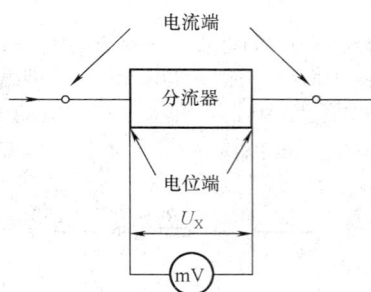

图 6.2 - 3   用外附分流器扩大指示仪表量限

（2）霍尔大电流测量仪。由围绕电流母线的磁轭及在磁轭间隙中的霍尔片组成，如图 6.2 - 4 所示。当被测大电流通过母线时，在磁轭及其气隙中产生磁

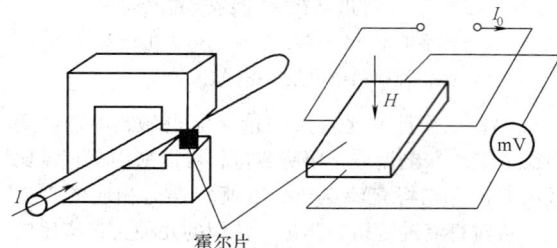

图 6.2 - 4   霍尔大电流测量仪原理图

场。在霍尔片的一对边间外加恒定电流 I_0，则在霍尔片的另一对边上将产生霍尔电动势 $E = KHI_0$，式中，H 为气隙中的磁场强度；K 为霍尔常数。测得霍尔电动势就可以求得磁场强度，进一步求得母线电流 I 的数值。该方法的测量范围是 $10^2 ~ 10^4$A，测量误差为2% ~ 0.1%。

（3）直流互感器法。如图 6.2 - 5 所示，在直流互感器中，铁心被交直流线圈同时激励，直流的大小引起铁心饱和程度的改变，使交流线圈的电抗大小发生变化，使得一、二次侧安匝数保持相等。通过测量交流平均值 I_2，就可以计算出被测电流 I_1，即

$$I_1 = \frac{n_2}{n_1}I_2$$

式中，n_1 为一次回路的绕组匝数；n_2 为二次回路的绕组匝数。

该方法的测量范围是 $10^2 ~ 10^5$A，测量误差为1% ~ 0.1%。

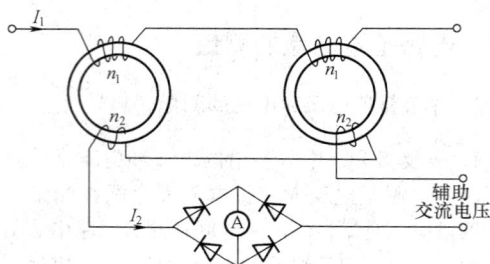

图 6.2 - 5   用直流互感器扩大指示仪表量限

（4）直流比较仪法。如图 6.2 - 6 所示，直流比较仪将被测直流 I_1 所产生的磁动势与另一易于测量的电流 I_2 产生的磁动势在铁心中相比较，当磁动势平衡时，则有

$$I_1 = \frac{n_2}{n_1} I_2$$

式中, n_1、n_2 分别为一、二次侧的绕组匝数。

该方法的测量范围是 $10^3 \sim 10^5 A$, 测量误差为 $0.2\% \sim 0.0001\%$。

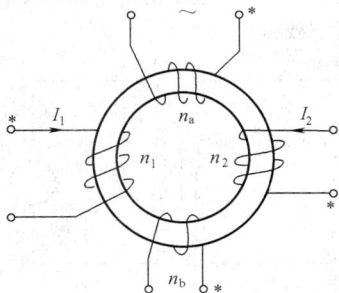

图 6.2 - 6　直流比较仪示意图

2. 交流大电流的测量　采用交流电流互感器可以扩大指示仪表的测量范围, 同时还起到了主线路与测量线路间的隔离作用, 这对测量高压系统中的电流尤为重要。在用电流互感器测大电流时, 二次回路绝对不允许开路, 应尽可能接近短路状态运行, 并且二次回路不得使用熔丝, 同时接地端钮必须接地。在图 6.2 - 7 所示的原理电路中, 有

$$\dot{I}_1 = K e^{-j\theta} \dot{I}_2$$

式中, K 为电流互感器的变比, $K = n_2 / n_1 = I_1 / I_2$; I_2 为二次回路电流, 额定值为 5A; θ 为一次、二次回路电流间的相移。

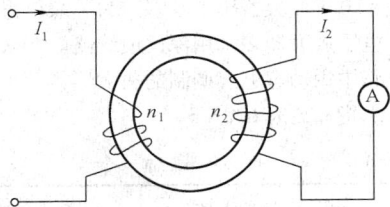

图 6.2 - 7　用交流电流互感器扩大
指示仪表量限

电流互感器二次回路电流额定值根据国家标准规定为 5A, 变比误差约为 $0.2\% \sim 0.005\%$, 相位误差约为 $0.3 \sim 120$ 分。

2.2.3　高电压的测量

高电压是指千伏以上的电压, 测量交直流高电压都可用附加电阻或电阻分压器来扩大指示仪表量限, 测量直流高电压还可用直流电压互感器法; 测量交流高电压可以用电容分压器或交流电压互感器扩大指示仪表量限。

1. 附加电阻法　测量电路如图 6.2 - 8 所示, 图中 R 为附加电阻, R_A 为毫安表的内阻, 则被测电压

$$U = I(R + R_A)$$

式中, I 为毫安表的读数, 当毫安表内阻 R_A 远小于附加电阻 R 时, 被测电压 $U = IR$。指示仪表采用灵敏度较高的全偏转电流很小 ($1 \sim 15mA$) 的毫安表, 直流时用磁电系毫安表, 交流时用整流式毫安表。该方法适用于直流及低频 ($0 \sim 1kHz$) 交流电路, 一般被测电压不超过 1500V, 测量 $10 \sim 1000V$ 范围的交直流电压, 准确度可达 0.1%。选择附加电阻需注意该电阻要有足够的允许功率和绝缘强度, 测交流电压时还要求其电抗分量小, 以减小频率误差。

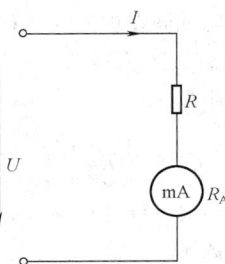

图 6.2 - 8　附加电阻法扩大指示仪表量限

2. 用电阻分压器扩大仪表量限　测量电路如图 6.2 - 9 所示, 图中 R_1 和 R_2 为分压电阻, U_1 为被测电压, U_2 为接测量仪表的分压。U_1 和 U_2 的关系为

$$U_1 = \frac{R_1 + R_2}{R_2} U_2$$

测出 U_2 即可求得 U_1。该方法要求电压表内阻 R_V 远大于 R_2, 故常用电位差计测量 U_2。用电阻分压器扩大电位差计的量限, 最大可扩大到千伏级的电压, 电压比误差为 $0.2\% \sim 0.001\%$。

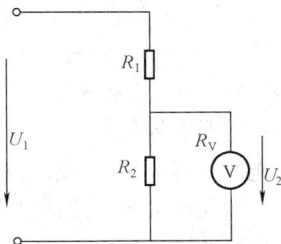

图 6.2 - 9　用电阻分压器扩大仪表量限

3. 用电容分压器扩大指示仪表量限　电容分压器主要用来扩大静电系电压表的量限, 测量电路如图 6.2 - 10 所示, 它要求静电系电压表的输入阻抗 Z_V 远大于分压器的阻抗 Z_2, 即仪表输入电容 C_V 远小于 C_2。选用分压电容 C_1、C_2 时, 应选漏电导小的电容

器，否则在低频时将产生电阻分压效应而造成误差。

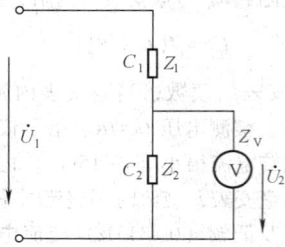

图 6.2 - 10　用电容分压器
扩大指示仪表量限

4. 用直流电压互感器法扩大指示仪表量限
测量电路如图 6.2 - 11 所示，直流互感器的一次绕组
串联一个附加电阻并联在被测电压 U_1 两端，将二次
绕组并联，测量直流互感器二次电流的平均值 $\bar{I}_2$，
则可求得被测电压为

$$U_1 = \frac{1}{2}R_1 \frac{n_2}{n_1}\bar{I}_2$$

式中，R_1 为一次回路总电阻；n_2/n_1 为二次侧绕组
与一次侧绕组匝数比。

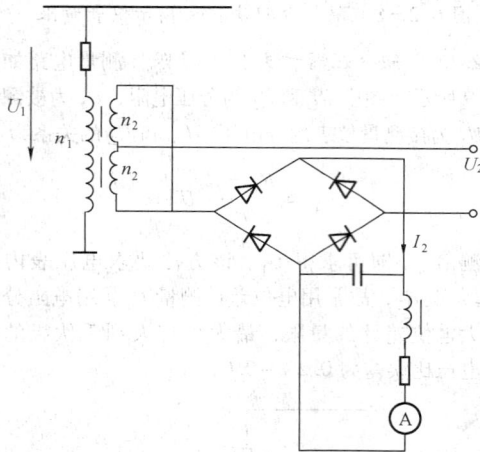

图 6.2 - 11　用直流电压互感器扩大
指示仪表量限

5. 用交流电压互感器扩大指示仪表量限　测量
电路如图 6.2 - 12 所示，电压互感器的一次侧绕组并
联于被测电压 $\dot{U}_1$，其匝数为 n_1；二次侧绕组电压 $\dot{U}_2$
接电压表，其匝数为 n_2。通常电压互感器二次回路
的额定电压规定为 100V。当两绕组紧耦合且不考虑
绕组电阻的影响，有

$$\dot{U}_1 = Ke^{-j\theta}\dot{U}_2$$

式中，K 为电压互感器的变比，$K = n_1/n_2 = U_1/U_2$；U_2
为二次回路电压，额定值为 100V；θ 为一次、二次回

路电压间的相移。

用交流电压表测得 U_2 即可求得 U_1。借助电压互
感器可测量数十万伏级别的电压，其电压比误差为
0.5% ~ 0.005%，相位误差约为 0.3 ~ 40 分。电压互
感器有将测量回路与高压被测系统隔离开来的作用，
值得注意的是电压互感器绝对不允许二次侧短路，二
次侧越接近空载越好。

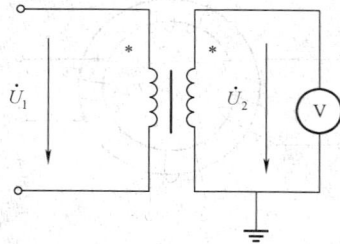

图 6.2 - 12　用交流电压互感器
扩大指示仪表量限

2.2.4　小电流和低电压的测量

小电流和低电压是指毫安级和毫伏级以下直至微
安和微伏级的电流、电压。目前最小测量数量级，直
流电流可达 10^{-15}A，直流电压可达 10^{-9}V，交流电流
可达 10^{-10}A，交流电压可达 10^{-7}V。一般测量误差大
于 0.1%，通常采用检流计及各类放大器来达到所要
求的高灵敏度。检流计在使用时应先定标，确定电流
或电压常数。

测量放大器有电子放大器、光电放大器、磁放大
器等，其中电子放大器用得较多。为了取得稳定的放
大倍数，电子放大器多采用深反馈线路。在众多的电
子放大线路中用动态电容调制的放大器得到了广泛应
用，其技术指标见表 6.2 - 3。

表 6.2 - 3　　　　　技 术 指 标

项　　目	测小电压	测小电流
最高灵敏度	10^{-5}V/mm	10^{-17}A/mm
测量范围	$(3 \times 10^{-4} \sim 10)$V	$(3 \times 10^{-16} \sim 10^{-5})$A
输入阻抗/Ω	10^{15}	$10^{12} \sim 10^{6}$
误　差(%)	0.2	2

2.2.5　直流功率和电能测量

直流功率 $P = UI$，可利用电压表和电流表间接测
量，测量电路如图 6.2 - 13(a)、(b)所示。图 6.2 - 13
(a)中电压表所测的是负载和电流表的电压之和，

图 6.2－13（b）中电流表所测的是负载和电压表的电流之和。一般情况下，电流表的压降很小，所以多采用图 6.2－13（a）的接法。但是，在低压大电流电路中，电流表的电压降就比较显著，应采用图 6.2－13（b）的接法。此外，还可以用功率表直接测量直流功率，其测量电路如图 6.2－14（a）、（b）所示，功率表的电压线圈有两种接法，它们都存在方法误差。

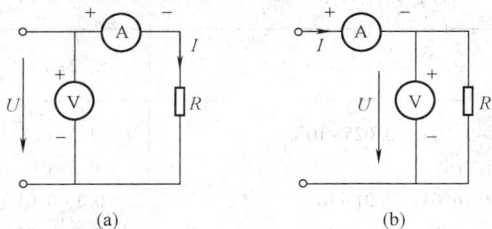

(a)   (b)

图 6.2－13 用电流表、电压表测量
直流电路功率

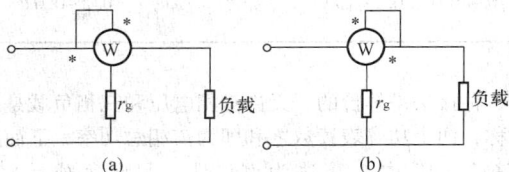

(a)   (b)

图 6.2－14 用功率表测量直流电路功率
W—功率表；r_g—电压线圈的附加电阻；
＊—电流电压线圈的起端

直流电能采用直流电能仪表测量。过去采用的水银式直流电能表已逐渐被淘汰，目前主要使用电动式和电子式直流电能仪表。

2.2.6 单相交流功率和电能测量

交流电路的功率分为有功功率 P、无功功率 Q 和视在功率 S。当电路中负载端电压电流参考方向一致时，设端电压相量为 $\dot{U}$，电流相量为 $\dot{I}$，电压电流的相位差为 φ，则负载吸收的有功功率

$$P = UI\cos\varphi$$

无功功率

$$Q = UI\sin\varphi$$

视在功率

$$S = UI = \sqrt{P^2 + Q^2}$$

视在功率的测量仍可用图 6.2－13 所示的电路，只需将直流仪表改换成交流仪表。

有功功率的测量常用电动系或铁磁电动系功率表，类似于图 6.2－14 所示的功率表的两种接法，它们的读数分别包含了电流线圈或电压线圈的损耗。在

准确度要求较高的测量中，应设法扣除这些损耗。功率表可以直接接入，对于高电压大电流电路的功率测量，可借助电压、电流互感器来扩大量限，如图 6.2－15 所示，图中 ＊ 号表示电压线圈和电流线圈间的同名端。接线时应将功率表的电流线圈及标有 ＊ 号的电压端纽接低电位线。在图 6.2－15（b）中，功率表电压线圈的电压 $\dot{U}_2 = \dot{U}/K_U$，通过其电流线圈的电流 $\dot{I}_2 = \dot{I}/K_I$，所以功率表的读数

$$P_2 = U_2 I_2 \cos\varphi = \frac{1}{K_U K_I} UI\cos\varphi = \frac{1}{K_P} P$$

$$P = K_P P_2$$

式中，K_P 为电压互感器电压比 K_U 和电流互感器电流比 K_I 的乘积，在考虑误差时除了计及功率表误差外，还要考虑电压互感器和电流互感器都存在变比误差和相位误差。

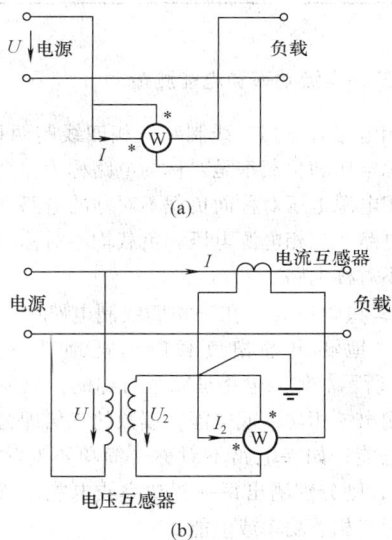

(a)

(b)

图 6.2－15 用功率表测量单相有功功率
（a）直接接入；（b）经互感器接入

在测出 P 和 S 后，无功功率 Q 可按下式间接计算得到

$$Q = \pm\sqrt{S^2 - P^2}$$

也可以用单相无功功率表直接测量交流电路的无功功率，其接线与测量有功功率时的接线相同，只是无功功率表内部线路能使其电压线圈电流所产生的磁通滞后于电压90°，故仪表可直接指示无功功率。

单相交流电能一般采用交流电能表和数字标准功率电能表测量，其测量范围和误差见表 6.2－4。

表 6.2－4　　　　　　　　　　　　　　功率、电能测量仪表的测量范围及误差

被测量	仪器仪表	测量范围	误差（%）
直流功率	电流表、电压表 功率表 电位差计 数字功率表	0.1mA～50A，1～600V 1～1000V，0.025～10A 由分压器、分流器测量范围而定 1～600V，0.1～10A	2.5～0.1 2.5～0.1 0.1～0.005 0.1～0.01
直流电能	直流电能表		2～1
单相交流功率	功率表 交流电位差计 交直流比较仪 数字标准功率电能表	1～1000V，0.025～10A 小功率 10～600V，0.01～10A 1～600V，0.1～10A	2.5～0.1 0.5～0.1 0.1～0.01 0.1～0.01
单相交流电能	交流电能表 数字标准功率电能表	110～200V，1～50A 50～400V，0.1～10A	2 0.2～0.02

2.2.7　三相交流功率和电能测量

　　三相电路有三相三线制和三相四线制两种情况。三相电源电压和负载都是对称的电路称为完全对称电路；三相电源电压对称而负载不对称的电路称为简单不对称电路；三相电源电压和负载均不对称的电路称为复杂不对称电路。

　　1. 三相四线制　在三相四线制电路中，可用功率表独立地测出各相负载所消耗地功率，如图 6.2－16 所示。如果电路是完全对称的，只要用一个功率表测出一相功率或电能，读数的三倍即为三相总功率或电能；如果电路不对称（简单不对称或复杂不对称），则分别测出每一相功率或电能，三个读数相加即为三相总功率或电能。

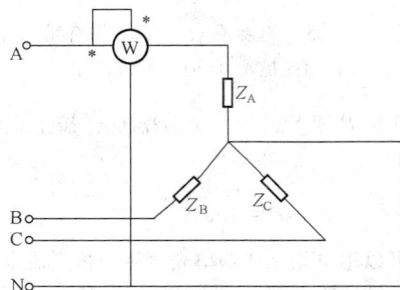

图 6.2－16　用功率表测一相负载功率

　　2. 三相三线制　用两表法可以测量三相三线制电路的有功功率，其测量电路如图 6.2－17 所示，图中三种接法是等价的，无论三相电压和三相负载是否对称，两个功率表读数之和即为三相总功率，下面以图 6.2－17 中 I 接法为例说明。假设负载是丫接法，则

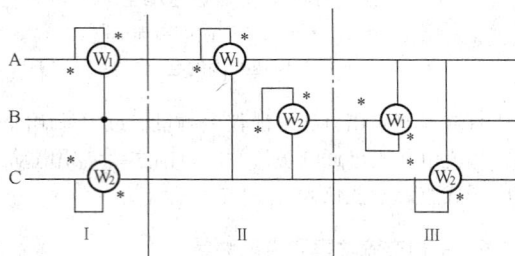

图 6.2－17　用两表法测三相有功功率

$$W_1 = Re[\dot{U}_{AB}\dot{I}_A^*]$$

$$W_2 = Re[\dot{U}_{BC}\dot{I}_C^*]$$

$$W_1 + W_2 = Re[\dot{U}_{AB}\dot{I}_A^* + \dot{U}_{CB}\dot{I}_C^*]$$

$$= Re[(\dot{U}_A - \dot{U}_B)\dot{I}_A^* + (\dot{U}_C - \dot{U}_B)\dot{I}_C^*]$$

$$= Re[\dot{U}_A\dot{I}_A^* + \dot{U}_C\dot{I}_C^* - \dot{U}_B(\dot{I}_A^* + \dot{I}_C^*)]$$

$$= Re[\dot{U}_A\dot{I}_A^* + \dot{U}_B\dot{I}_B^* + \dot{U}_C\dot{I}_C^*]$$

　　测量时需特别注意电压线圈、电流线圈极性端的连接，在正确的极性连接时，两个功率表中的一个可

能会反转,这时可拨动功率表的反转开关,使功率表正转,但在计算总功率时该读数应取负值。实用中可以根据两表法的原理,把两个测量机构组装在一个轴上组成两单元功率表,可直接测量三相三线制负载的总有功功率。

在完全对称三相电路中,上述两功率表之差乘以 $\sqrt{3}$ 就是三相无功功率,电能测量相同。以图 6.2-17 中 I 接法为例,画出相量图如图 6.2-18 所示,则

$$W_1 - W_2 = U_1 I_1 \cos(30° + \varphi) - U_1 I_1 \cos(30° - \varphi)$$
$$= U_1 I_1 \sin\varphi = Q/\sqrt{3}$$

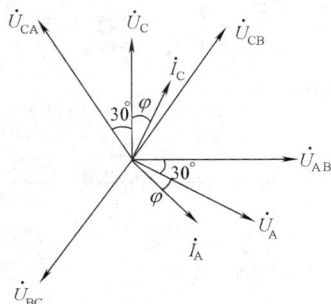

图 6.2-18 用两表法测量三相
无功功率的相量图

式中,Q 为三相无功功率。

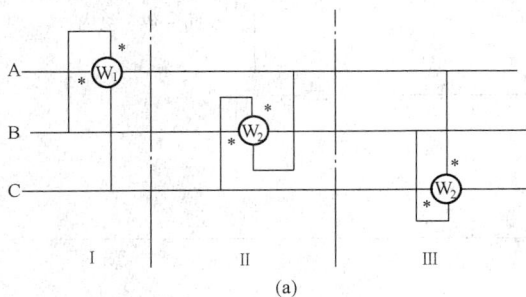

(a)

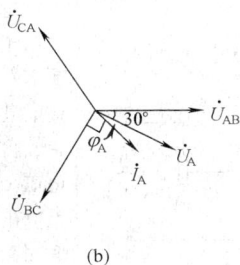

(b)

图 6.2-19 有功表跨接 90° 测量无功功率
(a) 接线图;(b) I 接法对应相量图

用有功表跨相 90° 联结法测量三相无功功率,其测量电路如图 6.2-19 所示。以 I 接法为例说明。

$$W_1 = U_{BC} I_A \cos(90° - \varphi)$$
$$= \sqrt{3} U_A I_A \sin\varphi_A = \sqrt{3} Q_A$$
$$W_2 = \sqrt{3} U_B I_B \sin\varphi_B = \sqrt{3} Q_B$$
$$W_3 = \sqrt{3} U_C I_C \sin\varphi_C = \sqrt{3} Q_C$$

在完全对称电路中,用一只功率表按图 6.2-19 接线,读数乘以 $\sqrt{3}$ 即得三相无功功率;在完全对称或简单不对称电路中,用两只功率表按图 6.2-19 接线,两表读数之和乘以 $\sqrt{3}/2$ 即得三相无功功率;用三只表时,三只表读数之和乘以 $1/\sqrt{3}$ 即得三相无功功率。无功电能测量也相同。

三相无功电能可用两元件三相无功电能表或三元件三相无功电能表测量。该方法适用于负载完全对称或简单不对称的电路。

2.2.8 功率因数测量

电压和该电压产生的电流相位差角 φ 的余弦 $\cos\varphi$ 称为功率因数。测量相位角的指示仪表有电动系、电磁系、铁磁电动系及变换式相位表,测出电压电流的相位差角,即可求得功率因数。有一些测相位角指示仪表同时有 $\cos\varphi$ 刻度。在没有相位表时,可分别用电压表、电流表和功率表测出 U、I 和 P,则 $\cos\varphi = P/UI$,也可用有功功率表和无功功率表测出 P 和 Q 后,$\tan\varphi = Q/P$,再求得功率因数。

此外,用数字相位表测出电压电流的相位差角后计算出 $\cos\varphi$,也可用微机数据采集测量装置准确地测出功率因数。

2.3 电路基本电参数的测量

2.3.1 直流电阻的一般测量

电阻是电路的基本参数之一,常在直流条件下测量。一般测量可用指示仪表,精确测量则多用电桥或电位差计。直流电阻可用万用表、欧姆表、数字欧姆表等直接测量,其余间接测量方法见表 6.2-6。

2.3.2 直流电阻的精确测量

电阻的精确测量常采用电桥、电位差计及电流比较仪式电桥,更精确时可应用替代法。常用测量方法见表 6.2-7。

表 6.2 - 6   测量电阻的一般测量方法

测量方法	测量原理	线路图	备注
电压表电流表法	测低值电阻时，利用图（a）所示电路，被测电阻 $R_x = \dfrac{U}{I - \dfrac{U}{R_V}}$ 测中值电阻时，利用图（b）所示电路，被测电阻 $R_x = \dfrac{U}{I} - R_A$ 式中，U、I 分别为电压表和电流表读数；R_V、R_A 分别为电压表和电流表内阻	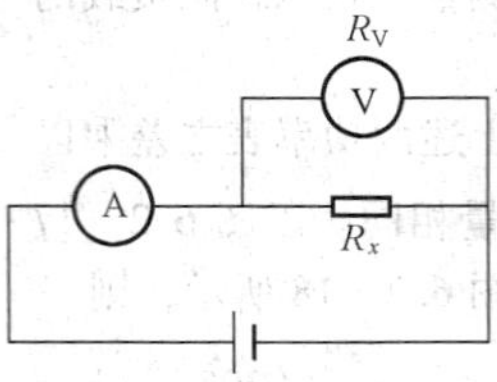 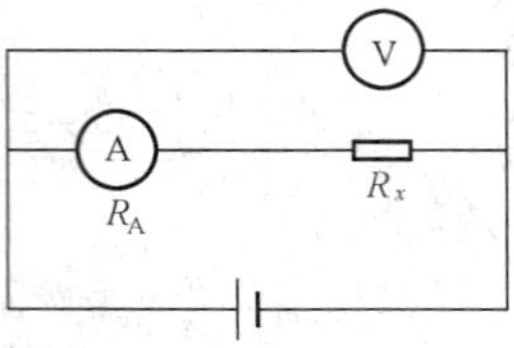	用于中、低值电阻的测量，当 $R_V \gg R_x$ 或 $R_A \ll R_x$ 时，$R_x \approx \dfrac{U}{I}$ $\dfrac{R_V}{R_x}$、$\dfrac{R_x}{R_A}$ 值越大，方法误差越小
比较法	用可变电阻调好电流后，先测标准电阻 R_B 上的电位差，读取 U_B，然后测 R_x 上的电位差，读取 U_x，则 $$R_x = \frac{U_x}{U_B} R_B$$ 读取 U_B 和 U_x 的指示仪表可以是检流计、毫伏表和伏特表	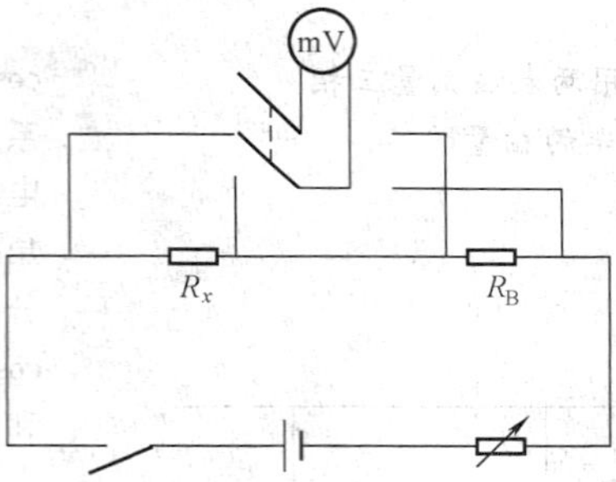	用于测中值电阻，要求指示仪表的内阻远大于 R_B 和 R_x，R_B 和 R_x 在同一数量级内
检流计法	当开关 S 闭合时，设检流计分流系数为 F_B，偏转为 α_B，检流计常数为 A $$U_S = I_B R_B = F_B \alpha_B A R_B$$ 当开关 S 打开时，设检流计分流系数为 F_x，偏转为 α_x $$U_S = I_x (R_B + R_x) = F_x \alpha_x A (R_B + R_x)$$ 利用试验电源电压稳定的特性，有 $$R_x = \left(\frac{F_B \alpha_B}{F_x \alpha_x} - 1 \right) R_B$$	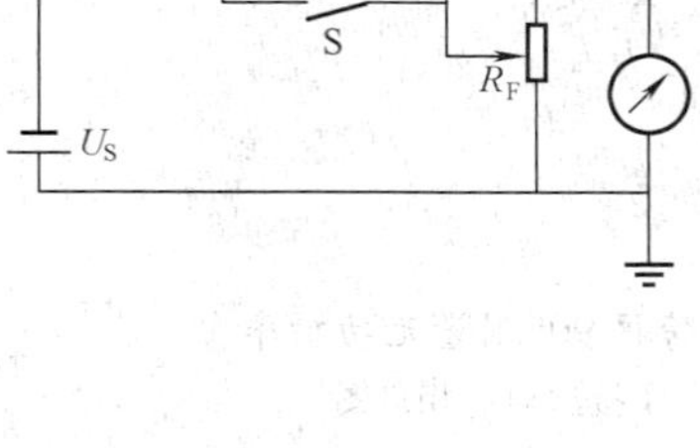	用于大电阻的测量，要求 R_B 和 R_x 远大于分流电阻 R_F，电源电压稳定。测大电阻时，电源电压 U_S 比较高，工作电流比较小，安全防护和测量防护非常重要，检流计部分要加屏蔽保护

续表

测量方法	测量原理	线路图	备注
充放电法	测试前将电容短接，试验开始时记为 $t = 0$。将开关投向 1 并计时，电源 U_S 通过电阻 R_x 向电容充电，经 t_1 秒后电容器充电电荷为 $$Q = CU_S \left(1 - e^{-\frac{1}{R_x C}} \right)$$ 在 t_1 时，将开关由 1 投向 2，电容器经冲击检流计放电，测出电荷 Q，取 t_1 远小于充电电路的时间常数，将指数函数用级数展开，只取前两项，得到 $$R_x = \frac{U_S t_1}{Q} = \frac{U_S t_1}{C_q d_M}$$ 式中，C_q 为检流计的冲击常数；d_M 为检流计第一次的最大偏转	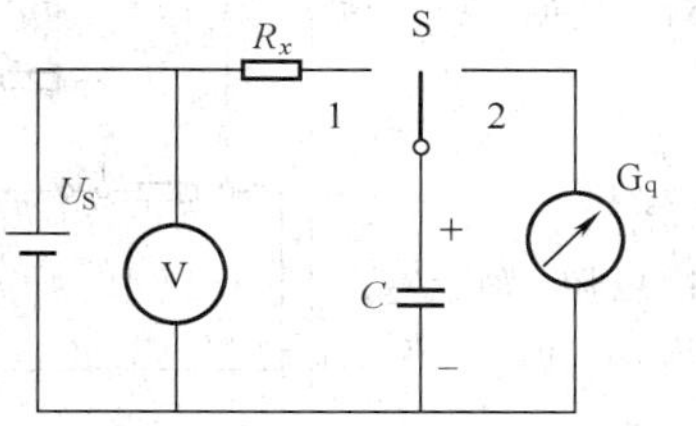	用于大电阻的测量，测量范围为 $10^{11} \sim 10^{14}$ Ω，要求被测电阻 R_x 应远小于电容的漏电阻
直流放大器法	设直流放大器的增益常数为 A，电压反馈系数为 F，$AF \gg 1$，则有 $I_F R_F \approx I_x R_B$，当 R_F、R_B 已知时，从指示仪表读出 U、I_F，即可求得 $$R_x \approx \frac{U}{I_x} \approx \frac{U R_B}{I_F R_F}$$	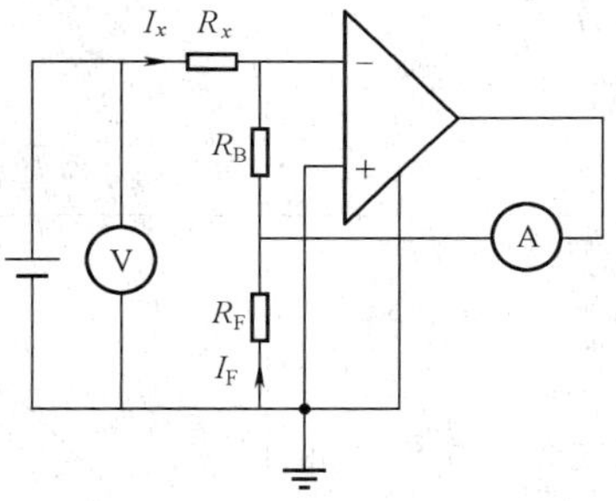	用于大电阻的测量，要求直流放大器开环增益 A 足够大

表 6.2 - 7   测量电阻的精确测量方法

测量方法	测量原理	线路图	备注
二端式电桥法	利用平衡电桥原理，当电桥平衡后，被测电阻 $R_x = \dfrac{R_1}{R_2} R_B$	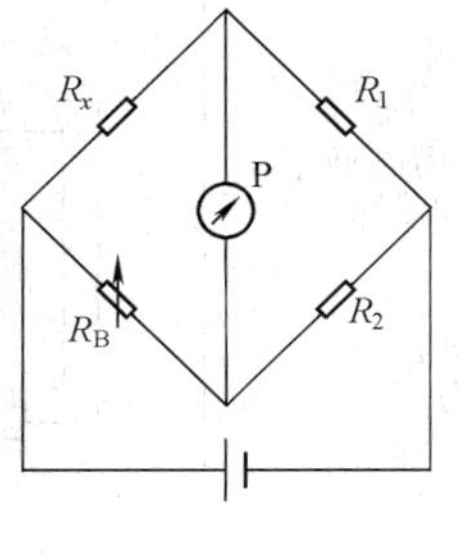	中值电阻精确测量可采用替代法

测量方法	测量原理	线　路　图	备　注
四端式电桥法	当电桥平衡时，被测电阻 $$R_x = \frac{R_1}{R_2}R_B + \frac{r}{R_2}\frac{R_1R_3 - R_2R_4}{R_3 + R_4 + r}$$ 测量时，使 $R_1R_3 = R_2R_4$ 或 $\frac{r}{R_2} \ll 1$，则 $$R_x = \frac{R_1}{R_2}R_B$$ 式中，R_B 为标准电阻；R_1、R_2、R_3、R_4 为桥臂电阻；$R_1 = R_4$、$R_2 = R_3$	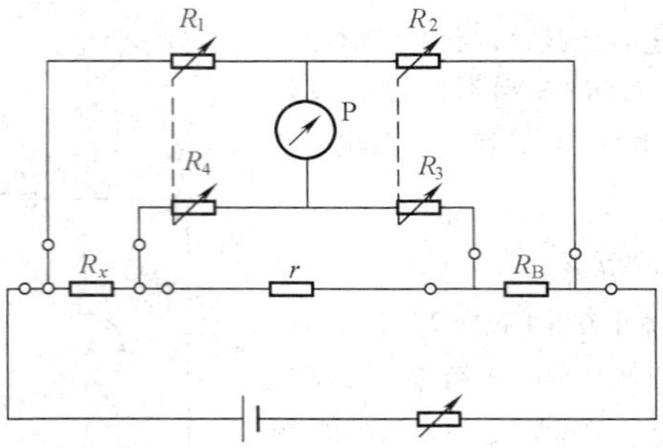	由于采用四端钮结构的电阻，将接线电阻、接触电阻归并到较大的电阻支路中，四端式电桥可以测阻值很小的电阻，测量范围为 $10^{-6} \sim 10^2\,\Omega$
电位差计法	在测量回路中通以电流 I（不大于 R_B、R_x 的额定电流值），用电位差计测得标准电阻 R_B 上的电压降 U_B 和被测电阻 R_x 上的电压降 U_x，则有 $$R_x = R_B\frac{U_x}{U_B}$$	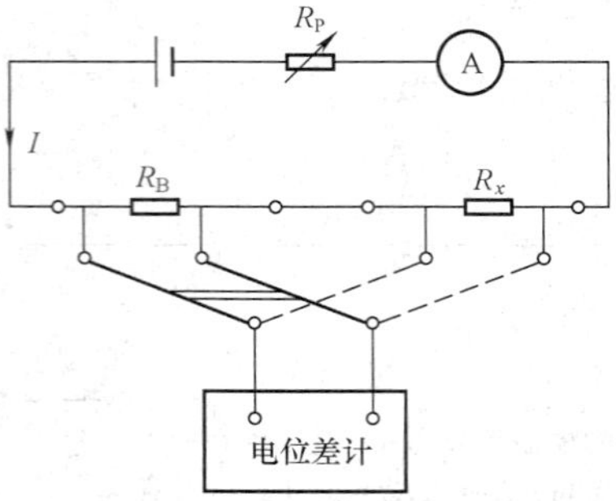	用于电阻的精确测量，可用不完全替代法，要求 R_B 与 R_x 是同名义值，数值越接近时，测量误差越小
用超高电阻电桥测量	电桥的供电电压 50~1000V，当电桥平衡时，被测电阻 $$R_x = \frac{R_2R_3(R_4 + R_5 + R_6) + R_2R_4R_5}{R_4R_6}$$	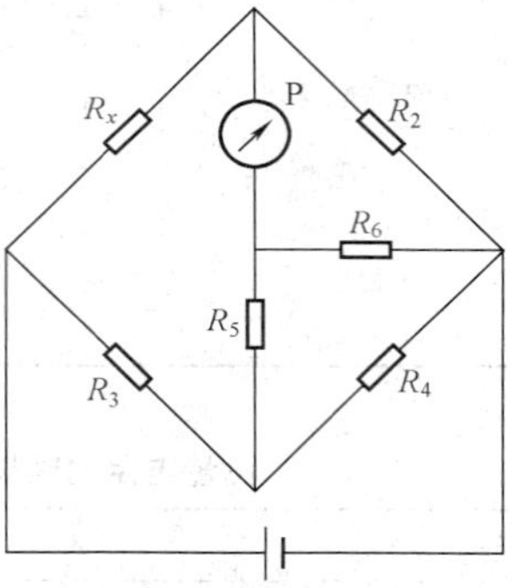	测量范围和误差与检流计灵敏度有关，当检流计电压常数为 0.1mV/mm 时，电阻在 $10^{12}\,\Omega$ 以下时，误差为 0.03%
电流比较仪电桥法	电流比较仪式电桥利用磁通平衡（安匝数平衡）原理，使电阻比等于匝数比，即 $$R_x = \frac{I_2}{I_1}R_B = \frac{N_1}{N_2}R_B$$	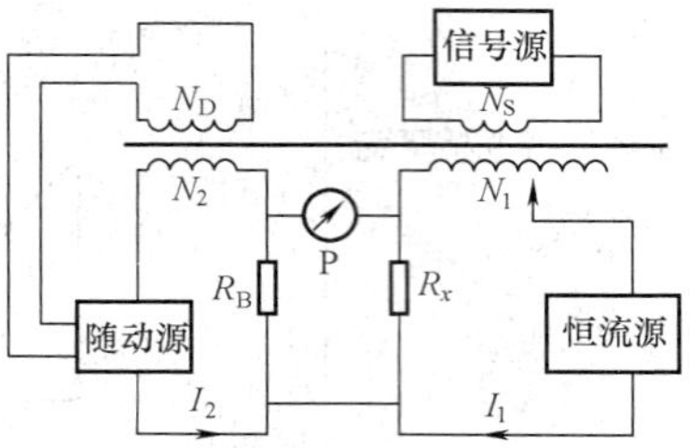	用于电阻精确测量，测量误差可达百万分之一

2.3.3 交流电阻的测量

在交流电路中工作的电阻，实际上是一个阻抗，需要考虑其寄生无功分量的影响，特别是精密线绕电阻。在工作频率较高时，必须对其无功分量有所估计。由于受集肤效应的影响，其有功分量在高频时与直流有所不同。交流电阻元件的有功分量和无功分量可用交流阻抗电桥和变压器电桥测量。在工作频率不高时，交流电阻可用直流电桥测量其 R 值，再用时间常数电桥或六臂电桥测量时间常数，从而得到无功分量。

2.3.4 电容参数测量

电容及介质损耗参数的测量范围、测量方法及误差范围见表 6.2 - 8。

表 6.2 - 8   电容及介质损耗角正切 tanδ 的测量方法

测量对象	测量方法	量　限	工作频率/Hz	误差范围（%）
小电容 C $10^{-6} \sim 10^2$ pF	电桥法			
	（1）交流阻抗电桥	下限至 1pF	500~10000（常用 1000）	1~0.02
	（2）变压器电桥	下限至 10^{-6} pF	1000 或 1592	0.1~0.0001
	（3）数字电容电桥	下限至 10^{-2} pF	120, 400, 1000, 1592, 10^6	0.1
	（4）数字 RLC 测量仪	10^{-4} pF~$10^5 \mu$F	12~10^6	0.25~0.02
	谐振法 Q 表	30~500pF	30k~1000M	1
	直读法 电子式 pF 计	1~50pF	1000	1
中值电容 C 10^2 pF~$10^3 \mu$F	电桥法			
	（1）交流阻抗电桥	10^2 pF~$10^3 \mu$F	50~10000（常用 1000）	1~0.02
	（2）变压器电桥	上限至 $10^3 \mu$F	1592	0.1~0.0001
	（3）数字电容电桥	上限至 $10^4 \mu$F	120, 400, 1000, 1592	0.1
	（4）数字万用表法	10^3 pF~20μF	400	2.5
大电容 C >1000μF	电桥法 低频四臂电桥	1000μF~10F	≤50	1
	充电法	下限 1000μF	直流	10~5
电解电容 C 1~100000μF	电桥法 （1）交流阻抗电桥（需在外加直流偏置下进行，无偏置时施于电容的电压应小于 0.5~1V）	1~$10^3 \mu$F	50	1
	（2）数字电桥（根据仪器说明，有的允许加偏置，有的不允许加偏置）	1~$10^5 \mu$F	100	1
电容介质损耗角 正切 tanδ	电桥法			
	（1）交流阻抗电桥		1000	0.5
	（2）西林电桥		50	0.5
	（3）数字电桥		1000	0.1
	谐振法 Q 表	0.0001~1μF	50k~100M	1

2.3.5 电感、互感参数测量

电感、互感及电感线圈品质因数的测量方法见表 6.2 - 9。

表 6.2 - 9　　　　　　　　　　　　电感、互感及电感线圈品质因数的测量方法

测量对象	测量方法	量　　限	工作频率/Hz	误差范围（%）
电感 L （空心式）	电桥法 （1）交流阻抗电桥 （2）变压器电桥 （3）数字 RLC 测量仪	0.1μH~1000H 10^{-2}μH~10^{5}H 10^{-2}μH~10^{5}H	50~1000 1000, 1592 12~10^{6}	1~0.1 0.01 0.25~0.02
	谐振法 Q 表	0.1~100mH	50k~100M	1
电感 L （具有直流偏 置的铁心电感）	电桥法 交流阻抗电桥（该电桥应 允许加直流偏压）	<1000H	50~1000	1
电感 L （无直流偏置的 铁心电感）	电桥法 交流阻抗电桥（当工作电流 小，不计铁心非线性时）	<1000H	50~1000	—
	直读法 电流、电压表法	>1mH	50	5~2
互感 M	电桥法 （1）交流阻抗电桥 （2）互感电桥		1000 1000	0.5 0.5
	直读法 电流、电压表法	—	50	1
	冲击检流计法	—	—	1
电感线圈品质 因数 Q	电桥法 （通过测量 L 及 r） $Q = \dfrac{\omega L}{r}$ 数字 RLC 测量仪	— 0.0001~9999	100 12~10^{6}	1 0.25~0.02
	谐振法 Q 表	20~800	50k~100M	10 ~5

2.3.6　电路元件等效阻抗的测量

根据频率和电路形式的不同，电路可分为集中参数电路和分布参数电路，对于频率在数百兆赫以下的集中参数电路阻抗，在测量时，应保证测量条件与工作条件尽量一致，测量时所加的电流、电压、频率、环境条件等必须尽可能地接近被测元件的实际工作条件；测量时还需注意各种类型元件的自身特性，例如，线绕电阻只能用于低频状态，电解电容的引线电感较大，铁心电感要防止大电流引起的饱和等，根据具体情况选择合适的测量方法和仪器。测量阻抗常用的基本方法有 4 种，即伏安法、电桥法、谐振法（Q 表法）和现代数字化仪器法。在不同的情况下，使用不同的测量方法，例如，在直流或低频时，用伏安法最简单，但准确度稍差；在音频范围内时，选用电桥法准确度较高；

在高频范围内通常利用谐振法，这种方法准确度并不高，但比较接近元件的实际使用条件，故测量值比较符合实际情况。随着电子技术的发展，数字化、智能化的 RLC 测试仪不断推出，给阻抗测量带来了快捷和方便。目前，电路元件参数的数字化测量方法主要有：阻抗直接比较法（平衡法）；阻抗-时间转换法（Z - T 法）；阻抗-电压转换法（Z - U 法）。其中阻抗直接比较法是较传统的方法，也是测量电路元件参数最精密的一种方法，但采用该方法的原理电路复杂，测量速度较慢；阻抗-时间转换法是三种方法中最简单的方法，但测量准确度低，不能测损耗参数；阻抗-电压转换法的电路较平衡法简单、测量速度快、范围宽，抗干扰能力强，是当前国内外数字 RLC 测量仪应用最多的方法。采用该方法的数字式 RLC 测量仪主要技术指标如下：

测量精度：0.25% ~ 0.02%

测量范围： R：0.00001Ω ~ 199999kΩ

    L：0.00001mH ~ 99999H

    C：0.0001pF ~ 99999μF

    $\tan\delta$、Q：0.0001 ~ 9999

测试频率：12Hz ~ 1000kHz 程控选择

测量速度：1 ~ 12 次/s

微机控制，带有标准接口。

2.3.7　时间、频率和相位的测量

频率的测量方法可分为模拟法和计数法两类。计数法具有测量精度高、速度快、操作简便、直接显示数字、便于与微机结合实现测量过程自动化等一系列突出优点；模拟法简单经济，有些场合仍然采用。目前，绝大多数实验室用的电子计数器都具有测量频率和测量周期等两种以上的测量功能，可以工作在"测频"方式，也可以工作在"测周"方式；在频率的模拟测量中，可以采用电桥法测频、谐振法测频等直读法测频，也可以利用示波器测量频率。

测量相位差的方法主要有：用示波器测量（简便易行，但测量准确度低）；与标准移相器相比较（零示法）；把相位差转换为时间间隔来测量，把相位差转换为电压来测量等。

2.3.8　高频电参数的测量

高频与超高频测量一般指频率从 30kHz 到 300MHz 的各种电磁量的测量。该频段内所需测量的电参数大体上可分为三类：①有关电能的量，如电流、电压、功率等；②有关电信号特征的量，如频率、波形参数、脉冲参数、频谱、噪声等；③有关电路元件及材料参数的量，如阻抗或导纳、电阻或电导、电抗或电纳、电感、电容、品质因数（Q 值）、介质损耗角正切、介电常数等。

1. 高频电压测量　高频电压的大小可以用它的瞬时值 $u(t)$、峰值 U_m、有效值 U 和平均值 $\overline{U}$ 表征。常用的各种测量高频和超高频电压表的主要技术指标见表 6.2 - 10。

采用随机取样和同步取样技术将高频或超高频电压转换测量的电压表称为取样电压表。

现代高频电压国家标准，都建立在交直流功率替代原理和测热技术的基础上。由于利用电桥来检测测热电阻的变化最为灵敏和准确，因此都把测热电阻接入电桥电路。

2. 高频电路参数测量　高频电路参数当考虑为集中参数时，测量方法主要有：

（1）电桥法。常见的有直流单臂电桥和麦克斯韦电桥，其主要特性见表 6.2 - 11 和表 6.2 - 12；西林电桥可用宽频带阻抗测量，双 T 导纳电桥可用作高频阻抗定标和量值传递。

表 6.2 - 10   各种高频和超高频电压表的主要技术指标

名　称	技 术 指 标				
	灵敏度	电压范围	频率范围	准确度（%）	输入阻抗
静电式电压表	1V	100V ~ 100kV	DC ~ 100MHz	±(0.1 ~ 2)	1000MΩ
检放式电压表	100μV	1mV ~ 300V	10kHz ~ 1000MHz	±(1 ~ 15)	MΩ 量级：1 ~ 10pF
放检式电压表	1μV	10μV ~ 300V	20Hz ~ 1MHz	±(1 ~ 5)	kΩ 量级：<10pF
选频电压表	0.1μV	0.1μV ~ 3V	50kHz ~ 1GHz	±(5 ~ 12)	MΩ 量级
补偿式电压表	10mV	0.025 ~ 100V	400Hz ~ 500MHz	±(0.2 + 0.08/U_x)	MΩ 量级：2pF

表 6.2 - 11   CD5 导纳电桥主要技术特性

测 量 范 围		0.5 ~ 32ms		
工作频率/MHz		0.06 ~ 10	10 ~ 20	20 ~ 30
测量误差	C	(±1% ±3) pF	(±2% ±3) pF	(±5% ±3) pF
	G	(±1% ±0.05) ms	(±2% ±0.05) ms	(±5% ±0.05) ms
残余相角		≤1°	≤2°	≤2°

表 6.2 – 12　　　　　　　　　　　　　CD5 型电桥阻抗部分的主要技术性能

测量范围		\multicolumn{4}{c} 0.5~32Ω			
工作频率/MHz		0.06~5	5~15	15~20	20~30
测量误差	R	$(\pm1\%\pm0.05)\Omega$	$(\pm2\%\pm0.05)\Omega$	$(\pm5\%\pm0.05)\Omega$	$(\pm5\%\pm0.05)\Omega$
	L	$(\pm1\%\pm3)$nH	$(\pm2\%\pm3)$nH	$(\pm5\%\pm3)$nH	$(\pm5\%\pm3)$nH
残余相角		$\leqslant1°$	$\leqslant2°$	$\leqslant4°$	$\leqslant4°$

（2）谐振法。利用 LC 的谐振特性，测量回路参数，而不是单个元件的参数。

1）电容电感的测量。利用谐振法测量电容、电感的电路如图 6.2 – 20 所示，若测量电容，L_n 应为标准件。回路谐振时有

$$C_x = \frac{2.53 \times 10^{-4}}{f_0^2 L_n}$$

式中，C_x 为被测电容（pF）；f_0 为信号发生器上显示的谐振频率（MHz）；L_n 为标准电感（μH）。

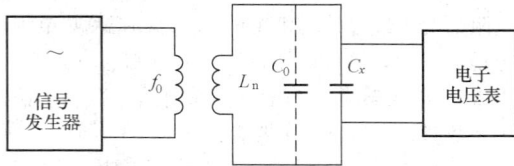

图 6.2 – 20　电容电感测量
电路原理图

如果电容为标准件 C_n，则可测量电感 L_x，回路谐振时有

$$L_x = \frac{2.53 \times 10^{-4}}{f_0^2 C_n}$$

式中，L_x 为被测电感（μH）；f_0 为信号发生器上显示的谐振频率（MHz）；C_n 为标准电容（pF）。

C_x 的计算式中包括了 L_n 的分布电容 C_0，L_x 的计算式中包括 C_n 的寄生电容，应采用适当方法予以修正。

2）Q 值测量。Q 值是表征谐振回路品质的基本参数，谐振回路 Q 值定义为

$$Q = 2\pi \frac{回路内的储能}{一个振荡周期内消耗的能量}$$

测量 Q 值可用电压比较法和变频法，测量电路如图 6.2 – 21 所示。当回路谐振时，有

$$Q = \frac{U_2}{U_1}$$

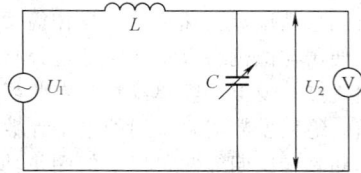

图 6.2 – 21　Q 值测量
电路原理图

若使 U_1 保持不变，则 Q 与 U_2 成正比，电压表 V 可直接用 Q 值刻度。

利用通频带的概念，用变频法测量回路 Q 值的表达式为

$$Q = \frac{f_0}{\Delta f_{0.7}}$$

式中，f_0 为回路谐振频率（MHz）；$\Delta f_{0.7}$ 为回路 3dB 带宽（MHz）。

近年来，越来越多地采用智能化电路参数测量仪器来测量电路参数，例如，使用自动电桥和数字式自动 Q 表等。

2.4　非正弦电压、电流的测量

非正弦电压、电流的测量可采用电动系仪表、采样计算式仪表、真有效值变换式仪表和热电式仪表。对规范的非正弦电压、电流信号，如方波、三角波、锯齿波、梯形波和脉冲波等可用毫伏表经过换算测出其电压、电流的有效值。

在测量准确度要求不高时，可采用示波器测量。

第 3 章　磁　量　测　量

3.1　磁量测量概述

　　磁场测量技术的发展和应用有着悠久的历史。早在 12 世纪初，我国已把磁罗盘应用到航海事业中。16 世纪末期，开始应用磁针来研究磁现象和测量地磁场，这种以磁力为原理的测量方法到目前仍然继续用于地磁场测量。最早的磁测量仪器是螺线管和电磁铁，1846 年法拉第用他发明的磁秤感知弱磁物质的极弱磁性（顺磁性和抗磁性），1872 年斯托列托夫开始用冲击检流计测量并研究了铁的技术磁化行为。以后 100 余年，磁测量仪器、磁测量方法及其技术，随着磁学、磁性材料、磁性器件，以及其他与磁有关的科学技术的发展而不断地发展，并相互促进。

　　铁磁材料的磁特性是设计和制造电动机、变压器、仪表、自动控制和电信产品等领域的磁性器件的重要依据。磁通、磁感应强度和磁场强度的测量，以及铁磁材料的磁化曲线、磁滞回线的测量和在交变磁化时铁损的测量，是电工技术中不可缺少的一环。磁的测量技术，在其他领域，例如，在探矿、机械制造、医学、军事、空间研究、粒子研究等方面也有广泛的应用。

3.1.1　磁量及其测量方法

　　磁量测量是对基本磁学量磁场强度、磁化强度和磁感应强度等的测量，包括磁场测量和磁性材料的磁性测量两大部分。其中，磁场测量主要是指空间磁场的测量，而磁性测量是指磁性材料内部的磁行为测量，包括静态和动态磁性的测量。

　　磁场测量方法是在电磁理论、电子技术和物理学的基础上建立起来的。目前比较成熟的磁场测量方法主要有磁力法、电磁感应法、磁饱和法、电磁效应法（磁阻效应和霍尔效应）、磁共振法、超导效应法和磁光效应法。依据这些方法相继实现了不同原理的磁强计，磁场测量分类见表 6.3 - 1；磁性测量分类见表 6.3 - 2。

表 6.3 - 1　　　　　　　　　　　　　磁 场 测 量 分 类

原理	测量参数	测量仪器	适 用 范 围
磁力法	磁场、磁矩、磁化率	无定向磁强计	测量地磁场、岩样的磁矩
		定向磁强计	测量地磁场水平分量
	地磁分量、磁偏角	磁变仪	记录地磁要素、地磁微变
电磁感应法	恒定或交变磁场	固定线圈磁强计	测量交变磁场或恒定磁场突变
	恒定磁场	抛移线圈磁强计	测量中强或强的恒定磁场
	恒定或不均匀磁场	旋转线圈磁强计	测量宽范围的恒定磁场
	恒定磁场与梯度	振动线圈磁强计	测量恒定磁场及其梯度
磁饱和法	弱磁场、缓慢变化磁场	二次谐波磁通门磁强计	测量小于 10^{-4} T 弱磁场，分辨力为 10^{-10} T，精确度为 ±3%
		峰差磁通门磁强计	测量小于 10^{-3} T 弱磁场，线性度为 ±0.1%
		时间偏移磁通门磁强计	测量小于 10^{-2} T 弱磁场，线性度为 10^{-2} T
电磁效应法	中强磁场及梯度	霍尔效应磁强计	测量恒定或交变磁场，范围为 10^{-2} ~ 2T，适于测量小间隙磁场
	强磁场	磁阻效应磁强计	多用于测量大于 1T 强磁场，薄膜器件也可测弱磁场
	弱磁场	磁敏磁强计	测量 0.1T 以下弱磁场、探伤，作无触点开关

续表

原理	测量参数	测量仪器	适 用 范 围
磁共振法	均匀恒定中强磁场	核磁共振磁强计	精确度可高达 10^{-6} 数量级，测量恒定磁场的范围可从 $10^{-4} \sim 25T$，章动法也可测非均匀磁场
	较弱的恒定磁场	顺磁共振磁强计	测量 $10^{-4} \sim 10^{-1}T$ 的非均匀磁场及其变化测量精度约为 10^{-3} 数量级
	弱磁场	光泵磁共振磁强计	分辨力可达 $10^{-13} \sim 10^{-11}$，仅次于超导效应法，测量小于 $10^{-3}T$ 的弱恒定磁场
超导效应法	微弱磁场	直流超导量子磁强计 射频超导量子磁强计	测量磁场的范围为 $(\pm 2\times 10^{-7} \sim \pm 2\times 10^{-9})T$，分辨力可达 $10^{-13}T$，适于生物检测、地质勘测、地震预报和超低频信息接收等
磁光效应法	强磁场	法拉第效应磁强计 克尔效应磁强计	测量 $0.1 \sim 10T$ 的恒定、交变、脉冲磁场，测量精度约为 $\pm 3\%$

表 6.3 − 2　　　　　　　　　　　　　**磁 性 测 量 分 类**

磁化状态	测量参量	测量仪器	适 用 范 围
静态磁性	磁化曲线、磁滞回线、磁能积 $(BH)_{max}$	冲击检流计测量装置	各种软磁硬磁材料的静态磁特性，不能连续测量
		静态测试仪	
		磁性测试仪	用磁通表法检测磁钢磁性，可连续描绘各曲线
	磁化强度	振动样品磁强计	测量材料的磁化强度
		磁秤	
		转矩磁强计	测量磁各向导性、饱和磁化强度
	磁化率温度特性	磁秤	测量材料的静态磁化率
		振动样品磁强计	
	剩余磁感应强度、内禀矫顽力、最大磁能积	对称双轭永磁快速测量装置	测量速度快
动态磁性	磁化曲线磁滞回线	伏安表	测量材料、器件的磁化曲线、初始磁导率等
		铁磁仪	测量软磁材料的动态磁特性
		动态磁性自动记录装置	
	磁感应强度、铁损耗	爱泼斯坦方圈装置	测量硅钢片铁损耗、磁化曲线等
		单片铁损耗仪	测量单片硅钢的损耗
	复数磁导率	交流电桥	测量 $1kHz \sim 5MHz$ 频率内的铁损耗、复数磁导率、损耗角
		Q 表	测量 $100kHz \sim 100MHz$ 频率的内的复数磁导率、损耗角

3.1.2　基本磁量以及测量技术分类

　　磁场测量技术所涉及的范围很广，从被测磁场强度看，它可以从 $10^{-19} \sim 10^3T$ 以上；从其频率看，它包括直流、工频、高频及各种脉冲。从测量技术所应用的原理看，它涉及电磁效应、光磁效应、压磁效应和热磁效应等各种效应；从测量中使用的技术看，它包括指针仪表、数字仪表直至计算机控制自动测试系统。

3.1.3　空间磁通的测量方法——电磁感应法

　　电磁感应法是以电磁感应定律为基础测量磁场的一种方法。利用探测线圈在磁场中的移动、转动和振动使线圈的磁通量改变，再由感应电动势确定磁场的大小。根据探测线圈相对于被测磁感应强度的变化关系，电磁感应法可分为固定线圈法、抛移线圈法、旋转线圈法和振动线圈法。近年来，由于磁测量中引入了电子积分器和电压-频率变换器，电磁感应法的测量范围已扩展到 $10^{-13} \sim 10^{3}$T，测量的精确度约为 $\pm(0.1\% \sim 3\%)$。

1. 固定线圈法 主要用于测量交变磁场，也可以测量恒定磁场。测量恒定磁通时，要设法使穿过测量线圈的磁通发生变化，例如，可设法使磁场方向改变 $180°$。测量探测线圈中的感应电动势的仪表主要有冲击检流计和平均值电压表。

（1）冲击检流计法。是测量磁通的仪器，实际上是一种经典的积分器，它与探测线圈组成磁场测量仪，适用于直读测量和比较测量自感较小的电磁铁和螺线管等磁化装置的恒定磁场或脉冲磁场。图 6.3 - 1（a）和图 6.3 - 1（b）分别为冲击检流计法测磁通的原理图和测量磁通冲击常数的原理图。该方法的基本原理如下：探测线圈置于交变磁场或变化磁场中，产生感应电动势 e，当穿过测量线圈的磁通发生变化时，用冲击检流计测得磁感应强度变化量为

$$\Delta B_0 = \frac{\phi}{NS} = \frac{1}{NS}\int edt = \frac{C_\phi}{NS}\alpha_m$$

式中，N 为探测线圈匝数；S 为探测线圈面积；C_ϕ 为

冲击检流计的磁通冲击常数；α_m 为冲击检流计的最大偏移。

冲击检流计法测量范围宽为 $10^{-8} \sim 10^{2}$T，精确度为 $\pm(0.5\% \sim 1\%)$，如果采用比较法测量，其精确度可达 $\pm(0.01\% \sim 0.05\%)$。

（2）伏特表法。对于交变磁场，使用整流式平均值电压表来测量最为简便，可直接测得探测线圈中随被测磁场的交变磁感应强度所产生的感应电动势的平均值

$$E_{av} = \frac{1}{T}\int_0^T edt = 4fNSB_{0m}$$

式中，f 为磁感应强度的变化频率；B_{0m} 为磁感应强度的最大值。

如果感应电动势经过 RC 积分器件后再用电压表测量，图 6.3 - 2 所示，电压表读数 V 与磁感应强度的变化量之间的关系是

$$\Delta B_0 = B_{0m} = -\frac{RC}{NS}V$$

此时，伏特表的读数与被测磁场的频率无关。伏特表法是测量高频磁场的一种很有前途的方法。这种方法不仅可以用来测量交变磁场，而且可以用来测量各种电磁器件的杂散磁场、干扰磁场和脉冲磁场。

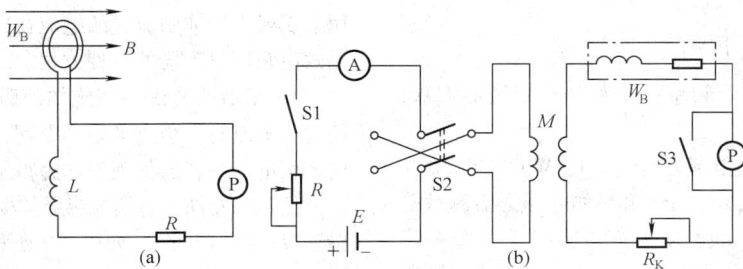

图 6.3 - 1　冲击检流计法测磁通

（a）冲击检流计测磁通的原理图；（b）测定磁通冲击常数的电路

W_B—测量线圈；P—冲击检流计

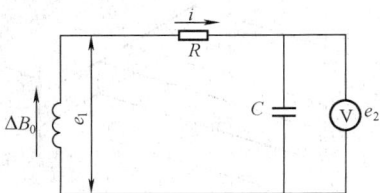

图 6.3 - 2　带积分电路的电压表

2. 抛移线圈法——磁通表 主要用于测量恒定磁场的磁感应强度。其基本原理是，把探测线圈由磁场所在位置迅速移至没有磁场作用的位置时，在线圈

中所产生的感应电动势的积分值与线圈原所在位置的磁感应强度值成正比。根据使用的积分电路不同，测量探测线圈中所产生感应电动势的仪器主要有冲击检流计、磁通表、电子积分器及电压—频率变换器。

磁通表是一种直接按磁通单位标度的可携式仪表。磁通表的灵敏度可达 5×10^{-6}Wb，虽然它不如冲击检流计灵敏，但使用起来要比检流计方便得多。磁通表指针的偏转与被测磁感应强度的关系是

$$\Delta B_0 = \frac{C_\phi}{NS}(\alpha - \alpha_i)$$

式中，α_i 为磁通表的初始偏转值；α 为磁通表的最终

偏转值；N 为探测线圈的匝数；S 为探测线圈的截面积；C_ϕ 为磁通表的磁通常数。

测量恒定磁场或磁通时，线圈被抛出磁场作用范围之外，由其感应电动势经积分后显示。

为了提高磁通表的灵敏度，探测线圈的感应电动势经过积分器转换为电流或电压后，再进行测量。

（1）光电积分积分器。采用光电积分时，磁通表的灵敏度可达 4×10^{-8} Wb，此时磁场增量值为

$$\Delta B_0 = \frac{\int_{t_1}^{t_2} e \mathrm{d}t}{NS} = \frac{R\,C \int_{t_1}^{t_2} \frac{C}{i} \mathrm{d}t}{NS} = \frac{C\,R\Delta U}{NS}$$

式中，RC 为积分器时间常数；ΔU 为输出电压的变化。

（2）电子积分器。若积分器采用电子积分时

$$U_0 = -\frac{1}{RC}\int e \mathrm{d}t, \quad 所以\ B_0 = \frac{RC}{NS}U_0$$

式中，RC 为积分器时间常数；U_0 为积分器输出。

（3）数字积分器。电压-频率变换器是一种数字积分器。它把探测线圈所感应的电动势变换为一串列的脉冲，脉冲数目正比于电动势的积分值，即

$$f = Ke = KN\frac{\mathrm{d}\phi}{\mathrm{d}t}$$

所以

$$n = \int f \mathrm{d}t = KNS\Delta B_0$$

式中，f 为 U-f 变换器频率；K 为 U-f 变换器常数；N 为显示数字。

电子磁通表测量范围为 $10^{-6} \sim 10^{-3}$ Wb，准确度为 $0.1\% \sim 0.01\%$；采用 U-f 变换器的数字磁通表测量范围为 $10^{-6} \sim 10^{-2}$ Wb，准确度为 $\pm 0.1\% \pm 1$ 字，分辨率为 10^{-6} Wb。优点是测量的准确度高，速度快，漂移小，测量结果可以直接数字显示或打印。

3. 旋转线圈法　或称测量发电机法，是一种测量恒定磁场的简单方法。

探测线圈用电动机带动，以角速度 ω 绕垂直于磁场的轴旋转，其感应电动势

$$e(t) = -NS\omega B_0 \cos\omega t$$

经过换向器，由磁电式电压表测得，并由此确定磁感应强度

$$B_0 = \frac{E_m}{NS\ \omega}$$

式中，N 为线圈匝数；S 为线圈截面积；ω 为旋转角频率；E_m 为感应电动势 e 的最大值。

如果用集电环做换向器，也可用平均值交流电压表测量感应电动势。旋转线圈结构简单，灵敏度高，不受温度影响，有良好的线性度，测量范围宽为 $10^{-9} \sim 10^{-8}$ T。旋转线圈的测量范围很宽，但精确度只有 $1\% \sim 2\%$。

为了提高旋转线圈法的精确度，最好采用双线圈补偿线路，这时整流器集电环的接触电阻、电阻的温度系数、电源的波动、电动机转速的不稳定等因素的影响在平衡条件下都从读数中消除了，因此，测量的精确度可以提高到 0.01%，线性度达 0.001%。

旋转线圈法不但可以测量恒定磁场和梯度磁场，如果固定探测线圈也可以用来测量交变磁场。

4. 振动线圈法　线圈平面平行于磁场放置，使线圈绕垂直于磁场的轴线以角频率 ω 作小角度振动，通过感应电动势的幅值可以求得被测磁场

$$B_0 = \frac{E_m}{NS\omega}$$

振动线圈法的测量精确度较低，一般约为 2%。精确度主要取决于振动频率及振幅等的稳定性。

如果线圈在自身平面的前后振动，则线圈内感应电动势与磁场的梯度、振动的角频率和振幅成正比。用这种方法可以测量电子聚焦磁透镜的磁场，并且曾用其测量过量子化磁通。

3.1.4　空间磁密的测量方法——电磁效应法

电磁效应是电流磁效应的简称。电磁效应法是利用金属或半导体中流过的电流在磁场作用下产生的电磁效应来测量磁场的一种方法。

1. 霍尔效应法　当施加外磁场垂直于半导体中流过的电流时，会在半导体中垂直于磁场和电流的方向产生电动势，这种现象称为霍尔效应。

把霍尔器件（金属或半导体薄片）平面垂直放入磁感应强度为 B 的磁场中，沿着垂直于磁场的方向通入电流 I，就会在薄片的另一对侧面间产生霍尔电动势 e_H，如图 6.3－3 所示。其大小与磁场方向成正比

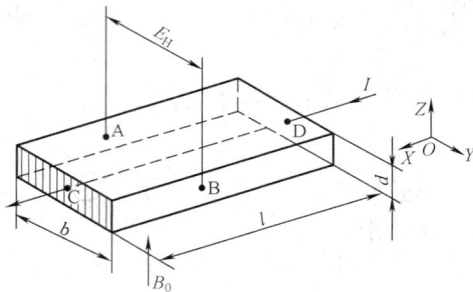

图 6.3－3　霍尔效应示意图

$$e_H = \frac{R_H}{d}IB_0$$

式中，e_H 为霍尔电动势；I 为霍尔器件通过的电流；B_0 为被测磁感应强度；R_H 为霍尔系数；d 为霍尔片的厚度。

利用霍尔效应测磁场时，常选用锗、砷化铟、锑化铟等半导体材料制成的矩形薄片作为磁场探测元件，它们能够产生较大的霍尔电动势。当被测磁场和电流都是直流时，霍尔片输出直流电动势；若磁场和电流其中之一为交流时，则输出交流电动势。由于交流信号容易放大，所以在测直流磁场时，往往给霍尔片输入交流电流；而在测量交流磁场时，则通入直流电流。

利用霍尔效应制成的仪表测量简单，价格低廉，测量范围很宽，为 $10^{-6} \sim 10\text{T}$，准确度一般为 $10^{-3} \sim 10^{-2}$。可测变化磁场，频率高达 1MHz；探头尺寸很小，可以测不均匀磁场或缝隙磁场。其误差主要来源于：霍尔片的霍尔系数和电阻率随温度变化；霍尔电动势引出电极的位置；供给霍尔片的电流的稳定性。

2. 磁阻效应法 磁阻效应是指某些金属或半导体材料在磁场中电阻随磁场的增加而升高的现象。这种效应在横向磁场和纵向磁场中都能观察到。利用材料的磁阻效应可以很方便地通过测量电阻的变化来间接测量磁场。磁阻效应与材料的性质、形状以及温度有关。例如铋螺线（或称 Corbino 盘），是将铋线绕成螺旋型的圆盘，以使其呈现最大的磁阻效应。

磁阻效应法测量方便，可以连续测量，重复性较好。磁阻效应除了能够测量恒定磁场外，还适于测量梯度较大的不均匀磁场以及随时间而快速变化的磁场。但是测量受其非线性关系和对温度的依赖性所限制。因此，通常要利用核磁共振磁强计作逐点校正和采用恒温等措施。磁阻效应法对于在低温环境下和较强的磁场下应用是比较合适的。

利用铋 Corbino 圆盘可测低温超导体的磁场，如果进行适当的温度补偿后，测量的精确度可达 0.01%。用薄膜磁阻［厚度为 $(200 \sim 500) \times 10^{-8}\text{cm}$］可测弱磁场（$10^{-11}\text{T}$）。

3. 电磁复合效应 电磁复合效应法是利用电磁复合器件在磁场的作用下电阻发生变化的原理而测量磁场的方法。电磁复合效应法的优点是灵敏度较高，甚至比霍尔器件还要灵敏，因此也称为磁敏器件。另外，在弱磁场的测量中，其输出与被测磁感应强度有较好的线性关系。电磁复合器件常做成磁敏二极管和磁敏三极管的形式。

磁敏二极管是一种带有复合区的二极管。在正向磁场作用下电阻增加，在反向磁场作用下电阻减少。磁敏二极管体积小，功耗低，频率特性好，灵敏度高，可判别磁场的极性。磁敏管的缺点是温度系数大，漂

移大。按差动接法或桥式接法，可起到温度补偿作用，还可提高测量的灵敏度。按此原理制成的便携式磁强计，可以测量 0.1T 以下的磁感应强度。还可以利用它制成漏磁测量仪、磁探伤仪等。

3.1.5 空间弱磁场的测量方法——磁饱和法

磁饱和法是利用磁心在饱和交变磁场与被测磁场作用下其磁滞回线产生不对称的特性来测量磁场。它常用于测量较弱的恒定磁场或缓慢变化的磁场。应用磁饱和法测量磁场的磁强计称为磁饱和磁强计，也称为磁通门磁强计或铁磁探针磁强计。

磁饱和磁强计测量恒定的或缓慢变化的弱磁场，分辨力高（$5 \times 10^{-10}\text{T}$），测量弱磁场的范围宽（$10^{-3}\text{T}$ 以下），可靠、简易、价廉、耐用，能够直接测量磁场的分量，还适于在高速运动系统中使用。广泛应用在地磁研究、地质勘探、武器侦察、材料无损探伤、空间磁测量以及宇航工程中。

磁饱和法分为谐波选择法和谐波非选择法两类。谐波选择法只考虑探头感应电动势的偶次谐波（主要是二次谐波），而滤去其他谐波。谐波非选择法是不经滤波，直接测量探头感应电动势的全部频谱。

1. 谐波选择法 由于磁心中同时存在交变的饱和励磁磁场及恒定的或低频的被测磁场，在半周期内被测磁场加强励磁磁场使磁心提前饱和；在另半周期，被测磁场抵制励磁磁场，使磁心滞后饱和，造成正负半周期之间出现磁通变化的速率差，从而产生偶次谐波。被测磁场的大小影响各偶次谐波电压的相位。感应电动势二次谐波分量有效值 E_2 与被测磁场 B_0 成正比

$$E_2 = \frac{4\sqrt{2}\,\omega\,N_2 S\,\mu_d}{\pi\mu_0}\left[\frac{H_s}{H_m}\sqrt{1-\left(\frac{H_s}{H_m}\right)^2}\,\right]B_0$$

式中，μ_d 为磁心的最大微分磁导率；H_s 为饱和磁场强度；H_m 为励磁磁场的幅值；ω 为励磁磁场的频率。

磁通门磁强计就是利用磁饱和特性来测量较弱的直流磁场强度。其探测元件的两条导磁薄片是用高导

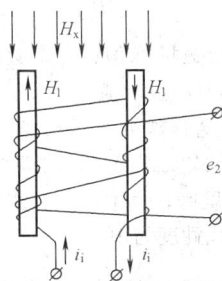

图 6.3 - 4 磁通门磁强计
探测元件

磁率的坡莫合金制成的，如图 6.3 - 4 所示，它具有很窄的磁滞回线，很容易饱和，设磁滞回线近似用下列方程表示

$$B = a_1 H - a_3 H^3$$

设待测磁场为 H_x，激磁电流 i_1 在两薄片中产生的磁场强度为 $H_1 = H_{1m}\cos\omega t$，则两条导磁薄片中的磁感应强度分别为

$$B_L = a_1(H_x - H_{1m}\cos\omega t) - a_3(H_x - H_{1m}\cos\omega t)^3$$

$$B_R = a_1(H_x + H_{1m}\cos\omega t) - a_3(H_x + H_{1m}\cos\omega t)^3$$

总磁场为

$$B = B_L + B_R$$
$$= (2a_1 H_x - 2a_3 H_x^3 - 3a_3 H_x H_{1m}^2) +$$
$$3a_3 H_x H_{1m}^2 \cos 2\omega t$$

输出线圈中的感应电动势与 B 的变化率成正比，所以只含二次谐波，其振幅与被测磁场强度成正比。

磁通门磁强计测量范围为 $10^{-10} \sim 10^{-3}$T，磁场分辨力高于 10^{-10}T。

2. 谐波非选择法 是考虑探头输出电压的整个频谱。它可由脉冲的整流值来指示，也可由脉冲的高度、宽度或时间来指示。按照对脉冲的不同计值方法，可分为幅度比例输出和时间比例输出两种。

（1）幅度比例输出。利用线圈感应电动势的正负峰值差与被测磁场的线性关系测定磁场

$$\Delta U_m = U_m^+ - U_m^- = KB_0$$

式中，U_m^+、U_m^- 为线圈感应电动势的正、负峰值电压；K 为与电路有关的系数。

此方法电路简单，多用桥式输出。

（2）时间比例输出。用三角波激励磁心，由于磁化曲线的偏移，造成输出电压峰值的时间偏移，经滤波和触发电路变换后由偏移时间 Δt 确定被测磁场

$$\Delta t = \frac{T}{4B_{em}}B_0$$

式中，B_{em} 为激励磁场峰值；T 为激励磁场的周期；Δt 为输出的偏移时间显示值。

与二次谐波选择法要求的模拟-数字变换相比，时间-数字变换方式线路简单；时间比例输出法的测量范围宽，线性度好，灵敏度高。测量范围为 $1.25 \times (10^{-10} \sim 10^{-2})$T，线性度为 10^{-2}。

3.1.6 精密测量磁场的方法——磁共振法

磁共振法是应用物质量子状态在磁场中发生变化来精密测量磁场的方法。根据利用的共振物质（核子、电子、原子或分子）不同，用磁共振原理测量磁场主要有核磁共振法、电子顺磁共振法和光泵磁共振法等。

1. 核磁共振法 利用具有角动量（自旋）及磁矩不为零的原子核作共振物质（样品）时的磁共振方法，称为核磁共振法。共振条件是

$$\omega = rB_0$$

式中，ω 为进动圆频率；r 为共振物质的原子核旋磁比。

根据核磁激励方式和样品的不同，核磁共振又分为核吸收法（强迫核进动）、核感应法（自由进动）和章动法（流动水样品）。由于这些方法的不同特点，它们分别适用于测量不同情况下的磁感应强度。

（1）核吸收法。利用在被测磁场垂直方向作射频调谐，检测共振下的频率和电平，获得色散信号或吸收信号。常用于测量 $10^{-2} \sim 10$T 的均匀中强磁场，测量精确度达到 10^{-4}，如果采用精密的测量方法和仪器，最高可达 10^{-6} 数量级。它可以测量均匀度小于 $10^{-4}/\text{cm}^3$ 的恒定磁场，如果使用小样品还可测量梯度磁场。

（2）核感应法。在被测磁场垂直方向瞬时地加一个较强的预极化磁场，把样品磁化到大的静态平衡磁化强度，然后撤掉外加磁场，测定核磁矩作衰减进动的频率。这种方法首先用于测量地磁场。核磁共振感应法的分辨率可达 $10^{-9} \sim 10^{-11}$T，它是一种绝对测量方法。因此，用这种原理设计的磁强计具有精确度高，稳定性好，没有温度漂移等优点，广泛应用于地质勘探、海洋和航空磁测量等领域。可以测量低于 10^{-4}T 的恒定磁场。

（3）章动法。在科学技术中，应用最广泛的是相对不均匀度大于 $10^{-2}/\text{cm}^3$ 的不均匀磁场和磁感应强度小于 0.025T 的人工产生的磁场。这种磁场无法用通常的核磁共振吸收法和核磁共振感应法来实现。章动法的实质与吸收法相同，只是所用样品不是固体而是流动的液体。对原坐标系来说在核自旋进动上又加有慢进动（章动）。章动法磁强计的测量范围可达 $(0.023 \sim 300) \times 10^{-4}$T，测量精度约为 0.1% ~ 0.01%。章动法可以在非常宽的范围内测量均匀磁场和不均匀磁场。如果用章动法测量非均匀磁场，要求探头的水管应尽可能细些，以提高精度。

2. 电子顺磁共振法 原理同核磁共振，只是共振物质不是原子核系统而是电子。用于测场的理想物质是二苯基间三硝基酰肼（DPPH）。

电子顺磁共振频率较高，主要测量 $10^{-4} \sim 10^{-1}$ T 的较弱磁场，准确度数量级达 10^{-3}，还可测量随时间变化的磁场和梯度小于每米几个特斯拉的不太均匀的磁场。

3. 光泵磁共振法　光泵磁共振的元磁矩是电子自旋和核自旋发生耦合后的原子磁矩，也称为原子共振。光泵磁共振法是利用一定波长的光照射置于被测磁场中的气体原子系统。使原子由低能级向高能级跃迁，导致原子发生反转过程而发生磁共振，是利用原子的赛曼效应原理而绝对测量弱磁场的一种精密方法。

光泵磁强计灵敏度高，无零点漂移，不需严格定向，既可测量磁场分量，也可测量磁场梯度；既可测量磁场的缓慢变化，也可测量高速瞬变的磁场；既可以 10^{-10} T 的灵敏度测量几十毫特斯拉的磁场，又可以 10^{-14} T 的灵敏度测量微弱磁场。

3.1.7　恒定弱磁场的测量方法——超导量子磁强计

超导效应法是利用弱耦合超导体中的约瑟夫逊效应来测量弱磁场的方法。此方法具有极高的分辨力和良好的频率特性，可测量 0.1 T 以下的恒定或交变磁场，是目前为止灵敏度最高的磁场测量仪器。

1. 直流超导量子磁强计　由超导量子干涉器件、磁通变换器、测量电路等组成。直流超导量子磁强计多采用低感双结超导环的超导量子干涉器件（dc SQUID），并施加直流电压偏置或低频调制，利用锁相电路测定耦合到超导环内的磁通，其原理图如图 6.3 - 5（a）所示。此时，超导环的临界电流或加在超导环两端的电压是环中外磁场的周期函数，即

$$I_c = 2I_{c0} \left| \frac{\sin\left(\frac{\pi\phi_J}{\phi_0}\right)}{\frac{\pi\phi_J}{\phi_0}} \right| \times \left| \cos\left(\pi\frac{\phi_e}{\phi_0}\right) \right|$$

式中，I_{c0} 为超导结的临界电流（无磁场时）；ϕ_J 为通过结的磁通；ϕ_e 为外磁通；ϕ_0 为量子磁通。

所以通过测量电压的变化便可测量出环中磁场的变化。这种磁强计的分辨力达 7×10^{-15} T·cm/$\sqrt{\text{Hz}}$。

2. 射频超导量子磁强计（rf SQUID）　由超导量子干涉器件、磁通变换器、测量电路等组成。射频超导量子磁强计多采用低感单结超导环的超导量子干涉器件，施加射频偏置，称该器件为射频超导量子干涉器件（rf SQUID）。它由低感单结超导环、射频偏置 LC 谐振电路及磁通输入线圈组

成，如图6.3 - 5（b）所示，超导环核一个 LC 谐振电路电感耦合，谐振电路电-射频信号源激励。射频谐振电路的有效阻抗是通过与它耦合的超导环来改变的。因为超导环的有效阻抗依赖于环的通亮，所以振荡回路的射频阻抗变化就反映了环中磁通的变化。rf SQUID 分辨力达 10^{-14} T·cm/$\sqrt{\text{Hz}}$。

3.1.8　恶劣条件下磁场的测量方法——磁光效应磁强计

当偏振光通过有磁场作用的某些各向异性介质时，由于介质电磁特性的变化，而使光的偏振面发生旋转，这种现象称为磁光效应。磁光效应法即是利用磁场对光和介质的相互作用而产生的磁光效应来测量磁场的一种方法。利用磁光传感器可以构成磁光磁强计。该磁强计在恒定磁场或频率为 $3 \sim 750$Hz 的交变磁场范围内，可以测量 $0 \sim 500\times10^{-4}$ T 的磁场。测量精度为±1%，最高分辨率为 0.5×10^{-4} T。磁光磁强计与其他磁场测量法相比具有以下优越性：耐高压，耐腐蚀，耐绝缘，由于传感器的温度系数小，扩展了测量的工作温度范围，与感应法配合可测量等离子体中的强磁场及低温下的强磁场；因有宽频带的传输特性，可测量非正弦磁场；由于利用光传输，而没有带电的引线引入被测磁场。应用磁光效应测量磁感应强度的缺点是：照明和光系统的焦距调整比较复杂，由于受分辨率的影响，其下限范围受到限制。

3.2　磁性材料静态磁性测量

磁性材料在直流磁场磁化下的磁特性称为静态磁性。具体来说，静态磁特性指的是磁性材料在直流场磁化下的基本磁化曲线、磁滞回线及其所定义的各种参数，如剩磁、矫顽力、磁导率以及最大磁能积等。

3.2.1　静态磁化特性

当外磁场 H 从零起逐渐增加时，铁磁物质的磁

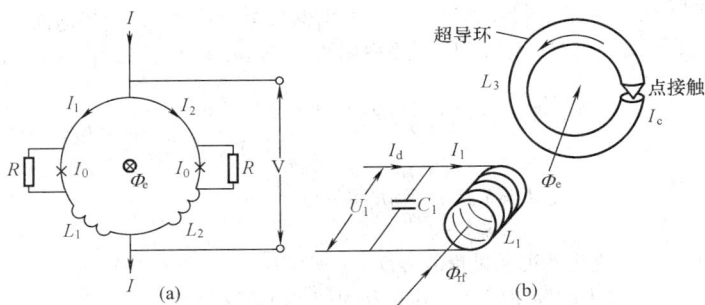

图 6.3 - 5　超导量子干涉器件原理图
（a）dc SQUID；（b）r f SQUID

感应强度 B 或磁化强度 M 也从退磁状态（B 或 M 等于零）逐渐上升。B 和 H 之间的关系曲线称为磁化曲线。

由于采用的测量方法不同，磁化曲线可以分为以下三种：

（1）原始磁化曲线（亦称起始磁化曲线）。它是在退磁状态的试样上，使磁场由 $H=0$ 开始单调增加，而得到的磁化曲线。

（2）理想磁化曲线（亦称无磁滞磁化曲线）。它是在退磁状态的试样上，同时加进直流磁场和交变磁场，先将交变磁场由某值降到零，然后测量直流磁场所对应的磁感应强度。测完这点以后，再将直流磁场变到下一个待测点，用同样步骤进行测量。测出不同直流磁场所对应的磁感应强度后，就可以作出理想磁化曲线。

（3）基本磁化曲线。试样受到外磁场反复磁化时，磁状态便沿着磁滞回线变化。连接不同幅度磁场所对应的磁滞回线顶点，就可得到基本磁化曲线。

整个磁化曲线可分为五部分，如图 6.3-6 所示。

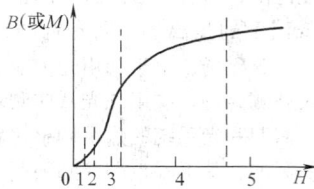

图 6.3-6 磁化曲线

（1）起始或可逆区域（图 6.3-6 中 1 区）。这时的磁化过程是畴壁的弹性位移，B（或 M）随 H 的变化是可逆的

$$B = \mu_i H$$

$$M = x_i H$$

式中，x_i 为起始磁化率；μ_i 为起始磁导率。

（2）瑞利区域（图 6.3-6 中 2 区）。这时磁畴内化强度矢量的转动过程起主要作用，它的变化不是完全可逆的。B（或 M）与 H 间的关系由瑞利公式确定

$$B = \mu_i H + \frac{1}{2} a H^2$$

$$M = \chi_i H + \frac{1}{8\pi} a H^2$$

式中，a 为磁化不可逆过程的程度。

（3）最大磁导率区（图 6.3-6 中 3 区）。这时 B（或 M）迅速增加，磁化强度的变化发生阶跃现象（巴克好森跳跃），磁化机理主要是畴壁的不可逆位

移。在这个区磁导率出现最大值。

（4）趋近饱和区（图 6.3-6 中 4 区）。磁化强度的变化主要是旋转过程，这时自发磁化的磁化强度矢量趋向外磁场方向，对应的磁感应强度 B_0（或磁化强度 M_0）称为饱和磁感应强度（或饱和磁化强度）。

（5）顺磁区域（图 6.3-6 中 5 区）。随着磁场的增加，磁化强度变化很小。这是因为磁畴自旋因受外磁场的作用，克服了一部分热骚动能量，使自旋方向随 H 增大而逐步趋向外磁场。这部分曲线和顺磁性物质的磁化过程作用相似，所以称为顺磁区域。

铁磁物质经磁化达到饱和后，如果将磁场强度逐渐减少，由于磁滞后现象的存在，B（或 M）不是沿着磁化过程的曲线变化，而是按照图 6.3-7 所示的曲线变化。当磁场由正饱和经负饱和连续变到正向饱和场时，磁感应强度相对于坐标原点对称变化，形成一条闭合的回线，称为磁滞回线。零场强度时对应的磁感应强度称为剩余磁感应强度 B_r。磁感应减小至零时对应的磁场强度称为矫顽力 H_e。

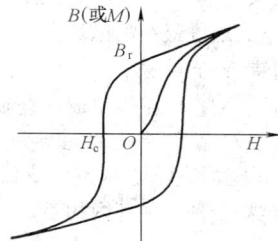

图 6.3-7 磁滞回线

磁性参量如下：

（1）磁导率 μ。基本磁化曲线上的磁感应强度 B 与对应的磁场强度 H 之比。

（2）微分磁导率 μ_d。磁化曲线上对应于待测点的切线斜率。

（3）可逆磁导率 μ_{rev}。当对应于磁化曲线上某点的磁场强率减小 ΔH 时，磁感应强度也相应减小 ΔB。由于磁滞后效应的影响，ΔB 不在磁化曲线上，如图 6.3-8 所示。这时的 ΔB 与 ΔH 的比值称为可逆磁

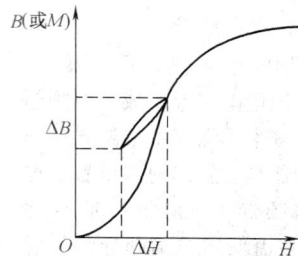

图 6.3-8 可逆磁导率

导率。

（4）极限磁滞回线。技术饱和状态下获得的磁滞回线。极限磁滞回线上，对应于磁感应强度等于零时的矫顽力，称为（磁感应）矫顽力，用符号 BH_C 表示，通常简写为 H_C。对应于磁化强度等于零时的矫顽力，称为内禀矫顽力，用符号 MH_C 表示。

（5）退磁曲线。磁滞回线的第二或第四象限部分。永磁材料的性能由退磁曲线决定。

（6）磁能积曲线。BH 与 B 的关系曲线，如图 6.3-9 的第一象限所示。磁能积曲线顶点对应的磁能积称为最大磁能积，用符号 $(BH)_{max}$ 表示。它表示永磁材料所能提供的最大磁能，磁路设计上用它来确定用磁体的体积。

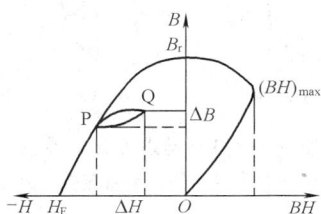

图 6.3-9 退磁曲线和磁能积曲线

（7）回复磁导率 μ_{rec}。永磁材料的回复特性，是指从退磁曲线上某点 P 减少磁场时，由于磁滞后效应状态将由 P 点过渡到 Q 点，这样构成的局部回线称为回复线，如图 6.3-9 所示。通常它近似一条直线，回复线的斜率称为回复磁导率，其相对值由下式定义

$$\mu_{rec} = \frac{1}{\mu_0} \frac{\Delta B}{\Delta H}$$

（8）温度系数 α_T。退磁曲线上的磁感应随温度的变化来表示永磁材料的温度稳定性，称之为温度系数。其定义是经过人工老化处理的永磁材料，温度每升高 1℃ 时，磁状态的相对变化。

$$\alpha_T = \frac{1}{B_x} \frac{\Delta B_x}{\Delta T}$$

式中，ΔT 为温度的变化量；ΔB_x 为磁状态变化；B_x 为温度变化前的磁状态。

3.2.2 磁化装置、试样与退磁

工程上通常将试样做成容易加工的条形或圆柱形，借助于磁化装置来进行磁化。通常使用的磁化装置有螺线管、磁导计和电磁铁。用螺线管作磁化装置时，属于开磁路测量；用磁导计或电磁铁作磁化装置时，属于闭合磁路测量。

磁测量用的试样有闭合磁路试样和开路试样两种。一般来说，闭合磁路试样测得的是物质磁性，它

决定于材料内部的结构，而与试样的形式和尺寸无关；用开路试样测得的是物体磁性，其既决定于材料的结构，也与试样的形状和尺寸有关。

测量前必须对试样进行退磁，以得到与试样所经历的磁化历史无关的真实磁特性。试样的退磁状态是指磁场强度和磁感应强度同时等于零的状态。退磁方法有热退磁和交流退磁两种方法。热退磁是将试样加热到居里点以上，然后在无外磁场条件下缓慢冷却到室温。这种方法操作过程麻烦，可能导致试样晶粒结构变化，但能够获得完全退磁的效果。交流退磁，是在试样上加工频交变磁场，并使其幅值由某一最大值均匀减小到零。

3.2.3 闭合磁路测量

环形试样具有很好的闭合磁路，内部没有退磁场，试样所表现的磁性就是物质的磁性。材料磁性的测量包括测量磁场强度和磁感应强度。磁场强度的测量方法随所采用的试样而异。例如，环形试样的磁场强度是根据磁化绕组的电流计算得到的，因此常用冲击检流计法；中场磁导计的磁场强度有的可以根据磁化绕组的电流计算得到，但大多数情况下是通过探测线圈用感应法测量；强场磁导计和电磁铁的磁场强度既可以用霍尔效应特斯拉计或其他测场仪测量，也可以用感应法测量。磁感应强度通常用感应法测量。

3.2.4 开磁路测量

在材料磁性检验中，一般很少规定用开磁路测量基本磁性参量，只是在某些特殊场合才被采用。这是因为试样在开磁路下的均匀磁化以及内磁场的准确测量都比较困难，所以不容易获得物质的磁性。用磁导计测量软磁材料的矫顽力时，虽然是闭合磁路，但是由于轭铁剩磁的影响，测量结果的误差很大，因此通常在螺线管中用抛移线圈（或抛移试样）法来测量软磁材料或永磁材料的矫顽力。

弱磁材料一般是指相对磁导率为 1~2 的金属材料，其磁参数主要包括磁导率和磁化率。一般用双螺线管或单螺线管补偿法进行测量。

3.2.5 基本磁参量的测量（磁化强度和居里点、磁各向异性、磁致伸缩）

测量永磁材料的饱和磁化强度和超高矫顽力永磁材料的磁特性、弱磁物质磁化率及温度特性的装置有磁秤、振动试样型磁强计等。

测量磁致伸缩系数的方法有光学法和应变电阻法等。应变电阻法是将应变电阻片牢固地粘在被测试样

上，应用直流电桥测量电阻的变化来测量磁致伸缩系数。

3.2.6 静态磁性的自动测量

冲击检流计法是闭合磁路和开磁路测量磁性材料静态磁性时常用的方法，它的优点是：线路简单，稳定性好，测量精度高。但是测量过程不连续，需要逐点进行测量和计算，还存在原理性误差。随着电子技术的发展，光电磁通计、电子磁通计取代冲击检流计，静态磁性测量技术实现了自动测量。数字磁通计是近 20 年发展起来的新型磁测量仪器，它利用模数转换技术实现了静态磁性的数字化测量，并进一步利用计算机控制，实现磁性材料静态磁性的自动测量。其基本原理如图 6.3-10 所示。直流电源的输出，经过与数字磁通计采样同步的电流反向器，输入到由计算机控制的工作状态选择器和电流调节器，然后送往环形试样的磁化线圈。试样测量线圈的感应电压，经过波形平滑电路加到数字磁通计的输入端。波形平滑电路的作用是降低感应电压信号的尖峰（但波形的面积不变），这样就不会超出放大器的线性工作区。数字磁通计的输出接到计算机的输入端，而计算机的输出与工作状态选择器和电流调节器连接。测量时，先由计算机设定要测量的参数和磁化场数值，然后起动反向器使其反向。数字磁通计测出试样的磁通变化量，并将结果送到计算机。计算机对这些数据进行处理和计算，并设定下一步的测量参数和磁场数值。这是一次小的工作循环，由许多这样的小循环构成一个试样的全部测量过程。系统从试样退磁开始，可以完成磁化曲线、磁滞回线和起始磁导率小、最大磁导率、饱和磁感应强度 B、剩余磁感应强度、矫顽力等参数的测量。

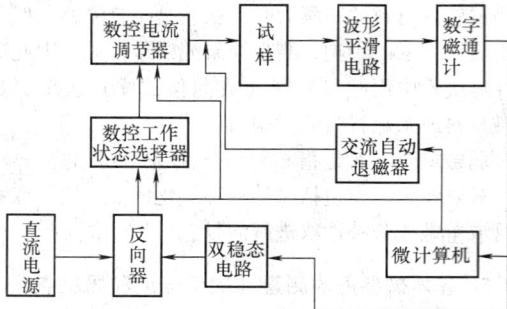

图 6.3-10 静态磁特性自动测量系统原理图

3.3 磁性材料动态磁性测量

3.3.1 动态磁化特性及其磁参数

动态磁性测量的对象是软磁材料，动态磁性测量

指对磁性材料在交变磁场、脉冲磁场或交直流叠加的磁场作用下磁特性的测试。

3.3.2 动态磁化曲线测量

动态磁化曲线有交流、交直流叠加和控制磁化曲线等多种（见图 6.3-11 和图 6.3-12），各在不同场合下使用。动态磁化曲线的测取均已实现了自动记录，而且由微型计算机控制的测试系统也已出现。

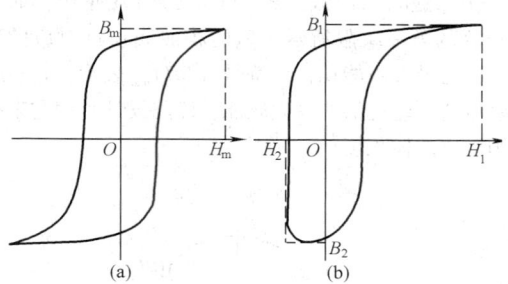

图 6.3-11 动态磁化曲线图
（a）交流磁化曲线；（b）交直流叠加磁化曲线

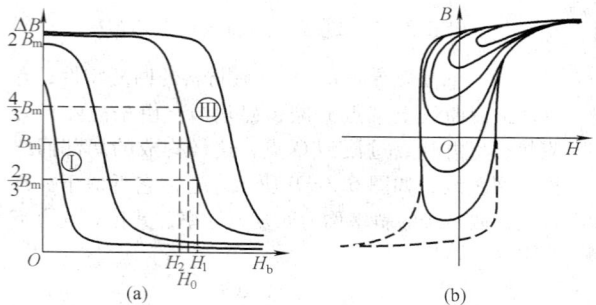

图 6.3-12 外反馈式控制磁化曲线
（a）ΔB-H_b 曲线；（b）动态回线变化图

1. **交流磁化曲线和交直流叠加磁化曲线通常采用伏安法测量** 在不同的交变磁场下，用电压表测量磁感应强度 B_m 相应的电压 U，用电流表测量磁场强度 H_m 相应的有效值电流 I，从而确定磁化曲线 B_m（H_m），这种方法称为伏安法。由测量磁化电流的方法不同又分为互感法和电阻法，其原理如图 6.3-13 所示。

2. **控制磁化曲线采用峰值整流法** 图 6.3-14 是峰值整流法测量外反馈式控制磁化曲线的原理图。由图可知，峰值磁场 H_m 正比于其瞬时电压 U_{1m}。

3.3.3 磁滞回线测量

1. **示波器法** 就是利用双踪示波器直接显示交流回线的方法，如图 6.3-15 所示。其基本要求是一台高质量的双踪示波器和一台能保证 B 波形为正弦的高稳定度的交流电源。图中 N_1、N_2 分别为样品的

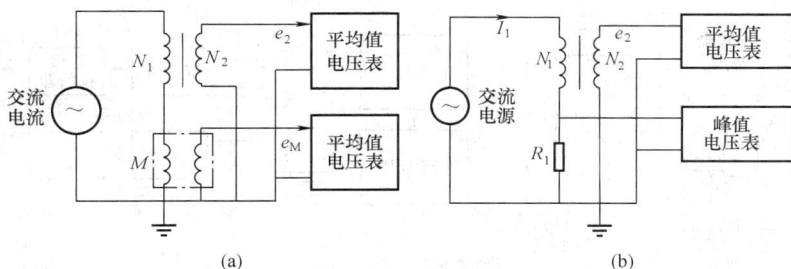

图 6.3-13 测量磁化电流的方法

（a）互感法；（b）电阻法

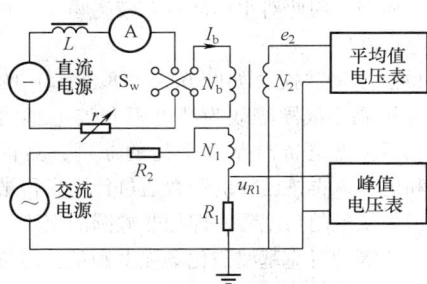

图 6.3-14 外反馈式控制磁化曲线测量电路

磁化和测量线圈，R_1 为无感小电阻，e_2 为样品测量线圈上的感应电压，u_{R1} 为磁化电流在小电阻上的电压降，有

$$e_2 = N_2 S \frac{\mathrm{d}B}{\mathrm{d}t}$$

$$u_{R1} = i_1 R_1 = \frac{lHR_1}{N_1}$$

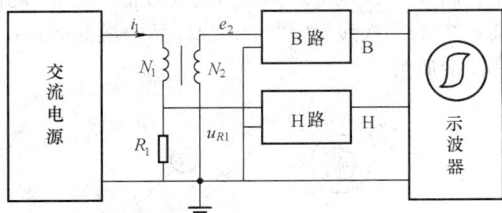

图 6.3-15 示波器法测量动态
磁滞回线原理图

式中，e_2 需要经过积分器才能得到所需要的 B。

示波器法电路简单可靠，使用的频率范围宽，用一般的集成运算放大器，配上合适的电阻、电容和直流稳压电源等就可用于软磁材料动态回线的显示。但是其读数误差大，需要拍照才能实现回线的永久性记录。

2. 铁磁仪法　有时也称为矢量计法。它是把电工测量中通过相敏整流而测出电压或电流的瞬时值和相位的方法用于磁性测量而建立起来的一种交流回线

测量方法，其测量原理如图 6.3-16 所示。图中 V_{av} 是测量平均值电压的电压表，S_{w2} 是能够实现半周导通半周截止的开关，其起始导通时刻受移相器控制。经过推导 B 和 H 的瞬时值为

$$B_t = \frac{\frac{2}{T}\int_t^{t+\frac{T}{2}} 2e_2 \mathrm{d}t}{4f N_2 S} = \frac{\overline{U}_2}{4f N_2 S}$$

$$H_t = \frac{N_1 \frac{2}{T}\int_t^{t+\frac{T}{2}} e_M \mathrm{d}t}{l f M} = \frac{N_1 \overline{U}_2}{l f M}$$

式中，M 为互感系数。通过移相器改变开关的起动电流相对于待测电动势 e_2 和 e_M 的相位，因而测出 B_t 和 H_t 任意时刻的值，从而画出被测样品的交流回线。铁磁仪法的弊端是测量结果受频率影响，定标系数也与频率有关，另外，互感量 M 的特别要求也使铁磁仪法的频率响应受到限制，所以一般在 10kHz 以下的频率范围内使用。

3. 采样法　原理如图 6.3-17 所示。样品次级感应电压经由倍率器送积分常数可变的积分器积分，其输出经与倍率器同步变化的衰减电阻器衰减，使送到采样变换器 B 路的信号不论在何种状况下都保持相同的电平。从试样磁化线圈串联的采样电阻 R_1 上取出的电压 u_{R1} 送到采样变换器 H 路。采样变换器的输出经衰减定标后输入到 X-Y 记录仪，这样便可绘出试样的磁滞回线。

采样法定标公式中不含频率项，电路中不含互感器 M，具有频率范围宽、测量准确度高等优点，因而得到广泛采用。

3.3.4　铁损耗测量

铁损耗是指在交变磁化条件下，每磁化一周软磁材料所消耗能量的大小与磁化频率的乘积。单位质量的损耗称为比铁损。铁损耗按作用机理可分为磁滞、涡流和附加损耗三大部分。测量铁损耗的方法有瓦特

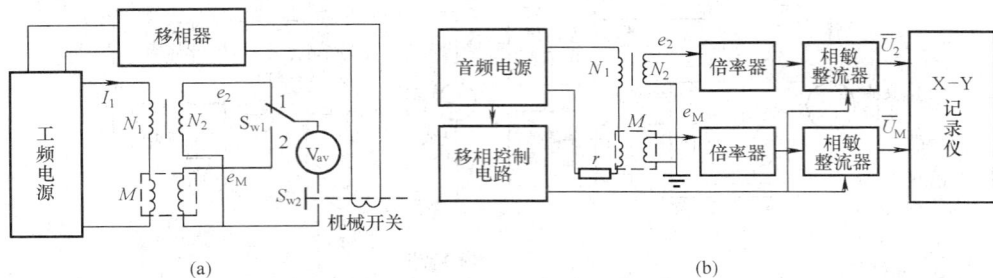

图 6.3 - 16 铁磁仪原理图
(a) 机械式；(b) 电子式

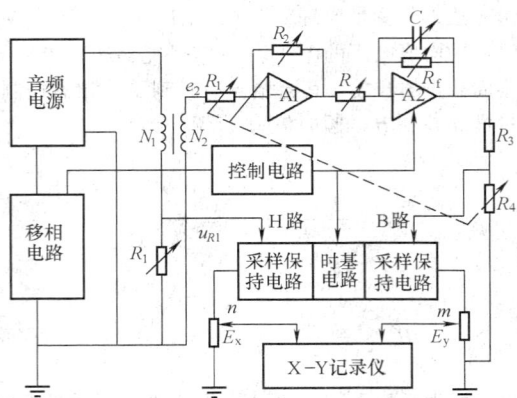

图 6.3 - 17 基于采样法原理的动态回线仪

计法、电桥法、量热法和回线仪法。

所谓的瓦特计法，就是在被测样品上缠以一次和二次线圈，并把一次线圈 N_1，与瓦特表的电流端相串联，把二次线圈 N_2 与瓦特表的电压端并联。当通电励磁时，瓦特表的指示值被认为是样品的铁损耗及瓦特表电压回路所消耗的能量的总和，当二次感应电压达到预定磁通密度 B_m 所对应的电压时，便可由瓦特表的读数和其他已知的参数算出样品的铁损耗，B_m 一般用磁通电压表来监视和测量。

可以用来测量铁损耗的瓦特表种类很多，如静电式、电动式、热电式和霍尔效应式瓦特表。其中以静电式瓦特表所能达到的准确度和灵敏度最高，频率特性也较好；但其制造困难，携带不便，且高灵敏度也是在加了高灵敏的放大器才达到的。其他如热电式、霍尔效应式瓦特表不是由于使用不便、准确度欠高，就是由于结构复杂、容易损坏等原因，在我国目前磁测量中使用的瓦特表法主要是低功率因数瓦特表和时分割式电子瓦特表。时分割式瓦特表的准确度优于 0.5%，因其输入阻抗高（>20kΩ），因此无需对表进行损耗修正。

由于瓦特表的灵敏度较低，频率特性欠佳，所以瓦特计法仅在工频或 400Hz 的频率下有所使用，而频率特性较好的静电式瓦特表也因结构复杂等原因难于

在工业上使用，因此对小样品或在较高频率下测量铁损，应寻求其他方法。

电桥法测量铁损（如图 6.3 - 18 所示）的基本原理就是把磁心线圈等效为纯电阻和纯电感的并联电路，然后根据电桥对基波平衡的原理，测得等效的电感和电阻，再按已知的参数通过计算求得被测材料的铁损。从磁的角度看，即把非椭圆的交流回线等效为面积相等的对应基波磁化场强度和基波磁感应强度所构成的椭圆回线。测量损耗的电桥类型很多，其特点是磁心线圈都被看成是纯电感 L_p 和纯电阻 R_p 并联电路，L_p 和 R_p 测得后，按下列公式计算比铁损耗和感应磁导率

$$p = \frac{U_1^2}{m \, R_p}$$

$$\mu_p = \frac{l \, L_p}{N_1^2 S}$$

式中，U_1 为一次线圈感应电压的有效值；l 为平均磁路长；N_1 为一次线圈匝数；S 为样品的横截面积；m 为样品的质量。

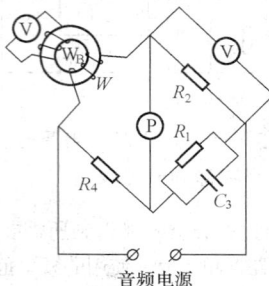

图 6.3 - 18 电桥法测铁损耗原理图

国家标准规定以全补偿 25cm 爱波斯坦方圈作为基本磁化装置，用瓦特表法的磁通波形为正弦条件下测定电工钢片（带）的铁损耗，测量原理如图 6.3 - 19 所示。频率范围为 15～100Hz，可扩展到

400Hz。试样约为 1kg，对于热轧和冷轧无取向电工钢片，取半数条片垂直于轧向，半数条片平行于轧向，冷轧取向电工钢片所有条片均取平行轧向。所测得的铁损耗是在给定频率、给定内禀磁感应强度峰值下的值。满足磁通波形正弦的条件下，对于冷轧取向电工钢片（带），内禀磁感应强度峰值可达 1.8T；对于热轧和冷轧无取向电工钢片（带），可达 1.5T。在保证二次感应电压波形系数 $F = 1.111 \pm 1\%$ 条件下，测量范围可以扩展。

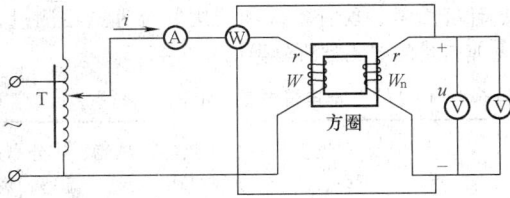

图 6.3－19　瓦特表法测电工钢片的铁损耗

3.3.5　高频磁特性测量

一类非传输功率的磁性元件，例如各种电感线圈、扼流圈、磁头和高频变压器等，其磁心工作磁感应强度较低，工作频率可能高达几十兆赫，在此工作条件下的主要磁特性是复数磁导率及其随磁化场频率的变化（称磁谱）。带有磁心的线圈可等效为由电感 L_x 和电阻 R_x 串联而成的电路，复数磁导率 $\mu = \mu_1 - j\mu_2$ 与磁心参数之间的关系如下

$$\mu_1 = \frac{l L_x}{SN^2}$$

$$\mu_2 = \frac{l(R_x - R_d)}{SN^2 \omega}$$

式中，S 为试样截面积（m^2）；l 为平均磁路长度（m）；N 为试样线圈匝数；R_d 为试样线圈直流电阻。

复数磁导率的测量方法主要有 Q 表法和电桥法。

（1）Q 表法。工作原理如图 6.3－20 所示。其测量频率范围为 200Hz～100MHz，测量的准确度为 5%～10%，常用于产品检验。Q 表是利用在某一频率

下，改变电容 C 使回路谐振，以达到测量 L_x 和品质因数 Q 的目的，此时由电压表 V_e 读得的谐振电压与被测电感的品质因数 Q 成正比。

$$L_x = \frac{1}{\omega^2 C}$$

$$Q = \frac{\mu_1}{\mu_2}$$

（2）电桥法。在 100Hz～10MHz 频率范围内常用电桥法测量高频磁特性，如电感电桥、麦克斯韦电桥、麦克斯韦-维恩电桥等。电桥法测量的准确度为 3%～5%。麦克斯韦-维恩电桥原理如图 6.3－21 所示，电桥平衡时

$$L_x = R_2 R_4 C_3$$

$$R_x = \frac{R_2 R_4}{R_3} - R_1$$

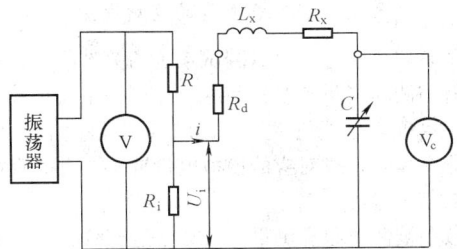

图 6.3－20　Q 表法测复数磁导率

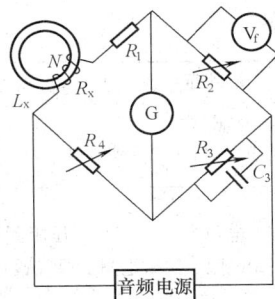

图 6.3－21　麦克斯韦-维恩
电桥测复数磁导率

第4章 非电量的测量

4.1 概论

非电量的电测量是将非电量变换成电量后再用电测方法实现非电量测量的技术。非电量的电测系统应包括传感器、信号调理电路、测量电路、信息显示和处理设备等，如图6.4-1所示。

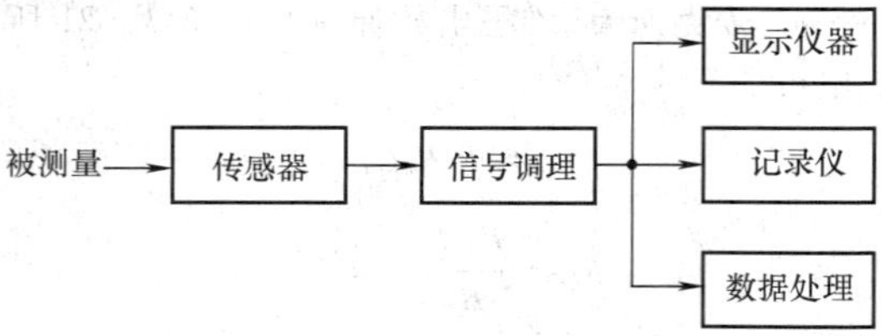

图 6.4-1 非电量的电测框图

传感器是非电量电量测试系统的关键部分，其作用是将被测非电量转换为与之成比例关系或是单值函数关系（通常是线性关系）的电量。目前有的传感器将非电量转换成对应的模拟电量输出，有的直接转换成数字量输出。

按照被测对象和测量方式方法进行分类，非电量电测对象见表6.4-1。

按测量的方式、方法分类，常用的有电磁、光学、超声波、同位素、微波、电化学检测等几大类，涉及多学科间的交叉。同一个被测非电量可以用多种方式进行测量；同一种传感器又常常能用来检测若干种不同的非电量。因此，必须根据被测对象的具体要求、环境因素、现有条件和费用等合理选用测量方法。非电量的电测方法分类见表6.4-2。

表 6.4-1 非电量电测的分类

热工量	温度、热量、比热容、热流、热分布；压力、压差、真空度；流量、流速、风速；物位（液位、料位、界面）
机械量	位移（角位移）、长度、角度、形状和位置、表面粗糙度；力、应力、力矩；重量、质量；转速、线速度、角速度；振动、加速度
物性和成分量	气体化学成分、液体化学成分；酸碱度、盐度、黏度、湿度；密度
状态量	颜色、透明度、颗粒度、颗粒形状、硬度、磨损量、裂纹、缺陷、泄漏、表面质量

表 6.4-2 非电量的电测方法分类

电测量方法		被测量															
类型	传感器	位移	速度	加速度	力	转矩	压力	温度	湿度	物位	振动	应变	流量	厚度	探伤	密度	气体
电阻式	电位器、应变片、压阻元件、铂电阻、热敏电阻、湿气敏元件	√		√	√	√	√	√	√		√	√					√
电容式	电容式传感器	√	√	√	√					√	√	√					
电感式	电感式传感器、差动变压器	√		√						√	√						
电涡流式	电涡流式传感器	√	√				√				√			√			
磁电式	磁电式传感器		√			√					√						
压电式	压电式传感器			√	√						√						
频率式	晶振、弦振、振梁、振膜、振筒式传感器				√		√	√									√

续表

电测量方法		被测量															
类型	传感器	位移	速度	加速度	力	转矩	压力	温度	湿度	物位	振动	应变	流量	厚度	探伤	密度	气体
光电式	光敏电阻、光敏管、光电池	√	√					√						√			
霍尔式	霍尔元件	√	√	√	√		√				√	√					
热电式	热电偶							√									
数字式	感应同步器、光栅、磁栅	√	√								√						
超声波式	超声波测速仪、测厚仪		√							√				√	√		
同位素式	同位素检测仪		√		√		√			√				√		√	
微波式	微波测距仪、测厚仪、水分仪、液位计	√	√						√	√				√			
激光式	多普勒流速计、激光检测仪	√	√								√						
光纤式	光纤传感器	√	√		√		√					√					

4.2 温度与热通量测量

4.2.1 温度测量及温度表

温度是表征物体受热程度的物理量。利用任何两个受热程度不同的物体接触，其温度最终一定达到平衡，再根据受热程度不同时，表现出来的物理特性不同的原理（如线性尺寸、容积、压力、电阻、电动势等的变化）进行温度的测量。手段有接触式测温和非接触式测温两大方法。

目前国际上用得较多的温标有热力学温标、国际实用温标、摄氏温标和华氏温标。

表 6.4-3 是接触式测温和非接触式测温比较；表 6.4-4 是常用的测温仪比较。

表 6.4-3　接触式测温和非接触式测温

测温方式	测温原理	对被测物体影响	优缺点
接触式测温（水银温度计、洒精温度计、电阻温度计等）	热传递和热平衡原理	受影响，容易破坏温度场	响应速度慢，适用于测低温。结构简单，可靠，精度高
非接触式测温（光学高温计、红外辐射高温计、比色高温计等）	热辐射	不受影响	响应速度快，可测超高温，适用测高温和特高温。电路复杂，价格高，精度差些

表 6.4-4　　　　　　　　　常用测温仪比较

测量方式	测量原理		仪表名称	输出量	精度等级	分度值	测量范围/℃
接触式	体积或压力变化	固体热膨胀	双金属温度计	位移量	1, 1.5, 2.5	0.5~20	-100~600
		液体热膨胀	玻璃液体温度计，压力式（充液体）温度计	位移量	0.5, 2.5	0.1~10	-200~600
		气体热膨胀	压力式温度计	位移量	1, 1.5, 2.5	0.5~20	-120~600
	电阻变化	金属热电阻	铂、铜、镍、铑铁、电阻等	Ω	0.5~3	1~10	-528~900
		半导体热敏电阻	锗、硅、金属氧化物等半导体热敏电阻	Ω	0.5~3	1~10	-50~300
	热电动势	廉金属热电偶	铜-康铜、镍铬-镍、硅热电偶等	mU. DC	0.5~1	5~20	-200~1300
		贵金属热电偶	铂铑-铂、铂铑-铂铑热电偶等	mU. DC	0.5~1	5~20	0~1800
		难熔金属热电偶	钨铼、钨-钼热电偶等	mU. DC	0.5~1	5~20	1000~2800
		非金属热电偶	碳化物、硼化物热电偶等	mU. DC	0.5~1	5~20	

测量方式	测量原理		仪表名称	输出量	精度等级	分度值	测量范围/℃
非接触式	辐射测温	亮度法	光学高温计、光电温度计、红外温度计	mU. DC	1~1.5	5~20	700~3200
		全辐射法	辐射温度计	mU. DC	1.5	5~20	100~3200
		比色法	比色温度计	mU. DC	1~1.5	1~20	~3200
		部分辐射法	部分辐射温度计	mU. DC	1~1.5	1~20	~3200

1. 热态电阻测温　利用电阻与温度呈一定函数关系的金属导体或半导体材料制成感温元件，当温度变化时，其电阻值随温度变化而变化，从而达到测温的目的。其电阻与温度的关系特性如下：

(1) 铂热电阻的特性公式

$-200\ ℃ \leqslant t \leqslant 0\ ℃$ 时

$$R_t = R_0(1 + At + Bt^2 + Ct^3)(t = 100)$$

$0\ ℃ \leqslant t \leqslant 650\ ℃$ 时

$$R_t = R_0(1 + At + Bt^2)$$

式中，R_0 为 $0\ ℃$ 时的电阻值；R_t 为温度为 $t\ ℃$ 时的电阻值；$A = 3.9684 \times 10^{-3} 1/℃$；$B = -5.847 \times 10^{-7} 1/℃^2$；$C = -4.22 \times 10^{-12} 1/℃^4$。

(2) 铜热电阻的特性公式

$$R_t = R_0(1 + At + Bt^2 + Ct^3)$$

式中，$A = 4.28899 \times 10^{-3} 1/℃$；$B = -2.133 \times 10^{-7} 1/℃^2$；$C = 1.23310^{-9} 1/℃^3$。

(3) 热敏电阻的特性公式

$$R_t = Ae^{\frac{B}{t}}$$

式中，A、B 为常数。

2. 热电偶测温　由两种不同的导体 A 和 B 两端接合成回路，当 A 和 B 焊接端（测量端，处于被测的介质中）与另一端（常称参照端）处于恒定温度中存在温差时，回路中将产生热电动势。当热电偶的参照端温度为 $0\ ℃$ 时，其热电动势与测量端的温度关系是单值函数，其关系为

$$E_t = a + bt + ct^2 + dt^3 + \cdots$$

式中，E_t 为测量端温度为 t 时的电动势（mV）；a、b、c、d 为分度常数。

常用的标准型热电偶其分度号为 S、R、B、K、T、E 和 J[国际电工委员会（IEC）制定的七种标准型热电偶]。我国国标除采用上述分度号外，另增加了镍铬-金铁、铜-金铁低温热电偶丝及分度表。

标准型热电偶的分度表，是温度和热电动势之间的关系，由于它们之间不可能完全呈线性，应根据热电偶材料在不同的温度区间内的特性，须用不同幂的多项式来表示。如 S 型铂铑 10 -铂热电偶在（-50~630.74）℃ 范围内，须用六次幂的多项式，即 $E = \sum\limits_{i=0}^{6} a_i t^i \mu V$；但在 630.74~1064.43 ℃ 范围内，仅用二次幂的多项式，即 $E = \sum\limits_{i=0}^{2} b_i t^i \mu V$ 来表示其特性。

3. 热电偶的温度补偿　热电偶的热电动势大小与热电极材料及两接点的温度有关，热电偶分度表都以热电偶参照端等于零为条件，如果参照端温度不为零，可以采用补偿导线将热电偶参照端延长到零度或温度恒定的场所再与显示仪表连接。补偿导线的选用参考表 6.4-5 和表 6.4-6。

表 6.4-5　　　　　补偿导线的型号和用途

型号	名　称	用　途
BC	热电偶补偿导线	供固定敷设用
BCR	热电偶用软型补偿导线	供要求柔软固定敷设用
BCP	热电偶用屏蔽补偿导线	供有电磁场干扰、固定敷设用
BCRP	热电偶用软型屏蔽补偿导线	供有电磁场干扰和柔软固定敷设用

表 6.4-6　　　　　　　　　　　　　　　　补偿导线的规格

温度等级/℃	线芯种类	股数	单线直径/mm	标称截面积/mm²	绝缘厚度/mm	护套厚度/mm	最大外径/mm	
							单股线芯	多股线芯
80~100	单股线	1	0.8	0.5	0.5	0.8	3.7×5.7	3.8×5.9
			1.13	1.0	0.7	1.0	0.5×7.7	5.1×8.0

续表

温度等级/℃	线芯种类	股数	单线直径/mm	标称截面积/mm²	绝缘厚度/mm	护套厚度/mm	最大外径/mm 单股线芯	最大外径/mm 多股线芯
80~100	单股线	1	1.37	1.5	0.7	1.0	5.2×8.3	5.4×8.7
			1.76	2.5	0.7	1.0	5.7×9.2	5.9×9.7
150	多股线	1	0.3	0.5	0.5	0.3	2.6×4.6	2.7×4.8
			0.43	1.0	0.5	0.3	3.0×5.3	3.1×5.6
			0.52	1.5	0.5	0.3	3.2×5.8	3.4×6.2
		19	0.41	2.5	0.5	0.3	3.6×6.7	4.0×7.3

注：屏蔽型补偿导线最大外径应加屏蔽层厚度为 0.6~0.8mm。

选用补偿导线应注意事项：

（1）各种补偿导线只能与相应型号的热电偶配用。

（2）使用补偿导线时，切勿将其极性接反。

（3）热电偶和补偿导线连接点温度不得超过规定使用的温度范围。

（4）由于补偿导线和热电偶的热电极材料并不完全相同（除用热电极材料制成的补偿导线外），所以要求它们连接处两接点温度必须相同。

4. 非接触式测温　这种方法测温的感温元件与被测对象互不接触，利用物体的热辐射原理和电磁性质来实现测温。它的特点是可测运动物体、小目标及热容量小或温度变化迅速对象的表面温度，也可测温度场的温度分布。

表 6.4-7 是几种常用辐射测温法比较。测温中应注意的问题如下：

（1）接触法测温时注意事项：

1）感温元件与被测对象必须有良好的热接触。

2）感温元件的热容量应尽量小。

3）测量变化温度时应选用滞后时间小的感温元件。

4）感温元件应在被测介质中有一定的插入深度，在气体介质中保护管插入深度应为保护管直径的 10~20 倍。

5）感温元件应有较好的化学稳定性，不易被介质所腐蚀。

（2）用光学高温计和全辐射测温时，只有被测介质是黑体的情况下，温度计才能得到正确读数。在非黑体场合，需根据被测介质的发射率和温度计的读数进行计算，求得真实温度。此外，还必须注意辐射通道上的吸收将会减小温度计的指示读数。

表 6.4-7　辐射温度计种类及测量范围

测温方式	种类	工作光谱范围	感温元件	测温范围/℃	响应时间/s
亮度法	光学高温计	0.4~0.7	肉眼	800~3200	5~10
	光电温度计	0.3~1.2	光电管	≤600	小于 0.5
		0.85~1.1	硅光电池（Si）	≥600~1000	小于 1
		1.80~2.7	硫化铝元件（PbS）	≤400~800	小于 1
	红外温度计	0.85~1.1	硅光电池（Si）	≥600~800	
			硫化铝（PbS）	≤400~800	
		1.8~2.7	热敏电阻	可测-50	
比色法	比色温度计	0.6~1.1	硅光电池（Si）	800~1200 / 1200~200	小于 0.5
全辐射法	全辐射温度计	0~∞	热电堆	400~1200 / 700~2000	0.5~2.5

4.2.2　热通量的测量

热通量（热流密度）是单位面积上的热流率（W/m²），其表达式为

$$q = -k\frac{\mathrm{d}T}{\mathrm{d}x}$$

式中，q 为热通量（W/m²）；k 为材料的热导率［W/(m·K)］；T 为温度（K）；x 为材料在热流方向上的尺寸（m）。

热通量计有多种形式，其中有芯块型、箔或膜片型（或高尔屯）计以及薄膜层型等。

4.3　压力和真空度的测量

4.3.1　压力的测量

测量压力和真空度的方法很多，可根据采用的测量原理分类，主要是以传统的弹性元件受压所产生的形变或位移，变换成与之成比例的有关电量或电信号，经过调理电路（包括放大、滤波、去噪等电路）、运算处理后，用模拟及数字化仪表显示读数或去控制执行机构，或打印成表格。表 6.4－8 为测量压力的常用仪表。

表 6.4－8　　　测量压力的常用仪表

类型	原理	性能特性
电容式	感压膜片受压产生位移，改变电容极板距离，转换成电信号	动态响应速度快，灵敏度高，精度达全量程的 ±0.25%，容易受外界干扰
振弦式	敏感元件受压改变振弦拉紧程度，给出相应频率，或转换成电信号	性能稳定，精度高，可达全量程的 ±0.20%
扩散硅应变式	扩散硅受压，基于压阻效应而改变电阻值，使其输出电信号	结构简单，性能稳定可靠，精度可达全量程的 0.1%～0.20%

续表

类型	原理	性能特性
霍尔式	弹性元件受压产生位移，经霍尔元件（霍尔效应）转换成电信号	灵敏度高，温度影响显著，易受外界磁场干扰
应变式	粘贴在弹性构件上的应变丝或片，受压变化转换成电阻值的变化	电路复杂，冲击、温湿度影响小，可作动态测量，精度可达全量程的 ±0.03%～0.05%
电感式	弹性元件受压产生位移，改变磁路几何尺寸，或导磁体位置而变化，电感转换成电信号	环境要求低，信号可进行多种运算处理
电阻式	弹性元件受压产生位移，移动触点，改变电阻器电阻值	结构简单，耐振动性差
压电式	利用晶体的压电效应，将敏感元件受压转换成电信号	响应速度可达 10kHz，限于动态测量

压力测量中应该注意的事项：

由于测量仪表的结构、测量原理及被测介质的性能不同，在实际测量中，应注意下列问题：

（1）仪表与设备连接时，应保证可靠的密闭性，特别是大于 10MPa 的测量，应选择正确的连接结构、合适的垫料材质。

（2）当被测介质有下列情况时，应考虑采用隔离器等装置，以免堵塞压力通道或有损仪表结构：①含有杂质的介质；②超过仪表允许使用温度的介质；③有黏度或结晶的介质。

此外，对有较大脉冲压力的测量应有缓冲装置，以保证弹性元件的正常工作。

4.3.2　真空度测量和常用真空计及标准

表 6.4－9 是常用真空计的类别、特性及工作原理。

表 6.4－9　　　　　　　　　真空计的类别、特性及工作原理

类别	名称	测量范围/Pa	精度	响应时间	工作原理	备注
测力类	U 形管压力计（汞）	100～100k	50Pa	数秒	根据液柱差测定压力	可用作校准标准
	U 形管压力计（油）	1～2000	5Pa	数十秒～数分钟		油而脱气，已知油密度时不必校准

类别			名称	测量范围/Pa	精度	响应时间	工作原理	备注
测力类			麦克劳真空计	$10^{-3} \sim 1000$	百分之几至几十	几分钟	用气体压缩法通过测量液柱差确定真空度	可作校准标准,不能测量凝缩性气体
			布尔灯管真空计	$1 \sim 100k$	百分之几至几十	原理上只需 10^{-3} s	利用压力差引起的弹性度形测定	需校准
			隔膜真空计(机械式)	$100 \sim 100k$	百分之几十			
			隔膜真空计(电流式)	$10^{-2} \sim 1000$	百分之几			
测量气体分子密度类	热阴极		三极管形电离真空计	$10^{-5} \sim 10^{-1}$	10%~20%	原理上需 10^{-3} s,但当有吸附气体时脱气需数十分钟	发射的热电子引起残留气体电离,测离子电流即可求得真空度	操作时需使电极、管壁去气,注意热阴极灯丝不能烧断
			B–A 电离真空计	$10^{-8} \sim 10^{-1}$	10%~20%			
			舒尔茨真空计	$0.01 \sim 10$				
	冷阴极		α 射线真空计	$0.01 \sim 100k$	10%~20%	电路指示需 10^{-1}s	放射线(α 射线)对残留气体电离作用	低、中真空度时使用方便,需注意放射线
			潘宁真空计	$10^{-5} \sim 2k$	10%~20%	10^{-1}s,但需去气时,数分钟	磁场作用放电产生离子电流	不同气体灵敏度亦不同
			超高真空用磁控真空计	$10^{-11} \sim 10^{-2}$	10%~20%			
测量与气体压力有关的物理量类	热传导		皮氏真空计	$10^{-2} \sim 10k$		数秒	利用气体分子热传导	零点及灵敏度有变化
			热电偶真空计	$10^{-1} \sim 100$	10%~100%	数秒		灵敏度易变化
			热敏电阻真空计	$1 \sim 1000$		数秒		
	其他		诺森真空计	$10^{-5} \sim 0.1$	百分之几	数秒~数十秒	—	原理上可测绝对压强
			黏性真空计	$10^{-4} \sim 10$	百分之几十		气体黏性	

4.4　流量测量

4.4.1　流量测量概述

流量测量通过流量传感器或流量计。但流量计的种类繁多,分类方法也不统一。常用的有如表 6.4 - 10 所示的一些种类。

其他测量方法:

1. 动态比法　该方法用应变式力传感器作为称重元件,监幅器(比较器)-计时系统作为测量装置。

2. 分节式液面计　用两个金属圆管或平板组成的电容传感器来感应液面的变化,当被测液面高度发生变化时,电极间介质常数将随之变化,从而电容量也随着变化。由电容值的变化,计算出液面的高度。

流量是指在单位时间内流经管道或敞开槽某截面处的流体介质的数量。该数量如果用流体介质的体积来表示，则称为体积流量。

流体的体积流量 $q_v = Sv$

式中，v 为某有效截面处的平均流速；S 为流体通过的有效截面积。

流体的质量流量

$$q_m = \rho Sv$$

式中，ρ 为流体的质量密度。

所以，质量流量等于体积流量和流体质量密度的乘积，即

$$q_m = \rho q_v$$

流量测量采用流量计，表 6.4-10 是常用流量计的原理和特性比较。

4.4.2 质量流量计

质量流量计分为直接型和间接型两类。表 6.4-11 为部分体积流量计的性能比较。表 6.4-12 为部分体积流量计性能比较。

表 6.4-10   常用流量计的原理和特性比较

流量计种类	典型产品	工作原理	口径/mm	测量精度（%）	主要特点
速度式流量计	涡轮式流量计 叶轮式流量计	涡轮或叶轮被流体冲转，其转速与流体速度成正比	6~500	0.2~1	测量范围宽，精度高，信号可远传，寿命短，简单，可靠
压差式流量计	靶式流量计 膜式压差流量计 文丘利压差流量计	流体通过节流装置时，其流量与节流装置前后的压差有一定的关系	30~400 50~1000	2	应用广泛，比较成熟，能在大黏度、腐蚀介质中使用
容积式流量计	椭圆齿轮流量计 腰轮式流量计	椭圆齿轮或腰轮被流体冲转，每转一周便有定量流体通过	10~400	0.1~1	精确灵敏，结构复杂，成本高，压力损失大
恒压式流量计	浮子流量计 冲塞式流量计	浮子或转子被流体冲起的高度与流量有关	4~100 15~150	1~2	简单，便宜，灵敏，读数直观，方便
超声波流量计	时间差法、相位差法和频率差法超声波流量计	利用在流速作用下使超声波传播速度变化	25~300	0.5	可实现非接触测量，不适宜于温度波动大的流体测量
流体振动型流量计	卡门旋涡流量计 旋进式旋涡流量计	利用卡门旋涡原理和旋涡的旋进现象	50~500 5~150	1	受温度、压力、黏度影响小，可靠性高，轻便，操作方便
质量流量计	直接质量流量计 间接质量流量计	利用热电阻阻值的变化通过密度或压力温度进行补偿	25~300	0.5~1	直接式结构较简单，使用方便；间接式结构较复杂

表 6.4-11   部分体积流量计的性能比较（一）

流量计类别	节流式（压差）流量计			容积式流量计			
	孔板型	喷嘴型	文丘利管型	椭圆齿轮型	腰轮型	旋转活塞型	皮襄式型
被测介质	液体、气体、蒸汽			液体	液体	液体	气体
管径	50~1000	50~400	150~400	10~250	15~300	15~100	15~25
量程范围/（m³/h） 液体	1.5~1000 50~10000	5~2500 50~26000	30~1800 240~18000	0.005~500	0.4~100	0.2~90	0.2~10
工作压力/kPa	19600	19600	2450	6272~9800	6272	6272	392

续表

流量计类别	节流式（压差）流量计			容积式流量计			
	孔板型	喷嘴型	文丘利管型	椭圆齿轮型	腰轮型	旋转活塞型	皮囊式型
工作温度/℃	可达 500	可达 500	可达 500	可达 120	可达 120	可达 120	可达 40
准确度（%）	$\pm(1\sim2)$	$\pm(1\sim2)$	$\pm(1\sim2)$	$\pm(0.2\sim0.5)$	$\pm(0.5\sim1)$	$\pm(0.5\sim1)$	±2
最低雷诺数或黏度界限/$(\times10^{-6}\,m^2/s)$	>5000	>20000	>80000	500	500	500	—
量程比	3:1	3:1	3:1	10:1	10:1	10:1	10:1
压力损失/kPa	<20	<20	<20	<20	<20	<20	—
安装要求	需装直管段	需装直管段	需装直管段	装过滤器	装过滤器	装过滤器	—
体积、重量	小	中等	重	重	重	小	小
价格	低	较低	中等	中等	高	低	低
使用寿命	中等	长	长	中等	中等	中等	长

表 6.4 - 12　　　　　　　　　部分体积流量计的性能比较（二）

流量计类别	转子流量计		靶式流量计	电磁流量计	旋涡流量计		超声波流量计
	玻璃管转子型	金属管转子型			旋进旋涡型	卡门旋涡型	传播速度差法或多普勒效应法
被测介质	液体、气体		液体	导电液体	气体	气体	
管径/mm	4~100	15~150	15~200	6~1200	50~150	150~1000	10~5000
流量范围/（m³/h）液体	0.001~40 0.016~1000	0.012~100 0.4~3000	0.8~4000	0.1~20000	10~5000	1~30m/s	0.2~10
工作压力/kPa	1568	6272	6272	1568	1568	6272	6800
工作温度/℃	120	150	200	100	60	150	−184~260
准确度（%）	$\pm(1\sim2.5)$	±2	$\pm(0.5\sim1)$	$\pm(1\sim1.5)$	±1	±1	
最低雷诺数或黏度界限/$(\times10^{-6}\,m^2/s)$	>1000	>100	>2000	无限制	—	—	
量程比	10:1	10:1	3:1	10:1	30:1~100:1	30:1~100:1	40:1
压力损失/kPa	98~6860	2940~5880	<24500	极小	107.8	极小	极小
安装要求	要垂直安装	要垂直安装	要垂直安装	无要求	要较短的直管段	要装直管段，且不能倾斜	无要求
体积、重量	轻	中等	中等	大	中等	轻	轻
价格	低	中等	较低	高	中等	中等	较低
使用寿命	中等	长	长	长	长	长	长

4.5 成分分析

4.5.1 成分分析仪的组成及性能

成分分析仪用来对混合物所含的成分进行分析，对混合物的湿度和黏度进行测量。

各种成分分析仪的电路组成大致相同，它们之间的性能比较见表 6.4 - 13。

4.5.2 粉尘测量

测量空气中粉尘含量的常用方法有光散射法、离子电流法和电容法，如图 6.4 - 2 所示。图 6.4 - 2 (a)是光散射式烟雾传感器的原理图。在光源与光敏元件之间设置有屏蔽板，没有粉尘时接收不到光源发出的光，一旦有粉尘时，粉尘微粒对光产生散射，使光敏感元件接收到散射光。这种传感器体积小、质量小、使用安全可靠，其灵敏度与粉尘种类无关。图 6.4 - 2 (b) 是离子电流式粉尘传感器的原理图。放射线源 241Am 放射出微量 α 射线，使两电极平板间空气电离，

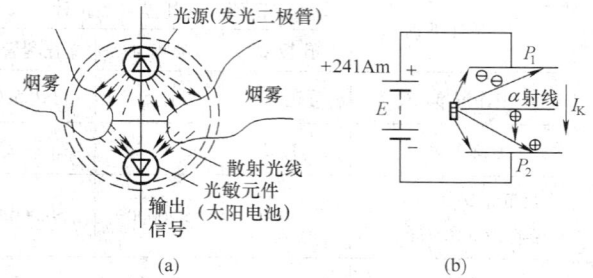

图 6.4 - 2 粉尘传感器

(a) 光散射式烟雾传感器；(b) 离子电流式粉尘传感器

极板间加上电压，则在电极中流过一定的离子电流。当粉尘进入两电极板之间时，由于粉尘有吸附离子及 α 射线的作用，使离子电流减少，测量离子电流即可确定粉尘浓度。这种传感器能检测到连肉眼也见不到的粉尘粒子，但灵敏度随粉尘种类而异。电容式粉尘传感器根据两极板间充有含粉尘空气时，介质常数随粉尘浓度变化的原理制成。

表 6.4 - 13　　　　　　　　　　　常用成分分析仪器的性能比较

仪表类型		基 本 原 理	主 要 特 点	使 用 范 围
热导式气体分析仪		基于混合气体的热导率随其组分变化而变化的物理特性	结构简单，性能稳定，使用维护方便	分析氢、二氧化碳、二氧化硫等气体
热磁式氧分析仪		基于热磁对流现象	量程宽，反应速度快，不消耗被分析气体，稳定性好	混合气体中的氧含量，制氧设备中的氧气纯度
光电色计		加入适当色剂，根据溶液或气体的颜色深浅，来确定其中某种物质的含量	方法简单，但要求能自动添加显色试剂，消除干扰组分的影响有困难	测定某些金属离子及锅炉水中磷、硅等的含量
电导式分析仪		利用溶液的成分与电导率之间有一定关系的特殊性来分析溶液的成分	电极式：结构简单，工作可靠，体积小，电极容易被腐蚀极化，准确度较低 电磁感应式：耐腐蚀，准确度较高，体积大，不宜测低浓度的溶液	分析酸、碱溶液浓度的称溶度计，分析锅炉给水及蒸汽中盐的含量的称为盐量计或工业电导仪
电阻式湿度计		铂丝电极间涂有氯化锂溶液，测其电极电导	测量范围为 15% ~ 100%，温度范围为 - 30 ~ 100 ℃，准确度为 ±2%	固体颗粒及气体的湿度
粘度测量仪	超声波式黏度计	超声波探头置于被测液体中，液体的阻尼变化使信号电压幅度变化，从而测量黏度	测量范围为（5×10^{-7} ~ 5×10^{-3}）Pa·s，准确度为 2% ~ 5%，可测腐蚀性液体，但被测液体中不能有气泡及固体颗粒	化工、石油、造纸、橡胶、塑料、油漆、重油等
	毛细管黏度计	用齿轮泵将被测液体以一定量流量通过毛细管，测量毛细管两端的压差，则反映黏度	测量范围为 10^{-2} ~ 10^3 Pa·s，准确度为 ±（1% ~ 3%），准确度较高，维护简单，可适用高压，对液体清洁度较高	润滑油、掺合燃料油、沥青

4.6 物位测量

物位是指存储容器或工业生产设备中的液体、粉粒状固体、气体之间的分界面位置，也可以是互不相溶的两种液体之间的界面位置。因此，物位的测量，应根据具体的用途分为液位、料位、界位等进行选择。

物料的测量方法很多，所用的仪表、传感器、变送器也各有特点。按测量原理分为压力式、浮力式、电容式、电导式、电感式、阻力式、声波式、微波式、射线式等。

它们测量的原理和特性见表 6.4 - 14。

表 6.4 - 14   常用物位测量仪表的原理及特性

型式	原 理	特 性
电阻式	以金属棒构成的电极，直接测量液位变化来改变极棒的电阻值	测导电液体为主，结构简单，但极棒容易沾污
超声波式	（1）利用超声波在不同介质中被吸收衰减的差别，检测探头前有无物料存在（2）用传播时间法测量超声波透过介质至分界面所需时间，转换成物位高度	可作非接触测量，被测对象广，量程宽，环境条件适应性强，探测可靠准确，可测界面
电感式	用浮子或弹性元件（静压法）受液位变化产生位移，改变导磁体位置而改变电感，转换成电信号	结构简单，检测方便，局限于液位的测量
重锤探测式	由电动机、绕线盘、计数装置等构成的传感器驱动卷杨悬挂在测量带上的重锤，在触及物料失重时，发出相应于物料高度的电信号	适用于块、粒、粉状的料仓料位测量，量程可达 40m
电容式	以极板（平板、圆柱形）构成的电容器探头，直接测量物位变化，来改变极板间电容量	适应多种性质的物料，灵敏度高，可测界面
同位素式	使通过物质的射线，因物位变化而改变其辐射强度，转换成相应的电信号	非接触性测量，对高温、高黏、强腐蚀等恶劣条件介质的特殊测量

物料测量注意事项如下：

（1）防止检测电极和超声波探头表面的沾污，以免影响导电性能和阻滞声波所引起的检测失效。

（2）电容法对不同性质的物料，应选择合适的电容极棒（圆棒、同轴套管、平板），尤其是温度和湿度变化比较大的物料，如粉粒状等对电容量影响较大，给测量带来误差。

（3）超声波测量法应避免在工作区域内有非检测对象的进入和物料进出时撞击发出的声干扰，以免导致检测失误。

（4）重锤探测法应避免正在加料时的检测，否则，容易使物料埋没，重锤造成断带而使检测失效。

（5）同位素测量应有一定的辐射防范措施，以免危及人身安全。

以下是同轴圆柱形极板电容器法测量和超声波法测量物位示例。

1. 同轴圆柱形极板电容器法测量 图 6.4 - 3 是同轴圆柱形极板电容器法测量物位的电路，用同轴圆柱形极板构成的电容器作为极棒，物位改变时，其电容量改变，利用电桥或充放电电路制成物位检测电路，显示相应的物位读数。

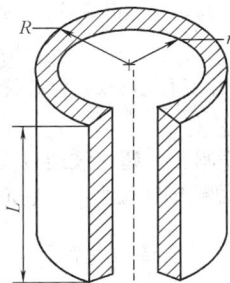

图 6.4 - 3 同轴圆柱形
极板电容器法测量
物位的电路

同轴圆柱形极板构成的电容器电容量

$$C = \frac{2\pi \varepsilon L}{\ln\left(\dfrac{R}{r}\right)}$$

式中，C 为电容量；ε 为极板间绝缘介质介电常数。

图 6.4 - 4 是采用电容法测量液体物位、粉状物位等的示意图。

图（a）导电液体测量

$$\Delta C_x = \frac{2\pi \varepsilon h}{\ln\left(\dfrac{D}{r}\right)} - C_0$$

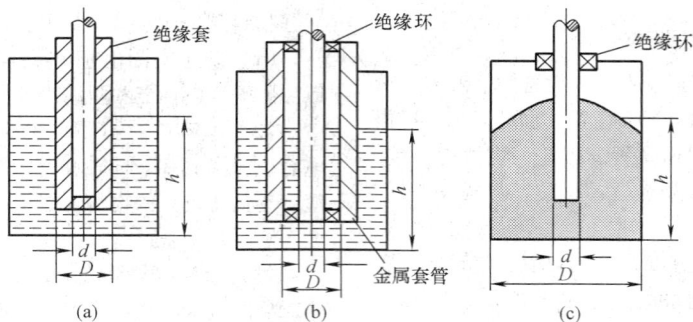

图 6.4 - 4 采用电容法测量液体物位、粉状物位等的示意图
（a）导电液体测量；（b）非导电液（极棒在容器中心）体测量；
（c）非导电粉末状料位测量

图（b）非导电液体测量

$$\Delta C_x = \frac{2\pi(\varepsilon_r - 1)\varepsilon_0}{\ln\left(\frac{D}{r}\right)}h$$

图（c）非导电粉末状料位测量（极棒在容器中心）

$$\Delta C_x = \frac{2\pi(\varepsilon_r - 1)}{\ln\left(\frac{D}{r}\right)}h$$

式中，ΔC_x 为电容变化量；C_0 为芯棒与电容壁（金属）的初始电容。

2. 超声波法测量　超声波透过介质高度 h 所需要的时间 T，可以确定物位高度。它们之间的关系为

$$h = \frac{1}{2}CT$$

式中，C 为超声波在介质中传播速度；T 为超声脉冲在换能器和物位间来回一次的时间。不同的介质应用超声波检测物位示意图如图 6.4 - 5 所示。

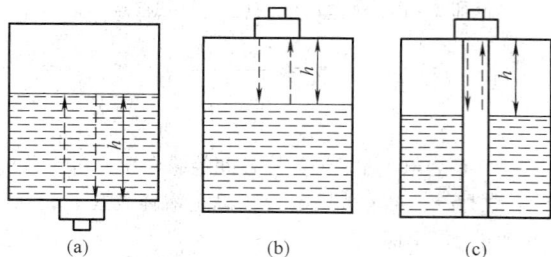

图 6.4 - 5　超声波法检测液位示例
（a）液介式；（b）气介式；（c）固介式

4.7　机械量测量

机械量（如机械力、力矩、位移、机械振动、速度等）首先通过各类传感器，变换成电量，再经过机械仪表或记录仪，显示出这些机械量。

4.7.1　机械量测量仪表组成

大部分机械量测量仪表的一般组成框图如图 6.4 - 6所示。

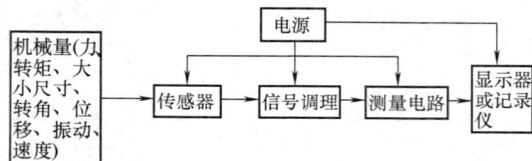

图 6.4 - 6　机械量测量仪表的一般组成框图

4.7.2　力测量

力一般不能直接测量，而是通过传感器变成电量后进行间接测量。常用于力检测的原理、特性和产品见表6.4 - 15。

4.7.3　转矩测量

转矩有静态转矩和动态转矩之分。静态转矩大小不随时间变化（如静止转矩、恒转矩等——其转动轴不旋转）。动态转矩其大小随时间而变化（如振动转矩、过度转矩及随机转矩）。

转矩的测量有平稳衡力法、能量转换法和传递法多种。用于转矩测量的仪表见表 6.4 - 16。

表 6.4 - 15　　　　　　　　　　　常用力检测仪表的原理、特性及产品

力检测仪分类	测量原理	特　点	产　品
电阻应变式称重测力仪	把负载转换成受压物体的应变，采用电阻应变片测量出应变的大小	精度高，响应快，结构强度较高，承受附加侧向能力较强。输出信号较小，过载能力低，负载改变时对测量准确度影响大	各类电子称，轧制力测量仪，张力计等
电容式测力称重仪	把负载转换成电容极板的位移，使电容量发生变化	结构强度高，过载能力强，能消除不均匀负载的影响，准确度高。但测量电路复杂，温度影响较大	轧制力测量仪、电子吊称等
磁弹性式测力称重仪	直接利用承受负载软磁材料的电磁性质变化	输出功率大，内阻低，抗干扰及过载能力强，能消除不均匀负载的影响。响应慢，准确度低，对安装时接触面要求高，安装时要注意防止侧向力和扭力的作用	轧制力测量仪，张力计，电子吊称，电子料斗称等
振弦式测力称重仪	把负载转换成振弦张力变化，使振弦固有频率发生变化	电路输出为频率信号，能远地测量，抗干扰能力强，稳定性好	拉力计，张力计，电子台称等
陀螺式测力称重仪	把负载转换成陀螺进动运动，使进动的角速度发生变化	电路输出为频率信号，动平衡测量过程中，作用力的方向无位移、无滞后，刚度大，线性好，响应快，抗振动干扰能力强，稳定性好，结构复杂	电子称，测力仪等

表 6.4 - 16　　　　　　　　　　　常用转矩测量表的原理、特性及产品

转矩仪分类	测量原理	量程范围	准确度（％）	特　点	产　品
电阻应变式转矩仪	把转矩转换成与测量轴线成 45°夹角方向上产生的最大应变量的变化	5~50000 N·m	±(0.2~0.5)	测量精确度高，量程宽，信号传输大多为集流环接触式测量，安装要求高，调试技术复杂，容易受温度影响，高速测试时误差大，可用非接触式测量	集流环电阻应变式转矩仪，电感传输应变式转矩仪，无线传输应变式转矩仪
相位差转矩仪	采用两个间隔一定距离，并安装于接受转矩轴上的转角感器，把轴的扭转角转换成具有相位差的两个电信号	0.2~100000 N·m	±0.2	非接触式测量，测量准确度高，转速的变化会引起传感器的测量误差	磁电相位差转矩仪，光电相位差转矩仪

转矩仪分类	测量原理	量程范围	准确度（%）	特　点	产　品
振弦式转矩仪	通过转矩耦合环把转矩变换成测量轴扭转角（线位移）变化，再用振弦位移传感器变换成频率信号的变化	轴直径 $\phi 50 \sim 6000$mm 传输的距离	±1	转矩耦合环卡装式结构，安装方便，适用面广，频率信号传输，抗干扰性能好	原轴式功率测量仪
磁弹性式转矩仪	把转矩转换成转轴（由铁磁材料制成），扭转时与测量轴线成45°夹角方向上产生的最大的磁导率（扭应力）变化	$50 \sim 50000$ N·m	±（1~1.5）	非接触式测量，转矩测量与转速无关，没有导电集电环，可靠性高，寿命长，输出电压信号大（10V）	轧机主轴转矩测量仪
脉冲调宽式转矩仪	采用两个相同的开孔圆盘安装于转矩轴上，将受转矩轴扭转的角转换成两个相对位置差的光电流脉冲宽度信号输出的变化	$100 \sim 6000$ 脉冲数/r	±1	转速的变化不引起测量误码差，温度变化影响较大，为保证测量精度电源需要稳压	脉冲宽度转矩仪

4.7.4　位移量测量

位移有线位移和角位移，对它们的测量方法有多种多样，常用的见表6.4－17。

4.7.5　速度测量

速度分为线速度和角速度，测量也是指这两种速度的测量。常用速度测量仪表见表6.4－18。

4.7.6　机械振动量的测量

振动按照振动信号的转换方式有如表6.4－19所示的测量方式。表6.4－20是常用的振动测试仪的原理、特性及测试仪产品。

表 6.4－17　　　　　常用位移量测量仪表的原理、特性及产品

位移测试仪分类	测量原理	准确度	量程范围	特　点	产　品
滑动电阻式	位移使电阻线工作长度变化，从而改变电阻值	0.1%	（线）(0~1~300)mm （角）0°~300°	结构及电路简单，价格低，输出大，一般不需要放大，受环境影响小，性能稳定。不耐振，有磨损，动态响应差，可靠性差，寿命短	线绕式电位器结构
		0.5%	（线）(0~1~100)mm （角）0°~40°		非线绕式电位器结构
应变片式	电阻应变效应（位移引起应变，从而改变电阻值）	0.1%	ε：0%~0.15%	尺寸小，价格低，重量轻，灵敏度、准确度及分辨率高，测量范围大，适宜于静态测量。半导体应变片输出大，但有非线性，稳定性差。非粘贴式结构不够牢固，阻值及灵敏系数分散性较大	非粘贴式
		0.1%	ε：0%~0.3%		粘贴式
		2%~3%	ε：0%~0.25%		半导体式

续表

位移测试仪分类	测量原理	准确度	量程范围	特 点	产 品
差动变压器式	将位移转换成线圈互感量变化	0.5%	（0 ～ 2.5 ～ 750）mm	测量力小，无滞后，线性度好（0.05%），输出灵敏度高（0.1～5V/mm），负载阻抗范围宽，但有零点残余电压，有相位差	直线位移测量仪
差动电感式	将位移转换成线圈电感量变化	3%	（0 ～ 2.5 ～ 5×10^3）mm	测量力小，无滞后，线性度好（0.05%），输出灵敏度高（0.1～5V/mm），负载阻抗范围宽，但有零点残余电压	直线位移测量仪
感应同步器	将位移转换成两个平面形印制电路绕阻的互感量变化	1%；0.1%～0.7%	长感应同步器时为1050mm，圆感应同步器时为ϕ385mm	非接触，寿命长，检测准确度高，分辨率高（可达1μm），测量长度不受限制，温度影响小。测量电路复杂，输出信号小	圆感应同步器长感应同步器
光栅式	将位移转换成随标尺光栅移动而产生的横向莫尔条文移动数变化	0.1μm 0.15μm	直线时为200mm；圆光栅时为 ϕ70～100 mm	测量准确度高（0.2μm），输出数字信号，光栅刻度工艺要求高，光电信号中夹杂有慢变化干扰信号	直线光栅位移测量仪圆光栅位移测量仪
电容式	将位移转换成极板电容量的变化	0.05%	0～100 mm	结构强度高，动态响应好，测量准确度高（0.01%），分辨率高（0.1μm）。测量电路复杂，容易受干扰影响	直线位移测量仪
激光式	光波干涉效应	<0.1μm	（0～10～15^5）m	结构复杂，测量范围大，准确度、分辨率高。可用于工作距离、工作尺寸、位移等的精密测量	
霍尔式	位移通过霍尔元件引起磁感应强度变化，因而改变霍尔电动势	0.5%	（0～0.5～2）mm	灵敏度和分辨率很高，测量范围小适用于微位移机械振动测量	
光导纤维式	位移改变接收光量	0.25μm	0～0.1mm	分辨率、准确度高，量程小	
增量型轴角编码器	通过编码器将角位移（转角）转换成脉冲信号		600 脉冲数/r	结构简单，容易实现零位调整，和旋转方向判别。抗干扰能力差，无停电记忆	辊间距测量仪

续表

位移测试仪分类	测量原理	准确度	量程范围	特　点	产　品
绝对型轴角编码器	通过编码器将角位移（转角）转换成二进制数码信号	$0.2\mu m$	2^{14}位	能停电记忆，抗干扰能力较强。但结构复杂，不易判别旋转方向	

表 6.4 - 18　　　　　　　　　　　常用速度测量仪表的原理、特性及产品

速度测量仪分类	测量原理	测量范围	特　点	产　品
透光式速度检测仪	利用两刻线盘的相对运动，形成明暗窗口，通过光电作用，把速度变换成频率（脉冲波）	$(6\sim7)\times10^5 r/min$	能测量极低转速，输出大，加工方便	光电转速仪，手持式数字转速仪
反射式速度检测仪	利用被测点由反光面到无反光面（或相反变化时），通过光电作用，把速度变换成脉冲频率	$(30\sim4.8)\times10^5 r/min$	不增加被测轴的负载，但被测轴直径应大于2mm	光纤转速仪
霍尔元件式速度检测仪	利用磁性元件转动时与霍尔元件交链的磁通发生变化，把速度变换成霍尔电动势的变化	$6000r/min$	无触点、频率范围宽，寿命长	霍尔测速仪
激光式速度检测仪	利用多普勒频偏原理	$0.1mm/s\sim1000m/s$	能直接测量线速度，准确度高，量程宽，频率响应快，实时性好	激光式线速度测量仪
磁电式速度检测仪	利用感应齿轮与感应齿座相对角位移时磁路中产生的磁阻变化	$30\sim5000r/min$	环境适应性强，温度变化不影响测量准确度，结构简单，刚性寿命长（半永久性）。但低速测量性能差	传送带传速速度测量仪

表 6.4 - 19　　　　　　　　　　　振 动 测 量 分 类

名称	原　理	优 缺 点 与 应 用
电测法	将对被测对象的振动量转换成电量，然后用电量测试仪器进行测量	灵敏度高，频率范围及动态、线性范围宽，便于分析和遥测，但易受电磁场干扰，是目前最广泛采用的方法
机械法	利用杠杆原理将振动量放大后直接记录下来	抗干扰能力强，频率范围及动态、线性范围窄，测试时会给工件加上一定的负荷，影响测试结果，用于低频大振幅振动及扭振的测量
光学法	利用光杠杆原理、读数显微镜、光波干涉原理以及激光多普勒效应等进行测量	不易受电磁场干扰，测量精度高，适用于对质量小，不易安装传感器的试件作非接触测量，在精密测量和传感器、测振仪定标中应用较多

表 6.4 - 20　　　　　　　　常用的振动测试仪表的原理、特性及测试仪产品

振动测试仪分类	测试原理	测量范围	准确度	特　　点	仪器产品
电阻应变式加速度传感器	质量和加速度使弹性元件变形,粘贴其上的应变片随之变形,因为质量是固定的,所以输出信号正比于加速度	$50 \sim 1500\mathrm{g}$	±(2%~3%)	温度影响小,测量线路简单,结构简单	电阻应变式测振仪
压电式加速度传感器	根据压电晶体物质所受压力大小产生一个可变的电信号,当晶体被一个加速度力加载时,所得到的电信号正式比于力,从而也正比于加速度	$3 \times 10^{-3} \sim$ $5000\mathrm{g}$	±5%	使用频率范围宽,质量小,测量线路较复杂	压电式测振仪
磁电式加速度传感器	利用被测物体振动时,壳体也随之振动,但线圈阻尼器、芯杆等组成的质量系统基本不动,因此线圈与磁钢产生相对移位,感应电动势大小与振动加速度成正比	$1 \sim 10000\mathrm{g}$	±(2%~3%)	在测量低频振动(1Hz)时,误差大,频率高于 20 Hz 时,仪表指示与频率基本无关	磁电式测振仪
电涡流位移传感器	被测导体接近传感器时,产生电涡流,两者之间距离位移变化时,传感器输出信号也随之变化	$0.5 \sim 30\mathrm{mm}$	±(1%~1.5%)	非接触式测量,抗扰能力强,输出信号大	电涡流式测振仪

4.8　噪声测量

噪声测量是指对声压级、声功率级、声强和噪声的频谱测量。其中声功率级不能直接测量,只能在规定的测量条件下,测量声压级频谱后由换算得到。噪声测量仪电路组成如图 6.4 - 7 所示。测量稳态噪声可用普通声级计,如测量噪声的频谱可用 1/3 倍频程滤波器或带宽更加窄的滤波器的频谱分析仪,也可以用实时分析仪进行噪声的频谱分析。表 6.4 - 21 为几种国产 CH 系列电容传声器的性能比较。

声级计按精度分类有四级,见表 6.4 - 22。电路组成如图 6.4 - 8 所示。

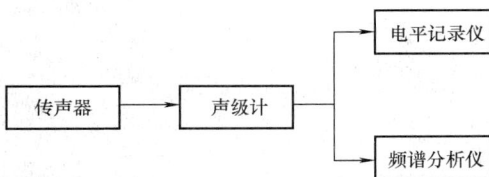

图 6.4 - 7　噪声测试仪组成框图

表 6.4 - 21　几种国产 CH 系列电容传声器的性能比较

型　号	直径 /mm	灵敏度 /(mV/Pa)	频响 /Hz	动态范围 /dB	极化电压 /V	频率响应
CH11/ CH12	24	50	20~18k / 20~7k	20~146	200	自由场/ 压力场
CH13 / CH14	12	10	20~40k / 20~20k	32~160	200	自由场/ 压力场
CH16 / CH18	6 /3	1 /0.3	30~70k / 30~140k	70~180 / 90~184	200	压力场

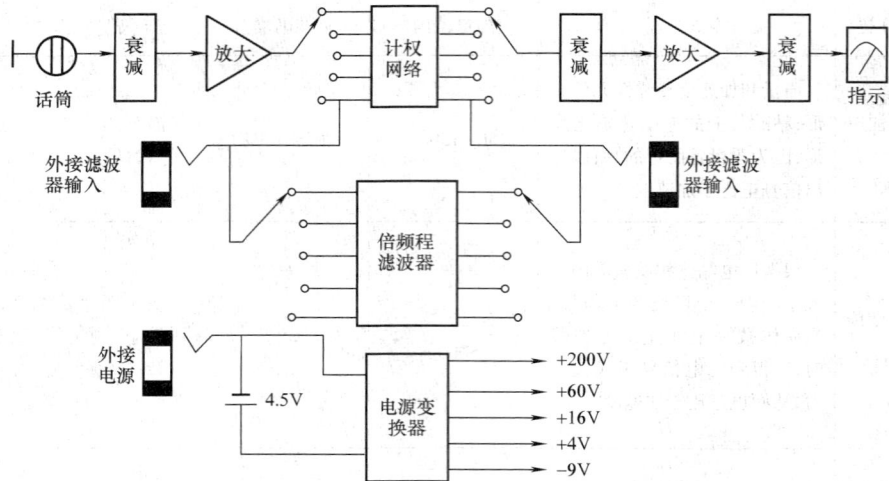

图 6.4－8 声压计电路原理框图

表 6.4－22 声级计分类

型 式	0 型	Ⅰ 型	Ⅱ 型	Ⅲ 型
名 称	测量放大器	精密声级计	普通声级计	普通声级计
精 度	±0.4dB	±0.7dB	±1dB	±2dB
使用场合	实验室	实验室	一般场合	一般场合

声压计中设有 A、B、C 挡计权网络，它对不同频率的噪声电压有不同特性的衰减。因为 A 计权网络更接近于人耳的听觉特性，目前被广泛采用。C 计权网络主要用于声频范围内的总声压级的测量。

噪声测量中的注意事项如下：

（1）根据声源体积，传声器离声源为 1m、0.5m 或 0.3m，而距离地面高度为 1.5m。同时应考虑声源附近的反射面对声波反射的影响。因此测试点距反射面要大于 2～3m。

（2）传声器应在声源四周均匀分布，不小于 4 点，如果相邻两测点的声压级相差 5dB 以上，则应增加测试点。

（3）如果被测噪声级很高，传声器宜选在相距声源 5～10m 远处。

除此之外，噪声测量时，应使声级计指针偏摆 0dB 以上，最好在满量程的 2/3 左右摆动。若指针摆幅超过 4dB，应选"慢"挡读数。测量时要求环境噪声比实际测得的声源噪声低 10dB 以上，否则要减去环境噪声修正值 L_{p1}。如果实测总噪声级与环境噪声相差小于 3dB 时，应把声源置于安静环境中再测量。环境噪声的修正值 L_{p1} 见表 6.8－23。在计算声源噪声级时，应取各测量点声压级的算术平均值。如果两个测量点的声压级相差大于 5dB 时，应按照下式计算平均声压级

$$L_p = 10 \lg \frac{1}{n} \left[\lg^{-1} \frac{L_p(1)}{10} + \lg^{-1} \frac{L_p(2)}{10} + \cdots + \lg^{-1} \frac{L_p(n)}{10} \right] dB$$

式中，n 为测试点数目。

表 6.4－23 环境噪声修正值 L_{p1}

实测总噪声级与环境噪声级的差值/dB（A）	3	4～5	6～8	9～10	>10
环境噪声级修正值 L_{p1}/dB（A）	3	2	1	0.5	0

第 5 章 常 用 电 测 仪 表

5.1 电气测量仪表

按测量电路的类型可将电气测量仪表分为模拟仪表和数字仪表。按测量结果表现方式可将其分成指针式仪表和数显式仪表。

5.1.1 模拟仪表

模拟仪表是指通过模拟（电子）电路实现测量目的的仪表。传统的电气测量仪表都是模拟仪表，这类仪表一般是通过机械指针的偏转来指示被测量大小的，也称其为模拟指示仪表。模拟指示仪表的分类和应用范围见表 6.5－1。

5.1.2 数字仪表

数字仪表是通过数字（电子）电路实现测量目的的仪表。一般而言，数字仪表并非全由数字电路构成，而是由模拟调理、模数转换、数码显示等部分组成。模数转换器（A／D 转换器）是数字仪表最重要的功能部件，常用的有积分型、逐次逼近型等。数字电压表（DVM）是最基本的电气测量仪表，其工作原理及分类见表 6.5－2。

表 6.5－1　　模拟指示仪表的分类和应用范围

分类		磁电系	电磁系	电动系	铁磁电动系	静电系	感应系	热电系	整流系	电子系
标志符号										
型号符号		C	T	D	D	Q	G	E	L	Z
作用原理		利用动圈内电流在固定的永久磁铁磁场中作用力动作	利用动铁片与通有电流的固定线圈之间作用力动作（吸引型），或在通电线圈磁场中动铁片与固定铁片相互排斥动作（排斥型）	利用通电流的动线圈与通电流的固定线圈之间的作用力动作	在电动系仪表固定线圈中加入铁磁体组成磁路，以增加磁场，动作原理同电动系	利用电荷静电作用力动作	利用交变磁场与该磁场在可动部分中所感应电流间的作用力动作	利用热电量测量机构由被测电流过热电偶热电势工作	利用整流器将被测交流电变为直流电，再用磁电系测量机构测量	利用电子线路配合磁电系等测量机构而工作
制成仪表类型		A、V、Ω、MΩ、检流计、钳形表	A、V、Hz、$\cos\varphi$、同步表、钳形表	A、V、W、Hz、$\cos\varphi$、同步表	A、V、W、Hz、$\cos\varphi$	V、象限计	主要用于电能表	A、V、W	A、V、Ω、Hz、$\cos\varphi$、万用表	V、阻抗表
工作电流		直流	交直流	交直流	交直流	交直流	交流	交（直）流	交流	交直流
测量范围	电流/A	$10^{-11}\sim10^2$	$10^{-3}\sim10^2$	$10^{-3}\sim10^2$	$10^{-7}\sim10^2$		$10^{-1}\sim10^2$	$10^{-3}\sim10$	$10^{-5}\sim10$	
	电压/V	$10^{-3}\sim10^3$	$1\sim10^3$	$1\sim10^3$	$10^{-1}\sim10^3$	$10\sim5\times10^5$	$10\sim10^3$	$10\sim10^3$	$1\sim10^3$	$5\times(10^{-3}\sim10^2)$
	频率/Hz	直流	工频，可扩展到 5kHz	工频，可扩展到 10kHz	一般工频	10^8	用于工频	$<10^8$	工频，可扩展到 5kHz	10^8 均 $<10^8$

续表

分类	磁电系	电磁系	电动系	铁磁电动系	静电系	感应系	热电系	整流系	电子系
消耗功率	<100mW	较小	较大	较小	极小	较小	小	小	较小
最高准确度等级	0.05	0.1	0.05	0.2	0.1	0.5	0.2	1.0	1.0~5.0
分度特性	均匀	不均匀	不均匀、W 表均匀	不均匀、W 表均匀	不均匀		不均匀	接近均匀	
过载能力	小	大	小	小	大	大	小	小	

表 6.5－2　　　　　　　　　　　　　　数字电压表的工作原理及分类

类型	转换方式	工 作 原 理	准确度	分辨力	采样速度	抗扰能力	线路结构
逐次逼近型	电压→数字量	被测电压与 DAC 输出电压（从高位到低位逐位为 1）进行比较，其比较结果决定该位是留是舍，工作原理类似于天平称重	较高	较高	快	差	较复杂
斜坡型	电压→时间→数字量	把斜坡电压与被测电压比较，并对斜坡电压由零变到被测电压时所需要的时间编码	较低	不高	不快	差	简单
双斜积分型	电压→时间→数字量	用同一积分器对被测电压做定时积分，再对标准电压做反向积分，并确定积分值返回零所需的时间，对此时间编码	较高	高	慢	强	较简单
电压-频率转换型	电压→频率→数字量	对被测电压积分，当积分输出达到一定电平时，标准脉冲发生器发出频率与被测电压成正比的脉冲串，并由数字频率计测量					
脉宽调制型	电压→时间→数字量	被测电压被准确地调制成脉冲宽度，再对正、负脉冲宽度之差进行计数					
余数再循环型	电压→频率→数字量	输入放大器连续放大剩余电压，放大器的输出与一个用二—十进制计数器驱动的阶梯波电压相比较，其差值（余数）又反馈到放大器输入端，如此循环比较，进而得到被测电压读数	高	高	慢	强	复杂
二次采样积分反馈型	电压→时间→高位数字量 电压差值→频率→低位数字量	这是一种 V/F 加反馈比较式的模数转换形式。先由 V/F 转换型原理，将被测电压计入计数器高位，再用 D/A 转换器将计入的电压反馈到输入端，用 V/F 转换器将电压差值计入计数器低位					

续表

类型	转换方式	工作原理	准确度	分辨力	采样速度	抗扰能力	线路结构
三次采样积分反馈型	电压→时间→高位数字量 电压差值→时间→低位数字量 零点漂移电压→时间→校零数字量	用双斜积分型原理，将被测电压计入计数器高位，再用 D/A 转换器将计入的电压反馈到积分器输入端，用双斜转换原理将电压差值计入计数器低位，再用双斜转换原理将零点漂移电压转换成数字量，在计数器结果中减去其影响	高	高	慢	强	复杂
二次采样电感分压型	电压→时间→高位数字量 电压差值→时间→低位数字量	先用感应分压器逐次逼近方式转换被测电压成数字量，计入计数器高位，再用双斜积分原理转换逐次逼近后的剩余电压成数字量，计入计数器低位					

5.2 电气测量仪表的配套附件

5.2.1 电量变送器

电量变送器是把被测电量变换为与之成正比的直流电量输出的装置。其直流输出量通常为 0~5V、1~5V 或 0~10mA、4~20mA 的标准信号。电量变送器的原理和种类见表 6.5-3。

5.2.2 电压互感器

电气测量仪表用的电压互感器常用来扩大电压表或电压测量装置的电压量限，其准确度一般在 0.2 级以上。通常选用双级电压互感器和有源电子补偿电压互感器，其特点见表 6.5-4。

表 6.5-3　　　　　　　　　　　　　　　　电量变送器的原理和种类

种类	变换	原理框图	原理说明	备注
交流电流、电压变送器	将被测交流电流或交流电压变换为与其成线性比例的直流电流或直流电压	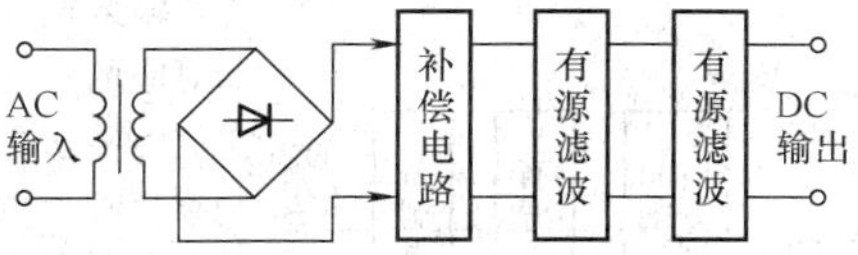 AC输入→整流→补偿电路→有源滤波→有源滤波→DC输出	被测信号经互感器耦合，送入整流滤波电路，转换成单向脉动电压，经有源滤波输出非常稳定的直流电压。补偿电路用于补偿小信号时互感器铁心磁化曲线的非线性影响和改善整机温度特性	电流、电压变送器，有效值变送器，峰值变送器，超低频电流、电压变送器和展开式电压变送器等
直流电压变送器	将各种幅度的直流电流、电压变换成标准的直流电流或直流电压	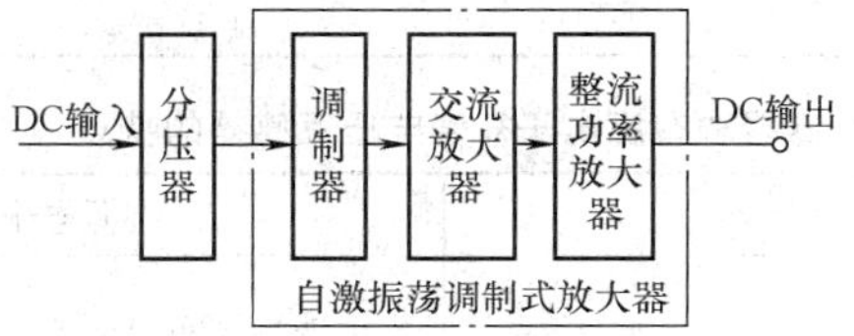 DC输入→分压器→调制器→交流放大器→整流功率放大器→DC输出 自激振荡调制式放大器	被测直流电压经分压器输入到自激振荡调制式放大器后得到直流电压或电流输出	
直流电流变送器		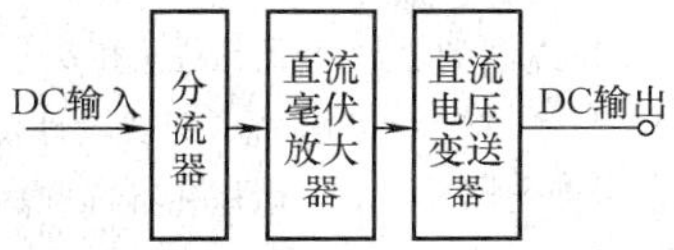 DC输入→分流器→直流毫伏放大器→直流电压变送器→DC输出	被测直流电流经过直流毫伏放大器放大，再输出给直流电压变送器	

续表

种 类	变 换	原 理 框 图	原 理 说 明	备 注
频率变送器	将被测信号频率与所选择的中心频率偏差转换成与其成线性比例的直流输出电流或电压	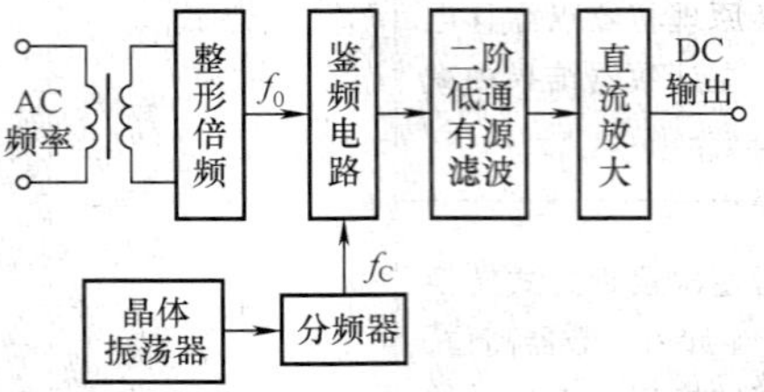	被测信号经互感器耦合，输入到整形倍频电路变换成矩形波，该信号与由晶体振荡器产生的标准信号一起加到鉴频电路，再经滤波、放大，在输出端得到一个与被测信号频率和所选中心频率偏差成线性比例的稳定直流电流或电压输出	一般有两种输出形式，一种以被测信号频率偏离中心频率的负向额定偏差对应直流输出的零位，正向额定偏差对应直流输出的满度值；另一种以被测信号的中心频率对应于直流输出的零位，以被测信号频率偏离中心频率的正向和负向频率偏差对应于直流输出的正负满刻度值
相位角变送器	将两个不同频率、同类波形信号之间的相位角转换成与其成线性比例的直流输出电流或电压	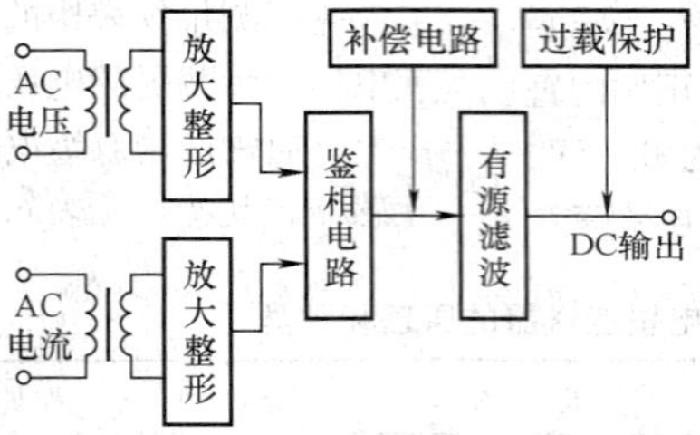	采用鉴相式原理	有单相和三相之分。也有可测两个同频电压之间的相位角，可用于线路并网同步监测
有功功率、无功功率变送器	将被测信号的有功功率或无功功率转换成与其成线性比例的直流输出电流或电压	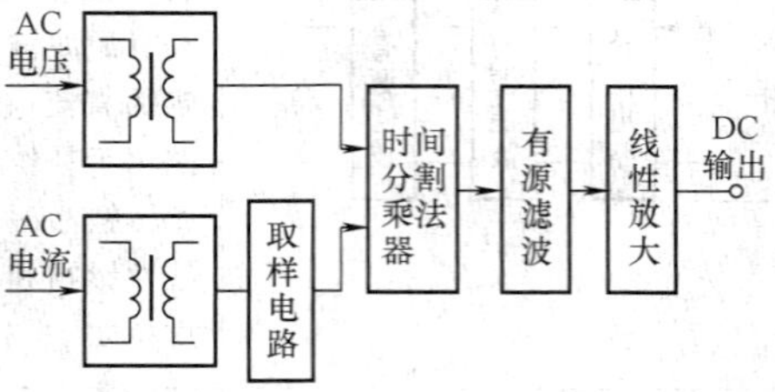	输入电压的瞬时值与对应的输入电流的瞬时值由乘法器实现连续相乘，所得的瞬时乘积经有源滤波器进行积分运算和线性放大，输出与被测功率成线性比例的直流电流或电压	有单相和三相之分。可采用多种原理实现，如霍尔元件、集成模拟乘法器、磁饱和振荡器等

表 6.5 - 4　　　　　　双级电压互感器和有源电子补偿电压互感器的特点

种 类	双级电压互感器	有源电子补偿电压互感器
特 点	在较低电压时，通常采用双铁心不分开绕制的紧凑结构；在较高电压等级时，双级电压互感器常采用双铁心分开绕制的紧凑结构 电压比准确度高，空载误差得到补偿	由铁心线圈和电子补偿两个基本部分组成。补偿后互感器的误差由两个部分组成：①辅助互感器 T_r 自身的误差 f 和 δ；②标准参考互感器 T_0 自身的误差 f_0 和 δ_0，只要设计合理，这两个量均可很小 电压比准确度高，允许负载变化范围较大

5.2.3　电流互感器

电气测量仪表用电流互感器也是用来扩大电流表或电流测量装置电流量限的，为了提高准确度，改善小电流时磁化特性的非线性，通常需要进行补偿。常用自动补偿式电流互感器，这类互感器特别适用于二次电流较小的应用场所，且具有性能稳定、线性度好等特点。

5.2.4　分流器

直流电阻式分流器通常采用温度系数很低的金属材料制成，实际上就是一只低阻值的精密电阻器，主要用于扩大电流表的量限，扩大范围为几十到几千安。较小的分流器可以放在仪表外壳之内，而较大的分流器，一般都安装在仪表外壳之外（称外附分流器）。分流器一般标明"额定电流"和"额定电压"值，它们表示分流器在标定精度下的使用范围，超出额定范围使用时，精度将下降，并可能会导致超过允许功耗而损坏。

5.2.5　分压器

主要用于扩大电压表的量限，扩大范围为几十到几千伏。分压器有两种类型，即定阻输入式和定阻输出式分压器。采用分压器测量电压时，后级电路的输入电阻应尽可能大，以免分压器电阻作为被测信号内阻而影响测量精度。

使用直流分压箱时的注意事项：①正确选择分压比；②分压箱的输入输出不能接反；③使用时外壳应可靠接地；④接线时，正负极性不能接反。

5.3　电位差计和电桥

电位差计和电桥是将被测量与其标准量进行对比的比较式仪表，主要用于精密测量电压、电路参数以及与它们具有函数关系的电量和非电量。

5.3.1　电位差计

1. 直流电位差计　可直接测量直流电动势或电压，也可间接测量电流、电阻和功率。它具有测量结果稳定和不改变被测对象工作状态的优点。准确度一般为 $10^{-4} \sim 10^{-5}$，最高可达 10^{-7} 数量级，主要分为电阻比例式和直流电流比较式两种。

2. 交流电位差计（交流补偿器）　必须具有调节已知电压幅值和相位的功能，它分为直角坐标式和极坐标式两种类型。

5.3.2　无源电桥

电桥的原理和应用范围与电位差计类似。桥臂不包含有源器件的电桥称为无源电桥。

1. 直流电桥　它是测量直流电阻的仪器。通常分为电阻比例臂电桥（包括单电桥和双电桥）和直流电流比较仪式电桥。直流单电桥的特点：线路简单，适宜测量 $10 \sim 10^{6}\,\Omega$ 的电阻。直流双电桥的特点：引线电阻和接线电阻对其测量影响小，适宜测量 $10^{-6} \sim 10^{4}\,\Omega$ 的电阻。直流电流比较仪式电桥的特点：分辨力、线性度和准确度可达 10^{-7} 数量级，用于量子霍尔电阻和直流精密的电测量。

2. 交流电桥　通常分为阻抗比例臂电桥和变压器比例臂电桥两大类。多用于精密测量交流电阻、时间常数、电容、损耗因数、自感、互感、品质因数等参数。

5.3.3　有源电桥

桥臂电路包含有源器件的电桥，它改善了电桥的性能，降低了对屏蔽和防护的要求。该电桥多制成自动数字式电桥和微机化电桥。

1. 数字式电桥　工作原理是利用桥路的非平衡信号，通过鉴相使该信号的实部分量和虚部分量完成分解，然后对它们分别进行放大和数字化处理，并反馈控制两个有源桥臂的电导，以使桥路达到平衡状态。被测参数与桥臂标准件、信号源频率及其反馈量具有确定的关系，从而可以用数字的方式显示出被测参数的大小。

2. 微机化电桥　规模数字集成电路很难完成复杂的数学运算，因此，数字式电桥除了脉冲计数及其数字式显示外，其他功能基本还是采用模拟解决方案。微机化电桥由于内含专用微处理器，故具有较强的运算和控制功能。通过对被测参数的直接采样及其数字化，便可在软件支持下自动完成全部测量工作。其优点除具有数据信号处理、自校准、自修正和自诊断功能外，还带有 IEEE – 488 仪器通用标准接口，用以把电桥与其他仪器设备以及计算机连接在一起，构成自动测试系统。

5.4　函数信号发生器和标准源

5.4.1　函数信号发生器

信号发生器是产生电信号的仪器，主要要求是输出信号的波形和频率。通用信号发生器的分类见表 6.5 – 5。

5.4.2　标准信号源

标准源也是产生电信号的仪器，但以输出电信号幅值为主要要求。标准源的分类见表 6.5 – 6。

表 6.5-5　　　　　　　　　　　　　　　　　　通用信号发生器的分类

分　类		范　围	用　途
正弦信号发生器	超低频型	$(1×10^{-3}~1×10^{4})$Hz　一般兼有方波、锯齿波等波形	在各种无线电设备和仪器仪表测试工作中作为信号源
	低频型	$(10~1×10^{6})$Hz	
	高频型	$(10^{3}~3×10^{4})$Hz　有时兼有调幅波输出	
	超高频型	3~300MHz　一般兼有调幅和(或)调频功能	
	微波型	>300MHz　一般兼有调幅和(或)调频功能	
函数信号发生器	函数信号发生器	输出波形：正弦波、方波、三角波、锯齿波、矩形脉冲波、尖脉冲波等多种波形　频率范围为$(1~1×10^{8})$Hz	各种无线电设备和仪器仪表测试
	任意波形发生器	输出波形：除函数信号发生器的输出波形外，还可以输出用户定义的任意波形以及群脉冲等　频率范围为$(0.001~1×10^{5})$Hz	
脉冲信号发生器	通用型	$(1~1×10^{8})$Hz，脉冲前、后沿、脉宽延时可变，一般可输出双脉冲	逻辑电路、换流器调试、大功率晶体管测试等
	编码型	$(1~1×10^{8})$Hz，输出脉冲按一定的规律编码	用于数字通信等领域

表 6.5-6　　　　　　　　　　　　　　　　　　标准源的分类

分　类		输出分段及频率范围	准确度等级	用　途
直流标准源	直流标准电压源	$(0~0.1~1000)$V	0.0005，0.001，0.002，0.005，0.01，0.02，0.05，0.1 级	作为标准仪器校准直流指针式电表和数字电表，在自动测试系统中作为标准信号源
	直流标准电流源	$(0~1×10^{-4}~10)$A	0.01，0.02，0.05，0.1，0.2 级	
交流标准源	交流标准电压源	$(1~100mV~1000)$V　20Hz~1MHz	0.005，0.01，0.02，0.05，0.1，0.2，0.5 级	作为标准仪器，校准交流指针式电表和数字电表，在自动测试系统中作为正弦波交流标准信号源
	交流标准电流源	$(0~100μA~10)$A　20Hz~1MHz	0.02，0.05，0.1，0.2，0.5 级	
	交直流标准源	交直流电压、电流指标同前　电阻为 1Ω，10Ω，100Ω，…，1MΩ　电阻准确度等级为 0.0005~0.1 级		主要用于校准指针式和数字式万电表

5.5　计数器和示波器

5.5.1　电子计数器

由计数电路组成，用于脉冲计数。通过被测信号频率或周期与已知标准频率（如晶体振荡器）相比较的方法，可用于测量频率、周期、时间间隔等，具有准确度高、速度快、自动化程度高、显示直观、操作方便等特点。

电子计数器按用途分有：①测量用计数器，包括通用计数器、频率计数器和时间计数器等；②控制用计数器，主要是具有特殊功能的特种计数器，包括可逆计数器、预置计数器、序列计数器和差值计数器等。

1. 通用计数器　许多产品带 GP-IB 接口，有数据压缩和自动触发功能。主要性能为：

频率测量范围：一般为 DC~500MHz，扩展后可达 1GHz。

频率分辨率：每秒闸门 1Hz。

灵敏度：约 10 ~ 20mV。

单次时间间隔分辨率：1ns。

平均时间间隔分辨率：10ps。

2. 高速计数器　可高速测量，便于直读测量结果。目前最高计数频率可达 1500MHz。

3. 倒数计数器　也可高速测量，其特点是先测周期，然后自动计算并显示被测频率。

4. 集成化电子计数器　采用大规模集成电路，实现电子计数器小型化、低成本。

5.5.2　模拟示波器

它是一种通过阴极射线示波管显示的综合性测试设备。可测试信号的幅度、频率、周期、相位等参数，也可对信号进行时域分析。常用的有通用、双踪、双扫描等类型。

1. 通用示波器　采用单束示波管，电子射线的垂直偏转距离正比于信号瞬时值，水平偏转距离正比于时间。可用于定性和定量观测一般时域信号的波形。

2. 双踪示波器　具有两个垂直通道，由电子开关控制，轮流接通两通道信号，便可在荧光屏上显示出两路信号波形。可用于比较被测系统的输出和输入信号，观测和比较被测电路的各点波形，测量相移等。

3. 双扫描示波器　有两个独立的触发电路和扫描电路，两路扫描速度可以相差很多倍。特别适用于观测和分析两个频差较大的脉冲序列信号。

5.5.3　数字示波器

它是一种首先通过模拟/数字转换，然后采用现代数字信号处理方法实现的综合性测试设备。除了具有模拟示波器的功能外，通常还有数据处理、存储、传输等功能，也可对被测信号进行时域甚至是频域分析。常用的有数字存储示波器和取样示波器等。

1. 数字存储示波器　由信号调理、取样、控制、存储和读出显示等部分组成。具有数据处理、波形存储、捕捉和显示瞬态单次信号等功能。在观测触发点之前的信号时，具有模拟示波器无法相比的重复性和准确度；并具有计算机 I/O 和硬拷贝等功能。用于长期存储波形，进行负延迟，观测单次过程和缓慢变化的信号，有多种显示方式，可进行数据处理及功能扩展等。

2. 取样示波器　利用非实时取样技术将高频、快速的重复信号变换成低频、慢速的信号，用通用示波器显示方法将取样变换后的信号显示出来，解决了通用示波器的频带受限问题，频带可达 100GHz，用于高频重复信号的采样。

5.5.4　频谱分析仪

用于分析电信号的频率分量（频率分布），即频域分析。频谱分析仪是信号频域分析不可缺少的仪器。

1. 模拟式频谱仪　以模拟滤波器为基础，经过放大的信号被中心频率不同的大量窄带选频滤波器所分离，从而得出频谱图。由于只用了一个检波器，因此是非实时分析。

外差式频谱仪中频固定，采用外差方法选择所需频率分量，通过扫频振荡器达到选频目的。因此，可省去大量选频滤波器。该频谱仪也是非实时分析。

2. 数字式频谱仪　①数字滤波法，以数字滤波器为基础，中心频率由控制器与时基电路使之顺序改变；②傅里叶分析法，以快速傅里叶变换为基础，用计算机按快速傅里叶变换（FFT）的计算方法求出信号频谱。该频谱仪可得到被测信号的幅度和相位信息，且通常做成多通道形式，这样不但可以同时分析多个信号的频谱，而且可得到各信号间的关系，例如相关函数、交叉频谱等。

5.5.5　逻辑分析仪

用于观测和分析以高低电平组成的逻辑信号（数据流），特别是观测不规则的单次触发的多路信号。利用其独特的触发方式及存储功能对数据流中所需要的部分进行显示。可以显示触发字以后或以前的信息，而触发字可以根据需要预选。

1. 逻辑状态分析仪　以"0""1"字符或助记符显示被测系统的逻辑状态。其特点是显示直观，显示的第一位与各通道的输入数据一一对应。状态分析仪对系统进行实时状态分析，即检查在系统时钟作用下总线上的信息状态。它用被测系统的时钟来控制记录速度的，与被测系统同步工作。它还能有效地进行程序的动态测试，可用于对中、大规模逻辑电路，以微处理器为中心的数字系统，以及软件的动态测试。

2. 逻辑定时分析仪　用时间图来显示被测信号，显示的是呈一连串类似方波的伪波形。这些波形是根据预先选定的 0 和 1 所代表的电平经过处理后的逻辑状态关系图，而 x 轴以所选定的时钟脉冲时间作为时基。

定时分析仪可用于观测两个系统时钟之间数字信号的传输状态和时间关系。在内部时钟发生器产生的时钟控制下记录数据,与被测系统异步工作。为了提高测量准确度和分辨力,要求内部时钟频率远高于被测系统的时钟频率。它是捕捉各种不正常"毛刺"脉冲的较好手段。利用其锁定功能,可较方便地对微处理器和计算机系统进行调试和维修。

3. 智能逻辑分析仪 利用微机技术,把"状态"和"定时"组合在一起的分析仪,具有很强的判断能力和更加完善的功能。

5.6 常用电能仪表

5.6.1 电能仪表

用于对交直流电能的计量和对电能进行管理的仪表。目前电子式电能表逐步取代感应式电能表,在安装式电能表中已占主导地位。电子式电能表具有低功耗、高准确度、节约金属材料、防窃电、寿命较长等优点,还可集多费率、预付费、最大需量、电力定量等多种功能于一表。与微处理器结合还能实现电能计量的智能化与联网管理。电能仪表可以按表 6.5 - 7 进行分类。

表 6.5 - 7 电能仪表的分类

分类方法	电能仪表的分类
按测量对象	直流电能表、交流电能表
按工作原理	感应式、点动式、热电式、电子式、霍尔效应式等
按用途	安装式、标准式、特殊用途仪表、电能管理仪表及系统等

5.6.2 直流电能仪表

它是计量任一时间内直流电能值的仪表。目前常用的有电动式和电子式直流电能表,主要用于金属冶炼、电力拖动中的直流电能的计量。

1. 电动式直流电能表 这种原理的直流电能表一般准确度不高。

2. 电子式直流电能表 为了改善直流电能表的准确度、温度特性、抗干扰能力,通常使用电子式直流电能表。其功率转换部分采用霍尔元件乘法器和时分割乘法器。

5.6.3 感应式电能表

分类与应用如下:①单相电能表:单相有功电能表,用于计量单相有功电能;单相无功电能表,用于计量单相无功电能;②三相电能表:三相有功电能表,又有三相四线有功电能表(三元件)和三相三线有功电能表(二元件)两类,用于计量三相有功电能;还有三相无功电能表,用于计量三相无功电能。

当负载电流很大时,感应式电能表需与互感器配合使用。

5.6.4 电子式电能表

核心部分是乘法器(功率转换),目前应用较多的有变跨导乘法器、时分割乘法器、霍尔效应乘法器、数字乘法器和模拟数字混合乘法器。

电子式电能表的电压输入级采用电阻分压器或电压互感器,电流输入级采用分流器或电流互感器。功率转换器主要是实现电压电流相乘,得出与被测功率成正比的模拟电压。此模拟电压再通过电压/频率转换器,转换成与功率成正比的脉冲量。计数部分利用机械计数器或电子计数器,完成功率对时间的积分并显示。

电子式电能表与微处理器相结合,以增强电能仪表的功能,实现电能计量与管理的智能化,这类电能表通常称其为智能式电能表。除了具有电子式电能表众多功能外,还具备单用户/多用户、远控断/送电、脉冲/数字接口、红外读表和远程自动抄表等功能。

5.6.5 电能质量仪

电能质量是指通过公用电网供给用户端的交流电能的品质。电能质量仪是专门用于测试和分析各项电能品质因素的仪器或设备。根据测试方式的不同,现有的电能质量仪主要包括手持式或便携式谐波分析仪、台式电能质量分析仪、实时电能质量监测仪、电能质量远程在线监测系统等。

5.6.6 电量测量仪表的校验装置

它是用来校验电测仪表误差的装置,能向被校仪表提供电信号,并能准确地测量该信号的所有设备的组合,它也可能是一台单独的仪表。

第6章　自动测试系统

6.1　概论

6.1.1　智能仪器

智能仪器是计算机技术与测量仪器相结合的产物，是含有微计算机或微处理器的测量仪器。具有对数据的存储、运算、逻辑判断及自动化操作等功能。在模糊判断、故障诊断、容错技术、传感器融合、机件寿命预测等方面具有一定的智能表现。

智能仪器的特点：①微处理器的引入，使智能仪器的功能较传统仪器有了极大的提高；②可以通过数据处理进行自校正、非线性补偿、数字滤波等；③具有较高的自动化水平；④具有对外的接口电路，方便通信；⑤可以用软件代替部分硬件电路；⑥具有自测试和自诊断等功能。

智能仪器的结构如图6.6-1所示。

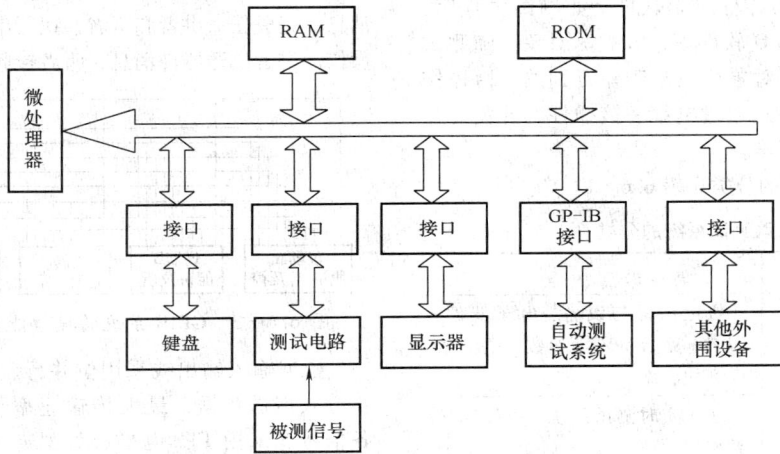

图 6.6-1　智能仪器结构图

6.1.2　虚拟仪器

虚拟仪器是第三代自动测试系统，是计算机和测试系统结合的产物。

1. **虚拟仪器的组成**　包括微型计算机、仪器硬件和应用软件三个部分。微型计算机是虚拟仪器的核心。仪器硬件可以是插入式数据采集板（内部含信号调理电路、A／D转换器、D／A转换器、数字I／O、定时器等），或者是带标准总线的仪器，如GPIB系统、VXI系统、现场总线系统、RS-232系统等。应用软件与计算机的系统软件配合，完成虚拟仪器的各种功能。系统中的硬件部分大多是通用的，配备不同的软件可产生不同的激励信号和测试功能。虚拟仪器的结构如图6.6-2所示。

2. **虚拟仪器的特点**　①微机的参与程度高，因此智能化程度高；②由于充分利用计算机的软、硬件资源，因此性能价格比高；③研制中可充分利用计算机的软、硬件资源，使研制周期大为缩短；④可实现真正的"人机对话"，给操作人员带来极大的方便；⑤开发应用前景广阔。

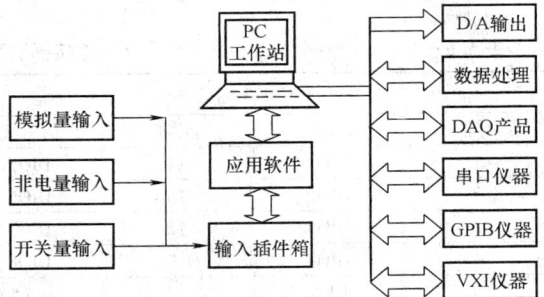

图 6.6-2　虚拟仪器结构图

6.1.3　自动测试系统

以计算机为核心，在程控指令的指挥下，能自动完成某种测试任务而组合起来的测量仪器和其他设备的有机整体称为自动测试系统（Automatic Test System，ATS）。在这种系统中，整个测试工作都是在预先编好的测试程序统一指挥下自动完成的。应用于人工难以完成或要求没有人为干预的实时、快速、多通道、多参数测量，以及大量重复的综合测试和数据采集与处理的场合。

自动测试系统通常包括：①控制器，主要是计算机，如小型机、个人计算机、微处理器、单片机等，是系统的指挥及控制中心；②程控仪器设备，包括各种程控仪器、激励源、程控开关、程控伺服系统、执行元件，以及显示、打印、存储记录等器件，能完成一定的具体的测试及控制任务；③总线与接口，是连接控制器与各程控仪器、设备的通路，完成消息、命令、数据的传输与交换，包括机械接插件、插槽及电缆等；④测试软件，为了完成系统测试任务而编制的各种应用软件，如测试主程序、驱动程序，以及 I/O 软件等；⑤被测对象，随测试任务的不同，被测对象往往是千差万别的，由操作人员采用非标准方式通过电缆、接插件、开关等与程控仪器和设备相连。

自动测试系统的分类见表 6.6-1。

表 6.6-1　　　自动测试系统的分类

分　类　法	类　　　别
被测对象	机电产品与设备、电子器件、印制电路板、环境参数、电参数等测试系统
实际运行状态	在线实时测试系统、离线测试系统
构成系统单元的形式	模块式（卡式）仪器系统、分立式仪器系统
所用接口总线	GPIB、CAMAC、VXI 等

6.2　GPIB 系统

6.2.1　GPIB 标准

GBIB 标准是由美国 HP 公司于 1972 年推出的。IEEE 和 IEC 分别于 1978 年和 1979 年颁布了完整的标准文本 IEEE 488—1978 和 IEC 625-1—1979。我国于 1984 年颁布了可程控测量仪器接口系统专业标准 ZBY，其内容完全等同于 IEC 625-1—1979。

6.2.2　GPIB 系统结构

GPIB 系统的接口能力与总线结构如图 6.6-3 所示。

GPIB 系统中的器件根据各自职能分为四种，即控者、讲者兼听者、听者和讲者。控者发送各种接口消息，完成任命讲者和听者、执行串行查询、管理等操作。讲者发送器件消息，听者接收器件消息。

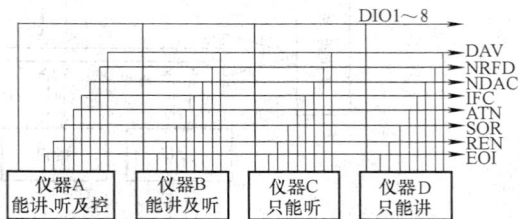

图 6.6-3　GPIB 系统的接口能力与总线结构

数据输入输出线采用位并行、字串行，双向导步方式传送数据，最大传输速率不超过 1Mbit/s。各信号线采用 TTL 电平、负逻辑。GPIB 系统中的仪器总数量最多为 15 台，采用 25 芯（IEEE 488 为 24 芯）无源电缆线和双向叠接式连接器把它们相互连接起来。连接器引脚的信号线排列见表 6.6-2。可使用的线缆长度有 0.5m、1.2m 和 4m。

表 6.6-2　　　　　　　　连接器引脚的信号线排列

IEC 625 标准				IEEE 488 标准			
引脚	信号线	引脚	信号线	引脚	信号线	引脚	信号线
1	DIO1	14	DIO5	1	DIO1	13	DIO5
2	DIO2	15	DIO6	2	DIO2	14	DIO6
3	DIO3	16	DIO7	3	DIO3	15	DIO7
4	DIO4	17	DIO8	4	DIO4	16	DIO8
5	REN	18	地（5）	5	EOI	17	REN
6	EOI	19	地（6）	6	DVA	18	地（6）
7	DVA	20	地（7）	7	NRFD	19	地（7）
8	NRFD	21	地（8）	8	NDAC	20	地（8）
9	NDAC	22	地（9）	9	IFC	21	地（9）
10	IFC	23	地（10）	10	SRQ	22	地（10）
11	SRQ	24	地（11）	11	ATN	23	地（11）
12	ATN	25	地（12）	12	屏蔽	24	逻辑地
13	屏蔽						

6.2.3 GPIB 系统的信号线

GPIB 系统共有 16 条信号线,包括 8 条数据线、3 条数据字节传输控制总线(握手线)和 5 条接口管理线。其名称和用途见表 6.6 - 3。

6.2.4 GPIB 系统的消息分类

GPIB 系统中传送的消息分类如图 6.6 - 4 所示。本地消息是仪器内部接口功能和仪器功能之间传送的。远地消息是通过总线传送的。它又分为管理接口功能的接口消息和测量数据等的仪器消息。

6.2.5 GPIB 系统的 10 种接口功能

GPIB 规定了 10 种接口功能,它们的用途见表 6.6 - 4。每种接口功能具备不同的子功能,可供仪器设计者根据需要选择。

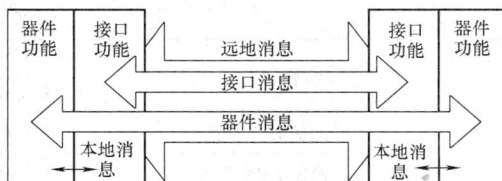

图 6.6 - 4 GPIB 系统的消息分类

表 6.6 - 3　　　　　　　　　　　　　GPIB 系统的信号线

组 别	代 号	信号线名称	信号线驱动者	用 途
数据总线	DIO1～DIO8	数据输入输出线 1~8	讲者、听者、控者	传输接口消息和器件消息
握手线	DVA	数据有效线	讲者、控者	传送 DAV 消息,"1"表示 DIO 线上的数据有效,听者可以接收
	NRFD	未准备接收数据线	讲者、听者、控者	传送 RFD 消息,"0"表示系统中的各仪器已做好接收数据的准备
	NDAC	数据未收到线	讲者、听者、控者	传送 DAV 消息,"0"表示系统中的各仪器已接收完数据
接口管理总线	ATN	注意线	控者	传送 ATN 消息,低电平时,表明 DIO 上是接口消息,高电平时,表明 DIO 上是器件消息
	IFC	接口消除	控者	传送 IFC 消息,低电平时,使相应的接口功能回到初始状态
	REN	远地可能	控者	传送 REN 消息,低电平时,使仪器处于可远控之下
	EOI	结束或识别	讲者、控者	当此线为低电平且 ATN 线为高电平时,表示 DIO 线上传送的字节序列结束;当此线为低电平且 ATN 线也为低电平时,表示控者执行并行查询
	SRQ	服务请求线	讲者、听者	传送 SRQ 消息,低电平时,表示系统中仪器提出服务请求

表 6.6 - 4　　　　　　　　　　　　　GPIB 系统 10 种接口功能

接口功能	子 功 能	作 用
讲者 T	基本讲者	收到 MTA 进入讲者寻址态
	只讲	在本地消息作用下进入讲者寻址态
	收到 MTA 取消讲寻址	处于讲寻址态的仪器被寻址为听者时自动取消讲寻址态
	串行查询	能在控者进行串行查询时发出表明该仪器状态的 STB 消息
听者 L	基本听者	收到 MTA 进入听者寻址态
	只听	在本地消息作用下进入听者寻址态
	收到 MTA 取消听寻址	处于听寻址态的仪器被寻址为讲者时自动取消听寻址态

接口功能	子功能	作用
源握手 SH	完全的能力	控制 DAV 消息的发送，为发送数据的仪器与接收数据的仪器进行三线握手联络，以保证准确无误地传送 DIO 线上的数据
受者握手 AH	完全的能力	控制 RFD、DAV 消息的发送，为发送数据的仪器与接收数据的仪器进行三线握手联络，以保证准确接收 DIO 线上的数据
控者 C	系统控者	当要求能发送 IFC 和 REN 消息的系统控者工作时就进入系统控者工作态
	发送 IFC 消息	作为系统控者工作时可应要求发出 IFC 消息
	发送 REN 消息	作为系统控者工作时可应要求发出 REN 消息
	发送接口消息	责任控者通过 DIO 线发送各种接口消息控制系统进行各种操作
	响应服务请求	责任控者具有的反映 SRQ 线状态的能力
	接收控制	能从责任控者接受对总线的控制权
	转移控制	责任控者可将对总线的控制权让给其他仪器
	自己获得控制权	系统控者通过发出 IFC 消息使自己成为责任控者
	并行查询	发出识别消息进行并行查询并获得 PPR 消息
	同步取控	当控者功能由监听态回到作用态时，为保证数据正确传送而采取的措施
服务请求 SR	完全的能力	仪器通过 SRQ 线向控者提出服务请求，在响应串行通信时发出 RQS 消息
远地/本地 RL	完全的能力	仪器既能通过远地也能通过本地控制，并可封锁本地的控制
远地/本地 RL	无本地封锁	仪器既能通过远地也能通过本地控制，不能封锁本地的控制
并行查询 PP	远地编组	通过接收控制器发来的接口信息确定响应并行查询时，用哪根 DIO 线和用哪种电平，当控制器发出并行查询时发出 PPRn 消息
	本地编组	通过本地消息确定响应并行查询时，用哪根 DIO 线和用哪种电平，当控制器发出并行查询时发出 PPRn 消息
仪器清除 DC	完全的能力	当收到通用命令或寻址命令时均能使器件功能回到初始状态
	无选择仪器清除	仅在收到通用命令时可使器件功能回到初始状态
仪器触发 DT	完全的能力	当收到控制器发来的触发命令时，触发仪器操作

6.3　VXI 总线系统

6.3.1　VXI 总线文本

　　1987 年开始发展的模块式仪器系统总线，能适应高速度、高性能、体积小的要求，是未来仪器与系统的发展方向。VXI 总线文本包括对系统主机箱的机械结构及尺寸、插件（模块）的尺寸、连接器、电磁兼容、机箱冷却及电源等方面的要求，也对 VXI 总线器件的分类及总线、系统构成和控制方式、通信协议等有关问题进行了定义和说明。VXI 总线系统的机械结构如图 6.6 - 5 所示。

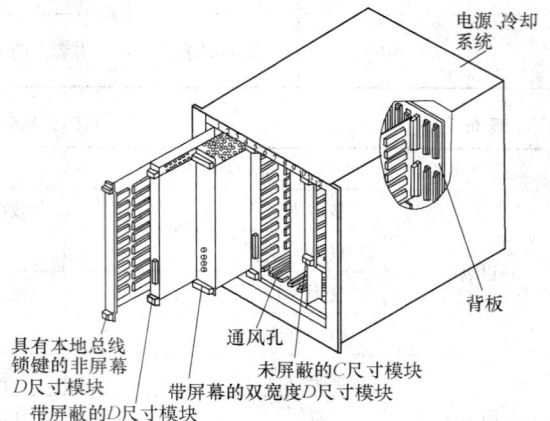

图 6.6 - 5　VXI 总线系统的机械结构

6.3.2 VXI 总线系统的特点

它的特点是：①模块式结构，采用标准的主机箱和插件式（模块式）结构，组建灵活方便，对于不同国家、不同供货厂商的插件式仪器具有兼容性；②小型便携，系统内的所有插件都牢固地插入一至几个主机架内，从而使系统有更紧凑的整体性，容易做到小型、便携；③高速传输，最高数据传输速率可达 40Mbit/s；④适应性、灵活性强，它不仅能使用不同厂家的插件组成各种测试系统，且可灵活方便地插放或更换插件，以适应不同的测量需要。

6.3.3 VXI 总线系统的组成结构

VXI 总线系统的基本逻辑单元称作器件。它可以是独立的仪器，也可以是其他的电子部件。这些器件安装在被称作模块的插件上。每个模块包含一个或多个器件；一个器件也可占据多个模块。一个 VXI 总线系统最多可容纳 256 个器件。

VXI 总线规定了分层式通信协议，如图 6.6－6 所示。根据所支持的通信协议，VXI 总线器件可分成 4 种类型：基于寄存器的器件、基于消息的器件、存储器器件和扩展器件。VXI 总线之间的通信基于一种命令者/从者层次关系，这是 VXI 总线系统的核心。命令者能控制一个或多个从者器件，它也是总线的控制者。需要时，它可以得到对总线的控制权，与从者进行基于寄存器的或基于消息的通信。从者能在一命令者控制下向命令者发送信号或请求中断。在多层次命令者/从者系统中，某一器件可以是本层次的命令者，同时又是上一层次的从者，这种层次是以分层的通信协议为基础的。

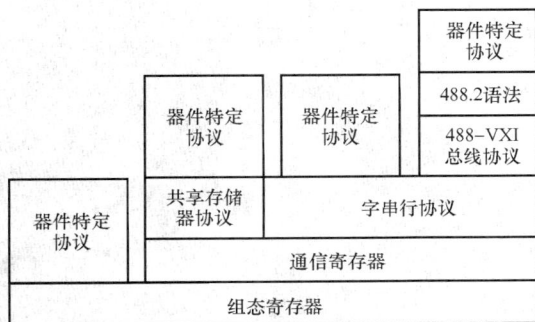

图 6.6－6　VXI 总线分层式通信协议

VXI 总线系统规定了四种模块尺寸，如图 6.6－7 所示。其中 A 尺寸带有 P1 连接器，B 和 C 尺寸带有 P1 和 P2 连接器，D 尺寸带有 P1、P2 和 P3 连接器。所有连接器都有 96 个引脚，分 A、B、C 三列排开。

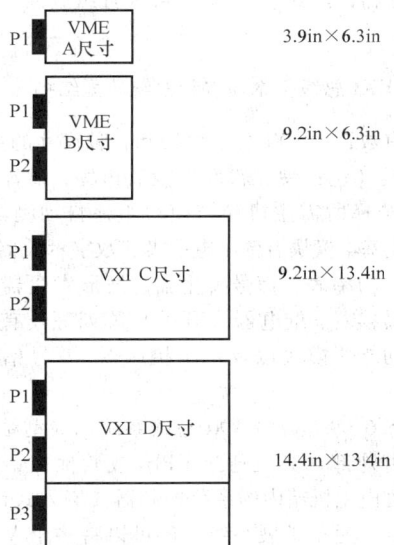

图 6.6－7　VXI 总线模块尺寸

模块从主机箱前方插入，经 P1、P2、P3 连接器分别与主机箱背板上的 J1、J2、J3 连接器相连，通过背板上的 VXI 总线信号线实现各器件间的通信。VXI 总线的构成及其分布如图 6.6－8 所示。

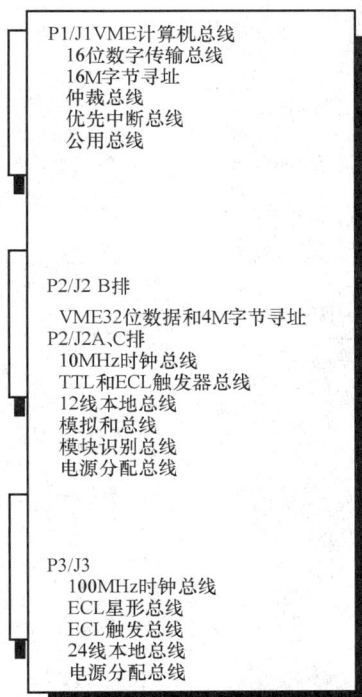

图 6.6－8　VXI 总线构成及分布

VXI 总线主机箱内有 13 个插槽，从左向右依次为 0~12 号槽。0 号槽上的模块应包括资源管理器件或 0 号槽器件。其余 12 个槽可放置组成系统所需的器件。

6.3.4 VXI 总线基本模块和系统典型结构

已有数百种 VXI 总线模块和各种尺寸的主机箱、开发工具（包括硬、软件）投放市场，设计人员可方便地选择所需主机箱与模块组建自动测试系统。VXI 总线基本模块有数字电压表、数字示波器、通用计数器、功率表、信号发生器、波形发生器、A /D 和 D /A 转换器、继电器（开关）阵列等具有各种通用仪器功能的模块以及系统控制器、0 号槽模块等产品。

图 6.6 - 9 是几种 VXI 总线系统的典型结构。系统可以由外部计算机通过 GPIB 或其他接口进行控制，也可由主机箱内的系统控制器（嵌入式计算机）直接控制。为了扩展系统，还可以将多个 VXI 总线主机箱并联起来组成 MXI 总线系统。

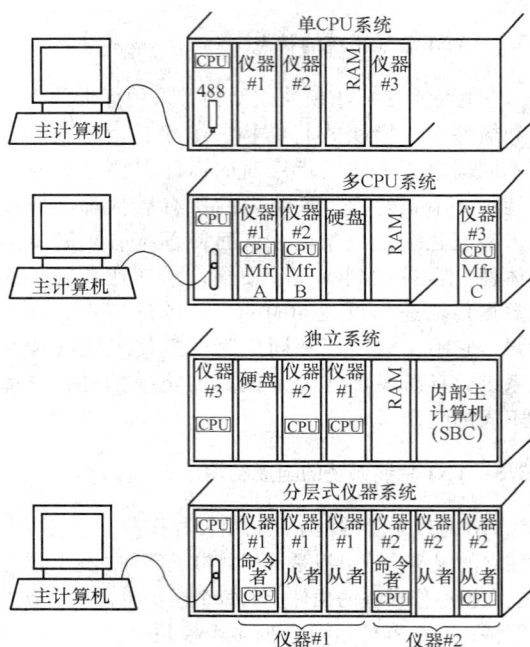

图 6.6 - 9 VXI 总线系统的典型结构

参 考 文 献

[1] 刘兴民. 直流磁性测量. 北京：机械工业出版社，1989.

[2] 傅维谭. 电磁测量. 北京：中央广播大学出版社，1985.

[3] 李大明. 磁场的测量. 北京：机械工业出版社.

[4] 毛振珑，杨成林，何有余. 磁路测量. 北京：原子能出版社，1985.

[5] 梅文余. 动态磁性测量. 北京：机械工业出版社.

[6] 电机工程手册编辑委员会. 电机工程手册. 北京：机械工业出版社，1982.

[7] 吴道悌编. 非电量电测技术. 西安：西安交通大学出版社，1990.

[8] 张迎新等编. 非电量测量技术基础. 北京：北京航空航天大学出版社，2002.

[9] 《电气工程师手册》第二版编辑委员会. 电气工程师手册. 第二版. 北京：机械工业出版社，2004.

[10] 秦树人等编. 机械工程测试与技术. 重庆：重庆大学出版社，2002.

[11] 机械工程手册、电机工程手册编委员编. 电气工程师手册. 北京：机械工业出版社，1987.

[12] 周杏鹏等编. 现代检测技术. 北京：高等教育出版社，2004.

[13] 孔德仁等编. 工程测试技术. 北京：科学出版社，2004.

[14] Thomas G. Beckwith, Eoy D. Marangoni, John H. Lienhard V 著. 机械量测量（第五版）. 王伯雄译. 北京：电子工业出版社，2004.

[15] Harnbaker, D. R., D. L. Rall. Heat. flux measurements：A practical guide. *Instru. Technol.* 51：February 1968.

[16] Baines, D. J. Selecting unsteady heat flux sensors. *Instr. Cotrol System* 80：M.

[17] 王凤鸣编. 非电量检测技术. 北京：国防工业出版社，1991.

[18] 王伯雄. 测试技术基础. 北京：清华大学出版社，2003.

[19] 刘培基等编. 机械工程测试技术. 北京：机械工业出版社，2003.

[20] 贾平民等编. 测试技术. 北京：高等教育出版社，2001.

[21] 电气工程师手册编辑委员会编. 电气工程师手册. 第二版. 北京：机械工业出版社，2004.

[22] 林占江主编. 电子测量技术. 北京：电子工业出版社，2003.

[23] 赵茂泰主编. 智能仪器原理及应用. 第二版. 北京：电子工业出版社，2004.

[24] 徐爱钧. 智能化测量控制仪表原理与设计. 第二版. 北京：北京航空航天大学出版社，2004.

[25] 赵新民主编. 智能仪器设计基础. 哈尔滨：哈尔滨工业大学出版社，2003.

第7篇

开 关 电 器

主　编　荣命哲（西安交通大学）

执　笔　荣命哲（西安交通大学）

　　　　娄建勇（西安交通大学）

第 1 章　开 关 电 器 基 础

1.1　开关电器电弧理论

随着电气参数（分断电流、电路电压、负载特性等）和机械参数（接触压力、分断速度、电极开距、外加磁场等）的改变，极间电弧特性也不相同。本手册研究与电接触现象联系紧密的电弧放电的一些特性，它们是：①阳极型、阴极型电弧；②电弧的状态及其转换；③电弧停滞时间及电弧移动特性；④电弧等离子体喷流及其特性；⑤电弧对电极的热流输入和电弧力效应。

1.1.1　阳极型、阴极型电弧

直流情况下，根据电弧对触头的侵蚀效应，可将电弧分为阳极型电弧和阴极型电弧。

在电流较大并超过某一值（该值与触头材料、电路电压相关）时，电弧输入阳极能量增大，使阳极表面出现显著的熔化，阳极斑点向该点集中并形成阳极斑点，阳极材料蒸发得到加强，从而成为电极蒸气的主要源泉。

当触头开距较小并在极间电子平均自由行程的数量级时，尤其对于接通电路时触头间产生的电弧，也属于阳极电弧。由于阴极表面高的电场强度足以产生大量的场电子发射，电子直接轰击阳极使阳极发热，从而形成阳极材料侵蚀大于阴极。这种情况的电弧也被形象地称为"短弧"。

阴极型电弧以其弧柱中正离子高速轰击较小的阴极弧根区域，使阴极材料蒸发，而此时由于触头间隙长度数倍于电子平均自由行程，因而电弧输入阳极的热流密度低，输入能量小，在阳极没有明显的材料熔化和蒸发损耗。这种情况的电弧也被形象地称为"长弧"。

阳极型电弧常使阳极触头表面形成一明显凹坑，而阴极触头表面则存在相应的粗糙微凹陷。阴极型电弧常使阴极触头表面形成分散的多个凹坑，大部分情况下，阴极触头表面没有明显痕迹，少数情况下形成单个的微小凹陷。

图 7.1-1（a）和图 7.1-1（b）分别显示出了阳极型电弧阴极和阳极的表面状况。而图 7.1-2（a）、（b）、（c）则显示出了阴极型电弧触头表面的情况。

Germer 研究了接通电路过程中的电弧特性，表明电弧特性仅取决于触头材料和电路电压。Germer 采用不同阻抗的电缆放电，在 400V、200A 以下，研究了钯触头上发生的电弧放电，得到了如图 7.1-3 所示的特性。当电压高于 400V 时，发生的电弧放电全部为阳极型电弧。

通常情况下，阴极型电弧的电压比阳极型电弧的电压高。图 7.1-4 显示出了电路电压为 300V 和 400V 时，Pd 作触头的电弧电压为 11.5V，阴极电弧的电压为 16V。对电路电压 400V 的情况，全部为阴极型电弧，电弧电压较 300V 时的阴极型电弧电压高。

分断电路过程中电弧的特性，不仅与电路电压和触头材料相关，还与电路电流相关。在其他参数恒定的情况下，直流电路过程中，电流由低到高的增加，导致阳极型电弧和阴极型电弧的相互转换。

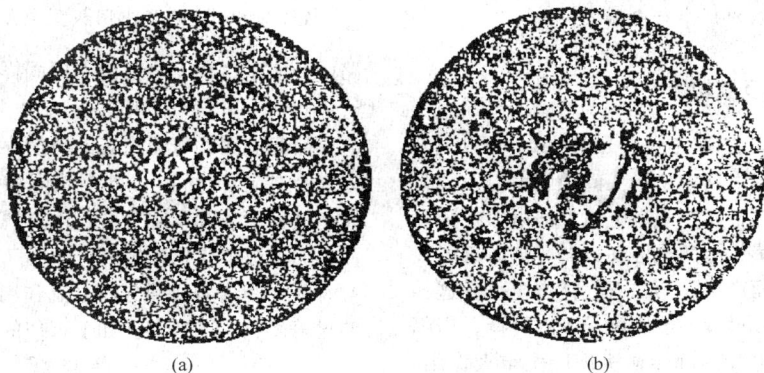

(a)　　　　　　　　　(b)

图 7.1-1　单次阳极型电弧作用后的触头表面

（a）阴极表面；（b）阳极表面

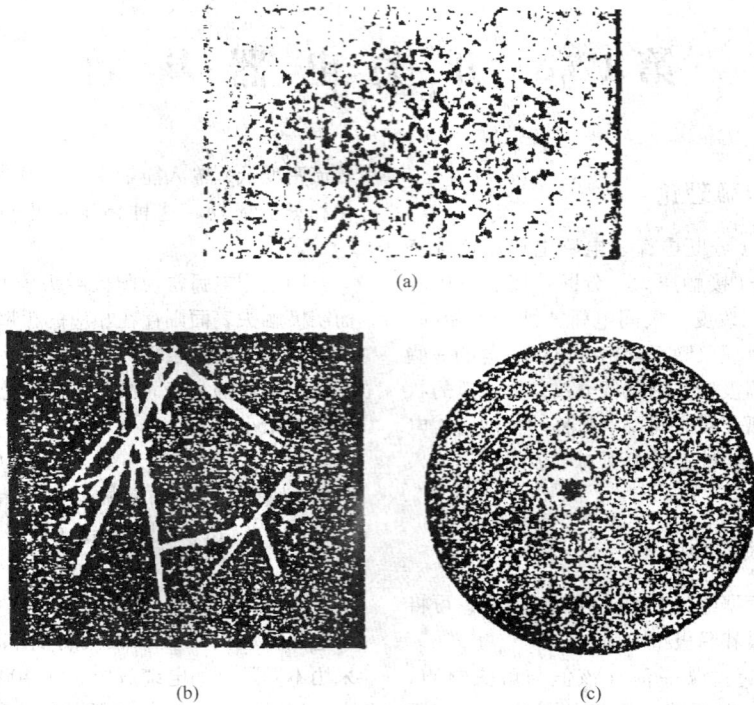

(a)

(b)

(c)

图 7.1-2 单次阴极型电弧作用后的表面

（a）阴极表面 600×；（b）另一阴极表面 450×；（c）阳极表面 1000×

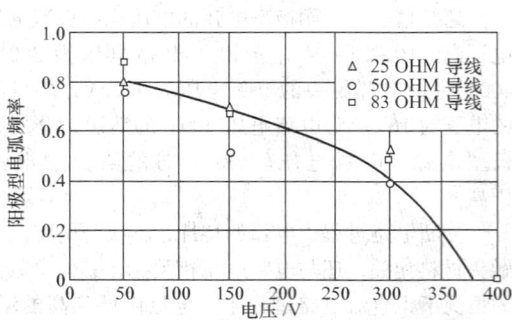

图 7.1-3 Pd 电极间发生的阳极型
电弧的频率与电压间关系

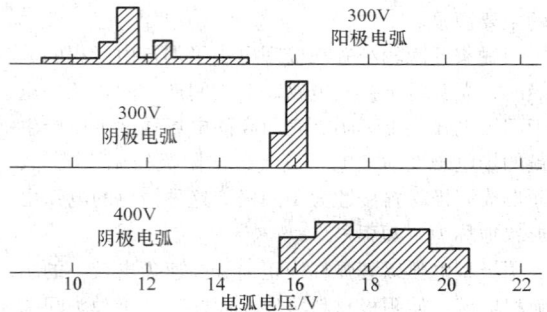

图 7.1-4 300V 电路中阳极型电弧和阴极型
电弧及 400V 电路中阴极型电弧电压的分布

1.1.2 电弧的状态及其转换

Boddy 和 Utsumi 在高气压（$1.01×10^5$Pa 以上）
条件下发现，在电阻电路中，触头间隙的电弧发展分
为两个阶段：第一，金属蒸气态电弧，即电弧在金属
蒸气中燃烧，金属蒸气由两电极间最初分离时刻形成
的液态金属桥折断而产生；第二，气体态电弧，这一
阶段，由于内部扩散过程，金属离子密度降低，周围
气体分子的电离对电弧内部传输机理产生重大作用。
Gray 利用光谱方法测试证实了在电阻电路中金属蒸
气态电弧和气体态电弧的存在。Takahashi 在电感电

路中证实了触头间电弧的发展同样经历金属蒸气态和
气体态两个阶段。

研究表明，电弧状态的转换存在一个临界间隙距
离 r_c，对应着时间 t_c，当触头间隙达到这一值时，金
属蒸气密度连续下降，电弧由金属蒸气态向气体态过
渡，而电弧电压出现突跳，如图 7.1-5 所示。

临界距离 r_c 受到分断电流和周围环境气体压力 p
的显著影响，二者存在如下近似的数值关系

$$r_c = KI^\alpha p^{-\beta} \qquad (7.1-1)$$

式中，α 为 1.0~1.1；β 为 0.4~0.5；K 值与电源电
压和负载特性、分断速度及气体种类相关。上述关系

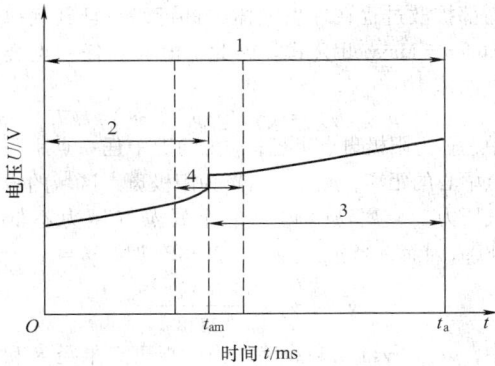

图 7.1-5 电弧电压随时间的变化
1—电弧持续时间；2—金属蒸气电弧持续时间；
3—气体电弧持续时间；4—电弧状态转换过程

如图 7.1-6 所示。

如果环境气压在一定范围内由低变高，电弧电流恒定，则电弧总的持续时间变大，而金属蒸气态电弧的持续时间缩短，如图 7.1-7 所示。表明，由于环境气压升高，气体分子密度增大，气体分子的电离较早地参与了电弧内部传输过程，从而缩短了金属蒸气态电弧的持续时间。

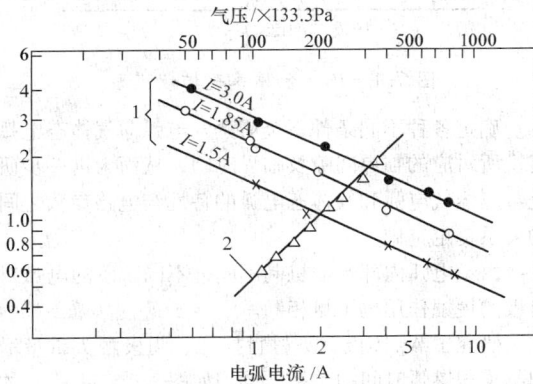

图 7.1-6 电弧电流、大气压力
与临界间隙的关系
1—临界间隙和气压的关系；2—临界间隙
和电弧电流的关系

然而，并非所有的情况都会经历金属蒸气态电弧和气体态电弧两个阶段。对于电流很小的情况，向气体电弧的转换几乎不可能发生，电弧仅存在金属蒸气态，燃弧时间极短。如果分断电路电压提高，向气体态电弧转换所要求的最小电流值则会降低。

电弧电压发生突跳仅是电弧状态发生转换的外部表现，从宏观方面看，则反映了电弧区域传导电流的带电粒子的来源和成分发生了变化。金属蒸气电弧内

部传输电流的带电粒子主要由触头材料金属蒸气电离而产生，而气体态电弧内部传输电流的带电粒子则主要由周围环境气体分子电离而产生。因此，电弧状态的转换与周围环境气压和触头间隙距离相关，与负载、电路电流、电压相关，则主要是这些参数对金属蒸气量的产生有重大影响。

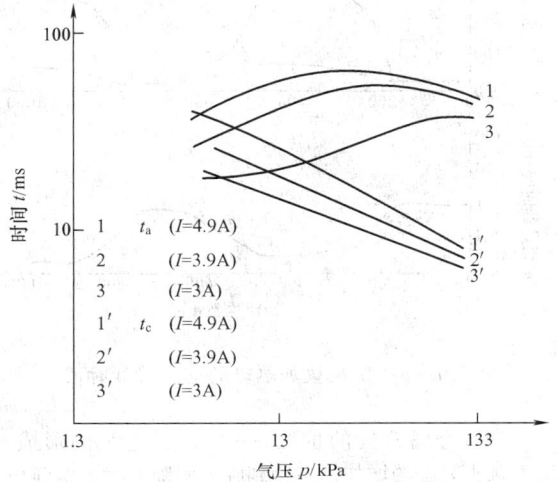

图 7.1-7 不同电流情况下电弧持续时间 t_a、
临界时间 t_c 与气压的关系曲线

（1）金属蒸气的形成。电极间形成的液态金属桥当其最高温度达到材料的沸点时，液桥折断。对于绝大多数金属电极，液桥的最高温点常常靠近阳极一侧。因此，液桥折断形成的金属蒸气则主要由阳极材料提供。

因液桥折断所形成的金属蒸气量的多少与多种因素相关。液桥的能量可定义为

$$\int_0^{t_L} U_L(t) i_L(t) \mathrm{d}t \qquad (7.1-2)$$

式中，t_L 为液桥的持续时间；$U_L(t)$ 为液桥两端的电压；$i_L(t)$ 为通过液桥的电流。这一能量直接决定着由液桥所产生的金属蒸气量。电极的接触电阻 R_C 对 $U_L(t)$ 有重要作用，R_C 增大时 $U_L(t)$ 增加。事实上，液桥两端的最大电压发生在液桥折断瞬间，这一电压使液桥最高温度点发生气化，此电压值的大小近似等于电弧发生时刻的电弧电压。t_L 的大小与电极的初始温度密切相关，电极的初始温度越高，t_L 变小，总的液桥能量也随之变小，如图 7.1-8 所示。

除上述液桥折断可产生金属蒸气外，电弧对电极的侵蚀是形成金属蒸气的主要途径。图 7.1-9 显示出了 Ag 与 $AgNi_{10}$ 分别对称配对的阴极和阳极的损耗或增重量与分断电流的关系曲线。这表明，由于电流值大小不同，电弧对电极的侵蚀特性是不同的。当材

料损耗以阴极为主时，金属蒸气主要来源于阴极；当材料损耗以阳极为主时，金属蒸气主要来源于阳极。

当电流达几安培时，液桥折断形成的金属蒸气量比电弧侵蚀形成的金属蒸气量要小得多。

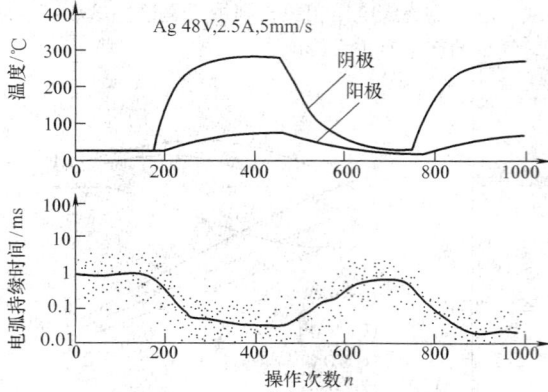

图 7.1-8　阴极被加热时的电弧持续时间

（2）金属蒸气的扩散——气体态电弧的形成。随着触头间隙的增加，当达到临界间隙 r_c 时，电弧由金属蒸气态转换到气体态。

由于电流达几安培及其以上时，电极侵蚀产生的金属蒸气量比液桥折断产生的金属蒸气量要大得多，并且正如图 7.1-9 所示，电流及材料不同，电弧对电极的侵蚀各有侧重。因此，仅分析电流较大时，金属蒸气由阳极产生的情况；电流较小时，金属蒸气由阴极产生的情况与此相同。

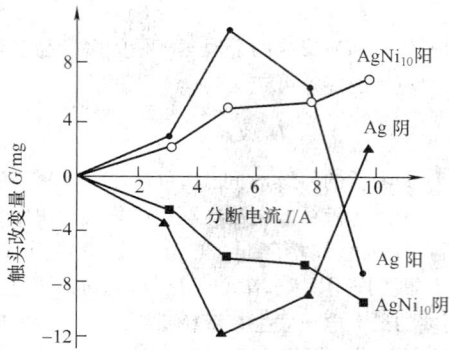

图 7.1-9　Ag、AgNi$_{10}$ 分别对称配对时触头
重量改变量与分断直流电流的关系曲线，
分断次数 2 万次，电压 100V，阻性负载

认为金属蒸气从电弧阳极斑点以半圆形向周围扩散，如图 7.1-10 所示。当间隙达临界距离时，近阴极区金属蒸气密度降低到维持电弧燃烧所需的最小值以下，周围气体分子开始强烈电离。假定这

一内部扩散过程在理想气体中进行，并且其规律遵循 Stefen - Maxwell 公式。因此，电极间任一点金属蒸气的压力

$$p_{metal}(\gamma) = (\gamma_0/\gamma)p_{metal}(\gamma_0) \quad (7.1-3)$$

式中，γ_0 为阳极斑点半径；γ 为间隙中任一点距阳极斑点中心的距离；$p_{metal}(\gamma_0)$ 为阳极斑点区域的金属蒸气压力。金属蒸气电弧的金属蒸气压力不低于 2838Pa，因而，当 $p_{metal}(\gamma) = 2838Pa$ 时，$\gamma = \gamma_c$，即

$$\gamma_c = \gamma_0 \times \frac{p_{metal}(\gamma_0)}{2838}$$

式中，$p_{metal}(\gamma_0)$ 可较粗略地由弧根斑点半径 R 和电极材料蒸发量获得。

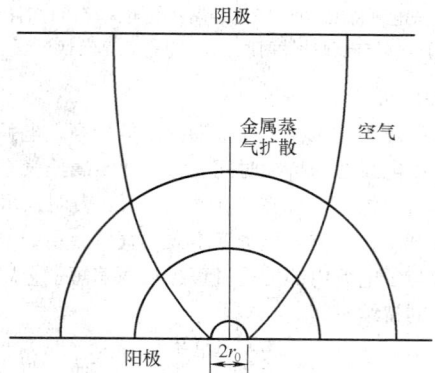

图 7.1-10　金属蒸气扩散模型

确定各种不同条件下金属蒸气电弧向气体态电弧转换所对应的临界间隙及临界时间，从而为进一步研究金属蒸气电弧和气体态电弧的特性与电路参数之间的关系奠定基础。

由于电弧内部传输机制不同，不同阶段的电弧对电极的侵蚀作用也不尽相同。

研究了 Ag 阳极触头材料损耗、阴极触头重量增加与累积燃弧时间的关系，得到如图 7.1-11 所示的关系。在所采取的试验条件下，Ag 触头之间发生的

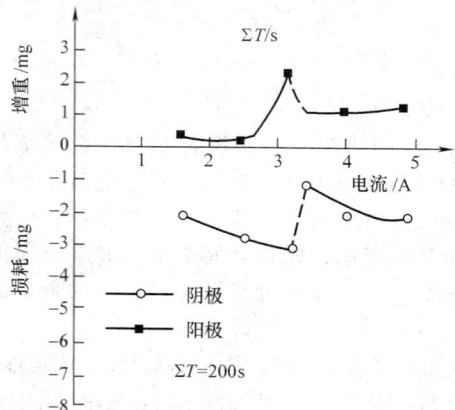

图 7.1-11　电弧电流对触头材料侵蚀的影响

电弧电流在 3A 以下，为金属蒸气态。当电流超过 3A 时，极间电弧发生由金属蒸气态向气体态的转换。因而，假定累积燃弧时间恒定为 200s，则对电流小于 3A 的电弧，全部累积燃弧时间均为金属蒸气态的燃弧时间。对电流超过 3A 的电弧，全部累积燃弧时间中金属蒸气态电弧所占比例降低。根据图 7.1-11 所示结果，在电弧的整个持续阶段，金属蒸气电弧比气体电弧对电触头材料的侵蚀和转移有更加强烈的作用。采取预热电极的方法可降低液桥存在的时间，从而缩短金属蒸气电弧的持续时间，达到降低触头材料损耗的目的。

金属蒸气电弧比气体态电弧对电极触头有更强烈的侵蚀作用，这一物理现象已被验证和广泛接受，但其机理尚待进一步深入研究。

采用光谱分析方法，分别对 Ag 和 W 触头电弧区域的带电粒子成分进行了对比研究，发现对于具有外加磁场和高分断速度的电弧区域，其周围气体分子的电离及参与电弧内部电流的传输过程较早，而那些无外加磁场和低分断速度的电弧区域，其周围气体分子的电离及参与电弧内部电流的传输过程较晚，如图 7.1-12 （a）、（b）、（c）所示。图 7.1-12 （a）表明，电弧停滞时间短，仅有 0.4ms，氮分子电离过程开始较早。图 7.1-12 （b）表明，电弧停滞时间较长，为 0.8ms，N_2 光谱逐渐增强。图 7.1-12 （c）表明，电弧在整个持续时间内一直静止不动，未发现 N_2 光谱存在。

此外，对 W 触头电弧的光谱分析表明，W 触头表面的电弧运动特性优良。在 W 触头之间发生的电弧，电弧停滞时间几乎为零，并且 N_2 光谱几乎与电弧同时发生，如图 7.1-13 所示。

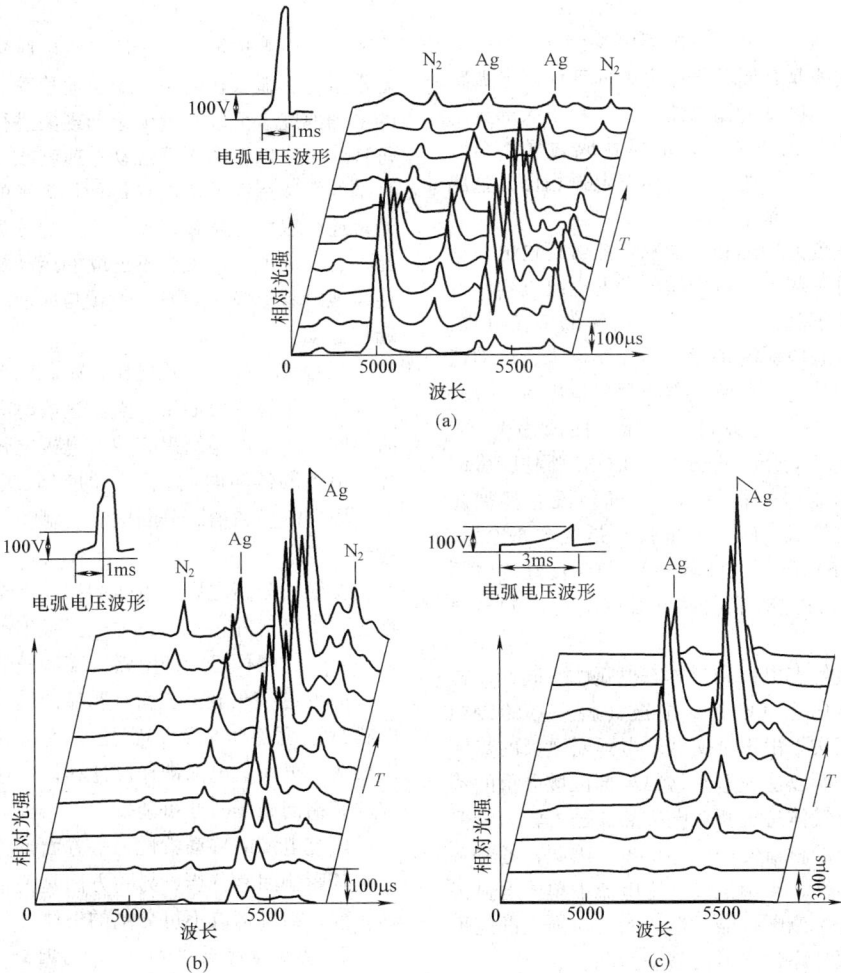

(a)

(b)

(c)

图 7.1-12　Ag 触头间分断电弧的光谱特性

（a）$v = 5$m/s，$B = 0.2$Wb/m^2；（b）$v = 2$m/s，$B = 0.2$Wb/m^2；（c）$v = 2$m/s，$B = 0$Wb/m^2

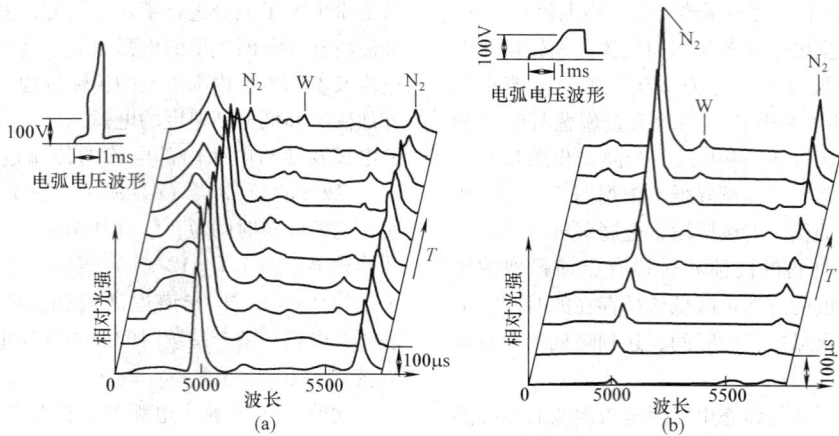

图 7.1-13　W 触头间分断电弧的光谱特性

(a) $v=5\text{m/s}$, $B=0.2\text{Wb/m}^2$；(b) $v=2\text{m/s}$, $B=0\text{Wb/m}^2$

因为周围环境介质分子的电离以及介入电弧区域并传输电流，实质是金属蒸气态电弧向气体态电弧转换的过程，当电弧区域传输电流的导电粒子大部分来源于周围环境介质的电离时，电弧就成为气体态电弧。所以，上述试验表明，与气体态电弧相比，金属蒸气电弧的运动性较差。

触头分离速度的增加和外加磁场能够促进电弧运动，实际是促进了周围环境介质分子的电离过程和这些电离形成的离子和电子参与电弧电流的传输过程，缩短了金属蒸气态电弧的持续时间。简言之，运动速度增加使触头间隙达到临界间隙 r_c 所需的时间缩短，而外加磁场则首先使触头间的电弧弯曲成为 U 形。这实际上加速了环境介质分子进入弧柱使弧柱膨胀的进程。此外，由于电极材料不同，即使没有外加磁场，且分断速度较低，触头间电弧也是气体态电弧，如图 7.1-13（b）所示，显示了 W 触头良好的电弧移动特性以及触头材料熔点对电弧放电特性的显著作用。

结合金属蒸气态电弧和气体态电弧的不同运动特性，不难理解金属蒸气电弧对电极（触头）的侵蚀更为严重这一事实。由于金属蒸气电弧对电极的热流输入十分集中，所以造成触头材料局部区域严重的蒸发甚至喷溅。而气体态电弧对电极热流输入较为分散均匀，所以造成的材料侵蚀就小得多。因此，考察触头材料的耐侵蚀性，无论是按一定电流下单位电弧持续时间，还是按单位电弧能量造成的材料损耗都不很全面的，必须考虑到电弧的移动情况。

1.1.3　电弧停滞时间及电弧移动特性

1. 电弧运动现象及电弧停滞时间　为了降低触头材料的电弧侵蚀，对于所有的电触头材料无一例外地希望电弧弧根在触头表面快速移动。根据电弧运动的平均速度，可以对电弧运动现象进行分类：速度在每秒几十米以下的缓慢运动；速度在每秒几十米到几百米的快速运动及速度在每秒几千米的极快运动。另外，还可以根据电弧运动形式进行分类，分为连续的与不连续的电弧运动。不连续的运动是指电弧弧根不连续地沿着电极表面发生停顿与向前跃进交替进行的迁移运动。

从触头分离到电弧电压开始急剧上升期间，电弧弧根静止于触头表面某一点，这段时间称为电弧的停滞时间。大量试验结果表明，电极电弧侵蚀极大地取决于电弧的停滞时间，这一时间取决于触头分离速度、横向磁场数值、分断电流、触头表面状况及触头材料本身。

在触头分离之后，电弧的移动性至少有如下四种性态：①绝对静止状态，即电弧弧根静止于触头表面某一点；②爬行态，即电弧以某一较低的速度值在触头表面滑过，在触头表面有明显的爬行痕迹；③电弧的爬行速度逐步增大，直至达到快速移动的速度；④触头一分离，电弧即作高速移动，这种情况只在外界加有横向磁场时才可能发生。

研究电弧的移动特性，一方面是关于电弧停滞时间及其影响因素分析，另一方面是关于电弧移动速度的研究，二者构成不可分割的整体。

2. 影响电弧停滞时间 T_i 的因素分析

（1）触头分离速度对电弧停滞时间的影响。触头分离速度是影响电弧停滞时间的重要参数之一。图 7.1-14 显示出了电弧停滞时间 T_i 随分离速度的变化关系。试验表明，当触头分离速度在低于 3m/s 之内变化时，电弧停滞时间随分离速度的增加而急剧下降；而当分离速度超过 6m/s 时，T_i 值随着分断速度的增加仅有微小的降低，且几乎与材料无关。因此，6m/s 的触头分离速度看来是一个临界速度值，当分离速度高于此值时，触头材料、电弧电流、分断速度值都不再对 T_i 值发生作用，电弧停滞时间趋于恒值。这一论点尚待更多的试验进一步论证。

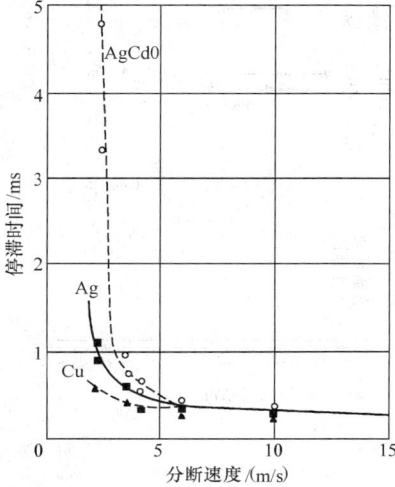

图 7.1-14　电弧停滞时间 T_i 随分断速度的变化关系曲线

（2）电弧电流对电弧停滞时间的影响。电弧电流是影响 T_i 值的另一重要因素，其试验结果如图 7.1-15 所示。值得指出的是，随着电流的增加，T_i 值并非一直下降，而是在达到某一电流值后重新转为上升，对这一现象的机理尚待研究。

（3）外加磁场对电弧停滞时间的影响。外加磁场 B 对 T_i 值有显著的影响，在交流电流峰值为

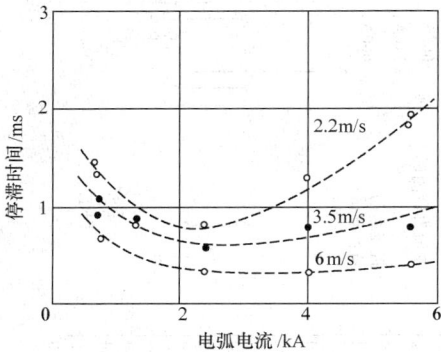

图 7.1-15　电弧停滞时间 T_i 与电弧电流的关系曲线

1kA 时，T_i 值随 B 增加而下降，如图 7.1-16 所示。

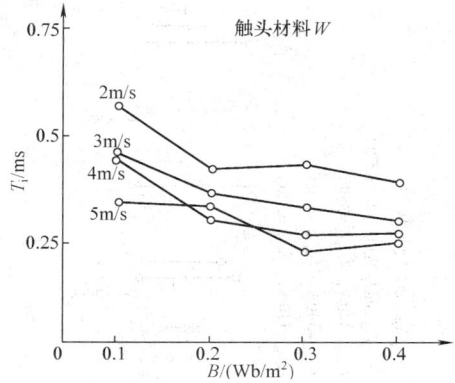

图 7.1-16　外加横向磁场 B 对 T_i 值的影响

（4）触头材料对电弧停滞时间的影响。触头材料不同，T_i 值有明显差异。同等条件下，AgCdO 的 T_i 值大大高于 AgSnO$_2$ 的 T_i 值，如图 7.1-17 所示。

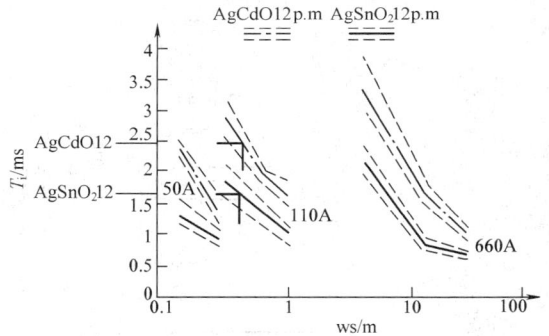

图 7.1-17　AgCdO 与 AgSnO$_2$ 的 T_i 值与外加磁场的关系

（5）触头表面状况对电弧停滞时间的影响。为观察触头表面变化对电弧停滞时间的影响，用已进行 AC3、AC4 条件下 20%、50%、70% 电寿命试验的触头进行对比试验，得到结果如图 7.1-18 所示。可以看出，AC3 条件下，AgSnO$_2$ 材料的电弧停滞时间已接近于 AgCdO 材料的电弧停滞时间。在 AC4 条件下，AgSnO$_2$ 材料的电弧停滞时间就更长。反映了触头表面状况劣化后，电弧停滞时间延长。

3. 影响电弧运动速度的因素分析

（1）间隙长度。间隙长度对电弧移动速度的影响如图 7.1-19 所示。但在 AgC 触头材料上观察到了与间隙长度无关的电弧运动速度，且其速度值为最小。

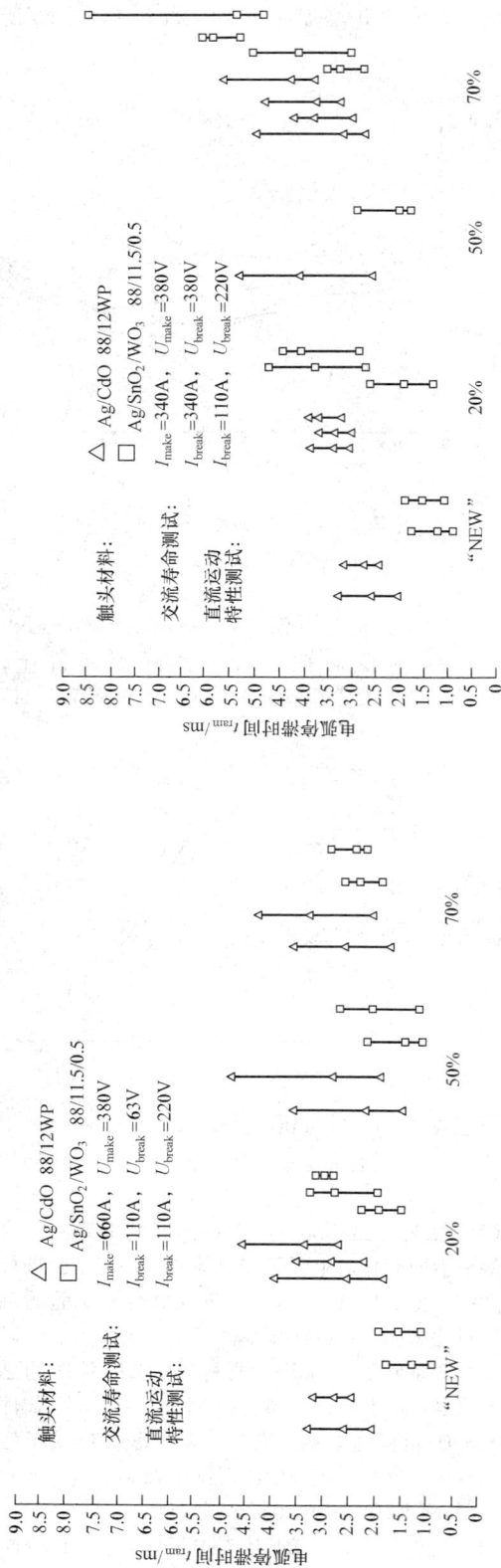

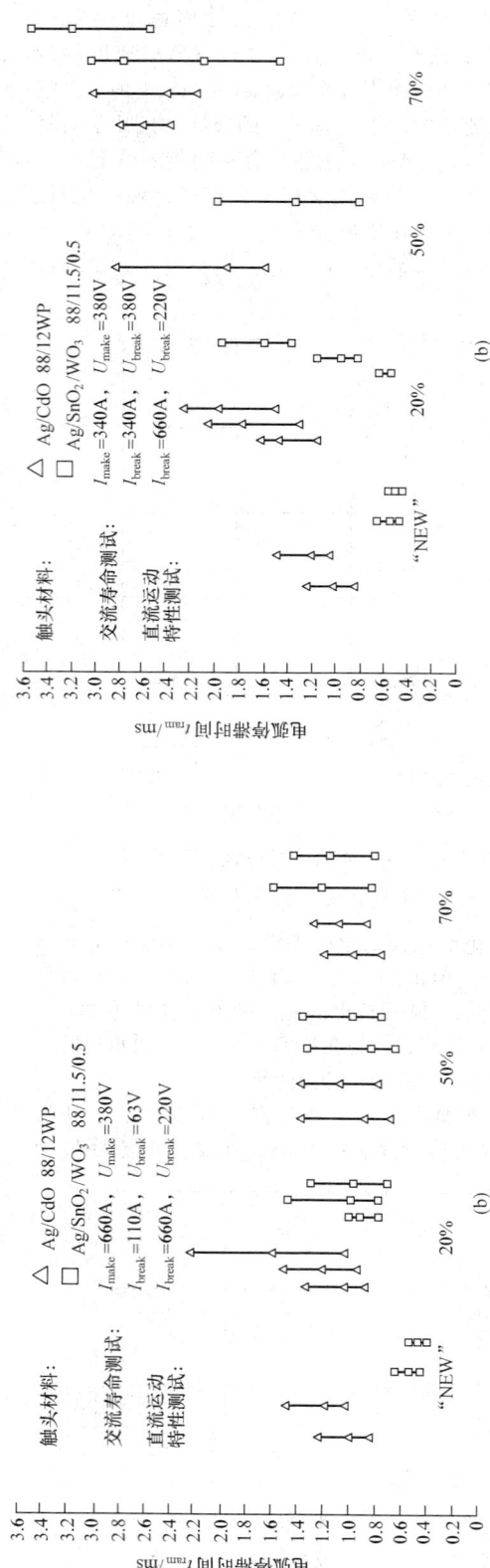

图 7.1-18　未经运行的触头材料和经过运行的触头材料电弧停带时间的比较

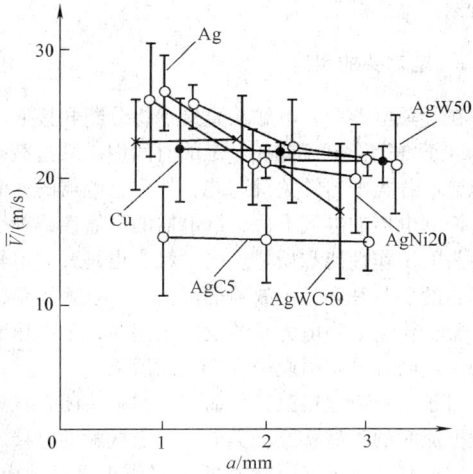

图 7.1-19 电弧运动速度与
间隙长度的关系

各种银基材料的电弧运动特性基本接近，图
7.1-20为400A、间隙长度1mm时银基材料的
电弧运动特性。

（2）触头材料的制造工艺对电弧移动性有明显
影响，如内氧化法生产的触头比烧结法生产的触头有
更良好的电弧移动性。

（3）触头表面及粗糙度。电触头表面氧化物及
粗糙度对电弧移动也有影响。研究表明，电弧弧根选
择氧化膜轨迹运动，粗糙的表面将为电弧快速运动提
供有利条件，如图 7.1-21 所示。

（4）自磁场和外加磁场对电弧运动速度的影响
也不相同，图 7.1-22 为间隙长度1mm，外加磁场
50mT/KA 时，电弧运动速度。在自磁场作用下，
随着电流的增加，电弧运动速度不如外加磁场增加
得快，这是因为电弧弧根斑点直径也在增加。另
外，对铁磁性材料，在磁场作用下，恒有最高的电
弧移动速度。

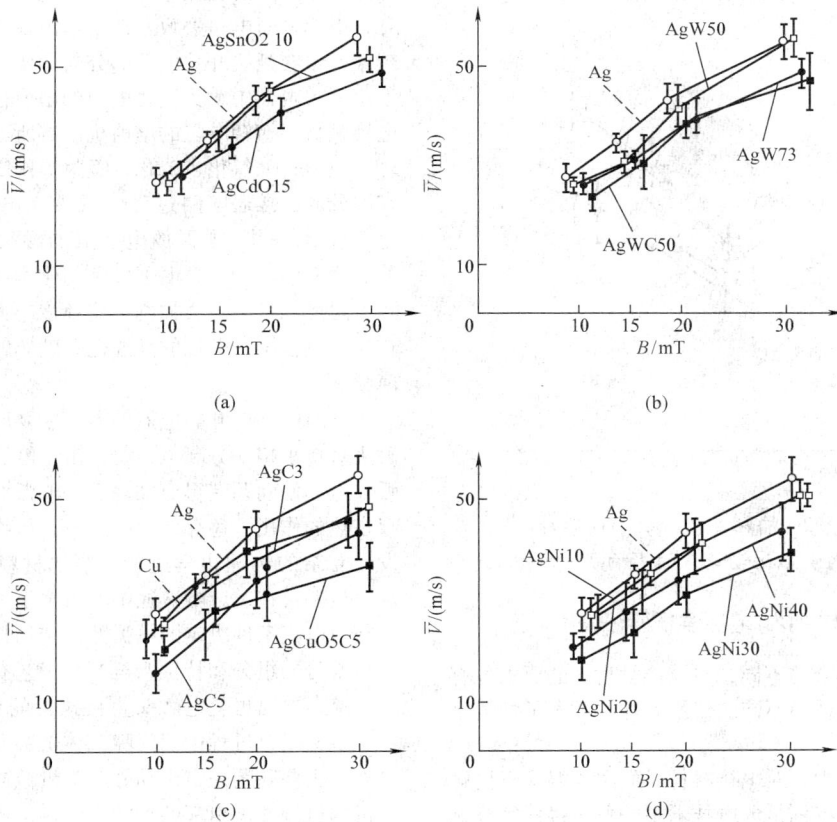

(a)

(b)

(c)

(d)

图 7.1-20 银基材料的电弧运动特性

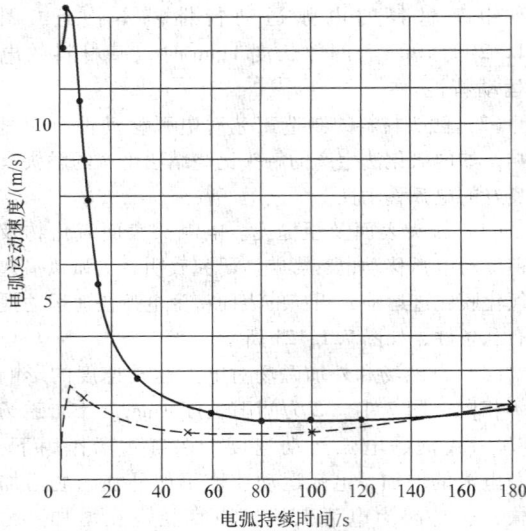

图 7.1-21 不同触头表面状况时电弧运动
速度与电弧持续时间的关系，电流 2A，
横向磁场强度 0.015W b/m², 氮气
压力 25terr，电极间距 2.2mm
·—·刻蚀过的电极 ×····×抛光的电极

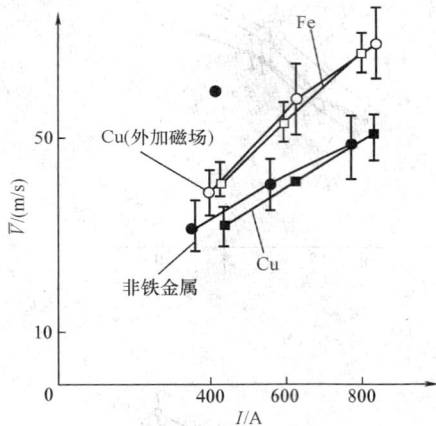

图 7.1-22 自磁场与外加横向磁场
对电弧运动速度的影响

1.2 电接触材料和电接触理论

由于应用场合的不同，对电接触材料的要求各有
侧重。因而，为适用不同的使用条件，开发了种类繁
多的电接触材料。

在固定接触中，对电接触材料的主要要求是接触
电阻低而稳定，特别是弱电技术中的电连接器用接触
材料，必须具备抵抗各种环境应力的能力。对滑动电
接触，则主要是提高材料的抵抗摩擦和磨损能力。对
可分离电接触，由于触头间气体放电现象及分断接通

电路操作过程中的机械效应，对电触头材料的要求非
常苛刻，也是最引人瞩目的电接触材料。

1.2.1 电触头的用途

在开关电器中，电触头直接承担分断和接通电路
并承载正常工作电流或在一定的时间内承载过载电流
的职能。各类电器的关键职能，如配电电器的通断能
力，控制电器的电气寿命，继电器的可靠性，都取决
于触头的工作性能和质量。同时触头也是开关电器中
最薄弱的环节和容易出故障的部分。一旦触头系统不
能正常工作，如当电力系统发生短路时，如高压断路
触头拒绝断开，将引起极为严重的后果。

对于可分离电接触元件而言，在触头闭合状态下
承载电流时的工作状况，类似于固定接触的电接触情
况。在这种情况下，电触头的主要作用是承载电流、
起电能传递和信号输送的作用。这要求必须具有低而
稳定的电阻。因为接触电阻产生的焦耳热效应严重时
会导致触头导电斑点区域的材料发生熔化而引起电触
头焊接在一起，引起所谓的"静熔焊"现象，当熔
焊力超过开关的机械分断力时，就会发生触头拒绝断
开，引起分断电路失败，即使不出现这种不能断开的
现象，也会延缓开关电器的分断动作。

开关电器中触头接触电阻的增值机制与弱电领域
电接触材料接触电阻的增值机制有所不同，除了各种
环境应力，如氧化、硫化、吸附等作用外，主要还存
在因分断、接通电路过程中触头（电极）间产生的
电弧放电作用。电弧放电造成的触头材料侵蚀、转
移、材料的相变和高温下发生的化学反应，都会使接
触电阻增加，同时会加剧某些环境应力的作用。当然
在这一过程中，电弧的高温也会破坏触头表面的某些
薄膜。

分断电路是开关电器的另一主要职能，这也要电
触头直接承担。分断电路时，由于触头之间会发生电
弧放电，使问题变得更加棘手。电弧放电时触头不仅
存在热的作用，还存在力的效应，最终会在触头表面
发生复杂的物理化学过程，诸如材料相变、材料侵
蚀、材料转移、熔融液池中的冶金学过程。这些过程
既与由电气条件决定的电弧特性密切相关，也与触头
材料本身的组分和特性乃至制造工艺有相当联系。

接通电路也是电触头直接执行的重要职能之一，
除了触头闭合过程中因间隙气体击穿发生短时电弧放
电外，主要问题是由于动静触头机械冲击或由于电触
头机构机械冲击引起的动触头弹跳，尤其是感性负载
电路，在触头闭合时会产生较大的冲击电流，会造成
电弧放电在较短的时间内对电极的连续、多次作用，
形成所谓的"动熔焊"。一般来说，熔融金属的数量

随着熔点和热导率的下降而增加。

因此，不仅不同电接触形式对电接触材料的要求不同，即使是同一种电接触形式，比如可分离电接触材料，在它执行不同职能时，也须具备不同的多方面的特性。在电接触的任何运行过程中，各种现象往往是相互重叠发生，所以必须考虑所发生的各种现象的相互关系，这正是电接触理论研究和开发新型电接触材料的难点所在。

1.2.2　对电接触材料基本特性的要求

概括而言，对电触头材料的基本特性的要求如下：

物理性质

（1）一般物理性质。触头材料应具有合适的硬度。较小的硬度在一定接触压力下可增大接触面积、减小接触电阻、降低静态接触时的触头发热和静熔焊倾向。并且可降低闭合过程中的动触头弹跳。较高的硬度可降低熔焊面积和提高抗机械磨损能力。

触头材料应具有合适的弹性模数。较高的弹性模数则容易达到塑性变形的极限值，因此表面膜容易破坏，有利于降低表面膜电阻，较低的弹性变形则可增大弹性变形的接触面积。

（2）电性能。触头材料应具有较高的电导率以降低接触电阻，低的二次发射和光发射以降低电弧电流和燃弧时间。

（3）热物理性质。高的热传导性，以便电弧或焦耳热源产生的热量尽快输至触头底座。高的比热、高的熔化、气化和分解潜热。高的燃点和沸点以降低燃弧的趋势。低的蒸气压以限制电弧中的金属蒸气密度。

化学性能

触头应具备高的化学稳定性，即具有较高的抗腐蚀气体对材料损耗的能力。即使产生表面薄膜，其挥发性应高。

电接触性能

触头电接触性能实质是物理化学性能的综合体现，并且各种特性相互交叉作用。概括地讲，触头的电接触性能主要包括：

（1）表面状况和接触电阻。接触电阻受到表面状况的显著影响，而表面状况又与触头的电弧侵蚀过程密切相关，因而要求触头的侵蚀基本均匀，以保证触头表面状况平整，接触电阻低而稳定。

（2）耐电弧侵蚀和抗材料转移能力。触头材料具有高的熔点、沸点、比热及熔化、汽化热及高的热传导性，固然对提高触头的耐电弧侵蚀能力有利，但上述物理参数只能改善触头间的电弧的熄灭条件，或

大量地消耗电弧输入触头的热流，然而一旦触头表面熔融液池形成，触头的抗侵蚀性能则只能靠高温状态下触头材料所特有的冶金学特性来保证。这涉及液态银对触头表面的润湿性、熔融液池的黏性及材料第 2 与第 3 组分的热稳定性等。

触头材料转移同样与材料常规的热物理参数密切相关。但这些参数仅能降低液态金属桥折断引起的材料转移。由于电弧作用引起的材料转移则与两配对触头的各种物理参数的不对称和电弧特性的不对称相关。消除非对称因素或合理利用非对称因素均可降低触头材料转移。

（3）抗熔焊性。触头材料的抗熔焊性包括两个方面：一是尽量降低熔焊倾向。从触头材料角度来看，主要是提高其热物理性能。二是降低熔融金属焊接在一起后的熔焊力。熔焊力主要取决于熔焊截面和触头材料的抗拉程度，显然为了降低发生静熔焊的倾向可增大接触面积和导电面积，但一旦发生熔焊，反会使熔焊力增加。因此为降低熔焊力，或为提高触头材料的抗熔焊性，常在触头材料中加入与银亲合力小的组分。

（4）电弧特性。理想的触头材料，应具有良好的电弧运动特性以降低电弧对触头过于集中的热流输入。还应具有较高的最小起弧电压和最小起弧电流。最小起弧电压很大程度取决于电触头材料的功函数以及其蒸气的电离电压。而最小起弧电流与电极材料在变成散射的原子从接触面放出时所需要的结合能有关。触头间电弧可具有金属蒸气态和气体态两种形式，不同形式的电弧对电极有不同的作用机制，触头材料应使触头间发生的电弧尽快地由金属蒸气态转换到气体态。

除上述要求外，触头材料应尽可能易于加工，而且具有较高的性能价比。

由此看来，对电触头材料的要求面广而苛刻，而且许多要求还存在着矛盾。电导率高的金属，其硬度和熔点、沸点都较低。因此，要得到电导率和硬度均高的触头材料是不可能的。同样，金属结晶点阵内的原子聚合力决定了材料的硬度、弹性膜数、熔点、沸点，这些性能的高低总是基本统一的。为提高熔焊性，要求熔点、沸点等热物理参数高。但同时，为降低接触电阻要求硬度较低，这也是不可兼顾的。所以满足任何需求的电触头材料是不存在的。触头材料的研制、生产和选用只能根据具体使用条件满足那些最关键的要求。

1.2.3　电接触材料的分类与特性

目前广泛使用于低压开关装置的触头材料一般含

两个组分。一个组分是可以提供高导电率的材料如银，因为银具有良好的抗氧化、氮化及高的导电性，且价格较其他贵金属便宜，因而被广泛采用。第二种组分决定电弧的分断性能。低压开关装置的发展历史证明，以下4种材料被认为是最具有实用价值的，即 AgMeO 系，AgNi 系，AgC 系及 AgW 系（包括 AgWC）。目前国外对这4类材料电弧侵蚀机理及抗熔焊特性的研究现状如下：

（1）AgMeO 系触头。当今，AgMeO 材料发展主要重点放在微量添加剂上。在 AgMeO 中增加添加剂的目的是：改善 MeO 的颗粒尺寸、形状及在银基体中的分布；强化 AgMeO 材料基体，即增加液态银在触头表面的润湿效应；AgMeO 材料制造工艺所要求。前两类对 AgCdO 研究较多，最后一类对 AgSnO$_2$ 研究较多。

可改善 MeO 的颗粒、形状及在银基体中的分布的添加剂有：Mg、Li、Sn、Co、Al、K、Ca、Hg、Ru、Be、Ce、Ga、Ni 等。在所有这些添加剂中，关于碱金属最有争议。以 Brugner 为代表的学者认为碱金属能改善电触头的运行性能，因为它增加了电子发射源，从而使触头的电弧侵蚀均匀化。而 Lindmayer 等则认为，碱金属作为第三组元加入 AgCdO 中其改性效果并不显著，反而使得触头易发生重燃。Witter 则认为，碱金属加入 AgCdO 中，对 CdO 颗粒尺寸、形状及分布均无影响，但是可以降低触头接通时因弹跳而产生的电弧侵蚀，这一机理尚不清楚。该学者认为是碱金属改变了液态熔融桥的润湿性。Witter 的试验还表明：碱金属 Li 的加入，使得 AgCdO 焊接力增加，电弧停滞时间却未改变。关于 Brugner 提出碱金属能增加 AgCdO 的耐电弧侵蚀性，Witter 认为仅仅是因为碱金属加入增加了 AgMeO 材料的致密度，并非是电弧弧根扩散的结果。

自 1982 年美国学者 H. J. Kim 在第十一届国际电接触会议上首先提出强化 AgMeO 材料基本的设想之后，近年来，许多学者进行了大量的工作。认为：在 AgCdO 中加入与液态银有较低界面能的组元可增加液态银与触头表面的润湿性，从而降低因喷溅引起的材料损耗，同时削弱触头材料基体裂缝的扩展。此类添加剂的选择原则是，可降低熔融银与触头表面之间的界面能而不降低触头的物理机械性能；无论在液态还是固态，添加剂的氧化物必须是稳定的，并且与银不发生化学反应。

从 20 世纪 70 年代开始，许多人为开发 AgCdO 的替代材料进行了大量工作，并且一直延续至今。研究表明，AgSnO$_2$ 是其中最有希望的，尽管已经通过添加 In 和 Bi 解决了 AgSnO$_2$ 的抗氧化问题，然而，

AgSnO$_2$ 材料仍存在温升太高的现象。Bohm 提出了在 AgSnO$_2$ 中添加 WO$_3$；Gengenbach 提出添加 MoO$_3$，以限制触头的温升。

关于 AgMeO 材料的电弧侵蚀过程，存在两种机制，一种是氧化物的分解和升华消耗了大量电弧输入触头的能量，使得触头冷却；另一种是 MeO 在触头表面熔池中以颗粒形式存在，增加了熔融态金属的黏性，有助于降低因液态喷溅发生的材料损耗。

对于 AgCdO 和 AgSnO$_2$ 材料，其抗熔焊性特性已有定论。AgSnO$_2$ 材料中 SnO$_2$ 组分的高热稳定性，使得 AgSnO$_2$ 材料表面不出现 SnO$_2$ 的低密度层，无 AgSn 合金形成。而 AgCdO 则最终将在工作表面形成 AgCd 合金，因此在工作后期 AgSnO$_2$ 比 AgCdO 的抗熔焊性能好。众所周知，MeO 组分体积含量越高，触头熔焊力越小，而当 AgCdO 和 AgSnO$_2$ 含有相同的重量百分比时，由于 SnO$_2$ 的密度（6.95g/cm^3）比 CdO 的密度（8.15g/cm^3）低，因而，SnO$_2$ 的体积百分比大，所以在工作前期 AgSnO$_2$ 比 AgCdO 的抗熔焊性能好。

（2）AgNi 系触头。从冶金学观点出发，AgNi 系材料与 AgMeO 材料的不同之处在于，当温度极高时，两种共存熔体的相互溶解度增加。正是 AgNi 合金的这一特性，使 AgNi 触头材料的镍颗粒形成均匀弥散分布。形成的原因在于，在高于镍熔点（1453 ℃）的温度下，镍可以大量溶解于电弧弧根处产生的银熔体中，冷却后镍重新沉积于银基体。当这种明显结构的材料形成后，将导致材料侵蚀率的降低，在试验得到的材料侵蚀曲线上呈现所谓"稳定态"，在稳定态之前的阶段称为"调整态"，如图 7.1-23 所示。由此可知，在 AgNi 的电弧侵蚀过程中，溶解沉淀效应起着决定性作用。

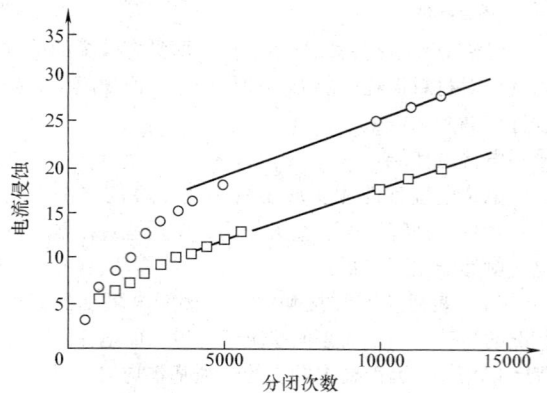

图 7.1-23 AgNi90/10 触头材料
电弧侵蚀特性

据溶解沉淀效应分析，可以理解当 AgNi 材料中颗粒取向（纤维方向）与接触表面平行时，材料侵

蚀较颗粒取向与接触表面垂直时为小的原因。当颗粒取向垂直于接触表面时，镍颗粒趋向于保留在固态基体中，因此，仅仅在镍颗粒突出于溶池较热的部分才会溶解。然而，当颗粒取向与接触平面平行时，镍颗粒很容易被扩散输送到熔体的较热部分，并迅速熔化和溶解。

当 AgNi 含量增加时，需要更高的温度和更长的时间方可使 Ni 溶解于银基体中，当冷凝时，会在触头表面形成 Ni 的富集及部分 Ni 的氧化物组分，因而 Ni 含量增加，使接触电阻增加。

（3）AgC 系触头。AgC 系触头的主要机制在于碳粒和大气中氧的作用，在被电弧加热的高温弧柱区域，碳粒发生显著的燃烧，形成 CO 气体并逸出触头基体，从而在触头表面形成多孔疏松的富银层。由于实际接触面为富银层，故 AgC 材料在其工作过程中始终保持着低的接触电阻。又由于触头表面的疏松多孔，因而无论纤维方向与接触面平行还是垂直，都有良好的抗熔焊性，并且对纤维方向与接触面平行的 AgC 材料，有更强的抗熔焊性和更大的材料侵蚀率。这一特性与 AgNi 材料正好相反。

（4）AgW（AgWC）系触头。在 AgW 系触头中，难熔材料的重量比例在 20%～60% 之间。通常所指的 W 的骨架作用并不是在粉末冶金法制造材料的过程中产生，而是在大电流负荷下出现的。当电弧高温作用于触头时，银首先熔化蒸发，银的蒸发有助于降低弧根处的温升，从而降低材料的飞溅侵蚀。大量银的蒸发，难熔材料被烧结在一起，使 AgW 具有较高的抗熔焊特性。除此之外，由于 AgW 与大气中氧的作用，在触头表面形成不导电的氧化物，如 Ag_2WO_4 及 WO_3，这些薄膜接触电阻升高，反过来使触头产生高温过热，这种情况下也有骨架作用出现。

（5）无镉 AgMeO 材料的开发及论证。通过改善 AgCdO 中 CdO 的颗粒尺寸、形状及在 Ag 基体中的分布，通过 AgCdO 基体强化等研究工作，AgCdO 材料的电接触性能有了明显的提高。然而，由于 CdO 分解物的有毒性，目前在国际上形成了开发无镉 AgMeO 材料取代 AgCdO 材料的趋势。然而欲在几十到几百 A 的电流范围内由 $AgSnO_2$ 全部取代 AgCdO 材料仍有大量工作要做，除了要解决 $AgSnO_2$ 材料温升太高的问题之外，在几十 A 电流条件下 $AgSnO_2$ 材料的抗电弧侵蚀性能仍较 AgCdO 的低。其他无镉 AgMeO 材料如 AgZnO 等也尚未进入全面推广应用阶段。

（6）非晶态触头材料。所谓非晶态材料是对晶态而言，是物质的另一种结构状态，它不像晶态那样是原子的有序结构，而是一种长程无序、短程有序的结构。非晶态材料的物理、化学性能比相应的晶态材料更优越。

非晶态合金的形成除与材料本身的非晶态能力密切相关外，金属熔体到非晶态合金还要有足够快的冷却速度，以使熔体在达到凝固温度时，其内部原子还未来得及结晶就被冻结在液态时所处的位置附近，从而形成无定形结构的固体。继气相速凝法、熔体气冷却之后，离子注入法被公认为是又一种新型的获取非晶态材料的方法，当将选定元素注入金属或合金并达到一定剂量时，可使基体金属表面非晶化。如含 8%～23%Si 的非晶态 Pd-Si 合金具有弹性和韧性，这种合金耐电弧侵蚀性能优良，电弧放电在触头上的痕迹呈平面。用非晶态 PdSi 系合金在 N_2 气体中进行电弧放电试验，经 200 万次通断，接触电阻呈现出低而稳定的性能。

非晶态 PdCuSi 合金兼备接点和簧片的功能，该合金强度高，硬度大；弹性极限在 $90kgf/mm^2$ 以上；耐电弧侵蚀性为纯钯的 10 倍。用于继电器上，有助于通信设备的小型化，高寿命。

然而，非晶态材料尚存在如下问题，阻碍其作为电接触材料在低压电器中广泛应用：①非晶态合金带材厚度仅为 0.1mm，宽度仅 50mm，产品尺寸受到限制；②许多非晶态合金属于亚稳定材料，工作温度不能太高，否则材料发生晶化，将失去非晶态材料的所有优点；③生产成本有待降低。

（7）超导触头材料。1911 年，在低于 4K 的温度下发现了 Hg 的超导性，在这之后，人类一直追求在更高温度下材料的超导特性，迄今为止，在一元材料上最高转变温度 92K 是在 Nb 上获得的。而在复合物中，则从 Ti-Ba-Ca-Cu-O 系材料上得到了 125K 的最高转变温度。毫无疑问，超导材料光明的发展前景必将使低压电器电触头材料产生革命性变化。然而，低压电器触头材料的超导化需要详细分析具有超导材料界面（如超导材料与一般金属组成的界面，超导材料与绝缘体组成的界面，超导材料与半导体组成的界面，超导材料与另一种超导材料组成的界面）的物理特性和发生于界面的物理过程。研究表明："邻近效应"是一般金属和超导体之间界面的主要物理特性；通过势垒的"隧道效应"现象是绝缘薄层和超导体之间的界面的物理特性；而"肖特基势垒"的形成则是半导体和超导体之间的界面的主要物理特性。目前，以 $YBa_2Cu_3O_7$ 为代表的高转变温度氧化物超导体已通过特定的工艺附着于触头基体的表面，在低于临界电流密度下，这类触头的接触电阻为零。以 $YBa_2Cu_3O_7$ 为例，其临界电流密度高达 $10^6～10^8A/cm^2$。

1.2.4 接触电阻的物理模型

当两导体相互接触并实现电能传递或信号输送时，无论两导体的接触表面经过怎样的精细加工，由于其在微观上总是凹凸不平的，如图 7.1-24 所示。真正发生接触只能是一个或多个微小的点或小面，并非是两导体宏观重叠接触的面积。在电接触研究中，通常将两导体（或触头、触点）宏观重叠的面积称为名义接触面或视在接触面，而将实际接触面称为接触斑点，即使在接触斑点接触区域内，由于触头表面通常覆盖有一层表面膜，所以真正能够传导电流的区域只是那些金属直接接触或金属与导电的表面膜接触的区域，这些区域称为导电斑点。因为电接触学科的奠基人 R. Holm 假定导电斑点是半径为 a 的圆形区域，所以在国际电接触学术界导电斑点又称为 a 斑点。如图 7.1-25 所示。

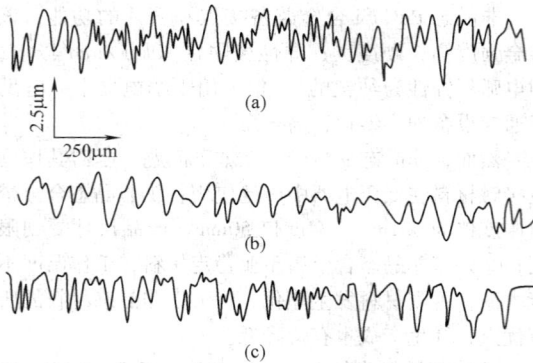

图 7.1-24 接触表面
（a）仅仅磨光；（b）先磨光然后轻轻抛光；
（c）先磨光再用细砂纸轻擦

由于上述原因，当电流通过电接触元件时，实际上电流将集中流过那些极小的导电斑点，因而在导电斑点附近，电流线必将发生收缩，如图 7.1-26 所示。

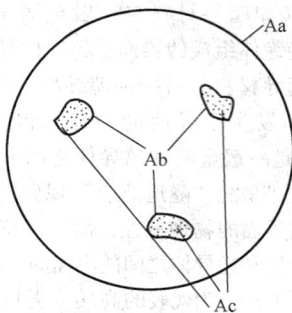

图 7.1-25 接触斑点
Aa—视在接触面；Ab—实际
接触面；Ac—导电斑点

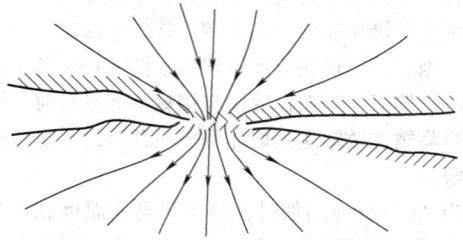

图 7.1-26 导电斑点附近电流线
发生收缩效应

由于电流线在导电斑点附近发生收缩，使电流流过的路径增长，有效导电面积减小，因而出现局部的附加电阻，称为"收缩电阻"。如果电流通过的导电斑点不是纯金属接触，而是存在可导电的表面膜，则还存在另一附加电阻，称为膜电阻。这两部分附加的总电阻称为接触电阻。

可以证明，收缩电阻与导电斑点尺寸之间有下列的简单关系

$$R_c = \frac{\rho}{2a} = \frac{\rho}{d} \qquad (7.1-4)$$

式中，R_c 为收缩电阻；a，d 分别为导电斑点的半径和直径；ρ 为接触元件材料的电阻率。

当电流通过导体与导体的接触处时，由于接触电阻的存在，在电流收缩区两端必然会出现一定的电压降，这个电压降称之为"接触压降"。同时，由于接触电阻产生焦耳热，使收缩区的温度升高，常超过收缩区外导体的温度。导电斑点上的温度超过收缩区外导体的温度的数值称之为斑点的"超温"。根据电位—温度理论（称 $\varphi-\theta$ 理论），斑点的"超温"与"接触压降"成简单的函数关系

$$\theta = \frac{U^2}{8\overline{\lambda \rho}} \qquad (7.1-5)$$

式中，θ 为导电斑点的超温；U 为接触压降；$\overline{\lambda \rho}$ 为两接触导体材料的热导率与电阻率乘积的平均值。

不过，式（7.1-1）仅适用于单个 a 斑点收缩电阻的计算。如果接触面内的 a 斑点不止一个，并且假定各个 a 斑点之间距离足够大，则通过 a 斑点的电流的相互作用可以忽略不计。这样可把接触面中各电流传导路径相加，这种多斑点的收缩电阻为

$$R_c = \frac{\rho}{2\Sigma a_i} \qquad (7.1-6)$$

如各个 a 斑点相距很近，则需考虑通过各个 a 斑点的电流的相互作用。如图 7.1-27 所示。

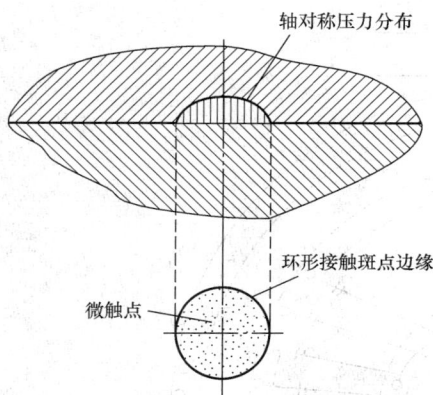

图 7.1-27　环形接触斑点示意图

令 b_{ii} 表示第 i 个 a 斑点流过单位电流对第 i 个 a 斑点电位的贡献，令 b_{ij} 表示第 j 个 a 斑点流过单位电流对第 i 个 a 斑点电位的贡献，则第 i 个 a 斑点之电位 U_i 可由下式表示。

$$u_i = \sum_{j=1}^{n} b_{ij} I_j$$

式中，n 为 a 斑点个数；b_{ii} 实质是第 i 个 a 斑点的收缩电阻自有部分；b_{ij} 为第 i 个 a 斑点和第 j 个 a 斑点收缩电阻的共有部分。

由静电场类比方法可推导得

$$b_{ii} = \frac{\rho}{2a_i}, \qquad b_{ij} = \frac{\rho}{2\pi S_{ij}}$$

S_{ij} 为 i 与 j 斑点间距。因为所有 a 斑点的电位相等，且等于两导体间电位降的一半，即 $U_i = U/2$，故

$$U = 2\sum_{j=1}^{n} b_{ij} I_j$$

$$= \frac{\rho}{2}\left(\frac{I_i}{a_i} + \frac{2}{\pi} \sum_{j \neq i} \frac{I_j}{S_{ij}} \right)$$

Greenwood 求得的收缩电阻表达式为

$$R_c = \rho\left(\frac{1}{2\sum a_i} + \frac{3\pi}{32n^2} \sum\sum \frac{1}{S_{ij}} \right)$$

上述公式的误差随着 a 斑点个数的增加而减少，当斑点个数达极限情况时，上式可演化为 Holm 最早提出的多斑点收缩电阻的形式，即

$$R_c = \rho\left(\frac{1}{2na} + \frac{1}{2\alpha} \right)$$

这里 a 为 a 斑点半径，α 为包含有全部 a 斑点的包络线半径。

电接触材料表面常因吸附、氧化、腐蚀以及环境效应等因素的污染而形成表面膜。对于中重负载用电接触元件，由于机械的作用特别是电弧的作用，表面膜极易破坏，因此表面膜的生成和破坏并不特别引人注目。然而在弱电接触领域，由于表面膜生成后不易破坏，故对使用于弱电技术领域的电接触材料为能达到高的接触可靠性，不允许表面膜生成或存在。

弱电技术领域的电接触研究，主要集中在表面膜的生成机理及从电接触材料本身的组分和制造工艺入手而提高其接触可靠性这两大方面。表面膜的生成机理较为复杂，它与各种环境效应密切相关。

1.2.5　导电斑点电流密度分布

触点承载的电流实际只能从两个触点接触所形成的一个或数个导电斑点流过，在这些导电斑点区域形成了极大的电流密度。由于转化为热量的功率损耗与电流密度的平方成正比，当电器所控制的电路系统出现过载或短路时，巨大的电流密度就会产生巨大的焦耳热，造成触点熔焊乃至整个触头系统失效。不仅如此，触点静态接触时的温升还对液态金属桥形成的材料转移、金属蒸气电弧向气体电弧的转换规律及电器触头系统的设计都有着极为重要的影响。

研究电触头静态电接触时的温升，必须首先获取导电斑点及收缩区电流密度的分布，因为影响电触头发热的主要热源——焦耳热的分布主要受到电流密度的影响。这里介绍 Park 等关于导电斑点区域电流密度分布研究的结果。

Park 的研究应用了 Greenwood 关于导电斑点内相距很近的多个斑点电流相互影响的思想，对任意 a 斑点 i，有

$$\sum_{j=1}^{n} b_{ij} I_j = U_i \ (i = 1, 2, 3, \cdots, n)$$

为求解此方程组，假定

a）每个 a 斑点之电位相等，即 $U_i = U$。

b）如图 7.1-28 所示，在每一环上的 a 斑点具有相同的半径，此半径为一等效值。

c）a 斑点在每一环上均匀分布，流过同一环上 a 斑点的电流相等。

d）每一环的宽度相等，即

$$r_2 - r_1 = r_3 - r_2 = r_m - r_{m-1}$$

在上述假定下，由于 a 斑点分布的轴对称性，方程组中方程的数目可由 n 个（a 斑点数）变为 m 个（导电斑点的环数，如图 7.1-28 所示）。即

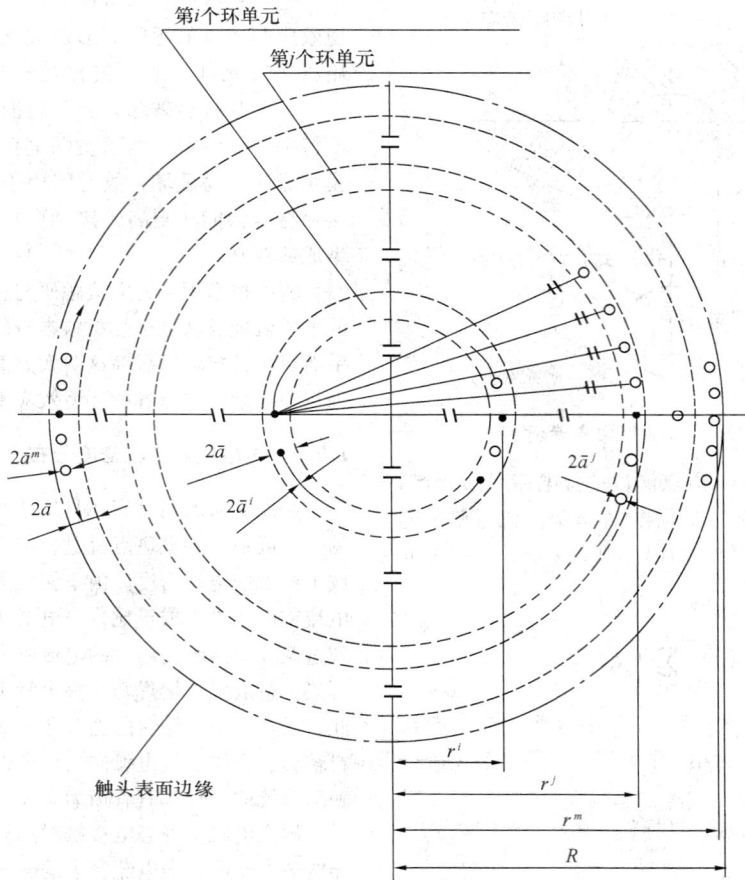

图 7.1－28 微导电斑点示意图

$$\sum_{j=1}^{m} \left(\frac{\rho}{4\bar{a}^i} \delta_{ij} + \frac{\rho}{2\pi} g_{ij} \right) \cdot \bar{I}^i = U$$

$$i = 1, 2, 3, \cdots, m$$

这里 δ_{ij} 为狄里克 δ 函数 $\quad i=j \quad \delta_{ij}=1$

$$i \neq j \quad \delta_{ij}=0$$

而

$$g_{ij} = 2 \sum_{k=1}^{n^{i/2}} \frac{1}{\sqrt{2\gamma^i \gamma^j \cos\left[\frac{\pi}{n^j/2}k\right] + (\gamma^i)^2 + (\gamma^j)^2}}$$

式中，γ^i，γ^j 分别为第 i 个或第 j 个环与导电斑点中心距离（m）；n^j 为第 j 个环上的 a 斑点数；$\bar{a}^i$ 为第 i 个环上 a 斑点的等效半径。

对方程组，输入 $\bar{a}^i$ 和 n^j 值，即可求得第 j 个环上流过各斑点之电流 $\bar{I}^j$。而 $\bar{I}^j$ 确定之后，等于确定了整个导电斑点的电流密度分布。

其中，第 i 个环上的名义电流密度 J_n^i 为

$$J_n^i = n^i \bar{I}^i / A_n^i$$

这里 A_n^i 为第 i 环的名义表面。

第 i 个环上每一 a 斑点之电流密度为

$$J_r^i = \frac{\bar{I}^i}{\pi \bar{a}^i}$$

平均名义电流密度为

$$J_m = \sum_{i=1}^{m} n^i I^i / \sum_{i=1}^{m} A_n^i$$

等效半径 $\bar{a}^i$ 的确定原则是，使得每一环上按半径为 $\bar{a}^i$ 的斑点流过的总电流等于等效前实际流过该环上各斑点电流之和。根据 Greenwood 的研究，实际流过第 i 个 a 斑点之电流大约与收缩电阻的自有部分成反比，即

$$I_i = c \frac{U}{\rho / (2a_i)}$$

式中，c 为正常数。

上述估算的精度当然随各斑点间距的增大而升

高,如令 $(\Sigma I)_r$ 表示实际流过某一圆环的电流,$(\Sigma I)_m$ 表示采用等效半径后流过同一圆环的电流,则

$$(\Sigma I_r) = \sum_{i=1}^{n} c\frac{U}{\rho/2a_i} = c\frac{2U}{\rho}\sum_{i=1}^{n}a_i$$

$$(\Sigma I)_m = nc\frac{U}{\rho/2\bar{a}} = c\frac{2U}{\rho}n\bar{a}$$

且应有 $(\Sigma I)_m = (\Sigma I)_r$,故

$$\bar{a} = \frac{\sum_{i=1}^{n}a_i}{n}$$

这表明,每一环上斑点之等效半径近似等于原斑点半径的平均值。

Park 还设计了一个测试电流密度的简单装置,在一个橡胶片上插有许多漆包线以代表 a 斑点,将漆包线两端分别插入盛有电解液(3%浓度的 NaCl 水溶液)的铝盒中并加上电压,测试通过各漆包线的电流,可得电流密度。图 7.1-29 示出了测试结果与计算结果的比较。

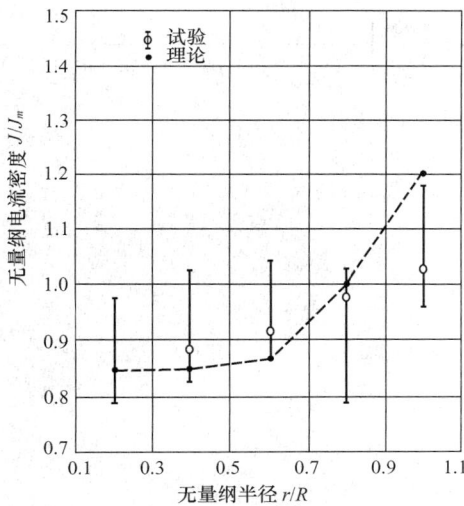

图 7.1-29　电流密度计算结果和试验结果比较

如果 a 斑点数量增加并几乎覆盖全部半径为 R 的圆形接触面,则 Park 计算所得电流密度分布与 Holm 所推得的半径为 R 的 a 斑点内电流密度几乎一致,如图 7.1-30 所示。在这种情况下,电流密度的分布为

$$J_n = \frac{J_m}{2\sqrt{1-(r/R)^2}}$$

1.2.6　电触头体内电场及焦耳内热源分布

电流通过导电斑点时的情形大致如图 7.1-31 所示。为简化尺寸,图 7.1-32 示出了两触头及导电斑点形状的直角坐标和球坐标。

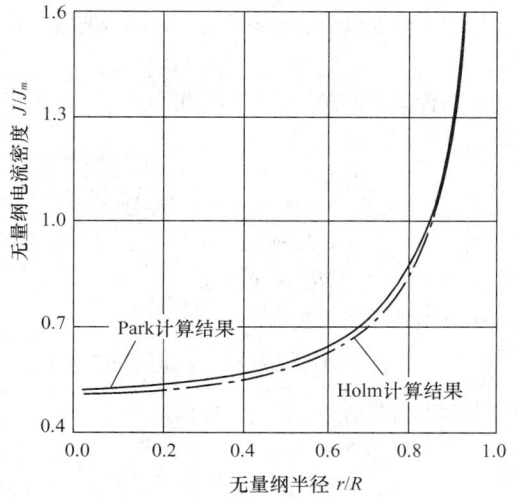

图 7.1-30　极限情况下 Park 计算结果与 Holm 计算结果比较

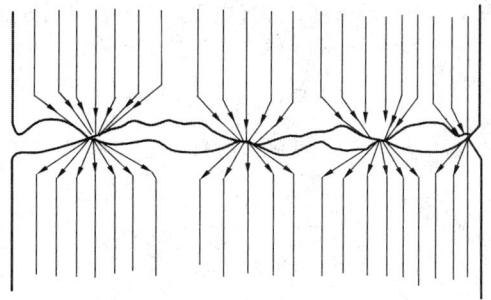

图 7.1-31　电流收缩现象

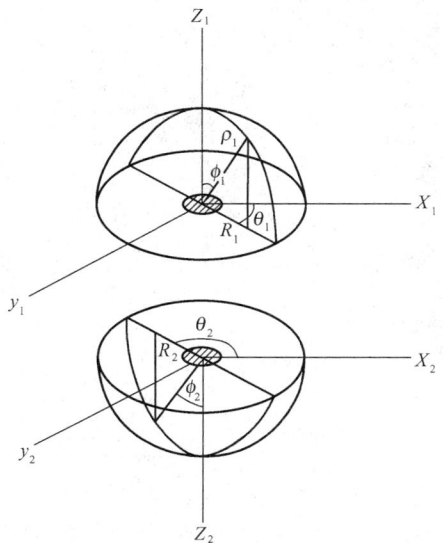

图 7.1-32　两半球形触头及导电斑点形状的直角坐标和球坐标

在接触表面的中部是半径为 a 的 a 斑点。

触头体内的似稳态电场满足 Laplace's 方程

$$\nabla^2 V_i = 0$$

边界条件　　　$\rho \to \infty \quad V \to 0$

$$\varphi_i = \frac{\pi}{2}, \quad R_i > a_i, \quad n_i \nabla V_i = 0$$

$$Z_i = 0, \quad R_i \leqslant a_i, \quad V_1 = V_2$$

$$n_1 J_2 + n_2 J_2 = 0$$

$$R_i^2 = X_i^2 + y_i^2$$

电位表达式为

$$V_i = -K_i \int_{v_i}^{\infty} \left[(a^2 + \xi)(b^2 + \xi)\xi \right]^{-\frac{1}{2}} d\xi_i + V_{i\infty}$$

而等电位面则分别是一系列椭球面

$$\frac{x^2}{a^2 + \xi} + \frac{y^2}{b^2 + \xi} + \frac{Z^2}{\xi} = 1$$

这里 ξ 对给定的椭球面是一定值，$\sqrt{\xi}$ 是椭球体在 Z 轴方向的长度。a 和 b 实质是导电斑点在 x 轴方向和 y 轴方向的长度，如导电斑点为圆形，则等电位面的椭球体在 x 轴和 y 轴方向的长度相等，有

$$\frac{1}{v_1} n_1 \cdot \nabla V_1 = -\frac{1}{v_2} n_2 \nabla V_2$$

式中，v_1、v_2 分别为两触头材料的电阻率。

$$K_2 = -\frac{v_2}{v_1} K_1$$

在 $a_i = b_i = a$，$\xi_i = 0$ 时，有

$$K_1 = (V_{2\infty} - V_{1\infty}) \frac{a}{\pi} \left(1 + \frac{v_2}{v_1} \right)^{-1}$$

从而

$$V_i = \frac{-a}{\pi} \delta v \frac{v_i}{v_1 + v_2} \int_{\xi_i}^{\infty} \frac{d\xi}{(a^2 + \xi_i)} + V_{i\infty}$$

这里

$$\delta V = V_{2\infty} - V_{1\infty}$$

ξ 可由如图 7.1 – 32 所示的球坐标下求得

$$\xi_i = \frac{1}{2} \{ \rho_i^2 - a^2 + (a^4 + \rho_i^4 + 2a^2 \rho_i^2 \cos 2\varphi_i)^{\frac{1}{2}} \}$$

焦耳内热源

$$q_{ei} = J_i E_i = \frac{1}{v_i} |\nabla V_i|^2$$

得

$$q_{ei} = \left[\frac{a \delta V}{\pi} \right]^2 \frac{4 \xi_i v_i}{(v_1 + v_2)^2 [\rho_i^2 \xi_i^2 + a^2 Z_i^2 (a^2 + 2\xi_i)]}$$

第 2 章 低 压 开 关 电 器

2.1 低压开关电器概述

2.1.1 低压电器的定义

低压电器通常是指工作在交流电压为 1000V 或直流 1500V 以下电路中的电器设备。低压电器广泛应用于发电、输电、配电等场所与电气传动和自动控制设备中，它对电能的生产、输送、分配与应用起着转换、控制、保护与调节等作用。

2.1.2 低压电器的分类与用途

见表 7.2－1。工作条件下和特殊环境使用的各类低压电器通常在基本系列产品的基础上派生，构成如防爆、船舶、化工、热带、高原以及牵引电器等。

表 7.2－1 低压电器的分类与用途

分类名称		主要品种	用 途
配电电器	断路器	万能式空气断路器；塑料外壳式断路器；限流式断路器；直流快速断路器；灭磁断路器；漏电保护断路器	用于交、直流线路过载、短路或欠电压保护、不频繁通断操作电路；灭磁断路器用于发电机励磁电路保护；剩余电流保护断路器用于人身触电保护
	熔断器	有填料封闭管式熔断器；保护半导体器件熔断器；无填料密闭管式熔断器；自复熔断器	用作交、直流线路和设备的短路和过载保护
	刀开关	熔断器式刀开关；大电流刀开关；负荷开关	用作电路隔离，也能接通与分断电路额定电流
	转换开关	组合开关；换向开关	主要作为两种及以上电源或负载的转换和通断电路用
控制电器	接触器	交流接触器；直流接触器；真空接触器；半导体接触器	用作远距离频繁地起动或控制交、直流电动机以及接通分断正常工作的主电路和控制电路

续表

分类名称		主要品种	用 途
控制电器	控制继电器	电流继电器；电压继电器；时间继电器；中间继电器；热过载继电器；温度继电器	在控制系统中，作控制其他电器或作主电路的保护之用
	起动器	电磁起动器；手动起动器；农用起动器；自耦减压起动器；Ｙ－△起动器	用作交流电动机的起动或正反向控制
	控制器	凸轮控制器；平面控制器	用于电气控制设备中转换回路或励磁回路的接法，以达到电动机起动、换向和调速
	主令电器	按钮；限位开关；微动开关；万能转换开关	用作接通、分断控制电路，以发布命令或用作程序控制
	电阻器	铁基合金电阻器	用作改变电路参数或变电能为热能
	变阻器	励磁变阻器；起动变阻器；频敏变阻器	用作发电机调压以及电动机的平滑起动和调速
	电磁铁	起重电磁铁；牵引电磁铁；制动电磁铁	用于起重操纵或牵引机械装置

低压电器可以指定一种或多种安装类别，见表 7.2－2。

表 7.2－2 低压电器的安装类别

产品名称	安装类别			
	Ⅰ	Ⅱ	Ⅲ	Ⅳ
低压熔断器	—	√	√	√
隔离器、开关、隔离开关及熔断器组合	—	√	√	√
低压断路器	—	√	√	√
低压接触器	—	—	√	—
低压电动机起动器	—	—	√	—
控制电路电器和开关元件	√	√	√	—

注：安装类别为 Ⅰ—信号水平级；Ⅱ—负载水平级；Ⅲ—配电及控制水平级；Ⅳ—电源水平级。

2.2 低压断路器

2.2.1 低压断路器结构简述

（1）万能式断路器。所有零件都装在一个绝缘的金属框架内，常为开启式，可装设多种附件，更换触头和部件较为方便，因此多用作电源端总开关。一个系列一般设计成 3~4 个框架等级。每个框架中可包括几档额定电流。万能式断路器可分为选择型和非选择型两类，选择型断路器的短延时一般在 0.1~

0.6s 之间。过电流脱扣器有电磁式、热双金属式和电子式等几种。图 7.2-1 为万能式断路器的结构图。随着电子技术的发展新近又推出了智能化脱扣器，装有这种脱扣器的断路器可在极短时间（例如 200ms）内完成电路外部任何故障和断路器内部故障（包括自诊断功能）的保护，实现选择性断开，并具有动作显示、记录和报警等功能，整定电流和故障电流（过载电流或短路电流）可在脱扣器面板上显示出来，其框图如图 7.2-2 所示。

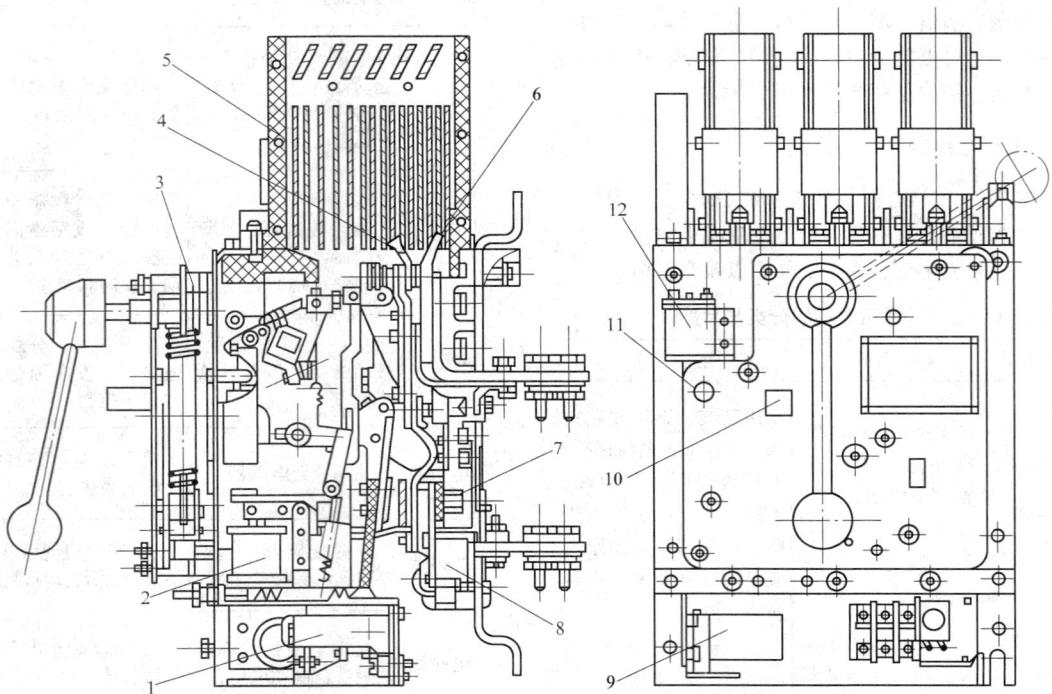

图 7.2-1 万能式断路器的结构

1—热继电器或半导体式脱扣器；2—欠电压脱扣器；3—操作机构；4—动弧触头；5—灭弧室；6—静弧触头；7—电磁脱扣器；8—互感器；9—失电压延时装置；10—分合指示器；11—脱扣轴；12—分励脱扣器

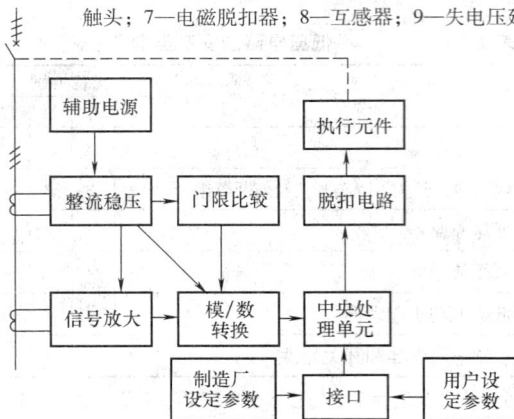

图 7.2-2 交流智能化脱扣器框图

（2）塑料外壳式断路器。除接线端子外，触头、灭弧室、脱扣器和操作机构都装于一个塑料外壳中。一般不考虑维修，适于作支路的保护开关。大多数为手动操作，额定电流较大的（200A 以上）也可附带电动机操作。图 7.2-3 为塑料外壳式断路器的结构图。塑料外壳式断路器可分工业用和非熟练人员用两类。前者适用于工厂、企业的动力配电，后者多用于照明电路和民用建筑内电气设备的配电和保护。

（3）限流断路器。限流断路器按构成原理，可分为多种类型，但使用最普遍的是电动斥力式限流断路器。不论是万能式还是塑料外壳式限流断路器，都

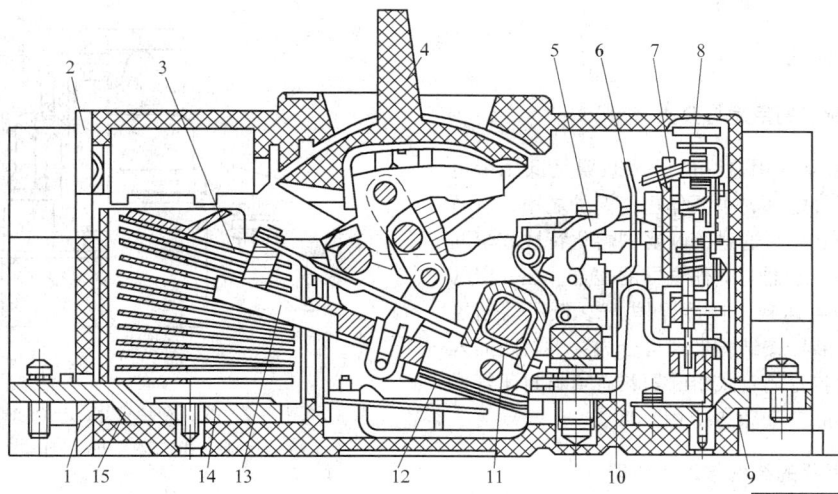

图 7.2 - 3　塑料外壳式断路器的结构

1—基座；2—盖；3—灭弧室；4—手柄；5—扣板；6—双金属片；7—调节螺钉；
8—瞬时调节旋转；9—下母线；10—发热元件；11—主轴；12—软连接；
13—动触头；14—静触头；15—上母线

是利用短路电流在触头回路间所产生的电动力，使触头快速斥开而达到限制短路电流上升，触头斥开后产生电弧，电弧电压上升（相当于电弧电阻增加），从而限制短路电流增加。触头在真空中，则电弧电压很低，难以利用电弧达到限流目的。图 7.2 - 4 表示限流分断与非限流分断的电流波形图。

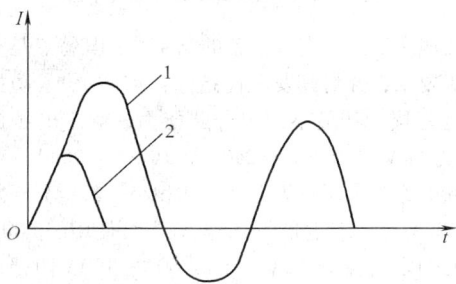

图 7.2 - 4　限流分断与非限流分断的电流波形

1—一般交流断路器分断电流波形；
2—限流断路器分断电流波形

（4）剩余电流保护断路器（漏电保护断路器）。有电磁式电流动作型、电压动作型和晶体管式电流动作型三种。电磁式电流动作型剩余电流保护断路器是在塑料外壳断路器中增加一个能检测剩余电流的剩余电流互感器和灵敏脱扣器。当出现漏电或人身触及相线（火线）时，剩余电流互感器的二次侧就感应出信号电流，使灵敏脱扣器动作，断路器快

速断开。

（5）直流快速断路器。有电磁保持式和电磁感应斥力式两种。电磁保持式直流断路器在快速电磁铁的去磁线圈中的电流达到一定值时，衔铁所受的吸力骤减，机构在弹簧作用下迅速向断开位置运动而使触头断开。

电磁感应斥力式直流快速断路器是利用储能的电容器，向斥力线圈放电，同时在斥力线圈上面的铝盘中感应出涡流，利用这两种电流的相互作用，产生巨大的电动力，使铝盘快速斥开，断路器断开。

2.2.2　低压断路器的选用要点

① 断路器的额定电压≥线路额定电压；② 断路器的额定电流与过电流脱扣器的额定电流≥线路计算负载电流；③ 断路器的额定短路通断能力≥线路中最大短路电流，注意进出线端的短路通断能力是否相等；④ 断路器欠电压脱扣器额定电压=线路额定电压；⑤ 选择型配电断路器需考虑短延时短路通断能力和延时梯级的配合；⑥ 选择电动机保护用断路器需考虑电动机的起动电流并使其在起动时间内不动作。笼型感应电动机的起动电流按 8～15 倍额定电流计算；⑦ 直流快速断路器需考虑过电流脱扣器的动作方向（极性）、短路电流上升率 di/dt；⑧ 漏电保护断路器需选择合理的漏电动作电流和漏电不动作电流。注意能否断开短路电流，如不能断开短路电流则

需和适当的熔断器配合使用。

2.3 低压熔断器

2.3.1 低压熔断器的用途与分类

① 低压熔断器的用途。低压熔断器是低压配电系统中的保护元件之一,主要作短路保护之用,有时也可作过载保护之用。通过熔断器的熔化特性和熔断特性的配合以及熔断器与其他电器的配合,在一定的短路电流范围内可达到选择性保护。② 低压熔断器的分类。低压熔断器按结构形式可分为:半封闭插入式熔断器;无填料密闭管式熔断器;有填料封闭管式熔断器及自复熔断器(很少应用)四类。

2.3.2 低压熔断器的结构与工作原理

低压熔断器是以自身产生的热量使其熔断体熔化而自动分断电路的。当通过熔断体的电流大于规定值,熔断体熔断而实现过载和短路保护。

半封闭插入式熔断器和无填料密闭管式熔断器过去虽然应用很广,但趋向淘汰,应选用有填料封闭式熔断器。

有填料封闭管式熔断器按使用对象可分为:专职人员使用的熔断器(亦称一般工业用熔断器),非熟练人员使用的熔断器和保护半导体器件熔断器三种。

有填料熔断器多采用石英砂作填料,用铜片作熔体材料。用陶瓷作熔管制成的熔断器称有填料封闭管式熔断器。适当改变熔体结构,可改善低过载倍数(2倍额定电流)的分断能力。这种熔断器称为全范围熔断器。有填料封闭管式熔断器的结构如图 7.2-5 所示。小电流(100A 以下)的管状熔体,置于一底座中,就成为螺旋式熔断器。其结构见图 7.2-6。熔体用螺纹的瓷盖固定于瓷底座中。

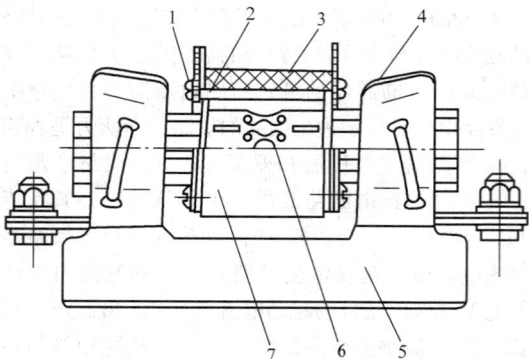

图 7.2-5 有填料封闭管式熔断器
1—熔断指示器;2—石英砂填料;3—熔管;4—触刀;
5—底座;6—熔体;7—熔断体

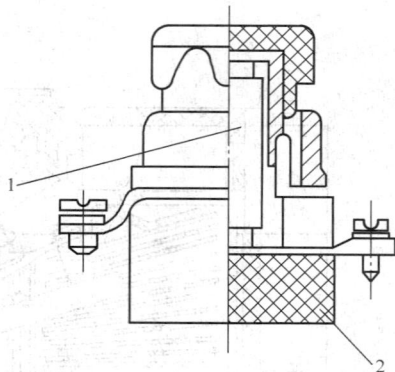

图 7.2-6 有填料螺旋式熔断器
1—熔断体;2—底座

2.3.3 一般工业用低压熔断器

专职人员使用的熔断器最小额定分断能力为直流 25kA,交流 50kA,对熔断器的防护等级没有要求。按结构可分为:刀型触头熔断器、螺栓连接熔断器、圆筒形帽熔断器。其外形尺寸、安装尺寸及主要特性参见 IEC 60269-4-1:2002。

2.3.4 保护半导体器件熔断器

最小额定分断能力为 50kA,其安装尺寸、主要特性参见 IEC 60269。

2.3.5 非熟练人员使用的熔断器

普遍用于家庭电气设备的电路中,其特点是有防护等级要求,并对其安全性指标(如防火)、防护级进行考核。其最小额定分断能力,额定电压低于 240V 为 6kA,额定电压 240~500V 时为 20kA。螺旋式熔断器作为家用较为合适,体积小,额定分断能力可达 50kA。半封闭插入式非熟练人员使用的熔断器,支持的额定电流分 10A、15A、60A、100A 四档,额定分断能力低(750~4000A),价格低廉,我国目前仍广泛使用。

2.3.6 低压熔断器的选用

应根据使用场合选择适当的型式。例如,作电网配电用,应选用一般工业用熔断器;作硅元件保护,则应选择保护半导体器件熔断器;供家庭使用,宜选用螺旋式或半封闭插入式熔断器。

(1)一般工业用熔断器的选用。按电网电压选用相应电压等级的熔断器。按配电系统中可能出现的最大短路电流,选择有相应分断能力的熔断器。

在电动机回路中作短路保护时，应考虑电动机的起动条件，按电动机起动时间长短选择熔体的额定电流。对起动时间不长的场合可按下式决定熔体的额定电流 I_n。

$$I_n = I_d /(2.5 \sim 3) \qquad (7.2-1)$$

对起动时间长或较频繁起动（如起重机电动机起动）的场合，按下式决定熔体的额定电流 I_n。

$$I_n = I_d /(1.6 \sim 2.0) \qquad (7.2-2)$$

式中，I_d 为电动机的起动电流（A）。

为了满足选择性保护要求，上下级熔断器应根据其保护特性曲线上的数据及实际误差来选择。一般，老产品的选择比为 2∶1，新型熔断器的选择比为1.6∶1。

（2）保护半导体熔断器的选用。使用于小容量变流装置时，按下式选用

$$I_{nR} = 1.57 I_{th} \qquad (7.2-3)$$

式中，I_{nR} 为保护半导体熔断器的额定电流有效值（A）；I_{th} 为半导体器件的额定电流平均值（A）。

在大容量变流装置中，桥臂的并联支路数根据系统短路电流的大小来确定，每一支路由硅元件与保护半导体器件熔断器组成。为保证发生内部故障时变流装置仍能继续供电，与故障元件串联的熔断器必须熔断，而完好的硅元件和串联的熔断器不能损坏。因此，必须使与故障元件串联的熔断器的熔断 I^2t 值小于串联在桥臂上的全部熔断器熔化 I^2t 值。如果为保护其他臂硅元件使之不致损坏，应满足下式要求：

$$m \geq \frac{1}{K} \sqrt{A_{RD} /A_K} \qquad (7.2-4)$$

式中，m 为并联支路数；K 为动态均流系数（一般取0.5~0.6）；A_{RD} 为熔断器最大熔断 I^2t 值，（$A^2 \cdot s$）；A_K 为硅元件浪涌 I^2t 值，（$A^2 \cdot s$）。

经验证明，如果 m 小于 4，则难以达到上述保护要求。此外，还应考虑避免因多次故障电流冲击而引起的熔体老化，适当增加并联支路数。

2.4　刀开关、隔离器、隔离开关及其组合电器

刀开关、隔离器、隔离开关主要用于不频繁地接通和分断电路。多层组合开关是刀形开关的另一种型式，也用于转换电路，从一组连接转换到另一组连接。适用于额定电流100A 以下的电路。

刀开关、隔离器、隔离开关和熔断器组合具有一定的接通分断能力和足够的短路分断能力，可作为手动不频繁地接通分断电路以及作电路的短路保护和隔离之用，其短路分断能力由组合中熔断器的短路分断能力而定。

2.5　低压接触器与起动器

2.5.1　低压接触器

是电气传动和自动控制系统中应用最广的一种电器，它适用于远距离频繁地接通和分断交、直流主电路及大容量控制电路。其主要控制对象是电动机，也可用于控制照明设备、电焊机、电容器、电热设备等其他负载。

接触器主要有交流接触器和直流接触器两种。它们的分类见表 7.2-3，使用类别和用途见表 7.2-4。

表 7.2-3　接触器的分类

分 类 原 则	分 类 名 称
按主触头所控制电流种类	交流；直流
按主触头极数	单极；双极；多极
按主触头类别	常开式；常闭式；常开常闭兼有式
按操作电磁系统的控制电源种类	交流；直流
按灭弧介质	空气式；真空式
按有无灭弧室	有灭弧室；无灭弧室

表 7.2-4　接触器的使用类别和用途

种类	使用类别代号	用　途
交流接触器	AC-1	无感或微感负载、电阻炉
	AC-2	绕线转子感应电动机的起动、分断
	AC-3	笼型感应电动机的起动、运转中分断
	AC-4	笼型感应电动机的起动、反接制动或反向运转、点动
	AC-5a	放电灯的通断
	AC-5b	白炽灯的通断
	AC-6a	变压器的通断
	AC-6b	电容器组的通断

续表

种类	使用类别代号	用　途
交流接触器	AC－7a	家用电器和类似用途的低感负载
	AC－7b	家用的电动机负载
	AC－8a	具有手动复位过载脱扣器的密封制冷压缩机中的电动机控制
	AC－8b	具有自动复位过载脱扣器的密封制冷压缩机中的电动机控制
直流接触器	DC－1	无感或微感负载、电阻炉
	DC－3	并励电动机的起动、反接制动或反向运转、点动、电动机在动态中分断
	DC－5	串励电动机的起动、反接制动或反向运转、点动、电动机在动态中分断
	DC－6	白炽灯的通断

2.5.2　交流低压接触器

其典型结构可分为双断点直动式（见图7.2－7）和单断点转动式平面布置两种。前者结构紧凑、体积小、重量轻；后者维护方便，可方便地派生为单极、二极和多极结构，但体积和安装面积较大。

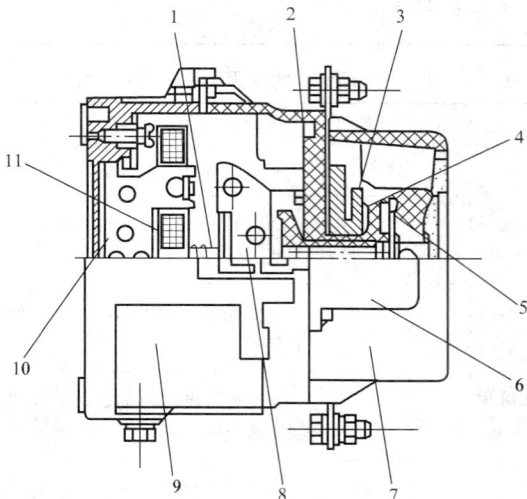

图 7.2－7　交流接触器的结构原理图
1—反作用弹簧；2—触头弹簧；3—触头支架；
4—静触头；5—动触头；6—辅助触头；
7—灭弧室；8—衔铁；9—外壳；
10—心；11—吸引线圈

2.5.3　直流低压接触器

其动作原理和交流接触器相似。中大容量直流接触器常采用单断点平面布置整体结构，小容量直流接触器采用双断点立体布置结构。

2.5.4　低压真空接触器

组成部分与一般空气式接触器相似，不同的是真空接触器的触头密封在真空灭弧室中。与一般空气式接触器相比，真空接触器燃弧时间短，工作更可靠。缺点是存在截流过电压。

2.5.5　半导体接触器

其原理接线图见图7.2－8。每相用两只晶闸管反向并联或用一只双向晶闸管代替。它无可动部分，寿命长，动作快，操作频率可高达10000次/小时，不受爆炸、粉尘、有害气体影响，耐冲击振动。

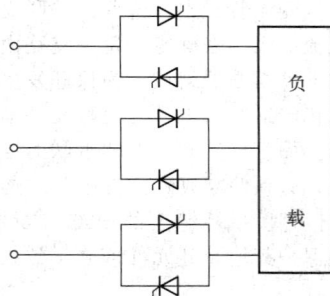

图 7.2－8　半导体接触器原理接线图

2.5.6　低压接触器的选用

（1）用于控制电动机负载。接触器的额定工作电压、电流(功率)和额定操作频率均不得低于电动机的相应值。当用于断续周期工作制或短时工作制时，接触器的额定发热电流应不低于电动机实际运行的等效电流。此外，应按电动机的类型和实际使用的要求，选用有相应使用类别技术数据的接触器。

（2）用于控制非电动机负载。① 控制电热设备。一般接触器的AC－1使用类别，额定工作电流等于或大于电热设备的额定电流。电热设备一般为多路单极并联运行，可将多极接触器并联，以提高其允许负载电流。三极并联时，长期载流能力可增至2.5倍；两极并联时，可增至1.8倍。② 控制电容器。一般按接触器的 AC－6b，额定工作电流不小于电容器的额定工作电流选用。③ 控制变压器。一般应按接触器 AC－6a，额定工作电流不小于变压器的额定工作电流选用。④ 控制照明装置。如照明装置的灯具为放电灯或白炽灯，则分别按交流接触器的 AC－5a 或 AC－5b，额定工作电流不小于相应灯具的额定工作电流选用。⑤ 控制电磁铁。应根据电磁铁的额定电压和电流、通电持续率和时间常数或功率因数等主要技术参数选用接触器。直流起重电磁铁属于高电感负载，时间常数特别大，为了保证使用可靠，常在电磁铁线圈两端并联一个电阻，其电阻值不大于电磁铁线圈电阻值的 5 倍。

2.5.7　起动器

大多数由通用型接触器、热继电器、控制按钮等标准元件按一定方式组合而成，它能控制电动机起动、停止或反向，并具有过载、失压保护功能。

2.6　控制继电器

2.6.1　控制继电器结构简述

（1）电磁式控制继电器。通过电磁吸合和释放原理而动作的继电器，基本结构与接触器类同，有电磁系统、触头系统和反力系统三个部分组成，由于它的接通能力小，而无需灭弧装置。磁系统结构常采用 Ⅱ 形拍合式、Ⅲ 形直动式或转动式及螺管直动式三种。它有通用（电压、电流）继电器，中间继电器等。

（2）时间继电器。在继电器接受信号到执行元件（如触头）动作之间有一定的时间间隔的继电器。它又可分为电磁式和电子式两种。电磁式时间继电器是在电磁式控制继电器上加装阻尼或机械阻尼装置（如油杯、钟表机构等）构成。电子式时间继电器延时范围广、精确度高、调节方便、返回时间短、功耗小、寿命长，因而使用越来越广，其输出可以是有触点的，也可以是无触点的。电子式时间继电器原理方框图见图 7.2－9。

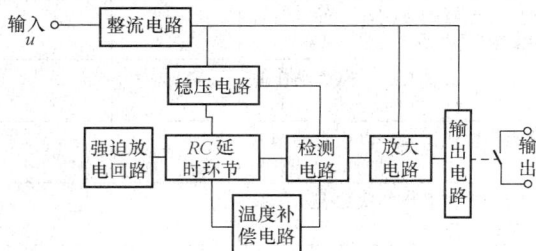

图 7.2－9　电子式时间继电器原理方框图

（3）热过载继电器。通过双金属片流过电流而发热弯曲推动执行机构动作的继电器。它主要由电流调节机构、动作机构以及热元件组成。

现代热过载继电器大多为三相式结构，具有断相保护、温度补偿、整定电流可以调节、可以自动或手动复位等。带断相保护的热过载继电器见图 7.2－10。对热过载断电器，除要求有良好的保护特性外，还要求有一定的耐受过电流能力，以和系统开关元件（如接触器）和保护元件（如熔断器）的特性相协调。新一代热过载继电器增加了脱扣机构动作灵活性检查、动作指示以及手动断开试验按钮。

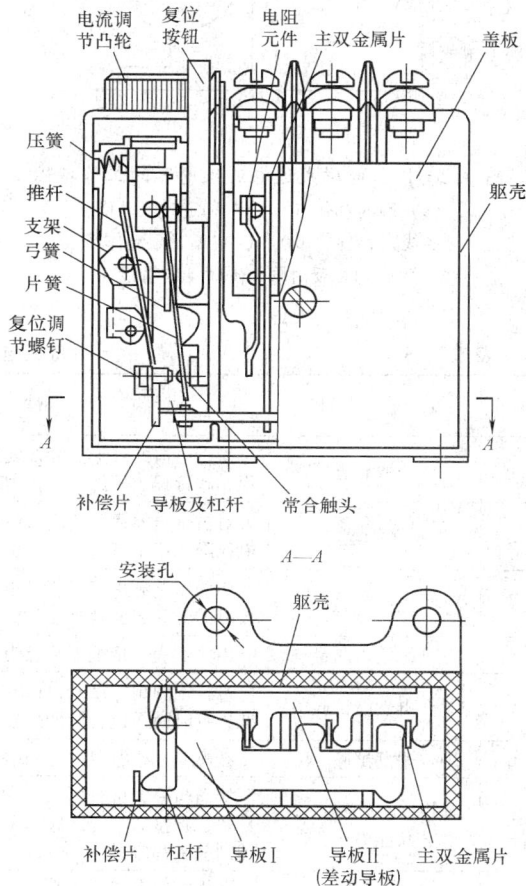

图 7.2－10　带断相保护的热过载继电器

2.6.2　控制继电器的选用

（1）电磁式控制继电器选用时，电磁线圈电压或电流应满足要求，按被控制对象的电压、电流和负载性质及要求来选择。若控制电流超过继电器触头额定电流时，可将触头并联使用。

电磁式过电流继电器具有图 7.2－11 所示的工作特性，应根据保护对象的不同要求选用。

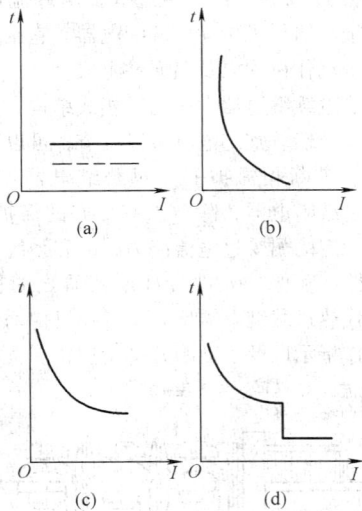

图 7.2-11 电磁式过电流继电器的工作特性
（a）瞬时动作（虚线）和定时限动作
（实线）特性；（b）、（c）反时限动作特
性；（d）反时限与瞬时动作特性

（2）时间继电器的选用。应注意延时时间和延时方式（如常开延时或常闭延时），对要求延时较长的可选用同步电动机式时间继电器。

（3）热过载继电器主要用于长期或间断长期工作的轻负载电动机的保护。选用时应注意被保护电动机的型号、容量、使用场合、工作制、起动电流倍数、负荷性质等，在条件满足的情况下，一般按电动机的额定电流选取，或者根据工艺流程的要求以及电动机实际负载，选取热过载继电器的整定值为 0.95~1.05 倍电动机额定电流。

当电动机起动时间不大于 1s、起动电流倍数为 6 倍、通电持续率为 60%，且电动机满载工作时，用于反复短时工作电动机的每小时允许操作频率为 40~50次，热过载继电器不适用密接通断（点动）工作及正反转工作电动机的保护。

2.7　低压电器试验

低压电器基本试验。试验项目与内容见表 7.2-5。

表 7.2-5　　　　　　　　　　　　　低压电器试验项目表

序号	试 验 项 目	试 验 内 容	型式试验	常规（出厂）试验
1	一般检查	检查电器的外形尺寸及安装尺寸、电气间隙与爬电距离、触头开距、超行程、压力、操作力以及安装质量	✓	✓
2	电压降检查	对被试电器通以恒定直流电流，用仪表直接测量被测部分两端的电压降，以了解电器各部位的导电情况	视电器种类而定	✓
3	温升试验	用低压电源进行，测量电器各部件（包括触头、导电部件和易接触的外壳表面及操作手柄）的温升	✓	
4	绝缘电阻测量	用兆欧表测量电器绝缘表面的阻值，在一般条件不得小于 10MΩ	✓	
5	介电性能试验	进行工频耐压试验，以考核电器的绝缘水平。在电气间隙小于标准规定时尚需进行脉冲耐压试验	✓	
6	耐潮试验	在规定的温度湿度条件下进行，考核在湿热条件下电器的绝缘性能	✓	
7	额定接通与分断能力试验	接通与分断可分别试验，但必须在同一台试品上进行。如果条件具备，则接通与分断应当是一个连续的程序，不应分开。主电路和辅助触头都应进行	✓	
8	短路接通与分断能力试验	在规定的电流、电压、cosφ 或时间常数条件下进行。熔断器只进行分断能力试验	✓	
9	短时耐受电流能力试验	考核短路电流的热效应和电动力效应对电器的影响，一种电器可以有几种（如 1s、0.4s、0.2s 等）短时耐受电流	✓	
10	动作特性试验	确定电器的动作误差和在规定电流作用下的延时值、电流动作值可用低压电流进行	✓	✓
11	操作性能试验	需动作的电器，要进行一定次数的操作性能试验，以检查动作的可靠性	✓	✓
12	寿命试验	分机械寿命和电寿命试验，用闭合断开操作循环的次数表示。有的电器，如断路器要求两者在同一台试品上进行	✓	
13	电磁兼容性（EMC）试验	考核电子电器在电磁干扰作用下工作的可靠性。应进行辐射试验、冲击电压试验、电气快速瞬态/脉冲群试验、振荡波抗扰性试验	✓	

第 3 章　高压开关电器

3.1　油断路器

3.1.1　油断路器概述

断路器是电力系统不可或缺的主要控制、保护设备。在各种高压断路器中，油断路器是最早出现的、历史最悠久的断路器。

最早的油断路器是在油中简单开断的多油断路器，如图 7.3－1 所示。断路器的触头浸在变压器油中，没有专设的灭弧装置。开断时，动触头向下运动，动、静触头间产生电弧。电弧温度很高，功率很大。电弧能量中除一小部分通过传导、辐射等方式向四周散出外，大部分能量使四周的变压器油蒸发和分解，在电弧周围形成气泡。电弧电流越大，燃弧时间越长，电弧能量就越大，产生的气体也越多。电弧能量分配的大致情况见表 7.3－1。

表 7.3－1　电弧能量分配表

项　　目	百分比（%）
使触头温度升高，熔化与蒸发	7.0
向四周辐射和传导	11.0
使变压器油加热蒸发	9.0
使变压器油分解成各种气体	28.0
使气体体积膨胀	3.0
使气体温度上升	39.0
使 H_2 解离成 H	3.0

气泡的体积受到周围油的惯性力和油箱壁的限制，气泡压力是比较高的，因此电弧是处在压力较高、导热性较好的气体包围之中，使电流过零后弧隙介质强度恢复很快，电弧容易熄灭。

开断小电流时，电弧形状近乎直线，电弧拉长到一定长度才能熄灭。开断几千安以上的大电流时，虽然电流大，弧柱温度高，能量大，不利于熄弧，但由于回路电动力的作用，电弧向外侧运动，使弧柱拉长得到更好的冷却；同时开断电流增大时，电弧使油蒸发和分解的气体也多，气泡压力也高，这些对熄灭电弧有利。因此，简单开断的多油断路器的开断特性是：开断很小和很大电流时的燃弧时间都较短，而在开断 2~4 kA 的电流时，燃弧时间较长。燃弧时间最

长的电流称为临界开断电流。

利用电弧自身能量熄灭电弧的方法称为自能式灭弧。利用其他能量熄灭电弧的方法称为外能式灭弧。简单开断的多油断路器属于自能式灭弧。为使结构简单，绝大多数油断路器都采用自能式灭弧。

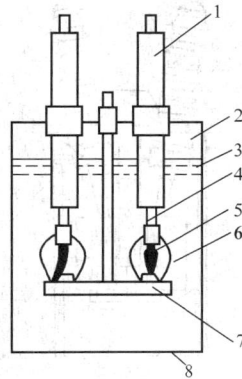

图 7.3－1　简单开断的多油断路器
1—瓷套管；2—空气垫；3—变压器油；
4—静触头；5—电弧；6—气泡；7—横
梁（动触头）；8—油箱

随着电力系统的发展对断路器开断电流的要求也越来越高。简单开断的多油断路器已不能满足要求。简单开断的多油断路器的开断电流不易提高的主要原因归纳如下：

1）电弧基本上是处在静止的气泡中，电弧与气泡间没有相对运动，氢气良好的冷却性能不能得到很好的发挥。要提高冷却效果，就要设法使气体或油对电弧实行强力有效的吹弧作用。

2）简单开断的多油断路器中，气泡压力基本上与油箱压力相同。随着开断电流的增大，气泡压力和油箱压力也增大。直径很大的薄壁油箱难以承受很高的压力，因此断路器开断电流也很难提高。

采用灭弧室可以较好地解决上述两个问题，既能造成强有力的吹弧，又能把高压力局限在灭弧室内，强度问题容易解决。因此近代的油断路器几乎毫无例外地装有各种类型的灭弧室，用以增大开断短路电流的能力。此外随着电力系统的发展，断路器除应开、合短路电流外，还必须具有开、合电容电流和电感性小电流等方面的性能。大多数断路器还应能完成快速

自动重合闸的操作。

3.1.2 多油断路器和少油断路器

按照绝缘结构的不同，油断路器可分为多油断路器和少油断路器两种。

1. 多油断路器 多油断路器的触头系统放置在装有变压器油的由钢板焊成的油箱中，油箱是接地的。油一方面用来熄灭电弧，另一方面又作为断路器导电部分之间以及导电部分与接地的油箱之间的绝缘介质。由于用油量很多，所以称为多油断路器。图 7.3－2 为多油断路器的结构原理图。

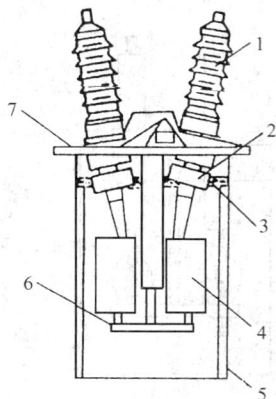

图 7.3－2 多油断路器的结构原理图
1—绝缘套管；2—电流互感器；
3—变压器油；4—静触头和灭弧室；
5—油箱；6—横梁（动触头）；7—箱盖

多油断路器的导电部分做成 U 形，每相至少有两个断口。由于导电部分必须穿过接地的箱盖，因此需要采用绝缘套管。套管上还可装设几个电流互感器用以测量电流及供继电保护用，有时还可利用电容套管测量对地电压。通常 40.5kV 及以上电压等级的多油断路器，每相各有一个油箱，称为分箱式结构。为简化结构，有些电压等级较低的多油断路器，三相共用一个油箱，称为共箱式结构。

多油断路器中，变压器油既作为灭弧介质又作为绝缘介质。导电部分间、导电部分与接地部分间（图 7.3－3）的绝缘距离不能太小，否则就会击穿造成事故。特别在开断短路电流时，高温气体从灭弧室内排出进入油箱上部，高温气体的绝缘性能比变压器油差得多，因此图 7.3－3 中路径"4"，"6"处的绝缘性能应适当加强。为加强路径"4"的绝缘，可以在油箱内壁加上一层或多层的绝缘隔板。有了绝缘隔板后可以防止高温气体直接与油箱接触，提高了绝缘强度。为加强路径"6"的绝缘性能，可适当加长绝缘距离。

图 7.3－3 中各绝缘距离的长度与断路器的额定电压有关，因此断路器油箱直径与高度随额定电压的增高而增大，高压多油断路器的用油量是很惊人的。如 252kV DW3－252 多油断路器三相总重为 90t，其中变压器油占 48t。改进油箱结构可使断路器的总重和油重适当减小。

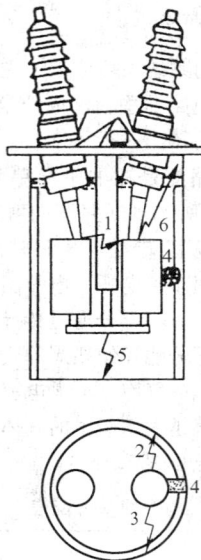

图 7.3－3 多油断路
器内部击穿路径

多油断路器的缺点是油量多，钢材消耗也多。油量太多不仅给检修断路器带来困难，而且增加了爆炸和火灾的危险性。但应注意到多油断路器也有自己的一些特点，例如断路器内部带有电流互感器，配套性强；油量虽多，但在户外使用时，不易受大气条件的影响。

2. 少油断路器 少油断路器中，变压器油用来熄灭电弧和作为触头间的绝缘介质，但不作为对地绝缘。对地绝缘主要采用固体绝缘件，如瓷件，环氧玻璃布板、棒，环氧树脂浇铸件等。因此变压器油的用量比多油断路器少得多。如 252kV 的 SW7－252 少油断路器三相总重为 3t，油重只有 0.8t，比 DW3－252 多油断路器轻的多。

按使用地点的不同，少油断路器可分为户内式和户外式两种。户内式少油断路器主要供 12～40.5kV 户内配电装置使用。户外式少油断路器的电压等级较高（40.5 kV 及以上），作为输电断路器使用。

户内式少油断路器的三相灭弧室分别装在三个由环氧玻璃布卷成的绝缘筒中，如图 7.3－4 所示。绝缘筒 2 通过支持瓷瓶 4 固定在支架 6 上，动触头通过绝缘拉杆 5 与操动机构相连，完成分、合闸操作。大部分 12kV 少油断路器都采用这种结构，灭弧室装在绝缘筒内。户外式少油断路器由于电压等级较高、重量大，几乎无例外都采用图 7.3-5 的落地式结构。

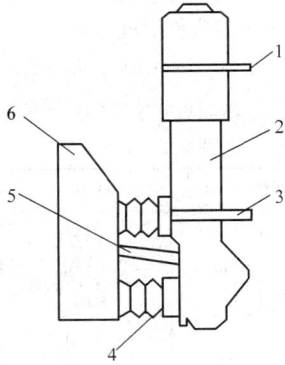

图 7.3-4 户内少油断路器
1—上引出线；2—绝缘筒；3—下引出线；
4—支持瓷瓶；5—绝缘拉杆；6—支架

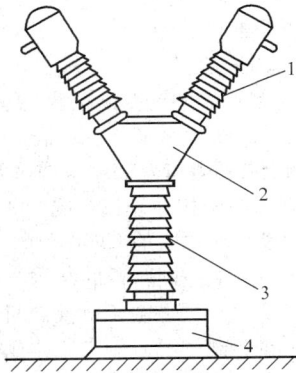

图 7.3-5 126kV 户外少油断
路器（落地式结构）
1—灭弧室；2—机构箱；
3—支持瓷瓶；4—底座

126kV 及以上的高压少油断路器几乎全部采用串联灭弧室、积木式的总体布置。每个灭弧室相应的额定电压为 63～126kV。这种布置的主要优点是零部件通用性强、生产维修比较方便，灭弧室研制工作量小，便于向更高电压等级发展。

一般高电压等级的少油断路器的结构是细而高，结构稳定性差，不宜在强烈地震地区使用。

3.1.3 油断路器的灭弧室

1. 纵横吹灭弧室 图 7.3-6 为 12kV SN10-12 少油断路器纵横吹灭弧室的工作原理图。灭弧室由几种形状的灭弧片叠装而成。灭弧片采用三聚氰胺玻璃纤维热压而成，机械强度高、耐弧性能好。从动、静触头分开产生电弧到第一吹弧道打开，称为封闭泡阶段。在此阶段电弧处在静止的气泡中，冷却作用差，电弧难以熄灭，动触头继续向下运动，第一、第二吹弧道相继打开，灭弧室内的高压力气体经吹弧道向外排出，对电弧横向吹拂，使电弧强力冷却与去游离。开断大电流时，电弧一般在第一、第二吹弧道打开时依靠横吹就能熄灭。如果开断电流较小，第一、第二吹弧道打开后电弧还不能熄灭，动触头继续向下运动，待纵向喷口打开后，依靠纵横吹作用才能使电弧熄灭。电弧熄灭后，灭弧室内的残留气体继续排向上部空间，灭弧室内的压力逐渐减小，上部的变压器油又将回到灭弧室内，为下一次开断电弧作准备。

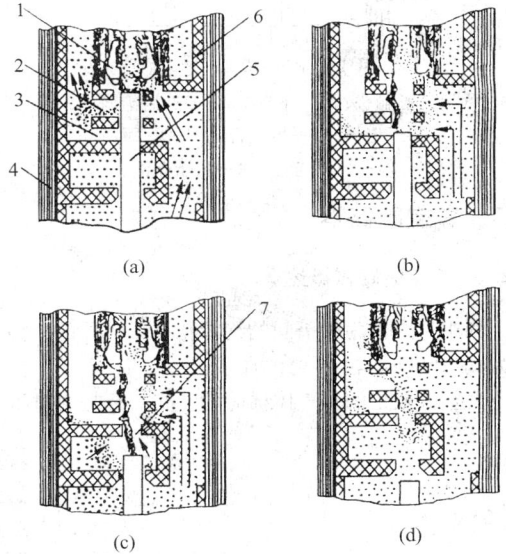

图 7.3-6 SN10-12 少油断路器纵横
吹灭弧室工作原理图
（a）封闭气泡阶段；（b）横吹阶段；
（c）横吹纵吹阶段；（d）熄弧后回油阶段
1—静触头；2—第一吹弧道（横向喷口）；
3—第二吹弧道（横向喷口）；4—绝缘筒；
5—动触头；6—绝缘筒；7—纵向喷口

2. 纵吹灭弧室 图 7.3-7 为 40.5kV 少油断路器的纵吹灭弧室。灭弧室由六块灭弧片组成，各灭弧片之间隔开一定距离形成油囊。灭弧室上部为静触头，动触头向下运动，触头分开后产生电弧，电弧使油蒸发和分解出大量气体。随着动触头向下运动，高压力气体通过灭弧片中间的圆孔向上对电弧进行纵吹。待动、静触头之间的距离足够长时，电弧即能熄灭。

图 7.3－7 纵吹灭弧室

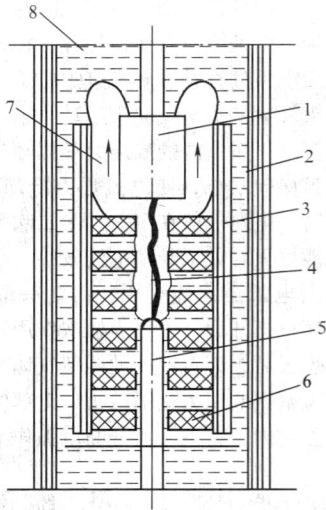

1—静触头；2—外绝缘筒；3—内绝缘筒；
4—电弧；5—导电杆；6—灭弧片；
7—气流方向；8—变压器油

3.2 真空断路器

3.2.1 真空断路器概述

利用真空作为触头间的绝缘与灭弧介质的断路器称为真空断路器。

真空一般指的是气体稀薄的空间。凡是绝对压力低于正常大气压力的状态都可称为真空状态。绝对压力等于零的空间称为绝对真空，这才是真正的真空或理想的真空。

真空灭弧室的真空度（即真空压力值）在 $1.33×10^{-2}$Pa～$1.33×10^{-5}$Pa，属于高真空范畴。在这样的真空度下，气体的密度很低，气体分子的平均自由路程很长（见表 7.3－2），因此触头间隙的绝缘强度很高。

表 7.3－2　不同真空度下的气体分子密度和平均自由路程

真空度/Pa	$1×10^5$	6.67
真空度/×133Pa	760	$5×10^{-2}$
气体分子密度/（1/m³）	$2.7×10^{25}$	$1.7×10^{21}$
平均自由路程/mm	$1×10^{-4}$	2.5
真空度/Pa	$6.67×10^{-2}$	$6.67×10^{-4}$
真空度/×133Pa	$5×10^{-4}$	$5×10^{-6}$
气体分子密度/（1/m³）	$1.7×10^{19}$	$1.7×10^{17}$
平均自由路程/mm	250	25 000

目前真空断路器已广泛用于 10kV、35kV 配电系统中，额定开断电流已能做到 50～100kA。有些国家还生产了 72/84kV 级的真空灭弧室。近年来我国 12kV 级真空断路器的额定开断电流已达 63kA 的水平，与国外产品的技术水平基本相同。40.5kV 级真空断路器的额定开断电流为 25kA。图 7.3－8（a）为 12kV 真空断路器的结构原理图，图 7.3－8（b）为真空灭弧室的剖面图。

真空断路器的结构与其他断路器大致相同。主要由操动机构、支撑用的绝缘子和真空灭弧室组成。真空灭弧室的结构很像一个大型的真空电子管。外壳由玻璃或陶瓷制成，动触头运动时的密封靠波纹管。波纹管在允许的弹性变形范围内伸缩，要求有足够高的机械寿命（一万次以上）。动、静触头的外周装有屏蔽罩，它起着吸收、冷凝金属蒸气，均匀电场分布的作用。对某些结构的灭弧室，屏蔽罩还起到保护玻璃或陶瓷外壳的内表面不受金属蒸气的喷溅，防止降低内表面绝缘性能的作用。

真空灭弧室的绝缘性能好，触头开距小（12kV 真空断路器的开距约为 10mm，40.5kV 约为 25mm），要求操动机构提供的能量也小；加上开距小，电弧电压低，电弧能量小，开断时触头表面烧损轻微。因此真空断路器的

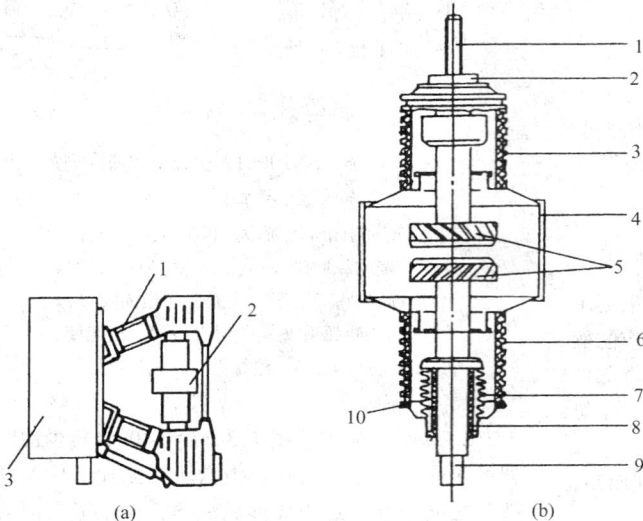

(a)

(b)

图 7.3－8 12kV 真空断路器

（a）结构原理图；

1—绝缘子；2—真空灭弧室；3—操动机构

（b）真空灭弧室剖面图

1—定导电杆；2—静法兰盘；3—磁管；4—屏蔽罩；5—触头；
6—瓷管；7—波纹管；8—导向套；9—动导电杆；10—动法兰盘

机械寿命和电气寿命都很高。通常机械寿命和开合负载电流的寿命都可达一万次以上。允许开合额定开断电流的次数，少则 8 次，多的可达 50 次或更多，特别适宜于要求操作频繁的场所。

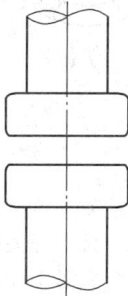

图 7.3－9　圆盘形触头

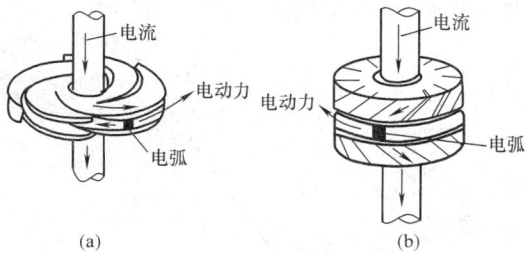

(a)

图 7.3－10　横向触头磁场结构
（a）螺旋槽式；（b）杯状触头

3.2.2　真空开关的触头

一般断路器的触头只是用来承载和开、合电流。电弧的熄灭另由专门的灭弧装置来完成。真空开关则不同，为了保持由玻璃、陶瓷或微晶玻璃制成的绝缘外壳内高的真空度，外壳内除了必要的动、静触头外，不可能再配置结构复杂的灭弧装置。因此触头设计显得格外重要。除了考虑触头的截流值外，还需考虑触头的形状以及触头材料的选用如何有利于开断电流的提高。纵观真空断路器开断电流的提高过程，实际上就是触头材料的发展以及触头结构的改进结果。

触头结构的改进大致经历了三个阶段。

1. 圆盘形触头（见图 7.3－9）　早期真空开关的触头大多采用圆盘形，结构简单、易于制造。圆盘形触头只能在不大的电流下维持电弧为扩散型。随着开断电流的增大，阳极出现斑点，电弧由扩散型转变为集聚型，电弧就难以熄灭了。增大圆盘形触头的直径可以延缓阳极斑点的形成，例如圆盘直径为 40～60mm 的触头，极限开断电流为 7 kA，目前只用于开断电流要求不大的真空负荷开关和真空接触器上。

2. 横向磁场的触头结构（见图 7.3－10）　横向磁场就是与弧柱轴线相垂直的磁场，它与电弧电流产生的电磁力能使电弧在电极表面运动，防止电弧停留在某一点上，延缓阳极斑点的产生，提高了开断能力。横向磁场是靠触头中的电流线产生的。螺旋槽触头详细的结构原理如图 7.3－11 所示。触头的圆盘直径较大，在中间凸起的圆环形接触面的外侧加工出几条螺旋形的槽口，用以限定电流的流向。动、静触头的结构基本相同，只是螺旋槽的螺旋方向相反。

触头分开，电弧首先出现在凸起的环形接触面上。由于中心处凹坑的存在，电流的流向呈 Π 字形 [见图 7.3－11（a）中的 a 处]，在电动力的作用下，电弧向外运动到圆盘的 b 处。电弧根部在圆盘上的运动受到螺旋线的约束。电流 I 可分解为径向分量 i_1 和切向分量 i_2 [图 7.3－11（b）]。由于切向电流 i_2 产生的磁场 B 是径向的，它与轴向的弧柱所产生的电动力 F 必然是切向（圆周方向的），它迫使电弧弧根在触头表面沿着圆周方向旋转。电弧产生的热量均匀分散在触头表面的较大范围内，能够减轻触头表面的局部过热，延缓阳极斑点的出现。

螺旋槽触头圆盘直径与极限开断电流的关系见表 7.3－3。

表 7.3－3　　螺旋槽触头的极限开断电流

圆盘直径/mm	45	65	65	75
圆环内径/mm	16	40	18	55
圆环外径/mm	26	50	32	65
极限开断电流/kA	8.7	17.4	14.5	20

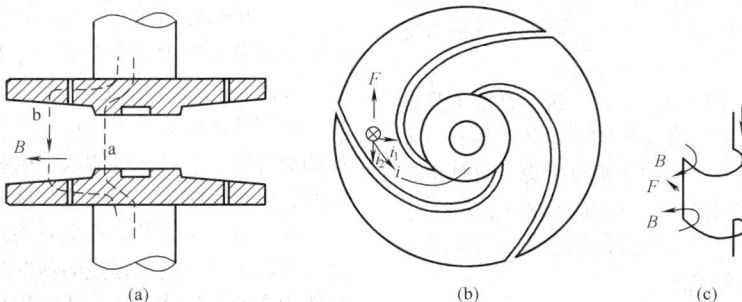

(a)　　　　　　　　　　　　(b)　　　　　　　　　(c)

图 7.3－11　螺旋槽触头结构
（a）纵剖面图；（b）下触头顶视图；（c）电流线与磁场

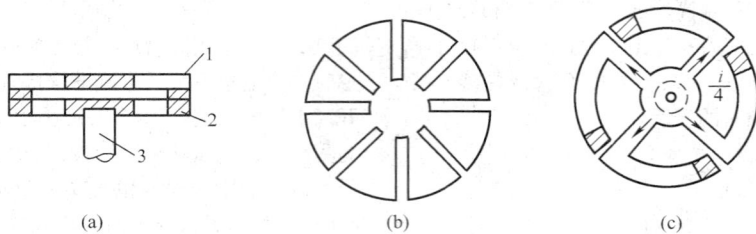

图 7.3－12　纵向磁场触头
（a）纵剖面图；（b）盘形触头；（c）线圈
1—盘形触头；2—线圈；3—导电杆

图 7.3－10（b）的杯状触头在杯体上开有很多的斜槽，使杯壁成为很多触指。动、静触头上的斜槽方向相反。工作原理与螺旋槽触头类似，在横向磁场作用下同样能使弧根在端面上转动。杯状触头的极限开断电流也与触头直径有关。当触头采用铜铬合金（Cu50%－Cr50%）材料，直径为 90mm 时，开断电流为 31.5 kA，触头烧损较为轻微。

3. 纵向磁场的触头结构　纵向磁场是由流经触头的电流自身产生的。以图 7.3－12 的纵向磁场触头为例，它由盘形触头 1、线圈 2 和导电杆 3 组成。线圈 2 制成轮状，共有 4 个轮辐，轮缘分割成四段，中心部分与导电杆固定在一起。轮缘上以阴影表示的凸起部分与盘形触头 1 固定。盘形触头上开有八个幅向的槽以减少涡流，保证交流电流过零时，纵向磁场强度也同时为零，有利于电子和离子的径向扩散。上下动静触头的结构完全相同。电流由导电杆 3 进入线圈 2 的中心部分，然后分成四路经轮辐流向轮缘，再由轮缘的凸起部分进入盘形触头 1，经触头间的电弧再流入上触头。每个轮缘中流过的电流是电弧电流的 1/4，相当于配置一匝、流过 1/4 电弧电流的线圈。电弧间隙中的纵向磁场就是由上下两个线圈共同产生的，纵向磁场强度与电弧电流成正比。

纵向磁场触头的开断电流也与圆盘的直径有关，如图 7.3－13 所示。图中给出了无磁场的圆盘形触头和螺旋槽触头（横向磁场）的开断电流与触头直径的关系。显然在同样的触头直径下，纵向磁场触头能够开断的电流最大。

纵向磁场的触头结构比较复杂，机械强度不易解决。该触头比常规的圆盘触头增加了轮状线圈，增大了电阻和损耗，触头温升问题要慎重考虑。另外上下两个线圈中的电流方向是同一方向的，它们之间的电动力是相互吸引的，可以部分补偿触头间的推斥电动力，有利于触头的良好接触。

除触头结构外，触头材料是影响真空开关性能的另一重要因数。触头材料除了要求具有导电、导热和机械性能外，还必须具备下述要求：

（1）耐弧性能好。真空开关的特点是不需检修，因此要求触头能够耐受少则 8~12 次，多则 30~50 次开合额定短路电流时对触头的烧损。还要求具有开合几千上万次额定电流的能力。

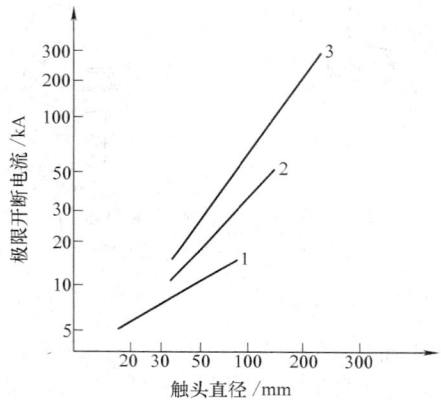

图 7.3－13　不同触头的极限开断
电流与触头直径的关系
1—圆盘形触头；2—螺旋
槽触头；3—纵向磁场触头

（2）截断电流小。真空开关使用中的一个严重问题是截流过电压高，往往使被控制的电器设备的绝缘受到损坏。降低这种过电压的有效措施是减小截断电流值，而截流值的大小与触头材料有关。

（3）抗熔焊性能好。真空断路器的触头熔焊问题比别的断路器严重。真空中，触头表面不易生成氧化膜，在触头关合、通过大短路电流时，熔焊就会发生。我们要求触头出现熔焊后，在触头分开时能够容易的被拉断，并且尽可能减小拉断后触头表面出现的毛刺，以免影响触头间的绝缘性能。

（4）含气量要低。真空开关开断电路时，电弧高温会使触头表面受到强烈的蒸发和溅散，同时会释放材料中含有的气体杂质。放气量与材料性质有关，放气量太多会影响灭弧室的真空度。

3.2.3　真空灭弧室的基本结构

真空灭弧室主要由绝缘外壳、屏蔽罩、波纹管和动、静触头等组成。

1. **绝缘外壳**　真空灭弧室按绝缘外壳的材料不同，可分为玻璃外壳灭弧室、陶瓷外壳灭弧室和微晶玻璃外壳灭弧室，其特性比较见表 7.3－4。

表 7.3－4　　　　外壳材料的特性比较

材　　料	硬质玻璃	高氧化铝陶瓷	微晶玻璃
线膨胀系数/×10^{-7}K^{-1}	5～120	50～70	-40～200
抗拉强度/MPa	50～90	100～350	100～400
冲击强度/（N·m）	0.05～0.1	0.25	0.35～0.75
软化温度/℃	600～700	1400	1400
空气中沿面闪络电场强度/（kV/cm）	5	8	6

玻璃容易加工，有一定的机械强度，又有很好的气密性和高的绝缘强度。玻璃可与铜、钼等各种金属焊接。焊缝的真空密封性能也好，可承受480℃左右的高温烘烤而不分解和变形。缺点是不能承受强烈的冲击。当真空灭弧室出现漏气，真空度降低时，常常伴随着电弧颜色的改变和内部零化的氧化。通过透明的玻璃外壳能够进行监视。

氧化铝陶瓷外壳的机械强度比玻璃高的多，其他性能也与玻璃接近，但焊接工艺和所需的设备比玻璃和金属的焊接要复杂。氧化铝软化温度高，可以在较高温度下进行烘烤和排气，使除气更加彻底。氧化铝陶瓷外壳一旦烧制成形，形状就很难改变。为了获得能与金属焊接的光滑端面必须研磨加工，要制成长度、直径较大的圆筒也比较困难。

微晶玻璃又称玻璃陶瓷。它是乳白色的不透明液体，但也有些是半透明的。它不透气、不吸水，机械强度比氧化铝陶瓷高。微晶玻璃与金属的焊接已经解决。它可与铬钢、不锈钢进行焊接，焊缝有很高的机械强度和气密性。

2. **屏蔽罩**　真空灭弧室内常用的屏蔽罩有主屏蔽罩、波纹管屏蔽罩和均压屏蔽罩。

主屏蔽罩环绕着电弧间隙，主要作用如下：

（1）真空灭弧室开断电流时，电弧会使触头材料熔化、蒸发和喷溅。有了主屏蔽罩后可有效地防止金属蒸气喷溅到绝缘外壳的内表面，避免内表面绝缘性能下降，如图 7.3－14 所示。

（2）屏蔽罩可使交流电流过零时，灭弧室内剩余的金属蒸气和导电粒子径向快速地扩散到屏蔽罩上，冷却、复合和凝结，有利于电流过零后弧隙介质强度的提高，改善了灭弧室的开断性能。屏蔽罩的温度越低，冷凝效果越好。在一定程度上加大屏蔽罩的表面积增大散热效果将有利于开断性能的提高。

（3）屏蔽罩的存在会影响动、静触头间的电场分布。屏蔽罩设计得当将有利于触头间绝缘强度的提高。

主屏蔽罩要求散热性能好，材料大多采用铜，厚度在 1mm 左右。主屏蔽罩的固定方式有两大类，即固定电位式和悬浮电位式。

固定电位式是将屏蔽罩固定在动触头（或静触头）上，如图 7.3－14 所示，因而电位是固定的。这种方式的优点是结构简单。但在开断大电流时电弧可能转移到静触头与屏蔽罩间，导致屏蔽罩损坏。另外，也可将屏蔽罩固定在动触头上，这可能导致触头间电场分布恶化，影响电流过零后介质强度的恢复。因而这种固定方式只用在电压不高、开断电流不大的真空接触器和负荷开关中。

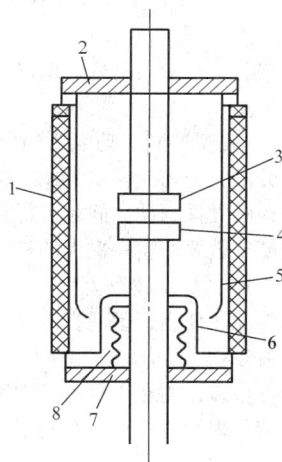

图 7.3－14　真空灭弧室结构示意图
1—绝缘外壳；2—端盖；3—静触头；
4—动触头；5—主屏蔽罩；6—波
纹管屏蔽罩；7—端盖；8—波纹管

悬浮电位式屏蔽罩有四种不同的固定方式，如图 7.3－15 所示。

1）中间封接式。主屏蔽罩固定在绝缘外壳中部的金属圆环上。触头间的电场分布比较均匀。

2）绝缘支柱式。由瓷柱或玻璃圆筒来支撑屏蔽罩。

3）外屏蔽罩式。绝缘外壳焊在主屏蔽罩的两端。主屏蔽罩是外壳的组成部分，有利于屏蔽罩散热。

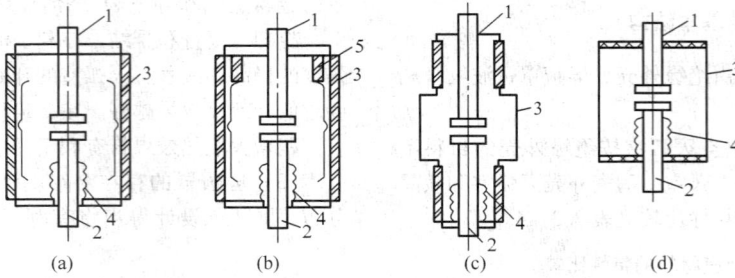

图 7.3－15 悬浮电位的屏蔽罩
(a) 中间封接式；(b) 绝缘支柱式；(c) 外屏蔽罩式；(d) 绝缘端盖式
1—静触头；2—动触头；3—主屏蔽罩；4—波纹管；5—瓷柱

4) 绝缘端盖式。主屏蔽罩就是真空灭弧室的外壳。动、静触头间的沿面放电距离由高氧化铝瓷盘制成的端盖承担，因而沿面放电距离受到灭弧室直径的限制，一般只用于 12kV 及以下的真空灭弧室中。

波纹管屏蔽罩包在波纹管的四周，防止金属蒸气溅落在波纹管上，妨碍波纹管工作和降低其使用寿命，波纹管屏蔽罩的厚度较薄，约 0.5～1.0mm，材料为铜，也可采用不锈钢。

均压屏蔽罩装置在触头附近，用以改善触头间的电场分布。

3. 波纹管 波纹管能在动触头往复运动时保证真空灭弧室外壳的完全密封。从机械上讲，它是真空灭弧室中最薄弱的元件。动、静触头每分合一次，波纹管的波纹状薄壁就要产生一次大的机械变形。长期频繁和剧烈的变形容易使波纹管因材料疲劳而损坏，导致灭弧室漏气无法使用，因此真空灭弧室的机械寿命主要取决于波纹管。

波纹管种类很多，用在真空灭弧室中的有液压成形的波纹管和薄片焊接成形的波纹管，如图 7.3－16所示。

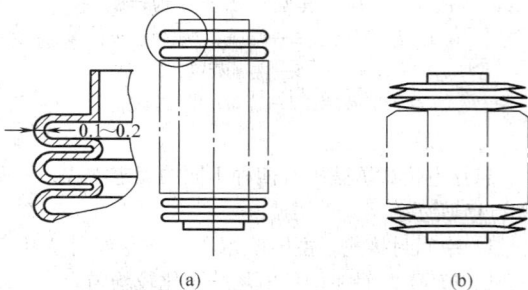

图 7.3－16 波纹管外形
(a) 液压成形；(b) 薄片焊接成形

液压成形的波纹管由 0.1～0.2mm 厚的不锈钢管

经液压成形后成为波纹管的主坯，再经过加工、修正和热处理后，制成具有一定弹性和标准尺寸的波纹管。由于受到加工条件的限制，波纹管不能做得很长，加上波纹管的最大压缩行程仅为自由长度的 20%～30%，因此它的绝对行程不能做得很大。在最大压缩行程下，波纹管的疲劳寿命只有数万次，这对真空断路器的机械寿命要求几万次乃至十万次，负荷开关 10 万～30 万次，真空接触器上百万次的要求就很难适应。理论分析表明，波纹管的疲劳寿命与压缩行程的 3.5 次幂成正比，显然减小压缩行程对提高波纹管的机械寿命是非常有效的。因此在调试真空开关时要防止波纹管受到过量的挤压，开关操作时还应注意过冲行程不宜过大，以防止波纹管因压缩行程过大而降低使用寿命。

薄片焊接波纹管是用 0.10～0.15mm 厚的非导磁不锈钢片冲压成环形薄片后依次逐个用氩弧焊焊接成形的，薄片焊接波纹管的长度可以根据需要任意增长，同时工作行程可达自由长度的 60% 以上。由于波纹管的厚度比较均匀，每片的变形又不大，因此疲劳寿命长，一般可达几百万次，比液压成形波纹管的寿命长的多。通常用于机械寿命要求长、额定电压等级高、触头行程大的真空开关中。

3.3 六氟化硫断路器

3.3.1 六氟化硫断路器概述

六氟化硫（SF_6）断路器是利用 SF_6 气体作灭弧和绝缘介质的一种断路器。

SF_6 是一种无色、无味、无毒且不易燃的惰性气体，在 150℃以下时，化学性能相当稳定。SF_6 不含碳元素，这对于灭弧和绝缘介质来说，是极为优越的特性。SF_6 不含氧元素，因此它不存在触头氧化的问题。SF_6 还具有优良的电绝缘性能，在 300kPa 下，其绝缘强度与一般绝缘油的绝缘强度大体相当。特别优越的

是 SF_6 在电流过零时，电弧暂时熄灭后，具有迅速恢复绝缘强度的能力，从而使电弧难以复燃而很快熄灭。

SF_6 断路器与油断路器比较，具有下列优点：断流能力强，灭弧速度快，电绝缘性能好，检修周期长，适于频繁操作，而且没有燃烧爆炸危险。但缺点是：要求加工精度很高，对其密封性能要求很严，因此价格比较昂贵。SF_6 断路器主要用于需频繁操作及有易燃易爆危险的场所，特别是用作全封闭式组合电器。

3.3.2 双压式 SF_6 断路器

最早的 SF_6 断路器是根据压缩空气断路器的气吹原理设计的。通常设计采用全密封结构，0.3MPa 的低压气体作为断路器内部的绝缘介质，1.5MPa 的高压气体用作灭弧。图 7.3 - 17（a）为双压式 SF_6 断路器的外形图，图 7.3 - 17（b）为气吹过程示意图。

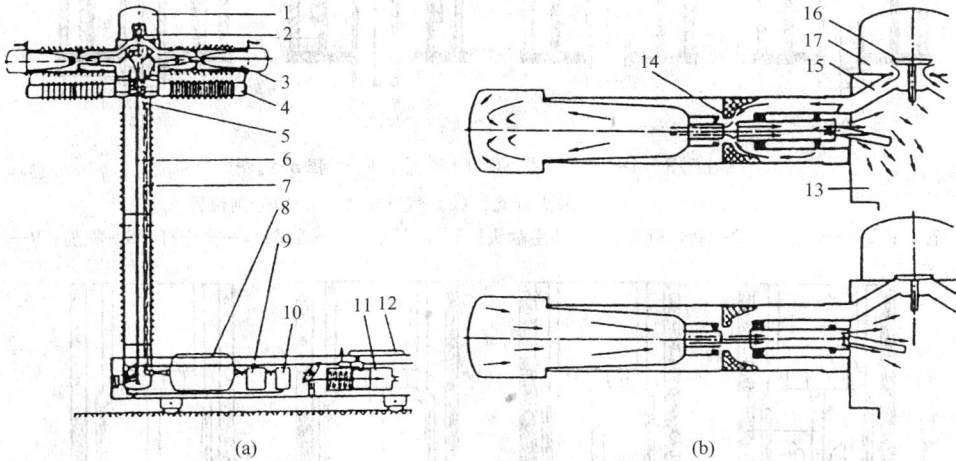

(a)   (b)

图 7.3 - 17 双压式 SF_6 断路器

1—高压中间贮气罐；2—吹气阀；3—动触头；4—灭弧室；5—脱扣弹簧；
6—绝缘拉杆；7—高压力连接管；8—高压贮气罐；9—压缩机；10—Al_2O_3 吸附剂；
11—气动机构；12—气动机构气罐；13—低压气体区；14—喷嘴；15—管道；16—吹气阀

开断电路时，通过绝缘拉杆 6 使触头分开产生电弧，同时又使吹气阀 16 打开。顶部的高压中间贮气罐 1 中的 SF_6 气体通过吹气阀 16、管道 15、喷嘴 14 吹向电弧，使电弧在交流电流过零时熄灭。SF_6 气体价格昂贵，也为防止 SF_6 气体对断路器外部环境带来污染，经喷嘴 14 排出的气体通过压缩机 9 提高压力后贮存在高压贮气罐 8 中。高压贮气罐 8 与高压中间贮气罐 1 相同，保证灭弧室有足够的 SF_6 气体吹向电弧。只要断路器密封良好，气体没有泄漏，高压贮气罐 8 中的 SF_6 气体可以长期重复使用。由于这种断路器内部有两种不同的压力故称为双压式 SF_6 断路器，又称为第一代 SF_6 断路器。

3.3.3 单压压气式 SF_6 断路器

单压压气式 SF_6 断路器，外形上与双压式无多大区别。断路器内部只有一种压力，一般为 0.6MPa，它是依靠压气作用实现气吹来灭弧的。图 7.3 - 18 为其开断过程示意图。

开断电路时，在操作杆 7 带动下，动触头与压气缸 5 同时向下运动，使压气室 9 中的气体压力升高，与灭弧室其他部分的气体建立一定的压差。待动、静触头 2、3 分离产生电弧时，压气室 9 中的高压气体经喷嘴 8 吹向电弧使电弧熄灭。与双压式 SF_6 断路器相比，它具有结构简单和开断电流大的优点。气体压力低，0.6 MPa 的断路器，无需加热装置就能在不低于 $-25\,^\circ C$ 的低温环境下工作。目前额定开断电流最高已达 80 kA，单断口的电压已提高到 360kV，420kV 甚至 550kV。

3.3.4 自能式气自吹 SF_6 断路器

自能式气自吹 SF_6 断路器是在压气式基础上发展起来的。它利用电弧能量建立灭弧所需的压力差，因而固定活塞的截面积比压气式小得多。图 7.3 - 19 是其工作示意图。

开断大电流时，主触头分开后，弧动、静触头随后分开产生电弧。电弧能量加热贮气室中的气体使压

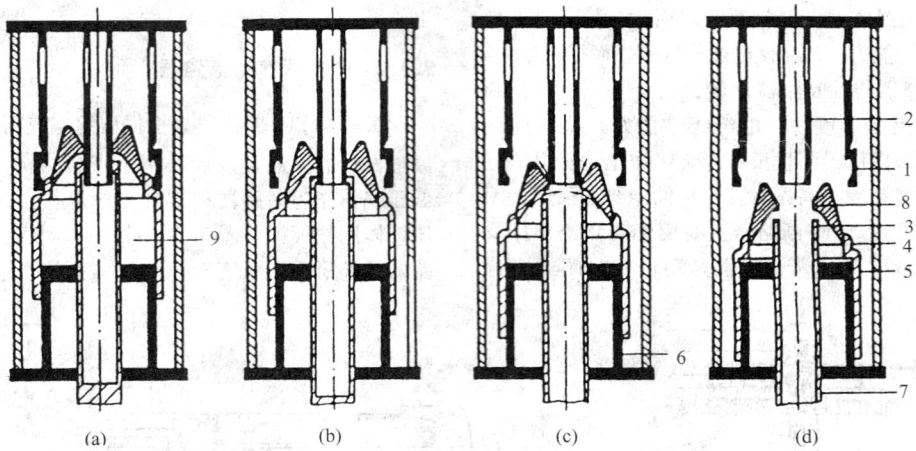

图 7.3 - 18   压气式 SF$_6$ 断路器开断过程示意图

（a）合闸位置；（b）触头分离；（c）气吹电弧；（d）分闸位置

1—静主触头；2—静弧触头；3—动弧触头；4—动主触头；5—压气缸；6—活塞；7—操作杆；8—喷嘴；9—压气室

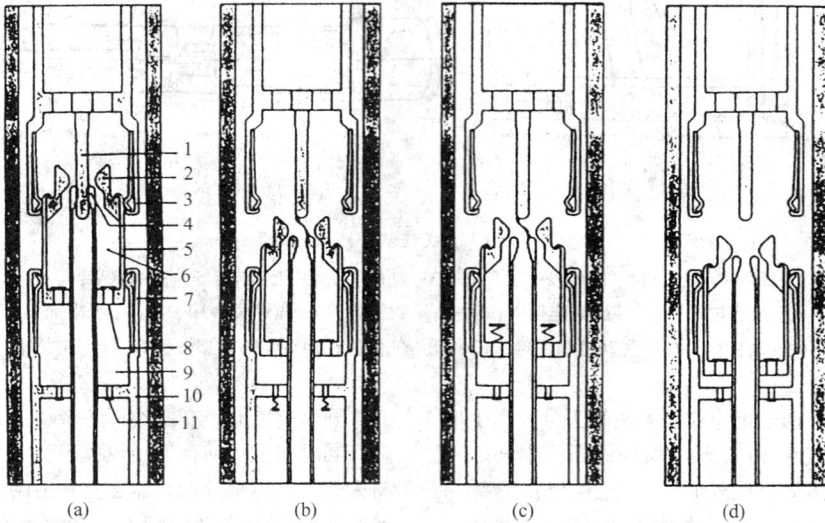

图 7.3 - 19   自能式气自吹 SF$_6$ 断路器工作示意图

（a）合闸位置；（b）开断大电流；（c）开断小电流；（d）分闸位置

1—弧静触头；2—绝缘喷口；3—主静触头；4—弧动触头；5—主动触头；

6—贮气室；7—滑动触头；8—阀门；9—辅助贮气室；10—固定活塞；11—阀门

力升高，建立灭弧所需的压力。贮气室 6 中的高压力气体经绝缘喷口 2 吹向电弧，使电弧在电流过零时熄灭。随后阀门 11 打开，排出多余气体。

图 7.3 - 20 为灭弧室的压力变化过程。触头分开产生电弧后，压力随电流变化。交流电流第一次过零时（a 点），压力较低难以熄弧。第二次过零时的压力显然高的多，气吹效果好，电弧熄灭。

电流过零时的压力与电弧能量有关，而电弧能量又决定于开断电流与燃弧时间。图 7.3 - 21 给出了他

们之间的关系。显然开断电流越大，电流过零时贮气室内的压力越高，气吹效果越好。

开断感性和容性小电流时，电弧能量小，依靠电弧能量难以建立熄灭电弧所需的压力。因而必须提供附加的气吹作用。附加气吹作用是由贮气室向下运动产生的。在图 7.3 - 19 中，依靠固定活塞 10 的压气作用使辅助贮气室 9 中的气体压力升高，打开阀门 8，让气体通过贮气室 6 经绝缘喷口 2 吹向电弧。图 7.3 - 19(c)是开断小电流的示意图。分闸位置见图 7.3 - 19(d)。

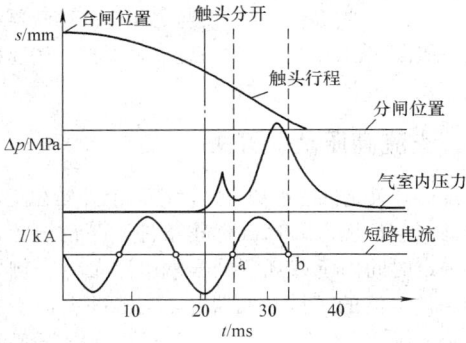

图 7.3 - 20　灭弧室压力变化过程

I—短路电流；Δp—气室压力升高；s—触头行程

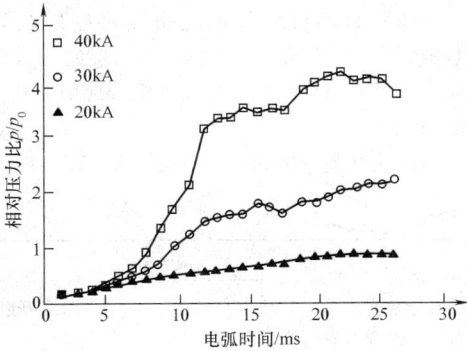

图 7.3 - 21　不同开断电流，不同燃弧时间下，电流过零时的压力（145kV/40 kA）

3.4　高压隔离开关与接地开关

3.4.1　高压隔离开关的定义、用途和分类

隔离开关的定义是：在分闸位置时，提供一按规定要求的隔离断口的机械开关装置。当开断和闭合微小电流时，或当隔离开关的每极两接线端子间的电压变动很小时，隔离开关能使电路分和合。它也能承载异常条件（例如短路）下规定时间内的电流。

隔离开关的用途主要是：①使需要检修或分段的线路和设备与带电线路相互隔离；②带电进行分闸、合闸、变换双母线或其他不长的并联线路的接线；③用以分合套管、母线、不长的电缆等的充电电流以及测量用互感器或分压器等的电流；④自动快速隔离。

隔离开关在输配电装置中的用量很大，为了满足在不同接线和不同场地条件下达到经济、合理的布置，以及适应不同用途和工作条件的要求，发展形成了不同结构形式的众多品种和规格。高压隔离开关的分类见表 7.3 - 5。

3.4.2　高压隔离开关结构形式及其特点

高压隔离开关结构形式及其特点见表 7.3 - 6。

表 7.3 - 5　　　　　　　　　　　　　　　高压隔离开关的分类

分类方式	类　别	分类方式	类　别
按安装场所	户内、户外	按使用特性	一般输配电用、大电流母线用、变压器中性点用、快速分闸用
按附装接地开关情况	不接地、一般接地、两端接地		
按操作方式	用钩棒、用操动机构	按结构形式	见表 7.3 - 6

表 7.3 - 6　　　　　　　　　　　　　　　隔离开关结构形式及其特点

结　构　形　式			特　点		
			相间距离	分闸后闸刀情况	其　他
水平断口	双柱式	平开式（中央开断）	大	不占上部空间	瓷柱兼受较大弯矩和扭矩
		立开式（中央开断）	小	占上部空间	每侧都有支持和操作瓷柱
	三柱（双断口）式	平开式	较小	不占上部空间	纵向长度大；瓷柱分别受弯矩或扭矩；易于作组合电器
		立开式	小	占上部空间	纵向长度大；闸刀传动结构较复杂；易于作组合电器
	伸缩插入式	直臂式	小	上部占空间大	
		瓷柱转动	小	占上部空间	
		瓷柱摆动	小	占上部空间	瓷柱受较大弯矩；适用于较低电压级
		瓷柱移动	小	占用空间小	底座滚动，瓷柱受较大弯矩，引线移、摆幅度大
垂直断口	直臂式		小	一侧占空间大	闸刀运动轨迹大
	单柱（伸缩）式	偏折式	小	一侧占空间	
		对折式	小	两侧占空间	触头钳夹范围大

3.4.3 高压接地开关的定义、用途与分类

接地开关是使电路的部件接地的机械开关器件，能在规定时间内耐受异常条件下的电流（例如短路电流），但不要求承载正常电路条件下的电流。接地开关可能也有短路关合能力。它主要用来为检修工作的安全而提供可靠的接地。

接地开关的分类：按安装场所，可分为户内与户外；按操作方式，分为用钩棒与用操动机构；按使用特性，分为一般接地开关与快速接地开关。接地开关可以制成单独设备，也可与隔离开关等组合在一起。

户内用的接地开关大多使用在开关柜中，通常都要求它们具有关合短路电流的能力。户外用的接地开关一般不具有关合短路电流的能力。只有少量快速接地开关具有关合短路电流的能力，用以满足特殊需要。

一般接地开关通常配用手力操动机构，结构较为简单。快速接地开关又称接地短路器，它能自动合闸，造成预定的接地短路，使与之相连的熔断器动作或上一级断路器跳闸，实现系统故障保护。快速接地开关必须配用动力式操动机构。

3.5 交流高压负荷开关

负荷开关是指能够关合、承载以及开断在正常电路条件（包括规定的过载操作条件）下的电流，也能在一定时间内承载规定的异常电路条件（例如短路）下的电流的机械开关器件。它能关合但不能开断短路电流。负荷开关的开断能力技术要求较断路器低，因而结构简单、价格便宜，用途十分广泛。它可以安装在配电变压器高压侧，也可以用于配电线路上，作为线路自动分段控制设备或某些用电设备（如电动机等）投切的自动控制设备，能组成环网供电单元，还可以与高压限流熔断器组合使用，起到断路器的功能。

高压负荷开关分类和特点见表 7.3 - 7。

表 7.3 - 7　　　高压负荷开关分类和特点

分类方式	类 别	特 点
按结构原理	产气式	利用电弧能量使固体产气材料分解和汽化，产生气体吹弧。结构简单，开断性能一般，有可见断口，参数偏低，电寿命短，成本低
	压气式	压气活塞与动触头联动，压缩空气吹弧。结构简单。开断特性好，有可见断口，参数偏低，电寿命短，成本低
	六氟化硫（SF₆）	利用空气和旋弧原理熄弧，断口电压可高，开断性能好，电寿命长，适用范围广，但结构复杂，成本偏高，适用于 GIS 中
	真空	在高真空容器中关合和开断。开断能力强，尺寸小，重量轻。电寿命长、少维护，但成本偏高。要考虑截流高电压。也能用于 C-GIS 中
按使用场所	户内式	只适用于户内
	户外式	适用于户外或柱上使用
按功能	通用负荷开关	具有全部开合功能的负荷开关
	专用负荷开关	只具有一种或多种开合功能的负荷开关
按灭弧室与隔离断口的连接	串联型	灭弧系统与隔离断口串联，两者均为主导电回路的一部分
	并联型	灭弧系统与隔离断口并联，在闭合位置时，灭弧室被主导电杆短接，灭弧室的动热稳定性要求低
按工况	二工位	只有合闸和分闸两个工况位置，即普通的负荷开关
	三工位	具有合闸、分闸、接地三个工况位置，即集负荷开关与接地开关于一体，其结构紧凑，可靠性高

3.6 高压重合器与分段器

3.6.1 交流高压自动重合器

重合器是指能够按照预定的开断和重合顺序在交流线路中自动进行开断和重合操作，并在其后自动复位或闭锁和自具（不需要外加能源）控制、保护功能的高压开关设备。

重合器具有断路器的控制和保护功能，并能最多完成三次自动重合闸操作，但目前其额定参数不如断

路器高，适用于中高压（40.5kV 以下）配电系统，当与分段器、熔断器配合使用时，只切除存在永久性故障的系统最小部分区域，能使系统的其余完好部分继续供电，从而保证了用电的可靠性。重合器总体一般为户外柱上用箱式结构，三极重合器为共箱式，由箱体、灭弧室、操动机构，控制器和进、出线套管等主要部件构成。电子控制器则安装于箱体外侧的小室内。高压自动重合器的分类及主要特点见表7.3-8。

重合器自动化程度高，变电站可无人值班、有线或无线遥控，为调度自动化创造条件。

3.6.2　交流高压自动分段器

分段器是一种能够记忆通过故障电流的次数，并在达到整定的次数后，在无电压或无电流下自动分闸的高压开关设备。某些分段器可具有关合短路电流及开断与关合负载电流的能力，但无开断短路电流能力。分段器必须与断路器或重合器配合使用，主要用于中高压配电架空线路的控制和保护。分段器的分类与重合器分类原则相同，可参见表7.3-8中分类方式与种类；只是分段器可无电流分闸，对此种分段器不需要设置灭弧室，可在空气中断开，因而比表7.3-8多一种空气式分段器。分段器需要有自动分闸装置，可采用分闸弹簧或自动跌落装置；合闸则可采用小型的手力储能弹簧机构或钩棒。

表 7.3-8　高压自动重合器的分类及主要特点

分　类	种　类	技　术　性　能	运　行　维　修
按灭弧原理分类	油重合器	灭弧室在变压器油中，变压器油兼做灭弧和绝缘介质或液压工质。结构简单，开断电流小，电寿命短，开断以后变压器油绝缘性能降低，整机质量大	不检修周期短，现场维护工作量大，需要油处理设备，但检修维护技术要求低
	六氟化硫重合器	以 SF_6 气体作灭弧和绝缘介质。开断能力强，触头烧损轻微，电寿命长，操作过电压低，无火灾危险；结构紧凑，质量小，操作功小。加工精度较高，密封要求严格	不检修周期长，维护工作量小
	真空重合器	为解决真空灭弧室外绝缘，需要将其浸在变压器油或 SF_6 气体中，前者仍用油且加大整机质量，后者密封要求严。开断能力强，电寿命长，操作功小	不检修周期长，现场维护工作量小
按控制原理分类	液压控制重合器	采用滑阀、活塞和逆止阀等液压元件来实现控制。最小分闸电流，时间电流特性和记忆时间等在现场不能调整，且受环境温度影响，抗电磁干扰	运行灵活性差，选择配合困难，维护工作量小
	电子控制重合器	用分立元件、集成块或单片机实现控制。最小分闸电流、时间-电流特性和复位时间等都可以在现场整定且设定范围宽、灵活方便，结构比较复杂	易配合，适应性强，必须定期检查和更换电池

第4章 成套开关设备

4.1 成套开关设备概述

4.1.1 成套开关设备定义及特点

成套开关设备是以开关设备为主体，将其他各种电器元件按一定主接线要求组装为一体而构成的成套电气设备。可用于发电、输电、配电和电能转换等系统中。成套开关设备除一次电器元件外，还包括控制、测量、保护和调整等方面的装置与电气连接、辅件、外壳等有机地组合在一起。

成套开关设备由于从电力系统实际出发，考虑了性能参数的合理配合及电器元件的合理布置，因而具有占地面积小、安装与使用方便、运行安全可靠、适于工厂大批量生产等优点。

4.1.2 成套开关设备接线方案

是成套开关设备功能的标志。它是根据电力系统主接线要求，针对使用场合与控制对象，并结合主要电器元件特点确定的，包括电能汇集、输送、分配以及计量和保护等多种功能的标准电气线路。每种型号成套开关设备有数十种，甚至上百种一次接线单元方案。当一个单元方案不能满足一种主回路接线要求时，可以用几个单元方案组合，高压成套开关设备单元方案组合的主接线示例如图7.4-1所示。

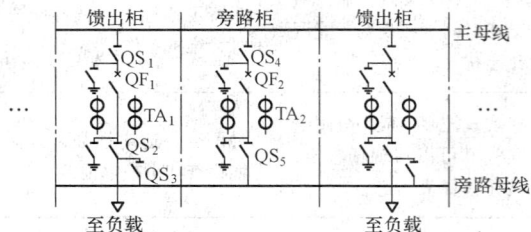

图 7.4-1 由单元方案组合的主接线
QS—隔离开关；QF—断路器；TA—电流互感器

4.1.3 成套开关设备操作程序及联锁

统计表明，带负荷拉、合隔离开关、误操作断路器、母线或设备接地时误合隔离开关、往带电母线或设备主回路上挂地线以及工作人员误入带电间隔接触带电体等五种误操作是成套开关设备事故的主要原因，危害最大。因此成套开关设备各组成部件之间设置可靠的联锁和闭锁装置，对于保证操作程序的正确

性是十分必要的。

常用的联锁方式有：机械联锁、程序锁和电气联锁。机械联锁具有操作简便、直观和可靠性高的特点，因而在设计时应优先采用。若需要联锁的元件相隔较远或联锁的程序比较复杂，可采取程序锁和电气联锁的方式。

一般在下述环节应设置联锁：①主开关（如断路器）与控制室模拟盘之间，防止误分合主开关。②断路器和负荷开关与隔离开关或隔离触头之间，只有当主开关处于分断位置才能操作隔离开关或隔离触头（适用于单母线系统）；在隔离开关或隔离触头操作过程中，主开关不能被操作。③接地开关与隔离开关或一次导电回路之间，只有当隔离开关打开，接地开关所在的回路不带电时，才可能操作接地开关合闸；在接地开关处于合闸位置时，不能操作隔离开关，以防回路接地时送电。④接地开关或一次导电回路与柜门之间，只有当接地开关合闸，一次回路不带电时才能打开柜门，只有当柜门关闭并锁定且接地开关分闸后，才能对一次回路送电。⑤手车柜的二次插头与主开关之间，只有当二次插头插合即二次线路接通后，主开关才能合闸，当主开关处于合闸状态时，二次插头不能被拔下。

4.1.4 成套开关设备的外壳及其接地

成套开关设备外壳的基本作用是防护和支承。作为支承件，必须具有足够的机械强度和刚度，保证装置的整体稳固性，特别是在内部故障条件下，不能出现变形或折断，避免扩大故障的外部影响。防护作用包含三个方面：①防止人体接近带电部分和触及运动部件，常用的有三个防护等级，IP2X级能阻止手指或直径大于12mm的类似物体；IP3X级能阻止直径或厚度大于2.5mm的工具或金属线；IP4X级能阻止直径或厚度大于1mm的金属线或细长片状物体。②防止外部因素（如小动物侵入、气候和环境因素等）影响内部设备。③防止设备受到意外的机械冲击。外壳的外形尺寸应满足内装电器元件的对地和相间绝缘距离的要求，并提供必要的安装和检修空间。

成套开关设备的外壳都是用金属材料制成的。运行中，外壳及其他不属于主回路或辅助回路的所有金属部件都必须牢靠地接地。接地导体应沿整个开关设备和控制设备的长度延伸方向布设。如果导体是铜制的，其电流密度应保证在规定的接地故障条件下不超过200A/mm²，并确保接地系统的连续性。

对于SF₆气体绝缘金属封闭开关设备，其外壳也是SF₆气体的容器，应能耐受运行中出现的正常压力和瞬时压力的升高。因此，对其机械强度和气密封要求很高，必须按压力容器进行设计和检验。

4.2　金属封闭开关设备

4.2.1　金属封闭开关设备定义与分类

金属封闭开关设备（简称开关柜）是由封闭于接地的金属外壳内的主开关（如断路器）、隔离开关（或隔离触头）、互感器、避雷器、母线等一次元件及控制、测量、保护装置组成的成套电器。

开关柜主要用于电力系统中，作接受与分配电能之用。它具有多种一次接线方案，可满足电力系统中各种接线要求。开关柜的种类较多，其分类和各种类型的主要特点见表7.4－1。

4.2.2　高压成套开关设备

（1）固定式金属封闭开关设备。固定式金属封闭开关设备（简称固定柜）是指主开关（如断路器）或其他某些一次元件固定安装在金属外壳内的开关柜。固定柜分三种类型：铠装型、间隔型和箱型。每

一种类型又可以有单母线柜、单母线带旁路母线柜和双母线柜。固定柜的结构一般比较简单，易于生产，具有运行可靠性较高、操作简便等特点。但是由于固定柜中主开关的检修和更换不如手车柜方便，体积也比较大，它的发展一度受到影响。近年来由于真空断路器、SF₆断路器等主开关的广泛采用及气体绝缘技术在固定柜中的应用使开关柜的体积减小，不检修周期大大增长，固定柜重新受到人们的重视。图7.4－2为双母线固定柜结构简图。

（2）移开式金属封闭开关设备（简称手车柜）。指主开关（如断路器）或其他某些一次元件安装在可移动的手车上，这些元件与柜内固定安装的电器元件之间一般通过隔离触头插入静触头实现电气联通。操作手车可使车上的元件（如断路器）从所在回路断开，并可随车移至柜外。因而对这些元件的检测、维护和更换都很方便。柜内手车还可与同类型备用手车互换。当柜内手车移出检修时，可将同类型备用手车推入继续供电，可大大缩短检修停电的时间。手车柜还具有结构紧凑，体积小的特点。为保证手车柜隔离触头接触良好并具有良好的互换性能，生产中要求有较高的加工精度和很好的工艺装备。

手车柜分三种类型：铠装型、间隔型和箱型。每一种类型又可以有单母线柜、单母线带旁路柜和双母线柜。图7.4－3为BB1-12箱式手车开关柜。

表 7.4－1　　　　　　　　　金属封闭开关设备的分类及主要特点

分类方式	基本类型	主　要　特　点
按主开关与柜体的配合方式	固定式	主开关及其他元件固定安装，可靠性高，成本低
	移开式（手车式）	主开关可移至柜外，便于主开关的更换、维修、结构紧凑，绝缘结构较复杂，成本较高
按开关柜隔室的构成形式	铠装型	主开关及其两端相连的元件均具有单独的隔室，隔室由接地的金属隔板构成，可靠性高
	间隔型	隔室的设置与铠装型一样，但隔室的隔板用绝缘材料，结构紧凑
	箱型	隔室的数目少于铠装和间隔型
按主母线系统	单母线	进出线均与一组母线直接相连，检修主开关和主母线时需对负载停电
	单母线带旁路	可由单母线柜派生，检修主开关时可由旁路开关经旁路母线供电
	双母线	进出线可由一组母线转换至另一组母线，一路母线退出时，可由另一路母线供电
按柜内绝缘介质	主要以大气绝缘	结构比较简单、成本低、使用场所受环境条件限制
	气体绝缘（SF₆）	可用于高湿、严重污染、高海拔等严酷条件场所，体积小、成本较高
按使用场所	户内	使用于户内
	户外	具有防雨、防晒、隔热等措施，用于户外

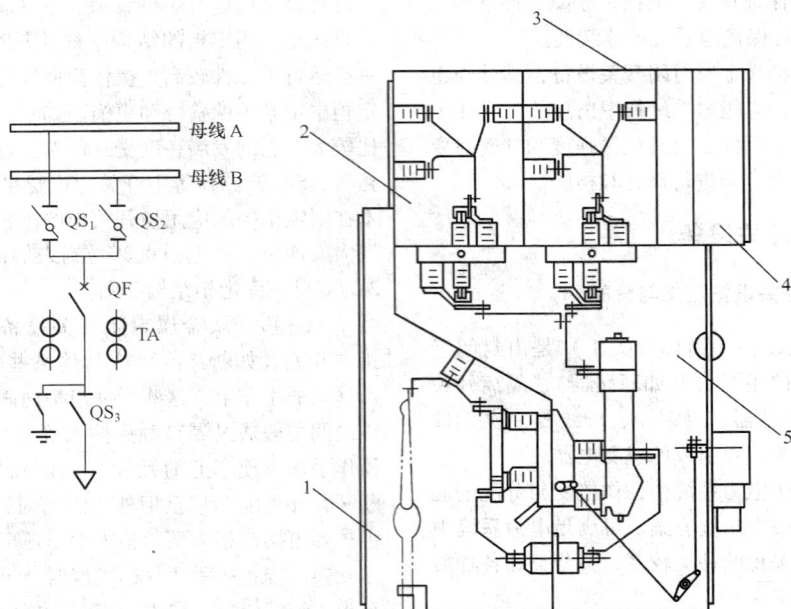

图 7.4 - 2 双母线固定柜
1—电缆室；2—主母线 A；3—主母线 B；4—继电器室；5—断路器室

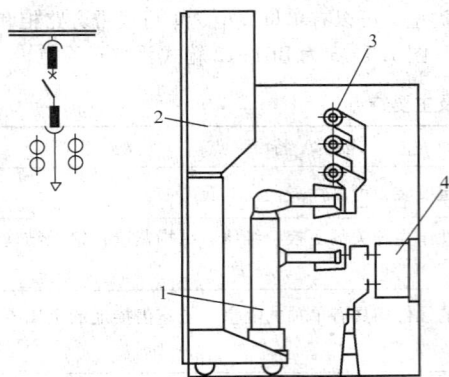

图 7.4 - 3 BB1-12 型箱型手车柜
1—断路器手车；2—继电器仪表室；
3—主母线；4—电流互感器

4.3 气体绝缘金属封闭开关设备

4.3.1 气体绝缘金属封闭开关设备的组成与特点

气体绝缘金属封闭开关设备是指采用（至少部分地采用）高于大气压的气体作为绝缘介质的金属封闭开关设备，简称 GIS。当前都采用 SF_6 气体作为绝缘介质，因此绝缘气体几乎都是指 SF_6 气体。

GIS 典型结构如图 7.4 - 4 所示，由断路器、隔离开关、电压互感器、避雷器、母线、电缆终端盒或（和）出线套管等高压电器元件按主结线要求组合而成。

功能单元是 GIS 的基本组合单元。每个功能单元包括共同完成一种功能的所有主回路和辅助回路元件，通常每套 GIS 具有若干不同功能单元，如架空进（出）线单元、电缆进（出）线单元、变压器单元、母线联络单元、计量与保护单元等。

在结构上，GIS 的高压带电部分置于接地的金属外壳中，壳体内充有绝缘气体。辅助回路分别集中配置在各元件或（和）单元的控制柜中。在总体配置上，通常采用一个功能单元占用一个隔位（亦称间隔），并以其宽度尺寸或占用空间大小作为衡量小型化程度的主要指标。

GIS 与传统型电器相比有如下特点：①外形尺寸显著减小。126～550kV GIS 的占地面积只有传统型开关站的 30%～15%，而占用的空间只有 20%～10%；②运行安全。全部高压带电件都置于密封外壳内，运行人员不会触及，也没有火灾危险；③可靠性高，各元件工作不受外界环境和气候条件影响；④GIS 可以整体或若干元件组合成一体运输，现场安装简便。运行期间，电寿命长，维护工作量很少；⑤GIS 既无明显的噪声，也不会产生无线电干扰，因此对环境没有不良的影响。

GIS 制造要求比较严，因放电或开断电弧后 SF_6 气体有一定的毒性，需按要求进行处理。

GIS 特别适宜在负荷集中、用地紧张的城市中心变电所，地势险峻、施工困难的山区水电站，污秽严重、多地震（近年来在发生大地震地区运行的 GIS 都完好无损）和高海拔地区以及其他特别用途和场所使用。对于变电所扩建或升压也特别方便。此外，由于它最大限度地减少或避免了大气外绝缘，向超高压和特高压等级发展最为有利。

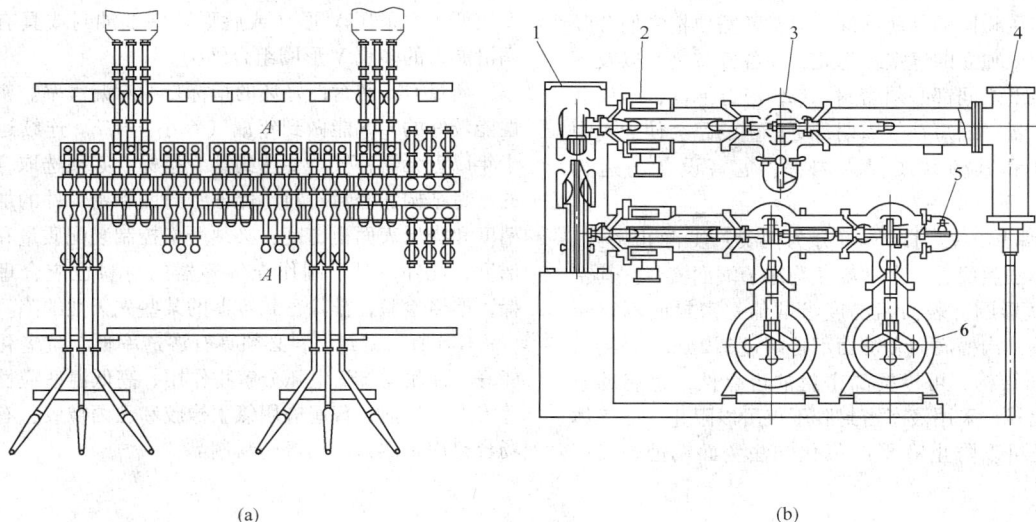

(a)　　　　　　　　　　　　　　(b)

图 7.4-4　252kV GIS（圆筒形）一例

（a）总体配置图；（b）内部构造图（*A-A* 旋转放大）

1—断路器；2—电流互感器；3—隔离开关；4—电缆终端；5—接地开关；6—母线

4.3.2　GIS 结构形式（见表 7.4-2）

表 7.4-2　　　　　　　　　　　　　GIS 按结构形式分类

类别	柜　形		圆　筒　形			
	箱型	铠装型	单相—壳型	部分三相—壳型	全三相—壳型	复合三相—壳型
结构特征	一个或几个功能单元共用一个柜形外壳。空间利用率高，安装与使用方便 柜体承受内压能力较差，柜内电场均匀性较差	一个或几个功能单元共用一个柜形包壳。元件间用金属隔板隔离，安装使用方便 柜体结构较复杂，对制造工艺要求较高	各相主回路有独立的圆筒外壳。构成同轴圆筒电极系统，电场较均匀，不会发生相间短路故障，制造方便，外壳数量多，密封环节多，损耗较大	一般仅三相主母线共用一个圆筒外壳。结构简化，走线方便，总体配置整齐、美观 分支回路中各元件仍保持单相一壳型特征	三相导体呈三角形面置，共用一个圆筒外壳。外壳数量少，密封面小，运输安装方便，损耗小 有发生相间短路故障和三相短路可能性，制造难度较大	若干相关元件的三相共用一个圆筒外壳。外壳数量更少，密封面、尺寸更小 内部电场均匀程度较差，要考虑各元件间的相互影响，制造难度更大
应用	各种电压等级 GIS 广泛采用		72.5~550kV GIS 应用较多		广泛用于 ≤145kVGIS	≤84kVGIS 应用较多

4.3.3 GIS 密封与密封结构

GIS 的各个组成元件所需的 SF_6 气体压力通常是不相同的，必须把它们隔离开来。有时为了增加运行灵活性，保证检修安全和限制内部故障波及范围，对于工作气压相同的某些部件，也常常需要把它们分隔开来，构成独立的气室。为此，在各气室之间以及各气室与大气之间都必须密封。GIS 密封不良，不仅会增大漏气量，缩短补气周期，更严重的是会使大气中的水蒸气和其他杂质侵入内部，危害设备与运行安全。

GIS 常用的密封结构可分为两类：①静止密封。主要用于法兰面、瓷套和浇注绝缘子端面密封。其密封件为 O 形圈。表面粗糙度参数值：密封面不得超过 $1.6\mu m$。沟槽底面和侧面不得超过 $3.2\mu m$。采用双层 O 形圈结构，可以提高密封的可靠性，也有助于检漏。此外，采用液态密封胶不仅可以阻止 SF_6 气体外泄，还可以防止 O 形圈氧化和法兰面锈蚀。②可动密封。断路器、隔离开关和接地开关操动杆（轴）等部位均需可动密封。有两种密封形式：一种是直动密封，运动轴沿轴向运动，速度较高。常用 O 形密封圈加非油性脂或具有自润滑能力的多重组合密封结构；另一种是转动密封，运动轴沿轴心线旋转，线速度较低。常采用 V 形（或唇形）圈加油封或具有自润滑能力的多重 V 形圈组合结构。

衡量 GIS 密封性好坏的指标是相对漏气率。密封性能较好的 GIS 能做到年漏气率小于 1%。连续运行十年以上无需补气。要达到这个指标，必须选取合适的密封结构和密封材料。保证密封面和密封件的加工精度和降低表面粗糙度；必须严格控制装配质量和清洁度；此外，对于制作充气容器的材料也应合理选择，严格检验，排除密封容器的某些先天性缺陷。

GIS 所用密封材料必须具有渗透率低、抗老化性能好、能耐受 SF_6 电弧分解物作用、高低温适应性好等特点。目前，普遍应用氯丁橡胶和乙丙橡胶，有些场合也用聚四氟乙烯等塑料制品。

参 考 文 献

［1］ 王其平. 电器电弧理论. 北京：机械工业出版社，1992.

［2］ 荣命哲，王其平. 小电流点触头材料转移的研究. 中国电机工程学报，1990，10(3)：41－46.

［3］ Γ. B. 布特克维奇著，刘先曙译. 强电流电接点和电极的电侵蚀. 北京：机械工业出版社，1982.

［4］ 安藤弥平，长岑川光雄著. 施雨湘译. 焊接电弧现象. 北京：机械工业出版社，1985.

［5］ C. M. 舍钦柯著. 杨乐玉译. 自动控制电器中的运动与冲击，北京：机械工业出版社，1985.

［6］ C. B. 德列斯文主编. 低温等离子体物理及技术. 北京：科学出版社，1980.

［7］ 金佑民，樊友三. 低温等离子体物理基础. 北京：清华大学出版社，1983.

［8］ 荣命哲，刘朝阳，陈德桂，王长明等. 小容量控制电器用新型 AgNi 基触头材料的开发研究. 中国电机工程学报，1999，19(1)：62－66.

［9］ 荣命哲，万江文，王其平. 含微量添加剂的 $AgSnO_2$ 触头材料电弧侵蚀机理. 西安交通大学学报，1997，31(11)：1－7.

［10］ 万江文，荣命哲，王其平. 电弧对银金属氧化物触头的熔炼和侵蚀特性. 西安交通大学学报，1998，32(4)：12－17.

［11］ 荣命哲，鲍芳，万江文. 银金属氧化物触头电弧侵蚀特性研究. 电工技术学报，1997，12(4)：6－10.

［12］ 赵明生等. 电气工程师手册. 北京：机械工业出版社，2000.

［13］ 荣命哲. 电接触理论. 北京：机械工业出版社，2004.

［14］ 王建华等. 电气工程师手册. 北京：机械工业出版社，2006.

［15］ 徐国政等. 高压断路器原理和应用. 北京：清华大学出版社，2006.

［16］ 焦留成等. 供配电设计手册. 北京：中国计划出版社，1999.

［17］ 刘介才等. 工厂供电. 北京：机械工业出版社，2000.

第8篇

限制电器

主　编　钟力生（西安交通大学）

执　笔　钟力生　刘学忠（西安交通大学）

何　平（南京电气集团有限责任公司）

第 1 章　电　抗　器

1.1　原理与分类、结构

1. 电抗器的原理与作用　电抗器是一种电感元件，在电力系统中起限流、稳流、无功补偿和移相等作用。

2. 电抗器的分类与结构　电抗器按结构形式可有三种基本类型：空心式、铁心式和饱和式，其分类与结构特点见表 8.1-1。

表 8.1-1　　　　　　　　　　　　电抗器的分类与结构

分类	结构	特点	用途	国家标准
空心式	无铁心结构，有带磁屏蔽及磁分路等形式。绕组绝缘方式有浸渍式、包封式和水泥浇注式等	电感值为常数，无饱和现象。磁路的磁导小，电抗值小。绝缘良好的绕组包封式结构可用于户外	在交流电力系统中用以限制短路电流，补偿输电系统中的容性电流	GB/T 10229—1988 GB/T 3859.3—1993 GB/T 2900.15—1997 GB/T 1094.4—2005
铁心式	有铁心结构，磁路由带有气隙的铁心形成，分为闭合式和带气隙式	磁路的磁导大，电抗值大，可出现饱和现象。体积较小	在输电系统中用以补偿容性电流，抵消一相接地故障时电容电流，减压起动，限流，滤波等	
饱和式	有铁心结构，磁路为一个闭合铁心，利用磁性材料的非线性特点进行工作	电感值可变，有效电抗值可变	用以调节负载电流和功率，调节整流装置的直流输出电压	

1.2　电抗器的应用与维护

1. 空心限流电抗器

1) 额定电流。指每相电抗器绕组所容许的长期通过电流。

2) 额定电压。指所连接的交流电力系统的额定工作电压。

3) 额定电抗百分值。指电抗器在额定电流下，绕组两端的电压降与系统相电压之比的百分值，即

$$额定电抗百分值 = \frac{\Delta U}{U_N / \sqrt{3}} \times 100\% = \frac{\sqrt{3} X_N I_N}{U_N} \times$$

$$100\% = \frac{54.4 I_N L_N}{U_N}$$

式中，ΔU 为绕组两端电压降（V）；U_N 为额定工作电压（V）；X_N 为绕组电抗值（Ω）；I_N 为额定电流（A）；L_N 为绕组电感值（mH）。

对于多层式绕组电抗器，其电感为

$$L = \frac{0.08 d_{cp}^2 n^2}{3 d_{cp} + 9H + 10d} \times 10^{-3}$$

式中，L 为多层式绕组电抗器电感（mH）；d 为绕组的厚度（cm）；H 为绕组的高度（cm）；d_{cp} 为绕组的平均直径（cm）；n 为绕组的匝数。

空心限流电抗器的额定电压、额定电流、额定电抗百分值的标准组合见表 8.1-2。

表 8.1-2　　空心限流电抗器额定参数的标准组合

额定电流/A	额定电压/kV	额定电抗百分值（%）				
200	6	3	4	5	6	8
	10	4	5	6	8	
400	6	4	5	6		
	10	4	5	6	8	
600	6	4	5	6		
	10	4	5	6	8	
800	6	4	5	6		
	10	4	5	6		
1000	6	5	6	8	10	
	10	6	8	10		
1500	6	5	6	8		
	10	6	8	10		
2000	6	6	8	10		
	10	6	8	10		
3000	6	8	10			
	10	8	10			

2. 结构与排列 通常将 10kV 以下、150~3000A 的老式空心电抗器称为水泥电抗器。因其结构为绕组用电缆绕好后，再用混凝土浇筑支柱，使电缆和支柱形成牢固的整体结构。具有结构简单、成本低、运行可靠和维护方便等特点。属户内装置，常制成单相，其三相结合排列方式如图 8.1-1 所示。

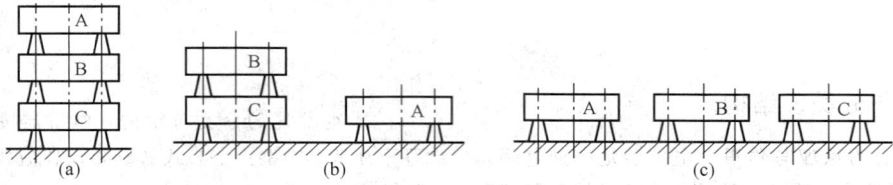

图 8.1-1 空心限流电抗器的排列方式
(a) 三相垂直式；(b) 两相垂直一相并列式；(c) 三相并列式

水泥电抗器一般用 DKL 型铝电缆绕制，电缆绝缘为先包 0.72mm 电缆纸，再绕包棉纱编织带或玻璃布带作护套。400A 以上的水泥电抗器，绕组由两根以上电缆并绕，且对各并联支路进行换位，以使并联支路中电流分配均匀。为减少涡流损耗，在 1000A 以上大电流电抗器用的电缆中，每股绞线也应用纸包，使绞线间相互绝缘。

绝缘包封的干式空心限流电抗器已发展成户外型并得到广泛应用。

分裂电抗器为带中间抽头结构的限流电抗器。使用时将其中间端子接电源，首、末端子接负载。正常工作时，电抗器的两臂电流方向相反，而两臂绕组绕向相同，因互感的影响使每臂的有效电感很小，电压降不大。当短路故障发生在其中一臂所接线路时，电流将急剧增大，而另一臂的电流却不大，可忽略对短路臂的互感影响，短路臂的有效电感增大，限流作用显著。

3. 安装与维护 空心限流电抗器的磁通在空气中形成回路，若在其安装回路中存在钢铁等导磁材料，则会在其中引起发热。所以，安装空心限流电抗器时，应与其周围的屋顶、四壁和地面保持一定的距离。安装时应注意下列几点：

(1) 因为在电抗器安装场所的屋顶、墙壁及地板中存在着金属钢筋，因此，要求电抗器与它们之间保持一定距离，如图 8.1-2 所示。其中要求：$A \geqslant$ 电抗器绕组外径（mm）；$B \geqslant$（电抗器混凝土柱外径/2）130mm；$C \geqslant$（电抗器混凝土柱外径/2）325mm。

(2) 采用图 8.1-1 (a)、(b) 所示两种排列方式时，必须注意电抗器的相序。

(3) 安装电抗器时，要将支撑瓷座上下端用纸垫圈垫平垫实，以保持良好接触。

(4) 电抗器引线铝排与汇流排接触面要平整、清洁、紧密和可靠，防止由于接触不良或螺栓松动而引起局部过热。

(5) 运行中每次短路后，需检查有无螺栓松动、绕组变形、电缆线导体及绝缘烧损、支撑瓷座破裂等情况发生，并及时维护。

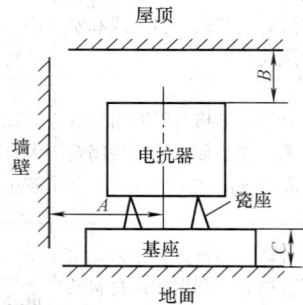

图 8.1-2 空心限流电抗器的安装

4. 并联电抗器

(1) 工作原理。并联电抗器在超高压远距离输电系统中运行时，其产生的感性电流抵消了系统中的容性电流，因而减少了网路开/合闸时的过电压倍数。因此，并联电抗器被用于补偿线路的容性充电电流，限制系统的工频电压升高和操作过电压，从而降低系统的绝缘水平，保证线路的可靠运行；或与电容器相配合，调节系统的无功功率。

(2) 结构性能。并联电抗器按有无主铁心柱，可分为铁心式和空心壳式两种。铁心式电抗器的主铁心柱是将铁心饼和气隙隔板交叠放置后用螺杆轴向拉紧而成。磁通穿过气隙时，一部分从气隙外缘绕过而垂直进入铁饼的叠板面，这将在硅钢片中产生很大的涡流损耗，如图 8.1-3 所示。因此，铁饼中的硅钢片常常不是叠成板状，而是制成辐射式，如图 8.1-4 所示。为减少涡流损耗，并联电抗器绕组导线常采用换位导线。

空心壳式电抗器的特点是：因漏磁小使结构件中附加损耗小；因无主铁心柱，使磁通密度低，铜线用量大，导线中附加损耗大；振动和噪声小，加工制造简单。

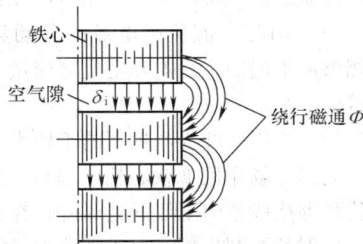

图 8.1－3 气隙中的磁通

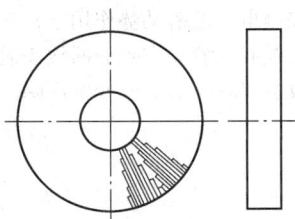

图 8.1－4 辐射式铁心

并联电抗器为连续工作制。中等电压等级的并联电抗器结构可以是油浸铁心式或空心干式。油浸铁心式通常做成三相，空心干式通常做成单相，均为户外装置。

超高压并联电抗器都是油浸式，一般做成单相，采用铁心式结构或空心壳式结构，两种结构具有不同的饱和特性。铁心式结构通常在 120%～150% 额定电压以下可以保持线性，饱和以后的电感值增量一般为额定电压下 25%～50%，最大可达 70%；空心壳式结构的线性范围和饱和以后的电感值增量可以做得更大，其规格见表 8.1－3。

表 8.1－3 高压并联电抗器的规格

额定电压/kV	额定容量/MVA	相 数	冷却方式
363	30	1	强油冷却
500	50	1	自冷

5. 消弧线圈

（1）工作原理。消弧线圈常用于电力设备的中性点接地，当三相线路系统的一相发生弧光接地故障时，在消弧线圈中产生的电感电流抵消线路对地电容而引起的电容电流，从而消除引起故障点的电弧，避免故障范围扩大，提高电力系统供电的可靠性。在中性点不接地系统中，变压器的中性点常通过消弧线圈接地；大容量发电机定子绕组对地电容很大，也经常在中性点接入消弧线圈。

（2）结构性能。消弧线圈是一种铁心电抗器，铁心采用口字形，铁心柱中间带有气隙。消弧线圈除

主绕组外，还备有一个电表绕组，用于外接电压表，以便监测消弧线圈的运行状态和事故状态；在主绕组的接地端装有供测量接地电流用的电流互感器；60kV 级消弧线圈还带有一个二次绕组，接到一个可以短时工作的电阻，接通电阻可以增加接地故障电流中的有功分量，便于经由继电保护查找故障点；为调整阻抗的大小，消弧线圈还装有分接开关。运行中消弧线圈的一端接地，但在设计制造时，消弧线圈有全绝缘和分级绝缘之分，额定电压在 35kV 以下的采用全绝缘结构，高于 35kV 的采用分级绝缘结构。

消弧线圈的额定容量是指最大电流分接时的容量，额定电压是指所接电网的额定电压，额定使用条件与油浸式电力变压器相同，其额定载流时间见表 8.1－4。实际上，由于消弧线圈只在系统出现故障时短时工作，对工作温升的规定见表 8.1－5。

表 8.1－4 消弧线圈在各分接位置的额定载流时间

电压等级/kV	分接数	各分接位置的载流时间/h								
		1	2	3	4	5	6	7	8	9
≤10	5	长期	长期	8	4	2.5				
35～110	9	长期	长期	长期	8	6	5	4	3	2.5

表 8.1－5 消弧线圈短时允许工作温升

	长期工作的分接位置下	2h 连续工作的分接位置下	30min 工作的二次绕组
温升/℃	≤80	≤100	≤120

（3）试验。消弧线圈的试验电压通常与相同电压等级的电力变压器一样，线圈为全绝缘，只要求接地端对地做 25kV、1min 的工频耐压试验。消弧线圈有些试验项目在试验方法上与变压器并不相同，例如感应耐压试验并不要求被试品必须具备两个绕组，而只是将提高至少一倍的电压和频率施加于消弧线圈绕组的两端即可。

分级绝缘结构的消弧线圈，其绕组首尾端绝缘水平不同，进行绝缘试验时必须采用频率范围为 100～250Hz 的发电机供电，同时适当地选择中间变压器，以保证试验时消弧线圈的首端承受其额定试验电压，尾端等于或小于其额定试验电压。考核线圈的尾端绝缘水平时，只需将整个消弧线圈主绕组按尾端绝缘水平对地进行工频耐压试验。

6. 饱和电抗器

（1）直流饱和电抗器。利用磁性材料的交流有效磁导率随直流控制电流的磁化作用而变化的原理，改变交流有效电抗值，从而改变交流回路中的电流。

如果加大直流电流，则降低交流有效磁导率，从而减小有效电抗值。这是一种电抗值可控制的电抗器。

实际上三相饱和电抗器现已很少使用，一般采用单相饱和电抗器，单相饱和电抗器由两个相同的铁心组成，每个铁心上均绕有交流工作绕组和直流控制绕组，两个铁心的交流绕组反向串联或并联，直流绕组同向串联。

（2）自饱和电抗器。它是一种利用铁磁材料的饱和特性，以较小的直流功率来控制较大的交流负载的电抗器。其交流工作绕组与整流装置的整流臂串接，直流控制绕组接控制电源，控制电流来自平滑的直流电源。直流控制绕组的绕向应使控制电流在铁心中所造成的磁动势方向与交流负载电流的磁动势方向相反。在三相整流电路中，自饱和电抗器应接入整流电路的每个臂中。

在交流的正半周，即为电抗器的工作半周，在负载电流的正向强磁场作用下铁心趋向饱和，饱和以前所吸收的伏秒即构成整流电压的电压降；在交流负半周，即为电抗器的控制半周，由于整流器件的反向阻断作用，负载电流被阻断，交流绕组电流为零，铁心只处在直流控制电流的磁动势作用下，只要很小的磁动势就足以使铁心沿着动态磁滞回线去磁，由此改变正半周所吸收的伏秒，从而改变电压降。

第 2 章　电压互感器和电流互感器

2.1　分类和用途

1. 互感器的分类　互感器是对电力系统中的高电压、大电流进行测量的电器设备,根据测量对象不同可分为电压互感器和电流互感器。在电压互感器中,根据测量原理不同又可分为电磁式、电容式和电子式电压互感器。在电流互感器中,又分为传统型、零序和电子式电流互感器。互感器的分类见表 8.2－1。

2. 互感器的用途

(1) 与测量仪表配合,对线路的电压、电流、电能进行测量。

(2) 与继电保护装置配合,对电力系统及其设备进行保护。

(3) 将测量仪表、继电保护装置与线路高电压隔离,保证运行人员和二次装置的安全。

(4) 将线路电压与电流变换成统一的标准值,以利于仪表和继电保护装置的标准化。

表 8.2－1　　　　　　　　　　　　　　互感器的分类

类别		形式	特点	标准
电压互感器	电磁式电压互感器	单相干式	采用环氧浇注绝缘,误差稳定,维护简单。有不接地型与接地型两种。相间连接采用不接地型,以 V 形或 △ 联结运行;相地间连接采用接地型,均接 YNyn,以 V 联结运行。零序电压由剩余电压绕组构成的剩余电压回路提供	GB 1207—2006 IEC 60044-2: 2003,MOD
		单相油浸式	采用油纸绝缘,误差稳定,有不接地型与接地型两种	
		串级油浸式	采用油纸绝缘,误差稳定,设计成接地型,绝缘分级数与额定电压有关	
		SF₆ 气体绝缘式	采用 SF₆ 气体作为主绝缘,误差稳定,只有接地型。单相式用于分相全封闭组合电器;由三台单相互感器构成三相式,用于三相共箱全封闭组合电器。单个式单相 SF₆ 气体绝缘互感器,用于开敞式变电站	
	电容式电压互感器	单相油浸式	由电容分压器和电磁单元构成,高压电容器可兼作载波耦合电容器使用,只能设计成接地型。分离式的电容分压器和电磁单元分装成两个独立的整体,结构较松散,检修方便;单柱式的电容分压器叠装在电磁单元之上,结构紧凑,检修较困难。电容式电压互感器一般用于 110kV 及以上电压等级;电磁式电压互感器则一般用于 220kV 及以下电压等级	GB/T 4703—2001 IEC 60186:1987
电流互感器	干式		采用环氧浇注绝缘,维护简单。有贯穿式、母线式、支持式三种,用于开关柜或安装在发电机回路中	GB 1208—2006 IEC 60044-1: 2003,MOD GB 16847—1997 IEC 60044-6:1992
	油浸式		采用油纸绝缘,正立式重心低,适用于地震带;倒立式重心高,但允许的一次短路电流承受能力大,适用于非地震带	
	装入式		又称套管式,结构中无一次绕组及其主绝缘,装于变压器、断路器和全封闭组合电器套管上	
	SF₆ 气体绝缘式		同 SF₆ 气体绝缘电压互感器	

类　别	形　式	特　点	标　准
组合互感器	干式	采用环氧浇注绝缘，结构紧凑，维护简单。单相组合由各单相电流、电压互感器组成；三相组合由三相电压互感器和三（或两）个单相电流互感器组合形成。一般用于 40kV 及以下电压等级	GB 17201—1997 eqv IEC 60044-3：1980
	油浸式	采用油纸绝缘，电流互感器与电压互感器组成一体，见干式结构。适用于线路变压器组和桥式主接线，一般用于 110kV 及以下电压等级	
特种互感器	零序电流互感器	干式	又称剩余电流互感器，有电缆式和母线式之分，由电流继电器或接地型电压互感器的剩余电压回路与功率方向继电器构成，是中性点绝缘系统单相接地保护装置。具有选择性，不需要进行选线操作，避免了非故障线路的停电和较长时间寻找故障的操作过程	
	直流互感器	油浸式或干式	高压直流互感器为油浸式，用于直流输电线路；低压直流互感器为干式，用于测量直流大电流。直流电流互感器实质上是利用安匝相等原理工作的饱和电抗器；直流电压互感器由直流电流互感器与高压线性电阻串联而成，接至高压直流线路两端，使流经直流电流互感器的电流与线路电压成正比	
光电式互感器	光电式电压互感器		电压信号既可以用光学传输（高低压之间），也可以用电容（电阻）分压器传输，模拟量输出，输出容量小	IEC 60044-7
	带电子装置的电容式电压互感器		由电容分压器和电子放大器构成，高压电容器的电容量很小，电容分压器只输出信号，用于全封闭组合电器	IEC 60044-8
	光电式电流互感器		通过高低压回路用带信息的光束耦合，绝缘结构简单可靠，有光电式和磁光式两种，可输出模拟量或数字量，输出容量小	

2.2　电压互感器

1. 电磁式电压互感器

（1）工作原理及误差分析。电压互感器是将高压电路中的电压变换成很低的电压，用于给测量仪表或继电器供电的变换电器。电磁式电压互感器通常由一个铁心和两个绕组（一次绕组和二次绕组）构成，且三者相互绝缘，其工作原理类同变压器。

在图 8.2 - 1 所示电磁式电压互感器的原理图中，由于 $\dot{I}_0(r_1+r'_2)$ 和 $\dot{I}'_2[(r_1+r'_2)+j(x_1+x'_2)]$ 的影响，使一次侧电压相量 $\dot{U}_1$ 与折算到一次侧的二次侧电压相量 $\dot{U}'_2$ 数值不相等，并存在相位差异，将引起测量误差，可用电压误差和相位差来表示。

电压误差表示为

$$f_u = \frac{K_n U_2 - U_1}{U_1} \times 100\%$$

式中，K_n 为额定电压比；U_1、U_2 分别为一次、二次电压。当 $K_n U_2 > U_1$ 时，f_u 为正值；反之，f_u 为负值。

相位差 δ 是实际一次电压相量与转过 180° 后的二次电压相量之间的夹角。当转过 180° 后的二次电压相量超前于一次电压相量时 δ 为正值；反之 δ 为负值。

电压互感器的误差分为空载误差和负荷误差两部分，前者与互感器的空载电流和一次绕组阻抗有关，与一次电压成非线性关系；而后者则与互感器的负荷和短路阻抗有关，与负荷成线性关系。

（2）准确级及误差限值。表征电压互感器允许电压误差和相位差的特征数字称为准确级。按照国家标准，测量用电压互感器的准确级分为五级，其误差限值见表 8.2 - 2。保护用电压互感器的准确级分为两级，其误差限值见表 8.2 - 3。接地型电压互感器的剩余电压绕组的准确级为 6P 级。

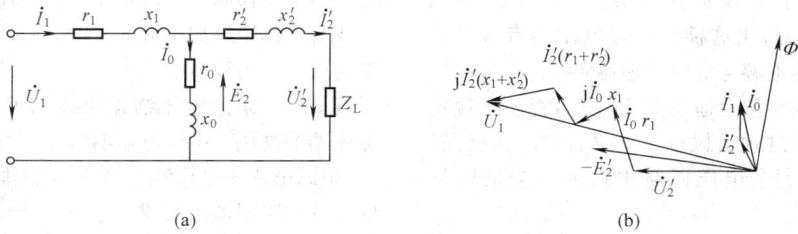

图 8.2－1 电磁式电压互感器的工作原理图

(a) 等效电路；(b) 相量图

表 8.2－2　　　　　　　　　　　测量用电压互感器的准确级和误差限值

准确级	误差限值		电压范围	负荷范围
	$f_u, \pm(\%)$	$\delta, \pm(')$		
0.1	0.1	5		
0.2	0.2	10		
0.5	0.5	20	$(80\% \sim 120\%) U_{1n}$	$(25\% \sim 100\%) S_{2n}$
1	1.0	40		
3	3.0	—		

注：U_{1n} 为额定一次电压；S_{2n} 为额定二次负荷。

表 8.2－3　　　　　　　　　　　保护用电压互感器的准确级及误差限值

准确级	误差限值		电压范围		负荷范围
	$f_u, \pm(\%)$	$\delta, \pm(')$	中性点有效接地系统用	中性点非有效接地系统用	
3P	3.0	120	$(5\% \sim 150\%) U_{1n}$	$(5\% \sim 190\%) U_{1n}$	$(25\% \sim 100\%) S_{2n}$
6P	6.0	240			

注：在 $2\% U_{1n}$ 下的误差限值为表列限值的两倍。

(3) 误差测量。电磁式电压互感器误差测量原理如图 8.2－2 所示。测量时，一次绕组施加额定频率的正弦波电压，按表 8.2－2 或表 8.2－3 的规定确定一次绕组电压和被试互感器连接的二次负荷，互感器的底座或油箱以及运行中应接地的各绕组端子均必须可靠接地。当标准电压互感器的准确级比被试互感器高两级，而其实际误差小于被试互感器允许误差的 1/5 时，标准互感器的误差可略去不计，检验器的读数就是被试互感器的误差。

(4) tanδ 测量。电压互感器内绝缘的 tanδ 测量是绝缘预防性检查的重要项目，它能综合地反映互感器的内部绝缘状况。其测量线路如图 8.2－3 所示，对不接地型电压互感器，采用外施电压法；对接地型电压互感器，宜采用感应电压法。对串级式电压互感器，由于一次绕组的纵向电容很小，一般只有 20～40pF，当采用感应法测量时，必须严格控制环境湿度，以减小外部绝缘泄漏电流和杂散电容损耗对互感器内绝缘 tanδ 测量结果的影响。

(5) 接地型电压互感器及铁磁谐振。接地型电压互感器的设计根据用途而不同，用于中性点有效接

地系统的互感器的额定磁通密度限值、故障状态下的额定电压因数和剩余电压绕组的额定电压分别为 1.2T、1.5U_{1n}（额定时间 30s）和 100V；用于中性点非有效接地系统的互感器的相应值分别为 0.85T、1.9U_{1n}（额定时间 8h）和 100/$\sqrt{3}$V。二者不能互用，若将前者误用于中性点非有效接地系统，在正常运行时会增加系统发生并联谐振过电压的概率；在故障状态下会损坏互感器。若将后者误用于中性点有效接地系统，在故障状态下会因剩余电压回路输出电压过高而损坏继电保护装置。

在中性点有效接地系统中，当采用带断口均压电容的断路器开断空载母线时，电压互感器有可能会因断口均压电容、母线对地电容和接地型电压互感器的非线性电感之间发生串联谐振而损坏。防止这种谐振过电压的有效措施是改变系统操作方式，避免构成串联谐振回路，或适当选取电压互感器的励磁特性。

在中性点非有效接地系统中，如果系统运行状态有突变，母线对地电容与电压互感器的非线性电感间有可能发生并联谐振过电压。这种谐振过电压的幅值虽然不高，但因过电压频率往往远低于额定频率，铁

心处于高度饱和态，电压互感器的绕组有可能因励磁电流过大而损伤。防止这种谐振过电压的有效措施是，调整母线对地电容与电压互感器非线性电感的配合条件，例如，在结构上适当降低电压互感器的额定磁通密度；而抑制这种谐振过电压更有效的措施是，在电压互感器的剩余电压回路中接入适当的阻尼电阻。

2. 电容式电压互感器

（1）工作原理与误差特性。电容式电压互感器的组成及工作原理如图 8.2-4 所示。电容式电压互感器的由一次出线端子（A，N，N′）、二次绕组出线端子（a,n）、剩余电压绕组出线端子（da,dn）、电容分压器的高压、中压电容器（C_1、C_2）、补偿电抗器 L、中间电磁式电压互感器 MTV、排流线圈 P、保护间隙 S 和阻尼器 Z 构成。

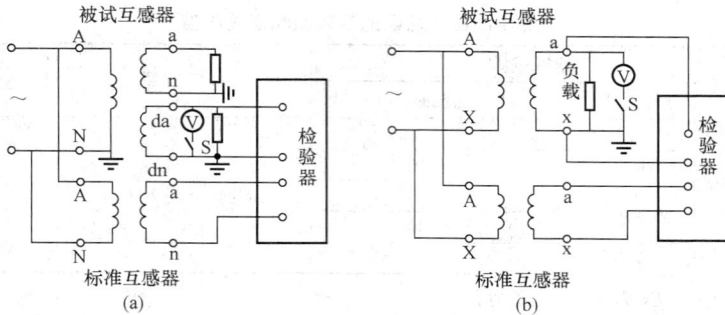

图 8.2-2　电压互感器误差测量原理图
（a）接地型；（b）不接地型

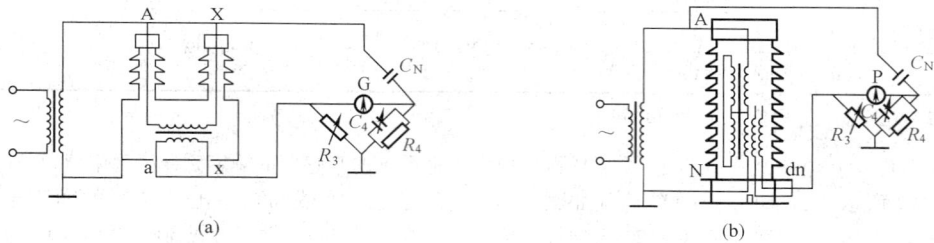

图 8.2-3　电压互感器 tanδ 测量原理图
（a）不接地型；（b）接地型

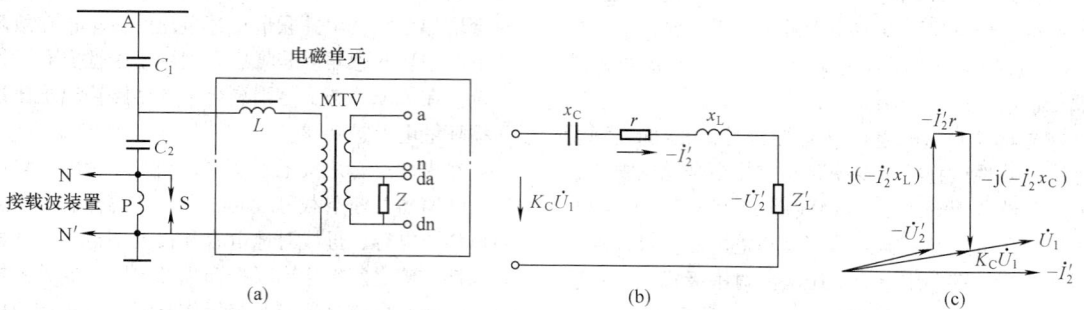

图 8.2-4　电容式电压互感器的工作原理示意图
（a）构成原理线路；（b）等效电路；（c）相量图

$$K_C = C_1 / (C_1 + C_2), \quad x_C = 1 / [\omega (C_1 + C_2)]$$

x_L——等效感抗，由 L 的感抗和 MTV 的漏抗组成；r——等效电阻，由 L、MTV 和 C_1、C_2 的等效电阻组成在理想情况下，电容式电压互感器的剩余电抗 $\Delta x = x_L - x_C = 0$，即电容分压器的容抗 x_C 与互感器的等效感抗 x_L 呈谐振状态，电容式电压互感器的误差只与等效电阻 r 上的电压降有关。实际中，由于 L 是非理想的线性元件以及其他影响因素的存在，使 $\Delta x \neq 0$，即 x_C 与 x_L 脱离谐振状态，电容式电压互感器的误差取决于 r 和 Δx 上的电压降。电容式电压互感器的误差除受一次电压和负荷的影响外，还随电源频率和环境温度的变动而改变，应满足 GB 4703—2001 的要求。

（2）瞬变响应与铁磁谐振。在电容式电压互感器构成回路中有电容分压器以及带铁心的补偿电抗器和中间电磁式电压互感器，因此，当系统状态发生突变时，将产生瞬变相应或铁磁谐振现象。

当电容式电压互感器的一次侧发生对地短路时，由于电容分压器、补偿电抗器和中间电磁式电压互感器等元件上储存的能量不能立即释放，回路中将出现低频衰减振荡或指数衰减过程，二次侧电压需要经过一个短暂的时间才能衰减到零。电容式电压互感器的瞬变响应特性将直接影响继电保护装置的高速操作，因此，在相关文件中规定：在将电容式电压互感器一次接线端与接地端之间的电源短路后，电容式电压互感器的二次输出电压应在额定频率的一个周期内，衰减到短路前电压峰值的 10%。

当电容式电压互感器一次侧突然接入系统或二次侧发生短路后又突然消除短路时，将产生瞬态过电压，使中间电磁式电压互感器铁心饱和，励磁电感下降，回路的固有振荡频率上升到额定频率的 1/3、1/5……因而可能出现某一分数谐波振荡。若此时回路中无足够的阻尼，将由于电源不断供给能量而发生持续的分数谐波铁磁谐振，使其过电压幅值可达额定电压的 2~4 倍。这不仅会对中压电容器、补偿电抗器和中间电磁式电压互感器带来危害，而且会使电容式电压互感器输出虚假的故障电压信号。因此，在相关文件中规定：①当电压为 $1.2 U_{1n}$ 而负荷实际上为零时，电容式电压互感器的二次侧短路后又突然消除短路，其二次电压峰值应在频率的 10 个周期之内恢复到与短路前的正常值相差不大于 10% 的电压值。②在与故障状态下的额定电压因数相对应的电压而负荷实际上为零的情况下，电容式电压互感器的二次侧短路后又突然消除短路，其铁磁谐振的持续时间应不超 2s。阻尼器通常接在剩余的电压绕组的出线端子间，有固定接入型、谐振型、饱和电抗型和电子型之分，见表 8.2-4。

3. 光电式电压互感器

（1）特点。光电式互感器是基于光电子技术和光纤传感技术的新一代互感器，主要有光电式电压互感器（Optical Voltage Transformer，OVT）和光电式电流互感器（Optical Current Transformer，OCT）。其与传统的电磁式互感器比较具有以下特点：

1）具有优良的绝缘性能和抗电磁干扰能力。光电式互感器是将高压侧信号通过绝缘材料制成的光纤

表 8.2-4　　　　　　　　　　　阻尼器的分类

类型	固定接入型	谐振型	饱和电抗器型	电子型
原理图	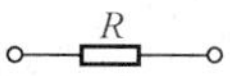 R	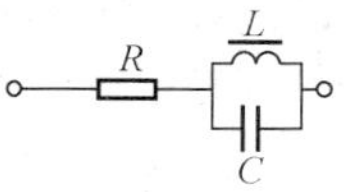 R　L　C	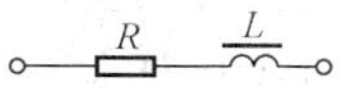 R　L	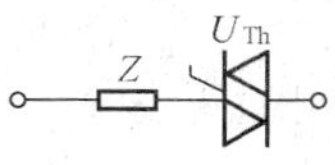 Z　U_{Th}
特点	阻尼效果好，但影响电容式电压互感器在正常运行时的误差特性	在额定频率下调整 L 和 C 至并联谐振状态，对电容式电压互感器在正常运行时的误差特性影响小。出现分数谐波振荡时，L、C 偏离并谐振状态，流过阻尼回路的电流急骤增加，在阻尼元件上瞬时消耗很大功率	结构简单，运行可靠，L 有明显的饱和点，在铁磁谐振过电压下 L 深度饱和，感抗急骤减小，阻尼元件瞬时接入。但工作点亦应合理，以免在正常运行时产生谐波	阻尼效果好，能改善瞬变响应特性，是比较理想的阻尼器。出现铁磁谐振时，V_{Th} 立即导通，将阻尼元件 Z 接入。线路较为复杂，对元件的稳定性和可靠性要求高

传到二次设备，使其绝缘结构大为简化。同时通过光缆传输信号，实现了高低压的彻底隔离，安全性高，避免了电压互感器二次回路短路或电流互感器二次回路开路给设备和人身造成的危害。

2）光电式互感器没有铁心，不存在磁饱和、铁磁谐振等问题，使得互感器的暂态响应特性好，保证了系统运行的稳定可靠性。

3）动态范围大，频率响应宽，可用于测量高压电力线路上的谐波和脉冲暂态电压。

4）无污染和噪声，具有优良的环保性能。可以采用硅橡胶绝缘子和 SF_6 作为绝缘介质，替代了传统的瓷套绝缘子和绝缘油，没有因充油而潜在的易燃、易爆等危险。

5）体积小，重量轻，节约占地面积。

6）适应了电力系统数字化、智能化和网络化的发展趋势。

（2）OVT 的工作原理。光电式电压互感器的核心部件是光学电压传感器。应用最多的是基于 Pockels 电光效应的光学电压传感器。当传感器中的电光材料在被测电场作用下时，由于介质极化，其折射率 n 会随着电场线性变化，即 $n \propto E$，因此，测量传感材料的折射率 n，就可以得出被测电场，进而得到被测电压值。

根据电场作用的方向不同，Pockels 电光效应可分为横向电光效应和纵向电光效应，如图 8.2 - 5 所示。产生 Pockels 效应的电光晶体材料有多种，这里以锗酸铋 $Bi_4Ge_3O_{12}$（简称 BGO）晶体为例说明两种光电效应。BGO 晶体在无外电场作用时，是各向同性的单轴晶体；在外电场作用下，其主轴偏离坐标轴发生转动，晶体由各向同性变为双轴晶体。

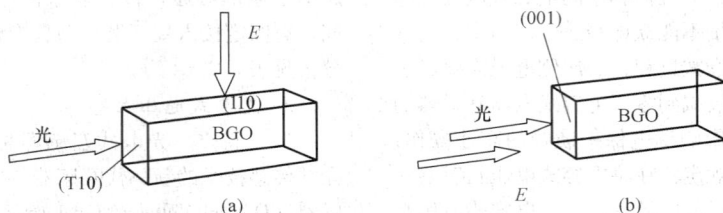

图 8.2 - 5 BGO 晶体的 Pockels 电光效应
（a）横向电光效应；（b）纵向电光效应

当电场方向与光传播方向垂直时（横向电光效应），电场在晶体中产生最大双折射，从晶体中出射的两束线偏振光就会产生相位差，其最大相位差为

$$\Phi_\perp = \frac{2\pi}{\lambda} n_0^3 \gamma_{41} El$$

式中，l 为晶体内的通光长度；λ 为光波长；n_0 为晶体未加电场时的折射率；γ_{41} 为 BGO 晶体的线性电光系数。当在晶体上施加电压 U 时，则有

$$\Phi_\perp = \pi \frac{U}{U_{\pi\perp}}, \quad U_{\pi\perp} = \frac{\lambda d}{2n_0^3 \gamma_{41} l}$$

式中，d 为晶体在电场作用方向的长度；$U_{\pi\perp}$ 为使晶体中两束光产生 $180°$ 相位的外加电压，只与晶体的电光性能和几何尺寸有关。因此，只要测出相位差 Φ 的大小，即能确定晶体所处位置的电场强度 E 和电压 U。

当电场强度 E 与光传播方向平行时（纵向电光效应），光经过晶体后在出射面上产生的相位差为

$$\Phi_P = \pi \frac{U}{U_{\pi P}}, \quad U_{\pi P} = \frac{\lambda}{2n_0^3 \gamma_{41}}$$

式中，$U_{\pi P}$ 仅决定于晶体的光学性能，与晶体的几何尺寸无关。实际上，对相位差的直接精确测量，需要很高的成本；故常用间接的方式进行测量，即采用干涉的方法将晶体中的相位调制光变成振幅调制光，通过检测光强来间接得到相位差。

（3）OVT 的结构类型。光电式电压互感器可分为无源型和有源型两类。

无源型光电式电压互感器是一种非功能性传感器，它不需要工作电源，以光纤作为光信号的传输介质，光调制由电光晶体完成。目前，国内外所采用的主要类型如图 8.2 - 6 所示。

有源型光电式电压互感器是需要工作电源的 OVT，它由电容分压器、电子电路和光纤传输等部分组成，其电子电路的工作电源由分压器或变电站的直流操作电源获取。被测电压由互感器或者分压器从电网取得，经过滤波器滤波，由 DSP 处理电路转换成数字信号，将电压信号由 LED 转换成一定频率的光信号沿光纤传输至变电站控制室的信号处理电路，再还原成电压信号。

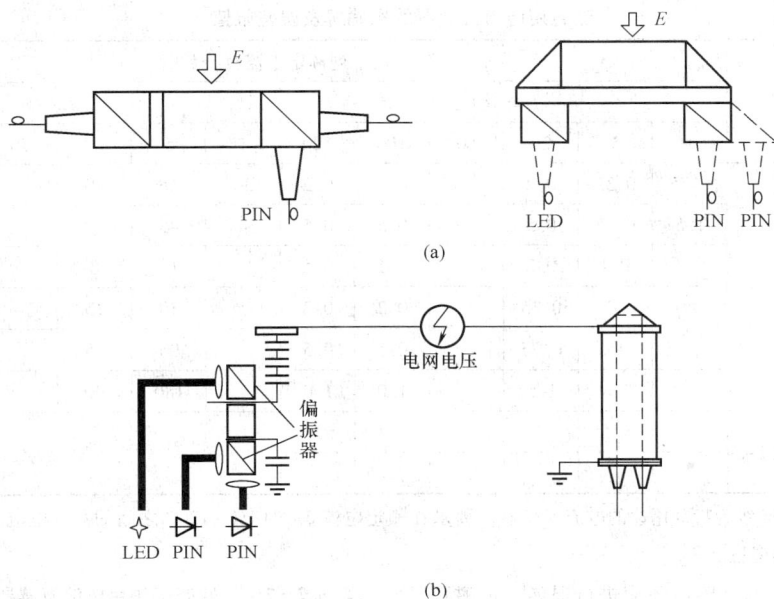

图 8.2-6　无源型光电式电压互感器的类型

（a）透射式横向 OVT 和反射式横向 OVT（右）；（b）透射式纵向 OVT 和反射式纵向 OVT（右）

2.3　电流互感器

1. 传统型电流互感器

（1）工作原理与误差特性。电流互感器是将高压线路中的大电流变换成低电压的小电流，用以给测量仪表或继电器供电的变换电器。电流互感器的一次绕组与被测线路串联，二次绕组与测量仪表或继电器的电流线圈连接，接近于短路状态；其一次电流取决于线路的负荷，与互感器的二次负荷无关，这是电流互感器与变压器的主要区别。

在图 8.2-7 所示电流互感器的原理图中，由于 $\dot{I}_0$ 的影响，一次电流相量 $\dot{I}_1$ 与折算到一次侧的二次

（a）

（b）

图 8.2-7　电流互感器的工作原理图

（a）等效电路；（b）相量图

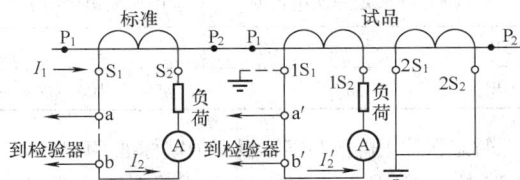

电流 $\dot{I}_2'$ 在数值上和相位上都不相同，同样存在电流误差和相位差。

电流误差可表示为

$$f_\mathrm{i} = \frac{K_\mathrm{n} I_2 - I_1}{I_1} \times 100\%$$

式中，K_n 为额定电流比；I_1，I_2 分别表示实际一次、二次电流（A）；当 $K_\mathrm{n} I_2 > I_1$ 时，f_i 为正值，反之，f_i 为负值。

相位差 δ 是实际一次电流相量与转过 180° 后的二次电流相量间的夹角。当转过 180° 的二次电流相量超前于一次电流相量时，δ 为正值；反之，为负值。

按照国家标准 GB 1208—1997，测量用电流互感器的准确级及其误差限值见表 8.2-5。

（2）误差测量。测量用电流互感器的误差测量原理如图 8.2-8 所示。被试互感器二次所接负荷与规定的偏差应不超过 ±3%。

误差测量前，先用指针式万用表检查极性，或加小电流用带有极性指示的误差检验仪检查被试互感器

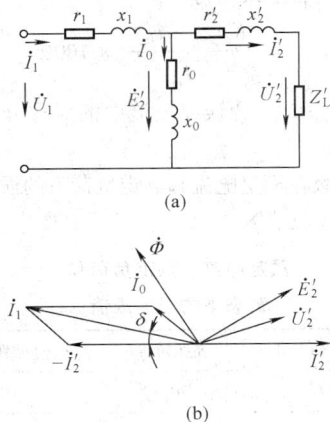

图 8.2-8　测量用电流互感器的
误差测量原理图

表 8.2−5　　　　　　　　　　　　　测量用电流互感器的准确级及误差限值

准确级	负荷范围	在下列额定电流百分数时										
		$f_i \pm (\%)$						$\delta \pm (')$				
		1	5	20	50	100	120	1	5	20	50	100	120
0.2S	(25%~100%)$_{2n}$	0.75	0.35	0.2		0.2	0.2	30	15	10		10	10
0.5S		1.5	0.75	0.5		0.5	0.5	90	45	30		30	30
0.1			0.4	0.2		0.1	0.1		15	8		5	5
0.2			0.75	0.35		0.2	0.2		30	15		10	10
0.5			15	0.75		0.5	0.5		90	45		30	30
1			3.0	1.5		1.0	1.0		180	90		60	60
3	(50%~100%)$_{2N}$				3		3	不要求					
5					5		5						

注: 0.2S 级和 0.5S 级为特殊用途的电流互感器（要求在额定电流 5A 的 1%~120% 之间的某一电流下能作准确测量），其额定二次电流仅为 5A。

的极性；对准确级高的互感器还应进行退磁。退磁可按互感器的具体情况，采用大负荷退磁或通过反复增大和减小施加交流电流来退磁。

测量时，一次回路通以额定频率的正弦波电流。当标准互感器的准确级比被试互感器高两级，且其实际误差小于被试互感器允许误差的 1/5 时，标准互感器的误差可忽略不计，检验器的读数就是被试互感器的误差。对 3 和 5 级互感器，也可采用双电流表法。

（3）保护用电流互感器。一般保护用电流互感器是按变换稳态一次短路电流设计。由于铁心中的磁通密度比测量用电流互感器高得多，励磁电流和二次电流中均含有不可忽视的高次谐波分量，其在一次侧短路电流下的误差用复合误差 ε_C（%）表示

$$\varepsilon_C = \frac{100}{I_1} \sqrt{\frac{1}{T} \int_0^T (K_n i_2 - i_1)^2 dt}$$

式中，I_1、i_1 分别为一次电流的有效值和瞬时值（kA）；i_2 为二次电流瞬时值（kA）；T 为周期（s）。一般保护用电流互感器的标准准确级和误差限值见表 8.2−6。

表 8.2−6　一般保护用电流互感器的准确级及误差限值

准确级	$f_i \pm (\%)$ 在额定一次电流时	$\delta \pm (')$	ε_C（%）（在额定准确限值的一次电流时）
5P	1	60	5
10P	3	60	10

暂态保护用电流互感器根据国家标准 GB 16847—1997，按变换暂态一次短路电流设计，主要用于 220kV 以上电压的超高压系统中。其分类见表8.2−7，适合与高速动作的继电保护装置和断路器相配合。

表 8.2−7　　暂态保护用电流互感器的分类

准确级	特　　点
TPS	低漏磁，匝比误差不超过 ±0.25%，控制二次励磁特性，无剩磁限值
TPX	控制变换暂态一次短路电流的总误差，无剩磁限值
TPY	与 TPX 级相似，但剩磁不超过饱和值的 10%
TPZ	只控制变换暂态一次短路电流对称交流分量的误差，剩磁可忽略不计

TPX 和 TPY 级的暂态误差为

$$\varepsilon' = \frac{(K_n i_2 - i_1)}{\sqrt{2} I_{1sc}} \times 100\%$$

式中，$(K_n i_2 - i_1)$ 为误差电流的最大瞬时值（kA）；I_{1sc} 为一次短路电流对称分量的有效值（kA）。

TPZ 级的暂态误差为

$$\varepsilon'_{ac} = \frac{(K_n i_{2ac} - i_{1ac})}{\sqrt{2} I_{1sc}} \times 100\%$$

式中，$(K_n i_{2ac} - i_{1ac})$ 为误差电流中的对称分量最大瞬时值（kA）。

各准确级在额定电流和额定负荷下的误差限值及暂态误差限值见表 8.2−8。

表 8.2−8　　额定电流、额定负荷和暂态下的误差限值

准确级	$f_i \pm (\%)$	$\delta \pm (')$	暂态误差限值（%）
TPX	0.5	30	10
TPY	1	60	10
TPZ	1	180±18	10

保证暂态误差的条件为：①系统短路回路的时间常数不大于规定值；②一次短路电流对称分量的有效值不大于与对称短路电流系数相对应的电流值；③一次短路电流的非对称分量为任意值；④二次负荷不大于规定值；⑤工作循环不超出规定。

2. 零序电流互感器

（1）工作原理。零序电流互感器是中性点绝缘系统单相接地保护装置，主要用于中性点绝缘的 3～10kV 配电系统中，图 8.2-9 为中性点绝缘系统单相接地时的故障电流分布。图中 $\dot{I}_{eC} = \dot{I}_{eC1} + \dot{I}_{eC2} + \dot{I}_{eC3}$ 为所有投入运行线路对地电容电流的总和；$-\dot{I}_e = -\dot{I}_{eC} - \dot{I}_{ei}$ 为经故障线路故障点和零序电流互感器安装处回馈至系统的电流。从变换电流出发，可将零序电流互感器视为单匝贯穿式电流互感器，其一次电流 $\dot{I}_1$ 等于流过零序电流互感器的三相对地电流的相量和。如果线路各相容抗平衡，在系统正常运行时 $\dot{I}_1$ 等于零；在系统发生单相接地故障时，$\dot{I}_1$ 视不同的接地性质而异。

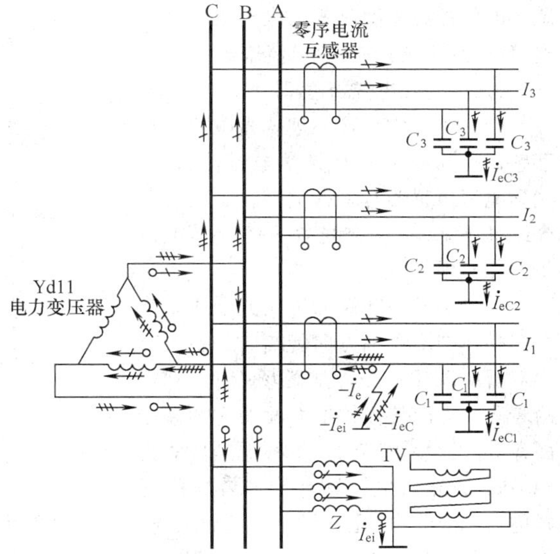

（2）单相金属性接地故障。对于单相金属性接地故障，以线路 I_1 的 A 相为例，其等效电路和相量图

图 8.2-9　中性点绝缘系统单相
接地时的故障电流分布

分析如图 8.2-10 所示。图中 $C_\Sigma = C_1 + C_2 + C_3$，$Z$ 为折算到一次侧的接地型电压互感器的单相对地阻抗。

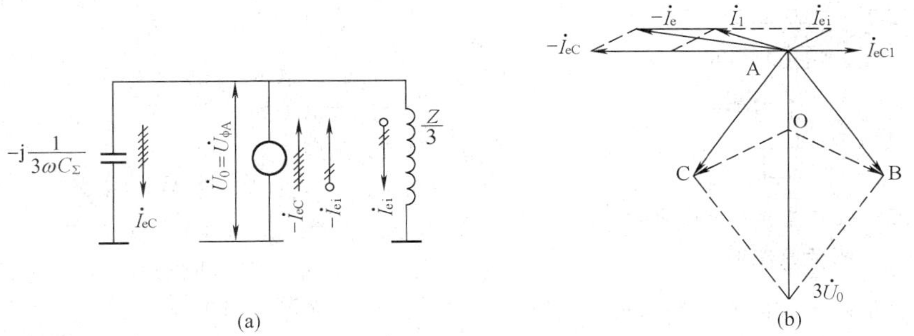

图 8.2-10　单相金属性接地故障分析
（a）等效电路；（b）相量图

故障线路零序电流互感器的 $\dot{I}_1 = -\dot{I}_e + \dot{I}_{ec1}$。由于 $\dot{I}_{ei}$ 很小，故可以认为，$\dot{I}_1$ 较各条线路，包括故障线路本身的对地电容电流相差 180° 即较零序电压滞后 90°；而非故障线路零序电流互感器的 $\dot{I}_1$ 则为线路本身的对地电容电流，且较 $\dot{U}_0$ 导前 90°。这是确定保护装置选择性的依据。

（3）单相非金属性不完全接地故障。对于单相非金属性不完全接地故障，以线路 I_1 的 A 相为例，其等效电路和相量图如图 8.2-11 所示。图中 R_e 为故障点的接地电阻；$U_{\phi k}$ 为故障相电压；U_{ke} 为故障相对地电压。

当 R_e 由 $0 \rightarrow \infty$ 时，$\dot{U}_{ke}$ 由 $0 \rightarrow U_{\phi k}$，U_0 由 $-U_{\phi A} \rightarrow 0$，故障线路零序电流互感器的 $\dot{I}_1$ 则由 $\left\{ -3\dot{U}_0 \left[\dfrac{1}{Z} + j\omega \left(C_\Sigma - C_1 \right) \right] \right\} \rightarrow 0$；当 R_e 为某一中间值时，中性点沿以 $\dot{U}_{\phi k}$ 为直径的半圆周由 O′ 移至 O″，$3\dot{U}_0$，即 O″OD，其两端分别沿上述半圆周 ODE 半圆移动。故障线路和非故障线路零序电流互感器一次电流的有效值皆为金属性接地故障时的

$$\sqrt{1 - \left(\dfrac{\dot{U}_{ke}}{\dot{U}_{\phi k}} \right)^2}$$

倍，而它们之间的相对相位关系未改变。零序电流互

感器的保护灵敏度以其二次电流达到继
电器整定电流时的一次电流来表示。

3. 光电式电流互感器

（1）OCT 的工作原理。光电式电流
互感器的核心部件是光学电流传感器。
光学电流传感器有多种类型，这里主要
介绍基于 Faraday 磁光效应的光学电流
传感器原理。

在光学各向同性的透明介质中，当
光在晶体中沿光轴方向传播时，不会产
生双折射现象；在外加磁场 H 作用时，
沿着磁场方向传播的平面偏振光的偏振
面就会发生旋转，这种现象称为
Faraday 磁光效应，具有旋光效应的材
料称为 Faraday 旋光材料。平面偏振光的偏振面发生
旋转的角度与磁场强度有关，亦即取决于产生磁场的
电流大小，因此，只要测量出旋转角度，就能获得待
测电流的大小，原理如图 8.2 - 12 所示。

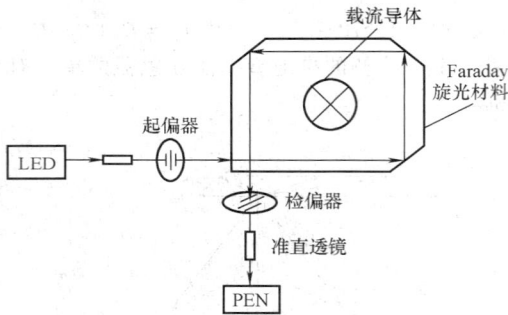

图 8.2 - 12　光学电流传感器
测量原理图

当平面偏振光沿磁场方向通过 Faraday 旋光材料
时，光矢量发生旋转，其旋转角度 θ 为

$$\theta = v \oint_L \vec{H}_g \, d\vec{l} = vi$$

式中，v 为材料的费尔德（Verdet）常数；i 为载流体
电流值。对于给定的 Faraday 旋光材料，偏振面的旋
转方向仅由磁场方向决定，而与光纤的传播方向无
关。故常选用 Faraday 磁光效应强的材料制作电流传
感器。如果加到磁光材料上的是交变磁场，即 $H = H_m \sin\omega t$，则旋转角为

$$\theta = vi_m \sin\omega t$$

根据马吕斯（Malus）定律，将偏振面的旋转调
制变换为光强调制，来间接测量旋转角 θ。当线偏振
光通过检偏器时，输出调制光强为

$$I = I_0 \cos^2(\theta + \gamma)$$

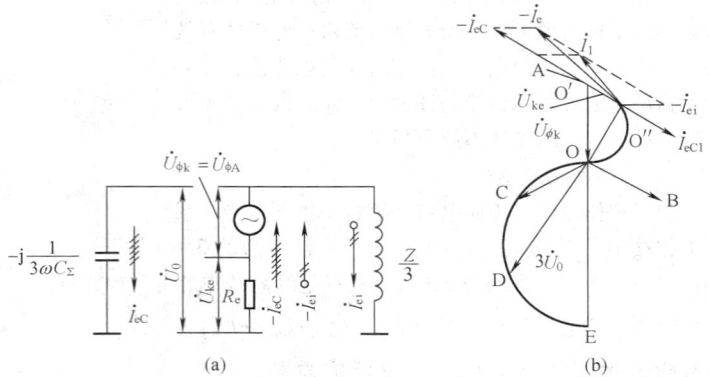

图 8.2 - 11　单相非金属性不完全接地故障分析
（a）等效电路；（b）相量图

式中，I_0 为入射线偏振光光强；γ 为起偏器和检偏器
透光轴间的夹角。当 $\gamma = \pi/4$ 时，I 对 θ 的变化反应
最灵敏且线性度好，此时有

$$I = \frac{1}{2} I_0 (1 - \sin 2\theta)$$

当 $\theta = 1$ 时，$\sin 2\theta \approx 2\theta$，则上式可写为

$$I = \frac{1}{2} I_0 (1 - 2vi_m \sin\omega t)$$

这样，就可以测得被测电流 i 的大小。

（2）OCT 的结构。光电式电流互感器可分为无源
型和有源型两类。

无源 OCT 多采用 Faraday 磁光效应、磁致伸缩效
应、自然旋光效应及光干涉原理，目前应用最多的是
基于 Faraday 磁光效应的 OCT，在传感头部位无需电
源供电。无源 OCT 的特点是：系统的线性度好，灵
敏度高，绝缘性能好。其难点在于其精度和稳定性易
受环境温度与振动等因素的影响。无源 OCT 的主要
结构形式见表 8.2 - 9。

有源光电式电流互感器是通过一次采样传感器将
电流信号转换成光信号，再由光纤传递到低电位侧进
行逆变成电信号后放大输出，其结构原理如图 8.2 -
13 所示。供电利用地面的激光源，将光能通过光纤
传至高电位，再由 PLD 将光能换为电能，并给功能
电路供电。一次部分采用电磁式电流互感器、分流电
阻、Rogwski 线圈等进行采样，并且根据不同组合和
功能用于不同场合的电流测量。其中采用 Rogwski 线
圈的 OCT 既可以用于 GIS、PASS 开关中的电流互感
器，又可以用作敞开式有源 ROCT，还可以用于瞬态
大电流测量。这类互感器既利用了光纤系统的高绝缘
性，又具备常规电流测量装置的优势。

表 8.2－9   无源 OCT 的主要结构形式及特点

类　型	结　构　图	特　点
块状玻璃型		重点要考虑玻璃材料的光学特性、运行范围及稳定性等多方面因素。选取费尔德系数大、温度系数小的磁光玻璃材料，可以提高这种传感器的灵敏度和温度稳定性，通常 OCT 工作温度在（－40~40）℃
全光纤型		传感和传光部分均采用光纤，结构简单，灵敏度可调节。光纤环绕在载流导体上，Faraday 效应在环绕导体中产生；光路从光纤中通过，灵敏度由光纤环绕圈数决定。缺点是传感光纤绕成环形会引起线性双折射，降低传感器的精度，同时使信号输出随温度的变化而变化以至失真
混合型		导体由一个导磁回路环绕，磁环中镶嵌 Faraday 旋光探头。其 Faraday 旋光器件路径短而简单，气隙较大，有利于系统成型。缺点是测量结构受周围电流的影响；气隙的磁场分布不均匀，测试结果取决于传感器的位置
点状探头型		将传感器放置在导体旁边，用磁场感应的方式采集信号。由于此传感器测量的是被测电流所产生在某点的磁场，易受临近相电流产生磁场的影响

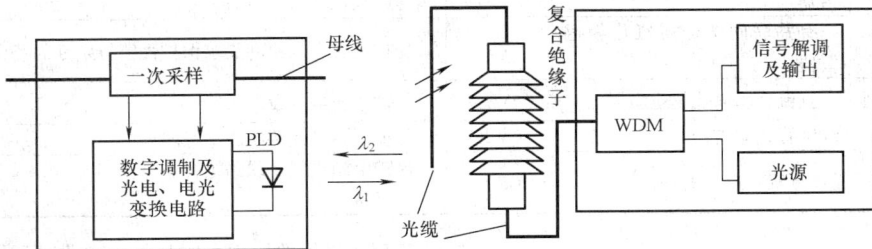

图 8.2－13 有源 OCT 的结构原理图

第3章 避雷器

3.1 原理、分类与用途

1. 避雷器的工作原理

避雷器是一种限制过电压的保护电器，被广泛用于发电、输变电和配电系统中，使电气设备的绝缘免受过电压的损害。避雷器通常与被保护电气设备并联使用，如图8.3-1所示，当过电压超过其规定的动作电压值时，避雷器立即动作导通，并吸收能量，使避雷器两端的电压不超过规定值，避免电气设备受过电压损坏；过电压消失后，避雷器又能恢复其耐压状态，使被保护系统恢复正常工作状态。

2. 避雷器的分类及用途

避雷器的结构分为阀式和管式两类，其分类及用途见表8.3-1。

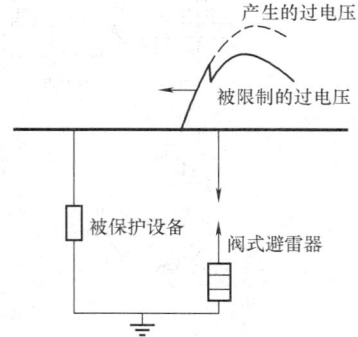

图 8.3-1 避雷器保护电气设备示意图

表 8.3-1 避雷器的分类及用途

类 别 与 名 称			产品系列	应 用 范 围
阀式	碳化硅	低压型阀式避雷器	FS	保护低压网络电器、电表和配电变压器低压绕组绝缘
		配电型普通阀式避雷器	FS	保护3kV、6kV、10kV交流配电系统配电变压器和电缆头绝缘
	交流型	电站型普通阀式避雷器	FZ	保护3~220kV交流系统电站设备绝缘
		电站型磁吹阀式避雷器	FCZ	保护35~500kV系统电站设备绝缘
		线路型磁吹阀式避雷器	FCX	保护330kV及以上交流系统线路设备绝缘
		保护旋转电动机磁吹阀式避雷器	FCD	保护旋转电动机绝缘
	直流型	直流磁吹阀式避雷器	FCL	保护直流系统电气设备绝缘
	金属氧化物	无间隙金属氧化物避雷器	YW	包括FS、FZ、FCD、FCZ、FCX系列的全部应用范围，有取而代之的趋势
	交流型	有串联间隙金属氧化物避雷器	YC	保护3~10kV交流系统配电变压器、电缆头和电站设备，与YW相比各有其特点
		有并联间隙金属氧化物避雷器	YB	保护旋转电动机和要求保护性能特别好的场合
	直流型	直流金属氧化物避雷器	YL	保护直流电气设备绝缘
管式		纤维管式避雷器	GWX	保护电站进线和线路绝缘弱点
		无续流管式避雷器	GSW	保护电站进线、线路绝缘弱点及6kV、10kV交流配电系统电气设备

3.2 结构、性能与试验

3.2.1 避雷器的结构

1. 阀式碳化硅避雷器 其核心元件是间隙与阀片。间隙是有过电压时起放电和切断工频续流的作用。阀片起吸收过电压能量，限制放电电流下残压和工频续流值的作用。阀片是由碳化硅和结合剂制成的一种圆饼状半导体非线性电阻，两端面喷一层金属电极，侧面涂绝缘釉保护以防止闪络。按照材料配方和制作工艺，阀片分为低温阀片和高温阀片两种。高温阀片的通流容量远大于低温阀片，但非线性较差。碳化硅避雷器的组装结构取决于间隙和阀片配合方式，见表8.3-2。

表 8.3－2   碳化硅避雷器的结构

配合方式	一 般 型	限 流 型	复 合 型
原理图	J—间隙 R_f—阀片	线圈 J_F—辅助间隙 电弧 J_Z—主间隙 R_f—阀片	J_Z—主间隙 R_{f1}—阀片组1 J_B—并联间隙 R_{f2}—阀片组2
性能特点	间隙满足切断续流及放电特性的要求，阀片满足冲击电流残压、通流容量及限制工频续流的要求。采用此结构的避雷器多用于限制雷电过电压	间隙满足切断续流及放电特性的要求，阀片满足通流容量及冲击电流残压的要求，间隙和阀片共同限制工频续流。采用此结构的避雷器多用于降低保护水平的限制雷电过电压及限制雷电及操作过电压	在雷电过电压工作状态下，J_B 放电，R_{f2} 被短路，避雷器的残压被限制在所要求的水平。由 J_Z、J_B 及 R_{f1} 完成避雷器的保护作用。在操作过电压工作状态下，J_B 不放电，R_{f1} 与 R_{f2} 共同吸收操作过电压能量及限制工频续流，其操作过电压工作状态下的灭弧电压可较高。采用结构的避雷器多用于限制雷电与操作过电压

2. 金属氧化物避雷器（MOA）　其核心元件为氧化锌电阻片，呈圆饼状或环状，两端面喷有金属电极，侧面涂有绝缘釉保护以防沿面闪络。金属氧化物避雷器仅用氧化锌电阻片，一般不采用放电间隙。但在有些金属氧化物避雷器中，也可采用串联间隙或并联间隙，以及采用硅橡胶、石英砂等导热材料，改善其热稳定性；有的采用并联陶瓷电容，改善高电压等级产品的电位分布。金属氧化物避雷器的结构原理如图 8.3－2 所示。氧化锌电阻片等元件呈单柱或多柱并列叠装固定在密封单节或多节瓷套/复合绝缘套内，高低压端分别由瓷套/复合绝缘套两端金属附件引出。

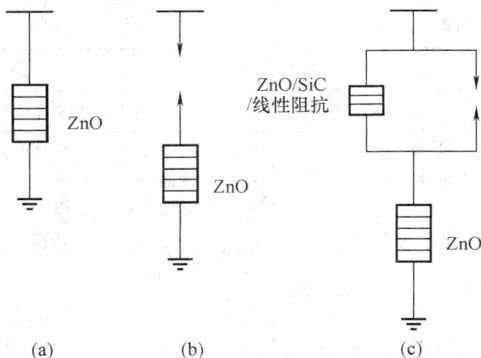

ZnO

ZnO/SiC/线性阻抗
ZnO

(a)　　　(b)　　　(c)

图 8.3－2　金属氧化物避雷器结构原理图

金属氧化物避雷器的外形结构与碳化硅避雷器相同，包括密封结构、压力释放装置结构及外绝缘结构。其绝缘底座除安装动作记录器外，还可为运行中监测金属氧化物避雷器泄漏电流或功率损耗提供方便。

3.2.2 阀式避雷器电气性能

1. 主要参数

（1）额定电压。指避雷器上允许最大工频电压，避雷器动作后在此电压下应可靠灭弧。

（2）工频放电电压。指当避雷器端子间全部串联间隙放电时所测得的工频电压峰值除以 $\sqrt{2}$ 的值。

（3）冲击放电电压。指将给定波形和极性的冲击电压施加到避雷器上，在其放电前所达到的最大电压值，分为 $1.2/50\mu s$ 冲击放电电压、波前冲击放电电压和操作冲击放电电压。

（4）放电电流和残压。避雷器的放电电流为当避雷器动作时，通过它的雷电冲击电流、操作冲击电流以及工频续流，用作划分避雷器等级；具有 $8/20\mu s$ 波形的放电电流峰值称为避雷器的标称放电电流，也是动作负载试验时通过避雷器的冲击电流值，其幅值分别为 20 kA、10 kA、5 kA、2.5 kA、1.5 kA、1 kA。放电电流通过避雷器阀片时，其端子间的电压降称为残压。

（5）通流容量。指避雷器阀片耐受放电电流的能力，用在规定波形和通流次数下的电流幅值表示。一般采用 2000μs 方波电流和 18/40μs 冲击电流对避雷器阀片进行通流容量考核。对于额定电压 100kV 及以上的磁吹阀式避雷器，还需通过长线能量释放试验，即持续长时间电流试验的通流容量考核。

电站型磁吹阀式避雷器电气性能数据见表8.3-3。

2. 外绝缘性能　阀式避雷器外绝缘电气强度应符合 GB311.1 的规定，而低压阀式避雷器外绝缘的干湿工频耐受电压应不小于 4kV。阀式避雷器瓷套的最小标称爬电比距符合下列要求：无污秽地区为 17mm/kV，普通地区为 20mm/kV，重污秽地区为 25mm/kV。

3. 电导电流或泄漏电流　对于带有并联电阻的阀式避雷器，应测其泄漏电流；对于不带并联电阻的，应测其泄漏电流。测量在直流下进行，试验电压值和电流值由避雷器制造厂规定。

3.2.3　金属氧化物避雷器电气性能

金属氧化物避雷器由非线性金属氧化物电阻片和相应的零部件组成，且其外套为瓷质或复合绝缘材料。

1. 主要参数

（1）额定电压。指避雷器两端允许的最大工频电压有效值，避雷器在该电压下能通过动作负载试验。其电压等级分类见表 8.3-4。

表 8.3-3　　　　　　　　　　　电站型磁吹阀式避雷器电气性能

系统标称电压（有效值）/kV	避雷器额定电压（有效值）/kV	波前冲击放电的波前陡度/(kV/μs)	工频放电电压（有效值）/kV ≤	1.2/50μs 冲击放电电压（峰值）/kV ≤	波前冲击放电电压（峰值）/kV ≤	操作冲击放电电压（峰值）/kV ≤	8/20μs 残压/kV ≤ 标称放电电流/kA			操作冲击电流残压（峰值）/kV
							1	5	10	
35	41	343	70~85	112	130			108		
35[1]	51	425	87~98	134	161		134			
66	69	573	117~133	178	214			178		
110	100	813	170~195	260	312	285		260		
(110)[2]	126	980	255~290	345	414			332		
220	200	1200	340~390	520	624	570		520		
330	290	1500	510~580	780	936	820			820	820
330	310	1500	545~620	834	1001	870			870	870
500	420	2000	≥567	1005	1200	890			913	890
500	444	2000	≥600	1055	1265	940			965	940
500	468	2000	≥632	1110	1326	992			1081	992

① 110kV 变压器中性点保护用。

② 中性点非有效接地系统，不推荐采用。

表 8.3-4　　　　　　　　　　　典型的电站和配电避雷器的电气参数　　　　　　　　　　　　　　　（kV）

避雷器额定电压（有效值）	避雷器持续运行电压（有效值）	标称放电电流 20 kA 等级 电站避雷器				标称放电电流 10 kA 等级 电站避雷器				标称放电电流 5 kA 等级							
										电站避雷器				配电避雷器			
		陡波冲击电流残压	雷电冲击电流残压	操作冲击电流残压	直流1mA参考电压	陡波冲击电流残压	雷电冲击电流残压	操作冲击电流残压	直流1mA参考电压	陡波冲击电流残压	雷电冲击电流残压	操作冲击电流残压	直流1mA参考电压	陡波冲击电流残压	雷电冲击电流残压	操作冲击电流残压	直流1mA参考电压
		（峰值）≤			≥	（峰值）≤			≥	（峰值）≤			≥	（峰值）≤			≥
5	4.0									15.5	13.5	11.5	7.2	17.3	15.0	12.8	7.5
10	8.0									31.0	27.0	23.0	14.4	34.6	30.0	25.6	15.0
12	9.6									37.2	32.4	27.6	17.4	41.2	35.8	30.6	18.0
15	12.0									46.5	40.5	34.5	21.8	52.5	45.6	39.0	23.0

续表

避雷器额定电压 U_r（有效值）	避雷器持续运行电压 U_e（有效值）	标称放电电流 20 kA等级 电站避雷器 陡波冲击电流残压（峰值）≤	雷电冲击电流残压	操作冲击电流残压	直流1mA参考电压 ≥	标称放电电流 10 kA等级 电站避雷器 陡波冲击电流残压（峰值）≤	雷电冲击电流残压	操作冲击电流残压	直流1mA参考电压 ≥	标称放电电流 5 kA等级 电站避雷器 陡波冲击电流残压（峰值）≤	雷电冲击电流残压	操作冲击电流残压	直流1mA参考电压 ≥	配电避雷器 陡波冲击电流残压（峰值）≤	雷电冲击电流残压	操作冲击电流残压	直流1mA参考电压 ≥
17	13.6									51.8	45.0	38.3	24.0	57.5	50.0	42.5	25.0
51	40.8									154.0	134.0	114.0	73.0				
84	67.2									254	221	188	121				
90	72.5					264	235	201	130	270	235	201	130				
96	75					280	250	213	140	288	250	213	140				
100	78					291	260	221	145	299	260	221	145				
102	79.6					297	266	226	148	305	266	226	148				
108	84					315	281	239	157	323	281	239	157				
192	150					560	500	426	280								
200	156					582	520	442	290								
204	159					594	532	452	296								
216	168.5					630	562	478	314								
288	219					782	698	593	408								
300	228					814	727	618	425								
306	233					831	742	630	433								
312	237					847	760	643	442								
324	246					880	789	668	459								
420	318	1170	1046	858	565	1075	960	852	565								
444	324	1238	1106	907	597	1137	1015	900	597								
468	330	1306	1166	956	630	1198	1070	950	630								

注：用于电动机及其中性点、变压器中性点的标称放电电流 2.5 kA、1 kA 等级避雷器最大残压值参见 GB 11032—2000。

（2）持续运行电压。指允许持续地加在避雷器两端的工频电压的有效值。

（3）参考电流和工频参考电压。参考电流指用以确定工频参考电压的工频电流阻性分量峰值。在参考电流下测得的电压峰值，称为避雷器的工频参考电压。

（4）标称放电电流和残压。标称放电电流的等级及其对应的最大残压规定值见表 8.3-4。

（5）持续电流。指在持续运行电压下流过避雷器的电流（包括阻性分量和容性分量），是反映运行中避雷器特性稳定性的参数，其值可因温度及杂散电容效应而变化。

（6）通流容量。金属氧化物避雷器的电流冲击耐受值。

2. 伏—安特性　金属氧化物避雷器的基本工作元件为金属氧化物（又称氧化锌）电阻片，具有优异的非线性伏—安特性，如图 8.3-3 所示。一般用压比（标称放电电流下残压/工频参考电压峰值）来衡量氧化锌电阻片伏安特性的平坦度。避雷器在持续运行电压下仅流过微安级的泄漏电流，动作后无工频续流。因此，金属氧化物避雷器不需要灭弧间隙，具有动作响应快、耐多重雷击或操作过电压作用、能量吸收能力大、耐污性能好以及结构简化等优点。

3. 保护性能　金属氧化物避雷器限制过电压、保护电气设备绝缘的保护性能仅由残压决定。其雷电冲击电流残压、操作冲击电流残压和陡波电流残压，

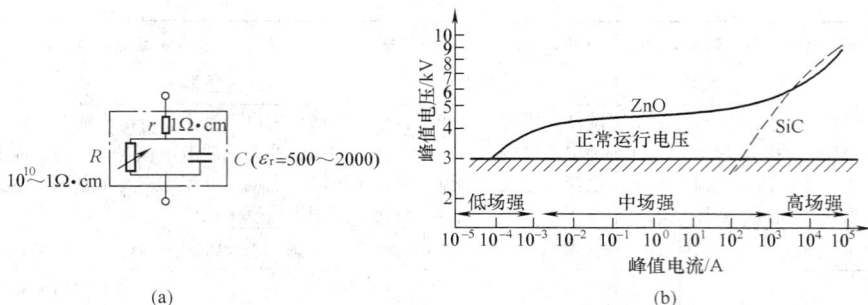

图 8.3 - 3　Y10W 系列金属氧化物避雷器电阻片典型伏—安特性和等效电路
(a) 等效电路；(b) 伏安特性

分别与被保护设备的全波冲击试验电压、操作冲击试验电压和截波冲击试验电压相配合。

4. 能量吸收能力　金属氧化物避雷器在运行中必须具备能量吸收能力，可相应地吸收雷电过电压、操作过电压及工频暂态过电压产生的能量。一般用通流容量来表征吸收雷电和操作过电压能量的能力。

5. 热稳定性　避雷器的热稳定性是表征金属氧化物避雷器可靠运行的重要特性，与电阻片劣化性能及整体散热结构有关。氧化锌电阻片在持续电压的作用下，会出现阻值不断降低、泄漏电流阻性分量（或功率损耗）不断增大的现象，称为劣化（或老化）。在进行动作负载试验考验避雷器运行条件下的热稳定性时，试品必须与避雷器有同等的散热能力，并计入电阻片的劣化因素。

6. 外绝缘性能　参见阀式避雷器。复合外套避雷器还要通过复合外套漏电起痕和电蚀损试验。

3.2.4　阀式避雷器机械性能

1. 阀式避雷器顶端最大允许水平拉力 F_1 见表 8.3 - 5（GB 7327）

表 8.3 - 5　阀式避雷器顶端最大允许水平拉力

避雷器额定电压（有效值）/kV		3.8~25	41~75	100~200	290~468
最大允许水平拉力/N	磁吹避雷器	147	294	490	1471
	普通阀式避雷器	147	294	196	

2. 作用于避雷器上的风压力（N）

$$F_2 = \alpha \frac{v^2}{16} S \times 9.8$$

式中，S 为避雷器的风向投影面积（应考虑避雷器表面覆冰厚度 20mm）（m^2）；α 为空气动力系数，当最

大风速为 35m/s 时，$\alpha = 0.8$。

如果避雷器在强烈地震地区使用，应向避雷器制造厂提出相应的抗地震要求。

3. 密封性能　避雷器的间隙和阀片置于套管内，防止套管内部受潮，必须具有持久的密封性能。

4. 防爆性能　磁吹避雷器及保护旋转电动机避雷器应具有压力释放装置。验证防爆性能的压力释放试验时的电流值应符合 GB 7327 及 IEC 60099 - 1 规定。

3.2.5　金属氧化物避雷器机械性能

1. 避雷器顶端最大允许水平拉力和风压力
与交流磁吹阀式避雷器的类似，水平拉力见表 8.3 - 6。

2. 压力释放性能　压力释放试验电流值见表 8.3 - 7。

3. 密封性能　参见阀式避雷器。

表 8.3 - 6　最大允许水平拉力

避雷器额定电压/kV	2.4~25	42~90	96~216	288~468
最大允许水平拉力/N	147	294	490，980	980，1470

表 8.3 - 7　压力释放试验的电流有效值

避雷器类别		大电流压力释放电流/kA	小电流压力释放电流/A
20 kA 等级	电站用避雷器	63	
		40	
		20	800
10 kA 等级	电站用避雷器	40	
		20	
		10	

续表

避雷器类别		大电流压力释放电流/kA	小电流压力释放电流/A
5 kA等级	电站用避雷器	16	800
	并联补偿电容器用避雷器		
	发电机用避雷器		
	电气化铁道用避雷器		
2.5 kA等级	电动机用避雷器	10	
1.5 kA等级	中性点用避雷器	5	

3.2.6 特殊应用的金属氧化物避雷器

金属氧化物避雷器还可用于一些特殊场合的过电压保护,例如 GIS、阻波器电容器、电缆、线路绝缘子和大型发电机等。

3.2.7 避雷器的试验

1. 碳化硅避雷器 交流碳化硅避雷器的型式试验、逐个试验和抽样试验项目列于表 8.3 - 8。试验方法见 GB 7327—1987《交流系统用碳化硅阀式避雷器》。

2. 金属氧化物避雷器 交流无间隙金属氧化物避雷器试验项目见表 8.3 - 9。试验方法见 GB 11032—2000《交流无间隙金属氧化物避雷器》。

表 8.3 - 8　　　　　　　　　　交流碳化硅避雷器试验项目

序号	试验项目名称	型式试验	逐个试验	抽样试验	备　　注
1	工频放电压试验	✓	✓	○	
2	1.2/50μs 冲击放电电压试验	✓	○	✓	
3	冲击放电伏秒特性试验	✓	○	○	
4	波前冲击放电电压试验	✓	○	○	
5	操作冲击放电伏秒特性试验	✓	○	○	
6	标称电流下残压试验	✓	✓	○	
7	电阻片方波及冲击通流容量试验	✓	○	○	
8	大电流冲击耐受试验	✓	○	○	
9	长线能量释放试验	✓	○	○	只对 100kV 及以外的磁吹避雷器进行
10	动作负载试验	✓	○	○	
11	电导电流或泄漏电流试验	✓	✓	○	
12	密封试验	✓	○	✓	抽样试验还需作密封孔密封试验
13	压力释放试验	✓	○	○	
14	机械强度试验	✓	○	○	
15	外绝缘试验	✓	○	○	
16	污秽试验	✓	○	○	
17	无线电干扰及局部放电试验	✓	○	○	
18	操作冲击电流下的残压试验	✓	○	○	
19	避雷器脱离器试验	✓	○	○	

注:✓—有;○—无。

表 8.3 - 9　　　　　　　　　　交流无间隙金属氧化物避雷器试验项目

序号	试验项目名称	5 kA、10 kA、20 kA电站型避雷器	低压避雷器配电型避雷器	保护旋转电动机用避雷器	中性点保护用避雷器
1	持续电流试验	✓	✓	✓	✓

续表

序号	试验项目名称		5 kA、10 kA、20 kA 电站型避雷器	低压避雷器配电型避雷器	保护旋转电动机用避雷器	中性点保护用避雷器
2	残压试验	(1) 陡波冲击电流残压试验	✓	✓③	✓	○
		(2) 雷电冲击电流残压试验	✓	✓	✓	✓
		(3) 操作冲击电流残压试验	✓	○	✓	✓
3	长持续时间电流耐受试验	(1) 线路放电试验	✓①	○	○	○
		(2) 方波电流耐受试验	○②	✓	✓	✓
4	工频耐受电压—时间特性试验		✓	✓	✓	✓
5	工频参考电压试验		✓	✓	✓	✓
6	动作负载试验（包括加速老化试验）	(1) 雷电冲击动作负载试验	○②	✓	✓	✓
		(2) 操作冲击动作负载试验	✓①	○	○	○
7	密封试验		✓	✓	✓	✓
8	外绝缘试验		✓	✓	✓	✓
9	压力释放试验	(1) 大电流压力释放试验	✓	○	✓	✓
		(2) 小电流压力释放试验	✓	○	✓	✓
10	机械负荷试验		✓	✓③	✓	✓
11	直流参考电压试验		✓	✓	✓	✓
12	0.75 倍直流参考电压下漏电流试验		✓	✓	✓	✓

注：1. ✓—有；○—无。

2. 5 kA、10 kA电站型避雷器除做表列式型式试验项目外，对于100kV及以上产品，尚需做无线电干扰和局部放电试验；对耐污秽产品，需做人工污秽试验。

①对于100kV及以上5 kA电站型避雷器，需做该项目试验。

②对于100kV及以下5 kA电站型避雷器，需做该项目试验。

③低压避雷器不做该项试验。

金属氧化物避雷器的试验参数要求见表8.3－10～表8.3－13。

表8.3－10   **避雷器操作冲击残压试验要求**

避雷器类别		避雷器额定电压（有效值）/kV	操作冲击电流值（峰值）/A
20 kA等级	电站用避雷器	420~468	500 及 2000
10 kA等级		90~216，288~324 420~468	125 及 500~250 及 1000 500 及 2000
5 kA等级	并联补偿用电容避雷器	5~90	125，500
	电站用避雷器	5~84	250
		90~108	125 及 500
	发电机用避雷器	4~25	250
	电气化铁道用避雷器	42~84	500
	配电用避雷器	5~17	100
2.5 kA等级	电动机用避雷器	4~13.5	100
1.5 kA等级	变压器中性点用避雷器	60~207	500
	电动机中性点用避雷器	2.4~15.2	100

表 8.3－11 避雷器线路放电试验参数

避雷器标称放电电流	线路放电等级	线路波阻抗/Ω	峰值的视在持续时间/μs	充电电压/kV（DC）
5 kA等级	1	4.9U_r	2000	3.2U_r
10 kA等级				
10 kA等级	2	2.4U_r	2000	3.2U_r
10 kA等级	3	1.3U_r	2400	2.8U_r
10 kA等级	4	0.8U_r	2800	2.6U_r
20 kA等级				
20 kA等级	5	0.5U_r	3200	2.4U_r

注：U_r 为试品额定电压，参照 GB 11032。

表 8.3－12 避雷器方波冲击电流试验要求

避雷器类别		避雷器额定电压（有效值）/kV	电流冲击 2000μs 方波电流（峰值）/A
5 kA等级	发电机用避雷器	4～25	400
	电站用避雷器	5～51	150
		84～90	400
	电气化铁道用避雷器	42～84	400
	并联补偿电容避雷器	5～90	400
	配电用避雷器	5～17	75
2.5 kA等级	电动机用避雷器	4～13.5	200
1.5 kA等级	电动机中性点用避雷器	2.4～15.2	200
	变压器中性点用避雷器	60～207	400
	低压用避雷器	0.28～0.5	50

表 8.3－13 大电流冲击耐受电流值

避雷器标称放电电流等级/kA	大电流冲击电流值/kA
20 kA	100
10 kA	100
	(65)①
5 kA	65
2.5 kA	(40)
1.5 kA	10

① 为不推荐值。

3.3 避雷器的使用、运行和维护

1. 避雷器的安装

（1）避雷器应垂直安装，顶部引线水平拉力不得超过允许值。

（2）避雷器周围应有足够的空间，避免因周围物体干扰避雷器电位分布，而降低有间隙避雷器的放电电压和恶化无间隙金属氧化物避雷器的热稳定性。

（3）对无互换性的多节基本元件组成的避雷器，应严格按照出厂编号顺序叠装，防止不同避雷器节的混淆和同一避雷器各节位置的颠倒。

2. 避雷器的维护

对运行中的避雷器，应进行经常性的监视和定期的预防性试验。

（1）对电站型碳化硅避雷器和金属氧化物避雷器，应安装动作次数记录装置，以监视避雷器的动作频繁程度。

（2）碳化硅避雷器预防性试验项目、周期和标准，参见 DL/T 596—1996《电气预防性试验规程》。

（3）应采用适当的仪器定期测量运行中的金属氧化物避雷器的持续电流（总电流或阻性电流）或功率损耗，以判断氧化锌电阻片性能是否稳定。

（4）通过检测发现性能参数超出规定者应退出运行。

参 考 文 献

［1］ 巫松桢等编. 电气工程师手册. 第二版. 北京：机械工业出版社，2000.

［2］ 叶妙元，肖霞. 光电互感器—21 世纪电力系统电压电流测量的基本设备. 北京：中国学术期刊电子杂志社，2004.

第9篇

变压器与互感器

主 编 陈乔夫（华中科技大学）

夏胜芬（华中科技大学）

孙剑波（华中科技大学）

第 1 章　变压器的额定值、技术标准

额定值是选用变压器的依据，主要有：

（1）额定容量 S_N（VA，kVA，MVA）。它也是变压器的视在功率。由于变压器效率高，设计规定一次、二次额定容量相等。

（2）一次、二次额定电压 U_{1N}、U_{2N}（V，kV）。并规定二次额定电压 U_{2N} 是当变压器一次侧外加额定电压 U_{1N} 时二次侧的空载电压。对于三相变压器，额定电压指线电压。

（3）一次、二次额定电流 I_{1N}、I_{2N}（A）。对于三相变压器，额定电流指线电流。

$$\text{单相变压器 } I_{1N} = \frac{S_N}{U_{1N}}; \qquad I_{2N} = \frac{S_N}{U_{2N}}$$

$$\text{三相变压器 } I_{1N} = \frac{S_N}{\sqrt{3}\,U_{1N}}; \qquad I_{2N} = \frac{S_N}{\sqrt{3}\,U_{2N}}$$

变压器常用技术标准：

GB 1094.1—1996　电力变压器　第 1 部分：总则（eqv IEC 60076 - 1：1993）

GB 1094.2—1996　电力变压器　第 2 部分：温升（eqv IEC 60076 - 2：1993）

GB 1094.3—2003　电力变压器　第 3 部分：绝缘水平、绝缘试验和外绝缘空气间隙（IEC 60076 - 3：2000 MOD）

GB 1094.5—2003　电力变压器　第 5 部分：承受短路的能力（GB 1094.5—2003，eqv IEC 60076 - 5：2000 MOD）

GB/T 1094.10—2003　电力变压器　第 10 部分：声级测定（IEC 60076 - 10：2001，MOD）

GB/T 7449—1987　电力变压器和电抗器的雷电冲击和操作冲击试验导则（eqv IEC 60722：1982）

GB/T 15164—1994　油浸式电力变压器负载导则（idt IEC 60354：1991）

GB/T 6451—1999　三相油浸式电力变压器技术参数和要求

GB/T 17468—1998　电力变压器选用导则

GB/T 13462—1992　工矿企业电力变压器经济运行导则

GB/T 2900.39—1994　电工术语　电动机、变压器专用设备

GB/T 2900.15—1997　电工术语　变压器、互感器、调压器和电抗器（neq IEC 60050 - 421：1990、IEC 60050 - 321：1986）

GB 4208—1993　外壳防护等级（IP 代码）（eqv IEC 60529：1989）

GB/T 7354—2003　局部放电测量（IEC 60270：2000，IDT）

GB/T 11021　电气绝缘的耐热性评定和分级（GB/T 11021—1989，eqv IEC 60085：1984）

GB/T 17467　高压/低压预装式变电站（GB/T 17467—1998，eqv IEC 61330：1995）

GB/T 3859.3—1993　半导体变流器　变压器和电抗器（eqv IEC 60001 - 3：1991）

GB/T 18494.1—2001　变流变压器　第 1 部分：工业用变流变压器（idt IEC 61378 - 1：1997）

GB 6450—1986　干式电力变压器（cqv IEC 60726：1982）

GB/T 10228—1997　干式电力变压器技术参数和要求

GB/T 17211—1998　干式电力变压器负载导则（eqv IEC 60905：1987）

第 2 章 变压器原理

变压器是一种静止的电气设备，它利用电磁感应原理，将一种交流电压的电能转换成同频率的另一种交流电压的电能。在电力系统中，为了将大功率的电能输送到远距离的用户区，需采用升压变压器将发电机发出的电压（通常只有 10.5～20kV）逐级升高到 220～500kV，以减少线路损耗。当电能输送到用户地区后，再用降压变压器逐级降到配电电压，供动力设备、照明使用，因此，变压器的总容量要比发电机的总容量大得多，一般是(6～7)：1。在电力系统中，变压器具有重要的作用。

2.1 变压器的分类、基本结构

2.1.1 变压器的分类

变压器可以按用途、绕组数目、相数、冷却方式分别进行分类。

按用途分为电力变压器、互感器、特殊用途变压器。

按绕组数目分为双绕组变压器、三绕组变压器、自耦变压器。

按相数分为单相变压器、三相变压器。

按冷却方式分为：以空气为冷却介质的干式变压器，以油为冷却介质的油浸式变压器。

2.1.2 变压器的基本结构

变压器的基本结构可分为铁心、绕组、油箱、套管。

1. 铁心 铁心是变压器的磁路，它分为心柱和铁轭两部分。心柱上套绕组，铁轭将心柱连接起构成闭合磁路。为了减少交变磁通在铁心中产生磁滞损耗和涡流损耗，变压器铁心由厚度为 0.27mm、0.3mm、0.35mm 的冷轧高硅钢片叠装而成，如图 9.2－1 所示。国产硅钢片典型规格有 DQ120～DQ151。为了进一步降低空载电流和空载损耗，铁心叠片采用全斜接缝，上层（每层 2～3 片叠片）与下层叠片接缝错开，如图 9.2－2 所示。

心柱截面是内接于圆的多级矩形，铁轭与心柱截面相等，如图 9.2－3 所示。

2. 绕组 绕组是变压器的电路部分，它由包有绝缘材料的铜（或铝）导线绕制而成。装配时低压绕组靠着铁心，高压绕组套在低压绕组外面，高低压绕组间设置有油道（或气道），以加强绝缘和散热。

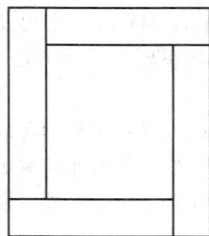

图 9.2－1 单相
铁心叠片

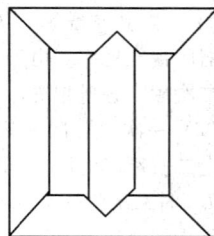

图 9.2－2 三相铁
心叠片

高低压绕组两端到铁轭之间都要衬垫端部绝缘板。一种圆筒式绕组如图 9.2－4 所示。将绕组装配到铁心上成为器身，如图 9.2－5 所示。

(a)

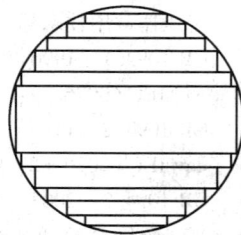

(b)

图 9.2－3 心柱和铁轭截面

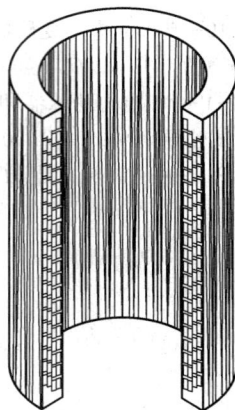

图 9.2－4 圆筒式绕组

3. 油箱 除了干式变压器以外，电力变压器的器身都放在油箱中，箱内充满变压器油，其目的是提高绝缘强度（因变压器油绝缘性能比空气好），加强散热。

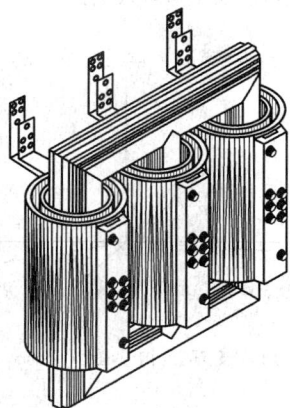

图 9.2 - 5 三相变压器器身

4. 套管 变压器的引线从油箱内穿过油箱盖时,必须经过绝缘套管,以使高压引线和接地的油箱绝缘。绝缘套管一般是瓷质的,为了增加爬电距离,套管外形做成多级伞形,10～35kV 套管采用充油结构,如图 9.2 - 6 所示。

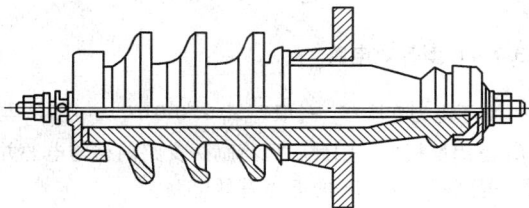

图 9.2 - 6 35kV 套管

2.2 变压器的空载运行

如图 9.2 - 7 所示,变压器的一次绕组 AX 接在电源上,二次绕组 ax 开路,此运行状态称为空载运行。

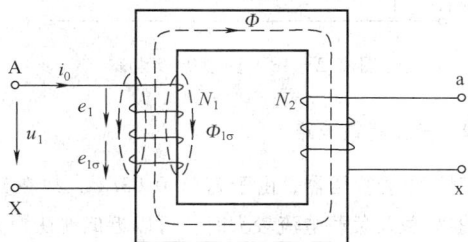

图 9.2 - 7 单相变压器的空载运行

设空载电流 i_0 的频率为 f,主磁通 $\Phi = \Phi_m \sin\omega t$,则在正弦稳态下感应电动势的有效值复量为

$$\dot{E}_1 = -\mathrm{j}\sqrt{2}\,\pi f N_1 \dot{\Phi}_m = -\mathrm{j}\,4.44 f N_1 \dot{\Phi}_m \quad (9.2-1)$$

$$\dot{E}_2 = -\mathrm{j}\,4.44 f N_2 \dot{\Phi}_m \quad (9.2-2)$$

式中,Φ_m 表示主磁通的最大值复量。

在变压器中,一次绕组的电动势 E_1 与二次绕组的电动势 E_2 之比称为电压比,用 k 表示,即

$$k = \frac{E_1}{E_2} = \frac{N_1}{N_2} \quad (9.2-3)$$

当变压器空载运行时,由于电压 $U_1 \approx E_1$,二次侧空载电压 $U_{20} = E_2$,故有

$$k = \frac{E_1}{E_2} \approx \frac{U_1}{U_{20}} \quad (9.2-4)$$

对于三相变压器,电压比指一次绕组与二次绕组的相电动势之比。

1. 空载电流的波形 变压器在空载时,$u_1 = -e_1 = N_1 \mathrm{d}\Phi/\mathrm{d}t$,电网电压为正弦波,铁心中主磁通亦为正弦波。若铁心不饱和,则空载电流 i_0 也是正弦波。铁心饱和时,励磁电流呈尖顶波,除了基波外,还有较强的三次谐波和其他次谐波。

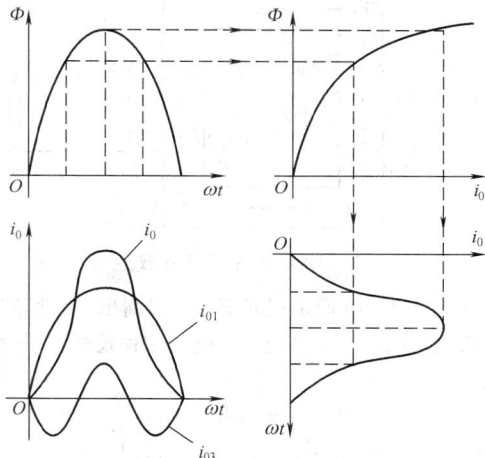

图 9.2 - 8 空载电流波形

2. 空载时的等效电路 变压器空载时就是一个电感线圈,它的电抗值等于 $X_{1\delta} + X_m$,它的电阻值等于 $R_1 + R_m$。

$$\dot{E}_1 = -\dot{I}_0 Z_m \quad (9.2-5)$$

$$Z_m = R_m + \mathrm{j}X_m \quad (9.2-6)$$

式中,Z_m 为励磁阻抗;R_m 为励磁电阻,是对应铁耗的等效电阻,$I_0^2 R_m$ 等于铁耗;X_m 为励磁电抗,它是表征铁心磁化性能的一个参数。

X_m 与铁心线圈电感 L_m 的关系 $X_m = \omega L_m = 2\pi f N_1^2 \Lambda_m$,$\Lambda_m$ 代表铁心磁路的磁导。

R_m、X_m 都不是常数,随铁心饱和程度而变化。当电压升高时,铁心更加饱和。根据铁心磁化曲线 $\Phi_m(I_0)$,I_0 比 Φ_m 增加得快,因此 R_m、X_m 都随外施电压的增加而减小。

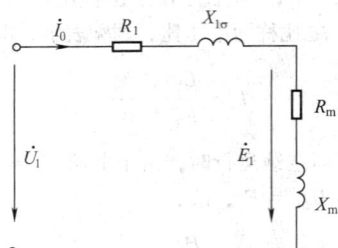

图 9.2 - 9 变压器空载时
的等效电路

2.3 变压器的负载运行

在图 9.2 - 10 中，二次绕组接有负载阻抗 $Z_L(Z_L = R_L + jX_L)$，负载端电压为 $\dot{U}_2$，电流为 $\dot{I}_2$，一次绕组电流是 $\dot{I}_1$。

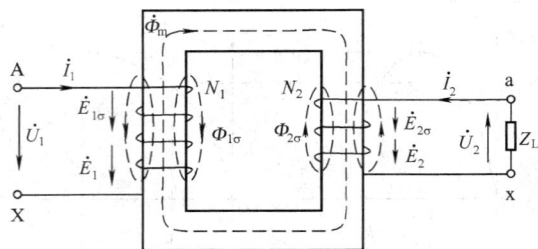

图 9.2 - 10 变压器的负载运行

在图 9.2 - 10 假定正向下，可以列出二次回路电压方程式。联合一次各电压、电流方程式列出下面方程式组

$$\left.\begin{array}{ll}
\dot{U}_1 = -\dot{E}_1 + \dot{I}_1 Z_1 & (1) \\
\dot{U}''_2 = \dot{E}'_2 - \dot{I}'_2 Z'_2 & (2) \\
\dot{E}_1 = \dot{E}'_2 & (3) \\
\dot{I}_0 = \dot{I}_1 + \dot{I}'_2 & (4) \\
-\dot{E}_1 = \dot{I}_0 Z_m & (5) \\
\dot{U}'_2 = \dot{I}'_2 Z'_L & (6)
\end{array}\right\} \quad (9.2-7)$$

式中

$$I'_2 = \frac{N_2}{N_1} I_2 = \frac{I_2}{k}$$

$$E'_2 = \frac{N_1}{N_2} E_2 = kE_2$$

$$\dot{U}'_2 = \dot{E}'_2 - \dot{I}'_2 Z'_2 = k(\dot{E}_2 - \dot{I}_2 Z_2) = k\dot{U}_2$$

$$\left.\begin{array}{l}
R'_2 = k^2 R_2 \\
X'_{28} = k^2 X_{28} \\
R'_L = k^2 R_L \\
X'_L = k^2 X_L
\end{array}\right\}$$

变压器相量图和 T 型等效电路如图 9.2 - 11 和图 9.2 - 12 所示。

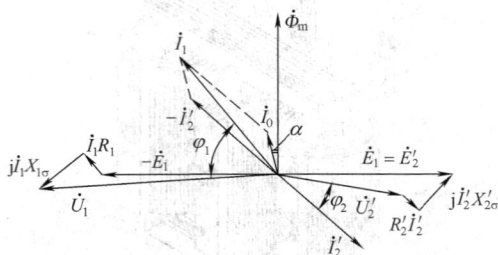

图 9.2 - 11 变压器相量图（$\cos\varphi_2$ 滞后）

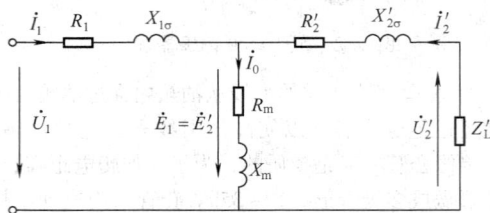

图 9.2 - 12 T 型等效电路

2.3.1 Γ 型等效电路

对于电力变压器，一般 $I_{1N} Z_1 < 0.08 U_{1N}$，且 $\dot{I} Z_1$ 与 $-\dot{E}_1$ 是相量相加，因此，可将励磁支路前移与电源并联，得到图 9.2 - 13 的 Γ 型等效电路。

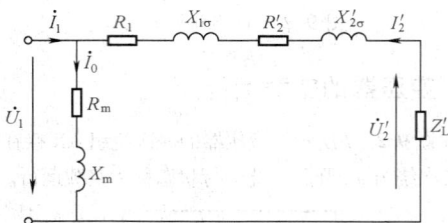

图 9.2 - 13 Γ 型等效电路

2.3.2 简化等效电路

对于电力变压器，由于 $I_0 < 0.03 I_{1N}$，故在分析变压器满载及负载电流较大时，可以近似地认为 $I_0 = 0$，将励磁支路断开，如图 9.2 - 14 所示。

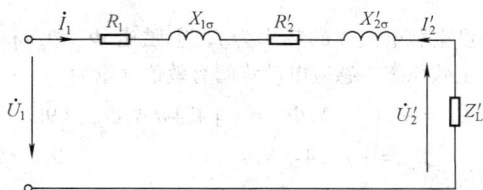

图 9.2 - 14 简化等效电路

在简化等效电路中,可将一次侧、二次侧的参数合并,得到

$$\left.\begin{array}{l} R_k = R_1 + R_2' \\ X_k = X_{1\delta} + X_{2\delta}' \\ Z_k = R_k + jX_k \end{array}\right\}$$

式中,R_k 为短路电阻;X_k 为短路电抗;Z_k 为短路阻抗。

从简化等效电路可见,如果变压器发生稳态短路(即图 9.2 – 14 中 $Z_L' = 0$),短路电流 $I_k = U_1/Z_k$ 可达到额定电流的 10~20 倍。

对应于简化等效电路,电压方程式为

$$\dot{U}_1 = \dot{I}_1(R_k + jX_k) - \dot{U}_2'$$

带感性负载时变压器的简化相量如图 9.2 – 15 所示。

2.4 标幺值

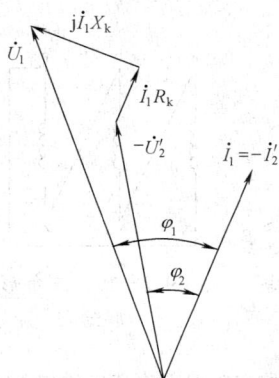

图 9.2 – 15 简化相量图($\cos\varphi_2$ 滞后)

对于三相变压器一般取额定相电压作为电压基值,取额定相电流作为电流基值,额定视在功率作为功率基值。为了区别,在各物理量符号右上角加"*"表示其标幺值。当选用额定值为基值时,一次、二次相电压、相电流的标幺值为

$$\left.\begin{array}{l} U_{1\varphi}^* = \dfrac{U_{1\varphi}}{U_{1\varphi N}}; \ U_{2\varphi}^* = \dfrac{U_{2\varphi}}{U_{2\varphi N}} \\ I_{1\varphi}^* = \dfrac{I_{1\varphi}}{I_{1\varphi N}}; \ I_{2\varphi}^* = \dfrac{I_{2\varphi}}{I_{2\varphi N}} \end{array}\right\}$$

(9.2 – 8)

一次、二次阻抗的基值、标幺值分别为

$$\left.\begin{array}{l} Z_{1\varphi N} = \dfrac{U_{1\varphi N}}{I_{1\varphi N}}; \ Z_{2\varphi N} = \dfrac{U_{2\varphi N}}{I_{2\varphi N}} \\ Z_{1k}^* = \dfrac{I_{1\varphi N} Z_{1k}}{U_{1\varphi N}}; \ Z_{2k}^* = \dfrac{I_{2\varphi N} Z_{2k}}{U_{2\varphi N}} \end{array}\right\}$$

(9.2 – 9)

各标幺值乘以 100,则变成相应物理量的百分值。采用标幺值具有下列优点:

(1)不论电力变压器容量相差多大(从 30kVA 到 120MVA),用标幺值表示的参数及性能数据变化范围很小。例如,空载电流 I_0^* 约为 0.5%~2.5%,短路阻抗标幺值 Z_k^* 约为 4%~10.5%。

(2)二次侧物理量对二次侧基值的标幺值等于该物理量的折算值对一次侧基值的标幺值,例如

$$I_2^* = \dfrac{I_2}{I_{2N}} = \dfrac{\dfrac{I_2}{k}}{\dfrac{I_{2N}}{k}} = \dfrac{I_2'}{I_{1N}} = I_2'^*$$

因此,采用标幺值时,不需要再将二次侧的物理量折算到一次侧,只要以二次侧的基值对二次侧的物理量进行标幺就行了。

(3)采用标幺值后,某些物理量具有相同的标幺值,例如

$$u_k^* = Z_k^*; \ u_{kr}^* = R_k^* = P_{kN}^*; \ u_{kx}^* = X_k^*$$

式中,阻抗电压 $u_k = I_{1\varphi N} Z_{1k}$;阻抗电压的电阻分量 $u_{kr} = I_{1\varphi N} R_k$;阻抗电压的电抗分量 $u_{kx} = I_{1\varphi N} X_k$。

2.5 变压器的运行特性

2.5.1 电压变化率

电压变化率 $\Delta U\%$ 定义为:变压器一次绕组施加额定电压、负载大小及其功率因数—空载与负载时,二次侧电压之差($U_{20} - U_2$)与额定电压 U_{2N} 之比。

电压变化率计算式如下

$$\Delta U\% = \beta(R_k^* \cos\varphi_2 + X_k^* \sin\varphi_2) \times 100\%$$

(9.2 – 10)

式中,$\beta = I_1/I_{1N} = I_1^*$ 称为负载系数,亦是电流 I_1 的标幺值。

从式(9.2 – 11)可以看出,变压器的电压变化率决定于短路参数、负载系数、负载功率因数。在电力变压器中,一般 $X_k \gg R_k$,当负载为纯电阻时,$\cos\varphi_2 = 1$,$\sin\varphi_2 = 0$,ΔU 很小;感性负载时,$\varphi_2 > 0$〔称 $\cos\varphi_2$(滞后)〕,$\cos\varphi_2$,$\sin\varphi_2$ 均为正,$\Delta U\%$ 为正值,二次侧端电压 U_2 随负载电流 I_2 的增大而下降;容性负载时,$\varphi_2 < 0$〔亦称 $\cos\varphi_2$(超前)〕,$\cos\varphi_2 > 0$,$\sin\varphi_2 < 0$,若 $|R_k^* \cos\varphi_2| < |X_k^* \sin\varphi_2|$,则 $\Delta U\%$ 为负,二次侧端电压 U_2 随负载电流 I_2 的增加而升高。

2.5.2 效率

变压器的效率定义为

$$\eta = \dfrac{P_2}{P_1} \times 100\%$$

(9.2 – 11)

式中,P_2 为二次绕组输出的有功功率;P_1 为一次绕组输入的有功功率。

变压器的效率计算式为

$$\eta = \left(1 - \dfrac{P_0 + \beta^2 P_{kN}}{\beta S_N \cos\varphi_2 + P_0 + \beta^2 P_{kN}}\right) \times 100\%$$

(9.2 – 12)

(1)以额定电压下空载损耗 P_0 作为铁耗,并认

为铁耗不随负载而变化。

（2）以额定电流时的负载损耗 P_{kN} 作为额定短路电流时的铜耗，并认为铜耗与负载系数的二次方 (β^2) 成正比。

（3）计算 P_2 时，忽略负载运行时二次侧电压的变化，有

$$P_2 = mU_{2\varphi N}I_2\cos\varphi_2 = \beta mU_{2\varphi N}\cos\varphi_2 = \beta S_N\cos\varphi_2$$

式中，m 为相数；S_N 为变压器的额定容量。

由于 P_0 是常年损耗，只要挂网就有空载损耗，而负载系数 β 随时间变化较大，故我国新 S9 系列配电变压器 $P_{kN}/P_0 = 6 \sim 7.5$。

2.6　三相变压器的磁路、联结组、电动势波形

本节讨论三相变压器的一个特殊问题——磁路、电路、联结组以及它们对电动势波形的影响。

2.6.1　三相变压器的磁路系统

三相变压器按磁路可分为组式变压器和心式变压器两类。三相组式变压器由三台单相变压器组成，如图 9.2-16 所示。各相主磁通都有自己独立的磁路，互不相关联。当一次侧外加三相对称电压时，各相主磁通 $\dot\Phi_A$、$\dot\Phi_B$、$\dot\Phi_C$ 对称，各相空载电流也是对称的。

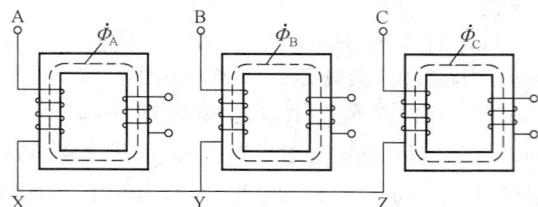

图 9.2-16　三相组式变压器

三相心式变压器的磁路如图 9.2-17 所示，磁路是彼此相关的，且三相磁路长度不相等，中间 B 相磁路较短，两边 A、C 相磁路较长，磁阻也较 B 相大。当外施三相对称电压时，三相空载电流不相等，B 相较小，A、C 相较大，但由于变压器的空载电流百分值很小（额定电流的 0.6%~2.5%），它的不对称对变压器负载运行影响极小，可以忽略。目前电力系统中，用得较多的是三相心式变压器，部分大容量的变压器由于运输困难等原因，也有采用三相组式结构的。

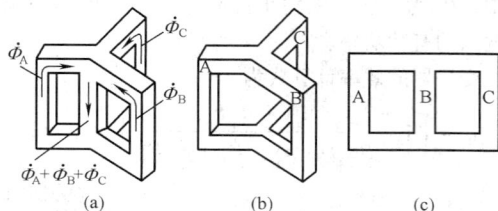

图 9.2-17　三相心式变压器的磁路

2.6.2　三相变压器的电路系统——联结组

1. 联结法　为了说明联结方法，首先对绕组的首端、末端的标记作表 9.2-1 的规定。

表 9.2-1　绕组首端末端的标记规定

绕组名称	首端	末端	中性点
高压绕组	A，B，C	X，Y，Z	O
低压绕组	a，b，c	x，y，z	o

三相电力变压器广泛采用星形和三角形联结，如图 9.2-18 和图 9.2-19 所示。

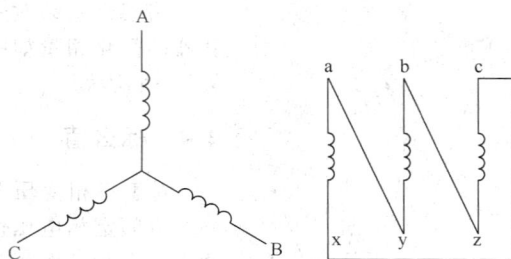

图 9.2-18　星形联结　　图 9.2-19　三角形联结

2. 联结组　对于单相变压器，将高压绕组电动势相量作为长针指向 0 点，将低压绕组电动势相量作为短针，看其指在哪一个数字上，例如图 9.2-20（b）所示，短针指向 0 点，其联结组号为 0，联结组为 Ii0，其 Ii 代表高低压绕组为单相。图 9.2-21（b）短针指向 6 点，其联结组标号为 6，联结组为 Ii6。

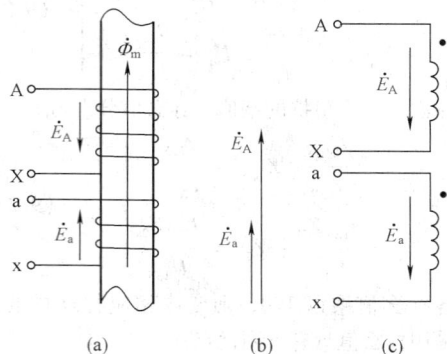

图 9.2-20　单相变压器（两绕组同绕向）

对于三相变压器，联结组标号的规定与单相变压器相似，它等于 $\dot E_{ao}(\dot E_a)$ 滞后于 $\dot E_{AO}(\dot E_A)$ 之相角除以 30°

$$联结组号 = \frac{\dot E_{ao}\ 滞后于的\ \dot E_{AO}\ 角度}{30°}$$

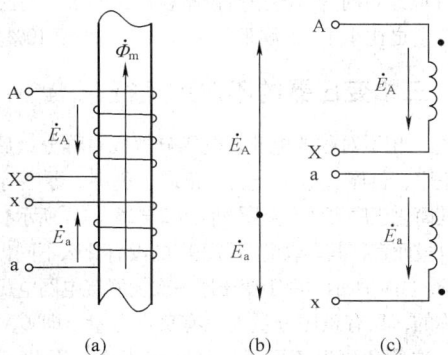

图 9.2－21　单相变压器（两绕组反绕向）

对于星形联结，$\dot{E}_{AO}(\dot{E}_A)$，$\dot{E}_{ao}(\dot{E}_a)$ 是真实的；对于三角形联结，$\dot{E}_{AO}(\dot{E}_A)$，$\dot{E}_{ao}(\dot{E}_a)$ 是假定的。

为了得出三相变压器的联结组标号，必须先求出每个心柱上高低压绕组所构成的单相变压器的联结组标号，即这两个相电动势是同相位还是反相位。下面以实例说明三相变压器联结组号的求法。

（1）Yy0 联结组。图 9.2－22（a）是 Yy 联结时高低压绕组的联结图，同名端已标出，现求联结组号。

作出高压侧相、线电动势相量图，△ABC 三顶点顺时针排布，满足 $\dot{E}_{AB} = \dot{E}_A - \dot{E}_B$，如图 9.2－22（b）所示。

（2）对于 Aa 心柱单相变压器，A、a 都是首端又是同名端，$\dot{E}_A$、$\dot{E}_a$ 同方向；同理对 Bb 心柱，B、b 同名端同标记，$\dot{E}_B$、$\dot{E}_b$ 同方向；对 Cc 心柱有 $\dot{E}_C$、$\dot{E}_c$ 同方向。据上述作出△ abc，a、b、c 必须也是顺时针走向，两个三角形同心。

（3）根据 IEC 标准以 $\overline{OA}$ 表示 $\dot{E}_A$（空心箭头相量），以 $\overline{oa}$ 表示 $\dot{E}_a$（空心箭头），$\dot{E}_a$ 滞后 $\dot{E}_A$ 零角度，

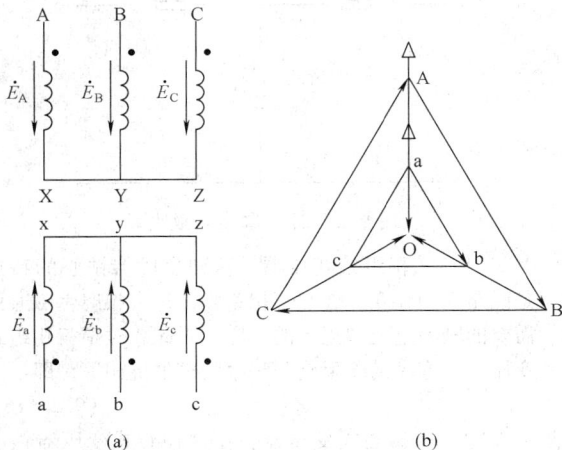

图 9.2－22　Yy0 联结组

即联结组标号为 0，联结组为 Yy0。

Yy 联结组标号有 0，2，4，6，8，10 共 6 个，Yd 联结组标号有 1，3，5，7，9，11 共 6 个。我国国家标准规定对 1600kVA 以下配电变压器采用 Yy0、Dy11，而大于 1600kVA 以上电力变压器则采用 Yd11、Dy11。

2.7　变压器的并联运行

在大容量的变电站中，常采用几台变压器并联的运行方式，即将这些变压器的一次侧、二次侧的端子分别并联到一次侧、二次侧的公共母线上，共同对负载供电，如图 9.2－23 所示。

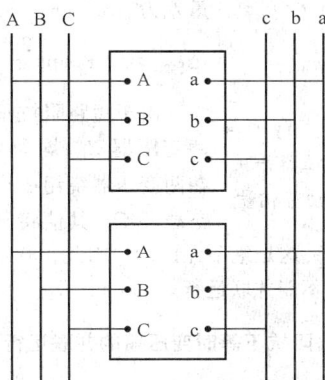

图 9.2－23　两台变压器并联运行

变压器并联运行的理想条件是：空载时并联的各变压器一次侧间无环流，负载时各变压器所负担的负载电流按容量成比例分配。要达到上述理想条件，并联运行的各变压器需满足下列条件：

（1）各变压器一、二次额定电压对应相等。

（2）联结组标号相同。

（3）短路阻抗标幺值 Z_k^* 相等。

在上述三个条件中，条件（2）必须严格满足，条件（1）、（3）允许有一定误差。

2.7.1　电压比不等的变压器并联运行

设两台变压器的联结组标号相同，但电压比不相等，将一次侧各物理量折算到二次侧，并忽略励磁电流，两变压器绕组之间的环流为

$$\dot{I}_c = \frac{\dfrac{\dot{U}_1}{k_I} - \dfrac{\dot{U}_1}{k_{II}}}{Z_{kI} + Z_{kII}} \qquad (9.2-13)$$

式中，Z_{kI}、Z_{kII} 分别是变压器 I、II 折算到二次侧的短路阻抗的实际值。由于变压器短路阻抗很小，所以即使电压比差值很小，也能产生较大的环流。

$$\Delta k = \frac{0.916 - 0.915\,5}{0.916} = 0.5\%$$

电力变压器电压比误差一般都控制在 0.5% 以内，故环流可以不超过额定电流的 5%。

2.7.2　联结组标号对变压器并联运行的关系

对于联结组标号不同的变压器，虽然一次、二次额定电压相同，但二次侧电压相量的相位至少相差 30°，如图 9.2－24 所示。例如 Yy 0 与 Yd11 一次侧接入电网，二次电压相量的相位就差 30°，相量差为

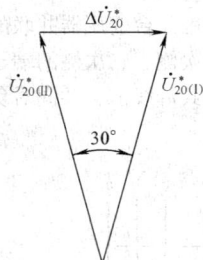

图 9.2－24　Yy 0 与 Yd11 两变压器并联时二次电动势相量

$$\Delta U_{20}^* = 2 \times \sin\left(\frac{30°}{2}\right) = 0.52$$

由于短路阻抗很小（例如两变压器 Z_k^* 均为 0.05），将在两变压器绕组中产生很大的空载环流，其值将到达额定电流的 5.2 倍，这是绝不允许的。因此，联结组标号不同的变压器不能并联运行。

2.7.3　短路阻抗不等时变压器的并联运行

设两台变压器一次、二次额定电压对应相等，联结组标号相同。满足了上面两个条件，可以把变压器并联在一起。略去励磁电流，得到图 9.2－25 的等效电路。从图中可以看出，Z_{kI} 是变压器 I 的短路阻抗，其上流过变压器 I 的相电流 I_I；Z_{kII} 是变压器 II 的短路阻抗，其上流过变压器 II 的相电流 I_{II}。由图可得到

$$i = i_I + i_{II} \tag{9.2-14}$$

$$\frac{\beta_I}{\beta_{II}} = \frac{Z_{kII}^*}{Z_{kI}^*} \tag{9.2-15}$$

式（9.2－15）表明，并联运行的各变压器的负载系数与其短路阻抗的标幺值成反比。短路阻抗标幺值小的变压器先达到满载。

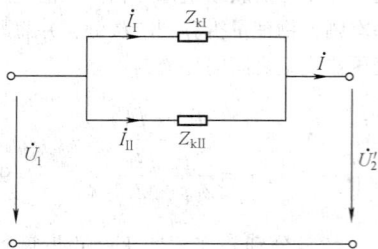

图 9.2－25　变压器并联运行时简化等效电路

并联运行时为了不浪费设备容量，要求任何两台变压器容量之比小于 3，漏阻抗标幺值之差小于 10%。

2.8　三相变压器的不对称运行

将三相不对称的电流、电压分解成对称分量后，对应于正序、负序、零序分别有正序、负序、零序等效电路。其简化正序等效电路图如图 9.2－26（a）所示。而对负序分量而言，其等效电路与正序的没有什么不同，如图 9.2－26（b）所示。由于变压器一次侧所接电网电压是三相对称的，只有正序分量而没有负序分量，即 $\dot{U}_A^- = 0$。但在一次侧负序电流可以经过电网流通，因此，在图 9.2－26（b）的等效电路中，一次侧是短路的。

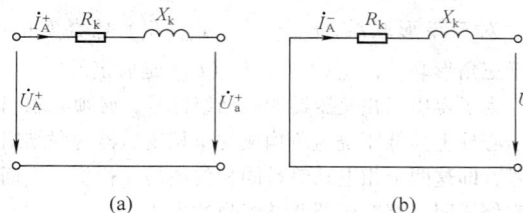

图 9.2－26　正、负序等效电路
（a）正序；（b）负序

零序分量的等效电路比较复杂。由于三相零序电流同相位、同大小，因此，零序等效电路与磁路结构和三相绕组的联结方式有关。

1. 磁路结构对零序励磁阻抗的影响　对于变压器一、二次绕组中零序电压、电流而言，它们仍然满足电压平衡方程组（9.2－8），其等效电路必然也是 T 型等效电路，如图 9.2－27 所示。各相绕组的电阻、漏电抗与相序无关，因此，图中的 Z_1、Z_2' 和正序等效电路中漏阻抗值相同。至于零序励磁阻抗 Z_m^0 与磁路结构有很大关系，下面分别讨论。

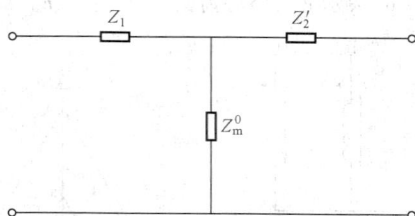

图 9.2－27　零序等效电路

（1）三相组式变压器。这种变压器铁心的特点是磁路互相独立，彼此不相关联，每一相产生磁通所需要的励磁电流和正序的一样，因此，对于三相组式变压器，零序励磁阻抗和正序励磁阻抗相等，即

$$Z_m^0 = Z_m \tag{9.2-16}$$

（2）三相心式变压器。在这种心式变压器铁心中，三相同相位的零序磁通不可能在铁心内构成闭合

回路，只有从铁轭处散射出去，穿过间隙，借道油箱壁构成闭合回路，其路径与 3 次谐波所经路径一样。由于零序磁通路径主要由非铁磁材料构成，该路径的磁导比正序磁通路径磁导小得多，故 $X_m^0 \ll X_m$，对于一般电力变压器 $Z_m^{0*} = 0.3 \sim 1.0$。

2. 不同联结组对零序等效电路的影响 由于三相零序电流大小相等、相位相同，因此，它的流通情况与正负序电流有显著差别。变压器的联结组对其零序等效电路的结构影响很大。

（1）Yyn 联结组。如图 9.2－28（a）所示，一次绕组 Y 联结，对零序电流开路；二次绕组中性线构造了零序电流通路，零序阻抗的大小决定于它的磁路是组式还是心式，其等效电路如图 9.2－28（b）所示。

（2）YNd 联结组。如图 9.2－29（a）所示，二次侧绕组为三角形联结，零序电流仅在其内部流通，但不能流出 a、b、c 端子，从二次侧 a、b、c 三个端子看进去，对零序电流开路。一次侧绕组有中性线，零序电流可以流通，而二次侧绕组的三角形联结使零序电流处于短路状态，所以从一次侧看进去，其等效电路如图 9.2－29（b）所示。

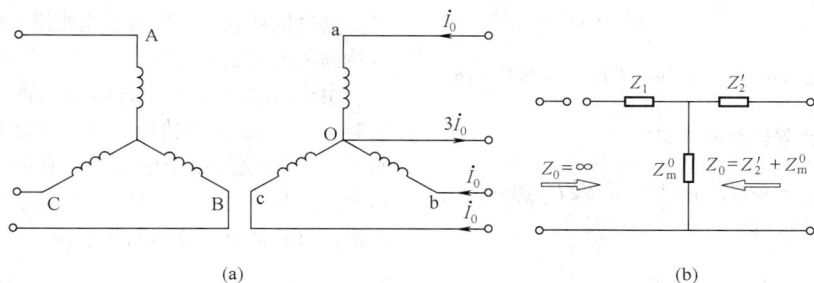

图 9.2－28 Yyn 的零序电流及其零序等效电路

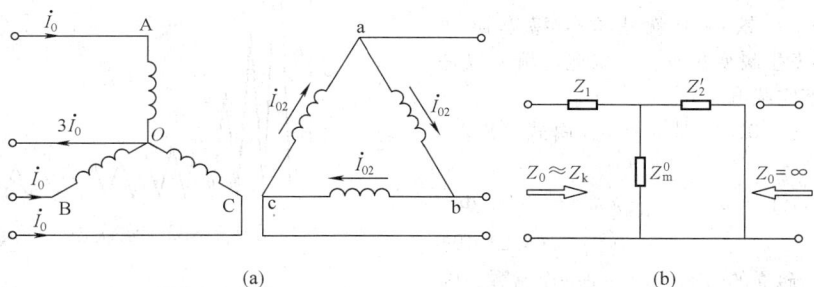

图 9.2－29 YNd 的零序电流及其零序等效电路

2.9 变压器的瞬变过程

变压器空载合闸到电网上、正常运行时二次侧发生突然短路等，变压器将从一种稳定运行状态过渡到另一种稳定运行状态，这个过渡过程称为瞬变过程。通常这种过渡过程的时间极短，但对变压器影响却较大。例如，突然短路时出现的大电流将使绕组受到很大的电磁力、过热，可能损坏绕组。

2.9.1 空载合闸到电网

在正常稳态运行时，空载电流占额定电流的 2.5% 以下，但当变压器空载合闸到电网时，电流都较大，往往要超过额定电流几倍。现分析其原因。

图 9.2－30 是变压器接线图，二次侧开路、一次侧在 $t=0$ 时合闸到电压为 u_1 的电网上，其中

$$u_1 = \sqrt{2}\,U_1 \sin(\omega t + \alpha)$$

式中，α 为 $t=0$ 时电压 u_1 的初始相位。

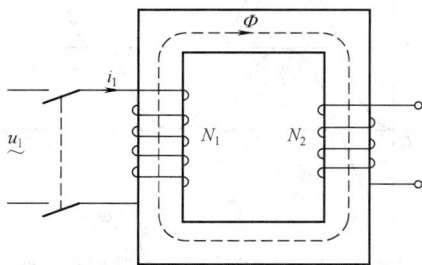

图 9.2－30 变压器空载合闸到电网

在 $t \geqslant 0$ 期间，变压器一次绕组中电流 i_1 满足如

下微分方程式

$$i_1 R_1 + N_1 \frac{\mathrm{d}\Phi}{\mathrm{d}t} = \sqrt{2}\, U_1 \sin(\omega t + \alpha)$$

$$(9.2-17)$$

式中，Φ 为与一次绕组相交链的总磁通，它包括主磁通和漏磁通。在以下分析中近似认为 Φ 等于主磁通。

在式（9.2-17）中，电阻压降 $i_1 R_1$ 较小，在分析瞬变过程的初始阶段可以忽略不计，这样可以清楚地看出在初始阶段电流较大的物理本质。R_1 的存在是使瞬态分量衰减的基本原因，因此，在研究瞬态电流衰减时，必须计及 R_1 的影响

$$\Phi = \frac{\sqrt{2}\, U_1}{\omega N_1}\left[\cos\alpha - \cos(\omega t + \alpha)\right]$$
$$= \Phi_m\left[\cos\alpha - \cos(\omega t + \alpha)\right] \quad (9.2-18)$$

式中，$\Phi_m = \dfrac{\sqrt{2}\, U_1}{\omega N_1}$ 为稳态磁通最大值。

（1）$t = 0$ 时 $\alpha = \pi/2$，此时 $u_1 = \sqrt{2}\, U_1$ 达到最大值。由式（9.2-18）得

$$\Phi = -\Phi_m\cos\left(\omega t + \frac{\pi}{2}\right) = \Phi_m\sin\omega t$$

这种情况与稳态运行一样，从 $t = 0$ 开始，变压器一次侧电流 i_1 在铁心中就建立了稳态磁通 $\Phi_m\sin\omega t$，而不发生瞬变过程。一次侧电流 i_1 也是正常运行时的稳态空载电流 i_0。

（2）$t = 0$ 时 $\alpha = 0$，此时 $u_1 = 0$。由式（9.2-18）得

$$\Phi = \Phi_m(1 - \cos\omega t) = \Phi_m - \Phi_m\cos\omega t = \Phi' + \Phi''$$

$$(9.2-19)$$

式中，$\Phi' = \Phi_m$，磁通的暂态分量，是一个常数，因为忽略了电阻 R_1，故无衰减；$\Phi'' = -\Phi_m\cos\omega t$，为磁通的稳态分量。

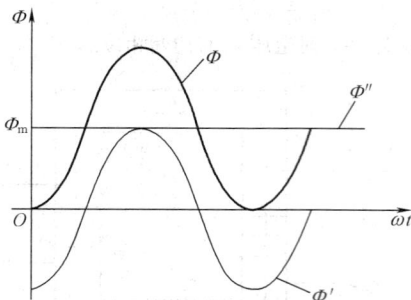

图 9.2-31　$\alpha = 0$ 空载合闸时磁通曲线

从 $t = 0$ 开始经过半个周期即 $t = \pi/\omega$ 时，磁通 Φ 达到最大值

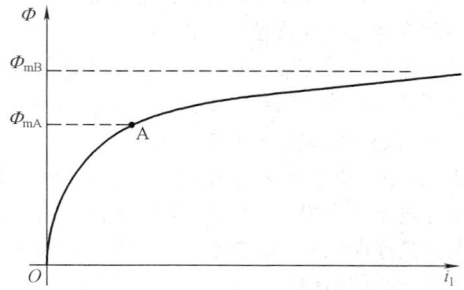

图 9.2-32　铁心磁化曲线

$$\Phi_{\max} = 2\Phi_m \quad (9.2-20)$$

铁心已过饱和状态，根据磁化曲线，故空载合闸电流可达到额定电流 3 倍以上。

由于电阻 R_1 存在，合闸电流将逐渐衰减，如图 9.2-33 所示。衰减快慢由时间常数 $T = L_1/R_1$ 决定，是 L_1 一次侧绕组的全电感。一般小容量变压器衰减得快，约几个周波就达到稳定状态；大型变压器衰减得慢，有的甚至可延续到几十秒。

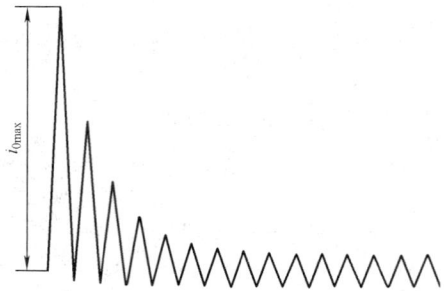

图 9.2-33　空载合闸电流曲线

2.9.2　二次侧突然短路

当变压器的一次侧接在额定电压电网上，二次侧不经过任何阻抗突然短接。从短路发生到断路器跳闸需要一定时间，在此段时间内，变压器绕组仍需承受短路电流的冲击，其幅值超过稳态短路电流，很容易损坏变压器。设计、制造时应予以充分考虑。

1. 突然短路电流　下面分析最简单的情况——单相变压器突然短路，采用简化等效电路，如图 9.2-34 所示。电网电压为

$$u_1 = \sqrt{2}\, U_{1N}\sin(\omega t + \alpha)$$

式中，α 为 $t = 0$ 发生突然短路时电压 u_1 的初始相角。列出关于短路电流 i_k 的常微分方程

$$R_k i_k + L_k\frac{\mathrm{d}i_k}{\mathrm{d}t} u_1 = \sqrt{2}\, U_{1N}\sin(\omega t + \alpha)$$

$$(9.2-21)$$

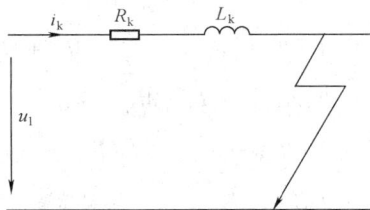

图 9.2 - 34　变压器突然短路

式中，$L_k = \dfrac{X_k}{\omega}$ 对于漏电抗的漏电感。

于是由式（9.2 - 21）得到变压器突然短路时的电流为

$$i_k = \sqrt{2} I_k \sin(\omega t + \alpha - \phi_k) + \sqrt{2} I_k \cos\alpha e^{-\frac{t}{T_k}}$$

$$(9.2 - 22)$$

式中，$I_k = \dfrac{U_{1N}}{\sqrt{R_k^2 + X_k^2}}$ 为稳态短路电流的有效值。

上式表明，突然短路电流的大小与 $t = 0$ 电压初始相角 α 有关。下面分两种情况讨论：

（1）$\alpha = \dfrac{\pi}{2}\Big|_{t=0}$

$$i_k = \sqrt{2} I_k \sin\omega t \qquad (9.2 - 23)$$

此时暂态分量 $i''_k = 0$，在 $t = 0$ 时变压器就进入稳态短路。虽然此时电流幅值为 $\sqrt{2} I_k$，但相对而言，不是最严重的情况。

（2）$\alpha = 0\Big|_{t=0}$

$$i_k = -\sqrt{2} I_k \cos\omega t + \sqrt{2} I_k e^{-\frac{t}{T_k}}$$

$$(9.2 - 24)$$

$$= -\sqrt{2} I_k \left(\cos\omega t - e^{-\frac{t}{T_k}} \right)$$

与式（9.2 - 24）对应的电流变化曲线如图 9.2 - 36 所示。经过半个周期 $\omega t = \pi$ 时，有

$$i_k = \sqrt{2} I_k \left(1 + e^{-\frac{\pi}{\omega T_k}} \right) = k_y \sqrt{2} I_k \qquad (9.2 - 25)$$

式中，k_y 为突然短路电流最大值与稳态短路电流最大值之比，即 $k_y = 1 + e^{-\frac{\pi}{\omega T_k}}$。$k_y$ 的大小与时间常数 T_k 有关，变压器容量越大，$T_k = L_k / R_k$ 越大，则 T_k 和相应的 k_y 也越大。对中小型变压器，$k_y = 1.2 \sim 1.4$；对大型变压器，$k_y = 1.7 \sim 1.8$。当对式（9.2 - 24）标幺时，有

$$i^*_{k\max} = \frac{i_{k\max}}{\sqrt{2} I_N} = k_y \frac{I_k}{I_N} = k_y \frac{U_{1N}}{I_N Z_k} \qquad (9.2 - 26)$$

例如，一台变压器，$k_y = 1.8$，$Z_k^* = 0.06$，则 $i^*_{k\max} = 1.8 \times \dfrac{1}{0.06} = 30$。可见这是一个很大的冲击电流，它将产生很大的电动力，可能将变压器绕组冲垮。为限制突然短路电流 $i_{k\max}$，希望 Z_k^* 大一些好；但从降低电压变化率、减小电压随负载波动来看，Z_k^* 不宜过大。因此，对于不同电压等级和容量的变压器，国家已制定了标准，规定了 Z_k^* 的值。

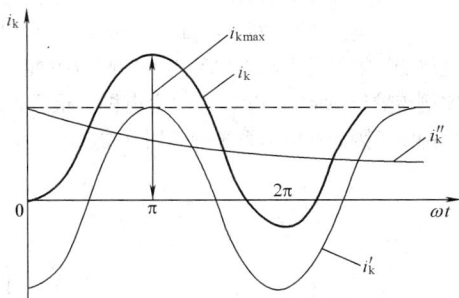

图 9.2 - 35　$\alpha = 0$ 时突然短路电流

2. 突然短路时的电磁力　变压器绕组中的电流与漏磁场（见图 9.2 - 36）作用，在绕组各导线上产生电磁力，其大小 $F = BlI$，由于漏磁感应强度 $B \propto I$，故导线上承受的电磁力 $F \propto I^2$。变压器在正常稳态运行时，导线所承受的电磁力很小。当突然短路电流到达额定电流 20 ~ 30 倍时，电磁力将达到正常运行时所承受电磁力的 400 ~ 900 倍，这将会冲垮绕组并损坏绝缘，为此必须紧固绕组，加强支撑。

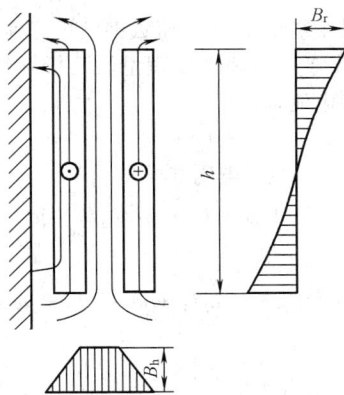

图 9.2 - 36　漏磁场分布

图 9.2 - 36 描述了一、二次侧绕组共同产生的漏磁场分布，漏磁场有轴向分量 B_h 和径向分量 B_r。在半径方向上，轴向漏磁场 B_h 与外绕组中电流作用产生径向力 F_r，迫使外绕组由里向外拉伸，同时迫使内绕组压缩；径向漏磁场 B_r 与内绕组中电流作用产生轴向力 F_h，将内绕组向中心压缩。对于电力变压器轴向漏磁场较强，径向力 F_r 较大，向里压缩内绕组容易造成导线变形。径向漏磁场虽然不及轴向漏磁场强，但由于轴向导线之间的支撑是较薄弱的环节，

轴向力容易造成绕组变形。绕组所承受电磁力的方向由左手定则确定，受力情况如图9.2-37所示。

2.10　三绕组变压器

　　三绕组变压器的电路图如图9.2-38所示，它可以连接三个不同电压的电网。例如，一台110/35/10.5kV的三绕组变压器就可以从110kV电网中吸收电能，按照一定比例传输给35kV、10.5kV两个电网，很方便地实现电力调度，因而在电力系统中应用日益广泛。

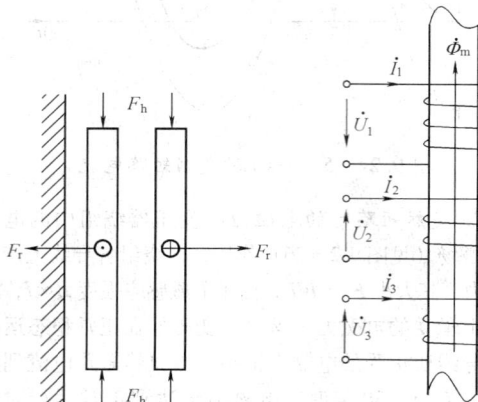

图9.2-37　绕组承受　　图9.2-38　三绕
的电磁力　　　　　　　组变压器

　　假定图中绕组2、3的匝数都已折算到一次侧绕组1的匝数 N_1，且将各物理量均已折算到一次侧，并忽略励磁电流时，有

$$\dot{I}_1 + \dot{I}_2 + \dot{I}_3 = 0 \qquad (9.2-27)$$

利用自感、互感列出电压方程式

$$\dot{U}_1 = \dot{I}_1 R_1 + j\omega L_1 \dot{I}_1 + j\omega M_{12}\dot{I}_2 + j\omega M_{13}\dot{I}_3$$
$$(9.2-28)$$

$$-\dot{U}_2 = \dot{I}_2 R_2 + j\omega L_2 \dot{I}_2 + j\omega M_{21}\dot{I}_1 + j\omega M_{23}\dot{I}_3$$
$$(9.2-29)$$

$$-\dot{U}_3 = \dot{I}_3 R_3 + j\omega L_3 \dot{I}_3 + j\omega M_{31}\dot{I}_1 + j\omega M_{32}\dot{I}_2$$
$$(9.2-30)$$

式（9.2-28）～式（9.2-29）并将 $\dot{I}_3 = -\dot{I}_1 - \dot{I}_2$ 代入，得

$$\dot{U}_1 + \dot{U}_2 = \dot{I}_1[R_1 + j\omega(L_1 - M_{12} - M_{13} + M_{23})] -$$
$$\dot{I}_2[R_2 + j\omega(L_2 - M_{21} - M_{23} + M_{13})]$$
$$= \dot{I}_1(R_{123} + jX_{123}) - \dot{I}_2(R_{123} + jX_{123})$$
$$= \dot{I}_1 Z_{123} - \dot{I}_2 Z_{123}$$
$$(9.2-31)$$

式（9.2-28）～式（9.2-30）并将 $\dot{I}_2 = -\dot{I}_1 -$

$\dot{I}_3$，得

$$\dot{U}_1 + \dot{U}_3 = \dot{I}_1[R_1 + j\omega(L_1 - M_{12} - M_{13} + M_{23})] -$$
$$\dot{I}_3[R_3 + j\omega(L_3 - M_{31} - M_{32} + M_{12})]$$
$$= \dot{I}_1(R_{123} + jX_{123}) - \dot{I}_3(R_{312} + jX_{312})$$
$$= \dot{I}_1 Z_{123} - \dot{I}_3 Z_{312}$$
$$(9.2-32)$$

式中，$R_{123}=R_1$，$R_{213}=R_2$，$R_{312}=R_3$
$$X_{123} = \omega(L_1 - M_{12} - M_{13} + M_{23})$$
$$X_{213} = \omega(L_2 - M_{21} - M_{23} + M_{13})$$
$$X_{123} = \omega(L_3 - M_{31} - M_{32} + M_{12}) \qquad (9.2-33)$$
因而得到如下电压、电流平衡方程式

$$\dot{U}_1 - \dot{I}_1 Z_{123} = -\dot{U}_2 - \dot{I}_2 Z_{213}$$
$$\dot{U}_1 - \dot{I}_1 Z_{123} = -\dot{U}_3 - \dot{I}_3 Z_{312} \qquad (9.2-34)$$
$$\dot{I}_1 + \dot{I}_2 + \dot{I}_3 = 0$$

这些方程式与图9.2-39所示等效电路相对应。

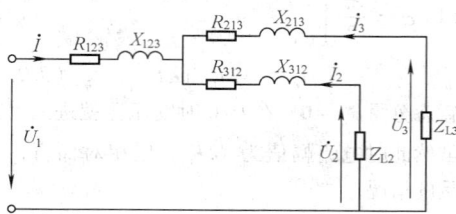

图9.2-39　三绕组变压器的等效电路

　　由于忽略了励磁电流，等效电路中的感抗都具有漏电抗性质，它们是不变的常数，但每一个感抗都由该绕组的自感以及三个绕组之间的互感组合而成，所以在三绕组变压器中，两个二次绕组之间是相互影响的，任何一、二次绕组端电压的变化不仅决定于本绕组负载电流的大小及功率因数，而且还与另一个二次绕组负载电流的大小及功率因数有关。三绕组变压器的等效电路参数可以用三次短路试验来确定，每次短路试验在两个绕组之间进行，第三绕组开路。此时试验完全相当于双绕组变压器的短路试验。

　　第1次：绕组2短路，绕组3开路，在绕组1上施加低电压，测得短路阻抗 Z_{k12}，由图9.2-39可知，$Z_{k12}=Z_{123}+Z_{213}$。

　　第2次：绕组3短路，绕组2开路，在绕组1上施加低电压，测得短路阻抗 $Z_{k13}=Z_{123}+Z_{312}$。

　　第3次：绕组3短路，绕组1开路，在绕组2上施加低电压，测得短路阻抗 $Z_{k23}=Z_{213}+Z_{312}$。

　　由 Z_{k12}，Z_{k13}，Z_{k23} 可求得 Z_{123}，Z_{213}，Z_{312} 分

别为

$$Z_{123} = \frac{Z_{k12} + Z_{k13} - Z_{k23}}{2}$$

$$Z_{213} = \frac{Z_{k12} + Z_{k23} - Z_{k13}}{2} \quad (9.2-35)$$

$$Z_{312} = \frac{Z_{k13} + Z_{k23} - Z_{k12}}{2}$$

进一步还可求得三个参数的电阻分量和电抗分量。

2.11 自耦变压器

自耦变压器的结构和原理如图 9.2-40 所示，它的一、二次共用一部分绕组。在电力系统中，自耦变压器主要用于连接额定电压相差不大的两个电网，例如，220/110kV 两个电网就可用自耦变压器连接。与普通双绕组变压器相比，同容量的自耦变压器材料消耗要少得多，体积要小得多，在电力系统中应用很广。

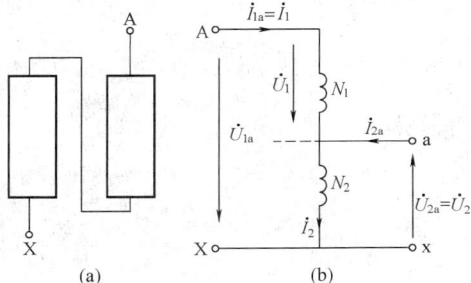

图 9.2-40 自耦变压器的结构和原理图
(a) 结构图; (b) 原理图

2.11.1 电压、电流、容量的关系

当一次侧施加额定电压 U_{1aN} 时，则

$$\frac{U_{1aN}}{U_{2aN}} \approx \frac{E_{1aN}}{E_{2aN}} = \frac{N_1 + N_2}{N_2} = k_a \quad (9.2-36)$$

式中，k_a 为自耦变压器的变比。对于降压变压器，$k_a > 1$。

对于 a 点，电流平衡方程式为

$$\dot{I}_{2a} = \dot{I}_2 - \dot{I}_1 = \dot{I}_2 \left(1 + \frac{1}{k_a - 1}\right) \quad (9.2-37)$$

式 (9.2-37) 表明，$\dot{I}_2$ 与 $\dot{I}_{2a}$ 同相位，且 $I_{2a} > I_2$。

自耦变压器的额定容量为

$$S_{aN} = U_{1aN} I_{1aN} = \left(1 + \frac{1}{k_a - 1}\right) U_{1N} I_{1N}$$

$$= \left(1 + \frac{1}{k_a - 1}\right) U_{2N} I_{2N}$$

$$= U_{2N} I_{2N} + U_{2N} I_{1N} = S_N + S_N' \quad (9.2-38)$$

式 (9.2-38) 表明，自耦变压器的额定容量 S_{aN} 可分为两部分，第一部分 $S_N = U_{1N} I_{1N} = U_{2N} I_{2N}$，它对应于以串联绕组 ($N_1$) 为一次侧，以公共绕组 ($N_2$) 为二次侧的一个双绕组变压器通过电磁感应而传递给二次侧负载的容量，称为电磁容量，它决定了变压器的主要尺寸、材料消耗，是变压器设计的依据，亦称为计算容量。第二部分 $S_N' = U_{2N} I_{1N}$，与此容量相对应的是一次侧电流 I_{1N} 直接传导给负载，称为传导容量。

由式 (9.2-38) 可得到计算自耦变压器容量 S_N 与额定容量之间的关系，为

$$S_N = \left(1 - \frac{1}{k_a}\right) S_{aN} \quad (9.2-39)$$

由式 (9.2-39) 可见，自耦变压器的计算容量比额定容量小，当 k_a 越接近 1，自耦变压器的优点就越显著，因此，自耦变压器适用于一、二次侧电压相差不大的场合，一般 $k_a \leqslant 2$。

以上结论是通过分析降压变压器而得到的，但其分析方法对于升压自耦变压器仍然适用。

2.11.2 短路阻抗、电压平衡方程式

自耦变压器在做短路试验时，将二次侧 ax 短路，在一次侧 AX 施加电压 U_k，如图 9.2-41 所示。上述试验相当于以 Aa 为一次侧绕组、ax 为二次侧绕组的双绕组变压器在进行短路试验。假设测得短路阻抗为 Z_k，将 Z_k 对 Aa/ax 变压器的一次侧基值标幺，得

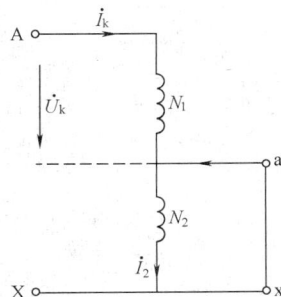

图 9.2-41 自耦变压器在高压方做短路试验

$$Z_k^* = Z_k \frac{I_{1N}}{U_{1N}}$$

但自耦变压器正常运行时，以 Ax 为一次侧、ax 为二次侧，将 Z_k 对一次侧 Ax 阻抗基值标幺，得

$$Z_{ka}^* = \frac{Z_k}{\dfrac{U_{1aN}}{I_{1aN}}} = \frac{Z_k I_{1N}}{\left(1 + \dfrac{1}{k_a - 1}\right) U_{1N}} = \left(1 - \frac{1}{k_a}\right) Z_k^* \quad (9.2-41)$$

由式 (9.2-41) 可知，因为 $\left(1 - \dfrac{1}{k_a}\right)$ 总小于

1，故 Z_{ka}^* 小于 Z_k^*；当 k_a 大于 1 且接近 1 时，有

$$Z_{ka}^* \ll Z_k^*$$

自耦变压器简化等效电路如图 9.2 - 42 所示，对应的电压平衡方程式为

$$\dot{U}_{1a} = \dot{I}_{1a}Z_k + \dot{U}'_{2a}$$

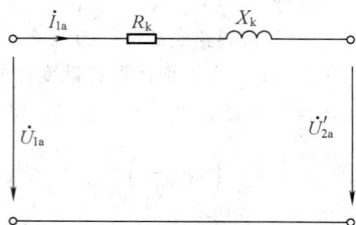

图 9.2 - 42　自耦变压器的简化等效电路

2.11.3　自耦变压器的特点

自耦变压器的有如下特点：

（1）自耦变压器的计算容量小于额定容量。与相同容量的双绕组变压器相比，自耦变压器体积小，材料少。

（2）由于自耦变压器 Ax /ax 短路阻抗的标幺值比构成它的双绕组变压器 Aa /ax 短路阻抗标幺值小，故短路电流大，突然短路时电动力大，必须加强机械结构。

（3）由于自耦变压器一、二次侧之间有电的联系，高压方的过电压会串入低压方绕组。

第 3 章　变压器的设计要点

3.1　铁心

3.1.1　铁心的结构形式

变压器的铁心是变压器的磁路和变压器内部骨架。作为磁路，它将变压器一次侧绕组的电能，借助于铁心中的主磁通作为媒介，转化为二次侧绕组的电能传输给用电设备。因此，铁心由磁导率很高的晶粒取向冷轧硅钢片叠压而成。现代电力变压器硅钢片的厚度（0.27～0.35mm）很薄，因而其中的涡流损耗很小。

铁心作为变压器的内部骨架，其夹紧是通过铁心的夹紧装置将硅钢片成为机械结构上的整体，并在其上套有绕组，支持着引线，并安装变压器所有部件。变压器铁心为框形闭合结构，其中套有绕组的称为铁心柱，不套绕组只起闭合磁路作用的称为铁轭。铁心柱与铁轭均在一个平面内，称为平面式铁心。我国生产的干式电力变压器中均采用心式铁心，即绕组包围了铁心柱的结构型式。

按照相数干式电力变压器可分为单相铁心及三相铁心。

（1）全斜结构的单相二柱式铁心如图 9.3-1 所示。铁心片以搭接方式叠积，两柱均套有绕组，绕组可以串、并联连接。其结构简单而紧凑。

（2）全斜不断轭结构的三相三柱式铁心如图 9.3-2 所示。铁心片以搭接方式叠积，三柱均套有绕组，每个心柱上的绕组为一相，它是三相变压器最广泛应用的结构。

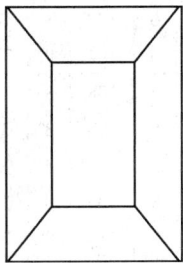

图 9.3-1　单相　　　图 9.3-2　三相
二柱式铁心　　　　　三柱式铁心

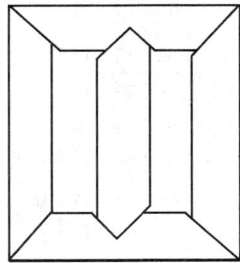

选择铁心叠积图时，要充分考虑硅钢片具有方向性的特点，即顺着材料碾压方向的导磁性能最好，单位损耗最小，而垂直于碾压方向的性能就显著变坏。冷轧硅钢片的方向性比热轧硅钢片更为明显。冷轧硅钢片在上述两种不同方向的单位损耗相差很大，后者为前者的 3～4 倍。为了尽量避免磁通转向时垂直于碾压方向，冷轧硅钢片铁心接缝宜采用 45°的斜接缝，见图 9.3-3（a）。热轧硅钢片铁心可采取直接缝，见图 9.3-3（b）。但由于斜接缝叠片的剪切工艺装备比较复杂，有些厂家采用图 9.3-3（c）的半直半斜接缝。这样做，加工设备简单，材料利用率也较高。

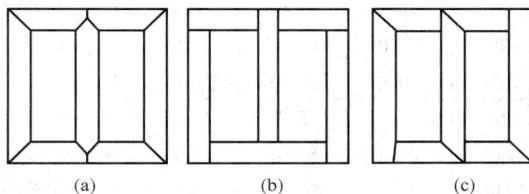

图 9.3-3　接缝
（a）斜接缝；（b）直接缝；（c）半直半斜接缝

3.1.2　铁柱直径和磁通密度的选择

变压器的铁柱直径按下式估算

$$D = K_d \sqrt[4]{S_P} \qquad (9.3-1)$$

式中，S_P 为每相容量（kVA）；D 为铁心直径（mm）；K_d 为经验系数见表 9.3-1。

表 9.3-1　　　　经 验 系 数 K_d

	铝绕组冷轧片	铜绕组冷轧片
两绕组或三绕组	50～55	55～60

铁柱磁通密度 B_Z 的选择，关系到硅钢片的充分利用，也关系到变压器的性能。

B_Z 推荐采取下列数值：冷轧硅钢片 $B_Z \leqslant 1.700\ 0T$，热轧硅钢片 $B_Z \leqslant 1.450\ 0T$。

3.1.3　铁心柱和铁轭截面的设计

变压器铁心柱截面一般设计成多级矩形截面，其轮廓线是一个圆，第 1 级矩形为 $b_1\delta_1$，只有一个；第 2 级矩形为 $b_2\delta_2$，只有 2 个；第 3 级矩形为 $b_3\delta_3$，有 2 个。根据铁心直径 D、叠压系数 K_{dp}；查表可得铁心有效截面积 A_Z（cm^2）、角重 G_Δ（kg）见表 9.3-2。

铁轭截面有矩形、T 型和多级梯形几种。用冷轧硅钢片制造的铁心，铁轭截面与铁柱截面形状相同，磁通在铁轭中的分布较均匀，所以空载性能较好，制造方便。用热轧硅钢片制造的铁心，为了使夹件、绝缘零件等结构简化，铁轭截面一般多采用矩形或T型。此时，为了降低空载电流和空载损耗，往往使铁轭截面积比铁柱截面积放大 5%~10%。

3.1.4　空载性能计算

空载性能包括空载损耗和空载电流，两者与铁心结构型式、所用硅钢片质量、磁通密度和铁心重量有关，与变压器所带负载无关。

表 9.3-2　　　　　　　　　　　　　铁心截面积及各级尺寸

铁心直径 D/mm	视在（毛）截面积 A'_z /cm²	$K_{dp}=0.95$ 有效截面积 A_z /cm²	$K_{dp}=0.95$ 三相角重 G_Δ /kg	各级片宽/mm							各级厚度/mm							总厚 T	撑条数	级数
				b_1	b_2	b_3	b_4	b_5	b_6	b_7	δ_1	δ_2	δ_3	δ_4	δ_5	δ_6	δ_7			
70	34.0	32.30	3.12	60	50	40	30	20			37	6	4	3	2			67	6	5
75	39.6	37.62	4.29	70	60	50	40	30			28	8	6	4	2			68	6	5
80	44.3	42.085	4.73	70	60	50	40	30			39	7	5	3	2			73	6	5
85	50.2	47.69	6.19	80	70	60	50	40			30	9	5	4	3			74	6	5
90	55.8	53.01	6.80	80	70	60	50	40			42	7	5	4	3			80	6	5
95	64.0	60.80	8.92	90	80	70	60	40			32	10	6	5	6			86	6	5
100	70.4	66.88	9.70	90	80	70	60	40			44	8	6	4	6			92	6	5
105	79.0	75.05	12.27	100	90	80	70	60	40		33	11	6	5	4	6		97	6	6
110	86.4	82.08	13.27	100	90	80	70	60	40		47	8	6	5	3	6		103	6	6
115	94.1	89.395	16.03	110	100	90	80	60	50		35	11	7	6	7	3		103	6	6
120	102.1	96.995	17.23	110	100	90	80	60	50		49	8	7	5	7	3		109	6	6
125	111.8	106.21	20.86	120	110	100	80	70	50		36	12	7	11	4	5		114	8	6
130	120.2	114.19	22.17	120	110	100	90	70	50		51	9	5	5	8	5		119	8	6
135	130.4	123.88	26.44	130	120	100	90	70	50		38	12	14	5	8	4		124	8	6
140	139.9	132.905	27.95	130	120	110	90	80	60		53	10	7	10	4	6		127	8	6
145	153.4	145.73	33.61	140	130	110	80	80	40		39	13	15	5	8	5	4	139	8	7
150	163.8	155.61	35.76	140	130	120	100	80	40		55	10	7	11	8	5	4	145	8	7
155	174.5	165.775	41.00	150	140	120	90	90	60	40	41	13	15	11	3	9	3	149	8	7
160	185.7	176.415	43.21	150	140	130	90	90	60	40	57	10	8	11	8	4	4	155	8	7
165	199.6	189.62	50.06	160	150	130	130	90	40		42	14	16	10	6	6	5	160	8	7
170	210.4	199.88	52.32	160	150	130	120	90	70	50	59	11	14	6	11	6	4	163	8	7
175	223.1	211.945	59.43	170	160	140	100	100	50		43	14	17	11	8	6	4	167	8	7
180	237.2	225.34	62.69	170	160	140	120	100	50		60	11	16	10	8	8	4	174	8	7
185	250.8	238.26	70.84	180	170	150	130	100	60		45	14	16	11	12	6	6	179	8	7
190	264.0	250.80	73.93	180	170	150	130	110	60		62	12	15	8	8	6	6	184	8	7
195	227.8	263.91	82.98	190	170	150	130	110	50		46	25	14	11	7	9	5	188	8	7
200	292.0	277.40	86.36	190	180	160	140	110	50		64	12	16	11	12	8	6	194	8	7
205	307.8	292.41	96.84	200	180	160	140	110	50		47	26	15	10	12	8	5	199	8	7
210	323.8	307.61	100.81	200	190	170	140	120	90	50	67	12	17	16	8	8	8	205	8	7
215	339.8	322.81	112.18	210	190	170	120	120	50		26	15	11	12	9	7		210	8	7
220	356.3	338.485	116.61	210	190	170	150	120	50		69	22	14	10	12	8	7	215	8	7
225	371.6	353.02	128.55	220	200	180	130	130	50		52	26	16	16	8	11	7	220	8	7
230	388.8	369.36	133.30	220	200	180	130	130	100	60	70	22	15	11	12	9	7	222	8	7
235	406.1	385.795	146.77	230	210	190	160	130	100	60	53	27	16	17	12	8	7	227	8	7
240	423.4	402.23	151.84	230	210	190	160	130	100	60	72	23	15	16	11	8	7	232	8	7

空载损耗：$P_0 = K_{fs}(p_z G_z + p_E G_E)$

式中，K_{fs} 为附加损耗系数，一般取 $1.2 \sim 2$；$p_z p_E$ 对应于铁柱、铁轭磁通密度 $B_z B_E$ 的单位损耗；G_z、G_E 为铁柱、铁轭的重量。

空载电流占额定电流的百分数

$$I_o\% = \sqrt{(I_{o1}\%)^2 + (I_{o2}\%)^2} \quad (9.3-2)$$

空载电流有功分量占额定电流的百分数

$$I_{o1}\% = \frac{P_o}{10 P_N} \quad (9.3-3)$$

空载电流无功分量占额定电流的百分数

$$I_{o2}\% = K_o \frac{q_c G_c + q_y G_y + q_j C A_c}{10 P_N}\% \quad (9.3-4)$$

一般 I_{o1} 很小，可取 $I_o \approx I_{o2}$

式中，P_o 为空载损耗（W）；P_N 为额定容量（kVA）；q_c 为铁心柱单位励磁容量（VA/kg）；q_y 为铁轭单位励磁容量（VA/kg）；q_j 为接缝处单位面积励磁容量（VA/cm^2）；C 为接缝数目，单相铁心采用全斜结构时 $C=4$，三相铁心采用全斜不断轭结构时 $C=6$；K_o 为附加系数，按表 9.3-3 选取。

表 9.3-3　附加系数 K_o

铁心直径 D/mm		210 及以下	215~360	370 及以上
K_o	冷轧硅钢片	1.1	1.2	1.3

3.1.5　夹紧装置

由硅钢片叠成的铁心必须予以夹紧，使之成为坚实的整体。夹紧装置应满足下列要求：

（1）叠片的夹紧要均匀，避免叠片边缘或接缝处翘起，防止铁心励磁时产生不正常的声音。

（2）夹件应能承受夹紧铁轭时的夹紧力，吊起整个器身时的重力，以及变压器发生短路时的电磁力。

（3）要减少磁通进入夹件以降低结构损耗。为此，夹件和铁轭之间应用绝缘件隔开。大、中型变压器夹件和铁轭之间必须设置油道，以改善散热。

3.2　绕组

3.2.1　导线并联根数的选择与换位

1. 多根并联层式绕组　干式电力变压器的低压绕组多采用多根并联的层式绕组。

（1）辐向为单根并联的层式绕组。如图 9.3-4（a）所示，层式绕组辐向 1 根，轴向 2 根并绕，该绕组共绕 2 层。对于 2 根并联导线，在每一层中由纵向漏磁 B_r 感应的电动势相等，并且导线长度也相等，

并联导线间不需另行换位，已无环流。

（2）辐向为 2 根并联的层式绕组。如图 9.3-4（b）所示，在每一层匝数的一半处进行一次换位，使得里、外层导线位置对换，这样并联导线在每一层中由纵向漏磁 B_r 感应的电动势相等，每一根导线长度也相等，并联导线间无环流，此种换位是完全的。

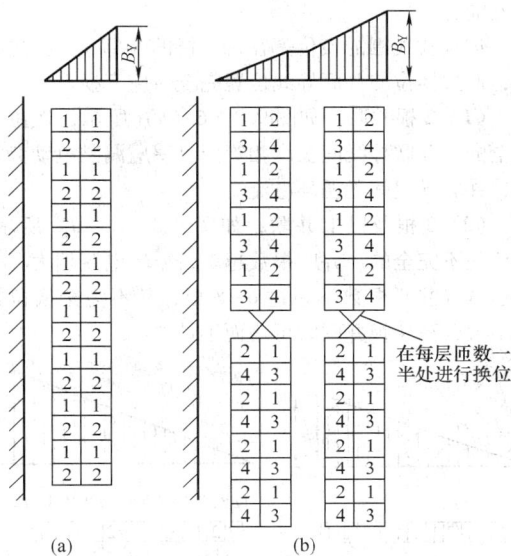

图 9.3-4　圆筒式换位

(a) 辐向为 1 根的并联；(b) 辐向为 2 根的并联

2. 多根并联连续式绕组　电力变压器的高压绕组常采用连续式，该绕组由单根或多根导线并联绕制的多个线段组成。段间以气道分开，每个线段辐向绕制若干线匝，每段匝数可分为整数匝或分数匝，图 9.3-5 所示为段间连接示意图。图中第 1 段为反段，即绕组绕制时导线不可能按如图 9.3-5 所示顺序排列，导线必须经过重置后，才能达到如图 9.3-5 所示的排列，故将此段称为反段，它和一个正段组成一个单元或称双饼。连续式绕组都是由连续式的双饼组成。

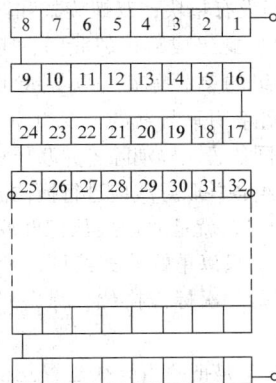

图 9.3-5　连续绕组段间联结示意图

连续式可由单根或多根导线并绕（一般不超过6根），并联绕组间连接处需进行换位，目的是使并联导线长度相等，并在绕组漏磁场中处的位置相同，从而减少或消除各并联导线间的环流损耗。

连续式绕组具有较高的机械强度，故承受短路电流产生的电动力的能力强，同时线段的匝数较多，散热性能也较好。

连续式线圈的换位是在每一饼的外部和内部进行的，通过换位使并联导线位置完全对应互换。

（1）2根并联，如图9.3-6（a）所示，换位是完全的。并联导线间长度相等而且感应漏磁电动势相等，并联导线间无循环电流。

（2）3根及以上并联，如图9.3-6（b）所示，换位是不完全的。并联根数越多，循环电流越大。一般连续式并联根数不超过6~8根，其不完全换位损耗不大，3~4根并联时可略而不计。

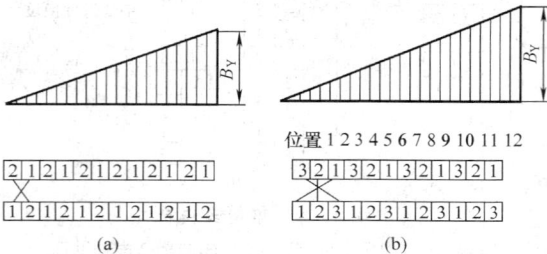

图 9.3-6 连续式换位

（a）2根并联；（b）3根并联

3. 单螺旋式绕组 螺旋式绕组是由多根扁导线并联绕制而成的，每段为一匝，相邻匝间由垫块分开。螺旋式绕组的机械强度高，散热面积也较大，但此种绕组的匝数较少，多用于电力变压器的低压绕组。螺旋式绕组有单螺旋式、双螺旋式和四螺旋式等型式。

单螺旋式绕组只有一股螺旋（如图9.3-7所示），相邻匝间设有垫块；双螺旋式和四螺旋式分别由二股和四股螺旋组成，相邻股间、匝间均设有垫块。螺旋式绕组的单股螺旋并联导线可多达20根。为使螺旋式绕组各并联导线的长度相等，并在绕组漏磁场中除有相同位置，以消除各并联导线间的环流损耗。螺旋式绕组各并联导线应进行换位。

"标准换位"，就是通过换位把并联导线的位置完全对称互换。只以单螺旋式线圈总匝数的1/2匝数处为中心进行一次标准换位，称为"一次标准换位法"。

"特殊换位"是把两组导线位置互换，而每组内导线相互位置不改变。

目前，电力变压器采用的换位方式有"2.1.2"换位和"4.2.4"换位等。

"2.1.2"换位是将导线分为两组（根数相等或差1根），总匝数1/2处进行依次标准换位，在总匝数1/4和3/4处各进行一次特殊换位，此种换位称为"2.1.2"换位，在图9.3-8（a）中给出了单螺旋式绕组"2.1.2"换位原理图。

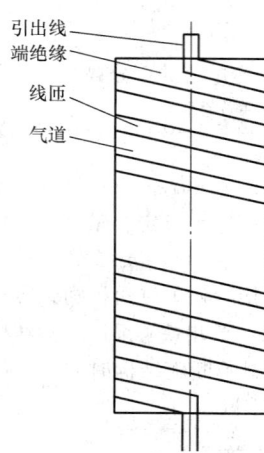

图 9.3-7 单螺旋式   图 9.3-8 一次
绕组示意图   标准换位

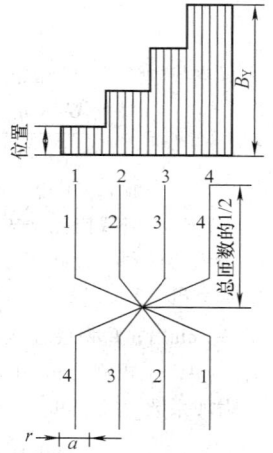

"4.2.4"换位是将导线分为根数相同的4组，在1/4总匝数处各组间进行。

（1）一次标准换位法。其换位是不完全的。因此，单螺旋很少采用此种换位法。以4根并联为例（见图9.3-8），导线1、4占有的磁场位置相同，均为位置1、4各W/2匝（W是线圈总匝数），导线2、3占有的磁场位置相同，均为位置2、3各W/2匝。

（2）"2.1.2"换位法。所谓"2.1.2"换位，是把导线分成两组（根数相等或差1），以总匝数的1/2匝数处为中心进行一次标准换位，以1/4和3/4处为中心各进行一次"特殊换位"（如图9.3-9所示）。

"2.1.2"换位对4根并联的单螺旋是完全的，对5根及以上并联的单螺旋是不完全的。

不完全换位的附加损耗随并联根数的增多而增大，"2.1.2"换位一般适用于并联根数不超过16根的单螺旋，容量为数万千伏安以下的变压器。

（3）"4.2.4"换位法。所谓"4.2.4"换位，是把导线分成根数相等的4组，以1/4总匝数处为中心，各组间进行一次标准换位，而组内导线位置不变，再把导线分成根数相等的2组，以1/2总匝数处为中心，每组内导线间各自进行一次标准换位，再把导线分成根数相等的4组，以3/4总匝数处为中心，

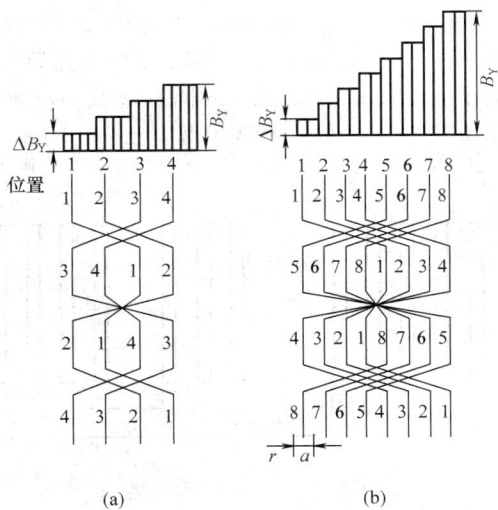

图 9.3－9　"2.1.2"换位

（a）4 根并联；（b）8 根并联

各组间再进行一次标准换位，而组内导线位置不变，如图 9.3－10（a）、（b）所示。

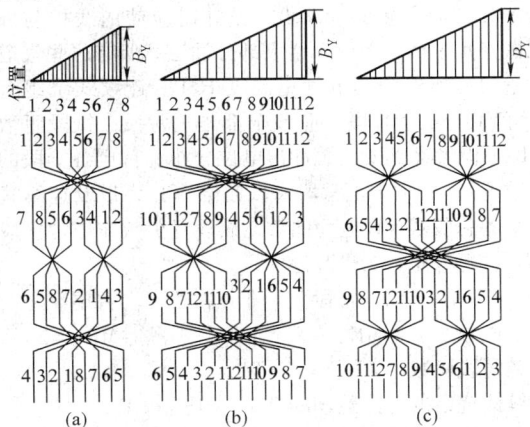

图 9.3－10　"4.2.4"换位

（a）8 根并联；（b）12 根并联之一；（c）12 根并联之二

"4.2.4"换位要求并联导线根数最好为 4 的整数倍。

"4.2.4"换位对 8 根并联的单螺旋是完全的，对超过 8 根并联的单螺旋是不完全的。"4.2.4"适用于并联根数为 16 根及以上的大型或巨型变压器的单螺旋式线圈。

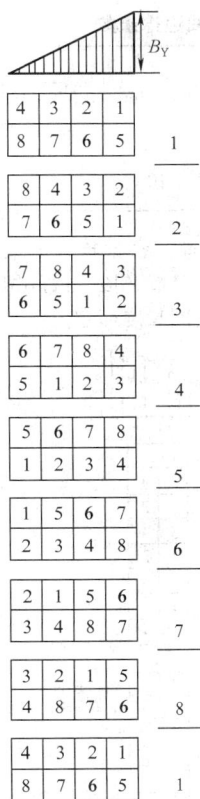

图 9.3－11　一次均匀交叉换位（8 根并联）

（4）双螺旋式线圈的换位。通常采用"一次均匀交叉换位"，就是换位均匀地分布在线圈上，换位数等于双螺旋并联根数，每个换位处，将一个线饼的上面一根导线移至另一饼下面，同时将另一个饼的上面一根导线移至这一饼的下面（上下换位成交叉状），通过全部换位依次将一个线饼的导线换到另一个线饼，然后再换回到原线饼位置（图 9.3－11），这个过程称"一次均匀交叉换位"。上述过程整个线圈再重复一次称"二次均匀交叉换位"。这种换位是完全的。

3.2.2　绕组轴向、辐向尺寸计算

1. 圆筒式绕组轴向、辐向尺寸计算

（1）圆筒式绕组辐向油道的宽度。圆筒式绕组辐向气道的宽度一般选 8~19mm。

油道位置是按油道两侧线圈的表面散热面的数量而定，一般内侧与外侧层数之比为 1∶3 或 2∶5；内外散热面相差较小时，可取对称。

（2）圆筒式绕组的层间绝缘。圆筒式绕组的层间绝缘通常采用 0.12mm 或 0.08mm 厚的 Nomex 纸，其纸张数取决于绕组两层之间的电压大小。

（3）辐向及轴向尺寸计算裕度。辐向及轴向尺寸计算裕度按表 9.3－4 计算。

表 9.3－4　圆筒式线圈绕制裕度表

类别 裕度	10kV		35kV		纸包扁线	
	漆包圆线	纸包圆线	漆包圆线	纸包圆线	单根绕	并绕
辐向	7%~8%	8%~10%	12%~15%	15%~18%	3%~6%	4%~7%
轴向	0%~1%	2%~3%	0.5%~1.5%	2%~3%	0.5%~1.5%	0.8%~1.2%

（4）圆筒式线圈油道撑条数选择。油道撑条数取决于铁心直径大小，也就是取决于变压器容量大小，一般按表 9.3－5 进行选择。

表 9.3－5	圆筒式线圈油道撑条数			
铁心直径 /mm	75～115	120～300	310～360	370～480
撑条数目	6	8	10	12

（5）圆筒式线圈气道的选择。容量较大的变压器，由于散热面不够，需将绕组分成几段，段间留出散热气道，气道的最小宽度按线圈高度而定。

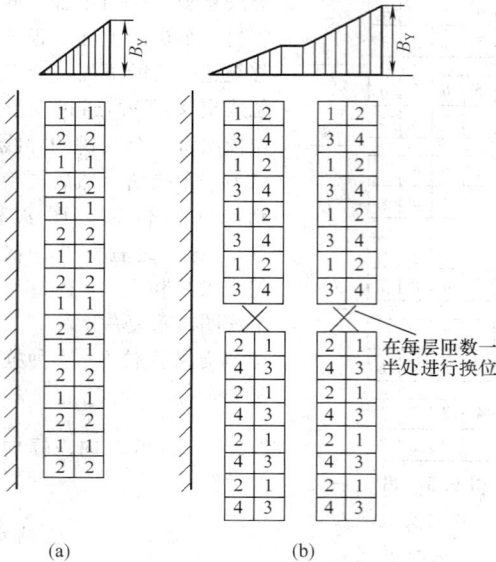

(a) (b)

在每层匝数一半处进行换位

图 9.3－12　圆筒式绕组轴向高度、辐向宽度

选择导线 $\dfrac{b_1 \times a_1}{b \times a}$，表示裸导线轴向宽度为 b_1，辐向厚度为 a_1，包绝缘后相应为 b、a。当辐向并绕根数为 1 时，查表 9.3－4 轴向绕制裕度为 1.02，绕组轴向高度

$$H_L = 1.02 m_b (W_C + 1) b \qquad (9.3-5)$$

当辐向并绕根数为 2 时，要留一根导线高度用于换位，绕组轴向高度

$$H_L = 1.02 [m_b (W_C + 1) + 1] b \qquad (9.3-6)$$

式中，m_b 为绕组轴向并绕根数；W_C 为每层匝数；b 为导线辐向厚度。

计算绕组的辐向厚度时，查表 9.3－4 得到辐向绕制系数 1.05。无气道：$B_{H1} = 1.05$（绝缘导线辐向尺寸之和＋层间绝缘厚度之和）。

两部分绕组之间有油道（气道）δ，则

$$B_H = 1.05(B_{H1} + B_{H2}) + \delta \qquad (9.3-7)$$

2. 连续式绕组轴向高度及辐向宽度　如图 9.3－13 所示。ME：绕组的饼数；HHL：绕组高度 mm；

b2：低压裸导线轴向高度 mm；a2：低压裸导线辐向宽度 mm；M2：导线辐向并绕根数；$\Delta 2$：低压导线双边绝缘厚度 mm；YOL：低压正常油道高度 mm；Pre：垫块压缩系数，一般为 0.92～0.95。

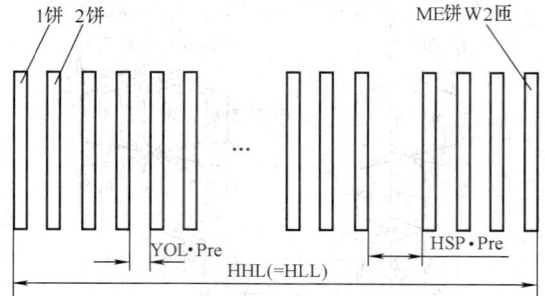

图 9.3－13　连续式绕组

绕组高度 HHL＝ME（b2＋$\Delta 2$）＋（ME－1）
YOL Pre＋HSP Pre

绕组的电抗高度 HLL＝HHL

沿轴向的气道数为（ME－1）个，每个气道高度为 YOL，为了减少电动力，设计时应使内线柱与外线柱安匝平衡，因此，增大部分油道，所有这些气道增量的总和称为调节气道高度 HSP。连续式绕组有 W_2 匝共分成 ME 段，应该全都是正常段，每段匝数 WL_1。但考虑到要改善冲击电位分布，首尾各 1 段的匝数 WL_3 要小于正常段每段匝数 WL_1，以及连续式绕组的总段数 ME 应为偶数，故设置少数非正常段段 ME_2，每段匝数为 WL_2。

	正常段	非正常段	首尾
段数	ME_1	ME_2	$ME_3 = 2$
每段匝数	WL_1	WL_2	WL_3

连续式绕组的总段数 $ME = ME_1 + ME_2 + ME_3$
连续式绕组的总匝数 $W_2 = ME_1 \cdot WL_1 + ME_2 \cdot$
$WL_2 + ME_3 \cdot WL_3$
绕组的辐向厚度 BL＝1.03M_2 INT（WL_1＋0.5）×
（a 2＋$\Delta 2$）

当连续式绕组设置为外部绕组时，正常段每段匝数 WL_1 为整数；当连续式绕组设置为内部绕组时，正常段每段匝数带有分数 WL 1＝INT（WL1）＋（NT－1）/NT。式中，NT 为撑条数。只有这样才能保证连续式绕组的辐向厚度符合上式的值。

3. 螺旋式绕组轴向高度及辐向宽度

（1）单螺旋式绕组。如图 9.3－14 所示，单螺旋式绕组有 W2 匝，采用 "4.2.4" 换位，在轴向增加了 4 根导线（考虑了首尾螺旋端面）和 3 个正常气（油）道的高度，其绕组轴向高度：

绕组轴向高度 HHL＝（W2＋4）(b2＋$\Delta 2$)＋（W2＋3）
YOL·Pre＋HSP·Pre （9.3－8）

绕组的电抗高度 HLL＝HHL－(b2+Δ2+YOL·Pre)
$$(9.3-9)$$

绕组的辐向厚度 BL＝1.03M₂(a2+Δ2)

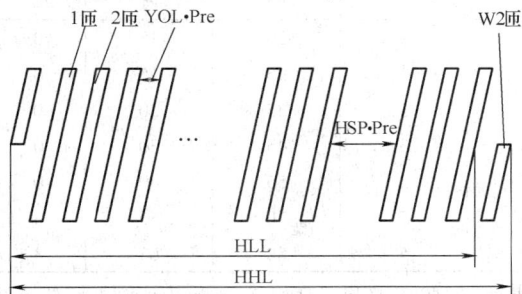

图 9.3－14　单螺旋式线圈

（2）双半螺旋式绕组。如图 9.3－15 所示，螺旋式绕组有 W2 匝，每匝由 M2 根导线并联，当采用交叉法换位，不必再留换位单元，但要考虑首尾螺旋端面。其绕组轴向高度

HHL ＝ 2（W2 + 1）（b2 + Δ2）+［W2YOL +
（W2 + 1）× 1.5］Pre + HSP Pre

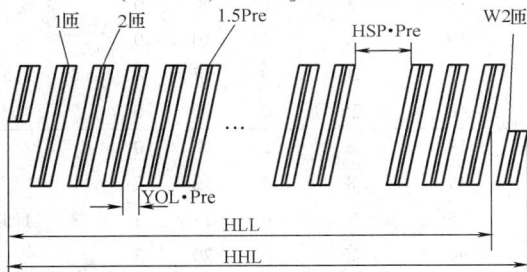

图 9.3－15　双半螺旋式线圈

绕组的电抗高度　HLL＝HHL－2（b2+Δ2）－
（YOL+1.5）Pre

绕组的辐向厚度　BL＝1.03M₂（a2+Δ2）/2

（3）双螺旋式绕组。如图 9.3－16 所示，双螺旋式绕组有 W2 匝，当采用交叉法焕位，不必再留换位单元，但要考虑首尾螺旋端面。其绕组轴向高度

HHL ＝ 2（W2 + 1）（b2 + Δ2）+（2W2 + 1）YOL Pre
+ HSP Pre
$$(9.3-10)$$

绕组的电抗高度

HLL ＝ HHL － 2（b2 + Δ2）－（YOL + 1.5）Pre
$$(9.3-11)$$

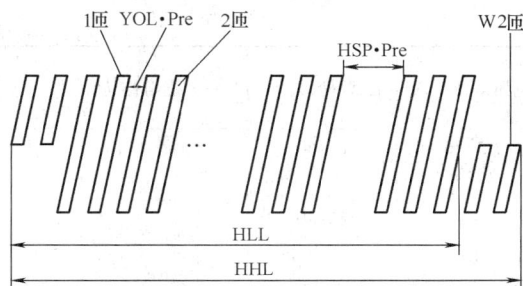

图 9.3－16　双螺旋式线圈

绕组的辐向厚度 BL＝1.03M₂（a2+Δ2）/2

（4）四螺旋式绕组。四螺旋式绕组有 W2 匝，当采用交叉法焕位且分两端出线时，其绕组轴向高度为

HHL ＝（4W2 + 2）（b2 + Δ2）+
（4W2 + 1）YOL Pre + HSP Pre

绕组的电抗高度

HLL ＝ HHL － 2（b2 + Δ2 + YOL Pre）

绕组的辐向厚度 BL＝1.03M₂（a2+Δ2）/4

每段匝数有分数匝时，应进位为整数匝。

3.3　变压器绝缘结构

3.3.1　35kV 级及以下变压器绝缘结构分析

35kV 及以下变压器均为全绝缘变压器，即首末端具有相同的绝缘水平。所以对于这类变压器只进行外施高压和 2 倍感应电压来考虑其主绝缘和匝间绝缘，冲击试验考核匝间绝缘、段间和层间绝缘。

1. 35kV 及以下绝缘结构　主绝缘如图 9.3－17 所示。主要尺寸见表 9.3－6 和表 9.3－7。

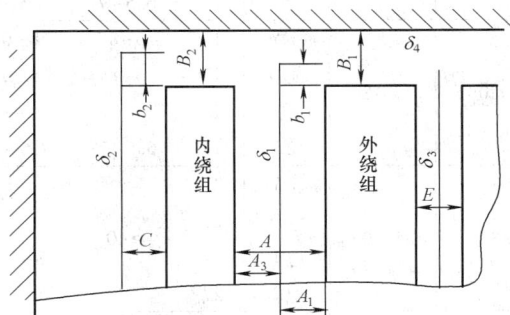

图 9.3－17　35kV 级及以下变压器主绝缘

表 9.3－6　　　　　　0.5～40kV 级内绕组-铁心的主绝缘距离

电压等级/kV	工试/全波/kV	绕组结构型式	主绝缘距离/mm				
			C	δ_2	B_2	b_2	δ_4
0.5	5/−	[1]	1	1	由结构	尺寸定	0
		[2]	9	3	由结构	尺寸定	0

续表

电压等级/kV	工试/全波/kV	绕组结构型式		主绝缘距离/mm				
				C	δ_2	B_2	b_2	δ_4
(3) 6	25/60	[1]		8	3	25	15	0
		[2]		9	3	25	15	0
10	35/80	[1]	[2]	10	3	35	20	0
15	45/108	[1]	[2]	14	3	45	30	0
20	55/130	[1]	[2]	17	3	55	40	0
35	85/200	[1]	[2]	27①	5	70	55	3
40	95/230	[1]	[2]	30①	5	80	65	3

注：1. 拉螺杆结构的器身；其纸筒至上铁轭的间隙推荐尺寸为：≤40kV 级层式绕组 2～3mm；≤40kV 级饼式绕组3～4mm。

2. [1] 为层式绕组，[2] 为饼式绕组。

① 若为饼式绕组时，上下两端各两段内径须垫纸条厚度为 5mm。

表 9.3－7　　　　　　　　　　0.5～40kV 级外组-内绕组、铁轭的主绝缘距离

电压等级/kV	工试/全波/kV	绕组结构型式	主绝缘距离/mm										
			A	A_1	A_2	δ_1	B_1	L_1	δ_4	E	δ_3	E	δ_3
(3) 6	25/60	①Y	7.5	0		2.5	19	8	2	8	0		
		①D	7.5	0		2.5	19	8	2	10	0		
		②1	15.5	6	6.5	3	35	20	0	17	0	8	1.5
		②2	17	6.5~7	6.5~7	3	40	25	0	20	0		
10	35/80	①Y	8.5	0		2.5	19	8	2	8	0		
		①D	8.5	0		2.5	19	8	2	12	0		
		②1	15.5	6	6.5	3	35	20	0	17	3	8	1.5
		②2	17	6.5~7	7.5~7	3	40	25	0	20	3		
15	45/108	①Y	13	0		3	29	18	2	12	0		
		①D	13	0		3	29	18	2	15	2		
		②1	15.5	6	6.5	3	35	20	0	17	3	12	2
		②2	17	6.5~7	7.5~7	3	40	25	0	20	3		
20	55/130	①Y	17	6~8	8~6	3	34	23	2	12	0		
		①D	17	6~8	8~6	3	34	23	2	17	2		
		②1	17	6~7	8~7	3	45	30	0	17	3	12	2
		②2	17	6.5~7	7.5~7	3	45	30	0	20	3		
35	85/200	①Y	27			4	70 (65)	48 (43)	2	17	0		
		①D	27	≥10		4	70 (65)	48 (43)	2	27	2	17	2
		②1	27		8~10	4	60	45	3	27	3		
		②2	27			4	60	45	3	30	3		
40	95/230	①Y	30			4	70	48	2	17	0		
		①D	30	≥10		4	70	48	2	27	2	17	2
		②1	27		8~10	4	65	50	3	27	3		
		②2	27			4	65	50	3	30	3		

注：表中绕组结构形式：①Y 是指中性点在外层的 Y 或 Z 联结的层式；①D 是指除①Y 以外其他层式；②1 是指拉螺杆压紧的饼式绕组硬纸筒结构；②2 是指压钉压板压紧的饼式绕组软纸筒结构；表中尺寸及纸筒尺寸为最小尺寸（包括制造裕度），视结构要求允许加大。硬纸筒内径尾数必须为 5 或 0。

35kV 及以下变压器纵绝缘主要是指其绕组的绝缘，也就是绕组的匝绝缘、段间油隙绝缘及层间绝缘。35kV 及以下变压器高压绕组一般为圆筒式和连续式绕组，具体选择什么样的绕组结构，取决于变压器的容量和电压等级。

（1）圆筒式绕组。匝绝缘不作规定：可按导线规格选择。层间绝缘采用 0.12mm 或 0.08mm 电缆纸，其张数按绕组两层间最大工作电压选取。电缆纸的工作场强一般取 3000~4000V/mm，用漆包线时取较小值，纸包线时取较大值。层间绝缘最少为 2 张，张数多时可采用分级绝缘，层间油道数量按温升计算确定，层间油道宽度见表 9.3-8。

对于 35kV 级圆筒式，需要加静电屏。

（2）连续式绕组。匝绝缘及油道绝缘见表 9.3-9，表中段间纸圈伸出绕组外径每边至少 6mm。

三相容量为 2500kVA 及以下，电压为 35kV 时，绕组首末端各 4 段匝数应为正常段匝数的 70% 左右。此时匝间应均匀垫以绝缘纸条，使绕组外径与正常段相同。

2. 35kV 及以下绝缘结构 35kV 冲击试验对纵绝缘起主要作用，这里主要讨论冲击下层间梯度和裕度。

层间梯度分布是很好的，对于全波来说，层间冲击梯度与层间工频梯度比值大约在 1.6 左右。而截波情况不一样，在 1~2 层间比值大些，其他层间很小了，甚至小于工频梯度。35kV 级时，对于连续式绕组，当主空道采用 27mm、端绝缘采用 70mm 时，工

频裕度在 1.25~1.4，冲击裕度在 1.5 以上。

连续式绕组纵绝缘弱点在段间油道，而且不同产品差异很大，一般容量越大，梯度越小，而小容量时裕度小。对于小容量变压器采用首端几段匝数减少为正常段 70%，而梯度可以降低。

3.3.2 60~110kV 级绝缘结构分析

60~110kV 级变压器有全绝缘和半绝缘之分，这是因为 60~110kV 系统有中点接地系统和绝缘系统，加之有双绕组和三绕组之分，以及三绕组有降压和升压之分，所以主、纵绝缘是有差异的。

近几年来，由于新材料、新结构及新工艺的出现和应用，60~110kV 级绝缘结构有很大的变化。总的趋势是在保证绝缘强度的情况下，主空道尺寸、端绝缘尺寸及段间油隙尺寸减小。如主空道由于采用薄纸筒小油隙结构，主空道总的尺寸可以缩小，端绝缘由于采用非金属压板（层压木压板、层压纸压板或玻璃钢压板）代替钢压板，所以端绝缘尺寸也可以缩小。对于绕组本身，由于采用了组合导线及换位导线，以及采用了纠结式绕组和内屏蔽式绕组结构，且绕组的油流采用导向冷却（主要对于大容量变压器），所以绕组尺寸也减小了。

图 9.3-18（a）、（b）、（c）为 60kV 级主绝缘结构，图 9.3-18（a）适用于高压为 YN 联结、分段圆筒式，硬纸筒结构，低压为饼式绕组。图 9.3-18（b）适用高、低压绕组均为饼式结构。

表 9.3-8 层 间 油 道 宽 度

绕组高度（包括端绝缘）	≤400	401~450	451~500	501~550	551~600	601~650	≥651
油道宽度	4	4.5	5	5.5	6	6.5	7

表 9.3-9 连续式绕组匝绝缘及油道绝缘

电压等级/kV	≤15	≤15	35	35
匝绝缘/mm	全部 0.45	全部 0.45	全部 0.45	全部 0.45
首末端油道绝缘/mm	全部为 1.5 纸圈和 4 油道交错排列	全部为 4 油道	1、3、5、7 段间为 2.5 纸圈，2、4、6、8 段间为 6 油道	6 油道 6 个
正常部分油道绝缘/mm	全部为 1.5 纸圈和 4 油道交错排列	全部为 4 油道	1.5 纸圈和 4.5 油道交错排列	4.5 油道
中部调压时中断点油道/mm	6	6	8	8
中性点调压、绕组反接时中断点油道/mm	8	8	—	—

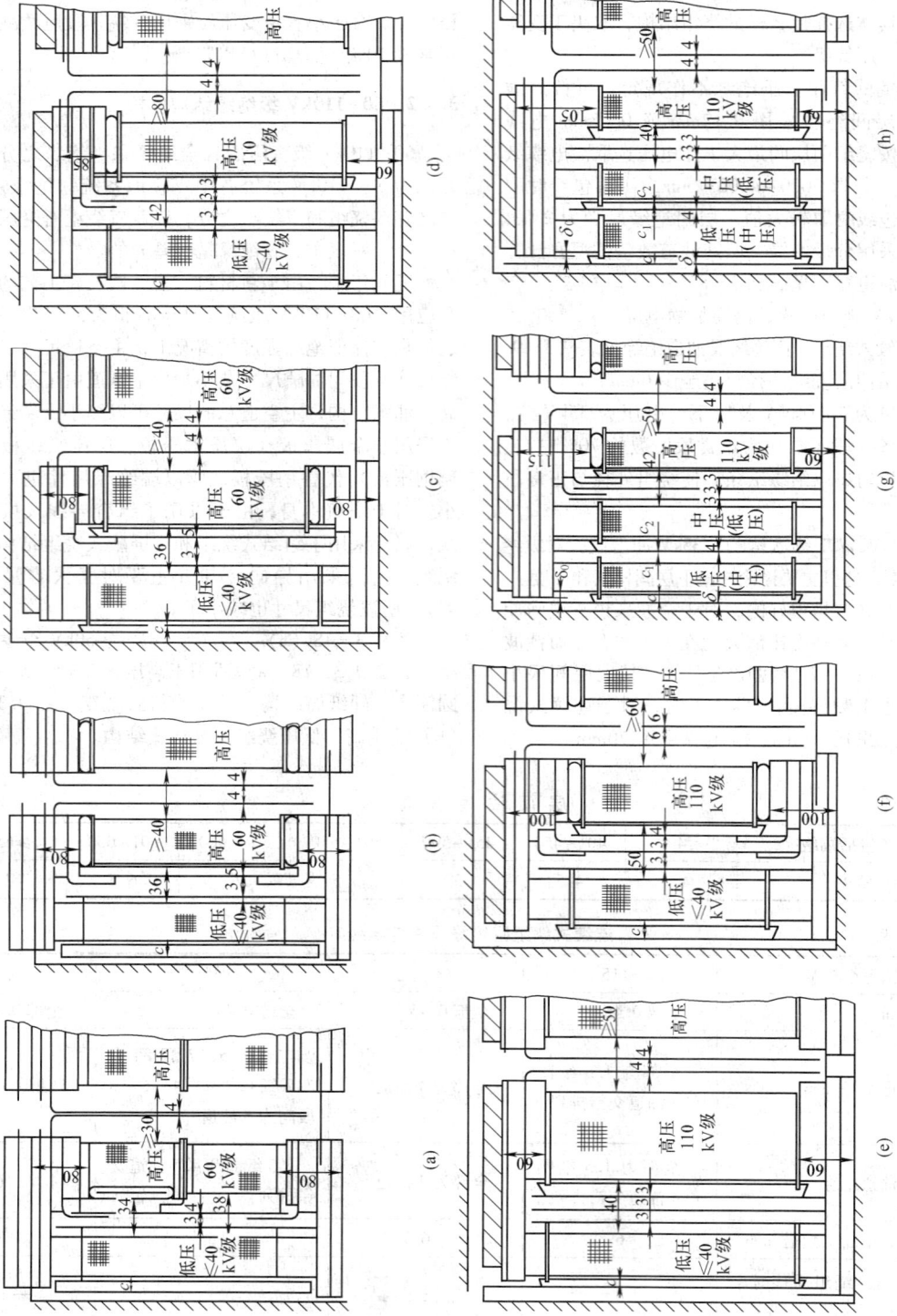

图 9.3-18 60kV 级主绝缘结构

3.4 三相变压器的联结组号

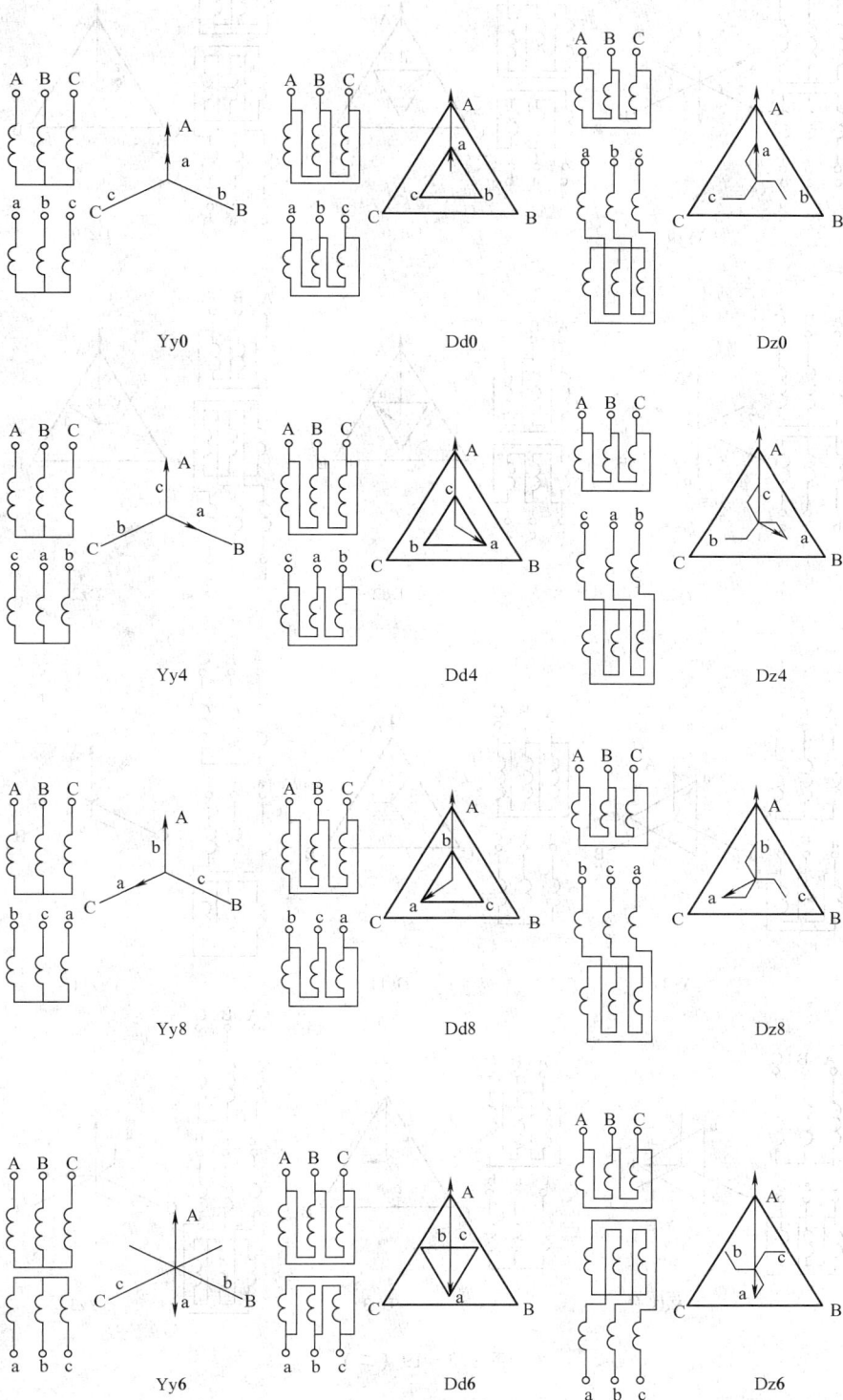

图 9.3 - 19 （一）

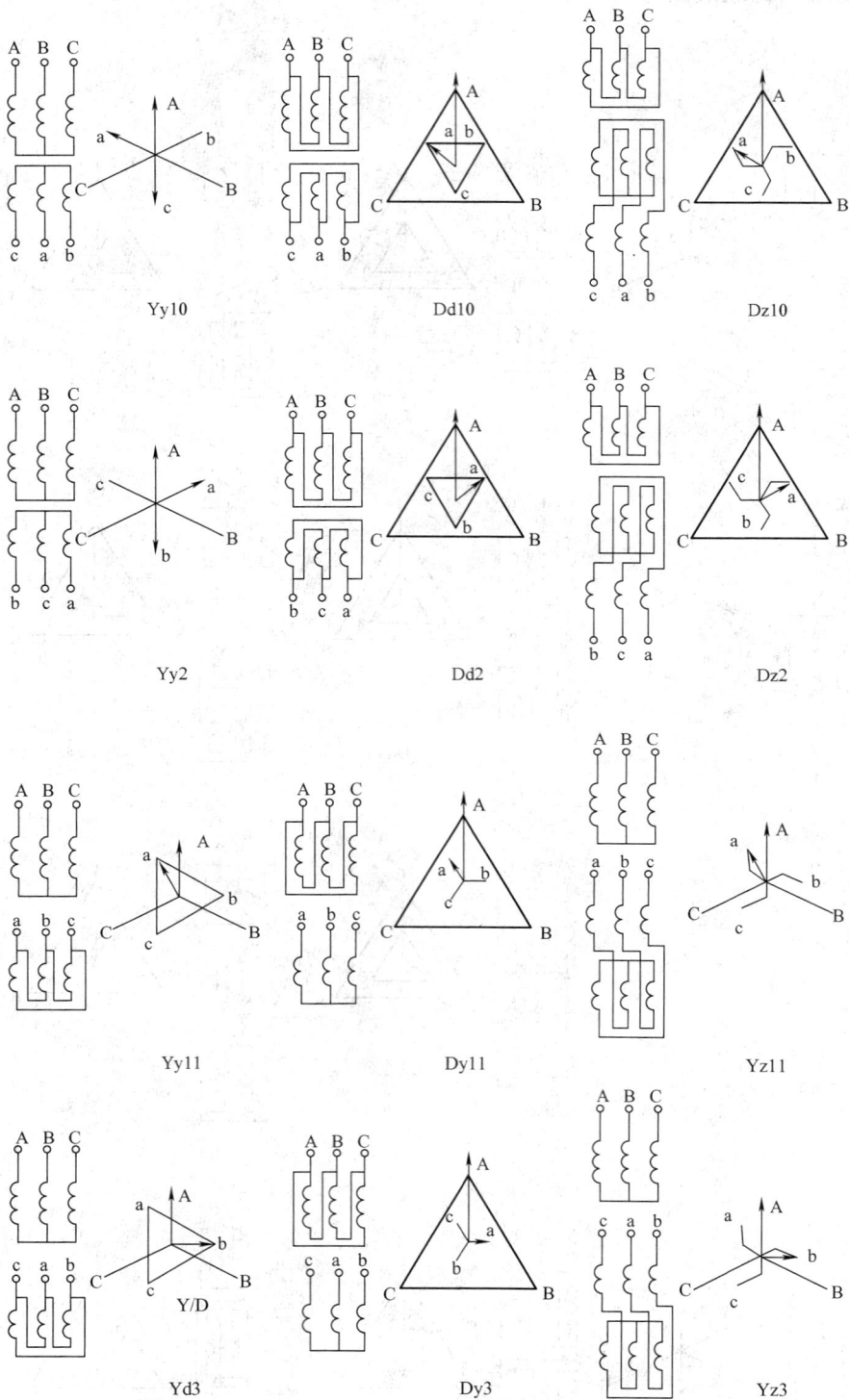

Yy10

Dd10

Dz10

Yy2

Dd2

Dz2

Yy11

Dy11

Yz11

Yd3

Dy3

Yz3

图 9.3 - 19 （二）

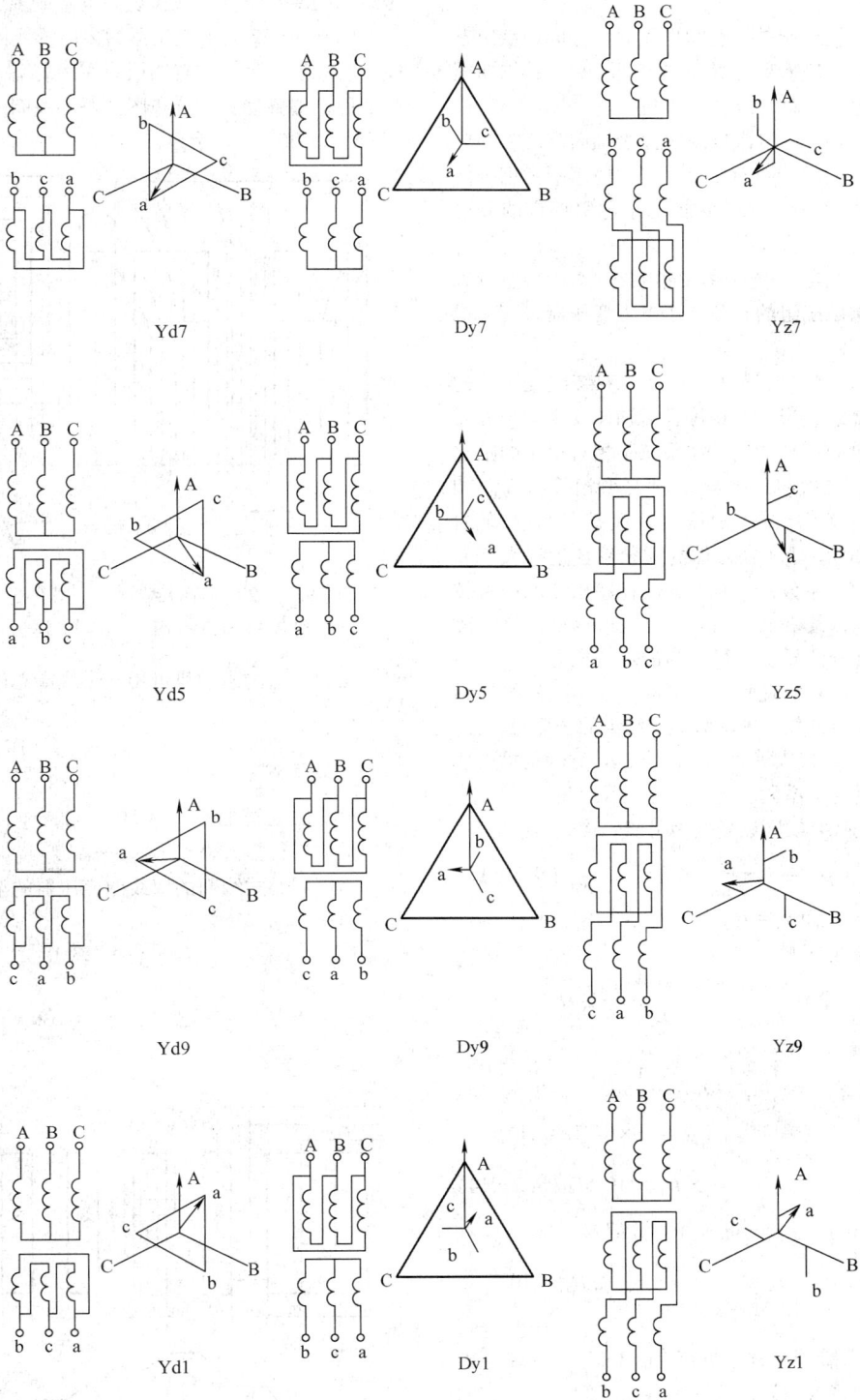

Yd7　　　　　　　　Dy7　　　　　　　　Yz7

Yd5　　　　　　　　Dy5　　　　　　　　Yz5

Yd9　　　　　　　　Dy9　　　　　　　　Yz9

Yd1　　　　　　　　Dy1　　　　　　　　Yz1

图 9.3 - 19 （三）

3.5 短路阻抗计算

漏磁通在绕组所占据空间里流通的方向与绕组轴线方向平行，该磁通称为纵向漏磁通，相应的纵向漏磁通产生的电抗，称为纵向漏电抗。

在同心式的一、二次绕组安匝沿轴向高度方向分布往往是不平衡的，因而在一、二次绕组所占据空间里还有一种流通方向与绕组轴线方向相垂直的漏磁通，此漏磁通称为横向漏磁通，它在一、二次绕组中产生漏电抗，此电抗称为横向漏电抗。对于容量较大的具有单独调压绕组的有载调压电力变压器，需考虑横向漏电抗。

1. 同心式绕组的漏电抗计算　双绕组变压器的两个同心式绕组，当高度相等且沿轴向安匝均匀分布时，是最简单的一种情况。如果忽略相对很小的励磁电流，则一、二次绕组的磁动势大小相等、方向相反。磁力线平行于心柱轴线，只在端部发生弯曲（见图 9.3－20）。由于铁磁体的磁导系数远远大于非磁性材料的磁导系数，同时磁力线在超出线圈两端较远处发散很快，其磁阻也很大，于是可以认为绕组磁动势的绝大部分消耗在绕组等高的那一段磁路上。当考虑线圈高度以外的磁阻时，引进一个系数使等效漏磁高度区段上所消耗的磁动势等于绕组的全部磁动势，即 $h_{z1} = h/\rho_1$，h_{z1} 代表等效漏磁高度，ρ_1 称为洛克夫斯基系数。引进这个系数，使得在变压器的漏抗计算中，以等效漏磁场代替实际磁场成为可能。洛式系数为

$$\rho_1 = 1 - \frac{1}{\pi u}(1 - e^{\pi u}) \qquad (9.3-12)$$

式中，$u = h/\tau_1$，而 $\tau_1 = a_1 + a_{12} + a_2$。

同心式绕组的漏电抗为

$$x_{k1} = 2\pi f \frac{E_m}{I^2} = \frac{4\pi^2 \mu_0 f W^2 \rho_1}{h} \sum D_1$$

式中，等效漏磁面积

$$\sum D_1 = \frac{1}{3} a_1 r_1 + a_{12} r_{12} + \frac{1}{3} a_2 r_2 \qquad (9.3-13)$$

式（9.3－13）中长度单位为 cm，$\mu_0 = 4\pi \times 10^{-7} \text{H/m}$，得出

$$x_{k1} = \frac{49.6 f W^2 \rho_1}{h} \sum D_1 \times 10^{-6} \Omega \qquad (9.3-14)$$

将式（9.3－14）写成电抗压降百分值

$$u_{x1} = \frac{I_{rp} x_{h1}}{U_{rp}} \times 100 = \frac{49.6 f I_{rp} W^2 \rho_1}{h U_{rp}} \sum D_1 \times 10^{-4}$$

$$(9.3-15)$$

2. 多层线圈的漏抗　近年来，35kV 以下变压器绕组广泛采用多层圆筒式线圈，各层线圈在径向方向呈同心式排列，层间以油道隔开。这种结构的线圈可以减小线圈的径向尺寸，从而减小单位容量的有效材料消耗并减小阻抗电压，并适于采用有效的导向冷却试。而更主要的是它不必采用专门的昂贵的电容保护

即可使变压器具有很高的冲击强度。有时为了改善低压线圈的冷却条件，低压线圈也做成多层式的。

图 9.3－22 表示变压器的多层式线圈，其中一个线圈有二层，另一个有四层。在图的下方绘出了线圈纵截面上漏磁动势的分布图。每层线圈的磁动势可用 $(IW)_1$，$(IW)_2$，…表示。

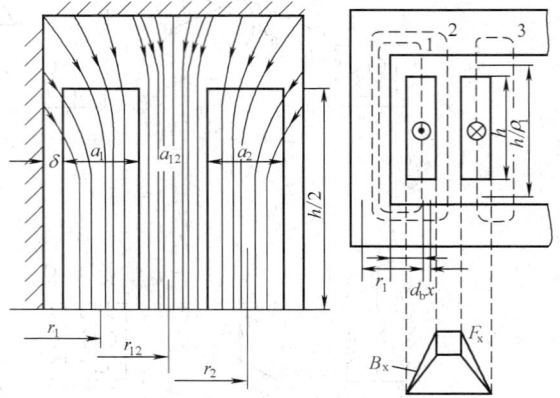

图 9.3－20　同心式　　　　图 9.3－21　同心式
绕组漏磁场分布图　　　　绕组漏抗计算图

层间空道的磁动势可用一个线圈总磁势的分数来表示，即

$$a_{12} = \frac{(IW)_1}{IW}; \quad a_{23} = \frac{(IW)_1 + (IW)_2}{IW}; \quad \cdots$$

设漏磁空道的平均半径为 r_{12}，r_{23}，…，各层线圈的平均半径为 r_1，r_2，r_3，…。

多层同心式线圈的双线圈变压器的漏抗为

$$x_k = \frac{4\pi^2 f \mu_0 \rho_1 W^2}{h} \left\{ \sum_{k=1}^{s} \frac{r_k b_k}{3} \left[a_{k(k-1)}^2 + a_{k(k-1)} a_{k(k+1)} \right. \right.$$
$$\left. \left. + a_{k(k+1)}^2 \right] + \sum_{k=2}^{s} a_{k(k-1)}^2 r_{k(k-1)} \delta_{k(k-1)} \right\}$$

$$(9.3-16)$$

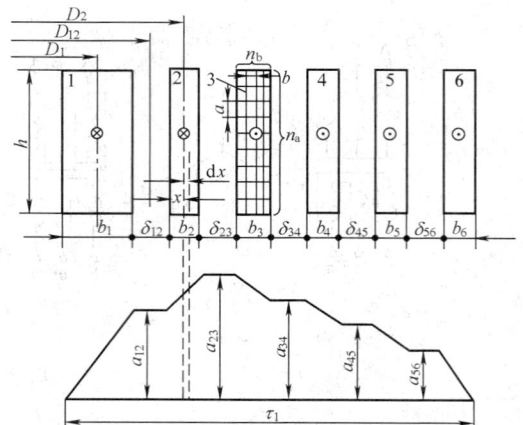

图 9.3－22　多层同心式线圈

计算时注意 $a_{01}=0$。

如果相电压 U_{rp} 以伏计，相电流 I_{rp} 以安计，线性尺寸以厘米计，那么漏抗百分数为

$$x_\% \% = \frac{49.6f I_{rp} W^2 \rho_1 \, 10^{-4}}{h U_{rp}} \times$$

$$\left\{ \sum_{k=1}^{S} \frac{r_k b_k}{3} \left[a_{k(k-1)}^2 + a_{k(k-1)} a_{k(k+1)} + a_{k(k+1)}^2 \right] + \right.$$

$$\left. \sum_{k=2}^{S} a_{k(k-1)}^2 r_{k(k-1)} \delta_{k(k-1)} \right\} \qquad (9.3-17)$$

洛氏系数 ρ_1 可按下式计算

$$\rho_1 = 1 - \frac{1}{\pi u}(1 - e^{-\pi u}) \qquad (9.3-18)$$

式中，$u = h/\tau_1$，而 $\tau_1 = b_1 + b_2 \Lambda + \delta_{12} + \delta_{23} + \cdots$ 为全部线圈各层及各空道的宽度之和。

3. 不同形式线圈的等效漏磁面积计算（见表 9.3-10、表 9.3-11，图 9.3-23）

表 9.3-10　线圈的等效漏磁面积计算

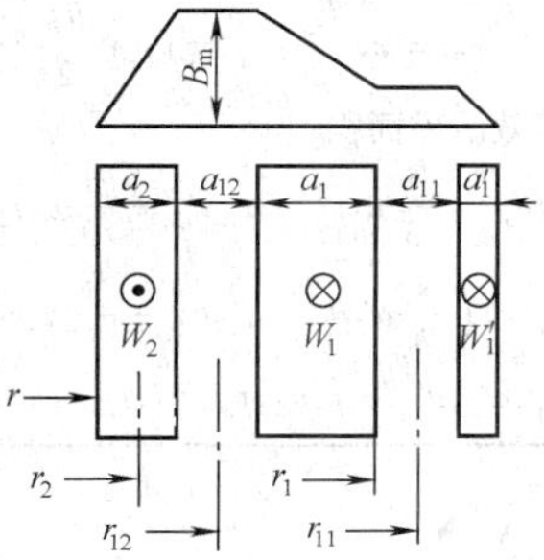

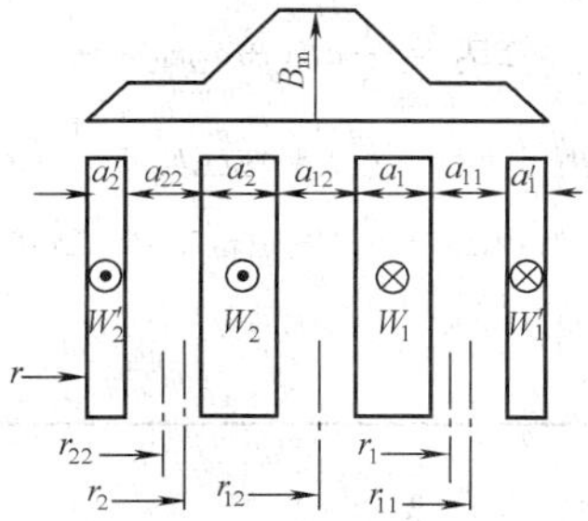

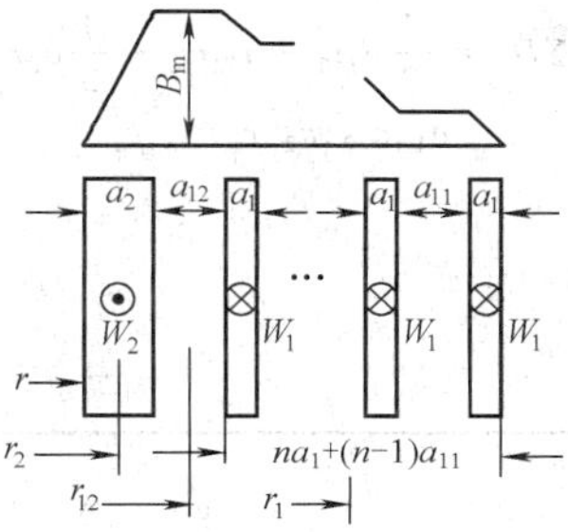

$$\Sigma D = \frac{1}{3} \left[(a_1 + a'_1) r_1 + r_2 a_2 \right] +$$
$$a_{12}r_{12} + a_{11}r_{11}\left(\frac{W'_1}{W_1 + W'_1}\right)^2$$
$$r_1 = r + a_2 + a_{12} + \left(\frac{a_1 + a_{11} + a'_1}{2}\right)$$
$$r_2 = r + \frac{a_1}{2}$$
$$r_{11} = r + a_2 + a_{12} + a_1 + \frac{a_{11}}{2}$$
$$r_{12} = r + a_2 + \frac{a_{12}}{2}$$

$$\Sigma D = \frac{1}{3} \left[(a_1 + a'_1) r_1 + (a_2 + a'_2) r_2 \right] +$$
$$a_{11}r_{11}\left(\frac{W'_1}{W_1 + W'_1}\right)^2 +$$
$$a_{22}r_{22}\left(\frac{W'_2}{W_2 + W'_2}\right)^2$$

$$\Sigma D = \frac{1}{3}(r_1 a_1 + r_2 a_2) + a_{12} r_{12} +$$
$$a_{11}\frac{(n-1)(2n-1)}{6n}$$
$$r_1 = r + a_2 + a_{12} +$$
$$\frac{n a_1 (n-1) a_{11}}{2}$$

表 9.3-11　漏磁链法的各磁动势及 ΣD 计算

额定分接	最大正分接	最大负分接
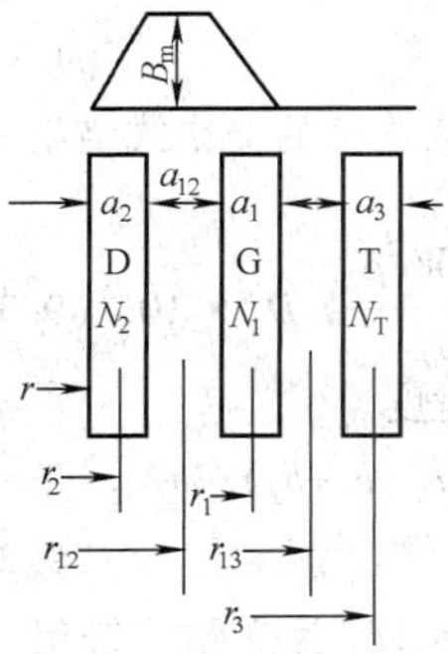	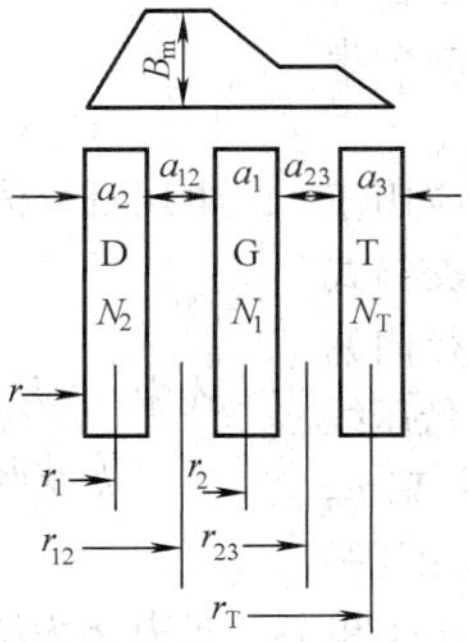	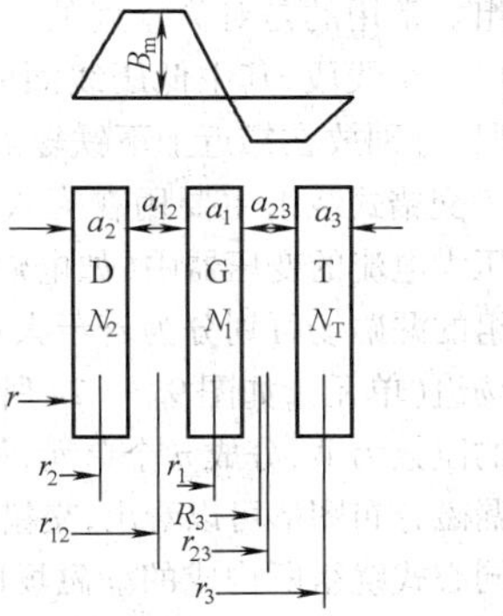

额定分接	最大正分接	最大负分接
磁动势平衡方程式 $$I_D N_D - I_G N_G = 0$$ 基准磁动势 $$IN = I_D N_D = I_G N_G$$ 相对磁动势 $$F_1 = I_D N_D / IN = 1$$ $$F_2 = I_G N_G / IN = 1$$ 等效漏磁面积 $$\Sigma D_1 = \frac{1}{3} a_1 r_1 + a_{12} r_{12} + \frac{1}{3} a_2 r_2$$ $$a_1, a_{12}, a_2, r_1, r_{12}, r_2$$	磁动势平衡方程式 $$I_D N_D - I_G N_G - I_G N_T = 0$$ 基准磁动势 $$IN = I_D N_D = I_G (N_G + N_T)$$ 相对磁动势 $$F_1 = I_D N_D / IN = 1$$ $$F_2 = I_G N_G / IN = 1$$ $$F_3 = I_G N_T / IN$$ 等效漏磁面积 $$\Sigma D_2 = \frac{1}{3} a_1 r_1 + a_{12} r_{12} + \frac{1}{3}$$ $$a_2 r_2 (1 + F_3 + F_3^2) + a_{23} r_{23} F_3^2 + \frac{1}{3} a_3 r_3 F_3^2$$ $$a_1, a_{12}, a_2, a_{23}, a_3, r_1, r_{12}, r_2, r_{23}, r_T$$	磁动势平衡方程式 $$I_D N_D - I_G N_G + I_G N_T = 0$$ 基准磁动势 $$IN = I_D N_D = I_G (N_G - N_T)$$ 相对磁动势 $$F_1 = I_D N_D / IN = 1$$ $$F_2 = I_G N_G / IN = 1$$ $$F_3 = I_G N_T / IN$$ 高压绕组尺寸划分及平均半径 $$a_2' = a_2 \frac{1}{F_2}; a_2'' = a_2 \frac{F_3}{F_2}$$ $$r_2' = r_2 \frac{F_3}{F_2}; r_2'' = r_2 + \frac{a_2}{2}$$ 等效漏磁面积 $$\Sigma D_3' = \frac{1}{3} a_1 r_1 + a_{12} r_{12} + \frac{1}{3} a_2 r_2 F_1^2$$ $$\Sigma D_3'' = \left(\frac{1}{3} a_2' r_2' + a_{23} r_{23} + \frac{1}{3} a_3 r_3 \right) F_3^2$$ $$a_1, a_2', a_2'', a_{12}, a_2, r_2, r_{12}, r_{23}$$

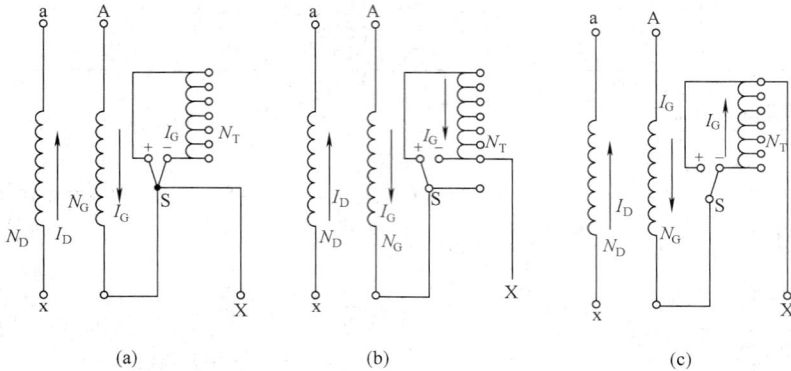

图 9.3 - 23　有载调压电力变压器绕组连接图
（a）额定分接；（b）最大正分接；（c）最大负分接

对称交错式绕组漏电抗计算如下：一个铁心柱上的高低压线圈的线段彼此交错排列的绕组称为交错式绕组。常用的是对称排列的。这种绕组高、低压各等分成 n 个线段，其中低压线圈的一个线段分成两个半线段，分别放在靠近上下铁轭处。

交错式绕组主要用在壳式变压器中，也常应用于低压大电流的变压器中（如电炉变压器）。对称交错式绕组的漏磁场可划分为若干大小和分布相同的径向漏磁场组（单元），如图 9.3 - 24 所示。假定高压或低压线圈的匝数为 W，分成 n 个单元，每一单元的匝数为 W/n。从漏磁分布图形可以看出，交错式绕组的一个单元与一对同心式绕组所构成的漏磁场图形相似。所以一个单元（如图 9.3 - 25 所示）的漏电抗可按下式计算

$$x_a = \frac{49.6 \left(\dfrac{W}{n} \right)^2 \rho_2}{h_2} \Sigma D_2 \times 10^{-6}$$

$$(9.3 - 19)$$

因此，由 n 个单元线匝串联连接的交错式绕组的电抗电压百分值

$$u_x \% = \frac{49.6 I_{rp} W^2 \rho_2}{n h_2 U_{rp}} \Sigma D_2 \times 10^{-4} \quad (9.3 - 20)$$

式中，h_2 为交错绕组径向宽度。

等效漏磁面积 $\Sigma D_2 = r[(b_1 + b_2)/3 + b_{12}]$

$$(9.3 - 21)$$

式中，r 为绕组平均半径；b_1，b_2 为交错式绕组一个单元线段的低压和高压线饼轴向高度；b_{12} 为高压与低压

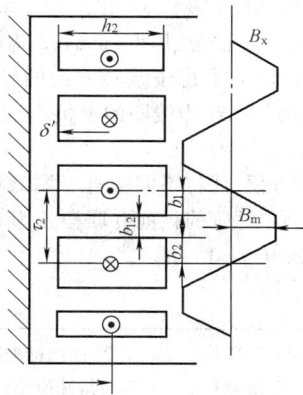

图 9.3－24　对称交错式绕组

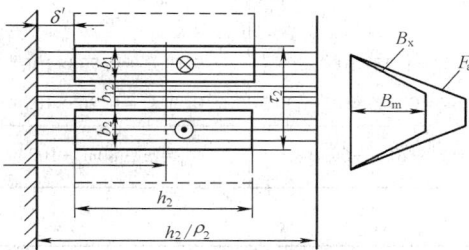

图 9.3－25　对称交错式绕组的一个单元

线段间距离。

对于心式铁心交错式绕组的洛果夫斯基系数按式（9.3－22）计算

$$\rho_2 = 1 - \frac{1}{\pi u}(1 - e^{-\pi u})[1 - 0.5 e^{-2\pi v}(1 - e^{-\pi u})]$$
$$(9.3 - 22)$$

式中，$u = h_2/\tau_2$；$v = \delta/\tau_2$；$\tau_2 = b_1 + b_{12} + b_2$；$\delta'$ 为线圈与心柱之间的距离。常取 $\delta = \delta' + 0.03D$。

3.6　负载损耗

1. 线圈导线电阻损耗　一次侧绕组平均直径 D_{P1}，

导线截面积 S_H，匝数为 W_1，则一次侧绕组电阻

$$R_1 = \rho \frac{W_1 \pi D_{P1}}{S_H}$$

式中，S_H 为一次侧导线截面积（mm^2）；D_{P1} 为一次绕组平均直径（m）；ρ 为电阻系数；铜导线电阻系数 $\rho_{75\,^\circ C} = 0.02135$。二次绕组平均直径 D_{P2}，导线截面积 S_L，匝数 W_2，则二次绕组电阻

$$R_2 = \rho \frac{W_2 \pi D_{P2}}{S_L}$$

电阻损耗　　$P_r = 3 I_1^2 R_1 + 3 I_2^2 R_2$

2. 线圈附加损耗　对于层式绕组的附加损耗，可按下式计算

$$P_f = P_r \frac{K_f\%}{100} W$$

式中，P_r 为被计算线圈的导线电阻损耗（W）；$K_f\%$ 为被计算线圈的附加损耗百分数，它用占电阻损耗的百分数表示，一般估计为：200kVA 及以下时，$K_f\% = 3\%$ 左右；250～315kVA：$K_f\% = 5\%$ 左右；400～630kVA：$K_f\% = 8\%$ 左右。

饼式线圈的附加损耗，包括线圈的涡流损耗及不完全换位时的附加损耗，可按下式计算

$$K_f\% = K_w\% + K_b\%$$

式中，$K_w\%$ 为被计算线圈的涡流损耗百分数；$K_b\%$ 为被计算线圈在不完全换位时的附加损耗百分数。

$$K_w\% = \frac{17.8^2 \pi^2 \, 10^{-12}}{18 \rho_d^2}\left(\frac{fmnaS\rho}{H_x}\right)^2 = \frac{k_w}{10^7}\left(\frac{fmnaS\rho}{H_x}\right)^2 \%$$

式中，$k_w = \frac{17.8^2 \pi^2}{18 \rho_d^2} \times 10^{-5}$，铜导线（75 ℃）：$k_w = 3.8$；铝导线（75 ℃）：$k_w = 1.36$；$f$ 为频率（Hz）；S 为每根导线截面积（mm^2）；ρ_d 为导线电阻系数（$\Omega \cdot mm^2/m$），其他符号意义见表 9.3－12。

表 9.3－12　　　　　　　　　　　　符 号 意 义

线圈排列方式	同心式线圈	交错式线圈
$m = $ 垂直于漏磁场方向的导线根数	连续式 $m = $ 每段匝数×并联根数 螺旋式 $m = $ 每匝并联根数	连续式 $m = $ 每平衡组内段数 螺旋式 $m = $ 每平衡组内匝数
$n = $ 平行于漏磁场方向的导线根数	连续式 $n = $ 段数 螺旋式 $n = $ 匝数×螺旋股数	连续式 $n = $ 每段匝数×并联根数 螺旋式 $n = $ 每股并联根数
$a = $ 垂直于漏磁场方向裸导线尺寸（mm）	$a = $ 沿辐向单根导线厚度（mm）	$a = $ 沿轴向单根导线高度（mm）
$H_x = $ 线圈电抗高度（mm）	$H_x = $ 线圈电抗高度（mm）	$H_x = b_x = $ 线圈辐向宽度（mm）

涡流损耗与温度有关，计算涡流损耗都是在一定温度(75 ℃)时的百分数，如果换算到其他温度(θ)时，可按下式折算

$$K_{w\theta}\% = K_{w75°C}\left(\frac{T+75}{T+\theta}\right)^2\%$$

式中，铜线的 $T=235$；铝线的 $T=225$。

由不完全换位引起的附加损耗由下式计算

$$K_b\% = k_b c_m\left(\frac{faSW\rho}{H_x}\right)^2\%$$

式中，k_b、c_m 为系数，见表 9.3 – 13；f 为频率(Hz)；a 为垂直于漏磁方向的裸导线厚度(mm)；S 为单根导线的截面积(mm^2)；W 为平行于漏磁方向的导线根数，即单螺旋式线圈匝数；H_x 为线圈的电抗高度(mm)；ρ 为洛氏系数。

为了计算方便，现将不同垂直于漏磁场方向的导线并联根数，即单螺旋的径向并联根数为 m_b 时，所求得的 c_m 列于表 9.3 – 14 中。

表 9.3 – 13　　　　　　　　　　　　系 数 k_b 及 c_m

系　数 ＼ 换位形式	只有一次标准换位	一次标准换位及两次特殊换位(212 换位)	一次两组标准换位两次四组特殊换位(524 换位)
k_b	$k_b = \dfrac{16\pi^4\times10^{-12}}{180\rho_d^2}$ 铜线 $k_b = 1.89\times10^{-8}$ 铝线 $k_b = 0.679\times10^{-8}$	$k_b = \dfrac{\pi^4\times10^{-12}}{180\rho_d^2}$ 铜线 $k_b = 1.18\times10^{-9}$ 铝线 $k_b = 0.425\times10^{-9}$	$k_b = \dfrac{\pi^4\times10^{-12}}{16\times180\rho_d^2}$ 铜线 $k_b = 0.738\times10^{-10}$ 铝线 $k_b = 0.265\times10^{-10}$
c_m	$c_m = m_b^4 - 5m_b^2 + 4$	$c_m = m_b^4 - 20m_b^2 + 64$	$c_m = m_b^4 - 80m_b^2 + 1024$

表 9.3 – 14　　　　　　　　　　　　c_m 值

c_m ＼ m_b	4	5	6	7	8	9	10	11	12	13	14	15	16	17	18	19	20
$c_m = m_b^4 - 5m_b^2 + 4$	180	504	1120	2160	3780	6160	9504	14040	20020	27720	37440	49504	64260	82080	103360	128520	158004
$c_m = m_b^4 - 20m_b^2 + 64$	—	189	640	1485	2880	5005	8064	12285	17920	25245	34560	46189	60480	77805	98560	123165	152064
$c_m = m_b^4 - 80m_b^2 + 1024$						1105	3024	5985	10240	16065	23760	33649	46080	61425	80080	102465	129024

当 m_b 较大的单螺旋式线圈采用一次标准换位时，不完全换位的附加损耗将是"212"换位的 16 倍以上，而"212"换位将是"424"换位的 16 以上。

连续式线圈的饼间采用标准换位，如并联根数为两根时，换位是完全的，超过三根并联时，换位则是不完全的，需要计算不完全换位引起的附加损耗，计算时仍采用上式。

3. 引线损耗　当电流通过引线时，由于引线有电阻存在，而产生引线损耗，它可用占线圈电阻损耗的百分数来估算，即

$$P_y = P_r\frac{K_y\%}{100}$$

式中，P_r 为线圈电阻损耗(W)；$K_y\%$ 为引线损耗占线圈电阻损耗的百分数，可按表 9.3 – 15 选取。

表 9.3 – 15　　引线损耗占线圈电阻损耗的百分数

线圈电压等级/kV	≥35	10	6	3	0.4（双螺旋式）	0.4（四螺旋式）
Y 联结时 K_y（%）	可不计	0.5	1	1.5	12	15
△联结时 K_y（%）	0.5	1	2	3	12	15

引线损耗除采用上述的估算外，还可以利用和线圈电阻损耗相似的方法计算

$$P_y = mI_y^2 r_y$$

式中，m 为相数；I_y 为引线电流（A），一般为线圈相电流；r_y 为每相引线电阻（Ω），可按下式计算

$$r_y = \rho_d L_y / s_y$$

式中，ρ_d 为引线电阻系数（$\Omega \cdot mm^2/m$）；在 75 ℃ 时，铜线 $\rho_d = 0.02135$；铝线 $\rho_d = 0.0357$；s_y 为引线总截面积（mm^2）；L_y 为引线每相平均总长（m），可按表 9.3-16 估算。

表 9.3-16　　引线每相平均总长估算

接法	电压/kV	线圈排列及出线方式	引线每相平均长度/m
Y 或 Y_0	220	高-低结构中部出线	$L_y \approx 6.5$
		高-低-高 高-低-高-低 及自耦变压器中部出线	$L_y \approx 6.5+$窗高+夹件高度≈ 9
	110	中部出线	$L_y \approx 4$
		端部出线	$L_y \approx 4+$（窗高/2）≈ 4.5
	35~10	中压线圈端部出线	$L_y \approx 3\times$线圈高度
	35~3	端部出线	$L_y \approx 2\times$线圈高度
D	35~3	首头在上末头在下	$L_y \approx 5\times$线圈高度
	35~3	首末头均在上	$L_y \approx 2\times$铁心柱中心距

4. 杂散损耗　变压器运行时，由于漏磁通穿过钢铁结构件（夹件、钢压板、螺栓及油箱壁等），并在其中产生杂散损耗。考虑到漏磁通路径的复杂性，精确计算是有困难的，所以杂散损耗只能采用近似方法进行计算。

对于 630kVA 及以下的变压器采用层式线圈结构时，考虑到它的漏磁通不大，故将杂散损耗一并在附加损耗里予以考虑，不再计算。

对于 800kVA 及以上的中大型双线圈变压器以及三线圈变压器，其中每一对线圈运行时的杂散损耗，可按下列经验公式进行计算

$$P_{zs} = \frac{K_{zs}(\Phi_0 \times 10^{-6})^2 (u_x\%)^2 a^2 H_x^3}{l_{zh}[H_x + 2(R_{pb} - R_{p12})]^2} \left(\frac{f}{50}\right)^2 \left(\frac{S}{S_N}\right)^2$$

式中，K_{zs} 为经验系数，见表 9.3-17；Φ_0 为额定励磁时铁心柱中主磁通；$u_x\%$ 为额定容量时的电抗电压百分数，如 $u_x\%$ 用实际容量时的数值代入，则式中的 $(S/S_N)^2 = 1$；f 为频率（Hz）；H_x 为被计算的两线圈间平均电抗高度（mm）；l_{zh} 为按油箱内壁计算的油箱壁周长（mm）；R_{pb} 为油箱内壁平均折合半径（mm），即铁心柱中心至油箱壁平均距离。

三相变压器：$R_{pb} = \dfrac{L_b + B_b - 2M_o}{4}$

单相变压器：$R_{pb} = \dfrac{L_b + B_b - M_o}{4}$

式中，L_b 为油箱内壁长度（mm）；B_b 为油箱内壁宽度（mm）；M_o 为铁心柱中心距（mm）；a 为漏磁链校正系数

$$a = \frac{\dfrac{1}{2}(a_1 R_{p1} + a_2 R_{p2}) + a_{12}R_{p12}}{\dfrac{1}{3}(a_1 R_{p1} + a_2 R_{p2}) + a_{12}R_{p12}}$$

对于双线圈变压器，如辐向尺寸较小时，漏磁链校正系数 a 可不计算，即认为 $a = 1$。

a_1、a_2 分别为被计算两个线圈的辐向尺寸（mm）；R_{p1}、R_{p2} 分别为被计算两个线圈的平均半径（mm）；a_{12} 为被计算两个线圈间的主空道距离（mm）；R_{p12} 为主空道的平均半径（mm）；S 为变压器实际运行的容量（kVA）；S_N 为变压器的额定容量（kV）。

表 9.3-17　　　　　　　　　　　　经 验 系 数 K_{zs}

变压器相数	单相变压器		三相变压器（包括三相自耦变压器）					
阻抗电压 u_x（%）	≤10.5	10.5	≤6	6.1~10.5	10.6~17	17.1~22	22.1~25	25.1~28
平滑油箱的 K_{zs}	1	0.67	4.38	2.19	1.47	1.0	0.9	0.8
皱纹油箱的 K_{zs}	1.69	—	—	3	—	—	—	—

3.7　温升计算

变压器温升计算主要时计算线圈对油的平均温升和油对空气的平均温升。线圈对空气的平均温升（简称线圈温升）等于上述两部分的和。油箱顶层油对空气的温升（简称油面温升）可根据油对空气的平均温升以及变压器散热中心高度与发热中心的高度比值求得。温升的实测值应不超过标准 GB 1094 的限值，见表 9.3-18。一般计算值以比标准值略低 2~3 ℃为宜。

表 9.3-18　　　变压器温升限值

变压器的部分		温升限值/℃	测量方法
线圈	自然油循环	65	电阻法
	强迫油循环		
铁心表面		75	温度计法
与变压器油接触（非导电部分）的结构件表面		80	
油面		55	

1. 线圈对油的平均温升　线圈对油的平均温升 的 $\Delta\theta_{Q-Y}$ 计算公式见表 9.3-19。

表 9.3-19　　　　线圈对油的平均温升计算公式

变压器冷却方式和线圈型式	线圈表面热负载 q_Q / (W/m^2)	线圈对油的平均温升的 $\Delta\theta_{Q-Y}$ /℃	$\Delta\theta_{Q-Y}$ 的计算限值
油浸自冷式、圆筒式、铝箔筒式、分段式线圈	$q_Q = \dfrac{1.032 P_Q^{①}}{A_Q}$	$\Delta\theta_{Q-Y} = 0.065 q_Q^{0.6} + d\theta_1 + d\theta_2$	
油浸自冷式或风冷式连续式、双饼式、纠结式、螺旋式线圈	$q_Q = \dfrac{k_3 K_4 I_{\Phi n} N_D j}{K_{zg} l_D}\left(1 + \dfrac{K_{wl}}{100}\right)$	$\Delta\theta_{Q-Y} = 0.41 q_Q^{0.6} + d\theta_3 + d\theta_4$ （自冷式，内线圈）　　$\Delta\theta_{Q-Y} = 0.358 q_Q^{0.6} + d\theta_3 + d\theta_4$ （自冷式，外线圈）　　$\Delta\theta_{Q-Y} = 0.159 q_Q^{0.6} + d\theta_3 + d\theta_4$ （风冷式，内、外线圈）	一般情况下 $\Delta\theta_{Q-Y} \leqslant 25\,℃$
强迫油循环风（水）冷式连续式、双饼式、纠结式、螺旋式线圈	$q_Q = \dfrac{k_3 K_4 K_5 I_{\Phi n} N_D j}{K_{zg} l_D}\left(1 + \dfrac{K_{wl}}{100}\right) + dq$	$\Delta\theta_{Q-Y} = 0.113 q_Q^{0.7}$	强迫油循环风冷式 $\Delta\theta_{Q-Y} \leqslant 30\,℃$ 强迫油循环水冷式 $\Delta\theta_{Q-Y} \leqslant 25\,℃$

① 式中 1.032 系 75℃时的损耗折算到 85℃时的系数。

表 9.3-19 中符号意义如下：

P_Q——每个线圈 75℃时的损耗（包括涡流损耗和环流损耗）（W）；

A_Q——每个线圈的有效散热面积（m^2），应等于其所有表面积（包括层间油道内的表面积）减去撑条的遮盖面积。低压线圈内垫 1mm 厚的软纸筒时，有效散热面积只计算其内表面积的一半；

k_3——系数，铝线圈 $k_3 = 36.8$，铜线圈 $k_3 = 22.1$；

K_4——导线绝缘效正系数，绝缘导线厚 ≤1.75×裸导线厚时，$K_4 = 1$；绝缘导线厚大于 1.75×裸导线厚时，$K_4 = \dfrac{绝缘导线厚}{1.75 \times 裸导线厚}$；

K_5——线段绝缘效正系数，$K_5 = 1 + 0.364 \times (\delta_1 - 0.45)$，其中，$\delta_1$ 为匝间绝缘和线段两边附加绝缘的总厚度（mm）；

K_{zg}——线段的遮盖系数，$K_{zg} = 1 - \dfrac{沿圆周垫块数 \times 垫块宽}{\pi \times 线段的平均直径}$；

N_D——线段内匝数，螺旋式线圈 $N_D = 1$；

j——线段电流密度（A/mm^2）；

K_{wl}——85℃式涡流损耗系数；

l_D——线段断面的周长（mm），当连续式线圈段间用油道和纸圈交错隔开，或单螺旋式线圈线匝两面用宽度不同的油道隔开，其一面油道宽度 ≤1.5mm 时，l_D = 绝缘

线厚×并联根数×N_D+2×绝缘导线宽；当连续式、双饼式、纠结式、螺旋式线圈线段两面都用油道隔开，油道宽度大于 4mm 时，$l_D = 2 \times$（绝缘导线厚×并联根数×N_D+绝缘导线宽）；

dq——考虑油道宽度的热负载效正值，油道宽度与线段辐向尺寸如图 9.3-26 所示；

$d\theta_1$——考虑层间绝缘厚度的温升效正值，$d\theta_1 = n_c k_4 q_Q$（℃）。其中，n_c 为线圈总层数减去油道个数；k_4 为系数，可从表 9.3-20 查得；表中 δ_2 为层间绝缘厚加匝间绝缘厚。

表 9.3-20　　　系数 k_4 值

δ_2 /mm	≤0.64	0.76	0.88	1	1.12	1.24	1.4
k_4	0	0.00023	0.00046	0.0007	0.00094	0.00119	0.0015

$d\theta_2$——考虑层间绝缘厚度的温升效正值，$d\theta_2 = \delta_2 k_5 q_Q$（℃）；其中，$\delta_2$ 为层间绝缘厚加匝间绝缘厚，当 $\delta_2 < 0.64$ 时，取实际值；当 $\delta_2 \geqslant 0.64$ 时，取 0.64；$k_5 = 0.002 \times$（线圈总层数 - 2×散热面个数）；

$d\theta_3$——考虑层间绝缘厚度的温升效正值，$d\theta_3 = k_6 q_Q$（℃），k_6 为系数，可从表 9.3-21 查得；

$d\theta_4$——考虑匝间油道宽度的温升效正值，$d\theta_4 = \dfrac{d\theta_D q_Q}{1550}$（℃）。

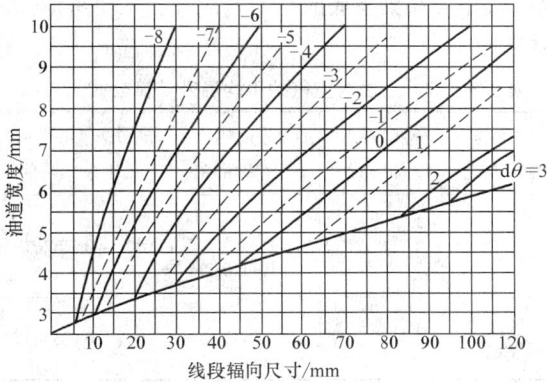

图 9.3－26　油道宽度与线段辐向尺寸的关系

表 9.3－21　　　　　系　数　k_6　值

导线绝缘厚度/mm	0.6	0.75	0.95	1.35	1.95
K_6	0.0004	0.0009	0.00175	0.00295	0.0049

2. 油对空气的平均温升

（1）油浸自冷式和风冷式变压器油箱和冷却装置的有效散热面计算公式见表 9.3－22。

表 9.3－22　　　　　　　　　　变压器冷却装置有效散热面计算公式

油箱型式	冷却装置型式	有效散热面 A_{yx}/m^2	
		自冷式	风冷式
平顶油箱	平顶油箱	$A_{yx} = 0.75A_{XG} + A_{XB}$	
	扁管式	$A_{yx} = 0.75A_{XG} + (A_{XB} - A_{XB1}) +$ $(A_{XB1} + A_{BG}) K_{A1}K_{A2}$	
	扁管散热式	$A_{yx} = 0.75A_{XG} + A_{XB} + A_{BS}n_{BS}$	$A_{yx} = 0.75A_{XG} + 1.05A_{XB} + A_{BS1}n_{BS}$
	片式散热式	$A_{yx} = 0.75A_{XG} + A_{XB} +$ $K_{A3}K_{A4}n_{ps}n_pA_p$	
拱顶油箱	扁管散热式	$A_{yx} = A_{GT} + A_{XB} + A_{BS}n_{BS}$	$A_{yx} = 1.05 (A_{GT} + A_{XB}) + A_{BS1}n_{BS}$

表中符号意义如下：

A_{XG}——箱盖几何面积（m^2）；

A_{XB}——箱壁几何面积（m^2）；

A_{XB1}——扁管遮盖部分箱壁几何面积（m^2）；

A_{BG}——扁管几何面积（m^2）；

n_{BS}——扁管散热器只数；

A_{GT}——拱顶几何面积（m^2）；

n_p——每只片式散热器片数；

K_{A1}、K_{A2}——效正系数，见表 9.3－22；

K_{A3}——效正系数，见表 9.3－23；

A_{BS}——扁管散热器不吹风部分时的有效散热面（m^2）；

A_{BS1}——扁管散热器吹风部分时的有效散热面（m^2）；

A_p——每片几何面积（m^2）；

n_{ps}——片式散热器只数；

K_{A4}——效正系数，见表 9.3－24。

表 9.3－23　　效正系数 K_{A1}、K_{A2} 值

（两列扁管中心距为 35mm）

扁管排数	K_{A1}	K_{A2}
1	0.814	1
2	0.739	0.96
3	1.0711	0.94

表 9.3－24　　　　效正系数 K_{A3} 值

两散热器中心距/mm	270	300	350	400	450	500
K_{A3}	0.796	0.83	0.905	0.96	0.99	1

表 9.3－25　　　　效正系数 K_{A4} 值

每只片数 n_p	3	4~5	6~8	9~11	12~14	15~17	18~20
K_{A4}	1.1	1.06	1.02	1	0.99	0.98	0.97

对于强迫油循环风（水）冷式变压器，油箱的有效散热面通常略去不计，仅根据冷却器设计确定的油对空气（冷却水）的平均温升来选定冷却器只数，见表 9.3 – 26。

表 9.3 – 26　　　冷却器只数计算公式

变压器冷却方式	冷却器只数 n 计算公式	备　注
强迫油循环风冷式	$n \geqslant \dfrac{1.15\,(P_0+P_S)}{P_F \times 10^3}+1$	式中，加 1 是作为备用品
强迫油循环水冷式	$n \geqslant \dfrac{1.15\,(P_0+P_S)}{K_6 P_F \times 10^3}+1$	

表中符号意义如下：

P_F——每只风冷却器的额定容量（kW）（风冷却器中油对空气的平均温升为 35 ℃）；

P_S——每只水冷却器的额定容量（kW）（水冷却器中油对冷却水的平均温升为 40 ℃）；

K_6——效正系数，$K_6=1-0.03\,(\theta_s+\Delta\theta_{Q-Y}-50°)$；当冷却水温 $\theta_s=25$ ℃，$\Delta\theta_{Q-Y}=25$ ℃时，$K_6=1$。

（2）油浸自冷式和风冷式变压器油对空气的平均温升计算见表 9.3 – 27。

3. 线圈对空气的平均温升

$$\Delta\theta_{Q-k} = \Delta\theta_{Q-y} + \Delta\theta_{y-k}$$

4. 油箱顶层油对空气的温升（油面温升）

$$\Delta\theta_{m-k} = 1.2\Delta\theta_{y-k} + d\theta_m$$

式中，$d\theta_m$ 为温升效正值，可按线圈中心到箱底的高度 h_1 与扁管或散热器的中心（对于平壁油箱则取油箱高度中心）到箱底的高度 h_2 之比，从图 9.3 – 27 查得。

表 9.3 – 27　　油对空气的平均温升计算公式

变压器冷却方式	油箱和冷却装置	油箱表面热负载 / (W/m²)	油对空气的平均温升 $\Delta\theta_{y-k}$/℃
油浸自冷式	平壁油箱、扁管式油箱或扁管散热器油箱	$q_x = \dfrac{P_0+1.032P_S}{A_{YX}}$	$\Delta\theta_{y-k}=0.262q_x^{0.8}$
油浸风冷式	扁管散热器油箱		$\Delta\theta_{y-k}=0.163q_x^{0.8}$

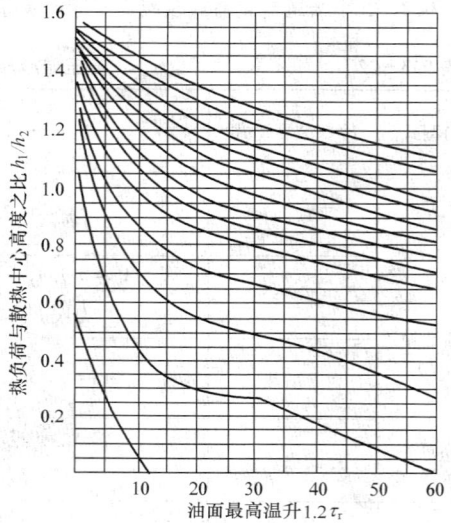

图 9.3 – 27

第4章 变压器试验

4.1 出厂试验

4.1.1 电压比试验

1. 试验原理 电压比试验就是要验证变压器是否能达到预计的电压变换效果。电压比试验就是在变压器的一侧（高压或低压）施加一个低电压，然后用电压表测量另一侧的电压，通过计算来确定该变压器是否符合技术条件所规定的各绕组的额定电压。

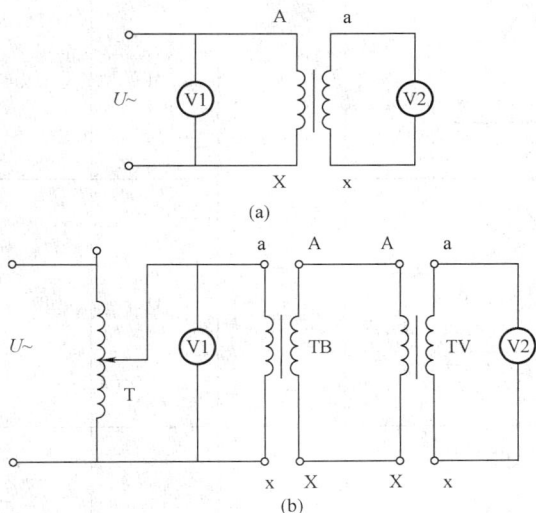

图 9.4 - 1 双电压表法电压比试验
(a) 原理线路；(b) 试验线路
U—稳定的交流电压（一般采用交流同期发电机组）；T—调压器；V1、V2—0.2 级电压表；TB—被试变压器；TV—0.1 级电压互感器，一般用 2200/220V

2. 试验方法 双电压表是一种最简单的电压比试验方法，其原理如图 9.4 - 1 (a) 所示，试验线路如图 9.4 - 1 (b) 所示。

4.1.2 绕组联结组标号试验

1. 试验原理 变压器并联运行时，所有变压器联结组标号必需相同。否则各变压器对应相绕组的感应电动势相位不同，会造成并联的变压器之间有较大的电位差，在绕组间会产生数倍于额定电流的环流，这是绝对不允许的。

2. 试验方法 双电压表法。在图 9.4 - 2 中，连接 A 和 a，从变压器高压侧施加不超过 250V 的三相交流电源［图 9.4 - 2 (a)］或单相交流电源［图 9.4 - 2 (b)］，然后测量 U_{Bb}、U_{Cb}、U_{Bc} 或 U_{Xx} 电压值，测得结果和表 9.4 - 1 所示的 L~T 计算值比较，相等时，则被试变压器的联结组标号即具有该行所示的时钟序。

表 9.4 - 1 中列出了联结组标号、向量图和各对应电压的关系。因为 U_{Bb} 和 U_{Cc} 在任何联结组标号下均相等，所以在表 9.4 - 1 中仅列出 U_{Bb}。L~T 的各相应电压值可按如下公式计算

$$L = U_2' \sqrt{1 + K_N + K_N^2}$$
$$R = U_2' \sqrt{1 + \sqrt{3} K_N + K_N^2}$$
$$Q = U_2' \sqrt{1 - \sqrt{3} K_N + K_N^2}$$
$$N = U_2' \sqrt{1 - K_N + K_N^2}$$
$$P = U_2' \sqrt{1 + K_N^2}$$
$$M = U_2'(K_N - 1)$$
$$T = U_2'(K_N + 1)$$

式中，U_2' 为试验中低压侧的线电压；$K_N = U_{AB}/u_{ab}$。

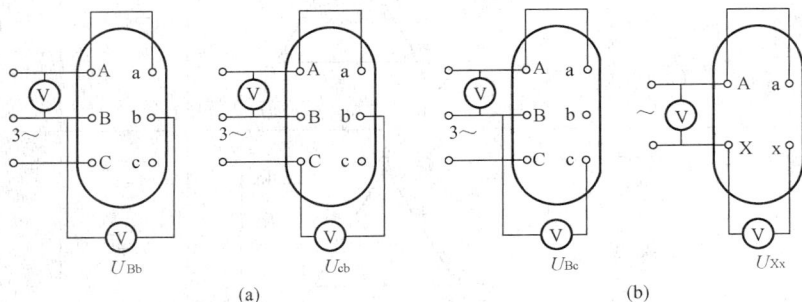

图 9.4 - 2 双电压表法联结组标号的试验线路图
(a) 三相变压器；(b) 单相变压器

表 9.4－1 联结组标号、向量图和相应电压关系

钟时序	电动势相位移（°）	绕组联结	电动势向量图	U_{Bb}	U_{Cb}	U_{Bc}
0	0	Yy Dd 或 II	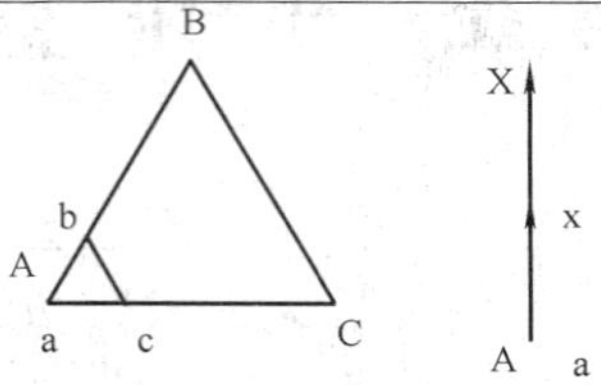	M	N	N
1	30	YD Dy	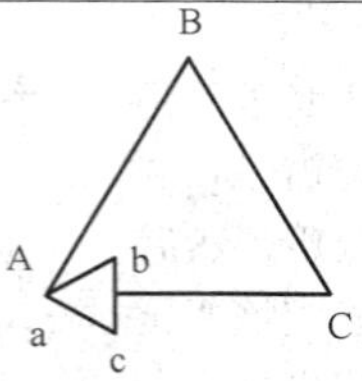	Q	Q	P
2	60	Yy Dd	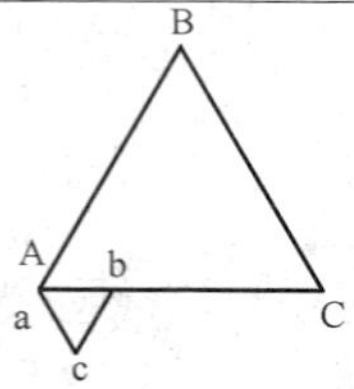	N	M	L
3	90	Yd Dy	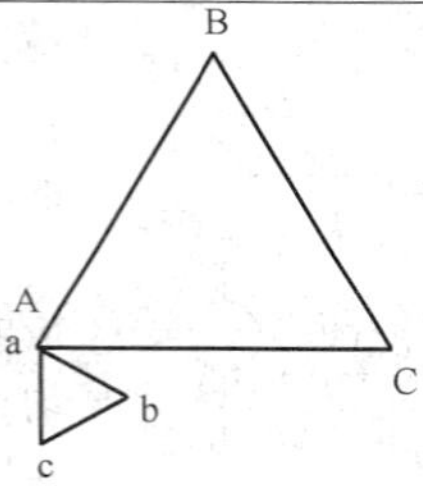	P	Q	R
4	120	Yy Dd	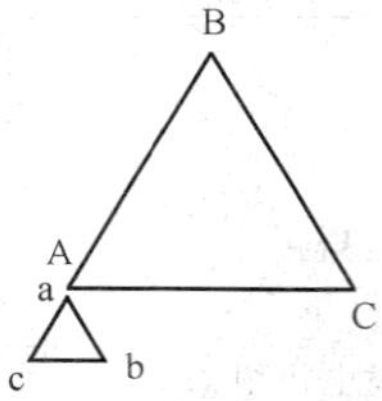	L	N	T
5	150	Yd Dy	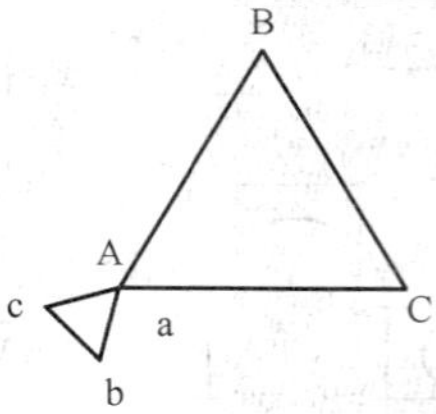	R	P	R
6	180	Yy Dd 或 II	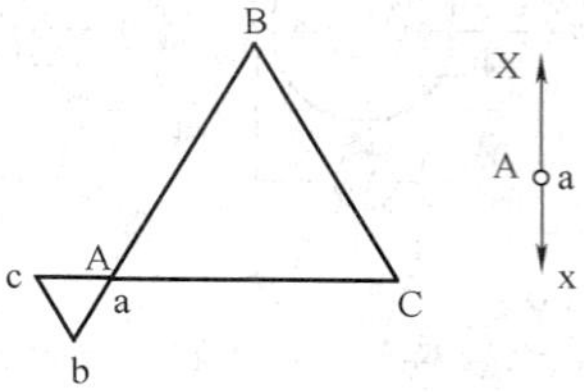	T	L	L

续表

钟时序	电动势相位移 (°)	绕组联结	电动势向量图	U_{Bb} 或 U_{Xx}	U_{Cb}	U_{Bc}
7	210	Yd Dy		R	R	P
8	240	Yy Dd		L	T	N
9	270	Yd Dy		P	R	Q
10	300	Yy Dd		N	L	M
11	330	Yd Dy		Q	P	Q

如果试品的电压比 K_N 较大（如果超过 30），各电压值间的读数不明显时，可接入一台合适的辅助变压器。测量时，应以辅助变压器低压绕组各同名线端（a、b、c）代替试品的高压线端（A、B、C）。测量方法同前，并比较各测量电压的差值。运用上列公式计算 L~T 数值时，式中须以 $K_1 = K_N/K_{B4}$ 代替 K_N（K_{B4} 为辅助变压器的电压比）。试验时，一般采用图 9.4-3（a）的接线图。如果辅助变压器的容量比试品的容量小得过多，或者试品的变压比过大，则宜采用图 9.4-3（b）的接线图。后者缺点是要求施加电压较高，但是可以减小测量误差。

用双电压表法进行联结组标号试验时，应注意以下几点：

（1）三相试验电源应是平衡的（不平衡度不应超过 2%），否则测量误差过大，甚至造成无法判断联结组标号。

（2）试验中所选用的电压表准确度，在测量条件

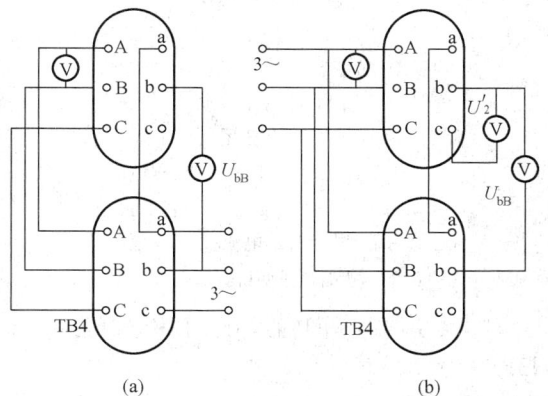

图 9.4-3 用辅助变压器测量
联结组标号的试验线路图
TB4—辅助变压器

下，要能确切地分辨 L~T 的数值而不致混淆，一般采用 0.5 级或 1.0 级的变压表。

（3）需要引入辅助变压器进行联结组试验时，辅助变压器的联结组标号应为 Yy0（三相变压器）或 II0（单相变压器）。电压比的选择应尽量满足各测量电压的读数，使有较大的差值。

4.1.3 绕组直流电阻试验

1. 试验目的 测量直流电阻的目的主要是检查变压器的以下几个方面：

（1）绕组导线连接处的焊接或机械连接是否良好。

（2）各相绕组的电阻是否平衡。

（3）变压器绕组的温升是根据绕组在温升试验前的冷态电阻和温升试验后断开电源瞬间的热态电阻计算得到的，所以温升试验需测量电阻。

2. 试验方法 电桥法。使用电桥法测量变压器绕组直流电阻是常用的方法，测量直流电阻使用直流电桥，在正确合理使用电桥的条件下可以得到较高的准确度。在变压器直流电阻测试时，通常使用 0.05～0.1 级的电桥。直流电桥可以分为单臂电桥和双臂电桥两种。

单臂电桥用来测量直流电阻值大的绕线电阻，其原理如图 9.4-4 所示。

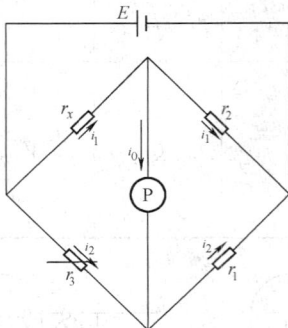

图 9.4-4 单臂
电桥原理图

r_1、r_2、r_3—桥臂电阻；r_x—被测电阻；P—检流计；E—直流电源；i_0—通过检流计的电流；i_1、i_2—电桥平衡时通过两桥臂的电流

试验方法：调整电桥的电阻，使检流计指零，此时有 $i_0 = 0$，于是有

$$i_1 r_x = i_2 r_3$$

$$i_1 r_2 = i_2 r_1$$

两式相除，有 $r_x / r_2 = r_3 / r_1$，由此得到，$r_x = r_2 / r_1 r_3$，其中，r_2 / r_1 经常做成比例臂，而 r_3 是可调电阻，通过调节 r_3 使电桥平衡（检流计指零时），测得电阻 r_x 的数值。

双臂（凯尔文）电桥用来测量电阻值较小的绕组电阻，其测量原理可如图 9.4-5 所示。对图 9.4-5 中的三角形 123 进行 △-Y 转换，可以得到图 9.4-6，对于图 9.4-4 的单臂电桥电路，略去推导，根据平衡条件最终可以得出

$$R_x = R_N \frac{R_4}{R_3} + \frac{r \times (R_4 R'_3 - R_3 R'_4)}{R_3 (r + R'_3 + R'_4)}$$

$$= R_N \frac{R_4}{R_3} + \frac{r R'_3}{r + R'_3 + R'_4} \left(\frac{R_4}{R_3} - \frac{R'_4}{R'_3} \right)$$

在 $R_4 / R_3 = R'_4 / R'_3$ 时，双臂电桥和单臂电桥中 R_x 的表达式相同。

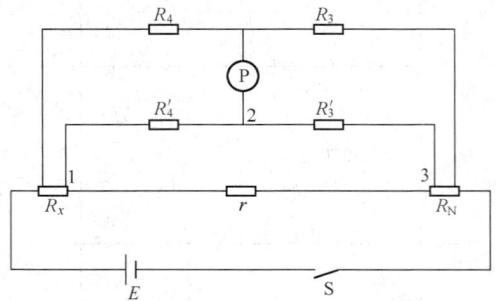

图 9.4-5 双臂（凯尔文电桥）原理图

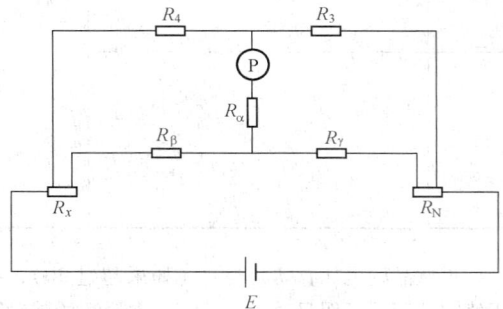

图 9.4-6 △-Y 转换后的双臂电桥

测量电阻时，准确记录被试绕组的温度十分重要。在 IEC 国际标准中规定了测量绕组温度的要求和方法。对于干式变压器，温度应取于绕组表面不少于三个温度计的平均值。对于油浸式变压器，器身浸入油中不励磁静放 3h 后才能确定油的平均温度。认为此时绕组温度与油的平均温度相同。油的平均温度取顶层油温与散热器进出口温差之半的差。在温升试验测量冷态电阻时，为了准确地确定绕组平均温度，强迫油循环变压器应开动油泵使油循环。测量的结果要换算到线圈绝缘耐热等级的参考温度（A、B、E 级为 75℃，C、F、H 级为 115℃），因此，必须准确地记录测量时线圈的温度，对于停放较久的变压器，可以认为线圈的温度就等于外围的温度。温度换算的方法如下

$$R_{75^\circ C} = K_\theta R_\theta$$

式中，K_θ 为温度换算系数；$K_\theta = \dfrac{\alpha+75}{\alpha+\theta}$，其中，$\alpha$ 为导线材料温度系数，铜、铝导线 α 均为235；θ 为测量时线圈的温度（$^\circ C$）。

对于无中性点引出的星形联结或三角形联结的绕组，应测量其三相的线电阻；对于有中性点引出的星形联结的绕组，应测量其相电阻，但对低压为400Vyn联结的配电变压器例外，因为其中性点引线所占比重较大，故应测量其线电阻。试验中对带有分接开关的绕组，应在所有分接下测量其绕组电阻。变压器绕组分接间的绕组电阻差一般近似于分接电压比的差，即±5%或±2×2.5%等。但个别的小容量高电压变压器，如50kV、35kV的绕组，由于分接线段用较正常线段线号粗的导线，所以虽然分接电压差为±5%，而绕组电阻只差±1%左右。

大型变压器线圈的电感大、电阻小，通入的电流要经过较长的时间才能趋于稳定。已有直流电阻测量仪能在较短的时间完成大型变压器线圈的电阻测量。

4.1.4 绝缘特性试验

1. 试验目的　绝缘性能及变压器油试验是在对绝缘安全的低电压下对变压器主绝缘性能的试验，以此验证总装配后真空干燥处理的好坏；验证运输中或运行中由于机械、电场、温度和化学的作用以及潮湿污秽等外界因素的影响的程度；发现变压器绝缘的局部缺陷和普遍缺陷。它是决定进行耐压试验和继续运行的主要参考依据。

2. 试验原理　检查变压器绝缘性能的绝缘试验大致可分为绝缘特性试验和绝缘强度试验：绝缘特性试验是在较低的电压下，以比较简单的手段，从各种不同的角度鉴定绝缘的性能。绝缘特性试验一般包括绝缘电阻测量、吸收比测量、极化指数测量、介质损耗因数（$\tan\delta\%$）测量。

为了说明绝缘性能试验的原理，在电压 U 的作用下，把绝缘简化为如图1-11所示的等效电路，用等效电路的各参数来表明各种电气性能。

在图9.4-7中各支路为：C_1 支路，表征绝缘结构的几何电容。这个支路决定在直流电压下充电电流的变化和在交流电压下的电容变化。$C-R$ 支路，表征绝缘材料的不均匀程度、分层和脏污等。这个支路决定于在直流电压下吸收电流的起始值和衰减时间常数，也决定于在交流电压下，绝缘的电容变化和介质损耗。R_1 支路，表征绕组的绝缘电阻，它决定泄漏电流的大小。Q 支路，表征绝缘电气强度局部放电的等效火花间隙。C_0-C_2 支路，表征绝缘中油隙或气

隙的电晕放电。

这些等效电路的参数，表征了绝缘的电气性能，当绝缘中存在某种缺陷时，这些参数将产生相应的变化。绝缘性能试验能反映出这些参数的变化，从而找出其缺陷的性质和程度。

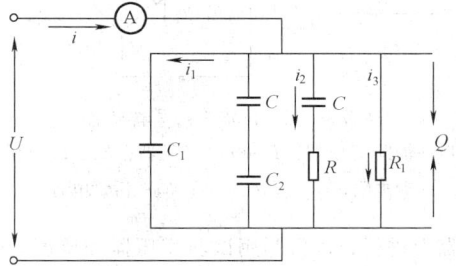

图9.4-7　绝缘材料性能等效电路

3. 绝缘电阻 R_{60} 和吸收比 R_{60}/R_{15} 的测量　通常采用 2500V、120mm 刻度盘、量限 10000MΩ 以上、准确度 1.5 级、在指示量限处仪表误差不大于±2.5%并带有水平检查装置的晶体管式兆欧表。最好带有电动操作装置，以提高测量准确度。应该测量每一线圈对地的 R_{60}/R_{15} 以及每对线圈的 R_{60}/R_{15}，此时其他非被试线圈和油箱一起接地。

R_{60} 与产品的容量和电压等级有关，随产品的几何尺寸、结构、材质、干燥处理情况而不同。同样的产品 R_{60} 可能相差很大，无法规定统一的标准。通常是把测得的数值和同批生产的同类型产品比较，或者和本产品过去测得的值比较。R_{60} 还随温度变化，温度每上升 10℃，R_{60} 将降低约 1.5 倍，即 $R_{\theta 2} = R_{\theta 1}/K_R$，温度换算系数 K_R 可从表9.4-2中查出。此系数只是参考值，要避免因折算而引起的误差，尽量在绝缘温度相近的情况下进行测量和比较。

表9.4-2　　　　R_{60} 的温度换算系数 K_R

$\theta_2-\theta_1$ /℃	5	10	15	20	25	30	35	40
K_R	1.23	1.5	1.84	2.25	2.75	3.4	4.15	5.1

R_{60}/R_{15} 的标准：在 10~30℃下，35kV 及以下的产品 R_{60}/R_{15} 应在 1.3 以上，60kV 及以上的产品应在 1.5 以上。小于上述数值时，可能是干燥不良或绝缘有局部缺陷。

4. 介质损耗因数 $\tan\delta\%$ 的测量　一般采用平衡电桥法，测量时被试品和电桥必须可靠接地，接线如图9.4-8所示。应正确地选用桥体电阻的分流电阻，调节检流计固有振荡频率与电源频率，使其谐振，这样检流计的灵敏度最高。

5. 变压器油的击穿电压试验　最好是在油击穿

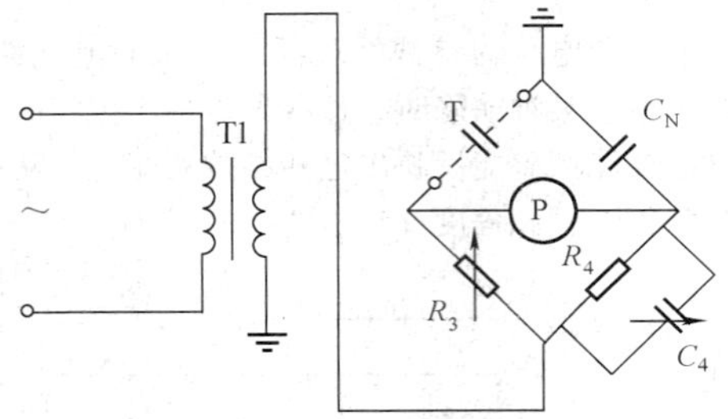

图 9.4 - 8 tanδ% 测量接线图

T1—辅助变压器；T—被试变压器；R_3、R_4—桥臂电阻；C_N—标准电容；C_4—桥臂电容

试验器上进行，也可利用试验变压器和调压器带过电流保护的成套装置进行。但后者往往由于击穿电流过大，油杯中的游离碳增加较多而使试验结果偏低。

试验常在 10 ~ 70 ℃下进行。将油装入洗净的标准油杯中，静放 10min 以消除气泡，然后以每秒不大于 3kV 的速度升压，直到击穿为止。试验 5 次，每次间隔 1min。在 5 次结果中，如果最大值和最小值之差不超过最小值的 25%，则取此 5 次结果的平均值作为油的击穿电压。如果最大值和最小值之差超过了最小值的 25%，必须重新试验，直到有 5 个可用的数值为止。对于电压低于 35kV 的变压器，新油的击穿电压应不低于 30kV；35kV 及以上的变压器，新油的击穿电压应不低于 40kV。

4.1.5 短路试验

1. 试验目的 短路试验的目的是要测量变压器的短路损耗和阻抗电压。

2. 试验方法 三相变压器短路试验接线如图 9.4 - 9 所示，试验时将低压线圈短路，高压线圈在额定分接位置下通入额定频率的额定电流，测量所加的电压和功率。对于三线圈变压器，应对每两个线圈进行一次短路试验，非被试线圈开路。当两线圈额定容量不等时，应通入较小容量线圈的额定电流，测得的阻抗电压要注明对应多大容量。大型变压器也可降低电流试验，但最低应不低于额定电流的 25%，然后按短路损耗与电流的二次方成正比，阻抗电压与电流成正比的关系，换算到额定电流的数值。

试验时应使线圈短路用的接线仅可能短，使截面不小于出线端子的截面，接头上的接触电阻应尽可能小。对于装有套管型电流互感器的产品，互感器二次线圈应该短路。大型变压器短路试验时，$\cos\varphi \leqslant 0.05$，应用低功率瓦特表测量损耗。试验时间应尽量缩短，以防线圈发热而影响试验结果。已有数字功率

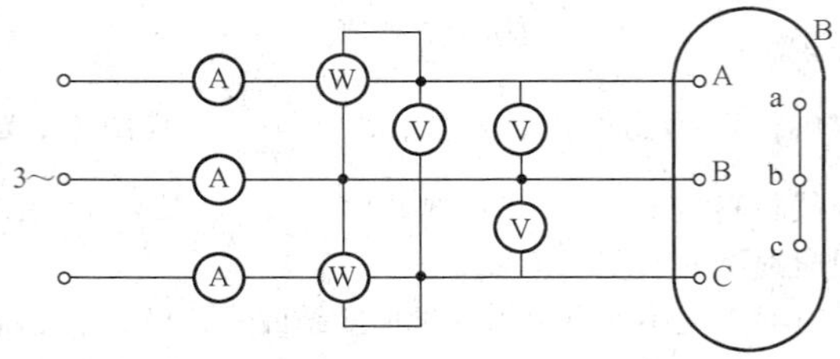

图 9.4 - 9 三相变压器短路试验接线图

计能替代上述所有的表计（瓦特表、电压表、电流表）。

3. 试验结果处理 试验结果要换算到线圈绝缘耐热等级的参考温度，无相应规定时，可换算到 75 ℃（对 A、B、E 级绝缘）或 115 ℃（对 C、F、H 级绝缘）时的数值。对于容量为 8000kVA 及以上的电力变压器及电炉、整流、自耦变压器等，短路损耗中附加损耗所占比重较大。温度升高时，电阻损耗与温度换算系数成正比。当附加损耗小于参考温度下电阻损耗的一半时，附加损耗 P_{fj} 可按与温度换算系数成反比考虑。

因为 $P_s = \Sigma I^2 r + P_{fj}$，故 75 ℃时有

$$P_{s75℃} = K_\theta \Sigma I^2 r_\theta + P_{fj\theta} / K_\theta$$

$$= \frac{P_{s\theta} + \Sigma I^2 r_\theta (K_\theta^2 - 1)}{K_\theta}$$

式中，K_θ 为温度换算系数，$K_\theta = \dfrac{\alpha+75}{\alpha+\theta}$；$\alpha$ 为导线材料温度系数，铜、铝导线 α 均为 235；θ 为测量时线圈的温度（℃）。

阻抗电压中的电阻电压与温度有关，电抗电压与温度无关，当 $u_r \leqslant 15\%u_z$ 时，阻抗电压可以不必进行温度校正，当 $u_r > 15\%u_z$ 时，可按下式换算

$$u_{z75℃} = \sqrt{u_{x\theta}^2 + \left(\frac{P_{s\theta}}{10S_n}\right)^2 (K_\theta^2 - 1)}$$

4.1.6 空载试验

1. 试验目的 空载试验的主要目的是：测量铁心中的空载电流 I_0 和空载损耗 P_0，以判断铁心质量和检查线圈是否有短路；发现磁路中的局部或整体缺陷；根据感应耐压前后两次空载试验测得的空载损耗比较，判断绕组是否有匝间击穿情况等。

2. 试验原理 变压器空载试验，就是从变压器任意一侧的绕组（一般为低压绕组）施加正弦波形额定频率的额定电压，在其他绕组开路的情况下，测量其空载损耗和空载电流的试验。

空载损耗和空载电流的大小，取决于变压器的容量、铁心的构造、硅钢片的质量和铁心制造工艺

等因素。

空载电流通常以额定电流的百分数表示。三相变压器的空载电流取三相算术平均值；对于三绕组变压器，当试品绕组容量不等时，如三绕组自耦变压器，高压和中压绕组为额定容量，低压绕组为 1/2 额定容量，当从低压绕组施加额定电压进行空载试验时，空载电流规定是以变压器的额定容量下的额定电流作为基数计算的，即按变压器绕组中的最大容量进行计算。

3. **试验方法**　空载试验时，为了准确地测量输入被试变压器的电压、空载电流、空载损耗，必须根据所测电压、电流、损耗的大小选择不同的接线方法和相应精确度的仪表仪器，一般在进行空载试验时，单相变压器采用图 9.4 - 10 的接线方法；三相变压器采用图 9.4 - 11 的接线方法。

三相变压器进行空载试验时，空载损耗的测量可以采用双瓦特表法，如图 9.4 - 12（c）所示或三瓦特表法，如图 9.4 - 12（d）所示。已有数字功率计能替代上述所有的表计（瓦特表、电压表、电流表）。

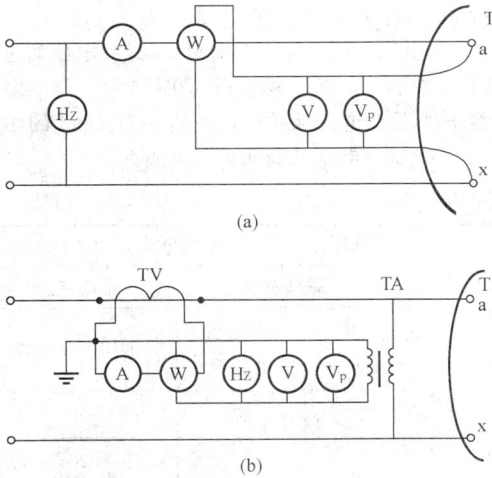

图 9.4 - 10　单相变压器空载试验测量接线图
（a）直接测量；（b）经过互感器测量
TV—标准电流互感器；TA—标准电压互感器；T—被试变压器；V_p—平均值电压表；V—有效值电压表

4. **数据处理**　变压器空载试验测得的空载电流百分数，按下式计算

$$I_0 = \frac{I'_0}{I_N} \times 100\% （单相变压器）$$

式中，I'_0 为单相变压器空载电流。

$$I_0 = \frac{I_{0a} + I_{0b} + I_{0c}}{3I_N} \times 100\%（三相电压器）$$

式中，I_{0a}、I_{0b}、I_{0c} 为 a、b、c 相上测得的空载电流（A）；I_N 为变压器供电绕组额定电流（A）。

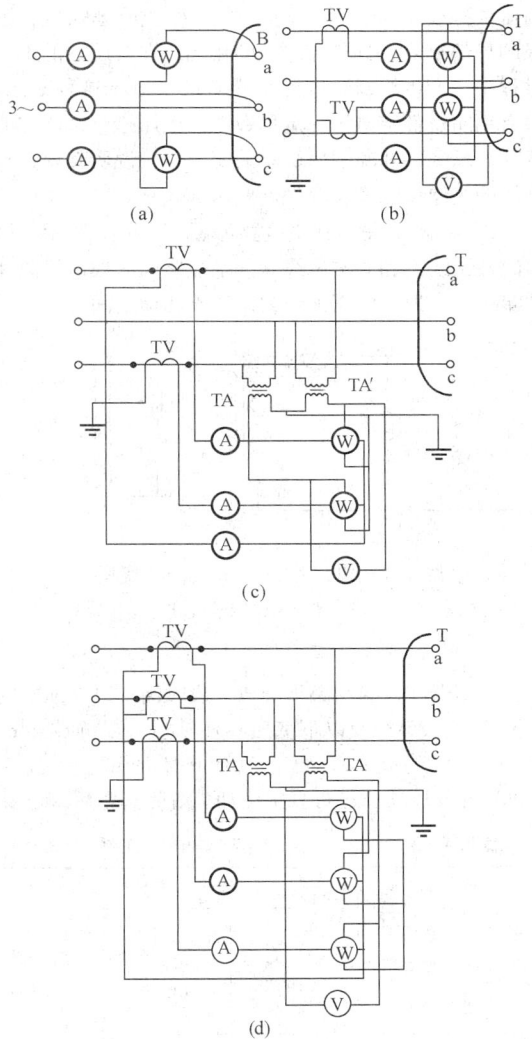

图 9.4 - 11　三相变压器空载试验测量接线图
（a）直接测量的双瓦特表法；（b）经过电流互感器连接的双瓦特表法；（c）经过电流和电压互感器连接的双瓦特表法；（d）经过电流和电压互感器连接的三瓦特表法（图中未表示频率表、有效值电压表和平均值电压表的连接）

在测量空载损耗中，必要时应考虑减去仪表、电缆的损耗和对互感器相位移进行校正。空载损耗的实际值按下式求出

$$P_0 = P'_0 - P_{WV} - P_s$$

式中，P'_0 为实测损耗；P_{WV} 为仪表损耗；$P_s = I_0^2 r$ 为电缆损耗；I_0 为试验电流（A）；r 为由仪表或电压互感器到被试变压器一段电缆的电阻（Ω）。

4.1.7　外施耐压试验

1. **试验目的**　外施耐压试验是对试品施加工频

高压，持续 1min。外施耐压试验对主绝缘强度、绝缘的局部缺陷，具有决定性的作用。在变压器的生产过程中，产生局部性缺陷是常有的。对于这种缺陷，只有用超过额定电压一定倍数的高电压进行试验才能发现。承受主外施耐压试验的变压器，说明其内、外绝缘的主绝缘强度符合设计要求。

2. 试验方法　试验线路如图 9.4-12 所示。试验时被试线圈和非被试线圈分别短路，非被试线圈和油箱一起接地。电压加到被试线圈和地之间。

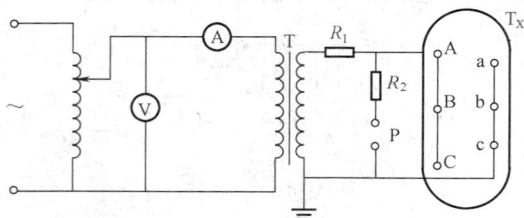

图 9.4-12　外施耐压试验接线图
R_1—保护电阻；R_2—阻尼电阻；P—球隙器；
T_X—被试变压器

变压器在试验前必须静放一段时间，以使油中的气泡逸出。35kV 及以下变压器注油后，要静放 24h；60～110kV 的变压器要静放 36h 才能试验。高于 110kV 的变压器要进行真空注油。解除真空后，还要静放 72h 才能试验。试验前要检查各种组部件上的气塞是否放过气，以免油箱中有残留的空气存在，试验时发生放电。

试验时所加电压在试验电压的 40% 以下时，升压速度可以是任意的；超过 40% 以后，应以每秒 3% 的速度均匀上升。达到规定的电压和持续时间后，应将电压迅速降到试验电压的 40% 以下，才能切断电源，以免在高压下切断电源引起操作过电压损坏产品。试验中发现有放电或击穿现象时要立即切断电源。

试验时一般均用球隙器或分压器来直接测量电压，还要用球隙进行保护。球隙在高压试验中的作用：一是测量高电压；二是保护产品，限制过电压在允许的范围内。一般对于 250kV 以下的耐压试验，只在 80% 试验电压下校正大气密度对放电电压的影响，然后按正比换算到 100% 试验电压。对于 250kV 以上的耐压试验，一般在 60%～80% 试验电压间校正大气密度对放电电压的影响，进行三点球隙打火，然后在直角坐标上将这三点连成一条直线，延伸到 100% 试验电压，从坐标中查出 100% 试验电压的电压表读数。然后，把球隙调整到 120% 试验电压的距离（试验条件下）进行保护，再进行工频 1min 的耐压试验。工频试验电压见表 9.4-3。

表 9.4-3　　　　　　　　　工频（50Hz）试验电压（有效值）　　　　　　　　（kV）

额定电压	最高工作电压	绝缘的工频试验电压（1min）				外部绝缘承受住的试验电压（均匀升压）		
		电力变压器	电压互感器	电流互感器	单独试验的套管	干燥状态		淋雨状态
						电力变压器和互感器	单独试验的套管	变压器、套管
3	3.5	18	24	24	25	26	27	20
6	6.9	25	32	32	32	34	36	26
10	11.5	35	42	42	42	45	47	34
15	17.5	45	55	55	57	60	63	45
20	23	55	65	65	68	70	75	55
35	40.5	85	95	95	100	105	110	85
60	69	140	140	155	165	170	180	140
110	126	200	200	250/200	265	280	295	215
220	252	400	400	470/400	490	520	550	425
330	363	510	510	570	630	680	710	550

注：1. 电力变压器低压线圈额定电压为 400V 及以下时，其绝缘应能承受工频试验电压（1min）5kV。

2. 330kV 电力变压器相间绝缘的工频试验电压（1min）为 570kV（有效值）。

3. 斜线下的数值适用于外部绝缘能分别试验的油浸式电流互感器的内部绝缘。

4.1.8 感应耐压试验

1. 试验目的 感应耐压试验的目的是试验匝间、层间、段间和相间的绝缘。

2. 试验方法 对于全绝缘的变压器，通常在低压绕组上施加 100~200Hz 两倍的额定电压，其他绕组开路，其波形应尽可能为正弦波，以考核变压器的纵绝缘。若在额定频率下，在试品一侧施加大于其额定电压的试验电压，铁心磁密将与电压成正比增加。当外施电压约为 1.2 倍额定电压时，铁心磁密将达到饱和，使得空载电流急剧增加。为了施加两倍的额定电压，又不使铁心磁密饱和，多采用增加频率的方法。

试品绕组星形联结的中性点接地，无中性点引出或非星形联结的绕组，也应选择合适曲线接地，或者使中间变压器绕组某点接地，以避免电位悬浮。对于110kV 级及以下的全绝缘变压器，各绕组相间试验电压应不超过其额定短时工频耐受电压。当三相电压不平衡（不平衡度大于 2%）时，应以测量中较高的电压为准。试验时，应在小于 1/3 试验电压下合闸，并尽快升至试验电压值，施加电压时间到后，将电压迅速降至试验电压的 1/3 以下，然后切断电源。全绝缘变压器感应耐压试验线路图如图 9.4－13 所示。

当试验电源的频率等于或小于两倍额定频率时，其试验电压下的持续时间为 60s。当试验电源的频率大于或等于两倍的额定额率时，施加试验电压的持续时间按下式计算试验线路

$$t = 60\frac{100}{f}$$

式中，f 为试验电源频率；t 不得小于 20s。

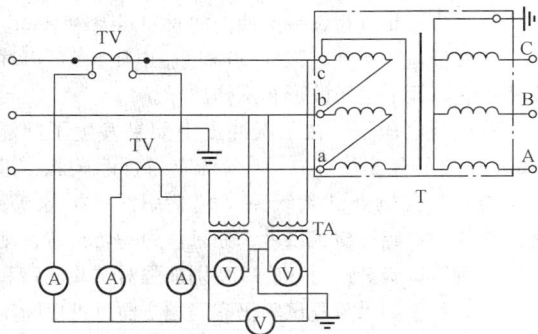

图 9.4－13 全绝缘变压器感应耐压试验线路图
T—被试变压器；TV—电流互感器；TA—电压互感器

感应耐压试验以后，应在进行一次空载试验，对比二次空载试验的结果，以检查感应试验时线圈绝缘有无损坏。

3. 试验结果的处理 在感应耐压试验电压的持续时间内，如果试验电源或被试品的电压和电流不发生变化，被试品内部没有放电声，并且感应耐压试验前后的空载试验数据无明显差异，则认为被试品承受住了感应耐压试验的考核，试验合格，如果被试品内部有轻微的放电声，但在复试中消失，也视为试验合格；如果被试品内部有较大的放电声，尽管在复试中消失，应吊心检查，寻找放电部位，采取必要措施，并根据检查结果及放电部位决定是否复试。

4.2 型式试验

4.2.1 温升试验

1. 试验目的 温升试验的目的是检验规定状态下变压器绕组、铁心和变压器油的温升；检查油箱、结构件、引线和套管以及引线和分接开关的连接处有无局部过热；确定变压器在工作运行状态及超负载运行状态下的热状态及其有关参数。

2. 试验方法 试验应在额定冷却条件下进行，即气温为 10~40 ℃，冷却水温不大于 25 ℃。试验时要给被试变压器输入总损耗，并取其保证值或实测值的较大者。当油浸式变压器的油面温度、干式变压器的铁心温度连续 3h 内上升不超过 2 ℃时，即认为温升已经稳定，可以测取最后读数了。

油浸式变压器通常用短路法进行，其接线图和短路试验相同，为减少试验时接线的工作量，温升试验往往在短路试验后进行。先输入总损耗，直至油面温度稳定，测量油面温升；然后降低电压使输入总损耗等于 85 ℃时的短路损耗，待线圈温度稳定后（约经 30~45min），测量线圈温升。如果需要做铁心的温升试验，则再做额定电压下的空载试验，直至油面温度稳定，测量铁心温升。

干式变压器常用相互负载法进行，取两台同样的被试产品，使两者同名端子并联，如图 9.4－14 所示。调节两产品的分接位置，使被试产品中产生额定电流，以加热线圈。如果不能调节到产品的额定电流，则需串入另一台辅助变压器，以调节被试品所加电压，直至产生额定电流为止。这种办法能使变压器带额定电压、额定电流，形成铁心和线圈间的热交换，试验条件和运行条件相同，结果可靠。干式变压器应尽可能用此方法进行。此方法也可用于中小型油浸式变压器。

线圈的温度是靠测量线圈电阻换算出来的，所以要用高精度的电桥来测量电阻。测量的方法有两种：一种是切除电源后在几个不同的时间测量出一系列数据，再用外推法求出切断瞬间的温度。注意切断电流

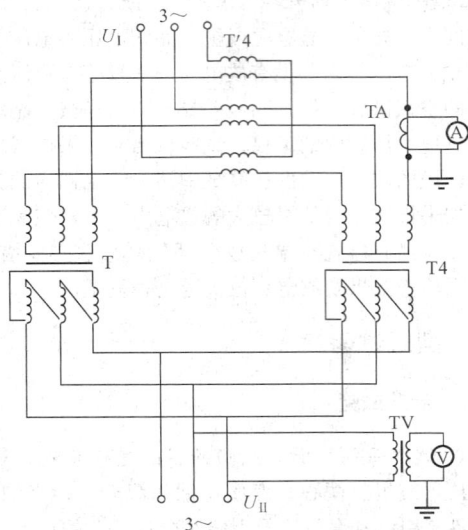

图 9.4 - 14 相互负载法接线图

T—被试变压器；T′4—负载损耗辅助变压器；T4—
辅助变压器；TA—电流互感器；TV—电压互感器；
U_I—负载损耗电源；U_{II}—空载损耗电源

时要同时切断风扇、油泵、水泵的电源，即使全部冷却装置停止运转。另一种是高压带电装置测量装置带电测温。这种装置可用于 Yn 联结的各种电压等级的变压器，试验时应注意以下几点：

（1）要求电压与电流辅助变压器为 yn 联结，其额定电压高于被试变压器所加电压。电流辅助变压器的容量要大一些，否则直流电流加不上去。

（2）试验时如以损耗或电流为准，应考虑电流与电压辅助变压器所吸收的损耗或电流。

（3）标准电阻与被测电阻间的连接线电阻应尽量小。

4.2.2 冲击电压试验

1. 试验目的 冲击电压试验是在变压器端子上施加一种模拟雷电波形的标准冲击波，以考核其主、纵绝缘的冲击强度。

2. 试验方法 在进行冲击电压试验前，变压器应进行下列准备工作：

（1）大型变压器要进行真空注油，中小型变压器注油后也要抽真空。而后还要静放数天，使油中气泡尽可能逸净后才能试验。冲击电压试验对这点要求特别严格，因油中有气泡存在时，由于气泡放电往往会造成对试验结果的误判断。

（2）应进行全部的出厂试验项目，包括绝缘特性测定、外施高压试验和感应高压试验，以检查绝缘是否存在缺陷。

（3）尽可能进行一次低电压冲击波下的电压分布测量，以掌握线圈各部的电位和梯度分布，估计各部绝缘裕度。

（4）将分接开关调到最小分接为止，这是对纵绝缘考验最严重的情况。

变压器冲击试验时的加压线路如图 9.4 - 15 所示。

冲击试验时，变压器的非被试绕组应该短路接地。这和实际情况是吻合的。变压器的出线是接向架空线或者电缆的。在冲击波的作用下，它们的波阻抗是不大的，因此就相当于接地。一般冲击试验时，非被试绕组往往通过某一电阻接地，观察通过这个电阻上的电容传递电流波形，就可以判断绕组在冲击波作用下有无损伤。

试验时，分接开关通常应处于使绕组匝数最少的位置，或者往往是对纵绝缘考验最严重的情况。

在变压器的冲击试验中，应尽量采用负极性的冲击波进行试验。试验以前，应在带试品的情况下对冲击电压发生器输出电压的幅值和波形进行校正。通常，发生器输出电压的复制和波形是在空载情况下校正过得。当接上变压器绕组以后，由于其入口电容和漏抗的存在，就会改变发生器输出电压的幅值和波形，因此，需要重新加以校正。对于有负载电容的冲击电压发生器，当试验小容量的电力变压器和电压互感器时，因被试品的影响不太大，可以不进行重新校正。

冲击试验的顺序为：

（1）一次或几次降低电压的全波冲击试验。

（2）一次 100% 的全波冲击试验。

（3）一次或几次降低电压的截波冲击试验。

（4）两次 100% 的截波冲击试验。

（5）两次 100% 的全波冲击试验。

试验应逐相进行，每次冲击的时间间隔约 1min。

在降低电压下（一般时 50% 试验电压），可以冲击多次，以调节电压波形和示伤波形。

在试验电压下，在某次冲击中如果发生了问题（如示伤波形有变化等），那么就应当暂停试验，进行检查，主要检查试验线路（包括引线、接地等）和示伤线路。经过检查以后，如果认为一切正常，则可重复进行试验。这时，应该特别加强对试验回路和试品的观察。如果重复试验仍有问题，而且可以断定不是由外部放电引起的，那么就可以肯定是试品内部的问题。通过对示伤波形的认真分析来判定故障的性质。如果属于工艺处理不良，则应该重新处理后再进行复试。如果确系绝缘的问题，那么就属于不合格品，应该进行拆卸检查，以找出故障的位置并确定故障的原因。冲击试验电压见表 9.4 - 4。

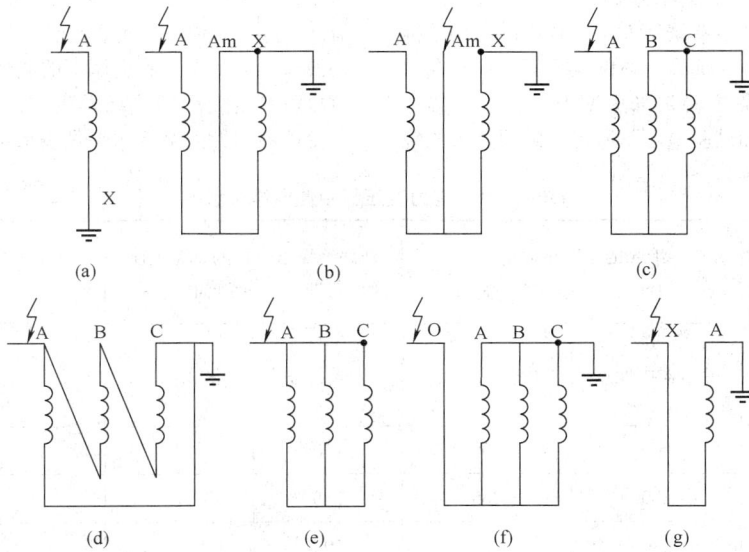

图 9.4-15 变压器冲击试验绕组接线图

(a) 单相变压器或 YN 联结的三相变压器的一相；(b) 单相自耦变压器，高压端和中压端分别试验；(c) Y 联结的三相变压器；(d) D 联结的三相变压器，以上属于线端绝缘冲击试验的接线；(e) Y 联结的三相变压器，中性点没有引出，试验中性点时采用三相加压的方法；(f) YN 联结三相变压器，中性点有引出套管，试验时直接对中性点加压；(g) 单相变压器

表 9.4-4 　　　　　　　　　　　　冲　击　试　验　电　压

额定电压	最高工作电压	内部绝缘试验电压（最大值）/kV			外部绝缘试验电压（最大值）/kV			
		电流互感器，试验中带励磁的电力变压器、电压互感器和并联电抗器	试验中不带励磁的电力变压器、电压互感器和并联电抗器	电力变压器和互感器	电力变压器和互感器		单独试验的套管	
kV（有效值）		全波		截波	全波	截波	全波	截波
3	3.5	42	43.5	50	42	50	44	52
6	6.9	57	60	70	57	70	60	73
10	11.5	75	80	90	75	90	80	100
15	17.5	100	108	120	100	120	105	125
20	23	120	130	150	120	150	125	158
35	40.5	180	200	225	185	230	195	240
60	69	300	330	390	320	400	335	420
110	126	425	480	550	460	570	480	600
220	252	835	945	1090	900	1130	950	1190
330	363	1010	1175	1300	1175	1425	1200	1450

变压器冲击试验时，如何判断故障是一个比较复杂的问题。通常在以下情况下可以判定变压器已经发生了故障：变压器油箱中有声响；油箱内有烟、气泡逸出；冲击试验以后，重复高周波感应耐压试验后的

空载试验时,空载电流和空载损耗显著增加。但是,冲击试验时,如果变压器绕组发生了较小的损伤,但并未形成严重的击穿,那么上述的表征就往往不会出现。目前,判断故障主要是采用冲击电流示伤的方法。即比较低电压和试验电压下所记录的通过被试绕组中性点的电流波形或通过非被试绕组的电容传递电流波形及外加电压波形,这些波形被称为变压器的示伤波形。如果再试验电压下的波形发生了畸变,那么就可以判定变压器绝缘发生了故障。110~330kV 电力变压器中性点绝缘水平见表9.4-5。

表9.4-5　　110~330kV 电力变压器中性点绝缘水平

电力变压器的额定电压（有效值）/kV	绝缘的工频试验电压（1min）（有效值）/kV		外部绝缘承受住的试验电压（均匀升压）（有效值）/kV		内部绝缘和外部绝缘的全波和载波冲击试验电压（最大值）/kV
	变压器中性点	中性点套管	干燥状态	淋雨状态	
110	85	100	110	85	180
220	200	265	280	215	400
330	230	265	295	215	520

4.3 特殊试验

4.3.1 突发短路试验

1. **试验目的**　突发短路试验就是为了考核变压器的动、热稳定性。

2. **试验方法**　通常是将变压器一侧短路,另一侧突然施加额定频率的额定电压,利用短路电流产生的电磁力,来考核变压器身和各种导电部件的机械强度。其试验的接线图如图9.4-16所示。

短路试验时变压器应具备以下条件:

（1）试验需在可投入运行的新变压器上进行,短路试验时,对变压器性能不发生影响的附件(例如可拆卸的冷却器等)可以不安装。

（2）试验必须在所有例行的出厂试验合格后才能进行。

（3）试验前应准确测量试验分接的电抗与电阻值。重复测量时,电抗的测量误差应小于±0.2%。

（4）短路试验应在变压器常态下进行,绕组温度为 0~40 ℃。

突发短路电流稳定值以额定电流倍数 K_S 表示,$K_S = 100/u_Z$。按标准规定,变压器能承受的最大短路电流稳定值不超过稳定电流的 25 倍,如 $u_Z < 4\%$,应采取措施限制短路电流。对于大型变压器来说,由于试品的短路容量很大,线路阻抗引起的电压降使短路以后的线端电压达不到额定电压,所以试验时要考虑线路阻抗的影响。每台变压器试验五次,前四次短路持续时间为 0.5~1s,间隔时间一般不予规定。第五次持续时间可适当延长,以配合热稳定试验。

热稳定试验是为了考核变压器在满载运行条件下如果发生短路,在短路终了时线圈的最终温度是否超过其所用导线材料及其外包绝缘耐热等级所允许的最高温度。满载运行时短路线圈的起始温度 θ_0 对于油浸式变压器为 105 ℃,水冷却的为 95 ℃。对于干式变压器,B 级绝缘的为 120 ℃,H 级绝缘的为 165 ℃。线圈的最高允许温度 θ_2 见表9.4-6。

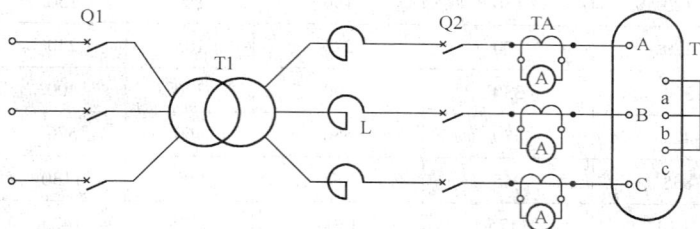

图 9.4-16　短路试验原理线路图

Q1—保护和合闸用的断路器；T1—辅助变压器；L—可调节的负载电抗器；

Q2—保护用的断路器；TA—电流互感器；T—被试变压器

表 9.4－6　　　额定热稳定电流下，
最高允许的线圈平均温度 θ_2

冷却方式	线圈材料	绝缘等级	最高允许平均温度 θ_2/℃
油浸式	铜	A	250
	铝		200
干式	铜	A、E	250
		B、F、H	350
	铝	A、E、B	200

试验时，线圈的起始温度达不到上述数值时，应在试验前采取措施加热。热稳定试验时，短路持续时间视短路电流倍数 K_s 而定：$K_s = 10$ 以下时，为 5s；$K_s = 10 \sim 14$、$15 \sim 20$ 和 20 以上时，分别为 4s、3s 和 2s。

由于线圈的最终温度 θ_1 不易准确测量，通常用下式计算

$$\theta_1 = \theta_0 + \alpha_1 j_s^2 t \times 10^{-3} \leqslant \theta_2$$

式中，θ_0 为短路时线圈起始温度（℃）；j_s 为短路时线圈的电流密度（A/mm²）；t 为短路持续时间（s）；α_1 为系数，其数值见表 9.4－7。

表 9.4－7　　　α_1 的 数 值

$\frac{1}{2}(\theta_0 + \theta_2)$	α_1	
	铜线圈	铝线圈
140	7.41	16.5
160	7.8	17.4
180	8.2	18.3
200	8.59	19.1
220	8.99	20.0
240	9.38	20.9
260	9.77	

试验时应注意观察安全气道是否喷油，气体继电器是否动作，也可在试验前后用低电压冲击波对变压器进行冲击试验，对比两次试验的师伯图是否发生波形畸变，以便初步判断内部有无损伤。突发短路试验结束后复试绝缘电阻、直流电阻、电压比、空载试验和短路试验，将所得结果与出厂试验结果比较，进行吊心检查。如果一切正常，变压器可再用 80% 的出厂试验电压进行外施耐压试验和感应耐压试验，无异常现象，即可认为产品承受住了动稳定试验。

4.3.2　零序阻抗试验

1. 试验目的　一般情况下电力系统均是以三相方式输变电的，三相系统基本上是处于对称状态下运行，电力变压器和配电变压器也均制造成三相型式。但当三相系统出现不对称时，如系统中发生单相接地、两相短路、断相等情况，或三相负载不对称时，系统处于不对称运行状态，此时变压器也处于不对称状态。

为了计算电力系统在不对称下的运行状态，保护线路的正常运行，就要知道不对称状态运行时的电压和电流，以便在故障时对线路进行保护。因此需要知道输电线路和变压器的零序阻抗。

2. 试验方法　零序阻抗就是三相没有相序的交流电流在三相绕组中流过所产生的阻抗。按照国际电工委员会的要求，应以欧姆数表示。零序阻抗只有有零序电流回路的绕组，才能进行这项试验。试验方法一般可分为有平衡安匝和无平衡安匝两大类。

（1）有平衡安匝的零序阻抗试验。有平衡安匝的零序阻抗一般是联结组标号为 YN，yn0，d11 或 YN，d11，yn0 的三绕组变压器和 YN，d11 的两绕组变压器，绕组中有一个是封闭的三角形联结绕组。这类零序阻抗的数值是线性的，其值与试验电流的大小无关，一般只侧一点就可以了。考虑到中性点引线的负载能力，施加电流应不超过额定电流，试验通电时间尽可能短一些。其试验线路如图 9.4－17 所示。

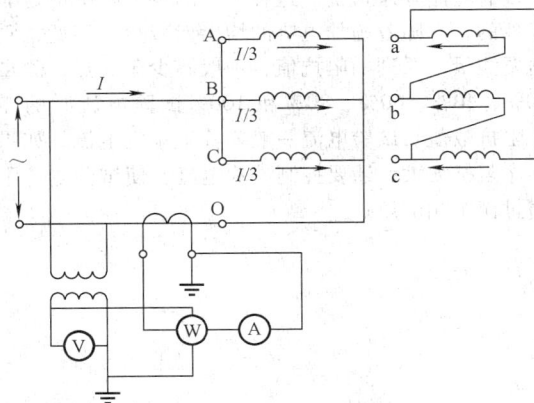

图 9.4－17　零序阻抗试验线路图

试验依次在有零序回路的绕组上进行，其他绕组开路。由于有封闭的三角形联结绕组存在，所以无论试验哪个绕组，它都与试验绕组保持安匝平衡，其平衡电流延着三角形联结的连线自行构成短路。这种情况测得的零序阻抗属于"短路零序阻抗"，而不存在"空载零序阻抗"。试验时以施加电流为准，记录电压和功率。功率用以计算零序阻抗的有功部分和无功部分。一般情况下，只提供零序阻抗，其计算如下：

$$Z_0 = 3U / I$$

式中，Z_0 为以每相欧姆数表示的零序阻抗（Ω/相）；I 为试验电流（A）；U 为试验电压（V）。

对于 YN，d11 的产品，只测量其高压绕组的零

序阻抗就可以了；对于 YN，yn0，d11 的产品，需按表 9.4 - 8 的顺序测量四次。

表 9.4 - 8　　　　有平衡安匝的
零序阻抗试验测量顺序

顺　序	供电端子	开路端子	短路端子
1	ABC-O	A_m,B_m,C_m,O_m	—
2	ABC-O	—	$A_m B_m C_m$-O_m
3	$A_m B_m C_m$-O_m	A,B,C,O	—
4	$A_m B_m C_m$-O_m		ABC-O

（2）无平衡安匝的零序阻抗试验。绕组中没有封闭的三角形联结的产品的零序阻抗试验，都属于无平衡安匝的零序阻抗试验的范畴。通过对 Y，yn0 和 YN，yn0，yn0 两种联结组标号的产品零序阻抗试验的介绍，来说明这种类型零序阻抗的测试方法和原理。

1）Y，yn0 联结组标号的产品零序阻抗试验。这种接线的产品，只有低压绕组有零序回路，需测量其零序阻抗。所测的零序阻抗是空载零序阻抗，而没有短路零序阻抗。这种产品的零序阻抗值是非线性的，它随着施加电流的增大而减少。因此，它需要测量一系列的阻抗值，一般不少于 5 点，测量 20%、40%、60%、80% 和 100% 试验电流时的零序阻抗数值。试验电流一般要等于额定电流，如果零序阻抗太大，还要控制试验电流，使试验电压不超过额定相电压。

2）YN，yn0，yn0 联结组标号的产品零序阻抗试验。这种接线的产品，因三个绕组均有零序回路，所以不但有空载零序阻抗，而且还有两种短路零序阻抗。空载零序阻抗需测量 5 点，每种短路阻抗需测量一点，其方法均与上述介绍相同。具体测试见表 9.4 - 9。

表 9.4 - 9　　　　无平衡安匝的
零序阻抗试验顺序

顺序	供电端子	开路端子	短路端子
1	ABC-O	A_m,B_m,C_m,O_ma,b,c,o	—
2	ABC-O	a,b,c,o	$A_m B_m C_m$-O_m
3	ABC-O	—	$A_m B_m C_m$-$O_m$abc-o
4	$A_m B_m C_m$-O_m	A,B,C,Oa,b,c,o	—
5	$A_m B_m C_m$-O_m	a,b,c,o	ABC-O
6	$A_m B_m C_m$-O_m	—	ABC-Oabc-o
7	abc-o	ABC-OA_m,B_m,C_m,O_m	—
8	abc-o	A,B,C,O	$A_m B_m C_m$ - O_m
9	abc-o	—	$A_m B_m C_m$-O_m ABC-O

对于其他联结组标号的产品，可以参照以上联结组标号的方法和原理进行试验。

在进行空载零序阻抗测量时，外线试验人员要注意观察试品油箱的各部位，避免零序磁通集中而进行箱壁的局部过热。这方面如果我们失去警觉，往往会使箱壁局部灼热得发红，大型产品尤其是如此。

第 5 章 干 式 电 力 变 压 器

5.1 干式电力变压器的技术标准、技术数据

干式电力变压器的技术标准：

GB 6450—1986《干式电力变压器》

GB/T 10228—1997《干式电力变压器技术参数和要求》

GB/T 17211：1998《干式电力变压器负载导则》（eqv IEC 905：1987）

同耐热等级的干式变压器绕组及其绝缘，在正常海拔，外部冷却空气温度不超过规定环境温度时，具有一定的绝缘老化寿命的条件下，绕组温升允许的最热点温度，见表 9.5 - 1。

表 9.5 - 1 不同耐热等级绕组绝缘的温升限值与参考温度

部 位	绝缘材料最高允许温度/℃	平均温升限值（参考）/℃
绕组（用电阻法测量温升）	105（A级）	60（80）
	120（E级）	75（95）
	130（B级）	80（100）
	155（F级）	100（120）
	180（H级）	125（145）
	220（C级）	150（170）

5.2 干式电力变压器绕组

干式电力变压器绕组是干式电力变压器的重要组成部分。绕组结构决定了干式电力变压器的额定容量、电压等级和使用条件。绕组由导线（铜线或铝线）和绝缘等构成，当额定电流小时采用圆导线；额定电流大时采用扁导线，干式电力变压器的电压等级多数为 10kV、35kV。根据导线绝缘的耐热等级，而采用 B、F、H 级的圆、扁漆包线，Nomex 纸包线，双玻璃丝包线及双玻璃丝漆包线及双玻璃丝薄膜包线等。导线表面的绝缘漆、Nomex 纸和玻璃丝等称为导线绝缘或匝绝缘。

1. 绕组型式 干式电力变压器绕组型式主要决定于其电压等级和额定容量，考虑到采用的工艺与所用材料时绕组的结构型式也有所不同。目前主要采用的绝缘型式为浸渍式与树脂绝缘式，树脂绝缘可分浇注式和绕包式干式电力变压器。

浸渍式绕组主要为连续式及螺旋式等。

（1）连续式绕组。浸渍式干式电力变压器的高压绕组常采用连续式。连续式线圈由很多个正、反线段沿轴向串联组成。线圈可由单根或多根纸包扁线并联绕成。绕制时，总是若干匝沿辐向串联绕成一个线饼，然后采用"翻转法"将线段起头翻到线段最上面（反段），而将线段的末头换到最下面的位置，经换位后接着绕第二段（正段）。这样一个反段、一个正段地连续绕制的绕组称为连续绕组，如图 9.5 - 1 所示。

连续式绕组一般为 35kV 级的外线圈，或作为 60kV 及 110kV 级的内线圈，并联根数一般不超过 4 根，最多为 6 根。当线圈起末头在线圈同一侧引出时，则总线段数应取偶数段。当引出线在线圈不同侧，则总线段数应取奇数段。作为内线圈的连续式线圈，为使换位处的辐向尺寸不增加，各段匝数应取分匝数。

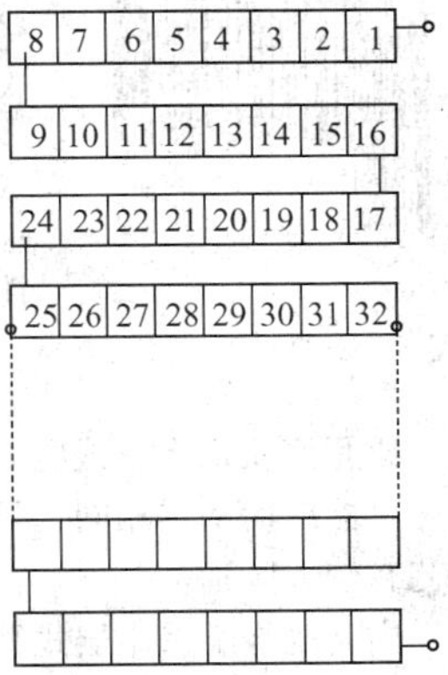

图 9.5 - 1 连续式绕组

连续式绕组可由单根或多根导线并绕（一般不超过 6 根），并联绕组间连接处需进行换位，目的是使并联导线长度相等，并在绕组漏磁场中所处的位置相同，从而减少或消除各并联导线间的环流损耗。

连续式绕组具有较高的机械强度，故承受短路电流产生的电动力能力强，同时线段的匝数较多，散热性能也较好。

（2）螺旋式绕组。螺旋式绕组是由多根扁导线并联绕制而成的，每段为一匝，相邻匝间由垫块分开。螺旋式绕组的机械强度高，散热面积也较大，但这种绕组的匝数较少，多用于浸渍式干式电力变压器的低压绕组。螺旋式绕组有单螺旋式、双螺旋式和四螺旋式等型式。

螺旋式绕组只有一股螺旋，相邻匝间设有垫块；双螺旋式和四螺旋式分别由二股和四股螺旋组成，相邻股间、匝间均设有垫块。螺旋式绕组的单股螺旋并联导线

可多达20根。为使螺旋式绕组各并联导线的长度相等，并在绕组漏磁场中处于相同位置，以消除各并联导线间的环流损耗。螺旋式绕组各并联导线应进行换位。

目前，干式配电变压器采用的换位方式有"2·1·2"换位、"2·4·2"换位和"4·2·4"换位等。

（3）层式绕组。层式绕组，又称为圆筒式绕组。树脂绝缘干式电力变压器的高压绕组多采用层式绕组（见图9.5-2）或分段层式绕组（见图9.5-3）。低压绕组采用类似螺旋式即取消段间气道的螺旋式绕组、箔式绕组。

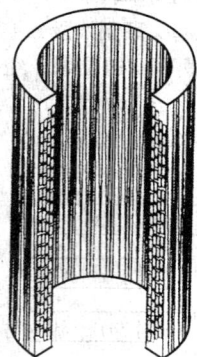

图9.5-2　层式绕组

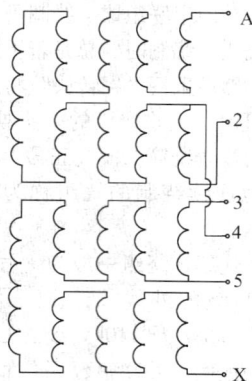

图9.5-3　分段式层式
绕组及其联结图

树脂浇注绝缘干式电力变压器与绕包绝缘干式电力变匝器结构基本相同，只是采用的绝缘材料和制造工艺有较大区别。

当高压绕组采用层式结构时，若层数一定，则各层的匝数增多，层间电压提高，这样就造成层间绝缘厚度增大、绕组的辐向尺寸增大。为了改善这种情况而采用分段层式绕组，即将层式绕组改为由几个层式绕组串联的结构型式。为了保证干式变压器的局部放电量，一般35kV级分为8段。

分段层式绕组的两段间高度的确定，应保证分接线匝全部在最外层，而每段高度应便每层能绕完一个分接级的匝数，同时该段高度又由所选用导线的宽度

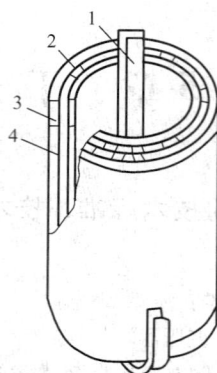

决定，因此导线宽度应在保证一定截面积和宽厚比的前提下，尽可能窄一些。段间距离可根据导线尺寸和段间电位差而采用梯形结构。一般分段的段间高度可控制在15~20mm范围内。

浇注绝缘和绕包绝缘绕组的分段数在一定程度上影响干式电力变压器的轴向尺寸和制造成本，段数增多，绕组轴向距离之和增大，造成制造成本增加，一般多将绕组分成四段，分段数目过多也无必要。

图9.5-4　箔式绕组
1—绕组出头；2—撑条；
3—端绝缘；4—金属箔

（4）箔式绕组。箔式绕组是采用铜箔或铝箔在专用的箔式绕线机上绕制而成的，其结构与层式绕组相类似，但每层为一匝（如图9.5-4所示），层间绝缘即为匝间绝缘。在干式电力变压器中，箔式绕组常作为低压绕组，与用多根导线绕制的低压绕组相比，此种绕组的空间利用率高，便于自动化绕制，生产率高。

2. 电流密度、导线的选择

（1）电流密度。电流密度大小决定变压器的损耗、温升、以及漏抗等。

电流密度 J（A/mm²）计算如下

$$J = \frac{I_\phi}{nS_d} \qquad (9.5-1)$$

式中，I_ϕ 为相电流（A）；n 为并绕根数；S_d 为导线截面积（mm²）。

对于浸渍式饼式干变绕组，由于绕组为敞开式，散热较好，故其电流密度可较包封式稍大些。铜铝导线绕组的电流密度可参见表9.5-2选择。对于低损耗干式电力变压器，电流密度取值会更低些。

表9.5-2　　　　　　　　　　　　浸渍式绕组的电流密度估算值　　　　　　　　　　　　（A/mm²）

	容量/kVA	80 及以下		100~315		400 及以上	
	绕组位置	内绕组	外绕组	内绕组	外绕组	内绕组	外绕组
铜绕组	B 级绝缘	1.7~2.0	1.8~2.0	1.8~2.2	1.9~2.6	2.0~2.6	2.4~3.0
	F 级绝缘	1.8~2.0	2.1~2.2	1.9~2.4	2.0~2.6	2.2~2.8	2.4~3.0
	H 级绝缘	2.0~2.2	2.2~3.6	2.4~2.8	2.6~2.8	2.8~3.0	3.2~3.5
铝导线	B 级绝缘	1.0~1.3	1.2~1.6	1.3~1.5	1.6~2.0	1.3~1.6	1.6~2.0
	F 级绝缘	1.4~1.5	1.5~1.7	1.6~1.9	1.7~2.0	1.8~2.0	1.9~2.2
	H 级绝缘	1.5~1.8	1.6~1.8	1.7~2.0	1.8~2.0	2.0~2.4	2.2~2.8

（2）导线选择。当选定电流密度估算值（j'）后，可按照相应表格选择线规，若 S 大于允许范围，可采用多根导线并联，使并联后导线总面积 S 与 S' 相接近。同时注意导线高度（b）与厚度（a）之比，对于连续式取 $b/a=2.5\sim5.5$；螺旋式取 $b/a=2\sim4$。

裸导线高度最好在 16mm 及以下，最大不超过 18mm。

对选定电流密度的 H 级绝缘浸渍式干式电力变压器的高低绕组采用 Nomex 纸包导线时，其导线绝缘取 ZB-0.45mm（双向厚度）。

（3）并绕根数的选择。连续式绕组为内线柱时，其并绕根数小于或等于 4；连续式绕组为外线柱时，其并绕根数小于或等于 6；单螺旋绕组的并绕根数小于或等于 N_s，N_s 为撑条数；双螺旋绕组的并绕根数小于或等于 $2N_s$。

5.3　干式电力变压器绝缘

干式电力变压器的绝缘对于产品能否安全运行起着决定性作用，因此干式电力变压器的绝缘结构及其绝缘材料要求比油浸式的严重得多，同时它应具有难燃性。干式电力变压器的线圈绝缘分为主绝缘和纵绝缘。

1. 变压器的主绝缘和纵绝缘　主绝缘是指线圈对它本身以外的其他结构部分的绝缘，包括它对油箱、铁心、夹件和压板的绝缘，对同一相内其他线圈的绝缘，以及对不同相线圈线圈的绝缘（相间绝缘）。纵绝缘是指线圈本身内部的绝缘。它包括匝间绝缘、层间绝缘、线段间的绝缘等。

主绝缘距离可参照图 9.5-5 在表 9.5-3 中查取。纵绝缘距离可根据层间电压在表 9.5-4 中查取。

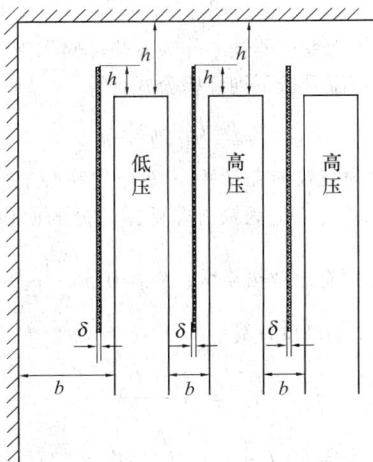

图 9.5-5　干式变压器主绝缘

表 9.5-3　干式变压器主绝缘尺寸

电压等级/kV	实验电压/kV	绝缘耐热等级	主要变压器主绝缘尺寸/mm									
			b_1	δ_1	h_1	h_2	b_2	δ_2	h_3	h_4	b_3	δ_3
≤	3	B	10	0		15	10	0		15	10	0
		H										
3	10	B	14	2.5 ~3	15	30	10	2.5 ~3	10	20	11	2
		H	15				12		12	25	13	
6	16	B	27	4	55	22	25	4	45	25	24	4
		H	30		60	25			55	28		
10	24	B	50	5	100	40	40	5	80	45	40	5
		H	52		105	47	47		95	52		

表 9.5-4　圆筒式线圈层绝缘

两层间工作电压/V	0.15 玻璃漆布张数	两层间工作电压/V	0.15 玻璃漆布张数
300 及其以下	2	1801~2100	7
301~700	3	2101~2400	8
701~1200	4	2401~2700	9
1201~1500	5	2701~3000	10
1501~1800	6		

2. 变压器绝缘半径计算

（1）圆筒式绕组绝缘半径计算（如图 9.5-6 所示）。

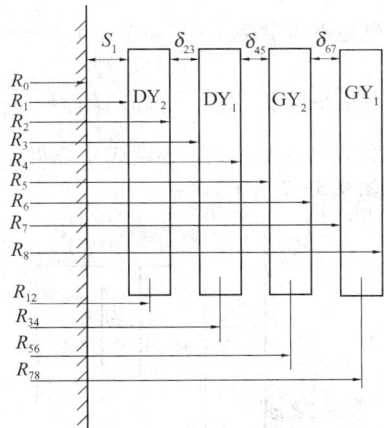

图 9.5-6　圆筒式绕组绝缘半径

图中：

　　R_0——铁心半径；

　$+S_1$——铁心对绕组绝缘距离；

　$=R_1$——低压绕组内半径；

　$+B_{L2}$——低压绕组气道内侧绕组辐向厚度；

　$=R_2$

$+\delta_{23}$——低压绕组中气道宽度；

　$=R_3$

　$+B_{L1}$——低压绕组气道外侧绕组辐向厚度；

　$=R_4$——低压绕组外半径；

$+\delta_{45}$——高低压绕组之间的气道宽度；

　$=R_5$——高压绕组内半径；

$+B_{H2}$——高压绕组气道内侧绕组辐向厚度；

$=R_6$

$+\delta_{67}$——高低压绕组之间的气道宽度；

$=R_7$

$+B_{H1}$——高压绕组气道外侧绕组辐向厚度；

$=R_8$——高压绕组外径；

$\times 2$

$=D$

$+S_6$

$=M_0$——两铁心柱中心距离。

低压绕组 DY2 平均半径　　　$R_{12}=\dfrac{R_1+R_2}{2}$

低压绕组 DY1 平均半径　　　$R_{34}=\dfrac{R_3+R_4}{2}$

高压绕组 GY2 平均半径　　　$R_{56}=\dfrac{R_5+R_6}{2}$

高压绕组 GY1 平均半径　　　$R_{78}=\dfrac{R_7+R_8}{2}$

高低压间漏磁空道平均半径　$Y_{HL}=\dfrac{R_4+R_5}{2}$

低压气道平均半径　　　　　$Y_L=\dfrac{R_2+R_3}{2}$

高压气道平均半径　　　　　$Y_H=\dfrac{R_6+R_7}{2}$

（2）饼式（含螺旋式、连续式）绕组绝缘半径计算（如图 9.5－7 所示）。

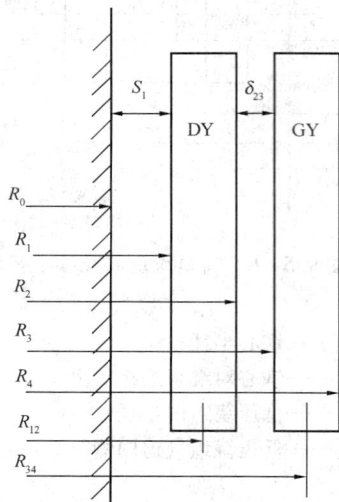

图 9.5－7

图中：

　R_0——铁心半径；

　$+S_1$——铁心对绕组绝缘距离

　$=R_1$——低压绕组内半径；

$+B_L$——低压绕辐向厚度；

$=R_2$

$+\delta_{23}$——高低压绕组之间的气道宽度；

$=R_3$——高压绕组内半径；

$+B_H$——高压绕组辐向厚度

$=R_4$——高压绕组外径；

$\times 2$

$=D$；

$+b_3$

$=M_0$——两铁心柱中心距离。

低压绕组平均半径　　　　$R_{12}=\dfrac{R_1+R_2}{2}$

高压绕组平均半径　　　　$R_{34}=\dfrac{R_3+R_4}{2}$

高低压间漏磁空道平均半径　$Y_{HL}=\dfrac{R_2+R_3}{2}$

5.4　干式电力变压器温升

　　干式电力变压器与油浸式变压器计算上的区别之一就在于温升计算。各种绝缘材料的耐热等级的允许最高工作温度见表 9.5－5，在表中给出了常见的绝缘材料允许最高工作温度。由于应用场合对干式电力变压器的要求较严格，因此，干式电力变压器常用的耐热等级为 B、F、H 级绝缘材料应既具有耐高温，又要具有在故障时难燃和不爆的特点。干式变压器各部位的温度是不同的。在额定运行条件，并保证绝缘具有正常寿命时，各部位的温度应不超过相应的绝缘材料的允许最高工作温度。

　　1. 铁心的温升

　　铁心表面单位热负荷

$$q_0=\frac{P_0}{\Sigma\delta_{ob}+K_{\alpha0}\Sigma\delta_{of}}$$

　　干式电力变压器铁心作为发热体对周围冷却空气的平均稳定温升按下列经验公式计算

$$t_0=0.36q_0^{0.8}$$

式中，P_0 为空载损耗（W）；$\Sigma\delta_{ob}$ 为铁心中裸露部分的面积（m^2）；$\Sigma\delta_{of}$ 为铁心非裸露部分的面积（m^2）；$K_{\alpha0}$ 为铁心的有效散热系数，$K_{\alpha0}=0.56\sqrt[4]{\dfrac{\alpha_{op}^{1.6}}{H_{op}}}$。

　　铁心平均高度计算

$$H_{op}=\frac{H_o+H_x}{2}$$

式中，H_o 为窗高（mm）；H_x 为内绕组的电抗高度（mm）。

当铁心柱与低压绕组间有玻璃布筒时，则铁心外表面气道宽度

$$\alpha_{0p} = r_t - R_s$$

式中，r_t 为玻璃布筒内半径（mm）；R_s 为铁心等效半径（mm）。

当铁心柱与低压绕组间无玻璃布筒时，则气道宽

度认为一半属于铁心柱，另一半属于绕组，故铁心外表面气道宽度为

$$\alpha_{0p} = \frac{1}{2}(R_j - R_s)$$

式中，R_j 为内绕组内半径（mm）。

表 9.5-5　　　　　　　干式电力变压器绕组温升限制

绕组绝缘等级	绕组绝缘的温升限制 /K	温升计算/℃		温升试验时绕组温度规定值/℃	参考温度 /℃	K_θ
		无外壳	有外壳			
B	80	75	70	100	80	1.016
F	100	95	90	120	120	1.145
H	120	120	115	145	145	1.226

2. 绕组温升计算

（1）层式绕组温升计算。树脂绝缘干式电力变压器的高压绕组多采用分段层式绕组，计算时同于层式绕组。对于层式绕组的温升计算过程和方法与饼式绕组基本相同。

1）外绕组表面积计算。外绕组外表面积（裸露部分面积）

$$S_{jW1} = m2\pi R_{j1} \cdot H_{X1} \times 10^{-6} \quad (9.5-2)$$

外绕组（非裸露部分面积）内表面积

$$S_{jn1} = mH_{X1} \times 10^{-6} \Sigma (2\pi r_{j1} - Nb_t)$$

$$(9.5-3)$$

式中，m 为套有绕组的铁心柱数，一般三相 $m=3$，单相 $m=2$；R_{j1} 为外绕组外半径（mm）；H_{X1} 为外绕组电抗高度（mm）；r_{j1} 为外绕组非裸露部分（内表面积中间气道处与空气接触表面）的半径（mm）；N 为沿圆均匀分布的撑条数；b_t 为撑条宽度（mm）；一般 $b_t=15$mm，如果不设撑条时，$N \cdot b_t = 0$。

2）内绕组表面积计算。内绕组各表面均为非裸露部分的表面积，按下式计算

$$S_{j2} = mH_{X2} \times 10^{-6} \Sigma (2\pi r_{j2} - Nb_t)(9.5-4)$$

式中，m、N、b_t 为同式（9.5-3）的说明；H_{X2} 为内绕组电抗高度（mm）；r_{j2} 为内绕组各表面（包括内、中、外各与空气接触表面）的半径（mm）。

3）绕组轴向气道有效散热系数。

$$K_\alpha = 0.56 \sqrt[4]{\frac{\delta^{1.6}}{H_X}} \quad (9.5-5)$$

式中，δ 为轴向气道宽度（m）；H_X 为电抗高度（mm）。

4）绕组单位热负荷。外绕组有效散热面积

$$S_{W1} = S_{jW1} + K_{\alpha1}S_{jn1} \quad (9.5-6)$$

内绕组有效散热面积

$$S_{W2} = K_{\alpha2}S_{j2}$$

外绕组　　　$$q_{j1} = \frac{K_\theta P_{r1}}{S_{W1}} \quad (9.5-7)$$

内绕组　　　$$q_{j2} = \frac{K_\theta P_{r2}}{S_{W2}} \quad (9.5-8)$$

式中，P_{r1}、P_{r2} 为外绕组、内绕组电阻损耗（参考温度时）（W）；K_θ 为由参考温度换算到温升试验时绕组温度的系数；S_{W1} 为外绕组外表面积（m²），按式（9.5-2）计算；S_{jn1} 为外绕组内表面积（m²），按式（9.5-3）计算；S_{j2} 为内绕组表面积（m²），按式（9.5-4）计算；$K_{\alpha1}$、$K_{\alpha2}$ 为外绕组及内绕组轴向气道有效散热系数。

5）绕组温升计算。对于树脂绝缘干式电力变压器，其损耗产生的热量是靠热传导、对流和辐射散到周围冷却介质中。

由于绕组结构型式的不同，绕组温升计算也不尽相同，而且在很大程度上依赖于实验和经验，通常

$$\tau = Kq_W^n = K\left(\frac{P_W}{S_W}\right)^n \quad (9.5-9)$$

式中，K，n 为经验系数，与工艺及所采用的材料有关，根据生产经验，对低压绕组按式（9.5-4）计算面积。在所有表面均与里面气道接触时，$K=0.66$；高压绕组采用分段层式绕组，故只有竖直气道，当绕组中设有竖直气道时，则有两个轴向散热面，$K=0.46$；若外绕组有三个以上的散热面时，其中只有一个外表面与外部空气直接接触，而其余为内表面及绕组层间气道与里面气道接触时，$K=0.56$，$n=0.8$；q_W 为绕组散热面单位热负荷（W/m²）；P_W 为折算到参考温度下的绕组损耗（W）；S_W 为绕组的有效散热面积（m²）。

（2）饼式绕组温升计算。干式电力变压器绕组为发热体的主要构成部分。浸渍式干式电力变压器与油浸式变压器的绕组结构型式相同，即采用连续式和螺旋式。

树脂绝缘干式电力变压器，由于结构上的需要而

采用了分段层式和类似螺旋式绕组。为了满足绕组表面包封的需要，而取消辐向气道的螺旋式绕组称为类似螺旋式。

1）绕组表面积计算。

饼式绕组外表面积

$$S_{jw} = m2\pi R_j H_d \times 10^{-6} \qquad (9.5-10)$$

饼式绕组内表面积

$$S_{jn} = m(2\pi r_j - Nb_t)H_d \times 10^{-6} \qquad (9.5-11)$$

饼式绕组水平气道的面积

$$S_{jp} = m2\pi(2\pi r_p - Nb_t)B_k \times 10^{-6} \qquad (9.5-12)$$

式中，m 为三相 $m=3$，单相 $m=2$；R_j、r_j 为绕组外、内半径（mm）；H_d 为绕组导线中高度，$H_d = n \cdot b_\delta$（mm）；n 为绕线段数（对于螺旋式 n = 螺旋股数×匝数）；b_δ 为带绝缘导线的每根高度（mm）；N 为沿圆周均匀放置的撑条或垫块数；b_d 为垫块高度，内绕组 b_d = 30 或 40mm，外绕组 b_d = 40 或 50mm；b_t 为撑条宽度，当 b_d = 30 时，b_t = 18mm；当 b_d = 40，50 时，b_t = 25mm；B_k 为绕组辐向尺寸（mm）。

2）绕组轴向气道有效散热系数计算。干式电力变压器的外绕组直接裸露于周围空气中，故其有效散热系数 $K_\alpha = 1$，而其他内部的散热面（含外绕组内表面，内绕组外表面，内表面）均应分别按式（9.5-5）求出有效散热系数。

3）饼式绕组水平气道有效散热系数计算。饼式绕组水平气道两侧散热表面的散热系数决定于辐向气道高度和辐向尺寸。水平气道上下两面的有效散热系数可按下式计算：

内部绕组表面有效散热系数

$$K_{\beta1} = \left[1 + \frac{h_{\delta p1}}{B_{k1}} - \sqrt{1 + \left(\frac{h_{\delta p1}}{B_{k1}}\right)^2} \right]$$
$$(9.5-13)$$

外部绕组表面有效散热系数

$$K_{\beta2} = 1.73\left[1 + \frac{h_{\delta p1}}{B_{k2}} - \sqrt{1 + \left(\frac{h_{\delta p2}}{B_{k2}}\right)^2} \right]$$
$$(9.5-14)$$

式中，$h_{\delta p1}$、$h_{\delta p2}$ 为分别为外、内绕组的段间气道平均高度（mm）；B_{k1}、B_{k2} 为分别为外、内绕组的辐向尺寸（mm）。

4）绕组单位热负荷。

外绕组有效散热面积

$$S_{W1} = S_{jW1} + K_{\alpha1}S_{jn1} + K_{\beta1}S_{jp1}$$

内绕组有效散热面积

$$S_{W2} = K_{\alpha w2}S_{jW2} + K_{\alpha n2}S_{jn2} + K_{\beta2}S_{jp2}$$

外绕组

$$q_1 = \frac{K_\theta(P_{r1}+P_{f1})}{S_{W1}} \qquad (9.5-15)$$

内绕组

$$q_2 = \frac{K_\theta(P_{r2}+P_{f2})}{S_{W2}} \qquad (9.5-16)$$

式中，K_θ 为由参考温度换算到温升试验时绕组温度的系数；P_r、P_f 为绕组电阻损耗及附加损耗（W），均折算到参考温度；S_{jW1}、S_{jW2} 为内外绕组的外表面积（m²），分别按式（9.5-10）计算；S_{jn1}、S_{jn2} 为内外绕组的内表面积（m²），分别按式（9.5-11）计算；S_{jp1}、S_{jp2} 为内外绕组水平气道中面积，按式（9.5-12）计算；$K_{\alpha1}$ 为外绕组内表面气道有效散热系数，按式（9.5-5）计算；$K_{\alpha w1}$、$K_{\alpha w2}$ 为内绕组的外及内表面气道有效散热系数，按式（9.5-5）计算；$K_{\beta1}$ 为外绕组水平气道有效散热系数，按式（9.5-13）计算；$K_{\beta2}$ 为内绕组水平气道有效散热系数，按式（9.5-14）计算。

5）绕组温升计算

外绕组 $\qquad \tau_1 = 0.3q_1^{0.8}$

内绕组 $\qquad \tau_2 = 0.33q_2^{0.8} \qquad (9.5-17)$

3. 温升的修正 当认为干式电力变压器的铁心、低压绕组和高压绕组均为互无影响的独立发热体，并分别计算各自的温升。但若铁心、绕组的温差较大时，则其间将产生热交换。从而使具有较高温度的发热体温升降低，而较低温度的发热体温升提高，这样就应对发热体温升进行修正。

温升修正过程如下：

设二独立发热体，如铁心和低压绕组的几何散热面分别为 S_1 和 S_2，按独立发热体计算的温升分别为 τ_1 和 τ_2，且 $\tau_1 > \tau_2$，则二发热体间温差

$$\Delta\tau = \tau_1 - \tau_2$$

与温差相对应的单位热负荷为

$$\Delta q = \left(\frac{\Delta\tau}{K_1}\right)^{\frac{1}{0.8}}$$

式中，K_1 为温升较高的发热体计算温升的经验系数。

若二发热体的热交换表面为 S_{12}，则通过该热交换表面由温度较高的发热体进入温度较低发热体的热量将为

$$\Delta P = 0.5\Delta qS_{12}$$

发热体 1 的温升降低量

$$\Delta\tau_1 = K_1\left(\frac{\Delta P}{S_1}\right)^{0.8}$$

发热体 2 的温升增高量

$$\Delta\tau_2 = K_2\left(\frac{\Delta P}{S_2}\right)^{0.8}$$

当考虑热交换后发热体的温升

$$\tau'_1 = \tau_1 - \Delta\tau_1, \quad \tau'_2 = \tau_2 - \Delta\tau_2 \qquad (9.5-18)$$

第 6 章　变 流（整 流）变 压 器

6.1　用途和特点

变流分为整流、逆变和变频三种方式。整流的用途最为广泛。工业用直流电源大部分是由交流电网通过整流变压器与硅整流器所组成的整流设备而得到的。本节主要介绍为硅整流器提供电源的整流变压器。

整流变压器一次侧接交流电网，称为网侧；二次侧接硅整流器，称为阀侧。整流变压器不同于电力变压器之处在于：

（1）电流波形不是正弦波。由于整流器各臂在同一周期内轮流导通，流经整流臂的电流波形为断续的近似矩形波，所以整流变压器各相线圈中的电流波形也不是正弦波。

（2）根据整流装置的要求，整流变压器阀侧有多种接法。

各种不同整流变压器的用途和特点见表 9.6-1。

表 9.6-1　　　　　　　　　　　　　　　整流变压器的用途和特点

序号	用　　途		特　　　　点
1	电解用（用于电解法制取铝等金属）		低电压、大电流，阀侧直流电流可达 100kV，直流电压不超过 1000V，单台容量可达数万千伏安。电解负载连续而恒定，为保持电解槽电流恒定，调压频繁，必须有载调压。调压范围较大，铝电解约为 10%～105%
2	牵引用	用于矿山、城市电动机车的直流电网供电	基本结构型式与电力变压器的相同，采用无激磁调压，调压范围±5%。负载变化幅度大，经常有不同程度的短期过载。阀侧接架空线，短路故障机会较多，因此，较大容量的变压器的阻抗要求大些
		用于电气化铁道的干线电力机车	变压器为单相，用于单相整流电路，网侧电压为单相输电线的线电压。大幅度有载调压，调压频繁。变压器外形尺寸要适于装在电力机车上。二次绕组有两个以上，分别供给电动机的电枢，励磁和其他用途
3	传动用（用于电力传动中的直流电动机供电）		阀侧有时要求有两个线圈，分别供给正反向传动或正相传动，反相制动。用晶闸管调压
4	直流输电用		电压高，容量大。对地绝缘交直流高压叠加，需特别考虑
5	电镀用，电加工用		电压低，电流大，阀侧直流电压自数伏至数十伏，电流至数万安。一般为晶闸管调压
6	励磁用（同步电动机励磁）		要求短期过载。晶闸管调压
7	充电用（蓄电池充电）		小容量做成单相，此时在反电动势作用下，因导通角减小，线圈电流有效值加大。有单独的调压器调压
8	串级调速用（绕线式感应电动机的串级调速）		经常在逆变方式下运行，无其他特殊要求
9	静电除尘用		电压高，电流小，变压器的结构型式与高压试验变压器相仿

注：表中除序号 8 用于逆变，序号 4 用于整流和逆变，序号 2 中干线电力机车及序号 3 在制动时用于逆变外，其余都用于整流。

6.2 主要技术参数和技术要求

整流变压器在整流电路中的工作原理、换相过程、主要技术参数和整流电路的电连接方式和相位控制的关系以及有关名词术语的概念等在这里就不再详述。

6.2.1 连接法

整流变压器网侧线圈的连接法与电力变压器相同。阀侧线圈则根据整流电路的电连接方式而有许多特殊的连接法。表 9.6－2 所列为常用的整流电路电连接方式，表中列出了相应的线圈连接法。表中 U 为理想空载直流电压，I_d 为额定直流电流，P_d 为额定直流输出功率。

6.2.2 额定电压、电流、容量

根据选定的整流电路电连接方式，整流器的额定直流输出电压 U_d 及额定直流电流 I_d，确定 U_{dio}。由 U_{dio}、I_d 从表 9.6－2 查得网侧和阀侧线圈的电压、电流、容量以及变压器的等效容量。有了这些数据，具体计算与电力变压器基本相同。

6.2.3 换相电抗

由 U_d 确定 U_{dio} 时，换相电抗是一个主要因数，换相电抗 $X_t = \omega L_t$。式中，换相电感 L_t 是指换相不能在瞬间内完成的有效电感，换相不能瞬时完成就形成了重叠角，使输出的直流平均电压降低，$U_d < U_{dio}$，网侧功率因数也降低。由于整流电路在一个换相组中的各相中是依次换相的，由一相换相到相邻相，所以对适用于各种不同的电连接方式的测量换相阻抗的方法是：网侧三相短路，阀侧取一个换相组（同期换相的各组可归并为一组来看待），在其相邻两相间施加电压，由此测得的电抗值除以 2，即为每相的换相电抗值。换相电抗用百分值或标幺值表示时，均以网侧的额定数据为基值。对于表 9.6－2 所列的几种常用的电连接方式，换相电抗与交流短路电抗相同，故可以用短路法测量，与电力变压器相同。

变压器的换相电抗值根据整流设备的要求来确定，电抗大，则压降大，网侧功率因数低；但过小的电抗会使短路保护困难。

6.2.4 移相

大功率整流设备为提高功率因数、减小网侧的谐波电流，要求提高脉波数。通常，脉波数 12 及以上的整流设备由两个或多个脉波数为 6 的整流单元并联构成，它们相互之间有一个相移角。相位移可以通过改变接法或在变压器网侧或有载调压变压器一次侧设置移相线圈而得到。星形联结与三角形联结相位移 30°，用相移线圈则可以得到所要求的任意相位移。移相线圈设在另一相的铁柱上，与本相线圈串联，连接法如图 9.6－1 所示。

移相线圈电压 U_{YX} 由下式决定

$$\frac{U_{YX}}{U} = \frac{2\sin\theta}{\sqrt{3}}$$

本相线圈电压 U_{BX} 由下式决定

$$\frac{U_{BX}}{U} = \frac{2\sin(60° - \theta)}{\sqrt{3}}$$

表 9.6－2　　　　　　　　　　　常用的整流电路电连接方式

序号	1	2	3	4	5	6
电连接方式	单相全波	单相桥式	双星形带平衡电抗器	三相半波	三相桥式	星形-三角形并联六相桥带平衡电抗器
网侧线圈相数	1	1	3	3	3	3
阀侧线圈相数	2	1	2×3	3	3	2×3
网侧线圈连接法	1	1	Y 或 △	Y 或 △	Y 或 △	Y 或 △
阀侧线圈连接法						
整流元件连接方式						

序号		1	2	3	4	5	6
阀侧	线电压 U_v	$\dfrac{U_{dio}}{0.45}$	$\dfrac{U_{dio}}{0.9}$	$\dfrac{U_{dio}}{0.675}$	$\dfrac{U_{dio}}{0.675}$	$\dfrac{U_{dio}}{1.35}$	$\dfrac{U_{dio}}{1.35}$
	线电流 I_v	$0.707I_d$	I_d	$0.289I_d$	$0.577I_d$	$0.816I_d$	$0.408I_d$
	容量 S_v	$1.57P_d$	$1.11P_d$	$1.48P_d$	$1.045P_d$	$1.045P_d$	$1.045P_d$
网侧	线电压 I_L	$K\dfrac{U_{dio}}{0.45}$	$K\dfrac{U_{dio}}{0.9}$	$K\dfrac{U_{dio}}{0.675}$	$K\dfrac{U_{dio}}{0.675}$	$K\dfrac{U_{dio}}{1.35}$	$K\dfrac{U_{dio}}{1.35}$
	线电流 I_L	$0.5\dfrac{I_d}{K}$	$\dfrac{I_d}{K}$	$0.408\dfrac{I_d}{K}$	$0.471\dfrac{I_d}{K}$	$0.816\dfrac{I_d}{K}$	$0.789\dfrac{I_d}{K}$
	容量 S_L	$1.11P_d$	$1.11P_d$	$1.045P_d$	$1.045P_d$	$1.045P_d$	$1.011P_d$
等效容量 S_T		$1.34P_d$	$1.11P_d$	$1.26P_d$	$1.045P_d$	$1.045P_d$	$1.028P_d$
电抗压降折算系数		0.707	0.707	0.5	0.866	0.5	0.26

1. 移相30°构成串联二重连接　图9.6-2是这种电路的原理图。整流变压器采用星形和三角形联结，构成相位相差30°、大小相等的两组电压，接到相互串联的两组整流桥。图9.6-3为该电路输入

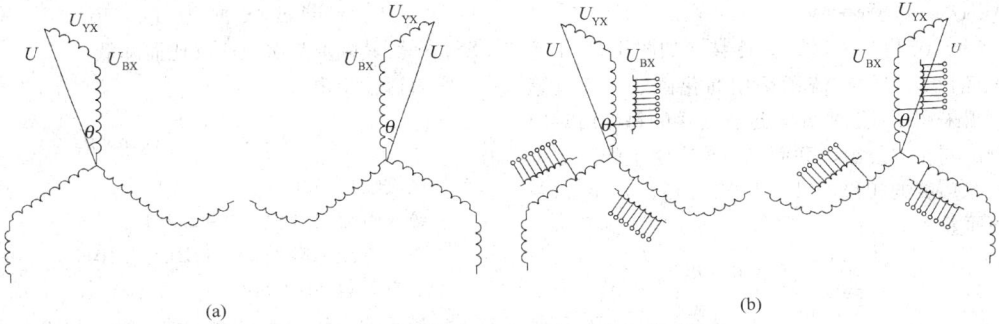

图 9.6-1　移相线圈的连接（移相角度±θ）

(a) 移相线圈设在整流变压器网侧；(b) 移相线圈设在调压变压器一次侧

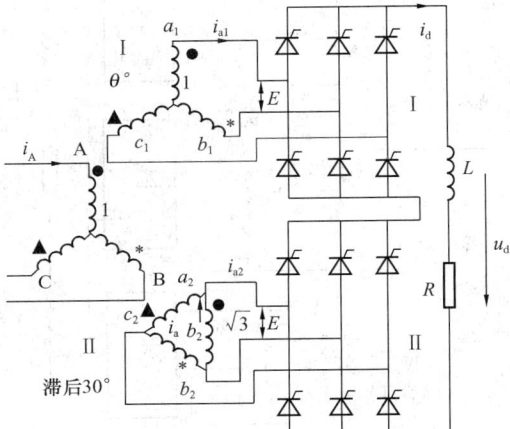

图 9.6-2　移相30°串联二重连接电路

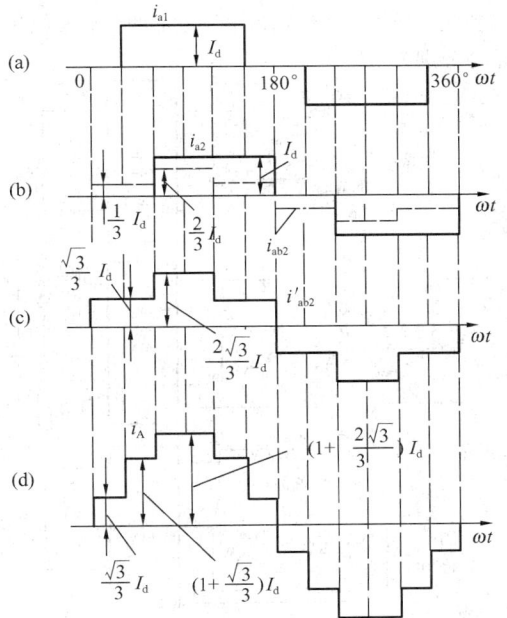

图 9.6-3　移相30°串联二重连接电路电流波形

电流波形图。

对图波形 i_A 进行傅里叶分析，可得其基波幅值 A_1 和 n 次谐波幅值 A_n 分别如下

$$A_n = \frac{4\sqrt{3}}{\pi} I_d$$

$$A_{12k\pm1} = \frac{1}{12k\pm1} \frac{4\sqrt{3}}{\pi} I_d \quad (k = 1, 2, 3, \cdots)$$

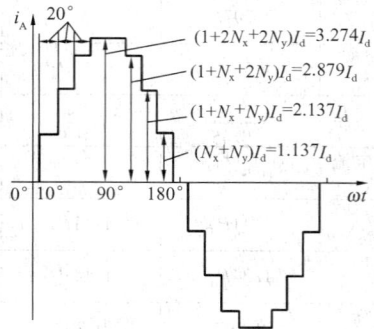

即输入电流谐波次数为 11，13，23，25，35，37，…，其幅值与次数成反比而降低。

直流输出电压

$$U_d = \frac{6\sqrt{2} E_L}{\pi} \cos\alpha$$

式中，E_L 为输入线电压有效值。

直流输出电压纹波频率 12f，f 为电源频率。

输入电流有效值 $I_1 = 1.577 I_d$

输入电流总畸变率 $THD_i = 0.1522$

功率因数 $0.9886\cos\alpha$，α 为触发延迟角。

2. 移相 20° 构成串联三重连接 如图 9.6 - 4 所示是其电路图，其中整流桥采用简化画法。这里第 I、III 绕组采用了曲折联结。这种连接的每相由对应于一次侧不同相的绕组串联而成，改变绕组的匝比可以实现任意角度的相移。以一次绕组匝数为 1 时，二次侧绕组匝数为

$$N_x = \frac{\sin 20°}{\sin 120°} = 0.395$$

$$N_y = \frac{\sin 40°}{\sin 120°} = 0.742$$

图 9.6 - 5 为整流变压器一次侧输入电流波形。

整流变压器一次侧输入电流波形的基波幅值和谐波幅值分别为

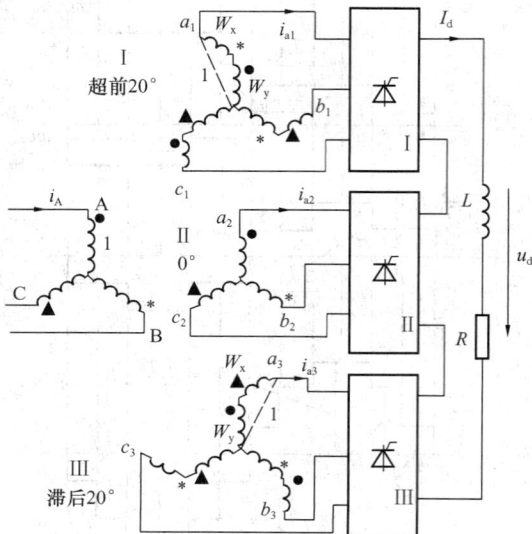

图 9.6 - 4 移相 20° 串联三重连接电路

$$A_1 = \frac{6\sqrt{3}}{\pi} I_d$$

$$A_{18k\pm1} = \frac{1}{18k\pm1} \frac{6\sqrt{3}}{\pi} I_d (k = 1, 2, 3, \cdots)$$

图 9.6 - 5 移相 20° 串联三重连接
电路输入电流波形

即输入电流谐波次数为 17、16、35、37、53、55、…。其幅值与次数成反比而降低。

直流输出电压

$$U_d = \frac{9\sqrt{2} E_L}{\pi} \cos\alpha$$

直流输出电压纹波频率 18f

输入电流有效值 $I_1 = 2.351 I_d$

输入电流总畸变率 $THD_i = 0.1011$

功率因数 $0.9949\cos\alpha$

3. 移相 15° 构成串联四重连接 图 9.6 - 6 所示

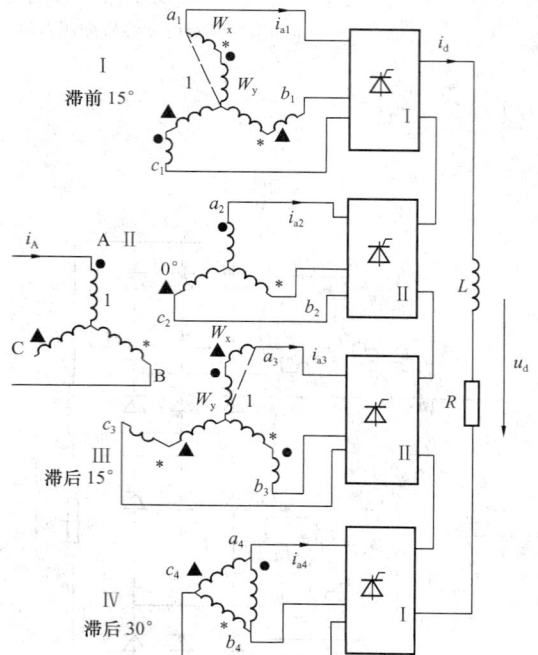

图 9.6 - 6 移相 15° 串联四重连接电路

是其电路图，整流变压器二次侧移相 15°也是采用曲折连接实现的。以一次侧绕组匝数为 1 时，二次侧绕组匝数为

$$N_x = \frac{\sin 15°}{\sin 120°} = 0.299$$

$$N_y = \frac{\sin 45°}{\sin 120°} = 0.817$$

图 9.6–7 为整流变压器一次侧输入电流波形。

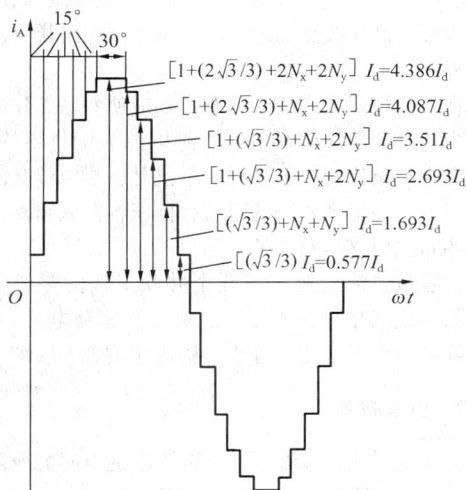

图 9.6–7　移相 15°串联四重连接
电路输入电流波形

整流变压器一次侧输入电流的基波幅值和谐波幅值分别为

$$A_1 = \frac{8\sqrt{3}}{\pi} I_d$$

$$A_{24k \pm 1} = \frac{1}{24k \pm 1} \frac{8\sqrt{3}}{\pi} I_d (k = 1, 2, 3, \cdots)$$

即输入电流谐波次数为 23、25、47、46、71、73，…。其幅值与次数成反比而降低。

直流输出电压

$$U_d = \frac{12\sqrt{2} E_L}{\pi} \cos\alpha$$

直流输出电压纹波频率　24f
输入电流有效值 $I_1 = 3.128 I_d$
输入电流总畸变率　$THD_i = 0.0757$
功率因数　$0.9971\cos\alpha$

6.2.5　变流变压器负载损耗计算

变流负载损耗的测量应在额定电流下进行。负载损耗保证值应以该测量值为依据。

运行中的实际负载损耗包括由畸变电流引起的附加损耗。计算得到的实际负载损耗，应作为确定油和绕组温升的依据，且要验证它们不超过 GB 1064.2

（对于油浸式变压器）和 GB 6450（对于干式变压器）的允许限值。

如有规定，变压器温升型式试验应在允许的运行负载损耗下进行。

变压器负载损耗通常分为用直流测得的电阻损耗，绕组和引线的涡流损耗以及变压器导电结构件中杂散损耗。

在正常运行中，变流变压器负载电流波形是非正弦的，当展开为傅里叶级数时，表示有大量的谐波存在。此非正弦电流产生的涡流损耗和杂散损耗，比按纯正弦电流下所计算的或测出的总损耗值明显增大。为了对变压器进行温升计算，也为了对整套变流设备的损耗和效率的正确计算，需要对额定的非正弦变流负载下的较高损耗值进行校正。

用户有必要在订货前规定额定负载下的电流谐波频谱。如无此规定，谐波频谱可按 GB/T 3856.2—1663 的 6.6.2 和 6.6.4 推导出。变流器中的负载损耗应由上述规定的谐波频谱和下述公式计算。下述规则适用于将试验下测得的损耗值换算至规定变流设备负载下的有效的损耗值。

$$I_L^2 = \sum_1^n I_h^2$$

式中，I_L 为变压器非正弦波线电流方均根值；I_h 为 h 次谐波电流方均根植；h 为谐波次数。

$$P_{WE} = \sum_1^n P_{WEh} = F_{WE} \times P_{WE1} = P_W - R_W I_L^2$$

式中，P_W 为电流 I_L 下的绕组损耗；R_W 为从网侧看进去的绕组直流电阻；P_{WE1} 为电流 I_1 下的绕组涡流损耗；F_{WE} 为绕组涡流损耗附加系数；P_{WEh} 为电流 I_h 下的绕组涡流损耗；P_{WE} 为电流 I_L 下的绕组涡流损耗。

$$P_{WE1} = P_{W1} - R_W I_1^2$$

式中，P_{W1} 为电流 I_1 下的绕组损耗。

$$F_{WE} = \sum_1^n \left(\frac{I_h}{I_1}\right)^2 h^2$$

$$P_{CE} = \sum_1^n P_{CEh} = F_{CE} P_{CE1} = P_C - R_C I_L^2$$

式中，R_C 为从网侧看进去的连接线的直流电阻；P_C 为电流 I_L 下的连接线损耗；P_{CE1} 为电流 I_1 下的连接线涡流损耗；P_{CEh} 为电流 I_h 下的连接线涡流损耗；F_{CE} 为连接线涡流损耗附加系数；P_{CE} 为电流 I_L 下的连接线涡流损耗。

$$P_{CE1} = P_{C1} - R_C I_1^2$$

式中，P_{C1} 为电流 I_1 下的连接线损耗。

$$F_{CE} = \sum_1^n \left(\frac{I_h}{I_1}\right)^2 h^{0.8}$$

$$F_{SE} = F_{CE}$$

式中，F_{SE} 为结构件杂散损耗附加系数。

$$K_{WE} = \frac{P_{WE1}}{R_W I_1^2} (标幺值)$$

式中，K_{WE} 为绕组在基波下的涡流损耗附加系数。

变压器额定电流下 I_1 下的负载损耗分为如下几项：

（1）由绕组 R_W 和 R_C（实测值）产生的 I_1^2R 损耗。

（2）绕组中涡流损耗 P_{WE1}（计算值）。

（3）大电流母线中的涡流损耗 P_{CE1}（推导值）。

（4）钢结构件中因电磁感应产生的杂散损耗 P_{SE1}（推导值）。

$P_{CE1}+P_{SE1}$ 之和是从测得的总损耗减去（1）和（2）两项后所得的差值。

采用下述关系式

$$P_1 = I_1^2(R_W + R_C) + P_{WE1} + P_{CE1} + P_{SE1}$$

式中，P_1 为电流 I_1 下的变压器负载损耗。

$$P_N = I_{LN}^2(R_W + R_C) + P_{WE} + P_{CE} + P_{SE}$$
$$= I_{LN}^2(R_W + R_C) + F_{WE}P_{WE1} +$$
$$F_{CE}P_{CE1} + F_{SE}P_{SE1}$$

式中，I_{LN} 为额定变流负载下电流 I_L 的方均根值；P_N 为电流 I_{LN} 下的变压器负载损耗。

对于三绕组变压器，在计算涡流损耗和钢结构件的附加损耗时，应考虑绕组排列。

（1）一次绕组径向布置在两个阀侧绕组之间（这两个阀侧绕组之间的磁耦合可以忽略）的双同心式变压器。

对于一次绕组，电流谐波分量用下式表示

$$h = pk \pm 1$$

式中，p 为一次绕组的脉波数；k 为 1，2，$\cdots$，n 的整数。

对于两个阀侧绕组，谐波分量用下式表示

$$h = (p/2) \times k \pm 1$$

式中，$p/2$ 表示一个三相阀组的脉波数；k 为 1，2，$\cdots$，n 的整数。

（2）对具有轴向布置的双二次绕组的双拍连接以及轴向布置的双一次绕组并联连接的变压器，其谐波分量用下式表示

$$h = (p/2) \times k \pm 1$$

式中，$p/2$ 表示一个三相阀组的脉波数；k 为 1，2，$\cdots$，n 的整数。

对于具有两个物理绕组的变压器，其外部大电流绕组是由两个电气阀侧绕组组成，它们是作为交叠式，分别作成 D 联结和 Y 联结绕组或都是 Y 联结绕组（两个电气阀侧绕组之间的磁耦合实际上是 100%），其谐波分量用下式表示：

$$h = pk \pm 1$$

式中，p 为脉波数；k 为 1，2，$\cdots$，n 的整数。

6.3　结构特征

6.3.1　线圈型式和排列

线圈型式的选择与容量、电压以及连接法有关。

通常，小容量整流变压器高低压线圈都用圆筒式；对于中等容量整流变压器，当低压线圈匝数较多时，低压线圈采用螺旋式，高压线圈为连续式；对于大容量整流变压器，低压线圈匝数少、电流大，通常为双饼式，高压线圈为连续式。中小容量整流变压器的线圈排列与电力变压器相同，低压线圈靠近铁心，高压线圈在低压线圈外面；当低压有两组线圈时，也可按低压-高压-低压排列；大容量整流变压器为了低压引出线方便，高压线圈靠近铁心，低压线圈安排在高压线圈外面。

在任何情况下，线圈的布置都应使并联工作的换相组中各组的电压降相等，否则电流分配将不均匀。对于大中型整流变压器来说，电抗是影响电流分配的主要因素，为保证相同的阻抗，低压各并联组对高压线圈的布置应该是对称的。

大容量整流变压器带几个并联工作的整流器组时，低压线圈相应分成几组。从限制短路电流考虑，高压线圈也常要求相应分组，构成所谓分裂线圈。

6.3.2　引线布置

大容量引线若布置不当，引线电抗引起的压降可能很大；各分路引线电抗若不相等，会使各并联工作组的电流分配不平均；引线的强交流磁场还将引起结构件的局部过热。引线布置的原则应使导通相位相同，通过的电流大小相同而方向相反的引线尽量接近。

大电流的整流设备有时采用同相逆并列的接线方式，以减小引线电抗，这种接线方式与上述引线布置的原则一致。

6.3.3　装置种类和冷却方式

100kVA 及以下的整流变压器通常做成空气自冷式，放在整流柜内，不自带箱壳。中等容量的都做成油浸自冷式，户外装置。大容量整流变压器多数为户外装置，也有采用半户外式的；其冷却方式则根据不同条件来选择。半户外式的整流变压器本体装在户外，靠墙装置，墙壁上开有低压进线孔，所有低压一般引出线用一个密封罩一直罩到墙壁开孔处，罩子与墙壁间也密封。这样，大电流引出线部分相当于户外装置，可以采用以层压板为绝缘的低压出线座。

电解用整流变压器由单独的有载调压自耦变压器调压时，有时为节省安装面积，将有载调压自耦变压器与整流变压器的器身装在同一油箱内。

变压整流器是变压器与整流器组成一体的组合装置，其整流柜直接装置在整流器的侧面。这种装置的优点，除节约安装面积外，还可缩短变压器与整流器之间的连接线，从而可减小由于连接线电抗不相等而造成的

整流器组之间电流分配不平均程度，同时也可使母线损耗和电压降降低，整个装置的功率和功率因数提高。

6.3.4　调压方式

各种整流负载的工作特性常要求有载调压。整流设备的有载调压方式，按其工作原理可分成两大类：一类是由变压器来实现变磁通调压；另一类是由晶闸管元件或饱和电抗器来实现相位控制调压。变压器的变磁通调压由有载分接开关来实现，其调压速度比较慢，一般以秒计；直流输出电压波形不因调压而改变；网侧功率因数变化也很小。相位控制调压速度快，一般以周波计；直流输出电压波形有畸变，交流分量增加；网侧功率因数几乎随直流输出电压成正比改变。两种调压方式各有其优缺点，应根据具体情况选用，有时也可两者合用，各取其长。例如，化工电解方面用有载调压分接开关做大幅度粗调，用饱和电抗器作小范围的细调，以达到稳定直流负载电流的目的。

变压器的变磁通有载调压有以下几种方式：

（1）整流变压器一次侧分接头调压。代表性接线图如图 9.6 - 8 所示，调压线圈通常是独立的线圈。

（2）由专设的调压变压器调压。调压变压器接在交流电网与整流变压器之间，一般都用有载调压自耦变压器，其代表性接线图如图 9.6 - 9 所示。

（3）主变压器-串联变压器调压。代表性接线图如图 9.6 - 10 所示。主变压器的第三绕组为调压线圈，供给串联变压器一次侧。二次侧绕组通常为"8"字形绕组。其一部分包绕串联变压器，另一部分包绕串联变压器。

以上三种调压方式的特点和适用范围见表9.6 - 3。

欲增加调压级数，一般有两种方法：一种是另外设置粗调绕组如图 9.6 - 9 所示；另一种是调压绕组正反接，如图 9.6 - 10 所示。两者相比，前一种方法线圈结构较复杂，但只要粗调绕组多抽几个头，就可实现多级粗调；后一种方法在反接使用时损耗较大，调压级数只能增加一倍。这两种方法对于以上三种调压方式都适用，正反接也适用于一次侧抽头调压和有载调压自耦变压器调压。当调压范围不太大时，加粗调绕组也适用与串联变压器调压。

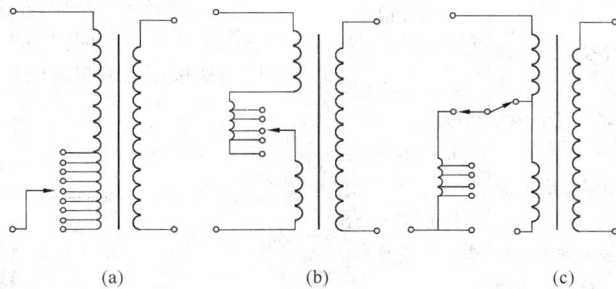

图 9.6 - 8　整流变压器一次侧分接头调压方式
（a）调压线圈接在一次线圈端部；（b）调压线圈接在一次线圈中部；
（c）调压线圈接在一次线圈端部，分为粗调和细调线圈两部分

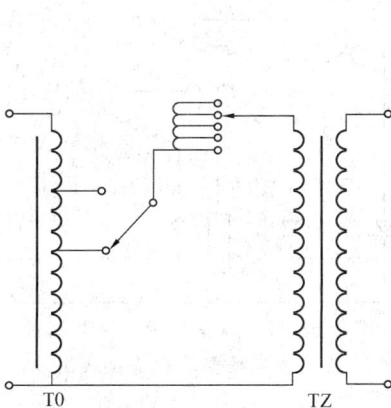

图 9.6 - 9　有载调压自耦变压器调压方式
T0—有载调压自耦变压器；
TZ—调压自耦变压器

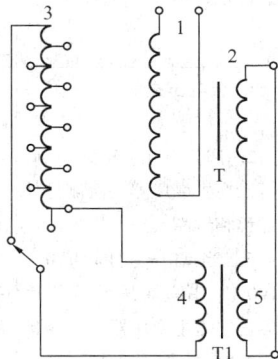

图 9.6 - 10　带串联变压器的调压方式
T—主变压器；T1—串联变压器
1—主变压器一次绕组；2—主变压器二次绕组；
3—主变压器调压绕组；4—串联变压器一次绕组；
5—串联变压器二次绕组

采用分相调压可以在同样调压级数下使直流电压的级数增加三倍。

表 9.6 - 3　　　几种变磁通有载调压方式的特点和适用范围

调压方式	特　点	适用范围
一次侧分接头调压（图 9.6 - 8）	1. 分接匝数等分时，级电压不等，二次侧电压高时，级差大 2. 调压范围大时，开路端感应电压高，图 9.6 - 1（a）接线时，更明显 3. 当调压下限电压为最高电压的 1/k 倍时，若调压线圈的导线截面与一次线圈相同，则变压器的等值容量增加为无分接头的（k+1）/2 倍（桥式）	1. 一次侧电压 35kV 及以下，中小容量 2. 调压范围不超过 50%
有载调压自耦变压器调压（图 9.6 - 9）	1. 级电压相等 2. 调压范围不受限制 3. 当调压范围为 0 ~ 100%，调压变压器的等值容量约为主变压器一次容量的 50% 4. 可在调压变压器中设移相线圈，移相线圈对调压变压器等值容量无甚影响 5. 调压变压器阻抗很小，调压变压器与主变压器间不允许短路	1. 一次侧电压 110kV 以下，大中容量 2. 较大的调压范围 3. 可用一台大容量调压变压器供若干台整流变压器
串联变压器调压（图 9.6 - 10）	1. 级电压相等 2. 调压范围不受限制，可以在主变压器一次侧另外加移相线圈 3. 当调压范围为 0 ~ 100%，串联变压器的等值容量约为主变压器一次容量的 50% 4. 主变压器和串联变压器只能在一个油箱内，对于大容量变压器可能运输困难	1. 一次电压 110kV 以下，大中容量 2. 较大的调压范围 3. 不适用于一、二次侧线圈需要分组的场合

6.4　平衡电抗器

6.4.1　工作原理

两组（或多组）整流电路如要并联工作，其直流输出电压必须相等。非同期的换相组直流平均值虽然可以相等，但瞬时值不等，为使其能并联工作，必须在两组之间插入平衡电抗器。平衡电抗器的作用在于平衡非同期换相之间的瞬时电位差，使输出的直流电压瞬时值取两组瞬时值的平均数。如果没有平衡电抗器，则在任一瞬间，两个换相组只有瞬时电压最高的一相导通，所以两个换相组交替工作，而不是同时工作，结果每个整流臂的导通时间减半，电流有效值增加 $\sqrt{2}$ 倍，变压器的等效容量相应加大。平衡电抗器在整流回路中的位置见表 9.6 - 2。如图 9.6 - 11 所示为并联两个非同期换相组的平衡电抗器本身的接线原理图。电抗器线圈的重点 O 接到直流侧，两个端点 O_1、O_2 分别接到两个换相组各自的公共连接点。平衡电抗器的两个支路对于交变电位差来说是串联的（O 点电位是 O_1、O_2 电位的平均值），对于直流电流来说则是并联的。如图 9.6 - 12 所示为双星型带平衡电抗器连接方式的整流设备接线图。

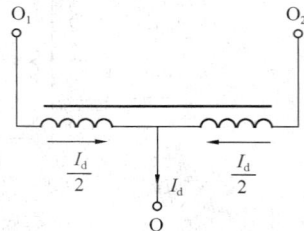

图 9.6 - 11　平衡
电抗器接线原理图

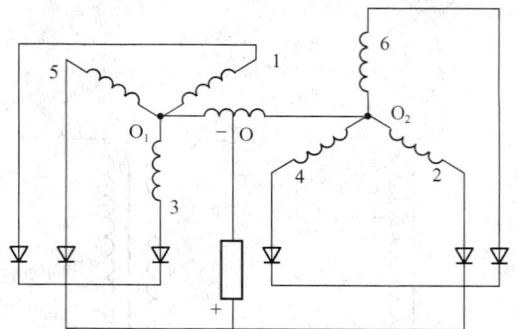

图 9.6 - 12　双星形带平衡电抗器
连接方式的整流设备接线图

6.4.2　结构特征

（1）铁心。平衡电抗器铁心一般为单相双柱式，磁路中一般无间隙，磁通是交变的。双星型之间的平衡电抗器工作基频是 $3f$，星形—三角形并联桥之间的平衡电抗器工作基频是 $6f$，f 为电源频率。

（2）线圈。平衡电抗器两支路的线圈绕向应使支路中的直流电流所产生的磁动势互相抵消。平衡电抗器的线圈型式根据电流大小可选用螺旋式、双饼式，也可由铜（铝）排绕制。低压大电流的平衡电抗器可采用贯通式，以简化结构。此时为使平衡电抗器两分支的铜（铝）排对称，以便利母线布置，可将双星形联结中的其中一个星形的整流器元件反接。这样，变压器与平衡电抗器的工作条件都没有改变。

（3）装置种类和冷却方式。平衡电抗器通常与整流变压器放在同一个油箱内。贯通式电抗器则是独立的部件，不放在变压器油箱内，而且通常是干式。

6.4.3　计算要点

平衡电抗器每支路中流过的电流为额定直流电流 I_d 的一半，交流励磁电流很小，可忽略不计，因此，导线截面可以根据 $I_d/2$ 来确定。

平衡电抗器的铁心计算按其工作基频（$3f$ 或 $6f$）来考虑。但是其电压波形并不是正弦波，所以要用伏–秒积分来确定 $N\phi$ 值（ N 为两支路的总匝数）。$N\phi$ 值与变压器阀侧线电压 U_v 成正比，且与滞后角 α，换相电抗百分值 X_h 有关。其中滞后角 α 可由下式决定

$$1 - \cos\alpha = \frac{\Delta U}{U_{dio}}$$

式中，ΔU 为相位控制所造成的直流空载电压的降低值。

选定 N 就可以确定 ϕ。由于 $\phi = BA$，故选定 B 后就可以确定铁柱截面积 A。B 值对基频为 150Hz 的平衡电抗器，用热轧硅钢片时可取 6000～6000G，用冷轧硅钢片时可取 8000～11000G（干式由于温升关系取较小值，油浸式取较大值）；对基频为 300Hz 的平衡电抗器，用冷轧硅钢片时可取 4000～6000G。平衡电抗器的匝数不多，可以选取几个 N 值，进行凑算，以取得合适的铜（铝）铁比。

第7章　互　感　器

电力系统用互感器是将电网高电压、大电流的信息传递到低电压、小电流二次侧的计量、测量仪表及继电保护、自动装置的一种特殊变压器，是一次系统和二次系统的联络元件，其一次绕组接入电网，二次侧绕组分别与测量仪表、保护装置等互相连接。互感器与测量仪表和计量装置配合，可以测量一次系统的电压、电流和电能；与继电保护和自动装置配合，可以构成对电网各种故障的电气保护和自动控制。互感器性能的好坏，直接影响到电力系统测量、计量的准确性和继电保护装置动作的可靠性。

互感器分为电压互感器和电流互感器两大类，其主要用途是：

（1）将一次系统的电压、电流信息准确地传递到二次侧相关设备。

（2）将一次系统的高电压、大电流变换为二次侧的低电压（标准值 100V 或 100/√3 V）、小电流（标准值 5A 或 1A），使测量、计量仪表和继电器等装置标准化、小型化，并降低了对二次设备的绝缘要求。

（3）将二次侧设备以及二次系统与一次系统高压设备在电气方面很好地隔离，从而保证了二次设备和人身的安全。

按电流变换和电压变换原理不同，互感器可以分为：

（1）电磁式互感器。是根据电磁感应原理实现电流变换和电压变换的。

（2）光电式互感器。是通过光电变换原理以实现电流变换和电压变换。目前还处于在研制阶段。

（3）电容式电压互感器。是通过电容分压原理实现电压变换。目前我国 110～500kV 电压等级均有采用，330～500kV 电压等级只生产电容式电压互感器。

7.1　电压互感器

7.1.1　电磁式电压互感器的原理

1. 双绕组电压互感器基本原理　电磁式电压互感器是一种专门用作变换电压的特殊变压器，其工作原理和变压器相同。电压互感器一次绕组并联在高电压电网上，二次绕组外部并接测量仪表或继电保护装置等负荷，仪表和继电器的阻抗很大，二次负载电流很小，且负载一般都比较恒定。电压互感器的容量很小，正常运行时接近于变压器空载运行情况，一次电压不会受二次负荷的影响，二次电压与一次电压成正比。因此双绕组

电压互感器有着与双绕组变压器完全相同形式的等效电路（图 9.7-1）、方程式和相量图（图 9.7-2）。

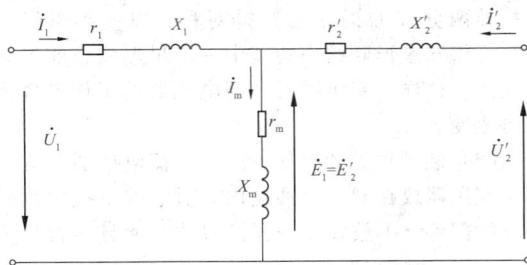

图 9.7-1　单相双绕组电压互感器等效电路

$$\left.\begin{array}{r}\dot{U}_1 = -\dot{E}_1 + \dot{I}_1(r_1 + jX_1) \\ \dot{U}_2' = \dot{E}_2' - \dot{I}_2'(r_2' + jX_2') \\ \dot{I}_1 + \dot{I}_2' = \dot{I}_m \\ \dot{E}_1 = \dot{E}_2' \\ -\dot{E}_1 = -\dot{I}_m(r_m + jX_m)\end{array}\right\} \quad (9.7-1)$$

从图 9.7-1 可以看出，当电压互感器的二次侧绕组短路时，类似变压器，其一次和二次绕组都出现由短路阻抗所限定的短路电流。由于准确级次的要求，电压互感器的短路阻抗很小（一般情况下 $u_k \leqslant 1\%$），稳定短路电流为额定值的 100 倍以上。由此引起的损耗和电磁力可以在极短的时间内损坏互感器，故电压互感器不允许短路运行。由于电压互感器一次侧与线路直接连接，其二次侧线圈和零序电压线圈的一端必须接地，以免在线路发生故障时，二次侧线圈上感应出高电位，危及仪表、继电器和人身的安全。

2. 电压互感器的误差及误差补偿　双绕组电压互感器的误差。理论上，理想的电压互感器应该能够准确地将一次电压变换为二次电压，以保证测量的准确性和保护装置动作的正确性。也就是说，当电压为正弦波时，完全能够根据实测的二次电压 U_2 乘以额定电压比 K_n 来确定一次电压值 U_1 而没有误差，即 U_1 和 U_2' 大小相等、相位相同。但是实际的电压互感器不仅 U_1 和 U_2' 的大小不同，而且相位也不一样。这可以从电压互感器的等效电路图和相量图中看出。由于绕组的内阻抗存在，当电压互感器空载运行时，铁心内建立主磁通所需的励磁电流即空载电流通过一次绕组产生电压降，造成电压互感器的空载误差；当互感器二次侧接负载时，一次和二次绕组都有负载

电流流过，各自产生电压降，造成电压互感器的负载误差。空载误差和负载误差都是复数，通常分别用电压误差（比值差）和相位差表示。

1）电压误差（比值差）和相位差的定义。电压误差又叫比值差，是电压互感器对电压大小测量的误差反映，记为 f。定义为折算到一次侧的二次电压与实际一次电压间的数值差，用后者的百分数表示，即

$$f = \frac{K_n U_2 - U_1}{U_1} \times 100\% \qquad (9.7-2)$$

式中，K_n 为额定电压比；U_1 为实际一次电压（V）；U_2 为一次电压为 U_1 时二次电压的实测值（V）。

当 $K_n U_2 > U_1$ 时，f 为正值；反之，f 为负值。从电动势平衡方程式可知，只有当一、二次绕组的阻抗压降为零时，二次电压乘以额定电压比才会等于实际施加的一次电压，比值差为零。而一般情况下，$K_n U_2 < U_1$，故 f 通常为负。因此电压误差可以看成是由于实际电压比不等于额定电压比而造成的，消除该误差的办法可以采用诸如匝数补偿等措施。

2）相位差又叫相角差，是实际一次侧电压相量与转过 180° 后的二次电压相量间的夹角，如图 9.7-2 中的 δ 角，以分表示。若反转后的二次电压超前一次电压，取 δ 为正，反之为负。

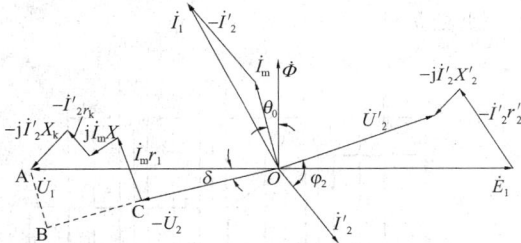

图 9.7-2　双绕组电压互感器误差的相量图

7.1.2　相量图和误差

由于相角差一般不超过 2′，利用 $\delta \approx \sin \delta$ 和 $\overline{OC} - \overline{OA} \approx \overline{CB}$，可以由相量图导出比值差 f 和相位差 δ 的近似计算公式

$$
\left.
\begin{aligned}
f &= \frac{\overline{OC} - \overline{OA}}{\overline{OA}} \approx -\frac{\overline{CB}}{\overline{OA}} \times 100\% \\
&= -\frac{I_m r_1 \sin\theta_0 + I_m X_1 \cos\theta_0 + I'_2 r_k \cos\varphi_2 + I'_2 X_k \sin\varphi_2}{U_1} \times 100\% \\
\delta &\approx \sin\delta = \frac{\overline{AB}}{\overline{OA}} \\
&= \frac{I_m r_1 \cos\theta_0 - I_m X_1 \sin\theta_0 + I'_2 r_k \sin\varphi_2 - I'_2 X_k \cos\varphi_2}{U_1} \times 3438'
\end{aligned}
\right\}
$$
$$(9.7-3)$$

互感器的励磁电流 I_m 实际上就是空载电流 I_0，其无功分量 I_{0X}（即 $I_m \cos\theta_0$）、有功分量 I_{0r}（即 $I_m \sin\theta_0$）都随一次电压而变动，若采用相对单位制，即

$$I^*_{0r} = \frac{I_{0r}}{I_{1N}}, \quad I^*_{0X} = \frac{I_{0X}}{I_{1N}}, \quad U^*_1 = \frac{U_1}{U_{1N}}, \quad u_{r1} = \frac{I'_{2N} r_1}{U_{1N}} \times 100\%$$

$$u_{X1} = \frac{I'_{2N} X_1}{U_{1N}} \times 100, \quad u_{kr} = \frac{I'_{2N} r_{k12}}{U_{1N}} \times 100, \quad u_{kX} = \frac{I'_{2N} X_{k12}}{U_{1N}} \times 100\%$$

则有如下第二种表达式

$$
\left.
\begin{aligned}
f &\approx - \Big[\frac{1}{U^*_1}(I^*_{0X} u_{X1} + I^*_{0r} u_{r1}) + \\
&\quad \frac{I^*_2}{U^*_1}(u_{kr}\cos\varphi_2 + u_{kX}\sin\varphi_2) \Big]\% \\
\delta &\approx \Big[\frac{1}{U^*_1}(I^*_{0X} u_{r1} - I^*_{0r} u_{X1}) + \\
&\quad \frac{I^*_2}{U^*_1}(u_{kr}\sin\varphi_2 - u_{kX}\cos\varphi_2) \Big] \times 34.38'
\end{aligned}
\right\}
$$
$$(9.7-4)$$

式中，$I^*_{0X} = Q^*_0 = \dfrac{Q_0}{S_N}$，$I^*_{0r} = P^*_0 = \dfrac{P_0}{S_N}$；$Q_0$ 为铁心励磁功率的无功分量（var）；P_0 为铁心励磁功率的有功分量（W）；S_N 为互感器的额定容量（VA）。

由于电压互感器的短路阻抗很小，故可将其误差分为空载误差和负载误差两部分。前者与互感器的空载电流和一次侧绕组阻抗有关，且与一次电压成非线性关系；而后者则与互感器的负载和短路阻抗有关，且与负载成线性关系。式（9.7-4）中的第一部分可以看作额定电压下的空载误差，分别计为 f_0 和 δ_0，见式（9.7-5）；第二部分可以看作额定电压、额定负载（二次输出额定伏安数）时的负载误差，分别计为 f_b 和 δ_b，见式（9.7-6）。

（1）额定电压下的空载误差 f_0 和 δ_0

$$
\left.
\begin{aligned}
f_0 &= -\frac{1}{S_N}(Q_{0N} u_{x1} + P_{0N} u_{r1})\% \\
\delta_0 &= \frac{1}{S_N}(Q_{0N} u_{r1} - P_{0N} u_{x1}) \times 34.38'
\end{aligned}
\right\}
$$
$$(9.7-5)$$

空载误差是空载电流造成的，对确定的铁心来说，只和磁通密度有关，也就是与电压 U_1 有关。当 $U_1 = \alpha U_{1N}$ 时，$U'_2 = \alpha U'_{2N}$，对于恒定负载阻抗，有 $I'_2 = \alpha I'_{2N}$。故有 $S = \alpha^2 S_N$。因此，对于任意电压 $U_1 = \alpha U_{1N}$，$\alpha \neq 0$ 时，空载误差一般计算式为

$$
\left.
\begin{aligned}
f_0 &= -\frac{1}{\alpha^2 S_N}(Q_{0N} u_{x1} + P_{0N} u_{r1})\% \\
\delta_0 &= \frac{1}{\alpha^2 S_N}(Q_{0N} u_{r1} - P_{0N} u_{x1}) \times 34.38'
\end{aligned}
\right\}
$$
$$(9.7-6)$$

（2）额定电压、额定负载（二次输出额定伏安数）时的负荷误差 f_b 和 δ_b

$$\left.\begin{array}{l} f_b \approx -(u_{kr}\cos\varphi_2 + u_{kx}\sin\varphi_2)\% \\ \delta_b \approx (u_{kr}\sin\varphi_2 - u_{kx}\cos\varphi_2) \times 34.38' \end{array}\right\} \quad (9.7-7)$$

又由于电压互感器二次回路总阻抗为恒定，所以负载误差与电压无关，不同负载下的负荷误差可以用式（9.7-8）计算。

$$\left.\begin{array}{l} f_b \approx -\dfrac{S}{S_N}(u_{kr}\cos\varphi_2 + u_{kx}\sin\varphi_2)\% \\ \\ \delta_b \approx \dfrac{S}{S_N}(u_{kr}\sin\varphi_2 - u_{kx}\cos\varphi_2) \times 34.38' \end{array}\right\}$$
$$(9.7-8)$$

另外，电压互感器的计算匝数有时不是整数，也会造成一定的电压比误差，计为 f_{z12}。通常将二次绕组的匝数 W_2 作为准确值，这时由于一次绕组匝数 W_1 不是整数所造成的比值差的计算式为

$$f_{z12} = \frac{K_{12}W_{2N} - W_1}{K_{12}W_{2N}} \times 100\% \quad (9.7-9)$$

式中，$K_{12} = U_{1N}/U_{2N}$ 为互感器的额定电压比。

至此，可以写出双绕组电压互感器的误差表达式

$$\left.\begin{array}{l} f = f_0 + f_b + f_{z12} \\ \delta = \delta_0 + \delta_b \end{array}\right\} \quad (9.7-10)$$

7.1.3 电压互感器设计要点

1. 磁通密度的选择 单相和三相双绕组电压互感器，一般只用于测量和过电压、失电压保护。因此只需要考虑使互感器在正常运行时，铁心中磁通密度接近于正弦波，在两个极限电压（$0.085U_{1n}$ 和 $1.15U_{1n}$）下空载误差的差值不要太大，所以磁通密度可以选得稍高些。

单相三绕组电压互感器，主要用于系统单相接地保护。系统发生单相接地故障时，会引起工频电压升高，铁心出现过励磁。用于中性点直接接地系统的电压互感器，过励磁达 1.5 倍，为使铁心不致过饱和，正常工作磁通应选得低些。用于中性点不直接接地系统的电压互感器，过励磁达 1.9 倍，而且还要考虑防止铁磁谐振；为此，磁通密度应选得更低些。各种电压互感器的额定磁通密度可按表 9.7-1 选取。铁轭截面应比铁柱放大 5%～10%，使其磁通密度再低些。

表 9.7-1 各种电压互感器推荐的额定磁通密度

互感器种类	冷轧硅钢片
双绕组互感器	12000～13000
中性点直接接地系统用的三绕组互感器	10500～11500
中性点不直接接地系统用的三绕组互感器	8000～8500

2. 电流密度的选择 电流密度的选择应使互感器的误差、二次侧通过最大负载电流时绕组温升以及过励磁时温升符合有关的标准要求。一次绕组用铜线绕制时，线径应不小于 0.15mm。

3. 阻抗电压计算 在互感器中计算阻抗电压主要是为了计算误差，阻抗电压的计算方法和变压器基本相同其不同点在于：

（1）计算误差是按 20℃（室温）进行的。阻抗电压中的电阻电压应折算到 20℃ 时的数值。20℃ 下导线的电阻率为

$$\rho_{Cu} = 0.017\ 6\ mm^2/m$$
$$\rho_{Al} = 0.029\ 5\ mm^2/m$$

（2）互感器的辐向尺寸比较小时，ΣD 可以简化为 $\Sigma D \approx r_{12}(b_1/3 + b_{12} + b_2/3)$，计算结果不会引起显著的误差。两线圈辐向尺寸相差较大时，可按表 9.7-2 中的精确公式计算。

（3）互感器的两个绕组的高度往往不同，会引起附加漏抗，如两绕组为上下对称布置，计算时应再乘一个附加电抗系数 K_{fk}。

$$K_{fk} = 1 + \frac{h_1 - h_2}{2h_1}\left(1 + 0.5\pi\frac{h_1 - h_2}{\lambda}\right)$$
$$(9.7-11)$$

式中，h_1、h_2 分别为两绕组的净高度（不包括端绝缘），此处 $h_1 > h_2$。

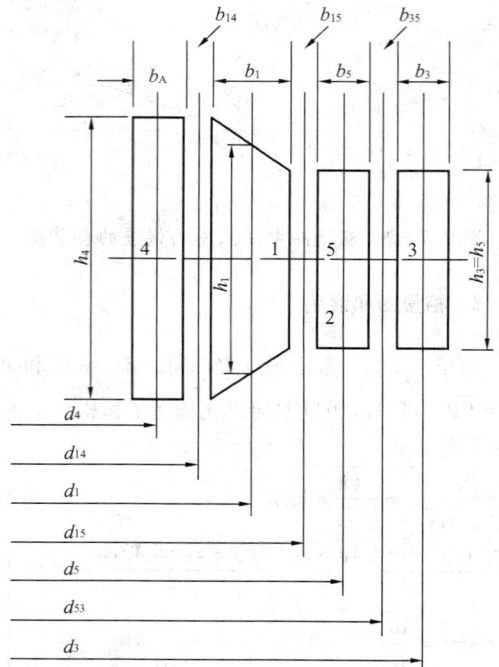

图 9.7-3 串级式电压互感器绕组排列
1——次绕组；2—二次绕组；3—零序电压绕组；
4—平衡绕组；5—连耦绕组

计算误差时，需要确定一次和二次绕组本身的漏抗；对于双绕组互感器来说，可认为 $U_{x1} = U_{x2} = \frac{1}{2}U_{x12}$，$U_{r1} + U_{r2} = U_{r12}$。对于三绕组互感器，其一次绕组的等效电抗 $U_{x1d} \approx U_{x12}$（或 $\approx U_{x13}$），$U_{r13} = U_{r1} + U_{r3}$。

串级式电压互感器的绕组尺寸见图 9.7-3，图中 d 均表示平均直径，尺寸的单位为 cm，绕组的阻抗电压可按表 9.7-2 中的公式计算。

表 9.7-2 　　　　　　　　　　　　串级式电压互感器阻抗电压计算公式

电阻 r /Ω	$$r_{10} = \frac{1}{n_z}r'_1 \quad r_{1c} = \frac{1}{n_z}r'_1 + (1-\beta)^2\frac{n_z^2}{3n_z}r'_4 + \frac{(n_z-1)(n_z-2)}{3n_z}r'_5$$ $$r_{12c} = r_{1c} + r_2 \quad r_{13c} = r_{1c} + r'_3$$
电阻电压 U_r （%）	$$U_{r10} = \frac{S_{2n}r_{10}}{U_{2n}^2} \times 100\% \quad U_{r1c} = \frac{S_{2n}r_{1c}}{U_{2n}^2} \times 100\%$$ $$U_{r12} = \frac{S_{2n}r_{12c}}{U_{2n}^2} \times 100\% \quad U_{r13} = \frac{S_{3n}r_{13c}}{U_{2n}^2} \times 100\%$$
电抗 x /Ω	$$x_{15} = \frac{0.248fN_{2n}^2K_{Rz15}}{h_1 \times 10^6}\left[b_{15}d_{15} + \frac{b_1}{3}d_1 + \frac{b_5}{3}d_5\right]K_{fk15}$$ $$x_{53} = \frac{0.248fN_{2n}^2K_{Rz53}}{h_5 \times 10^6}\left[b_{53}d_{53} + \frac{b_5}{3}d_5 + \frac{b_3}{3}d_3\right]K_{fk53}$$ 同理计算 x_{54}，x_{13}，x_{34}，$x_{12} \approx x_{15}$，$x_{23} \approx x_{53}$，$x_{24} \approx x_{54}$ $$x_{10} = \frac{1}{n_Z}(0.25x_{12}) \approx \frac{1}{n_Z}(0.25x_{15}) \; ; \quad x_{12} = \frac{1}{n_Z}x_{15} + \frac{n_z^2-1}{3n_z}\left(1 - \frac{\beta}{2}\right)x_{54}$$ $$x_{13c} = \frac{1}{n_Z}x_{13} + \left(1 - \frac{\beta}{2}\right)\left[\frac{n_2-1}{n_2}x_{34} + \frac{(n_Z-1)(n_Z-2)}{3n_Z}x_{54}\right]$$ $$x_{1c} = \frac{1}{2n_Z}x_{15} + \frac{1}{2n_Z}x_{13} + \left(1 - \frac{\beta}{2}\right)\left[\frac{n_Z-1}{2n_Z}(x_{54} + x_{34}) + \frac{(n_Z-1)(n_Z-2)}{3n_Z}x_{54}\right] - \frac{1}{2}x_{53}$$
电抗电压 U_x （%）	$$U_{x10} = \frac{S_{2n}x_{10}}{U_{2n}^2} \times 100\% \quad U_{x1c} = \frac{S_{2n}x_{1c}}{U_{2n}^2} \times 100\%$$ $$U_{x12} = \frac{S_{2n}x_{12c}}{U_{2n}^2} \times 100\% \quad U_{x13} = \frac{S_{3n}x_{13c}}{U_{2n}^2} \times 100\%$$

表中代号意义如下：r_{10}—空载电阻（Ω）；r_{1c}—串级一次绕组等效电阻（Ω）；r_{12c}，r_{13c}—绕组 1、2 和 1、3 等效电阻（Ω）；U_{r10}—空载电阻电压（%）；U_{r1c}—串级一次绕组等效电阻电压（%）；x_{15}，x_{53}，x_{54}，x_{34}，x_{24}—绕组 1、5，5、3，5、4，3、4，2、4 的短路漏电抗（Ω）；K_{fk15}—绕组 1、5 之间的附加电抗系数；K_{Rz15}—绕组 1、5 之间的洛氏系数；x_{10}—空载漏电抗（Ω）；x_{1c}—串级一次绕组的等值短路电抗（Ω）；x_{12c}，x_{13c}—绕组 1、2 和 1、3 的等值漏电抗（Ω）；U_{x10}—空载电抗电压（%）；U_{x1c}—串级一次绕组的等值电抗电压（%）；U_{x12}，U_{x13}—绕组 1、2，1、3 的电抗电压（%）；n_Z—串级式电压互感器的铁心柱数；β—功率传递系数，$\beta = 0.2$。

4. 误差补偿和误差计算　电压互感器的比值差是一个负数，减少一次绕组的匝数或增加二次绕组的匝数都可以提高二次电压而得到补偿。常用的办法是减少一次匝数，如果一次绕组减少 ΔN_1 匝，比值差所得到的补偿为

$$f_b = \frac{\Delta N_1}{K_{12} N_{2n}} \times 100\% \qquad (9.7-12)$$

误差计算见表 9.7-3。

表 9.7-3　　　　　　　　　　　　　　　　　电压互感器误差计算

双绕组电压互感器	空载误差		$f_0 = -(I_{0a}U_{r1} + I_{0r}U_{x10})\%$ $\delta_0 = 34.4(I_{0r}U_{r1} - I_{0a}U_{x10})$ 分
	额定负荷误差（′）		$f_{fz} = -(U_{r12}\cos\varphi_2 + U_{x12}\sin\varphi_2)\%$ $\delta_{fz} = 34.4(U_{r12}\sin\varphi_2 - U_{x12}\cos\varphi_2)$
	总误差（′）		$f_z = f_0 + f_{fz} + f_{z12} + f_b\%$ $\delta_z = \delta_0 + \delta_{fz}$
三绕组电压互感器	空载误差		计算公式与上列双绕组互感器相同
	二次绕组	额定负荷误差	负荷误差和总误差 计算公式 与双绕组互感器相同
		总误差	
	零序电压线圈（考虑二次绕组的影响）	额定负荷误差（′）	$f_{1(2)} = -(U_{r1}\cos\varphi_2 + U_{x1d}\sin\varphi_2)\%$ $\delta_{1(2)} = 34.4(U_{r1}\sin\varphi_2 - U_{x1d}\cos\varphi_2)$ $f_{13} = -(U_{r13}\cos\varphi_3 + U_{x13}\sin\varphi_3)\%$ $\delta_{13} = 34.4(U_{r13}\sin\varphi_3 - U_{x13}\cos\varphi_3)$
		总误差（′）	$f_z = f_0 + f_{1(2)}f_{13} + f_{z13} + f_b\%$ $\delta_z = \delta_0 + \delta_{1(2)} + \delta_{13}$
串级式电压互感器	空载误差（′）		$f_0 = -(I_{0a}U_{r10} + I_{0r}U_{x10})\%$ $\delta_0 = 34.4(I_{0r}U_{r10} - I_{0a}U_{x10})$
	二次绕组	额定负荷误差（′）	$f_{fz} = -(U_{r12}\cos\varphi_2 + U_{x12}\sin\varphi_2)\%$ $\delta_{fz} = 34.4(U_{r12}\sin\varphi_2 - U_{x12}\cos\varphi_2)$
		总误差（′）	$f_z = f_0 + f_{fz} + f_{12} + f_b\%$ $\delta_z = \delta_0 + \delta_{fz}$
	零序电压绕组（考虑二次绕组的影响）	额定负荷误差（′）	$f_{13} = -(U_{r13}\cos\varphi_3 + U_{x13}\sin\varphi_3)\%$ $\delta_{13} = 34.4(U_{r13}\sin\varphi_3 - U_{x13}\cos\varphi_3)$ $f_{1(2)} = -(U_{r1c}\cos\varphi_2 + U_{x1c}\sin\varphi_2)\%$ $\delta_{1(2)} = 34.4(U_{r1c}\sin\varphi_2 - U_{x1c}\cos\varphi_2)$
		总误差（′）	$f_z = f_0 + f_{13} + f_{1(2)} + f_{z12} + f_b\%$ $\delta_z = \delta_0 + \delta_{13} + \delta_{1(2)}$

表中符号意义如下：$f_{1(2)}$、$\delta_{1(2)}$——二次负载电流在一次绕组等效阻抗中产生压降而造成的比值差和相角差；f_{13}、δ_{13}——绕组 3 的比值差和相角差；f_z、δ_z——互感器总的比值差和相角差；其他符号同表 25.2-11。

7.1.4 试验

根据 GB 1207—2006《电磁式电压互感器》的规定，电压互感器的出厂项目包括：绕组联结组（极性）检查、变压器油绝缘强度试验、内部绝缘工频耐压试验、感应高压试验和误差试验。型式试验除包括上述出厂试验项目外，还包括外部绝缘工频耐压试验、冲击电压试验和温升试验。

1. 误差试验 电压互感器的误差试验一般都用标准互感器和互感器误差检查器组成的测差法进行，试验线路如图 9.7－4 和图 9.7－5 所示。准确级次为 3 级的电压互感器也可用双压表法进行。

当标准电压互感器的准确级次比被试互感器高两级，其实际误差小于被试互感器允许误差的 1/5 时，标准互感器的误差一般可忽略不计，检验器的读数就是被试互感器的误差。

试验时一次绕组施加额定频率，波形为实际正弦波的指定电压，被试互感器二次绕组接规定负荷，外壳或油箱以及运行中应接地的各绕组端子都必须可靠接地。

对于单相三绕组电压互感器，试验二次绕组误差时，零序电压绕组应开路。试验零序电压绕组误差时，二次绕组应接规定的负荷。

2. 提高电压倍数下的温升试验 此试验应在正常温升试验达到稳定状态后进行。

供中性点直接接地系统用的单相三绕组电压互感器，在二次绕组接有 0.5 级额定负荷，零序电压绕组接有额定负荷的情况下，对一次绕组施加 1.9 倍额定电压，历时 8h。试验结果，线圈温升应不比表 9.7－4 规定的温升高 10℃。

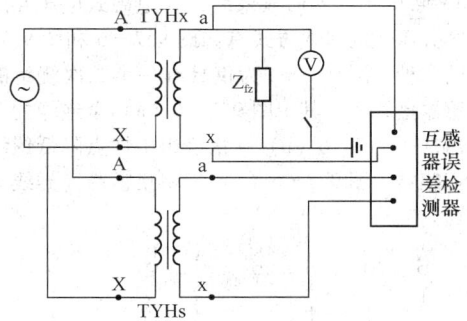

图 9.7－4 单相电压互感器误差试验接线图
TYHx—被试电压互感器；TYHs—标准电压互感器

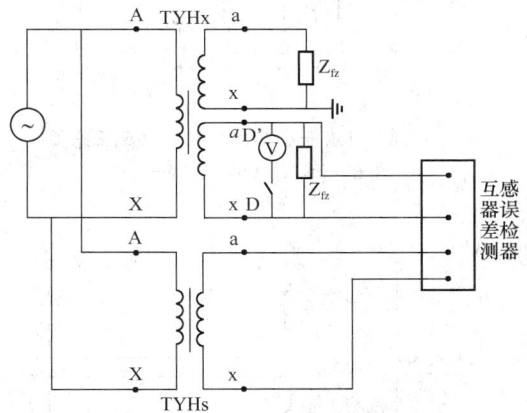

图 9.7－5 零序电压线圈误差试验接线图
TYHx—被试电压互感器；TYHs—标准电压互感器

表 9.7－4　　　　　互感器的温升限值

互感器部位			温升限值/℃	测量方法
线圈	油浸式		55	电阻法
	干式	绝缘耐热等级 A	55	
		E	70	
		B	80	
		F	100	
		H	125	
铁心及其他零件表面			最高不得超过其所接触或靠近的绝缘材料的允许温升	温度计法或热电偶法
油 面			50	温度计法
出线端或接触连接处（镀锡或搪锡）			50	温度计法或热电偶法

7.1.5 结构

1. 电压互感器的接线方式　电磁式电压互感器含电容分压式的接线方式有如图 9.7－6 和图 9.7－7 所示的几种。图 9.7－6 为仅具有一个二次绕组的电压互感器接线图，其中图 9.7－6（a）全绝缘的单相互感器；图 9.7－6（b）一次绕组中性点降低绝缘的单相互感器；图 9.7－6（c）三相互感器（虚线为带中性点）。

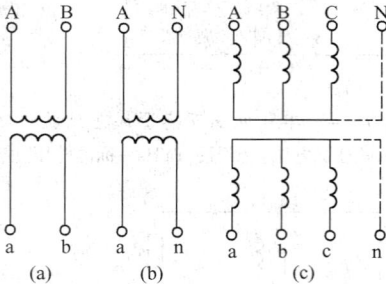

图 9.7－6　具有一个二次绕组的电压互感器
（a）单相—单相；（b）单相—对地；
（c）三相对三相

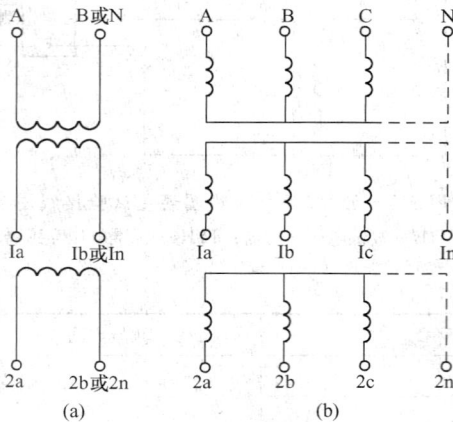

图 9.7－7　具有两个二级绕组的电压互感器
（a）单相；（b）三相

图 9.7－7 为具有两个二次绕组的电压互感器接线图。图 9.7－6、图 9.7－7 属于旧标志方法，但目前依然在采用。在国家标准《电压互感器》（GB/T 1207—1997）中对单相电压互感器的端子标志作了规定，由单相互感器组成一台整体的三相接线的互感器或有一公共铁心的三相电压互感器。其端子应按大写字母（U、V、W 和 N）表示一次侧绕组接线端子，它们所对应的小写字母表示对应的二次绕组端子。当有多个二次侧绕组时可用下标予以区分，如 u_1、v_1、w_1、n_1、u_2 等。复合字母 du 和 dn 表示剩余电压绕组

的端子。

2. 电压互感器分类　通常可按以下几种方法分类。

（1）按用途分

1）测量用电压互感器（或电压互感器的测量绕组）。在正常电压范围内，向测量、计量装置提供电网电压信息。

2）保护用电压互感器（或电压互感器的保护绕组）。在电网故障状态下，向继电保护等装置提供电网故障电压信息。

（2）按电压变换原理分

1）电磁式电压互感器。根据电磁感应原理变换电压，我国多在 220kV 及以下电压等级采用。

电磁式电压互感器还可以按磁路结构不同分为单级式和串级式电压互感器。单级式电压互感器的一次侧绕组和二次侧绕组（根据需要可设多个二次侧绕组）同绕在一个铁心上，铁心为地电位。我国在 35kV 及以下电压等级均用单级式。串级式电压互感器的一次绕组分为几个匝数相同的单元串接在相与地之间，每一单元有各自独立的铁心，具有多个铁心，且铁心带高电压，二次侧绕组（根据需要可设多个二次侧绕组）处在最末一个与地连接的单元。我国目前在 66~220kV 电压等级常用此种结构型式。

在我国，36kV 均用单级式，63kV 为串级式；在 110~220kV 范围内，串级式和电容式都有采用。

还可以按绕组数分为双绕组、三绕组或四绕组。单相三绕组和串级式电压互感器都是三绕组互感器。近年来，电力部门要求将二次侧绕组分开，一个专门用于接测量仪表，另一个专门用于接保护继电器。为满足用户需要，一些新型的四绕组电压互感器已得到应用。

2）电容式电压互感器。通过电容分压原理变换电压，目前我国 110~500kV 电压等级均有采用，330~500kV 电压等级只生产电容式电压互感器。

（3）按相数分

1）单相电压互感器。一般 35kV 及以上电压等级采用单相式。

2）三相电压互感器。一般在 35kV 及以下电压等级采用。三相电压互感器只有 10kV 为油浸绝缘，现已被浇注绝缘单相互感器代替。

（4）绝缘介质分

1）干式电压互感器。由普通绝缘材料浸渍绝缘漆作为绝缘，多用在 500V 及以下低电压等级。

2）浇注绝缘电压互感器。由环氧树脂或其他树脂混合材料浇注成型，多用在 35kV 及以下电压

等级。

3）油浸式电压互感器。由绝缘纸和绝缘油作为绝缘，是我国最常见的结构型式，常用于 220kV 及以下电压等级。

4）气体绝缘电压互感器。由 SP_6 气体作主绝缘，多用在较高电压等级。

3. 电压互感器型号简介 按 JB 3837—1992 标准，电压互感器的型号组成方法如图 9.7-8 所示，第一部分为产品型号字母，是多个由汉语拼音字母组成的。字母的代表意义及排列顺序见表 9.7-5。后面是设计序号，连字号后是一次额定电压等级、特殊使用环境。其中产品型号字母特殊使用环境代号及字母与电流互感器相同。如 JDX—110GY 表示单相、油浸绝缘、带剩余电压绕组的电压互感器，额定电压 110kV，适用于高原地区。随着产品发展，对于测量和保护用二次绕组分开的结构用字母 P 表示。如 JDCF-110、JDCF-220，表示单相、油浸绝缘、串级式、测量和保护分开二次绕组的电压互感器。还有些产品沿用过去的型号编制办法确定型号，如 JCC6-110 等，其中第二个字母 c 表示瓷箱式，第三个字母 C 表示串级式。

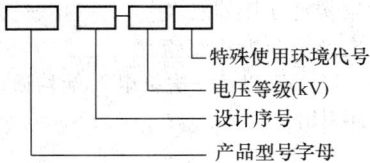

图 9.7-8 电压互感器的型号组成

表 9.7-5 电压互感器型号字母涵义

序号	分类	含 义	代表的字母
1	用途	电压互感器	J
2	相数	单相	D
		三相	S
3	绕组外绝缘介质	变压器油	—
		空气（干式）	G
		浇注成型固体	Z
		气体	Q
4	结构特征及用途	带剩余（零序）绕组	X
		三柱带补偿绕组式	B
		五柱三绕组	W
		串级式带剩余（零序）绕组	C
		有测量和保护分开的二次绕组	F
5	油保护方式	带金属膨胀器	—
		不带金属膨胀器	N

GB/T 1207—1997 要求电压互感器的铭牌应示出：国名、制造厂名、互感器名称及型号、标准代号、一次、二次和剩余电压绕组（如果有）的额定电压、额定频率及相数、户内或户外（最高电压 415V 的可不标）。允许在海拔高于 1000m 地区使用的互感器，还应标出其允许使用的海拔。当有两个分开的二次侧绕组时，应指明每个二次侧绕组的额定电压、输出范围（VA）和相应的准确级。设备最高电压、额定绝缘水平可以分开标注也可以一起标注（如 72.5/140/325kV，但 415V 的互感器可不标）。额定电压因数及其相应的额定时间、绝缘耐热等级、每一个二次侧绕组的端子、用途、原理接线图、总质量（及油浸式互感器油质量）、出厂序号也是要标出的。

4. 电压互感器结构简介 电压互感器的结构与变压器有很多相同之处，例如线圈结构、铁心结构等都是变压器中最简单的形式，这里不再多叙。只简单叙述浇注式和油浸式结构互感器的一些特点。

（1）浇注式电压互感器结构。浇注式结构紧凑，维护简单，适用于 3~35kV 的户内产品，随着户外用树脂的发展，亦将逐渐在高于 35kV 户外产品上采用。图 9.7-9 为 10kV 浇注式单相电压互感器结构示意图。这种结构的一次绕组、各低压绕组以及一次绕组出线端的两个套管均浇注成一个整体，然后再装配铁心。这是一种常用的半浇注式（铁心外露式）结构，优点是浇注体比较简单，容易制造；缺点是结构不够紧凑，铁心外露会产生锈烛，需要定期维护。绕组和铁心均浇注成一体的称为全浇注式，其特点是结构紧凑、几乎不需维修；但是浇注体比较复杂，铁心缓冲层设置比较麻烦。

浇注式互感器的铁心一般用旁轭式，也有采用 C 形铁心的。一次侧绕组为分段式，低压绕组为圆筒式；绕组同心排列，导线采用高强度漆包线。层间和绕组间绝缘均用电缆纸或复合绝缘纸。为了改善绕组

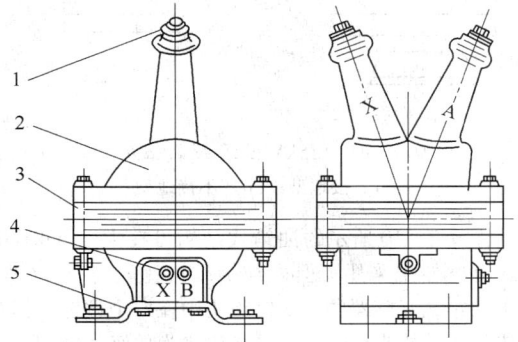

图 9.7-9 树脂浇注式 10kV 电压互感器
1—一次出线端子；2—浇注体；3—铁心；
4—二次出线端子；5—支架

在冲击电压作用时的起始电压分布，降低匝间和层间的冲击梯度，一次绕组首末端均设有静电屏。

一、二次绕组间的绝缘可采用环氧树脂筒、酚醛纸筒或经真空压力浸漆的电缆纸筒。绕组对地绝缘都是树脂，由于树脂的绝缘度很高，其厚度主要根据浇注工艺和机械强度确定。

同浇注绝缘电流互感器一样，在浇注绝缘电压互感器中，也要在适当部位采取屏蔽措施，以提高其游离电压和表面闪络电压。

由于电压互感器绕组层数多，匝数多，内部气泡难以消除，致使局部放电难以达标，这就要求提高浇注工艺水平，以改善产品质量。

（2）油浸式电压互感器结构。35kV 户外装置油浸式电压互感器的结构与小型电力变压器很相似。图 9.7－10 为 35kV 油浸式电压互感器外形。图中（a）是接地电压互感器，一次绕组的一端接高电压，另一端接地，所以只需一个高压套管。图中（b）是不接地电压互感器，一次绕组的两个出线端均接高电压，所以用两个高压套管。这种产品还采用了适形油箱，用油量很少，贮油柜容积也很小，直接装在高压瓷套上。产品结构紧凑，尺寸小，重量轻，但适形油箱需要大型模具和设备制造。铁心为旁轭式，一次绕组为分段式（双绕组）或宝塔式（三绕组），其他绕组为圆筒式，同心排列。一、二次绕组间用 0.5mm 厚的绝缘纸板卷成纸板筒构成绝缘硬纸筒。该结构较紧凑，但要求干燥，浸油工艺过程中真空度要求较高。

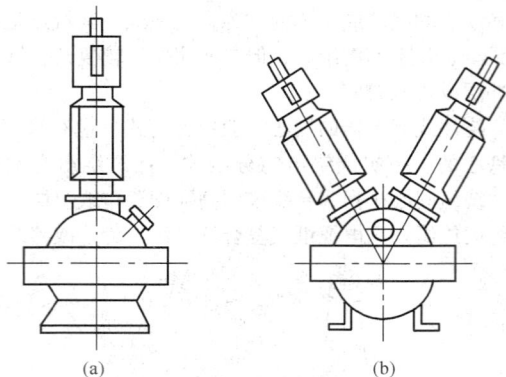

图 9.7－10　35kV 油浸式电压互感器
（a）接地型；（b）不接地型

图 9.7－10 所示的油箱式结构可在大于 63kV 的电压互感器中采用，但内绝缘结构比较特殊。63kV 以上油箱式互感器的一次绕组集中在一个柱上，相对于串级式结构来说，这种结构称之为单级式结构，其一次绕组和高压引线绝缘都要用绝缘纸带包扎成一整体，从外形上看与吊环形电流互感器一次绕组相似。但是，由于电压互感器的一次绕组线层之间有一定的

电压，从 A 端到 N 端电压差很大，绝缘包扎时，既要考虑三叉头部位外，还要考虑一次对地和层间绝缘的布置，要采用许多特制的软角环。电压高时，引线部分还要设置电容屏。所以，对这种结构的操作要求和工艺要求要比串级式的严格。单级式电压互感器绝缘结构示意图如图 9.7－11 所示。

（3）串级式电压互感器结构。图 9.7－12 为两级串级式电压互感器器身，由于铁心带电，整个器身需装在瓷箱内，瓷箱既起高压套管的作用，又是油容器，故又称为瓷箱式结构。图 9.7－13 为串级式电压互感器的外观。瓷箱顶部装有金属膨胀器，膨胀器的结构见变压器相关内容。二次及剩余电压绕组

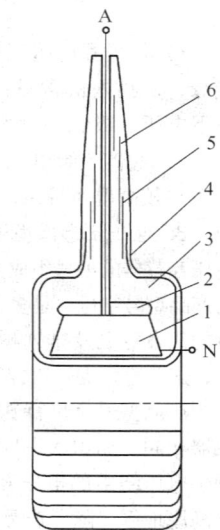

图 9.7－11　单级式电压互感器绝缘结构示意图
1—一次绕组；2—高压电极；3—主绝缘；4—地电屏；5—引线电缆；6—引线绝缘

出头 a、n、da、dn 以及一次绕组 N 端均通过小瓷套从底座侧面引出。

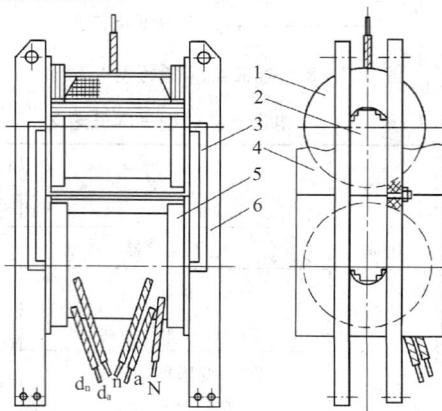

图 9.7－12　两级串级式电压互感器身结构
1—上级绕组；2—铁心；3—平衡绕组；
4—绝缘隔板；5—下级绕组；6—绝缘支架

串级式电压互感器的一次绕组为宝塔形结构，如图 9.7－14 所示。一次侧绕组导线为单丝漆包线，其他绕组可用纸包线，各绕组外包有 0.5mm 厚绝缘纸板。一次侧绕组分段数可按电压等级确定，电压大于110kV 时，分四段、段间角环用 0.12mm 厚的电话纸制成，层间绝缘的布置见图 9.7－15。其他绕组均为简单的层式线圈结构不再多叙。

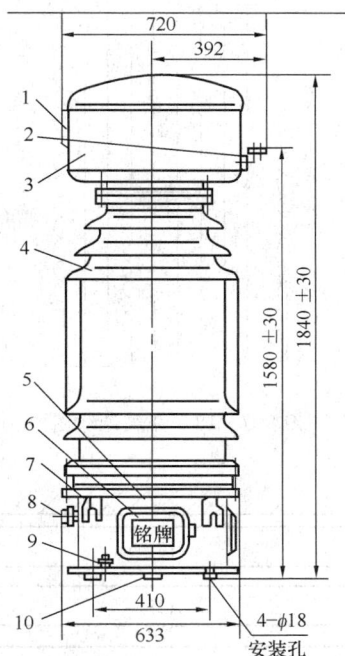

图 9.7-13 JDCF-110 型电压互感器

1—油位视察窗；2——次端子；3—膨胀
器；4—磁套；5—底座；6—二次出线盒；
7—吊钩；8—活门；9—接地螺栓；10—出线管

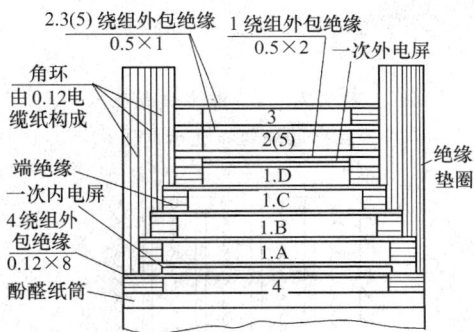

图 9.7-14 串级式电压互感器绕组结构

1——次绕组（A、B、C、D 共四段）；
2——次绕组；3—剩余电压绕组；4—平衡绕组；
5—耦合绕组

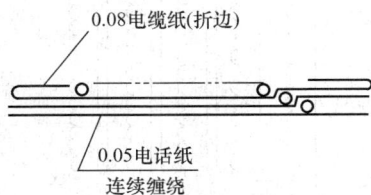

图 9.7-15 一次层
绝缘布置示意图

（4）SF_6 气体绝缘电压
互感器结构。SF_6 电压互感
器有两种结构型式，一种是
为 GIS 配套使用的组合式，
另一种为独立式。与前者相
比，后者主要是增加了高压
引出线部分，包括一次绕组
高压引出线、高压瓷套及其
夹持件等。图 9.7-16 和图
9.7-17 分别为独立式和组
合式电压互感器结构示
意图。

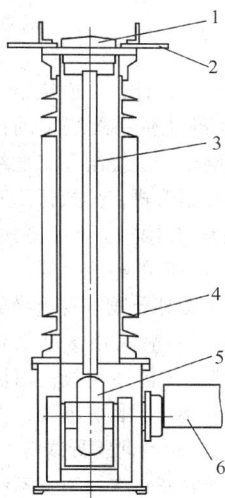

图 9.7-16 SF_6 独立式
高压互感器

1—防爆片；2——次出
线端子；3—高压引线；
4—磁套；5—瓷身；6—
二次出线

　　SF_6 电压互感器的器身
由一次绕组、二次绕组、剩
余电压绕组和铁心组成。低
压绕组为层式结构，一次绕
组为宝塔形。绕组层绝缘采
用聚脂薄膜。一次绕组除在
出线端有静电屏外，在超高
压产品中一次绕组的中部还
设有中间屏蔽电极。铁心内
侧设有屏蔽电极，以改善绕组与铁心间的电场。

　　一次绕组高压引线有两种结构，一种是短尾电容
式套管，另一种是用光导杆做引线，在引线的上下端
设屏蔽筒以改善端部电场。下部外壳与高压瓷套可以
是统仓结构或隔仓结构。统仓结构是外壳与高压瓷套
是相通的，SF_6 气体从个充气阀进入后即可充满产品
内部，吸附剂和防爆片只需一套。隔仓结构是在外壳
顶部装有绝缘子，绝缘子把外壳和高压瓷套隔离开，
使气体互不相通，所以需装设两套吸附剂及防爆片，
以及其他附设装置，如充气阀、压力表等。

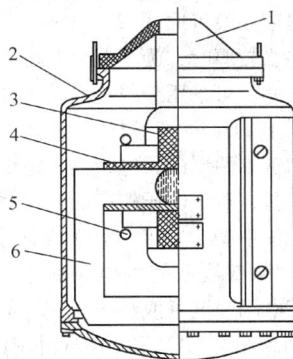

图 9.7-17 SF_6 组合式
电压互感器

1—盒式绝缘子；2—外壳；
3——次绕组；4—二次绕组；
5—电屏；6—铁心

7.1.6　电压互感器的绕组与绝缘

电压互感器的绕组，根据结构设计，二次绕组可布置在一次绕组的外侧，也可布置在一次绕组的内侧，一、二次绕组的绕向应相反，一次绕组和二次绕组采用的结构型式大多采用同心圆筒式，少数低压互感器如干式和浇注式互感器也常采用同心矩形筒式。绕组采用的导线类型根据互感器采用的绝缘介质而有所不同，需考虑互感器的绝缘介质对导线本身绝缘的相容性，对油浸式电压互感器，一般采用 z 型纸包线、QQ 型缩醛漆包线、SQQ 型单丝包漆包线；对浇注及干式互感器，一般采用 QZ 型聚酯漆包线，对 SF_6 互感器一般采用聚酯漆包线或塑料薄膜导线等。

为了改善电场分布，一般采取在一次绕组首末端分别加静电屏、绕组分段或绕制成宝塔形，并辅以角环、端圈、隔板以加强绝缘。

实际电压互感器是一台高电压、小容量的变压器，所以它的绕组几乎全部采用层式绕组。一次绕组为圆线绕制的多层圆筒式；其他各种绕组为单层或双层圆筒式结构。导线可用扁线或圆线、单根或双根并绕，在并绕时导线沿轴向排列，可以避免导线换位。

（1）匝绝缘。匝绝缘就是导线两边的绝缘厚度。目前我国生产的电压互感器，一次绕组导线多数采用缩全聚酯漆包线，二次绕组和零序电压绕组以及平衡、连耦绕组多采用纸包扁线。

（2）层绝缘和绕组之间的绝缘。电压互感器容量小，正常运行时绕组的发热与温升不是主要问题，因此绕组内部和绕组之间不需要设置油道，绝缘完全由该部分电压决定，一次绕组层间绝缘由 0.05mm 电话纸构成，层间绝缘厚度（电话纸张数）由两层间的最大试验电压确定，绕组层间的电场接近均匀电场，其电场强度一般可取 $7 \sim 9kV/mm$。

当层间绝缘较厚时，为了充分利用绝缘材料，缩小线圈径向尺寸，可采用分级绝缘，如图 9.7 - 18 所示。一般可以节约层间绝缘材料约 25%。当层数较多时，为增加首末两层的爬电距离，绝缘层长度比绕组高度要长一些，对于电压较高的一次绕组，为增加端部沿面爬电距离，将绕组做成阶梯形，如图 9.7 - 19所示。端部线段间的电场属于不均匀电场，层间端部沿面电场强度可取小于 $0.6V/mm$ 的值。

（3）段间绝缘。35kV 和 110kV 非串级电压互感器，为了减少层间电压以减少绝缘材料消耗量，或者为了高压引出线的方便，有时采用分段多层圆筒式绕组结构，其示意图如图 9.7 - 20 所示。

将一个圆筒式绕组分为两段或四段，段间放置绝缘垫圈和软角环，以增加沿面爬电距离。

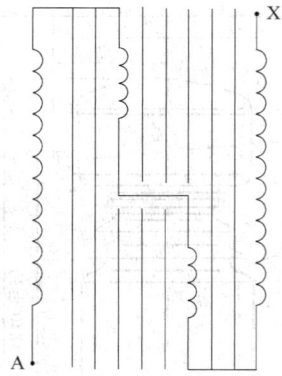

图 9.7 - 18　分级绝缘图

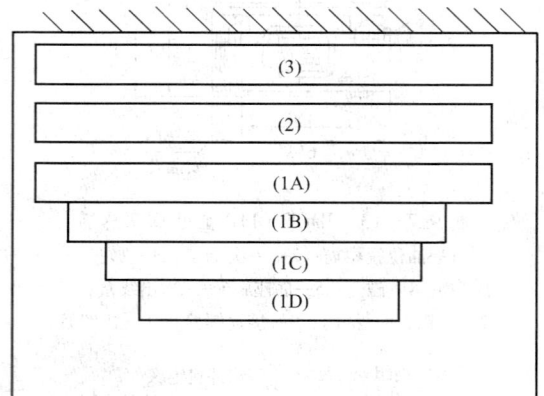

图 9.7 - 19　非串级电压
互感器绕组布置示意图

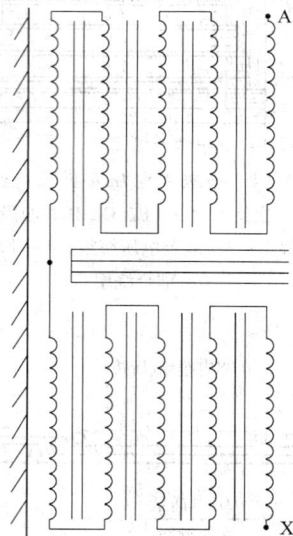

图 9.7 - 20　分段多层
圆筒式绕组

（4）端部绝缘。线圈端部到铁轭间的电场也是不均匀电场，沿面爬电场强和端部层间、段间相类似，可取低于 0.6kV/mm 的值。端部绝缘由隔板、绝缘纸圈、角环和层绝缘的延长部分所构成，典型的端部绝缘结构如图 9.7-21 所示。

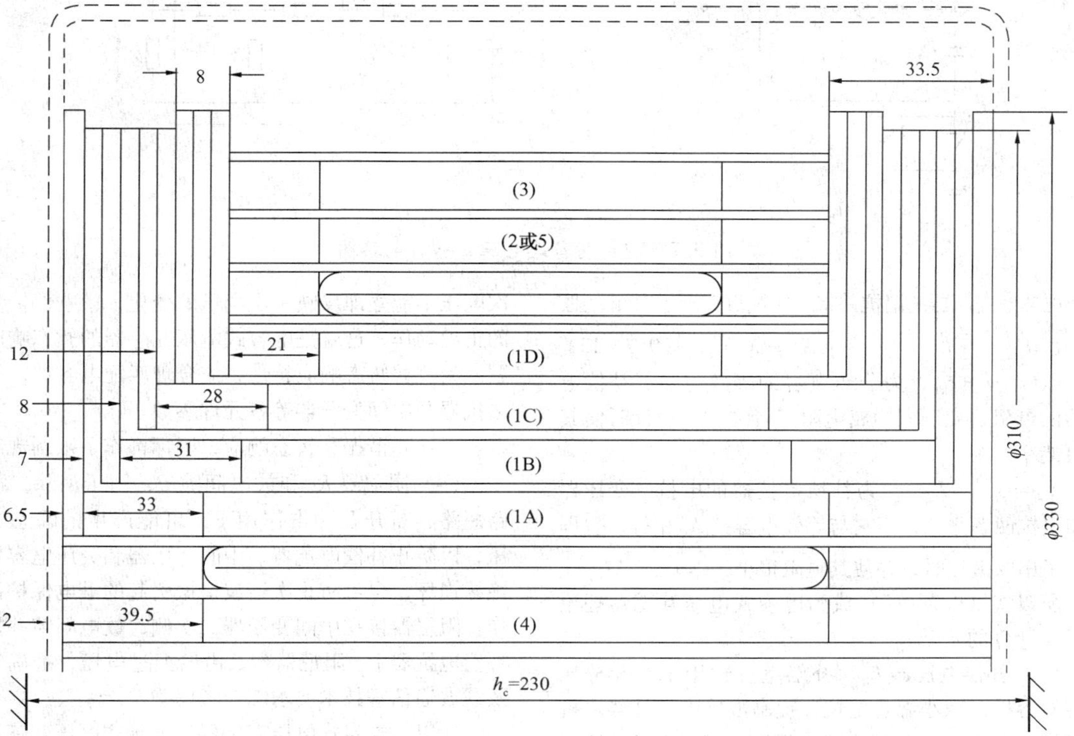

图 9.7-21 串级电压互感器的绕组布置与绝缘

7.1.7 电容式电压互感器（TVC）

电容式电压互感不仅具有电磁式电压互感器的全部功能，而且与电磁式电压互感器相比有许多优点：可同时兼作载波通信的耦合电容器；其耐雷电冲击性能理论上比电磁式电压互感器优越，可以降低雷电波的波头陡度，对变电所电气设备有一定的保护作用；不存在串联铁磁谐振问题，绝缘可靠性高，耦合电容器耐雷电冲击能力强，而且呈容性阻抗的电容式电压互感器可以消除谐振；误差调整灵活方便，借助补偿电抗器线圈和中压变压器一次绕组上的若干调节抽头来实现，且抽头越多，误差调节越精确；产品为全密封结构，运行中不需定期检修，维护工作员小，绝缘监测较容易。产品价格较低，电压等级越高越有优势。所以，电容式电压互感器的运行可靠性高、总费用低。在我国高压和超高压系统中，电容式电压互感器越来越多地为广大用户所接受，通常用做电压、功率测量、继电保护及载波通信。当然电容式电压互感器存在误差受温度、电网频率影响的缺点，其误差稳定性比电磁式电压互感器差。

1. **基本工作原理** 电容式电压互感器是由电容分压单元和电磁单元两部分组成的。通过电容分压单元获得系统电压的分压，通过电磁单元实现一次侧和二次侧的隔离和电压的变换。串联电容分压就是利用阻抗分压，电容式电压互感器电路如图 9.7-22 所示，其中中压变压器、补偿电抗器、阻尼器等总称为电磁单元。它将系统一次电压 U_p 经电容 C_1、C_2 分压为中间压 U_m，再将 U_m 变换为二次电压 U_b。现对其工作原理简介如下：

设电容分压器 C_1、C_2 的阻抗为 $Z_{C1} = r_{C1} + \dfrac{1}{j\omega C_1}$，

$Z_{C2} = r_{C2} + \dfrac{1}{j\omega C_2}$，应用电网络理论可得 $\dot{U}_m = \dfrac{Z_{C2}}{Z_{C1} + Z_{C2}} \dot{U}_p -$

$\dfrac{Z_{C1} Z_{C2}}{Z_{C1} + Z_{C2}} \dot{I} \approx \dfrac{C_1}{C_1 + C_2} \dot{U}_p - \left(r_C + \dfrac{1}{j\omega C} \right) \dot{I} = K \dot{U}_p - Z_C \dot{I}$。

式中，K 称为降压比，$K = \dfrac{C_1}{C_1 + C_2}$。

由此可见，当降压比一定（电容 C_1、C_2 固定）时，U_m 会随容抗压降急剧变化，无法线性反映被测电压 $\dot{U}_p$。解决的办法是在分压回路中串联一个电抗器 Z_k，以补偿容抗压降。

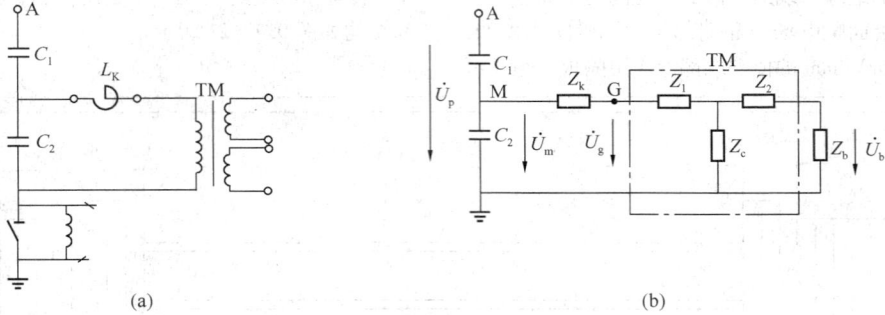

图 9.7 - 22　电容式电压互感器电路图

再考虑变压器的漏抗并将二次侧折算到一次侧，则

$$\dot{U}_\mathrm{m} = K\dot{U}_\mathrm{p} - [\,r_\mathrm{k} + \mathrm{j}(X_\mathrm{k} - X_\mathrm{C})\,]\dot{I} \quad (9.7-13)$$

$r_\mathrm{k} = r_\mathrm{C} + r_\mathrm{L} + r_\mathrm{kT}$，为分压电容的等效电阻、补偿电抗器的电阻、变压器短路电阻三者之和，设计时使其尽可能小。

$X_\mathrm{k} = \mathrm{j}\omega(L_\mathrm{k} + L_\mathrm{kT})$，为补偿电抗器的电抗、变压器短路电抗两者之和，当它与等效电容抗 X_C 相等，也即发生了串联谐振时，并使其电阻很小，则 $\dot{U}_\mathrm{m} \approx K\dot{U}_\mathrm{p}$。

所以式（9.7 - 13）成为电容式电压互感器理论分析与计算的基础。

（1）补偿电抗器 L_K。补偿电抗器用于补偿分压电容器容抗，减小综合电抗，提高准确度。补偿电抗器可接在电容分压器和中间变压器之间，也可布置在中间变压器的接地端。补偿电抗器参数选择，应使其工作点接近串联谐振点，并适当过补偿，即

$$\omega L_\mathrm{K} = kX_\mathrm{c} - X_\mathrm{kT}$$

式中，k 为过补偿系数，取 1.06 ~ 1.10，一般使补偿后剩余电抗低于 $\pm5\% X_\mathrm{C}$。

（2）中间变压器将中间电压 U_g 变换为标准的二次电压。二次绕组通常有 2 ~ 3 个：1 个或 2 个二次相电压绕组，1 个为剩余电压绕组，电压分别为 $100/\sqrt{3}\,\mathrm{V}$、$100\mathrm{V}$。当分压电容与补偿电抗符合串联谐振条件时，中间变压器输入电压 U_g 仅与分压电容有关。这时电容式电压互感器即变成了输入电压为 $\dot{U}_\mathrm{g}$ 的电压互感器。它与电磁式电压互感器相比，因其会受频率和温度影响，误差将有所增大。

（3）铁磁谐振与暂态响应。电容式电压互感器的主要构成是电容器件和电感器件，而且电感器件为铁磁非线性电感器件。因而在系统电压作用下，可能产生铁磁性串联谐振。为抑制铁磁谐振，需装设阻尼器。阻尼器可以是电阻型、谐振型、速饱和型等。合理设计阻尼器参数，可有效抑制铁磁谐振，但会使误差增大，影响暂态稳定。

由于电容器的作用，当电网短路故障发生时，二次电压不能立即反映一次电压的变化，影响保护装置的正确动作，这就是电容式电压互感器的暂态响应问题。为改善暂态响应特性，应合理匹配电容器，补偿电抗器及中间变压器等各元件参数。

对铁磁谐振和暂态响应，国标都作了限制规定。

（4）阻尼器 R_z 和放电间隙 P，用于消除二次回路短路、断开及冲击作用下，可能产生的瞬态过电压，以防止补偿电抗器、中间变压器和分压电容器的绝缘损坏，也可防止次谐波谐振引起的继电保护误动作。阻尼器接在中间变压器二次侧，放电间隙并接在补偿电抗器上。阻尼器参数由谐振过电压、准确级以及载波通信等技术要求综合考虑确定。

所以，电容式电压互感器与电磁式电压互感器的不同点在于：①通过电容分压器接入，对电力系统呈容性。②为提高准确度，接入补偿电抗，使互感器接近串联谐振。③为消除和限制暂态过程中铁心饱和而产生分次谐振，进而产生补偿电抗器和中间变压器过电压，需采取阻尼措施。

2. TVC 的误差

（1）TVC 误差要求。我国 GB/T 4703—2001 规定，TVC 在规定的条件下，对应准确等级的电压误差和角误差的限值应符合表 9.7 - 2 的要求。剩余电压绕组的准确等级应为表 9.7 - 2 的 3P 和 6P 级。

表 9.7 - 2　电容式电压互感器的准确等级、运行条件和误差限值

	准确等级	0.2	0.5	1.0	3.0	3P	6P
运行条件	频率(%)	99 ~ 101				96 ~ 102	
	电压(%)	80 ~ 120				5 ~ 150 或 5 ~ 190	
	负荷(%)	25 ~ 100					
	负荷的功率因数	0.8（滞后）					
	电压误差(%)	±0.2	±0.5	±1.0	±3.0	±3.0	±6.0
相角	分	±10	±20	±40	不规定	±120	±240
	厘弧度	±0.3	±0.6	±1.2		±3.5	±7.0

（2）影响 TVC 误差的因素。影响电容式电压互感器误差的因素，除了与电磁式互感器有共同点之外，还有其不同点，如加电容分压器、补偿电抗器以及阻尼器等所引起的误差。将分别予以简介。

1）分压电容的影响。互感器的误差正比于分压电容的容抗，而容抗反比于电容量，因此增大电容量，相应减小了容抗，误差也会相应减小。

2）额定中间电压和额定电容分压比的影响。额定中间电压与互感器误差成反比，提高中间电压即可减小互感器误差。又由于 $X_C = \dfrac{1}{\omega_n (C_1 + C_2)} = \dfrac{K_{cn} - 1}{\omega_n C_n K_{cn}^2}$，$\left(K_{cn} = \dfrac{C_1 + C_2}{C_1}, \ C_n = \dfrac{C_1 C_2}{C_1 + C_2} \right)$，提高 K_{cn} 相当于降低中间电压，将使误差增大。合理选择 C_1、C_2、分压比和补偿电抗器的电抗，可减小电容式电压互感器的阻抗，达到中间变压器的最佳输入，调整互感器的误差。

3）中间变压器实现误差补偿。借助高压侧匝数的增减来负补偿或正补偿比误差，得到标准的二次电压值。通常在中间变压器一次绕组和补偿电抗器设置一定数量的调节绕组抽头，以对应于实测的 $C_1 + C_2$ 来进行精确调整，将电压误差和相位差减小到最低限度。

4）电网频率的影响。因为电容式电压互感器的主要参数是电容和电感，其电抗直接受频率影响，当频率变化时，引起电压差变化为 ΔU_ω，它相对于一次系统电压 U_p 的变化表示为 $\Delta\varepsilon = \Delta U_\omega / U_p = (\omega/\omega_n - \omega_n/\omega) \dfrac{S_b}{\omega_n (C_1 + C_2) U_p^2}$，展开为比值差和角差

$$\Delta\varepsilon_\omega = \left(\frac{\omega}{\omega_n} - \frac{\omega_n}{\omega} \right) \frac{Q_b}{\omega_n (C_1 + C_2) U_p^2}$$

$$\Delta\delta_\omega = \left(\frac{\omega}{\omega_n} - \frac{\omega_n}{\omega} \right) \frac{P_b}{\omega_n (C_1 + C_2) U_p^2} \times 3440'$$

式中，$S_b = P_b + jQ_b$ 为中间变压器二次负荷。

又由于规定频率变化率不超过 5%，所以

$$\frac{\omega}{\omega_n} - \frac{\omega_n}{\omega} = \frac{(\omega_n + \omega)(\omega_n - \omega)}{\omega\omega_n} = \frac{\omega_n + \omega}{\omega} \frac{\Delta\omega}{\omega_n} \approx 2\frac{\Delta f}{f_n}$$

电抗变化趋于感性，即频率影响的附加负荷误差近似正比于 2 倍频率增量的相对值。频率高于额定频率时，$\Delta\varepsilon$ 为负值；反之，电抗变化趋于容性，$\Delta\varepsilon$ 为正值。

5）环境温度的影响。电容器对温度变化较为敏感，温度变化、容抗变化，相应引起电压降变化。变化率表示如下

$$\Delta\varepsilon = \frac{\Delta U_t}{U_p} = \frac{S\beta\Delta t}{\omega (C_1 + C_2) U_p^2}$$

比值差 $\quad \Delta\varepsilon_t = \dfrac{Q_b \beta \Delta t}{\omega (C_1 + C_2) U_p^2} (\%)$

角差 $\quad \Delta\delta_t = \dfrac{P_b \beta \Delta t}{\omega (C_1 + C_2) U_p^2} \times 3440'$

式中，Δt 为温度变化量（K）；β 为电容温度系数（K^{-1}）。

由上式可知，当温度低于基准温度时，Δt 为负值，电容量增大、容抗减小，附加误差为负值；反之，附加误差为正值。温度附加误差往往大于频率附加误差，特别是两者的叠加值所引起的电压误差是不可忽视的。

（3）减小误差的措施。由以上分析及误差公式可以看出，减小误差，改进负载特性的措施如下：

1）增大励磁阻抗，即增大 Z_c，为此应适当提升分压电压。但受技术及经济条件限制，分压电压不能太高，一般为 $10 \sim 30$kV。

2）降低工作磁通密度。磁通密度降低，励磁阻抗增大，但铁心截面增大将导致体积增大，价格增高，一般限制磁密在 $0.2 \sim 0.5$T 之间。此外，应选择优质铁心材料，以减小铁损和励磁电流。

3）减小补偿电抗器和中间变压器的电阻。可适当增大线圈导线载面积，但也有一定的限制。

4）额定频率时，尽量使补偿电抗器、中间变压器与电容器谐振。

5）增大负载阻抗，即增大 Z_b，减小负荷电流，以达到减小负载误差的目的。

6）减小中间变压器导线载面，减少线圈匝数，同时，增大谐振电抗器的 Q 值（$Q = \omega L_k / r_k$），使其 r_k 减小 $1/3$，减小负载误差。

目前提高准确度和额定输出容量的主要措施一般是将中间电压由传统的 13kV 提高到 20kV 左右，电容量由过去产品的 $5000 \sim 7500$pF 提高到 10000pF。这些措施还可以减小频率和温度变化对误差的影响。同时也有利于降低高频衰耗，改善载波通信的效果。

（4）运行与安全要求。根据电容式电压互感器的结构特点，可归纳以下几点要求：

1）如前所述，制造厂是按电容分压器 C1 与 C2 叠装后实测电容之比进行调配的，安装时电容器应对号入座，同时与其配合的电磁部分（调节绕组）也应对号入座，否则将无法保证误差特性。

2）由于电容式电压互感器本身回路电阻很小，不可能抑制分次谐波谐振，必须投入外接阻尼装置，否则互感器必然发生谐振损坏，因此未接入阻尼器的电容式电压互感器不得投入运行。由于速饱和阻尼器理论上的性能优良，目前采用较多，但当设计参数选择不当或元件制造不良时，有可能速饱和阻尼器不起作用，达不到阻尼效果，次谐波谐振长期存在，导致事故发生。这类事故常发生在母线电压并不高、新安

装投运而二次实际空载运行时。为此应要求在出厂前增加 0.8 及 1.0 倍额定一次电压下二次空载的铁磁谐振试验,以免此类事故。

3) 电容式电压互感器的低压端子 $N(\delta)$ 是专供与载波耦合装置连接后接地或直接接地用的。当互感器不作载波通信用时,$N(\delta)$ 端子必须直接接地,否则将发生放电故障。为防止过电压危害,二次绕组应按要求接地。

4) 产品从电源断开退出运行后,必须用接地棒多次放电并将电容单元高低压端子短路后方可接触,以保证人身安全。

5) 电容式电压互感器应在允许的频率范围:我国应为 49.5~50Hz 内运行。

7.2 电流互感器

7.2.1 电磁式电流互感器的工作原理

电流互感器是一种专门用于交换电流的特种变压器,其工作原理如图 9.7 - 23 所示。互感器的一次绕组串联在电力线路中,线路电流就是互感器的一次电流 I_1。二次绕组外部接有负荷,如果是测量用电流互感器,二次侧接测量仪表;如果是保护用电流互感器,二次侧就接保护控制装置。在图中以 Z_b 表示包括连接导线阻抗在内的二次阻抗。电流互感器的一、二次绕组之间有足够的绝缘,从而保证所有低电压设备与电力线路的高压相隔离。

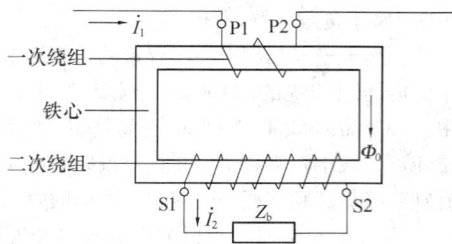

图 9.7 - 23 电流互感器工作原理

电力线路中的一次电流各不相同,通过电流互感器的一、二次绕组的匝数比的配置,可以将不同的一次电流变换成较小的标准电流值,一般是 5A 或 1A。这样可以减小仪表和继电器的尺寸,也可以简化其规格,有利于仪表和继电器的小型化、标准化。因此电流互感器的主要作用是:传递信息给测量仪表或保护控制装置;使测量和保护设备与高压电力线路相隔离。

1. 电流互感器的工作原理 根据变压器的基本理论,写出图 9.7 - 23 中的电流互感器的磁动势平衡方程式的复数形式

$$\dot{I}_0 N_1 = \dot{I}_1 N_1 + (-\dot{I}_2 N_2)$$

或者

$$\dot{I}_1 N_1 + \dot{I}_2 N_2 = \dot{I}_0 N_1$$

式中,$\dot{I}_1$、$\dot{I}_2$、$\dot{I}_0$ 分别为一、二次电流和励磁电流的相量(A);N_1、N_2 为一、二次绕组匝数。

如果忽略很小的励磁磁动势,并只考虑一、二次电流大小之间的关系,则有

$$I_1 N_1 = I_2 N_2 \qquad (9.7 - 14)$$

以额定值表示,则

$$I_{1N} N_1 = I_{2N} N_2$$

式中,I_{1N}、I_{2N} 为一、二次绕组额定电流(A);N_1、N_2 为一、二次绕组匝数。额定一次电流与额定二次电流之比称为电流互感器的额定电流比,用 K_N 表示,$K_N = I_{1N}/I_{2N}$。

从式 (9.7 - 14) 可以看出在不计励磁的情况下,二次电流能线性反映一次电流大小,也就是能测量一次电流。然而,情况本非真实如此。图 9.7 - 23 画出了电流互感器的相量图。励磁电流 I_0 与其所建立主磁通相差一个 ψ(称为铁损角)。主磁通在二次绕组中感应出电动势 $\dot{E}_2$ 滞后于主磁通90°。二次电压平衡式为 $\dot{E}_2 = \dot{I}_2 (Z_2 + Z_b)$,或者用有效值表示为

$$E_2 = I_2 \sqrt{(R_2 + R_b)^2 + (X_2 + X_b)^2}$$

式中,Z_2 为二次绕组内阻抗,是复数量(Ω);R_2、R_b 为二次绕组电阻和二次负荷电阻(Ω);X_2、X_b 为二次绕组电抗和负荷电抗(Ω)。

因为在大多数情况下,X_2 和 X_b 都是感性的,国家标准也是规定用电感性负载(功率因数为 0.8,滞后)来测量互感器的误差,所以在图 9.7 - 23 中二次侧电流相量滞后二次感应电动势的角度 $\phi = \arctan \dfrac{X_2 + X_b}{R_2 + R_b}$。

一次电流 $\dot{I}_1$ 与 $(-\dot{I}_2)$ 相角 δ。由此可见:由于励磁电流 $\dot{I}_0$ 的存在,一、二次电流在大小和相位上都出现了差别。电流大小的差别就使电流变换出现了误差,相位差别就是相位差。

2. 电流互感器的误差特性

稳定状态下的电流互感器的误差。电流互感器应能准确地将一次电流变化为二次电流,才能保证测量

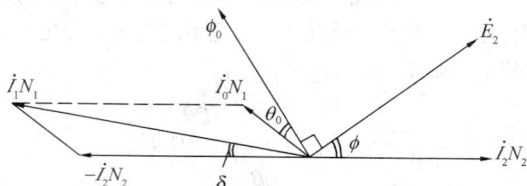

图 9.7 - 24 电流互感器简化相量图

准确、保护装置正确动作，因此电流互感器必须保证一定的准确度。电流互感器的准确度是以其准确级来表征的，不同的准确级有不同的误差要求，在规定的使用条件下，误差均应在规定的限值内。GB/T 1208—1997 规定测量用的电流互感器的准确级有：0.1、0.2、0.5、1、3 和 5 级，0.1～5 级互感器的误差限值规定如表 9.7－3 所示。标准还规定，负载的功率因数为 0.8（滞后）。GB/T 1208—1997 对保护用电流互感器规定有 5P 和 10P 两种标准准确值，其误差限值见表 9.7－4。

表 9.7－3　测量用电流互感器的误差限值

准确度	一次电流为额定一次电流的百分数（%）	误差限值		保证误差的二次负载范围
		电源误差（±%）	相位差±（′）	
0.1	5	0.4	15	
	20	0.2	8	
	100～120	0.1	5	
0.2	5	0.75	30	
	20	0.38	15	
	100～120	0.2	10	（0.25～1.0）S_{2N}
0.5	5	1.5	90	
	20	0.75	45	
	100～120	0.5	30	
1	5	3.0	180	
	20	1.5	90	
	100～120	2.0	60	
3	50	3	—	
	120	3	—	（0.5～1.0）S_{2N}
5	50	5	—	
	120	5	—	

表 9.7－4　保护用电流互感器的误差限值

准确极	额定一次电流下的误差		额定准确限值一次电流下的复合误差（%）	保证误差的二次负荷范围 $\cos\varphi = 0.8$（滞后）
	电流误差±（%）	相位差±（′）		
5P	1	60	5	S_{2N}
10P	3	—	10	S_{2N}

保证电流互感器误差限值的条件是：①二次负载在额定负载的 25%～100% 范围内；②频率为额定频率；③二次负载的功率因数为 0.8（滞后）或 1。显然，对互感器误差限值影响最大的条件是二次负载。

由于现代电子器件的广泛应用，作为互感器二次负载的保护装置和测量仪表发生了显著的变化。其负载由以前的数十伏安减少到 1VA，如仍要求互感器二次负荷按数十伏安设计，则由于实际负载不到额定负载的 25%，将极大地影响到互感器的误关限值。

保护用电流互感器的基本要求之一就是当超过额定电流许多倍的短路电流流过一次绕组时，互感器应有一定的准确度，即复合误差不超过限值，以保证继电器正确动作，这个保证复合误差不超过限值的最大一次电流称为额定准确限值一次电流。对于保护用电流互感器，还经常遇到准确限值系数这一名词。所谓准确限值系数就是额定准确限值一次电流与额定一次电流之比值。习惯上往往把保护用电流互感器的准确级与准确限值系数连在一起标注。例如：$10P_{20}$ 级表示互感器为 10P 级，准确限值因数为 20，即只要电流不超过 $20I_{1N}$，互感器的复合误差不会超过 10%。

下面进一步说明误差的定义。

1）电流误差。GB/T 1208—1997 对电流误差的定义是

$$I_\Delta = \frac{K_N I_2 - I_1}{I_1} \times 100\%$$

式中，K_N 为额定电流比；I_1 为实际一次电流（A）；I_2 为在测量条件下通过 I_1 时的实际二次电流（A）。

从电流互感器工作原理知道，只有当励磁电流等于零时，二次电流乘以额定电流比才等于实际一次电流。由于励磁电流总是存在，所以二次电流乘以额定电流比总是小于实际一次电流，只有在采取了特殊的误差补偿措施以后，才有可能出现正值电流误差。

2）相位差。GB/T 1208—1997 对相位差的定义：互感器一次电流与二次电流相量的相位之差。相量方向以理想互感器的相位差为零来确定。当二次电流相量超前一次电流相量时，相位差为正值。它通常以分为单位图 9.7－22 中 $\dot{I}_1 N_1$ 与 $(-\dot{I}_2 N_2)$ 之间的相位角 δ 就是电流互感器的相位差。图示情况下为相位差为正值。另外，相位差的定义只在电流假定为正弦波时才正确，否则就不能用相量图表示。

$$I_\Delta = \frac{N_1 I_0}{N_1 I_1}\sin(\phi + \theta_0) \times 100\%$$

$$\delta = \frac{N_1 I_0}{N_1 I_1}\cos(\phi + \theta_0) \times 3440(′)$$

比值误差 I_Δ 和相角差 δ 与一次安匝 $N_1 I_1$，励磁安匝 $N_1 I_0$、二次回路阻抗角 ϕ 和铁心损耗角 θ_0 有关。而励磁安匝又与磁通密度和硅钢片磁导率 μ 有关。

3）复合误差。当很大的电流流过互感器时，铁心的磁通密度很高，由于铁磁材料的非线性特性、励磁电流的波形畸变，二次电流也就不是正弦波，这样就不能用前述两个误差定义式来定义，而要采用复合误差的概念下定义。GB/T 1208—1997 对复合误差的定义是：在稳态时一次电流瞬时值 i_1 与二次电流瞬

时值乘以额定电流比 $K_N i_2$ 之差的有效值，并以一次电流有效值的百分数表示，即有下列计算式

$$\varepsilon\% = \frac{100}{I_1} \sqrt{\frac{1}{T} \int_0^T (K_N i_2 - i_1)^2 dt}$$

式中，T 为一个周波的周期（s）。

复合误差除了用来衡量保护用电流互感器的特性外，也用来衡量测量用互感器的特性。GB/T 1208—1997 对测量用互感器提出仪表保安系数的要求。仪表保安系数（FS）是额定仪表保安电流与额定一次电流之比值。而所谓的额定仪表保安电流是二次负载为额定值时，复合误差不小于 10% 的最小一次电流值。这个一次电流值越小，FS 值也越小。也就是说在一次电流倍数不太大时，复合误差就等于或超过10%，一次电流再增加，误差将更大，二次电流的增长不多，对测量仪表来说就比较安全。

值得注意的是，保护用电流互感器要求在一定的过电流倍数（准确限值系数）下，其复合误差要小，不得超过限值，而测量用互感器则要求在一定的过电流倍数（FS）因数下复合误差要大，要超过 10%。复合误差应用于两种互感器，要求却不相同。

7.2.2 结构

1. **电流互感器的分类** 通常有以下几种分类法：

（1）按用途分类。

1）测量用。指专门用于测量电流和电能的电流互感器。在正常工作电流范围内，向测量、计量等装置提供电网的电流信息。

2）保护用。指专门用于继电器保护和自动控制装置的电流互感器。在电网故障状态下，向继电保护等装置提供电网故障电流信息。保护用电流互感器中包括零序电流互感器，其结构较简单，作用原理与一般的电流互感器有所不同，因篇幅有限不予介绍。

（2）按使用条件分类。

1）户内型电流互感器。只能安装于户内的电流互感器，其额定电压一般不大于 35kV。

2）户外型电流互感器。可以在户外安装使用，其额定电压一般在 35kV 以上。

（3）按绝缘介质分类。

1）干式电流互感器。由普通绝缘材料经浸漆处理作为绝缘。

2）浇注式电流互感器。用环氧树脂或其他树脂混合材料浇注成型的电流互感器。

3）油浸式电流互感器。由绝缘纸和绝缘油作为绝缘，一般为户外型。目前我国在各种电压互感器等级均为常用。

4）气体绝缘电流互感器。主绝缘由 SF_6 气体构成。

2. **电流互感器型号简介** 按 JB 3837—1992 标准，电流互感器的型号组成方法类似于如图 9.7 - 7 电压互感器的型号组成，产品的型号也是以汉语拼音表示的，字母的代表意义及排列顺序如表 9.7 - 5 所示。特殊使用环境代号共有以下几种：GY：高原地区使用；W：污秽地区使用（W_1、W_2、W_3 对应的污秽等级为 II、III、IV）；TA：干热带地区使用；TH：湿热带地区使用。

表 9.7 - 5　　　电流互感器型号代表字母及含义

序号	分类	含义	代表字母
1	用途	电流互感器	L
2	结构型式	套管式（装"人"式）	R
		支柱式	Z[①]
		线"圆"式	Q
		贯穿式（复匝）	F
		贯穿式（单匝）	D
		母线型	M
		开合式	K
		倒立式	V
		链型	A[②]
3	绕相外绝缘介质	变压器油	—
		空气（干式）	G
		气式	Q
		瓷式	C[③]
		浇注成型固体	Z
		绝缘"壳"	K
4	结构特征及用途	带有保护级	B
		带有保护级（暂"态"误差）	BT[④]
5	油保护方式	带金属膨胀器	—
		不带金属膨胀器	N

注：当对产品采用加大容量或加强绝缘时，应在产品型号字幕后面加 J 表示。

① 以陶瓷做支柱时，不表示。

② 电容式绝缘，不表示。

③ 主绝缘以陶瓷绝缘时表示，外绝缘为瓷箱式时不表示。

④ 只使用与套管式互感器。

3. **电流互感器结构简介** 电流互感器作为测量仪表、计量装置和继电保护的电流源，由于各自的功能不同，准确等级不同，对额定电流范围要求也不相同，从而要求电流互感器具有不同功能的二次绕组，通常，每个二次绕组，都有独立的铁心。

通常电流互感器应具备测量用、计量用和继电保护用二次绕组，由于继电保护功能的不同，尚需设置

多个保护用二次绕组，当计量装置的准确等级较低时，也可将测量和计量仪表合用一个二次绕组。当某一类功能的二次侧负载过大或有特殊要求时，也可设置专用的互感器，如计量专用互感器等。

不同的保护功能，要求不同的电流互感器二次绕组。母线、线路以及发电机、变压器、电抗器、电容器等主设备的继电保护，有主保护、后备保护和辅助保护，一些 220kV 及以上的母线、线路以及大型发电机、变压器，还要装设双重快速保护。这样，继电保护用电流互感器二次绕组的数目，要视被保护对象的种类、所要装设的保护类型，以及对可靠性的要求等方面的情况而定。例如，6kV 线路，只要装 1 个；而 500kV 线路，要装 5~6 个。测量用电流互感器二次绕组，一般每个元件设 1 个。

0.5kV 电流互感器的一、二次绕组都套残同一铁心上，是结构最简单的互感器。10kV 及以上的电流互感器，为了使用方便和节约材料，常用多个没有磁联系的独立铁心和二次绕组组成一台有多个二次侧绕组的电流互感器。这样，一台互感器可同时做测量和保护。通常 10~35kV，有两个二次绕组；63~110kV 有 3~5 个二次绕组，220kV 及以上有 4~7 个二次绕组。

为了适应线路电流的变化，63kV 及以上的电流互感器，常将一次绕组分成几段，通过串联或并联以获得两种或三种电流比。

为适应电力线路正常工作，电流不大而短路电流倍数很高的需要，多个二次绕组的高压电流互感器的测量用二次绕组往往带有中间抽头，对应的额定电流比较小，以保证应有的测量精度。

1. 一般干式和浇注绝缘互感器结构

1）一般干式。适用于户内，低电压的互感器。多匝式的一次绕组和二次绕组为矩形筒式，绕在骨架上，绕组间用纸板绝缘，浸漆处理后套在叠积式铁心上。单匝母线式采用环形铁心，经浸漆后装在支架上，或装在塑料壳内，也有采用环氧混合胶烧注的。

2）浇注式。广泛用于 10~20kV 级电流互感器。一次绕组为单匝或母线型时，铁心为四环型，二次均匀绕在铁心上，一次导杆和二次均浇注成一整体。一次侧绕组为多匝时，铁心多为叠积式，先将一、二次绕组浇注成一体，然后再安装铁心，图 9.7-25 为脚注绝缘多匝贯穿式电流互感器的结构。

由于环氧混合胶的热胀系数与金属的热胀系数相比差别很大，浇注体内的金属零部件外面要有足够的缓冲层，缓冲层材料可以是泡沫塑料或泡沫橡胶，皱纹纸或瓦楞纸，也可采用弹性粉末。在绕组与浇注体的适当部位要采取均压措施，以提高其游离电压和表面闪络电压。大电流母线型电流互感器还要考虑屏蔽

相邻母线电流磁场的影响，屏蔽方法有两种：一种是绕制屏蔽绕组，另一种是浇注体外装铝屏蔽外罩。

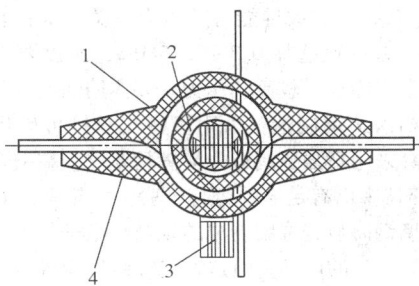

图 9.7-25　浇注绝缘电流
互感器结构（多匝贯穿式）
1——一次绕组；2——二次绕组；3——铁心；4——树脂混合料

2. 油浸式电流互感器和金属膨胀器　35kV 及以上上户外式电流互感器多为油浸式，其基本结构主要由底座（或下油箱）、播身、储油柜（包括膨胀器）和瓷套四大件组成。瓷窑是互感器的外绝缘，并兼做油的容器。63kV 及以上的互感器的储油柜上装有串并联接线装置。全密封结构的产品均采用外换接结构。

为了减少一次绕组出头部分漏溢所造成的结构损耗，贮油柜多用吕台金铸成，当额定电流较小时（一般在 2×400A 以下），也可用铸铁储油柜或薄钢板制成。

近年来，装金属膨胀器的全密封互感器发展很快。当变压器油因温度升高而体积增大时，膨胀器的容积也增大；当油的温度下降体积缩小时，膨胀器的容积相应缩小，起到体积补偿的作用。采用膨胀器后，避免了油与外界空气直接接触，油不易受潮、氧化，减少了用户的维修工作，受到了用户的欢迎。膨胀器有两大类，波纹式和盒式。

3. SF₆ 气体绝缘电流互感路结构　SF₆（六氟化硫）气体作为主绝缘的互感器是 20 世纪 70 年代研制并得到推广应用的新型互感器，简称为 SF₆ 互感器。最初，这种互感器是为 SF₆ 组合电器（GIS）配套而生产的，为适应变电站无油化的需要，独立式结构得到了发展。

以 SF₆ 气体为绝缘介质的电流互感器简称为 SF₆ 电流互感器。这类电流互感器有两种结构型式：一种是与 SF₆ 组合电器（GIS）配套用的；一种是可单独使用的，即通常称之为独立式 SF₆ 电流互感器。这种互感器多做成倒立式结构，如图 9.7-26 所示。

因为 SF₆ 气体的放电电压与电板形状有很大关系，所以其二次绕组要用曲率半径较大、表面光洁、

无任何微小突出物的屏蔽筒屏蔽起来。在其他电场集中的地方也要安装屏蔽。

SF$_6$ 气体的绝线性能与其压力有关。这种互感器中气体压力一般选择 0.3~0.35MPa，所以要求其壳体和瓷套都能承受较高的压力。壳体用强度较高的钢橱，例如锅炉钢制造，采用机械化焊接可以保证要求。瓷套采用高强瓷制造也能满足要求。高强瓷套在 SF$_6$ 断路器中已有足够的运行经验。近年来已有采用环氧玻璃钢筒与硅橡胶组成的复合绝缘子作为 SF$_6$ 互感器外绝缘筒的产品，但这种绝缘结构能否适应我国复杂的气候和环境条件，尚需经过一段时期的考验。

SF$_6$ 气体的绝缘性能还和气体中的含水量有关。互感器的器身必须经真空干燥处理。处理方法是在产品装配完后再真空干燥，然后即充入合格的 SF$_6$ 气体。

SF$_6$ 气体比变压器油更容易泄漏，因此对密封的要求更为严格。密封面和密封件都要保证足够的加工精度和表面质量。密封材料常用三元乙丙橡胶。

互感器上装有防爆片，万一产品发生故障。内部气体压力超过安全值时，防爆片破裂，释放内部压力，避免事故扩大。

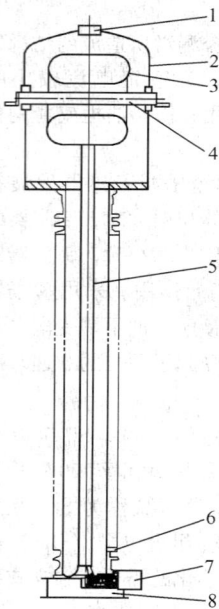

图 9.7 – 26　SF$_6$
电流互感器

1—防爆片；2—壳体；
3—二次绕组及屏蔽筒；
4—一次绕组；5—二次出
线筒；6—套管；7—二次
端子盒；8—座底

互感器上还装有监视产品内部压力的压力表（图 9.7 – 26 中未表示）。产品内还装有用以吸附水分和 SF$_6$ 分解的气体。纯净的气体是无色、无味、无嗅、无毒的。但在高温电弧作用下，会分解出一些不完全氟化物，会对金属、构件等物起腐蚀作用，也会对人体有危害，引起眼睛刺痛、呼吸困难，造成皮肤灼痛。必须控制其浓度，以免对操作人员的健康产生影响。

生产场所的净洁条件对产品质量影响很大，所以 SF$_6$ 互感器生产厂房应有空调、空气过滤及除湿设备。还应注意到，SF$_6$ 气体的密度约为空气的 5 倍，生产过程中万一出现泄漏，SF$_6$ 气体沉降在地表。但若积累过多，也可能使人窒息，所以应在地面挖排气沟，让泄漏的 SF$_6$ 气体排出厂房外。

SF$_6$ 互感器充气及抽气应用专门的充气、抽气净化回收装置。要用专门的检漏仪和检漏装置检测产品的泄漏量。

7.2.3　设计要点、技术标准

1. 电流互感器的电气性能　电流互感器的性能可从三个方面来讨论：误差特性、绝缘特性、热特性和力学特性。除电气性能外，结构上的要求，如结构的合理性，便于维修性，油或气体绝缘的密封可取性等都是重要的。这里主要介绍电气性能中的几个基本名词术语。

（1）额定电流。电流互感器的误差性能、发热性能和过电流性能等都是以额定电流为基数做出相应规定的。因此说，额定电流是作为电流互感器性能基准的电流值。对一次绕组而言，就是指额定一次电流；对二次绕组而言，就是指额定二次电流。

国家标准 GB/T 1208—1997 中规定电流互感器的额定一次电流标准值从 10~75A 以及它们的十进位数或小数；额定二次电流标准值为 1A、2A 和 5A，其中 5A 为优先值。

（2）额定电流比。额定一次电流与额定二次电流的比。

（3）二次负载。电流互感器二次绕组外部回路所接仪器或继电器等的阻抗和所接线路阻抗之和。

（4）额定二次负载。确定互感器准确级所依据的二次负荷。

二次负载通常以视在功率的伏安值表示。GB/T 1208—1997 规定额定二次负载值最小为 2.5VA，最大为 100VA，共 12 个额定值。以往也有用 Ω 来表示二次负载大小的，将 VA 值表示的负载值换算成以 Ω 值表示时的计算式

$$Z_2 = \frac{S_2}{I_{2N}^2}$$

式中，S_2 为以 VA 值表示的二次负载（VA）；Z_2 为以 Ω 值表示的二次负载（Ω）。

2. 电流互感器的误差补偿　电流互感器的误差是由励磁电流引起的，而励磁安匝的大小主要决定于铁心尺寸、铁心材料和二次回路总负载。在铁心和绕组所用材料的性能一定的情况下，过分降低励磁电流，势必导致产品的重量和体积增加。所以采用补偿的方法是减少误差的一种经济而有效的方法。

（1）匝数补偿

1）整数匝补偿。电流互感器的比值差为负值，若人为地减少二次线圈的匝数，由于安匝数不变，则二次电流将增大，造成一个正的比值差以补偿负的比值差。当二次侧绕组少绕 W_b 匝时，比值差的补偿为

$$f_b = W_b / W_{2N} \times 100\%$$

式中，W_{2N} 为二次绕组的额定匝数。

整数匝补偿适用于所有的电流互感器，但只能改善比值差。

2）分数匝补偿。当二次绕组匝数较少，而减绕一匝补偿值又过大时，可采用分数匝补偿。分数匝补偿有两种实现方法：

二次绕组采用两根导线并绕，其中一根少绕一匝。如果两根并绕的导线规格和材料完全相同，那么就是 1/2 匝减匝补偿；如果两根导线的材料和规格不同，那么其电阻值就不同。设一根导线（不减匝的）的电阻为 r_a，另一根（减匝的）为 r_b，则比值差的补偿值

$$f_b = \frac{1}{W_{2N}} \cdot \frac{r_a}{r_a + r_b} \times 100\%$$

在实际应用中还可以在少绕一匝的那根导线上串联一个阻值较小的电阻来改变补偿值，如图 9.7-27 所示。附加电阻可在互感器调试时接入，调节其阻值以获得满意的补偿值后，固定其所需要的电阻值 r，此时对比值差的补偿值按下式计算

$$f_b = \frac{1}{W_{2N}} \cdot \frac{r_a}{r_a + r_b + r} \times 100\%$$

这种方法主要用于小于 1/3 匝补偿的精密电流互感器中。

如果把互感器的铁心分成两个完全相同的小铁心，二次绕组有一匝只绕在一个小铁心上，这一匝对整个铁心来说，相当于绕了半匝，即对二次绕组是 1/2 匝减匝补偿，示意图如图 9.7-28 所示。如果两个铁心尺寸不一样，设少绕的铁心 2 截面积为 A_b，平均磁路长度为 L_b，磁导率为 μ_b；整个铁心截面积为 A_{Fe}，磁路平均长度为 L，磁导率为 μ，则比值差的补偿值为

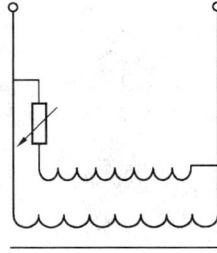

图 9.7-27 可调
分数匝数补偿图

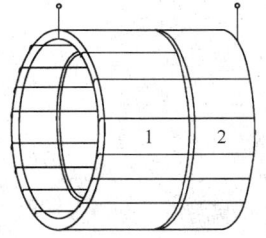

图 9.7-28 双铁心
分数匝补偿

$$f_b = \frac{1}{W_{2N}} \cdot \frac{A_b L \mu_a}{A_{Fe} L \mu} \times 100\%$$

将互感器铁心分成两部分有时并不方便，也可以采用铁心穿孔的方法来获得分数匝补偿，如图 9.7-29 所示。少绕线匝那部分铁心的截面积设为 A_b，设磁路长度为 L_b，那么补偿值的计算完全按上式进行。

（2）短路匝补偿。短路匝补偿是在铁心上单独套上一个匝数很少（一般为一匝）得短路线圈，如图 9.7-30 中的 W_s 利用这个短路线匝所消耗的磁势来改变总励磁磁动势的相位，以改善相角差。

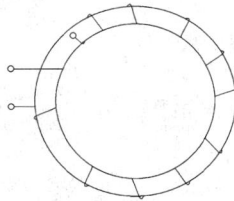

图 9.7-29 铁心穿孔
分数匝补偿图

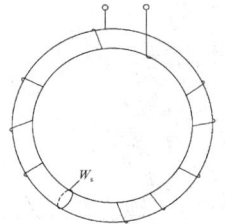

图 9.7-30 短路
匝补偿

第10篇

电 机

主　编　辜承林（华中科技大学）

执　笔　杜　砚（华中科技大学）

　　　　黄清军（华中科技大学）

　　　　程　锦（华中科技大学）

第1章 基 础 知 识

1.1 电机的用途与分类

电机是实现机电能量转换或信号传递与转换的装置，其基本运行原理为电磁感应定律和电磁力定律。

电机的种类很多，分类方法也有多种。如按功能分，有发电机、电动机和特殊用途电机等。按电源性质分，有交流电机和直流电机，而交流电机又可继续分为同步电机和异步电机。按功率大小，可分为大型电机（定子铁心外径 990mm 以上）和中小型电机（中心高 630mm 以下或定子铁心外径 990mm 以下）。此外，还可按其他方式，如频率、转速、形态、运动方式和励磁场建立与分布方式等分类。常用电机有同步电机、异步电机和直流电机三种类型。

1.2 电机的标识

国家标准规定，电机的产品代号由电机类型代号、特点代号、设计序号和励磁代号等顺序组成，其类型代号见表 10.1-1。电动机规格代号用中心高、铁心长度等表示，表示方法见表 10.1-2。另外，电机的特殊环境代号见表 10.1-3。

表 10.1-1　　电动机类型代号

产品代号	产品名称	产品代号	产品名称
Y	异步电动机	SF	水轮发电机
T	同步电动机	C	测功机
TF	同步发电机	Q	潜水电泵
Z	直流电动机	F	纺织用电机
ZF	直流发电机	H	交流换向器电机
QF	汽轮发电机		

表 10.1-2　　电机序列的规格代号表示法

系列产品	规格代号
小型异步电动机	中心高（mm）-机座长度（字母代号）-铁心长度（数字代号）-极数
大、中型异步电动机	中心高（mm）-铁心长度（数字代号）-极数
小型同步电机	中心高（mm）-机座长度（字母代号）-铁心长度（数字代号）-极数

续表

系列产品	规格代号
大、中型同步电机	中心高（mm）-铁心长度（数字代号）-极数
小型直流电机	中心高（mm）-机座长度（字母代号）
中型直流电机	中心高（mm）或机座号（数字代号）-铁心长度（数字代号）-电流等级（数字代号）
大型直流电机	电枢铁心外径（mm）-铁心长度（数字代号）
分马力电机	中心高或机壳外径（mm）-机座长度（字母代号）-铁心长度、电压、转速（均用数字代号）
交流换向器电机	中心高或机壳外径（mm）-铁心长度、转速（数字代号）

表 10.1-3　　电机的特殊环境代号

汉字意思	热带用	湿热带用	干热带用	高原用
拼音代号	T	TH	TA	G
汉字意思	船（海）用	化工防腐用	户外用	
拼音代号	H	F	W	

1.3 电机的结构与安装

不同的设备安装条件需要选用不同安装型式的电机。电机的结构和安装型式代号由国标 GB 997—1981 规定。代号分两种，即规定 1 和规定 2。规定 1 的代号是由表征字母 IM（International Mounting，即国际安装）和附加字母及 1 位或 2 位数字组成。其中，附加字母 B 代表卧式安装，V 代表立式安装。卧式安装的电机有 13 种型式，立式有 18 种型式。

规定 1 的代号仅适用于带端盖轴承的电机，见表 10.1-4 和表 10.1-5。

表 10.1-4　　卧式电机的结构及安装型式代号

代号	示意图	端盖式轴承	机座底脚	结构特点
B3 1001		2 个	有	底脚安装

续表 | 表 10.1－5　立式电机的结构及安装型式代号

代号	示意图	端盖式轴承	机座底脚	结构特点
B35 2001		2个	有	D 端端盖上的凸缘有通孔，借底脚并附用凸缘安装
B34 2101		2个	有	D 端端盖上的凸缘有通孔，借底脚并附用凸缘平面安装
B5 3001		2个	无	D 端端盖上的凸缘有通孔，借凸缘安装
B6 1051		2个	有	安装在墙上，从 D 端看底脚在左边
B7 1061		2个	有	安装在墙上，从 D 端看底脚在右边
B8 1071		2个	有	安装在天花板上
B9 9101		1个	无	借 D 端的机座端面安装
B10 4001		2个	无	D 端机座上的凸缘有通孔，借向着 D 端的凸缘平面安装
B14 3601		2个	无	D 端端盖上的凸缘有螺孔和止口，借凸缘平面安装
B15 1201		1个	有	借底脚并附用 D 端的机座端面安装
B20 1101		2个	有	底脚安装
B30		2个	无	有 1~2 个端盖或机座上有 3~4 只搭子，借搭子安装

代号	示意图	端盖式轴承	机座底脚	结构特点
V1 3011		2个	无	D 端端盖上的凸缘有通孔，借凸缘在底部安装
V15 2011 2111		2个	有	D 端端盖上的凸缘有通孔或螺纹孔，有止口，借底脚并附用凸缘安装，安装在墙上并附用凸缘在底部安装
V2 3231		2个	无	N 端端盖上的凸缘有通孔，借凸缘在底部安装
V3 3031		2个	无	D 端端盖上的凸缘有通孔，借凸缘在底部安装
V16 4131		2个	无	D 端端盖上的凸缘有通孔，借背着 D 端的凸缘平面在顶部安装
V18 3611		2个	无	D 端端盖上的凸缘有螺纹孔和止口，借平面在底部安装
V19		2个	无	D 端端盖上的凸缘有螺纹孔和止口，借平面在顶部安装
V21		2个	无	D 端端盖上的凸缘有通孔，借背着 D 端的凸缘平面在底部安装
V30		2个	无	有 1~2 个端盖或机座上有 3~4 只搭子，借搭子解接触安装
V31		2个	无	D 端端盖上的凸缘有螺孔和止口，借凸缘平面安装
V36 2031		2个	有	D 端端盖上的凸缘有通孔或螺纹孔，借底脚安装并附用凸缘在顶部安装

续表

代号	示意图	端盖式轴承	机座底脚	结构特点
V4 3211		2个	无	N端端盖上的凸缘有通孔,借凸缘在顶部安装
V5 1011		2个	有	借底脚安装
V6 1031		2个	有	借底脚安装
V8 9111		1个	无	D端无凸缘和轴承,机座上有螺孔,借D端的机座在底部安装
V9 9131		1个	无	D端无凸缘和轴承,机座上有螺孔,借D端的机座在顶部安装
V10 4011		2个	无	D端机座上的凸缘有通孔,借向着D端的凸缘平面在底部安装
V14 4031		2个	无	D端机座上的凸缘有通孔,借向着D端的凸缘平面在底部安装

规定 2 的代号由 IM 连同 4 位阿拉伯数字组成,其代号适用于各种电机。其中第 1 位数字表示安装型式分类,见表 10.1－6;第 2、3 位数字表示安装型式;第 4 位数字表示轴伸型式的分类,见表 10.1－7。

对控制微特电机,其结构及安装型式标准为 GB 7346。

表 10.1－6　　电机结构型式分类

第一位数字	轴承类型	第四位数字	轴伸型式
1	具有端盖式轴承,用底脚安装的电机	0	无轴伸
2	具有端盖式轴承,用底脚和凸缘安装的电机	1	有一个圆柱形轴伸
3	具有端盖式轴承,其中一个端盖带凸缘,用凸缘安装的电机	2	有两个圆柱形轴伸

续表

第一位数字	轴承类型	第四位数字	轴伸型式
4	具有端盖式轴承,机座带凸缘,用凸缘安装的电机	3	有一个圆锥形轴伸
5	无轴承电机	4	有两个圆锥形轴伸
6	具有端盖式轴承和座式轴承的电机	5	有一个带凸缘的轴伸
7	具有座式轴承的电机(无端盖)	6	有两个带凸缘的轴伸
8	除上述1~4以外立式的电机	7	在D端有都凸缘的轴伸,在N端有圆柱形轴伸
9	特殊安装型式的电机	8	所有其他类型的轴伸

1.4　电机的安全防护、绝缘与冷却

电机的外壳防护等级由表征字母 IP 及附加在后的两位数字组成。只单独标志一种防护型式的等级时,则被略去的数字位以"x"替补。表征数字的意义见表 10.1－7 和表 10.1－8。

表 10.1－7　　第一位表征数字表示的防护等级

第一位表征数字	防护等级	
	简述	含义
0	无防护	无专门防护
1	防护大于50mm固体的电机	能防止大面积的人体(如手)偶然或意外触及或接近壳内带电或转动部分(但不能防止故意接触),能防止直径大于50mm的固体异物进入壳内
2	防护大于12mm固体的电机	能防止手指或是长度大于80mm的类似物体触及或接近壳内带电或转动部件,能防止直径大于12mm的固体异物进入壳内
3	防护大于2.5mm固体的电机	能防止直径大于2.5mm的工具或导线触及或接近壳内带电或转动部件,能防止直径大于2.5mm的固体异物进入壳内

续表

第一位表征数字	防　护　等　级	
	简　述	含　义
4	防护大于 1mm 固体的电机	能防止直径或厚度大于 1mm 的导线或条片触及或接近壳内带电或转动部件，能防止直径大于 1mm 的固体异物进入壳内
5	防尘电机	能防止触及或接近壳内带电或转动部件，进尘量不足以影响电动机的正常运行
6	尘密电机	完全防止灰尘进入壳内完全防止触及壳内带电或旋转部件

表 10.1-8　第二位表征数字表示的防护等级

第二位表征数字	防　护　等　级	
	简　述	含　义
0	无防护电机	无专门防护
1	防滴电机	垂直滴水应无有害影响
2	15°防滴电机	当电机从正常位置向任何方向倾斜至 15° 以内任何角度时，垂直滴水应无有害影响
3	防淋水电机	与垂直线成 60° 范围以内的淋水应无有害影响
4	防溅水电机	承受任何方向的溅水应无有害影响
5	防喷水电机	承受任何方向的喷水应无有害影响
6	防海浪电机	承受猛烈的海浪冲击或强烈喷水时，电机的进水量应不达到有害的程度

续表

第二位表征数字	防　护　等　级	
	简　述	含　义
7	防浸水电动机	产品在规定的压力和时间下浸在水中，进水量应无有害影响
8	潜水电动机	按制造厂规定的条件，电机可连续浸在水中

电机的绝缘等级是指电机所用的绝缘材料的耐热等级。电机常用绝缘材料分为 A、E、H、F、H 五个等级，各绝缘耐热等级的允许温度见表 10.1-9。

表 10.1-9　各级绝缘耐热等级及温度限值

绝缘等级	A	E	B	F	H
绕组最热点温度/℃	105	120	130	155	180

电机冷却方法由表征字母 IC（国际冷却）和附加表征字母及数字组成。附加表征字母标识冷却介质。如 A 表示冷却介质是空气，F 为氟利昂，W 为水，U 为油，H 为氢，N 为氮等。数字则表示冷却回路的布置。

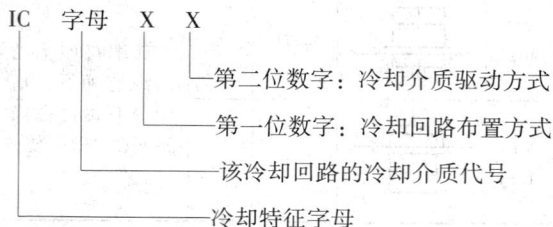

IC　字母　X　X
　　　　　　　│　└── 第二位数字：冷却介质驱动方式
　　　　　　　└──── 第一位数字：冷却回路布置方式
　　　　└──────── 该冷却回路的冷却介质代号
　└────────── 冷却特征字母

1.5　电动机的功率等级

根据国家标准，250kW 及以下电动机的功率等级（W）分别为 0.12、0.18、0.25、0.37、0.55、0.75、1.1、1.5、2.2、3.0、4.0、5.5、7.5、11、15、18.5、22、30、37、45、55、75、90、110、132、160、200 和 250 共 28 个等级。而 250kW 以上的电动机自 280kW～10MW 共分为 43 个功率等级。

第2章 同 步 电 机

2.1 概论

2.1.1 特点与用途

同步电机的运行特点是转子旋转速度必须与定子磁场旋转速度严格同步，并由此得名。

在现代电力工业中，无论是火力发电、水力发电，还是原子能发电或柴油机发电等，几乎全部采用同步发电机，以维持与电网频率一致，便利电能的生产与调度。

同步电动机主要用于驱动那些功率较大而调速要求不高的大中型机械，如轧钢机、压缩机、鼓风机和泵等。

同步电机还可用作调相机，向电网输送感性或容性无功功率，以改善电网的功率因数，提高电网的运行经济性和电压的稳定性。

2.1.2 结构与分类

同步电机有旋转电枢和旋转磁极两种结构型式，如图10.2-1和图10.2-2所示。

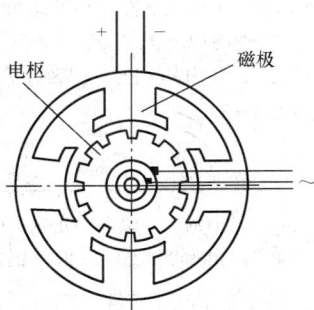

图 10.2-1 旋转电枢式
同步电机

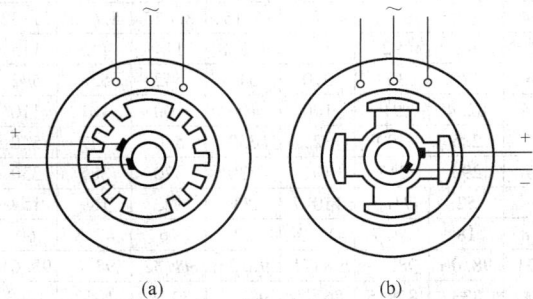

(a)　　　　　(b)

图 10.2-2 旋转磁极式同步电机
(a)隐极式；(b)凸极式

旋转电枢式同步电动机的定子磁场是固定的，电枢由原动机拖动旋转，交流电流通过电刷经集电环输送到负载。这类结构的优点是铁心硅钢片利用率较高，定子既是机座又是磁轭。缺点是输出容量受限，电压不能太高，一般不超过500V，结构复杂，造价较高。因此，已很少采用，只见于特殊场合(如无刷励磁同步电动机所用的交流励磁机等)。

大中型同步电机广泛采用旋转磁极式，有隐极和凸极之分。隐极结构气隙均匀，转子机械强度高，适合于高速旋转，多与汽轮机和燃气轮机构成发电机组，是汽轮发电机的基本结构型式。凸极式结构气隙不均匀，旋转时空气阻力较大，适合于中低速旋转场合，常与水轮机构成发电机组，是水轮发电机的基本结构型式。

同步电机的磁路结构还有感应子式、爪极式、反应式及永磁式等多种，其各自适用范围见表10.2-1。

表 10.2-1　同步电机磁路结构分类表

磁路结构	适用范围
凸极式	低速同步发电机和电动机
隐极式	高速同步发电机和电动机
感应子式	中频发电机
爪极式	车辆用交流发电机、中频发电机
磁阻(反应)式	驱动及控制用小功率电动机
永磁式	小功率发电机及电动机

2.1.3 励磁方式

励磁系统是同步电机的重要组成部分，其基本作用是：正常运行时，供给励磁电流，并根据需要进行调节，补偿系统的无功，提高功率因数；当突然短路或突加、突减负荷时，对电机进行强行励磁或强行灭磁，以提高系统运行的可靠性和稳定性。

根据励磁功率获取方式，励磁系统分为自励和他励两种。

自励式励磁系统是由同步发电机本身供电的励磁系统。特点是反应快，结构简单，体积小。有自并励系统、交流侧串联自复励系统、直流侧并联自复励系统、不可控电抗移相复励系统、双绕组电抗分流励磁系统和谐波励磁系统六种方式。

他励式励磁系统主要有以下三种：

(1) 直流发电机励磁系统。将直流发电机作为同步发电机的励磁电源，励磁机与发电机同轴连接。

（2）交流发电机励磁系统。用交流发电机替代直流发电机，并采用旋转电枢式结构，从而可取消集电环导电装置，成为无刷励磁系统。

（3）静止整流器励磁系统（又称半导体励磁系统）。由整流电路、触发控制电路、电源等组成。没有旋转机械，工作可靠，造价较低，维修方便，应用普遍。表10.2-2是同步电机的常用励磁方式及其适用范围。

表10.2-2　同步电机的常用励磁方式及其适用范围

励磁方式	适用范围
交流励磁机不可控整流器励磁系统	100MW 及以上的汽轮发电机
交流励磁机晶闸管励磁系统	要求励磁顶值电压倍数及电压增长速度较高的大容量发电机
无刷励磁系统	大容量汽轮发电机、调相机及同步电动机、低压小型同步发电机
电压源静止励磁机励磁系统	各级容量同步发电机、调相机、电动机和中频发电机
不可控相复励系统	低压小型同步发电机
可控相复励系统	中小容量同步发电机及变频机
双绕组电抗分流式励磁系统	低压小型水轮发电机
交流侧串联复合电源静止励磁机励磁系统	适用于小工厂自备电站或小容量电网的同步发电机
谐波或基波辅助绕组励磁系统	低压小型同步发电机，适用于汽轮发电机

2.1.4　冷却方式

1. 空气冷却　它是结构最简单，费用最低廉，

维护最方便的冷却方式，冷却效果亦随技术进步而不断改进。

2. 氢气冷却　氢气密度小，纯氢密度仅为空气的1/14，导热系数为空气的7倍，在同一温度和流速下，导热系数为空气的14～15倍，在相同气压下，通风损耗、风摩损耗均为空气的1/10，且通风噪声小。因此，氢冷电机效率高，温升低，优势明显，但密封防爆问题需要高度重视。

3. 液冷　目前使用最广的液冷方式有水冷和油冷两种。

定子绕组采用水冷已相当普遍。液体的比热容和导热系数比气体的大，所以液冷的散热能力较气冷大为提高。

全液冷主要以油冷为主。这种电机的定子浸在油中，绝缘大为简化，但维护不方便。

4. 蒸发冷却　它是利用冷却介质液体汽化吸热的原理来冷却电机的，是一种极具发展前途的冷却方式。

2.2　同步发电机

2.2.1　大中型同步发电机

1. 汽轮发电机　汽轮发电机功率范围为300kW～600MW，电压在400V～27kV之间，转速为1500r/min或3000r/min，并按冷却方式分为空冷（QF、TQC、TQT）、氢外冷（QFQ、TQQ）、定子氢外冷转子氢内冷（TQH）、双水内冷（FS、QFSS）等类型，其主要参数见表10.2-3。

表10.2-3　汽轮发电机主要参数

名称 ＼ 型号	QF-3-2	QF-6-2	QF-12-2	QF-25-2	QFQ-50-2	SQF-50-2	QFS-60-2	SQF-100-2	TQN-100-2	QFS-125-2	QFSS-200-2	QFQS-200-2	QFS-300-2
额定容量 S_N /MVA	3.75	7.5	15	31.25	62.5	62.5	75	117.6	117.7	147	235	235	353
额定电压 U_N /kV	6.3	6.3	6.3	6.3	10.5	10.5	10.5	10.5	10.5	13.8	15.75	15.75	18
额定功率因数 $\cos\varphi_N$	0.8	0.8	0.8	0.8	0.8	0.8	0.8	0.85	0.85	0.85	0.85	0.85	0.85
额定电流 I_N /kA	0.344	0.688	1.375	2.68	3.44	3.44	4.125	6.47	6.475	6.15	8.625	8.625	11.32
定子内径 D_{i1} /cm	56	65.6	76	86.6	100	92	92	92	104	112.8	114	115	115
定子铁心长 l_{i1} /cm	122	140	170	270	310	263	275	303	310	345	542	538	542
转子外径 D_2 /cm	53.2	62	71.2	81.2	92	82.4	82.4	91	100	100	100	101	110
转子铁心长 l_{i2} /cm	125	145	175	280	325	255	285	300	325	350	540	547	540
机座外径 /cm	160	198	200	249.6	366	265	293	312	401	330	370	385	330
定子重 /t	6.1	11.6	18.5	42	98.9	45	52	71.5	110.7	93	123	189	157
转子重 /t	3.5	5.3	7.8	16	25.1	17.8	18	24.7	29.3	32	46	42.8	60
效率 η(%)	95.3	96.4	97.64	97.78	98.5	98.31	98.06	98.43	98.71	98.35	98.32	98.6	98.61
总长 /cm	439	486	534.9	681	800	810	833	858.5	862.5	927.5	1178	1068	1243
线负荷 A/(A/cm)	470	561	623	630	790	1000	1200	1189	1095	1237	1290	1290	1545
气隙磁密 B_δ /T	0.654	0.688	0.76	0.764	0.802	0.91	0.82	0.914	0.822	0.828	0.812	0.798	0.825

续表

型号 名称	QF-3-2	QF-6-2	QF-12-2	QF-25-2	QFQ-50-2	SQF-50-2	QFS-60-2	SQF-100-2	TQN-100-2	QFS-125-2	QFSS-200-2	QFQS-200-2	QFS-300-2
定子槽数 Z_1	60	42	54	60	72	42	42	60	60	36	54	54	54
转子槽数 Z_2	20	24	24	28	28	28	24	28	32	28	30	32	32
短路比 K_e	0.64	0.56	0.64	0.58	0.62	0.68	0.54	0.67	0.61	0.57	0.56	0.55	0.47
满载励磁电压 U_{fN}/V	79	115	186	176	269	172	220	245	271	265	384	445	483
满载励磁电流 I_{fN}/A	243	248	244	367	520	1089	1310	1398	1614	1635	1605	1763	1844
励磁功率 P_{fN}/kW	19.2	28.2	45.4	65	140	197	290	351	438	430	614	785	890
直轴同步电抗 X_d(%)	194	206	190	195	186	163	209	163	181	187	190	190	226
瞬变电抗 X'_d(%)	17	19.9	20	19.6	20	19.7	25.8	22.8	28.6	25.7	22.2	24.5	26.9
超瞬变电抗 X''_d(%)	10.33	12.39	12.21	12.22	12.4	14.75	16.25	15.77	18.3	18	14.23	14.13	16.7

2. 水轮发电机　功率范围从几千瓦到900MW,电压从400V~20kV,转速为50~1500r/min,主要结构型式有卧式和立式两种,大容量水轮发电机广泛采用立式结构。水轮发电机的型号有TS(旧标准)和SF(现行标准)两种,其典型产品参数见表10.2-4。

表10.2-4　　　　大中型水轮发电机典型产品参数

额定容量 S_N /kVA	额定电压 U_N /kV	额定功率因数 $\cos\varphi_N$	额定转速 n_N /(r/min)	飞逸转速 n_r /(r/min)	定子内径 D_{i1} /cm	定子铁心长 l_{i1} /cm	瞬变电抗 X'_d (%)	短路比 K_e	飞轮力矩 GD^2 /(MN·m²)	效率 η (%)	推力负荷 P /MN	结构型式
1000			1000	1800	81	44	17.63		5.1·10⁻³			
750			750	1635	86	37	22.8		0.02	94.5		
625			600	—	86	36	24.5		—	93		
2000			1000	1900	99	49	23		0.013	93.1		
2500			750	—	106	72	23.6		—	94.5		
1563			500	1362	110	61	23.7		0.0196	95.6		
1000			500	1210	110	44	25.9		0.0167	95.3		
6000			1000	—	126	81	22.9			94		
4000	6.3	0.8	750	—	132	74	20.6			95		
1000			500	900	138	54	23		0.049	95.6		
3130			600	1068	139.8	74	22.4		0.104	95		
1000			428	834.6	178.5	21	19.6		0.065	95		
1563			375	832.5	183	36	24.8		0.12	—		
2000			300	549	220	35	28.45		0.26	94		
1563			250	457.5	230	40	18.7		0.196	94.4		
1000			214	395.9	230	28	24.2		0.21	92		
5000			300	660	285	52	22.5		0.88	95.3		
12500	10.5	0.8	187.5	350	380	113	25.66	1.25	6.4	96.72	1.27	悬式
23125	10.5	0.865	300	600	369	120	23.4	1.052	5.9	97.19	2	悬式
31250	10.5	0.8	375	725	338	132	27.74	1.138	4.6	97.22	2.16	悬式
43500	13.8	0.85	500	720	340	125	25.4	0.953	3.6	96.75	2.16	悬式

续表

额定容量 S_N /kVA	额定电压 U_N /kV	额定功率因数 $\cos\varphi_N$	额定转速 n_N /(r/min)	飞逸转速 n_r /(r/min)	定子内径 D_{i1} /cm	定子铁心长 l_{i1} /cm	瞬变电抗 X'_d (%)	短路比 K_e	飞轮力矩 GD^2 /(MN·m²)	效率 η (%)	推力负荷 P /MN	结构型式
50000	10.5	0.9	125	250	796	120	25.3	1.36	73.6	97.61	6.38	全伞式
72200	10.5	0.9	214	380	568	180	29	1.062	42.4	97.92	5	悬式
88420	13.8	0.85	150	290	781	156	30.3	1.3	111.8	97.6	6.47	悬式
111000	13.8	0.9	150	330	781	210	33.3	1.36	171.7	98.16	9.91	悬式
176500	15.75	0.85	100	218	1208	180	31.42	1.115	510	98.14	13.7	半伞式
194200	13.8	0.875	54.6	120	1699	200	30.55	1.563	1687	97.94	37.3	半伞式
240000	15.75	0.875	150	285	948	240	33.53	1.065	324	98.175	13.7	半伞式
257000	15.75	0.875	125	250	1175	202	31.2	1.175	540	98.34	15.7	悬式
343000	18	0.875	125	250	1190	160	42.5	0.84	520	97.46	15.5	半伞式
342900	18	0.875	125	260	1134	275	36	1.114	686	98.44	17.7	悬式
14300	13.8	0.875	62.5	140	1500	159	36	1.268	883	97.96	32.5	伞式
14300	13.8	0.875	62.5	140	1500	159	36.39	1.241	883	98.035	29.4	伞式

3. 其他动力发电机　除了上述两种动力的同步发电机外，应用中还有柴油发电机和燃气轮发电机。柴油发电机成本较高，一般只作为备用发电机组或移动电源，功率从几千瓦至数千千瓦，电压一般为 220～6300V，转速从 250～3000r/min。燃气轮发电机利用燃烧的高温气体直接推动燃气轮机带动发电机发电。它有许多优点，但目前应用还不多。

2.2.2　中小型同步发电机主要系列

1. T2 系列小型三相同步发电机　它是目前国内常用的有刷自励恒压三相同步发电机，具有良好的稳态电压调整率，通常与柴油机配套成机组或移动电站，供小型城镇、农村、车站、工地照明用电源及动力用电源，其技术参数见表 10.2－5。

表 10.2－5　　　　　　　　　　T2 系列小型三相同步发电机技术参数

型　号	额定容量		额定电流 /A	效率 (%)	质量 /kg	直接起动异步电动机	
	kVA	kW				最大功率/kW	备　注
T2X－10－4	12.5	10	18.1	85.5	300	7	
T2X－12－4	15	12	21.7	83.5	320	8.4	
T2X－20－4	25	20	36.1	86	380	14	
T2X－24－4	30	24	43.3	87	400	16.8	
T2X－30－4	37.5	60	54.1	88	500	21	
T2X－40－4	50	40	72.2	89	530	28	
T2X－50－4	62.5	50	90.2	89.5	580	30	
T2X－64－4	80	64	115.4	90	690	30	
T2X－75－4	93.8	75	135.5	90.5	750	30	
T2XV－40－4	50	40	72.2	89	530	28	T2XV 型是基本系列 T2X 的派生产品，安装尺寸有所不同，带有与柴油机飞轮壳直接对接的凸缘端盖
T2XV－50－4	62.5	50	90.2	89.5	580	30	
T2XV－64－4	80	64	115.4	90	690	30	
T2XV－75－4	93.8	75	135.3	90.5	750	30	
T2XV－90－4	113	90	162	91	950	55	
T2XV－120－4	150	120	216	91.5	1105	55	
T2XV－150－4	188	150	270	91.7	1400	75	
T2XV－200－4	250	200	361	92	1500	100	

2. STC 系列同步发电机 它适用于乡村、城镇、工地、山区及牧区等照明及动力的三相交流电源，也可作为应急用的备用电源。发电机为防滴转场式，采用谐波励磁系统，使用安全可靠，维护简单方便，其技术参数见表 10.2 - 6。

3. TZH 系列同步发电机 TZH 系列也是国内常用的一种自励恒压三相同步发电机，与柴油机配套，防护型式为防滴防护式，按国标 JB /T 8981—1999 制造，同时也符合 IEC34 - 1 国际标准，防护等级 IP21，其技术参数见表 10.2 - 7。

表 10.2 - 6   STC 系列同步发电机技术参数

型 号	功率		电压 /V	电流 /A	功率因素 $\cos\varphi$	转 速 /(r/min)	频率 /Hz	极 数
	kVA	kW						
STC - 5 - 2	6.3	5		9		3000		2
STC - 3	3.8	3		5.4				
STC - 5	6.3	5		9				
STC - 7.5	9.4	7.5		13.5				
STC - 8	10	8		14.4				
STC - 10	12.5	10		18.1				
STC - 12	15	12	400 /230	21.7	0.8	1500	50	4
STC - 15	18.8	15		27.1				
STC - 20	25	20		36.1				
STC - 24	30	24		43.3				
STC - 30	37.5	30		54.1				
STC - 40	50	40		72.2				
STC - 50	62.5	50		90.2				

表 10.2 - 7   TZH 系列同步发电机技术参数

型 号	额定容量		额定电流 /A	额定转速 /(r/min)	效率 (%)	质量 /kg	转动惯量 /(kg·m²)	直接起动异步电动机 最大功率/kW
	kVA	kW						
TZH - 3	3.75	3	5.4	1500	75.5	90	0.08	2.1
TZH - 5	6.25	5	9	1500	79.5	115	0.13	3.5
TZH - 75	93.8	75	135	1500	81	145	0.16	5.3
TZH - 10	12.5	10	18	1500	82.5	160	0.20	7
TZH - 12	15	12	21.7	1500	84.5	190	0.29	8.4
TZH - 15	18.75	15	27.1	1500	85.1	215	0.35	10.5
TZH - 16	20	16	28.9	1500	85.3	215	0.35	11.2
TZH - 20	25	20	36.1	1500	86	270	0.57	14
TZH - 24	30	24	43.3	1500	87	300	0.60	16.8
TZH - 30	37.5	30	54.1	1500	88	360	0.85	21
TZH - 40	50	40	72.2	1500	89	450	1.33	28
TZH - 50	62.5	50	90.2	1500	89.5	500	1.64	30
TZH - 64	80	64	115	1500	90.5	590	2.02	30
TZH - 75	93.3	75	135	1500	90.8	630	2.44	30
TZH - 90	113	90	162	1500	91	830	2.93	55

续表

型 号	额定容量		额定电流 /A	额定转速 /(r/min)	效率 (%)	质量 /kg	转动惯量 /(kg·m²)	直接起动异步电动机 最大功率/kW
	kVA	kW						
TZH－120	150	120	217	1500	91.5	980	3.85	55
TZH－150	188	150	271	1500	92	1400	6.55	75
TZH－200	250	200	361	1500	92.3	1570	8.70	75
TZH－250	313	250	451	1500	92.5	1850	11.63	100
TZH－60－8	75	60	108	750	89	810	5.20	30
TZH－120－8	150	120	217	750	90	1450	17.88	55
TZH－160－6	200	160	289	1000	90.5	1350	12.05	75
TZH－320－6	400	320	577	1000	92.5	2500	33.0	100

4. TF 系列同步发电机　包括大型发电机和中小型发电机,可由电动机、蒸汽机、内燃机或其他原动机拖动,多为卧式结构,其技术参数见表10.2－8。

5. TFW 系列小型无刷三相同步发电机　它是常用的无刷同步发电机系列,适用于和柴油机配套组装成柴油发电机组,作为工矿企业、事业单位、乡镇的独立电源或应急备用电源,各项性能指标达到国际先进水平,主要技术参数见表10.2－9。

表 10.2－8　TF 系列同步发电机技术参数

型 号	额定功率 /kW	额定电压 /V	额定电流 /A	额定转速 /(r/min)	额定功率因数(滞后)	励磁机		电机自身惯量矩/(t·m²)
						电压/V	电流/A	
TF800－8 /1180	800	6300	92	750	0.8	35.7	358	0.55
TF2000－8 /1730	2000	10500	138	750	0.8	90	358	
TF800－10 /1180	800	6300 /3150	92 /184	600	0.8	115	304	0.9
TF1000－10 /1430	1000	6300 /3150	114 /228	600	0.8	57	286	1.72
TF400－12 /1180	400	6300	46	500	0.8	57	170	0.53
TF800－12 /1430	800	6300 /3150	91.5 /183	500	0.8	57	273	1.8
TF1250－12 /1730	1250	6300	143	500	0.8	70.7	303	4.5
TF1250－16 /1730	1250	6300	143	375	0.8	115	304	4.0

表 10.2－9　TFW 系列小型无刷三相同步发电机技术参数
(400V, 50Hz)

型 号	额定容量		额定电流 /A	额定转速 /(r/min)	效率 (%)	质量 /kg	直接起动异步电动机 最大功率/kW
	kVA	kW					
TFW－225S－4	37.5	30	54.1		89	500	21
TFW－225M－4	50	40	72.2		89.8	560	28
TFW－225L－4	62.5	50	90.2		90.3	590	30
TFW－250M－4	80	64	115		90.6	740	30
TFW－250L－4	93.8	75	135	1500	91	770	30
TFW－280S－4	113	90	162		91.5	1060	55
TFW－280L－4	150	120	216		92	1160	55
TFW－355S1－4	188	150	271		92.4	1250	75
TFW－355S2－4	250	200	361		92.6	1360	75
TFW－355M－4	312.5	250	451		92.8	1500	100

续表

(460V，60Hz)

| 型　号 | 额定容量 | | 额定电流 | 额定转速 | 效率 | 质量 | 直接起动异步电动机 |
	kVA	kW	/A	/(r/min)	(%)	/kg	最大功率/kW
TFW－225S－4	43.1	34.5	54.1		89	500	24
TFW－225M－4	57.5	46	72.2		89.8	560	30
TFW－225L－4	71.9	57.5	90.2		90.3	590	30
TFW－250M－4	92	73.6	115		90.6	740	30
TFW－250L－4	108	86.3	135	1800	91	770	30
TFW－280S－4	129	104	162		91.5	1060	55
TFW－280L－4	173	138	217		92	1160	55
TFW－355S1－4	216	173	271		92.4	1250	75
TFW－355S2－4	288	230	361		92.6	1360	75
TFW－355M－4	360	289	451		92.8	1500	100

6. IFC5、IFC6 系列无刷同步发电机　这两种系列的三相无刷同步发电机均引进国外先进技术生产。IFC5 系列采用 F 级绝缘，防护等级为 IP23，励磁系统由相复励励磁装置及晶闸管电压调节器组成，

技术参数见表 10.2－10。IFC6 系列与 IFC5 系列相比，除结构设计有改动外，还增加 18、22、28 号三个小机座发电机，其技术参数见表 10.2－11。

表 10.2－10　　　　　　IFC5 系列无刷同步发电机技术参数

(400V，50Hz，$\cos\varphi = 0.8$)

| 型号 | 转速 /(r/min) | 极数 | LRS 45℃ | | | B20 结构 | | 原动机功率 /kW |
			功率 /kVA	电流 /A	效率 (%)	转动惯量 /(kg·m²)	电机净重 /kg	
IFC5 352			255	370	90.2	5	1100	226
IFC5 354			320	460	91.2	5.9	1250	281
IFC5 356			400	580	92.0	6.6	1350	348
IFC5 404			455	660	92.0	10	1650	394
IFC5 406			550	790	92.8	12	1850	474
IFC5 454			700	1020	93.4	19.5	2450	600
IFC5 456			840	1220	93.6	21.5	2600	718
IFC5 502	1500	4	980	1420	93.1	35.5	3050	842
IFC5 504			1130	1640	93.5	38	3250	967
IFC5 506			1220	1760	93.7	41	3500	1042
IFC5 562			1310	1900	93.9	55.5	3900	1116
IFC5 564			1460	2100	94.0	59	4300	1243
IFC5 566			1680	2400	94.4	64	4650	1424
IFC5 632			1890	2750	94.0	90.5	5450	1609
IFC5 634			2100	3050	94.0	97	5650	1787
IFC5 636			2300	3300	94.4	105	5950	1949
IFC5 354	1000	6	225	325	91.1	7	1250	198
IFC5 356			285	410	91.5	8	1350	249

续表

型号	转速 /(r/min)	极数	LRS 45℃			B20 结构		原动机功率 /kW
			功率 /kVA	电流 /A	效率 (%)	转动惯量 /(kg·m²)	电机净重 /kg	
IFC5 404			350	510	91.6	12.5	1650	306
IFC5 406			440	640	92.4	15	1850	381
IFC5 454			530	760	92.5	22	2350	459
IFC5 456			650	940	92.8	24.5	2600	561
IFC5 502			770	1120	92.7	33.5	3050	665
IFC5 504			900	1300	93.1	38	3300	774
IFC5 506	1000	6	1030	1480	93.6	43	3600	881
IFC5 562			1100	1580	93.7	57.5	4000	939
IFC5 564			1250	1800	94.0	66.5	4750	1064
IFC5 566			1360	1960	94.3	70.5	5000	1154
IFC5 632			1620	2350	94.9	110	5700	1366
IFC5 634			1800	2600	94.8	117	6000	1519
IFC5 636			1980	2850	94.5	126	6300	1676
IFC5 354			160	230	90.3	9	1250	142
IFC5 356			200	290	90.6	10.5	1350	177
IFC5 404			250	360	90.8	15.5	1650	221
IFC5 406			310	445	91.4	18	1850	272
IFC5 454			390	560	91.9	26.5	2350	340
IFC5 456			485	700	92.2	31	2650	421
IFC5 502			550	790	92.7	44	3100	475
IFC5 504	750	8	640	920	93.3	49.5	3350	549
IFC5 506			700	1020	93.5	55.5	3650	599
IFC5 562			830	1200	93.1	75	3950	714
IFC5 564			940	1360	93.5	83	4550	805
IFC5 566			1040	1500	93.2	93	4900	893
IFC5 632			1240	1780	93.6	131	5500	1060
IFC5 634			1400	2000	93.9	147	5900	1193
IFC5 636			1550	2250	93.9	161	6350	1321
IFC5 454			290	420	92.2	27	2400	252
IFC5 456			365	530	92.6	31	2650	316
IFC5 502			475	690	93.0	45.5	3150	409
IFC5 504			550	790	93.4	52	3500	471
IFC5 506	600	10	620	890	93.7	58	3800	530
IFC5 562			690	1000	92.4	77	4050	598
IFC5 564			790	1140	92.9	86	4600	681
IFC5 566			920	1320	93.7	97	5000	786

型号	转速/(r/min)	极数	LRS 45 °C			B20 结构		原动机功率/kW
			功率/kVA	电流/A	效率(%)	转动惯量/(kg·m)²	电机净重/kg	
IFC5 632	600	10	1080	1560	93.3	141	5700	926
IFC5 634			1200	1740	94.1	157	6100	1020
IFC5 454	500	12	255	370	91.2	27	2400	224
IFC5 456			305	440	91.9	31	2650	266
IFC5 502			370	530	92.0	45.5	3150	322
IFC5 504			425	610	92.4	52	3500	368
IFC5 506			485	700	92.7	58	3800	419
IFC5 562			560	810	92.1	77	4050	486
IFC5 564			640	920	92.4	86	4600	554
IFC5 566			740	1060	92.7	97	5000	639
IFC5 632			840	1220	92.9	141	5700	723
IFC5 634			940	1360	93.4	157	6100	805

注：LRS—英国劳埃德船舶注册处；45 °C—冷却介质温度。

表 10.2 - 11　　　　　　　　IFC6 系列无刷同步发电机技术参数

（400V，50Hz，$\cos\varphi = 0.8$）

型号	转速/(r/min)	极数	LRS 45 °C	VDE 40 °C				励磁机功率/kW	电机净重/kg
			功率/kVA	功率/kVA	电流/A	效率(%)	输入功率/kW		
IFC6 183	1500	4	18.5	20	29	88.6	18	0.25	250
IFC6 184			23	25	36	87.6	24	0.26	255
IFC6 185			28	30	43	89.6	27	0.31	280
IFC6 186			33	35	51	88.2	33	0.32	285
IFC6 223			37	40	58	90.5	36	0.63	380
IFC6 224			46	50	72	90.0	46	0.66	390
IFC6 225			55	60	87	91.9	53	0.90	490
IFC6 226			74	80	116	90.6	72	0.93	500
IFC6 283			92	100	144	92.4	87	1.94	690
IFC6 284			115	125	180	92.1	111	2.02	705
IFC6 285			138	150	216	93.0	130	2.88	910
IFC6 286			185	200	290	92.4	175	2.96	925
IFC6 351			230	240	345	92.0	210	4.2	1180
IFC6 352			260	270	390	91.0	240	4.4	1200
IFC6 353			290	300	435	92.5	260	4.8	1270
IFC6 354			320	330	475	92.0	285	5.0	1300
IFC6 355			360	380	550	93.2	325	5.8	1470
IFC6 356			400	420	610	93.0	360	6.1	1500

续表

型号	转速 /(r/min)	极数	LRS 45 ℃ 功率 /kVA	VDE 40 ℃ 功率 /kVA	电流 /A	效率 (%)	输入功率 /kW	励磁机功率 /kW	电机净重 /kg
IFC6 403	1500	4	430	450	650	93. 1	390	9. 0	1710
IFC6 404			460	500	720	92. 2	435	9. 4	1750
IFC6 405			510	550	790	93. 6	470	10. 7	1860
IFC6 406			550	600	870	93. 0	515	11. 1	1900
IFC6 453			630	660	950	94. 1	560	15. 6	2660
IFC6 454			700	730	1060	93. 5	625	16. 1	2700
IFC6 455			750	800	1160	94. 3	680	17. 7	2810
IFC6 456			840	880	1280	93. 6	750	18. 2	2850
IFC6 502			980	1030	1480	93. 6	885	32. 0	3250
IFC6 504			1140	1200	1740	94. 0	1025	34. 6	3350
IFC6 506			1230	1300	1880	94. 2	1110	37. 1	3500
IFC6 562			1330	1400	2000	94. 3	1190	47. 5	4150
IFC6 564			1470	1550	2250	94. 3	1320	50. 3	4300
IFC6 566			1680	1760	2550	94. 8	1490	56. 3	4700
IFC6 404	1000	6	350	370	530	92. 1	320	11. 2	1750
IFC6 406			440	470	680	92. 8	405	13. 3	1950
IFC6 454			530	560	810	93. 0	485	19. 0	2700
IFC6 456			650	690	1000	93. 7	590	22. 2	2850
IFC6 502			790	830	1200	93. 4	715	31. 6	3250
IFC6 504			900	940	1360	94. 0	805	36. 0	3500
IFC6 506			1030	1080	1560	94. 1	920	42. 1	3800
IFC6 562			1110	1170	1680	94. 1	1000	53. 1	4400
IFC6 564			1250	1320	1900	94. 3	1125	60. 8	4850
IFC6 566			1360	1480	2150	94. 6	1255	66. 9	5150
IFC6 502	750	8	560	600	870	93. 0	520	39. 0	3350
IFC6 504			640	680	980	93. 6	585	43. 5	3600
IFC6 506			700	750	1080	93. 8	640	47. 9	3800
IFC6 562			830	880	1280	93. 5	755	67. 3	4300
IFC6 564			940	1000	1440	93. 8	855	76. 5	4650
IFC6 566			1040	1100	1580	93. 8	940	82. 2	4950
IFC6 502	600	10	475	510	740	93. 0	440	39. 1	3300
IFC6 504			550	580	840	93. 4	500	47. 3	3700
IFC6 506			620	660	950	93. 7	565	50. 4	3900
IFC6 562			690	720	1040	93. 1	620	72. 8	4500
IFC6 564			790	830	1200	93. 3	715	79. 9	4700
IFC6 566			920	970	1400	94. 0	830	87. 1	5150

续表

型号	转速/(r/min)	极数	LRS 45°C 功率/kVA	VDE 40°C 功率/kVA	电流/A	效率/(%)	输入功率/kW	励磁机功率/kW	电机净重/kg
IFC6 562	500	12	560	590	850	92.6	515	72.8	4500
IFC6 564			640	670	970	93.0	580	79.9	4700
IFC6 566			720	750	1080	93.2	650	87.1	5150

注：LRS—英国劳埃德船舶注册处；VDE—原联邦德国电气工程师协会；45°C、40°C—电机冷却介质温度；输入功率—原动机机械功率。

7. TSWN、TSN 系列同步发电机　与混流式或　表10.2-12。
定浆式水轮机配套，用于农村水电站，其技术参数见

表 10.2-12　　　　TSWN、TSN 系列小容量水轮发电机技术参数

（99 号机座，125~630kW）

型号	额定功率/kW	额定电压/V	额定频率/Hz	额定转速/(r/min)	满载时 电流/A	功率因素滞后	频率/Hz	励磁电压/V	励磁电流/A	定子铁心 外径 mm	内径 mm	长度 mm	槽数	硅钢片牌号
99/37-6	500	6300		1000	57.2		94	40.8	167		705	370	72	
99/46-6	630				72.2		94.4	47	165			460		
99/37-8	400	6300		750	45.9		93	42.7	180		740	370	84	
99/46-8	500				57.2		93.8	48.3	175			460		
99/37-10	320	6300		600	36.8		92.9	39.7	193		740	370	84	
99/46-10	400				45.9		93.3	43.3	177.5			460		
99/29-12	250	400	50	500	451	0.8	92.3	39.1	154.5	990	825	290	126	0.5 D31
99/37-12	320				577		93.2	44.1	152			370		
99/29-14	200	400		428	360		94.8	37.2	150		825	290	126	
99/37-14	250				451		93	40.3	139			370		
99/29-16	160	400		375	288		90.4	41.4	134		850	290	132	
99/37-16	200				361		91.4	47.7	133			370		
99/29-20	125	400		300	225		88.9	33.4	157		850	290	132	
99/37-20	160				288		90	39.6	155.8			370		

型号	磁极 极距 mm	铁心长度 mm	压板厚度 mm	气隙长度 mm	磁极冲片 极弧系数	极靴宽 mm	极靴高 mm	极身宽 mm	极身高 mm	极弧半径 mm
99/37-6	369	370	24	4.5	0.656	242	40	135	125	317
99/46-6		460								
99/37-8	291	370	20	3	0.696	202	35	120	116	332
99/46-8		460								
99/37-10	233	390	18	2.5	0.731	170	28	98	110	301
99/46-10		460								

续表

型 号	磁极			气隙长度	极弧系数	磁极冲片				
	极距	铁心长度	压板厚度			极靴宽	极靴高	极身宽	极身高	极弧半径
						mm				
	mm									
99 /29 − 12	216	290	16	2.3	0.672	145	25	82	106	305
99 /37 − 12		370								
99 /29 − 14	185	310	12	2.1	0.709	131	22	75	98	308
99 /37 − 14		370								
99 /29 − 16	167	290	16	2	0.692	115.5	20	65	98	303
99 /37 − 16		370								
99 /29 − 20	133.6	290	16	2	0.734	98	17	55	98	314
99 /37 − 20		370								

型 号	定 子 绕 组						励 磁 绕 组	
	线规（SEBCB）	每槽导体数	每相串联匝数	节距	并联支路数	每极每相槽数	线规（TDR）	每极匝数
99 /37 − 6	1 − 1.68×6.9	22	264	1 − 11	1	4	1.45×22	61.5
99 /46 − 6	1 − 2.1×6.9	18	216					62.5
99 /37 − 8	1 − 1.35×6.4	22	308			$3\frac{1}{2}$	1.95×22	44.5
99 /46 − 8	1 − 1.81×6.4	18	262					
99 /37 − 10	1 − 1.08×6.4	26	364	1 − 9	1	$2\frac{4}{5}$	2.26×22	37.5
99 /46 − 10	1 − 1.35×6.4	22	308					
99 /29 − 12	1 − 2.1×6.9	10	35	1 − 11	6	$3\frac{1}{2}$	1.95×22	40.5
99 /37 − 12	1 − 2.63×6.9	8	28					39.5
99 /29 − 14	1 − 1.45×6.9	14	42	1 − 9	7	3	1.95×22	33.5
99 /37 − 14	1 − 1.81×6.9	12	36	1 − 8				34.5
99 /29 − 16	1 − 1.95×6.9	10	55	1 − 8	4	$2\frac{3}{4}$	2.26×15.6	32.5
99 /37 − 16	1 − 2.63×6.9	8	44					
99 /29 − 20	1 − 1.56×6.9	12	66	1 − 7		$2\frac{1}{5}$	3.05×15.6	24.5
99 /37 − 20	1 − 2.1×6.9	10	55					

型 号	飞逸转速 /(r/min)	参 数							
		励磁电阻 /Ω	短路比	漏抗	直轴同步电抗	直轴瞬变电抗	零序电抗	逆序电抗	电机常数 ×10⁴
		标幺值							
99 /37 − 6	1800	0.1724	0.823	0.1036	1.5236	0.2216	0.0821	0.418	29.4
99 /46 − 6		0.201	0.79	0.0987	1.5837	0.2222	0.0857	0.421	29
99 /37 − 8		0.167	0.885	0.105	1.49	0.223	0.1174	0.437	30.4
99 /46 − 8		0.194	0.885	0.0935	1.533	0.256	0.1211	0.473	30.2
99 /37 − 10	1440	0.153	1.16	0.0955	1.1665	0.212	0.1090	0.384	30.4
99 /46 − 10		0.172	1.035	0.098	1.275	0.225	0.1186	0.415	30.2

注：参数栏中"电机常数"单位为 ×10⁴。

续表

型　号	飞逸转速/(r/min)	参　数							
		励磁电阻/Ω	短路比	漏抗	直轴同步电抗	直轴瞬变电抗	零序电抗	逆序电抗	电机常数×10⁴
		标幺值							
99/29-12	1200	0.178	1.03	0.0901	1.335	0.205	0.1050	0.373	31.6
99/37-12		0.205	0.97	0.0863	1.386	0.203	0.1097	0.378	31.4
99/29-14	1030	0.175	1.02	0.091	1.282	0.217	0.0959	0.402	33.8
99/37-14		0.204	0.939	0.0874	1.342	0.217	0.0599	0.41	34.4
99/29-16	900	0.211	0.895	0.1049	1.385	0.2449	0.0933	0.439	39.3
99/37-16		0.252	0.884	0.1006	1.396	0.253	0.095	0.48	40
99/29-20	720	0.150	1.08	0.1151	1.1451	0.308	0.1147	0.442	40.3
99/37-20		0.179	0.963	0.1263	1.276	0.342	0.1297	0.546	40.1

8. TS2 系列单相交流同步发电机　该系列可与小型汽油机或柴油机连接组成小型单相交流发电机组。适用于小船舶及农村小电源及应急用电源，其技术参数见表 10.2-13。

表 10.2-13　　　　　　　　TS2 系列单相交流同步发电机技术参数

型　号	容量/kW	电压/V		电流/A		转速/(r/min)	频率/Hz	效率（%）	质量/kg
		串联	并联	串联	并联				
TS2-2-4	2	230	115	8.7	17.4	1500/1800	50/60	73	65
TS2-3-4	3			13	26			76	70
TS2-5-4	5			21.7	43.5			80	120
TS2-7.5-4	7.5			32.6	65.2			81	140
TS2-10-4	10			43.5	87			82	200
TS2-12-4	12			52.2	104.3			83	225
TS2-15-4	15			65.2	130.4			84	300
TS2-20-4	20			87	174			85	350

2.3　同步电动机

2.3.1　大中型同步电动机

大中型同步电动机的功率范围在 0.25~10MW 之间，电压有 3kV、6kV 和 10kV 三种，转速范围为 1000~3000r/min。按所驱动的机械负载的性质，可以分为 T、TK、TM、TZJ、TL、TG 六大系列产品。其中 TG 为高速隐极结构，其余为凸极式结构。凸极式同步电动机主要技术数据见表 10.2-14。

表 10.2-14　　　　　　　　凸极式同步电动机主要技术数据

系列	用途	适用负载	输出功率/kW	极数	电压/kV	功率因数（超前）	负载对电动机提出的性能要求	
							起动转矩系数	最大转矩系数
T	一般用途	通风用	250~4000	4~16	3 6 10	0.8/0.9	0.3~0.4	1.5
		水泵					0.3~0.4	
		发电机组					0.2	
TK	压缩机用	活塞式气体压缩机	250~4000	14~48	3/6	0.9	0.3~0.6	1.4~1.5
TM	矿山球磨机用		400~1250	32~40	3/6	0.9	1.4	1.75

续表

系列	用途	适用负载	输出功率 /kW	极数	电压/kV	功率因数（超前）	负载对电动机提出的性能要求	
							起动转矩系数	最大转矩系数
TZJ	轧机用		1250~10000	6~12	6/10	0.9	0.4~0.6	
TL	立式		500~600	12~56	3/6	0.9	0.3~0.4	1.5

1. T 系列大中型同步电动机　该系列电动机主要用于驱动鼓风机、水泵、电动发电动机组、变频机组及其他通用机械，其技术参数见表 10.2-15。

表 10.2-15　　　　　　　　　　　T 系列大中型同步电动机技术参数

型　号	额定功率 /kW	额定电压 /V	额定电流 /A	额定转速 /(r/min)	堵转电流/额定电流	堵转转矩/额定转矩	牵入转矩/额定转矩	最大转矩/额定转矩	电动机自身惯量矩 /(t·m²)	励磁数据（额定负载时）	
										电压/V	电流/A
T800-6/1180	800	6000	90	1000	6.4/7.0	1.92/1.0	1.13/1.0	2.11/1.8	0.5	33.5	243
T1000-6/1180	1000	6000	112	1000	6.62/7.0	1.74/1.0	1.275/1.0	2.25/1.8	1.0	37.5	290
T1250-6/1180	1250	6000	140	1000	5.62/7.0	1.58/1.0	1.1/0.9	1.97/1.8	0.68	35.0	320
T1600-6/1180	1600	6000	178	1000	7.24/7.5	1.99/1.5	1.324/1.0	2.15/1.9	1.03	42.7	292
T1600-6/1730	1600	10000	123	1000	5.72/6.0	0.982/0.9	1.46/1.0	2.68/2.0	3.3	68	349
T800-8/1180	800	6000	91	750	5.58/6.0	1.22/1.0	1.11/0.9	2.1/2.0	0.55	31	372
T1000-8/1180	1000	6000	113	750	5.7/6.0	1.2/1.0	1.167/0.9	2.09/1.8	0.76	39.8	320
T1250-8/1430	1250	6000	141	750	5.17/6.0	1.276/1.1	0.972/0.9	2.14/1.8	1.7	46.0	349
T1600-8/1430	1600	6000	179	750	5.69/6.0	1.16/1.0	1.18/0.9	2.06/1.8	2.3	52.4	310
T2000-8/1430	2000	6000	224	750	5.5/6.0	1.29/1.0	1.06/0.9	2.0/1.8	2.0	70.5	283
T2500-8/1730	2500	10000	169	750	7.39/7.5	1.329/1.0	1.649/1.0	2.27/2.0	5.4	89.0	308
T3200-8/1730	3200	6000	356	750	6.37/6.5	1.445/1.0	1.25/1.0	2.14/1.8	5.8	74.5	350
T8000-8/2150	8000	10500	568	750	7.39/7.5	1.39/1.0	1.88/1.3	2.63/2.0	21	94.5	440
T630-10/1180	630	6000	72	600	5.91/6.5	1.16/1.0	1.26/1.0	2.06/1.8	0.7	50.0	225
T630-10/1180	630	10000	43	600	6.06/6.5	1.52/1.0	0.95/0.9	2.24/2.0	0.91	57.3	177.7
T800-10/1180	800	6000	91	600	6.35/7.0	1.26/1.1	1.37/1.1	2.1/2.0	0.8	60.0	231

2. TK、TDK 系列大型同步电动机　该系列为空气压缩机用同步电动机，主要用于与活塞式压缩机配套，适用于制冷设备及化肥设备等。其中 TAKW、TZYKW、TZK 系列电动机用来传动氢压机，用在石化系统等有爆炸危险的场所。表 10.2-16 为该系列电动机的技术参数。

表 10.2-16　　　　　　　　　　TK、TDK 系列三相交流同步电动机技术参数

型　号	额　定　数　据			堵转电流/额定电流 I_{st}/I_N	堵转转矩/额定转矩 T_{st}/T_N	最大转矩/额定转矩 T_{max}/T_N
	功率/kW	电压/kV	转速/(r/min)			
TK230-10/990	230	6/3	600	7.0	0.9	1.7
TK250-10/990	250	0.38	600	5.9	2.2	2.2
TDK299/30-10	250	6/3	600	7.0	0.9	1.7
TK250-10/990	250	10	600	5.6	1.12	2.26
TK550-10/1180	550	6	600	5.9	1.2	2.2
TDK99/27-12	250	6	500	7.0	0.9	1.7

型　　号	额　定　数　据			堵转电流/额定电流 I_{st}/I_N	堵转转矩/额定转矩 T_{st}/T_N	最大转矩/额定转矩 T_{max}/T_N
	功率/kW	电压/kV	转速/(r/min)			
TK320 - 12 /1180	320	6	500	6.0	1.0	2.0
TK350 - 12 /1180	350	6	500	6.5	0.6	1.8
TK400 - 12 /1180	400	6	500	6.0	1.0	1.8
TK550 - 12 /1430	550	6	500	4.8	1.1	2.05
TK550 - 12 /1430	550	10	500	6.0	0.7	1.8
TK630 - 12 /1430	630	6	500	6.0	1.0	1.8
TK250 - 14 /1180	250	6 /3	428	6.2	0.9	1.8
TK320 - 14 /1180	320	0.38	428	5.42	1.37	2.54
TK320 - 14 /1430	320	6	428	5.4	1.0	2.3
TK350 - 14 /1180	350	6	428	5.4	1.3	2.5
TK400 - 14 /1180	400	6	428	5.5	0.5	1.8
TK550 - 14 /1430	550	6	428	6.5	0.6	1.8
TK550 - 14 /1430	550	10	428	6.5	0.6	1.8
TK600 - 14 /1430	600	6	428	6.5	0.6	1.8
TK600 - 14 /1430	600	10	428	6.5	0.6	1.8
TK630 - 14 /1180	630	6	428	6.5	1.2	1.8
TK630 - 14 /1430	630	10	428	6.5	0.6	1.8
TK320 - 16 /1730	320	6	375	6.0	0.9	2.0
TK550 - 16 /1730	550	6 /3	375	6.0	0.9	2.1
TK550 - 16 /1730	550	6	375	5.1	1.0	2.6
TK630 - 16 /1730	630	6	375	6.1	0.9	2.1
TK630 - 16 /1730	630	10	375	6.5	0.6	1.8
TK800 - 16 /1730	800	6	375	6.5	0.9	1.8
TK1000 - 16 /1730	1000	6	375	5.6	1.5	2.1
TK1000 - 16 /2150	1000	6	375	5.2	1.0	2.4
TK1250 - 16 /2150	1250	6	375	6.5	0.9	1.8
TK400 - 18 /1730	400	6	333	6.0	1.9	2.4
TK630 - 18 /1730	630	6	333	6.1	1.3	2.2
TK700 - 18 /1730	700	6	333	6.5	0.7	1.8
TK700 - 18 /2150	700	6	333	6.5	0.8	1.8
TK800 - 18 /1730	800	6	333	6.5	0.7	1.8
TK800 - 18 /2150	800	6	333	6.5	0.9	1.8
TK900 - 18 /2150	900	6	333	6.5	0.9	1.8
TK1000 - 18 /2150	1000	6	333	6.5	0.9	1.8
TDK260 /39 - 18	1800	6	333	6.5	1.0	1.8
TDK260 /60 - 18	2500	6	333	6.5	1.0	1.8
TK400 - 20 /1730	400	0.38	300	5.5	1.72	2.6

续表

型 号	额 定 数 据			堵转电流/额定电流 I_{st}/I_N	堵转转矩/额定转矩 T_{st}/T_N	最大转矩/额定转矩 T_{max}/T_N
	功率/kW	电压/kV	转速/(r/min)			
TK630 - 20 /1730	630	6	300	5.9	1.2	2.4
TK630 - 20 /2150	630	10	300	6.5	0.6	2.0
TK800 - 20 /2150	800	6	300	5.3	1.1	2.5
TDK260 /53 - 20	3000	6	300	6.5	1.0	1.8
TDK260 /74 - 20	4000	6	300	6.5	1.0	1.8
TDK260 /55 - 22	2800	3	273	6.5	1.0	1.8
TK420 - 24 /1730	420	6	250	4.9	1.27	2.5
TDK280 /52 - 24	2000	6	250	5.5	1.2	2.0
TDK325 /64 - 24	4000	6	250	5.5	1.0	1.8

3. TL 系列同步电动机 用于驱动立式轴流泵或离心式水泵,为悬挂式结构,其主要技术参数见表 10.2 - 17。

4. TD 系列三相同步电动机 为户内工作的卧式结构,主要用于驱动风机、水泵、发电机等各种通用机械,其技术参数见表 10.2 - 18。

表 10.2 - 17　　　　　　　　　　TL 系列立式大型三相同步电动机技术参数

型 号	额定功率 /kW	额定电压 /V	额定电流 /A	同步转速 /(r/min)	效率 (%)	堵转电流 I_{st}^*	堵转转矩 T_{st}^*	最大转矩 T_{max}^*	转动惯量 /(t·m²)
TL1000 - 12 /1730	1000	6000	114	500	92	6	0.45	1.5	0.7
TL2300 - 12 /2150	2300	6000	258	500	94	6	0.58	1.7	2.48
TL500 - 6 /1730	500	6000	58.5	375	90.5	6	0.45	1.8	0.5
TL800 - 20 /2150	800	6000	92.3	300	92	5.5	0.45	1.6	1.7
TL1600 - 20 /2150	1600	6000	181	300	94	6	0.55	1.5	2.6
TL800 - 24 /2150	800	6000	92	250	92	5.5	0.4	1.5	1.8
TL1000 - 24 /2150	1000	6000	115	250	93	5.5	0.5	1.6	2.1
TL1600 - 24 /2600	1600	6000	181	250	94.4	5.3	0.55	1.7	4.9
TL1000 - 28 /2150	1000	6000	115	214	92	6	0.45	1.6	2.5
TL1250 - 28 /2600	1250	6000	142	214	94	5.3	0.55	1.7	4.9
TL800 - 32 /2150	800	6000	91.7	187.5	91	6	0.45	1.6	2.85
TL1250 - 40 /3250	1250	10000	87	150	92	5.5	0.6	1.8	12.5
TL1600 - 40 /3250	1600	6000	183	150	92.5	6	0.45	1.8	16.3
TL1900 - 40 /3250	1900	6000	214	150	94.5	5.5	0.55	1.6	16.9
TL2000 - 40 /3250	2000	10000	136	150	94.5	6	0.55	1.6	17.7
TL2200 - 40 /3250	2200	6000	248	150	94	6	0.5	1.5	18.1
TL3000 - 40 /3250	3000	6000	338	150	94	5.5	0.45	1.5	19

表 10.2 – 18　　　　　　　　　　TD 系列三相同步电动机技术参数

型　号	型式	额定功率/kW	额定电压/V	额定电流/A	额定转速/(r/min)	功率因数(超前)	效率(%)	堵转电流/额定电流	堵转转矩/额定转矩	牵入转矩/额定转矩	最大转矩/额定转矩	飞轮力矩/(N·m²)	额定励磁电压/V	额定励磁电流/A
TD116/25-6	1	425	3000/6000	49/98		0.9	92	7.5	1.2	0.5	2.5	3.5	32	265
TD116/29-6	1	560	6000	64		0.9	92	6.5		0.5	1.8		40	192
TD116/41-6	1	800		102		0.8	93			0.7	2.5		46	240
TD116/50-6	1	1000		114	1000	0.9	94	7		0.6	1.5		40	192
TD140/50-6	1	1600		180		0.9	94		0.8	1	1.8		46	249
TD140/50-6	2	1600		180		0.9	94			1	1.8		46	249
TD173/48-6	2	3000		356		0.85	95	6.5		0.9	1.5	2.8	77	257
TD173/54-6	2	3400		379			95	6.5		0.9	1.5	3.3	66	253
TD118/44-8	1	800	3000/6000	90.5			94			1	1.8		61	174
TD143/42-8	1	1250		140	750		94	6	1	1	1.8		58	261
TD143/54-8	1	1600	6000	178			95			0.8	2		64	253
TD143/54-8	3	1600		178			95			0.8	2		64	253
TD173/54-8	2	2500	380	278	750		95	6	0.7	0.6	1.7	40	58	343
TD118/44-10	1	630		71.5	600		93	6	0.9	0.5	1.8		59	181
TD116/49-10	1	800		1470	600		93	7	0.7	0.5	1.8	7.13	59	188
TD116/64-10	1	800		92	600		93	7	1		2		76	179
TD143/44-10	1	1000	6000	113	600		94	6	1	0.8			54	286
TD143/44-10	2	1000		113	600		94	6	1	0.8			54	286
TD143/55-10	1	1250		140.5	600		95	6.5	1	0.8			55	256
TD143/66-10	1	1600		180	600	0.9	95	7	1	1		22.3	66	284
TD173/35-12	1	1250	3000	284	500		94	6	0.7	1		35	86	267
TD173/41-12	1	1250		142	500		94	6	0.7	1		39	89	245
TD173/51-12	1	1600	6000	180	500		95						97	242
TD118/32-16	3	250		29.7	375		90	6	0.8	0.6	2.0		83	103
TD173/51-16	3	1250		141.5	375		93.5	6				45.6	89	193
TD143/24-20	1	250	3000	59	300		90	5	1	0.5	0.8	10	63	140
TD215/39.5-20	1	1000	6000	130	300	0.8	92	6.5	0.7	0.8	2.5	103	90	267
TD173/47-28	3	630	6000	73	214.3	0.9	92	6	0.7	0.7	0.8	39	92	157

注：1—开启式；2—管道通风；3—半管道通风。

　　5. TDZ 系列轧机同步电动机　过载能力大，主要用于驱动各种用途的轧钢设备。其技术参数见表 10.2 – 19。

　　6. 2TM、TDMK、TDQ 系列矿山磨机用三相同

步电动机 该系列为驱动矿山磨机用大型交流三相同步电动机,主要传动格子型球磨机、棒磨机、磨煤机等,其主要技术参数见表 10.2 - 20。

表 10.2 - 19   TDZ 系列轧机同步电动机技术参数

型 号	额定功率 /kW	额定电流 /A	额定转速 /(r/min)	效率 (%)	最大转矩/额定转矩	转动惯量 /(kg·m²)	励磁电压 /V	励磁电流 /A
TDZ173 /44 - 6	1600	123	1000	94	2.5	3300	68	349
TDZ173 /59 - 6	2500	318	1000	95	2.5	4000	76	399
TDZ215 /56 - 8	4000	302	750	95	2	11500	67	453
TDZ143 /49 - 10	860	109	600	94	2.4	1700	58	270
TDZ143 /54 - 10	1250	159	600	95	2.4		59.2	296
TDZ173 /51 - 12	1600	202	500	95	2.4	5900	93	228
TDZ215 /49 - 12	2500	316	500	95	2.4	16000	94	257
TDZ260 /66 - 12	5600	421	500	95	2.8	35000	109	525

表 10.2 - 20   TDMK 系列三相同步电动机技术参数

型 号	额定功率 /kW	额定电压 /kV	额定电流 /A	额定转速 /(r/min)	功率因数 (超前)	堵转电流/额定电流	堵转转矩/额定转矩	牵入转矩/额定转矩	最大转矩/额定转矩	重量 /t	备 注
TDMK350 - 32	350	6	41	187.5		6.72	2.04	1.1	3.56	10.7	
TDMK400 - 32	400	6	47			6.54	2.12	1.132	4.06	11.3	轴打孔
TDMK400 - 32	400	10	28			6.67	1.9	1.09	3.21	12.2	
TDMK500 - 32	500	10	35			6.24	1.71	1.03	3.5	13.7	
TDMK500 - 36	500	6	58			6.27	1.7	1.04	3.0	12.7	
TDMK630 - 36	630	6	74		0.9	6.13	1.73	1.02	2.9	13.5	
TDMK800 - 36	800	6	63	167		5.9	1.7	1.0	2.7	16.0	
TDMK800 - 36	800	10	55.8			6.67	1.93	1.08	3.47	16.8	
TDMK1000 - 36	1000	6	115			6.1	1.8	1.0	3.0	16.0	
TDMK1000 - 36	1000	10	69			5.0	1.7	1.0	2.6	17.7	
TDMK1600 - 36	1600	6	181			6.7	1.87	1.19	2.98	31.0	
TDMK1250 - 40	1250	6	143	150		6.17	1.7	1.0	3.36	17.7	

2.3.2 其他同步电动机

1. 同步调相机 又叫同步补偿机,实质上是空载运行的同步电动机,因可通过调节励磁电流改善电网的功率因数,故称之为同步调相机。过励时,调相机对电网输出感性无功,吸收容性无功;而欠励时则吸收感性无功,输出容性无功。调节励滋电流,就可调节输出或吸收无功功率的性质(容性或感性)及其大小。

电网上的负载大多是异步电动机、变压器等感性负载,需从电网吸收感性无功功率,所以调相机通常在过励状态下运行,吸收容性无功,改善电网功率因数。仅当电网轻载时,调相机才作欠励运行,吸收感性无功,使电网电压稳定。

常用调相机系列为 TT 系列同步调相机,规格为 15~60MVA,额定电压为 6.35kV 或 11kV。

2. 永磁同步电动机 TY 基本系列永磁同步电动机与传统的同步电动机的不同之处在于它不需要直流励磁,因此,结构简单,运行可靠,维护方便。

TY 系列永磁同步电动机与 Y2 系列异步电动机产品具有相同的安装尺寸和外形尺寸,并符合 IEC 国际标准，用户可以很方便地对原有设备进行更新改造。TY63-180 系列永磁同步电动机的功率为 0.12~22kW，广泛应用于机械、化工、冶金、纺织化纤、电梯、印染、印刷、注塑、发电等行业。

3. 发电-电动机　它是一种既可作发电机运行，又可作电动机运行的同步电机，主要应用于抽水蓄能电站。当电网电量有余时，用它作电动机带动水泵或水轮机抽水，将电能转换成水的位能储存起来；当电网出现高强负荷时，用它作发电机运行，再将水能转换成电能，起到调节峰值的作用。

4. 无换向器电动机　它是一种交流调速电机。由一台三相同步电机、一台变频装置和一个安装在电机轴端的位置检测器组成。电机多为无刷结构，500kW 以下采用爪极式、磁阻式和永磁式，更大容量则为无刷同步电动机。无换向器电动机的调速特性与直流电动机的相似。

第 3 章 异 步 电 机

3.1 概论

3.1.1 特点与用途

异步电机是依据气隙旋转磁场与转子绕组感应电流相互作用产生电磁转矩而实现电能与机械能相互转换的一种交流电机,主要作电动机使用。其特点是转子转速与旋转磁场转速(同步转速)间存在差异不同步,并由此得名。

普通异步电机的定子绕组接交流电源,转子绕组毋须与其他电源连接。因此,它具有结构简单、运行可靠等突出优点。

异步电机有较高的运行效率和较好的工作特性,满足大多数工农业生产机械的传动要求,还便于派生成各种防护型式,应用十分广泛,占电网总负荷的60%左右。

3.1.2 结构和分类

异步电机品种繁多,有多种分类方式,按相数分,最常用的是三相和单相异步电动机,其中80%以上是三相异步电动机。三相异步电动机按转子结构可分为笼型和绕线转子两类。而笼型又可分为普通笼型、深槽笼型和双笼型三种。单相异步电动机转子一般为双笼型结构,额定功率一般为1kW以下。

异步电机按外壳防护型式可分为开启式、防护式、封闭式和防爆式;按外形尺寸大小可分为大型、中型和小型;按绝缘耐热等级可分为E、B、F和H四级;按定额工作方式可分为连续、短时、断续;按电源电压等级可分为低压(<660V)、中压、高压(>3kV)。

3.1.3 三相异步电动机的常用系列

三相异步电动机的基本系列是具有一般性能和一般用途的电动机系列。其中Y(IP44)和Y(IP23)是三相异步电动机中产量最大、应用最广的小型异步电动机系列,Y2系列为最新设计的Y系列的替代系列。

派生系列是为适应电力拖动系统和环境条件的某些要求,在基本系列上做部分改变而导出的系列,有电气派生、结构派生和特殊环境派生三种。电气派生系列有YX系列高效率异步电动机、YH系列高转差率异步电动机、YD系列变极多速异步电动机等。结构派生系列有YR系列绕线转子异步电动机、YCJ系列齿轮减速异步电动机、YZO系列低振动低噪声异步电动机等。特殊环境派生系列有Y-W系列户外型异步电动机、Y-F系列化工防腐型异步电动机、YB系列隔爆型异步电动机、Y-H系列船用异步电动机等。

专用系列是具有特殊使用和防护要求而专门设计制造的电动机系列。这类电动机针对性强,其工作和维护更为经济和适用。如专用于木土机床配套的YM系列木工用异步电动机,专用于电动阀门配套的YDF系列电动阀门用电动机,专用于交流客货电梯及其他各类升降机的YTD、YTD2系列电梯用异步电动机,以及适用于石油、化工、煤矿等有爆炸危险场合的防爆异步电动机等。

小功率系列为折算连续额定功率不超过1.1kW的电动机系列。

3.1.4 工作制、防护型式、安装型式和冷却方式

异步电机常用的工作制为连续工作制(S1)、短时工作制(S2)、断续周期工作制(S3、S4、S5)。

常用的防护型式有封闭式(IP44、IP54)、防护式(IP22、IP23)、气候防护式(IPW24)和开启式(IP11)。

安装结构型式有用底脚安装、用底脚附带凸缘安装和用凸线安装等三种。根据这三种基本安装结构,电动机安装型式相应有卧式安装(常用IMB3、IMB35、IMB5),立式安装轴伸向下(常用IMV1、IMV15、IMV5)和立式安装轴伸向上(常用IMV3、IMV36、MV6)三种。

异步电机常用周围空气循环冷却,也有用水冷却。常用冷却方式有自冷式、自扇冷式、他扇冷式、管道通风式和外装冷却器等。

3.2 基本系列异步电动机

3.2.1 Y(YR)系列异步电动机

Y系列和YR系列三相异步电动机是全国统一设计的基本系列异步电动机。其中Y系列为笼型结构,YR系列为绕线转子结构,适用于一般用途。其功率等级及安装尺寸符合IEC国际标准。防护等级有IP44和IP23两种。额定电压有380V、600V、6kV和

10kV 等，分为小型、中型和大型系列。

1. 小型异步电动机　Y 系列小型三相异步电动机为笼型结构，适用于无特殊要求的各种机械设备（如鼓风机、水泵、机床、农业机械等），也适用于某些对起动转矩有较高要求的机械（如压缩机等）。该系列电动机安装形式为 IMB3，外壳防护等级有 IP23 和 IP44 两种。其中 IP23 系列适用于不含易燃、易爆或腐蚀性气体的场所，定子绕组为△联结；而 IP44 系列为全封闭自扇冷式，3kW 及以下定子采用为丫联结，4kW 及以上定子为△联结。Y 系列规格见表 10.3－1。Y 系列异步电动机技术参数见表 10.3－2。

表 10.3－1　　　　　　　　　　　Y 系 列 规 格

型　号	功率/kW	型　号	功率/kW	型　号	功率/kW	型　号	功率/kW
Y80M1－2	0.75	Y160L1－2	11	Y225M－8	22	Y315L2－4	200
Y80M1－4	0.55	Y160M2－2	15	Y250M－2	55	Y315L1－6	110
Y80M2－2	1.1	Y160M－4	11	Y250M－4	55	Y315L2－6	132
Y80M2－4	0.75	Y160M－6	7.5	Y250M－6	37	Y315L1－8	90
Y90S－2	1.5	Y160M1－8	4	Y250M－8	30	Y315L2－8	110
Y90S－4	1.1	Y160M2－8	5.5	Y280S－2	75	Y315L2－10	75
Y90S－6	0.75	Y160L－2	18.5	Y280S－4	75	Y355M1－2	220
Y90L－2	2.2	Y160L－4	15	Y280S－6	45	Y355M2－2	250
Y90L－4	1.5	Y160L－6	11	Y280S－8	37	Y355M1－4	220
Y90L－6	1.1	Y160L－8	7.5	Y280M－2	90	Y355M2－4	250
Y100L－2	3	Y180M－2	22	Y280M－4	90	Y355M1－6	160
Y100L－4	2.2	Y180M－4	18.5	Y280M－6	55	Y355M2－6	185
Y100L2－4	3	Y180L－4	22	Y280M－8	45	Y355M3－6	200
Y100L－6	1.5	Y180L－6	15	Y315S－2	110	Y355M1－8	132
Y112M－2	4	Y180L－8	11	Y315S－4	110	Y355M2－8	160
Y112M－4	4	Y180L1－2	30	Y315S－6	75	Y355M1－10	90
Y112M－6	2.2	Y180L2－2	37	Y315S－8	55	Y355M2－10	110
Y132S1－2	5.5	Y200L－4	30	Y315S－10	45	Y355L1－2	280
Y132S2－2	7.5	Y200L1－6	18.5	Y315M－2	132	Y355L2－2	315
Y132S－4	5.5	Y200L2－6	22	Y315M－4	132	Y355L1－4	280
Y132S－6	3	Y200L－8	15	Y315M－6	90	Y355L2－4	315
Y132S－8	2.2	Y225S－4	37	Y315M－8	75	Y355L1－6	220
Y132M－4	7.5	Y225S－8	18.5	Y315M－10	55	Y355L2－6	250
Y132M1－6	4	Y225M－2	45	Y315L1－2	160	Y355L1－8	185
Y132M2－6	5.5	Y225M－4	45	Y315L2－2	200	Y355L2－8	200
Y132M－8	3	Y225M－6	30	Y315L1－4	160	Y355L2－10	132

表 10.3-2   Y 系列异步电动机技术参数（380V）

型　号	额定功率 /kW	额定电流 /A	转速 /(r/min)	效率 (%)	功率 因数	堵转转 矩倍数	堵转电 流倍数	最大转 矩倍数	重量/kg
			同步转速　3000r/min						
Y80M1-2	0.75	1.8	2830	75.0	0.84	2.2	6.5	2.3	17
Y80M2-2	1.1	2.5	2830	77.0	0.86	2.2	7.0	2.3	18
Y90S-2	1.5	3.4	2840	78.0	0.85	2.2	7.0	2.3	22
Y90L-2	2.2	4.8	2840	80.5	0.86	2.2	7.0	2.3	25
Y100L-2	3	6.4	2880	82.0	0.87	2.2	7.0	2.3	34
Y112M-2	4	8.2	2890	85.5	0.87	2.2	7.0	2.3	45
Y132S1-2	5.5	11.1	2900	85.5	0.88	2.0	7.0	2.3	67
Y132S2-2	7.5	15	2900	86.2	0.88	2.0	7.0	2.3	72
Y160M1-2	11	21.8	2930	87.2	0.88	2.0	7.0	2.3	115
Y160M2-2	15	29.4	2930	88.2	0.88	2.0	7.0	2.3	125
Y160L-2	18.5	35.5	2930	89.0	0.89	2.0	7.0	2.2	145
Y180M-2	22	42.2	2940	89.0	0.89	2.0	7.0	2.2	173
Y200L1-2	30	56.9	2950	90.0	0.89	2.0	7.0	2.2	232
Y200L2-2	37	69.8	2950	90.5	0.89	2.0	7.0	2.2	250
Y225M-2	45	84	2970	91.5	0.89	2.0	7.0	2.2	312
Y250M-2	55	103	2970	91.5	0.89	2.0	7.0	2.2	387
Y280S-2	75	139	2970	92.0	0.89	2.0	7.0	2.2	515
Y280M-2	90	166	2970	92.5	0.89	2.0	7.0	2.2	566
Y315S-2	110	203	2980	92.5	0.89	1.8	6.8	2.2	922
Y315M-2	132	242	2980	93.0	0.89	1.8	6.8	2.2	1010
Y315L1-2	160	292	2980	93.5	0.89	1.8	6.8	2.2	1085
Y315L2-2	200	365	2980	93.5	0.89	1.8	6.8	2.2	1220
Y355M1-2	220	399	2980	94.2	0.89	1.2	6.9	2.2	1710
Y355M2-2	250	447	2985	94.5	0.90	1.2	7.0	2.2	1750
Y355L1-2	280	499	2985	94.7	0.90	1.2	7.1	2.2	1900
Y355L2-2	315	560	2985	95.0	0.90	1.2	7.1	2.2	2105
			同步转速　1500r/min						
Y80M1-4	0.55	1.5	1390	73.0	0.76	2.4	6.0	2.3	17
Y80M2-4	0.75	2	1390	74.5	0.76	2.3	6.0	2.3	17
Y90S-4	1.1	2.7	1400	78.0	0.78	2.3	6.5	2.3	25
Y90L-4	1.5	3.7	1400	79.0	0.79	2.3	6.5	2.3	26
Y100L1-4	2.2	5	1430	81.0	0.82	2.2	7.0	2.3	34
Y100L2-4	3	6.8	1430	82.5	0.81	2.2	7.0	2.3	35
Y112M-4	4	8.8	1440	84.5	0.82	2.2	7.0	2.3	47
Y132S-4	5.5	11.6	1440	85.5	0.84	2.2	7.0	2.3	68
Y132M-4	7.5	15.4	1440	87.0	0.85	2.2	7.0	2.3	79

续表

型　　号	额定功率/kW	额定电流/A	转速/(r/min)	效率(%)	功率因数	堵转转矩倍数	堵转电流倍数	最大转矩倍数	重量/kg
同步转速　1500r/min									
Y160M-4	11	22.6	1460	88.0	0.84	2.2	7.0	2.3	122
Y160L-4	15	30.3	1460	88.5	0.85	2.2	7.0	2.3	142
Y180M-4	18.5	35.9	1470	91.0	0.86	2.0	7.0	2.2	174
Y180L-4	22	42.5	1470	91.5	0.86	2.0	7.0	2.2	192
Y200L-4	30	56.8	1470	92.2	0.87	2.0	7.0	2.2	253
Y225S-4	37	70.4	1480	91.8	0.87	1.9	7.0	2.2	294
Y225M-4	45	84.2	1480	92.3	0.88	1.9	7.0	2.2	327
Y250M-4	55	103	1480	92.6	0.88	2.0	7.0	2.2	381
Y280S-4	75	140	1480	92.7	0.88	1.9	7.0	2.2	535
Y280M-4	90	164	1480	93.5	0.89	1.9	7.0	2.2	634
Y315S-4	110	201	1480	93.5	0.89	1.8	6.8	2.2	912
Y315M-4	132	240	1480	94.0	0.89	1.8	6.8	2.2	1048
Y315L1-4	160	289	1480	94.5	0.89	1.8	6.8	2.2	1105
Y315L2-4	200	361	1480	94.5	0.89	1.8	6.8	2.2	1260
Y355M1-4	220	407	1488	94.4	0.87	1.4	6.8	2.2	1690
Y355M3-4	250	461	1488	94.7	0.87	1.4	6.8	2.2	1800
Y355L2-4	280	515	1488	94.9	0.87	1.4	6.8	2.2	1945
Y355L3-4	315	578	1488	95.2	0.87	1.4	6.9	2.2	1985
同步转速　1000r/min									
Y90S-6	0.75	2.3	910	72.5	0.7	2.0	5.5	2.2	21
Y90L-6	1.1	3.2	910	73.5	0.7	2.0	5.5	2.2	24
Y100L-6	1.5	4	940	77.5	0.7	2.0	6.0	2.2	35
Y112M-6	2.2	5.6	940	80.5	0.7	2.0	6.0	2.2	45
Y132S-6	3	7.2	960	83.0	0.8	2.0	6.5	2.2	66
Y132M1-6	4	9.4	960	84.0	0.8	2.0	6.5	2.2	75
Y132M2-6	5.5	12.6	960	85.3	0.8	2.0	6.5	2.2	85
Y160M-6	7.5	17	970	86.0	0.8	2.0	6.5	2.0	116
Y160L-6	11	24.6	970	87.0	0.8	2.0	6.5	2.0	139
Y180M-6	15	31.4	970	89.5	0.8	1.8	6.5	2.0	182
Y200L1-6	18.5	37.7	970	89.8	0.8	1.8	6.5	2.0	228
Y200L2-6	22	44.6	980	90.2	0.8	1.8	6.5	2.0	246
Y225M-6	30	59.5	980	90.2	0.9	1.7	6.5	2.0	294
Y250M-6	37	72	980	90.8	0.9	1.8	6.5	2.0	395
Y280S-6	45	85.4	980	92.0	0.9	1.8	6.5	2.0	505
Y280M-6	55	104	980	92.0	0.9	1.8	6.5	2.0	56
Y315S-6	75	141	980	92.8	0.9	1.6	6.5	2.0	850

型 号	额定功率/kW	额定电流/A	转速/(r/min)	效率(%)	功率因数	堵转转矩倍数	堵转电流倍数	最大转矩倍数	重量/kg
同步转速　1000r/min									
Y315M－6	90	169	980	93.2	0.9	1.6	6.5	2.0	965
Y315L1－6	110	206	980	93.5	0.9	1.6	6.5	2.0	1028
Y315L2－6	132	246	980	93.8	0.9	1.6	6.5	2.0	1195
Y355M1－6	160	300	990	94.1	0.9	1.3	6.7	2.0	1590
Y355M2－6	185	347	990	94.3	0.9	1.3	6.7	2.0	1665
Y355M4－6	200	375	990	94.3	0.9	1.3	6.7	2.0	1725
Y355L1－6	220	411	991	94.5	0.9	1.3	6.7	2.0	1780
Y355L3－6	250	466	991	94.7	0.9	1.3	6.7	2.0	1865
同步转速　750r/min									
Y132S－8	2.2	5.8	710	80.5	0.7	2.0	5.5	2.0	66
Y132M－8	3	7.7	710	82.0	0.7	2.0	5.5	2.0	76
Y160M1－8	4	9.9	720	84.0	0.7	2.0	6.0	2.0	105
Y160M2－8	5.5	13.3	720	85.0	0.7	2.0	6.0	2.0	115
Y160L－8	7.5	17.7	720	86.0	0.8	2.0	5.5	2.0	140
Y180L－8	11	24.8	730	87.5	0.8	1.7	6.0	2.0	180
Y200L－8	15	34.1	730	88.0	0.8	1.8	6.0	2.0	228
Y225S－8	18.5	41.3	730	89.5	0.8	1.7	6.0	2.0	265
Y225M－8	22	47.6	730	90.0	0.8	1.8	6.0	2.0	296
Y250M－8	30	63	730	90.5	0.8	1.8	6.0	2.0	391
Y280S－8	37	78.2	740	91.0	0.8	1.8	6.0	2.0	500
Y280M－8	45	93.2	740	91.7	0.8	1.8	6.0	2.0	562
Y315S－8	55	114	740	92.0	0.8	1.6	6.5	2.0	875
Y315M－8	75	152	740	92.5	0.8	1.6	6.5	2.0	1008
Y315L1－8	90	179	740	93.0	0.8	1.6	6.5	2.0	1065
Y315L2－8	110	218	740	93.3	0.8	1.6	6.3	2.0	1195
Y355M2－8	132	264	740	93.8	0.8	1.3	6.3	2.0	1675
Y355M4－8	160	319	740	94.0	0.8	1.3	6.3	2.0	1730
Y355L3－8	185	368	742	94.2	0.8	1.3	6.3	2.0	1840
Y355L4－8	200	398	743	94.3	0.8	1.3	6.3	2.0	1905
同步转速　600r/min									
Y315S－10	45	101	590	91.5	0.7	1.4	6.0	2.0	838
Y315M－10	55	123	590	92.0	0.7	1.4	6.0	2.0	960
Y315L2－10	75	164	590	92.5	0.8	1.4	6.0	2.0	1180
Y355M1－10	90	191	595	93.0	0.8	1.2	6.0	2.0	1620
Y355M2－10	110	230	595	93.2	0.8	1.2	6.0	2.0	1775
Y355L1－10	132	275	595	93.5	0.8	1.2	6.0	2.0	1880

YR 系列小型三相异步电动机是在 Y 系列的基础上派生出来的一般用途绕线转子三相异步电动机。该电动机定子为△联结，转子参数全国统一设计，便于配套互换。该种电动机适用于配电容量不足、笼型电动机不能顺利起动、起动时间较长和起动比较频繁的场所，并能在小范围内调速的生产机械。其安装尺寸和电气参数同 Y 系列异步电动机。

2. 中型异步电动机 有 Y 笼型和 YR 绕线转子两种结构，为一般用途三相异步电动机。额定电压有 6kV 和 10kV 两种，外壳防护等级为 IP44 或 IP23，中心高为 315~355mm，安装结构型式为 IMB3。适用于驱动风机、压缩机、水泵、破碎机、切削机床、运输

机械及其他机械设备。YR 系列不适用于卷扬机等频繁起动及经常逆转的场合，起动时必须在转子回路串接规定要求的起动变阻器以提高起动转矩。

3. 大型异步电动机 是指中心高为 630mm 以上或定子铁心外径为 1000mm 以上的电动机。有 Y 系列和 YR 系列，额定电压有 6kV 和 10kV 两种，适用于驱动水泵、风机、碾煤机、卷扬机、轧机及其他大型通用机械，并能组成电动-发电机组。电动机为卧式安装，电动机基本防护等级为 IP23，主出线盒防护等级为 IP54。其中 10kV 三相笼型异步电动机直接由 10kV 级电网供电，可简化供电设备、节省投资、节约电能。其技术参数见表 10.3-3。

表 10.3-3　　　　　　　　　　大型异步电动机技术参数（6kV）

型　　号	额定功率 /kW	额定电流 /A	转速 /(r/min)	效率 (%)	功率因数	起动电流倍数	起动转矩倍数	最大转矩倍数
Y3551-2	220	26.7		92.8				
Y3552-2	250	30.1		92.9				
Y3553-2	280	33.7		93.1				
Y3554-2	315	37.7	2975	93.4	0.86			
Y3555-2	355	42.4		93.7				
Y3556-2	400	47.6		94.1				
Y4001-2	450	53.3		94.4				
Y4002-2	500	58.5	2975	94.6				
Y4003-2	560	65.4		94.7				
Y4004-2	630	73.4	2980	94.9	0.87			
Y4501-2	710	82.7		95.0				
Y4502-2	800	92.9		95.2				
Y4503-2	900	104.5	2975	95.3		7.0	0.6	1.8
Y4504-2	1000	114.6		95.4				
Y5001-2	1120	128.2		95.5				
Y5002-2	1250	143.0	2980	95.6	0.88			
Y5003-2	1400	159.9		95.7				
Y5004-2	1600	182.6		95.8				
Y5601-2	1800	205.2		95.9				
Y5602-2	2000	227.8	2980	96.0	0.88			
Y5603-2	2240	254.9		96.1				
Y6301-2	2500	281.0		96.2				
Y6302-2	2800	314.4	2980	96.3	0.89			
Y6303-2	3150	353.7		96.3				
Y3551-4	220	26.3	1480	93.3	0.85	6.5	0.8	1.8
Y3552-4	250	29.6		93.4				

型　　号	额定功率 /kW	额定电流 /A	转速 /(r/min)	效率 (%)	功率因数	起动电流倍数	起动转矩倍数	最大转矩倍数
Y3553-4	280	33.0	1480	93.5				
Y3554-4	315	37.1		93.6				
Y4003-4	355	41.5		93.8	0.86		0.8	
Y4004-4	400	46.4		94.0				
Y4005-4	450	52.1	1485	94.2				
Y4006-4	500	57.6		94.3				
Y4007-4	560	64.5		94.5				
Y4505-4	630	72.2		94.8	0.87		0.8	
Y4506-4	710	81.6	1485	95.0				
Y4507-4	800	91.6		95.1		6.5		1.8
Y4509-4	900	102.6		95.2				
Y5006-4	1000	113.7		95.3	0.87			
Y5007-4	1120	126.7	1490	95.4			0.7	
Y5009-4	1250	139.9		95.5	0.88			
Y50010-4	1400	157.2		95.6				
Y5601-4	1600	180.8		95.7				
Y5602-4	1800	203.2	1485	95.8	0.89		0.6	
Y5603-4	2000	225.5		95.9				
Y6301-4	2240	252.3		96.0				
Y6302-4	2500	281.3	1485	96.1	0.89		0.6	
Y6303-4	2800	314.7		96.2				
Y3555-6	220	27.3	985	93.0	0.82		0.8	
Y3556-6	250	30.8		93.3				
Y4004-6	280	33.8		93.5				
Y4005-6	315	37.8	985	93.7				
Y4006-6	355	42.5		93.9	0.83		0.8	
Y4007-6	400	47.7		94.0				
Y4505-6	450	52.8		94.3	0.84	6.0		1.8
Y4506-6	500	58.7		94.5				
Y4507-6	560	65.7	990	94.7	0.85		0.8	
Y4509-6	630	73.3		94.8				
Y5006-6	710	81.6		95.0				
Y5007-6	800	91.2	990	95.1				
Y5009-6	900	102.3		95.2	0.85		0.7	
Y50010-6	1000	113.6		95.3				
Y5601-6	1120	131.4	990	95.4	0.86	6.5	0.7	
Y5602-6	1250	146.5		95.5				

型　　号	额定功率 /kW	额定电流 /A	转速 /(r/min)	效率 (%)	功率因数	起动电流倍数	起动转矩倍数	最大转矩倍数
Y5603-6	1400	163.9	990	95.6	0.86	6.5	0.7	
Y6301-6	1600	187.1	990	95.7	0.86	6.5	0.7	1.8
Y6302-6	1800	210.2		95.8				
Y6303-6	2000	233.3		95.9				
Y4005-8	200	26.3	740	92.8	0.78	5.5	0.8	
Y4006-8	220	28.7		92.9				
Y4007-8	250	32.2		93.0	0.79			
Y4008-8	280	35.8		93.2				
Y4506-8	315	39.8	740	93.4	0.80	5.5	0.8	
Y4507-8	355	44.5		93.5				
Y4508-8	400	50.0		93.7				
Y4509-8	450	56.3		93.8	0.81			
Y5005-8	500	61.7	740	94.3	0.81	5.5	0.8	1.8
Y5007-8	560	68.1		94.4	0.82			
Y5008-8	630	76.5		94.5				
Y50010-8	710	86.1		94.6				
Y5601-8	800	96.8	740	94.7	0.84	6.0	0.7	
Y5602-8	900	108.8		94.8				
Y5603-8	1000	120.7		94.9				
Y6301-8	1120	135.1	740	95.0	0.84	6.0	0.7	
Y6302-8	1250	150.6		95.1				
Y6303-8	1400	168.5		95.2				
Y6304-8	1600	192.3		95.3				
Y4504-10	200	26.2	590	91.9	0.77	5.5	0.8	
Y4505-10	220	28.6		92.1				
Y4506-10	250	32.3		92.3	0.78			
Y4507-10	280	35.9		92.5				
Y4508-10	315	40.3		92.6	0.79			
Y4509-10	355	45.5		92.8				
Y5005-10	400	49.4	590	93.3				1.8
Y5006-10	450	55.5		93.4				
Y5007-10	500	61.5	590	93.6	0.80	5.5	0.8	
Y5008-10	560	69.0		93.7				
Y50010-10	630	77.0		93.8				
Y5601-10	710	88.6	590	94.0	0.82	6.0	0.7	
Y5602-10	800	99.7		94.2				
Y5603-10	900	112.0		94.3				

型 号	额定功率 /kW	额定电流 /A	转速 /(r/min)	效率 (%)	功率因数	起动电流倍数	起动转矩倍数	最大转矩倍数
Y6301 - 10	1000	124.3		94.4				
Y6302 - 10	1120	138.9	590	94.6	0.82	6.0	0.7	1.8
Y6303 - 10	1250	154.7		94.8				
Y6304 - 10	1400	173.1		94.9				
Y4507 - 12	200	28.4		91.2	0.72			
Y4508 - 12	220	30.7	495	91.4	0.73	5.5	0.8	
Y4509 - 12	250	34.2		91.7				
Y5006 - 12	280	38.4		92.7	0.74			
Y5007 - 12	315	42.4		92.8				
Y5008 - 12	355	47.1	495	93.0	0.75	5.5	0.8	
Y5009 - 12	400	52.8		93.3				
Y50010 - 12	450	59.3		93.4				1.8
Y5601 - 12	500	65.0		93.7				
Y5602 - 12	560	72.7	495	93.8	0.79	6.0	0.7	
Y5603 - 12	630	81.7		93.9				
Y6301 - 12	710	92.0		94.0				
Y6302 - 12	800	103.4	495	94.2	0.79	6.0	0.7	
Y6303 - 12	900	116.3		94.3				
Y6304 - 12	1000	129.0		94.4				
Y7101 - 4	3150	361.8		96.3				
Y7102 - 4	3550	407.7		96.3	0.87			
Y7103 - 4	4000	458.9		96.4				
Y7104 - 4	4500	516.3	1490	96.4		6.5	0.5	1.8
Y8001 - 4	5000	566.6		96.5				
Y8002 - 4	5600	634.6		96.5	0.88			
Y8003 - 4	6300	713.1		96.6				
Y7101 - 6	2240	261.1		96.0				
Y7102 - 6	2500	291.1		96.1				
Y7103 - 6	2800	326.0		96.1				
Y7104 - 6	3150	366.4		96.2				
Y8001 - 6	3550	412.0	990	96.2	0.86	6.5	0.6	1.8
Y8002 - 6	4000	464.3		96.3				
Y8003 - 6	4500	522.3		96.3				
Y8004 - 6	5000	580.3		96.4				
Y7101 - 8	1800	213.6		96.4				
Y7102 - 8	2000	237.1	740	95.5	0.85	6.5	0.6	1.8
Y7103 - 8	2240	265.3		95.6				

型 号	额定功率 /kW	额定电流 /A	转速 /(r/min)	效率 (%)	功率因数	起动电流倍数	起动转矩倍数	最大转矩倍数
Y8001-8	2500	295.7		95.7				
Y8002-8	2800	330.9	740	95.8	0.85	6.5	0.6	1.8
Y8003-8	3150	372.2		95.8				
Y8004-8	3550	419.1		95.9				

3.2.2 Y2 系列异步电机

Y2 型三相异步电机是在 Y 系列电机基础上更新设计的新型基本系列电动机，也是国内目前最为完整的低压笼型三相异步电动机，综合性能指标优于 Y 系列，满足一般用途需要，适用于无特殊要求的各种机械设备，符合 IEC 国际电工和 EFF2 欧洲效率标准，已达到国际先进水平。

Y2 系列中小型电动机额定电压为 380V，额定频率为 50Hz，中心高为 63～355mm，3kW 以下定子为丫联结，4kW 以上为△联结，功率范围为 0.12～315kW（Y263-Y2280）。

Y2 系列高压电动机（3kV、6kV、10kV）亦为换代产品，防护等级为 IP54，适用于驱动压缩机、通风机、水泵、破碎机、切削机床、磨煤机等各种通用机械，中心高为 355～560mm，功率范围为 185～1600kW。

Y2 系列技术数据见表 10.3-4。

表 10.3-4 　　　　　　　　　　Y2 系列技术数据（380V）

型 号	额定功率 /kW	额定转速 /(r/min)	电流 /A	效率 (%)	功率因数	堵转电流倍数	堵转转矩倍数	最大转矩倍数
同步转速 3000r/min								
Y2-631-2	0.18	2720	0.53	65	0.80	5.5		2.2
Y2-632-2	0.25		0.69	68	0.81			
Y2-711-2	0.37	2740	0.99	70	0.81	6.1		
Y2-712-2	0.55		1.40	73	0.82			
Y2-801-2	0.75	2830	1.83	75	0.83	7.0		
Y2-802-2	1.1		2.58	77	0.84		2.2	
Y2-90S-2	1.5	2840	3.43	79				
Y2-90L-2	2.2		4.85	81	0.85			
Y2-100L-2	3.0	2870	6.31	83	0.87			
Y2-112M-2	4.0	2890	8.10	85				2.3
Y2-132S1-2	5.5	2900	11.0	86	0.88			
Y2-132S2-2	7.5	2930	14.9	87				
Y2-160M1-2	11		21.3	88	0.89			
Y2-160M2-2	15	2940	28.8	89				
Y2-160L-2	18.5	2950	34.7	90		7.5		
Y2-180M-2	22		41.0	90				
Y2-200L1-2	30		55.5	91.2				
Y2-200L2-2	37	2970	67.9	92	0.90		2.0	
Y2-225M-2	45		82.3	92.3				
Y2-250M-2	55		101	92.5				
Y2-280S-2	75		134	93				

型　号	额定功率/kW	额定转速/(r/min)	电流/A	效率（%）	功率因数	堵转电流倍数	堵转转矩倍数	最大转矩倍数
同步转速 3000r/min								
Y2-280M-2	90	2970	160	93.8	0.91	7.5	2.0	2.3
Y2-315S-2	110	2980	195	94		7.1	1.8	2.2
Y2-315M-2	132		233	94.5				
Y2-315L1-2	160		279	94.6	0.92			
Y2-315L2-2	200		348	94.8				
Y2-355M-2	250		433	95.3			1.6	
Y2-355L-2	315		544	95.6				
同步转速 1500r/min								
Y2-631-4	0.12	1310	0.44	57	0.72	4.4	2.1	2.2
Y2-632-4	0.18		0.62	60	0.73			
Y2-711-4	0.25	1330	0.79	65	0.75	5.2		
Y2-712-4	0.37		1.12	67	0.75			
Y2-801-4	0.55	1390	1.57	71	0.75		2.4	
Y2-802-4	0.75		2.03	73	0.76			
Y2-90S-4	1.1	1400	2.89	75	0.77	6.0	2.3	
Y2-90L-4	1.5		3.70	78	0.79			
Y2-100L1-4	2.2	1430	5.16	80	0.81			
Y2-100L2-4	3.0		6.78	82	0.82	7.0		
Y2-112M-4	4.0		8.80	84				
Y2-132S-4	5.5	1440	11.7	85	0.83			
Y2-132M-4	7.5		15.6	87	0.84			2.3
Y2-160M-4	11	1460	22.3	88			2.2	
Y2-160L-4	15		30.1	89	0.85			
Y2-180M-4	18.5	1470	36.5	90.5		7.5		
Y2-180L-4	22		43.2	91	0.86			
Y2-200L-4	30		57.6	92				
Y2-225S-4	37	1480	69.9	92.5				
Y2-225M-4	45		84.7	92.8		7.2		
Y2-250M-4	55		103	93	0.87			
Y2-280S-4	75		140	93.8				
Y2-280M-4	90		167	84.2				
Y2-315S-4	110	1490	201	94.5	0.88		2.1	2.2
Y2-315M-4	132		240	94.8				
Y2-315L1-4	160		287	94.9	0.89	6.9		
Y2-315L2-4	200		359	95				
Y2-355M-4	250	1485	443	95.3				
Y2-355L-4	315		556	95.6	0.90			

续表

型　　号	额定功率/kW	额定转速/(r/min)	电流/A	效率(%)	功率因数	堵转电流倍数	堵转转矩倍数	最大转矩倍数
同步转速 1000r/min								
Y2-711-6	0.18	850	0.74	56	0.66	4.0	1.9	2.0
Y2-712-6	0.25		0.95	59	0.68			
Y2-801-6	0.37	890	1.30	62	0.70	4.7	2.0	
Y2-802-6	0.55		1.79	65	0.72			
Y2-90S-6	0.75	910	2.29	69		5.5		2.1
Y2-90L-6	1.1		3.18	72	0.73			
Y2-100L-6	1.5	940	3.94	76	0.75			
Y2-112M-6	2.2		5.60	79	0.76			
Y2-132S-6	3.0	960	7.40	81		6.5	2.1	
Y2-132M1-6	4.0		9.80	82				
Y2-132M2-6	5.5		12.9	84	0.77			
Y2-160M-6	7.5	970	17.0	86	0.78		2.0	
Y2-160L-6	11		24.2	87.5	0.81			
Y2-180L-6	15		31.6	89				
Y2-200L1-6	18.5	980	38.6	90	0.83	7.0	2.1	
Y2-200L2-6	22		44.7	90	0.84			
Y2-225M-6	30		59.3	91.5	0.86		2.0	
Y2-250M-6	37		71.0	92				
Y2-280S-6	45		86.0	92.5			2.1	
Y2-280M-6	55		105	92.8				
Y2-315S-6	75	990	141	93.5			2.0	2.0
Y2-615M-6	90		169	93.8				
Y2-315L1-6	110		206	94	0.87			
Y2-315L2-6	132		244	94.2		6.7		
Y2-355M1-6	160		292	94.5				
Y2-355M2-6	200		365	94.7	0.88		1.9	
Y2-355L-6	250		455	94.9				
同步转速 750r/min								
Y2-801-8	0.18	630	0.88	51	0.61	3.3	1.8	1.9
Y2-802-8	0.25	640	1.15	54				
Y2-90S-8	0.37	660	1.49	62		4.0		
Y2-90L-8	0.55		2.18	63	0.67			
Y2-100L1-8	0.75	690	2.17	71				
Y2-100L2-8	1.1		2.39	73	0.69	5.0		
Y2-112M-8	1.5	680	4.50	75				
Y2-132S-8	2.2	710	6.00	78	0.71	6.0		

续表

型　号	额定功率 /kW	额定转速 /(r/min)	电流 /A	效率 (%)	功率因数	堵转电 流倍数	堵转转 矩倍数	最大转 矩倍数
同步转速 750r/min								
Y2 - 132M - 8	3.0	710	7.90	79	0.73	6.0	1.8	
Y2 - 160M1 - 8	4.0	720	10.3	81			1.9	
Y2 - 160M2 - 8	5.5		13.6	83	0.74			
Y2 - 160L - 8	7.5		17.8	85.5	0.75		2.0	
Y2 - 180L - 8	11	730	25.1	87.5				
Y2 - 200L - 8	15		34.1	88	0.76			
Y2 - 225S - 8	18.5		40.6	90				
Y2 - 225M - 8	22		47.4	90.5	0.78		1.9	
Y2 - 250M - 8	30		64.0	91		6.6		2.0
Y2 - 280S - 8	37		78.0	91.5	0.79			
Y2 - 280M - 8	45		94.0	92				
Y2 - 315S - 8	55		111	92.8	0.81			
Y2 - 315M - 8	75	740	151	93				
Y2 - 315L1 - 8	90		178	93.8			1.8	
Y2 - 315L2 - 8	110		217	94	0.82			
Y2 - 355M1 - 8	132		261	93.7		7.2		
Y2 - 355M2 - 8	160		315	94.2				
Y2 - 355L - 8	200		388	94.5	0.83			
同步转速 600r/min								
Y2 - 315S - 10	45		100	91.5	0.75	6.2	1.5	
Y2 - 315M - 10	55		121	92				
Y2 - 315L1 - 10	75		162	92.5	0.76			
Y2 - 315L2 - 10	90	590	191	93	0.77			2.0
Y2 - 315M1 - 10	110		230	93.2				
Y2 - 315M2 - 10	132		275	93.5	0.78	6.0	1.3	
Y2 - 355L - 10	160		334	93.5				

3.3　派生系列三相异步电动机的特点和规格

3.3.1　YX 系列高效率三相异步电动机

本系列产品是在 Y 系列（IP44）基础上派生出来的高效节能新型三相异步电动机。与 Y 系列（IP44）相比，采用了铁耗较低的磁性材料，降低了电机损耗，效率平均提高3%，功率因数平均提高约0.04，总损耗平均下降了8%。但制造成本增加，价格较高，适合于长期连续运行、负载率高和消耗电能较多的场合，如化工、冶金、纺织、造纸等部门的风机、水泵和压缩机等负载。全系列功率范围为 1.5～90kW，中心高为 100～280mm，共 43 个规格。

3.3.2　高转差率系列三相异步电动机

1. YH 系列高转差率三相异步电动机　本系列产品亦为 Y 系列（IP44）三相异步电动机的派生系列新产品。采用高电阻率铝合金铸造转子，额定转差率在 7%～13% 范围内，保持了高转差率电动机的软机械特性，适用于驱动转动惯量较大和不均匀冲击负载，以及起动、反转次数较多的机床、冲床、剪床、锻冶机械和锤击机等。额定电压为 380V，额定频率为50Hz，3kW 及以下定子丫联结，4kW 及以上定子△联结，功率范围为 0.55~90kW，中心高为 80~280mm，共58个规格（见表10.3-5）。

2. YCH 型超高转差率异步电动机　它是一种起动比较平滑，能减少供电网络压降的新型节能电动机，是与油井、抽油机配套的专用设备，能改善抽油机和抽油杆的受力，延长抽油机及其他抽油设备的使用寿命。本系列电机定子线圈内装有温度继电器，能在电机过热状态下自动停机而保证电机及其他设备的安全，见表10.3-6。

表 10.3-5　　　　　YH 高转差率系列三相异步电动机技术参数

同步转速/(r/min)	3000					1500					1000					750				
负载持续率（%）	15	20	40	46	100	15	20	40	46	100	15	20	40	46	100	15	20	40	46	100
型　号	功　率/kW																			
YH80-1	1.0	0.9	0.8	0.75	0.65	0.75	0.65	0.6	0.55	0.48										
YH80-1	1.5	1.3	1.2	1.1	1.0	1.0	0.9	0.8	0.75	0.66										
YH90S	1.8	1.6	1.5	1.3	1.1	1.5	1.4	1.2	1.1	1.0	1.0	0.9	0.8	0.75	0.6					
YH90L	2.7	2.4	2.2	2.0	1.8	2.0	1.8	1.6	1.5	1.3	1.5	1.3	1.2	1.1	0.9					
YH100L-1	3.8	3.3	3.0	2.7	2.4	2.8	2.5	2.2	2.0	1.8	1.9	1.7	1.5	1.3	1.1					
YH100L-2						3.8	3.3	3.0	2.7	2.4										
YH112M	5.0	4.4	4.0	3.6	3.2	5.0	4.5	4.0	3.6	3.2	2.7	2.4	2.2	1.9	1.7					
YH132S-1	7.0	6.0	5.5	5.0	4.4	7.0	6.0	5.5	5.0	4.3	3.7	3.2	3.0	2.6	2.3	3.2	2.8	2.7	2.2	1.9
YH132S-2	8.5	7.5	6.7	6.0	5.3															
YH132M-1						9.5	8.4	7.5	6.6	6.0	5.0	4.3	4.0	3.5	3.0	4.4	3.8	3.7	3.0	2.6
YH132M-2											6.5	6.0	5.5	4.5	4.0					
YH160M-1	12.5	11	9.8	8.8	7.8	12.5	11	9.8	8.8	7.6	8.5	7.5	7.0	6.0	5.0	6.0	5.1	5.0	4.0	3.4
YH160M-2	17	15	13.5	12	10.6											8.0	7.1	6.1	5.5	4.7
YH160L	21	18.5	16.5	14.5	13	16	15	13	11.5	10	12.5	11	10	8.5	7.5	10.1	8.7	8.1	7.5	6.5
YH180M						21	18.5	6.5	14.8	13										
YH180L	25	22	20	7.8	15.8	17	15	13.5	11.5	10	12.5	11	10.5	8.5	7.2					
YH200L-1	34	30	27	24	21	21	18.5	17	14.5	12.5	17	15	14	11.5	10					
YH200L-2						25	22	20	17	15										
YH225S	42	37	33	29	25						21	18.5	18	14.5	12.5					
YH225M	51	45	50	35	30	34	33	27	24	20	25	22	21	17	14.5					
YH250M	62	55	49	43	37	42	37	34	29	25	34	30	28	23	20					
YH280S	75	66	59	52	45	51	45	41	35	31	42	37	35	28	24					
YH280M	90	79	70	62	54	62	55	50	42	37	52	45	43	34	29					

表 10.3-6　　　　　YCH 系列超高转差率异步电动机主要性能参数表（660V）

型　号	额定功率/kW	额定电流/A	同步转速/(r/min)	转差率（%）	功率因数	堵转电流/额定电流	堵转转矩/额定转矩	质量/kg
YCH200L-6	6	9.6	1000	27	0.85	3.5	1.6	258
	8.2	11.3		24		4	1.9	
	9.9	15		21		4.5	2.2	
	14	19.6		17		5	2.5	

型 号	额定功率 /kW	额定电流 /A	同步转速 /(r/min)	转差率 (%)	功率 因数	堵转电流 /额定电流	堵转转矩 /额定转矩	质量 /kg
YCH225M-6	9.4	14.4	1000	27	0.85	3	1.6	330
	13	17.8		24		3.5	1.9	
	15.5	22.5		21		4	2.2	
	22	29.4		17		4.5	2.5	
YCH250M-6	12.8	20.8	1000	27	0.86	3	2	425
	16	24.9		24		3.5	2.3	
	23	32.5		21		4	2.7	
	30	40.8		17		4.5	3	
YCH280S-6	17	24.4	1000	27	0.86	3	2	530
	22	28.8		24		3.5	2.3	
	31	41.5		21		4	2.7	
	40	51.2		17		4.5	3	

3.3.3 起重及冶金用三相异步电机

YZ 和 YZR 系列电机是全国统一设计的节能新产品,是专用系列电动机。YZ 系列转子为笼型结构,中心高为 112~250mm,功率范围为 1.5~30kW;YZR 系列为绕线转子结构,中心高为 112~400mm,功率范围为 1.5~200kW。功率在 132kW 及以下的定子绕组为 Y 联结,以上为 △ 联结。本系列电动机过载能力强、机械强度高,能承受频繁起动、制动、超速、冲击和振动,并能在金属粉尘和高温环境中工作,适用于各种起重机械及冶金机械,能全压起动(YZ 系列)和负载起动(YZR 系列)。YZ 系列技术参数见表10.3-7,YZR 系列技术参数见表10.3-8。

表 10.3-7　　　　　　　　　**YZ 系 列 技 术 参 数**

运行方式															
工作定额	15%			25%			40%							转动惯量 /(kg·m²)	重量 /kg
型 号	额定功率 /kW	额定电流 /A	转速 /(r/min)	额定功率 /kW	额定电流 /A	转速 /(r/min)	额定功率 /kW	额定电流 /A	转速 /(r/min)	最大转矩倍数	堵转转矩倍数	堵转电流倍数	效率 (%)	功率因数		
同步转速 1000r/min															
YZ112M	2.2	6.5	810	1.8	4.9	892	1.5	4.3	920	2.7	2.4	4.5	69.5	0.77	0.1	58
YZ132M1	3.0	7.5	804	2.5	6.5	920	2.2	5.9	935	2.9	3.1	5.2	74.0	0.75	0.21	80
YZ132M2	5.0	11.6	890	4.0	9.2	915	3.7	8.8	912	2.8	3.0	5.3	79.0	0.79	0.23	91.5
YZ160M1	7.5	16.8	903	6.3	14.1	922	5.5	12.5	933	2.7	2.5	4.9	80.6	0.83	0.42	118.5
YZ160M2	11	25.4	926	8.5	18.0	943	7.5	15.9	948	2.9	2.5	5.5	83.0	0.86	0.53	131.5
YZ160L	15	32.0	920	13	28.7	936	11	24.6	953	2.9	2.5	6.2	84.0	0.85	0.71	152
同步转速 750r/min															
YZ160L	11	27.4	675	9	21.1	694	7.5	18.0	705	2.7	2.5	5.1	82.4	0.77	0.77	152
YZ180L	15	35.3	654	13	30.0	675	11	25.8	694	2.5	2.6	4.9	80.9	0.81	1.3	205
YZ200L	22	47.5	686	18.5	40.0	697	15	33.1	710	2.8	2.7	6.1	86.2	0.80	2.3	276
YZ225M	33	69.0	687	26	53.5	701	22	45.8	712	2.9	2.7	6.2	87.5	0.83	3.0	347
YZ250M1	42	89.0	663	35	74.0	681	30	63.3	694	2.5	2.7	5.5	85.7	0.84	5.3	462

表 10.3 - 8   **YZR 系 列 技 术 参 数**

负载持续率	15%				25%				40%						效率(%)	功率因数
型 号	额定功率/kW	额定电流/A	额定转子电流/A	转速/(r/min)	额定功率/kW	额定电流/A	额定转子电流/A	转速/(r/min)	额定功率/kW	额定电流/A	额定转子电流/A	最大转距倍数	空载电流/A	转速		
同步转速 1000r/min																
YZR112M	2.2	6.6	18.4	725	1.8	5.3	13.4	815	1.5	4.63	12.5	2.2	3.4	866	62.9	0.79
YZR112M	2.2	6.6	18.4	725	1.8	5.3	13.4	815	1.5	4.63	12.5	2.2	3.4	866	62.9	0.79
YZR132M1	3.0	8	16.1	855	2.5	6.5	12.9	892	2.2	6.05	12.6	2.9	4.0	908	72.5	0.76
YZR132M2	5	12.3	18.2	875	4.0	9.7	14.2	900	3.7	9.2	14.5	3.2	5.6	908	77.0	0.8
YZR160M1	7.5	18.5	35.4	910	6.3	16.4	29.4	921	5.5	15	25.7	2.6	8.4	930	75.7	0.74
YZR160M2	11	24.6	39.6	908	8.5	19.6	29.8	930	8	18	26.5	2.8	11.2	940	79.4	0.80
YZR160L	15	34.7	39	920	13	28.6	31.6	942	11	24.9	27.6	2.5	13.0	945	83.7	0.82
YZR180L	20	42.6	58.7	946	17	26.7	49.8	955	15	33.8	46.5	3.2	18.8	962	85.7	0.81
YZR200L	33	62	68	942	26	56.1	82.4	956	22	49.1	69.9	2.9	26.6	964	86.0	0.80
YZR225M	40	80	101	947	34	70	85	957	30	62	74.4	3.3	29.9	962	88.3	0.83
YZR250M1	50	99	123	950	42	80	103	960	37	7.05	91.5	3.1	26.5	960	89.2	0.90
YZR250M2	63	121	134	947	52	97	110	958	45	84.5	95	3.5	28.2	965	90.6	0.89
YZR280S	75	144	169.5	960	63	118	142	966	55	101	119.8	3.0	34.0	969	91.0	0.90
同步转速 750r/min																
YZR160L	11	27.5	35.3	676	9.0	22.4	28.1	694	7.5	19.1	23.0	2.7	12.7	705	79.8	0.75
YZR180L	15	34.0	56.0	690	13	29.1	47.8	700	11	27.0	44.0	2.7	14.8	700	81.1	0.77
YZR200L	22	48.0	81.0	690	18.5	40.0	67.2	701	15	33.5	53.5	2.9	17.6	712	86.2	0.79
YZR225M	33	70.0	92.0	696	26	55.0	71.2	708	22	46.9	59.1	3.0	24.2	715	87.4	0.82
YZR250M1	42	75.0	97.5	710	35	64.0	80.0	715	30	63.4	68.5	2.9	31.4	720	88.5	0.82
YZR250M2	52	103.0	98.0	706	42	86.0	79.0	716	37	78.1	70.0	2.7	36.9	720	89	0.83
YZR280M	75	150	132	715	63	126	110	722	55	110	92.5	2.9	52.3	725	89.5	0.84
同步转速 600r/min																
YZR280S	55	112	235.2	564	42	92	177.1	571	37	84.8	153.2	2.8	44.2	572	87	0.76
YZR280M	63	146	241	548	55	127	207	556	45	104	165	3.2	63.6	560	85.6	0.78

3.3.4 特殊防护型异步电机

特殊防护型异步电机是 Y 系列三相异步电机的派生产品，其电气参数和结构参数与同规格 Y 系列相同，区别仅在于防护等级。

1. 增安型异步电动机 它是在正常电机结构基础上，进一步加强机械、电气和热保护措施，使之在认可过载条件下避免出现电弧、火花或高温危险，确保防爆安全性，适用于石油、化工、制药等行业中具有爆炸危险的场合。

YA 系列是 Y 系列（IP44）三相异步电机的派生产品，功率范围为 0.55 ~ 90kW，中心高为 80 ~ 280mm，额定电压为 380V。

低压增安型电机派生系列的主要型号有：YASO 系列小功率增安型三相异步电动机，中心高为 56 ~ 90mm；YA - W、YA - WFl 系列户外、户内防腐增安型三相异步电动机，中心高为 80 ~ 280mm。目前，已完成 YA2 系列的行业联合设计工作，以取代 YA 系列。YA2 全系列共 15 个机座号，中心高为 63 ~ 355mm，功率范围为 0.12 ~ 400kW。

高压 6kV 增安型三相异步电机系列有：YA355 - 450，功率范围为 160 ~ 450kW；YA560 - 900，功率范围为 500~1800kW；YA355-630 水冷，功率范围为 220~2500kW；YAKK355-630 空-空冷，功率范围为 185~2000kW。

2. 隔爆型三相异步电动机 YB 系列产品也是在 Y 系列（IP44）三相异步电动机基础上派生出来的。适用于长期或暂时有爆炸性混合物存在的场所，驱动连续定额工作的风机、水泵、压缩机等生产机械。功率范围为 0.55~200kW，中心高为 80~355mm，外壳防护等级为 IP44，接线盒防护等级为 IP54，额定电压 380V、660V、1140V、380/660V、660/1140V。

低压隔爆型电机派生系列的主要型号有：YB 系列（dIIcT4），中心高为 80~315mm；YBSO 系列（小功率），中心高为 63~90mm；YBF 系列（风机用），中心高为 63~160mm；YB-H 系列（船用），中心高为 80~280mm；YB 系列（中型），中心高为 355~450mm；YBK 系列（煤矿用），中心高为 100~315mm；YB-W、YB-TH、YB-WTH 系列，中心高为 80~315mm；YBDF-WF 系列（户外防腐隔爆型电动阀门用），中心高为 80~315mm 及 YBDC 系列（隔爆型电容起动单相异步电动机），中心高为 71~100mm 和 YBZS 系列起重用隔爆型双速三相异步电动机。另外，还有 YB 系列高压隔爆型三相异步电动机，中心高为 355~450mm 和 560~710mm。

YB2 系列隔爆型三相异步电动机是 YB 系列的更新换代产品，将逐步取代 YB 系列，成为我国隔爆型三相异步电机的基本系列。YB2 系列共 15 个机座号，中心高为 63~355mm，功率范围为 0.12~315kW。

3. YBX、YBX2 系列隔爆型高效率三相异步电动机 YBX 系列产品采用全封闭自扇冷式笼型转子，隔爆和外壳防护等级为 IP44，接线盒防护等级为 IP54，效率比 YB 系列均高 3% 左右。该系列电动机适用于长期或暂时有爆炸性混合物存在的场所驱动连续定额工作的一般生产机械，3kW 及以下定子绕组为 Y 联结，以上为 △ 联结。

YBX2 系列是最新设计的取代 YBX 系列的高效隔爆系列异步电动机，功率范围为 0.37~315kW。

4. YW 户外型、YF 防腐蚀和 YWF 户外防腐蚀型三相异步电动机 本系列电动机是在 Y 系列（IP44）的基础上，根据使用环境条件或含有化学腐蚀介质的程度，采取加强结构密封和材料工艺防腐等措施而派生的产品，其性能指标和外形尺寸与基本系列相同，适用于化工、冶金、酸碱制造、化肥、化纤、石油、制药、印染、国防等企业户内外有腐蚀性的场所。

3.3.5 调速用三相异步电动机

YD 系列变极多速三相异步电动机也是 Y 系列（IP44）电动机的派生产品（见表 10.3-9），是一种利用改变电动机定子绕组接线来改变极数的变速（有两速、三速和四速）电机，通过有级变速，达到功率合理匹配和简易变速目的，节能效果明显。该系列电机广泛适用于机床、矿山、冶金、纺织、印染、化工、制革、制糖、农机等行业需要有级变速的各种机械设备，功率范围为 0.35~85kW，中心高为 80~280mm。

表 10.3-9　　　　　　　　**YD 系列机座号、转速与功率关系表**

机座号	同步转速/(r/min)								
	1500/3000	1000/1500	750/1500	750/1000	500/1000	1000/1500/3000	750/1500/3000	750/1000/1500	500/750/1000/1500
	功　率/kW								
801	0.45/0.55	—	—	—	—	—	—	—	—
802	0.55/0.75	—	—	—	—	—	—	—	—
90S	0.85/1.1	0.65/0.85	—	0.35/0.45	—	—	—	—	—
90L	1.3/1.8	0.85/1.1	0.45/0.75	0.45/0.65	—	—	—	—	—
100L1	2/2.4	1.3/1.8	0.85/1.5	0.75/1.1	—	0.75/1.3/1.8	—	—	—
100L2	2.4/3	1.5/2.2			—		—	—	—
112M	3.3/4	2.2/2.8	1.5/2.4	1.3/1.8	—	1.1/2/2.4	0.65/2/2.4	0.85/1/1.5	
132S	4.5/5.5	3/4	2.2/3.3	1.8/2.4	—	1.8/2.6/3	1/2.6/3	1.1/1.5/1.8	
132M1	6.5/8.0	4/4.5	3/4.5	2.6/3.7	—	2.2/3.3/4	1.3/3.7/4.5	1.5/2/2.2	—
132M2					—	2.6/4/5		1.8/2.6/3	

续表

机座号	同步转速/(r/min)								
	1500/3000	1000/1500	750/1500	750/1000	500/1000	1000/1500/3000	750/1500/3000	750/1000/1500	500/750/1000/1500
	功　率/kW								
160M	9/11	6.5/8	5/7.5	4.5/6	2.6/5	3.7/5/6	2.2/5/6	3.3/4/5.5	—
160L	11/14	9/11	7/11	6/8	3.7/7	4.5/7/9	2.8/7/9	4.5/6/7.5	—
180M	15/18.5	11/14	—	7.5/10	—	—	—	—	—
180L	18.5/22	13/16	11/17	9/12	5.5/10	—	—	7/9/12	3.3/5/6.5/9
200L1	26/30	18.5/22	14/22	12/17	7.5/13	—	—	10/13/17	4.5/7/8/11
200L2			17/26	15/20	9/15	—	—		5.5/8/10/13
225S	32/37	22/28	—	—	—	—	—	14/18.5/24	—
225M	37/45	26/32	24/34	—	12/20	—	—	17/22/28	7/11/13/20
250M	45/52	32/42	30/42	—	15/24	—	—	24/26/34	9/14/16/26
280S	60/72	42/55	40/55	—	20/30	—	—	30/34/42	11/18.5/20/34
280M	72/82	55/67	47/67	—	24/37	—	—	34/37/50	13/22/24/40

　　YDT 系列变极多速三相异步电动机是专为风机、泵类负载设计的 Y 系列电机派生产品，采用最新调制方案，具有噪声低、振动小、防潮性能好、运行可靠、维修方便等特点（见表 10.3 - 10）。

表 10.3 - 10　　YDT 系列机座号、转速与功率关系表

机座号	同步转速/(r/min)				
	1500/3000	1000/1500	750/1500	750/1000	750/1000/1500
	功　率/kW				
801	0.17/0.75	—	—	—	—
802	0.25/0.95	—	—	—	—
90S	0.3/1.4	0.32/1.1	0.22/1.0	0.25/0.65	—
90L	0.4/1.9	0.45/1.4	0.3/1.3	0.35/0.8	—
100L1	0.65/2.5	0.7/2.2	0.55/2.0	0.55/1.3	—
100L2	0.8/3.1	0.9/2.5	0.65/2.4	0.75/1.6	—
112M	1.1/4.4	1.1/3.2	0.9/3.2	0.9/3.2	0.6/0.8/2.3
132S	1.4/5.9	1.5/4.7	1.1/4.5	1.2/2.6	0.8/1.1/3.1
132M1	2/8	2.2/6.7	1.5/6.3	1.6/3.3	1.1/1.5/4.5
132M2				2.2/4.5	
160M	2.8/12.5	3.1/9.5	2/8.9	3.2/6.5	1.5/2.6/7.5
160L	3.8/16.5	4/12	2.7/12	4.5/9.0	2/3.5/10.2
180M	—	5.1/15.5	4/16	—	2.6/4.5/13
180L	—	6.2/18.5	5/19.5	6.5/13	3.3/6/16
200L1	—	8.7/26	7.5/29	8.5/17	4.5/8/22
200L2				11/22	
225S	—	11/33	—	—	5.5/10/28
225M	—	13/39	9.5/40	15/30	7.5/12/34

机座号	同步转速/(r/min)				
	1500/3000	1000/1500	750/1500	750/1000	750/1000/1500
	功　率/kW				
250M	—	16/47	14.5/52	18/37	10/15.5/44
280S		18.5/55	17/65	22/45	12/18/55
280M1		25/70	18.5/75	28/55	15/21/66
280M2		28/84		32/65	
315S	—	32/95	25/92	37/75	19/27/75
315M	—	38/115	30/110	45/90	22/32/90
315L1	—	45/135	36/135	55/110	28/40/115
315L2	—	55/160	41/155	66/132	35/51/140

YCT 系列电磁调速异步电动机是由三相异步电动机、电磁转差离合器、测速发电机、电器控制装置组成的，广泛适用于恒转矩无级调速的各种机器设备，如纺织、电影制片、化工、印染、化学纤维、冶金、造纸、水泥、橡胶、电线、制糖、塑料、发电厂等。更适用于变转矩的离心式水泵和风机负载，用转速调节来代替阀门开闭以控制流量或压力，达到节能目的。YCT 系列主要数据见表 10.3 - 11。

表 10.3 - 11　　　　　　　　　YCT 系 列 主 要 数 据

型　号	拖动电动机功率/kW	额定转矩/(N·m)	调速范围/(r/min)	转速变化率（%）	重量/kg
YCT112 - 4A	0.55	3.6	1250 - 125	3	55
YCT112 - 4B	0.75	4.9	1250 - 125	3	55
YCT132 - 4A	1.1	7.13	1250 - 125	3	85
YCT132 - 4B	1.5	9.72	1250 - 125	3	85
YCT160 - 4A	2.2	14.1	1250 - 125	3	120
YCT160 - 4B	3.0	19.2	1250 - 125	3	120
YCT180 - 4A	4.0	25.2	1250 - 125	3	160
YCT200 - 4A	5.5	35.1	1250 - 125	3	250
YCT200 - 4B	7.5	47.7	1250 - 125	3	250
YCT225 - 4A	11	69.1	1250 - 125	3	420
YCT225 - 4B	15	94.3	1250 - 125	3	420
YCT250 - 4A	18.5	116	1320 - 132	3	500
YCT250 - 4B	22	137	1320 - 132	3	500
YCT280 - 4A	30	189	1320 - 132	3	630
YCT315 - 4A	37	232	1320 - 132	3	850
YCT315 - 4B	45	282	1320 - 132	3	850
YCT355 - 4A	55	344	1340 - 440	3	1700
YCT355 - 4B	75	469	1340 - 440	3	1700
YCT355 - 4C	90	564	1340 - 600	3	1700

YVF（YVF2）系列变频调速电动机是一种交流、高效、节能型调速电动机，与变频器配合使用，转矩大、起动电流小，能在 5~100Hz 甚至更宽范围内平滑无级调速，节能效果显著，额定电压为 380V，功率范围为 0.55~315kW，中心高为 80~355mm，安装型式与 Y2 系列三相异步电动机的相同（见表 10.3 - 12）。

表 10.3 - 12 　　　　　　　　　　YVF2 系列变频调速电动机电气参数表

标称功率/kW	型 号	额定转矩/(N·m)	电流/A	型 号	额定转矩/(N·m)	电流/A	匹配变频器容量/kVA
0.55	YVF2-80M1-4	3.5	1.60				1.0
0.75	YVF2-80M2-4	4.7	2.00				1.0
1.1	YVF2-90S-4	7.0	2.90				2.0
1.5	YVF2-90L-4	9.5	3.80	YVF2-100L-6	14.3	4.0	2.0
2.2	YVF2-100L1-4	14.0	5.2	YVF2-112M-6	21.0	5.7	3.0
3	YVF2-100L2-4	19.0	7.0	YVF2-132S-6	28.6	7.0	4.0
4	YVF2-112M-4	25.4	9.3	YVF2-132M1-6	38.2	9.1	6.0
5.5	YVF2-132S-4	35.0	12.0	YVF2-160M-6	52.5	12.5	10
7.5	YVF2-132M-4	47.7	15.5	YVF2-160L-6	71.6	17	10
11	YVF2-160M-4	70.0	22.5	YVF2-180M-6	105.0	24	15
15	YVF2-160L-4	95.5	31.0	YVF2-180L-6	143.2	30	20
18.5	YVF2-180M-4	117.1	36.5	YVF2-200L1-6	176.7	37	30
22	YVF2-180L-4	140.9	43.5	YVF2-200L2-6	210.0	45	30
30	YVF2-200L-4	190.9	58	YVF2-225M-6	286.5	58	40
37	YVF2-225S-4	235.5	70	YVF2-250M-6	353.3	71	50
45	YVF2-225M-4	286.4	85	YVF2-280S-6	429.7	86	60
55	YVF2-250M-4	350.1	103	YVF2-280M-6	525.2	105	70
75	YVF2-280S-4	477.7	140	YVF2-315S-6	716	141	100
90	YVF2-280M-4	572.9	167	YVF2-315M-6	860	170	120
110	YVF2-315S-4	700.2	201	YVF2-315L1-6	1050	206	150
132	YVF2-315M-4	840.3	240	YVF2-315L2-6	1260	249	180
160	YVF2-315L1-4	1018.5	287	YVF2-355M1-6	1528	301	210
185	YVF2-315L-4	1177.7	332	YVF2-355M2-6	1766.8	347	
200	YVF2-315L2-4	1273.2	359	YVF2-355M3-6	1910	375	270
220	YVF2-355M1-4	1400.7	403	YVF2-355L1-6	2101	412	
250	YVF2-355M2-4	1591.7	462	YVF2-355L2-6	2387.5	467	350
280	YVF2-355L1-4	1782.7	516				
315	YVF2-355L2-4	2005.5	579				450

　　YGVF 系列辊道用变频调速三相异步电动机适用于冶金行业特别是辊道设备在变频控制条件下运行，具有过载能力强、机械强度高、调速范围广、运行稳定等优点。功率范围为 0.55～25kW，中心高为 100～225mm（见表 10.3 - 13）。

表 10.3 - 13 　　　　　　　　　　YGVF 系列变频调速电动机电气参数表

型 号	功率/kW	额定电流/A	额定转矩/(N·m)	转速/(r/min)	堵转转矩倍数	最大转矩倍数	转动惯量/(kg·m²)
50Hz 时 同步转速 1500r/min							
YGVF100L-4	0.75	1.8	5	1440	1.3-2.0	3.7	0.0092
YGVF112L1-4	1.1	2.4	7.3	1450	1.3-2.0	3.6	0.0124

续表

型 号	功率 /kW	额定电流 /A	额定转矩 /(N·m)	转速 /(r/min)	堵转转 矩倍数	最大转 矩倍数	转动惯量 /(kg·m²)
50Hz 时 同步转速 1500r/min							
YGVF112L2－4	1.5	3.0	10	1450	1.3－2.0	3.6	0.0173
YGVF132M1－4	2.2	4.6	14.5	1450	1.3－2.0	3.5	0.0254
YGVF132M2－4	3	6.1	20	1450	1.3－2.0	3.5	0.0382
YGVF160S1－4	4	8.0	26.2	1460	1.3－2.0	3.6	0.0785
YGVF160S2－4	5.5	11	36	1460	1.3－2.0	3.6	0.0826
YGVF160L1－4	6.3	12.3	41.2	1460	1.3－2.0	3.7	0.102
YGVF160L2－4	7.5	14.5	49.1	1460	1.3－2.0	3.7	0.125
YGVF180L1－4	9	17.0	58.7	1465	1.3－2.0	3.7	0.152
YGVF180L2－4	11	20.5	71.7	1465	1.3－2.0	3.7	0.178
YGVF200L1－4	15	28.0	97.8	1465	1.3－2.0	3.8	0.265
YGVF200L2－4	18.5	33.4	120.6	1465	1.3－2.0	3.8	0.356
YGVF225M1－4	22	39.6	142.5	1475	1.3－2.0	3.8	0.411
YGVF225M2－4	25	44.5	162	1475	1.3－2.0	3.7	0.483
50Hz 时 同步转速 1000r/min							
YGVF112L1－6	0.75	2.0	7.4	965	1.3－2.0	3.6	0.0112
YGVF112L2－6	1.1	2.7	11	965	1.3－2.0	3.6	0.0116
YGVF132M1－6	1.5	3.4	15	965	1.3－2.0	3.2	0.0264
YGVF132M2－6	2.2	4.8	22	965	1.3－2.0	3.2	0.0426
YGVF160S1－6	3	6.6	29.5	970	1.3－2.0	3.4	0.0857
YGVF160S2－6	4	8.7	39.4	970	1.3－2.0	3.4	0.0934
YGVF160L1－6	5.5	11.7	54	970	1.3－2.0	3.6	0.115
YGVF160L2－6	6.3	13.2	62	970	1.3－2.0	3.5	0.159
YGVF180L1－6	7.5	15.0	73.5	975	1.3－2.0	3.6	0.203
YGVF180L2－6	9	17.7	88.1	975	1.3－2.0	3.6	0.287
YGVF200L1－6	11	21.7	107.8	975	1.3－2.0	3.7	0.312
YGVF200L2－6	15	28.6	147	975	1.3－2.0	3.7	0.383
YGVF225M1－6	18.5	34.4	181	975	1.3－2.0	3.5	0.524
YGVF225M2－6	22	41.0	215	975	1.3－2.0	3.5	0.623
50Hz 时 同步转速 750r/min							
YGVF112L1－8	0.55	1.6	7.3	725	1.3－2.0	3.5	0.0112
YGVF112L2－8	0.75	2.0	10	725	1.3－2.0	3.5	0.0116
YGVF132M1－8	1.1	3.2	14.5	725	1.3－2.0	3.2	0.0264
YGVF132M2－8	1.5	4.3	20	725	1.3－2.0	3.2	0.0426
YGVF160S1－8	2.2	5.5	30	725	1.3－2.0	3.5	0.0857
YGVF160S2－8	3	7.3	39.5	725	1.3－2.0	3.5	0.0945
YGVF160L1－8	4	9.6	52.7	725	1.3－2.0	3.6	0.121

型 号	功率/kW	额定电流/A	额定转矩/(N·m)	转速/(r/min)	堵转转矩倍数	最大转矩倍数	转动惯量/(kg·m²)
50Hz 时 同步转速 750r/min							
YGVF160L2-8	5.5	13.0	72.5	725	1.3-2.0	3.6	0.196
YGVF180L1-8	6.3	15.0	82.4	730	1.3-2.0	3.6	0.238
YGVF180L2-8	7.5	17.0	98	730	1.3-2.0	3.5	0.297
YGVF200L1-8	9	20.0	117.7	730	1.3-2.0	3.6	0.315
YGVF200L2-8	11	25.0	144	730	1.3-2.0	3.7	0.341
YGVF225M1-8	15	31.7	195	735	1.3-2.0	3.6	0.524
YGVF225M2-8	18.5	38.5	240	735	1.3-2.0	3.6	0.623

注：表中堵转矩/额定转距为3Hz时的值，其大小与变频器的控制方式有关，最大转距/额定转距为50Hz时的值。

3.3.6 电梯用三相异步电动机

YTD系列电梯用三相异步电动机为笼型单绕组双速电动机。定子绕组有6个接线端，采用改变定子绕组接法变极调速。6极接法为双星形，24极接法为丫联结，适用于驱动交流客、货电梯及其他各类升降机等（见表10.3-14）。

YTDT系列电梯用交流调速三相异步电动机为笼

表 10.3-14　　　　YTD系列电梯用三相异步电动机电气参数

型 号	极数	额定功率/kW	效率（%）	功率因数 $\cos\varphi$	起重转矩倍数	起重电流/A	额定电流/A	同步转速/(r/min)
YTD200	6	7.5	80	0.78	2.2	3.2	18.3	1000
	24	1.5	38	0.41	1.5	1.35	17.6	250
YTD200	6	11	81	0.79	2.2	3.83	26.0	1000
	24	2.7	38	0.36	1.5	1.31	30.0	250
YTD225	4	15	88	0.88	2.2	4.2	32.5	1500
	16	3.5	40	0.40	1.5	1.57	33.0	375
YTD225	4	18.5	84	0.85	2.2	4.4	39.0	1500
	16	4.3	39	0.42	1.5	1.5	40.0	375

型双绕组双速电动机，适合于交流调速客、货电梯和普通客、货电梯。高速为4极，同步转速为1500 r/min；低速为16极，同步转速为375 r/min。

3.3.7 电动阀门用三相异步电动机

YDF系列产品为短时定额运行，持续时间为10min的全封闭自冷式笼型三相异步电动机。转子细长，具有较高的堵转转矩和较低的转动惯量，专用于电站、石油、化工、矿山等部门自动开闭输油、输气管线阀门装置，额定功率为0.09~30kW（见表10.3-15）。

表 10.3-15　YDF系列电动阀门用电动机电气参数

型 号	额定功率/kW	额定转速/(r/min)	额定电流/A	堵转转矩倍数
YDF211	0.18	1230	0.95	3.8
YDF212	0.25	1240	1.3	3.8

型 号	额定功率/kW	额定转速/(r/min)	额定电流/A	堵转转矩倍数
YDF221	0.35	1240	1.6	3.8
YD222	0.55	1250	2.4	3.8
YDF223	0.75	1280	2.9	3.8
YDF310	0.75	1300	2.9	3.6
YDF311	1.1	1355	3.4	3.6
YDF312	1.5	1315	4.5	3.6
YDF321	2.2	1330	6.5	3.6
YDF322	3	1335	9	3.6
YDF411	4	1330	11	3.5
YDF412	5.5	1330	14	3.5
YDF421	7.5	1340	19	3.5
YDF422	10	1350	26	3.5

3.3.8 三相制动电动机

YEJ系列制动电机适用于要求快速停止、准确定位、往复运转、防止滑行的各种机械，作主轴传动和辅助传动。如升降机械、食品机械、木工机械、冶金机械、锻压机械等。功率范围为0.55~200kW，中心高为80~315mm。

YEJ、YED系列三相制动电动机（见表10.3-16）和YDEJ、YDED系列变极多速三相调动电动机

是在Y系列和YD系列（IP44）电动机的前端盖与风扇之间附加一个直流电磁制动器所组成的派生产品，具有国际互换性，可供出口主机配套用。

YEJ、YDEJ系列制动电动机采用电磁铁断电、弹簧力制动方式，适用于频繁起动、制动、防止滑行的升降机、运输机械、建筑机械等工程装备；YED、YDED系列制动电动机采用电磁铁通电制动方式，适用于起动频繁、制动迅速、定位准确的场合，如机床、轻纺、机械以及自动线装置。

表10.3-16　　　　　　　　　　　　　　YEJ系列三相制动电动机规格

型 号	功率/kW	型 号	功率/kW	型 号	功率/kW
YEJ801-2	0.75	YEJ90L-4	1.5	YEJ132M1-6	4.0
YEJ802-2	1.1	YEJ100L1-4	2.2	YEJ132M2-6	5.5
YEJ90S-2	1.5	YEJ100L2-4	3.0	YEJ160M-6	7.5
YEJ90L-2	2.2	YEJ112M-4	4.0	YEJ160L-6	11
YEJ100L-2	3.0	YEJ132S-4	5.5	YEJ180L-6	15
YEJ112M-2	4.0	YEJ132M-4	7.5	YEJ200L1-6	18.5
YEJ132S1-2	5.5	YEJ160M-4	11	YEJ200L2-6	22
YEJ132S2-2	7.5	YEJ160L-4	15	YEJ225M-6	30
YEJ160M1-2	11	YEJ180M-4	18.5	YEJ132S-8	2.2
YEJ160M2-2	15	YEJ180L-4	22	YEJ132M-8	3.0
YEJ160L-2	18.5	YEJ200L-4	30	YEJ160M1-8	4.0
YEJ180M-2	22	YEJ225S-4	37	YEJ160M2-8	5.5
YEJ200L1-2	30	YEJ225M-4	45	YEJ160L-8	7.5
YEJ200L2-2	37	YEJ90S-6	0.75	YEJ180L-8	11
YEJ225M-2	45	YEJ90L-6	1.1	YEJ200L-8	15
YEJ801-4	0.55	YEJ100L-6	1.5	YEJ225S-8	18.5
YEJ802-4	0.75	YEJ112M-6	3.2	YEJ225M-8	22
YEJ90S-4	1.1	YEJ132S-6	3.0		

3.3.9 YS系列三相异步电动机

YS系列三相异步电动机符合IEC推荐标准，广泛应用于各种小型机床、鼓风机、医疗器械和纺织、

化工、轻工、食品等机械的驱动。

本系列电机的功率范围为16~3000W，电压为380V，转速为1400r/min和2800r/min两种（见表10.3-17）。

表10.3-17　　　　　　　　　　　　　　YS系列三相异步电动机电气参数

型 号	功率/W	电流/A	电压/V	频率/Hz	转速/(r/min)	效率(%)	功率因数	起动电流倍数	起动转矩倍数	最大转矩倍数
YS-4512	16	0.09	380	50	2800	46	0.57	6	2.2	2.4
YS-4522	25	0.12	380	50	2800	50	0.60	6	2.2	2.4
YS-4514	10	0.12	380	50	1400	28	0.45	6	2.2	2.4
YS-4524	16	0.16	380	50	1400	32	0.49	6	2.2	2.4
YS-5012	40	0.17	380	50	2800	55	0.65	6	2.2	2.4

型号	功率/W	电流/A	电压/V	频率/Hz	转速/(r/min)	效率(%)	功率因数	起动电流倍数	起动转矩倍数	最大转矩倍数
YS-5022	60	0.23	380	50	2800	60	0.66	6	2.2	2.4
YS-5014	25	0.17	380	50	1400	42	0.53	6	2.2	2.4
YS-5024	40	0.23	380	50	1400	50	0.54	6	2.2	2.4
YS-5612	90	0.32	380	50	2800	62	0.68	6	2.2	2.4
YS-5622	120	0.38	380	50	2800	67	0.71	6	2.2	2.4
YS-5614	60	0.28	380	50	1400	56	0.58	6	2.2	2.4
YS-5624	90	0.39	380	50	1400	58	0.61	6	2.2	2.4
YS-6312	180	0.53	380	50	2800	69	0.75	6	2.2	2.4
YS-6322	250	0.61	380	50	2800	72	0.78	6	2.2	2.4
YS-6314	120	0.48	380	50	1400	60	0.63	6	2.2	2.4
YS-6324	180	0.65	380	50	1400	64	0.66	6	2.2	2.4
YS-7112	370	0.95	380	50	2800	73.5	0.80	6	2.2	2.4
YS-7122	550	1.35	380	50	2800	75.5	0.82	6	2.2	2.4
YS-7114	250	0.83	380	50	1400	67	0.68	6	2.2	2.4
YS-7124	370	1.12	380	50	1400	69.6	0.72	6	2.2	2.4
YS-8012	750	1.75	380	50	2800	76.6	0.85	6	2.2	2.4
YS-8022	1100	2.53	380	50	2800	77	0.86	6	2.2	2.4
YS-8014	550	1.55	380	50	1400	73.5	0.73	6	2.2	2.4
YS-8024	750	2.01	380	50	1400	75.5	0.75	6	2.2	2.4

3.4 单相异步电动机

单相异步电动机具有结构简单、价格低廉等优点。与同容量三相异步电动机相比，体积稍大，性能稍差，因而多制成功率为几瓦、几十瓦或几百瓦的小型电动机。

单相异步电动机是一类量大面广的电动机。按起动方式分，有罩极式、分相起动式、电容起动式、电容运行式、电容起动运行式、推斥式六种类型。最常用的是罩极式和电容起动式。

3.4.1 YU 系列单相电阻起动异步电动机

YU 系列产品为电阻起动的单相异步电动机，起动电流较大，功率范围为 60~370W，适用于驱动对起动转矩无特殊要求的机械，如小型机床、鼓风机、排风扇和医疗机械等（见表 10.3-18）。

表 10.3-18　　　　　　　YU 系列单相电阻起动异步电动机技术参数

型号	机座号	功率/W	电流/A	电压/V	转速/(r/min)	效率(%)	功率因数	起动电流倍数	起动转矩倍数	最大负转矩载倍数
YU-6312	63	90	1.09	220	2800	56	0.67	12	1.5	1.8
YU-6322	63	120	1.36	220	2800	58	0.69	14	1.3	1.8
YU-6314	63	60	1.23	220	1400	39	0.57	19	1.6	1.8
YU-6324	63	90	1.64	220	1400	43	0.58	12	1.6	1.8
YU-7112	71	180	1.80	220	2800	60	0.72	17	1.3	1.8
YU-7122	71	250	2.40	220	2800	64	0.74	22	1.1	1.8
YU-7114	71	120	1.88	220	1400	50	0.58	14	1.4	1.8
YU-7124	71	180	2.49	220	1400	53	0.62	17	1.4	1.8
YU-8012	80	370	3.36	220	2800	65	0.77	30	1.1	1.8
YU-8014	80	250	3.11	220	1400	58	0.63	22	1.2	1.8
YU-8024	80	370	4.24	220	1400	62	0.64	30	1.2	1.8

3.4.2 YC 系列单相电容起动异步电动机

YC 系列单相电容起动异步电动机，起动转矩较大，适用于满载起动，广泛应用于驱动各种小型机床、泵、磨面机、粉碎机和家用电器等，包括 4 个机座号、20 个规格，功率范围为 0.25～3.7kW（见表 10.3-19）。

3.4.3 YY 系列单相电容运行异步电动机

本系列产品为电容运行单相异步电动机，起动转矩较小，但功率因数较高，广泛应用于驱动记录仪表、录音机、电风扇、通风机、小型机床等，适用于长期连续工作（见表 10.3-20）。

表 10.3-19　　　　　　　　　YC 系列单相电容起动异步电动机参数

型　号	机座号	功率/W	电流/A	电压/V	转速 /(r/min)	效率 (%)	功率因数	起动电流倍数	起动转矩倍数	最大转矩倍数
YC-7112	71	180	1.89	220	2800	60	0.72	12	3.0	1.8
YC-7122	71	250	2.40	220	2800	64	0.74	15	3.0	1.8
YC-7114	71	120	1.88	220	1400	50	0.58	9	3.0	1.8
YC-7124	71	180	2.49	220	1400	53	0.62	12	3.0	1.8
YC-8012	80	370	3.36	220	2800	65	0.77	21	2.8	1.8
YC-8022	80	550	4.65	220	2800	68	0.79	29	2.8	1.8
YC-8014	80	250	3.11	220	1400	58	0.63	15	2.8	1.8
YC-8024	80	370	4.24	220	1400	62	0.64	21	2.8	1.8
YC-8034	80	550	5.6	220	1400	64	0.69	29	8.8	1.8
YC-90S2	90	750	5.94	220	2800	70	0.82	37	2.5	1.8
YC-90S4	90	550	5.57	220	1400	65	0.69	29	2.5	1.8
YC-90L4	90	750	6.77	220	1400	69	0.73	37	2.5	1.8

表 10.3-20　　　　　　　　　YY 系列单相电容运行异步电动机电气参数

型　号	机座号	功率/W	电流/A	电压/V	转速 /(r/min)	效率 (%)	功率因数	起动电流倍数	起动转矩倍数	最大转矩倍数
YY-4512	45	10	0.20	220	2800	28	0.80	0.8	0.6	1.8
YY-4522	45	16	0.26	220	2800	35	0.80	1.0	0.6	1.8
YY-4514	45	6	0.20	220	1400	17	0.80	0.5	1.0	1.8
YY-4524	45	10	0.26	220	1400	24	0.80	0.8	0.6	1.8
YY-5012	50	25	0.33	220	2800	40	0.85	1.5	0.6	1.8
YY-5022	50	40	0.42	220	2800	42	0.90	2.0	0.5	1.8
YY-5014	50	16	0.28	220	1400	33	0.90	1.0	0.6	1.8
YY-5024	50	25	0.36	220	1400	38	0.82	1.5	0.5	1.8
YY-5612	56	60	0.57	220	2800	53	0.90	2.5	0.5	1.8
YY-5622	56	90	0.81	220	2800	56	0.90	3.2	0.35	1.8
YY-5614	56	40	0.49	220	1400	45	0.82	2.0	0.5	1.8
YY-5624	56	60	0.64	220	1400	50	0.85	2.5	0.5	1.8
YY-6312	63	120	0.91	220	2800	63	0.95	5.0	0.35	1.8
YY-6322	63	180	1.29	220	2800	67	0.95	7.0	0.35	1.8
YY-6314	63	90	0.94	220	1400	51	0.85	3.2	0.35	1.8
YY-6324	63	120	1.17	220	1400	55	0.85	5.0	0.35	1.8
YY-7112	71	250	1.73	220	2800	69	0.95	10	0.35	1.8
YY-7114	71	180	1.58	220	1400	59	0.88	7.0	0.35	1.8
YY-7124	71	250	2.04	220	1400	62	0.90	10	0.35	1.8
YY-7134	71	370	2.5	220	1400	64	0.9	12	0.35	1.8

3.4.4 YL 系列双值电容单相异步电动机

YL 系列双值电容（一个电容用作起动，另一个电容用于运转），单相异步电动机广泛适用于小功率机械传动设备，并能取代同机座号、同功率和转速的三相异步电动机，功率范围为 0.25~3kW。其技术参数见表 10.3-21。

YLG 转矩单相异步电动机是在 YL 系列基础上的派生产品，起动转矩大，高效节能，广泛适用于农用机械、食品机械、木工机械等过载能力要求较高的场合。

3.4.5 单相罩极异步电动机

单相罩极异步电动机是一种具有特殊磁极结构型式的单相交流异步电动机，它不需配置电容等起动元件就能直接通电起动运转。单相罩极异步电机结构简单，价格低廉，广泛应用于一些对电动机性能要求不高、经常轻载或空载运行的小功率设备中。YJF 系列单相罩极异步电动机广泛应用于驱动负载仪器仪表、吹风机、换气扇、自动控制设备和家用小电器等。功率多在 100 W 以下。

3.4.6 G 系列单相串励电动机

G 系列及其派生系列单相串励电动机（符合国标 JB/T 8157—1995）较一般异步电动机体积小，可无级调速，起动及过载能力强，广泛应用于驱动化工机械、医疗器械、电动工具、小型机床及泵类等（见表 10.3-22）。

表 10.3-21　　　　YL 系列双值电容单相异步电动机技术参数

型　号	额定功率/kW	满载速度/(r/min)	效率（%）	功率因数	堵转转矩/额定转矩	最大转矩/额定转矩
YL801-2	0.75		73			
YL802-2	1.1		75		1.8	
YL90S-2	1.5	2800	76	0.95		
YL90L-2	2.2		77			
YL801-4	0.55		69	0.92		1.6
YL802-4	0.75	1400	71		1.7	
YL90S-4	1.1		72	0.95		
YS90L-4	1.5		74			

表 10.3-22　　　　G 系列单相串励电动机技术参数

型　号	功率/W	电流/A	电压/V	转速/(r/min)	效率（%）	功率因数	起动转矩/额定转矩	最大转矩/额定转矩
G4514	25	0.31	220	4000	43	0.83	1.5	2.5
G4524	40	0.46	220	4000	46	0.83	1.7	2.5
G4516	40	0.32	220	6000	49	0.86	1.8	3.5
G4526	60	0.56	220	6000	53	0.86	2.5	3.5
G4518	60	0.59	220	8000	55	0.90	3	4.5
G4528	90	0.82	220	8000	57	0.90	4	4.5
G45112	90	0.77	220	12000	55	0.92	4.5	6
G45212	120	0.99	220	12000	57	0.92	6	6
G25614	120	1.16	220	4000	54	0.80	2.5	3.5
G25624	180	1.7	220	4000	56	0.80	2.5	3
G25634	250	2.31	220	4000	59	0.78	2.5	3
G25616	180	1.6	220	6000	59	0.85	4	4
G25626	250	2.15	220	6000	61	0.85	4	4
G25636	370	3.08	220	6000	63	0.82	4	4
G25618	250	3.02	220	8000	63	0.87	5.5	5
G25628	370	2.9	220	8000	65	0.84	5.5	5
G25638	550	4.18	220	8000	67	0.84	5.5	5
G256112	370	2.8	220	12000	63	0.92	8	7
G256212	550	4.1	220	12000	65	0.92	8	7
G256312	750	5.4	220	12000	65	0.92	8	7

第 4 章 直 流 电 机

4.1 概论

4.1.1 特点和用途

　　直流电机是指能发出直流电流的发电机和通入直流电流而产生机械运动的电动机。

　　直流发电机把机械能转换成直流电能，一般作电源使用，其输出电压可以精确地调节和控制。然而，随着晶闸管整流电源的广泛应用和日益完善，直流发电机已逐步被取代。

　　直流电机由直流电源供电，将电能转换为机械能，其突出优点是调速性能优良，因此，广泛应用于需要宽广、精确调速的系统，如冶金矿山、交通运输、纺织印染、造纸印刷以及化工机械和切削机床等场合。

4.1.2 结构与分类

　　直流电机定子由主磁极、机座、电刷架和电刷组成，转子由铁心、绕组、换向器等组成。多采用鼓风机强迫冷却方式。

　　直流电机按功能分为发电机和电动机两大类；按励磁方式分为永磁式、他励式、并励式、串励式和复励式几种；按规格还有大型、中型和小型之分。对应的电枢外径尺寸分别为 990mm 以上、368mm 以上和 368mm 以下；工作定额有连续、短时和断续工作制等。

4.1.3 励磁方式

　　1. 电励磁式直流电机　将直流电流通入励磁绕组后产生励磁磁场，具体方式有有他励、并励、串励和复励四种，见图 10.4 - 1。

　　2. 永磁式直流电机　由永磁体产生恒定励磁磁场。

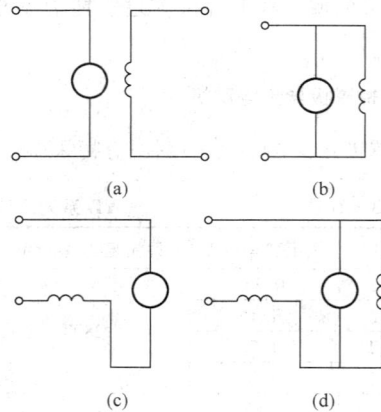

图 10.4 - 1　直流电机四种
电励磁式简要说明
(a) 他励；(b) 并励；(c) 串励；(d) 复励

　　不同励磁方式的直流电动机和直流发电机的主要特点分别由表 10.4 - 1 和表 10.4 - 2 列出。

4.1.4 常用系列

　　国家标准规定了常用直流电机的额定功率等级（见表 10.4 - 3）、额定电压等级（见 10.4 - 4）和具体型号（见表 10.4 - 5）。

表 10.4 - 1　　　　　　　　　　　直流电动机不同励磁方式的特性和用途

励磁方式	起动转矩	短时过载转矩	转速调整率	调速范围	主要用途
永磁	为额定转矩的 2～2.5 倍，也可制成为额定转速的 4～5 倍	为额定转矩的 1.6 倍，也可制成为额定转速的 3.5～4 倍	3%～15%	转速与电枢电动势接近线性关系，有较好调速特性，调速范围较大	自动控制系统中作为执行和伺服电动机，如机床主轴电动机、进给电动机、力矩电动机
并励	为额定转矩的 2～2.5 倍	为额定转矩的 1.6 倍，也可制成为额定转速的 3.5～4 倍，带补偿绕组时可达 2.5～2.8 倍		弱磁调速，基速和高速可达 1∶3，带补偿绕组时可达 1∶4，特殊设计时可达 1∶8	用于起动转矩较大的恒速负载和要求调速的工业传动系统
复励	起动转矩较大，约为额定转矩的 4 倍，由复励程度决定	一般为额定转矩的 2.5～2.7 倍，有的可达 3.5～4 倍	15%～35% 与复励程度有关	弱磁调速，基速和高速可达 1∶2 到 1∶3	用于要求起动转矩较大，转速变化不大的负载

励磁方式	起动转矩	短时过载转矩	转速调整率	调速范围	主要用途
串励	起动转矩较大，可达额定转矩的5倍	可达额定转速的2~4倍	转速调节较大，不允许空载运行	调速方式多，调速范围较宽	用于要求起动转矩大、过载转矩高、转速允许有较大变化的机械负载
他励	为额定转矩的2~2.5倍	为额定转矩的1.6~2.5倍，带补偿绕组时可达2.5~4.9倍	5%~15%	调速范围宽广	用于工业传动系统和控制系统

表 10.4－2 　　　　　　　　　直流发电机不同励磁方式的特性和用途

励磁方式		电压变化率	特　　性	用　　途
永磁		1%~10%	输出端电压与转速成线性关系	用作测速发电机
他励		5%~10%	输出端电压随负载电流增大而降低，能调节励磁电流使输出电压有较大幅度的变化	用于电动机/发电机/电动机系统中，实现对直流电动机的恒转矩调速
并励		20%~40%	输出端电压随负载电流增大而降低，降低的幅度较他励时大，外特性稍软	充电、电镀、电解、冶炼等用直流电源
复励	积复励	不超过6%	输出端电压在负载变动时变化较小，电压变化率由复励程度确定	直流电源，如起重机独立供电电源
	差复励	较大	输出端电压随负载电流增大而迅速下降甚至降为零	用于自动控制系统中作为执行直流电动机电源
串励		100%	有负载时，发电机才能输出端电压，输出电压随负载电流增大而上升	用作升压机

表 10.4－3 　　　　　　　　　我国直流电机额定功率等级　　　　　　　　　（kW）

直　流　电　动　机							
0.37	0.55	0.75	1.1	1.5	2.2	3	4
5.5	7.5	10	13	17	22	30	40
55	75	100	125	160	200	250	320
400	500	630	800	1000	1250	1600	2050
2600	3300	4300	5350	6700			
直　流　发　电　机							
0.7	1	1.4	1.9	2.5	3.5	4.8	6.5
9	11.5	14	19	26	35	48	67
90	115	145	185	240	300	370	470
580	730	920	1150	1450	1900	2400	3000
3600	4600	5700	7000				

表 10.4－4　　　　　　　　　　我国直流电动机额定电压等级　　　　　　　　　　（V）

直　流　电　动　机							
6	12	24	36	48	60	72	110
160	220	（330）	440	630	（660）	800	1000
直　流　发　电　机							
6	12	24	36	48	60	72	115
230	（330）	460	630	（660）	800	1000	

注：括号中的电压不常使用。

表 10.4－5　　　　　　　　　　常 用 直 流 电 机 分 类

产品名称	产品代号		结构形式和特征	用　　途
	新	旧		
通用直流电机	Z4	Z2/Z/Z3		通用系列
直流发电机	ZF	ZF/Z		一般用途，基本系列
封闭式直流电机		ZO2	为自扇冷却式封闭结构安装方式 IMB3	适用于多尘及金属切削等场所
调速直流电动机	ZT	ZT2	结构与 Z2 电机相同	适用于一般工作环境，供转速调节范围在 1∶3 及 1∶4 的电力拖动使用
精密机床用直流电动机	ZJ	ZJ－02 ZJY－6	ZJ－02 无底脚，无凸缘；ZJY－6 为装入式	专用于高精度外圆磨床和高精度导轨磨床作直接拖动磨头用
电梯用直流电动机		ZTD	电动机为开启式，自冷，卧式机座带底脚	作载客用升降机的动力设备
直流牵引电动机	ZQ	ZQ/ZQY		电力传动机车、工矿电动机车和蓄电池供电车用
船用直流电动机	Z－H	ZH/Z2C ZO2C		船舶用各种辅助机械之用
中型直流电机	ZD2 ZF2		防滴式结构	宽调速中大型金属切削机床，轧钢机和高炉卷扬机，直流发电机等
轧机辅传动直流电动机	ZZJ－800	ZZY ZZJO ZZJ2	基本结构有全封闭和管道通风两种冷却方式，额定电压为 220V	主要用于冶金工业中各种轧机辅传动的动力设备，如工作辊道、剪切机、推钢机等动力设备
无槽直流电机	ZW		ZW－130 为永磁封闭	一种低惯量电动机，时间常数小、起动力矩大、调速范围广
挖掘机用电动机	ZKJ	ZZC		冶金、矿山挖掘机用
起重冶金用直流电动机	ZZJ	ZZ	卧式，带底脚，一端或二端圆锥形轴伸	适用于冶金设备动力装置和各种起重设备传动装置
直流永磁电机	ZY	ZY		广泛用于小、微型低压传动中
龙门刨床用直流电动机	ZU	ZBD		龙门刨床用
力矩直流电动机	ZLJ			位置或速度伺服系统作执行元件
防爆安全型电动机	ZA	Z		矿井和有易爆气体的场所

4.2 通用直流电机系列

4.2.1 通用大型直流电机

通用大型直流电机为 Z 系列大型直流电机，可供大型冶金设备，如轧机驱动使用，并分为可逆转热轧电动机、可逆转冷轧电动机及非逆转电动机等类型；也适用于宽调速机械动力，如高炉矿井卷扬机等，能承受经常过载性冲击负荷。其主要技术参数见表 10.4-6。

4.2.2 通用中型直流电机

中型直流电机分为 Z、ZF2、ZD2 和 ZD3 等系列，其中 Z 系列电机性能较优。

1. Z 系列中型直流电动机　适用于机床或其辅助机械传动，如大中型金属切削机床、挖掘机、造纸机、卷扬机等，中心高为 315～560mm，额定功率为 50～900kW，外形安装尺寸及技术要求符合 IEC 标准，其技术参数见表 10.4-7。

表 10.4-6　　　　　　　　大型直流电动机技术参数

型　号	额定功率 /kW	额定电压 /V	额定电流 /A	额定转速/(r/min)		励磁电压 /V	励磁电流 /A	效　率 (%)
				基速	高速			
Z1200/420	1200	660	1950	400	700	63	89	94
Z1250/450	2500	1000	2500	750		220/110	33/66	94.5
Z1800/250	1800	900	2140	600		110	20	93.2
Z1800/560	700	660	1150	105	210	220/110	41/82	92
Z1800/850	360	560	785	25		110/55	212/106	82.3

表 10.4-7　　　　　　　　Z 系列中型直流电动机技术参数

型　号	额定功率 /kW	额定电压 /V	额定电流 /A	额定转速 /(r/min)	最大转速 /(r/min)	励磁功率 /kW	效　率 (%)	转动惯量 /(kg·m²)
	61	220	335	436	1300	3.1	80.0	4.8
	96	330	330	696	1800		86.0	
	129	440	324	958	1800		89.0	
	161	550	318	1219	1800		90.6	
	190	660	310	1800	1800		91.6	
	80	220	421	573	1700	3.1	84.1	5.0
	123	330	412	901	1800		88.5	
Z315-1A	162	440	400	1229	1800		90.6	
	194	550	380	1156	1800		91.6	
	101	220	518	760	1800	3.1	86.6	5.0
	154	330	510	1185	1800		90.1	
	205	440	501	1610	1800		91.6	
	123	220	622	957	1800	3.1	88.2	5.3
	185	330	608	1481	1800		90.9	
	160	220	800	1204	1800	3.1	89.9	5.3
	60	220	334	334	1200	3.1	78.6	5.3
	95	330	329	553	1500		85.1	
Z315-2A	129	440	325	762	1800		88.3	
	160	550	317	972	1800		90.2	
	190	660	311	1182	1800		91.4	

型 号	额定功率 /kW	额定电压 /V	额定电流 /A	额定转速 /(r/min)	最大转速 /(r/min)	励磁功率 /kW	效 率 (%)	转动惯量 /(kg·m²)
	78	220	414	453	1500		83.1	
	120	330	404	714	1800	3.1	87.9	5.5
	160	440	395	977	1800		90.3	
	195	550	381	1240	1800		91.5	
	99	220	511	605	1800		85.9	
	152	330	504	945	1800	3.1	89.8	5.5
Z315－2A	200	440	490	1287	1800		91.5	
	240	550	467	1629	1800		92.2	
	122	220	619	762	1800		87.7	
	180	330	592	1183	1800	3.1	90.8	5.5
	225	440	549	1606	1800		92.0	
	160	220	800	959	1800	3.1	89.7	5.8
	235	330	767	1478	1800		91.6	
	57	220	311	269	900	4.1	76.7	
	91	330	320	436	1500		83.9	
	126	440	320	603	1800	4.0	87.4	6.5
	158	550	315	770	1800		89.5	
	189	660	310	938	1800		9.9	
	76	220	408	357	1200	4.1	81.6	
	118	330	400	567	1700		87.1	6.7
	159	440	395	776	1800	4.0	89.7	
	195	550	382	987	1800		91.2	
	97	220	505	481	1500		84.8	
Z315－3A	150	330	500	754	1800		89.2	
	200	440	490	1028	1800	4.0	91.2	6.7
	240	550	466	1302	1800		92.2	
	280	660	451	1578	1800		92.5	
	119	220	607	607	1800		87.0	
	182	330	600	945	1800	4.0	90.5	7.1
	238	440	580	1284	1800		92.0	
	283	550	550	1624	1800		92.3	
	160	220	800	761	1800		89.1	
	240	330	780	1175	1800	4.0	91.5	7.1
	305	440	743	1592	1800		91.8	
	59	220	357	197	600		71.3	
Z355－3A	96	330	350	327	1000	4.7	80.2	11.2
	133	440	347	456	1500		84.6	

续表

型 号	额定功率 /kW	额定电压 /V	额定电流 /A	额定转速 /(r/min)	最大转速 /(r/min)	励磁功率 /kW	效 率 (%)	转动惯量 /(kg·m²)
	168	550	342	586	1500	4.7	87.3	11.2
	202	660	337	716	1500		89.1	
	78	220	441	258	800	4.6	77.1	11.2
	124	330	435	416	1500		84.0	
	167	440	424	574	1500	4.7	87.5	
	209	550	417	733	1500	4.6	89.6	
	248	660	407	891	1500		90.9	
	105	220	566	365	1200	4.6	81.6	11.5
	163	330	555	579	1500		87.0	
	217	440	540	794	1500		89.7	
Z355-3A	267	550	524	1008	1500		91.3	
	312	660	506	1223	1500		92.2	
	127	220	666	439	1500	4.7	84.2	12.2
	194	330	650	690	1500		88.7	
	255	440	628	940	1500		90.9	
	309	550	603	1191	1500		92.1	
	355	660	573	1442	1500		92.8	
	166	220	848	578	1500	4.7	87.0	12.2
	246	330	811	898	1500		90.5	
	315	440	768	1219	1500		92.0	
	371	550	719	1540	1500		92.8	
	57	220	357	153	600	5.2	68.6	13.1
	94	330	349	257	800	5.3	78.3	
	131	440	347	360	1200		83.2	
	166	550	341	464	1500		86.2	
	200	660	336	458	1500		88.2	
	76	220	440	199	800	5.4	74.6	
	121	330	429	325	1200		82.5	
Z355-4A	165	440	423	450	1500	5.5	96.3	
	207	550	415	576	1500	5.4	88.7	
	247	660	407	702	1500		90.2	
	103	220	564	286	1000	5.3	79.8	13.4
	161	330	553	456	1500	5.4	85.9	
	215	440	538	627	1500		88.9	
	266	550	524	797	1500	5.3	90.7	
	313	660	509	968	1500		91.8	
	125	220	664	346	1200	5.3	82.8	14.1

续表

型 号	额定功率 /kW	额定电压 /V	额定电流 /A	额定转速 /(r/min)	最大转速 /(r/min)	励磁功率 /kW	效 率 (%)	转动惯量 /(kg·m²)
	192	330	647	546	1500		87.8	
	254	440	628	746	1500	5.3	90.3	14.1
	310	550	605	946	1500		81.7	
	358	660	578	1147	1500		92.6	
Z355-4A	164	220	844	455	1500		86.0	
	245	330	811	710	1500		89.9	
	316	440	771	965	1500	5.4	91.7	14.1
	375	550	726	1220	1550		92.7	
	424	660	681	1475	1500		93.3	
	56	220	364	128	500	5.9	65.6	
	96	330	367	219	800	5.8	76.1	
	135	440	364	311	1000		81.6	20.8
	173	550	361	402	1200	5.7	84.9	
	211	660	359	493	1500		87.1	
	71	220	437	156	500		70.3	
	117	330	431	260	1000		79.5	
	162	440	426	364	1200	5.7	84.1	20.8
	206	550	422	468	1500		86.9	
	250	660	419	573	1500		88.8	
	93	220	536	210	800		75.5	
	150	330	532	341	1200		82.9	
	205	440	525	372	1500	5.9	86.7	21.3
Z400-2A	258	550	518	604	1500		88.9	
	310	660	512	735	1500		90.4	
	128	220	695	296	1000		80.9	
	201	330	688	472	1500	5.8	86.6	
	272	440	679	647	1500		89.4	21.3
	339	550	667	823	1500	5.7	91.1	
	402	660	653	998	1500	5.8	92.2	
	158	220	836	359	1200	5.8	83.6	
	244	330	621	647	1500		88.4	
	325	440	803	773	1500	5.7	90.7	21.7
	401	550	783	979	1500	5.8	92.0	
	472	660	762	1186	1500	5.7	92.9	
	199	220	1026	466	1500		86.1	
	301	330	997	773	1500	6.0	90.0	21.7
	395	440	966	987	1500		91.8	

续表

型　号	额定功率 /kW	额定电压 /V	额定电流 /A	额定转速 /(r/min)	最大转速 /(r/min)	励磁功率 /kW	效　率 (%)	转动惯量 /(kg·m²)
Z400-2A	479	550	929	1248	1500	6.0	92.8	21.7
	551	660	886	1510	1510		93.3	
	54	220	371	96	350	6.5	61.8	24.8
	93	330	364	168	600	6.6	72.8	
	162	440	363	239	800		79.7	
	171	550	362	311	1000		83.4	
	209	660	360	382	1200		85.9	
	68	220	433	118	500	6.5	67.2	24.8
	114	330	428	199	600	6.7	77.3	
	159	440	424	281	1000	6.6	82.6	
	204	550	422	362	1200	6.7	85.6	
	247	660	417	444	1500	6.6	87.8	
	91	220	539	162	600	6.5	73.2	25.2
	147	330	529	266	1000		81.5	
	203	440	526	370	1200		85.6	
	256	550	518	474	1500		88.1	
	308	660	511	579	1500		89.8	
Z400-3A	126	220	698	229	800	6.5	79.1	25.2
	199	330	688	366	1200	6.6	85.4	
	270	440	679	504	1500		88.6	
	338	550	669	642	1500		90.5	
	403	660	657	780	1500		91.7	
	155	220	831	278	1000	6.6	82.1	25.7
	242	330	821	439	1500		87.4	
	324	440	804	602	1500		90.1	
	402	550	787	764	1500		91.6	
	474	660	766	926	1500		92.6	
	197	220	1025	366	1200	6.6	85.1	25.7
	300	330	999	573	1500		89.4	
	396	440	970	780	1500		91.5	
	482	550	935	987	1500		92.7	
	558	660	896	1195	1500		93.4	
Z400-4A	50	220	360	72	300	8.0	57.8	29.7
	90	330	365	129	500	7.7	70.7	
	128	440	359	186	600		77.6	
	167	550	359	243	800		81.6	
	204	660	356	300	1000		84.4	

型　号	额定功率 /kW	额定电压 /V	额定电流 /A	额定转速 /(r/min)	最大转速 /(r/min)	励磁功率 /kW	效　率 (%)	转动惯量 /(kg·m²)
	64	220	424	90	300	7.7	63.9	
	110	330	424	155	500	7.6	75.0	
	155	440	421	220	800		80.8	29.7
	199	550	417	285	1000	7.7	84.3	
	243	660	415	350	1200		86.6	
	87	220	529	125	500		70.7	
	144	330	527	208	1000		79.7	
	199	440	521	291	1200	7.6	84.4	30.1
	252	550	514	374	1500		87.2	
	304	660	507	457	1500		89.0	
	122	220	690	178	500	7.6	76.9	
	196	330	687	287	1000		83.9	
Z400-4A	266	440	675	397	1200	7.7	87.5	30.1
	334	550	665	507	1500		89.7	
	400	660	655	617	1500	7.6	91.1	
	152	220	830	217	800		80.3	
	238	330	815	346	1200		86.2	
	320	440	799	475	1500	7.7	89.2	30.6
	398	550	783	604	1550		91.0	
	472	660	765	734	1500		92.2	
	193	220	1017	287	1000	7.6	83.7	
	296	330	993	451	1500	7.7	88.5	
	393	440	967	616	1500		90.9	30.6
	481	550	935	781	1500	7.6	92.3	
	560	660	900	946	1500		93.2	
	96	220	562	185	600		57.8	
	155	330	555	302	1000		70.7	
	214	440	552	420	1200	5.6	77.6	35
	270	550	545	538	1500		81.6	
	325	660	539	656	1500		84.4	
Z450-1A	120	220	671	229	700		63.9	
	191	330	666	368	1000		75.0	
	260	440	658	507	1500	5.6	80.8	35
	326	550	648	647	1500		84.3	
	390	660	639	786	1500		86.6	
	152	220	817	291	1000	5.6	70.7	37.2
	237	330	806	460	1500		79.7	

续表

型　　号	额定功率 /kW	额定电压 /V	额定电流 /A	额定转速 /(r/min)	最大转速 /(r/min)	励磁功率 /kW	效　率 (%)	转动惯量 /(kg·m²)
	318	440	792	629	1500		84.4	
	394	550	774	799	1500	5.6	87.2	37.2
	466	660	756	968	1500		89.0	
	213	220	1106	419	1500		76.9	
	325	330	1082	654	1500		83.9	
	429	440	1052	888	1500		87.5	
	526	550	1022	1124	1500	5.6	89.7	37.2
Z450-1A	614	660	988	1360	1500		91.1	
	258	220	1316	505	1500		80.3	
	388	330	1278	783	1500		86.2	
	506	440	1232	1062	1500	5.6	89.2	39.5
	610	550	1180	1342	1500		91.0	
	315	220	1580	626	1500		92.2	
	463	330	1512	965	1500	5.6	83.7	39.5
	589	440	1428	1304	1500		88.5	
	91	220	563	112	350		69.7	
	151	330	558	187	600		79.1	
	210	440	554	262	800		83.9	48.2
	267	550	547	337	1000		86.8	
	323	660	542	412	1200		88.7	
	115	220	674	140	500		74.2	
	186	330	666	229	800		82.2	
	256	440	660	318	1000		86.2	48.2
	323	550	650	406	1200		88.6	
	388	660	641	496	1500		90.3	
Z450-3A	147	220	816	180	600	6.7	79.0	
	232	330	804	287	800		85.3	
	315	440	793	395	1200		88.5	50.5
	393	550	778	503	1500		90.4	
	467	660	762	611	1500		91.7	
	208	220	1103	261	800		83.5	
	322	330	1084	411	1500		88.4	
	430	440	1061	561	1500		90.8	50.5
	531	550	1035	712	1500		92.3	
	624	660	1005	863	1500		93.2	
	254	220	1318	316	1000		85.7	52.8
	387	330	1286	494	1500		89.8	

型 号	额定功率 /kW	额定电压 /V	额定电流 /A	额定转速 /(r/min)	最大转速 /(r/min)	励磁功率 /kW	效 率 (%)	转动惯量 /(kg·m²)
Z450-3A	509	440	1244	672	1500		91.9	52.8
	620	550	1200	850	1500	6.7	93.0	
	312	220	1582	393	1200		87.9	52.8
	465	330	1524	609	1500		91.2	
	599	440	1452	827	1500		92.8	
Z450-4A	86	220	554	86	300		66.6	
	146	330	553	146	500		76.9	57.8
	204	440	547	205	700		82.2	
	262	550	544	265	800		85.4	
	318	660	539	325	1000		87.6	
	111	220	669	108	350		71.6	57.8
	181	330	658	180	600		80.6	
	251	440	654	250	800		85.0	
	318	550	646	321	1000		87.7	
	383	660	637	392	1200		89.5	
	142	220	807	140	500		75.7	60.1
	227	330	797	226	800		83.9	
	309	440	786	312	1000	7.5	87.4	
	388	550	773	398	1200		89.6	
	463	660	759	485	1500		91.1	
	203	220	1095	204	600		81.8	60.1
	317	330	1078	324	1000		87.3	
	425	440	1056	443	1500		90.0	
	527	550	1031	564	1500		91.7	
	622	660	1005	683	1500		92.8	
	249	220	1309	249	800		84.3	62.4
	382	330	1278	390	1200		88.9	
	505	440	1240	532	1500		91.3	
	619	550	1201	674	1550		92.6	
	308	220	1573	310	1000		87.1	62.4
	461	330	1516	484	1500		90.8	
	598	440	1452	655	1500		92.5	

2. ZF2、ZD2 系列中型直流电机 它是取代 ZF、ZD 系列中型直流电机的基本系列，适合在不含有酸性、碱性或其他对电机有腐蚀的气体环境中使用。其中，ZF2 系列直流发电机由交流电动机拖动，ZD2 系列直流电动机由直流发电机供电，用于需要宽调速机械传动。ZF2、ZD2 系列中型直流电动机的基本技术参数见表10.4-8。全系列有少数规格采用无补偿结构，过载能力较小，而绝大部分规格采用有补偿结构，过载能力较强。

3. ZD3 系列中型直流电机 其性能、外形安装尺寸及技术要求均符合 IEC 国际标准，尺寸公差符合 ISO 国际标准，适用于传动金属轧机及其辅助机构、榨糖机、挖掘机、造纸机、宽调速金属切削机床、矿井和高炉卷扬机等设备，主要技术参数见表 10.4-9。

表 10.4-8　　　　　　　　　ZF2、ZD2 系列中型电机的基本技术参数

名　称	无补偿直流发电机 （ZF2）	无补偿直流电动机 （ZD2）	有补偿直流发电机 （ZF2）	有补偿直流电动机 （ZD2）
功率范围/kW	145~300	75~160	190~1150	55~1000
额定电压/V	230/460	220	230/330/460/660	220/330/440/660
转速/(r/min)	1000/1500	低速 500~1000 高速 1200~1500	1000/1500	低速 320~500 高速 1000~1200
励磁方式	他励			
励磁电压/V	110		220	

表 10.4-9　　　　　　　　　ZD3 系列中型直流电动机技术参数

型　号	容量/kW	电压/V	200	250	320	400	500	630	800	1000
			\multicolumn{8}{c}{规　格}							
ZD3 - 315	50	220		315L	315M	315S				
	63				315L	315M	315S			
	80					315L	315M	315S		
	100	220/440					315L	315M	315S	
	125							315L	315M	315S
	160								315L	315M
ZD3 - 355	50	220/440	355M	355S						
	63		355L	355M	355S					
	80			355L	355M	355S				
	100				355L	355M	355S			
	125					355L	355M	355S		
	160						355L	355M	355S	
	200							355L	355M	355S
	250								355L	355M
ZD3 - 400	80	220/440	400M	400S						
	100		400L	400M	400S					
	125			400L	400M	400S				
	160				400L	400M	400S			
	200					400L	400M	400S		
	250						400L	400M	400S	
	320	220/330/440						400L	400M	400S
	400								400L	400M

续表

型　号	容量/kW	电压/V	转速/(r/min)							
			200	250	320	400	500	630	800	1000
			规　　　格							
ZD3 – 450	200	220/440	450M	450S						
	250	220/440	450L	450M	450S					
	320	220/330/440		450L	450M	450S				
	400	220/330/440			450L	450M	450S			
	500	220/330/440				450L	450M	450S		
	630	330/440					450L	450M	450S	
	800	330/440/660						450L	450M	450S
		440/660							450L	450M
ZD3 – 500	200	220/440	500M	500S						
	250	220/330/440	500L	500M	500S					
	320	220/330/440		500L	500M	500S				
	400	330/440/660			500L	500M	500S			
	500	330/440/660				500L	500M	500S		
	630	330/440/660					500L	500M	500S	
ZD3 – 560	320	220/330/440	560M	560S						
	400	330/440	560L	560M	560S					
	500	330/440/660		560L	560M	560S				
	630	330/440/660			560L	560M	560S			
	800	440/660				560L	560M	560S		
	800	400						560L	560M	560S

4.2.3　通用小型直流电机

通用小型直流电机分为 Z2、Z3、Z4 系列。

1. Z2 系列直流电机　它是对原 Z 系列直流电机进行改型设计的产品，适用于一般工作环境。电动机恒速运行用于风扇、泵、自动加煤机、小型木工机床等，调速运行用于压缩机、小型起重、开门机、喷漆机、往复机、风扇、吹风机、车床等设备；发电机可作动力电源、照明或其他直流恒压供电用。电动机功率范围为 0.4～75kW，额定电压为 220V，额定转速为 3000r/min、1500r/min、1000r/min、750r/min 及600r/min；发电机功率范围为 0.6～70kW，额定电压为 230V，额定转速为 2850r/min 和 1450r/min。其电动机主要技术参数见表 10.4－10。

2. Z3 系列直流电机　它是在 Z2 系列直流电机基础上，为满足出口配套要求按 IEC 国际电工标准设计制造的系列电机。广泛使用于机床、造纸、水泥、染织等部门作电力拖动。发电机可用作动力、励磁、照明电源等。

3. Z4 系列直流电机　Z4 系列是第四代直流电机产品，性能符合 IEC 和德国国家标准 DIN57530要求，是节能型产品。Z4 系列电机比 Z2、Z3 系列性能更优越。可由直流电源供电，亦可由静止整流电源供电，适用于冶金、机床、造纸、染织、印刷、水泥、塑料等工业部门的正、反转自动控制系统。

表 10.4－10 Z2 系列直流电动机主要技术参数

型　号	额定功率 /kW	额定电压 /V	额定电流 /A	削弱磁场时最大转速 /(r/min)	效　率 （%）	转动惯量 /(kg·m²)	重　量 /kg
$n_N = 3000$r/min							
Z2－11	0.8	110	9.83	3000	74	0.012	30
	0.8	220	4.85	3000	75		
Z2－12	1.1	110	12.9	3000	77.5	0.015	35
	1.1	220	6.41	3000	78		
Z2－21	1.5	110	17.5	3000	78	0.045	50
	1.5	220	8.64	3000	79		
Z2－22	2.2	110	24.7	3000	81	0.055	55
	2.2	220	12.35	3000	81		
Z2－31	3	110	33.2	3000	82	0.085	67
	3	220	16.52	3000	82.5		
Z2－32	4	110	43.8	3000	83	0.105	79
	4	220	21.65	3000	84		
Z2－41	5.5	110	60.6	3000	82.5	0.15	85
	5.5	220	30.3	3000	82.5		
Z2－42	7.5	110	81.6	3000	83.5	0.18	100
	7.5	220	40.8	3000	83.5		
Z2－51	10	220	53.8	3000	84.5	0.35	144
Z2－52	13	220	68.7	3000	86	0.40	156
Z2－61	17	220	88.9	3000	87	0.56	180
Z2－62	22	220	114.2	3000	87.5	0.65	200
Z2－71	30	220	158.5	3000	86	1.00	265
Z2－72	40	220	210	3000	86.5	1.20	300
$n_N = 1500$r/min							
Z2－11	0.4	110	5.35	3000	68	0.012	30
	0.4	220	2.68	3000	68		
Z2－12	0.6	110	7.68	3000	71	0.015	35
	0.6	220	3.82	3000	71.5		
Z2－21	0.8	110	9.84	3000	74	0.045	50
	0.8	220	4.92	3000	74		
Z2－22	1.1	110	13	3000	77	0.055	55
	1.1	220	6.5	3000	77		
Z2－31	1.5	110	17.6	3000	77.5	0.085	67
	1.5	220	8.7	3000	78.5		
Z2－32	2.2	110	25	3000	80	0.105	79
	2.2	220	12.35	3000	81		

型 号	额定功率 /kW	额定电压 /V	额定电流 /A	削弱磁场时最大转速 /(r/min)	效 率 (%)	转动惯量 /(kg·m²)	重量 /kg
Z2－41	3	110	34	3000	80	0.15	85
	3	220	17	3000	80		
Z2－42	4	110	44.6	3000	81.5	0.18	100
	4	220	22.3	3000	81.5		
Z2－51	5.5	110	60.5	2400	82.5	0.35	144
	5.5	220	30.3	2400	82.5		
Z2－52	7.5	110	82.2	2400	83	0.40	156
	7.5	220	40.8	2400	83.5		
Z2－61	10	110	107.6	2400	84.5	0.56	180
	10	220	53.8	2400	84.5		
Z2－62	13	110	139	2400	85	0.65	200
	13	220	69.5	2400	85		
Z2－71	17	110	180.6	2250	85.5	1.00	265
	17	220	90	2250	86		
Z2－72	22	110	232.6	2250	86	1.20	300
	22	220	115.4	2250	86.5		
Z2－81	30	110	315.5	2250	86.5	2.80	405
	30	220	156.9	2250	87		
Z2－82	40	220	208	2250	87.5	3.20	430
Z2－91	55	220	284	2000	88	5.90	650
Z2－92	75	220	385	2000	88.5	7.00	685
Z2－101	100	220	511	1800	89	10.30	950
Z2－102	125	220	635	1800	89.5	12.00	1085
Z2－111	160	220	808	1500	90	20.40	1265
Z2－112	200	220	1010	1500	90	23.00	1510
$n_N = 1000\text{r/min}$							
Z2－21	0.4	110	5.51	2000	66	0.045	50
	0.4	220	2.755	2000	66		
Z2－22	0.6	110	7.68	2000	71	0.055	55
	0.6	220	3.79	2000	72		
Z2－31	0.8	110	10	2000	72.5	0.085	67
	0.8	220	4.95	2000	73.5		
Z2－32	1.1	110	13.33	2000	75	0.105	79
	1.1	220	6.58	2000	76		
Z2－41	1.5	110	17.8	2000	76.5	0.15	85
	1.5	220	8.9	2000	76.5		

型　号	额定功率 /kW	额定电压 /V	额定电流 /A	削弱磁场时最大转速 /(r/min)	效　率 (%)	转动惯量 /(kg·m²)	重量 /kg
Z2-42	2.2	110	25.32	2000	79	0.18	100
	2.2	220	12.66	2000	79		
Z2-51	3	110	34.3	2000	79.5	0.35	144
	3	220	17.2	2000	79.5		
Z2-52	4	110	45.2	2000	80.5	0.40	156
	4	220	22.3	2000	81.5		
Z2-61	5.5	110	60.6	2000	82.5	0.56	180
	5.5	220	30.3	2000	82.5		
Z2-62	7.5	110	82.6	2000	82.5	0.65	200
	7.5	220	41.3	2000	82.5		
Z2-71	10	110	110.2	2000	82.5	1.00	265
	10	220	54.8	2000	83		
Z2-72	13	110	142.3	2000	83	1.20	300
	13	220	70.7	2000	83.5		
Z2-81	17	110	185	2000	83.5	2.80	405
	17	220	92	2000	84		
Z2-82	22	110	238	2000	84	3.20	430
	22	220	118.2	2000	84.5		
Z2-91	30	110	319	2000	85.5	5.90	650
	30	220	158.5	2000	86		
Z2-92	40	110	423	2000	86	7.00	685
	40	220	210	2000	86.5		
Z2-101	55	220	285.5	1500	87.5	10.30	945
Z2-102	75	220	385	1500	88.5	12.00	1085
Z2-111	100	220	511	1500	89	20.40	1265
Z2-112	125	220	635	1500	89.5	23.00	1510
$n_N = 750 \text{r/min}$							
Z2-31	0.6	110	7.91	1500	69	0.085	67
	0.6	220	3.9	1500	70		
Z2-32	0.8	110	10	1500	72.5	0.105	79
	0.8	220	4.95	1500	73.5		
Z2-41	1.1	110	13.8	1500	72.5	0.15	85
	1.1	220	6.9	1500	72.5		
Z2-42	1.5	110	18.2	1500	74.5	0.18	100
	1.5	220	9.16	1500	74.5		
Z2-51	2.2	110	26.2	1500	76.5	0.35	144
	2.2	220	13	1500	77		

续表

型 号	额定功率/kW	额定电压/V	额定电流/A	削弱磁场时最大转速/(r/min)	效 率(%)	转动惯量/(kg·m²)	重量/kg
Z2-52	3	110	35	1500	78	0.40	156
	3	220	17.4	1500	78.5		
Z2-61	4	110	46.4	1500	78.5	0.56	180
	4	220	23	1500	79		
Z2-62	5.5	110	62.2	1500	80.5	0.65	200
	5.5	220	31.1	1500	80.5		
Z2-71	7.5	110	85.2	1500	80	1.00	265
	7.5	220	42.1	1500	81		
Z2-72	10	110	112.1	1500	81	1.20	300
	10	220	55.8	1500	81.5		
Z2-81	13	110	145	1500	81.5	2.80	405
	13	220	72.1	1500	82		
Z2-82	17	110	187.2	1500	82.5	3.20	430
	17	220	93.2	1500	83		
Z2-91	22	110	239.5	1500	83.5	5.90	650
	22	220	119	1500	84		
Z2-92	30	110	323	1500	84.5	7.00	685
	30	220	160.5	1500	85		
Z2-101	40	110	425	1500	85.5	10.30	945
	40	220	212	1500	86		
Z2-102	55	220	289	1500	86.5	12.00	1085
Z2-111	75	220	387	1500	88	20.40	1265
				$n_N = 600 r/min$			
Z2-91	17	110	193	1200	80	5.90	650
	17	220	95.5	1200	81		
Z2-92	22	110	242.5	1200	82.5	7.00	685
	22	220	119.7	1200	83.5		
Z2-101	30	110	324.4	1200	84	10.30	945
	30	220	161.5	1200	84.5		
Z2-102	40	110	431	1200	84.5	12.00	1080
	40	220	214	1200	85		
Z2-111	55	220	289	1200	86.5	20.40	1265

4.2.4 无刷直流电机

　　直流电机性能优越，但机械换向器的缺点也是显而易见的。无刷永磁直流电动机没有机械换向器，却保留了直流电动机的优异性能，因而用途更为广泛，如磁盘驱动器、光盘驱动器、激光打印机、摄录机、录像机、精密仪器仪表等，是小功率直流电动机的主导产品。

　　无刷直流电动机由电动机本体、传感器和电子换向控制线路三部分组成。位置传感器检测转子位置，与电子换向线路一起实现电子换向。

无刷直流电动机常用ZW、ZWW、ZWS、DWS等型号产品，功率范围为1.5~200W，电压范围为5~48V，转速范围为100~12000r/min，ZW系列直流电动机主要技术参数见表10.4-11。

稀土永磁无刷电动机较之普通无刷直流电机有更大的功率范围和更高的电压等级，主要型号为TYWZ，其技术参数见表10.4-12。

表 10.4-11　　　　　　　　　　　ZW 系列直流电动机技术参数

型　号	额定电压/V	额定电流/A	额定转速/(r/min)	旋转方向	传感器
20ZWH-01	20	0.065	1500	逆、顺时针	霍尔
30ZW-1	24	0.8	9000	逆时针	电磁式
35ZW-2A	24	0.65	2500	逆时针	电磁式
45ZW-1A	24	0.90	4500	逆时针	电磁式
45ZW-1B	24	0.6	2000	逆时针	电磁式
45ZW-1C	24	0.9	3000	逆、顺时针	电磁式
45ZW-1D	24	0.9	3000	逆时针	电磁式
45ZW-2	24	0.9	4500	逆时针	电磁式
55ZW-1	15	6.5	4500	逆时针	电磁式
55ZW-1B	15	7.0	2500	逆、顺时针	电磁式
55ZW-2A	24	4.6	8000	逆时针	电磁式
55ZW-3A	12	2.0	2000	逆时针	电磁式
55ZWS-04	48	2.8	1500	逆、顺时针	电磁式
70ZW-1	24	0.52	1200	逆时针	电磁式
70ZW-2	12	2.5	1700	逆时针	电磁式
75ZW-3A	24	0.8	500	逆时针	电磁式
90ZW01	24	4.6	1500	逆时针	电磁式
90ZW02	24	4.6	3000	逆时针	电磁式
90ZW-2A	27	5.0	2000	逆时针	光电式
130ZW-1	12	3.0	2000	逆、顺时针	外转子

表 10.4-12　　　　　　　　　　TYWZ 稀土永磁无刷电动机电气参数

型　号	额定转矩/(N·m)	额定输出功率/kW	电压等级/V	额定转速/(r/min)	最大转速/(r/min)	额定电流/A	转子惯量/(kg·m²)	最大失步转矩/(N·m)
TYWZ-10-50S	1.0	0.10	24	1000	1500	4.8	1.0	2
TYWZ-18-50S	1.1	0.18	220	1500	2000	0.73	1.0	2.2
TYWZ-18-50M	0.29	0.18	220	6000	6500	0.6	1.3	
TYWZ-75-50L	2.4	0.75	220	3000	3500	2.8	2.0	
TYWZ-55-50L	2.1	0.55	24	2500	3000	24	2.3	
TYWZ-55-63S	2.4	0.55	220	2000	2500	2.03	3.0	7.2
		0.55	380	2000	2500	1.06	3.4	
TYWZ-75-63S	2.4	0.75	220	3000	3500	2.8	3.4	
		0.75	380	3000	3500	1.44	3.4	
TYWZ-25-63M	3.1	0.25	24	750	1250	11	5.7	

续表

型　　号	额定转矩 /(N·m)	额定输出功率 /kW	电压等级 /V	额定转速 /(r/min)	最大转速 /(r/min)	额定电流 /A	转子惯量 /(kg·m²)	最大失步转矩 /(N·m)
TYWZ-75-63M	4.8	0.75	220	1500	2000	2.8	5.7	
		0.75	380	1500	2000	1.4	5.7	14.4
TYWZ-110-63M	3.5	1.10	24	3000	3500	42	5.7	
TYWZ-150-63M	4.8	1.50	380	3000	3500	2.8	5.7	
TYWZ-75-63L	7.2	0.75	220	1000	1500	2.8	9.1	
TYWZ-150-63L	7.2	1.50	220	2000	2500	5.3	9.1	21.6
TYWZ-200-63L	7.6	2.00	220	2500	3000	7	9.1	
TYWZ-75-71S	4.8	0.75	220	1500	2250	2.7	9.6	12.96
TYWZ-150-71S	4.8	1.50	220	3000	3500	5.2	9.6	14.4
TYWZ-150-71M	9.55	1.50	220	1500	2000	5.2	17.8	
TYWZ-200-71M	9.55	2.00	220	2500	3000	6.9	17.8	28.65
TYWZ-300-71M	9.55	3.00	220	3000	3500	10	17.8	
TYWZ-110-71L	14	1.10	220	750	1250	4.2	26.1	
TYWZ-150-71L	14	1.50	220	1000	1500	5.4	26.1	
TYWZ-300-90M	19.1	3.00	380	1500	2000	6.5	55.3	
TYWZ-400-90M	19.1	4.00	380	2000	2500	8	55.3	35
TYWZ-300-90L	28	3.00	380	1000	1500	6	75.4	
TYWZ-550-90L	26	5.50	220	2000	2500	20	75.4	
		5.50	380	2000	2500	11.8	75.4	

4.3　专用直流电动机系列

4.3.1　轧机辅传动直流电动机

通称为起重冶金用直流电机,用于冶金矿山、港口船舶及建筑机械等设备的驱动,有 ZZY 系列、ZZJ2 系列和 ZZJ-800 系列,其中 ZZJ-800 系列是按照国际标准设计的最新产品。

1. ZZY 系列起重及冶金用直流电动机　具有快速起动能力和较大过载转矩倍数,能承受频繁起动、正反转、制动等剧烈机械冲击。高速用于各种起重机,如起货机、行车等;低速适用于冶金辅助设备,如轧钢、炼铁、炼钢车间的辅助传动机构等,其主要技术参数见表 10.4-13。

表 10.4-13　　ZZY 系列起重及冶金用直流电动机主要技术参数(220V)

型　号	基　速			高　速			励磁方式	转动惯量 /(kg·m²)
	额定功率 /kW	额定电流 /A	额定转速 /(r/min)	额定功率 /kW	额定电流 /A	额定转速 /(r/min)		
ZZY-12	3	20	1000	3.5	21	1300	串励	0.216
		19.5	1200		21	1550	复励	
		19.5	1200		21	1550	并励	
ZZY-21	4.5	28	900	5.5	33	1200	串励	0.494
		27	1100		31.5	1410	复励	
		27	1100		31	1450	并励	

型 号	基 速 额定功率/kW	基 速 额定电流/A	基 速 额定转速/(r/min)	高 速 额定功率/kW	高 速 额定电流/A	高 速 额定转速/(r/min)	励磁方式	转动惯量/(kg·m²)
ZZY-22	6	36	850	8	46	1180	串励	0.547
		34	950		44	1300	复励	
		36	1000		43	1350	并励	
ZZY-31	9	53	750	12	67	1130	串励	2.82
		52	850		65	1300	复励	
		51	850		64	1300	并励	
ZZY-32	12	68	650	17	92	1000	串励	3.24
		66	750		93	1170	复励	
		65	750		85	1170	并励	
ZZY-41	17	94	620	22	120	960	串励	3.75
	16	87	700		115	1130	复励	
		85	700		114	1130	并励	
ZZY-42	23	125	600	37	170	900	串励	4.85
	21	112	650	31	165	1000	复励	
		112	650	30	155	1000	并励	

2. ZZJ2 系列起重及冶金用直流电动机 包括 9 个机座、132 个规格，定额、性能及外形安装尺寸全部按照 IEC 标准设计制造，可由直流发电机组供电，亦允许采用整流电源供电。其主要技术参数见表10.4-14。

表 10.4-14　　　　ZZJ2 系列起重及冶金用直流电动机主要技术参数

型 号	额定电压/V	负载持续率（FC=25%）并励/他励 功率/kW	负载持续率（FC=25%）并励/他励 转速/(r/min)	负载持续率（FC=25%）复励 功率/kW	负载持续率（FC=25%）复励 转速/(r/min)	负载持续率（FC=25%）串励 转速/(r/min)	负载持续率（FC=100%）并/他/复励 功率/kW	负载持续率（FC=100%）并/他/复励 转速/(r/min)	负载持续率（FC=100%）串励 转速/(r/min)	最高转速/(r/min)	转动惯量/(kg·m²)
ZZJ2-12	220	2.8	1200	2.8	1200	1000				3300	0.2
ZZJ2-22	220	5	1000	5	1000	850				3000	0.54
ZZJ2-31	220	7.5	880	7.5	880	780				2500	103
ZZJ2-32	220	10	780	10	780	700				2500	1.73
ZZJ2-41	220	15	730	16	720	670	18	800	720	2200	3.52
	440	14	880	15	830	800	17	800	720		
ZZJ2-42	220	19	720	20	710	660	24	740	660	2200	4.43
	440	17	830	18	800	770	22	750	670		
ZZJ2-51	220	25	720	26	710	660	30	680	630	2000	7.4
	440	24	750	25	740	700	28	700	650		
ZZJ2-52	220	32	690	34	670	640	42	640	600	2000	9.8
	440	30	710	32	700	660	40	660	610		

续表

型号	额定电压/V	负载持续率（FC=25%）					负载持续率（FC=100%）			最高转速/(r/min)	转动惯量/(kg·m²)
		并励/他励		复励		串励	并/他/复励		串励		
		功率/kW	转速/(r/min)	功率/kW	转速/(r/min)	转速/(r/min)	功率/kW	转速/(r/min)	转速/(r/min)		
ZZJ2-62	220	45	640	48	630	610	56	590	550	1800	16
	440	40	660	42	650	620	53	610	560		
ZZJ2-71	220	55	600	56	590	570	75	560	520	1600	26
	440	50	620	53	610	580	70	580	540		
ZZJ2-72	220	65	570	70	555	540	90	530	500		31.5
	440	60	600	65	570	560	85	550	510		
ZZJ2-82	220	80	520	85	500	490	115	470	440	1400	59
	440	80	550	85	520	510	115	480	450		
ZZJ2-91	220	100	480	105	470	460	150	430	400	1200	110
	440	100	490	105	480	470	150	440	410		
ZZJ2-92	220	125	440	130	435	430	180	400	370		132
	440	125	470	130	460	450	180	410	380		

3. ZZJ-800 系列冶金起重用直流电动机 为轧机传动设计，符合 IEC34-13 技术规范，可与进口 800 系列电机互换，用于更新 ZZ、ZZK、ZZY、ZZJO、ZZJZ 等系列电机，适应于整流电源供电，用于金属轧机辅助传动机械和起重、电铲等机械的驱动，其技术数据见表10.4-15。

表 10.4-15　　　　　ZZJ-800 系列冶金及起重用直流电动机技术参数

座号	全封闭式串励短时工作制 S2 30min 定额		全封闭式断续周期工作制 S3 负载持续率 FC=30%						最大起动转矩/(N·m)			最大运行转矩/(N·m)			最大安全运行转速/(r/min)
	功率/kW	转速/(r/min)	串励		复励		并励		串励	复励	并励	串励	复励	并励	
			功率/kW	转速/(r/min)	功率/kW	转速/(r/min)	功率/kW	转速/(r/min)							
802A	5.0	750	4.1	840	3.75	1080	3.75	1130	198	157	126	158	123	102	3600
802B	7.5	675	6.0	780	5.6	950	5.6	1000	330	270	216	268	210	177	3600
802C	10.0	675	7.5	800	7.1	940	6.7	1000	450	360	237	360	280	220	3600
803	14.1	620	11.2	725	10.8	840	10.5	880	740	610	400	600	470	360	3300
804	19.5	580	15.0	650	13.8	775	12.7	800	1100	900	590	880	685	530	3000
806	29.0	500	22.4	575	21.2	690	18.6	715	1870	1500	980	1490	1170	880	2600
808	48.5	450	30.0	570	28	625	26.0	630	3400	2800	1860	2700	2150	1650	2300
810	67	440	45.0	550	39	615	33.5	600	5000	4000	2700	4000	3100	2450	2200
812	100	420	63.5	525	56	580	45.0	565	7450	6250	4150	6000	4900	3750	1900
814	149	400	86	515	82	565	63.5	560	11600	9600	6400	9300	7500	5800	1700
816	200	400	112	500	104	540	82	535	16000	13300	8900	12600	10400	8000	1600
818	243	360	138	485	123	490	97	470	21700	18400	12300	17400	14400	11000	1500

4.3.2　ZQ 系列直流牵引电动机

ZQ 系列电机用于与工矿电动机车或无轨电车配套，作为主牵引动力。ZQ-4、ZQ-4-1、ZQ-4-2、ZQ-4-3、ZQ-4-4、ZQ-7、ZQ-7-1 适用于驱动矿用架线式电动机车，ZQ-100、ZQ-125 专用于无轨电车牵引，其技术参数见表 10.4-16。

4.3.3　Z2 系列派生电动机

主要派生系列有 ZT2 和 ZO2。ZT2 系列为宽调速直流电动机，采用调节励磁电流的方法调速，调速比为 1∶3~1∶4。ZO2 系列封闭式直流电动机主要适用于小尘埃及金属切屑等场合，其恒功率调磁调速范围亦为 1∶3 或 1∶4。

以上两类电机的外形尺寸、转动惯量、重量与同机座号的 Z2 系列电机一致。

表 10.4-16　　　　　　　　　　ZQ 系列直流牵引电动机技术参数

型　号	额定功率 /kW	额定电压 /V	额定电流 /A	额定转速 /(r/min)	最高转速 /(r/min)	励磁方式	质量 /kg	所配机车型号
ZQ-4	4.5	42	135	1100	2200	串励	100	ZK1.5
ZQ-4-1	3.5	42	110	960	2250	串励	100	ZK1.5
ZQ-4-2	3.5	97	45	960	2250	串励	100	ZK1.5
ZQ-4-3	3.2	250	16.6	1200	2400	串励	100	ZK1.5
ZQ-4-4	3.5	40	112	1500	3000	串励	100	ZK1.5
ZQ-7	6.5	250	31	1190	2380	串励	165	ZK3
ZQ-7-1	6.5	110	73	1100	2200	串励	165	ZK3
ZQ-100	100	600	183	1300	2500	串励	730	无轨电车
ZQ-125	125	600	228	1550	3000	复励	730	无轨电车

第 5 章 控 制 电 机

5.1 概论

5.1.1 特点与用途

自动控制系统和计算装置中用作检测、放大、执行和解算的电机，统称为控制电机。其输出功率一般从几百毫瓦至数百瓦，机壳外径一般为 12.5 ~ 130mm，质量从数十克到数千克，故又称为微控制电机。但在较大的自动控制系统（如轧钢、数控机床、火炮和工业机器人的自动控制系统）中，这类电机的机座外径已达 300~400mm，质量已达数十千克至数百千克，功率也已达到数十千瓦至数百千瓦。与常规电机不同，控制电机更偏重于对高精度、快速响应能力和高可靠性等静态和动态特性的要求。

5.1.2 分类

控制电动机按功能可分为以下五类：

1. 测位用控制电机　能将机械角度或直线位移进行直接指示、变换（成电压信号或相位信号）或远距离传输。

2. 测速用控制电机　能将机械转速变换成电压信号或脉冲列信号。

3. 执行用控制电机　能快捷执行频繁变化的位置和速度指令。

4. 放大用控制电机　能对输入量或反馈量进行变换、校正和放大。

5. 特殊用途控制电机　具有特定的功能，适用于某些特殊场所。

其中 1、2 两类又称为信号电机，而 3、4 两类称为功率电机。

5.2 信号电机

5.2.1 自整角电机

1. 概述　自整角机是一种感应式机电元件，其功能是将转轴上的转角变换为电信号或把电信号变换为转轴的转角，用于无机械连接系统中转角或与转角对应信号的远距离传输、变换和接收。

自整角机按电源相数可分为三相和单相两种。在自动控制系统中使用的自整角机，一般为单相。

按结构，自整角机又分为无接触式和接触式两大类。我国自行设计的自整角机系列中，均为接触式自整角机。而按其工作原理，还可分为力矩式自整角机和控制式自整角机两大类。

力矩式自整角机，主要应用于精度较低的指示系统。按用途可分为以下四种：

(1) 力矩式自整角发送机。将输入的转子转角变换成电信号输出。

(2) 力矩式自整角接收机。将接收的电信号变换成转子转角输出。

(3) 力矩式自整角差动发送机。将接收的转子转角及自身转子转角的代数和变换成电信号输出。

(4) 力矩式自整角差动接收机。将两个发送机转子转角代数和变换成转子转角输出。

控制式自整角机，主要用于精度较高、负载较大的伺服系统或随动系统。按用途可分为以下三种：

(1) 控制式自整角发送机。将输入的转子转角变换成电信号输出。

(2) 控制式自整角差动发送机。将接收的转子转角及其自身转子转角的代数和变换成电信号输出。

(3) 控制式自整角变压器。将接收的电信号变换成与失调角对应的电信号输出。

2. 主要系列和性能指标　常用自整角系列见表 10.5-1。

表 10.5-1　常用自整角机系列介绍

分　类		新代号	旧代号	功　能
力矩式	发送机	ZLF	LF, ZF	将输入转角转化为三线信号输出
	差动式发送机	ZCF	LCF, ZC	串接于发送机和接收机之间，输出转角信号为两转角之代数和
	接收机	ZLJ	LJ, ZJ	接受三线信号，转换为转子转角
	差动式接收机	ZCJ	CJ	串接于两发送机之间，输出转子转角为两转角信号之代数和

续表

分 类		新代号	旧代号	功 能
控制式	发送机	ZKF	KF, ZK	同力矩式发送机
	自整角变压器	ZKC	KCF, ZD	接受三线电信号，改换成与失调角对应的误差电信号输出
	差动式发送机	ZKB	KB, ZB	串接于发送机和自整角变压器之间，实现本机的三线信号输出

5.2.2 测速发电机

1. **特点、用途与分类** 测速发电机是一种测量转速的信号元件，将输入的机械转速、直线速度变换成电压信号输出，信号幅值（或频率）与转速成正比，并能反映旋转方向。

自动控制系统对测速发电机的主要要求是：输出电压与转速保持严格正比关系，输出稳定，误差小，斜率大。

测速发电机也有交、直流两大类。交流测速发电机可分为同步测速发电机、异步测速发电机及霍尔效应测速发电机。同步测速发电机又分为永磁式、感应子式和脉冲式三种；异步测速发电机按其转子结构也可分为转子笼型或空心杯型两种。直流测速发电机除永磁式和电磁式，还有无刷直流测速发电机、数字型测速发电机等。

2. **交流测速发电机** 同步型交流测速发电机通常制成永磁式或感应子式，其输出电压幅值和频率均与转速成正比，且有较大输出功率。转速被转换为多相交流电压输出后，用桥式整流器整流成直流电压，用作速度显示或调速系统的反馈信号。

异步测速发电机主要采用空心杯转子结构。空心杯转子交流异步测速发电机的输出特性，比笼型转子具有更高的精度，且转动惯量较小，所以得到广泛应用。

3. **直流测速发电机** 与交流测速发电机相比，直流测速发电机无剩余电压和相位误差，输出斜率大，分辨率高，但电刷和换向器需要维护，输出有纹波。

常用直流测速发电机有电磁式和永磁式两大类。电磁式测速电机的工作原理与他励直流发电机相同，一般为两极，电枢按不同结构型式分为无槽式、有槽

式、空心杯式和盘式印制绕组等。近年出现的永磁式直线测速发电机，性能稳定，应用日渐增多。

无刷直流测速发电机采用空心杯结构交流电动机和霍尔元件（或永磁同步电动机和霍尔元件）获取直流测速信号，已经商业化生产。另外，数字型测速机，以输出脉冲表示转速，也已面世。目前有每转输出 300 和 600 个（甚至更多）脉冲的产品，经电子倍频后很容易得到 1200 个脉冲/r 以上的分辨率。

4. **常用系列和技术数据** 常用的测速发电机系列有 CY 型永磁式直流、CYD 型永磁式低速直流、CW 型无刷有限转角直流、CX 型直线测速、CK 型空心杯、CT 型同步测速发电机等。测速发电机主要性能指标有输出斜率、线性误差、正反转不对称度、纹波系数、剩余电压和温度系数等。

5.2.3 旋转变压器

旋转变压器实际上是一台可随意改变一次绕组和二次绕组耦合程度的变压器，有正余弦旋转型、线性旋转型和比例式旋转型等几种。其结构与绕线转子异步电动机相似，定子、转子铁心中各有两相互相垂直的分布绕组，转子绕组利用集电环和电刷与外电路连接。当一次绕组励磁后，二次绕组的输出电压与转子转角成正弦、余弦、线性或其他函数关系，可在计算装置中完成坐标变换和三角函数运算，也可在控制系统中作角度传输和移相器使用。

5.3 执行电机

5.3.1 伺服电动机

1. **特点、用途与分类** 伺服电动机是应用较广的一种控制电机，作用是将电信号（如电压）转换成轴上的角位移或角速度，灵敏度高，响应快，主要在自动控制系统中用作执行元件。

按供电电源分，伺服电动机分为交流和直流两大类。交流伺服电动机又分为异步及同步两种。小功率的自动控制系统多采用两极交流伺服电动机，一般功率在 30W 以下；稍大功率的自动控制系统多采用直流伺服电动机。

伺服电动机标号由四部分构成：

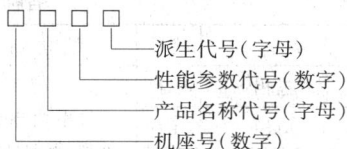

```
□ □ □ □
        └── 派生代号(字母)
      └──── 性能参数代号(数字)
    └────── 产品名称代号(字母)
  └──────── 机座号(数字)
```

2. **交流伺服电动机** 实际上就是一种两相异步电动机，定子上装有两个绕组，一个是励磁绕组，另

一个是控制绕组,两者在空间正交。励磁绕组与励磁电源连接,控制绕组与控制信号相连。转子结构有笼型和非磁性杯型两种。笼型转子结构与一般笼型异步电动机转子相同,只是转子导体用高电阻的青铜或铸铝做成,输出功率一般在 100W 以下。杯型转子用铝合金或铜合金制成,以减小转动惯量。不过,应用较多的还是笼型转子。

3. **直流伺服电动机** 实质上是一种体积和容量都很小的直流电动机,只是外形细长,转动惯量更小而已。通常应用于功率稍大的系统中,并按控制方式分为电枢控制和磁场控制两类,或按励磁方式分为永磁式和电磁式两种,其中永磁直流伺服电动机应用最广泛。常用伺服电动机的特点和用途见表 10.5 - 2。

5.3.2 力矩电动机

1. **特点与用途** 力矩电动机是一种以输出力矩为特征的电动机,允许在堵转至额定转速之间运行。其主要特点是:可以直接驱动负载而毋须减速机构,反应速度快,机械特性线性度好,能在很低的转速下稳定运行(转速可低至数分钟一转),在堵转状态下能产生较大转矩,转矩和转速的波动很小。常有直流和交流两种类型,其特点和用途见表 10.5 - 3。

2. **交流力矩电动机** 分为同步和异步两种。常用的笼型力矩电动机具有高转矩低转速特点,多槽盘式结构,铁心长径比为 $0.07 \sim 0.2$ 之间,其工作原理与两相伺服电动机的相同。

表 10.5 - 2 常用伺服电动机的特点和用途

分 类	代号	结构特点	性能特点	使用范围
笼型	SL	转子为笼型结构	具有体积小工作可靠等优点,低速运转时不够平滑	小功率自动控制系统中
非磁性杯型	SK	用非磁性金属制成杯型转子,杯子的内外定子构成磁路	转子惯量小,运行平滑,无抖动现象;励磁电流和体积较大	要求平滑运行的系统如积分电路
有槽电枢	SY	结构与一般直流电机相似,但电机细长,气隙较小	有下降的机械特性和线性的调节特性,响应快	一般直流伺服系统
无槽电枢	SWC	电枢铁心为光滑的圆柱体,电枢绕组用环氧树脂固定在铁心表面,气隙大	具有一般直流伺服电机特性,转动惯量小,机电时间常数小,换向良好	需快速动作、功率较大的伺服系统
永磁式直线伺服电机	SZX	可动部分为动圈,也称为音圈电机	作直线运动	作直线运动的控制电机
空心杯形电枢	SYK	电枢用环氧树脂浇注成杯型,空心杯电枢内外有铁心构成磁路	时间常数小,换向良好,低速运行平滑	需要快速动作的伺服系统
印刷绕组电枢	SN	磁极轴向安装,电枢为圆盘绝缘薄板,绕组印刷而成	电机转矩平滑,无齿槽效应,火花小,低速性能好	低速和起动、反转频繁的系统
无刷直流伺服电动机电枢(永磁式)	ZW	没有机械换向器和电刷,由电动机本体、位置传感器及电子换向器三部分构成	调速性能平稳,范围宽,噪声低,可靠性高,寿命长,无换向火花,对无线电无干扰	适用于精密仪器仪表驱动装置

表 10.5 - 3 各种力矩电动机的特点和用途比较

分 类		代号	结构特点	性能特点	应用范围
交流力矩电动机	三相	AJ	与小功率异步电动机的结构基本相同	机械特性较软,具有宽广的调速范围,电动机的堵转转矩大而电流小,可以在空载、负载和堵转下运行	卷绕:用于恒功率驱动;开卷:产生均匀制动力;堵转:用于开启闸门,调节流量
	单相	DJ			
	三相齿轮减速	AJC			

续表

分 类		代号	结 构 特 点	性 能 特 点	应 用 范 围
直流力矩 电动机	永磁式	LY	径向尺寸大、轴 向尺寸短，磁路有 凸极和隐极式	能长期处于堵转状态下工作， 转速低，输出转矩大。具有良好 的低速平稳性和线性的调节特性 及机械特性	在位置和速度伺服系统中 作执行元件
	无刷式	LW			
	动圈有限 转角无刷	LW			

3. 直流力矩电动机 它是一种可以连续堵转运行的低转速、大转矩永磁直流电动机，工作原理与直流伺服电动机相同。一般做成扁平形，广泛应用于随动系统，如在 X－Y 记录仪、雷达天线、人造卫星天线、潜艇定向仪和天文望远镜驱动中作执行元件等。

5.3.3 步进电机

1. 特点与用途 步进电机将电脉冲信号转换成与脉冲频率成正比的角位移或直线位移。每输入一个电脉冲，转子就转过一个固定的角度（称为步距角），改变电脉冲的频率和通电相序，就可以控制步进电机的转速和转向。

步进电机输出转角定位精度高，无累积误差，控制方便，尤其适用于数字控制系统。

2. 分类 步进电机的种类很多，其中最常见的有永磁式（PM）、反应式（VR）和混合式（HB）三类，其性能见表 10.5－4。主要型号（系列）及特点见表 10.5－5。

表 10.5－4   主要步进电机的性能比较

参数名称	永磁式	反应式	混合式
步距角 （典型值）	大 （15°/22.5°/45°/90°）	小 （2°/1°/1.5°/0.75°等）	小 （1.8°/0.9°/0.72°/0.36°）
步距角误差	差	较差（±20%）	好（±3%）
工作和起动频率/Hz	低（几百）	高（几千）	更高（可达几万）
内部阻尼	有	无	有
效率	较高	低	较高
绕组电流方向	双向	单向	单向或双向
静态转矩范围/N·m	无	≤50	≤15
成本	低	中	高

表 10.5－5   各系列步进电机的特点

产品名称	代号	结 构 特 点	性 能 特 点
电磁式步进电 动机	BD	无需专用电源，用直流电 源即可工作	控制简便，适用于检测系统中
永磁式步进电 动机	BY	采用永磁体建立励磁磁场	其优点是控制功率比反应式步进电动机小，在断电情况下 有定位转矩；缺点是步距角大，起动频率较低，需要用正、 负电脉冲供电
永磁感应式步进 电动机	BYG BFG	转子为永磁体结构 定子为反应式结构	兼顾永磁式和反应式优点：小步距角，较高起动和运行频 率，控制功率小，有定位转矩；缺点是结构和工艺复杂
磁阻式（即反应 式）步进电动机	BF	定转子材料均由软磁材料 构成，基于磁导变化产生 转矩	分辨率高，价格合理。其优点是力矩-惯性比高，频率响 应快，步进频率高，不通电时转子能自由转动；机械结构简 单，双向旋转等

5.3.4 电机扩大机

电机扩大机也是一种控制电机，在自控系统中作功率放大元件（又称功率扩大机）使用，具有开环放大倍数大（10^4）、过载能力强、输出电压平稳、性能稳定可靠等优点。

电机扩大机除广泛使用的交轴磁场电机扩大机外，还有直轴磁场电机扩大机和自差式电机扩大机等。目前国内以 ZKK 系列交磁电机扩大机为主，其主要技术参数见表 10.5 - 6。

表 10.5 - 6　　　　　　　ZKK 系列交磁电机扩大机主要技术参数

型　号	功率 /kW	电压 /V	电流 /A	转速 /(r/min)	效率 (%)	型　号	功率 /kW	电压 /V	电流 /A	转速 /(r/min)	效率 (%)
ZKK25	1.2	115	10.4	1450	68	ZKK100	5.0	115	43.5	1450	81
	1.2	230	5.2	1450	68		5.0	230	21.7	1450	81
	2.5	115	21.7	2900	74		10.0	230	43.5	2900	84
	2.5	230	10.9	2900	74	ZKK110	11.0	230	47.8	1450	82
ZKK50	2.2	115	19.1	1450	78	ZKK200	20.0	230	87	1450	83
	2.2	230	9.6	1450	78					1450	83
	4.5	230	19.6	2900	80	ZKK250	25.0	230	109	1450	85
ZKK70	3.5	115	30.4	1450	78	ZKK330				1460	86.5
	3.5	230	15.2	1450	78	ZKK500	50.0	460	109	1450	88
	7.0	230	30.4	2900	80						

第 6 章　新型特种电机

6.1　特点和用途

新型特种电机是所有原理、结构、材料、运行方式有别于普通电机或控制电机，但基本功能又与普通电机或控制电机无本质差异的各类电机的总称。由于这类电机大都是为了满足某种特定需求而专门研制的，具有普通电机或控制电机难以企及的某些特定性能，因而品种繁多，功能各异。有的以直线运动方式驱动磁悬浮高速列车；有的以 500000r/min 超高速旋转；有的以蠕动方式爬行；有的还可以直接作二维或三维运动；有的功率不到 1W，尺寸不足 1mm，用于人体医学工程；有的甚至直接由压电陶瓷和形状记忆合金等功能材料制成，可实现纳米级精密定位（压电超声波电机）和柔性伺服传动（形状记忆合金电机）。

事实上，各类特种电机，尤其是新型微特电机，已经成为当今电机研究中最有活力、最富色彩、也最具挑战性的前沿领域，内容极为丰富。本章挂一漏万，只简单介绍其中的几种，目的也只是想形成一种新的内容体系，以突出新型特种电动机的作用和地位。

6.2　直线电机

直线电机的原理、特点和分类如下：

直线电机是一种利用电能产生直线运动的电子机械装置，可直接驱动机械负载作直线运动。近年来，随着工业加工质量和运动定位精度等技术要求的提高，直线电机受到了日益广泛的关注。

在结构上，直线电机相当于旋转电机在某射线位置沿径向剖开并沿圆周拉直。其工作原理同旋转电机相似，但不需要任何中间环节即可直接驱动被控制对象产生直线轨迹运动，打破了传统的"旋转电机+机械变换环节"传动模式，因而具有与传统电机不同的特点：

（1）不存在中间环节，可实现高速高精度跟踪与定位。

（2）具有比传统旋转电机大得多的加、减速度。

（3）进给行程不受限制。

（4）结构简单，依靠电磁推力驱动，运动平稳，噪声低。

直线电机可分为感应直线电机（LIM）、直流直线电机（LDM）、步进直线电机（LPM）和同步直线电机（LSM）等类型。感应直线电机维护简便，可利用反相制动产生较大减速力，但电机本身无定位能力，需借助位置传感器，主要应用于自动搬运装置等。直流直线电机的典型代表是音圈电机，具有喇叭状的辐射状磁场，这类电机主要应用于 X - Y 绘图仪、打印机等。步进直线电机可以看成混合式永磁步进电机的展开体，也主要用于绘图仪、打印机等；其缺点是易失步、加速能力低。同步直线电机的速度受频率控制；缺点是需要位置检测，有失步危险，同步时电流需要切换，主要应用于磁悬浮铁路火车上。

国内外研究简介：直线电机的发展越来越具有伺服化、小型化、高推力化和高速立体化趋势，永磁化特点也比较突出。可以预计，无论是民用还是军事应用，直线电机都会扮演越来越重要的角色。

6.3　横向磁通电机

原理、特点和分类如下：横向磁通电机（Transverse Flux Machine）是一种主磁通作用方式与常规电机不同的新型电机。常规电机中的主磁通，无论是径向磁场形式还是轴向磁场形式，都必然切割导体产生运动电动势，致使磁路与电路挤占同一平面空间。但横向磁通电机的主磁通作用方式是在绕组中"交变"产生变压器电动势，从而在拓扑结构上保证了磁路与电路的相对独立，如图 10.6 - 1 所示。横向磁通电机具有复杂的三维磁路结构，磁通路径从转子经气隙到达定子的径向-轴向-径向方向后，再回到转子闭合。

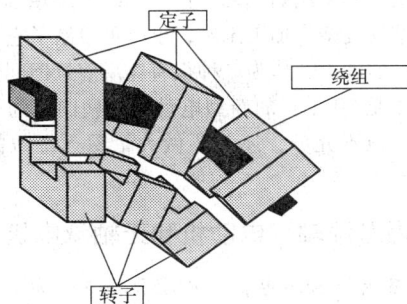

图 10.6 - 1　横向磁通电机模型

横向磁通电机与常规电机在磁路结构上的区别，导致了它们在性能上的差异。横向磁通电机的主要特点在于：不存在径向或轴向磁通电机中磁路和电路布局之间相互冲突的矛盾，完全可以根据实际需要独立设计电机的电路和磁路，从而保证了电机的内部空间可以得到最充分、也是最合理的利用。因此，横向磁通电机具有体积小、转矩和功率密度高、效率高等突出优点。实验表明，横向磁通电机的功率密度可比常规电机高 3~5 倍。

横向磁通电机根据磁场激励情况，可分为三种类型，即永磁体在转子侧的主动转子电机，永磁体在定子侧的被动转子电机，以及没有永磁体的被动转子电机，如图 10.6 - 2 所示。这三种类型的电机中，被动转子型电机的性能较优。被动转子电机的优点在于：减小了机械振动的灵敏度，延长了磁性材料的寿命；冷却方便，可减小因过热而引起的磁损耗；转子的机械稳定性更高。无永磁体型被动转子电机多作电机运行，作发电机运行时，原动机带动转子运动，定子与转子产生相对运动，在环形绕组中产生感应电流，原理与感应电机相似。

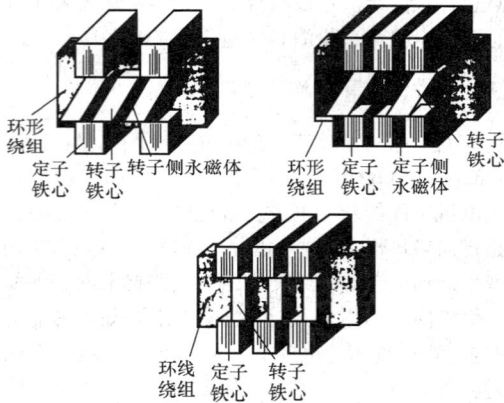

图 10.6 - 2 横向磁通电机的结构

横向磁通电机以其高转矩和高功率密度特点已成为现代商用和军用船舶动力推进系统的理想选择。但是，其结构复杂，加工困难，也严重限制了它的推广和应用。实际上，作为一种很有应用前景但问世时间不长（不足 20 年）的新型电动机，横向磁通电动机的研究还很不充分，还需要做大量深入细致的研究工作。

6.4 磁悬浮轴承电动机和无轴承电机

1. 磁悬浮轴承电机的原理和特点 为了克服机械轴承性能的不足，近 20 多年来发展起来的磁轴承（Magnetic Bearings），是利用磁场力将转子悬浮于空间，实现转子和定子之间没有任何机械接触的一种新型高性能轴承。由于磁轴承具有无摩擦、无磨损、不

需润滑和密封、高速度、高精度、寿命长等一系列优良品质，从根本上改变了传统的支撑型式，在能源、交通、航空航天、机械工业及机器人等高科技领域具有较为广泛的应用前景。图 10.6 - 3 是由磁轴承支撑的高速电机结构示意图。

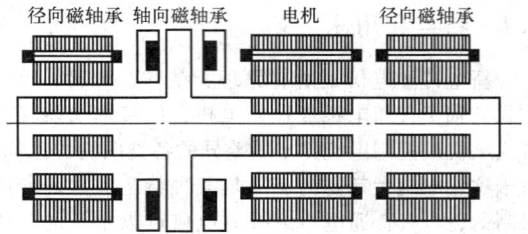

图 10.6 - 3 磁轴承支撑电机结构示意图

磁轴承支撑的电机虽然具有突出的优点，但依然存在如下问题：

（1）电动机的输出功率难以得到较大提高。

（2）磁轴承需要高品质的控制器、高性能的功率放大器和造价不菲的位移传感器。

结构复杂，体积大，成本高，限制了磁轴承在高速大容量电机中的应用。

2. 磁悬浮无轴承电机的原理和特点 由于磁悬浮轴承电机还不能广泛满足人们的需要，一种新型的磁悬浮无轴承电机的研究受到了重视，如图 10.6 - 4 所示。磁悬浮无轴承电机是在定子上安装两套不同极数的绕组，其中一套绕组用于产生转矩，称为转矩绕组；另一套绕组用于控制磁悬浮力，称为悬浮力绕组。转子结构与传统交流电机相似，亦可分为永磁式、磁阻式和感应式三种。转子的转速决定于定子转矩绕组的极数和供电频率。因定子悬浮力绕组与转矩绕组的极数可能不同，故悬浮力绕组电流产生的旋转磁场与转子旋转速度不一定同步。这种转子与悬浮力绕组磁场旋转速度的不同决定了悬浮力绕组可以有两种不同的励磁方式：他励方式和自励方式。由于支撑转子的磁悬浮力控制依靠调节悬浮力绕组的电流来实

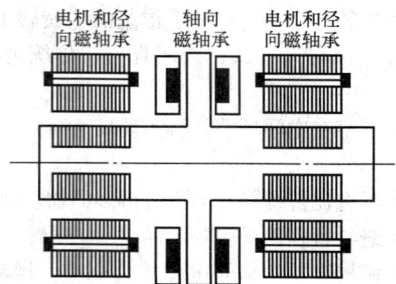

图 10.6 - 4 无轴承电机的结构示意图

现，所以悬浮力绕组的励磁方式和控制策略是决定无轴承电机控制系统结构的重要因素。

无轴承电机除了保持磁轴承支承电机系统寿命长、无机械摩擦和磨损、无须润滑等所有优点外，还可能突破高转速和大功率限制，拓宽在高速大容量电机中的应用范围。此外，其紧凑的电动机结构，亦为研究小型特种新型电机提供了设计范例。

6.5　超导电动机

1. 原理、特点和分类　超导材料的发现为大型电机的技术飞跃创造了良机。从原理上讲，超导电机与普通电机没有什么区别，只是将常规的铜线绕组换成了超导体绕组。但是，由于超导线材的电流密度高，使用超导绕组后还可以省去铁心，将气隙中的磁场强度设计得远高于铁磁材料磁的饱和限值，因此超导电机比常规电机具有更小体积，更高功率密度和效率以及更为优良的特性。

通常所说的超导发电机包括两种形式：一种是转子励磁绕组使用超导线，定子电枢绕组使用常规铜线；另一种是转子和定子均使用超导线。为了区别，一般将后者称为全超导发电机。

2. 国内外研究简介　20 世纪 60 年代，美国 AERL 实验室研制成功了第一台应用超导技术的 8kW 四极超导发电机。在此之后，日本、美国、德国、法国、前苏联、印度等国家的研究单位都开展了超导电机的研究工作，在世界范围内形成了一个研制超导发电机的小高潮。由美国麻省理工大学（MIT）研制的 45kVA 超导发电机成功地实现了超导励磁绕组运行，是现代超导发电机基本结构的原型。截至 1999 年，日本 70MW 超导发电机成功地实现了长时间（1500h）试验运行，并开始联网试验。

与其他超导电力装置一样，应用高温超导技术是更为重要的发展方向。在 90 年代，高温超导线材技术和大型块材技术基本形成，并进入实质性高温超导发电机研究阶段，GE 公司于 1994 年开始了 100MVA 高温超导发电机的研究工作。

我国 20 世纪 70 年代成功研制了 400kVA 超导发电机，投入电网作同步调相机运行。之后，又试制了 10MVA 级模型机，投入运行以积累数据。此外，还有试制 17kW 四极超导直流电机的报道。目前，我国高温超导材料技术已处于世界先进行列，超导发电机技术亦接近国际先进水平。

与高温超导发电机研制工作同步，世界各地也开展了高温超导电动机的研究工作。目前，韩国开发出节能型高温超导电动机，其体积和重量不到同等级普通电动机的三分之一，效率可提高 2%以上。

超导电机还处于研制阶段，仍然有许多关键课题需要解决。如转子支撑件机械强度、超导稳定性问题等。主要研究课题有：

（1）超导导体，特别是高温超导导体。增加电流密度，降低交流损耗，提高超导稳定性，特别是在动态过程中的稳定性，以降低成本。

（2）超导绕组。绕组制造技术，绕组支撑手段，绕组低温绝缘技术。

（3）低温多层转子。低磁性高强度结构材料，振动特性。

（4）冷却系统。高效率的冷却系统，绕组、转子等具体部件的冷却技术，真空和冷却介质的密封，侵入热的抑制，特别是转矩传导部分的热屏蔽，低温绝缘技术，包括大电流、高电压的电流引线，冷却系统的安全和可靠性。

（5）保护与检测。超导导体和超导绕组特性的检测评价方法，超导失超检测和保护，发电机状态检测和评价手段。

（6）运行与维修。发电机的起动和停止特性，发电机的长期特性，结合电力系统动态特性，以及结合电力系统动态特性的自动控制策略，维修手段。

6.6　超声波电机

1. 原理、特点和分类　超声波电机是利用压电陶瓷（PZT）材料的逆压电效应和高频激振驱动，将弹性材料的微观形变通过共振放大和摩擦耦合转换成转子或滑块宏观运动的一种新型电机，因其激振频率一般都要超过 20kHz，故称之为超声波电机。

超声波电机具有如下特点：

（1）直接获得低速大力矩特性。

（2）没有线圈和磁铁，不产生电磁波，也不会接受电磁干扰。

（3）动态响应快，并具有断电自锁性能。

（4）可实现高精密定位。

（5）结构紧凑，体积小。

（6）适用于特殊恶劣环境。

超声波电机按运动方式分为旋转型、直线型和蠕动型。按运动机理分为驻波型、行波型和复合型。按接触方式又可分为接触式和非接触式等。

2. 国内外研究简介　日本是最早将超声波电机产业化的国家（1982 年），目前仍然是世界上发展水平最高的国家，几乎拥有绝大部分超声波电机的发明专利（数千项）。美国从事超声波电机应用研究的机构主要有喷气推进实验室和麻省理工学院，并主要应用在航天和军事领域。发达工业国家，如英国、德国、法国等，在汽车、音像设备、办公设施等领域都已有了较多的应用，如图 10.6-5 所示为结构示例。

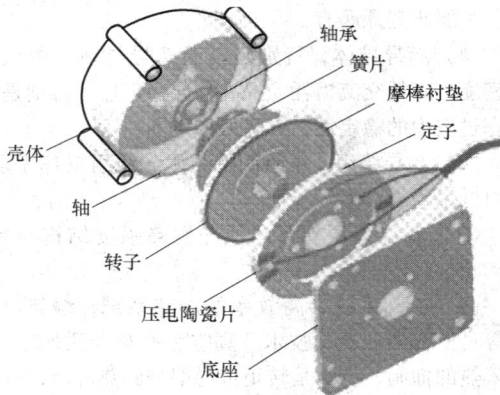

图 10.6-5 环状行波型超声波电机结构散件图

6.7 形状记忆合金电机

1. 原理、特点和分类 形状记忆合金（Shape Memory Alloy，SMA）电机利用 NiTi、Cu 基、Fe 基等 SMA 材料独特的形状记忆效应（Shape Memory Effect，SME），辅以一定的偏动装置（弹簧或弹性体），通过特定的控制手段，构成双程可逆制动元件，实现机电能量的转换。与其他电机相比，SMA 电机具有高功率重量比和特定微型化条件，能集传感、控制、换能、制动于一身，结构简单，易于控制，动作连续柔和，可制成拟人机械手。此外，还具有环境适应能力强，不受温度以外的其他因素影响，无振动、噪声和污染等一系列优点。

形状记忆合金有温控型和磁控型两种，前者是靠温度变化来控制材料的变形，后者是用改变磁场的大小来控制材料的变形。磁控形状记忆合金 MSMA 是 1993 年才被发现的一种新型具有形状记忆功能的合金材料，不仅变形率大，而且易于控制，变形率与所施加的磁场强度有较好的线性关系，动态响应速度高，是温控型记忆合金频率响应的 80 倍，具有较高的能量转换效率和功率密度，可以满足一般自控系统对执行器动态响应速度的要求，有广阔前景。

SMA 电机的特点使它非常适合于小负载、高速、高精度的机器人装配作业，电子显微镜内样品移动装置，化学设备的反应装置及原子反应堆中的驱动装置等。其典型应用有形状记忆合金机械人、医用内窥镜、火星探测器、形状记忆合金人工心脏等。

2. 国内外研究简介 SMA 电机是一种新型特种微特电机。但就 SMA 材料本身来说，其加工较难控制，没有形成自动生产线，成本昂贵。就电机的应用来说，进一步微型化，提高反应速度和控制精度，仍有

很多工作要做。SMA 电机的研究和发展趋势可归纳为：

（1）铜基 SMA 材料开发研究。提高铜基 SMA 的疲劳强度和延展性指标，解决热应力循环引起的记忆性能不稳定问题，降低成本，拓宽应用范围。

（2）SMA 电机应用技术基础研究。发展新的测试技术和热力学分析方法，揭示 SMA 薄膜相变-温度-应力-应变的内在联系，为驱动和传感元件的设计提供可靠依据，同时开展 SMA 薄膜电机-传感器一体化研究。

（3）内嵌式 SMA 电机研究。内嵌式 SMA 电机是诸如机器人关节、手爪及人工肌肉等一类有任意维仿生柔性运动驱动控制需求的理想制动器，前景诱人。

（4）提高 SMA 电机的反应速度。

（5）磁控 SMA 电机应用研究。

6.8 其他新型微特电机

6.8.1 纳米电机和分子电机

当一物质被分割至纳米尺度时，量子效应开始影响到物质的性能和结构。由纳米颗粒最终制成的材料与普通材料相比，在机械、光、声、热等方面的性能都会产生极大的差异。纳米粒子具有多方面的奇特性能，最突出且有实际应用价值的特性可以归纳为：

1）小尺寸效应。

2）表面与界面效应。

3）量子尺寸效应。

4）宏观量子隧道效应。

由应用纳米技术制造的纳米材料应用于电机制造领域，已经取得了巨大的成功。纳米材料的优越性能使微电机领域的前景十分广阔。制造这些具有特定功能的纳米产品，如进入人体的医疗机械和管道自动检测装置所需的微型齿轮、电机、传感器和控制电路等，其技术路线可分为两种：一种是通过微加工和固态技术，不断将产品微型化；二是以原子、分子为基本单元，根据人们的意愿进行设计和组装，从而构成具有特定功能的产品。

分子电机（molecular motor）是由蛋白质等生物大分子构成并将化学能转化为机械能的纳米系统。它的驱动方式是通过外部刺激（如化学、电化学、光化学方法等）使分子的结构、构型等发生较大程度的可控可调变化，从而使体系在理论上具备对外做机械功的可能性。

美国 IBM 公司瑞士苏黎士实验室与瑞士巴塞尔大学的研究人员发现 DNA 能被用来"弯曲"硅原子构成的"悬臂"。研究人员利用这种生物力学技术制造出带有纳米级阀门的微型胶囊，即纳米分子电机。

通过控制这种驱动力来控制阀门的开合，可以将精确剂量的药物传送到身体的需要部位来达到治疗的目的。而且，由于纳米电机的精确定位性高，它可以准确地输送药物到人体的准确部位，而不会使药物对没有病痛的地方施加作用。此外，已经研制出用一个DNA 分子制造的纳米电机。在某种意义上来说，这种电机相当于生物传感器，人们可以用它来发现治疗某些疾病的 DNA 特殊手段，如癌症。

在纳米电机研究方面，国外许多国家如美国、日本、英国和德国等，开展了系列性研究工作，取得了一些突破性成果。我国国家纳米科学中心也报道研制出了世界上最小的发电机——纳米发电机。美国、日本等国正在大力发展的用纳米电机驱动的精密车床，直接定位精度锁定为纳米级。此外，纳米电机还正在向更加微型化发展。美国加利福尼亚大学设计出直径比人发细 2000 倍的纳米电机转子，如图 10.6 - 6 所示，这个细小的转子单叶片长度不超过 300nm，安放在用多极碳纳米管制成的轴承尖上。控制加在纳米管"转子"上的电压，就可以控制"转子"，使它保持在原地或以恒定速度移动到所需的地方。

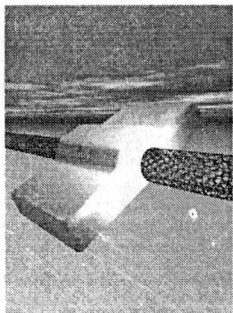

图 10.6 - 6　纳米电机示意图

纳米管"转子"的应用范围非常广泛。首先，它可以在最不能改变的条件下发挥作用，如在高温、化学腐蚀介质乃至真空中工作；其次，科学家打算将纳米管"转子"用来研制显微光学仪器，利用纳米管"转子"的黄金叶片作为重新定向光信号的反射镜；第三，在纳米管"转子"基础上还可以研制灵敏的化学传感器，以"捕捉"具有特定大小和特性的分子。

综上所述，纳米电机具有体积微小、牵引力大、响应时间短、运动精密度高、无磁场作用、行程限制少、真空兼容性好、频率高、寿命长等诸多特点。有报道它可举起是它自身 6 倍重量的物体，亦可具有在金刚石表面留下痕迹的特殊功能。因此，纳米电机有可能在工程应用中起到非常重要的作用。

但是，纳米电机的研究只是刚刚起步。技术上还很不成熟，还有很多问题需要研究。

6.8.2　微波电动机与波导电动机

微波电动机是通过接收电磁波能量而工作的一种微特电机。这种电机会将环形天线接收到的电磁波经二极管整流后，通过 LC 滤波器输送至电动机的转子绕组，转子绕组中的电流与定子的马蹄形磁铁的磁场相互作用产生转矩，使转子带动天线旋转直至天线与电磁波发射方向平行，不能接收电磁波能量为止。如在转子旋转轴上装有几个不同角度的天线，电机就可以连续地旋转。

当无线电波频率提高到 3MHz 以上时，由于微波电动机的天线做得很小，接收功率相应降低，损耗增大，以致不能接收远方发射而来的微波能量。在这种情况下，可以采用波导电动机。所谓波导电动机就是利用传输损耗低、功率容量大、结构简单、易于制造的波导管传输微波能量而使之旋转的微特电机。这种电机的天线（称为探测器）尺寸很小，放置在波导管内，通过波导管及探测器聚积和接收无线电能量，并输入电机。实际上，微波电动机和波导电动机的工作原理并没有本质差别，只是工作的频域不同而已。它们在广播、通信等领域中（如取代和简化传统天线定向装置等）有着广阔的应用发展前景。

6.8.3　仿生电机

对仿生电机有各种设想，但大都还处于构思阶段。其中，鞭毛电机是生物界中最早发现的分子旋转电动机，由蛋白质分子形成机械运动。其能量通过细胞外壁到细胞内部的 H^+ 电化学势能转化为机械能获得。由于鞭毛电机（BFM）体积适合操作，因而可作为研究分子旋转电动机的理想模型，对认识生物能量转化及细胞运动机制有重要意义。

作为迈向仿生电机的初级阶段，利用高分子的机械化学特性，将高分子凝胶作为软调节器进行开发和研究是有意义的。如将一组电极接近聚丙烯酸（PAA）等高分子凝胶薄片，加上直流电场，凝胶就收缩弯曲。这是由于加上直流电场的凝胶内部离子发生移动，pH值发生变化，高分子电荷的平衡变化产生收缩所致。软调节器就是利用这种现象实现电刺激驱动的。

6.8.4　光热电机

日本安川电机制作所试制出一种磁性材料，$NdCO_5$ 或在其中添加 Al 、Fe 等物质。把这种磁性材料放在磁场中，其磁化方向会随温度发生变化。于是，利用材料的这种性质就制作出了光热电机。当用

117W 红外线聚光灯加热时，电机的转速为 450r/min，用 40W 灯光照射时，转速为 270r/min，但样机的能量转换效率只有 1% 左右。不过，若能利用太阳能或工厂余热工作，这种电机还是有利用价值的。

6.8.5 静电电动机

静电电动机不是利用旋转磁场，而是通过旋转电场对电介质的作用，即利用电介质在极化过程中出现的滞后现象进行工作，实现旋转。电机的转子由极性电介质材料做成，电极环作为定子。当对电极环施以两相或三相电源后，便产生旋转电场。在旋转电场作用下，转子表面因极化而出现感应电荷，而由于电介质的偶极松弛极化，感应电荷滞后于电场，电场会对转子表面电荷将产生斥力或吸力，使转子产生转矩而旋转。此时，转子的转速小于旋转电场的旋转速度，即转子处于异步运行状态，故称为静电异步电动机。旋转电场的产生也可以采用电压移相法获得。

静电电动机有盘式和圆柱式两种结构。圆柱式制造方便，结构坚固。同理，还可以做成直线式。静电电动机的优点是结构简单、使用可靠、能量损耗小，是一种有发展前景的微特电机，尤其适合于航天和航空装置中使用。

第7章 电机的运行与控制

7.1 电机的运行特性

7.1.1 同步电机的运行特性

同步发电机对称负载下的运行特性曲线是确定电机主要参数、评价电机性能的基本依据。由实验方法测定的同步发电机运行特性包括空载特性、短路特性、负载特性、外特性和调节特性等。

1. 空载特性 用实验测定空载特性时，由于磁滞现象，上升和下降的磁化曲线不会重合。因此，一般约定采用自 $U_0 \approx 1.3 U_N$ 开始至 $I_f = 0$ 的下降曲线，经平移 Δi_{f0} 后得到，如图 10.7-1 所示。

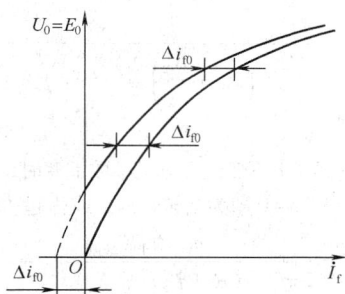

图 10.7-1 同步发电机空载特性

2. 短路特性 即电机定子三相稳态短路、保持 $n = n_N$ 时，电枢（短路）电流 I_k 与励磁电流 I_f 的关系 $I_k = f(I_f)$，如图 10.7-2 所示。图中的三角形 ABC 称为同步发电机的特性三角形，其底边 $\overline{AB}$ 为等效直轴电枢反应磁动势 F'_{ad}，而直角边 $\overline{AC}$ 则为所对应的漏抗压降 IX_σ。

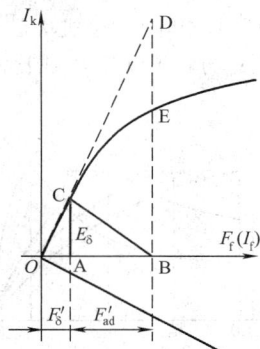

图 10.7-2 同步发电机短路特性

3. 零功率因数负载特性 同步发电机的负载特性是在 $n = n_N$、$I = $常数、$\cos\varphi = $常数的条件下，端电压与励磁电流之间的关系曲线 $U = f(I_f)$，如图 10.7-3 所示。其中零功率负载特性最有实用价值。

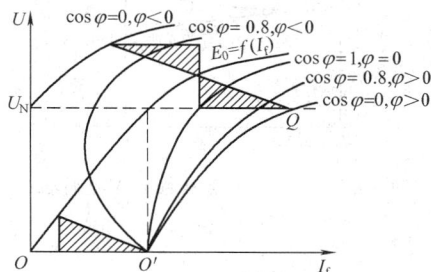

图 10.7-3 同步发电机的负载特性

4. 外特性 外特性是发电机在 $n = n_N$、$I = $常数、$\cos\varphi = $常数的条件下，端电压与负载电流之间的关系曲线 $U = f(I)$。图 10.7-4 中表示同步发电机不同功率因数时的外特性。在感性负载抑或纯电阻负载（$\cos\varphi = 1$）时，外特性是下降的；在容性负载且 $\varphi < 0$ 时，外特性是上升的。因此，感性负载时同步发电机处于过励状态，容性负载时为欠励状态。

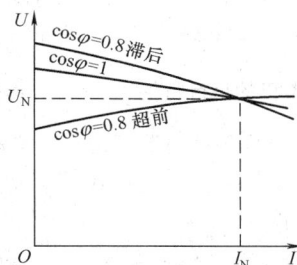

图 10.7-4 同步发电机的外特性

5. 调整特性 当发电机负载电流变化时，为保持端电压不变，必须调节发电机励磁电流。调整特性是当 $n = n_N$、$U = $常数、$\cos\varphi = $常数时，发电机励磁电流与电枢电流的关系曲线 $I_f = f(I)$，如图 10.7-5 所示。感性和电阻性负载，转子电流随负载增加而增加，发电机过励，特性上翘；电容性负载，励磁电流减少，发电机欠励，特性下降。

6. 功角特性与静态稳定 同步电机的电磁功率 P_{em} 与功角 θ 之间的关系称为功角特性，如图 10.7-6 所示。同步发电机受微小扰动后，具有恢复到原来工

作状态的能力，称为静态稳定，其条件为

$$\frac{dP_{em}}{d\theta} > \frac{dP}{d\theta} \qquad (10.7-1)$$

式中，P 为原动机或负载功率。对于隐极电机，$\theta_{max} = 90°$，静态稳定范围为 $0 < \theta < 90°$；对于凸极电机，$\theta_{max} < 90°$，静态稳定范围较隐极机小。

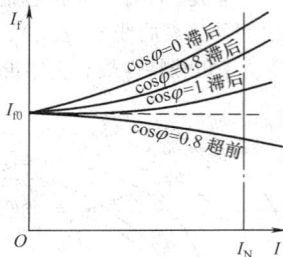

图 10.7-5 同步发电机的调整特性

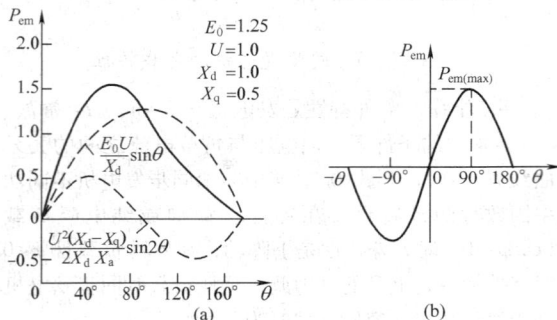

图 10.7-6 同步电机的功角特性
(a) 凸极电机；(b) 隐极电机

7.1.2 异步电机的运行特性

异步电机根据负载情况可运行于电动机、发电机、电磁制动三种状态（见图 10.7-7）。但主要还是作电动机运行。

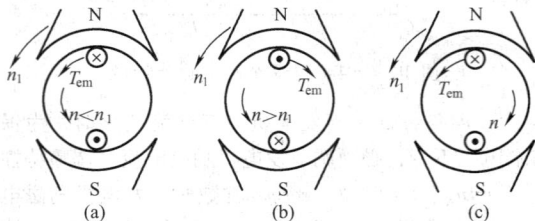

图 10.7-7 异步电机三种运行状态
(a)电动机状态；(b)发电机状态；(c)电磁制动状态

1. 机械特性 异步电机的机械特性是指转子速度 n 与电磁转矩 T_{em} 的关系曲线，通常转速可用转差率 s 间接表示，因此又叫转矩-转差率曲线，如图 10.7-8 所示。机械特性还有物理表达式、实用表达

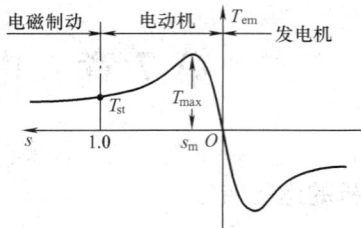

图 10.7-8 异步电机转矩-转差率曲线

式和参数表达式三种，分别为

$$T_{em} = \left(\frac{pm_1 N_1 k_{dq1}}{\sqrt{2}}\right) \Phi_m I_2' \cos\psi_2' = C_T \Phi_m I_2' \cos\psi_2 \qquad (10.7-2)$$

$$T_{em} = \frac{2T_{max}}{\dfrac{s}{s_m} + \dfrac{s_m}{s}} \qquad (10.7-3)$$

$$T_{em} = \frac{m_1}{\Omega_1} \cdot \frac{U_1^2 \dfrac{R_2'}{s}}{\left(R_1 + \dfrac{R_2'}{s}\right)^2 + (X_1 + X_2')^2} \qquad (10.7-4)$$

当电源 U_1 和频率 f 不变，且电机参数不变时，T_{em} 仅与 s 有关；当 $s = 1$，$n = 0$ 即为堵转转矩，或称起动转矩，有

$$T_{st} = \frac{m_1 p U_1^2 R_2'}{2\pi f_1 \left[(R_1 + R_2')^2 + (X_1 + X_2')^2\right]} \qquad (10.7-5)$$

令 $dT_{em}/ds = 0$，得到最大转矩

$$T_{max} = \pm \frac{m_1 U_1^2}{2\Omega_1 \left[\pm R_1 + \sqrt{R_1^2 + (X_1 + X_2')^2}\right]} \qquad (10.7-6)$$

产生最大转矩时的转差率为

$$s_m = \pm \frac{R_2'}{\sqrt{R_1^2 + (X_1 + X_2')^2}} \qquad (10.7-7)$$

以上两式中 "+" 号相应于电动机状态，"-" 号相应于发电机状态。s_m 与转子电阻 R_2' 成比例增大，如图 10.7-9 所示。

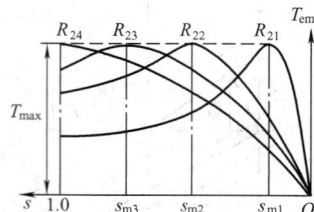

图 10.7-9 转子电阻变化对转矩-转差率曲线的影响 ($R_{24} > R_{23} > R_{22} > R_{21}$)

2. **工作特性**　异步电机的工作特性是指在额定电压、额定频率下其转速 n、效率 η、功率因素 $\cos\varphi_1$、输出转矩 T_2、定子电流 I_1 与输出功率 P_2 的关系曲线，可通过试验得到，也可以计算求得。图 10.7–10 为一般用途异步电动机典型的运行特性曲线（标幺值）。

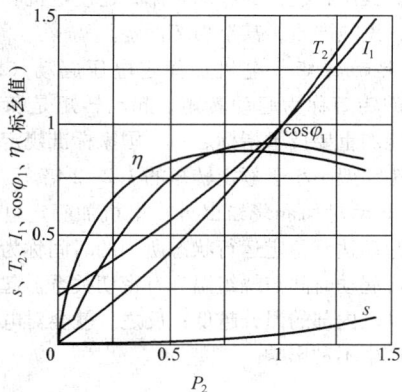

图 10.7–10　异步电机的
工作特性曲线

7.1.3　直流电机的运行特性

直流电机的四象限运行如图 10.7–11 所示。直流电机根据生产机械的需要，可以工作在正、反转电动状态，其特征为电磁转矩 T_{em} 与转速 n 同方向，从电网输入电能，变为机械能拖动负载；也可以运行在制动状态（包括能耗、反接、回馈制动），其特征为 T_{em} 与 n 反方向，此时，电机将机械能（惯性动能或位能）转换为电能消耗或回送给电网。

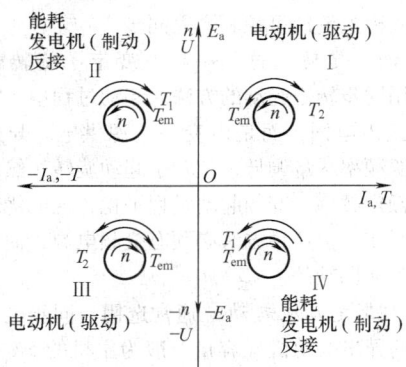

图 10.7–11　直流电机四象限运行

由于直流电机有多种运行状态，运行特性也就有多种，下面按励磁方式分别介绍。

1. **机械特性**　直流电机的机械特性是指电机电源电压 $U = U_N = $ 常值，励磁电流 $I_f = I_{fN} = $ 常值，电枢回路电阻 $R_a = $ 常值（包括电枢绕组电阻 r_a 和电刷与换

向器接触电阻）的条件下，电机转速 n 与电磁转矩 T_{em} 的关系，又称为自然机械特性。

不同励磁方式直流电动机的机械特性如图10.7–12 所示。

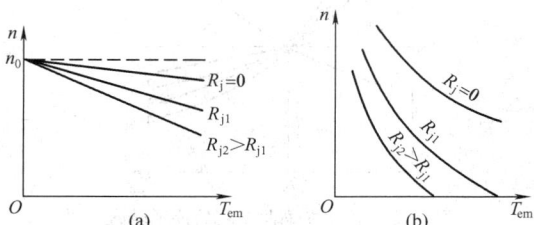

图 10.7–12　不同励磁方式的直流
电动机的机械特性
（a）并励电动机的机械特性；(b)串励电动机的机械特性

2. **工作特性**　直流电机的工作特性是指直流电机电源电压 $U = U_N = $ 常值，励磁电流 $I_f = I_{fN} = $ 常值，电枢回路不串入外加电阻的条件下，电机转速 n、电磁转矩 T_{em}、效率 η 与输出功率 P_2 的关系。在实际运行中，电枢电流 I_a 可直接测量，并且 I_a 随 P_2 的增大而增大，所以往往将工作特性表示为 n、T_{em}，$\eta = f(I_a)$ 的关系曲线，称为转速特性、转矩特性、效率特性，如图 10.7–13 和图 10.7–14 所示。

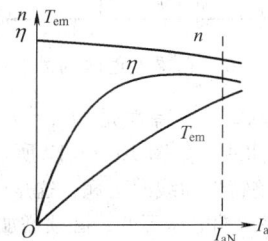

图 10.7–13　他励或并励直流电动机
工作特性

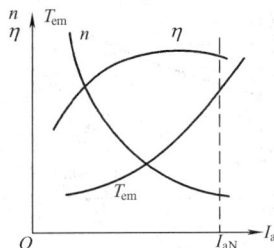

图 10.7–14　串励直流电动机工作特性

积复励直流电动机的工作特性介于并励与串励之间。

各种励磁方式直流电动机的速率特性如图 10.7–15所示，图中曲线 1 为他励并励，曲线 2 是并励为主的积复励，曲线 3 是串励为主的积复励，曲线 4 为串励，曲线 5 为差复励。

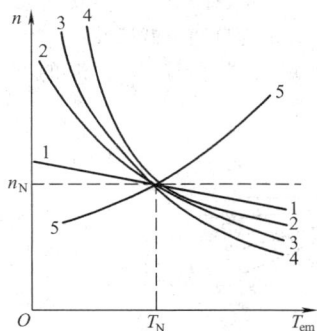

图 10.7－15　直流电动机的速率特性

3. 外特性　各类直流发电机的外特性曲线如图 10.7－16 所示。端电压一般随负载的增加而下降，但对复励发电机，负载电流增加时，其端电压的变化取决于串励绕组的接法和串、并励绕组的安匝比。当 $U_N = U_0$ 为平复励，$U_N > U_0$ 为过复励，$U_N < U_0$ 为欠复励。

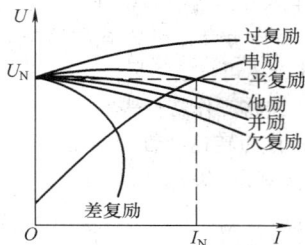

图 10.7－16　直流发电机的外特性曲线

4. 调节特性　该特性是指 $n = n_N$，$U = U_N$ 时，$I_f = f(I)$ 的关系曲线，如图 10.7－17 所示。随着负载电流增加，调整特性曲线向上翘，这是因为负载电流 I 增大时，要保持端电压不变，必须增加励磁电流 I_f，以补偿电枢反应去磁作用和电枢回路总电阻压降的增大。

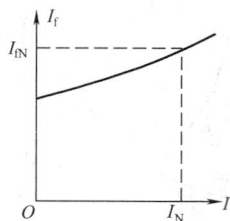

图 10.7－17　他励发电机的调节特性

7.2　电动机的起动

7.2.1　衡量电动机起动性能的技术指标

1. 起动电流　电机转速为零（静止）时，施加额定电压产生的电流峰值称为起动电流。电动机直接

起动时，起动电流很大，如异步电动机可达额定电流的 5~7 倍。

起动电流过大，对电机和电源都有影响。首先是使电网电压瞬间下降，特别在电源容量（变压器容量）偏小而电机功率较大的情况下。电压下降，不仅使电机起动更困难，还会影响到其他并联电机的正常运行。其次，过大的起动电流，还使电机和线路损耗增加，发热严重，甚至损坏设备。

2. 起动转矩　电机加额定电压起动（转速为零）时的转矩称为起动转矩。起动转矩是衡量电机起动性能的重要技术指标之一。国家标准规定电动机起动转矩一般不小于额定转矩的 1.2~2 倍。

3. 起动时间和绕组温升　电机加额定电压从静止状态起动达到稳定运行状态所用的时间称为起动时间。电机起动时间与绕组温升有密切关系。起动时间越短，电机内部的温升越低；反之，就会对电机的正常运行产生不利影响。

7.2.2　同步电动机的起动

同步电机起动指电机投入电网至转子达到同步转速的过程，常采用的方法有异步起动、调频起动（同步起动）、辅助电动机起动和部分绕组起动。

1. 异步起动　是指电机投入电网后主要靠磁极极靴上阻尼绕组的感应电流与定子磁场间产生的异步转矩来进行起动的过程，主要适用于空载或轻载情况。此时为避免励磁绕组开路感应高电压击穿绝缘，必须将励磁绕组通过电阻短接。而为了削弱单轴力矩效应，短接电阻值约为励磁绕阻电阻的 5~10 倍。异步起动的同步电动机在转差率达到 0.05 左右时，投入额定励磁电流即可顺利牵入同步。

2. 调频起动　这是一种改变定子旋转磁场转速、利用同步转矩起动的方法。起动过程中，定子不是直接接入电网，而是由变频电源供电。开始起动时，电源频率尽量调低，使转子起动旋转，然后逐步上调至额定频率。变频起动过程平稳，性能优越，应用日渐增多。但这种方法必须有变频电源，而且励磁机必须是非同轴的。

3. 辅助电动机起动　通常选用与同步电动机极数相同的异步电动机（容量一般为主机的 5%~15%）作为辅助电动机。先用辅助电动机将主机拖动至接近同步转速，然后用自整步法将其投入电网。这种方法只适合于空载起动，而且所需设备多，操作复杂。

4. 部分绕组起动　对大功率同步电动机，还可以采用部分绕组起动的方式，如图 10.7－18 所示。这种方式是将电机的定子制成若干套并联工作的绕组。起动时先只接通其中一套绕组，待转速接近同步转速时，再将其余绕组全部接入电源，使电机作正常运转。此方法简单、经济，可减小起动电流。

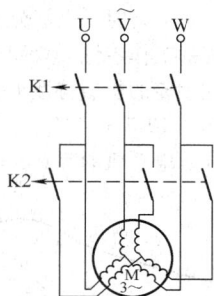

起动时先闭合开关 K1，待接
近同步速度时再闭合开关 K2

图 10.7-18　同步电动机部分绕组起动

7.2.3　异步电机的起动

1. 起动要求　异步电动机起动电流大，一般约为额定电流的 5~7 倍，但起动转矩并不大（因起动时功率因数很低）。因此，要求所采用的起动方法能使：

（1）起动电流尽可能小。

（2）起动转矩足够大。

（3）起动设备尽量简单，且操作方便。

2. 笼型异步电动机起动方法　有全压起动和减压起动两种。在电源容量足够大时，应优先采用全压起动；仅在轻载起动时，才考虑采用降压起动。常用的降压起动方法有 Y–△起动、电抗分压起动、自耦变压器起动和延边三角形起动等。

（1）Y–△起动法。适用于额定运行时定子绕组为△联结的异步电动机。起动时，定子绕组作 Y 联结，待转速增加到接近额定转速时，再切换到△联结。采用这种方法时，起动电流约为直接起动时的 $1/\sqrt{3}$，起动转矩约为直接起动时的 1/3。

（2）电抗分压起动法。定子绕组串电抗器的分压起动方法通常应用于高压电动机。这种起动方法是在电动机开始起动时串接电抗器，以降低端电压，到转速接近额定转速时，再将电抗器短路。采用这种方法，起动电流按端电压比例降低，起动转矩则按端电压二次方比例降低。

（3）自耦变压器起动法。这种方法多用于大中型电动机。在电动机开始起动时利用自耦变压器降低定子绕组端电压，当电动机接近额定转速时，即切除自耦变压器。电动机的起动电流与起动转矩都按其端电压二次方的比例降低。

（4）延边三角形起动法。适用于额定运行时定子绕组为△联结的电动机。应用这种方法起动时，定子绕组作延边三角形联结，待电动机接近额定转速

时，再切换为△联结，如图 10.7-19 所示，每相各有一个中间抽头，电动机共有九个出线头。这种方法与 Y–△起动法相比，其优点是可以设计成不同抽头比例。缺点是定子绕组比较复杂，起动性能介于全压起动与 Y–△起动之间。

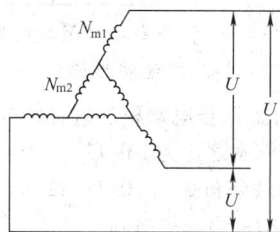

图 10.7-19　延边三角形联结

3. 绕线转子异步电机起动方法　绕线转子异步电机起动时，转子回路中接入变阻器，能起到减小起动电流，提高起动转矩的作用。起动过程中，随转速上升，逐渐减小变阻器阻值，最后完全切除。

（1）可变变阻器起动法。小功率电动机采用普通变阻器或油浸式变阻器，大功率电动机采用水电阻。接入转子回路中的电阻逐级切除，将获得由不同转矩曲线段连接而成的起动特性曲线，如图 10.7-20 中包络曲线 5 所示。

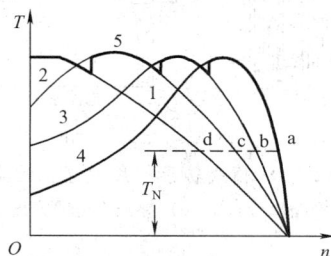

图 10.7-20　绕线转子异步电机
接变阻器时的转矩-转速
特性曲线

（2）频敏变阻器起动法。频敏变阻器是一种无触点非线性电磁元件，接在转子回路后，相当于串联了一个铁耗很大的电抗器。在起动过程中，频敏变阻器的电抗值和对应于铁耗的等效电阻值随着转子电流频率的减小而自动下降。因此，不需经过分级切除电阻就可以使电机平稳起动，其转矩-转速特性曲线如图 10.7-21 所示。

4. 采用高起动转矩的异步电动机　这类电动机的共同原理是：起动时由于集肤效应转子电阻自动增大，使起动转矩较大，而正常运行时转子电阻自动减小到正常值，能保持较高的效率。

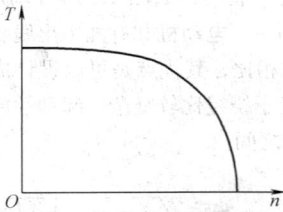

图 10.7 - 21 转子串接频敏变阻器时的
转矩-转速特性曲线

（1）深槽型异步电动机。这种特殊设计的转子
槽窄而深，深宽之比为 10~12，当转子导体流过电
流时，槽中漏磁分布如图 10.7 - 22（a）所示。起动
时，由于集肤效应电流被挤到了槽口，如图 10.7 - 22
（b）所示，与普通槽型转子相比，相当于增加了转
子电阻而减小了转子漏抗。因此，可获得较大的起动
转矩。随着电机转速升高，转子电流频率逐渐降低，
电流分布逐渐均匀，转子电阻自动减小。当转子达到
额定转速时，集肤效应基本消失，转子电流均匀
分布。

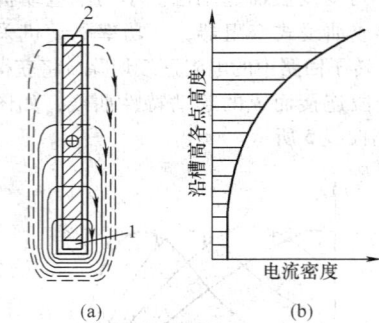

图 10.7 - 22 深槽式转子导条中电流的集肤效应
（a）槽漏磁分布；（b）导条内电流密度分布

（2）双笼型电动机。如图 10.7 - 23 所示。其转
子中嵌放两套鼠笼，靠近转子表面的鼠笼为上笼，或
称起动笼，它由黄铜或铝青铜等电阻率大的材料制
成，且截面较小，所以它的电阻较大；靠近里面的鼠
笼为下鼠笼，或称工作笼，它由电阻率较小的紫铜制

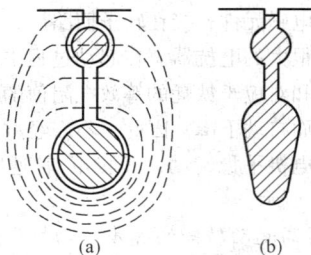

图 10.7 - 23 双笼型电动机
的转子槽型
（a）插铜条；（b）铸铝

成，也可以将上下鼠笼一起铸铝制成。当电动机起动
时，与深槽型电动机相似，电流集中在上鼠笼，可增
大起动转矩。正常运行时，大部分电流在下鼠笼中流
过，能保持较好的工作特性。双笼型电动机的机械特
性可以看作是起动笼的机械特性 1 和工作笼的机械特
性 2 的合成，如图 10.7 - 24 所示。从合成机械特性 3
可见，双笼型异步电动机的确具有较大的起动转矩。

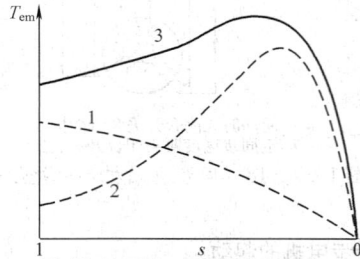

图 10.7 - 24 双笼型电动机
$T_{em} = f(s)$ 曲线

7.2.4 直流电机的起动

1. **直接起动** 是指不采取任何措施，直接将静
止电动机投入额定电压电网的起动过程。这种起动方
式不需附加起动设备，操作简便，但由于电机内阻很
小，初始反电动势为零，起动电流极大，有时可达额
定电流的 10~20 倍，如图 10.7 - 25 所示。因此，允
许直接起动的直流电动机功率较小，一般不大于
1kW，且要求起动电流倍数小于 6。

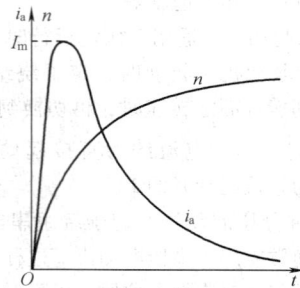

图 10.7 - 25 直接起动过程中的
电枢电流与转速曲线

2. **电枢回路串电阻起动** 在电枢回路串入起动
电阻，可以限制起动电流，通常控制在额定电流的
2~2.5 倍范围内，以尽快完成起动过程。

起动电阻通常为可变电阻，在起动过程中逐级切
除，如图 10.7 - 26 所示。

3. **降压起动** 用降低电源电压的方法来限制起
动电流，适用于他励式直流电动机。这种起动方法，
在起动过程中能量消耗少，起动平滑，但需配有专用
电源，投资较大。

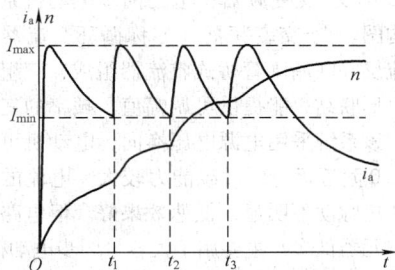

图 10.7-26　并励电动机串电阻
起动过程（三级切除）

7.3　电动机的调速

7.3.1　基本概念和性能指标

电机调速，即电动机的速度调节，又叫速度控制，是指在电力拖动系统中，人为地或自动地改变电动机的转速，以满足工作机械对不同转速的要求。

常用调速分类方法有以下三种：

（1）无级调速和有级调速。无级调速又称为连续调速，是指电动机的转速可以平滑地调节。无级调速的转速变化均匀，适应性强，而且容易实现调速自动化，因此被广泛采用。

有级调速又称为间断调速或分组调速，转速只有有限的几种，如二速、三速、四速或更多。适用于普通机床、风扇、唱机等装置，调速方法简单，但不易实现自动化。

（2）向上调速和向下调速（调速的方向性）。电动机未作调速时的固有转速通常为额定转速，也称为基本转速或基速。高于基速为向上调速；低于基速为向下调速；既要向上调速，又要向下调速，则为双向调速。

（3）恒转矩调速和恒功率调速。电动机在调速过程中，保持转矩为常数的调速方法称为恒转矩调速方法。而使输出功率不变的调速方法，称为恒功率调速方法。

衡量速度调节性能的性能指标也有以下三项：

（1）调速范围。调速范围 D 代表可能的最高转速 $n_{\max}$ 与最低转速 $n_{\min}$，或最大与最小线速度（$v_{\max}$ 与 $v_{\min}$）之比，即

$$D = \frac{n_{\max}}{n_{\min}} = \frac{v_{\max}}{v_{\min}} \qquad (10.7-8)$$

（2）调速的稳定性。是指负载转矩发生变化时，电动机转速随之变化的程度，用静差率来表示，即

$$s = \frac{\Delta n_{N}}{n_0} \qquad (10.7-9)$$

式中，s 为静差率；n_0 为理想空载转速；Δn_{N} 为额定

转矩下的转速降。

电动机的机械特性越硬（越平直），静差率越小，稳定性越好。图 10.7-27 中的特性 1 与特性 2 硬度不一样，显然 $\Delta n_{N2} > \Delta n_{N1}$，即特性 2 的稳定性差。此外，同样硬度的特性，$n_0$ 越低，静差率会越大，转速稳定性就越差，如图 10.7-28 所示。

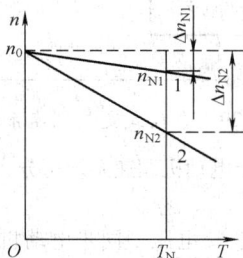

图 10.7-27　不同硬度机械
特性的静差率比较

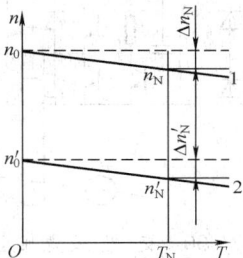

图 10.7-28　相同硬度机械
特性的静差率比较

（3）调速的平滑性。在一定的调速范围内，调速的级数越多，平滑性越好。平滑的程度用平滑系数 φ 来衡量，它是相邻两级转速或线速度之比，即

$$\varphi = \frac{n_{i}}{n_{i-1}} = \frac{v_{i}}{v_{i-1}} \qquad (10.7-10)$$

φ 值越接近于 1 则平滑性越好。$\varphi = 1$ 时称为无级调速，即转速连续可调。

7.3.2　同步电动机变频调速

同步电动机变频调速系统从控制方式上可分为两大类：一类为他控式变频调速系统；另一类为自控式变频调速系统。他控式变频调速系统中所用的变频装置是独立的，其输出频率直接由速度给定信号决定，属于速度开环控制系统。由于这种系统没有解决同步电动机的失步、振荡等问题，所以在实际的调速场合很少使用。

同步电动机变频调速系统一般采用自控式运行方式，主电路由同步电动机、变频器及转子位置检测器组成，配上控制装置，就构成了自控式同步电动机调

速系统，如图 10.7－29 所示，图中 MS 是同步电动机，PS 是转子磁极位置检测器。

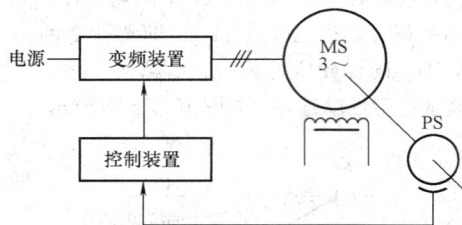

图 10.7－29　自控式变频调速系统示意图

自控式同步电动机调速系统可分为以下三种最常见的类型：

（1）交-直-交电压型同步电动机调速系统。如图 10.7－30 所示，UR 表示整流器，UI 表示逆变器，PS 表示位置检测器，MS 表示同步电动机。该系统由

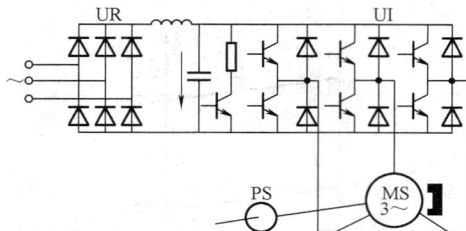

图 10.7－30　交-直-交电压型同步
电动机调速系统

三相不可控整流器、滤波电容和电感以及三相逆变器组成，逆变器采用脉宽调制（PWM）方法可输出幅值、频率均可调的正弦波或方波（梯形波）电压和电流。此类型变频器常与小容量永磁同步电动机结合，组成永磁同步电动机伺服系统。由于永磁同步电动机采用自控式，其原理和直流电动机伺服系统相似，但无刷，故也称这类系统为"无刷直流电动机系统"。

（2）交-直-交电流型负载换相同步电动机调速系统。如图 10.7－31 所示，该系统由整流器、逆变器及平波电抗器组成，使用的电力半导体器件均为晶闸管，过去曾有人称其为晶闸管电动机。整流器中的晶闸管由电源的交流电压关断，逆变器的晶闸管用负载同步电动机定子的交流反电动势关断，所以亦称为负载换相的同步电动机。变频器输出电流的幅值由整流器控制，输出频率根据转子磁极位置检测器信号由逆变器控制，以实现变频调速。又由于这种同步电动机的调速型式类似于直流电动机，转子磁极检测器和逆变器代替了直流电动机的换向器和电刷的功能，故这种电动机系统曾被称为"无换向器电动机系统"。

（3）交-交变频同步电动机调速系统。图

10.7－32 为交-交变频器供电的同步电动机系统的主电路结构图。交-交变频器（亦称循环交流器）由三组无环流反并联晶闸管桥式整流器组成，三组桥式整流器按星形联结，能提供可调幅值、频率的三相正弦波电压。该系统采用电源电压换向，电动机可在功率因数为 1.0 附近运行，过载能力较大。电流的谐波损耗小，转矩脉动不明显，低速效果好。但电路结构复杂，所需元器件多，主要用于大容量同步电动机系统。

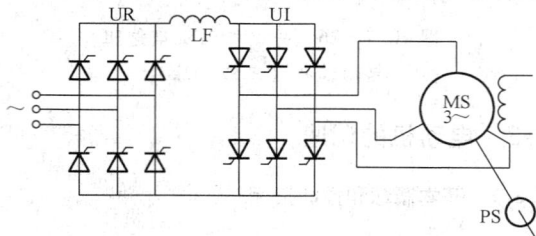

图 10.7－31　交-直-交电流型同步电动机调速系统

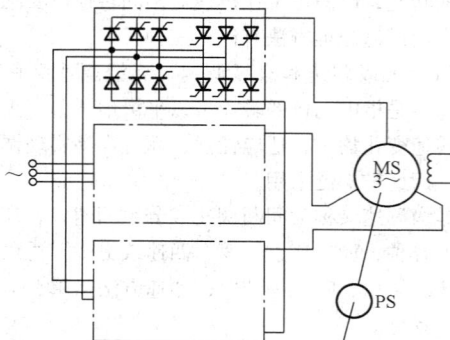

图 10.7－32　交-交变频同步电动机调速系统

7.3.3　异步电动机调速

根据异步电动机转速公式

$$n = (1-s)n_1 = \frac{60f_1}{p}(1-s) \qquad (10.7-11)$$

可知异步电动机有如下三种调速方式：①变极调速，即改变磁极对数 p；②变频调速，即改变电源频率 f_1；③变转差调速，即改变转差率 s，又可分为串电阻调速、串级调速、变电压调速和电磁离合器调速等。

1. 变极调速　异步电动机的变磁极调速，一般适用于笼型异步电动机。因为笼型转子本身没有固定的极数，而是随子磁场极数而定。通常，改变定子绕组极对数，有三种方法：

（1）对于一套绕组，可通过不同的接线组合，得到不同的极对数。

（2）在定子槽内安放两套有不同极对数的独立绕组。

（3）在定子槽内安放两套不同极对数的独立绕组，而每套绕组又可以有不同的接线组合，得到更多

不同的极对数。

变极调速的优点是可靠性高，缺点是只能有级调速，因而适用于调速要求不高的场合。

2. 变频调速　异步电动机变频调速具有调速范围广、平滑性高、机械特性好等优点，甚至可与直流电动机调速相媲美。随着电力电子技术、矢量变换控制技术、直接转矩控制技术等新技术的发展，变频调速已成为异步电动机最主要的调速方式，并获得了广泛的应用。这方面技术资料很多，本处介绍从略。

3. 变转差率 s 调速

（1）绕线转子异步电动机转子回路串电阻调速。图 10.7－33 是绕线转子异步电动机转子串电阻调速时的机械特性。从机械特性可以看出，串入电阻后，电机的最大转矩 T_{max} 和同步转速 n_1 不变，但当负载转矩 T_2 一定时，电机速度与串入的电阻值有关，电阻越大，转速越低。不过这种方法调速范围不大，只是比较简便，因而适合于重复短期负载，如起重运输设备等。

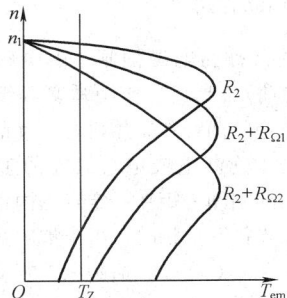

图 10.7－33　绕线转子异步电动机
串电阻时机械特性

（2）绕线转子异步电动机串级调速。如图 10.7－34 所示，在转子回路中串入与转子绕组感应电动势极性相反的附加电动势，能使电机转速减慢。附加电动势越大，电机转速越低。串级调速能量消耗小，但成本较高，技术复杂，应用较少。

（3）改变定子端电压调速。由于电磁转矩与电

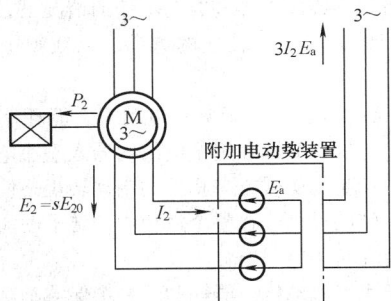

图 10.7－34　绕线转子异步电动机
串级调速系统

压的二次方成正比，即改变定子电压可以改变机械特性。因此，异步电动机可以通过改变端电压调速。

如图 10.7－35 所示，调节前后，T_{max} 变化，但 s_m 保持不变。于是对于恒转矩负载，其工作点如图中 A、B、C，转速变化不大，实用价值不高，但对于风机型负载 T_Z，如图中 A′、B′、C′，调速范围就很宽了。

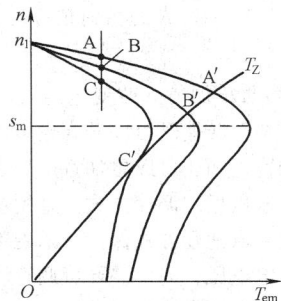

图 10.7－35　改变定子端电压调速时机械

（4）电磁离合器调速。电磁离合器调速系统是由笼型异步电动机、电磁转差离合器、测速发电动机及晶闸管控制装置组成。电动机本身并不调速，而是通过改变电磁转差离合器的励磁电流来实现变速运行。这种调速方式可以实现无级调速，但当负载转矩小于 10%额定转矩时可能失控，比较适用于通风机负载和恒转矩负载，而不适用于恒功率负载。

7.3.4　直流电动机调速

直流电动机具有宽广经济的调速性能。由机械特性方程

$$n = \frac{U - I_a(R_a + R_j)}{C_E \Phi} = \frac{U}{C_E \Phi} - \frac{R_a + R_j}{C_E C_T \Phi^2} T_{em}$$

$$(10.7－12)$$

可知，直流电动机有电枢回路串电阻、改变励磁电流和改变端电压三种调速方式。

1. 电枢回路串电阻调速　电枢回路中串入调节电阻 R_j 后，速度调节量可由式（7－12）求得为

$$\Delta n = n_i - n_0 = -\frac{R_j}{C_E \Phi} I_a = -\frac{R_j}{C_E C_T \Phi^2} T_{em}$$

$$(10.7－13)$$

式中，负号表明 R_j 的串入使特性变软，即速度下降，如图 10.7－36 所示。此外，由于调速前后负载转矩不变（设为恒转矩负载），因此调速前后的电枢电流值亦保持不变，这也是串电阻调速的特点。但串入电阻后损耗增加，因此这种调速方法只在不得已时才采用。

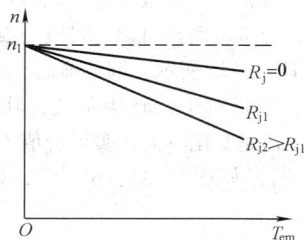

图 10.7−36 R_j 为不同值时的机械特性

2. 改变端电压调速 改变电枢电压是一种比较灵活的调速方式。转速既可以升高也可以降低，配合励磁调节，调速范围还可以更加宽广。因而，它已发展成为一种普遍应用的调速方式。采用这种方法调速时，电动机应采取他励方式保持其励磁不变，只改变电枢电路的供电电压，因此需要可调直流电源。改变电压时，得到的是一组平行机械特性，如图 10.7−37 所示。该调速方法可以实现无级调速，并保持转速降 Δn 不变。

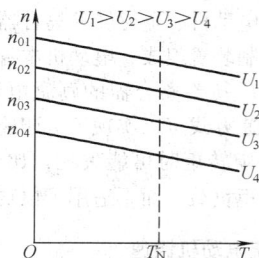

图 10.7−37 改变电压调速的机械特性

3. 改变励磁电流调速 调节励磁电流，改变主磁通，也可以平滑大范围地改变电机的速度，图 10.7−38 即为并励电动机改变励磁电流的调速情况。仍设为恒转矩调速，下标 1、2 代表调节前后的物理量，有

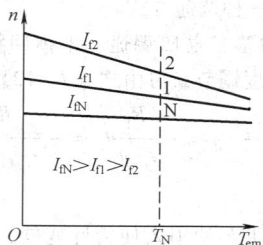

图 10.7−38 并励电动机改变励磁电流调速

$$C_T \Phi_1 I_{a1} = C_T \Phi_2 I_{a2} \ \text{或} \ \frac{I_{a2}}{I_{a1}} = \frac{\Phi_1}{\Phi_2}$$

$$(10.7-14)$$

进而忽略电枢反应和电枢回路电阻影响，还可得出

$$\frac{n_2}{n_1} \approx \frac{\Phi_1}{\Phi_2} \approx \frac{I_{f1}}{I_{f2}} \qquad (10.7-15)$$

表明减小励磁电流将使电机转速升高。

7.4 电机的制动

在电机轴上施加一个与转向相反的制动转矩，使电机停转或从高速降到低速运行的操作，称为制动。电机制动的要求为：

（1）要有足够大的制动转矩，但制动电流不宜过大。

（2）平滑性，传动装置承受较小的冲击。

（3）可靠性，准确停止在预定位置，或将转速降至指定值。

（4）经济性，能量损失小，设备成本低。

（5）尽可能短的制动时间。

7.4.1 机械制动方式

机械制动又称为电磁抱闸。由电磁线圈、闸轮（与电动机共轴）、闸瓦、作用弹簧等组成，分为通电抱闸和断电抱闸两种。采用机械制动的特点是：停车准确，不受中途断电或电气故障的影响而造成事故。机械制动的制动力矩在一定范围内可以克服任何外加力矩，如当提升重物时，由于抱闸的作用力，可以使重物停留在需要高度，这是电气制动所不能达到的。但是制动时间越短，冲击振动越大，且在电动机的轴伸端安装机械制动装置，对某些空间位置比较紧凑的生产机械来说，安排上是比较困难的。机械制动一般应用在起重卷扬等设备上。

7.4.2 电气制动方式

电气制动又叫电磁制动，就是使电动机产生与旋转方向相反的电磁转矩，以阻止电动机的转动，有能耗制动、反接制动、回馈制动之分。它们的共同特点是在保持原来磁场大小和方向不变的情况下，只改变电枢电流的方向，或转速的方向，以获得电磁制动转矩。

1. 能耗制动 对于异步电动机，能耗制动就是当电机断电后，立即在定子绕组内通入直流电，在转子绕组中产生与旋转方向相反的制动转矩，使电机减速直至停转的过程。在整个过程中，转子动能转化为电能消耗在转子电阻上。

对于直流电动机，能耗制动是指保持励磁电流不变，将电枢从电网断开后串接到一个制动电阻上，电机在机械惯性的作用下变成一台发电机，电磁转矩方向与转向相反起制动作用，直至停转的过程。

能耗制动操作简便，但制动时间长，若需要实现准确停车，尚需借助电磁抱闸装置。

2. 反接制动　分为电源反接制动（用于反作用负载）和负载倒拉反接制动（用于位能负载）两种。

（1）电源反接制动。对于异步电动机，就是改变电源相序，使旋转磁场方向与转子转动方向相反，起制动作用。对于直流电动机，就是利用反向开关经限流电阻反接到电源上。操作中，应注意转速接近零时迅速切断电源，避免电机反转。

（2）负载倒拉反接制动。当电动机提升位能负载时，电枢回路串入较大电阻，就会出现拖动力矩小于负载力矩的情况。于是，在位能作用下，电机转向改变，电动势反向，直至力矩平衡。在此过程中，电机作反接制动运行，这常见于重物要求低速下放的场合。

3. 回馈制动

（1）位能负载拖动电动机（电车下坡或电梯下降）。在反向电动状态时，若位能负载拖动电动机的转速高于理想空载转速，就会出现反电动势大于端电压的情况，致使电流和电磁转矩反向，将轴上机械功率变换为电功率回馈给电网，电机变成一台与电源并联运行的发电机。

（2）他励直流电动机突然大幅度降压调速。当突然降低电枢电压，感应电动势还来不及变化时，就会发生 $E_a > U$ 的情况，亦即进入回馈制动状态。但减速后，电机会自动恢复电动状态运行。

显然，与能耗制动及反接制动相比，回馈制动是最经济的。

第 8 章　电机的选择与维护

8.1　电机的选择

电机的选用应兼顾运行安全和能量节约两个方面，基本步骤包括选择电源规格、额定功率、额定转速、工作周期、电机类型、环境条件、安装方式、负载连接方式等。

8.1.1　电源的选择

电机电源应满足电机技术条件的规定。以交流电源为例，电源电压要求为实际正弦波形，对于多相电机，还要求电源电压为实际对称系统。直流电源也有相应的技术条件，并且都要求符合相关的国家标准。

8.1.2　额定功率选择

选择电机额定功率时，应从机械负载变化规律确定典型的负载图和工作制，由此计算出所需的实际负载功率，最后根据机械类型及其重要性乘以适当的负载系数。

（1）对连续工作制机械，应选用 S1 工作制电机，其额定功率应按机械轴功率选择。由于电机负荷应不低于 75%，因此电动机功率不宜选得过大。

（2）对短时工作制机械，宜采用 S2 工作制电机，其额定功率可按机械轴功率选择，也可按允许过载转矩选定。

（3）对断续周期工作制机械，应采用周期工作定额电机，其额定功率应按典型周期的等值负载折算到额定负载持续率来选择，并按允许过载转矩校验。

（4）对连续周期工作制机械，应采用等效连续定额或周期工作定额的电动机，其额定功率一般按等效电流或等效转矩选择，并按允许过载转矩校验。

8.1.3　额定转速选择

应根据最高机械转速、调速驱动要求以及减速复杂程度合理选择电机的额定转速。

（1）优先选用 4 极或 6 极电机，因为较高转速电动机的效率要高于低速电动机。

（2）对低速运行的工作机械，应对选用低速电机直接驱动或选用高速电机加减速机构作经济和能量消耗分析后确定。

（3）对频繁起动、制动的断续周期工作制机械，在选择额定转速时，除保证机械所需的最高稳定工作

速度外，还应选择合适的传动比。

（4）经常起动、制动和反转的过渡过程对生产率影响不大时，除考虑初期投资外，主要根据过渡过程能量损耗最小的条件来选择额定转速。

（5）经常起动、制动和反转的过渡过程对生产率影响较大时，则主要根据过渡过程持续时间最短为条件来选择额定转速。

8.1.4　电机类型选择

（1）对起动、制动及调速无特殊要求的机械（如风机、水泵、压缩机等），应采用一般用途电动机。

（2）对要求带负载起动的机械（如传送机、破碎机、搅拌机等），应采用高起动转矩电动机。

（3）对带脉冲负载或要求频繁起动的机械（如冲压机、升降机、卷扬机、起重机、油井泵等），应采用高转差率电动机或起重冶金电动机。

（4）对需要分级改变速度的机械（如机床等），应采用变极多速电动机。

（5）对要求起动电流小或起动时间长，以及对调速质量要求不高且调速比不大的机械（如矿山机械、切削机床等），应采用绕线转子异步电动机。

（6）如系统功率因数的改善是主要考虑因素，应选用同步电动机。

（7）对要求无级调速或调速后可以节能的机械（如印刷机、印染机、纺织机械、流量变化的风机水泵等），应根据使用要求，进行技术经济分析后选定电机及其驱动系统。

（8）对经常堵转或要求恒力矩、恒线速的机械（如卷绕机、电动阀门等），应采用力矩电动机或阀门电动机。

8.1.5　防护类型选择

应根据工作环境选用合适的防护形式，以满足使用寿命、可靠性和人身与设备安全需要。

（1）在户内正常环境条件下工作，应选用 IP21、IP22、IP23。

（2）在潮湿或水淋的场所，应选用 IP44。

（3）在粉尘较多场所，应选用 IP44（外扇冷却式或自冷式）或 IPR44（管道通风）以及防尘结构。

（4）在户外一般环境，应选用 IPW44 或 IP44

（带空/空冷却器或空/水冷却器）以及户外结构。

（5）在户外有腐蚀性气体场所，应选用 IP54 或 IP55 以及外防腐结构。

（6）在中等和强腐蚀性化学介质环境下工作，应选用 IP54 或 IP55 以及防腐结构。

（7）在有爆炸性气体或火灾危险场所，应选用 IP44 或 IP54、IP55 以及防爆结构。

（8）在水井、油井下使用，应选用潜水或潜油密封结构。

8.1.6　安全选择

安全选择和使用电动机时，还应考虑下列因素：

（1）在居民住宅区或对公众开放场所，应选用 IP44 或 IP23 加适当防护措施。

（2）预期会在低于额定或基本转速下运行，除非已采取有效措施，否则必须降低功率使用，以免电机过热。

（3）直流电机必须加装限速装置，以防万一。

（4）考虑到可能出现的瞬时转矩峰值和周期振动与冲击，系统设计时应有足够裕量，保障设备和人身安全。

8.2　电机的安全使用、常见故障及处理

8.2.1　电机的安全使用

1. 电机起动前的检查　对于新安装的或停用 3 个月以上的电动机，起动前应检查：

（1）绝缘电阻若小于 0.5MΩ，应进行烘干处理。

（2）电源电压是否与电机铭牌电压相符。

（3）接线是否正确。

（4）外壳接地或接零保护是否符合要求。

（5）如果是绕线转子异步电动机，电刷和集电环装置是否完好。

2. 电机运行注意事项

（1）监视电源电压的变化。电压变化范围应不超过或低于额定电压的 10%，否则应适当减轻负载运行。同时，三相电压不平衡也不能过大，任意两相电压之差应不超过 5%。

（2）监视电机的运行电流。正常运行应不超过额定值，同时还应注意三相电流是否平衡，任意两相间的电流差值应不大于额定电流的 10%。

（3）监视电机的温度。温升应不超过允许限度。电机运行中的温升是监视电动机运行状况的直接而又可靠的办法。

（4）监视电机的声音、振动和气味。电动机正常运行时，声音均匀，运转平稳，无绝缘漆气味和焦臭味。若出现异常，则说明电机有故障。

3. 电机的检修　除加强电机运行中的监视检查外，对电机进行定期维修也是消除隐患，防止发生事故的重要措施。一般电机每年要进行几次小修和一次大修。

小修项目如下：

（1）清除外壳灰尘、污物。

（2）检查出线盒接线。

（3）检查端盖、地脚螺栓和接地线。

（4）拆下轴承端盖，检查润滑油。

（5）检查起动设备。

大修项目如下：

（1）将电机拆开，去除灰尘，擦净油污。

（2）将轴承洗净，擦干，更换润滑油。

（3）检查绕组表面绝缘。

（4）检查绕组各相间和对铁心外壳之间的绝缘电阻，大于 0.5MΩ 为合格，否则要进行烘干处理。

（5）检查定子、转子铁心。

4. 电机运行时的温升变化　温升是电机异常运行和发生故障的最重要信号。检测温升可用如下方法：

（1）手摸。这是最简便的方法。没有发烫的感觉，说明电动机没有过热。

（2）滴水。在机壳上洒几滴水，如果只看见冒热气而无声音，说明电动机没有过热。

（3）用温度计测量。这是比较准确而直观的方法。将温度计插入吊环孔内，再用棉纱等隔热材料塞住吊环孔，所测温度加 10℃ 就是绕组内最热点的实际温度。

8.2.2　电机的常见故障及处理

异步电机和直流电机的常见故障及处理见表 10.8-1。

表 10.8-1　　　　　　异步电机和直流电机常见故障及处理

故 障 现 象	可　能　原　因	处　理　方　法
不能起动	（1）电源未接通 （2）绕组断路或短路	（1）检查熔断器、开关触点及电动机引出线有无断路，如有则加以纠正 （2）见表 10.8-2

故 障 现 象	可 能 原 因	处 理 方 法
不能起动	(3) 熔断器烧断 (4) 电源电压过低 (5) 负载过大或传动机械有故障 (6) 控制设备接线错误或过流限值调得过小 (7) 绕线转子起动误操作 (8) 直流电机电刷接触不良	(3) 查出原因，排除故障，然后换新熔断器 (4) 检查电源电压 (5) 更换功率较大的电机或减轻负载。将电机与负载分开，单独起动，如情况正常，应检查被传动机械，排除故障 (6) 校正接线或将过电流限值调到合适值 (7) 检查集电环的短路装置及起动变阻器的位置。起动时，应在线路内串接变阻器，并将短路装置断开 (8) 检查刷握弹簧是否松弛，并作必要的调整以改善接触
转速不正常	(1) 电源电压太低 (2) 笼型转子断条 (3) 绕线转子一相断路或起动变阻器接触不良 (4) 电刷与集电环接触不良 (5) 负载阻力矩过大 (6) 直流电动机转速过高，且有剧烈火花 (7) 电刷不在中性位置 (8) 电枢及磁场绕组匝间短路、断路或接线错误 (9) 磁场回路及起动变阻器接触不良，电阻过大	(1) 检查输入端电源电压，予以纠正 (2) 见表 10.8-2 (3) 查明原因，排除故障 (4) 调整电刷压力，改善接触 (5) 选用功率较大的电机或减轻负载 (6) 检查磁场绕组与起动器的连接是否良好、有无接错，磁场绕组有无断路 (7) 调整至中性位置 (8) 见表 10.8-2 (9) 检查磁场变阻器及励磁绕组电阻并检查接触是否良好
电机三相电流不平衡	(1) 三相电源电压不平衡 (2) 定子绕组中有部分线圈短路 (3) 重换定子绕组后，部分线圈匝数有错误 (4) 重换定子绕组后，部分线圈之间有接线错误	(1) 用电压表测量电源电压 (2) 用电流表测量三相电流或拆开电机用手检查过热线圈 (3) 用双臂电桥测量各相绕组的直流电阻，如阻值相差过大，说明线圈有接线错误，应按正确方法改接 (4) 按正确的接线方法改正接线错误
温升过高或冒烟	(1) 过载 (2) 三相异步电机单相运行 (3) 电压过低或接线错误 (4) 绕组接地或匝间断路 (5) 定子、转子相擦 (6) 通风不畅，环境温度过高	(1) 检查负载电流，选用功率较大的电机或减轻负载 (2) 检查熔断器及开关的触点，排除故障或加装单相保护装置 (3) 检查输入电压，如三相异步电机的丫/△联结错误，应予改正 (4) 见表 10.8-2 (5) 检查气隙，予以改正 (6) 清除积灰，采取降温措施

续表

故障现象	可 能 原 因	处 理 方 法
运转声音不正常	(1) 定子、转子相擦 (2) 三相异步电机单相运行 (3) 轴承缺陷 (4) 转子风叶碰壳	(1) 检查气隙，予以改正 (2) 断电再合闸，如果不能起动，则可能有一相断路，检查电源或电机，排除故障 (3) 见表 10.8-3 (4) 校正风叶
不正常的振动	(1) 转子不平衡 (2) 轴瓦与轴颈间隙过大或过小 (3) 安装定心不正	(1) 校平衡 (2) 见表 10.8-3 (3) 检查轴线，加以校正
电机绝缘电阻过低或外壳带电	(1) 绕组受潮，绝缘老化，接线板有污垢或引出线碰接线盒外壳 (2) 电源线与接地线接错 (3) 直流电机电枢槽部或端部绝缘损坏	(1) 将绕组进行干燥处理，去除污垢或更换绕组。如果有可能，加装漏电保护器 (2) 纠正接线错误 (3) 用低压直流电源测量片间电压，找出接地点，排除故障
轴承过热	见表 10.8-3	见表 10.8-3
异步电动机运行时，电流表指针来回摆动	(1) 笼型转子断条 (2) 绕线转子异步电机一相电刷接触不良或断路 (3) 绕线转子集电环短路装置接触不良	(1) 见表 10.8-2 (2) 调整电刷压力及改善接触 (3) 修理或更换短路装置
电刷下火花过大	(1) 换向极气隙不匀 (2) 电机过载 (3) 换向片间云母凸出 (4) 换向器表面不圆或有污垢 (5) 电刷压力大小不当或不匀 (6) 电刷所用牌号不当，尺寸不符 (7) 电刷刷距不等分 (8) 电刷在刷盒内随动性差 (9) 电枢绕组焊接不良或脱焊 (10) 电枢绕组或换向极绕组短路 (11) 机械振动	(1) 调整气隙 (2) 降低负载或更换功率较大的电机 (3) 云母下刻，槽边倒角，再研磨 (4) 研磨或精车换向器表面，或清洁表面 (5) 用弹簧校正电刷压力 (6) 按制造厂原有牌号及尺寸选用电刷 (7) 校正电刷刷距 (8) 清理刷盒或将电刷略微磨小 (9) 用毫伏表检查片间电压，如特别高，说明焊接不良或脱焊，须重焊 (10) 参见电机的维护内容 (11) 查出振源加以改正

1. 绕组的故障及处理　绕组绝缘受潮、受热、老化以及机械应力和电磁力的反复冲击，均会造成绕组损伤。而电机的不正常运行，如长期过载、过电压或欠电压以及多相电机断相运行等，更会引起绕组损坏。在电机故障中，绕组故障占 60% 以上。

绕组故障表现为断路、匝间短路和接地三种。绕组故障及处理具体见表 10.8-2。

2. 轴承的故障及处理　检查轴承运转是否正常的常用方法：一是听声音；二是测温度。听轴承运转的声音可用细铁棍或螺钉旋具，如果听到的是均匀的"沙沙"声，轴承运转正常。如果听到"吱吱"的金属碰撞声，则可能是轴承缺油；如果听到"咕噜、咕噜"的冲击声，可能是轴承中有的滚珠被轧碎。测量轴承温度用温度计，滚动轴承应不超过 95℃，滑动轴承应不超过 80℃。具体原因和相关处理方法见表 10.8-3。

表 10.8-2　　　　　　　　　　　　　　　　　电机绕组故障及处理

类　　型		产 生 原 因	故 障 检 查 方 法	修复方法
断路故障	（1）一相断路 （2）匝间断路 （3）并联分路处断路 （4）并联几根中一根断路	（1）制造和修理弄断 （2）接头焊接不良，过热后脱落 （3）受机械力影响，碰撞或拉断 （4）匝间短路没有发现长期过热而熔断	（1）观察法。仔细观察绕组端部是否有碰断现象，找出碰断处 （2）检验灯检查法。①星形联结电机把检验灯一根线接在绕组中点 O 上，另一根依次与三相引出接，如果灯不亮则该相断路；②三角形联结电机，先把每相拆开，然后分别试验，灯不亮一相表示该相断路 （3）万用表检查法。①星形联结电机，将万用表拨在电阻挡上，一根线接在星形中点上，另一根依次接在三相绕组首端，电阻为无穷大的一相断路；②三角形联结电机，先把三相拆开，分别试验 （4）兆欧表检查法。星形联结和三角形联结检查与用万用表检查法一致，阻值无穷大的一相断路 （5）电桥检查法。星形联结和三角形联结与用万用表检查一致，电阻为无穷大的一相断路	将断线处接好包上绝缘材料，再套上绝缘套管绑扎后，浇漆烘干
接地故障		（1）绕组受潮，绝缘物失去绝缘作用 （2）电机长期过载，绝缘物老化、开裂、脱落 （3）嵌线时绝缘物受损伤 （4）定、转子相擦引起绝缘物烧坏 （5）绕组端部碰端盖 （6）引出线绝缘损坏与壳体相撞 （7）绕组绝缘受雷击损坏等	（1）观察法。目测绕组端部及接近槽口部分的绝缘物有无破裂和焦黑的痕迹，如有，接地点就可能在此处 （2）检验灯检查法。将检验灯一端引出线接机座，另一端接电动机引出线，如灯亮，表示绕组接地 （3）万用表检查法。把万用表拨至测量电阻挡，万用表一根引出线接在机座上，另一根引出线接在电机引出线上，如果电阻值较小，表示绕组接地 （4）兆欧表检查法。把 500V 兆欧表的一根引出线测量绝缘电阻，如果绝缘电阻接近于零，表示绕组接地 （5）耐压试验检查法。用一试验变压器，次级接一电流表，次级一引线接机座上，另一根引线接在电机引出线上，逐步升高电压，如果电流表摆动，则说明绕组接地	（1）在接地处填塞新的绝缘材料 （2）接地在槽内则更换新绕组 （3）绕组烘干后浇上绝缘漆再烘干，使绝缘电阻达到 0.5MΩ
短路故障	（1）匝间短路 （2）线圈与线圈短路 （3）极相组短路 （4）相间短路	（1）嵌线不熟练造成绝缘损坏 （2）绕组受潮，电压使绝缘击穿 （3）长期过载，电流大，绝缘老化，失去作用 （4）连接线绝缘不良损坏 （5）端部或层间绝缘没垫好 （6）雷击或过压使绝缘损坏	（1）观察法。电机发生短路，在短路处由于电流过大，产生过热，致使绝缘老化、焦脆。因此，观察有烧焦绝缘或有臭味的地方可能短路。或让电机运转几分钟后，用手摸绕组是否发热均匀，如果不均匀，温度较高的地方，一般是短路处 （2）电桥电阻检查法。短路处一般相当于并联，则电阻变小，用电桥测量各相电阻，如果三相电阻相差 5% 以上，则电阻小的一相短路 （3）电流检查法。短路处一般相当于并联，则电阻变小，电流变大，将电动机通入低电压，电流表读数相差 10% 以上，则电流大的一相短路 （4）短路侦察器检查法。将短路侦察器串联一个电流表，分别依次接在定子槽口上，如果某处电流突然增大，则说明该处发生短路	查出短路处可以用绝缘材料将短路处隔开，或重新包装或更新线圈，浸漆烘干即可

续表

类　型	产生原因	故障检查方法	修复方法
反接及接错故障	（1）个别线圈接错 （2）极相组接错 （3）外部接线接反	（1）接线时疏忽大意 （2）引出线没有表明首端和末端	（1）观察法。将电动机拆开，按接线图仔细检查定子每相绕组，检查有无错接之处 （2）旋转检查法。将电动机通入低电压三相电源，将一颗钢球放入定子内圆，滚动钢球，如果钢球旋转，则说明没有接错；钢球不转，则说明接错 （3）极性检查法。将低压直流电通入某相绕组，用指南针沿铁心槽上逐槽检查，指南针在每个极相组交替变化，表示接线正确；如果相邻近极相组指南针指向相同，则表示接错	按接线图更正接错处，然后包上绝缘，浸漆烘干

表 10.8 - 3 　　　　　　　　　　　　　　**电机轴承常见故障及处理**

故障现象	可能原因	处理方法
滚动轴承发热和不正常杂声	（1）轴承内润滑油过多或过少 （2）滚珠（滚柱）磨损 （3）轴承与轴配合过松（走内圈）或过紧 （4）轴承与端盖配合过松（走外圈）或过紧	（1）维持适量的润滑油（一般为轴承室内部容积的 2/3~3/4） （2）更换轴承 （3）过松时，可用金属喷镀或镶套筒；过紧时，则需重新加工 （4）过松时，可用金属喷镀或镶套筒；过紧时，则需重新加工
滑动轴承发热，漏油	（1）轴颈与轴瓦间隙太小，轴瓦研刮不好 （2）油环运转不灵活，压力润滑系统的油泵有故障，油路不畅通 （3）润滑油牌号不合适，油内有杂质 （4）油箱内油位太高 （5）轴承挡油盖封不好；轴承座上下结合面间隙过大	（1）研刮轴瓦，使轴颈与轴瓦间隙合适 （2）更换新油环，排除油路系统故障，保证有足够的润滑油量 （3）换用合适的润滑油，清除杂质 （4）减少油量 （5）改进轴承挡油盖的密封结构，研刮轴承座上下结合面使之密合

　　3. 换向的故障及处理　直流电机的换向是一个复杂的物理和电化学过程，它和电机本身及外界的很多因素有关，而换向不良又表现在很多方面，如换向火花、氧化膜破坏、电刷与换向器磨损、滑动接触稳定性的破坏等。当换向恶化时，各方面因素又相互影响，错综复杂，往往一个原因就会造成几种换向不良征象，有时几种故障原因，又会反映为共同的换向不良象征。为便于现场解决和处理换向问题，表 10.8 - 4 分析了造成电机常见换向故障的原因和处理方法。

表 10.8 - 4 　　　　　　　　　　　　　　**换向故障的原因和处理**

故障现象	可能原因	处理方法
片间短路	（1）片间云母损坏 （2）换向器 3°锥面因涂封绝缘处理不好，进入金属异物	（1）更换片间云母 （2）清除金属异物，3°锥面间隙处作绝缘涂封处理
接地	（1）V 形绝缘环 30°锥面损坏 （2）换向器内部进入金属异物 （3）换向器 V 形绝缘环 30°锥面有粉尘，产生爬电	（1）更换 V 形绝缘环 （2）清除异物（解体后） （3）清除粉尘，加强绝缘涂封，提高表面绝缘电阻
外圆变形	（1）片间绝缘、V 形绝缘环产生热收缩 （2）换向器压圈、螺母等紧固件松动	（1）在换向器热态下均匀地旋紧螺母 （2）换向器外圆偏摆超过规定时，应采取措施车削外圆
升高片断裂	（1）电机扭振和机械反复冲击，使升高片根部疲劳而断裂 （2）升高片材质硬脆 （3）升高片机械碰伤	（1）改进升高片结构，提高固有频率，防止发生谐振 （2）局部更换升高片 （3）局部更换升高片

4. 火花等级和产生原因　火花是直流电机换向不良的最明显标志。轻微的火花，不会对电机运行造成危害，但有害火花会破坏电刷与换向器的滑动接触，烧伤电刷镜面和氧化膜，使两者的磨损剧增，造成换向恶性循环，甚至因电弧飞越而导致环火事故，构成对直流电机运行的威胁。

国家标准 GB 755—1981 规定的火花等级见表10.8-5。

表 10.8-5　　电机的火花等级

火花等级	特　征	换向器和电刷的状态	容许的运行方式
1	无火花	换向器上没有黑痕，电刷上没有灼痕	可以继续运行
$1\frac{1}{4}$	电刷下面仅少部分有微弱的火花	换向器上没有黑痕，电刷上没有灼痕	可以继续运行
$1\frac{1}{2}$	电刷下面大部分有轻微的火花	换向器上有黑痕，用汽油擦洗即能除去，电刷上稍有灼痕	
2	电刷的整个边缘下面都有较明显的火花	换向器上有较重的黑痕，用汽油擦洗不能除去，电刷上也有灼痕	只能容许在短时冲击负载及过载时发生
3	电刷的整个边缘下面有强大的火花	换向器上有严重的黑痕和灼痕，用汽油不能擦去，电刷烧焦及损坏	只容许在直接起动或反转时瞬时存在

5. 环火事故及处理　当直流电机存在片间短路发生过电压，换向严重恶化或在特别恶劣的条件下运行时，均会出现正负刷架之间的电弧飞越，在环绕换向器表面出现一圈强烈的电弧并伴随着强烈的弧光和巨响，这种事故称为环火。在环火发生的瞬间，电弧的高温和巨大能量，将使换向器表面和电刷装置受到严重的损坏。

环火事故的处理：

（1）更换受烧损的电刷、刷握和刷架。

（2）换向器表面处理或更换。

（3）测量、检查绝缘电阻，并处理接地或匝间短路现象。

8.3　电机的保护和维护

8.3.1　电机的保护

1. 电保护　电保护包括欠电压、过电压、过载、断相、短路、堵转和漏电保护等。均有可靠的保护装置供配备。

2. 热保护　主要有双金属片式和热敏电阻式两种，它们都能直接被埋置在绕组中和轴承中。其中热敏元件近年来得到广泛应用。

3. 电机的机械保护　主要有过转速保护和过转矩保护。前者通常采用离心式调节器，后者则借助安全销或转差离合器实现。

8.3.2　电机的维护

对电机采取有效而合理的维护是确保电机安全可靠运行的重要措施。

各类电机应按其使用场合和重要程度，配置各类备用维护物品，安装监视仪表，对电机的电流、电压、温度、噪声和振动等情况进行监视，进行定期或定运行时间、控制性或防止性维护，确保人身安全和设备安全。

参 考 文 献

[1] 赵明生，等. 电气工程师手册. 第二版. 北京：机械工业出版社，2000.
[2] 季杏法，等. 电气工程师手册. 第九篇——旋转电机. 北京：机械工业出版社，1987.
[3] 许立梓，等. 实用电气工程师手册. 南京：东南大学出版社，2001.
[4] 乔静宇，等. 新编电气工程师实用手册. 北京：中国水利水电出版社，1998.
[5] 陈小华. 简明电工实用手册. 北京：人民邮电出版社，2002.
[6] 周文森，等. 简明电工手册. 北京：机械工业出版社，1981.
[7] 周希章. 电工技术手册. 北京：中国电力出版社，2004.
[8] 常润. 电工手册. 北京：北京出版社，1997.
[9] 刑郁甫，等. 新编实用电工手册. 北京：地质出版社，1997.
[10] 陈乔夫，等. 最新实用电工手册. 成都：科技大学出版社，1995.
[11] 邵海忠，等. 最新实用电工手册. 北京：化学工业出版社，2003.
[12] 周鹤良，等. 电机工程手册. 第二版——电机卷. 北京：机械工业出版社，1996.
[13] 辜承林. 电机学. 武汉：华中科技大学出版社，2001.
[14] 周希章. 电机的起动、制动和调速. 北京：机械工业出版社，2001.
[15] 周希章. 电修手册. 北京：机械工业出版社，1987.
[16] 赵家礼，等. 电机故障诊断修理手册. 北京：机械工业出版社，2000.
[17] 赵家礼，等. 电动机修理手册. 北京：机械工业出版社，1988.
[18] 翟少华，等. 实用电动机修理手册. 北京：中国民航出版社，1996.
[19] 周文俊. 电气设备实用手册. 北京：中国水利水电出版社，2001.
[20] 郑忠. 新编工厂电器设备手册. 北京：兵器工业出版社，1994.
[21] 胡庆生. 现代电气工程实用技术手册. 北京：机械工业出版社，1994.
[22] 吕砚山. 常见电工电子技术手册. 北京：化学工业出版社，1995.
[23] 王季秋，等. 微特电机应用技术手册. 上海：上海科学技术出版社，2003.
[24] 叶云岳. 直线电机原理与应用. 北京：机械工业出版社，2000.
[25] 莫会成. 控制电机的发展及建议. 微电机，2005，38（6）：76~79.
[26] 陈金涛，等. 新型横向磁通永磁电机研究. 中国电机工程学报，2005，25（15）：155~160.
[27] 朱熀秋，等. 磁悬浮无轴承电动机发展、应用和前景. 微特电机，2006，34（3）：39~41.
[28] 陈忠. 面向二十一世纪的微特电机. 微特电机，1998，26（6）：34~38.
[29] 唐苏亚. 微电机新产品开发和应用前景展望. 微特电机，1997，25（5）：33~37.

第11篇

电 线 电 缆

主　编　曹晓珑（西安交通大学）

执　笔　刘　英（西安交通大学）

1.1 裸电线与裸导体制品

裸电线与裸导体制品是指没有绝缘、没有护层的导电线材，主要包括裸单线、裸绞线和型线型材三个系列产品，是电线电缆产品中最基本的一大类产品。

1.1.1 裸单线

1. 概况 裸单线系列产品主要包括铜单线、铝单线、铝合金线、铜包钢线、铝包钢线以及镀锡线等。按线材的韧炼状态，又分为硬的、半硬的和软的。铝合金线又分为铝-镁-硅合金线、耐热铝合金线及高强度铝合金线等。主要用作各种电线电缆的半制品，少量用于通信线材和电动机电器的制造。

2. 产品 裸单线的品种、型号及规格范围见表 11.1 - 1。

表 11.1 - 1 **裸单线的品种、型号及规格范围**

产品名称	产品型号	规格范围/mm
软圆铜线	TR	0.020～14.00
硬圆铜线	TY	0.020～14.00
特硬圆铜线	TYT	1.50～5.00
软圆铝线	LR	0.30～10.00
硬圆铝线	LY	
铝-镁-硅合金圆线	LHA1	1.50～4.50
铝-镁-硅稀土合金圆线	LHA2	
普通铝包钢线	GL	2.8～4.4
高强度铝包钢线	GGL	3.8～4.4
铜包钢线	GT	1.20～6.00
镀锡软圆铜线	TXR	0.05～4.00
镀银软圆铜线	TRY	0.05～2.00
镀镍圆铜线	TRN	0.05～2.00
可焊镀锡软圆铜线	TXRH	0.20～1.20
软铜扁线	TBR	0.8×2.0～7.1×16.0
硬铜扁线	TBY	
软铝扁线	LBR	0.8×2.0～7.1×16.0
硬铝扁线	LBY	

1.1.2 裸绞线

1. 概况 裸绞线系列产品，主要包括各种绞线和软接线等，主要产品是架空导线。按其结构形式，可分为 5 个品种。

(1) 简单绞线。由材质相同、线径相等的线材绞制而成，如铝绞线、铝合金绞线、铝包钢绞线等。

(2) 组合绞线。由导电线材和增强线材组合绞制而成，如钢芯铝绞线、钢芯铝合金绞线等。

(3) 特种绞线。由不同材质、不同外形的线材，用特种组合方式绞制而成，如扩径绞线、自阻尼导线等。

(4) 复绞线。由材质相同的束（绞）股线绞制而成，如软铜绞线、裸铜天线、铜电刷线等。

(5) 编织铜带。用编织方式制成的软接铜带，有斜纹编织铜带和直纹编织铜带两种。

2. 产品 普通裸绞线的品种、型号及规格范围见表 11.1 - 2。

表 11.1 - 2 **裸绞线的品种、型号及规格范围**

产品名称	产品型号	规格范围/mm²
铝绞线	LJ	16～800
热处理铝镁硅合金绞线	LHA1J	10～1000
热处理铝镁硅稀土合金绞线	LHA2J	
硬铜绞线	TJ	16～400
铝包钢绞线	GLJ	7～167
钢芯铝绞线	LGJ	10～800
防腐钢芯铝绞线	LGJF	
钢芯热处理铝镁硅合金绞线	LHA1GJ	10～1000
钢芯热处理铝镁硅稀土合金绞线	LHA2GJ	
轻防腐钢芯热处理铝镁硅合金绞线	LHA1GJF1	
轻防腐钢芯热处理铝镁硅稀土合金绞线	LHA2GJF1	
中防腐钢芯热处理铝镁硅合金绞线	LHA1GJF2	
中防腐钢芯热处理铝镁硅稀土合金绞线	LHA2GJF2	
钢芯铝包钢绞线	GLGJ	140～210

1.1.3 型线及型材

1. 概况 型线（包括型材）系列产品主要包括铜、铝杆材，铜、铝母线，电车线和异形铜排等。主要用于电动机电器产品的制造、电力牵引机车和工矿企业的配电线路等。

2. 产品 型线产品的品种、型号和规格范围见表 11.1 - 3。

表 11. 1 - 3 型线的品种、型号及规格范围

产 品 名 称	产品型号	规格范围	
		mm	mm^2
电工圆铜杆	T	$\phi 0.35 \sim 22.0$	
电工圆铝杆	L	$\phi 9.0 \sim 20.0$	
圆形铜接触线	CTY		$50 \sim 110$
双沟形铜接触线	CT		$65 \sim 150$
内包梯形钢，钢、铝复合接触线	CGLN		195，250
外露异形钢，钢、铝复合接触线	CGLW		173，215
内包钢单线，钢、铝及铝合金复合接触线	CGLHD		195，260
内包钢绞线，钢、铝及铝合金复合接触线	CGLHJ		260
铝合金接触线	CLHA		$130 \sim 200$
软铜母线	TMR	厚度 $2.24 \sim 31.5$	
硬铜母线	TMY	宽度 $16 \sim 125$	
软铝母线	LMR	厚度 $2.24 \sim 31.5$	
硬铝母线	LMY	宽度 $16 \sim 125$	
梯形铜排	TPT	大边 24 及以下	
一级梯形银铜合金排	TH$_{11}$PT	高度 $10 \sim 150$	
二级梯形银铜合金排	TH$_{12}$PT		
七边形铜排	TPQ	厚度 $6 \sim 16$ 总宽 $47 \sim 84$	
凹形铜排	TPA	厚度 $8 \sim 9.6$	
凹形银铜合金排	TH$_{12}$PA	宽度 $28 \sim 30.5$	
哑铃形铜排	TPY	厚度 6 总宽 $18 \sim 36$	
空心铜导线	TBRK	厚度 $4 \sim 18$，宽度 $6 \sim 35$	
空心铝导线	LBRK	厚度 $6.5 \sim 14$，宽度 $8.5 \sim 22.5$	
软铜带	TDR		
H1 硬铜带	TDY1	厚度 $0.8 \sim 3.55$，宽度 $9 \sim 100$	
H2 硬铜带	TDY2		

1.2 绕组线

绕组线是一种具有绝缘层的导电金属电线，用于绕制电工产品的线圈或绕组，又称为电磁线。绕组线的导电线芯有圆线、扁线、带、箔等，目前多数采用铜线，也有部分采用铝线，为提高铝绕组线的抗拉强度，可采用高导电、高强度的铝合金；220℃ 以上高温绕组线的导电线芯必须采用抗氧化的复合金属，如镍包铜线等。绕组线的绝缘层目前除部分采用天然材料（如绝缘纸、植物油、天然丝等）外，主要采用有机合成高分子化合物（如聚酯、缩醛、聚氨酯、聚酰亚胺、聚酯亚胺、聚酰胺酰亚胺树脂等）和无机材料（如玻璃丝、氧化铝膜等）。由于用单一材料构成的绝缘层在性能上有一定的局限性，因此，有的绕组线采用复合绝缘或组合绝缘。

绕组线按照绝缘层的特点和用途，可分为漆包线、绕包绝缘线、特种绝缘绕组线、无机绝缘绕组线四大类。绕组线的型号编制方法见表 11.1 - 4。

表 11.1－4　　　　　　　　　　　　　　绕组线的型号编制方法

绕 组 线			
漆 包 线	绕包绝缘线	特种绝缘绕组线	无机绝缘绕组线
Q　油性漆包线	S　单丝包线	H　换位导线	YM　氧化膜
QA　聚氨酯漆包线	SE　双丝包线	S　潜水电机绕组线	C　涂层
QQ　缩醛漆包线	D　涤纶丝包线	Y　聚乙烯绝缘耐水线	BM　玻璃膜
QZ　聚酯漆包线	Z　纸包绕组线	V　聚氯乙烯绝缘耐水线	
QZ（G）　改性聚酯漆包线	SB　玻璃丝包线	YJ　交联聚乙烯绝缘耐水线	
QZY　聚酯亚胺漆包线	SBE　双玻璃丝包线	N　尼龙护套	
QY　聚酰亚胺漆包线	SBQ　玻璃丝包漆包线		
QX　聚酰胺漆包线	M　薄膜绕包线		
QXY　聚酰胺酰亚胺漆包线	YF　聚酰亚胺-氟 46 复合薄膜绕包线		
N　热黏合或溶剂黏合漆包线			

导　体		其　他	
导体材料	导体特征	温度指数	漆膜厚度
T　铜（省略）	B　扁线	×××-1/120　温度指数 120	漆包线
L　铝	D　带（箔）	×××-1/130　温度指数 130	1 级　薄漆膜
TWC　无磁性铜	J　绞制	×××-2/155　温度指数 155	2 级　厚漆膜
A　合金导体	R　柔软	×××-2/180　温度指数 180	3 级　特厚漆膜自粘层漆包线
M　锰铜	BK　空心扁线	×××-3/200　温度指数 200	1B　薄漆膜
NG　镍铬		×××-3/220　温度指数 220	2B　厚漆膜

1.2.1　漆包线

1. 概况　漆包线的绝缘层是漆膜，在导电线芯上涂覆绝缘漆后烘干而成。其特点是漆膜均匀、光滑、有利于线圈的自动绕制；漆膜也较薄，有利于提高空间因数（线圈中导体总截面与该线圈的横截面之比），广泛应用于中小型或微型电工产品中。

2. 产品　漆包线的品种、规格、特点和主要用途见表 11.1－5。

表 11.1－5　　　　　　　　漆包线的品种、规格、特点和主要用途

类别	产品名称	型　　号	规格/mm	特　点			主要用途
				温度指数	优点	局限性	
聚酯漆包线	130 级薄/厚漆膜聚酯漆包圆铜线	QZ-1/130 QZ-2/130	0.018~3.150 0.018~5.000	130	（1）在干燥和潮湿条件下，耐电压击穿性能优　（2）软化击穿性能优　（3）QZN 型漆包线能自行黏合成形	（1）耐水解性差　（2）热冲击性尚可　（3）与聚氯乙烯、氯丁橡胶等含氯高分子化合物不相容	通用于中小电机的绕组，干式变压器和电器仪表的线圈
	155 级薄/厚漆膜改性聚酯漆包圆铜线	QZ（G）-1/155 QZ（G）-2/155	0.020~3.150 0.020~5.000	155			
	热黏合或溶剂黏合薄/厚漆膜聚酯漆包圆铜线	QZN-1B QZN-2B	0.020~1.000	—			
	130 级薄/厚漆膜聚酯漆包扁铜线	QZB-1/130 QZB-2/130	a 边为 0.80~5.60，b 边为 2.00~16.00	130			
	155 级薄/厚漆膜改性聚酯漆包扁铜线	QZ（G）B-1/155 QZ（G）B-2/155		155			

续表

类别	产品名称	型号	规格/mm	特点			主要用途
				温度指数	优点	局限性	
缩醛漆包线	120 级薄/厚/特厚漆膜缩醛漆包圆铜线	QQ-1/120 QQ-2/120 QQ-3/120	0.018~2.500	120	（1）热冲击性优 （2）耐刮性优 （3）耐水解性良	漆膜经受卷绕应力，易产生裂纹	通用中小电动机、微电动机绕组和油浸式变压器的线圈，电器仪表用线圈
	120 级薄/厚漆膜缩醛漆包扁铜线	QQB-1/120 QQB-2/120	a 边 0.80~5.60，b 边 2.00~16.00				
聚氨酯漆包线	130 级薄/厚漆膜聚氨酯漆包圆铜线	QA-1/130 QA-2/130	0.018~2.000 0.020~2.000	130	（1）高频下介损小 （2）可直接焊接 （3）着色性好	（1）过负载性能差 （2）热冲击及耐刮性尚可	要求 Q 值稳定的高频线圈、电视线圈和仪表用的微细线圈
	热黏合或溶剂黏合薄/厚漆膜聚氨酯漆包圆铜线	QAN-1B QAN-2B	0.020~1.000	—			
聚酯亚胺漆包线	180 级薄/厚漆膜聚酯亚胺漆包圆铜线	QZY-1/180 QZY-2/180	0.018~2.500	180	（1）在干燥和潮湿条件下，耐电压击穿性能优 （2）热冲击性能良 （3）软化击穿性能良	（1）在含水密封系统中易水解 （2）与聚氯乙烯、氯丁橡胶等含氯高分子化合物不相容	高温电动机和制冷装置中电动机的绕组，干式变压器和电器仪表线圈
	180 级薄/厚漆膜聚酯亚胺漆包扁铜线	QZYB-1/180 QZYB-2/180	a 边 0.80~5.60，b 边 2.00~16.00				
聚酰亚胺漆包线	220 级薄/厚漆膜聚酰亚胺漆包圆铜线	QY-1/220 QY-2/220	0.018~2.500	220	（1）耐高、低温性优 （2）热冲击及软化击穿性优 （3）耐辐射性优 （4）耐溶剂及化学药品腐蚀性优	（1）耐刮性尚可 （2）耐碱性差 （3）在含水密封系统中易水解 （4）易产生裂纹	耐高温电动机绕组，干式变压器，密封式继电器及电子元件
	220 级薄/厚漆膜聚酰亚胺漆包扁铜线	QYB-1/220 QYB-2/220	a 边 0.80~5.60，b 边 2.00~16.00				
复合涂层漆包线	180 级薄/厚/特厚漆膜聚酯亚胺/聚酰胺漆包圆铜线	Q(ZY/X)-1/180 Q(ZY/X)-2/180 Q(ZY/X)-3/180	0.050~3.150 0.050~5.000 0.250~1.600	180	（1）在干燥和潮湿条件下，耐电压击穿性能优 （2）热冲击性能优 （3）软化击穿性能优 （4）耐冷冻剂、化学药品腐蚀性优	（1）在含水密封系统中易水解 （2）与聚氯乙烯、氯丁橡胶等含氯高分子化合物不相容	用于制冷装置的电动机和高温电动机的绕组，干式变压器和电器仪表的线圈
	200 级薄/厚漆膜聚酯亚胺/聚酰胺漆包圆铜线	Q(ZY/X)-1/200 Q(ZY/X)-2/200	0.050~2.000 0.050~5.000	200			
	200 级薄/厚漆膜聚酯亚胺/聚酰胺漆包扁铜线	Q(ZY/X)B-1/200 Q(ZY/X)B-2/200	a 边 0.80~5.60，b 边 2.00~16.00				

续表

类别	产品名称	型号	规格/mm	特　点			主要用途
				温度指数	优点	局限性	
其他	油性漆包线	Q	0.02~2.50	105	（1）漆膜均匀（2）介质损耗小	耐刮及耐溶剂性差	中、高频线圈及仪表、电器的线圈
	无磁性聚氨酯漆包圆铜线	TWCQA	0.02~0.20	130	（1）在感应磁场中干扰小（2）高频介质损耗小（3）可直接焊接	不推荐在过负载条件下使用	精密仪表和电器的线圈

1.2.2　绕包绝缘线

1. 概况　简称绕包线是用天然丝、涤纶丝、玻璃丝、绝缘纸或合成树脂薄膜等紧密绕包在导电线芯上，形成绝缘层。除薄膜绝缘层外，其他如玻璃丝等需经胶粘绝缘漆的浸渍处理，以提高其电性能、力学性能和防潮性能，实际上是组合绝缘。除少数天然丝绕包线外，一般绕包线的特点是：绝缘层较漆包线厚；电性能较高；能较好承受过电压及过载负荷；一般应用于大中型电工产品中。薄膜绕包线具有更高的力学性能和电性能，用于大中型电动机中。

2. 产品　绕包线的品种、规格、特点和主要用途见表 11.1 - 6。

表 11.1 - 6　　　　绕包线的品种、规格、特点和主要用途

类别	产品名称	型号	规格/mm	特　点			主要用途
				温度指数	优点	局限性	
纸包线	纸包圆铜线	Z	1.000~5.000	105	在油浸式变压器中作线圈耐电压击穿性优	绝缘纸容易破裂	用于油浸式变压器及其他类似电器设备
	纸包圆铝线	ZL					
	500kV 变压器匝间绝缘纸包圆铜线	ZA					
	500kV 变压器匝间绝缘纸包圆铝线	ZAL					
	纸包扁铜线	ZB	a 边 0.80~5.60，b 边为 2.00~16.00				
	纸包扁铝线	ZLB					
	500kV 变压器匝间绝缘纸包扁铜线	ZAB					
	500kV 变压器匝间绝缘纸包扁铝线	ZALB					
	芳香聚酰胺纤维纸包圆铜线　芳香聚酰胺纤维纸包扁铜线	—	1.000~5.000　a 边 0.80~5.60，b 边为 2.00~16.00	200~220	（1）能经受严格的加工工艺（2）与变压器常用原材料能相容（3）无工艺污染		用于高温干式变压器的线圈，中型高温电动机的绕组

续表

类别	产品名称	型号	规格/mm	特 点			主要用途
				温度指数	优点	局限性	
玻璃丝包线	温度指数为130/155/180 双玻璃丝包圆铜/铝线	SBE/130 SBEL/130 SBE/155 SBEL/155 SBE/180 SBEL/180	0.30~5.00	130 155 180	(1)过负载性优 (2)耐电晕性优	(1)弯曲性较差 (2)耐潮性较差	中型、大型电动机的绕组
	温度指数为130/155/180 单玻璃丝包圆铜线	SBQ/130 SBQ/155 SBQ/180	0.30~2.50	130 155 180	(1)过负载性优 (2)耐电压电晕性优 (3)绝缘层较薄		中型电动机的绕组
	温度指数为130/155/180 双玻璃丝包扁铜线 温度指数为130 双玻璃丝包扁铝线	SBEB/130 SBEB/155 SBEB/180 SBELB/130	a边0.80~5.60, b边为2.00~16.00	130 155 180 130	(1)过负载性优 (2)耐电晕性优	(1)弯曲性较差 (2)耐潮性较差	中型、大型电动机的绕组
	温度指数为130 单/双玻璃丝包漆包扁铜/铝线	SBQB/130 SBEQB/130 SBQLB/130 SBEQLB/130	a边0.80~5.60, b边为2.00~16.00	130	(1)过负载性优 (2)耐电压电晕性优	弯曲性较差	中型、大型电动机的绕组
	温度指数为155/180 单/双玻璃丝包漆包扁铜线	SBQB/155 SBEQB/155 SBQB/180 SBEQB/180	a边0.80~5.60, b边为2.00~16.00	155 180	(1)过负载性优 (2)耐电压电晕性优	弯曲性较差	中型、大型电动机的绕组
	温度指数为130/155/180 单/双玻璃丝包薄膜绕包扁铜线	SBMB/130 SBEMB/130 SBMB/155 SBEMB/155 SBMB/180 SBEMB/180	a边0.80~5.60, b边为2.00~16.00	130 155 180	(1)过负载性优 (2)耐电压电晕性优	绝缘层较厚	可用于较严酷工艺条件下,中型、大型电动机绕组
薄膜绕包线	耐电压4kV 双层聚酰亚胺-氟46复合薄膜绕包圆铜线 耐电压7.25/8.7/10kV 三层聚酰亚胺-氟46复合薄膜绕包圆铜线	MYFE-4 MTFS-7.25 MTFS-8.7 MTFS-10	1.50~5.00	200	(1)耐电压性优 (2)耐油性优 (3)耐高低温性优 (4)耐辐射性优 (5)密封条件下耐油水性优 (6)耐拖磨性优	耐碱性差	(1)潜油电动机及油型电动机特殊绕组线,圆线也用于潜油泵电缆绝缘线芯 (2)高温轧钢机,牵引电动机,耐辐射特种电动机,干式变压器
	200级单/双聚酰亚胺-氟46复合薄膜绕包扁铜线	MYFB MYFEB	a边0.80~5.60, b边为2.00~16.00				

续表

类别	产品名称	型号	规格/mm	特　　点			主要用途
				温度指数	优点	局限性	
丝包线	单/双天然丝包聚酯漆包圆铜单线 单/双涤纶丝包聚酯漆包圆铜单线 单/双天然丝包缩醛漆包圆铜单线 单/双涤纶丝包聚氨酯漆包圆铜单线 单/双天然丝包聚氨酯漆包圆铜单线 单/双涤纶丝包聚氨酯漆包圆铜单线	SQZ SEQZ SDQZ SEDQZ SQQ SEQQ SQA SEQA SDQA SEDQA	0.05~2.50	—	品质因素 Q 值大	耐潮性较差	各种频率下电子仪表和电器设备的线圈
	单/双天然丝包漆包铜束线 单/双涤纶丝包漆包铜束线	SJ SEJ SDJ SEDJ	0.00150~1.0100	—	(1) 品质因素 Q 值大 (2) 柔软性较好 (3) 介质损耗小，且可直焊		中频、变频电动机的绕组线

1.2.3　特种绝缘绕组线

1. 概况　简称特种绕组线，是指适合于特殊场合或具有特殊性能要求的绕组线，如纸绝缘漆包换位导线、耐水绕组线、300MW 发电机组用绝缘空心扁铜线。

2. 产品　特种绕组线的品种、规格、特点和用途见表 11.1−7。

表 11.1−7　　　　　　　特种绕组线的品种、规格、特点和用途

产品名称	型号	规格/mm	特　　点			主要用途
			耐热性/℃	优点	局限性	
纸绝缘漆包换位导线	HZQQ	高度≤65 宽度≤28	105	(1) 无循环电流，涡流损耗小 (2) 简化绕制线圈工艺 (3) 比纸包线槽满率高	弯曲性差	大型变压器的线圈
聚乙烯/聚氯乙烯/交联聚乙烯绝缘尼龙护套耐水绕组线	SQYN SJYN SV SJV SYJN SJYJN	1/0.60~1/2.5 7/0.80~19/1.40 1/0.60~1/4.00 7/0.80~19/1.25 1/0.80~1/4.00 7/0.80~19/1.40	70 70 90	(1) 有良好的耐水性，水中长期工作绝缘电阻稳定 (2) 尼龙护套可加强机械保护性能 (3) 交联聚乙烯有优异的耐水性能	槽满率很低	各种形式充水式电动机的绕组
300MW 发电机组用绝缘空心扁铜线	—	4.7×10×1.35	155	(1) 空心扁铜线作氢冷用，对材质要求高 (2) 绝缘机械强度和黏合性好	硬度大，施工较困难	专用于300MW发电机定子绕组

1.2.4 无机绝缘绕组线

1. 概况 无机绝缘绕组线的绝缘层是用无机材料（如氧化铝膜、陶瓷、玻璃膜等）组成的。单一的无机绝缘层常有微孔，一般需用有机绝缘漆浸渍后烘干填充。无机绝缘绕组线的特点是耐高温、耐辐射，主要用于高温、辐射的场合。

2. 产品 无机绝缘线的品种、规格、特点和主要用途见表 11.1-8。

表 11.1-8   无机绝缘线的品种、规格、特点和主要用途

类别	产品名称	型号	规格/mm	特 点			主要用途
				温度指数	优点	局限性	
氧化膜线	氧化膜圆/扁铝线 氧化膜铝带（箔）	YML YMLC YMLB YMLBC YMLD	0.05~5.00 a 边 1.00~4.00，b 边 2.50~6.30，厚 0.08~1.00，宽 20~900	—	（1）不用绝缘漆封闭的氧化膜，耐温250℃；用绝缘漆封闭的，耐热性取决于绝缘漆的温度指数 （2）槽满率高 （3）质量轻 （4）耐辐射性好	（1）弯曲性差 （2）击穿电压低 （3）刮漆性差 （4）耐酸碱性差 （5）不用绝缘漆封闭的氧化膜耐潮性差	起重电磁铁、高温制动器、干式变压器线圈，并用于耐辐射场合
陶瓷绝缘线	陶瓷绝缘线	TC	0.06~0.50	—	（1）耐高温性优，长期工作温度可达500℃ （2）耐化学腐蚀性优 （3）耐辐射性好	（1）弯曲性差 （2）击穿电压低 （3）耐潮性差	高温及有辐射场合
玻璃绝缘微细线	玻璃膜绝缘微细锰铜线/玻璃膜绝缘微细镍铬线	BMTM-1 BMTM-2 BMTM-3 BMNG	6~8μm 2~5μm	(-40~+100)℃	（1）导体电阻的热稳定性好 （2）能适应高低温的变化	弯曲性差	用于高灵敏度、高稳定度和小型的电工仪器仪表

1.3 电气装备用绝缘电线

1.3.1 通用橡皮、塑料绝缘电线

1. 概况 橡皮、塑料绝缘电线通常归属于布电线系列，包括户外架空绝缘电线、用户引入线、户内配线、电气电源连接线及农用低压地埋线等，主要用于固定敷设场合。它广泛适用于交流额定电压 450/750V 及以下动力、照明、电器装置、仪器仪表及电信设备之间的连接。部分塑料电线供交流 300/300V 及以下的用电设备采用。

导电线芯以铜、铝为主。绝缘有塑料和橡皮两类，目前主要采用普通聚氯乙烯、耐热聚氯乙烯、天然丁苯橡皮和乙烯-乙酸乙烯酯橡皮等。在机械防护要求较高的场合，采用塑料和橡皮护套，护套材料有聚氯乙烯、尼龙、氯丁橡皮和黑色聚乙烯等。

塑料绝缘电线除了逐步取代用于动力和照明线路的橡皮绝缘电线之外，还大量应用于各种电工器具和控制柜中，作为安装电线，其中还包括一些无线电装置用的电线。

2. 产品 橡皮、塑料绝缘电线的工作电压，一般为交流 450/750V 及以下。其主要产品见表 11.1-9。

表 11.1－9　　　　　　　　　　　　　　　　常用橡皮、塑料绝缘电线产品

型　　号	产 品 名 称	敷设场合及要求	导体长期允许工作温度/℃
BXF/BLXF	铜芯或铝芯橡皮绝缘氯丁或其他相当的合成胶混合物护套电线	适用于户内明敷和户外特别是寒冷地区	65
BXY/BLXY	铜芯或铝芯橡皮绝缘黑色聚乙烯护套电线	适用于户内明敷和户外特别是寒冷地区	
BX/BLX	铜芯或铝芯橡皮绝缘棉纱或其他相当的纤维编织电线	固定敷设用，可明敷或暗敷	
BXR	铜芯橡皮绝缘棉纱或其他相当的纤维编织软电线	室内安装，要求较柔软时	
YYY	铜芯耐热乙烯-乙酸乙烯酯橡皮或其他相当的合成弹性体绝缘电线	固定敷设于高温环境等场合	110
BV/BLV	铜芯或铝芯聚氯乙烯绝缘电线	固定敷设用，可用于室内明敷、穿管等场合	70
BV-90	铜芯耐热90℃聚氯乙烯绝缘电线	固定敷设于高温环境等场合，可用于室内明敷、穿管等场合	90
BVR	铜芯聚氯乙烯绝缘软电线	固定敷设时要求柔软的场合	70
BVV/BLVV BVVB/BLVVB	铜芯或铝芯聚氯乙烯绝缘聚氯乙烯护套圆形或扁形电线	固定敷设用，要求机械防护较高和潮湿等场合，可明敷、暗敷	70
AV	铜芯聚氯乙烯绝缘安装电线	电气、仪表、电子设备等用的硬接线	70
AV-90	铜芯耐热90℃聚氯乙烯绝缘安装电线	用于高温环境的电气、仪表、电子设备硬接线	90
NLYV/NLYV-H	农用直埋铝芯聚乙烯绝缘聚氯乙烯或耐寒聚氯乙烯护套电线	一般地区或耐寒地区	70
NLYV-Y/NLYY	农用直埋铝芯聚乙烯或聚氯乙烯绝缘防蚁聚氯乙烯护套电线	白蚁活动地区	
NLVV/NLVV-Y	农用直埋铝芯聚乙烯或聚氯乙烯绝缘黑色聚乙烯护套电线	一般及耐寒地区	
BVF	铜芯丁腈聚氯乙烯复合物绝缘电线	交流 500V 及以下电气、仪表等装置连接用线	65
BY	铜芯聚乙烯绝缘电线	绝缘电阻较高，可用于高频场合，最低使用环境温度为-60℃	80

1.3.2 通用橡皮、塑料绝缘软线

1. 概况 橡皮或塑料绝缘软线是一类使用范围极为广泛的通用产品，适用于各种交直流的移动电源、电器、电工仪表、照明灯头、电信控制、设备及自动化装置的连接。这类产品的特征是柔软、易弯曲、外径小、重量轻。聚氯乙烯绝缘和护套软线使用在一般环境条件下，当使用条件较恶劣时，应选用橡套软电缆。

导电线芯主要采用铜。绝缘有塑料、橡皮和复合物等三种，目前主要采用柔软的聚氯乙烯、丁苯-天然橡皮、硅橡胶、乙烯-乙酸酯橡皮和丁腈聚氯乙烯复合物等。当有特殊要求时，宜选用合成橡胶和耐高温绝缘软线。

2. 产品 工作电压为交流 750V 及以下，大多为 300V 等级，其主要产品见表 11.1-10。

1.3.3 屏蔽绝缘电线

1. 概况 在绝缘软电线的绝缘外编织或绕包一层金属丝，或绕包一层金属箔，其目的是减少外界电磁波对绝缘电线内电流的干扰；同时，也减少绝缘电线内电流产生的电磁场对外界的影响。这类产品称为屏蔽电线，广泛应用于要求防干扰的各种电器、仪表、电信、电力设备及自动化装置的线路中。

表 11.1-10 常用橡皮、塑料绝缘软线产品

型 号	产 品 名 称	敷设场合及要求	导体长期允许工作温度/℃
RXS/RX/RXH	铜芯橡皮绝缘编织双绞软线 铜芯橡皮绝缘总编织圆形软电线 铜芯橡皮绝缘橡皮护套总编织圆形软电线	主要用于电热电器、家用电器、灯头线等要求柔软的场合	65 60 65
YG/YRYY	铜芯耐热硅橡胶绝缘电线 铜芯耐热乙烯-乙酸乙烯酯橡皮或其他相当的合成弹性体绝缘软电线	要求高温等场合	180 110
RV/RVB/RVS/RVV	铜芯聚氯乙烯绝缘连接软电线 铜芯聚氯乙烯绝缘扁形连接软电线 铜芯聚氯乙烯绝缘绞型连接软电线 铜芯聚氯乙烯绝缘聚氯乙烯护套圆形连接软电线（轻型、普通型）	主要用于中轻型移动电器、仪器仪表、家用电器、动力照明等要求柔软的场合	70
RV-90	铜芯耐热 90℃ 聚氯乙烯绝缘连接软电线	主要用于要求耐热的场合	90
RFB/RRS	铜芯丁腈聚氯乙烯复合物绝缘扁形软线或绞型软线	主要用于小型家用电器等要求更柔软的场合	70
AVR/AVRB/AVRS AVVR	铜芯聚氯乙烯绝缘安装软电线或扁形安装软电线或绞型安装软电线 铜芯聚氯乙烯绝缘聚氯乙烯护套安装软电线	用于仪器仪表、电子设备等内部用软接线 控制系统等柔软场合使用的电源或控制信号连接线	70
AVR-90	铜芯耐热 90℃ 聚氯乙烯绝缘安装软电线	同上，主要用于耐热场合	90
RTPVR	扁形铜皮软线	电话听筒用线	
TVVB	扁形聚氯乙烯护套电梯电缆和挠性连接用软电线	用于安装自由悬挂长度不超过 35m 及移动速度不超过 1.6m/s 的电梯和升降机	70
RVVYP/RVVY	耐油聚氯乙烯护套屏蔽软电缆或非屏蔽软电线	机床、起重设备加工用机器的内部连接	

目前采用的屏蔽方式有：①铜丝编织；②铜线单层或双层绕包，并挤一层塑料护套；③复合金属化薄膜绕包，纵向一根与金属箔有良好接触的裸铜线作接地引线。

2. **产品** 聚氯乙烯绝缘屏蔽电线使用于交流额定电压为 300/500V 及以下的电器、仪表、电信、电力设备及自动化装置等屏蔽线路中，常见产品见表 11.1-11。

表 11.1-11 常见屏蔽绝缘电线产品

型 号	产品名称	敷设场合及要求	导体长期允许工作温度/℃
AVP	铜芯聚氯乙烯绝缘安装用屏蔽电线	固定敷设	70
RVP RVVP RVVP1	铜芯聚氯乙烯绝缘屏蔽软电线 铜芯聚氯乙烯绝缘屏蔽聚氯乙烯护套软电缆 铜芯聚氯乙烯绝缘缠绕屏蔽聚氯乙烯护套软电缆	移动使用和安装时要求柔软的场合，带有护套的电线用于防潮及要求一定机械防护的场合	70
RVP-90	铜芯耐热 90℃聚氯乙烯绝缘屏蔽软电线	移动场合使用	90
AVP-90	铜芯耐热 90℃聚氯乙烯绝缘安装用屏蔽电线	固定敷设	90

1.3.4 公路车辆用绝缘电线

1. **概况** 公路车辆用电线电缆按其用途可分两大类：一类是公路车辆用低压电线，其中单芯绝缘电线用于汽车等公路车辆的电器及仪表线路，七芯护套电缆用于车辆与挂车之间的电器连接。这一类电线电缆，在结构上与普通的绝缘软线相似，但要求有良好的耐热、耐寒、耐油和耐磨性能。单相绝缘电线的颜色分为单色和双色，都采用聚乙烯或聚氯乙烯-丁腈复合物作为绝缘材料。七芯电缆的线芯绝缘为各自不同的单色，其排列有着严格的规定，采用聚氯乙烯绝缘和护套。因为结构柔软，颜色种类多，也广泛用于作其他机床电气设备的内部接线。另一类是公路车辆用高压点火电线，供连接车辆发动机的点火装置用，工作在高压和高温条件下，要求这种电线具有良好的电气绝缘性能和耐热性能。高压点火电线又分为铜芯和阻尼导电线芯两种结构，后者可以用高阻合金丝，或具有均匀电阻的纤维卷绕而成。目前的高压点火电线采用塑料或橡皮作为绝缘和护套材料。

2. **产品** 公路车辆用绝缘电线电缆产品见表 11.1-12。

表 11.1-12 公路车辆用绝缘电线电缆产品

型 号	产品名称	最高工作温度/℃	主要用途
QVR	公路车辆用铜芯聚氯乙烯绝缘低压电线	70	车辆电器及仪表线路用
QFR	公路车辆用铜芯聚氯乙烯-丁腈复合物绝缘低压电线	70	车辆电器及仪表线路用
QVR-105	公路车辆用铜芯耐热 105℃聚氯乙烯绝缘低压电线	105	车辆高温区电器仪表线路用
QVVR	公路车辆用铜芯聚氯乙烯绝缘聚氯乙烯护套低压电缆	70	车辆与挂车电器线路用
QGV/QGF	公路车辆用铜芯（阻尼芯）聚氯乙烯或聚氯乙烯-丁腈绝缘高压点火电线	70	车辆发动机点火系统连接用
QGV-105	公路车辆用铜芯（阻尼芯）耐热 105℃聚氯乙烯绝缘高压点火电线	105	车辆发动机点火系统连接用
QGXF/QGXV	公路车辆用铜芯（阻尼芯）天然-丁苯橡皮绝缘氯丁或聚氯乙烯护套高压点火电线	70	车辆发动机点火系统连接用

1.3.5 电动机绕组引接软线

1. **概况** 电动机绕组引接软线是电动机绝缘结构的主要部件之一，它与电动机绕组连接引出机壳，或引至与机壳上的接线柱相连接的绝缘电线。引接线具有良好的耐热、耐溶剂、耐浸渍剂性能和柔软性。

2. **产品** 电线的长期工作温度分为 70℃、90℃、125℃、180℃，分别对应于 B、F、H 等几个耐热等级的电动机配套。电压等级分为 500V、1000V、3000V、6000V 等四挡。电线的绝缘材料为塑料、橡胶或薄膜绕包纤维编织等。引接软线的品种和型号见表 11.1 - 13。

表 11.1 - 13 引接软线的品种和型号

型号	产品名称	工作温度/℃	电压等级/V
JV/JF	铜芯 PVC 绝缘或铜芯 丁腈/PVC 复合物绝缘电动机绕组引接线	70	500
JXN/JXF	铜芯橡皮绝缘丁腈护套或氯丁护套电动机绕组引接线	70	500, 1000, 3000, 6000
JE/JH	铜芯乙丙橡皮绝缘或氯磺化聚乙烯绝缘电动机绕组引接线	90	500, 1000, 3000, 6000
JEH/JEM	铜芯乙丙橡皮绝缘氯磺化聚乙烯护套或氯醚护套电动机绕组引接线	90	500, 1000, 3000, 6000
JYJ	铜芯交联聚烯烃绝缘电动机绕组引接线	125	500
JG	铜芯硅橡皮绝缘电动机绕组引接线	180	500, 1000
JZ/JF 46	铜芯聚酯薄膜纤维绝缘或聚全氟乙丙烯绝缘耐氟利昂电动机绕组引接线	—	500

1.3.6 航空电线

1. **概况** 包括飞机、卫星、火箭和其他飞行器上用的各种电线电缆，统称为航空用电线。这些产品在高空运行，应具有外径小、质量轻、耐高温、耐振动、抗冲击、易安装等特点。各种类型的飞机和飞行器上所用的电线品种很多。工作温度在 105℃ 以下基

本以耐热聚氯乙烯绝缘尼龙护套电线为主，近年来辐照交联聚乙烯绝缘聚偏氟乙烯护套电线用量也在上升。135℃ 等级使用的是镀锡铜芯聚全氟乙丙烯/聚偏氟乙烯绝缘电线和镀锡铜芯聚酰亚胺绝缘电线。在工作温度较高的环境中使用的电线仍以含氟聚合物和聚酰亚胺绝缘为主，按导体的镀层材质和绝缘结构不同，耐温等级可分为 150℃、200℃ 和 260℃ 等三种。属于这类温度等级范围的还有硅橡胶和氟硅橡胶绝缘的安装电线，300℃ 或以上的安装线常采用有机和无机材料的复合结构，有的全部采用无机材料绝缘。

2. **产品**

（1）产品型号标识及其编制方法。型号编排次序：

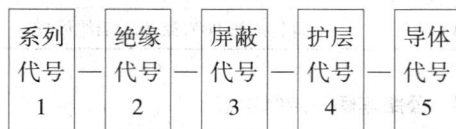

系列代号 1	—	绝缘代号 2	—	屏蔽代号 3	—	护层代号 4	—	导体代号 5

1）系列代号：F——航空航天用电线电缆。

2）绝缘代号：

① 含氟聚合物绝缘

  F40——PTFE 挤出绝缘；

  F41——耐磨 PTFE 绝缘；

  F42——PTFE 薄膜（车削薄膜）绕包绝缘；

  F43——PTFE 生料带绝缘；

  F44——PTFE 带/玻璃丝编织涂 PTFE 乳液（或包 PTFE 生带）组合绝缘；

  F45——FEP/PVDF 组合绝缘；

  F46——FEP 挤出绝缘；

  F47——PFA 绝缘；

  F30——ECTFE 挤出绝缘；

  F26——PVDF 挤出绝缘。

② PVC/尼龙组合绝缘

  N——PVC+尼龙；

  N1——PVC+玻璃丝+尼龙；

  N2——PVC+玻璃丝+PVC+尼龙；

  N3——PVC+PVDF。

③ 聚酰亚胺复合薄膜绝缘

  Y1——PI/F46 薄膜+聚酰亚胺漆涂层；

  Y2——PI/F46 薄膜+PTFE 生带；

  Y3——PI/F46 薄膜+PEP 乳液涂层；

  Y4——PI/F46 薄膜+聚胺酯漆涂层；

  Y5——PI/F4 复合薄膜绝缘。

④ 硅橡胶绝缘

  G1——耐油硅胶绝缘；

  G2——硅胶+玻璃丝编织涂硅脂组合绝缘。

3）屏蔽代号：

① 镀锡铜线屏蔽

P11——镀锡圆铜线编织屏蔽；

P12——镀锡扁铜线编织屏蔽；

P13——镀锡圆铜线绕包屏蔽；

P14——镀锡扁铜线绕包屏蔽。

② 镀银铜线屏蔽

P21——镀银圆铜线编织屏蔽；

P22——镀银扁铜线编织屏蔽；

P23——镀银圆铜线绕包屏蔽；

P24——镀银扁铜线绕包屏蔽。

③ 镀镍铜线屏蔽

P31——镀镍圆铜线编织屏蔽；

P32——镀镍扁铜线编织屏蔽；

P33——镀镍圆铜线绕包屏蔽；

P34——镀镍扁铜线绕包屏蔽。

4）护层代号：

H1——挤出尼龙；

H2——尼龙丝编织涂尼龙清漆护层；

H3——挤出 FEP 树脂；

H4——挤出 TFE 树脂；

H5——TFE 生带绕包烧结；

H6——PI/F46 复合薄膜绕包烧结；

H7——玻璃丝编织涂 TFE 乳液（或包生带）烧结；

H8——挤出 PVDF 树脂；

H9——挤出 PFA 树脂；

H10——ETFE 护层。

5）导体代号：

-1——镀锡铜导体；

-2——镀银铜导体；

-3——镀镍铜导体；

-6——镀锡铜合金导体；

-7——镀银铜合金导体；

-8——镀镍铜合金导体；

-11——铝导体；

-12——铝合金导体。

（2）产品品种及其使用特性。航空电线按用途可分为三大类：①高压点火用电线，传送高压电能供飞机发动机起动点火。用量不大，但要求很高。②机舱布电线，要占整个飞机用线量的 90% 以上，用作电力输送和信号传递，一般是几十根甚至上百根成束沿蒙皮固定敷设。③特种专用电线，数量很少，且各类飞机无统一规范要求。

1.4 电气装备用电缆

1.4.1 橡套软电缆

橡套软电缆包括通用橡套软电缆、电焊机电缆、潜水电动机电缆、无线电装置电缆和摄影光源电缆等。

1. 概况 通用橡套软电缆是广泛使用于各种电器设备、电动机械、电工装置和器具中的移动式电源线，可在室内外环境条件下使用。根据电缆所受的机械外力，在产品结构上分为轻型、中型和重型三类。一般轻型橡套电缆使用于日用电器、小型电动设备，要求柔软、轻巧、弯曲性能好；中型橡套电缆除工业用外，广泛用于农业电气化中；重型电缆用于如港口机械、探照灯、农业大型水力排灌站等场合。

2. 产品 橡套软电缆的产品见表 11.1-14。

表 11.1-14　　　　　　　　　　橡套软电缆产品

型号	产品名称	额定电压/V	工作温度/℃	用途和特点
YQ YQW YZ YZW YC YCW	轻型通用橡套电缆 户外型通用橡套电缆 中型通用橡套电缆 户外型中型通用橡套电缆 重型通用橡套电缆 户外型通用橡套电缆	300/300 300/300 300/500 300/500 450/750 450/750	65	交流 250V 以下轻型移动电气设备和日用电器 同上，具有耐气候性和一定的耐油性交流 500V 及以下各种移动电器设备（包括各种农用电动装置） 同上，具有耐气候性和一定的耐油性同上，并能承受较大的机械外力作用，如港口机械等可选用 同上，具有耐气候性和一定的耐油性
YH YHF	电焊机用天然丁苯橡胶软电缆 电焊机用氯丁橡胶软电缆	220 220	65	用作电焊机二次侧接线及连接电焊钳的软电缆
SBH SBHP	无线电装置用橡皮绝缘橡套电缆 无线电装置用橡皮绝缘橡套电缆	待查	65	移动式无线电装置用，环境温度为（-45~+50）℃，湿度不超过 95%~98%，SBHP 具有屏蔽作用
GER-500	摄影光源软电缆	待查	90	摄影灯源用，使用环境温度为（-45~+50）℃
JHS	防水橡套电缆	待查	65	潜水泵电源连接线
YQSB YQSFB	潜水泵用扁电缆	待查	65	同上，电缆为扁型，YQSB 用于井下，YQSFB 用于井口或井下

1.4.2 矿用电缆

1. 概况　矿用电线电缆是指煤矿开采专用的地面和井下设备用电线电缆产品。其中包括采煤机、运输机、通信设备、照明与信号设备用电缆以及电钻电缆、帽灯电线和井下移动变电站用的 6kV 电源电缆等。还包括适用于各种气候环境的挖掘机、斗轮机和排土机用的 6kV 软电缆。

为达到安全供电目的，下面五种环境条件是必须考虑的：

（1）空气环境条件。即环境空气中有无爆炸性气体，或可燃性气体。

（2）电气环境条件。即工作网络的额定电压、电压波动、接地方式、冲击过电压、单相接地运行的时间。

（3）热环境条件。负载电流使导体发热，对于确定的导体温度，环境温度决定着导体温升。过高的导体温度会加速绝缘和护套材料的降解老化进程。

（4）化学环境条件。油类的污染会使其力学性能不同程度的降低，臭氧可使绝缘和护套材料表面龟裂。

（5）物理环境条件。电缆在安装和运行过程中，要受到拖、拉、磨、弯、冲和挤等各种机械应力的作用。

选择矿用电缆必须了解到绝缘屏蔽层有均匀电场、减少电压波反射、减少触电危险的作用；监视线能监视地线连续性及外来物体对电缆的破坏作用。煤矿供电系统的中性点不是直接接地的，电缆的地线芯直流电阻必须满足有关规程规定。井下电缆为便于区分电压等级，规定 6kV 电缆外护套为红色，1140V 为黄色，660V 及以下为黑色。至于露天矿用电缆，目前尚不能使用彩色外护套。这是由于白色无机添加剂在日光曝露初期对光的折射，使聚合物降解速度转慢。为了减少光对聚合物的降解作用，电缆外护套仍以黑色为主。

2. 产品　产品种类见表 11.1-15 和表 11.1-16。

表 11.1-15　矿用电缆产品（GB 12972—1991）

名　　称	用　　途
采煤机橡套软电缆	额定电压为 0.38/0.66kV 采煤机及类似设备的电源连接
采煤机屏蔽橡套软电缆	额定电压为 0.38/0.66kV 采煤机及类似设备的电源连接
采煤机屏蔽橡套软电缆	额定电压为 0.66/1.14kV 采煤机及类似设备的电源连接
采煤机屏蔽监视编织加强型橡套软电缆	额定电压为 0.66/1.14kV 及以下采煤机及类似设备的电源连接，电缆可直接拖曳使用
采煤机屏蔽监视绕包加强型橡套软电缆	额定电压为 0.66/1.14kV 及以下采煤机及类似设备的电源连接，电缆必须在保护链板内使用
采煤机金属屏蔽橡套软电缆	额定电压为 0.66/1.14kV 及以下采煤机及类似设备的电源连接
矿用移动橡套软电缆	额定电压为 0.38/0.66kV 各种井下移动采煤设备的电源连接
矿用移动屏蔽橡套软电缆	额定电压为 0.38/0.66kV 各种井下移动采煤设备的电源连接
矿用移动屏蔽橡套软电缆	额定电压为 0.66/1.14kV 各种井下移动采煤设备的电源连接
矿用移动屏蔽监视型橡套软电缆	额定电压为 3.6/6kV 的井下移动变压器及类似设备的电源连接
矿用移动屏蔽橡套软电缆	额定电压为 3.6/6kV 移动式地面矿山机械电源连接，环境温度下限为-20℃
矿用移动金属屏蔽橡套软电缆	
矿用移动屏蔽橡套软电缆	额定电压为 3.6/6kV 移动式地面矿山机械电源连接，环境温度下限为-40℃
矿用移动金属屏蔽橡套软电缆	
矿用电钻电缆	煤矿井下额定电压 0.3/0.5kV 及以下电钻的电源连接
矿用屏蔽电钻电缆	
矿用移动轻型橡套软电缆	煤矿井下巷道照明，运输机联锁和控制与信号设备电源连接
矿工帽灯电线	用于各种酸、碱性矿灯，护套不具有耐燃烧性能
矿工帽灯电线	用于各种酸、碱性矿灯，护套具有耐燃烧性能

表 11.1-16　矿用电话电缆及爆破线

名　　称	用　　途
铜芯聚氯乙烯绝缘聚氯乙烯护套矿用电话电缆	平巷挂墙敷设不能承受外力
铜芯聚氯乙烯绝缘聚氯乙烯为护套钢带铠装聚氯乙烯外护套矿用电话电缆	平巷挂墙，能承受冲击力
铜芯聚氯乙烯绝缘聚氯乙烯内护套细铜丝铠装聚氯乙烯外护套矿用电话电缆	竖井或斜井，能承受拉力
铜芯聚氯乙烯绝缘聚氯乙烯内护套粗铜丝铠装聚氯乙烯外护套矿用电话电缆	竖井或斜井，能承受较大拉力
铜钢混绞导体聚氯乙烯绝缘聚氯乙烯护套矿用电话电缆	平巷、斜巷及机电洞室内
铜芯塑料绝缘爆破线	雷管与电源连接
铁芯塑料绝缘爆破线	雷管与电源连接

1.4.3　船用电缆

1. **概况**　船用电缆是江河、海洋各类船舶、海上石油平台及水上建筑物的电力、照明、控制、通信、微机等系统专用的电线电缆。这些系统对此类电缆均有特殊要求，必须严格满足联合国通过的《国际海上人命安全公约》（SOLAS）的有关规定。由于使用环境条件较严酷，要求电缆安全可靠、寿命长、体积小、质量轻、价格低，并具有优良的耐温、耐火、阻燃、耐油、防潮、耐海水，以及优良的电气和机械性能等。

船用电缆按使用范围可分为船用电力电缆（包括额定电压工频交流 1kV 及以下低压电力电缆和额定电压工频交流 3～15kV 中压电力电缆）、船用控制电缆、船用通信电缆、船用信号电缆和船用射频电缆。按材料可分为乙丙橡皮绝缘、聚氯乙烯绝缘、交联聚乙烯绝缘、硅橡胶绝缘、天然丁苯橡皮绝缘、氧化镁绝缘、聚乙烯绝缘、聚四氟乙烯绝缘、无卤聚烯烃绝缘、氯丁橡皮绝缘、氯磺化聚乙烯护套、聚氯乙烯护套、无卤聚乙烯护套、铜或不锈钢护套等系列产品。

2. **产品**　我国船用电缆的分类、命名和代号规定如下：

（1）系列代号。

CE——乙丙橡皮绝缘船用电力电缆；

CJ——交联聚乙烯绝缘船用电力电缆；

CV——聚氯乙烯绝缘船用电力电缆；

CS——硅橡皮绝缘船用电力电缆；

CX——天然-丁苯橡皮绝缘船用电力电缆；

CB——船用电缆；

CKE——乙丙绝缘船用控制电缆；

CKJ——交联聚乙烯绝缘船用控制电缆；

CKV——聚氯乙烯绝缘船用控制电缆；

CKS——硅橡皮绝缘船用控制电缆；

CKX——天然-丁苯橡皮绝缘船用控制电缆；

CHE——乙丙橡皮绝缘船用对称式通信电缆；

CHJ——交联聚乙烯绝缘船用对称式通信电缆；

CHV——聚氯乙烯绝缘船用对称式通信电缆；

CHS——硅橡皮绝缘船用对称式通信电缆；

CSY——实心聚乙烯绝缘船用射频电缆；

CSF——聚四氟乙烯绝缘船用射频电缆。

（2）绝缘代号。

E——乙丙橡胶；

J——交联聚乙烯；

S——硅橡胶；

X——天然乙丙橡胶；

E——无卤乙丙橡胶；

J——无卤交联聚乙烯；

V——聚氯乙烯。

（3）护层代号。内套、铠装和外套的代号和材料见表 11.1-17 规定。

（4）特性代号。

R——软（电线或电缆）；

M——纵向水密式；

P——分相屏蔽。

1.4.4　石油及地质勘探用电缆

1. **概况**　这是一类较特殊的电缆，使用环境恶劣，制造特殊，难度较大，要求高，产品往往是多学科的结晶。如承荷探测电缆，随着石油钻井深度的增加，温度升高，压力增大，机械负荷加重，对产品的机械、电气、重量、几何尺寸等方面都提出了比较高的要求。

石油工业、地质勘探（包括海洋勘探等）本身就融合了现代科学的成就，诸如电子计算机、数学技术、光纤通信、海洋生物、航天遥感技术等，当然对电缆会提出相应高的要求。

2. **产品**　见表 11.1-18。

表 11.1-17　内套、铠装和外套的代号和材料

代　号	内　套	代　号	铠　装	代　号	外　套
V	聚氯乙烯	0	—	0	—
F	氯丁橡胶	2	双铜带	2	聚氯乙烯
H	氯磺聚乙烯	3	圆钢丝	3	聚乙烯
PJ	无卤交联聚烯烃	8	铜丝编织	5	无卤交联聚烯烃
P	无卤非交联聚烯烃	9	钢丝编织		无卤非交联聚烯烃

表 11.1 - 18   石油及地质勘探用电缆

类别	名　　　　称	导体长期允许工作温度/℃	允许环境工作温度/℃	主要用途
检波器电缆（地震专用电缆）	55 对铜芯聚乙烯绝缘，聚氨酯护套电缆 75 对铜芯聚乙烯绝缘，聚氨酯护套电缆 100 对铜芯聚乙烯绝缘，聚氨酯护套电缆 125 对铜芯聚乙烯绝缘，聚氨酯护套电缆		-40 ~ +60 -40 ~ +60 -40 ~ +60 -40 ~ +60	陆地地震勘探专用
检测用电缆	二芯检波器用橡套电缆	65	-30 ~ +60	野外地震检波器用
	氯丁护套检波器用电缆		-20 ~ +40	野外地质勘探检波器与地震仪连接用
	聚氯乙烯护套检波器用电缆		-20 ~ +40	
	野外探测仪器用连接电缆		-30 ~ +55	野外勘探仪连接线
	海上无磁性勘探电缆		-30 ~ +55	220V 及以下磁力仪连接线海上用
	航空无磁性双芯电缆			220V 及以下磁力仪连接线航空探测用
	航空无磁性电缆			
	放射性同位素含砂量计用电缆		-30 ~ +70	河道海口放射性测量用
钻探电缆	承荷探测电缆		-50 ~ +232	油、气井、测井、射孔、取芯、海洋调查、河海测量、煤田地质勘探、地热测井的挂重仪器连接线
	三芯轻便电缆	70	-40 ~ +50	野外交流 110V 及以下电子仪器连接线
	地球物理用野外测井电缆		-40 ~ +50	从事矿藏调查地球物理工作
	三芯轻便电测电缆	65	-20 ~ +50	野外连接电子仪器用
	野外高强度轻便探测电缆		-40 ~ +45	交流 250V 及以下电子仪器连接用
潜油泵电缆	电动潜油泵引接电缆	175/200	120/150	交流 3.6/6kV 及以下潜油泵机组与潜没式电动机连接
	电动潜油泵扁形电力电缆	100/140/150	90/120/120	交流 3.6/6kV 及以下连接地面控制箱与引接电缆
	电动潜油泵圆形电力电缆	100/140/150	90/120/120	交流 3.6/6kV 及以下潜油、潜水、潜卤机组连接地面控制箱与井下引接电缆
加热电缆	固定敷设三芯油井加热电缆	120		交流 380V 固定敷设于油井内加热用

1.4.5 电梯电缆

电梯电缆有橡皮绝缘和塑料绝缘两种。在运行中，电缆要随电梯一起上下移动，弯曲频繁，因此要求柔软、弯曲性能好，并须具有一定的抗拉强度。工作环境有油污及防火要求，要求电缆不延燃。并且，还要求电缆外径小，质量轻。图 11.1 - 1 为电梯电缆的结构示意图。电梯电缆的产品规格见表 11.1 - 19。

表 11.1－19　　　　　　　　　　　　电梯电缆产品规格

型　号	电压等级/V	导电线芯截面积/mm²	芯　数	长期允许工作温度/℃
YT，YTF	300/500	0.75，1.0	6，9，12，18，24，30	65
YTVV3		0.75	30，45	

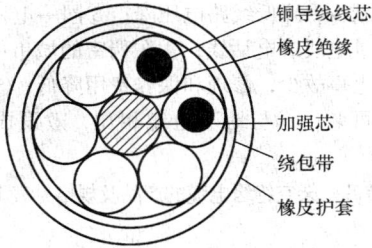

图 11.1－1　电梯电缆的结构示意图

（铜导线线芯／橡皮绝缘／加强芯／绕包带／橡皮护套）

1.4.6　控制、信号电缆

1. 概况　控制、信号电缆作为各类电器、仪表及自动装置之间的连接线，主要用于控制、监控联锁回路及保护线路等场合，起传递控制、信号等作用。控制电缆均为750V级及以下，导体截面积较大，可通过较大的动力控制电流。信号电缆大多为250V级，导体截面积较小，主要用于传输信号或测量用的弱电流。

目前，控制、信号电缆主要以塑料绝缘结构为主，当有柔软、低温、野外等使用要求时，才选用橡皮绝缘。为适合野外移动用的塑料绝缘热塑性弹性体为护套的控制信号电缆目前正在发展中。

2. 产品　控制、信号电线电缆的主要品种见表11.1－20。

表 11.1－20　　　　　　　　　控制、信号电线电缆的主要品种

产　品　名　称	型　号	长期允许工作温度/℃	敷设场合及要求
铜芯聚氯乙烯绝缘聚氯乙烯护套控制电缆	KVV	70	室内、电缆沟、管道等固定场合
铜芯聚氯乙烯绝缘聚氯乙烯护套编织屏蔽控制电缆	KVVP	70	室内、电缆沟、管道等要求防干扰的固定场合
铜芯聚氯乙烯绝缘聚氯乙烯护套铜带屏蔽控制电缆	KVVP2	70	室内、电缆沟、管道等要求防干扰的固定场合
铜芯聚氯乙烯绝缘聚氯乙烯护套铜带铠装控制电缆	KVV22	70	室内、电缆沟、管道、直埋等要承受较大机械外力的固定场合
铜芯聚氯乙烯绝缘聚氯乙烯护套细钢丝铠装控制电缆	KVV32	70	室内、电缆沟、管道、竖井等要承受较大机械拉力的固定场合
铜芯聚氯乙烯绝缘聚氯乙烯护套控制软电缆	KVVR	70	室内、移动要求柔软场合
铜芯聚氯乙烯绝缘聚氯乙烯护套编织屏蔽控制软电缆	KVVRP	70	室内、移动要求柔软、防干扰等场合
铜芯聚氯乙烯绝缘聚氯乙烯护套信号电缆	PVV	65	室内、电缆沟、管道内及地下
铜芯聚乙烯绝缘聚氯乙烯护套信号电缆	PYV	65	
铜芯聚氯乙烯绝缘聚氯乙烯护套内钢带铠装信号电缆	PVV22	65	同上，能承受较大的机械外力，但不能承受拉力
铜芯聚乙烯绝缘聚氯乙烯护套内钢带铠装信号电缆	PYV22	65	
铜芯丁腈聚氯乙烯绝缘聚氯乙烯护套野外耐寒控制电缆	KFFR	70	野外、耐寒地区移动或半移动式电气控制连接用
铜芯橡皮绝缘橡皮护套野外控制电缆	WYH	65	

1.4.7 直流高压软电缆

1. 概况 直流高压软电缆品种很多，如用于工业探伤设备、电子显微镜、X 射线晶体仪、静电除尘、静电选矿、静电喷漆和镀膜、电子轰击炉、电子束焊机、高压电炉等一系列设备配用的电缆，均属于此类。按使用特性来分，直流高压电缆可分为强电流（10~60A）和弱电流（小于或等于 6A）两种。从电压级分，可分为中压（幅值小于或等于 30kV）和高压（大于或等于 50kA）两种。

2. 产品 直流高压软电缆的产品见表 11.1－21。

1.4.8 架空绝缘电缆

1. 概况 架空绝缘电缆用于供电系统，一般电压为千伏级，它具有下列优点：①敷设简便，不需要瓷瓶，横担距离缩短；②导线之间的距离缩小，架空线的电感减少，降低线路电压降；③同一电杆上可同时架设多种电线或电话线；④在稠密的城市中，线路故障和触电事故少，修理和保养费用降低；⑤灵活性高，可拆可装；⑥与地下电缆相比，敷设成本大大降低。

2. 产品 架空绝缘电缆的产品及规格见表 11.1－22。

表 11.1－21 直流高压软电缆产品

产品名称	最高允许工作温度/℃	主要用途
X 射线机用橡皮绝缘直流高压电缆	—	弱直流、高压 X 射线机（医疗设备、工业探伤、电子显微镜、电子分析仪器等）中，作为 X 射线管的灯丝及阳极电源的移动引线。直流电压为 50~200kV；额定电流为 10A
聚乙烯绝缘直流高压电缆	60	弱直流、高压的各种仪器装备中，做电源连接线用，固定敷设
电子束焊机用直流高压电缆	65	电子束焊机灯丝加热用固定敷设的直流电源连接线工作电压为脉动直流 100kV 或 150kV
电子轰击炉用聚氯乙烯绝缘直流高压电缆	65	供电子轰击炉作直流高压电源连接线之用，HVV 型的工作电压不超过直流 30kV，HXV 型的工作电压为 80kV，HYV 型的工作电压为 40kV 使用环境温度：HVV ≤ + 30℃；HXV 为（- 20~+50）℃；HYV 为（-40~+40）℃
电子轰击炉用橡皮绝缘直流高压电缆	65	
电子轰击炉用聚乙烯绝缘直流高压电缆	65	
橡皮绝缘直流高压电缆	60	适用于直热式电子枪灯丝加热和各种直流高压连接时传输电能之用。额定电压为 30kV、33kV 和 150kV
橡皮绝缘直流高压屏蔽电缆		
静电喷漆用高压直流电缆	−25 ~ +50	用于静电喷漆或其他静电发生器直流高压电源的连接线上。90kV 的用于移动式，120~150kV 的用于固定敷设
高压电炉用橡皮绝缘直流高压电缆	65	供特种电炉上传输直流高压大电流用，直流高压为 50kV，使用环境温度为 0~+40℃

表 11.1－22 千伏级架空绝缘电缆的产品及规格

名称	额定电压/kV	芯数	线芯截面积/mm²
铜芯聚氯乙烯绝缘架空电线	0.6/1.0	1	16~240
铝芯聚氯乙烯绝缘架空电线	0.6/1.0	1	16~240
铝合金芯聚氯乙烯绝缘架空电线	0.6/1.0	1	16~240
铜芯聚乙烯绝缘架空电线	0.6/1.0	1	16~240
铝芯聚乙烯绝缘架空电线	0.6/1.0	1	16~240
铝合金芯聚乙烯绝缘架空电线	0.6/1.0	1	16~240
铜芯交联聚乙烯绝缘架空电线	0.6/1.0	1	16~240
铝芯交联聚乙烯绝缘架空电线	0.6/1.0	1	16~240
铝合金芯交联聚乙烯绝缘架空电线	0.6/1.0	1	16~240

1.4.9　核电站用电线电缆

核电站的设计非常严密，将裂变物质禁锢在三层屏障之内。第一层屏障是燃料包壳；第二层屏障包含冷却剂回路和反应堆容组，它也是全密封的；第三层屏障是安全壳，它由钢板和水泥组成，其密封要求十分严格，每昼夜向外泄漏不超过壳体容积的千分之一。同时安全壳的通风系统都经过严密过滤装置才与外界连通。不管敷设在安全壳内或壳外的电缆，只要与核系统有关的，都应符合 1E 安全级要求。根据安全等级和电缆敷设场合给予分级。K3 类敷设在安全壳外，在正常和地震负载下能执行其规定功能。K2 类敷设在安全壳内，在正常和地震负载下能执行其规定的功能。K1 类敷设在安全壳内，除了正常和地震负载下执行其规定功能外，还必须在事故情况下及事故情况后能执行其规定功能。核电站用电缆，其品种和火力发电基本相同，常用品种有：①电力电缆为 6/10kV，0.6/1kV 两种；②控制电缆为 0.6/1kV；③仪表电缆为 300/500V；④热电偶补偿电缆为 300/500V。

电缆中 K3 类最多，K1 类其次，K2 类很少。

6/10kV 电缆用于中压配电盘之间，中压配电盘与电动机之间，中压配电盘与 6kV/400V 变压器之间，设计规范中要求用无卤阻燃交联聚乙烯或无卤阻燃乙丙橡胶绝缘，护套可用热塑型或交联型无卤阻燃材料。0.6/1kV 电力电缆采用无卤低烟阻燃交联聚烯烃或乙丙橡胶绝缘，护套同样使用热塑性或交联型无卤阻燃材料。

控制电缆线芯数为 2~37，直流网络电压为 220V 及以下，交流网络电压为 220V 和 380V，主要完成带有强电性质的操作功能。绝缘类型有无卤阻燃交联聚乙烯、阻燃乙丙橡胶，也可使用完全黏合的双层无卤材料，外层要求阻燃。

电力电缆与控制电缆在正常运行下，长期导体温度 $\theta = 90℃$；在事故运行状态下，导体温度 $\theta = 250℃$，时间不超过 4s。

仪表电缆用于测量系统的连接，实际上是弱电功能性质。补偿电缆用于热电偶记录仪、计算机以及数据处理系统的连接。它们运行电压虽为 500V 及以下，实际上该电压不是信号的电压，而是系统设计的要求。仪表电缆的绝缘线芯需要绞合，由二芯、三芯或四芯绞成一个单元。补偿电缆为合金线芯，线芯外为绝缘，需要对绞成单元，每个单元有屏蔽层，通常用聚酯铝箔复合带绕包加引接线构成，也有铜线编织。绝缘型式有无卤交联聚乙烯、无卤阻燃材料与双层紧密黏接的无卤阻燃材料。各单元绞合成缆，绕包后有铜线编织的总屏蔽层，外护套由无卤阻燃交联或热塑性材料组成。

对于 K3 类电缆的一般性能指标要求如下：

（1）导体。除补偿电缆外，其他电缆的导体采用铜线或镀锡铜线，其性能应符合 GB 3953（电工圆铜线）、GB 4910（镀锡圆铜线）、GB 3956（绝缘电缆用导线芯）标准的有关规定，补偿电缆导体用合金线应符合 GB/T 4990 的规定。

（2）绝缘。核电站用电线电缆的力学性能要求见表 11.1－23。

各种阻燃绝缘料燃烧时逸出气体分析应符合：HCl 含量最大为 5mg/g；pH 值最小为 4.3；电导率最大为 $10\mu S/mm$。其他屏蔽料、护套试样性能与一般电力电缆相当。

核电站用 K3 电缆与一般低烟无卤阻燃电缆不同点在于：核电站要求阻燃为 A 级，其他电缆不一定为 A 级；老化试验要有几米长电缆卷绕在盘上整体老化，而不像其他电缆只需做材料老化；核电站用电缆没有金属铠装层，而其他电缆可以使用金属铠装层。对于 K1 级电缆，除了满足 K3 级电缆试验外，还要进行高温、高湿、高压下 NaOH 喷淋等试验。

表 11.1－23　　　　　　核电站用电线电缆的力学性能

性能与条件	材　料	交联聚乙烯	阻燃交联聚烯烃	阻燃热塑聚烯烃	阻燃乙丙橡胶
老化前	抗张强度最小值/MPa	12.5	9.0	9.0	4.2
	断裂伸长率最小值（%）	200	200	120	200
老化条件	老化温度/℃	135	135	120	135
	老化时间/h	240	240	240	240
老化后	抗张强度变化率最大值（%）	±25	±25	±25	±25
	断裂伸长变化率最大值（%）	±25	±25	±25	±25

1.4.10 自控温电缆

自控温电缆有两种结构：一种是半导体无机材料，做成圆柱形，许多无机材料圆柱形并联，两头用金属连接电源 220V，就成了一组自控温发热体，这种结构一般用于高温自控温电缆中。另一种自控温电缆典型结构如图 11.1-2 所示，这种结构目前已广泛应用在 60~150℃ 自控温电缆中，它采用一种半导电塑料。不论无机与有机塑料，其电阻随着温度作非线性变化——随着温度的升高，电阻相应增加，即具有正温度系数特性，从而调整热输出功率，以达到加热与控温的目的。用它制造的加热电缆具有两大特点：①可在任何长度上截断而不影响使用；②不需要控温装置，电缆本身可在任何一点进行自我温度调节，即使加热经过不同环境温度区域的管道，电缆也可以对环境温度的差异或变化作出反应，分段进行自控温度调节，以达到整个被加热管道的均匀保温。

图 11.1-2 自控温电缆典型结构
1—铜导体；2—自控温半导电层；3—绝缘；
4—镀锡编织铜丝；5—外护套

自控温半导电层对不同温度等级采用不同塑料，例如，使用温度在 65~85℃，自控温电缆可采用辐照交联聚烯烃；使用温度在 120~150℃，可使用氟塑料，例如聚偏三氟乙烯，绝缘的材料选用与半导电层相匹配。85℃ 工作温度往往选用聚烯烃，而 120~150℃ 工作温度往往选用氟碳树脂，它起到绝缘作用。对于一些重要场合，为了保护人身与重要设备的安全，在绝缘外，往往有编织镀锡铜丝。在金属护套外，也应有相应外护套。铜导体应采用镀锡或镀银。

半导电塑料起加热作用的元件是导电炭黑和某种聚合物混合在一起的特殊复合物。当加热元件处于"冷芯"状态，它处在微观"收缩"状态，此时在该复合物中导电炭黑构成了"导电"通路，此时电流通过这些炭黑而发热。加热这些元件，使其处于稳态时，由于它是结晶形态，会发生膨胀，使一部分电的通路中断，反映出电阻增加，发热量减少，到温度加热到"热态"时，它处在微观的"剧烈膨胀"状态，使所有炭黑粒子全分开，几乎所有电通路都中断，反映出极高电阻，发热功率几乎没有。当温度下降时，又恢复部分通行，使其有少量加热，从而保持"一

定范围温度"，达到控温目的。

1.5 输配电电力电缆

为提高电网运行的可靠性及美化城市，在城市输配电系统中应广泛使用电力电缆，欧洲中低压电力电缆已占中低压电网输电线路的 60% 以上。近 10 年来，我国电力电缆的生产与应用也有长足进步，预计在今后若干年内仍将有较快速度发展。我国电网中常用的输电系统为 220~500kV，城市配电网络使用 110~10kV，特大城市如上海、北京、广州也用 220kV 作为配电线路。而工厂与办公大楼广泛使用 1kV 及以下电力电缆到车间与各层楼面。

对于电力电缆，一般把 3kV 及以下称之为低压电缆，6~35kV 称之为中压电缆，110kV 及以上称之为高压电缆。我国东北地区还有 66kV 系统，它通过消弧线圈接地，也归在高压电缆系列。电力电缆的品种很多，中低压电力电缆有粘性浸渍纸绝缘电缆、不滴流电缆、聚氯乙烯绝缘电缆、聚乙烯绝缘电缆、交联聚乙烯电缆、橡皮电缆等；高压电缆有自容式充油电缆、钢管充油电缆、交联聚乙烯电缆、聚乙烯电缆等。随着技术进步，目前中低压电缆广泛使用交联聚乙烯电缆及聚氯乙烯电缆，油纸电缆在新线路中已不再使用，橡皮电缆也很罕见。随着人类对环保要求呼声日益提高，PVC 材料受到应用限制，低压电缆中交联电缆比重从 20 世纪 80 年代末占 10% 到目前占40%，今后的比重还将增加。中压电缆已是交联电缆占绝对主导地位。高压交联电缆取代传统的充油电缆与钢管电缆已成为必然趋势。因此可以说，在电力电缆中交联电缆处于极其优势地位。随着每回线路传输容量的增加，当传输容量超过 2000MVA 时，压缩气体绝缘电缆具有较强的竞争能力。随着超导新技术的突破，目前只有在每回传输容量超过 3000MVA 才能与传统电缆竞争，但各国正在努力开发这种电缆，并进行试运行。

1.5.1 塑料绝缘电力电缆

1. 聚氯乙烯电缆

（1）概况。尽管聚氯乙烯可以使用到 6~10kV，但实际只用于 3kV 及以下低压电缆中。我国低压电网主要是 1kV 系统，因此，聚氯乙烯电缆主要应用于 1kV 及以下电力系统和电力设备用线。

最常用的 1kV 及以下聚氯乙烯电缆有三芯~五芯电缆，三芯电缆用在 T-T 三相三线制系统或三相大功率电气设备中。我国 20 世纪 50~70 年代，大多数用 T N-C 系统，它要求使用四芯电缆。20 世纪 80 年代，为了更安全，IEC 推荐使用中性线与接地保护线

分开系统，要求使用五芯电缆。随着计算机大量普及，设备中三次谐波电流大量进入电缆中，中性线流过的电流接近相电流，要求中性线截面积与相线截面积一致，这就是四芯电缆中等截面与五芯电缆中"四大一小"结构，如果线路中大多数是线性阻抗，中性线流过较小电流，中性线截面积可采用相截面积的一半，这就是四芯电缆中"三大一小"以及五芯电缆中"三大二小"结构。典型的三芯、四芯及五芯结构如图 11.1-3、图 11.1-4 及图 11.1-5 所示。

考虑到电气设备用电安全与电器保护，在许多场合下由传统的 TN 接地系统向 TN-S 或 TN-C-S 转换。

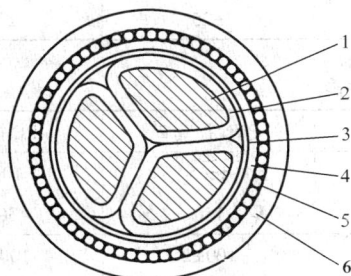

图 11.1-5　五芯电缆结构图
1—导体；2—聚氯乙烯绝缘；3—扎带；4—填充层；5—外护套

图 11.1-3　三芯电缆结构图
1—扇形导体；2—聚氯乙烯绝缘；3—聚氯乙烯包带；4—绕包衬垫；5—铠装；6—聚氯乙烯外护套

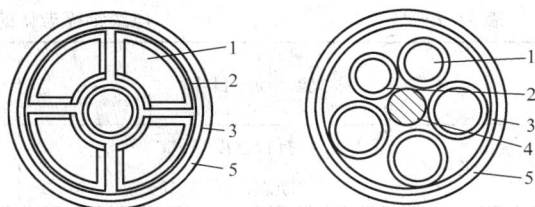

图 11.1-4　四芯电缆结构图
1—扇形导体；2—聚氯乙烯绝缘；3—聚氯乙烯包带；4—绕包衬垫；5—铠装；6—聚氯乙烯外护套

五芯电缆将会得到较广泛的应用。

（2）产品结构。通常，产品由导体、绝缘、填充层、扎带和外护层组成。在需要承受机械外力与大的拉力情况下，需要有铠装层。对 6~10kV 电缆，还需要有屏蔽层。

1）导体。单芯电缆可做到 1000mm²；3 芯电缆可做到 300~400mm；4~5 芯电缆可做到 185mm²。

2）绝缘。对 1kV 电缆，依据导体截面积的不同选择 0.8~3mm² 绝缘厚度。截面积为 35~150mm²，绝缘厚度为 1.2~1.8mm。

3）外护层。标称厚度应符合 GB 2952 规定，截面积为 35~150mm² 时，外护层厚度通常在 1.9~3.0mm 之间。

（3）性能要求。

1）电缆工作温度视材料选用不同，长期最高工作温度可以达到 70℃ 或 90℃。

2）短路时电缆导体最高温度不超过 160℃。

3）敷设电缆时环境温度不低于 0℃，敷设时电缆允许最小弯曲半径为：

单芯电缆　20（D+d）±5%
多芯电缆　15（D+d）±5%

式中，D、d 分别为电缆与导体的外径。

4）电缆的电气性能见表 11.1-24。绝缘、护套的电气性能、力学性能分别见表 11.1-25 和表 11.1-26。聚氯乙烯绝缘与护套的特殊试验要求见表 11.1-27。

表 11.1-24　　　　　　　　　　　　　　　聚氯乙烯电缆的电气性能

额定电压 U_0/kV		0.6	1.8	3.6	6
1.5 U_0 时局部放电量/pC		—	—	≤40	≤40
工频耐压	例行试验	3.5kV，5min	6.5kV，5min	11kV，5min	15kV，5min
	型式试验	2.4kV，4h	7.2kV，4h	14.4kV，4h	24kV，4h
冲击耐压（最高工作温度+5℃，±10 次）				60kV	75kV
冲击耐压后的工频耐压				11kV，15min	15kV，15min

注：对 6kV 聚氯乙烯电缆有 tanδ 要求，因为该电压等级其中不用，在此不列出。

表 11.1 – 25   电缆绝缘老化前和老化后的力学性能

试 验 项 目			PVC 绝缘		XLPE
			A	B	
老化前	抗拉强度/MPa	≥	12.5	12.5	12.5
	断裂伸长率(%)	≥	150	125	200
老化后	处理条件　温度/℃		100±2	100±2	135±3
	持续时间/d		7	7	7
	抗拉强度/MPa	≥	12.5	12.5	—
	抗拉强度变化率(%)	≤	±25	±25	±25
	断裂伸长率(%)	≥	150	12.5	—
	断裂伸长率变化率(%)	≤	±25	±25	±25

表 11.1 – 26   护套老化前和老化后的力学性能

试 验 项 目			PVC 护套 1	PVC 护套 2	PE 护套
老化前	抗拉强度/MPa	≥	12.5	12.5	10.0
	断裂伸长率(%)	≥	150	150	300
老化后	处理条件　温度/℃		100±2	100±2	100±2
	持续时间/d		7	7	10
	抗拉强度/MPa	≥	12.5	12.5	—
	抗拉强度变化率(%)	≤	±25	±25	—
	断裂伸长率(%)	≥	150	150	300
	断裂伸长率变化率(%)	≤	±25	±25	—

表 11.1 – 27   聚氯乙烯绝缘与护套的特殊试验要求

试 验 项 目			绝缘		护套 1	护套 2
			A	B		
失重试验	处理条件　温度/℃		—	—	—	100±2
	持续时间/d		—	—	—	7
	失重/(mg/cm²)	≤	—	—	—	1.5
高温压力试验	试验温度/℃		80±2	80±2	80±2	90±2
	压痕深度(%)	≤	50	50	50	50
低温性能试验	未老化前的低温卷绕试验　冷弯试验电缆直径/mm	≤	12.5	12.5	12.5	12.5
	试验温度/℃		−15±2	−15±2	−15±2	−15±2
	评定		无裂纹	无裂纹	无裂纹	无裂纹
	低温拉伸试验　试验温度/℃		−15±2	−15±2	−15±2	−15±2
	评定(%)	≥	20	20	20	20
	低温冲击试验　试验温度/℃		—	—	−15±2	−15±2
	评定		无裂纹	无裂纹	无裂纹	无裂纹
抗开裂试验	试验温度/℃		150±3	150±3	150±3	150±3
	持续时间/h		1	1	1	1
	评定		无裂纹	无裂纹	无裂纹	无裂纹

续表

试　验　项　目		绝　缘		护套 1	护套 2
		A	B		
热稳定性试验	试验温度/℃	—	200±2	—	—
	持续时间/min　≥	—	100	—	—
吸水试验	电压法　试验温度/℃	70±2	—	—	—
	持续时间/d	10	—	—	—
	评定	通过耐压	—	—	—
	重量法　试验温度/℃	—	85±2	—	—
	持续时间/d	—	14	—	—
	重量变化值/（mg/cm^2）　≤	—	10	—	—

2. 交联电缆

（1）产品结构。交联电缆已广泛应用于 1～500kV。对于 1kV 及以下低压电缆，它的结构与聚氯乙烯电缆相同，大多数采用 3～5 芯电缆。对于 10～35kV 中压电缆，通常采用三芯圆形结构，不论低压还是中压，截面积较大时，例如低压超过 500mm^2，中压超过 400mm^2，通常使用单芯电缆。对高压交联电缆，一般采用单芯电缆，当截面积超过 1000mm^2，导体往往使用分裂导体结构。中压三芯电缆与高压单芯分裂导体的结构分别如图 11.1－6 与图 11.1－7 所示。

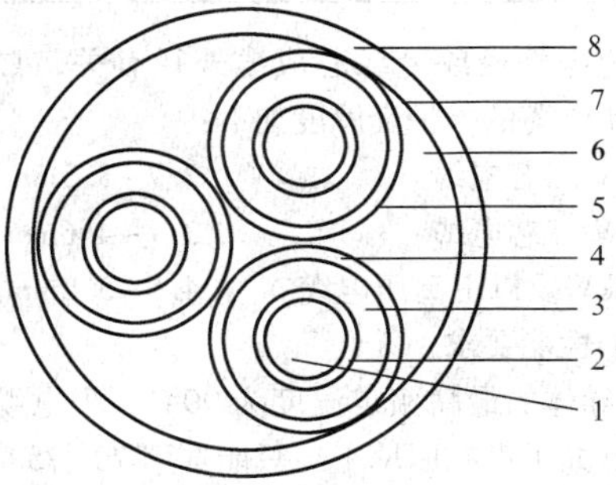

图 11.1－7　高压单芯分裂导体结构

交联电缆的绝缘标称厚度应符合表 11.1－28 的规定。对中高压电缆均应有屏蔽结构，对于截面积为 500mm^2 及以上导体屏蔽，应由半导电带和挤包半导电层联合组成。中高压电缆绝缘屏蔽也应采用挤包型结构，10kV 电缆可采用可剥离半导体层。

中压电缆金属屏蔽可使用铜带屏蔽与铜丝屏蔽两种结构形式，35kV 电缆标称截面积为 500mm^2 及以上电缆金属屏蔽层应采用铜丝屏蔽结构。金属屏蔽层截面积选用应能承受电缆规定的短路电流容量。

图 11.1－6　中压三芯电缆结构

1—导体；2—内半导电屏蔽；3—交联绝缘；4—外半导电屏蔽；5—软铜带；6—填充；7—包带；8—护套

表 11.1－28　　　　　　　　　　　交联电缆绝缘标称厚度

导体标称截面积/mm^2	额定电压（U_0/U）/kV										
	0.6/1	1.8/3	3.6/6	6/6.6/10	8.7/10 8.7/15	12/20	18/20 18/30	21/35	26/35	64/110	128/220
	绝缘标称厚度/mm										
1.5，2.5	0.7	—	—	—	—	—	—	—	—	—	—
4.6	0.7	—	—	—	—	—	—	—	—	—	—

续表

导体标称截面积/mm²	额定电压 (U₀/U)/kV										
	0.6/1	1.8/3	3.6/6	6/6.6/10	8.7/10 8.7/15	12/20	18/20 18/30	21/35	26/35	64/110	128/220
	绝缘标称厚度/mm										
10	0.7	2.0	2.5	—	—	—	—	—	—	—	—
16	0.7	2.0	2.5	3.4	—	—	—	—	—	—	—
25	0.9	2.0	2.5	3.4	4.5	—	—	—	—	—	—
35	0.9	2.0	2.5	3.4	4.5	5.5	—	—	—	—	—
50	1.0	2.0	2.5	3.4	4.5	5.5	8.0	9.3	10.5	—	—
70, 95	1.1	2.0	2.5	3.4	4.5	5.5	8.0	9.3	10.5	—	—
120	1.2	2.0	2.5	3.4	4.5	5.5	8.0	9.3	10.5	—	—
150	1.4	2.0	2.5	3.4	4.5	5.5	8.0	9.3	10.5	—	—
185	1.6	2.0	2.5	3.4	4.5	5.5	8.0	9.3	10.5	—	—
240	1.7	2.0	2.6	3.4	4.5	5.5	8.0	9.3	10.5	19.0	—
300	1.8	2.0	2.8	3.4	4.5	5.5	8.0	9.3	10.5	18.5	—
400	2.0	2.0	3.2	3.4	4.5	5.5	8.0	9.3	10.5	17.5	27
500	2.2	2.2	3.2	3.4	4.5	5.5	8.0	9.3	10.5	17.0	27
630	2.4	2.4	3.2	3.4	4.5	5.5	8.0	9.3	10.5	16.5	26
800	2.6	2.6	3.2	3.4	4.5	5.5	8.0	9.3	10.5	16.0	25
1000	2.8	2.8	3.2	3.4	4.5	5.5	8.0	9.3	10.5	16.0	24
1200	3.0	3.0	3.2	3.4	4.5	5.5	8.0	9.3	10.5	16.0	24

高压交联电缆要有防水层及缓冲层。一般采用皱纹铝套或铅套作金属护套，也可采用焊接不锈钢皱纹套作防水层。尽管欧洲也有使用铝（铅）塑复合防水层，但在中国不太受欢迎。铝（铅）护套既是防水结构，又能承受线路短路电流。当使用铝护套时，又可免去铠装层，较受制造部门与用户的欢迎。由于交联聚乙烯绝缘的膨胀系数是金属的10倍，而高压电缆的绝缘厚度又较厚，因此在金属护套与绝缘屏蔽之间留有空隙，以免运行过程中，由于加上负载使绝缘膨胀而受到损伤，这就形成一个缓冲层。缓冲层应采用半导电弹性层，同时应使用吸水膨胀材料。

根据应用场合不同，在低、中、高压交联电缆中还有铠装材料。特别是中、高压交联电缆，由于它输电容量相对大，一旦受到损坏，会造成大面积停电。中压电缆通常采用三芯电缆，可采用钢带与钢丝铠装。单芯电缆一般不希望用铁磁材料铠装，但像海底电缆必须用钢丝铠装时，应有隔磁措施。对于铝包电缆，通常不需铠装层。

交联电缆的外护套可使用挤出聚氯乙烯或聚乙烯材料，它的厚度应符合GB 2952规定。由于护套厚度与电缆绝缘外径或绝缘芯成缆外径有关，常用规格中、高压电缆的外护套厚度如下：

10kV 三芯电缆　　　　2.7～3.5mm；
35kV 三芯电缆　　　　3.7～4.6mm；
110kV 及以上高压电缆　4.5～5.0mm。

（2）性能要求。

1）导体的最高额定温度为90℃，当电缆直埋于土壤中，如果没有回填土，只能选用70～75℃。

2）短路时（最长持续时间不超过5s），电缆导体的最高温度不超过250℃。

3）电缆敷设时的环境温度不低于0℃，敷设时电缆允许最小弯曲半径为：

单芯电缆：20（$D+d$）±5%
多芯电缆：15（$D+d$）±5%

式中，D、d 分别为电缆与导体的外径。

4）交联聚乙烯电缆的电气性能应符合表11.1-29的要求，电缆绝缘老化前及老化后的力学性能应符合表11.1-25的要求，护套老化前及老化后的力学性能应符合表11.1-26的要求，交联聚乙烯绝缘特殊性能试验应符合表11.1-30的规定，而PE护套特殊试验应符合表 11.1 – 31 的规定。交联电缆绝缘的交联度应不低于 80%。

表 11.1 – 29　　交联聚乙烯电缆的主要电气性能要求

额定电压 U_0/kV		0.6	1.8	3.6	6	8.7	12	18	21	26	64	127
局部放电量	试验电压/kV	—	—	$1.73U_0$	$1.73U_0$	$1.73U_0$	$1.73U_0$	$1.73U_0$	$1.73U_0$	$1.73U_0$	$1.5U_0$	$1.5U_0$
	局放量/pC ≤	—	—	5(10) *1	5(10)	5(10)	5(10)	5(10)	5(10)	5(10)	5(10)	5(5)
最高工作温度 5~10℃下测量 $\tan\delta$	测量电压/kV	—	—	—		≥2kV				U_0 下测定		
	$\tan\delta$ 值	—	—	—		0.008			0.001	0.001	0.001	0.0008
工频耐压/kV	例行试验	3.5 5min	6.5 5min	12.5 5min	21 5min	30.5 5min	42 5min	63 5min	73.5(53)① 5(30)min②	91(55) 5(30)min	160 30min	318 30min
	型式试验	2.4 4h	7.2 4h	14.4 4h	24 4h	35 4h	48 4h	72 4h	84 4h	104 4h	128 20 次③	254 20 次
最高工作温度 (+5~+10)℃下 ±10 次冲击电压/kV		—	40	60	60(75)④	75(95)	125	170	200	200	550	1050
冲击耐压后 15min 交流耐压试验		—	—	12.5	21	30.5	42	63	53	65	160	254

①　局放测试数值为型式试验规定值，括号内为出厂试验规定值。

②　对 U_0 为 21kV 和 26kV 电压等级，工频出厂试验可二者选一，一种是 $3.5U_0$ 5min，另一种是 $2.5U_0$ 30min。

③　对 64kV、127kV 额定电压的高压电缆，型式试验在 $2U_0$ 下进行 20 天热循环试验。

④　冲击电压试验值取决于系统雷击保护水平，与额定线电压有关，对 6~35kV 系统应如下值：

额定线电压/kV　　6　　10　　15　　20　　30

冲击电压/kV　　60　　75　　95　　125　　170

由于我国电网系统大多数采用中心点消弧线圈接地系统，对低电压甚至采用不接地系统，因此 U_0 在同一线电压下有所不同，冲击试验按我国习惯选用电压见表 11.1 – 29 注，括号内为中心点直接接地系统数据，在我国较少使用。

表 11.1 – 30　交联聚乙烯绝缘特殊性能试验

试 验 项 目		XLPE
热延伸试验	空气温度（偏差±3℃）/℃	200
	处理条件载荷时间/min	15
	机械应力/（N/cm²）	20
	负荷下最大伸长率（%）≤	175
	冷却后永久伸长率（%）≤	15
吸水试验 重量分析法	温度（偏差±2℃）/℃	85
	时间/d	14
	重量变化/（mg/cm²）≤	1①
收缩试验	标志间长度/（L/mm）	200
	温度（偏差±3℃）/℃	130
	时间/h	1
	收缩率（%）	4

①　对密度大于 1g/cm³ 的交联聚乙烯，要考虑吸水量增加大于 1mg/cm³。

表 11.1 – 31　　PE 护套特殊试验

试 验 项 目		单位	电缆工作温度 80℃下护套	电缆工作温度 90℃下护套
炭黑含量（仅对于黑色护套）（GB/T 2951.8—1997 中第 11 章）	标称值	%	2.5	2.5
	偏差	%	±0.5	±0.5
收缩试验（GB/T 2951.3—1997 中第 11 章）	温度（偏差±2℃）	℃	80	80
	加热持续时间	h	5	5
	加热周期	h	5	5
	最大允许收缩	%	3	3
高温压力试验（GB/T 2951.6—1997 中 8.2）	温度（偏差±2℃）	℃		110

1.5.2　橡皮绝缘电力电缆

橡皮绝缘电力电缆适用于 6kV 及以下固定敷设的电力线路，也可用于定期移动的固定敷设线路。当用于直流电力系统时，电缆的工作电压可为交流的 2 倍。

橡皮绝缘电力电缆的品种与敷设场合见表 11.1 – 32。

表 11.1 - 32 橡皮绝缘电力电缆的品种与敷设场合

品 种	型 号		外护层种类	敷 设 场 合
	铝 芯	铜 芯		
橡皮绝缘铅包电力电缆	X LQ	XQ	无外护层	敷设在室内、隧道及沟道中。不能承受机械外力和振动，对铅层应有中性环境
	X LQ21	XQ21	钢带铠装，外麻被	直埋敷设在土壤中，能承受机械外力，不能承受大的拉力
	X LQ20	XQ20	裸钢带铠装	敷设在室内、隧道及沟道中
橡皮绝缘聚氯乙烯护套电力电缆	X LV	XV	无外护层	敷设在室内、隧道及沟道中。不能承受机械外力
	X LV22	XV22	内钢带铠装	敷设在地下，能承受一定的机械外力，不能承受大的拉力
橡皮绝缘氯丁橡套电力电缆	X LF	XF	无外护层	敷设于要求防燃烧的场合，其余同 XLV

1.5.3 油浸纸绝缘电力电缆

油纸电缆分为两大类：35kV 及以下使用黏性浸渍纸绝缘电缆，包括不滴流电缆；高压电缆国内最常用的是自容式充油电缆。在国外常见的还有钢管充油电缆，下面分别加以叙述。

（1）黏性浸渍纸绝缘电缆。20 世纪 80 年代以前，它广泛应用于中、低压电网中，随着交联电缆与聚氯乙烯电缆得到广泛应用，正如前述，目前在新线路已不使用，仅是旧线路延长或维修使用。黏性浸渍纸绝缘电缆与不滴流电缆除浸渍剂不同外，结构完全相同。10kV 及以下多芯电缆常共用一个金属护套，称统包结构，在 20 世纪 50~70 年代，电网系统广泛使用 TN、TT 系统，因此低压黏性浸渍电缆通常使用 3~4 芯电缆。对于 35kV 电缆，每个绝缘线芯都有铅（铝）护套，称为分相铅（铝）包电缆；如果绝缘线芯分别加以屏蔽层，并共用一个金属（铅或铝）护套，则称为分相屏蔽电缆。分相的作用是使绝缘中的电场分布只有径向、而没有切向分量，以提高电缆的电气性能。典型的 10kV 三芯统包与 35kV 分相铅包电缆结构如图 11.1 - 8 所示。

普通黏性浸渍剂是低压电缆油与松香的混合物，这种浸渍剂即使在较低工作温度下也会流动，当电缆敷设于落差较大的场合时，浸渍剂就会从高端淌下，造成上部绝缘干涸，绝缘水平下降，甚至可能导致绝缘击穿。同时浸渍剂在低端淤积，有胀破铅套的危险。为了弥补这一缺陷，20 世纪 70 年代发展了不滴流电缆，之后由不滴流电缆全面取代黏性浸渍纸绝缘电缆。不滴流浸渍剂常为低压电缆油和某些塑料（如聚乙烯粉料、聚异丁烯胶料等）及合成地蜡的混合物。低压电缆油可用石油产品或合成油。不滴流浸渍剂在浸渍温度下黏度相当低，能保证充分浸渍；而在电缆工作温度下呈塑性腊状体，不易流动，因此不滴流电缆不规定敷设落差。因为浸渍剂黏度随温度增高而降低，所以其最高工作温度规定得较低，黏性浸渍电缆工作温度为 50℃；而不滴流电缆在其滴点温度以下不会淌流，其最高工作温度可规定得较高，为 65~70℃。

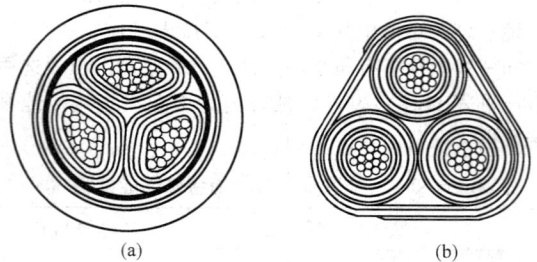

图 11.1 - 8 10kV 三芯统包及 35kV 分相铅包电缆结构

（a）统包电缆；（b）分相铅包电缆

（2）充油电缆与钢管电缆。1917 年意大利工程师 L. 伊曼努里提出用低黏度油浸渍纸绝缘，并用供油箱与绝缘中油相连，使其消除由于热胀冷缩而形成气泡，并保持一定油压力，使电缆工作电压提高到 110kV 及以上，目前已大量使用在 500kV 电缆中。钢管电缆与自容式充油电缆类似，用油泵供油。自容式充油电缆有单芯与三芯两种结构，单芯电缆的电压等级为 110~750kV，三芯电缆电压等级为 35~110kV。两种结构如图 11.1 - 9 所示。

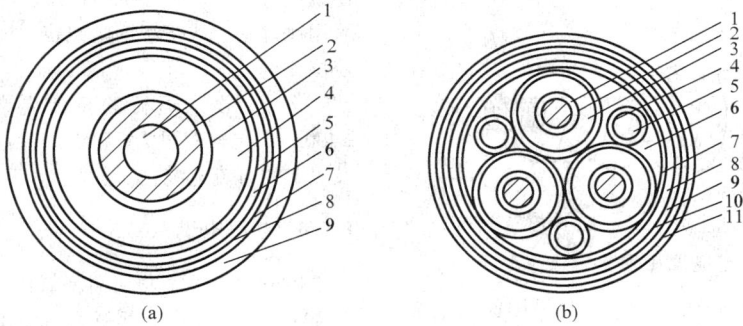

图 11.1－9 单芯、三芯自容式充油电缆结构

（a）单芯电缆

1—油道；2—导体；3—导体屏；4—绝缘；5—绝缘屏蔽；6—铅套；

7—内衬垫；8—加强层；9—外护套

（b）三芯电缆

1—导体；2—导体屏蔽；3—绝缘；4—外屏蔽；5—油道；6—垫层；

7—铜丝屏蔽层；8—铅套；9—内衬垫；10—加强层；11—外护套

充油电缆浸渍剂一般采用低黏度矿物油或合成油（如十二烷基苯）。依据油压不同，充油电缆又可分为低油压（压力为 0.05～0.35MPa）、中油压（压力为 0.6～0.8MPa）和高油压（压力为 1.0～1.5MPa）三种。绝缘的电气强度随油压的提高而提高。

钢管充油电缆一般为三芯，将三根屏蔽的电缆线芯置于充满一定压力的绝缘油的钢管内，用补充浸渍剂方法，消除绝缘层中形成的气泡，以提高电缆的工作场强。钢管电缆导体没有中心油道，绝缘与充油电缆相同，绝缘屏蔽的外面扎以铜带，并缠以 2～3 根半圆形铜丝，使电缆拖入钢管时减小阻力，以防止绝缘层擦伤，其结构如图 11.1－10 所示。钢管电缆浸渍剂一般采用高黏度聚丁烯油，在 20℃ 下黏度为 $(10～20)×10^{-4}m^2/s$。在拖入钢管后再充入钢管低黏度聚丁烯油，其黏度在 20℃ 下 $(5～6)×10^{-4}m^2/s$，这样油流阻力小，便于补偿浸渍。压力一般为 1.5MPa。钢管电缆优点是机械强度好；缺点安装复杂，不宜在高落差线路中。

1.5.4 压缩气体绝缘电缆

压缩气体绝缘电缆又称为管道充气电缆，是在内外两个圆管之间充以一定压力（一般为 0.2～0.5MPa）的 SF_6 气体。内圆管（常用铝管或铜管）为导电线芯，由固定环氧树脂绝缘垫片每隔一定距离支撑在外圆管内，外圆管既作为 SF_6 气体的压力容器，又作为电缆外护层。如果为单芯电缆，外圆管可采用铝或不锈钢管；如果内管为三相电缆，外管可采用钢管。压缩气体绝缘电缆的导线和保护层结构有刚性与可挠性两种，实际使用刚性较多。刚性单芯与可挠性结构如图

11.1－11 及图 11.1－12 所示。

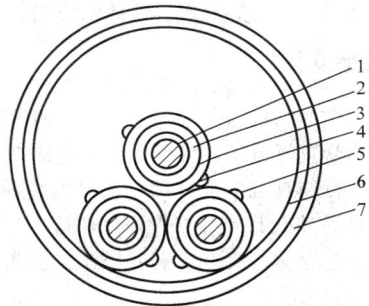

图 11.1－10 钢管充油电缆结构

1—导体；2—导体屏蔽；3—绝缘；4—绝缘屏蔽；

5—半圆形滑丝；6—钢管；7—防腐层

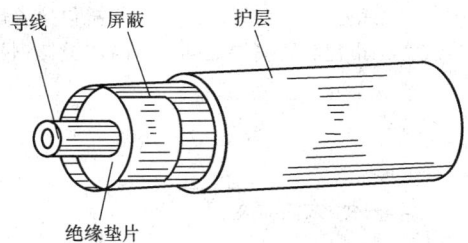

图 11.1－11 刚性单芯压缩气体绝缘电缆

刚性电缆在工厂内装配成 12～15m 的短段，运至现场进行装配－焊接，由于负载和环境温度变化，内外导体膨胀收缩，间隔一段应有一伸缩连接，为防止一旦线路受损气体跑光，每隔一段距离应有隔离气体的塞止连接。由于气体 ε 小，导热性好，介质损耗极

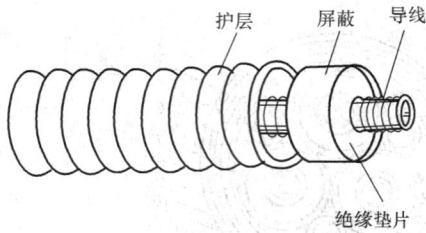

图 11.1 - 12 可挠性压缩气体绝缘电缆

小, 因此, 可传输 2000MVA 以上容量, 国内目前大多用在封闭变电站与架空线连接段和大容量发电厂的高压引出线, 在国外已用于大容量长线路输电线路。

这种电缆的缺点是尺寸相当大, 例如, 275 ~ 500kV 的刚性压缩气体电缆外径达到 340 ~ 710mm, 500kV 三芯刚性电缆外径达到 1200mm。可挠性结构电缆最大外径一般限制在 250 ~ 300mm 之间, 以便于卷绕。但相应传输容量要比刚性电缆小得多, 且必须采用高气压 1.5MPa, 以保证足够的绝缘性能。由于环保要求, 尽量减少氟的应用, 因此目前压缩气体绝缘电缆正在研究 N_2 与 SF_6 混合气体的应用。

1.5.5 直流电缆

直流电缆的结构与交流电缆有许多相似之处, 但绝缘长期承受直流电压, 且可比交流电压高 5~6 倍。迄今投入运行的直流电缆大部分为黏性浸渍纸绝缘, 只有当线路高差允许或电压特别高时, 采用充油电缆。聚乙烯绝缘的直流电缆需要解决空间电荷问题, 虽有研制, 尚未实际使用。

直流电缆对于跨越海峡的大长度输电线路更为有利, 不需作电抗补偿, 并且线路损耗也较小。直流电缆的另一特点是绝缘必须能承受快速的极性转换。直流电缆的护层结构主要考虑机械保护和防腐。迄今直流电缆都采用铅护套, 防腐层大多采用挤包聚乙烯或氯丁橡皮。在铅包和防腐层之间, 有时用镀锌钢带或

不锈钢带加强, 并起抗扭作用。海底直流电缆一般都采用镀锌钢丝或挤塑钢丝铠装, 根据要求采用单层或双层。

迄今, 投入运行的直流电缆中, 最高电压为 ±400kV, 传输容量为 750MW, 目前正在研制 ±600kV 及以上的直流电缆。

1.5.6 超导电缆

1986 年科学家发现铜基氧化物的超导现象之后, 在 1988 ~ 1993 年间, 相继发现了 Bi-Sr-Ca-Cu-O 及 Ti-Ba-Ca-Cu-O 在液氮温度为 90K 时出现超导, 以及 Hg-Ba-Ca-Cu-O 在 135K 下超导转变温度。由于能用廉价的液氮作冷媒, 加上高温超导线材长线生产技术方面获得突破, 使超导在电力电缆的应用成为可能。目前超导电缆仍属于研究开发阶段, 按绝缘结构特征划分, 可分为热绝缘超导结构与冷绝缘超导结构, 两种结构分别如图 11.1 - 13 与图 11.1 - 14 所示。

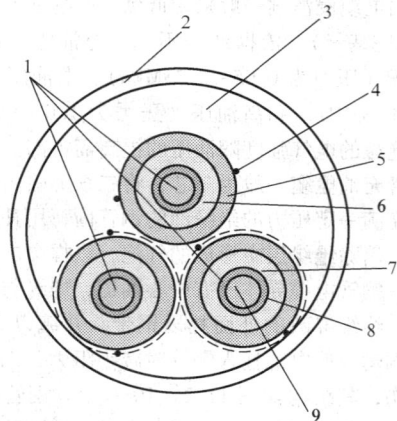

图 11.1 - 13 热绝缘超导电缆结构

1—液氮; 2—钢管; 3—液体; 4—半圆形导线;
5—绝缘; 6—制冷箱; 7—高温超导材料;
8—支撑架; 9—管子

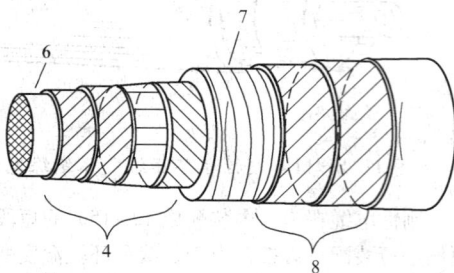

图 11.1 - 14 冷绝缘超导电缆结构

1—外护套; 2—外皱纹管; 3—真空热绝缘; 4—高温超导体; 5—液氮;
6—内芯; 7—聚丙烯薄膜复合纸; 8—超导屏蔽层

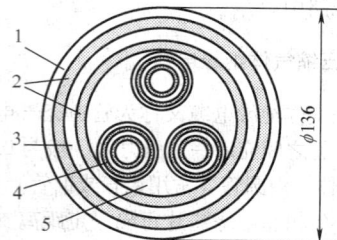

热绝缘超导电缆的特点如下：

（1）与传统电缆相比有相同性能，且有相同的安装程序。

（2）使用成熟开发的绝缘材料，例如交联聚乙烯。

（3）超导电缆附件（终端与接头）可以从传统电缆附件转换过来。

（4）与冷绝缘相比，可以少一层护套超导材料。

冷绝缘超导电缆特点如下：

（1）其结构比热绝缘超导体积小。

（2）由于护套也有一超导层，运行过程中损耗大大降低。

（3）由于冷媒体在外面，不在线芯中，因此，终端处理比热绝缘超导电缆终端方便一些。

由于目前超导已在液氮温度下实现，20世纪70年代开发的低温有阻电缆已不再使用。

1.6　通信电缆

通信电缆包括传输电话、电报、电视、广播、传真、数据和其他电信信息的电缆。通信光缆传输衰减小，传输频带宽，质量轻，外径小，又不受电磁场干扰，通信光缆正在替代通信电缆，更适用于数字通信。

通信电线电缆使用在通信系统的各级线路上，其品种规格很多，分类方法也很多，按敷设和运行条件，可分为架空电缆、自承式电缆、直埋电缆、管道电缆和水底电缆；按传输频谱可分为低频电缆、高频电缆和射频电缆；按电缆结构，可分为对称电缆和同轴电缆；按电缆中元件的组合，可分为单一电缆和综合电缆；按电缆的绝缘材料和绝缘结构，可分为空气纸绝缘电缆、实心聚乙烯绝缘电缆、泡沫聚乙烯绝缘电缆等；按绝缘线芯绞合及成缆方式，可分为对绞电缆、星绞电缆、层绞电缆、单位绞电缆；按护护层的种类，可分为铅包电缆、铝包电缆、橡套电缆、塑套电缆、综合护层电缆及钢带铠装电缆、钢丝铠装电缆。

1.6.1　市内通信电缆

1. 概况　市内通信电缆用于市内、近郊和局部地区的电话线路中。纸绝缘铅套市内通信电缆一般都使用音频传输，每一对线只能通一个话路。聚烯烃绝缘聚烯烃护套市内通信电缆已把话音和数据两种业务综合传输，在普通电话线上同时传输话音、计算机数据和图像等，满足了数据通信迅速增长的需要。

2. 种类

（1）聚烯烃绝缘聚烯烃护套市内通信电缆。导线为铜芯；绝缘材料采用纯净的低密度、中密度或高密度聚乙烯或加入适量稳定剂的聚丙烯，其密度见表11.1-33。绝缘结构为：实心聚烯烃或泡沫聚烯烃或带皮泡沫聚烯烃，发泡工艺产生的气泡沿周围均匀分布。气泡间互不连通。绝缘能经受电压为1.5~6kV直流火花机检验，每12km绝缘线芯上允许有一个针孔或类似的缺陷。

表 11.1-33　　绝缘材料密度

材　料　名　称	密度/（g/cm³）
低密度聚乙烯	0.925 及以下
中密度聚乙烯	0.926~0.940
高密度聚乙烯	0.941 及以上
聚丙烯	0.895~0.915

护套要求如下：

1）挡潮层聚乙烯护套——铝-聚乙烯护套。由纵包成形的双面铝塑复合带与挤包在其上的聚乙烯套黏结而成，铝塑复合带的铝带厚度为0.20mm，铝带双面复合塑性聚合物薄膜，可以轧纹，也可不轧纹。

聚乙烯套采用低密度或高密度聚乙烯加（2.6±0.25）%的炭黑。特殊情况也可采用高密度聚乙烯或线性低密度聚乙烯，聚乙烯套应黏附在铝塑复合带。

2）填充式电缆可采用其他形式的挡潮层。

3）隔离式挡潮层市内通信电缆，可达到双向脉码调制（PCM）传输通信而设计的，其特点是较好的近端串音衰减。隔离带采用0.1mm原双面涂塑铝带，在缆芯内放置隔离带将全部线芯一分为二，使隔离带两边的线对数目相等。

（2）纸绝缘铅套市内通信电缆。市内通信电缆的种类见表11.1-34。

表 11.1-34　　市内通信电缆的种类

种类	名　　　称
1	纸绝缘裸铅套市内通信电缆
2	纸绝缘铅套聚氯乙烯套市内通信电缆
3	纸绝缘铅套聚乙烯套市内通信电缆
4	纸绝缘铅套钢带铠装聚氯乙烯套市内通信电缆
5	纸绝缘铅套钢带铠装聚乙烯套市内通信电缆
6	纸绝缘铅套细圆钢丝铠装聚氯乙烯套市内通信电缆
7	纸绝缘铅套细圆钢丝铠装聚乙烯套市内通信电缆
8	纸绝缘铅套粗圆钢丝铠装纤维外被市内通信电缆
9	纸绝缘铅套粗圆钢丝铠装聚氯乙烯套市内通信电缆
10	纸绝缘铅套粗圆钢丝铠装聚乙烯套市内通信电缆

1.6.2 长途通信电缆

长途通信电缆有长途对称通信电缆及同轴电缆两大类，长途对称通信电缆分为低频和高频两种。长途电信干线以发展光缆、数字微波为主，不再发展同轴电缆，因此，中小同轴电缆早已不再生产。

（1）星绞低频通信电缆和敷设场合。见表11.1-35。

（2）低频综合长途通信电缆和敷设场合。见表11.1-36。

表 11.1-35　　　　　　　　　　　　星绞低频通信电缆的名称和使用场合

产 品 名 称	敷 设 场 合
纸绝缘裸铅护套低频通信电缆	（1）敷设在室内、隧道及沟管中，以及架空敷设。对电缆应无机械外力，对铅护套无腐蚀的环境中
纸绝缘铅护套钢带铠装低频通信电缆	（2）敷设在土壤中，能承受机械外力，不能承受大的拉力
纸绝缘铅护套裸钢带铠装低频通信电缆	（3）敷设在室内、隧道及沟管中，其余同（2）
纸绝缘铅护套钢带铠装一级外护层低频通信电缆	（4）敷设于对铅护套有腐蚀的土壤中，能承受机械外力，但不能承受大的拉力
纸绝缘铅护套裸钢带铠装一级外护层低频通信电缆	（5）敷设于对铅护套有腐蚀的室内、隧道及沟管中，能承受机械外力，但不能承受大的拉力
纸绝缘铅护套细钢丝铠装低频通信电缆	（6）敷设在土壤中，能承受机械外力，并能承受相当的拉力
纸绝缘铅护套粗钢丝铠装低频通信电缆	（7）敷设在水中，能承受较大的拉力
纸绝缘裸铝护套低频通信电缆	（8）敷设在室内、隧道及沟管中，以及架空敷设。对电缆应无机械外力，对铝护套无腐蚀的环境中
纸绝缘铝护套裸一级外护层低频通信电缆	（9）同（8），但对铝护套有腐蚀的环境
纸绝缘铝护套钢带铠装二级外护层低频通信电缆	（10）敷设在对铝护套和钢带均有严重腐蚀的环境中，能承受机械外力，不能承受大的拉力
纸绝缘铝护套细钢丝铠装二级外护层低频通信电缆	（11）敷设在对铝护套和钢丝均有严重腐蚀的环境中，能承受机械外力和拉力
纸绝缘铝护套粗钢丝铠装一级外护层低频通信电缆	（12）敷设在对铝护套有腐蚀的水中，能承受较大的拉力
泡沫聚乙烯绝缘皱纹铝护套一级外护层低频通信电缆	（13）同（8），但对铝护套有腐蚀的环境

表 11.1-36　　　　　　　　　　　低频综合长途通信电缆的名称和敷设场合

名 称	敷 设 场 合
裸铅护套低频综合长途通信电缆	敷设在室内、隧道及沟管中，以及架空敷设。对电缆应无机械外力，对铅护套无腐蚀环境
铅护套钢带铠装低频综合长途通信电缆	敷设在土壤中，能承受机械外力，不能承受大的拉力
铅护套裸钢带铠装低频综合长途通信电缆	敷设在室内、隧道及沟管中，能承受机械外力，但不能承受大的拉力
铅护套粗钢丝铠装低频综合长途通信电缆	敷设在水中，能承受较大的拉力
裸铝护套低频综合长途通信电缆	敷设在室内、隧道及沟管中，以及架空敷设。对电缆应无机械外力，对铝护套无腐蚀环境
铝护套裸一级外护层低频综合长途通信电缆	敷设在室内、隧道及沟管中，以及架空敷设。对电缆无机械外力，对铝护套有腐蚀的环境
铝护套粗钢丝铠装一级外护层低频综合长途通信电缆	敷设在对铝护套有腐蚀的水中，能承受较大的拉力
铝护套钢带铠装二级外护层低频综合长途通信电缆	敷设在对铝护套和钢带均有严重腐蚀的环境中，能承受机械外力，但不能承受大的拉力
铝护套粗钢丝铠装二级外护层低频综合长途通信电缆	敷设在对铝护套和钢丝均有严重腐蚀的环境中，能承受较大的拉力

（3）纸绳纸绝缘高频对称通信电缆和敷设场合。　见表 11.1-37。

表 11.1-37　　　　　纸绳纸绝缘高频对称通信电缆的名称和敷设的场合

名　称	敷　设　场　合
裸铅护套高频对称通信电缆	敷设在室内、隧道及沟管中，以及架空敷设。对电缆应无机械外力，对铅护套无腐蚀的环境中
铅护套钢带铠装高频对称通信电缆	敷设在土壤中，能承受机械外力，不能承受大的拉力
铅护套钢带铠装二级外护层高频对称通信电缆	敷设在对铅护套和钢带均有严重腐蚀的环境中，能承受机械外力和拉力
铅护套粗钢丝铠装高频对称通信电缆	敷设在水中，能承受较大的拉力
铅护套粗钢丝铠装二级外护层高频对称通信电缆	敷设在对铅护套和钢丝均有严重腐蚀的水中，能承受较大的拉力
裸铝护套高频对称通信电缆	敷设在室内、隧道及沟管中，以及架空敷设。对电缆应无机械外力，对铝护套无腐蚀的环境中
铝护套裸一级外护层高频对称通信电缆	敷设在室内、隧道及沟管中，以及架空敷设，对电缆应无机械外力，对铝护套有腐蚀的环境
铝护套粗钢丝铠装一级外护层高频对称通信电缆	敷设在对铝护套有腐蚀的水中，能承受较大的拉力
铝护套钢带铠装二级外护层高频对称通信电缆	敷设在对铝护套和钢带均有严重腐蚀的环境中，能承受机械外力和拉力
铝护套粗钢丝铠装二级外护层高频对称通信电缆	敷设在对铝护套和钢丝均有严重腐蚀的水中，能承受较大的拉力

注：表 11.1-37 中每种电缆中又分三种传输频率，分别为 252Hz、156Hz 和 108kHz。

（4）铅护套高低频综合通信电缆的名称和敷设场合。见表 11.1-38。

表 11.1-38　　　　　铅护套高低频综合通信电缆的名称和敷设场合

名　称	敷　设　场　合
泡沫聚乙烯绝缘皱纹铝护套钢带铠装一级外护层综合通信电缆	敷设在对铝护套有腐蚀的土壤中，能承受机械外力，但不能承受大的拉力
泡沫聚乙烯绝缘皱纹铝护套钢带铠装二级外护层综合通信电缆	敷设在对铝护套和钢带均有严重腐蚀的环境中，能承受机械外力，但不能承受大的拉力
泡沫聚乙烯绝缘铝护套钢带铠装二级外护层综合通信电缆	敷设在对铝护套和钢带均有严重腐蚀的环境中，能承受机械外力，但不能承受大的拉力
纸绳纸绝缘铝护套裸一级外护层综合通信电缆	敷设在室内、隧道和沟管中，以及架空敷设。对电缆无机械外力，对铝护套有腐蚀的环境中
纸绳纸绝缘铝护套钢带铠装一级外护层综合通信电缆	敷设在对铝护套有腐蚀的土壤中，能承受机械外力，但不能承受大的拉力
纸绳纸绝缘铝护套钢带铠装二级外护层综合通信电缆	敷设在对铝护套和钢带均有严重腐蚀的环境中，能承受机械外力，但不能受大的拉力

1.6.3　电信设备用通信电缆

1. 概况　电信设备装置用通信电缆有两大类：各种电信设备内部或设备之间的相互连接用的局用电缆；通信线路的始、终端至分线箱或配线架的配线电缆。

2. 产品　电信设备用通信电缆的主要品种及用途见表 11.1-39。

表 11.1-39 电信设备用通信电缆的主要品种及用途

品 种 名 称	主 要 用 途
聚氯乙烯绝缘和护套低频通信局用电缆	交换机及其他传输设备、电话和电报设备、数据处理设备的相互连接
聚氯乙烯绝缘和护套低频通信配线电缆	一、二级配线并与分线设备相连；引入建筑物墙壁敷设的屋内配线；沿建筑物墙壁敷设的墙壁配线
聚氯乙烯绝缘和护套程控交换局用电缆	程控交换局内总配线架与交换局用户电路板之间的音频连接，或其他通信设备之间的音频连接
聚氯乙烯绝缘和护套数字局用对称电缆	数字交换设备内部或之间的短段连接，最高频率为10MHz。或其他数字设备内部或之间的短段连接

1.6.4 数字通信对称电缆

1. 设备电缆 这种电缆适用于工作站与外部设备之间。电缆应柔软，并符合数字设备连接所要求的传输特性。

2. 工作区电缆 这种电缆适用于工作站与通信输出端之间。电缆应柔软、质量轻、直径小，并符合所要求的传输特性及机械特性。

3. 水平层布线电缆 这种电缆适用于工作区通信输出端与通信机房之间。电缆可以安装在管道、线槽中及地板与天花板的空隙中。这种电缆在着火危险条件下应具有合格性能。

4. 楼层间敷设电缆和大楼干线电缆 这种电缆适用于水平安装或各楼层之间的垂直安装，因而应设计得具有足够的机械强度并在着火危险条件下应具有合格性能。

5. 大楼间电缆 这种电缆用于大楼之间互连并适用于室外安装。这种电缆的护套和外护套应符合IEC 708-1 的规定。

1.6.5 射频电缆

1. 概况 射频电缆是无线电频率范围内传输电信号或能量的电缆的总称。由于结构、材料及制造工艺上的限制，最高使用频率约为 65GHz。射频电缆主要用作无线电发射或接收设备的天线馈电线以及各种通信、电子设备的机内连接或相互连接线，其用途遍及通信、广播、电视、微波中继、雷达、导航、遥控、遥测、仪表、能源等领域，是整机设备必不可少的传输元件。

2. 产品 见表11.1-40。

1.6.6 海底通信电缆

海底通信电缆是一种宽频带、低噪声的传输线路，可以实现大陆与岛屿、岛屿与岛屿，或与海洋彼岸的有线通信，是有线通信网的重要组成部分。

根据敷设和维护运行条件，海底电缆分为深海、中海和浅海三种。深海电缆敷设在水底超过 1000m 的海域中，中海电缆一般敷设于 500~1000m 深的海域，浅海电缆则在水深少于 500m 的海域中使用。海底通信电缆按电缆的结构分为对称海底电缆、有铠同轴电缆和无铠同轴电缆三种。深海电缆目前都采用无铠同轴电缆。

1.6.7 一般通信线

一般通信线的品种及主要用途见表11.1-41。

表 11.1-40 射频电缆的主要品种及用途

品 种 名 称	主 要 用 途
实心聚乙烯绝缘射频电缆	无线电通信设备和有关无线电电子设备
电缆分配系统用纵孔聚乙烯绝缘同轴电缆	闭路电视、共用天线电视系统作分支线和用户线，以及其他电子装置
电缆分配系统用泡沫聚乙烯绝缘同轴电缆	闭路电视、共用天线电视系统作分支线和用户线，以及其他电子装置
电缆分配系统用物理发泡聚乙烯绝缘同轴电缆	闭路电视、共用天线电视系统作分支线和用户线，以及其他电子装置
漏泄同轴电缆	无线电波不能直接传播或传播不良的隧道、坑道、地下建筑之类的特殊环境，兼有信号传输和天线的功能

表 11.1－41　　　　　　　　　　　　　一般通信线的主要品种及用途

品　种　名　称	主　要　用　途
聚烯烃绝缘聚氯乙烯护套平行双芯铜包钢电话用户通信线	通信用户终端设备到电缆分线箱之间的用户通信线
电话网用户铜芯室内线	电话网用室内线
塑料、橡皮绝缘电话软线	连接电话机与送话器或接线盒，连接交换机与插塞

1.7　光纤和光缆

1.7.1　光纤

1. 概况　光纤是一种介质波导，是由芯子和包层同心组成的圆柱形纤维，它是光缆中最主要的元件。裸光纤很容量断裂，不能直接使用。在玻璃光纤的拉制过程中，玻璃包层的表面上紧密地涂覆了一层聚丙烯酸酯预涂覆层，以利于减缓光纤的静态疲劳。为了便于光纤识别，光纤预涂覆层表面往往再涂覆着色层。着色层通常分为蓝、橙、绿、棕、灰、白、红、黑、黄、紫、粉和青 12 种颜色。

2. 分类　光纤依据传输的导模数多少分为多模光纤（A 类）和单模光纤（B 类）。

（1）单模光纤。单模光纤的分类见表 11.1－42。

（2）多模光纤。多模光纤的分类见表 11.1－43。

表 11.1－42　　　　　　　　　　　　　单模光纤的分类

分类代号	命　　名	工作波长区 /nm		特　　　　征
		最　佳	可　用	
B1.1	非色散位移单模光纤	1310	1550	λ_0 在 1310nm 附近
B1.2	截止波长位移单模光纤	1550	1500～1600	λ_0 在 1310nm 附近，λ_c 位移
B1.3	波段扩展的非色散位移单模光纤	1310	1400，1550，1600	λ_0 在 1310nm 附近，低水峰光纤
B2	色散位移单模光纤	1550	1310，1600	λ_0 在 1550nm 附近
B3	宽波长范围低色散单模光纤	1310，1550	1600	有两个 λ_0 在两个工作波长区内色散低而平坦
B4	非零色散位移单模光纤	1530～1565	1600	λ_0 已位移，但 λ_0 不在工作区内
	宽带光传输用非零色散单模光纤	1460～1625		λ_0 已位移，但 λ_0 不在工作区内
	偏振保持光纤	能保持传导的线偏振光的独立性和稳定性		

注：λ_0 为零色散波长；λ_c 为截止波长。

表 11.1－43　　　　　　　　　　　　　多模光纤的分类

分　类　代　号	材　　料	折射率分布型式	g 值 范 围
A1	玻璃芯子/玻璃包层	渐变型	$1 \leqslant g < 3$
A2	玻璃芯子/玻璃包层	突变型	$3 \leqslant g < 10$
A3	玻璃芯子/塑料包层	突变型	$10 \leqslant g < \infty$
A4	塑料光纤		

1.7.2　光缆

1. 概况　为了满足既定路由上的通信容量要求，为了方便使用，往往需要用多根光纤集结在一起构成光缆。光缆结构应保证：① 其中的光纤传输特性保持优良和稳定；② 能对光纤提供足够的机械保护和耐环境性保护，使整个光缆具有足够的力学性能和环境性能，其中，着重于减缓光纤静态疲劳和防止氢损发生，以使光缆具有足够的使用寿命；③ 尽可能提高光纤在光缆中的集装密度，减小光缆外径，提高光缆的性价比。光缆中可以放入绝缘电导线，但是，除了电力线路用光纤复合的光缆之外，电信网中的光缆不推荐光缆中含绝缘电导线，以利于防护强电磁危害。

2. 通信用光缆的结构构件

（1）套层和骨架。为了增强光纤抗侧向力的能力，往往在光纤上外加一个保护套层，或将光纤置于骨架槽中，以此对侧向力起缓冲作用。

套层也称缓冲层，通常有紧套和松套之分。紧套层较紧密地包覆在玻璃光纤涂覆层上或塑料光纤的包层上。玻璃光纤的紧套层常采用 PA 塑料或改性 PVC 塑料，塑料光纤的紧套层常采用 PE 塑料。松套层松弛的包覆光纤外，玻璃光纤的松套管常采用改性 PBT 塑料管或不锈钢管。光纤在松套管内可有一定的余长，用于调整成品光缆拉伸性能和衰减温度特性。

（2）加强构件。它是主要承受外界拉伸力的构件，使光缆受到允许拉伸力时保持在弹性范围以内，并使光纤在允许拉伸力下应变和附加衰减控制在允许范围以内。

加强构件通常放在光缆的中心位置，或者嵌入护套内，或者放在缆心的四周，或者几种方式兼有。加强构件采用高杨氏模量的材料，通常用钢丝；在要求柔软时，通常用芳纶纱束；在要求防雷电或强电危害时，通常用非金属的芳纶纱束或玻纤增强塑料（FRP）。

（3）护套和挡潮层。光缆必须具有护套，用于对缆心的保护。挡潮层用于阻止潮气经由护套渗透到缆心内。

护套材料通常采用黑色聚乙烯塑料，在要求阻燃时采用黑色阻燃聚烯烃塑料或阻燃聚氯乙烯塑料。挡潮层通常采用双面复合了黏接性塑料薄膜的铝带或钢带，它和聚乙烯护套黏接在一起，构成黏接套。

（4）阻水材料。它用于阻止水在光缆中纵向渗流，常采用全填充方式，即在截面内需要阻水的空隙中填充阻水复合物，如烃基复合物或硅基复合物。松套管内的阻水复合物应具有触变性，其临界触变应力

很小，它的存在不会影响光纤在松套管内的横向移动。这一点很重要，因为光缆受到拉伸力时需要通过光纤横向移动来减缓光纤应变。

光缆阻水也可采用干式阻水，即在截面内需要阻水的空隙中放置吸水膨胀材料，如吸水膨胀的带、纱或粉。干式和填充式也可兼用。

（5）外护层。光缆仅有护套还不足以保护缆心时，需增加外护层来提供进一步的保护。依据敷设方式和环境的不同，光缆的外护层不同。在地下直埋时，通常采用钢-聚乙烯黏接外护层；在水下或其他较大张力状态下敷设时，通常采用钢丝铠装加聚乙烯套的外护层；在要求阻燃的情况下，光缆的最外层采用阻燃外套。

3. 光缆的分类及性能要求

（1）光缆分类。光缆按敷设方式和条件的不同进行分类，包括室外光缆、室内光缆、移动式光缆、海底光缆、设备用光缆和特殊光缆。沿电力线路专用的光缆可列入特殊光缆。

（2）光纤品性。在成缆过程中，除了衰减系数可能增大、单模光纤截止波长可能下移和多模光纤模式带宽还可能改善之外，光纤的尺寸参数和其他光学及传输特性不会改变。

（3）光缆的机械特性和环境特性。机械性能包括拉伸、磨损、压扁、冲击、卷绕、反复弯曲、扭转、曲挠、弯折、抗切穿、枪击、刚柔性、风振和径向压力等性能。光缆环境性能包括衰减温度特性、护套完整性、渗水、复合物滴流、核辐射和气阻等性能。

沿电力线路用架空光缆除了具有类似的普通光缆的要求之外，还可能要求耐电痕、耐雷击和耐短路电流性能。

参 考 文 献

［ 1 ］ 王春江. 电线电缆手册. 2 版. 北京：机械工业出版社，2001.

［ 2 ］ GB/T 12706.1—12706.4—2002. 额定电压 1kV(U_m = 1.2kV)到 35kV(U_m = 40.5kV)挤包绝缘电力电缆及附件. 2002.

［ 3 ］ GB/T 11017.1~11017.3—2002. 额定电压 110kV 交联聚乙烯绝缘电力电缆及其附件. 2002.

［ 4 ］ GB/Z 18890.1~18890.3—2002. 额定电压 220kV(U_m = 252kV)交联聚乙烯绝缘电力电缆及附件. 2002.

［ 5 ］ GB 2952.1~4—1989. 电缆外护层. 1989.

［ 6 ］ Design, development and testing of the first factory-made high temperature superconducting cable for 115kV-400MVA. CIGRE group 21-202. 1998.

［ 7 ］ Verification tests of a 66kV high-TC superconducting cable system for practical use. CIGRE group 21-202. 2002.

［ 8 ］ 林良真，张金龙，李传义，等. 超导电性及其应用. 北京：北京工业大学出版社，2001.

［ 9 ］ 刘子玉，王惠明. 电力电缆结构设计原理. 西安：西安交通大学出版社，1995.

［10］ 邱昌容，曹晓珑. 电线与电缆. 西安：西安交通大学出版社，2000.

第12篇

电力电子器件与设备

主　编　钱照明（浙江大学）

　　　　徐德鸿（浙江大学）

执　笔　钱照明（浙江大学）

　　　　徐德鸿（浙江大学）

　　　　吕征宇（浙江大学）

　　　　马　皓（浙江大学）

　　　　何湘宁（浙江大学）

　　　　张仲超（浙江大学）

　　　　邓　焰（浙江大学）

第 1 章 概 论

1.1 电力电子技术的含义

电力电子技术是研究有关电力电子学的理论、技术、控制及应用的新兴应用基础学科。它所涵盖的范围主要包括：电力电子、器件及功率集成电路；电力电子变流技术及控制；电力电子建模与仿真；电力电子应用技术等相关技术。它的任务是通过对电磁能量的变换、控制、传输和存储，以达到合理、高效地使用各种形式的电能，实现为人类提供高质量电磁能量的目的。

由于它既涉及高低电压、大小功率乃至微小功率的能量变换、控制、传输和存储，又涉及与半导体、信息处理、自动控制、检测、通信、计算机等多种技术的交叉和综合，所以今天它的应用几乎已渗透到工业、国防、环保、高科技及人们日常生活的各个领域。它的发展无论是对改造传统产业还是对建立现代化新兴产业、建设和谐的资源节约、环境友好型社会均具有重要的作用。

1.2 电力电子技术的发展

从历史上看，电力电子器件像燃起电力电子技术革命的火种，一代新型电力电子器件的出现，总是带来一场电力电子技术的革命。电力电子器件在整台装置中的价值虽然通常不会超过总价值的 20% ~ 30%，但是它对装置的总价值、尺寸、重量和技术性能，却起着十分重要的作用。

一个理想的电力电子器件，应当具有下列理想的静态和动态特性：在阻断状态时能承受高电压；在导通状态时，具有高的电流密度和低的导通压降；在开关状态转换时，具有短的开、关时间，能承受高的 $\mathrm{d}i/\mathrm{d}t$ 和 $\mathrm{d}u/\mathrm{d}t$，以及具有全控功能。

20 世纪 50 年代，半控型硅晶闸管问世以来，电力电子器件的研究工作者为达到上述理想目标做出了不懈的努力，并已取得了令世人瞩目的成就。60 年代后期，门极关断（GTO）晶闸管❶问世，首次实现了门极可关断的全控功能，并将斩波频率扩展到 500Hz 以上。

20 世纪 80 年代中期，4.5kV 的 GTO 得到广泛应用，并在接下来的 10 年内成为大功率变流器的首选器件。由于晶闸管的擎住（latch）和少子调制效应，GTO 的通态损耗要比同等电压等级的绝缘栅双极型

晶体管（IGBT）低得多。为了改善传统 GTO 的开关性能，新开发了集成门极换向晶闸管（IGCT）。其改进形式之一称为对称门极换向晶闸管（SGCT），它的特性与 IGCT 十分相似，但主要应用于电流型 PWM 变流器中。

这类器件的特点是：特殊的环状门极结构保证了器件具有快速的关断能力；低引线电感集成门极驱动电路保证了 IGCT 的理想驱动。因此，它们可以达到很短的关断时间（大致为 1.5μs），开关频率可达 1~3kHz。改善的快速关断性能使 IGCT 中的电流均匀分布，改善了常规 GTO 的安全工作区（SOA）。但是由于其开通过程与传统的 GTO 相似，必须限制其开通时刻的电流上升率，仍需要增加开通缓冲电路。

IGCT 具有有效硅面积较小、低损耗、快速开关、内部机械部件极少等优点，保证了 IGCT 可以以较低的成本，紧凑、可靠、高效率地用于 300kVA ~ 10MVA 变流器，而不需要串联或并联。目前，研制的 IGCT 已达到 9kV/6kA 水平，而 6.5kV 或者是 6kA 的器件已经开始供应市场了。如果用串联，逆变器功率可扩展到 100MVA 范围，从而用于电力设备。因此，IGCT 可望成为大功率高电压低频变流器的优选电力电子器件之一。

但是，从本质上讲，IGCT 仍属于 GTO 系列，它主要是克服了 GTO 实际应用中门极驱动的难题。而 IGCT 门极驱动电路中包含了许多驱动用的 MOSFET 和储能电容器，所以实际上它仍旧需要消耗较大的门极驱动功率。

20 世纪 70 年代中期，大功率晶体管（GTR）和功率场效应晶体管（MOSFET）问世，电力电子器件实现了场控功能，人们从此打开了高频应用的大门。80 年代，绝缘栅双极型晶体管（IGBT）问世，它综合了功率 MOSFET 和双极型功率晶体管两者的功能。自 1988 年 IGBT 推向市场以来，IGBT 获得了重要的应用。目前市场上 IGBT 的最高耐压已达 6500V，电流达到了 2400A，同时 3300V/1200A 内部集成了驱动电路的智能功率模块（IPM）已经问世。

IGBT 常常封装成模块形式。一个 IGBT 模块实际上由很多的 IGBT 芯片单元并联而成，例如一个比较

---

❶ 门极关断晶闸管简称为 GTO 晶闸管，但为书写方便起见，人们习惯用"GTO"代表 GTO 晶闸管。

典型的 3300V/1200A IGBT 模块中含有 60 块 IGBT 裸芯片单元和超过 450 根连线。这些并联的 IGBT 裸芯片固定在同一块陶瓷衬底上，以保证良好的绝缘和导热。

这种封装结构限制了 IGBT 模块，使它只能采取单面冷却，这增加了在大电流条件下造成器件损坏的可能性。为了保证器件和散热媒介的正确接触，需要严格的装配流程。

由此，进一步发展了陶瓷封装的双面压接的 IGBT模块，日本人称之为电子注入增强栅晶体管（Injection Enhanced Gate Transistor，IEGT），它兼有 IGBT 和 GTO 两者的某些优点：低的饱和压降，宽的安全工作区（吸收回路容量仅为 GTO 的 1/10 左右），低的栅极驱动功率（比 GTO 低 2 个数量级）和较高的工作频率。由于该器件采用了平板压接式电极引出结构，可望有较高的可靠性和较低的电磁兼容（EMI）。目前该器件已达到 4.5kV /2100A 的水平。

目前人们关注的另一种新型器件是 MOS 可关断晶闸管（MTO）。发展 MTO 的直接目的是去除 IGCT 驱动电路中所需的大量 MOSFET，这些 MOSFET 被集成到电力电子器件的内部。因此，MTO 外部的门极驱动电路具有更少的元器件，最重要的是不再需要 IGCT 门极驱动电路中的反偏电源，这样，器件具有了更高的可靠性。测量显示 MTO 关断的性能得到提高，其关断延迟极短，这与 IGCT 相似。

图 12.1-1 概括了当前市场上最主要的大功率电力电子器件及其对应的电压和电流等级。

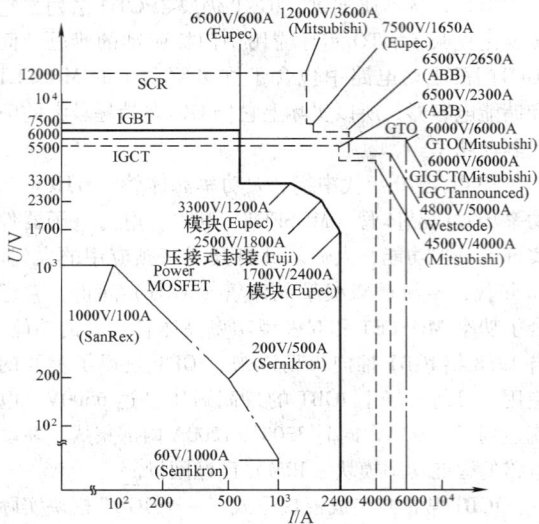

图 12.1-1　市场上主要功率器件等级

与此同时，伴随着超大规模集成电路（VL SI）的迅速发展，20 世纪 80 年代后期，国际上开始出现

了耐压 500V 的高压集成电路（HVIC）和智能功率集成电路（Smart Power IC，SPIC）。当前 SPIC 的研究与开发的发展趋势是工作频率更高、功率更大、功耗更低和功能更全。目前主要研究内容为：CMOS 和 BiCMOS 兼容的工艺；单片上集成多个大功率电力电子器件的可行性；耐高温、长寿命、高可靠性 SPI；大电流高速 MOS 控制并有自保护功能的横向电力电子器件研究；高成品率、低成本SPIC等。

结合微电子中系统级芯片（SOC）和智能功率集成电路的发展，近年来人们又提出了功率系统的芯片（Power System on Chip）PSOC 的概念，即将电源、传感器、控制电路、驱动电路和功率电路集成在同一块芯片上，形成具有部分或完整功能的单片功率系统。为适应高功率密度、较高电压和功率、高可靠、低 EMI 的应用，多芯片封装的功率集成模块（Power System in Package，PSIP）亦已问世。

人们为了实现理想功率半导体器件的追求，在 20 世纪 80 年代就开始关注宽带隙功率半导体器件。以碳化硅器件为例，根据其材料特性，碳化硅器件与硅器件相比有如下优势：碳化硅的临界击穿电场强度是硅的 10 倍；饱和速率是硅的两倍；导热性是硅的三倍。随着外延生长工艺和相关设备的显著进步，2in（50.8mm）直径的碳化硅晶片目前市场上也有供应。由于碳化硅的宽带隙，碳化硅特别适合用于单极型多子器件。碳化硅肖特基二极管（SiC - SBD）是一个最有前途的器件，因为它在关断时几乎没有反向恢复电流，它在 300～3000V、开关频率高于 50kHz 的应用场合格外有吸引力。高达 1700V/50A 的 SiC - SBD 也将在未来几年内上市。这样的 SiC - SBD 在电压源 PWM 逆变器中的应用将会使二极管关断损耗和 IGBT 开通损耗大幅度下降。

由于碳化硅 PN 结固有电压（约 2.5V）比硅 PN 结结电压（0.7～0.8V）高得多，故而虽然碳化硅双极型器件（如 SiC - IGBT 和 SiC - PIN 二极管等）在几百伏工作电压范围内对降低导通损耗没有明显优势，但是它们在高压（如大于 3kV 电压）应用场合，由于其导电调制效应具有很好的优势。

电力电子变流技术与电力电子器件两者相辅相成，始终是推动电力电子技术发展的主要动力之一。它可以实现 AC - DC、DC - DC、DC - AC 及在同一频率下的 AC - AC 变换（交流调压），以及在不同频率下的 AC - AC 变换（变频）等。伴随着电力电子器件的迅速发展和电力电子技术应用领域的不断扩大，为了满足高效、高能量密度、高精度、快速响应、宽调节范围、低谐波失真和低成本等应用要求，电力电子变流技术的发展大致可分为三个阶段：第一阶段是应用二极管和晶闸管以及不控或半控强迫换相技术；第二阶段主要是应用自关断器件，例如 GTO、GTR、功率 MOSFET、IGBT 等器件，和普遍采用 PWM 控制技术；第三阶段，是以采用软开关、功率因数校正、消除谐波和考虑电磁兼容、扩大其电压、电流和功率范围和全数字控制为特征的现代变流技术。变流器基本电路拓扑的研究已相对比较成熟，当前人们主要是研究应用于各种特定场合的组合拓扑（包括各种多电平拓扑）和高速数字信号处理器 DSP 在各种变流器中的应用，以提高变流器的效率、功率密度、可靠性、智能化水平并且降低成本。

针对变流器的控制模式，如脉宽调制（PWM）、正弦波脉宽调制（SPWM）、空间矢量脉宽调制（SVPWM），以及针对应用对象所提出的特殊控制方法和理论，如交流电动机的矢量控制、直接转矩控制、有源滤波的瞬时无功功率理论、单周期控制理论等，已见诸于国内外的电力电子教科书中；而现代控制理论，如模糊控制、变结构控制、智能控制、神经网络控制等，在电力电子技术中的应用，大量出现了专为电力电子控制用的通用芯片和专用芯片；高性能现场可编程门阵列（FPGA）芯片的使用也使电力电子控制系统的性能和适应性大为提高。当前，电力电子电路控制技术的主要目标是提高电力电子装置和系统的性价比，扩大其应用范围。

现代新材料、新器件、新方法、现代控制理论以及智能控制理论等在电力电子领域的应用，使得现代电力电子系统已成为一种多调节量、多目标、非线性、变参数的复杂系统。这种系统的调试不像线性系统那样，可以逐个依次调整，使系统处于稳定、最佳状态，而必须以数学建模、计算机仿真为基础，达到整体优化，以此来确定各调整点的最佳整定值，所以计算机仿真和建模，在电力电子器件装置和系统设计中，一直具有十分重要的地位。目前常见的电力电子建模方法主要有：实验测试建模法，其宗旨就在于，基于应用原模型法得到的开关器件的稳态和瞬态模型，利用 PSPICE、ORCAD、SABER 等模拟仿真软件平台，采用复合模型法构造精确的开关器件模型，并利用实测的外特性参数对所建立的模型进行验证；以电力滤波装置建模为代表的统计分析建模法；非线性动力学理论建模法。最近几年，国外学者们通过动力学方法分析，在 PWM 型 DC-DC 开关变流器中发现了倍周期分岔、Flip 分岔、边界碰撞分岔及混沌运动等非线性动力学现象，通过具体建模分析找出了这些现象出现的原因，在一定程度上解释了诸如 DC-DC 开关变流器中出现幅度很高的电磁噪声与不稳定行为的原因。

由于电力电子技术具有很强的应用背景，它在节能、新能源利用、提高用电效率和质量等方面发挥了重要的作用。至今，电力电子技术已经在电动机调速传动、工业供电电源、绿色照明等主要领域得到了广泛的应用，它在汽车电子、新能源应用、电力输配电、储能、环保、脉冲功率电源、电磁武器、高低温及极限条件下的应用也显示了广阔的前景。

第 2 章　电力电子器件

2.1　电力电子器件综述

电力电子产品已经应用到社会生产和生活的各个方面，电力电子技术在节能、减小环境污染、改善工作条件、节省原材料、降低成本和提高产量等方面均起着十分重要的作用。电力电子技术无论对改造传统工业（电力、机械、矿冶、交通、化工、轻纺等），还是对新建高技术产业（航天、激光、通信、机器人等）和高效利用能源方面均为至关重要。与电力电子装置和电力电子系统控制——电力电子技术的另外两大基础——相比，电力电子器件处于更为核心的层次，虽然它在整台装置中的价值通常不会超过总数的 30%，但它对装置的总价值、尺寸、重量和技术性能，却起着关键性的作用。对于电力电子技术而言，电力电子器件既是其形成的起因，又是其发展的推进器。新一代电力电子器件的出现，总是激起电力电子技术的一场革命。因此，新型半导体材料、新型电力电子器件及其相关应用技术的研究，一直是电力电子技术中极为活跃的领域。

与普通电阻、电容和电感等电子元件相对应，电力电子器件特指功率半导体器件，有时简称为器件。电力电子器件制造与应用技术，是整个电力电子技术的基础。相对而言，电力电子器件的工作原理比电感、电容复杂，其工作特性取决于器件的半导体材料、结构与其中的载流子状态。了解电力电子器件的基本工作原理，包括理解半导体工作时内部发生的物理现象，弄清各种电力电子器件的外部工作特性，对于合理、可靠地使用电力电子器件，提高电力电子装置的性能至关重要。

2.1.1　基本特性与工作环境

半导体材料的物理特性决定了电力电子器件的基本特点。半导体有许多独特的性质区别于绝缘体和导体。电力电子器件所用的半导体材料主要是硅单晶，可以通过掺入杂质改变其导电性能，其电阻率的变动范围是相当宽的。当材料受热、光辐射、电场等外力的作用时，都会影响导电性。从力学特性方面看，半导体器件质脆，敲打、撞击、猛烈振动等都可能造成电力电子器件的芯片开裂失效。

电力电子器件主要是利用其非线性特性（如整流）和控制特性。控制特性包括可控电阻与开关特性，前者用于模拟电路，后者用于开关电路。目前电力电子装置的功率变换基本上是利用电力电子器件的开关特性，其工作效率远远高于线性放大状态。电力电子器件的开关转换大致需要微秒级的时间。与普通电气开关比较，在导通时具有明显的管压降，在关断时则有微量漏电流。

器件在工作时，会产生一定的功率损耗，从而引起其芯片（即器件的半导体部分）温度的升高，所产生的热量通过芯片基底、管壳、散热器，最后由环境空气或水带走。温度对于半导体器件的影响很大，温度的上升，通常使半导体器件的漏电流增大。电力电子器件芯片的最高工作温度一般在 100~150℃。环境温度升高，会导致器件的允许功率损耗值降低。

电力电子器件的过载能力弱，不如普通机械开关、熔断器、接触器等电气元件，后者能短时间内允许通过大大超过额定值的电流，电力电子器件的通过电流必须严格控制在手册给定的范围内。过电流不仅会使器件特性恶化，而且会破坏器件结构，导致器件永久失效。与过电流相比，电力电子器件的过电压能力更弱，即使是微秒级的过电压脉冲都可能永久性地损坏器件。为降低器件导通时的电压降落，芯片总是要尽可能地薄，仅留下很少的裕量，因此使用电压必须严格限制在手册提供的范围内。由于电力电子器件的功率处理密度较高，热容量却不大，短时功耗超标就很容易使器件过温，过高的工作温度会使器件的可靠性降低，性能变坏，甚至造成结构性永久失效。

2.1.2　用途与分类

目前电力电子器件种类繁多，特性各异，比较全面了解半导体器件的用途与分类，有利于根据应用场合来选择最恰当的器件。

在电子线路中电力电子器件的主要用途是整流、受控电阻和开关，按照管芯材料可划分为硅器件、砷化镓器件与碳化硅器件等；按封装划分为裸芯片、分立器件、电路模块等；按器件性能则可分为普通器件与智能器件等。以下是根据其不同特性的分类。

（1）按用途或应用特性划分，如功率大小、耐压高低、开关速度等。

普通晶闸管（SCR）❶、GTO、IGCT 等器件容易

---

❶　普通晶闸管（Triode Thyristor）曾称为硅可控整流器（SCR），为书写方便起见，人们习惯用 SCR 代表普通晶闸管。

做成大功率、高耐压器件；反之，MOSFET 就不容易做大功率与高耐压，但其可工作频率最高。IGBT 与 IEGT 等复合器件属于中等或中大功率的器件，其工作频率亦介于两者之间，目前正向更高的容量与电压耐量发展，其工作频率也在向功率 MOSFET 低端靠近。

由于 IGBT 的控制线路比普通晶闸管简单，工作频率又高于 GTR，因此是功率等级在 1~100kW 范围电力电子装置的首选电力电子器件。IGBT 还在超音频感应加热电源、大功率的交直流电源和不间断电源（UPS）中大量使用。但目前 IGBT 的控制功率还达不到 IGCT 等器件的水平，IGCT 在超高压、超大功率的电力电子装置中占有重要地位，如高压直流输电、电力机车牵引、大功率高压变频调速、电力系统静止无功补偿等装置中的应用。

Cool MOSFET 的发展速度很快，控制性能与高频性能好于 IGBT，它将逐步挤占后者的中低端功率的应用领域。

另外，诸如超高亮度发光二极管、太阳电池、半导体制冷器等功能型器件，可以划入特种器件类。

（2）按控制特性，习惯上电力电子器件被分为不控型、半控型与全控型几种。

目前品种最为丰富多彩的器件是全控型的，它们不仅可以控制导通，也可以控制关断。与半控型器件相比，其性能完善，应用上也更灵活，但其制造工艺相对复杂。目前常用的有功率 MOSFET、IGBT 等，GTR 已经逐渐退出应用，GTO 因其控制复杂，实际应用较少，而被 IGCT 所取代。

为实现同样的电路功能，全控型器件的拓扑和控制均比半控型来得简单，可以方便地实现斩波调压、脉宽控制调制（PWM）等功能，因此它逐渐取代了半控型器件，被广泛用于各种现代电力电子装置中，如交流电动机变频调速、程控交换机电源、不间断电源（UPS）、计算机电源、各种充电器、荧光灯电子镇流器等。

各种二极管，包括整流二极管、大功率稳压二极管、瞬态尖峰电压抑制二极管等均属不控型器件。整流器件的正向导电与反向阻断特性被用来限制电流的流通方向。稳压器件被用来控制电压的幅度和提供电压基准。各种整流二极管被广泛用于交流/直流的变流电路，是最基本的电力电子器件之一。稳压二极管与瞬态尖峰电压抑制二极管等被用于线路中主开关器件的保护。

属于半控型器件的有各种普通晶闸管（如 SCR、双向 SCR）等。其特点是可用脉冲控制开通，而不能通过门极关断，用于交流回路的调相控制十分简单可靠。普通晶闸管是最早生产的电力电子开关器件，由

于制造工艺简单，价格低廉，可靠性高，目前依然得到广泛的使用。普通晶闸管的容量比较容易做大，在许多大功率和超大功率的电力系统的无功补偿、直流电动机调速、电解装置电源、冶炼电炉电源、工业感应加热电源等设备均有采用。普通晶闸管的问题是不易于在高频开关电路中应用，并且在整流、逆变装置运行时会产生大量谐波。随着电力系统对电网供电质量的要求提高，晶闸管在许多传统领域中逐渐为 IGBT、IGCT 所取代。

（3）按器件驱动方式，可控器件分为电压型与电流型控制器件。

电流型控制属于电力电子器件发展早期形成的技术，制造工艺比较简单，其控制电流按比例上升，随着输出功率的增加其驱动电路要求增高。GTR、GTO 等采用电流控制来开通与关断的器件都属于电流型控制器件。电流型驱动还可以进一步分为持续电流控制与脉冲电流控制。SCR、GTO 等晶闸管一类器件采用脉冲控制，GTR 一类器件采用持续电流控制。

功率 MOSFET、结型场效应晶体管（Junction Field Effect Transistor, JFET）等器件采用的是电压型控制，其控制所消耗的功率很小，高频时才有所增加。电压型控制的一致性较好，电压阈值一般与器件容量关系不大。例如功率 MOSFET 的开启与关断的阈值电压通常在 2~4V 范围。电压型器件的驱动电路比较简单，这就为采用集成驱动电路创造了条件。目前已经有大量专用集成驱动芯片供电路设计者选用。

除了上述的电压与电流驱动之外，还有直接采用光控驱动的器件。大功率、高电压的器件有一类专门制造成光控型的（如光控 SCR），与之相配合的驱动器是激光发射器与传输光纤。采用光控的好处是杜绝了主电路对驱动电路的干扰。直接光控驱动被用于超高压电力电子装置，如直流输电、柔性电力输电系统（Feasible AC-power Transmission System, FACTS）等。

（4）按器件内部物理特性，电力电子器件被分为单极型器件、双极型器件以及复合型器件。

单极型器件比较适合于功率较小的电力电子产品（通常为 kW 级）。常见的充电器、笔记本电脑的电源适配器（Adapter）、电子节能灯电源、标准小功率电源模块等中都可以看到单极型器件的应用。属于单极型器件的有功率 MOSFET、JFET，它们是金属-氧化物绝缘-半导体结构和 PN 结型结构的场效应器件。单极型器件工作频率高，耐压为数百伏的器件其最高开关工作频率可达数百千赫，较高的工作频率能降低电路中储能元件尺寸，使装置功率密度提高。器件导通压降比较大是单极型器件的缺点，其单个器件容量较小，因而不太适合于大功率应用场合。目前，Cool

MOSFET 与碳化硅开关器件的出现，将提升单极型器件的应用功率范围。

属于双极型器件的有普通整流管、GTR、SCR 和 GTO 等。双极型器件都是基于 PN 结原理的结型半导体器件，因此又被称为结型器件。双极型器件的应用历史比较早，制造工艺简单，导通时有多数与少数两种载流子共同作用，可以控制比较高的功率，工作频率则相对较低。GTR 已被复合器件 IGBT 取代。

复合型器件既含有单极型器件的构造，又有双极型器件构造。通常其控制部分采用单极型结构，而主功率部分则采用双极型结构。复合型器件结合了两者优点，避免了两者缺点，从而具有卓越的电气性能，代表了电力电子器件的发展方向，IGBT、IEGT 和 MOS 控制晶闸管等都属于这一类器件。IGCT 则是另一种通过外部电路结合的特殊复合器件，由于控制简单、工作可靠，IGCT 正逐渐取代 GTO。

2.2 功率二极管

功率二极管是电力电子电路最基本的组成单元，它的单向导电性可用于电路的整流、箝位、续流。合理应用功率二极管的性能是电力电子电路的重要内容。

2.2.1 普通功率二极管

普通功率二极管的基本工作原理是建立在 PN 结的基础上的，图 12.2-1 是 PN 结二极管符号。PN 结具有单向导电功能，即整流效应。二极管的伏安特性如图 12.2-2 所示，当二极管加上正向电压超过转折点 U_T 后电流增加很快，其外特性呈现为很低的正向压降；而当所加电压为反向且不超过反向允许阻断电压 U_B 时，仅仅只有微量的反向漏电流。

图 12.2-1　PN 结二极管图形符号

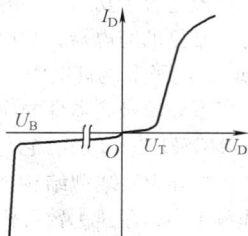

图 12.2-2　二极管的 $I-U$ 伏安特性

二极管的特性可以用图 12.2-3 所示的静态电路模型加以描述：用一个理想二极管（没有正向压降）

串上一个电池与电阻来模拟正向特性；用一个理想二极管与电池组串联来模拟二极管的反向击穿特性；二极管的反向漏电流是用一个理想二极管与一个高电阻值的电阻 U_i 相串联来模拟的。实际上，二极管的 $I-U$ 特性稍微复杂，主要表现在器件在电流密度上升到额定电流以上时，管压降会迅速地增加；此外，当温度升高后，二极管的正向压降会有所下降，反向漏电流亦随之增大，而雪崩击穿电压反而有所增加。

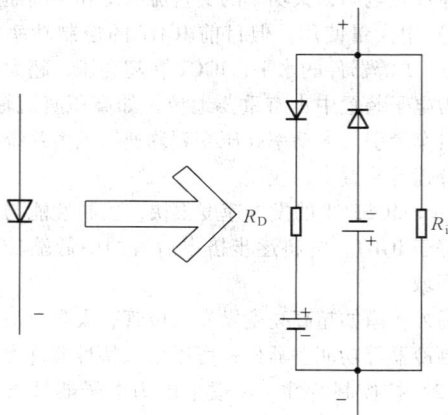

图 12.2-3　二极管外特性的电路模型

二极管的动态模型稍微复杂，可以在静态模型上并联一个电容器。器件的开通与关断过程快慢与器件的结构、材料处理等有关，还与其工作电压、电流波形有关。通常关断要慢于开通。

常用硅功率二极管的正向压降约为 1V 左右，其中的转折电压约为 0.7V。现代硅二极管在反向阻断时通常呈现出足够高的阻断电阻，阻断损耗所占比例几乎可以忽略。

普通整流器件由正向导通转到承受反向电压状态，需要数微秒至数十微秒的关断时间。普通功率二极管的合适工作频率一般在 1kHz 以内。

普通功率二极管的外加反向电压达到或超过击穿电压时，一般会使器件永久失效。二极管通过的电流过高时，管压降会急剧升高，高压器件尤其如此。因此，使用中应注意不要让二极管通过过大的峰值电流。常用功率二极管的电压耐量有从数十伏至数千伏，电流容量从数安至数千安。

2.2.2 快速功率二极管

二极管所加电压由承受反向电压转为正向后，通常可在微秒以内迅速导通，相比之下，二极管由正向转为反向，所经历的关断时间比较长。快速功率二极管主要在器件的关断时间上作了改进，在半导体工艺中利用掺金元素等少数载流子寿命控制技术来加速关断过程，而这导致了快速器件的导通压降往往比普通器件要来得高。图 12.2-4 是二极管典型的开关过程工作波形，其中 Q 是反向恢复电荷。二极管的过电流能力通常超过功率晶体管，但快速功率二极管的抵抗浪涌电流的能力逊于普通二极管。

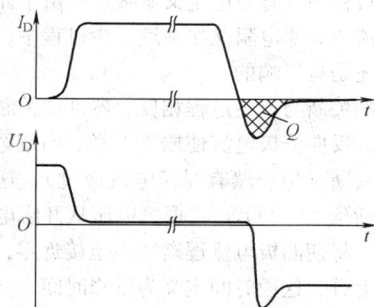

图 12.2-4　二极管开关过程工作波形

快速器件的关断时间常在微秒级，超快速器件的这一时间为百纳秒以内。二极管的关断时间与器件的开关参数及负载条件有关。在电感性负载情况下，器件往往会承受较高的峰值过电压。应合理设计回路，减少杂散电感对二极管的影响。由于器件工艺原因，通常低压器件具有较高的速度，因此不能一味追求器件反压耐量。

2.2.3　其他功率二极管

常规的功率二极管采用 PN 结结构，不能适应在很高开关频率（如 1MHz）下的工作。另一方面，硅半导体二极管的转折电压还是比较高。目前应用的金属-半导体整流结的二极管，即肖特基二极管（Schottky Barrier Diode，SBD），它能够部分地克服 PN 结的上述缺点，其转折电压仅有 0.3V 左右。图 12.2-5 是肖特基二极管与 PN 结二极管的特性比较。肖特基二极管的反向漏电流比较大，且漏电流随温度提高而变大要比 PN 结来得快。

由于没有少数载流子参与工作，肖特基二极管的开通过程几乎是立即发生的，关断过程实际上就是半导体势垒电容的放电。功率肖特基二极管的工作频率可以高达兆赫级，特别适合于在高速开关电路中应用，其较低的起始正向压降也有利于改善低电压功率变流器的工作效率。但功率肖特基二极管反向电压耐量一般在 60V 以内，不适合于高压变流电路。当然，也有耐压高达 200V 的器件，但这时其额定正向压降已经接近 PN 结二极管，主要是利用其高频开关特性。功率肖特基二极管的允许工作温度一般比较低，通常不能高于 100℃，反向电流随结温的急剧升高是功率肖特基二极管应用的一大限制因素。

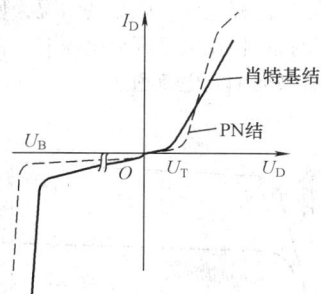

图 12.2-5　肖特基二极管与 PN
结二极管特性比较

稳压二极管也属于功率二极管（又称为齐纳二极管），在额定功耗以内其反向电压允许稳定地维持在击穿值上，常用器件的容量大致在数瓦以内，耐压大致在数伏到 100V。由于普通稳压二极管的稳压精度不高，在电路中大多仅作为辅助电源稳压或信号电压限制保护用。瞬态电压抑制二极管是另一类特殊的稳压二极管，它的反向击穿电压可以在数百到数千伏，能吸收巨量尖峰电流，但不能够长时间维持在击穿电压上。瞬态电压抑制二极管用于保护电力电子器件免遭瞬态尖峰过电压的破坏。

2.3　功率晶体管

功率晶体管是一种具有信号放大作用的三端全控型器件，在电力电子线路中主要用来作为功率电子开关，是各种变流器中的核心部件。

2.3.1　功率 MOSFET

功率金属-氧化物-场效应晶体管，俗称功率场效应晶体管或功率 MOSFET。图 12.2-6 是 N 沟道的功率 MOSFET 的电路图形符号，三个电极分别称之为栅极（G）、源极（S）和漏极（D）。

硅半导体中电子的迁移率约为空穴的 3 倍，因此，相同硅片面积的器件，N 沟道可以有更低的导通压降。出于性价比考虑，除非线路上必须，一般不使用 P 沟道功率 MOSFET。常用的功率 MOSFET 采用增强型栅压开通，具有常关特性，应用起来比较安全可靠。

功率 MOSFET 的静态输出特性如图 12.2-7 所示，分可变电阻区、饱和区和截止区三个部分。可变电阻区对应于开启电压以上、沟道电阻随栅压的上升而下降的工作区。可以看出，当加大栅压至一定程度后，沟道电阻将不再减少。器件的饱和区则反

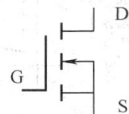

图 12.2-6　N
沟道（增强
型）功率
MOSFET 的
图形符号

映出沟道夹断后漏极电流被限制的情况，使器件具有较高的输出阻抗。栅压低于开启电压时，器件沟道被夹断，且仅有微弱的漏电流通过。

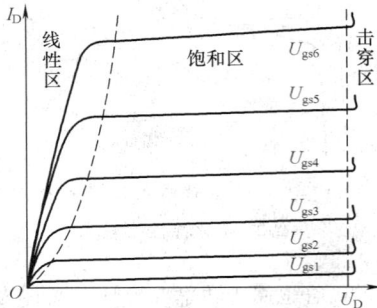

图 12.2-7 功率 MOSFET 的静态输出特性

构成器件导通压降的因素有许多，主要有沟道电阻与体电阻两个因素。当沟道电阻降到很低时，体电阻的因素就起决定性的作用。这时再增加栅压，对降低导通压降就没有什么作用。功率 MOSFET 的导通压降具有正的温度系数，通常简单的并联就能保证器件均流工作。出于控制电路的匹配要求与抵抗干扰信号误动作的考虑，器件的开启电压一般设计成 2~4V。功率 MOSFET 的通态栅压一般设置为 10~15V，为防止二氧化硅绝缘栅的击穿，栅极电压一般限制在±20V 以内。

作为变流电路应用，功率 MOSFET 基本以开关方式运行，尽量避免在饱和区运行，以降低功耗。功率 MOSFET 以速度高为其显著特点，其开关切换速度通常都在亚微秒数量级，在上万赫以上的开关频率工作时，器件开关损耗的影响才凸显起来。

器件在电阻性负载下的开关过程如图 12.2-8 所示。器件在栅极加正电压时，先要对栅-源极电容充电，这一时间就是开关的开通延迟时间 t_1。接着当栅极电压达到并超过开启电压时，漏极电流上升并通过外电路的作用使漏极电压下降。这变化的漏极电压通过栅-漏电容的放电来影响栅极电压的上升，在电子学上属于密勒（Miller）效应。从栅极达到开启电压至漏极电压下降到接近源极电位的这段时间定义为电

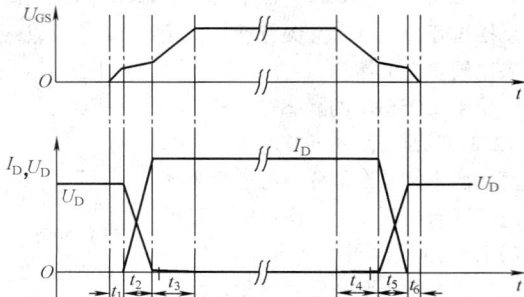

图 12.2-8 器件在电阻性负载下的开关过程

流上升时间 t_2。在 t_2 阶段，器件同时承受大电流与高电压，它们是影响器件开关效率最显著的参数。器件的开通时间定义为 $t_{on} = t_1 + t_2$。

在 t_2 以后，栅极电压继续上升达到稳定值，器件上的漏极电压下降变化不大，这段时间 t_3，在电子学的开通过程中没有对应定义参数。但由于此时器件通过大电流，导通电阻又在继续减少过程中，对于器件的损耗还是有影响的。

器件的关断与上述过程相反。器件的关断信号刚刚加上时，反向栅极电流使栅压下降、沟道电阻上升直至沟道夹断（但仍然有漏极电流通过），这一时间定义为关断延迟时间 t_4。当栅极电压从开启电压进一步下降时，将使漏极电流逐渐减小至接近零，同时使漏极电压上升，这段时间定义为下降时间 t_5。在下降时间里同样存在密勒效应。接下来是栅压下降时间 t_6。根据电子学的定义，总的关断时间是 $t_{off} = t_4 + t_5$。

功率 MOSFET 在结构上存在一个反向并联的二极管，因此不能阻挡反向电流的导通。功率 MOSFET 应用在有些电路（如电压型逆变电路）中，会有电流通过反向二极管。由于二极管导通时会产生少数载流子的注入，超越 MOSFET 的单极型导电的范围。当器件再次承受正向电压时会有少数载流子的流动和衰减过程，使开关速度急剧下降，功率损耗由此大大上升。更为严重的是，较高浓度少数载流子的存在，会使器件通过内部寄生晶体管的作用变得容易产生二次击穿。线路上采取的对策是：①反并一个通态压降较低的超快恢复二极管；②器件首先串联一个低反压二极管，然后再反并联上一个二极管。前者效果有限，后者线路复杂，导通功率损耗增加。

功率 MOSFET 是性能理想的中小容量的高速压控型器件，广泛应用于各种中小型电力电子装置中（常见于数千伏安以内）。它的控制要求简单，工作可靠，在中小功率电力电子装置中正在全面取代电力晶体管。功率 MOSFET 的工作频率通常可达 100kHz（硬开关电路）至数兆赫（软开关电路）。由于功率 MOSFET 属于多子导电机构的器件，其开关速度具有很大优势，但不能利用少数载流子来降低导通压降，难以在大功率领域发挥作用。

2.3.2 功率复合器件——IGBT

绝缘栅双极型晶体管（IGBT），是功率场效应晶体管与双极型晶体管所形成的复合器件。图 12.2-9 是 N 沟道的 IGBT 的电路图形符号，三个电极分别称之为栅极（G）、发射极（E）和收集极（C），有时干脆采用与 MOSFET 电极一样的称呼。IGBT 在 1985 年左右投入市场，是目前应用最广泛的器件之一。

描述 IGBT 工作原理的两种模型如图 12.2-10 所示。由 MOSFET 与二极管的组合模型比较简单，IGBT 含有串联的二极管，这使它导通时具有一个二极管的起始电压降。MOSFET 与晶体管的组合模型能比较精确地描述器件的性能。器件中 MOSFET 结构部分的沟道电流向电力晶体管结构部分注入高比例的基极电流（可以占到输出总电流的近 1/2），从而保证器件有良好的导通性能；而 MOSFET 受到电力晶体管的空间势垒保护，不需要承担高电压，使之能按照低压器件来设计。IGBT 的不仅具有电压控制特点，还具有耐受高电流密度的能力。

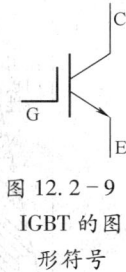

图 12.2-9　IGBT 的图形符号

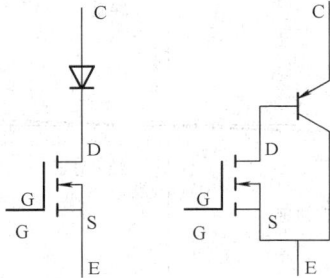

图 12.2-10　IGBT 的等效原理电路

IGBT 的静态输出特性如图 12.2-11 所示，与 MOSFET 类似。对于导通特性，按照 MOSFET 与晶体二极管的组合模型比较容易理解。但在饱和区，IGBT 的输出电流会随集电极电压提高而有所上升，输出特性不如功率 MOSFET 平坦。IGBT 在导通时，有少数载流子的加入，随输出电流的上升其器件压降变化很少，十分有利于高功率的运用。同样原因，IGBT 的电压耐量比功率 MOSFET 高。同等面积和厚度的硅片，IGBT 可以控制的电流远远超过功率 MOSFET（10 倍以上）。与 MOSFET 相同，为防止二氧化硅绝缘栅的击穿，IGBT 的栅极电压一般限制在 ±20V 以内，实用的开通电压通常为 12~15V。

IGBT 是性能理想的中大容量的中、高速压控型器件，广泛应用于各种中、大型电力电子装置中。它的控制要求简单，成本比电力晶体管高，在中、大功率电力电子装置中正在全面取代电力晶体管。IGBT 的工作频率通常可达 20kHz，其中的快速型器件可以工作到 50kHz 甚至更高；工作电压通常可达 1200V 以上，也有 2~3kV 的高压器件可供选用。在电流耐量方面，IGBT 的额定工作电流在数十安至千安级。

IGBT 综合了功率 MOSFET 与电力晶体管的优点，

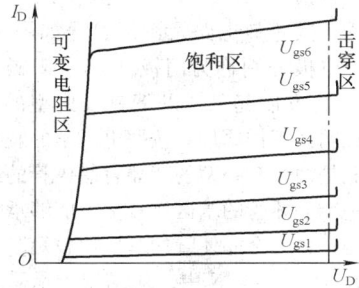

图 12.2-11　IGBT 的输出特性

并且具有电流稳定工作机制，容易并联工作。事实上，大功率 IGBT 内部就是由许多电流容量较小的芯片并联制成的。

目前，IGBT 通过改进结构提高工作容量，如大功率沟槽栅结构 IGBT（Trench IGBT）阻断电压已经可以达到 6.5kV，电流达到 1200A。此外，新一代的 IGBT 更向高阻断电压、低导通压降的方向发展，如 4.5kV，900A 的 IGBT 导通压降仅 3V（25℃），这种新结构的 IGBT 可以使 600~1200V 的管子导通压降仅为 1~1.5V。

2.3.3　其他晶体管

作为高速开关器件，IGBT 在中等容量装置中具有优势。为了获得更高电压和更大容量，2000 年以后人们在 IGBT 改进基础上开发出一种新型器件，即电子注入增强栅晶体管（IEGT）。IEGT 是新一代的 MOS 型器件，针对 IGBT 导通压降较大，利用注入增强效应增加载流子在发射极的集中，从而降低器件的导通压降，目前已经开发了 4.5kV、4kA 的 IEGT。

另外，与 MOSFET 类似的一种器件，结型场效应晶体管（JFET）早于 MOSFET 之前就已经存在并得到应用，它是利用 PN 结加反向电压时对导通沟道的挤占来实现控制的，其特点是工作频率高，但栅极控制不如 MOSFET 容易。硅材料的大功率 JFET 没有能够普及应用，但这一结构在碳化硅大功率器件中得到了应用。

2.4　晶闸管

晶闸管是一类采用脉冲控制的半导体功率开关，在一些简易电力电子线路和大功率电力电子线路中得到广泛使用。

2.4.1　普通晶闸管

普通晶闸管（SCR），只能控制开通而不能控制关断，是最早出现的可控型电力电子器件。

晶闸管是由 NPNP 四层半导体、三个 PN 结构成的结型器件，其等效电路及图形符号如图 12.2 - 12 所示，三个电极分别称为门极（G）、阳极（A）和阴极（K）。为方便起见，以下就以典型的 N^+PN^-P 结构为例说明其工作原理。按照电子学的观点，晶闸管可以看成是两个互补型的背靠背晶体管的组合。器件的其中一个晶体管的基区比较宽，能够承受大部分的阻断电压；另一个晶体管的基区比较短，用于控制晶闸管的开通。三个 PN 中，J1 结用于承受反向阻断电压，J2 结用于阻断正向电压。

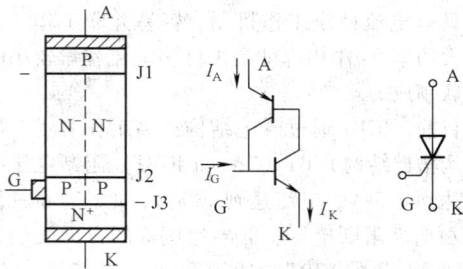

图 12.2 - 12　普通晶闸管的等效电路及图形符号

当器件的主电极加上正向电压（即阳极加正、阴极加负），门极不加电流时，两个互补晶体管均没有基极电流通过，因此将维持最初的阻断状态。如果在门极加上一定正向电流，将在 NPN 晶体管中产生集电极电流，而这一电流又成为 PNP 晶体管的基极电流。可以看出，PNP 的集电极电流将与门极进入的电流一起注入 NPN 晶体管，如此往复循环的再生作用，致使器件开通。器件一旦导通，门极就失去了控制作用，即使是加反向电流也不能改变导通状态。要使器件恢复阻断，一是通过外电路降低电流到零，二是阳极加反向电压。保持器件导通需要维持最低电流水平，称为维持电流 I_h，低于维持电流的器件也会自动关断。

普通 SCR 通常具有对称的 J1 与 J2 结，自然能够依靠 J1 结承受反向电压。一些高耐压的器件，会采用非对称结构，但会因此失去反向阻断能力。

晶闸管的静态特性包括触发特性与输出特性，晶闸管触发特性如图 12.2 - 13 所示。晶闸管的触发特性可分成三个区域，即不可触发区、不定触发区和可靠触发区。触发电路的输出电流大小必须避免落在不定触发区。

通过加正向阳极电压而使器件转折导通，或是加反向电压使晶闸管击穿，都可能因超出器件的绝缘能力而使器件损坏，SCR 的静态特性如图 12.2 - 14 所示。

晶闸管的开通过程分成两个阶段，即触发开通与

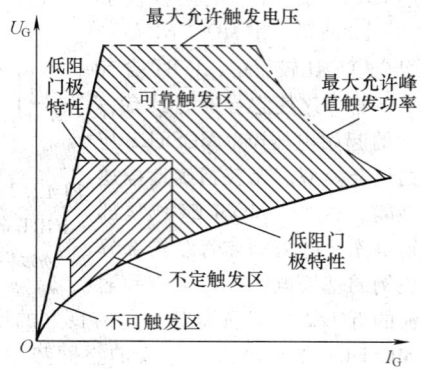

图 12.2 - 13　晶闸管触发特性

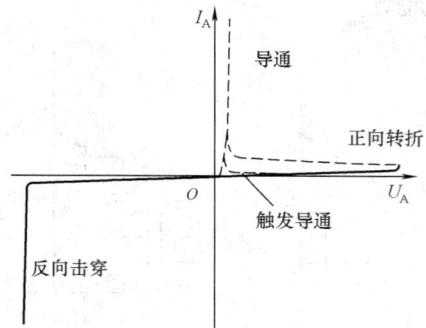

图 12.2 - 14　SCR 的静态特性

平面扩展导通过程。图 12.2 - 15 是 SCR 在电阻性负载下的开通波形。触发开通是在垂直方向进行的，称为一维开通过程，只在很小的区域发生，电流密度可能高达 $1kA/cm^2$ 以上。器件在这一阶段的时间内电流水平不能增加太快，否则会损坏其结构。

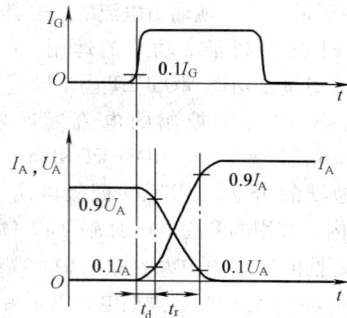

图 12.2 - 15　SCR 的开通波形

在一维导通过程中，载流子不仅要维持垂直方向再生，而且要向水平方向扩展，本来用于再生的载流子被分流，因此需要比较稳定状态的维持电流来得大才能保持继续再生导通过程，否则一旦撤去触发信号，器件将返回到阻断状态。器件撤去触发信号、维

持开通过程所需要的起码的阳极电流水平定义为擎住电流 I_r。

SCR 不能依靠门极来控制关断，而是需要通过外电路降低阳极电流或是加反向电压才能关断。图 12.2-16 和图 12.2-17 分别是 SCR 的电阻性负载和电感性负载的加反向电压时强迫关断波形。

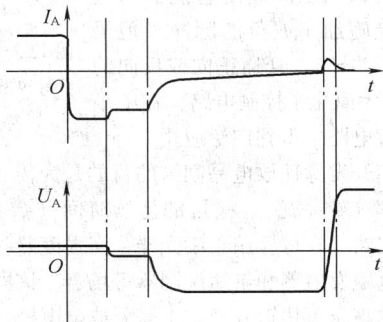

图 12.2-16　SCR 的电阻性负载关断波形

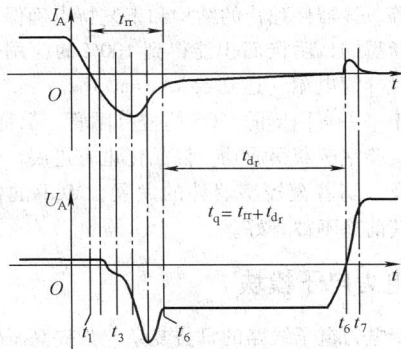

图 12.2-17　SCR 的电感性负载关断波形

SCR 的关断时间 t_q，是指器件在电流反向至经历反压阶段后能够重新承受正向电压的最小时间，这一时间是反向电流恢复时间 t_{rr} 与断态恢复时间 t_{dr} 之和。为区别全控型器件的关断行为，特别称其为换向关断时间，它常常需要数十到数百微秒时间，减少这一时间有利于提高器件工作频率。快速晶闸管需要在半导体中运用扩散金元素等寿命控制技术来降低少数载流子的寿命，以加速关断过程。

SCR 的额定电流是按照正弦半波的平均值来定义的，电流耐量的峰值是平均值的 2π 倍。SCR 管芯的结区工作温度可达 100℃ 以上。通常，短时间的过载能力仅仅受硅片的热效应限制，但过大的浪涌电流还是会损坏器件的。SCR 在承受正、反向阻断电压时，达到非重复峰值电压的次数是有限的，正常的电压都应该在额定电压（为非重复峰值电压的 90%）以内。

普通晶闸管是最常用的电力电子器件，近年来在中小功率领域逐渐为 MOSFET、IGBT 等器件所替代，但在中大功率的可控整流、逆变等领域仍有广泛应用，尤其是在大功率领域（MVA 数量极）仍有其独到之处。它的制造工艺简单，价格低，控制线路成熟，应用可靠性很高。普通晶闸管的工作频率通常在 500Hz 以内，适合用作要求不高的低速开关。在 1kHz 以上的线路应用，通常选用其中的快速晶闸管品种。

与电力晶体管类似，SCR 的导通压降具有负的温度系数，简单的并联不能保证器件均流工作。同样，器件也不能简单地串联起来在高压下工作，均需要在线路上采取特殊处理。

SCR 是一种可靠性极好的器件，它不存在二次击穿问题、电流过载能力卓越（接近二极管的水平）。由于晶闸管属于半控型器件，用于电力传动方面的交流变频装置就显得线路复杂，不如全控型器件那样便于采用脉冲宽度调节（PWM）等灵活控制方案，工作频率也比较低。

2.4.2　光触发晶闸管

普通 SCR 在高压应用中遇到的问题是可靠的高压隔离触发，这在电力系统高压阀中尤为关键。应运而生的光触发晶闸管就能很好地解决了这一问题。光触发晶闸管采用半导体激光作为触发光源，由光纤维通向处于高压下的光触发晶闸管的光触发点，通过内置的放大机构使晶闸管主体得到触发。光触发晶闸管已经达到数千伏、数千安的大功率水平，已经用于电力系统的超高压变流装置中。目前，光触发晶闸管只能触发导通，而不能触发关断。

2.4.3　集成门极换流晶闸管

普通晶闸管在一些应用中面临线路复杂、控制不够灵活的问题，而功率晶体管的容量又不够大。为此，门极关断（GTO）晶闸管应运而生，是目前容量最大的可控电力电子器件。GTO 与 GTR 一起属于第二代电力电子器件，其基本结构是垂直状的晶闸管元胞在硅片平面上并联工作。GTO 能控制器件的开通和关断，因而被归类于全控型器件。但与电力晶体管和功率 MOSFET 等器件不同，它是通过脉冲来实现控制，对脉冲的形状与幅度均有很高要求，其控制的即时性也不如后者（如刚发过脉冲，就无法立即再发强脉冲）。由于元胞水平尺寸很小（呈条状阴极，条宽不到 1mm），GTO 能够在正向导通的情况下被门极脉冲关断。

通常，GTO 需要很大的触发脉冲电流（1kA 的 GTO 开通时需要 10A 数量级的触发电流），关断时需要用数百安的电流脉冲，并且需要脉冲前沿控制在微秒级。实际操作中要保证关断增益足够低，通常在3~5倍之间，否则器件容易因关断失败而失效。另外，庞大的吸收电路也是 GTO 应用中存在的主要困难。

针对上述问题，一种新型 GTO 改进型器件，又称集成门极换向晶闸管（IGCT，有时称为射极关断晶闸管，简称 ETO）应运而生。与 IGBT 不同，IGCT 是通过对分立器件的电路集成来实现复合功能的。IGCT 由功率 MOSFET 与 GTO 复合而成，其中的 GTO 部分（又称为 GCT）结构上作了改进。图 12.2 - 18 是 IGCT 的复合电路原理，实际的 IGCT 模块含有完善的驱动、检测与保护等控制功能。IGCT 保留了SCR 的大部分优点，是高压大功率（MVA 数量级以上）领域难得的全控型器件，在电力牵引、高压变频、高压直流输电等领域得到应用。由于其控制灵活性、驱动电路复杂性及工作频率较低等原因，在中小功率领域不可能与功率 MOSFET、IGBT 等器件相匹敌。

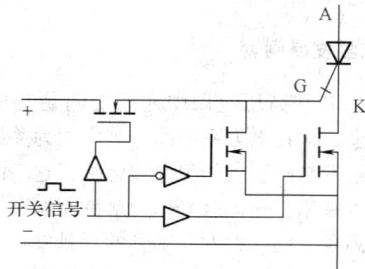

图 12.2 - 18　IGCT 的复合电路原理

普通 GTO 的驱动要求很高，即大电流、高电流上升率。器件很小的引线电感都会影响其驱动效果。而IGCT的门极驱动为电压型，大大降低了驱动电路的难度。此外，IGCT 中的 GCT 采用窄阴极条元胞，器件的门极控制力大大增强，功率 MOSFET 能够承受全部的阴极电流转移到门极上来，这对于 IGCT 的安全关断、提高二次击穿耐量，以及提高关断速度十分有利。IGCT 的驱动电路和主电路缓冲吸收电路都得到简化，能在额定工作电流情况下不用缓冲吸收电路加以关断。IGCT 的开通速度也比 GTO 快。IGCT 的过电流能力强，工作电流密度高达 1kA/cm²，为IGBT 所不及。但 IGCT 的工作频率较低，通常在1kHz 以内。

IGCT 兼有 IGBT 和 GTO 的优点，是一种理想的兆瓦级器件。现有最大容量 IGCT 可达 6kV/6kA。另外，IGCT 有反向阻断型或逆导型器件，可以分别适用于电流型逆变器和电压型逆变器。

2.4.4　其他晶闸管

SCR 在交流调压中应用比较多见，线路上需要双向工作。为此，专门开发了双向晶闸管（Triac）系列，其图形符号如图 12.2 - 19 所示。双向晶闸管内部有两个反向并联的 SCR 结构，其触发设计非常巧妙，均可以对两个方向采取正负脉冲触发，原理比较复杂，详细情况可以参考专门介绍器件的书籍。双向晶闸管能够通过在门极上施加正或负的脉冲（但灵敏度有所差异），开通正向或反向的SCR，大大简化了控制电路，在中小功率变流电路中得到广泛应用。

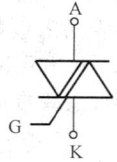

图 12.2 - 19　双向 SCR 图形符号

人们开发脉冲放电晶闸管的目的是为传送极强的峰值功率（数兆瓦）、极短的持续时间（数百纳秒）的放电回路，它可应用于激光器、高强度照明、放电点火、电磁发射器和雷达调制器等场合。该器件能在数千伏的高压下快速开通，不需要放电电极，具有很长的使用寿命，体积小，价格低，可望取代目前尚在应用的高压离子闸流管、引燃管、火花间隙开关或真空开关等。该器件独特的结构和工艺特点确保了该器件在开通瞬间，阴极面积能得到 100% 的应用，并且承受瞬时峰值电流（达到数 kA/cm²）。

多年来一直期望的 MOS 门控晶闸管，简称 MCT，虽然在实验室曾获得成功，商品化也有进展，但应用未能普及。随着全控型器件的发展，MCT 的优点不明显，其前途不被看好。

2.5　电力电子模块

随着电力电子线路的日益复杂，为提高工作可靠性、降低安装工时、缩小装置体积，电力电子装置的主电路的模块化成为发展趋势。

模块内部的电路实现，可分为单芯片封装、多芯片封装、硅芯片加表面贴装等几种。对于小功率电力电子线路，则多采用功率变换加控制的一体化模块。大功率主电路的器件功率大，热量聚集度高，价格昂贵，往往是提供部分集成与整体集成等不同品种，以供灵活选用。

2.5.1　整流模块

整流模块是最早实现模块化封装的产品，依照拓扑分为单相、三相、半桥、全桥电路等；依照器件种类分为二极管整流、晶闸管整流等产品。通常，半桥（单个桥臂）模块产品多为高频、快速器件。图12.2 - 20 是单相整流模块电路的示意图。

目前，整流模块已经得到了广泛应用，除了特别高的电压或功率等级以外，无论是安装还是价格上，整流模块均有优势。

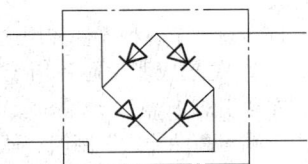

图 12.2 - 20 单相整流模块电路

2.5.2 逆变桥

逆变桥是比较复杂而又广泛使用的电力电子主电路，采用模块结构对于降低主电路杂散参数、提高工作可靠性十分有利。依照拓扑，逆变桥分为单相、三相、半桥、全桥等；依照器件种类分为功率 MOSFET、IGBT 等。由于逆变桥有电压型、电流型之分，其连接的二极管有串联与并联之分。在电动机驱动中应用时，功率模块往往还将制动开关管亦集成于一体。图 12.2 - 21 是三相逆变模块电路的示意图。

在大功率开关线路中，业已开发了各种开关与二极管复合的单臂桥，由其灵活地组成各种逆变桥或其他 DC/DC 变换电路。

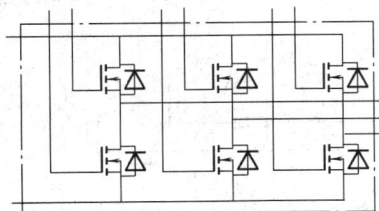

图 12.2 - 21 三相逆变模块电路

2.5.3 智能模块

对于大功率模块，智能模块的定义是具备下列全部或部分功能，即完善保护功能、器件状态信息反馈、控制侧与主电路可靠隔离、通信接口等。对于功率不大而应用面广、产量高的线路，则是形成完善的功能，如各种伺服电动机驱动线路、音响功率放大、高密度 DC/DC 功率模块、电子节能灯模块等，均已开发成相应的专用智能模块，这些模块有着分立电路无法比拟的性能价格比优势。

2.5.4 功率控制 IC 模块

在许多电力变流器中，主电路是和控制电路相分离的。在功率电路走向模块化的今天，控制电路已经基本实现了集成化。各种电源拓扑的控制电路大都有了专用芯片。对于电源控制芯片，功率控制 IC 要实现的任务是：提供电压基准，产生 PWM 等控制波形，对输入信号与反馈信号进行放大或 PID 调节，产生控制脉冲，输出有一定负载能力的驱动信号，以及软起动、过载保护等功能。比较复杂的控制芯片还能完成三相逆变控制、永磁无刷直流电动机驱动控制等。

2.6 电力电子器件的驱动

首先，驱动电路是连接弱电信号与强电的接口，是电力电子器件应用中的十分重要环节，电力电子装置中的性能与此关系密切。电力电子器件的控制可分为电压型与电流型、连续型与脉冲型等，驱动电路的种类亦与此相关。驱动电路需要确保器件在处于断态时件能够承受住阻断电压，在开通时有足够的驱动电压（电流）。为加速开关过程减少开关损耗，驱动电压（电流）要有足够陡的上升、下降边沿。提高驱动电压有利于加速开关过程，但这是以提高驱动电路容量为代价的。断态时维持反向驱动电压有利于确保关断，但会增加电路的复杂性。

2.6.1 直接驱动

当驱动信号与主功率器件之间没有电气隔离要求时，使用简便的直接驱动电路。

对于功率 MOSFET 一类压控型器件，驱动电路仅须提供近似于矩形的栅控电压波形。断态时栅压应低于开启电压。有时为了提高抗干扰性能，可以设置负电压。器件开通时应保证足够高的栅极电压，以减少导通电阻，这一电压通常为 10~15V。与功率晶体管相比较，功率 MOSFET 中影响开关速度的仅仅是极间电容。尽管栅-漏电容比栅-源电容要小，但因开关时栅-漏间电压变化幅度大而需要更多的充放电电荷，从而前者对开关过程的影响更大。从缩短开关损耗的角度来看，驱动电流要有足够陡的上升、下降边沿，加速开关过程，以减少开关损耗。图 12.2 - 22 是功率 MOSFET 的驱动电路一例，其中设置的二极管可以使关断过程快于开通过程。

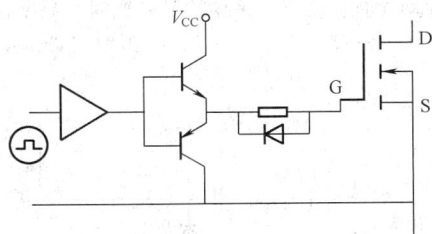

图 12.2 - 22 功率 MOSFET 的驱动电路

IGBT 的工作电流密度是同耐压等级的功率 MOSFET 的 5~10 倍，其驱动电流要求也应相应地降低。另外，由于 IGBT 中的开通与关断时体内的少数载流子有一个重新分布过程，过于陡峭的开关信号前沿对主电路开通没有什么好处，反而易于引起器件尖峰电压（电流），从而加大电磁干扰 EMI。

SCR 等器件属于脉冲电流驱动的器件，其控制功率的放大比例很高，例如数百毫安的门极触发脉冲电流就可以触发上千安的阳极电流。触发脉冲必须有一定强度与宽度，以确保器件开通。由于阳极电流受外电路的制约，电流可能一时跟不上来，有必要维持触发脉冲一定时间。为保证器件在正常的正向阻断状态时不被误触发，驱动电路在不发脉冲时应该保持低电平，甚至略低于 0V 的负电平。

电力晶体管驱动需要电流型控制，且要兼顾静态饱和电压降与动态开关速度以及器件参数的分散性，电路参数的设计要求远比压控型器件复杂。不过，电流型控制的器件正在逐渐退出应用，电压型器件的驱动问题更为值得关注。

市场上有许多适合于各种器件和用途的专用驱动芯片。图 12.2-23 是集成驱动芯片用于桥式电路的例子，其中的左边引脚 V_{DD}、HIN、SD、LIN、V_{SS} 分别是逻辑电源正端、高端输入、闸门、低端输入、逻辑电源地，右边引脚 HO、V_B、V_S、V_{CC}、COM、LO 分别是高端输出、高端浮动电源正端、高端浮动电源低端、驱动芯片电源端、输出公共参考点、低端输出。芯片中 HIN 与 LIN 分别接收桥式电路上、下管控制信号，SD 用于两路驱动输出电平的紧急拉至低电平，HO、LO 分别提供上、下管的驱动信号。V_B 端的浮动电位保持，需要外电路的配合。当 V_S 不断在高低电平之间变换时（低电平要求接近 COM 点公共参考电位），V_B 端能够通过外接二极管从驱动芯片电源端获得充电，从而保持对 V_S 的浮动电源电压。

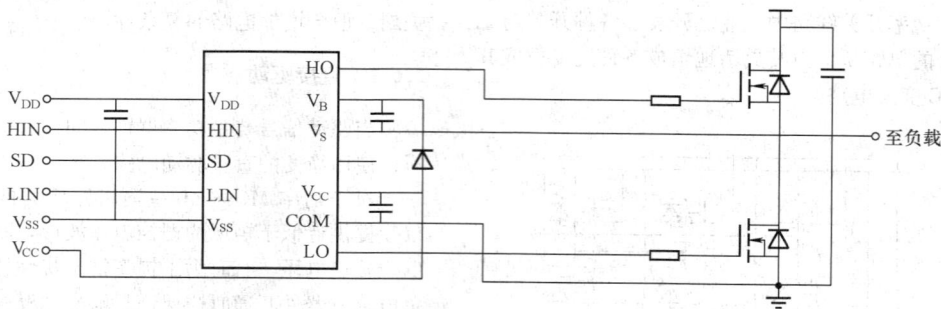

图 12.2-23　集成驱动芯片用于桥式电路驱动

2.6.2　隔离驱动

对于控制电路与主功率器件之间需要电气隔离的情况，驱动电路就必须有隔离性能。

按照驱动能量的提供，隔离的方法大致可以分成以下两类：

（1）由信号侧提供能量。这类方案有变压器隔离、压电变压器隔离等。目前，许多电力电子集成控制芯片均含有驱动级，采用这类隔离时，只要设计简单的二次电路就可以工作（如图 12.2-24 所示）。

（2）由隔离辅助电源提供能量。这类方案有光耦合隔离、光纤维隔离、微电容隔离等，主电路一侧往往后续集成驱动芯片，也有的集成一体化的隔离驱动芯片。

一般而言，由信号侧提供驱动能量，电路比较简单；而由独立的隔离辅助电源提供能量，方案更为灵活多样，但隔离性能的要求也同时传递到了辅助电源的隔离上。光纤隔离技术是目前隔离性能最高的驱动方式，但必须配上独立隔离辅助电源。值得注意的是，在开关工作时，辅助电源的参考电位往往跟着瞬间跳变。因此，用于隔离驱动电路的辅助电源必须具有高频隔离性能——尽可能低的一次侧与二次侧耦合电容。

驱动信号还可分为宽脉冲波与高频调制波，前者易于控制，后者便于电磁（电声）隔离。一般高频开关要求用宽脉冲直接控制，低速开关则允许用高频调制波整流后控制，SCR 能用脉冲直接控制。

2.7　电力电子开关的缓冲与吸收技术

电力电子器件在开关过程的开关运行状态十分重

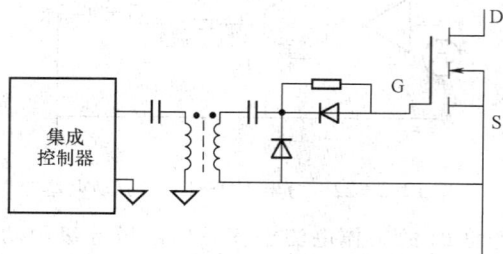

图 12.2-24　集成控制器的隔离驱动

要。电压或电流的突变，既会产生电磁干扰，又增加了器件的应力；开关电压-电流轨迹及速度关系到器件的承受能力和功率损耗；另外，器件同时承受电压-电流值（能力往往低于分别的额定点）必须避免超出允许值。为解决上述问题，电力电子器件往往需要缓冲与吸收电路配合工作，以控制其开关运行轨迹与速度。

2.7.1　电力电子开关的损耗与安全工作区

电力电子器件都有一安全工作区，如图 12.2 - 25 所示。功率 MOSFET 的安全工作区其静态部分是由静态额定输出电流、额定输出电压和稳态功率耗散曲线所构成；其动态 du/dt 耐受能力则可达到 10^9 V/s。在电流耐量方面，功率 MOSFET 对于短脉冲（微秒级）工作时安全工作区具有非常可贵的近似于矩型的伏-安曲线；静态工作区还要由最大允许耗散功率曲线所限制；在一般脉冲工作时，瞬时的功耗允许值比静态时的高。对于 GTO、IGCT、GTR 一类器件，则还有二次击穿安全曲线的限制。

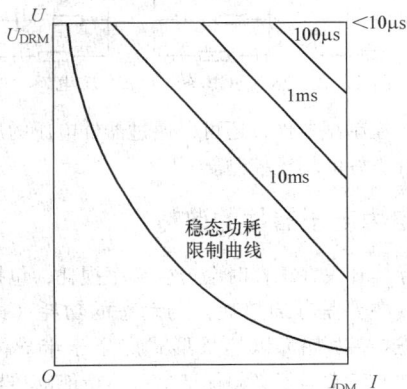

图 12.2 - 25　安全工作区（电流、
电压均为对数坐标）

IGBT 的功率安全工作区与 MOSFET 类似，但因其主功率部件为等效电力晶体管，其动态抵抗二次击穿电压、电流的耐量不如功率 MOSFET。由于 IGBT 的输出部分包含双极型导电动机构，其开关速度受制于少数载流子的复合，与功率 MOSFET 相比有较长的尾部电流时间。因此，在设计电路时，特别是软开关电路时，应当考虑降低尾部电流所引起的功率损耗。

器件安全工作的限制因素有电压绝缘、温升和失控三个方面。最高额定电压受限于器件的电压绝缘，而电流限量与动态功耗限制主要与温升有关，二次击穿问题则是个比较复杂的失控问题。缓冲吸收电路的

应用就是为了解决这些问题。相对于电流过载而言，通常电力电子器件的电压过载能力要低得多，对于功率 MOSFET 和现代 IGBT，缓冲吸收电路主要用于抑制开关过程的电压尖峰。

2.7.2　电力电子开关的缓冲与吸收电路

图 12.2 - 26 的电路是 RCD 缓冲吸收电路的例子。在器件关断时，通过二极管向吸收电容充电，器件上的电压上升速率得以减缓。在电感性负载时，还能够通过缓冲电路保证器件运行轨迹限制在安全工作区范围内。

缓冲吸收电路的设计依据是开关器件的开关速度与电压应力。开关断开时负载电流向电容充电，电容充电电压达到电源电压的时间应大于器件关断时间（如 2 倍以上）。当开关开通时，电容通过电阻放电引起的附加电流应在器件允许范围内（如附加电流在 1/3 负载电流以下）；同时电容的放电速率应

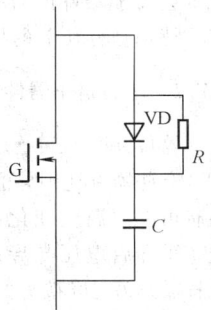

图 12.2 - 26　RCD
缓冲吸收电路

当足够快，能够在器件开通期间内基本结束放电过程。有时为简化电路，采用 RC 缓冲电路，关断过程中电阻会有附加的电压应力加在器件上。

与功率 MOSFET 等器件不同，对于 GTR 与 GTO 一类器件，安全工作区还要受到二次击穿曲线限制。如果考虑这一类器件的安全工作，则还要求 RCD 的设计能够确保器件的开关轨迹要在安全工作区范围内。此种情况下，缓冲吸收电路的容量要求将会大大提高。

与抑制电压尖峰相对应，减缓器件电流应力的缓冲吸收手段主要是通过电抗器限制器件电流的突变，目前多用非线性电抗器与器件相串联。

缓冲吸收电路往往是一种能耗型的开关过程器件电压（电流）应力缓和手段，具有工作可靠、能耗大的特点，但器件的直接开关功耗则有所降低。当开关频率提高、过高能耗不能被接受时，无源无损吸收、谐振开关和软开关电路就具有优势，它们的共同特点是能够将缓冲所吸收的能量送回电源。

2.8　电力电子器件的均流与均压

为适应电力电子电路的要求，电力电子器件需要并联工作以提高电流容量，或是串联工作以提高电压耐量。通常，电力电子器件对过电压十分敏感，容易遭受损坏。相对而言，器件的电流耐受量要好一些，主要是由过电流引起的温度上升造成损坏。因此，如

仅仅为扩大功率容量，首先应考虑器件的并联。另外，对多个器件的驱动而言，器件并联要比串联来得方便、可靠。

器件承受的电应力包括静态与动态两个方面，在选用串并联工作的器件时，应尽可能选用动、静态参数一致的。在布线设计安排时，应尽可能考虑分布参数的一致性，如并联时导电排的长短、位置（影响分布电阻、电容和电感值）。

电力电子电路扩大功率容量或提高输出电压的另一个途径是工作单元（或模块）的串并联，其电路成本会高于器件的直接串并联，但有时效果会更好些，特别是有利于企业的生产经营和产品服务。

2.8.1 电力电子器件的均流

器件并联的问题是可能发生工作电流的不均匀分配，有些器件还因导通压降具有负温度特性，均流特性有可能因温度变化而恶化。用于并联的器件应挑选：①开启电压与导通压降相近的器件——静态均流；②开关时间接近的器件——动态均流。少量器件并联时均流问题不大，个数较多时大多需采用辅助均流措施，但会在一定程度上增加导通损耗和牺牲开关速度。

器件在稳定导通情况下的均匀电流分配，称为静态均流。功率 MOSFET 一类单极型器件，其导通压降具有正温度系数，能够自动平衡不均匀的电流。IGBT 在大电流情况下也是如此。但一些双极型器件（如 SCR、GTR 等）的导通压降为负温度系数，需要在电路上采取均流措施。常用的均流措施是串联一定的电阻，使器件的等效导通压降变为正温度系数。对于导通压降与驱动有关的器件（如 GTR 和 IGBT）采用各个器件输出电流负反馈控制的办法更有效。

器件的动态均流也很重要，也更难控制。首先，要保证器件的开关控制尽可能一致，如 SCR 往往采取强制触发开通。其次，可以采用如图 12.2－27 所示的均流变压器一类强制动态均流措施。

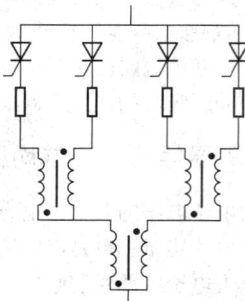

图 12.2－27　变压器动态均流电路

2.8.2 电力电子器件的均压

在实际应用中，有时需要器件串联来适应高电压工作条件（而不仅仅限于功率容量问题）的需要，这就需要用到器件的均压技术。

静态均压是在断态时串联电路中各器件承受电压的均匀度。由于器件的漏电阻差异很大，直接串联后器件承受的反压相差甚大。采用均压电阻可以均衡静态压降。动态压降的平衡则需要用到均衡电容。并联所用的二极管应挑选开关参数接近的器件。

均压电路中用并联电阻和电容分别实现静态与动态均压。设计时，通过并联电阻的电流应显著大于器件的漏电流，通过并联电容的电荷应显著大于器件的反向恢复电荷，才能保证附加在每个器件上的不均匀电压降低到可以承受的范围（如误差 5%），以提高线路的可靠性。图 12.2－28 是 SCR 的均压电路的示意图，其中与电容相串的电阻是用于限制并联电容在器件开通时的放电电流。

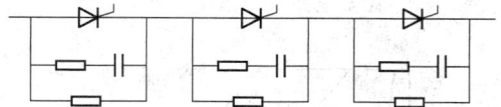

图 12.2－28　SCR 的动态均压电路

对于控制型器件，还可以通过器件电压的反馈控制来实现更好的均压控制。

2.9　电力电子器件的散热

半导体开关在工作时会产生功率损耗，包括静态的功耗（主要是导通损耗）与动态的功耗（即开关损耗），这些损耗都以热量形式产生于半导体芯片上。器件的正常运行必须保证这些热量能够传导到外界，并使器件芯片的温度控制在合理范围内。

2.9.1 电力电子器件的热损耗与热阻

电力电子器件的热损耗是由器件的电阻特性所产生的焦尔热，由其电压与电流的瞬时值乘积对时间积分来确定的。器件的发热部位基本上在半导体芯片上，现代开关器件的损耗主要分为导通损耗与开关损耗两个部分，漏电损耗几乎可以忽略。基于平均值概念的开关损耗其计算是按照单次开关损耗乘以开关频率来确定的。当开关脉冲周期很长时，功率损耗就不能按照平均值处理，而必须考虑器件温度的瞬时波动。

图 12.2－29 是功率器件的风冷散热途径示意图，热量由芯片产生后途经管壳金属基座、绝缘垫片、金属风冷散热器，最终传递到周围空气环境。芯片还有其他传热途径，如通过塑封管壳到达空气，以及通过

金属引脚等等。这些也是小功率器件传热的基本途径，但对于大功率器件，基本上是通过专门的散热器带走热量的。

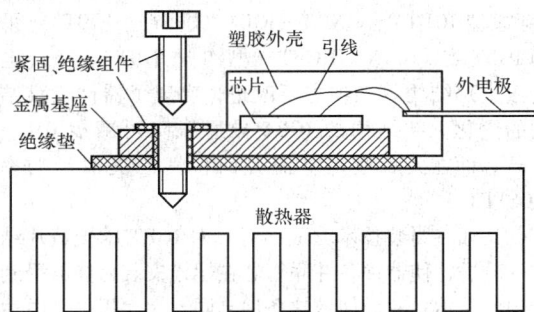

图 12.2 - 29　器件风冷散热途径

为了比较准确地描述与分析器件的散热状态与过程，需要建立散热模型。如热阻 R_{th} 的作用使通过热流量时产生温差，热容 C_{th} 的作用是储存热量，对温升与传热起到延缓作用。热学与电学的物理过程具有可比拟性，如热量与电荷，热阻与电阻，热容与电容，电位差与温差。采用电学模拟的等效模型能够比较方便地分析器件的散热状态。

对于如图 12.2 - 29 所示的器件风冷散热系统，可以建立如图 12.2 - 30 所示的器件散热的电学等效模型，芯片与管壳金属基座之间的热阻、管壳金属基座与绝缘片之间的热阻、绝缘片与风冷散热器之间的热阻，以及风冷散热器与环境大气之间的热阻可以用等效的电阻来表达，对应的芯片等部位的热容则可以由电容来描述。环境温度设置为参考点（相当于地电位）。

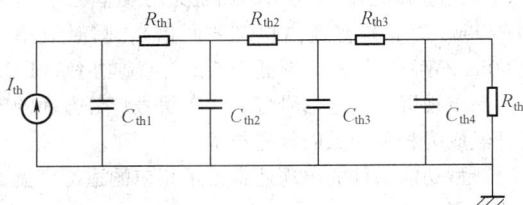

图 12.2 - 30　器件散热的电学等效模型

通常，对于 IGBT 而言，芯片温度不宜超过 90℃。当芯片温度太高时，需要降低各部分的温差，例如绝缘垫片的材料种类与厚度或是改变风冷散热器的形状与尺寸，以及加大通过散热器的风速。

在稳定功率耗散的情况下，热容量的计算可以忽略，可使计算工作量大为简化。对于器件工作在脉冲状态下工作状态下，因管芯热容量的关系，器件的允许脉冲耗散功率将大于散热器限制的允许平均耗散功率，此时热容量计算对于器件的容量充分利用与安全运行至关重要。

2.9.2　散热器的种类与选取

电力电子器件一般需要专门的散热器来散去器件的热损耗。常用的散热方式分为自然冷却、强迫风冷、水冷却等方式。

自然冷却比较方便可靠，但散热效率低，只有在装置容量或功率密度比较低的情况下才会采用，否则其体积、重量与材料成本都成问题。

强迫风冷可以提高冷却效率，缩小装置的体积。强迫风冷会增加系统的复杂性，风机使用寿命及灰尘定期清理维护是这种冷却方式的软肋。强迫风冷还会带来功率损耗与噪声。

与前两种方式比较，水冷却散热效率最高，在条件允许情况下是高功率装置优先考虑的散热方式。水冷却一般采用两个循环系统，即内循环系统采用去离子高纯水系统，以保证足够的绝缘强度与稳定的器件冷却环境；外循环系统可采用自来水加水池的系统，使装置的热量能够为环境所吸收。内外循环系统间由热交换器交换热量。电力电子装置的冷却难点之一是电绝缘问题。水循环的优点很多，但系统相对脆弱，绝缘比较困难，维护也是如此。只有在大功率装置中才会考虑采用。

大功率装置也有采用混合型散热系统的，例如内循环采用纯水系统，循环水的热量通过热交换器的强迫风冷却带走，这在移动设备中有所应用。近年来热管技术也逐渐开始得到应用，内循环系统是热管系统，外循环则是通过水或直接强迫风冷。热管热传导效率比普通的纯铜高出数十倍，乃至上百倍（视内部传热媒介而定），但系统成本比较高，广泛应用还需要更多的长期考验数据。

2.10　新型电力半导体器件

众所周知，一个理想的电力电子器件，应当具有下列理想的静态和动态特性：在阻断状态时能承受高电压；在导通状态时，具有高的电流密度和低的导通压降；在开关状态转换时，具有短的开、关时间，能承受快的电流和电压上升速率（di/dt 和 du/dt），以及具有全控功能。数十年来，虽然电力电子器件取得了很大的发展，但是制约功率变流器发展的最大瓶颈依然还是电力电子器件。近年来功率器件研究方向主要有：①新材料的应用；②研究现有功率器件的性能改进；③新型功能器件的开发。

2.10.1　材料方面

电力电子器件性能要有根本上的提高，还在于采用新型半导体材料，主要是碳化硅（SiC）、氮化镓

（GaN）一类宽禁带半导体。例如与 Si 相比较，一种宽能带半导体材料 4H SiC 的击穿电场、饱和迁移速度和热传导率分别是前者的 9 倍、2 倍和 3 倍，表 12.2-1 所示的是半导体 Si 与 4H SiC 的部分物理特性。目前，投放市场并较为成熟的 SiC 产品是肖特基二极管，其耐压可达 600V，突出优点在于几乎没有反向恢复电流。近年来，基于 SiC 的场效应晶体管和静电感应晶体管开发取得了进展，有望不久进入市场，而这种新型器件的出现可能引起传统功率变流器的革命性变化。

表 12.2-1　半导体与金属材料的部分物理性质

物　质		Si	4H SiC
密度/（g/cm³）		2.328	3.21
溶点/℃		1420	2800
热导率/［W/（cm·K）］		1.4	3.7
介电常数		11.7	9.7
禁带宽度/eV		1.119	3.26
击穿电压/（10⁶V/cm）		0.25	2.2
载流子寿命/μs		130	<1
迁移率/［cm²/（V·s）］	电子	1350	1000
	空穴	500	115
饱和电子漂移速度/（×10⁷cm/s）		1	2.0

2.10.2　结构方面

20 世纪 90 年代出现的 Cool MOSFET，标志着器件发展史上的一次重要突破。它通过改变器件半导体参杂工艺，由平面两维向立体三维发展，取得了出人意料的结果。Cool MOSFET 器件在相同导通电阻下的开关损耗仅为普通功率 MOSFET 的 1/2（因其发热量低而被冠以 Cool），其导通电阻仅为普通功率 MOSFET 的 1/5，导电性能大大超越了普通 MOSFET

的物理极限理论值，展现了通过结构改进仍有提高器件性能的巨大潜力。

以 IGBT 为例，新一代的 IGBT 通过 PT—IGBT（穿通型 IGBT）到 NPT—IGBT（非穿通 IGBT）、平面 IGBT 到 TRENCHIGBT（槽沟栅 IGBT）、FS（电场截止）结构等三项主要改进，实现了器件三维结构的优化。新结构的 IGBT 导通压降可减少 0.6~0.8V，而在关断拖尾电流方面特性已类似于功率 MOSFET。

又如在封装技术方面，通过对 IGBT 压接簧片结构的改进，使器件各并联管芯在螺栓安装后能够受到均匀的压力，从而使散热条件趋同，大大提高了电力电子器件的运行可靠性。

2.10.3　功能方面

目前，电力电子器件概念的范畴已经不限于线性放大、电子开关，高功率的半导体电子发光、光伏转换、电声与电热换能等器件都逐步纳入到电力电子器件的领域。

在这当中太阳电池是太阳能直接发电的关键器件技术之一，面对当前能源紧张状态，太阳电池已经成为逐渐壮大的产业。目前实验室效率最高水平为：单晶硅电池为 24%，多晶硅电池为 18.6%，非晶硅电池为 13%。太阳能电池产品的转换效率略低一些，单晶硅电池效率在 20% 以内。在实际装置中因安装朝向等因素使等效转换效率降低，例如非晶硅电池效率加并网系统的总效率大致在 5%。

半导体高效发光器件是另一正在迅猛发展的产业，目前超高亮度白光 LED 的发光效率已经达到 20~40lm/W（是普通白炽灯的两倍），瞬时效率可达 60lm/W，工作寿命不低于 5 万 h。高功率的 LED 在液晶电视屏、交通信号灯、汽车信号灯等方面的应用已经成为相关领域的领先技术。

新型功能器件的出现还带动了相应的适配变流器产业发展。

第 3 章 电力电子电路

3.1 整流电路

整流电路一般指将交流电能转换为直流电能的电路。按照电路中变流器件开关频率的高低，所有半导体变流电路可以分为低频和高频两大类。对于整流电路，前者是指传统相控式整流电路，而后者是指 PWM 斩控式整流电路，是 PWM 控制技术在整流领域的延伸。

3.1.1 不控式整流电路

以常用的带电容滤波的单相桥式不控整流电路为例介绍。其电路拓扑如图 12.3 - 1 所示。图中 R 为负载等效电阻，直流滤波电容 C 取得较大，以使电容 C 两端的电压 u_C（也就是负载电压 u_d）脉动不大。图 12.3 - 2 为其稳态工作波形图，在电源交流电压正半波瞬时值 u_s 大于 u_d 时（$\delta \le \omega t \le \theta + \delta$），二极管 VD1、VD3 导通，将 u_s 加到电容和负载，若忽略二极管通态电压，则 $u_C = u_d = u_s$。在 u_s 负半周，仅在 $|u_s| > u_C = u_d$ 时（$\pi + \delta \le \omega t \le \pi + \theta + \delta$），VD2、VD4 二极管导通。在 u_s 正或负半周，$|u_s| < u_C = u_d$ 时（$\theta \le \omega t \le \pi$ 和 $\pi + \theta + \delta \le \omega t \le 2\pi + \delta$），二极管均截止，电容 C 对 R 放电。

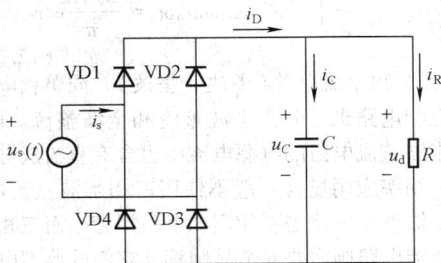

图 12.3 - 1　带电容滤波的单相
桥式不控整流电路

图 12.3 - 2 中整流输出电压 u_d 的周期为 π，由两段组成。一段为正弦交流电压 $u_s = \sqrt{2}E\sin\omega t$，其中 E 为输入相电压有效值。另一段为式（12.3 - 1）的指数衰减电压

$$u_C = u_d = \sqrt{2}E\sin(\delta + \theta)e^{-\frac{\omega t - \theta - \delta}{R\omega C}}$$

$$(12.3 - 1)$$

则整流输出电压 u_d 的平均值为

$$U_d = \frac{2\sqrt{2}E}{\pi}\sin\frac{\theta}{2}\left[\sin\left(\delta + \frac{1}{2}\theta\right) + R\omega C\cos\left(\delta + \frac{1}{2}\theta\right)\right]$$

$$(12.3 - 2)$$

起始导电角 δ、导电角 θ、U_d/E 与 $R\omega C$ 函数关系见表 12.3 - 1。

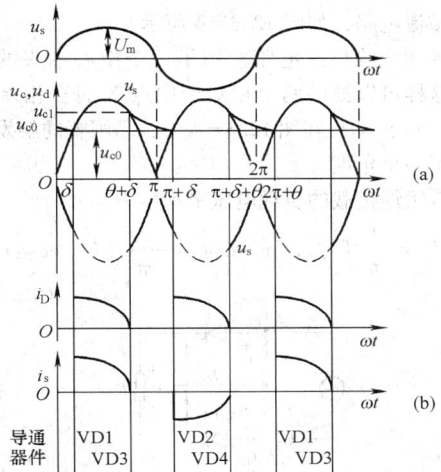

图 12.3 - 2　带电容滤波的单相桥式不
控整流电路稳态工作波形

表 12.3 - 1　　起始导电角 δ、导电角 θ、
U_d/E 与 $R\omega C$ 函数关系

$R\omega C$	0 ($C=0$)	1	5	10	100	∞
$\delta(°)$	0	14	40	52	76	90
$\theta(°)$	180	121	61	44	14	0
U_d/E	0.90	0.96	1.18	1.27	1.39	1.41

3.1.2 相控式整流电路

1. 单相半波整流电路　如图 12.3 - 3 所示，单相半波整流电路使用单个晶闸管控制负载电压。它的输出波形只有输入交流电压波形的一半。当输入电压处于正半周时，在晶闸管门极上加一个触发脉冲 u_g，让晶闸管导通，将触发脉冲延迟一个角度 α，可以

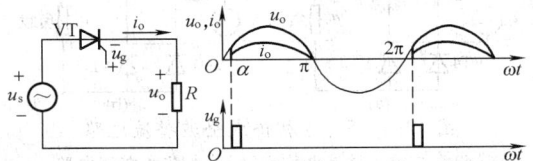

图 12.3 - 3　单相半波整流电路及其工作波形

控制负载电压。当为阻性负载时，负载电流 i_o 和负载电压 u_o 的波形相同。当负载电压和电流减小到零时，晶闸管关断。

当电源电压为 $u_s = \sqrt{2}E\sin\omega t$ 时，则流过电阻负载的输出电压平均值为

$$U_o = \frac{1}{2\pi}\int_\alpha^\pi \sqrt{2}E\sin\omega t \mathrm{d}\omega t = \frac{\sqrt{2}E}{2\pi}(1+\cos\alpha)$$

$$(12.3-3)$$

2. 单相全波整流电路 为了在不增加大容量滤波元件的情况下改进整流电路的性能，可以采用单相全波整流电路，如图 12.3-4 所示。

单相全波整流电路使用了一个中心抽头的变压器，这样可以提供两个相对于中点 N 而言相差 180° 的电压 u_1 和 u_2。在图 12.3-4 中，晶闸管的触发脉冲延迟了一个角度 α。

带阻性负载的负载电压平均值为

$$U_o = \frac{1}{\pi}\int_\alpha^\pi \sqrt{2}E\sin\omega t\mathrm{d}\omega t = \frac{\sqrt{2}E}{\pi}(1+\cos\alpha)$$

$$(12.3-4)$$

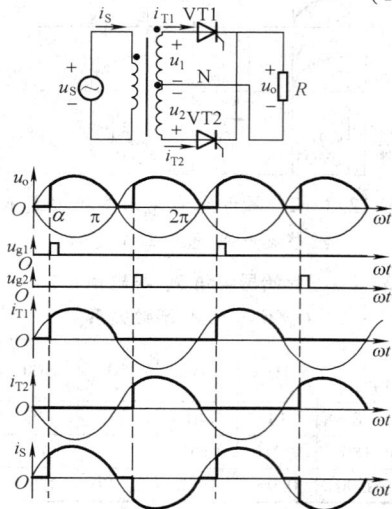

图 12.3-4 单相全波整流电路及其工作波形

3. 单相桥式全波整流电路 全波整流也可以使用桥式整流电路来实现，而不需要采用单相全波整流电路的中心抽头的变压器。图 12.3-5(a) 显示了一个全控桥式整流电路，它采用四个晶闸管控制平均负载电压；而如图 12.3-5(b) 所示的是半控桥式整流电路，它采用了两个晶闸管和两个二极管。

单相桥式全波整流电路带阻性负载的波形与全波整流电路相同，图 12.3-6 显示了电路带感性负载（其中 $L\to\infty$）时的电压、电流波形。在电源电压 u_s 的正半周，晶闸管 VT1 和 VT3 同时导通，以使电流有流通回路；同理，在电源电压的负半周，晶闸管 VT2 和 VT4 同时导通。

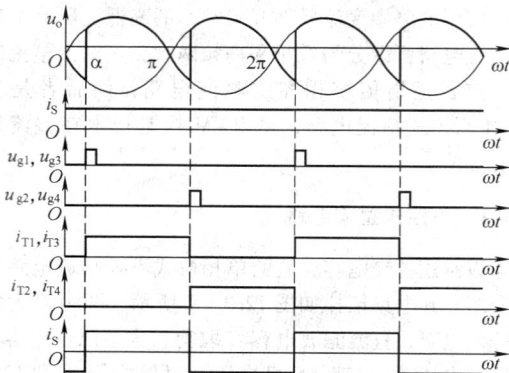

图 12.3-6 单相桥式全波整流感性负载电路波形

当电路带感性负载时，由于 $L\to\infty$，使得输出电流恒定，整流电路像电流源一样工作。因此，晶闸管 VT1 和 VT3 导通时，当输出电压下降到零以后，由于晶闸管 VT2 和 VT4 还没有触发信号，晶闸管 VT1 和 VT3 继续导通，负载电压 u_d 将反向增加。此时负载电压的平均值为

$$U_o = \frac{1}{\pi}\int_\alpha^{\pi+\alpha}\sqrt{2}E\sin\omega t\mathrm{d}\omega t = \frac{2\sqrt{2}E}{\pi}\cos\alpha$$

$$(12.3-5)$$

4. 三相整流电路（半波和全波） 同单相电路相似，三相电路也可分为半波整流和全波整流。同样，三相半波整流电路的电源电流中也含有直流成分，因此在大功率应用场合一般不使用三相半波整流电路。三相半波整流电路需要使用 3 个晶闸管，而三相桥式全波整流电路则需要 6 个晶闸管，它们的典型电路拓扑如图 12.3-7 所示。

三相半波整流电路和三相桥式全波整流电路的电压分别如图 12.3-8 和图 12.3-9 所示。

三相半波整流电路负载电压的平均值为（负载电流连续时）

$$U_o = \frac{1}{2\pi/3}\int_{\pi/6+\alpha}^{5\pi/6+\alpha}\sqrt{2}E\sin\omega t\mathrm{d}\omega t = \frac{3\sqrt{6}E}{2\pi}\cos\alpha$$

$$(12.3-6)$$

三相桥式全波整流电路负载电压平均值为（负载电流连续时）

$$U_o = \frac{1}{\pi/3}\int_{\pi/3+\alpha}^{2\pi/3+\alpha}\sqrt{6}E\sin\omega t\mathrm{d}\omega t = \frac{3\sqrt{6}E}{\pi}\cos\alpha$$

$$(12.3-7)$$

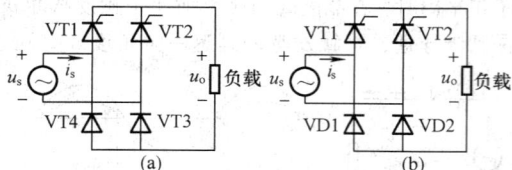

图 12.3-5 单相桥式全波整流电路
(a) 全控桥式整流电路；(b) 半控桥式整流电路

(a)

(b)

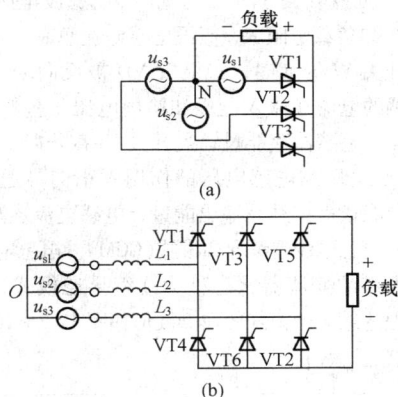

图 12.3 - 7　三相整流电路

(a)半波整流电路;(b)桥式全波整流电路

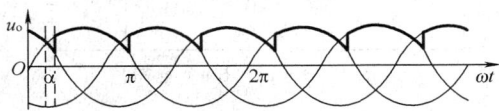

图 12.3 - 8　三相半波整流电路的波形

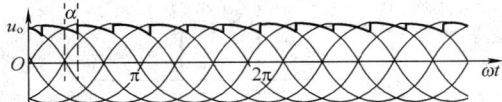

图 12.3 - 9　三相桥式全波整流电路的波形

三相桥式全波整流电路的负载为阻性时,当 $\alpha > \pi/3$ rad 时,负载电流断续,此时负载电压的平均值为

$$
\begin{aligned}
U_o &= \frac{1}{\pi/3} \int_{\pi/3+\alpha}^{\pi} \sqrt{6} E \sin\omega t \, \mathrm{d}\omega t \\
&= \frac{3\sqrt{6} E}{\pi} \left[1 + \cos\left(\frac{\pi}{3} + \alpha\right) \right] \quad (12.3 - 8)
\end{aligned}
$$

3.1.3　PWM 整流电路

整流电路的理想状态为:

(1)输入侧功率因数 $\lambda = 1$,这相当于输入侧电流 i_s 无畸变且与输入侧电压 u_s 同相,这样输入电源对整流电路只提供有功功率。

(2)负载侧电压 $u_o = U_o$(电压型)或输出电流 $i_o = I_o$(电流型)。

(3)能实现输出电压的快速调节。

(4)具有双向传递能量的能力。

传统相控式整流电路无法实现上述功能,采用全控型器件组成的 PWM 斩控式整流电路可以在不同程度上具备上述功能。

1. 单相 PWM 整流电路　以在小功率场合中常用的 Boost 型单管单相功率因数校正电路为例,该电路是在单相不控整流电路的输出端和负载之间插入一级由有源器件组成的 APFC 电路。

单相电压型 APFC 电路如图 12.3 - 10 所示,在单相不控整流电路和负载电阻之间插入了由虚线框所包含的电路,这是一个由可控自关断器件 VI 和二极管 VD 以及输入电感 L 和输出电容 C 组成的 Boost 电路。

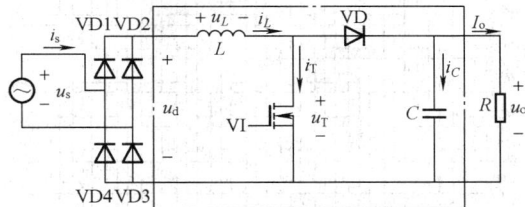

图 12.3 - 10　单相电压型单管式 APFC 电路

设输入电感 L 足够大,保证电感电流连续,电路工作于连续导通模式;输出电容 C 足够大,使输出电压近似为恒定值。电网电压 $u_s = \sqrt{2} E \sin\omega t$ 时,不控整流桥的输出电压 u_d 的瞬时值为

$$
u_d = \sqrt{2} E \, |\sin\omega t| \quad (12.3 - 9)
$$

当开关管 VI 导通时,二极管截止,电感电流线性增加,能量储存在电感里,利用电容上的能量给负载供电;当开关管 VI 截至时,二极管导通,电感上储存的能量传输到负载,同时也给电容充电。开关管 VI 的导通占空比为

$$
D = 1 - \frac{\sqrt{2} E \, |\sin\omega t|}{U_o} = 1 - D_{om} \, |\sin\omega t|
$$

$$
(12.3 - 10)
$$

2. 三相 PWM 整流电路　对于普通大功率整流电路,可以采用三相结构。电压型三相半桥式整流电路的主电路及其频率调制比 $K = 3$ 时的工作波形分别如图 12.3 - 11 和图 12.3 - 12 所示。

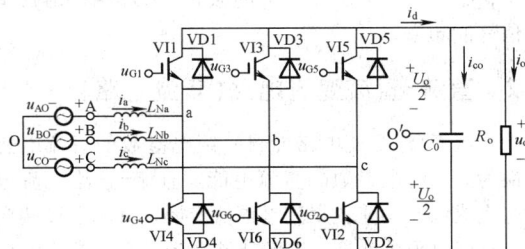

图 12.3 - 11　电压型三相半桥式 PWM 整流电路

幅度调制比为

$$
m = \frac{U_{gm}}{U_{cm}} \quad (12.3 - 11)
$$

式中,U_{gm} 为各相正弦调制信号的幅值;U_{cm} 为三角载波信号 u_c 的幅值。

频率调制比为

$$
K = \frac{f_c}{f} \quad (12.3 - 12)
$$

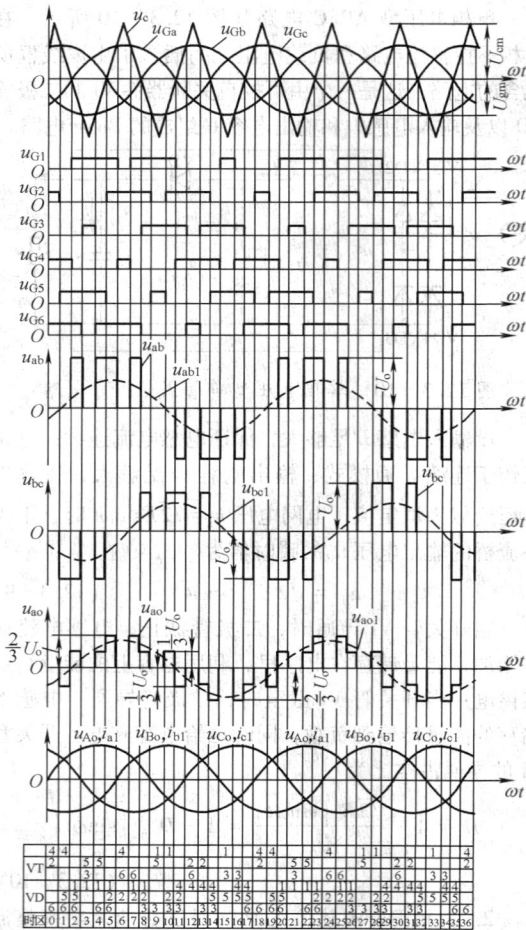

图 12.3 - 12 电压型三相半桥式 PWM 整流
电路的主要波形

式中，f_c 为三角载波信号 u_c 的频率；f 为各相正弦调制信号的频率。

3.2 直流-直流变流电路(斩波电路)

直流-直流变流电路能将一组电参数的直流电能变换为另一组电参数的直流电能。直流-直流变流电路能完成以下功能：直流电幅值变换、直流电极性变换、直流电阻抗变换和有源滤波。为了提高效率，现代的直流-直流变换普遍采用开关变流技术。用开关变流技术构成的直流-直流变流电路也被称为开关变流器或者开关电源。

3.2.1 基本直流-直流变流电路

1. Buck 电路

(1)基本电路。Buck 电路如图 12.3 - 13 所示，因为其输出电压平均值 U_o 总是小于或等于输入电压 U_d，所以它是一种降压式开关变流器。它包括直流输入电

压源 U_d、可控开关 VI、二极管 VD、滤波电感 L、滤波电容 C 和负载电阻 R，假设电感电流总是正的。

当开关 VI 导通时，二极管 VD 被反向偏置截止，流过电感的电流在输入电压和输出电压压差的作用下逐渐增加，电感储存能量；当开关 VI 截止时，二极管 VD 在输出电压和电感电压的作用下正向导通，电感中储存的能量提供补充输出能量，电感电流逐渐减小。

(2)电感电流连续导通模式(CCM)。电感电流绝不会减小到零的变流器状态称为连续导通模式(CCM)。Buck 电路连续导通模式的典型波形如图 12.3 - 14 所示。

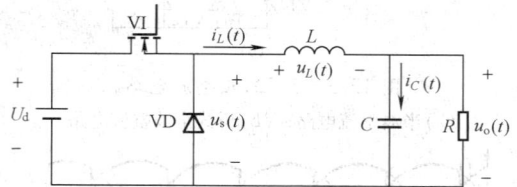

图 12.3 - 13 Buck 电路

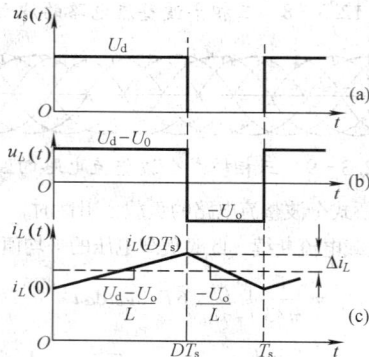

图 12.3 - 14 Buck 电路连续导通模式的典型波形

连续导通模式下直流电压传递函数为

$$M = \frac{U_o}{U_d} = D \qquad (12.3 - 13)$$

输出电压纹波的峰-峰值为

$$\Delta U_o = \frac{U_o}{8LC}(1 - D)T_s^2 \qquad (12.3 - 14)$$

把输出电压纹波表示成百分比的形式为

$$\frac{\Delta U_o}{U_o} = \frac{\pi^2}{2}(1 - D)\left(\frac{f_c}{f_s}\right)^2 \qquad (12.3 - 15)$$

$$f_c = \frac{1}{2\pi\sqrt{LC}} \qquad (12.3 - 16)$$

式中，f_s 为可控开关的开关频率；f_c 为输出 LC 滤波器的截止频率。

(3)电感电流断续导通模式(DCM)。如果输出电流的平均值较小(负载电阻大)或开关频率较低，变流器可能进入电感电流断续导通模式(DCM)。在断续导通模式下，电感电流在开关周期的某部分时间

内等于零。Buck 电路断续导通模式的典型波形如图 12.3-15 所示。

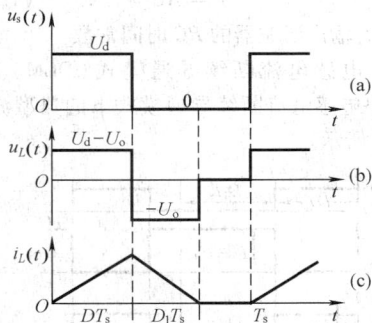

图 12.3-15 Buck 电路断续导通模式的典型波形

断续导通模式下直流电压传递函数为

$$M = \frac{U_o}{U_d} = \frac{D}{D + D_1} = \frac{2}{1 + \sqrt{1 + \frac{4K}{D^2}}}$$

$$(12.3-17)$$

式中，$K = 2L/RT_s$。

对于 Buck 变流器，决定连续导通模式和断续导通模式边界的滤波电感的数值为

$$L_b = \frac{1 - D}{2} RT_s \qquad (12.3-18)$$

2. Boost 电路

（1）基本电路。Boost 电路如图 12.3-16 所示，因为其输出电压平均值 U_o 总是大于或等于输入电压 U_d，所以它是一种升压式开关变流器。它包括直流输入电压源 U_d、Boost 电感 L、可控开关 VI、二极管 VD、滤波电容 C 和负载电阻 R。

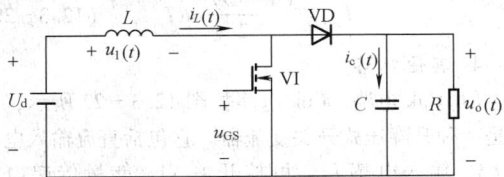

图 12.3-16 Boost 电路

当开关导通时，流过电感的电流在输入电压的作用下逐渐增加，能量被储存在电感里，二极管被反向偏置；当开关截止时，二极管在输入电压、输出电压和电感电压的作用下正向导通，储存在电感中的能量通过二极管释放到输出电路中，电感电流逐渐减小。

（2）电感电流连续导通模式（CCM）。Boost 电路在电感电流连续导通模式的典型波形如图 12.3-17 所示。

连续导通模式下直流电压转换比为

$$M = \frac{U_o}{U_d} = \frac{1}{1 - D} \qquad (12.3-19)$$

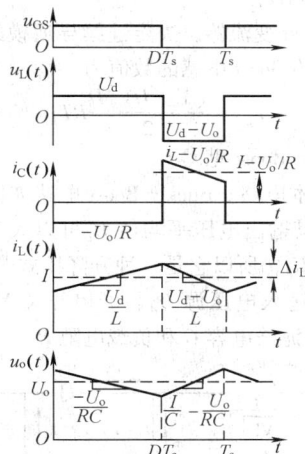

图 12.3-17 Boost 电路连续导通模式的典型波形

Boost 电路输出电压纹波的峰-峰值为

$$\Delta U_o = \frac{U_o DT_s}{RC} \qquad (12.3-20)$$

输出电压纹波百分比形式为

$$\frac{\Delta U_o}{U_o} = \frac{DT_s}{RC} = D \frac{T_s}{\tau} \qquad (12.3-21)$$

$$\tau = RC \qquad (12.3-22)$$

式中，τ 为输出滤波器的 RC 时间常数。

（3）电感电流断续导通模式（DCM）。Boost 电路电感电流断续导通模式的典型波形如图 12.3-18 所示。

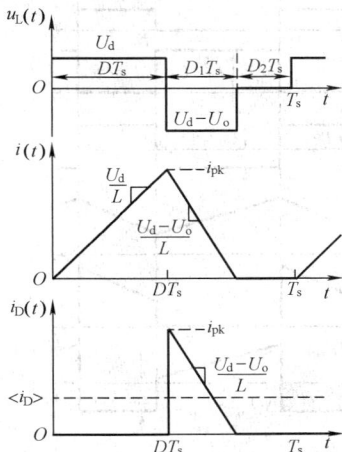

图 12.3-18 Boost 电路断续导通模式的典型波形

断续导通模式下直流电压传递函数为

$$M = \frac{U_o}{U_d} = \frac{D + D_1}{D_1} = \frac{1 + \sqrt{1 + \frac{4D^2}{K}}}{2}$$

$$(12.3-23)$$

式中，$K = 2L/RT_s$。

对于 Boost 变流器，决定连续导通模式和断续导通模式边界的 Boost 电感的数值为

$$L_b = \frac{(1-D)^2 D}{2} RT_s \qquad (12.3-24)$$

3. Buck - Boost 电路

（1）基本电路。Buck - Boost 电路如图 12.3 - 19 所示，因为其输出电压平均值 U_o 可以大于也可以小于输入电压 U_d，所以它是一种升降压式开关变流器。它包括直流输入电压源 U_d、可控开关 VI、电感 L、二极管 VD、滤波电容 C 和负载电阻 R。

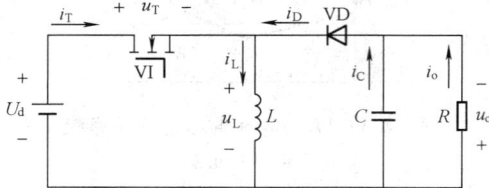

图 12.3 - 19　Buck - Boost 电路

当开关导通时，流过电感的电流在输入电压的作用下逐渐增加，能量被储存在电感里，二极管被反向偏置；当开关截止时，二极管在输出电压和电感电压的作用下正向导通，储存在电感中的能量通过二极管释放到输出电路中，电感电流逐渐减小。

（2）电感电流连续导通模式（CCM）。Buck - Boost 电路在电感电流连续导通模式下的典型波形如图 12.3 - 20 所示。

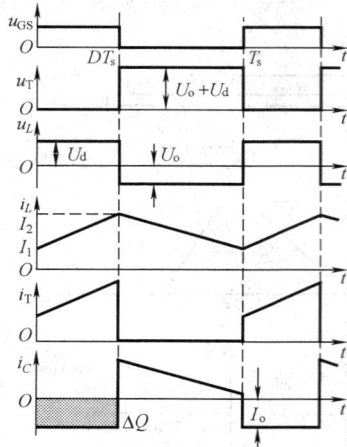

图 12.3 - 20　Buck - Boost 电路连续导通模式的波形

连续导通模式下直流电压转换比为

$$M = \frac{U_o}{U_d} = \frac{D}{1-D} \qquad (12.3-25)$$

Buck - Boost 电路，输出电压纹波的峰-峰值为

$$\Delta U_o = \frac{U_o DT_s}{RC} \qquad (12.3-26)$$

输出电压纹波百分比形式为

$$\frac{\Delta U_o}{U_o} = \frac{DT_s}{RC} = D\frac{T_s}{\tau} \qquad (12.3-27)$$

$$\tau = RC \qquad (12.3-28)$$

式中，τ 为输出滤波器的 RC 时间常数。

（3）电感电流断续导通模式（DCM）。Buck - Boost 电路电感电流断续导通模式下的典型波形如图 12.3 - 21 所示。

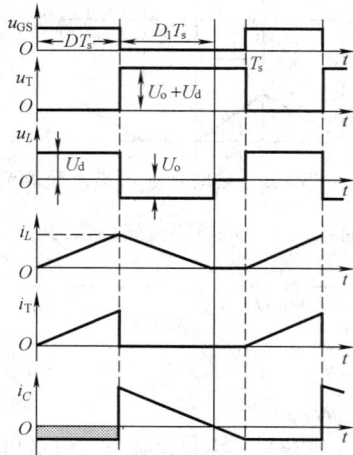

图 12.3 - 21　Buck - Boost 电路断续
导通模式下的波形

断续导通模式下直流电压传递函数为

$$M = \frac{U_o}{U_d} = \frac{D}{D_1} = \frac{D}{K} \qquad (12.3-29)$$

式中，$K = 2L/RT_s$。

对于 Buck - Boost 变流器，决定连续导通模式和断续导通模式边界的滤波电感的数值为

$$L_b = \frac{(1-D)^2}{2} RT_s \qquad (12.3-30)$$

4. 其他电路

（1）Cuk 电路。Cuk 电路如图 12.3 - 22 所示，它也是一种升降压式开关变流器。它包括直流输入电压源 U_d、输入电感 L_1、可控开关 VI、能量传递电容 C_1、二极管 VD、电感 L_2、滤波电容 C 和负载电阻 R。与 Buck - Boost 电路相比，Cuk 电路具有输入和输出电流连续、输出电压脉动小和对输入电源影响小等优点；缺点是电抗性元件多，开关、二极管和电容 C_1 的电流应力高。

当开关导通时，二极管在电容 C_1 电压的作用下

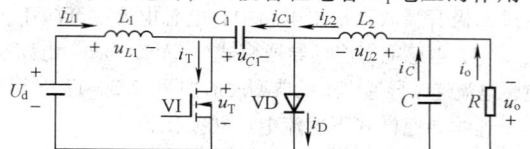

图 12.3 - 22　Cuk 电路

反向偏置截止，C_1 通过电感 L_2 的电流放电，将能量供给 L_2、C 和 R；当开关截止时，二极管导通流过 L_1 和 L_2 的电流，同时 L_1 的电流对 C_1 充电。变流器在连续导通模式下的主要波形如图 12.3－23 所示。

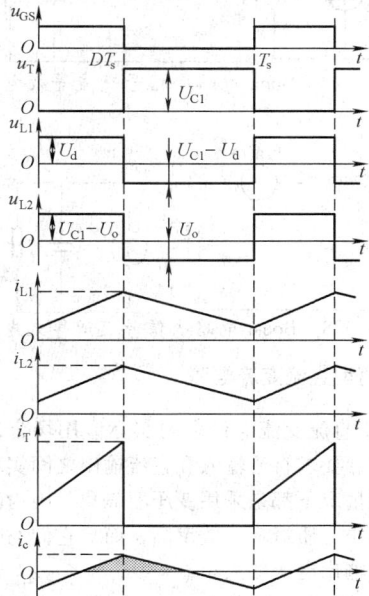

图 12.3－23　Cuk 电路连续导通模式的典型波形

连续导通模式下直流电压转换比为

$$M = \frac{U_o}{U_d} = \frac{D}{1-D} \qquad (12.3-31)$$

电容 C_1 的电压脉动量为

$$\Delta U_{C1} = \frac{U_o D T_s}{R C_1} \qquad (12.3-32)$$

电容 C_2 的电压脉动量为

$$\Delta U_{C2} = \frac{U_o D T_s^2}{8 L_2 C_2} \qquad (12.3-33)$$

（2）Sepic 电路和 Zeta 电路。Sepic 电路如图 12.3－24 所示。当开关 VI 导通时，输入电源 U_d 经开关 VI 给 L_1 充电，同时 C_1 经开关 VI 给 L_2 充电，L_1 和 L_2 储能。当开关 VI 截止时，U_d、L_1、C_1、VD、负载（C_2 和 R）构成回路，U_d 和 L_1 既向负载供电，同时也给 C_1 充电，同时 L_2 经过 VD 向负载回路释放能量。

Sepic 电路的直流电压转换比为

$$M = \frac{U_o}{U_d} = \frac{D}{1-D} \qquad (12.3-34)$$

Zeta 电路如图 12.3－25 所示。当开关 VI 导通时，电源 U_d 经过开关 VI 给电感 L_1 储能，C_1 经过开关 VI 放电并与输入电源一起给电感 L_2 充电和给负载供电。当开关 VI 截止时，U_d、L_1 经与 C_1、VD、负载（C_2 和 R）构成的回路，给 C_1 充电，L_2 上的能量经 VD

转移到负载上。

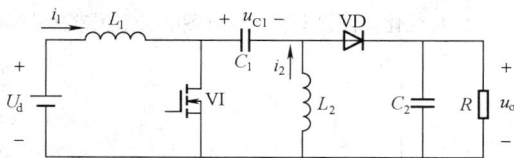

图 12.3－24　Sepic 电路

Zeta 电路的直流电压转换比为

$$M = \frac{U_o}{U_d} = \frac{D}{1-D} \qquad (12.3-35)$$

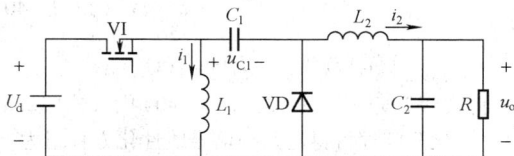

图 12.3－25　Zeta 电路

5. 直流-直流变流器的动态模型　直流-直流变流器的动态建模的目的是：用数学工具描述直流-直流变流器的动态物理行为，动态模型可以用于电源系统分析和直流-直流变流器控制器的设计。根据用途，选择不同复杂程度的模型，描述系统的主要行为，而忽略次要的因素。

下面以 Buck－Boost 电路为例介绍小信号交流模型的求解方法。

（1）大信号模型。如图 12.3－19 所示，当开关 VI 导通和截止时，电感两端电压和电容上的电流分别为

$$\begin{cases} u_L(t) = L\dfrac{di_L(t)}{dt} = u_d(t) \\ i_C(t) = C\dfrac{du_C(t)}{dt} = -\dfrac{u_o(t)}{R} \end{cases} \qquad (12.3-36)$$

$$\begin{cases} u_L(t) = L\dfrac{di_L(t)}{dt} = -u_o(t) \\ i_C(t) = C\dfrac{du_C(t)}{dt} = i_L(t) - \dfrac{u_o(t)}{R} \end{cases}$$
$$(12.3-37)$$

电感两端电压、电容上的电流和变流器的输入电流分别作一个开关周期的平均，可以得到变流器的状态平均方程

$$\begin{cases} L\dfrac{d\langle i_L(t)\rangle_{T_s}}{dt} = d(t)\langle u_d(t)\rangle_{T_s} - \\ \qquad [1-d(t)]\langle u_o(t)\rangle_{T_s} \\ C\dfrac{d\langle u_C(t)\rangle_{T_s}}{dt} = [1-d(t)]\langle i_L(t)\rangle_{T_s} - \\ \qquad \dfrac{\langle u_o(t)\rangle_{T_s}}{R} \\ \langle i_T(t)\rangle_{T_s} = d(t)\langle i_L(t)\rangle_{T_s} \end{cases}$$
$$(12.3-38)$$

式中，d(t) 为开关的导通占空比。

（2）线性化。假设对输入电压和占空比作微小扰动

$$\begin{cases} \langle u_d(t) \rangle_{T_s} = U_d + \hat{u}_d(t) \\ \\ d(t) = D_j + \hat{d}(t) \end{cases} \quad (12.3-39)$$

则各状态变量和输入量将均引起微小扰动

$$\begin{cases} \langle i_L(t) \rangle_{T_s} = I_L + \hat{i}_L(t) \\ \langle u_o(t) \rangle_{T_s} = U_o + \hat{u}_o(t) \quad (12.3-40) \\ \langle i_T(t) \rangle_{T_s} = I_T + \hat{i}_T(t) \end{cases}$$

将式（12.3 − 39）和式（12.3 − 40）代入式（12.3 − 38）中，化简整理可得电路小信号线性化方程组为

$$\begin{cases} L\dfrac{d\hat{i}_L(t)}{dt} = D\hat{u}_d(t) - (1-D)\hat{u}_o(t) + \\ \qquad (U_d + U_o)\hat{d}(t) \\ C\dfrac{d\hat{u}_C(t)}{dt} = (1-D)\hat{i}_L(t) - \dfrac{\hat{u}_o(t)}{R} - I_L\hat{d}(t) \\ \hat{i}_T(t) = D\hat{i}_L(t) + I_L\hat{d}(t) \end{cases}$$

$$(12.3-41)$$

（3）小信号交流等效电路。由式（12.3 − 41）可以得到 Buck−Boost 电路的小信号交流等效电路，如图 12.3 − 26 所示。

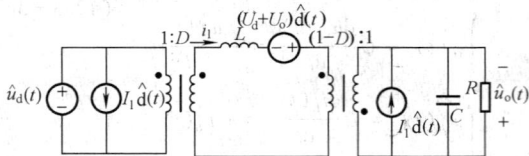

图 12.3 − 26　Buck − Boost 电路小信号交流等效电路

同理，Buck 电路和 Boost 电路的小信号交流等效电路如图 12.3 − 27 和图 12.3 − 28 所示。

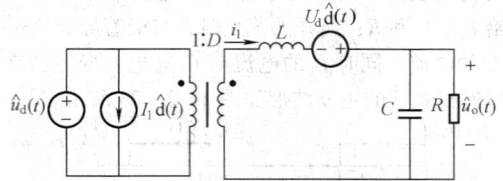

图 12.3 − 27　Buck 电路小信号交流等效电路

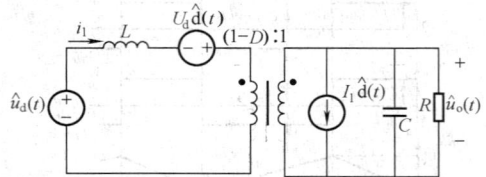

图 12.3 − 28　Boost 电路小信号交流等效电路

3.2.2　隔离型直流变流电路

在直流-直流变流器许多的实际应用场合，为了安全和可靠，要求直流输入和直流输出之间实现电气隔离。一般情况下都是采用变压器隔离，因为高频变压器的体积小，质量轻，效率高，而且它们的匝比可以用来调节输出电压的大小。

1. 全桥和半桥隔离 Buck 变流器　变压器隔离的全桥 Buck 变流器如图 12.3 − 29 所示，其为变压器二次侧绕组中心抽头的全波整流，在高输出电压时可以用全桥整流。

如图所示，当晶体管 VI1 和 VI4 导通时，电源电压 U_d 被加到了变压器的一次侧，二极管 VD5 正偏导通；当晶体管 VI2 和 VI3 导通时，电压−U_d 被加到了变压器的一次侧，二极管 VD6 正偏导通；当所有的可控开关都截止时，变压器一次侧电压为零，二极管 VD5 和 VD6 均正偏导通，每个二极管导通近似一半的输出滤波电感电流。隔离型全桥变流器的直流电压转换比为

$$M = \frac{U_o}{U_d} = nD \qquad (12.3-42)$$

式中，$D \leqslant 0.5$。

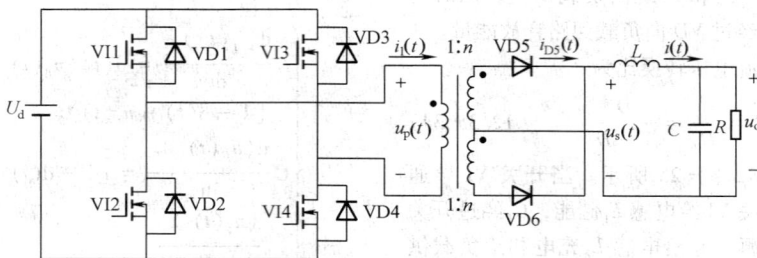

图 12.3 − 29　隔离型全桥 Buck 变流器

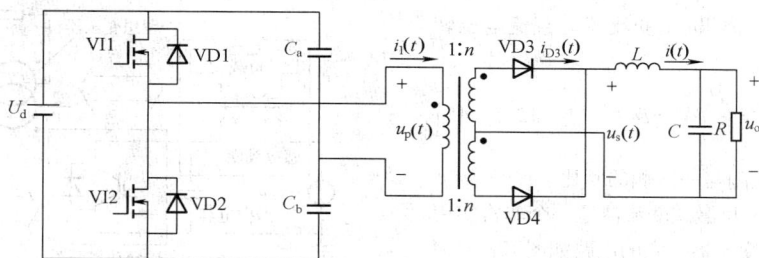

图 12.3－30 隔离型半桥 Buck 变流器

图 12.3－30 所示的为变压器隔离的半桥 Buck 变流器。此电路除了晶体管 VI3 和 VI4 及其反并二极管由大电容 C_a 和 C_b 替代外，与图 12.3－30 的全桥变流器相似。当 VI1 和 VI2 以相同的占空比工作时，根据变压器励磁电感的伏秒平衡，电容 C_b 上的直流电压等于晶体管 VI2 端压的直流成分，即 $0.5U_d$。隔离型半桥变流器的直流电压转换比为

$$M = \frac{U_o}{U_d} = \frac{nD}{2} \qquad (12.3-43)$$

式中，$D \leqslant 0.5$。

2. 正激式变流器　正激式变流器也是基于 Buck 变流器的，它只需要一个晶体管，应用于比全桥和半桥变流器功率水平低的场合，且其输出电流脉动成分小，适合于高输出电流的场合。

（1）单管正激式变流器。如图 12.3－31 所示，单管正激变流器只需要一个晶体管，应用于比全桥和半桥变流器功率低的场合，且其输出电流脉动成分小适合于高输出电流的场合。

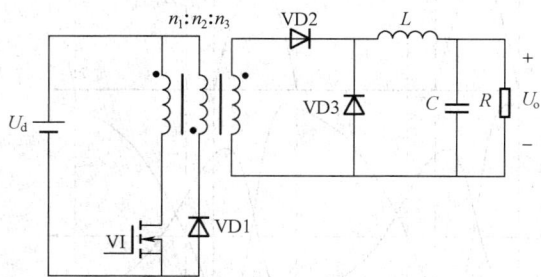

图 12.3－31　单管正激式变流器

当晶体管 VI 导通时，二极管 VD2 导通，二极管 VD3 截止，能量通过变压器从输入传到输出；当晶体管 VI 截止时，二极管 VD2 截止，二极管 VD3 在滤波电感电压和输出电压的作用下导通。正激式变压器中还有一个带二极管 VD1 的额外绕组，它的作用是在晶体管 VI 截止时，将变压器的励磁电流降低到零，以防止变压器饱和。正激式变流器的直流电压转换比为

$$M = \frac{U_o}{U_d} = \frac{n_3}{n_1}D \qquad (12.3-44)$$

式中，n_3/n_1 为变压器二次侧与一次侧的匝比。

（2）双管正激式变流器。双管正激式变流器如图 12.3－32 所示。

开关管 VI1、VI2 同时导通或同时关断。当开关管导通时，电源电压 U_d 加到变压器一次绕组上，能量传递到二次侧，一次励磁电感上的电流线性增加；当开关管关断时，二极管 VD1、VD2 导通，为变压器一次电流续流，电感通过二极管 VD4 释放能量给负载。占空比限于 $D<0.5$。此变流器的优点是晶体管峰值阻断电压限于 U_d，由 VD1 和 VD2 钳位。双管正激式变流器的典型功率等级与半桥拓扑相似。

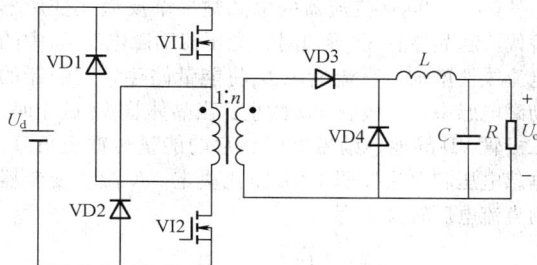

图 12.3－32　双管正激式变流器

3. 推挽隔离 Buck 变流器　推挽隔离 Buck 变流器如图 12.3－33 所示。其二次电路和波形跟全桥和半桥变流器相同，而一次侧也包含一个中心抽头绕组。

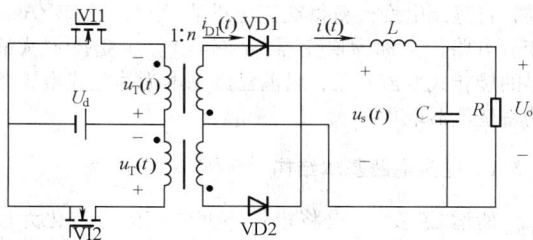

图 12.3－33　推挽隔离 Buck 变流器

为了使变压器一次绕组伏秒平衡，晶体管 VI1 和 VI2 必须以相同的占空比工作，但它们的相位相差 180°，且占空比必须小于 0.5。当晶体管 VI1 导通时，二极管 VD1 正偏导通，二极管 VD2 截止；当晶体管 VI2 导通时，二极管 VD2 正偏导通，二极管 VD1 截止；当所有的可控开关都截止时，二极管 VD1 和 VD2 均正偏导通，每个二极管导通近似一半的输出

滤波电感电流。推挽隔离 Buck 变流器的直流电压转换比为

$$M = \frac{U_o}{U_d} = nD \qquad (12.3-45)$$

式中，n 为变压器二次侧与一次侧的匝比。

4. 反激式变流器 反激式变流器是一个非常实用的隔离型 Buck-Boost 变流器，它的电路如图 12.3-34 所示。

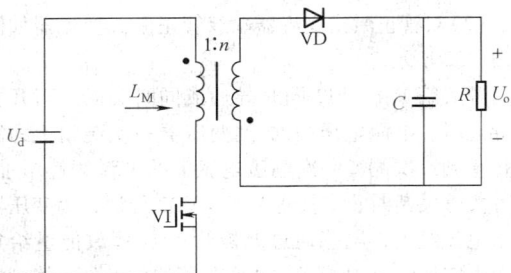

图 12.3-34 反激式变流器

Buck-Boost 变流器的电感被一个反激式变压器替代。当晶体管 VI 导通时，变压器励磁电感 L_M 中的电流线性增加，直流电源 U_d 将能量储存到变压器的励磁电感中，二极管 VD 截止；当晶体管 VI 截止时，二极管 VD 导通，励磁电感储存的能量传输至负载。电感电压和电流按照 $1:n$ 匝比决定。反激式变流器的直流电压转换比为

$$M = \frac{U_o}{U_d} = n\frac{D}{1-D} \qquad (12.3-46)$$

3.3 DC/AC 逆变电路

电能按极性变化与否大致可分为直流、交流两类，将直流电变换获得交流电的直流/交流（DC/AC）变流电路，又称为逆变器（inverter）。逆变技术从最早的旋转式变流开始，目前已经基本为静止式半导体功率变流器取代。

3.3.1 逆变电路基本结构

所谓"逆变"，是将极性不变的直流电转化为极性周期改变的交流电，从电路拓扑上看，有多种结构可以实现电能的极性反转。实际上，逆变电路的工作原理与多象限工作的 DC/DC 变流电路有密切联系。以电压源功率变换为例，介绍如下。

1. 单端（single-ended）逆变结构 使用单个功率开关管进行逆变的电路具体形式多种多样。单端逆变电路使用直流电源和单个功率器件的通断为负载所在支路提供含有交变分量的电压/电流激励，在适当的负载匹配下产生谐振，利用谐振过程中电压/电流极

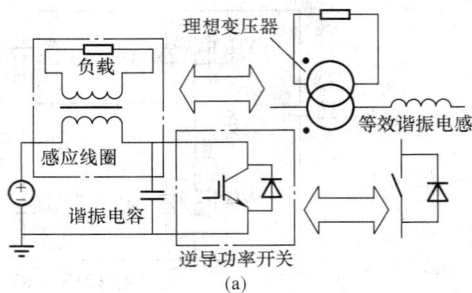

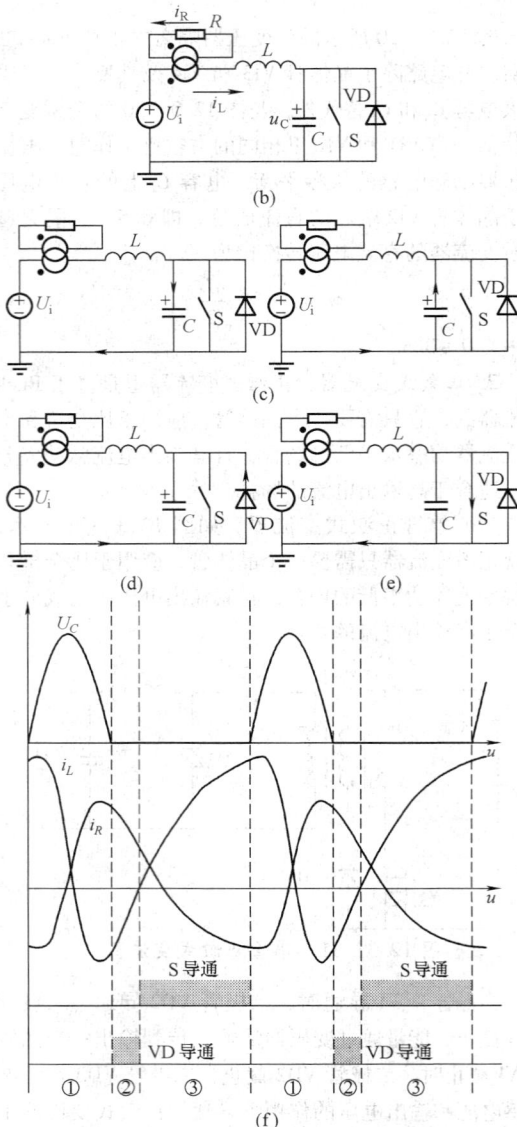

图 12.3-35 典型串联谐振单管逆变电路的结构、等效电路和典型波形

(a) 单管逆变的实际电路之一；(b) a 图的等效电路及分析参考方向；(c) 工作模式①；(d) 工作模式②；(e) 工作模式③；(f) 典型工作波形

性改变的性质，通过变压器将交流形式的电能耦合、传递到负载。图 12.3-35 所示为电压源供能，逆导器件激励的串联谐振单管逆变电路的结构、等效电路和典型波形，具体工作过程在此不作详细分析。可以看到，单端逆变电路使用功率器件少，采用负载谐振换流，输出交流电压频率和器件开关频率一致，与负载情况相关联，器件电压、电流峰值比较大，适用于感应加热、家用电热器等输出功率较小，频率较高，对输出谐波要求不高，对成本控制要求严格的场合。

2. 推挽逆变结构　图 12.3-36 所示为一典型电压源推挽式逆变电路结构，电源经一个三绕组的变压器以及两个功率开关交替向负载提供能量，通过变压器绕组同名端和开关时序的安排，输出电压极性在一个输出周期中可以改变一次或者多次，实现直流向交

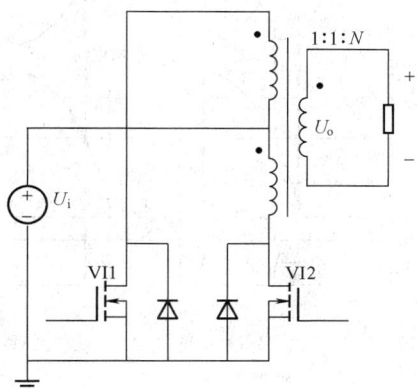

图 12.3-36　推挽逆变器原理图

流的转换，具体分析不再赘述。推挽逆变电路在电源端回路中任意时刻都只有一个功率半导体器件，因器件压降所致损耗较少，且变压器具备匹配电压的能力，特别适用于低压大电流输入、较高交流电压输出的场合；由于变压器的非理想耦合特性，漏感储能导

致推挽结构功率开关耐受电压可能远高于理论上的两倍输入电压值，对变压器制造工艺、关断辅助电路等要求较高，在采用高频调制技术时，变压器励磁为工频基波+高频谐波的模式，对磁性材料要求很高，这些特点决定它一般应用于中小功率场合。

3. 桥式逆变结构　基本的电压源桥式逆变结构如图 12.3-37 所示，两组功率开关串联跨接于电源，成为一个桥臂，以其串联中点为输出点。显然，这样的结构不允许串联开关同时导通。按照不同开关的通断组合，桥臂可以将它所跨接的两个不同电位作为输出，合理安排这些不同的桥臂输出电位可能生成有正有负的输出电压，这是桥式逆变电路实现电源极性变换直观的基本原理。桥式电路是逆变器中得到最广泛应用的拓扑形式，其器件电压耐受值较低（理论上与电源电压一致），控制、组合灵活，在自换流或者负载换流模式都可以工作，不依赖变压器参与逆变，适应性非常广泛。桥式电路的形式多种多样，实际逆变器多以它为基本结构加以变化组合，如半桥、全桥、三相桥、多相桥、多电平桥式电路、多重化桥式电路等等，常用的半桥式与全桥式（又叫 H 桥式）电路如图 12.3-38 所示，具体电路在以后章节中还会详细加以分析。

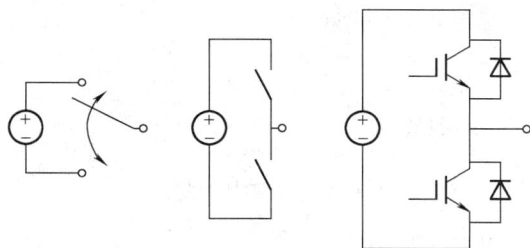

图 12.3-37　桥式电路的基本拓扑结构和实现形式

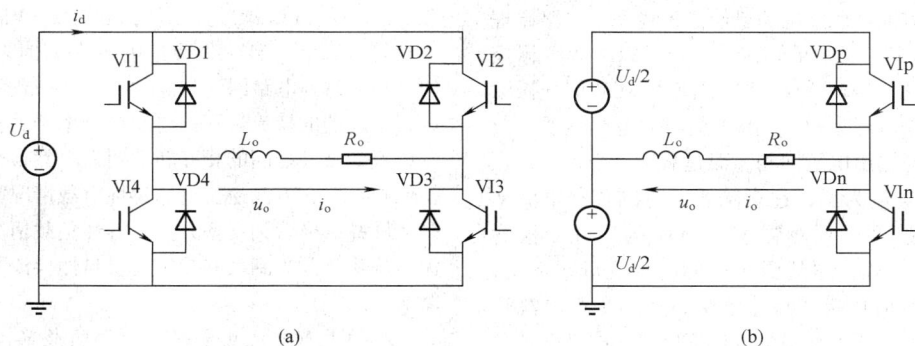

(a)　　　　　　　　　　　　(b)

图 12.3-38　桥式逆变电路基本结构
(a)全桥逆变电路；(b)半桥逆变电路

3.3.2　自换流与负载换流逆变电路

功率半导体开关器件可分为全控型与半控型，前者如 GTO、IGBT、MOSFET 等，通断皆由门极驱动信号控制；后者如 SCR，门控信号只能决定器件何时开通，其关断要受外电路决定，相应逆变电路的换流原理、过程也不同。即便是自关断器件构建的电路，开关换流过程也可以分为门控信号主导与非门控信号主导两种，后者在现阶段主要是负载谐振换流变流器。

下面以电压源全桥逆变电路为例，对自换流逆变以及负载谐振换流电路进行简单分析。

1. 自换流逆变电路　仍如图 12.3 - 38(a) 所示，两路占空比为 50% 的周期互补信号分别控制全桥的两组斜对角功率开关 S_1、S_3 及 S_2、S_4，本节以常见的电感性负载(电感与电阻串联)全桥逆变电路为例进行分析。

(1) 输出电压分析。按图 12.3 - 39 所示，逆变电路输出电压为 u_o，这是一个频率为 f，正负幅值均为 U_d 的交变方波电压，将其傅里叶展开，得

$$u_o = \sum_n \frac{4U_d}{n\pi}\sin n\omega t \qquad (n = 1,\ 3,\ 5,\ \cdots)$$

式中，$\omega = 2\pi f$ 为逆变基波角频率(rad/s)；U_d 为逆变直流母线电压(V)。

输出电压的基波峰值为

$$U_{o1m} = \frac{4U_d}{\pi} \approx 1.273U_d$$

其有效值为

$$U_{o1} = \frac{U_{o1m}}{\sqrt{2}} \approx 0.900U_d$$

基波电压增益

$$A_V = \frac{U_{o1}}{U_d} \approx 0.900$$

(2) 换流过程分析。按图 12.3 - 38(a) 中所标电压电流参考方向，假定电路已经进入稳态，电路原理波形如图 12.3 - 39 所示。在 t_0 时刻，VI1、VI3 栅极驱动信号到达，同时 VI2、VI4 因栅极驱动信号撤除而关断，输出电压为 $+U_d$，由于负载的电感性质，负载电流并不与输出电压同相，而是滞后一个角度，在此期间负载电流为负，这意味着 t_0 时刻负载电流从 VI2、VI4 切换到桥臂对管 VI3、VI1 的反并二极管 VD3、VD1，负载电感的磁场储能向直流母线馈送，负载电流绝对值按指数规律下降，直到负载电流过零。负载电流由开关管向桥臂对管反并联二极管转移或者是由续流二极管向桥臂对管转移的过程叫做强制换流，在非纯阻性负载的情况下，负载电流跟输出电压存在相位差，在二者方向不一致的时候改变开关状

态，方波逆变电路电感性负载电流滞后，电流是从开关管转移到二极管，电容性负载电流超前，电流是从续流二极管转移到开关管，强制换流发生后，电路等效电路拓扑就会改变。

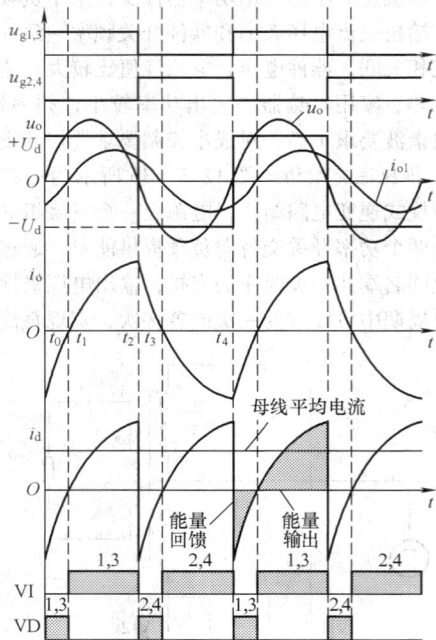

图 12.3 - 39　全桥自换流逆变电路工作原理与基本波形

t_1 时刻负载电流到达零值并开始转变方向与输出电压同极性，电流从桥臂二极管 VD1、VD3 自然转移向同一位置的功率开关 VI1、VI3。此后负载电压电流同方向，能量从直流母线向负载传递，负载电流仍按指数规律上升，直到开关状态改变。到 t_2 时刻，控制信号改变，将 VI1、VI3 关断，VI2、VI3 导通，此时电路重复了与 t_0 时刻对称的换流过程——负载电流从由 VI1、VI3 承载强制转移到 VI2、VI4 的反并联二极管 VD2、VD4，随后是电流在 t_3 时刻过零、换向，在 t_4 时刻电路回到与 t_0 时刻完全一致的状态，完成一个周期的换流过程。电流在功率开关管及其反并联续流二极管之间的相互转移叫做自然换流，跟强制换流相对偶，方波逆变电路感性负载情况下自然换流是从反并二极管到功率开关，容性负载情况下自然换流是从功率开关到反并二极管，自然换流并不改变电路的等效拓扑。

2. 负载换流逆变电路　所谓负载换流是指开关管开通/关断之一不由门极信号决定而根据负载电压/电流的谐振换向性质决定的。桥式逆变电路的负载谐振一般可以等效为电阻、电感、电容组合而成的二阶

阻尼谐振支路，受逆变器输出交变电压/电流激励而得到谐振输出电流/电压。电压源方波逆变器输出电压为共频交变方波，在谐振负载上得到正弦交变输出电流，此电流依据负载性质以及门极脉冲控制与输出电压形成一定相位偏差，决定了电路的换流方式。

负载换流电路拓扑结构与自换流电路完全一致，如图 12.3-40 所示，仍以两路占空比为 50% 的周期互补信号分别控制全桥的两组斜对角功率开关 VT1、VT3 及 VT2、VT4，在电压源交变方波激励情况下，谐振负载一般接为 RLC 串联形式，一般将这种逆变器叫做串联谐振逆变电路。

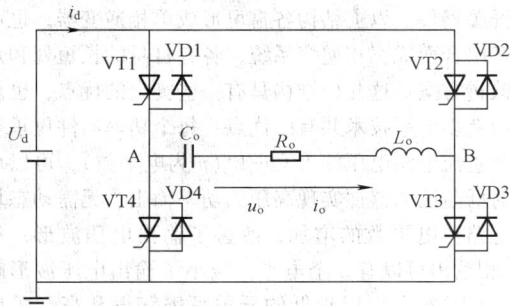

图 12.3-40　全桥电压源串联负载谐振换流逆变电路

(1)输出电压分析。负载谐振换流逆变电路的负载性质关系到电路工作状态，必须专门加以讨论。根据电工基础理论中关于二阶阻尼谐振的知识可知谐振频率、特征阻抗、品质因数等概念，在此不多加赘述，其中串联谐振谐振角频率为

$$\omega_0 = \frac{1}{\sqrt{L_o C_o}}$$

以某幅度纯正弦激励施加到串联谐振支路两端，如果其频率正好等于谐振频率，则负载呈现纯电阻特性，负载阻抗最小，负载电流最大且与激励电压同相；如果激励频率高于谐振频率，则谐振支路呈现电感特性，负载阻抗增加，负载电流减小且在相位上滞后于激励电压；如果激励频率低于谐振频率，谐振支路呈现电容特性，负载阻抗同样增加，负载电流减小且超前于激励电压。对于工频方波逆变器，输出电压含有丰富谐波成分，因其基波多选取在负载谐振频率附近，可以获得较大正弦形状的基波负载电流，对于其高次谐波成分，一般负载品质因数较高，谐波频率因远离负载谐振频率点，相应谐波次的激励在负载上得到的谐波电流可以忽略，这样方波电压激励在负载上获得近似正弦波的负载电流。由于半控器件可以自主导通而必须靠外电路施加反压关断，从后面的换流分析可以看到，在电压源串联负载谐振换流情况下，

一般取开关频率略低于负载谐振频率，使得负载在此开关频率下呈现略微容性，负载电流相位得以略微超前于输出电压基波，可以通过反并续流二极管施加反向电压，关断半控主开关。

(2)换流过程分析。按图 12.3-40 中所标电压电流参考方向，参照理想开关电路稳态分析假定，电路原理波形如图 12.3-41 所示。在 t_0 时刻，VT1、VT3 门极驱动信号到达，管子导通，输出电压为 $+U_d$，由于负载的谐振性质，负载电流并不与输出电压同相，而是超前一个角度，在此期间负载电流为正，这意味着 t_0 时刻负载电流从 VD2、VD4 切换到桥臂对管 VT3、VT1，能量从直流母线向负载传递，负载电流绝对值按正弦前述正弦规律变化，直到 t_1 时刻负载电流过零，负载电流由开关管转移到向本管反并联二极管。在开关频率略低于负载谐振频率的情况下，负载呈容性，负载电流略超前输出电压 U_{AB} 的基波 U_{AB1}，在二者方向不一致的时段（$t_1 \sim t_2$ 时刻）反并二极管导通压降足以从外部关断半控开关器件 VT1、VT3。到 t_3 时刻 VT2、VT4 门极信号到达，两管开通，电流从它们对管的反并二极管转移过来，电流是从续流二极管转移到开关管，强制换流发生，此后 VT2、VT4 继续 VT1、VT3 在前半周期进行的过程，完成一个工频工作周期。

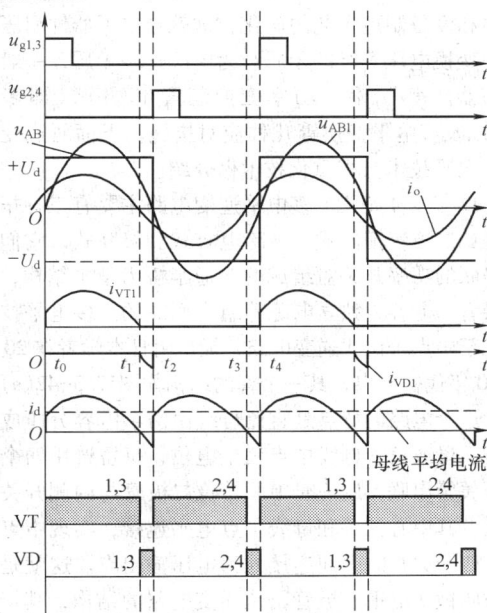

图 12.3-41　全桥负载串联谐振换流逆变电路工作原理与基本波形

应该指出的是，除了负载串联谐振换流逆变，还有并联谐振负载换流逆变，使用直流电流源供电，逆阻开关器件，输出电压为正弦波形状。并联谐振负载

换流与串联谐振负载换流逆变在拓扑和工作原理上完全对偶，可以类似分析。

3.3.3 多电平逆变和多重化变流电路

逆变技术直接面对电力电子技术的一个尖端：交流大功率变换。这一领域包括中/高压交流电动机驱动，如大功率交流传动、电力机车牵引等；电力系统应用，如高压直流输电（HVDC）、柔性交流输电（FACTS）、静态无功补偿/电力有源滤波器（STATCOM/APF）等。这些场合要处理的电能为数千伏数千安以上，由于功率开关的耐压/载流/速度能力限制，传统工频手段，即相控+工频变压器的方式仍然在生产实践中占据重要地位。随着功率半导体技术进步，具有较高开关速度的大容量器件（如高压IGBT、GTO、IGCT 等）的出现，使得斩控技术、高频化技术有可能和开始进入高压大功率场合。如果在大功率场合运用普通变流器拓扑，必然要求功率器件具有非常高的电压阻断能力，以目前的水平，即使是最先进的器件（如耐压 10kV 的 GTO），也难以胜任一般大功率场合的直接变换（如 6kV 交流同步电动机驱动），相当长时期内变压器仍然是不可或缺的交流大功率变换要素。在经变压器匹配后的中低压开关功率变换中，仍然需要尽量提升电压等级，以求高的变换效率和设备制造工艺的简化，这就导出了器件耐压与功率变换电压等级的矛盾。为解决这一矛盾，一般有功率器件串/并联、功率变换装置串/并联（即多重化）以及多电平变换等几种应对措施。下面对逆变中的多电平技术与多重化技术做介绍。

1. 多电平逆变　多电平逆变电路主要有三种拓扑类型：二极管箝位式、飞跨电容式和级联式，它们都以串联的功率开关对组成的普通半桥为基本结构，与二极管、电容、独立电源等组合而成的。多电平技术发源于中点箝位式逆变电路，最早由日本学者在 20 世纪 80 年代初提出，其一个臂的结构如图12.3-42(a)所示。这个电路的特点是直流母线由两个电容分压成母线正、母线负和母线中点三个电位，每桥臂用四个逆导开关管串联，用一对串联箝位二极管与内侧开关管并联，其中心抽头与母线中点电平连接，实现中点箝位，四开关管的中间连接处为电压输出点。这就是后来被叫做 3 电平二极管箝位逆变电路的结构，其特点是每个功率器件的理论耐压要求都只有母线电压的一半，单桥臂可以输出 3 个电平，即以直流电位中点为参考的单极性波形；两电平桥臂（即普通两开关桥臂）开关器件耐压要求与直流母线电压相当，成 2 个电平/双极性输出，与之形成对比。这种结构可以无限扩展到 n 电平情况（$n>3$），例如一个臂的 5 电平二极管箝

位逆变电路画在图 12.3-42(b)中。n 电平二极管箝位逆变电路需要直流分压电容($n-1$)个串联，每臂主开关器件 $2(n-1)$个串联，每臂的箝位二极管数量为$(n-1)(n-2)$个，每$(n-1)$个串联后分别跨接在正负半臂对应开关器件之间进行箝位。

图 12.3-42(c)、(d)、(e)、(f)给出了飞跨电容式 3 电平、5 电平逆变器单臂以及级联式 5 电平、9 电平单相逆变器的结构。n 电平飞跨电容式逆变电路每臂需开关器件为 $2(n-1)$个，直流分压电容($n-1$)个以及箝位电容($n-1$)($n-2$)/2 个；n 电平单相级联逆变电路则需要($n-1$)/2 个独立电源，$2(n-1)$个主开关器件。以上结构各自可形成单相逆变器，也可三套组合而成三相逆变系统，各有自身的长短处和众多改进方案。这几种结构具有一些突出的优点，也就是所有多电平技术共有的优点：每个功率器件仅承受整个直流电源电压的 $1/(n-1)$（n 为电平数），可以用相对低耐压的器件实现高压大功率输出，无需动态均压电路；电平数的增加，改善了输出电压波形，每臂/相输出可以有 n 个电平，减小了输出电压波形畸变（THD）；可以以较低的开关频率获得和高开关频率下两电平变流器相同的输出电压波形，因而开关损耗小，效率高；由于电平数的增加，在相同的直流电压条件下，较之于两电平变流器，du/dt 应力大为减少，改善了装置的 EMI 特性；在一定的输出电压要求、器件耐压等级和电平数下，有可能去除输出变压器进行直接变换，大大减小系统的体积和损耗。

2. 多电平工频矩形波叠加逆变　以脉宽调制技术为代表的斩控技术可以大幅度提高开关功率逆变器的性能，但在大功率场合，高电压大电流开关器件的开关速度是相当有限的，这在一定程度上制约了类似技术的应用。实际上还存在另一种逆变输出性能改善技术，即工频矩形波变换器多电平叠加的逆变技术，它不同于以时间维度上开关速度换取谐波性能，而是以多组低速开关的变换器在空间上的组合换取谐波性能。由矩形波的傅里叶分析可知，存在这样的可能性：将多组矩形波逆变器加以组合输出，合理调整它们的幅度、相位，使得输出电压形成类似阶梯形状的波形，可以有效消除组合输出中的某些谐波成分，这是此种方法的基本思路。由于矩形波叠加技术一般应用在大功率场合，以三相居多，以下是一个三相矩形波叠加逆变的例子。

如图 12.3-43(a)为主电路结构，该逆变器使用同一直流母线，每一方框都是一套单相全桥移相矩形波逆变器，共 A、B、C、D、E、F 六组，其中 A、B、C 三组等幅，相位各差 120°，D、E、F 输出相位分别滞后 A、B、C 输出 30°，幅度则是它们的 0.866 倍，

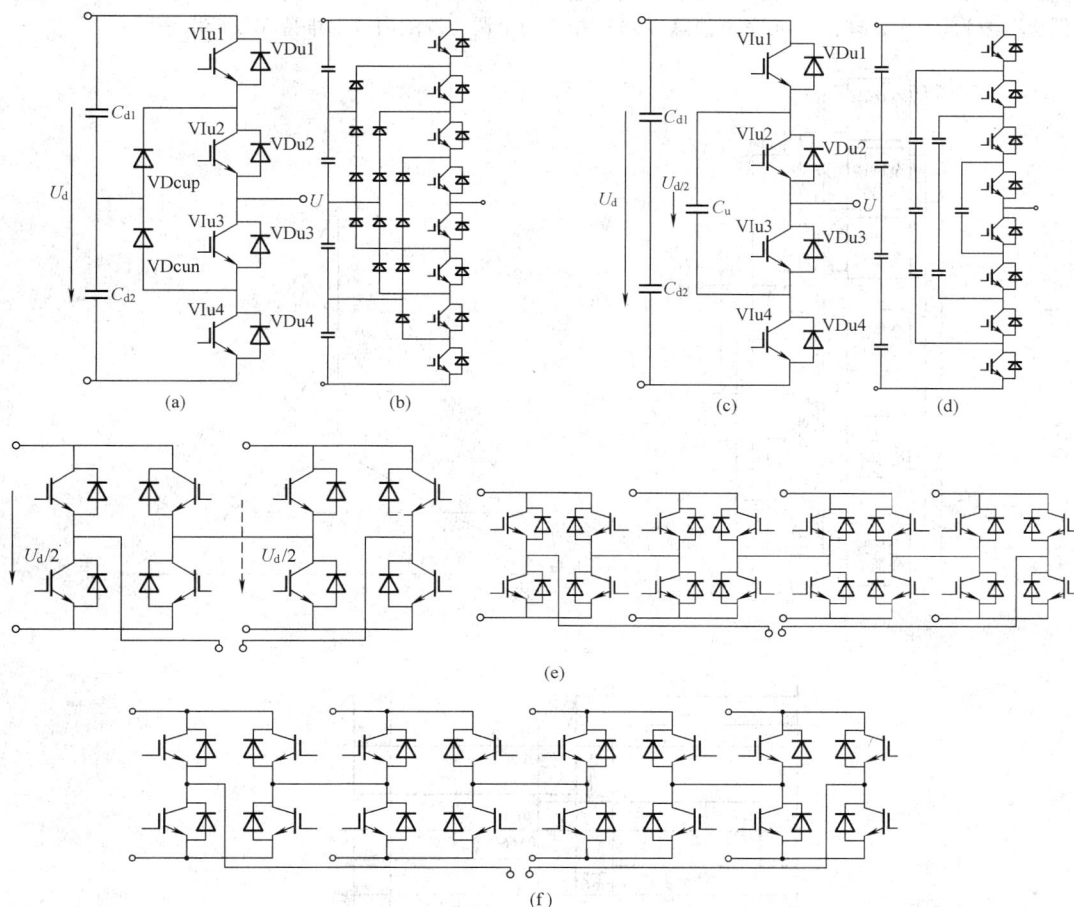

图 12.3－42　多电平变流器主电路的典型结构

(a)中点箝位(NPC)塑变桥臂结构；(b)5电平二极管箝位塑变桥；(c)3电平飞跨电容式逆变桥臂；
(d)5电平飞跨电容式逆变桥臂；(e)5电平级联式单相逆变器；(f)9电平级联式单相逆变器

输出经变压器各有正负两组，考虑各全桥逆变单元内部两桥臂控制脉冲相差角度为 α，输出电压脉宽为 τ，它们各自的基波为

$$U_{A1} = \frac{4U_d}{\pi} \sin \frac{\tau}{2} \sin \omega t$$

$$U_{B1} = \frac{4U_d}{\pi} \sin \frac{\tau}{2} \sin\left(\omega t - \frac{2\pi}{3}\right)$$

$$U_{C1} = \frac{4U_d}{\pi} \sin \frac{\tau}{2} \sin\left(\omega t - \frac{4\pi}{3}\right)$$

$$U_{D1} = \frac{4U_d}{\sqrt{3}\,\pi} \sin \frac{\tau}{2} \sin\left(\omega t - \frac{\pi}{6}\right)$$

$$U_{E1} = \frac{4U_d}{\sqrt{3}\,\pi} \sin \frac{\tau}{2} \sin\left(\omega t - \frac{2\pi}{3} - \frac{\pi}{6}\right)$$

$$U_{F1} = \frac{4U_d}{\sqrt{3}\,\pi} \sin \frac{\tau}{2} \sin\left(\omega t - \frac{4\pi}{3} - \frac{\pi}{6}\right)$$

三相输出组合为

$$\begin{cases} u_{UO} = u_A + u_D - u_E \\ u_{VO} = u_B + u_E - u_F \\ u_{WO} = u_C + u_F - u_D \end{cases}$$

那么从上两组表达式可计算得到输出相、线电压第 n 次谐波的幅值为(n 为奇数)

$$\begin{cases} u_{UOnm} = \dfrac{4U_d}{n\pi} \cos \dfrac{n}{2} \dfrac{\alpha}{2}\left(1 + \dfrac{2}{\sqrt{3}} \cos \dfrac{n\pi}{6}\right) \\ u_{UVnm} = \dfrac{4U_d}{n\pi} \cos \dfrac{n}{2} \dfrac{\alpha}{2}\left(1 + \dfrac{2}{\sqrt{3}} \cos \dfrac{n\pi}{6}\right) 2\sin \dfrac{n\pi}{3} \end{cases}$$

图 12.3－43(b)画出了各参与组合矢量的关系，图 12.3－43(c)则示意了各全桥单元在最大输出脉宽 π 时的相关波形，在系统进行电压调节时，各单元保持一致的移相角，不同移相角下的波形、谐波分布以及直流电压利用率，可自行分析。从上述分析可知，

这种叠加结构的所有功率开关均按工频动作，而线电压最低次谐波为 11 次，理论上在完全消除了对三相系统影响很大的 5、7 次谐波，而 11、13 次谐波在整个调压范围内也都维持在较低水平。

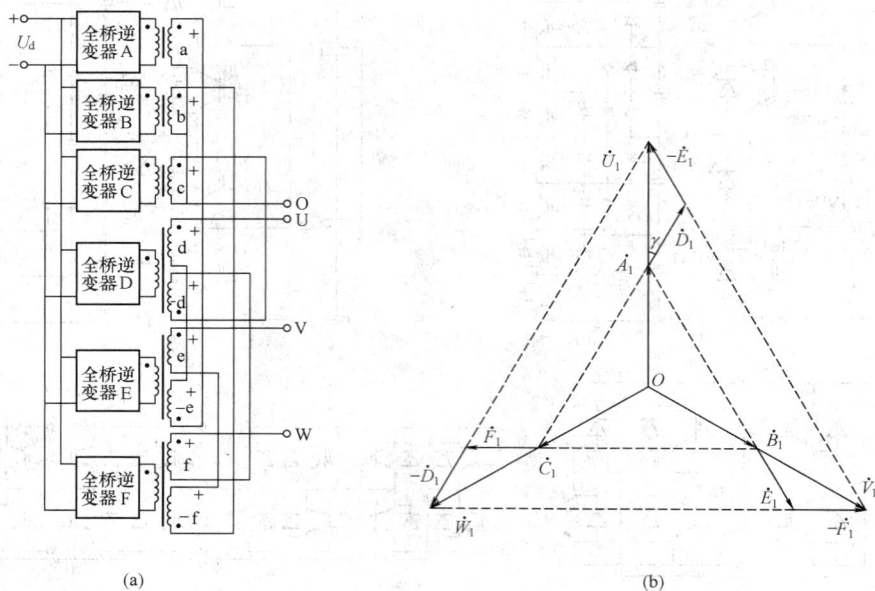

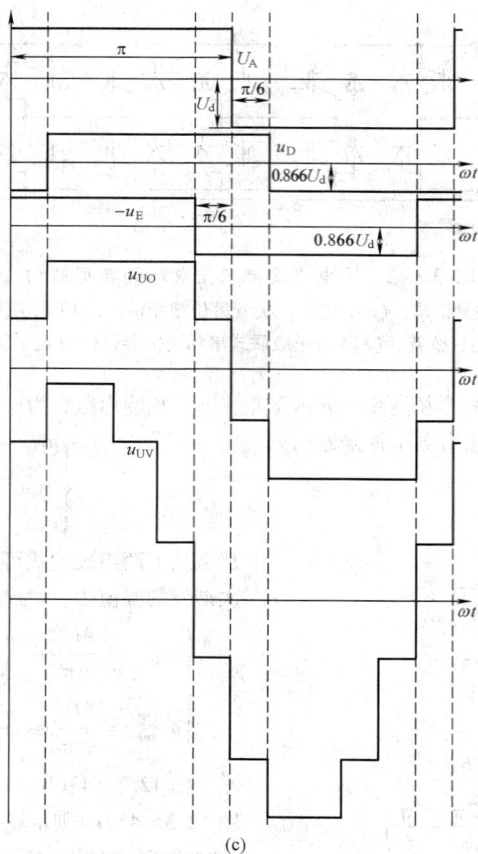

(a)

(b)

(c)

图 12.3-43 一种三相矩形波叠加逆变示意图

(a)主电路结构；(b)矢量关系图；(c)全桥移相逆变单元输出脉宽为 π 时的各输出电压波形

工频矩形波叠加逆变的长处短处都是明显的，它能够以低开关频率实现较好的输出谐波性能，控制相对简单，适宜于大功率、需要隔离的场合；需要比较多数量的功率开关，变压器笨重复杂。应该看到，和PWM技术的根本原则是以单位时间内较多开关次数获得好的谐波性能类似，叠加技术是以较多参与组合的逆变单元数为改善谐波性能条件的。例如在上面例子中，如果要通过叠加技术消除11、13次谐波也是完全可能的，只是要增加更多的逆变单元，经过更复杂的角度、幅度组合，也就是需要增加功率开关、变压器以及控制检测电路。在实际电路方案设计中，往往同时采用几种技术措施改善输出电压波形，从而在满足性能指标要求同时减轻使用单一技术所需的代价。例如多重叠加的PWM逆变技术就被广泛研究和应用于实践当中，其基本思路是在原先矩形波叠加逆变器的每一个逆变单元中进一步采用PWM控制，可以兼顾叠加对每单元输出电压较低的谐波要求，并发挥功率器件的开关能力(如GTO，工作在几百赫兹以下)，以求得最佳的性能代价比。随着半导体功率器件技术的进步，大容量功率开关的开关速度逐渐提升，与PWM等先进技术的结合是其明确发展方向。

3.3.4　逆变电路的吸收与保护

逆变电路的吸收与保护与一般开关功率变流电路吸收与保护有很多共通之处，如工作原理、参数选取等，但也有其独特的地方，简述如下。半导体功率开关管的吸收主要是为了确保器件工作在安全工作区内，抑制过高的电流下降率所导致的关断瞬时电压尖峰，或者控制期间开通时过高电流上升率所导致的二极管反向恢复问题以及相应电磁兼容问题，后两者也被叫做电压/电流箝位电路。

吸收电路不外乎与功率开关并联容性支路/串联感性支路两种方式。在逆变器最为常见的电压源桥式电路中，功率开关成对串联后跨接在电压源两端，输出端电流相对开关状态转换时间而言大多稳定少动，使得这类电路的吸收附加结构与单端变流器有所不同，两管往往可以共享吸收电路。图12.3－44中绘制了几种桥式逆变电路常用的吸收/箝位电路，其中图(a)是最简单的桥臂尖峰电压箝位电路；图(b)则是改进的桥臂箝位电路，加入了二极管—电阻对箝位电容进行充放电不对称处理，可以抑制母线分布电感与箝位电容之间的振荡；图(c)则是最为常规的器件关断RC吸收的桥臂形式，用于器件关断伏安轨迹的改善；图(d)则是将图(b)当中上下管公用的箝位电路拆分为针对单管的两套，可以在实际安装中摆放距离较近，减小吸收箝位电路物理尺寸带来的寄生参

数，改善效果；图(e)是臂内两管公用的开通吸收电路，多数情况下都使用了虚框中的附加箝位电容；而图(f)则是由学者Undland提出的著名的最简开通—关断统一桥臂吸收电路结构，可以使用最少的附加元件实现上下两管的开通和关断吸收。

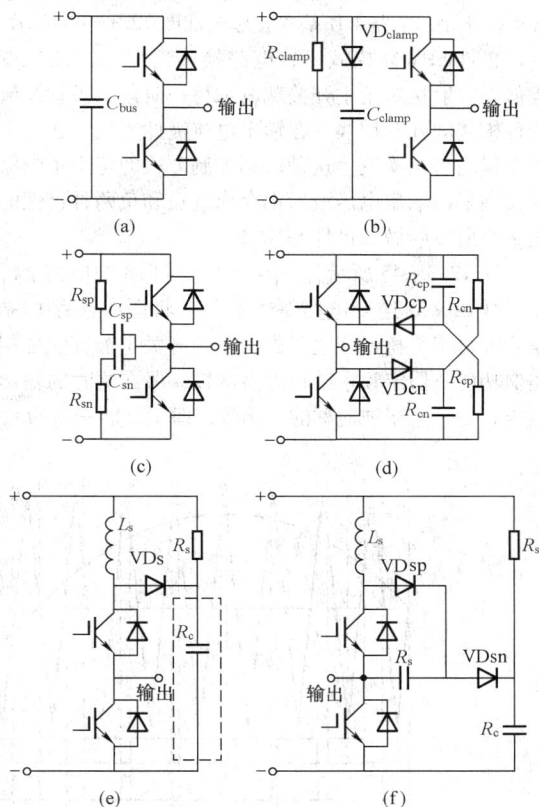

图 12.3－44　一些常见的逆变桥吸收/箝位电路
(a)桥臂母线箝位电路；(b)桥臂母线有损耗箝位电路；
(c)桥臂关断吸收电路；(d)增强的功率管电压箝位电路；
(e)桥臂电流吸收电路；(f)Undland 吸收电路

3.3.5　PWM 控制方法

PWM控制是"脉冲宽度调制"的英文缩写。逆变电路采用幅值、极性周期性变化的调制波，输出电压基波也具备同样性质。所谓SPWM是"正弦脉冲宽度调制"的英文缩写，采用标准正弦波作为PWM调制波，是目前运用最为广泛的逆变控制技术，其基本原理又可分为单极性和双极性调制两类，下面以最基本的双极性SPWM为例加以介绍。

SPWM采用的调制波为正弦波

$$u_s = U_{sm}\sin\omega t$$

式中，载波 u_c 是峰-峰值为 $2U_{cm}$ 频率为 f_c 的三角波，其中 $\omega = 2\pi f$ 为逆变器输出基波角频率。定义幅度调制比为

$$m_a = U_{sm}/U_{cm}$$

频率调制比为

$$m_f = f_c/f$$

全桥对角功率开关采用相同控制信号，具体控制逻辑是：当 $u_s > u_c$，允许 S1、S3 导通；反之则允许 S2、S4 导通。于是，电路工作基本波形图如图 12.3-45 所示。在双极性 SPWM 模式下，电路换流情况与方波逆变类似，一般在对角主开关载流和另一对角二极管续流两种模式间强制切换，在输出电流极性变化时才会出现桥臂内自然换流。这种调制控制方式的每个主电路开关周期内输出电压波形都会出现正和负两种极性的电平，所以叫做双极性 SPWM。

图 12.3-45 所示为 $m_f = 15$，$m_a = 0.8$ 的单相全桥双极性 SPWM 逆变电路基本波形，将图中两路控制信号加之于半桥逆变电路的上下两开关也能够实现相类似功能。假定频率调制比为奇数，那么这时的输出电压 u_o 是一个半波对称的奇函数，即 $u_o(t) = -u_o(-t)$，

且 $u_o(t) = -u_o(t + 0.5/f)$，这样的波形不包含偶次谐波，对 u_o 进行傅里叶展开，其余弦项系数均为零。实际上单相 SPWM 的频率调制比往往选择为奇数，且调制波和载波极性安排最好能够以相反的方向过零。如果同向过零，在零点附近调制波斜率达到最大，可能有较长时段与载波幅值相近，在实用中抗干扰性能差，则

$$u_o = \sum_n B_n \sin n\omega t \qquad (n = 1, 3, 5, \cdots)$$

式中

$$B_n = \frac{4U_d}{\pi} \Big[\int_0^{\alpha_1} \sin n\omega t \mathrm{d}\omega t - \int_{\alpha_1}^{\alpha_2} \sin n\omega t \mathrm{d}\omega t + \int_{\alpha_2}^{\alpha_3} \sin n\omega t \mathrm{d}\omega t + \cdots \int_{\frac{\alpha_{mf-1}}{2}}^{\pi/2} \sin n\omega t \mathrm{d}\omega t \Big]$$

$$= \frac{4U_d}{n\pi} \big(1 - 2\cos n\alpha_1 + 2\cos n\alpha_2 - 2\cos n\alpha_3 + \cdots + 2\cos n\alpha_{\frac{mf-1}{2}} \big)$$

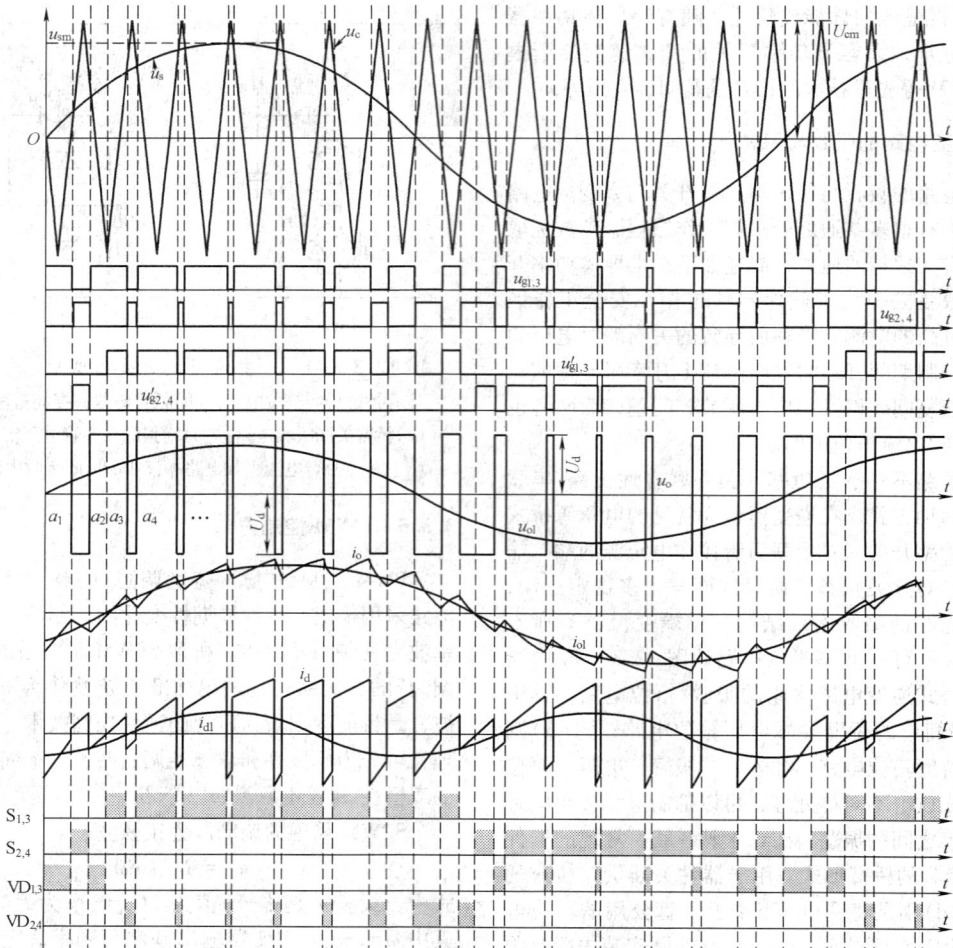

图 12.3-45 单相双极性 SPWM 原理与波形

式中，各开关角 α_i 如图 12.3 - 45 所示，表示在输出电压基波前四分之一周期内 u_o 极性翻转的各时刻点。由此可以计算输出电压的各次谐波幅值。据此考察方波逆变的情况，相当于 $m_f = 1$，式中除第一项积分范围为 0~90°有效，其余项均为零，所得结果和方波逆变一致。改变 m_a 就可以改变各开关角的分布，从而达到调节输出电压的目的。结合 SPWM 载波、调制波的解析表达式和上式，输出电压谐波可以精确计算，但是不难看到，在 m_f 很大、m_a 变动的情况下，这样的计算是比较繁琐的，在 m_f 不是奇数甚至不是整数的情况下就更加复杂。分析测试表明，在较大的频率调制比下（即载波频率远高于调制波基波频率），m_f 不是奇数或者不是整数的输出谐波的情况和以上典型分析差别很小。工程上对 SPWM 逆变通常采用电压平均值模型进行输出基波电压计算，而不采用前面提到的精确而繁复的解析分析。

在使用平均值模型分析前先介绍一下 PWM 技术的理论基础：面积等效原理。在采样控制理论中有一个重要结论，即将形状不同但面积相等的窄脉冲加之于线性惯性环节时，得到的输出效果基本相同。考察图 12.3 - 46(a)、(b)、(c)、(d) 所示四个窄脉冲，分别是矩形、三角形、正弦半波形窄脉冲和理想单位脉冲函数。如果分别以它们为波形的电压源 $u(t)$ 在零时刻突加到电阻、电感串联负载上，如图 12.3 - 46(e) 所示，且负载时间常数远大于激励脉冲持续时间，那么得到的响应 $i(t)$ 如图 12.3 - 46(f) 所示，可见该环节对面积相等的各窄脉冲响应在下降段形状一致，只是在上升段不同，这是因为持续时间较长的下降时段体现了响应的低频成分，持续时间短的上升段体现了响应的高频分量，而各个响应按照傅里叶分析在低频段基本一致，差别存在于高频段。脉冲越窄（或者说惯性环节的时间常数跟脉冲持续时间相差越大），不同形状的等面积脉冲激励得到的响应的上升时间段所占比例就越低，在形状上就越相近。线性系统的周期窄脉冲群响应可以等效为各单个窄脉冲响应的叠加，这样某一以时间为自变量的激励函数加在惯性环节上的响应可以被等效为按时间段与之面积相等的窄脉冲序列加在同一环节上得到的响应。开关功率变流器的开关工作本质决定了其直接输出的脉冲性质，考虑所配备输出滤波器时间常数远大于开关周期，呈明显惯性环节特性，故 PWM 控制原理广泛应用于这个场合。图 12.3 - 46(g) 是等面积窄脉冲序列等效正弦半波的图示，这样等间隔出现、脉宽随正弦波瞬时值变动的脉冲序列，就是一种 SPWM 波形。

所谓平均值分析模型是指在 $f_c \gg f$ 时，可以近似

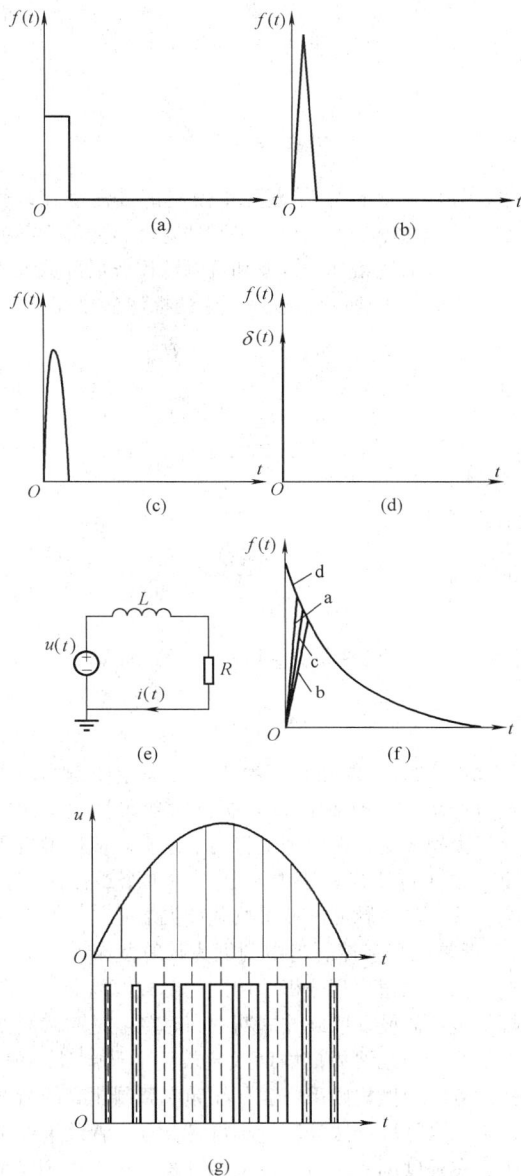

图 12.3 - 46　面积等效原理与 PWM

(a) 矩形窄脉冲；(b) 三角形窄脉冲；
(c) 正弦半波窄脉冲；(d) 单位冲击函数；
(e) 典型惯性环节；(f) 各窄脉冲激励加诸惯性环节所得大致响应波形；(g) SPWM 原始思想：以等面积恒频窄脉冲序列等效正弦半波

认为调制波 u_s 的瞬时值在一个载波周期内是恒定的，输出电压基波在一个载波周期内也同样近似为平直，这样 SPWM 输出电压在一个开关周期内的平均值等于其基波电压的瞬时值，即 $\bar{u}_o \approx u_{o1}|_{f_c \gg f}$。在任意 t 时刻所在载波周期内，调制波与载波按照 SPWM 规则比较，得到这一载波周期内输出电压平均值

$$\bar{u}_\text{o} = \frac{1}{T_\text{c}} \int_0^{T_\text{c}} u_\text{o} \mathrm{d}t = [2D(t) - 1] U_\text{d}$$

其中

$$D(t) = \frac{\tau(t)}{T_\text{c}}$$

式中，等号左侧符号为 SPWM 控制信号占空比；等号右侧分子为输出电压正电平脉冲宽度；分母为载波周期。符合上述条件的载波和调制波比较局部放大绘制如图 12.3 - 47 所示，按照图中的标注参数有

$$D(t) = \frac{\tau(t)}{T_\text{c}} = \frac{u_\text{s}(t) + U_\text{cm}}{2U_\text{cm}}$$

$$= \frac{1}{2} \left[\frac{u_\text{s}(t)}{U_\text{cm}} + 1 \right] \big|_{u_\text{s}(t) < U_\text{cm}}$$

从前式可得

$$\bar{u}_\text{o} = \frac{u_\text{s}(t)}{U_\text{cm}} U_\text{d}$$

$$\bar{u}_\text{o} \approx u_\text{o1} = m_\text{a} U_\text{d} \sin \omega t = U_\text{o1m} \sin \omega t$$

即

$$U_\text{o1m} = m_\text{a} U_\text{d} \big|_{\text{ma} \leqslant 1}$$

如图 12.3 - 47 所示，按照载波与正弦调制波实时比较产生 SPWM 脉冲序列叫做自然采样法，比较适合于模拟控制，在原理上将与上述平均值模型也不完全一致（自然采样法中调制波在单个载波周期内也会变幅，产生脉冲一般不按载波尖端时刻 t_0 左右对称），但是在数字控制当中则因为计算复杂，一般采用在上面平均值模型分析中用到的单载波周期内调制波幅值恒定假设，取载波周期中间时刻 t_0 时的调制波瞬时值为整个载波周期内两次比较用的调制波幅值，这样的方法叫做规则采样法，在频率调制比高的情况下，它比自然采样法计算量小得多，且二者效果差别很小。在幅度调制比不超过 1 的时候，双极性 SPWM 的输出电压基波幅值与幅度调制比成正比，呈现严格线性关系，沿用方波逆变的概念，有

$$C_1 = \frac{U_\text{o1m}}{4U_\text{d}/\pi} = \frac{\pi}{4} m_\text{a} = 0.7854 m_\text{a}$$

直流电压利用率

$$A_\text{V} = \frac{U_\text{o1}}{U_\text{d}} = 0.7071 m_\text{a}$$

实际上，SPWM 的定义并没有要求幅度调制比一定小于 1，在 $m_\text{a} > 1$ 时称为过调制，m_a 的增长可以使输出电压"缺口"减少，基频分量幅值进一步增长。幅度调制比趋向于无穷大时，电路工作情况就将退化为方波逆变的情况。在 $1 < m_\text{a} < m_\text{ak}$ 区间，直流电压利用率与幅度调制比呈现单调非线性相关特性，在调制

比达到和超过 m_ak 后，保持为方波输出特性，不再增加。应该指出的是，过调制除了带来直流电压利用率的有限增加，还导致输出电压低次谐波大量出现（与方波输出类似的 3、5、7 等奇数次低次谐波），这与 SPWM 初衷是有一定矛盾的，因此，过调制在强调直流电压利用率而对谐波要求不是很高的 VVVF 交流传动场合有所应用，而在对谐波要求高的 CVCF 逆变器上很少采用。

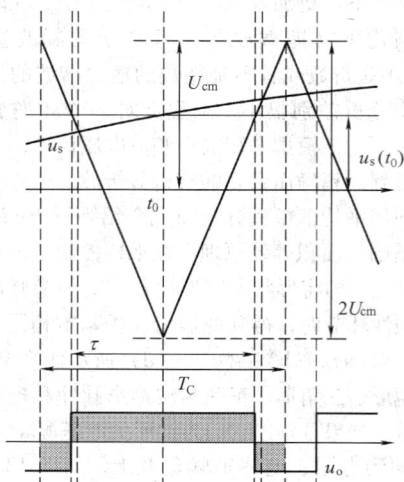

图 12.3 - 47　电压平均值模型在 SPWM 中的应用以及自然采样与规则采样

上面分析了单相全桥双极性 SPWM 逆变器的输出电压基波性能，下面就其谐波分布作一定描述。根据理论分析和计算，单相双极性 SPWM 输出频谱包含以下成分：基波成分；开关次中心谐波，谐波次为 m_f，随着幅度调制比增加，其幅值相对直流母线电压的归一化比值从最大值有所跌落；各边带谐波。边带是指以 m_f 的整数倍次谐波为中心，附近渐次衰减的上下边带谐波。按照分析假定，频率开关次谐波为奇数，输出不含偶次谐波，则各边带谐波次数为

$$h = j m_\text{f} \pm k$$

式中，j 和 k 不能同时为奇数或者偶数，以保证 h 为奇数。

此外，在过调制情况下输出电压还包含比较丰富的低次奇数次谐波，其极端情况就是方波逆变的输出情况。表 12.3 - 2 给出了在线性调制区不同幅度调制比下单相全桥双极性 SPWM 的各主要输出频率成分的幅值对直流电压 U_d 的归一化比值。

表 12.3 - 2 $m_f \gg 1$ 时双极性 SPWM 输出电压主要谐波分布（幅值对直流电压归一化比值）

h \ m_a	0.2	0.4	0.6	0.8	1.0
1	0.2	0.4	0.6	0.8	1.0
m_f	1.242	1.15	1.006	0.818	0.601
$m_f \pm 2$	0.016	0.061	0.131	0.220	0.318
$m_f \pm 4$					0.018
$2m_f \pm 1$	0.190	0.326	0.370	0.314	0.181
$2m_f \pm 3$		0.024	0.071	0.139	0.212
$2m_f \pm 5$				0.013	0.033
$3m_f$	0.335	0.123	0.083	0.171	0.113
$3m_f \pm 2$	0.044	0.139	0.203	0.176	0.062
$3m_f \pm 4$		0.012	0.047	0.104	0.157
$3m_f \pm 6$				0.016	0.044
$4m_f \pm 1$	0.163	0.157	0.008	0.105	0.068
$4m_f \pm 3$	0.012	0.070	0.132	0.115	0.009
$4m_f \pm 5$			0.034	0.084	0.119
$4m_f \pm 7$				0.017	0.050

由表 12.3 - 2 可以看到，双极性 SPWM 在线性调制区产生的输出电压最靠近基频的谐波是 $j=1$ 时的下边带，因为这一边带群衰减很快，值得考虑的最低次谐波大致为 $h=m_f- 2$ 次，频率调制比越高，它与基波在频率上相隔越远，同样幅值的谐波就越容易被滤除，这就是 SPWM 改善输出谐波性能的基本手段。频率调制比，也就是开关频率，并不是越高越好，因为高的开关频率也会带来高的电磁干扰、开关损耗，从而降低变换性能、效率。在大功率场合，虽然半导体技术已取得长足进步，但高电压/电流额定值的功率开关元件的开关速度仍然是很有限的。所以选择 SPWM 开关频率应按器件能力、听觉噪声要求以及系统性能进行权衡折衷。

3.4 交流-交流变流技术

交流-交流变流器是把一种形式的交流变成另一种形式交流的电路。在进行交流-交流变换时，可以改变电压或电流的幅值、频率和相数等。交流-交流变流器分为直接交流-交流变流器和间接交流-交流变流器。交直变频器是一种间接交流-交流变流电路，它首先通过 AC/DC 变流器将交流变换成直流，然后再通过 DC/AC 变流器将直流变换成其他频率和幅值的交流。交交变频器是直接变频器，通过一级变流电路将交流变换成其他幅值和频率的交流输出。采用晶闸管的直接交流-交流变流电路通常称为循环变流器，它是一种适合于大功率的应用的直接交流-交流变流电路。采用 GTO、IGCT、IGBT 等自关断器件构成的直接交流-交流变流电路通常称为矩阵式变流器。只改变交流电压、电流的幅值，而不改变频率的变流电路称为交流调压电路。

3.4.1 间接交流-交流变流电路

间接交流-交流变流电路由两级构成：第一级为 AC/DC 变流电路，将工频 50Hz 的交流电变换成直流；第二级为 DC/AC 变流电路，将直流变换为所需幅值和频率的交流输出。

1. 电流型交流-交流变流电路 将三相桥式整流电路和三相逆变电路级联起来，就可以构成间接交流-交流变流电路，如图 12.3 - 48 所示。三相桥式整流电路的直流输出侧串联了一个较大电感值的电抗器，这样输出电流的脉动很小，可以近视看作是电流源，通常称为电流型三相桥式整流电路。当然三相桥式整流电路输出直流电流值仍然受触发角 α 控制和直流侧负载大小影响。图中三相逆变电路的直流侧输入近视看作是电流源，通常称为电流型逆变电路。这样由电流型三相桥式整流电路和电流型逆变电路构成间接交流-交流变流电路称为电流型交流-交流变流电路。

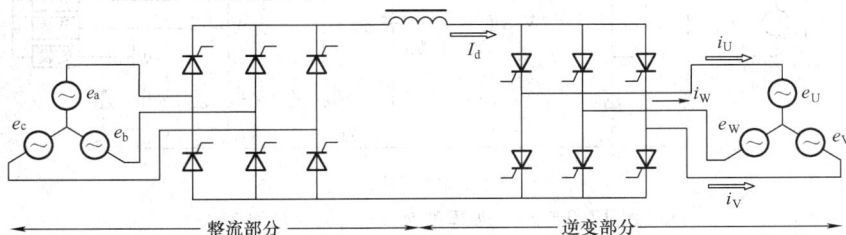

图 12.3 - 48 电流型交流-交流变流电路

电流型交流-交流变流电路由于采用晶闸管作为开关元件，适合于大容量应用场合。由于晶闸管没有自关断能力，需要采用电网电压换流或负载电压换流。三相桥式整流电路的触发角 α 的变化范围为 $0° \sim 90°$，三相逆变电路的触发引前角 $\delta = 180° - \alpha$ 要满足条件：$\gamma + \omega t_q < \delta < 90°$，式中，$\gamma$ 为换流重叠角，t_q 为晶闸管的关断时间。

电流型交流-交流变流电路可应用于直流输电系统，大容量电动机调速装置。它输入的有功功率为

$$P = \sqrt{3} EI \cos\alpha \qquad (12.3 - 47)$$

式中，E 为输入交流线电压的有效值；I 为输入交流电流的有效值。

它输入的无功功率为

$$Q = \sqrt{3} EI \sin\alpha \qquad (12.3 - 48)$$

将上述有功功率和无功功率与触发角 α 的关系表示在图 12.3 - 49 中。从图中可以看出：无论三相变流器工作在整流或逆变状态，均要从交流侧吸收无功功率。电流型交流-交流变流电路存在无功功率的问题。因此，实际应用时在电流型交流-交流变流电路的输入

和输出两侧需要安装补偿电容器，以补偿无功功率，一般无功功率补偿装置兼有高次谐波的滤波功能。

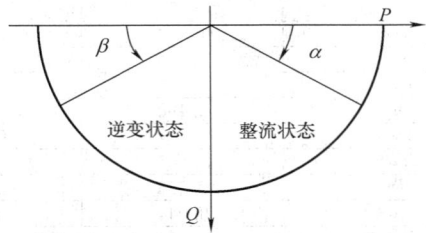

图 12.3 - 49 电流型整流器（逆变器）的
有功功率与无功功率的控制特性

感应式电动机只能吸收无功功率而不能发出无功功率，电流型交流-交流变流电路要从输出侧吸收无功功率，因此它不能驱动感应式电动机，一般用于驱动同步电动机。电流型交流-交流变流电路的输入或输出电流均是台阶型的，由它与同步电动机构成的调速系统具有直流电动机的性能，因此被称为无换相器（直流）电动机。

2. 电压型交流-交流变流电路 （见图12.3 - 50）

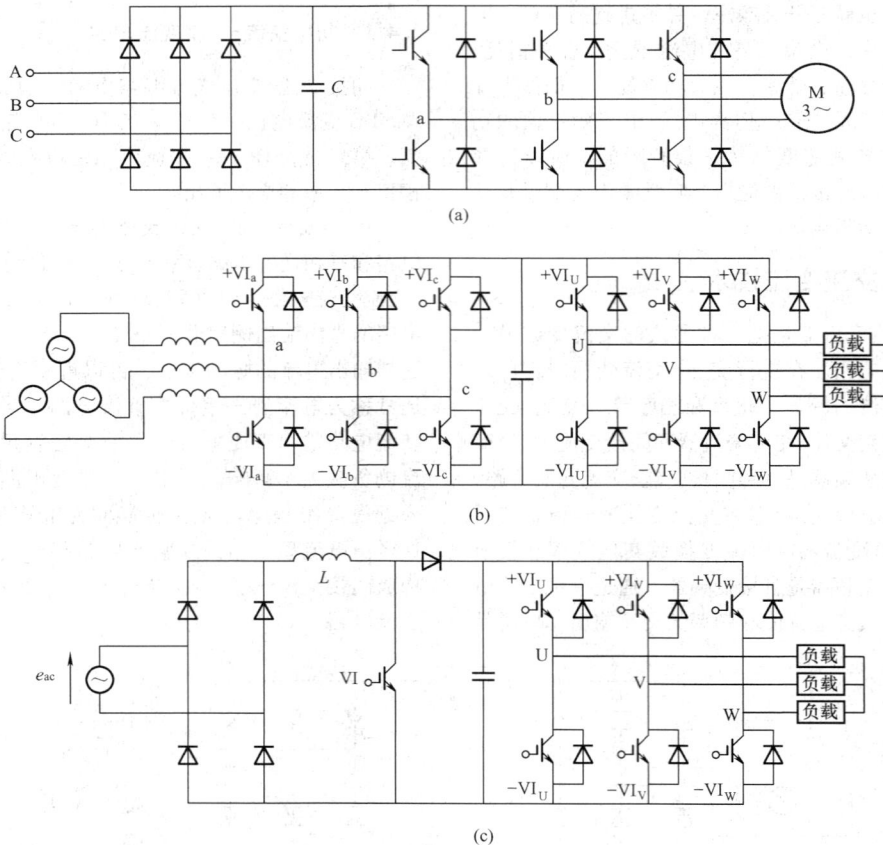

(a)

(b)

(c)

图 12.3 - 50 电压型交流-交流变流电路
（a）二极管整流电路+PWM 逆变电路；（b）双 PWM 变流器；（c）单相 PFC 电路+逆变电路

为电压型交流-交流变流电路，中间直流滤波环节是一个大容量的电容，直流侧电压脉动较小，可视为恒电源，因此被称为电压型交流-交流变流电路。若电压型交流-交流变流电路工作在变压、变频方式，广泛应用于电动机变频调速装置；若电压型交流-交流变流电路工作在恒压、恒频方式，广泛应用于逆变电源、UPS。

如图 12.3-50(a) 所示，整流器部分采用直流侧电容滤波的二极管整流电路，由于其成本低，目前用得较多，但存在交流侧谐波和电磁兼容问题，为缓解这个问题，一般在交流输入侧插入滤波电抗器。该电路广泛应用在小功率电动机调速装置中。

如图 12.3-50(b) 所示，电压型交流-交流变流电路中，整流器采用三相 PWM 整流电路时，输入电流近似为正弦波，而且功率因数接近 1，具有较高的电磁兼容性能。如图 12.3-50(c) 所示，整流器部分采用具有功率因数校正功能的单相整流电路的电压型交流-交流变流电路，一般适合于小功率的应用场合，如空调和电冰箱电动机的控制。

3.4.2 直接交流-交流变流电路

不通过中间直流环节，实现交流-交流变换功能的电路称为直接交流-交流变流电路。直接交流-交流变流电路主要有两种：一种为循环变流器；另一种为矩阵变流器。循环变流器一般采用晶闸管作为功率开关器件，适合于大功率电动机调速的应用场合。矩阵变流器需要采用 MOSFET、IGBT、GTO 等自关断能力功率器件，适合于有能量回馈要求的电动机调速的应用场合。

1. 循环变流器 图 12.3-51 示出了实现三相交流至单相交流直接变换的循环变流器，它由两个三相桥式整流器反并联构成，输出为单相交流，可以实现输出电压、电流的四象限运行。其中输出正电流的三相桥式整流器记为 P-CONV，输出负电流的三相桥式整流器记为 N-CONV。由于 P-CONV 输出电流的极性总为正，因此 P-CONV 的输出位于电压、电流平面的第 Ⅰ、第 Ⅱ 象限。由于 N-CONV 输出电流的极性总为负，因此 N-CONV 的输出位于电压、电流

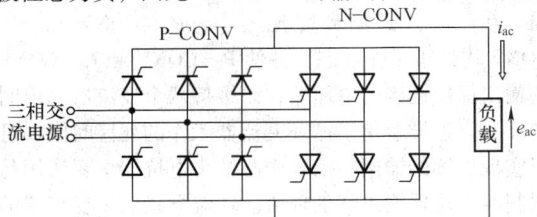

图 12.3-51 三相交流-单相交流直接
变换的循环变流器

平面的第 Ⅲ、第 Ⅳ 象限。

图 12.3-52 给出了循环变流器输出电压、电流的波形，还给出了两个反并联的三相桥式整流器 P-CONV 与 N-CONV 在输出波形的一个周期中工作状态的切换过程，以及在输出波形的一个周期中触发角 α 的变换过程，这里忽略输出电压与电流的谐波。这样输出电压是频率 ω_o 的正弦波，输出电流也是频率 ω_o 的正弦波，但输出电流滞后于输出电压相位角 θ。我们知道三相桥式整流器的输出电压为 $U_d = \dfrac{3\sqrt{6}}{\pi}U_2\cos\alpha$，通过调节触发角 α，可以改变三相桥式整流器的输出电压，循环变流器输出最大电压幅值为 $\dfrac{3\sqrt{6}}{\pi}U_2$，式中，$U_2$ 为输入交流相电压的有效值。假定循环变流器输出电压为 $u_o = U_m\sin(\omega_o t + \theta)$，式中，$U_m$ 是循环变流器输出正弦波电压的幅值，令 $u_o = U_d$，也即

$$U_m\sin(\omega_o t + \theta) = \frac{3\sqrt{6}}{\pi}U_2\cos\alpha \qquad (12.3-49)$$

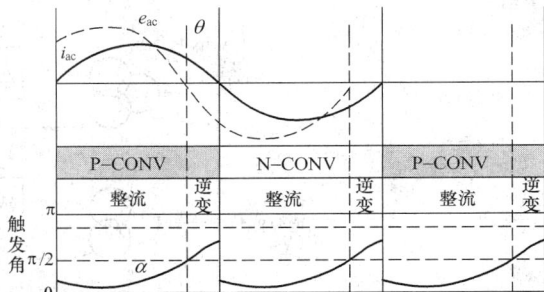

图 12.3-52 循环变流器中 P-CONV 与
N-CONV 工作的切换过程

由上式，求出循环变流器触发角 α 为

$$\alpha = \arccos[k\sin(\omega_o t + \theta)] \qquad (12.3-50)$$

式中，幅值系数 $k = \dfrac{\pi}{3\sqrt{6}}\dfrac{U_m}{U_2}$。

如图 12.3-52 所示，当循环变流器的输出电流从正极性变为负极性时，输出电流也由 P-CONV 承担切换到 N-CONV，即输出电流的过零点是 P-CONV 与 N-CONV 工作的切换时刻。在循环变流器的输出电压过零以后的一段时间里，输出电压与输出电流极性相反，在这段时间里，循环变流器中当前工作的三相桥式整流器处于逆变状态。因此当循环变流器的输出电压从正极性变为负极性时，当前工作的三相桥式整流器由整流状态转变成逆变状态，即循环变流器的输出电压的过零点是整流状态转换到逆变状态的切换时刻。

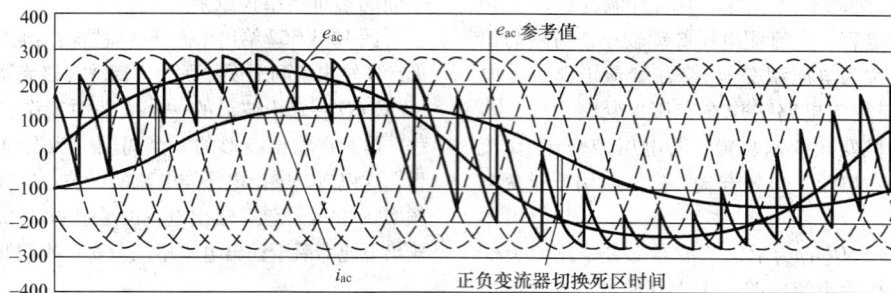

图 12.3 - 53　循环变流器输出波形

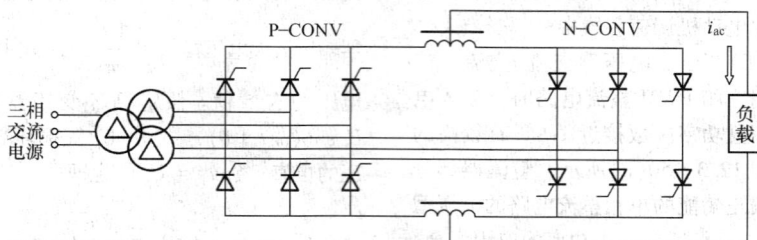

图 12.3 - 54　环流方式循环变流器

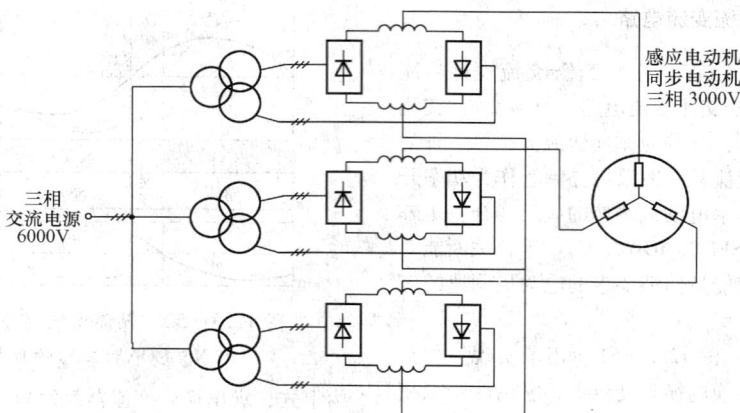

图 12.3 - 55　三相交流输出循环变流器

图 12.3 - 53 给出循环变流器输出幅值系数 $k =$ 0.9，输出频率为 12.5Hz 时输出波形的情况。为了在输出电流的过零点实现 P - CONV 到 N - CONV 的切换，需要检测输出电流，一旦检测到输出电流为零，同时封锁 P - CONV 和 N - CONV 触发信号，直到先前导电的晶闸管电流过零并关断后，开放反并联的变流器的触发信号。在输出电流过零点后，封锁 P - CONV 和 N - CONV 触发信号，并使 P - CONV 和 N - CONV 均休息一小段时刻，休息时刻要大于晶闸管的关断时间 t_q，否则会发生 P - CONV 和 N - CONV 同时导电，输入交流电源被短路的故障。大容量晶闸管的关断时间 t_q 约数百微秒，死区时间会对循环变流器输出性能产生影响。这种工作方式的循环变流器成

为无环流循环变流器。

在高输出波形质量要求的应用场合，使循环变流器工作在有环流方式，如图 12.3 - 54 所示，P - CONV 和 N - CONV 的输入端要有变压器隔离，在 P - CONV 和 N - CONV 的输出端之间插入中心抽头电抗器。在环流方式循环变流器中，P - CONV 和 N - CONV 均处于工作状态，并使 P - CONV 和 N - CONV 的输出保持适当的电压差，以维持两个变流器输出间的环流。这样避免了循环变流器工作的死区时间，可以实现连续的输出。插入中心抽头电抗器主要作用是限制两变流器输出间的环流。环流方式循环变流器的输出电压等于 P - CONV 和 N - CONV 输出电压的平均值。

如图 12.3－54 所示，循环变流器的输出电压是用输入三相交流电压的各时间区间的电压波形片段的拼接，去近似一个正弦波。因此，循环变流器输出电压的频率受到限制。输出电压的频率上限实际上受到输入电网的谐波和输出负荷的谐波含量的限制。一般认为，环流方式循环变流器的输出频率的上限为输入电源频率的 1/2，无环流方式循环变流器的输出频率的上限为输入电源频率的 1/3。

循环变流器存在输入电流谐波严重和功率因数低的缺点。循环变流器成功地应用于数兆瓦轧钢机的传动控制。图 12.3－55 给出采用三个有前面介绍电路组合成一个三相交流输出的循环变流器，可用于 3000V 以上电动机的驱动。由于循环变流器采用网侧电压换流，因此它可以用于驱动感应电动机。

2．矩阵变流器　矩阵变流器是另一种直接交流-交流变流电路。它的电路拓扑与循环变流器相同。然后，矩阵变流器不采用晶闸管，而采用具有自关断能力的半导体功率器件。循环变流器输出电压的频率总是低于输入频率。而矩阵变流器可以产生任意频率的正弦波输出。图 12.3－56(a) 为三相输入三相输出的矩阵变流器的电路。这里 $S_{ua} \sim S_{wc}$ 为双向开关，它一般由两个功率器件组合构成，如将两个已反并联二极管的 IGBT，再反向串联起来。或者将两个逆阻型 IGBT 反并联起来。图 12.3－56(a) 输入侧的 $L_f C_f$ 滤波器用于抑制开关频率的电流谐波流入电源。开关部分可以表示成图 12.3－56(b) 所示的 9 个开关元件构成 3×3 矩阵形式，这就是矩阵变流器名称的由来。

矩阵变流器具有如下优点：①由于不存在直流中间环节，因此省去了笨重直流滤波电抗器或寿命较短的直流滤波电解电容器；②具有高的功率因数，矩阵变流器采用 PWM 控制，不仅可以输出正弦波，而且还可以控制输入电流的功率因数；③能量可双向流动，可以实现 4 象限运行；④不通过中间直流环节而直接实现变换，电流回路通过输入与输出之间串联的开关器件的数目减少，提高了功率变换的效率。如图 12.3－56(a) 所示，对于交直交变换装置，整流电路中电流通过的串联的开关器件是两个，逆变电路中电流通过的串联的开关器件也是两个，因此交直交变换装置中输入与输出之间电流要通过 4 个串联的功率器件。如图 12.3－57(b) 所示，对于矩阵变流器，则输入与输出之间电流只通过 2 个串联的功率器件。

（1）矩阵变流器的控制原理。矩阵变流器由 3×3 的开关矩阵构成。依据三相输出的电压的指令值和输入三相电压 u_u、u_v、u_w 的瞬时相位，对开关矩阵中的九个双向开关进行 PWM 控制。假定 PWM 控制的开关频率比输入交流和输出交流的频率高得多，那么可以近似认为输出电压在一个开关周期 T_s 里保持不变。M. Venturini 提出如下控制方案

$$\begin{bmatrix} u_a \\ u_b \\ u_c \end{bmatrix} = \frac{1}{T_s} \begin{bmatrix} u_u & u_v & u_w \\ u_v & u_w & u_u \\ u_w & u_u & u_v \end{bmatrix} \begin{bmatrix} t_1 \\ t_2 \\ t_3 \end{bmatrix} \qquad (12.3-51)$$

式中，u_a、u_b、u_c 为矩阵变流器的输出电压；t_1 为双向开关 S_{ua}、S_{vb}、S_{wc} 在一个开关周期 T_s 中的导电时

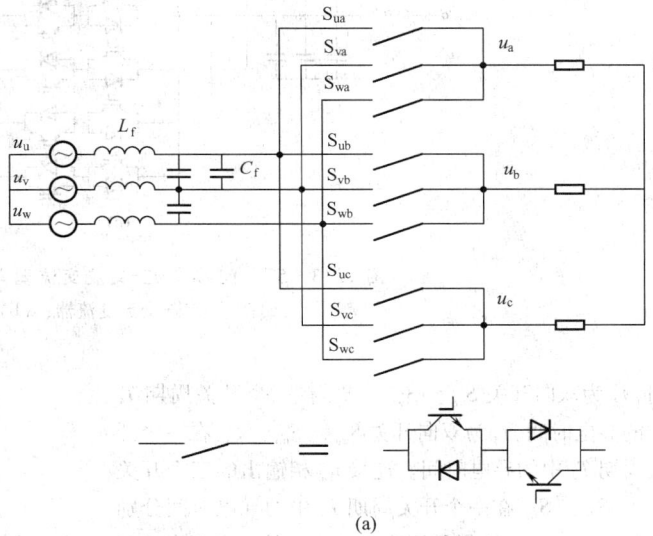

(a)

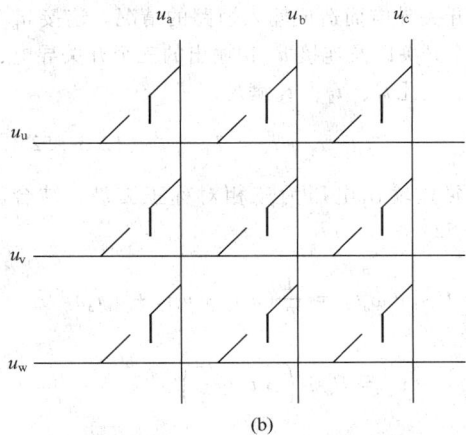

(b)

图 12.3－56　矩阵变流器
(a) 三相输入三相输出的矩阵变流器的电路；
(b) 表示成 3×3 开关元件矩阵形式

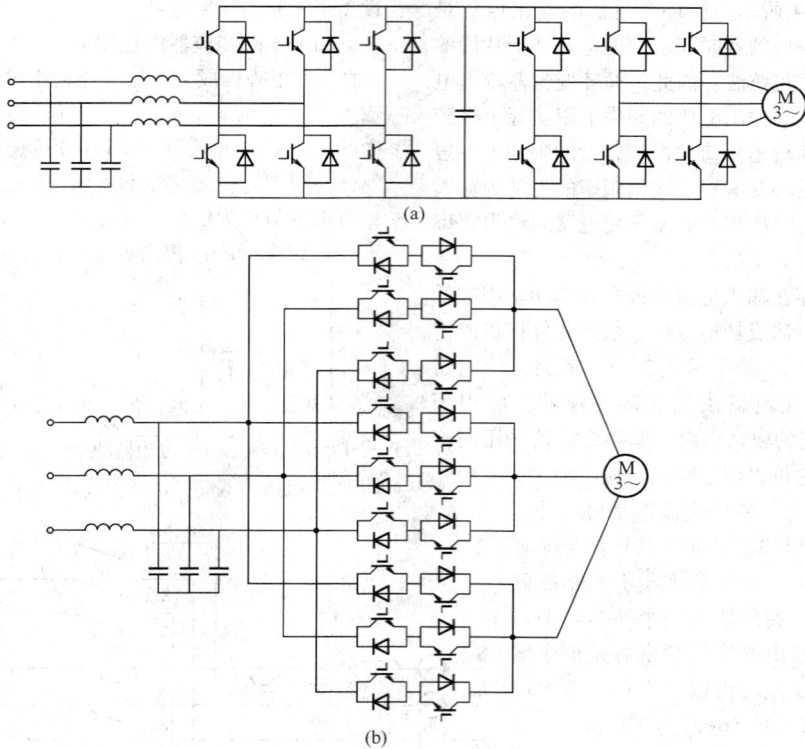

图 12.3 – 57　间接交流-交流变流器与矩阵变流器的比较
(a)间接交流-交流变流器；(b)矩阵变流器

间，t_2 为双向开关 S_{va}、S_{wb}、S_{uc} 在一个开关周期 T_s 中的导电时间，t_3 为双向开关 S_{wa}、S_{ub}、S_{vc} 在一个开关周期 T_s 中的导电时间。连接 u_a 相输出的三个开关 S_{ua}、S_{va}、S_{wa} 在一个开关周期 T_s 中的导电时间分别为 t_1、t_2、t_3，这样需要防止三个开关中有两个或两个以上的开关导电而造成输入短路的情况。连接 u_b 相输出三个开关以及连接 u_c 相输出的三个开关导电情况类似。因此 t_1、t_2、t_3 满足

$$t_1 + t_2 + t_3 = T_s \qquad (12.3-52)$$

如果希望输出电压为三相对称正弦波，结合式(12.3－52)

$$u_a = U_o\sin(\omega_o t) = \frac{1}{T_s}(u_u t_1 + u_v t_2 + u_w t_3)$$

$$u_b = U_o\sin\left(\omega_o t - \frac{2\pi}{3}\right)$$

$$= \frac{1}{T_s}(u_v t_1 + u_w t_2 + u_u t_3)$$

$$(12.3-53)$$

$$u_c = U_o\sin\left(\omega_o t + \frac{2\pi}{3}\right)$$

$$= \frac{1}{T_s}(u_w t_1 + u_u t_2 + u_v t_3)$$

另外，假定输入电压为

$$u_u = U_i\sin(\omega_i t)$$

$$u_v = U_i\sin\left(\omega_i t - \frac{2\pi}{3}\right) \qquad (12.3-54)$$

$$u_w = U_i\sin\left(\omega_i t + \frac{2\pi}{3}\right)$$

由式(12.3－52)得到

$$t_1 = T_s - t_2 - t_3 \qquad (12.3-55)$$

将式(12.3－55)代入式(12.3－53)，得到

$$(u_v - u_u)t_2 + (u_w - u_u)t_3 = (u_a - u_u)T_s$$

$$(u_w - u_v)t_2 + (u_u - u_v)t_3 = (u_b - u_v)T_s$$

$$(12.3-56)$$

$$(u_u - u_w)t_2 + (u_v - u_w)t_3 = (u_c - u_w)T_s$$

由式 (12.3 – 53)、式 (12.3 – 54) 和式 (12.3 – 56)，可以解得

$$t_1 = \left[\frac{1}{3} + \frac{2}{3}q\sin(\omega_o - \omega_i)t \right]T_s$$

$$t_2 = \left\{ \frac{1}{3} + \frac{2}{3}q\sin\left[(\omega_o - \omega_i)t + \frac{2\pi}{3} \right) \right] \right\}T_s$$

$$(12.3 - 57)$$

$$t_3 = \left\{ \frac{1}{3} + \frac{2}{3}q\sin\left[(\omega_o - \omega_i)t - \frac{2\pi}{3} \right) \right] \right\}T_s$$

式中，$q = \dfrac{U_o}{U_i}$。

可以写出输入电流与输出电流之间的关系如下

$$\begin{bmatrix} i_u \\ i_v \\ i_w \end{bmatrix} = \frac{1}{T_s}\begin{bmatrix} i_a & i_c & i_b \\ i_b & i_a & i_c \\ i_c & i_b & i_a \end{bmatrix}\begin{bmatrix} t_1 \\ t_2 \\ t_3 \end{bmatrix} \quad (12.3 - 58)$$

若三相输出电流为

$$i_a = I_o\sin(\omega_o t - \varphi_o)$$

$$i_b = I_o\sin\left(\omega_o t - \varphi_o - \frac{2\pi}{3}\right) \quad (12.3 - 59)$$

$$i_c = I_o\sin\left(\omega_o t - \varphi_o + \frac{2\pi}{3}\right)$$

代入式 (12.3 – 59)、式 (12.3 – 57) 到式 (12.3 – 58) 得到

$$i_u = qI_o\sin(\omega_i t - \varphi_o)$$

$$i_v = qI_o\sin\left(\omega_i t - \varphi_o - \frac{2\pi}{3}\right) \quad (12.3 - 60)$$

$$i_w = qI_o\sin\left(\omega_i t - \varphi_o + \frac{2\pi}{3}\right)$$

上式表明：对于 M. Venturini 的 PWM 控制方案，当矩阵变流器的输出电流为正弦波时，矩阵变流器的输入电流也是正弦波，而且输入功率因数等于输出负载的功率因数。

（2）矩阵变流器的输入电压利用率的改进。如图 12.3 – 58 (a) 所示，M. Venturini 的 PWM 控制方案用第一行的 3 个开关 S_{ua}、S_{va} 和 S_{wa} 共同作用来构造 A 相的输出电压 u_a，可以利用三相相电压包络线内的

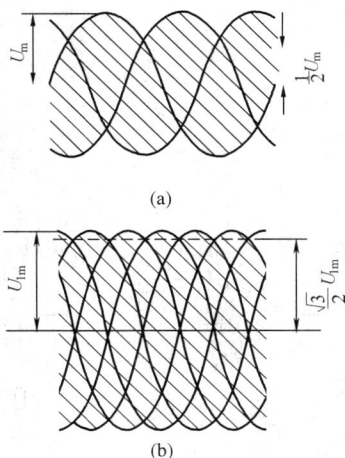

图 12.3 – 58　矩阵变流器的输入
电压利用率的改进
（a）M. Venturini 的 PWM 控制方案输入电压
的可利用部分；（b）改进的控制方案
输入电压的可利用部分

部分。理论上所构造的输出电压 u_a 的频率大小不受限制，但如果输出 u_a 必须为正弦波，其最大幅值受到三相相电压包络线的谷点幅值的限制，则输出 u_a 最大幅值仅为输入相电压 u_u 幅值的 1/2。可见 Venturini 的 MPWM 控制方案的输入电压的利用率较低，不适合应用于电动机驱动的场合。如果利用电源线电压来构造输出线电压，例如用输出 A 相和输出 B 相的六个开关共同作用构造输出线电压 u_{ab}，可以利用三相线电压包络线内的部分。这样当要求输出线电压 u_{ab} 为正弦波，线电压输出 u_{ab} 最大幅值受到三相线电压包络线的谷点幅值的限制，则线电压输出 u_{ab} 最大幅值为输入线电压 u_{uv} 幅值的 0.866 倍，也即输出相电压 u_a 最大幅值增加为输入相电压 u_u 幅值的 0.866 倍，输入电压的利用率得到了提高。目前较流行的矩阵变流器 PWM 控制方案是虚拟交直交变流器 PWM 调制方法。

3.4.3　交流调压电路

把两个晶闸管反并联后串联在交流电路中，在每半个周波内通过对晶闸管开通相位的控制，方便地调节输出电压的有效值，即通过对晶闸管的触发角的控制实现交流电力调节，这种电路称为交流调压电路。交流调压电路不改变交流电的频率。交流调压电路广泛用于灯光控制及异步电动机的软起动。它还可以应用于在供用电系统中，实现对无功功率的连续调节。交流调压电路可分为单相交流调压电路和三相交流调压电路。

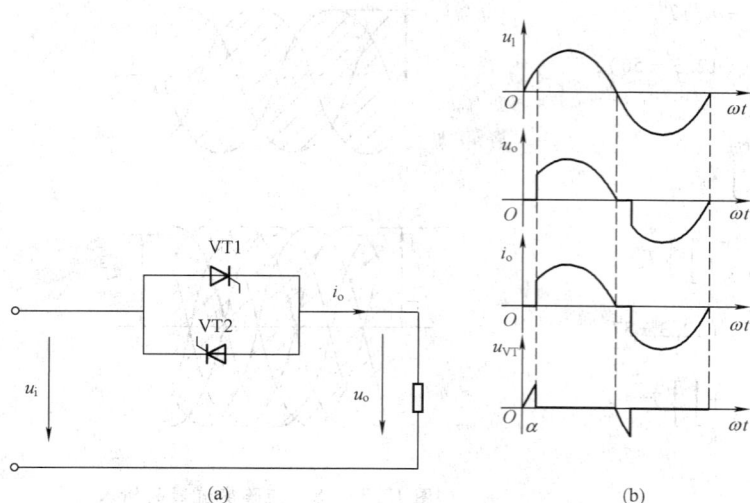

图 12.3-59 电阻性负载单相交流调压电路及波形
(a)电路图;(b)波形

1. 单相交流调压电路 交流调压电路的工作状态与负载性质密切相关,下面予以介绍。

(1)电阻性负载。图 12.3-59 为带电阻负载单相交流调压电路图及其波形,图中反并联晶闸管 VT1 和 VT2 也可以用一个双向晶闸管代替。在交流电源 u_i 的正半周和负半周,分别对 VT1 和 VT2 的触发角 α 进行控制就可以调节输出电压 u_o。正负半周触发角 α 的起始时刻,均为电压过零时刻。在稳态时,应使正负半周的触发角 α 相等,这样交流调压电路的输出为奇对称,有利于减少输出谐波。可以看出,负载电压波形是电源电压波形的一部分,负载电流和负载电压的波形相同。

从图 12.3-59(b)看出,触发角 α 的移相范围为 $0 \leqslant \alpha \leqslant \pi$。当 $\alpha = 0$ 时,晶闸管始终接通,输出电压等于输入电压,达到最大值。随着触发角 α 的增大,输出电压的有效值逐渐降低。当 $\alpha = \pi$ 时,输出电压为零。除 $\alpha = 0$ 外,随着触发角 α 的增大,输入电流滞后于电压且发生畸变。

(2)感性负载。感性负载单相交流调压电路图及其波形如图 12.3-60 所示。负载的阻抗角为

$$\varphi = \arctan\left(\frac{\omega L}{R}\right) \qquad (12.3-61)$$

如果在工频周期中晶闸管始终导通,稳态时负载电流应是正弦波,其相位将滞后于电源输入电压 u_i 的角度为 φ。在用晶闸管进行控制时,实际上只能进行滞后控制,使负载电流更为滞后,而无法使其超前。感性负载下稳态时触发角 α 的移相范围应为 $\varphi \leqslant$ $\alpha \leqslant \pi$。

VT2 导通时,情况与上面完全相同,只是负载电流 i_o 的极性相反,相位滞后 180°。

设输入电压 $u_i = \sqrt{2}U_m\sin\omega t$,在正半周,触发角 α 时刻开通晶闸管 VT1,负载电流为

$$i_o(\omega t) = \frac{\sqrt{2}U_m}{Z}\left[\sin(\omega t - \varphi) - \right.$$
$$\left.\sin(\alpha - \varphi)e^{\frac{\alpha - \omega t}{\tan\varphi}}\right]$$
$$\alpha \leqslant \omega t \leqslant \alpha + \theta$$
$$(12.3-62)$$

式中, $Z = \sqrt{R^2 + (\omega L)^2}$; θ 为晶闸管导通角。

晶闸管导通角 θ 由以下方程决定

$$\sin(\alpha + \theta - \varphi) = \sin(\alpha - \varphi)e^{\frac{-\theta}{\tan\varphi}} \qquad (12.3-63)$$

以负载的阻抗角 φ 为参变量,触发角 α 和晶闸管导通角 θ 的关系用一簇曲线来表示,如图 12.3-61 所示。

可以解出输出电压的有效值

$$U_o = U_m\sqrt{\frac{\theta}{\pi} + \frac{1}{\pi}\left[\sin 2\alpha - \sin(2\alpha + 2\theta)\right]}$$
$$(12.3-64)$$

输出电流的有效值

$$I_o = \frac{\sqrt{2}U_m}{\sqrt{\pi}Z}\sqrt{\theta - \frac{\sin\theta\cos(2\alpha + \varphi + \theta)}{\cos\varphi}}$$
$$(12.3-65)$$

当 $\varphi < \alpha \leqslant \pi$ 时, VT1 和 VT2 的导通角 θ 小于 π。 α 越小,导通角 θ 越大。当 $\alpha < \varphi$ 时,负载电流 i_o 不存在断流,其电流波形与在工频周期中晶闸管始终导通的情况一样,此时,触发角 α 失去对输出电压、电流的控制。因此,为实现对输出的控制,触发角 α 得工作范围为 $\varphi \leqslant \alpha \leqslant \pi$。

2. 三相交流调压电路 根据三相联结形式的不同,三相交流调压电路具有多种形式,如图 12.3-62 所示。

(1)星形联结电路。如图 12.3-62(a)所示,星形联结电路又可分为三相三线和三相四线两种情况。

三相四线时,相当于三个单相交流调压电路的组合,三相互相错开 $2\pi/3$ 工作。在单相交流调压电路中,电流中含有基波和各奇次谐波。如果三相电源和负载都对称,基波和 3 的整数倍次以外的谐波分别互差 $2\pi/3$,因此不流过零线。而 3 的整数倍次谐波是同相位的,全

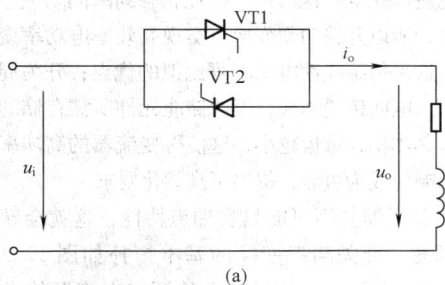

(a)

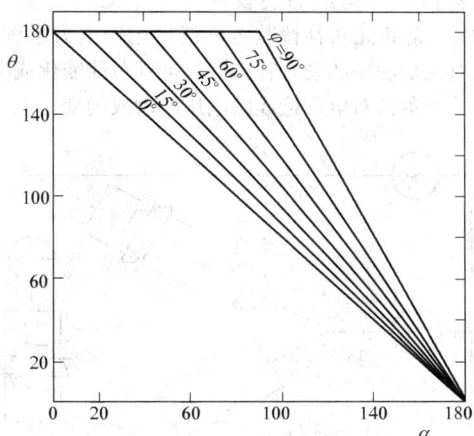

图 12.3 - 61 以阻抗角 φ 为参量，触发角
α 和导通角 θ 的关系

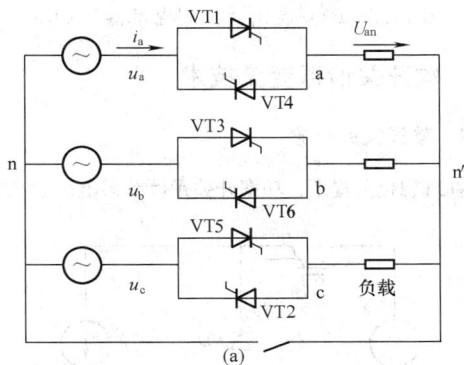

图 12.3 - 60 感性负载单相交流
调压电路及波形
(a)电路；(b)波形

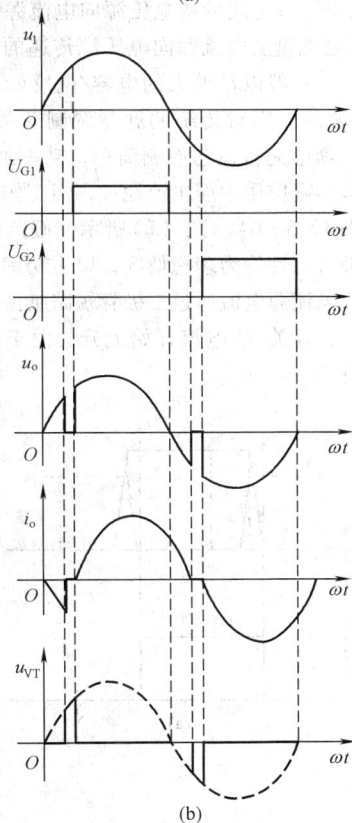

(a)

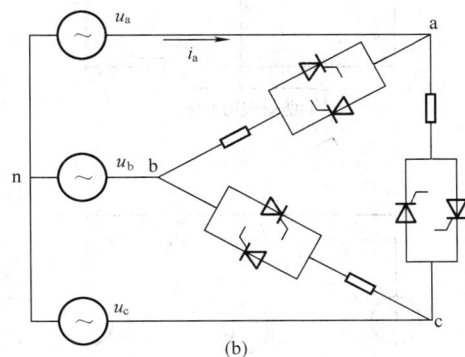

(b)

图 12.3 - 62 三相交流调压电路

部流过零线，并且叠加，因此零线中的 3 次谐波电流及其他 3 的整数倍次的谐波电流是各相的三倍。当 $\alpha = \pi/2$ 时，零线电流甚至和各相电流的有效值接近。在选择零线线径和变压器时必须注意这一问题。

（2）支路控制三角形联结电路。如图 12.3 - 62（b）所示，支路控制三角形联结电路由三个单相交流调压电路组成，三个单相电路分别在不同的线电压的作用下单独工作。因此，单相交流调压电路的分析方法和结论完全适用于支路控制三角形联结三相交流调压电路。

如果三相对称，负载电流中 3 的整数倍次谐波的相位和大小都相同，所以负载构成的三角形回路中流

动，而不出现在线电流中。因此，与三相三线星形电路相同，线电流中也没有 3 的整数倍次谐波。

支路控制三角形联结方式的一个典型应用是晶闸管控制电抗器（TCR），如图 12.3 - 63 所示。触发角移相范围为 90° ~ 180°。通过对触发角的控制，可以连续调节流过电抗器的电流，从而调节电路从电网中吸收的无功功率。如配以固定电容器，就可以在从容性到感性的范围内连续调节无功功率，这种由 TCR

和电容器组合构成的装置称为静止无功补偿装置（SVC）。静止无功补偿装置广泛应用于电力系统中，实现对无功功率的动态补偿，以抑制负荷变化或电弧炉等冲击负荷对电网造成的电压波动或闪变。

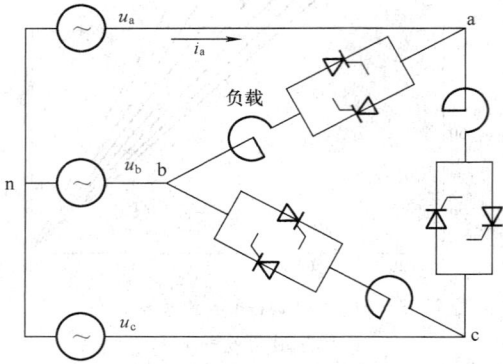

图 12.3 - 63   晶闸管控制电抗器（TCR）

3.5   软开关谐振变流技术

3.5.1   软开关的概念

在理想化前提下，功率开关元件在零电压承载电流

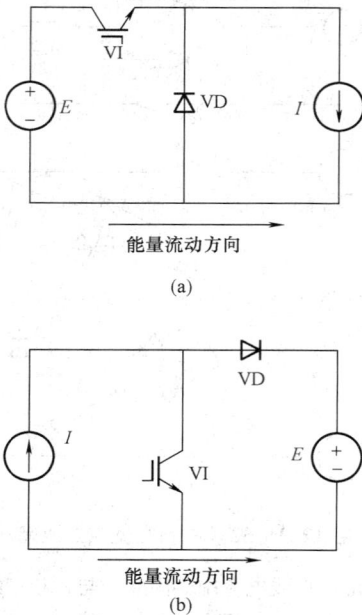

(a)

(b)

图 12.3 - 64   电能的开关网络传输
(a) 从电压源到电流源的单向能量
传输单元；(b) 从电流源到电压源
的单向能量传输单元
I—电流源；E—电压源；VI—有源开关；
VD—二极管（无源开关）

和零电流承受电压这两种零损耗状态间瞬间切换，不消耗能量，所以开关功率变换有实现高效率电功率变换的可能，这是传统线性电源不可比拟的优点；开关周期时间越短，电能传递越快，无源储能元件所需存储的能量越小，其体积、重量越小，这使得变流器的高功率密度和快速响应成为可能，提出了高频化要求。

然而元器件不可能具有理想特性，这就会导致一系列问题。开关功率变换的基本拓扑如图 12.3 - 64 所示，其中图(a)是能量从电压源向电流源传递的情况，图(b)是能量从电流源向电压源传递的情况，在实际电路中，一般以足够大的电容/电感元件替代电压源/电流源。人们对传统的脉宽调制开关变流器，研究较早，理论完备，它控制简单，功率回路简洁，目前在工程实际应用中居主流地位，但工作于硬开关状态。如图 12.3 - 64(a)、(b)所示，假定线路寄生参数和二极管特性均为理想情况，以主功率开关阻断为初始态，电流源电流通过二极管短路维持，开通控制信号给出，开关 VI 电流开始上升，由于开关管的

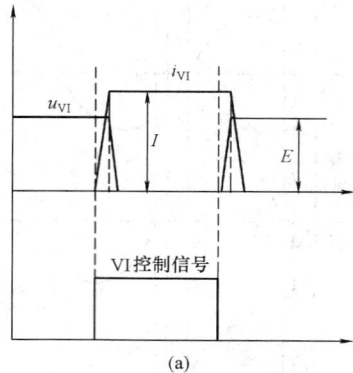

(a)

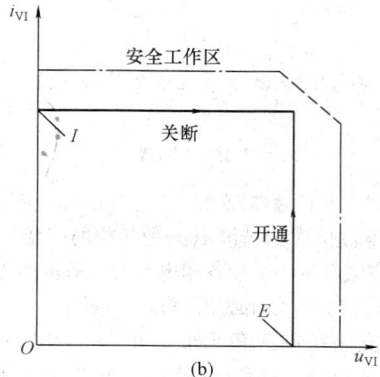

(b)

图 12.3 - 65   不考虑寄生参数的
PWM 变流器功率开关过程示意
(a) 开关管的电压和电流波形；
(b) 开关管的开关轨迹

非理想特性，其开通电流上升时间不可能达到无穷小，在此期间 VI 和 VD 各导通部分电流，而二极管在正向载流时是不承受反向电压的，这意味着 VI 同时承受电压源电压 E 和部分电流，直至其电流上升到 I，二极管才由导通转向阻断；同样，当关断信号给出，由于 VI 的电压上升时间不为零，二极管 VD 在其两端电压降至零之前不导通，VI 又必需同时承受电流 I 和部分电压，直到端电压上升为 E。这使得开关电压、电流波形（图 12.3 - 65），在开关状态切换期内，主开关上有高电压大电流重叠以及相应的能量耗散。而考虑线路寄生参数以及二极管的非理想反向恢复特性，开关情况就更加恶化，如图 12.3 - 66 所示。

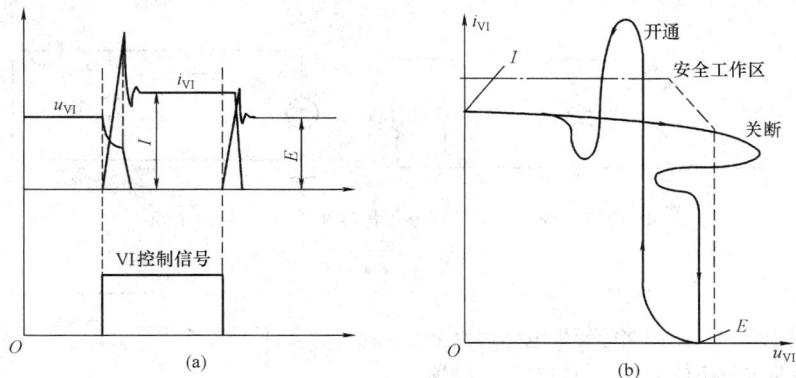

图 12.3 - 66　考虑寄生参数和二极管反向恢复的 PWM 变流器功率开关过程示意
（a）开关管的电压和电流波形；（b）开关管的开关轨迹

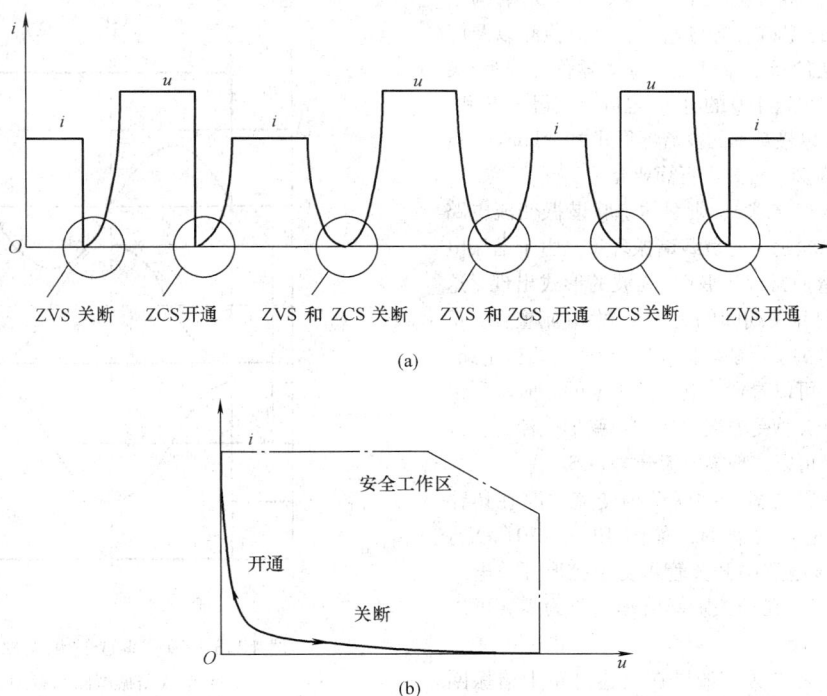

图 12.3 - 67　软开关电压、电流示意图
（a）各种不同类软开关电压、电流波形示意；（b）软开关的典型电压——电流轨迹示意

可见，硬开关 PWM 功率变换不仅由于上述开通、关断瞬间的电流、电压重叠导致正比于开关频率、电压和电流水平的开关损耗而减低了变换效率，还因为高的 di/di、du/dt 以及线路寄生参数、二极管反向恢复产生大的电磁干扰及额外电气应力，而削弱了电磁兼容性和工作可靠性。

为克服硬开关带来的不利，电力电子学界就应对措施进行了长期的研究，其成果被统称为软开关技术。所谓软开关技术有着很多的分类和界定，但按照其作用对象——开关元件的开关方式，可以作简单划分，即零电压开关(Zero Voltage Switching, ZVS)和零电流开关(Zero Current Switching, ZCS)，具体含义为：ZVS是在开关状态切换期间开关两端电压为零，ZCS是在开关状态切换期间开关承载电流为零，其电压、电流波形及 u/i 轨迹如图 12.3－67 示意。上述各种软开关的实现可以有多种多样的手段、途径，其目的是避免硬开关工作带来的负面效应，有利于开关功率变换的高效、高可靠性、高频化工作以及缓解电磁兼容问题。Buck(降压)电路及其简化等效电路如图 12.3－68 所示。

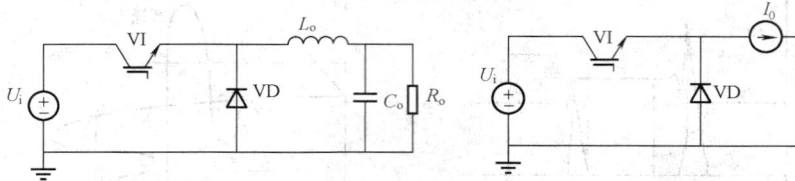

图 12.3－68　Buck(降压)电路及其简化等效电路

3.5.2　谐振变流器

由电工基础理论可知，磁场储能元件电感理论上不消耗能量，所承载电流不能突变，与之对偶，电场储能元件电容具有两端电压不能突变的性质。着眼于前面提到的开关功率变换基本单元结构，利用电感、电容的这些性质，将其插入到上述基本单元结构当中，配合以适当的控制策略与电压、电流检测以及门极驱动，可以设法使得功率开关半导体器件在导通/关断的短暂瞬间保持接近于 0 的电压/电流，获得 ZVS 和/或 ZCS。以下主要以最基本的变流器形式之一 buck 变流器(降压变流器)为例，对其进行简要介绍。

1. 串联谐振变流器　典型的串联谐振变流电路是一种在开关网络激励下的负载谐振现象，由于谐振电路中的电压电流量通常以正弦/余弦波的形式出现，这给避免功率器件在开关期间的高电压/大电流重叠，从而为实现软开关提供了可能。图 12.3－69 是相应电路、理论波形示意图，可以看到，电压源供电的二阶串联谐振电路的主功率开关承受方波电压和正弦形电流，在开关瞬间电流为零，可以实现零电流开关 ZCS。

2. 并联谐振变流器　并联谐振变流电路在拓扑上跟串联谐振完全是对偶的，如图 12.3－70(a)所示，分析表明，该电路中开关管承受正弦形开关电压和方波形开关电流，在开关瞬间管端电压为零，可以实现零电压开关 ZVS。

3. 高阶谐振变流器　如果在上述电路中谐振网络不是 2 阶的，而是更高的阶数，如图 12.3－70(b)这种 CLC3 阶电路，那么开关过程同样可以实现谐振相关的软开关工作，但相应波形、定性定量分析都与 2 阶谐振的形式有所不同。

3.5.3　准谐振变流器

从上述介绍可以看到，谐振电路由于谐振本身性

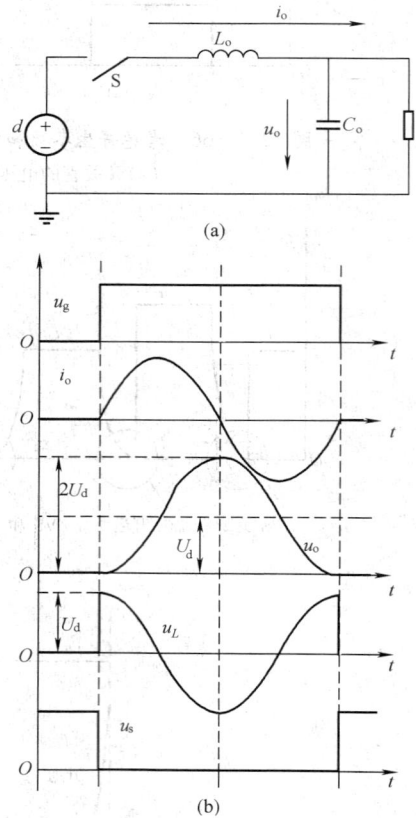

图 12.3－69　串联谐振电路原理
(a)串联谐振电路示意图；
(b)串联谐振电路波形示意图

质，电压/电流要改变方向，这在 DC/AC 变换中是符合变流器要求的，所以典型的谐振电路通常多见于逆变电路。但在 DC/DC 变流器中，输入输出都是直流，由几个基本直流变换结构都可以看出，直流变流器往往使用二极管作为输出功率器件，以获得输出电量的单向性，例如为人熟知的降压、升压变换结构。

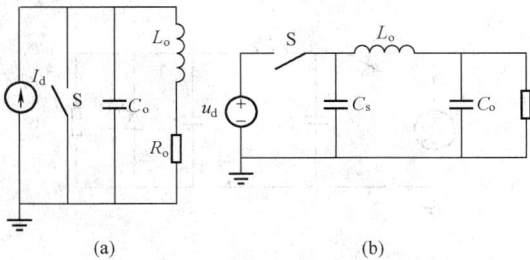

图 12.3 – 70　并联谐振与高阶谐振电路

(a)并联谐振电路；(b)高阶谐振电路

如果要在这样的电路中采用谐振技术获得软开关效果，那么谐振过程必然带有直流偏置，并被二极管打断，不能够完成谐振全过程，这样的软开关电路叫做准谐振变流器。

1. 零电流开关准谐振变流器　功率器件串联一个电感元件，利用其通过电流无法突变性质，可以实现开通期间电流缓慢上升效果，从而达到零电流开关 ZCS 的目的，类似这样的思路，利用 2 阶谐振电路实现开关管 ZCS 的谐振直流变流器叫做准谐振 ZCS 变流器。按降压电路为应用目标，一种典型的 ZCS 准谐振变流电路原理图与理论波形如图 12.3 – 71 所示。

由于功率部分的开关器件有逆向导通和逆向阻断两类，前者门极驱动信号可以控制正向通断，但反向总是导通特性，例如功率 MOSFET；后者门极信号可以控制正向通断，但反向总是阻断特性，如 GTO、一般 IGBT。这两种特性也可以通过与主开关并联/串联二极管来实现。可以看到，这两种性质的器件参与的准谐振变换是略有不同的，逆阻开关禁止电流反向流动，谐振过程中断较早，被称为半波准谐振模式；而逆导开关允许电流反向流动，谐振过程中断稍晚，被称为全波准谐振模式，相应原理图、换流过程等效电路以及理论波形如图 12.3 – 71 所示。

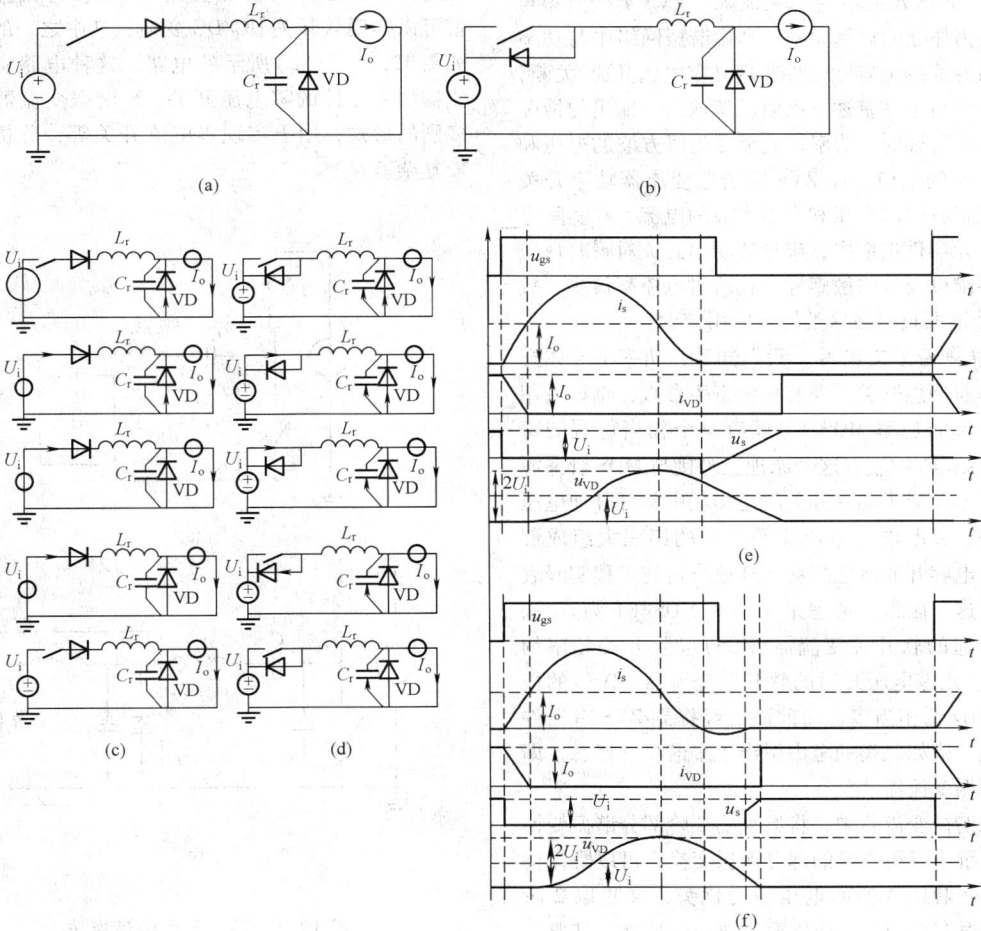

图 12.3 – 71　ZCS 准谐振变流器

(a)采用逆阻器件的半波准谐振变流器；(b)采用逆导器件的全波准谐振变流器；(c)半波换流等效电路；
(d)全波换流等效电路；(e)半波模式理论波形；(f)全波模式理论波形

在准谐振软开关变换中，人为在常规的降压电路中串、并联入电感和电容，由二者协同开关动作谐振产生开关的零电流工作状态，这两个电感/电容值参数决定了电路的诸多工作性能。由于输入、输出电压都是直流，输出电感电流也被理想化为直流量，这一谐振发生在一个直流的偏置之上，如果要求变流器在全负载工作范围内实现软开关，则需要2阶谐振的峰值电流大于负载电流，以达到在关断门极信号来临前将管电流压制回零的目的，这需要谐振特征阻抗小于一定值。由波形图还可以看到，开关管门极开通信号至多持续不超过一个谐振周期，给这种准谐振变流器的输出功率设置了一个上限，控制不可能采用传统PWM技术，而必须采用恒定导通时间的输出稳压控制，也就是变频的PFM技术。可见，无论是负载适应性还是控制方法门极信号给定，谐振参数都起决定性作用。

2. 零电压开关准谐振变流器 ZVS类变流器与ZCS存在拓扑上的对偶关系，利用谐振网络中与功率开关等效并联的电容性元件实现其零电压开通/关断，其电路、分析不在赘述。在电压源输入、输出的情况下，ZCS准谐振变换功率开关承受类似方波的电压和类似正弦波的电流，而ZVS准谐振变流器功率开关承受类似正弦波的电压和类似方波的电流，在实际电路设计与元器件选取中，半导体功率开关对瞬时耐压的安全要求以及价格敏感性要比瞬时电流高得多，故而ZVS准谐振技术在这类场合应用较少。

3. 准多谐振变流器 我们知道，功率半导体开关器件并非理想开关，存有种种寄生参数，例如适用于高频开关的功率MOSFET就有一个相当可观的寄生参数：结电容 C_{ds}。这个原理上跨接与MOS管漏源间的小电容形成了功率开关瞬态损耗中除开通电压电流交叠、关断电压电流交叠之外的第三大组成部分：寄生电容开通放电损耗。理论分析与工程实践表明，由于这一因素，考虑采用功率MOSFET为开关，零电流开通的软开关变流器(ZCS)极限开关频率约 $2\sim3MHz$，比零电压开通的软开关变流器(ZVS)的极限约10MHz低相当多，而前面已经提到ZVS有器件耐压问题。诸如此类的考虑引出了多谐振的概念，即准多阶谐振变流器。

在准谐振变流器中，将原来的2阶部分谐振变换改变为3阶或者更高阶的部分谐振变换，可以既保持2阶ZCS准谐振变换的电压应力优势，又吸取2阶ZVS准谐振变换的无开通电容放电损耗长处，其典型电路如图12.3-72所示，具体分析不再赘述。在实际工程设计考虑中，用以实现开关ZVS的附加谐振电容最好只是元件自身的寄生参数，并未实际附加元

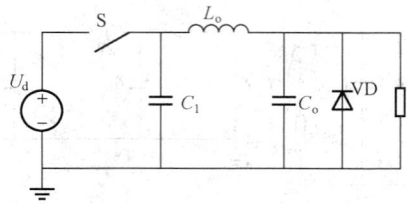

图 12.3 - 72 准多谐振变流器

件，但由于元器件参数的离散性，这种好的初衷往往得不到满足，必须以较大容值附加元件缩小参数相对分布范围，可制造性较差。从分析设计上讲，多谐振也更加复杂。

4. E类谐振变流器 交流功率放大器有很多种类型，其中的E类是单功率管的高效开关功放类型，如图12.3-73(a)所示。这种变流器本质是一种软开关逆变器，在其后级加上适当形式的低通滤波器，就可以实现软开关DC/DC变换，其中之一的例子是如图12.3-73(b)所示的电路，这种电路实现了变流器功率元件的零电压开关。E谐振变流器还有许多别的形式，用于实现零电流开关等，分析设计比较复杂。

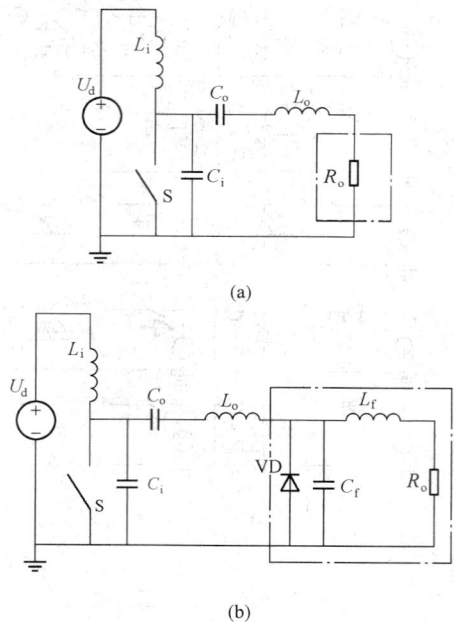

(a)

(b)

图 12.3 - 73 E 类谐振变流器
(a) E类谐振放大器(框内是逆变负载)；
(b) E类ZVS谐振直流变流器(框内为整流器)

3.5.4　部分谐振变流器

前述软开关变换方法由工作原理决定，基本都采用变频工作方式，不能够使用传统的 PWM 控制，这给控制的实现以及磁元件设计电磁兼容性分析等带来一定困难。实际上，在保持 PWM 或者相移方式等定频控制前提下同样可以实现以谐振为基础的软开关，只是这种只发生在开关状态改变时刻附近的一小段时间内，故被称为部分谐振变流器。

1.　准方波变流器　所谓准方波变流器实际上是说功率开关原本在硬开关 PWM 控制下呈方波形式的端电压在折中工作方式下其边沿变得不那么陡峭，电压、电流不再重叠，波形略微偏移严格方波而实现软开关。图 12.3-74 所示的是以降压电路为例的某准方波工作原理。从图中可以看到，原先的无源功率开关(二极管)被替换为有源功率开关(MOSFET)以满足电路运行要求。跟传统的 PWM 工作方式相比，电路拓扑完全没有变动，但是工作模式发生了改变，有点接近临界断续电流工作模式，实现了主功率开关 ZVS 关断、ZVS/ZCS 开通以及主续流开关的 ZVS 开通、ZVS/ZCS 关断软开关。这样看来，准方波变换不仅只是主开关电压略微偏离方波，在工作模式上也区别于一般 PWM，软开关的代价是导通损耗增加。

2.　非对称半桥变流器　半桥直流变流器的功率开关按桥臂成对出现，传统半桥直流变换多采用上下管驱动脉冲半波对称，互差 180° 工作并进行脉宽调制。一种软开关半桥工作模式其两个开关驱动脉冲不是按传统对称排列，而是在间隔一个必要的死区时间后紧接着出现，呈现互补工作模式，其原理如图 12.3-75 所示。图 12.3-75 所示的半桥结构由于上下管驱动信号不对称，如果采用传统电容中点分压电

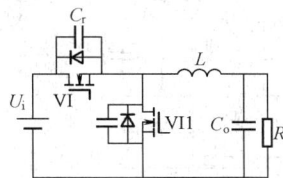

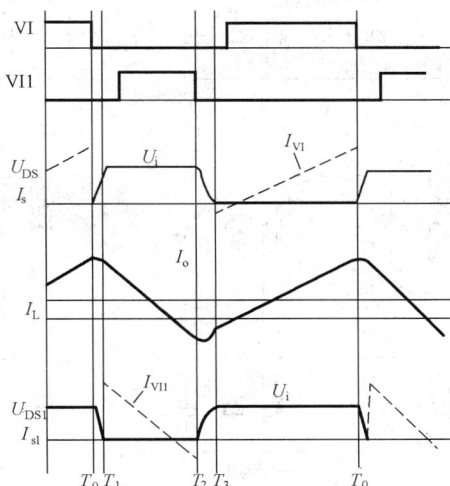

图 12.3-74　准方波变流器示意图

路会导致中点电位漂移，在此图中采用相对容量较小的隔直电容来替代其作用，可以看到在上下管导通时间不等情况下，这个隔直电容左正右负的电压降幅值不同，变压器所受励磁在两个极性上电压幅值也不同，但伏秒数是一致的。相对比的传统半桥控制也画在图中。非对称半桥的软开关原理与下面要提到的全桥相移软开关很类似，细节不再详细分析。

3.　全桥移相 ZVS PWM 变流器　全桥相移式软开关直流变流器可以说是迄今最为成功和实用的软开

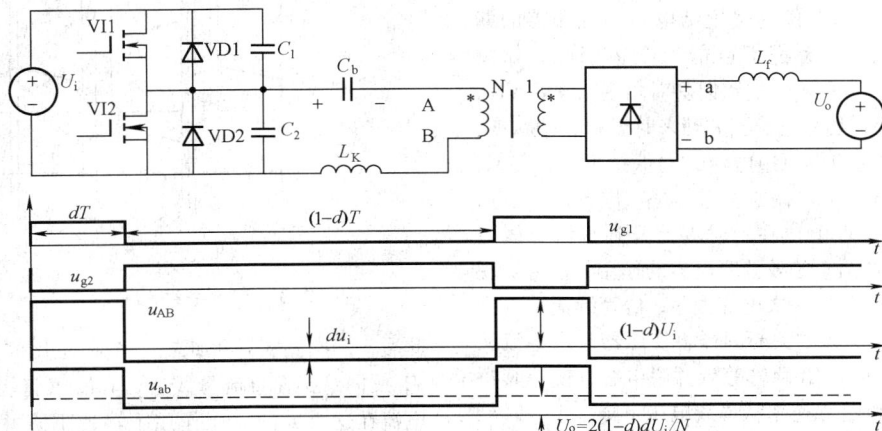

图 12.3-75　非对称半桥变流器结构与开关时序

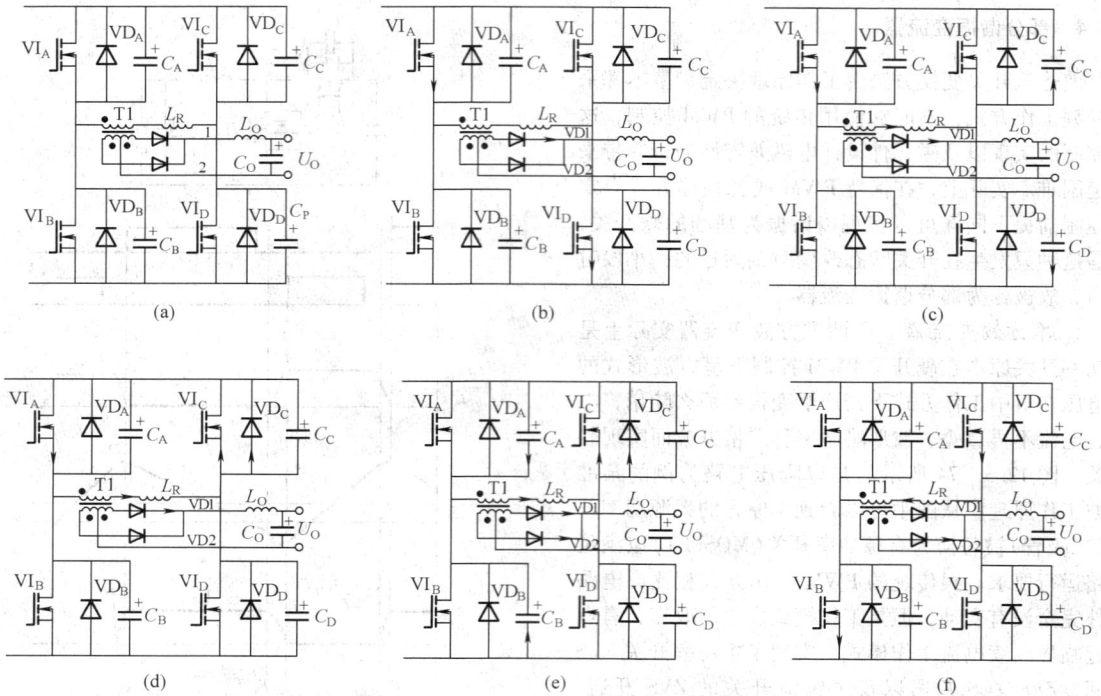

图 12.3－76 全桥相移软开关技术的电路结构与换流等效电路图

（a）全桥移相软开关电路结构；（b）$t < t_0$；（c）$t_0 < t < t_1$；（d）$t_1 < t < t_2$；（e）$t_2 < t < t_3$；（f）$t_3 < t < t_4$

关技术。它采用了与全桥 PWM 硬开关变流器完全一致的主功率拓扑，只是在开关时序安排和控制策略上作了改动，不再是对角两管同时通断，而是将每组桥臂按 50% 互补驱动，移动二者的相对相位关系来进行输出电压调整，全桥相移软开关电路结构如图 12.3－76（a）所示。图 12.3－76（b）（c）（d）（e）（f）为该电路工作于不同时段所对应的等效电路，它们对应的换流波形及时序如图 12.3－77 所示。

在这一变流器电路结构中，原有 PWM 硬开关工作中应该尽量避免的电路非理想特性得到了利用，他们分别是开关功率器件的寄生结电容和变压器的漏感，而实际上这二者都不可能完全被消除。如图 12.3－76（b）~（f）所示，电路以斜对角主功率管 VI_A、VI_D 导通载流为初始稳态，当 t_0 到来时，VI_D 关断，变压器漏感 L_R 储能使得原边电流方向保持不变，将 C、D 管寄生结电容（或者附加并联电容）进行放/充电，直到其桥臂输出点电位在 t_1 时刻上升到直流母线电压，其间由于这两个等效并联电容的作用，D 管实现了零电压关断；此后一次电流由 A、C 管续流，直到 t_2 时刻 A 管关断；A 的关断同样将变压器一次电流从其自身先转移到 A、B 两管等效并联电容，使得其桥臂输出点电位以有限速率从母线电压下降，至 t_3 时刻下降到母线地电平，实现了 A 管的零电压软关断；

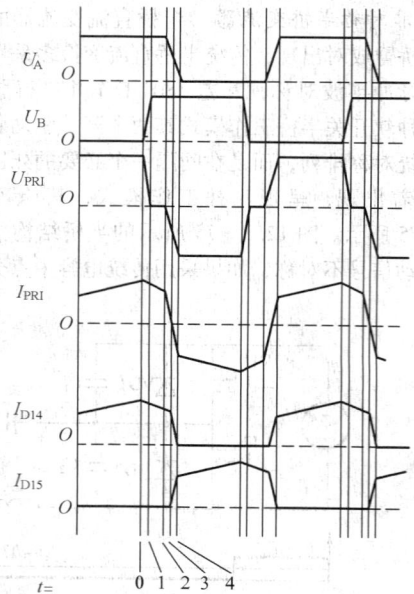

图 12.3－77 全桥相移软开关换流波形

此后，一次侧实际上跟上一个稳态比改为通过 VI_B、VI_C 反向跨接在直流母线上，其漏感储能电流、励磁电流在这个大的反压作用下迅速下降并反向，这样 B、C 管所承载电流由自身反向载流自然转换为本管正向载流,实现了其零电压开通。如此周而复始,实现了所有一次开关管的软开关工作。应该指出的是,与一般桥式直流变流器一样,移相全桥软开关变换也存在直流偏磁的问题,在一般的控制手段下往往需要在变压器一次侧串联一个隔直电容以抑制这种不良现象,示意图中没有画出。在这种结构基础上,还改进、演化出许多种全桥相移式软开关变流器分支,分别实现零电流开关,减少解决占空比损失,扩大软开关负载范围,降低软开关附加的导通损耗,改善二次侧整流管工况等。这一类技术由于把电路非理想特性不利因素变为有利条件,主要功率级拓扑不变,附加代价很小等优点,并被广泛使用到生产实际中,成为软开关技术中最受瞩目的研究领域之一。

3.5.5　采用辅助开关的软开关变流器

从软开关分类可以看到,由于电感的电流不可突变特性和电容的电压不可突变特性,功率开关的零电流开通可以通过与之串联的电感获得,而其零电压关断可以通过与之并联的电容获得。这两种方式原则上都不需要附加额外的有源功率开关以及相应控制、检测、驱动,可以采用电感、电容、二极管等无源元件,在器件开通期间维持其电流在低水平,或者在关断期间维持其端电压在低水平,是无源软开关方式。但是考虑对偶的软开关方式:零电流关断和零电压开通,就无法无源实现,必须依靠其他的功率开关加以

辅助来获得这样的开关条件。起这样辅助作用的开关可能如上述全桥相移工作中是电路本身就有的开关,也可能是为了实现软开关特意附加的元件。本小节涉及内容均为后者。花代价用额外的开关来实现主开关的软开关工作,是考虑到这样的方式有可能结构简单,设计灵活,工作限制较小。零电压开通尤其适用于高频开关而寄生漏源结电容相对大的功率MOSFET,可以消除开通放电损耗;零电流关断则适合IGBT这样的混合载流子器件,可以从根本上消除其相对长时间的关断电流拖尾导致的大的关断功耗。

1. **有源箝位 ZVS 变流器**　以单端变流器为例,有源箝位的零电压变流器是一种以电感与主功率开关相串联,用它与开关等效并联电容之间的谐振完成零电压开通,并在二极管关断时以这个电感限制二极管电流下降的速度,以缓解反向恢复问题,实现二极管ZCS关断。有源箝位的 ZVS 升压变流器电路如图12.3 − 78 所示,其中图 12.3 − 78(a) 为电路原理图,图 12.3 − 78(b) 为换流等效电路,图 12.3 − 78(c) 为原理波形图。

2. **ZVT − PWM 变流器**　前面所提到的有源软开关技术或多或少要增加功率元件的电气应力,甚至改变主电路 PWM 控制下原有的工作模式。为了避免这些缺点,人们提出零电压/电流转移(ZVT/ZCT),它可以无附加应力、除开关瞬外不改变原有工作原理。

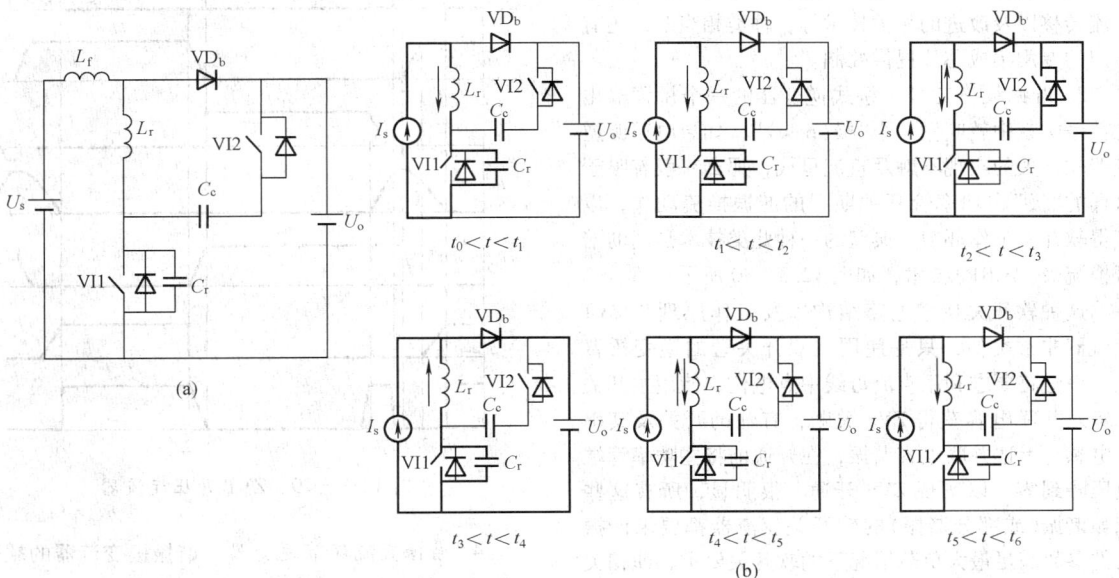

图 12.3 − 78　有源箝位的 ZVS 升压变流器(一)

(a)电路原理图;(b)换流等效电路

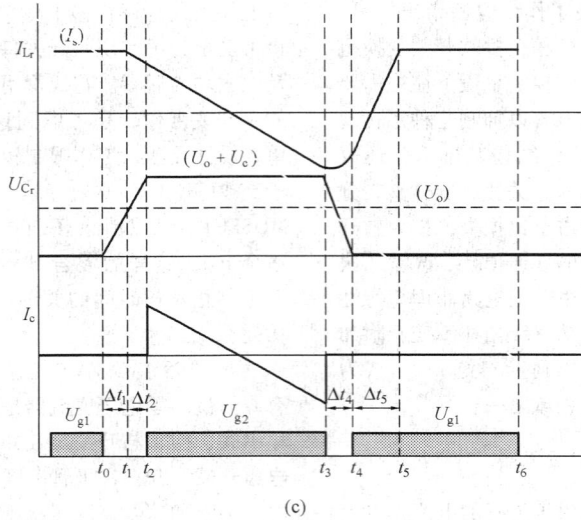

(c)

图 12.3-78 有源箝位的 ZVS 升压变流器(二)

(c)原理波形

图 12.3-79 绘制了零电压转移 PWM 升压变流电路,从这个电路结构中可以看出,所有导致主功率开关工作在软开关状态的谐振网络都处于与之并联的拓扑位置,主开关的关断依靠等效并联电容实现 ZVS 关断,而在其开通前,辅助开关现行开通,主管并联电容通过辅助开关及其串联电感放电到零,主开关随后反并二极管导通,此后才允许主开关门极驱动到来,使得主开关实现零电压开通。类似的技术还有零电流转移以及改进的相关技术等,种类相当多,还有专门的专用集成芯片提供控制。

3. 谐振极逆变器 桥式逆变器的一个桥臂输出在英语文献中就叫做一个"极(pole)",如果电压源逆变器软开关的实现不触及直流母线,那么一般着眼于这样的"极"在功率管开关期间的谐振换流动作,以获得软开关工作环境。典型的一种此类技术是辅助谐振换流极(ACRP)技术,如图 12.3-80 所示。

这种软开关技术电路结构以及工作原理与 ZVT 变流器非常类似,只是使用在双开关管的逆变桥臂上,该电路要求利用直流母线中点电位,使用主开关的等效并联电容获得 ZVS 关断,有辅助开关及其串联电感与上述并联电容谐振,在开通前将主功率管端电压降到零,以实现 ZVS 开通。很明显,所有这些依赖谐振(或部分谐振)的软开关变流器都要求谐振元件参数满足最大负载情况下的软开关要求,即相关电压与特征阻抗之商大于最大输出电流峰值——这使得变流器在轻载情况下辅助网络也要承载较大电流,效率改善不明显。

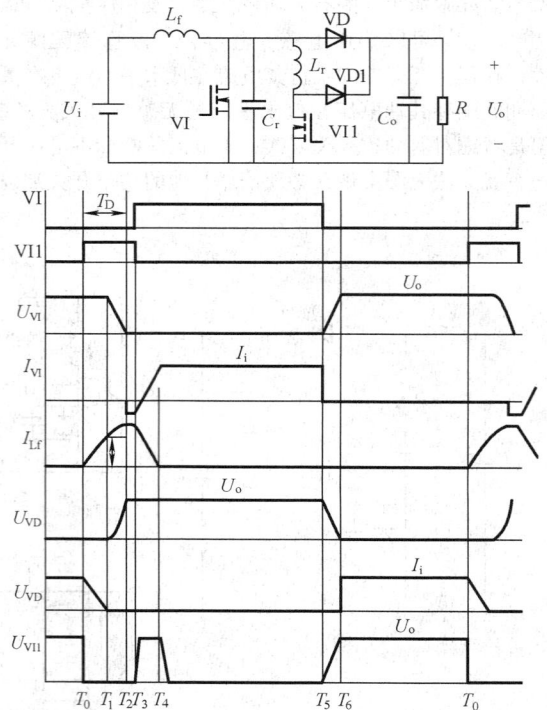

图 12.3-79 ZVT 升压变流器

4. 谐振直流环节逆变器 谐振极变流器的软开关发生在桥臂上,而谐振直流环逆变器的软开关依靠供电直流母线电压的规律性回零(发生在逆变器主开关开通/关断期间)来实现 ZVS。图 12.3-81 是一种

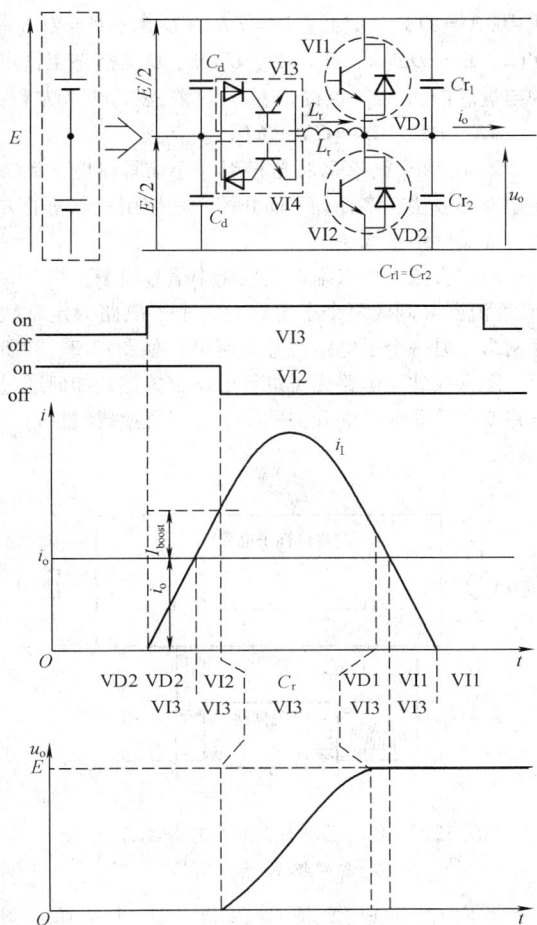

图 12.3－80 ACRP 逆变器

典型的谐振直流环节逆变电路，这种电路使用了一个有源开关和一些简单的电容电感以及二极管元件来实现直流母线的周期性归零，实际上，这样的功能也可以由桥臂开关自身来完成，只是控制上要更为复杂。

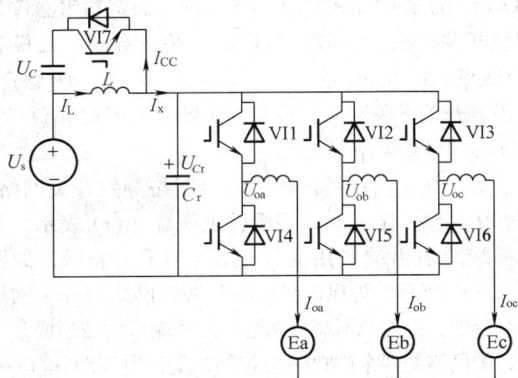

图 12.3－81 典型的谐振直流环节软开关逆变器

3.6 直流-直流变流电路的动态模型及控制

3.6.1 状态空间平均概念与小信号线性化动态模型

1. 状态空间平均方程 DC/DC 变流器的动态建模就是用数学模型描述 DC/DC 变流器系统的动态行为和控制性能。动态模型可用于 DC/DC 变流器系统的稳定性分析和控制器设计。

图 12.3－82 给出了一个 DC/DC 变流器系统，它由 DC/DC 变流器主电路、相减器、补偿网络、PWM 调制器、功率器件驱动电路构成。DC/DC 变流器系统实际上是一个反馈控制系统。为满足稳定性、动态和静态的指标，需要设计补偿网络。为设计出良好的补偿网络，需要知道反馈控制系统中各部分的传递函数，主要是 DC/DC 变流电路和 PWM 调制器的传递函数。

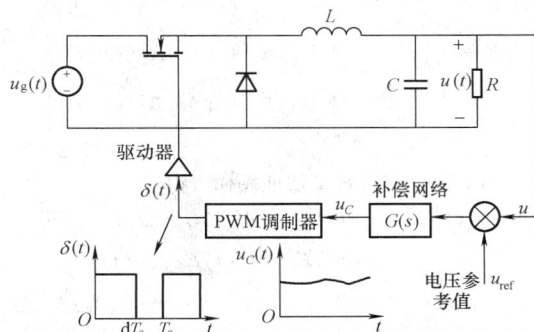

图 12.3－82 DC/DC 变流器反馈控制系统

DC/DC 变流电路存在开关器件，因此是非线性电路。非线性系统在它的某工作点附近可以用小信号线性系统来近似。功率变流器动态模型基于忽略开关频率纹波，即忽略开关频率分量和开关频率谐波分量及其边频分量，建立占空比、输入电压等的低频扰动对变流器中的电压、电流影响的小信号线性化模型。这样建立的动态模型称为小信号交流模型。在 DC/DC 功率变流器小信号交流模型中忽略了开关频率纹波，为此引入反映消除开关频率纹波作用的数学工具：开关周期平均算子，其定义如下

$$\langle x(t) \rangle_{T_s} = \frac{1}{T_s} \int_t^{t+T_s} x(\tau) \, d\tau \qquad (12.3-66)$$

式中，$x(t)$ 是 DC/DC 变流器中电压、电流；T_s 为 DC/DC 功率变流器的开关周期，即 $T_s = 1/f_s$。

对电压、电流采用式（12.3－66）进行开关周期平均运算后，将保留原信号的低频部分，而滤除开关频率分量和开关频率谐波分量。式（12.3－66）表示对电路中的电压或电流就开关周期平均的运算，可以滤除开关频率纹波，因此式（12.3－66）也可以看作是滤波器。

假定 DC/DC 变流器工作在 CCM 方式，每个开关周期可分成两个阶段。在阶段 1，描述 DC/DC 变流器的电路的方程为

$$K \frac{\mathrm{d}x(t)}{\mathrm{d}t} = A_1 x(t) + B_1 u(t) \tag{12.3-67}$$

$$y(t) = C_1 x(t) + E_1 u(t) \tag{12.3-68}$$

在阶段 2，描述 DC/DC 变流器的电路的方程为

$$K \frac{\mathrm{d}x(t)}{\mathrm{d}t} = A_2 x(t) + B_2 u(t) \tag{12.3-69}$$

$$y(t) = C_2 x(t) + E_2 u(t) \tag{12.3-70}$$

在一个开关周期中，状态方程（12.3-67）的作用时间的比率为 d，状态方程（12.3-69）的作用时间的比率为 $d' = 1 - d$，于是将状态方程（12.3-67）乘上 d，将状态方程（12.3-69）乘上 d'，然后将两式相加，经整理，得到

$$K \frac{\mathrm{d}\langle x(t) \rangle_{T_s}}{\mathrm{d}t} = [d(t)A_1 + d'(t)A_2] \langle x(t) \rangle_{T_s} +$$
$$[d(t)B_1 + d'(t)B_2] \langle u(t) \rangle_{T_s} \tag{12.3-71}$$

对输出方程进行类似地操作，得到

$$\langle y(t) \rangle_{T_s} = [d(t)C_1 + d'(t)C_2] \langle x(t) \rangle_{T_s} +$$
$$[d(t)E_1 + d'(t)E_2] \langle u(t) \rangle_{T_s} \tag{12.3-72}$$

式（12.3-71）和式（12.3-72）中的状态变量、输入变量，输出变量特意写成了带 $\langle \rangle_{T_s}$ 括号的形式，表示为对应变量的开关周期平均值，而与原来的意义有所不同。

合写式（12.3-71）和式（12.3-72），得到状态空间平均方程

$$\begin{cases} K \dfrac{\mathrm{d}\langle x(t) \rangle_{T_s}}{\mathrm{d}t} = [d(t)A_1 + d'(t)A_2] \langle x(t) \rangle_{T_s} + \\ \qquad\qquad [d(t)B_1 + d'(t)B_2] \langle u(t) \rangle_{T_s} \\ \langle y(t) \rangle_{T_s} = [d(t)C_1 + d'(t)C_2] \langle x(t) \rangle_{T_s} + \\ \qquad\qquad [d(t)E_1 + d'(t)E_2] \langle u(t) \rangle_{T_s} \end{cases} \tag{12.3-73}$$

上述状态空间平均方程为非线性方程，可以用扰动法求解小信号线性动态模型：

$$\begin{cases} K \dfrac{\mathrm{d}\hat{x}(t)}{\mathrm{d}t} = A\hat{x}(t) + B\hat{u}(t) + \{(A_1 - A_2)X + \\ \qquad\qquad (B_1 - B_2)U\} \hat{d}(t) \\ \hat{y}(t) = C\hat{x}(t) + E\hat{u}(t) + \{(C_1 - C_2)X + \\ \qquad\qquad (E_1 - E_2)U\} \hat{d}(t) \end{cases} \tag{12.3-74}$$

式中，$A = DA_1 + D'A_2$，$B = DB_1 + D'B_2$，$C = DC_1 + D'C_2$，$E = DE_1 + D'E_2$；X、U、Y、D 为静态工作点的向量。静态工作点的向量满足静态工作点方程：$0 = AX + BU$，$Y = CX + EU$。

2. 小信号线性化动态模型　小信号线性化动态模型推导方法有多种，下面介绍一种使用较方便的方法：开关网络平均法。

为求直流工作点附近线性化小信号模型，将 DC/DC 变流器分割成两个子电路，一个子电路为定常线性网络，另一个子电路为开关网络，如图 12.3-83 所示。定常线性子电路无需进行处理，关键是如何通过电路变换将非线性的开关网络子电路变换成线性定常电路。

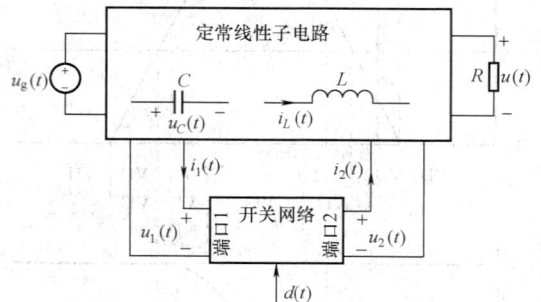

图 12.3-83　DC/DC 变流器分割成线性定常网络和开关网络

下面以 Boost 变流器为例，加以介绍。图 12.3-84 给出 Boost 变流器电路和它的开关网络子电路。开关网络子电路是两端口网络，端口变量为 $u_1(t)$、$i_1(t)$、$u_2(t)$ 和 $i_2(t)$。

在 Boost 变流器中开关网络的端口变量 $i_1(t)$ 和 $u_2(t)$ 刚好分别为电感电流和电容电压，这里将它们定义为开关网络的输入变量，而定义 $u_1(t)$ 和 $i_2(t)$ 为开关网络的输出变量。开关网络的输出变量 $u_1(t)$ 和 $i_2(t)$ 的波形如图 12.3-85 所示。假定功率器件为理想开关。在 $[0, dT_s]$ 阶段，开关 S 导通，二极管 VD 关断，因此 $u_1(t) = 0$，$i_2(t) = 0$；在 $[dT_s, T_s]$ 阶段，开关 S 关断，二极管 VD 导通，因此 $u_1(t) = u_2(t)$，$i_2(t) = i_1(t)$。

为简化电路用受控源两端口网络等效开关网络，即开关网络的输入端口用受控电压源 $u_1(t)$ 表示，开关网络的输出端口用受控电流源 $i_2(t)$ 表示，如图 12.3-86 所示。为保证受控源两端口网络与开关网络完全等效，受控源两端口网络的两个端口的波形必须与原开关网络的两个端口波形相同，受控电压源 $u_1(t)$ 和受控电流源 $i_2(t)$ 必须与图 12.3-85 所示的波形一致。

现在，对图 12.3-86 中所有电压、电流作一个

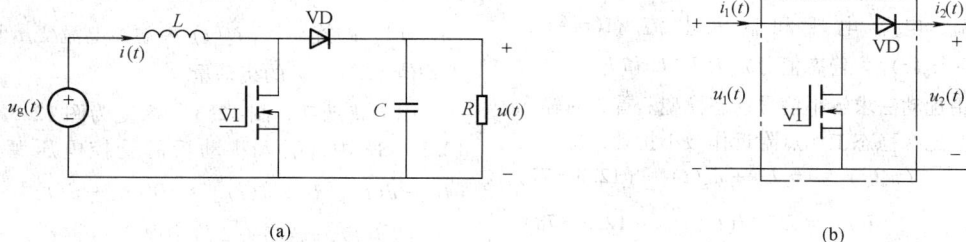

图 12.3－84　Boost 变流器与开关网络

（a）Boost 变流器；（b）开关网络

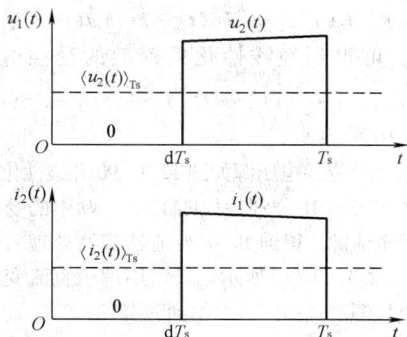

图 12.3－85　开关网络两个端口的波形

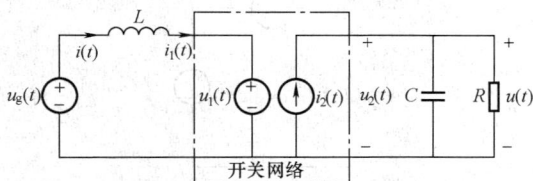

图 12.3－86　用受控源代替开关网络后的

Boost 变流器电路

开关周期平均，得到图 12.3－87。重点考察受控源两端口网络，结合图 12.3－85，可求得受控电压源 $u_1(t)$ 的开关周期平均值为

$$\langle u_1(t)\rangle_{T_s} \approx d'(t)\langle u_2(t)\rangle_{T_s} \quad (12.3-75)$$

式中，$d' = 1 - d$，而 d 为占空比。

同样，由图 12.3－85 可求得受控电流源 $i_2(t)$ 的开关周期平均值为

$$\langle i_2(t)\rangle_{T_s} \approx d'(t)\langle i_1(t)\rangle_{T_s} \quad (12.3-76)$$

将式（12.3－75）和式（12.3－76）代入图 12.3－87 得到经开关周期平均变换后的 Boost 变流器的等效电路，如图 12.3－88 所示。由于图 12.3－88 中受控源 $\langle u_1(t)\rangle_{T_s} = d'(t)\langle u_2(t)\rangle_{T_s}$ 和 $\langle i_2(t)\rangle_{T_s} = d'(t)\langle i_1(t)\rangle_{T_s}$ 为控制变量 $d'(t)$ 与状态变量 $\langle i_1(t)\rangle_{T_s}$ 或 $\langle u_2(t)\rangle_{T_s}$ 的乘积项，因此该电路为非线性电路，不便于应用。对于经典控制系统设计方法，如根轨迹法、频率特性法，需要知道被控系统的传递函数。为求得 DC/DC 变流器的传递函数，首先要对该电路进行线性化处理。

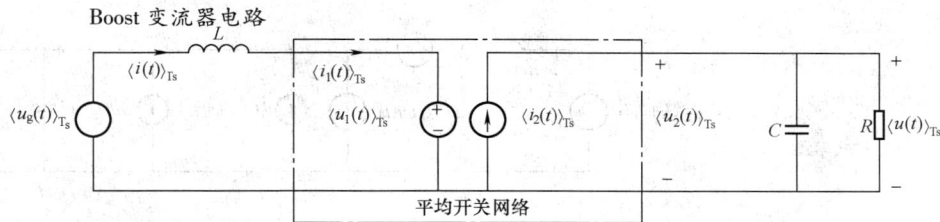

图 12.3－87　由图 12.3－86 求开关周期平均

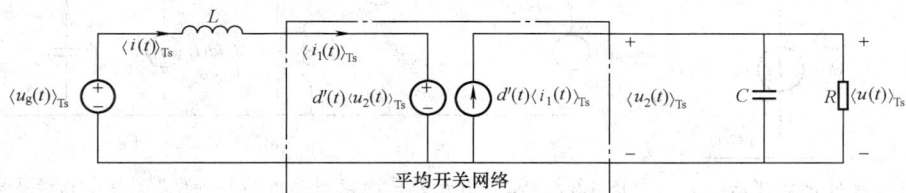

图 12.3－88　经开关周期平均变换后的 Boost 变流器

假定 Boost 变流器运行在某一稳态工作点附近，静态占空比 $d(t) = D$，静态输入 $\langle u_g(t) \rangle_{T_s} = U_g$。电感电流、电容电压和输入电流 $\langle i(t) \rangle_{T_s}$，$\langle u(t) \rangle_{T_s}$，$\langle i_g(t) \rangle_{T_s}$ 稳态值分别为 I、U 和 I_g。

下面用扰动法求解小信号动态模型。首先对输入电压和占空比在稳态工作点附近作微小扰动，即

$$\langle u_g(t) \rangle_{T_s} = U_g + \hat{u}_g(t) \qquad (12.3-77)$$

$$d(t) = D + \hat{d}(t) \qquad (12.3-78)$$

式中，$\hat{u}_g(t)$ 为输入电压开关周期平均值 $\langle u_g(t) \rangle_{T_s}$ 的扰动量；$\hat{d}(t)$ 为占空比 $d(t)$ 的扰动量。于是 $d'(t) = 1 - d(t) = 1 - [D + \hat{d}(t)] = D' - \hat{d}(t)$，这里 $D' = 1 - D$。

输入电压和占空比作微小扰动将引起电路中各状态变量和其他非状态变量的微小扰动，其中受控源两端口网络的变量扰动如下

$$\langle i(t) \rangle_{T_s} = \langle i_1(t) \rangle_{T_s} = I + \hat{i}(t) \qquad (12.3-79)$$

$$\langle u(t) \rangle_{T_s} = \langle u_2(t) \rangle_{T_s} = U + \hat{u}(t) \qquad (12.3-80)$$

$$\langle u_1(t) \rangle_{T_s} = U_1 + \hat{u}_1(t) \qquad (12.3-81)$$

$$\langle i_2(t) \rangle_{T_s} = I_2 + \hat{i}_2(t) \qquad (12.3-82)$$

式中，$\hat{i}(t)$ 为电感电流开关周期平均值 $\langle i(t) \rangle_{T_s}$ 的扰动量；$\hat{u}(t)$ 为电容电压开关周期平均值 $\langle u(t) \rangle_{T_s}$ 的扰动量；$\langle \hat{u}_1(t) \rangle$ 为输出电压变量开关周期平均值 $\langle u_1(t) \rangle_{T_s}$ 的扰动量；$\hat{i}_2(t)$ 为输出电流变量开关周期平均值 $\langle i_2(t) \rangle_{T_s}$ 的扰动量。

引入扰动后，图 12.3－88 变为图 12.3－89。图 12.3－89 中，引入扰动后的受控电压源的电压：$[D' - \hat{d}(t)][U + \hat{u}(t)] = D'[U + \hat{u}(t)] - U\hat{d}(t) - \hat{u}(t)\hat{d}(t)$，若略去 2 阶小项 $\hat{u}(t)\hat{d}(t)$，得到经线性化处理后的受控电压源 $[D' - \hat{d}(t)][U + \hat{u}(t)] \approx D'[U + \hat{u}(t)] - U\hat{d}(t)$，如图 12.3－90 所示。

同样，受控电流源的电流：$[D' - \hat{d}(t)][I + \hat{i}(t)] = D'[I + \hat{i}(t)] - I\hat{d}(t) - \hat{i}(t)\hat{d}(t)$，若略去 2 阶小项，可得到经线性化处理后的受控电流源，$[D' - \hat{d}(t)][I + \hat{i}(t)] \approx D'[I + \hat{i}(t)] - I\hat{d}(t)$，如图 12.3－91 所示。

用线性化受控电压源如图 12.3－90 和线性化受控电流源如图 12.3－91 分别替代图 12.3－89 中的受控电压源和受控电流源，得到 Boost 变流器线性处理后的等效电路如图 12.3－92(a) 所示。最后用理想直流变压器代替线性受控源二端口网络，得到图 12.3－92(b)。

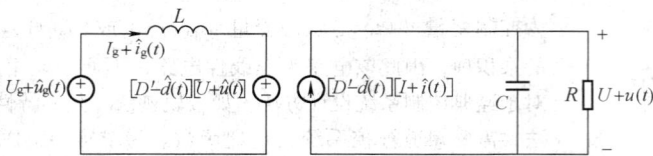

图 12.3－89　电路作小信号扰动

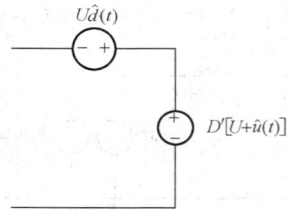

图 12.3－90　线性化处理后受控电压源

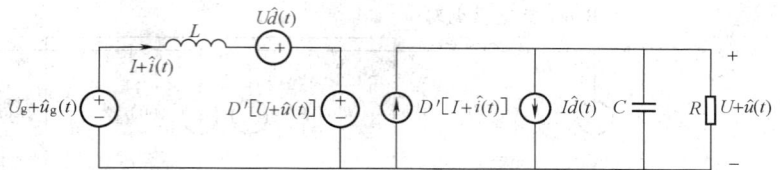

(a)

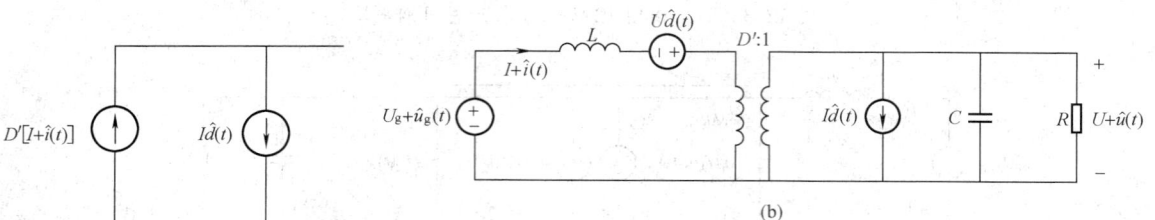

(b)

图 12.3－91　线性化处理后
　　　　受控电流源

图 12.3－92　用开关平均模型导出的 Boost 变流器小信号等效电路

将开关网络等效为受控电压源和电流源，通过将变流器的各波形用一个开关周期的平均值代替，消去了开关频率分量及其谐波分量的影响。最后通过引入小信号扰动和线性化处理，得到小信号等效电路，获得小信号等效电路是一个定常的线性电路。这种推导小信号模型的方法称为平均开关网络模型法。

从上面平均开关网络模型法的小信号等效电路推导过程可以看出，通过对电路求开关周期平均、引入扰动和线性化处理后，开关网络被等效成由理想变压器、线性电压源和线性电流源组成的线性两端口网络，如图 12.3-93 所示。

用平均开关网络模型法可以推导出各种 DC/DC 变流器开关网络的线性化两端口网络，如图 12.3-94 所示。只要将线性两端口网络替换 DC/DC 变流器电路中对应的开关网络，就可得到 DC/DC 变流器的小信号交流等效电路。

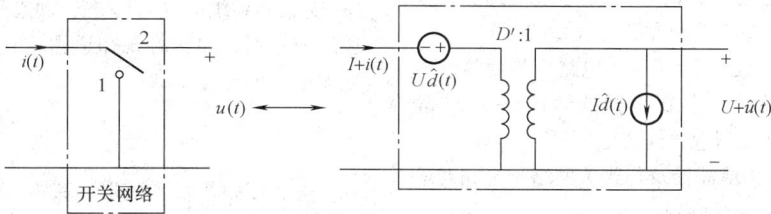

图 12.3-93　开关网络等效成理想变压器与电源组成的线性两端口网络

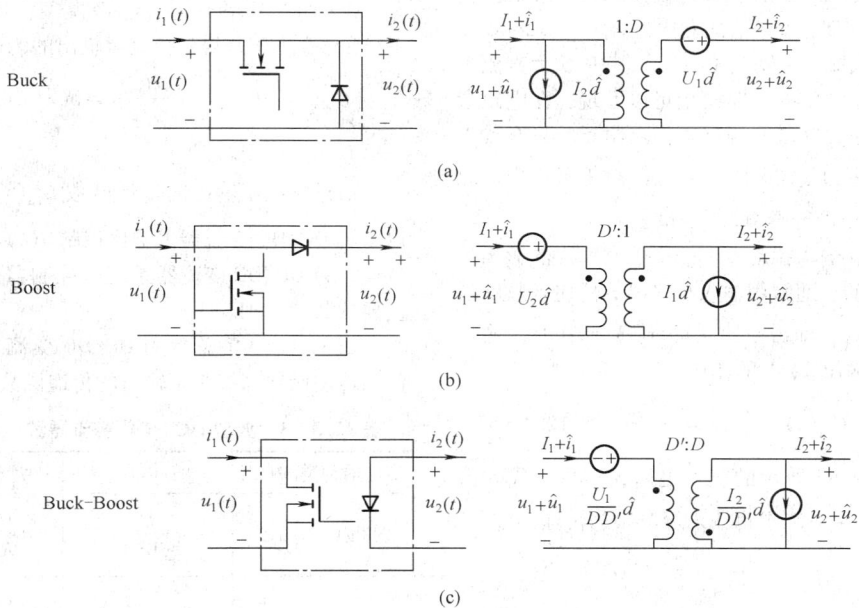

(a)

(b)

(c)

图 12.3-94　变流器开关网络子电路的线性两端口网络

（a）buck 变流器；（b）boost 变流器；（c）buckboost 变流器

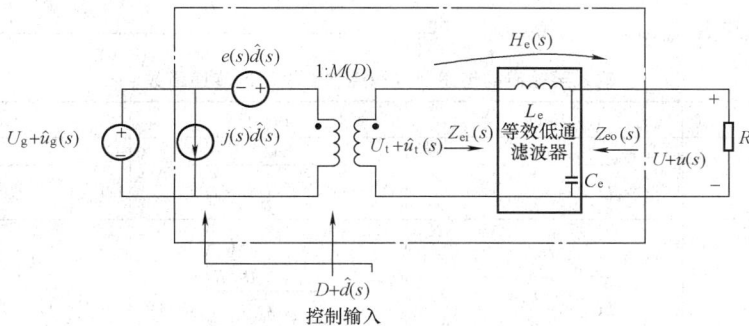

图 12.3-95　统一电路模型

3.6.2 统一小信号交流等效电路模型

由于采用不同的推倒方法获得 DC/DC 变流器的小信号交流等效电路形式可能不同，但通过电路变换，可以将它们变换成统一的形式，如图 12.3 - 95 所示。统一小信号交流等效电路模型(以下简称统一电路模型)几乎适用于所有 DC/DC 变流器拓扑。有了统一电路模型，只需代入某一 DC/DC 变流器的参数，即可得到对应 DC/DC 变流器小信号交流等效电路。典型 DC -DC 变流器统一电路模型参数见表12.3 - 3。

如图 12.3 - 95 所示，由于统一电路模型为线性电路，因此电路元件采用了拉氏变换的形式，符号 s 表示复频率。统一电路模型包含输入电压源 $U_g + \hat{u}_g(s)$、输出负载电阻 R、输出滤波器及与开关网络子电路对应受控电压源 $e(s)\hat{d}(s)$、受控电流源 $j(s)\hat{d}(s)$、理想变压器。输出滤波器为两阶的 LC 滤波器，滤波电感为 L_e，滤波电容为 C_e。理想变压器的变比为对应的 DC/DC 变流器的稳态输入输出传输比 $M(D)$，其中 D 为直流工作点的占空比。从统一电路模型可以发现，在电路参数一定的情况下，在某一静态工作点附近，只有输入扰动 $U_g + \hat{u}_g(s)$ 和受控电压源 $e(s)\hat{d}(s)$ 和受控电流源 $j(s)\hat{d}(s)$ 对输出进行影响。

一般来说，输入扰动 $U_g + \hat{u}_g(s)$ 对输出的影响是我们所不希望的。通常用输入至输出的传递函数反映当占空比一定时，即占空比扰动 $\hat{d}(s) = 0$ 时，输入扰动 $\hat{u}_g(s)$ 对输出 $\hat{u}(s)$ 的作用，数学表示为

$$G_{ug}(s)\,|_{\hat{d}(s)=0} = \frac{\hat{u}(s)}{\hat{u}_g(s)} \quad (12.3-83)$$

在图 12.3 - 95 所示的统一电路模型中，代入占空比扰动 $\hat{d}(s) = 0$，求得输入至输出的传递函数

$$G_{ug}(s)\,|_{\hat{d}(s)=0} = \frac{\hat{u}(s)}{\hat{u}_g(s)} = M(D)H_e(s)$$

$$(12.3-84)$$

式中，$H_e(s) = \dfrac{\hat{u}(s)}{\hat{u}_t(s)} = \dfrac{R \,/\!/\, (1/sC_e)}{sL_e + R \,/\!/\, (1/sC_e)}$。通过分析输入至输出的传递函数 $G_{ug}(s)\,|_{\hat{d}(s)=0}$ 的特性，可以

了解 DC/DC 变流器输出对电源输入波动的敏感性，也为抗电源扰动、提高电源调整率的设计提供了数学方法。

除电源扰动外，能实现输出控制的就是受控电压源 $e(s)\hat{d}(s)$ 和受控电流源 $j(s)\hat{d}(s)$。实际上对受控电压源和受控电流源的控制都是通过占空比扰动 $\hat{d}(s)$ 实现的，因此，占空比 $\hat{d}(s)$ 是可以赖以实现 DC/DC 变流器输出控制的唯一手段。为了实现 DC/DC 变流器系统的良好静态、动态性能，需要设计合适的控制器，因此需要知道占空比控制至 DC/DC 变流器输出的传递函数

$$G_{ud}(s)\,|_{\hat{u}_g(s)=0} = \frac{\hat{u}(s)}{\hat{d}(s)} \quad (12.3-85)$$

上式反映当输入恒定，即输入没有扰动 $\hat{u}_g(s) = 0$ 时，占空比扰动 $\hat{d}(s)$ 对输出 $\hat{u}(s)$ 的作用。

由图 12.3 - 95 统一电路模型，代入输入扰动 $\hat{u}_g(s) = 0$，于是得到控制至输出的传递函数

$$G_{ud}(s)\,|_{\hat{u}_g(s)=0} = \frac{\hat{u}(s)}{\hat{d}(s)} = e(s)M(D)H_e(s)$$

$$(12.3-86)$$

通过控制至输出的传递函数 $G_{ud}(s)\,|_{\hat{u}_g(s)=0}$，可以了解 DC/DC 变流器占空比控制 $\hat{d}(s)$ 对输出的动态特性，为 DC/DC 变流器系统的控制器的设计提供了重要的数学基础。

表 12.3 - 4 汇总常用 DC/DC 变流器的输入至输出的传递函数和控制至输出的传递函数。

表 12.3 - 3 典型 DC - DC 变流器统一电路模型参数

变流器种类	$M(D)$	$e(s)$	$j(s)$	L_e	C_e
Buck	D	$\dfrac{U}{D^2}$	$\dfrac{U}{R}$	L	C
Boost	$\dfrac{1}{D'}$	$U\left(1-\dfrac{sL}{D'^2R}\right)$	$\dfrac{U}{D'^2R}$	$\dfrac{L}{D'^2}$	C
Buck - boost	$-\dfrac{D}{D'}$	$-\dfrac{U}{D^2}\left(1-\dfrac{sDL}{D'^2R}\right)$	$-\dfrac{U}{D'^2R}$	$\dfrac{L}{D'^2}$	C

表 12.3 - 4　　　　　输入至输出的传递函数和控制至输出的传递函数

Converter	Buck	Boost	Buck - boost
$\dfrac{u_o(s)}{u_g(s)}\Big|_{d(s)=0}$	$\dfrac{D}{LCs^2 + \dfrac{L}{R}s + 1}$	$\dfrac{D'}{LCs^2 + \dfrac{L}{R}s + D'^2}$	$-\dfrac{DD'}{LCs^2 + \dfrac{L}{R}s + D'^2}$
$\dfrac{u_o(s)}{d(s)}\Big|_{u_g(s)=0}$	$\dfrac{U_g}{LCs^2 + \dfrac{L}{R}s + 1}$	$\dfrac{D'U\left(1-\dfrac{sL}{D'^2R}\right)}{LCs^2 + \dfrac{L}{R}s + D'^2}$	$\dfrac{U\left(\dfrac{D'}{D} - \dfrac{sL}{D'R}\right)}{LCs^2 + \dfrac{L}{R}s + D'^2}$

上面介绍的小信号交流等效电路模型仅适合于电感电流连续方式下 DC – DC 变流器，对电感电流断续方式下 DC – DC 变流器的小信号交流等效电路模型，请参考其他专著。

3.6.3 调制器的动态模型

如图 12.3 – 82 所示的 Buck 变流器系统，由 Buck 变流器主电路、输出电压参考信号与输出电压反馈信号相减单元、误差放大器（又称控制器、补偿网络、补偿放大器）、PWM 调制器及功率器件驱动器构成。在 DC/DC 变流器系统，误差放大器的输出控制量不是直接去控制变流器主电路的功率器件，而是要将控制量变换成占空比大小与控制量成正比的脉冲列，然后再去驱动功率器件的导通或关断。因此功率器件在一个开关周期中的导通时间与开关周期之比等于脉冲列的占空比，它与误差放大器的输出控制量成正比。实现控制量到脉冲列变换的单元就是 PWM 调制器。

调制器将控制电压 $u_c(t)$ 转换成占空比为 $d(t)$ 的脉冲列 $\delta(t)$，如图 12.3 – 96 所示。调制器由锯齿波发生器和比较器组成。锯齿波发生器发出具有固定幅值、固定重复频率的锯齿波，它的峰值为 U_M。锯齿波输入比较器的负输入端，控制电压 $u_c(t)$ 输入比较器的正输入端。一般控制电压 $u_c(t)$ 在 0 到 U_M 之间。当控制电压 $u_c(t)$ 大于锯齿波信号期间，比较器输出为高电平；当控制电压 $u_c(t)$ 小于锯齿波信号期间，比较器输出为低电平。

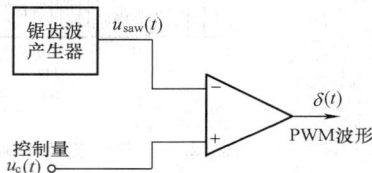

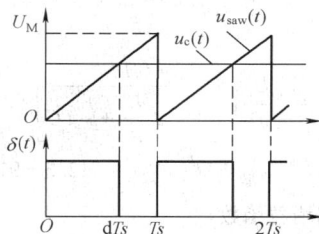

图 12.3 – 96 调制器原理

调制器动态输入输出传输比

$$G_m(s) = \frac{\hat{d}(s)}{\hat{u}_c(s)} = \frac{1}{U_M} \qquad (12.3 – 87)$$

式中，U_M 为锯齿波的峰值。根据上式画出调制器动态模型，如图 12.3 – 97 所示。

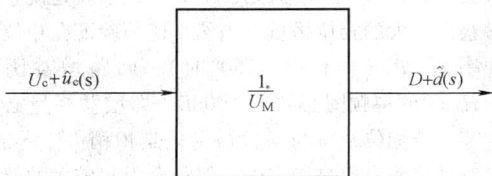

图 12.3 – 97 调制器模型

3.6.4 DC/DC 变流器系统的稳定性及控制

图 12.3 – 98 为 DC/DC 变流器系统框图，它构成一个负反馈控制系统，其中 $G_{ud}(s)$ 为 DC/DC 变流器的占空比 $\hat{d}(s)$ 至输出 $u_o(s)$ 的传递函数；$G_m(s)$ 为 PWM 脉宽调制器的传递函数；$H(s)$ 表示反馈分压网路的传递函数；$G_c(s)$ 为补偿网路的传递函数。

对于 DC/DC 变流器系统，其回路增益函数为

$$G_c(s)G_m(s)G_{ud}(s)H(s) = G_c(s)G_o(s)$$

$$(12.3 – 88)$$

式中，$G_o(s) = G_m(s)G_{ud}(s)H(s)$ 为未加补偿网络 $G_c(s)$ 时回路增益函数，称为原始回路增益函数。原始回路增益函数 $G_o(s)$ 是控制信号 $u_c(s)$ 至反馈信号 $B(s)$ 之间的传递函数。$G_c(s)$ 是误差 $E(s)$ 至控制量 $u_c(s)$ 的传递函数，为待设计的补偿网路的传递函数。为了设计补偿网络 $G_c(s)$，需要知道原始回路增益函数 $G_o(s)$。

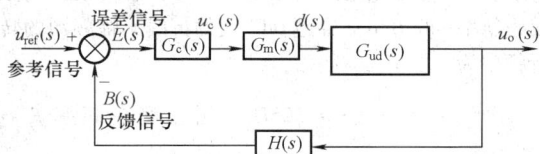

图 12.3 – 98 DC/DC 变流器闭环系统

如图 12.3 – 99 所示典型反馈分压网络 $H(s)$ 传递函数为

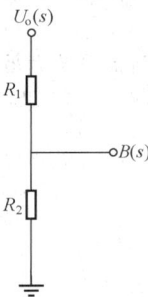

图 12.3 – 99 典型反馈分压网络

$$H(s) = \frac{B(s)}{U(s)} = \frac{R_2}{R_1 + R_2} \quad (12.3-89)$$

将 $G_{ud}(s)$、$G_m(s)$、$H(s)$ 三者的传递函数结合在一起,得到原始回路增益函数

$$G_o(s) = G_m(s)G_{ud}(s)H(s) = G_{ud}(s)\frac{1}{U_M}\frac{R_2}{R_1 + R_2}$$
$$(12.3-90)$$

下面以 Buck 变流器系统为例,设 Buck 变流器系统的参数:输入电压 $U_g = 48\text{V}$,输出电压 $U_o = 12\text{V}$,输出负载 $R = 0.6\Omega$,输出滤波电感值 $L = 60\mu\text{H}$,电容值 $C = 4000\mu\text{F}$,开关频率 $f_s = 40\text{kHz}$,即开关周期 $T_s = 25\mu\text{s}$。PWM 调制器锯齿波幅值 $U_M = 2.5\text{V}$。反馈分压网络传递函数 $H(s) = 0.5$。Buck 变流器占空比至输出的传递函数

$$G_{ud}(s) = \frac{\hat{u}_o(s)}{\hat{d}(s)} = \left(\frac{U_o}{D}\right)\left[\frac{1}{1 + s\dfrac{L}{R} + s^2 LC}\right]$$
$$(12.3-91)$$

可求出原始回路增益函数

$$G_o(s) = \frac{R_2}{R_1 + R_2}\left(\frac{U_o}{DU_M}\right)\left[\frac{1}{1 + s\dfrac{L}{R} + s^2 LC}\right]$$
$$= \frac{9.6}{1 + 1 \times 10^{-4}s + 2.4 \times 10^{-7}s^2}$$

原始回路增益函数 $G_o(s)$ 波德图如图 12.3-100 所示。幅频图低频段为幅值约为 20dB 水平线,高频段为斜率 -40dB/dec 穿越 0dB 线的折线。幅频图的转折频率为

$$f_{P1,P2} \approx \frac{1}{2\pi\sqrt{LC}} \approx 325\text{Hz}。$$ 增益交越频率 $f_g \approx$ 1kHz,相位裕量 PM $\approx 4°$。可见原始回路增益函数 $G_o(s)$ 频率特性的相位裕量太小。虽然系统是稳定的,但存在较大的输出超越量和较长的调节时间。通常要求相位裕量在 45° 左右,增益裕量在 10dB 左右。因此需要加入补偿网路 $G_o(s)$,提高相位裕量和增益裕量。

为使 DC/DC 变流器系统满足稳定性要求,可以通过外加补偿网络 $G_c(s)$,使 DC/DC 变流器系统的回

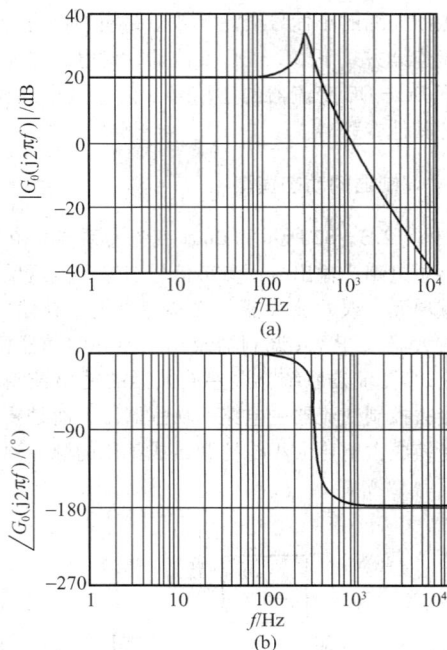

图 12.3-100 原始回路增益
函数 $G_o(s)$ 波德图
(a) 幅频图;(b) 相频图

路增益函数 $G(s)H(s) = G_c(s)G_o(s)$ 的幅频图在增益交越频率 ω_g 处(增益为零 dB)的斜率为 -20dB/dec,幅频图的斜率为 -20dB/dec 折线对应相移为 -90°,这样一般可以使得回路增益函数 $G(s)H(s)$ 的相频图在增益交越频率 ω_g 处的相移大于 -180°,也就是说系统能够获得较大的相位裕量。当然,还须验证在相位交越频率 ω_c 处(相位在 -180° 时),回路增益函数 $G(s)H(s)$ 的幅频图必须小于 0dB,即增益裕量必须大于零。若相位裕量与增益裕量只是稍稍大于零时,虽然对系统而言也是稳定的,但是会引起较大的超越量和调节时间。通常选择相位裕量在 45° 左右,增益裕量在 10dB 左右。

虽然补偿网路 $G_c(s)$ 只是系统中极小的一部分,但是对系统静态和动态特性而言却是非常重要部分,它会影响到系统的输出精度、电压调整率、频带宽度以及暂态响应。关于补偿网络的详细设计 $G_c(s)$ 可以参阅控制理论等有关书籍。

第 4 章 电力电子技术应用和装置

4.1 概述

电能广泛地应用在工业、农业、交通、国防和人民生活等领域中。电力系统工频电网是工业生产和人民生活中获取电能的主要来源，其他形式的电能源还包括化学电池、燃料电池、太阳电池、蓄电池和独立运行的发电机组等。实际应用中，大量用电设备对电能的电压、频率、相位、波形和调节特性等有不同的要求，如计算机、通信和电子设备需要低压直流稳压电源供电，直流电动机调速等需要电压可调的直流供电电源，工业电解电镀生产采用低压大电流直流电源，电力系统高压直流输电采用数百千伏以上的直流高压，许多电子仪器和控制设备需要稳压稳频交流供电电源，重要的电子电气设备需用不间断电源(UPS)供电，交流电动机采用变压变频电源驱动和调速，不仅大大改善了电动机的调速性能，而且具有显著的节能效果，气体放电灯用高频电源(电子镇流器)供电具有发光品质好、发光效率高等优点。为此，必须为这些电气设备提供合适的供电电源，但是工频电网等提供的是固定频率固定电压的电能，为满足上述各种用电设备的供电要求，必须将其变换成所需电压、频率、相位、波形的电能形式。其中，电力电子变流装置采用电力电子器件实现对电能的变换和控制，与其他电能变换装置比较，具有变换范围宽、变换效率高、控制特性好等突出的优点，近年来发展很快，成为电能变换装置的主流。电力电子变流器采用基本电子电路或者基本电力电子电路的组合来完成电能的变换，除了基本电力电子电路以外，组成电力电子变流装置的还包括检测和控制电路以实现对电能变换的控制，电力电子器件的驱动电路以实现对电力电子器件开通和关断的控制，缓冲电路和保护电路以提高电力电子装置工作的稳定性和可靠性等。

各种用电设备所需的供电形式是多种多样的，因此电力电子变流装置的种类也非常多，通常按电力电子变流装置输出电能的特性和用途进行分类较为方便。本章将电力电子变流装置分为直流电源、交流电源和电力系统中的电力电子装置三类进行叙述，主要介绍其工作原理、运行特性、技术参数等内容。

电力电子技术和应用的快速发展，极大地促进了电气工程技术的进步，电力电子变流装置已经成为一种新型电气设备广泛地应用到国民经济和人民生活中

的各个领域，本手册中许多篇和章节中已经对与该篇内容相关的电力电子变流装置作了比较详尽的叙述，本章中对这些内容不再重复，读者可查阅相关章节、为方便读者，将这些电力电子变流装置和相应的章节列出如下：电动机调速用电力电子变频装置，参见第28篇　电力传动控制；照明用电子镇流器，参见第21篇　电气照明；固态中频，高频感应加热电源装置，参见第22篇　电加热/制冷；高压脉冲电源，参见第29篇　脉冲功率和等离子技术。

4.2 直流电源

4.2.1 直流开关电源及模块

广义地说，采用电力半导体器件作为开关，实现对电能形式的变换和控制的变流装置都可称为开关电源，但一般来说，开关电源是指上述变流装置中的直流电源。本节中的开关电源仅指直流电源。

开关电源是通过控制电力电子开关器件的导通比，也就是电力电子器件开通和关断的时间比例来调节或稳定输出的电源装置。电力电子器件一般采用MOSFET或者IGBT，控制一般采用开关电源专用控制集成电路，由于开关电源具有效率高、稳压范围宽、体积小、重量轻等特点，近年来已经取代线性电源、相控电源等，成为直流电源的主要形式。

1. 开关电源电路结构　开关电源可分为AC/DC和DC/DC两大类，并可按输入输出电路是否隔离分为隔离型开关电源和非隔离型开关电源两种，典型开关电源结构如图12.4-1所示。其中DC/DC类开关电源无输入端的整流部分，非隔离型开关电源无需高频隔离变压器和控制回路的隔离环节。

(1)AC/DC变换。AC/DC变换是将交流电能变换为直流电能。

图12.4-1中交流输入经EMI滤波器滤波后进入AC/DC整流器。EMI滤波器起到隔离电磁干扰(EMI)的作用。AC/DC整流器可以是二极管整流电路，为提高开关电源功率因数，抑制注入交流端的电流谐波，越来越多的开关电源输入端采用了功率因数校正电路(PFC)或PWM整流电路。整流电路输出未经调节的直流电。

图12.4-1点划线框内为隔离型DC/DC变流器电路，该电路将输入的未经调节的直流电变换为所需

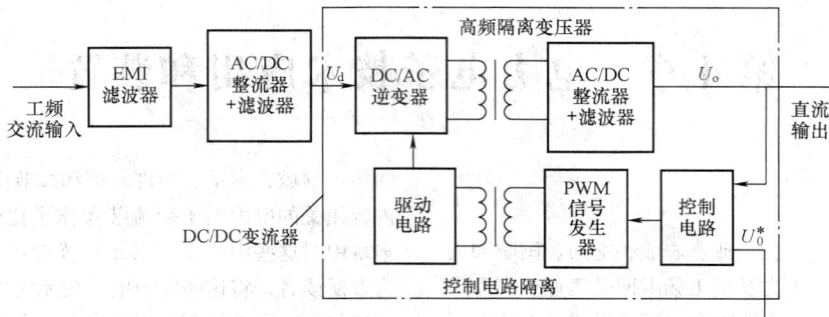

图 12.4 - 1 典型开关电源结构

电平的直流输出,其变换过程首先由 DC/AC 逆变器将直流输入变换为高频交流,经隔离变压器后再整流为直流,所以隔离型 DC/DC 变流器实际上是 AC/DC 和 DC/DC 二级变换,中间的变压器实现了输入和输出的隔离。采用高频交流环节可以减小隔离变压器和 AC/DC、DC/DC 变流器的体积和重量,并提高电源的控制特性。隔离型 DC/DC 变流器电路有反激式、正激式、半桥式、全桥式和推挽式等,电路的结构和特点见本篇 3.2 节。

非隔离型 DC/DC 变流器电路不需要隔离变压器对输入输出进行隔离,即图 12.4 - 1 中点划线框内的 DC/DC 变流器不需要高频隔离变压器,变流电路一般采用 Buck、Boost、Buck - Boost 和半桥、全桥等,变流电路的结构和特点见本篇 3.2 节。

AC/DC 变流器输入为 50Hz 的交流电,必须经过整流和滤波,因此体积相对较大的滤波电容器是必不可少的。同时,因为遇到安全标准及 EMC 指标的限制,交流输入侧需加 EMC 滤波及使用符合安全标准的元件,这样就限制了 AC/DC 电源体积的小型化。

(2)DC/DC 变流。DC/DC 变换是将固定的直流电压变换成可控(稳定或可调)的直流电压,对于 DC/DC 变流器来说,图 12.4 - 1 中的交流输入 EMI 滤波和整流电路不再需要,其他工作原理和电路结构与上述 AC/DC 变流器类似。但一般说来,AC/DC 常常有隔离的要求,采用隔离型 DC/DC 变流器电路,而 DC/DC 变换一般可以采用非隔离型 DC/DC 变流器电路。

(3)软开关技术。开关电源小型化轻型化的关键技术是高频化,但是高开关频率增加了电力电子器件的开关损耗,不仅降低了开关电源的效率,而且增加了电力电子器件本身的电压电流应力。软开关技术通过 L、C 等元器件抑制器件开通和关断时的电压或电流上升率,或者通过在 LC 谐振电路中振荡电压电流过零时切换开关器件的导通状态,从而实现开关器件的零电压(ZVS)零电流(ZCS)开关过程,减少器件的

开关损耗。软开关电路和工作原理见本篇 3.5 节。

2. 开关电源的控制 开关电源控制原理如图 12.4 - 1 所示,一般采用输出负反馈实现对输出的控制。输出电压 U_o 和给定输出电压信号 U_o^* 之差送入控制电路,控制电路可以采用各种不同的控制策略,控制电路的输出通过调节脉宽调制(PWM)信号的导通比实现对开关电源的控制。隔离型开关电源的控制回路中需采用光电式或电磁式隔离环节。驱动电路实现 PWM 信号的整形和放大。

控制电路一般可采用 PI 调节器。控制可分为电压控制模式和电流控制模式。电流控制模式又有平均值电流控制、峰值电流控制和电荷控制等不同的控制方式。开关电源控制多数采用专用集成控制电路芯片,开关电源专用控制集成电路芯片是一种模拟数字混合集成电路,其中集成了控制器、PWM 发生器、采样、保护、自供电和起动等功能电路,品种多、功能强、价格低、使用方便,适应多种不同形式的开关电源。作为例子,表 12.4 - 1 介绍了几种开关电源专用控制集成电路芯片。

表 12.4 - 1 几种开关电源专用控制集成电路芯片

UC3825	电压/电流型 PWM 集成控制器
UC3842	电流型 PWM 集成控制器
UC3852	峰值电流型 PFC ZCS 集成控制器
UC3854	平均电流型 PFC ZCS 集成控制器
UC3875	移相全桥软开关 PWM 集成控制器
UC3907	均流控制集成控制器
UC3637	单相正弦 PWM 集成控制器

3. 模块式开关电源 模块式开关电源是采用优化的主电路和控制电路结构,先进的设计和制造工艺,构成一个整体的结构紧凑、体积小、高质量的开关稳压电源。使用时一般不需要或只需要外接少量分立元件就可以构成开关稳压电源,安装、使用、维护非常方便,可靠性高,尤其适合在各种电子设备和应用系统中作为电源部件被选用。

模块式开关电源也分为 AC/DC 和 DC/DC 两种。其中 AC/DC 中一般包含其前端的功率因数校正模块，电源输出功率从几瓦到几千瓦，输出结构有单路输出、双路输出、三路输出、五路输出等。AC/DC 模块输入交流电压范围有 85~264V，120~370V，输出直流电压为 5~48V 及 280~360V 等。DC/DC 模块中，输入直流电压范围为 4~8V，9~18V，18~36V，36~75V，88~185V 和 200~400V 等，输出直流电压为 2~48V 不等。

模块电源输出电压可以调整，部分模块电源还具有通过串联或并联连接提高输出电压或输出电流的功能。一般模块电源按国内或国际认定的标准生产，使电源系统的设计者和使用者可以灵活、方便地组合和选用。

开关电源的发展方向是高开关频率、高功率密度、高可靠性、低耗、低噪声、抗干扰和模块化。由于开关电源轻、小、薄的关键技术是高频化，因此国内外都致力于开发新型元器件，特别是改善二次整流器件的损耗，并在功率铁氧体材料上加大科技创新，以提高在高频率和较大磁通密度下获得高的磁性能，电容器的小型化也是一项关键技术，SMT 技术的应用使得开关电源取得了长足的进步，在电路板两面布置元器件，以确保开关电源的轻、小、薄。开关电源的高频化并实现 ZVS、ZCS 的软开关等也已经成为开关电源的主流技术，并大幅提高了开关电源的工作效率。

4.2.2　蓄电池充电电源

蓄电池充电电源是一种将工频电网交流电变换为直流电的电源装置，用于给铅酸、镍镉等各种类型的蓄电池充电。蓄电池广泛应用在电动车辆、通信电源系统、UPS、各种车载电源、新能源发电系统和家用电器、计算机、手机等场合。各种蓄电池容量相差悬殊，蓄电池充电电源输出额定电压电流值也相差很大，根据蓄电池串联数量的不同，输出额定电压在几伏到几百伏之间，输出电流在数十毫安到数百安培范围。

蓄电池充电电源电路结构有二极管整流电路、晶闸管相控整流电路和开关型变流电路等几种类型。

二极管整流充电电源采用工频变压器降压，二极管不控整流器整流，再经滤波后输出到负载，通过手动操作，自耦变压器手动或自动调压，用晶闸管相控调压器调压等方法调节输入交流电压，实现对输出直流电流和电压的控制。

晶闸管整流充电电源采用工频变压器降压，晶闸管相控整流电路整流，经滤波后输出到负载，一般通过对输出电流和电压的测量和反馈控制实现对晶闸管相控整流器输出电流和电压的控制和调节。

开关型变流电路电源采用全控型电力电子器件 IGBT 或 MOSFET 等器件组成高频开关型变流器，采用高频变压器进行电压的隔离和匹配，具有体积小、重量轻、控制性能好等一系列优点，已经在中小功率容量的充电电源中得到广泛的应用，并正在逐步替代传统的二极管整流型、晶闸管整流型充电电源产品。

蓄电池充电电源根据蓄电池的充电特性，对输出电流和电压进行控制，达到最佳的充电效果。以铅酸电池为例，可分为恒压充电、恒流充电、智能控制充电、快速充电等几种充电方式。

恒压冲电方式初始充电电流很大，充电速度快，但是为了防止初始充电电流过大，充电电压不能太高，导致充电后期因电压低而充电不足，同时也会影响蓄电池的使用寿命。

恒流充电方式初始充电电流小于蓄电池可接受的充电电流，充电时间长，充电后期则超过蓄电池可接受的电流能力而不能有效充电，并易产生过充电现象。一般常采用充电初期用恒流冲电、充电后期用恒压充电的方法。

智能充电方式在整个充电过程中能够跟踪蓄电池可接受的充电电流和电压曲线，从而缩短充电时间，保护蓄电池。实际应用中因各种因素的影响，最优充电压电流曲线是不同的，不容易获得即时的实际最优曲线。

快速冲电方式采取充电过程中插入瞬时放电，甚至加入瞬间反向电流等去极化措施，可以以更大的电流进行充电，但一般会降低电池寿命。

蓄电池充电电源通过检测输出电流和输出电压，经反馈闭环控制对输出电流和输出电压进行控制，以达到各种不同充电方式的要求。近年来蓄电池充电电源大多采用微处理器实现控制功能，具有人机界面好、参数设定和调整灵活、控制精度好、自动化程度高等优点。

4.2.3　工业电解电镀直流电源

1. 工业电解直流电源　工业电解用直流电源是一种 AC/DC 变流设备，将电网工频电压变为恒定的直流电，用于铝镁等有色金属电解，水、食盐等化工电解。电源特点是大容量，大电流，中低电压。实际上每个电解槽所需电压只有几伏，为提高电源效率，工业上都采用多个电解槽串联供电的方法，电解电源输出电压一般在数百伏，铝电解电源一般为 460~1250V，食盐电解电源在 100~315V 之间。输出电流在数百安到数万安培，甚至数十万安培。

电解电源电路结构主要有二极管整流器和晶闸管整流器两种。小容量电源采用的六脉波双星形带相间变压器（平衡电抗器）式整流器或三相桥式整流器如图 12.4-2 所示。大容量电解电源大多采用多重并联式 12 脉、24 脉、36 脉等高脉波数整流电路以提高电源电流容量，减少电流谐波。12 脉整流器常采用电源变压器的星形和三角形联结形成 30° 电压相位移，更高脉波数的整流器在星形和三角形联结变压器的基础上，还需采用移相变压器实现电源相位的相位移。

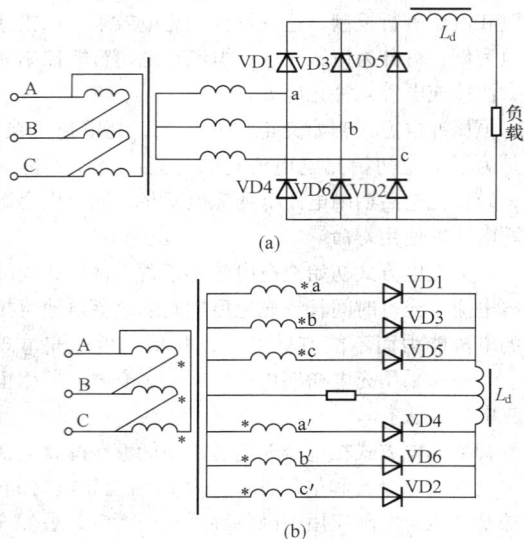

图 12.4-2　工业电解电源

(a) 三相桥式整流器；(b) 六脉波双星形带
相间变压器（平衡电抗器）式整流器

二极管整流器输出电压的调节采用变压器抽头、自耦变压器带有载分接开关、感应调压器等方式或者上述方式的组合来实现，也有采用晶闸管调压器调节变压器一次电压实现对输出直流电压的调节。

晶闸管整流器中用晶闸管代替整流器中的二极管，因此可以采用相控调压方式调节输出电压，其优点是调节速度快、精度好、无级、无触点、效率高等。相控调压方式深控时功率因数低，谐波电流大，可结合在整流变压器网侧采用有载有级或无载有级调压的方法，以避免晶闸管整流器工作在深控状态。

2. 工业电镀直流电源　电镀电源用于金属表面涂覆工艺，以增加被镀工件表面硬度，耐腐蚀性能或者增加表面的美观性，其特点是大电流、低电压。根据镀件的大小、数量和电镀液种类的不同，电镀电源额定电流一般在数安培至数千安培，电压在 6~30V 之间。

电镀电源大多是直流电源。主要有以下几种形式：

（1）二极管整流器。结构类似图 12.4-2，由于输出直流电压很低，为了减小二极管正向压降损耗，一般采用双星形带间变压器整流电路。输出电压和

电流通过改变变压器一次侧抽头、自耦变压器调压或者调节饱和电抗器等方式调节。该类电源结构简单，但体积重量大，控制精度差。

在要求不高的小型电镀槽中，也常用由全波整流、桥式整流等二极管整流电路加交流侧自耦变压器调压构成电镀电源。

（2）晶闸管整流器。类似图 12.4-2 中的两种整流电路，用晶闸管代替图中的二极管构成晶闸管相控整流器，其中图 (b) 适用于电压低、电流大的场合，图 (a) 适用于电压略高、电流较小的情况。

（3）晶闸管交流调压二极管整流电路。在图 12.4-2 (a) 中，变压器一次侧交流端增加晶闸管相控调压电路。因为低压大容量电镀电源输出电流大、电压低，直流端采用晶闸管整流电路时，控制和并联均流有一定难度。

（4）高频开关型电镀电源。高频开关型电镀电源也称为逆变式电镀电源，采用了多级变流电路，首先将三相工频电压经二极管桥式整流变为直流，再经由 IGBT 等全控型电力电子器件构成的逆变器变换为数千赫兹到数十千赫兹的高频交流，经高频变压器降压后再由二极管整流和滤波输出到负载，即经过 AC/DC - DC/AC - AC/DC 的三级变换过程。其特点是由于采用高频变压器替代传统电镀电源中的工频变压器，大大减小了电源的体积、质量和损耗，同时提高了控制精度。

一种新的脉冲电镀工艺由于镀层质量好、电镀周期短、节省能源、节约贵金属等优点，近年来有较大的发展。脉冲电镀工艺采用的是直流脉冲电流，有时还需叠加短暂的反向脉冲电流，因此电源一般采用专门设计的高频开关型变流器。

4.3　交流电源

4.3.1　交流稳压电源和恒压恒频（CVCF）电源

交流稳压电源能在交流电网电压波动的情况下，为负载提供稳定的电压，并具有遏制电网电磁干扰的功能。传统的稳压电源主要有两类：①参数型稳压电源，包括磁饱和变压器式、磁放大器调整式等。一般稳压范围较窄，易产生波形畸变。②机械调压式稳压电源，包括机械式开关或晶闸管无触点开关切换变压器绕组式、步进电动机或伺服电动机调节自耦变压器式等。其电路简单，功率范围大；但响应速度慢，稳压精度差。

开关型交流稳压电源采用高频开关型电力电子变流器实现对输出电压的控制，具有体积小、质量轻、精度高、动态性能好等优点，近年来得到很快的发

展，并在中小型交流稳压电源中得到应用。

开关型交流稳压电源可分为全功率变换型和部分功率补偿型两种；全功率变换型将输入交流电压整流为直流，再通过全控型开关器件 IGBT 等构成的逆变器逆变为工频交流输出，逆变器采用正弦波脉宽调制（SPWM）技术，通过电压反馈控制逆变器以保持输出电压的稳定，其工作原理类似于下节所述的在线式 UPS 电源，但无需储能蓄电池和相应的蓄电池充电和静止开关等功能。

部分功率补偿型稳压电源工作原理如图 12.4-3 所示。输入交流电压 U_i 经高频开关型变流器 AC/AC 变换后得到可调的补偿电压 U_B、U_i 和 U_B 串联到输出电压 U_o，由可调节的电压 U_B 补偿电网电压 U_i 的变化，从而保持输出压 U_o 的稳定。高频 AC/AC 开关变流器可以采用 AC/DC 变流器加 DC/AC 变流器组成的间接变频电路，类似于全功率变换型稳压电源，也可以是 PWM 开关型交流调压电路。由于变流器只调整部分功率，因此电源中变流器的容量和相应的体积、重量较小，价格较低。

中频 400Hz CVCF 电源广泛应用在通信、雷达、飞机、舰船、车辆和导弹等领域，传统中频电源常采用旋转变频机组、晶闸管固态中频电源等。近年来采用全控型器件 IGBT 等组成的逆变式中频电源得到了迅速的发展，其工作原理类似于全功率变换型工频交流稳压电源。

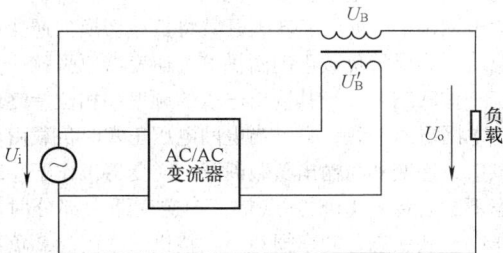

图 12.4-3　部分功率补偿型
稳压电源工作原理

4.3.2　不间断电源 UPS 和应急电源 EPS

1. 不间断电源 UPS　不间断电源（Uninterruptible Power Supply，UPS）用于为重要的用电设备提供不间断的高质量的电力供应。在通信、计算机、自动化生产设备，航空、航天、金融、网络等领域中，许多关键性设备一旦停电将会产生巨大的经济损失，即使瞬时的供电中断也会造成不堪设想的后果。UPS 能够在电网供电中断或者电网电能质量较差的情况下保证用电设备不间断的正常供电。

UPS 主要由以下几部分组成：①蓄电池，用于储存电能；②逆变器，用于将直流电变换为 50Hz 交流为负载供电；③整流器和滤波器，将电网交流变换为直流，为逆变器直流输入端供电；④充电器，为蓄电池充电；⑤转换开关，用于负载供电方式的切换；⑥其他部分，包括 EMI 滤波器、控制电路、保护电路和通信、显示等电路。以下以图 12.4-4 为例说明不间断电源 UPS 的工作原理。

电网供电正常时，交流输入经 EMI 滤波器、AC/DC 整流器、滤波器后变换为恒定的直流，再经逆变器逆变为工频恒压交流为负载供电。同时输入交流经过充电器变换为直流为蓄电池充电。正常运行时，充电器只对蓄电池内部局部放电损耗进行补偿，当电网电压故障中断时，由已充电的蓄电池为逆变器供电，以此保证负载供电不会间断。当电网电压恢复正常后，逆变器重新由整流器供电，同时充电器工作为蓄电池充电直至充满。

当 UPS 内部产生故障时，保护电路工作以防止故障的扩大，同时转换开关将负载切换到由电网交流直接供电。维持负载的持续供电。

图 12.4-4 中，主要部件的功能是：

（1）蓄电池。目前广泛使用的是密封式免维护铅酸蓄电池，蓄电池的容量直接影响到 UPS 在电网停电时可维持的供电时间，也直接关系到 UPS 电源的

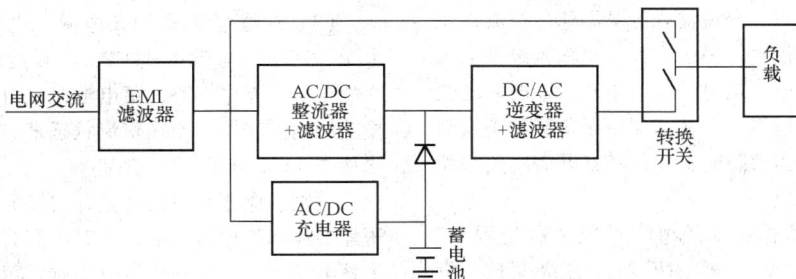

图 12.4-4　不间断电源 UPS 的主电路结构

体积、质量和价格。

（2）逆变器。UPS 中的逆变器普遍采用正弦波脉宽调制（SPWM）逆变电路和全控型电力电子开关器件 IGBT 或 MOSFET，SPWM 逆变电路参见本篇 3.3 节。为了实现在不可预见的故障时刻负载供电在 UPS 逆变器和电网交流供电之间无间断的切换，逆变器输出交流电压需要与电网交流电压实现频率和相位的同步。在某些 UPS 电源中，逆变器需要具有四象限运行功能。

（3）AC/DC 整流器和滤波器。用于将输入交流整流滤波后，为逆变器直流端供电。整流电路参见本篇 3.1 节，为提高 UPS 的功率因数，抑制 UPS 对电网的谐波注入，近年来 UPS 已大多采用输入功率因数校正（PFC）技术。

（4）充电器。UPS 中的充电器电路根据 UPS 电路结构、蓄电池电压大小和容量等的不同，有多种型式和连接方法，如 AC/DC 变流器、DC/DC 变流器、能量双向变换 DC/DC 变流器等，蓄电池的充电放电过程由控制电路根据 UPS 工作状态和蓄电池充电特性来确定，参见本篇 4.2.2 节的蓄电池充电电源。

（5）转换开关。一般由晶闸管等电力电子器件组成，以实现 UPS 逆变器供电与电网交流电供电之间的快速切换，保证负载的无间断供电。

（6）EMI 滤波器。用于抑制来自电网的电磁干扰和射频干扰，同时也抑制 UPS 电源对电网的谐波和电磁干扰。

UPS 中还包含控制电路，用以实现对整流器、逆变器、充电器、转换开关等部分及其 UPS 电源总体功能的控制。保护电路实现对 UPS 电源的故障检测和保护。

按电源结构和功能的不同，UPS 大致可以分为四种类型：①在线式（online）；②后备式（offline）；③在线互动式（interactive）；④Delta 变换式。

（1）在线式 UPS 电源。在线式 UPS 电源的特点是：无论电网交流电压正常还是中断，UPS 中的逆变器始终处于工作状态并向负载提供全部所需的电能。图 12.4-4 所示即为一种典型的在线式 UPS 电源的结构。电网正常供电时，交流输入经 AC/DC 整流器变换成直流给逆变器供电，另一方面交流输入经蓄电池充电器为蓄电池充电。当电网交流电压中断时，逆变器自动转为由蓄电池供电，从而保证了负载的不间断供电。只有当逆变器故障时，才由转换开关将负载切换到由交流电网供电。

在线式 UPS 具有优良的电气性能，这是因为：①负载供电经过了 AC/DC，DC/AC 二级变换，直流环节的存在有效地消除了来自电网的电压波动、电压畸变、电磁干扰等影响，使得 UPS 逆变器能向负载提供高质量的正弦波电压。②电网电压中断时，逆变器直流端由蓄电池不间断地提供直流电，逆变器工作不间断，负载仍由逆变器供电，不需要开关切换，因此负载供电也无任何间断。但由于负载供电全部功率都要经过 AC/DC，DC/AC 二级变换，因此整机效率较低。

（2）后备式 UPS 电源。在电网供电电压正常时，负载始终由电网直接供电，只有当电网供电电压中断或不正常时，才由 UPS 中的逆变器将蓄电池储存的直流电能逆变为交流向负载供电，后备式 UPS 工作原理图如图 12.4-5 所示。

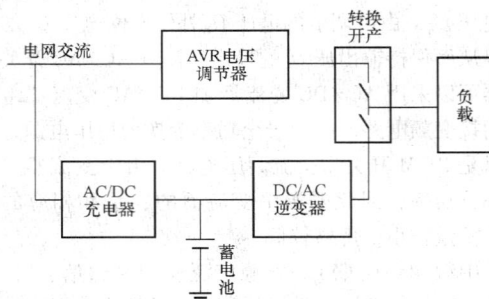

图 12.4-5 后备式 UPS 结构

电网供电正常时，由电网交流电经 EMI 滤波器和多抽头变压器等稳压装置向负载供电，具有一定的抑制电网干扰和电压调节功能。

电网供电中断时，转换开关将负载切换到逆变器输出端，为保持负载不间断供电，逆变器原来就一直处于工作状态，并且其输出电压的频率和相位始终保持与电网电压一致，只是当电网电压正常时负载由电网供电，逆变器与输出负载断开，逆变器工作于空载状态下。后备式 UPS 特点是：①逆变器大部分时间工作在空载状态，功率损耗小，整机效率高。②负载大部分时间由电网电压供电、负载供电质量不如在线式 UPS。③电网故障时，转换开关要将负载从电网供电切换到逆变器供电，切换过程有几毫秒的瞬时间断。对大多数类型的负载来说，几毫秒的供电中断是可以承受的。

（3）在线互动式 UPS 电源。也称为准在线 UPS 电源，其结构与后备式 UPS 电源类似，只是没有独立的蓄电池充电电路，蓄电池充电由具备能量双向变换功能的逆变器工作在整流状态来实现，其电路和结构如图 12.4-6 所示。

电网供电正常时，转换开关接通，负载由电网电压经滤波和稳压后供电，同时逆变器工作于整流状态为蓄电池充电；电网供电故障时，转换开关断开，逆变器工作于逆变状态，将蓄电池直流电转换为交流为

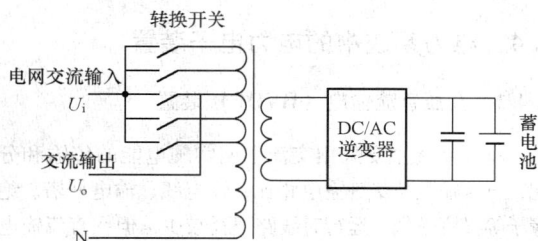

图 12.4－6　在线互动式 UPS 电源

负载供电，由于逆变器给终处于工作状态并与负载连接，所以切换时间很短。其他优缺点类似于后备式 UPS 电源。

（4）Delta 变换式 UPS 电源。如图 12.4－7 所示，电源包含两个变流器：主变流器和 Delta 变流器。工作原理类似于在线互动式 UPS 电源，即大部分时间电网电压是正常的，负载也是由电网供电，主要差别是在 Delta 变换式 UPS 电源中，电网电压是经过串联的补偿电压补偿后再向负载供电的，可以向负载提供较高质量的供电。补偿电压来自 Delta 变流器交流端输出变压器的二次线圈。

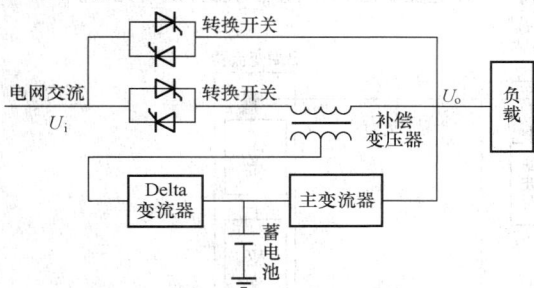

图 12.4－7　Delta 变换式 UPS

补偿变压器二次输出工频交流电，其电压的大小和相位可由 Delta 变流器调节，最大电压约为负载额定电压的 20%，该电压用于补偿电网电压的波动，并具有谐波抑制和功率因数校正功能。因此，Delta 变流器实际上是一个四象限运行的逆变器，直流端由蓄电池供电，交流端输出到补偿变压器，且 Delta 变流器直流端对蓄电池来说，根据工作情况的不同，可以是消耗能量的负载，也可能是补充能量的充电电源。

电网供电中断时，由主变流器将蓄电池直流逆变为交流输出到负载，实现负载的不间断供电，电网供电正常时，主变流器工作于整流状态，为蓄电池充电，从这一点来看，逆变器工作也类似于在线互动式。不同的是，由于蓄电池也同时为 Delta 变流器供电，因此主变流器的工作状态还要考虑 Delta 变流器的工作情况。例如，在电网供电状态下，如果电网电压偏高，补偿变压器输出一个负电压以维持负载电压

为额定电压，这时 Delta 变流器实际上工作状态是将交流变换为直流向蓄电池充电。如果此时蓄电池充电已经充足，这时主变流器就会自动将从 Delta 变流器流入的直流电流逆变为交流输出到负载。

Delta 变换式 UPS 采用电力电子变换补偿型稳压供电，供电质量较好，正常供电时变流器只变换用于补偿的部分功率，变换功率小，效率较高，但电路和控制较复杂。

实际应用中，可按照负载的要求选择合适的 UPS 类型。正确使用和维护 UPS 电源是延长电源使用寿命、降低故障率的重要因素。除了与一般电力电子设备类似的使用维护方法以外，特别要重视对蓄电池组的正确使用和维护，防止过充电和深度放电，注意定期放电处理，定期测试和更换失效电池等。

2. 应急电源 EPS　应急电源（Emergency Power Supply，EPS）与 UPS 相似，用于在电网停电时为负载供电，但负载允许 0.1～0.2s 的短时间供电中断。而 UPS 供电的负载中断供电时间一般小于 5～10ms。由于 EPS 允许较长的供电中断，因此电路和工作模式设计的限制较少，功能简化，便得 EPS 相对于 UPS 来说，成本较低，更节电。

EPS 工作原理比较接近于图 12.4－5 的后备式 UPS，所不同的是没有电压调节器 AVR，电网正常时，负载直接由电网供电，同时 DC／AC 逆变器停止工作；当电网中断时，逆变器才投入工作，因此负载供电的间断时间较长，约在 0.1～0.25s，不适合于用在计算机、通信、自动控制、医疗诊断仪等不能中断供电的场合。其优点是设备成本低、大部分时间电网正常时，逆变器不工作、不耗电、节能、无噪声，适合应用在电梯、水泵、应急照明、消防系统等场合。

4.3.3　交流调压电源

交流调压电源输出频率固定、电压可调的交流电。由于电源输出电压频率与电源输入频率相同，因此不需频率变换，只需对电压进行调节。所以电路结构和控制都比变频电源要简单，通常称为交流调压器。实际应用中主要是通过对负载电压的调节达到对输出功率的控制。

交流调压电源按结构和调压原理的不同，可分为电动机变压器类和电力电子变流器类两种。电机变压器类有感应调压器、抽头变压器分接、自耦变压器和移圈式调压器等。本节主要介绍电力电子变流器类交流调压电源。

电力电子变流器类交流调压电源采用晶闸管、IGBT 等电力电子开关器件串入电源和负载间，通过

控制电力电子开关器件的导通和关断实现对负载电压的调节，与电动机变压器类交流调压电源相比，具有体积小、重量轻、控制灵活、动态性能好等优点。

　　电力电子变流器类交流调压电源按控制和调制方法，又可分为三类，即通断控制型、相位控制型和脉宽调制（PWM）型三种，其电路结构和工作原理见本章 3.4.3。

　　晶闸管相位控制型交流调压电源是应用最广泛的交流调压装置，其特点是电路结构简单、晶闸管容量大、价格低、用途广、产品成熟；主要用途有电加热温度控制、灯光亮度控制、交流电动机软起动、交流电动机调压调速等，也可用于整流变压器一次侧电压调节实现对整流器输出直流电压的控制、升压变压器一次测电压调节实现对二次侧输出高电压的控制等。

　　晶闸管相位控制型交流调压电源输入输出电流中含有较多的谐波分量，深控时功率因数较低。采用可关断器件 IGBT 的 PWM 型交流调压电源可以克服以上缺点，技术上也是成熟的，是交流调压电源的发展方向，限制PWM 型交流调压电源广泛应用的主要原因是 IGBT 器件与晶闸管相比，价格较贵，而且容量也较小。

4.4　电力系统中的电力电子装置

4.4.1　高压直流输电（HVDC）装置

　　电力系统主要采用交流电网实现电能的传输和分配，直流输电与交流输电相比，输电线、输电杆塔、绝缘子等投资较低，运行时线路损耗较少，但在直流输电的终端需要交流和直流之间的电力变流器和消谐波滤波器等，因此终端设备费用较高。综合估计对架空输电线来说，大约 500km 以下短距离交流输电成本较低，500km 左右以上的长距离直流输电经济性更好。我国幅员辽阔，直流输电技术的应用具有重要的意义。直流输电还具有输电系统稳定性好，易控制，能实现不同频率或不同相位两个交流电网之间的互联等优点。

　　典型的双极性高压直流输电系统如图 12.4－8 所示，系统有两条输电线，一条为正极性，另一条为负极性。直流输电线两端各有一套额定值相同的变流器，用于直流输电线与交流电网的连接。变流器可以工作于整流状态，将电网交流电能转换为直流，也可以工作在逆变状态，将直流电能转换为交流。

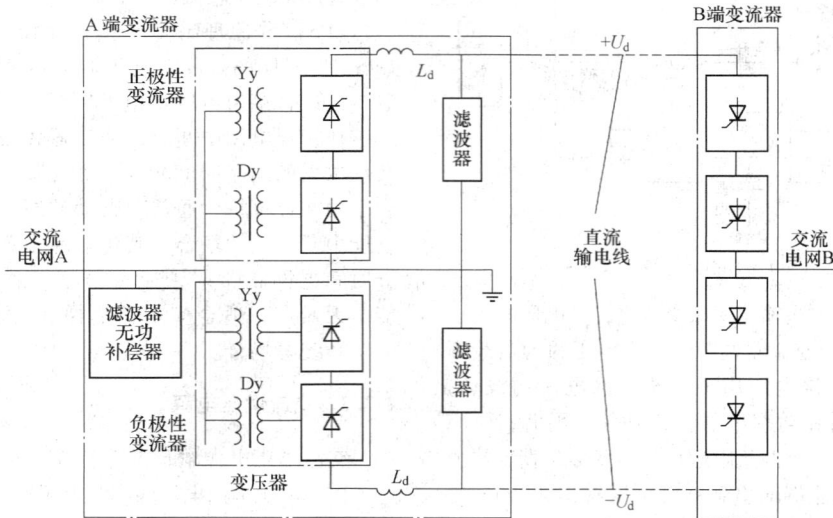

图 12.4－8　典型的双极性高压直流输电系统简化原理图

　　通过直流输电线，电能可以从电网 A 传输到电网 B，也可以从电网 B 传输到电网 A。以电能从电网 A 向电网 B 输送为例，电网 A 交流电经 A 端变压器升压，A 端变压器整流为直流，经直流输电线传输到B 端，再由 B 端变流器逆变为交流、B 端变压器降压后送到 B 端交流电网。直流输电线二端变流器各由正极性变流器和负极性变流器串联组成，正、负极性变流器又各由两个 6 脉变流器串联构成 12 脉变流器，相应连接的两个交流变压器分别采用 Yy 联结和 Dy

联结结构。交流电网端还需接滤波器和无功功率补偿器以补偿变流器产生的电流谐波和无功功率。

　　每个 6 脉冲变流器单元采用三相桥式整流电路，桥臂开关阀体由多个高压大功率晶闸管串联而成以提高承受电压的能力，同时采用电阻、电容组成静态、动态均压电路，采用饱和电抗器抑制晶闸管开通时的电流上升率等保护措施。晶闸管触发电路采用光纤传输触发脉冲信号或者直接采用光触发晶闸管。

　　通过对 A 端和 B 端变流器的控制可以实现对直流

输电电流的大小和电能输送方向的控制。图12.4－9为直流输电系统的简化原理图，稳定工作状态下有

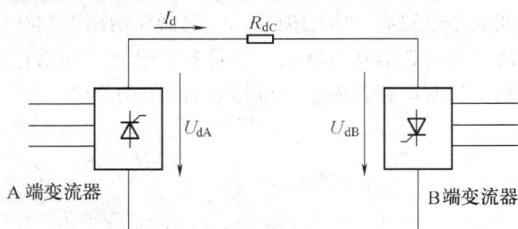

图 12.4－9　直流输电系统的简化原理图

$$I_\mathrm{d} = (U_\mathrm{dA} - U_\mathrm{dB}) / R_\mathrm{dC}$$

式中，R_dC 为直流输电线电阻；U_dA、U_dB 为 A 端变流器和 B 端变流器的直流端电压。通过对 A、B 二端变流器晶闸管触发角的调节可以控制电压 U_dA 和 U_dB 的大小和极性，进而控制 I_d，实现对传输电能的控制。

晶闸管三相桥式整流电路的特性决定了图12.4－9中有 $I_\mathrm{d} \geqslant 0$，当电能由 A 端向 B 端传送时，A 端变流器工作于整流状态 $U_\mathrm{dA} > 0$，B 端变流器工作于逆变状态，在图示正方向下也有 $U_\mathrm{dB} > 0$。当电能由 B 端向 A 端传送时，B 端变流器工作于整流状态 $U_\mathrm{dB} < 0$，A 端变流器工作于逆变状态，$U_\mathrm{dA} < 0$。两种情况下，整流端直流电压均大于逆变端直流电压，并且 $I_\mathrm{d} > 0$。

实际运行中，除了控制直流输电线功率潮流以外，还要通过对变流器的控制以限制最大直流电流 I_d 的大小以保护变流器，使用尽量小的触发角以提高直流输电线电压，减少功率传输的损耗，同时还要限制逆变侧变流器的最小逆变角以防止逆变器换流失败。

4.4.2　电力无功补偿装置

对电力系统无功功率的补偿有利于提高电网功率因数，减小输电损耗，降低电网电压波动，增加电网运行的稳定性。无功功率补偿装置有同步调相机、并联电容器组、采用电力电子技术的静止无功补偿器（Static Var Compensator，SVC）和静止无功发生器（Static Var Generator，SVG），SVG 也可称之为静止同步补偿器（STATCOM）。静止无功补偿器又包括晶闸管投切电容器（Thyristor Switched Capacitors，TSC）和晶闸管控制电抗器（Thyristor Controlled Reactor，TCR）。

TSC 原理如图 12.4－10 所示，反并联晶闸管构成的开关用于控制电容器与电网的连接，改变与电网连接的电容器数量即可改变补偿电网无功功率的大小。TSC 的工作原理比较简单，但要注意晶闸管投切时间的控制。切除电容器时，去除晶闸管的触发脉冲，晶闸管在交流电流过零时刻自动关断，但在电容器投入电网时，必须在电容器电压瞬时值与电网电压瞬时值极性相同、大小相等的时刻加晶闸管触发脉冲，

以防止接通时的电流冲击。图 12.4－10 中与电容器串联的小电感也是为了防止电容器接入电网时，电容电压与电网电压瞬时值微小差别引起的电流冲击。

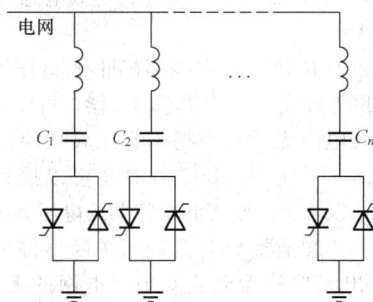

图 12.4－10　晶闸管投切电容器（TSC）

TCR 原理如图 12.4－11 所示。反并联晶闸管串联电感 L 以后与电网并联，电感电流 i_L 如图 12.4－12 所示，通过改变晶闸管控制角 α，可以改变电感电流 i_L 的大小，从而改变电网无功电流的大小，经分析，当 $0 < \alpha < \pi/2$ 时，晶闸管相当于全开通，当 $\pi/2 < \alpha < \pi$ 时，电感电流基波有效值为

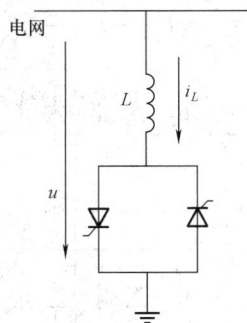

图 12.4－11　晶闸管控制
电抗器（TCR）

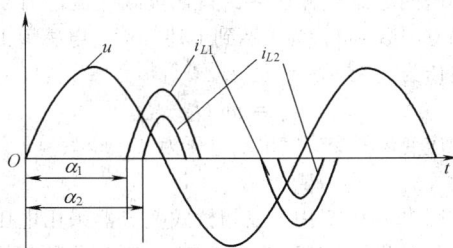

图 12.4－12　晶闸管控制电抗器 TCR
工作原理波形

$$I_1 = \frac{1}{\sqrt{2}\pi} \frac{U_\mathrm{m}}{\omega L}(\sin 2\alpha + 2\pi - 2\alpha)$$

相应 TCR 等效电感为

$$L_e = \frac{\pi}{\sin 2\alpha + 2\pi - 2\alpha} L$$

可见晶闸管控制电抗器 TCR 相当于可控电感，当控制角 α 从 $\pi/2$ 到 π 变化时，等效电感 L_e 从 L 增加到无穷大。

TSC 和 TCR 并联用作电网静止无功补偿器，能实现对电网连续变化无功功率的补偿，可以用闭环控制方式实现电网无功功率精确和比较快速的自动调节。实际高压系统中，TSC 和 TCR 可以接到变压器的二次侧，以降低晶闸管和电容器的电压等级。

静止无功发生器 SVG 采用可关断器件组成的变流器并输出无功补偿电流实现对电网的无功补偿，SVG 主电路如图 12.4 - 13 所示，全控型电力电子器件 VI1～VI6 组成三相桥式变流器，该变流器输出电流 i_{ac}、i_{bc}、i_{cc} 到电网用于补偿电网负载的无功电流，其工作原理可用图 12.4 - 14 的电压电流向量图来说明。设电网电压为 U_a、U_b、U_c，电网负载为感性，负载电流为 i_{aL}、i_{bL}、i_{cL}，a 相负载电流 I_{aL} 滞后于相电压 U_a，其电流有功分量为 I_{aLp}，无功分量为 I_{aLQ}，$I_{aL} = I_{aLp} + I_{aLQ}$。SVG 的 a 相输出电流 I_{ac} 用于补偿负载无功电流，即 $I_{ac} = I_{aLQ}$，则 a 相电网电流为

$$I_a = I_{aL} - I_{ac} = I_{aLp} + I_{aLQ} - I_{ac} = I_{aLp}$$

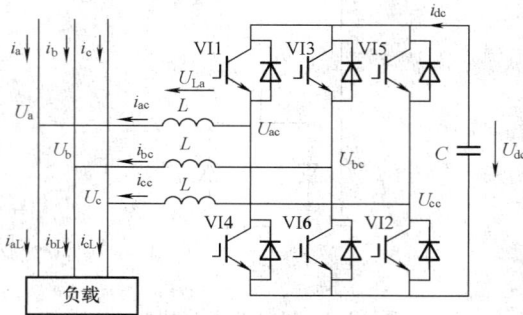

图 12.4 - 13　静止无功发生器(SVG)原理电路图

即电网电流经补偿后，只含负载电流的有功分量，功率因数为 1，为了达到上述补偿，电感 L 上应有的电压为

$$U_{La} = j\omega L I_{ac}$$

相应变流器交流输出端电压为

$$U_{ac} = U_{La} + U_a$$

在图 12.4 - 13 中，三相桥式变流器采用电压型正弦波脉宽调制型(SPWM)变流器，其工作原理见本篇 3.3.2 和 3.3.5 节，按上式控制变流器输出电压 U_{ac} 的大小和相位，即可实现对电网负载无功功率的补偿。

SPWM 变流器直流侧接直流电压源 U_{dc}，上述工作条件下，变流器输出为无功电流，即输出有功功率

为零，因此直流端电压源不消耗功率。直流端电压源可以用电容器来代替。实际变流器运行时，开关器件和变流器电路有一定的损耗，变流器在输出无功补偿电流的同时，需从电网吸收少量有功电流，并用直流端电压控制电路控制，以维持直流端电压为恒定。

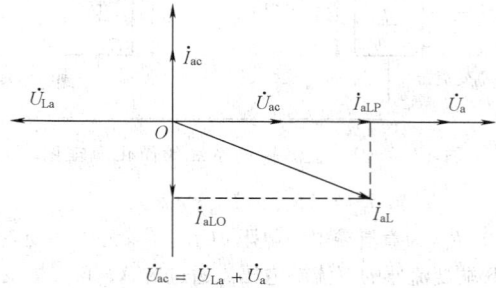

$$U_{ac} = U_{La} + U_a$$

图 12.4 - 14　静止无功发生器
(SVG)原理向量图

SVG 中主要采用电压型 SPWM 变流器，也可以采用电流型 SPWM 变流器，以实现对电网无功功率的补偿。PWM 变流器可实现输出电压电流精确和快速的控制，从而对电网中变化的无功进行快速精确的补偿，对电网功率因数和电压进行调控，是灵活交流输电（FACTS）技术的重要部件，是电网无功补偿技术的发展方向。但其电路的结构和控制复杂，价格较高，我国目前应用还相对较少。

4.4.3　有源电力滤波器（Active Power Filter，APF）

电力系统中的非线性负载，尤其是近年来不断增加的电力电子设备会向电网注入谐波电流，从而对电网电能质量产生严重影响。传统的由电感电容组成的无源滤波器结构简单，价格低，能在一定程度上解决上述问题。有源电力滤波器 APF 是一种新型的用于电网谐波补偿的电力电子装置，其基本工作原理是采用电力电子变流器产生与电网谐波电流或谐波电压相反的谐波电流或谐波电压并注入到电网，从而实现对电网谐波的补偿。APF 可以实现对电网中大小和频率不断变化的谐波进行补偿，能消除电感电容滤波器与电网阻抗之间产生谐振的危险，并且具有体积小、重量轻的优点。但 APF 结构和控制复杂，价格高。实际应用中常常将无源 LC 电力滤波器和 APF 并联混合使用。

APF 中的变流器可以是电压型变流器，也可以是电流型变流器，相应称之为电压型 APF 和电流型 APF。

按与电网的连接方法，APF 又可分为并联 APF、串联 APF 和混合 APF 等，分别如图 12.4 - 15（a）、（b）、（c）所示。并联 APF 主要用于电网谐波电流的补偿，串联 APF 用于补偿电网电压谐波，图示的混合 APF 是串联 APF 和并联无源电力滤波器的结合。

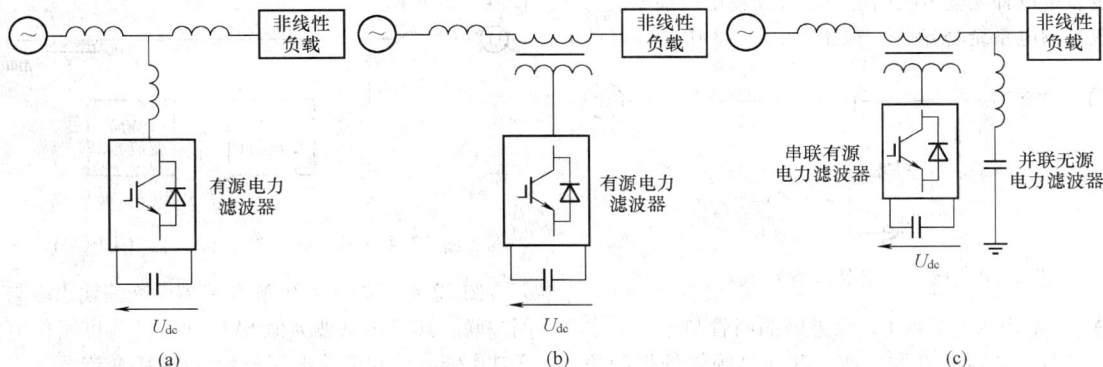

图 12.4－15

（a）并联 APF；（b）串联 APF；（c）混合 APF

并联 APF 是实际应用中采用最多的一种有源电力滤波器，电路结构如图 12.4－16 所示，点划线框中为并联 APF 结构图。其工作原理如图 12.4－17 所示，并联 APF 通过向电网注入与负载电流 i_L 中的谐波电流 i_{Ln} 大小和极性相同的补偿电流 i_c，实现对负载谐波电流的补偿。在图 12.4－16 中，谐滤电流检测电路用于检测电网电流 i_L 的谐波分量 i_{Lh}，i_{Lh} 作为

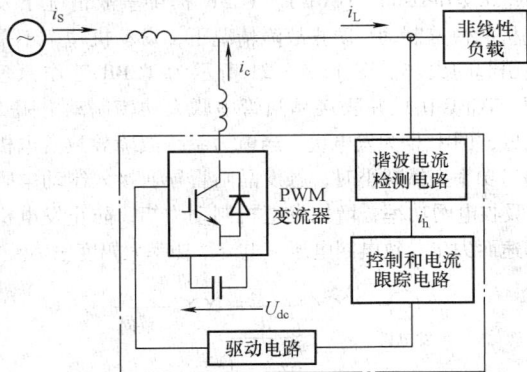

图 12.4－16　并联 APF 结构

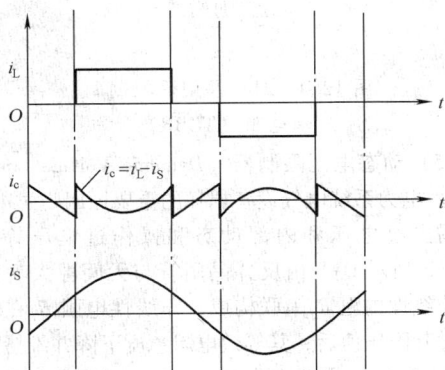

图 12.4－17　并联 APF 工作原理

PWM 变流器的指令电流，经电流控制和跟踪电路、驱动电路，最后使 PWM 变流器向电网输出与 i_{Lh} 大小和波形相同的补偿电流 i_c。

并联 APF 中 PWM 变流器大都采用电压型三相 PWM 变流器，其工作原理参见本章 3.3.1 节和 3.3.5 节，其中 PWM 变流器直流侧接电压源 U_{dc}，理想 APF 中的 PWM 变流器输出电流 i_c 中只含有电流的谐滤分量，即输出有功功率为零，直流端电压源不消耗功率，可以用电容器来代替，变流器仅需从电网中吸收少量有功功率以补偿变流器运行时的损耗。

4.4.4　其他灵活交流输电装置

灵活交流输电（Flexible AC Transmission System，FACTS）技术是利用基于电力电子技术的 FACTS 装置和现代控制技术对电力系统的参数（电压、电抗、相角、功率、频率等）以及网络结构进行灵活快速的控制。FACTS 技术从根本上改变了交流输电网过去基本上只依靠机械型慢速、间断及不精确的控制和优化技术的局面，具有快速、连续和精确的控制及优化功率潮流的能力，同时可以确保系统稳定性，输电更加可靠有效，并能在事故发生时防止连续反应造成电力系统严重的后果。

随着电力系统及输电技术的发展，电网电压不断提高，电网容量不断增大，输电距离不断增加，传统的电力系统控制手段已不能满足电力系统运行的要求。灵活交流输电技术是电力系统发展的需求，具有广阔的发展前景。

本章 4.4.3 节所述的 TSC、TCR 和 SVG 都是重要的灵活交流输电装量，FACTS 装置还有：

（1）晶闸管控制串联补偿器（Thyristor － Controlled Series Compensator，TCSC）。输电线路中串

联电容可以补偿输电线路电感，提高输电线输电能力和改善输电系统稳定性。在图 12.4－18 中，输电线

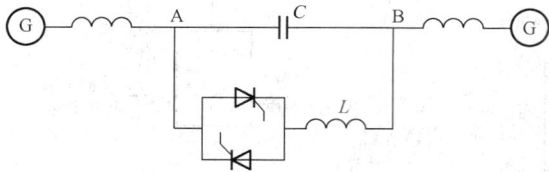

图 12.4－18　晶闸管控制串联补偿器

在 A、B 端串入电容器 C，反并联晶闸管与电感 L 串联的支路与电容 C 并联，通过改变晶闸管的控制角可以改变晶闸管串电感 L 支路的等效电感量，相应改变 AB 二端等效电容的大小，从而对输电线电容的补偿度进行控制，可以有效地控制潮流，提高系统稳定性，克服功率振荡，提高送电能力。

（2）晶闸管控制静止移相器（Thyristor－Controlled Phase Shifter，TCPS）。在图 12.4－19 中，以 A 相为例，TCPS 通过变压器将一个基波补偿电压 ΔU_A 加入到输电线，可以对输电线路电压进行控制，ΔU_A 与输电线路电流 I_A 相位差 90°，可以控制线路的无功功率。也可以选择变流器 A 用于连续平滑的调节 ΔU_A 的大小和相位，既可以改变线路的无功功率，也可以改变线路的有功功率。因此，TCPS 可用于控制潮流，在不改变输电线路二端电压大小的情况下，连续地调控输电线传输有功功率的大小。

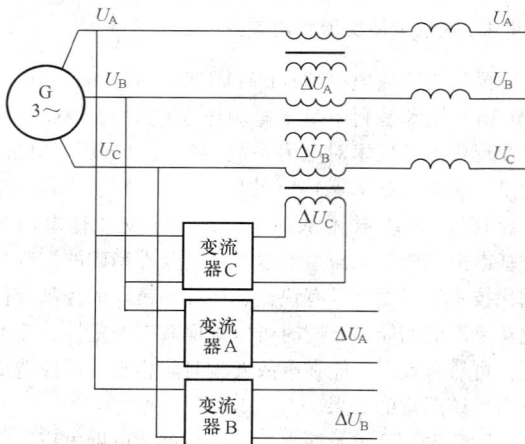

图 12.4－19　晶闸管控制静止移相器

（3）统一潮流控制器（Unified Power Flow Controller，UPFC）。UPFC 综合了多种 FACTS 装置的控制手段，可以同时快速地调节电网电压、相位、电抗等多种基本参数，以达到灵活、快速地调节有功和无功功率，提高输电线路的输电能力，并阻尼系统振荡，提高电力系统的稳定性，UPFC 工作原理如图

12.4－20 所示。

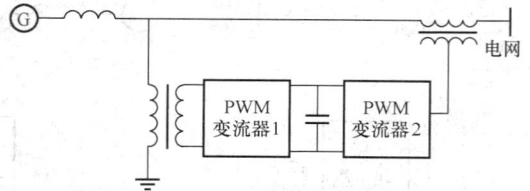

图 12.4－20　统一潮流控制器（UPFC）

图 12.4－20 中，PWM 变流器 1 交流输出端与电网并联，其工作原理类似 SVG 和 APF，可用作电网无功电流补偿和谐波电流补偿，PWM 变流器 2 工作原理类似 TCPS 和串联有源电力滤波器，可用作向电网输电线中加入串联基波补偿电压 ΔU 和谐流补偿电压，同时 PWM 变流器 1 和 PWM 变流器 2 共用直流端储能电容，在控制 PWM 变流器 1 和 PWM 变流器 2 总功率平衡的条件下，变流器 1 还可实现对电网有功功率的补偿，变流器 2 还可实现对电网串联补偿电压 ΔU 大小和相位的任意控制，因此，UPFC 被看作是最具发展和应用前景的 FACTS 装置。

（4）晶闸管控制制动电阻（Thyristor Controlled Breaking Resistor，TCBR）。TCBR 提供事故情况下发电机的快速制动、防止故障情况下，发动机功率不平衡引起的失步。图 12.4－21 所示为 TCBR 工作原理图。TCBR 由反并联接晶闸管串联大功率制动电阻 R 构成，图中 G 为发电机，当电力系统故障导致发电机输出功率突然减小时，触发晶闸管导通接入制动电阻 R 吸收电网功率，增加发电机制动力矩，防止发电机加速而失步导致电网电压、电流、功率大幅度振荡。

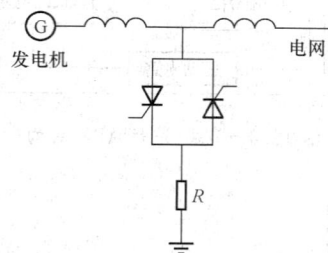

图 12.4－21　晶闸管控制制
动电阻（TCBR）

（5）动态电压限制器（Dynamic Voltage Limiter，DVL）。电力系统电气设备损坏的重要原因是过电压，包括雷击过电压和内部动态和操作过电压等，图 12.4－22 所示 DVL 由反并晶闸管与无间隙大功率氧化锌非线性内阻 R_z 串联构成，非线性电阻 R_z 在端电压超过其限压值后，其等效电阻急剧下降并维持端电压近似不变。电气设备过压时，触发晶闸管导通，过电压经 R_z 泄放并限止 AB 端电压的继续上升，实现了

对电气设备的保护，过电压消失后，晶闸管自动关断，电路恢复正常工作。

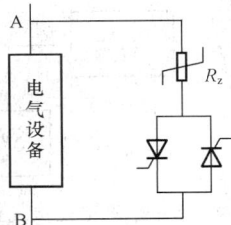

图 12.4 - 22 动态电压限制器 （DVL）

其他 FACTS 装置还有故障电流限制器 （Fault Current Limiter，FCL）、固态断路器 （Solid State Circuit Breaker，SSCB）、超导储能系统 （Superconductor Magnet Energe Storage，SMES）、动态电压恢复器 （Dynomic Voltage Restorer，DVR） 等。

近年来，FACTS 的研究和应用发展很快，已经研究开发了多种 FACTS 元件、控制器和装置，但基本上还处于研究和发展阶段。随着电力电子技术的发展，FACTS 技术有着广阔的发展前景，将对交流输电技术的发展带来崭新的变化。

4.4.5 可再生能源发电和分布式发电系统

化石燃料日渐枯竭和严峻的环境问题促使人们寻找新的替代能源，追求高效的能源转换、输送和利用。可再生能源发电和分布式发电系统也成为当今能源和电力系统领域最重要的研究方向，电力电子技术的发展为上述研究目标提供了极为重要的技术基础。

1. 风力发电 风力发电机组由风力机和发电机组成，按其运行方式可分为恒速恒频发电系统和变速恒频发电系统两种类型。

（1）恒速恒频发电机系统。恒速恒频系统中，无论风速如何变化，风机转速保持恒定。运行中，风机通过调节风轮轴与主风向的夹角、改变叶片桨距角或者利用气动阻力制动等方法控制风机速度保持恒定，相应发电机也恒速旋转并输出频率恒定的交流电。恒速恒频发电机系统一般比较简单，但转速不随风速的变化作相应的改变，风能利用率较低。

（2）变速恒频发电机系统。主要优点是可以控制风力机变速运行，使风力机转速与风速之间符合最佳比例关系，因而可以在很宽的风速变化范围内保持高的风能利用率。风力机转速可以通过机械方式对风轮叶片角度的控制来调节，另一种方法是通过控制发电机输出功率的大小来调节风力机的转速。

变速运行提高了风力机运行效率，从风中获取的能量比恒速运行的风力机高得多，同时这种风力机在结构和实用中还有许多其他的优点。电力电子技术的应用是实现风力机变速运行的最佳手段之一，虽然由此而使电气部分变得复杂和昂贵，但在中、大型风力发电机组中成本的增加在总投资中所占比例不大，因而在中、大型风力发电系统中受到普遍的重视，采用电力电子变流技术实现的变速恒频风力发电系统主要有以下两种：

1）同步发电机交-直-交系统。如图 12.4 - 23 所示，变速运行的风机带动同步发电机发电，输出频率变化的电功率，经二极管整流器整流、电容器滤波后变为直流，再由逆变器逆变为交流输出到电网。同步发电机输出电压大小可以通过调节发电机励磁电流进行控制，逆变器可采用晶闸管构成的有源逆变电路，如果采用由可关断器件 IGBT 或 GTO 组成的正弦波脉宽调制 （SPWM） 的整流电路和逆变电路，则不仅可减小输出电流的谐波分量，而且系统的性能和功能等都得到显著提高。

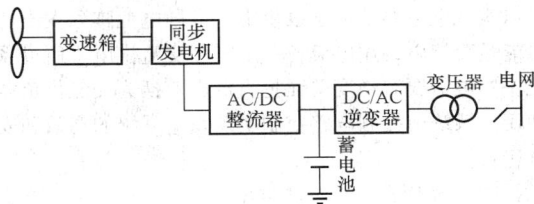

图 12.4 - 23 同步发电机交-直-交系统

同步发电机交-直-交系统的主要缺点是，发电机输出的全部功率通过整流器和逆变器，致使电力电子变流器装置容量大，价格高。

2）双馈发电机系统。工作原理图如图 12.4 - 24 所示。双馈发电机结构类似于线绕转子异步电动机，其定子绕组直接连接到工频电网，转子三相绕组由一台频率和电流可调的三相交流励磁电源供电，励磁电源由三相 PWM 变流器构成，励磁电源输出交流励磁电流频率为 f_2，在双馈发电动机转子中产生相对于转子转速为 n_2 的旋转磁场，风力机驱动双馈发电机转子的机械转速为 n_r，因此，双馈发电机转子磁场相对于定子绕组的转速是 $n_1 = n_2 + n_r$。调节励磁电源输出电流频率 f_2，使得 n_r 变化时，始终保持 $n_1 = n_2 + n_r = 60 f_1 / p = 60 \times 50 / p$（$p$ 为双馈发电机定子绕组的极对数），则发电机输出频率可保持 $f_1 = 50Hz$，实现了变速恒频发电。

上述双馈发电机转子励磁需通过电刷的集电环，一种新型无刷双馈发电机采用双极定子和嵌套耦合的笼型转子，工作原理与线绕转子双馈发电机类似，但没有电刷和集电环，电动机结构简单可靠。

双馈发电机系统与同步发电机交-直-交系统比

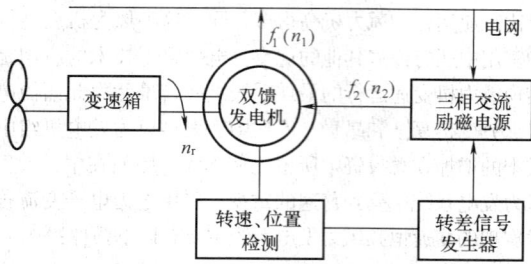

图 12.4-24 双馈发电机系统原理

较，励磁电源用电力电子变流器容量较小，只有总发电容量的 20% 左右，比较适合大型变速恒频风力发电系统。

2. 太阳能光伏发电系统 一种太阳能光伏发电系统结构如图 12.4-25 所示，其中太阳电池阵列由单体太阳电池串联和并联构成，以获取足够大的发电量。太阳能发电系统只有在日间有阳光时才能发电，因此，系统中需有储能单元将日间发出的电能储存起来以实现发电系统的连续供电。太阳电池阵列发出的电能是直流电，用电设备一般需用交流供电，所以系统中一般需要有逆变单元将直流电变换为交流供负载使用，系统由控制电路控制实现发电系统的高效和安全运行。

（1）光伏发电系统的类型。

1）独立运行型光伏发电系统。图 12.4-25 所示是一种独立运行的光伏发电系统，一般应用在人口分散的边远无电地区。独立运行系统中，蓄电池储能单元将有日照时光伏电池发出的剩余电能储存起来供无日照时使用，直流 DC/DC 变流器用于光伏电池和蓄电池的电压匹配，蓄电池充放电控制，同时还能实现太阳能光伏电池发电的最大功率跟踪控制。

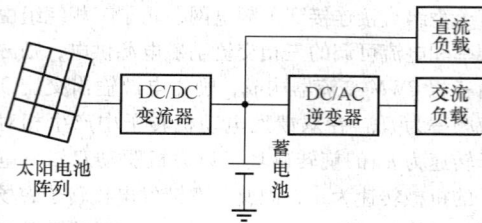

图 12.4-25 太阳能光伏发电系统结构

2）并网型光伏发电系统。在有电网的地区，光伏发电系统可以通过逆变器与电网连接如图 12.4-26 所示。其最大优点是可以省去储能蓄电池而将电网作为储能器。日照强时，光伏发电系统将多余的电能送入电网，晚间无日照时，可以从电网获取电能给负载供电。省去蓄电池不仅降低光伏发电系统的成本，而且提高了光伏发电系统的供电可靠性，该系统中的逆变器单元将承担光伏发电系统和电网之间的并网连接控

制和最大发电功率跟踪控制等功能。

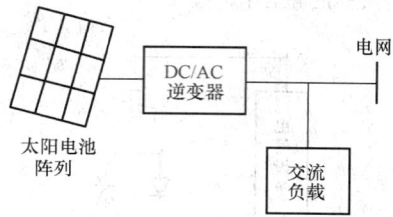

图 12.4-26 并网型光伏发电系统

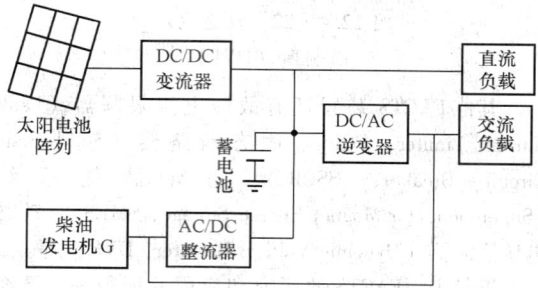

图 12.4-27 混合型光伏发电系统

3）混合型光伏发电系统。图 12.4-27 所示混合型光伏发电系统中，配置了一台备用柴油发电机，当光电池发电不足且蓄电池储能也近于耗尽时，可以自动起动备用发电机组为负载供电并给蓄电池充电。这种结构可以减少系统蓄电池容量并提高供电可靠性。

也有选择风力发电机与光伏发电组成风/光互补混合型光伏发电系统，因为很多情况下风力资源和太阳光资源具有较好的互补特性。

（2）光伏发电系统中的电力电子变流器。光伏发电系统中，电力电子变流器是电能变换单元的最佳选择，合适的变流器电路和控制可以实现光伏电池发电最大功率跟踪，蓄电池充放电控制，直流电能到交流电能的变换和光伏发电系统与电网连接的并网控制等。

1）最大功率跟踪。图 12.4-28 为太阳能光伏电池在某光照和温度条件下的伏安特性曲线和相应的输出功率曲线，为了获取尽可能多的电能，应使光伏电池在不同的光照和温度条件下，始终跟踪工作在最大功率点 A。

图 12.4-27 中，可以通过控制 PWM DC/DC 变流器输出的电流和电压实现最大功率跟踪。图 12.4-26 中，则通过对正弦波脉宽调制（SPWM）逆变器输出电流和电压的控制实现光伏电池最大发电功率跟踪。最大功率跟踪常用的控制算法有功率试探法、功率对电压或电流的微商为零的判别等方法。

2）蓄电池充电控制。图 12.4-25、图 12.4-27 中，可以通过 DC/DC 变流器的 PWM 控制蓄电池的充放电，其工作原理可参见本章 4.2.2 节，所不同的

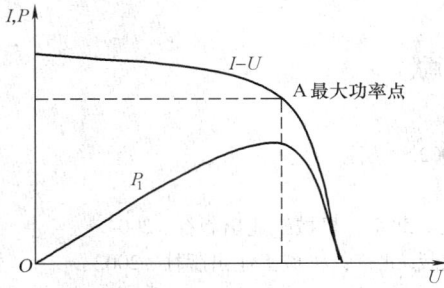

图 12.4－28　光伏电池伏安特性
和输出功率曲线

是，光伏发电系统中的充电控制要与光伏电池最大功率跟踪控制综合协调考虑。

3）逆变器和控制。图 12.4－25 所示光伏发电系统中，采用 SPWM 逆变器实现直流电能到交流电能的变换，其工作原理和控制方法类似于 UPS 电源中的逆变器，参见本章 4.3.2 节。此外，光伏发电系统中的逆变器特别要求低功率条件下运行时的高效率，这是因为按照太阳光照的特性，实际上逆变器很大部分时间工作在低功率状态。

图 12.4－26 中，太阳电池阵列通过逆变器与电网连接，SPWM 逆变器在实现直流电能到交流电能变换的同时，还要控制逆变器输出电压与电网电压在频率和相位上的同步，控制逆变器输出功率以实现光伏发电的最大功率跟踪。

3. 分布式发电系统　与传统大电站、高电压长距离输电配电系统相比，它的主要优点是投资少、输电能耗低、供电可靠性高等，同时分布式发电系统还可以广泛采用新型能源和发电方式，目前发展较快的有风力发电、太阳能发电、燃料电池、热电联产发电、微型燃气轮机发电等。

与风力发电系统和太阳能光伏发电系统类似，电力电子变流器在分布式发电系统中，可以完成电能的变换和控制，同时分布式发电装置发出的电能经电力电子变流器变换，输出的电压频率和相位与电网同步，实现分布式发电系统与电网的连接，并通过对电压幅值和相位的调节，实现分布式发电系统与电网之间有功功率、无功功率的控制和传输。电力电子变流和控制技术已经成为实现分布式发电系统的最重要的关键技术之一。

参 考 文 献

［1］ 林渭勋著. 现代电力电子电路. 杭州：浙江大学出版社, 2002.

［2］ 陈坚编著. 电力电子学. 北京：高等教育出版社, 2001.

［3］ Muhammad H. Rashid 主编. 电力电子技术手册. 陈建业等译. 北京：机械工业出版社, 2004.

［4］ 王兆安, 张明勋主编. 电力电子设备设计和应用手册. 第二版. 北京：机械工业出版社, 2002.

［5］ 张占松, 蔡宣三编著. 开关电源的原理与设计. 北京：电子工业出版社, 1999.

［6］ Ned Mohan, Power Electronics – Converters, Applications, and Design, JOHN WILEY & SONS, INC. 1995.

［7］ 丁道宏主编. 实用电源技术手册. 沈阳：辽宁科学技术出版社, 1999.

第13篇

高电压试验技术

主 编 陈昌渔（清华大学）

执 笔 陈昌渔（清华大学）

张贵新（清华大学）

主 审 谈克雄（清华大学）

第1章 高电压试验基本要求

1.1 高电压试验分类及一般要求

高电压试验可分为研究性试验和工业性试验。它应用于电力、电工、高能物理(加速器)和脉冲功率技术等领域。电力方面的试验可分为交接试验、大修后试验和绝缘预防性试验等。电工方面的试验可分为常规试验、型式试验等。从施加电压的波形性质来分,有交流高电压试验、直流高电压试验和冲击高电压试验。此外还有冲击大电流试验、人工污秽试验等。

国家标准及国际电工委员会(The International Electrotechnical Commission,IEC)标准对试品状态、施加电压(或电流)的极性、用两种极性试验时的极性顺序、加压次数和加压时间间隔,以及大气条件等都有所规定。

1.1.1 高电压试品

试品或部件(如套管、绝缘子等)的电场尽可能和运行情况相似。

试品与接地体或临近物体的距离,一般应不小于试品高压部分与接地部分间最小距离的1.5倍。

在交流和正极性操作冲击电压高于750kV(峰值)的情况下,当带电电极对临近物体的距离不小于其对地距离时,则临近物体的影响可以忽略不计。国家标准及IEC标准给出了最高试验电压与实际允许距离下限的关系。如在交流和正极性操作冲击试验时最高试验电压 U(峰值)为750kV时,试品高压电极对接地体或带电体间最小距离要求为3m。

1.1.2 大气条件

1. **标准参考大气条件** 规定的标准参考大气条件为

温度 $t_0 = 20\,^{\circ}C$

压力 $p_0 = 101.3kPa$

绝对湿度 $h_0 = 11g/m^3$

2. **大气校正因数** 外绝缘破坏性放电电压与试验时的大气条件有关。利用大气校正因数 K_t 可将测得的闪络电压值换算到标准参考大气条件下的电压值,大气校正因数为

$$K_t = K_1 K_2$$

式中,K_1 为大气密度校正因数;K_2 为湿度校正因数。

测量到的破坏性放电电压值 U 校正到标准参考大气条件下的电压值

$$U_0 = U / K_t$$

从参考文献[1]中可查到校正因数 K_1 和 K_2。

1.2 交流高电压试验

交流高电压试验的波形为两个半波相同的近似正弦波,且峰值和方均根(有效)值之比应在 $\sqrt{2} \pm 0.07$ 以内。此外,如果诸谐波的方均根(有效)值不大于基波方均根值的5%,则认为也满足电压波形的要求。

交流试验电压的频率一般应是45~65Hz,此时通常称之为工频试验电压。按有关设备标准的规定,有些特殊试验可能要求频率远低于或远高于这一范围。

交流试验电压值是指其峰值除以 $\sqrt{2}$。

如果有关设备标准无其他规定,在整个试验过程中试验电压的测量值应保持在规定测量值的±1%以内;当试验持续时间超过60s时,在整个试验过程中试验电压测量值可保持在规定电压值的±3%以内。以上是国家标准所规定的交流试验电压值的容许偏差。容许偏差为规定值和测量值的差。它与测量误差不同(测量误差是指测量值与真值之差)。

1.3 直流高电压试验

直流试验电压值是指它的算术平均值。除有关规定外,试品上的试验电压应是纹波因数不大于±3%的直流电压。要注意接入试品和试验条件可能影响纹波系数,尤其是在湿试验和污秽试验时。

直流试验电压值的容许偏差的规定与交流试验电压值的一样。

1.4 冲击高电压试验

1.4.1 雷电冲击高电压试验

1. **试验电压值** 对于平滑的雷电冲击波,试验电压值为峰值。

2. **标准雷电冲击电压** 标准雷电冲击是指波前时间 T_f 为 1.2μs,半峰值时间 T_t 为 50μs 的雷电冲击全波,简称为 1.2/50μs 标准波,如图 13.1-1(a)所示。规定标准雷电冲击的截断波如图 13.1-1(b)所示。图中所示的 O_1 称为视在原点;T_f 为视在波前时间[$= (t_2-t_1)/0.6$];T_c 为截断时间。

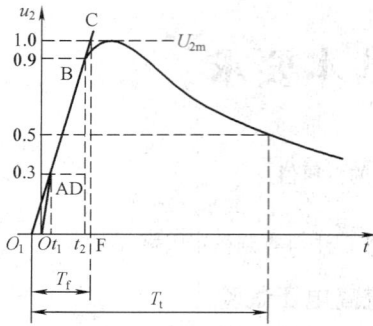

(a)

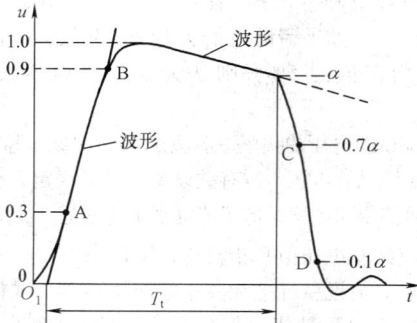

(b)

图 13.1-1 标准雷电冲击电压波形
(a) 全波；(b) 截断波

3. 标准雷电冲击电压的容许偏差 实际记录的冲击电压和 1.2/50μs 标准雷电冲击的规定值之间的容许偏差(注：不是测量误差)，其规定如下：

峰值	±3%
波前时间	±30%
半峰值时间	±20%

1.4.2 操作冲击高电压试验

1. 试验电压值 一般是指预期峰值。

2. 标准操作冲击电压 一般是指波前时间 T_m 为 250μs，半峰值时间 T_t 为 2500μs 的冲击电压，称之为 250/2500μs 冲击波，如图 13.1-2 所示。

供变压器和电抗器类试验的标准操作冲击波，规定为视在波前时间 T_f 不小于 100μs，一般为 100～250μs，视在原点 O_1 与波尾第一次过零之间的间隔时间不小于 500μs，90% 峰值持续时间 T_d 不小于 200μs，见图 13.1-3。

3. 标准操作冲击电压的容许偏差 对于标准操作冲击电压(见图 13.1-2)，规定值和实测值之间允许有下列偏差：

峰值	±3%
波前时间	±20%

半峰值时间 ±60%

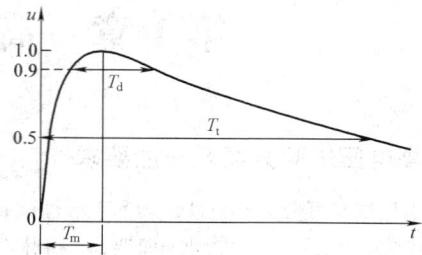

图 13.1-2 标准操作冲击波形

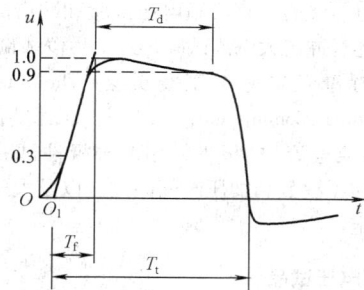

图 13.1-3 供变压器试
验的标准操作冲击波形

1.4.3 冲击大电流试验

1. 试验电流值 通常是指峰值。当电流波形上出现过冲或振荡时，试验电流值可用实际峰值或用通过这些振荡画出的平均值曲线的峰值表示。

2. 冲击电流波形 对冲击电流规定了两种波形：指数波和方波，其参数如下：

(1) 指数波的波形如图 13.1-4 所示。标准指数波为 1/20μs、4/10μs、8/20μs 和 30/80μs 四种。

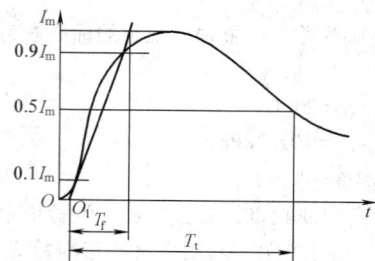

图 13.1-4 标准指数
波冲击电流

(2) 方波的波形如图 13.1-5 所示。其峰值持续时间等于 500μs、1000μs 或 2000μs，或者在 2000μs

与 3200μs 之间。

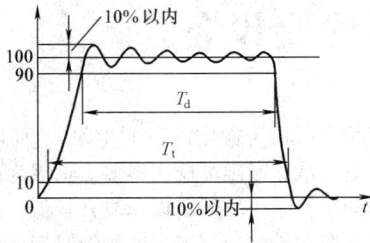

图 13.1-5 标准方波冲击电流

3. 容许偏差

（1）对于指数波波形参数的容许偏差为：

峰值	±10%
波前时间	±10%
半峰值时间	±10%

（2）对于方波波形参数的容许偏差为：

峰值	0% ~ +20%
峰值持续时间	0% ~ +20%

第 2 章 交流高电压试验设备

2.1 交流高电压试验设备的功用和特点

交流高电压试验设备主要是指高电压试验变压器。对于大电容量的试品常采用高电压串联谐振试验设备。

由于试验变压器产生的电压需要满足内过电压的要求,它的工频输出电压大大超过电力变压器的额定电压值,常达几百 kV 甚至几千 kV 的数值。目前我国和世界上多数发达国家都具有 2250kV 的试验变压器。

2.1.1 功用

高电压试验变压器的功用在于产生工频高电压,使之作用于被试电气设备的绝缘上,以考验其在长时的工作电压及瞬时的内过电压下是否能可靠工作。此外,它也是试验高压输电线路的气体绝缘间隙、电晕损耗、静电感应、长串绝缘子的闪络电压以及带电作业等项目的高压电源设备。试验变压器除了产生工频试验电压,以及作为直流高压和冲击高压设备的电源变压器外,还可以用来产生"长波前"类型的操作冲击电压。

2.1.2 特点

试验变压器在原理上与电力变压器并无区别,只是前者电压较高,电压比较大。由于电压值高,所以要采用较厚的绝缘及较宽的间隙距离,也因此试验变压器的漏磁通较大,短路阻抗值也较大,而电压高的串级试验变压器的总短路阻抗值则更大。在大的电容负载下,试验变压器一、二次电压关系与绕组匝数比有明显差异,因此试验变压器常常有特殊的测量电压用的绕组。当变压器的额定电压升高时,它的体积和重量的增加趋势超过按额定电压的三次方(U^3)的上升速度。为了限制单台试验变压器的体积和重量,有必要采用串级装置等。这样,使试验变压器在某些情况下,具有特殊形式。

试验变压器在运行条件方面比电力变压器有利,而在重要性方面则不如电力变压器,所以设计的绝缘安全系数较小。如额定电压大于或等于 300kV 的试验变压器的试验电压仅比额定电压高 10%。国产 YDC—1500/1500(额定电压为 1500kV,额定容量为 1500kVA)为两级串级试验变压器,两台串级时所取

的感应试验电压仅为额定电压的 105%。而电力变压器的试验电压常比额定电压高得多。正因为高电压试验变压器的试验电压较低,设计温升较低,故较高压的试验变压器在额定功率下只能作短时运行。

试验变压器铁心的磁通密度应设计得较低,从而可避免较大的励磁电流在供电的调压器中产生较大的谐波。后者会使所产生的电压波形达不到"正弦波"的要求。

为了满足测量电力设备绝缘局部放电量的需要,有些特殊设计的高压试验变压器,其本身的局部放电视在电荷量极小,只有几个 pC。这类试验变压器称为无晕试验变压器。国产的无晕试验变压器的额定电压已高达 750kV。

2.2 交流高电压试验的接线

高电压试验变压器进行试验时的接线如图 13.2-1 所示。图中的电阻 R_1 称为保护电阻,它的作用是防止试品放电时所发生的电压截波对试验变压器绕组绝缘的损伤,同时它也起着抑制试品闪络时所造成的恢复过电压的作用。该保护电阻的数值应由变压器制造厂供给。若制造厂未供给它的数值大小,则一般可按 0.1Ω/V 选取。个别的制造厂所生产的试验变压器,允许不接保护电阻。

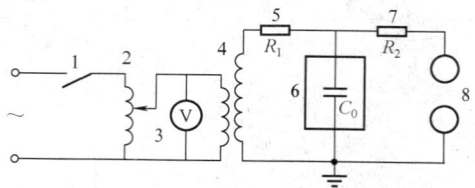

图 13.2-1 工频高电压试验的基本线路
1—电源开关;2—调压器;3—电压表;
4—试验变压器;5—变压器保护电阻;
6—试品;7—测量铜球的保护电阻;
8—测量用铜球间隙

2.3 高电压试验变压器主要参数

由于高电压试验变压器的体积和重量随其额定电压值的增加而急剧增加,故单个变压器的电压都限制在 1000kV 以下,目前国产的则限制在 750kV 以下。高于 750kV 者都采用串级的方式(参见 2.6 节)。部分国产试验变压器的额定电压和额定容量见表 13.2-1。

表 13.2－1　　　　　　　　　　　　国产试验变压器的额定电压和额定容量

额定电压/kV	5	10	25	35	50	100	150	250	300	500	750	1000	1500	2250
额定容量/kVA	3	3	3	3	5	10	25	50	30	300	750	1000	750	2250
	5	5	5	5	10	25	50	250	300	500	1500	2000	1500	9000
	10	10	10	10	25	50	100	500	600	1000	3000			
		25	25	25	50	100	150	750	1200	1500				
		100	50	50	100	200	300	1000	1500					
				100	250	250	600							
				150	500	400								
				200	750	500								

因为试品大多为电容性的，当知道试品的电容量（见表 13.2－2）及所加的试验电压值时，便可按下式计算出试验电流 I_s（有效值）（A）和所需的试验容量 P_s（kVA）。

$$I_s = \omega C U \times 10^{-9}$$
$$P_s = \omega C U^2 \times 10^{-9}$$

式中，U 为所加的试验电压（有效值）（kV）；C 为试品的电容量（pF）；ω 为所加电压的角频率。

在表 13.2－2 中列出常见的试品电容量。

表 13.2－2　　　　常见的试品电容量

试品名称	电容值/pF
线路绝缘子	<50
高压套管	50～600
高压断路器、电流互感器、电磁式电压互感器	100～1000
电容式电压互感器	3000～5000
电力变压器	1000～15000
电力电缆（1m）	150～400
SF$_6$ 绝缘的 GIS	1000～10000

所需的试验变压器额定电压 U_n，应不低于试验电压 U。试验变压器的额定容量 P_n 应按下式来选择

$$P_n \geqslant I_s U_n$$

式中，I_s 为流过的试验电流。

［选用试验变压器标称电压及容量实例］：某二次变电所的一台 35kV / 10kV / 3200kVA 电力变压器，大修后需进行高压绕组对低压绕组和铁心、铁外壳（后两者良好接地）的工频耐压试验，已用电桥测出其高压绕组对低压绕组和地之间的电容量为 5870pF，请选择一台合适的高压试验变压器。

［题解］：查阅有关规程可知，此时变压器应施加的试验电压应为 72kV。首先计算出加电压时，试验变压器高压绕组中流过的电流为

$$I_s = 2\pi f C U \times 10^{-9}\text{A} = 314 \times 5870 \times 72 \times 10^{-9}\text{A}$$
$$= 0.133\text{A}$$

试验容量是

$$P_s = 0.133\text{A} \times 72\text{kV} = 9.58\text{kVA}$$

根据表 13.2－1，试验变压器的额定电压选 100kV，但应注意试验变压器的额定容量不能选择 10kVA，因为这种容量的变压器高压绕组最大只能流

过 0.1A。此时应选择 100kV / 25kVA 的商品试验变压器，以满足容量的要求，即 25kVA>13.3kVA。

除了一般试品外，有时也有电容量较大的试品。在有试验线路的高压实验室中，往往需要考虑供应较大的电容电流及电晕电流。当然试验线路的电容值与线路的长短有关。架设试验线路的目的之一是研究电晕损耗。为了测量准确起见，线路较长是有利的，但又出于经济上的考虑，有时超高压试验线路选取 500m 左右。根据运行经验对 330kV 的试验线路，选取 1A 制的试验变压器是有可能满足试验要求的；而对于大于或等于 500kV 的试验线路，1A 制的试验变压器就难以满足要求了，例如为了研究 750kV 线路的电晕损耗，需要变压器供给 3A 左右的电流。

对于特大电容量的试品，如电缆厂中的成卷高压电缆的耐压试验，以及特大容量发电机的耐压试验等，往往要特制试验变压器来适应试验容量的要求，目前常用串联谐振装置（参见 2.7 节）来满足试验的要求。

试验变压器有时也可能接有电导性负载，例如做绝缘湿闪试验及染污放电试验时，电导电流较大。此时由于沿介质表面的湿放电及染污放电都属于电弧放电过程，如果试验电流不够大，不能形成电弧，此项试验便将失去意义。而且在容量较小、阻抗较大时，试验电流增加将引起压降的增加，而真正作用在试品上的电压并未增加，在试验时无法判断何时发生闪络。一般湿闪试验的电导性电流可达几十 mA。所以一般而言，1A 的试验变压器是可以满足要求的，不过变压器和它的调压器的短路阻抗要小。为了保证有较准确的击穿电压值，对试验装置的短路容量或短路电流有一定的要求。国家标准规定，对固体及液体或两者组合的绝缘样品的干试验和对自恢复绝缘（绝缘子、隔离开关）等的干试验，短路电流均不小于 0.1A（有效值）；对后者的湿试验则不小于 0.5A（有效值）；对于会产生大泄漏电流的大尺寸试品的湿试验，短路电流可达到 1A；对于人工污秽试验，要求试验设备的短路电流一般为 15A（有效值）或以上，还应满足电阻与电抗之比（R/X）不小于 0.1

及电容电流与短路电流之比在 0.001~0.1 的范围内。

2.4 高电压试验变压器结构型式

高电压试验变压器大多采用油浸式变压器，它分为金属壳（见图 13.2-2）和绝缘壳两类（见图 13.2-3）。绝缘壳可用瓷、环氧玻璃纤维或酚醛树脂纸做成，除瓷壳的以外，其他都不能长期露天使用。

图 13.2-2 YDB1500kVA/750kV 铁壳试验变压器

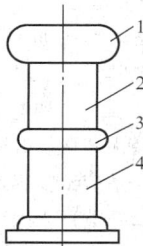

图 13.2-3 绝缘壳试验变压器的外形
1、3—屏蔽罩；2、4—绝缘外壳

2.5 试验变压器容性试品电压升高

这里所说的电压升高有两大类：一类是稳态性的；另一类是瞬态性的。

2.5.1 稳态电压升高

高电压试验变压器上所接的试品，绝大多数是电容性的。试验变压器施加工频高压时，会在容性试品上产生"容升"效应。也就是说实际作用到试品上的电压值会超过按电压比高压侧所应输出的电压值。试品的电容及试验变压器的漏抗越大，则"容升"现象越明显。

2.5.2 瞬态电压升高

瞬态电压升高又可分为两种情况。

（1）试验变压器的试品等的负载电容，可能与变压器及调压器的短路阻抗在升压或耐压过程中发生

了串联谐振，从而造成了过电压事故。由于某些调压器的短路阻抗与调压位置有关，所以过电压可以在调压过程中突然发生。为预防此类过电压的产生，试品应并接球隙进行保护。

（2）容性试品在空气中的交流正半周峰值下发生闪络，后又因电弧过零而熄弧，由于恢复电压的建立取决于 RLC 回路的参数，在一定的参数条件下，可能会产生多次闪络及熄弧的过程，从而会发生负极性恢复电压波形的幅值升高，危及试验变压器的内绝缘。在试验变压器一次侧接上晶闸管的保护装置，当过电压发生时，控制晶闸管将变压器一次侧的两端短路，然后由保护装置控制供电断路器跳闸，从而避免此类过电压事故的发生。

2.6 串级高电压试验变压器

2.6.1 基本原理

单个变压器的电压超过 500kV 时，费用随电压的上升而迅速增加，同时在机械结构上和绝缘上都有困难，此外对于运输与安装亦出现困难。所以目前单个变压器的额定电压很少超过 750kV。电压很高时，常采用几个变压器串接的方法。几台试验变压器串接是使几台变压器高压绕组的电压相叠加，从而使单台变压器的绝缘结构大为简化。对于绝缘而言，相当于是化整为零的一种做法。

自耦式串级变压器是目前最常用的串级方式。在此法中高一级的变压器的励磁电流由前面一级的变压器来供给。图 13.2-4 为由 3 个变压器所组成的串级装置，图中绕组 1 为低压绕组，2 为高压绕组，3 为供给下一级励磁用的串级励磁绕组。设该装置输出的额定试验容量为 $3U_2I_2(kVA)$，则最高一级变压器 T3 的高压侧绕组额定电压为 $U_2(kV)$，额定电流为 I_2（A），装置的额定容量为 $U_2I_2(kVA)$。中间一台变压器 T2 的装置额定容量为 $2U_2I_2(kVA)$。这是因为这台变压器除了要直接供应负荷 $U_2I_2(kVA)$ 的容量外，还得供给最高一级变压器 T3 的励磁容量 U_2I_2。同理，最下面一台变压器 T1 应具有的装置额定容量为 $3U_2I_2$（kVA）。所以，每级变压器的装置容量是不相同的。如上例所述，当串级数为 3 时，串级变压器的输出额定容量为 $S_n = 3U_2I_2 = 3W$，而串级变压器整套设备的总装置容量应为各变压器装置容量之和，即

$$S_{sum} = U_2I_2 + 2U_2I_2 + 3U_2I_2 = (1 + 2 + 3)S = 6S$$

所以装置总容量 W_{sum} 与可用的试验容量 W_n 之比为

$$S_{sum} / S_n = 6S / 3S = 2$$

如果串级数为 n，则

$$S_{sum} = nU_2I_2 = nS$$

而总装置容量

$$S_{sum} = (1 + 2 + 3 + \cdots + n)S = 0.5n(n + 1)S$$

这样，在 n 级串接时 $S_{sum}/S_n = (n+1)/2$。换言之，试验装置的利用率 $\eta = S_n/S_{sum} = 2/(n+1)$。所以随着串级级数的增加，装置的利用率显著降低。这是这类串级试验变压器的一个缺点。一般串级的级数 $n \leqslant 3 \sim 4$。

在试验电压水平高时，常采用双高压套管引入和引出的试验变压器，每级高压变压器的高压绕组的中点接铁外壳（见图 13.2 - 4）。其优点显然是可以比单高压套管的变压器进一步降低绝缘水平。每个高压套管引出端对铁壳和铁心的压差是高压绕组总电压的一半。因此，高压套管以及内部主绝缘的绝缘水平，只要能耐受每级电压的一半就可以了。为了简明，图 13.2 - 4 中都没有画出为减小变压器短路阻抗而设置的平衡绕组。图中所示明的相邻每级变压器套管之间的连接管是用来屏蔽套管间的连接线的。另外，套管与它同电位的设置在支柱绝缘子上的均压环之间也设有连接管。这些联管都由金属做成，要求有一定的曲率半径，表面要光滑，它们起着固定电位及均匀电场的作用。每级变压器依靠不同高度的支柱绝缘子对地绝缘起来。

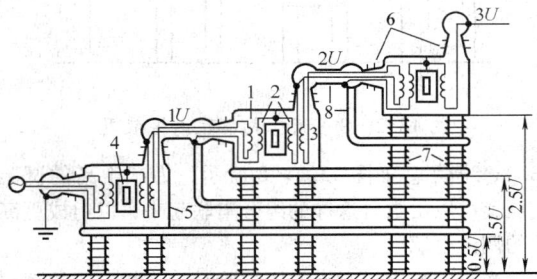

图 13.2 - 4　由双高压套管变压器元件
组合的串级变压器示意图
1—低压绕组；2—高压绕组；3—串级励磁绕组；
4—铁心；5—外铁壳；6—高压套管；7—支柱绝
缘子；8—屏蔽联管

对于试验变压器来说，希望它的短路阻抗不能过大，否则会降低其短路容量，从而会影响绝缘子湿闪或污闪电压的测试结果，还会造成在电容性负载下的电压"容升"现象。变压器串接时会使阻抗电压值大为上升。譬如单台试验变压器的阻抗电压一般为 4.5% ~ 9%，但三台变压器串接时，则可高达 22% ~ 40%。一些专业的书籍上讲述了串级变压器阻抗电压升高的原因和短路电抗的计算。

2.6.2　优缺点

串级高电压试验变压器的优点是：

（1）单个变压器的电压不必太高，因此绝缘结构制作相对比较方便，绝缘材料的价格较便宜，每台变压器的重量也不会过重，运输及安装方便。

（2）串级试验变压器中，若有一台变压器损坏，其他一两台还可应用，增加了工作的灵活性。

串级高电压试验变压器的缺点是：

（1）自耦式串级变压器的情况下，整个装置的利用率低。

（2）由于励磁绕组及低压绕组中的漏抗，当级数增多时，总的电抗剧增。

（3）发生过电压时，各级间瞬态电压分布不均匀，可能发生套管闪络及励磁绕组中的绝缘故障。

2.7　高压试验变压器的调压装置

主要有自耦调压器、移圈式调压器和电动-发电机组等三种调压装置。

2.7.1　自耦调压器

小容量的自耦调压器容量一般小于或等于 20kVA。它用滑动触头沿着绕组移动，由此调节输出电压的自耦调压器容量一般小于或等于 20kVA。由于用电刷触头调压，实际是分级调压，只不过每级分得较细，每级电压的变化不超过 2%。这种小容量的调压器价格不贵，携带方便，漏抗小，输出的波形较好，在小容量试验中广泛采用。用油绝缘的自耦调压器，容量可达 50 ~ 500kVA。新型产品采用特殊的滚动触头调压。调压过程不产生火花。输出电压在 50% 额定电压以上时阻抗电压较低，输出电压波形畸变小。

2.7.2　移圈式调压器

移圈式调压器的原理接线如图 13.2 - 5 所示。图中两绕组 C 和 D 的匝数相等而绕向相反，绕组互相串联。绕组 K 是一个短路绕组，它套在绕组 C 和 D 之外，可以上下移动，由此起到调节电压的作用。K 的匝数与 C、D 相同。图中 K 移动到最下端时，输出电压为零；当 K 移动到最上端时，输出电压为最大。

这种调压器的容量能做得较大，可为几十 kVA 到几千 kVA。它的缺点是阻抗电压与绕组 K 的移动位置有关，一般输出电压低时阻抗电压较高。阻抗电压随调压值变化，可能使试验回路系统在调压过程中突然发生串联谐振，由此会造成过电压事故。

2.7.3　电动-发电机组

电动-发电机组是由电动机与发电机组成的调压装置。由电动机带动同步发电机的转子旋转，通过调节发

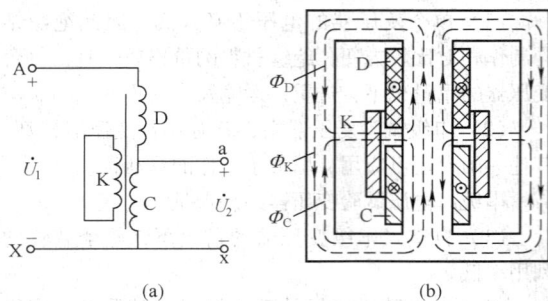

图 13.2－5　移圈式调压器

（a）原理接线；（b）结构

电机的励磁电流来调节发电机的输出电压。这种方法的优点是可以均匀平滑地调压，不受电网电压波动的影响。特殊设计的正弦波发电机可以供给正弦的电压波形。这种调压装置价格较贵，只在要求高的场合应用。

2.8　高电压串联谐振试验设备

为了适应具有大电容量试品的工频耐压试验的需要，一些部门装备了工频高压串联谐振试验设备。具有大电容量的试品通常是指电缆、六氟化硫管道、电容器以及容量大于 300MW 的大容量发电机。

串联谐振试验设备是利用 LC 串联谐振的原理，使试品能受到工频高电压的作用，而供电设备的额定电压及容量可大为减小。其原理性的试验接线如图 13.2－6 所示，其等效电路图如图 13.2－7 所示。图 13.2－6 中 T 为供电变压器，L 是调谐用可变电感，C 为试品及分压器和变压器本体的总电容。在图 13.2－7 中的 R 是代表回路中实际存在的总电阻，它包括引线及调谐电感固有的电阻，也代表了高压导线的电晕损耗及试品介质损耗的等效电阻，有时也包括特地接入的调整电阻。在工作时，可调整电感 L 的大小，使之与电容 C 在工频之下发生串联谐振。要求 $L=1/(\omega C)$，$\omega=2\pi f$，$f=50$Hz。在谐振时，流过高压回路 L 及 C 的电流达到最大值，即 $I_m=U_s/R$，其中 U_s 为试验时的电源电压。

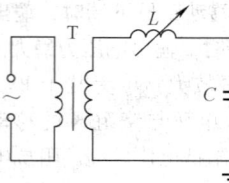

图 13.2－6　串联谐振的原理图

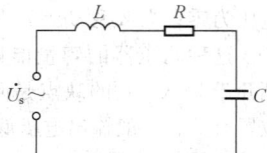

图 13.2－7　串联谐振装置的等效电路

通常定义谐振回路品质因数

$$Q = \omega L / R$$

Q 值较大，国外资料认为其值可高达 40～80。利用低

压电感经变压器组成高压电感时，Q 常为 20 左右。在调谐时，试品 C 上的电压 U_C 与调谐电感上的电压一样高，即

$$U_C = (1/\omega C)I_m = U_L = \omega L I_m = \omega L U_s/R = QU_s$$

式中，I_m 为调谐时流过电路的电流。

从此式可以看出，试品上的电压远高于电源电压 U_s。可以看到，电源变压器的容量为

$$S = U_s I_m = U_s^2/R = I_m^2 R$$

在谐振时试验所消耗的功率仅为电阻上的有功功率，此时 R 值又不会较大，故在试品电容量较大时，供电变压器的容量要比普通工频耐压所用的试验变压器要小得多。

U_C 值较高，则 U_L 值也较高。若高电压的调谐电感不便于制作，可将调谐电感接在试验变压器（也叫调谐变压器）的低压侧，组成调谐电感-调谐变压器组合，后者相当于一台高压调谐电感，如图

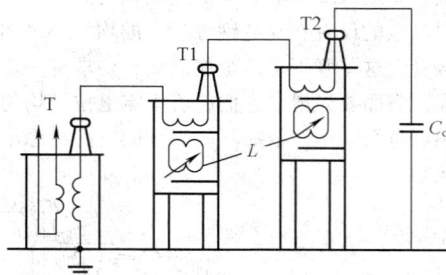

图 13.2－8　调感式串联谐振装置

13.2－8 所示。如图 13.2－8 所示，为产生高的试验电压，可以由数台这样的组合串联起来，以组成更高压的调谐电感。

当对 GIS 进行交流耐压试验时，施加电压的频率允许在 45～300Hz 的范围内变化，所以可调整变频电源的频率来产生回路的谐振，这种串联谐振装置，由于在较高的频率下调谐，所以品质因数可较大，可达到 100 或更高，有利于实现试验设备的小型化。

利用串联谐振试验设备进行工频耐压试验的特点是：

（1）供电变压器 T 和调压器 TR 的设备容量小。因为它的供电电压 $U_s=U_C/Q$，既然高压回路中流过的电流是一样大的，所以它们的容量，在理论上可为试验所需容量的 $1/Q$。

（2）串联谐振装置所输出的电压波形较好。这是因为仅对工频（基波）产生谐振。

（3）若在试品耐压过程中，发生了闪络，则因为失去了谐振条件，高电压立即消失，从而使电弧即刻熄灭。

（4）恢复电压之建立过程较长（见图 13.2－9），

很容易在再次达到闪络电压之前控制电源跳闸，避免重复击穿。

（5）恢复电压并不出现任何由过冲（Overshoot）所引起的过电压（见图 13.2－9）。

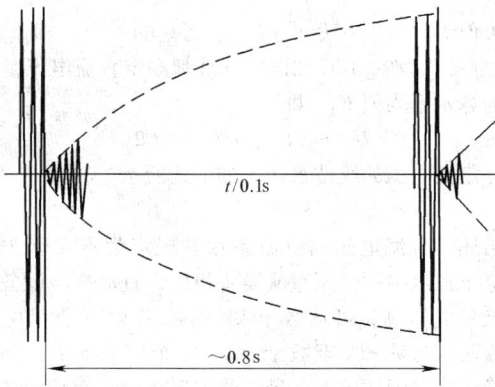

图 13.2－9　试品闪络后的恢复电压波形

正因为上述（3）和（4）的特点，试品击穿后所形成的烧伤点并不大，这有利于对试品击穿原因进行研究。由于以上的特点，这种装置使用起来比较安全，既不会产生大的短路电流，也不会发生恢复过电压。

由于试验装备的重量比试验变压器轻，并具有积木式的特点，所以装拆方便、运输方便，有利于供现场试验之用。串联谐振装置的使用局限性是不能进行绝缘子和套管的湿闪和污闪试验。因此，它不能完全取代高压试验变压器的作用。

在图 13.2－9 中画出一台实际的串联谐振装置在试品闪络后所出现的恢复电压波形，该装置的品质因数 Q 为 40。由图可见，试品闪络后并不会出现负向过冲过电压。恢复电压重新达到再次击穿值所需的时间间隔接近 1s。

2.9　用高电压试验变压器产生操作冲击波

在超高电压实际系统中，或在模拟 735kV 系统的瞬态网络分析仪（Transient Network Analyzer，TNA）上所测到的操作冲击波形均为长波前的，波前时间达 $1000\sim5000\mu s$。利用冲击电压发生器产生长波前操作冲击波时往往是低效率的，而且发生器的火花间隙中会出现熄弧现象。在这种情况下，利用高电压试验变压器来产生操作冲击波具有一些优点。用高电压试验变压器产生操作波的方法有多种，现只介绍一种试验接线方法。这种接线如图 13.2－10 所示。在 C 之后多加了一个 C_1 和 R_2 环节，可以减小变压器低压侧产生的快速尖脉冲峰值。这种接线不仅可在实验室内利用试验变压器产生操作冲击波，而且可在变

电站现场利用电力变压器本身，通过感应法在高压绕组上产生操作冲击波，对变压器自身的绝缘进行耐压试验。对于后者所要求产生的操作冲击波形已在 1.4.2 节中述明。

图 13.2－10 中 C 是储能主电容，T 是试验变压器或是在变电所现场的被试变压器，C_0 代表分压器电容及试品的等效电容，R_1、R_2、C_1 组成了一个调波及滤波环节。电阻还起着阻尼高频振荡的作用。产生高压操作波的简单工作原理是，主电容 C 事先从直流高压源充电到一定电压，然后通过球隙 G 的放电，在一次绕组形成操作冲击波。由于操作冲击波的等效频率并不很高，变压器基本上按电压比，在二次高压绕组上产生了高压操作冲击波。图 13.2－11（a）是用此种方法产生的操作波的典型波形，波尾突然降落是由于铁心饱和的缘故。

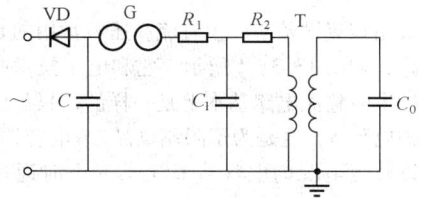

图 13.2－10　利用变压器产生操作冲击波的一种接线

有时试验回路中串入附加电感 L_d，而不串入阻尼电阻 R_d。此时试验变压器的高压侧可以产生如图 13.2－11（b）所示的操作波形。

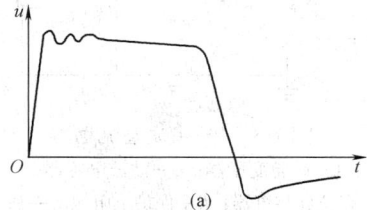

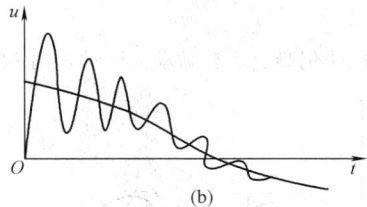

图 13.2－11　变压器感应法所产生的操作冲击电压波形
（a）串有足够阻尼电阻时的波形；
（b）串有附加电感时的波形

第3章 直流高电压试验设备

3.1 直流高电压试验设备的功用

电力设备常需进行直流高电压下的绝缘试验，例如测量它的泄漏电流，一些电容量较大的交流设备，例如电力电缆，需进行直流耐压试验来代替交流耐压试验。至于超高压直流输电所用的电力设备则更要进行直流高电压试验。此外，一些高电压试验设备，例如冲击试验设备，需用直流高压作电源。因此直流高压试验设备是进行高电压试验的一项基本设备。

3.2 基本的直流高电压试验回路和装置

一般用整流设备来产生直流高压，常用的是半波整流电路，如图13.3-1所示。它和电子技术中常用的低电压半波整流电路基本上是一样的，只是增加了一个保护电阻 R，这是为了限制试品（或电容器 C）发生击穿以及当电源向电容器 C 突然充电时通过高电压硅整流器和变压器的电流，以免损坏高压硅整流器 VD 和变压器。

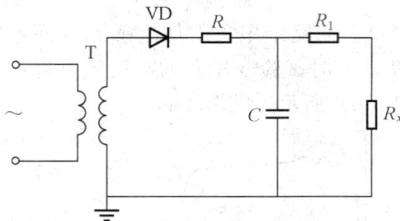

图 13.3-1 半波整流电路

T—试验变压器；C—滤波电容器；
D—高压硅整流器；R—保护电阻；R_x—试品

半波整流电路所产生的电压波形如图 13.3-2 所示。

直流电压仍难免还有脉动。脉动幅值 δU 是电压

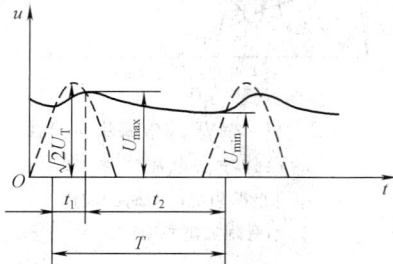

图 13.3-2 半波整流的输出电压波形

最大值 U_{max} 与电压最小值 U_{min} 之差的一半，即 $\delta U = (U_{max} - U_{min})/2$，IEC 和国家标准都规定直流电压是电压的算术平均值 U_d，即

$$U_d \approx (U_{max} + U_{min})/2$$

此外定义电压的纹波系数 S 如下式所示

$$S = \delta U / U_d$$

前已述及直流电压的纹波系数 S 规定为不大于 3%。和电子技术中的低压直流设备相比，直流高压设备的特点是电压高，可从数十 kV 到数千 kV；负荷电流小，通常为数 mA 至数十 mA，在个别情况下，例如绝缘子的湿闪试验下，最大约需 100mA，而污闪试验则可达 1A。此外，直流高压设备一般运行时间较短。

图 13.3-2 中，t_1 是整流元件 VD 的导通时间，t_2 是 VD 的截止时间，在时间 t_2 内电容器 C 向试品 R_x 放电，在 t_2 时间内 C 向 R_x 送出的电荷应由 t_1 时间内由变压器 T 向 C 送出的电荷来补偿。在负荷的平均电流为 I_d，交流电压的频率为 f 的条件下，通过计算可得

$$\delta U \approx I_d / (2fC)$$
$$S = \delta U / U_d \approx I_d / (2fCU_d)$$

可见输出电流若较大，则 δU 及 S 就变大。为减小 δU 和 S，就需加大滤波电容 C 或采用高频充电。

在已知 I_d，U_d，S，f 的条件下，可根据上述计算式求出必要的滤波电容 C 值如下

$$C = I_d / (2fCU_dS)$$

例如，国家标准规定 $S \leqslant 3\%$，采用图 13.3-1 的半波整流设备产生 50kV 直流电压，用它来进行一项直流耐压试验，考虑流过试品及电阻分压器的电流 I_d 不会超过 5mA，则可应用上式求出应加上的滤波电容 C 的电容量大小为 0.0333μF。

试品与滤波电容 C 之间，需接入限流电阻，它可使 C 在试品击穿时，免于短路放电。高压电容不允许短路放电，频繁的短路放电，将使电容器的寿命快速下降。

为了限制硅整流器 VD 的过流值，接入保护电阻 R，R 可按下式确定

$$R \geqslant \sqrt{2}U_T / I_s$$

式中，U_T 为工频试验变压器 T 的输出电压（有效值）；I_s 为根据硅整流器的过载特性曲线所确定的正向允许过载电流平均值。

对有自动过电流跳闸装置的直流高压试验设备，一般取过载时间为 0.5s 下的过电流值，否则需取较长的过载时间（例如 1~2s）下的过电流值，后者所选取的 R 值要稍大。通常 R 约在数十 kΩ 至数百 kΩ 之间，图 13.3-3 为整流电流为 0.5A 的硅整流器的过载特性曲线。

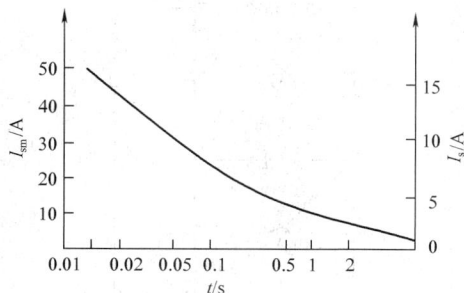

图 13.3-3　0.5A 硅堆的过载特性

I_{sm}，I_s—正向允许过载电流的峰值、平均值，t—过载时间间隔

在直流装置充电时，由于保护电阻 R 和硅整流器内阻上产生压降，使直流输出电压的 U_{max} 值达不到 $\sqrt{2}U_T$，其差值称为压降 ΔU，即

$$\Delta U = \sqrt{2}U_T - U_{max}$$

当负荷大时，ΔU 有一个明显的值，若以 ΔU_a 代表 $\sqrt{2}U_T$ 与输出电压平均值 U_d 之差，则

$$\Delta U_a = \sqrt{2}U_T - U_d = \Delta U + \delta U$$

在高压硅整流器截止时，在整流器两端允许施加的最高反向工作电压值，称为它的额定反峰电压值。从电路图 13.3-1 可知，硅整流器的反向工作电压是电容器 C 上电压 U_{max} 和变压器 T 输出的负峰值电压 $-\sqrt{2}U_T$ 之差值。在选择整流元件时，应使额定反峰电压值 U_r 满足下式的关系

$$U_r \geqslant \sqrt{2}U_T + U_{max} = \sqrt{2}U_T + (1+S)U_d$$

$\sqrt{2}U_T$ 值通常比 U_{max} 高一定值。除了前述的 ΔU 因素外，考虑到为达到 U_{max} 的充电时间不宜过长，$\sqrt{2}U_T$ 也应适当地提高一点。为此可设 $\sqrt{2}U_T$ 比 U_{max} 高出 10%，如此则应考虑

$$U_r \geqslant 2.1U_{max}$$

国产硅整流器的反峰电压最高达 250kV。

3.3　倍压直流与串级直流装置

3.3.1　倍压直流装置

倍压直流装置是一种能获得比充电变压器电压 U_m 高一倍的整流装置。它所采用的倍压回路有两种

接线，如图 13.3-4 及图 13.3-5 所示。图 13.3-4 的接线要求变压器 T 的高压绕组两端都对地具有高的绝缘水平，其中 A 点的电位波动在 0 与 $2U_m$ 之间，B 点则处于 U_m 的电位，所以尽管高压绕组 A-B 间的电压为 U_m，然而高压绕组对低压绕组之间的最高压差仍然要达到 $2U_m$，所以并不能达到节省绝缘的目的。若改接地点为 B 点，则可以采用普通的高压绕组一点接地的试验变压器，但直流电压的输出端是正负对称的高电压，这种倍压接线并不能适应于多数情况的需用要求。所以相对来说，图 13.3-5 的倍压接线，优点更为突出。变压器绕组的一点接地，倍压直流电压的一端也是接地的。此倍压电路在空载时，充电稳定后，各点的电位变化如图 13.3-6 所示。由此图可见 C_1 两端间的电压为 U_m，C_2 则为 $2U_m$；VD1 及 VD2 的最大反压各为 $2U_m$。当此电路的输出端接有负载时，也有压降及电压脉动的问题。在有负荷时，C_1 每周期向 C_2 充电时要输出电荷 Q_1，故点 1 的电位不可能维持为 $2U_m$，而要降低 Q_1/C_1，所以负荷的平均电流为 I_d，频率为 f 时，C_2 充电所能达到的最高电位为

$$U_{20m} = 2U_m - Q_1/C_1 = 2U_m - I_d/(fC_1)$$

有负荷时的压降

$$\Delta U = 2U_m - U_{20m} = I_d/(fC_1)$$

与对图 13.3-1 的整流回路的分析相似

$$\delta U \approx I_d/(2fC_2)$$

一般选 $C_1 = C_2 = C$，则

$$\Delta U = 2(\delta U) = I_d/fC$$

它的纹波系数也和半波电路一样为

$$S = \delta U/U_d = I_d/(2fCU_d)$$

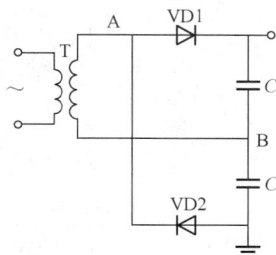

图 13.3-4　倍压直流电路

3.3.2　串级直流装置

串级直流装置是一种采用串接整流回路，能获得更高电压的装置。回路接线如图 13.3-7 所示，它像

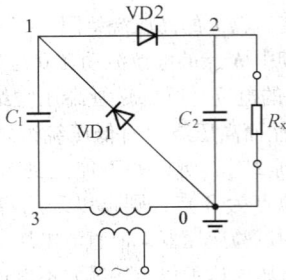

图 13.3-5 高压变压器一
端接地的直流倍压电路

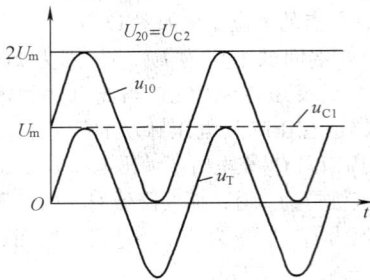

图 13.3-6 倍压电路空载
时的各点电位

是图 13.3-5 倍压电路的积木式的叠加，在高电压工
程中应用较广泛。但此种电路的 δU 随级数 n 的二次
方倍关系上升；ΔU 则随 n 的三次方倍关系上升。它

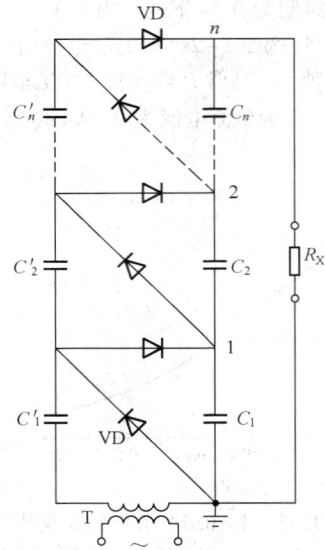

图 13.3-7 直流高压串级发生器

们与级数 n、平均负荷电流 I_d、供电电压频率 f、电
容量 C 之间的关系式可表达如下

电压脉动幅值 $\qquad \delta U \approx [n(n+1)I_d] / (4fC)$

压降 $\qquad \Delta U = [(8n^3 + 3n^2 + n)I_d] / (12fC)$

因此，当级数 n 超过一定值时，再增加 n 将无助
于输出电压的增加，而元件数量和整个结构高度却会
随 n 而正比上升，这一点在设计时应予注意。

第 4 章　冲 击 电 压 发 生 器

4.1　冲击电压发生器的功用和基本原理

4.1.1　功用

冲击电压发生器是产生雷电冲击电压和操作冲击电压的一种发生装置。所产生的冲击电压,可供绝缘的冲击耐压或放电试验之用。在大功率电子束和离子束发生器中以及二氧化碳激光器中,可用作为电源装置。它是高压纳秒脉冲功率发生器的重要组成部分。

4.1.2　基本原理

一组储能高压脉冲电容器,自直流高压源充电几十秒钟后,通过铜球间隙突然经电阻放电,在试品上形成具有陡峭上升前沿波形的冲击电压。冲击电压持续时间以 μs 计,电压峰值一般为几十 kV 至几 MV。

4.2　多级冲击发生器回路

产生较高电压的冲击发生器多级回路首先由德国人 E. 马克思(E. Marx)提出,为此他于 1923 年获得专利,被称为马克思回路。一种较流行的多级回路如图 13.4 - 1 所示。

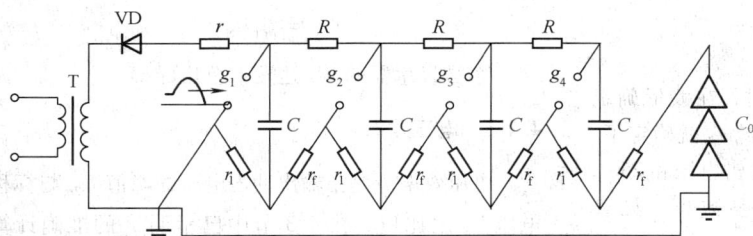

图 13.4 - 1　马克思冲击电压发生器回路

4.2.1　动作原理

图 13.4 - 1 中以四级为例,原理上可以推广到更多的 n 级。图中 T 为供电高压变压器;VD 为整流用高压硅整流器;r 是保护电阻,一般为几百 kΩ,R 是充电电阻,一般为几十 kΩ;C 为每级的主电容,一般为零点几个 μF;C_2 为负荷电容,其值不仅取决于试品,而且与调波相关,一般处于几百 pF 至几个 nF 间。r_f 为每级的波前电阻,一般为几十 Ω;r_t 为每级的放电电阻,通常约几百 Ω;上述电阻值均是指产生雷电冲击电压下的概略值,当产生操作冲击电压时,

各阻值至少要增加两个数量级。

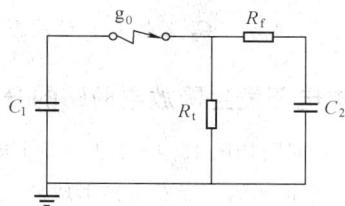

图 13.4 - 2　冲击电压发生器放电时的等效电路

各级主电容 C 通过整流源并联充电到电压 U。各球隙事先调节到能耐压 U 值,若作用电压稍高于 U,则各球隙便会击穿。当需要使发生器动作时,可向点火球隙的针极送去 $5\sim8$ kV 的脉冲电压,针极和接地球面之间产生小火花,由于其紫外线的照射,促使点火球隙 g_1 放电。g_1 放电后,间隙 g_2 两端便作用了接近 $2U$ 的过电压,所以 g_2 在 g_1 放电所造成的紫外线的照射下马上放电。g_3 和 g_4 也跟着放电,各级电容器 C 就和各个 r_f 一起串联起来了。在各球隙放电情况下,发生器可由图 13.4 - 2 所示等效电路表示。C_1 为等效的主电容,它为四个电容 C 的串联值,产生的名义电压高达 $4U$。上述一系列过程,可以概括为"电容器并联充电,而后串联放电"。电阻 R 在充电时起电路的连接作用;在放电时则起隔离电位的作用。各球隙击穿后,作用在试品 C_2 上的电压 u_2 如图 13.4 - 3 所示。为使 C_2 上作用到的电压,接近于 C_1 的原始充电电压(即名义电压),应选择 $C_1 \gg C_2$。电压 u_2 上升的快慢,主要取决于时间常数 $R_f C_2$;而下降部分的快慢,主要取决于时间常数 $(C_1+C_2)R_t$。$C_1 = C/4$,$R_f = 4r_f$,$R_t = 4r_t$。若级数推广为 n 级,上述 4 置换为 n 即可。

4.2.2　用倍压直流回路充电的马克思回路

实际使用的冲击电压发生器,每一级常由两个电容串联组成,采用图 13.3 - 5 的倍压直流充电回路充电。其基本原理与图 13.4 - 1 相同。这种回路有利于发生器结构的形成。

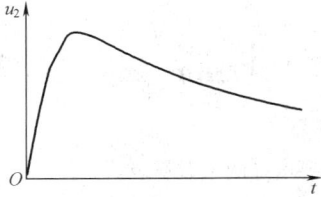

图 13.4 - 3　C_2 上电压 u_2 的波形

4.3　冲击电压发生器放电回路的分析

放电等效回路如图 13.4 - 2 所示。主电容 C_1 上的初始充电电压为 U_1。当发生器形成放电时，通过对放电回路的计算，可得输出电压为

$$u_2(t) = \varepsilon U_1[\exp(s_1 t) - \exp(s_2 t)]$$

式中，s_1、s_2 为方程 $s^2 + as + b = 0$ 的两个根

$$b = 1 / (C_1 C_2 R_t R_f)$$

$$a = [C_1 R_t + C_2 (R_t + R_f)]b$$

$$s_1,\ s_2 = (-a/2) \pm \sqrt{(a/2)^2 - b}$$

回路系数 ε 的表达式为

$$\varepsilon = R_t C_1 s_1 s_2 / (s_1 - s_2)$$

令 $\mathrm{d}u_2 / \mathrm{d}t = 0$，可求得 u_2 达到峰值 U_{2m} 的时间

$$t_m = [\ln(s_1 / s_2)](s_2 - s_1)$$

$$U_{2m} = \varepsilon U_1[\exp(s_1 t_m) - \exp(s_2 t_m)] = \varepsilon \varepsilon_0 U_1$$

式中，ε_0 由方括号的算式算得，称为波形系数。$\eta = U_{2m} / U_1$，称为发生器的电压效率。

4.4　冲击电压发生器的特性参数

4.4.1　波形系数 ε_0 和 s_1、s_2 参数

当冲击波形以双指数波来代表时，在波形确定后，其相应的 s_1、s_2、t_m 和波形系数 ε_0 也就确定了。举例来说，对于 1.2/50μs 标准雷电冲击电压和 250/2500μs 标准操作冲击电压的各个参数值，见表 13.4 - 1。

表 13.4 - 1　　两种标准冲击电压的特性参数

波形 T_1/T_2 /μs	s_1/μs	s_2/μs	t_m/μs	ε_0
1.2/50	-0.014659	-2.4689	2.089	0.9641
250/2500	-3.1696×10^{-4}	-0.0160	250.0	0.9055

若输出电压峰值设为单位值，则 1.2/50μs 雷电冲击电压可用下式表示

$$u_2(t) = 1.03724[\exp(-0.014659t) - \exp(-2.4689t)]$$

式中，t 用 μs 作为单位。

当试品确定之后，C_2 值可以确定。对于电容量小的试品，往往设置一调波电容，由它的大小来决定 C_2 的数值。为使电压效率 η 不致太低，一般选 $C_1 \geqslant 10C_2$。产生 1.2/50μs 或其他冲击波形时，可从表 13.4 - 1 或有关资料查出或算出 s_1 及 s_2 值，于是可以计算出图 13.4 - 2 回路中的各个电阻值和波形系数 ε_0、回路系数 ε、电压效率 η 等。试验所需的 U_{2m} 确定后，可算出充电电压 U_1。当 C_1 及 C_2 已知时，可通过下面两个算式，求出波前电阻 R_f 及放电电阻 R_t

$$R_f = [1/(2C_2)]\{T_0 - [T_0^2 - 4(C_1 + C_2)/(s_1 s_2 C_1)]^{1/2}\}$$

$$R_t = \{1/[2(C_1 + C_2)]\}\{T_0 + [T_0^2 - 4(C_1 + C_2)/(s_1 s_2 C_1)]^{1/2}\}$$

$$T_0 = -(1/s_1 + 1/s_2)$$

4.4.2　标称电压

多极冲击电压发生器中，假若每级电容器的额定电压为 U_n，一共有 n 级，则标称电压 U_N 为 nU_n。

4.4.3　冲击电容

冲击电容是指所有发生器主电容的串联值 C_1，一般为几十个 nF，也有一些为零点几个 μF。C_1 应远大于负荷电容 C_2。

4.4.4　标称能量

$$W_N = C_1 U_N^2 / 2$$

多数发生器的 W_N 达几十至几百 kJ。

4.4.5　电压效率

电压效率 η 是指输出冲击电压的峰值 U_{2m} 与标称电压 U_N 之比值。在 4.3 节中已示明 η 的准确计算式。对于图 13.4 - 1 那样的高效放电回路，$\eta \approx C_1 / (C_1 + C_2)$。

4.5　放电回路的近似计算

4.5.1　电路参数近似计算

在实际应用中，对雷电冲击电压常采用近似法来求回路参数。现只写出计算结果如下

冲击电压的视在波前时间 $T_f \approx 3.24 R_f C_1 C_2 / (C_1 + C_2)$

冲击电压的半峰值时间 $T_t \approx 0.693 R_t (C_1 + C_2)$

式中，各参数的符号见图 13.4 - 2。

通常用上述 T_t 计算式的计算结果误差不大，而 T_f 计算式的计算结果误差较大。究其原因是因为计算时没有考虑放电回路中实际存在的电感 L。在考虑存在 L 而且放电回路处于临界阻尼条件下时，T_f 可用下式进行计算

$$T_f \approx 2.33 R_f C_1 C_2 / (C_1 + C_2)$$

放电回路处于过阻尼条件下时，系数比 2.33 有所增加；放电回路处于欠阻尼条件下时，系数比 2.33 有所减小。在电压波形的振荡幅值达到峰值的 5%(此为标准允许的最大振荡值)的条件下，此系数略小于 2。

4.5.2 临界负荷电容计算

在一定的电感 L 和 R_f 数值及保证一定的阻尼条件下，为产生 $1.2/50\mu s$ 标准波，所加入的 C_2 值大小就会受到限制。

如在回路处于临界阻尼及 C_1 甚大于 C_2 的条件下

$$R_f \approx 2 / (L / C_2)^{1/2}$$

视在波前时间 $T_f \approx 2.33 R_f C_2$
要同时满足上列两式，则

$$C_2 \approx T_f^2 / (21.7L)$$

式中，L 与 C_2 分别用 μH 和 μF 作为单位，T_f 以 μs 作为单位。

当 T_f 为 $1.2\mu s$ 时，$C_2 \approx 0.066\ 3/L$。

在电压波形的振荡幅值允许达到峰值的 1%~5% 时，或 T_f 值在标准允许范围内比 $1.2\mu s$ 略大时，C_2 的临界值会有所增大。国家标准规定在电压波形的振荡幅值最大允许达到峰值的 5%，此时放电回路处于欠阻尼条件，电路参数关系为

$$R_f \approx 1.38 (L / C_2)^{1/2}$$

在此条件下，当 $T_f = 1.2\mu s$ 时，C_2 最大允许值约为 $0.19/L$。

4.6 发生器的点火起动与同步

4.6.1 点火起动

发生器的点火起动是指诸对铜球间隙的发火击穿，尤其是指发火球隙的点火击穿，导致发生器的起动。点火球隙的结构和产生点火脉冲的发生回路分别如图 13.4-4 及图 13.4-5 所示。在图 13.4-5 中电容 C_a 事先充电到一定电压，起动时由一低压正脉冲触发闸流管动作，于是 C_a 向电阻 R_a 放电，送出 8kV 高压脉冲使点火球点燃，造成点火间隙 g_1 击穿。同时在 R_a 上又分压送出一个低压脉冲去起动传统的高压示波器。

4.6.2 同步

点火球隙 g_1 发火击穿后，g_2，g_3 等由于出现自然过电压而相继击穿，最后将冲击电压加于试品，这个过程叫作发生器球隙的同步动作，简称为发生器的同步。若要发生器良好同步，则必须使中间球隙上作用到的过电压倍数超过球间隙放电的分散范围。过电压脉冲的持续时间要足够长。点火球隙 g_1 击穿所产生的紫外线必须要能照射到中间球隙上。必要时每个中间球都采用三级点火，或者所有间隙都采用特殊的多级间隙。

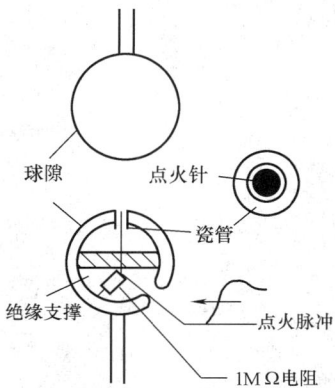

图 13.4-4 点火球间隙

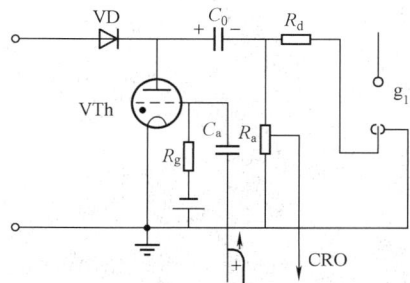

图 13.4-5 点火脉冲发生回路
VTh—闸流管；C_s—隔离电容；
CRO—示波器

4.7 冲击电压发生器的结构

冲击电压发生器的结构，取决于主电容器的结构。主电容器应采用高压脉冲电容器，后者主要为圆形绝缘外套型电容器或含有外套管的铁壳电容器。用绝缘子或绝缘柱把多台电容器架设起来。现在广泛采用塔式结构，如图 13.4 - 6 所示。电容器之间、对地及对墙之间，需保持足够的绝缘距离。在此条件下，结构要求设计得尽可能紧凑，以限制电感数值，避免波形振荡。多数部门的冲击电压发生器安装在实验室内，特高参数的则安装在室外。有的研究部门为了产生很陡的冲击电压波，把整个发生器密封在含有绝缘油或压缩的 SF_6 绝缘气体的容器内。

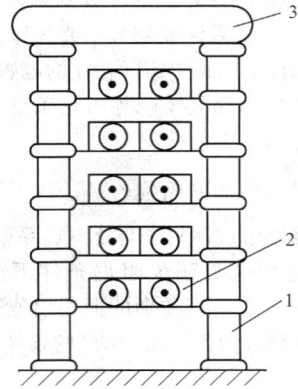

图 13.4 - 6 塔式冲击电压发生器
1—绝缘支架；2—电容器；3—高压屏蔽

第 5 章　冲 击 电 流 发 生 器

5.1　冲击电流发生器的功用

电力系统在运行中发生雷闪事故时，不仅要遭受几千 kV 冲击电压的侵袭，而且在事故点还将流过巨大的冲击电流，有时它的峰值可达几百 kA。因此在高电压实验室中需要装置能产生巨大冲击电流的试验设备来研究雷闪电流对纸绝缘材料和结构以及防雷装置的热或电动力的破坏作用。冲击电流发生器就是用来产生人工雷闪电流的实验装置。不仅如此，冲击大电流技术由于在电子及离子加速器、核聚变、微波、大功率放电激光方面的应用，近年来已经发展成一个独立的学科叫做脉冲功率技术(Pulsed Power Technology，PPT)，后者要求产生的冲击电流可高达几百 kA 甚至上千 kA。由此可以在负载上得到高达 10^9 W 以上的瞬时功率，可应用于高温等离子体焦点装置中，产生温度达几千万摄氏度的高温等离子体。此外，冲击大电流的声学效应，可以用作电火花振源。在水中的放电可产生水击效应，用来加工成形、分碎硬物和海底探矿。还有以大电流产生强磁的应用。

冲击电流的波形，因应用场合的不同而有不同的要求。已在第 1 章 1.2 节中介绍了国家标准规定的两类标准波形。

5.2　冲击电流发生器的组成

产生冲击电流的原理有多种，在此讲述一种由大电容器储能产生大电流的发生装置。它的工作原理基本上与冲击电压发生器相似。由一组高压大电容量的脉冲电容器，先通过直流高压并联充电，充电时间为几十秒到几分钟，然后通过触发球隙的击穿，并联地对试品放电，从而在试品上流过冲击大电流。为缩短充电时间，可改用恒流充电装置充电。

图 13.5-1 表示了冲击电流发生器的充放电回路。图中 C 为多个并联电容器的电容。它的充电回路，由高压试验变压器 T、保护电阻 R_1 和高压硅堆 VD 构成。放电回路则由 C 和触发间隙 G、电感 L、电阻 R、试品 O 及分流器 S 所构成。L 及 R 为电容器本身及连线、球隙放电火花通道、试品和分流器 S 的总电感及电阻效应，也包括了为调波而外加的电感及电阻值。分流器是一个无感低值电阻器，当有电流流过时，此电阻两端送出电压信号，可据以确定电流的波形和峰值。最简单的一种分流器是用电阻丝制成

的绞线式对折分流器。

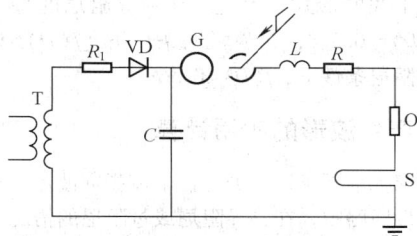

图 13.5-1　冲击电流发生器的
充放电回路

除分流器外还可以用一种特殊的空气芯电流互感器，叫做罗戈夫斯基线圈，用来测量冲击电流。用它测量冲击电流的优点是不必直接接到大电流回路内，它与电流回路相绝缘。但它的使用频宽一般比良好的分流器要窄，且不能传递直流分量。

5.3　冲击电流发生器放电回路计算

设电容器 C 上的原始充电电压为 U，电容 C 向 L、R 回路放电时，可通过电路理论求出电流 $I(t)$。

令阻尼度为

$$D = R\sqrt{C/L}/2$$

则回路状态可以分为三类

(1) $D<1$，即在 $R<2\sqrt{L/C}$ 欠阻尼的条件下，可求得电流为

$$i(t) = [U/(\omega L)][\exp(-\alpha t)]\sin\omega t$$

式中，$\alpha = R/(2L)$，$\omega = \sqrt{\omega_0^2 - \alpha^2}$，$\omega_0^2 = 1/(LC)$。

电流由零增长到峰值的时间为

$$T_m = (\sqrt{LC})/(\sqrt{1-D^2})\arcsin\sqrt{1-D^2}$$

振荡电流的第一个最大值可表示为

$$I_m = U\sqrt{C/L}\exp[(-D\arcsin\sqrt{1-D^2})/\sqrt{1-D^2}]$$

从以上两式可以看出，T_m 和 I_m 都可以表达为阻尼度的函数关系

$$I_m = 2(U/R)Df(D)$$

(2) $D=1$，即 $R=2\sqrt{L/C}$ 的临界阻尼状态

$$i(t) = (U/L)t[\exp(-\alpha t)]$$

$$T_m = \sqrt{LC}$$

此时电流的峰值为

$$I_m = 0.368U\sqrt{C/L} = 0.736U/R$$

(3) $D>1$，即 $R>2\sqrt{L/C}$ 的过阻尼状态

$$i(t) = U[\exp(s_1 t) - \exp(s_2 t)] / [L(s_1 - s_2)]$$
$$s_{1,2} = -\alpha \pm (\alpha^2 - \omega_0^2)^{1/2}$$
$$T_m = \ln(s_2 / s_1) / (s_1 - s_2)$$

过阻尼状态下 I_m 的表达式比较复杂，但无论在欠阻尼、临界阻尼或过阻尼状态下，I_m 的表达式均可用上式的形式来表达。在临界阻尼的特殊条件下，$f(D) = 0.368$；在欠阻尼条件下，$f(D) > 0.368$；而在过阻尼条件下，$f(D) < 0.368$。

5.4 产生波形的实用计算

国家标准要求产生的冲击电流指数波形为非振荡波。线性回路中，在临界阻尼或过阻尼的情况下，虽然电流波形是非振荡的，但实际上产生不了 $T_2/T_1 < 2.7$ 的指数波形。如果回路中包括非线性电阻，且已知其特性，则可通过非线性电路计算，求得冲击电流波形。计算表明，当回路电阻中包括非线性电阻，如阀型避雷器电阻片等，试验时电流的波长 T_2 会明显缩短。但为了简单仍可按线性电路计算，最后通过实验进行调整。如可按 $T_2/T_1 = 2.75$ 查工程计算曲线，在保证 T_1 达到标准值的条件下进行近似的参数计算。此时可查到 D 值约为 0.5，电流波即使有些振荡，也不会是很明显的。

5.5 冲击电流发生器的结构

从上述的原理可知，为了在电容器一定的储能下，能产生尽可能大的冲击电流，电路电感应尽可能小。低电感的要求还关系到需要产生陡的波前。所以首先应选用低电感的脉冲电容器。电路总电感由电容器的残余电感、连线电感、球隙电弧电感和试品电感组成。为了减小连线电感，应使连线尽可能短。有时用大的铝板来做连线，各并联电容器的一极接到一块铝板上，另一极接到另一块铝板上，两块铝板几乎是紧贴着的，中间用固体介质分隔绝缘。有时还可采用同轴电缆作为连接线。为减小球隙放电时的电感，应缩小放电火花的长度。方法之一是改用一种场畸变型充气间隙，或是采用一种中间隔有一层很薄固体介质的薄膜间隙。后者在需击穿时，可用激光引然，也就是用激光把这层薄膜烧穿。冲击电流发生器的多台电容器常采用环形排列法，即把许多台电容器 C 均匀地排列成一个不闭口的圆环形（见图 13.5-2）。这种排列使从电容器出线至设备中心的试品区的距离基本上相等，以减小连线的电感量。

所采用的电容器的绝缘应绝对可靠，否则若有一台电容器的绝缘有缺陷而在峰值电压下击穿，由于其余的电容器都将向这台电容器放电，在此电容器内部

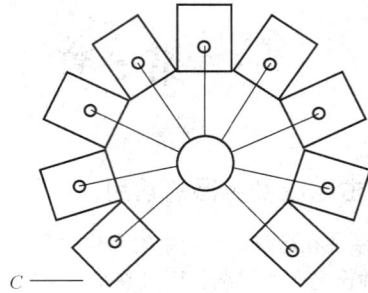

图 13.5-2 电容器 C 圆环形排列的冲击电流发生器

瞬时集中大量能量，可能导致该电容器的爆炸。因此还需在设计时就考虑有适当的防爆措施，加接入小的阻尼电阻或安装熔丝等。要求放电回路仅一点接地，若试品要求一端接地，则电容器应该对地绝缘。

5.6 方波冲击电流发生器

方波冲击电流发生器可由低损耗高压电缆或人工传输线构成。人工传输线上用许多集中的电感和电容来模仿均匀线。图 13.5-3 所示的方波冲击电流发生器由 n 个 LC 元件所组成。这样可由集中参数来代表均匀分布参数。计算表明当有 6 个以上的元件时就可接近于理想电缆。

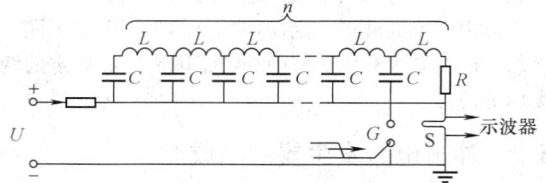

图 13.5-3 方波冲击电流发生器
L—电感元件；C—电容元件；G—触发间隙；
S—分流器；R—匹配电阻

若这根人工传输线代表长度为 l 的电缆，n 代表元件数，则每单位长度的电感为

$$L' = nL/l$$

每单位长度的电容为

$$C' = nC/l$$

它的波阻抗为

$$Z = \sqrt{L'/C'} = \sqrt{L/C}$$

波速为

$$v = 1 / \sqrt{L'C'} = l / (n\sqrt{LC})$$

波沿长度 l 来回一次所需时间为

$$T = 2l/v = 2n\sqrt{LC}$$

如图 13.5-3 所示，先是电容器 C 充电到电压 U，利用触发脉冲使点火球隙 G 放电，在负荷电阻 R

上流过的电流为

$$I = U / (Z + R)$$

若 R 等于波阻抗 Z，在终端不发生反射波，送来的能量立即全消耗在电阻 R 上。储藏在人工传输线中的能量为

$$W = nCU^2 / 2$$

单位时间内消耗在电阻 R 上的能量为

$$P = I^2 R = U^2 / (4 \sqrt{L / C})$$

经过时间 T，W 将全部消耗掉，I 将降为零。流过 R 的电流为矩形冲击电流波。电流降为零的时刻为始端反射回来的波抵达 R 的时刻，所以电流波持续时间为上述 T 值。如果 R 与波阻抗不相等，在 R 端会发生多次折反射过程，电流波为正负振荡的矩形波。

[计算实例] 为了产生持续时间 $T = 2000\mu s$，电流幅值为 500A 的矩形冲击电流波，现选择图 13.5－3 所示接线，其中 C 已确定为 $1\mu F$，n 为 10，R 为 10Ω，试求回路参数 L 及充电电压 U 值。

[题解] 因为

$$T = 2n \sqrt{LC} = 2000\mu s$$

所以

$$L = T^2 / (4n^2 C) = 10000\mu H$$

$$U = I(Z + R) = I(\sqrt{L / C} + R) = 55kV$$

第6章 稳态高电压的测量

6.1 交流和直流高电压的测量

　　稳态高电压主要是指工频交流高压和直流高压。但有的测量方法或装置，也可用于频率在一定范围以内的高频高压或脉动成分很大的直流高压的测量。

　　测量高电压的难度较大，在测量高电压时往往有泄漏和电晕的影响；在交流下还有杂散参数的影响。电压高达数 MV 时，难度更大。

　　在高压测量中，除采用测量球隙、静电电压表等直接测量法之外，还经常采用多种转换装置。转换装置是将被测的量转变成指示仪表或记录仪器所能指示或记录的量的装置。常用的分压器就是由高压臂阻抗和低压臂阻抗组成的一种转换装置。其他如分流器、电压互感器及电流面感器也是转换装置。

　　有关高电压试验技术的国家标准 GB/T 16927.2—1997 中，把用来进行高电压或冲击电流测量的整套装置称为测量系统。测量系统通常包括转换装置和传输系统及转换装置接到试品或电流回路的引线、接地连线。传输系统是为转换装置的输出端接到指示或记录仪器的连接系统，其中包括了所附有的衰减、终端和匹配阻抗（或网络）、指示或记录仪器及其接到电源的连线。

　　IEC 60-2 和国家标准都把测量系统分为两类：一类叫认可的测量系统（approved measuring system）；另一类为标准（reference）测量系统。后者具有更高的测量准确度，可用来与前者进行比对并加以校准。实验室中一般是使用认可的测量系统进行测量工作。本手册中所叙述到的测量不确定度的要求，除特殊说明者外，均是指对认可的测量系统的要求。如对交流电压的测量，要求测量系统在额定频率下测量试验电压峰值或有效值的总不确定度应在 ±3% 范围内。对直流电压的测量，一般要求测量系统测量试验电压算术平均值的测量总不确定度应不超过 ±3%。测量直流电压的纹波幅值时，要求其总不确定度不超过 ±10% 的纹波幅值或 ±1% 的直流电压平均值。国家标准对测量系统刻度因数的稳定度也作出了规定。刻度因数是指乘以仪器的读数便得到被测值的系数，如反映分压器的分压比。标定刻度因数（assigned scale factor）是指最近一次性能试验所确定的刻度因数值。标准规定，在性能记录所列的环境温度和净距的范围内，转换装置和传输系统的刻度因数的变化范围应不超过 ±1%。国家标准规定了测量系统的动态特性要求：测量系统的幅-频响应在 0.2~7 倍的试验电压频率范围内的变化应不超过 ±2%。国家标准规定，交流、直流及冲击的认可的测量系统都要进行三种类型的试验：验收试验、性能试验和性能校核。

　　国家标准规定了测量交流电压或直流电压的标准测量系统的要求，在测量交流电压峰值或有效值，或直流电压的算术平均值时，测量总不确定度均应不超过 ±1% 的范围。

　　电力运行部门测量交流高电压，是通过电压互感和电压表来实现的。这种方法可达到较高的测量准确度，有时在高电压实验室中，作为标准测量系统，来校验其他的交流测量装置。高电压实验室中所要测的电压值常常比现有电压互感器的额定电压高许多，而且高电压的互感器也比较笨重，所以常采用下述的一些方法来测量交流高电压：

　　（1）利用气体放电测量交流高电压-测量球隙等。

　　（2）利用静电力测量交流高电压-静电电压表。

　　（3）利用整流电容电流测量交流高电压，一种峰值电压表。

　　（4）利用整流充电电压测量交流高电压，另一种峰值电压表。

　　上述（1）和（2）可用来直接测量稳态高电压。

　　各种测量仪表的量程是有限度的，常常通过分压器来扩大仪表的量程。被测电压的大部分降落在分压器的高压臂上，测量仪表测得的仅是低压臂上的电压降，再乘上分压比，即可再被测电压。

　　用高欧姆电阻串联直流毫安表可以测量直流电压的平均值，是一种比较方便而又常采用的测量系统。亦可由高欧姆电阻组成电阻分压器，在分压器低压臂跨接高内阻电压表来测量直流高电压，根据所接电压表的型式，可测量直流电压的算术平均值、有效值和最大值。标准规定分压器的分压比或串联的电阻值应该是稳定的，其不确定度不大于 1%。对于高电阻系统这个要求是很高的，为此又规定当接的是 0.5 级或更好的标准型仪表时，它的不确定度不大于 3%。

　　光纤技术在电工领域中的应用日益广泛。光导纤维本身是绝缘材料，因此光纤技术应用在高电压测量时，没有杂散，并且不受电磁干扰的影响，具有很大的优越性。光电测量高电压需要用其他测量方法加以校正。

6.2　用球间隙等火花间隙测量峰值电压

测量球隙是由一对相同直径的金属球所构成的。当球间隙距离 S 与铜球直径 D 之比小于 0.4 条件下加压时，球隙间形成稍不均匀电场，放电的分散性较小，可用来测量所加的电压。IEC 60052：2002 出版物及国家标准 GB 311.6—2005 刊有球隙放电电压的标准表，本篇附录刊有球隙放电电压的部分标准表，可供实际应用时参考。球隙法主要用于交流电压、标准全波冲击电压（包括雷电波和操作波）和直流电压的测量。另外，也可以用它测量较高频率下的衰减和不衰减的交流电压，但频率值和电压值有一定的限制。因球隙放电是与电压峰值相关的，所以测量的是电压的峰值。要达到球隙所能达到的测量准确度，其结构和使用条件必须符合 IEC 或国家标准的规定，还需进行气压和温度的校正。在非标准大气状态下利用球隙放电进行电压测量时，实际放电电压值由标准表中所查出的数值乘以大气校正因数 K_1 求得。K_1 是空气相对密度 δ 的函数，详见有关的 IEC 或中国国家标准。当 $\delta = 0.95 \sim 1.05$ 时，$K = \delta$。空气相对密度 δ 的表达式为

$$\delta = p(273 + t_0) / [p_0(273 + t)]$$

式中，p 及 t 为试验时的气压和摄氏温度；p_0 及 t_0 为标准大气条件下的气压（101.3kPa）和温度（20℃）。

测量球的标准球径 D 为：2cm、5cm、6.25cm、10cm、12.5cm、15cm、25cm、50cm、75cm、100cm、150cm 和 200cm，可测的电压峰值从几 kV 到近 2000kV。标准认为在测量峰值 50kV 以下的电压以及用直径为 12.5cm 或更小的球测量任何电压时，都需要用 γ 射线或紫外线照射。

在交流和雷电及操作冲击电压下测量不确定度可在 ±3% 以内。测量直流高电压时，若没有过多的灰尘或纤维的影响，测量不确定度将在 ±5% 以内。现在标准推荐改用棒间隙的放电来测量直流高电压，后者的测量不确定度估计在 ±3% 以内。

球隙测压的主要优点是：

（1）几乎是直接测量超高电压的唯一设备。

（2）被 IEC 和中国国家标准看作能以保证的测量不确定度来测量高电压的装置，称之为标准测量装置。可用它与高压测量系统进行比对，以进行认可的测量系统的线性度试验。

球隙测压的主要缺点是：

（1）测量时必须放电，工作较麻烦和费时间。

（2）被测电压越高，球径越大，目前已有用到直径为 3m 的铜球。不仅本身越来越笨重，而且要求有足够大的净空距离，影响了建筑投资。

6.3　高压静电电压表

加电压于两个相对的电极，由于两个电极上分别充上异性电荷，电极就会受到静电动机械力 F 的作用。测量此静电力的大小，或是测量由静电力所产生的某一极板的偏移（或偏转）来反映所加电压大小的表计称为静电电压表，静电电压表不仅广泛应用于测量低电压，并且也用它直接测量稳态高电压。

电工理论可以证明平板电极加电压 U 后，电极所受到的作用力为

$$|F| = \varepsilon S U^2 / (2l^2)$$

式中，ε 为绝缘的介电常数；S 为电极面积；U 为交流电压的方均根值或平稳直流电压的电压值；l 为极间距。

由上式可见电场作用力与电压的二次方成正比。

静电电压表有两种类型：一种是绝对仪静电电压表；另一种是工程上常用的静电电压表（图 13.6 - 1），是非绝对仪。

所谓绝对仪静电电压表是测量作用力 F 并根据极板尺寸，通过上式计算出作用在极板上的电压的表计。不必用其他仪表的校正来刻出电压刻度。由于它的测量准确度高，所以可用它来校正其他表计。20 世纪 70 年代末豪斯（House）等人研制出一台 1000kV 绝对静电电压表，介质采用压缩的 SF_6，测量不确定度为 0.1% 级。

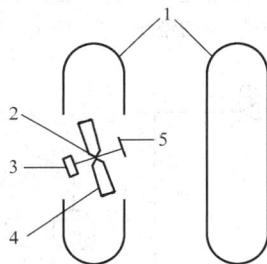

图 13.6 - 1　非绝对仪静电电压表示意图
1—电极；2—张丝；3—反射镜；4—阻尼片；5—活动电极

工程上所应用的静电电压表是非绝对仪，需要用别的测量仪表来校正它的电压刻度。它要工作时，一个可动电极产生了位移或偏转，利用所设置的张丝所产生的扭矩或弹簧的弹力等产生了反力矩，当反力矩与静电场力矩平衡时，可动电极位移到一稳定值。用与可动电极相连接的指针或反射镜的光线指示，便可读出被测的电压值。

可用静电电压表直接测量交流和直流高电压，还可以测量频率高达 1MHz 的高频高压。仪表极板的电

容一般仅几个到几十个 pF，所以所吸收的功率极小，可以认为静电电压表的内阻抗极大，这是它的最大优点。额定电压稍低一点的表计，可接到分压器上来扩大其电压量程。对于波形是纯正的正弦波的高电压来说，用静电电压表测量出有效值也就反映出它的峰值。介质击穿取决于峰值，当正弦波含有谐波时，用静电电压表测量时就失去了它的优势，因为在此条件下，将静电电压表测得的电压有效值乘以 $\sqrt{2}$ 并不等于含有谐波正弦波的峰值。

表 13.6 - 1 列出了国产高压静电电压表的型号及规格。

表 13.6 - 1　国产高压静电电压表的型号及规格

型号	量　　程	仪表等级	制造厂名
Q_2-V	75V-150V-300V	1.0	北京电表厂
	750V-1500V-3000V		
Q_3-V	7.5kV-15kV-30kV	1.5	
Q_4-V	20kV-50kV-100kV	1.0	
Q_5-V	基本上同 Q_2-V		浦江电表厂
Q_7-V	同 Q_2-V	0.2	北京电表厂
Q_8-V	50kV-100kV-200kV	1.5	
Q_9-V	200kV-500kV	2.5	北京电表厂

6.4　利用整流充电电压测量峰值

这种方法实际在测低压交流电压值时被广泛采用，在高电压下经常是和电容分压器联合起来应用。暂先不顾连接分压器的情况，图 13.6 - 2 标明了基本

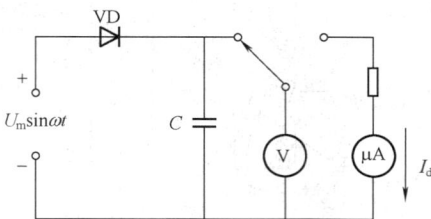

图 13.6 - 2　利用电容器 C 上的
整流充电电压测量峰值

测量回路。从图 13.6 - 2 所示的电路可见，只要用高内阻的电压表测量滤波电容 C 上的直流充电电压，就可得到交流的峰值电压，由于考虑到有可能紧接着要量测较低的峰值电压，所以 C 上必须接有并联电阻 R，让它能及时放掉电容 C 上刚测过的电压，为此也可以用一个与 R 相串联的微安表读数 I_d 来反映峰值电压。由于 C 对电阻 R 的放电，电容 C 上的电压是脉动的（见图 13.6 - 3）。所以微安表反映的是脉动电压的平均值 U_d 而不是峰值，即

$$U_d = RI_d$$

自时间 $t=0$ 至时间 $t=T_1$ 的时间间隔内，电容上电压 u_d 随时间 t 的变化关系应为

$$u_d = U_m \exp(-t/RC)$$

$$U_m \approx U_d / [1 - T/(2RC)]$$

当 $RC \geqslant 20T$ 时，认为 U_d 即为 U_m，会有 $\leqslant 2.5\%$ 的误差。

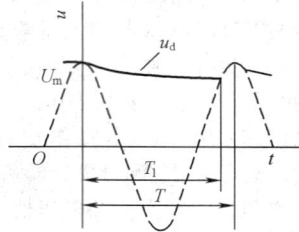

图 13.6 - 3　图 13.6 - 2 中电容 C 上的电压波形

当被测的交流电压较高时，可以通过电容分压器来进行测量。其接线图如图 13.6 - 4 所示，图中 C_1 及 C_2 分别为电容分压器的高、低压臂电容。在分压

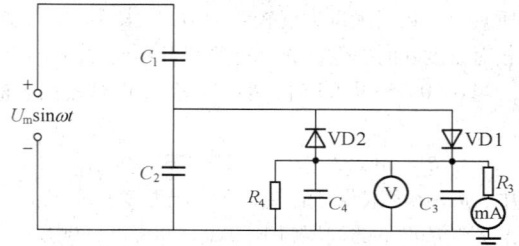

图 13.6 - 4　通过电容分压器测量
交流电压峰值

器低压臂上并联两个极性相反的整流电路。可通过并联在 C_3 上的静电电压表，测得低压电容 C_3 上的电压来反映交流高压 $u(t)$ 的正半周峰值电压。也可以通过与 R_3 相串联的电流表，测得平均电流 I_d 来反映交流高压的正半周峰值电压。VD1 与 VD2 以及 C_3 和 C_4，R_3 和 R_4 应分别是完全相同的。与前述的理由一样，R_3C_3 及 R_4C_4 的值应远大于交流电压的周期 T。即使是只测某一极性下的峰值，并接两个极性相反的、对称的整流电路也是必要的。

以上所介绍的是无源整流回路法测量峰值。这类方法实施起来比较简单，价格便宜，设计合适时可有足够的准确度。此外，比起有源电子线路的仪器，它具有另一优点，即电磁兼容（EMC）性优良。也就是它对电磁脉冲的干扰不敏感，因此可靠性高。

6.5　有源数字式峰值电压表

多种高性能的运算放大器的发展，能应用它们对峰值电压进行采样保持，最后通过 A/D（模/数）转换器及其后接的数字表头，显示出峰值电压。将这种

有源的数字峰值电压表，连接到电容分压器的低压臂，使用起来更为方便，测量也更准确，它已逐步取代了前述的无源峰值电压表。在高电压下发生绝缘击穿的使用场合，这种峰值表需做好防"反击"措施，以免仪表受击损坏。

最简单的一种有源数字峰值表的原理如图 13.6 − 5 所示。

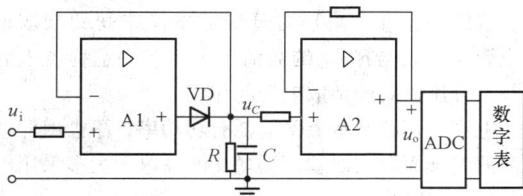

图 13.6 − 5　有源数字峰值表的原理

图中 A1 为运算放大器，实际上是电压比较器；A2 是电压跟随器；ADC 为模数转换器。在交流电压处在正半周逐渐上升时，因为 $u_i > u_C$，而 $u_C \approx u_o$，所以 A1 将输出正的信号电压，VD 正向导通，C 上就较快充电。到峰值后，A1 不再输出电压而且 VD 也截止。u_i 的峰值就被保持在电容 C 上，并通过电压跟随器 A2 输出，经过 A/D 转换后，该电压值就被数字电压表头显示出来了。由于希望整个电路有较快的响应，需要有较大的对电容 C 的充电电流，故 A1 应有较大的电流输出能力。在实际应用时，A1 内的输出级有一个三极管的电流放大回路，上述的 VD 的单向导电作用，也由该三极管完成，可以省略掉上述原理图中的整流二极管 VD。对 A1 的技术要求还应具有较高的输入阻抗及较快的响应速度。电容 C 值选小有利于减小响应时间，但会增大波纹，所以应选一适中的值。

6.6　高电压交流分压器及标准电容器

高电压分压器可用来扩大一些仪表和仪器的电压量程。例如用一块几百 V 或几 kV 量程的静电电压表和分压器结合起来使用，可用来测量几百到几千 kV 的交流电压。分压器是个中间环节，国家标准规定其测量的不确定度应在 ±1% 以内。分压器的原理如图 13.6 − 12 所示，其中 Z_1 为分压器高压臂的阻抗，Z_2 为分压器低压臂的阻抗，大部分的被测电压降落在 Z_1 上，Z_2 上仅有一小部分电压，用低量程电压表测量得 Z_2 上的电压，乘上一个常数，即可得被测电压。这个常数叫做分压比 K。要求被测电压与 Z_2 上的电压仅在幅值上差 K 倍，相角应完全相同，或相角差极小。一般 $K \gg 1$。

从原理上来说，图 13.6 − 6 中的 Z_1 及 Z_2 可由电容元件、电阻元件或阻容元件构成。实际上交流分压器主要是采用电容式分压器。只有在电压不很高、频率不过高时，才采用电阻分压器。无论是电阻或是电容分压器，其高、低压臂都应力图做成无电感的。

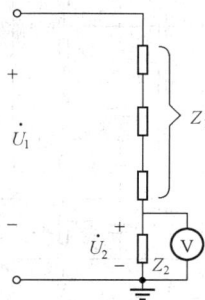

图 13.6 − 6　交流分压器接线

对纯电阻分压器，其分压比应为

$$K = \dot{U}_1 / \dot{U}_2 = (R_1 + R_2) / R_2 \approx R_1 / R_2$$

对纯电容分压器，则

$$K = \dot{U}_1 / \dot{U}_2 = (C_1 + C_1) / C_2 \approx C_2 / C_1$$

6.6.1　交流分压器误差分析

高压电阻分压器和多元件构成的电容分压器，尺寸不会太小，它们对地之间有较大的杂散电容存在。分压器的误差主要是由对地杂散电容所引起。高低压臂元件里的电感，也会造成误差，但在制造时已尽可能把电感量减小，它们的影响一般可以忽略不计。假定分压器的电阻元件或电容元件沿全长是均匀分布的，且它们的对地杂散电容也是均匀分布的，那么可以通过理论计算得到分压器低压臂输出电压 u_2 与高压端输入电压 u_1 之间的关系。

1. 电阻分压器误差分析　对于电阻分压器来说，图 13.6 − 7 中示明高压臂电阻 R_1 由 n 个 R' 元件串联构成，每个 R' 元件有它的两端间的并联杂散电容 C'，并有一个对地杂散电容 C'_e。一般 C' 很小，可忽略不计，只考虑 C'_e 的影响，分压器总的对地电容为 C_e，它为所有 C'_e 的总值。若 $u_1 = U_{1m}\sin\omega t$，则通过计算得到低压臂上电压为

$$u_2 = AU_{1m}\sin(\omega t - \theta) / K$$

式中，K 为分压比，而 $A \approx 1 - [(\omega R_1 C_e)^2 / 180]$，$\theta \approx \arctan(\omega R_1 C_e / 6)$ 式中，A 小于 1，反映分压器产生幅值误差；θ 反映产生了滞后的相角误差。

从计算式的结果可看出，频率越高，电阻越大，杂散电容越大，测量误差也越大。较高电压的分压器的尺寸必定较大，对地杂散电容势必随之而增大。而且在测量较高电压时，电阻也必须增大，否则电流太大，对被测电压源不利，而且会造成分压器本身的温

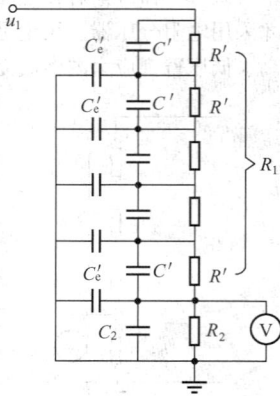

图 13.6－7 分压器考虑杂散
参数后的等效电路

升太高。可见电阻分压器只适合于测量频率不过高和幅值不太高的交流电压，一般在工频电压下，只应用于几十 kV 的电压等级下。

2. 电容分压器误差分析 对于高压臂由多个电容器元件构成的分布式电容分压器来说，也可用图 13.6－7 的等效电路来表示，高压臂电容 C_1 由 n 个 C' 元件串联构成，每个 C' 元件的上下电极之间存在并联的绝缘泄漏电阻 R'。因 R' 值非常大，可以忽略不计，可只考虑对地电容 C_e' 的影响。与上所述相同，分压器总的对地电容为 $C_e = nC_e'$。当 $u_1 = U_{1m}\sin\omega t$ 时，通过计算可得

$u_2 = \{ 1 - [C_e / (6C_1)] \} U_{1m}\sin\omega t / K$ (13.6－1)

或 $u_2 = A(U_{1m}\sin\omega t) / K$，$A = 1 - [C_e / (6C_1)]$

因 A 小于 1，说明分压器产生了幅值测量误差。并可看出电容分压器，并不引起相位误差。幅值误差是可以减少或克服的。一种办法是用另一个比较准确的分压器系统来比对和校正，此系统可以由一个标准高压电容（这种电容即将在下节中叙述）作为高压臂；另一种办法是把电容分压器的电容值适当选得大一点。由式（13.6－1）可见，如令 $C_1/C_e = 8$，则幅值误差可以为 2%。一种实用的减少分压器误差的方法是，在现场实测高压臂的等效电容。具体的做法是，把被测分压器置于工作位置，高压引线也基本上和工作时相符，但不能接到试验变压器上，把高压臂两端接到精密西林电桥（参见第 8 章）的试品位置。在电桥正接法时，应把分压器的低压臂取走。调节电桥平衡，即可测得高压臂的等效电容 C_{1e}，从上述 u_2 的关系式来看，C_{1e} 会比 C_1 小一些，即 C_{1e} 约为 $[C_1 - (C_e/6)]$，用 C_{1e} 取代 C_1 来计算分压比，可使幅值测量不再产生误差。

杂散电容 C_e 可用近似计算法算得。因堆积式电容器是圆柱形的，它构成一垂直于水平面的金属圆柱体。设它的长度为 l，直径为 d，下端离地面距离为 h，则

$$C_e = 2\pi\varepsilon l / \ln\left(\frac{2l}{d} \sqrt{\frac{4h + l}{4h + 3l}} \right)$$

式中，ε 为介电常数，对于空气，$\varepsilon = 1/(4\pi \times 9 \times 10^{11})$ F／cm。

实际上试验变压器的高压端及引线，分压器上专门装置的屏蔽罩（帽）对分压器本体之间的杂散电容也影响等效电容 C_{1e} 的数值。它们在一定程度上起着补偿分压器对地杂散电容的作用。

电容分压器基本上不消耗有功功率，不会由此造成高的温升而形成误差。测量交流高电压大多采用电容分压器，很少采用电阻分压器。

6.6.2 高压电容分压器的实现

电容分压器可使用于几 kV 至 3MV 广泛的交流高电压范围之内。在有些高压实验室里，已发展工频和冲击电压兼用的电容分压器。清华大学研制了一种高压臂电容量 C_1 为 300pF 的 ZRF 型冲击工频两用阻尼式电容分压器。工额的额定电压为 1200kV（有效值）；冲击的额定电压为 2400kV。它由 8 个阻容元件组装而成（见图 13.6－8）。

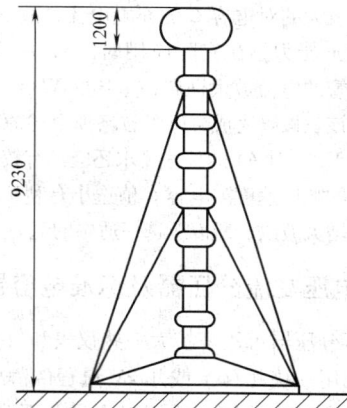

图 13.6－8 ZRF 型阻尼式两用
分压器外形

电容分压器有两种主要形式：一种称为分布式电容分压器，它的高压臂由多个电容器元件串联组装而成。前面所进行的误差分析，就是针对这类分压器的。另一种称为集中式电容分压器，它的高压臂使用一个气体介质的高压标准电容器，将在后面进行介绍。

分布式分压器的高压臂各个电容元件应尽可能为纯电容，要求它的介质损耗因数和电感量小，实际所用的元件为：①油浸渍的塑料（如聚丙烯）薄膜或油纸作介质的电容器；②聚苯乙烯电容器；③陶瓷电容器。

前面已经提到过为了减小杂散电容的影响，C_1 值不应太小。但分压器的 C_1 值的增大，不仅增加了投资费及分压器的尺寸，而且增加了工频试验变压器的负荷，所以 C_1 应选择一合适的数值。在不考虑冲击电压测量时的专用交流电容分压器，一般 C_1 取 100~200pF 的数量。

这种分压器一般只在高压顶端装一个简单的屏蔽罩，所以高压臂的各个电容元件对地以及对周围物体之间的杂散电容会影响分压比的大小。通常要求分压器与周围物体之间相隔较远的距离。或者是在一定环境条件下，实测分压比或高压臂等效电容 C_{1e}，在正式测试时保持四周的现场条件不再变化，否则就会造成测量的幅值误差。

分压器的低压臂电容 C_2 应由高稳定度、低损耗、低电感量的电容器作成。C_2 通常应用云母或聚苯乙烯介质的电容器。

通常分压器的高压臂 C_1 处于试区内，测量用低压电压表处于控制室中。为防止空间杂散电场所造成的电容 C_s 的影响，低压臂电容及连接高压臂和电压表之间的导线都应屏蔽起来。实际上后者是采用屏蔽电缆。所有屏蔽应良好接地，如图 13.6-9 所示。低压臂电容可以全部或部分放置在屏蔽电缆的任何一端。

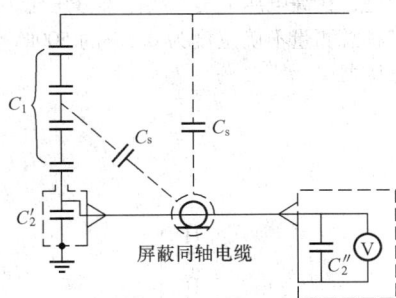

图 13.6-9　工频电容分压
系统接线

6.6.3　高压标准电容器及集中式分压器

组成分布式分压器的电容元件多少存在介质损耗和电感影响。严格来讲，其电容量随环境温度及作用电压的高低都会有些变化。从长远的运行观点来讲，电容量的稳定度很难保证 IEC 及国家标准所规定的 1% 测量不确定度，需不时进行校正试验。此外，分布式分压器难以实现良好的屏蔽，因此采用了一种集中式分压器，它的高压臂电容由压缩气体介质的电容器做成。

由于气体介质基本上无损耗，接近于理想介质，由它构成的电容器的电容量不受作用电压的影响，准

确而稳定。这种电容器有良好的屏蔽，有无晕的电极，电容值不受周围环境的影响。所以这种应用气体作介质的电容器，被称作为标准电容器。

由于气体的耐压强度随其密度而增加，所以为了缩小标准电容器的尺寸，常把电容器的电极密封于加有压缩气体的绝缘壳的容器中。这样的结构，也可以使电极免受脏污及大气湿度的影响。常用的气体介质是氮气（N_2）、二氧化碳（CO_2）和六氟化硫（SF_6）。充气压力常在 0.35~1.8MPa 之间。

我国西安电容器厂和桂林电容器厂都生产高电压标准电容器。型号有 BD100-100，BD250-70，BF500-50。B 代表标准，D 代表充氮气，F 代表充 SF_6 气体，前一数字是额定电压 kV（有效值）。后一数字代表电容量 pF 数。国产的电容器在额定电压下，介质损失角正切值小于 1×10^{-4}。

图 13.6-10 为一台高压充气标准电容器的结构图。其低电电极通过绝缘用接地铜管支持起来，而且它被高压电极包围在中间，屏蔽了大地及其他物体的电场影响。这样，电容值 C_1 就与电容器处在实验室的位置没有关系。因此应用它作为分压器的高压臂，共分压比也不受环境的影响。

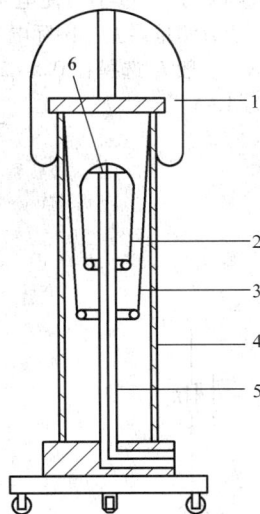

图 13.6-10　高压充气
标准电容器
1—屏蔽电极；2—低压电极；
3—高压电极；4—绝缘外壳；
5—支撑管及同轴电缆；
6—绝缘垫块

6.7　高压直流分压器

能用来测量直流高压的分压器是由电阻元件组成的分压器。真正符合分压器概念的是图 13.6-11

（a）所示的接线图。在此图中，跨接在低压臂电阻 R_2 上的电压表，必须是高内阻的表计，如静电电压表或数字电压表。另一种测直流高电压的接线如图 13.6-11（b）所示，高压电阻器 R_1 已知，则测得流过它的电流值，便可获得所加的电压值。由于所加的电压很高，R_1 的阻值都是很高的，一般 R_1 由数个或数十个电阻元件串联组成。

图 13.6-12 表示一个由多个精密金属膜电阻元件 R 串联而成的额定电压为 100kV，总阻值为 100MΩ 的电阻分压器。各个电阻 R 事先用精密电桥测准，它们以"之"字形固定在干燥的胶布板两侧，分压器的电阻安装在盛有变压器油的圆形绝缘管内。R_3 是为了防止引线和安放在控制桌上的毫安表万一发生开路而在工作人员处出现高电压，选 R_3 的阻值比毫安表内阻大约 3 个数量级即可。它在正常测量时，基本上不对毫安表起分流作用。两个极性反接的、相互串联的二极管，用来防止在低压部分 B 点出现过电压。因此应选用一种能快速击穿的二极管。图中 P 为低压荧光放电管。

R_1 的阻值不能选得太小，否则要求直流高压源供给较大的电流 I_1，且 R_1 本身的热损耗也会太大，以致 R_1 阻值不稳定而增加测量误差。另外，R_1 也不能选得太大，否则由于 I_1 过小而使电晕放电和绝缘支架的漏电都会造成测量误差。国际电工委员会规定 I_1 不低于 0.5mA。一般 I_1 选择在 0.5～2mA 之间，实际上 I_1 常选定为 1mA。

造成电阻分压器测量误差的主要原因是电阻值不稳定。使得分压器实际阻值变化的原因可归结为三个：电阻本身发热或环境温度变化；电阻元件本身或附近的电晕放电；绝缘支架的泄漏。对此三方面都可以起抑制作用的一种措施是分压器内充以变压器油。它既起加强散热的作用，而且增加了绝缘强度。若分压器内充以高气压的气体或高绝缘气体，则对抑制电晕和泄漏电流是有效果的。

因温度变化造成电阻阻值变化的大小，主要决定于所选电阻材料的温度系数。现可采用的电阻器主要是线绕电阻和金属膜电阻。精密线绕电阻通常采用卡码丝一类的合金丝绕成，它的热容量大，温度系数小，一般小于或等于 $10 \times 10^{-6}/℃$，优质的可小于或等于 $5 \times 10^{-6}/℃$。精密金属膜电阻的温度系数约为 $\pm(50～100) \times 10^{-6}/℃$。测量准确度要求高时，电阻元件应采用精密线绕电阻。

电阻分压器的高压端，应装上可使整个结构的电场比较均匀的金属屏蔽罩。准确度要求高的分压器，其电阻元件应装上等电位屏蔽，以避免电晕的产生。屏蔽的电位可由电阻分压器本身来供给，亦可由辅助分压器供给。

此外还有一种桥式电阻分压器，它的特点是利用桥路的原理，在高电压下可直接测准分压比。我国已研制出一种总测量不确定度为 0.5% 的 500kV 桥式直流电阻分压器。

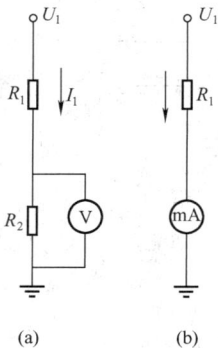

图 13.6-11 两种广泛
采用的测量直流
高压的方法
（a）直流电阻分压器；
（b）高欧姆电阻串联毫安表

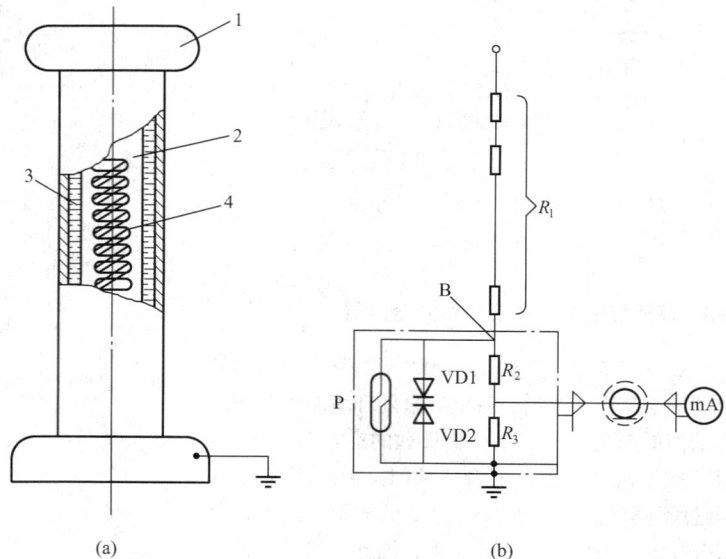

图 13.6-12 100kV、100MΩ 高欧姆电阻器
（a）结构图；（b）原理接线图
1—屏蔽罩；2—胶布板；3—变压器油；4—电阻元件

第 7 章　冲击高电压的测量

7.1　测量冲击电压的基本要求和方法

冲击电压，无论是雷电冲击电压还是操作冲击电压，均为快速变化或较快速变化的一种电压。测量冲击电压的整个测量系统包括其中的电压转换装置和指示、记录及测量仪器等，必须具有良好的瞬态响应特性。

IEC 60 - 2(1994) 和中国国家标准把测量系统分为认可的测量系统和标准测量系统两类。一般在实验室采用的是认可的测量系统。标准规定了认可的冲击电压测量系统的要求是：

(1) 测量冲击全波峰值的总不确定度为±3%范围内。

(2) 测量冲击截波的总不确定度取决于截断时间T_c。当 $0.5\mu s \leqslant T_c < 2\mu s$ 时，总不确定度为±5%范围内；当 $T_c \geqslant 2\mu s$ 时，总不确定度为±3%范围内。

(3) 测量冲击波形时间参数(如波前时间、半峰值时间、截断时间等)的总不确定度为±10%范围内。

实验室中对冲击高电压的测量有如下几种方法：

(1) 球隙法。是直接测量高电压峰值的一种方法。

(2) 分压器-峰值电压表。只测峰值，不测波形。事先应验证波形合乎标准，或同时用示波器观测波形。

(3) 分压器-示波器(或数字记录仪)。可同时测出峰值及波形。在采用数字式示波器或数字记录仪时，可立即获得峰值和时间参数值，并可打印出波形。

(4) 光电测量法。采用光纤技术的测量法。有的仍需与分压器配合，有的则不需要分压器，测量系统中具有专门的传感头或电容探头。

7.2　球隙放电法测量冲击电压

冲击电压测量标准中规定，在测量标准全波或波尾截断的标准波时，峰值电压的不确定度不大于±3%，球隙放电测压法能满足此要求。

测量交直流电压时球隙必须串有很大阻值的保护电阻来保护球面，防止振荡，冲击放电时间很短，不需要保护球面，而且放电前经过球隙的电容电流较大，如果串联电阻过大，会影响测量结果。但也不能免接串联电阻，因为仍有防止过电压的问题，一般规定串联电阻以不超过 500Ω 为宜。球隙采用 50% 放电电压法来测量冲击电压。所谓球隙的 50% 放电电压值，是指在此电压作用下，相应距离的球间隙的放电概率为 50%。一种简单的作法，如使某一冲击电压作用到某一距离的球隙上，十次中如有四次到六次放电，则此冲击电压即为该球隙距离的 50% 放电电压。准确度要求高时，可用多级法求球间隙的 50% 放电电压。

7.3　测量冲击高电压的分压器

在电气设备的冲击电压试验中，最终是以数字存储示波器、数字记录仪或是高压脉冲示波器来测量冲击电压的峰值和波形。数字仪的输入电压一般为几十 mV 到几十 V，高压脉冲示波器的输入电压一般为几百 V 到 2kV。所以在冲击电压发生器和示波器之间需要有一个中间环节即分压器，把几百 kV 或几千 kV 的高电压不失真地降到示波器所需的电压，通过同轴电缆连至示波器。考虑到电缆的传输环节会带来干扰，为此输入电缆的电压也不宜过低，以便获得较高的信噪比。所以对于数字存储示波器及数字仪，往往在电缆的末端还要一个二次分压器，通过它再次降压才接入记录波形的仪器。冲击电压分压器最常应用的是电阻分压器、电容分压器、串联阻容分压器和微分积分测量系统四种。

国家标准规定分压比应稳定，其允许的测量不确定度为±1%。一个冲击测量系统不仅是分压器本体，还包括分压器和冲击电压发生器间的高压引线，分压器和示波器间的测量电缆，每个组成部分都可能引起误差。国家标准对整个冲击测量系统的不确定度及其检验的方法都作了具体规定，在 7.3.6 节中将介绍对冲击分压器的响应特性要求。

7.3.1　冲击电阻分压器

分压器高压臂为 R_1，低压臂为 R_2，总阻值为 R。测量冲击电压的电阻分压器，通常是用电阻丝绕制的。为了减小电感，要求在满足电阻值及温升不过高的前提下丝线尽可能短，要求所用材料是非磁性的且比电阻较大。为了避免阻值随温度而变动，要求所用材料的温度系数较小，通常是用卡玛丝、康铜丝按无感绕法做成。测量雷电冲击电压的电阻分压器的阻值一般约为 10kΩ，不宜超过 20kΩ，最小不低于 2kΩ。

一般最高测量电压为 2MV。测量操作冲击电压极少采用电阻分压器，更宜采用电容分压器。

1. 电阻分压器的响应特性参数　冲击用电阻分压器测量误差的理论分析，与前述的工频分压器在某些方面是相似的。电阻分压器在测量冲击电压时，也存在峰值测量误差和波形滞后的测量误差。研究冲击分压器误差时，常考虑在它的高压端输入一个阶跃波，然后计算或测量低压臂两端的输出波，此输出波称作为阶跃响应。不考虑单位长度的纵向电容 C'（见图 13.6－7）和分压器电阻体的残余电感时，若施加的阶跃波幅值为 U_0，对地的杂散电容总值为 C_e，令 U_0/K 为 1，此时的响应称为归一化阶跃响应。理论计算可得归一化阶跃响应为

$$g(t) = 1 + 2 \sum_{n=1}^{n \to \infty} (-1)^n \exp(-n^2 t / \tau)$$

式中，$\tau = RC_e / \pi^2$。

$g(t)$ 的形状反映了分压器传递特性的好坏。从理论上讲，系统的归一化电压转移函数 $H(s)$ 即为 $sG(s)$。知道 $g(t)$ 后，通过杜阿美（Duhamel's）积分或卷积积分，可获得不同输入电压 $u_1(t)$ 下的低压侧输出电压 $u_2(t)$。

为了简单，IEC 60－2 新标准提出了多种反映响应特性的技术指标。对于非振荡性质的 RC 响应波，可以用阶跃响应时间 T 这一特性指标来判断分压器的优劣。IEC 60－2 规定的实验阶跃响应时间的定义为

$$T_N = \int_{O_1}^{t_{max}} [1 - g(t)] \mathrm{d}t$$

式中，O_1 称为 $g(t)$ 的视在原点，它是通过 $g(t)$ 波前最陡点所作切线与时间横轴线的交点。t_{max} 是记录某一波形所考虑的时间上限值，在测量标准雷电冲击全波时，取较长的波前时间作为 t_{max}。T_N 的理论上的依据为原始的阶跃响应时间

$$T = \int_0^\infty [1 - g(t)] \mathrm{d}t$$

$$= (2RC_e / \pi^2) \cdot \sum_{n=1}^\infty [(-1)^{n-1} / n^2]$$

$$\approx (2RC_e / \pi^2)(\pi^2 / 12) = RC_e / 6$$

图 13.7－1 表示了 T 的一个计算实例。

对于指数型阶跃响应，理论上不难证明，$T \leqslant 0.2\mu s$ 即可满足测量 1.2/50μs 全波或波尾截断波的要求。

实际的冲击分压器系统在考虑了高压引线的影响后，阶跃响应大多为振荡型阶跃响应，如图 13.7－2 所示。国家标准规定，采用阶跃响应振荡所形成的过冲 β 和部分响应时间 T_α 作为判断分压器性能的重要

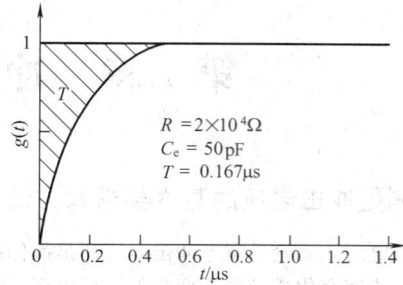

图 13.7－1　一台电阻分压器的
方波响应 $g(t)$ 及 T

$R = 2 \times 10^4 \Omega$
$C_e = 50\mathrm{pF}$
$T = 0.167\mu s$

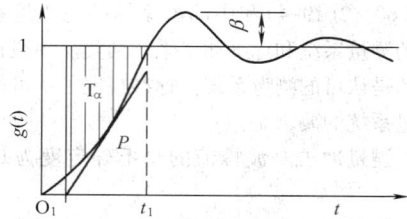

图 13.7－2　振荡型阶跃响应

特性指标。T_α 是响应波形首次达到幅值之前的前沿部分与单位幅值线之间的面积，从视在原点 O_1 起算。O_1 如前曾提到过的，它是波形前沿最陡的 P 点作切线与时间座标轴相交的交点，即

$$T_\alpha = \int_{O_1}^{t_1} [1 - g(t)] \mathrm{d}t$$

一般而言，希望在限制过冲 β 为一定值的条件下，T_α 尽可能要做得小些。实验阶跃响应时间 T_N 不是最主要的特性指标，是一个参考指标。但有专家认为它仍然是一个重要的特性指标。

2. 电阻分压器的实际结构

（1）带屏蔽环的电阻分压器　有时为了补偿分压器的对地电容 C_e，在分压器的高压端安装一个圆伞形屏蔽环（图 13.7－3）。然而由于此屏蔽环的存在，也增加了高压端的对地电容 C_e''，它会与高压引线的

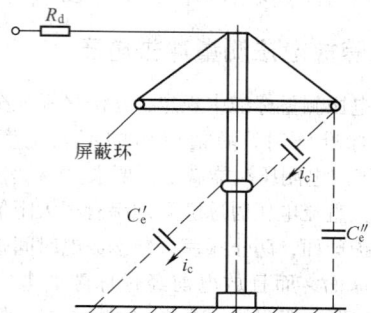

图 13.7－3　带屏蔽环的电阻分压器

电感形成振荡。即使在导线首端加上阻尼电阻，振荡仍难以避免。此时测量系统的阶跃响应 $g(t)$ 即为如图 13.7-2 所示的振荡型阶跃响应。

（2）缩小电阻体的电阻分压器　改善分压器性能的另一种做法是缩小电阻体的尺寸。为此需把分压器放在耐电强度高的介质中，如浸在变压器油中。同时将电阻体下端置于离地高约 2m 之处，这样可减小对地的杂散电容。采用这种措施的雷电冲击分压器，额定电压可达 2MV。清华大学研制的 XZF-900(kV) 分压器的实验阶跃响应时间 T_N 和部分阶跃响应时间 T_α 均小于 10ns，响应波过冲 β 小于 10%。

3. 电阻分压器的连接电缆和低压臂电阻　波形记录仪或示波器往往离分压器几米到几十米，其间要用射频同轴电缆相连接。电缆采用损耗小的聚乙烯作为绝缘。电缆外金属编织层接地，以免电磁场干扰。它的波阻抗 Z 大多为 50Ω 或 75Ω。由于被测冲击波波前较陡，截波变化更快，所以电缆的一端或两端需有波阻抗进行匹配，以免电缆两端不断产生波的反射，后者会使记录到的波形出现高频振荡。

图 13.7-4 中 R_1 和 R_2 分别为分压器的高、低压臂电阻，R_4 为末端匹配电阻，它与电缆的波阻抗 Z 相等。R_3 为首端匹配电阻，即 $R_2 + R_3 = Z$。总的分压比 K 为高压端输入电压 u_1 与示波器(CRO)两端获得的电压 u_2 之间的比值。

$$K = n[(R_1 + R_2)(R_3 + R_4) + R_1 R_2] / (R_2 R_4)$$

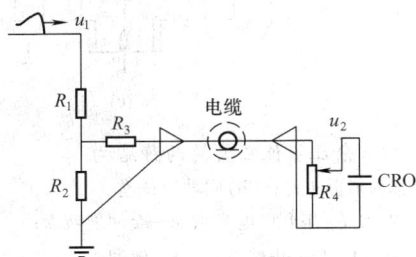

图 13.7-4　电阻分压器测量回路

式中，n 为在 R_4 上的二次分压比值。

若嫌 K 值太大，可以改为仅首端或末端用电阻匹配。电缆较长而且采用末端匹配时，需计入电缆芯电阻的分压作用。

7.3.2　冲击电容分压器

像测工频交流的电容分压器一样，测量冲击电压的电容分压器也可分为两种形式：一种分压器的高压臂是由多个高压脉冲电容器叠装组成；另一种分压器的高压臂仅有一个集中的电容，经常采用标准电容器。

1. 分布式电容分压器　分布式电容分压器中会存在串联电感，由于在设计脉冲电容器时，已注意到将其减至最小，所以当测量全波电压而且额定电压不很高，即分压器高度不很高时，可以忽略它的作用。此时分压器的测量误差，主要是由对地杂散电容 C_e 引起。与分析工频交流分压器时一样，分压器只造成峰值测量误差，而无波形误差。通过计算可得低压侧电压

$$u_2(t) = (u_1 / K)(1 - C_e / 6C_1)$$

式中，K 为分压比，$K = (C_1 + C_2) / C_1$。

从前式可见，分压器系统若无电感，从测被形而言，特性很好。其幅值误差与 $C_e / 6C_1$ 值相关。

特高电压的电容分压器，实际存在着长的高压连接线及分压器本体的电感，如没有阻尼措施，分压器低压臂的响应，将成为杂乱的振荡型响应，测量特性不良。

2. 电容分压器低压臂的测量回路　电容分压器低压臂的测量回路可采用图 13.7-5 形式的接线。电缆首末端都有匹配电阻。图中的 R_1 及 R_2 都等于电缆的波阻抗 Z。若电缆的电容为 C_0，则在此回路中选择

$$C_1 + C_2 = C_3 + C_0$$

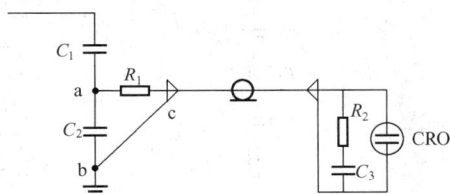

图 13.7-5　同轴电缆两端
匹配的测量回路

这种回路的初始分压比和似稳态的分压比是相同的，其值为

$$K = 2(C_1 + C_2) / C_1$$

也可以只在电缆首端接入匹配电阻 R_1，电缆末端基本开路而只接示波器。波在电缆中运行两倍行程的时间 2τ 后，可看作达到似稳状态，此时中缆被看作为是一个电容 C_0，故分压比为

$$K = (C_1 + C_2 + C_0) / C_1$$

电容分压器的低压臂电容的闪电感必须很小。为减小连线电感，图 13.7-5 中的 abc 环路接线应十分短，故应该采用同轴插头，插入低压臂的屏蔽箱。7.3.4 节中提供了低压臂的合理结构。

7.3.3 阻尼式电容分压器

电容分压器由于其本身有分布电感及对地的杂散电容，在施加陡峭冲击波时，会产生高频振荡。高压引线与分压器的电容，也会产生振荡电压。施加的波形越陡，分压器的额定电压越高，波形振荡的问题越为突出。多年前的阻容并联分压器商品也存在这个问题。20 世纪 70 年代起，发展了阻容串联分压器，也就是阻尼式电容分压器(图 13.7-6)。在高压臂电容元件 C_{11}，C_{12}，$\cdots$，C_{1n} 的绝缘套里，各串入几个 Ω 的电阻 R_{11}，R_{12}，$\cdots$，R_{1n} 以阻尼杂散振荡，在引线首端加阻尼电阻 R_{1d}，其阻值与导线波阻抗相匹配为 $300 \sim 400\Omega$。

分压器的高压臂总电阻为 R_1，总电容为 C_1。R_1 为 R_{1d}，R_{11}，R_{12}，$\cdots$，R_{1n} 之和；C_1 为 C_{11}，C_{12}，$\cdots$，C_{1n} 的串联电容。图 13.7-6 中的 R_2、C_2 分别为分压器低压臂的电阻和电容。

分压器的初始分压比为 K_1，而似稳态分压比为

K_2。它们分别为

$$K_1 = (R_1 + R_2) / R_2, \quad K_2 = (C_1 + C_2) / C_1$$

令 $K_1 = K_2$，即得

$$C_1 R_1 = C_2 R_2$$

如若考虑到高压测量回路振荡的条件，应取 $C_1 R_1 > C_2 R_2$，如取 $R_2 = 0.7 C_1 R_1 / C_2$ 等。

7.3.4 分压器的低压臂

分压器的低压臂通常是以极短的引线与高压臂相连接。为了避免外界电场和电磁场的干扰，它是用接地的金属屏蔽壳包围起来的。分压器的低压臂电阻及其匹配电阻，应采用温度系数极低的优质电阻丝，以无感绕法绕在小的绝缘圆柱上构成。电阻分压器的低压臂电阻，应采用与高压臂同一种类型的电阻丝绕成，以减小温度变化的影响。低压臂可由几个元件并联组成，这些元件可按对称辐射方式或同轴布置的原则布置在屏蔽盒中，以使冲击电流均匀分布在各个元件中。低压臂的两种布置的剖面图如图 13.7-7 所示。

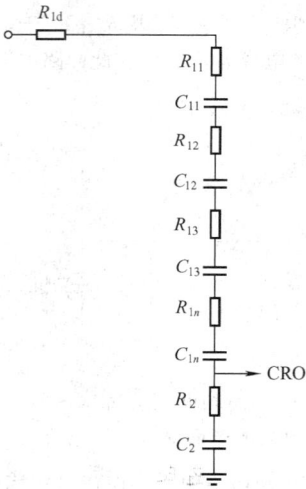

图 13.7-6 阻尼式电容分压器原理

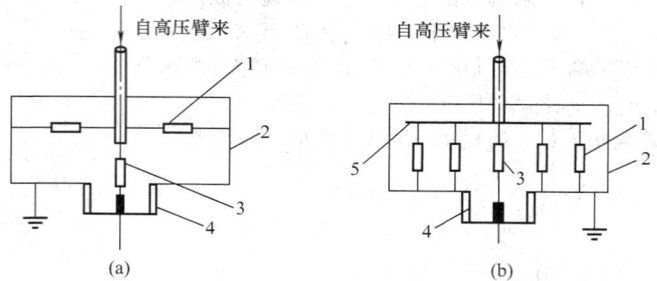

图 13.7-7 分压器低压臂的两种结构
（a）对称辐射形布置；（b）同轴形布置
1—低压臂元件（R_2 或 R_2 串联以电容）；2—金属屏蔽盒；
3—匹配电阻；4—信号电缆接口；5—铜圆盘

7.3.5 微分积分(D/I)测量系统

是一种对信号相继的微分和积分以形成分压，可用它测量冲击电压或极快速瞬态电压(VFT)。高压信号通过标准电容器 C(或其他电容)，由其低压电极引出，经射频同轴电缆输送到积分器。电容 C 与电缆末端的匹配电阻 R 组成微分器。积分器上的低压输出电压送到数字示波器进行测量。理论上可以证明稳态分压比 K 为积分时间常数与微分时间常数(RC)之比。

采用 D/I 测量系统测量冲击电压时，因 C 值很

小，响应特性很好。在 D/I 测量系统中，标准电容器可以发挥更优越的测量快速冲击电压的作用，只要标准电容器内部的电缆与外接电缆的波阻抗相同。在其他分压方式中，标准电容器内部的电缆难以匹配，会产生多次波反射，干扰波形的测量。

7.3.6 冲击电压测量系统校正和响应特性要求

IEC 60-2 新标准和新定的国家标准规定，认可的冲击电压测量系统的动态特性可以采用两种方法来进行测定：一种叫标准方法；另一种叫替代方法。前者是指冲击测量系统，都可以与一个标准(reference)

测量系统进行对比试验，来获得其动态特性和分压比。对比试验是在施加同一冲击电压下，同时进行测量的。替代方法是指采用测量阶跃响应的方法。上述标准以及行业标准 ZB F24001—2006，阐述了两种方法的实施细则。

标准规定：对于认可的冲击电压测量系统，在测量雷电标准冲击电压时，它的过冲 β 和部分阶跃响应时间 T_α 对测到的波前时间 T_f 之比值，应满足处在图 13.7-8 中的剖面线所划的范围以内。测量波前截断波时，除了要满足这一要求外，还规定了实验阶跃响应时间 T_N 和部分响应时间 T_α 应满足另一附加要求，即

$$T_\alpha - 0.03T_c \leqslant T_N \leqslant 0.03T_c$$

式中，T_c 为截断时间。

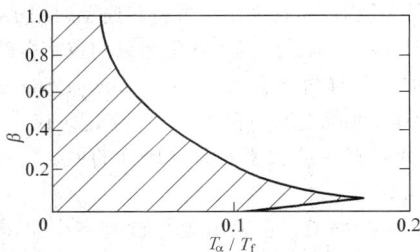

图 13.7-8　过冲 β 与 T_α/T_f 的限值关系

标准的测量系统是作为对另一个被校测量系统进行同时比对校正之用的。所以对它的技术要求和响应特性要求更高。如考虑测量雷电冲击电压时，要求它的部分响应时间 $T_\alpha \leqslant 30$ns，而且实验响应时间 $T_N \leqslant 15$ns。若考虑测量雷电冲击电压波前截波时，则要求 $T_\alpha \leqslant 20$ns，而 $T_N \leqslant 10$ns。此外，还规定了其他一些响应指标。

7.4　用光纤传输技术测量冲击高电压

7.4.1　光电测量系统调制方式

利用光纤传输技术和光学传感器测量高电压，特别是测量冲击高电压，具有许多优点：高压和低压测量仪器通过光纤隔离，后者具有很高的绝缘水平而且具有高抗电磁干扰的能力。在冲击电压的测量中，用光纤取代了同轴电缆传递信号，排除了产生电磁干扰的一个重要环节，有利于通用数字示波器及其他数字化仪器在高电压条件下的测试。目前光纤传输系统的测量频带已经可以做得很宽，能满足测量准确度的要求。但与传统的高压分压器或分流器为主要部件的测量系统相比，光电测量系统的稳定性较差。

光电测量系统常有下列几种调制方式：
（1）幅度-光强度调制（AM-IM）。
（2）调频-光强度调制（FM-IM）。
（3）数字脉冲调制。
（4）利用电光效应。

7.4.2　利用电光效应测量冲击电压

电光效应有两种：一种为克尔（Kerr）效应；另一种为泡克尔（Pockels）效应。现只讲述后者的应用。有一些晶体物质如 BSO（$BSiO_{20}$）、LN（$LiNbO_3$）、ZnS 及水晶等具有泡克尔效应。根据这一电光效应的原理，可制成电光调制器，用它采测量电场强度或电压。

铌酸锂 $LiNbO_3$ 是一种电光性能较好的人工合成晶体，其光学均匀性好，不潮解，易加工，电光系数人。缺点之一是折射率随温度变化会发生变化。清华大学高电压气体放电实验室采用 $LiNbO_3$ 晶体制成电光调制器。

一种快速脉冲电压的测量装置的结构框图如图 13.7-9 所示。沿晶体片 y 方向加电场，亦即被测电压加在银烧结面的上下电极上，z 方向通光。当电极间加电压下，在它的一个端面射进圆偏振光时，在元件内互相垂直的偏振光方向上发生了折射率差，其结果表现为使偏振光之间的相位差发生变化，由于干涉，输出的光强与施加电压呈一定的函数关系，便可用它来测量电场强度或电压。

图 13.7-9 的结构框图中包括了激光光源（图中 LD 光源）、传感头、光纤、光电接收器 PIN 以及放大器、示波器等。其中传感头部分又包括起偏器、检偏器、电光晶体、1/4 波片、自聚焦微透镜，它们装在一个塑料绝缘盒中。起偏器是一种特殊的透光元件，当入射到它的某一端面是自然光时，另一个端面射出的是振动方向一定的偏振光，其输出的偏振光的方向，就是它的光轴的方向。而检偏器起到起偏器的逆作用。它只让与其光轴方向一致的偏振光通过。图中 P_1 与 P_2 代表偏振轴方向。现所用的起偏器和检偏器为格兰-汤姆棱镜。光轴放置使起偏器和检偏器之间成 90°角差，即图中所示偏振轴 P_1 与 P_2 方向差 90°。1/4 波片（0.85μm 波长），采用石英材料，它的作用是使工作点移到线性区域的位置。

施加阶跃电压波到晶体上，测得传感器输出的响应波的上升时间为几个 ns。当响应波出现过冲时，上升时间为 5ns，无过冲时为 7ns，证明其响应特性很好。

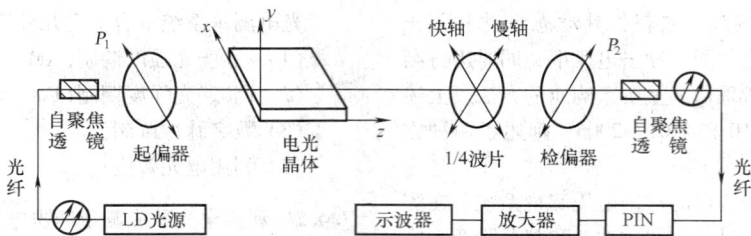

图 13.7-9 电光效应测量电压的装置结构框图

7.5 测量冲击电压的示波器

7.5.1 高压电子示波器

高压电子示波器是一种快速记录一次过程现象而且具有高加速电压的专用电子示波器。在高电压技术领域中，应用它观测和记录一次过程的雷电冲击波或操作冲击波。

这类示波器的特点是：由于要求的记录速度高，所以示波管内加速电子的电压（称为加速电压）较高，一般为 10~20kV。为了增强抗电磁干扰的能力，它的垂直灵敏度不高。为使示波器所记录的波形不失真，它应具有较高的频率响应特性。可测量的电压信号峰值较高，一般为 300~1000V。从而可达到较高的信号与噪声之比（简称信噪比）。鉴于同样的原因，这类示波器一般只装有信号衰减器，不装设放大器。现在的商品，多数是双线示波器。标准规定示波器的峰值测量不确定度应不大于 2%；波形时间的测量不确定度应不大于 4%。至今为止，高压示波器在抗干扰方面仍具有优势。由于记录的波形不能存储，通过摄像方法记录一闪而过的波形，人们嫌太费事费时，而且记录的准确度也不高。它的价格也不可能太便宜，所以逐渐被数字存储示波器所取代。

7.5.2 数字存储示波器（DSO）

数字存储示波器和数字记录仪（digitizer，又称瞬态波形存储器）是 20 世纪 60 年代发展起来的新型测试仪器。主要用作测量各种瞬态过程，如爆炸、冲击、振动、武器发射过程及高速电磁脉冲（EMP）的测量等。它在各种工程技术、生物医学、原子物理、军事科学等领域中已得到了广泛的应用。1973 年首见应用于高电压测量。它在高电压测试领域中不仅应用于稳态的工频高电压测量和谐波分析，更重要的是，它被应用于快速瞬态过程的测量。它的应用不仅可使被测波形在屏幕上“锁住”，以使一次过程波便于被人们观测，而且可以通过其专用软盘把波形存储起来，或是连至计算机上进行分析计算、打印和存储。由于它的技术指标日益先进，而价格下降较快，

它的发展使高压示波器和模拟屏幕记忆示波器的传统地位走向衰落。数字记录仪的基本原理与数字存储示波器相同，只是后者除可将所测得的信号，以数码方式传输给计算机外，本身已带有 D/A 转换器及示波屏幕，可以直接将波形显示出来；而前者只有数码输出口，通过通用接口，可连至计算机构成自动测试系统并通过其显示器观察所记录的波形。有的数字记录仪则另已装设 D/A 转换器，可将它连至通用示波器，进行波形观察。本手册以下的叙述只用数字存储示波器的名称，有时简称它为 DSO（Digitizing Storage Oscilloscope），实际上已用它代表了数字记录仪。

1. DSO 的主要技术指标 DSO 的主要技术指标有下列几个：

（1）采样率 f_s。它表示为每秒有多少个采样次数，现在通用的非正规单位常写为 Samples/second，譬如采样率为 100MS/s 即代表每秒采样 10^8 次，1GS/s 则为每秒采样 10^9 次。数字存储示波器因型号不同，采样率的范围很广，可以从数个 S/s 到几百 GS/s。

国家标准及对应的 IEC 1083-1 文件制定了应用于高电压测量技术中的 DSO 技术要求。提出了测量冲击电压的采样率

$$f_s \geqslant 30 / T_x$$

式中，T_x 为被测的时间间隔。

例如，在测量 $1.2/50\mu s$ 雷电波的波前时间 T_f 时，最短的 T_f 为 $0.84\mu s$。T_f 是通过 30% 和 90% 峰值的时间间隔 $0.6T_f$ 求得的。所以 T_x 为 $0.6T_f$，即约为 $0.5\mu s$。于是从上式可得，测 $1.2/50\mu s$ 的 T_f 时，f_s 应 $\geqslant 60MS/s$。在测量波前截断波时，要求 f_s 的值更高。

（2）位数 N 及垂直分辨率。DSO 的垂分辨率

$$\gamma = (2^N - 1)^{-1}$$

式中，N 为位数（bit），应用于高电压技术中 DSO 的位数 N 常为 8bits 或 10bits，相应的 γ 为 0.4%~0.1%。现已有 N 为 14bits 的高速、宽频带 DSO 商品供应。

对于一般的冲击电压波形的记录，可用 8 位的数字仪。对于需要对记录进行对比的试验如电力变压器的冲击试验，建议采用 10 位的 DSO。用于局部放电测量时，在制造厂条件下可用 8~10 位的 DSO。在线

检测电力设备内绝缘的局部放电时，由于背景噪声大，采用数字滤波后，局部放电的信号往往很小，为了加大信噪比，需要采用 12 位的 DSO。

（3）记录长度及内存容量。是指数字记录仪及 DSO 每一通道一次记录的总字数，亦即采样点数 pts（points）。以往的产品内存容量为几千字。现今的产品则可达 256K 字，500K 字甚至高达几兆字。有的 DSO 是依靠另外添购的选件来加长记录长度的。

（4）模拟带宽。像模拟示波器一样，示波器的带宽是一项重要技术指标。在测量高电压瞬态一次过程时，需讲究实时带宽。有些新型 DSO 给出了实时带宽，其带宽可高达 0.5~1GHz。

除了上述四项技术指标外，与通常的模拟示波器一样，DSO 还有通道数、量程、输入阻抗等技术指标。

2. DSO 在高压技术领域使用时的特殊性

（1）数字存储示波器的优越性。

1）具有存储的功能，不仅可存储波形于示波器屏幕上，还可以把信息保存在磁盘或光盘中，大批数据和波形保存之后，可在需要时任意调用。

2）具有处理和计算分析功能，不仅可以通过与它相连接的计算机来完成此项功能。有的 DSO 本身就带有计算、分析和处理单元，可以单独来完成本项功能。还可以对测量结果进行数学运算和分析，如稍高档的 DSO 可进行 FFT、直方图的运算等。

3）可记录触发前过程，不存在高压示波器所要求的外触发和信号严格同步的问题。

4）内存的容量日益加大，一次能记录的信息量较大。

（2）DSO 应用在高电压技术领域时的特殊性。

1）DSO 在高电压技术领域中应用时，多数情况下是相当于弱电仪器处在强电环境下工作。DSO 的灵敏度较高，容易受到周围电磁干涉的影响，所以需要对仪器做好抗干扰措施。此时仪器需装置在屏蔽箱或屏蔽室内进行工作，其他的抗干扰措施见 7.6 节所述。

2）高电压技术领域中的测量工作，经常与一次性快速瞬态过程相联系。由于所记录的波形的高速性，所以对 DSO 中的 A/D 转换器的动态特性，提出了很高的要求。实际上由于 A/D 转换器多多少少是不够理想的，因此造成了 DSO 动态测量误差。其中的一种表现是对于同一个输入值，可能得到不同的输出量化值，后者的出现又是随机性的，出现的概率可能很不相同，由它产生的误差常常远大于静态的量化误差。DSO 还经常在输入值与输出量化值之间表现出局部或整体的非线性关系。不同型号的 DSO 因采用不同原理及工艺的 A/D 转换器，其静态和动态的特性也很不一样。IEC 有关机构已制定了应用在高电压技术下的 DSO 的技术要求和校正方法。中国的相应国家标准为 GB/T 16896。

7.6　高电压测量的抗干扰措施

7.6.1　电磁干扰来源

数字存储示波器、数字记录仪、屏幕存储示波器等通用示波器、峰值电压表等弱电仪器常用作测量高电压或大电流的重要工具。数字化仪器有时还带有信号分析仪、微计算机、打印机等其他弱电工具。强弱电设备及仪器处于邻近的条件下工作，存在着严重的"电磁兼容(Electro－Magnetic Compatibility，EMC)"的问题。电磁兼容是指电气设备(包括电子设备)在它所处电磁环境中能令人满意地工作。若作为干扰源时，只具有可容许的干扰发射；而作为感受器时，对干扰只具有可容许的敏感度。在变电所等现场则有高电压大电流的各种电气设备和导线，在实验室内则有高电压或大电流的发生装置。弱电的测量设备或仪器，在上述条件下工作，最严重的状况是弱电测量设备或仪器，由于地电位升高而引起"反击"或由于强电磁干扰造成个别关键元件损坏，以致测量设备或仪器无法正常工作；较严重的状况则是测量设备或仪器受到干扰的影响，使记录到的信号严重失真。电磁干扰主要有三方面的来源：第一种是测量用的射频同轴电缆外皮中通过的瞬态电流所引起干扰；第二种是外部空间电磁干扰和间隙放电产生的空间电磁干扰；第三种是仪器电源线引入的干扰。冲击高电压测量中的干扰以第一种最需要予以重视。

7.6.2　高电压试验的抗干扰措施

1. 抑制射频同轴电缆外皮中瞬态电流的措施

（1）同轴电缆的始末两端都要用同轴插头分别插入分压器低压臂端和示波器端。

（2）尽可能采用双层屏蔽电缆，电缆首端的内外层屏蔽及电缆末端外层屏蔽接地。最好能把上述同轴电缆套在金属管道内，管道两端都接地。

（3）由分压器到测量仪器，敷设宽度较大的金属板或金属带作为连线，开应在分压器末端良好接地。测量电缆应沿此接地金属板(或带)紧靠地面敷设，使电缆外皮与接地金属板之间构成的回路面积尽量减小。若有可能测量电缆，宜直接敷设在接地的金属板之下。

（4）如有可能，电缆外层屏蔽(或金属管)应多点接地。相距一定距离(如 1m)的多点接地，有利于把外层屏蔽上的电流散入大地。

（5）在测量电缆上加设共模抑制器，办法是将测量电缆在高频磁芯（即铁氧体磁芯）环上绕若干圈，或将若干铁氧小磁环套在测量电缆上。

（6）提高同轴电缆中传递的被测电压信号，使共模干扰所占比重减小，即提高传递环节的信噪比，以降低干扰对测量的影响。当被测电压信号高于测量仪器的最大量程时，测量仪器可加设外接衰减器（即二次分压器）。

（7）利用光导纤维取代测量电缆传递被测电压信号，可彻底消除共模干扰。

2. 防止外部空间电磁干扰和间隙放电产生的空间电磁干扰的措施

（1）把高压试验厅用金属体（板或网）全屏蔽起来，即作成一个大法拉第笼，笼仅有一点与地相连。它的屏蔽效能应达到 60~80dB。全屏蔽措施有利于避免高压放电对外造成电磁干扰，同时也可防止室外的电磁干扰及无线电波对室内进行局部放电等项试验时所采用的高灵敏度测试仪器的不利影响。高压设备放电时，杂散电容也将同时放电，杂散电容放电电流通过法拉第笼流回设备的接地点，接地装置上端的电位不会升高。

（2）专为应用于高压测试中的通用数字示波器及其附属设备建一个小屏蔽室或屏蔽盒。它们是用金属板焊成，或用双层屏蔽网构成。室（柜）的门边缘也应有密闭措施。

（3）分压器的低压臂应装入接地的金属屏蔽盒（套）中。

（4）同轴电缆插入装有测量仪器的屏蔽柜时，不仅要使用同轴插头，要求高时还要用导电密封胶封住连接处。

3. 减小由电源线引入的电磁干扰

（1）测量仪器通过 1∶1 隔离变压器供电。隔离变压器除了对防止"反击"有一定作用外，它还起着阻断电源中性点（接地点）干扰电压的作用。尽管隔离变压器二次侧绕组外绕有屏蔽层，并且与屏蔽室（柜）相连接，但一、二次侧绕组间有电容耦合，高频电磁干扰波仍可通过隔离变压器进入测量仪器。

（2）DSO 等测量仪器需经射频滤波器接入电源，滤波器的滤波频率应从几十 kHz 到几十 MHz。

（3）测量仪器采用不间断电源（UPS）供电。在测量的瞬间断开交流电源。

7.6.3 抗干扰综合措施实例

在图 13.7-10 中表示了采用电阻分压器测量冲击电压的抗干扰综合措施。图中除分压器低压臂的屏蔽外壳未能画全外，其他措施按 7.6.2 节所述的主要内容画出。

7.6.4 冲击测量系统的干扰试验

根据国家标准规定，冲击测量系统需进行干扰水平的试验。试验时测量系统的全部状况应保持与实际测量工作时一样，只是将测量电缆或其他传输系统从电压转换装置（如分压器、分流器等）上解开，并令其输入端短路。起动冲击电压（或电流）发生器，使在测量系统的输入端发生破坏性放电，与此同时用数字示波器（或其他仪器）测量同轴电缆或其他传输系统的输出电压，此即为电磁干扰电压，称其幅值为干扰水平。最终应在最高工作电压或电流下进行试验。

根据标准规定，干扰水平应小于测量这一电压或电流时输出的 1%。当证实干扰波形对测量无影响时，干扰水平允许大于 1%。

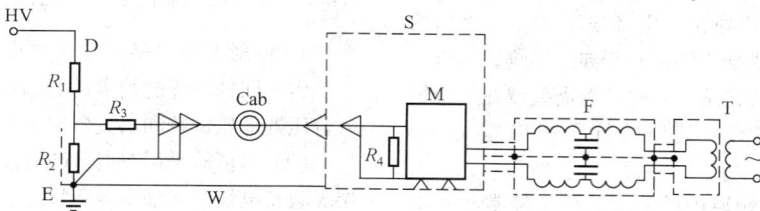

图 13.7-10　抗干扰综合措施

D—分压器；Cab—双屏蔽电缆；E—集中接地极；W—金属板接地；
S—屏蔽室；M—测量仪器；F—滤波器；T—1∶1 绝缘隔离变压器

第 8 章　绝缘监测和诊断

8.1　绝缘监测和诊断分类

电力设备绝缘在运行中受到电、热、机械、不良环境等因素的作用，其性能将逐渐劣化，以致出现缺陷，造成故障，引起供电中断。通过对绝缘的试验和特性的测量，了解并评估绝缘在运行过程中的状态，从而能早期发现故障的技术称为绝缘的监测和诊断技术。

对绝缘的监测和诊断技术有离线和在线之分。在离线的监测和诊断时，要求被试设备退出运行状态，通常是周期性间断地施行，试验周期由《电力设备预防性试验规程》（DL/T 596—1996）规定。在线监测则是在被试设备处于带电运行的条件下，对设备的绝缘状况进行连续或定时的监测，通常是自动进行的。

为了对绝缘状态作出判断，需对绝缘进行各种试验和监测。试验方法有多种，通过试验可获得各种绝缘特性。对于离线的试验又可分为两大类：①破坏性试验，即耐压试验；②非破坏性试验，亦称绝缘特性试验。耐压试验对绝缘的考验严格，能保证绝缘具有一定的绝缘水平或裕度；缺点是只能离线进行，并可能在试验时给绝缘造成一定的损伤。非破坏性试验是在较低电压下或用其他不会损伤绝缘的方法测量绝缘的各种情况，从而判断绝缘内部的缺陷。实践证明，这类方法是有效的，其缺点是对绝缘耐压水平的判断比较间接，不易判断准确。两类试验是相辅相成的。耐压试验往往是在非破坏性试验之后才进行，而如果非破坏性试验已表明绝缘存在不正常情况，则必须在查明原因，尽量加以消除后再进行耐压试验，以避免不应有的击穿。在线诊断采用的是非破坏性试验方法，但由于可连续监测，除测定绝缘特性的数值外，还可分析特性随时间变化的趋势，从而显著提高了其判断的准确性。

非破坏性试验包括绝缘电阻试验、介质损耗角正切试验、局部放电试验、绝缘油的气相色谱分析等。属于破坏性试验的绝缘耐压试验包括有交流耐压试验、直流耐压试验、雷电冲击耐压试验及操作冲击耐压试验。

绝缘的监测和诊断技术包括三个基本环节：①正确选用各种传感器及测量手段，检测或监测被试对象的种种特性，采集各种特性参数；②对原始的杂乱信息加以分析处理（数据处理），去除干扰，提取反映被试对象运行状态最敏感、有效的特征参数；③根据提取的特征参数和对绝缘老化过程的知识以及运行经验，参照有关规程对绝缘运行状态进行识别、判断，即完成诊断过程，并对绝缘的发展趋势进行预测，从而对故障提供预警，并能为下一步的维修决策提供技术根据。

由于绝缘的特征和其状态一般不是一一对应的，因而要根据研究结果与经验，建立一定的诊断规则。根据诊断规则的不同可将诊断方法分为三类，即逻辑诊断、模糊诊断、统计诊断。

8.2　绝缘电阻测量

8.2.1　测量绝缘电阻与吸收比的工作原理

电气设备的绝缘电阻 R 在测量过程中是随加压时间的增长而逐步下降并最终趋于稳定的。以双层介质模型为理论基础，可找到绝缘电阻及吸收电流的变化规律。在图 13.8-1 中，当电气设备的绝缘初加直流高压 U 瞬间，回路电流主要是电容电流 i_a 分量所组成。在加压时间很长之后，回路电流为泄漏电流 I_g，U/I_g 为是真实的绝缘电阻 R。严格地讲，绝缘电阻只是加压较长时间后的阻值，但为了在工程应用上的表达方便，把介质处在吸收过程时的 U/i 也称其为绝缘电阻 R。理论上可以证明在不同绝缘状态下的绝缘电阻的变化曲线如图 13.8-2 所示。

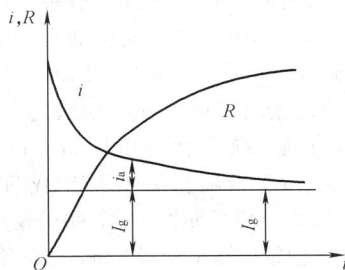

图 13.8-1　吸收和泄漏电流
及绝缘电阻的变化曲线

定义吸收比 K 为加压 60s 时的绝缘电阻 $R_{60''}$ 与 15s 时电阻 $R_{15''}$ 之比值

$$K = R_{60''} / R_{15''}$$

定义极化指数 P 为加压 10min 时的绝缘电阻 $R_{10'}$ 与 1min 时电阻 $R_{1'}$ 之比值

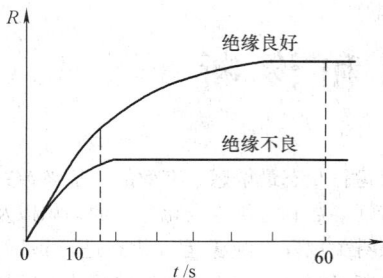

图 13.8-2 不同绝缘状态下
绝缘电阻的变化曲线

$$P = R_{10'} / R_{1'}$$

我国电力行业标准 DL/T 596—1996，即电力设备预防性试验规程等规定，电力变压器及大型发电机凡采用沥青浸胶及烘卷云母绝缘者，K 值应不小于 1.3，P 值应不小于 1.5；大型发电机采用环氧粉云母者，K 值应不小于 1.6，P 应不小于 2.0。发电机容量在 200MW 及以上者，推荐测量 K 及 P 值。

K 是一个比值，不像绝缘电阻的稳定值那样，与电力设备的几何尺寸相关，应用起来较为方便。对于绝缘电阻（稳定值），难以给出具体的绝缘电阻标准值。通常把处于同样运行条件下的不同相的绝缘电阻进行比较，或是把这一次测得值，与过去历次测得值进行比较，然后作出绝缘状态的判断。测量绝缘电阻及吸收比应记录试品的温度，因为绝缘电阻值与温度密切相关。规程上虽提供了绝缘电阻的温度换算计算式，但此计算式的计算准确度并不高。

8.2.2 绝缘电阻与吸收比的测量

一般用兆欧表进行绝缘电阻与吸收比的测量。为了测准吸收比，需用灵敏度足够高的兆欧表。兆欧表的电压有 500V、1000V、2500V、5000V 等几种，应按照规程要求，选用不同等级的兆欧表。以测交流电动机的绝缘电阻为例，额定电压 3kV 以下者使用 1000V 兆欧表；3kV 及以上者使用 2500V 兆欧表。对带有手摇直流发电机的兆欧表（俗称摇表），要持续摇动发电极，使维持转速为 120r/min。在开始转动手柄后的 15s 及 60s 时，读出刻度盘上的电阻值（以 MΩ 计），即可求得吸收比 K 值和稳定的绝缘电阻值。兆欧表携带方便，不需其他电源。但摇动发电机比较费劲，特别是求极化指数时，发电机要求持续工作 10min，人力难以忍受。可以用一种新型的兆欧表来取代摇表。新型的兆欧表用电池供电或采用 220V 交流电源整流，通过逆变器原理转换成高频交流，经变压器升压及倍压整流后输出直流高压。

8.3 泄漏电流测量

8.3.1 意义

根据我国电力行业标准 DL/T 596—1996 的规定，多种电力设备及电缆需要进行直流耐压试验，结合这项试验要求同时进行泄漏电流的测量。测量主绝缘的泄漏电流值，其实际意义与上述的测量绝缘电阻是相同的，只是所施加的直流电压较高，有可能发现兆欧表所不能发现的尚未完全贯通的集中性缺陷或其他弱点，所以测试灵敏度比兆欧表更高。施加的直流电压是逐步调高的，最后达到规程所规定的试验电压值。对于良好的绝缘，其泄漏电流应随所加的电压线性上升。并在规定的试验电压作用下，其泄漏电流不应随加压时间的延长而增大。一般规定到达试验电压后 1min，才读取泄漏电流值，并需记录试品绝缘的温度及环境温度。所测得的泄漏电流值应与前一次测试结果相比无明显变化，但相比时最好是绝缘的温度相同，否则要考虑温度的影响因素。

8.3.2 测试方法

1. 微安表直读法测量泄漏电流 以测量电力变压器为例，试验接线如图 13.8-3 所示。所测量的是高压绕组对低压绕组及外壳、铁心之间主绝缘的泄漏电流。图中所示的微安表串接在高压引线中。所加屏蔽的目的，是防止微安表及高压引线产生电晕，引起测量误差。

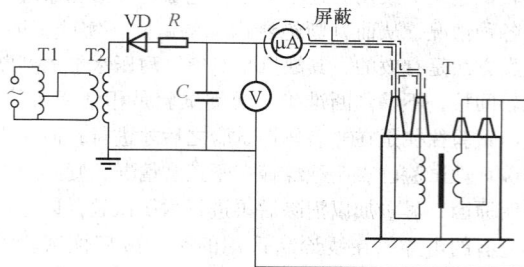

图 13.8-3 测量电力变压
器主绝缘泄漏电流的接线
T1—调压器；T2—高压试验变压器；VD—高压硅整流器；
R—保护电阻；C—滤波电容；T—被试变压器

2. 光电法测量泄漏电流 采用光电技术测量泄漏电流是将电信号转换为光信号，由光纤传输系统传输到低压端控制台上，再转换为电信号后由数字表显示出泄漏电流的测量值，故读数可清楚地显示出来。量程选择和高压端检测系统的电源，均可从低压端进行控制。光纤用作传输待测信号和控制信号，同时由于其良好的绝缘性能，可很好地将处于高电位的检测系统和处于低电位的显示控制系统绝缘起来，保证了工作的安全性。

8.4　介质损耗因数测量

介质损耗因数（损耗角正切）$\tan\delta$ 是介质的一个特性指标，可以用它来反映介质材料或电气设备绝缘的优劣。测量 $\tan\delta$ 的仪器和方法有多种，测试无线电材料时，常采用高频施压法，所加的电压不高。电工界经常对高电压电力设备的绝缘进行 $\tan\delta$ 的测试，所施加的电压较高。但对于大多数高电压设备来说，试验时所加的电压，远低于它的额定工作电压，所以仍可以看作是一种非破坏性绝缘试验。本节着重介绍西林电桥测法和电流比较式电桥测法，最后提及采用微处理机对 $\tan\delta$ 测量的一种方法。

8.4.1　用西林电桥测量 $\tan\delta$

1. **基本原理**　西林电桥是一种交流电桥。配以合适的标准电容，可以在高电压下测量材料和电气设备的 $\tan\delta$ 和电容值。它的基本回路如图 13.8－4 所示。

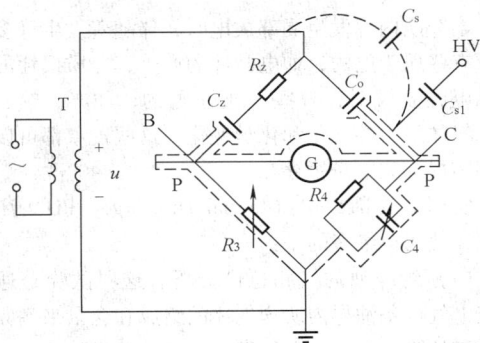

图 13.8－4　西林电桥的基本回路

电桥的高压臂中，一个是代表试品的 Z_1；另一个是无损耗的标准电容 C_o，以阻抗 Z_2 来代表。低压臂处在桥箱体内，一个是可调无感电阻 R_3；另一个是无感电阻 R_4 和可调电容 C_4 的并联回路。前者以 Z_3 来代表，后者以 Z_4 来代表。

桥角与地之间并接有放电管 P，可作为人身和低压臂的保护。图 13.8－4 中低压臂及检流计外面所画的虚线是接地的屏蔽层，用它来防止外界的电场干扰（以 C_s、C_{s1} 来代表）影响。

电桥的平衡是依靠调节 R_3 及 C_4 来实现的。当电桥平衡时，流过检流计 G 的电流为零，此时会满足下述条件

$$Z_1 / Z_3 = Z_2 / Z_4$$

在试品的绝缘以串联等效回路代表时，可求得

$$C_x = R_4 C_o / R_3 \quad R_x = R_3 C_4 / C_o$$

因为 $\tan\delta = \omega R_x C_x$，把上面两关系式代入即可得

$$\tan\delta = \omega R_4 C_4$$

若试品是以并联等效电路来代表，计算方法相同，最后可得

$$\tan\delta = \omega R_4 C_4$$
$$C_x = R_4 C_o / [R_3(1 + \tan\delta)] \approx R_4 C_o / R_3$$

当试品电容 C_x 较大时，需在 R_3 旁并接一个阻值较小的分流电阻，具体接法本手册从略。对于高档次的电桥，则往往设置较复杂的屏蔽并另有减小误差的各种措施。

外界电磁场的干扰，不仅会引起电桥测量的误差，有时甚至根本达不到平衡。这是电桥在变电所现场使用的主要问题之一。存在外界电场或磁场干扰时的电桥测量见参考文献。

2. **反接法西林电桥**　在现场试验中，有许多一端接地的试品，如敷设在地下的电缆及摆在地面的重量大的电气设备，要改成对地绝缘是不可能的；只能改变电桥回路的接地点。这样就产生了一种反接法的西林电桥（图 13.8－5）。反接法电桥的基本原理和以上所讲的，现可称之为正接法的电桥是一样的，只是改为试品和标准无损电容 C_o 一端接地；而 R_3 和 Z_4 臂有一端接高压电源。这样，R_3、Z_4、G 等桥本体处在高电位。当电桥的额定电压不高时，若不超过 10kV，可用绝缘材料做电桥的操作把手，检流计通过绝缘变压器再接到电桥回路。这样，使操作部分和指示部分都与高电位隔离，操作者仍可处在地面上，来调节反西林电桥。当电桥额定电压较高不能采用此方法时，只能使桥本体和操作者一起处在一个绝缘台上的法拉第笼内。绝缘台应能耐受试验电压，法拉第笼是由金属材料做成的，它与电源相连。

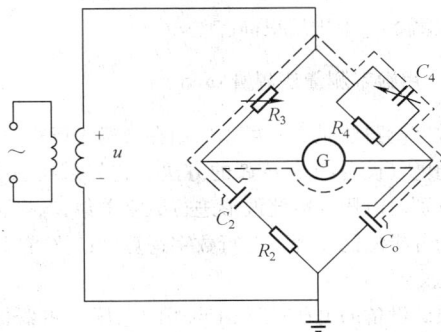

图 13.8－5　反接法西林电桥的接线

8.4.2　用电流比较式电桥测量 $\tan\delta$

图 13.8－6 为此种电桥的原理接线。电桥的下臂

主要是两个绕在同一环形铁心上的线圈 1 和 2，其匝数分别为 N_1 和 N_2，两者绕向相同。当线圈中流过经试品绝缘及标准电容 C_0 而来的电流 I_1 及 I_2（如图

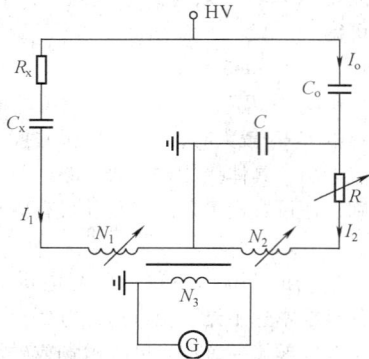

图 13.8 - 6 电流比较式
电桥原理接线

13.8 - 6 所示）后，分别会产生磁动势。环形铁心上还绕有一个匝数为 N_3 的第 3 线圈，在该线圈上接有指零仪表 G。调节 N_1、N_2 及 R，当处于 $N_1I_1 = N_2I_2$ 时，仪表 G 指零。调节 R 是为了实现 I_1 与 I_2 达到同相位。在线圈 1 与 2 产生的磁动势相平衡时，通过电路的计算可得到

$$C_x = C_0 N_2 / N_1 ; \quad \tan\delta = \omega R(C_0 + C)$$

线圈 1 及 2 在电桥平衡时，基本上无压降，低压臂的杂散电容基本上不起作用。电桥工作时不需多次反复平衡，一次仪表指零即可读数，使用起来比较方便。三个绕组的互感器为防止杂散磁场的影响，是精心屏蔽的。总的说来，它的灵敏度和准确度均高于普通西林电桥。国产 QS - 19 电桥即应用了电流比的原理，测量 $\tan\delta$ 的不确定度为 1%，测量电容的不确定度为 0.1%。国外还有用微处理机控制的此等电桥，平衡过程只需 5s，准确度更高。

8.4.3 用数字测量法测量 $\tan\delta$

数字测量法是一种可以应用在现场进行在线测量电容型电气设备绝缘 $\tan\delta$ 的方法。它先采用 A/D 转换器分别对电压和电流波形进行数字采集，然后根据傅里叶分析法的原理，进行数字运算，最终可以求得 $\tan\delta$ 值。

被试设备的电压信号由同相的电压互感器提供，或再经电阻分压器输出。电流信号由电容式套管末屏处的接地线或设备接地线上所环绕的低频电流传感器获得，并转换为电压信号。这种电流传感器需要特殊设计以使所产生的角误差极小。由于获取电流信号方面的限制，$\tan\delta$ 的数字测量法仅限于使用在电容型设备上。

8.5 局部放电测量

8.5.1 测量局部放电的几种方法

此处所谓的局部放电，是指由于电气设备内部绝缘里面存在的弱点，在一定外施电压下发生的局部的重复击穿和熄灭现象。这种局部放电发生在一个或几个绝缘内部的气隙或气泡之中，因为在这个很小的空间内电场强度很大。它的放电能量很小，所以它的存在并不影响电气设备的短时绝缘强度。但如果一个电气设备在运行电压下长期存在局部放电现象，这些微弱的放电能量和由此产生的一些不良效应，如不良化合物的产生，就可以慢慢地损坏绝缘，日积月累，最后导致整个绝缘被击穿，发生电气设备的突发性事故。也就是说，一台存在内部弱点的电气设备，尽管它通过了出厂时和验收时的耐压试验，但在长期运行中，可能在正常工作电压下发生击穿。为此，制造厂和运行单位都很重视检测设备绝缘内部的局部放电。IEC 和国家标准对检测局部放电的方法和放电量的指标作出了规定。

当介质内部发生局部放电时，伴随着发生许多现象。有些属于电的，如电脉冲的产生，介质损耗的增大和电磁波放射；有些属于非电的，如光、热、噪声、气体压力的变化和化学变化。这些现象都可以用来判断局部放电是否存在。

实用的局部放电（Partial Discharge，PD）测量方法，使用得最多的是：

（1）绝缘油的气相色谱分析。这项试验是通过检查电气设备油样内所含气体的组成和含量来判断设备内部的隐藏缺陷。电气设备内部若有局部放电或局部过热常会引起缺陷附近的绝缘分解而产生气体，使溶解于绝缘油中的气体成分发生变化。当变压器内部存在局部放电时，其色谱分析的特征是乙炔（C_2H_2）、氢（H_2）及总烃（甲烷、乙烷、乙烯和乙炔四种气体的总和）气体含量超过一定值。高压互感器和套管等也可用类似的色谱分析法来判断有无严重的局部放电在绝缘内部产生。

（2）超声波探测法。在电气设备外壁放上由压电元件和前置放大器组成的超声波探测器，用以探测局部放电所造成的超声波，从而了解有无局部放电的发生，粗测其强度和发生的部位。配合局部放电（PD）电测法，可相互验证测试结果的真实性。

（3）测 PD 所形成的脉冲电流大小以判断绝缘 PD 的强弱程度，这种方法可以给出定量的结果，目前规程中已规定了定量的指标。以下重点讲述这种方法。

8.5.2　脉冲电流法

为了方便起见，采用绝缘的三电容模型来表征气孔的存在并解释局部放电的机理和脉冲电流法测 PD 的原理。图 13.8-7（a）表示在绝缘中，位于 g 的一块体积中存在一个气泡，b 和 m 处绝缘状况良好。在图 13.8-7（b）则用 C_g 代表气泡的电容，C_b 代表和 g 相串联部分 b_1 和 b_2 的介质电容，C_m 代表其余大部分绝缘 m 的电容。气泡很小，C_g 比 C_b 大，C_m 比 C_g 大很多。如在电极间加上交流电压 u，则出现在 C_g 上的电压为

$$u_g = uC_b / (C_g + C_b)$$

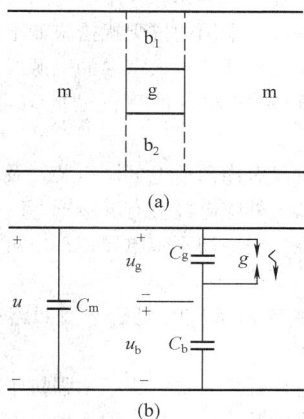

图 13.8-7　介质内部有
气隙放电时的三电容模型
（a）具有气泡的介质剖面；（b）等效电路

u_g 随外加电压 u 升高，当 u 上升到某一瞬时值 U_s，u_g 到达 C_g 的放电电压 U_g 时，C_g 气隙放电，真实放电量为 Δq_r。于是 C_g 上的电压一下子从 U_g 下降到 U_r，然后放电熄灭。U_r 叫做残余电压，它可以接近为零值，也可以为小于 U_g（均绝对值）的其他值。外施电压是作用在整个试品 C_m 上的，当 C_g 上的电压变动（$U_g - U_r$）时，会造成外施电压的变化量为 ΔU。与它相应的电荷变化量为 Δq，即

$$\Delta q = \Delta U \{ C_m + [C_b C_g / (C_b + C_g)] \}$$
$$= \Delta q_r C_b / (C_g + C_b)$$

真实放电量 Δq_r 是无法测量的；而 Δq 是可以测得的。Δq 称作视在放电量，它是局部放电试验中的重要参量，国际和国家标准中，对于各类高压设备的视在放电量 Δq 的允许值均有所规定。从上式可见，Δq 比真实放电量 Δq_r 小得多，它以 pC 作为计量单位。其中 C 代表电荷量库仑。

8.5.3　表征局部放电的基本参数

表征局部放电的基本参数有以下几种：

（1）视在电荷（apparent charge，即前述的视在放电量 Δq）。

（2）脉冲重复率 n（pulse repetition rate）。在选定的时间间隔内所记录到的 PD 脉冲的总数与该时间间隔的比值。

（3）脉冲重复频率 N（pulse repetition frequency）。就等间隔脉冲而言，脉冲重复率 N 是每秒局部放电脉冲数。

（4）平均放电电流 I_{av}。在选定的参考时间间隔 T 内，各个视在电荷绝对值的总和除以时间 T。

（5）放电功率 P。在选定的参考时间间隔 T 内的单个视在电荷馈入试品两端间的平均脉冲功率。

（6）局部放电的起始放电电压和熄灭电压。

8.5.4　局部放电测量回路和检测阻抗

1. 脉冲电流法的基本测量回路　一般推荐三种基本测量回路：①试品与检测阻抗并联的回路（图 13.8-8）；②试品与检测阻抗串联的回路（图 13.8-9）；③电桥平衡回路（图 13.8-10）。

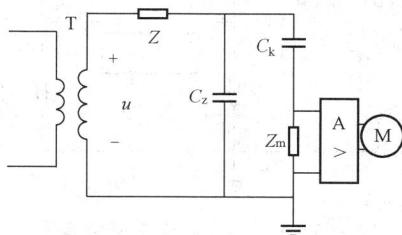

图 13.8-8　试品通过 C_k 后与
检测阻抗并联的回路

三个图中 C_x 代表被试品的电容，C_k 代表耦合电容，Z_m 代表检测阻抗，Z 代表低通滤波器，u 代表由无晕高压试验变压器供给的交流高电压，A 代表放大器，M 代表测量仪器。这三个回路都是要把在一定电压 u 作用下的被试品 C_x 中产生的局部放电信号，能传递到 Z_m 的两端，然后通过放大器送到测量仪器。耦合电容器 C_k 为被试品 C_x 与测量阻抗 Z_m 之间提供一个传递 PD 信号的低阻抗通道，同时它可以大大降低作用于 Z_m 上的工频电压分量。C_k 必须无内部局部放电，一般而言希望 C_k 的电容不小于 C_x。为了防止电源噪声流入到测量回路和试品的局部放电脉冲流向电源，在电源和测量回路间接入一个低通滤波器 Z，Z 上不应该出现放电，它应比 Z_m 大。图 13.8-8 与图 13.8-9 的电路对高频脉冲电流而言并无什么差

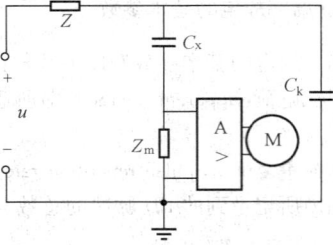

图 13.8 - 9 试品与检测
阻抗相串联的回路

别。前者可应用于试品一端接地的条件下。此外，在
C_x 值较大的情况下，可以采用电容值小于 C_x 的 C_k，
以避免较大的工频电容电流流过 Z_m。为了提高抗外
来干扰的能力，可采用图 13.8 - 10 所示的电桥平衡
电路。若 C_k 采用与试品完全相同而其内部局部放电
量极小的辅助试品，且 Z_m 与 Z_m' 也完全相同，则理
论上此电桥电路可以对所有的外加干扰的频率都能平
衡，由此可消除外来干扰的影响。在 C_x 中发生局部
放电时，平衡条件被破坏，在检测阻抗 Z_m 上即可获
得 PD 信号。

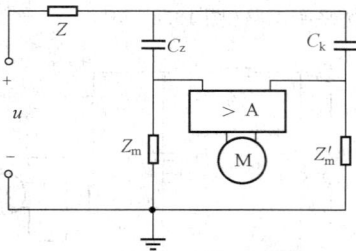

图 13.8 - 10 电桥平衡回路

2. 检测阻抗和放大器 检测阻抗 Z_m 的作用是
获取局部放电所产生的高频脉冲信号。由于信号幅度
很小需经过放大器 A 予以放大，Z_m 与 A 在特性上需
相互适应。它们关系到测量的灵敏度和脉冲分辨率。

检测阻抗主要有 RC（并联）型和 RLC（并联）型
两类。测量时，检测阻抗上的电压幅值 Δu_d 与视在电
荷成正比。RC 型的 Z_m 两端电压为非周期性的单向
脉冲，脉冲持续时间短，分辨率高。RLC 的 Z_m 两端
u_d 的频谱中，幅值较大的谐波分量集中在一个中心
角频 ω_d 附近，只要选用包括 ω_d 在内而频带不必很宽
的放大器，就可以获得被测信号中的大部分信息。

PD 测量中所用的放大器主要有宽带放大器和调
谐（选频）放大器，可根据检测阻抗、外界噪声等条
件来选择。

8.5.5 其他技术问题

1. 脉冲电流法测量仪器的校正 脉冲电流法测
量仪器需通过实验进行校正。

2. 抗干扰措施 背景噪声决定最小可测视在放
电量，亦即决定测量系统的灵敏度，严重噪声将使局
部放电测量无法进行。要消除干扰，必先找到干扰的
来源。但干扰的来源很多，如送电线路的电晕放电，
无线电广播的电磁波，开关的开闭，电焊机、起重机
的操作，试区高压线放电，导体接触不良，试验回路
接地不良，试验变压器屏蔽不好，内部有放电等。要
发现这些来源有时很困难，有时发现了也不见得能排
除它，只能躲开它，例如躲开用电时间，晚上做局部
放电测量。一般所采用的抗干扰措施如下：

（1）建屏蔽室并使进入室内的电源线预先经滤波
装置。在良好的屏蔽条件下，最低可测放电量约
为 1pC。

（2）选用没有内部放电的调压装置及试验变压器
和耦合电容器，外露电极应有屏蔽罩。

（3）试验室内一切不带电导体都应可靠接地。要
防止照明产生干扰。

（4）采用图 13.8 - 10 电桥平衡回路有助于降低
干扰水平。

（5）所选用的放大器，为了增强抗干扰能力，可
选用较窄频带的放大器或选频放大器。

（6）在测量仪器前加设硬件类滤波器，采用数字
式记录仪时，可加软件类数字滤波器。

3. 按照国家标准的施加高电压的过程 应施
加的高电压数值及施加电压的测量过程，按不同的电
气设备，在 IEC 及国家标准中均有所规定。加电压情
况可分为无预加电压测量和有预加电压测量两类。

8.5.6 局部放电在线监测

对于变压器类电力设备常用的 PD 监测手段之一
是油的气体分析法。实现在线自动监测，可比定时取
油样后送回试验室分析，更能及时发现缺陷。在现场
可采用若干种脱气装置，如让油中所含的气体通过一
种透气性高分子塑料薄膜透析到气室里，然后用色谱
仪进行数种可燃性气体的分析。若仅对氢气进行连续
监测，选用合适的气敏半导体元件即可实现，如此可
实现简易的在线监测。

从 20 世纪 80 年代起，已可对电力设备 PD 进行
在线电信号监测、声信号监测或电-声信号监测。由
于被测信号很弱而设备使用现场又具有多种的电磁干
扰源，为降低一部分干扰，可以使用光纤来传递
信号。

8.6 耐压试验

耐压试验是一种确认电气设备绝缘或绝缘材料的可靠性试验,如前所述,它是一种破坏性试验。所施加的电压比额定工作电压高得多。对电力设备而言,施加的电压是模拟电力系统中可能遭受到的各种过电压,耐压幅值是由绝缘配合关系所决定的。

8.6.1 交流耐压

交流耐压是交流设备的基本耐压方式。交流电压的频率大多采用工频,交流耐压试验能有效地发现集中性缺陷,试验进行起来相对比较方便。耐压时间一般是 1min,对 SF$_6$ 断路器等设备则要求耐压 5min。

国家标准和电力设备预防性试验规程(DL/T 596)已对各类设备的耐压值作出了规定。以电力变压器为例,当大修而全部更换绕组后,按出厂试验电压值进行试验。在其他情况下,它们的耐压值取出厂试验电压的 85%。在本篇附录 B 中,提供了高压电力设备的交流试验耐压值。

电力变压器的倍频感应耐压试验也属于交流耐压试验的范畴。它是指在电力变压器低压绕组上施加倍频电压,在高压绕组上感应而产生高电压。这样所施电压值可高于额定工作电压。进行本项试验,是为了考验变压器的纵向(匝、层间)绝缘及主绝缘,由专门的倍频发电机作为试验电压源。在电力系统现场进行本项试验时,电源可采用移动式中频发电机装置,或是通过三个单相变压器连接成"星形/开口三角"接法,以产生三倍频电压。当试验所采用的频率超过 100Hz 时,为了避免频率的提高加重了对绝缘的考验,应缩短试验的时间。在频率为 f 时,耐压试验的时间应由下式决定

$$t = 60 \times 100/f$$

式中,t 不小于 15s。

在额定电压不低于 220kV 变压器的高压绕组进行交流耐压时,因 A、B、C 出线端部的绝缘水平远高于中性点的绝缘水平,对前者的交流耐压是通过倍频感应耐压试验来完成的。

8.6.2 直流耐压

直流耐压是直流电力设备的基本耐压方式。对于交流电网中的长电力电缆等,在现场进行交流耐压试验常出现困难,因为长电缆的电容量较大。为了减小试验电源的试验容量,规程规定采用直流耐压来检查电缆绝缘的质量。直流耐压基本上不会对

绝缘造成残留性损伤,因为当直流电压较高而在固体或液体的气隙中发生局部放电后,放电所产生的电荷会使在气隙里的场强减弱,从而抑制了气隙内的局部放电发展。如果是交流耐压试验,电压不断改变方向,每个半波里都重复发生局部放电,这样就促使有机绝缘材料分解、老化、变质,产生了残留性损伤。对于电缆等油、纸(或塑料膜,下同)绝缘,在交、直流电压作用下,在油和纸上的电压分布不一样。交流时电压按介电常数 ε 分布,电压较多作用在油层上;直流时电压按电阻率 ρ 分布,电压较多作用在纸上,纸的耐压强度较高,所以电缆能耐受较高的直流电压。为了加强对绝缘的考验,电缆的直流耐压值规定得较高。尽管如此,对于使用在交流电网中的电缆,进行直流耐压对绝缘的考验不如交流耐压接近实际。对电力电缆的直流耐压持续时间为 5min,可同时进行泄漏电流的测量,加压极性为负。对电力变压器及电抗器绝缘的泄漏电流测试时所施加的直流电压不很高(见表 13.8-1),可以认为是非破坏性试验。对电动机绝缘进行直流耐压,也是发现绝缘缺陷的重要方法。

表 13.8-1 不同电压等级变压器类试品的直流试验电压值

绕组额定电压/kV	3	6~10	20~35	66~330	500
直流试验电压/kV	5	10	20	40	60

8.6.3 雷电冲击耐压

雷电冲击耐压用作考验电力设备承受雷电过电压的能力。对电力变压器类试品不仅考验了主绝缘,而且是考验纵绝缘的主要方法。因为本项试验会造成绝缘的积累效应,所以在规定的试验电压下只施加 3 次负极性冲击。对多数电力设备只在制造厂作为型式试验进行。但国家标准规定额定电压不小于 110kV 的变压器出厂时应进行本项试验。电力系统中的绝缘试验,不进行本项试验,对主绝缘的耐受雷电过电压的能力,由交流耐压试验等效地承担。

8.6.4 操作冲击耐压

1. 进行本项试验的必要性 超高压和特高压电力设备的绝缘水平,很大程度上取决于操作过电压。所以标准规定超高压和特高压电力设备在出厂时,应进行本项试验。国家标准规定额定电压不小于 220kV 的变压器在出厂时,也需进行操作冲击耐压,此时可

采用在高压绕组上直接加压法。电力行业标准（DL/T 596—1996）规定在电力系统现场进行各种电压等级变压器的耐压试验时，可采用操作冲击耐压方式来取代工频耐压试验。此时常加操作冲击电压在变压器的低压绕组上，利用被试变压器自身的电磁感应作用来升高电压，使高压绕组承受操作冲击电压。所以冲击电源电压较低，整个装置比较简单。工频耐压试验本来是企图等效地代表雷电和操作过电压的，但它的等效性并不全面，所以从这个意义上来说，进行操作冲击耐压试验是合理的，而且试验本身不会在绝缘中产生残留性损伤。

对电抗、互感器、变压器以外的电器装置，所施加的操作冲击波形为 250/2500μs 标准波形（参见1.4.2节）。对电抗器、变压器类的电器装置，因铁心会产生饱和，波长时间不可能持续太长。

2. 标准规定的操作冲击耐压值　国家标准规定的 330~500kV 输变电设备的操作冲击耐受电压值见表 13.8−2。

表 13.8−2　国家标准规定的 330~500kV 输变电设备的操作冲击耐受电压值

系统标称电压(有效值)/kV	设备最高电压(有效值)/kV	相对地耐压(峰值)/kV	相间耐压(峰值)/kV	相间与相对地耐压值之比
330	363	850 950	1300 1425	≈1.5 ≈1.5
500	550	1050 1175	1675 1800	≈1.6 ≈1.5

电力行业标准 DL/T 596—1996 电力设备预防性试验规程规定了电力系统内可对电抗器、变压器类设备进行操作冲击耐受试验，它的耐受电压值见表13.8−3。

表 13.8−3　35~500kV 变压器线端操作冲击耐受电压值

电压等级/kV	35	63	110	220	330	500
操作冲击耐受电压/kV	160	270	375	650 750	850 950	1050 1175

注：1. 220~500kV 有两个数值是因为有两种绝缘水平。
　　2. 原表列出 220kV 下的耐受值之一为 685kV，现作者根据国家标准改列为 650kV。
　　3. 原表列出 500kV 下的一个耐受值为 1300kV，现作者根据国家标准改列为 1050kV 及 1175kV。

表 13.8−3 所列出的耐受电压值适用于大修全部更换绕组后试验用，部分更换绕组及交接试验时应取表中值再乘以 0.85。

3. 变压器类设备的操作冲击试验　60076—3（C）IEC：2000 和国家标准对电力变压器内绝缘进行操作冲击耐压试验作出了规定。波形如第 1 章 1.4.2 所述，视在波前时间 T_f 不小于 100μs，通常小于 250μs。波长时间 T_z 不小于 500μs，最好能达到 1000μs。90% 峰值持续时间 T_d 不小于 200μs。施压的第一个波为负极性。加压三次。

在变压器类设备进行操作冲击波试验时，波长时间 T_z 可用下式进行估算

$$T_z = (6.6U / U_m) \times 10^{-3}$$

式中，U 为被试绕组的额定电压有效值；U_m 为被试绕组上所施加操作冲击电压的最大值。

在铁心有正向剩磁时，上式中的系数 6.6 会减小；反之当铁心有反向剩磁时，系数 6.6 会有所增大。可预先加一、两次反极性的稍低幅值电压来产生反向剩磁，以增加波长时间。

视在波前时间 T_f 可用下式进行估算

$$T_f \approx 3RCC_0 / (C + C_0)$$

式中，R 为变压器低压侧总阻尼电阻；C 为发生器主电容值；C_0 为变压器绕组（折合至低压侧输入端）对地的等效电容。

标准介绍了额定电压 330kV、500kV 的 Ｙ/△ 接法三相变压器进行操作冲击感应耐压试验的接线。以试验 A 相绕组为例（见图 13.8−11），高压侧中性点接地，冲击波加在低压侧 a 端，该相低压绕组末端（即 c 端）接地。于是被试相全励磁，其余两相半励磁。在被试相端部产生额定试验电压；在 B、C 两相端部产生与它极性相反，幅值为 1/2 的额定试验电压。这样使被试相的对地绝缘受到了考核；相间绝缘在出线端受到了 1.5 倍额定试验电压的考核，可满足表13.8−2所示试验值的要求。

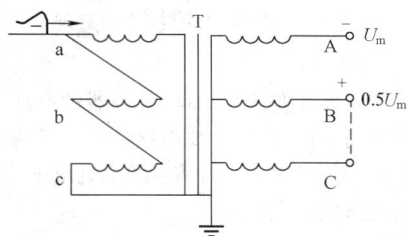

图 13.8−11　三相变压器操作冲击试验接线

电力变压器操作冲击感应耐压试验的原理接线与第 2 章 2.9 节所述的内容相同。原理性解释可参见文献［2］。

8.6.5　各种预防性试验方法的特点总结

表 13.8－4 中总结了各种预防性试验方法的特点。

表 13.8－4　各种预防性试验方法的特点

序号	试 验 方 法	能发现的缺陷	序号	试 验 方 法	能发现的缺陷
1	测量绝缘电阻及泄漏电流	贯穿性的受潮、脏污和导电通道	5	油的气相色谱分析	持续性的局部过热和局部放电
2	测量吸收比	大面积受潮、贯穿性的集中缺陷	6	交流或直流耐压试验	使耐电强度下降到一定程度的主绝缘局部缺陷
3	测量 tanδ	绝缘普遍受潮和劣化	7	操作冲击波或倍频感应耐压试验（限于变压器类）	使耐电强度下降到一定程度的主绝缘或纵绝缘的局部缺陷
4	测量局部放电	有放电的局部缺陷			

注：上表中序号 6 和 7 两项为破坏性试验。

附　　录

附录 A　球隙放电标准表（GB 311.6—2005）

球隙的击穿电压/kV（最大值），一球接地。
(1) 交流电压；(2) 负极性冲击电压；(3) 正或负

极性直流电压。大气压力为101.3kPa，温度为20°C，绝对湿度为5~12g/m³。

附表 A-1　　　　　　　　　　　球隙距离较小下的放电标准表

距离/cm	球 直 径 /cm										
	2.0	5.0	6.25	10.0	12.5	15.0	25.0	50.0	75.0	100	150
0.05	2.8										
0.10	4.7										
0.15	6.4										
0.20	8.0	8.0									
0.25	9.6	9.6									
0.30	11.2	11.2									
0.40	14.4	14.3	14.2								
0.50	17.4	17.4	17.2	16.8	16.8	16.8					
0.60	20.4	20.4	20.2	19.9	19.9	19.9					
0.70	23.2	23.4	23.2	23.0	23.0	23.0					
0.80	25.8	26.3	26.2	26.0	26.0	26.0					
0.90	28.3	29.2	29.1	28.9	28.9	28.9					
1.0	30.7	32.0	31.9	31.7	31.7	31.7	31.7				
1.2	(35.1)	37.6	37.5	37.4	37.4	37.4	37.4				
1.4	(38.5)	42.9	42.9	42.9	42.9	42.9	42.9				
1.5	(40.0)	45.5	45.5	45.5	45.5	45.5	45.5				
1.6		48.1	48.1	48.1	48.1	48.1	48.1				
1.8		53.0	53.5	53.5	53.5	53.5	53.5				
2.0		57.5	58.5	59.0	59.0	59.0	59.0	59.0	59.0		
2.2		61.5	63.0	64.5	64.5	64.5	64.5	64.5	64.5		
2.4		65.5	67.5	69.5	70.0	70.0	70.0	70.0	70.0		
2.6		(69.0)	72.0	74.5	75.0	75.0	75.5	75.5	75.5		
2.8		(72.5)	76.0	79.0	80.0	80.5	81.0	81.0	81.0		
3.0		(75.5)	79.5	84.0	85.0	85.5	86.0	86.0	86.0	86.0	
3.5		(82.5)	(87.5)	95.0	97.0	98.0	99.0	99.0	99.0	99.0	
4.0		(88.5)	(90.5)	105	108	110	112	112	112	112	
4.5			(101)	115	119	122	125	125	125	125	
5.0			(107)	123	129	133	137	138	138	138	138
5.5				(131)	138	143	149	151	151	151	151
6.0				(138)	146	152	161	164	164	164	164

注：表内带括号数，准确度较差。

附表 A-2　　　　　　　　　　　球隙距离较大下的放电标准表

距离/cm	球 直 径 /cm									
	6.25	10.0	12.5	15.0	25.0	50.0	75.0	100	150	200
6.5		(144)	(154)	161	173	177	177	177	177	
7.0		(150)	(161)	169	184	189	190	190	190	
7.5		(155)	(168)	177	195	202	203	203	203	
8.0			(174)	(185)	206	214	215	215	215	
9.0			(185)	(198)	226	239	240	241	241	
10.0			(195)	(209)	244	263	265	266	266	266
11.0			(219)	261	286	290	292	292	292	

续表

距离/cm	球　直　径　/cm									
	6.25	10.0	12.5	15.0	25.0	50.0	75.0	100	150	200
12.0				(229)	275	309	315	318	318	318
13.0					(289)	331	339	342	342	342
14.0					(302)	353	363	366	366	366
15.0					(314)	373	387	390	390	390
16.0					(326)	392	410	414	414	414
17.0					(337)	411	432	438	438	438
18.0					(347)	429	453	462	462	462
19.0					(357)	445	473	486	486	486
20.0					(366)	460	492	510	510	510
22.0						489	530	555	560	560
24.0						515	565	595	610	610
26.0						(540)	600	635	655	660
28.0						(565)	635	675	700	705
30.0						(585)	665	710	745	750
32.0						(605)	695	745	790	795
34.0						(625)	725	780	835	840
36.0						(640)	750	815	875	885
38.0						(655)	(775)	845	915	930
40.0						(670)	(800)	875	955	975
45.0							(850)	945	1050	1080
50.0							(895)	1010	1130	1180
55.0							(935)	(1060)	1210	1260
60.0							(970)	(1110)	1280	1340
65.0								(1160)	1340	1410
70.0								(1200)	1390	1480
75.0								(1230)	1440	1540
80.0									(1490)	1600
85.0									(1540)	1660

附录 B　高压电力设备的 1min 工频耐受电压

附表 B	高压电力设备内外绝缘（干、湿试）的工频耐受电压（有效值）				(kV)
系统标称电压 （有效值）	设备最高电压 （有效值）	电力变压器①	并联电抗器①	耦合电容器、高压电器、电压互感器、穿墙套管②	高压电力电缆②
10	11.5	30 /35	30 /35	30 /42	
35	40.5	80 /85	80 /85	80 /95	80 /85
66	72.5	140 160	140 160	140 160	140 160
110	126.0	185 /200	185 /200	185 /200	185 /200
220	252.0	360 395	360 395	360 395	360　395 460
330	363.0	460 510	460 510	460 510	460　510 570
500	550.0	630 680	630 680	630　680 740	630　680 740

注：表中给出的 330kV 及 500kV 设备之短时工频耐受电压仅供参考。
① 该栏中斜线下的数据为内绝缘和外绝缘干状态下之耐受电压。
② 该栏中斜线下的数据为外绝缘干状态下之耐受电压。

参 考 文 献

［1］ GB/T 16927. 1—1997 高电压试验技术 第一部分：一般试验要求.

［2］ 张仁豫，陈昌渔，王昌长. 高电压试验技术. 2 版. 北京：清华大学出版社，2003.

［3］ Kuffel E，Zaengl W S，Kuffel J. High-voltage Engineering Fundamentals. Second Edition. Woburn：Butterworth-Heinemann，2000.

［4］ QI Q C，Wang CC，Li F Q et al. The 5th ISH，Braunschweig，Germany 1987，73. 16：1~4.

［5］ 管喜康. 光纤技术在电工领域中的应用. 1 版. 北京：中国水利水电出版社，1992.

［6］ 罗承沐，陈进喜，郭小明，张贵新. 无源光纤电压传感器测量高速暂态电压. 高电压技术，1996，22（4）：14~15.

［7］ 王昌长，李福祺，高胜友. 电力设备的在线监测与故障诊断. 北京：清华大学出版社，2006.

［8］ Kawada H，Honda M，Inoue T et al. Partial discharge automatic monitor for oil. IEEE Trans. PAS－103. 1984，No. 2：427~428.

［9］ 严璋，朱德恒. 高电压绝缘技术. 2 版. 北京：中国电力出版社，2007.

第14篇

火力发电
与水力发电

主　编　周双喜(清华大学)

执　笔　王西田(上海交通大学)

邰能灵(上海交通大学)

第1章 火力发电

1.1 火力发电方式及其类型

1.1.1 现代电厂能源

电厂是实现将其他形式的能源转换为电能的工厂。现代电厂要消耗大量的其他能源。目前，矿物燃料（煤、石油和天然气等）、水力和核裂变是可以有效地大量生产电能的能源。表14.1-1列出了用于电能生产的能源。就世界范围看，石油和天然气作为电厂主要能源的年代已经过去，水力开发还会有少量的增加，在不远的将来，电能生产可能主要靠煤、核能以及风能、太阳能等新能源。

表 14.1-1　现代电力生产的能源

序 号	能源名称	能 源 由 来
1	矿物燃料	煤、石油、天然气、页岩油、焦油
2	天然资源	水力、地热、风力
3	核 能	裂变反应堆、增殖反应堆、聚变反应堆
4	太阳能	太阳能和光电池
5	海洋能	海洋热、海流、潮汐、波浪
6	生物能	沼气、垃圾

现代电厂消耗的一次能源是多种多样的，这些一次能源的来源可以归为三类：①来自于太阳，如太阳能、风能、水能、海洋热能、海洋动能、煤、石油、天然气以及生物能等；②来自于地球内部，如地热、核燃料；③来自于地球和其他天体的相互作用，如潮汐能。

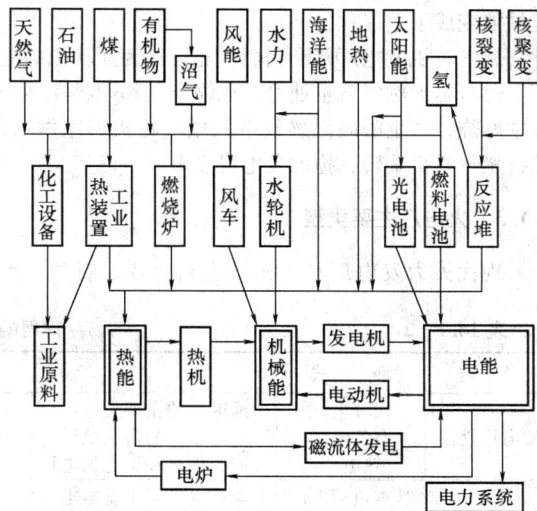

图14.1-1 能源的转换和利用

图14.1-1列出了主要能源转换和利用情况。其中，通过燃烧这个环节，以热能的形式直接或间接利用为多。而把一次能源转换成电能后使用的能源利用方式的比重越来越重。

1.1.2 火力发电厂

火力发电是通过矿物燃料的燃烧将化学能转化为热能，再用动力机械转换为机械能驱动发电机发电的技术。实现这种能量转换的工厂称为火力发电厂。其中有单纯用来发电的火电厂（包括汽轮机发电厂和燃气轮机发电厂），还有供热兼发电的热电厂。

图14.1-2示意了汽轮机发电厂和燃气轮机发电厂的能量转换流程。

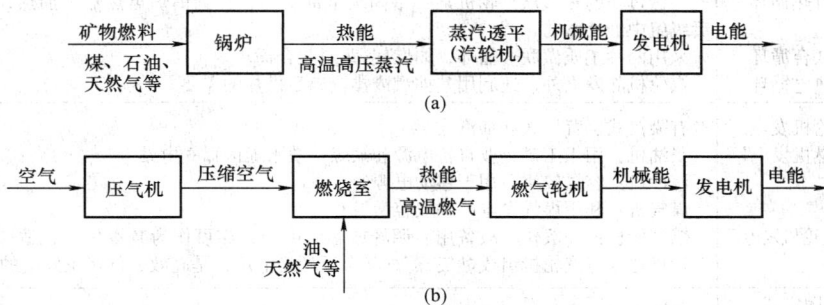

图 14.1-2 火电厂生产方式示意图
(a) 汽轮机发电厂；(b) 燃气轮机发电厂

汽轮机发电厂利用矿物燃料的化学能，在锅炉中燃烧释放出热能，把水加热成高温高压蒸汽，然后高温高压蒸汽进入汽轮机膨胀做功，使一部分热能转变成机械能，维持汽轮机旋转，汽轮机拖动同轴的发电机转子（磁场）旋转，在定子绕组中产生感应电流，机械能变成了电能。

燃气轮机发电厂是利用燃气轮机作为原动机的电厂。燃料是天然气或重油等。压缩空气和燃料在燃烧室中燃烧，产生的高温燃气进入燃气轮机膨胀做功，维持燃气轮机旋转，拖动发电机发电。

1.1.3　火电厂主要类型

现代火力发电厂是将矿物燃料（煤、石油、天然气等）的化学能，转化为电能的复杂的能量转换系统。燃料不同，原动机不同，能量转换方式不同，电力生产过程也会不同。表 14.1-2 列出了常用的火电厂分类。

1.1.4　燃煤火电厂生产过程

图 14.1-3 是用来描述燃煤火电厂生产过程的示意图。其主要过程和设备可叙述如下：

原煤用火车等运到电厂的储煤场，由输煤传送带送往碎煤机室进行破碎处理，而后再由传送带运输到原煤仓（煤斗）。煤从原煤仓落下，由给煤机送入磨煤机，把煤磨成煤粉；和煤同时送入磨煤机的热空气干燥和输送煤粉，形成煤粉、空气混合物。煤粉空气

表 14.1-2		常用的火电厂分类
分　类	型　式	简　要　说　明
按电厂性质	区域电厂	地区性的主要发电厂
	自备电厂	企业单位的自备电厂
	热电厂	同时供热和供电的电厂
按使用要求	基本负荷电厂	承担电力网中基本电力负荷
	尖峰负荷电厂	承担电力网中尖峰电力负荷
	紧急备用电厂	经常处于备用状态，当运行的电厂因事故停运时立即投入
按供电方式	孤立电厂	不与电力网连接而独立供电
	联网供电	接入大电力网联合供电
按所用燃料	燃煤电厂	以煤为燃料的电厂，按煤的特性大致分为无烟煤、烟煤、褐煤和劣煤四类
	燃油电厂	以油为燃料的电厂
	燃气电厂	使用天然气或企业副产品煤气为燃料的电厂
	地热电厂	利用地热发电的电厂
	太阳能电厂	利用太阳能发电的电厂，尚在研究发展中
	废热电厂	利用工业废料如甘蔗渣、锯屑、树皮、城市垃圾等发电，有工业余热时可采用余热锅炉发电
按蒸汽压力	低压电厂	蒸汽初压为 2.4MPa
	中压电厂	蒸汽初压为 3.4MPa
	高压电厂	蒸汽初压为 8.8MPa
	超高压电厂	蒸汽初压为 13.2MPa
	亚临界电厂	蒸汽初压为 16.2MPa
	超临界电厂	蒸汽初压为 24.1MPa 及以上
	超超临界电厂	蒸汽初压为 27MPa 以上或汽温高于 580 ℃
按热力循环	朗肯循环	采用蒸汽动力装置的基本热力循环
	回热循环	从汽轮机某些中间级后抽出部分做过功的蒸汽加热给水，提高热效率
	再热循环	将做过功的蒸汽从汽轮机某一中间级全部引出，送到锅炉再热器中加热，又引入汽轮机以后级组中继续做功
	联合循环	采用两种工质做联合循环，如燃气-蒸汽联合循环
	热电循环	汽轮机除发电外，还利用其抽汽或排汽满足供热的需要
按原动机	汽轮机发电厂	有凝汽式、背压式和抽汽式
	内燃机发电厂	柴油机：用于工矿企业自备电源和缺煤、缺水地区孤立电站
		汽油机：容量较小，用于移动电源
		煤气机：利用煤气发电，一般容量较小
	燃气轮机发电厂	燃气轮机：一般作事故备用、调峰或临时电源，亦可作为基本负荷，适应于缺水地区。燃气轮机通常与汽轮机组成燃气-蒸汽联合循环发电厂，是高效、低污染发电的发展方向之一
按厂房型式	固定式	室内：主厂房全部为室内式
		露天（半露天）：锅炉房半露天或全露天
	快装式	设备成组运往现场，组装后很快发电，如列车电站

烟囱

烟道

引风机

吸风口

省煤器

空气预热器

除尘器

饱和蒸汽管

送风机

冲灰沟

过热器

给水管

锅炉

水冷壁管屏

热风

热风道

炉膛

除灰设备

汽包

下降管

煤粉

一次风

灰斗

喷燃器

旋风分离器

细粉分离器

煤粉仓

给粉机

排粉机

钢球磨煤机

给水泵

新蒸汽

补充水入口

原煤仓

给煤机

升压变压器

运煤传送带

输电线路

新蒸汽

除氧器

抽汽

抽汽加热器

给水泵

加热器凝结水送冷凝器

汽轮机

凝结水泵

乏汽出口

凝汽器

水汽

冷却塔

热水

发电机

出线盒

冷水

励磁机

循环水泵

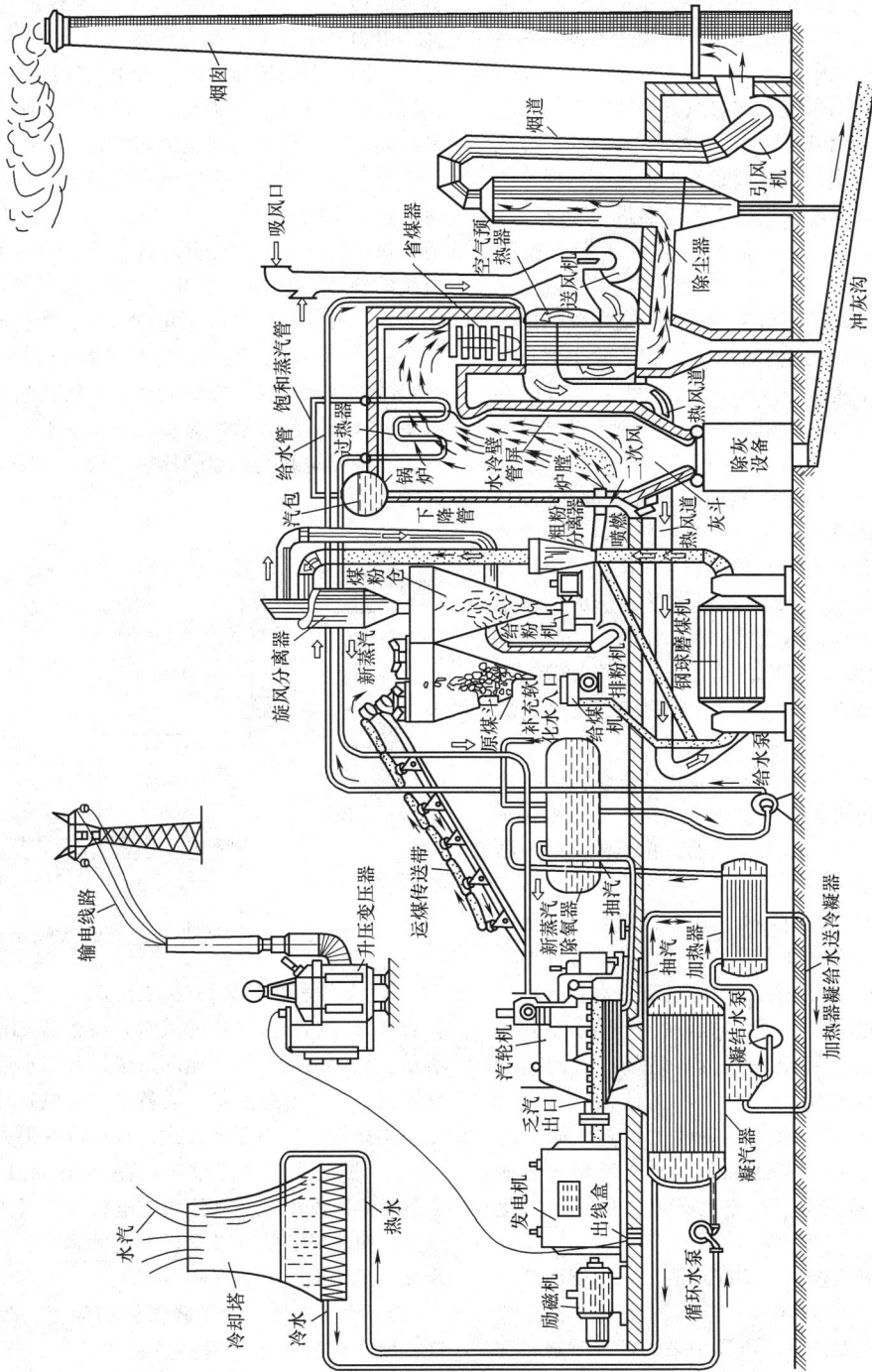

图 14.1-3 燃煤火电厂生产过程

混合物经粗粉分离器分离出不合格的粗粉，然后进入旋风分离器分离出细粉，再送到煤粉仓备用。

锅炉运行时，煤粉由给粉机送入输粉管，热空气由排粉机从旋风分离器中抽出，在输粉管内和煤粉混合，由喷燃器喷入锅炉炉膛内燃烧。煤粉燃烧所需的空气的另一部分是由送风机压入空气预热器中加热后直接引至喷燃器送入炉膛的。

燃烧生成的高温烟气，在引风机的抽吸下，沿着锅炉本体的倒 U 形烟道依次流过炉膛水冷壁、过热器、省煤器和空气预热器，同时逐步把热能传递给工质或空气，变成低温的烟气进入除尘器进行净化，除尘净化后的烟气被引风机抽出，最后从烟囱排入大气。

燃料燃烧时从炉膛内落下的灰渣，从尾部烟道里落入空气预热器下面灰斗中的飞灰，以及除尘器收集下来的飞灰，通常用水冲入冲渣沟和冲灰沟，并随冲灰水冲往灰渣泵房，然后灰渣泵、管道等设备排至厂外储灰场。

锅炉给水先在省煤器中被预热到接近饱和温度，然后引入锅炉顶部汽包。锅炉水由于本身自重沿炉膛外的下降管往下流动，经下联箱进入铺设在炉膛四周的水冷壁（上升管），在其中吸热汽化，形成的汽水混合物上升到汽包内进行汽水分离。水在下降管、水冷壁管和汽包内循环，不断汽化，形成的饱和蒸汽聚集在汽包上部，将它导入过热器，使之继续加热变成过热蒸汽。

过热蒸汽沿主蒸汽管进入汽轮机，推动汽轮机转子旋转，从而获得机械能。过热蒸汽在汽轮机中膨胀做功后变成乏汽，乏汽排入凝汽器，在凝汽器中凝结成水，称为主凝结水。

聚集在凝汽器热井中的水，用凝结水泵打入低压回热加热器，预热后再进入除氧器，在其中继续加热并除去溶于水的氧气等。除过氧的主凝结水和化学补充水汇集于给水箱中，成为锅炉给水，经给水泵升压后，沿给水管路（大型电厂还设有高压给水回热加热器）送入锅炉的省煤器。

锅炉和汽轮机对给水的品质要求较高，而汽水循环过程中难免有一部分水和蒸汽的消耗和漏泄损失，所以要不断补充水。补充水必须经过除盐等化学处理。

为使乏汽在凝汽器内冷却凝结成水，还要用循环水泵将冷却水（亦称循环水）升压，使其沿着冷却水进水管进入凝汽器。从凝汽器出来的具有一定温升的冷却水则沿冷却水出水管流回河道，这就形成了汽轮机的冷却水系统。在缺水地区或离河道较远的电厂，则需设凉水塔或喷水池等循环水冷却设备，实现

闭式循环。

发电机由汽轮机直接拖动，所发出的交流电，一小部分由厂用配电设备分配给磨煤机、给水泵、送风机、引风机等厂用辅机设备，作为厂用电。其余大部分电能均通过升压变压器（主变压器）升高电压后送入电力系统。

不同类型的燃煤火电厂所用汽轮机、锅炉等设备不同，生产过程也有所差异，但从能量转换过程看都是相同的。燃煤火电厂是由锅炉、汽轮机、发电机三个主要设备构成的一个复杂系统，每个系统内有小系统，各个系统之间互相密切联系，互相配合，共同完成能量转换和发电的任务。这个能量转换系统是一个有机的整体，它的主要生产系统为：①燃烧系统；②汽水（热力）系统；③电气系统；④控制系统。

1. 燃烧系统 流程如图 14.1－4 所示。它包括燃料的制备和输送、空气循环、废物处理和排放等子系统，这个系统以锅炉为核心，其基本要求是组织燃料的充分燃烧和受热面的传热，烟灰等排放符合环保要求。

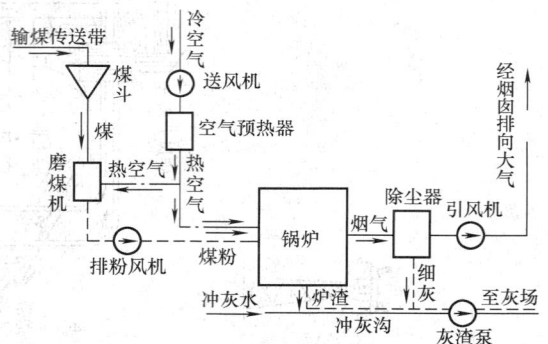

图 14.1－4 燃煤火电厂燃烧系统示意图

2. 汽水系统 又称热力系统，是整个火电厂的核心部分。燃煤火电厂的汽水系统流程如图 14.1－5 所示。它包括汽水闭合循环系统、冷却水系统和水处理系统等。这部分的核心设备是汽轮机，其基本要求是采用高效的热力循环方式，减少排汽损失。

3. 电气系统 简单示意图如图 14.1－6 所示。它包括高压配电装置和厂用配电装置等系统。这部分以发电机为核心，其基本要求是可靠发电和供电，尽量减少厂用电。

4. 控制系统 为了降低劳动强度，改善劳动条件，提高运行水平，提高劳动生产率，保证机组安全、经济运行，保证发电质量，监视和控制发电过程对环境的污染等目的，现代电厂已实现了高度的机械化和自动化，即对电厂生产过程实现自动检测、自动

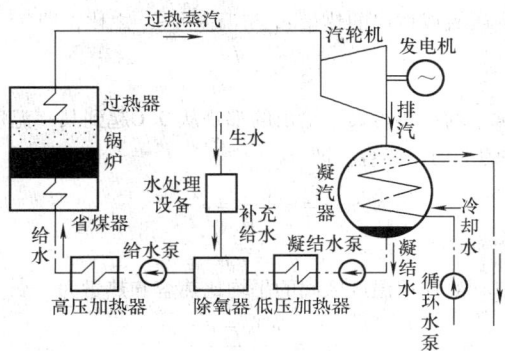

图 14.1－5　燃煤火电厂汽水系统示意图

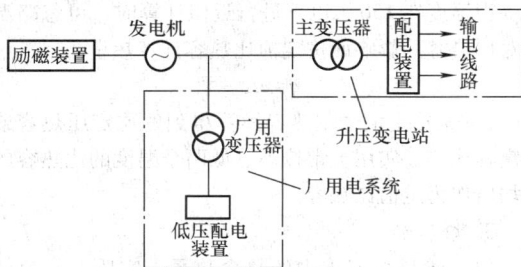

图 14.1－6　燃煤火电厂电气系统示意图

保护、顺序控制、自动调节和管理。火电厂控制系统主要有：①数据采集、监视系统；②机炉协调控制系统；③锅炉自动化控制系统；④汽轮机自动化控制系统；⑤发电机和电气控制系统；⑥旁路控制系统；⑦辅助设备及各支撑的自动控制系统；⑧就地控制系统等。

1.1.5　火力厂效率

燃料（煤炭、石油、天然气）中蕴藏的热能转

换为电能的百分比称为火电厂效率。目前，世界上最好的常规机组火电厂效率为 42% ~ 45%（含燃煤机组）。最新发展的超超临界机组火电厂效率达 50%，以油、气为燃料的联合循环机组火电厂效率可达 52% ~ 60%。

提高火电厂效率除了提高锅炉、汽轮机等设备的制造和运行水平以外，主要途径是提高蒸汽参数，采用超临界循环和联合循环；另一途径是充分利用汽轮机的抽汽或排汽的潜热供工业生产和生活取暖之用，尽量减少汽轮机排汽带走的热量损失。

各种蒸汽参数火电厂的能源损失和效率见表14.1－3。

火电厂总效率（发电效率）η_c 可以表示为6个效率的乘积

$$\eta_c = \eta_b \eta_p \eta_t \eta_{ri} \eta_m \eta_g$$

式中，6个 η 按下角标分别为锅炉效率、管道效率、汽轮机循环热效率、汽轮机相对内效率、机械效率和发电机效率。

另外，总效率 η_c 也可按下式计算

$$\eta_c = \frac{3600 P_{el}}{B Q_{net,v,ar}} = \frac{3600}{q_c} = \frac{3600}{q_0} \eta_b \eta_p$$

式中，P_{el} 为发电机输出功率（kW）；B 为锅炉燃料消耗量（kg/h）；q_c 为发电厂热耗率[kJ/(kW·h)]；q_0 为汽轮机组热耗率[kJ/(kW·h)]；$Q_{net,v,ar}$ 为燃料的低位发热量（kJ/kg）。

实践中往往以标准煤率反映火电厂效率或经济性，以 b_b[kg/(kW·h)]表示发电标准煤耗率

$$b_b = \frac{0.123}{\eta_c}$$

表 14.1－3　　　　　　　　　　　各类火电厂效率示例

项　　　目		中压电厂	高压电厂	超高压电厂	亚临界电厂	超临界电厂[①]
汽轮机新蒸汽参数		3.4MPa 435°C	8.8MPa 535°C	13.2MPa 535/535°C	16.2MPa 535/535°C	24.2MPa 538/566°C
	锅炉热损耗 q_c(%)	11	10	9	8	8
汽轮机	排汽热耗 q_t(%)	56.1	51.3	48.5	47	45
	机械损耗 q_m(%)	1	1	1	1	1
发电机损耗 q_g(%)		3	1.5	1.5	1.3	1.3
厂内损耗 q_p(%)[②]		3	3	3	3	3
汽轮机组电效率 η_{el}(%)		30	38	42	44.5	46.7
火电厂总效率 η_c(%)		25.9	33.2	37	39.7	41.7
发电标准煤耗 b_b/[kg/(kW·h)]		0.475	0.370	0.332	0.310	0.295

① 一级中间再热。

② q_p 以往称为管道热损耗，取为1%，现改为3%。

以 $b_{b,gd}[kg/(kW \cdot h)]$ 表示发电标准煤耗率

$$b_{b,gd} = \frac{B}{P_{el} - P_h} = \frac{0.123}{\eta_c} \frac{P_{el}}{P_{el} - P_h}$$

1.2 热力学与热力循环

1.2.1 热力学基本参数

1. 温度与压力　温度是标志物体冷热程度的物理量，也是反映物质热力状态的一个基本参数。衡量温度的标尺简称为温标。热力学中绝对温标，单位为开尔文（K）。工程上常用摄氏温标，单位为摄氏度（℃）。两者的关系在表示温差时为 1K = 1 ℃，而在表示温度的数值时为 $T(K) = t(℃) + 273.5$。

压力是单位面积上受到的垂直作用力或称为压强，单位为帕斯卡（Pa）。物理学中采用的标准大气（atm），工程上采用的工程大气压（at），它们与法定标准压力单位之间的关系为

$$1atm = 101325Pa \approx 0.1MPa$$
$$1at = 98066.5Pa \approx 0.098MPa$$

测量压力有两种基准：一是绝对压力，以完全真空作为测量起点，主要用于物理学和热工计算中；二是表压力，以当地大气压力作为测量起点，普遍用于工程上，以压力表或真空表直接读出指示值。两者的换算关系如下：

正压时　　　　　　$p = B + p_g$
负压时　　　　　　$p = B - H$

式中，p 为绝对压力；p_g 为表压力；B 为大气压力；H 为低于大气压力的真空度。

2. 热容和比热容　把一定数量物质的温度升高或降低 1 ℃时所吸收或放出的热量，称为该物质的热容。把单位数量物质的温度变化 1 ℃所吸收或放出的热量，称为该物质的比热容。

由于表示物质数量的单位不同，有质量热容（又称比热容）c，单位用 $kJ/(kg \cdot K)$；体积热容 c_V，单位用 $kJ/(m^3 \cdot K)$；摩尔热容 c_m，单位用 $kJ/(kmol \cdot K)$。它们的关系为

$$c_m = \mu c = 22.4 c_V$$
$$c_V = \rho_0 c$$

式中，μ 为相对分子质量；ρ_0 为物质在标准状态下的密度（kg/m^3）。

由于热力过程不同，又有比定压热容 c_p 和比定容热容 c_V 之分，分别为在压力不变和容积不变的条件下，单位数量物质的温度变化 1 ℃所吸收或放出的热量，通常 c_p 总是大于 c_V。

为了简便，工程技术上多采用平均比热容来进行热力学计算。平均比热容表示单位物质在 t_1 到 t_2 范围内吸收或放出的热量 q_{12} 与温差 $t_2 - t_1$ 之比，即

$$\bar{c}_{12} = \frac{q_{12}}{t_2 - t_1}$$

通常平均比热容表中给出的都是从 0 ℃起到某一温度 t 时的平均比热容，即

$$\bar{c}_t = \frac{q_t}{t - 0} = \frac{q_t}{t}$$

或
$$q_t = \bar{c}_t t$$

所以，对任何温度区间的平均比热容和热量为

$$\bar{c}_{12} = \frac{\bar{c}_2 t_2 - \bar{c}_1 t_1}{t_2 - t_1}$$
$$q_{12} = q_2 - q_1 = \bar{c}_2 t_2 - \bar{c}_1 t_1$$

当温度在 150 ℃以下进行近似计算时，可忽略温度对比热容的影响而按定值比热容计算热量

$$q = c \Delta t$$

式中，c 是按定值摩尔热容换算得到的比定压热容或比定容热容。实用上常按高、低两个温度的比热容的平均值作为定值比热容。

3. 焓和熵

（1）焓是指流体中的总含热量，实质上是流体内部分子的内能和流动压力势能（或流动功）之和。单位质量的含热量称为比焓，用 h 或 i 表示为

$$h = u + pv \qquad (kJ/kg)$$

式中，u 为流体分子的比内能（kJ/kg）；pv 为流体的流动功。

焓是一个状态参数。根据其值的变化，可以简便地计算出定压过程的热量

$$q = (u_2 + pv_2) - (u_1 + pv_1) = h_2 - h_1$$

这是一个适用于任何工质的重要公式。

（2）熵是一个由热量和温度导出的工质状态参数。单位质量的熵称为比熵，用 s 表示。从关系式 $dq = Tds$ 或 $ds = dq/T$ 可以看出，工质比熵的变化 ds 是它所吸收的热量 dq 与吸热时本身热力学温度 T 之比。由于 T 恒为正值，当工质从外界吸热时 $dq > 0$，比熵增加；向外放热时 $dq < 0$，比熵减少。所以，比熵的变化反映过程中传热的方向。在孤立体系中，过程总是朝向比熵增加的方向进行，即 $\Delta s \geq 0$。这种比熵增加反映了体系做功能力的损失或能量的贬值。

4. 有效能或㶲　各种形式的能转换为机械能的能力是不同的，因此，能量不但有数量多少，而且有质量高低之分。通常电能属于高质量能，而热能属于低质量能。热能又按其温度水平来区分品位的高低，温度越高，品位越高。为了定量地描述能量的有效性，热力学中引用了一个新的工质状态参数㶲，用 E_x 表示。单位质量的㶲称为比㶲，用 e_x 表示。比㶲的具体表达式为

流动工质比㶲 $e_x^H = (h - T_0 s) - (h_0 - T_0 s_0)$

非流动工质比㶲 $e_x^U = (u - T_0 s + p_0 v)$
$$- (u_0 - T_0 s_0 + p_0 v_0)$$

热流比㶲 $e_x^Q = \int \left(1 - \dfrac{T_0}{T}\right) dq$

式中，T_0、p_0 分别为环境状态下的温度和压力；h_0、s_0 分别为环境状态下的焓和熵；u_0、v_0 分别为环境状态下的比内能和比热容。

体系从某一指定状态参数变化到环境状态时所能做出的最大有用功，就是该体系的做功能力比㶲。当体系状态达到与环境状态相同时，不再有做功能力，相应的比㶲等于零。

5. 蒸汽参数　动力工程中使用的蒸汽是一种距液态较近的实际气体。在蒸汽图表上，以饱和水与干饱和蒸汽线为界限划分为未饱和水、湿蒸汽和过热蒸汽三个区域。对过热蒸汽、干饱和蒸汽、饱和水及未饱和水的状态参数都可以从蒸汽图表中查出，对湿蒸汽的参数则可通过简单的计算得到

比焓 $h_x = x h'' + (1 - x) h' = x(h'' - h') + h'$

比体积 $v_x = x(v'' - v') + v'$

比熵 $s_x = x(s'' - s') + s'$

式中，x 为水蒸气干度；h'、v'、s' 分别为饱和水的比焓、比体积和比熵；h''、v''、s'' 分别为饱和蒸汽的比焓、比体积和比熵。

随着压力的增加，等压线上饱和水和干饱和蒸汽两点间的距离逐渐缩短，直到临界点时重合。水蒸气的临界参数为：压力 $p_k = 22.12$MPa（225.56at）；温度 $T_k = 374.15$ ℃；比体积 $v_k = 0.00317$m³/kg；比焓 $h_k = 2107.4$kJ/kg。火电厂动力设备的蒸汽参数如果超过临界参数，称为超临界参数；低于临界参数但高于 14MPa 时，称为亚临界参数。

1.2.2 热力循环

1. 水蒸气的热力循环　水蒸气的热力循环类型见表 14.1-4。

2. 超临界机组热力循环　超临界机组热力循环示意图如图 14.1-10（a）所示。采用超临界机组可以在不提高初温的条件下进一步降低电厂热耗，例如，在 538/538 ℃条件下将蒸汽压力从亚临界参数 16.6MPa 提高到超临界参数 24.1MPa，热耗减少 1.8%～3%；当蒸汽温度采用为 538/566 ℃时，热耗可减少 2.5%～4%；超临界机组相对于亚临界机组的热效率提高幅度如图 14.1-10（b）所示。相比之下，在亚临界压力条件下，将蒸汽温度从 538 ℃提高到 566 ℃时热耗仅减少 0.8%。

超临界机组在热力循环上的特点是：水在高于临界压力下受热时不发生沸腾，此时水既没有"饱和温度"，也不会产生水和汽的双相混合物，故超临界压力运行普遍采用无汽包的直流锅炉。

3. 空气回热循环　汽轮机回热抽汽可扩大应用到加热锅炉燃烧用的空气，例如在使用含硫燃料的火电厂中以"蒸汽-空气"型暖风器来提高锅炉送风温度，实际上即构成一种空气回热循环。但此时锅炉排烟温度相应升高，因回热循环所减少的汽轮机冷源损失部分转换为锅炉的排烟热损失。为了取得较好的热

表 14.1-4　　　　　　　　　　　　　水蒸气的热力循环类型

序号	循环类型	简 要 说 明
1	简单循环（朗肯循环）见图 14.1-7	蒸汽动力装置最简单的基本循环即朗肯循环的热效率 $$\eta_t = \frac{(h_1 - h_2) - (h_4 - h_3)}{(h_1 - h_3) - (h_4 - h_3)}$$ 式中，h_1、h_2 分别为汽轮机进口和排气的蒸汽比焓；h_3、h_4 分别为给水泵进口和出口的给水比焓
2	回热循环见图 14.1-8	从汽轮机某些中间级后抽出做功的部分蒸汽用以加热给水，称为给水回热，构成回热循环。 利用已做过功的抽汽热量来加热给水，使循环的冷源损失减少，热效率较朗肯循环明显提高。目前，中、低参数机组多采用 3～5 级回热抽汽，高参数机组多采用 7～8 级回热抽汽
3	再热循环见图 14.1-9	将汽轮机高压缸内已做过功的蒸汽引入锅炉再热器中加热，提高温度后送回汽轮机，在中、低压缸内继续做功。 采用中间再热可提高蒸汽终干度，改善汽轮机低压叶片的工作条件。通过优化选择再热压力还可提高循环热效率。 再热压力一般选用初压的 20%～30%，再热气温与初温相等或相近
4	再热回热循环	中间再热循环机组同时具有给水的多级回热循环，见图 14.1-9

经济性，采用空气回热循环时需要正确选择回热参数，并采取设置低压省煤器等措施，如图 14.1-11 所示。当系统设计和抽汽参数合理时，采用空气回热循环有可能使电厂热经济性提高 0.4%~0.5%。

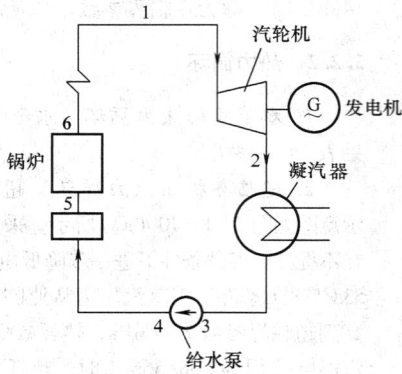

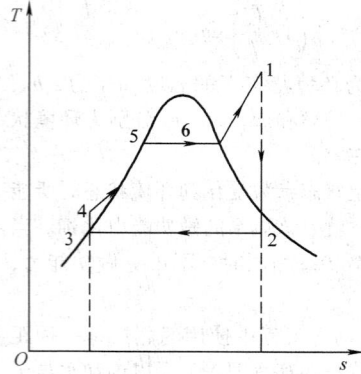

图 14.1-7　简单蒸汽动力装置及朗肯循环 $T-s$ 图

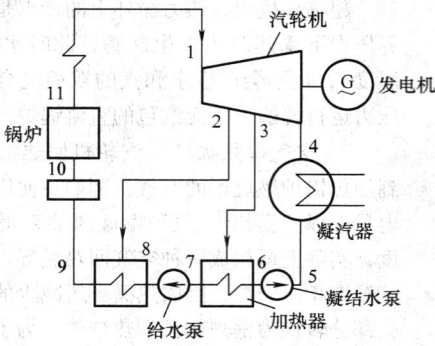

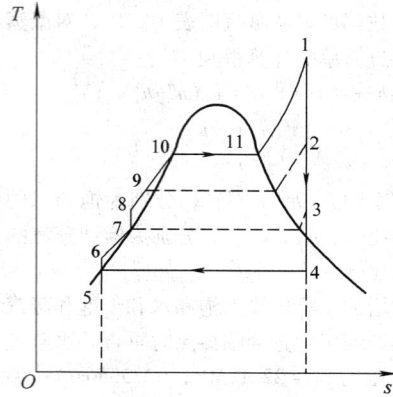

图 14.1-8　具有给水回热的汽轮机及其循环示意图

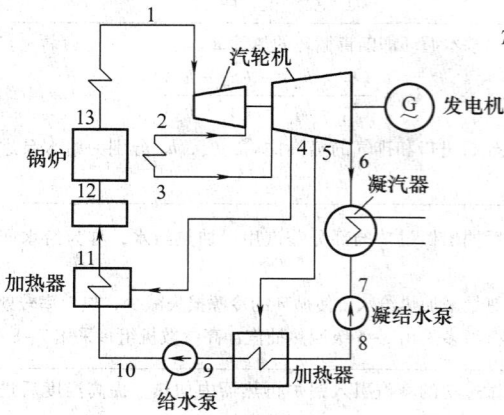

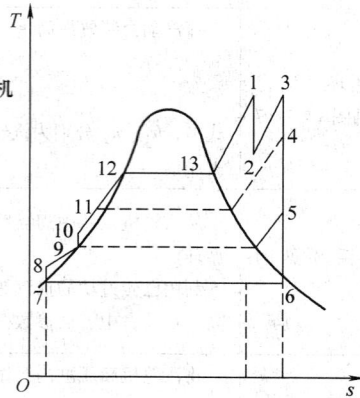

图 14.1-9　一次中间再热汽轮机及其循环示意图

主蒸汽压力/MPa	16.7	18.0	25.0（超临界）			
主蒸汽入口温度/℃	538	538	538	540	566	566
再热蒸汽入口温度/℃	538	538	538	560	566	588

(a)　　　　　　　　　　　　　(b)

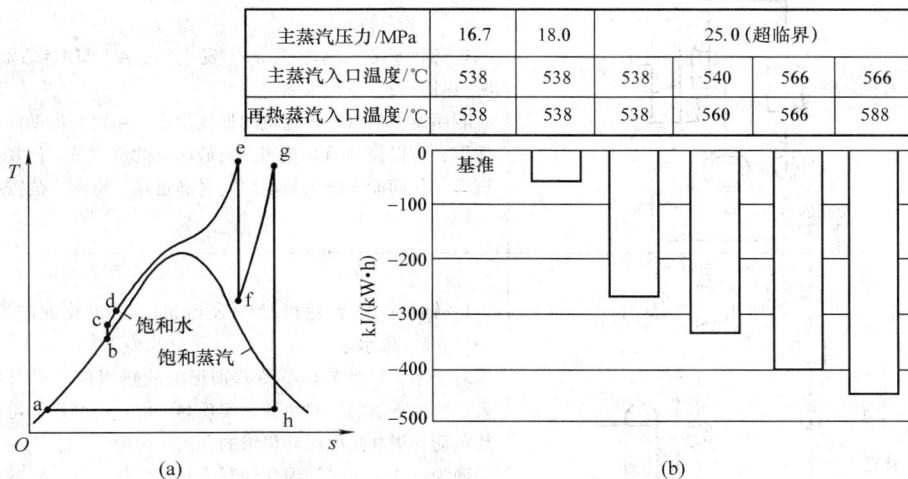

图 14.1-10　超临界机组热力循环与耗热

（a）热力循环示意图（循环参数：主蒸汽 24.13MPa，566℃；再热蒸汽 3.72MPa，560℃；给水 28.96MPa）
a-b—给水的低压回热；b-c—给水泵升压；c-d—给水的高压回热；d-e—锅炉中的加热；e-f—汽轮机高压缸
做功；f-g—一次再热；g-h—汽轮机低压缸做功；h-a—排汽凝结
（b）超临界机组与亚临界机组的热耗比较

4. 热电联产循环　热电联产循环的类型见表 14.1-5。

表 14.1-5　　　　　　　　　　　　**热 电 联 产 循 环 类 型**

循环类型	装置示意图	简 要 说 明
背压式 热电循环		1—锅炉；2—汽轮机；3—发电机；4—热用户；5—给水泵 利用背压式汽轮机的排汽供给热用户，排汽热量不再放给冷源，回收的凝结水用泵送回锅炉，构成循环 做功比朗肯循环少，热量利用率增大。总的热量利用系数理论上可到 1.0，实际上因有各种损失，通常为 0.65~0.7 主要缺点是电功率随热负荷而变，不易同时满足热、电负荷的需求
抽背式 热电循环		1—锅炉；2—汽轮机；3—发电机；4—低压热用户；5—高压热用户；6—给水泵 从汽轮机中间级抽取部分蒸汽供给高压热用户，同时保留一定背压的排汽，供低压热用户用汽 优缺点与背压式热电循环相同

循环类型	装置示意图	简 要 说 明
抽凝式热电循环		1—锅炉；2—汽轮机；3—发电机；4—调节阀；5—凝汽器；6—热用户；7—给水泵 利用调整抽汽式汽轮机的抽汽供给热用户，借助抽汽调节阀的作用，可以控制通往热用户及低压缸的蒸汽量，使发电功率得到调节，从而能在较大范围内同时满足热、电用户的需要
热、电、冷联产循环		1—锅炉；2—汽轮机；3—发电机；4—溴化锂制冷机；5—热用户；6—给水泵 对于冬、夏季节热负荷差别很大的热用户，利用蒸汽制冷装置，增加夏季制冷热负荷，实现热、电、冷联产，可以稳定全年热负荷，提高热电循环机组的利用小时数 图为背压机组采用溴化锂制冷技术的热、电、冷联产实例示意

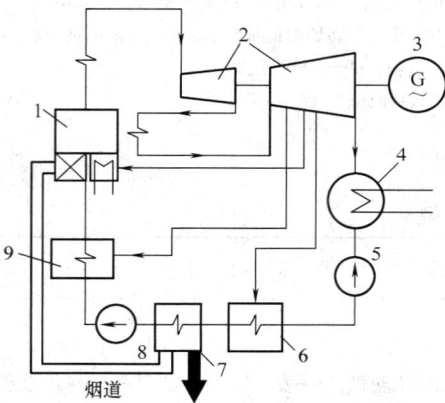

图 14.1-11 空气回热循环装置示意图
1—锅炉；2—汽轮机；3—发电机；4—凝汽器；
5—凝结水泵；6—加热器；7—低压省煤器；
8—给水泵；9—加热器

5. 燃气轮机循环 现代的燃气轮机，燃烧室中压力保持不变，这种定压燃烧燃气轮机装置的热力循环是由绝热压缩、定压吸热、绝热膨胀和定压放热四个可逆过程组成的，也称为勃雷顿循环（Brayton Cycle）；其装置原理、$p-v$ 图和 $T-s$ 图如图 14.1-12（a）、（b）、（c）所示。

理想气体的勃雷顿循环热效率为

$$\eta_t = 1 - \frac{1}{\frac{T_2}{T_1}} = 1 - \frac{1}{\left(\frac{p_2}{p_1}\right)^{\frac{\kappa-1}{\kappa}}} = 1 - \frac{1}{\pi^{\frac{\kappa-1}{\kappa}}}$$

式中，π 为增压比，即 p_2/p_1；κ 为工质的等熵指数（空气的 $\kappa = 1.40$，一般燃气的 $\kappa = 1.33$）。

根据上式，理想的勃雷顿循环热效率只取决于循环增压比 π，且随 π 增大而提高，但实际上由于压气机和燃气轮机不可逆损耗的影响，对应于一定的增温比 τ（$\tau = T_2/T_1$），有一内部效率最高的 π 值，超过该值反而会使效率下降，而增大 τ 值却总是使装置的内效率提高，如图 14.1-13 所示。故提高燃气初温度 T_3 以增大 τ，是提高燃气轮机循环效率的主要方向。

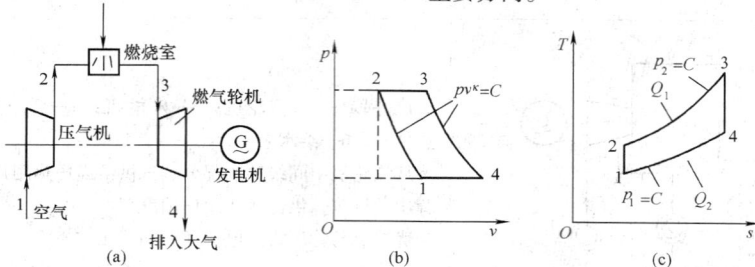

图 14.1-12 燃气轮机装置及理想热力循环图
（a）简单循环装置；（b）$p-v$ 图；（c）$T-s$ 图

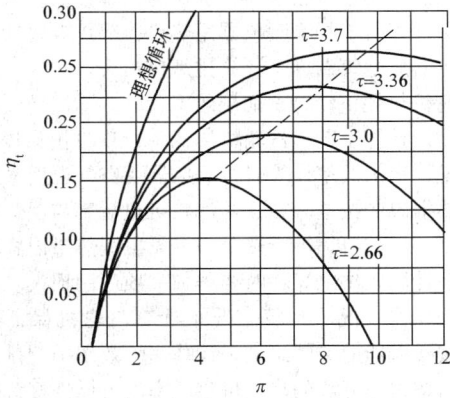

图 14.1−13 增温比 τ 及增压比 π 对最简单
燃气轮机装置内部效率的影响

6. 燃气-蒸汽联合循环

（1）常规型燃气-蒸汽联合循环 是以燃气为高

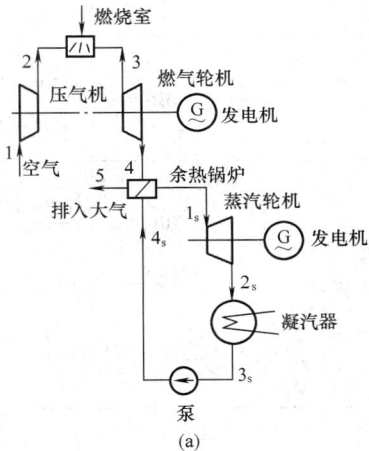

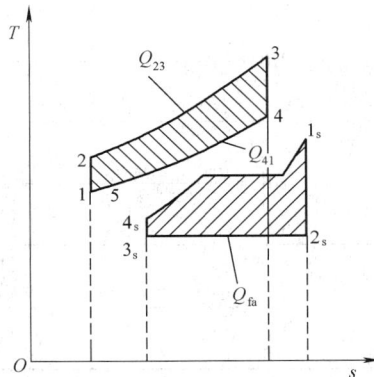

温工质、蒸汽为低温工质联合工作构成的一种热力循环。常见的燃气-蒸汽联合循环装置及循环示意图如图 14.1−14 所示。在该装置中，燃气轮机为定压加热的简单循环，蒸汽轮机为朗肯简单循环，联合循环的加热量即燃气轮机循环的加热量 Q_{23}，放热量即蒸汽轮机循环的放热量 Q_{fa}，则联合循环的热效率为

$$\eta_t = 1 - \frac{Q_{fa}}{Q_{23}}$$

显然，联合循环的热效率较之单独的燃气或蒸汽循环的热效率为高。目前，采用了回热、再热和多压余热锅炉等措施，联合循环的实际总效率可达 42%（烧煤）~60%（烧油、气）。

（2）增湿型燃气轮机（HAT）循环 在燃气轮机中利用空气压缩过程产生的热量和燃气轮机排气的热量使水加热，所产生的饱和蒸汽与压缩空气一起进入燃烧室，燃烧形成的过热蒸汽与高温燃气一起进入燃气轮机做功。HAT 循环不需余热锅炉和蒸汽轮机，可配合煤气化组成整体联合循环装置。

图 14.1−14 燃气-蒸汽联合循环装置及循环示意图
（a）循环装置；（b）循环示意图

1.2.3 热平衡计算

1. 燃料发热量 单位质量（或体积）的燃料完全燃烧时放出的热量，称为燃料发热量。燃烧产物中水分保持汽态存在时的反应热称为低位热量 Q_{net}，全部凝结成水时的反应热称为高位发热量 Q_{gr}。两种发热量的换算关系如下：

对单位质量的固体和液体燃料（kJ/kg）

$$Q_{net, v, ar} = Q_{gr, v, ar} - 25(9H_{ar} + M_{ar})$$

式中，H_{ar}、M_{ar} 分别为燃料中氢和水分的质量分数。

对单位体积的气体燃料（kJ/m³）

$$Q_{net, v, ar} = Q_{gr, v, ar} - 20\left(\varphi_{H_2} + \frac{1}{2}\Sigma n\varphi_{CmHn} + \varphi_w\right)$$

式中，φ_{H_2}、φ_{CmHn}、φ_w 分别为燃料中氢、碳氢化合物及水蒸气的体积分数。

根据 GB 2587—1981 规定，我国原则上以燃料应用基低位发热量作为热平衡的基准。

在热平衡计算中，按高位发热量或低位发热量所计算的锅炉效率是不同的，并可按下式来换算

$$Q_{net, v, ar}\eta_b = Q_{gr, v, ar}\eta_{b, gr}$$

式中，η_b 为以低位发热量为基础的锅炉效率；$\eta_{b, gr}$ 为以高位发热量为基础的锅炉效率。

在能耗计算中的能源消耗量常用每千克标准煤或标准油（气）来表示，对标准燃料的低位发热量规定：低位发热量等于 29.27MJ（或 7000kcal）的固体燃料，称为 1kg 标准煤；低位发热量等于 41.82MJ（或 10000kcal）的液体或气体燃料，称为 1kg 标准油或 1m³ 标准气。

2. 机组热耗率　汽轮机热耗率是每生产 1kW·h 电能所消耗的热量，其计算原则如下：

（1）外界加入系统的热量按汽轮机侧的焓值计算。

（2）输出功率以可比的发电机端功率计算，当以主汽或抽汽作为经常运行的汽动给水泵汽轮机的汽源时，毛热耗率计算中以发电机端功率与小汽轮机功率之和作为输出功率。

（3）热耗率分为毛热耗率 HR_g 及净热耗率 HR_n 两种，计算的基本公式见表 14.1-6。

（4）当锅炉经常使用暖风器时，有三种计算热耗的方法：①以带暖风器工况作为计算工况，汽轮机热耗率计算时不扣除暖风器用热量，锅炉效率计算时按暖风器后空气温度来计算排烟热损失。按这一方法的汽轮机热耗率较差，锅炉效率较好。②以带暖风器工况作为计算工况，汽轮机热耗率计算时扣除暖风器用热量，锅炉效率计算时按暖风器后空气温度来计算排烟热损失。按这一方法的汽轮机热耗率与锅炉效率都较好。但此时锅炉产热量与汽轮机用热量内容不一致，在计算发电供煤耗时要增加一项厂用损失。③以不带暖风器工况为计算工况来计算汽轮机保证热耗率，按暖风器前空气温度来计算锅炉效率中的排烟热损失。按这一方法的汽轮机热耗率的可比性好，但锅炉效率及相应的发供电煤耗率不能反映出暖风器的影响。

3. 机组热平衡图　应根据机、炉、电的匹配情况来编制机组热平衡图，通常应包括下列工况，见表 14.1-7。

表 14.1-6　汽轮机组热耗率计算基本公式

机组型式	毛热耗率/[kJ/(kW·h)]	净热耗率/[kJ/(kW·h)]
凝汽式中间再热机组采用电动给水泵	$HR_g = \dfrac{q_{m0}(h_0-h_{fw})+q_{mr}(h_r-h_h)}{P_{el}}$	$HR_n = \dfrac{q_{m0}(h_0-h_{fw})+q_{mr}(h_r-h_h)}{P_{el}-P_{fw}}$
凝汽式中间再热机组采用汽动给水泵	$HR_g = \dfrac{q_{m0}(h_0-h_{fw})+q_{mr}(h_r-h_h)}{P_{el}+P_{fw}}$	$HR_n = \dfrac{q_{m0}(h_0-h_{fw})+q_{mr}(h_r-h_h)}{P_{el}}$
抽汽式机组采用电动给水泵	$HR_g = \dfrac{q_{m0}(h_0-h_{fw})+q_{mp}(h_p-h_{wp})}{P_{el}}$	

注：q_{m0} 为汽轮机进汽量（kg/h）；h_0 为新蒸汽比焓值（kJ/kg）；h_{fw} 为给水比焓值（kJ/kg）；q_{mr} 为进入中压缸再热蒸汽流量（kg/h）；h_r 为进入中压缸再热蒸汽实际比焓值（kJ/kg）；h_h 为高压缸排汽实际比焓值（kJ/kg）；P_{el} 为发电机输出功率（kW）；P_{fw} 为电动给水泵消耗功率或汽动给水泵小汽轮机输出功率（kW）；q_{mp} 为供热抽汽量（kg/h）；h_p 为抽汽实际比焓值（kJ/kg）；h_{wp} 为供热抽汽回水实际比焓值（kJ/kg）。

表 14.1-7　机组热平衡图典型工况

热平衡图工况	汽轮机工况和出力	锅炉蒸发量
汽轮机定功率工况（TRL）	指在额定进汽参数下，背压 11.8kPa，3% 补水量，发电机带额定电功率（MVA）	锅炉额定蒸发量，即汽轮机在 TRL 工况下的进汽量
汽轮机最大连续出力工况（TMCR），为汽轮机热耗和锅炉效率考核工况	指在额定进汽参数下，背压 4.9kPa，0% 补水量，汽轮机进汽量与 TRL 的进汽量相同时在发电机端所带的电功率（MVA）	锅炉出力仍为额定蒸发量

热平衡图工况	汽轮机工况和出力	锅炉蒸发量
汽轮机阀门全开工况（VWO），为锅炉最大连续出力和汽轮机最大进汽量考核工况	指在额定进汽参数下，背压 4.9kPa，0% 补水量时汽轮机的最大进汽量	锅炉最大连续出力（BMCR），即是在 VWO 工况下的汽轮机最大进汽量
高压加热器停用工况	汽轮机带额定功率 TRL	锅炉过热器、再热器不超温，安全连续运行
抽厂用蒸汽工况	通常以汽轮机额定工况为基础	
机组部分负荷工况	取额定负荷的 80%～85%、75%、50%、40%、30%，补水率为3%及0%	
甩负荷工况	汽轮机带厂用电小岛运行，或停机不停炉，除氧器降压运行	

1.3 锅炉设备及其系统

1.3.1 锅炉

锅炉是燃烧系统的核心设备。它的任务是燃烧燃料，将燃料的化学能转变成热能，加热工质——水，获得一定数量和质量（压力和温度）的蒸汽。其中炉的任务是组织燃料充分燃烧、放热和排渣过程，锅的任务是组织工质的流动、传热及热化学过程。

现代电厂锅炉的特点是容量大，参数高，结构复杂，机械化和自动化程度高。

锅炉本体是由炉膛、烟道、各种受热面、联箱及其联系管道、汽水系统管道附件、燃烧设备、炉墙等组成的一个整体。

表征锅炉工作特性的主要参数为：①蒸汽量，表示锅炉每小时所能生产的蒸汽量（t/h）；②蒸汽参数，指过热器出口处蒸汽的额定表压力（MPa 或）和额定温度；③给水温度，指在省煤器入口处给水的温度；④锅炉效率，表征锅炉运行经济性的指标，它是锅炉生产蒸汽时有效利用的热量与同时间进入炉膛燃料完全燃烧所放出的热量之比值。容量大、参数高、运用先进的设备和燃烧技术，可以提高锅炉的效率。

我国现行电厂蒸汽锅炉的参数、容量系列见表14.1-8。锅炉型式的分类见表14.1-9。

锅炉选型要考虑：①适应所燃用煤种的煤质特性。影响锅炉选型的主要煤质特性因素有：煤种选择与炉型的匹配；煤的着火特性和燃烬特性；煤的结渣特性；煤的含硫量及当地环保要求。②适应蒸汽参数及运行方式。对亚临界压力及以下的蒸汽参数，主要

采用自然循环汽包锅炉；对要求带中间负荷运行方式、动态机动性高时，可选用控制循环锅炉或直流锅炉。对超临界压力蒸汽参数，选用直流锅炉；对要求带基本负荷定压运行时，可选用垂直管圈水冷壁定压运行锅炉；对要求变压运行时，可选用螺旋管圈或垂直管圈水冷壁（可带循环泵）的变压运行锅炉。

表 14.1-8　电厂蒸汽锅炉的参数、容量系列

参 数			容 量 /(kg/s)	配汽轮发电机组/MW
汽 压 /MPa	汽 温 /℃	给水温度 /℃		
2.5	400	105	5.56(20)①	3
3.9	450	145～155	9.72(35)	6
			18.06(65)	12
		165～175	36.11(130)	25
9.9	540	205～225	61.11(220)	50
			113.9(410)	100
13.8	540/540	220～250	116.7(420)	125
			186.1(670)	200
16.8	540/540	250～280	284.7(1025)	300
17.51	540/540	260～290	284.7(1025)	300
			557.8(2008)	600
25.4②	543/568	>280	528(1900)	600
26.25	605/603	290～300	842.5(3033)	1083
27.46	605/603		820(2952.5)	1000

① 括号内数字的单位为 t/h。

② 系通常推荐的超临界压力锅炉参数系列，其汽温也可采用 543/569℃。

表 14.1－9 锅炉型式分类 续表

分类	锅炉类型	简 要 说 明
按燃料或能源品种	固体燃料锅炉	燃用煤等固体燃料
	液体燃料锅炉	燃用重油等液体燃料
	气体燃料锅炉	燃用焦炉、高炉、沼气、天然气等气体燃料
	焚烧垃圾锅炉	以垃圾为燃料的锅炉
	余热锅炉	冶金、石化等工业废气或燃气轮机排气余热作为热源
按燃烧方式	火床燃烧锅炉	主要用于工业锅炉，包括固定炉排炉、活动手摇炉排炉、倒转炉排抛煤机炉、振动炉排炉、下饲式炉排炉和往复推饲排炉等，燃料主要在炉排上燃烧
	火室燃烧锅炉	主要用于电厂锅炉，燃烧液体燃料、气体燃料和煤粉。燃料主要在炉膛空间悬浮燃烧
	旋风炉	有卧式和立式两种，燃用粗煤粉或煤屑。微粒燃烧在旋风筒中央悬浮燃烧，较大煤粒贴在筒壁燃烧，液态排渣
	流化床燃烧锅炉	送入布风板的空气流速较高，使颗粒燃煤在炉室内形成有规律的流化状态，并在较低的温度下发生燃烧反应，可燃用劣质燃料，向炉内添加 $CaCO_3$、$MgCO_3$ 等吸收剂，可有效地脱除 SO_2
按循环方式	自然循环汽包锅炉	具有汽包，利用下降管和上升管中工质密度差产生工质循环，只能在临界压力以下应用
	控制循环锅炉	具有汽包和循环泵，利用循环回路中的工质密度差和循环泵压头建立工质循环，只能在临界压力以下应用
	直流锅炉	无汽包，给水靠水泵压头一次通过受热面产生蒸汽，适用于高压和超临界压力。按水冷壁管圈型式分为螺旋管圈、垂直管圈等型式
	复合循环锅炉	具有汽水分离器和循环泵。主要靠循环泵建立工质循环。可应用于亚临界压力和超临界压力。复合循环又分为两种型式：①部分负荷复合循环，即低负荷时，由循环泵运行，高负荷时按直流炉运行；②全负荷复合循环，即低倍率复合循环锅炉，循环倍率一般为 1.25~2.0

分类	锅炉类型	简 要 说 明
按排渣方式	固态排渣锅炉	燃料燃烧后生成的灰渣呈固态排出，是燃煤锅炉的主要排渣方式
	液态排渣锅炉	燃料燃烧后生成的灰渣呈液态从渣口流出，在裂化箱的冷却水中裂化成小颗粒后排入水沟冲走
按炉膛烟气压力	负压锅炉	炉膛压力保持负压，有送、吸风机，也称平衡通风式，是燃煤锅炉主要型式
	微正压锅炉	炉膛表压力为 2000~5000Pa，不需吸风机，宜于低氧燃烧，主要用于燃油锅炉
	增压锅炉	炉膛表压力大于 0.3MPa，配用于增压锅炉型的蒸汽-燃气联合循环
按炉型设计特点	四角切圆燃烧炉型 前后墙对冲火焰炉型 W 火焰炉型	（1）是按燃烧器布置方式不同而划分的炉型类型 （2）W 火焰炉型主要适用于无烟煤、低挥发分贫煤 （3）其余两种炉型当配高性能燃烧器时可用于低挥发分贫煤和半无烟煤
	塔式炉型箱型 Π型炉型 T 型	（1）是按烟道流程布置方式不同而划分的炉型类别 （2）塔式炉即单烟道锅炉、适用于灰分较多的燃料 （3）炉型设计与制造厂的传统习惯有关
按锅炉布置方式	露天 半露天 紧身封闭 室内	工业锅炉一般采用室内布置，大容量电厂锅炉主要采用露天布置或紧身封闭布置

1.3.2 锅炉的受热面

在锅炉炉膛中，水在水冷壁管内流动，燃料在炉膛中燃烧并对水冷壁进行辐射换热；在水平烟道中，蒸汽在过热器管内流动，高温烟气在管外擦过并对管壁进行对流换热，这样，燃料燃烧所释放出来的热量大部分便通过各种换热方式传给了工质。大型电厂锅炉每小时生产上千吨或数千吨蒸汽，燃烧近百吨甚至几百吨燃料，要使工质吸收如此大量的热量，自然需要有很大的受热面积。

使水变成蒸汽，在电厂锅炉中要经过省煤器预热、水冷壁蒸发、过热器过热等过程，所以省煤器、水冷壁、过热器以及空气预热器构成了现代锅炉的主要受热面。水冷壁大多布置在炉膛四周的炉墙上，过热器大多布置在水平烟道中，而省煤器和空气预热器依次设置在尾部烟道里。蒸汽参数不同，各受热面的大小和布置情况都会发生变化。

1. 水冷壁 由敷设在锅炉炉膛四周的直立的管束（直径为50～83mm）组成。上端与上联箱（或汽包）相连，下端和下联箱相连。水冷壁是锅炉的主要受热面之一，它吸收的热量可达到全部燃烧热量的50%左右。同时，水冷壁还起着冷却和保护炉墙的作用，故名水冷壁。水冷壁主要通过辐射方式吸收热量，所以称为辐射受热面。它使水变成蒸汽，从水冷壁出来的是汽水混合物，所以水冷壁也称之为蒸发受热面。水冷壁中水的循环有自然循环和强制循环两种。自然循环系统由水冷壁（上升管）、汽包、下降管和下联箱组成。下降管在炉墙外面不受热，其液态水的密度总是大于上升管的汽水混合物的密度。因此工质能沿着图示箭头方向连续流动，形成自然循环。上升管和下降管的工质密度差越大，上升管高度越高，则水循环的推力（流动压头）越大，循环速度也越大。若汽水混合物在水冷壁中的流动是借助水泵所产生的推力来实现的，则称之为"强制循环锅炉"。直流锅炉中，水和蒸汽在所有受热面中都是一次性通过，锅炉水不再循环，工质的流动全靠水泵的压力来推动。直流锅炉结构简单，从省煤器到过热器全是一系列的连续弯管管束，没有汽包，也不采用或很少采用下降管；受热面布置灵活；起停时间较短（起动40～60min，停炉20～30min）；造价低。

2. 过热器 是把饱和蒸汽加热到一定过热温度的表面式换热器。它是锅炉受热面中温度最高的部分。过热器由许多蛇形管组成。其热交换方式有对流式、辐射式和半辐射式三类，以对流换热为主。按蒸汽和烟气相对流动方向不同，对流过热器有顺流、逆流以及混合流三种不同布置方式。对流过热器一般布置在锅炉水平烟道中，主要以对流换热方式吸收烟气中的热量；辐射式过热器布置在炉墙内壁上或炉顶部，它以辐射换热方式吸收热量；半辐射式换热器（屏式换热器）悬挂在水平烟道入口处，它既吸收辐射换热，又吸收对流换流。过热器中过热蒸汽的温度高达500℃以上。为防止过热损坏设备和防止过热温度变动过大（不允许超过±5℃波动），需要进行调节和控制。过热蒸汽温度的调节，可以调节蒸汽本身，也可以调节燃烧。通常采用的调节方法是采用蒸汽减温器。

3. 减温器 装在过热器中间，主要有两种类型，表面式和喷水式蒸汽减温器。前者以锅炉给水作冷却介质，通过冷却水管吸收蒸汽的热量，达到降低饱和蒸汽温度的目的。后者以汽轮机凝结水直接喷射于过热蒸汽中以吸收热量。

4. 再热器 超高压锅炉，采用再热循环，即把锅炉产生的新蒸汽送入汽轮机高压缸做功后，将排出的低压蒸汽引入锅炉内再度加热，然后送到汽轮机中，在低压缸中继续膨胀做功。将蒸汽进行二次再热的设备称为蒸汽再热器。再热器的结构和对流过热器类似，均为蛇形管。高温段再热器布置在过热器后的水平烟道，低温再热器布置在对流竖井中。再热蒸汽的压力远较蒸汽初压低，而要求再热后的温度达到初温水平，即再热蒸汽的过热度比新蒸汽高，放热系数低，管壁温度较高，因此再热器比一般过热器更容易损坏。

5. 省煤器 是利用锅炉烟气的余热来加热给水。它的作用是提高锅炉给水温度，降低排烟温度，提高锅炉效率，节省燃料，故名省煤器。省煤器布置在锅炉尾部烟道中，它由许多排并列的蛇形管管束构成，所有管子的两端分别连接在进口和出口联箱上。通常给水进口在下面，出口在上面。给水在管中被加热到饱和温度。其中产生的蒸汽量为锅炉总蒸发量的15%～20%。

6. 空气预热器 是布置在锅炉尾部烟道利用烟气加热燃烧用空气的对流受热面。空气预热器出来的热空气，一部分送到磨煤机，一部分直接送入炉膛。空气温度被加热到250～400℃，这就提高了炉膛温度，改善了燃料着火和燃烧条件，减少了燃料不完全燃烧的损失。空气温度每提高50℃，大约可使排烟温度降低30～35℃，锅炉的效率则可提高2%左右。近代大、中型锅炉采用的空气预热器，主要是管式和回转式两种型式。管式空气预热器是把许多直径为25～51mm的钢管两端焊在管板上组成的。烟气自上而下从管内穿过，空气在管外反复横向流过。回转式空气预热器，是由许多金属波形薄板组成的转子作为受热面，由电动机通过减速装置徐徐拖动。当热烟气和冷空气先后交替流过这些受热面时，受热面就交替地进行蓄热和放热，从而使空气得到加热。管式空气预热器工作可靠，漏风较少，其主要缺点是体积庞大；回转式空气预热器结构紧凑，重量轻，传热效果好，但漏风量较大。对大型锅炉讲，后者优点是主要的，所以对于400t/h以上的锅炉，普遍采用回转式空气预热器。

1.3.3 磨煤机型式和选型

磨煤机是制粉系统最重要的设备。对磨煤机的基本要求是：能满足锅炉对煤粉数量和细度的要求；具有足够的干燥能力；投资少，运行可靠，维护方便；占地少，便于布置。能满足上述要求的磨煤机，按转速不同可分为低速、中速、高速三种。常用磨煤机的型式及特点见表14.1-10。磨煤机及制粉系统的选择见表14.1-11。磨煤机的选型计算参见参考文献。

表 14.1－10　　常用磨煤机的型式及特点

常用型式	钢球磨煤机			中速磨煤机						风扇磨煤机
转速/(r/min)	15~25			20~110						400~1500
分类	常规单进单出磨	正压双进双出磨		轮　式				碗式	球环式	—
系列	—	BBD.FW		MPS			MBF	RP、HP	E	S
转速/(r/min)	17~24.5	15.3~18		22.3~28.7			—	32.8~43	37~107	425~1000
适合煤种 V_{daf}(%)	不限①	不限		9~40			同MPS	9~40	9~40	>20
HGI	不限	不限		≥40				≥40	≥40	—
K_{VT1}	不限	不限								≥1.0
M_t(%)	—							≤25		不限
M_f(%)	≤15	≤15		≤15				≤15		不限
A_{ar}(%)	不限	不限		<35				<35		<25~30
K_e	不限	不限		<5			<5	RP时≤2.6 HP时<5	同碗式	烟煤时≤1.5 褐煤时≤3.5
煤粉细度 R_{90}(%)	5~50	5~50		15~50			—	15~50	—	20~50
基本出力 B_{m0}所依据的煤种条件 — 出力计算标准/依据	中国	法国BBD	美国FW	德国DBW	美国B&W	中国	美国FW	美国CE	英国	中国
标准煤种	无烟煤	—	—	A	6	烟煤		烟煤	B	烟煤
HGI	—	50	50	80	50	50		55	50	60
K_{VT1}	1.0									
R_{90}(%)	8	~18		16	~20②	20		~23	~23	25
R_{75}(%)					30			30		
D_{75}(%)		75	75							
M_t(%)	7	8	8	4	10	10		12或8③	<10	12
A_{ar}(%)						≤20		≤20		
d_{max}/mm	25							38		
磨损后出力降低系数	0.9			0.94		0.94		0.9	1.0	

主要优缺点：

- 钢球磨煤机：适应煤种范围大，维护工作量少，但电耗大。
  - 常规单进单出磨：通常配储仓式制粉系统，布置上较复杂，不利于防爆。
  - 正压双进双出磨：通常配直吹式制粉系统，布置简单，有利于防爆。
- 中速磨煤机：适应于烟煤、贫煤及部分褐煤，要求有完善的清除铁块、木块、石块和大块的设施。磨煤电耗低，系统和布置简单，有利于防爆，但有石子煤问题。
  - 轮式（MPS）：磨损较均匀，对杂质敏感性相对较小，但检修不太方便。磨辊与磨碗金属接触，须加载起动，不甚方便，最低出力下限高（40%）。新开发变加载系列产品可空载起动并降低出力下限。
  - 轮式（MBF）：兼有MPS及HP两者的特点。
  - 碗式（RP、HP）：可空载起动，最低出力可调得较低（25%），检修方便，但磨损均匀性稍差。
  - 球环式（E）：磨损均匀性好，磨损后出力没有变化，但大型磨煤机的振动可能较大。
- 风扇磨煤机（S）：适应于长焰煤、褐煤，电耗低，系统简单。但煤粉较粗，运行周期较短，压头有限。

① V_{daf}过高时，不利于防爆，故不推荐。

② $R_{90}=20\%$系德国DBW对标准煤种B计算的数据，并非$R_{75}=30\%$的折算值。

③ $M_t=12\%$系对低热值烟煤，$M_t=8\%$系对高热值烟煤。

表 14.1-11 磨煤机及制粉系统的选择

煤种	煤特性参数						磨煤机及制粉系统	机组容量
	$V_{daf}(\%)$	$T_i/℃$	K_e	$M_f(\%)$	$R_{90}(\%)$	$R_{75}(\%)$		
无烟煤	<10	>900	不限	≤15	~5	~8	钢球磨煤机储仓式热风送粉系统	不限
		800~900	不限	≤15	5~10	8~15	钢球磨储仓式热风送粉或双进双出钢球磨直吹式①	不限
贫瘦煤	10~20	800~900	不限	≤15	5~10	8~15	同无烟煤	不限
		700~800	>5.0	≤15	~10	~15	同无烟煤	不限
		700~800	≤5.0	≤15	~10	~15	中速磨煤机直吹式②	不限
烟煤	20~40	700~800	—	≤15	~10	~15	同贫瘦煤	不限
		600~700	≤5.0	≤15	10~15	5~20	中速磨煤机直吹式	不限
		600~700	>5.0	≤15	10~15	15~20	双进双出钢球磨直吹式	不限
		<600	≤5.0	≤15	15~20	20~26	中速磨煤机直吹式	不限
		<600	≤1.5	≤15	~20	~26	风扇磨煤机热风干燥	≤50MW
褐煤	>40	<600	≤5.0	≤25	30~35	—	MPS型中速磨煤机直吹式③	不限
		<600	≤3.5	>15	45~55	—	三介质或二介质干燥风扇磨煤机直吹式	不限

注：T_i 为煤粉气流着火温度；R_{90} 或 R_{75} 系从燃烧角度考虑的理想煤粉细度，并不推荐作为磨煤机选择计算的依据。
① 采用 BBD 双锥体分离器的配套设计时，$R_{90}=10\%\sim18\%$。
② 当 $R_{90}=10\%\sim15\%$ 时，对 MPS 中速磨煤机必须采用旋风分离器。
③ 按国外经验，褐煤也可用 HP 型中速磨煤机直吹式。

1.3.4 制粉系统

煤粉制备过程中，各种设备、附件和管道的综合称为制粉系统。习惯上以原煤斗为界，原煤斗前为燃料运输和煤的初加工系统。原煤斗至喷燃器前这一范围内的设备、附件、管道等都属于制粉系统。

制粉系统有单元制布置方式和集中制布置方式两种。前者是每台锅炉备有自己的制粉系统，后者是全厂集中制粉。我国几乎都用单元制制粉系统。

单元制制粉系统又分为中储式（有中间储粉仓）和直吹式（没有煤粉仓）两种。中储式又分为开式（制粉系统的乏气-湿干燥剂排入大气）和闭式（乏气送入炉内）两种。闭式系统又分为乏气送粉和热风送粉两种。直吹式系统分为正压（系统内压力高于外界大气压）和负压（系统内压力低于外界大气压）两种。

（1）直吹式制粉系统。从磨煤机出来的气、粉混合物直接吹入炉膛燃烧，中间不再设旋风分离器、煤粉仓、给粉机等。直吹式制粉系统有：①中速磨煤机直吹式制粉系统；②风扇磨煤机直吹式制粉系统，一般适用于挥发分较高的褐煤和烟煤；③双进双出钢球磨煤机直吹式制粉系统等。一般采用中速磨煤机或风扇磨煤机。对适合采用直吹式送粉方式的无烟煤、贫煤及对磨损指数很强且挥发分也很高的烟煤，采用双进双出钢球磨煤机。

（2）中间储仓式制粉系统。中间储仓式系统是磨煤机制备的煤粉送入煤粉仓存储，再经给粉机取出供给锅炉燃烧的制粉系统。一般选用滚筒式钢球磨煤机，并配备有粗粉分离器和细粉分离器。中间储仓式系统根据煤种性质可分为热风送粉（利用空气预热器后的热空气作为送粉介质）和干燥剂（又称乏气，利用细粉分离器排出的乏气作为送粉介质）送粉。当燃用多水分、多灰分或低挥发分着火困难的煤种时，宜选用热风送粉。采用干燥剂送粉时，则应考虑其一次风量与制粉系统出力和磨煤机通风量的配合。

1.3.5 空气循环系统、风机和烟囱

燃烧过程需要大量的空气。空气循环系统（通风系统）的作用是：在制粉系统中干燥和输送煤粉；克服风道、空气预热器及喷燃器等的阻力，不断向炉膛提供燃烧所需的空气；克服烟道及尾部受热面管束间的阻力，及时移去气态燃烧产物——烟气。这些任务是由送风机、引风机和通风管道、烟囱等组成的空气循环系统完成的。

供锅炉燃烧用的空气由送风机或一、二次风机供给，通常分为一次风、二次风，分别送入炉膛。一次风指携带煤粉或液体、气体燃料经燃烧器进入炉膛为提供着火所需的风量，其余风量作为助燃用的二次风。采用热风送粉中间储仓式制粉系统时，用于干燥和输送煤粉的空气与煤粉分离后经单独设置的喷嘴送入炉膛，称为三次风。制粉干燥所需一次空气，多用一次风机供给。

燃料和空气在炉膛内燃烧后产生的烟气，须经除尘器净化处理后，由吸风机排入烟囱，微正压燃烧锅炉的炉膛内维持一定的正压（2～5kPa），可利用送风机来将烟气压出炉膛排入烟囱。其优点是风机能耗少，风机寿命长，锅炉效率高，但对锅炉及烟气系统的密封性要求较高，通常只用于燃油和燃气锅炉。

电厂锅炉风机有离心式、动叶可调轴流式和静叶可调轴流式三种。动叶可调轴流式风机调节的负荷范围宽，可在很大范围内变负荷运行时获得较高的效率，大容量锅炉宜选用动叶可调风机。但如果吸风机入口含尘量较高（一般大于 $200mg/m^3$）时，宜选用静叶可调或调速离心风机，吸风机的额定转速不宜过高（不高于 1000r/min）。

对于平衡通风方式中的中、小容量锅炉，一般装设送、吸风机各一台，130 t/h 锅炉的吸风机可装设两台，出力 200 t/h 以上的锅炉可装设送、吸风机各

两台，出力 1000t/h 以上的锅炉可装设两台或两台以上的吸风机。当然用劣质煤或采用液态排渣炉，而且每台锅炉装设送、吸风机两台以上时，需考虑其中一台风机停运后，其余风机的通风量应能满足锅炉 70% 额定出力的需要。

风机选择的主要根据是与锅炉（或煤粉制备）在各种工况下所匹配的风量、压头及工作介质的含尘量和耐磨要求。通常按：①TB（Test Block）点，表征风机最大工作点；②100%（表征风机额定工作点，相应于锅炉 BMCR 工况或磨煤机的最大出力工况点）；③TRL（汽轮机额定负荷点，表征风机经济工况点）；④单台风机最大运行工况点（有时表征风机最大轴功率点）等这几个工况点列出风机选型参数表。当风机合同中的技术规范以风机制造厂商产品设计的标准工作密度为基准时，尚需将风机选型参数（压头）折算到制造厂标准条件下，或以"比能"（$N \cdot m/kg$）来替代"压头"（Pa）。

烟囱的型式、高度和出口流速，应根据环保、烟囱结构防腐要求及技术经济上的合理性来综合考虑确定：① 接入同一座烟囱的锅炉台数，对 300MW 及以下机组为 2～4 台，600MW 机组为 2 台；②对带基本负荷的大容量锅炉宜采用单筒烟囱，当锅炉台数较多时，应根据环保要求对采用单筒烟囱或采用多管式烟囱进行比较后选取；③当排放强腐蚀性烟气时，可采用套筒式或多管式烟囱；当排放中等腐蚀性烟气时，优先采用防腐蚀型单筒烟囱；当接入烟囱的锅炉台数较多且技术经济上合理时，也可采用多管烟囱。

1.3.6 除尘系统

除尘装置的型式和特性见表 14.1－12。除尘装置的选型见表 14.1－13，电除尘器基本原理如图 14.1－15所示。

表 14.1－12　　　　　　　　　　　　　除尘装置的型式和特性

类型	型　式	主 要 原 理	处理粉尘极限粒径 /μm	除尘效率（%）	压　降 /Pa	主要使用范围
机械除尘	旋风除尘器	利用惯性离心力	>5～10	80～90	500～1500	工业锅炉或火电厂的起动锅炉
	多管除尘器	利用惯性离心力		80～93	800～1000	
湿式除尘	旋风水膜除尘器	利用惯性碰撞与水滴截捕作用	>5	85～87	250～400	水耗为 $0.2～0.4kg/m^3$，可用于有合适供水水源的工业锅炉和中小型热电厂，但需解决二次污染问题
	文丘里除尘器	利用惯性碰撞凝聚及水滴截捕作用	>1～5	90～95	1500～1700	
	斜棒栅除尘器		>5	90～93	500～1500	

续表

类型	型　式	主要原理	处理粉尘极限粒径 /μm	除尘效率 (%)	压　降 /Pa	主要使用范围
静电除尘	干式电除尘器	板式电除尘器、管式电除尘器	利用强电场电晕放电使气体电离，粉尘从气体中分离出来，当沉积在集尘极上的粉尘达到一定厚度时用振打方式清除，原理图如图14.1-15所示	>0.01	90~99.9	100~300	大中型火电厂锅炉，大都采用板式电除尘器
	湿式电除尘器	用水来冲洗聚集在集尘极上的粉尘	>0.01	90~99.9	100~300	大型火电厂除尘脱硫流程中使用，在700MW组组上已有实践经验
过滤式除尘	袋式除尘器	逆气流反吹式脉冲反冲式	利用积物滤袋的过滤作用进行除尘	>1.0	>99	800~1000	可用于大中型锅炉上，在国际上对低硫煤及循环流化床锅炉多采用袋式除尘器
			利用机械振动式气流进行清灰	>0.1	>99.7	1000~2000	

表 14.1-13　　　　　　　　　　　　除尘装置的选型要点

除尘装置型式	选　型　要　点
干式旋风子除尘器	(1) 根据除尘器筒体内烟气上升速度选择圆筒直径（m） $$D_s = \sqrt{Q_s/(3830vs)}$$ 式中，Q_s 为除尘器入口烟气量（m^3/h）；v 为筒体内烟气上升速度，取 3~3.5m/s；s 为组装的旋风子数 (2) 旋风子的优化方案为回流式（包括旁路式、扩散式等）、直流式两种
湿式除尘器	(1) 从除尘效率和节水角度考虑，选用文丘里管除尘器为好，但除尘效率高时，烟气温降也大 (2) 文丘里管喉部烟速可取 50~70m/s，捕滴器筒体上升流速可取 3.5~4.5m/s (3) 煤灰中 CaO 含量大或水质硬度大时，易结垢，应慎用
静电除尘器	(1) 影响电除尘性能的是粉尘特性，当电阻率为 $10^4 \sim 10^{12}\Omega \cdot cm$ 范围时，能取得较佳除尘效果，飞灰中 K_2O、Na_2O、TiO_2、P_2O_5、MnO 等成分对烟尘导电性能也有较大影响 (2) 电场截面积（m^2）计算公式为 $$F = \frac{Q_s}{v}$$ 式中，Q_s 为除尘器入口烟气量（m^3/s）；v 为除尘器内烟速，一般为 0.8~1.5m/s (3) 集尘极总面积：按修正的 "Deutch Anderson" 公式来计算 $$\eta = \left[1 - e^{\left(\frac{-A\omega}{Q_s}\right)^K}\right] \times 100\%$$ 式中，η 为电除尘效率（%）；A 为集尘极总面积（m^2）；ω 为驱进速度（m/s），对 300mm 间距电除尘器大多为 5~7cm/s；对 400mm 间距电除尘器大多为 7~9cm/s；K 为修正系数，约为 0.5 (4) 大容量锅炉所配电除尘器通常由 3~4 个电场串联组成，其中第一电场效率 $\eta_1 = 75\% \sim 85\%$，第二电场效率 $\eta_2 = 10\% \sim 20\%$，第三电场效率 $\eta_3 = 3\% \sim 5\%$，总的除尘效率为 $\eta = \eta_1 + \eta_2(1-\eta_1) + \cdots + \eta_n(1-\eta_{n-1})$
袋式除尘器	(1) 过滤面积 $$F = \frac{60Q_s}{v}$$ 式中，v 为滤料过滤速度[$m^3/(m^2 \cdot min)$]，对机械振打与逆气流联合清灰方式，取 $v=0.5~1.0$（玻璃纤维）或 1~2（一般滤料）；对脉冲反吹清灰方式，取 $v=1.2~2$ (2) 对于要求除尘效率高、气体含尘量高、处理量大的布袋除尘，应选用高密度纤维滤料，并配以先进的清灰系统 (3) 清灰方式有机械振动型、逆气流型、气环反吹型、脉冲反冲型等，代表当前国际先进水平的为美国 Aero Pulse 脉冲反冲型袋式除尘器，其整体寿命可达 40 年，滤袋寿命为 2~4 年

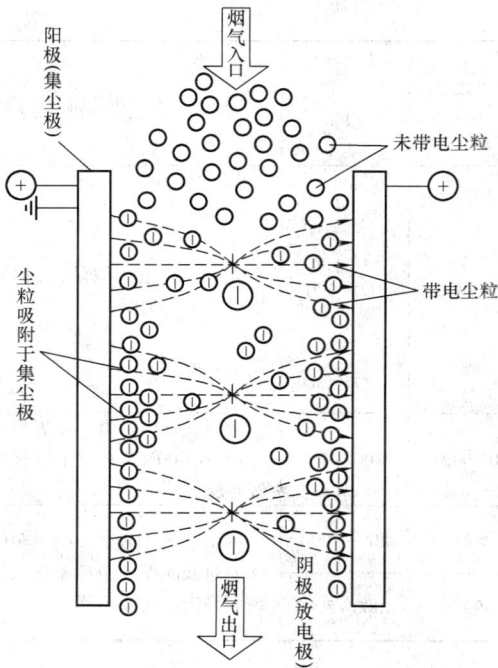

图 14.1-15　电除尘器基本原理

1.3.7　除灰渣系统

对于燃煤火电厂，灰渣的处理和排放也是一个十分重要的问题。一个 600MW 的燃煤电厂，每天排出的灰渣在 1000t 以上。其中大颗粒残渣约占 20%，细颗粒飞灰约占 80%。如这些煤灰都排入大气，势必严重污染环境。因此，必须设置灰渣处理和排放系统。

灰渣的排放系统要考虑的主要因素是：①电厂的位置，电厂所在地是否有充足的水和合适的场地；②燃料资源，因为不同的煤种灰分量有很大不同；③环境法规，因为电厂灰渣的储存和排放地点都要得到环保部门的批准。

火力发电厂的灰渣排放系统有机械、水力、气力以及它们的联合等方法。其中以水力排灰渣系统应用最多。几种除灰渣系统特点的比较见表 14.1-14。

表 14.1-14　排灰渣系统特点比较

系统	优点	缺点
水力排灰渣	输送过程中无干灰飞扬，工作环境较好，适应近、远距离输送，系统可靠性较高	系统耗水量大，干灰与水混合后将降低灰的活性，对灰的综合利用不利，灰场建设投资较大，灰管结垢
气力排灰渣	耗水量小，干灰不与水混合，便于灰的综合利用	输送距离短，输送速度高，消耗的能量较大，管道磨损也较大
机械排灰渣	耗水量较小，能量消耗也小	机械设备多，维修工作量较大

1.4　汽轮机设备及其系统

汽轮机是以水蒸气为工质的动力机械，它的作用是将蒸汽所携带的热能转变为机械能。汽轮机是现代火电厂广泛应用的一种热机。它具有转速高、运行平稳、工作可靠、单机功率大、热经济效率高、便于和发电机直接连接等许多优点。

1.4.1　汽轮机类型

可按蒸汽作用原理、热力过程特性等分类。火电厂通常宜选用大容量、高蒸汽参数的汽轮机组，绝大部分采用凝汽式。需同时供热供电时，则宜选用抽汽式和背压式汽轮机组。目前，最大单机容量已达单轴 1200MW、双轴 1300MW。固定式发电用汽轮机分类见表 14.1-15。

表 14.1-15　固定式发电用汽轮机分类

分类	型　式		简　要　说　明
按工作原理	冲动式汽轮机		蒸汽主要在喷嘴（或静叶片）中进行膨胀
	反动式汽轮机		蒸汽在静叶片和动叶片中进行膨胀
按热力特性	凝汽式汽轮机	一般式、带中间再热式	排汽在低于大气压力下的真空状态进入凝汽器凝结成水，应用最多，容量大于 100MW 机组常带有中间再热
	抽汽式汽轮机		包括一次调整抽汽式和二次调整抽汽式，生产抽汽压力一般为 0.785～1.57MPa，采暖抽汽压力一般为 0.069～0.245MPa
	背压式汽轮机	抽汽式	具有调整抽汽的背压式汽轮机
		一般式	汽轮机的背压大于大气压力，其排汽供热用户使用，当排汽供低压汽轮机工作时，称为前置式汽轮机
按气流方向	轴流式汽轮机		在汽轮机内，蒸汽基本上沿轴向流动
	辐射式汽轮机		在汽轮机内，蒸汽基本上沿辐向（径向）流动
按热能来源	矿物燃料电厂汽轮机		由以煤、油、天然气等作燃料的锅炉产生蒸汽推动
	核电厂汽轮机		由核反应堆产生蒸汽推动
	地热电厂汽轮机		由地热井引出蒸汽（或热水经扩容成饱和蒸汽）推动
按凝汽方式	湿冷汽轮机		汽轮机凝汽系统采用水冷却，目前应用最广泛
	空冷汽轮机		汽轮机凝汽系统采用空气冷却，循环效率稍低，但适用于缺水或干旱地区火电厂

1.4.2 国产汽轮机型号表示法

国产汽轮机型号组成方法为

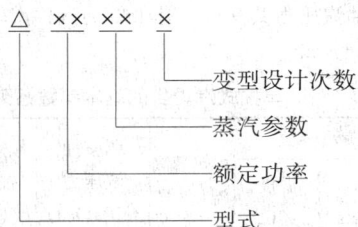

$$\underset{\text{△}}{} \quad \times\times \quad \times\times \quad \times$$

- └── 变型设计次数
- └── 蒸汽参数
- └── 额定功率
- └── 型式

第一组——型式代号，用汉语拼音字母表示，见表 14.1-16。

第二组——额定功率代号，用阿拉伯数字表示，其单位是 MW。

第三组数字——蒸汽参数，其表示方法见表 14.1-17。

第四组数字——变型设计序号。

表 14.1-16   汽轮机型式代号

代号	型　　式	代号	型　　式
N	凝汽式	CC	二次调整抽汽式
B	背压式	CB	抽汽背压式
C	一次调整抽汽式		

表 14.1-17   蒸汽参数表示方法

型　　式	参数表示方法	示　　例
凝汽式	主蒸汽压力	N100—8.8
凝汽式（中间再热）	主蒸汽压力/主蒸汽温度/再热蒸汽温度	N300—16.7/537/537
抽汽式	主蒸汽压力/高压抽汽/低压抽汽温度	CC1—3.4/0.98/0.118
背压式	主蒸汽压力/背压	B25—8.8/0.98
抽汽背压式	主蒸汽压力/高压压力/背压	CB25—8.8/1.47/0.49

注：压力（MPa）；温度（℃）；功率（MW）。

1.4.3 汽轮机参数与系列

1. 蒸汽参数　表 14.1-18 列出了原水利电力部标准 SD 264—1988《固定式发电用凝汽式汽轮机的基本参数系列》，表内不包括特殊需要的汽轮机参数。

表 14.1-18   固定式发电用凝汽式汽轮机的基本参数系列

额定功率/MW	主蒸汽压力/MPa									给水加热温度/℃
	2.4	3.4	8.8	12.8	13.2	16.2	16.7	24.2	25~27	
	主蒸汽温度或主蒸汽温度/再热蒸汽温度/℃									
	390	435	535	535/535	535/535	535/535	537/537	538/566	600/600	
3	○									105
6		○								145~155
12		○								145~155
25		○								165~175
50			○							205~225
100			○							205~225
125					○					220~250
200				○						220~250
300							○			250~280
300							○①			260~290
600							○①	○②		260~290
1000									○③	290~300

① 汽轮机允许在 105% 额定压力下超压运行。

② 是通常推荐的超临界压力蒸汽轮机参数系列。

③ 是新的超超临界机组。

2. 机组系列与容量　根据 SD 264—1988 的规定，汽轮机的额定功率是指汽轮机在下列条件下运行：①蒸汽参数、转速、冷却水量及冷却水温等为额定值；②设计的回热系统和给水加热温度；③补给水为零；④以汽动给水泵为主泵的机组，汽动给水泵投运，并且在扣除非同轴励磁机及其控制系统所耗电功率后，在发电机端连续地输出功率。但是，凝汽式汽轮机除确保在上述条件下发出额定功率外，还要保证机组在冷却水温升高或主蒸汽参数下降至某一定值，以及存在一定汽水损失，机组存在一定程度老化，满足电厂用汽需要时，也能发出额定功率。

IEC 国标标准 45-1（1991 年）关于汽轮机功率含义有如下注释：①功率：汽轮机或原动机的功率（也称作出力或负荷），其定义应说明测量位置和任何应扣除的损失或辅助功率。②联轴器端的净功率：如果汽轮机的辅机被分开驱动时，汽轮机联轴器端的功率减去辅机的功耗。③发电机出力：发电机终端功率扣除任何外部励磁功率。④最大连续功率（MCR）：在规定寿命和保证热耗率的条件下，供方给定的汽轮发电机组输出功率（也称额定出力、额定功率或额定负荷）。⑤最大容量：在规定的终端参数下，调节（控制）阀全部开启时，汽轮机能发出的功率（也称阀门全开容量）。⑥最大过负荷容量：在规定的过负荷终端参数（如最终给水加热器旁路或提高新蒸汽压力）下，调节（控制）阀全部开启时，汽轮机能发出的最大功率。⑦最经济连续功率（ECR）：在规定的终端参数下能达到最低热耗率或汽耗率的出力。⑧净电功率：发电机出力（扣除外部励磁功率）减去辅助电功率。⑨辅助电功率：非汽轮机驱动的汽轮机和发电机辅机所耗功率，通常包括所有控制、润滑、发电机的冷却和密封所耗的功率，也可包括附加的辅机，诸如电动机驱动的锅炉给水泵。

SD 264—1988 规定的国产汽轮机额定功率与经济功率的关系，见表 14.1-19。

表 14.1-19　汽轮机额定功率与经济功率的关系

汽轮机额定功率/MW	经济功率与额定功率的百分数（%）
<6	75
12~25	80
50	90
100~600	接近或等于 100

GB 4773—1984 规定了供热式汽轮机的系列。背压式汽轮机有 0.5MW、0.75MW、1MW、1.5MW、3MW、6MW、12MW、25MW、50MW 挡次，配以不同主蒸汽参数和背压共 37 种。抽汽背压式汽轮机有 3MW、6MW、12MW、25MW 挡次，配以不同主蒸汽参数以及调整抽汽压力和背压共 9 种。双抽式汽轮机有 12MW、25MW、50MW 挡次，配以不同主蒸汽参数和调整抽汽压力共 9 种。其中单抽式汽轮机的系列见表 14.1-20。

表 14.1-20　单抽式汽轮机的基本参数系列

额定功率/MW	主蒸汽参数 压力/MPa(ata)	主蒸汽参数 温度/℃	再热蒸汽温度/℃	调整抽汽压力/MPa(ata)	额定调整抽汽量/(t/h)
(6)[①]	3.4(35)	435	—	0.49(5)	45
(6)[①]	3.4(35)	435	—	0.98(10)	25
(12)[①]	3.4(35)	435	—	0.49(5)	50
(12)[①]	3.4(35)	435	—	0.98(10)	80
25	8.8(90)	535	—	0.98(10)	75
25	8.8(90)	535	—	1.27(13)	80
50	8.8(90)	535	—	0.118(1.2)	180
50	8.8(90)	535	—	0.98(10)	160
50	8.8(90)	535	—	1.27(13)	160
100[②]	8.8(90)	535	—	0.118(1.2)	—
125[②]	13.2(135)	535	535	0.118(1.2)	—
200[②]	12.8(130)	535	535	0.118(1.2)	—
300[②]	16.2(165)	535	535	0.118(1.2)	—
300[②]	16.7(170)	537	537	0.118(1.2)	—

注：表中抽汽压力系指其中压力较高的抽汽级额定压力，但近期内，允许抽汽级压力根据具体情况变动。

① 表中带括号的是保留机型，不推荐使用。

② 汽轮机应具有两级低压抽汽，压力为 0.049~0.147MPa（0.5~1.5ata）和 0.059~0.245MPa（0.6~2.54ata）。

1.4.4　汽轮机本体

汽轮机本体主要分转子和静子两部分，与回热加热系统（包括抽汽、给水、凝结水及疏水系统等）、调节保安系统、油系统以及其他辅助设备共同组成汽轮机组。

1. 转子　是汽轮机转动部分的总称，它由主轴、固定在主轴上的圆盘形叶轮和装在叶轮轮缘上的动叶片和联轴器等构成。

主轴要拖动发电机高速旋转做功，它要传递强大的转矩、承受主轴上各零件所产生的离心力、负荷变动时由于各部分温度不均匀引起的热应力和转子振动时引起的交变应力等，工作条件复杂，因此要用高强度合金钢制成。

大型再热汽轮机的转子一般由高压转子、中压转子和低压转子三部分组成，转子之间用联轴器连接，分别置于高、中、低压汽缸内。低压转子与发电机转子之间采用刚性或半挠性联轴器连接。

汽轮机转子按结构分为套装转子、整锻转子和焊接转子三种基本型式（如图14.1-16所示）。有时也采用整锻-套装式或整锻-焊接式转子。

套装转子是将叶轮和联轴器过盈装配于主轴上并用轴向或径向键传递转矩的转子。它一般用于中、低压转子，工作温度不大于400℃。套装转子锻件尺寸较小，各零件可同时加工，制造周期短，工艺简单，造价低，但其零件加工、装配工作量大，转子刚性差，轮孔应力大，承载能力较低，运行灵活性差。现代汽轮机较少采用。

主轴是支持汽轮机转子在轴承中旋转的部件，或称大轴。主轴的概念来自套装转子。整锻转子和焊接转子的叶轮（或转鼓）和主轴形成一整体。为了在主轴上套装叶轮和联轴器等零件的方便，主轴做成阶梯形，中间直径最大，两侧的直径逐级减小，对应于各套装零件部位在轴上开有键槽。

整锻转子在转子的锻件上机械加工出轴颈、叶轮和联轴器。可以做成轮盘式和转鼓式两种。转鼓式整锻转子多用于反动式汽轮机。轮盘式整锻转子主要用

于冲动式汽轮机。为减少整锻转子的锻件直径，在中压转子上也有采用整锻与套装相组合转子的。整锻转子刚性好，运行适应性强。

整锻转子一般有中心孔，旨在控制锻件中心部位的锻造质量，便于在制造和检修时进行探伤检查，保证转子强度。当前，对于大容量汽轮机的高、中、低压转子，制造厂多采用整锻结构。

焊接转子是由几个实心圆盘焊接形成的转子。一般用于冲动式汽轮机的低压转子。ABB公司的反动式汽轮机的高、中、低压部分都采用转鼓式焊接转子。其优点是锻件尺寸小，易于锻造、热处理和质量检查。焊接转子结构紧凑，刚性好，承载能力较高，运行性能好，但对工艺要求高。焊接转子被广泛地应用于大型汽轮机，特别是核电汽轮机中。

2. 叶片 是汽轮机中将蒸汽的热能和动能转换为转子旋转机械能的部件。一台现代大功率汽轮机有数千甚至上万只叶片。叶片有动叶和静叶之分。静叶装在隔板、静叶环或喷嘴室中，运行时受力较小，很少出事故。动叶装在转子上，运行中叶片在实现高效能量转换的同时，要承受很高的综合应力，并且受到

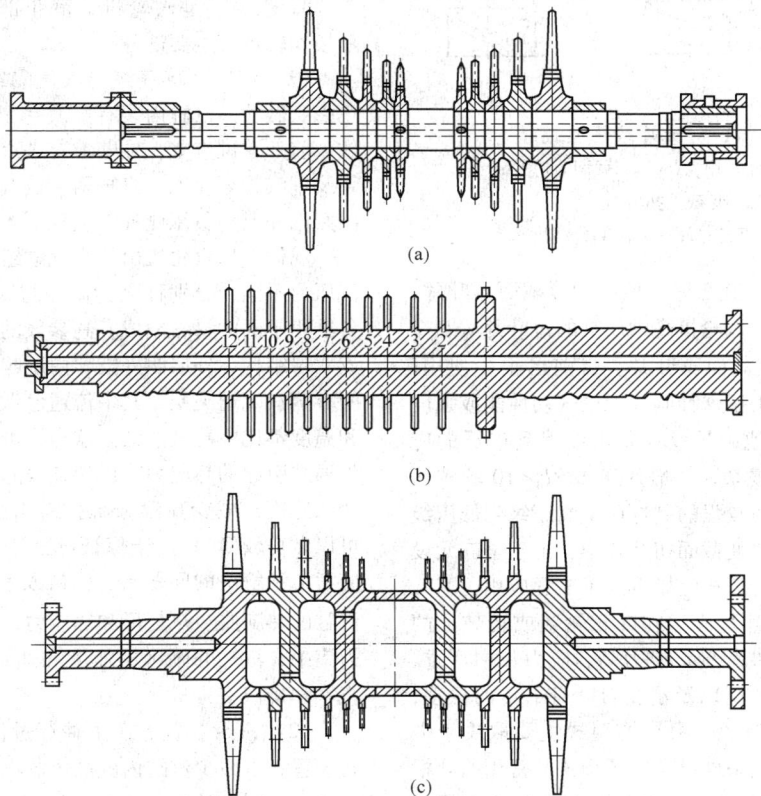

(a)

(b)

(c)

图 14.1-16 转子剖面图
(a) 套装转子；(b) 整锻转子；(c) 焊接转子

交变汽流力的激励而产生振动。叶片的安全可靠性直接关系到整个汽轮机的安全。因此，对叶片的气动、热力特性和强度振动性能设计及其材料、加工、装配都有很高的要求。不作特殊说明时，叶片一般多指动叶。

在汽轮机内，蒸汽从进口处很高的压力，在通流部分逐级膨胀到凝汽器的很低的压力（真空），蒸汽比容可以增大千余倍。因此，第 1 级叶片很短，而末级叶片很长，最长的可达 1.5m。末级叶片顶部最高的圆周速度可达 600m/s 以上。

叶片由叶根、叶身、叶顶及连接件等组成，如图 14.1 - 17 所示。

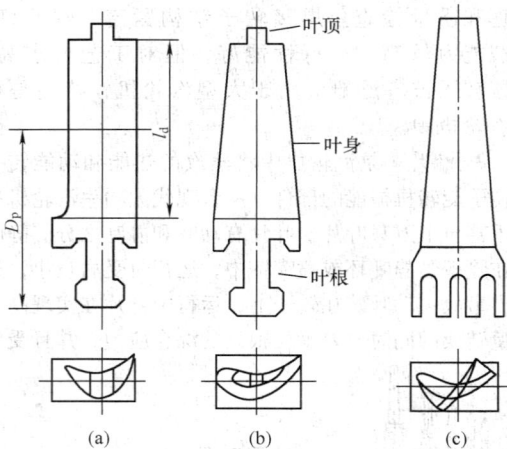

图 14.1 - 17　叶片结构型式
(a) 等截面直叶片；(b) 变截面直叶片；
(c) 变截面扭叶片
D_p—平均直径；l_d—工作部分高度

(1) 叶身。通常有三种类型：①等截面直叶片，其加工简单，多用于汽轮机高中压缸的短叶片（$D_p/l_d > 10$）级中；②变截面直叶片，目前已很少使用；③变截面扭叶片，由于这种叶片无论气动性能或强度方面都能较大限度地满足设计要求而得到广泛的应用。这种叶片加工复杂，一般用于 $D_p/l_d < 10$ 的较长叶片，一些加工能力较强的制造厂从高压级到低压级全部采用扭叶片。在变截面扭叶片中，由于全三元设计技术的发展，复合弯扭叶栅得到了工程应用。

(2) 叶根。是叶片固定在叶轮轮毂或转鼓上的部位。叶根工作条件苛刻，应力高、应力集中严重、缝隙中易形成腐蚀环境以及承受自叶身下传的振动，为叶片上的薄弱环节。叶根结构型式主要取决于强度、制造和安装工艺条件以及转子型式。常用的叶根结构型式大体可分为隔叶件式、嵌入式和整体式三类。应用最普遍的是嵌入式叶根。

(3) 连接件。包括围带和拉筋。许多汽轮机叶片带有连接件，把相邻若干叶片连接成组，或把一级所有叶片连接成整圈，可以调整叶片固有振动频率和减少叶片动应力。

(4) 叶片型线。是叶片工作部分横截面的轮廓线，由内弧和背弧两条光滑曲线构成，又称为叶型。叶型可分为冲动式叶型和反动式叶型两类（如图 14.1 - 18 所示）。冲动式叶型之间构成的通道截面宽度从进口到出口差别不大，出口压力接近进口压力，通道中汽流速度的大小沿流线也变化较小。反动式叶型之间构成的通道截面从进口到出口显著收缩，流动中压力逐渐降低，出口压力低于进口压力，通道中汽流速度沿流线逐渐增大。

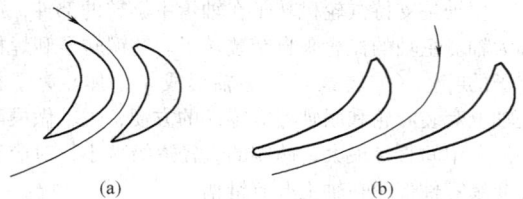

图 14.1 - 18　叶片型线
(a) 冲动式；(b) 反动式

3. 静子　是汽轮机的静止部分，它包括汽缸、隔板和轴承等主要部件。

(1) 汽缸。将蒸汽与大气隔绝使汽流在其中绝热膨胀做功。汽缸内装有蒸汽室、隔板套和汽封等部件。前部有进汽室，外壁上有进汽管、抽汽管、疏水管及排汽管等管道。汽缸两端设有轴封，防止高温高压蒸汽外泄和负压侧外部空气漏入。

现代大型汽轮机由几个汽缸组成，它们的工作蒸汽压力不同，分别称之为高压缸、中压缸和低压缸，各缸用不同的材料制成。高参数的高、中压汽缸常做成双层结构，外层叫外缸，内层叫内缸。内、外缸之间有蒸汽流通夹层，其中流通已做功的排汽，其压力和温度都比主蒸汽的低。这样，可减少由于汽缸壁内外温差引起的热应力，以便加快起动、停机或负荷改变的速度；减少高温金属材料用量（内外两层缸壁可以做得较薄）；易于保证汽缸法兰的严密性。汽缸应考虑和解决的问题有：汽缸及其结合面的密封性；汽缸的热膨胀、热变形和热应力，特别注意要避免应力集中；汽缸的刚度、强度和通流特性（特别是进汽室和排汽室）等。

(2) 汽封装置。在主轴穿过汽缸的地方设有汽封装置，以减少汽缸内的高压蒸汽向外泄漏或阻止外界的空气漏入处于真空下工作的低压缸内。

汽封装置有多种型式，但原理基本相同。其中以曲径式汽封（亦称迷宫式汽封）应用最为广泛，如用于真空端的高低齿型曲径式汽封。漏汽量和汽封片与转轴间的间隙大小及每一汽封片两侧的压差成正比。间隙越小，汽封片数越多，汽封片两侧压差越小，漏汽越少。

（3）隔板。是汽轮机各级之间的分隔间壁，用来固定喷嘴叶片或静叶片。各级隔板分为上下两个，分别嵌在上下汽缸内。隔板由板体、喷嘴（静叶）及轮缘三部分组成。焊接式隔板的强度高，适用于高温蒸汽区。低温区可用造价较低的铸造隔板。

（4）轴承。是转子的支撑件。汽轮机使用的轴承有两类：径向轴承和推力轴承。它们承受很大的力，转速又很高，所以都采用滑动轴承。

径向轴承支撑转子，承受转子垂直载荷，确定转子的径向位置，保证转子与汽缸中心线的一致性。

推力轴承平衡转子上的轴向推力，并确定转子的轴向位置，以保证通流部分转子与静子间有一定的间隙而不致互相碰撞。

（5）联轴器。用来连接多缸汽轮机各转子及汽轮机与发电机转子。大型机组常采用刚性和半挠性的联轴器。

刚性联轴器，在工作时主要依靠螺栓承受剪力来传递扭矩。也有的依靠背靠背端面之间的摩擦力传递扭矩。刚性连接还可传递轴向力和径向力。

半挠性联轴器在传递力矩时是刚性的，但在传递弯曲方面是挠性的。它允许被连接的两个转子之间有一定的偏心。运行中机组中心关系变化时，对轴承负荷分配影响较小，能传递不大的轴向力，并允许相连两转子间有少许的轴向位移，对振动传递不太敏感。

1.4.5 汽轮机热力系统

1. 热力系统组成 热力系统是使汽轮机的热力循环、热功转换过程得以连续进行的所有设备和管道的组合。热力系统应根据火电厂给定的任务和运行方式进行优化设计，作为选定锅炉、汽轮机的型式和容量，选配各种主要辅机和设备的容量、参数、台数，以及汽水管道的管径、阀门的型式和数量的依据，以求取得在给定运行方式下的最佳匹配，达到较好的经济性、运行可靠性以及应付事故和异常工况的能力。供热式电厂还须根据热力负荷的性质和特点，选择供热方案和载热介质，确定供热设备和供热系统。

凝汽式机组的热力系统由锅炉本体汽水系统、汽轮机热力系统、机炉间连接的管道系统和全厂公用汽水系统四部分组成。供热式机组还需增加热网加热站系统。

2. 原则性热力系统图 主要反映工作介质完成热力循环所必须流经的主要热力设备间的相互联系和能量转换过程。图14.1-19为我国制造的600MW机组的原则性热力系统图。

3. 主蒸汽系统 指从锅炉过热器出口联箱到汽轮机之间的新蒸汽管道系统。常用的主蒸汽管道系统有单元制、单母管制和切换母管制等类型，如图14.1-20所示。

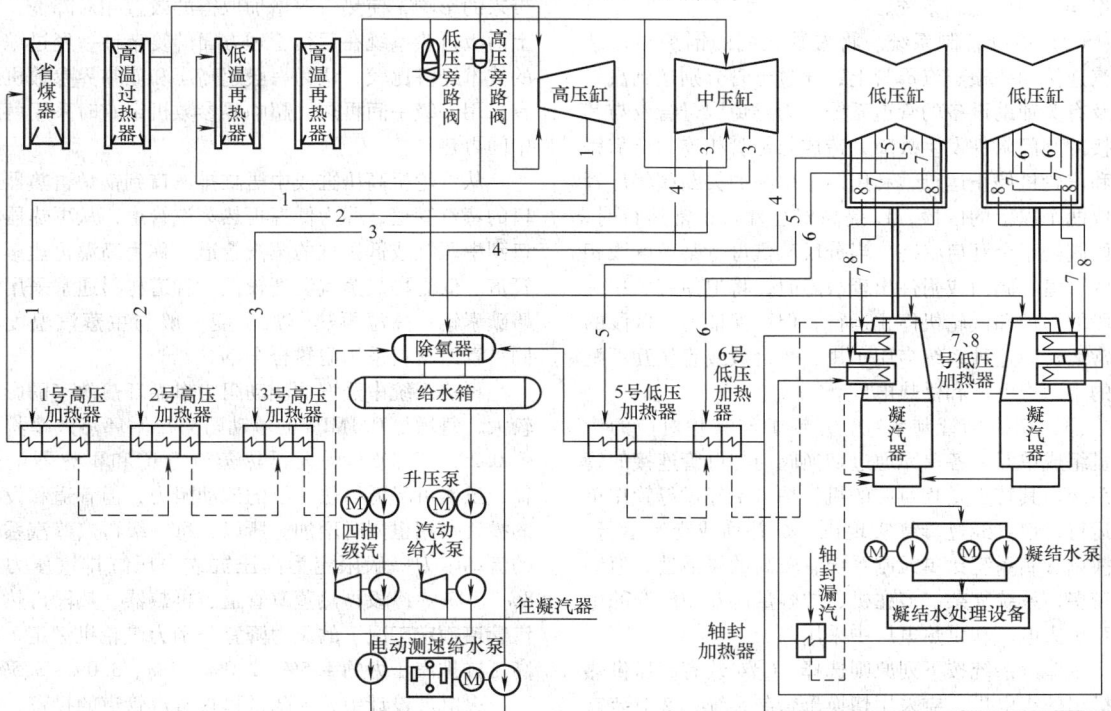

图14.1-19 国产600MW机组的原则性热力系统图

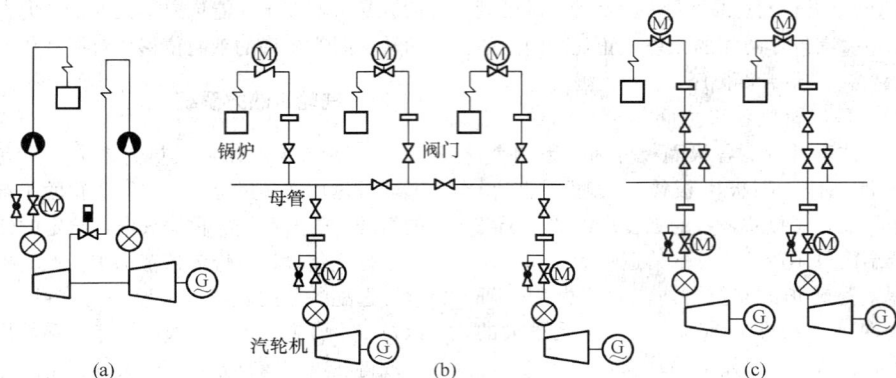

图 14.1－20 火电厂主蒸汽管道系统

(a) 单元制系统；(b) 单母管制系统；(c) 切换母管制系统

（1）单元制系统。单元制系统是汽轮机和锅炉直接连接组成各个独立的热力单元，各个单元之间不存在横向联系的主蒸汽系统。这种系统的特点是系统简单，管道较短，阀门和管件少，压力损失和散热损失减少，机、炉协调控制灵活，厂房设备布置简便。缺点是单元之间不能交叉运行，锅炉、汽轮机或主蒸汽管道上任何附件发生故障，将迫使整个单元停止运行。这种系统需要加强设备维护，提高运行可靠性，因而对电力系统的备用容量提出更高的要求。高温高压的大容量机组中，主蒸汽管道消耗大量价格昂贵的耐热合金钢。为减少主蒸汽管道投资费用，中间再热机组均采用单元制系统。

（2）单母管制系统。将参数相同的锅炉出口新蒸汽连接到一根蒸汽母管上，通过母管分别送到汽轮机及有关辅助设备的管道系统。为避免因母管及与其连接的阀门附件发生故障，造成与母管相连的全部锅炉和汽轮机停止运行，利用两个串联的关断阀将母管分成两个以上的区段，以提高安全性。正常运行时，分段阀处于全开启状态。当分段蒸汽母管某一区段相连的管道、阀门或附件出现故障时，将迫使有关这一区段的锅炉和汽轮机停止运行，但可保证另一区段的正常运转。这种系统多用于机、炉台数或容量互不配合的小型火电厂和供热电厂。

（3）切换母管制系统。是锅炉与其相对应的汽轮机组成单元，各单元通过切换阀门与母管连接的管道系统。其特点是相对应的机、炉可不经过母管作单元运行，也可经过母管实现机、炉并列或交叉运行。切换母管制系统比单元制系统有较高的灵活性，但阀门较多，系统复杂，多在机、炉容量能互相配合的中小容量火电厂和供热电厂中采用。

主蒸汽系统按下列原则选择：①对装有高压供热式机组的火电厂，应采用切换母管制系统；②对装有中间再热凝汽式或中间再热供热式机组的火电厂，应采用单元制系统。

4. 再热蒸汽系统　对超高压、亚临界和超临界压力的大型汽轮机，为增加蒸汽的热焓，提高循环热效率，降低因汽轮机末级叶片蒸汽湿度过大而产生的水冲蚀，常将高中压缸的排汽送回锅炉再热器加热增温，再送回中低压缸继续做功的蒸汽系统。只将高压缸排汽加热的再热系统为一级中间再热系统；若同时将中压缸的排汽引到锅炉低压再热器加热增温，送回低压缸继续做功，为两级中间再热系统。两级中间再热系统可以进一步提高热效率，但两级再热系统所增加的设备和管道投资费用以及由于蒸汽流动阻力增加带来的影响，使热效率增加取得的效益相对降低，加上两级再热系统在运行管理方面的复杂性，经过综合的技术经济比较，认为一般超高压和亚临界参数机组宜采用一级中间再热，超临界参数机组有时采用两级中间再热。

从汽轮机高压缸或中压缸排汽口到锅炉再热器进口的蒸汽管道，称为低温再热蒸汽管道；从再热器出口到中压缸或低压缸的蒸汽管道，称为高温再热蒸汽管道。低温再热蒸汽温度较低，管道材料通常采用优质碳素钢；高温再热蒸汽温度一般与主蒸汽温度相同，管道材料采用耐热合金钢。

再热系统中蒸汽的流动阻力对循环热效率的影响较大，每增加 0.1MPa 的流动阻力，循环热效率将降低 0.2%～0.3%，增大再热蒸汽管道和再热器的管径，虽然可降低再热系统的流动阻力，但管道和设备的投资费用也同时增加。所以，每一级再热蒸汽系统的流动阻力一般限定为高压缸或中压缸排汽压力的 8%～10%。冷段再热蒸汽管道、再热器、热段再热蒸汽管道额定工况下的压力降宜分别为汽轮机额定工况高压缸排汽压力的 1.5%～2.0%、5%、3.0%～3.5%。

火电厂设计中，为降低再热蒸汽管道的投资，通常采用提高高温再热蒸汽管道蒸汽流速的方法来减小管径，以降低耐热合金钢管材的消耗量。高温再热蒸汽管道因管径减小而增加的压力损失，可以用增大低温再热蒸汽管道管径以减少其压力损失来补偿。再热蒸汽系统的压力损失给定后，高温再热蒸汽管道和低温再热蒸汽管道的管径应通过优化计算来确定。

5. 回热系统 汽轮机的回热系统是指利用汽轮机的各级抽汽在逐级的给水加热器中将给水加热到一个合适的给水温度值所配备的一整套回热装置，主要包括低压加热器、除氧器、高压加热器和给水泵等。

实际应用的回热装置，通常采用一个混合式加热器作为锅炉给水的除氧器。一般按抽汽的先后，在除氧器前的加热器称为高压加热器，在除氧器后的加热器称为低压加热器。广泛采用管壳式表面式加热器，管束封闭在外壳内，被加热的给水在管内流动，蒸汽在管外流动。给水回热加热的意义，在于使部分工质的汽化潜热更新在循环中得到利用，减少工质冷源损失，提高循环热效率。回热加热的效果取决于系统参数选择和系统的构成。给水回热最终温度（给水温度）、回热加热级数、加热级焓升以及回热抽汽压力是回热系统设计中的重要参数。提高给水温度可使整个热力循环的吸热平均温度增高，从而提高回热循环的热效率。但是，当回热级数一定时，过分提高给水温度，将使回热抽汽的做功量减少，反而使给水回热的经济效益降低。因此，在理论上存在着一个最佳给水温度值，这时回热循环的热效率达到最大。最佳给水温度，对于已定为 n 级无损失的回热循环，可按等温升的分配原则计算如下

$$t_{fw} = \frac{n}{n+1}(t_{os} - t_{ks}) + t_{ks}$$

式中，t_{fw} 为最佳给水温度（℃）；n 为回热级数；t_{os} 为主蒸汽压力下的饱和温度（℃）；t_{ks} 为凝汽器压力下的饱和温度（℃）。

但是，给水温度还与整个装置的综合技术经济性有关。给水温度越高，会使锅炉排烟温度增高而降低锅炉效率。因此，实际采用的给水温度值往往低于理论上的最佳值，通常可取

$$t_{fw} = (0.65 \sim 0.75)t_{os}$$

为了回热到给定的给水温度，一般采用若干级压力不同的抽汽逐级加热。一般级数越多，热效率越高，但级数不能无限制地增多。给水温度一定时，回热级数的增多将使热效率的相对增益逐渐减少，而设备投资及维护费用却随之增加。

在回热系统中，当给水温度和回热级数一定时，对每一级的加热程度往往要求给水的加热焓升或温升达到合理分配，使回热抽汽的做功量最大，整套回热装置的热经济性最高。对于非中间再热机组，给水回热系统大多采用等焓升的分配原则。对于中间再热机组，给水的焓升分配应该考虑中间再热后蒸汽焓值的提高对给水回热的影响。通常一个加热器的回热抽汽来自再热"冷段"（即进入再热器之前），并使该给水焓升约为其后一级（再热后的一级）加热器给水焓升的 1.5~2.8 倍，以降低再热后的回热抽汽压力，增加抽汽做功量。再热以后的各级给水加热仍采用等焓升分配原则。

汽轮机的各级回热抽汽压力，根据各级加热器出口水温和汽轮机通流部分的分组情况，并考虑加热器的温度端差和抽汽管的压力损失之后确定。加热器温度端差越小，热经济性越高，但加热器面积相应增大。通常在无过热蒸汽冷却段时，端差取 $\Delta t = 3 \sim 6$ ℃；有过热蒸汽冷却段时，取 $\Delta t = 1 \sim 2$ ℃。抽汽管压力损失取决于管道中的流速、管道尺寸与形状，以及汽轮机结构和系统布置等因素。

各种机组的回热级数、给水温度和相对效益见表 14.1-21。

表 14.1-21　　给水回热循环的热经济性

蒸汽初参数		回热级数	给水温度	相对效益
p_0/MPa	t_0/℃	n	t_{fw}/℃	(%)
2.4	390	1~3	105~150	6~7
3.4	435	3~5	150~170	8~9
8.8	535	6~7	210~230	11~13
13.2	535/535	7~8	220~250	14~15
16.2	535/535	7~8	245~275	15~16
24.2	538/566	8	285.5	17~18

6. 旁路系统 是中间再热机组设置的与汽轮机并联的蒸汽减压减温系统，其主要功能是机组起动期间，加快锅炉和主蒸汽、再热蒸汽管道升温过程，使主蒸汽和再热蒸汽参数尽快达到汽轮机冲转的要求，缩短机组起动时间；机组正常运行期间，协调机炉之间蒸汽量，以稳定锅炉运行；机组甩负荷或运行工况急剧变化时，排除锅炉产生的过量蒸汽，避免因蒸汽压力突然上升，使锅炉安全阀动作；同时具有回收部分工质和热量的作用。对于在机组起停期间，不允许干烧锅炉再热器，旁路系统还用于冷却再热器，防止超温。

旁路系统通常分为一级、两级和三级三种。一级旁路即大旁路，将主蒸汽直接排至凝汽器，其系统简单，操作方便，多用于再热器不需保护的机组；两级旁路即高、低压旁路，通过锅炉再热器连接，所以又

称高、低压串联或并联旁路，其系统较简单，且调节灵活，又能有效地保护再热器；三级旁路即大旁路与高、低压旁路并联连接，便于适应负荷变化的需要，但系统复杂。由于两级旁路功能全面、系统简单、使用方便，目前被广泛采用。

7. 主凝结水系统　汽轮机排汽凝结水从凝汽器向除氧器输送的管道系统。凝结水由凝结水泵从凝汽器热井中抽出并升压，经过凝结水精处理装置、轴封冷却器和各级低压加热器加热后进入除氧器中。主凝结水系统还设有接往减温器的管道和通向凝汽器的再循环分支管道。

根据锅炉对给水品质的要求，直流炉和亚临界压力的汽包锅炉，设有全部凝结水进行精处理装置；高压汽包锅炉，冷却水为海水，以及超高压汽包锅炉，汽轮机组的冷却水为海水或苦咸水时，可设部分凝结水精处理装置。当采用带混合式凝汽器的间接空冷系统时，汽轮机组的凝结水应全容量进行处理。

凝结水精处理装置的工作压力分为低压和中压两种。低压凝结水精处理系统，由于凝结水处理设备压力的限制，凝结水泵不能将凝结水直接送到除氧器，需在精处理装置后增设容量与凝结水泵相同并与凝结水泵串联运行的升压泵。亚临界及以上参数的汽轮机组的凝结水精处理可采用中压系统。

低压加热器通常采用表面式热交换器，其加热蒸汽来自汽轮机的低压抽汽，主凝结水在加热器的管内流过，被抽汽加热升温，抽汽在加热器管外放热，被凝结的凝结水送回主凝结水系统予以回收，加热器可通过蒸汽冷却段或蒸汽冷却器和疏水冷却段或疏水冷却器降低其温度"端差"，以提高回热循环热效率。

主凝结水管道上装有流量调节阀，用来控制凝结水流量。凝结水在凝汽器内经过真空除氧后再通过除氧器加热，进一步除去凝结水中溶解的氧气和其他气体，防止管道和设备腐蚀。

8. 水处理系统　为了确保汽轮机、锅炉的安全经济运行，对热力系统各部位的蒸汽和水的质量控制标准见 GB/T 12145—1999《火力发电机组及蒸汽动力设备水汽质量》，分别见表 14.1-22～表 14.1-26。液态排渣炉和原设计为燃油的锅炉，其给水的硬度和铁、铜的含量，应符合比其压力高一级锅炉的规定。

为了保证上述汽水质量及环保要求，必须对电厂用水及排水进行处理。水处理的类别、目的和所采用处理系统见表 14.1-27。

表 14.1-22　　蒸 汽 质 量 标 准

炉　型		汽 包 炉			直 流 炉			
压力/MPa		3.8~5.8	5.9~18.3		5.9~18.3		18.4~25	
项　目		标准值	标准值	期望值	标准值	期望值	标准值	期望值
钠 /(μg/kg)	磷酸盐处理	≤15	≤10		≤10	≤5	<5	<3
	挥发性处理		≤10	≤5				
电导率(氢离子交换后,25℃) /(μS/cm)	磷酸盐处理	—	≤0.30		—	—	—	—
	挥发性处理	—	—		≤0.30	≤0.30	≤0.30	≤0.30
	中性水处理及联合水处理				≤0.20	≤0.15	<0.20	<0.15
二氧化硅/(μg/kg)		≤20	≤20		≤20		<15	<10

表 14.1-23　　蒸 汽 质 量 标 准

炉　型	汽 包 炉				直 流 炉			
压力/MPa	3.8~15.6		15.7~18.3		15.7~18.3		18.4~25	
项　目	标准值	期望值	标准值	期望值	标准值	期望值	标准值	期望值
铁/(μg/kg)	≤20	—	≤20	—	≤10	—	≤10	—
铜/(μg/kg)	≤5	—	≤5	≤3	≤5	≤3	≤5	≤2

表 14.1-24   锅炉给水质量标准

炉型	锅炉过热蒸汽压力/MPa	电导率（氢离子交换后，25℃）/（μS/cm）		硬度/（μmol/L）	溶解氧	铁		铜		钠		二氧化硅	
					μg/L								
		标准值	期望值		标准值	标准值	期望值	标准值	期望值	标准值	期望值	标准值	期望值
汽包炉	3.8~5.8	—	—	≤2.0	≤15	≤50		≤10		—		应保证蒸汽二氧化硅符合标准	
	5.9~12.6	—	—	≤2.0	≤7	≤30		≤5		—			
	12.7~15.6	≤0.30	—	≤1.0	≤7	≤20		≤5		—			
	15.7~18.3	≤0.30	≤0.20	≈0	≤7	≤20		≤5		—			
直流炉	5.9~18.3	≤0.30	≤0.20	≈0	≤7	≤10		≤3		≤10	≤5	≤20	—
	18.4~25	≤0.20	≤0.15	≈0	≤7	≤10		≤3		≤5		≤15	≤10

表 14.1-25   补给水质量标准

种　　　类	硬度/（μmol/L）	二氧化硅/（μg/L）	电导率（25℃）/（μS/cm）		碱度/（mmol/L）
			标准值	期望值	
一级化学除盐系统出水	≈0	≤100	≤5[②]		
一级化学除盐-混床系统出水	≈0	≤20	≤0.30[①]	≤0.20[①]	
石灰、二级钠离子交换系统出水	≤5.0	—			0.8~1.2
氢-钠离子交换系统出水	≤5.0				0.3~0.5
二级钠离子交换系统出水	≤5.0				

① 离子交换器出水质量应能满足炉水处理的需求。
② 对于用一级化学除盐系统加混床出水的一级盐水的电导率可放宽至 10μS/cm。

表 14.1-26   疏水和生产回水质量标准

名　　称	硬度/（μmol/L）		铁/（μg/L）	油/（mg/L）
	标准值	期望值		
疏　　水	≤5.0	≤2.5	≤50	—
生产回水	≤5.0	≤2.5	≤100	≤1（经处理后）

表 14.1-27   火电厂水处理

类　别	处理目的	一般采用的处理系统
原水预处理	除去生水中悬浮杂质、有机物及铁、锰，使其符合进入锅炉补给水处理系统的水质要求	（1）接触混凝、过滤 （2）混凝、澄清、过滤 （3）氯化、混凝、澄清、过滤 （4）上述系统与活性炭（或吸附树脂）联合去除有机物 （5）接触氧化或曝光除铁 （6）接触氧化除锰
锅炉补给水处理	生水进入锅炉以前除掉生水中一切有害物质，使其符合锅炉给水质量标准	（1）石灰软化（镁剂除硅） （2）H-Na 离子交换脱碱软化 （3）H-OH 离子交换除盐 （4）H-OH 混合离子交换除盐 （5）电渗析（反渗透）与离子交换联合除盐 （6）蒸馏（蒸发器、蒸汽发生器）

续表

类　　别	处理目的	一般采用的处理系统
凝结水精处理	对海水（或苦咸水）冷却的高压及超高压机组以及亚临界压力以上的机组，清除凝结水中溶解盐类和腐蚀产物，保证凝结水质量符合标准	（1）前置过滤（覆盖过滤器、精密过滤器、电磁过滤器或氢离子交换器）加混合床除盐 （2）裸形混床（H/OH 型或 NH₄/OH 型）除盐、除铁 （3）粉末树脂过滤
循环冷却水处理	对汽轮机循环冷却水（或补充水）进行处理，防止凝汽器结垢腐蚀	（1）冷却水补充水处理：石灰除碱-硫酸中和；弱酸氢离子交换 （2）循环冷却水处理：①硫酸中和；②加化学阻垢剂、缓蚀剂；③氯化处理；④旁流处理（旁流过滤、旁流软化-石灰、碳酸氢钠法）
给水炉水处理	消除给水系统及炉内的结垢与腐蚀	（1）给水挥发性处理（氨、联氨） （2）给水中性处理（加氧）或联合处理（加氨、加氧） （3）炉水加磷酸盐、协调磷酸盐处理
热网补给及生产回水处理	除去补给水及回水中的杂质及油	（1）钠离子交换软化 （2）覆盖过滤器除油、铁 （3）电磁过滤器（精密过滤器）除铁
工业废水处理	使废水水质符合排放标准或回收再利用	（1）氧化 （2）酸碱中和 （3）澄清、过滤 （4）石灰处理 （5）脱水、除泥

1.5　其他火力发电厂

1.5.1　燃气轮机和燃气轮机发电厂

1. 燃气轮机　是以高温高压气体（燃料燃烧产生的燃气）为工质，按照等压加热循环工作，将燃料中的化学能转化为机械能的动力装置。燃气轮机本体结构如图 14.1 - 21 所示。它的基本循环方式如图 14.1 - 22 所示。基本循环为压缩→加热→膨胀→放热四个过程。如图 14.1 - 22（b）所示：①压力为 p_1，体积为 V_1 的空气自大气进入空气压缩机被压缩到压力为 p_2，体积为 V_2，温度为 T_2 的状态，然后送到燃烧室；②在燃烧室内，燃料和空气按等压过程燃烧，获得热量 q_1，温度提高到 T_3，压力为 p_3；③参数为 p_3、T_3、V_3 的燃气进入燃气轮机膨胀做功 N_1，尾气压力降到 p_1，温度降到 T_4，体积为 V_4；④排出尾气，其热量为 q_2，至此，完成一个循环。

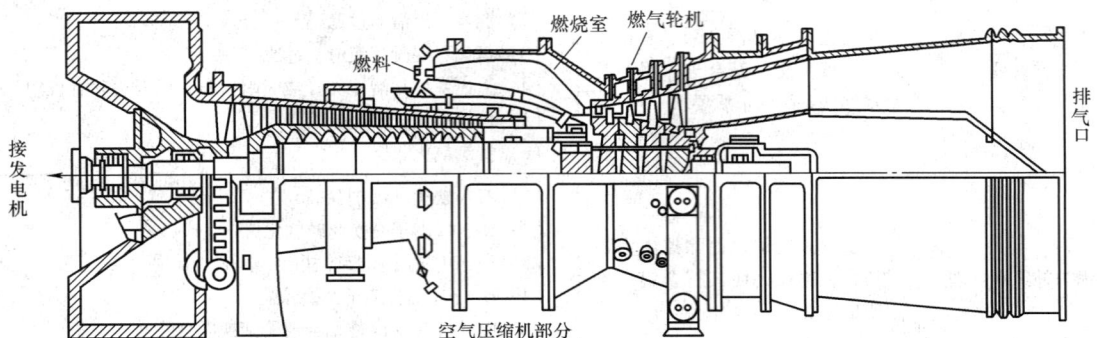

图 14.1 - 21　燃气轮机本体结构示例

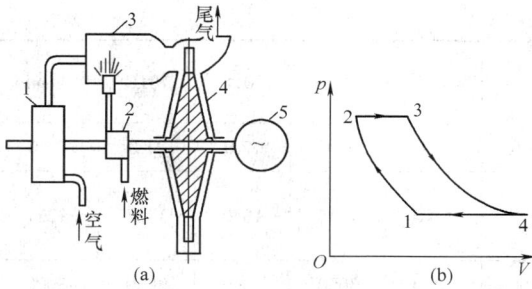

图 14.1-22 燃气轮机基本循环方式

（a）基本热力循环

1—空气压缩机；2—燃料泵；3—燃烧室；

4—燃气轮机；5—发电机

（b）基本循环 p-V 图

1-2—压缩；2-3—加热；3-4—膨胀；4-1—放热

大型燃气轮机的压气机为多级轴流式，中小型的为离心式。燃气透平（燃气轮机）一般为轴流式，在小型机组中有用向心式的。压气机由燃气透平拖动，消耗其机械功率的 3/5～2/3，其余机械功率拖动发电机发电。

燃气轮机是一种高速旋转的高温动力机械。其速度达 3000r/min（50Hz），燃气透平进口初温达 1000～1200 ℃，因此，燃烧室和燃气透平要采用耐高温的镍基合金并用空气冷却。

燃气轮机发电的主要特点：①起动快，自动化程度高，可实现无人值班运行。一台 34.5MW 的燃气轮机从冷态起动到带全负荷只需 10min。②冷却水耗量少，适用于缺水地区。③组装程度高，系统简单，辅助设施及土建工程量少，建设周期短。④排气温度水平及含氧量均较高，易于实现热量回收，组成燃气-蒸汽联合循环。⑤用于热电联产时，燃气轮机的电、热功率比可高达蒸汽轮机的 3.5 倍。⑥每千瓦容量对应的质量小，体积小，机动性好。⑦运行性能受大气参数的影响，大气压力 p_1 的高低对机组功率有明显影响，大气温度 T_1 的变化则对机组功率和效率都有明显的影响。有些机组，气压每降低 10kPa 可减少功率10%，气温每降低 10 ℃则可增加功率 8%～10%，改善热效率 2%～3%。⑧单轴燃气轮机变工况运行经济性差，因定速运行，变工况时工质数量基本不变，主要用改变燃气初温来改变出力。低负荷时，燃气轮机热效率、排烟温度会急剧下降。⑨与常规火电机组相比对燃料要求较高，但比内燃机要求低，原则上适用于液态及气态燃料。⑩需要起动设施，燃气轮机可采用蓄电池组、直流电动机或柴油机作起动动力源，起动功率为主机的 2%～5%，起动后还可实现调相运行。

燃气轮机的基本类型见表 14.1-28。某些燃气轮机组的性能见表 14.1-29。

表 14.1-28　燃 气 轮 机 分 类

分 类	型 式	简 要 说 明
按工质回路	开 式	空气取自大气，废气排入大气
	闭 式	工质间接受热，在封闭回路中循环，工质有氦、氮或二氧化碳等气体
按循环型式	简单循环	仅有工质压缩、等压加热与膨胀过程的循环
	复杂循环	包括回热、中间冷却、中间再热及联合循环等
按结构型式	重 型	以汽轮机结构的经验为基础
	轻 型	以航空燃气发动机结构的经验为基础，三大件往往构成一个整体
按轴系型式	分 轴	透平、压气机与发电机共轴
	多 轴	通常为双轴和三轴
按燃料	气 体	燃用天然气、煤气，有高、中、低热值及劣质之分
	液 体	主要为柴油、重油、原油
	固 体	有原煤、水煤浆、木材，核燃料在研究开发中

表 14.1-29　　　　　某些燃气轮机组性能

型 号 性能参数		PG6561 （B）	PG9171 （E）	PG9351 （FA）	PG9391 （G）	V94.3A	GT26	701F	701G	Trent
发电机功率 /kW	基本	39620	123400	255600	282000	255000	265000	270300	334000	51190
	尖峰									55310
净热效率 LHV /[kJ/(kW·h)]	基本	11297	10653.5	9756.9	9115.2	9348.7	9282.4	9419.4	9091.3	8659.9
	尖峰									8549.2
净热效率 LHV （%）	基本	31.87	33.97	36.9	39.49	38.51	38.37	38.22	39.55	41.57
	尖峰									42.11

续表

性能参数 ＼ 型 号	PG6561 (B)	PG9171 (E)	PG9351 (FA)	PG9391 (G)	V94.3A	GT26	701F	701G	Trent
压 比	12.0	12.3	15.4	23.0	17.0	30.0	17.0	21.0	35.0
透平第一级动叶前燃气温度/℃	1104	1124	1288	1427	1310	1235	1350	1427	1227
转速/(r/min)	5133	3000	3000	3000	3000	3000	3000	3000	3000
空气流量/(kg/s)	139.7	403.7	623.7	684.9	640.9	561.6	650.9	737.1	159.2
排气温度/℃	532	538	609	583	577	640	586.1	587.2	426.7

2. 燃气轮机发电厂　是用燃气轮机作为原动机的火力发电厂。单纯以燃气轮机发电,热效率偏低,对燃料种类也有限制,所以在经济上不能与汽轮机匹敌。为此,需从两个方面采取措施:提高燃气轮机的热效率和采用燃气-蒸汽联合循环发电。

提高燃气轮机热效率的主要措施有:①采用最佳循环参数,例如提高燃气初温,采用最佳压力比(p_2/p_1),提高相对内效率等。②采用回热方法,如图 14.1-23 所示。利用高温(500 ℃以上)尾气预热压缩的空气,它可利用尾气中 65%~85% 的热量,从而使燃气轮机热效率大大提高。③采用多级压缩中间冷却,以减少压气机功耗。④采用再热方法,如图 14.1-24 所示。将燃气从燃气透平中间级抽出,喷入燃烧室重新燃烧,以提高燃气的进口温度。

采用上述措施后,燃汽轮机的热效率可以有较大提高。

燃气轮机发电厂的类型见表 14.1-30,中国某些燃气轮机发电厂见表 14.1-31。

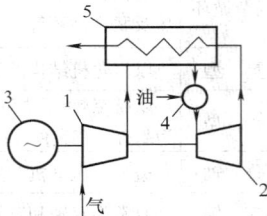

图 14.1-23　回热循环
1—压气机;2—燃气透平;3—发电机;
4—燃烧室;5—回热器

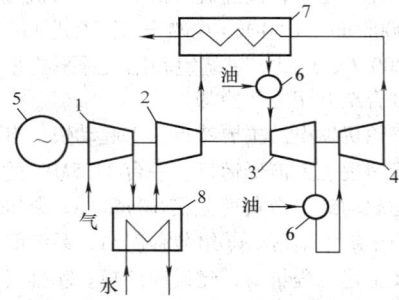

图 14.1-24　中间冷却、回热、再热循环
1—低压压气机;2—高压压气机;3—高压
燃气轮机;4—低压燃气轮机;5—发电机;
6—燃烧室;7—回热器;8—中间冷却器

表 14.1-30　　　　　　　　　　　　　燃气轮机发电厂的类型

类 型	简 要 说 明
紧急备用机组	这类机组多为轻型结构,在电力网发生故障或用户电源临时中断时,可以迅速投入,机组的设备利用率小于 1%
燃气轮机发电厂	在能够获得合适燃料供应的地区,尤其是有天然气可供的地区,首先考虑以燃气轮机发电机组提供主力电源。 按利用系数不同,有三种类型: (1)尖峰负荷机组:年利用小时数小于或等于 1500h (2)中间负荷机组:年利小时数大于 1500~4500h (3)基本负荷机组:年利用小时数大于或等于 4500h 近年来,燃气轮机发电机组多与余热锅炉配套组成联合循环,热效率达 45%~60%。大型燃气轮机发电厂的容量已超过 1000MW 级

续表

类　型	简　要　说　明
热电联产装置	当用户所需热、电功率比较高时，以燃气轮机发电供热较建设汽轮机热电厂更为可取。1000MJ 热量所能匹配的发电量，汽轮机低于76kW。而配多压余热锅炉的燃气轮机，则可达212~284kW。燃气轮机供热机组的容量已达 300MW 级
前置式机组	利用燃气轮机排气作为蒸汽锅炉的热风源以提高综合热效率，详见排气再燃型联合循环发电厂
空气蓄能机组	利用地下储气库储存压气机产生的压缩空气。当电力网缺电时，将压缩空气送入燃烧室供燃气轮机发电，此时燃气轮机的功率可全部用于发电
移动电源	装在卡车、列车或船舶上

表 14.1－31　　　　　　　　　　　　中国某些燃气轮机发电厂

电　厂	机　型		台　数		总出力/MW	热效率（%）
	简单循环	联合循环	燃气轮机	汽轮机		
深圳南山	PG9171G	STAG109E	1	1	173.0	45
深圳美视	GT13E	KA13E	1	1	248.0	49.2
佛山沙口	GT13D	KA13D-2	2	1	277.2	43.2
上海闸电	PG9171E		4		4×119.9	33
上海宝钢	GT11N2 改型				148.4	45
浙江镇海	PG9171E	STAG209E	2	1	300.0	47.7
浙江温州	PG9171E	STAG209E	2	1	300.0	48.4

3. 燃气-蒸汽联合循环电厂　是燃气轮机循环和蒸汽动力循环按一定方式组合，以进一步有效地利用燃气和排气的热量，提高整体经济效益的大型火力发电厂。美国 GE 公司生产的第一台 109H 型联合循环机组在 2002 年投产，其功率为 480MW，电厂热效率达 60%。燃气-蒸汽联合循环电厂除了热效率高外，还有排污指标低、投资低、建设周期短、占地和用水量少、起动灵活、自动化程度高等优点。

燃气-蒸汽联合循环主要是回收燃气轮机出口的高温排气（500~600℃），通过各种热交换方式，供给常规汽轮发电机系统用。目前主要有以下几种联合循环方式（如图 14.1-25 所示）：

燃气-蒸汽联合循环方式中：①余热锅炉型联合循环方式，利用燃气轮机高温排气送到余热锅炉中加热蒸汽发电系统的给水［如图 14.1-25（a）所示］，联合循环热效率约 56%~58%。②补燃余热锅炉型联合循环方式，在燃气轮机和余热锅炉之间加了补燃室，燃气轮机的排气（含氧）供作锅炉燃烧用空气［如图 14.1-25（b）所示］。其热效率可达 40%~43%，且蒸汽循环的参数不受限制，可用于热电联产机组。③增压锅炉型联合循环方式［如图 14.1-25（c）所示］，是将燃气轮机和锅炉的燃烧室合二为一，燃气轮机的压气机取代了锅炉的送风机。锅炉的

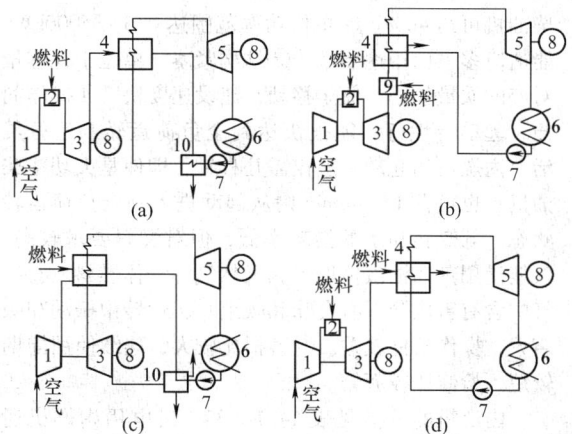

图 14.1-25　燃气—蒸汽联合循环方式
（a）余热锅炉型；（b）补燃余热锅炉型；
（c）增压锅炉型；（d）排气助燃锅炉型
1—空气压缩机；2—燃烧室；3—燃气透平；4—锅炉；
5—汽轮机；6—凝汽器；7—给水泵；8—发电机；
9—补燃室；10—排气冷却器

给水吸收高温燃气的一部分热量，产生一定数量的蒸汽，送至汽轮机中做功。由锅炉排出的高温高压燃气则进到燃气透平中做功。燃气透平的排气可在省煤器或给水加热器中加热给水。该方案中燃气轮机和汽轮

机不能单独运行。④排气助燃锅炉型［如图 14.1－25（d）所示］，是将燃气轮机高温排气导入余热锅炉，锅炉产生新的蒸汽供给汽轮发电机组。这一方式系统简单，技术成熟。

4. 燃气轮机发电的发展　燃气轮机发电的发展方向：①研制更有效的耐高温材料及高温部件的冷却方式，进一步提高燃气初温。②开发大容量、高效率的新型燃气轮机产品。③进一步提高燃气轮机高温部件的可靠性，主要措施是改进燃烧器及高温叶片的冷却技术，采用新耐热材料，改进燃烧器出口接管构造，在燃烧器套筒内涂敷陶瓷热栅涂料等。④开发低 NO_x 燃烧技术，减少废气排放。⑤冷却压气机进气可增加燃气轮机出力和效率。⑥充分利用航空发动机的技术和设备资源。⑦研究以煤为燃料的燃气轮机发电技术。⑧发展燃气-蒸汽联合循环装置或热电联产装置，提高综合热效率。

1.5.2　内燃机发电

1. 内燃机组的特点和类型　内燃机是燃用液体或气体燃料的往复式热力发动机，在汽缸内通过进气、压缩、燃烧-膨胀、排气四个过程完成一次工作循环，汽缸内活塞往复运动的能量通过连杆曲轴机构传给负荷。内燃机的主要特点有：①热效率高，增压柴油机可达 46%。②单机功率范围达 0.6～35000kW，能适应多方面用途要求。③结构紧凑，单位千瓦容量对应的质量较小，便于移动，建设速度快。④操作简便，起动特性好，能很快达到全负荷运转，运行灵活。内燃机的起动一般仅需几秒钟，即使是大功率柴油机，也可在 15～40min 内从起动进入到全负荷运转状态。⑤燃料和水的消耗率低，但对燃料要求较高，仅能使用蒸馏油液体燃料和天然气等气体燃料。⑥废气中含有害成分，有臭味和碳烟。⑦运转中振动和噪声大，操作条件较差。⑧磨损比较大，连续使用周期较短，检修比较频繁。

内燃机的分类见表 14.1－32。发电用内燃机通常为柴油机。

表 14.1－32　　内燃机分类

分　类	型　式	简　要　说　明
按燃料	煤气机	燃用天然气和其他气体燃料
	汽油机	燃用汽油等轻油
	柴油机	燃用柴油等重油
按工作循环	二冲程	曲轴旋转一周完成一个循环
	四冲程	曲轴旋转两周完成一个循环
按着火方式	压燃式	压缩终了时自燃
	点火式	需由火花塞点火

续表

分　类	型　式	简　要　说　明
按进气方式	增压方式	由增压器将空气压缩后进入气缸
	非增压式	没有增压器
按冷却方式	风冷式	以空气作冷却介质
	水冷式	以水作冷却介质
按汽缸布置方式	单列式	多用于六缸以下
	双列式	很少应用
	卧　式	
	斜列式	有 V 型、W 型、星型、H 型等，如 12V135 型柴油机即为 12 缸 V 型布置
按转速	低速	300r/min
	中速	300～1500r/min
	高速	1500～6000r/min

陆用固定电站柴油机铭牌上标定功率有 12h 功率和持续功率两种。12h 功率为允许连续运行 12h 的最大有效功率，其中包括超过 12h 功率 10% 的情况下连续运行 1h。持续功率为允许长期连续运行的最大有效功率，通常为 12h 功率的 90%。选择机组容量时，应使机组运行出力不大于标定功率，同时要考虑用户经常出现的最低负荷，使该负荷不小于一台机组的 50%，否则应另选适当的小型机组，以供最低负荷之用。选择柴油机组机型时，应考虑对燃料的适应性。通常，轻柴油和负岩石轻柴油适用于高、中速柴油机；重柴油、农用柴油适用于中、低速柴油机；重油适用于大型低速柴油机。但目前有的制造厂已能提供燃重油的大型中速柴油机（例如法国 PC3 型柴油机，单机功率达 12.5MW）。

2. 柴油机发电厂　柴油机发电厂类型见表 14.1－33。

表 14.1－33　　柴油机发电厂类型

类　型	简　要　说　明
自备电厂	可以是承担工矿企业内部全部负荷的常用电厂，或者在外电源故障时为保证企业内部一级负荷安全供电才投入的备用电源（对单机容量≥200MW 的火电厂，通常采用柴油发电机组作为事故保安电源）
区域性电厂	一般建在电力网供电无法达到的山区、城镇以及农村，特别是缺煤、缺水地区，但也适用于供电紧张的经济发达地区。供电范围较广，装机容量较大，多设在负荷中心。采用柴油机/汽轮机联合循环热电联产装置可提高经济性
临时电厂	供基建施工用电以及地质、石油勘探工地用电，或者是在一段不长时间后就能与电力网相连的过渡性临时电厂。有些矿山年限不长，开采完毕即须拆迁，也宜建设临时电厂

1.5.3　余热发电

1. 余热利用方式　余热是一种重要能源，例如烟温高于180 ℃及热值大于1.6MJ/m³ 的废气、具有可用压差的蒸汽或燃气，以及排放的蒸汽和热水等都应视为有价值的余热资源，应设法充分利用。除用于供热这种初级型式外，余热利用的主要任务在于从这种低品位能汲取并以电能等高品位能的形式供给用户。余热利用的主要方式见表 14.1-34。

表 14.1-34　　余热利用方式

利用类型	适用的余热资源	主要回收设备
回收用作常规蒸汽发电的燃料补充	高、中温烟气，可燃废气	余热锅炉、热管燃气锅炉
利用富裕压差直接发电	工业锅炉或热网余压蒸汽	背压式汽轮机
	高炉炉顶煤气	煤气膨胀涡轮机
回收余气，利用余热	燃气轮机排气	常规蒸汽锅炉
提高能级后利用	30~60 ℃热水等	热泵
通过有机质循环利用余热发电	中低温余热、液化燃料气、汽轮机排汽	低沸点工质膨胀涡轮机及蒸发器

2. 余热发电机组　由余热锅炉（或燃气锅炉）和汽轮机组成，实际上它是一套不需外供燃料的中小型常规蒸汽电站。这类发电装置的节能效益很高，但在运行上以废气定电，机组与提供热源的生产工艺环节息息相关，不易做到稳发满发。因此，在整体控制、并网、保护设施等方面，要求设计得当，以确保安全灵活。

3. 余压发电机组　①蒸汽余压发电机组，由背压式汽轮机组成，其汽源来自工业锅炉或热网，利用汽源与热用户之间的富裕压差进行发电。这类发电装置投资最省，热经济性优于大型蒸汽电站。②煤气（烟气）余压发电机组，在冶金、石油、化工部门，可设置煤气（烟气）膨胀涡轮机，利用工艺气体的余压进行发电。国内生产的催化裂化动力回收机组，当入口压力为0.235MPa，入口温度为610 ℃时，烟气涡轮机的功率为5800kW。

4. 低沸点工质发电机组　由蒸发器、低沸点工质蒸汽轮机组成，其热力循环与常规蒸汽循环相同，仅以氨、氟里昂等低沸点工质的蒸汽代替水蒸气，以一台蒸发器代替蒸汽锅炉。这类发电技术对150 ℃以下余热回收有良好的效果，目前已进入实用阶段，并

成为开发中低温余热资源的主要手段之一。这类成套发电机组的容量已达16~50MW，但其投资较高。

1.6　机组起停与运行管理

1.6.1　起动与停运

1. 汽轮机的一般冷态起停　火电机组在起动和停运过程中，温度急剧变化，若掌握不当，会产生过大的热应力。造成变形、裂纹、泄漏、烧毁以至爆炸等事故。为防止发生这类事故，需要有合理的起动、停运操作程序和起停曲线。

在锅炉的汽压、汽温以及凝汽器内的真空都达到所定的条件时，可向汽轮机送汽，此时汽轮机的转速开始上升。一般采用全周喷射进汽，以便均匀加热。在汽轮机低速（约全速的1/4）暖机时，要仔细检查有无摩擦声，并注意机组的偏心和振动，油压及油温，胀差，汽温及汽压，疏水是否畅通以及排汽压力等是否正常后，按规定的速度上升率进行升速。在临界转速时要特别注意振动现象并迅速通过。

在起动时要特别注意不要使厚壁金属内部产生过大温度梯度和过大的温度变化，这些都将引起热应力和变形、机组振动、缸套和转子的胀差过大等现象，大大影响机组的寿命。

（1）蒸汽与金属的温差。在汽轮机起动时，蒸汽与金属壁温差过大时，将增大转子表面的热应力，严重影响转子寿命。一般在蒸汽温度比汽轮机蒸汽室温度高28~55 ℃的情况下起动汽轮机。

（2）金属温度的变化率。在汽轮机起动时，必须严格控制蒸汽温度的变化率和金属温度的变化率。

（3）金属内外壁的温差。通常，大型汽轮机蒸汽室及汽缸内外壁温差应控制在83 ℃以下。汽缸法兰和螺栓的温度差应小于110 ℃。

（4）振动。在汽轮机起动时，对振动的要求有明确的规定。

（5）汽轮机的正常停运。负荷减少过程中，仍然要注意蒸汽温度和金属温度的变化率，以及它们之间的温度偏差，均不超过规定的极限值。一般按规定的停机程序逐步减少负荷，减至1/4~1/5时，停用高压加热器。停机前应停用辅助油泵，并起动盘车装置的辅助油泵。停机的同时起动盘车装置，短期停机时连续盘车，长期停机时盘车至汽轮机冷却为止。

（6）汽轮机的快速停运。在负荷减少期间，利用降低主蒸汽的温度和压力的办法冷却汽轮机。除了要求降温均匀外，还要注意温度变化率和内外壁的温差不超过规定的极限值。要注意不能将过热的蒸汽引入汽轮机。

2. 滑参数起停　滑参数起动是指在整个起动过程中，蒸汽参数随着机组转速、负荷的上升而滑升的起动方法。滑参数起动中蒸汽温度和汽轮机金属温度可以保持合理的匹配，可以缩短起动时间，并具有传热效果好、带负荷早、汽水损失少、无噪声等优点。它是一种既安全又经济的起动方式，大容量单元机组都采用这种起动方式。

（1）滑参数冷态起动。是指机组大修或停机一周以后进行起动，此时汽缸壁温度一般在 150 ℃ 以下，起动时要经过暖机过程。

冷态起动时，对蒸汽初参数的选择原则，是在全周进汽条件下，进入汽轮机的蒸汽流量能够满足汽轮机全速和带低负荷暖机或超速试验的需要。

为了使各金属部件均匀加热，提高蒸汽的容积流量，进汽压力尽量低一些，因为当汽轮机组并入电网后，即可全开调速汽门调整汽压、汽温和升负荷，直至调节级汽室压力小于设计值时（一般达到额定负荷的 60%～70%），逐渐关闭调速汽门，使蒸汽参数达到额定参数，然后用同步器将负荷增加到额定值。

（2）滑参数热态起动。热态起动时要防止汽轮机因过度收缩、负胀差超过极限值而造成动静部分的磨损，还要防止各部件温差超过极限值而产生过大的热应力。参数的选择应与机组实际金属温度相对应，即冲转前的蒸汽温度应比汽缸壁温度高 50～100 ℃，过热度 ≥50 ℃。冲转后必须尽快升速、带负荷，直至负荷达到汽缸温度水平所对应的冷态起动时的负荷数值，并注意不使汽缸温度下降。然后再按照滑参数起动带负荷曲线升到额定负荷。

（3）滑参数停机。滑参数停机，一般将负荷减到额定负荷的 80%～85%，蒸汽参数调整到正常运行允许值下限，然后按照滑参数停机曲线分阶段进行降温、降压、减负荷。滑参数停机的要点有：①降低蒸汽参数减负荷的速度，取决于胀差和法兰内、外壁温差，由于停机是冷却过程，法兰和汽缸内壁是拉应力。②滑参数停机过程中，要控制调节级的蒸汽温度稍高于汽缸内壁温度。③蒸汽必须有 50 ℃ 过热度。④严禁螺栓温度大于法兰外壁温度，法兰外壁温度大于汽缸温度。⑤滑参数停机过程中，不应进行任何试验工作，以防参数急剧变动。⑥停机后 8h 内必须连续盘车，当汽缸温度低于 250 ℃ 时可停止盘车。

3. 起停时的注意事项　火力发电厂的蒸汽锅炉、汽轮机、发电机及其他许多辅助设备的构造和性能因其类型和容量的不同而异，在起动运行前，必须掌握这些设备的特点。采用高温高压参数的火力发电设备，在起动、停运的过程中，温度急剧变化是造成大热应力、变形、裂纹以致泄漏等故障的主要原因。

有时还烧坏蒸汽锅炉的过热器和再热器，使汽轮机的汽缸发生裂纹，以及因转子和汽缸的胀差过大而引起动静部分之间的磨损等。因此，在起停操作中，必须特别注意蒸汽温度与金属温度的变化速度、蒸汽温度与金属温度的差值等，协调它们之间的相互影响，制定出最合适的起动停运操作程序。

1.6.2　运行管理

1. 一般运行管理　火力发电厂的运行均按照各种运行规程进行操作和维护，其基本内容有：①对各种运行指标进行监视和记录，以便尽早发现运行偏差和异常，及时予以处理。②巡回监视运行中的设备是否处于良好的状态，以便及早发现故障，进行处理；通常有一般巡视和重点巡视、外观巡视和精密巡视等。③对各项保护装置进行定期测试，以保证其动作灵敏可靠。④根据调度指令，对设备的起停及负荷调节进行操作。⑤对汽水系统定期取样，进行品质分析化验，及时采取措施，防止由于汽水品质不良引起的设备事故。

2. 特殊运行管理

（1）过负荷运行。由于某些意外原因，例如，在气候突变或者电源事故时，为保证供电和电力系统的稳定，火力发电设备应能在短时间内过负荷运行。机组过负荷运行的程度随设备的构造和设计方案而不同。通常，过负荷约为额定出力的 5%。

机组过负荷运行采用的方法有：增加汽轮机的进汽量；减少汽轮机的抽汽量；提高汽轮机的进汽压力等。考虑到上述因素，以及设备的强度、热应力和寿命等条件，一般认为过负荷 5% 是可行的。它可以利用锅炉、发电机、主变压器以及辅助设备的设计裕度。

火力发电设备过负荷的程度，还受冷却水温的影响。因为在同一蒸汽流量情况下，随冷却水温不同，凝汽器真空度和汽轮机的出力是变化的。实际上机组的过负荷运行值是随冬季或夏季的冷却水温而定的。

（2）最低负荷运行。火力发电设备有一个能稳定地连续运行的低负荷界限，在这个低负荷界限运行时称为机组的最低负荷运行。随着负荷的下降，机组的热效率逐渐降低。最低负荷界限随机组的型式、构造、使用的燃料等而不同。通常，使用不同燃料的最低负荷值见表 14.1－35。

表 14.1－35　使用不同燃料的最低负荷值

燃料种类	最低负荷（额定出力的%）
煤和重油混烧	30～40
专烧重油	20～35

（3）负荷变化。火力发电机组出力必须适应外界负荷的变化，随时予以调整。在手动操作时，要控制负荷变化速度；在自动操作时，既要控制负荷变化速度，又要控制负荷变化幅值。容许的负荷变动率见表 14.1－36。

表 14.1－36　容许的负荷变动率

项　　目		烧煤机组	烧重油机组
自动操作	突然变动变化幅度（%）	7.0	7.9
	连续变动　变化幅度（%）	16	17
	连续变动　变化速度/（%/min）	2.8	4.5
手动操作	负荷变化速度/（%/min）（最低负荷-额定负荷）	1.2~2.0	1.5~2.5

（4）进相运行。发电机的进相运行是调整系统无功功率和电压的主要手段之一。进相运行应根据发电机定子端部的温升值、静态稳定极限以及发电机的容量曲线求出容许的运行极限，并根据系统的要求再考虑适当的裕度后选定进相运行的范围。

（5）低频率运行。当系统发生故障频率降低时，锅炉、汽轮机、发电机及辅机等的运行都要受到影响。主要是汽轮机叶片的共振问题，它往往是决定火力发电设备低频率运行极限的主要因素。低频的极限随设备型式和构造而不同，我国行业标准规定，频率的容许变动范围是±0.5Hz。在某些情况下，比额定频率降低 1~1.5Hz 仍有可能连续运行，如果频率降低很多时，可将系统解列为独立的系统运行，并尽快恢复正常。

2. 经济运行　电厂的经济运行除了选用高效率的锅炉设备以外，还必须采用廉价的燃料。对燃煤锅炉来说，希望煤的发热量高，灰分少，并且具有较高的灰熔点。

防止煤在储藏时由于风化降低发热量是很重要的，一般采用压缩储煤或其他有效方法。发热量的降低随煤种、煤粒和堆积方法而不同。烟煤露天自然堆积储藏时，其发热量在一年内约降低 0.9%~2.4%，屋内储藏时，只有上述数值的一半。压缩储煤对防止煤的自燃很有效，从储煤场向煤仓输送时，表面水分多些较好，可以防止煤飞扬失散。最重要的是在锅炉燃烧时，维持最合适的过剩空气率。

从完全燃烧的要求来看，空气量越多越好。但是，过大的空气量将使燃烧温度降低，大量烟气引起排烟损失增加，因而使热效率显著降低。为了维持良好的燃烧，必须加强对燃烧器的管理。当油喷嘴由于磨损改变了喷射角度而使燃烧恶化时，未燃成分增

大，效率将降低。油中的黏性渣堵塞喷嘴也能使燃烧恶化。因此，对油喷嘴要定期清扫，最好一周一次；必要时更换喷嘴，最好 1~2 年一次。为了维持机组的高效率运行，除了保持汽水各种参数在基准值左右外，还必须注意下列事项：①保持（凝气器）真空度；②节省厂用电；③减压运行。

1.6.3　故障与对策

1. 锅炉故障　锅炉炉膛内爆炸将造成各部分的重大损坏，爆炸的原因主要有：①锅炉停炉时，由于煤粉、重油或天然气等燃料漏入炉内，锅炉点火时将引起爆炸；②锅炉在使用期限中由于负荷的急剧变化，特别是在低负荷运行时，由于燃料系统或通风系统失调而引起炉内灭火，这些未燃气体充满炉内也是造成炉内爆炸的一种原因。

在磨煤机及制粉管道内积存煤粉时，由于炉膛回火可能引起爆炸；当磨煤机内的温度超过极限时也会发生爆炸。为了防止炉膛回火，制粉管道内的流速必须在 15~20m/s 以上，磨煤机出口气粉混合物的温度控制在 70~80℃左右，最高不超过 90℃。

在锅炉运行中，要早期发现水管、过热器管以及焊头的泄漏现象是困难的。往往在发现时已经有了很大的喷出口，这时破坏了水的循环，引起其他部分产生过热损坏，喷出的蒸汽又造成邻近管束的损坏，因而使事故扩大。

锅炉焊头的泄漏可以从漏汽喷出的声音、给水流量的增加、烟气温度和蒸汽温度的不正常等现象予以发现。对每天的补给水量和炉水注量加强监视可以早期发现事故。

在锅炉的焊头发现泄漏时，应及时停炉，以防事故扩大，调查分析发生的原因并采取适当措施。

2. 汽轮机故障　通常有叶片损伤、轴承烧毁、主汽阀或调节阀动作不良等。

叶片损伤是重大的事故，产生这种事故的原因很多，例如由于叶片形状或加工不良；湿蒸汽侵蚀；固有振动频率变化后产生共振；发生异常振动时，在电网频率变动不正常时，以及转子和静子胀差过大引起动静叶片磨损等。因此，在运行中必须特别注意汽轮机的振动、温度变化率、频率的变动都要在极限以内。当打开汽缸维修时，要详细检查有无裂缝、侵蚀、磨损等。

主汽阀和调节阀动作不良时，应经常试调，必要时可改为手动调节。

3. 电机故障　一般异步电动机的常见故障及处理方法见表 14.1－37。

表 14.1－37　　　　　　　　　　　　　　一般异步电动机的常见故障及处理方法

故障现象	造成故障的可能原因	处 理 方 法
不能起动	（1）控制设备接线错误	核对接线图，加以校正
	（2）熔丝烧断	检查控制设备及保护装置的工作情况
	（3）电压过低	检查电网电压；在降压起动情况下，如起动电压太低，应适当提高
	（4）定子绕组相间短路、接地或接线错误以及定、转子绕组断路	查找断路、短路位置并进行修复，如果是接线错误，经过检查后进行校正
	（5）负载过大或传动机械有故障	（1）更换较大功率的电动机或减轻负载 （2）把电动机和负载分开，如电动机能正常起动，应检查被拖动机械，消除故障
电动机有异常噪声或振动过大	（1）机械摩擦（包括定、转子相擦）	检查转动部分与静止部分间隙，找出摩擦原因，进行校正
	（2）单相运行	断电，再合闸，如不能起动，则可能有一相断电，检查电源或电动机并加以修复
	（3）滚动轴承缺油损坏	（1）清洗轴承，加新油 （2）轴承损坏，更换新轴承
	（4）电动机接线错误	查明原因，加以更正
	（5）绕线转子异步电动机，转子线圈断路	查出断路处，加以修复
	（6）转轴弯曲	校直或更换转轴
	（7）转子或皮带盘不平衡	校平衡
	（8）联轴器连接松动	查清松动处，把螺栓拧紧
	（9）安装基础不平或有缺陷	检查基础和底板的固定情况，加以纠正
电动机温升过高或冒烟	（1）过载	用钳形电流表测量定子电流，发现过载时，减轻负载或更换较大功率的电动机
	（2）单相运行	
	（3）电源电压过低或接法错误	（1）检查电源电压 （2）△联结电动机误接 Ｙ 联结工作或 Ｙ 联结电动机误接△联结工作，必须立即停电改接
	（4）定子绕组接地或匝间短路	检查找出短路和接地的部分，进行修复
	（5）绕线转子异步电动机转子线圈接头松脱或笼型转子断条	（1）绕线转子查出其松脱处并加以修复 （2）对铜条转子，补焊或更换铜条 （3）对铸铝转子，更换转子或改为铜条转子
	（6）定、转子相擦	检查轴承、轴承室及轴承有无松动，定子和转子装置有无不良情况，加以修复
	（7）通风不畅	移开妨碍通风的物件，清除风道污垢、灰尘及杂物，使空气畅通

续表

故障现象	造成故障的可能原因	处 理 方 法
轴承过热	（1）轴承损坏	更换轴承
	（2）滚动轴承润滑脂过多、过少或有杂质	调整或更换润滑脂
	（3）滑动轴承润滑不够、有杂质或油环卡住	（1）加油到标准油面线或更换新油 （2）查明卡住原因，加以修复 （3）油黏度过大时，应掉换润滑油
	（4）轴承与轴承配合过松（走内圆）或过紧	过松时可将轴颈喷涂金属；过紧时重新加工
	（5）轴承与端盖配合过松（走外圆）或过紧	过松时将端盖镶套；过紧时重新加工
	（6）电动机两侧端或轴承盖没有装配好（不平行）	将两侧端或轴承盖止口装平，旋紧螺栓
	（7）传动带过紧、过松或联轴器装配不良	（1）调整传动带松紧程度 （2）校正联轴器
绕线转子集电环火花过大	（1）电刷牌号或尺寸不符合要求	更换电刷
	（2）集电环表面有污垢杂物	清除污垢，烧灼严重时进行金加工
	（3）电刷压力太小、电刷在刷握内卡住或放置不正	（1）调整电刷压力 （2）改用适当大小的电刷 （3）把电刷放正
电动机运行时电流表指针来回摆动	（1）绕线转子电动机一相电刷接触不良	调整电刷压力，并改善电刷与集电环的接触
	（2）绕线转子电动机集电环的短路装置接触不良	修理或更换短路装置
	（3）笼型转子断条或绕线转子一相断路	（1）对铜条笼型转子，补焊或更换铜条 （2）对铸铝转子，更换转子或改为铜条转子 （3）查出断路处，加以修复
电机外壳带电	（1）接地不良	找出原因，采用相应措施进行纠正
	（2）绕组受潮、绝缘损坏或接线板有污垢	（1）绕组干燥处理 （2）绝缘损坏时予以修复 （3）清理接线板
	（3）引出线绝缘磨破	进行修复

1.7　火电厂的环境影响及治理

1.7.1　环境质量标准和排放标准

火电厂所排放的污染物对当地环境的影响应符合国家环境质量标准，其排出口应执行国家或地方排放标准。相关的环境质量标准和排放标准包括：GB 3095—1996《空气环境质量标准》；GB 13223—2003《火电厂大气污染物排放标准》；GB 3838—2002《地表水环境质量标准》；GB/T 14848—1993《地下水质量标准》；GB 3097—1997《海水水质标准》；GB 8978—1996《污水综合排放标准》；GB 3096—1993《城市区域噪声标准》；GB 12348—1990《工业企业厂界噪声标准》；GB 10070—1988《城市区域环境振动标准》。

1.7.2 火力发电厂环境影响

1. 火电厂的废气排放 SO₂ 及烟尘排放量的计算公式见表 14.1 - 38。

2. 火电厂的废水排放 排水种类及其污染物见表 14.1 - 39。

3. 火电厂的灰渣排放 灰渣排放量计算见表 14.1 - 40。

4. 火电厂噪声 火电厂各有关噪声值见表 14.1 - 41。

表 14.1 - 38 SO₂ 及烟尘排放量的计算式

计 算 公 式	备 注
$$M_{SO_2} = 2B_g\left(1 - \frac{\eta_{SO_2}}{100}\right)\left(1 - \frac{q_4}{100}\right)\frac{S_{t,ar}}{100}K$$ $$M_A = B_g\left(1 - \frac{\eta_e}{100}\right)\left(\frac{A_{t,ar}}{100} + \frac{q_4}{100} \times \frac{Q_{net,v,ar}}{8100 \times 4.182}\right)a_{fh}$$	M_{SO_2} 为 SO₂ 排放量（t/h）；M_A 为烟尘排放量（t/h）；B_g 为燃煤量（t/h）；η_{SO_2} 为除尘器脱硫效率，水膜除尘器时为 5，文丘里除尘器时为 15；q_4 为机械未完全燃烧热损失（%）；$S_{t,ar}$ 为燃煤收到基硫分（质量分数,%）；K 为硫燃烧后氧化成 SO₂ 份额，煤粉炉时为 0.85±0.02；η_e 为除尘器效率（%）；$A_{t,ar}$ 为燃煤收到基灰分（质量分数,%）；$Q_{net,v,ar}$ 为燃煤低位发热量（kJ/kg）；a_{fh} 为烟气带出飞灰份额（%）

表 14.1 - 39 排水种类及其污染物

排 水 名 称		污 染 物						
		pH	SS	油	重金属	COD	BOD₅	温度
经常性排水	循环水排水（直流）							✓
	循环水排水（循环）	✓						
	锅炉补给水处理排水	✓	✓					
	凝结水处理排水	✓						
	灰场排灰水				✓			
	生活污水	✓	✓				✓	
非经常性排水	锅炉酸洗排水	✓			✓	✓		
	空气预热器冲洗水	✓			✓			
	油库区排水			✓				
	煤场、输煤系统排水	✓	✓					

表 14.1 - 40 灰渣排放量计算

计 算 公 式	备 注
$$G_{hz} = B_g\left(\frac{A_{t,ar}}{100} + \frac{q_4}{100} \times \frac{Q_{net,v,ar}}{8100 \times 4.182}\right)$$ $$G_z = \phi_z G_{hz}$$ $$G_h = \phi_h G_{hz} \eta_e$$	G_{hz} 为灰渣量（t/h）；G_z 为渣量（t/h）；ϕ_z 为渣在灰渣中的质量比例（%）；G_h 为灰量（t/h）；ϕ_h 为灰在灰渣中的质量比例（%）；η_e 为除尘器效率（%）

表 14.1 - 41 火电厂噪声值 [dB（A）]

名 称		噪声值
环境噪声	围墙界内	约 50
	厂前区	50~60
	围墙内	<60
	主厂房周围	65~80
	冷却塔周围	约 70
主要车间噪声	汽轮机房（零米，运转层）	约 90
	锅炉房（运转层）	<85
	锅炉房（底层）	90
	灰渣泵房	85~90
	化学水处理室	75~85
	修配车间	85~90
	变电所	70

续表

名　　称		噪声值
设备噪声	汽轮机	≤85
	发电机	≤90
	给水泵（气动、电动）	≤85
	励磁机	90
	循环水泵	90
	凝结水泵	90
	送风机	≤90
	引风机	≤90
	燃烧器	约85
	钢球磨煤机	≤90
	其他磨煤机	≤90
	电动机	80～90
	空压机	约90
	罗茨风机	约90
	碎煤机	约90
	变压器	70
	电除尘器	55
	胶带输送机	60

注：设备噪声值指距离设备1m处的测量值。

1.7.3 火力发电厂环境保护

1. 脱硫技术　燃煤电厂的脱硫技术分类见表14.1-42。①燃烧前原煤脱硫：高硫煤强磁脱硫技术属燃烧前脱硫工艺，利用燃烧中煤的逆磁性与矿物杂质（硫及灰分）顺磁性之间的差别，在较高磁场强度和磁强梯度作用下实现两者的分离。据资料介绍，在磁场强度为2T时，全硫脱除率为68.4%，灰分脱除率为52.4%。②燃烧中脱硫：循环流化床脱硫（见表14.1-43）；炉内喷钙加烟道增湿活化脱硫（见表14.1-44）。③燃烧后烟气脱硫：湿式石灰石-石膏脱硫法（见表14.1-45）；旋转喷雾干燥法（见表14.1-46）；海水脱硫（见表14.1-47）；电子束脱硫（见表14.1-48）；荷电干式烟气脱硫（见表14.1-49）。

表14.1-42　　　　　　　　　　　火电厂脱硫技术分类

分类	燃烧前脱硫	燃烧中脱硫	燃 烧 后 脱 硫
原理	采用物理或化学方法对原煤进行清洗，除去煤中黄铁硫矿	炉膛内喷入吸收剂固化SO_2/SO_3而进行脱硫	加设装置，利用吸收剂对尾部烟气进行脱硫
方法举例	淘汰法脱硫：高硫煤强磁脱硫，摇床法、重介质法、旋流器法、浮选法脱硫	炉膛内喷入石灰/石灰石粉及流化床锅炉掺烧石灰石脱硫（循环流化床：常压、加压）	湿法脱硫：石灰/石灰石洗涤法、氨洗涤法、海水洗涤烟气法。干法脱硫：喷雾干燥法、活性炭法

表14.1-43　　　　　　　　　　　流化床燃烧脱硫

项　目	内　　　容
原　理	循环流化床锅炉（CFB），利用在炉膛内喷入石灰石碎屑，与SO_2发生化学反应而固化，部分燃烧产物经旋风集尘器后再返回燃烧室再循环利用，燃烧温度约850℃，还有抑制NO_x生成的作用
主要反应式	$S+O_2 \longrightarrow SO_2$，$CaCO_3 \longrightarrow CaO+CO_2$，$CaO+SO_2 \longrightarrow CaSO_3$，$CaSO_3+\frac{1}{2}O_2 \longrightarrow CaSO_4$
主要特点	（1）Ca/S＝2时，脱硫效率>90%，Ca/S＝3时，脱硫效率>95% （2）在常规锅炉中很难燃烧或无法燃烧的燃料，在CFB中很适宜 （3）NO_x排放量低，一般低于200mg/m^3，大部分氯化物与氟化物被截留在灰中
工艺流程图	 1—流化床燃烧室；2—循环旋风集尘器； 3—尾部受热面及空气预热器；4—电除尘器； 5—烟囱；6—风机；7—流化床热交换器

表 14.1 – 44　　　　　　　　　　　　　　炉内喷钙加烟道增湿活化法

项目	内　　容
原理	将石灰石粉喷入炉膛温度为 $800\sim1100\,^\circ$C区域内，吸收部分 SO_2，未反应的 CaO 进入烟道活化器与预先喷入定量的水生成 $Ca(OH)_2$，再吸收 SO_2
主要反应式	$CaCO_3\longrightarrow CaO+CO_2$，$CaO+SO_2\longrightarrow CaSO_3$，$CaO+H_2O\longrightarrow Ca(OH)_2$ $Ca(OH)_2+SO_2\longrightarrow CaSO_3+H_2O$，$CaSO_3+\frac{1}{2}O_2\longrightarrow CaSO_4$
适用范围	低、中硫煤
脱硫效率	总效率 70%~80%
工艺流程图	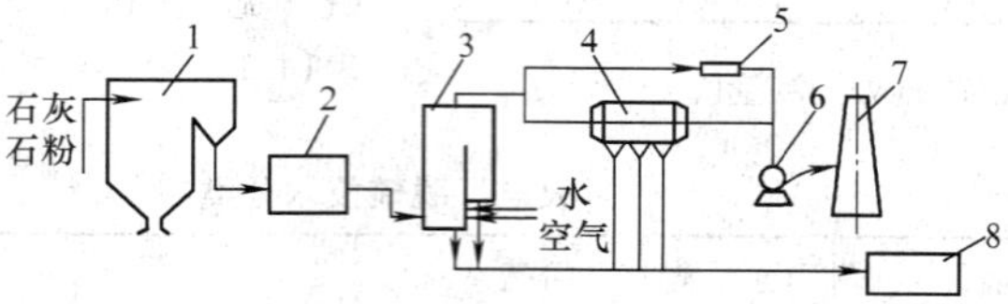 1—锅炉；2—空气预热器；3—活化反应器； 4—电除尘器；5—加热器；6—风机； 7—烟囱；8—除灰系统

表 14.1 – 45　　　　　　　　　　　　　　　石 灰 石 – 石 膏 法

项　目	内　　容
原　理	石灰石作吸收剂，在吸收塔内与烟气中的 SO_2 完成吸收氧化反应，生成石膏浆，可制成石膏或抛弃
主要反应式	$SO_2+CaCO_3+H_2O+\frac{1}{2}O_2\longrightarrow CaSO_4\cdot H_2O+CO_2\uparrow$　（强制氧化）
适用范围	低、中、高硫煤均可使用
脱硫效率	Ca/S = 1.1~1.2，脱硫效率在 90% 以上
工艺流程图（珞璜电厂）	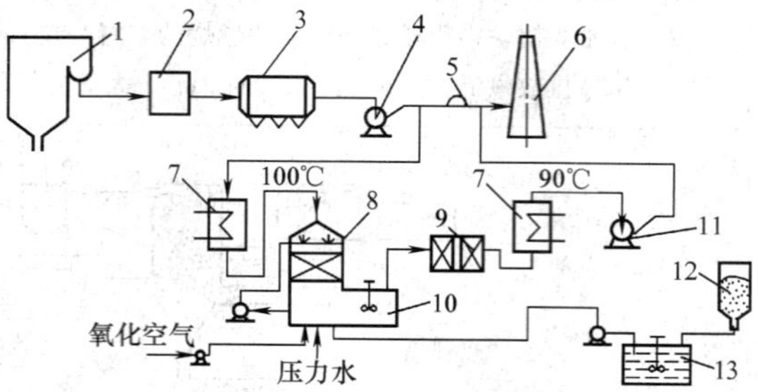 1—锅炉；2—空气预热器；3—电除尘器；4—引风机； 5—旁路烟道；6—烟囱；7—热交换器；8—吸收塔； 9—二级除雾；10—反应槽；11—反置风机； 12—石灰石粉仓；13—浆槽

表 14. 1 - 46 喷 雾 干 燥 法

项 目	内 容
原 理	消石灰吸收剂以雾状喷入吸收塔,吸收烟气中 SO_2,同时烟气将热量传递给吸收剂使之不断干燥,反应后废渣以干态排除,此方法亦称半干法脱硫
主要反应式	$SO_2+H_2O \longrightarrow H_2SO_3$,$H_2SO_3+Ca(OH)_2 \longrightarrow CaSO_3+2H_2O$,$CaSO_3+\frac{1}{2}O_2 \longrightarrow CaSO_4$
适用范围	低、中硫煤,但国内用高硫煤(硫的质量分数 S_{ar} 为 3%~4%)获得成功
脱硫效率	$Ca/S=1.2~1.5$ 时,脱硫效率为 75%~85%
工艺流程图	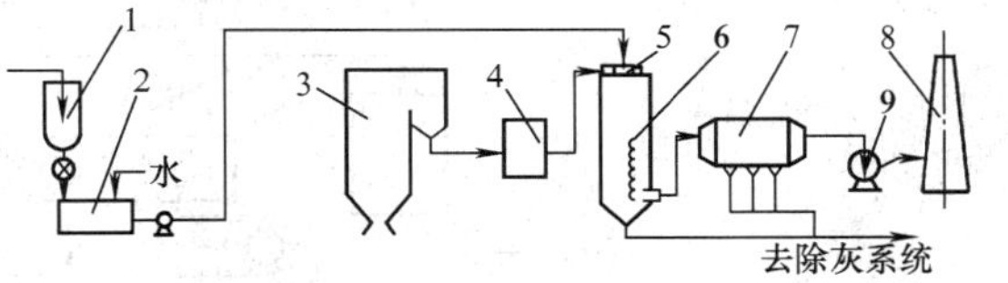 1—石灰储仓;2—调整槽;3—锅炉;4—空气预热器; 5—雾化器;6—吸收塔;7—电除尘器;8—烟囱; 9—引风机

表 14. 1 - 47 海 水 脱 硫

项 目	内 容
原 理	利用海水中碱性物质,如碳酸钙、碳酸钠,吸收烟气中 SO_2,同时利用爆气使亚硫酸钙变成硫酸钙,处理后排水排入海中
主要反应式	$SO_2+CaCO_3 \longrightarrow CaSO_3+CO_2$,$CaSO_3+\frac{1}{2}O_2 \longrightarrow CaSO_4$
适用范围	低、中硫煤,大容量机组
脱硫效率	>90%
工艺流程图	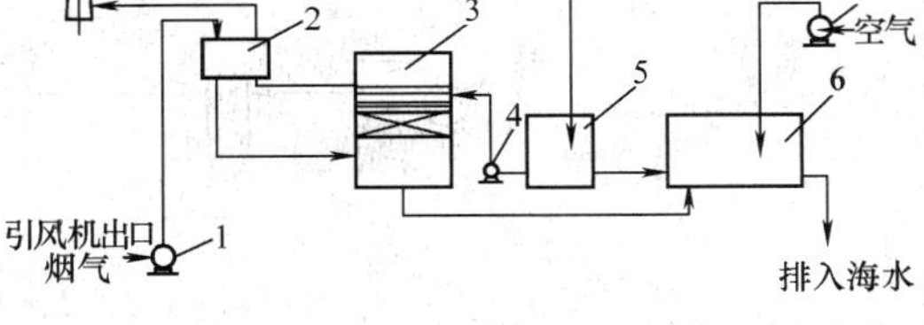 1—升压风机;2—热交换器;3—吸收塔;4—海水泵;5—海水池;6—爆汽池;7—空压机;8—烟囱

表 14.1 - 48 电 子 束 脱 硫

项 目	内 容
原 理	利用电子束照射烟气所产生的活性基团氧化烟气中的 SO_2、NO_x 等气态物,并与加入的 NH_3 反应,达到脱硫脱硝的目的
主要反应式	O_2,$H_2O+e^* \longrightarrow OH$,$HO_2$,$O$;$SO_2+2OH \longrightarrow H_2SO_4$;$NO_2+OH \longrightarrow HNO_3$; $H_2SO_4+2NH_3 \longrightarrow (NH_4)_2SO_4$;$HNO_3+NH_3 \longrightarrow NH_4NO_3$
适用范围	高、中、低硫煤
脱硫效率	脱硫率约 90%,脱硝率约 80%
工艺流程图	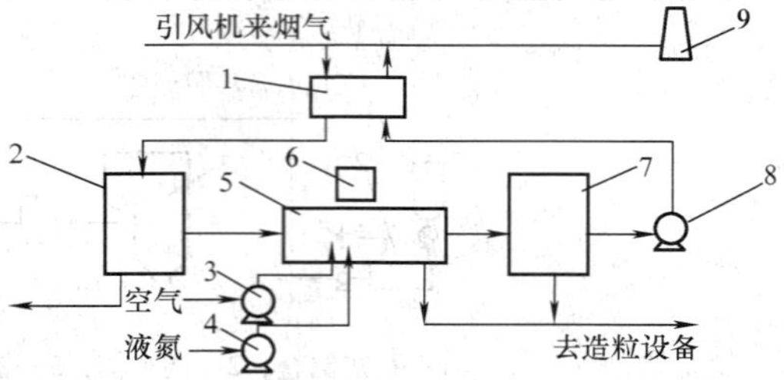 1—热交换器;2—冷却塔;3—空压机;4—液氨泵;5—反应器;6—电子束发生器;7—电子束除尘器;8—升压风机;9—烟囱

表 14.1 - 49 荷电干式烟气脱硫

项 目	内 容
原 理	利用有高压电源产生的 3~6 万 V 静电,使加入的 $Ca(OH)_2$ 吸收剂带负电,再用喷枪喷入烟道中,吸收 SO_2
主要反应式	$SO_2+Ca(OH)_2 \longrightarrow CaSO_3+H_2O$,$CaSO_3+\frac{1}{2}O_2 \longrightarrow CaSO_4$
适用范围	各种含 SO_2 的工业废气,小电厂
脱硫效率	75%~85%,不设预除尘时,脱硫效率要降低 5%,脱硝效率约 <20%
工艺流程图	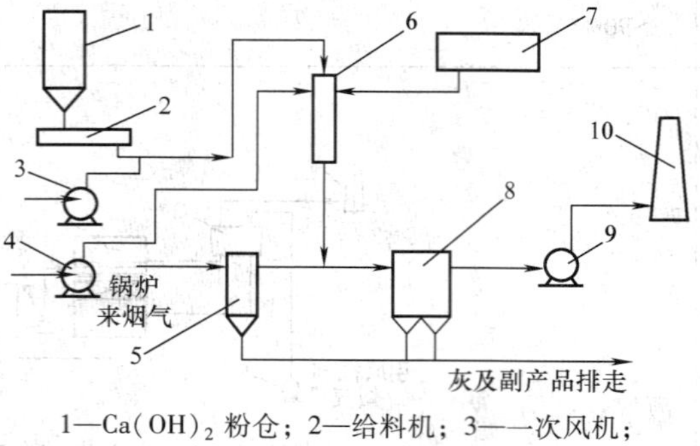 1—$Ca(OH)_2$ 粉仓;2—给料机;3—一次风机; 4—二次风机;5—预除尘器(一电场);6—喷枪; 7—高压电源;8—除尘器(二三电场);9—引风机; 10—烟囱

2. 脱硝技术 目前 NO_x 控制措施有：①采用低 NO_x 燃烧控制技术，包括改善燃烧（改进燃烧方式和改变运行条件）及低氮燃料（燃料脱氮技术和燃料转换）；②采用烟气脱硝，包括干法和湿法。

各国对燃料脱氮技术还在研究之中，烟气脱硝系统已工业应用，但催化剂昂贵，再生及其他方面还存在不少问题。因此，目前降低 NO_x 的有效途径是改进燃烧方式。

影响 NO_x 生成量的因素有：①火焰温度低，生成 NO_x 量少；②燃烧区段氧浓度低，生成 NO_x 量少；③燃烧产物在高温区的停留时间短，生成 NO_x 量少；④燃料中氮含量低，生成 NO_x 量低；⑤煤中的燃料比（固定氮/挥发分）小，生成 NO_x 量少。

表 14.1-50 为各种锅炉 NO_x 生成量的实测数据。从表中可知，固态炉 NO_x 较低，旋风炉或液态排渣炉 NO_x 较高，燃油炉与之接近；炉膛温度高是 NO_x 生成量高的关键因素之一。

降低 NO_x 生成量的烟气脱硝见表 14.1-51。

3. 灰渣处理和应用 火电厂灰渣处理方式，目前以堆储为主，堆灰容积为规划容量 20 年的灰渣量。

初期灰坝高度为本期容量的 5~7 年。除灰系统大致可分为水力堆灰和干灰碾压两种方式见表 14.1-52。

灰渣综合利用是指将灰渣用于建材生产、建筑工程（包括筑坝、筑港、桥梁、建筑回填、地下工程和水下工程等）、筑路、肥料生产、改良土壤和其他产品制作等，以及从粉煤灰中提取有用物质。我国火电厂灰渣综合利用量及用途见表 14.1-53。

4. 废水处理 废污水的种类及处理方式见表 14.1-54。

5. 噪声治理 ①限制噪声源。规范设备噪声限值，各主机、辅机一般应为 65~85dB（A）。②合理布局。火电厂总布置格局应考虑防噪原则，要合理布局，必要时应限制开窗面积、高度及方向，还要进行合理绿化，树木、草地均有吸声作用，必要时设置绿化隔离带。③设置减振防振设施。④加装消声器。点火排汽应加装消声器，一级降压排汽小孔消声器，消声量达 35dB（A），还有多级降压小孔升频消声器，消声量为 50dB（A）；安全阀排汽加装消声器，应保证安全阀动作可靠；在风机、空压机的管道上亦应装消声器。⑤设置隔音值班室。

表 14.1-50 NO_x 生成量的实测数据

锅 炉	额定出力 /(t/h)	运行出力 /(t/h)	燃料含氮量 N_{ar}（%）	炉膛温度 /℃	排烟过剩空气系数 a	排烟中 NO_x 值 /[mg/m³（标准）]
液态排渣炉	75	71	0.7~1	1640~1700	1.36~1.40	1928
固态排渣炉	220	184	0.75	1320~1370	1.40~1.50	1251
燃油炉	410	302	0.72~0.8	1530~1560	1.34~1.38	1908
燃油炉	670	488	0.72~0.8	1580~1630	1.24~1.29	1991

表 14.1-51 降低 NO_x 生成量措施及烟气脱硝

项 目	内 容
分段燃烧	常见为两段燃烧：①用 80% 理论空气量从下部燃烧器喷口喷入，缺氧进行不完全燃烧；②用 20% 的空气量从上部喷口喷入，以达到完全燃烧均在较低燃烧温度下，能减少 20%~40% 的 NO_x 生成量
低 NO_x 燃烧器	对燃烧器结构、喷嘴尖端等加以改进，结合分段燃烧或再循环烟气技术使燃料的雾化及与空气的混合状态发生变化，以降低燃烧区的温度，能降低 30% 的 NO_x 生成量
烟气再循环	5%~15% 尾部烟气再循环到燃烧器，和燃烧用的空气再混合，降低 O_2 浓度也降低燃烧温度，能降低 12%~15% 的 NO_x 生成量，烟气再循环送入初始燃烧段效果最佳，但着火稳定性差，不适用着火困难的煤种（如无烟煤、贫煤），也会降低热效率 液态排渣炉由于降低炉膛温度，造成排渣困难，一般不采用
流化床脱硝	循环流化床喷石灰石除能脱硫外，还由于炉膛燃烧温度为 850~900℃（稍高于氮化物热解温度 800℃），抑制 NO_x 生成，NO_x 排放量低

续表

项　目		内　容
烟气脱硝	干式氨接触还原法（SCR）	向烟气中喷入氨气，在 250~450℃ 及触媒的作用下，NO_x 被还原成氮气和水而除去 NO_x，触媒层一般设在省煤器与空气预热器之间，脱硝率达 90%，但触媒价格高，更换周期短，费用昂贵，一般占 SCR 装置总费用的 50%
	干式氨无触媒还原法	用氨还原，无触媒，将氨注入 850~1100℃ 的烟气中，将 NO_x 还原为 N_2 和 H_2O，设备及运行费用低，脱硝效率低于干式氨接触还原法，当有 SO_2 存在时，还可能堵塞或腐蚀热交换器
	干式氨无触媒加触媒还原法	吸收上述两种还原法的优点，把无触媒作为高温初脱，触媒作为低温精脱，效果好，工程上尚未应用
	湿式氧化吸收法	NO 用臭氧、浓 HNO_3、$NaClO_2$、$KMnO_4$ 等催化使之氧化成 NO_2，再用碱液吸收去除 NO_2；用有机金属盐作为吸收剂，直接吸收 NO_x。湿法存在装置复杂且庞大，排水要处理，内衬易腐蚀，副产品难处理和耗电较大等问题

表 14.1-52　　　　　　　　　　　　　堆 灰 方 式

项目	水 力 堆 灰	干 灰 碾 压
除灰系统	一般用于水力除灰（含高、低浓度），也用于厂内气力输送，场外水力输送至灰场堆放	厂内气力除灰集中至灰库，加 20%~30% 水搅拌混合，装汽车运至灰场，按指定的顺序分块堆放碾压
使用情况	水力除灰及水灰场均有成熟经验	国外一般采用干灰碾压。国内石景山电厂做过工业性试验，组织了鉴定；陕西渭河电厂从除灰系统到灰场管理进行全过程试点
特点及技术要求	（1）设置水灰场，建造灰坝 （2）保持 300~500mm 水深，以防干灰面的飞扬 （3）加强灰场管理，防止出现干灰面 （4）及时盖上盖板或堵塞排水孔，防止浑浊灰水排出 （5）设防护林带 （6）无论高、低浓度除灰系统，每小时约有几百吨水进入灰场 （7）有山谷或滩地灰场，前者居多，挡灰坝一般筑成透水坝，坝高可按 5~10 年堆灰量设计，而后用灰渣逐级加高，每次加高 5m 为宜；山谷灰场要考虑防洪库容	（1）灰场距离在 6km 内经济性好，最好在 2~3km 内 （2）平地灰场较易实现，山谷灰场受进山道路及施工作业场地的限制 （3）趾坝可用当地材料修筑 （4）可灰渣混碾，应有碾压设备和洒水设备 （5）设绿化带 （6）灰场管理及作业队伍，按设计要求进行堆灰作业，分块使用 （7）每次堆灰高度为 0.4~0.88m，碾压约四遍，碾压后灰的干容量为 0.92~0.98g/cm³，渗透系数为 0.4~0.6 m/d （8）防渗层设置视地下水要求而定，防渗厚度为 0.3m，亚砂土夹中细砂层经三遍碾压，渗透系数由 0.36~1.9 m/d降至 0.005~0.08m/d，黄土经三遍碾压，渗透系数为 0.0092~0.0124m/d
对环境影响	（1）有灰水排放，可能对地表水有影响 （2）灰水下渗对地下水可能有影响 （3）会引起环境影响评价的复杂性 （4）有敏感目标的水系，应进行处理或回收重复利用	（1）无灰水排放，不存在对地表水的影响 （2）碾压后，减少了灰层的下渗能力，不存在灰水对地下水的影响 （3）注意大风（19m/s）对灰面的起尘影响，使灰面保持一定的含水量

表 14.1－53　　　　　　　　　　　　　　　　　灰渣利用量及途径

项　目	1988 年		1994 年		1996 年		途　　径
	用量/(万 t/年)	比例(%)	用量/(万 t/年)	比例(%)	用量/(万 t/年)	比例(%)	
建筑材料	644.7	41.89	1080	29.2	1239.21	28.1	粉煤灰烧结砖、粉煤灰蒸养砖、粉煤灰硅酸盐砌块、粉煤灰加气混凝土砌块、粉煤灰陶粒、免烧免蒸粉煤灰砖、水泥的配料及混合料、增钙渣生产岩棉
建筑工程	82.1	5.82	297	8.0	454.23	10.3	混凝土掺合料、建筑砂浆掺合料
筑　路	220.2	14.17	1047	28.3	1913.94	43.4	路基混合料、路堤回填料、混凝土路面掺合料
回　填	438	28.12	804	21.7	401.31	9.1	地上回填、地下回填
农　业	71.2	4.85	182	4.9	194.04	4.4	改良土壤、灰场上种植物、制作农业肥料
其　他	97.7	6.29	290	7.8	207.2	4.7	回收漂珠、微珠、选铁、选铝
总　计	1553.9	100	3700	100	4410	100	
利用率(%)	25.6		40.6		42		

表 14.1－54　　　　　　　　　　　　　　　　火电厂废污水的种类及处理方式

种类	废污水名称	处 理 方 式
无机废水	锅炉水侧、烟侧清洗水，空气预热器冲洗水，锅炉无机酸洗排水，煤场初澄后排水，凝结水处理再生排水，初给水处理再生排水	无机废水→废水储存池(NaOH)→一级pH调整槽(HCl、NaOH，空气、排污)→二级pH调整槽(空气、NaOH，排污)→氧化槽(空气)→金属沉淀池(FeSO₄，去化学废水井)；化学废水(SS高时)→废水储存池。水渣废水池→水渣浓缩器(聚丙烯酰胺)→脱水机(去渣斗)
有机废水	氨化柠檬酸清洗水	(1) 氨化柠檬酸废液→排水储存槽(NaOH、鼓风)→过滤器→锅炉炉膛→焚烧液箱 (2) 太阳能蒸发：储存在大池中，让其自然蒸发
含油废水	点火油泵房排水，油作业区含油冲洗水	含油废水→平流式隔油池→排砂池、调节池(升压泵)→气浮池；浮油→废油池(油沫)
冲灰水排水	灰场外排水	灰水回收再利用、加酸处理、炉烟处理等
生活污水	厂区生活污水	分段接触氧化法、活性污泥法、氧化塘法、爆气、凝聚澄清法

第 2 章　水　力　发　电

2.1　水力发电概述

2.1.1　水力发电厂的特点

水力发电厂是利用河流中以水的落差（水头）和流量为特征值所积蓄的势能和动能，通过水轮机转变为机械能，然后水轮机带动同轴的发电机发出电能的工厂。水电站的建设、水能的利用等方面与矿物燃料电厂有许多不同。

1. 水力资源利用的多样性、综合性　水是人类从事生产和生活必需的资源。在水力资源的开发利用上，人类已经积累了丰富的经验，开拓了广阔的领域，水力发电厂的开发和利用是人类利用水力资源的最重大成就。在建设水电站时，不仅利用水力来发电，而且考虑了防洪和农田灌溉、城镇供水、航运和渔业等需要，实现了一水多用，综合治理。

水电站建坝蓄水，在洪水期，可以拦蓄大量洪水，防止下游洪水泛滥成灾。

根据下游农田灌溉和城镇供水需要，水电站水库要均匀地以小流量不断向下游放水，其中一部分放水是发电后的尾水。

由于建坝，隔断了航运通道，需要建船闸或升降机，保证航运畅通，甚至增加航运能力。

水电站的水库是进行人工养殖的良好环境，但是大坝会阻挡下游一些鱼类到上游去栖息，为此，要建鱼道，让一些鱼类能沿鱼道向上游游去。

现代大型水电站所在地，往往是风景优美处，因此，水电站开发要注意保护和改善生态环境，规划好旅游资源的开发。

2. 水能是可再生的清洁能源，是发电的廉价资源　一定时期内，水力资源是有限的，但从纵的历史长河看，年年会下雨，水力资源是无限的，是取之不尽，用之不竭的能源。常规水电厂水能的利用效率在 80% 以上，发电成本低，仅为火电成本的 1/3~1/10。

3. 机组起停快，宜于调峰、调频和做事故备用　火力发电厂起动要几个小时，水力发电厂起动只要几分钟，事故情况下可缩短到 1min。水电厂的优良运行特性对电力系统运行是十分宝贵的。

4. 变化的复杂性　水电厂靠水流发电，受自然条件影响大。不少水电厂要"靠天发电"，丰水期多发电，枯水期少发或不发电，洪水期还要泄洪。

3 和 4 两条还决定了水电厂调节、操作十分频繁。

5. 经济和社会效益上的两重性，只有在利多弊少的情况下才可考虑进行水电开发　水电厂，特别是大型水电厂，初期投资大，建设工期长，但是建成后，没有燃料消耗，运行人员少，劳动生产率高；建拦河坝时，要淹没上游良田，但是有了水库，下游灌溉条件得到改善，可实现旱涝保收。建大水库，要移民，一部分人要离开习惯了的生活条件和环境，但是有组织的移民可以开发建设一个更美好的生活条件和环境。建大水库等，会破坏原来的生态平衡，但水库建成后，也可能将原来的环境改造成一个新的更合理的生态平衡的环境。对于水电站建设的种种两重性问题，必须进行科学论证，权衡利弊，努力做到全面规划、除弊兴利、统筹兼顾、综合平衡。

2.1.2　水力发电厂的基本生产过程

水电厂利用具有一定势能和动能的水为原料，生产出电能。从能量转换看，它是水能经水轮机转换为机械能，水轮机带动发电机转子（磁场）旋转，在定子绕组中感生出电能的过程。为实现这样的能量转换，需要水工建筑物和动力设备。图 14.2-1 是水电厂主要机电设备及水能转换流程示意图。它的生产流程主要由四部分组成。

1. 获得水能——汇集水量，集中落差，抬高水头　这主要靠水工建筑物和引水渠、压力前池、大坝等来实现。

2. 调节水能——水能的存储和调节　水电站的来水量取决于集水流域面积、融雪和降雨量等，这就使一年内来水分布不均匀。为了适应电负荷的需要，需要进行水能调节。办法是在河流上修建水库，在洪水期多蓄水，以供枯水期用。水库越大，调节水能的能力越强。

3. 水能转化为电能　具有一定势能和动能的水，冲动水轮机叶片，使水轮机转动，水能转化为机械能；水轮机带动发电机转子旋转（转子在励磁机励磁电流作用下形成一个旋转磁场），在发电机定子中感应出电能，从而使机械能转化为电能。

4. 输配电能　发电机发出的电能，经主变压器升压为高压或超高压，以便远距离输送。在开关站汇集发电机发出的电能，改变电能参数，把电能送往电

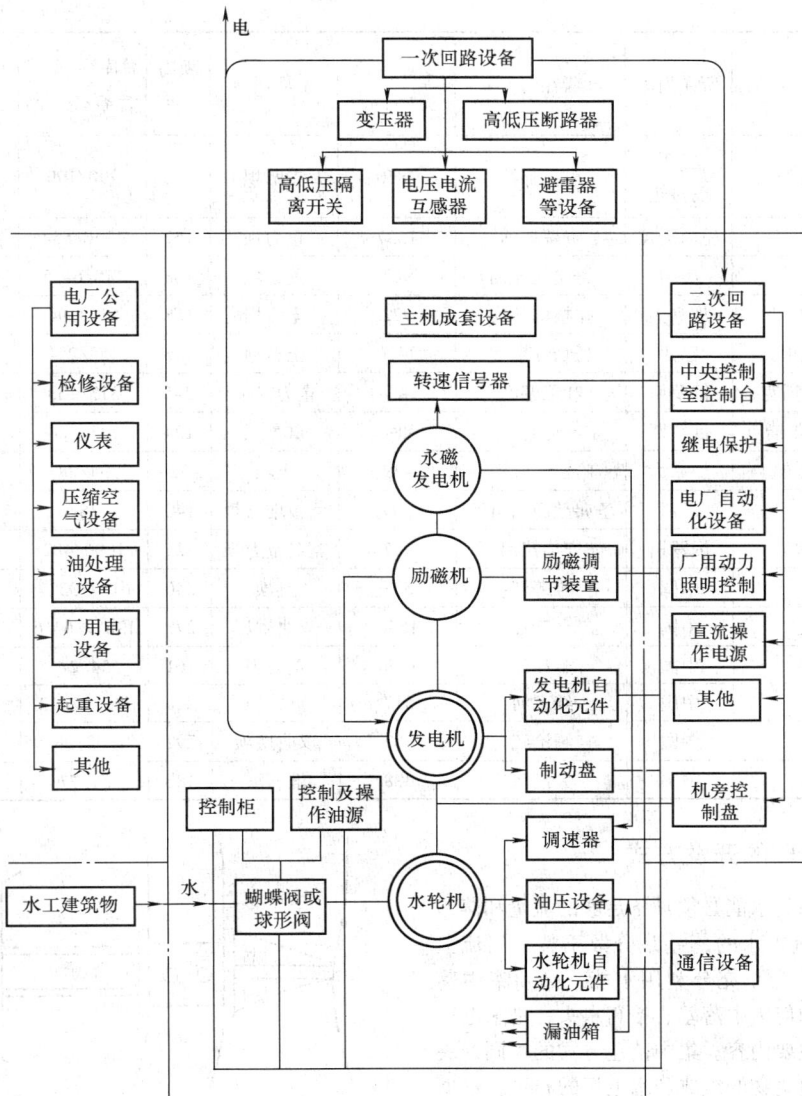

图 14.2－1 水电厂主要机电设备及水能转换流程示意图

力系统或用户。这由配电装置来完成。

此外，为保证水电厂的安全和经济运行，还配置有一系列测量、控制、保护及通信系统。

2.1.3 世界大型水电站

表 14.2－1 中列出了世界上已建成或在建的、装机容量在 3000MW 以上的部分大型水电站。这些大型水电站是电力系统的骨干电站，不仅提供大量电力，而且担负调峰、调频和事故备用的任务，在电力系统安全、经济运行中起着重要的作用。同时，这些大型水电站对所在江河流域水能的综合利用也起着关键的作用。

表 14.2－1   世界上的大型水电站简表

序号	水电站	所在国家	所在河流	坝址年径流/亿 m³	主坝坝型	坝高/m	总库容/调节库容/亿 m³	设计装机容量/MW	开始发电年份
1	三峡	中国	长江	4510	重力坝	175	393/165	18200	2003

序号	水电站	所在国家	所在河流	坝址年径流/亿 m³	主坝坝型	坝高/m	总库容/调节库容/亿 m³	设计装机容量/MW	开始发电年份
2	伊泰普	巴西巴拉圭	巴拉那河	2860	支墩坝	196	290/190	12600	1984
3	古里	委内瑞拉	卡罗尼河	1537	重力坝	162	1350/854	10300	1968
4	大古力	美国	哥伦比亚河	963	重力坝	168	118/64.5	9104	1941
5	拉格郎德二级	加拿大	拉格郎德河	922	土石坝	168	617/194	7260	1979
6	图库鲁伊	巴西	托坎廷斯河	3470	土石坝	106	458/254	7260	1984
7	萨阳-舒申斯克	俄罗斯	叶尼塞河	467	重力拱坝	245	313/153	6400	1978
8	克拉斯诺雅尔斯克	俄罗斯	叶尼塞河	884	重力坝	124	733/304	6000	1967
9	丘吉尔瀑布	加拿大	哈密尔顿河	439	土坝	32	334/283	5428	1971
10	兴古	巴西	圣弗兰西斯科河	909	面板堆石坝	140	38/	5000	1994
11	布拉茨克	俄罗斯	安加拉河	917	宽缝重力坝	125	1690/482	5000	1961
12	二滩	中国	雅砻江	527	拱坝	240	61.7/33.7	3300	1998
13	溪洛渡	中国	金沙江	1550	双曲拱坝	278	126.7/64.6	12600	2005
14	向家坝	中国	金沙江	1550	重力坝	161	54.2/	6000	—
15	龙滩	中国	红水河	517	重力坝	216	162.1/112	4200	2001
16	小湾	中国	澜沧江	382	双曲拱坝	292	151.32/98.95	4200	—
17	瀑布沟	中国	大渡河	388	堆石坝	186	51.77	3300	—

2.2　水力发电厂的开发方式

可供建水电站的水能必须具备足够的流量和落差（水头）。一般河流中水的落差是分散在整条河流上的，是不够大的。为了充分利用水能，必须集中落差、抬高水头。如何集中落差、抬高水头，是水电厂开发方式研究的主要内容。集中落差方式的不同，决定了水电厂水工建筑物的组成和水电厂的布置。根据集中落差、抬高水头方式的不同，水电厂的基本开发方式有堤坝式、引水式和混合式三种。

2.2.1　堤坝式

堤坝式是在河中筑坝，抬高上游水位，把分散的落差集中起来，形成发电水头。

筑坝的作用除了集中水头外，还形成了水库，拦蓄了水量。可对天然河流来水量进行重新调节、分配。

按电厂厂房和坝相对位置的不同，堤坝式电厂又有河床式和坝后式水电厂的不同。

河床式水电厂（见图 14.2-2）一般水头在 25～30m 以下，水头不高，厂房建筑在河床中，和坝连在一起成为挡水建筑物的一部分。水电厂进水口及其附属结构——拦污栅、闸门、启闭机械等和主厂房连成一个整体。

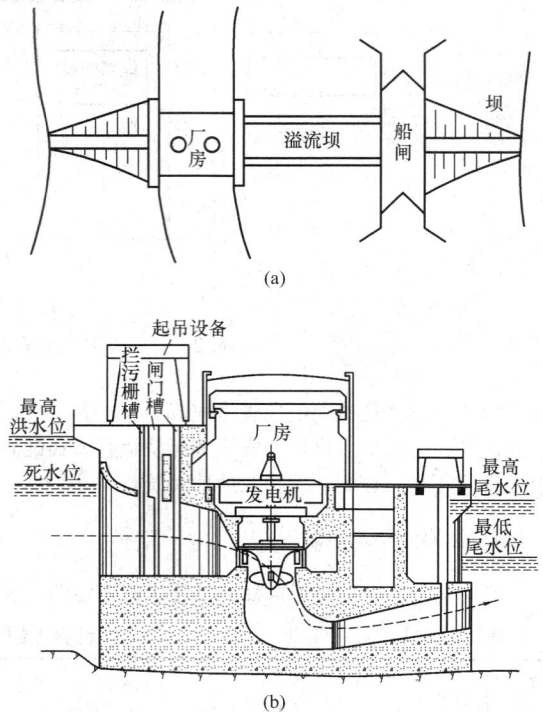

图 14.2-2　河床式水电厂
（a）枢纽布置图；（b）横剖面图

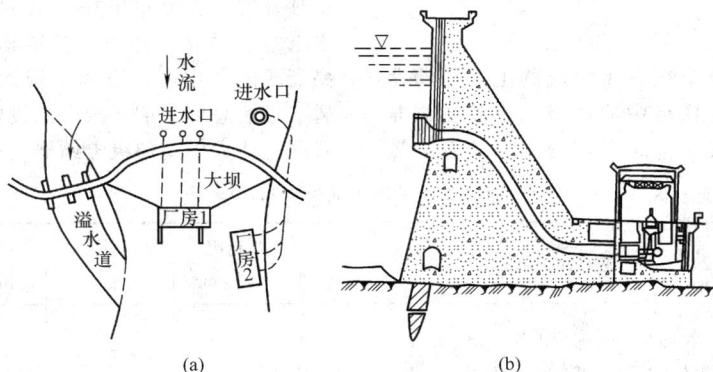

图 14.2-3 坝后式水电厂

（a）枢纽布置图；（b）横剖面图

坝后式水电厂的厂房放在坝后，它适用于中、高水头且河床较宽的情况（如图14.2-3所示）。当河床较窄时，可将厂房布置河的一岸，称为河岸式（如图14.2-3所示厂房2）。也有在高坝、窄河床情况下，把厂房建在溢流坝后，厂房和溢流坝结合，当宣泄洪水时，水流经厂房顶板跳下至下游河床中，这样的电厂称为溢流式水电厂，如浙江新安江水电厂等。

2.2.2 引水式

用修建隧洞和渠道等集中落差的方式的水电厂称为引水式水电厂。引水式水电厂的坝不高，它只起雍水作用。厂房和坝完全分开，厂房和进水口相距很远，有的可达几十千米。其水头可以达很高的数值。

引水式水电厂有无压引水和有压引水两种。无压引水式水电厂的引水建筑物由明渠或无压隧洞组成（如图14.2-4所示）。有压引水式水电厂由有压隧洞经调压井和压力水管引入厂房（如图14.2-5所示）。

引水式有很大灵活性，它不仅可以沿河引水，而且可跨河引水、裁弯引水。相邻两河落差很大，相距不远，就可跨河引水发电。河道上有绕山大转弯时，可以裁弯取直引水（如图14.2-6所示）。

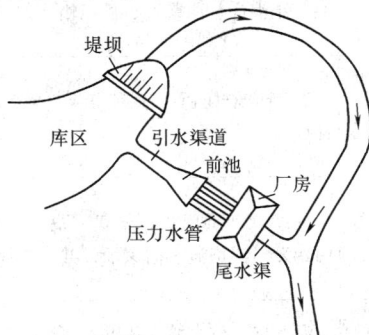

图 14.2-6 裁弯引水式水电厂

2.2.3 混合式

兼有堤坝式和引水式两种特点的水电厂称为混合式水电厂（如图14.2-7所示）。水电厂利用的水头是堤坝式和引水式两部分水头之和。在河道坡降有突然变陡的河段中，可采用这种开发方式。

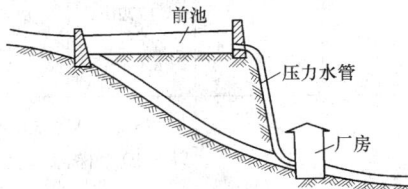

图 14.2-4 无压引水式水电厂

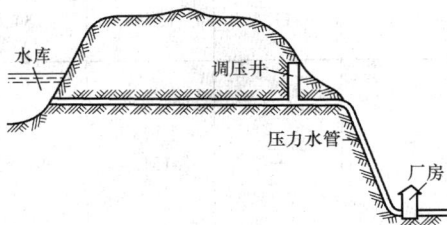

图 14.2-5 有压引水式水电厂

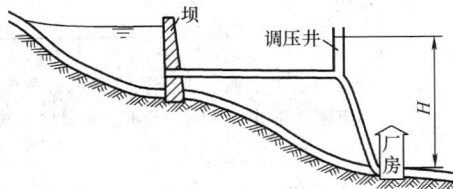

图 14.2-7 混合式水电厂剖面图

对于一条河流的水力资源的开发，往往不是采用一级开发方式，也不是只建一个电厂，把一条河流的水力资源集中用完。考虑经济、合理、充分地利用水力资源的办法是实行梯级开发，即根据河流的水文、地质、地形等条件和国民经济发展的需要和可能，逐级采用不同的开发方式，分期分批修建水电厂。

2.2.4　梯级水电站开发

梯级水电站是分布在一条河流的上下游有水流联系的水电站群。梯级中的各级水电站可以是坝式水电站、引水式水电站或混合式水电站。若单独开发，各类水电站有各自的优点，组成梯级水电站可以取长补短，获得梯级互补效益，如提高资源的利用率、协调水资源综合利用之间的矛盾、缩短总体工期、减少总投资等。表 14.2 - 2 是我国主要大中型梯级电站概况。

表 14.2 - 2　　　　　　　　　　　　　　　我国主要大中型梯级电站一览

梯级水电站流域名	主要梯级电站	总利用水头/m	总利用库容/亿 m³	计划总装机/MW	年发电量/(亿 kW·h)
黄河上游	龙羊峡、拉西瓦、尼那、山坪、李家峡、直岗卡拉、康扬、公伯峡、苏只、黄丰、积石峡、大河家、寺沟峡、刘家峡、盐锅峡、八盘峡、大峡、河口、柴家峡、小峡、大峡、乌金峡、黑山峡、沙坡头和青铜峡，共 25 个梯级	1253.1/1256.1	424.43/462.71	15927.8/15847.8	594.63/584.93
黄河中游	万家寨、龙口、天桥、碛口、古贤、甘泽坡、三门峡、小浪底、西霞院、桃花峪，共 10 个梯级	666.3	543.1	8818	268.6
长江（宜宾—宜昌）	石硼、朱杨溪、小南海、三峡和葛洲坝，共 5 个梯级	219.2	542.5	25945	1282
金沙江（石鼓—宜宾）	虎跳峡、洪门口、梓里、皮厂、观音岩、乌东德、白鹤滩、溪洛渡、向家坝，共 9 个梯级	1661.3	814.4	50330	2746.7
雅砻江（卡拉—江口）	温波寺、仁青岭、热巴、阿达、格尼、通哈、英达、新龙、共科、龚坝沟、两河口、牙根、蒙古山、大空、杨房沟、卡拉乡、锦屏一级、锦屏二级、官地、二滩、桐子林，共 21 个梯级	2384	355	22690	1324.13
大渡河（双江口—铜街子）	独松、马奈、丹巴、季家河坝、猴子岩、长河坝、冷竹关、泸定、硬梁包、大岗山、龙头石、老鹰岩、瀑布沟、深溪沟、枕头坝、龚嘴、铜街子，共 17 个梯级	—	—	17720	966.42
乌江	普定、洪家渡、引子渡、东风、索风营、乌江渡、构皮滩、思林、沙沱、彭水、大溪口，共 11 个梯级	—	—	7475（彭水以上 10 个梯级）	337.94（彭水以上 10 个梯级）
澜沧江中下游	功果桥、小湾、漫湾、大朝山、糯扎渡、景洪、橄榄坝、勐松，共 8 个梯级	828	411.6	15550	734.6
松花江	嫩江——卧都河、窝里河、固固河、库莫屯、尼尔基、大赉；第二松花江——小山、双沟、石笼、白山、红石、丰满、哈达山；松花江——涝洲、大顶子、洪太、依兰、民主、康家围子、悦来共 20 个梯级	—	—	4151.4	91.55

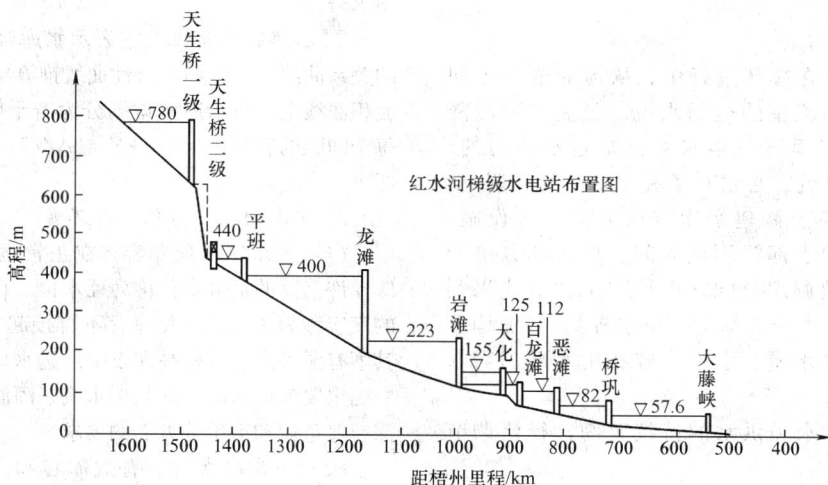

图 14.2－8 南盘江红水河梯级水电站布置剖面图

图 14.2－8 是南盘江红水河梯级水电站布置剖面图。

中国的中小河流梯级电站有大甲西（台湾）、以礼河（云南）、古田溪（福建）、猫跳河（贵州）、龙溪河（四川）、西洱河（云南）等。

2.3 水能的利用和调节

2.3.1 水能利用及水电厂的效率

水能是指流水的动能和势能之和。形成水能应具备两个条件，即落差和流量。

流量是在单位时间内通过垂直水流方向横断面的水的体积，即

$$Q = W/t \qquad (14.2-1)$$

式中，W 为水的体积（m^3）；t 为时间（s）。流量与水量的大小和速度有关。

落差即水头，它是指集中起来的上下游水位差，它表示上、下游单位体积水流的能量差。水头未被集中利用时，水头 $h = H_1 - H_2$（见图 14.2－9）就白白浪费了。水头损失 h 是由于水流边界的阻力和摩擦力做

功引起的。水头损失表示了单位体积的水流，在流程 s 范围内的能量损失。

如果设法抬高水位（如筑坝）或减少水头损失（如采用压力管道），集中水头 H，则水头 H 就代表着断面 Ⅰ-Ⅰ 处单位体积的流水所具有的位能。单位时间内通过 Ⅰ-Ⅰ 断面水流所做的功为流水的出力（功率）N。

$$N = E/t = HW\gamma/t = HQ\gamma \qquad (14.2-2)$$

式中，E 为通过 Ⅰ-Ⅰ 断面水流总能量（$N \cdot m$）；γ 为水的重度，$\gamma = 9810N/m^3$；Q 为流量（m^3/s）；H 为水头高度（m）；W 为水的体积（m^3）。

若把 W 体积的水引入水轮发电机组发电，则发电厂实际发出的电功率为

$$P = N\eta = 9.81\eta QH \qquad (14.2-3)$$

式中，P 为水力发电功率（kW）；η 为水电厂的效率，它由三部分组成

$$\eta = \eta_G \eta_T \eta_f \qquad (14.2-4)$$

式中，η_G 为水通过水工建筑物的效率，主要是引水建筑物中水头的损失；η_T 为水轮机的效率，大、中型水轮机为 0.88～0.94；η_f 为发电效率，中、小型水轮发电机为 95%～98%，大型水轮发电机效率达 98.3%～98.9%。

一般大、中型水电厂的效率约为 80%～90%，小型水电厂效率为 60%～70%。水电厂的水能利用率是较高的。

由上可知，流量 Q 和落差 H 是水力发电的两大要素。水力发电厂的装机容量与落差 H 和流量 Q 成正比；发电量与落差 H 和水量 W 成正比。

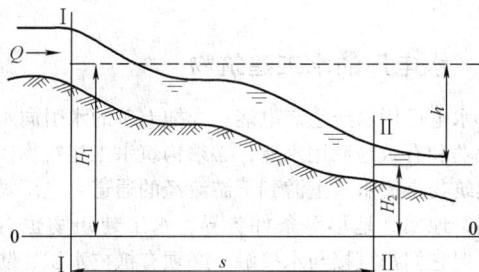

图 14.2－9 流水坡度示意图

2.3.2　径流调节

径流是指水在循环过程中，从地面或地下向着流域出口断面汇集的全部水流。径流主要由降雨和融雪形成。雨雪一年四季分布是不均匀的，为了充分利用径流，必须对径流加以控制和调节。通常采取在河道上修建水库或压力前池等设施，汇集径流，按用水部门不同时间、地区和数量的要求将径流重新调度分配，进行防洪调节或兴利调节（如发电、灌溉、航运、供水等）。径流调节要处理好自然来水量、水库库容和用水部门需求三者之间的关系。

按照水库蓄水和供水的持续时间，径流调节有以下四种：

1. 日调节　一昼夜内河流中的自然来水变化不大，而用水需求变化较大。若将用水少的各时间段的多余来水存入水库，到用水多时放出，以弥补自然来水的不足。这样的调节，在一昼夜内完成一个循环，所以称为日调节。日调节要求的水库容积不大。

2. 周调节　当一周之内河流的流量变化不大，而用水需求变化较大时，可采用周调节，将休息日多余的水量储存起来，补充一周内自然来水不足的日子。周调节库容由一周日平均流量和日平均负荷的变化情况决定。周调节的同时也进行日调节。

3. 年调节　一年中，洪水期自然流量大，水用不完，弃水会造成水资源的浪费；枯水期常常发生缺水现象。为此，要建造较大容积的水库，在洪水期，多蓄水于水库中，到枯水期放出使用。这种对于一年间径流进行重新分配的调节称为年调节。进行年调节的水库一般都同时进行日调节和周调节。

4. 多年调节　它的调节周期为若干年，蓄丰水年之余水以补枯水年之不足。这种调节周期的持续时间不是一个常数，水库水位在若干年内变动于正常高水位和死水位之间。多年调节需要足够大的库容。进行多年调节的水电厂，通常也进行年调节、周调节和日调节。

2.3.3　水库的特性及其主要特性参数

筑坝形成的水库，在一定的坝址情况下，坝越高，水库蓄水位越高，形成的水库面积和容积就越大。表征水库特性及其主要特性参数有以下几项：

1. 水库面积特性　它表示水库水面面积 F_i 和水库水位的关系。水库面积特性曲线可由库区地形图求得。

2. 水库容积特性　它表示水库容积和水库水位的关系曲线，它由面积特性曲线推算出来，即在水库面积曲线上，将水库水位划分为若干间距 ΔZ，计算每个间距的容积 $\Delta_i = (F_i + F_{i+1})\Delta Z/2$，然后累加起来即可。

3. 水库的特征水位及其库容

（1）死水位和死库容。在正常运行条件下，水库允许消落的最低水位称为死水位。在这个水位以下的库容称为死库容。死库容不直接起径流调节作用。其下有淤沙水位，标高在发电厂进水口以下。死水位的确定要考虑水电厂的最低水头、灌溉水位、航运水深、养殖业和卫生等方面的要求。

（2）正常高水位、有效库容和水库工作深度。水库调节允许达到的最高水位称为正常高水位。在正常高水位和死水位之间的水库容积称为有效库容。正常高水位到死水位的消落深度称为水库工作深度。

正常高水位直接决定着主要水工建筑物的尺寸、投资、淹没、水电厂及其他综合利用部门的效益等指标。有效库容主要担负径流调节的任务，它不断地储蓄自然来水和泄放水量，以满足发电、航运、灌溉等需要。水库工作深度直接影响水电厂的调节性能和出力大小。

在一定坝址下，正常高水位定得越高，有效库容就越大，水库的调节能力也就越强，取得发电及其综合利用效益也越大。但相应的水工建筑物尺寸、投资、淹没也要增加。因此，正常高水位要综合各方面因素后确定。

（3）汛前水位、防洪水位和防洪库容。在季节性涨水的汛期来到之前，在正常高水位下预留出一定库容，作为拦蓄洪水之用。汛前水位就是汛期前水库允许充蓄的最高水位。在汛期，当出现大洪水时，水库水位被迫高于正常高水位，达到超高水位，即防洪水位。正常高水位以上的水库容积称为超高库容，即防洪库容。防洪库容对下游起着滞洪和削减洪峰的作用。

2.4　水电厂的水工建筑物

水电厂用水能生产电能，为把上游的水引向水轮机做功和有效地利用水能，必须构筑水工建筑物。水工建筑物是流水从上游向下游流经的通道。电厂类型不同，地质、地形等条件各异，水工建筑物也有区别，但它们都直接与水接触，必须有抵抗水压、防止渗透和冲刷的能力，图 14.2-10 是水流经过的水工建筑物一般流程图。

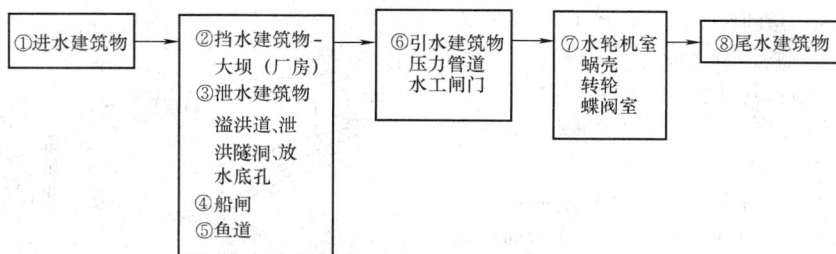

（a）

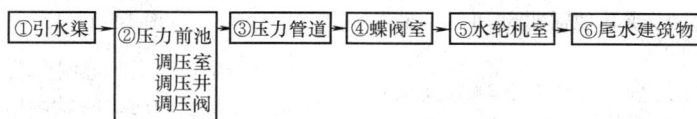

（b）

图 14.2 - 10　水工建筑物一览
（a）坝式电厂；（b）引水式电厂

2.4.1　挡水建筑物

挡水建筑物的作用是拦截河流，形成水库；抬高水位，形成水电厂水头。挡水建筑物主要是坝，它必须坚固、稳定、安全、可靠。

由于自然条件和使用条件的不同，坝有不同的类型和构造，常见的有混凝土重力坝、土石坝、拱坝和支墩坝等，如图 14.2 - 11 所示。

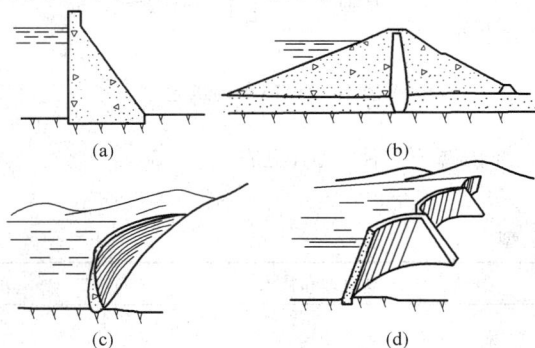

图 14.2 - 11　常用坝型
（a）混凝土重力坝；（b）土石坝；
（c）拱坝；（d）支墩坝

重力坝是依靠坝体自重与基础间产生的摩擦力来承受水的推力而维持稳定的。它结构简单，施工容易，耐久性好，适宜于在岩基上建筑高坝，但体积大，水泥用量大。坝的上游波取 1∶（0～0.25），下游坡取 1∶（0.65～0.8）。我国凤滩水电厂为空腹重力坝。

土石坝一般由坝主体和防渗体组成。坝主体用土石料填筑，防渗体用粘土料、混凝土或钢筋混凝土、沥青混凝土等不透水材料修筑。土石坝结构简单，修筑容易，坝址地基条件要求较低。但坝体的强度、刚度较小，抵抗水流和渗流冲刷的能力低，坝体体积比较庞大。我国碧口水电厂为黏心墙堆石坝，以礼河三级水电厂为均质土坝。

拱坝的坝体是一个空间壳体结构，剖面是一个凸向上游呈拱形的曲线弧，利用拱的作用将其所承受的上游水压力变为轴向压力，传至两岸岩基，以两岸拱座支持坝体，保持坝体稳定。它的坝体厚度约为重力坝的 1/2，因此节省水泥，整体性好，超载能力强，抗震性能好。但对地基和两岸岩石要求较高，施工难度较大。我国东江水电厂为双曲拱坝，白山水电厂及龙羊峡水电厂为重力拱坝。

支墩坝由向上游倾斜的挡水面板（或实体）和支墩组成。支墩支撑盖面，面板承受的水压力传给支墩，再由支墩传给地基。支墩坝体积小，造价省，适应地基能力较强，但抗地震性差，对地基处理要求较高。我国古田溪二级水电厂为平板支墩坝，新丰江、佛子岭、双牌、拓溪水电厂等为大头支墩坝。

2.4.2　引水建筑物

引水建筑物（系统）的功能是从河流或水库中取水到水轮机。引水系统包括进水口、引水道、压力管道等建筑物。对水电站引水建筑物的基本要求是：保证发电需要的水量；防泥沙、防冰冻、防污物进入输水道；保证水流畅通，尽量减少水头损失和不产生负压等。

进水口的布置和外形轮廓应保证水流平稳，在进水口设置拦污栅、检修闸门、事故闸门和起重机械等。

进水口设在坝体上游侧，通过埋在坝内的压力钢管穿过坝体引水入厂房的称为坝式进水口。坝式进水口布置紧凑，引水顺畅，引水段短，运行管理方便，造价低。孔口位于最低发电水位以下一定深度。

进水口设在库岸或河岸的称为岸式进水口。它有竖井式、塔式和斜坡式进水口等。

还有渠道引水式水电厂，流水经引水明渠到前池，前池后即进水口，这种进水建筑物称为前池进水口。

引水道即输水建筑物由隧洞或明渠、压力管道等组成。它把水输送到厂房或其他需水部门，满足发电、灌溉等需要。

隧洞有有压和无压之分。凡整个隧洞为流水充满，水流处于有压下流动的称为有压隧洞，否则称为无压隧洞。有压隧洞一般为圆形，无压隧洞一般为马蹄形或半圆—矩形。

明渠为人工开挖或填筑的河道，多采用梯形截面。

压力管道是有压隧洞靠近厂房的一段。它可以坝内埋管、地下埋管或地面埋管。

2.4.3 平水建筑物

平水建筑物是平稳引水渠的流量及压力的建筑物。例如，无压引水渠中的日调节池、压力前池以及有压引水渠中的调压室（调压塔或调压井）、调压阀等。

压力前池置于无压引水式电厂引水渠的末端，厂房压力水管的前面。压力前池（如图 14.2－12 所示）的主要作用是：平稳流水并把渠道引入的水均匀分配给厂房各压力水管；拦截渠道来水中的漂浮物，沉积并排走泥沙。

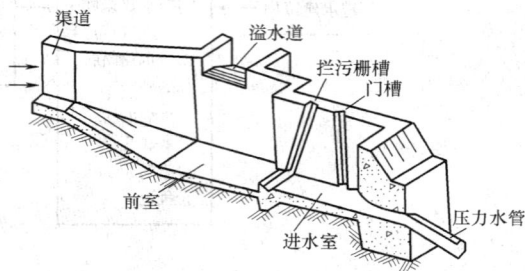

图 14.2－12　压力前池

调压室位于引水隧洞末端和压力水管连接处。调压室建于地表面时，叫做调压塔；建于地表以下时，叫做调压井。位于机组上游侧的称为上游调压室，位于机组下游的称为尾水调压室（如图 14.2－13 所示）。调压室的作用是：减小压力水管长度和减小水流惯性力，以达到减小水击压力值的目的；在水电厂负荷突然变化时及时调节水量，保证电厂正常运行；防止水击压力进一步扩散到隧道中去。上游调压室的作用相当于缩短水库和厂房之间的距离。

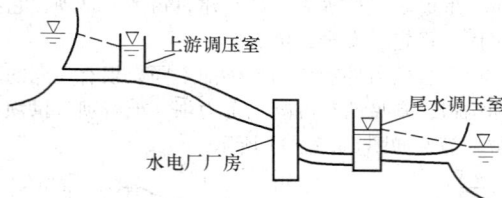

图 14.2－13　调压室

调压室有多种类型，见表 14.2－3。

表 14.2－3　调压室类型

名　称	示意图	基本原理和特点
简单圆筒式		结构简单，室内水位变化缓慢均匀，波动衰减快。波动振幅大，调压室容积大，连接处水头损失大。 适用于低水头电站
阻抗式		由于阻抗作用调压井中水位升高和降低减小，调压室容积减小。 适用于中低水头和引水道不长的水电站
双室式		上室供甩负荷时蓄水，下室供增加负荷时给水。 适用于水头较大，要求的稳定断面较小，而水库水位变化较大的水电站

名　　称	示　意　图	基本原理和特点
溢流式	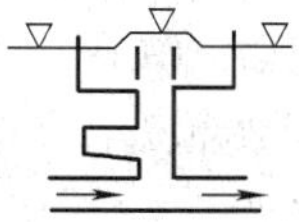	调压室顶部设有溢流堰，甩负荷时调压室水位迅速上升，溢出的水量可排往下游或储存于上室；当竖井水位下降时，上室水量经溢流堰底部流回竖井
差动式	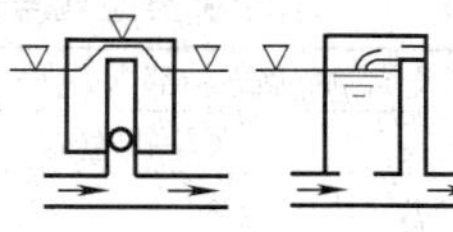	调压井由升管和外室组成，升管较小，外室较大。甩负荷时升管水位升高至顶部溢流；增负荷时，升管水位迅速下降。水位波动衰减快，所需容积小 适用于高水头、水库水位消落变化较大的水电站
气垫式	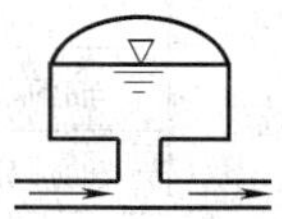	顶部完全封闭，内部充以压缩空气。调压室内水位基本无波动，要较大的调压室断面和容积 适用于高水头且地质条件好的地下水电站

调压阀是限制水电站引水系统水击压力升高值的阀门。设在压力水管末端或与水轮机蜗壳相连。调压阀的作用是：当甩负荷、水轮机导叶迅速关闭时，调压阀迅速开启，使水流通过它流走，一部分水流不经过转轮，从而减少水击压力。待机组关完以后，调压阀再逐渐关闭。对机组来说，由于导叶迅速关闭，转速上升不会很高。调压阀一般用于具有长引水系统无调压井的中高水头水电站的反击式水轮机上。

2.4.4　引水机构

引水机构即水轮机室。引水机构的作用是以尽可能小的能量损失和最合理的形式尺寸，将流水较均匀地从四周引入水轮机的转轮。

小型水轮机的引水机构有明槽进水（水轮机的转轮直接放在开敞的水槽中）和罐式进入水室（转轮置于由铸钢或铸铁制成的封闭罐子中，罐子一端接压力水管，一端接尾水管）。大、中型水轮机采用蜗壳进水室。

蜗壳有金属蜗壳和混凝土蜗壳两种。金属蜗壳将导水机构全部包围，所以又称为完全蜗壳；混凝土蜗壳只包围一部分导水机构，因此又名非完全蜗壳。金属蜗壳断面呈圆形，水流全部从进口断面进入转轮，到蜗壳尾部，断面形状变为椭圆形；混凝土蜗壳断面多采用梯形，水流一部分从进口断面进入转轮，另一部分则直接进入导水机构。混凝土蜗壳适用于低水头（40m 以下）中型水电厂；金属蜗壳适用于高水头水电厂。

2.4.5　尾水管

尾水管是水流经过的最后一个水工设备，水流经过尾水管后就排向下游。沿尾水管全长，横剖面逐渐扩大，使从转轮下泄的水流以最小的能量损失，逐渐降低流速，流入下游。尾水管的作用是：减低水轮机出口流速，从而可多利用一部分动能；如果水轮机转轮装在下游水面以上，由于有尾水管，转轮出口至下游水面的落差仍可被利用。尾水管只适用于反击式水轮机。冲击式水轮机做过功的水经尾水渠排往下游。

2.4.6　其他水工建筑物

1. 泄水建筑物　主要用于宣泄洪水，放空水库或排沙以及保证下游用水。常见的泄水建筑物有溢流坝、泄洪隧洞、泄水闸和泄流孔等。

混凝土重力坝多采用溢流坝泄洪，当上游水位超过溢流坝高度时，通过坝身溢流段向下游泄水。泄流孔开设在混凝土重力坝坝身下方，担负泄洪、排砂和放空水库等任务。泄水闸用在引水式电厂压力前池后入厂房之前的地方，在必要时排放多余的洪水。在不宜布置溢流坝或溢洪道的电厂，可采用泄洪隧洞。

2. 通航建筑物　拦河筑坝建水电厂，使上游水域开阔，改善了航运条件；经水库调节，增加了下游枯水期流量和航深，对下游航运也是有利的。但是大坝隔断了上、下游航运，所以在大坝上必须建通航建筑物。通航建筑物有船闸、升船机和筏道等。

船闸适宜于水头小、运量大的情况。水头 20~30m 时，多为单级船闸；水头较高时，采用多级船闸。

升船机是将船只驶入承船车内，用起吊或牵引机械提升或拖拉承船车和船过坝。由于起吊设备能力的限制，只能通过中小型坝。

筏道是一矩形截面的陡槽，进口接上游水库，出口接下游河道。上游所伐竹子、木材等可经筏道向下游漂去，此为湿式。对于高坝，竹子、木材等采用机械传送，例如链式传送带过木机，此为干式。

3. 过鱼建筑物　很多鱼类有回游习性，或为生殖回游，或为觅饵回游，或为越冬回游。拦河筑坝后，破坏了河流鱼类的生活规律。为此要建过鱼建筑物，如鱼道、鱼梯、鱼闸、集鱼船等设施。

4. 排沙设施　其主要作用是：排沙出库，以保持水库的调节库容；排泄厂房或坝上游附近的淤沙，以减少泥沙进入水轮机或泄水孔，减轻泥沙磨损。排沙设施有排沙孔和冲沙闸等类型。

2.5　水电厂的主机成套设备

水电厂的主机成套设备是指水轮发电机组主轴系上的主要设备。现代大型水电厂的主机成套设备有水轮机、发电机、励磁机、永磁机和测速器等。

2.5.1　水轮机的分类和结构

水轮机是把水能转换为机械能的一种原动机。它的出力取决于水电厂的工作水头和流量。为适应天然河道不同的水头和流量，充分利用水能，制造了不同型式的水轮机。

图 14.2－14 是水电厂立式水轮发电机组成套设备剖面图。

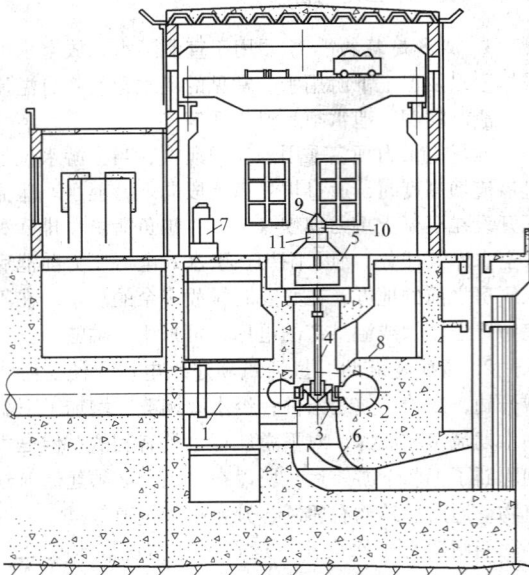

图 14.2－14　水电厂立式水轮发
电机组成套设备剖面图
1—引水管；2—蜗壳；3—水轮机转轮；4—主轴；
5—发电机；6—尾水管；7—调速器；8—蜗壳顶板；
9—测速器；10—永磁机；11—励磁机

我国生产的水轮机型号由三部分组成：第一部分由汉语拼音字母和阿拉伯数字组成，分别代表水轮机

型号和转轮型号；第二部分由两个汉语拼音字母组成，分别表示水轮机主轴布置形式和引水方式特征，见表 14.2－4；第三部分表示水轮机直径 D_1 的大小，单位为 cm。例如，HL180—LJ—410，表示转轮型号为 180 的混流式水轮机，立轴布置，金属蜗壳，转轮直径 D_1 为 410cm。

表 14.2－4　　水轮机类型代号表

第一部分代号		
水轮机型式		
类	型	代号
反击式	混流式	HL
	轴流转桨式	ZZ
	轴流定桨式	ZD
	贯流转桨式	GZ
	贯流定桨式	GD
	斜流式	XL
冲击式	切击式（斗叶式）	CJ
	双击式	SJ
	斜击式	XJ

第二部分代号			
主轴布置方式		引水方式	
类型	代号	类型	代号
立轴	L	金属蜗壳	J
卧轴	W	混凝土蜗壳	H
		明槽	M
		灌式	G
		压力槽式	MY
		灯泡式	P
		竖井式	S
		虹吸式	X
		轴伸式	Z

2.5.2　反击式水轮机

反击式水轮机主要是利用水流的压力来做功。在水流进入水轮机叶片道前，流速较小，压力较大。水流流出叶片道后，流速较大，压力较小，这样在转轮叶片的正反面间形成了压力差，从而推动转轮转动。反击式水轮机的转轮位于水流流径的通道中，有压水流充满了转轮轮叶所有空间。反击式水轮机多用于中、低水头电厂。

反击式水轮机又分为混流式、轴流式、斜流式和贯流式，图 14.2－15 表示了它们的水流路径。其中混流式水轮机应用普遍，运转稳定，效率较高，多用

于中等水头（30~70m）和中等流量的水电厂；轴流式水轮机过水能力大，适用于大流量、低水头电厂；斜流式水轮效率较高，运转也稳定，适用于 40~120m 水头的电厂，但制造工艺要求高，价格较贵；贯流式水轮机过流量大，效率较高，水力损失较小，但对密封、绝缘要求高，适用于 20m 以下低水头、大流量发电厂或潮汐发电厂。

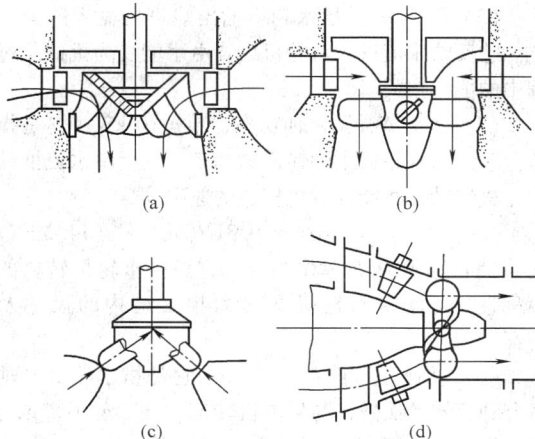

图 14.2－15　反击式水轮机类型
（a）混流式；（b）轴流式；（c）斜流式；（d）贯流式

反击式水轮机结构上的共同点是，它们的过水部分都由四大部件组成：水轮机室（引水机构）、转轮、导水调节机构和尾水管。其中水轮机室和尾水管见前节介绍。下面仅就转轮和导水调节机构作一说明。

转轮又称工作轮，是水轮机的核心部件。它将水能转换为机械能。水轮机性能的优劣主要由转轮性能决定。转轮分混流式和轴流式。

混流式水轮机的转轮的水流由辐向流入而从轴向流出。轴流式水轮机有转桨式和定桨式两类。定桨式的轮叶固定不动，转桨式轮叶随外界负荷变化可转动轮叶角度，转角一般在－10°（关）到＋20°（开）之间变化，从而使水轮机在高效率工况下运行。轴流式转轮中水流按转轮回转中心的圆筒表面作轴向流动，水流进出转轮都是轴向的。

导水调节机构的作用是引导来自引水机构的水沿着有利的方向进入转轮。当外界负荷发生变化时，调节进入转轮的水流量；停机时，关闭导水机构，截住水流。

导水调节机构有圆筒闸门式、单导叶式和多导叶式等。前面两种用于小型水轮机，后一种用于大、中型水轮机。多导叶式由导叶、底环、传动机构和控制环组成（图 14.2－16）。这些部件在自动调速器操纵的接力器上有一推拉杆，连在控制环上，可操纵控制环旋转。导叶和导叶轴铸成一体，导叶轴和拐臂、连杆连在一起，而连杆直接接在控制环上，当控制环转动时，通过连杆和拐臂带动所有导叶，以同样的角度绕导叶轴转动，从而调节进入水轮机的水流量。

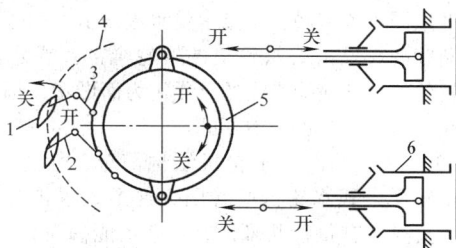

图 14.2－16　导水调节机构示意图
1—导叶；2—拐臂；3—连杆；4—转轮；
5—控制环；6—接力器

2.5.3　冲击式水轮机

冲击式水轮机是利用水流的动能推动水轮机转动，把水能转换为机械能的。当水流流经转轮时，只有部分轮叶充满水，整个转轮处于大气中。

冲击式水轮机中最广泛应用的是斗叶式水轮机，其主要部件由转轮、喷嘴及针阀、折向器（偏流器）、机壳等组成（如图 14.2－17 所示）。从压力水管来的高压水，流过针阀到喷嘴，变为具有动能的自由射流，射流冲击轮叶，使转轮转动，水的动能变成机械能。工作完后的水落入尾水渠中，排向下游。

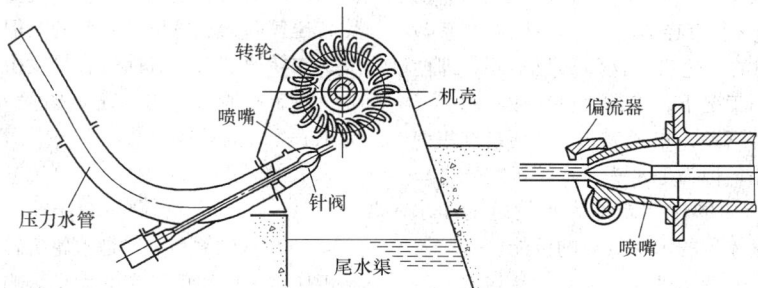

图 14.2－17　冲击式水轮机示意图

斗叶式水轮机的喷嘴安装在进水管的末端,设在喷嘴内的流线型针阀,可沿水流前后移动,改变喷嘴出口面积,以调节水流量。

偏流器又称折流板,位于喷嘴出口处,其作用是当机组突然去掉负荷时,迅速动作使水流偏离斗叶,以适应负荷变化的要求或实现停机。

2.5.4　冲击式水轮机和反击式水轮机的基本区别

(1) 在水能利用上,冲击式水轮机是利用水流动能做功,水流在转轮的进出口压力没有变化,都是大气压。反击式水轮机转轮进出口处水流流速变化很小,压力变化很大(进口压力很大,出口往往是负压),是水流压能做功。

(2) 冲击式水轮机的转轮在同一时间内,只有部分区域同水流接触,直接承受水流冲击力的斗叶受力是断续的。反击式水轮机的转轮全部浸在水流之中,转轮的轮叶接受水流的反作用力而做功,每片轮叶所受的作用力是连续不断的。

(3) 一般冲击式水轮机结构简单、性能稳定,但效率较反击式水轮机低(因为冲击式水轮机水流做功后流速还有每秒几米,有较多动能损失)。冲击式水轮机多用于高水头水电厂,反击式水轮机则更广泛地应用于中、低水头电厂。表 14.2-5 是冲击式水轮机和反击式水轮机适用水头和比转速范围。

表 14.2-5　大、中型水轮机适用水头和比转速范围

水轮机型式		适用水头/m	比转速/(m·kW)
冲击式		300~1800	10~35 单嘴
反击式	混流式	30~700	50~350
	斜流式	25~200	100~350
	轴流式	3~80	200~900
	贯流式	<20	600~1000

2.5.5　水轮机基本工作参数

水轮机的基本工作参数表示水轮机本身的性能、特点及所处的工作状态。它包括水轮机的水头 H、流量 Q、效率 η、转速 n、直径 D_1、开度 α、汽蚀系数 σ、出力 N 等。不同的水轮机,这些参数不同;即使同一水轮机,在不同工况下,参数值也往往不同。

(1) 水头 H,即落差,单位为 m。拦河筑坝集中起来的上下游水位差,称为毛水头;水轮机蜗壳进口断面与尾水管出口断面的比能差称为水轮机的净水头,它表示单位重量体积的水所具有的位能。

$$H = E/W\gamma \qquad (14.2-5)$$

式中,W 为流水的体积(m^3);γ 为水的重度,其值

为 $9810\mathrm{N/m}^3$;E 为能量(N·m)。

根据净水头的大小,把 $H>80\mathrm{m}$ 以上者称为高水头电厂;$30\mathrm{m}<H<80\mathrm{m}$ 者称为中水头电厂;$H<30\mathrm{m}$ 者称为低水头电厂。

(2) 流量 Q,单位为 m^3/s。它是指单位时间内通过水轮机的水量,反映水流的速度及数量。

$$Q = W/t \qquad (14.2-6)$$

(3) 效率 η_{t} 是指水轮机输出能量与输入能量之比。它反映水流进入水轮机后,由水能变为机械能过程中的能量损失。

(4) 出力 N,又称轴功率,单位为 kW。它是指单位时间内水轮机主轴输出的功率。它反映水流推动水轮机转动,水能变成机械能的速率。

$$N = E/t = 9.81HQ\eta_{\mathrm{t}} \qquad (14.2-7)$$

(5) 直径 D_1,单位为 m。它是指水轮机转轮的标称直径,反映水轮机本体和相关结构的尺寸及特征。

(6) 转速 n,单位为 r/min。它是指水轮机主轴每分钟旋转的次数,与发电机转速相同。$n=60f/p$,f 为电力系统的频率,p 为发电机极对数。

通常,$n \leqslant 100\mathrm{r/min}$ 者为低速水轮机组;$100<n<375\mathrm{r/min}$ 者为中速水轮机组;$n \geqslant 375\mathrm{r/min}$ 者为高速水轮机组。

(7) 开度 α_0,单位为 mm。它是指相邻两导叶之间的最短距离,以相对值 α 表示时是指任一开度 α_0 与某一极限开度 $\alpha_{\lim}$ 的比值,即 $\alpha=\alpha_0/\alpha_{\lim}$。

(8) 比转速 n_{s},是水轮机的综合特征参数,它等于工作水头 1m,水轮机发出功率 1kW 时的转速

$$n_{\mathrm{s}} = \frac{n\sqrt{N}}{H^{5/4}} \qquad (14.2-8)$$

几何相似的水轮机,在相似的工作条件下其特性相同,比转速 n_{s} 相等。但每个水轮机,在不同的工作条件下有不同的比转速。

由式(14.2-8)可以看出,在同样条件下(H 和 N 相同),比转速越高的水轮机,其转速越大,要求的直径越小;反之,同一直径的水轮机,比转速越高,发出的功率越大,即过水流量越大。因此,选择比转速较高的水轮机是有利的。但是比转速与汽蚀有关,比转速越大,汽蚀越容易发生。

对于蓄能泵,比转速是扬程 H_{p} 为 1m,流量 Q_{p} 为 $1\mathrm{m}^3/\mathrm{t}$ 时的转速

$$n_{\mathrm{q}} = \frac{n\sqrt{Q_{\mathrm{p}}}}{H_{\mathrm{p}}^{3/4}} \qquad (14.2-9)$$

(9) 汽蚀系数 σ,是水轮机转轮内最大动力真空与工作水头的比值,它的大小影响水轮机的安装高程和是否会产生汽蚀。

（10）理论吸出高度 H_s，单位为 m。它是水轮机转轮叶片上压力最低点与下游水面间的高度差。对于立轴混流式，H_s 指下游最低水位至导叶下端平面距离；对于立式轴流式，H_s 指下游最低水位至转轮叶片旋转中心线的距离；对于卧轴反击式，H_s 指下游最低水位至转轮轮叶最高点的距离。吸出高度决定着水轮机的安装高程。

2.5.6 调速器

调速器是实现水轮机速度调节及相应控制的自动装置。通过调速器控制进入水轮机转轮的水流量来调节水轮发电机的有功功率和转速，并实现机组的起动、停机、发电、调相、甩负荷处理等操作控制及各种工况间的自动转换。对调速器总的要求是：稳定性好，可靠性高，静、动态品质优良，操作简单，维护方便。

早期的调速器是机械液压调速器，其测速、稳定及反馈信号均用机械方法产生，经机械综合后通过液压放大部分实现对水轮机接力器的驱动。20 世纪 40 年代后电气液压调速器，其测速、稳定及反馈信号均用电气方法产生，经电气综合、放大后通过电气液压放大部分实现对水轮机接力器的驱动（汽轮机汽门开度驱动）。20 世纪 80 年代基于微机的电液调速器得到了广泛应用，因为微机调速器（或数字式电液调速器）的性能水平明显优于机械液压调速器和电气液压调速器，而且可以用计算机软件方便地实现先进的调节控制功能，其可靠性、可用性、可维护性得到很大提高。现在大、中型发电机组基本都采用微机调速器。

现代微机电液调速器或数字式电液调速器与电气液压调速器在系统结构上有很大区别，微机电液调速器分为频率测量、调节规律形成和执行机构三部分。一般频率测量和调节规律形成由 PLC 可编程控制器完成，称为微机调节器（或数字式调节器）。测量频率和频差一般用脉冲计数的方法，信号均为数字量，因此，形成比例加积分的调节规律，都是直接对频差信号进行比例和积分运算获得。微机调速器的执行机构是电液随动系统。图 14.2-18 是微机调速器的一级电液随动系统和二级随动系统结构。

微机调节器通常采用经典 PID 控制策略，由于由微机进行 PID 运算，其调节十分准确。PID 调节按偏差的比例（P）、积分（I）、微分（D）规律对被调量进行控制，或者是用这些规律的组合进行控制。例如，比例加积分控制（PI）、比例加微分控制（PD）、比例加积分加微分控制（PID）。PID 控制理论应用于调速器输出的表达式

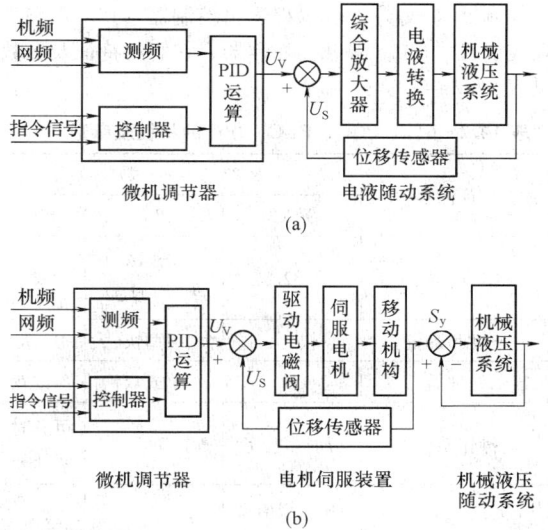

图 14.2-18 微机调速器结构框图

（a）微机调节器+电液随动系统；（b）微机调节器+电机伺服装置+机械液压随动系统

$$Y = K_p \Delta X + K_i \int \Delta X \mathrm{d}t + K_d \Delta X / \Delta T$$

式中，Y 为调节机构的位置，在水轮机调节系统中为导水叶开度；ΔX 为机组转速（频率）与整定转速的偏差相对值；K_p、K_i、K_d 分别为比例项、积分项和微分项的增益。比例控制的作用能快速消除偏差，使被调量尽快达到预定值。积分控制是一种随着时间增加逐渐增大控制作用的控制方式，当 ΔX 为常数时，$Y_1 = K_i \Delta Xt$，只要偏差存在，控制值 Y_1 就不断增大，直到偏差 ΔX 消除，它的作用是消除静差。微分控制的作用是一种有预见性的控制或提前作用的控制。$\Delta X / \Delta T$ 这项是偏差变化的速度，偏差变化越快，调节量作用就越强。在经典的 PID 控制中，调节参数 K_p、K_i、K_d 对调速系统的动态行为有很大影响，选择和整定这些参数是水轮机调节技术的重要一环。现代微机能判断机组的运行工况，当工况发生变化时，微机调速器会自动改变调节参数值和控制规律的组合。

微机调速器的随动系统包括电/液转换（如电液转换器、伺服调节阀）或电/机转换（如步进电机、伺服电机）、液压放大部件、主配压阀以及机械开限和手操机构等，不同的调速器在随动系统结构、元件选取、空间布置等方面存在差异，它们决定着调速器的操作灵敏性、可靠性、使用和维护的便利性。

微机调速器的核心在于控制器，由控制器完成调速器的信号采集，数据运算，控制规律的实现，运行状态的切换，以及其他附加功能和控制值输出等功能。目前满足调速器的特殊要求的主要是可编程计算

机控制器（PCC）、可编程逻辑控制器（PLC）和工业控制机（IPC）等几类控制器，它们的特征及参数见表 14.2-6。

表 14.2-6 **PCC、PLC、IPC 的特征及参数**

特征内容	参 数		
	PCC	PLC	IPC
CPU 位数	32	小型 16，大、中型 32	32
速度和容量	快、大	大、中型快、大	快、大
处理器	多	单或双	单或双
操作系统	分时多任务	单	可分时多任务
编程语言	AB 高级语言或梯形图	一般用梯形图	高级语言
病毒感染、死机	不存在	不存在	存在
测频通道	多而备用	可以增加	可以增加
测频精度	高	满足要求	满足要求
测频可靠性	很高	高	一般
测频实时性	很强	满足要求	强
操作界面	很友善	友善	很友善
平均无故障时间/h	50 万	25 万	5 万
价格	中	低	较高
工艺水平	低	高	一般
硬件资源	较少	十分丰富	一般

微机调速器的控制器的选择应该从满足调速器的性能、功能出发，选择可靠性高、生产批量大、产品数量多以及能满足特殊要求的成熟产品。从表 14.2-6 可以看出，PCC、PLC、IPC 都可以满足要求。初步估计，近 10 年投入运行的微机调速器 70% 左右是采用 PLC 可编程逻辑控制器。

2.5.7 水轮机的水击和汽蚀现象

水击和汽蚀是造成水轮机事故的两个原因。下面对水击和汽蚀现象作一简要介绍。

1. 水轮机的水击和反水击现象 当电厂快速停机或事故状态下紧急关闭压力管道上的闸门及水轮机导水叶时，由于引水管中水流的惯性作用，闸门上游部分管道中的压力会升高，闸门下游部分管道中的压力会降低。反之，电厂迅速开机时，快速开启闸门或导水叶，闸门上游水流速度突然增大，由于水的惯性，使闸门上游管道中压力降低，闸门下游管道中的压力升高。管道中这种压力突然升高和降低的现象叫作"水击"或"水锤"现象。

水击以波的方式传递，其传递速度称为水击波速，它与管道直径、管壁材料性质、厚度等有关。在钢管和隧洞中，水击波速可达 1000m/s 以上。水击压力值的大小取决于管内水流惯性力的大小，水管越长，水流加速度越大，闸门起闭速度越快，水流的惯性力越大，相应产生的水击压力越高，水击现象就越严重。

水击不仅直接危及管道、蜗壳、导叶的安全，会对它们造成损坏，而且对机组的稳定运行产生不良影响。因此，必须限制水击现象发生或减小水击压力值。办法是：增设必要的设施，如调压井、调压塔、调压阀以及投入水阻抗等；设计时正确选择输水管道的参数；正确匹配机组惯性参数和调压性能参数，如调整导水机构关闭时间及起始开度等。

反水击现象是导叶紧急关闭之后，转轮室中压力突然降低，当压力降低到实际液体的汽化压力以下时，液体开始汽化；当汽泡聚集到一定程度时，便产生液柱分离；当压力升高时，又可能使汽泡体积缩小，以至溃灭，使液柱重新弥合。液柱重新弥合时产生的压力远远超过正常压力。在尾水管中，由于导叶急速关闭，转轮室为蒸汽所填充，形成明显的水柱分离；当水流在尾水压力作用下反向流动受阻于转轮时，在轮叶的两面形成巨大的压差，造成负的轴向水推力，以致抬起机组转子，并折断轮叶。水流绕过叶片后又将使汽泡溃灭，使液柱弥合，造成巨大压力，以致破坏导叶、水轮机顶盖等。

由于反水击所产生的负轴向水推力具有高强度和冲击性强的特点，因此破坏性更大，严重时足以造成肢解转轮的事故。所以在水电厂中，可采取如下措施防止和减轻反水击：①合理选择导叶关闭时间。②合理选择调节规律，如采用分两段或三段直线关闭导叶，能较好地解决这一问题。③适当限制机组的运行范围。不同工况下，尾水管进口的真空度相差甚大。可通过反击计算，确定安全运行的范围。④适当增大补气阀尺寸，严密监视补气阀、调速器的运行等。

2. 水轮机的汽蚀现象 一定温度的液体，当压力变化到某一定值时，液体便开始沸腾、汽化。反击式水轮机装了尾水管后，转轮出口处就会产生负压，当此压力降低到某一定温度下的汽化压力时，水流中会形成汽泡，而后汽泡消失，产生极大的冲击力，冲击相遇的设备和部件，特别是叶片的金属表面将受到破坏，变成无光泽、灰白色、多微孔海绵状，这种现象称为"汽蚀"。

汽蚀现象对水轮机运行有严重影响，它破坏水流的正常流动，损坏叶片；发生汽蚀时，会降低水轮机的效率和出力，同时机组可能产生剧烈振动，破坏机组稳定运行。因此必须设法避开汽蚀区和尽可能减少汽蚀，主要措施有：①恰当的叶型设计和选材；②按设计要求运行，因为低水头、低负荷和超出设备要求的吸水高度等情况下长期运行都会引起汽蚀；③水轮机叶片最低点容易发生汽蚀，因此需将转轮置于尾水位上下一定高度（这个高度称为吸出高度，高于尾水位为正，反之为负）；④在设计和安装水轮机时，应把汽蚀系数作为一个重要工作参数，它反映了水轮机转轮内最大动力真空与工作水头之比，汽蚀系数将决定水轮机的合理安装高程；⑤当发现运行中设备已被汽蚀时，应及早进行修补或更换，以防机组出事故。

2.5.8 水轮发电机

1. **特点和分类** 和汽轮发电机比较，水轮发电机的特点是：①转速较低（60～750r/min）；②极对数多；③体积大，飞轮转矩 GD^2 大；④转子做成凸极式，转子和定子之间的气隙是不均匀的；⑤在布置时，一般采用立式。

大型水轮发电机广泛采用立式结构，而小型水轮发电机常用卧式结构。在立式结构中，由于推力轴承布置位置的不同，又可分为伞式和悬吊式两种。

悬吊式水轮发电机的结构布置如图 14.2-19 所示。它的推力轴承位于机架内（中等容量机组）或上机架上（大型容量机组）。包括发电机和励磁机转子、水轮机转动部分的整个机组的转动部分重量以及作用在水轮机转轮上的轴向推力都通过推力轴承传给机架，再传给定子机座和机墩。整个机组转动部分被悬吊着，故称悬吊式水轮发电机。

悬吊式水轮发电机的优点是：由于转子重心在推力轴承下面，机组运转稳定性较好；因推力轴承在发电机层，安装维护较方便。缺点是：由于定子机座直径较大，上机架和定子机座为了承重而消耗钢材多；机组轴向长度增加，相应增加了厂房高度。

伞式水轮发电机的特点是：推力轴承位于下机架或水轮机顶盖支架上，整个机组转动部分的重量通过推力轴承传给下机架，再传给机墩。由于发电机转动部分像一把伞，发电机转子像伞顶，大轴像伞把，故称伞式。有两个或一个导轴承受径向力，防止转动部分摆动。有上、下导轴承的，称为半伞式；没有上导轴承的，为全伞式，它们的结构布置简图分别见图 14.2-20 和图 14.2-21。

伞式水轮发电机的优点是：推力轴承置于水轮机和发电机之间，减小了上机架高度，缩短了发电机轴

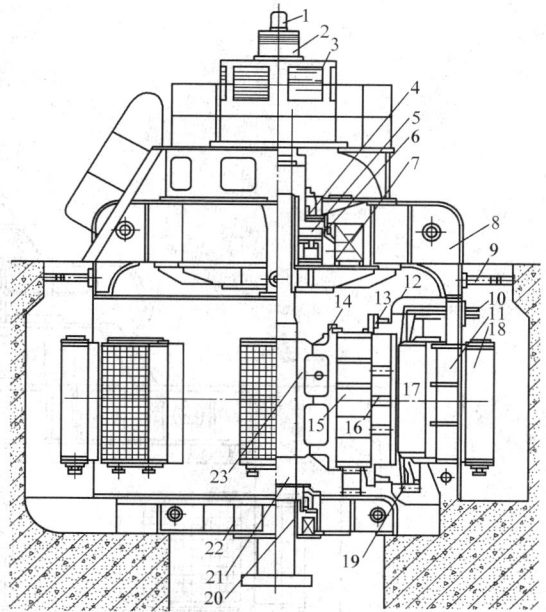

图 14.2-19 悬吊式水轮发电机剖面图
1—转速继电器；2—永磁机；3—励磁机；4—推力头；
5—镜板；6—推力瓦；7—油冷却器；8—上机架；
9—千斤顶；10—主引线；11—定子机座；12—挡风板；
13—风扇；14—转子支架；15—转子铁轭；16—磁极；
17—定子铁心；18—空气冷却器；19—定子绕组；
20—导轴承；21—主轴；22—下机架；23—轮毂

长，从而减小了厂房的高度；承重的下机架直径比上机架小，需用钢材较少。缺点是：转子重心在推力轴承以上，重心较高，运行稳定性较差。

立式水轮发电机，可按下述条件进行初选：

当 $D_i/(n_n l_i) \leq 0.025$ 时，多采用悬吊式；当 $D_i/(n_n l_i) > 0.025$ 时，可采用伞式；当 $D_i/(n_n l_i) > 0.05$ 时，可考虑采用全伞式。

式中，D_i 为定子铁心内径（m）；l_i 为定子铁心长度（m）；n_n 为发电机额定转速（r/min）。

此外，还有卧式水轮发电机，一般用于转速大于 375r/min 和一些小容量发电机组；灯泡式水轮发电机，一般用于中、小容量的低水头水电站，水头范围为 2～40m；抽水蓄能机组见 2.8.5 节。

2. **主要组成部件**

（1）静子。是产生电能的部件，由线圈、铁心和机壳等组成。大型水轮发电机静子直径很大，为了便于运输，一般分瓣组合而成。

（2）转子。是产生磁动势的转动部件，由支架、轮环和磁极等组成。轮环是由扇形铁板堆积而成的圆环形构件，磁极布于轮环的外面，并以轮环作为磁场

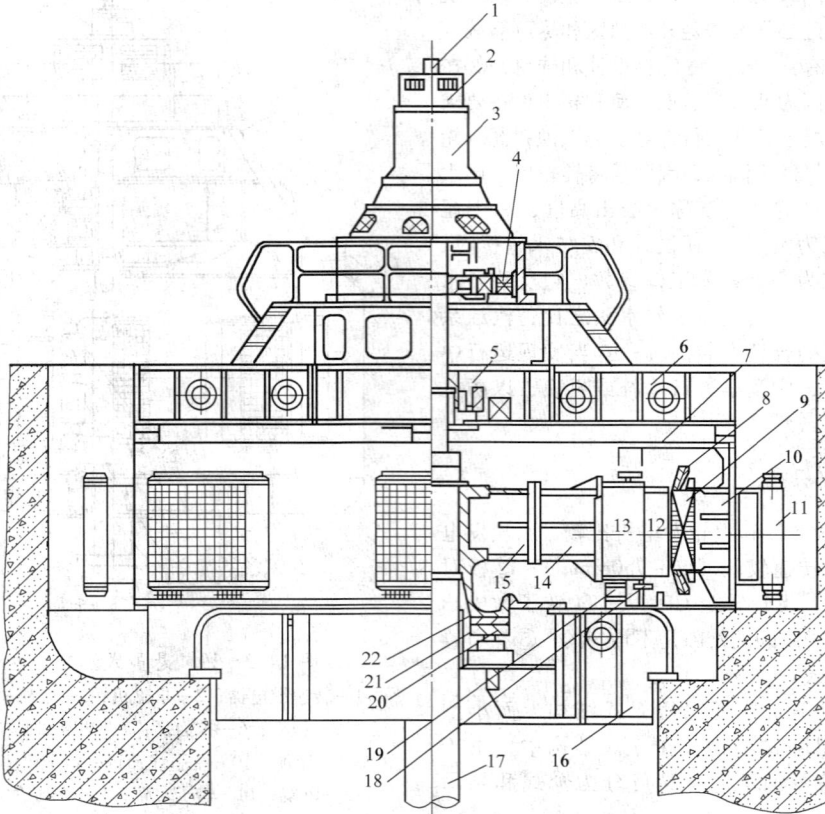

图 14.2－20　半伞式水轮发电机剖面图

1—转速继电器；2—永磁机；3—受油器；4—励磁机；5—导轴承；6—上机架；7—挡风
板；8—定子绕组；9—定子铁心；10—定子机座；11—空气冷却器；12—磁极；13—转子
铁轭；14—转子支臂；15—转子中心体；16—下机架；17—主轴；18—风扇；19—制动器；
20—推力瓦；21—镜板；22—推力头

的通路。大中型水轮发电机的转子都在现场装配，然后经加温热套于发电机主轴上。

（3）推力轴承。是承受机组转动部分总重和作用在水轮机上的轴向水推力的部件，其荷重往往很大，在大容量机组中，荷重达 3000～4000t。推力轴承的润滑性能、制造和安装质量是影响机组安全运行的重要因素，因此要求轴瓦受力均匀；轴瓦温度分布均匀而变形小；油路畅通，冷却效果好；具有维持轴承正常运转所需的油膜厚度以及良好的油密封结构等。

（4）冷却系统。大中型水轮发电机的冷却方式有三类：①空气冷却方式。大多采用密闭自循环通风系统，发电机内部的热风通过均匀分布于静子机壳外的空气冷却器冷却后，再重新送入发电机。热量由冷却器的冷却水带走。这种冷却方式结构比较简单，空气清洁干燥，冷风稳定，温度低。②水内冷方式。是将经过处理过的冷却水直接通入电机定子和转子绕组的空心导线内带走热量。当水内冷仅仅用于定子绕组，而转子绕组和定子铁心为空冷时，称为单水内冷；当定子、转子绕组均采用水内冷而定子铁心为空冷时，称为双水内冷；定子、转子及定子铁心全部用水内冷时，称为全水内冷。水内冷的优点是导热性能好，它的冷却能力比空气大 125 倍，比氢气大 40 倍。水的化学性质稳定，不会燃烧，价格低。缺点是水路系统比较复杂，水质要求较高，要防止腐蚀铜导线和漏水。③蒸发冷却方式。将液态介质通入水轮机导体内部进行蒸发的冷却方式。其特点是：由于冷却介质蒸发时的导热能力比空气和水高几倍多，因此在相同条件下，采用蒸发冷却可以减小机组尺寸和重量；蒸发量随负荷大小变化，具有自调节能力；绕组温度均匀分布，延长了绝缘寿命；冷却介质在液态和气态条件下实现自循环冷却；冷却介质具有良好的绝缘性能和化学惰性、不燃、不爆、无毒、无腐蚀、气化温度低等优点。

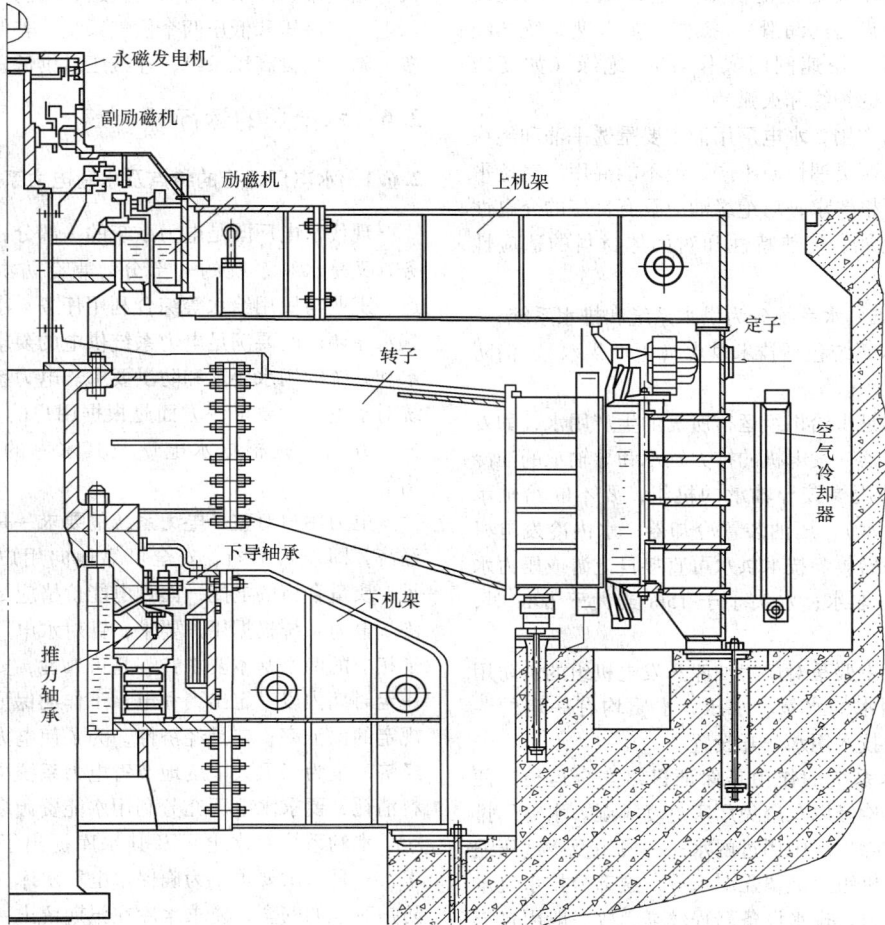

图 14.2-21 全伞式水轮发电机剖面图

（5）制动装置。额定容量较大的立式水轮发电机应设置机械制动装置。在发电机停机过程中，当转速降低到额定转速的 20%~40% 时，应对发电机转子进行连续制动，以避免推力轴承应低速下油膜被破坏而使瓦面烧损。制动使用压缩空气，制动时气压为 0.5~0.7MPa。制动装置的另一个作用是在安装、检修和起动时，以高压油注入制动器，将发电机旋转部分顶起。顶起转子时油压为 0.8~4.2MPa，顶起距离为 15~20mm。

在起停频繁的调峰机组和抽水蓄能机组上还配置电制动，在发电机定子外部三相短路条件下，转子回路输入恒定的励磁电流，利用定子绕组产生的能耗使机组制动停机。其特点是制动转矩大、无磨损、无污染、维护工作量小，但要增加制动励磁电源及三相短路开关设备。

（6）永磁发电机。永磁发电机是装在水轮机主轴上反应机组频率（转速）的测速发电机，在额定转速下，测速发电机的频率为 50Hz，它可直接测量机组转速的变化，向调速器测频元件提供频率偏差信号。同时它的主、副绕组分别向水轮机的调速系统和转速继电器供电。永磁发电机常用的有三相凸极式和单相感应式两种。

2.5.9 水电厂的辅助系统——油、气、水系统

为了保证水轮发电机组的正常运转和电厂的安全运行，水电厂还要有一些辅助设备为其服务，如油、气、水系统等。

1. 油系统 是由储油设备（油罐、油箱）、油处理设备（压力滤油机、真空滤油机）以及管网等组成的系统。它们担负油的储存、物理净化、化学净化以及对用油设备注油和排油等任务。油的物理净化是用滤油机和离心机等清除油中的水分和杂质，而化学净化主要是对油的再生处理，对劣质油和废油等进行收集处理。

油的作用主要是润滑（如发电机轴承、水轮机轴承以及其他设备的润滑）、操作（如调速系统的配压阀、接力器、快速闸门操作等）、绝缘（如变压器、油断路器的绝缘和灭弧）。

根据油的作用，水电厂用油主要是透平油和绝缘油两大类。这两类油性质不同，绝不能混用。对透平油的黏度有严格要求，对绝缘油应具有良好的介电性能、抗老化性能、传热特性和对固体材料的适应性能等。

2. 水系统　水系统分为供水系统和排水系统。

（1）供水系统包括技术供水（生产供水）、消防供水和生活供水。

技术供水是供给机组运行所需的生产用水，如发电机空气冷却器、发电机的推力轴承和导轴承的油冷却器供水（采用橡胶导轴承的机组，要不断给轴承以清洁的润滑水），压油装置冷却器、水内冷发电机的二次水冷却器等。技术供水可直接自上游或压力水管（或蜗壳）取水；水头小于 15m 或大于 60m 时，采用水泵供水。

消防供水主要是对厂房油库和发电机组的消防用水。对消防用水的水量、水压、水质均有一定的要求，而且应与技术用水分开设置。

（2）排水系统的作用是保证机组安全运行，便于部分设施的检修以及避免厂房过度潮湿。水电厂排水系统主要排除生产中用过的水——机组及空气压缩机的冷却水，机组上部顶盖漏水等，这部分排水流量大，有剩余压力，排水设备高程较高，故一般用自流排出；检修排水如蜗壳、尾水管及部分钢管的排水，这部分排水量大，没有压力，设备高程也较低，所以一般先将其排入集水井，然后用水泵抽走；用水设备的漏水和厂房的渗透水，这部分水水量小，但连续不断，没有压力，常用排水沟排至集水井，然后用水泵抽走。集水井位于全厂的最低处。

3. 压缩空气系统　压缩空气具有弹性，易于压缩，便于储存和运输，在水电厂中有着广泛的用途。例如，停机时利用风闸制动，迫使机组迅速停下来，防止推力轴承被烧坏；机组调相运行时压水，使转轮离开水在空气中旋转，以减少电能损耗；电厂施工和机组安装、检修时使用的风动工具（风铲、风钻）以及运行中设备吹气；蝴蝶阀围带充气，空气断路器的操作和灭弧以及闸门和防污栅防冻等。

由于用途不同，所需的压力也不同，其中水轮机调节系统油压装置用气和空气断路器操作与灭弧用气的气压在 1.96×10^6 Pa 以上，为高压系统；其他用气的气压在 $(6.0 \sim 8.0) \times 10^5$ Pa 以下，为低压系统。

水电厂压缩空气系统由高压空压机、低压空压机、储气罐、油水分离器及管道、阀门等组成。一般水电厂有高压和低压两个供气系统。若低压用气量不多，则可只设高压系统，经减压后供低压使用。

2.6　水电厂的运行

2.6.1　水电厂运行的特点及水利电力系统的要求

现代水电厂既是电力系统的一部分，承担发电任务，又是水利系统的一部分，兼有防洪、灌溉、航运、工业与民用给水等综合利用任务。水电厂运行及其水库调度既要满足电力系统供电的要求，又要满足水利系统的用水要求和防洪要求。电力系统和水利系统对水电厂的要求一方面是根据用户的要求提出的，另一方面也是根据水电厂及其水库的运行特点提出的。

电力用户对整个电力系统的要求一是可靠，二是经济，即连续不断、安全可靠地向用户提供数量充足、质量合格的电能，而且电能价格应尽量便宜、经济。电力系统根据用户要求，针对水电厂特点，提出了相应的两个基本要求：一是可靠性，要求水电厂在一定时期内以一定出力和电量工作的保证率不得低于规定的保证率；二是经济性，为了使电力系统工作更经济，也为了最大限度地节省电力系统中火电厂的燃料消耗，要求水电厂充分利用水能资源多发电。

水利系统对水电厂及其水库提出了综合利用要求：一是防洪要求，为确保水电厂水库大坝上、下游防护对象的安全，要求水库在汛期留出一定的调洪和防洪库容，以防止汛期随时可能出现的大洪水；二是其他兴利要求，即灌溉、航运、工业与民用给水等部门提出的满足正常用水要求；此外，还有船闸、鱼道、过木筏道的操作用水和环境与水资源保护、旅游等方面的要求。

水电厂运行方面的特点为实现电力系统和水利系统的要求提供了条件，同时水电厂的运行方式受电力系统和水利系统要求的制约。水电厂运行方面的特点可以概括为：①水电厂运行方式的多变性，它在任何时刻的出力和任何时刻的发电量，在很大程度上受着天然水文条件的影响。这种影响虽然可以通过水库对天然径流的调节作用得以减轻，但完全消除是不可能的。由于水电厂运行方式多变，总会使电力系统正常工作有遭受破坏的可能，也就是说，水电厂不可能百分之百地满足电力系统对它的要求。②水电厂运行费用与其发电量多少无关。因为水电厂建成之后，其发电量的多少主要与其来水量有关，而运行费用在水电厂全部建成投产后基本上不变。③水电机组运行方式转换十分方便。水电厂动力设备——水轮机工作灵活，起闭迅速，因而使水电厂易于适应负荷的急剧变化，有利于在系统中承担调峰、调频任务。④水电厂的水资源及其水库具有综合利用的特性，除了发电外，水利系统各部门分别对水电厂及其水库提出各种综合利用要求，因而水电厂运行方式的改变受到各部门要求的制约。

2.6.2 水电厂的运行方式

现代水电厂都是和火电厂及核电厂等联合运行的。为了满足电力负荷变化，又最大限度地节省矿物燃料，应当正确确定水电厂的运用方式。

提供电能、保证电力系统电力电量供需平衡，是水力发电厂的主要任务。在水、火电厂联合运行中，水电厂是担负基荷、腰荷还是峰荷，需要对系统中火电厂的特性、水电厂自身特点和条件以及不同季节、时间等因素进行具体分析。

水、火电联合运行方式确定的原则是：

（1）总的发电出力必须满足系统负荷要求，在枯水期，火电机组应以最大可能出力运行。

（2）最充分地利用水电厂的发电量和装机容量，在枯水期尽可能提高工作容量，丰水期最大限度地避免或减少弃水。因为各水电厂的调节性能等不同，对其运行方式应有不同的考虑：①无调节水电厂只能担负基荷。②日调节水电厂在枯水期可担负峰荷，但担负峰荷的上、下位置可能受到一些限制，如水库容积不够大、航运及下游用水需要均匀地放水等；在洪水期要以担负基荷运行，还有一部分时间担负腰荷。③年调节及多年调节水电站在枯水期均可担负峰荷，在其他时间可担负峰荷、腰荷或基荷。④当要满足城市给水需要均匀、流量较小地放水发电时，可让水电厂部分机组经常担负基荷运行，使这部分基荷发电容量的放水量满足下游用水的要求。⑤当水电厂离负荷中心较远时，如超过 100～200km，则该电厂不宜担负调峰，因为这将在输电线路上引起较大的电能损耗和增加线路电压调整的困难。⑥对于超过 3～5km 较长的引水渠式水电厂，也不宜担负调峰。因为让其调峰就要增大引水渠或隧洞的断面，使造价昂贵。⑦当系统中有多个水电厂，且其水文特性和水库调节性能有明显差别时，应取长补短，考虑各水电厂之间的电力补偿调节。

2.6.3 水电厂的特殊运行方式

1. 调相运行 是水轮发电机组只发无功，并消耗电力系统少量有功功率的一种运行方式。电力系统无功功率不足时，电压将明显下降。这时将水轮发电机组改为调相机运行，向系统发无功功率是很方便的。水轮发电机作调相运行，只要将水轮机的导水叶关闭，由系统给水轮发电机送有功，维持水轮发电机空转，调节发电机励磁电流即可向系统发出无功功率。

枯水季节，水电厂水量少，部分机组处于停运状态，若利用这些机组作调相运行，向系统提供较多的无功功率，以维持系统电压恒定，这是较为经济的运行方式。

水轮发电机组作调相机运行的调相容量的确定与额定功率因数有关，对于额定功率因数为 0.8 的水轮发电机组，其调相容量约为其额定容量的 65%～80%。

对于远离负荷中心的水电厂，若作调相运行，则要长距离输送无功功率，损耗就较大。此外，调相运行时，拖动机组要从系统送一定有功功率，这也是一种损耗。若要减少这种损耗，通常采取对水轮机进行充气压水，使水轮机离开水面在空气中旋转，但为此要设一套压缩空气制备系统。

所以，水轮发电机组具有调相运行的条件，但一个水电厂是否作调相运行，应根据需要和可能，权衡利弊，最终由电力系统调度从全局考虑决定。

2. 进相运行 水轮发电机组进相运行是机组处于欠励工况时，吸收电力系统剩余的容性无功功率，送出有功功率的一种运行方式。

电力系统的发展，特别是高压及超高压输电线路和电缆输送电线路的增加，系统本身产生的电容性无功功率相应增大。此外，电力系统装设的静电电容器，在低负荷时产生的容性无功功率可能会超过感性无功功率，在电网某些节点上出现电压超过上限的情况，危及电气设备安全运行。为此，要在电力系统中装设吸收容性无功功率的设备，但这要增加投资。而发电机进相运行可以吸收系统多余的容性无功功率，降低低谷负荷时系统电压升高，保持系统电压在一定水平。

进相运行要将发电机励磁电流减少到空载励磁电流以下，降低送端电压，从而使电机的铁损和转子铜损下降，定子铜损增加，发电机总损耗下降。

发电机进相运行时功率因数为负值，将引起发电机铁心端部漏磁增加，端部发热加剧。此外，进相运行方式也会使水轮发电机组固有静态稳定极限下降。所以水电厂是否采用进相运行方式，应遵守制造厂的规定或做现场试验，除了考虑原动机出力和定子电流的限制外，特别要重视静态稳定、定子铁心端部发热、厂用电压下降等问题。

3. 调频运行 是水轮发电机组根据电力系统频率变化随时调节其有功功率，以保持电力系统频率在合格范围内的一种运行方式。由于水电厂具有生产过程简单、运行灵活、机组起动和停机迅速、操作简便、自动化程度高等优点，故常常选择具有调节能力强的水电厂，作为电力系统调频运行电厂，以保证系统频率恒定。

调频电厂的调频容量，基本上是旋转备用容量，因此调频容量也往往作为电力系统事故备用容量。水轮发电机组一般能在额定负荷的 50% ~ 100% 随时变动。调频操作是根据系统频率对额定频率的偏差由运行人员手动调整或由自动调频装置（如 AGC）自动调节。

当电力系统中由于某种原因突然增加负荷，或者由于发生事故使某一机组退出工作时，调频电厂能够立即自动地承担这部分附加的负荷，发挥事故备用作用，保证电力系统供电质量，使频率不受影响。水轮发电机组通常离负荷中心较远，联络线阻抗较大，系统发生事故时，可以用自同期方式快速并入系统，减少事故对系统的影响。

4. 调峰运行 是水轮发电机组对电力系统高峰负荷的增长量迅速做出响应的一种运行方式。电力系统负荷昼夜是不均匀的，一天之内有高峰和低谷的不同。高峰时电力系统要有一些发电机满足电力系统负荷的增长（调峰），这可由水轮发电机组、燃气轮机组或汽轮发电机组等来承担，但以水轮发电机组最为经济合适，这是因为水轮发电机组具有开停机简单迅速，增加负荷速度快，水电成本低等优点。

关于抽水蓄能电站用于电力系统调峰和填谷可参阅 2.8.3 节。

2.6.4 水电厂的效率和效益

水电厂是把水能转换为电能的工厂。水能——江、河、湖中水体潜在的能量——包括水体具有的势能（位能和压能）及动能。水流通过河流两断面时水流的能量差，即为该河段的潜在水能。由于两断面的压能差和动能差数量较小，可以略去不计，所以一般只考虑位能差，假定水电站集中的净水头高度为 $H(m)$，1s 内通过水轮机水量 $Q(m^3/s)$，水的密度 $\rho = 1000kg/m^3$，重力加速度为 $g = 9.81m/s^2$，则 t 秒内通过水轮机的水能（kW·h）为

$$E = QH\rho g_c t = 0.002715QHt \quad (14.2-10)$$

式中，E 的单位是 J 时，$E = 9810QHt$J。

用功率（kW）表示为

$$P = 9.81QH \quad (14.2-11)$$

具有潜在水能的水经过水电厂各个环节时必定有损失，因此，最终水电厂的发电功率（kW）为

$$P = 9.81QH\eta \quad (14.2-12)$$

式中，η 为水电厂的效率，它是水轮机效率 η_t、发电机效率 η_g、管道效率 η_p 及辅助设备效率 η_A 等的乘积。大、中型水电厂的发电效率为 80% ~ 90%，小水电厂的发电效率为 60% ~ 70%。

水电厂不仅具有比火电厂高得多的发电效率，而且对于电力系统来说，水电厂的电量效益和装机容量效益也具有重要意义。因为有了水电，整个电力系统的发电成本降低了，而且节省了矿物燃料，这是水电厂带来的电量效益。水电厂具有起、停机灵活，适应负荷变化迅速的特点，在满足电力系统调峰、调频、调压、提供事故备用、提高系统可靠性等方面具有有利的条件，由此产生了水电厂的容量效益。此外，对于水利系统来说，水电厂在防洪、灌溉、航道、给水、环保等除弊兴利方面的作用带来很大的综合效益。

2.6.5 水电站的经济运行、安全运行与水库调度

为满足电力系统安全可靠和经济供电两方面的要求，水电站运行相应地也包括安全运行和经济运行两个方面。

水电站安全运行主要是指正常使用水电站机电设备和建筑物，并定期检修，使之保持良好的状态，以防止和减少意外事故的发展，确保水电站正常运行，从而达到安全可靠的目的。影响水电站安全运行的机组缺陷与故障主要有：水轮机的汽蚀；水轮机泥砂磨损；水轮机的裂缝；水轮发电机静子线圈击穿烧坏；轴瓦烧损以及调速器失灵等。运行检修中对这些问题应给予特别重视。

水电站的经济运行主要是指挖掘水电站水库及设备的潜力，改善设备性能，合理制定和实现水电厂的经济运行方式及水库的合理调度方式，充分利用水资源，用有限的水发尽可能多的电，以达到经济供电的目的。影响水电站经济运行的因素主要有：机组动力特性；水电站径流特性或水库特性；电力系统中火电机组特性及电力系统负荷特性等。这些基本特性应作实际测试或进行统计分析。

水电站的经济运行和安全运行是互相关联不可分割的。经济运行必须在设备运行稳定和保持良好状态，满足可靠性要求条件下进行。这就是说，安全可靠运行是经济运行的前提，而经济运行是安全运行的目的。经济运行实际上包含安全运行的要求，因为电厂或电力系统一次安全事故往往造成巨大的损失。因此，我们把既安全可靠又经济的运行称为最优运行。所以讨论水电厂经济运行也就是指水电站最优运行。

从研究问题的空间范围看，水电厂及电力系统经济运行（最优运行）可划分为厂内经济运行和厂间

或电力系统经济运行。

厂内经济运行主要研究厂内工作机组的最优台数、组合及起停次序的确定，机组间负荷的最优分配以及电厂内最优运行方式的制定和实现等有关问题。水电厂内即使同类型同容量的水轮发电机组，因制造工艺上的差异或运行时间长短的不同，其效率也不尽相同，特别是大型机组的效率即使相差一个很小的数值，也会引起经济效益的很大差别。如一台 100MW 机组，效率提高 1%，按年运行 5000h 计算，则每年就可多发 500 万 kW·h。水轮机组在负荷变化或水头变化时效率也有变化。表 14.2-7 表示了某机组在一定水头下所带不同负荷时的耗水率（发 1kW·h 电所消耗的水）。

表 14.2-7　不同机组负荷时的耗水率

机组负荷/MW	30	40	50	60	70
耗水率/[t/(kW·h)]	7.38	6.75	5.55	5.28	6.66

表 14.2-8 表示某水电厂有两台相同型式的机组运行，若系统要求该厂发电 100MW，对这两台机组几种不同负荷分配方式下运行 1h 的耗水量。一般讲，同类型机组平均分配负荷较经济。

表 14.2-8　不同负荷分配方式下的耗水量

负荷分配方式/MW	70+30	60+40	50+50
耗水量/万 t	70	59	56

表 14.2-9 为一水电厂多台机组，在系统要求发电 150MW，选择不同机组台数运行 1h 的耗水量。其中，三台机组运行耗水最少。

表 14.2-9　不同运行方式下的耗水量

运行方式（平均分配负荷）	2 台机组	3 台机组	4 台机组
耗水量/万 t	108	97	103

表 14.2-10 是某水电站水轮机在不同水头下运行时不同的耗水率。可以看出，保持高水位运行是经济运行的一个主要措施。

表 14.2-10　不同水头下运行时的耗水率

水头/m	30	40	50	60	70	80	90
耗水率/[m³/(kW·h)]	14.1	10.6	8.5	7.1	6.1	5.3	4.7

电厂间或电力系统经济运行主要研究各电厂之间的负荷最优分配，制定和实现各类电厂在各种计算周期内的最优运行方式等问题。这不仅涉及到各水电厂和火电厂的发电效率、机组特性，而且涉及到电能传输损失等。

从研究问题的时间范围看，电厂及电力系统经济运行划分为瞬时（小时）、短期和长期经济运行。三者有密切的关系。长期经济运行的任务是将一较长时期（季、年、多年）内的有限输入能量最优地分配到其中较短时段（月、周、日）；短期（周、日）经济运行的任务是将以上长期经济运行所分配的输入能量在短期内和更短的时段（日、小时）间合理分配，确定出电力系统中各电厂逐日、逐小时的负荷分配和运行状态；逐小时及瞬时经济运行的任务是将相应小时和时刻分配到各电厂的负荷，再落实分配到各台机组。当然，对水电站来说，短期经济运行方式的制定只对具有短期（日）调节性能以上的水电厂有实际意义；而长期经济运行方式的制定只对具有长期（季、年、多年）调节性能水库的水电厂才有必要。当水电厂具有一定调节能力的水库时，制定水电厂经济运行方式的中心问题是制定和实现水库的合理或最优调度。

2.7　水电站开发中的环境问题

水力发电本身污染较少，但由于大规模筑坝建库，改变了原来自然水域的布局，有可能使局部地区的气候，包括雨量、湿度、温度等发生变化，从而改变生态环境。中国三门峡电厂水库发生严重泥沙淤积，年入库泥沙量达 16 亿 t，多次治理，耗费巨大。经验表明，大型水电开发处置不当，会造成生态环境的恶性循环。因此在选择水电开发方案时，必须评价其对生态环境的影响，以趋利避害，实现水电开发和环境保护协调和可持续发展。

建设水电站对周围地区自然和社会环境会产生有利和不利的作用。自然环境影响主要指对气候的影响，对水文情势、水温、水质、泥沙、地质的影响，对水生生物、陆生生物的影响等。社会环境影响主要指对地区人口、交通、经济的影响，对人群健康的影响，对景观与文物的影响等。工程施工过程对环境也产生一定影响。工程对环境影响的范围，对堤坝式水电站，包括水库及其周围地区、工程下游及河口地区等。对引水式水电站工程还包括脱水段。对跨流域开发工程，包括调出流域和调入流域。另外，由于水库淹没、工程占地带来迁移居民对移入地区环境造成的影响。工程对环境影响的程度，与工程的规模、特性、地理位置等有关。

水电站对环境影响的性质，可分为有利或不利、短期或长期、可逆或不可逆、暂时或积累、一次或二次、潜在或明显影响等。水电站运行不消耗燃料，不污染大气，不排出废渣，属清洁能源，对环境有利影响是主要的；对环境的不利影响经过采取相应对策措施，大部分可以得到减轻或消除。

2.7.1　对自然环境的影响

1. 气候影响　水库蓄水形成庞大水体，由于水的热容量大，水体对太阳辐射热量的吸收和释放，直接间接对库区及库周的气候各因子产生一定的影响。一般对植物生长有利，可使农业、林业得到很好的开发。主要影响有：①对气温影响，使冬季低温升高、夏季高温降低，对极值影响更明显，减少气温的年变化和日变化，对农业生产有利。②建库使大量陆面变为水面，增加了蒸发量。③对湿度的影响，一般是建库后库区相对湿度减小，库周增大。④对降水的影响，一般建库后使库区降水量减少，库周降水量增加，对农、林业有利。⑤起伏的陆面变为平坦的水面，风力明显增大；由于昼夜库区与库周气温的差别，建库后湖陆风现象增强。

建水库对气候的影响程度与水体和水面大小有关，影响的范围主要在库区及库周，还与库周的地形有关。库周地形陡峻的，影响范围就小；库周地形平坦的，影响范围就大。

2. 水文情势影响　水电站具有有调节能力的水库时，水库调节使下游河道径流过程发生以下变化：①增加枯水期流量，有利于保证下游水量的要求。②削减洪峰流量，有利于提高下游防洪标准。③中水期增长，可能增加下游两岸浸没。④担任系统调峰任务的水电站，间歇泄流可能影响下游工、农业及生活用水，影响航运、水产，但可以调整运行方式或在下游建反调节池（水库），保证下游的正常用水。

3. 水温影响　水库水温结构与来水量及库容大小有关。库容较小的如低坝径流式水电站，出入库水温差别不大。库容较大的水库，水温往往是分层型结构，表层直接受气温影响，与天然河道水温相似；中层为斜温层，是表面和底层的过渡；底层为恒温层，水温低也称冷水层。水电站进水口一般设置高程较低，因此出库水流大都来自深层。

4. 水质影响　水库形成后，入库水流流速大大变缓，改善水质，有利于水产的养殖。主要影响有：①悬浮物沉淀，水体透明度增大，一些有害物质吸附于悬浮物沉积库底，两者均改善了水库水质及下泄水流的水质。②底泥富集有害物质，底泥有被重新冲起释放有害物质的可能，存在二次污染的潜在威胁；也可能通过底栖动物，鱼类和人间食物链的关系，间接危害人类。③水流自净能力随流速降低而降低。④库周、库末有城镇或工矿集中污染处易形成污染带。⑤入库水流含氮、磷等营养物质较多时，由于水库富集作用和藻类大量繁殖导致库水富营养化，水中含氧量急剧减少，鱼类和其他水生生物难以生存，水体发臭，难以用于生活和工业供水。库水年交换次数越少，富营养化威胁越大。后四者是一定条件下建库对水质可能产生的不利影响，需对城镇或工矿排入水库

的污水进行处理，以减轻或消除水库污染，保证水质的卫生要求。

5. 泥沙影响　入库水流流速减缓，泥沙淤积。对多泥沙河流，由于河道天然水沙状态被改变，水库淤积，下游清水冲刷，带来一些有利或不利的影响。主要影响有：①下游为堆积性河道时，水库拦沙，可以减轻或消除下游河道淤积，减轻防洪负担，甚至清水冲刷使下游河道下切，降低洪水位，对防洪有利。②泥沙淤积侵占库容，减小水库调节能力。③水库淤积抬高回水位，增加淹没、浸没影响。④泥沙淤积，特别在水库回水变动区，易影响航运；近坝区淤积可能影响船舶过坝建筑物引航道淤塞，影响行船。⑤岩溶地区因水库泥沙淤堵暗河出口，或因建库壅水使库区暗河出口泄流不畅，库周暗河上游有关地区会出现洪涝灾害。⑥水库下游河道、受出库清水的冲刷，河势变化，险工位置变动，增加防洪困难；有的也可能危及桥、涵等建筑物的安全，也可能影响下游与坝区通航建筑物的衔接，部分时间（枯水期）发生碍航。⑦上游建库拦沙后，清水灌溉使下游农田失去一部分天然肥分。⑧水库拦沙，影响下游滩涂围垦，也可能使海岸发生侵蚀后退。⑨水库沉积使下泄水流挟带的天然饵料减少，可能影响下游、河口甚至沿海渔场鱼类的食物来源，影响鱼类资源。

6. 地质影响　地质影响主要有如下几方面：①在发震构造发育的地区水深增加很多的水库，可能诱发地震。②部分库岸由于浸水或水位骤降而失稳，除影响坍岸区居民和土地，坍岩滑坡可能引起涌浪威胁大坝安全，侵占库容，影响航运。③可能引起库周浸没，影响农、林、牧业生产；引起地下水排泄不畅，影响地下水水质，遇大孔性土地基，会引起湿陷，导致水井塌废，建筑物破坏。对已建成的水电站多年观测，初期可能诱发地震、坍岩、滑坡等，经过一段时间的运行，地质趋于相对稳定状态，不再发生这些现象。

7. 水生生物影响　由于形成水库，对原有水生生物会产生影响，但也会产生新的水生生物。对水生生物影响主要有：①建库改变了浮游生物、底栖动物和自游动物（如鱼类）的生活环境，如流速、水深、水温、水质的变化，使喜流水性的鱼类向库末迁移，喜湖泊性鱼类在库区得到发展。②调节性能较好、水温呈分层型的水库，底层水温低，缺氧，影响鱼类生存。缺氧的底层水经发电泄往下游时，在水流复氧前的河段内将对鱼类生存产生不利影响。③大坝阻隔，在有洄游性鱼类的河段，对洄游鱼类产卵场地和育肥场的通道带来不利影响。④水流通过水电厂某些泄洪消能建筑物形成氮过饱和时，对下游一定距离内幼鱼

的生命产生不利影响。泄洪形成的高速水流区也不利于鱼类的生存。

8. **陆生生物影响**　由于水库淹没减小林地面积，影响陆生植物资源，影响陆生动物的栖息环境。

2.7.2　对社会环境的影响

1. **地区人口、交通、经济影响**　主要影响有：①工程及水库淹没带来的居民迁移，电厂建成后形成新的居民点，新电源吸引新的工业企业和商业服务业，新城镇的建立等均使地区人口分布和结构发生变化。②工程建设和水库淹没可能中断原有交通，但将由专项迁建费用修建新的交通系统替代，并结合水电站建设和运行管理需要，地区交通将得到发展，水库工程还可淹没险滩，改善水运条件，或开辟新的水运交通。③新电源建成将吸引周围工业企业的建立和发展，增加对农副产品和农业原材料的需求，促进地区农副业和加工工业的发展，促进当地资源开发和商业、服务业的发展，增加就业机会，对地区经济带来好处。

2. **人群健康影响**　水电厂的建设一般能够改善自然环境，减少某些疾病的发病率，有利于人身健康。但由于工程地区环境特点和工程开发方式的不同，可能使自然疫源性疾病、虫媒传染病、介水传染病、地球化学性疾病（即地方病）的发病率增强、减弱、消失或引起新的疾病输入等。

3. **景观文物影响**　水库蓄水可能浸没或直接淹没风景、名胜、文物、古迹。对有价值的文物、古迹可以进行保护或搬迁，加以保存。水库建设，也可以形成新的风景景观，发展旅游业。

2.7.3　移民影响

受水库淹没而拆迁的居民，特别是当地农民，虽然其生活、生产设施可以得到合理的补偿，但拆迁仍给移民带来很大影响。移民对移入区也带来一定影响。

移民远离原居地，生活习惯、生产方式可能要改变，但居住条件将有所改善。我国建三峡水库时实施的开发式移民，是使移民正面效益最大化、负面效益最小化的伟大举措。

2.8　抽水蓄能电站

2.8.1　概述

抽水蓄能电站是水力发电的另一种利用方式，它利用电力系统负荷低谷时的剩余电量，把水从低处的下池（库）用抽水蓄能机组抽到高处的上池（库）中，以水的位能形式储存起来，当系统负荷高峰而发电量不足时，再把水从高处放下，驱动抽水蓄能机组发电，供电力系统调峰用，它是能储存大量电力的一种储能方式，也是电力系统唯一能填谷的电厂。其运行过程如图 14.2－22 所示，其中一个循环是水从上池→水轮机→下池→水泵→上池。另一个循环是电能从电力系统→变电→电动机驱动水泵抽水到水池储能→上池水冲动水轮机旋转而带动发电机发电→变电→电力系统。

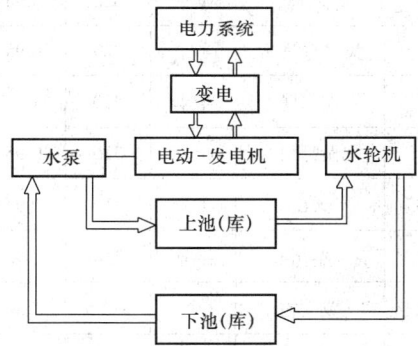

图 14.2－22　抽水蓄能电站生产过程

抽水蓄能电站从 1882 年在欧洲问世以来，已经有 100 多年的历史。中国从 1968 年在河北岗南水库安装了第一台斜流可逆式机组，由日本制造，单机容量为 11MW。10 多年来已建成了广州、天荒坪、十三陵等大型抽蓄能电站。表 14.2－11 是国内外已建成的部分抽水蓄能电站的单机参数。

表 14.2－11　　　　　　　　　　　国内外已建成的部分抽水蓄能电站的单机参数

国　名	电站名	机组类型	发电工况		电动工况		额定电压/kV	额定频率/Hz	额定转速/(r/min)	投运时间/年	发电-电动机制造厂
			MVA	cosφ	MW	cosφ					
日本	今市	伞	390	0.9	361	0.95	15.4	50	428.6	1988	东芝
美国	赫尔姆斯	伞	390	0.9	343	0.9	18	60	360	1981	西屋
美国	勒丁顿	伞	388	0.85	388	0.85	20	60	112.5	1973	日立

续表

国　名	电站名	机组类型	发电工况		电动工况		额定电压/kV	额定频率/Hz	额定转速/(r/min)	投运时间/年	发电-电动机制造厂
			MVA	cosφ	MW	cosφ					
美国	腊孔山	半伞	425	0.9	402	1.0	23	60	300	1971	Allis-Chalmers
美国	巴斯康蒂	半伞	389	0.9	348	0.9	20.5	60	257	1985	西屋
日本	新高濑川	半伞	367	0.9	330	0.9	18	50	214.3	1979	东芝
瑞典	杰克坦	伞	360	0.85	255	—	20	50	300	1978	ASEA
韩国	三浪津	半伞	336	0.9	295	1.0	20	60	300	1983	富士
日本	玉源	半伞	335	0.9	319	0.95	13.2	50	428.6	1982	日立、三菱
美国	贝尔斯万普	半伞	333	0.9	305	0.95	13.8	60	225	1974	东芝
中国	广州	半伞	333	0.9	300	0.95	18	50	500	1993	Alsthom
英国	狄诺维克	悬	330	0.95	296	0.95	18	50	500	1982	GEC
日本	南原	半伞	326	0.95	350	1.0	20	60	257	1976	日立
日本	奥多多良木	半伞	320	0.95	314	1.0	18	60	300	1974	日立
美国	吉尔博	半伞	320	0.9	313	1.0	17	60	257	1973	日立
日本	俣野川	半伞	316	0.95	316	1.0	13.2	60	400	1986	日立
日本	天山	半伞	316	0.95	325	1.0	13.2	60	400	1986	日立
日本	本川	半伞	316	0.95	320	0.99	13.2	60	400	1981	三菱
澳大利亚	威文霍	伞	312.5	0.8	245	—	13.8	50	120	1983	三菱
奥地利	罗登达	伞	310	0.84	260	—	21	50	375	1975	SIEMENS
中国	北京十三陵	半伞	222	0.9	218	1.0	15.75	50	500	1995	ELIN
中国	浙江天荒坪	悬	333	0.9	336	0.98	18	50	500	1998	GE
日本	葛野川	半伞	475	—	438	—	18	50	500	1999	日立

2.8.2　抽水蓄能电站的开发方式

从水能开发方式来看，抽水蓄能电站可以分为纯蓄能电站和混合式（常蓄结合）蓄能电站和调水式蓄能电站三种类型，如图 14.2－23 所示。

1. **纯蓄能电站**　为调节电力系统的峰荷和频率，其上池没有水源或天然流量很小，需把水从下池（库）抽到上池（库）储存，待到峰荷时发电。水在上、下池之间循环使用，抽水和发电的水量基本相等，但流量和历时按电力系统调峰填谷的需要确定。电站选址可接近负荷中心，运行方式多半为日循环，上、下池（库）都比较小，水头变幅也不大，可保证蓄能机组在高效率范围内工作。

2. **混合式蓄能电站**　是在常规电站里装设一部分蓄能机组。站内普通水轮发电机组可利用河川径流发电；而蓄能机组进行抽水蓄能发电，承担电力系统调峰填谷任务。混合式蓄能电站的上池（库）有一定的天然流量，水头变幅较大，蓄能机组运行的相对效率也较低。

3. **调水式抽水蓄能电站**　上水库建在分水岭高程较高的地方，在分水岭一侧拦截河流建下水库并设水泵站抽水到上水库。在分水岭另一侧的河流建设常规发电厂利用上库水发电，尾水流入下游高程最低的河流。

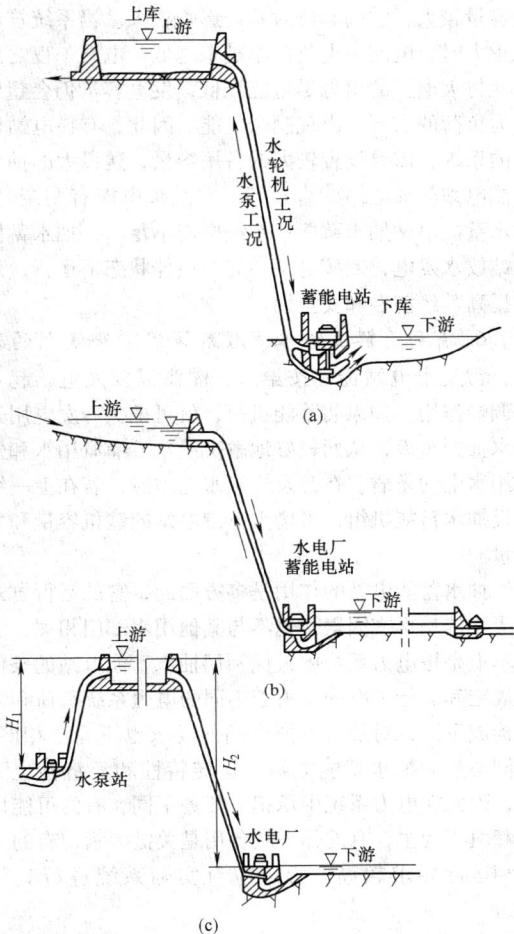

图 14.2-23 抽水蓄能电站类型

(a) 纯蓄能式；(b) 混合式（常蓄结合）；(c) 调水式

2.8.3 抽水蓄能电站的作用和优点

抽水蓄能电站是高度机动的能量转换装置，它有发电、抽水、调相、负荷备用、事故备用等二三十种运行方式（如图 14.2-24 所示），工况转换灵活方便，速度快，即使从全抽水转换到全发电也只需要 60~90s。因此，抽水蓄能电站在电力系统中可发挥多方面的、独特的作用。

1. 调峰和填谷　由电力系统负荷曲线可知，一日之内负荷需求变动较大。现代大型电力系统，不仅需电量绝对值大，而且峰谷负荷差的绝对值和相对值也增大。这就要求电力系统具有很强的调峰填谷能力。

有些系统大型燃煤机组越来越多，常规水电机组很少，中温中压可调峰机组在不断减少，调峰任务主要靠火电机组来承担。而火电机组调峰能力较低，出力的变化速度也远远满足不了系统负荷急剧变化的需要，且火电调峰发电使发电成本增加，因此，单靠火电机组难以解决电网的调峰问题。建设抽水蓄能电站替代火电机组调峰，投资费用与火电厂差不多，但运行费用可省一半，且没有环境污染，是一种很好的调峰电厂。

另外，夜间系统负荷需求减少，需要一部分机组压负荷，减少发电量。但是大容量凝汽式火电机组，降低出力运行，不仅效率降低，而且受到最小技术出力限制（见表 14.2-12），因此在负荷低谷时，发电量仍会超出负荷需求，单靠火电机组难以在保证供电质量和经济的条件下达到系统负荷供需平衡。

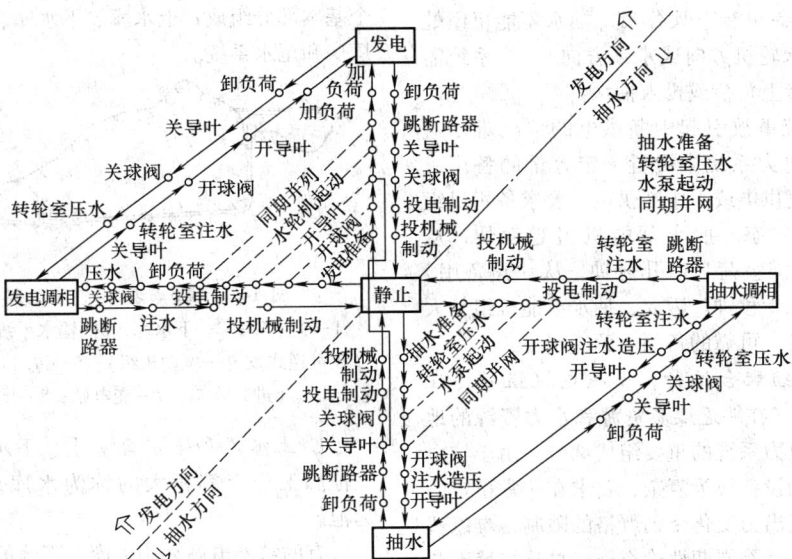

图 14.2-24 抽水蓄能机组运行工况及其转换

表 14.2 - 12 火电机组最小技术出力限制

单机容量/MW	125	125	200	300	300
燃料品种	煤	油	煤	煤	油
最小技术出力（％）	70	52	75	77	73

抽水蓄能电站在系统负荷高峰时，可作发电方式运行，起调峰作用；在系统低谷时，可以利用部分多余的火电出力抽水运行，使高效火电机组提高载荷，改善它们的运行条件，降低单位煤耗，起到填谷作用。

这种既能调峰又能填谷的作用，是抽水蓄能电站的主要作用，而后者更是其特有的，是其他任何电厂不具备的。

2. 调相 为补偿电流和电压之间的相位差和调整输电线路的电压，和常规水轮机一样抽水蓄能机组可以作为调相机运行，即按电动机方式工作，发出（过励磁）或者吸收（欠励磁或反励磁）电感性无功功率。在距离负荷中心近的抽水蓄能电站多带无功负荷，可调整电力系统电压，提高电力系统电压稳定性。调相运行的蓄能机组同时处于负荷备用和事故备用状态，其转换很方便。

3. 系统频率控制 系统频率异常时，火电机组调速器动作自动调整出力，其调整出力的能力受最大出力限制和最小技术出力限制。

抽水蓄能机组在夜间频率高时，可投入或增加抽水进行减频调整；在系统频率下降时，可减少或退出抽水以及改为发电运行来进行增频调整。

调频运行时，导叶偏离其最优位置，因此造成发电损失，其效率损失约 1%～2%。

4. 旋转负荷备用和事故备用 抽水蓄能机组处在空转状态（向水轮机方向或水泵方向），当系统需要时，可以快速带上负荷或投入抽水。

由于电力系统事故引起中断供电的情况难以避免，因此必须在电力系统中设置一定容量的备用机组，为了快速恢复供电或不中断供电，要求备用机组处于"热备用"状态。抽水蓄能机组起动快，从"冷备用"到带上满负荷只需几分钟，从"热备用"到带满负荷只需几十秒钟。因此，抽水蓄能机组是大电力系统一种优良、可靠的备用电源。

5. 与核电机组配合运行，使核电机组始终在最佳状态下运行 在缺乏煤炭资源和水力资源的地区，核电将成为电力系统的重要组成部分。由于核电站主要设备及辅助设备极为复杂，要求在非常稳定的情况下运行，机组出力变化受到严格的限制，难以适应电力负荷的变化，除周期性检查外，总是持续不断地以额定出力工作，承担电力系统基荷部分。核电机组容量较大，它的起停对系统影响很大。当系统核电比重大时，电网供电负荷率越来越低，电网午夜之后即使将火电厂的出力尽可能压低，发电容量仍会超出电力负荷的需要，出现剩余电能。因此，有核电站供电的系统，需要设置较大的备用容量，建设大的抽水蓄能电站与核电站配合运行，在系统电能有剩余时，抽水蓄能电站抽水蓄能；系统电能不足时，抽水蓄能电站放水发电，使核电站始终在最佳状态下运行，从而提高其经济性和安全性。

6. 有利于解决给水、灌溉等用水和发电的矛盾 常规水电站往往按给水、灌溉需要发电，起不到调峰作用，如果装蓄能机组，就可把尖峰发电用过的水抽回水库，从而较好地解决给水、灌溉用水和发电用水上的矛盾。在开发梯级水电站时，若在上一级装设抽水蓄能机组，可增大下游电站的装机容量和发电量。

抽水蓄能电站的作用是多方面的，它的运行方式多半不依赖水文因素，也不与其他用水部门相关，它基本上是按电力系统中最优利用抽水蓄能电站的条件来规定其运行工况的。由于不同的电力系统负荷和电源构成不同，对抽水蓄能电站的要求也不完全相同，不同类型的抽水蓄能电站其运转特性和经济性也不同，因此在电力系统中承担的任务不同，有的可能以调峰填谷为主，有的作事故备用是关键因素，有的对调相运行要求较高，所以应对实际系统进行具体分析。

2.8.4 抽水蓄能电站的组成部分

一座抽水蓄能电站具有如图 14.2 - 25 所示的几个基本部分组成：上水库、下水库、引水系统、电站厂房和尾水系统。

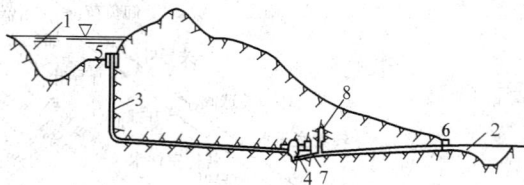

图 14.2 - 25 抽水蓄能电站基本组成

1—上水库；2—下水库；3—输水系统；4—厂房（安装可逆式发电—电动机组）；5—进（出）水口；6—出（进）水口；7—变电站；8—尾水调压井

1. 上水库和下水库 上、下水库有时也称上、下池。工程上容积大的称为水库，容积较小的称为池。

有的蓄能电站采用上库—下池的组合，这多半为混合式蓄能电站。有的采用上池—下库的组合，这多半为纯蓄能电站；也有的蓄能电站修在两个大水库之间；也有的修在两个容积小的水池之间。

上、下池的有效容积的确定应考虑：①按计划日循环或周循环发电所需的水量；②由于不能及时把水抽回上池所需的备用发电容量；③对某些蓄能电站，为保证最低的水位所需的额外水量。

2. 引水系统（高压部分） 和常规水电站一样，蓄能电站引水系统包括上池的进水口、隧洞或竖井、压力管道和调压室。

上池的进水口在发电时是进水口，但到抽水时变成为出水口，所以可称为进/出水口。这部分设施和常规水电站基本相同，但要考虑水泵工况的特殊要求，如进/出水口的拦污栅，在水泵工况时会受到很大的推力和振动力；压力管道和调压井在水泵过渡工况时可能出现负水锤和涌浪；进水口要防止产生旋涡，出水口水流流速不要过高且应当均匀分布等。

3. 电站厂房 蓄能电站厂房有地面式、半地下式和地下式三种类型。它的特点之一是机组做泵运行时所要求的吸出高度均为负值（即有淹没深度），有的吸出高度达50m，所以装机高程比常规水轮机低得多。

厂房可布置在靠近上池、上池和下池中间或下池附近，这分别称之为首部、中部和尾部布置方式。首部布置可缩短隧洞及压力管道的长度，降低压力部分的造价。但是尾水隧道很长，可能造成低压部分加长，使水击压力增高，必须修建成本高昂的调压井。究竟采用什么样的布置方式，取决于地质地形条件和工程习惯。

在具备地质条件和技术条件时，修建地下电站更为有利。地下厂房及其附属洞室的开挖虽然成本较高，但是地下厂房的布置基本上不受地形的限制，施工不受气候的影响，厂房安全性好，所以地下厂房已得到越来越广泛的应用。

4. 尾水系统（低压部分） 因为尾水管也是抽水时的吸水管道，管道内压力较低，设计上要考虑避免在过渡工况时发生过大的负水击。为此，尾水隧道过长时要考虑设置尾水调压室。

2.8.5 抽水蓄能机组类型和水泵水轮机

抽水蓄能电站的核心设备是抽水蓄能机组。抽水蓄能机组有四机式、三机式和两机式三种机组。

四机式是由水泵、电动机、水轮机和发电机分别组成抽水机组和发电机组。这种机组投资大，占地面积大，除了综合利用的水利枢纽工程外很少使用。

三机式是利用电机的可逆性，将发电机和电动机合二为一，水轮机、水泵和发电/电动机装在同一轴

上。三机式布置方式有多种，立式结构一般发电/电动机装在上端，水轮机在中间，水泵在最下面。泵在水轮机下面是因为泵要求的淹没深度比水轮机的大。卧室结构水轮机和水泵分别装在发电/电动机两端。

三机式机组做水轮机运行时，泵和电机可以脱开；做泵运行时，由水轮机把泵加速到同步转速，然后水轮机转轮室内注入压缩空气以减少转轮空转的损耗。这样，水泵和水轮机分别按电站的具体要求进行专门设计，因而可以保持在各自的运行条件下高效率地工作。

三机式的优点是：抽水蓄能效率高，可以缩短切换时间，可以用水轮机起动泵，无需其他起动设备。缺点是：泵和水轮机需要单独的蜗壳，机组尺寸大，机电投资和水工投资都相应增大；在泵上面要装一个联轴器，泵下面还要装一个止推轴承，进一步加大了机组尺寸；泵和水轮机空转时都要消耗一定功率，因而降低了效率。

三机式机组适用于水头高于600m的冲击式水轮机，和蓄能电站对抽水和发电有不同要求的场合（如抽水和发电功率不同或在多水库之间工作的情况）。

两机式机组是进一步利用水力机械的可逆性，将水泵和水轮机合二为一，形成可逆式水泵水轮机（Pump-turbine），和可逆的发电电动机装在同一轴上向一个方向旋转时为水轮机，可以发电；向另一个方向旋转时为水泵，可以抽水。它的布置如图14.2-26所示，从外形看和常规水轮发电机组几乎没有什么

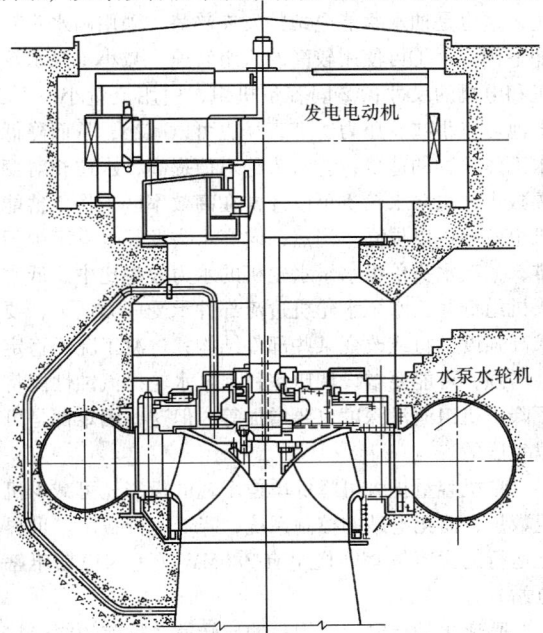

图 14.2-26 两机式水泵水轮发电机组

区别。

可逆式水泵水轮机和常规水轮机一样，依据应用水头的不同，可以做成混流式、斜流式和贯流式。其中混流式应用最多。斜流式在水头变化较大的中、低水头蓄能电站有一些应用。轴流式水泵水轮机则应用很少。贯流可逆式在潮汐电站中应用较多。

可逆式水泵水轮机可使机组尺寸大大缩小，因而大大降低了机械设备和电站建筑物的投资。制造可逆式水泵水轮机的主要困难是要设计出一个性能全面的可逆式转轮，它在做泵和做水轮机运行时都具高的效率，并且两种工况的流量（功率）要能按电站的需要达到一定的比率。目前这个困难已经得到解决，已掌握了可逆转轮和与之配合的过流部件的水力设计方法，大型水泵水轮机现在可以达到的最高效率为 92%，小一些的机组也可达到 90%。因此，在中、低水头范围内，可逆式机组已大量取代了三机式机组。

此外，目前单级转轮的可逆式水泵水轮机的应用水头上限约为 700~800m，超过此限度后转轮的结构强度将难以保证。同时，水泵水轮机比转速将过低，转轮水力损失和密封损失都将增大而导致效率太低。如果把这个水头改为由几个转轮来分担，则可以提高水力性能并便于制造，同时可减少淹没深度。因此又发展了多级可逆式水泵水轮机，并已投入运行。

水泵水轮机的发展趋势是高水头、大容量和高速化，这也是抽水蓄能电站的发展趋势。采用高水头有如下优点：①可使用较高的机组转速，减小水泵水轮机和电机的尺寸；②同容量机组，引用流量小，上、下池可以小些，压力管道直径也可以减小，从而降低水工建筑物的造价；③水头绝对值提高，水位相对变幅减小，水泵水轮机可以经常在高效率区工作，蓄能机组效率得以提高。当然，向高水头发展也有不少困难，如高水头单级水泵水轮机的水力效率比中、低水头机组低些；水泵水轮机过流部件承受压力增大，要求高强度钢材或改变某些部件结构；过渡工况不稳定性增强，可能要增设调压室；水泵水轮机汽蚀性能将下降，机组淹没深度也要增加等，但这些困难都是可以克服的。

单机容量扩大可降低单位千瓦的投资，可减少机组数量，简化电站的控制系统，降低运行费用。世界上运行的大容量蓄能机组有 380MW（美国巴斯康蒂电站）。

高速化是指尽量采用高的比转速。目前的制造技术，水泵水轮机泵工况的比转速在 110~180m·kW

范围内可以得到最高的水力效率，低于此比转速水力效率就要下降。目前 500m 级的可逆式水泵水轮机的比转速已接近 100m·kW。高速化带来的问题是使水泵水轮机的汽蚀特性恶化和使电站淹没深度增加。

2.8.6 电动发电机

用于抽水蓄能电站的电机在发电时做发电机运行，在抽水时做电动机运行，故称为电动发电机组（Motor-generator Sets）。

和常规水轮发电机比较，电动发电机特点是：运行方式多；工况转换频繁、双向转动；电机转动和固定部分所承受的电磁作用力、机械作用力和温度应力都较大。为此，在设计上要作一些特殊考虑，如：①电动发电机在结构设计上比同样参数的水轮发电机应具有更高的强度。②惯性时间常数 H 是电机的一个重参数，对电动发电机来说，H 大了，惯性大，运转稳定，但对蓄能机组频繁起动和工况转换不利；H 值小，表示绕组中的电流大，瞬变电抗 x'_d 要上升，对电气稳定不利。因此要正确选择 H 值。例如，美国西屋公司的考虑是：对于 $H \geqslant 4.0$，取 $x'_d \leqslant 0.4$ 或 $0.1(H-1)$ 二者之小者；对于 $H \geqslant 3.0$，取 $x'_d \leqslant 0.4$ 或 $0.085H$ 二者之小者。③冷却方式上，除了一般空气冷却方式外，还采用双水内冷（定子和转子绕组）或单水内冷（定子绕组），有的发电机铁心也用水来冷却。④由于蓄能机组要经常起停，为了缩短机组减速时间，广泛采用电气制动。

2.8.7 抽水蓄能电站的效率和经济效益

1. 抽水蓄能电站的效率 抽水蓄能电站的效率由水泵、水轮机、发电机、电动机、变压器和引水系统等部分组成。图 14.2-27 是抽水蓄能电站循环效率构成图。

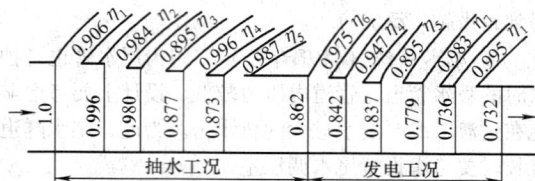

图 14.2-27 抽水蓄能电站循环效率构成
η_1—变压器效率；η_2—电动机效率；η_3—水泵效率；
η_4—辅助设备效率；η_5—管路效率；η_6—水轮机效率；
η_7—发电机效率

图中，引水管道效率 η_5 取决于引水道长度、横截面和局部阻力，水流在正、反向运动时，水头损失不一样。一般说来抽水蓄能电站的总效率为 0.7~0.75 左右。

2. 抽水蓄能电站的经济效益　抽水蓄能是将电能转变成水能，然后再转换为电能，因为能量转换过程中有损失，所以单从发电量看，抽水蓄能电站总的效率只有 2/3 ~ 3/4，就是通常说的用 3kW·h 电换 2kW·h 电或用 4kW·h 电换 3kW·h 电。那么抽水蓄能电站的经济效益如何体现呢？

首先要认识到 3kW·h 电是低谷电，换来的 2kW·h 电是高峰电，这是两种质量和价值不同的电。峰谷电价比一般在 3 倍以上，高的达 10 倍。其次要从整个电力系统安全、经济运行要求考虑抽水蓄能电站的经济效益：①因为抽水蓄能电站可利用低谷煤耗取得能量，厂用电率低，电站寿命长等原因，所以抽水蓄能电站等效发电成本比燃煤机组低得多。②蓄能机组和担任基荷的火电机组配合由蓄能机组调峰填谷比单纯火电机组调峰和低谷时火电机组压负荷（火电机组压负荷运行，发电成本将成倍增加）比较，可提高火电机组的运行效益，大大节省调峰填谷费用。③考虑抽水蓄能电站的动态效益，即考虑对系统的调频作用，快速调荷能力、旋转备用、事故备用和调相等作用，如将抽水蓄能电站的这些功能折合成每个千瓦容量投资的节约值，则抽水蓄能电站造价将有大的节省。④不同电厂在电力系统中的价值功能不同，抽水蓄能电站具有能量转换（抽水蓄能）、调峰和快速增荷（发电）、调频、调相等功能，其中有些功能是常规水电厂和火电厂所没有的，有人对不同类型电厂进行价值功能分析，得到抽水蓄能电站的价值系数为 1.0，水电站为 0.70，燃煤火电站为 0.37。

上述分析表明，抽水蓄能电站的经济效益是很显著的。具体抽水蓄能电站的经济效益的大小，应结合实际电力系统进行分析。

第 3 章　发电厂电气系统

3.1　发电厂电气系统组成

发电厂的电气系统由电能生产系统、厂用电系统和高压配电系统等一次系统及为其服务的监视、量测、保护、控制等二次系统组成。该系统的功能是通过与汽轮机（或水轮机）同轴的发电机，把机械能转换为电能；发电机发出电能主要通过高压配电装置汇集、分配送往电力传输网络；另一小部分通过厂用供电系统，给厂用辅机供电。其一次系统组成如图 14.3－1 所示。

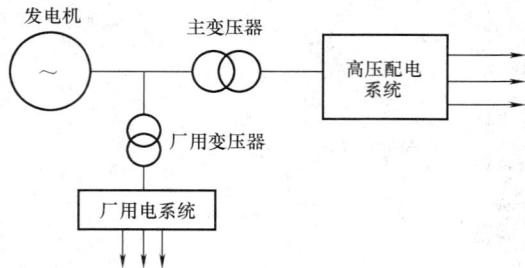

图 14.3－1　发电厂电气一次系统组成

火电厂（核电厂）和水电厂的电气系统基本要求和原理是相同的，在具体电气主接线和厂用电接线上有些差别。对电气系统的共同要求是生产质量合格的电能；尽量节省厂用电；可靠配电和供电。

发电厂和变电所电气系统是由多种电气设备按一定顺序要求连接起来的。通常把这些电气设备分为一次设备和二次设备。电气一次设备是指直接用作生产、输送和分配电能的设备，电气二次设备是对一次设备运行进行监视、测量、控制和保护的设备，是为一次设备服务的。一次设备及由其构成的一次系统工作在高电压、大电流条件下；而二次设备及由其构成的二次系统工作在低电压、小电流的条件下。一、二次设备和系统以互感器为界。

3.2　发电厂主要电气设备

发电厂电气设备可以归为以下几类：

1. 生产和变换电能的设备

（1）发电机。它实现机械能转换为电能，输出或吸收有功功率和无功功率。

（2）同步调相机。是专门生产无功的设备，既可向系统输送感性无功功率，也可向系统输送容性无功功率，用于调节电压控制点或地区电压。

（3）并联电容器。能发出感性无功功率的并联补偿装置，用来提高负荷功率因数，改善电压水平。

（4）静止无功补偿器。由电容器、饱和电抗器或线性电抗器、滤波器、晶闸管和专用调节器等静止设备组成的能快速调节无功功率的并联补偿装置。

（5）并联电抗器。并联于电力网上用于吸收无功功率的一种线性电抗器，用于防止高压线路过电压。

（6）可控电抗器。能随线路传输功率的变化自动平滑调节无功功率的无功补偿设备。能降低线路操作过电压水平，提高电网的运行效益，改善系统暂态稳定性，提高线路的输电能力，改善系统无功潮流调节能力。

（7）静止无功发生器（STATCOM）。利用半导体器件如 IGBT 等组成换流电路以发出或吸收无功功率的装置，用于改善系统电压水平，提高系统暂态稳定性。

（8）串联或可控串联电容补偿器。串联在输配电线路中以补偿线路感抗的由电容器及其保护、控制等设备组成的装置，主要用来提高线路的传输能力。

（9）电动机。把电能转化为机械能，带动各种机械设备的驱动电器。电厂中以使用异步电动机为多。

（10）变压器。借助于电磁感应作用，将一种交流电压和电流变成频率相同的另一种或多种不同的电压和电流。升高电压以利于电力传输，降低电压以利于使用。

2. 开关电器　

是接通或断开电路的设备。通过开关的投切操作，可以控制功率流向，改变运行方式，切除故障部分，防止事故扩大。开关电器有：高压断路器（主要包括油断路器、SF_6 断路器、真空断路器等）、隔离开关、负荷开关以及低压断路器、接触器、刀开关、磁力起动器等。

断路器和隔离开关需要配合使用。因隔离开关无灭弧装置，所以不能用它来开断负荷电流和短路电流。开断负荷电流和短路电流通常由断路器进行。目前，高压、超高压断路器以 SF_6 断路器为主（110kV以上），中压（6～35kV）以真空断路器为主。

3. 载流设备　

有母线（矩形、管形、槽形、钢心铝绞线及封闭母线），用作汇集和分配电能；架空线和电缆，用作传输分配电能。

4. 限流限压电器　

有限制短路电流的电抗器，防止过电流的熔断器，防止过电压的避雷器（管型避雷器、阀型避雷器和金属氧化物避雷器等），以及防止雷击或短路引起过电压的避雷针、避雷线、消弧线圈、中性点电抗器、接地变压器、接地电阻、保护间隙等。

5. 接地装置　包括接地体和接地线。接地体是埋入地中并直接与大地接触的金属导体，包括各种金属构件、金属井管、钢筋混凝土建筑物的基础等自然接地体。接地线指电力设备或杆塔与接地体连接用的金属导体。接地装置的作用是防止雷电流或工频短路电流引起的高电压对设备和人体的危害。

6. 互感器　包括电压互感器和电流互感器，它们分别把高电压和大电流变换成规格化的低电压和小电流，供量测、保护、监视、控制和调节等二次设备用。有常规的（如电磁式）和非常规的（如光电式）互感器。

由于电压互感器一次侧电压是电网的额定电压，业已标准化（如 3kV、6kV、10kV、35kV、110kV、220kV、330kV、500kV 等），二次额定电压已统一为 100V（或 $100/\sqrt{3}$ V），所以电压互感器的变压比是标准化的。由于电流互感器二次额定电流通常为 1A 或 5A，设计电流互感器时，已将其一次额定电流标准化（如 100A、150A 等），所以电流互感器的变流比也是标准化的。

7. 测量表计　如电压表、电流表、有功功率表、无功功率表、频率表、功率因数表等，用于测量电路中的各种电气参数值。这些表计已从电磁式发展为数字式以及虚拟式仪表。

8. 继电保护及自动装置

（1）继电保护装置。是为保证电力系统和电力设备以及设施的安全运行，检测故障和异常情况，并发出信号或跳断路器的命令，用以隔离故障设备或终止异常运行的组合装置。有用于发电机、变压器、电动机等设备保护的继电保护装置和用于输电线路的继电保护装置。

（2）自动装置。有自动励磁调节器、调速器、自同期装置等。现代电力系统，自动化程度大大提高，基于计算机系统的变电所综合自动化和发电厂综合自动化系统已得到广泛采用。

9. 直流电源设备　包括直流发电机组、变流装置、蓄电池等，为给厂控制和保护设备、开关电器的远距离操作、信号设备以及计算机等提供可靠的、不间断的供电。

直流系统分控制直流和动力直流两种供电方式。控制直流系统的电压为 110V，其作用是向发电厂的信号装置、继电保护装置和自动装置等负荷供电，故控制直流电源也称为操作电源。220V 直流系统供给直流马达负载，如危急润滑油泵、汽泵盘车油泵、备用氢气密封油泵、直流事故照明及 UPS 系统等。

10. 通信设备　用于电力调度通信和发电厂或变电所内通信，有载波通信、微波通信、无线通信和卫星通信等。

3.3　电能生产系统

3.3.1　发电机系统

电能生产系统的主要设备是发电机系统和励磁系统。发电机由转子系统、定子系统和冷却系统等组成，图 14.3－2 是汽轮发电机的基本结构。

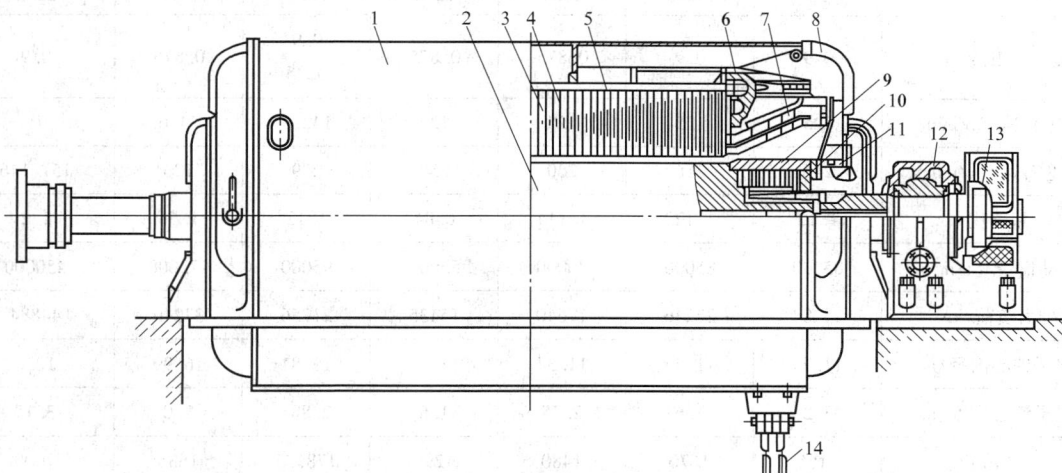

图 14.3－2　汽轮发电机基本结构

1—定子；2—转子；3—定子铁心；4—定子铁心的径向通风沟；5—定位筋；6—定子压圈；7—定子绕组；8—端盖；9—转子护环；10—中心环；11—离心式风扇；12—轴承；13—集电环；14—定子电流引出线

1. **转子系统** 包括转轴、铁心、励磁绕组、阻尼绕组、护环、中心环和风扇等组成的转动部件，其主要作用是传递原动机的转矩（轴功率），在转子绕组中注入直流电流后产生磁场。

汽轮发电机转子为隐极式，呈细长圆柱体，转子与定子间的气隙是均匀的。水轮发电机极对数多，体积大，转子做成凸极式，呈扁盘形，转子与定子间的气隙是不均匀的，极弧底下气隙较小，极间部分较大。

火力发电厂汽轮发电机转速为 3000r/min（一对极）；核电厂汽轮发电机转速多数为半速 1500r/min（两对极），少数为全速 3000r/min；水电厂水轮发电机转速低，在 60~750r/min（多对极）之间。大容量汽轮发电机有单轴式和双轴式之分，双轴式的两轴系的两台发电机在出线端并联连接作为一组发电机运行。目前单轴双极式发电机最大容量是 1200MW，双轴式双机总容量最大的是 1300MW，核电厂单轴四极式发电机最大容量为 1500MW。水轮发电机最大单机容量为 700MW。

2. **定子系统** 包括定子铁心、定子绕组以及机座、端盖、挡风装置等固定部分。定子系统的主要作用是形成三相绕组，当转子磁场旋转时，在定子绕组中感应出电动势，发出电能。

表 14.3 - 1 是我国汽轮发电机标准系列，表 14.3 - 2 是国产部分水轮发电机的主要技术参数。

表 14.3 - 1　　中国现有汽轮发电机标准系列

系列	有功功率/MW	定子电压/kV	功率因数 cosφ	冷却方式			氢压/kPa
				定子	转子	铁心	
空冷	6	6.3	0.8	空冷	空冷	空冷	
	12/15①	6.3	0.8				
	25/30	6.3	0.8				
双水内冷	50/60①	6.3/10.5	0.8	水内	水内	空冷	
	100	10.5	0.85				
	125	13.8	0.85				
	200	15.75	0.85				
	300	18.0	0.85				
氢冷	50	10.5	0.80	氢外	氢外	氢外	98.1
	100	10.5	0.85	氢外	氢内		196.2
	200	15.75	0.85	氢内	氢内		294.3
	300	20.0	0.85	氢内	氢内		294.3
	300	20.0	0.85	氢内	氢内		392.4
	600	20.0	0.90	氢内	氢内		392.4

① 配抽汽式汽轮机。

表 14.3 - 2　　中国部分水轮发电机的主要技术参数

电站名称	李家峡	龙羊峡	白山	刘家峡	二滩	葛洲坝	三峡
额定容量/MVA	444	355.6	343	343	612 642	194.2	778
结构型式	半伞	半伞	悬吊	半伞	半伞	半伞	伞式
额定电压/kV	18	15.75	18.0	18.0	18.0	13.8	20.0
额定功率因数/cosφ	0.9	0.9	0.875	0.875	0.9 0.95	0.875	0.9
额定转速/(r/min)	125	125	125	125	142.9	54.6	75
飞逸转速/(r/min)	246	256	260	250	279	120	151/146
短路比	1.12	1.122	1.114	0.84	1.12	1.56	1.2
转动惯量/(t·m²)	85000	85000	70000	53000	95000	172000	450000
推力负荷/kN	25284	22246	17640	15435	21756	37240	44884
定子铁心内径/m	11.74	11.85	11.34	11.91	11.81	16.99	18.8
定子铁心高度/m	3.2	2.6	2.75	1.6	2.883	2.0	3.15
质量/t	2165	1670	1480	1296	1787.5	1635	7000
效率（%）	98.59	98.39	98.4	97.46	98.72	97.94	98.74
冷却方式	空冷	空冷	空冷	双水冷	空冷	空冷	水/空/空

3.3.2　发电机励磁系统

励磁系统是同步发电机的一个重要组成部分。励磁系统通常由三部分组成：①发电机的转子励磁绕组，它形成发电机的旋转磁场。②励磁功率单元，它向同步发电机的励磁绕组提供可调节的直流励磁电流。③励磁调节器，它根据发电机及电力系统运行的要求，自动调节功率单元输出的励磁电流。自动调节励磁的主要作用是在发电机出力变化和系统故障等工况下，维持发电机端电压恒定或在给定水平；保证机组间无功的合理分配；提高电力系统运行的稳定性以及提高继电保护动作的灵敏性等。

运行中的励磁方式主要有：① 直流励磁机励磁方式，如图 14.3－3 所示；② 由副励磁机-交流励磁机-旋转整流器和发电机转子绕组构成的三机式励磁方式，如图 14.3－4 所示；③ 由励磁变压器从机端取得电功率，经可控整流后供给转子绕组直流电的自并励静态励磁方式，如图 14.3－5 所示。

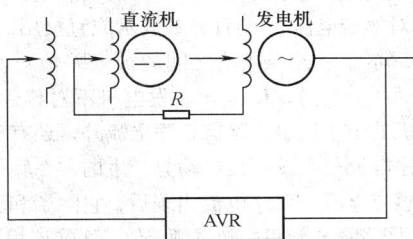

图 14.3－3　直流励磁机励磁方式

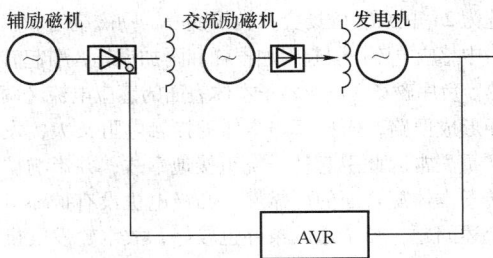

图 14.3－4　三机式励磁方式

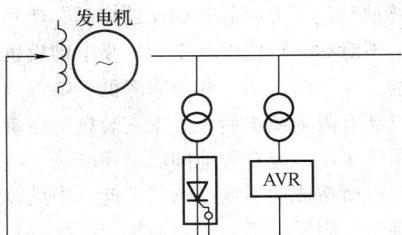

图 14.3－5　自并励静态励磁方式

同步发电机问世以来，励磁调节器有了很大的发展。随着控制理论的发展和新技术、新器件的不断出现，励磁调节方式从手动发展到了自动；调节功能从单一电压调节发展到多功能的励磁控制；调节反馈参量从单一的电压偏差发展到以电压偏差为主，附加了电功率、角速度、发电机电流、励磁电流或励磁电压的偏差或它们的恰当组合；调节规律从简单的比例反馈调节发展到比例-积分-微分（PID）调节、电力系统稳定器（PSS）附加控制、用线性最优控制原理设计的多参量反馈调节；从线性励磁调节发展到自校正励磁调节、自适应励磁控制、模糊励磁控制等非线性励磁调节；在实现手段上，从机电式或电磁式发展到晶体管式或集成电路式等模拟调节器，今天数字式励磁调节器已大量投入运行，在新投运的发电机组上一般都采用数字式励磁调节器。

3.3.3　发电机冷却系统

发电机冷却系统的作用是连续不断地排出发电机因各种损耗而产生的热量，防止发电机温度超过设计值而影响绝缘寿命及发电机出力，保证发电机安全运行。

大中型水轮发电机因直径大，轴向长度短，体积大，一般采用空气冷却，发电机内部的热空气送到定子机壳外的空气冷却器冷却后，再送回发电机，形成一个循环系统。也有的水轮发电机采用双水内冷方式，即在定子和转子绕组导线中通以纯水进行冷却。

大中型汽轮发电机，因转子直径小，轴向长，散热困难，一般采用氢气或纯水冷却，水和氢都是热导率高的介质，它们的冷却效果比空气更好。

现代大型汽轮发电机组常采用以下不同组合的冷却方式：

1. 水、氢、氢冷却　定子绕组用水内冷，转子绕组用氢内冷，铁心用氢冷却。

2. 水、水、空气冷却　定子和转子绕组用水内冷，铁心采用空气冷却。

3. 水、水、氢冷却　定子和转子绕组用水内冷，铁心采用氢冷却。

3.3.4　发电机组布置

在电厂中，汽轮发电机组和水轮发电机组的布置是不相同的。汽轮发电机一般为卧式布置，即主轴与地平面平行。如图 14.3－6 所示，汽轮机、发电机及励磁机等设备同轴连接。

水轮发电机有卧式和立式两种布置方式，大中型水轮发电机组一般为立式布置，其主轴和地面垂直，按轴承的位置不同，又可分为悬吊式和伞式两种

（参见 2.5.1 节）。

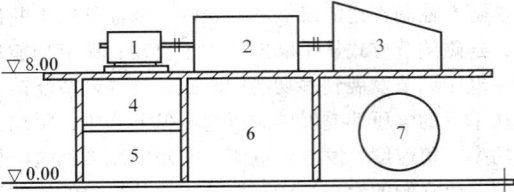

图 14.3-6 汽轮发电机组布置

1—励磁机；2—发电机；3—汽轮机；4—发电机出线室；5—励磁设备小室；6—空气冷却器；7—凝汽器

3.3.5 发电机运行的几个参数

1. 发电机额定容量 是发电机在额定转速（频率）、电压、功率因数以及额定的冷却条件下运行时，在出线端以 kVA 表示的连续输出容量。

2. 发电机可能出力 也叫允许负载，是在规定冷却条件下，发电机在功率因数不等于额定值时所能承受的以 kVA 表示的最高连续负载。冷却条件不同时，发电机的可能出力不同。一般冬季允许负载可比额定容量有所提高。

3. 发电机（发电厂）最小技术出力 是发电机组能稳定运行的最小出力。火电厂最小技术出力受锅炉结构型式和燃料种类的限制。锅炉的最小技术出力约为额定容量的 20%~50%。水电厂最小技术出力受下游灌溉、通航等水量要求以及避开水轮机最小技术出力的限制。

4. 发电机 $P-Q$ 曲线 是在一定端电压下，以发电机能发出的有功功率和无功功率的关系曲线所表明的发电机运行极限图。如图 14.3-7 所示，图中，U_N、I_N 和 φ_N 为额定值，E_{qN} 为额定运行方式下的空载电动势，B 点为额定工作点，OABC 代表发电机滞后功率因数运行的范围，OB 代表视在功率，$OC = OB\cos\varphi_N$ 和 $Ob = OB\sin\varphi_N$ 分别代表额定有功和无功功

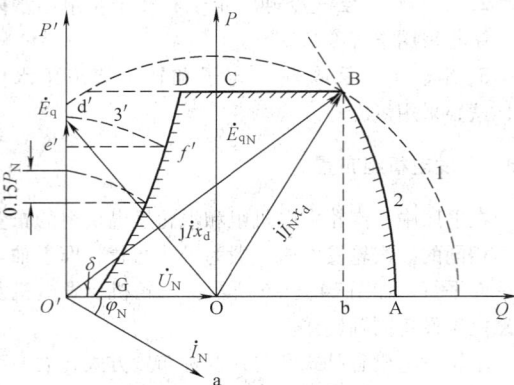

图 14.3-7 发电机运行极限图

率，$O'B$ 代表额定励磁电流。

当低于额定功率因数运行时，定子电流或视在功率的限制线是以 O 为圆心，OB 为半径的圆弧 1；励磁电流的限制线是以 O' 为圆心，$O'B$ 为半径的圆弧 2；当高于额定功率因数运行时，原动机功率成了限制条件，运行点不能超过 BC 线。

所以 ABC 线是发电机以滞后功率因数运行的范围，发电机只有在额定电压、电流和功率因数下运行时，视在功率才能达到额定值。

发电机以超前功率因数运行时，运行的稳定性成了限制条件，其空载电动势和端电压之间相位差不得超过 90°，亦就是说其运行点落在 $O'P'$ 上；为保证一定的稳定储备，要降低有功功率。如假定降低 15% 的额定有功功率 P_N，同时保持空载电动势不变，则其运行范围是曲线 DG。

3.3.6 发电机特殊运行方式

1. 发电机不对称运行 发电机不对称运行时，三相电压和电流均不对称。不对称的程度通常用负序电流 I_2 对额定电流 I_N 的百分数表示或直接用比值 I_2/I_N 表示，亦可用各相电流之间的最大差值对额定电流之比 $(I_{max}-I_{min})/I_N$ 表示。发电机不对称运行时，在发电机的定子绕组内除有正序电流外，还有负序电流。正序电流是由发电机电动势产生的，在转子上不会引起感应电流。负序电流出现后，它除了和正序电流叠加使绕组相电流可能超过额定值，而使该相绕组发热超过容许值之外，还会引起转子的附加发热和机械振动。当定子三相绕组中流过负序电流时，负序电流产生转速为 $2n_1$ 的反转磁场会在转子铁心、励磁绕组和阻尼绕组中感应电流，引起附加损耗和附加铜耗，引起转子过热。负序磁场在整块转子本体表面的感应电流经两端护环形成回路，而护环与本体的接触电阻又大，发热更严重，常因此引起转子绕组接地事故，并影响护环与转子本体配合面的可靠性。凸极电机没有护环引起的上述问题，转子通风条件也较好，故水轮发电机允许比汽轮发电机承受较大的不对称度。

不对称负载时，负序磁场与励磁磁场以 $2n_1$ 速度相对运动，其相互作用产生 100Hz 的交变电磁转矩而作用在转轴与定子上引起 100Hz 的振动，严重时要损坏结构。不对称运行使电网中的异步电动机也要产生负序磁场，导致输出功率和效率降低，电机过热。在同步电机装有阻尼绕组后，由于它装在励磁绕组外侧且其漏阻抗很小，能有效地削弱负序磁场，从而减小不对称运行所造成的不良影响。因此，中型以上的同步电机都装有阻尼绕组。

负序电流产生的附加发热和振动，对发电机的危

害程度与发电机的类型和结构有关。汽轮发电机的转子是隐极式的，磁极与轴是一个整体，绕组置于槽内，散热条件不好，所以负序电流产生的附加发热往往成为限制不对称运行的主要条件。

汽轮发电机不对称负荷容许范围的确定主要决定于下列三个条件：① 负荷最重一相的电流，应不超过发电机的额定电流；② 转子最热点的温度应不超过容许温度；③ 不对称运行时的机械振动应不超过容许范围。

当发电机不对称运行时，其负序电流的容许值和容许时间都应不超出制造厂规定的范围。我国国家标准 GB 7064—1986《汽轮发电机通用技术条件》，对汽轮发电机连续运行和短时运行的负序电流允许值规定见表 14.3-3 或见表 14.3-4。

表 14.3-3　汽轮发电机连续运行和短时运行的负序电流允许值

转子冷却方式	冷却介质	连续运行的最大负序电流分量 I_2	故障运行的最大 $I_2^2 t$	转子冷却方式	功率	连续运行的最大负序电流分量 I_2	故障运行的最大 $I_2^2 t$
间接冷却	空气氢气	0.10 0.10	30 15	直接冷却	300MW 及以下	0.08	8
					600MW	0.07	7

表 14.3-4　负序电流限值

汽轮发电机容量/MVA	连续运行值 (I_2/I_N)	故障状态下短时运行值 $(I_2/I_N)^2 t$
≤353	0.10	10
≤667	0.08	10
>668	$0.08-[(S_N-350)/(3\times10^4)]$	$8-0.00545\times(S_N-350)$

注：S_N 为视在功率（MVA）。

当发电机不对称运行，负序电流超过允许值时，应尽力设法减小不平衡电流（如减小发电机出力等）至允许值，如果不平衡电流所允许时间已到达，则应立即将发电机解列。

2. 进相运行　汽轮发电机的进相运行就是低励磁运行。发电机在此工作状态下运行时，它的功率因数是领先的，即它从系统中吸收感性无功功率并发出有功功率。发电机的进相运行是调整系统无功，控制电网电压水平的有效方法。发电机从滞相向进相过渡时，稳定性降低；定子和转子绕组端部漏磁通相加，电机端部磁通密度增高，并相对于定子以同步转速旋转，在边段铁心和结构件中产生正比于轴向磁通密度二次方的损耗并产生过热，限制了发电机进相运行深度。发电机允许的进相深度应经系统分析和试验后确定。发电机进相运行较滞相运行稳定条件差，易于失步，还影响系统电压、频率和电流的稳定。因此，大机组应有失步保护和失磁保护。

3. 失磁和异步运行　汽轮发电机的失磁运行，是指这种发电机失去励磁后，仍带有一定的有功功率，以低转差与系统继续并联运行，即进入失磁后的异步运行。

对于大容量发电机，由于其满负荷运行失磁后从系统吸收较大的无功功率，往往对系统的影响比较大，所以大型发电机不允许无励磁运行。失磁后，通过失磁保护动作于跳闸，将发电机解列。国内的600MW 汽轮发电机都装有失磁保护，当出现失磁时，一般经 0.5~3s 就动作于跳开发电机，也就是不允许其异步运行。

在异步运行状态下，发电机向系统送出的有功功率与汽轮机的调速特性以及发电机的异步力矩特性有关。而异步运行容许时间（与负荷大小有关）则应通过试验确定。试验表明：大部分发电机均可带40%~50%额定功率运行 10~30min。是否允许发电机失磁异步运行还取决于系统能否供给所需的无功以及厂用电电压下降不超过允许值。

3.4　发电厂电气主接线

表示发电厂、变电所的主要电气设备（发电机、变压器、断路器、隔离开关、母线、互感器和避雷器等）相互连接关系的图形叫做电气主接线。高压配电装置是电气主接线的空间实现。

电气主接线图中，要标出主要电气设备的型号、规范和数量（台数）。为了清晰和方便，一般将三相电路图绘成单线图（电流互感器等局部必要时画成三线图），且开关设备等都以不带电状态画出。

电气主接线表示了主要电气设备的连接顺序，表示了发、供、用的关系，是高压配电装置布置、各种运行方式改变、继电保护和自动控制方式确定以及电气设备选择等的依据，是系统性能（可靠性、经济性、灵活性等）优劣的基础。可以说，主接线一定，发电厂和变电所的电气系统大局就定了。因此，主接线的正确、合理设计，必须综合处理各个方面的因素，经过技术、经济论证比较后方可确定。

3.4.1　对电气主接线的要求

对电气主接线的基本要求，概括地说，应包括可靠性、灵活性和经济性三个方面。

1. 可靠性　安全可靠是电力生产的首要任务，保证供电可靠是电气主接线最基本的要求。主接线中某些元件的事故停运有可能导致对用户供电中断。停电不仅使发电厂造成损失，而且对国民经济各部门带来的损失往往比少发电能的价值大得多，甚至导致人身伤亡、设备损坏、产品报废、城市生活混乱等经济损失和政治影响。因此，主接线的接线形式必须保证供电可靠。强迫中断供电的机会越少，影响范围越小，停电时间越短，主接线的可靠程度就越高。

评估主接线可靠性通常应综合考虑：① 发电厂或变电所在电力系统中的地位和作用，其可靠性应与系统要求相适应。② 发电厂和变电所接入电力系统的方式，其接入方式的选择与容量大小、电压等级、负荷性质以及地理位置和输送电能距离等因素有关。③ 发电厂和变电所的运行方式及负荷性质，负荷的性质按其重要性有Ⅰ类、Ⅱ类和Ⅲ类之分，Ⅰ类负荷不能停电，Ⅱ类只允许短时停电。电气主接线应能满足不同性质负荷的要求。④ 设备的可靠程度直接影响着主接线的可靠性，电气主接线的可靠性是一次设备和二次设备在运行中可靠性的综合，采用高质量的元件和设备，不仅可以减小事故率，提高可靠性，而且还可以简化接线。⑤ 长期实践运行经验的积累是提高可靠性的重要条件，国内外长期运行经验的积累，经过总结归反映于技术规范（可靠性准则）之中，在设计时均应予以遵循。此外，主接线可靠性还与运行管理水平和运行值班人员的素质等因素有密切关系。

2. 灵活性　对主接运行的灵活性要求主要有：① 运行方式切换方便。电气主接线应能适应各种运行状态，并能灵活地进行运行方式的转换。不仅正常运行时能安全可靠地供电，而且在系统故障或电气设备检修及故障时，也能适应调度的要求，能灵活、简便、迅速地倒换运行方式，使停电时间最短，影响范围最小。② 方便检修。主接线可以方便地停运断路器、母线、变压器、发电机等一次设备及继电保护装置，而不影响电力系统的运行和停止对用户的供电。转换为检修方式时，操作简单，影响面小。③ 便于扩建。在设计主接线时应留有发展扩建的余地。不仅要考虑最终接线的实现，还要考虑到从初期接线过渡到最终接线的可能性和分阶段施工的可行方案，使其尽可能地不影响连续供电或在停电时间最短的情况下完成过渡方案的实施，使一次和二次的改造工作量最少。

3. 经济性　在设计主接线时，主要矛盾往往发生在可靠性与经济性之间。欲使主接线可靠、灵活，必须选用高质量的设备和现代化的自动装置，采用复杂的主接线形式，从而导致投资费用的增加。因此，主接线的设计应在满足可靠性和灵活性的前提下力求

经济合理。一般应当考虑：① 投资省。主接线应简单清晰，以节省开关电器数量，降低投资；要适当采用限制短路电流的措施，以便选用价廉的电器或轻型电器；二次控制与保护方式不应过于复杂，以利于运行和节约二次设备及电缆的投资；对大容量发电厂或变电所，在可能和允许条件下，应采取一次设计，分期投资、投建，尽快发挥经济效益。② 占地面积少。主接线设计要为配电装置布置创造节约土地的条件，尽可能使占地面积减少。同时应注意节约搬迁费用、安装费用。③ 电能损耗少。在发电厂或变电所中，正常运行时，电能损耗主要来自变压器，应经济合理地选择变压器的型式、容量和台数，尽量避免两次变压而增加电能损耗。

3.4.2　电气主接线的基本形式

电气主接线系统有多种形式，它是根据基本要求和电厂实际情况确定的。在技术和电能传输上要解决两个方面的问题：① 纵的方面，解决发电厂（变电所）如何经变压器（升降电压）和系统相连的问题，即变压器的设置问题。② 横的方面，解决电源、馈线各回路之间如何联系，电能如何汇集和分配，即母线制问题。

电气主接线的基本形式简介：

1. 有主母线的接线形式　发电厂和变电站的基本环节是电源（发电机或变压器）和引出线。当引出线比电源回路多时，为适应负荷变化和检修的需要，提高发、送电的可靠性，往往在电源和引出线之间加一个中间环节——母线或称汇流排。母线是汇集和分配电能的设备。采用什么样的母线制，要考虑电源和引出线的多少，电厂和变电站的规模及其在系统中的地位和作用等因素。母线制的基本形式有以下几种：

（1）单母线接线。只有一组母线的接线称为单母线接线。图 14.3－8 是简单的单母线接线图。电源（发电机或变压器）和引出线都经断路器 QF 和隔离开关 QS 与母线 W 相连接。所有电源都汇集到母线

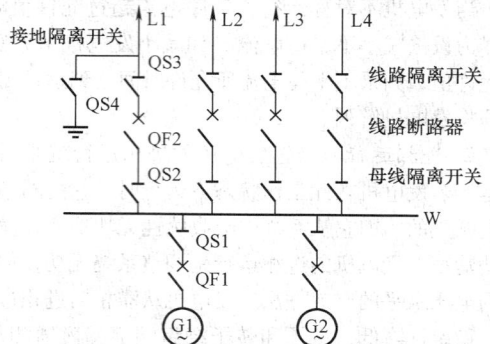

图 14.3－8　单母线接线

上，然后再分配给各引出线。每一回进出线都有能切断负荷电流和短路电流的断路器，以便于投入或切除该回路。每个断路器两侧装有隔离开关，便于被检修的断路器与电源可靠地隔离。

单母线接线的优点是：接线简单清晰，采用设备少，操作方便，投资少，便于扩建。单母线接线的缺点是：可靠性不高，也不灵活。如出线回路故障或设备检修时，该回路要停电；当母线或母线隔离开关发生故障或检修时，必须断开全部电源，造成整个电厂或变电站停电。因此，单母线接线无法满足重要用户供电的需要。

单母线接线适用于小型、不太重要的电厂和出线数不多的场合。

单母线分段接线，即在母线中间设置分段断路器（如图 14.3－9 所示），可以克服简单单母线在母线故障或检修时全厂停电的缺点。正常运行时，单母线分段接线尽可能对称配置电源和负荷，使分段断路器处没有电流通过。一段母线故障或检修时，另一段母线可正常供电，从而减少了停电范围。对于一类负荷，可从两段母线各引出一条线路供电，这样，一段母线故障或检修时，不影响重要负荷供电。

使被检修的断路器所在的出线回路不停电，即可经由 W1—QS4—QF2—QS5—W2—QS3—L3 供电。

单母线分段接线最大的缺点是当一段母线或任一母线隔离开关发生故障或检修时，该段母线上所连接的全部出线都要停电，影响较大。所以它只适用于中小型发电厂以及出线数不多的 35~220kV 级变电所。

（2）双母线接线。具有两组母线，如图 14.3－11 所示。其中一组为工作母线，另一组为备用母线。两组母线之间用母线联络断路器 QF 连接，每一回路都通过一台断路器和两台隔离开关分别接到两组母线上。由于有两组母线，运行的可靠性和灵活性大为提高，其特点是：① 检修任一母线时，不全停止对用户的连续供电；检修任一隔离开关时，只需断开与此隔离开关相连的一条回路和一组母线，其他回路均可通过另一组母线供电。② 运行调度灵活。通过倒换操作，可以形成多种不同的运行方式：单母线运行；单母线分段运行；一组母线运行，一组母线备用等。③ 线路断路器检修，可以临时用母线联络断路器和跨接线代替，只需短时停电。④ 当个别回路需要单独进行试验时，可将该回路单独接到备用母线上。

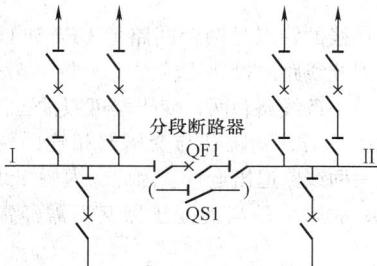

图 14.3－9　单母线分段接线

单母线加装旁路母线（如图 14.3－10 所示）可以克服单母线出线回路断路器检修时，致使该回路停电的不足，图中 W2 是旁路母线，QF2 是旁路断路器。当检修出线断路器 QF1 时，可以投入旁路母线，

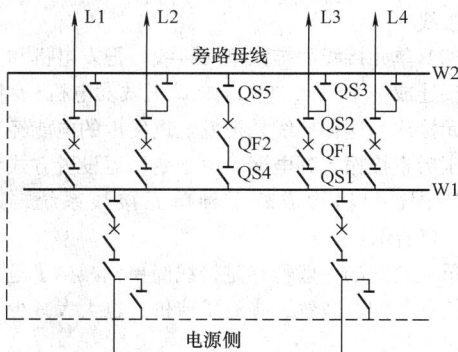

图 14.3－10　有旁路母线的单母线接线

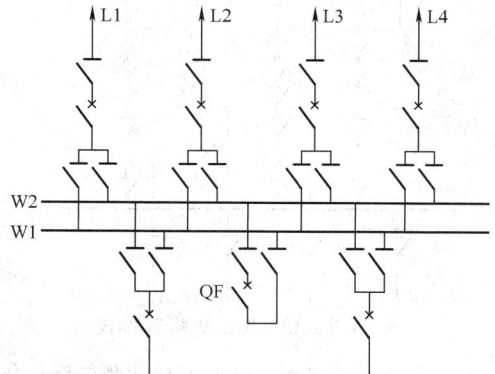

图 14.3－11　双母线接线

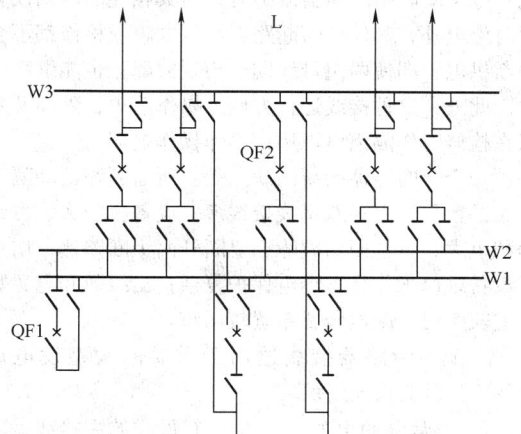

图 14.3－12　双母线带旁路接线

双母线接线的主要缺点是：① 接线和操作复杂，容易操作失误。② 工作母线故障时，要切换到备用母线上。线路断路器检修时，要用母联断路器代替。这些仍需短时停电，因此，不能满足重要负荷不允许短时停电的要求。③ 使用设备多，配电装置复杂，造成投资增加，经济性差。

改进双母线接线性能的措施有：① 采用加旁路母线的双母线接线（如图 14.3-12 所示），可以不停电检修出线断路器。② 采用双母线分段接线，使之具有单母线分段和双母线两者的优点。

（3）一个半断路器接线（如图 14.3-13 所示）。每串有两个母线侧断路器，一个中间联络断路器，进出两回路共用三个断路器，每回线占一个半断路器。正常运行时，断路器都接通，双母线同时工作，形成多环供电。

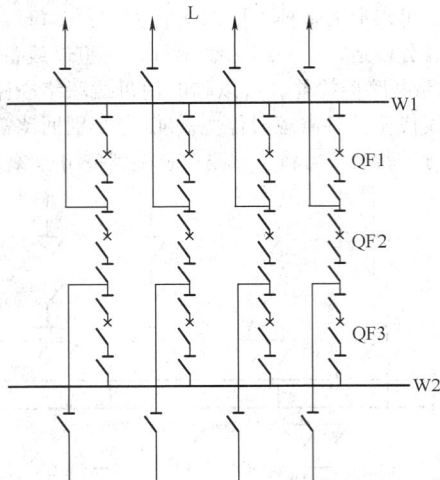

图 14.3-13 3/2 断路器接线

一个半断路器接线，供电可靠性和灵活性都很高。任一母线产生故障或检修，都不会导致中断供电；除中间联络断路器故障时，与其相连的两回线会短时停电外，其他任何断路器出现故障或检修都不会中断供电；即使两组母线同时出现故障，也能继续供电。此外，这种接线运行方便，操作简单，隔离开关只在检修时作隔离电源用，不作操作电器。

一个半断路器接线的缺点是：所需断路器和隔离开关的数目比上述双母线接线多，设备投资大，占地面积也大；一个回路故障，要断开两个断路器，增加了设备维修工作量；继电保护复杂；出线数和电源数相差较大时，配电装置布置较困难。

一个半断路器接线适用于重要的大型发电厂 220kV 及以上系统接线。

2. 无母线的电气主接线　有母线的主接线，其断路器的数目一般都等于或大于连接于母线的回路数。断路器为价格昂贵的设备，且安装占地面积较大。为了既满足主接线的要求，又尽量减少高压断路器的数目，可采用下列无母线的主接线。

（1）桥形接线。当只有两台主变压器和两回出线时，采用桥形接线，所用断路器较少，又具有一定可靠性，如图 14.3-14 所示。依据桥断路器 QF3 的位置不同，桥形接线分为内桥接线和外桥接线两种。

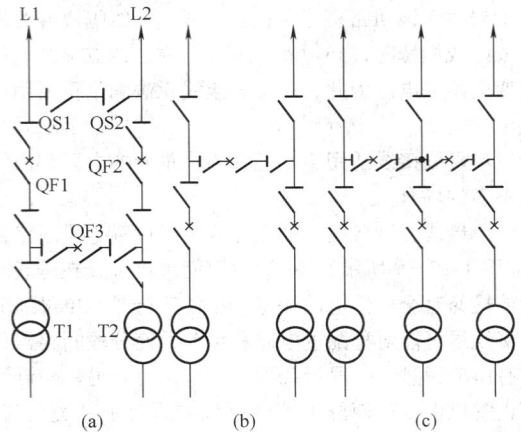

图 14.3-14 桥形接线

(a) 内桥接法；(b) 外桥接线；(c) 双桥接线

内桥接线的特点是两台断路器 QF1 和 QF2 接在线路侧，因此线路的投切比较方便。当一条线路退出工作时，另一条线路和两台变压器可照常运行。而变压器出现故障时，要跳开与变压器相连的两个断路器，迫使一回线路退出运行。因此，内桥接线适用于线路较长、故障率较高而变压器又不需经常切换的场合。

外桥接线的特点与内桥相反，两台断路器 QF1、QF2 接在变压器侧，因此变压器切换比较方便。当一台变压器退出运行时，另一台变压器和两条线路可正常运行。当线路故障时，会影响到一台变压器的运行。因此，外桥接线适用于变压器要求经常投切、出线较短的场合。当有穿越功率流经本厂时，也要采用外桥接线。

（2）单元接线和扩大单元接线。把发电机和变压器直接连成一个单元的接线形式叫做发电机-变压器组单元接线。这种接线是把发电机发出的电能经变压器升压后直接输入到电网。由于变压器设置方式和形式的不同，可以构成若干种单元接线系统，如图 14.3-15 所示。

单元接线的一般特点是接线简单，减少了电器数目，简化了配电装置，降低了造价，也大大减少了故障的可能性。

图 14.3-15 中，（a）为发电机-变压器单元接

线，是大型机组广为采用的接线形式。（b）和（c）分别为发电机与自耦变压器和三绕组变压器组成的单元接线。单元接线的基本缺点是单元中任一元件损坏或检修时，整个单元将被迫停运。这种接线适用于大电力系统中没有或很少地区负荷的大型发电厂，如远距离送电的区域火电厂和水电厂。

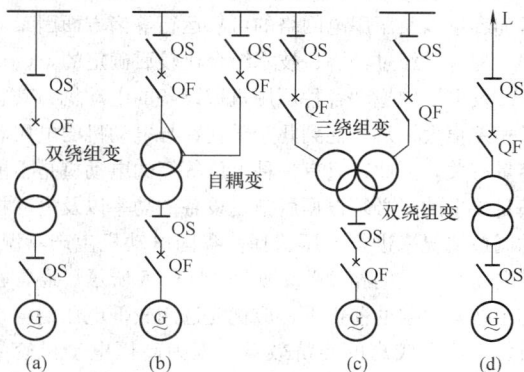

图 14.3 - 15　单元接线

图 14.3 - 15 中，（d）是发电机-变压器-线路组单元接线，发电机发出的电能直接送联合中心变电站。这种接线在发电厂不建变电站，从而大大减少了占地面积与造价，运行也大为简化。不足的是当线路或变压器出现故障时，都使发电机的电力送不出去。所以，只有在高压电网具有足够备用时才考虑采用。

为了减少变压器台数和高压侧断路器数目，并节省配电装置占地面积，在系统允许时将两台或多台发电机与一台变压器相连接，组成扩大单元接线，如图 14.3 - 16 所示。

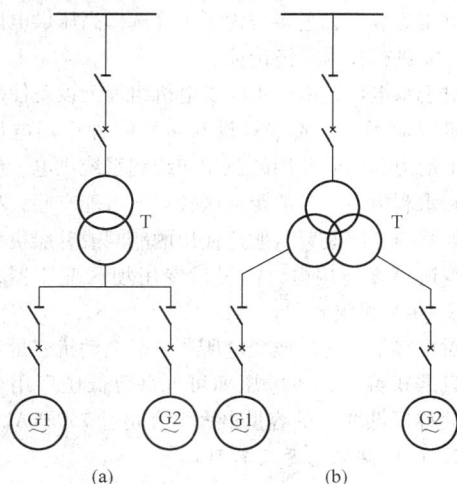

图 14.3 - 16　扩大单元接线

图 14.3 - 16 中，（a）示出发电机-变压器扩大单元接线，（b）示出发电机-分裂绕组变压器扩大单元

接线。扩大单元接线和简单单元接线比较，其优点是：①节省了主变压器和主变高压侧的断路器的数量，减少了高压侧连线回路数，从而节省了投资和占地面积；②减少了变压器损耗，降低了运行费用；③发电可靠性有所提高。其缺点是当变压器故障或检修时，该扩大单元停运，封锁了电厂大量电能。另外，在一台机运行时，变压器轻载，损耗增大，也降低经济性。

3.5　厂用电系统

发电厂在电力生产过程中，有大量电动机拖动的机械设备，用以保证主要设备（如锅炉、汽轮机或水轮机、发电机等）和辅助设备的正常运行。这些电动机以及全厂的运行操作、试验、修配、照明、电焊等用电设备的总耗电量，统称为厂用电或自用电。厂用电系统是给在起动、停机和正常运行中的电厂辅助设备提供电力的系统。

3.5.1　厂用电率

厂用电是量大、重要的负荷。厂用电的电量，大都由发电厂本身供给。其耗电量与发电厂类型、机械化和自动化程度、燃料种类及其燃烧方式、蒸汽参数、水电厂的水利枢纽设备等因素有关。厂用耗电量占同一时期发电厂全部发电量的百分数，称为厂用电率。额定工况下，厂用电率用下式计算

$$K_\mathrm{P} = \frac{S_\mathrm{c}\cos\varphi_\mathrm{av}}{P_\mathrm{N}} \times 100\% \qquad (14.3 - 1)$$

式中，K_P 为厂用电率（%）；S_c 为厂用计算负荷（kVA）；$\cos\varphi_\mathrm{av}$ 为平均功率因数，一般取 0.8；P_N 为发电机的额定功率（kW）。

厂用电率是发电厂主要运行经济指标之一。一般凝汽式火电厂的厂用电率为 5%～8%，热电厂为 8%～13%，水电厂为 0.3%～2.0%。降低厂用电率不仅能降低电能成本，同时相应地增大了对系统的供电量。

3.5.2　厂用负荷分类

厂用电负荷，按其用电设备在生产中的作用和突然供电中断造成危害的程度可分为四类：

（1）Ⅰ类厂用负荷。凡短时停电（包括手动操作恢复供电所需的时间）会造成设备损坏、危及人身安全、主机停运及大量影响出力的厂用负荷，都属于Ⅰ类厂用负荷。如火电厂的给水泵、凝结水泵、循环水泵、引风机、送风机、给煤机，火电厂或水电厂的调速器、压油泵、润滑油泵等。通常Ⅰ类厂用负荷都设有两套设备互为备用，分别接到两个独立电源的母线上，当一个电源断电后，另一个电源就由备用电源自投装置立即自动投入。

（2）Ⅱ类厂用负荷。允许短时停电（几秒至几分钟），恢复供电后，不致造成生产紊乱的厂用负荷，均属于Ⅱ类厂用负荷。如火电厂的工业水泵、疏水泵、灰浆泵、输煤设备和化学水处理设备等，以及水电厂中绝大部分厂用电动机负荷。Ⅱ类厂用负荷一般均应由两段母线供电，并采用手动切换。

（3）Ⅲ类厂用负荷。较长时间停电，不会直接影响生产，仅造成生产上的不方便者，都属于Ⅲ类厂用负荷，如试验室、中央修配厂、油处理室等负荷，通常由一个电源供电。

（4）事故保安负荷。指在停机过程中及停机后一段时间内仍应保证供电，否则将引起主要设备损坏，重要的自动控制装置失灵或推迟恢复供电，甚至可能危及人身安全的负荷称为事故保安负荷。根据对电源的不同要求，事故保安负荷又可分为：直流保安负荷，如发电机组的直流润滑油泵等，其直流电源由蓄电池组供电；交流保安负荷，如盘车电动机、实时控制用的电子计算机等，交流保安电源通常采用快速自起动的柴油发电机组，且有自动投入装置功能，或采用燃气轮机组，或者具有可靠的外部独立电源进行供电。有时对交流不间断供电负荷如实时控制用的计算机，可由接于蓄电池组的逆变装置供电。

3.5.3　厂用电接线基本要求

厂用电接线除应满足正常运行安全、可靠、灵活、经济和检修、维护方便等一般要求外，还应满足：① 充分考虑发电厂正常、事故、检修、起动等运行方式下的供电要求，尽可能地使切换操作简便，起动（备用）电源能在短时内投入。② 尽量缩小厂用电系统的故障影响范围，并应尽量避免引起全厂停电事故。对 200MW 及以上大型机组，厂用电系统应该独立，以保证一台机组故障停运或其辅助机构的电气故障，不应影响到另一台机组的正常运行，并能在短时间内恢复本机组的运行。③ 便于分期扩建或连续施工，不致中断厂用电的供应。对公用厂用负荷的供电，应结合远景规模统筹安排，尽量便于过渡，且少改变接线和更换设备。④ 对 200MW 及以上大型机组，应设置足够容量的交流事故保安电源，全厂停电时能自动投入。⑤ 积极慎重地采用经过试验鉴定的新技术和新设备，使厂用电系统达到技术先进、经济合理，保证机组安全满发地运行。

3.5.4　厂用电接线的设计原则

厂用电接线的设计原则基本上与主接线的设计原则相同。首先，应保证对厂用负荷可靠和连续供电，使发电厂主机安全运转。其次，接线应能灵活地适应正常、事故、检修等各种运行方式的要求，还应适当注意其经济性和发展的可能性，并积极慎重地采用新技术、新设备，使其具有可行性和先进性。此外，在设计厂用电系统接线时，还应对以下问题进行分析和论证。

1. 确定厂用电供电电压等级　发电厂厂用电系统电压等级是根据发电机额定电压、厂用电动机的电压和容量以及厂用电网络的可靠运行等诸方面因素的相互配合，经过经济、技术综合比较后确定的。

发电厂中拖动各种厂用机械设备的电动机，其容量相差很大，从几瓦到几千千瓦，与电动机的电压和容量有关。因此，只有一种电压等级的电动机是不能满足要求的，必须根据所拖动设备的功率以及电动机的制造情况来进行电压选择。我国电动机生产状况，其电压与容量的相互关系如表 14.3-5 所示。通常在满足技术要求的前提下，应优先选用较低电压的电动机，以获得较高的经济效益，因为高压电动机容量大、绝缘等级高、磁路较长、尺寸较大、价格高、空载和负荷损耗均较大、效率较低，所以应优先考虑较低电压级。但是，联系到供电系统综合考虑，则电压较高时，可选择截面积较小的电缆或导线，不仅节省有色金属材料，还能降低供电网络的投资。

表 14.3-5　　电动机制造生产的电压与容量范围

电动机电压/V	220	380	3000	6000	10000
容量范围/kW	<140	<300	>75	>200	>200

发电厂和变电所中一般供电网络的电压：低压供电网络为 0.4kV（380/220V）；高压供电网络有 3kV、6kV、10kV 等。为了简化厂用接线，且使运行维护方便，电压等级不宜过多。为了正确选择高压供电网络电压，需进行技术经济论证。

对于水电厂，由于水轮发电机组辅助设备使用的电动机容量不大，通常只设 0.4kV 一种厂用电压等级，由动力和照明共用的三相四线制系统供电。但对坝区和水利枢纽，一般距厂区较远，可能有些大型机械，如闸门启闭装置、航运使用的船闸或升船机和鱼道、筏道等设施用电，需另设专用坝区变压器，以 6kV 或 10kV 供电。

对小容量发电厂或变电所，一般电动机容量都不大，只需 0.4kV 一级电压即可。每台低压厂用变压器（简称厂低变）的容量最大不宜超过 750kVA。

2. 厂用供电电源及其引接

（1）工作电源。发电厂或变电所的厂用工作电源通常应不少于两个。厂用高压工作电源从发电机回路的引接方式与主接线形式有密切联系。当主接线具有发电机电压母线时，则厂用工作电源（厂用变压器或厂用电抗器）一般直接从母线上引线，如图 14.3－17（a）、（b）所示；当发电机和主变压器为单元接线时，则厂用工作电源从主变压器的低压侧引接，如图 14.3－17（c）所示。当主接线为扩大单元接线时，则厂用工作电源应从发电机出口或主变压器低压侧引接，如图 14.3－17（d）中的实线或虚线所示。各台厂用高压变压器应尽量满足相对应机组的炉、机、电和主变压器的厂用负荷。

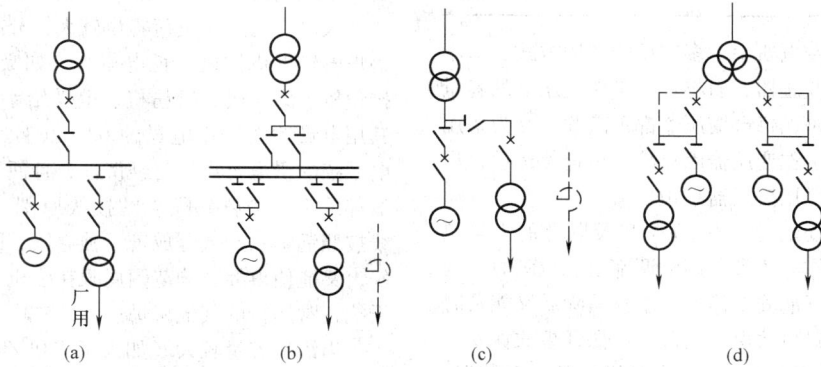

图 14.3－17　厂用工作电源的引接方式
（a）、（b）从发电机电压母线上引接；（c）从主变压器低压侧引接；
（d）从发电机出口（或主变低压侧）引接

现代发电厂一般都联网运行，因此，若从发电机电压回路通过厂用高压变压器或电抗器取得厂用高压工作电源已足够可靠，即使发电机组全部停止运行，仍可从电力系统倒送电能供给厂用负荷。这种引接方式，操作简单，调度方便，投资和运行费都比较低，常被广泛采用。

厂用分支上一般都应装设高压断路器。该断路器应按发电机端短路进行选择，其开断电流可能比发电机出口处还要大，对大容量机组往往可能选不到合适的断路器。这时可加装电抗器或选低压分裂绕组变压器，以限制短路电流。如仍选不出时，对 125MW 及以下机组，一般可在厂用分支上按额定电流装设断路器、隔离开关或连接片，此时若发生故障，应立刻停机。对于 200MW 及以上的机组，通常厂用分支都采用分相封闭母线，故障率较小，可不装断路器和隔离开关，但应有可拆连接点，以便检修、调试。这时，在厂用变压器低压侧务必装设断路器。厂用低压工作电源，一般均采用 0.4kV 电压等级，从发电机电压母线上引接，通过厂用低压变压器向厂用动力负荷、照明以及其他用电器供电。或者从发电机出口，经厂用低压变压器获得厂用低压工作电源。

（2）备用电源和起动电源。厂用备用电源主要用于事故情况失去工作电源时，起后备作用，又称事故备用电源。而起动电源系指在厂用工作电源完全消失情况下，为保证机组快速起动，向必要的辅助设备供电的电源。这些辅助设备在正常运行时由工作电源供电，只有当工作电源消失后，才自动切换到起动电源供电。因此，起动电源实质上也是一个备用电源。我国目前对 200MW 以上大型机组，为了确保机组安全和厂用电的可靠才设置厂用起动电源，且以起动电源兼作事故备用电源，统称起动（备用）电源。

备用电源的引接应保证其独立性，并且具有足够的供电容量，最好能与电力系统紧密联系，在全厂停电情况下仍能从系统获得厂用电源。备用电源最常用的引接方式有：① 从发电机电压母线的不同分段上，通过厂用备用变压器（电抗器）引接。② 从与电力系统联系紧密，供电可靠的最低一级电压母线引接。这种接线可靠性高，但有可能因采用变比较大的厂用高压变压器，增大高压配电装置的投资而使经济性较差。③ 从联络变压器的低压绕组引接，但应保证在机组全停情况下，能够获得足够的电源容量。④ 当技术经济合理时，可由外部电网引接专用线路，经过变压器获得独立的备用电源或起动电源。

在火电厂中，高、低压备用电源的数量与发电厂装机台数、单机容量、主接线形式及控制方式等因素有关，一般按表 14.3－6 所列的原则配置。

表 14.3－6　发电厂中高、低压备用电源配置

电厂类型	厂用高压变压器	厂用低压变压器
一般电厂	6 台及以下设 1 台备用 6 台及以上设 2 台备用	8 台及以下设 1 台备用 8 台及以上设 2 台备用
机、炉、电单元控制	5 台及以下设 1 台备用 5 台及以上设 2 台备用	8 台及以下设 1 台备用 8 台及以上设 2 台备用

续表

电厂类型	厂用高压变压器	厂用低压变压器
>200MW 机组电厂	2 台设 1 台备用 3 台及以上设 2 台备用	每 2 台设 1 台备用

在水电厂及变电所中，多采用暗备用方式，即不另设专用的备用变压器，而将每台工作变压器的容量加大，正常运行时，每台变压器都不满载，互为备用状态，当任一台工作变压器因故障而被迫停运后，厂用负荷由完好的厂用变压器承担。

（3）事故保安电源。对 300MW 及以上的大容量机组，当厂用工作电源和备用电源都出现故障时，为确保在事故状态下能安全停机，事故消除后又能及时恢复供电，应设置事故保安电源，以保证事故保安负荷，如润滑油泵、密封油泵、热工仪表及自动装置、盘车装置、顶轴油泵、事故照明、电子计算机等设备的连续供电。

事故保安电源必须是一种独立而又十分可靠的电源，通常采用快速自动程序起动的柴油发电机组、蓄电池组以及逆变器将直流变为交流作为交流事故保安电源。对 300MW 及以上机组，还应由 110kV 及以上电网引入独立可靠专用线路，作为事故备用保安电源。

图 14.3 - 18 为 200MW 机组保安电源接线示意图。交流保安电源通常采用 380/220V 电压，每台机组设一段事故保安母线。每两台发电机组设一台柴油发电机组作为事故保安电源。对于热工仪表和自动装置要求连续供电的负荷，则由逆变器供电。

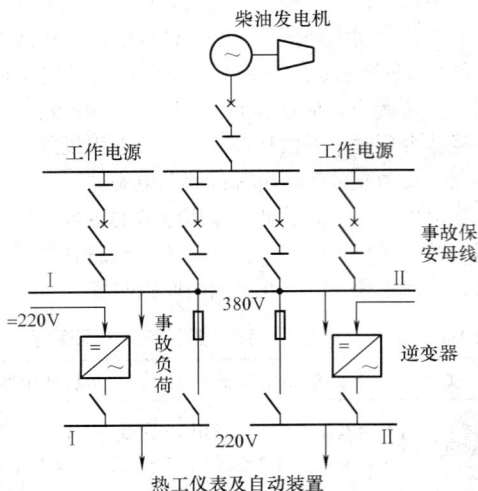

图 14.3 - 18　保安电源接线示例

3.5.5　厂（所）用电接线的基本形式

1. 火电厂厂用电系统接线　火电厂厂用电接线通常都采用单母线接线形式，并多以成套配电装置接受和分配电能。

火电厂的厂用负荷容量较大，分布面较广，尤以锅炉的辅助机械设备耗电量大，如吸风机、送风机、排粉机、磨煤机、给粉机、电动给水泵等大型设备，其用电量约占厂用电量的 60% 以上。为了保证厂用电系统的供电可靠性与经济性，且便于灵活调度，一般都采用"按炉分段"的接线原则，即将厂用电母线按照锅炉的台数分成若干独立段，既便于运行、检修，又能使事故影响范围局限在一机一炉，不致过多干扰正常运行的其他机炉。

当锅炉容量较大（如大于 400t／h），辅助设备容量大时，每台锅炉可由两段厂用母线供电，厂用负荷在各段上应尽可能分配均匀，且符合生产程序要求。

全厂公用性负荷应适当集中，可设立公用厂用母线段。

图 14.3 - 19(a)、（b）分别示出由发电机电压母线和发电机出口引接厂用工作电源，并设有备用电源及事故保安电源兼作起动电源的典型厂用系统接线图。

380/220V 厂用电的接线，对大型火电厂及大容量水电厂，一般亦采用单母线接线，即按炉分段或按水轮发电机组分段；对中、小型电厂和变电所，则根据工程具体情况，厂用低压负荷的大小和重要程度，全厂可只分为两段或三段，仍采用低压成套配电装置供电。

2. 水电厂厂用电接线采用单母线或单母线分段形式　一般水电厂最基本的厂用负荷是水轮机调速系统和润滑系统油泵、压缩空气系统的空气压缩机、发电机冷却系统和润滑系统的水泵、全厂辅助机械水系统的电动机、闸门启闭设备、照明及水利枢纽等设施用电。

对中、小型水电厂，通常厂用电母线只设两段，由两台厂用变压器以暗备用方式向两段厂用母线供电；对大容量水电厂，厂用电母线则按机组台数分段，每段由单独厂用变压器供电，并设置专用备用变压器。为了供给厂外坝区闸门及水利枢纽防洪、灌溉取水、船闸或升船机、筏道、鱼梯等设施用电，可设专用坝区变压器，按其距主厂房远近、负荷大小以及发电机电压等条件，可采用 6kV 或 10kV 电压供电。其余厂用电负荷均以 380/220V 供电。

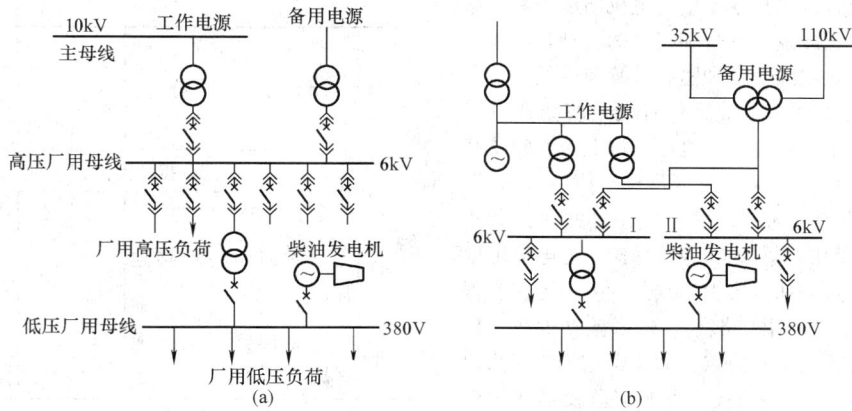

图 14.3－19　厂用电接线示意图
（a）由发电机电压母线引接工作电源；（b）由发电机出口引接工作电源

3. 变电所用电　变电所的所用电负荷，一般都比较小，其可靠性要求不如发电厂那样高。变电所的主要所用电负荷是变压器冷却装置（包括风扇、油泵、水泵）、直流系统中的充放电装置和硅整流设备、空气压缩机、油处理设备、检修工具以及采暖、通风、照明、供水等。当变电所装有同步调相机时，还有调相机的空气冷却器和润滑系统的油泵和水泵等负荷。这些负荷容量都不太大，因此变电所的所用电压只需 0.4kV 一级，采取动力与照明混合供电方式。小型变电所，大多只装一台所用变压器。对大、中型变电所或装有无功补偿设备的变电所，通常都装设两台所用变压器，分别接到母线的不同分段上，如图 14.3－20 所示。380V 所用电母线可采用低压断路器（即自动空气开关）或刀开关进行分段，并以低压成套配电装置供电，对于容量不大的变电所，为了节省投资，所用变压器高压侧亦可用高压熔断器代替高压断路器。

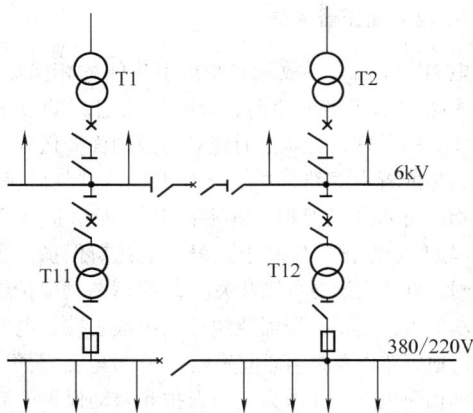

图 14.3－20　变电所所用电接线

3.6　发电厂继电保护

3.6.1　发电厂继电保护

发电厂的继电保护的作用是保护发电机、变压器、母线、线路和电动机等主要设备免受异常电压和电流的危害，或将故障设备迅速、有选择地从系统中切除，防止事故扩大，保证系统中完好部分继续运行，或及时地反映设备的异常状况，通过灯光或音响信号通知运行人员。

对于一个主设备，通常设置几组相互配合的保护装置，反映其所受的不同故障和异常状态。对于重要设备，为提高可靠性，对同一故障还设置两套按不同原理构成的继电保护装置（双重化）和设置后备保护。

通常配置两类保护：短路保护和异常运行保护。短路故障往往会造成机组的直接破坏，所以为防止短路保护拒动，除了设置主保护外，还设置后备保护。异常运行保护，用以反映各种可能给机组造成危害的工况，但这些工况不会很快造成机组的直接破坏，故这类保护一般只装一套，不设后备保护。

保护装置的出口，根据保护的性质、选择性能力和故障处理方式的不同而异，一般除在万不得已的情况下，应力求避免突然全停，即跳开主开关，灭磁，关主汽门，断开高压厂用变，使机、炉及其辅机全停。因为大型机组起停损失很大，而且突然跳闸的冲击，会给主机和辅机造成不同程度的损伤。保护的出口方式除全停外，还有解列灭磁、解列（只跳开主断路器）、减负荷、发信号和将母线解列（对发电机工作于双母线系统）等。

3.6.2　发电机保护

发电机保护是其发生故障或异常运行时，给有关断路器和自动装置发出指令，使发电机与电力系统解列或使机组全停，或发出信号和报警的自动化技术和设施，用以保障机组的安全和防止故障范围的扩大。

发电机常见故障和异常运行有定子绕组匝间短路、相间短路、单相接地、过电流、过电压、转子绕组一点或两点接地、失磁、失步及定子绕组过负荷、励磁绕组过负荷等。为此，发电机配置的保护如表14.3-7所列，其中：① 纵联差动保护：差电流继电器接入的是中性点侧和机端引出线侧的差电流，它保护发电机定子绕组相间短路。② 横联差动保护：保护发电机定子绕组匝间的短路，适用于定子绕组为双Y形接线的机组。③ 定子接地保护：监视零序过电流或用于绝缘监视，发出接地故障信号。④ 过电流保护：保护发电机组外部短路时，引起发电机定子绕组过电流。⑤ 过电压保护：保护发电机定子绕组可能出现的过电压。⑥ 过负荷保护：保护发电机过负荷引起的定子绕组过电流。⑦ 失磁保护：保护发电机失磁时转子过热，定子过电流，铁心端部发热和对系统稳定的影响。⑧ 逆功率保护：用于汽轮发电机因某种原因而突然关闭主汽门时，发电机从系统吸收有功功率。逆功率保护 2～10s 延时发信号，100～180s 动作于跳闸。⑨ 失步保护：保护失步时的大振荡电流引起定子绕组过热而损坏和机械应力的破坏作用。失步保护除了动作于跳闸外，还有快速降低（或增加）原动机出力，部分切除发电机，以及切除部分负荷等。

表 14.3-7　发电机继电保护配置

序号	保护名称	出口动作对象				
		全停	解列灭磁	解列	母线解列	发信号
短路保护						
1	发电机差动保护	√				√
2	发电机变压器组差动保护	√				√
3	高压厂用变压器差动保护	√				√
4	发电机匝间短路保护	√				√
后备保护						
5	复合电流速断保护		√			√
6	阻抗保护		√		√	√
7	升压变压器高压侧零序保护		√			√

续表

序号	保护名称	出口动作对象				
		全停	解列灭磁	解列	母线解列	发信号
接地保护						
8	定子一点接地保护		△			√
9	励磁回路一点接地保护		△			√
10	励磁回路两点接地保护	√				√
异常运行保护						
11	对称过负荷保护		√			√
12	不对称过负荷保护		√			√
13	励磁回路过负荷保护		√			√
14	失磁保护			√		√
15	过电压保护		√			√
16	逆功率保护		√			√
17	非全相运行保护		√			√
18	失步保护		√			√
19	低频保护	√				√
辅助保护						
20	断路器失灵保护					√
21	电流回路断线保护					√
22	电压回路断线保护					√

注：√—动作；△—出口回路可以切换到该状态。

3.6.3　电力变压器保护

电力变压器常见故障有绕组引出线的相间短路、匝间短路和单相接地短路、外部短路引起的过电流等。常见的异常运行状态有过负荷及油面降低等。因此，通常配置有短路保护、接地保护、过负荷保护、非全相运行和失灵保护。其中：① 瓦斯保护（主保护）：轻瓦斯保护，作用于信号；重瓦斯保护，作用于跳闸，跳开变压器各侧开关。② 纵联差动保护或电流速断保护：用于变压器绕组或引出线短路，电网侧绕组接地短路以及绕组匝间短路。③ 过电流保护：防止外部相间短路，并作为瓦斯保护和差动保护的后备保护。④ 零序电流保护：防止中性点直接接地系统中外部接地短路。⑤ 过负荷保护：防止对称过负荷。

3.6.4　线路保护

1. 对于相间短路　分别按下述情况配置：① 1~10kV线路，单电源时设过电流保护，双电源时设速断保护和过电流保护。② 35~66kV 线路，单电源时设电流、电压速断保护和过电流保护，双电源时可设距离保护。③ 110kV 以上线路，单电源时采用电流、电压保护和距离保护，双电源时可采用纵联差动保护（经载波通道、微波通道或光纤通道等构成的电流差动式和方向比较式差动保护）；对于双回路馈线，还可采用横联差动保护。

2. 对接地故障　35kV 以下中性点不直接接地系统，采用单相接地保护（绝缘监察装置）、电流保护和功率方向保护；110kV 以上线路，设零序电流保护或接地距离保护，辅以零序电压保护。

3.6.5　母线保护

需要时可装设母线差动保护，分完全电流差动母线保护和电流相位比较差动母线保护两种。

3.6.6　电动机保护

高压电动机装设的保护有：① 纵联差动保护，防御电动机内部及引出线多相出现故障。② 电动机速断保护，防御电动机多相短路。③ 单相接地保护，单相接地电容电流大时装设。④ 过负荷保护，对于生产过程易发生过负荷的电动机，应装设过负荷保护。⑤ 低电压保护，一般有自动投入机械时和不参与自起动的电动机应装设低电压保护。

低压电动机（≤380V）装设的保护有多相短路保护、零序保护、过负荷保护（生产过程易发生过负荷的电动机应装设）、低电压保护。

3.7　发电厂自动化

3.7.1　发电厂集成自动化

发电厂集成自动化是利用各种自动仪表和装置（包括计算机系统）对电厂生产过程进行监视、调节、控制和管理，使之安全、经济运行的技术。现代电厂机组容量大，参数高，对自动化的要求越来越高。发电厂的运行、操作大多是在自动装置的作用下进行的。发电厂自动化的目的是保证机组安全起停，正常经济运行；提高适应电网调度和负荷变化的能力；提高综合判断、处理事故的能力；减轻劳动强度，改善劳动条件，减少运行人员。高度的自动化，是电厂安全、可靠、经济运行的基础。

随着自动化技术、计算机技术、通信技术、网络技术等的飞速发展，电厂自动化体系结构经历了离散、集控、分散、网络、全集成的演变过程；控制范围经历了单个设备、子系统、单岛、多岛、单机组、多机组、全电厂的逐步扩大过程；自动化水平从安全运行、经济运行向市场运行发展。

现有电厂自动化控制系统是分布式控制系统（DSC），包括了机、炉、电三岛，今后电厂自动化将由电厂过程控制自动化及电厂管理自动化组成。包括监控信息系统（SIS）、管理信息系统（MIS）、制造执行系统（MES）、发电投标系统（GBS）等。由于电厂自动化控制对象复杂（包括机、炉、电、辅机、工质、燃料、废物），生产工艺过程复杂，涉及热力、动力、电力转换、工质处理、排放控制、节能要求等，而且电是随产随销的特殊产品，电厂在电力市场上竞争，有大量实时信息需要采集、处理、显示和存储，有很多复杂的实时和适时计算需要进行，因此，电厂自动化系统将会范围越来越大，功能越来越齐全，水平越来越高，组成越来越庞杂，电厂自动化控制系统正向基于现场总线的全集成自动化系统发展。

电厂全集成自动化系统，其拓扑是一个与电厂工艺过程一致的多层分布结构，以多层网络联系各个功能相对独立的子系统或设备。系统的正常运行建立在各类数据在各个层次网络的正常流动的基础上。数据格式是标准的，数据管理是分布的，但却是适时或实时更新的，以保证全系统数据的一致性。智能化功能分布在各级子系统及设备上，各子系统完成自身的功能，并在上层命令管理或控制下协调工作。硬件为模块化组件，各子系统及设备的通信接口是标准的，并能兼容多种标准。软件也为模块化组件，面向对象建立在标准开发平台上，可被链接、嵌入、移植、更新和再利用。图 14.3－21 是一个电厂全集成自动化系统结构示例。

系统由监控层、自动控制层及现场设备层组成。监控层为一监控网络，可以是 C/S、B/S 或其他模式，网络对下实现自动控制网络的监控，对上实现电厂管理层或电力系统各种指令的接收及重要数据的发送；自动控制层实现整个电厂的过程控制自动化；现场设备层实现对各个工艺设备的管理及控制。现场总线有 PROFIBUS－FMS：用于电厂级总线网，连接各子系统，实现数据通信。PROFIBUS－DP：用于现场级总线网，实现自动系统与现场设备快速、循环的数据交换。PROFIBUS－PA：用于对安全有特殊要求的本质安全区的现场级总线网，如有防爆要求的地方，实现过程自动化。系统包括下列可集成部件：操作员站 OS、服务器、自动控制站 AS、远程 I/O 站、现场设备及与外系统的通信站。高可靠、可冗余配置的通信网络是系统中极重要的部件，现场总线网用于单元和现场的联网；AS－i 接口总线用于与现场执行器/传感器设备直接接口；EIB 总线用于现场电气设备。

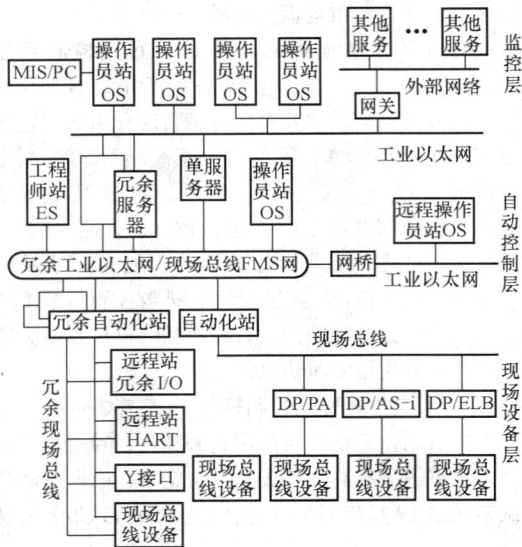

图 14.3－21　电厂全集成自动化系统结构示例

3.7.2　发电厂自动装置

火电厂和水电厂生产过程不同，设备也有不同，自动化的具体内容也不相同，但要实现的功能和采用的自动装置是类同的。

电厂电气自动装置除了调速器和励磁调节器外，还有备用电源自动投入装置、自动重合闸、同期装置、低频自动减负荷、电气制动、快关汽门、切机和远方切机、自动故障录波器等。

1. 备用电源自动投入装置　在电厂厂用电供电系统中，为保证供电可靠性，常采用两个或两个以上的电源供电并采用适当的备用方式。当工作电源失去电压时，备用电源通过自动装置自动投入，从而保证供电的连续性。这种自动装置称为备用电源自动投入装置。

对备用电源自动投入装置应符合以下要求：① 无论由于什么原因造成工作电源失电时，自动装置都应可靠动作使备用电源自动迅速投入。② 备用电源的投入必须在工作电源的断路器确实断开之后进行，以避免两部分电源非同期合闸的危险，保证备用电源自动投入成功。③ 备用电源自动投入后，若故障未消除，则应当由保护装置将备用电源断开，再投入。④ 备用电源自动装置只动作一次。

为此，构造备用电源自动投入装置时，应包括电源监测部分和自动投入部分。当负荷母线失去电源时，监测元件动作使断路器跳开；在断路器跳开后，再起动自动元件，使备用电源自动投入。

2. 自动重合闸　是当线路因短路故障、继电保护动作、由断路器跳开故障线路后，经过预定的短暂时间如 0.5s 左右，由自动重合闸装置使故障线路的断路器重新投入。当线路为瞬时性故障，在断路器跳开后，故障即被消除，重合后线路就可及时恢复供电，此为重合闸成功；如果线路为永久性故障，则当断路器重新投入后，就合闸于故障，保护装置将动作使之再次断开，此为重合闸不成功。

电厂中的架空送电线路，大多装有自动重合闸装置。因为架空线路上发生的故障大部分属于瞬时性故障（如雷击），因此，重合闸成功率较高，达 70%～90% 以上。重合闸成功，不仅提高了输电线路连续供电的可靠性，而且提高了并列运行线路的稳定性。

根据自动重合闸装置所担负的任务，自动重合闸装置应符合如下要求：① 重合闸的速度应尽可能快，但又要留出一定的时间，使断路器和故障处重新恢复绝缘能力。一般重合闸时间整定为 0.5s 左右。② 自动重合闸装置应按规定次数动作，一般多为一次重合，即第一次重合闸失败后，不再进行重合。③ 自动重合闸装置在动作完成后应能自动复归，即自动恢复到可以再次进行重合闸的状态。

重合闸装置由三个基本部分组成：起动元件，其作用是保证断路器在非正常跳闸的情况下（即非值班人员操作控制开关使断路器跳闸），使自动重合闸装置可靠起动；时限元件，其作用是获得所设定的时限；执行元件，其任务是给出合闸脉冲，使断路器重新合闸。

自动重合闸装置按其动作方法可分为机械式和电气式；按其使用条件分为单侧电源的自动重合闸装置和双侧电源的自动重合闸装置；按其允许动作次数分为一次动作和多次动作的自动重合闸装置；按作用于断路器的方式可分为三相自动重合闸、单相自动重合闸和综合自动重合闸。

三相自动重合闸是当线路发生任何短路故障时都实现断路器三相跳开并随之三相同时重合的一种自动重合闸方式。它适用于 110kV 及以下线路；它不要求采用分相操作，结构简单，可靠性高，对 220kV 及以上电压的多回并联线路也可采用三相重合闸。对于由大型汽轮发电机组配出的高压线路，在电厂侧可采用检查同期的三相自动重合闸，以减少对机组的冲击。对于稳定问题较为突出的系统，可采用相间故障闭锁三相自动重合闸的方式。

单相自动重合闸是对线路的单相接地故障只跳开

故障相和随之进行重合，而对线路多相故障或单相重合失败，则跳开三相不再重合的一种线路自动重合闸方式。单相自动重合闸适用于 220kV 以上电压的单回线、弱联系的双回路电源联络线或主要由系统供电的负荷集中的终端地区的单回线。为了防止大型汽轮发电机轴承受过大的暂态扭矩而影响寿命，在它的高压配出线上只能采用单相重合闸（和检查同期的三相重合闸）。单相重合闸装置一般具有专用的选相元件及相应的逻辑回路，因而较复杂。

综合重合闸是单相接地时实现单相重合，多相故障时实现三相重合的一种自动重合闸方式。它的结构复杂，适用于 220kV 以上电压的线路。

3. 同期装置　为了提高供电的可靠性、经济性，保证供电质量和系统运行的稳定性，现代电厂都与电力系统并列运行。成百台发电机并列运行，要求：各发电机转子以相同的相序及相角频率旋转；转子间的相对角位移在容许的极限之内；发电机机端（或经过升压变压器）电压相等。

为使发电机投入系统或使同步发电机并列运行的操作称之为"同期"、"同步"、"并车"或"并列"。这是电厂中一项经常性的重要操作。并列操作时必须检查上述并列条件，这是借助同期装置来实现的。

同期装置有多种型式，而并列同期方式主要有准同期和自同期两种。

（1）准同期。准同期是将发电机并入电力系统前加上励磁，待发电机电压的频率、相角和幅值分别和并列点处系统电压的频率、相角和幅值相等时，将发电机断路器合闸，完成并列操作的一种并列方式。

准同期法的优点是并列时冲击电流小，不会使系统电压降低。而缺点是并列操作时间较长，从准备并列，促使同期条件满足到并列合闸，在正常情况下用手动操作约需 10min 左右，用自动装置也需要几分钟。在事故情况下，因频率、电压波动变化都较大，需要时间就更长。如果合闸时刻掌握得不好，则造成非同期并列事故，引起发电机损坏。

（2）自同期。自同期是将未加励磁、接近同步转速的发电机接入电力系统，然后再给发电机加上励磁，在原动机转矩、发电机电磁转矩等作用下把发电机拖入同步的一种并列方法。

自同期的优点是同步速度快，装置简单，便于实现自动化。它还具有在系统电压和频率较低的情况下仍可较快将发电机并列的特点，所以在加速事故处理时，可采用自同期并列投入发电机。自同期的不利影响是会产生较大的电流冲击，损害发电机绕组，同时会引起系统电压暂时降低。所以 3000kW 及以上的发电机采用自同期并列时，要核算定子冲击电流及系统

电压降是否符合有关规定。

在发电厂中，作为监视并列条件的装置是同期小屏或组合式同步指示表。用它来测量并比较待并列机组和系统的电压、频率和相位。所以在同期屏上装有两只电压表、两只频率表和一只同步表。而在组合式同步指示表上装有一只电压差表、一只频率差表和一只同步表。

进行同步并列的断路器称为同期点。发电厂同期点的确定取决于电气主接线和运行方式的要求。发电厂应设置的同期点（如图 14.3 - 22 所示）有：①直接接至母线的发电机侧断路器，发电机-双绕组升压变压器组的高压侧断路器，发电机-三绕组变压器各电源侧断路器。②双侧有电源的双绕组升压变压器的低压侧或高压侧断路器，三绕组变压器有电源的各侧断路器。③母线分段断路器、母联断路器及旁路断路器。④接至母线但对侧有电源的线路断路器。⑤角形接线和外桥形接线中，与线路相关的两个断路器等。

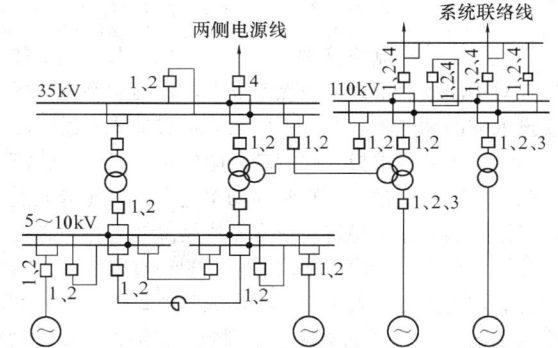

图 14.3 - 22　发电厂同期点设置
1—自动准同期；2—手动准同期；3—自同期；
4—自动重合闸装置监定同期合闸

4. 低频自动减负荷　为了提高供电质量，保证重要用户用电，当系统因故障而出现功率缺额，引起频率下降时，根据频率下降的程度自动断开一部分不重要的用户，以阻止频率下降，并使频率迅速恢复到正常值，这种措施称为低频自动减负荷。实现低频自动减负荷的是低频减载装置。低频减载装置一般由低频继电器及有关逻辑装置构成。其装设地点，应根据电力系统需要统一安排。

低频减载分为两种类型：

（1）基本低频减载装置（基本级）是快速动作或带较短时延（0.2～0.5s）动作的减载装置。动作频率分为若干级，对其最高、最低动作的频率、级差、动作时间等，各个电力系统有不同的规定。基本级的作用是防止频率严重下降。

（2）后备自动减载装置（特殊级），是带有较长

延时（10~30s）动作的减载装置。其动作频率较高。它的作用是防止系统频率在事故中停留在某一较低值而不能恢复。

设计低频自动减负荷时，应确定按频率分级数，每级动作频率及动作切除量，全部低频减负荷总量，每级动作时间及各级的装设地点和切除对象等。

5. 电气制动　是当系统发生故障时，在发电机端迅速投入额外的电阻 R，以消耗发电机的有功功率，减少系统功率差额，从而提高动态和暂态稳定性的措施，如图 14.3－23 所示。

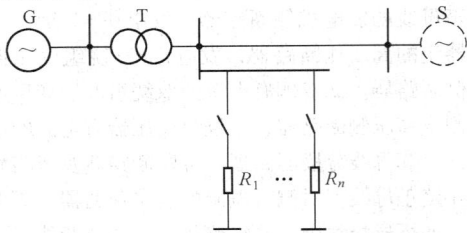

图 14.3－23　电气制动接线

电气制动控制方案要解决以下几个问题：① 如何针对不同故障形式、地点及发电厂输出功率来选择应投入的制动电阻容量。不同故障形式造成的过剩功率不同，因而要求投入的制动电阻容量也不同。若投入制动电阻容量过大，则制动功率过大，可能造成发电机第二摆时失去稳定。通常做法是离线进行暂态稳定计算，算出不同故障下最适当的制动电阻容量，然后将制动电阻分成若干组，根据故障严重程度，分别投入不同阻值的制动电阻。② 制动电阻投入及切除的时间顺序。一般在故障切除时投入制动电阻，在功角摇摆到第一摆的顶点时切除制动电阻为好。③ 制动电阻控制装置的输入信号。当前多数采用线路输出功率及母线电压的变化作为量测信号。例如，当母线电压低于规定电压的 80% 时，如果功率变化低于某一定值后，则投入第一级制动电阻，然后依次投入其余各组电阻。如果要实现闭环控制制动电阻的容量及接入时间，还需测量发电机转速、原动机功率等信号。

6. 快关汽门　是另一项减少功率不平衡的措施。系统发生事故时，通过快速关闭调速汽门，从而迅速减少发电机输入，达到短期内减小过剩功率的目的。

现代大功率中间再热机组，其中间再热器具有巨大的蓄能能力，在快速关闭中压调速汽门时，能瞬时降低机组总功率达 70%，而不致对机组热力系统造成大的热冲击。

7. 切机和远方切机　切机是系统中与送端发电厂连接的某回线路发生故障，在切除该回线路时，联锁切除送端发电厂中部分发电机的一项保护系统稳定的措施。有时当其他线路故障，为保护系统稳定，也需在切除该线路的同时，通过远方信号联锁切去送端发电厂的部分发电机，这种措施称为远方切机。

水轮发电机起停迅速，切机很容量实现；汽轮机起停复杂，切机比较困难。

自动切机的起动信号，一般来自线路断路器跳闸辅助触点。

切机量应根据发电机线路潮流及网络结构的不同组合经暂态稳定计算确定。

8. 自动故障录波器　为了分析电力系统事故及保护装置和安全自动装置在事故过程中的动作情况，以及为了迅速判定线路故障点的位置，在主要发电厂、220kV 及以上的变电所和 110kV 的枢纽变电所，应当装设自动故障录波器。

自动故障录波器记录的参数（电流、电压、功率等）应根据系统运行要求确定。电力系统故障时自动故障录波器应快速起动。自动故障录波器可由不同原理构成，如机电型、光学型、磁带记录型和数字型等。

3.7.3　电厂中的计算机监控

随着电厂规模不断扩大，机组大容量、高参数化，需要检测的量急剧增加，运行参数的调节与控制十分严格，操作的任务十分繁重。为保证电厂安全、可靠和经济地运行，采用计算机监控已成为现代电厂的必然趋势。计算机不仅能完成常规监控设备的功能，而且具有以下优点：①速度更快，精度更高。②具有记忆、判断决策的综合能力。③计算机具有的分时功能可以实现用一台计算机代替多台常规监控设备。④提高电厂运行的安全性、经济性，并节省运行人员，减轻劳动强度。

1. 火电厂的计算机监控

（1）计算机在日常运行中的应用。在日常运行中，可以用计算机进行安全监视，包括：① 巡回检测。巡回检测是利用计算机对发电机组的各种参数和各类运行设备的状态进行巡回的测量和检查，即数据采集。不同工况，需要采集的数据和测量的周期也不同。正常运行、异常工况、起停过程及事故状况下巡回检测的任务和要求不同，应区别对待。例如，在起停过程中，各控制点的参数往往处于变化状态，此时，应着重监视一些影响安全的参数（如汽压、汽温、水位、胀差、振动等）。② 参数处理。计算机开环控制时，其数据处理分为一次参数处理和二次参数处理。一次参数处理是为了判断数据的正确性并进行必要的修正。判断数据正确性可根据最大可能变化范围、参数之间的相关性、前后两个周期数据比较以及状态估计技术进行。参数修正有（压力、温度等）非线性补偿，对波动较大的参数可进行数字滤波等。③ 越限报警。将采集的数据，与给定的上、下限值进行比较，检查它们是否偏离规定的范围。如果发生了偏离，则要进行越限报警。各类参数的极限值是不同的，有进行上限监督（报警）、下限监督和上下限监督之分。而且极限值有固定不变的和随运行工况改变的不同。前者如轴承油温度、润滑油压力等，后者如在起停过程中蒸汽压力和温度等。报警方式有声光报警、显示报警和打印记录等。④ 参数显示。通过专门程序，对一些参数定时或必要时进行显示器或屏幕显示。通常开列菜单，设置画面，图表和参数结合，使运行人员一目了然。⑤ 制表打印。定时打印反映机组运行情况的参数，代替人工抄表。报表要规范化，不仅供当时分析运行情况用，而且要作为档案保存。⑥ 性能计算。对机组各部分及整体进行经济指标核算，供运行人员分析以改进运行、操作和调整。⑦ 开环计算机监督操作指导系统。这种系统是通过计算机实时寻找最优操作条件，并通过打印输出或 CRT 显示给操作人员，再由操作人员去改变模拟式调节器的给定值，从而把生产过程控制在最佳状态。这种开环监控系统的优点是可以安全地试验新方案、新设备；可在闭环运行之前先进行开环运行；可方便地试验新的数学模型和调试新程序；为运行操作人员提供监督指导。其不足是仍要人工操作，速度受限制，不可能同时控制很多回路。⑧ 直接数字控制。直接数字控制（DDC）是由计算机输出直接去控制调节阀等执行机构，使各被调参数保持在给定值上。直接数字控制系统不仅以计算机代替了模拟调节器，实现了多回路的 PID 调节，而且还能比较方便地采用其他新型控制规律；它不需要人的干预，避免了人为的误操作；它把显示、记录、报警和给定值设置都集中到操作台上，给操作人员带来很大的方便。⑨ 监督计算机控制系统（SCC 或 CPC）。这种系统中计算机根据生产过程的信息（量测值）和其他信息（给定值），按照一定数学模型自动地改变模拟调节器或 DDC 工控机的给定值，最后由模拟调节器或 DDC 控制生产过程，从而使生产过程处于最优化状态。SCC 比 DDC 系统更接近于生产变化的实际情况，它是操作指导和 DDC 的综合发展。⑩ 分散综合控制系统。分散综合控制系统的基本构成如图 14.3 - 24 所示，其中人机接口有站旁 DEP 操作面板、CRT 操作站和专用的监督管理系统。后者只在大的系统中才配置。CRT 操作站主要有微处理器 CPU、存储器（磁盘、ROM、RAM）、显示器 CRT、高速通道接口、DMA

控制、打印记录设备、键盘和内部总线构成。操作站又分为操作员站和工程师站。上位机可以用小型机或功能强的微型机，使用高级语言或过程控制语言，它应有比较大的存储器。在要求不高场合，可以不设上位机，把上位机的功能移到 CRT 操作站或其他站中去。上位机能够实现高级、复杂的控制，对生产过程进行优化管理，进行性能计算，对生产过程进行优化管理等。高速数据通道是分散控制系统的信息传输系统。用它实现分散系统各处理机之间的信息传递，它是分散系统的支柱。它以地理位置和功能分功的工作站作为节点，按一定拓扑互联，根据分层的通信协议，在传输介质上用确定的网络控制方法正确地传输信息，使各站共享系统的数据资源丰富。高速数据通道和各站之间的互联形成不同的网络，与此相应的信息通路有不同的控制方式。对网络结构的要求是：系统容量不受网络结构的限制，便于增加新的单元；系统响应时间不会由于新增加单元而有明显的变化；出现故障时，安全信息及重要信息仍能传递到各有关单元，以便各站能采取相应的措施。站是指挂在高速数据通道上的各种设备，根据其功能不同被赋予不同名称，如数据采集站、CRT 操作站、计算站、开环监视站、过程控制站等。一个分散系统在高速数据通道上可以挂几十个"站"。其中过程控制站可完成数据采集与处理、模拟控制和顺序逻辑控制等功能。

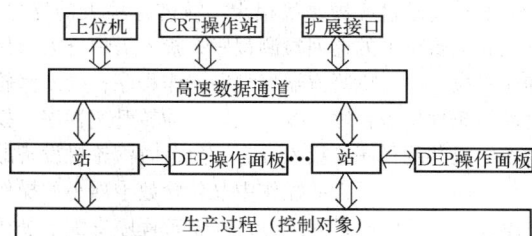

图 14.3 - 24　分散综合控制系统基本构成

分散型综合控制系统的主要特点是：① 控制功能分散。各种功能均采用模块化、标准化的软件和硬件，便于用户组态成各种适当的站，每个站只控制少数回路（少的 8 回路，多的 64 回路），避免了计算机失效后整个系统瘫痪。② 位置分散。系统的各"站"分布在不同的物理位置，有的站可以就地安装，既节约电缆，又减少线路干扰。由于数据就地加工，减少了信息传递量，降低了对上位机的要求。由于控制功能和位置分散，故障带来的危险性也分散了，某站发生故障可自动退出，缩小了影响面；具有高速通信系统，便于各站之间协调控制，实现整体优化；具有多功能的 CRT 操作站，能实现多种参数、画面的显示，可对各站实现集中监视、操作，使操作台面积大为缩小。为提高可靠性一般均设有多台 CRT 显示器。

（2）计算机在火电厂异常情况下的应用。应用控制机实现火电动机组的自动起停是计算机在电厂应用的一个范例。机组起停过程中操作步骤多，时间长，劳动强度大，起停过程工况变动大，容易发生误操作。鉴于计算机运算速度快、控制功能强的特点，采用计算机控制机组起停是非常适宜的。采用计算机控制机组起停要求机组设备基础自动化完备。例如，信号量测和传输设备应可靠、准确；阀门、挡板等可灵活操作；控制机有足够的硬件容量，以适应机组起停时输入输出的模拟量和开关量的增加，以及要具备相应的起停控制软件。

实现计算机控制机组起停有两种方式：一是监视控制方式，二是直接控制方式。现在大多采用直接控制方式，即计算机除对机组起停过程中各参数与设备的状态进行检测、判断与计算外，还通过控制机的外围设备去直接调节和操作发电机组。

火电动机组的起动大致可分为锅炉点火、升温升压、汽机升速、初负荷保持、升负荷等阶段。

机组停机过程与起动过程相反，由降负荷开始，直到锅炉灭火为止。在每个阶段里，在锅炉、汽轮机和辅助设备方面都有相应的控制项目，起停控制软件的任务就是要保证这些控制在适当的时刻开始、执行和停止。

机组起动过程操作量很大，有若干项大的操作：投入起动状态下的巡回检测程序；投入锅炉点火操作程序；投入汽轮机凝汽器抽真空操作程序；投入汽轮机冲转条件检查程序；投入汽轮机冲转升速程序；投入发电机并网程序；投入升有功负荷时汽轮机设备的操作程序等。每项大的操作中又包含数十项小的操作程序段。各程序段投入运行是在管理程序支配下进行的。运行人员可以通过显示装置观察设备各部分的状态、工质、参数，亦可通过控制直接干预计算机工作，进行修改操作等。

（3）计算机在事故报警分析和处理中的应用。事故报警分析是计算机的开环控制，事故处理则是闭环控制。利用计算机快速运算和能进行逻辑判断的特点，可以实现机组运行趋势预报。即通过计算机来监视某些参数的变化趋势，当发现某些参数的升降速度太快，超过允许值时，便立即报警，使运行人员及早发现，采取措施，以免发生事故。

机组不同，报警分析项目有些区别。应考虑急需的和可以分析的故障，例如我国 300MW 以上机组，事故报警项目包括锅炉汽温报警分析、锅炉汽水分离器水位报警分析、锅炉断水报警分析、汽轮机进水进冷蒸汽报警分析、汽轮机凝汽器真空下降报警分析、汽轮发电机组振动报警分析、汽轮机轴承温度报警分析、发电机静子绕组温度报警分析、辅机轴承温度报警分析、汽动给水泵汽轮机的凝汽器真空下降报警分析等。

报警分析的方法常用查表法，即将各种故障或异常状态编成"报警信息表（模型）"，事先存于计算机中，当量测参数处理后获得的实际报警情况与报警信息表所列的标准符合时，计算机可通过程序确定故障原因，通知运行人员处理。

事故处理是计算机应用的一种高级形式。为了进行事故处理，必须在总结运行经验和科学分析的基础上仔细制定事故处理方案，事先置于计算机中，一旦发生事故，计算机即按预定的处理方案进行处理。事故处理的软件应包括事故识别程序和事故处理程序。事故处理程序应具有模块式结构，以便于程序的组合分解。

2. 水电厂的计算机监控 计算机在水电厂的应用和在火电厂的应用基本方面是相同的，但要考虑水电厂的特殊要求。

（1）水电厂生产过程的特点和对计算机监控的要求。水电厂生产过程的一些特点对水电厂运行方式和监控的任务与要求有很大影响。这些特点是：① 水电厂发电计划决定于水库调度计划。水电厂能源全部储存在水库中，它由长期水文情况、短期降雨过程和上下游水力设施用水情况所决定。具有季或年调节水库的水电厂要按照中、长期水库调度计划决定发电方式；具有日或周调节水库的水电厂，则根据水电厂来水情况，确定水电厂的日发电计划；对于梯级水电厂，则完全由给定的下游日用水量计划决定电厂的日总发电量。② 水电厂电气系统监控功能复杂、要求高。由于水轮发电机组起停快，通常一两分钟即可完成起动和带负荷的操作，因此水力发电厂，特别是具有较大调节水库的水电厂和抽水蓄能电厂，通常承担系统调峰、调频等任务，又是电力系统重要的备用电源。对于远离负荷中心的水电厂，还有稳定性控制和无功控制的问题，这些使水电厂电气运行管理十分复杂。③ 综合利用的要求使运行方式的确定更为复杂。大多数水电厂除发电以外，还承担防洪、灌溉、航运、供水以及养殖等任务，而这些任务对水电厂提出的要求通常是不一样的，有时甚至是矛盾的。例如，防洪要求在预计的洪水到来之前放水，使水库保持较低的水位，以便拦蓄洪水，而发电则要求保持高的水库水位，以获得高的发电效率。此外，航运要求水位变化缓慢，变化范围要在规定限值内，以保证安全。这些使水库调度和水电厂运行方式确定成为相当复杂的问题。

由于水电厂生产过程的上述特点，使得水电厂的计算机监控不仅要实现机组一级的自动化，还要实现电厂一级的自动化；不仅要对电气系统进行自动监控，还要考虑水力系统对运行方式的制约，实现能与水库优化调度计划相协调的优化控制；不仅要考虑本水电厂的要求，还要考虑上、下游水电厂甚至跨流域水电厂运行方式对本厂的影响。对于水电厂这种综合自动化要求，人工操作是无法实现的，必须借助计算机来实现。运用计算机，可以增大信息吞吐量，迅速采集、识别和处理正常及事故信息，提高水电厂安全运行水平；提高电能质量和综合管理水平，提高水电厂设备的可利用率；提高水电厂长、中、短期经济运行水平。

（2）大型水电厂计算机监控系统实例。

1）系统组成。MW 水电厂 SSJ—3000 计算机监控系统采用全分布开放式系统结构，系统由光纤以太网络上分布的各节点计算机单元组成（见图 14.3－25）。各子系统为：①厂站级控制子系统。用以实现全厂历史数据的管理以及 AGC、AVC 功能。②人机接口子系统。完成对全厂机组、变压器、开关站等设备的实时运行监视和控制，事件报警（CRT 报警、语音报警和自动拨号电话报警）。③通信子系统。实现与调度、MIS（包含 ON－CALL）、自动无线寻呼等计算机系统的通信。④智能就地控制单元子系统。共有 8 套就地控制单元，完成机组、开关站和公用设备的数据采集、控制和调节。⑤100MB 交换式网络子系统。⑥时钟同步子系统。

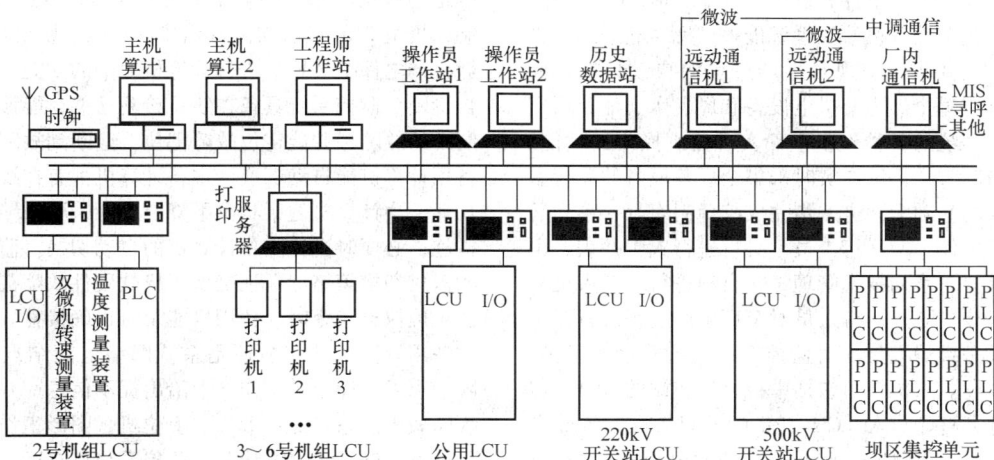

图 14.3－25　MW 水电厂计算机监控系统配置

2）系统结构。①主计算机。配置 2 台 Alpha Station600au 工作站，双机冗余配置，互为热备用。②操作员工作站。配置 2 台 Alpha Station600au 工作站，互为热备用。③工程师工作站。配置 1 台 Alpha Station600au 工作站。④历史数据站。配置 1 台 HPVE8PII/400 微机作为历史数据站，并配有 1 台 600MBHP 的可读写光驱。⑤通信处理机。配置 3 台 HPVE8PII/400 微机，其中 2 台作为远动通信处理机，另 1 台作为厂内通信处理机，并预留与其他计算机系统等的通信接口。⑥时钟同步系统。全厂配置 1 套 GPS（全球卫星定位时钟系统）；GPS 的串行口与打印服务器计算机相连，以完成对时；GPS 的同步信号接至各 LCU，完成全厂各 LCU 间的时钟同步以保证监控系统事件分辨率≤2ms 的技术指标。⑦就地控制单元（LCU）。全厂共设 8 套 LCU，其中有 5 套机组 LCU，2 套开关站 LCU 和 1 套公用设备 LCU。每套

LCU 由 LCU CPU 的 LCU I/O 两部分组成，每个 LCU 独立配置 2 台工控一体机组成双 LCU CPU。⑧网络系统。网络是拓扑结构为总线式的双光纤冗余 100MB 交换网络，上位机系统（包括主计算机、操作员工作站、历史数据站、通信处理机及打印装置）通过双绞线上网，LCU 的 CPU 通过光纤电缆上网，网络通信协议是工业标准 TCP/IP。⑨打印装置。配置 1 台 HPVE8PII/400 微机完成计算机监控系统的打印服务器功能。配置 1 台 A3 黑白激光打印机及 1 台 A4 彩色激光打印机。

该系统具有以下主要特点：①采用局域网的分布式开放系统结构。LCU 的 CPU、计算机、操作员工作站及工程师工作站等均使用 UNIX 操作系统；网络软件为 TCP/IP；工作站图形系统符合 X－Window 标准。上述各计算机都直接接入网络，具有高速通信和共享资源的能力。②网络上的每一设备都具有自己特

定的功能。实现了功能分布，当某一设备发生故障时，只影响局部功能，有利于今后功能的扩充。③主计算机、操作员工作站、工程师工作站均采用 Alpha Station600au 工作站。LCU 的 CPU 采用符合工业标准的液晶显示一体化机，适应强工频磁场的干扰。④系统采用了冗余化的设计和开放式系统结构，使系统可靠实用、便于扩充。

3）系统功能。①数据采集和处理。系统承担全厂生产过程运行参数的采集和处理。全厂主要设备状态的监视和事件顺序记录以及相关量事故追忆记录。②全厂安全监视和实时报警。系统对全厂各主要设备的状态、继电保护动作状态以及各种事件和故障信号等开关量进行监视。通过定时巡查和中断响应两种方式记录状态的变化顺序和事件发生的时间，并按规定产生报警和报告。事件分辨率不大于 2ms。③生产过程控制。整个计算机监控系统能按"无人值班"（少人值守）的要求，实现对生产过程的自动控制。监控系统具有对全厂主要机电设备和风、水、油及厂用电等辅助系统的各种设备全面实现控制操作的功能。④统计与制表。系统在实时采集全厂各设备的运行参数和工况的基础上，进一步完成统计制表等一系列运行管理的工作，使运行人员不必再进行人工抄表，也可使统计等一系列技术管理工作自动进行。⑤人机接口。人机接口既是运行人员对全厂生产过程进行安全监控，又是维护人员面对监控系统进行管理和维护、开发的手段。人机接口包括中控室工作站的 CRT、键盘、鼠标、打印机和 LCU CPU 的 CRT、键盘。⑥自动发电控制（AGC）。水电厂自动发电控制（AGC）是指按规定条件和要求，以迅速、经济的方式自动控制水电厂有功功率来满足系统需求的技术。在保证电厂安全运行的前提下，以经济运行为原则，根据不同

的运行方式和运行工况，对全厂的机组作出实时的控制决策，确定电厂机组运行台数、运行机组的组合和机组间的负荷分配，以自动维持系统频率或全厂有功功率为当时的设定值。⑦自动电压控制（AVC）。自动电压控制（AVC）是在满足电站及机组的各种安全约束条件下，根据不同的运行方式和运行工况，对全厂的机组作出实时的控制决策，以自动维持母线电压或全厂无功功率为当时的设定值，并合理分配厂内各机组的无功功率。⑧通信功能。监控系统具有与省级调度、MIS 系统、ON－CALL 系统、闸门 PLC 等系统的通信功能。与上级调度的通信满足"四遥"要求，且双通道同时工作，任一通道的故障不影响正常通信。监控系统能和自动无线寻呼系统通信，将有关故障信息按不同类别通知到有关人员。机组 LCU 对机组的有功、无功的调节采用接点脉冲方式进行控制，机组 LCU 具有与微机调速器、微机励磁调节器、微机继电保护装置等进行计算机通信的功能。⑨在线自诊断。监控系统具备在线自诊断功能，能诊断出系统中的故障，并能定位故障部位，诊断到故障时，主备用计算机能自动切换。主备计算机都有在线自诊断功能，当计算机健康状况下降时，能采取报警等相应措施，必要时进行主备计算机的自动切换。监控系统的双机切换策略能保证确认主机软硬件故障甚至在无法正确执行指令时，备用机能及时正确接替。无论是主备用计算机的切换还是系统网络上的结点发生故障，都可在操作员工作站上给出提示信息，并记入自诊断表中。系统能对 LCU、上位机、图形工作站等进行远方诊断。⑩远方诊断。监控系统具有远方在线诊断的功能。可在远方通过电话拨号方式连通远方计算机与电厂的监控系统，进行在线诊断。

参 考 文 献

[1] 电气工程师手册第二版编辑委员会. 电气工程师手册. 第 2 版，第 14 篇. 北京：机械工业出版社，2000.

[2] 中国电力百科全书编辑委员会. 中国电力百科全书：火力发电卷. 第 2 版. 北京：中国电力出版社，2001.

[3] 机械工程手册电机工程手册编辑委员会. 电机工程手册. 第 2 版，第 5 卷，第 3 篇. 北京：机械工业出版社，1996.

[4] DL／T 5000—2000. 火力发电厂设计技术规程. 北京：中国电力出版社，2000.

[5] 加纳氯西著. 应用传热学. 罗棣安，等译. 北京：机械工业出版社，1987.

[6] GB 2589—1981 综合能耗计算通则. 北京：技术标准出版社，1981.

[7] IEC451-1 汽轮机第 1 部分：规范. 1991.

[8] 煤炭科学院，北京煤化学研究所. 煤炭化验手册. 北京：煤炭工业出版社，1981.

[9] J．G．辛格著. 锅炉与燃烧. 严金绥，等译. 北京：机械工业出版社. 1989.

[10] 钟史明. 引进天然气优化发电能源结构. 北京：中国电力出版社，1998.

[11] 火力发电厂制粉系统设计计算技术规定. 北京：中国电力出版社，1999.

[12] 贾鸿祥. 制粉系统设计与运行. 北京：水利电力出版社，1995.

[13] 何佩鏊，等. 煤粉燃烧器设计及运行. 北京：机械工业出版社，1987.

[14] 西安热工研究所. 热工技术手册. 第 3 卷. 北京：水利电力出版社，1991.

[15] 中国电力百科全书编辑委员会中国电力百科全书（第二版）：水力发电卷. 北京：中国电力出版社，2001.

[16] 李朝阳. 发电厂概论. 北京：高等教育出版社，水利电力出版社，1991.

[17] 熊信银. 发电厂电气部分（第三版）. 北京：中国电力出版社，2005.

[18] 陆佑楣，潘家铮. 抽水蓄能电站. 北京：水利电力出版社，1991.

[19] 梅祖彦. 抽水蓄能技术. 北京：清华大学出版社，1988.

[20] 李忠建. 水轮机调速器现代调节技术及选型. 2005，31（7）.

[21] 吴明波，谢宏. 漫湾发电厂计算机监控系统技术改造. 2003，29（4）.

[22] 丁劲松，李敏. 现场总线与电厂全集成. 电力自动化设备. 2004，24（10）.

第15篇

核 能 发 电

主　编　周　羽（清华大学）

执　笔　奚树人　周志伟　薄涵亮

　　　　冯志一　李　铎　黄晓津

　　　　石铭德　张良驹　曲静原

主　审　奚树人　孙玉良

第1章 核能发电概述

1.1 核电发展概况

核能是一种新型能源。从 20 世纪 50 年代第一座核电厂建成以来，核电技术得到巨大发展。许多国家先后建造了核电厂，据统计，截止到 2006 年 5 月底，世界上 31 个国家和地区共有 441 座核电厂在运行，装机容量约为 3.69 亿 kW，2005 年的发电量约占该年世界发电量的 16%。正在建造中的核电厂约有 27 座，装机容量约为 2105 万 kW。

从已运行的核电厂装机容量来看，美国居首位，

表 15.1 - 1   世界核电一览表

国　家	2005 年核发电量		运行核电机组（截至 2006 年 5 月）		在建核电机组（截至 2006 年 5 月）		规划核电机组（截至 2006 年 5 月）	
	发电量/（亿 kW·h）	占总发电量份额（%）	机组数目/座	总装机容量/万 kW	机组数目/座	总装机容量/万 kW	机组数目/座	总装机容量/万 kW
美国	7805	19	103	9805.4	1	106.5	—	—
法国	4309	79	59	6347.3	—	—	1	163.0
日本	2807	29	55	4770.0	1	86.6	12	1478.2
俄罗斯	1373	16	31	2174.3	4	360.0	1	92.5
德国	1546	31	17	2030.3	—	—	—	—
韩国	1393	45	20	1684.0	—	—	8	920.0
乌克兰	833	49	15	1316.8	—	—	2	190.0
加拿大	868	15	18	1259.5	—	—	2	154.0
英国	752	20	23	1185.2	—	—	—	—
中国大陆	503	2.0	10	758.7	5	417.0	5	460.0
中国台湾	384	20	6	488.4	2	260.0	—	—
瑞典	695	45	10	893.8	—	—	—	—
西班牙	547	20	8	744.2	—	—	—	—
比利时	453	56	7	572.8	—	—	—	—
捷克	233	31	6	347.2	—	—	—	—
瑞士	221	32	5	322.0	—	—	—	—
印度	157	2.8	15	299.3	8	363.8	—	—
保加利亚	173	44	4	272.2	—	—	2	190.0
芬兰	223	33	4	267.6	1	160.0	—	—
斯洛伐克	163	56	6	247.2	—	—	—	—
巴西	99	2.5	2	190.1	—	—	1	124.5
南非	122	5.5	2	184.2	—	—	1	16.5
匈牙利	130	37	4	175.5	—	—	—	—
墨西哥	108	5.0	2	131.0	—	—	—	—
立陶宛	103	70	1	118.5	—	—	—	—
其他国家	253		8	351.9	5	351.2	3	285.0
总计	26260	16	441	36937.4	27	2105.1	38	4073.7

注：此表数据来源于世界核电运营者协会 WANO 网站（www.world-nuclear.org）2006 年 6 月的统计。

约占全世界的四分之一，其次是法国、日本、德国和俄罗斯。

我国大陆自 20 世纪 70 年代中期开始建造核电厂，现已建成的核电装机容量为 758.7 万 kW，包括秦山一期 30 万 kW 压水堆核电机组，秦山二期两台 60 万 kW 压水堆核电机组，广东大亚湾两台 90 万 kW 压水堆核电机组，秦山三期两台 70 万 kW 重水堆核电机组，广东岭澳两台 90 万 kW 压水堆机组以及江苏田湾在 2006 年 5 月并网发电的一台 100 万 kW 压水堆核电机组。在江苏田湾建造的另一台 100 万 kW 压水堆核电机组也将于近期投入运行。

根据国家和地方省级核电规划，在 2010～2020 年间，山东省海阳、广东省阳江、浙江省三门、辽宁省红沿河以及福建省宁德等地均计划建造百万千瓦级核电厂。国家计划到 2020 年核电装机容量将达 4000 万 kW，占全部发电装机容量的 4%左右。

快堆的发展在铀资源利用上和我国能源战略上有着特殊的地位，以商用为目标的原型快堆电厂将争取在 2020 年左右建成。我国还计划建造蒸汽透平循环高温气冷堆示范电厂，同时开展氦气透平发电技术和高温气冷堆工艺热应用技术的研究。

1.2　核能发电的基本特点

到目前为止，全球核电厂已经累计运行了 12000 多堆年，良好的运行历史和高可用率表明，用核动力堆发电的核能是一种安全、清洁、经济的能源。

1.2.1　安全性

安全性在核能发电的诸多要素中摆在首位。核电厂的安全性主要是指如何有效控制反应堆产生的放射性物质对人类生活环境造成的不利影响。核反应堆运行时会产生放射性物质。这些物质若大量释放到外部环境中，会对周围居民的健康和活动带来不利影响。因此，与常规电厂不同的是，核电厂的安全是以辐射安全为主，防止放射性物质对人们造成过量的照射。

为此，在核电厂设计、制造、建造、运行和监督管理中，实施纵深防御的战略原则，提供了多层保护，在放射源与环境之间设置了多道屏障，对核电厂采取保守的设计、精心制造、建造和运行。各国在对核电厂管理上从设计、制造、运行乃至退役的全过程有着完善和严格的核安全法规体制，有一套以安全许可证制度为核心的安全审核和监管制度。这些安全措施能有效地保障核电厂的安全，使核电厂达到为其制定的总安全目标，即"在核动力厂中建立并保持对放射性危害的有效防御，以保护人员、社会和环境免受危害"。在所有运行状态下，能保证核电厂周围居民和厂内工作人员所受放射性辐照低于规定限值，保证有严重放射性后果的事故发生的概率极低。

1.2.2　清洁性

核能的清洁性主要表现在核电不向环境排放硫氧化物、氮氧化物和温室气体。与燃煤电厂相比，不产生二氧化碳、二氧化硫、氮氧化物，以及大量的灰尘、固体颗粒等。以 2003 年为例，若以全世界核发电量替代的燃煤发电量来计算，仅二氧化硫排放一项就相应减少了 20 多亿 t 的排放量。因此，大规模发展核电，对于保护生态环境，减少温室气体的排放，促进社会的可持续发展，将起到重要的作用。

1.2.3　经济性

发电成本是衡量核电厂最重要的经济指标。它主要由投资、燃料和运行维修成本三部分组成。通常，核电厂的建造投资费用比常规火电要高。但是，核电的燃料成本却低于各种火电厂，核电厂的运行费用相对较低，核电厂的发电成本在多数国家中已能够与火电厂的发电成本相竞争。随着负荷因子的提高和核电厂实际运行寿命的延长，核电成本将会进一步降低。

1.3　核电厂概述

1.3.1　核电厂的工作原理

将原子核裂变释放的核能转换成热能，再转变为电能的设施，通常称为核电厂。核电厂与火电厂的主要差别之一在于核电厂用反应堆代替了火电厂的锅炉。

下面以压水反应堆为例，说明核电厂发电的基本原理。压水反应堆是用高温高压水作为慢化剂和冷却剂的反应堆。冷却剂入口温度一般在 290℃左右，出口水温在 330℃左右，堆内压力在 15.5MPa 左右，我国大亚湾核电厂就是一座压水堆核电厂。

压水堆核电厂主要由一回路系统、二回路系统及其电厂配套设施组成，如图 15.1-1 所示。

一回路系统由核反应堆、主冷却剂泵、稳压器、蒸汽发生器和相应的管道阀门及其辅助设备所组成。一回路又称为核蒸汽供应系统。一回路系统及其辅助系统、安全设施及厂房等统称为核岛。高温高压的冷却水在主冷却泵驱动下，流进反应堆芯，冷却水温度升高，将堆芯的热量带至蒸汽发生器。通过蒸汽发生器再把热量传递给在管外流动的二回路给水，使其加热变成高压蒸汽，放热后的一次侧冷却水又重新流回堆芯，构成一个密闭的循环回路。回路中的压力由稳压器进行控制。现代大型压水堆核电厂的一回路系统一般有 2~4 条并联的环路。每条环路由一台冷却剂泵、一台蒸汽发生器和管道等组成。为了确保系统安全，将整个一回路系统的主要设备集中安装在立式圆柱状或球形安全壳内。

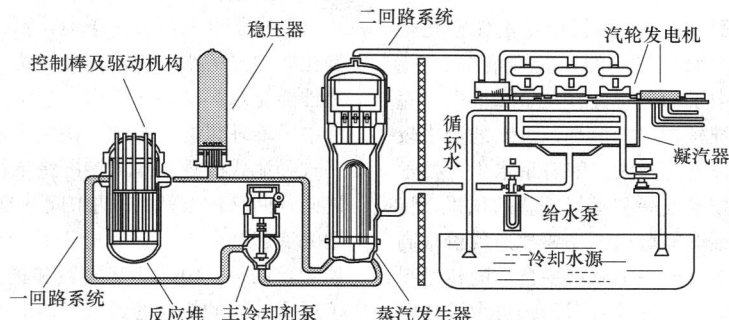

图 15.1-1　压水堆核电厂简要流程图

二回路系统是将蒸汽的热能转化为电能的装置。它由蒸汽发生器二次侧、汽轮发电机、凝汽器和给水泵等组成。二回路又称电力生产系统。二回路中蒸汽发生器的给水吸收一回路传来的热量变成高压蒸汽，然后推动汽轮机，带动发电机发电。做功后的乏汽在凝汽器内冷却而凝结成水，再由给水泵送至加热器，加热后重新返回蒸汽发生器，构成二回路的密闭循环。除蒸汽发生器外，二回路系统的主要设备均安装在汽轮发电机组厂房内。汽轮发电机组及其辅助系统和它们所在厂房统称为常规岛。

1.3.2　核电厂厂房

核电厂厂房主要由反应堆厂房（又称安全壳厂房）、一回路辅助厂房、核燃料厂房、汽轮发电机厂房、主控制室、输配电厂房、循环水厂房及三废处理厂房等组成。

反应堆安全壳厂房是圆柱状或球形预应力混凝土大型建筑物。为了便于安全壳内大型设备的安装和检修，在安全壳厂房大厅内设置大尺寸的设备闸门和一个连接辅助厂房的人员闸门。大厅顶部设置大吨位的环形起重机。

为了保证反应堆一回路系统正常运行和事故工况下核电厂的安全，在核电厂辅助厂房内设置化学和容积控制系统、停堆冷却系统、安全注入系统等若干辅助系统。

汽轮发电机厂房的布置与火电厂汽轮机厂房相似。厂房内设置有汽轮发电机组、凝汽器、凝结水泵、给水泵、给水加热器、除氧器、汽水分离再热器及二回路系统有关的辅助系统。

电气及控制厂房包括中央控制室、厂用配电及各种自动控制设备等。

核电厂除了上述厂房外，还设置有放射性三废处理系统及其厂房，核电厂中所有通过反应堆及一回路系统排出和产生的气体、液体和固体废物都需经过三废处理系统的处理，满足国家规定的允许排放标准后才可通过排放系统排放或回收使用。

1.4　核反应堆类型

1.4.1　核电厂中主要的反应堆类型

目前，在以发电为目的的核能应用领域内，世界上比较普遍采用或具有良好发展前景的反应堆类型有下列五种，即压水堆（PWR）、沸水堆（BWR）、重水堆（PHWR）、高温气冷堆（HTGR）和快中子堆（FBR）。由于核反应堆的类型不同，其核电厂的系统、设备也有所差异。

1. 压水堆核电厂　压水堆是目前世界各国核电厂中采用的主要堆型。压水堆最显著的特点是结构紧凑，堆芯功率密度大。压水堆核电厂的基建费用低，建设周期短，经济性好。主要缺点是：① 须采用耐高压的压力容器；② 无法采用天然铀，而须采用一定富集度的核燃料。

2. 沸水堆核电厂　沸水堆是以沸腾水为中子慢化剂和冷却剂并在反应堆压力容器内直接产生饱和蒸汽的动力堆。沸水堆和压水堆一样，采用相同燃料、慢化剂和冷却剂。目前世界上已运行的沸水堆有 92 座，总电功率为 82431.1 万 kW，占全世界核电厂总容量的 23%。

沸水堆核电厂与压水堆核电厂最大的差别是，核反应堆内产生的蒸汽被直接引入汽轮机，推动汽轮发电机组发电。沸水堆核电厂不需要昂贵的蒸汽发生器和稳压器，减少了回路设备，进一步提高了安全性。

堆芯工作压力由压水堆的 15MPa 左右下降到 7MPa 左右。与压水堆核电厂相比，沸水堆核电厂的主要缺点是：① 辐射防护和废物处理较复杂；② 功率密度比压水堆小。

3. 重水堆核电厂　重水堆是指用重水作慢化剂的反应堆，是核电厂中发展较早的反应堆堆型之一。由于重水具有良好的中子物理特性，在重水堆中可直接利用天然铀作反应堆核燃料。但是，重水的价格较贵，重水费用占基建投资比重大。随着重水生产技术的改进，以及重水堆技术发展和运行经验的积累，特别是考虑到利用天然铀燃料可以不需要建造代价很高的铀富集工厂，这对于发展中国家利用自己的核燃料资源更为有利。目前国际上已投入运行的重水堆核电厂共 30 余座，总电功率为 2335.4 万 kW，约占全世界核电厂总容量的 6.5%。

重水堆按其结构形式可以分为压力管式和压力壳式两类。我国秦山三期两台机组是电功率为 72.8 万 kW 的重水堆核电厂，采用的是由加拿大设计建造的压力管卧式重水堆。在压力管式重水堆中，用压力管把重水慢化剂和冷却剂分开。压力管内冷却燃料组件的高压重水，压力为 10MPa，温度为 300℃。卧式堆芯结构的重水堆更便于设备的布置和换料维修。

4. 高温气冷堆核电厂　高温气冷堆采用化学惰性和热工性能好的氦气作为冷却剂，以全陶瓷型包覆颗粒为燃料元件，用耐高温的石墨作为慢化剂和堆芯结构材料，堆芯出口氦气温度可达到 950℃ 甚至更高。

20 世纪 70~80 年代美国和德国分别建造了电功率为 330MW 的圣·符伦堡高温气冷堆电厂和电功率为 300MW 的 THTR-300 钍高温气冷堆电厂，同时开展了高温气冷堆氦气透平循环发电和高温核工艺热应用技术的研究发展计划。在圣·符伦堡示范高温气冷堆核电厂中，采用预应力混凝土反应堆壳，包含整个一回路系统，由包覆颗粒燃料形成六角型石墨块燃料元件，采用一次通过蒸汽发生器，产生 538℃ 的过热蒸汽。在德国 1985 年建成的 THTR-300 钍高温气冷堆电厂中，采用了球型燃料元件。THTR-300 的成功运行证明了球床式高温气冷反应堆的安全特性和良好的可控制特性，以及一回路系统热工水力学特性和燃料元件对裂变产物的滞留能力。

高温气冷堆是国际上公认的安全性好、发电效率高、用途广的先进核反应堆堆型。模块式高温气冷堆在中小型核电厂、干旱地区核电厂、核能煤汽化和液化，以及制氢等方面具有良好的应用前景。

5. 快中子增殖堆核电厂　快中子增殖堆核电厂是由快中子引起链式裂变反应并将释放出来的热能转换成电能的核电厂。由于快中子反应堆在运行时，在消耗易裂变核燃料的同时能产生多于消耗的易裂变核燃料，实现易裂变核燃料的再生增殖，故称为快中子增殖堆核电厂。

快中子堆内没有中子慢化剂，冷却介质也不能用慢化能力强的水或重水。金属钠熔点低，沸点高，传热性能比水高 40~50 倍，且不会使快中子慢化，是快中子堆理想的冷却剂。快中子堆在结构形式上有回路式和池式两种。池式钠冷快堆核电厂的反应堆堆芯连同一回路钠泵和钠-钠中间热交换器浸泡在一个大型的液态钠池中，该反应堆系统由堆芯、堆内构件、顶盖、钠泵、中间热交换器和钠池容器等部件组成。核反应释放的热量通过流经堆芯的液态金属钠带出堆外。由于快堆钠温度高，可以产生过热蒸汽，汽轮机可采用常规火电厂的过热蒸汽参数，蒸汽压力为 14.2MPa，蒸汽温度可达 500℃。

快中子堆起始于 20 世纪 50 年代，初期建造了一些原型快堆，如法国的"凤凰"快堆电功率 25 万 kW，前苏联的 BN-350 和美国 CRBR-350。80 年代后建造了商业性快中子堆核电厂，如俄罗斯的 BN-600，法意德合作的电功率为 120 万 kW 的超凤凰快堆核电厂。

1.4.2　新一代核电厂的反应堆类型

作为新的第三代核能系统❶，即先进轻水堆（ALWR），其研究开发工作是由美国能源部在 20 世纪 80 年代初率先发起的。历经 20 年，目前 ABWR，System 80+，AP600，AP1000，EPR 已经基本开发成功，陆续投放市场。

EPR 核电厂利用了现有核电厂上取得的丰富经验，用增加冗余办法提高可靠性，大大降低了堆芯熔化频率，对严重事故后果提出了采取堆芯捕集器的缓解措施。AP1000 则在设计理念上有很大变化，尽可能利用非能动系统。第三代核能系统能够做到：严重堆芯损坏事件的频率低于 10^{-5}/堆年，需要场外早期响应的大量放射性释放事件的频率低于

---

❶　第一代核能系统是指从 20 世纪 50 年代末至 60 年代初世界上建造的第一批原型核电厂。第二代核能系统是指从 20 世纪 60 年代至 70 年代世界上建造的单机容量在 600~1400MW 的标准型核电厂，是现在世界上运行的 400 多座核电厂的主体。第三代核能系统是指从 20 世纪 80 年代开始研发，旨在 20 世纪后期投入市场的先进轻水堆核电厂。第四代先进核能系统是由美国核学会和美国能源部 1999 年正式提出的，其目标是在 2020 年左右提供更好地解决核能的经济性、安全性、废物处理和防止核扩散问题的核能系统。

10^{-6}/堆年。

考虑到 21 世纪核能面临的挑战，美国能源部认为有必要开展下一代核能系统即第四代核能系统的研究工作。下一代核能系统必须具有更强劲的经济竞争力，同时要在安全性、减少废物排放和防止核扩散等方面取得新进展。根据这些要求，在 2002 年 9 月召开的第四代反应堆国际论坛会上，确定了下列堆型作为第四代核能系统的候选堆型：超临界水冷堆、超高温气冷堆、气冷快中子堆、铅冷快中子堆、钠冷快中子堆和熔盐增殖堆。

1. 超临界水冷堆系统（SCWR）　超临界水冷堆系统是采用高温、高压水冷却的反应堆。反应堆运行在水的热力学临界点（374℃，22.1MPa）以上。超临界水冷却剂能使热效率比现在的轻水堆高出约 1/3。冷却剂在反应堆中不发生相变，直接与能量转换设备相连接，由超临界水直接推动汽轮机叶片做功，从而简化了电厂配套设施。参考系统的功率为 170 万 kW，运行压力为 25MPa。反应堆的出口温度为 510℃，燃料是铀氧化物。采用类似沸水堆中的非能动安全设施。

2. 超高温气冷堆系统（VHTR）　超高温气冷堆系统是石墨慢化、氦气冷却的反应堆，采用一次通过的铀燃料循环。反应堆产生热量，可使堆芯出口氦气温度达 1000℃，为石油化工或其他行业提供工艺热，实现热化学方法裂解水制氢（如采用热化学碘-硫工艺），加入发电设备后可以满足热电联供的需求。参考反应堆采用热功率为 60 万 kW 的堆芯，与中间热交换器相连接，传递工艺热。

反应堆堆芯燃料元件可以是棱柱块状或球状。该系统保留了模块式高温气冷堆所固有的安全特点。

3. 气冷快堆系统（GFR）　气冷快堆系统是用氦气冷却的快中子反应堆，采用闭式燃料循环。氦气冷却剂出口温度高，可用于发电、生产氢或提供高效率工艺热。参考反应堆是电功率为 28.8 万 kW 的氦

气冷却系统，出口温度为 850℃，采用直接循环的氦气透平可获得高的热效率。

反应堆堆芯采用锕系元素混合物颗粒燃料，制成棱柱块或板状燃料组件。通过合适的燃料循环，可以使长寿命的放射性废物的产生量降到最低。

1.4.3　聚变堆核电厂

热核反应的实现及巨大聚变能的释放，自然地促使人们去研究如何使聚变能持续地释放，从而成为人类可利用的能源。据不完全统计，目前大约有 21 个国家（包括中国）共建造了 200 余个核聚变实验装置，同时设计研究了各种受控热核反应堆发电装置。

热核反应堆是利用氢的同位素氘和氚的原子核实现核聚变的核反应堆。用受控核聚变的的能量来发电，具有能量释放大，资源丰富，成本低，安全可靠等优点。

1. 聚变反应堆　受控热核聚变反应装置主要有磁约束聚变反应装置和惯性约束聚变装置两种。

磁约束聚变发电装置中规模最大的是大型托卡马克装置。它将燃料氘和氚通过注入器送入托卡马克装置中，在等离子体内发生聚变热核反应。热核反应释放能量通过冷却回路带出反应堆，送往汽轮机组做功发电。

惯性约束核聚变技术的发展为实现受控热核反应开拓了新的途径。惯性约束核聚变的原理，是先把氘、氚热核燃料制作成比菜籽还小的靶丸，通过直接或间接照射靶丸，使其迅速汽化和向心爆炸达到超高温、高压，从而实现受控热核聚变反应。

2. 聚变-裂变混合堆　在聚变-裂变混合堆中，利用聚变反应堆产生的中子在处于次临界的装有可裂变物质的包层中使核燃料裂变或使长寿命放射性核废物嬗变，并获取核裂变能。在这种装置中，聚变与裂变共存于一个反应堆。

聚变-裂变混合堆是从核裂变电厂向核聚变电厂发展过程中理想的过渡型核能电站。

第2章 核能发电的理论基础

2.1 反应堆物理

2.1.1 反应堆物理基础

人类获取核能的技术手段是通过重核裂变和轻核聚变。目前的商用核电厂都是用重核裂变反应堆获取核能的，与反应堆链式核反应相关的物理基础知识是反应堆物理学的内容。

1. 原子核的结构 原子由带正电荷的原子核和绕原子核旋转的带负电荷的电子构成。原子核又由带正电荷的质子和不带电的中子组成，质子的电荷与电子的电荷量值相等而符号相反，原子作为一个整体是不带电的。

2. 原子核的质量与结合能 原子质量的绝大部分都集中在原子核上，通常采用原子质量单位 u 为度量单位。$1u = {}^{12}C$ 原子质量$/12$，现在被定义为法定计量单位。原子质量单位 u 与常用质量单位 kg 间的转换关系为：$1u = 1.6605387 \times 10^{-27} kg$。质量为 m 的物体相应的能量 E 可以表示为

$$E = mc^2 = m_0 c^2 / \sqrt{1 - (v/c)^2}$$
$$(15.2 - 1)$$

式中，c 是真空中的光速；v 是物体运动的速率；m_0 是该粒子的静止质量。该式称为质能联系定律。原子核的质量总是小于组成它的核子的质量和。原子核的核子质量和与该原子核质量之差称为该原子核的质量亏损，即

$$\Delta M(Z, A) = ZM({}^1H) + (A - Z)m_n - M(Z, A)$$
$$(15.2 - 2)$$

轻核聚变和重核裂变都有正质量亏损，释放的能量是原子核的结合能

$$\Delta E = \Delta Mc^2 \qquad (15.2 - 3)$$

在原子核物理中常用电子伏特 eV 作为能量的单位，$1eV = 1.60217646 \times 10^{-19} J$。

3. 中子与物质的相互作用 中子整体电中性，具有强的穿透能力，与物质中原子核外电子相互作用很小；中子与原子核的作用，根据中子的能量，可以产生弹性散射、非弹性散射、辐射俘获和裂变等。

4. 核反应和核反应能 引起原子核发生变化的过程称为核反应。用粒子 a 轰击靶核 A，并使靶核 A 变成产物核 B 同时发射出粒子 b 的核反应可表示为

$$A + a \rightarrow B + b + \Delta E \qquad (15.2 - 4)$$

式中，ΔE 称为核反应能，可用（15.2 - 3）计算。核反应可简写为 $A(a, b)B$。

5. 重核裂变和轻核聚变 ${}^{235}U$、${}^{233}U$、${}^{239}Pu$ 等重核在能量很低的（~eV）热中子的轰击下，会发生核的裂变，生成两个裂变碎片并发射出 2~3 个中子。这些重核称为易裂变核，可用来作为热中子反应堆的燃料。${}^{238}U$ 等重核，在热中子轰击下不发生核裂变反应，但用高能中子（~MeV）轰击就会引起核裂变反应，这种重核称为可裂变材料。重核每次裂变反应产生的平均核反应能大约为 200MeV，1g ${}^{235}U$ 完全裂变所产生的能量约为 0.948MWd（兆瓦日）。

核聚变是两个轻核通过核融合，变为一个较重的核并发射其他粒子的过程。由氢的同位素氘和氚引起的核聚变为

$$D + T \rightarrow He + n + 17.58MeV \quad (15.2 - 5)$$

氘在海水中是取之不尽的，氚可通过 Li（n, α）T 核反应转换获得，而 Li 在地球上的地质储量是十分丰富的。由于受控核聚变技术尚未达到可商业发电开发的水平，现代商用核电技术不包括核聚变技术。

6. 放射性 原子核自发地放射各种射线的现象称为放射性。自然界存在的放射性核素称为天然放射性核素，通过人工方法生产的放射性核素称为人工放射性核素。在核电反应堆中会产生大量的放射性核素，如果没有足够的屏蔽或在事故下不能防止大量放射性产物泄漏到大气和环境中，那么放射性就会对核设施运行人员、公众和环境造成严重的危害和污染。放射性物质的核衰变遵守如下指数衰减规律

$$N(t) = N_0 e^{-\lambda t} \qquad (15.2 - 6)$$

式中，N_0 是在时间 $t = 0$ 时的放射性物质的原子数；λ 是衰变常量。单位时间内发生衰变的原子核数目称为放射性活度 $[A(t) = \lambda N_0 e^{-\lambda t} = A_0 e^{-\lambda t}]$。

放射性活度和放射性物质的原子核数具有同样的指数衰减规律。

7. 中子引起的核反应及核反应截面 为了建立分析中子引起的核反应过程的理论和进行实验测量，引入微观截面 σ 来表示一个入射粒子同单位面积靶上一个靶核发生反应的概率，单位为 cm^2，用 σ_s、$\sigma_{s'}$、σ_γ、σ_f 等分别表示弹性散射、非弹性散射、中子俘获和裂变等核反应的微观截面。微观截面 σ 与靶核物质单位体积内原子核数 N 的乘积称为宏观截面，如 Σ_s、Σ_a、Σ_t 分别为宏观散射、吸收和总截面，并有

$$\Sigma = N\sigma = \sum_{i=1}^{m} N_i \sigma_i \qquad (15.2-7)$$

两式分别对应单一核素靶核和多核素均匀混和的靶核。

8. **中子在靶介质中的平均自由程**　设强度为 I_0 的准直中子束，射入厚度为 D 的靶，在靶深度为 x 处，中子束强度变为 I，总微观截面为 σ_t，靶核密度为 N。中子在靶介质中穿过距离 x 不受碰撞，且在 x 至 $x+dx$ 范围发生碰撞的概率为 $P(x)\,dx = \Sigma_t e^{-\Sigma_t x}dx$，则中子在靶介质中的平均自由程为

$$\lambda_t = \int_0^\infty x P(x)\,dx = \frac{1}{\Sigma_t} = \frac{1}{N\sigma_t}$$

$$(15.2-8)$$

9. **中子慢化**　中子与靶介质碰撞会因损失动能而减速，这种将能量高的快中子变成能量低的慢中子的过程称为中子的慢化，对应的靶介质称为慢化剂。常选用散射截面大而且吸收截面小的轻元素作慢化剂，如氢、氘、铍和石墨等。

连续多次碰撞过程中，中子碰撞一次的平均对数能量损失称为平均对数能降，即

$$\begin{aligned}
\xi &= \ln E_1 - \ln E_2 \\
&= 1 + \frac{\alpha}{(1-\alpha)}\ln\alpha \\
&= 1 + \frac{(A-1)^2}{2A}\ln\left(\frac{A-1}{A+1}\right) \quad (15.2-9)
\end{aligned}$$

中子能量从初始能量 E_i 减少到热中子能量 E_f 的平均碰撞次数为

$$\overline{M} = \frac{1}{\xi}\ln(E_i/E_f) \qquad (15.2-10)$$

用 $^1\mathrm{H}$ 作慢化剂，中子能量从 2MeV 减少到 0.025eV，需要 $\overline{M}=18.2$ 次碰撞；$^{12}\mathrm{C}$，$\overline{M}=115$；$^{238}\mathrm{U}$，$\overline{M}=2172$。乘积 $\xi\Sigma_s$ 表示慢化剂的慢化能力，慢化比是慢化能力与吸收的比率，即 $\zeta = \xi\Sigma_s/\Sigma_a = \xi\sigma_s/\sigma_a$。以水和重水的比较为例，虽然轻水的慢化能力大，但由于水的吸收大，水的 $\zeta=71$，而重水的 $\zeta=2100$，表明重水慢化性能更好。

10. **中子的扩散**　中子的扩散就是热中子从密度大的地方不断向密度小的地方迁移的过程。在反应堆物理中，中子通量 ϕ（neutron flux，又称中子通量密度）和中子流 J 是经常使用的重要物理量。中子通量的一般定义为

$$\phi(\boldsymbol{r}, E, t) = vn(\boldsymbol{r}, E, t) \quad (15.2-11)$$

式中，$\boldsymbol{r}$ 为空间位置矢量；E 为中子的能量；v 为中子运动的速率；t 是时间。中子通量是一个标量，其量纲为 $\mathrm{m}^{-2}\mathrm{s}^{-1}$，表示单位时间从空间各个方向穿过在空间位置为 $\boldsymbol{r}$ 处的单位面积的中子总数。在扩散理论中，中子流 $\boldsymbol{J}$ 由斐克定律确定，即

$$\boldsymbol{J}(\boldsymbol{r}, E, t) = -D\nabla\phi(\boldsymbol{r}, E, t)$$

$$(15.2-12)$$

式中，比例系数 D 称为扩散系数，且 $D=\lambda_{tr}/3$；λ_{tr} 是中子输运平均自由程。根据中子输运理论 $\lambda_{tr} = \lambda_s/(1-\overline{\mu}_0)$，$\lambda_s$ 是散射平均自由程，$\overline{\mu}_0$ 是实验室系统内的平均散射角余弦，且 $\overline{\mu}_0 = 2/(3A)$。对重核，$\lambda_{tr}\approx\lambda_s$。

无外中子源的多群扩散方程可表示为

$$\begin{aligned}
\frac{\partial n_g}{\partial t} &- \nabla\cdot D_g\nabla\phi_g + (\Sigma_{t,g} - \Sigma_{g'\to g})\phi_g \\
&= \sum_{g'=1, g'\neq g}^{G} \Sigma_{g'\to g}\phi_{g'} + \chi_g\sum_{g'=1}^{G}(\nu\Sigma_f)_{g'}\phi_{g'} \\
\phi_g(\boldsymbol{r}, t) &= \int_{E_g}^{E_{g-1}}\phi(\boldsymbol{r}, E, t)\,dE \\
n_g(\boldsymbol{r}, t) &= \int_{E_g}^{E_{g-1}}v^{-1}(E)\phi(\boldsymbol{r}, E, t)\,dE \\
\chi_g &= \int_{E_g}^{E_{g-1}}\chi(E)\,dE\,(g=1, 2, \cdots, G)
\end{aligned}$$

$$(15.2-13)$$

式中，n_g、ϕ_g 分别为第 g 能群的中子密度和通量；χ_g 为裂变中子出现在第 g 能群内的概率，也称中子的裂变能谱；G 是能群的总数。

如果要考虑中子与物质相互作用在反应堆中的各向不同性特性，则应当采用更精确的中子输运方程。

11. **链式核裂变反应与裂变反应堆**　重核裂变除了产生裂变产物外，还产生次级中子，次级中子又会引起其他重核裂变。这种核裂变反应链称为链式反应，如图 15.2-1 所示。产生链式核裂变反应的装置是裂变反应堆。当重核裂变产生的中子与被吸收和从反应堆泄漏的中子之和相等，就会实现自持链式核裂变反应。例如，易裂变核 $^{235}\mathrm{U}$ 吸收一个中子发生裂变的核反应有

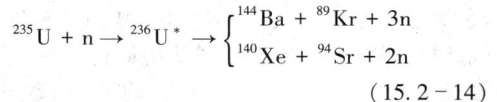

$$^{235}\mathrm{U} + \mathrm{n} \to\; ^{236}\mathrm{U}^* \to \begin{cases} ^{144}\mathrm{Ba} + {}^{89}\mathrm{Kr} + 3\mathrm{n} \\ ^{140}\mathrm{Xe} + {}^{94}\mathrm{Sr} + 2\mathrm{n} \end{cases}$$

$$(15.2-14)$$

进行可控制链式核反应的装置，可设计为热中子堆或快中子堆。目前全世界仍在运行的商用核电反应堆都是热中子堆，中国现有核电站采用的反应堆（压水堆、重水堆）也都是热中子堆。

12. **热中子堆自持链式裂变反应**　在无限大的介质中，中子的增殖因数用 k_∞ 表示

$$k_\infty = \frac{\text{单位时间生成中子数}}{\text{单位时间吸收的中子数}}$$

$k_\infty = 1$ 是无限大介质自持链式反应临界条件。对有限几何尺寸的反应堆，中子的有效增殖因数 k_{eff} 为

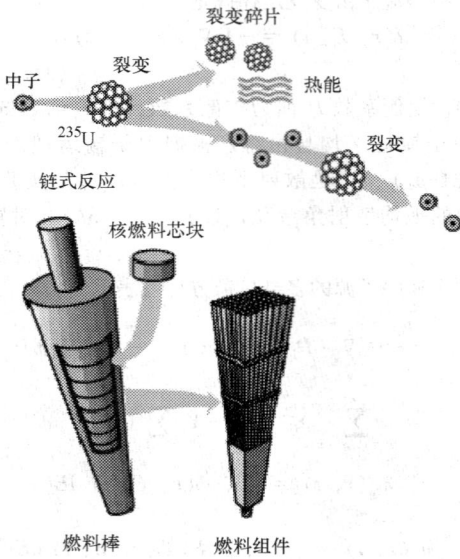

图 15.2-1 燃料组件中发生链式核裂变反应

$$k_{eff} = \frac{单位时间生成中子数}{单位时间(被吸收 + 泄漏)的中子数}$$

$k_{eff} = 1$，是有限尺寸反应堆的临界条件；$k_{eff} > 1$，称超临界；$k_{eff} < 1$，称次临界。

13. 热中子反应堆中子平衡分析的 4 因子公式
在无限大热中子反应堆中，一代中子在链式核裂变过程中将经历如下几步：① 热中子被吸收。② 热中子被核燃料吸收后引起核裂变发出裂变中子。③ 裂变发出的高能快中子被核燃料吸收后引起核裂变发出中子。④ 快中子在慢化成热中子的过程中逃脱核燃料的共振吸收。综合上述 4 个序列步中子的增减比例，无限大反应堆的中子增殖因数 k_∞ 可用如下 4 因子公式计算

$$k_\infty = f\eta \; \varepsilon p \qquad (15.2-15)$$

式中，对均匀介质的热中子利用因数 $f = \Sigma_{a,U}/(\Sigma_{a,U}+\Sigma_{a,M}+\Sigma_{a,C}+\Sigma_{a,S})$，下标 U、M、C、S 分别表示铀燃料、慢化剂、冷却剂和结构材料；一个热中子被核燃料吸收后发出的平均中子数 $\eta = \bar{\nu} \Sigma_{f,U}/\Sigma_{a,U} = \bar{\nu} \sigma_{f,U}/(\sigma_{f,U}+\sigma_{\gamma,U})$，$\bar{\nu}$ 是复合核发生裂变时平均放出的中子数，Σ_f 是裂变材料的宏观裂变截面，Σ_a 是宏观吸收截面，包括 ^{235}U、^{238}U、^{239}Pu 等所有重金属的吸收，且 $\Sigma_a = \Sigma_f + \Sigma_\gamma$，而 Σ_γ 是宏观俘获截面；快中子裂变因数 ε 是快中子和热中子引起的裂变产生的总中子数与热中子裂变产生的中子数之比，根据该定义，$\varepsilon > 1$。中子逃脱共振吸收的概率用 P 表示。计算逃脱共振的方法是根据共振吸收峰的形状和分布建立的，如布莱特-维格纳模型、窄共振无限质量近似等。

无论是快中子还是慢中子，总会有一部分中子泄漏出反应堆而损失掉。用 P_F 和 P_{th} 分别表示快中子和热中子不泄漏出有限尺寸反应堆的概率，一个引起裂变的热中子到产生下一代裂变的热中子的中子有效增殖因数为

$$k_{eff} = f\eta \; \varepsilon p P_F P_{th} \qquad (15.2-16)$$

铀燃料的成分和布置对反应堆的临界条件有很大的影响。

14. 反应堆动力学 描述一座反应堆空间平均的中子密度或通量变化，并考虑了 6 组先驱核的缓发中子的点堆中子动力学方程是

$$\frac{dn}{dt} = \frac{k_{eff}(1-\beta)-1}{l}n(t) + \sum_{i=1}^{6} \lambda_i C_i(t)$$

$$\frac{dC_i}{dt} = \beta_i \frac{k_{eff}}{l}n(t) - \lambda_i C_i(t)$$

$$k_{eff} = k_\infty /(1 + B^2 M^2);$$

$$l = l_\infty /(1 + B^2 M^2); \; l_\infty = 1/(\Sigma_a \nu)$$

$$(15.2-17)$$

式中，B^2 为反应堆的曲率；M^2 为中子在反应堆中的徙动面积；l 为中子的寿命；C_i 为第 i 组先驱核的浓度；λ_i 为第 i 组先驱核的衰变常量；β_i 为第 i 组缓发中子的份额，$\beta = \Sigma \beta_i$。

2.1.2 核电厂反应堆堆芯物理设计

1. 堆芯物理设计的任务 反应堆堆芯物理设计是核电厂设计的核心问题，主要任务是：① 合理选定堆芯燃料（包括燃料类型、燃料元件形状与尺寸、燃料组分或易裂变核材料的富集度等）、冷却剂、慢化剂及结构材料，并确定燃料栅元的布置。② 计算反应堆堆芯功率、中子通量分布、临界条件和反应堆的反应性。③ 计算反应堆堆芯材料成分、反应性和各种反应性系数随运行时间的变化，并确定反应性的控制方式。④ 制定堆芯燃料管理方案：确定换料周期和倒换料方案。

2. 堆芯物理设计原则 核电厂反应堆堆芯物理设计的原则：① 满足核安全法规规定的与核反应堆堆芯物理设计相关的核安全要求。② 满足经过国家核安全管理当局批准的核电厂反应堆核设计准则。

2.1.3 反应堆运行特性和反应性的运行控制

1. 反应堆反应性 常用符号 ρ 表示反应堆反应性，其定义为

$$\rho \equiv (k_{eff} - 1)/k_{eff} \qquad (15.2-18)$$

其值表示反应堆偏离临界的程度，反应堆处于临界，$\rho = 0$；反应堆超临界，$\rho > 0$；反应堆次临界，

$\rho < 0$。反应性的单位有 $\Delta k / k$ 和 "$\$$（元）" 两种。当反应性的值恰好等于 β 时，称为 1$\$$ 反应性。在反应堆运行中，还常用 pcm 作为单位，$1 pcm = 10^{-5}$。在反应堆物理中常用的与反应性有关的物理量是：

（1）剩余反应性。反应堆中没有任何控制毒物时的反应性称为剩余反应性，其大小与堆的运行时间和状态有关。控制毒物包括用于反应堆运行控制的控制棒、可燃毒物和化学补偿毒物等。冷态、无氙堆芯的剩余反应性称为后备反应性。

（2）控制毒物价值。某一控制毒物进入反应堆引起的反应性变化量称为控制毒物价值。

（3）停堆深度。全部控制毒物投入堆芯后，反应堆所达到的负反应性称为停堆深度，与反应堆的运行时间和状态有关。

（4）反应性随时间的变化。由于反应堆在运行过程中会不断消耗易裂变材料并积累裂变产物，反应堆的剩余反应性和有效增殖因数将随反应堆运行时间下降。

2. 反应性系数 反应性 ρ 随温度的相对变化 $\alpha_T = \mathrm{d}\rho / \mathrm{d}T$ 叫做反应性的温度系数，包括慢化剂的温度系数 α_m 和核燃料的温度系数 α_D。由反应堆的核发热，即功率引起的温度变化而产生的反应性变化称为反应堆功率系数，定义为功率每变化 1% 所引起的反应性变化量。它是 α_m 与 α_D 对核发热引起的温度分布的权重平均值，是一个可以实测的综合温度系数。反应性系数的量纲是 pcm / ℃。α_m 主要有两个影响因数：温度变化引起的慢化剂密度变化和其吸收性能的变化。对水堆，如果水与铀的原子核数比（或体积比）过大，就可能出现正温度系数。α_D 是由燃料的多普勒效应引起的，中子与燃料核相互作用时核的热运动使核对中子的共振吸收峰展宽，因此，α_D 总是负值。商用反应堆设计一般要求反应堆运行在负温度系数或负功率系数范围，保证反应堆在温度升高时，功率反馈为负反馈。此外，反应性 ρ 随慢化剂空泡份额的相对变化 $\mathrm{d}\rho / \mathrm{d}\alpha$ 叫做反应性的空泡系数，压水堆在水铀比太大时可能为正值；反应堆压力的变化所造成的反应性变化 $\mathrm{d}\rho / \mathrm{d}p$ 称为反应性的压力系数，在低压时可能出现正反应性系数。

3. 裂变产物的积累 反应堆核燃料发生裂变反应时会产生放射性裂变产物，并随着反应堆运行时间不断积累，其中部分裂变产物，如 ^{135}Xe 具有相当大的热中子吸收截面（ $\sim 2.7 \times 10^6$ b ），它们的产生和积累使反应堆的反应性和有效增殖因数不断减小。通常把这些裂变产物称为毒素，其引起的反应性变化称为中毒。^{135}Xe 吸收热中子引起的反应性减少称为氙中毒。在反应堆启动前，^{135}Xe 的浓度为零，并随反应

堆启动过程和运行时间增加，大约经过 40h 后，其产生率与消失率平衡，反应堆中 ^{135}Xe 的浓度就趋于一个平衡值。由平衡 ^{135}Xe 浓度引起的反应性变化称为平衡氙中毒，其大小与反应堆的功率密度和核燃料的成分有关。反应堆停堆后的一段时间内 ^{135}Xe 的浓度要上升，在达到最大值后又逐渐下降，其最大值对应的中毒称为最大氙中毒。如果在此过程中，^{135}Xe 引起的负反应性使反应堆剩余反应性小于或等于零，那么在这段时间内反应堆不能达到临界。只有当 ^{135}Xe 的衰减使其浓度再降低到剩余反应性大于零时，反应堆才可能重新启动。在大型反应堆中，^{135}Xe 的空间浓度变化还可能出现振荡，也称"氙振荡"，振荡周期与反应堆本身的特性有关。^{149}Sm 和其他裂变产物的影响相对较小，但随燃耗的变化可能影响堆功率的分布和反应堆的后备反应性。

4. 反应堆反应性控制 由核裂变反应释放的中子，99%以上是在裂变的瞬间（约 10^{-14} s）发射出来的，这部分中子称为瞬发中子，还有小于 1% 的中子是缓发中子，是裂变碎片（又称先驱核）在衰变过程中发射出来的。所有缓发中子在裂变产生的中子中所占的份额称为缓发中子份额 β，^{235}U 核吸收热中子发生裂变时，$\beta = 0.0065$。缓发中子的份额虽小，但它的缓发时间比较长，最长的可达几十秒，因此它对反应堆的动态特性和反应堆控制有极其重要的作用。

当 $\rho = \beta$ 时，称为瞬发临界。这时仅依靠瞬发中子的贡献就可使反应堆保持临界，反应堆功率将以极短的周期指数增长，可能导致反应堆失去冷却能力而发生堆芯烧毁。在核电厂反应堆的运行中必须避免发生瞬发临界的现象。

与反应堆运行相关的反应性控制有三类：① 紧急停堆；② 功率调节；③ 补偿控制。目前核电反应堆常用的反应性控制方法有可移动控制棒、固体可燃毒物、溶于慢化剂/冷却剂的中子吸收体等。

2.1.4 堆芯燃料管理

1. 核燃料燃耗深度 核裂变反应堆运行后，初始装载单位质量核燃料所产生的能量称为核燃料燃耗深度。对采用铀燃料的反应堆，通常以 MWd /tU（兆瓦日/吨铀）为单位；对采用混合燃料的反应堆，通常以 MWd /MTHM（兆瓦日/吨重金属）为单位，也可用 FIMA（初装金属原子的裂变百分比）表示。随着反应堆的持续运行，核燃料的燃耗不断加深，就要通过换料的方式，从堆芯内部卸出燃耗深度最大的部分燃料，卸出燃料所达到的燃耗深度称为卸料燃耗深度。目前压水堆的平均卸料燃耗深度为 35000 ~

45000MWd/tU，高温气冷堆的平均卸料燃耗深度为75000~85000MWd/tU。

2. 核燃料的转换与增殖 在自然界存在的天然铀中，易裂变核 ^{235}U 所占的比例只有约 0.71%。但是，占天然铀 99.284% 的 ^{238}U 是可转换材料，它在反应堆中吸收中子，经衰变形成易裂变核 ^{239}Pu，这种利用可转换材料来生产易裂变同位素的过程称为核燃料转换。反应堆中每消耗一个易裂变材料原子核所产生的易裂变材料原子核数称为转换比，定义是

$$CR = \frac{易裂变物质的生成率}{易裂变物质的消耗率}$$

通过核燃料的转换可以提高铀资源的利用率，轻水堆的转换比约为 0.6。当 $CR > 1$ 时，燃料转换过程称为增殖，这时的转换比称为增殖比，常用 BR 表示。能够实现燃料增殖的反应堆称为增殖堆。

3. 倒换料 反应堆运行一段时间后，需要更换一部分燃料并重新布置堆芯，这个过程称为倒换料。大多数核电站需要停堆进行倒换料，但 CANDU 堆和球床高温气冷堆可进行不停堆连续换料。以某种固定模式进行倒换料称为换料方式。选择换料装载和布置方式，使其在满足安全要求的条件下，堆芯功率分布不均匀因子尽可能小，或循环长度尽可能长，或燃耗尽可能深的过程称为堆芯燃料管理优化。

2.2 反应堆热工-水力分析与设计

2.2.1 反应堆热工-水力分析

热工水力分析是核电反应堆设计的理论基础，分析模型的正确性以实验验证为保障。

1. 反应堆内释热分布 单位时间和单位体积内由核反应释放的能量称为体积发热率 q'''，量纲为 $\mathrm{W \cdot m^{-3}}$。反应堆的体积发热率主要由核燃料的裂变引起，与中子通量 ϕ 和核反应的能谱平均宏观裂变截面 $\overline{\Sigma}_f$ 成正比，比例系数是每次裂变释放的能量 G（约 200MeV），因此有

$$q''' = G\phi\overline{\Sigma}_f = G\phi N_f \overline{\sigma}_f \quad (15.2-19)$$

式中，N_f 是裂变材料的原子核密度；$\overline{\sigma}_f$ 是能谱平均微观裂变截面。通过反应堆物理计算获得反应堆堆芯中子通量分布 $\phi(r)$ 后，就可确定反应堆的堆芯体积发热率分布 $q'''(r)$。按保守设计，通常假设堆芯发热全部从燃料材料中发出，因此，把反应堆的体积发热率 q''' 分布转换成反应堆燃料材料的体积发热率 q'''_h 分布可以近似为

$$q'''_h(r) = q'''(r)\frac{\Delta V}{\Delta V_F} \quad (15.2-20)$$

式中，ΔV_F 和 ΔV 分别表示反应堆堆芯位置为 r 处的计算控制体中燃料所占的体积和计算控制体的体积。

2. 反应堆堆芯温度 在确定了燃料的体积释热率分布及燃料元件的结构后，就可以计算燃料和燃料包壳内的温度分布，采用如下的热传导方程

$$\frac{\partial T_F}{\partial t} = \frac{1}{\rho_F C_{p,F}} \nabla \cdot (k_F \nabla T_F) + \frac{q'''_h}{\rho_F C_{p,F}};$$

$$\frac{\partial T_C}{\partial t} = \frac{1}{\rho_C C_{p,C}} \nabla \cdot (k_C \nabla T_C)$$

$$(15.2-21)$$

式中，第一式用于燃料区，第二式用于燃料包壳区。定解条件是在燃料与包壳界面，以及包壳与冷却剂界面的传热条件，随各种元件的不同而异。燃料元件表面与冷却剂之间的换热在反应堆热工设计中，通常都采用牛顿换热公式

$$q''_{c,w} = h(T_{c,w} - T_f) \quad (15.2-22)$$

式中，h 是燃料包壳外表面与冷却剂主流体之间的换热系数，在反应堆热工设计中一般采用基于实验数据的经验关系式。

3. 反应堆堆芯冷却剂流量及流量分配 反应堆系统载热的能力和由冷却剂流动作用在堆芯构件上的作用力与流过堆芯的冷却剂流量相关。在稳态工况下，经过堆芯的流动回路的总压降 Δp_t（单位为 Pa）是摩擦压降 $\Delta p_f = \sum_i \left[(fL/D + k)/(2\rho A^2) \right]_i \dot{M}^2$、加速压降 $\Delta p_a = \sum_i \gamma_i \dot{M}^2/A_i^2$ 与提升压降 $\Delta p_g = \sum_i \left(\int_i \rho g\cos\theta dL \right)$ 的总和，有

$$\Delta p_t = \Delta p_f + \Delta p_a + \Delta p_g \quad (15.2-23)$$

式中，L 与 D 为流道长度和当量直径；A 为流道面积；ρ 为密度；θ 是流动方向与重力反方向的夹角；f 与 k 分别是流道摩擦阻力系数和局部阻力系数，与流道形状和当地 Re 数相关，通常由经验关系确定；γ 是与冷却剂密度变化相关的参数。通过回路总压降 Δp_t 与驱动压头 Δp_d 的平衡，以及冷却剂流动驱动装置的流量与驱动压头的固有特征关系 $\Delta p_d = F(\dot{M})$，就可确定回路的总流量 $\dot{M} = \int_A \rho u dA$，单位为 kg/s。如果反应堆堆芯可进一步分为 L 个并联流道（分别代表各种燃料流道、控制棒流道和旁流等），在总流量 $\dot{M}$ 已知的条件下，各流道间的流量分配可由下式确定：

$$\dot{M} = \sum_j \dot{M}_j; \quad \Delta p_i = \Delta p_j; \quad j = 1, 2, \cdots, L$$

$$(15.2-24)$$

式中，$\dot{M}_j$、Δp_j 表示第 j 个流道的流量和总压降。

4. 堆芯流道冷却剂的焓和温度分布　除球床高温气冷堆等少数反应堆外，大多数反应堆都有相对固定的冷却剂流道，反应堆冷却剂的焓和温度分布大都采用流道模型计算。单通道模型最简单，用堆芯平均面热流等效的流道描述堆芯的平均行为；把整个堆芯范围因功率分布、核燃料加工误差引起的局部核发热不均匀性，流量分配和流量交混不均匀性，因其他工程误差造成的焓升不确定性等所有不利因子全部集中到一个热流道，保守计算堆芯冷却剂的最不利流道焓 H（kJ/kg）和温度 T_f（℃）的分布。用 F_{XY}^N 和 F_q 分别表示堆芯热流密度分布的径向不均匀因子和其他工程不利因子；$\dot{M}_h$ 和 P_h 表示最不利热流道的质量流量（kg/s）和热周；φ（z）是热流道轴向功率分布函数；$\overline{q''_h} P_h$ 是最不利热流道燃料元件平均单位长度的释热功率。因此有

$$H(z) = H_{in} + \frac{\overline{q''_h} P_h F_{XY}^N F_q}{\dot{M}_h} \int_0^z \varphi(z')\,\mathrm{d}z'$$

（15.2-25）

式中，$H(z)$ 与冷却剂压力关联，并通过热力学物性表或经验关系式计算冷却剂温度和其他相关热工参数。

5. 最小偏离泡核沸腾比与临界热流密度　水堆热工设计的一个最重要的安全准则是最小偏离泡核沸腾比 MDNBR，定义是

$$\mathrm{MDNBR} = \min[q''_{CHF}(r) / (q''_h(r) F_q)]$$

（15.2-26）

即堆芯燃料元件某点表面的基于实验数据的临界热流密度与该点考虑了各种不利因素的保守热流密度之比的最小值。安全设计要求 MDNBR>1。为了留有安全裕度，目前商用核电站的 MDNBR 约为1.1～1.3。美国 EPRI 的 URD 和欧洲 EUR 文件都要求新建先进轻水堆应当具有 15%的热工安全裕度。

6. 反应堆余热　反应堆停堆后功率不会马上停下来，而是首先迅速衰减到一个较低的功率水平。由于裂变碎片放射性的衰变还会继续释热，称为余热，反应堆的功率还会较长时间保持在余热的功率水平上，所以核电站反应堆系统还设置有余热排除系统，对反应堆进行长期冷却。目前在工程上有专门计算余热的程序和数据库。

2.2.2　反应堆热工-水力设计

反应堆的释热功率必须限制在反应堆堆芯冷却系统的排热能力之内，使反应堆堆芯内最高温度和最大面热流不超过规定的安全限值。

1. 反应堆热工-水力设计任务　反应堆热工-水力设计的主要任务是：为反应堆提供一个与堆芯产生热量能力相匹配的冷却能力，为二回路系统提供合理的一回路热工接口参数，使堆芯在运行工况和事故工况下得到足够的冷却，并在满足安全要求的前提下，使核电厂具有良好的经济效益。根据基本任务的要求，至少要完成下列几方面的工作：① 提出反应堆的总热功率。② 确定反应堆主要热工运行参数，如压力、温度等。③ 确认堆芯结构、燃料元件的形式和尺寸、冷却剂/慢化剂的形式、冷却剂流量、燃料/慢化剂的比例。④ 计算堆芯在寿期内运行时的温度分布、各部件的压降和旁流，提出堆芯入口的流量分配方案。⑤ 提出反应堆安全保护系统的整定值。⑥ 提出专设应急堆芯冷却系统和余热排出系统的容量及各设备和部件在运行中可能遇到的工况。

2. 反应堆热工-水力设计准则　目前，我国只有压水堆核电厂反应堆的设计准则与国家核安全法规的匹配性最好。其他堆型的商用核电厂的设计准则可参照压水堆核电厂反应堆的设计准则制定。压水堆核电厂反应堆热工水力设计必须遵守以下设计准则：① 在正常运行（工况Ⅰ）和中等频率事故（工况Ⅱ）工况下，堆芯任何位置的燃料元件表面，都不允许出现偏离泡核沸腾（DNB）现象。如果用统计分析，要求堆芯最热燃料元件表面在 95%的置信度下，至少有 95%的概率不发生 DNB 现象。② 在工况Ⅰ和工况Ⅱ下，堆芯任何位置的燃料元件中心温度，都应低于规定燃耗下的燃料熔点；在设计基准事故的极限事故（工况Ⅳ）下，燃料元件芯块最高焓值和包壳表面最高温度，应低于事故允许的限值。对失水事故，限制包壳表面温度不超过 1204℃；对弹棒事故，限制包壳表面温度不超过包壳材料脆化温度，限制燃料热点质量比焓值不超过 942J/g（未辐照）和 837J/g（已辐照）；最大超功率事故（工况Ⅱ）下，堆芯热点处的最大线功率密度必须限制在 590W/cm 以下。③ 保证在正常运行下堆芯燃料元件和需要冷却的其他构件能得到充分冷却；保证在事故工况下有足够的冷却剂排出堆芯余热。④在工况Ⅰ和工况Ⅱ下，必须确保堆芯不发生水力学流动不稳定的情况。⑤反应堆热工水力设计还必须遵守核电厂整个动力装置的其他系统和部件设计，根据它们本身的安全性或整个核电厂安全性提出的与反应堆热工水力设计有关的所有设计限值。

3. 热工-水力参数设计限值的确定原则　热工水力参数设计限值的确定，除应满足安全性要求外，也应尽量考虑经济利益，通常由下列几方面的因素决定：① 燃料元件破损的限值。② 保持燃料完整性的

限值。③为各类工况所留的裕量。④ 为各种误差和不确定性所留的裕量。⑤ 设计者所考虑的其他裕量。

4. 核电厂反应堆热工-水力设计的原则 ① 满足核安全法规规定的与核反应堆热工-水力设计相关的核安全要求。② 满足经过国家核安全管理当局批准的核电厂反应堆热工-水力设计准则。

2.2.3 瞬态分析

反应堆运行瞬态和事故工况下的热工水力分析常采用系统分析程序进行模拟。系统分析程序用数值方法联立求解质量、能量和动量守恒方程组，并与基于实验数据的经验封闭关系式、瞬态热构件热传导模型、特殊部件模型和中子动力学模型耦合，形成功能强大的能够模拟运行或事故瞬态进程的计算机数值模拟工具。

常用的轻水、重水反应堆瞬态系统分析程序有RELAP5 – 3D、TRACE、RELAP5/MOD3.2、TRAC – PF1、CATHARE、ATHLET、CATHENA 等；高温气冷堆瞬态系统分析程序有 TINTE 及 THERMIX/KONVEK 等。

第 3 章　压水堆核电厂系统

3.1　压水反应堆本体结构

压水反应堆本体结构主要由堆芯、压力容器、堆内构件和控制棒驱动机构等部件组成，如图 15.3 - 1 所示。堆芯是链式裂变反应发生的区域，由核燃料组件、控制棒组件和中子源组件等组成。

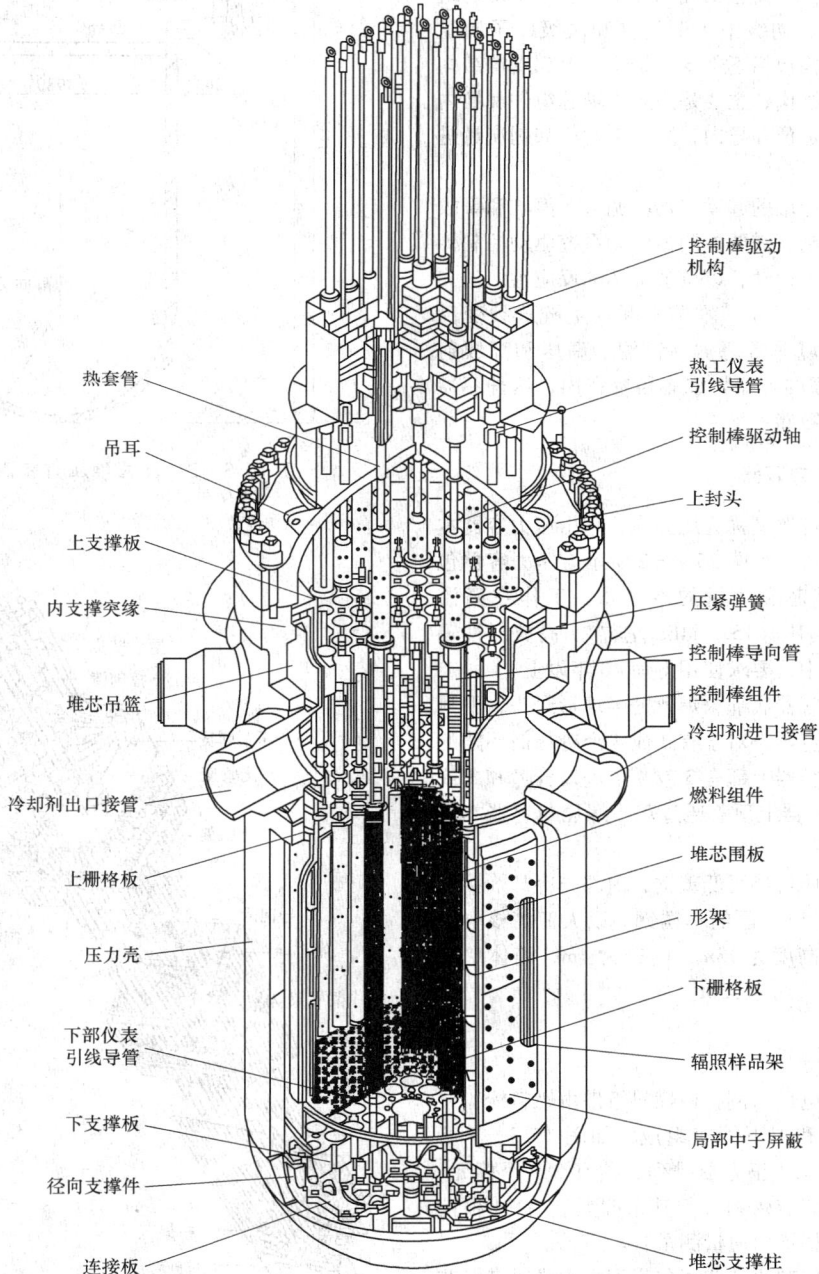

热套管

吊耳

上支撑板

内支撑突缘

堆芯吊篮

冷却剂出口接管

上栅格板

压力壳

下部仪表
引线导管

下支撑板

径向支撑件

连接板

控制棒驱动
机构

热工仪表
引线导管

控制棒驱动轴

上封头

压紧弹簧

控制棒导向管

控制棒组件

冷却剂进口接管

燃料组件

堆芯围板

形架

下栅格板

辐照样品架

局部中子屏蔽

堆芯支撑柱

图 15.3 - 1　压水堆本体结构

3.1.1 概述

核电厂利用核燃料发生的受控自持链式裂变反应所释放的能量作为热源发电，实现此功能的核心区域为反应堆堆芯，堆芯放有核燃料组件，如大亚湾核电厂堆芯的燃料组件数为 157 组，这些燃料组件受控地实现链式裂变反应，不断释放出大量能量，由一回路冷却剂系统将热量带出传递给二回路系统进行发电。

堆内功能组件主要包括控制棒组件、可燃毒物组件、阻力塞组件、初级中子源组件和次级中子源组件。堆芯支撑结构包括下部支撑结构、上部支撑结构和堆芯仪表支撑结构，主要是用来为堆芯组件和堆内仪表提供支撑、定位和导向，同时也对冷却剂流量进行分配。

为了实现反应堆的起动、功率调节、停堆和事故情况下的安全控制，需要控制棒驱动系统驱动控制棒组件在堆芯内上下运动，以调节堆芯的反应性。

反应堆运行过程中，堆芯不断发生链式裂变反应，堆芯区域环境非常恶劣（高温、高压和高放射性），需要有可靠的容器将堆芯包容在内，这种容器称为反应堆压力容器。

3.1.2 反应堆压力容器

反应堆压力容器又称为压力壳，它由压力容器本体和容器顶盖组成，如图 15.3 - 2 所示。压力容器包容堆内构件、堆芯和大量的冷却水，工作在高温（300℃以上）、高压（15.5 MPa 左右）、高放射性辐照和腐蚀性介质中，要求使用寿命 40 年以上。

反应堆压力容器底部为焊死的半球形封头，下封头上部为圆柱形容器，对于有 3 或 4 个冷却剂环路的反应堆，圆柱形容器上部有 3 或 4 个进口管嘴和 3 或 4 个出口管嘴。容器上顶盖通过双头螺栓与容器本体相连接。

压力容器本体材料属低碳钢，内部与冷却剂接触的表面堆焊一层 5mm 厚的不锈钢。以大亚湾核电厂为例，压力容器高度为 13m，内径为 4m，筒体壁厚度为 200mm，总重约为 330t。

3.1.3 燃料组件

以大亚湾核电厂为例，核燃料组件由燃料棒、导向管、定位格架和上下管座组成，如图 15.3 - 3 所示。燃料棒呈 17×17 正方形排列，共有 289 个栅元，其中 264 个栅元装有燃料棒，其余栅元装有 24 根控制棒导向管和 1 根堆内通量测量管。

燃料棒由燃料芯块叠置于包壳管内构成，燃料芯块是由低富集度二氧化铀制成的圆柱体。燃料棒包壳

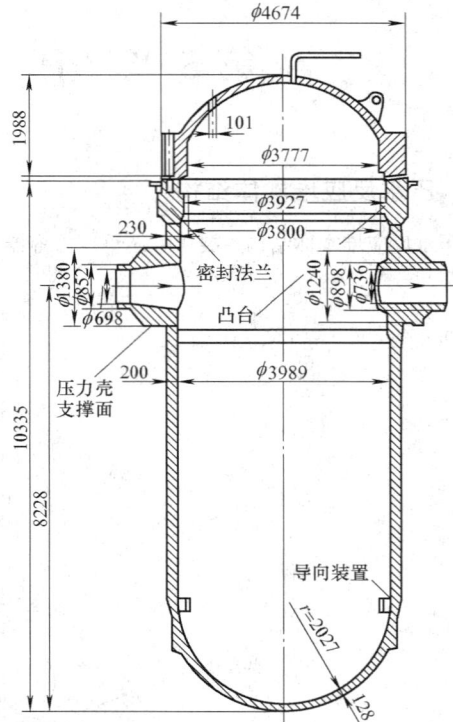

图 15.3 - 2 反应堆压力容器剖面图

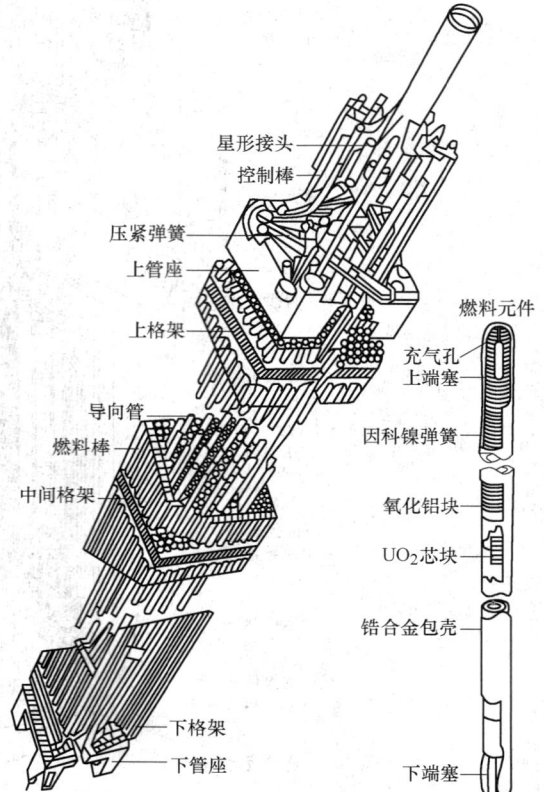

图 15.3 - 3 燃料组件和燃料元件

既保证了燃料棒的机械强度，又将核燃料及其裂变产物包容住，构成放射性裂变产物与外界环境的第一道安全屏障。

控制棒导向管是为控制棒的插入和提出提供导向的通道，通量测量管占据燃料组件的中心位置，用来放置堆芯中子通量探测器。

燃料组件中，燃料棒和导向管沿长度方向由 8 层定位格架夹住定位，定位格架保证了棒间的间距，并使可能发生的振动磨损减到最小，同时也允许有不同的热膨胀滑移，不致引起包壳的超应力。

下管座是一个正方形箱式结构，起着燃料组件底部构件的作用，同时对燃料组件的冷却剂进行流量分配。上管座也是一个箱式结构，起着燃料组件上部构件的作用，加热后的冷却剂由上管座流向堆芯上栅格板的流水孔。

3.1.4　功能组件和支撑结构

控制棒组件，也称为棒束控制组件，由 24 根控

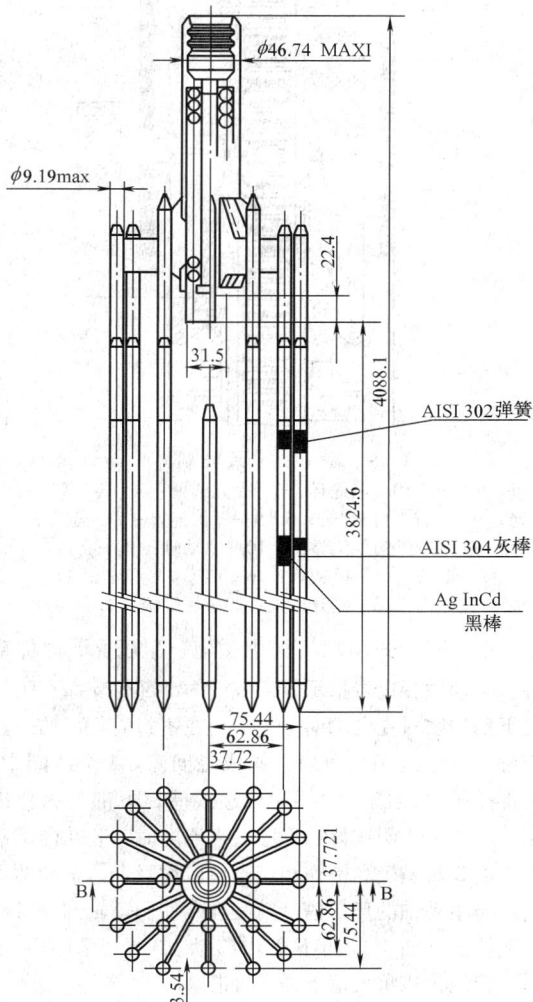

图 15.3－4　棒束控制组件概貌

制棒（吸收剂棒）和用作支撑结构的星形架构成，如图 15.3－4 所示。控制棒固定在星形架上，而星形架与安置在反应堆容器上封头的控制棒驱动机构的传动轴相啮合。

堆芯功率组件还包括可燃毒物组件、初级中子源组件、次级中子源组件和阻力塞组件，每种组件都含有 24 根棒束，如图 15.3－5 所示。24 根棒束中，可能全部是阻力塞，可能是可燃毒物棒与阻力塞的组合，也可能是中子源与可燃毒物棒和阻力塞的组合。

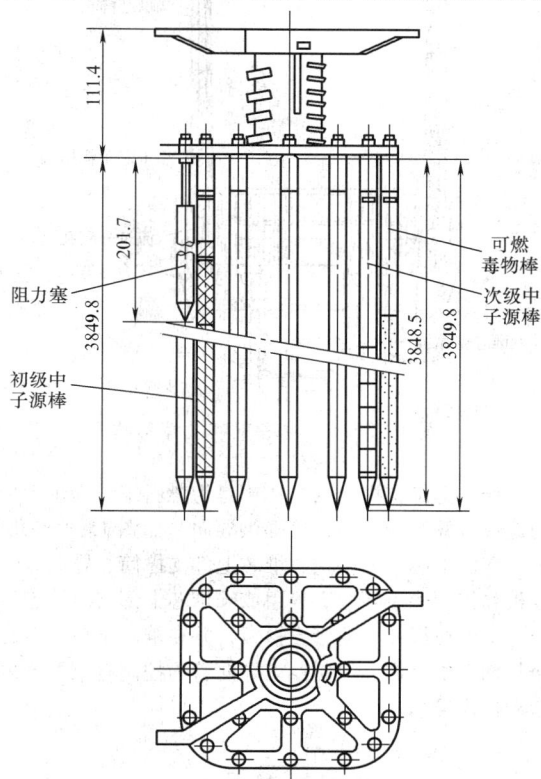

图 15.3－5　堆芯相关组件的结构

堆芯支撑结构包括下部支撑结构、上部支撑结构和堆芯仪表支撑结构，主要是用来为堆芯组件提供支撑、定位和导向，同时也为堆内仪表提供导向和支撑。

堆芯下部支撑结构是堆芯的主要包容件，如图 15.3－6 所示。整个支撑结构包括堆芯吊篮、堆芯围板、堆芯下栅格板和支撑柱、热屏、混流板以及焊接到堆芯吊篮底部的堆芯支撑板，通过其上部法兰在反应堆压力容器法兰的凸缘上，通过吊篮下部周向与反应堆压力容器间的键槽结构防止径向移动，在堆芯吊篮内，由围板包围堆芯，它径向支撑堆芯并引导冷却剂流过堆芯燃料组件，燃料组件竖立和定位在堆芯下栅格板上。

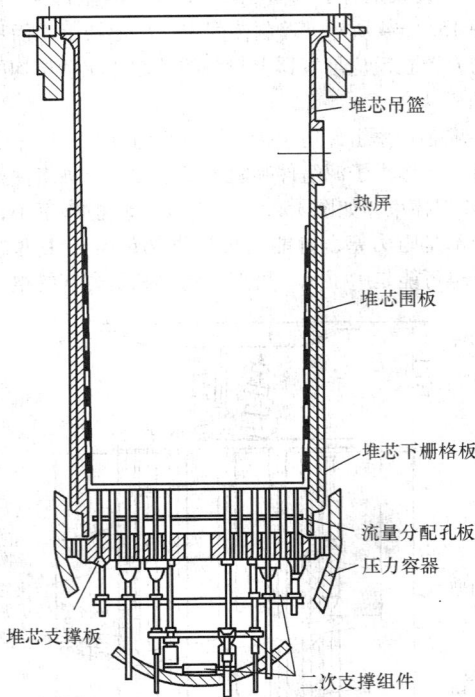

图 15.3－6 堆芯下部支撑结构

堆芯上部支撑结构的作用是为燃料组件提供上部的定位，并为控制棒组件提供导向，如图 15.3－7 所示，它由堆芯上栅格板、堆芯上部支撑筒、导向管支撑板和控制棒束导向管等组成。堆芯上部支撑筒连接堆芯上栅格板和导向管支撑板，并在堆芯出口高度为冷却剂提供流道，控制棒束导向管为控制棒束在堆内运动提供导向。

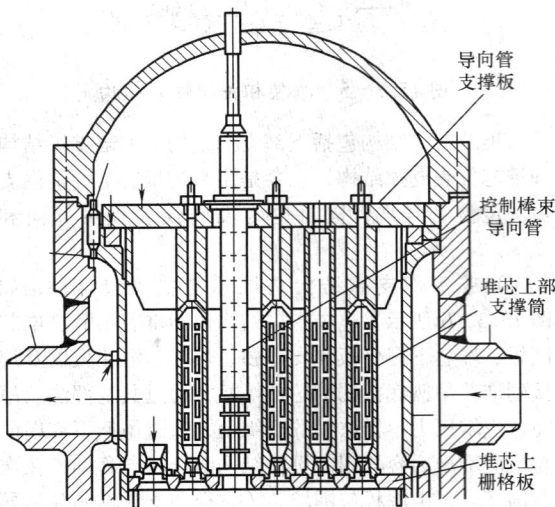

图 15.3－7 堆芯上部支撑结构

3.1.5 控制棒驱动机构

控制棒驱动机构的作用是带动控制棒组件在堆芯内上下运动，以实现反应堆的启动、功率调节、停堆以及事故工况下的安全停堆。

压水堆核电厂的控制棒驱动机构普遍采用磁力提升式驱动机构，如图 15.3－8 所示，该机构的优点是可靠性高，提升力大，拆装和维修方便。

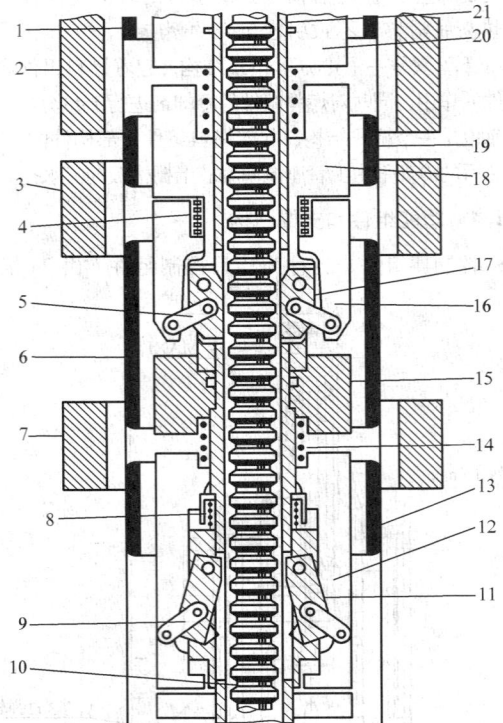

图 15.3－8 磁力提升式控制棒传动机构

1、6、13、19—磁通环；2—提升线圈；3—传递线圈；
4、14—衔铁复位弹簧；5、9—抓钩连杆；7—夹持线
圈；8—抓钩复位弹簧；10—驱动轴；11—夹持
12—衔铁；15—抓钩爪；16—传递抓钩衔铁；17—
传递抓钩；18—提升衔铁；20—提升极；21—导管

磁力提升式驱动机构由磁轭、耐压壳、内部部件、驱动轴和位置指示器组成。内部部件支撑在耐压壳下部的密封壳内端面上，与套在密封壳外部的磁轭部件的 3 个线圈相对应，构成磁回路。3 个线圈中，上部是提升线圈，中部为传递线圈，下部是夹持线圈。当 3 个线圈按设计程序通直流电时，装在内部部件中的 3 对磁极和衔铁相应被感应而吸合，带动两组钩爪与驱动轴的环形槽交替啮合，使驱动轴部件带动控制棒组件向上或向下逐步移动。3 个线圈都断电时，控制棒靠重力落下插入堆芯。

控制棒驱动机构布置在压力容器上顶盖管座上，

其驱动轴穿过顶盖伸进压力容器与控制棒组件的连接柄相连接。控制棒组件在反应堆内的轴向位置由位置指示器及其仪表指示。

3.2　反应堆冷却剂系统及主要设备

反应堆冷却剂系统又称一回路系统。它由核反应堆和与其相连的几条输热环路组成，每条环路由一台蒸汽发生器、一台冷却剂泵以及相应的管道和阀门组成，在其中的一个环路上还连接一台稳压器，如图 15.3-9 所示。

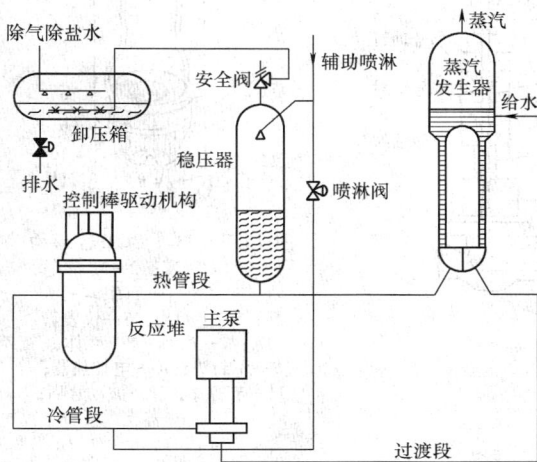

图 15.3-9　反应堆冷却剂系统流程示意图

3.2.1　反应堆冷却剂系统

反应堆冷却剂系统的主要功能是把堆芯正常运行时产生的热量载出，通过蒸汽发生器传给二回路内的水，产生蒸汽驱动汽轮发电机组发电。除此之外，还在停堆冷却第一阶段将堆内的衰变热载出传递给二回路系统，冷却剂系统的压力边界构成防止裂变产物释放到环境中的第二道安全屏障，冷却剂还起到慢化剂和反射层的作用，并用作可溶化学毒物硼的载体。

在各个环路中，反应堆冷却剂经入口接管进入反应堆压力容器，在堆芯吊篮和压力容器壁之间的环形空间内向下流动，至压力容器底部后改变方向，向上流经堆芯，从堆芯带走热量，向上到达出口接管，进入管路的热管段，然后通过蒸汽发生器底部半球形封头上的入口接管进入蒸汽发生器，流经蒸发段的倒置 U 形管，将热量传给二回路内的水使其变为饱和蒸汽驱动汽轮发电机组发电，冷却后的一回路水由蒸汽发生器底部出口接管离开，流经过渡管段，到达位于反应堆冷却剂主泵底部的入口接管，主泵将反应堆冷却剂进行升压，以补偿系统的压力降。从主泵出口接管流出的冷却剂进入环路冷管段，然后流回反应堆压力

容器，构成闭合环路。

3.2.2　反应堆冷却剂系统主要设备

1. 反应堆冷却剂泵　反应堆冷却剂泵又叫做主泵，其主要作用是为反应堆冷却剂提供驱动压头，保证足够的强迫循环流量通过堆芯，把反应堆产生的热量送至蒸汽发生器。在反应堆冷却剂系统的每个环路中，在蒸汽发生器和反应堆容器之间的冷管段上安装一台反应堆冷却剂泵。

反应堆冷却剂泵是由空气冷却的、由三相感应式电动机驱动的立式、单级、轴密封机组，如图 15.3-10 所示。从顶部到底部，它由电动机、密封组件和泵水力部件组成。反应堆冷却剂由一个装在轴下端的叶轮唧送，冷却剂通过泵壳底部吸入，向上流进叶轮，然后通过扩散器和壳体侧面的一个出口接管排出。

2. 稳压器　它是一个立式、带有半球形顶部和底部封头的圆柱形容器，如图 15.3-11 所示。其主要功能是建立并维持一回路系统的压力，避免冷却剂在反应堆内沸腾，在正常运行时保证反应堆冷却剂系统在恒定的压力下，在负荷瞬变时限制压力的变化。借助加热和喷淋来控制水-汽平衡温度，从而保证所要求的主冷却剂压力，使反应堆冷却剂系统的压力变化限制在一个允许的范围内，必要时通过安全阀组排放蒸汽，防止其超压，以维护一回路的完整性。此外，稳压器作为一回路系统的缓冲容器，能够吸收一回路系统水容积的迅速变化。

稳压器下封头上安装电加热器，加热器通过底封头插入，立式安装在容器内。

稳压器上封头上装有喷淋管线、卸压管线和安全阀的管接头。喷淋装置由两台独立的、自动控制的气动调节阀组成，阀门带有供连续喷淋用的下挡块，使阀门不能全关闭，维持一定的连续喷淋流量，以降低阀开启时对管道产生热应力和热冲击。

当一回路系统瞬变引起压力升高时，喷淋水冷凝汽腔中的部分蒸汽，防止稳压器压力达到先导式安全阀的整定值；当压力降低时，水的闪蒸和加热器自动接通加热产生的蒸汽，使反应堆冷却剂系统的压力维持在反应堆紧急停堆的压力整定值以上。

由于稳压器是通过改变汽空间蒸汽密度来调节压力的，因此在正常工作时，必须建立汽腔，水必须达到饱和状态，而在满水状态下是不能靠加热和喷淋来调节压力的。

3. 蒸汽发生器　其作用是将反应堆产生的热量传递给二回路，将二回路内的水变为蒸汽，驱动汽轮发电机组发电，同时蒸汽发生器也是分隔一回路和二回路介质的屏障，对于核电厂的安全运行非常重要。

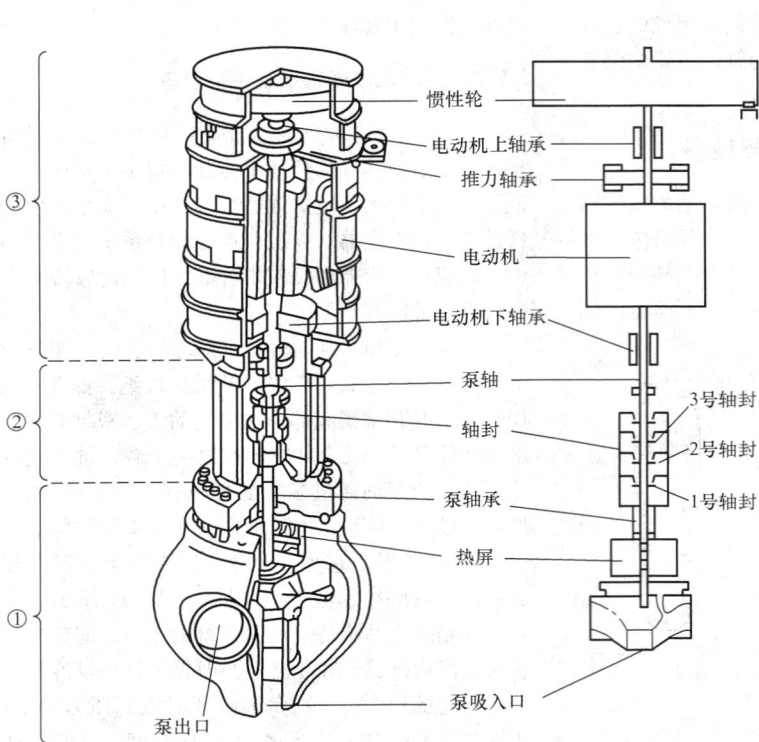

图 15.3 - 10　反应堆冷却剂泵概貌

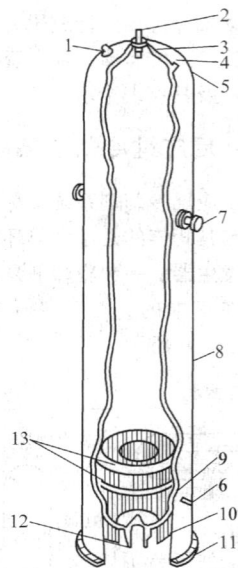

图 15.3 - 11　稳压器结构
1—卸压管嘴；2—喷淋管嘴；3—安全阀管嘴；4—人孔；5—上封头；6—仪表管嘴；7—吊耳；8—壳体；9—下封头；10—电加热器；11—支撑裙；12—波动管嘴；13—加热器支撑板

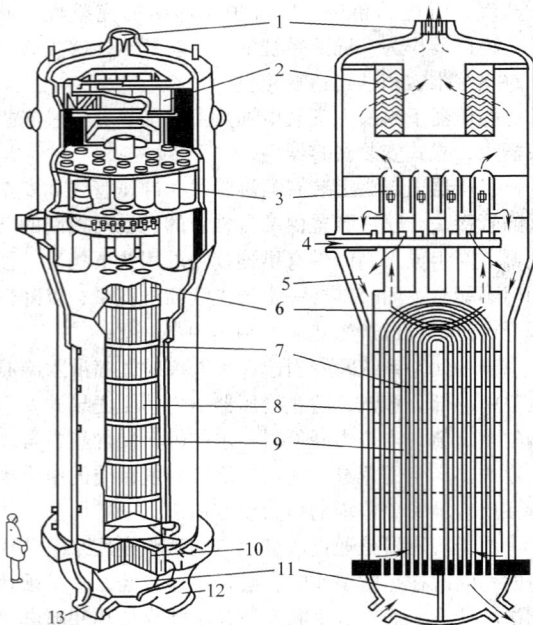

图 15.3 - 12　立式自然循环U 形管蒸汽发生器
1—蒸汽出口管嘴；2—蒸汽干燥器；3—旋叶式汽水分离器；4—给水管嘴；5—水流；6—防振条；7—管束支撑板；8—管束围板；9—管束；10—管板；11—隔板；12—冷却剂出口；13—冷却剂入口

大亚湾核电厂的蒸汽发生器为 55/19 型，形式为立式布置，如图 15.3 - 12 所示。它主要由两个部分组成：一个是自然循环列管式蒸发段，用于使给水加热及汽化；另一个是双级机械干燥器，用于将所产生的汽水混合物进行机械干燥，达到所要求的蒸汽品质。

在一回路侧，来自反应堆的高温水经进口接管进入入口水室，然后进入 U 形管束，流经传热管时，将热量传给二次侧水，冷却剂经出口水室离开蒸汽发生器。二次侧给水从高于管束顶部的给水接管进入蒸汽发生器，与汽水分离器分离出来的再循环热水混合，通过筒体与管束套筒之间的环形空间向下流至管束底部，经流量分配挡板向上流动，在管束区域加热后蒸发，汽水混合物向上流动，离开传热管束后进入第一级离心式汽水分离器，由此分离出大部分水分，再进入由人字形板组成的第二级汽水分离器，分离出的水向下经输水管与给水混合，湿度小于 0.25% 的蒸汽由椭圆形封头顶部的出口接管送往汽轮机组。

3.3　专设安全设施

专设安全设施主要包括应急堆芯冷却系统、安全壳、安全壳喷淋系统、辅助给水系统、安全壳隔离系统和应急电源。这些系统主要是用来在事故工况下确保反应堆停闭，排出堆芯余热和保持安全壳的完整性，防止放射性物质的失控排放，以保护公众和电厂工作人员的安全。

3.3.1　应急堆芯冷却系统

应急堆芯冷却系统，也称为安全注入系统，简称安注系统，能在事故工况下提供堆芯应急冷却。其主要功能是：当一回路系统管道破裂引起失水事故时，安注系统向堆芯注水，保证淹没和冷却堆芯，防止堆

芯熔化，保证堆芯的完整性；当发生主蒸汽管道破裂时，反应堆冷却剂受冷收缩，稳压器水位下降，安注系统向一回路注入含硼水，恢复稳压器水位，迅速停堆并防止反应堆由于负温度系数而重返临界。

安注系统通常分为三个子系统：高压安注系统、中压安注系统（又称蓄压箱注入系统）和低压安注系统，图 15.3－13 所示为大亚湾核电厂高压安注和低压安注系统流程示意图。

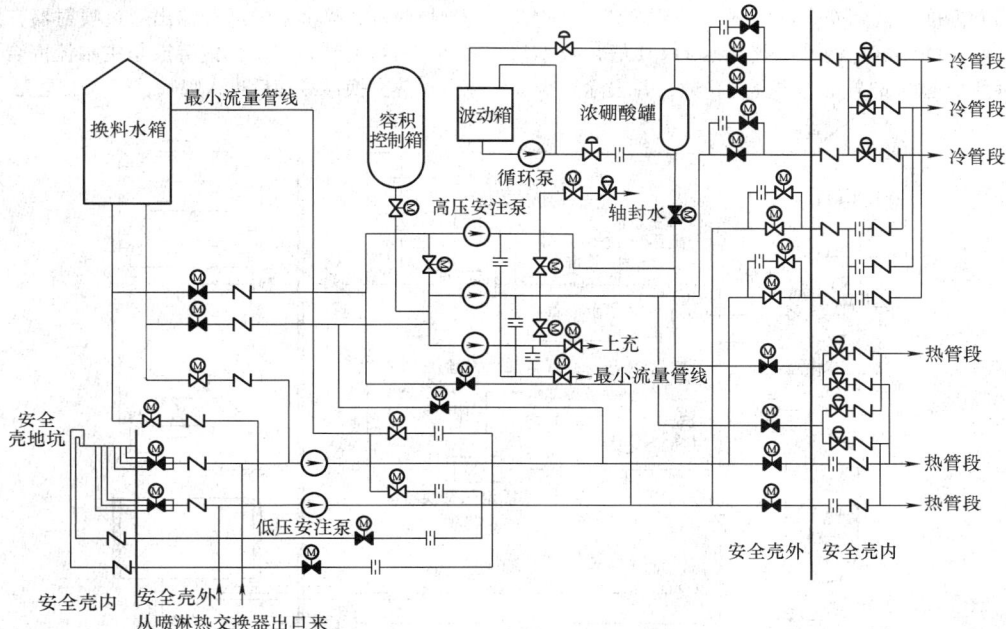

图 15.3－13　大亚湾核电厂高压安注和低压安注系统流程示意图
▷◁—阀门在开启状态；▶◁—阀门在关闭状态

高压安注系统由换料水箱、高压安注泵、浓硼酸再循环回路和通往一回路的注入管线及相关阀门管道组成。当一回路发生小的泄漏或发生主蒸汽管道破裂事故引起一回路温度和压力下降到一定值时，高压安注系统投入运行，向一回路系统注入含硼水。

高压安注系统的工作分为直接注入阶段和再循环注入阶段。在直接注入阶段，高压安注泵优先从低压安注泵的排水管吸水，水经高压安注泵升压后注入一回路。在低压安注泵故障时，高压安注泵也可从换料水箱吸水。当换料水箱达到低水位时，低压安注泵改从安全壳地坑吸水，而通往换料水箱的管线被隔离，水经低压安注泵升压后再经高压安注泵注入一回路，从而进入再循环注入阶段。在再循环注入阶段，当需要对安全壳地坑的水进行冷却时，安全壳地坑的水需要经过安全壳喷淋系统的热交换器冷却后再注入一回路。高压安注泵组出口还有通往一回路热管段的注入管线，供热段注入时使用。

中压注入系统，即蓄压箱注入系统，由安装在压力壳内的三个蓄压箱及其与一回路冷管段相连的管道和阀门组成，蓄压箱盛有来自换料水箱的含硼水，上部空间充有一定压力的氮气。该系统为非能动系统，不用安注信号起动任何电气设备，在失水事故情况下，一旦一回路系统的压力低于蓄压箱的注入压力时，蓄压箱内的氮气压力使逆止阀打开，蓄压箱内的含硼水迅速注入堆芯，每个蓄压箱的水量可淹没半个堆芯。在发生大破口失水事故时，一回路压力大幅下降，蓄压箱注入能够可靠并迅速地向堆芯注入大量含硼水，保证堆芯得到及时冷却（在大 LOCA 下，压力下降很快，高压注入系统是不投入的）。

低压安注系统包括两套独立系统，每个系统由一台低压安注泵、通往换料水箱和安全壳地坑的吸水管道、通向一回路冷热管段的管道以及阀门组成。低压安注泵在直接注入阶段从换料水箱吸水，再循环注入阶段从安全壳地坑吸水，排出的水送到高压安注泵入

口；或当泵出口压力高于一回路压力时，直接注入一回路。

3.3.2 安全壳喷淋系统

安全壳喷淋系统是专设安全设施，其主要功能是在发生失水事故或安全壳内二回路管道破裂的情况下，安全壳内压力和温度升高时，将含有氢氧化钠的硼水从安全壳顶部均匀喷入安全壳内部空间，使安全壳内压力和温度降低到安全值以下，以保证安全壳的完整性。注入的氢氧化钠可以提高水的 pH 值，减小硼水酸性所引起的安全壳内的金属腐蚀，并去除安全壳内悬浮的放射性碘。该系统是在设计基准事故情况下用于排出安全壳内热量的唯一系统。

安全壳喷淋系统的流程图如图 15.3 - 14 所示，该系统由容量相同的两个系统组成，每个系统都能满足 100% 的喷淋功能。每个系统由喷淋泵、热交换器、喷射器、喷淋管线和阀门组成，共用的部分是换料水箱和氢氧化钠循环系统。喷淋泵能从两个地方吸取硼水，一个是换料水箱，另一个是在再循环喷淋阶段从安全壳地坑吸水，喷淋泵的部分输出通过喷射器在泵周围循环，喷射器带动氢氧化钠溶液与主水流混合，混合流经过热交换器冷却后进入喷嘴，喷入安全壳。

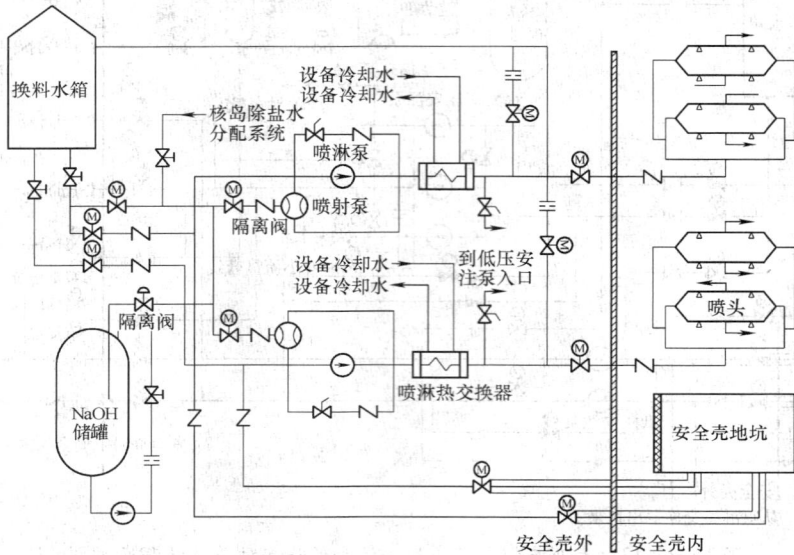

图 15.3 - 14 安全壳喷淋系统流程图

安全壳内四个压力测量元件中两个达到 0.24MPa 时，喷淋系统自动起动，也可以在控制室手动起动。

1. 直接喷淋 出现喷淋信号时，两台喷淋泵自动起动，同时打开通往换料水箱的隔离阀及安全壳喷淋热交换器的设备冷却水供水阀，进入直接喷淋阶段。喷淋系统起动后延时 5min 注入氢氧化钠，操作员可以关闭氢氧化钠添加管线上的隔离阀以避免氢氧化钠误加入。

2. 再循环喷淋 喷淋水和从一回路泄漏到安全壳内的水被收集在安全壳地坑中，当换料水箱内的水位达到标高 2.1m 且安注信号仍存在时，自动从直接喷淋过渡到再循环喷淋，喷淋泵从安全壳地坑吸水，经热交换器冷却后喷入安全壳空间。

3.3.3 辅助给水系统

辅助给水系统的功能是在电厂起动、热备、热停和从热停向冷停过渡的第一阶段，代替主给水系统向蒸汽发生器二次侧供水。在事故工况下，该系统向蒸汽发生器应急供水，排出堆芯余热直至余热排出系统投入运行。

辅助给水系统主要由储水箱、辅助给水泵和相关的管道阀门组成，如图 15.3 - 15 所示。辅助给水系统为专设安全设施，为满足单一故障准则，设计成两个容量为 100% 的系列，一个系列包含两台各为 50% 容量的电动辅助给水泵，并由不同的应急母线供电，另一个系列是一台 100% 容量的汽动辅助给水泵，由主蒸汽系统或辅助锅炉供汽。两台机组共用一套除气装置。

电厂正常功率运行时，辅助给水系统处于备用状态。运行经验与安全分析表明，辅助给水系统在大多数设计基准事故后都起着非常重要的作用，在很多超设计基准事故中对于防止堆芯熔化也起着极为重要的作用。

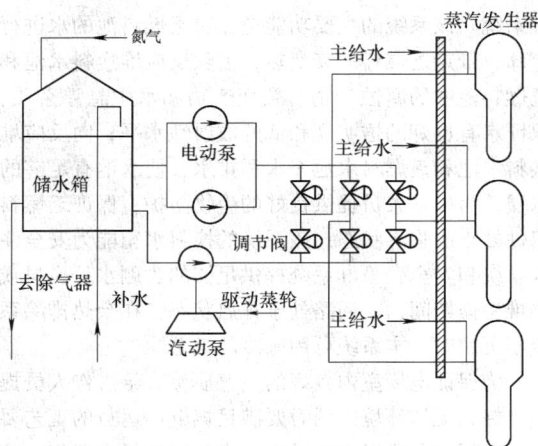

图 15.3 - 15　辅助给水系统示意图

3.4　一回路辅助系统

一回路辅助系统包括堆芯余热排出系统、化学和容积控制系统、反应堆硼和水补给系统等与一回路直接相关的系统。

1. 余热排出系统　又叫做停堆冷却系统，其主要功能包括：在停堆后第二阶段，排出堆芯和一回路热量；在反应堆冷停堆期间进行换料或维修时，排出堆内余热，维持一回路温度低于 60℃；在电厂加热升温初期，控制一回路平均温度；在换料后，将换料水从反应堆换料水池输送到换料水箱。

大亚湾核电厂的余热排出系统如图 15.3 - 16 所示，该系统由两个独立的系列组成，每个系列由一台余热排出泵、一台立式 U 形管壳式热交换器及相应的管道、阀门和仪表组成，整个系统布置在安全壳内。

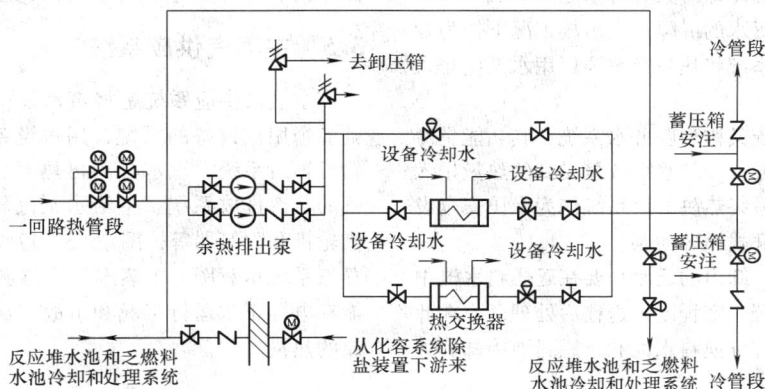

图 15.3 - 16　大亚湾核电厂余热排出系统流程图

2. 化学和容积控制系统　它是为反应堆冷却剂系统提供容积控制和化学控制的核岛辅助系统，简称化容系统。其主要功能包括：通过改变反应堆冷却剂的硼浓度，对堆芯进行反应性控制；维持稳压器的水位，控制一回路系统的水装量；对反应堆冷却剂的水质进行化学控制和净化，减少反应堆冷却剂对设备的腐蚀，控制反应堆冷却剂中裂变产物和腐蚀产物的含量，降低反应堆冷却剂的放射性水平；向反应堆冷却剂泵提供轴封水；为反应堆冷却剂系统提供充水和水压试验手段；对于上充泵兼作高压安注泵的化容系统，事故时用上充泵向堆芯注入应急冷却水。

（1）容积控制。反应堆水容积的变化主要有两个原因：一是当一回路水温变化时，回路中水的体积也随之变化，从而导致稳压器水位波动；二是正常运行时，一回路的压力为 15.5MPa，压力边界内产生向外的泄漏。当一回路系统体积增大时，化容系统通过其容积控制箱吸收一定的水，当容积控制箱不足以容纳膨胀的水体积时，靠与硼回收系统相连的管道排至硼

回收暂存箱；当反应堆冷却剂系统水体积收缩或产生泄漏时，由硼和水补给系统供水，通过上充泵给反应堆冷却剂系统补水，使稳压器水位稳定在规定的水位。

（2）化学控制。与一回路水接触的设备和管道表面虽由不锈钢制成，但如果水中含有氧或其他有害物质，仍会使这些材料腐蚀，水中 pH 值的高低也会对材料的腐蚀速率产生影响，水呈弱碱性时对不锈钢的腐蚀速率较低。为限制腐蚀采取的措施包括：在一回路水中注入氢氧化锂，使冷却剂呈弱碱性；电厂起动时用联氨除去水中的氧，在正常运行时使水中的氢达到一定的浓度以抑制水受辐照分解成氧；采取过滤、除盐的方法除去悬浮颗粒和离子型杂质。化学控制还包括硼浓度控制，用以补偿堆芯反应性的变化，这包括：从冷停堆到热态零功率过程中，由于多普勒效应和慢化剂温度效应引起的反应性变化，功率运行时氙中毒、裂变产物积累和燃耗等因素引起的反应性减少。在停堆时，注入高浓度的硼酸可以增加停堆

深度。

3. 反应堆硼和水补给系统　它是化容系统的支持系统，其功能包括：为一回路系统提供除气除盐含硼水，辅助化容系统实现容积控制；为进行水质的化学控制提供化学药品添加设备；为改变反应堆冷却剂硼浓度而向化容系统提供硼酸和除气除盐水；为换料水箱和安注系统的硼注入罐提供硼酸水和补水，为稳压器卸压箱提供喷淋冷却水，为主泵轴封蓄水管供水。

除上述一回路辅助系统外，还有下列辅助冷却水系统：设备冷却水系统，重要厂用水系统和反应堆换料水池和乏燃料水池冷却和处理系统。

设备冷却水系统是封闭的冷却水回路，其主要功能是：为核岛内需要冷却的带放射性的设备提供冷却；作为中间冷却回路，通过重要厂用水系统将热量传给海水，在核岛各冷却对象和海水之间形成一道阻止放射性物质进入海水的屏障；在事故工况下作为专设安全设施的支持系统将热量经重要厂用水系统排入环境。

重要厂用水系统又称为服务水系统，其功能是冷却设备冷却水，将设备冷却水系统接受到的热量排入海水，它是核岛的最终热阱，该系统作为专设安全设施的支持系统，为开式循环回路。

反应堆换料后，卸出的乏燃料要在乏燃料水池中存放，待燃料冷却到一定程度再送往后处理厂，在此过程中需要用到反应堆换料水池和乏燃料池冷却和处理系统。该系统的主要功能是：对乏燃料池的水进行冷却，带走乏燃料的衰变热；去除反应堆换料水池和乏燃料池中的腐蚀产物、裂变产物和水中悬浮杂质，保证水有良好的透明度和低的放射性水平；向反应堆换料水池和乏燃料水池充水和排水，使水池有足够的水层，为操纵人员提供良好的生物防护，保证乏燃料组件处于次临界状态；该系统的换料水箱能为安全注入系统和安全壳喷淋系统提供足够的含硼水；换料或停堆检修期间，一回路处于开启状态，在余热排除系统不可用时，本系统可用来冷却堆芯。

为保证电厂室内良好的空气质量，给工作人员提供良好的工作环境，同时要满足核电厂运行的工艺要求，需要核岛通风空调及空气净化系统投入运行，该系统还能够控制和消除放射性物质对环境的污染，是保障核电厂工作人员和周围公众健康的重要设施。

3.5　主蒸汽供应系统

主蒸汽供应系统是将蒸汽发生器产生的蒸汽送到各个用汽设备的系统，用汽设备包括汽轮机、汽轮机轴封系统、汽水分离再热器、通向凝汽器和大气的蒸汽排放系统、主给水泵汽轮机、辅助给水泵汽轮机和除氧器等，图 15.3－17 为大亚湾核电厂主蒸汽系统示意图。主蒸汽系统与主给水系统相配合，能在电厂正常运行工况和事故工况下导出反应堆释放的热量。

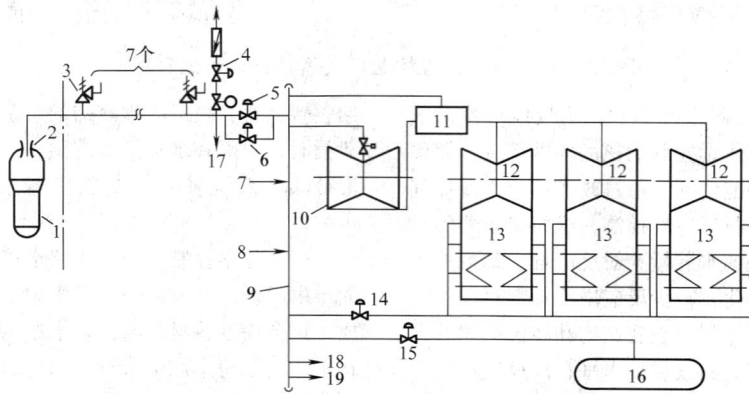

图 15.3－17　大亚湾核电厂主蒸汽系统示意图

1—蒸汽发生器；2—限流器；3—安全阀；4—大气释放阀；5—主蒸汽隔离阀；6—主蒸汽隔离旁路阀；7、8—2 号和 3 号蒸汽发生器主蒸汽管线；9—蒸汽母管；10—高压缸；11—汽水分离再热器；12—低压缸；13—凝汽器；14—通向凝汽器的蒸汽排放阀；15—通向除氧器的蒸汽排放阀；16—除氧器；17—辅助给水泵汽轮机；18—去主给水泵汽轮机；19—向汽轮机轴封供汽

大亚湾核电厂为三环路系统，每个环路上装有一台蒸汽发生器，从每台蒸汽发生器顶部引出一根主蒸汽管道，三根主蒸汽管道分别穿过安全壳，进入主蒸汽隔离阀管廊，并以贯穿件作为主蒸汽管道在安全壳上的锚固点。三根主蒸汽管道穿过主蒸汽隔离阀管廊后进入汽轮机厂房后，然后合并为一根公共的蒸汽母

管，最后引到各个用汽设备和系统。

　　蒸汽发生器出口处装有限流器，用于限制蒸汽流率，防止发生蒸汽管道破裂时蒸汽流量过大对一回路造成过度冷却。主蒸汽管道穿过安全壳后，在主蒸汽隔离阀管廊的主蒸汽管道上装有 7 只安全阀，可直接向大气排放蒸汽。在每根主蒸汽管道上设有主蒸汽隔离阀，在正常运行工况下为全开，事故工况下收到主蒸汽隔离信号后 5s 内关闭。此外，还有一只与主蒸汽隔离阀关联的旁路阀，用于在汽轮机暖管过程中打开以提供小股蒸汽流量。在打开主蒸汽隔离阀前，先打开该旁路阀以均衡主蒸汽隔离阀两侧压力，便于主蒸汽隔离阀的开启。

3.6　放射性废物处理系统

　　压水堆核电厂放射性废物包括放射性气体、液体和固体。放射性废水分为可复用废水和不可复用废水。可复用废水经过处理分离成水和硼酸再利用，完成该功能的是硼回收系统，不可复用废水须按放射性水平高低和化学物含量多少分别处理，完成该功能的是废水处理系统和废水排放系统。废气主要分为较高

放射性水平的含氢废气和低放射性水平的含氧废气，对它们进行分别处理。固体废物处理系统处理废树脂、放射性水蒸发浓缩液、废滤芯和其他固体废弃物等。

　　放射性废水的处理方法包括离子交换、蒸发、超细过滤和膜分离等工艺。以大亚湾核电厂为例，废液处理系统是其两台机组的公用系统，处理电厂两台机组正常运行及预期运行事件中产生的放射性废液，这些废液按照化学物含量及其放射性分为低放射性废液、中放射性废液和高放射性废液。这些废液采用过滤、蒸发、除盐和储存监测等方法进行处理。

3.7　电气系统

3.7.1　厂用电系统

　　厂用电系统的主要功能是在正常和事故工况下，为电厂的附属设备提供安全可靠的电源，并对与核安全相关的系统和设备提供应急电源，以确保核电厂的安全运行。大亚湾核电厂 2 号机组厂用电单线接线图如图 15.3 - 18 所示。

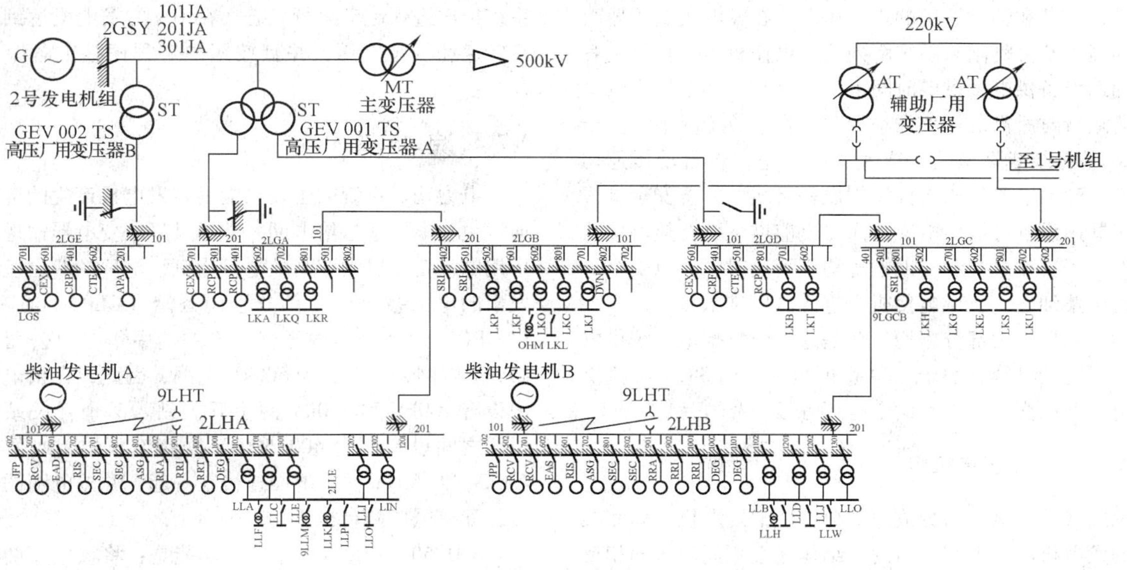

图 15.3 - 18　厂用电系统单线图

核电厂的附属设备分为以下几类：

　　1. 发电机组附属设备　发电机组正常运行所需的附属设备，如给水泵、循环水泵和反应堆冷却剂泵。

　　2. 永久性附属设备　在机组停机期间，还要求继续有电源供电的那部分附属设备。

　　3. 应急附属设备　与核安全有关和保护设施或电厂主要设备所需要的附属设备，如安注泵、控制棒驱动机构的冷却装置。

　　4. 公用附属设备　两台机组公用的照明、公共服务等附属设备。

　　在正常运行条件下，整个附属设备的配电系统是由机组的 26kV 母线经过厂用高压变压器供电，26kV 母线在机组运行时由主发电机供电而当发电机停机时则有超高压电网经过主变压器供电。如果 26kV 母线失去电源或者失去厂用高压变压器，则由 220kV 电网经过辅助变压器向永久性、应急和公用附属设备供

电。如果主网和辅助网电源均失去，则由核岛的柴油发电机向应急附属设备供电。

厂用电设计准则要求：核电厂的厂用电系统和厂用电设备应具有高度的供电可靠性，有关核安全的设备和系统，在设计、制造和安装中所采用的标准应能承受各种可能的灾害，能够承受有史以来最严重的自然灾害并留有适当裕度。紧急电源应具有足够的独立性和多重性，并有足够的容量；紧急电源还应具有可试验性，以保证随时检查紧急电源的功能。所有与核安全相关的厂用电系统和设备，包括柴油发电机，在设想的最大可能的地震、飓风、洪水和厂外电源故障等自然灾害和事故情况下，仍能保证系统的完整性和供电的可靠性。为此设计有两套独立的供电系统（A列和B列），以确保安全设备和保护系统的电源，两套电源都应有足够的容量并具有可试验性。

核电厂附属设备由 6.6kV 的中压厂用电配电系统供电。按核电厂的负荷分为机组厂用设备母线、永久性厂用设备母线、共用设备母线和应急安全母线。核电厂在起动、正常停堆和发电期间，由 26kV 母线通过降压变压器供电给中压厂用电母线，保证常规岛、核岛和辅助厂房的正常用电。在发电机变压器组的高压开关跳闸与系统解列后，可使机组运行仅向其辅助设备供电，供电时间不限，且与切换至厂用电负荷运行时所需的功率大小无关。在事故工况下，由于26kV 母线或降压变压器 A 失去供电，将自动慢速切换由辅助电源对永久性厂用设备母线、应急安全母线及共用设备母线供电，从而使反应堆维持在热停堆状态。当工作电源和辅助电源均不可用时，应急安全母线由柴油发电机供电使机组进入冷停堆状态。

电厂中大部分厂用负荷是通过低压配电系统供电的，电动机容量小于 160kW 的负荷采用 380V 交流供电。低压交流配电有两个电压等级：380V 和 220V。

3.7.2 柴油发电机组

柴油发电机组分成两部分：柴油发电机本体和柴油发电机辅助系统。由两台结构完全相同但转向相反的柴油发动机，带一台发电机的双柴油机型的柴油发电机组，其发电机转子同两台柴油机的曲轴相连，两者均由轴瓦托起。柴油发电机辅助系统包括：燃油系统、润滑油系统、冷却水系统、空气起动系统及电气控制系统等。

柴油机为高速四冲程，汽缸为"V"形，两边柴油机各有 12 个汽缸，每台柴油发电机组共有 24 个汽缸，每个汽缸由一台独立的燃油注射泵供油。发电机为开启式自冷发电机，转子采用叠片式磁极，励磁系统采用自励方式，励磁电流的整流、控制和调节回路

布置在电气柜中，通过滑轨和电刷接入转子。每台柴油发电机组具有四组压缩空气生产回路，形成两套独立的空气起动系统，每套系统的起动均能保证两台柴油机的起动。柴油发电机有两套独立的注油系统，这两套注油系统采用不同的动力源，主注油系统由同柴油机联动的注油泵向汽缸注油，备用注油系统由辅助电源供电的电动泵运行来保证燃油供应。

每台柴油机有一个独立的冷却水循环回路，循环水泵由柴油机联动，水循环回路通过四台风扇将冷却器中的热水冷却。用涡轮增压装置从机房中吸进空气，气流经过过滤和冷却后进入汽缸，油雾混合空气在汽缸内燃烧后，废气排出汽缸。在柴油发电机就近安装有直读式测量仪表，用于就地监测柴油机运行状态。

柴油发电机组需要关注的主要有两种运行状态，即热备用状态和起动、投入运行状态。当主机组起动时或投入正常运行后，厂用电系统中的应急母线由机组母线供电，此时柴油发电机处于热备用状态，即柴油发电机可随时起动。当厂用电应急母线失电时或手动操作时，柴油机接到起动信号，进入起动状态，各系统依次进入起动运行状态，在 10s 内发电机达到额定转速和额定电压，并且按照预定程序接上各个负荷组。

3.7.3 电力输送系统

电力输送系统的主要功能是将发电机产生的电力通过主变电器输送给电网，并通过降压变电器输送给厂用电设备。以大亚湾核电厂为例，电厂的两台机组发出的电力按一定比例分别向香港（CLP）和广东（GGPC）两个电网输送。由于香港中华电力公司为 400kV 电网，广东省为 500kV 电网，因此，在核电厂内设有 400kV 和 500kV 两个开关站。两个开关站主母线之间设有两台 400/500kV 联络变压器，以便使 400kV 和 500kV 两个电网连接在一起，并按电网的需要分配核电厂两台机组发出的电力。

400/500kV 输变电系统的功能是：将核电厂两台机组发出的电力经 400kV 和 500kV 开关站向电网输送；在机组起动和停运时，从电网取得电源，经主变压器和厂用变压器供给电厂内部辅助设施所需的厂用负荷。

400kV 和 500kV 两个开关站通过两台 900MVA 联络变压器互相连接，每台变压器均能从任何一侧电网变电，核电厂两台机组分别接到 400kV 和 500kV 开关站主母线上。两个开关站均按"一个半断路器"接线原则设计，即每两个回路（进线或出线）使用三个断路器组成一串，分别由两条主母线供电。

为连接香港和广东两个电网，在 400kV 和 500kV 两个开关站主母线之间设有两台母线联络变压器。母线联络变压器主绕组的额定电压为 525／420kV，在额定电压时的额定容量为 900MVA，变压器为三相、户外、自耦、壳式变压器，高、低压星形联结，中性点通过套管直接永久接地。两台联络变压器布置在 400／500kV 开关站建筑物的东侧室外。

第 4 章 压水堆核电厂仪表和控制系统

核电厂的仪表和控制系统为核电厂各部分（包括核岛、常规岛及核电厂的其他辅助系统）提供各类监测、控制和保护功能，以保证核电厂安全、可靠和经济地运行。

核电厂仪表和控制系统的作用有如下三个方面：

1. 核电厂的监测功能　仪表和控制系统为运行人员提供关于核电厂系统和设备的完整、准确的信息，帮助操纵员在正常和事故工况下做出正确的判断，并据此完成预定的操作。

2. 核电厂的控制功能　在核电厂起动、发电运行和停闭过程中执行必要的手动操作功能，在正常功率运行工况下实现核电厂的各个主要系统和大部分辅助系统的自动控制，使核电厂按最佳工况自动运行，可以给操纵员充足的时间分析核电厂的运行状态，并在必要时迅速做出正确的反应。

3. 核电厂的保护功能　由于核电厂重要设备故障、控制系统失效、操纵员的误操作，或其他原因导致核电厂严重偏离正常运行工况或出现事故工况时，仪表和控制系统的保护系统可以迅速地做出反应，自动停闭反应堆或起动专设安全设施，保证核电厂和周围环境的安全。

4.1 核电厂运行状态监测系统

4.1.1 中子注量率监测

1. 系统描述　反应堆的热功率正比于堆芯内中子注量率。中子注量率对反应堆功率变化的响应速度快（毫秒级），所以普遍用来监测堆的热功率。由于堆芯内环境条件十分严酷，一般中子探测器难以长期工作，压水堆核电厂通常把中子探测器置于反应堆压力容器外，测量由堆芯泄漏出来的中子，所以也称为堆外中子测量系统，其注量率水平一般较堆内约低三个数量级。

反应堆长期停闭后再起动时，从中子源水平到满功率水平，中子注量率一般要增长 8~10 个数量级，用一种探测器难以满足要求，通常把整个测量范围分为源区段、中间区段和功率区段，分别用不同的探测器进行测量。为避免出现盲区，相邻两种探测器的测量范围要求有 1~2 个量级的重叠。一般说来，源区段相应于堆从次临界停闭状态起动到临界状态；中间区段相应于堆从临界状态到额定功率；功率区段相应

于功率从 1%~200% 额定功率。

由于源区段中子注量率水平很低，且有较高的 γ 辐射场，探测器通常采用硼正比计数管，测量 $(10^0 \sim 10^6)/(cm^2 \cdot s)$ 范围的中子注量率；中间区段用带 γ 补偿的电离室，测量 $(10^4 \sim 10^{10})/(cm^2 \cdot s)$ 范围的中子注量率；功率区段采用不带 γ 补偿的电离室，测量 $(10^8 \sim 10^{10})/(cm^2 \cdot s)$ 范围的中子注量率。由于在高功率时需测量堆芯轴向功率分布，功率区段探测器使用长度与堆芯高度相当的长中子电离室，且按堆芯中点对称沿轴向分为上下各 1 节或上下各 3 节的电离室。典型的探测器布置如图 15.4 - 1 所示。

中子注量率三个区段的测量信号都必须输入到反应堆保护系统以作为保护监测变量。为保证保护系统各个冗余通道的独立性，通常源区段和中间区段探测器设置 2 个独立的测量通道，相应安装 2 套独立的测量装置；功率区段探测器设置 4 个独立的测量通道，相应安装 4 套独立的测量装置。中子注量率信号在输入到指示仪表或控制系统的传输中采取电气隔离措施，以保证系统的独立性。

2. 中子探测器　中子是不带电的粒子，因而不能直接在探测器中引起电离。中子必须与物质相互作用，通过核反应进而产生带电粒子，这些带电粒子在充气探测器中将引起电离，并被收集到探测器的电极上，产生反映中子注量率水平的电压脉冲信号或弱电流信号。

（1）源区段探测器采用 BF_3 充气式正比计数管。在该探测器中，入射中子与 B - 10 产生引起电离的带电粒子 Li^+ 和 α。由于电极上加有高压，可以产生二次电离，提高灵敏度。电离后产生的正的和负的离子在电场的作用下被收集到探测器的电极上而产生电压脉冲信号，每个超过确定幅度的脉冲表示一个中子事件。由于 Li^+ 或 α 粒子的射程是非常有限的，所以一旦产生电离粒子，其飞行距离不会超出 BF_3 计数管的范围。

（2）中间区段探测器采用补偿电离室。该探测器实际上是一个外壳里装了两个电离室：一个电离室涂了浓集的同位素硼-10，它对中子和 γ 是灵敏的。第二个电离室没有被涂敷硼-10，因而它仅仅对 γ 是灵敏的。连接两个电离室，使它们的输出电流极性刚好相反，因此，可以在很大程度上消除 γ 对测量的影响。

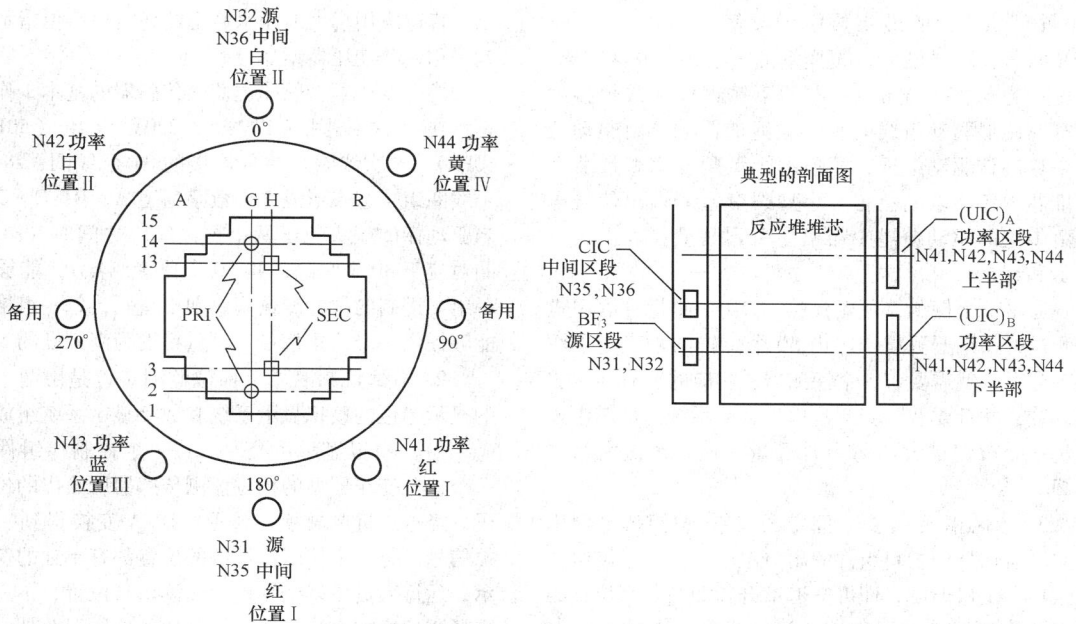

图 15.4-1 核仪器仪表系统探测器布置

（3）功率区段探测器采用涂硼的无补偿电离室。该电离室对 γ 和中子两者都是敏感的；由于它工作在功率区段，中子注量率水平要比 γ 照射量率大许多倍，可以不需要 γ 补偿。功率区段探测器使用无补偿电离室的另一个理由是，在高功率时 γ 照射量率也正比于反应堆功率，而功率区段仪表显示的满功率百分数是根据二次系统热平衡来校准的。

4.1.2 堆芯监测系统

1. 系统描述 为正确掌握堆芯内功率分布状况，防止反应堆总功率虽在设计额定范围内，但由于堆芯功率分布过分不均匀或燃料组件内冷却水流道发生异常而出现局部功率或热力参数超过允许值，需要设置堆芯测量系统。根据堆芯温度分布和中子注量率分布测量数据，通过分析计算即可确定堆芯功率分布，进一步计算出冷却剂焓的分布和燃耗分布以及估计冷却剂流量分布，判断堆芯出现局部容积沸腾的危险及其程度。

压水堆的堆芯测量系统由堆芯中子注量率测量和燃料组件冷却剂出口温度测量两部分组成。设计要求约 1/3 燃料组件设置有中子注量率测量管道或设置热电偶测量堆芯燃料组件冷却剂出口温度，或两者都有。一座百万千瓦级的压水反应堆一般设有 50 个左右的中子注量率测量通道和 40 支左右的热电偶。根据设计，使被监测燃料组件呈"四分之一堆芯"对称布置，所配置的堆芯监测仪表能对全堆芯进行有效的监测。典型的堆芯仪表的分布如图 15.4-2 所示。

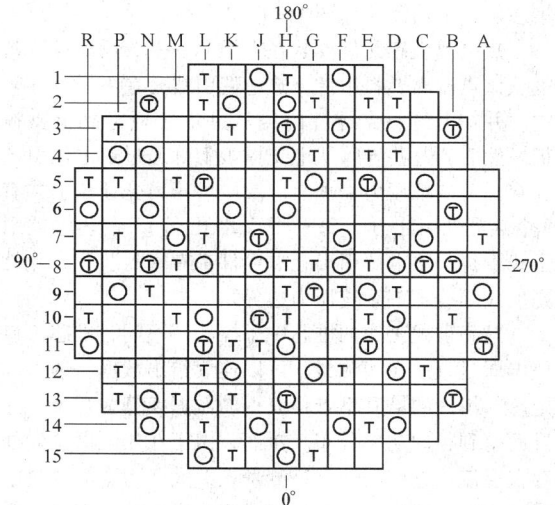

图 15.4-2 热电偶和中子注量率测量套管分布
〇—中子注量率测量套管；T—热电偶

2. 堆芯中子注量率测量 方法主要有利用小型移动裂变室进行直接测量和利用气动球活化进行间接测量等多种。利用移动裂变室的直接测量法为更多的压水堆核电厂采用。该裂变室能在反应堆堆芯内部的测量管道中移动，进行该测量管处堆芯垂直方向的中子注量率分布的局部测量，探测中子注量率分布的变化。

可移动的小型裂变室探测器使用富集度高于90% 的 U_3O_8（氧化铀），每个裂变室设计成有

1.0×10^{-17} A／nv 的最小热中子灵敏度和 3×10^{-14} A／R/h 的最大 γ 灵敏度。裂变室的直径约为 0.477cm，长度约为 5.334cm。裂变室的不锈钢外壳被焊接到绕有螺旋形驱动齿线的驱动缆绳的前端，由驱动装置来移动该驱动缆绳，相连的小型裂变室就被移动到堆芯内所要求的位置。小型裂变室的输出信号电缆由中空的驱动缆绳中穿出，引到测量仪表上进行指示和记录。

通常一个探测器可轮流插入 10 个测量管道中进行测量，如果要测量堆芯内 50 个位置的垂直中子注量率分布，就需要有 5 个探测器，相应的要有 5 台驱动装置，并且要有一套测量用的管路系统。堆芯中子注量率分布测量大约每个月测量一次，每次大约需要 2h。

3. 堆芯温度测量　固定的镍铬-镍铝热电偶用来监测所选择的燃料组件的出口温度。知道了该组件的入口和出口温度，即可知道焓升。如在各个位置的组件的焓升都能进行比较，就可绘出径向功率分布图，在一个典型的四环路压水堆核电厂中，有 65 个堆芯位置被监测，如图 15.4 - 2 所示。

热电偶敏感元件安装在上堆芯板上，反应堆冷却剂从该点流出燃料组件。热电偶引线套在不锈钢导管中，并在上封头支撑柱内侧从上堆芯板穿到上支撑板。然后，这些导管从上支撑板上部通过热电偶引出孔穿出反应堆压力壳顶盖。反应堆压力壳顶盖上共有 5 个热电偶引出孔，每一个引出孔有 13 个热电偶引出线。每个热电偶引出孔贯穿件都有密封装置，此处是反应堆冷却剂系统压力边界。

与间歇式工作的堆芯中子探测器不同，堆芯出口热电偶是直接在线测量，可以连续给出数据，通过确定燃料组件的焓升不难将获得的数据换算为功率，并进而得到径向功率分布。然而，由于在热电偶位置处存在混流，它们的缺点是测量误差大。为了减少热电偶测量中的误差，并为在线监测提供准确的径向功率分布，堆芯内热电偶在定期的监督检验期间相对于堆芯内中子注量率探测器数据作校正。

电厂计算机系统不断地监测热电偶读数，热电偶读数在控制室中也可以单独读出。

4.1.3　控制棒位置监测

控制棒位置监测系统监测堆芯内每个控制棒组件的位置，在控制室内提供显示。

控制棒位置监测系统包括棒位监测传感器和棒位监测装置两个主要部分。

1. 棒位监测传感器　棒位监测传感器主要有 3 种形式：可变变压器型、舌簧开关型和差分变压器型。普遍应用于大型压水堆上的格雷码棒位指示装置就采用差分变压器型。

差分变压器型的棒位监测传感器的基本工作原理是：在一次线圈通以交流 220V 电压（50Hz 或 60Hz），二次线圈是差分连接的 31 个线圈；将这 31 个线圈组合起来形成 5 个数字通道 A、B、C、D、E；当驱动棒的端头位于两个探测线圈之间时（31 个线圈对应于 30 个间隔，共 30 个位置测点），能够得到一组二进制的位置测量编码即格雷码，每一组格雷码能够提供一个位置信号，测量精度为满刻度的 5%。

2. 棒位监测装置　棒位监测装置是由两个独立的显示棒位的模拟显示系统和数字显示系统组成的。

(1) 模拟显示系统。对每一个控制棒组件均由一个差分变压器型的棒位监测传感器所给出的位置编码，经过二进制转换、整形、D／A 变换得到一个模拟信号。每一个控制棒组件的位置都有单独的仪表指示，运行人员可以连续地直接读出其位置，不需要用选择或切换的方法来显示控制棒的位置。此外，还设置了控制棒的落棒报警装置。

(2) 数字显示系统。数字显示系统对控制棒驱动机构逻辑装置中产生的步进脉冲进行计数，以数字形式显示控制棒的位置。

模拟显示系统和数字显示系统相互独立，互为监督。在运行人员判别故障时，应比较模拟显示和数字显示，这样单一性位置指示错误不致使运行人员误操作。

控制棒位置监测系统除了具有控制棒位置显示功能外，还具有棒位监督和报警功能。由模拟显示系统给出的是控制棒的测量位置或实际位置。由数字系统给出的是根据要求应该到达的位置，即"预期位置"。当两者不一致且相差很大时，产生报警信号。

4.1.4　过程监测仪表

在核电厂中，除了中子注量率监测仪表和核辐射监测仪表以外的所有监测仪表均称为过程监测仪表。过程监测仪表的主要功能是在起动、停闭和正常运行过程中监测核电厂的温度、压力、流量、液位和介质成分等参数，为核电厂的操纵员、控制系统和保护系统提供必需的信息。核电厂的主要过程监测参数及仪表如下：

1. 一回路冷却剂温度测量　反应堆一回路冷却剂在反应堆进口、出口处的温度、温差及平均温度，是反应堆最重要的监测参数。

冷却剂温度测量元件广泛使用铂电阻温度计。使用时通常是把铂电阻温度计安装在由蒸汽发生器进口到出口以及主泵出口到蒸汽发生器出口连接的两条旁路上面，而不直接安装在反应堆进出口的主管道上。这样可以使它们处于比较低的辐射场中，从而可以提高测量的准确度；另一方面也防止冷却剂流动的冲击力过大而损坏温度计。不过由于温度计安装在旁路上，管道有一定的长度，会造成温度测量的滞后，必须在设计时加以考虑并进行补偿。

2. 一回路冷却剂流量测量　维持反应堆一回路中冷却剂的正常流量是保证反应堆功率输出和确保反应堆安全的一个重要条件。

在压水堆核电厂中广泛使用弯管流量计。它不需要外加测量元件，也没有附加压力损失，其测量精度约为±10%，即使在直管段不满足要求的情况下，其重复性也在±3%之内。经过标定，测量精度还可再提高。

随着大型核电厂主管道的横截面越来越大，介质的流动形式及分层的不均匀性，使弯管流量计的测量精度难以满足要求，因此，出现了一种利用一回路冷却剂中活化了的^{16}N来测量流量的方法，称为相关统计测流量法。

有的核电厂还利用与主泵轴相连的同步装置及辉光管数字显示的脉冲计数，能够非常准确地给出反应堆冷却剂主泵的转速，可以用来代表冷却剂的流量。

3. 一回路冷却剂压力测量　反应堆一回路冷却剂压力同样是反应堆控制与安全运行的重要参数之一。

压力测量按其量程可分为两种：一种为起动和停堆过程中的宽量程测量；另一种是功率运行期间的高起点窄量程测量。压力测量中多采用压力变送器和布登计作为测量装置。

4. 反应堆压力容器水位测量　在美国三哩岛核事故后，美国核管会要求所有商用压水堆核电厂必须安装反应堆压力容器水位测量装置。目前已有各种水位测量方法和相应的装置用于不同反应堆的水位测量。如热端加热热电偶法、差压水位测量法、γ探头法、扭曲超声测量法和中子探测器法等。目前压水堆主要应用热端加热热电偶法和差压水位测量法。

5. 一回路冷却剂硼浓度测量　压水堆核电厂一回路冷却剂的硼浓度测量有两种方法：化学分析滴定法和中子吸收法。化学分析滴定法比较简单，但是只能测出硼-10和硼-11同位素的混合含量。事实上只有硼-10对反应堆的反应性有影响，而硼-10和硼-11的比份在核电厂运行过程中不断变化，这就是化学分析滴定法的局限性，因此，现在多采用中子吸收法测量硼浓度。

中子吸收法硼浓度计的工作原理是：利用Am-

Be中子源辐射的快中子经与慢化剂的碰撞、散射变成热中子，它很容易被硼-10吸收，发生反应。冷却剂中硼浓度越高，则被吸收的热中子数越多，从而使BF_3计数管探测到的中子数减少，即BF_3计数管累积到一定计数的时间T就越长。这样，通过T和硼浓度的特定函数关系，就可以对一回路冷却剂的硼浓度进行测量。

4.1.5　其他监测

核电厂的其他监测包括燃料元件破损检测系统和放射性监测系统。

燃料元件破损的检测方法主要有一回路冷却剂的β、γ总放射性测量法、缓发中子法、啜吸试验法等。此外，还有同位素相对丰度测量法，但因目前尚未准确掌握同位素扩散规律，此方法只能作出是否破损的定性判断，还不能作定量测量。

压水堆核电厂的放射性监测系统可以分为对工艺过程的辐射监测及区域辐射监测。利用它们可以监视包括裂变产物在内的各种放射性物质的扩散、转移及核电厂内外空间的辐射剂量的变化。使用的探测器主要有电离室、盖格-弥勒计数器、闪烁计数器、胶片剂量计以及半导体探测器等。

1. 工艺过程的辐射监测　它是通过监测从反应堆、屏蔽层、重要设备和管道中泄漏和逃逸出来的中子和β、γ射线，对系统和设备进行故障诊断。需要监测的设备和系统有安全壳、蒸汽发生器、冷却剂回路、设备冷却水系统、废物处理系统及通风空调系统等。

2. 区域辐射监测　其任务是测量厂区内特定区域空间的放射性水平，监视由于故障、事故而引起的放射性水平的异常升高。

厂区内的辐射监测仪表包括长期固定设置的放射性监测仪表和便携式的放射性监测仪表。

4.2　压水堆核电厂的控制系统

4.2.1　概述

1. 核电厂的运行方式

(1) 基本负荷运行方式。基本负荷运行方式是反应堆功率基本不变，不进行快速的负荷跟踪运行，好处是在运行过程中设备所受的热应力较小，控制棒基本不动，有利于安全和机组的寿命。

(2) 负荷跟踪运行方式。可以进一步细分为两种方式：参与电网日负荷跟踪和参与电网的调频。负荷跟踪运行方式要求反应堆功率适应负荷变化的要求，具有从电力系统向反应堆的自动反馈回路，控制系统较为复杂。

负荷跟踪运行方式使得机组具有灵活的功率调节能力，但是负荷的频繁变化，使得控制棒频繁动作而易于损坏。可以利用反应堆的负温度系数而具有的自调节能力，采用较大的控制棒动作死区，避免控制棒的频繁动作。

目前，商用压水堆核电厂大部分都设计成可以按照上述两种方式运行。基于安全上的考虑，在实际运行时，大都采用基本负荷运行方式，但是在一定范围内能跟踪负荷变化。

2. 核电厂的运行目标　核电厂的运行要满足电网和工艺蒸汽系统的技术要求，其中心问题是高效的供应蒸汽并满足发电的需求。

功率阶跃变化或准阶跃变化通常是由电网事故起动的，而功率的斜坡线性变化则是由操纵员或控制作用引进的。影响电厂机组功率转换的各种工况，都可以由下面几种运行工况所包括，因为它们的幅度和改变速率包括了所有其他工况。核电厂的设计运行目标是使得系统在这些运行工况下的运行特性是满意的。

(1) 负荷在 15%～100%FP 范围内的稳定运行工况下，系统能够以自动方式稳定运行，而不会引起向冷凝器蒸汽排放。

(2) 负荷在 0～100%FP 范围内的所有运行工况下，系统能够以手动方式稳定运行。

(3) 在自动工作方式时（负荷在 15%～100%FP 范围内），系统必须能够适应下述正常运行暂态而不会引起反应堆停堆、冷却剂或二次侧的安全阀或卸压阀打开：

1) 允许负荷阶跃变化范围在 ±10%FP 以内，但负荷变化 10%FP 时，负荷不得超过 100%FP，同时不向冷凝器排放。

2) 允许负荷以 ±5%FP/min 的速率连续变化，同时不向冷凝器排放。

3) 100% 甩负荷时，允许蒸汽排放到冷凝器和给水箱。

4) 反应堆紧急停堆、汽轮机脱扣时，不引起蒸汽发生器二次侧安全阀打开。

3. 核电厂控制系统的主要功能

(1) 用于核电厂的起动、停堆、升功率、降功率以及稳态功率运行。

(2) 实现功率分布的控制，使反应堆在良好的安全性和经济性状态下运行。

(3) 抵消过剩反应性，补偿在运行中由于温度变化、中毒和燃耗所引起的反应性变化。

(4) 迅速、准确、可靠地监测核电厂所有参数，并实现对过程参数的手动和自动控制。

4. 核电厂控制系统的设计原则

(1) 确保核电厂的所有系统和设备在性能要求的范围内运行。

(2) 在稳态运行工况下，保持主要运行参数与设计所给出的最佳值尽可能靠近，尽可能抑制功率的波动，使得能够尽量提高核电厂运行的经济性和安全性，减少对燃料寿命的不利影响。

(3) 在保证电网要求的运行灵活性的同时，使得控制系统能适应一定的运行暂态，并且在暂态运行工况下，能够将核电厂的各种状态和运行参数保持在设计要求的范围内。

(4) 在运行暂态或设备故障后，保持主要参数在正确的运行范围内，以尽量减少对反应堆保护系统不必要的要求。

5. 压水堆核电厂控制系统的组成　压水堆核电厂的控制系统可以分为核岛控制系统和常规岛控制系统。核岛控制系统主要包括反应堆功率控制系统、硼酸浓度控制系统、稳压器压力与水位控制系统、蒸汽发生器水位控制系统等。常规岛控制系统主要包括蒸汽旁路控制和大气排放控制系统、汽轮机调速系统、冷凝器控制系统等。

4.2.2　反应堆功率控制系统

反应堆功率控制系统执行控制棒正常提升、插入有关的控制任务，用于实现反应堆的起动、功率运行、功率转换和正常停堆。有手动和自动两种控制模式。系统的主要控制任务如下：

(1) 控制和调节反应堆功率，使得反应堆输出功率与负荷需求相适应，并根据所给定的稳态运行方案，调节一回路的平均温度。

(2) 在正常运行工况下，抑制引入反应堆的内、外反应性扰动。

控制棒按照功能进行分组。在压水堆核电厂中控制棒分为安全棒组和调节（控制）棒组。正常运行时各种控制棒在堆芯内部都有规定的位置范围。为了防止控制棒处于不正常位置，防止在不正常运行工况时控制棒的动作导致加重偏离正常状态，还设有联锁线路，闭锁控制棒的动作或报警。

压水堆功率控制系统是一个以平均温度为主调节量的冷却剂平均温度调节系统。它主要由三通道非线性调节器、控制棒的逻辑控制装置、控制棒驱动机构的大功率驱动电源以及控制棒驱动机构组成。

1. 三通道非线性调节器　由冷却剂平均温度定值通道、冷却剂平均温度测量通道和功率失配（或补偿）通道组成。主通道是冷却剂平均温度定值通道和冷却剂平均温度测量通道。

三通道非线性调节器的作用是：在反应堆功率运行时，当负荷需求与反应堆功率出现不平衡时，能给出误差信号，该误差信号经棒速程序控制单元后，给出控制棒移动的速度和方向（提升或插入）信号。由于该调节器含有非线性环节，通常称为三通道非线性调节器。

（1）冷却剂平均温度定值通道。该通道提供了按稳态运行方案即冷却剂平均温度程序运行方案的给定值信号。它主要由函数发生器和相位滞后环节组成，反映了负荷要求的汽轮机第一级冲动室压力信号经函数发生器产生平均温度程序定值信号，该信号经相位滞后单元产生延迟，以便消除微小的但是又急剧的负荷扰动信号，以避免不必要的反应堆功率跟踪和控制棒的频繁动作。

（2）冷却剂平均温度测量通道。冷却剂的平均温度是用电阻温度计测量一回路热段和冷段温度，再取平均值得到的。该信号通过一个滤波器，主要是为了滤掉温度传感器带来的热噪声。

（3）功率失配（或补偿）通道。该通道的作用是当出现一个动态功率失配而平均温度尚无明显变化时，直接对控制棒进行控制。主要由偏差微分、非线性增益和可变增益单元组成。当负荷变化时，产生功率偏差的不完全微分信号，再经增益校正后加到误差综合器参与调节。偏差微分电路使该通道在过渡过程中提供快速响应。

（4）误差综合器。由误差综合器将三个通道的误差信号进行综合，其幅值大小产生控制棒的移动速度信号，其符号给出控制棒的移动方向信号。

（5）棒速程序控制单元。控制棒速度的控制信号由棒速程序控制单元产生。该单元提供一个与速度成正比的电压信号，其控制特性是一个非线性曲线，它可分为四个区域：死区、最小棒速区、线性棒速区和最大棒速区。在死区不产生任何提升或插入控制棒的指令，设置死区是因为在正常的电网频率波动时，避免控制棒频繁动作引起的机械疲劳。在最小棒速区一般提供的最小棒速是 8 步/min，在最大棒速区一般提供的最大棒速是 72 步/min。在线性棒速区提供随误差信号线性变化的棒速。该棒速程序控制单元同时根据棒速信号的极性，给出控制棒移动方向的控制信号。

2. 控制棒的逻辑控制装置、大功率驱动电源和驱动机构　压水堆广泛采用磁力提升器作为控制棒的驱动机构。通过磁力提升器的提升、传递和静止线圈按照一定程序通以由控制棒大功率驱动电源产生的电流脉冲，实现与驱动杆相连的控制棒的上下步进移动。

控制棒的逻辑控制装置的主要作用是产生控制棒组件各组及子组的控制信号，由控制棒大功率驱动电源产生磁力提升器提升、传递和静止线圈通电电流脉冲。它主要由组选择开关与组重叠电路、步进脉冲发生器、主循环器和从循环器组成。

4.2.3　硼酸浓度控制系统

反应性控制的主要手段是控制棒和一回路冷却剂硼酸浓度控制。硼酸浓度控制系统属于化学与容积控制系统，它的作用有两个：一是用加硼或稀释来控制慢变化的大量的后备反应性，即在慢化剂中加入一定浓度的可溶性中子吸收剂——硼酸，通过调节溶液中硼酸浓度来补偿反应性变化；二是当反应堆轴向功率分布不均匀超出规定的范围时，可通过自动或手动调节堆内的硼浓度，用以调整控制棒的位置使轴向功率分布不均匀度回到规定的范围内。调硼的好处是减少了控制棒的数量，改善了轴向功率分布，增大了反应堆的后备反应性，使反应堆寿命延长，燃耗增加，简化了堆芯设计。

硼酸浓度的控制方式有四种：自动补给方式、稀释方式、加硼方式和手动补给方式。

4.2.4　稳压器压力和水位控制系统

稳压器是压水堆核电厂核岛的重要设备之一。它安装在一条热工环路上，其主要作用是维持一回路压力在整定值上。

一回路压力对核电厂的安全运行有重要影响。由于负荷变化或堆芯反应性扰动等，都会导致一回路冷却剂平均温度发生变化，引起一回路冷却剂体积变化，一回路压力也随之发生变化。一回路压力过高，会使整个回路处于危险的应力工况，会发生设备疲劳、管道破裂等事故；压力过低，就有冷却剂汽化的危险，引起堆芯局部沸腾，燃料元件与冷却剂传热恶化，导致可能出现燃料元件熔化的危险。

1. 稳压器压力控制系统　稳压器压力控制系统保证一回路压力在正常运行时保持其设定值，且在正常瞬态中，不会引起反应堆事故停堆，也不会使安全阀动作。

维持稳压器压力恒定的第一种方法是电加热，使水汽化增压；第二种方法是喷雾降温降压。

稳压器压力控制采用下述执行机构：

（1）浸入式加热器位于稳压器底部，由比例加热器和备用加热器组成，其中比例加热器功率可变。加热器的功能是在蒸汽压力趋于下降时，通过加热稳压器中的水，使之更多地汽化，蒸汽增加，压力升高。

（2）双回路喷雾系统位于稳压器顶部，每个回路都有 1 个阀门，用一个喷头。喷雾系统的功能是把取自两个冷段的冷水，以小滴状态喷到稳压器顶部，使蒸汽冷凝，从而降低压力。

（3）压力释放阀，由动力卸压阀和安全阀组成，其功能是通过排掉稳压器中的蒸汽来降低压力。

正常运行时，使用功率可变的比例加热器控制由于一回路参数扰动引起的压力变化。当压力过低时，比例加热器和备用加热器都投入工作，使在稳压器内产生更多的蒸汽而使压力迅速恢复；当压力过高时，通过控制喷雾调节阀，使蒸汽冷凝，压力下降。在负荷陡降的瞬态过程中，压力增幅过大超出喷雾调节阀的调节能力时，设置的动力卸压阀依次打开，将稳压器内的蒸汽排入卸压箱，使压力迅速下降；在某些工况下，即使动力卸压阀已经打开，压力仍可能很高，则稳压器安全阀自动打开，以保证一回路压力不超过安全限值。

2. 稳压器水位控制系统 反应堆在起动、升/降功率或停堆过程中，一回路冷却剂平均温度变化范围较大，将引起一回路水容积变化。稳压器水位控制系统使稳压器水位维持在其设定值，从而使稳压器能完成其保持所需的反应堆冷却剂压力的主要功能。

对核电厂运行来说，希望反应堆冷却剂系统的水装量保持稳定，以便在功率变化时，最大限度地减少由反应堆冷却剂系统排放出去的含有放射性的冷却剂的体积。因而稳压器水位设定值的设置，必须考虑到反应堆冷却剂系统的温度变化，该变化在恒定的质量下将导致稳压器冷却剂的进出。因此，水位设定值应作为反应堆冷却剂温度变化范围的函数，由平均温度和汽机压力（代表汽机负荷，对应于冷段和热段温差）计算出来。

反应堆冷却剂系统中的水装量由化学和容积控制系统通过稳压器水位控制系统对上充流量和下泄流量的调节来保持。稳压器水位控制系统的设计原则是使被自动控制的上冲流量的变化最小。

稳压器装有四个水位测量传感器，三个用于水位调节和反应堆保护，一个传感器用于冷态标定，适用于反应堆起动和停堆。三个水位测量信号通过手动选择两个测量信号，分别送到两条不同的通道上。

通道 1 的主要作用是控制化容系统上充流量调节阀，通过改变上充流量来调节稳压器水位。通道 1 由两个串联在一起的调节回路组成。主调节器（水位调节器）处理水位测量值与水位设定值综合后产生的误差信号，并根据下泄流量计算出上充流量的设定值。第二个调节器（流量调节器）以该设定值为基准，产生上充流量调节阀的操作信号，调节化学和容

积控制系统的上充流量。上充流量调节阀有两个限值，在接近两个限值中的一个时，就发出报警信号。

来自选择开关的通道 2 信号，用于报警和产生联锁信号。

在起动和停堆工况时，稳压器水位实行手动控制。

4.2.5 蒸汽发生器水位控制系统

蒸汽发生器是压水堆核电厂动力装置中主要设备之一。在每一条热工环路上，分别装有一台蒸汽发生器。其主要功能是把一回路载热剂从反应堆堆芯带走的热量经蒸汽发生器管壁传给二回路水，使之产生蒸汽，带动汽轮机做功。同时，一回路水流经堆芯具有放射性，蒸汽发生器成为防止二回路被污染的防护屏障。

在运行过程中，如果蒸汽发生器水位过低，会产生下列危险：引起蒸汽进入给水环，从而在给水管道中产生危险的汽锤；引起管束传热恶化；引起蒸汽发生器的管板热冲击；如果水位过高，会有淹没人字形汽水分离器的危险，使蒸汽干度降低而危害汽轮机叶片。由此可见，控制蒸汽发生器水位的重要性。

蒸汽发生器水位控制的功能是将蒸汽发生器二回路侧的水位维持在程序定值上。

对蒸汽发生器水位控制系统的一般技术要求如下：

（1）在稳态功率运行工况下，能维持蒸汽发生器水位在程序定值上，稳态偏差要小。

（2）在热态 0～100% 功率范围内，负荷以 5% FP/min 线性变化时，能够自动跟踪负荷的变化，维持水位在预定的范围内。

（3）在 ±10% 给水流量或 ±10% 蒸汽流量的阶跃变化，或冷却剂平均温度 ±3℃ 的阶跃变化，水位最大超调量在 ±300mm 之内，衰减率应大于 0.7。

（4）在满功率运行时，保证系统在 −50% 负荷的阶跃变化下（在蒸汽旁路控制系统协助下）稳定运行。

蒸汽发生器的水位取决于给水流量、给水温度、反应堆冷却剂温度和蒸汽流量。每台蒸汽发生器的水位调节都是用控制进入所述蒸汽发生器的给水流量来实现的。采用两个并联安装的阀门调节流量：一个用于大流量的正常运行的主调节阀；另一个用于低负荷运行的旁路调节阀。为优化阀门的运行，应力图使通过阀门的差压近似恒定，这可以由控制给水泵的转速完成。为避免给水调节阀阀位和汽动给水泵速度之间产生耦合，母管之间的压差控制必须相对要快。特别是任何一台蒸汽发生器的阀位变化，必须通过给水泵

速度的变化得到迅速补偿。

在大型压水堆核电厂中蒸汽发生器水位控制系统是由蒸汽发生器给水流量调节系统和主给水泵转速调节系统组成的。前者可以对每个蒸汽发生器分别调节，流量变化比较慢；后者是对所有蒸汽发生器给水一起调节，流量变化比较快。

1. 蒸汽发生器给水流量调节系统　在蒸汽发生器中，由于蒸汽流量的变化，使得蒸汽发生器内沸腾段的气泡量随局部压力的变化而变化，使水位呈现瞬时的"虚假水位"现象。由于这种虚假水位现象的出现，为了改善控制系统的调节特性，通过引进蒸汽流量与给水流量的失配信号就能抑制主给水控制阀受"虚假水位"的影响。因此，蒸汽发生器给水流量调节系统是由蒸汽流量、水位和给水流量组成的三冲量调节系统。利用并联安装在每条给水管路上的（蒸汽发生器入口侧）两个调节阀控制给水流量，从而调节水位。一个是"低流量"阀，或称旁路阀，用于启动和低负荷运行，在高负荷时保持全开；一个是高流量阀，或称主阀，用于15%以上负荷运行。

每个给水流量调节系统的组成主要包括：

(1) PID 水位控制器。其输出信号与经滤波后的蒸汽流量测量信号相加，以产生一个给水流量需求信号。

(2) 流量调节器。利用给水流量需求信号和给水流量测量信号，以调整主调节阀的阀位。

(3) 旁路调节阀控制通道。附有主阀和旁路阀之间的切换系统。

(4) 与反应堆紧急停堆相关联的逻辑。

在高负荷运行时，水位测量信号与水位定值信号比较后，其误差信号经可变增益校正（由给水温度决定该校正单元的可变增益系数，以改善在 0~20% 范围内低负荷下水位的稳定性）后，再经 PID 水位调节器作用，所产生的输出信号与经滤波后蒸汽流量测量信号相加，以提供给水流量的设定值。给水流量设定值信号与相应蒸汽发生器被测给水流量相比较，产生的流量误差信号送至 PI 形式的给水流量调节器，驱动主给水调节阀。

在低负荷运行时，手动控制水位的实际难度很大，必须设置能够从 0~100% 功率的水位自动控制。然而低负荷时，由于压差太小，流量测量不精确，信噪比也变得较差，此外，也不提倡主阀在微小开度位置上运行，不仅会引起过度磨损，而且会损害其调节性能。因此低负荷给水流量控制是根据水位调节器的输出信号操作"低流量"调节阀（旁路调节阀）的开度来调节水位。旁路调节阀安装在主调节阀附近的旁路管上，此时不再有给水流量的闭环控制。函数发生器将流量输入信号转换成阀门开度信号。名义流量的信号对应于阀门全开。旁路阀的名义流量大约是蒸汽发生器名义流量的 15%。由于水位调节器在低负荷时的运行特性不好，因此必须引入构成总蒸汽流量的前馈信号。再叠加水位偏差信号去调节给水旁路调节阀的开度。

2. 主给水泵转速调节系统　用于调节主给水泵的转速，使蒸汽母管和给水泵出口母管间的压差保持为规定的程序定值，该程序定值为蒸汽流量的增函数。

该控制系统执行下述任务：

(1) 维持阀位在线性范围内。

(2) 当阀门几乎关闭，即处于流量调节范围的下部，或出现大的压降时，避免操作阀门（因为这会引起快速磨损）。

(3) 在任何时候，阀门的开启或关闭总要保证有一定的可用余量。

主给水泵转速调节系统由两个调节回路组成：一个是蒸汽总流量及蒸汽/给水压差调节回路，按照蒸汽总流量确定给水联箱/蒸汽联箱压差的整定值；另一个是转速调节回路，机械液压式（或电液式）转速调节器调节给水泵汽机的高压和低压蒸汽进汽阀，控制汽轮机调节给水泵转速。

主给水泵转速调节系统的调节过程如下：

(1) 如果负荷增加，则蒸汽流量需求增加，每一个蒸汽发生器给水流量调节系统控制给水调节阀开度加大，增大给水流量，该动作应迅速，避免由瞬态变化初期"虚假水位"现象而使蒸汽发生器水位降低。

(2) 调节阀开度增大，导致给水联箱内压力增加，给水联箱/蒸汽联箱压差减小，而同时压差的整定值却随蒸汽流量的增大而增大，这就导致给水泵转速增加。

(3) 给水泵转速增加使得蒸汽发生器给水流量进一步增加，于是给水流量调节系统将调节阀开度减小，调回到最佳位置。

(4) 给水调节阀调回后，使得给水联箱/蒸汽联箱压差增大，给水泵转速调节系统稳定到新的整定值上。

4.2.6　蒸汽排放控制系统

反应堆功率不能像汽轮机负荷那样快的变化。蒸汽排放系统减缓了由汽轮机大量、快速负荷降低引起的核蒸汽供应系统温度、压力瞬态的幅度，用直接向凝汽器和给水箱或大气排放主蒸汽的方法，从而提供一个"人为的"反应堆负荷。

该功能由下述系统执行：

（1）蒸汽旁路控制系统。向凝汽器和给水箱排放蒸汽。

（2）大气排放控制系统。向大气排放蒸汽。

1. 蒸汽旁路控制系统 能够有控制地将一部分蒸汽通过旁通阀直接导入凝汽器和给水箱，它是功率调节系统的辅助系统。

向凝汽器排放蒸汽的主要功能是：

（1）允许核电厂承受突然的负荷减小（最多可达100%的外部负荷），而不致引起反应堆紧急停堆或起动蒸汽发生器的安全阀；在将机组手动切换到厂用负荷运行工况时，防止开启稳压器卸压阀。

（2）在某些条件下（汽机旁路可用时），允许汽轮机脱扣而反应堆不停堆。

（3）允许反应堆承受超过10%FP的阶跃负荷变化或大于5%FP/min的线性负荷变化。

（4）在反应堆紧急停堆时，防止蒸汽发生器超压和阻止蒸汽发生器安全阀开启；并且从反应堆冷却剂系统中排出蓄存的能量和余热，使反应堆冷却剂系统的平均温度达到零负荷温度。

（5）允许将核电厂从热停堆手动冷却到能够将余热排出系统投入使用的程度。

（6）允许在起动汽轮机之前起动反应堆和二回路。

对于甩掉大的负荷，在出现下列工况时，向给水箱的蒸汽排放是必需的：

（1）厂用负荷运行工况。

（2）不停堆的汽轮机脱扣。

（3）伴有停堆的汽轮机脱扣。

凝汽器蒸汽排放功能和向给水箱的蒸汽排放功能不是安全功能，但是设置了联锁，以避免可能对核电厂安全不利的运行方式。

整套旁通阀分成若干组。其中一组用于反应堆冷却，通常称为"反应堆冷却阀"。它经常动作，经过特别设计能够快速打开。在正常工况下，旁通阀是关闭的。

蒸汽旁路控制有两种方法：平均温度控制和蒸汽集管压力控制方法。

平均温度控制方法通常用于控制棒自动控制范围（15%~100%FP）。在甩负荷时，因为平均温度定值与负荷成线性函数关系，由于负荷突然减小，平均温度定值与平均温度测量值之间产生偏差信号；此信号送到温度控制器和阈值继电器，根据偏差大小，由温度控制器或阈值继电器快速开启旁通阀；此后，控制棒系统动作，通过插入控制棒降低反应堆功率，当平均温度测量值接近它的新的整定值时，使得旁通阀的

开度减小，旁路蒸汽流量减小；直到平均温度测量值与整定值之间的偏差小于死区，旁通阀全部关闭以避免负荷微小的扰动引起蒸汽旁路系统频繁动作。

蒸汽集管压力控制方法用于控制棒系统手动控制时（0~15%FP），可以手动调整压力整定点，蒸汽压力偏差信号经PI调节器，产生调节信号，还可以在控制室手动控制。反应堆从热停堆工况下冷却，靠调低整定点压力方法进行操作。蒸汽集管压力控制方法比平均温度控制方法具有更好的压力控制效果。

2. 大气排放控制系统 大气排放控制系统在蒸汽旁路控制系统不可用时提供了"人为"的负荷，并且允许将反应堆冷却剂系统冷却到能将余热排出系统投入使用的程度，从反应堆冷却剂系统中排出蓄存的能量和余热，以控制蒸汽发生器的压力为零负荷值，并维持反应堆冷却剂系统的平均温度接近其热停堆值。

核电厂在每一条回路都有一个向大气排放蒸汽的回路。每个向大气排放的回路均由装在相应的蒸汽发生器出口处的主蒸汽管道上的一根管道、电动隔离阀和调节阀组成。电动隔离阀在正常情况下是开启的，可以在调节阀发生故障时，将回路隔离。排汽的调节阀位于出口，受调节通道控制。调节通道的压力整定值使得机组在正常运行工况下、甩负荷或紧急停堆时，在凝汽器可用的范围内，蒸汽发生器出口处的实际压力低于给定的压力整定值；而在凝汽器不可用时，能够在起动安全阀之前排出部分蒸汽流量。

4.3 反应堆保护系统

4.3.1 功能

反应堆保护系统连续监督反应堆的状态，在必要时自动产生紧急停堆信号或专设安全设施触发信号，从而保证反应堆设备、人员及环境的安全。

反应堆保护系统监测所确定的保护变量，在保护监测变量达到或超过停堆整定值（表明发生预计运行事件）时，自动给出停堆触发信号，切断所有控制棒的驱动电源，使控制棒依靠自身重力快速下降插入堆芯，紧急停闭反应堆（或反插控制棒，实现降功率运行）；在保护监测变量达到或超过专设整定值（表明发生事故）时，还触发专设安全设施动作，以防止反应堆状态超过规定的安全限值或减轻由此引起的后果。

4.3.2 安全分级

反应堆保护系统执行保护反应堆的安全功能及在事故工况后参与保护公众安全。因此，反应堆保护系

统为安全级（1E级）设备，按抗震Ⅰ类、质保QA1级要求。

4.3.3　设计准则

按照核安全法规的规定，保护系统的设计应符合下述设计准则：

1. 单一故障准则　必须确保保护系统的某一监测通道或某一逻辑列内的任何单一故障均不会导致系统丧失保护功能。不仅要考虑系统内部故障，还要考虑支持系统（如电源）单一故障及外部事件引起的故障（包括外部单次事件引起的多故障）情况下均不会导致保护系统丧失安全保护功能。

2. 冗余　为了使保护系统满足单一故障准则，防止单一故障引起保护功能失效，保护系统设计必须采用冗余技术。冗余技术就是采用多个装置完成一个装置的给定功能，使任一个装置的故障不会引起该功能失效。核电厂保护系统通常为冗余结构，例如设置四个冗余监测通道和四个逻辑符合"列"。

3. 符合　为了提高保护系统触发动作的可靠性，减少误触发引起计划外停堆的概率，必须采用符合技术，以减少因信号波动、仪表漂移、系统内元器件故障等因素使保护系统产生误动作的可能性。核电厂保护系统通常采用"2/4"符合逻辑，且多采用局部符合技术。在同一个保护变量的四个冗余监测通道中，必须有两个或两个以上信号同时超过保护定值时，才使逻辑装置产生保护动作信号。

4. 独立性　为了克服冗余部件相互间的有害作用，保护系统各冗余监测通道之间，以及冗余逻辑列之间，均应按独立性原则设计，防止一个通道（或逻辑列）故障导致其他通道（或逻辑列）同时失效的可能性。保持保护系统的独立性是使用冗余技术的前提，是克服由单故障引起多故障，实现在役检验和维修的重要措施。系统的各个部分之间采用功能隔离和实体分隔来达到独立性的要求。

5. 故障安全原则　反应堆停堆系统的设计应尽可能使系统在发生任何故障时，导致安全动作，即在失去动力源和出现监测通道、逻辑列线路断开、短路等故障时，都能使系统趋于保护动作。

6. 与控制系统关系　为防止保护系统与控制系统之间的相互干扰，必须避免两者之间的相互连接或采用适当的功能隔离。要求保护系统与控制系统相互独立，当需要从单个保护通道送出控制信号或其他非保护功能信号时，必须采取适当的隔离措施，如采用光电隔离或继电器接点隔离。隔离装置属保护系统。

7. 自动保护功能　每个监测变量在达到或超过保护动作整定值时，安全监测装置就应给出一个保护动作信号。系统的保护动作信号只能被延迟或作有条件的旁通，但不能被抑制。

各保护变量的保护动作均能自动完成，保护动作一经触发，就应一直进行到完成；只有在保护变量重新恢复安全值后，保护系统才能重新手动投入。

8. 手动触发功能　系统除自动触发外，还应设置手动触发，自动触发电路中的故障不应阻碍手动触发。手动触发应操作简便，自动触发和手动触发共用的安全系统部件的数目应减至最少。这样的共用部件最好只限于安全驱动系统的驱动器。操作部件置于醒目而可靠的位置。

9. 多样性　为克服设计或设计分析的不确定性和测量设备产生共因故障，采用多样性（功能多样性、设备多样性）原则能减少某些共因故障的可能，从而提高系统的可靠性。

10. 可试验性　如果设备要求的检验时间间隔短于反应堆正常运行间隔，则此设备应能进行在役检验。检验应尽量包括从敏感元件到安全驱动器的输入端的所有部分。采用在役检验手段尽可能快地检查出系统内元器件可能出现的安全故障及非安全故障，以保证系统连续处于完好工作状态。进行在役检验时，检验时间应尽量短，并不应引起误动作。

11. 系统可靠性　保护系统的安全故障率和非安全故障概率是度量系统可靠性的重要指标。设计系统时对可靠性应该进行定性分析和相应的定量计算。安全停堆系统的可靠性可参考下述指标：

（1）每个变量的系统安全故障率每年不大于1次。

（2）每个变量在要求保护动作时，系统因随机故障而不动作的概率不大于10^{-5}。

12. 电源及电源监督　反应堆停堆系统和专设安全设施触发系统的冗余监测通道及冗余逻辑"列"分别由具有相同冗余度的、独立的安全级（1E级）电源供电。电气系统对供电状况进行监督指示，供电不正常时发出报警，系统的设计应保证失电时导致安全动作。

13. 安全联锁　为满足设计中预定的有条件改变安全系统运行状态或连接方式的需要，在保护系统内，保护系统和其他有关系统之间应设置必要的安全联锁（如与核测量系统、控制系统、棒位测量系统等的安全联锁），保护系统的安全联锁除反应堆起动过程由手动操作完成外，其他都是自动完成的。

14. 运行旁通　为了满足不同运行工况的需要，可在一定条件下旁通部分功能。但只有在设计条件满足时，才能实现要求的旁通，在执行旁通后，如果旁通条件失去，则旁通应自动失效或使系统进入安全状态。

15. 信息显示 在显示设备上对每个保护变量的当前值、动作整定值和保护系统状态，如系统投入（或复位）、旁通、联锁、故障和触发动作等，都应在显示器上给出准确的信息以进行监视，显示方式要有较好的人因性能，使操纵员易于理解。

4.3.4 反应堆紧急停堆系统

反应堆紧急停堆系统的作用是限制 Ⅱ 类事件（中等频率事故）的后果，保证在发生 Ⅱ 类事件时反应堆系统的参数不至于超过允许的安全限值，可以避免这些事件扩展成更为严重的事故。紧急停堆系统的设计基准是，根据事故动态分析所提出的要求，以快速插入控制棒作为主要手段，来防止堆芯和反应堆冷却剂边界的破坏。

在发生预计运行事件时，当参与保护的监测参数在达到或超过保护整定值时，反应堆停堆系统自动给出保护触发信号，送到控制系统的信号，使控制棒反插进行降功率运行，从而反应堆恢复正常状态；送到停堆断路器的信号，使停堆断路器触发断开，切断所有控制棒的驱动电源，使控制棒依靠自身重力快速下降插入堆芯，停闭反应堆。反应堆紧急停堆系统由三个基本部分组成：安全监测装置和安全逻辑装置以及安全驱动装置。一种反应堆紧急停堆系统原理框图如图 15.4-3 所示，停堆参数的设置和逻辑框图如图 15.4-4 所示。

1. 安全监测装置 由核测量通道（探测器和核测仪器）、过程测量通道（敏感组件或变送器）和信号调理以及信号处理等部分组成。在达到或超过整定值时，每个通道输出通道触发信号，并将这些通道触发信号传送到安全逻辑装置的输入端。必须经过事故

动态分析，对每一种假设始发事件，选择并确定保护参数及其保护整定值。

2. 安全逻辑装置 由冗余的 A、B 两个逻辑"列"组成，每个逻辑"列"内还可以由两个半逻辑组成或直接输出两个"列"的触发信号等多种方案。下面举一种常见的方案，即安全逻辑装置接受来自多个安全监测通道经过整定值比较后输出的通道触发信号，并对由同一个保护参数输出的这些通道触发信号进行 1/2（二取一）、2/3（三取二）或 2/4（四取二）局部符合处理，再把所有变量符合处理的信号进行"或"符合（N 取一）。并由冗余的半逻辑将"或"符合的信号进行 2/2（二取二）符合后，输出两个"列"的停堆触发信号，分别送到安全驱动装置的输入端。

3. 安全驱动装置 由安全触发器和停堆断路器组成，也对应分成两个"列"。

（1）安全触发器。它接受来自安全逻辑装置冗余半逻辑输出的触发信号，使安全触发器触发，输出触发信号。送到控制系统的触发信号，使控制棒反插进行降功率运行，从而反应堆恢复正常状态；送到停堆断路器的触发信号，使停堆断路器触发断开，所有控制棒的驱动机构立即断电，控制棒靠重力自动快速落入堆芯，安全地停闭反应堆。

（2）停堆断路器。由两个主断路器和两个旁通断路器组成，主断路器正常工作时是闭合的，触发时断开，两台主断路器按"二取一"表决方式动作，即只要其中的一台主断路器断开，控制棒驱动机构立即断电，从而安全停闭反应堆。两台旁通断路器是为定期进行主断路器脱扣回路动作试验而设置的，通常它是一直断开的，只有当主断路器需要进行脱扣回路动作试验时，才先合上旁通断路器，然后再试验对应

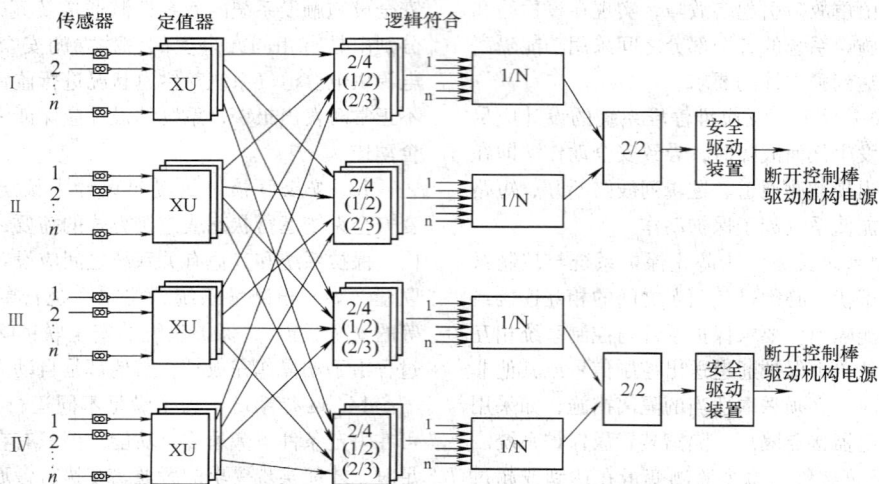

图 15.4-3 反应堆紧急停堆系统原理框图

核功率＞10%（P10）

中子注量率高（源区段）　1/2　AND　AND

核功率＞1%（P6）手动闭锁

中子注量率高(中间区段)　1/2　AND

手动闭锁（P10）

中子注量率高(功率区段低定值点)　2/4　AND

手动闭锁（P10）

核功率或汽轮机功率＞10%（P7）

稳压器压力低　2/3

稳压器水位高　2/3　AND

两个环路中反应堆冷却剂流量低　环路2/3　OR

两台反应堆冷却剂泵断路器打开　2/3

蒸汽发生器水位高－高　2/4

两台反应堆冷却剂泵转速低　2/3

冷凝器旁通无效　AND

核功率＞40%(P16)　AND

汽机跳闸（C8）

冷凝器无效　AND　OR → 触发停堆断路器打开

核功率＞30%（P8）

任一环路内反应堆冷却剂流量低　2/3　OR　AND

任一台反应堆冷却剂泵断路器打开　1/3

超温ΔT　2/3

超功率ΔP　2/3

中子注量率高(高功率区段)　2/4

中子注量率速率高　2/4

稳压器压力高　2/3

任一台蒸汽发生器水位低－低　2/4

任一台蒸汽发生器水位低　1/2

同一环路内蒸汽发生器汽/水流量比失配　1/2　AND

安全注入

手动触发　1/2

安全壳隔离（第二工况）

安全壳喷淋系统动作

注：AND "与"门　　OR "或"门　　⊠ 反相器

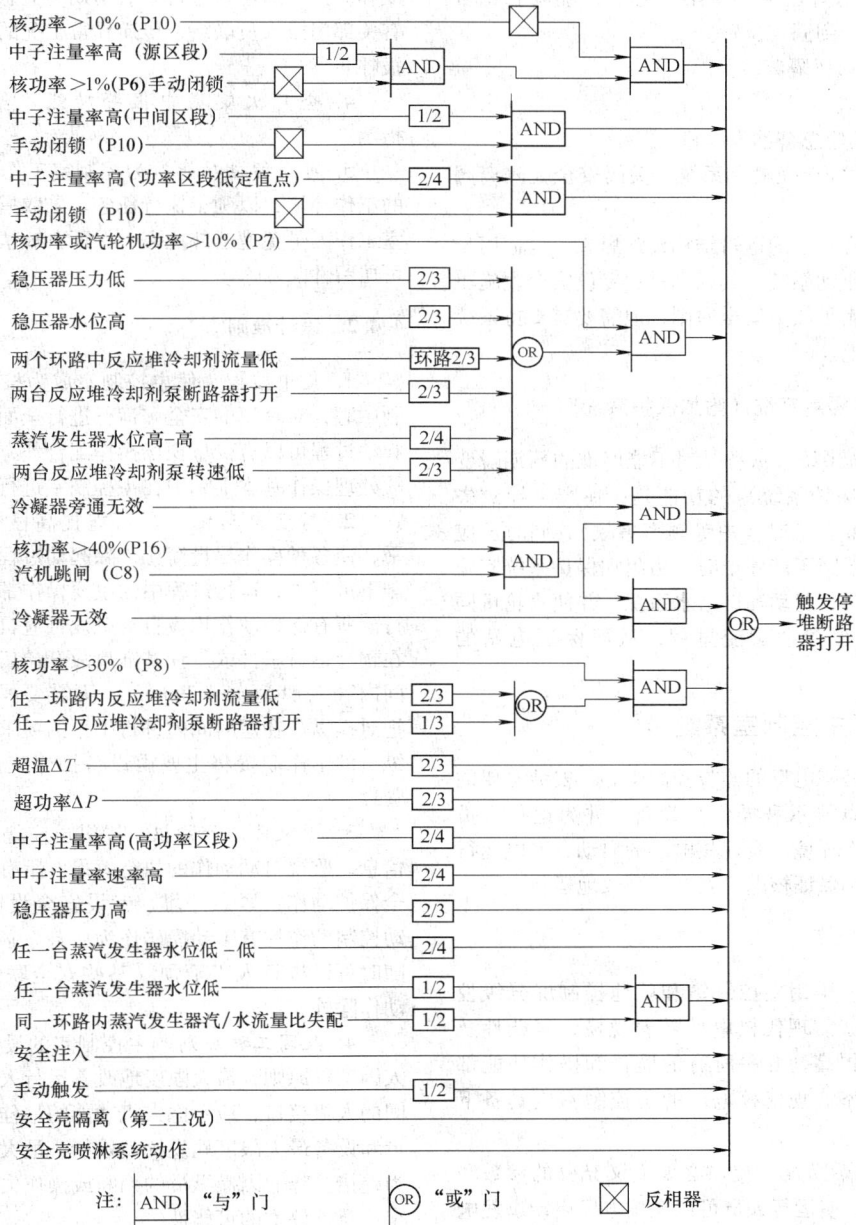

图 15.4－4　压水堆紧急停堆系统参数设置和逻辑框图

的主断路器脱扣回路动作。试验过程中，如果出现触发信号，则由旁通断路器完成保护停堆功能。试验完成后，主断路器恢复闭合状态，而旁通断路器则恢复断开状态。

4.3.5　专设安全设施驱动系统

专设安全设施驱动系统是保护系统的一部分。它用来在发生事故时，在自动触发停堆的同时，触发专设安全设施动作，以减轻事故的后果。

在发生事故时，专设安全设施驱动系统触发，依据事故的性质来驱动下列相应的系统：

（1）使反应堆停堆。

（2）起动安全注入系统。

（3）起动辅助给水泵。

（4）关闭安全壳隔离阀（第一工况）。

（5）蒸汽管道隔离，防止一个以上蒸汽发生器连续失控排放，从而造成反应堆冷却剂温度失控下降。

（6）正常给水管道隔离。

（7）主给水管道（正常给水总管）隔离和正常给水旁通阀打开到固定位置。

（8）控制通风隔离。

（9）汽轮机跳闸。

（10）起动应急柴油发电机。

（11）起动安全壳喷淋系统，关闭安全壳隔离阀（第二工况）。

反应堆停堆系统的逻辑结构设计思想，也适用于专设安全设施驱动系统。其区别是：专设安全设施驱动系统不要求满足故障安全原则，但需要有支持系统电源来进行供电。

4.3.6 ATWS 缓解系统（附加保护系统）

ATWS 缓解系统（或称针对不能停堆的预期瞬变过程的多样性保护系统）的功能是：在产生导致失去二次排热的 Ⅱ 类工况（中等频率事故），同时反应堆因保护系统故障不能停堆时，由附加保护系统实施保护停堆；这时，起动辅助给水系统，并使汽轮机同时停机，以减缓预期瞬变过程，从而保证电站的安全。

4.4 核电厂主控制室系统

主控制室是核电厂的监督控制中心，安装必要的人机接口（信息显示和操作）设备，并为运行人员提供适宜的工作环境，实现核电厂的启动、发电运行和停闭等操作，保证核电厂安全、高效地运行。

4.4.1 功能

早期核电采用主控制室和就地控制屏分级控制及操作的方式。现代核电厂随着规模、复杂性及自动化程度的提高，几乎所有的监督和操作功能都集中在主控制室。现代核电厂的主控制室应具备下列功能：

1. 信息显示功能 提供必要而又充分的参数和系统状态信息，使运行人员可以在核电厂启动、发电运行、异常事件、事故及事故后工况下随时掌握全厂的运行工况及安全状态。在出现异常或事故工况时，给出视觉和听觉报警信号，便于运行人员识别异常或事故工况，及时采取相应措施。

2. 操作控制功能 提供手动操作或自动控制手段，使运行人员在主控制室实现对核电厂的启动、功率转换、功率运行及正常停闭等操作；在异常情况下，应采取相应措施，使反应堆返回安全状态或使反应堆安全停闭；在事故发生时，能采取措施制止事故扩展和减轻事故后果。

3. 通信和广播功能 完成正常情况下的运行调度和厂内外通信，进行事故初期的应急指挥，并能与有关部门或人员联络，传递异常工况的信息和给出警报呼叫。

4. 全厂火灾集中报警功能 给出火灾地点指示。

5. 可居留性功能 为控制室工作人员提供适宜的工作环境，以利于执行任务。采取措施保护主控制室工作人员免遭意外危害，保证事故情况下控制室的可居留性。

4.4.2 设计准则

1. 集中监控 使主控制室成为核电厂的监测控制中心，对全厂的安全和运行进行全面监测控制。除起动过程可以有少量现场操作配合外，正常运行和事故处理操作基本上集中在主控制室进行。

2. 高度自动化 尽可能提高核电厂自动化水平，使各种操作尽量简化。除起动过程可以在手动控制下进行外，运行过程中的主要操作都尽可能自动执行。所有保护动作均应自动触发且应自动完成，以便在预计运行事件或设计基准事故开始后一段合理的时间内（一般为 15 ~ 30min），不需要操纵员的干预，把对操纵员在短时间内进行干预的要求降至最低。操纵员的工作职责将主要由设备操作变成运行监督和管理。

3. 操纵员的干预权 操纵员应能够获取适当的信息以监视自动动作的执行效果。所有自动触发的安全保护动作（紧急停堆、专设安全设施动作）及自动控制动作均有手动操作作为后备。必要时操纵员应随时可以进行人工干预（某些安全联锁限制的干预动作除外）。

4. 人因工程原则 主控制室的设计应充分贯彻人因工程原则，最大限度地改善运行人员与核电厂之间的人机接口，应考虑人机功能的最佳分配，利于人员和设备最大限度地发挥其效能，最大限度地减少人为差错，降低因操纵员的判断或操作失误引起的不安全或意外停堆的可能性。

5. 控制室的可居留性 主控制室应为运行人员和人机接口设备提供适宜的环境，以利于发挥人、机的最佳效能，提高整个人机系统的综合效率。必须采取适当措施和提供足够的信息保护控制室内的人员，防止事故工况下形成的过量照射或有毒气体之类的危害，以保持主控制室仍能执行其安全功能的能力。必须设有适当的通路，保证在应急状态下，控制室工作人员能顺利地抵达或撤离控制室。

4.4.3 组成及布置

随着技术的发展，核电厂控制室在不断变化，在不同阶段控制室的组成及布置有很大差异。

20 世纪 90 年代中期以后建成的新一代核电厂（以法国开发建成的 N4 和美国与日本共同开发建成的 ABWR 为代表）控制室采用全新的数字化技术设计，控制室主要由紧凑的小型化控制台和大尺寸显示盘两部分组成。其主要特点为：

（1）小型化控制台。核电厂的运行监测和操作全部在单个小型控制台上进行。以彩色 CRT 显示器（近年采用液晶显示器）作为人机接口的主要手段，提供各种监测显示功能，并通过触摸屏对非安全级设备进行操作；以 1E 级平板显示器作为安全级显示；少量手动操作开关，主要用于紧急停堆、应急堆芯冷却设备启动、专设安全设施启动等手动操作。

（2）大显示盘。控制室正前方设置一块大显示盘，提供全厂的综合状态信息。大显示盘主要由几部分组成：硬接线技术的模拟盘显示，提供重要参数以及重要设备的状态显示；投影电视显示主要作 SPDS（安全参数显示系统）显示或趋势曲线显示，作为固定式模拟盘显示的补充（近年趋向于全部采用投影电视实现模拟盘显示）；报警窗口，只做重要报警及系统级的状态报警，再由 CRT 显示器提供详细报警信息。

（3）通常在模拟盘下方或侧面还设置一个备份盘，采用常规仪表或由底层控制设备直接驱动的显示器作显示设备，采用开关、按钮作为操作元件，用于在控制室计算机系统万一失效情况下维持核电厂在一段时间内（通常要求 2～3h）继续运行，在此时间内如果不能及时修复，则必须停堆。

4.4.4　控制室综合体

为了保证主控制室执行赋予的运行及安全功能，还必须设置一些辅助设施与主控制室一起构成控制室综合体。控制室综合体包括主控制室、控制设备间、技术支持中心和生活保障设施等。

1. 主控制室　除主控制台和模拟显示盘外，还放置值班长台、火灾报警盘、广播和警报发布装置、文件柜（存放运行规程、核电厂设计文件及安全分析文件）和物品柜（存放事故工况下所需的防护服和呼吸器具等）。

2. 控制设备间　放置支持主控制室监测控制保护功能的仪表和控制系统设备。

3. 技术支持中心　在应急响应期间为核电厂技术支持组和来自核电厂设计单位、核电厂供应商、场外技术支援单位和国家有关部门的技术支持人员提供工作场所。在整个应急响应期间，对核电厂已经发生或潜在发生的事故或严重事故的诊断、分析和预测提供技术支持和指导，对缓解事故或使核电厂恢复到安全状态可采取的控制措施提供技术咨询或建议。

4. 生活保障设施　为了保证在发生事故情况下控制室综合体采用闭合方式成孤岛运行，控制室综合体内应为运行人员设置食品储存设备、简易厨房设备和基本卫生设施。

4.4.5　其他设计要求

1. 环境设计　主控制室内应提供合适的温度、湿度、空气新鲜程度、环境噪声及照明，并保证事故期间控制室的可居留性。

2. 噪声防护　主控制室的建筑对外部噪声应具有良好的隔音性能，控制室内本底噪声水平应控制在 45dB 以下。

3. 照明　主控制室的照明系统应由正常照明和应急照明系统组成。

4. 防火设计　控制室综合体设计中应采取火灾的预防、监测报警和控制措施。控制室的建筑和装饰材料应采用非燃烧或阻燃、不释放有毒气体材料。主控制室、保护系统各冗余通道设备间、控制设备间各按独立的防火区设计。控制室综合体对外及控制室综合体内部各防火区之间应设防火边界，防止火灾从外部蔓延到这些房间内和各设备间之间的蔓延。

5. 通信设计　为保证核电厂安全、有效地运行，必须设置通信系统，满足厂内通信和对外通信要求，使控制室成为调试、维护、正常运行和事故初期的通信中心。通信系统应包括调度电话系统、厂区自动电话系统、应急电话系统、对外直通电话系统、警报和广播系统等。多样性的通信手段，可以保证核电厂安全有效的运行和保证事故时提供应急支持所需的联络手段。

6. 抗地震设计　核电厂控制室综合体必须按抗 SSE（安全停堆地震）设计和建造，地震期间必须连续运行的设备应可以承受 SSE。在地震期间，不必保持连续运行的设备在地震期间或震后，其故障或损坏（包括倾覆、跨塌或部件脱落）不会损害安全系统的功能，也不会伤害操纵员。

7. 辐射防护设计　必须采取辐射防护措施，对放射性提供足够的防护，减少来自所有放射源的照射和污染。在正常运行过程中，主控制室操纵员所受到的照射保持年有效剂量当量在规定的限值以内；在事故工况下，主控制室工作人员能够进入和停留在控制室区域，并使其在整个事故期间的全身照射有效剂量当量不超过规定的限值。

4.4.6　辅助控制点（备用停堆点）

必须在主控制室外适当地点设置辅助控制点，在主控制室丧失（如着火等原因导致不可居留）执行重要安全功能的能力时，运行人员可以撤离主控制室进入备用停堆点，并应用这里的设备使反应堆进入并保持在热停堆状态，进而可以使反应堆进入冷停堆，同时可以监督和判断反应堆的安全停闭和长期的堆芯冷却状态。

4.5 核电厂仪表和控制系统数字化

4.5.1 必要性

1. 数字化是改善核电厂性能的需要 进一步提高安全性、改善经济性是世界核电发展必须解决的课题。为此，除了反应堆本体设计采取各种改进或革新措施外，需要仪表和控制系统作出重大变革，主要是：

（1）巨大改进的人机界面。过去几十年核电厂运行经验表明，在发生的各种事故中 60% 以上主要是由人的失误引起的。对美国三哩岛事故和前苏联的切尔诺贝利事故的调查也表明，人的失误是造成事故的主要原因。因此必须对人机界面进行重大改进，要求改变信号的显示方式和显示内容，克服控制室显示信号过多、过于分散、工作面过大的状况；要求减轻操纵员观察、分析、判断的负担，特别是事故工况下，减轻对操纵员正确决策的依赖；要求提供更加智能化的人机界面，给操纵员提供更多的决策支持和操作引导功能等。

（2）高度的自动化。现代的核电厂需要实现高度的自动化运行。一方面为了进行负荷跟踪发电和全厂综合协调控制运行，使核电厂运行在最佳状态，以达到更好的经济性；另一方面，使各种操作尽可能自动执行，所有保护动作都自动触发自动完成，在预计运行事件或设计基准事故开始后 30min 时间内，不需要操纵员的干预，使核电厂的运行性能和安全不直接依赖于操纵员的立即响应，也使操纵员有比较充裕的时间进行冷静、全面的分析和判断，从而可以大大减少误判和盲目处置的概率。

（3）高度的可靠性。仪表和控制系统的问题，如控制特性不好、信号传输过程中的干扰、重要设备故障是引起堆处于不安全状态或计划外停堆的重要原因，因此需要仪表和控制系统达到高度的可靠性。

（4）高度的可维护性。核电厂的仪表和控制系统是一个十分复杂、庞大的系统，如何保证它自身长期、连续地处于可靠的工作状态，直接影响到核电厂的连续运行能力和安全性；同时仪表和控制系统设备维护是一项工作量很大、技术性很强的工作，对核电厂营运来说是一项很大的负担。因此，需要仪表和控制系统具有高度的可维护性。

这些目标以及其他改进要求通过常规的模拟技术是难以或无法实现的，只有通过采用现代的数字技术来达到。

2. 数字化是技术发展的必然 在过去的几十年里，电子、仪表及控制设备领域发生了根本性的技术变化：

（1）数字化技术在传统工业领域，如火电厂、石油化工厂及加工工业等得到日益广泛的运用，并表现出巨大的优越性，已经完全处于主导地位。

（2）电子器件及电子设备制造工业已经转向数字化系统。核工业领域的需求是无法独立支撑模拟仪表和控制设备的制造工业体系的。模拟器件和仪表的备品备件及技术支持的获取已经越来越困难。

（3）目前的教育培养主要面向数字技术，年轻一代对模拟技术了解很少，制造单位、设计单位和营运单位越来越缺少熟悉模拟技术的人员。

因此，核电厂仪表和控制系统实现数字化是技术发展的必然。

4.5.2 发展趋势

核电厂仪表和控制系统正在向全面数字化方向迅速发展。

（1）世界核发达国家近年发展的新一代核电厂无一不是采用全数字化的仪表和控制系统，这包括已经建造并投入运行的法国的 1450MW N4 系列压水堆核电厂（1996 年）和日本的 1350MW ABWR 沸水堆核电厂（1997 年），以及已设计完毕尚未建造的美国 AP1000、System80+等。

（2）老一代核电厂设计在建造新厂时改用数字化的仪表和控制系统，如俄罗斯的 VVER 核电厂在连云港建造时采用了数字化仪表和控制系统。我国在建的岭澳二期核电厂也对法国原 900MW 压水堆核电厂设计在仪表和控制系统方面做了重大改进，采用数字化仪表和控制系统。

（3）许多老一代的在役核电厂已经进行或正在进行仪表和控制系统数字化改造。

所以，核电厂仪表和控制系统实现数字化是大势所趋。

4.5.3 发展阶段

世界核能界在仪表和控制系统中进行应用计算机技术的努力，就数字化程度来说核电厂仪表控制系统大致经历了三个主要阶段（以建成时间来分），见表 15.4 - 1。

表 15.4－1   仪表控制系统经历的三个主要阶段

发展阶段	第一代	第二代	第三代
大致时间	1985 年前	1985～1995 年	1995 年后
数字化水平	全模拟或模拟为主、计算机为辅	模拟数字混合或计算机为主、模拟为辅	全数字
技术特点	（1）模拟控制系统 （2）模拟保护系统 （3）模拟显示：全部信号 （4）计算机显示：性能计算和辅助显示	（1）局部数字化控制 （2）模拟保护系统 （3）计算机显示：全部信号 （4）模拟显示：少量重要信号	（1）数字化控制系统 （2）数字化保护系统 （3）数字化控制室 （4）光纤数字通信
实例	法国 900MW 机组	德国 KWU CONVOI 日本 BWR	法国 N4（1996 年） 日本 ABWR（1997 年）

注：技术发展阶段的划分只能是相对的、大致的。

4.5.4　技术特点

新一代的数字化核电厂仪表和控制系统是全面采用数字技术的、采用通信网络联系起来的集成一体化的系统，主要包括数字化的控制系统、数字化的保护系统及数字化的控制室。

1. **数字化的控制系统**　采用分级分布式结构，通常分为控制层、网络层和人机界面层。其特点是：

（1）控制层由多个 DCS（分布式集散控制系统）控制站或大型 PLC（可编程控制器）构成，一般安装在控制现场，分别执行反应堆、一回路、二回路、汽轮发电机组及各辅助系统的监测控制功能。

（2）人机界面层采用配备屏幕显示器（CRT 或液晶）的操作员站作为主要显示和操作手段。

（3）网络层采用冗余的光纤通信网络，实现控制站之间及控制站与操作员站之间的数据通信，一方面控制站将监测的变量及设备状态发送到操作员站显示；另一方面将核电厂操纵员下达的操作指令传输给控制站执行。网络层一般还配备多个服务器，如数据库服务器作运行数据和事件的记录存档和检索，打印服务器实现各种报表的打印，处理服务器作各种高级、复杂的数据处理，如全厂综合协调控制算法计算、故障诊断、决策支持等。为保证可靠性，重要的服务器通常采用冗余配置和故障自动切换。

2. **数字化的保护系统**　采用微处理器和软件实现保护变量的处理和保护逻辑符合运算，可以实现比较完备的保护处理算法，提高保护动作的可靠性，降低误动率和拒动概率，改善保护系统及安全变量的信息显示，更好地实现在役检验和在线自检。

3. **数字化的控制室**　其典型设计由小型化的主控制台及大显示屏组成。其特点是：

（1）小型化主控制台配备若干个屏幕显示器作为人机接口主要手段，提供各种显示方式，并采用平板显示器（1E 级）作为安全级设备及安全重要参数的监测显示。主要的控制操作都在屏幕显示器上通过触摸屏（软操作）进行。屏幕化的人机接口给操纵员提供各种支持功能。同时设少量操作开关，作为紧急停堆、应急堆芯冷却等安全动作的备份手动操作手段，或作为自动功能的启动操作。

（2）大显示屏置于主控制室正前方，提供全厂的综合状态信息，有利于控制室中的各个人员随时掌握电厂的基本运行情况。

第 5 章 核 电 厂 安 全

5.1 核电厂的安全目标、纵深防御概念和状态分类

5.1.1 安全目标

核电厂事故不但会影响核电厂自身，而且还会影响到周边环境，其影响甚至会超出国界。核电厂安全要求在核电厂设计、制造、建造、运行和监督管理中，将风险降低到能实现的最低水平。为此，必须基于人们对核安全的根本目标和原则的理解，正确认识它们之间的相互关系。

对核电厂规定了三个安全目标：第一个是总的核安全目标，其余两个是解释总目标的辅助性目标，为辐射防护目标和技术安全目标。

核电厂总的核安全目标：在核电厂中建立并保持对放射性危害的有效防御，以保护人员、社会和环境免受危害。

总的核安全目标由辐射防护目标和技术安全目标所支持：

1. 辐射防护目标 保证在所有运行状态下，核电厂内的辐射照射或由于该核电厂任何计划排放放射性物质引起的辐射照射保持低于规定限值并且合理可行尽量低，保证减轻任何事故的放射性后果。

2. 技术安全目标 采取一切合理可行的措施防止核电厂事故，并在一旦发生事故时减轻其后果；对于在设计该核电厂时考虑过的所有可能事故，包括概率很低的事故，要以高可信度保证任何放射性后果尽可能小且低于规定限值；并保证有严重放射性后果的事故发生的概率极低。

5.1.2 纵深防御概念

纵深防御概念贯穿在与安全有关的全部活动的过程中（包括与组织、人员行为或设计有关等方面），以保证这些活动均置于多重措施的防御之下。即使有故障发生，也可以采用适当的措施进行探测、补偿或纠正。在整个设计和运行中实施纵深防御，以便对由厂内设备故障、人员活动及厂外事件等引起的各种瞬变、预计运行事件及事故提供多层次的保护。

在核电厂的设计中应用纵深防御概念，能提供多层次的防御（固有特性、设备及规程），用以防止事故，并在未能防止事故时保证提供恰当的保护。

第一层次防御的目的是防止运行偏离正常状态和防止系统失效。在这个层次上，需要按照合适的质量水准和工程要求实施。例如，应用多重性、独立性及多样性等原则，正确并保守地设计、建造、维修和运行核电厂。为此，需要采用恰当的设计规范和材料，并有效控制部件的制造和核电厂的施工质量。在这个层次的防御中，设计要考虑到能有利于减少内部灾害发生的可能性，减轻特定假设始发事件的后果或减少放射性释放源等方面的措施。除此之外，还应重视与设计、制造、建造、在役检查、维修和试验相关的过程，注重利用成熟的运行经验等。

第二层次防御的目的是检测和纠正偏离正常运行状态，以防止预计运行事件升级为事故工况。为了实现这一层次的防御目标，需要设置必要的专用保护系统和制定有关的运行规程，以防止或尽量减小假设始发事件所造成的损害。

尽管采取了上述两个层次的防御措施，还不能完全排除某些预计运行事件或假设始发事件演变成较严重的事件。这些不大可能发生的事件在核电厂的设计基准中是可以预计的，必须通过固有安全特性、故障安全设计、附加的设备和规程等措施来控制这些事件的后果，使核电厂在这些事件后能达到稳定和可接受的状态。为此，需要设置第三层次的防御，即设置有关的专设安全设施，以便在核电厂发生这类事故的情况下，能够先将核电厂引导到可控制状态，然后引导到安全停堆状态，并且至少维持一道包容放射性物质的屏障。

第四层次的防御针对超过设计基准的严重事故，保证放射性释放保持在尽可能低的水平上。这一层次防御的重点是保护防止放射性物质释放的包容功能。除了事故管理规程之外，还可以采取防止事故进展的补充措施与规程，以及减轻严重事故的后果等措施来实现这个层次的防御目标。

最后一个层次防御的目的是减轻事故中释放的放射性物质可能导致的辐射后果。为此，需要建立应急控制中心，制定适宜的场内和场外应急响应计划。

纵深防御概念应用的另外一个重要方面是在设计中设置一系列的实体屏障，以包容不同区域内的放射性物质。实体屏障的数目取决于可能的内部及外部危害和故障的可能后果。就典型的水冷反应堆而言，这

些屏障包括燃料基体、燃料包壳、反应堆冷却剂系统压力边界和安全壳。

5.1.3 核电厂状态分类

核电厂的状态分为运行状态和事故工况两大类，如图 15.5－1 所示。

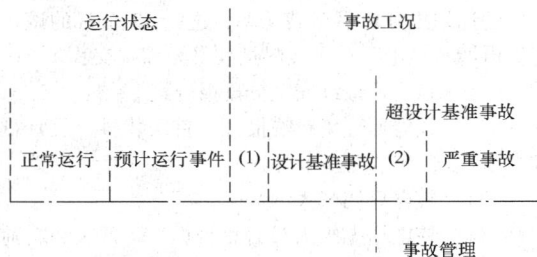

图 15.5－1　核电厂状态分类
（1）没有明确地作为设计基准事故考虑，但可
被设计基准事故所涵盖的事故工况；
（2）没有造成堆芯明显恶化的超设计基准事故

1. 运行状态　包括正常运行和预计运行事件。前者指核电厂在规定的运行限值和条件范围内的运行，而后者是指在核电厂运行寿期内预计可能出现至少一次的偏离正常运行的各种运行过程。由于在核电厂的设计中已采取了相应的措施，这类事件不致引起安全重要物项的严重损坏，也不致导致事故工况。

2. 事故工况　指偏离正常运行，比预计运行事件要严重的工况，包括设计基准事故和严重事故。

（1）设计基准事故。它是指按规定的设计准则，在核电厂设计中采取了针对性措施的那些事故工况，并保证事故中燃料的损坏和放射性物质的释放保持在控制管理的限值以内。

（2）严重事故。它是指严重性超过设计基准事故并造成堆芯明显恶化的事故工况，是超设计基准事故中某些概率很低的核电厂状态，这类事故可能由安全系统的多重故障所引起，会导致堆芯性能的明显恶化，可能危及多层或所有防止放射性物质释放的实体屏障的完整性。

5.2 核电厂的辐射防护

5.2.1 辐射防护原则

1. 实践的正当性　对于一项实践，只有在考虑了社会、经济和其他有关因素之后，其对受照个人或社会所带来的利益足以弥补其可能引起的辐射危害时，该实践才是正当的。

2. 防护与安全的最优化　对于来自一项实践中

的任一特定源的辐射，应使防护与安全最优化，在考虑了经济和社会因素之后，个人受照剂量的大小、受照射的人数以及受照射的可能性均保持在合理可行的尽量低的水平。

3. 个人剂量限值　个人受到的辐射照射，应当保持在所规定的个人剂量限值以下；对于潜在照射，应当将个人可能受到危害控制在危险约束之下。

5.2.2 辐射防护设计

辐射防护设计的目的是防止、降低或避免不必要的辐射照射。为此，需要以合理的方式对辐射场所进行分区。

通常根据辐射照射和放射性污染水平等情况，将工作场所分为控制区和监督区。控制区是需要和可能需要专门采取防护手段或安全措施的区域，控制正常工作条件下的正常照射或防止污染的扩散，并预防潜在照射或限制潜在照射的范围。监督区通常不需要专门的防护手段或安全措施，但需要对职业照射条件进行监督和评价。

核电厂屏蔽设计的目的是保证工作人员在进行操作和维修等活动时所接受的外照射剂量水平低于相应的设计控制值。

核电厂需要设置辐射监测系统，辐射监测主要包括工艺设施放射性释放监测、区域辐射监测、工作人员辐射监测、环境辐射监测以及放射性物质的包装和运输监测等五个方面。

5.2.3 放射性废物处理系统

核电厂的放射性废物处理系统一般包括放射性废液处理系统、放射性废气处理系统、放射性固体废物处理系统以及放射性废水排放系统。

1. 放射性废液处理系统　核电厂的放射性废液主要产生于核电厂的运行和维修过程中。通常可以将其分为工艺排水、化学废液和地面疏排水等。

在压水堆核电厂中，放射性废液的基本处理方法有储存衰变法、过滤法、蒸发法和离子交换法。

2. 放射性废气处理系统　在压水堆核电厂中，放射性废气可以分为含氢废气和含氧废气两类。

含氢废气通常采用储存衰变法进行处理。可以采用活性炭滞留床的方法进行处理，而含氧废气可以通过排风系统进行净化处理，也可以设置专门的含氧废气处理系统。

3. 放射性固体废物处理系统　在压水堆核电厂中，通常将固体废物分为“干”废物和“湿”废物两类。“干”废物主要指核电厂检修过程中废弃的设备、工具和材料以及被放射性污染并废弃的工作服、手套、纸张和擦拭材料等，以及更换下来的排放过滤器和活性炭过滤器等。"湿"废物主要包括废液处理系统产生的浓缩废液、硼回收系统产生的不合格硼酸，以及化学容积控制系统、硼回收系统和废液处理系统的废离子交换树脂和废过滤器芯等。

通常，"干"废物采用压实减容的方法进行处理。对于可燃废物，还可以采用焚烧的方法进行处理；"湿"废物一般采用水泥固化或固定的方法进行处理。另外，固体废物包装容器的选择也是放射性固体废物处理系统需要考虑的重要因素，通常采用标准容器进行固体废物的包装、运输和储存。

4. 放射性废水排放系统　放射性废水排放系统要对经放射性废液处理后产生的废水的排放进行有效的控制，并需要遵循国家的有关辐射防护规定，确定排放浓度的管理限值和放射性的年排放总量。在我国，对于轻水堆核电厂废水的排放方式，要求采用槽式排放。在废水排放系统的排放干管上要求设置连续监测装置，监测并记录排放废水的放射性浓度、流量和累积排放水量。

5.3　核电厂安全许可证制度与核安全监督

5.3.1　核电厂安全许可证制度

根据《中华人民共和国民用核设施安全监督管理条例》规定，我国实行核设施安全许可证制度，由国家核安全局负责制定和批准颁发核设施安全许可证件。许可证件包括：

（1）核设施建造许可证。

（2）核设施运行许可证。

（3）核设施操纵员执照。

（4）其他需要批准的文件。

核电厂的许可证按核电厂厂址选择、建造、调试、运行和退役五个主要阶段申请和颁发。对于每个阶段都具体规定了申请许可证所必须满足的条件。

1. 核电厂的厂址选择　在国家有关部门批准核电厂可行性报告和批准营运单位申请的厂址之前，必须从国家环境保护总局取得《核电厂厂址选择审查意见书》和《核电厂环境影响评价报告（可行性阶段）批准书》。

2. 核电厂的建造　在国家环境保护总局颁发《核电厂建造许可证》后，许可营运单位才可以开始核岛混凝土的浇注。申请《核电厂建造许可证》需提交：

（1）《核电厂可行性研究报告》的批准书。

（2）《核电厂环境影响报告（建造阶段）批准书》（建造许可证件颁发前一个月）。

（3）《核电厂初步安全分析报告》和其他有关资料（如系统手册、设计报告）。

（4）《核电厂质量保证大纲》（设计和建造阶段）。

3. 核电厂的首次装料调试　在取得国家核安全局颁发的《核电厂首次装料批准书》后，营运单位才可以首次向堆芯装入核燃料，进行带核的调试和按批准的计划提升功率至满功率，进行 12 个月的试运行。申请《核电厂首次装料批准书》需提交：

（1）《核电厂最终安全分析报告》。

（2）《核电厂环境影响报告（首次装料阶段）批准书》（首次装料前一个月）。

（3）《核电厂调试大纲》。

（4）《核电厂操纵人员合格证明》（首次装料前一个月）。

（5）《核电厂营运单位应急计划》（首次装料前六个月）。

（6）《核电厂建造进展报告》（首次装料前六个月）。

（7）《核电厂在役检查大纲》。

（8）役前检查结果（首次装料前一个月）。

（9）《核电厂装料前调试报告》（首次装料前一个月）。

（10）核电厂拥有核材料许可证的证明（首次装料前一个月）。

（11）核电厂运行规程清单（首次装料前一个月）。

（12）《核电厂维修大纲》（首次装料前六个月）。

（13）《核电厂质量保证大纲》（调试阶段）。

4. 核电厂的运行　试运行 12 个月以后，在获得国家核安全局颁发《核电厂运行许可证》后，许可营运单位在遵守《核电厂运行许可证》规定的条件下正式运行。申请《核电厂运行许可证》需提交：

（1）《核电厂修订的最终安全分析报告》。

（2）《核电厂环境影响报告批准书》。

（3）《核电厂装料后调试报告和试运行报告》。

（4）《核电厂质量保证大纲》（运行阶段）。

5. 核电厂的退役　国家核安全局颁发《核电厂开始退役批准书（临时）》后，许可营运单位开始退役活动；颁发《核电厂退役批准书》后，批准核电厂正式退役。申请《核电厂退役批准书》需提交：

（1）《核电厂退役报告》。

（2）《核电厂退役环境影响报告批准书》。

（3）《核电厂质量保证大纲》（退役阶段）。

5.3.2　核安全监督

核安全法规体系是核安全监督管理工作的基础。

国家核安全局对全国核电厂的核安全实施统一监督,独立行使核安全监督权。国家核安全局监督管理的主要措施之一是许可证制度,同时对核电厂、核材料和核活动实施监督。国家环境保护总局对全国核电厂环境保护实施监督管理。

我国核安全法规规定,核安全许可证持有者(或申请者)对核电厂、核材料和核活动的安全承担全面责任。国家核安全局通过许可证的审批、监督、执法、奖励和处罚,确保许可证持有者承担安全责任和依法进行核活动。

国家核安全局及其派出机构向核电厂制造、建造和运行现场派驻监督组(员),履行规定的审查和监督职责。国家核安全局在必要时有权采取强制性措施,命令核电厂营运单位采取安全措施或停止危及安全的活动。

5.4 核电厂的应急计划

5.4.1 核事故应急管理工作的方针

《核电厂核事故应急管理条例》规定,我国核事故应急管理工作实行"常备不懈,积极兼容,统一指挥,大力协同,保护公众,保护环境"的方针。

5.4.2 核电厂应急计划的制定与审批

针对核电厂可能发生的核事故,要求制定三个层次的应急计划:核电厂营运单位编制场内应急计划,地方政府编制场外应急计划,国家核事故应急协调委员会编制国家核应急预案。各级应急计划制定相应的应急执行程序。此外,国家核事故应急协调委员会的主要成员单位、各后援部门及军队等均制定各自的应急预案。

核电厂营运单位的应急计划由国家核安全局审批;核电厂所在地的地方(省、市)政府的核应急计划由国家核事故应急协调委员会审批;国家核应急预案由国务院审批。

5.4.3 核电厂应急计划的主要内容

编写的应急计划是为应付紧急情况采取行动的基础,指出应急执行程序要满足的目标,规定达到这些目标的管理组织及其职责。

应急计划的主要内容包括制定应急计划的目的、应急计划区的划分、应急状态的分级、应急组织机构、应急设施和设备、通知和通信、事故后果评价和防护措施、应急状态的终止和恢复、应急培训和演习以及公众信息和沟通等方面的安排和活动。

5.4.4 核电厂应急响应能力的保持

核电厂应急响应能力的保持是应急准备的重要组成部分。一般而言,应急响应能力的保持包括应急资源和应急计划与执行程序的保持,以及人员及其知识和技能的保持两个方面,保证在应急情况下使应急响应取得预期的成效,实现保护环境、保护公众的目标。

应急资源的保持涉及应急设施、设备和通信安排等的维护、清点和检查。应急计划与执行程序的保持工作主要包括计划与程序的审评、修改和批准等,而人员及其知识和技能的保持则需要通过培训和演习等方式加以实现。

第6章 核电厂的调试、运行和退役

6.1 核电厂的调试启动

核电厂的土建工程完成后，各系统和设备安装完毕，核电厂的建设进入投产前的最后环节，即调试启动阶段，该阶段可大致分为以下三个步骤：

1. 预运行试验 检验设备与系统的安装质量与功能，主要内容包括：一回路和二回路系统的清洗；一回路辅助系统和二回路系统的水压试验；辅助系统的调试。

2. 系统综合试验 对一、二回路分别进行冷热态试验，然后进行两个回路的热态联动试验，进一步检验系统与设备的安装质量以及是否达到设计功能。试验可分为冷态试验与热态试验两类。

3. 起动试验 堆芯装料完成后，提升功率，并进行有关的试验，达到满功率后还需连续运行一段时间。起动试验包括：燃料装载；临界前试验；初次临界试验；低功率物理试验；功率提升试验；电站验收试验。

调试起动能够提供大量的试验数据以验证设计，确保核电厂安全可靠的投入运行，所需时间约一年。

6.1.1 预运行试验

1. 系统清洗 一回路系统的清洗，一般采用除盐水冲洗，有的用直流冲洗，有的需开动水泵，部分换水，循环冲洗，冲洗时要注意压力和流量的变化。二回路系统的清洗与常规火电厂相似。

2. 水压试验 对一回路低压辅助系统和二回路系统进行水压试验，试验压力可参考国家有关标准，系统加压后，作耐压和泄漏率检查。

3. 辅助系统的调试 主要项目包括：电气系统；供气系统；供水系统；供汽系统；控制与检测系统；二回路冷态调试；通风系统；三废处理系统和通信系统。

6.1.2 全系统综合试验

全系统综合试验又称运行前试验，包括保证堆芯首次装料、初次临界和功率运行中能安全进行所需的试验。

1. 冷态试验

(1) 一回路主系统水压试验。指反应堆冷却剂压力边界范围内设备的水压试验，试验压力一般取工作压力的1.5倍。

(2) 一回路主系统冷态调试。主要是对冷却剂泵和主系统进行水力特性测试与振动测量。

2. 热态试验

(1) 一回路系统升温升压。冷态试验结束后，对高压设备和管道包扎绝热保温层，然后按运行规程对一回路系统升温升压。

(2) 充水充气。起动化学和容积控制系统的上充泵，将来自补水系统的除盐水充满一回路系统，同时相继打开各放气孔进行放气，直至有水溢出，再关闭各放气孔。系统充水后，继续使用上充泵对一回路系统进行升压，打开低压膨胀阀的隔离阀，以完成化学和容积控制系统的下泄。

(3) 系统预热。排气结束后，起动冷却剂泵并投入稳压器电加热器，预热一回路系统。

(4) 升温升压。关闭稳压器喷雾器，投入全部电加热器，使一回路升温。系统升温升压后达到额定工况，同时一回路水质也应达到运行标准。

3. 冷却剂系统热态性能试验

(1) 稳压器压力与水位控制试验。稳压器控制系统设为自动操作方式，通过手动改变稳压器压力调节器的控制整定值，确定控制系统的运行特性。

(2) 冷却剂流量试验。稳压器压力控制方式为自动，系统稳定在热态工况下，停止一台冷却剂泵，校验该泵所在环路上蒸汽发生器的流量比较器，发出低流量报警和停堆信号的动作，并检查冷却剂泵失电后防反转机构的功能。

(3) 一回路系统热损失测定。当冷却剂温度保持不变时，一回路系统功率减去蒸汽发生器与下泄流带走的热量即为一回路系统的热损失。

(4) 稳压器辐射热损失测定。在一回路系统建立稳定工况后，将稳压器水位调节器置于自动，并调整到无负荷整定值，关闭所有喷雾器停止喷雾，手动操作比例电加热器直至热平衡建立和压力保持稳定。

(5) 冷却剂系统泄漏测定。一回路系统工况维持不变，下泄与上充流量相等，观察稳压器水位下降速度，计算泄漏量。

4. 汽轮机初始转动试验 汽轮发电机组可以利用外汽源或在一回路系统热态试验时向二回路供汽进行调试起动。试验分三步进行：

(1) 暖管。在蒸汽发生器二次侧达到一定压力和温度后，即可打开隔离阀的旁路阀对主蒸汽阀（又称主汽门）前的管道进行暖管，通过调节阀门的开度控制暖管的速度。

（2）低速暖机。蒸汽参数达到稳定值后，打开主汽门和调速汽门，冲动汽轮机转子，进行低速暖机，试验过程中，汽水分离再热器管路上的旁路阀处于最小开度。

（3）高速暖机。增加供汽量，按制造厂规定的程序进行升速，直到 1500r/min 的额定转速。达到额定转速后，如果运行正常，可对发电机系统进行试验，也可并网，但不能带负荷。

6.1.3　燃料装载

燃料初次装载，由于没有放射性，不需要屏蔽，因此反应堆水池可以不充水。初装料时，燃料有三种不同的富集度，根据燃料装载方案装入堆芯指定位置。在燃料组件依次装入堆芯的过程中，为了进行临界监督，可以在每次装入燃料组件后，取中子探测器所测到的计数率的倒数与燃料组件装载数作图。

燃料组件装完后，安装压力壳压紧部件、压力壳顶盖以及堆顶其他部件，然后进行临界前的全系统试验，试验燃料装载后一回路的水力特性以及进行其他在未装燃料前无法进行的试验，如控制棒驱动机构动作特性和堆内仪表的试验等。

6.1.4　初次临界试验

初次临界试验是在热态额定工况下，进行首次物理启动，达到临界，实现反应堆的自持链式裂变反应。

压水堆的首次临界是通过从堆内相继提升各组控制棒组件，并不断地稀释冷却剂中的硼浓度，直至反应堆的链式裂变反应能够自持。

6.1.5　低功率物理试验

低功率物理试验是在热态稍高于零功率时进行的物理特性试验，取得试验数据来为运行服务和校核理论计算，试验时蒸汽排向冷凝器或排向大气。

1. 控制棒价值和硼价值测定　控制棒价值为棒位改变单位长度所引起的反应性变化。压水堆通常采用改变控制棒组件在堆内的位置和调节硼浓度来调节反应性，在电厂投运前应在热态零功率和其后的各个不同功率水平，测定控制棒组件价值和硼价值，对各控制棒组件、硼浓度进行反应性刻度，即调节棒组在不同位置的微分价值，调节棒组和停堆棒组的积分价值，以及不同浓度的硼水所能补偿反应性的能力。目前压水堆采用的方法是对冷却剂进行硼稀释或加浓，

利用反应性模拟机测定控制棒组件的微分和积分价值，以及整个控制棒组件行程范围内的硼微分价值。

2. 模拟弹棒事故试验　弹棒事故是指由于控制棒驱动机构的外壳损坏时，在压差作用下，使得控制棒组件快速弹出的事故。该试验是在热态零功率工况下，将插入堆内的调节棒组中反应性价值最大的一根控制棒组件逐步抽出，同时通过向一回路系统冷却剂加硼来补偿提棒引起堆内反应性的变化。当弹出棒接近全抽出位置时，停止加硼，待一回路系统硼浓度得到充分混合。混合均匀所引起的附加反应性变化，以及弹出棒最后一部分抽出堆芯所相当的反应性，均可移动调节棒组的位置进行补偿，以维持反应性的平衡，然后分别测定临界硼浓度、弹出棒反应性价值和堆内功率分布。

3. 最小停堆深度验证　在反应性价值最大的一根控制棒组件全抽出，其他控制棒组件全插入的情况下，测定反应堆尚能提供停堆深度为 1% $\Delta K/K$ 时硼浓度的试验称为最小停堆深度验证。

4. 温度系数的测定　由于活性区温度的变化，使有效增值因数发生变化，从而引起反应性改变的现象称为温度效应，活性区温度变化 1℃ 引起的反应性变化称为反应性温度系数。压水堆核电厂主要测量工作温度附近的等温温度系数，即冷却剂与燃料棒等温变化所引起的反应性变化。

5. 功率分布测定　由于堆内某处发出的功率基本上正比于该处的热中子通量，所以只要测得堆内热中子通量的空间分布，即可知功率分布情况。利用堆内核测量系统可以测量活性区的热中子通量分布。

6.1.6　功率提升

通过临界和低功率物理试验，二回路系统的汽轮发电机组经过热态考验，运转正常并入电网，反应堆可以逐级提升功率，一般分 15%、25%、50%、75% 和 100% 额定功率 5 个功率水平。

功率提升过程中，需要进行的试验项目如下：

1. 二回路热功率测量　二回路热功率就是核蒸汽供应系统的总热量输出。

2. 功率刻度试验　通过试验的方法建立堆外核仪表系统功率量程测量通道电离室电流值与反应堆功率之间的关系，以便能迅速反映出堆内功率水平及其变化情况。

3. 功率系数测定　堆功率每变化 1MW 所引起的反应性改变称为功率系数。压水堆功率系数是负值且绝对值较大，有利于反应堆的安全运行。在功率系数测定试验中，应避免突然发生大的负荷变动。

4. 带功率工况下慢化剂温度系数测定　在带功率

工况下可用负反应性扰动法测量慢化剂温度系数。

5. 蒸汽发生器水分夹带试验 主要目的是测定蒸汽发生器蒸汽中所含水分的平均值。

6. 中毒曲线测量 在反应堆运行过程中，铀裂变后会直接或间接地产生近千种新的同位素，其中氙-135 和钐-149 的热中子吸收截面特别大，称为毒物。毒物会造成反应性损失，毒物吸收的热中子数与燃料吸收热中子数之比称为反应堆毒性。中毒曲线从热态零功率无毒工况下开始测量，以允许的最快速度将功率提升到某一级水平，待反应堆稳定，记下调节棒组棒位，然后开始计算时间，随着反应堆内氙毒的出现，调节棒组逐渐抽出以补偿中毒反应性的损失，必要时还要进行调硼操作，当达到平衡中毒时棒位保持不变，在此过程中，每隔一定的时间，记录一次调节棒组的棒位变化，查价值曲线得到相应的反应性当量，以此方法可以画出各种功率水平下的平衡中毒值的曲线。

7. 碘坑测量 碘坑是反应堆从高功率向低功率过渡时的现象，尤其对于满功率运行的反应堆，突然停堆后氙毒的最大浓度会比平衡值大几倍，使反应性大大下降，因此反应堆降功率运行或者热停堆时，必须要考虑氙毒的变化特性，并根据反应性随时间的变化情况，进行反应性的补偿。碘坑测定试验在平衡氙毒工况下进行，让反应堆降到零功率，待稳定后记下调节棒组的棒位，并开始计算时间，仔细观察功率表的指示。随着碘坑的出现，手动操纵调节棒组补偿反应性的变化，使功率保持不变，必要时还需进行调硼操作，根据调节棒组的移动方向和数值大小及硼浓度的变化，可以画出碘坑曲线。改变停堆前的功率水平，采用上述方法可以作出不同功率水平下的碘坑曲线。一条碘坑曲线的测量时间需要 30h 以上，为了保证测量精度，要求测量期间维持反应堆功率、冷却剂平均温度等热工和物理参数的稳定。

8. 负荷摆动试验 为验证核电厂对负荷阶跃变化不超过 10% 额定功率时的瞬态响应特性和自动跟踪负荷能力，分别在不同功率水平下进行负荷摆动试验。

9. 甩负荷试验 试验进行时，反应堆处于自动跟踪负荷变化的状态，有关的控制系统工作正常并置于自动控制方式，汽轮机组置于调节器控制，电网已做好接收负荷变化的准备，然后分别在 25%、50%、75%、100% 额定功率下，打开主变压器的断路器，突然甩去全部外负荷，观察各系统的响应特性和瞬变后的稳定能力，并测量反应堆功率、一回路冷却剂平均温度、稳压器压力与水位、二回路蒸汽压力等参数随时间的变化以及汽轮机组调速系统的动态特性。

10. 电厂满功率停闭试验 为进一步验证一、二回路设备和自动控制系统的性能，在 100% 额定功率的稳定工况下做停闭试验，即在控制室手动脱扣汽轮机并引起紧急停堆下做相关试验。

11. 电厂验收试验 在机组逐步提升到满功率并完成各项试验后停机，对电厂进行全面检查，然后再次起动达到满功率稳定运行以进行验收试验。

12. 电厂可靠性验证 电厂处于 100% 额定功率下作 100h 以上的连续运行并进行可靠性验证，要求不发生因电厂本身的故障而引起负荷减少甚至停堆的现象。

13. 性能保证值测定 主要测量电厂的净效率和净电功率输出，其测定与电厂可靠性验证试验同时进行，利用巡回检测装置定时测量汽轮发电机组的毛电功率、厂用电功率、每台蒸汽发生器出口处蒸汽压力、蒸汽温度、排污流量、给水流量、给水温度、给水压力等数据，以计算净电功率和电厂净效率。

6.2 核电厂的运行

核电厂的运行包括核电厂的正常启动、功率运行、停堆、换料和检修。

6.2.1 核电厂的正常起动

压水堆核电厂的正常起动可以分为冷态起动和热态起动两种。冷态起动是指反应堆长期停堆使温度降到 60℃ 以下的起动；热态起动则是反应堆短时间停堆后的起动，起动时反应堆温度和压力等于或接近于工作温度和压力。

以完成换料操作的核电厂为例，机组的冷态起动主要步骤如下：

1. 从换料冷停堆到维修冷停堆 换料操作完成后，排掉堆腔换料水并盖压力容器封头，堆腔的换料水用乏燃料冷却和净化系统的泵送回换料水箱，反应堆压力容器封头随堆腔水位的下降逐渐下落，两者下降速度基本保持相同，水位下降到高出压力容器法兰 1m 时，水位可先行下降，然后压力容器封头落到法兰面上盖好，机组进入维修冷停运行状态。在该阶段，二回路不进行任何操作。

2. 从维修冷停堆到正常冷停堆 该阶段主要是对一回路进行充水、静排气、升压和动排气。由化学和容积控制系统进行一回路充水。静排气过程中，反应堆冷却剂泵、压力容器和稳压器顶部的排气阀全部打开，发现有水从排气阀冒出时才关阀，稳压器顶部的排气阀最后关闭。静排气后，用上充泵给一回路升压，达到主泵起动条件时起动一台主泵，运转 2~30s 后停泵，降压至约 0.4MPa，等待 2h，打开排气阀，直至发现有水从排气阀溢流时再关闭。按照上述方法分别完成三个环路的排气，然后三个环路主泵都起动，进行联合排气，直至一回路残存气体达到要求为止。在进行检查和试验后，将安全棒提到堆顶，其余控制棒提升 5 步，机组进入正常停堆状态，在此过程中，二回路不进行任何操作。

3. 对一回路升温和净化　该阶段起动三台主泵和稳压器的加热器对一回路水加热，升温速度由余热排出系统控制在28℃/h 以内，利用化容控制系统的除盐装置对一回路水净化，同时监测一回路水质。

二回路开始起动准备，如果蒸汽发生器处于干保养状态，则用辅助给水系统的一台给水泵向一台蒸汽发生器供水，将水位保持在窄量程 34% 水平，同时化验水质，如果蒸汽发生器处于湿保养状态并已经加过化学药品，则将水位保持在 34% 水平，并由辅助给水系统向三台蒸汽发生器供水。

4. 稳压器建立汽腔　当温度到达120℃后，开始用稳压器电加热器，使稳压器升温，升温速度应小于 56℃/h。当稳压器的温度达到系统压力（2.5～3.0MPa）对应的饱和温度时，用减少上充流量的方法建立稳压器汽空间。当稳压器的水位降低到零功率对应的整定值时，将上充流量调节阀置于自动方式，一回路的压力即由稳压器控制。

5. 余热排出系统的隔离　当一回路温度达到160～180℃，压力达到 2.4～2.8MPa 时，可以用蒸汽发生器控制一回路的温度，将余热排出系统隔离以便继续对一回路升温升压，隔离操作主要包括余热排出系统的降温、降压和压力监测。

6. 一回路加热升温至热停堆　一回路温度升至180℃以后，温升引起的水容积的增加比较显著，通过降低升温速度使水的膨胀与正常下泄相匹配，也可以提高一回路压力使流经孔板的下泄流量增加。通过调整二回路的蒸汽排放来控制一回路升温速率低于28℃/h，三个环路间的温差低于15℃。当系统达到正常运行压力和温度时，将压力控制投入自动控制方式，从而达到热停堆状态。

7. 反应堆趋近临界　先将冷却剂浓度稀释到与临界条件相对应的预定值，然后手动提升调节棒组使反应堆达到临界。为了保证起动安全，必须保证在每一时刻，堆芯反应性只随单个参数改变而变化。

8. 实现由主给水系统供水　反应堆临界后，蒸汽发生器仍然由辅助给水供水，辅助给水供水能力有限，需要改由主给水系统供水。在确认主给水水质满足要求后，起动主给水泵，并用小流量调节阀控制给水流量，辅助给水泵停运后，将其调节阀置于全开位置做好供水准备。

9. 提升反应堆功率至额定功率的 15%　手动提棒缓慢提升功率，当反应堆功率达到 10% 额定功率时，手动闭锁中间量程高中子注量停堆和功率量程低定值停堆。反应堆功率的提升应与二回路排热协调一致，使一回路平均温度与参考温度接近，在控制棒自动提升禁止信号消失且一回路平均温度与参考温度之差小于规定值时，将控制棒投入自动运行。

10. 汽轮发电机组正常起动和升负荷　在完成对主蒸汽管暖管和暖机操作后，汽轮机按规定的速度升速到额定转速，反应堆功率升至约 10% 的额定功率后，在满足同步条件下，完成并网操作，从而使汽轮机由速度控制方式变为负荷控制方式。设置目标负荷和升负荷速率，自动提升负荷，当提升约 10% 负荷时，调整厂用电供电方式，从外电源供电切换到汽轮发电机组供电。当汽轮机功率负荷升至约 15% 时，将蒸汽排放从压力控制模式切换至温度控制模式，并将蒸汽排放压力设定在一回路零功率下温度对应的饱和压力。在提升到满功率的过程中，要关注控制棒的位置。

热起动是反应堆短时间停堆后，在一回路温度和压力等于或接近于工作温度和压力状态下的起动，即热起动时的状态是热停堆状态，热起动过程从使反应堆趋近临界开始。

6.2.2　功率运行

1. 带功率运行　当功率大于额定功率的 15% 以后，控制是自动的，反应堆输出的热功率，依靠功率调节系统，自动跟踪汽轮发电机组所需要的功率。带功率运行过程中稳压器压力保持在一定的范围内，以避免堆芯冷却剂产生沸腾或超压。

2. 降功率运行　在低功率工况，压水堆自动跟踪汽轮发电机组，按规定的速率降功率，调整控制棒组件位置，维持调节方案所规定的冷却剂平均温度，直至反应堆功率降到 15% 额定功率，切换反应堆功率自动调节至手动控制位置。在热备用工况，降负荷后压水堆和汽轮机仍处于零功率运行工况，其热功率不超过额定功率的 2%，由手动控制调节棒组加以维持，控制棒组件中的停堆棒组仍处于抽出位置。反应堆在高负荷或满负荷运行时，若突然与电网解列，则反应堆将失去全部外负荷，大量蒸汽直接排到冷凝器，汽轮发电机组只带厂用电。如果冷凝器不能容纳，则通过主蒸汽管道上大气释放阀，将过量蒸汽排到大气中，反应堆紧急停堆。

6.2.3　核电厂的停堆

核电厂的停堆是指把运行中的反应堆功率从运行水平降低到中子源水平，停堆有两种方式：正常停堆和事故停堆。正常停堆又可分为热停堆和冷停堆两类。

1. 热停堆 热停堆是短期的暂时性的停堆，停堆时冷却剂系统保持热态零功率负荷时的运行温度和压力，二回路系统处于热备用工况，随时准备带负荷继续运行。如果反应堆热停堆超过 11h，堆内裂变产物氙毒的变化越过了碘坑，氙毒反应性减少，如果不加补偿，可能会使反应堆重返临界，为此必须进行冷却剂加硼操作，以保证热停堆期间足够的停堆深度。

2. 冷停堆 冷停堆是长期的停堆，反应堆达到热停堆后才能进行冷停堆，此时除调节棒外，停堆棒组也全部插入，还需向冷却剂加硼。加硼操作要根据棒位、硼浓度、氙毒变化等运行情况准确估算实现冷停堆的冷却剂硼浓度和所需增加的硼酸总体积，以保证足够的停堆深度。

3. 换料停堆 堆芯需要进行换料时，需要在冷停堆的基础上加硼到 $k_{eff} < 0.9$，温度降到 60℃ 以下，同时将换料水箱内硼浓度为 2000×10^{-6} 的水灌入堆池和运输管道，并开动安全壳通风和过滤系统，以降低换料时的放射性水平。

4. 事故停堆 事故停堆是当发生直接危及反应堆安全的事件时，由保护信号驱动全部控制棒紧急插入，将反应堆引入次临界状态的停堆方式。事故停堆后必须保证反应堆的继续冷却，以保证反应堆安全。

6.2.4 核电厂换料

压水堆核电厂在运行过程中，由于核燃料的消耗，反应性降低，为了使反应堆维持额定功率，在运行一段时间后，就需要换料，现在压水堆核电厂一般每 12～18 个月换料一次。

压水堆换料有三种方式：

1. 由外向里三区循环倒换料 初始装料时，三种不同富集度的燃料组件装载在堆芯内沿径向分布的三个区中，外区燃料组件富集度最高，中心区最低。每次换料时，取出中心区燃耗最深的燃料组件，将第二区燃料组件倒换入中心区，外区的燃料组件则倒换入第二区，而在外区装入新补充的同一种富集度的燃料组件。

2. 跳棋式分区倒换料 初装料时，三种不同富集度的燃料组件交叉排列、均匀布置在堆芯内，每次换料时，只取出其中某一区的燃料组件，同时，在取出燃料组件的位置上装入同一种富集度的燃料组件，其他区不动，下一次则更换另一区的燃料组件，周而复始地进行跳棋式的分区换料。

3. 分区倒换料与跳棋式相结合的换料方法 这种换料方法是上述两种换料方式的结合。以 90 万 kW 级的大亚湾核电厂压水堆为例，首次装载时，堆

芯内有三种不同富集度的燃料组件，富集度分别是 1.8%、2.4% 和 3.1%，堆芯的四周由 3.1% 富集度的燃料组件围成一圈，其余部分由两种较低富集度的燃料组件按跳棋式布置。每次换料时，将内区燃耗较深的燃料组件取出，而将外区的燃料组件移向内区，新燃料组件加在外区。

6.2.5 核电厂检修

为保证核电厂的安全运行，核电厂必须安排由合格的人员使用合适的设备和技术完成符合要求的定期维修试验、检验和检查。维修、试验、检验和检查大纲必须计及运行限值和条件以及其他适用的核安全管理要求，必须确定安全重要的核电厂构筑物、系统和部件维修、试验、检验和检查的标准和周期，使其可靠性和有效性与设计要求保持一致。

压水堆核电厂的设备数量庞大，包含各种复杂系统，为了维持运行的安全可靠，一般在反应堆停堆换料期间，也结合进行定期检查。在定期检查中，着重于各主要设备及各种安全系统的性能检验，其中包括为验证压水堆压力壳、管道等冷却剂承压边界的焊缝，以及蒸汽发生器传热管、泵、阀门等可靠性所进行的在役检查，定期检查对于防止核电厂事故和提高电厂利用率具有重要作用。

为保证安全运行，规定对核蒸汽供应系统、二回路系统仪表的通道进行试验、检查和校准，运行期间还应对各设备进行功能试验和取样分析。

1. 蒸汽发生器传热管的检修 运行中蒸汽发生器传热管有无泄漏可通过主蒸汽、蒸汽发生器排污水或凝汽器抽气中有无放射性来鉴定。为确定泄漏的性质和程度、破损的部位和原因，必须对传热管进行检查。目前使用的检查方法是从管子内侧作涡流探伤，该方法使用方便可靠，对管子微小几何形状的变化，例如裂纹、管壁减薄或穿孔等缺陷均能灵敏地检测出来，它可以在蒸汽发生器管板上自动换位，作远距离检查，以减少检修人员所受到的辐射剂量。

2. 在役检查 核电厂投入运行后进行的定期检查叫做在役检查。在役检查时对反应堆冷却剂承压边界的耐压设备（如容器、管道）进行无损探伤，再与役前检查（又称基准检查）进行比较，判断原有缺陷是否扩展、是否有新的缺陷等，以确保耐压设备的安全性，有时在役检查也扩大至辅助系统和安全保护系统的设备。

6.3 核电厂的退役

6.3.1 概述

任何类型的核电厂都有运行寿命的限制。在核电

厂最终停闭后，就应等待退役。核电厂退役的关键是核反应堆的退役。退役的最终目的，是从现场清除掉所有的放射性物质及被放射性污染的设备，使该场地能够在不加任何放射学限制的条件下重新利用。

核电厂经过几十年的运行，不仅核反应堆本身已成为很强的放射性源，核电厂中许多构筑物、系统和部件受到污染和活化，也成为强污染的放射性源项。因此，核电厂的退役不是短期能完成的工作，而是一个长期的、事关全局的、难度大、耗资多而又非做不可的工作。

退役工作涉及下列任务：放射性物质、废物、部件和结构的去污、解体和移出。退役工作的时间可以从几年到几十年。核设施的退役可以在设施停闭后一个连续操作的时间段完成，也可以分阶段实施，即分阶段退役。

核电厂反应堆的退役活动可以分成三个阶段：初始的退役；主要的退役和存储；执照终止。在退役的所有阶段，都要合适地保护工作人员、公众和环境免受退役活动造成的危害。

为了便于退役工作，在核电厂的设计、建造和运行期间，就应该对退役作出考虑，尽可能早地作出计划，并做必要的准备工作。按美国核管会的要求，在计划终止核电厂运行前 5 年，必须提交退役花费估计的初步分析报告。在核设施永久关闭的两年内，必须提交停闭后退役的行动报告。在报告中描述计划中的退役行动、实施日期、预计的费用和退役具体行动对环境的影响。

在设计阶段应该从简化退役的观点全面地审查设计特性。一般说来，有利于反应堆运行期间进行维修和检查的设计特性也是有利于退役工作的。在设计中应该精心选择材料，以便减少活化，尽可能地减少活化腐蚀产物的传播，确保表面容易去污。在空间布置和进出通道设计上应该优化，做到便于大设备的移出，容易分离和远距离移出明显活化的部件，便于安装用于退役和废物装卸的设备，便于设备去污和移出，便于设施内放射性材料的管理。

与厂址、最终设计和建造有关的全面资料和信息都应该保存，作为退役所需要的重要资料，应该确定出在反应堆运行寿期终了时退役目的所需要的基本信息。在整个反应堆运行寿期内应该收集、维护和修订这些信息。为退役提供的信息包括：竣工图纸、模型和照片，施工顺序，管路，施工详图，电缆贯穿，部件和构筑物可接受的偏离，钢筋的位置。

6.3.2　退役方案的选择

国际原子能机构规定了为国际社会所公认的退役

三阶段：

第一阶段（监护封存期）：反应堆已关闭，核燃料被卸出，液体全部排空，控制系统被切断，设备敞开部分安全密封，第一道放射性屏障保持原封不动。将安全壳的穿墙孔永久性封死，使安全壳保持封闭，并处于严格控制之下。为保证核设施处于安全状态，实施连续的监护、监测和检查。这一阶段可能延续 5 年。

第二阶段（局部拆除期——厂址有限制开发）：局部拆除而不触动放射性最强或污染最严重区域（如堆芯）。通过移去易拆卸部件将需要继续实施监护、监测和检查的剩余部分缩减至最小体积（即限于第一道放射性屏障以内），并加强其密封和屏蔽。由于局部拆除基本上只涉及非放射性和无污染部分，如核电厂常规岛和配套设施的设备和结构（约占85%），可用常规拆除技术。安全壳经过去污后也可改建或拆除；其他非放射性建筑物可作他用；拆除下来的部件和器材（如有必要，经过去污），可复用或出售，因此净花费不多。这一阶段可能延续 30～50 年，但不宜超过 100 年。

第三阶段（最后处置期——厂址无限制使用）：厂内所有带放射性的结构、设备、器材都被拆除移出，经去污（如有必要）后，厂址和厂房无需再进行监测或检查。可供其他项目无限制使用。最后处置阶段要拆除和处理放射性最强或污染最严重的结构、设备和部件，难度和费用均远大于前两个阶段，时间约需 5 年。

6.3.3　退役计划

退役成功与否取决于要有一个精细和有组织的退役计划，应该根据核设施的复杂程度和可能的危害确定退役计划的范围、内容和详细程度，并与国家管理当局的要求一致。

在退役计划中要说明退役的可行性，论述退役工作的费用，说明资金筹措的方法。在反应堆运行期间，退役计划应该评审，不断更新，并根据退役的技术发展、反应堆运行中已出现的异常事件作出修改和分析。核反应堆最终停闭后，应该向管理当局提交最终的退役计划，并需要管理当局的批准。

退役计划应该包括下列的主要内容：①核反应堆、厂址和周围地区的有关描述。②核反应堆的运行历史。③退役活动的描述和时间进度表。④所选退役方案的基本原理。⑤安全评价和环境影响评价。⑥环境检测程序。⑦特定服务设施、工程设备和退役技术可利用性的评价，描述可能利用的去污、解体、切割技术和遥控操作设备。⑧质量保证大纲。⑨核反应堆设施中残留放射性物质的数量、类型和位置。⑩估计退役费用的细节。

按我国相关法规的规定，核电厂的营运单位在获得国家核安全局颁发的"核电厂退役批准书（临时）"后，方可开始退役活动。在获得"核电厂退役批准书"后，批准核电厂最终退役。

6.3.4 退役费用

直接影响退役费用的因素有核设施类型、规模、运行历史、退役的时间、退役方案、废物的量、废物处置方法以及对厂址退役的法律要求等。只有对特定核设施进行工程研究后，才能得出最可靠的退役费用估算值。

退役的费用包括三部分：① 劳务、材料和服务费用。② 能源、运输费用。③ 所有放射性废物埋葬、处置费用。其比例分别约占 65%、13% 和 22%。

国际上流行的退役资金的筹措方法有三种：① 在寿期末（或退役开始时）再筹集支付。② 设立一个退役基金，在整个运行寿期内，每年支付一定的数额，逐年累积，将寿期末的总累积值作为退役资金。③ 在开始运行时就一次拨出一笔费用供退役用。这三种支付方式的投资时间不同，因此实际价值也就不一样。要比较它们价值的大小，应根据利率、贴现率和通货膨胀率等因率，将在不同时间内投资的费用折算到现在的价值。一般说来，第一种方法的价格最低，第三种方法的代价最高。

参 考 文 献

[1] 杜圣华，等．核电站．北京：原子能出版社，1992.

[2] 谢仲生，罗经宇审校．核反应堆物理分析(上册)．北京：原子能出版社，1994.

[3] 卢希庭．原子核物理(修订版)．北京：原子能出版社，2000.

[4] 陈济东．大亚湾电站系统及运行．北京：原子能出版社，1995.

[5] 谢仲生．电气工程师手册编委会．电气工程师手册，第 16 篇．北京：机械工业出版社，2005.

[6] 中华人民共和国核安全局．核动力厂设计安全规定，HAF102，2004.

[7] 任泽霈，蔡睿贤，许镜明．热工手册．第 8 章．北京：机械工业出版社．2002.

[8] 于平安，朱瑞安，喻真烷，孙启才编著．核反应堆热工分析．北京：原子能出版社，1982.

[9] 韦基尔．核反应堆热工学．陈叔平，马驰，李世昆译．北京：原子能出版社，1978.

[10] 广东核电站培训中心．900MW 压水堆核电站系统与设备．北京：原子能出版社，2005.

[11] 国家核安全局发布，核电厂安全许可证件的申请和颁发，1993.

[12] 李德平，等译．国际放射防护委员会 1990 年建议书，国际放射防护委员会第 60 号出版物．北京：原子能出版社，1993.

[13] 国务院办公厅发布，国家核应急预案，2006.

[14] 国家质量技术监督局发布，核电厂应急计划与准备准则——场外应急响应能力的保持，GB/T 17680.5—1999.

[15] 臧希年，申世飞．核电厂系统及设备．北京：清华大学出版社，2003.

[16] 朱继洲，俞保安．压水堆核电站的运行．北京：原子能出版社，1982.

[17] 朱继洲．核反应堆运行．北京：原子能出版社．1992.

[18] 曾新然，任勇，等编译．压水堆核电厂退役技术、安全与费用．北京：原子能出版社，1994.

[19] 连培生．原子能工业．北京：原子能出版社，2002.

[20] INTERNATIONAL ATOMIC ENERGY AGENCY. Decommissioning of Nuclear Power Plants and Research Reactors. Safety Standards Series No. WS－G－2.1 IAEA，VIENNA，1999.

第16篇

新 能 源 发 电

主　编　王革华（清华大学）

　　　　赵争鸣（清华大学）

执　笔　王革华（清华大学）

　　　　周双喜（清华大学）

　　　　赵争鸣（清华大学）

　　　　吴创之（中国科学院广州能源研究所）

　　　　刘向民（上海发电设备成套设计研究所）

　　　　褚同金（国家海洋局）

　　　　江菊元（国家海洋局）

第 1 章　概　　论

1.1　新能源的概念

新能源是相对于常规能源而言，以采用新技术和新材料而获得的，在新技术基础上系统地开发利用的能源，如太阳能、风能、海洋能、地热能等。与常规能源相比，新能源生产规模较小，使用范围较窄。常规能源与新能源的划分是相对的。以核裂变能为例，20 世纪 50 年代初开始把它用来生产电力和作为动力使用时，被认为是一种新能源。到 80 年代世界上不少国家已把它列为常规能源。太阳能和风能利用的历史比核裂变能要早许多世纪，由于还需要通过系统研究和开发才能提高利用效率，扩大使用范围，所以依然把它们列入新能源。

按 1978 年 12 月 20 日联合国第三十三届大会第 148 号决议，新能源和可再生能源共包括 14 种能源：太阳能、地热能、风能、潮汐能、海水温差能、波浪能、木柴、木炭、泥炭、生物质转化、畜力、油页岩、焦油砂及水能。1981 年 8 月 10～21 日联合国新能源和可再生能源会议之后，各国对这类能源的称谓有所不同，但是共同的认识是，除常规的化石能源和核能之外，其他能源都可称为新能源和可再生能源，主要是太阳能、地热能、风能、海洋能、生物质能、氢能和水能。

1.1.1　太阳能

科学家们公认，太阳能是未来人类最合适、最安全、最绿色、最理想的替代能源。资料显示：太阳每分钟射向地球的能量相当于人类一年所耗用的能量（$8×10^{13}$ kW/s），相当于 500 多万 t 煤燃烧时放出的热量；一年就有相当于 $170×10^{12}$ t 煤的热量，现在全世界一年消耗的能量还不及它的万分之一。但是，到达地球表面的太阳能只有千分之一二被植物吸收，并转变成化学能贮存起来，其余绝大部分都转换成热，散发到宇宙空间去了。利用方式有：

1. 光-热转换　太阳能集热器以空气或液体为传热介质吸热，减少集热器的热损失可以采用抽真空或其他透光隔热材料。太阳能建筑分为主动式和被动式两种。前者与常规能源采暖相同；后者是利用建筑本身吸收储存能量。

2. 光-电转换　太阳能电池类型很多，如单晶硅、多晶硅、非晶硅、硫化镉、砷化锌电池。非晶硅薄膜很可能成为太阳能电池的主体，缺点主要是光电转换低，工艺还不成熟。目前太阳能利用转化率约为 10%～12%。据此推算，到 2020 年全世界能源消费总量大约需要 $25×10^{12}$ L 原油，如果用太阳能替代，只需要约 97 万 km² 的一块吸太阳能的 "光板" 就可以实现。"宇宙发电计划" 在理论上是完全可行的。

3. 光-化转换　光照半导体和电解液界面使水电离直接产生氢的电池，即光化学电池。

1.1.2　风能

地球表面大量空气流动所产生的动能。由于地面各处受太阳辐照后气温变化不同和空气中水蒸气的瑞典奥兰岛的风车含量不同，因而引起各地气压的差异，在水平方向高压空气向低压地区流动，即形成风。风能资源决定于风能密度和可利用的风能年累积小时数。风能的利用主要是风力发电和风力提水。

1.1.3　生物质能

任何由生物的生长和代谢所产生的物质（如动物、植物、微生物及其排泄代谢物）中所蕴含的能量。直接用作燃料的有农作物的秸秆、薪柴等；间接作为燃料的有农林废弃物、动物粪便、垃圾及藻类等，它们通过微生物作用生成沼气，或采用热解法制造液体和气体燃料，也可制造生物炭。生物质能是世界上最为广泛的可再生能源。据估计，每年地球上仅通过光合作用生成的生物质总量就达 1440～1800 亿 t（干重），其能量约相当于 20 世纪 90 年代初全世界总能耗的 3～8 倍。但是尚未被人们合理利用，多半直接当薪柴使用，效率低，影响生态环境。现代生物质能的利用是通过生物质的厌氧发酵制取甲烷，用热解法生成燃料气、生物油和生物炭，用生物质制造乙醇和甲醇燃料，以及利用生物工程技术培育能源植物，发展能源农场。

1.1.4　地热能

离地球表面 5000m 深，150℃ 以上的岩石和液体的总含热量，据推算约为 $14.5×10^{25}$ J，约相当于 $4948×10^{12}$ t 标准煤的热量。地热来源主要是地球内部长寿命放射性同位素热核反应产生的热能。中国一般把高于 150℃ 的称为高温地热，主要用于发电。低于此温度的叫中低温地热，通常直接用于采暖、工农业加温、水产养殖及医疗和洗浴等。截止 1990 年年底，世界地热资源开发利用于发电的总装机容量为 588 万 kW，地热水的中低温直接利用约相当于 1137 万 kW。

1.1.5 海洋能

海洋能是指依附于海水作用和蕴藏在海水中的能量。主要产生于太阳的辐射以及月球和太阳的引力，如海洋温差能、潮汐能、波浪能、海流能和盐度差能等。据 1981 年联合国教科文组织估计，全世界海洋能资源的理论可再生总量为 766 亿 kW，其中可开发利用的资源约 64 亿 kW。海洋能的利用方式主要是发电，包括潮汐发电、海流发电、波浪发电、海洋温差发电等。最新的海洋能概念是发展海洋生物的养殖，建立海洋能源农场，旨在最大限度地开发海洋能资源。

1.2 国内外新能源发展概况

人口的增加和经济的发展导致全球能源消费的快速增长，全世界能源消费总量在 1970 年为 83 亿 t 标煤，到 1995 年为 140 亿 t 标煤，增长了 68.7%。预计到 2020 年将达 195 亿 t 标煤。50 年内年能源消费总量增长了 1.35 倍。能源的大量消费带来了一系列的环境问题，包括森林减少、植被破坏、水土流失、土壤沙化、水体污染等。特别是化石能源的大量消费产生的温室效应，已引起了世界各国的关注。1992 年在巴西里约热内卢召开的联合国环境与发展大会通过了《21 世纪议程》，以后又相继召开了一系列会议并签署了《京都议定书》，通过提高能源效率、减少化石燃料的消耗、大力开发利用可再生能源，达到减少温室气体的排放的目的。尤其是发达国家在工业化的过程中消耗了大量能源，排放了大量温室气体，应该首先承担减排的义务。其中开发利用无碳排放的新能源和能量载体，作为减排温室气体的有效途径，受到了世界各国的重视，已成为世界能源界研究和投资的热点。

1.2.1 发达国家新能源发展情况

世界各主要国家都将推动新能源和可再生能源的发展当作 21 世纪能源发展的基本选择，几乎有着共同的目的：提高能源自给率，保护环境，确保国家的安全。经过几十年的努力，欧美等一些发达国家的新能源和可再生能源在一次能源供给中已占有一定的比例，其中一些国家已经达到 10% 以上，可再生能源发电在总电力中也发挥着举足轻重的作用。

美国：美国目前的可再生能源比例是 5.9%，不包括水电是 3.9%，但是可再生能源的发展速度很快，远高于传统能源的发展速度。在 2003 年 8 月 6 日发布的美国能源部战略计划里，明确提出了到 2025 年，除水电外可再生能源生产将达到 1200 亿英国热量单位（Btu），为 2000 年 646 亿英国热量单位的两倍。其重点部署了生物质能（发电、转化燃料）、风电、太阳能（光伏发电、集热发电、低温太阳能收集）及地热发电。

日本：日本从 20 世纪 80 年代开始实施新阳光计划，开发了 100kW 级的太阳能发电试验设备，又进行了大型风力发电系统的开发，制成了全国风况指示图等。至 2004 年 9 月，日本已经安装了 750 座大型风力发电机，总设备容量达到 70 万 kW。作为太阳能电池的最大生产国，日本的太阳能发电容量占全球总容量的 50% 左右。

欧盟：1997 年，欧盟发表的《可再生能源白皮书》中指出，促进可再生能源发展的动力在于：保护环境与可持续性发展，保证能源供应的安全性和保持欧盟经济的竞争力。为实现《京都议定书》的目标，即 2008~2012 年间，在 1990 年基础上二氧化碳减排 8%。欧盟规定可再生能源在一次能源中的比例要由 1997 年的 6% 提高到 2010 年的 12%，2050 年将达到 50%，并且将 2010 年的能源效率在 1995 年基础上提高 18%。为使《可再生能源白皮书》的实施落到实处，欧盟还相继出台《可再生能源发电促进法案》和《生物质燃料促进法案》。分别为发电和生物燃料制定了 2010 年发展目标为：可再生能源电力占电力消费总量的 22%；生物燃料占燃料消费总量的 5.75%。

英国：2010 年以前目标，确保实现 2010 年可再生能源发展目标的新技术以及有出口前景的技术，包括生物残留物、近海风能、能源作物、燃料电池以及太阳能发电等。2010 年以后目标，重点是那些在执行研究和开发计划过程中发现的潜在能源技术，包括燃料电池、与建筑一体化的光电装置、海洋能以及太阳能热电等。

德国：德国政府在制定能源政策时，把重点放在了节约传统能源，发展可再生能源和新型能源两个方面，以期实现能源生产和消费的可持续发展。德国 2000 年颁布了《可再生能源促进法》，在全球开创了以立法促进可再生能源开发的先例。2003 年，该产业总产值达 100 亿欧元，其中风能占 47.9%，然后依次是生物质能 28.6%、太阳能 14.1%、水力发电 8.1%、地热 1.2%。目前，德国不仅是世界上最大的风力机市场并伴有大量出口，还是欧洲最大的太阳能设备市场。

1.2.2　我国的新能源发展概况

开发利用新能源和可再生能源已成为我国可持续发展的战略性措施。目前较为成熟的可开发利用的新能源主要包括水能资源、太阳能资源、风能资源以及生物质能资源，我国目前在这些可再生能源品种的储量上都比较大，但除了水能资源已大面积开发利用，太阳能资源已得到一定的开发利用外，在其他能源方面的开发程度和深度还远远不够，开发潜力非常大。

我国太阳能热水器利用率已达到国际先进水平，太阳能热水器面积累计达 6500 万 m^2，年生产能力 1500 万 m^2。目前生产量和使用量均为世界第一，已占到全世界 50% 的份额，并有较完整的产业体系，已形成完整的上下游产业链和辐射全国的消费链。到 2004 年底，全国共建成农村户用沼气池 1500 多万口，年产沼气约 55 亿 m^3。建成生物质能发电装机容量约为 200 万 kW。此外，利用陈化粮生产乙醇燃料的项目正在全面推进，年生产能力将达到 100 万 t。利用能源作物生产乙醇燃料和生物柴油的技术也在进行试点和示范。

作为开发利用可再生能源的具体措施，我国在各领域对未来可再生能源开发都将有一定的部署。在风力发电领域，通过大规模开发，促进技术进步和产业发展，实现设备制造国产化，尽快使风电具有市场竞争力。预计到 2020 年，总装机达到 3000 万 kW。太阳能发电也将高速发展，预计到 2020 年，太阳能发电累计总量达到 200 万 kW。我国将大力发展农林生物质发电、垃圾焚烧发电、垃圾填埋场沼气发电和大中型沼气工程发电，预计到 2020 年，生物质能发电将达到 3000 万 kW。我国还将大力开发利用生物质能燃料，并为固体成型燃料、沼气、液体燃料等分别设定了发展目标。

1.3　新能源发电技术进展

1.3.1　风力发电

风电技术发展的核心是风力发电机组，世界上风电机组的发展趋势如下：

1. 单机容量大型化　商品化的风电机组单机容量不断突破人们的预测，从 20 世纪 70 年代的最大 55kW 到 80 年代的 150kW，90 年代初期的 300kW 和后期的 600kW、750kW。目前 1.5MW 级以上的风电机组已成为市场上的主力机型。目前装机最多的德国，1998 年安装的风电机组的单机平均容量是 783kW，而 2002 年达到 1395kW。而丹麦 2002 年安装的风电机组的单机平均容量也达到 1000kW。从当前世界趋势来看，发展大容量的风力机是提高发电量、降低发电成本的重要手段。

2. 大型风电机组研发和新型机组　延续 600kW 级风电机组 3 叶片、上风向、主动对风、带齿轮箱或不带齿轮箱的设计概念，扩大容量至兆瓦以上仍是技术发展的一个方向。如 BONUS 公司的 1MW 和 1.3MW，NORDEX 公司的 1MW 和 1.3MW，NEGMICON 公司的 1MW 和 1.5MW。

变桨距在几乎所有的兆瓦级风电机组中被采用，是技术发展的一个重要方向。

随着电力电子技术的发展和成本下降，变速风电机组在新设计的风电机组中占主导地位。如 NORDEX 公司在其 2.5MW 的风电机组中改为了变速恒频方案。VESTAS、DEWIND、ENERCON、TACKE 等公司在其兆瓦级风电机组中都采用变速恒频、变桨距方案。

3. 海上风电机组　目前，运行中的风电机组主要是在陆地上，但近海风电新市场正在形成中，主要在欧洲。近海风力资源巨大，海上风速较高并较一致。海上风电机组的开发，容量为兆瓦级以上。美国通用电气公司开发出海上的 3.6MW 风机，2004 年实现商业化。丹麦的世界最大海上风电示范工程的规模为 16 万 kW，单机容量为 2MW。

我国离网型风电机组的生产能力、保有量和年产量都居世界第一，主要为解决边远地区生活用电发挥重要作用，但对总电量的贡献很小。而在大型风机方面，我国目前已经掌握了 600kW 定桨距风电机组的技术，实现了批量生产；750kW 风力发电机组已有多台投入运行，国产化率达到 64%；自主研制开发的变桨距 600kW 风力发电机组已有多台投入运行，国产化率达到 80% 以上；1000kW 风力机叶片国内已完成设计并开始生产。我国第 1 台国产 1.2MW 直驱式永磁风力发电机已经开始运行。

1.3.2　太阳能发电

太阳能发电可大致分为热发电和光伏发电两种。

1. 太阳能热发电　太阳能热发电因其具有成本效益而受到关注。据预测，太阳能热发电在 2020 年将达到全球电力市场的 10% ~ 12%，发电成本将达到 0.05 ~ 0.06 欧元/kW·h。太阳能热发电的关键技术在于聚焦系统的开发，除了槽式线聚焦系统，还有用定日镜聚光的塔式系统以及采用旋转抛物面聚光镜的点聚焦-斯特林系统。线聚焦系统和点聚焦系统都取得过举世瞩目的成果，特别是麦道公司研制的点聚焦-斯特林系统曾经创下了转换效率接近 30% 的纪录。最近 15 年来，对于线聚焦系统，在提高部件性能和可靠性、降低部件造价、降低运行维护费用等方面都取得了长足的进展。另一方面，塔式系统的实验装备经过重要的改造，已成为近年来发展的重点。

2. 太阳能光伏发电 并网发电是最大的光伏产品应用领域，2001 年并网发电占总光伏市场应用的 50.4%。大型并网光伏发电技术发展趋势是电站容量向 5MW 乃至 10MW 以上发展；发展模块化并网光伏电站技术。目前，世界上已有数十座大型光伏电站，其中德国建成 14 座，最大 5MW。美国有世界上容量最大的光伏并网电站，容量为 6.5MW。我国 2004 年建成了 1MW 的并网光伏电站，但关键设备基本依赖进口。

1.3.3 生物质能发电

主要包括直接燃烧后用蒸汽进行发电和生物质气化发电两种。

1. 生物质直接燃烧发电 生物质直接燃烧发电的技术已基本成熟，它已进入推广应用阶段，如美国大部分生物质采用这种方法利用，10 年来已建成生物质燃烧发电站约 6000MW，处理的生物质大部分是农业废弃物或木材厂、纸厂的森林废弃物。这种技术单位投资较高，大规模时效率也较高，但它要求生物质集中，达到一定的资源供给量，只适于现代化大农场或大型加工厂的废物处理，对生物质较分散的发展中国家不是很合适，因为考虑到生物质大规模收集或运输，将使成本提高，从环境效益的角度考虑，生物质直接燃烧与煤燃烧相似，会放出一定的氮氧化物，但其他有害气体比燃煤要少得多。生物质直接燃烧技术已经发展到较高水平，形成了工业化的技术，降低投资和运行成本是其未来的发展方向。

2. 生物质气化发电 生物质气化发电是更洁净的利用方式，它几乎不排放任何有害气体，小规模的生物质气化发电已进入商业示范阶段，它比较适合于生物质的分散利用，投资较少，发电成本也低，比较适合于发展中国家应用。大规模的生物质气化发电一般采用煤气化联合循环发电（IGCC）技术，适合于大规模开发利用生物质资源，发电效率也较高，是今后生物质工业化应用的主要方式。目前已进入工业示范阶段，美国、英国和芬兰等国家都在建设 6～60MW 的示范工程。但由于投资高，技术尚未成熟，在发达国家也未进入实质性的应用阶段。

1.3.4 地热发电

地热能的开发利用已有较长的时间，地热发电、地热制冷及热泵技术都已比较成熟。在发电方面，国外地热单机容量最高已达 60MW，采用双循环技术可以利用 100℃ 左右的热水发电。我国单机容量最高为 10MW，与国外有较大差距。另外，发电技术目前还有单级闪蒸法发电系统、两级闪蒸法发电系统、全流法发电系统、单级双流地热发电系统、两级双流地热发电系统和闪蒸与双流两级串联发电系统等。我国适合于发电的高温地热资源不多，总装机容量 30MW 左右，其中西藏羊八井、那曲、郎久三个地热电站规模较大。

1.3.5 海洋能发电

海洋能主要为潮汐能、波浪能、潮流能、海水温差能和海水盐差能。温差能和盐差能应用技术近期进展不大。

1. 潮汐发电 其关键技术主要包括低水头、大流量、变工况水轮机组设计制造，电站与海洋环境的相互作用，电站的系统优化，协调发电量、间断发电以及设备造价和可靠性等之间的关系，电站设备在海水中的防腐。目前我国共有八座潮汐电站建成运行，容量为 $5.4×10^8 kW · h$，最大的是 20 世纪 80 年代建成的浙江江厦电站，装机容量为 3.2MW。

2. 波浪发电 关键技术主要包括：波浪能的稳定发电技术和独立运行技术；波能装置的波浪载荷及在海洋环境中的生存技术；波能装置建造与施工中的海洋工程技术；不规则波浪中的波能装置的设计与运行优化；波浪的聚集与相位控制技术；往复流动中的透平研究等。波浪能是海洋能利用研究中近期研究得最多、政府投资项目最多和最重视的海洋能源，出现了一些新型的波能装置和新技术，建造了一些新的示范和商业波浪电站。

3. 潮流发电 潮流能的主要利用方式，其原理和风力发电相似。海流发电的关键技术问题包括透平设计、锚泊技术、安装维护、电力输送、防腐、海洋环境中的载荷与安全性能等。世界上从事潮流能开发的主要有美国、英国、加拿大、日本、意大利和中国等。潮流能研究目前还处于研发的早期阶段，20 世纪 90 年代以前，仅有一些千瓦级的潮流能示范电站问世。20 世纪 90 年代以后，欧共体和中国开始建造几十千瓦到百千瓦级潮流能示范应用电站。潮流能利用技术近期最大的研究进展是中国哈尔滨工程大学在浙江舟山群岛研制的 75kW 潮流能示范电站，是目前世界上规模最大的潮流能电站。

第 2 章 风 力 发 电

2.1 风力发电及其发展

环境污染和能源短缺成为现代文明社会的世纪性难题。人们的环保意识和危机感不断加强。20 世纪 80 年代中期以来风力发电技术的应用受到普遍重视。随着现代科学技术的飞速发展，特别是空气动力学、航天技术和大功率电力电子技术应用于新型风电机组的研制，使风力发电在短短的一二十年里有了迅猛的发展。

风力发电走向规模化和产业化，大型并网风电场成为风力发电的主流，风力发电在电网中的比重越来越大，成为除水力发电以外最成熟、最现实的一种清洁能源发电方式。大力发展风力发电，对环境保护、节约能源以及生态平衡都有重要的意义。

2.1.1 风能及风能资源

1. 风能 风能是流动的空气所具有的能量。从广义太阳能的角度看，风能来自于太阳能。来自太阳的辐射能不断地传送到地球表面周围，因照射受热情况的不同，地球表面各处产生温差，从而产生压差而形成风。

按照空气动力学理论，流动的空气所具有的能量为

$$E = \frac{1}{2}mv^2 = \frac{1}{2}\rho Av^3 \qquad (16.2-1)$$

式中，E 为风能（W 或 kg·m²/s³）；m 为空气的质量（kg/s）；v 为空气流动的速度，即风速（m/s）；A 为与空气流动方向垂直的气流穿过的截面积（m²）；ρ 为空气的密度（kg/m³）。

风能属于可再生能源，从历史长河看，风能是取之不竭、用之不尽的。风能又是过程性能源，不能直接储存，需要转化成其他可储存的能量形式才能储存。

按照不同的需要，风能可以被转化成其他不同的能量形式，如机械能、电能、热能等，以实现泵水灌溉、发电、风帆助航等功能。

2. 风能资源 风能资源是存在于地球表面大气流动形成的动能资源。风能资源的形成受多种自然因素的复杂影响，特别是天气气候背景及地形和海陆的影响。风能在空间分布上是分散的，在时间分布上是不稳定和不连续的，因为风对天气气候非常敏感，时有时无，时大时小，在时间和空间上存在着很强的地

域性和季节性。

自然界中的风能资源十分丰富。据世界气象组织（WMO）宣称，全球风能为 $3×10^{17}$ kW，其中可利用的风能为 $2×10^{10}$ kW。另一种说法是太阳对地球辐射的热能是形成风能的基础，进入大气层的太阳辐射热能的 1%～2% 转变为风能，其值约为（$1×10^8$～$2×10^8$）kW。

中国风能储量可开发和利用的陆地上风能储量为 253GW（2.53 亿 kW），近海可开发和利用的风能储量有 750GW（7.5 亿 kW），共计约 1000GW（10 亿 kW）。如果陆上风电年上网电量按等效满负荷 2000h 计，则每年可提供 5000 亿 kW·h 的电量，海上风电年上网电量按等效满负荷 2500h 计，每年可提供 1.8 万亿 kW·h 的电量，合计 2.3 万亿 kW·h 的电量，相当于 2005 年全国用电量。

地球上某一地区风能资源的潜力是以该地的风能密度及可利用小时数来表示的。

3. 风能功率密度 单位时间垂直穿过单位截面的流动空气所具有的动能，如下式所示

$$w = \frac{1}{2}\rho v^3 \qquad (16.2-2)$$

式中，w 为风能密度（W/m²）；v 为空气流动的速度（m/s）；ρ 为空气的密度（kg/m³）。

由于风速是变化的，风能密度的大小也是随时间变化的，一定时间周期（例如一年）内风能密度的平均值称为平均风能密度，如下式

$$\overline{w} = \frac{1}{T}\int_0^T \frac{1}{2}\rho v^3(t)\,\mathrm{d}t \qquad (16.2-3)$$

式中，$\overline{w}$ 为平均风能密度；T 为一定的时间周期；$v(t)$ 为随时间变化的风速；$\mathrm{d}t$ 为在时间周期 T 内相应于某一风速的持续时间。如果在风速测量中可直接（或经过数据处理后）得到总的时间周期 T 内不同的风速 v_1，v_2，…，v_n 及其所对应的时间 t_1，t_2，…，t_n，则平均风能密度可按下式计算

$$\overline{w} = \frac{\sum_{i=1}^{n} \frac{1}{2}\rho v_i^3 t_i}{T} \qquad (16.2-4)$$

在实际的风能利用中，风力机械只是在一定的风速范围内运转，对一定风速范围内的风能密度视为有效风能密度。中国有效风能密度所对应的风速范围是

3~20m/s。

空气密度随海拔的不同而不同。在海拔500m以下，即常温、标准大气压力下，空气密度值可取为1.225kg/m³。如果海拔超过500m，可按中国气象台站的计算经验得出空气密度与海拔的关系

$$\rho_h = 1.225e^{-0.0001h} \qquad (16.2-5)$$

式中，h 为海拔（m）；ρ_h 为相应于海拔为 h 处的空气密度值（kg/m³）。

4. 风速及风向 在风能利用中，风速及风向是两个重要要素。估算风能资源必须测量每日、每年的风速、风向，了解其变化的规律。地球上某一地区的风向首先是与大气环流有关，与其所处的地理位置（离赤道或南北极远近）和地球表面不同情况（海洋、陆地、山谷等）也有关。

计算风能资源基本依据是每小时风速值。风速值确定有三种不同的测算方法：①将每小时内测得的风速值取平均值；②中国规定将每小时最后10min内测量的风速值取平均值；③在每小时内选几个瞬时测量风速值再取其平均值。

风速随高度而变化。从地球表面到10000m的高空层内，空气的流动受到涡流、黏性和地面摩擦等因素的影响，靠近地面的风速较低，离地面越高，风速越大。风速沿高度的变化，工程上通常使用指数法，即

$$v = v_1 \left(\frac{h}{h_1}\right)^n \qquad (16.2-6)$$

式中，h、h_1 为离地面的不同高度；v_1 为已知的离地面 h_1 处的风速；v 为欲求知的离地面 h 处的风速；指数 n 与地面的平整程度（粗糙度）、大气的稳定度等因数有关，其值为 1/2~1/8，稳定度正常的地区为 1/7。中国气象部门测量各种高度下的风速得到 n 的平均值为 0.16~0.20，可用于估算各种高度的风速。显然，风机越高，能捕获的风能越大。

5. 风向方位 通常采用十六方位来表示，按照不同方位风向出现的频率绘制而成的风向变化的图形，称为风向频率玫瑰图。通过风频玫瑰图，可以准确地描绘出一个地区的风频分布，从而确定风电场风力发电机组的总体排布，做出风电场的微观选址，在风电场建设初期设计中具有重要作用。

6. 我国风能资源的分布及可利用小时数 图16.2-1~图16.2-3示出了中国风能的分布状况，包括有效风能密度和可利用小时数，其中：① 东南沿海及其附近岛屿是风能资源丰富地区，有效风能密度大于或等于200W/m²的等值线平行于海岸线。沿海岛屿风能密度在300W/m²以上，全年中风速大于或等于3m/s的小时数为7000~8000h，大于或等于6m/s的小时数为4000h。② 新疆北部、内蒙古、甘肃北部也是风能资源丰富地区，有效风能密度大于或等于200~300W/m²，全年中风速大于或等于3m/s的小时数为5000h以上，大于或等于6m/s的小时数为3000h以上。③ 黑龙江、吉林东部、河北北部及辽宁半岛的风能资源也较好，有效风能密度在200W/m²以上，全年中风速大于或等于3m/s的小时数为5000h，大于或

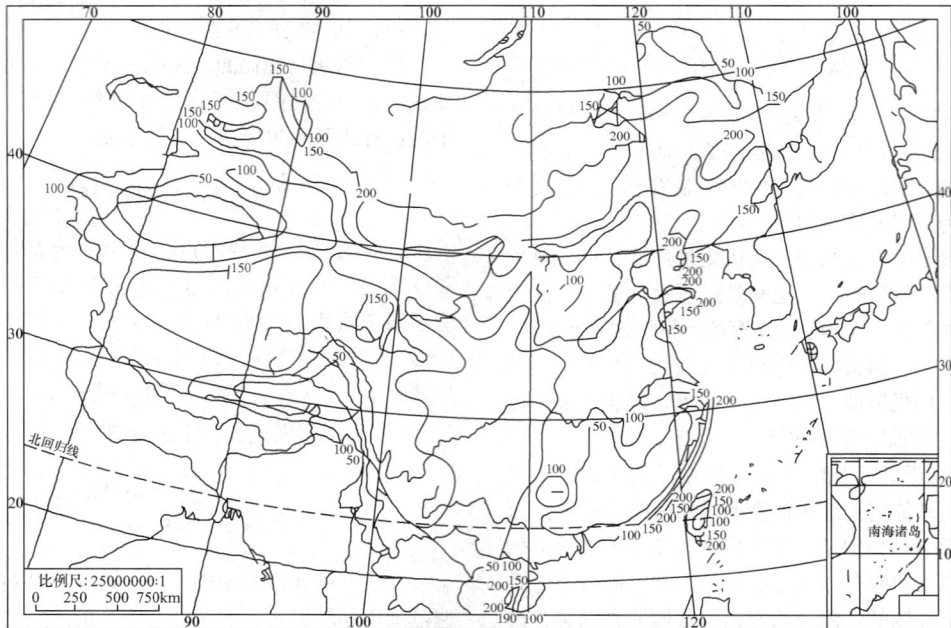

图 16.2-1 中国有效风能功率密度（单位：W/m²）

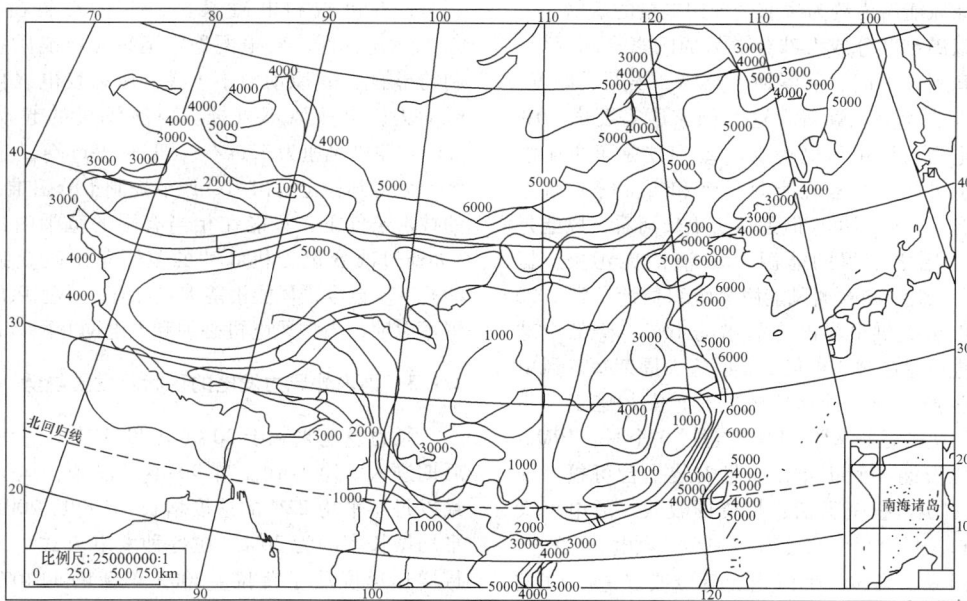

图 16.2－2 全年 3～20m/s 风速小时数

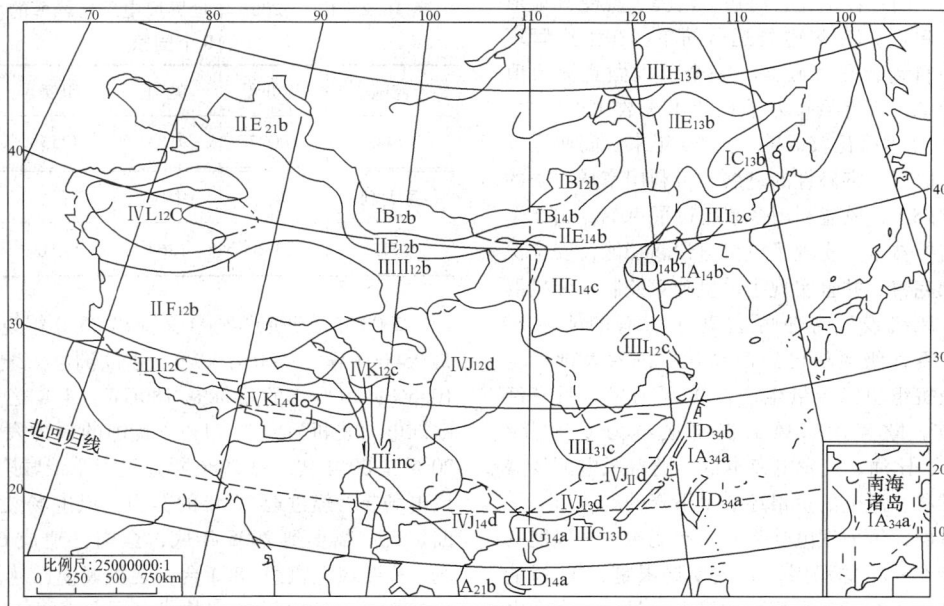

图 16.2－3 中国风能分区图

Ⅰ—风能丰富区；Ⅱ—风能较丰富区；Ⅲ—风能可利用区；Ⅳ—风能欠缺区

等于 6m/s 的小时数为 3000h。④ 青藏高原北部有效风能密度在 150～200W/m² 之间，全年中风速大于或等于 3m/s 的小时数为 4000～5000h，大于或等于 6m/s 的小时数为 3000h。⑤ 云南、贵州、四川、甘肃、陕西南部、河南、湖南西部、福建、广东、广西的山区及新疆塔里木盆地和西藏的雅鲁藏布江，除局部地区有较好风资源外，基本为风能资源贫乏区，有效风能密度在 50W/m² 以下，全年中风速大于或等于 3m/s 的时数在 2000h 以下，大于或等于 6m/s 的小时数在 1500h 以下，风能潜力很低。

2.1.2 风力发电的特点

风力发电之所以在全世界范围获得快速发展，是因为风电本身具有下列优点：① 风能资源丰富。据统计，全球风能潜力约为目前全球用电量的5倍。风能资源足以满足部分或大部分电力的国家有阿根廷、加拿大、智利、中国、俄罗斯、英国、埃及、印度、墨西哥、南非和突尼斯等，这些国家所需要的20%或更多的电力可以由风电提供。② 风能是可再生能源。地球上可利用的常规能源（煤和石油等）日趋匮乏，总有一天要用尽。但是从历史长河看，风能是取之不尽、用之不竭的能源。③ 清洁无污染。据"绿色和平"组织和欧洲风能协会组织估计，到2020年风力发电可提供世界电力需求的10%，降低全球二氧化碳排放量超过 10^5 亿 t。④ 施工周期短。风电机工厂化生产，场地处理比较简单，安装施工期很短。单台风机的运输安装时间不超过3个月，10MW级风电场建设期不到1年，而且安装一台可投产一台。⑤ 投资少，投资灵活，投资回收快。风电可大可小，一户一村可投资兴建微型和小型风电，大型风电场可由国家、集体、个体企业等合股建造。⑥ 实际占地少，对土地要求低。风电场机组与监控、变电设备等建筑仅约占风电场1%，其余场地仍可供农、牧、渔使用，而且在山丘、海边、河堤、荒漠等地形条件下均可建设。⑦ 风电场运行简单。在生产管理的全过程中自动化程度较高，完全可以做到无人值守，发电设备装机容量每万千瓦使用人数比火电少。⑧ 风力发电技术已比较成熟。近20年来，商业运营的风力机，取得了突破性的进展，可利用率从原来的50%提高到98%，风能利用系数超过了40%。由于采用计算机监控技术，实现了风机自诊断功能，安全保护措施更加完善，并且实现了单机独立控制、多机群控和遥控。风机设计寿命可达20年，有的能达30年。目前，百瓦级风机已经商品化，投入大批量生产，兆瓦级机组也已批量生产。⑨ 风力发电具有经济性。目前，欧美国家风力发电成本为6美分/kW·h左右，比油、气发电成本低。随着风电的发展和时间的推移，风电的价格还会呈下降的趋势。

另一方面，风力发电受到其一次能源——风能的限制，也存在一定的局限，其主要局限是：① 风能的能量密度小。为了获得相同的发电容量，风力发电机的风轮尺寸比相应的水轮机大几十倍。如3000kW的风轮机直径已达100m，风力发电单机极限约为10MW，所以，对电力系统而言，风力发电机组只能是小机组。② 波动性和间歇性。风速具有波动性和间歇性，并难以准确预测，因此风力发电机组的输出也具有随机性的特点。③ 风轮机的单机容量小，效率较低。风力机在理论上的最大风能利用率为59%，而实际上最高只能达到40%左右。④ 对生态环境有影响。要考虑阴影闪烁，视觉效果，与周围环境的协

调等；有机械和电磁噪声，不宜安装在居民区。⑤ 接入电网时，对电网稳定运行和电能质量等有不利的影响。⑥ 原动力不可控。风力发电以自然风为原动力，自然风不可控。一般风机的起动风速为3m/s，停机风速为25m/s，即3～25m/s为有效风力区。为得到稳定的出力，调节控制十分困难，在现有的技术条件下，只能在相当有限的范围内进行调节（如通过改变风力机叶片的桨距角来改变吸收的风能）。⑦ 至今，风能不能大量储存。小型风电机可配置蓄电池，大型风电机必须和大电网并网运行。

2.1.3 国内外风力发电的现状及发展趋势

风力发电兴起于20世纪70年代，到90年代中后期进入黄金时代。自90年代以来，风力发电容量以每年平均22%的速度增长，1999～2005年的年平均增长率约为30%，在各种发电方式中风力发电量增长速度居于首位。2005年新增11407MW，累计59264MW，其中装机容量排在前10位的国家见表16.2-1。

表 16.2-1　　2005 年世界风电装机最多的
10 个国家　　　　　　（MW）

德国	西班牙	美国	印度	丹麦
18445	10027	9181	4253	3087
意大利	英国	中国	荷兰	日本
1713	1336	1264	1221	1159

2003年欧洲风能协会又提出2010年规划的目标是75000MW（7500万kW），占欧洲电力装机容量的10.6%；2020年的目标是180GW（1.8亿kW），占欧洲电力装机容量的21%。我国的风力发电兴起于20世纪80年代。自1986年建设山东荣城第一个示范风电场起，经过近20年的努力，风电场装机规模不断扩大，截止到2005年底，全国已建成62个风电场，安装风电机组1864台，装机规模已达1266MW。最初的风力发电设备和技术都是依靠进口。近几年来，风机制造的国产化率越来越高，600kW风电机组的国产化率已经超过90%。截止到2005年底，国产风电机组所占市场份额已达28%，采用的技术相当于国际上20世纪90年代中期的水平。与国外联合设计的1200kW和独立设计的1000kW变桨距变转速型样机已于2005年安装，并投入试运行。

风力发电在我国有广阔的发展前景，主要原因有两个：一是我国风力资源丰富，具有开发风电的巨大潜力。全国风能资源总储量仅次于美国和俄罗斯，居

世界第三位。二是来自国家政府部门的鼓励为我国的新能源发电点亮了绿灯。发改委和科技部等都制定了鼓励风力发电等可再生能源发电的有关政策。

我国发展风电的中、远期目标是：2020 年装机 3000万 kW 和发电量 600 亿 kW·h，占当时全国电力总装机容量（10 亿 kW）的 3% 和全国电量（5 万亿 kW·h）的 1.2%（按全国平均风电年等效满负荷 2000h，其他电源 5000h 估算）；2030 年装机 1 亿 kW 和发电量 2000 亿 kW·h；2050 年装机 4 亿 kW 和发电量 10^4 亿 kW·h。

目前，全球并网型风力发电机组和风力发电场发展的总趋势是：①实用化：风电机组类型方面侧重发展并网型风机，集群建设风电场，上网销售，公司运营。②产业化：风机制造由小作坊发展到大公司，甚至跨国公司。③规模化：追求规模效益，一个风电场要装机几十台直至上千台机组。④大型化：单机容量由 60kW 直至数兆瓦，2005 年已有 5MW 风电机投入试运行，其风轮机直径达 126m。⑤商业化：风机市场展开激烈竞争，机组单价和风电场发电成本不断下降。

2.2 风力发电系统类型及其构成

2.2.1 风力发电系统构成及其类型

1. 风力发电系统组成 按能量转换原理，风力发电是由风力机采集风能（动能）转换成转动的机械能，经过传动装置，把机械能传递给发电机，再由发电机把机械能转换为电能的过程，如图 16.2-4 所示。

图 16.2-4 风力发电的能量转换过程

风力发电系统主要由风力机和发电机两大核心系统以及传动装置、控制系统、蓄能装置、备用电源等组成，如图 16.2-5 所示。

（1）风力发电机组（风力机+发电机）。是实现由风能到电能转换的机械、电气及其控制设备的组合。风力机系统包括桨叶、轮毂、主轴、调桨机构（液压或电动伺服机构）、偏航机构（电动伺服机构）、刹车及制动

机构、风速传感器等。发电机系统包括发电机、励磁调节器（电力电子变换器）、并网开关、软并网装置、无功补偿器、主变压器和转速传感器等。

（2）传动装置（齿轮箱）。是联系风力机和发电机的桥梁，它实现将风轮转速 20~30r/min 升速至发电机转速 1500r/min，升速比在 50~75 之间。齿轮箱结构主要有二级斜齿和斜齿加行星轮两种，且前者应用较多。

（3）控制装置。根据风力大小及电能需要量的变化及时实现对风力发电机组的起动、调节（转速、电压、频率）、停机、故障保护（超速、振动、过负荷等）以及对电能用户所接负荷的接通、调整及断开等。在小容量的风力发电系统中，一般采用由继电器、接触器及传感元件组成的控制装置；在容量较大的风力发电系统中，现在普遍采用微机控制。

（4）蓄能装置。一方面保证电能用户在无风期间内可以不间断地获得电能；另一方面，在有风期间当风能急剧增加时，蓄能装置可以吸收多余的风电。为了实现不间断的供电，有的风力发电系统配备了备用电源，如柴油发电机。

2. 风力发电系统类型 从风力发电机组的运行方式分类，可以分为"离网型"和"并网型"。前者可分为独立运行方式和互补运行方式。

（1）独立运行方式。它是一种比较简单的运行方式，可供边远农村、牧区、沿海地区和海岛、气象台站、导航灯塔、电视差转台、边防哨所等电网达不到的地区利用。由于风能的随机性和不稳定性以及负载情况的变化，风电机组在独立运行时要解决包括电能供求的平衡以及电能的质量等技术问题。

（2）互补运行方式。主要有风电与柴油发电机、光伏发电以及小水电等的联合运行。联合发电系统旨在充分发挥各自的优势，实现优势互补。它们可以分别各自独立运行，也可并列运行。要解决的关键技术有联合发电系统的协调控制技术，能量管理中最优功率匹配技术，改善电能品质的技术等。

（3）并网运行方式。是风力发电机与电网连接，向电网输送电能的运行方式。大、中型发电机都可接入电力系统的运行，此时风能的随机性和不稳定性以及负载情况的变化主要由大电网来补偿，电力系统为风电场提供了辅助服务。并网运行又可分为两种不同的方式：恒速恒频方式，即风力发电机组的转速不随风速的波动而变化，维持恒速运转，从而输出恒定频率的交流电。这种方式最先被普遍采用，具有简单可靠的优点，但是对风能的利用不充分。变速恒频方式，即风力发电机组的转速随风速的波动作变速运行，但仍输出恒定频率的交流电，这种方式可提高风能的利

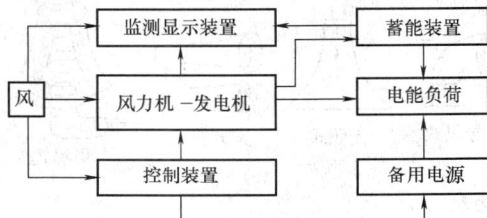

图 16.2-5 风力发电系统的组成

用率, 但他需要增加实现恒频输出的电力电子设备, 从而增加成本。近年来, 变速恒频双馈绕线转子异步发电机技术和变速恒频永磁同步发电机技术已趋成熟并得到广泛应用。在风能资源丰富的地区, 建大型风力发电场, 风力发电机集群发出的电能全部经变电设备送往大电网, 这是大规模利用风能的最佳方式。

2.2.2 风力机及其类型

1. 风力机的类型 风力机是截获流动空气所具有的动能并将其转化为机械能的装置。风力机经过了2000多年的发展, 已形成多种形式, 如图 16.2-6 所示。从古老的到现代的, 品种繁多, 用途各异, 原理上都是把风能转变成机械能, 然后变成其他形式的能量使用。现代风力发电, 是采用高新技术开发和利用风能的最先进的方法。风力机从不同的角度有多种分类方法, 例如: ①按风轮轴与地面的相对位置, 分为水平轴式风力机和垂直轴 (立轴) 式风力机。②按叶片工作原理, 分为升力型风力机和阻力型风力机。③按风力机的用途分为风力发电机、风力提水机、风力铡草机和风力脱谷机等。④按风轮叶片的叶尖线速度与吹来的风速之比的大小来分, 有高速风力机 (比值大于 3) 和低速风力机 (比值小于 3); 也有把该比值 2~5 称为中速风力机。⑤按风机容量大小分类: 国际上通常将风力机组分为小型 (100kW 以下)、中型 (100 ~ 1000kW) 和大型 (1000kW 以上) 3 种; 我国则分成微型 (1kW 以下)、小型 (1 ~ 10kW)、

中型 (10~100kW) 和大型 (100kW 以上) 4 种; 也有的将 1000kW 以上的称为巨型风力机。⑥按风轮相对于塔架的位置, 分为上风式 (前置式) 风力机和下风式 (后置式) 风力机。⑦按风轮的叶片数量分单叶片、双叶片、三叶片、四叶片及多叶片式风力机。应用较多的是水平轴、升力型和少叶式的风力发电机 (多数为 2~3 个叶片)。⑧按风轮桨叶分为失速型和变桨型。失速型——高风速时, 因桨叶形状或因叶尖处的扰流器动作, 限制风力机的输出转矩与功率; 变桨型——高风速时, 调整桨距角, 限制输出转矩与功率。⑨按风轮转速分为定速型和变速型。定速型——风轮保持一定转速运行, 风能转换率较低; 变速型——其中双速型可在两个设定转速下运行, 改善风能转换率; 连续变速型速度连续可调, 可捕捉最大风能功率。⑩按传动机构分为升速型和直驱型。升速型——齿轮箱连接低速风力机和高速发电机; 直驱型——将低速风力机和低速发电机直接连接。

2. 风力机的基本工作原理 风力机的基本功能是利用风轮接收风能, 将其转换成机械能, 再由风轮轴将它输送出去。风力机的工作原理是空气流经风轮叶片产生升力或阻力, 推动叶片转动, 将风能转化为机械能。

尽管风力机的类型很多, 但是普遍应用的是水平轴和垂直轴两大类。国内外普遍应用的风力机以水平轴升力型居多。

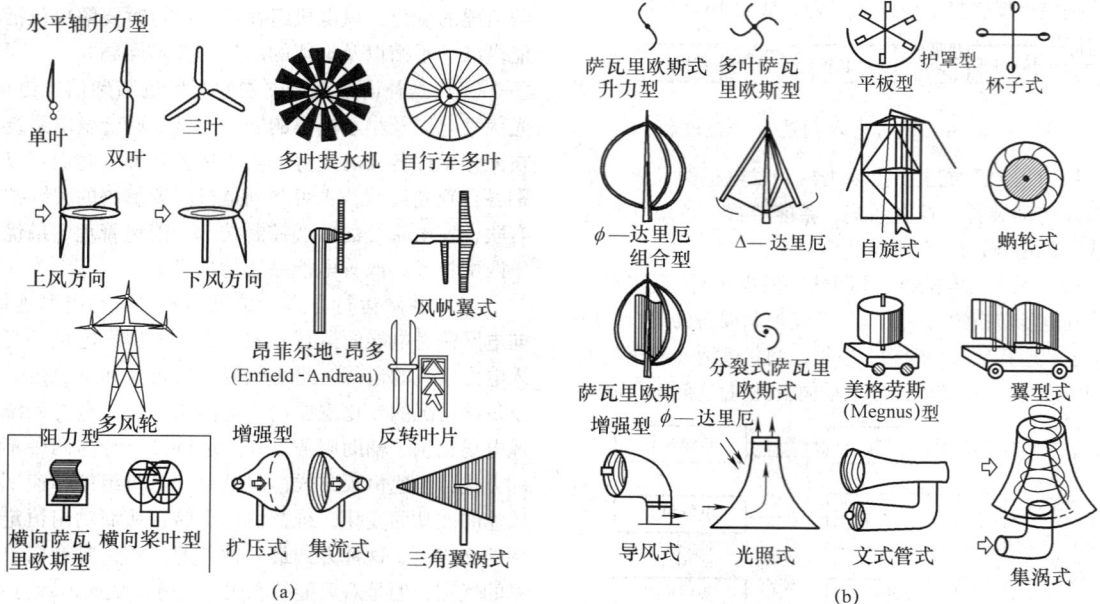

图 16.2 - 6 风力机
(a) 水平轴风力机; (b) 垂直轴风力机

（1）升力型风力机的工作原理。图 16.2-7 示出了 3 种不同的叶片形状和它们受力的情况。从空气动力学的知识可以知道，空气流过一块平板形叶片时，平板面与气流方向形成一个夹角 α，α 称为攻角。由于平板上方和下方的气流速度不同（上方速度大于下方速度），因此平板上、下方所受的压力也不同（下方压力大于上方压力），总的合力 F 即为平板在流动空气中所受到的空气动力，其方向垂直于板面。此力可分解为两个分力：一个分力 F_y 与气流方向垂直，它使平板上升，称为升力；另一个分力 F_x 与气流方向相同，称为阻力。升力和阻力与叶片在气流方向的投影面积 S、空气密度 ρ 及气流速度 v 的二次方成比例，可以用下式表示

$$\begin{cases} F_y = \dfrac{1}{2}c_y \rho S v^2 \\[2mm] F_x = \dfrac{1}{2}c_x \rho S v^2 \\[2mm] F = \dfrac{1}{2}c_r \rho S v^2 \end{cases} \quad (16.2-7)$$

式中，c_y 称为升力系数；c_x 称为阻力系数；c_r 称为总的气动力系数。

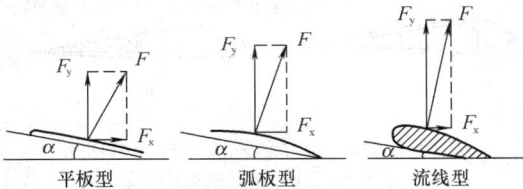

图 16.2-7　风力转换成叶片的升力与阻力

升力是使风力机有效工作的力，是推动风轮旋转的动力；而阻力则形成对风轮的正面压力，由风力机的塔架承受。为了使风力机很好地工作，就需要叶片具有这样的翼型断面，使其能得到最大的升力和最小的阻力。

影响升力系数和阻力系数的因素：①翼型的影响。具有流线型截面的翼型所产生的升力远较平板翼型的升力大。这是因为当攻角不大时，流线型截面几乎不产生涡流，而方形平板在前沿则产生巨大的涡流，从而减弱了升力而增大了阻力。②攻角的影响。对于流线型叶片来说，随着攻角 α 由零逐渐增大，升力系数 c_y 由某一数值开始随之增大，基本上呈线性变化。当攻角增至某一临界攻角 α_c 时，升力系数达到最大值 c_{ymax}。当 $\alpha>\alpha_c$ 时，c_y 开始随攻角增加而下降。

图 16.2-8 所示是水平轴风力机的机头部分，示出了风轮的起动原理。设风轮的中心轴位置与风向一致，当气流以速度 v 流经风轮时，在桨叶上将产生气动力 F 和 F'。将 F 及 F' 分解成沿气流方向的分力 F_x 和 F'_x（阻力）及垂直于气流方向的分力 F_y 和 F'_y（升力），阻力 F_x 和 F'_x 形成对风轮的正面压力，而升力 F_y 和 F'_y 则对风轮中心轴产生转动转矩，从而使风轮转动起来。

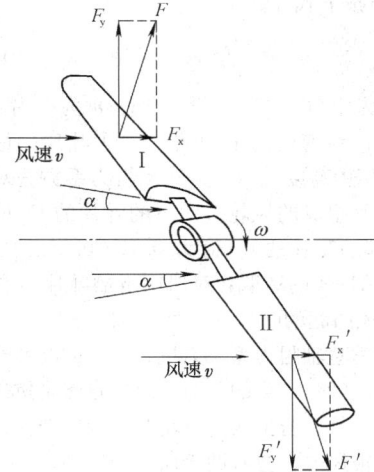

图 16.2-8　水平轴风力机的升力和阻力

现代风力发电机的叶片都制成螺旋桨式的，风以 v 的速度吹向风轮旋转平面，风轮以 ω 角速度旋转，风相对翼型的风速为

$$v_r = \omega r + v \quad (16.2-8)$$

假如相对风速 v 与翼型的弦的夹角 α 是最佳攻角值，此时的升力系数为 c_{ymax}。然而，由于叶片各截面的旋转半径 r 不同，因此，各截面的相对风速 v_t 也不同，甚至在某些截面上升力系数为负值。所以，要把叶片制成沿叶片长度方向呈扭曲的螺旋状，让整个叶片由根部到尖部各截面翼型的弦与对应处的相对风速 v_r 大致相同，并应使其在最佳攻角值附近，使风力尽可能多的转换成叶片的升力。

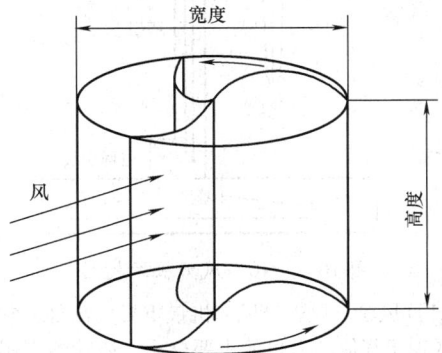

图 16.2-9　垂直轴式 S 型叶片风轮

（2）阻力型风力机的工作原理。图 16.2 - 9 所示为垂直轴阻力型风力机的风轮，它主要由 3 个曲面叶片组成。当风吹向风轮时，叶片产生阻力，驱动风轮作逆时针方向旋转（顶视）。凹下的叶片驱动风轮旋转，凸起的叶片阻碍风轮的转动，每个叶片产生的阻力值 F_d 可按下式计算

$$F_d = \frac{1}{2}\rho(v \pm u)^2 A_V C_d \qquad (16.2-9)$$

式中，ρ 为空气密度；v 为风速；u 为叶片线速度，在半径方向线速度的平均数；A_V 为叶片的最大投影面积（宽度×高度）；C_d 为叶片阻力系数，对于由两个曲面叶片组成的风轮，凹下的叶片的 C_d 值可取为 1.0，凸起的叶片的 C_d 值为 0.12～0.25。在计算 F_d 时，式中的±号的选取：对风凹下的叶片（右面）取"+"；对风凸起的叶片（左面）取"-"。

这种垂直轴阻力型风力机，凹下的叶片产生的阻力大于凸起叶片产生的阻力，风轮自然是按逆时针方向旋转。当然，若把吹向风轮左面的风挡住，使凸起的叶片不被风吹，更有助于风轮的转动。

3. 风力机结构　图 16.2 - 10 所示为典型的水平轴风力机剖面图，它主要由风轮、塔架及对风装置组成。

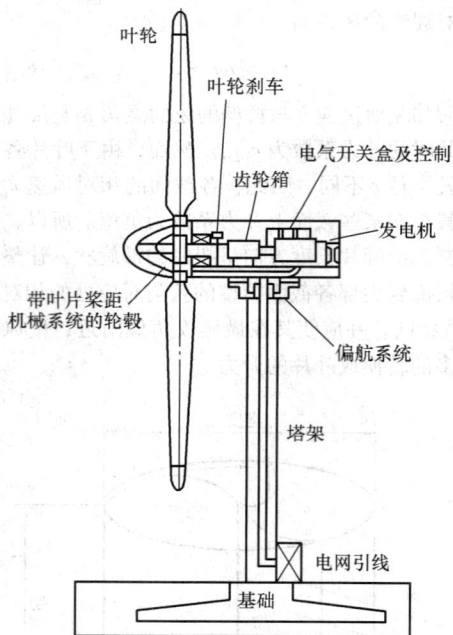

图 16.2 - 10　风力机结构图

（1）风轮。风轮是风力机最重要的部件，它是风力机区别于其他动力机的主要标志。风轮的作用是捕捉和吸收风能，并将风能转变成机械能，再由风轮轴将能量送给传动装置。风轮一般由叶片（也称桨叶）、

叶柄、轮毂及风轮轴等组成（如图 16.2 - 11 所示）。

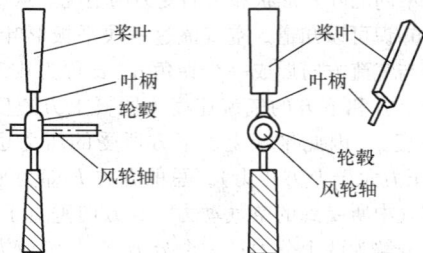

图 16.2 - 11　风轮的组成图

叶片横截面形状基本类型有 3 种：平板型、弧板型和流线型。风力机的叶片横截面的形状，接近于流线型。图 16.2 - 12 所示为常见的风力机叶片的横截面结构图。

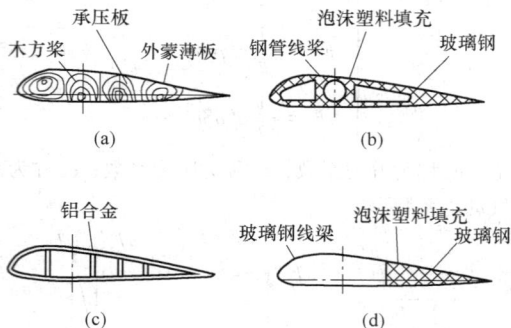

图 16.2 - 12　常见的风力机叶片截面图
（a）木制叶片；（b）钢线梁玻璃纤维叶片；
（c）铝合金挤压成叶片；（d）玻璃钢叶片

木制叶片（a）常用于微、小型风力发电机上；中、大型风力发电机常选用如（b）、（c）、（d）材料的叶片。用铝合金挤压成型的叶片，基于制造工艺限制，从叶根到叶尖一般都制成等弦长。叶片的材质也随材料科技的发展而在不断地改进中。

（2）机头座与回转体。风力发电机塔架上端的部件——风轮、传动装置、对风装置、调速装置、发电机等组成了机头，机头与塔架的连接部件是机头座与回转体。

1）机头座。它用来支撑塔架上方的所有装置及附属部件，其牢固与否将直接关系到风力机的安危与寿命。由于微、小型风力机塔架上方的设备重量轻，一般由钢板焊接而成，即根据设计要求在底板上焊上加强肋。中、大型风力机的机头座要复杂一些，它通常由以纵梁、横梁为主，再辅以台板、腹板、肋板等焊接而成。焊接质量要高，台板面要刨平，安装孔的位置要精确。

2）回转体（转盘）。它是塔架与机头座的连接

部件，通常由固定套、回转圈以及位于它们之间的轴承组成。固定套锁定在塔架上部，回转圈与机头座相连，通过它们之间的轴承和对风装置相连，在风向变化时，机头便能水平地回转，使风轮迎风工作。大、中型风力机的回转体常借用塔式吊车上的回转机构。小型风力机的回转体通常是在上、下各设一组轴承，可采用圆锥滚子轴承，也可以上面用向心球轴承承受径向载荷，下面用推力轴承来承受机头的全部重量。微型风力机的回转体不宜采用滚动轴承，而采用青铜加工的滑动轴承，这是为了防止机头对瞬时变化的风向过于敏感而导致风轮的频繁回转。

（3）对风装置。自然界风的方向和速度经常变化，为了使风力机能有效地捕捉风能，就应设置对风装置来跟踪风向的变化，保证风轮基本上始终处于迎风状态。常用的风力机的对风装置有尾舵、舵轮、电动机构和自动对风 4 种。

1）尾舵。尾舵也称尾翼，是常见的一种对风装置，微、小型风力发电机普遍应用它对风。新型尾舵的翼展与弦长的比为 2~5，对风向变化反应敏感，跟踪性好。

尾舵常处于风轮后面的尾流区里。为了避开尾流的影响，可将尾舵翘起高出风轮。尾舵到风轮的距离，一般取为风轮直径的 0.8~1.0 倍。高速风力发电机的尾舵面积可取风轮旋转面积的 4% 左右；低速风力发电机的尾舵面积可取风轮旋转面积的 10% 左右。

2）舵轮。在风轮后面、机舱两侧装有两个平行的多叶片式小风轮，也称舵轮或侧风轮，其旋转面与风轮扫掠面相垂直，如图 16.2－13 所示。

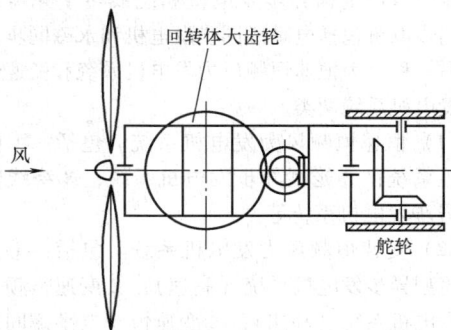

图 16.2－13　舵轮对风装置

舵轮的轴带动由圆锥齿轮和圆柱齿轮组成的传动系统，中间齿轮与装在塔架顶端的回转体上的从动大圆柱齿轮啮合。正常工作时，风力机的风轮对准风向，舵轮旋转平面与风向平行，它不转动。当风向变化，舵轮与风向偏离某一角度时，在风力作用下舵轮

开始旋转，通过传动系统，使风力机的风轮重新对准风向，舵轮旋转平面又恢复到与风向平行的位置，便停止转动。舵轮对风装置比尾舵工作得平稳，多用于中型风力发电机上。舵轮的传动装置也可以设计成蜗轮蜗杆机构。

3）电动对风装置。电动对风装置常被大型和中型风力发电机采用。图 16.2－14（a）是国产 FD16.2－55 型风力发电机组对风装置示意图。

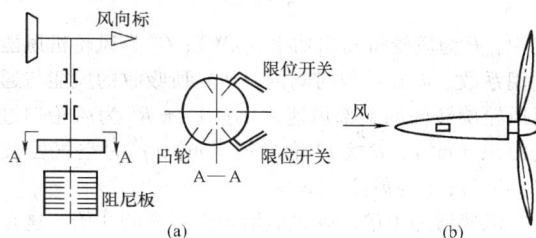

图 16.2－14　电动对风和自动对风
(a) 电动对风装置；(b) 自动对风风轮

该装置的风向感受信号来自于装在机舱上面的风向标。在风向标的垂直轴上有一个凸轮，轴的下端有浸没在油缸中的阻尼板（板上钻有很多小孔），用以吸收风向的脉动。当风向偏离风轮轴线±15°时，风向标带动其垂直轴上的凸轮转动，使左侧或右侧的限位开关接通，经过 30s（可任意调时）延时后，交流接触器闭合，起动对风伺服电动机左转或右转，并接通相应的指示灯。伺服电动机经过减速器带动回转体上的转盘转动，风轮重新迎风后，限位开关断开，电动机停转，指示灯熄灭。两只交流接触器互为闭锁，从而保证动作时只能闭合一只，不会同时接通而造成短路。

4）自动对风风轮。按来风是先吹到风轮还是先吹到机舱，风力机分为上风向式和下风向式，相应的风轮配置称为前置式的和后置式的。

对于下风向式的风力机，可将风轮设计成如图 16.2－14（b）所示的型式，利用风作用在风轮上的阻力使风轮自动对准风向，即成为自动对风风轮。

当风向变换频繁时，会使风轮摇摆不定，为此应加上阻尼装置，即在回转体外缘对称设置二、三对橡胶或尼龙摩擦块，摩擦块支座固定在塔架上，压块对回转盘的摩擦力的大小用可调节弹簧来调节。这种对风装置多用于中、大型风力发电机上。

（4）塔架。塔架的作用是把风轮支撑起来，以便风轮在地面上较高的风速中运行。塔架要承受风力机的重力（向下）和风力（塔架受的阻力）。大型风力机的塔架基本上是锥形圆柱钢塔架。

4. 风力机的功率 它是风轮从风中吸收的功率，也是风力机轴上输出的功率。风的动能与风速的二次方成正比，风吹风轮，风速降低，一部分风能变成了风轮上的压力能，整个风轮上的压力就是作用在风轮上的力。功率是力和速度的乘积。风力与风速的二次方成正比，所以风的功率与速度的三次方成正比，风轮从风中吸收的功率可以表示为

$$P = \frac{1}{2} C_p A \rho v^3 \qquad (16.2-10)$$

式中，P 为风轮机输出功率（kW）；C_p 为风轮机风能利用系数，即在单位时间内，风轮所吸收的风能与通过风轮旋转面的全部风能之比；$A = \pi R^2$ 为风轮扫过的面积（m^2），R 为风轮半径（m）；ρ 为空气密度（kg/m^3）；v 为风速（m/s）。

风速增加 1 倍，则风能增加至原来的 8 倍，这是风力机设计中的一个重要概念。

风能利用系数 C_p 是一个重要的参数，它反映了风电机组将风能转化为机械能的能力。在一定风速下，C_p 值越高，风轮机将风能转化为机械能的效率越高。但风能不可能完全被风轮所吸收，风力机的效率总是小于 1。贝兹（Betz）对一种假设的平面圆盘形理想风轮研得到 C_p 的最大值约为 59.3%（贝兹极限），即风轮可能的最大效率近似为 59.3%。

风轮吸收风能的大小与风力机的叶尖速比 λ 和桨距角 β 有关。

风轮的叶尖速比 λ 是风轮叶片的叶尖线速度与风速之比，它是风力机的一个重要设计参数。λ 直接影响叶片的能量捕获，影响风能利用系数。而叶尖速的计算公式为

$$\lambda = \Omega R / v$$

式中，Ω 是风轮机的额定机械角速度（rad/s）；R 是风轮半径；v 是风速。

C_p 和 λ 的关系如图 16.2-15 所示。C_p 只有在 λ 为某一定值（λ_m）时最大。在恒速风力机中，由于叶轮转速不变而风速经常在变化，因此，λ 不可能经常保持在最佳值，C_p 值往往与其最大值相差很多，

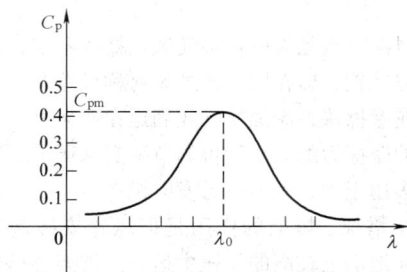

图 16.2-15 风能利用系数与
叶尖速比关系图

使风力机常常运行于低效状态。

变桨距风机的叶片能够绕叶片中心轴旋转，其桨距角 β 在 0°~90° 内变化，可以在一定范围内调节风力机捕获的风能。当机组出现故障时，能够使叶片顺桨，改善机组的受力，保证系统的安全。在正常运行情况下，变桨距风力机也具有更好的空气动力特性，它能够通过调节叶片的桨距角，使风力机在额定风速以下跟踪 C_p 的最大值，从而提高风能利用的效率。

变速风力发电机通过调速机构，在风速变化时，风轮角速度 ω 也正比于风速变化，始终跟踪最大 C_p 值，从而获得最大风能利用率和风力发电机的效率。

2.2.3 风力发电机及其类型

1. 对发电机及发电系统的一般要求 风力发电包含了由风能到机械能和由机械能到电能两个能量转换过程，发电机及其控制系统承担了后一种能量转换任务。它不仅直接影响这个转换过程的性能、效率和供电质量，而且也影响到前一个转换过程的运行方式、效率和装置结构。因此，要研制和选用适合于风电转换用的运行可靠、效率高、控制及供电性能良好的发电机系统。对发电机系统方案应重点解决以下问题：①将旋转风力机的机械能高效率地转换为电能。②输出的电能质量应满足电力系统的要求，包括频率、电压幅值及其波形等。③稳定可靠地同电网、柴油发电机及其他发电装置或储能系统联合运行，为用户提供稳定的电能。④与风力机系统匹配，最大限度发挥风力机的风能转换率。

2. 风力发电机组分类 一种分为异步电机型和同步电机型两类。异步电机包括笼型单速异步发电机、笼型双速变极异步发电机和绕线转子异步发电机。同步电机包括电励磁同步发电机和永磁同步发电机。另一种分为恒速恒频风力发电机系统和变速恒频风力发电机系统两类。

（1）恒速恒频风力发电机系统。包括：①同步发电机系统；②笼型异步发电机系统；③绕线转子RCC异步发电机系统等。

（2）变速恒频风力发电机系统。包括：①变速恒频笼型异步发电机系统（高速）；②变速恒频双馈异步发电机系统（高速）；③变速恒频电励磁同步发电机系统（中、低速）；④变速恒频永磁同步发电机系统（中、低速）；⑤变速恒频横向磁通发电机系统（中、低速）等。

从技术经济比较看，笼型异步风力发电机系统成本低、可靠性高，在定速和变速全功率变换风力发电系统中将继续扮演重要角色；双馈异步发电机系统具有很高的性价比，特别适合于变速恒频风力发电，将

在未来 10 年内继续成为风电市场上的主流产品；直驱型（没有齿轮箱）同步风力发电机及其变流技术发展迅速，利用新技术有望大幅度减小低速发电机的体积和重量。

国内风电场采用的风力发电机主要有 3 种机型，即恒频恒速的笼型异步风力发电机、双馈异步风力发电机和直驱式交流永磁同步发电机。

3. 笼型异步风力发电机

（1）并网型恒速恒频笼型异步风力发电系统。如图 16.2-16 所示，自然风吹动风力机，经齿轮箱升速后驱动异步发电机将风能转化为电能。国内外普遍使用的是水平轴、上风向、定桨距（或变桨距）风力机，其有效风速范围约为 3~30m/s，额定风速一般设计为 8~15m/s，风力机的额定转速大约为 20~30 r/min。

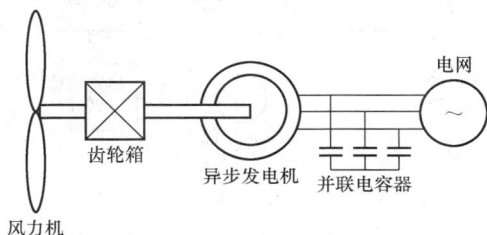

图 16.2-16　恒速恒频笼型异步风力发电系统

图 16.2-17 示出了笼型异步风力发电机系统与电力系统的连接。图中功率因数校正电容器是为笼型异步风力发电机提供励磁的，电容器提供的无功功率约为发电机容量的 30%。软起动装置是保证发电机并网时不产生大的冲击电流。浪涌分流器可防止雷击等引起的过电压。发电机输出的端电压一般为 690V，经升压变压器升至高一级电压（如 10kV）母线。

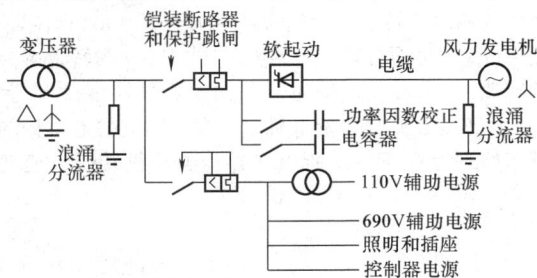

图 16.2-17　恒速恒频笼型异步风力
发电机系统与电力系统的连接

（2）笼型异步风力发电机系统的特点。①结构简单，鲁棒性好，控制方便，基本无需维护，造价较低。②过载能力强，无失步问题。③需要无功补偿。发电机发出有功功率的同时，要由系统提供无功功率给发电机励磁，所以应选用较高功率因数发电机，并在机端并联电容器（若负荷经常变动，固定电容难

以做到完全补偿。可能出现过补或欠补现象，造成电网电压波动。可考虑在变电站加装可控无功补偿装置 SVC）。④并网冲击电流大，并网瞬间存在很大的冲击电流，因此，应在接近同步转速时并网，并加装晶闸管软起动限流装置。⑤输出功率波动较大。

（3）笼型异步风力发电机结构。如图 16.2-18 所示，由转子铁心和转子绕组、定子铁心和定子绕组、机座、端盖等组成。它的定子铁心和定子绕组的结构与同步发电机的相同。转子采用笼型结构，转子铁心由硅钢片叠成，呈圆筒形，槽中嵌入铝或铜导条，在铁心两端用铝或铜端环将导条短接。转子不需要外加励磁，没有集电环和电刷，因而其结构简单、坚固，基本上无需维护。

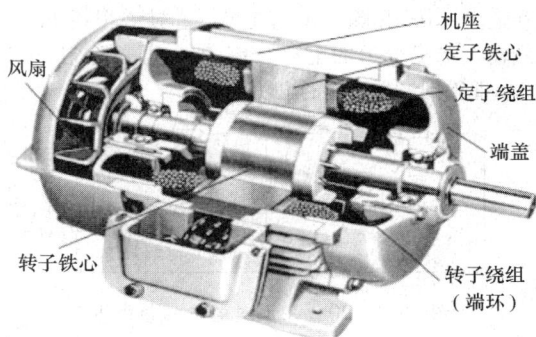

图 16.2-18　笼型异步风力发电机结构

（4）笼型异步风力发电机的工作原理。由电网向定子对称三相绕组中通入对称三相交流电流，在气隙中形成旋转磁场。其转速 n_1 取决于电流的频率 f 和电动机极对数 p，$n_1 = 60f/p$，称为同步转速。转速为 n_1 的旋转磁场在转子导条中产生感应电动势 e 和电流 i，电流 i 在磁场中受力 f，产生电磁转矩 T。若转子以转速 $n < n_1$，向 n_1 的方向旋转，T 为制动转矩。

异步电动机作电动机运行时，其转速 n 总是低于同步速 n_1，这时电动机中产生的电磁转矩 T 与 n_1 转向相同。若异步电动机由某原动机如风力机驱动至高于同步速的转速（$n > n_1$）时，则电磁转矩 T 的方向与 n_1 旋转方向相反，电动机作为发电机运行，其作用是把机械功率转变为电功率。

转差率定义为同步转速 n_1 与转子转速 n 的差与同步转速 n_1 的比值，用 s 表示，$s = (n_1 - n)/n_1$，或 $n = (1 - s)n_1$。笼型异步风力发电机作电动机运行时 $s > 0$，而作发电机运行时 $s < 0$，如图 16.2-19 所示。

异步发电机的等效电路和功率传递关系如图 16.2-20 所示。异步电动机作为发电机运行，其功率传递关系与电动机相反。自然风吹动风轮机叶片，将风能转化为机械能，由此获得的机械功率扣除掉机械

发电机状态　　　　电动机状态

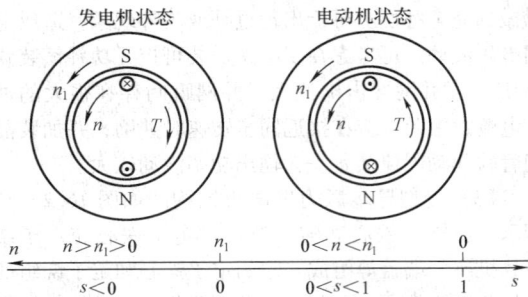

图 16.2-19　用转差率 s 表示
异步电动机的运行状态

损耗后即为传递到异步发电机转子的机械功率 P_Ω，在等效电路中对应可变电阻 $r_2(1-s)/s$ 上的电功率，在这里 $s<0$。扣除转子铜耗 P_{Cu2} 和铁心损耗 P_{Fe}，得到输入定子绕组的电磁功率 P_M，再扣除定子铜耗 P_{Cu1} 即得到注入电网的电功率 P_e。

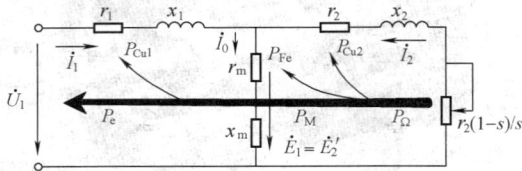

图 16.2-20　异步发电机的等效电路
和功率传递关系

当发电机输出电功率增加时，为了维持发电机输出电功率的频率不变，必须相应增加发电机转速（s 在一定范围内增大），这由风轮机和升速齿轮箱来调节。为了维持发电机端电压不变，需要电网提供更多的无功以增加励磁（$\dot{I}_0$ 增加）。

4. 变速恒频双馈异步风力发电机系统

（1）双馈异步发电机系统。如图 16.2-21 所示，包括绕线转子异步发电机、变流器和控制环节。其定子绕组直接接入工频电网，发电机发出的电力主要经定子绕组直接输入电网。转子采用三相对称绕组，经

背靠背的双向电压源变流器与电网相连，给发电机提供交流励磁，也可向电网输出部分功率。

（2）双馈异步发电机的结构。如图 16.2-22 所示。定子绕组直接接入交流电网。转子绕组通常采用Y联结，转子绕组端接线由三只集电环引出，接至一台双向变流器。转子绕组通入受控的变频交流励磁电流。当转子转速低于同步转速时，也可运行于发电状态。定子绕组端口并网后始终发出电功率，但转子绕组端口电功率的流向取决于转差率。

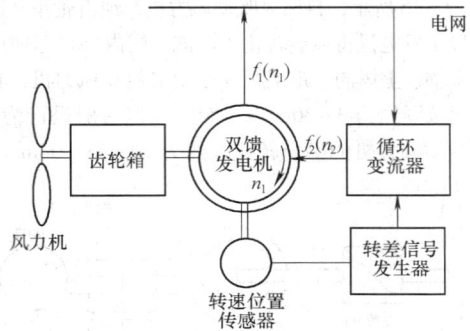

图 16.2-21　双馈异步发电机系统

（3）双馈异步发电机的运行原理。双馈异步电动机定子绕组接入工频电网，转子绕组接一个频率、幅值、相位可调的三相变频电源。稳定运行时，定子旋转磁场和转子旋转磁场在空间中应保持相对静止。当绕线式异步电动机转子三相绕组中通入对称三相交流电时，在电动机气隙内产生旋转磁场，相对于转子本身，此旋转磁场的转速 n_2 与所通入的交流电的频率 f_2 及电动机的极对数 p 有关，即有 $n_2 = 60f_2/p$。若定子旋转磁场在空间以 n_1 的速度旋转，则转子旋转磁场相对于转子的转速为 $n_2 = n_1 - n = n_1 - n_1(1-s) = n_1 s$，进而可得到 $f_2 = f_1 s$。式中，n 为转子本身的转速；s 为转差；f_2 为转差频率。只要维持 $n_1 = n \pm n_2$ 不变，则异步发电机定子绕组感应的电动势的频率始终为 f_1 不变。所以在异步电动机转子转速变

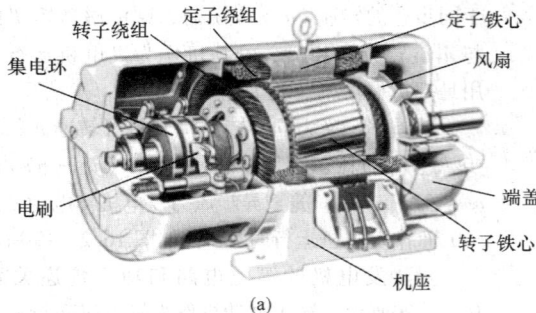

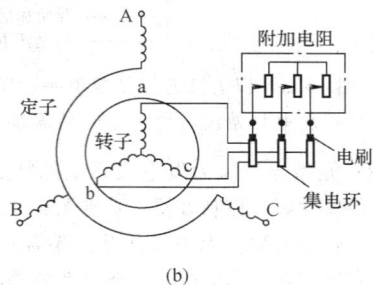

图 16.2-22　绕线转子三相异步发电机的结构
（a）双馈异步发电机的结构；（b）绕线型定、转子接线

动时，只要在转子三相绕组中通入转差频率（f_1s）的对称三相交流电，则在异步发电机定子绕组中就能产生 50Hz 的恒频电动势。

根据双馈异步电动机转子转速的变化，它可以运行在三种状态：

1）超同步运行状态。此时 $n>n_1$，改变转差频率为 f_2 的转子电流的相序，则其所产生的转子磁场转速 n_2 的方向和转子旋转方向相反，$n_1 = n - n_2$。转子向电网输出功率。

2）亚同步运行状态。此时 $n < n_1$，由转差频率 f_2 的转子电流产生的转子磁场旋转 n_2 的方向和转子旋转方向相同，$n_1 = n + n_2$，电网向转子输入功率。

3）同步运行状态。此时 $n = n_1$，转差频率 $f_2 = 0$，即通入转子电流的频率为 0，为直流电流，该工况与常规同步发电机一样。

（4）双馈异步风力发电机系统中的变流器。变流器采用交直交电压型变流器，由两个共用直流环节的背靠背三相整流/逆变器组成，可实现变频、变压和功率双向流动。其控制方式：发电机侧变流器采用定子磁场定向矢量控制；电网侧变流器采用电网电压定向矢量控制。通过二者之间的协调控制，保持直流母线电压恒定，可实现发电机的有功功率和无功功率之间的解耦控制。

对于双馈异步电动机，只要通过调节转子电流的相位，控制转子磁场领先于由电网电压决定的定子磁场，从而在转速高于和低于同步转速时都能保持发电状态；通过调节转子电流的幅值，可控制发电机定子输出的无功功率；转子绕组参与有功和无功功率变换，为转差功率，超同步运行状态时，转子向电网送出功率；亚同步运行状态时，转子从电网吸收功率。其容量大小与转差率有关（约为电磁功率的 0.3 倍，$|s| < 0.3$）。

图 16.2-23 是双馈异步发电机连续运转时输出电功率与转速的关系。双馈异步发电机在低于同步转速和超过同步转速运行时都能输出电功率。

（5）双馈异步风力发电机系统特点。①能连续变速运行，风能转换率高。②只有部分功率经过变流器（约15%），变流器成本相对较低。③电能质量好，输出功率平滑，功率因数高。④并网简单，无冲击电流。⑤降低了桨距控制的动态响应要求。⑥改善作用于风轮桨叶上机械应力状况。⑦双向变流器结构和控制较复杂。⑧电刷与集电环间存在机械磨损。

5. 直驱式风力发电系统（变速恒频永磁同步发电机系统）　直驱式风力发电系统是不用齿轮箱，风力机与发电机直接同轴相连的风力发电系统。已研发的直驱式风力发电系统有：①多极绕线式同步发电机型风力发电系统。②多极永磁同步发电机型风力发电系统。③高压永磁发电机型风力发电系统。④开关磁阻发电机型风力发电系统。⑤横向磁通发电机型风力发电系统等。直驱式风力发电系统克服了齿轮箱系统的损耗和维护保养工作量大，大容量齿轮箱造价昂贵，容易造成过载或过早损坏等不足。

（1）多极绕线式同步发电机型风力发电系统。如图 16.2-24 所示，风力发电机组的风力机和发电机两部分同轴连接。风力机功率控制采用变桨距调节方式。发电机定子侧与电网之间通过电力电子变流器实现"柔性连接"，转子侧通过励磁控制器调节发电机的励磁电流以控制发电机定子侧的输出电压幅值，构成全功率变换的变速恒频风力发电系统。

省去齿轮箱的多极绕线式同步发电机型风力发电系统增加了系统的稳定性，能获得更好的电能质量。它通过电力变流器与电网相连，可灵活控制系统的电压和频率，使发电机的工作频率和电网频率相互独立，所以并网对系统几乎没有影响，也不会发生失步问题。另外，这种系统风力机采用变桨距控制，可使机组按最佳效率运行，增加发电量。相对于其他发电机类型，同步发电机在运行时既能输出有功功率，又能提供无功功率，制造工艺也比较成熟，价格相对便宜。根据绕线式同步发电机现有的技术水平，这种结构可适用于大容量风力发电系统。2002 年设计的

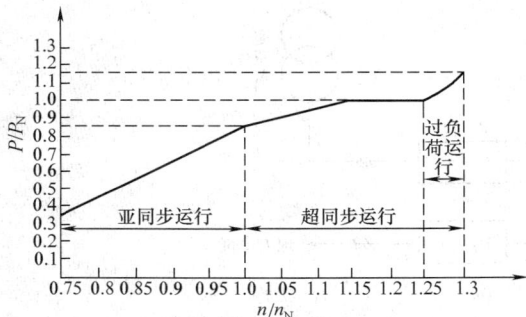

图 16.2-23　双馈异步发电机连续运转时
输出电功率与转速的关系

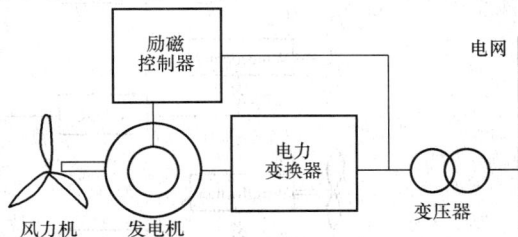

图 16.2-24　多极绕线式同步
发电机型风力发电系统

"E112"型风力发电机组已达 4.5~6.0MW。与普通同步电动机一样,多极绕线式同步发电机也需要励磁控制器,含有电刷和集电环,增加了系统的复杂度和维修量。另外,该系统的电力变换器串联在定子端,意味着变换器与发电机需要相同的容量,使其造价增高,损耗增大。

(2) 多极永磁同步发电机型风力发电系统。微型或小型的多极永磁同步发电机型风力发电系统如图 16.2-25 所示,常用于独立运行的直流风力发电系统中。风力机与发电机直接相连,发电机输出的交流电经整流成直流后输出。

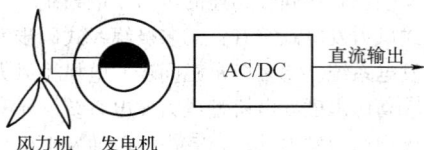

图 16.2-25 交流永磁发电机型直流发电系统

适用于并网用的多极永磁发电机型风力发电系统结构如图 16.2-26 所示。风力机与发电机直接相连,风力机采用变桨距功率控制方式实现最有效运行。永

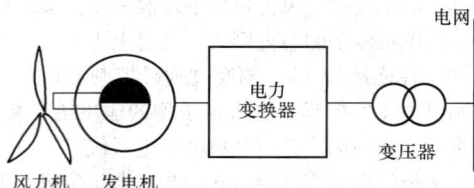

图 16.2-26 永磁同步发电机直驱式风力发电

磁发电机的定子与普通交流电动机相同,转子为永磁式结构,无需励磁绕组,因此,不存在励磁绕组损耗。转子上没有集电环,运行更安全可靠。

直驱式永磁同步发电机型风力发电系统的特点:

①可连续变速运行,风能转换率高。②可降低桨距控制的动态响应要求,改善桨叶上机械应力状况。③励磁不可调,感应电动势随转速和负载变化。采用可控PWM 整流或不控整流后接 DC/DC 变换,可维持直流母线电压基本恒定,同时还可控制发电机电磁转矩以调节风轮转速。④在电网侧采用 PWM 控制的变换器把发电机发出的电变成恒定频率和电压的三相交流电,对电网波动的适应性好。⑤永磁发电机体积大,质量大,成本高;全容量全控变流器控制复杂,增加了损耗和成本。

随着永磁材料技术、现代电力电子技术、控制技术等的发展,永磁发电机型直驱式风力发电系统的市场前景较好。

(3) 高压永磁发电机型风力发电系统。ABB 公司于 1998 年研制出一种高压永磁发电机型风力发电系统如图 16.2-27 所示。该系统采用高压永磁电动机(Windformer) 直接与风力机相连,变桨距控制,采用高压直流方式实现与系统并网,输出功率可以达到 3MW,输出电压不低于 20kV。

发电机的转子用新型永磁材料钕铁硼和钐钴制成,且为多极,结构与上述多极永磁发电机型风力发电系统相似,主要不同之处是,该系统采用的高压永磁发电机的定子是用一种圆形交联聚乙烯电缆(XLPE) 绕制的电缆电枢绕组,电缆具有坚固的固体绝缘,工作电场强度可达 15kV/mm(有效值)。每台发电机发出高压电,输出端可以经过整流装置直接接到高压直流母线上,再经过逆变器转换为交流电输送到当地电网;若要输送到远方电网,则通过升压变压器接入高压输电线路。Windformer 的优点是不需要齿轮箱,电动机转子上也没有励磁装置和集电环,结构简单,减少了系统损耗,可靠性更高。另外,传统的发电侧输出电压一般维持在 20kV 以下,要实现发电侧与输电网的顺利对接,需借助升压变压器。而 Windformer 整

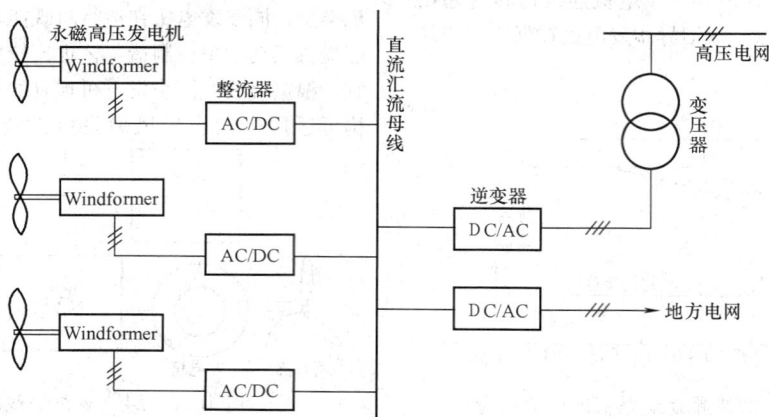

图 16.2-27 高压永磁发电机型风力发电系统

合了发电机和升压变压器,使机组元件大大减少,系统的有功损耗和无功损耗都大大降低。其发电机侧输出的电压在20kV以上,可直接通过输电网把电输送到负荷端,分散式的不可控整流提高了机组效率和运行可靠性。其不足的是采用高压发电机的转子需要大量永磁材料,且对材料性能的稳定性要求较高,同时发电机对整个系统的其他方面要求也较高,这些都使机组成本增加。Windformer代表了21世纪电力新技术发展的一个重要方向,具有广阔的应用前景。

(4) 开关磁阻发电机型风力发电系统。开关磁阻发电机型风力发电系统如图16.2-28所示。该系统以开关磁阻发电机为机电能量转换核心,一般应用于输出功率小于30kW的小型风力发电系统。

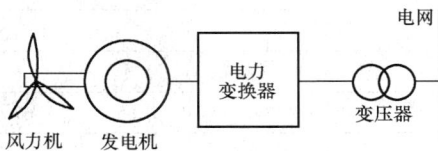

图 16.2-28　开关磁阻发电机型
风力发电系统

开关磁阻发电机为双凸极电动机,靠磁阻转矩运行,定子和转子均为凸极齿槽结构,定子上设有集中绕组,转子上既没有独立的励磁绕组,也没有永磁体,而由硅钢片叠压而成,故机械结构简单、坚固。通过控制器分时地控制实现励磁与发电,可靠性高,

而且其起动转矩大,低速性能好,设计成多对极可以直接与风力机相连,构成无齿轮箱直驱式风力发电系统。如果开关磁阻发电机与风力机配合良好,通过对发电系统的控制,可使风力机工作在最佳功率负载线上。另外,这种发电机耐高温特性好,可以弥补风力发电机长期在机舱中封闭工作而散热难的缺点。这种系统的变换器直接与发电机定子相连,所需容量也要求与发电机的额定容量相同。开关磁阻电动机的功率密度不高,所以这种结构的风力发电系统性能要比永磁发电机型风力发电系统差些,而且它对电力电子变换装置的性能要求较高,系统控制较为复杂,目前这种系统仍处于试验运行阶段。

(5) 横向磁通发电机型风力发电系统。该电系统与图16.2-28相同。横向磁通发电机的定子齿槽和电枢绕组在空间上互相垂直,磁路方向沿转子轴向方向,定子尺寸和线圈尺寸相互独立,它实现了电路与磁路的解耦,即可以同时实现高电负荷和高磁负荷。而且,横向磁通发电机的磁路是三维的,根据转子永磁体磁极的放置方法可分为多种类型。横向磁通发电机属于同步电动机的范畴,它的运行机制又有永磁电动机的特点,如果把它设计成多极对数的电动机,就可以应用于直驱式风力发电系统。

6. 风力发电机技术参数　几种大型风力发电机的主要技术参数见表16.2-2。

表 16.2-2　　　　　　　　　　　　风力发电机技术参数比较

产品型号	WTG600C	WTG750A	WTG850B	WTG1200A	WTG1250E	WTG1500H	WTG2000D
风　　轮							
直径/m	43	50	52	62	66	77	80
扫风面积/m²	1466	1963.5	2124	3019	3421	4657	5027
转速/(r/min)	17.9~26.8	22	14.6~30.8	11~20	13.5~20.3	10.1~20.4	9.0~19.0
功率调节	定　桨		变　桨				
切入风速/(m/s)	3.2	3.5	4	3	3	3.5	4
额定风速/(m/s)	14	15	16	12	14	15	16
切出风速/(m/s)	25	25	25	25	22	25	25
安全风速/(m/s)	70	70	70	59.5	70	55	59.5
发　电　机							
型　　式	异步发电机		双馈异步发电机	交流永磁同步电动机	异步电动机4/6极	双馈异步发电机	
容量/kW	600	750	800	1200	1250	1500	2000
电压/V	690			620	690		
功率因数	0.99(加无功补偿)		0.99	1.0	0.99	±0.95之间可调	1.0
频率/Hz	50						

续表

产品型号	WTG600C	WTG750A	WTG850B	WTG1200A	WTG1250E	WTG1500H	WTG2000D
桨　叶							
长度/m	19.1	23.5	25.3	30	31	34	39
齿轮箱							
传动比	1：56.56	1：70.02	1：61.74	—	1：74.917	1：90	1：100.5
刹车系统							
主刹车系统	叶尖气动刹车		叶片全顺桨	叶尖气动刹车		叶片独立变桨制动	盘刹车
第二刹车系统	液压机械刹车		机械盘刹车	发电机刹车	液压机械刹车		
控制系统							
控制系统	开环控制			闭环控制			
塔架							
形式	钢制锥筒						
高度/m	48.5	60/65	55/65	70	74.5	65	67/78
质量							
转轮/t	13	14	15.9	30	32	32.9	37.2
机舱/t	22	22	23	50	47	51	61.2
塔架/t	52	53/76.2	57/73	93	106	82	135/190

2.3 风力发电运行方式

按运行方式分，风力发电系统可分为独立风力发电系统、并网型风力发电系统、风力-柴油机联合发电机系统、风力-太阳光光伏联合发电系统等。

2.3.1 风电系统独立运行

风电系统独立运行，又称为离网型户用风力发电系统，有配以蓄电池储能的独立运行方式和采用负载自动调节法的独立运行方式两类。

1. 配以蓄电池储能的独立运行方式　独立运行的风力发电机发出的电力经整流后给蓄电池充电及向直流负载供电，经逆变器转换后向交流负载供电，其基本构成如图 16.2－29 所示。对于 10kW 以下的小型风电机组，特别是 1kW 以下的微型风电机组普遍

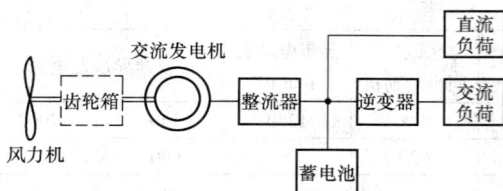

图 16.2－29　风电机组配以蓄电池储能的独立运行系统

采用这种方式向用户供电。

对于 1kW 以下的微型机组一般不加增速器（齿轮箱），直接由风力机带动发电机运转，且一般采用低速交流永磁发电机；对于 1kW 以上的机组大多装有增速器，发电机则有交流永磁发电机、同步或异步自励发电机等。经整流后直接供电给直流负载，并将多余的电能向蓄电池充电。在需要交流供电的情况下，通过逆变器将直流电转换为交流电供给交流负载。风力机在额定风速以下变速运行，超过额定风速后限速运行。

蓄电池容量选择要考虑与风力发电机的容量、电压相匹配，要考虑日负荷（用电量）状况和风力发电机安装处的风况（无风持续时间），并要按 10h 放电率电流值（蓄电池最佳充放电电流值）的规定来计算蓄电池的充放电电流值，以保证合理使用蓄电池，延长其使用寿命。

当风力减小，风力机转速下降，致使发电机电压低于蓄电池电压时，发电机不再能向蓄电池充电，而蓄电池要向发电机反送电，运行中应避免这种情况。

对于容量较大的机组（如 20kW 以上），由于所需的蓄电池容量大，投资高，经济上不是很理想，所以较少采用这种运行方式。

2. 采用负载自动调节法的独立运行方式　各独立运行方式是在不同的风速下接入数量不同的负

载,以使风力发电机的输出功率与负载功率相匹配。这种运行方式可以更好地利用风能,使风力发电机组能在安全的转速下运行。图 16.2-30 示出这种方案的系统框图,与配以蓄电池储能的独立运行方式的区别是加了可调节负载和泄能负载。

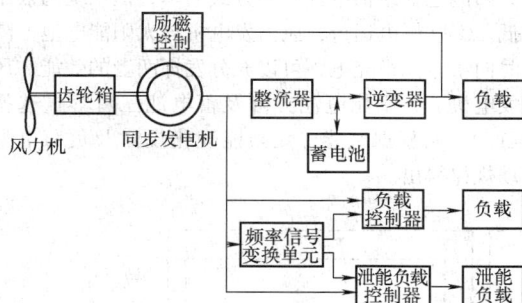

图 16.2-30 具有负载自动调节的
独立运行的风力发电系统

负载控制器在风机的转速变化、风力发电机输出功率变化时,依据输出电压的频率的高低来决定可调负载的投入和切除。

从发电机端直接输出的电能,其频率随转速而变化,可直接用于电热器一类的负载(如电供暖、电加热水等)。同时这类负载和泄能负载一起均可作为负载调节之用。

采用负载调节的运行方式时,负载档次分得越细,风轮运行越平稳,频率稳定度也越高。但由于受经济条件和使用情况这两个因素的制约,不可能完全做到这一点。折衷的办法是根据当地的风力资源和负载对供电的需求情况,确定负载档数、每档功率大小及优先投入或切除的顺序。

此外,还有多台风力发电机组并联运行的独立供电系统。主要为较大的用户供电,应尽可能采用快速变速和控制功率的变桨距风电机组。这种联合系统除可增加风能利用率外,另一个优点是能在几秒钟内更好地平衡因风力波动而引起的输出功率变化。

2.3.2 风电系统并网运行

风电系统并网运行是风电机组连接于电网,向电网输送电能。它有利于克服风的随机性而带来的蓄能问题,可达到节约矿物燃料的目的。10kW 以上直至兆瓦级的风力发电机皆可采用这种运行方式。并网运行又可分为如下几种不同的方式:

1. 恒速恒频方式 即风力发电机组的转速不随风速的波动而变化,维持恒速运转,从而输出恒定频率的交流电。这种方式目前已普遍采用,具有简单可靠的优点,但是对风能的利用不充分,因为风力机只

有在一定的叶尖速比的数值下才能达到最高的风能利用率。

2. 变速恒频方式 即风力发电机组的转速随风速的波动作变速运行,但仍输出恒定频率的交流电,这种方式可提高风能的利用率。变速恒频方式必须增加实现恒频输出的电力电子设备,或者利用变速同步发电机(交流励磁电动机),同时还应解决由于变速运行而在发电机组支撑结构上出现共振现象的问题。

3. 风电场(风力田或发电机集群) 它是在风能资源丰富的地区按一定的排列方式成群安装风力发电机组,组成集群。集群内的风力发电机,少的有 3~5 台,多的可达几十台、几百台,甚至数千台,其容量多数为几十千瓦至几百千瓦,也有达到兆瓦以上的。一个风电场内可能兼有恒速、恒频和变速恒频两种发电系统。风力发电机集群属于大规模利用风能,其发出的电能全部经变电设备送往大电网。

2.3.3 风力-柴油机联合发电系统

风力-柴油机联合发电系统如图 16.2-31 所示。这种系统有两种不同的运行方式:①风力发电机与柴油发电机交替(切换)运行,风力发电机与柴油发

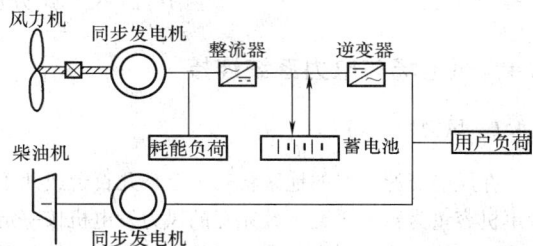

图 16.2-31 集成式风力-柴油机发电并联运行系统

电机在机械上及电气上没有任何联系,有风时由风力发电机供电,无风时由柴油发电机供电。②风力发电机与柴油发电机并联运行,风力发电机与柴油发电机在电路上并联后向负荷供电。柴油发电机可以是连续运转的,也可以是断续运转的。当然,只有在柴油机断续运转时,才能达到显著地节省燃油。这种运行方式,技术上较复杂,需要解决在风况及负荷经常变动的情况下两种动态特性和控制系统各异的发电机组并联后运行的稳定性问题。在柴油机连续运转时,当风力增大或电负荷小时,柴油机将在轻载下运转,会导致柴油机效率低;在柴油机断续运转时,可以避免这一缺点,但柴油机的频繁起动与停机,对柴油机的维护保养不利。为了避免这种由于风力及负荷的变化而造成的柴油机的频繁起动与停机,可采用配备蓄电池短时储能的措施:当短时间内风力不足时,可由蓄电池经逆变器向负荷供电;当短时间内风力有余或负荷

减小时，就经由整流器向蓄电池充电，从而减少柴油机的停机次数。采用风力-柴油机联合发电系统可以实现稳定持续地供电。

2.3.4　风电-太阳光伏发电系统联合运行

风力发电机可以和太阳能电池组成联合供电系统，如图16.2-32所示。风能、太阳能都有能量密度低、稳定性差的缺点，并受地理分布、季节变化、昼夜变化等因素影响。中国属于季风气候区，冬、春季风力强，但太阳辐射弱；夏季、秋季风力弱，而太阳辐射强，两者能量变化趋势相反，因而可以组成能

量互补系统，并给出比较稳定的电能输出。利用两种能源的互补特性，增加了供电的可靠性，并使得风力发电机及太阳能电池组的容量较单独使用时要小。风电-太能光伏发电联合系统有两种不同的运行方式：①切换运行即有风时由风力发电机供电，有太阳光时由太阳能电池组供电。这种方式简单，但系统的效率较低。②互供电运行，风力发电机与太阳能电池方阵同时向蓄电池组充电，可以充分发挥两者的效能。风力发电机、太阳能电池方阵及蓄电池三者容量选择（匹配），可根据风能、太阳能变化规律及负荷电量变动规律得出。

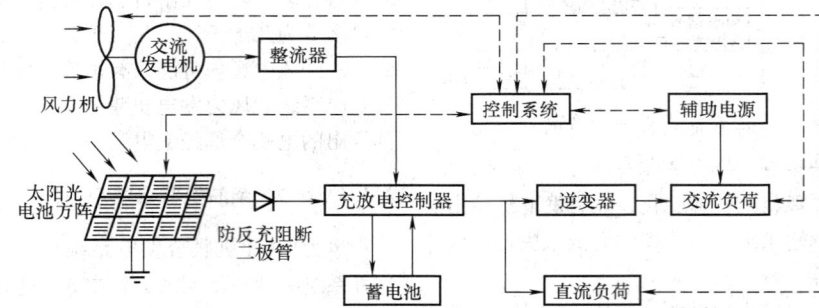

图 16.2-32　风力发电-太阳能电池联合运行

2.4　风电场与电力系统连接

2.4.1　风力发电场

在风能资源良好的地区将几十台、几百台或几千台单机容量为数十千瓦至数兆瓦的风力发电机按一定的阵列布局方式成群安装而组成的发电机群，简称风电场或风力田。

风电场是在大面积范围内大规模开发利用风能的有效形式，它弥补了风能密度低的弱点；风电场建设的规模效益，有利于降低风电场建设的投资和发电成本。

风电场的选址要求严格，要考虑：该地区的风力资源丰富，应达到年平均风速在6~7m/s以上，风向稳定、有效，风能密度在200W/m²以上，全年风速在3~20m/s的累计时数不小于5000h；对装机地点的风速、风向、沿高度方向上的风速分布、湍流等应进行实测；还应考虑地形、地貌、障碍物（如平坦地面、山地、建筑物）的影响，特殊恶劣气象情况（如热带风景、雷暴、沙暴等）的发生频率；距离现有电网较近，以降低风电场接通入电网的工程费用并增加风电场的穿透功率；距居民区有一定距离，以降低噪声影响等。

风电场内风力发电机组的排列应以在场内可获得

最大的发电量来考虑。现已建造的风力发电机集群所遵循的原则是：在平坦的地面上风力机按矩阵分布排列，沿盛行风向风力机前后之间的距离约为风力机风轮直径的8~11倍，风力机左右之间的距离约为风力机风轮直径的2~3倍；在非平坦的地形起伏的地面上，风力机安装在等风能密度线上，风力机之间的距离比在平坦地形上的稍小些；在地形复杂的丘陵或山地，除按上述原则考虑风力机尾流的影响外，还要考虑地形造成的湍流的影响，风力发电机可安装在等风能密度线上或沿山脊的顶峰排列。

风电场的容量系数及发电成本是衡量风力发电场经济效益的重要指标。对于一个特定的风电场在确切的时间段内，反映风力机在风场中效率高低的最主要的指标是平均容量系数，平均容量系数越大，风力机的效率越高，即风能利用程度越高，反之则越低。一般在风电场设计中，计算时段取一个代表年（8760h）。平均容量系数的计算公式如下

$$C_F = \frac{P_a}{P_r \times 8760} \qquad (16.2-11)$$

式中，C_F为平均容量系数；P_a为风力机年理论发电量（kW·h/年）；P_r为风力机的额定功率（kW）；8760为年小时数。

平均容量系数一般应在0.25以上，即风力发电机组等效年满负荷运行2000h以上。

风力发电成本是指风电场每千瓦时（kW·h）电能的发电成本，它与风能资源特性、风电场建设投资费用、风电场运行费用、投资回收方式及期限等诸多因素有关。随着风电设备技术的发展，风电效率的提高，安装技术的进步，风力发电成本逐年下降，到21世纪初，欧洲和美国等已降至每度电 6 美分左右，低于油和天然气发电。

风电场发展趋势将集中在：①提高风电场选址的准确性。②改进机群布局的合理性，达到优化布局。③提高运行的可靠性和稳定性，实现优化运行。④进一步降低建设投资和发电成本。⑤容量为兆瓦级的风机将在风电场中占主导地位。⑥海上（近海）风电场将成为风电场建设的重要方面。

2.4.2　风电场与电网的连接方式

风电场通常处于电力网络的边缘，大多是与配电网相连。风电场连网可供选择的方案有 3 种：直接交流联网、常规直流联网和轻型高压直流联网。

1. 直接交流联网　风电场直接交流联网有两种方案。方案 1：将风力发电机所发的电力经风电场升压后就近 T 接或 Π 接在电力系统线路上，如图16.2-33（a）所示。方案 2：将风力发电机所发的电力经风电场升压站送电线路接入当地最近的区域中心变电站，给负荷中心供电，如图 16.2-33（b）所示。

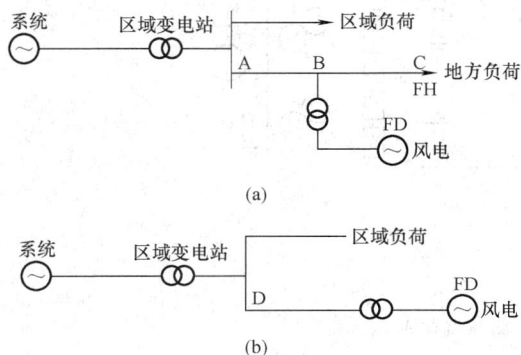

图 16.2-33　风电场直接接入交流电网方案
（a）方案 1；（b）方案 2

（1）方案 1。优点是占用资金的比例相对较小，不足的是风电场的装机容量将要受到被 T 接或 Π 接的原线路的输送容量，即线路线径的制约，还要考虑并保证线路电压参数变化范围满足风电机运行要求。此外，风电场装机容量的大小对电力系统 A 处的继电保护配置以及功率流向都会有不同的影响。假设风电容量为 FD，当地负荷为 FH，则当 FD 小于 FH 时，本线路系统功率的流动方向不改变，从 A 处流向 B

处的功率汇同风电功率一同流向 C 处，对系统潮流方向基本无影响。当 FD 略大于 FH 时，一部分风电功率从 B 处流向 C 处满足地方负荷，另一部分风电功率从 B 处流向 A 处进入系统。该电源点功率方向将随风速、风向的变化而变化，A 处继电保护配置也要相应进行随机调整，因而会对线路的功率方向控制及 A 处继电保护配置的正确整定带来困难，并有可能影响系统的安全稳定运行。当 FD 远远大于 FH 时，线路的潮流方向比较固定，A 处的继电保护配置不需要进行调整。

（2）方案 2。特点是：①占用资金的比例相对方案 1 要高，一次性投资较大。②无论风电场的风电机组运行方式如何变化，都不会受接线方案 1 的条件限制。③风电场的升压送出线路与系统的连接点 D 处的功率方向基本不发生变化，只是功率的大小随着风速、风向的随机性变化而变化，D 处的继电保护配置基本不需作调整。

选择何种接入系统方案，主要由风电场的最终装机容量和风电场在电网所处的位置，即风电场距离电网区域变电所的远近来确定。方案 1 适合中、小容量风力发电场接入系统。方案 2 与方案 1 比较，初期投资较大，但不受送电线路输送功率大小、电压参数变化范围等条件限制，适合大容量风电场接入系统时采用。

不同电压等级可接入的风电容量不同，表 16.2-3 列出了英国和法国的规范，可供参考。

表 16.2-3（a）　　风电场可接入的容量（英国）

连接位置	风电场最大容量/MW
11kV 网络	1~2
11kV 母线	8~10
33kV 网络	12~15
33kV 母线	25~30
132kV 网络	30~60

表 16.2-3（b）　　风电场可接入的容量（法国）

LV	LV（1F） LV（3F）	（230V） （400V）	$P \leqslant 18kVA$ $P \leqslant 250kVA$
MV	$1kV < U \leqslant 50kV$	（15kV，20kV）	$P \leqslant 12MW$
HV	$50kV < U \leqslant 130kV$	（63kV，90kV）	$P \leqslant 50MW$
	$130kV < U \leqslant 350kV$	（150kV，225kV）	$P \leqslant 250MW$
	$350kV < U \leqslant 500kV$	（400kV）	$P > 250MW$

2. 常规高压直流（PCC－HVDC）联网 图16.2－34是风电场通过常规高压直流（基于相控变换器的高压直流）联网的方案。风电场发出的电力在110kV交流母线汇集，经整流后通过直流输电线送出。在交流电网处，经逆变成交流送入交流电网。

与直接交流联网相比，使用传统的高压直流输电技术有很多优点：①送电端频率是可变的。各发电机之间解耦而且不需要与交流电网同步，相连接的各端都可根据自己的控制策略运行，基本上没有相互影响。②传输距离不再是技术极限。电缆的充电电流在交流电缆连接中影响很大，但对直流系统的影响却是可以忽略的。③风电场与主电网的干扰相隔离，任何一端的故障对另一端的影响很小。④潮流是完全确定和可控的。无论是正常还是故障条件下，为了适应电网的运行情况，输电线的潮流可以通过一定的控制策略进行控制。⑤装置成熟、可靠。传统的HVDC在世界各地都有很好的运行经验。⑥功率损耗低。直流系统没有电缆的充电电流的影响，降低了损耗，相同容量的直流连接系统要比交流连接系统的运行损耗要小得多。⑦每根电缆的功率传输能力高。一组高压直流输电线的传输能力是相同规格三相交流输电线的1.7倍。

直流输电线路在陆上通常采用架空线，在海上则采用电缆。常规的高压直流输电传输大功率，大型风电场可以考虑采用。

3. VSC－HVDC联网

（1）VSC－HVDC工作原理。基于电压源换流器的高压直流（VSC－HVDC）或轻型高压直流（HVDC Light）主要由换流站和直流输电线路组成，其主接线如图16.2－35所示。图中，送端和受端换流器均采用VSC，两个换流器具有相同的结构。换流器由换流桥、换流电抗器、直流电容器和交流滤波器组成。换流桥每个桥臂均由多个IGBT串联而成。换流电抗器是VSC与交流侧能量交换的纽带，同时也起到滤波的作用。直流电容器的作用是为逆变器提供电压支撑、缓冲桥臂关断时的冲击电流、减小直流侧谐波。交流滤波器的作用是滤除交流侧谐波。另外，轻型HVDC的传输线路一般采用地下电缆，对周围环境没有什么影响。

假设换流电抗器是无损耗的，忽略谐波分量时，换流器和交流电网之间传输的有功功率P及无功功率Q分别为

$$P = \frac{U_s U_c}{X_1}\sin\delta \qquad (16.2-12)$$

$$Q = \frac{U_s(U_s - U_c\cos\delta)}{X_1} \qquad (16.2-13)$$

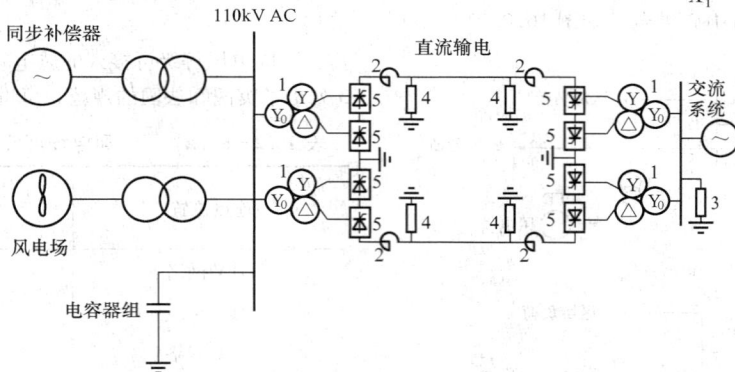

图 16.2－34 风电场常规高压直流联网

1—换流变压器；2—平波电抗器；3—交流滤波器；
4—直流滤波器；5—三相全波桥式换流电路

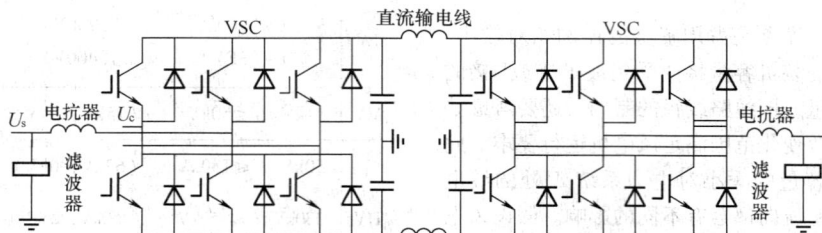

图 16.2－35 VSC－HVDC输电原理图

式中，U_c 为换流器输出电压的基波分量；U_s 为交流母线电压基波分量；δ 为 U_c 和 U_s 之间的相角差；X_1 为换流电抗器的电抗。

交流网侧电压 U_s 一般可认为是常数。从式（16.2－12）和式（16.2－13）中可以得出：控制 VSC 的输出电压 U_c 和相角 δ 即可简易迅速地控制有功功率 P 和无功功率 Q 的大小和流向。

1）当 $\delta > 0$ 时，$P > 0$，这时 VSC 作逆变运行，向电网输送有功。

2）当 $\delta < 0$ 时，$P < 0$，这时 VSC 作整流运行，从电网吸收有功。无功功率的传输主要取决于（$U_s - U_c\cos\delta$）。

3）当（$U_s - U_c\cos\delta$）> 0 时，$Q > 0$ 时，VSC 发出无功，向电网输送无功。

4）当（$U_s - U_c\cos\delta$）< 0 时，$Q < 0$ 时，VSC 吸收无功，即吸收电网的无功。

由上可见，有功功率的传输主要取决于 δ，无功功率的传输主要取决于 U_c。而 U_c 是由换流器输出的脉宽调制（PWM）电压的脉冲宽度控制的。因此，通过对 δ 的控制就可以控制直流电流的方向及输送有功功率的大小，通过控制 U_c 就可以控制 VSC 发出或吸收无功功率及其大小。可见，VSC 不仅能够提高功率因数，而且还能起到 STATCOM 的作用，动态补偿交流母线的无功功率，稳定交流母线电压。

（2）PCC－HVDC 与 VSC－HVDC 的区别。

1）功率范围。PCC－HVDC 主要运行于大的功率范围，大约在 250MW 以上，而 VSC－HVDC 输送的功率可以从几兆瓦到 300MW，直流电压可达到±150kV。

2）模型组件。VSC－HVDC 是以一套有若干标准规格换流站的模块为基础，大多数设备在制造厂家就被封装起来，而 PCC－HVDC 往往是根据系统运行的需要以及某些特殊的用途而设计的装置。

3）换流电路。VSC－HVDC 的换流电路是自然双极性，直流电流没有接地，因此，需要两根导线；而 PCC－HVDC 直流基于相控变换器，直流电流接地，可以用单根电缆。

4）换流站设备。PCC－HVDC 需要大量无功功率，因此，要在两端换流站装设大量无功补偿和滤波设备，换流站占地面积大，保护控制复杂。VSC－HVDC 的换流站可以实现有功和无功的解耦控制，提供无功功率，高频 PWM 技术可以获得优良的正弦波形，因此只需少量的无功补偿和滤波设备，占地较小。

5）联网和运行特性。PCC－HVDC 没有功角稳定问题，但与弱交流电网相连时有电压稳定问题。VSC－HVDC 既没有功角稳定问题，也有利于改善电压稳定；

PCC－HVDC 的直流线电压不能调节，换流站的过载能力较差。VSC－HVDC 的换流站为无源逆变，可以改变受端交流电压，也可改变直流线路电压。

6）向负荷供电。PCC－HVDC 不能向小容量交流弱电网和不含旋转电动机的负荷供电，因为容易造成换相失败和失去供电。VSC－HVDC 可以连接于小容量弱交流电网或直接向远方负荷供电。

（3）VSC－HVDC 在风力发电场中的应用。VSC－HVDC 适用于风场还由于轻型直流输电技术具有下述特点：①由于轻型直流输电具有灵活性，能够很容易地通过增加新的单元元件来扩大容量，而风力发电场通常会在几年之后扩大，或者通过连接临近地点的新风电场来扩大。②许多非常适合建立风力发电场的地区一般都在比较偏远的地方，那里电网建设比较薄弱，在这种情况下，连接在交流电网的风电场的规模就常常被短路比（风电场装机容量与风电场系统公共连接点的短路容量之比）所限制，而采用轻型直流输电技术进行输电连接后，短路比就不再是一个限制条件了。③由于轻型直流输电能够独立地给吸收无功功率的风力发电机提供它所需要的无功功率，从而能够满足风力发电机从交流电网中吸收无功功率进行励磁的要求。④轻型直流输电具有独立控制有功和无功能力的特点，可以把风力发电具有不稳定工况的电源与系统连接起来，而不会影响电网的电能质量水平。

2.4.3 风电场最大装机容量

风电场最大装机容量是指对于一个给定的电网允许接入的风电场最大装机容量，这是风电场规划设计阶段需要解决的一个重要问题。

1. 衡量风力发电规模大小的两个指标　通常采用以下两个指标来表征电力系统中风力发电规模的大小，并以此作为计算分析和评价风电场最大装机容量的依据。

（1）风电穿透功率极限（Wind Power Penetration）。是指系统中风电场装机容量占系统总负荷的比例。风电穿透功率极限定义为在满足一定技术指标的前提下接入系统的最大风电场装机容量与系统最大负荷的百分比，即

$$\text{风电穿透}\atop\text{功率极限} = \frac{\text{系统能够承受的最}\atop\text{大风电场装机容量}}{\text{系统最大负荷}} \times 100\%$$

（2）风电场短路容量比。定义为风电场额定容量 P_{wind} 与该风电场与电力系统的连接点（Point of Common Connection）的短路容量 S_{sc} 之比，即

$$K = \frac{P_{\text{wind}}}{S_{\text{sc}}} \times 100\%$$

风电穿透功率极限这一概念，是从全网的角度出发，表征一个给定规模的电网最大可以承受的风电容量的大小，旨在考虑风电场对系统频率的影响。确定这一指标，首先要考虑到风电的随机性和不可控性，在风电投入和退出运行的两种情况下，电力系统的可调节容量应能保证电网频率的变化在允许的范围内。根据国外的一些统计数据，风电穿透功率率达到 10% 是可行的。

短路比是电压稳定问题的研究中经常使用的一个概念，它通常是指电气设备安装处的短路容量与其设备容量的比值，电气设备可能是大容量的电动机负荷、HVDC 换流站或者静止无功补偿器等。这里风电场短路容量比的概念是普通意义上短路比的倒数，但所表达的意义是相同的。PCC 一般是指风电场变电站的高压侧出口。短路容量表示网络结构的强弱，风电场短路容量大，说明该节点与系统电源点的电气距离小，连接紧密。风电场接入点的短路容量反映了该节点的电压对风电注入功率变化的敏感程度。风电场短路容量比小，表明系统承受风电扰动的能力强。用这一指标表示风电场接入规模的大小，是从风电场所在的局部电网出发，重点考察风电功率的注入对局部电网的电压质量和电压稳定性的影响。

对于风电场短路容量比这一指标，欧洲国家给出的经验数据为 3.3%~5%，日本学者认为在 10% 左右也是允许的。在我国，通常也可以按风电场短路容量比为 10% 来计算。应结合风电场接入电网的具体情况，经过详细计算分析之后确定。

2. 影响风电场最大接入容量的主要因素　风电接入容量的大小不仅取决于风电场的运行特性和系统中其他发电设备的调节能力，还与风电接入的系统的网络结构等诸多因素密切相关。归纳起来，主要的因素有：①风电场接入点 PCC 的负载能力的强弱。可用 PCC 的短路容量来表征，它决定了该网络承受风电扰动的能力。短路容量越小，节点电压对功率变化的敏感度越大，承受风电功率扰动的能力也越差。②风电场与电网的连接方式。包括连接于交流电网还是直流电网，交流电网联络线路的电压等级、长度和阻抗参数等。比如电压等级高可接入容量大；线路的 x/r 的大小不同将影响风电场和局部电网节点电压的分布，对风电场的接入容量也有一定的影响。③系统中常规机组的调节能力的大小。主要包括旋转备用容量的大小以及机组的电压和频率的调节能力。这一因素主要影响风电穿透功率的大小。由于风电具有不稳定性和间歇性的特点，需要系统具有一定的旋转备

用容量，以防止失去风电容量后造成系统频率的下降。同时增加系统中其他机组的频率和电压调节的响应能力可以改善风电功率变化造成的系统频率和电压的波动。因此，增加系统常规机组的旋转备用提高其电压和频率的调节能力，可以提高系统的风电穿透功率极限。④风电机组的类型和无功补偿状况。风电场采用恒速恒频风电机组时，由于异步发电机本身没有励磁环节，需要从电网吸收无功功率以建立磁场，因此，风电机组的无功补偿状况对风电场的输出特性有很大影响，进而影响风电的最大接入容量。安装动态无功补偿装置（如 SVC、SMES 等），可以提高风电系统的电能质量和稳定性，也能够有效提高风电的最大接入容量。变速恒频风电机组和双馈异步发电机都有利于提高风电场的最大接入容量。⑤地区负荷特性。主要表现为风电场附近地区负荷的电压频率调节特性以及负荷对电压和频率质量的要求等。负荷对电能质量的要求过高将会限制系统所能承受的最大风电功率。

由于风电最大接入容量受上述各种因素的制约，对于我国具体的电网，必须根据各风电场的实际条件进行系统的研究后才能获得相关结论。

2.4.4　风电场储能系统

风电场储能系统是在有风期间将多余的风能转化为其他形式的能量储存起来，在无风期间再将储存的能量释放出来并转变为电能，以保证稳定持续供电的装置。

储能装置是风力发电、太阳能光伏发电等不稳定可再生能源发电系统中必不可少的设备，有了储能装置的配合，这些不稳定的发电系统才有可能向用户稳定地供电。

储能技术遵循能量转换原理，其主要的能量转换方式有：①化学储能——蓄电池、合成燃料、化学蓄热。②电磁储能——超导储磁场能、电容器储电场能。③机械（力学）储能——飞轮、抽水蓄能电站、弹簧、压缩空气。④热储能——显热蓄热、潜热蓄热。

储能技术在风力发电中的作用有两个方面：一是对系统起稳定作用。风力发电提供平均负荷，储能装置提供短时峰荷，使风电能平稳输出。二是在风电不能正常工作时起过渡作用。

目前研究和应用于风力发电系统的储能技术主要是：抽水蓄能、飞轮储能、充电电池储能、电磁场储能、压缩空气储能和电解水制氢储能等。

1. 抽水蓄能　当风大而负荷所需电能较少时，利用多余的电能驱动电动-发电机带动水泵-水轮

机，将低处的水抽到高处的水库储存起来；当风小或无风时，再释放高处水库中的水来推动水泵-水轮机带动电动-发电机发电。电动-发电机和水泵-水轮机都是可逆式机组，即在发电工况运行时，水轮机带动发电机运转向电网供电；在抽水工况运行时，电动机驱动水泵抽水。抽水蓄能电站是目前唯一能大规模储蓄电能的措施，它需要高、低两个水库，并安装能双向运转的水泵-水轮机和电动-发电机。抽水蓄能的优点是：技术上成熟可靠，其容量可以做得很大，仅受到水库库容的限制。缺点是：建造受到地理条件的限制，必须有合适的高低两个水库（池）；在抽水和发电两个过程中都有相当数量的能量损失；抽水蓄能电站一般都远离负荷中心，不但有输电损耗，而且当系统出现重大事故而不能工作时，它也将失去作用。

2. 飞轮储能　在风力机与发电机之间安装一个飞轮，利用飞轮旋转时的惯性储能。当风速高时，风能以动能的形式储存于飞轮中；当风速低时，储存在飞轮中的动能即可带动发电机发电。飞轮由高强度的钢或纤维材料制造，后者还具有重量轻的优点。

3. 充电电池储能　电池储能属于电化学储能。在风力发电系统中，多采用铅酸蓄电池或碱性蓄电池。在独立运行的风力或太阳能电站中，蓄电池储能已成为基本的装备。与使用方式不同有关，铅酸蓄电池的寿命一般为 1~10 年，碱性蓄电池的寿命一般为 3~15 年。

4. 电磁场储能　它可分为电场储能和磁场储能两类。磁场储能是在电感线圈中注入电流 I，储存能量为 $E = LI^2/2$（L 是线圈电感）。磁场储能目前看好的是超导线圈储能。由于超导线圈在运行时没有电阻，因此它的储能效率很高。同时它的电流密度远高于常规线圈，可以做到很高的储能密度。另外，它可以用极快的速度吞吐有功和无功，适合于改善风电场的动态运行特性。

电场储能是利用电容器储存电荷的能力来储存电能。近年出现的超级电容器，它的电介质具有极高的介电常数，因此，可以用较小体积制成以法拉为单位的电容器，比一般电容量大了几个数量级。电容器储能同样具有快速充放电能的优点，甚至比超导线圈更快。它不需要复杂的深冷设备。但超级电容器的电介质耐压很低，制成的电容器一般仅有几伏耐压。根据电容储能的能量为 $E = CU^2/2$ 的公式，如果能把电压提高，则储能将以二次方的关系增长。

5. 压缩空气储能　当负荷小时，将风力发电机提供的多余的电力通过电动机带动空气压缩机，将空气压缩后储存于地下岩洞或废矿坑内；在电力负荷大、风小或无风时，再释放储存的压缩空气为动力带动涡轮机-发电机组发电。压缩空气储能的难点是要找到合适的能储存压缩空气的场所。

6. 电解水制氢储能　在电力负荷减小时，将风力发电多余的电能用来电解水，使氢和氧分离，把氢作为燃料储存起来，需要时供燃料电池使用产生电能。燃料电池（Fuel Cells，FCs）是继火电、水电和核电之后的第四代发电技术。它是一种将储存在燃料（如氢气）和氧化剂（如氧气）中的化学能，通过电化学反应过程直接转化为电能的电化学发电装置。在能源供应中，燃料电池目前已经达到了可供实际使用的阶段，只是它的发电成本太高，还无法与常规发电技术相比。

7. 几种储能方式的定性比较　几种储能方式的定性比较见表 16.2-4。

表 16.2-4　　　　几种储能方式的定性比较

储能类型	初次使用年份	能量密度/(kW·h/m³)	功率密度/(kW/m³)	效率(%)(24h)	最小单位容量/(kW·h)	寿命/年	年平均化成本/[元/(kW·h)]
铅酸电池	1985	70.7	106.00	92	0.5	8	25
MH-Ni 电池	2000	176.7	7067.1	92	1.0	8	80
锂离子电池	2005	212.0	212.0	88	5.0	7	120
钠硫电池	2008	247.3	833.4	88	5.0	7	85
超导储能（SMES）	1995	7.1	530.0	87	500.0	30	200
超级碳极电容器	2002	53.0	176.7×10^3	94	1.0	30	85
低速飞轮系统	1999	282.7	706.7	90	10.0	30	40
高速飞轮系统	2003	424.0	1766.8	89	4.0	30	80
热能（STES）	1990	176.7	17.7	82	5000.0	30	15

第 3 章 太 阳 能 光 伏 发 电

3.1 太阳能光伏发电概论

3.1.1 太阳能光伏发电

光伏发电是将太阳光的光能直接转换为电能的一种发电形式。对光伏发电技术的研究始于 100 多年前。1839 年，法国物理学家 A.E. 贝克勒尔（Becqurel）意外地发现，用两片金属浸入溶液构成的伏打电池，光照时会产生额外的伏打电势，他把这种现象称为光生伏打效应（Photovoltaic effect）。1873 年英国科学家 Wilough by Smith 就观察到了对光敏感的硒材料，并推断出在光的照射下，硒导电能力的增加正比于光通量。1880 年，Charles Fritts 开发出以硒为基础的光伏电池。以后人们即把能够产生光生伏打效应的器件称为 "光伏器件"，同时称这类光伏器件为 "光伏电池"（Solarcell）。

3.1.2 太阳能辐射

我们通常所看见的太阳表面叫光球，光球之上是透明程度不同的太阳大气。太阳表面温度大约 5700K，中心温度高达约 4×10^8 K，压力约为 200 多亿兆帕。由于太阳内部温度极高，压力极大，物质早已离化而呈等离子态，不同原子核的相对碰撞，引起一系列核子反应，其中类似于氢弹爆炸的热核反应，是太阳能量的主要来源。太阳的能量是向四面八方辐射的，每秒钟投射到地球上的能量约为 1.757×10^{17} J，相当于 5.25 亿桶石油，形象的比喻就是地球每天从太阳那里获得 5000 多亿 t 的标准煤（5.184×10^{11}）。按目前的发电水平，每天可得到电量 1.41×10^{15} kW·h。遗憾的是，人类目前还没有能力将如此巨大的能量转换成电能，更没有办法储存它。现在人类已可以将少量的太阳能直接转换成电能并储存起来，这就是光伏发电技术。

为了衡量太阳辐射能量的大小，确定了一个度量太阳辐射强度的单位——辐照强度（亦称辐射强度），它的物理意义是：在单位时间内，垂直投射在地球某一单位面积上的太阳辐射能量，通常用 W/m^2 或 kW/m^2 表示。在阳光充足的白天投射到地球上的辐照强度大约为 1000W/m^2；另一个度量太阳辐射量大小的单位是辐射度（亦称辐射通量），它的物理意义：在规定的时间内投射到地球某一单位面积上太阳

辐射能的量值，通常用 $kW \cdot h/m^2$ 表示。

3.1.3 光伏发电技术

太阳能的转换利用方式有光-热转换、光-电转换和光-化学转换等多种方式。接收或聚集太阳能使之转换为热能，然后用于生产和生活的一些方面，是光-热转换，即太阳能热利用的基本方式。太阳能热水系统是目前太阳能热利用的主要形式，它是利用太阳能将水加热后储于水箱中以便利用的装置。太阳能产生的热能可以广泛地应用于采暖、制冷、干燥、蒸馏、温室、烹饪以及工农业生产等各个领域，并可进行太阳能热发电和热动力；利用光生伏打效应原理制成的光伏电池，将太阳的光能直接转换成电能加以利用，称为光-电转换，即光伏发电；光-化学转换尚处于研究试验阶段，这种转换技术包括利用光伏电池电极化水制成氢，利用氢氧化钙和金属氢化物热分解储能等。

3.2 太阳能光伏电池及其特性

3.2.1 光伏电池工作原理

光伏电池是以半导体 P-N 结上接受太阳光照产生光生伏打效应为基础，直接将光能转换成电能的能量转换器。其工作原理是：当太阳光照射到半导体表面，半导体内部 N 区和 P 区中原子的价电子受到太阳光子的冲击，通过光辐射获取到超过禁带宽度 E_g 的能量，脱离共价键的束缚从价带激发到导带，由此在半导体材料内部产生出很多处于非平衡状态的电子-空穴对。这些被光激发的电子和空穴，相当一部分或自由碰撞，或在半导体中复合还原恢复回平衡状态。这种复合过程对外不呈现导电作用，属于光伏电池能量自动损耗部分。一般希望有更多的光激发载流子中的少数载流子能运动到 P-N 结区，通过 P-N 结对少数载流子的牵引作用而漂移到对方区域，对外形成与 P-N 结势垒电场方向相反的光生电场。一旦接通外电路，即可有电能输出。当把众多这样小的太阳能光伏电池单元通过串并联的方式组合在一起，构成光伏电池组件，便会在太阳能的作用下输出功率足够大的电能。图 16.3-1 形象地示意了照射到光伏电池表面的太阳光线的各种作用情况。

由图 16.3-1 所示：①是指在电池表面被反射回

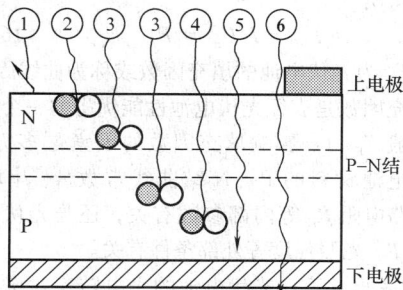

图 16.3 - 1　光伏电池受光照情况

去的一部分光线。②是指刚进电池表面被吸收生成电子-空穴对的光线，其中大部分是吸收系数较大的短波光线。它们来不及达到 P - N 结就很快地被复合还原，所以它们对产生光生电动势没有贡献。③是指在 P - N 结附近被吸收生成电子-空穴对的那部分光线，它们是使光伏电池能够有效发电的有用光线。这些光生非平衡少数载流子，在 P - N 结特有的漂移作用下产生光生电动势。④是指辐射到电池片深处，距离 P - N 结较远的地方才被吸收的光线，它们与光线②的情况相同，虽能产生电子-空穴对，但在 P - N 结较远处被复合，所以只有极少部分能产生光生电动势。⑤是指被电池吸收，但是由于能量较小不能产生电子-空穴对的那部分光线，它们的能量只能使光伏电池加热，温度上升。⑥是指没有被电池吸收而透射过去的少部分光线。由此可见，能够产生光生电动势的主要是光线③。所以应该尽可能地增加它们的比例数量，才能提高光伏电池的光电转换效率。所谓光电转换效率，是指受光照的光伏电池所产生的最大输出电功率与入射到该电池受光几何平面面积上全部光辐射功率的百分比。

3.2.2　光伏电池物理特性

1. 等效电路　光伏电池等效电路的理想形式和实际形式分别如图 16.3 - 2 （a）和（b）所示。

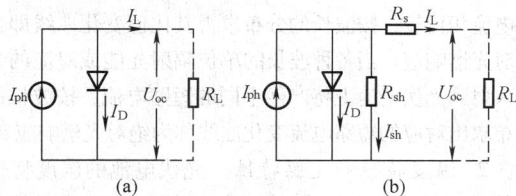

图 16.3 - 2　光伏电池的等效电路图

图中：

I_{ph} 为光生电流，I_{ph} 值正比于光伏电池的面积和入射光的辐照度。$1cm^2$ 光伏电池的 I_{ph} 值均为 $16 \sim 30mA$。随着环境温度的升高，I_{ph} 值也会略有上升，

一般温度每升高1℃，I_{ph} 值约上升 $78\mu A$。

I_D 为暗电流。无光照下的硅型光伏电池的基本行为特性就类似于一个普通二极管。所谓暗电流指的是光伏电池在无光照时，由外电压作用下 P - N 结内流过的单向电流。它的大小反映出在当前环境温度下，光伏电池自身 P - N 结所能产生的总扩散电流的变化情况。

I_L 为光伏电池输出的负载电流。

U_{oc} 为电池的开路电压。所谓开路电压指的是把光伏电池置于 $100mW/cm^2$ 的光源照射下，且光伏电池输出两端开路（$R_L \rightarrow \infty$）时所测得的输出电压值。该值一般用高内阻的直流毫伏计测量。光伏电池的开路电压与入射光辐照度的对数成正比，与环境温度成反比，与电池面积的大小无关。温度每上升1℃，U_{oc} 值约下降 $2 \sim 3mV$。单晶硅光伏电池的开路电压一般为 $500mV$ 左右，最高可达 $690mV$。

R_L 为电池的外负载电阻。

R_s 为串联电阻，一般小于 1Ω。它主要由电池的体电阻、表面电阻、电极导体电阻和电极与硅表面间接触电阻和金属导体电阻等组成。

R_{sh} 为旁路电阻，一般为几千欧姆。它主要是由于电池表面污浊和半导体晶体缺陷引起的漏泄电流而对应的 P - N 结的漏泄电阻和电池边缘的漏泄电阻等组成。

2. 光伏电池伏-安特性曲线　光伏电池的电压-电流关系曲线，简称伏安特性曲线（如图 16.3 - 3 所示）。图中上面一条曲线为暗特性曲线，即无光照时光伏电池的伏安特性曲线；下面一条曲线是光伏电池受光照后的特性曲线。

图中：

I_o 为光伏电池内部等效二极管的 P - N 结反向饱和电流。它与该电池材料自身性能有关，反映了光伏电池对光生载流子最大的复合能力。一般它是常数，不会受光照强度的影响。

I_{sc} 为电池的短路电流。所谓短路电流是指将光伏电池置于标准光源的照射下，在输出短路（$R_L = 0$）时流过光伏电池的电流。测量短路电流的方法是用内阻小于 1Ω 的电流表接到光伏电池的两端进行测量。

光伏电池输出伏安特性曲线还有另一种表达形式，也是使用最多的一种表示方式（如图 16.3 - 4 所示，它是将上述曲线中的电流值取反，即把曲线以 x 轴为轴向上翻转而得到。在该曲线中，光伏电池在光照下输出电流为正值。通过该曲线可以看到，光伏电池的输出电流和输出电压均与太阳辐照的通量密度成正比的关系。光伏电池输出伏安特性曲线与电流轴的交点为短路电流 I_{sc}；与电压轴的交点为开路电压 U_{oc}。

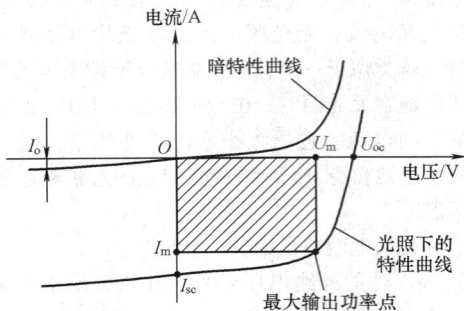

图 16.3 - 3 硅电池的暗特性和光照
下的伏安特性曲线

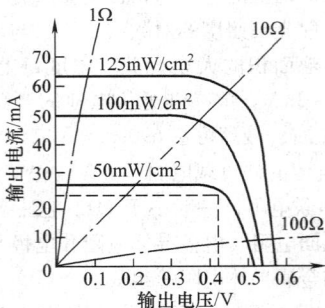

图 16.3 - 4 硅电池在不同光
照下的伏安特性曲线

3. 输出功率和曲线因数 根据功率定义式 $P = UI$，设定 P 为不同的常数，代入 U 和 I，便可在光伏电池输出伏安特性曲线图上做出一系列的等功率曲线。然而必有唯一的一条功率曲线与光伏电池输出伏安特性曲线相切，该功率曲线便代表着该光伏电池的最大输出功率，该切点称为最佳工作点 M。从原点引出的交于 M 点的直线为最佳负载线；M 点对应的电流值为最佳输出电流 I_m，对应的电压值为最佳输出电压 U_m；由 I_m 和 U_m 得到的矩形几何面积也是该特性曲线所能包揽的最大矩形面积，称为光伏电池的最佳输出功率或最大输出功率 P_m（见图 16.3 - 5），它

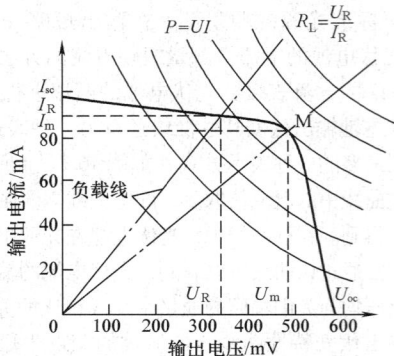

图 16.3 - 5 最大功率点输出特性

由下式得出

$$P_m = I_m U_m = F_F I_{sc} U_{oc} \qquad (16.3 - 1)$$

式中，F_F 为光伏电池的填充因数或称为曲线因数。

填充因数是表征光伏电池性能优劣的一个重要参数，一般 $F_F < 1$。影响填充因数的因素是多方面的，它既和电池材料的 P - N 结曲线常数 A、串联电阻 R_s、旁路电阻 R_{sh} 等内部参数有关，还与光伏电池工作温度 T、光照强度等外部条件有关。

4. 输出效率 光伏电池的光电转换效率 η 是指受光单体光伏电池的最大输出电功率与辐射到该电池受光平面几何面积上全部光功率的百分比

$$\eta = \frac{U_m I_m}{P_{in}} \times 100\% \qquad (16.3 - 2)$$

$$P_{in} = A_{all} \int_0^\infty F(\lambda)(hc/\lambda) d\lambda \qquad (16.3 - 3)$$

$$P_m = I_m U_m = F_F I_{sc} U_{oc} \qquad (16.3 - 4)$$

$$I_{sc} = q \eta_e N(E_g) \qquad (16.3 - 5)$$

$$\eta = \frac{F_F(AkT/q)\ln(I_{sc}/I_o + 1)I_{sc}}{A_{all} \int_0^\infty f(\lambda)(hc/\lambda) d\lambda}$$

$$(16.3 - 6)$$

式中，P_{in} 为太阳光输入功率（mW/cm^2）；A_{all} 为电池总的光照表面积（cm^2）；$F(\lambda)$ 为波长 λ 光束的光子流密度（cm^2/s）；hc/λ 为光子携带能量（erg）；h 为普朗克常数，$h = 6.624 \times 10^{-27} erg \cdot s$；$c$ 为光速，$c = 3 \times 10^8 m/s$；λ 为波长（μm）；η_e 为收集效率或量子效率，即每个光子产生并且被收集的电子-空穴对数与所产生电子-空穴对数的比值（该数值小于1）；$N(E_g)$ 为能量超过禁带宽度 E_g 的光子流。A 为 P - N 结的曲线常数；k 为玻耳兹曼常数，$k = 1.38 \times 10^{-16} erg/K$；$T$ 为热力学温度（K）；q 为电子电荷，$q = 1.6 \times 10^{-19} C$。

3.2.3 光伏电池外特性

1. 光谱响应 当每一波长以一定等量的辐射光子束入射到光伏电池上，所产生的短路电流与其中最大短路电流相比较，按波长的分布求得其比值变化曲线即为相对光谱响应。当各种波长的单位辐射光能或对应的光子入射到光伏电池上将产生不同的短路电流，按波长的分布求出对应的短路电流变化曲线称为绝对光谱响应。

2. 温度特性和光照特性 光伏电池的温度特性指的是光伏电池在工作环境温度影响下和电池吸收光子后使自身温度升高对其性能的影响；由于光伏电池材料内部的很多参数都是温度和光照强度的函数，如本征载流子浓度、载流子的扩散长度、光子吸收系数等，光照特性指的是硅型光伏电池的电气性能与温度关系。由于光伏电池的光电转换效率 η 正比于 $F_F \cdot$

$I_{sc}U_{oc}$，其中 F_F 和 U_{oc} 的影响要远远大于 I_{sc} 的影响，而开路电压 U_{oc} 和温度间呈近似线性的负温度系数关系，所以光电转换效率也随温度升高呈降低的趋势。硅型光伏电池可正常使用的环境温度一般在 $-65 \sim +125℃$ 之间。

3. 负载特性　光伏电池的输出电压和输出电流都与负载电阻 R_L 大小有关。图 16.3-6 中列出了光伏电池各个电参数与负载之间的关系曲线。如图所示，光伏电池的输出电流 I_L 与输出电压 U_L 与负载电阻之间都不是线性关系，前者随之减小，后者随之增加。只有在负载匹配的情况下（$R_L = R_m$），才能获得最大的输出功率 P_m，这时的光电转换效率 η 也最高。

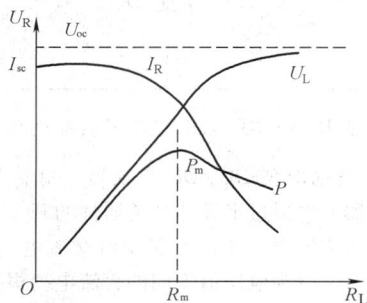

图 16.3-6　光伏电池参数与负载的关系

3.2.4　光伏电池结构与分类

1. 按电池结构分类

（1）同质结光伏电池。指在相同的半导体材料（除了其中含有少量的杂质外）上构成一个或多个 P-N 结的光伏电池。

（2）异质结光伏电池。指用在不同禁带宽度的两种半导体材料相接的界面上构成一个异质 P-N 结的光伏电池。如果这两种异质材料的晶格结构相近，界面处的晶格匹配较好，则构成异质面光伏电池。

（3）肖特基结光伏电池。指用金属和半导体接触组成一个"肖特基势垒"的光伏电池（又称为 MS 光伏电池）。其原理是基于在一定条件下金属-半导体接触时产生类似于 P-N 结可整流接触的肖特基效应。这种结构的电池现已发展成为金属-氧化物-半导体光伏电池（MOS 光伏电池）、金属-绝缘体-半导体光伏电池（MIS 光伏电池）等。

（4）薄膜光伏电池。指利用薄膜技术将很薄的半导体光电材料铺在非半导体的衬底上而构成的光伏电池。这种电池可大大地减少半导体材料的消耗（薄膜厚度以 μm 计），从而大大地降低了光伏电池的成本。可用于构成薄膜光伏电池的材料有很多种，主要包括多晶硅、非晶硅、碲化镉以及 CIS 等，其中以

多晶硅薄膜光伏电池性能较优。

（5）叠层光伏电池。指将两种对光波吸收能力不同的半导体材料叠在一起构成的光伏电池。鉴于波长越短的光，光子能量越大，在硅中穿透深度越小的特点，为充分利用太阳光中不同波长的光，通常让波长最短的光线被最上边的宽禁带材料电池吸收，波长较长的光线能够透射进去让下边较窄禁带的材料电池吸收，这就有可能最大限度地将光能变成电能。

（6）湿式光伏电池。指在两侧涂有光活性半导体膜的导电玻璃中间加入电解液而构成的光伏电池。这种形式的电池不但可减少半导体材料的消耗，还为建筑物和太阳能应用的一体化设计创造了条件。

2. 按电池材料分类

（1）硅型光伏电池。包括单晶硅光伏电池、多晶硅光伏电池和非晶硅光伏电池。其中单晶硅材料结晶完整，载流子迁移率高，串联电阻小，光电转换效率最高，可达 20% 左右，但成本比较昂贵；多晶硅材料晶体方向无规律性，由于在这种材料中的正、负电荷有一部分会因晶体晶界连接的不规则性而损失，不能全部被 P-N 结电场所分离，所以效率一般要比单晶硅光伏电池低，但多晶硅光伏电池成本较低。多晶硅材料又分为带状硅、铸造硅、薄膜多晶硅等多种类型。用它们制造的光伏电池又分为薄膜和片状两种。而非晶硅光伏电池是采用内部原子排列"短程有序而长程无序"的非晶体硅材料（简称 α-Si）制成，其通常被制成薄膜电池形式。

（2）非硅半导体光伏电池。主要有硫化镉光伏电池和砷化镓光伏电池。硫化镉分为单晶和多晶两种，它常与其他半导体材料合成使用，如硫化亚铜/硫化镉光伏电池、碲化镉/硫化镉光伏电池、铜铟硒/硫化镉光伏电池等。其中砷化镓具有较好的温度特性，理论效率高，较适于制成太空光伏电池。它既可采用同质结形式，也可以采用异质结形式，既可采用单晶切片结构，也可采用薄膜结构以构成光伏电池。

（3）有机光伏电池。主要由一些有机的光电高分子材料构成的光伏电池。

3.3　太阳能光伏发电装置及系统

典型的光伏发电系统是由光伏阵列、电缆、电力电子变换器、储能元件、负载等构成。其中电力电子变换器包括：光伏直流变换电路、光伏充/放电控制电路、光伏逆变电路等。

3.3.1　光伏直流变换器

直流变换电路是依靠半导体开关器件的开关动

作，将某一直流电压变换为另一个直流电压的电路。这里的变换电路相当于交流电源变压时的变压器，它通过控制开关器件的导通和关断时间，配合电感和电容器件以连续改变直流电压。

1. 直流斩波器　直流变换装置中，使用半导体开关器件以很高的开关频率将直流电源反复开关，中间不经过交流环节而进行变换的装置，称为直流直接变换电路或直流斩波器。主要有四种基本直流斩波电路拓扑。

（1）Buck 变换器。Buck 电路属于串联型开关变换器，又称为降压变换器，由光伏阵列（或蓄电池）、串联开关管、电感器、电容器和二极管构成，其电路拓扑如图 16.3 - 7 所示。

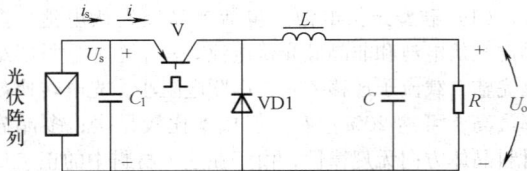

图 16.3 - 7　Buck 电路拓扑图

（2）Boost 变换器。属于并联型开关变换器，又称为升压变换器，其电路拓扑如图 16.3 - 8 所示，由光伏阵列（或蓄电池）、电感、并联开关管 V、二极管 VD1、电容器和负载构成。

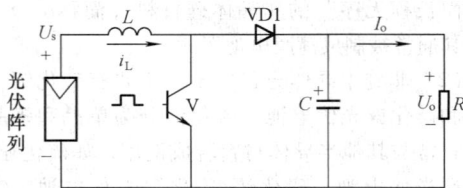

图 16.3 - 8　Boost 变换器拓扑图

（3）Buck - Boost 变换器。又称为降压-升压变换器，该电路是在 Buck 变换器后串联一个 Boost 变换器，其电源 U_s 可以是蓄电池也可以是光伏阵列输出的直流电，如图 16.3 - 9 所示。它由串联开关管 V、电感器、电容器及二极管 VD1 组成。在实际电路中由于变换器输出的电压 U_o 极性与输入电压 U_s 的极性相反，故称该电路为反相输出型变换器。

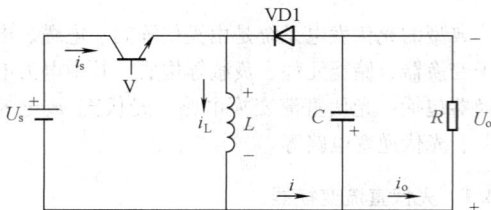

图 16.3 - 9　Buck - Boost 实际电路图

（4）Cuk 变换器。又称为 Boost - Buck 电路，是在 Boost 电路后面串联一个 Buck 电路构成的，经等效简化，其实际电路由开关管 V、二极管 VD1、电感器 L_1 和 L_2 和电容器 C_1 和 C_2 等组成，如图 16.3 - 10 所示。

Cuk 变换器提供一个反极性不隔离的输出电压，该输出电压可高于或低于输入电压，其输入和输出电流都是连续的，具有较小的纹波分量。该变换器可以广泛应用于光伏发电系统的光伏阵列最大功率点跟踪、光伏照明、光伏扬水应用等。

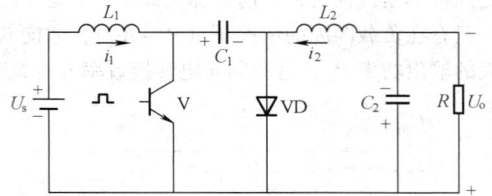

图 16.3 - 10　Cuk 变换器实际电路

2. 开关电源型 DC /DC 变换器　亦称为直-交-直型变换器，它通过半导体开关器件的开关动作将直流电先变为交流电，使用变压器对交流电进行变压，再经整流后又变为电压值不同的直流电。根据不同的电路拓扑结构又分为四种形式：

（1）单端正激变换器。其电路拓扑如图 16.3 - 11 所示，因变压器一次线圈磁通是单向的，故称其为单端变压器。由于是在开关管 VI 导通期间输入端电源经变压器向输出电容器和负载提供能量，故称为正激变换器。

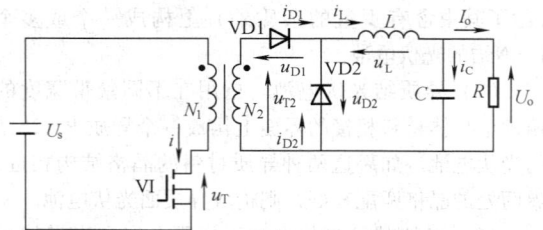

图 16.3 - 11　单端正激变换器结构原理图

（2）单端反激式变换器。其电路拓扑如图 16.3 - 12所示，因变压器一次线圈磁通也是单向的，也称其为单端变压器。由于是在开关管 VI 关

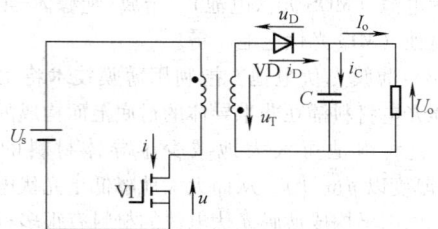

图 16.3 - 12　单端反激式变换器结构原理图

断期间变压器向输出电容器和负载提供能量，故称为反激变换器。反激式变换器分为电流不连续模式和电流连续模式。前者存在变压器一次绕组和二次绕组电流之和为零的时间，后者则不存在该和电流为零的时间。

（3）推挽变换器。其电路拓扑如图 16.3 - 13 所示，由开关管、变压器、整流二极管、滤波电感器和电容器构成。推挽变换器中 VI1 开关和 VI2 开关交替开通，即相互错开 180° 相位，以相同脉冲宽度交替开通和关断。如果变压器的励磁电感 L_m 比变换器输出的平波电感 L 大很多，则励磁电流可以忽略。

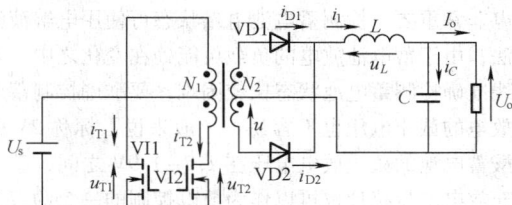

图 16.3 - 13　推挽变换器结构原理图

（4）桥式变换器。分为全桥和半桥变换器。典型的全桥电路使用四个开关管，构成 H 型的开关拓扑形式，如图 16.3 - 14（a）所示。在全桥变换器中，开关管稳态时其施加的最高电压为电源电压，暂态过程中的尖峰电压亦被箝位于电源电压，比推挽变换器的工作电压降低一半多。箝位二极管将变压器漏抗储能归还给输入电源，有益于提高效率，宜于应用于大功率变换器。半桥电路为使用全桥一半的开关管，其另一侧桥臂使用两个电容器分压，如图 16.3 - 14（b）所示。其开关管上承受的电压与全桥开关管相同，由于连接电容器桥臂的电压保持恒定，因此变压器上只获得电源的一半电压，要获取与全桥电路和推挽电路相同的功率，其开关管需流过两倍的电流，因此，半桥变换器只适合于中等容量变换器。C_3 的作用是防止由于开关管 VI1 和 VI2 导通存在的差异，而导致变压器偏磁。

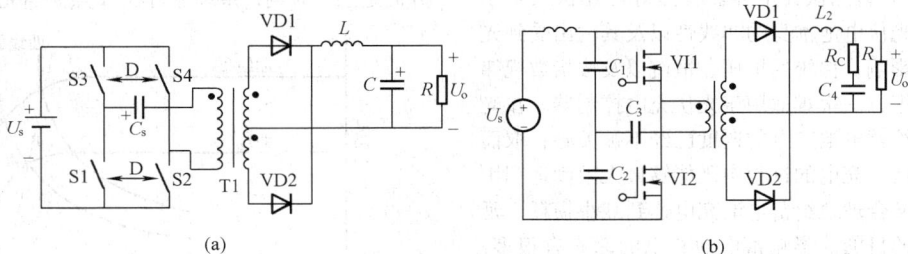

3.3.2　光伏逆变器

逆变器是将直流电转换为交流电，为"逆向"的整流过程，因此称为"逆变"。光伏阵列所发的电能为直流电能，然而许多负载需要交流电能，如交流电动机等。直流供电系统有很大的局限性，不便于变换电压，负载应用范围也有限。除特殊用电负荷外，均需要使用逆变器将直流电变换为交流电。逆变器的种类很多，根据逆变器线路逆变原理的不同，有自激振荡型逆变器、阶梯波叠加逆变器和脉宽调制（PWM）逆变器等。根据逆变器主回路拓扑结构不同，可分为半桥结构、全桥结构、推挽结构等。主要分类如下：

1. 方波逆变器　此逆变器输出的电压波形为方波，逆变器线路简单，价格便宜，实现较为容易。缺点是方波电压中含有大量的高次谐波成分，在负载中会产生附加的损耗，并对通信等设备产生较大的干扰，需要外加额外的滤波器。此类逆变器多见于早期，设计为功率不超过几百瓦的小容量逆变器。

2. 阶梯波逆变器　输出的电压波形为阶梯波形，阶梯波逆变器的优点是输出波形接近正弦波，比方波有明显的改善，高次谐波含量减少。当阶梯波的阶梯达到 16 个以上时，输出的波形为准正弦波，整机效率较高。但此逆变器往往需要多组直流电源供电，需要的功率开关管也较多，给光伏阵列分组和蓄电池分组带来不便。

3. 正弦波 PWM 逆变器　正弦波逆变器的优点是输出波形基本为正弦波，在负载中只有很少的谐波损耗，对通信设备干扰小，整机效率高。缺点是设备复杂，价格高。当开关管以比逆变交流输出电压高许多的频率通断，且每次通断的脉宽按照正弦波的幅值调制时，即变成以正弦波脉宽调制输出的逆变器，加滤波器后，其输出的电压波形就呈正弦波形。

3.3.3　光伏充/放电控制器

光伏充/放电控制器是光伏发电系统中配合蓄电

(a)

(b)

图 16.3 - 14　全桥与半桥变换器

（a）全桥变换器；（b）半桥变换器

池特性，对蓄电池实施充电与放电控制的设备。

1. 充电控制器 主要分为并联型、串联型充电控制器和PWM控制器等几种类型。

（1）电压匹配型光伏充电器。光伏阵列经串联二极管隔离后直接给蓄电池充电，选择好光伏阵列工作点，使电压范围在蓄电池特性的最佳电压匹配范围，因此称作电压匹配型光伏充电器。随着蓄电池充电进程，蓄电池端电压在增加，光伏输出电流在减小，工作点沿着光伏阵列的伏安特性曲线向开路电压方向移动。由于光伏阵列的伏安特性曲线受光照变化影响，其工作曲线是不确定的，电压匹配也是不完全的，因此该充电器只能在太阳辐射充足时给蓄电池充满电。串联二极管的作用是防止在太阳低辐射照度期间或夜间蓄电池向光伏阵列反向放电，二极管可以使用硅整流二极管，也可以使用肖特基二极管。由于肖特基二极管具有较低的管压降，因此其导通损耗较小。

（2）并联型光伏充电器。这是目前小型光伏发电系统用得最为普遍、也最为经济的充电器。其原理是在串联隔离二极管前接入一个并联放电电路，当蓄电池充电电压超过蓄电池设定的充电电压高限值时，开通旁路放电回路，将充电电压拉下来；当蓄电池充电电压低于蓄电池设定的充电电压低限值时，断开旁路放电回路，充电电压将回升。该控制使蓄电池充电电压保持在允许范围之内，实现蓄电池过充电保护。

（3）串联型光伏充电器。其原理是在光伏阵列与蓄电池之间串联一个开关管，串联开关管代替串联二极管。当充电电压超过蓄电池设定的充电电压高限值时，关断充电开关管，蓄电池停止充电，使蓄电池端电压降下来；当充电电压低于蓄电池设定的充电电压低限值时，开通充电开关管，蓄电池开始充电，使蓄电池端电压回升。该控制器可使蓄电池充电电压保持在允许范围之内，实现对蓄电池过充电和过放电保护。它使用典型的滞环型两点切换充电控制方法，输出具有相对较高的电压纹波，充电开关工作在非常低的可变频率下，因此，可以使用继电器作为开关，现在大部分使用固态开关，如MOSFET和IGBT等。

（4）PWM型光伏充电器。在路灯等光伏发电系统中，由于光伏电池本身的非线性以及其输出受到光强和温度的影响，传统的恒压、恒流以及按指数规律的脉冲充电等方法很难适用于光伏充电控制器。在光伏系统中，给蓄电池充电的速度已经不被关心；取而代之的是如何在充电的过程中既能够最大限度地利用光伏电能，又合理地给蓄电池充电达到减小损耗、延长使用寿命的目的。影响蓄电池充电的因素有很多，比如温度、蓄电池电解液浓度、蓄电池极板老化程度等。一般的充电策略是以光伏电池电压、电流和蓄电池电压、电流、容量同时作为变量和控制对象的综合策略。

PWM控制器的主回路类似于串联型充电器，也是在光伏阵列与蓄电池之间串联一个开关管，通过控制串联开关管的导通脉宽，实现对充电电压或电流的控制。其控制目标可以是充电电压，也可以是充电电流。当预置好蓄电池充电策略后，可实现对蓄电池的分阶段控制，实现按蓄电池特性进行优化充电，并可对蓄电池的过充电进行保护。

2. 放电控制器 光伏发电系统的特点决定了其所用的蓄电池每天都处于深度放电循环状态，即每昼夜放电深度30%～50%，检测和控制避免蓄电池过渡放电非常重要。检测蓄电池电量状态可使用电解液浓度法，由于蓄电池放电的负载可能处在变化之中，要在线准确检测蓄电池状态比较困难，要准确控制蓄电池放电的截止电压也不容易。一般来说，标称2V的铅酸蓄电池的截止放电电压在1.7～1.9V之间，蓄电池充放电电量统计也可以作为放电控制的一个约束条件。要准确统计蓄电池充电输入和放电输出安时或瓦时电量是容易的，但并非充入蓄电池多少瓦时电量，蓄电池就能放出多少瓦时电量。一般来说，蓄电池充电效率大约在80%左右，长时间的积分统计可能会产生累积误差，需要不断加以修正。一般以充电电流降下并转入涓流充电拐点处近似为蓄电池充满标志来加以修正蓄电池电量。

3.3.4 最大功率点跟踪

最大功率点跟踪（MPPT）控制策略采用实时检测光伏阵列的输出功率，通过一定的控制算法预测当前工况下阵列可能的最大功率输出，从而改变当前的阻抗情况来满足最大功率输出的要求。这样即使光伏电池因结温升高使得阵列的输出功率减少，系统仍然可以运行在当前工况下的最佳状态。

光伏阵列的输出特性如图16.3-15所示。图中曲线①和曲线②为两个不同光照强度下光伏阵列的输出特性曲线，A点和B点分别为相应的最大功率输出点；并假定某一时刻，系统运行在A点。当光照强度发生

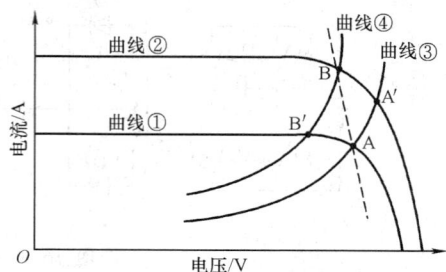

图16.3-15 MPPT算法分析示意图

变化，即光伏阵列的输出特性由曲线①上升为曲线②时，此时如果保持曲线③不变，系统将运行在 A′点，这样就偏离了相应光照强度下的最大功率点。为了继续追踪最大功率点，应当将系统的负载特性由曲线③变化至曲线④，以保证系统运行在新的最大功率点 B。同样，如果光照强度变化使得光伏阵列的输出特性由曲线②减至曲线①，则相应的工作点由 B 点变化到 B′点，应当相应地减小曲线④至曲线③，以保证系统在光照强度减小的情况下仍然运行在最大功率点 A。下面介绍几种现代最大功率功率点跟踪的方法：

1. 干扰观测法　是实现 MPPT 常用的方法之一。其原理是每隔一定的时间增加或者减少电压，并观测其后的功率变化方向，来决定下一步的控制信号。这种控制算法一般采用功率反馈，即用两个传感器对直流母线电流及其两端的电压分别采样。这种控制方法虽然算法简单，且易于硬件实现，但是响应速度很慢，只适用于那些光照强度变化非常缓慢的场合。而且在稳态情况下，这种算法会导致光伏阵列的实际工作点在最大功率点附近小幅振荡，因此，会造成一定的功率损失；而光照发生快速变化时，跟踪算法可能会失效，判断得到错误的跟踪方向。

2. 电导增量法　也是 MPPT 控制常用的算法之一。通过光伏阵列 P-U 曲线可知最大值 P_{max} 处的斜率为零，所以有

$$\frac{dP}{dU} = I + U\frac{dI}{dU} = 0 \qquad (16.3-7)$$

$$\frac{dI}{dU} = -\frac{I}{U} \qquad (16.3-8)$$

上式为达到最大功率点的条件，即当输出电导的变化量等于输出电导的负值时，光伏阵列工作在最大功率点。

3. 模糊逻辑控制　由于太阳光照强度的不确定性、光伏阵列温度的变化、负载情况的变化以及光伏阵列输出特性的非线性特征，要实现光伏阵列最大功率点的准确跟踪需要考虑的因素是很多的。针对这样的非线性系统，可使用模糊逻辑控制方法进行控制，可以获得比较理想的效果。

3.4　太阳能光伏发电应用

3.4.1　独立光伏发电系统

独立光伏发电系统是相对并网发电系统而言的，属于孤立的发电系统。孤立系统主要应用于偏远无电地区。其供电可靠性受环境、负荷等因素影响很大，供电稳定性也相对较差，很多时候需要加装能量储存和能量管理环节。

1. 户用光伏系统　由光伏电池板、蓄电池、充放电变换器和控制器构成。白天，发电系统对蓄电池进行充电；晚间，发电系统对蓄电池所储存的电能进行逆变放电，实现对负载的供电。户用光伏系统的选用容量一般在几十到几百瓦，主要用于照明和小型家电、小型农用机械等。户用系统也有用在对野外无人设备的供电方面，如通信塔、广播差转台、灯塔等。如对供电能力和稳定性要求较高，同时对供电功率要求较大的孤立户用系统，一般需要在直流母线上挂有蓄电池来稳定供电电压，同时兼做晚间和阴雨天气期间的供电。一般来说，户用光伏系统容量相对较小，其应用技术也相对简单，用途多为单一的简单目的，其供电可靠性、稳定性要求相对不高。图 16.3-16 为户用光伏系统的示意图。

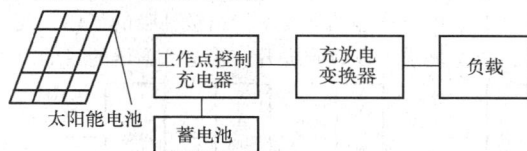

图 16.3-16　户用光伏系统示意图

2. 独立光伏电站　在负载需求量相对较大的无电村镇、海岛，并且在几千米范围内用户相对集中的无电区域，适宜建立独立光伏电站。目前，独立电站容量规模在几千瓦到几百千瓦。它由光伏电池板阵列、蓄电池和变换器、能量管理器、配电和输电系统构成。发电系统白天完成对蓄电池的充电，同时也给光伏水泵、加工机器等供电，进行抽水、蓄水和加工作业；晚间完成对蓄电池的逆变放电控制，实现对负载的供电。

3.4.2　光伏并网系统

光伏并网系统由光伏阵列、变换器和控制器等组成。变换器将光伏电池所发的电能逆变成正弦电流并入电网中；控制器控制光伏电池最大功率点跟踪，控制逆变器并网电流的波形和功率，使之与光伏阵列所发的最大功率电能相平衡。光伏并网系统结构如图 16.3-17 所示。升压斩波器根据电网电压的大小用

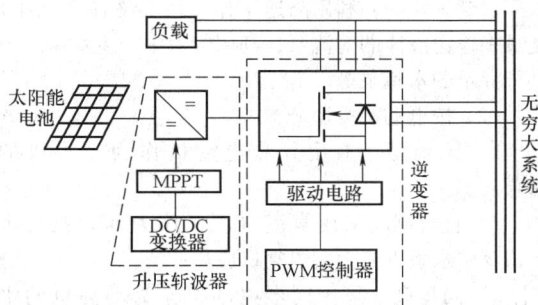

图 16.3-17　光伏并网系统结构图

来提升光伏阵列的电压以达到一个合适的水平，同时DC/DC变换器也作为最大功率点跟踪器，增大光伏系统的经济性能。逆变器用来向交流系统提供功率；继电保护系统可以保证光伏系统和电力网络的安全性。

3.4.3 光伏水泵

光伏水泵是以太阳能直接转换成电能而驱动电动机带动水泵的装置。光伏水泵系统一般由光伏阵列、控制器、电动机和水泵构成，基本原理结构如图16.3-18所示。其中光伏阵列将太阳能转变为电能输送给控制器；控制器将此电能转换成适当的形式输送给电动机；电动机是将电能转变为机械能的装置，一般采用异步电动机、直流电动机、永磁同步电动机等；水泵是一种流体机械，它把电动机输出的机械能转变为泵内工作体的运动，传给被抽吸的流体，使流体的能量增加，以达到提升、输送、增压的目的。

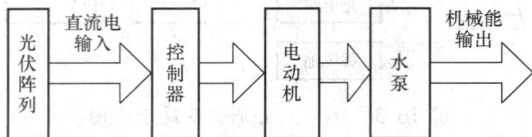

图 16.3-18 光伏水泵基本原理

1. 光伏水泵的种类

（1）按泵的作用原理分：

1）叶片式泵。它利用叶轮高速旋转，叶片与液体不断发生相互作用，使液体增加压能和动能，从而达到传送液体的目的。根据叶轮对流体的作用原理，叶片式泵又分为离心泵、混流泵和轴流泵三种基本泵型。叶片泵具有效率高、起动快、运行稳定、性能可靠、容易调节等优点，大部分光伏水泵为该种类型。

2）容积式泵。它利用泵内工作室容积周期性的变化，对液体产生挤压作用，增加液体压能，从而达到传送液体的目的。比如利用活塞在泵缸内做片复运动的片复泵，利用转子做回转运动的回转泵等，都属于这种类型。

3）其他类型泵。包括只改变液体位能的泵，如水车、螺旋泵等；利用高速工作流体（液体和气体）能量来输送液体的射流泵；利用管道中产生水锤压力进行提水的水锤泵等。

（2）按电动机类型分：

1）异步型。采用异步电动机作为动力机的水泵。

2）直流型。采用直流电动机作为动力机的水泵，其中永磁直流无刷电动机应用广泛。

3）同步型。采用同步电动机作为动力机的水泵，其中永磁同步电动机为主要种类。

2. 工作参数　光伏水泵工作参数从泵的特性来分共有6个基本量，即流量、扬程、功率、效率、转速及允许吸上真空高度或气穴余量。在6个参数中，流量、扬程和转速是基本参数，只要其中一个发生变化，其余参数都会按照一定的规律或多或少地发生变化。

（1）流量。泵流量可分为体积流量及质量流量两种，用符号 Q 表示，其单位以 L/s、m^3/s、m^3/h、kg/s、t/s、t/h 等表示。

（2）扬程。俗称水头，定义为泵的叶轮传给单位重量液体的总能量，可以由泵进出口断面上的单位总能量的差值表示，以符号 H 表示，其单位为液柱（m）。

（3）功率。光伏水泵功率一般分为以下两种：

1）有效功率 P_e。泵内液体所获得的净功率（kW），可以根据流量和扬程计算得到

$$P_e = \frac{\gamma QH}{1000} \qquad (16.3-9)$$

式中，γ 为液体的材料系数。

2）轴功率 P_a。光伏水泵在一定流量、扬程下运行时所需的外来功率，即由光伏阵列传给水泵轴上的功率（kW）。轴功率不可能全部传给液体，而要消耗一部分功率后，才能成为有效功率。其定义式为

$$P_a = \frac{P_e}{\eta_p} \times 100\% = \frac{\gamma QH}{1000\eta_p} \times 100\% \quad (16.3-10)$$

式中，η_p 为水泵效率（%）。

（4）效率。有效功率与轴功率的比值为水泵效率

$$\eta_p = \frac{P_e}{P_a} \times 100\% \qquad (16.3-11)$$

光伏水泵效率标志着水泵传递能量的有效程度，亦即反映了泵内功率损失的大小，是一项重要的技术经济指标。它由水力效率、机械效率和容积效率等三个局部效率组成。

1）水力损失与水力效率。由于水泵吸入室、叶槽及压出室中的摩擦阻力、旋涡及撞击等引起的水力损失，输出的水量要减小，则水力效率可表示为

$$\eta_H = \frac{H}{H_T} \times 100\% \qquad (16.3-12)$$

式中，H_T 为光伏水泵理论扬程（m）。

2）机械损失与机械效率。机械损失包括轴与轴承的摩擦损失，轴与填料间的摩擦损失，叶轮在水中旋转时引起的轮盘损失。水泵在克服了这些损失之后，把剩下的功率传给所抽的水，这部分功率就称之为水功率。

3）容积损失与容积效率。流过叶轮的全部流量（$Q + q$）中，除了出水量 Q 外，另有一部分流量 q 经过减漏环的间隙或轴流泵叶轮外缘与泵壳的间隙流回进水侧，以及经过填料层渗出泵外，此部分流量损失

称之为容积损失。容积效率为

$$\eta_Q = \frac{Q}{Q+q} \times 100\% \qquad (16.3-13)$$

式中，q 为漏水量。

（5）转速。转速 n 是指水泵内叶轮每分钟的转数。光伏水泵铭牌上所标明的转速为额定转速，当光伏阵列注入的能量改变后，水泵转速将改变，同时水泵工作性能也随之改变。

（6）允许吸上真空高度。允许吸上真空高度 H_R 是表征水泵抽水性能的重要参数，由水泵级数和内压力所决定，是确定水泵安装扬程的主要参数。

3. 流量与水压关系　流量与水压存在一定的关系，可用曲线表示出来，如图 16.3-19 所示。

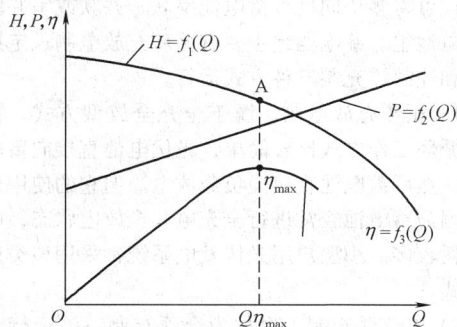

图 16.3-19　光伏水泵性能曲线

这些曲线称为水泵性能曲线，包括：

$H = f_1(Q)$ ——扬程曲线；

$P = f_2(Q)$ ——功率曲线；

$\eta = f_3(Q)$ ——效率曲线。

上述曲线是在保持转速为常数时作出来的。当转速变化时，有下列关系

$$\begin{cases} Q \propto n \\ H \propto n^2 \\ P \propto n^3 \end{cases} \qquad (16.3-14)$$

3.4.4　光伏储能及充放电模式

储能是光伏发电系统中的重要部分，尤其当光伏系统作为独立电力系统运行时，储能环节更是不可缺少的组成部分。储能部分主要由蓄电池、充放电器及其控制器构成。

1. 蓄电池主要参数

（1）蓄电池体内的电动势。电动势为蓄电池在理论上输出能量多少的量度。一般来说，在相同的条件下，电动势愈高的蓄电池，能输出的能量愈大，使用价值愈高。理论上，蓄电池的电动势等于组成蓄电池的两个电极的平衡电动势之差。

（2）开路电压与工作电压。

1）开路电压。蓄电池在开路状态下的端电压称为开路电压。蓄电池的开路电压等于其正极电势与负极电势之差，它在数值上接近蓄电池的电动势。

2）工作电压。蓄电池接通负荷后在放电过程中显示出来的电压，亦称负载电压或放电电压。在蓄电池放电初始时的工作电压称为初始工作电压。

（3）蓄电池的容量。蓄电池在一定放电条件下所能给出的电量称为蓄电池的容量，该容量是蓄电池能放出电量的总和。常用单位为安培小时，简称安时（A·h）。根据计量条件的不同，蓄电池的容量又可分为理论容量、额定容量、实际容量和标称容量。

理论容量是蓄电池中活性物质的质量按法拉第定律计算而得的最高理论值。为了比较不同种类、不同系列的蓄电池，常用比容量的概念，即单位体积或单位质量蓄电池所能给出的理论电量，单位为 A·h/kg 或 A·h/L。

实际容量是指蓄电池在一定条件下实际能够输出的电量。它在数值上等于放电电流与放电时间的乘积，其值小于理论容量。因为在实际的蓄电池中，活性物质不能完全被有效利用，同时蓄电池中不参加反应的物质，如导电部件等也要消耗电能。

额定容量也称为保证容量，是按国家或有关部门颁布的标准定义的，主要保证蓄电池在规定的放电条件下应该放出的最低限度的容量。

标称容量（或公称容量）是用来鉴别蓄电池容量大小的近似安时值，只标明蓄电池的容量范围而不是确切数值，因为在没有指定放电条件下，蓄电池的容量是无法确定的。

（4）蓄电池内阻。电流通过蓄电池内部时受到各种阻力，使蓄电池的电压降低，该阻力总和称为蓄电池的内阻。蓄电池内阻是一个综合参数，它是活性物质、电解质、隔膜、电极接头等所有蓄电池内部电阻之和。蓄电池内阻不是常数，因为活性物质的组成、电解液浓度和温度都在不断地改变，所以蓄电池内阻在放电过程中随时间也在不断变化。

蓄电池内阻包括欧姆内阻和极化内阻，二者之和为蓄电池的全内阻。内阻的存在，使蓄电池放电时的端电压低于蓄电池电动势和开路电压，充电时端电压高于蓄电池内部的电动势和开路电压。欧姆电阻遵守欧姆定律；极化电阻不遵守欧姆定律，它随电流密度增加而增大，呈现非线性关系。

（5）蓄电池的能量。蓄电池的能量是指在一定放电制度下，蓄电池所能给出的电能，通常用瓦·时（W·h）表示，它也表示蓄电池放电的能力。蓄电池的能量分为理论能量和实际能量。理论能量 W_T 可用

理论容量（C_T）和电动势（E）的乘积表示，即

$$W_T = C_T E \qquad (16.3-15)$$

蓄电池实际能量为一定放电条件下的实际容量 C_R 与平均工作电压 U_R 的乘积，即

$$W_R = C_R U_R \qquad (16.3-16)$$

实际中，常用比能量来比较不同的蓄电池系列。比能量是蓄电池单位质量或单位体积所能输出的电能，单位分别是 W·h/kg 或 W·h/L。比能量也有理论比能量和实际比能量之分。前者指 1kg 蓄电池反应物质完全放电时理论上所能输出的能量；后者为 1kg 蓄电池反应物质所能输出的实际能量。

（6）蓄电池功率与比功率。蓄电池功率是指蓄电池在一定放电制度下，单位时间内所给出能量的大小，单位为 W 或 kW。单位质量蓄电池所能给出的功率称为比功率，单位为 W/kg 或 kW/kg。比功率也是蓄电池重要的性能指标之一。蓄电池比功率越大，表示可以承受的放电电流越大。

（7）蓄电池的输出效率。也称为充电效率。光伏发电系统中的蓄电池是一个能量贮存器，充电时把光伏阵列发出的电能转变为化学能贮存起来，放电时再把化学能转变为电能输出供用电器使用。光伏发电系统所选择的蓄电池应为可逆的蓄电池。实际的蓄电池都不能作为理想的贮能器，在工作过程中必有一定的能量消耗，通常用容量输出效率和能量输出效率来表示。

1）容量输出效率 η_C。指蓄电池放电时输出的电量与充电时输入的电量之比。影响蓄电池容量输出效率的主要因素是蓄电池内部的各种负反应，如当蓄电池充电时，有一部分电量消耗在水的分解上；同时，由于蓄电池内部的自放电电极活性物质的脱落、活性物质结块、孔率收缩等也会降低容量输出，因此，充入的电量也难以全部输出。

2）能量输出效率 η_Q。也称为电能效率，指蓄电池放电时输出的能量与充电时输入的能量之比。影响能量输出效率的主要原因是蓄电池存在的内阻。内阻使充电电压增加，放电电压降低，并且内阻消耗的这部分能量以热的形式释放。光伏发电系统中要特别注意蓄电池的散热。

2. 蓄电池基本特性

（1）蓄电池的自放电。它是指蓄电池在独立存贮期间容量逐渐减少的现象。蓄电池在不带任何负荷时由于自放电而使容量损失，直至容量为零。

（2）使用寿命。蓄电池的有效寿命期限称为使用寿命。当蓄电池发生内部短路或外部损坏而使蓄电池使用失效，这时蓄电池的使用寿命终止。

蓄电池的使用寿命包括使用期限和使用周期。使用期限指包括蓄电池存放时间在内的蓄电池可供使用的时间；使用周期则指蓄电池可以重复使用的次数。例如典型碱性蓄电池寿命规定：在环境温度（20±5）℃下，全充全放的使用周期大于900；采用浮充方式时，使用寿命可达 15~20 年。光伏发电系统中的蓄电池使用寿命是光伏系统寿命的决定因素。

蓄电池每经受一次全充电和全放电过程称之为一个周期或一个循环。蓄电池的寿命有效期限包括所经受的循环寿命。若以循环方式来考核寿命，目前常用的蓄电池中，锌银蓄电池寿命最短，一般只有 30~500 次；铅酸蓄电池为 300~500 次；碱性镉镍蓄电池最长，为 500~1000 次。

（3）蓄电池的运行方式。根据光伏发电系统使用要求，可将多个同型号蓄电池串联、并联或串并联构成蓄电池组。蓄电池组主要有循环充放电制、定期浮充制和连续浮充制三种方式运行。

1）循环充放电制。属于全充全放型方式。蓄电池的循环工作方式比较简单，光伏电池直接向蓄电池充电，然后蓄电池直接向负载放电。但它的使用寿命短，因为蓄电池经常进行全充电和全放电状态，电解液消耗较多。小型户用光伏发电系统常采用该类充放电方式。

2）连续浮充制。也称为全浮充制。该运行方式是长期将蓄电池组并接在负载回路上。蓄电池保持少量的充电电流，并对波动的负载电流起补偿作用，正常情况下总有光伏直流电压加在蓄电池两端柱上，只要蓄电池电压低于光伏阵列直流电源，该电源就给蓄电池充电。当光伏阵列电源不够或完全没有电时，才启用蓄电池对负荷供电，这样就保证不中断负荷电源。

3）定期浮充制。也称为半浮充制，它是一种定期将光伏阵列直流电源和蓄电池并联供电的工作方式。部分时间由蓄电池供电，部分时间由光伏阵列直接供电，同时补充蓄电池组已放出的容量及自放电损失的容量。

3. 蓄电池的充电 充电方式可分为恒流充电、恒压充电及其他变型。

（1）恒流充电。恒流充电方式是一直以恒定不变的电流进行充电，该电流采用控制充电器的办法来达到。这种通过控制充放电器维持电流的方法操作简单、方便。该充电方式特别适合于由多个蓄电池串联的蓄电池组。要使蓄电池放电慢，且其容量易于恢复，最好采用这种小电流长时间的充电模式。

（2）恒压充电。该方法主要针对每只单体蓄电池以某一恒定电压进行充电。充电初期电流非常大，随着充电进行，电流逐渐减小，在充电终期只有很小的

电流通过。此方法较简单，充电过程中不需要调整电流。充电过程中析气量小，充电时间短，能耗低，充电效率可达 80%。如充电电压选择得当，可在数小时内完成充电。其缺点是在充电初期，如果蓄电池放电深度过深，充电电流会很大，不仅危及充电器的安全，蓄电池也可能因过流而受到损伤；另一方面，如果充电电压选择过低，后期充电电流又过小，充电时间过长，不适宜串联数量多的蓄电池组充电。

（3）恒压限流。采用恒压限流的方法主要为补救恒压充电的缺点。在光伏系统的充放电器与蓄电池之间串联一个电阻。当电流大时，其上的电压降也大，从而减小了充电压；当电流小时，由于电阻上的电压降也很小，充电器输出电压降损失就小。这样就自动调整了充电电流，使之不超过某个限度，充电初期的电流得到控制。

（4）快速充电。一般是使电流以脉冲方式输给蓄电池，并随着充电时间的延续，蓄电池有一个瞬时间的大电流放电，使其电极去极化。它能在短时间内将蓄电池充足电，既不用恒流大电流，也不用较高的恒定电压，后两者都会使蓄电池很快升温，损伤电极和浪费电能。

快速充电由专用的充电器提供脉冲电流，它能保证充电时既不产生大量气体又不发热，从而达到缩短充电时间的目的。快速充电是光伏发电系统中充电的主要模式。

（5）智能充电。它是动态地自动跟踪蓄电池可接受的充电电流，使充电电流与蓄电池内部极化电流相一致，也称为最小损耗充电模式。在常规的充电技术中，没有动态跟踪蓄电池的实际状态和可接受充电电流大小的技术。智能充电系统由充电器与被充电蓄电池组成二元闭环回路，充电器根据蓄电池的状态确定充电参数，充电电流自始至终处在蓄电池可接受的充电电流曲线附近，使蓄电池几乎在无气体析出条件下充电，做到既节约用电又对蓄电池无损伤。该充电方式的实施需要知道蓄电池接受充电电流曲线。

第 4 章　生 物 质 能 发 电

生物质的种类很多，常见的有木材、农作物废弃物（如秸秆、稻草、麦秆、豆秆、棉花秆、谷壳等）、杂草、藻类等植物，以及动物粪便、废水中的有机成分和垃圾中的有机成分等非植物类。生物质的组成是碳氢化合物，与常规的矿物燃料（如石油、煤炭等）的成分相同，它们蕴藏的化学能被释放出来供人类利用，就是所谓的生物质能。生物质能是以实物形式存在的，是唯一可储存和运输的可再生能源。将生物质能转化为高品位的电能，是生物质能利用的重要方式。

4.1　生物质发电的分类

4.1.1　直接燃烧发电

直接燃烧发电是指把生物质原料送入适合生物质燃烧的特定锅炉中直接燃烧，产生蒸汽，带动蒸汽轮发电机发电。已开发应用的生物质锅炉种类较多，如木材锅炉、甘蔗渣锅炉、稻壳锅炉、秸秆锅炉等。直接燃烧发电的关键技术包括原料预处理技术、生物质锅炉的多种原料适用性、生物质锅炉燃烧效率和蒸汽轮机效率。

燃烧方式可以采用固定床或流化床等方式。固定床燃烧对生物质原料的预处理要求较低，生物质经过简单处理，甚至无需处理就可投入炉排炉内燃烧。流化床燃烧要求将大块的生物质原料预先粉碎至易于流化的粒度，其燃烧效率和强度都比固定床高。另外，由于我国的生物质种类多，成分复杂，收集运输困难，而且其中主要的农业废弃物受到农业生产季节性的影响不能全年供应，所以与燃煤锅炉对燃料单一性的要求不同，生物质锅炉要求能适应多种生物质原料，以保证燃料供应的稳定性。我国的生物质锅炉和小型蒸汽轮机技术已基本成熟，但设备规模较小，参数较低，效率相对于进口设备而言较低。

这种技术大规模下效率较高，单位投资也比较合理。但它要求生物质集中，数量巨大，如果考虑生物质大规模收集或运输，成本较高，适于现代化大农场或大型加工厂的废物处理。

4.1.2　气化发电

气化发电是指生物质原料在气化炉中气化，生成可燃气体，经过净化后，送入内燃机或小型燃气轮机，带动发电机发电。气化发电的关键技术包括原料预处理技术、高效热解气化技术、合适的内燃机和燃气轮机。其中，气化炉要求适合不同种类的生物质原料；而内燃机一般是用柴油机或是天然气机改造，以适用生物质燃气的要求；燃气轮机要求容量小，适合于低热值的生物质燃气。

生物质气化发电分为小型、中型和大型气化发电，规模大小尚无明确的分级，一般认为小于 500kW 为小型，大于 5000kW 为大型，其间视为中型。小型气化发电指采用简单的气化-内燃机发电工艺，发电效率一般在 18%~20%。中型气化发电指除了采用气化-内燃机（或燃气轮机）发电之外，同时增加余热回收和发电系统，气化发电系统的效率可达到 25%~45%。气化-燃气轮机联合循环发电系统作为先进的大型生物质气化发电技术，能耗比常规系统低，总体效率可大于 40%，但关键技术仍未成熟，尚处在示范和研究阶段。

4.1.3　混合燃烧发电

混合燃烧发电是指将生物质原料应用于燃煤电厂中，和煤一起作为燃料发电，主要有两种方式：一种是生物质直接与煤混合燃烧，产生蒸汽，带动汽轮发电机发电。生物质要求进行预处理，包括生物质预先与煤混合后再经磨煤机粉碎和生物质与煤分别计量、粉碎两种。生物质直接与煤混合燃烧要求较高，不是所有燃煤发电站都能使用，而且一般在燃烧时还会影响原发电厂的效率和出力。另一种是生物质在气化炉中气化产生的燃气与煤混合燃烧，产生蒸汽，带动蒸汽轮机发电，即在小型燃煤电站的基础上增加一套生物质气化设备，把生物质燃气直接通到锅炉中燃烧。生物质燃气的温度为 800℃ 左右，无需净化和冷却，在锅炉内完全燃烧所需时间短。无论哪种方式，生物质原料预处理技术都是非常关键的，要将生物质原料处理成符合燃煤锅炉或气化炉的要求。

生物质与煤混合燃烧发电技术在充分利用现有技术和设备的基础上，可替代部分常规能源。在生物质的掺烧比例低于 20% 的情况下，一般不需要改变原有电厂的设备即可混合燃烧发电。

4.1.4 沼气燃烧发电

沼气是一种以甲烷（一般占 50%～70%）和二氧化碳为主体的混合气体，由有机质（如农作物秸秆、城市生活垃圾中的有机物、工业有机废物、畜禽粪便及废水中的有机物等）在厌氧及其他适宜的条件下，经微生物的分解代谢作用转化而成，热值为 17928～25100kJ/m³。

沼气燃烧发电是指利用沼气作为内燃机或燃气轮机的燃料，带动发电机发电；也有通过锅炉燃烧沼气，产生蒸汽，带动蒸汽轮发电机发电的。关键技术主要是高效厌氧发酵技术、沼气内燃机技术或沼气燃气轮机技术等。其中沼气作为内燃机的燃料有三种情况：①原来使用气体燃料的内燃机，无需改装，沼气直接替代原来的气体燃料。②原来使用汽油的内燃机，原机结构基本不用改装，只需在原机的冷化器前加装一个沼气/空气混合器，即可替代原来的汽油燃料。③原来使用柴油的内燃机，如果采用沼气-柴油双燃料混烧，需改装保留原柴油机的燃油系统，并在柴油机的进气管道上安装一个沼气/空气混合器，用汽缸内柴油的燃烧点燃吸入的沼气；如果完全燃烧沼气，不混合柴油，则采用类似汽油的电点火方式，改装比较复杂，一般适用于较大功率的机组。

4.2 生物质发电的关键设备

4.2.1 生物质锅炉

生物质锅炉是生物质直接燃烧发电的主要设备之一，与燃煤锅炉没有本质上的差别，只是在锅炉的燃烧室、受热部件及供风系统的设计（或改造）上要考虑生物质热值低、密度低、挥发分多、钾含量多等特点，并避免 K_2O 在高温下造成受热面上结渣或形成黏结灰。

以生物质为燃料的锅炉在美国、巴西、欧洲一些国家应用得较多，我国也有应用。我国已有相当多的锅炉生产企业纷纷研制生产出各种类型的生物质锅炉，技术已基本成熟，种类主要是木柴（木屑）锅炉、甘蔗渣锅炉、稻壳锅炉，而且锅炉的容量、压力参数等可根据用户的需要进行设计。木材锅炉和甘蔗渣锅炉系列品种较全，应用广泛，锅炉的容量、蒸汽压力和温度范围大。但由于国内生物质资源比较分散，作为商品的供应很少，国内市场应用多为中小容量产品，大型设备主要是出口到生物质供应量大、集中的国际市场。稻壳锅炉的容量不大，应用相对较少，主要是稻壳生产企业利用自身有限的废弃稻壳小规模地燃烧发电。另外，虽然我国的秸秆资源丰富，但是秸秆锅炉还没有专门的产品。

4.2.2 生物质气化炉

气化炉是生物质气化设备的核心部件，按炉内物料流动状态可分为固定床气化炉和流化床气化炉两大类。

1. 固定床气化炉　固定床气化炉的特点是气化剂流速较低，生物质物料在炉内基本上是按层次地进行气化反应，反应速度较慢。通常产气量较小，气化强度较低，为 $100～250kg/(m^2 \cdot h)$，多用于小型气化发电。根据气流方向的不同，固定床气化炉又分为上吸式气化炉和下吸式气化炉。

（1）上吸式气化炉中，原料移动方向与气流方向相反，如图 16.4-1 所示。生物质原料从炉上部加入，然后依靠重力向下移动；空气气化剂从下部进入，向上经过氧化层、还原层、热分解层、干燥层，反应产生的燃气从上部排出。刚进入气化炉的原料遇到下方上升的热气流，首先脱除水分，当温度提高到 250℃ 以上时，发生热解反应，析出挥发分，留下的木炭再与空气发生氧化和还原反应。空气进入气化炉后首先与木炭发生氧化反应，温度迅速升高到 1000℃ 以上，然后通过还原层生成一氧化碳和氢气等可燃气体，进入热解层，与热解层析出的挥发分混合成为粗燃气。燃气向上流动时携带的热量有助于物料的热分解和干燥，同时降低燃气自身温度，提高了转换热效率。

上吸式气化炉工作在微正压下，气化炉负荷量由空气进风量控制。上吸式气化炉的进料点正好是燃气出口的位置，为了防止燃气的泄漏，必须采取专门的加料措施，通常采用间歇加料的方式，运行时上部密闭，炉内原料用完后停炉加料。如果连续运行，则必须采用较复杂的进料装置。上吸式气化炉一般适用于木材等堆积密度较大的生物质原料，对原料的尺寸和水分的要求并不苛刻。但是上吸式气化炉有一个突出的缺点，炉内热解产生的焦油直接混入了可燃气体，因此燃气中焦油含量很高，如木材为原料时燃气中焦油含量达 $20g/m^3$ 以上。所以上吸式气化炉一般用在粗燃气不需冷却和净化就可以直接使用的场合。

（2）下吸式气化炉中，生物质原料移动与气流的方向相同，如图 16.4-2 所示。生物质原料由上部加入，依靠重力逐渐由顶部移动到底部，经过干燥层、热解层、氧化层、还原层，灰渣由底部排出。空气气化剂由气化炉中部的氧化区加入，生成的燃气由

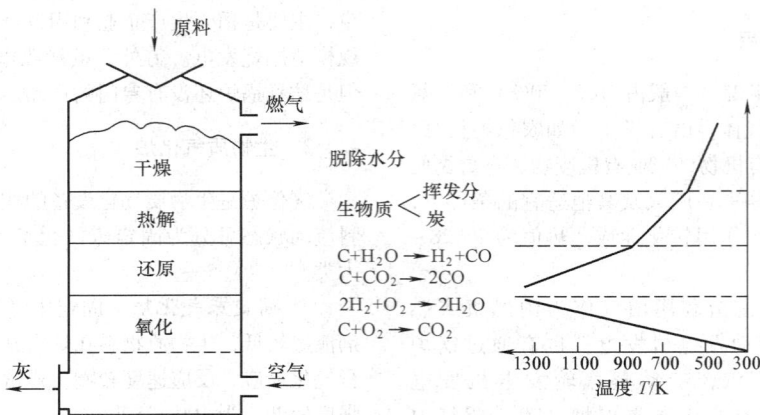

图 16.4-1 上吸式气化炉的工作原理

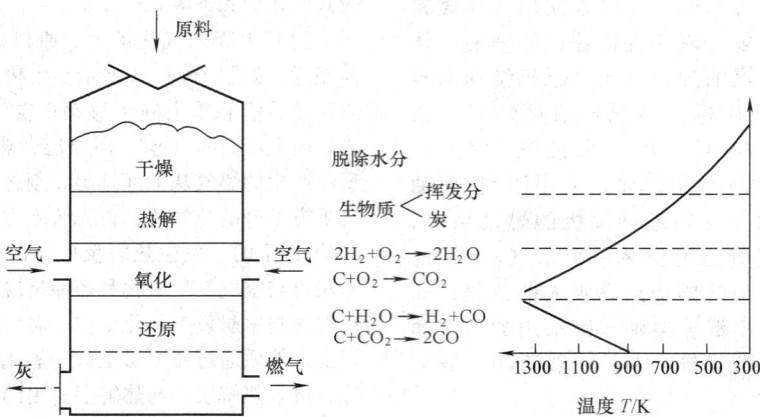

图 16.4-2 下吸式气化炉的工作原理

气化炉下部吸出。在气化炉的最上层，原料首先被干燥，当温度达到250℃以后开始热解反应，大量挥发分析出，600℃时大致完成热解反应，此时空气的加入引起剧烈燃烧，燃烧反应以炭层为基体，挥发分在参与燃烧的过程中进一步降解。燃烧产物与下方的碳层进行还原反应，转变为可燃气体。

下吸式气化炉的热解产物通过炽热的氧化层时被充分裂解成小分子永久性气体，因此，出炉的燃气中焦油含量比上吸式气化炉的低得多。所以下吸式气化炉在需要使用洁净燃气的场合得到更多的应用。另外，当炉膛设计为负压工况下运行时，加料端不需要严格密封，连续进料成为可能。下吸式气化炉设计的关键在于保证燃烧的条件，一般需由炉底设置缩口以强化燃烧，建立稳定的燃烧条件。与上吸式气化炉相比，下吸式气化炉的燃气中灰分较多，需要去除杂质，并且燃气温度较高。

2. 流化床气化炉 在流化床气化炉内，生物质物料被从炉栅底部吹入的高速气化剂流化，呈"沸腾"状态，反应速度快，炉内温度高，而且温度场均匀稳定，焦油在高温下裂解生成永久性小分子气体，所以燃气中焦油含量较少，但灰分较多。通常炉内的反应物料中保持一定量的精选惰性沙子作为流化介质，以强化传热。流化床气化炉的气化强度大，可达2000kg/（m²·h），是固定床气化炉的10倍左右，产气率高。但炉结构比较复杂，设备投资较大，适于中、小规模生产。流化床气化炉可分为鼓泡流化床、循环流化床、双流化床和携带流化床四种类型。

（1）鼓泡流化床气化炉（如图16.4-3所示）是最基本的也是最简单的流化床气化炉，只有一个流化床反应器。气化剂从底部气体分布板吹入，在流化床上同生物质原料进行气化反应，生成的燃气直接由气化炉出口送入净化系统中，反应温度一般控制在800℃左右。鼓泡床的流化速度较慢，比较适合于颗粒较大的生物质原料，而且一般必须增加热载体，运行速度大于临界流化速度却小于自由沉降速度，以免固体颗粒被带出。

（2）循环流化床气化炉（如图16.4-4所示）

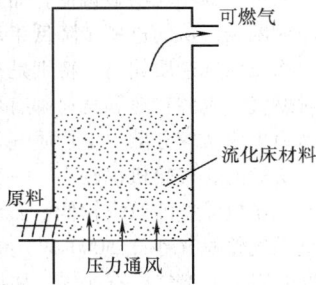

图 16.4－3　鼓泡流化床气化炉

与鼓泡床气化炉的主要区别是在燃气出口处设有旋风分离器或滤袋分离器。循环流化床气化炉流化速度较高,运行流化速度远大于临界流化速度及自由沉降速度,产气中含有大量固体颗粒,经过旋风分离器或滤袋分离器后,这些固体颗粒再循环回床内,以保持浓度床密度,并且未反应的炭粒继续进行气化反应,提高了炭的转化率。

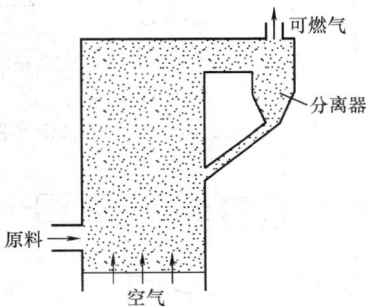

图 16.4－4　循环流化床气化炉

(3) 双流化床气化炉,如图 16.4－5 所示分为两个组成部分,即第一级反应器和第二级反应器。在第一级反应器中,生物质原料发生气化反应,生成的燃气送入净化系统,而分离出来的炭颗粒和砂子经料脚送入第二级反应器,炭颗粒燃烧,砂子被加热后返回第一级反应器,补充气化所需热量,从而也提高了炭的转化率。

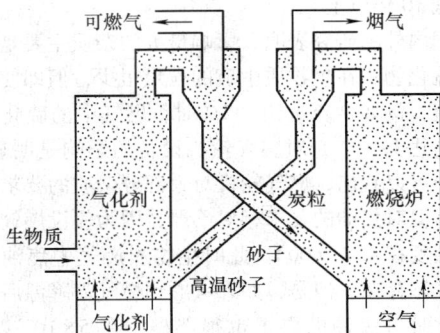

图 16.4－5　双流化床气化炉

(4) 携带流化床不使用惰性材料砂子作为流化介质,气化剂直接吹动炉内的生物质原料,且流速大,为素流床。要求原料破碎成非常细小的颗粒,运行温度高,可达1100℃,产出气体中焦油和冷凝成分少,炭转化率可达100%。但是运行温度高,易烧结,选材较难。

另外,按供给的气化剂压力大小,气化炉又可分为常压气化炉 (0.11～0.15MPa) 和加压气化炉 (1.8～2.25MPa) 两类。加压气化炉可进一步提高系统气化效率,产出的燃气温度高,压力大,净化后不用压缩和冷却即可直接供燃气轮机使用,可应用于较大规模的气化发电装置中。但还存在加料困难、高温燃气的过滤材质和设备复杂、成本高等问题。

生物质气化产生的可燃气热值,随气化剂和气化炉的类型不同而有较大差异。以空气为气化剂,在固定床和流化床气化炉中生成的燃气的低位热值通常在4200～7560kJ/m³之间,属低热值燃气。采用氧气或水蒸气甚至氢气作为气化剂,在不同类型的气化炉中可以产生中热值 (10920～18900kJ/m³),甚至高热值 (22260～26040kJ/m³) 燃气。

4.2.3　生物质燃气内燃机

燃气内燃机是常用的燃气发电设备之一,燃料和空气进入燃气内燃机的气缸混合压缩后燃烧,推动活塞往复做功,通过气缸的连杆和曲轴驱动发电机发电。要求有强制点火系统,点火系统的设计必须根据燃气燃烧速度等进行调整。燃气内燃机的有效热效率和有效燃气消耗率是衡量发动机经济性能的重要指标。燃气热值越高,有效热效率越高;当机组输出功率接近最大功率时,有效燃气消耗率将达到最低点,即最佳运行点。

生物质燃气内燃机除了具备上述特性外,同时必须解决以下问题:

1. 生物质燃气热值低,内燃机出力大大降低　为保证相同的出力,内燃机的进料系统和燃烧系统、压缩比等必须做较大改动。一般生物质燃气热值只是天然气的 1/6～1/5,相同规格的燃气内燃机在燃用生物质燃气时出力将降低 1/3 左右 (相对于柴油将降低50%左右),如果是增压的燃气内燃机,出力降低将更大,各系统的改动将更加复杂。

2. H₂ 含量高可能引起的爆燃问题　由于生物质燃气中 H₂ 的着火速度比其他燃气快,当 H₂ 含量太高时,容易引起内燃机点火时间无规律,从而引起爆燃。生物质燃气的氢气含量差别很大,流化床的一般在 10%,而固定床的有时将高于 15%。大量试验表明，当 H_2 含量高于 18% 时，爆燃问题比较严重。所以，为安全起见，一般生物质燃气内燃机要求燃气中 H_2 含量小于 15%。

3. 焦油及含灰量的影响　虽然生物质燃气经过了严格的净化，但仍有一定的焦油和灰分（一般小于 $100mg/m^3$）。焦油会引起点火系统失灵，燃烧后的积炭会增加磨损；而灰含量太高也会增加设备磨损，严重时引起拉缸，所以一般生物质燃气内燃机机组的配件损耗和润滑油消耗比其他燃气内燃机都会成倍增加。

4. 排烟温度过高及效率过低问题　由于低热值燃气燃烧速度比其他燃料慢，低热值燃气内燃机的排烟温度比其他内燃机明显偏高。这就使设备材料容易老化而系统效率明显降低。

我国生物质燃气内燃发电机组的产品开发少，目前使用较多的是 200kW 的机组，更大的机组如 400kW、800kW 已在开发之中，还没有完全的定型产品。国外这方面的产品也很少，只有低热值燃气与油共烧的双燃料机组，大型的机组和单燃料生物质燃气机都是由天燃气机组改装而来，所以产品价格很高，是一般国外柴油机组价格的 1~2 倍，是国内同类生物质燃气发电机组的几倍。所以经济可靠的单燃料生物质燃气内燃机组的开发研究是发展中小型生物质气化发电系统的主要内容之一。

4.2.4　生物质燃气轮机

燃气轮机是最常见的发电设备之一，最常见的燃料是石油或天然气，其他燃料的气轮机很少见。燃气轮机主要由压缩机、燃烧器和涡轮机三部分组成。压缩机用于压缩气体工质，涡轮机的功率一部分用于带动发电机工作，大部分消耗在压缩机上。压缩空气进入燃烧室，与喷入的燃料混合燃烧，产生高温烟气，流入燃气透平中膨胀做功，通过叶轮旋转驱动发电机发电。燃气初温和压缩机的压缩比越高，燃气轮机的效率也越高。一般规模在几兆瓦以上，最大的已达几百兆瓦，小于 3MW 的燃气轮机发电设备应用较少。

燃气轮机有两种形式：一种是开放循环燃气轮机（如图 16.4-6 所示），由燃烧器来的高温高压烟通过涡轮机膨胀做功后排放，要求燃气纯净，焦油含量低，否则将损坏涡轮；另一种是封闭循环燃气轮机（如图 16.4-7 所示），烟气在热交换中将工质（空气、氮气、氦气等）加热，工质在涡轮机和压缩机中呈封闭式循环工作，由于工质纯净，不污染涡轮机。

生物质气化发电所需要的燃气轮机有它的独特性：首先，生物质燃气是低热值燃气，它的燃烧温度和发电效率与天然气等相比明显偏低，而且由于燃气体积较大，压缩困难，从而进一步降低了系统发电效率；其次，生物质燃气杂质偏高，特别是有碱金属等腐蚀成分，对燃气轮机的转速和材料都有更严格的要求；最后，因为生物质较分散，生物质气化发电规模不可能很大，所需的燃气轮机也较小，一般为几兆瓦左右，小型燃气轮机设备的效率较低，而单位造价较高。我国小型燃气轮机（小于 5000kW）的效率仅有 25% 左右（仅能用于天然气或石油气，如果用于低热值气体，效率更低）。这几方面使燃气轮机应用于生物质气化发电系统更为困难。

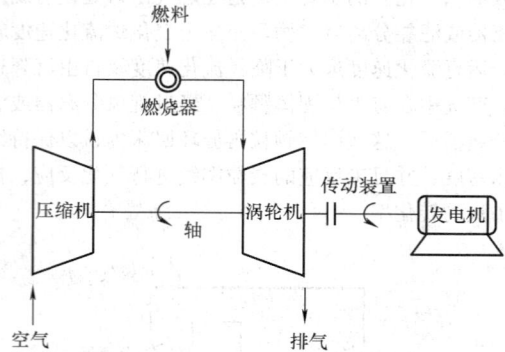

图 16.4-6　开放循环燃气轮机示意图

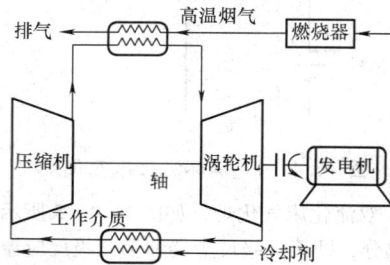

图 16.4-7　封闭循环燃气轮机示意图

燃气轮机对燃气品质要求很高，表 16.4-1 是典型燃气轮机对燃料的要求，实际上有的要求将比表中的指标严格得多，有的杂质在长期运行中要求比表中指标低 10 倍以上。

国内外的研究表明，影响最大的杂质主要是碱金属和硫化物，在生物质中硫的含量很少，但即使很少量的硫，例如含硫量约 0.1% 时，燃气中的硫化物也可能高达 $1×10^{-4}$，对燃气轮机设备的影响是明显的。从表中可以看出，燃气轮机对大部分杂质的要求极为苛刻，但对焦油的要求相对不严，因为假设燃气轮机进口温度在 450~600℃，此时生物质燃气中焦油大部分以气态存在。但是，如果考虑到燃气需降温后再加压，此时对焦油的要求也很严格，在 $5×10^{-5}$ 以下。所以，总的来说，一般生物质气化净化过程很难满足燃气轮机的要求，必须针对具体原料的特性进行专门的设计，而燃气轮机也必须经过专门的改造，以适应生物质气化发电系统的特殊要求。目前国内外还没有适用于生物质气化发电系统的燃气轮机通用技术和设备。

表 16.4-1　燃气轮机对燃气的要求

燃气成分及杂质		燃气轮机可接受的范围
最低气体低热值/（MJ/m³）		>4~6
最低气体中的氢含量（%）		>10~20
碱金属最高含量		<2×10⁻⁸~1×10⁻⁶
最高的燃气温度/℃		<450~600
焦油		在进口温度下必须全为气相
最大的颗粒浓度（灰、炭等）	>20μm	<0.1×10⁻⁶
	10~20μm	<0.1×10⁻⁶
	4~10μm	<10×10⁻⁶
NH₃		无限制
HCl		0.5×10⁻⁶
SO₂		1×10⁻⁶
N₂		无限制
总　计	总的金属	<1×10⁻⁶
	碱金属+硫	<0.1×10⁻⁶

4.3　专用辅助设备

生物质锅炉燃烧产生的烟气含有飞灰，排放到大气之前要除去飞灰。生物质气化炉中生成的可燃气体含有灰分、炭颗粒、水分、焦油等杂质，在使用过程中净化除去这些杂质是必不可少的环节。燃气净化的一般流程是先在燃气温度显著下降前脱除灰分和炭等固体杂质，然后逐步脱除焦油和水分。脱除焦油和水分目前通常采用冷却工艺，使燃气温度随之降到常温。

4.3.1　除尘

1. 干法除尘　分为机械力除尘和过滤除尘。

（1）常见的机械力除尘设备有旋风分离器和惯性除尘器。

1）旋风分离器除尘效率高，应用广泛，生物质气化系统中均采用切流式旋风分离器，如图 16.4-8 所示。生物质燃气通过连接管沿切线方向进入旋风分离器的圆筒部分，气体在筒内旋转运动，悬浮在生物质燃气中的灰分、炭颗粒等粒子靠离心力的作用被抛向器壁；粒子由于与器壁的摩擦而失去动力，受重力作用落至旋风分离器的圆锥部分，从底部排放孔定时排出；已除尘的生物质燃气通过位于旋风分离器中心线上的排气管排出。旋风分离器对大颗粒灰尘有比较高的除尘效率，一般用来分离数十微米以上直径的灰尘。

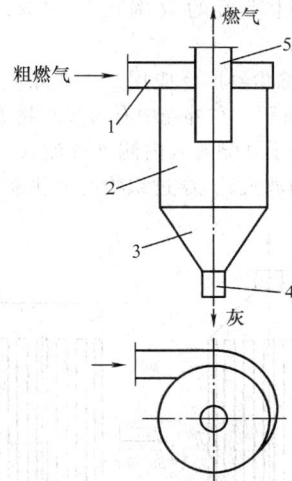

图 16.4-8　切流式旋风分离器
1—燃气入口；2—外壳；3—锥体；
4—沉灰管；5—内筒

2）惯性除尘器在工业中也得到了广泛的应用，其原理是当气流方向改变时，质量较大的颗粒受惯性力的作用，沿与气流方向不同的轨迹运动，从气流中分离出来。灰尘粒径越大，气流速度越高，惯性除尘器的效率越高。图 16.4-9 中的几种形式都是通过管路折转或设置某种障碍物使气流转向来分离灰尘。惯性除尘器除尘效率不高，一般只有 70% 以下，只对 20~30μm 以上粒径的颗粒有较高的效率。但它的压力损失较小，只有 100~500Pa，而且结构简单。

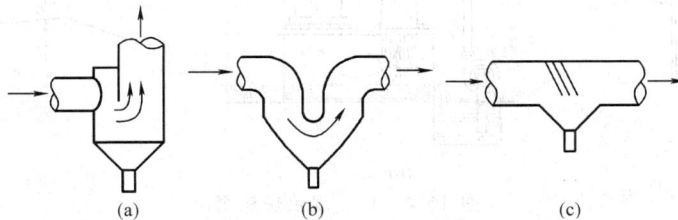

（a）　　　　　　（b）　　　　　　（c）

图 16.4-9　惯性除尘器

（2）过滤除尘是利用多孔体，从气体中除去分散的固体颗粒。过滤时，由于惯性的碰撞、拦截、扩散以及静电、重力的作用，使悬浮于气体中的固体颗粒沉积于多孔体表面或容纳于多孔体中。过滤除尘可有效地捕集 $1\sim0.1\mu m$ 的微粒，是各种分离方法中效率最高而且最稳定的一种，只是过滤速度不能过高。过滤除尘一般用于末级分离，常见的有颗粒层过滤器和袋式除尘器。

1）颗粒层过滤器结构简单，在一个筒体中装上颗粒滤料就构成过滤器。影响颗粒层过滤器性能的主要因素是颗粒大小、过滤速度和颗粒层厚度。一般设计的颗粒层过滤器的效率可达 99%，压力损失为800~1200Pa。

2）袋式除尘器广泛应用于工业除尘。其结构如图 16.4－10 所示，在外壳中有很多织物做成的袋子，含尘气流由袋子外侧流入内侧（外滤式），或由内侧流向外侧（内滤式），穿过织物时滤去灰尘。袋式除尘器的效率很高，可以有效地滤去 $0.1\mu m$ 以上的细小尘粒，效率可达 99%，设计阻力一般在 300~1200Pa。但需要及时清除织物表面的灰尘，常用的清除方法是脉冲气流反吹或机械振打。

2. 湿法除尘　是利用液体（一般是水）作为捕集体，捕集气体中的杂质，其原理是当气流穿过液层、液膜成液滴时，其中的颗粒就黏附在液体上而被分离出来。湿法除尘的关键在于气液两者的充分接触，其方法很多，可以使液体雾化成细小液滴，可以将气体鼓泡进入液体内，可以是气体与很薄的液膜接触，还可以是这几种方法的综合应用。湿法除尘中常用的设备有鼓泡塔、喷淋塔、填料塔、文氏管洗涤器等。以下是几种生物质气化系统中常用的湿法除尘设备。

（1）喷淋塔。喷淋塔是生物质气化系统中最常用的也是最重要的设备之一，因为它既可以除尘，也可以除焦油和冷却生物质燃气。喷淋塔的基本结构如图 16.4－11（a）所示，一般被冷却的气体从下面送入，喷淋水则由上面喷入，气液对流过程中液滴捕捉气体中的杂质，并冷却气体，达到除尘、冷却的目的。液滴在 $500\sim1000\mu m$ 时的效率最高。在实际应用中，并不使用单纯的喷淋塔，而在塔内使用填料、设置冷却管、增加液膜同气体的接触等，增强喷淋塔的功能和除尘冷却效率，达到高效净化生物质燃气的目的。

（2）喷射洗涤器。如图 16.4－11（b）所示，洗涤水由喷嘴雾化成细水滴，与粗燃气同向流动，两者之间有相当大的速度差。在向下流动的过程中，气体先加速，然后又减速，以增强与液滴的接触。最后进入水分离箱后，速度大大减缓，使携带灰粒和焦油的液滴从气体中分离出来。喷射洗涤器可以有效地脱除 $1\mu m$ 以上的杂质颗粒，设计合理时效率可达 95%~99%。缺点是压力损失较大，动力消耗多，因为喷射器喉部的气体流速在 30m/s 以上时才能获得良好的

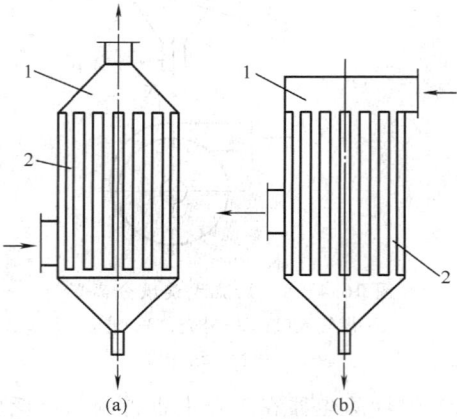

图 16.4－10　袋式除尘器
（a）外滤式；（b）内滤式
1—外壳；2—滤袋

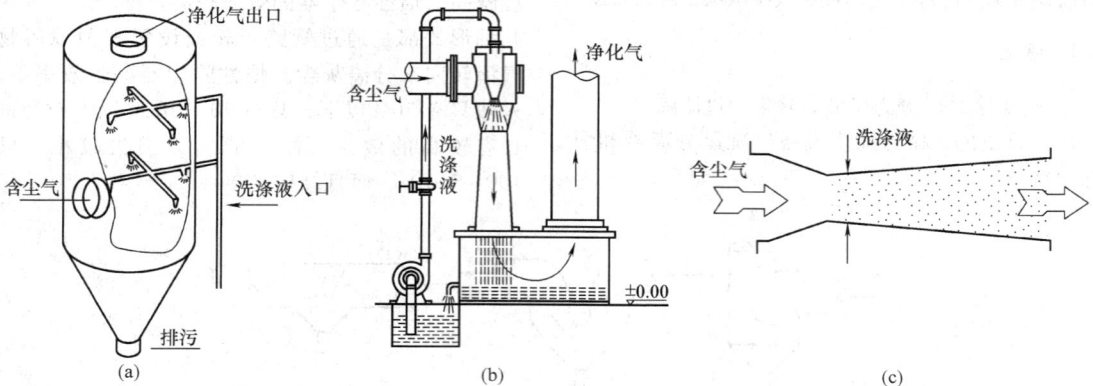

图 16.4－11　湿法洗涤器
（a）喷淋塔；（b）喷射洗涤器；（c）文氏管洗涤器

洗涤效果。

（3）文氏管洗涤器。如图 16.4 - 12（c）所示，当含尘气体通过文氏管的缩径时，气体流速增加，压力降低，使管外的洗涤水通过小孔被吸入到管内，同时液体雾化，吸附气体中的微粒。雾滴与气体间的相对速度很高，高压降文氏管（10^4Pa）可以清除小于 $1\mu m$ 的微粒，很适用于处理黏性粉体。

4.3.2　除焦油

焦油在高温时呈气态，与可燃气体完全混合，而在低温时（一般低于200℃）凝结为液态，其分离和处理更为困难，特别是在燃气需要降温利用的情况下（如内燃机发电）问题更加突出。焦油的存在对生物质燃气的利用有多方面的不利影响。首先降低了气化效率，气化中焦油产物的能量一般占总能量的 5%～15%，这部分能量在低温时难以与可燃气体一起被利用，大部分被浪费。其次焦油在低温时凝结为液态，容易和水、焦炭等结合在一起，堵塞送气管道，使气化设备运行发生困难。另外，凝结为细小液滴的焦油比气体难以燃尽，在燃烧时容易产生炭黑等颗粒，对燃气利用设备，如内燃机、燃气轮机等损害相当严重，大大降低了燃气的利用价值。

1. 水洗法除焦油　是用水将生物质燃气中的焦油带走，如果在水中加入一定量的碱，除焦油效果会有所提高。水洗除焦又称湿法除焦，是比较成熟的、中小型气化发电系统采用比较多的技术之一，它同时有除焦、除尘和降温三方面的效果。但水洗除焦会产生污水，必须配套相应的废水处理装置。

2. 过滤法除焦油　是将吸附性强的材料（如活性炭或粉碎的玉米芯等）装在容器中，让可燃气穿过吸附材料，或者让可燃气穿过滤纸或陶瓷芯的过滤器，把可燃气中的焦油过滤出来。过滤法除焦油又称干法除焦。焦油低温过滤只能应用于小型的气化发电系统，因为过滤材料阻力大，容易堵塞，对较大的气化发电系统，焦油过滤必须采用切换工艺，同时设计两套过滤设备，而且过滤材料更换频繁，劳动强度大。

3. 机械法除焦油　是利用离心力的作用，使气体中的焦油同洗涤液密切接触，同时被洗涤液吸附，并被抛向分离器的外壳达到除焦油的目的。

4. 静电法除焦除尘　是先把气体在高压静电下电离，使焦油雾滴带有电荷，吸引不带电荷的微粒，与之结成较大的复合物，在重力的作用下从气流中下落，或者带电荷的雾滴向相反的电极移动，并将电荷传给电极，这样失去电荷的微粒就沉降在第二个电极上。同时，气体中的焦油便会被收集并从气体中去除。静电法除焦除尘的效率高，一般达 98% 以上，

但静电除焦对进口燃气焦油含量要求较高，一般要求低于 $5g/m^3$（标准状态下）。另外，由于焦油与炭混合后容易黏在电除尘设备上，所以电捕焦器对燃气中灰的含量要求也很高。

5. 催化裂解法除焦油　可将焦油分解转化为可燃气，既提高系统能源利用率，又没有水洗法等的二次污染，是目前较有发展前途的技术。热裂解法在1100℃以上能得到较高的转换效率，但热裂解需要很高的温度（1000～1200℃），所以实现比较困难。而催化裂解利用催化剂的作用，把焦油裂解的温度大大降低（约750～900℃），并提高裂解的效率，使焦油在很短时间内裂解率达 99% 以上。应用焦油催化裂解的关键，是针对不同的气化特点，设计不同的裂解炉，尽可能降低裂解炉的能耗并提高系统热效率。生物质焦油催化裂解原理与石油的催化裂解相似，但焦油催化裂解的附加值小，其成本要求很低才有实际意义。所以，除了利用石油工业的催化剂外，还大量研究采用低成本的催化剂材料，如石灰石、石英砂和白云石等天然产物。对于大中型气化系统，气化炉和裂解炉一般都采用循环流化床形式，但白云石等催化剂磨损严重，需要连续补充白云石的装置和复杂的除尘系统。对于中小型气化装置，较适宜采用结构简单的固定床催化裂解装置，操作简单，制造成本低。图 16.4 - 12 是一种以木炭为催化剂的催化裂解装置，木炭燃烧形成高温区，可燃气中的焦油经过燃烧区时被裂解成燃气，木炭同时具有催化作用。

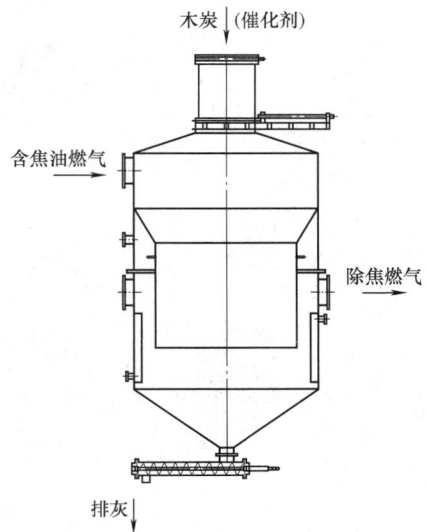

图 16.4 - 12　固定床催化裂解器

4.4　生物质发电的发展趋势

生物质发电技术的未来发展趋势受生物质资源自

身的特点和我国的国情限制，可能以小型化与接近终端用户、综合利用与热电联供、分布式电力系统三种方式为主。

4.4.1 小型化与接近终端用户

受原料来源的限制，小型化和接近终端用户是最容易实现的技术种类。像一些碾米厂，本身的稻壳量受其生产规模的约束，产量不是很大，所以，建立与稻壳产量相应规模的发电站从原料成本上是最经济的。而且，生产的电力作为碾米厂的补充电力，直接供给碾米厂生产和生活用，省去了并网部分，减少投资，也简化了系统运行，减少运行成本，提高系统经济性。这种利用现有生物质资源量，将电站建设在接近终端用户的方式是最直接有效而且易于应用的。

以木薯和甘蔗为原料的糖厂、中小型屠宰厂和畜禽养殖场、中小型木材制品厂等都是小型化与接近终端用户的潜在用户。

4.4.2 综合利用与热电联供

提高系统效率是最大限度利用生物质能源的根本措施。在较大规模的生物质发电系统中，提高系统效率易于实现的方法是使用综合利用技术和热电联供技术，这样可以根据不同原料特点、不同用户需要、不同工艺路线采取多种技术结合、发电和供热相结合的技术方式，使系统得到最优化，效率最高，最大限度利用生物质资源。这类技术的潜在市场是大型屠宰厂和畜禽养殖场、大型木材制品厂、农林废弃物相对集中的区域。

4.4.3 分布式电力系统

从电网的安全考虑，分布式电力系统被公认为是提高供电安全的最佳手段，未来的电力系统应该是由集中式与分布式系统有机结合的系统。其主要框架结构应该是由集中式发电和远距离输电骨干网、地区输配电网、以微型电网为核心的分布式系统相结合的统一体。生物质发电系统是方便的、易实现的、可再生能源分布式发电系统，它可向终端用户提供清洁、高效、可靠的电力。无论是哪一类生物质发电方式，也无论是大、中、小哪一种规模，生物质发电都可以实现分布式电力系统。

预计2000~2020年是我国生物质技术的开发和完善阶段，部分经济性较好的技术开始进入商业应用。2020~2050年生物质利用技术具备全面与矿物燃料竞争的条件，将逐渐成为主要能源之一。特别是生物质发电技术，各地区可能建成很多中小型的生物质发电系统，形成分散的生物质能源体系。

第5章 地 热 发 电

地热发电是一种新能源工业，其发展是建立在地球地质学、地球物理学、地球化学、钻井技术、材料科学以及热储工程和热力发电工程等现代科学技术取得辉煌成就的基础之上的。

地热能主要来源于地壳内部的放射性元素蜕变过程及其他过程产生的热量，其数量级是非常巨大的，仅在地壳浅部5km和10km以内储存的天然热量分别为 $14.2×10^{25}J$ 和 $12.6×10^{26}J$，前者相当于1981年全世界探明的石油和天然气总储量的4000万倍。从广义上可以说地热能是人类取之不尽的一种能源。

地热发电的规模和容量完全取决于地热田的类型和品质，当今已经开发的大型高温地热田的热源几乎都和年轻浅层酸性火山活动有关。如果以温度参数表示地下地热流体品位的话，当今世界绝大多数的地热电站是利用高于190℃的地热资源。

世界上第一座250kW的商用地热电站于1913年建在意大利。20世纪60年代初，只有少数几个国家相继开发地热发电，总容量不过是380MW左右。此后，受到全世界范围连续发生几次能源危机以及环境污染问题的影响，才使地热发电得以迅速发展，据2005年5月统计，全世界已有24个国家和地区建设了地热发电站，总装机热量已达8900MW，运行容量为8000MW，比2000年增长了12%。2003年发电总量57000GWh，比2000年增长了15%。最大的地热电站热量达2093MW，单机最大容量为138MW。2000年以来的平均钻井深度为1900m。在一些国家和地区，地热发电已成为当地能源供应的支柱产业和经济发展最重要的能源。2000年以来世界地热发电装机容量增加了960MW，平均年增长190MW。地热发电量在世界电能生产中仅占0.4%。而近10几年，由于廉价石油的大量供应，地热发电的发展趋缓。随着最近石油价格的猛涨，可以预见，全世界又将掀起新一轮地热发电的高潮。

5.1 地热发电原理

蕴藏的地热能品质越高，地热能转化为电能的效率也就越高。一般地，随着地壳深度增加，地壳内部的温度将会自然升高，但并不是在任何一个地方都可以经济地钻取出来埋藏的地热能，进行发电。通常需要经过地质调查、勘探和钻探来发现埋藏浅而又富集的具有开采价值的地热资源。构成地热资源的地质构

造称作地热系统或地热田。地热田按地热介质的类型一般分为水热型、干热岩型和特殊型。在水热型地热田中又分为热水占主导的系统和蒸汽占主导的系统。在该系统中水作为热储中的循环介质形成地热水或水蒸气携带地热能，地热发电就是通过钻井抽取地下的地热流体作为高温热源进行发电。由于环境保护以及延长地热田寿命等方面的原因，发电排放的热流体进行回灌，即尾水灌入地下。

5.1.1 地热发电优势

火力发电依靠燃烧煤、石油和天然气等燃料来进行发电。煤、石油和天然气是地球上数量有限的不可再生资源，随着燃料大量消耗，价格不断升高，这就造成了火力发电的发电成本不断增大。不仅如此，这些燃料燃烧时释放出的大量气体（NO_x、SO_x、CO_2等），会造成严重的环境污染和温室效应。

同火力发电相比，地热发电利用的是埋藏地球内部的热能进行发电，这种"热源"是数量巨大的、无花费的、可再生的、清洁的能源。地热流体通常会携带有地下有毒气体和温室效应气体等，在开发和发电过程中，这些气体可以被释放到大气中。但与火电相比，地热发电释放的气体量对环境几乎没有影响；地热流体中含有的有害的各种矿物质，可以通过废水回灌彻底解决。发电以后的地热水还可以进行综合利用，如温室采暖、浴疗和烘干等，促进当地的旅游业发展。

国内外地热发电的经验证明，地热发电是清洁的、无燃料成本的和可再生的能源工业，在经济性上是有竞争力的。

5.1.2 地热发电原理

地热发电原理与火力发电和原子能发电的原理是相同的，就是将地热流体的热能通过汽轮机转化为机械能，然后通过发电机将机械能转化为电能。热力循环采用郎肯循环、双工质循环以及卡琳娜循环等。

5.2 地热发电方式

地热流体在地热井出口的状态是不同的，有的是干饱和蒸汽，有的是饱和水，还有的是饱和水和饱和水蒸气的混合物。对应于不同的流体状态，发电方式也不同，一般可分为地热蒸汽发电和地热水发电。

5.2.1 地热蒸汽发电

对于热流体在井口状态是干饱和蒸汽或以蒸汽为主的汽水混合物时，最简单的热力循环系统（如图16.5-1所示）是使用背压式汽轮机。水蒸气通过汽轮机推动叶片做功，排汽直接排入大气。如果干蒸汽中携带有泥沙等，可增加滤网或分离器以保证清洁的干蒸汽进入汽轮机。当地热流体中不凝结气体含量高时，使用背压式汽轮机是方便的。其热力系统如图16.5-2所示。

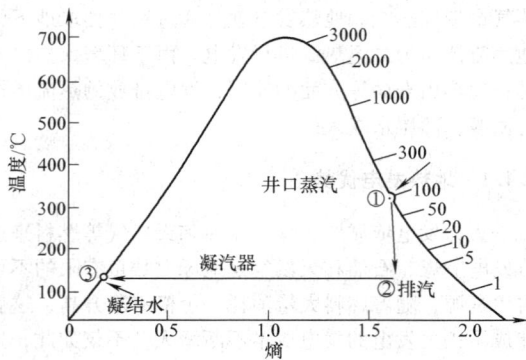

图 16.5-1 干饱和蒸汽热力循环

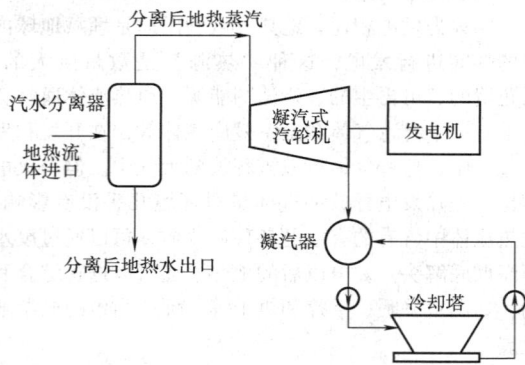

图 16.5-2 凝汽式地热汽轮机热力系统

通常使用凝汽式地热汽轮机能够显著地增加出力，较之背压式汽轮机大约可增加出力的40%，但需要增加相关的设备包括凝汽式汽轮机、凝汽器、抽气器、冷却塔和相关的泵等。凝汽器压力在 5~15kPa 左右。如果不凝结气体含量高，使用这种系统需要和其他发电方式进行经济性比较。

当地热流体在井口状态是以蒸汽为主时，无论用背压式汽轮机还是凝汽式汽轮机，都需要旋风式汽水分离器将蒸汽单独分离出来送入汽轮机。旋风式汽水分离器的效率可达到99%以上。

5.2.2 地热水发电

当地热流体在井口状态是饱和水或者以水为主的

汽水混合物时，如果只利用蒸汽发电，就浪费了大量饱和水的热量，经济性较低。

1. 扩容法 基本原理是将饱和水减压扩容变为饱和蒸汽。利用地热水发电就要引入扩容系统。该系统包括可调节孔板和扩容器、汽水分离装置等。饱和水进入扩容器前，使用孔板对饱和水进行节流降压，一部分饱和水就会在扩容器内闪蒸为饱和蒸汽，蒸汽进入汽轮机推动叶片做功。对于以水为主的汽水混合物的地热流体，常使用井口汽水分离器分离出水和水蒸气分别进行输送进行发电。对于热水占主导的地热资源通常使用一级和二级扩容热力循环，其原理分别如图16.5-3和图16.5-4所示。

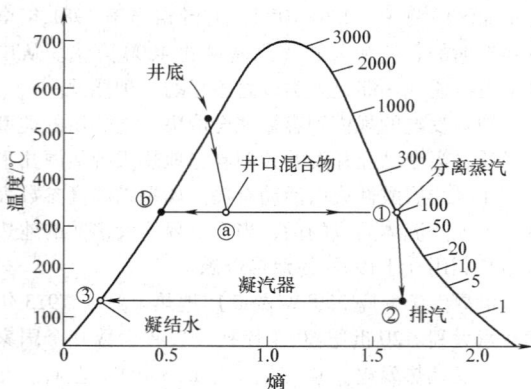

图 16.5-3 一级扩容热力循环

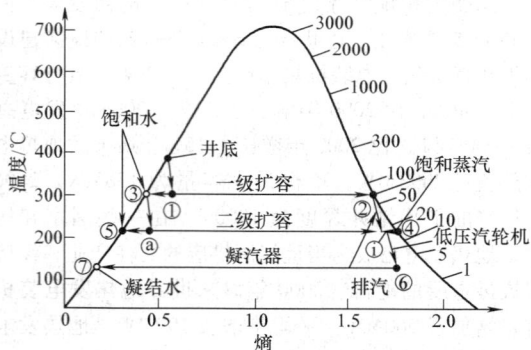

图 16.5-4 二级扩容热力循环

2. 低沸点工质法 发电是利用地热流体加热有机工质（如异丁烷等），有机蒸汽进入汽轮机以热力学朗肯循环做功。地热流体称作第一工质，有机工质称为第二工质，因此这种发电方法就被称为双工质循环。双工质循环一般被认为是利用低品位能量，但现在利用高品位能量时也可以考虑双工质循环。

世界上多数地热田生产的地热流体都是以饱和水为主，所以不仅要利用蒸汽发电，也要利用热水发电，必须充分的利用地热能为人类服务。因此要合理的选择适合地热田参数的发电方式，不能够完全单一的考虑上面提到的发电方式，往往需要将以上发电方式进行组合作经济性比较，选择最佳发电方式。除了以上常用的发电方式外还有卡琳娜循环，全流体发电和干热岩发电，这些技术还在发展实践中，它们推动着高效利用地热能技术不断发展。

5.3 地热发电与生态环境

地热开发工程项目像其他工业项目一样也会引起环境污染。对地热流体扩散的各种污染，无论是液态的、气态的还是固态的污染物，都应按照国家环境保护法和其他有关的卫生标准严格限制排放有害物质的种类和浓度。

地热工程项目开发从开始修建钻井平台到地热电站厂房地基开挖、野外管网的布设都要注意环境保护，如砂石扩散、噪音污染、保护当地的植被和预防沙漠化等问题。地热电站引起的环境问题的特点是贯穿于地热开发利用的整个过程，如果预先分析可能引起污染的各个环节和污染物并制定防治污染的措施，那么地热污染问题是可以控制和不难解决的。

5.3.1 地热发电与开发效应

地热开发对环境的影响有物理影响和化学影响，不合理的地热开发能够给当地空气、河流、生态环境以及自然特征等造成破坏性影响。地热开发的物理影响包括由于建筑占地、铺设公路、铺设管路、视觉影响、噪声、水热爆炸、地面沉降、微型地震、固体污染、生产用水和热污染对当地环境造成的影响，而化学影响主要是地热流体中有毒气体和放射性元素的泄漏对当地环境造成的影响。但无论是哪一种影响，无论在工程的哪一个阶段，都需要对这些影响因素进行合理解决。

地热田一般在火山地区或者偏僻地区，山路崎岖和地形复杂造成交通困难，但当地自然资源又往往比较丰富。地热电站厂址通常选在靠近地热田处，因此要首先考虑占地和交通问题。地热电站的用地与电站容量大小成正比，容量越大，占地也就越大。电站用地包括钻探用地、公路、管道线路、电站和电力传输线路，电站用地越多对当地环境的影响越强。

在地热开发期间应合理规划用地、交通线路、生产用水的来源与排放和钻探中的泥沙土石等固体废弃物的处理。如占地和交通不应影响当地自然特征，排放水不应对河流产生热污染和化学污染，固体废弃物不应破坏当地植被等。特别注意的是应对开发所可能造成的微型地震、水热爆炸和地面沉降进行预防监测和准备应急措施。地热电站建成后应对破坏的环境进

行尽可能的恢复，绿化和美化电站及周边环境。

地热电站的设计以及建成后的运行管理对保护当地地热资源和环境有重大影响。地热电站的热源是热储，所谓热储就是存在于地下岩石空隙或裂隙中的地热流体的储积体。对于水热型地热田，地热电站要大量抽取地热流体，如果盲目开采地热资源并扩大装机容量，但又缺乏对地下热储的研究和管理，就会因过量开采破坏热储内地热流体的动态平衡，其后果不仅引起汽轮机的进汽参数过度衰减、电站出力下降，直接降低地热电站的经济性，而且热储的压力下降、水位降低可能导致热储通道内产生汽化和结垢，甚至造成生产井报废、地面塌陷以及地表水干涸等严重结果。地热发电必须考虑其开发以后的长期效用，要遵守地热工程的科学规律，加强地热田的生产管理。

5.3.2 地热回灌与环境保护

地热流体在地下深部溶解了岩石中的许多矿物盐分，如含有氯化物、锂、钠、钙、镁、钾、铝、铯、氟化物、铅、铷、碘、铜、硫、砷、汞、铬、锑、镍、铋、锡、镉、铍、硒、硫酸盐、二氧化硅、铵、硝酸盐和氢离子（pH）等。地热流体含有不凝结气体，如 CO_2、H_2S、N_2、O_2 和 He_2 等，并且还含有放射性元素铀和氡，但含量一般都很低，其中氡是最重要的放射性成分。

除了不凝结气体富集于凝汽器抽气区可以用抽气设备抽出并排入大气，其余的大部分化学成分均留在地热废水中。地热废水中含有的上述金属和非金属化学元素对环境和人体是有害的，如果任其自由排放，必将污染土壤、河流。

以前处理废水的主要方式是直接排放，而现在世界上处理废水的主要方式是将其回灌到地下。回灌不仅可以消除污染问题，而且对某些高温热田还可以起到对热储增加补给以及促进生产的作用，还对于浅层热田可以起到减少外界冷水向热田内侵入、保持热储压力的作用以及防止长期开采引起的地面沉降等。因此废水回灌被视为地热电站处理废水最有效的手段。世界上几乎所有的电站都采用回灌处理废水。没有回灌的地热开发系统是一个不完整的系统，它会使地热开发事业蒙上边开发边污染的阴影。

回灌需要解决一些重要的技术问题，主要是回灌的长期可靠性、回灌水流向、以及避免给生产井带来不利影响等，为此需要做有关的现场试验和监测以建立热储模型。合理设计回灌系统是建立在对热储模型的深入研究和了解的基础之上的。因此，从准备建设地热电厂时就要着手热储工程的工作。

5.3.3 地热资源保护

尽管地热资源是取之不尽、用之不竭的，但目前限于科学技术水平，如勘探、钻探和工程利用等，所以还不能对大部分埋藏在地壳深部的地热资源进行开发利用。相对来讲，对于目前一个具体的地热田，其地热资源是有限的，因此，要合理的长期利用地热资源为人类服务就需要对地热资源进行保护。

在《地热资源管理暂行办法》中规定："国家对地热资源实行开发利用和保护相结合的方针"。地热资源保护不仅包括国家和地方的政策法规，还包括科学开发、科学利用和科学管理。地热资源开发利用和地热资源保护是相辅相成的，保证了人类最大程度的并可持续的利用地热能。

5.4 我国地热发电现状与展望

我国地热资源十分丰富，据初步估计地热资源可采储量相当于4626.5亿t标准煤，但能够进行地热发电的中高温地热资源仅在西藏、云南和台湾发现。我国的地热发电事业起始于20世纪70年初，开始时期主要是摸索利用温度100℃以下的低温地热资源，建设了十来个从几十千瓦到300kW的小型地热试验电站，运行时间长短不一，这些试验电站为稍后建设的西藏羊八井地热电站的成功积累了许多宝贵的经验。

西藏是我国目前地热发电开发规模最大的地区，现有地热电站三座，总装机容量28.18MW，其中西藏羊八井地热电站装有7台3MW二级扩容循环机组，1台3.18MW的进口机组和1台1MW试验机组；朗久地热电站装有2台1MW的单级扩容机组；那曲有1台1MW的双循环机组。

台湾建有两座小型地热试验电站，目前已关闭。云南腾冲的热海地热田的温度高达260℃以上，但尚未开发利用。

5.4.1 西藏羊八井地热电站

羊八井地热电站位于西藏自治区当雄县境内，距离拉萨89km，海拔4300m，大气压力仅有59.8kPa。1977年10月1日第一台1MW的地热发电试验机组建成并试运发电成功，地热机组是由一台老火电机组改制而成。在随后的1981~1990年间又陆续投运了8台3MW级的二级扩容机组，羊八井电站成为拉萨电网的支柱电站，到羊卓雍湖水电站投运以前相当长的时期内，羊八井地热电站的发电量一直占拉萨电网冬季供电量的30%左右，目前在15%左右。自1994年以来，羊八井地热发电年发电量约在1亿kW·h，该

电站为西藏经济发展、社会稳定和进步发挥了及其重要的作用。

羊八井地热发电主要技术特点：利用浅层（井深80~300m）的中低焓热水发电，井底温度仅150~173℃，在全世界地热电站中用于发电的地热流体温度最低。

采用二级扩容循环系统和混压式地热汽轮机，地热采集系统为汽、水分别输送。

采用机械捅井装置清除井内的$CaCO_3$结垢。

目前，羊八井地热田的浅层地热资源的压力、温度和流量都大幅度衰减，地热电站的出力也已经降低。羊八井地热电站的未来发展寄望在于北部深层高温地热资源的开发。在羊八井北部已经发现深部的高温热储，但还没有开发。2004年钻了一口2500m深的井，热储层的深度达到1000~1500m；在1500~1800m测得的温度在250~330℃。羊八井的总的发电潜力约为50~90MW。最近，北部ZK4001高温（井口温度220℃）深井的地热流体被成功引入南区机组发电。

5.4.2 羊八井地热发电系统

羊八井地热电站的第一台机组是1MW机组，采用单级闪蒸发电系统（见图16.5-5）。之后，又安装了8台3MW机组，其中5台位于羊八井北区，另外3台位于羊八井南区。这8台机组均采用两级扩容热力系统（见图16.5-6）。蒸汽轮机为混压式汽轮机。地热流体经汽水分离后，汽、水分别进入第一级扩容器，经第一级闪蒸后的水进入第二级扩容器。两级扩容的蒸汽分别从混压式汽轮机的两个进口，设计的进口压力为167±20kPa和49±5kPa。南区的循环冷却水用藏布河河水直接冷却，北区则利用机械式冷却塔进行冷却。

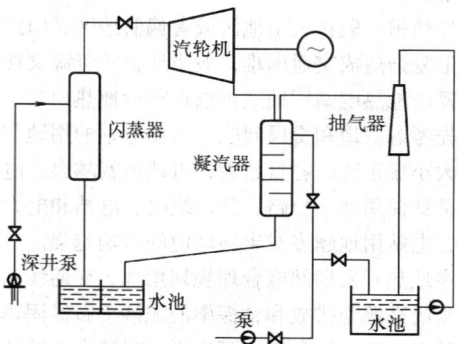

图16.5-5 羊八井单级扩容系统

考虑到地热井参数不同，羊八井地热电站的管道系统被分为高压管道母管和低压管道母管。

羊八井地热电站由于利用羊八井地热田浅层热

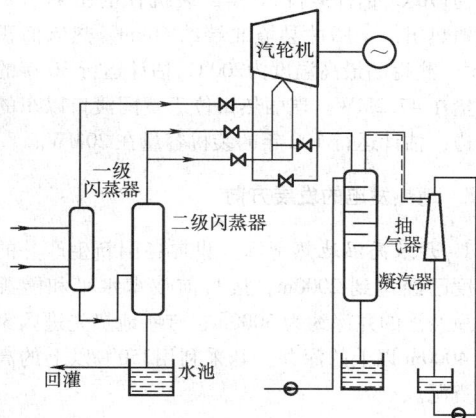

图 16.5-6　羊八井两级扩容系统

储，特别容易结钙垢。结垢的位置包括井口、管道和汽轮机通流部分等。生产井除垢使用机械方法，管路使用敲击除垢，通流部分则使用人工清理。

　　腐蚀也是羊八井地热电站面对的一个主要问题。因为地热蒸汽中含有腐蚀性气体和元素，所以电厂的各部件都会受到影响，降低了汽轮机的转子和叶片的安全可靠性。在停机期间要注意进行充氮保护，避免发生停机腐蚀。

　　羊八井地热电站在 1990 年完成回灌一期工程，能够回灌尾水总量的 25%。1994 年完成二期工程，具有 100% 回灌能力。回灌系统包括 8 口回灌井、2 个泵房和 7.5km 长的管道。使用示踪剂技术没有发现在生产井和回灌井之间有短路现象。在回灌前后对羊八井地热田温度场、压力场、重力场和化学场等进行监测。现在已经利用热田南区的几口废生产井进行成功回灌。

　　2002 年，羊八井地热电厂满足西藏环境标准要求。

　　羊八井地热田还曾经建立了热田监测系统，进行定期的人工试验测量，以期利用这些监测数据对地热田保护和热储模型修正。

5.4.3　那曲地热电站

　　那曲地热电站是 1MW 的双工质系统电站，其热力系统示意图如图 16.5-7 所示。它位于那曲城外围，地热田面积约为 1km^2，距拉萨 330km。井口温度约110℃，压力约 0.3MPa。由于地热流体含有的 CO_2 含量极高，因此其焓值较低并且容易形成 $CaCO_3$ 和 $MgCO_3$。

　　那曲双工质地热电站在投产后发生严重的结垢。碳酸根离子的含量达到 5240mg/kg，并且碳酸氢根离子的含量达到 2000mg/kg，碳酸钙形成的速度为3mm/天。

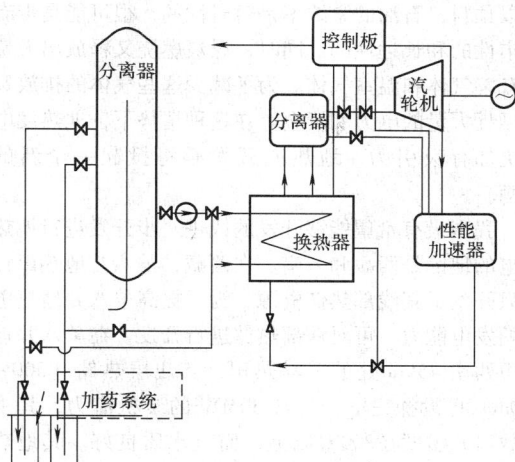

图 16.5-7　那曲双工质热力系统

　　原设计的深井泵损坏停机，在联合国的援助下，采用国产地热化学阻垢剂系统代替原来的井下泵系统，取得成功。

5.4.4　我国地热发电展望

　　地热发电经历了 90 多年的发展过程，已经进入商业发电阶段，其经济性可与各类常规电站相竞争。但是，影响地热电站发展的社会因素很多，其中最重要的是石油的价格；其次是开发带有一定的风险性，这可以通过采用先进技术或进行国际合作将风险性降低到最小。

　　世界地热发电经验表明，合理建设的地热电站不仅能为当地经济发展提供动力来源，而且还能带动当地地热旅游经济的发展，促进地热经济多元化和地热可持续发展。

　　目前，地热发电技术已日臻完善和成熟；地热能的开发虽然也开始走向科学勘探、规划和综合利用，可是仍未完全摆脱传统的经验性和盲目性的影响，其关键是对地热资源作为矿产资源属性的认识以及找到实际的资源量的评价方法。例如，世界最大的地热电站——美国的 Geysers 电站，1991 年的装机容量已经达到 2093MW，但因地热田压力与蒸汽产量出乎意料地衰减，有 767MW 的机组不得不闲置起来。在新西兰，Ohaaki 以及某些地热电站也曾遭遇到类似的问题。然而意大利的 Larderello 地热电站（典型的干蒸汽田），通过热储工程研究进行人工回灌，弥补了产汽量由于多年开采引起的衰减，恢复了原来的产量，使电站生产经久不衰。这正是需要深入认识和总结之处。

在 20 世纪初石油价格的猛涨已经显现出全球石油资源的紧缺，又连锁引发了煤炭价格的大幅上扬，可以预料，石油的紧缺不是暂时性的，很可能是带有根本性的和长远性的。同时，煤炭燃烧又释放出大量的有害气体和温室气体。为了减少这些气体的排放又要牺牲大量的电力和资金。在这种情势下，地热发电将更加有吸引力，地热能开发必将掀起一个新的高潮。

我国最有希望能够开发的或进一步开发进行地热发电的地区是西藏和云南。在西藏，羊八井地热田目前只开发了其浅部热储资源，为了提高羊八井地热电站的发电能力，可对深部热储进行开发。在羊八井地热田西南 45km 处的羊易热田，其浅层热储（300～600m）已勘探完毕，具备 30MW 的装机潜力，其中有数口井温度在200℃以上，而且水质良好。其地热资源储量已得到有关部门批准，是一个非常有价值的高温地热田。

云南腾冲是我国著名的晚新生代火山区，它与西藏羊八井均位于全世界著名的地中海—喜马拉雅地热带上。云南腾冲至少有 4 个具有动力开发价值的地热田：热海地热田、攀枝花硝塘、瑞滇地热田和瑞丽热田。其中热海热田位于腾冲县城西南约 11km，热储面积约 13km²，测得热储的最高温度为276℃，估计运行 30 年的装机容量在 329MW。攀枝花硝塘位于腾冲县境南端约 50km，热储面积 1.62km²，测得的最高温度为190℃，估计运行 30 年的装机容量在 49.4MW。瑞滇地热田位于腾冲县境北端约 60km，热储面积约 10km²，测得的最高温度为200℃，估计运行 30 年的装机容量在 47.2MW。瑞丽热田位于贺闷渡口以东的瑞丽江边，估计运行 100 年的装机容量在 20MW。

5.4.5 地热发电的发展方向

1. 开采高温地热资源 世界各国新生产井的平均深度已经达到 2000m，按目前技术水平和能源价格，最经济的井深约为 3000m；有些地热先进国家打算钻 4000m 以上的深井，开采利用350℃以上的高温地热资源。

2. 采用较大容量的机组 与开发高温地热资源和提高地热发电经济性相适应，地热单机容量将更多的采用 50～100MW 的机组，这个趋势会继续保持。

3. 采用新一代地热机组 新一代地热机组有以下特点：模块化易于安装、维修；运行的适应性和机动性高；高度自动化。

4. 干热岩体发电 又称为人工系统。它是指通过钻井和水压破裂（或其他方法）使原来不含水或渗透性过低的热异常岩体产生人工破碎网络，注入地表水以抽取岩体中的热量用于发电。研究结果证明，干热岩体发电技术上可行，现在要解决的问题是它的经济运行年限以及环保的可接受性。

第6章 海洋能发电

6.1 海洋能概述

海洋能指海水本身含有的动能、势能和热能。根据联合国教科文组织的估计数据，全世界理论上可再生的海洋能总量为766亿kW，技术允许利用功率为64亿kW。作为新能源和可再生能源之一的海洋能，蕴藏量丰富，取之不尽，用之不竭，还可兼得保护海洋、围垦土地、水产养殖、海洋化工观光旅游等综合利用效益。

人类利用海洋能由来已久。进入20世纪以来海洋能逐渐成为各发达海洋国家的开发项目之一。70年代由于世界石油危机，各国加快了海洋能源研究的步伐，开发技术有了实质性进展。在我国漫长的海岸线及众多的岛屿附近和辽阔的海域里，蕴藏着较为丰富的海洋能资源，我国海洋能开发利用已有较长的历史和较好的基础，为使海洋能作为重要的补充能源，加入沿海地区多元化的能源结构，应加强对海洋能资源的开发利用。

6.1.1 海洋能及其分类

海洋能源通常主要指潮汐能、波浪能、海流能（潮流能）、海水温差能和海水盐差能。更广义的海洋能源还包括海洋上空的风能、海洋表面的太阳能以及海洋生物质能等。潮汐能和潮流能来源于太阳和月亮对地球的引力变化，其他基本上源于太阳辐射。

海洋能按储存形式可分为机械能、热能和化学能。机械能指潮汐、潮流、海流和波浪运动所具有的能。潮汐的能量与潮水量和潮差成正比，或者说，与潮差的二次方和水库面积成正比。潮流和海流的能量与流速的二次方和流差成正比。波浪的能量与波高的二次方和波动海面面积成正比。海洋热能指温差能，是由太阳辐射产生的表层和深层海水之间的温度差所蕴藏的能量，其能量与表层的暖水量和温差成正比。海水化学能指盐差能，是流入海洋的江河淡水与海水之间的盐度差所蕴藏的能差，其能量与渗透压和渗透水量（淡水量）成正比。

6.1.2 海洋能的特点

海洋能源与常规能源相比具有以下特点：

1. 能量密度低，但总蕴藏量大，是可再生能

源 各种海洋能的能量密度一般较低。如潮汐能的潮差较大值为13~15m，我国最大值（杭州湾澉浦）仅8.9m；潮流能的流速较大值为5m/s，我国最大值（杭州湾和舟山海区）仅3~4m/s；海流能的流速较大值为1.5~2.0m/s，我国最大值（东海东部的黑潮流域）仅1.0m/s；温差能的表、深层海水温差较大值为24℃，我国最大温差（南海深水海区）可达此值；盐差能的能量密度最大，其渗透压一般为25122kPa，相当256m水头，我国也可接近此值。由于海洋能广泛地存在于占地球表面积71%的海洋上，所以其总蕴藏量是巨大的。据国外学者们计算，全世界各种海洋能固有功率的数量级，以海水温差和盐差能最大约为10^{10}kW，波浪能和潮汐能居中均为10^9kW，海流能最小为10^8kW。当然，也必须指出，这些巨量的海洋能资源，并不是全部可以开发利用，据联合国教科文组织出版物的估计，全球海洋能理论可再生的总功率为766×10^8kW，技术上允许利用的功率仅为64×10^8kW，即使如此，这一数字也为目前全世界发电装机总容量的2倍。

2. 能量随时空变化，但有规律可循 就位置而言，既因地而异，又不能搬迁，各有不同的富集海域。温差能主要集中在低纬度大洋深水海域，我国主要在南海（远海、深海）；潮汐、潮流能主要集中在沿岸海域，我国东海沿岸最富集（沿岸、浅海）；海流能主要集中在北半球两大洋西侧，我国主要在东海的黑潮流域（外海、深海）；波浪能近海、外海都有，但以北半球两大洋东侧中纬度（30°~40°N）和南极风暴带（40°~50°S）更为富集；我国主要在长江和珠江等大江河口（沿岸、浅海）。就时间而言，除温差能和海流能较稳定外，其他均具有明显的日、月变化，故海洋能发电多存在不稳定性。不过，各种海洋能能量密度的时间变化，一般均有规律性，可以预报。特别是潮汐和潮流的变化，目前已能作出较准确的预报。

3. 开发环境严酷，一次性投资大，单位装机造价高 由于不论在沿岸近海，还是在外海深海，开发海洋能资源都存在风、浪、流等动力作用，海水腐蚀、海生物附着以及能量密度低等问题，所以，转换装置设备庞大，材料要求强度高、防腐性好，设计施工技术复杂难度大、投资大、造价高。

6.1.3 我国海洋能源资源及分布

我国海域辽阔，总面积约 470 万 km²，海岸线漫长，约 32000 多千米（大陆岸线加岛屿岸线）。海洋沿岸和海域中蕴藏着丰富的各类海洋能资源。中国各类海洋能资源的分布见表 16.6－1。

表 16.6－1 全国各类海洋能资源分布表

海区	项 目	潮汐能	波浪能	潮流能	温差能	盐差能	海流能	合 计
渤海	功率/万 kW	14.06	151.1	200	—	639.2	—	1004.4
	富集地区	辽东湾沿岸	渤海海峡	渤海海峡	—	黄河口	—	—
黄海	功率/万 kW	59.16	426.7	—	—	639.2	—	1125.1
	富集地区	辽东鲁南沿岸	鲁南沿岸	—	—	滩河口	—	—
东海	功率/万 kW	1928.67	3232.1	900	2287	8488.8	1900	18736.6
	富集地区	闽浙沿岸	闽浙沿岸	舟山地区	东部深水区	长江口	黑潮区	—
南海	功率/万 kW	96.28	3232.1	100	59900	6257.8	—	69585.9
	富集地区	广东沿岸	粤东沿岸诸岛	琼州海峡	深水区	珠江口	—	—
全国	功率/万 kW	可开发值 2098	理论值 7062.0	估计值 1200	可开发值 62187	理论值 16000.0	理论值 1900	90447
	富集地区	闽浙沿岸	闽浙粤东沿岸	舟山地区	南海深水区	长江口珠江口	黑潮区	

从上表可以看出我国海洋能资源的特征：

（1）我国各类海洋能资源的蕴藏量较为丰富，总功率约为 6.3 亿 kW 以上（不含外海波浪能）。其中，温差能最丰富，其次是盐差能，波浪能和海流能最少。

（2）海洋能资源的地理分布不均匀。沿岸的潮汐、波浪潮流和盐差能主要在长江口以南，特别是福建和浙江两省以及粤东沿岸，外海的温差、海流和波浪能也主要在东海和南海。

（3）除温差能和海流能较稳定外，其他海洋能源明显地随时间变化。潮汐和潮流能以短周期变化为主（时、日、月），规律性较准确，可以预报。盐差能以季节和年际的长周期变化为主。波浪能有剧烈的短周期（秒、分、时）和明显的季节变化。

6.2 潮汐能及潮汐发电

潮汐是海水受太阳、月球和地球引力的相互作用后所发生的周期性涨落现象。潮汐能量是海洋中潮波的动能和势能的总称。因地形等因素的影响，潮汐能一般集中在某些浅海和狭窄的海湾河口地带，其潮差可达 7~8m，甚至十几米。我国著名的钱塘江最大潮差达 8.9m，北美芬地湾蒙克顿港的最大潮差竟达 18~19m。

潮汐发电系指把潮汐能转变成电能。利用潮差大、地形条件好的海湾或河口，构筑堤坝，将海湾或河口与海洋隔开，形成水库，利用涨、落潮形成的水位差（水头），具有一定水头的潮水，流过安装在坝内的水轮机，带动发电机发电。潮汐发电在技术上已较成熟，建设投资也有所下降。

6.2.1 潮汐要素

海水上涨的过程称"涨潮"，涨到最高位置称"高潮"，在高潮时一般会出现既不上涨也不下落的平稳现象，称为"平潮"。平潮时间的长短各地不同，有的地方为几分钟，有的可达到几个小时之久，通常取平潮中间时刻为"高潮时"，平潮时的高度，取为"高潮高"。海水下落的过程称"落潮"，落到最低点位置时称"低潮"。在低潮时也出现像高潮时的情况，海水不上涨也不落，称为"停潮"。取停潮的中间时刻为"低潮时"，停潮的高度取为"低潮高"。从低潮时到高潮时的时间间隔称"涨潮时"，由高潮时列低潮时的时间间隔称"落潮时"。相邻高潮与低潮的潮位高度差称"潮差"。从高潮到相邻的低潮的潮差称"落潮差"，由低潮到相邻的高潮的潮差称"涨潮差"。高潮和低潮的潮高和潮时是一个地点潮汐的主要标志，它们是随时间变化的，只要掌握了它们，就能描绘出该地的潮汐现象。

6.2.2 潮汐能特点

潮汐是由于月球和太阳的引力作用于旋转的地球上而产生的。在海洋中，月球的引力使地球的向月面和背月面的水位升高。由于地球的旋转，这种水位的上升以周期为12h25min和振幅小于1m的深海波浪形式由东向西传播。太阳引力的作用与此相似，但是作用力小些，其周期为12h。当太阳、月球和地球在一条直线上时，就产生大潮；当它们成直角时，就产生小潮。除了半日周期潮和月周期潮的变化外，地球和月球的旋转运动还产生许多其他的周期性循环，其周期可以从几天到数年。

当海洋潮汐波冲击大陆架和海岸线时，通过上升、收聚和共振等运动，使潮差增大。潮汐是因地而异的，不同的地区常有不同的潮汐系统，它们都是从深海潮波获取能量，但具有各自独特的特征。尽管潮汐很复杂，但对任何地方的潮汐都可以进行准确预报。

海洋潮汐从地球的旋转中获得能量，并在吸收能量过程中使地球旋转减慢。但对这种地球旋转的减慢，人是几乎觉察不出来的，而且它也并不会由于潮汐能的开发利用而加快。这种能量通过浅海区和海岸区的摩擦，以1.7TW的速率消散。

6.2.3 中国沿海潮汐能特征

中国沿海地处太平洋西北岸，正对月球和太阳赤纬活动范围，加上地转方向的影响，天体诱发的潮波进入大陆架浅海后有下列特点：

1. **潮差急剧增大，且变化急剧而复杂** 以平均大潮差统计，太平洋中部的关岛为0.5m，靠近中国北部海区的小笠原为0.8m，冲绳为1.5m，靠近中国南部海区的三保颜为0.4m。进入中国海区后，潮差急剧增大，如中部海区福建罗源湾达6.5m，南北海区潮差增加虽不显著，但变化急剧且复杂，仅台湾沿岸，不同地点的潮差相差就达4倍。

2. **潮时变化大** 在靠近中国海区的洋面上，高潮时间一般在月中天（对东经120°）后10h左右，但在进入黄渤海后，局部范围变化很大，当长江口高潮时，连云港低潮，山东高角高潮，葫芦岛低潮，旅大高潮。局部海区跨过这么多潮波是世界其他海区所没有的。潮波进展极不规则，个别地段相距一二十千米，潮时相差即达3~4h。

3. **潮汐性质变化** 台湾以北的洋面，一天之间为两次规则高低潮，即半日潮；北黄海有不规则半日潮，局部范围性质变化大；黄河口和长城外附近有时一天仅有一次高低潮；台湾以南大部分海区为不规则半日潮，但北部湾和甲子港有时为一天一次高低潮。

6.2.4 潮汐能利用原理

潮汐能是人类所利用的各种形式的古老能源中的一种。过去，人们曾尝试过许多种提取潮汐位能和动能的方法。这些装置包括水轮机、提升平台，空气压缩机、水压机等。在近150年中，已注册了上百种专利。直至今天，潮汐能开发利用仍吸引着众多的发明者，不过似乎还没有哪一项发明能够超越古代潮汐磨坊所采用的基本方法。

典型的潮汐磨坊是在高潮位时让水进入蓄水库，过一段时间后再让水从蓄水库通过一个水轮机流向大海，从而使磨坊工作。这是简单的工作方式，现在通常把它称为"单库单向作用"。在现代的装置中，蓄水库装有可控水闸，并由低水头水轮机代替旧式的水轮。工作程序分为4个步骤：①向水库注水。②等候，让水库中的水保持到退潮，使库内外产生一定的水头。③将水库中的水通过水轮机放入海中，直到海水涨潮，水头降到最小工作点时为止。④第二次涨潮时再重复上述步骤。

这种方法称为"落潮发电"。也可以把这种方法倒过来，即在海水从海里向蓄水库注入时发电（称为"涨潮发电"）。但是由于蓄水库的坝边是斜坡形的，因此"落潮发电"更为有效。

另外，既利用涨潮发电，又利用落潮发电（即"单库双向作用"）。这种工作方式有6个步骤：①通过水闸向库内注水。②等候，让水在库内保留一段时间。③利用落潮发电。④通过水闸将库中的水泄干。⑤等候一段时间。⑥涨潮发电。

利用潮汐发电的整套系统主要包括水库、大坝、水轮发电机组、水闸、输配电系统和中央控制室。按建站方式和运行方向的不同，潮汐电站可分为单库单向式潮汐电站、单库双向式潮汐电站和双库式潮汐电站。无论是单向发电还是双向发电，出力的大小都与水库的深度、潮差及电站的设计有关。

6.2.5 潮汐发电开发方式比较

在人类开发利用潮汐资源的过程中提出了多种开发方式，主要有单库单向工作开发方式、单库双向工作开发方式和多库开发方式。

为了比较上述各个开发方式的动能及经济指标，我们对同一个海湾条件进行了计算，其结果见表16.6-2。目前已投运的潮汐电站中，法国的朗期、俄罗斯的基斯洛及中国的江厦均采用单库双向工作，而加拿大的安那波利斯采用单库单向。

表 16.6 - 2　　　　　　　　　　　　　　　开发方式比较表

开发方式	潮汐能利用率（%）	装机容量/MW	最大出力 最小出力	年平均电能/10kW·h	利用小时数/h	单位千瓦投资（%）	单位电能投资（%）
1. 单库双向	34	48	$\frac{48}{0}$	13.7	2500	100	100
2. 单库单向	22.4	49	$\frac{49}{0}$	9.4	1780	90	130
3. 双库单向，电站位于外海与水库间	224	24.5	$\frac{24.5}{0}$	9.3	3350	190	160
4. 双库单向，电站位于两库间	13	11	$\frac{11}{1.5}$	4.8	4200	275	170
5. 双库单向，两个电站一个抽水站	16	32	$\frac{14}{2.5}$	6.7	1850	135	190
6. 双库单向，有水泵	23.4	23.8	$\frac{15.5}{4.5}$	10.0	3500	525	250
7. 双库单向，有可逆式机组	27.7	32.3	$\frac{32.3}{0}$	11.6	3150	142	120
8. 双库双向	21	15	$\frac{15}{4}$	10.8	6200	670	300
9. 双库，主库双向，辅库单向	19.8	10.5	$\frac{10.5}{1.2}$	8.3	6900	420	150
10. 三库	23.7	13.2	$\frac{13.2}{1.5}$	10.5	6640	525	210
11. 联合水库	13.3	39.0	$\frac{13.5}{1.5}$	5.5	1200	450	350
12. 联合水库，有抽水站	13.7	51.0	$\frac{14.0}{2}$	5.7	980	550	420

1. 单库单向与单库双向的比较　在单向方式中水头变化范围较小，平均工作水平略高，这可能使水轮机的数量和尺寸减少，从而减少潮汐电站的投资。单向工作水轮机的造价也比双向工作水轮机造价低一些。基于这点，近年来有一种意见，认为朗斯采用的方案比较复杂，比较昂贵，虽然技术上是完善的，但不一定是最优的。芬迪湾潮汐电站设计者中也有人认为，双向工作提高保证出力的好处并不能抵消较复杂设备引起的投资的增加。有计算表明，双向工作方案发电量较单向工作发电量增加得不多，有的只有5.9%～2.7%。但另一些电站的计算表明，双向工作的发电量增加较多，如美晋电站增加18%，塞文增加25%等。

在有些电站上，可能潮差较大而引起双向工作效益降低，而在潮差较小、海湾条件允许的电站，采用双向工作可能是有利的。

2. 单库与多库开发方式的比较　多库方式可以通过调节达到使潮汐电站连续发电，甚至按日负荷图需要发电，但最终多库方式也无法解决月内不均匀性。而多库方式的主要缺点是潮汐能源利用率低。由于将海湾分为2～3个库，利用率就成为原来的1/2～1/3，水库有效面积也会减少，另外，由于建造附加的建筑物，甚至电站和抽水站，多库方式的投资比较大。虽然目前投运的电站还没有采用多库开发方式的，但是多库方案能使电站连续发电的优点仍然吸引人，因此还有不少人在研究和考虑多库的方案。

英国塞文潮汐电站的双库开发方式中，将辅助水库开挖很深（比平均海平面低 18m），并用抽水办法增加潮汐电站发电量，这样可以实现白天 12h 顶峰工作和晚上 10h 抽水工作，从而使该潮汐电站成为电力系统中的重要组成部分。该电力系统主要是核电，没有水电，所以潮汐电站实际成了抽水蓄能电站。但是潮汐电站的水头均很低，作为抽水蓄能电站通常是不经济的，一般抽水蓄能电站均为高水头电站，水头达 500～600m。因此，目前通常认为，单库方案优于多库方案。

6.3　波浪能及波浪发电

6.3.1　波浪能

波浪能是海水在波动时所产生的动能和势能。在海洋中存在着各种不同形式的波动，从风产生的表面波，到由月亮和太阳的万有引力产生的潮波。此外，还有表面看不见的下降急剧的密度梯度层造成的内波，以及我们在实验室十分难得一见的海啸、风暴潮等长波。

根据波浪理论，波浪能量与波高的平方成比例。波浪功率，即能量产生或消耗的速率，既与波浪中的能量有关，也与波浪到达某一给定位置的速度有关。通常用每米波前（即波浪正面宽度一米）的功率千瓦数来表示波能的能级。波能的能级主要由波高 H 和周期 T 来决定，与波高 H 的二次方、周期 T 的一次方成正比，例如波高 $H=1\text{m}$，周期 $T=9\text{s}$，一米波前宽度的波能能级为 4.5kW。一般海面上的波高为 2～4m，周期为 9～10s，所以波能的能级为 20～80kW。

海洋中几乎任何地方都蕴藏着波浪能。但从经济观点看，最理想的波能资源区应具备下述条件：位于主要风带内；靠近人口稠密地区；具有可使入射波浪的方向与海岸线平行的海底地形条件。英国西部沿海是典型的重要海洋波能资源区。

6.3.2　波浪能特征

波浪能是由风把能量传递给海洋而产生的。能量传递速率和风速有关，也和风与水相互作用的距离（即风区）有关。水团相对于海平面发生位移时，使波浪具有势能，而水质点的运动，则使波浪具有动能。贮存的能量通过摩擦和湍动而消散，其消散速度的大小取决于波浪特征和水深，深水海区大浪的能量消散速度很慢，从而导致波浪系统的复杂性，使它常常伴有局地风，受到几天前在远处产生的风暴的影响。

南半球和北半球 40°～60° 纬度间的风力最强。信风区（赤道两侧 30°之内）的低速风也会产生很有吸引力的波候，因为这里的低速风比较有规律。在盛风区和长风区的沿海，波浪能的密度一般都很高。例如，英国沿海、美国西部沿海和新西兰南部沿海都是风区，有着特别好的波候。

迄今为止，世界上还没有一座大型波能电站，原因是世界各海区波浪的波高与周期有着明显的日变化和季节变化，海浪不是一种稳定可靠的能源。即使在条件理想的海区建造一种把机械能转变为电能的装置并让它运行起来，有时还会受到具有巨大破坏力的海洋环境的影响。最近几十年是波能发电装置发展最迅速的时期，人们利用波浪传播、波浪相互作用和消散方面的知识，研制了有效的波能提取装置。

6.3.3　波浪能发电

认真研究有效的波浪能技术是从 20 世纪 70 年代中期开始的。有 13 个国家开展了波浪能研究，并且研制了多种波浪能提取装置。对于这些装置，可用不同方法分类，如果按驱动波能装置运动的原理来分类，则可分为上下起伏、起伏与纵摇、纵摇、振荡水柱和前后摆荡等 5 种形式。

波浪能的主要利用方式是发电。要利用海浪发电，关键是要探索海浪运动变化的规律，及时准确地将海浪能"收集"起来，加以利用。这就要求人们设计和试验的波力发电装置必须能充分地将大面积的波浪能加以吸收，并集中转换成机械能，再带动发电机运转发出电来。同时要求发电装置坚固结实，以抗御海浪的冲击。

全世界利用波浪能的设想数以千计，见于文字的波浪能装置专利，可上溯到 1799 年法国人古拉德父子所提出的设想。经过 100 多年的试验，终于在 1911 年建成了世界上第一个波浪发电装置。1965 年，波能发电装置作为导航及灯塔的工作用电开始在实际中运用。在 20 世纪 60 年代以前，付诸实施的装置据报道至少在 10 个以上，在美国、加拿大、澳大利亚、意大利、西班牙、法国、日本等国。

波浪能发电一般是把海浪能直接转换成机械能，或是先转换成压缩的工作流体，再转换成机械能，然后带动发电机发电。按基本原理海浪发电可分为三种方式：利用海浪运动直接转换成机械能；利用海浪上下运动产生的气流或水流驱动涡轮机发电；把低压大波浪转变为小体积高压水，然后引入高位蓄水池，产生水头带动涡轮机发电。按海浪发电装置固定的位置可分为海洋式海浪发电装置和海岸式海浪发电站。获得专利的海洋发电装置达上千种，其中振荡水柱式波能装置、摆式波能装置和聚波水库装置被认为有商业前途，并有成功的应用示范。

6.4　海流能及海流发电

6.4.1　海流的成因和种类

海流能是海水流动所具有的动能。海流有表层流，表层流以下有上层流、中层流、深层流和底层流。海流流径长短不一，可达数百千米，或乃至上万千米，流量也不一，海流的一般流速是 0.5~1nmile/h，流速高的可达 3~4nmile/h。著名的黑潮宽度达 80~100km，厚度达 300~400m，流量可超过世界所有河流总量的 20 倍。

太阳是产生风的根源，而风又使海洋中出现流系。大洋水体有规则的运动为海流。地球表面受热不均匀，赤道附近低纬度地区太阳辐射强，气温高。随着纬度增大，太阳辐射愈来愈弱，气温也逐步降低。由于空气的流动，赤道地区气温高，空气上升，向两极方向流动。于是，便在赤道和两极之间形成一个大气环流，这种空气流动就是我们最常见风。由于受地球自转等因素的影响，原本正南、正北的风向发生了变化，使地球表面形成了风带。风吹水动，某处海水流走了，邻近的海水马上补充过采，连续不断就形成了海流，这种由风直接产生的海流叫做风海流。

海洋里除了风海流外，还有其他原因引起的海流，如由于海水密度分布不均而产生海水流动的密度流；海水涨落潮时发生水平运动的潮流等。实际上，单一原因产生的海流是极少见的，海流往往是多种原因综合作用的结果。

海流一旦产生，又会受到海水深度、地形变化等因素的影响。按照成因，将海流分为风海流、潮流、密度流等，按所处位置又分成沿岸流、赤道流和极地流等，按海流的深度分，又有表层流、底层流之分。人们还将海流的温度与流经海域的水温相比较，把它们分为暖流、寒流，海流中还有能上能下的上升流和下降流。因此海流一般为三种：由海水密度不同而产生的海水运动为梯度流；在海风作用下，由风的"拉力"作用而使海水产生运动为风海流；由于长波运动产生的海流，包括潮汐、内波、假潮、海啸等产生的海水运动为长波潮流。

6.4.2　海流能发电

一般利用海流冲击各种水轮机带动发电机发电。水轮机有以下形式：卡普拉恩水轮机、螺旋桨式水轮机、垂直轴水轮机、低流速能转换器、风车式水轮机、沃伊斯—施奈德螺旋桨、萨沃纽斯转子、磁流体发电等。

人们已研究过许多利用各种强劲而稳定的海流来发电的方法。目前正在研究的海流发电系统中，有两种是比较普通的，即链式发电系统和旋转式发电系统。它由降落伞、环状链条、传动轮和发电机组成。在环状链条上安装有多个降落伞装置，链条绕传动轮转动，传动轮与船上发电机相连。当降落伞顺着海流方向时，由于海流的作用，降落伞张开，当降落伞转到与海流相对的方向时，伞口收拢，带有降落伞的链条的运动使传动轮转动。挂有降落伞的链条自动地向传轮的下游方向漂移，因而降落伞和链条的方向可始终与流速较大的海流的方向保持一致。这种链式海流发电装置比较经济，已建造并试用过，实践证明这种发电系统从工程上来说是可行的。

6.5　海洋温差能及温差发电

6.5.1　海洋温差能及资源特点

海水吸收和储存的太阳辐射能，亦称为海洋热能。太阳辐射热随纬度的不同而变化，纬度越低，水温越高，纬度越高，水温越低。海水温度随深度不同也发生变化，表层因吸收大量的太阳辐射热，温度较高，随着海水深度加大，水温逐渐降低。

海水温度增高的原因很多（地球内部给热，海水中放射物质的发热等），但能利用温差发电的主要是太阳的辐射热。据推算，从南纬 20° 到北纬 20° 之间，海水表层（深 130m 左右）的温度每年是在 25~29℃，尤其在红海高达35℃。太阳辐射到地球上能量约 80 万亿 kW，而被海水吸收的太阳能约为 60 万亿 kW。海水接收的太阳能，除了一部分反向到空气中，大部分被海水吸收。大洋海水主要从界面（即海面）被加热，随着深度的增加海水温度降低。在海面混合作用能力的深度通常为 100~200m，形成一个等温的海水混合层。混合层以下为主温跃层，在该层中海水温度随深度的增加而降低。在中纬度地区，主温跃层大约处在 500~1000m 的水层中。主温跃层以下的大洋深层海水的温度随着深度的增加而缓慢地降低，3000m 以下的海水，其温度可达-1℃~2℃。另外，几乎在所有的世界大洋盆地的底层中都发现有温度低而密度大的极地水。

海洋表层温度较高，而深处则温度较低。海洋热能就是以这种温度差的形式存在于海洋中。在大部分热带和亚热带海区，表层水温和 1000m 深处的水温相差20℃以上，这是热能转换所需的最小温差。世界上蕴藏海洋热能资源可达几万亿瓦。

由于海洋热能资源丰富的海区都很遥远，而且根据热动力学定律，海洋热能提取技术的效率很低，因此可资利用的能源量是非常小的。但是，即使这样，海洋热能的潜力仍相当可观。另外，许多具有最大温度梯度的海区都位于发展中国家的海域，可为这些国家就地提供能源。

6.5.2 海洋温差发电

海水温差发电系指利用海水表层与深层之间的温差能发电，海水表层和底层之间形成的20℃温度差可使低沸点的工质通过蒸发及冷凝的热力过程（如用氨作工质）而推动气轮机发电。按循环方式温差发电可分为开式循环系统、闭式循环系统、混合循环系统和外压循环系统。按发电站的位置，温差发电可分为海岸式海水温差发电站、海洋式海水温差发电站、冰洋发电站。除发电外，在该站附近可建立淡化厂、海水养殖场等进行综合开发利用。

海洋热能转换（OTEC）电站工作方式可分为开式循环、闭式循环和混合式循环三种方式。闭式循环是利用海洋表层的温水来蒸发氨或氟里昂之类的工作流体。蒸汽流经涡轮机后，再由从海洋深处抽上来的冷水冷凝成液体。在开式循环中，表层水本身就是工作流体。表层水在小于其蒸汽压的压力下蒸发，蒸气流经涡轮机，然后如同氟里昂在闭式循环中那样被冷却和凝聚。

无论是开式还是闭式的工作循环，都类似于常规热电站的工作方式，不同的是温度较低，并且不需要支付燃料费。海洋热能电站用的是表层海水的热量，而不是燃料燃烧产生的热量。

海洋热能发电在理论上的最大转换效率是相当低的。温差20℃时，转换效率只有6.8%；温差27℃时只有9%；加上辅助负荷后（如泵吸等），获得的效率在2.5%~4%之间。

20世纪70年代以来，美国、日本和西欧、北欧诸国，对海洋热能利用进行了大量工作，由基础研究、可行性研究、各式电站的设计直到部件和整机的试验室试验和海上试验。这些研制几乎全部集中在闭式循环发电系统上。

6.6 海洋盐度差能及盐度差能发电

因流入海洋的河水与海水之间形成含盐浓度之差，在它们接触面上产生的一种物理化学能。此能量通常通过半透膜以渗透压的形式表现出来。在水温为20℃、海水盐度为35时，通过半透膜在淡水和盐水之间可形成2.5MPa的渗透压，相当于水头256.2m。盐差能量的大小取决于江河入海径流量。

从理论上讲，如果把这个压力差能利用起来，从河流流入海中的每立方英尺的淡水可发0.65kW·h的电。从原理上来说，可通过让淡水流经一个半渗透膜后再进入一个盐水水池的方法来开发这种理论上的水头。如果在这一过程中盐度不降低的话，产生的渗透压力足以将水池水面提高240m，然后再把水池水泄放，让它流经水轮机，从而提取能量。从理论上来说，如果用很有效的装置来提取世界上所有河流的这种能量，那么可以获得约$26×10^9$kW的电力。

在20世纪70年代，各国开展了许多调查研究，以寻求提取盐度梯度能的方法。通过上面引用的简单例子，便可以清楚地看出开发利用盐度差能资源的实际难度。实际上，淡水会冲淡盐水。因此，为了保持盐度梯度，还需要不断地向水池中加入盐水。如果这个过程连续不断地进行，水池的水面会高出海平面240m。对于这样的水头，就需要很大的功率来泵取咸海水。

目前已研究出来的最好的盐度梯度能实用开发系统非常昂贵。这种系统利用反电解工艺（事实上是盐电池）来从咸水中提取能量。根据1978年的一篇报告测算，投资成本约为50 000美元/kW。也可利用反渗透方法使水位升高，然后让水流经涡轮机，这种方法的发电成本可高达10~14美元/（kW·h）。

另一种在技术上可行的方法是根据淡水和咸水具有不同蒸汽压力的原理研究出来的。使水蒸发并在盐水中冷凝，利用蒸汽气流使涡轮机转动。这种过程会使涡轮机的工作状态类似于开式海洋热能转换电站。这种方法所需要的机械装置的成本也与开式海洋热能转换电站几乎相等。但是，这种方法在战略上不可取，因为它消耗淡水，而海洋热能转换电站却生产淡水。

美国人于1939年最早提出利用海水和河水靠渗透压或电位差发电的设想。1954年建造并试验了一套根据电位差原理运行的装置，最大输出功率为15mW。1973年发表了第一份利用渗透压差发电的报告。1975年以色列人建造并试验了一套渗透压法的装置，表明其利用可行性。以色列最近建立了一座150kW盐差能发电试验装置。美国、日本等国也都有研究动态报道，但都处于初步研究阶段，距投入实际应用尚有一段距离。

参 考 文 献

[1] 王革华，等. 能源与可持续发展. 北京：化学工业出版社，2005.

[2] 张希良. 风能开发利用. 北京：化学工业出版社，2005.

[3] 罗运俊，何梓年，王长贵. 太阳能利用技术. 北京：化学工业出版社，2005.

[4] 姚向君，田宜水. 生物质能资源清洁转化利用技术. 北京：化学工业出版社，2005.

[5] 刘时彬. 地热资源及其开发利用和保护. 北京：化学工业出版社，2005.

[6] 褚同金. 海洋能资源开发利用. 北京：化学工业出版社，2005.

[7] Tony Burton，David Sharpe，Nick Jenkins，Ervin Bossanyi. Wind Energy Handbook. John Wiley & Sons Ltd，2001.

[8] 王承煦，张源. 风力发电. 北京：中国电力出版社，2003.

[9] 黄锡坚. 硅太阳电池及其应用. 北京：中国铁路出版社，1985.

[10] 刘恩科，等. 光电池及其应用. 北京：科学出版社，1991.

[11] 李安定. 太阳能光伏发电系统工程. 北京：北京工业大学出版社，2001.

[12] 汉斯. S. 劳申巴赫. 太阳电池阵设计手册：光电能转换原理及其应用. 北京：宇航出版社，1987.

[13] 安其霖，曹国琛，李国欣，等. 太阳电池原理与工艺. 上海：上海科学技术出版社，1984.

[14] 郭廷玮. 太阳能的利用和前景. 北京：科学普及出版社，1984.

[15] 朱松然. 蓄电池手册. 天津：天津大学出版社，1998.

[16] 朱小同，赵桂先. 蓄电池快速充电的原理与实践. 北京：煤炭工业出版社，1996.

[17] 田家山. 水泵及水泵站. 上海：上海交通大学出版社，1989.

[18] 叶汝裕. 水泵风机的节电及技术改造. 重庆：重庆大学出版社，1990.

[19] 张占松，蔡宣三. 开关电源的原理与设计. 北京：电子工业出版社，1999.

[20] 赵争鸣，刘建政，孙晓瑛，等. 太阳能光伏发电及其应用. 北京：科学出版社，2005.

[21] 袁振宏，吴创之，马隆龙，等. 生物质能利用原理与技术. 北京：化学工业出版社，2005.

[22] 吴创之，马隆龙. 生物质能现代化利用技术. 北京：化学工业出版社，2003.

[23] 姚向君，田宜水. 生物质能资源清洁转化利用技术. 北京：化学工业出版社，2005.

[24] 中国电机工程手册：其他能源篇地热发电章. 北京：机械工业出版社，1992.

[25] 刘志江，韩升良，施延洲. 我国的地热资源及地热发电技术的发展. 北京：中国电力出版社，1996.

[26] 褚同金. 海洋能资源开发利用. 北京：化学工业出版社，2005.

[27] 海洋开发技术进展（1997—1998）. 北京：海洋出版社，1999.

[28] 海洋开发技术进展（1999—2000）. 北京：海洋出版社，2001.

[29] 沈祖诒. 潮汐电站. 北京：中国电力出版社，1998.

第17篇

输 电 系 统

主　编　涂光瑜（华中科技大学）

　　　　陈　陈（上海交通大学）

执　笔　涂光瑜（华中科技大学）

　　　　陈　陈（上海交通大学）

第 1 章　输 电 系 统 概 述

1.1　输电系统

1.1.1　电力系统与电力网

现代电力系统是一个由电能生产系统（发电）、输送与分配系统（输电、变电与配电）、消费系统（用电负荷）和相应的辅助设施（如继电保护、安全自动装置、调度自动化系统等）组成的控制系统，是按规定的技术与经济要求构成的统一大系统，这是由电能生产过程的连续性和电能不能大规模储存以及产、供、销在同一瞬间完成等特点所决定的。典型的以电压等级为分层结构表示的区域电力系统组成示意图，如图 17.1－1 所示。

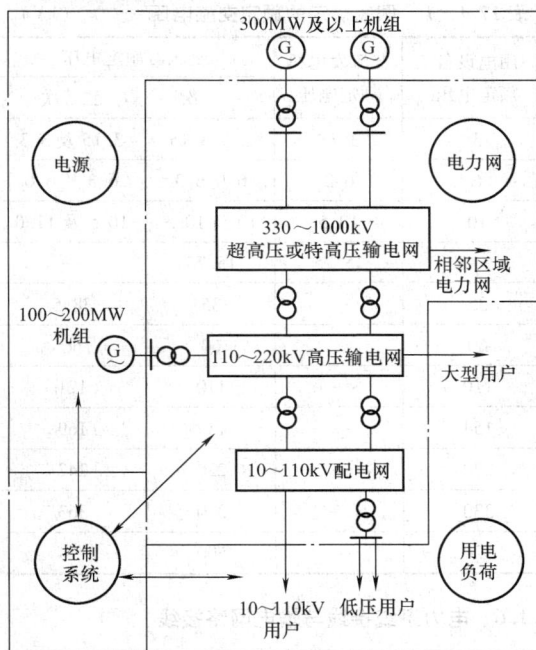

图 17.1－1　典型的区域电力系统示意图

电力系统中的输电、变电和配电组成电力网络，也称为电力网或电网，它包括输电网与配电网两部分，是电能从生产到消费的中间环节，电力网既是电力工业的载体，也是电力市场的范围。

1.1.2　输电系统

输电系统是电力系统的重要组成部分，包括变电所和输电线路。发电厂生产的电能，经输变电网络，供给配电网络和用户。变电所是连接电力系统的中心环节，用以汇集电源、升降电压和分配电力。随着电力负荷的不断增长，大型坑口电厂、水电厂和核电厂的建设，都需要通过输电线路构成电力网，实现电力安全可靠和经济合理的远距离传输。我国的煤炭资源主要分布在华北、内蒙古和西北地区。水电资源集中于西南、西北地区，而电力负荷则主要集中在东部沿海地区。西电东送就是根据我国的国情，为解决能源基地和负荷中心分布的不均衡而制订的规划，从而突显了输电系统工程在能源建设中的重要性，有力地推动了超高压、大容量、远距离输电建设的发展。以三峡水电厂为代表的大型水电厂建设以及超高压、特高压交流输电和直流输电工程建设，极大地促进了我国输电技术的发展。

1.1.3　输电方式

最早的电力输送采用直流输电方式，但由于在提高额定电压、增加输送容量和输电距离等问题上，得不到妥善解决，就逐渐为交流输电所取代。交流输电技术、输变电设备和交流电动机的不断进步，使得交流输电得到了巨大的发展，特别是自 20 世纪 50 年代以来，超高压交流输电发展迅速。目前，500kV 超高压交流输电线路已被广泛采用，输电电压达 1000kV 级、输送容量为 10000MW、输送距离超过 1000km 的特高压交流输电线路也已建成。

由于换流技术的进步，特别是大容量晶闸管阀的研制和应用，再加上直流输电在技术上具有优越性，诸如不存在系统稳定问题，不同频率或者不同电压等级的电力网可以互联，直流电缆的良好性能可用于跨海向海岛输电，直流输电线路本体的造价较低，以及能满足大容量输电的需要等，都促进了直流输电的发展。目前运行中的高压直流架空线输电工程电压等级普遍为 ±500kV，双极输送容量达 3000MW。目前世界上规格最高的是巴西伊泰普直流输电工程电压达 ±600kV，双极输送容量达 6300MW，输送距离达 800km。±800kV 特高压直流输电工程也正在实施中。运行中的直流电缆输电工程最高电压高达 450kV。500kV 电压水平的直流电缆输电工程正在设计中。

电力系统的输电方式目前主要采用交流输电方式，但在论证远距离大功率输电、交流电力系统间的联络线路、向较远距离的海岛用海底电缆送电，以及向用电密集的大城市供电等工程建设时，往往需进行交流输电与直流输电方案的技术经济比较，以确定合理的输电方式。从经济上看，对架空线路超过 800～1000km，对于电缆线路超过 50km，直流输电比较便宜。从可靠性看，交流输电故障几率低，但持续时间较长、波及面广；直流输电故障几率高，但持续时间短，影响面小。从运行灵活性看，交流输电组网及电压变换方便灵活，适应面广；直流输电控制复杂，断路器价格昂贵，建立多端直流输电系统目前仍比较困难。交流输电与直流输电两种输电方式各有特点。

1.1.4 输电线路

输电线路按其架设方式，可分为架空输电线路和电缆输电线路两大类。架空线路的特点是曝露于大气之中，充分利用空气绝缘，造价低，维修方便，但受到气候和环境的影响，如风、冰雪、气温、雷暴、盐雾和工业污秽等，严重的会引起断线倒塔、雷击跳闸、绝缘子污闪，造成停电事故；反之，架空线路对生态环境也会产生影响，如对人畜的电、磁影响，对电信线路的干扰影响，对无线电和电视的干扰，发出可听噪声，需较宽的走廊，占用土地，有时也会影响名胜古迹和风景游览区的美观等。根据架空线路的具体情况，采取适当的技术措施，可以保证架空线路的安全运行，消除或减少对生态环境的影响。例如，在选择路径时，综合考虑运行、施工、交通条件和路径长度等因素，尽量避开重冰区、不良地质地带以及严重影响安全运行的地段，少占农田，考虑对邻近电台、电信线路等的相互影响。我国已采用航空测量技术来选择架空线路路径，为优化路径方案创造了良好的条件；采用张力放线，防止导线在施工过程中磨损而产生电晕干扰；采取有效的防污闪和防雷措施，合理制订风、冰等设计负荷；注意架空线路与环境的协调；加强运行维护和管理等。

电缆线路埋设于地下，不受气候和环境的影响，对环境的影响也较小，占地少，维护工作量小，可靠性高。但其造价高，电压等级越高，与架空线路的差价越大，甚至可高达架空线路造价的 10 倍，特别是超高压交流电缆线路，不仅造价高昂，而且输送容量和距离由于电容效应而受到一定的限制。电缆线路一旦发生事故，排除的时间也较长。

目前，在输电线路工程的建设中，一般都优先采用架空输电线路，只是在城区，线路走廊拥挤地段，对环境保护有特殊要求的地区，或跨越大的江、湖、海峡等不能采用架空线路输电时，才采用电缆线路。

1.1.5 输电电压等级

我国运行中的交流输电电压有 6kV、10kV、35kV、60kV、110kV、154kV、220kV、330kV 和 500kV，其中 60kV 与 154kV 两个等级将暂时保持原状，不予发展。

各国对交流输电电压的发展，都要求简化等级，以利制造和运行、维护。相邻电压等级的级差之比，普遍认为宜保持在 2～3 倍左右。我国现以 6～10/35/110/220/500kV 和 6～10/35/110/330kV 相匹配。500kV 以上的电压等级，目前处于研究发展阶段。

直流输电电压等级目前尚无国家标准，但实际工程中，确定直流输电电压仍应按一定的标准进行，如 ±100kV、±250kV、±400kV、±500kV、±800kV 等。

电力系统中的电动机、变压器和发电机等电气设备都规定有额定电压，以取得设备运行的最佳技术性能和经济效果。国家规定的额定交流电压见表 17.1-1。

表 17.1-1　国家规定的额定交流电压　　(kV)

用电设备额定电压	交流发电机额定电压	变压器额定电压	
		一 次	二 次
3	3.15	3 及 3.15	3.15 及 3.3
6	6.3	6 及 6.3	6.3 及 6.6
10	10.5	10 及 10.5	10.5 及 11.0
—	15.75	15.75	
35		35	38.5
60		60	66
110		110	121
154		154	169
220		220	242
330		330	363
500		500	—

1.1.6 电力系统接线与输电网络接线

1. 电力系统接线　电力系统接线的图示方式一般有两种，即地理接线图和电气接线图。

地理接线图表明各发电厂、变电所的相对地理位置和它们之间的连接关系。

电气接线图表明电力系统中各主要元部件之间和厂所之间的电气连接关系，并不反映发电厂、变电所的地理位置。电气接线图由发电厂、变电所的主接线和输变电网络接线连接而成，一般采用单线图。

2. 输电网络接线　输电网络接线可分为无备用接线和有备用接线两类。无备用接线包括单回路放射式、干线式和链式网络，此类接线中，每一负荷只能靠一条线路获得电能，故又称开式网络，其优点是接线简单，缺点是供电无备用。在干线式和链式网络中，当线路较长时，末端电压往往偏低。

有备用接线最简单的是采用双回路的供电方式，除此以外，还有单环式、双环式和两端供电式。有备用接线又称闭式网络，其优点是每一个负荷点至少可以通过两条线路从不同方向取得电能。

电力网络按其职能可分为输电网络和配电网络。大的电力网是分层结构的，由不同电压等级的输电网络互联而成。与电源连接的 220～500kV 以上电压等级的远距离输电干线常常采用双回线和多回线，进而构成一级主干输电网络。位于负荷中心的城市网络，是以 110～220kV 电压等级为主，汇集多个电源的环形网作为二级输电网络。35kV 及以下电压等级的配电网可采用简单的开式网络，或复杂的闭式网络、网格式网络。

1.1.7　电力系统负荷

电力系统中接有为数众多、千差万别的用电设备，它们大致可分为异步电动机、同步电动机、各类电炉、整流设备、电子仪器、整流设备、电热设备和照明设备等。它们分属于不同的工厂、企业、机关、居民区等，统称为电力系统的用户。用户是电力系统服务的对象，电力系统运行的好坏，归根到底要看对用户供电的质量如何而定。电力系统负荷是指电力系统在某一时刻各类用电设备消耗功率的总和。由于消耗功率有有功功率、无功功率、视在功率之分，因此电力系统负荷也包含有功负荷、无功负荷、视在负荷三种，电力系统负荷的分类方法很多，不同的场合采用了不同的分类方法。这些分类方法大致包括以下几类。

1. 根据消耗功率的性质分类

（1）用电负荷。用户的用电设备在某一时刻消耗功率的总和称为用电负荷。

（2）供电负荷。用电负荷加上电力网损耗的功率（也称线损负荷）称为供电负荷。供电负荷就是电力系统中各发电厂应提供的功率。

（3）发电负荷。供电负荷加上发电厂本身所消耗的功率（也称发电厂厂用电负荷）称为发电负荷。

2. 根据供电可靠性分类

（1）Ⅰ类负荷。对这类负荷中断供电，将可能带来人身危险，使设备损坏，引起生产混乱，出现大量废品，重要交通枢纽受阻，城市水源、通信、广播中断，因而造成巨大经济损失和重大政治影响。Ⅰ类负荷一般应由两个独立电源供电。有特殊要求的Ⅰ类负荷，两个独立电源应该来自不同的变电所。按照生产需要和允许时间，采用自动或手动切换双电源的接线，或双电源对多台Ⅰ类用电设备分组同时供电的接线。若Ⅰ类负荷容量不大，可采用蓄电池组、自备发电机等作为备用电源，也可从临近单位独立供电系统中引出低压作为第二个独立电源。

（2）Ⅱ类负荷。对这类负荷中断供电，将造成生产单位大量减产、停工，局部地区交通受阻，大部分城市居民的正常生活被打乱。Ⅱ类负荷可以采用双回线供电。当取得二回线路有困难时，允许由同一回专线供电。对重要的Ⅱ类负荷，其双回线应该引自不同的变压器，也可以两个独立电源供电。

（3）Ⅲ类负荷。指不属于Ⅰ类、Ⅱ类的其他负荷。对这类负荷中断供电，造成的损失不大。因此，对Ⅲ类负荷的供电无特殊要求。

3. 根据用户在国民经济中的部门分类　可以分为六类：①工业用电负荷；②农、林、牧、渔、水利用电负荷；③建筑业用电负荷；④交通运输、邮电通信用电负荷；⑤商业、饮食、供销、仓储业用电负荷；⑥城乡居民生活用电负荷。

因为用户用电设备的投入或停运对电力系统而言完全是随机的，所以用电负荷的大小是随时间而变化的。对一大批用电设备，其负荷的变化虽有随机性，但却能显示出某种程度的规律性，这一规律性通过负荷曲线的描述可以看得比较清楚。所谓负荷曲线就是指在某一段时间内用电负荷大小随时间变化的曲线图。

负荷曲线可按时间和按用电特性划分为两大类。

按时间分类主要有日负荷曲线和年负荷曲线两个系列，它们又可根据所取负荷的性质，生成若干种负荷曲线。

（1）日负荷曲线。以全日小时数为横坐标而以负荷值为纵坐标绘制而成的曲线，按照负荷性质又可分为：①电力系统的日综合负荷曲线；②发电厂的日发电负荷曲线；③个别用户的日负荷曲线；④分类用户的日用电综合负荷曲线。

（2）日平均负荷曲线。按其记录日数的多少，可以分为周、日或季等。按其代表的负荷性质，最常用的是：①系统日平均负荷曲线；②分类用户的日平均负荷曲线。

（3）日负荷持续曲线。它的主要作用是掌握系统的基本负荷（最低负荷）的大小以及高出基本负荷的持续小时数。按其记录时间的长短可分为日、月及全年的负荷持续曲线。

（4）年负荷曲线。年负荷曲线一般是由日负荷曲线叠成的。最常见的有：①逐日负荷变动曲线；

②月最高负荷曲线；③月平均最高负荷曲线；④月最低负荷曲线。这些曲线可反映出负荷变动的限度及状况，并从中找寻负荷变动特性，可供发供电部门制定运行、检修计划时参考。

（5）历年负荷曲线。最常见的有：①历年的月平均和月最高负荷曲线；②历年的月最低负荷曲线；③历年的月发电量和历年的日平均发电量曲线。

实际的负荷曲线是一条不间断的连续曲线，但在绘制时由于只能得到离散时间的实测值（或估计值），一般用折线法或阶梯法描绘。图 17.1－2 及图 17.1－3 分别表示出了用这两种方法绘成的日有功负荷曲线。横坐标以小时为单位，长度为 24h，表示一天之内有功负荷的变化情况。日有功负荷曲线应用最广，故把它简称为日负荷曲线。日负荷曲线的最高点和最低点分别代表日最大负荷和日最小负荷，是电力系统运行中必须掌握的重要数据。日负荷曲线随着时间延伸到 8760h，就构成了年有功负荷曲线。

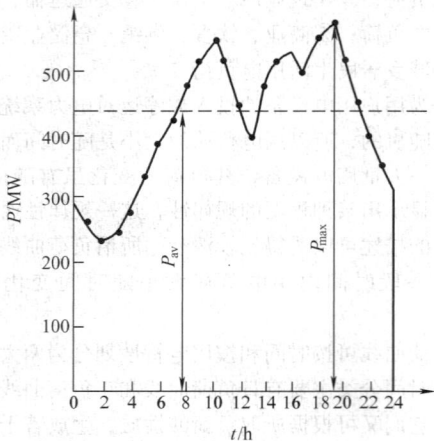

图 17.1－2　日有功负荷曲线（折线法）

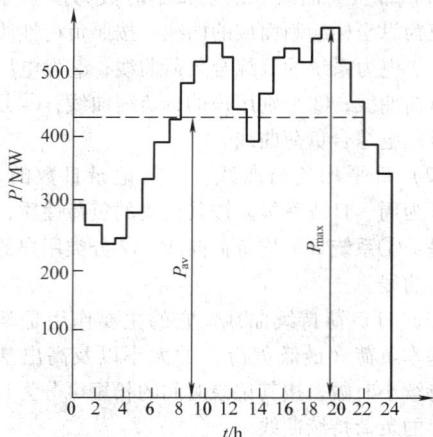

图 17.1－3　日有功负荷曲线（阶梯法）

与有功负荷相似，无功负荷也在一天中不断变化，但变化较平缓，因为像电动机和变压器这类设备，其励磁所需的无功功率主要与电压有关，并不随有功功率变化。

根据日负荷曲线可计算出系统中用户的日用电量

$$W_d = \int_0^{24} P dt$$

进而可以求出日平均有功负荷

$$P_{av} = \frac{W_d}{24} = \frac{1}{24} \int_0^{24} P dt$$

为了反映日负荷曲线的起伏变化情况，引入一个负荷率 K_p 的概念

$$K_p = \frac{P_{av}}{P_{max}}$$

式中，负荷率 K_p 为日平均有功负荷 P_{av} 与日最大有功负荷 P_{max} 之比，K_p 值小，表明负荷曲线起伏大，发电机的利用率差。

日负荷曲线对电力系统的运行有重要的意义，它是安排日发电计划，确定各发电厂发电任务以及确定系统运行方式等的重要依据。

随着生产的发展、生活的改善以及季节气候的变化，每日的最大负荷是不同的，一般是年初低年末高，夏季小于冬季，把每日的最大负荷抽取出来按年绘成曲线，称为年最大负荷曲线，如图 17.1－4 所示。这种负荷曲线主要用来指导制订发电检修计划和制订新建、扩建电厂的计划等。

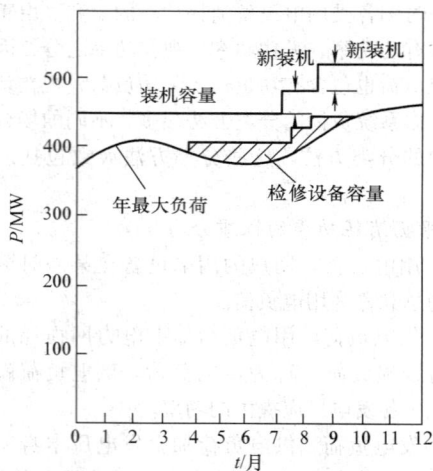

图 17.1－4　年最大负荷曲线

为了确保系统中因有机组检修或个别机组突发故障退出运行时不减少对用户供电，系统中装设的机组总容量应大于系统的最大负荷，如图 17.1－4 所示。多出的部分称为备用容量。检修机组应安排在负荷最小的时段，而且随着负荷的增长，还应当不断装设新

的发电设备。

在电力系统运行分析中，还经常用到年持续负荷曲线，如图17.1-5所示，它是把一年内每个小时的负荷按功率大小为先后顺序排列而成，用于安排发电计划及进行可靠性估计。按此曲线可求出全年的电能消耗量 W_y

$$W_y = \sum_{i=1}^{n} P_i t_i$$

式中，i 为由大至小出现的不同负荷的序号。

最大负荷利用时间 T_{max} 定义为

$$T_{max} = \frac{W_y}{P_{max}} = \sum_{i=1}^{n} P_i t_i / P_{max}$$

即负荷按最大有功负荷 P_{max} 使用，则在 T_{max} 时间内消耗的电能，等于负荷全年的电能消耗量 W_y。

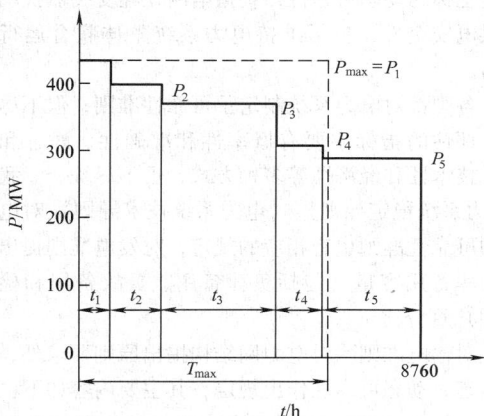

图 17.1-5　年持续负荷曲线

不同性质的用户、不同的生产班次，其最大负荷利用时间不同。根据运行经验统计出的不同类用户的不同班次的最大负荷利用时间都有一个大致的范围，见表17.1-2。若已知某一类用户的最大负荷，再从表上查出相应的最大负荷利用时间，就可算出该类用户全年用电量的近似值。

表 17.1-2　　各类用户年最大负荷利用小时

负荷类型	T_{max}/h	负荷类型	T_{max}/h
照明及生活用电	2000～3000	三班制企业	6000～7000
一班制企业	1500～2200	农业用电	1000～1500
二班制企业	3000～4500		

1.2　电力网建设

1.2.1　对电力网建设的基本要求

电力网的建设应满足电力系统经济性、可靠性与灵活性的基本要求。一个结构合理的电力网，应该满足以下的基本要求：

（1）能够适应系统发展的需要，适应各种运行方式下的潮流变化。

（2）潮流流向合理，并具备一定的灵活性，即电力网中任一元件无故障断开，应能保持电力网的稳定运行，并不致使其他元件超过事故过负荷的规定。

（3）电力网应当具有较大的抗干扰能力，能够满足电力系统安全稳定的要求，防止发生灾害性的大面积停电事故。

（4）规划电力网（包括受端系统、电源的接入及联络线等）应结构简明、层次清晰，要贯彻"分层分区"的原则，主力电源一般接入高压输电网，避免电源过于集中，防止因负荷转移引起恶性连锁反应。

（5）要强化受端系统建设，加强受端系统内部最高一级电压网络的联系和电压支持，形成以受端系统为核心的电网模式。

（6）电网无功功率基本上按输电电压分层补偿与控制，按电网分区就地平衡。

（7）对系统间联络线的建设，应按规划确定的性质和任务的不同区别对待，要保持联络线负荷的稳定性，防止因联网扩大事故。

（8）能够适应市场经济对电力市场的要求，实现网络开放和转运，满足竞争性的电力交易。

（9）电网建设同时，要使调度自动化、通信、安全自动装置、继电保护等控制系统配套建设与协调发展。

1.2.2　受端系统建设

受端系统是现代电力系统的组成部分，集中了较大比重的负荷和电源，加强和扩大相邻主要负荷集中地区（包括电源）内部和它们之间的网络连接，将受端系统建设成整个电力系统核心，是保证全系统安全稳定的物质基础与关键。

《电力系统技术导则》对受端系统提出了较高的要求，即在正常运行方式下，当受端系统发生任何单一故障时，仍能保持系统稳定并同时不损失负荷；而在正常检修运行方式下，允许采取切机切负荷等措施，以保证受端系统稳定运行。满足上述要求的受端系统必须在电气上具有足够的短路容量和足够大的惯性，使得在各种暂态情况下，内部所有的同步电动机都能成为保持同步运行的整体。为此必须强化受端系统建设，其基本要点如下：

（1）加强受端系统内部最高一级电压网络的联系。

（2）创造条件在受端系统内建设直接接入最高

一级电压电网的主力电厂，必要时可装设大容量的调相机，以加强受端系统的电压支持。

（3）注意保持受端系统无功功率事故补偿能力，以保持事故后枢纽点电压水平与地区负荷的供电要求。

1.2.3 电源接入系统

电源接入系统主要应解决电厂的送电范围、出线电压、出线回路数、电气主接线及有关电器设备参数等一系列问题，根据电厂在系统中的地位与作用，从系统的全局着眼，主要考虑实行分层原则与分散外接电源原则。

分层原则是指按网络电压等级，即网络的传输能力大小，将电力系统划分为由上至下的若干结构层次。为了合理地充分发挥各级网络的传输效益。一般来说，不同容量的电厂（和负荷）应当分别接到相适应的电压网络上，对单机容量≥500MW 机组一般宜直接接入 330～500kV 电压网络，而单机容量为 100MW 左右的机组，一般宜直接接入 220kV 电压网络，而单机容量为 200～300MW 左右的机组，经技术经济论证后再确定直接入哪一级电压电网。

分散外接电源原则是建立坚强的受端系统、建设合理的电网结构的重要原则，它包含以下要求：

（1）各个外部电源应直接分散地接入受端系统的不同变电所母线，避免在送端或送电途中并联。

（2）连接到同一组送电回路的外部电源最大输电容量所占受端系统总负荷的比重不宜过大，目的是考虑到即使失去这个支路的电源也不致造成全系统的事故。

1.2.4 联络线与互联系统

电力系统联络线是指连接电力系统与电力系统的输电线路，可以单回路或多回路，交流输电线、直流输电线或交直流输电线路并列使用。互联系统是指两个或两个以上电力系统通过联络线实行联合运行的联合体。一般按联络线输送功率的大小划分互联系统的联网性质属于强联网或弱联网。强联网的联络线输送功率超过互联系统中最小系统中总发电容量的 15% 以上，通常以所联系统最高一级电压进行连接。弱联网是指上述输送功率在 10%～15% 以下，联络线电压不高，通常是一侧系统向另一侧系统供应不大的电量和功率。

电网互联是发展大电网获取巨大技术经济效益的必然途径，是电力系统发展的必然趋势，也是世界各国共同的经验。电网互联的技术经济效益有错峰效益、调峰效益、水电厂的跨流域补偿调节及水、火电之间可调节效益、正常与事故备用效益及规模经济效益等。但电网互联后扩大了事故的波及面，增加了发生系统性事故的概率。在互联电网建设时不仅要重视经济效益，还要采取措施防止由于联络线功率波动、低频振荡及其他稳定性破坏事故引发的大面积停电等带来的联网风险。电力系统是否联网，除进行技术经济比较外，还要解决互联电网的管理体制和调度方式，制定合理的互供电价，使联网效益在互联系统内得到合理的分配，才能发挥互联系统的优越性。

1.2.5 电力系统的可靠性

电力系统可靠性包括充裕度和安全度两方面内容。充裕度也称为静态可靠性，表征电网在稳态条件下向用户不间断地提供合格的电力和电量的能力；安全度也称为动态可靠性，是指电网在经受突然扰动后的供电安全性，包括维持电力系统整体联合运行的能力。

各国都对电力系统制定了可靠性准则，但不尽相同，评估的指标主要有概率性和准确性、静态和动态、技术性和经济性等多种方式，也不尽统一。我国《电力系统稳定导则》、《电力系统技术导则》对电力网的可靠性准则也有相应的规定，对发电准则提出有功功率备用容量（包括负荷备用、事故备用和检修备用）百分比。

对输电准则除对电力网结构提出原则要求外，并对静态、动态可靠性作出规定，其主要内容如下：

（1）在正常方式下，按功率判据静态稳定储备系数 $K_p \geqslant 15\% \sim 20\%$；按无功电压判据静态稳定储备系数 $K_v \geqslant 10\% \sim 15\%$；在事故后运行方式下为 $K_p \geqslant 10\%$、$K_v \geqslant 8\%$。

（2）电网中任一元件无故障断开，应能保护电网的稳定运行，并不致使其他元件超过事故过负荷的规定。

（3）电网应具有足以应付单一元件事故的综合能力，在单一严重故障下不丧失暂态稳定。

（4）电网因受到多重事故或保护误动作，及其他偶然因素导致稳定性破坏时，必须采取措施防止发生系统崩溃，引起长期大面积停电的恶性事故。

1.2.6 联网效益与电网规划

超高压电网常采用最高一级电压将不同电网联系起来，可在技术经济上带来很大的好处。联网的效益主要有以下几方面：

1. 减少系统中的装机总容量 由于负荷特性、地理位置等不同因素的影响，电力系统中各地区的最大负荷并不是同时出现的，因此任何系统的最大综合负荷将小于各孤立电网最大负荷的总和。系统中最大综合负荷的降低，可相应地减少系统中的总装机容量。

2. 合理利用能源，充分发挥水电的作用 由于能源基地（如大煤田、大水坝）距离负荷中心地区较远，如果没有电力网络相连，将难以充分利用能源。由于水电厂在丰水季节弃水而枯水季节出力不足，只有并入电网后才能充分发挥水、火电相互配合调剂的优越性。例如，在丰水季，可多发水电，少发火电以节约煤炭；在枯水季，可由火电担任基荷，而由水电负担调峰。对大区联网，可利用时差，由大型水电承担调峰任务，从而减少火电装机容量，进一步发挥水电的作用。

3. 提高供电可靠性 孤立系统的发电厂需装设一定的机组备用容量，作为检修与事故备用。联网后由于检修的不同时性而减少备用容量。在事故时，可在网内统一调度，提高供电的可靠性。

4. 提高运行的经济性 由电网统一调度，全面地掌握能源的利用，最有效地利用火电和水电，最合理地分配负荷，实行计划用电，使全系统的电能成本趋于最小，大大提高运行的经济性。

电网规划是一项长期而现实的任务，其范围包括负荷分析、电力电量平衡、电源布点、网络布局、规划选厂和流域规划等。其中，网络布局是规划中很重要的一环，内容有电压等级选择、网络结构、发电厂与变电所连接主接线、发电机组容量、变压器容量、导线截面、电网接地方式、无功规划和工业系统的规划等。

电网规划的期限可以分远、中、近三个阶段。近期一般为 5 年，是指导和确定基本建设项目和技术改造项目的根据。对重大项目尚需从经济上、技术上论证其必要性和可行性。中期规划为展望 10~15 年的发展前景，远期规划则为 20~30 年的远景设想。由于电网规划与国民经济的发展关系密切，所以要按客观要求每年加以调整。

电力网络的规划包括受端系统、电源的接入、联络线等，应从全面着眼，统筹考虑，合理布局，贯彻分层分区的原则，逐步形成以受端系统为核心的区域电网。主力电厂一般应直接接入目标受电系统，力求电网结构的简化，避免因辗转连接而降低稳定水平，削弱电网防止事故和抗干扰的能力。

第 2 章 交 流 输 电

2.1 交流输电线路输电能力

2.1.1 影响输电能力的要素

输电能力是指输电线路在满足电能质量、系统的稳定性及经济性等工作条件下，输电线路送电端允许通过的有功容量值，即线路的输电容量。导线允许发热、线路允许电压降及满足电力系统运行的经济性与稳定性，是影响输电能力的主要因素。应对输电线路进行多项校验计算以确定允许的输电能力。对于具体输电线路，可能其中某一因素是确定性约束条件，例如对于输电距离较短的线路，由导线允许持续发热条件确定其输电能力；对于向某一负荷点供电的输电线路，线路允许电压降常起决定性制约因素；对于长距离、重负荷的超高压输电线路，保持系统稳定性往往是主要的制约条件；有的输电线路可能按经济电流密度采用经济输电容量。上述影响输电能力的要素不仅与输电线路本身的技术条件（如电压等级、线路结构、导线材料及截面、线路回路数与长度等）有关，也与输电线路所在电力系统的具体条件，如电网结构、运行方式、继电保护和控制技术条件等有关。例如：从大电源向电力网输电的线路，其输电功率应与大电源占系统容量大小相适应；高低压电磁环网可能限制线路输电能力；而继电保护快速切除故障或辅以可靠的安全自动装置等措施可以提高系统的稳定性，从而提高线路的输电能力。

2.1.2 高压输电线路的输电能力

对于 35~110kV 高压输电线路的输电能力，主要取决于线路允许电压损失及导线允许持续发热条件，对于长距离、大容量的 220kV 及以上输电线路，还应考虑系统稳定条件。

1. 按输电线路允许电压损失决定输电能力

对于 110kV 及以下电压的输电线路，一般按允许电压损失 $\Delta U \leq 10\%$ 的条件，用负荷距（P_2L）大小表示线路的输电能力

$$P_2L = \frac{U_2^2 \Delta U\%}{100(r_0 + jx_0 \tan\varphi_2)}$$

式中，P_2 为受端有功功率（MW）；U_2 为受端电压（kV）；φ_2 为受端功率因数角；L 为线路长度（km）；r_0、x_0 分别为每千米线路的电阻、电抗值（Ω）。

对于重负荷、长距离的 154~220kV 线路的负荷距（P_2L）计算中，还要包括计及电压损失横分量 δU 和线路充电功率的影响。

2. 按线路允许持续发热条件确定输电能力

$$P \leqslant \sqrt{3} U_e I_p \cos\varphi$$

式中，P 为三相输电总功率（MW）；I_p 为按线路允许持续发热条件确定的电流（即允许载流量）（kA）；U_e 为线路额定电压（kV）；$\cos\varphi$ 为功率因数。

钢芯铝线在周围气温为 25℃ 及导线允许最高温度为 70℃ 时的允许载流量见表 17.2-1。如果周围气温不是 25℃，则要进行修正。

表 17.2-1　钢芯铝线按线路允许最高温度确定的允许载流量的输电容量

导线型号	长期允许载流量/A	输电容量/MVA		
		35kV	110kV	220kV
LGJ-120	380	23	72.4	—
LGJ-150	445	27	84.8	—
LGJ-185	510	30.9	97.2	—
LGJ-240	610	37	116.2	232.4
LGJQ-300	690		131.5	262.9
LGJQ-400	825		157.2	314.4

2.1.3 超高压远距离输电线路的输电能力

超高压远距离输电线路的输电能力，应通过系统稳定计算并留有一定的稳定储备来确定（见表 17.2-2）。作为规划性核算，可以采用自然功率的概念，按照输电线路的极限传输角大小作为稳定性控制的依据，线路的自然功率由下式确定

$$P_\lambda = \frac{U_e^2}{Z_\lambda}$$

式中，P_λ 为自然功率；Z_λ 为线路波阻抗。

线路输电能力，根据同步发电机的功角特性，可以按下式估算

$$P = P_\lambda \frac{\sin\delta}{\sin\lambda}$$

式中，λ 为输电线路的波长；δ 为线路两端电压的相

位差，一般取25°~30°。

表 17.2-2　各级电压单回线路波阻抗和自然功率

电压等级/kV	导线分裂数	Z_λ/Ω	P_λ/MW
220	1	380	127
330	2	310	352
500	4	270	925
750	4	260	2160

　　按此无补偿线路传输自然功率的输电距离大约为400~500km，采用提高稳定的措施后，可提高输电功率和输电距离。

2.1.4　提高超高压线路输电能力的措施

　　提高超高压线路输电能力的措施主要在于提高电力系统的稳定水平，包括提高静态稳定和暂态稳定水平。提高静态稳定水平的措施，主要是加强电网联系，减小送、受端的联系电抗，提高运行电压；提高暂态稳定水平的措施，除增加系统承受扰动能力外，还必须减少扰动量及缩短扰动时间。提高稳定的具体措施主要有以下几方面：

　　1. 电压的调整和控制　主要有采用快速励磁调节、中间并联补偿等。

　　2. 减少电源间联系电抗　主要有采用串联电容补偿、采用分裂导线及紧凑型输电、加强电网主网架建设等。

　　3. 减少扰动量及缩短扰动时间　主要有设置中间开关站、联锁切机及火电机组快速关闭进气门、快速切除故障和自动重合闸等。

2.2　无功补偿与电压调整

2.2.1　无功功率的平衡与补偿

　　在电力系统中，大量的负荷需要一定的无功功率，同时网络元件中也会引起无功功率损耗。因此电源所发出的无功功率必须满足上述的需要，即保持系统中无功功率的平衡。无功功率平衡包含两重含义：一是对于运行中的电力系统，要求系统无功电源所发出的无功功率与系统无功负荷及无功损耗所需要的无功功率相平衡；二是在系统的规划设计中，要求系统无功电源设备的容量，应与系统运行所需要的无功电源功率及系统的备用无功电源功率相平衡，以满足运行的可靠性及适应系统负荷发展的需要，这样才能维持系统的电压水平。

　　1. 无功功率负荷和无功功率损耗

　　（1）无功功率负荷。电力系统中的用电设备包

括异步电动机、同步电动机、电炉、整流设备及照明灯具等。一般来讲，电力系统的负荷都是以滞后功率因数运行的，其值约为 0.6~0.9。当系统频率一定时，负荷功率（包括有功和无功功率）随电压而变化的关系称为负荷的电压静态特性。在电力负荷中，异步电动机占较大比重，而且异步电动机消耗无功功率较多，因此电力系统负荷的电压静态特性主要决定于异步电动机的特性。

　　异步电动机从电网吸收的无功功率主要用于两部分：一部分是消耗在漏抗上的无功功率 Q_x，另一部分是作为励磁的无功功率 Q_u。根据图 17.2-1 所示的异步电动机的等效电路，可以得到这两部分的无功

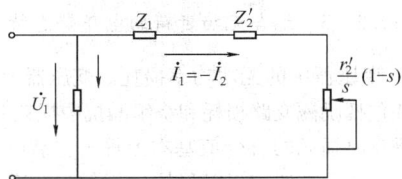

图 17.2-1　异步电动机的等效电路

功率，即

$$Q_x \approx 3I^2(X_1 + X_2')$$

$$Q_u \approx U^2/X_u$$

　　由以上两式可知，它们都是电压 U 的函数。对于 Q_x，当外加电压升高时，由于转动力矩增大，会使转差率 s 减小，电动机的等效电阻 r_2'/s 增大，所以电动机电流减小，于是 Q_x 减小。对于 Q_u 显然是随电压的升高而增大。由于励磁电抗 X_u 与电动机的饱和特性有关，随电压的升高，电动机的饱和程度越大，磁导率下降，X_u 减小；所以 Q_u 随电压的升高而很快增大。异步电动机的无功功率-电压静态特性如图 17.2-2所示。

　　在电力系统中，由于异步电动机负荷占多数，所以在考虑了系统其他无功功率负荷后，得到的系统综合负荷无功功率—电压静态特性，其曲线变化趋势与异步电动机的静态特性相似，如图 17.2-3 所示。

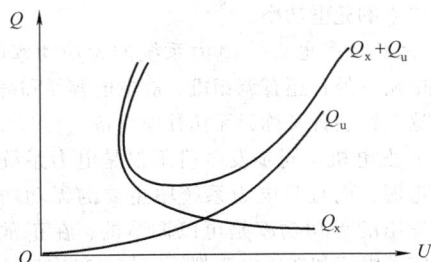

图 17.2-2　异步电动机的无功功率特性

它的特点是，当电压略低于额定值时，无功功率随电压下降较为明显，当电压下降幅度较大时，无功功率减小的程度逐渐变小。

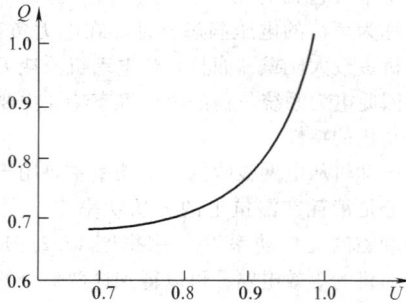

图 17.2-3 综合无功负荷的电压静态特性

（2）变压器中的无功功率损耗。变压器中的无功功率损耗包括励磁支路损耗和绕组漏抗中损耗两部分。其中励磁支路损耗的百分值基本上等于空载电流的百分值，约为 1%～2%；绕组漏抗中损耗，在变压器满载时，基本上等于短路电压的百分值，约为 10%～14%。因此，对单个变压器的无功功率损耗并不大，约为它满载时额定容量的 12%，但对于多电压等级的网络，变压器的无功功率损耗就相当可观了。

（3）输电线路上的无功功率损耗。输电线路上的无功功率损耗也可分为并联电纳和串联电抗中的无功功率损耗两部分。并联电纳中的无功损耗又称充电功率，与线路电压的二次方成正比，呈容性。串联电抗中的无功损耗，与负荷电流的二次方成正比，呈感性。以上两部分无功功率损耗的总和，反映输电线路上的无功功率损耗。如果容性大于感性，则向系统发无功；如果感性大于容性，则消耗系统中的无功。因此，输电线路作为电力系统的一个元件，究竟消耗无功还是发出无功，需按具体情况作具体分析、计算。一般来讲，35kV 及以下的架空输电线路的充电功率较小，这种线路是消耗感性无功功率的。110kV 及以上的架空输电线路，当传输的功率较大时，电抗中消耗的无功功率将大于电纳的充电功率；当传输的功率较小（轻负荷或空载）时，电抗中消耗的无功功率将小于电纳的充电功率。

2. 无功功率电源　电力系统的无功功率电源，除了发电机以外，还有调相机、静电容器和静止补偿器，这三种装置又称为无功补偿设备。

（1）发电机。同步发电机不仅是电力系统的有功功率电源，而且是电力系统中主要的无功功率电源。它发出的无功功率是可以调节的，在正常运行时，其定子电流和转子电流都不应超过额定值。在额定状态下运行时，发电机容量得到充分利用。

设发电机额定视在功率为 S_N，额定有功功率为 P_N，额定功率因数为 $\cos\varphi_N$，则发电机在额定状态下运行时可发出的无功功率为

$$Q_N = S_N \sin\varphi_N = \frac{P_N}{\cos\varphi_N}\sin\varphi_N = P_N \tan\varphi_N$$

图 17.2-4 为发电机的运行极限图，它反映了发电机可能发出的有功和无功功率的调节范围及电压、电势向量图。其中 $\dot{E}_{qN}$、$\dot{U}_N$、$\dot{I}_N$ 分别代表在额定情况下发电机的空载电动势、机端（或系统母线）电压及定子电流。

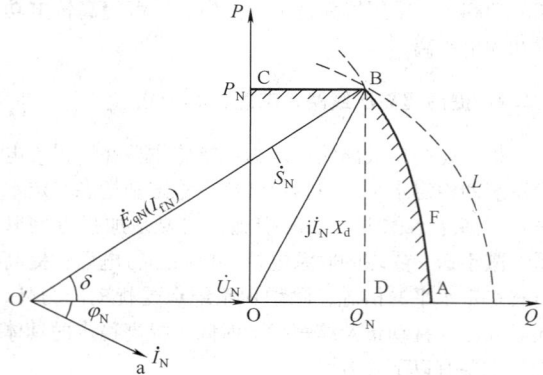

图 17.2-4 发电机的运行极限图

图中，O′O 为发电机的额定端电压 $\dot{U}_N$；O′a 为发电机的额定定子电流 $\dot{I}_N$；O′O 和 O′a 之间的夹角为额定功率因数角 φ_N；O′B 代表额定运行方式下的空载电势 $\dot{E}_{qN}$，又以一定比例代表发电机额定励磁电流 I_{fN}；OB 的长度代表发电机定子额定全电流 I_N 乘以电抗 X_d，也可以一定比例代表发电机的额定视在功率 S_N。相应地，OB 在纵、横轴上的投影 OC＝OB×$\cos\varphi_N$、OD＝OBsinφ_N 可分别以一定比例代表发电机的额定有功 P_N 和额定无功 Q_N。

下面讨论发电机在非额定功率因数下运行时可能发出的功率。

发电机以低于额定功率因数运行时，如仅从定子电流亦即视在功率不超过额定值的要求出发，其运行点应不越出以 O 点为圆心、以 OB 为半径所作的圆弧 L。但这时，其励磁电流亦即空载电动势也不能超过额定值，从而，运行点又不能越出以 O′点为圆心、以 O′B 为半径所作的圆弧 F。显然，同时满足定子电流、励磁电流均不超过额定值的发电机运行范围应不越出圆弧 F 所确定的界线 AB。

发电机以高于额定功率因数运行时，励磁电流的大小不再是限制条件，其原动机功率又成了限制条件，因与发电机配套的原动机功率总约与其额定有功功率 P_N 相等。这时发电机的运行点不能越出图中的

直线 BC。

由以上分析可知，发电机发出的功率在一定范围内是可以调节的。但有时为了调节无功功率也改变有功功率的大小。

（2）同步调相机。同步调相机是特殊运行状态下的同步电动机，可视为不带有功负荷的同步发电机或不带机械负载的同步电动机。它可过励运行，也可欠励运行，运行状态根据系统的要求来调节。当过励运行时，将向系统发出无功功率；欠励运行时，将从系统吸收无功功率。因此改变同步调相机的励磁可以平滑地改变其无功功率的大小及方向，从而平滑地调节所在区域的电压。但在欠励状态下运行时，其容量约为过励运行时额定容量的 50%~60%。

同步调相机可以装设自动调节励磁装置，能自动地在系统电压降低时增加输出无功以维持系统电压。在有强行励磁装置时，在系统故障情况下也能调整系统电压，有利于系统稳定运行。

但同步调相机在运行时要消耗有功功率，一般满负荷运行时，有功功率损耗为额定容量的 1.5%~5%，容量越小，所占的比重越大。从建设投资费用看，小容量的同步调相机单位容量的投资费用大，故同步调相机适用于集中大容量使用。此外，调相机运行维护工作量相对较大。

（3）静电电容器。静电电容器只能向系统供给无功功率，而不能吸收无功功率，它可根据需要由许多电容器联结成组。因此静电电容器组的容量可大可小，既可集中使用，又可分散使用，使用较为灵活。静电电容器在运行时的功率损耗较小，约为额定容量的 0.3%~0.5%。但是，调节过程不是连续的，只靠电容器投、切进行调节，不能平滑调压，且调节范围较小。

静电电容器所供出的无功功率 Q_C 与其端电压 U 的二次方成正比，即有

$$Q_C = \frac{U^2}{X_C}$$

式中，X_C 为电容器的电抗。当端电压下降时，电容器供给系统的无功功率将减小，导致系统电压水平进一步下降，这是其不足之处。

（4）静止补偿器。静止补偿器由电力电容器与电抗器并联组成。电容器可发出无功功率，电抗器可吸收无功功率，两者结合再配以适当的调节装置，就成为能平滑地改变输出（或吸收）无功功率的静止补偿器。

静止补偿器有各种不同型式，目前较为完善的有直流助磁饱和电抗器型、晶闸管控制电抗器型和自饱和电抗器型，三种类型装置的原理图如图 17.2-5 所示。这三种补偿器都有两条支路，左侧支路为电抗器支路，右侧支路为电容器支路。其共同点是，其中的电容器支路即为同步频率下感性无功功率电源，由电容 C 与电感 L_f 串联构成谐振回路，可作高次谐波的滤波器，滤去补偿器中各电磁元件产生的 5、7、11、13 等奇次谐波电流，这类支路是不可控的；其不同点是，其中的电抗器支路，直流助磁饱和电抗器和晶闸管控制电抗器都是可控电抗器，而自饱和电抗器则是不可控的，且晶闸管控制的电抗器是不饱和电抗器，其他两种都是饱和电抗器。显然，静止补偿器向系统供应感性无功功率的容量取决于其电容器支路，从系统吸取感性无功功率的容量则取决于其电抗器支路。

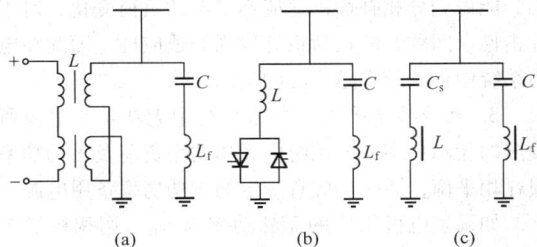

图 17.2-5 静止补偿器
(a) 直流助磁饱和电抗器型；(b) 晶闸管控制电抗器型；(c) 自饱和电抗器型

这里讨论自饱和电抗器型静止补偿器的工作原理。采用自饱和电抗器型静止补偿器，几乎可以完全抵消电压波动，维持母线电压在额定值附近。如图 17.2-6（a）所示，$C-L_f$ 支路是一个通过电容电流 I_1 的通道，兼有滤波作用；C_s-L 支路中，自饱和电抗器 L 和串联电容器 C_s 组成图 17.2-6（b）中 I_2 所示电压—电流特性的支路，自饱和电抗器 L 的铁心在额定电压时自行饱和，相当于一个空心电抗器，串联电容器 C_s 的作用在于补偿 L 的饱和电抗值。选择在额定频率下容抗的绝对值与电抗器空心绕组漏抗的绝对值相等，以补偿漏抗值。

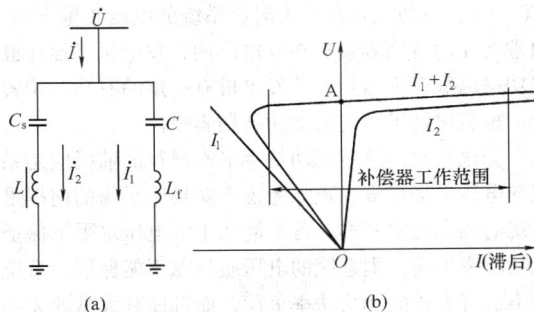

图 17.2-6 自饱和电抗器型静止补偿器工作原理
(a) 补偿器电路；(b) 补偿器电压-电流特性

正常运行时，补偿器工作在 A 点，$\dot{i}_1 + \dot{i}_2 = 0$。当母线电压（补偿器的端电压）低于额定电压时，因电抗器铁心不饱和，电抗器与串联电容器组合回路的总感抗很大，故基本上不消耗无功功率，则并联电容器 C 发出的无功功率使母线电压升高。当母线电压高于额定电压时，此时的电抗器因饱和感抗很小，所吸收的无功功率增加，从而使母线电压降低。

静止补偿器能快速平滑地调节无功功率和电压，以满足无功补偿的要求，这样就克服了电容器作为无功补偿装置时只能作无功电源不能作无功负荷、调节不连续的缺点。与同步调相机相比较，静止补偿器运行维护简单、功率损耗小，可集中使用，也可分散使用，能做到分相补偿以适应不平衡的负荷变化，对于冲击性、间歇性的负荷也有较强的适应性，因此在电力系统中得到越来越广泛的应用。

3. 无功功率平衡 电力系统中无功功率电源所发出的无功功率应与系统中无功功率负荷及无功功率损耗相平衡，同时还应有一定的无功功率备用电源。

如果发电机供应的无功功率为 Q_G，调相机供应的无功功率为 Q_{c1}，电容器供应的无功功率为 Q_{c2}，静止补偿器供应的无功功率为 Q_{c3}，而负荷消耗的无功功率为 Q_L，变压器中的无功功率损耗为 ΔQ_T，线路电抗中的无功功率损耗为 ΔQ_x，线路电纳中的无功功率损耗为 ΔQ_b，相似于有功功率平衡，无功功率的平衡式为

$$\Sigma Q_G + \Sigma Q_{c1} + \Sigma Q_{c2} + \Sigma Q_{c3}$$
$$= \Sigma Q_L + \Delta Q_T + \Delta Q_x - \Delta Q_b$$

或简写为

$$\Sigma Q_{Gc} = \Sigma Q_L + \Delta Q_\Sigma$$

式中，ΣQ_{Gc} 为电源供应的无功功率之和；ΣQ_L 为负荷的无功功率之和；ΔQ_Σ 为电力网无功功率损耗之和。

在无功功率平衡的基础上，应有一定的无功备用。无功功率备用容量一般为最大无功功率负荷的 $7\% \sim 8\%$，以防止负荷增大时，系统的电压质量下降。通常将无功备用容量放在发电厂内，发电机一般在额定功率因数下运行，若发电机有一定的有功备用容量，也就保持了一定的无功备用容量。

应该指出，进行无功功率平衡计算的前提应是系统的电压水平正常，正如考虑有功功率平衡的前提是系统的频率正常一样。若不能在正常电压水平下保证无功功率平衡，则系统的电压质量总不能保证。系统中不仅有大量的无功功率负荷，而且还有大量的无功功率损耗，当系统的无功功率电源较充足时，系统就有较高的运行电压水平，反之，若无功功率电源不

足，就反映为运行电压水平偏低。因此，应力求实现在额定电压下的系统无功功率平衡。在电力系统运行中，仅靠发电机提供无功功率往往满足不了电力系统在额定电压水平下的无功功率平衡，因而还需装设必要的无功补偿装置。无功补偿装置应尽可能装在无功负荷中心，做到无功功率的就地平衡，这样既照顾了系统中无功功率平衡和调压的需要，又可减小电力网中的有功及无功功率损耗。

4. 无功功率补偿 在电力系统中，所需要的无功功率一般为有功功率的 $1 \sim 1.5$ 倍，单靠发电机的无功出力不能满足系统的要求，同时无功功率也不允许长距离输送，因此，必须以其他无功电源来补偿无功功率的不足。无功补偿的目的除了补偿无功功率不足，还要优化电力网无功潮流，改进电力系统在动态过程中的电气特性，以保持电网各点静态和动态的电压质量，满足系统安全经济运行要求。

电力系统的无功功率基本上实行按输电电压分层补偿，按电网分区就地平衡。进行无功平衡时要对最大无功负荷及最小无功负荷运行方式进行平衡，按最大负荷求出电容性无功补偿设备容量，按最小负荷求出电感性无功补偿设备容量，进行无功平衡时应留有 $7\% \sim 8\%$ 的无功备用，以适应检修和事故等系统运行方式的变化，满足运行可靠性要求。

2.2.2 无功补偿设备的选择与配置

1. 无功补偿设备的分类 无功补偿设备分为静态和动态两类；静态无功补偿设备有可投切并联电容器、可投切并联电抗器及串联电容器；动态无功补偿设备有调相机（SC）、静止型无功补偿装置（SVC）及其他静止型无功电源（如静止无功发生器 SVG）等。

2. 无功补偿设备的选择与配置原则 按照分层补偿、分区平衡的补偿要求，无功补偿设备的配置及设备类型的选择，应根据不同的功能要求进行综合技术经济比较确定：对小容量分散的用户和无特殊要求的变电所，优先采用可分组投切并联电容器或并联电抗器；对大容量中枢变电站和有特殊要求的变电所，如要求改善电力系统稳定水平，限制动态过电压，抑制电压闪变和平息系统振荡等，则采用调相机或静止补偿装置；对带有冲击负荷或负荷波动严重不平衡的工业企业，本身应采用静止补偿器；对超高压长距离输电线，往往采用高压并联电抗器，以补偿线路的充电功率及降低线路过电压。

3. 无功功率负荷的最优补偿 为保证电力系统的经济性，又满足无功功率负荷的供电需要，系统中应有较充足的无功功率电源，而对电力系统的

负荷侧，应尽可能提高负荷的自然功率因数。所谓负荷的自然功率因数是指没有采取任何补偿前负荷的功率因数，其值大约为 0.6～0.9。但事实上，如不采取一定的措施，往往不能达到。如能提高负荷的自然功率因数，则对无功功率补偿设备的要求就可降低一些。

提高负荷的自然功率因数的方法较多。如不使电动机的容量过多地超过被拖动机械所需的功率，是提高负荷自然功率因数的重要措施。而限制电动机的空载运行，对提高负荷的自然功率因数也有很大作用。还可在某些设备上以同步电动机代替异步电动机，因同步电动机不仅可不需系统供应无功功率，还可向系统输出无功功率，从而显著提高负荷的自然功率因数。此外，在某些使用绕线转子异步电动机的场合，又可将异步电动机同步化，即在转子绕组中通以直流励磁，将其改作同步电动机运行等。

所谓无功功率负荷的最优补偿是指最优补偿容量的确定、最优补偿设备的分布和最优补偿顺序的选择等问题。这些问题的数学分析较困难，又由于这些问题主要与系统规划有关，而在规划阶段，很多原始资料不够精确，因此不得不作若干简化。

在系统中某节点 i 设置无功功率补偿设备的先决条件是：设置补偿设备后，在一定年限内所节约的运行费用应大于装设补偿设备的投资费用，以数学表达式表示则为

$$C_e(Q_{Ci}) - C_C(Q_{Ci}) > 0$$

式中，$C_e(Q_{Ci})$ 表示由于设置了补偿设备（Q_{Ci}）而节约的费用；$C_C(Q_{Ci})$ 表示设置补偿设备（Q_{Ci}）而需耗费的费用。

确定节点 i 最优补偿容量的条件是上式的差值

$$C = C_e(Q_{Ci}) - C_C(Q_{Ci}) \qquad (17.2-1)$$

具有最大值。

由于设置了补偿设备而节约的费用 C_e 就是因设置补偿设备每年可减小的电能损耗费用，其值为

$$C_e(Q_{Ci}) = \beta(\Delta P_{\Sigma 0} - \Delta P_{\Sigma})\tau_{max} \quad (17.2-2)$$

式中，β 为单位电能损耗价格 [元/（kW·h）]；$\Delta P_{\Sigma 0}$、ΔP_{Σ} 分别为设置补偿设备前后全网最大负荷下的有功功率损耗（kW）；τ_{max} 为全网最大负荷损耗小时数。

为设置补偿设备 Q_{Ci} 而需耗费的费用 C_C 包括两部分，一部分为补偿设备的折旧维修费；另一部分为补偿设备投资的回收费，其值都与补偿设备的投资成正比

$$C_C(Q_{Ci}) = (\alpha + \gamma)K_C Q_{Ci} \qquad (17.2-3)$$

式中，α、γ 分别为折旧维修率和投资回收率；K_C 为单位容量补偿设备的投资（元/kvar）。

将式（17.2－2）、式（17.2－3）代入式（17.2-1），可得

$$C = \beta(\Delta P_{\Sigma 0} - \Delta P_{\Sigma})\tau_{max} - (\alpha + \gamma)K_C Q_{Ci}$$

令上式对 Q_{Ci} 的偏导数等于零，可解得

$$\frac{\partial \Delta P_{\Sigma}}{\partial Q_{Ci}} = -\frac{(\alpha + \gamma)K_C}{\beta \tau_{max}} \qquad (17.2-4)$$

上式就是确定节点 i 最优补偿容量的具体条件。该式左侧是节点 i 的网损微增率，右侧相应地称为最优网损微增率，其单位为 kW/kvar，且常为负值，表示每增加单位容量无功补偿设备所能减少的有功损耗。最优网损微增率也称无功功率经济当量。

由式（17.2-4）可列出如下的最优网损微增率准则

$$\frac{\partial \Delta P_{\Sigma}}{\partial Q_{Ci}} \leqslant -\frac{(\alpha + \gamma)K_C}{\beta \tau_{max}} = \gamma_{eq}$$

式中，γ_{eq} 表示最优网损微增率。该准则表明，只应在网损微增率具有负值且小于 γ_{eq} 的节点设置无功功率补偿设备。设置的容量则以补偿后该点的网损微增率仍为负值，且仍不大于 γ_{eq} 为限。而设置补偿设备节点的先后，则以网损微增率的大小为序，首先从 $\partial \Delta P_{\Sigma}/\partial Q_{Ci}$ 最小的节点开始。

综上所述，最优网损微增率或无功功率经济当量是衡量无功功率负荷最优补偿的准则，运用这个准则就可解决无功功率补偿设备的最优补偿容量问题。

2.2.3　电力系统的电压调整

前面已指出，系统中拥有较充足的无功功率电源是保证电力系统有较好的运行电压水平的必要条件，但是，使所有用户的电压质量都符合要求，还需采用各种调整措施。电力系统中电压调整的目的，是要在各种运行方式下，均能维持用户的电压偏移不超过规定的允许波动范围，保证电力系统运行的电能质量和经济性。

1. 电力系统电压偏移的原因及影响

（1）造成电压偏移的原因。用电设备最理想的工作电压就是它的额定电压，但在电力系统中如果不采取调压措施，很难保持所有的用电设备都在接近额定电压的状态下工作。用户的端电压是随着电力网中电压损耗的大小而变化的，而电压损耗的大小又随着电力系统运行方式的改变而改变。所谓运行方式的改变包括下列各种情况：

1）负荷大小的改变。电力系统的负荷在一年四

季中以及一天 24h 内都是不同的。例如，冬季的照明负荷往往从夜间的 100% 降到白天的 10%~20%，甚至更低。

2）电网中个别设备因检修或故障而退出工作，造成电力网阻抗参数的改变，并引起相应的电压损耗的改变。

3）电力系统接线方式的改变。有时为适应某种要求，需要改变电力系统的接线方式，从而引起电力网中功率分布的改变和元件阻抗的变化，进而造成电压损耗的改变。

在供电范围较小的电力网中，由于电压损耗的绝对值不是很大，所以用户端电压偏移的幅度不会很大。但是在较大的电力系统中，如果不采取任何调压措施，最大电压损耗的百分数值可能达到 20%~30% 以上。因此在较大的电力系统中，如不采取调压措施，无法满足用户对电压质量的要求。

此外，当系统中某些负荷节点电压低落的原因是由于系统中无功不足时，如果不从解决无功不足的问题着手，仅是调节电源，让发电机多发无功功率，往往是不合理的。因为有时电源与负荷间距离较远，电源增发的功率在网络上的无功功率损耗也大，不易调高负荷节点电压。而且，为了防止发电机因输出过多的无功而严重过负荷，往往不得不降低整个系统的电压水平以减小无功功率的消耗量，这将出现电压水平低落和无功出力不足的恶性循环。因此，当个别负荷节点电压较低的情况下，就应考虑增加无功补偿装置，从而抬高电压。

（2）电压偏移的影响。电力系统的电压需要经常调整，如果电压偏移过大，将会给电力用户带来很大影响。如可能造成设备损坏，产品的质量和产量降低等，甚至引起系统性"电压崩溃"，造成大面积停

电。现分别予以说明：

系统电压降低时，发电机定子电流将因其功率角的增大而增大。如电流增大超过其额定值，可使发电机过热，因此，不得不减少发电机所发功率。

当系统电压降低时，各类负荷中占比重最大的异步电动机的转差率增大，从而电动机各绕组中的电流将增大，温升将增加，效率将降低，寿命将缩短。而且，某些电动机驱动的生产机械的机械转矩与转速的高次方成正比，转差增大、转速下降时，其功率将迅速减小。如发电厂厂用电动机，由于功率的减小会影响锅炉、汽轮机的工作，从而影响发电厂的发电。尤为严重的是，系统电压降低后，电动机起动过程增长，可能在起动过程中因温度过高而烧毁电机。

电炉的有功功率与电压的平方成正比，炼钢厂中的电炉将因电压过低而影响冶炼时间，从而影响产量。

系统电压过高将使所有电气设备绝缘受损。而且，变压器、电动机铁心要饱和，铁心损耗增大，温升将增加，寿命将缩短。

照明负荷，尤其是白炽灯，对电压变化的反应最灵敏。电压过高，白炽灯的寿命将大为缩短，电压过低，亮度和发光效率又要大幅度下降，如图 17.2-7（a）所示。日光灯的反应较迟钝，但电压偏离其额定值时，也将缩短其寿命，如图 17.2-7（b）所示。

至于因系统中无功功率短缺，电压水平低下，某些枢纽变电所母线电压在微小扰动下顷刻之间的大幅度下降，即如图 17.2-8 所示的"电压崩溃"现象，则更是一种将导致发电厂之间失步、系统瓦解的灾难性事故。

综上可见，在保证系统中无功功率平衡时，调整

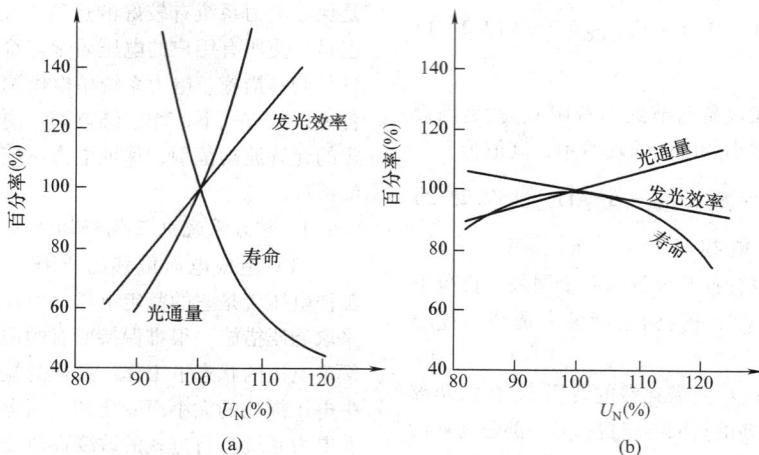

（a）

（b）

图 17.2-7 照明负荷的电压特性
（a）白炽灯；（b）日光灯

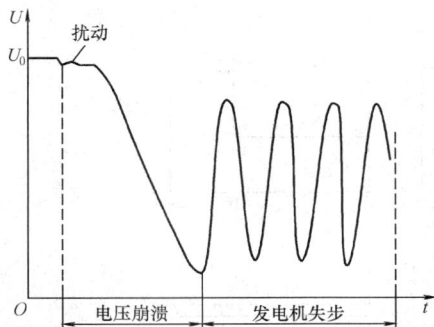

图 17.2－8 "电压崩溃"现象

电压使其偏移保持在允许范围内，是系统运行的又一重要问题。

（3）电力系统允许的电压偏移。电力系统正常运行中，由于运行方式的不断改变，引起电力网中功率分布的不断变化，造成电力网中电压损耗的不断改变，因而系统中的运行电压也不断变化。因此，严格保证所有用户在任何时刻的电压都为额定值几乎是不可能的。从用电方面看，用电设备在其额定电压下运行时性能最好。但从实际出发，大多数用电设备都允许有一定的电压偏移。允许的电压偏移是根据用电设备对电压偏移的敏感性和电压偏移对用电设备所造成后果的严重性而定的。从供电方面看，允许的电压偏移大一些，供电系统的技术指标越能达到。因而，应从技术上、经济上综合考虑供电和用电两个方面的情况，确定反映国民经济整体利益的合理的允许电压偏移的标准。目前，我国规定的各类用户的允许电压偏移在正常状况为：

35kV 及以上电压供电的负荷　　±5%

10kV 及以下电压供电的负荷　　±7%

低压照明负荷　　　　　　　　+5% ～ -10%

农村电网　　　　　　　　　　+7.5% ～ -10%

在事故状况下，允许在上述基础上再增加5%，但正偏移最大不能超过+10%。

电压质量标准随着国民经济和科学技术的发展会有所变化。在发达国家，对电压质量的要求更严格。为使网络中各处的电压达到所规定的标准，必须采取各种调整电压的措施。

2. 中枢点的电压管理

（1）电压中枢点的选择。由于电力系统的结构复杂，用电设备数量极大，电力系统运行部门对网络中各母线电压及各用电设备的端电压进行监视和调整是不可能的，而且也没有必要。通常在系统中选择一些有集中负荷的母线作为电压中枢点，运行人员监视中枢点电压，并将其调整控制在允许的电压偏移范围

内。只要中枢点的电压质量满足要求，系统中其他各处的电压质量也基本上满足要求。所谓电压中枢点系指那些能够反映和控制整个系统电压水平的点（母线）。

一般可选择下列母线作为电压中枢点：

1）大型发电厂的高压母线（高压母线上有多回出线）。

2）枢纽变电所的二次母线。

3）有大量地方性负荷的发电厂母线。

如图 17.2－9 所示，发电厂低压母线Ⅰ和末端枢纽变电所二次母线Ⅱ可作为电压中枢点。

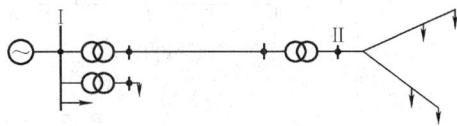

图 17.2－9　电力系统的电压中枢点

（2）中枢点电压和负荷电压的关系。为对中枢点电压进行控制和调整，必须首先确定中枢点的电压波动范围，以使中枢点电压满足 $U_{imin} \leqslant U_i \leqslant U_{imax}$。

如图 17.2－10 所示，节点 i 为电压中枢点。中枢点的最低电压 U_{imin} 等于在地区负荷最大时某用户最低点电压 U_{min} 加上到中枢点的电压损耗 ΔU_{max}，如图 17.2－10（a）所示。中枢点的最高电压 U_{imax} 等于地区负荷最小时某用户最高点电压 U_{max} 加上到中枢点的电压损耗 ΔU_{min}，如图 17.2－10（b）所示。

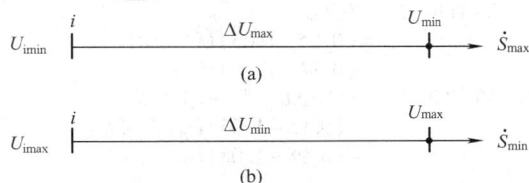

图 17.2－10　负荷电压与中枢点电压

对于一个实际运行的电力系统，网络参数和负荷已知，确定中枢点的电压波动范围，就是编制中枢点电压曲线。如图 17.2－11（a）所示由一个中枢点 O 向两个负荷节点 i、j 供电的简单网络。两节点负荷的简化日负荷曲线如图 17.2－11（b）、（c）所示，设由于这两个负荷功率的流通，线路 $O-i$、$O-j$ 上的电压损耗分别如图 17.2－11（d）、（e）所示，i、j 两节点负荷允许电压偏移均为±5%，如图 17.2－11（f）所示，确定中枢点电压的波动范围。

下面分别从节点 i 和节点 j 出发求出中枢点应维持的电压变动范围。

只满足 i 节点负荷时，中枢点电压 U_o 应维持的电压为

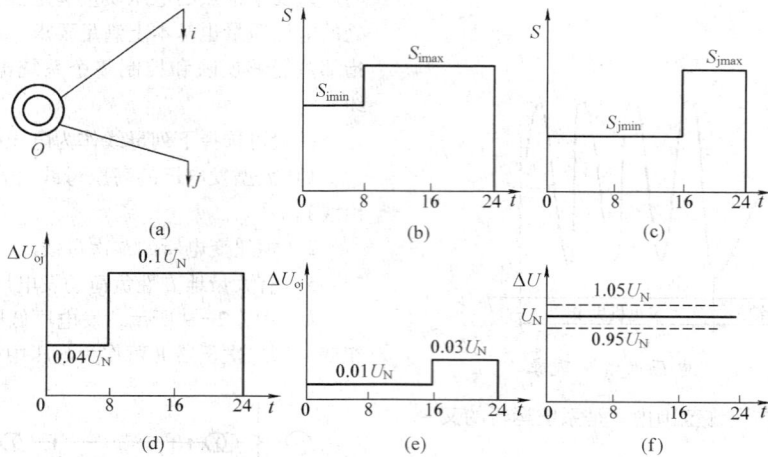

图 17.2－11 简单电力网电压损耗

（a）简单网络；（b）、（c）分别为负荷 i、j 的日负荷曲线；（d）、（e）分别为线
路 $O-i$、$O-j$ 不同时刻的电压损耗；（f）负荷允许的电压偏移

0~8h $\quad U_o = U_i + \Delta U_{oi}$
$\quad\quad\quad = (0.95 \sim 1.05)U_N + 0.04U_N$
$\quad\quad\quad = (0.99 \sim 1.09)U_N$

8~24h $\quad U_o = U_i + \Delta U_{oi}$
$\quad\quad\quad = (0.95 \sim 1.05)U_N + 0.10U_N$
$\quad\quad\quad = (1.05 \sim 1.15)U_N$

只满足 j 节点负荷时，中枢点电压 U_o 应维持的电压为

0~16h $\quad U_o = U_j + \Delta U_{oj}$
$\quad\quad\quad = (0.95 \sim 1.05)U_N + 0.01U_N$
$\quad\quad\quad = (0.96 \sim 1.06)U_N$

16~24h $\quad U_o = U_j + \Delta U_{oj}$
$\quad\quad\quad = (0.95 \sim 1.05)U_N + 0.03U_N$
$\quad\quad\quad = (0.98 \sim 1.08)U_N$

同时考虑 i、j 两个负荷对 O 点的要求，可得出 O 点电压的变动范围，如图 17.2－12（a）所示。其中阴影部分表示同时满足 i、j 两个负荷点的电压要求时 O 点电压的变动范围。尽管 i、j 两节点允许电压偏移都是 ±5%，即有 10% 的变动范围，但由于 ΔU_{oi} 及 ΔU_{oj} 的大小和变化规律不同，使得 8~16h 中枢点允许电压变动范围只有 1%。由此可见，当电压损耗 ΔU_{oi} 及 ΔU_{oj} 变化大，彼此相差悬殊时，中枢点电压就不易同时满足 i、j 两节点的电压要求。例如，在 8~24h ΔU_{oi} 增大为 $0.12U_N$，则 8~16h 中枢点电压不论取何值都不能满足要求，如图 17.2－12（b）所示。一旦出现这种情况，就必须采取其他调压措施。

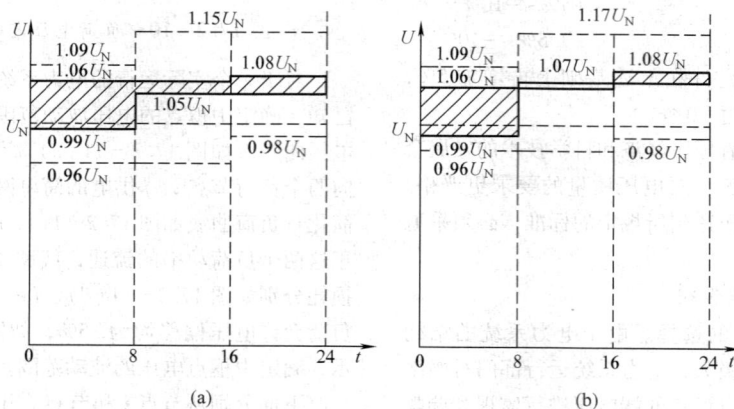

图 17.2－12 中枢点 O 电压容许变动范围

（a）中枢点 O 至 i 及 j 变电所的电压损耗相差不大时的电压变动范围；

（b）中枢点 O 至 i 及 j 变电所的电压损耗相差较大时的电压变动范围

（3）中枢点电压调整的方式。当在实际运行或规划设计中的电力系统由于缺乏必要的数据而无法确定中枢点的电压控制范围时，可根据中枢点所管辖的电力网中负荷分布的远近及负荷变动的程度，对中枢点的电压调整方式提出原则性要求，以确定一个大致的电压变动范围。这种电压调整方式一般分为逆调压、顺调压和常调压三类。

1）逆调压。对大型网络，如中枢点供电至负荷点的线路较长，且负荷变动较大（即最大负荷与最小负荷的差值较大），则在最大负荷时要提高中枢点的电压，以抵偿线路上因负荷大而增大的电压损耗；在最小负荷时则要将中枢点电压降低一些，以防止负荷点的电压过高，一般这种情况的中枢点实行"逆调压"。采用逆调压方式的中枢点电压，在最大负荷时较线路的额定电压高 5%，即 $1.05U_N$；在最小负荷时等于线路的额定电压，即 $1.0U_N$。

2）顺调压。对小型网络，如中枢点供电至负荷点的线路不长，负荷变动很小，线路上的电压损耗也很小，可对中枢点采用"顺调压"。采用"顺调压"方式的中枢点电压，在最大负荷时，允许中枢点电压低一些，但不低于线路额定电压的 2.5%，即 $1.025U_N$；在最小负荷时允许中枢点电压高一些，但不高于线路额定电压的 7.5%，即 $1.075U_N$。

3）常调压。对中型网络，负荷变动较小，线路上电压损耗也较小，这种情况下只要把中枢点电压保持在较线路额定电压高 2%～5% 的数值，即（1.02～1.05）U_N，不必随负荷变化来调整中枢点的电压，仍可保证负荷点的电压质量，这种调压方式称为"常调压"。

这三种调压方式中，逆调压方式要求最高，实现较难，常调压次之，顺调压较容易实现。以上都是指系统正常运行时的调压方式。当系统发生事故时，因电压损耗比正常时大，故电压质量的要求允许降低一些，如前所述，事故时负荷点的电压偏移允许较正常时再增大 5%。

3. 电力系统的电压调整　电力系统中电压的调整，必须根据具体的调压要求，在不同的地点采取不同的调压方法。现以图 17.2－13 所示的简单电力系统为例，说明采用各种调压措施所依据的基本原理。

发电机通过升压变压器、线路和降压变压器向用户供电，要求调整负荷节点 i 的电压。为了简单起见，略去线路的对地电容和变压器励磁支路的参数，线路及变压器的参数归算到高压侧，以 $R+jX$ 代表，则负荷处的母线电压为

$$U_i = (U_G k_1 - \Delta U)/k_2 = \left(U_G k_1 - \frac{PR + QX}{U_N}\right)/k_2$$

式中，ΔU 为网络的电压损耗；U_N 为网络高压侧的额定电压。

从上式可知，要调整负荷点的电压 U_i，可有以下措施：

（1）调节发电机励磁电流以改变发电机机端电压 U_G。

（2）改变变压器的变比 k_1、k_2。

（3）改变功率分布 $P+jQ$（主要是 Q），使电压损耗 ΔU 减小。

（4）改变网络参数 $R+jX$（主要是 X），减小电压损耗 ΔU。

从以上几点出发，电力系统的电压调整方法很多。下面介绍改变发电机端电压调压、改变变压器分接头调压、利用并联补偿设备调压和利用串联电容器补偿调压四种调压方法。

（1）改变发电机端电压调压。现代大中型同步发电机都装有自动励磁调节装置，发电机端电压的调整，是借助于发电机的自动励磁调节器，改变发电机的励磁电流实现的。

用于同步发电机的励磁调节装置种类虽多，但其工作原理基本上是相同的。如图 17.2－14 所示，发电机的自动励磁调节器由测量滤波、综合放大、移相触发、晶闸管输出及转子电压软负反馈等基本环节组成。

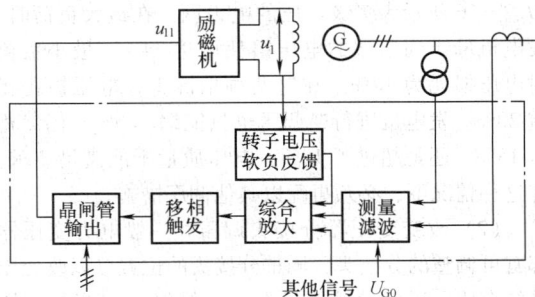

图 17.2－14　同步发电机调压系统原理框图

当发电机端电压变化时，测量单元测得的信号与给定电压 U_{G0} 相比较，得到电压偏差信号综合放大后作用于移相触发单元，产生不同相位的触发脉冲，进而改变晶闸管的导通角，使调节器的输出发生变化，励磁机励磁绕组的电流和电压随之变化，从而达到调

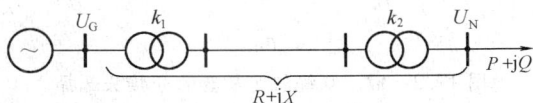

图 17.2－13　电压调整原理解释图

节发电机励磁绕组电压乃至发电机端电压的目的。

转子电压软负反馈的作用是为了提高调节系统的稳定性，并改善调节器品质。它的输出正比于转子电压的变化率，稳定运行时，转子电压不变，其输出为零。

现代同步发电机可在额定电压的95%~105%范围内保持以额定功率运行。在直接由发电机电压向用户供电的系统中，如供电线路不长，电压损耗不大时，用发电机进行调压一般就可满足要求。图17.2-15为单电源供电系统的发电机作逆调压时的电压分布。

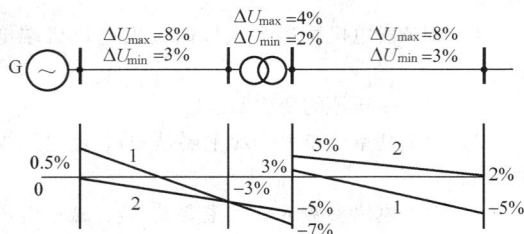

图 17.2-15　发电机逆调压时的电压分布
1—最大负荷时的电压分布；2—最小负荷时的电压分布

当发电机电压恒定时，在最大负荷时发电机母线到末端负荷点的总电压损耗为20%；最小负荷时为8%，末端负荷点电压变动范围为12%，电压质量不能满足要求。若用发电机进行逆调压，最大负荷时发电机电压升高5%U_N，考虑到变压器二次侧的电压较额定电压高10%，则末端负荷点电压较额定电压低5%。在最小负荷时发电机电压为U_N，则末端负荷点电压比额定电压高2%。可见，电压偏移在±5%范围之内，电压质量得到了满足。

当发电机经过多级电压向负荷供电时，仅靠发电机调压往往不能满足负荷对电压质量的要求。图17.2-16所示为多级电压的电力网。在最大负荷时，发电机母线到末端的电压损耗可达34%，最小负荷时电压损耗为14%。在这两种情况下，电压损耗相差20%。发电机进行逆调压也只能缩小5%，仍然相差15%，还是超过了10%，电压质量不能满足要求。在这种情况下，必须再配以其他调压措施。

（2）改变变压器分接头调压。一般电力变压器都有可调整的分接头，调整分接头的位置可以改变压器的变比。通常分接头设在高压绕组（双绕组变压器）或中、高压绕组（三绕组变压器），对应高压（或中压）绕组额定电压U_N的分接头称为主抽头，变压器

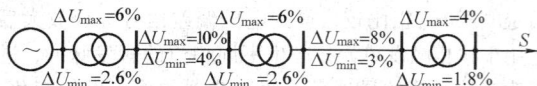

图 17.2-16　多级电压系统的电压损耗

低压绕组没有分接头。

对于不具有带负荷切换装置的普通变压器（包括自耦变压器），只能停电后改变分接头，因此，需要兼顾最大、最小负荷两种运行分式，事先选择一个合适的分接头。普通双绕组变压器的高压绕组和三绕组变压器的高、中压绕组都有3~5个分接头供调压选择使用。一般容量为6300kVA及以下的变压器有三个抽头，表示为$U_N \pm 5\%$，分接头电压分别为1.05U_N、U_N、0.95U_N，调压范围为±5%；容量为8000kVA及以上的变压器有五个抽头，表示为$U_N \pm 2 \times 2.5\%$，分接头电压分别为1.05U_N、1.025U_N、U_N、0.975U_N、0.95U_N，调压范围为±2×2.5%。

对于有载调压变压器，可以不用停电很方便地调节分接头，这种变压器分接头较多，而且调整范围较大。

1）双绕组变压器分接头的选择。图17.2-17（a）所示为降压变压器，通过的功率为$P+jQ$，U_I为高压母线电压，U_i为归算到高压侧的低压母线电压，ΔU_I为变压器中的电压损耗，且U_I、U_i、ΔU_I均可由潮流分布计算的方法求得。U_i'为低压母线要求的实际电压，可根据低压母线的调压要求确定。U_{Ni}为已知的变压器低压侧额定电压，设变压器高压侧的分接头电压为U_{t1}，则变压器变比为$k=U_{t1}/U_{Ni}$，于是有

$$U_i = kU_i' = \frac{U_{t1}}{U_{Ni}}U_i' \quad 从而\ U_{t1} = U_i \frac{U_{Ni}}{U_i'}$$

最大负荷时，U_{Imax}、ΔU_{Imax}、U_{imax}、U_{imax}'为已知，则分接头电压为

$$U_{t1max} = U_{imax}\frac{U_{Ni}}{U_{imax}'} = (U_{Imax} - \Delta U_{Imax})\frac{U_{Ni}}{U_{imax}'}$$

最小负荷时，U_{Imin}、ΔU_{Imin}、U_{imin}、U_{imin}'为已知，则分接头电压为

$$U_{t1min} = U_{imin}\frac{U_{Ni}}{U_{imin}'} = (U_{Imin} - \Delta U_{Imin})\frac{U_{Ni}}{U_{imin}'}$$

对于不能带负荷调压的变压器，为使最大、最小负荷两种运行情况下变压器的分接头均适用，则变压器高

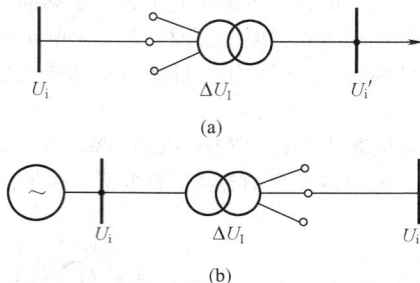

图 17.2-17　双绕组变压器的分接头选择
（a）降压变压器；（b）升压变压器

压绕组的分接头电压取 $U_{t\,I\,max}$ 和 $U_{t\,I\,min}$ 的平均值，即为

$$U_{t1} = \frac{U_{t\,I\,max} + U_{t\,I\,min}}{2} \qquad (17.2-5)$$

按上式计算出变压器分接头电压后，即可选择一个电压最接近这个计算值的实际分接头。然后，按选定的分接头再返回校验低压母线上的电压能否满足要求。如果所选的分接头不能使低压母线电压满足调压要求，还需另选分接头，或考虑采用其他调压措施。

其返回校验过程如下：

① 求低压母线电压。

最大负荷时　　$U'_{imax} = U_{imax} \dfrac{U_{Ni}}{U_{t1}}$

最小负荷时　　$U'_{imin} = U_{imin} \dfrac{U_{Ni}}{U_{t1}}$

② 求电压偏移百分值。

最大负荷时　$\Delta U'_{imax}(\%) = \dfrac{U'_{imax} - U_N}{U_N} \times 100$

最小负荷时 $\Delta U'_{imin}(\%) = \dfrac{U'_{imin} - U_N}{U_N} \times 100$

然后将上述计算结果与调压要求相比较，如果在最大和最小负荷时低压母线电压偏移均在调压要求所允许的范围之内，即说明所选的分接头合适，调压问题得到解决。

图 17.2-17（b）所示为发电厂升压变压器，其分接头的选择方法和降压变压器基本相同，差别仅在于由高压母线电压推算低压母线电压时，因功率是从低压侧流向高压侧的，应将变压器中电压损耗和高压母线电压相加。在最大、最小负荷时，升压变压器分接头电压应分别按下式选择

$$U_{tImax} = U_{imax} \frac{U_{Ni}}{U'_{imax}} = (U_{Imax} + \Delta U_{Imax}) \frac{U_{Ni}}{U'_{imax}}$$

$$U_{tImin} = U_{imin} \frac{U_{Ni}}{U'_{imin}} = (U_{Imin} + \Delta U_{Imin}) \frac{U_{Ni}}{U'_{imin}}$$

再代入式（17.2-5）计算出变压器分接头电压，进而选择变压器分接头，然后返回校验。

2）普通三绕组变压器分接头的选择。三绕组变压器一般在高、中压绕组有分接头可供选择使用，而低压侧没有分接头。其分接头选择的方法可两次套用双绕组变压器分接头的选择方法。一般可先按低压侧调压要求，由高、低压两侧，确定出高压绕组的分接头；然后用选定的高压绕组的分接头，考虑中压侧的调压要求，由高、中压两侧，选择中压绕组的分接头。同样，也有校验过程。如在最大、最小不同负荷时，高、中压绕组选择的分接头均能满足调压要求，说明分接头选择合适，若不能满足调压要求，还需另选其他分接头，或采用有载调压变压器。

3）有载调压变压器调整分接头。有载调压变压器可以在带负荷情况下不停电改变变压器的分接头，因而可在最大、最小负荷时分别采用不同的分接头来取得不同的变比以满足调压要求，而且调节范围比较大，一般在 15% 以上。目前，我国暂定 110kV 级有载调压变压器有 $U_N \pm 3 \times 2.5\%$ 共七级分接头；220kV 的有 $U_N \pm 4 \times 2.5\%$ 共九级分接头。此外，特殊情况下还可有更多的分接头。有载调压变压器分接头电压的计算与普通变压器相同，但可以根据最大负荷、最小负荷时算得的分接头电压分别选择各自合适的分接头。这样能缩小次级电压的变化幅度，甚至改变电压变化趋势，以达到调压目的。有载调压变压器通常有两种形式：一种是本身有调压绕组；另一种是带有附加调压器的加压变压器。原理接线图如图 17.2-18 所示。

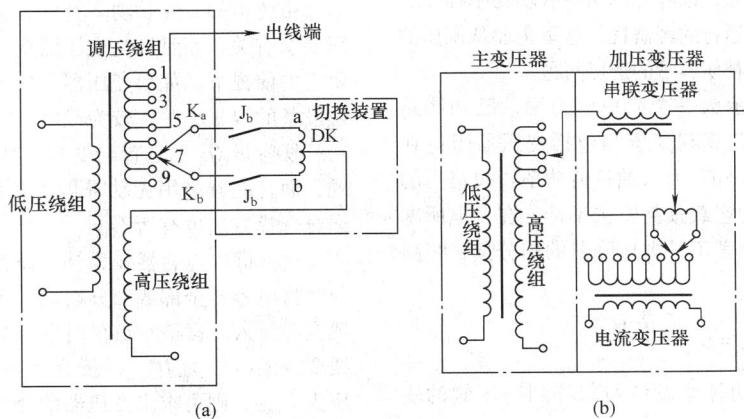

图 17.2-18　有载调压变压器的原理接线图

（a）具有调压绕组的调压变压器；（b）具有加压变压器的调压变压器

图 17.2−18（a）为内部具有调压绕组的有载调压变压器的原理接线图。它的主绕组同一个具有若干个分接头的调压绕组串联，依靠特殊的切换装置可以在负荷电流下改换分接头。切换装置有两个可动触头 K_a 和 K_b，改换分接头时，先将一个可动触头移到另一个分接头上，然后把另一个可动触头也移到该分接头上。这样，在不断开电路的情况下完成了分接头的切换。为了防止可动触头在切换过程中产生电弧，造成变压器绝缘油劣化，在可动触头 K_a、K_b 的前面串联两个接触器 J_a、J_b，并将它们放在单独的油箱里。当变压器切换分接头时，首先断开接触器 J_a，将切换到另一个分接头上，然后将 J_b 接通。另一个接触器也采用同样的切换步骤，使两个触头都接到另一个分接头上。在切换过程中，当两个可动触头在不同分接头上时，切换装置中的电抗器 DK 是用来限制两个分接头间的短路电流的。

对 110kV 及以上电压等级的变压器，一般将调压绕组放在变压器中性点侧，因变压器中性点接地后，中性点侧电压很低，可以降低对调整装置的绝缘要求。

对三绕组有载调压变压器，一般在高压侧设有有载调压分接头，而中压侧设普通分接头。因此，在不同负荷下高压侧允许选两个分接头。而中压侧只能用取平均值方法选择一个分接头。当中、低压侧调压要求矛盾时，可在中压侧加串联加压调压变压器来解决。

（3）利用并联补偿设备调压。当系统中某些节点电压偏低的原因是由于无功功率电源不足时，如果仅靠改变变压器变比是不能实现调压的，必须在系统中电压较低的点（或其附近）设置无功功率补偿电源，这样的补偿常称为并联补偿。设置无功功率电源的作用和目的归纳为两点：一是可调整网络中的母线电压，使之维持在额定值附近，从而保证系统的电能质量；二是可改变网络中无功功率的分布，以降低网络中有功功率损耗和电能损耗，提高系统运行的经济性。这里主要从调压的角度来讨论无功功率补偿容量的选择问题。

图 17.2−19 所示为一个简单电力网，已知线路首端电压 U_A，Z 为归算到高压侧包括变压器阻抗在内的线路总阻抗，$P_i + jQ_i$ 为末端负荷功率。线路上的充电功率及变压器的空载损耗略去不计，在变电所末端并联补偿设备前，若不计电压降落的横分量，线路首端电压为

$$U_A = U_i + \frac{P_i R + Q_i X}{U_i}$$

式中，U_i 为设置无功补偿设备前归算到高压侧的变电所低压母线电压。

若在变电所低压侧进行无功功率补偿，补偿电源的容量设为 Q_C，则此时由线路输送的无功功率为 $Q_i -$

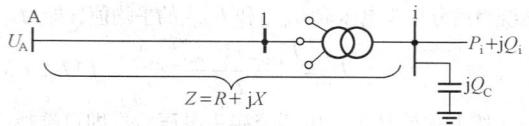

图 17.2−19　具有并联设备的简单网络

Q_C，变电所低压母线电压由 U_i 提高到 U_{iC}，线路首端电压为

$$U_A = U_{iC} + \frac{P_i R + (Q_i - Q_C) X}{U_{iC}}$$

式中，U_{iC} 为设置无功补偿设备后归算到高压侧的变电所低压母线电压。

设置补偿设备前后，线路首端电压 U_A 保持不变，则有

$$U_i + \frac{P_i R + Q_i X}{U_i} = U_{iC} + \frac{P_i R + (Q_i - Q_C)}{U_{iC}}$$

由上式解得无功功率补偿容量为

$$Q_C = \frac{U_{iC}}{X} \left[(U_{iC} - U_i) + \left(\frac{P_i R + Q_i X}{U_{iC}} - \frac{P_i R + Q_i X}{U_i} \right) \right]$$

式中，右边第二个小括号内的数值一般很小，可以略去，则补偿容量为

$$Q_C = \frac{U_{iC}}{X}(U_{iC} - U_i) \qquad (17.2-6)$$

可见，无功补偿容量 Q_C 与补偿前后变电所低压母线电压 U_i、U_{iC} 均有关，而 U_i 和 U_{iC} 均为归算到高压侧的变电所低压母线电压。考虑到 Q_C 的确定，应该满足低压侧的调压要求，设低压侧的实际母线调压要求的电压为 U'_{iC}，显然 U'_{iC} 乘以变压器变比 k 等于 U_{iC}，即 $U_{iC} = kU'_{iC}$，所以式（17.2−6）又可表示为

$$Q_C = \frac{kU'_{iC}}{X}(U'_{iC}k - U_i) = \frac{k^2 U'_{iC}}{X} \left(U'_{iC} - \frac{U_i}{k} \right)$$

$$(17.2-7)$$

由此可知，无功功率补偿容量不仅与低压母线调压要求有关，而且还与变压器变比有关。在满足调压要求的前提下，如果变压器变比选择适当，就可使补偿设备的容量小些，较为经济。因而，也就存在着无功补偿容量 Q_C 的选择与变比 k 的选择相互配合的问题，而且随着采用无功补偿设备的不同，Q_C 与 k 的配合选择方法也有所不同。

选择静电电容器作为补偿设备时，应考虑最小负荷时将电容器全部或部分切除，而在最大负荷时电容器全部投入。设最小负荷时电容器全部切除后低压母线要求的电压为 U'_{imin}，折合到高压侧的低压母线电压为 U_{imin}，则可求出变压器的分接头电压

$$U_{tl} = U_{imin} \frac{U_{Ni}}{U'_{imin}}$$

即变压器的变比为 $k = U_{tl}/U_{Ni}$。根据最大负荷时对电

压偏移的要求，由式（17.2－7）可确定无功补偿容量。最大负荷时电容器全部投入，低压母线要求的电压为 U'_{iCmax}，则无功补偿容量

$$Q_C = \frac{k^2 U'_{iCmax}}{X}\left(U'_{iCmax} - \frac{U_{imax}}{k}\right)$$

当选用的无功补偿设备是同步调相机时，应考虑在最大负荷时发出无功功率，在最小负荷时吸收无功功率。因此，在最大负荷时调相机应取额定容量

$$Q_{NC} = \frac{U_{iCmax}}{X}(U_{iCmax} - U_{imax}) \quad (17.2-8)$$

在最小负荷时，因调相机只能吸取（50%～60%）Q_{NC}，所以有

$$-(0.5 \sim 0.6)Q_{NC} = \frac{U_{iCmin}}{X}(U_{iCmin} - U_{imin})$$
$$(17.2-9)$$

由式（17.2－8）除式（17.2－9）可得

$$\frac{U_{iCmin}(U_{iCmin} - U_{imin})}{U_{iCmax}(U_{iCmax} - U_{imax})} = -(0.5 \sim 0.6)$$

考虑变压器分接头时，可写成下式

$$\frac{U'_{iCmin}(U'_{iCmin} - U_{imin})}{U'_{iCmax}(U'_{iCmax} - U_{imax})} = -(0.5 \sim 0.6)$$

利用上式求出变比，选出分接头后，将其代入式（17.2－7）即可求出最大负荷时同步调相机的容量，然后可根据产品目录，选出容量与之相近的调相机，最后按选定的容量进行电压校验，使得在过激和欠激条件下调相机容量都能得到充分利用。

（4）利用串联电容器补偿调压。通过对电力系统正常运行情况下的分析和计算可知，引起网络末端电压偏移的直接原因是网络中的电压损耗。因此，如果能设法减小网络中的电压损耗也可以实现调压。从电压损耗的公式可知，在传输功率不变的情况下，改变网络参数，可以使电压损耗减小。在高压电力网中，通常 X 比 R 大得多，所以利用改变网络中的电抗来调压其效果较为明显。

如图 17.2－20 所示，在输电线路上串联电容，主要用来补偿线路的电抗，通过改变线路参数，从而起到调压作用。假如在加串联电容器前、后线路始端电压相同，然而加串联电容器后，电容器的容抗和线路的感抗互相补偿，减小了线路电抗，从而减小了网

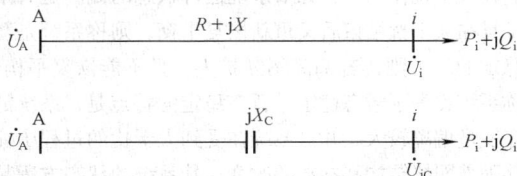

图 17.2－20　串联电容补偿器

络中的电压损耗，就会使得末端电压较未加串联电容器时有所提高。

下面讨论如何确定串联电容器的电抗和容量。

图 17.2－20 中，设线路首端电压 $\dot{U}_A$ 在补偿前后不变，末端电压在加串联电容器前为 $\dot{U}_i$，在加串联电容器后为 $\dot{U}_{iC}$，线路的传输功率为 $P_i + jQ_i$，则加串联电容器前后网络中的电压损耗为

加串联电容器前 $\Delta U_{Ai} = \dfrac{P_i R + Q_i X}{U_i}$

加串联电容器后 $\Delta U'_{Ai} = \dfrac{P_i R + Q_i(X - X_C)}{U_{iC}}$

加串联电容器前、后电压损耗之差为

$$\Delta U = \Delta U_{Ai} - \Delta U'_{Ai}$$
$$= \frac{P_i R + Q_i X}{U_i} - \frac{P_i R + Q_i X}{U_{iC}} + \frac{Q_i X_C}{U_{iC}}$$

上式右边第一项与第二项的差值一般很小，若略去不计，则有

$$\Delta U = \frac{Q_i X_C}{U_{iC}} \quad (17.2-10)$$

可见，上述两种情况下电压损耗的差值正是由于加串联电容器后所减小的电压损耗，也相应于线路末端电压需要提高的数值（$U_{iC} - U_i$）。

假设末端所需要提高的电压已确定，由式（17.2－10）即可求得电容器的电抗值为

$$X_C = \frac{\Delta U U_{iC}}{Q_i} \approx \frac{\Delta U U_N}{Q_i}$$

实际上，线路上串联接入的电容器是由许多单个电容器串、并联组成，如图 17.2－21 所示。假如串联电容器组是由 n 个电容器组成一串，而一串电容器不能承受很大的负荷电流，所以可用 m 串电容器并联起来。当然，n 的确定取决于调整电压的大小，m 的确定取决于线路上载流量的大小。如果每个电容器的额定电流为 I_{NC}，额定电压为 U_{NC}，则可根据线路通过的最大负荷电流 I_{Cmax} 和所需容抗值 X_C 分别计算出电容器组应串、并联的个数 n 和 m，它们应满足

$$mI_{NC} \geq I_{Cmax}$$
$$nU_{NC} \geq I_{Cmax} X_C$$

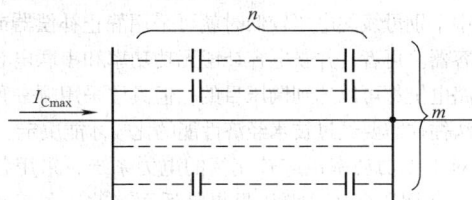

图 17.2－21　串联电容器组

此式表明，m 串并联电容器的额定电流之和大于或等

于通过的最大负荷电流，n 个电容器的额定电压之和大于或等于电容器组上流过最大负荷电流时所产生的压降。

如果用 Q_{NC} 表示每个电容器的额定容量，则

$$Q_{NC} = U_{NC} I_{NC}$$

三相电容器组的总容量为

$$Q_C = 3mnQ_{NC} = 3mnU_{NC}I_{NC}$$

在负荷功率因数较低时，输电线路上串联电容器调压效果较显著。对于负荷功率因数高的线路，线路电抗中电压损耗所占的比重不大，串联电容器补偿的调压作用很小，不宜采用这种调压方式。串联电容器调压一般用于供电电压为 35kV 或 10kV，负荷波动大而频繁、功率因数很低的配电线路。

从串联电容器补偿的效果上看，在 220kV 及以上的系统中，常用以提高线路的输电容量，以及提高系统的稳定运行能力。在 110kV 及以下的网络中，常用以改善线路的电压质量，提高配电线路的输电能力。在一定的输电功率下，由于提高了线路的电压水平，就可减少通过线路的电流值，从而降低电能损耗，获得一定的经济效益。

（5）几种调压措施的比较。如前所述，在各种调压手段中，应优先考虑利用发电机调压，因这种措施不需附加设备，从而不需附加投资。当发电机母线没有负荷时，一般可在 95%～105% 范围内调节；发电机母线有负荷时，一般采用逆调压。合理使用发电机调压通常可大大减轻其他调压措施的负担。

变压器的变比或分接头虽可选择或改变，但一般只能在变压器退出运行的条件下才能作这种改变。因此，作为经常性的调压措施，所谓改变变压器变比调压，只能理解为采用有载调压变压器或串联加压器。显然，有载调压变压器比普通变压器价格昂贵。

在需要附加投资的调压措施中，对无功功率不足的系统，首要问题是增加无功功率电源。无功补偿设备有调相机、静止补偿器、并联电容器、串联电容器等，这几种各有不同，只能根据电力系统的具体情况，在不同的地点采用不同的方法。如对网络中一些枢纽变电所，可考虑采用调相机。调相机能够平滑调压，在高峰负荷时可过激运行，低谷负荷时可欠激运行。但调相机需要维护和管理，所以最好设置在枢纽变电所。当网络中个别母线的电压较低时就可采用静止补偿器或并联电容器。再者，并联电容补偿无功功率和串联电容抵偿线路电抗都可以达到调压目的，但具体采用哪一种调压方法往往需要经过技术经济性能的比较才能决定。

对于无功功率供应较充裕的电力系统，采用各种类型有载调压变压器调压显得灵活而有效。尤其是系统中个别负荷的变化规律以及它们距电源的远近相差悬殊时，不采用有载调压变压器几乎无法满足所有负荷对电压质量的要求。有载调压变压器的特殊功能还体现在系统间联络线以及中、低压配电网络中的应用方面。系统间联络线上装设串联加压器后，可使两个系统的电压调整互不影响，即可以做到分散调节；中、低压配电网络则因线路电阻较大，借改变无功功率分布调压效果不显著，往往不得不采用装有有载调压开关的有载调压变压器。此外，对远距离高电压输电系统，还可采用并联电抗器以吸收过剩无功、提高输电能力、降低过电压。并联电抗器主要是用于超高压（330kV 及以上）系统的线路上，将电抗器并联在线路末端或中间，以吸收线路的充电功率，并降低超高压系统长线路在空载充电或轻负荷时的末端电压。

上述各种调压措施的具体运用，只是一种粗略的概括。对于实际电力系统的调压问题，还需根据具体的情况，对可能采取的措施进行技术经济比较，然后才能找出合理的解决方案。

2.3　电力系统稳定与安全

2.3.1　电力系统同步运行稳定性

电力系统同步运行稳定性是指电力系统在其一正常运行状态下受到某种干扰后，系统运行状态能否经过一定的时间后回到原来的运行状态或者过渡到一个新的稳态运行状态的问题。如果能够，则认为系统在该正常运行状态下是稳定的。反之，若系统不能回到原来的运行状态或者不能建立一个新的稳态运行状态，则说明系统的状态变量没有一个稳态值，而是随着时间不断增大或振荡，系统是不稳定的。

一般将电力系统稳定性问题分为静态稳定性和暂态稳定性两大类。电力系统在运行中时刻受到小的干扰，如负荷功率的随机变化、汽轮机蒸汽压力的波动、发电机端电压的微小偏移等等。在小干扰作用下，系统运行将偏离平衡点，如果这种偏离很小，待干扰消失后系统又重新恢复平衡，则称系统是静态稳定的。如果偏离不断扩大，不能重新恢复平衡，则称系统运行是静态不稳定的。静态稳定的特点是，系统的状态变量偏离很小，从而允许把描述系统的状态方程线性化。

电力系统在运行中有时还受到大的干扰，如个别元件突然退出工作、输电线路因发生短路故障被切除等等。在大干扰作用下，如果系统运行状态的偏离是有限的，且在大干扰结束后又重新恢复平衡，则称系统是暂态稳定的。否则，若偏离不断扩大，且不能恢复平衡，则称系统丧失了暂态稳定。暂态稳定的特点是，系统的状态变量偏离较大，并且系统在受到大干扰的过程中往往伴随着网络结构和参数的改变，其系统的状态方程是变化的。不允许把描述系统状态的非线性方程线性化，

故其分析方法和静态稳定完全不同。

在某些情况下，计算和分析电力系统受到小的或大的干扰以后的较长一段时间过程时，需要计及调节装置和控制装置的作用，通常把这种在调节和控制装置作用下几个振荡周期或更长过程的稳定问题称为动态稳定性问题。显然，稳定问题的类型不同，所用的计算和分析方法也不相同。

电力系统运行稳定性问题除了同步稳定性外，还有由于系统无功功率不足引起的电压稳定性，故障期间因有功功率不足引起的频率稳定性问题，同样必须引起重视。

2.3.2 稳定准则

根据我国电力系统实际情况，我国电力系统正常运行和事故方式下的安全稳定准则，其基本要求为：

（1）为保持电力系统正常运行的稳定性和频率、电压水平，系统应有足够的静稳定储备，有功、无功备用和必要的调节手段，以适应正常负荷波动和调节有功和无功功率的要求。

（2）有一个结构合理的电网。

（3）事故情况下根据事故的严重性规定了保持系统稳定运行的三级标准并建立了相应的三道防线：①第一级标准——对常见的单一故障，如单相接地，要保持系统稳定运行和对负荷的正常供电；②第二级标准——对概率较小的单一严重故障，如三相短路，要保持系统稳定运行但允许损失部分负荷；③第三级标准——对特别严重的多重故障，系统可能失去同步，必须采取措施防止系统崩溃，但允许局部非同步运行。

2.3.3 电力系统低频振荡

电力系统低频振荡，是指在系统中发生频率较低的、增幅的机械—电气振荡。对单机—无穷大系统中低频振荡发生的原因和机理的研究表明，由于励磁系统存在惯性，随着励磁调节器放大倍数的增加，与转子机械振荡相对应的特征值 $\delta+\mathrm{j}\omega_{\mathrm{osc}}$，其实部 δ 的数值将由负值逐渐增大，而当放大倍数过大时，δ 将由负变正，从而产生增幅振荡。$\delta<0$ 的情况称为对转子振荡频率 ω_{osc} 具有正阻尼作用，$\delta<0$ 但靠近零的情况称为阻尼不足，而 $\delta>0$ 则称为负阻尼情况。由于转子的惯性常数较大，振荡频率 ω_{osc} 通常较低。

低频振荡产生的主要原因：①系统在负阻尼时产生的自发功率振荡。②系统在受到扰动时，由于阻尼弱其功率振荡长久不能平息。③系统振荡模与系统中某种功率波动的频率相同，且由于弱阻尼，使联络线上该功率波动得到了放大、产生了强烈的功率振荡。④由发电机转速变化引起的电磁力矩变化和电气回路耦合产生的机

电振荡，其频率约为 0.2~2Hz。

低频振荡按模式可分为地区模和系统模。其中，地区模为一台发电机或一组等值发电机与无限大系统之间的振荡，振荡频率 $f\approx0.5\sim2\mathrm{Hz}$；系统模为地区之间的振荡或条形系统各等值机组之间的振荡，振荡频率一般为 0.2~0.5Hz。

励磁控制系统的振荡频率一般大于 2Hz（3~5Hz）。低于 0.1Hz 的功率振荡一般与锅炉调节等有关。

按振荡性质可将低频振荡分为减幅振荡、等幅振荡和增幅振荡。

减幅振荡发生在阻尼大于零的系统。系统阻尼大于零时，不会发生自发振荡，在干扰后振荡逐渐衰减。当外界振荡源的振荡频率与系统某振荡模频率相同时，发生强制性低频功率振荡。

等幅振荡及增幅振荡发生在阻尼小于或等于零的系统。

系统阻尼小于零时，可产生自发振荡，振荡幅值逐渐增大。由于系统的非线性，在振荡幅值增加到一定值后呈等幅振荡。

加强电力系统的网架结构对防止低频振荡是很重要的，但系统是在不断发展不断变化，随时可能发生新的弱联系。因此单纯依靠加强系统结构来防止弱阻尼，不仅是不经济的，而且在实际上几乎是不可能的，必须同时在控制系统采取措施，增加阻尼，以防止低频振荡。

低频振荡的研究，可以采用实际电力系统进行计算，也可用一机无限大系统或二机无限大系统进行定性计算。用实际系统进行计算，可以得到正确的系统振荡频率及其相应的阻尼，用简化的电力系统进行分析计算能更清楚地表明低频振荡与运行状态各参数的关系。

2.3.4 电力系统次同步振荡

由于大型汽轮发电机组转子轴系具有显著的弹性，在一定条件下将会因机械和电气相互作用而产生自发振荡，其振荡频率低于同步频率，并与轴系的固有振荡频率有关。这种现象最先出现在具有串联电容补偿的电力系统中，随后又在高压交流输电系统中出现。从原理上来说，这种自发振荡属于微小扰动下的不稳定性，即与低频振荡类似，因此同样可用系统的线性化微分方程来进行分析。但是，由于其振荡频率比系统低频振荡的频率高得多，故网络元件的数学模型不能再采用准稳态模型，而应计及系统的电磁暂态过程。

在系统发生不对称短路以及发电机非同期并列等大扰动后的暂态过程中，由于机电相互作用，轴系上可能引起很大的扭矩，其数值大大超过发电机端三相短路所产生的转矩，从而形成所谓的暂态扭矩放大现

象。为了计算扭矩，需要采用数字仿真方法，并同时计及电磁和机电暂态过程。

上述现象称之为电力系统的次同步振荡（Sub - Synchronous Oscillation，SSO）。出现次同步振荡后，由于轴系中产生很大的扭矩，在严重情况下可能导致大轴出现裂纹甚至断裂，或者因反复承受较大的扭矩而造成疲劳积累，使轴系寿命降低。因此，不但应对SSO进行准确分析计算，而且还需要采取监视、保护及抑制等措施。

2.3.5　系统性事故及其防止

系统性事故是指电力系统发生了稳定破坏、频率崩溃或电压崩溃等严重现象，以及事故的连锁反应，从而引起系统瓦解和大面积停电事故。对国内外发生过的电力系统大停电事故的分析研究指出，发生系统性事故的原因有两个方面：一方面是因为在遇到恶劣自然环境和运行条件下，出现了多重故障，这种重大事故往往超出设计及运行规定的安全界限；另一方面是因为设计、运行、设备或施工的缺陷，如电网网架不合理、运行备用不足、控制措施不当及断路器或保护拒动误动等，使单一的事故扩大为系统性事故。

防止系统性事故的主要措施有：①电力系统设计（包括发电、输电、变电等）都应符合《电力系统技术导则》、《电力系统安全稳定导则》及有关的设计规定，满足规定的可靠性准则，其中建设结构合理的电网是关系全局、防止系统性事故的基本措施，是其他措施的基础。②具备合适的、可靠的继电保护和安全自动装置，从设计、施工和运行各环节保证《三道防线》措施的具体落实。③保持电力系统各设备元件完好和安全可靠，各种备用设备均应可以随时投入工作状态。④重视有功电源和有功负荷的动态平衡，防止频率崩溃，重视无功电源和枢纽点电压的控制，防止电压崩溃。⑤完善电力系统调度自动化和通信系统，保证正常和事故状态下需要的实时信息的传输和调度控制的正确执行。⑥建立好最后一道防线，防止长时间大面积停电和对最重要用户的破坏性停电。

2.4　电力系统短路

2.4.1　短路电流水平的配合

电力系统中各级电压电力网的输变电设备和设施，其技术参数和性能要与当前及预测的电力系统短路电流水平相配合，以保证电力系统的安全运行。按过高的短路电流水平选择设备在技术经济上是不合理的，按偏低的短路电流水平选择设备将不能适应电力系统的发展要求，因此，要解决好短路电流水平的配合问题。确定短路电流水平配合的主要原则为：

（1）短路电流水平的上限值的选择决定于断路器的开断能力、输变电设备和设施的动、热稳定、对其他线路的干扰和危险影响、接地网的接触和跨步电压等。短路电流水平越高，费用越大，一般不宜按制造厂能够提供开断能力最大的断路器确定短路电流水平，要合理加以限制。

（2）从保持系统稳定运行和抗扰动能力看，系统必须维持一定的短路电流水平，即在发生扰动或事故情况下，有利于保持电压稳定性。

（3）系统维持一定的短路电流水平，有利于保证系统继电保护的可靠性和灵敏度。

（4）在规划系统预期短路电流水平目标时，要考虑对现有电力设备和设施的影响。

（5）某一级电压电网发展到一定阶段会出现电力设备和短路电流水平不配合问题，特别在高一级电压出现初期，原有一级电压电网短路电流将出现最大值，必须采取措施加以限制。

2.4.2　影响短路电流水平的因素

影响短路电流水平主要有以下几个方面：

（1）电源布局及其地理位置，特别是大容量发电厂及发电厂群到受端系统或负荷中心的电气距离。

（2）发电厂的规模、单机容量、接入系统电压等级及主接线方式。

（3）电力网结构（特别是主网架）的紧密程度及不同电压电力网间的耦合程度。

（4）接至枢纽变电所的发电和变电容量，其中性点接地数量和方式对单相短路电流水平影响很大。

（5）电力系统间互联的强弱及互联方式。

2.4.3　限制短路电流的措施

我国目前对电力系统短路电流的控制水平见表 17.2 - 3，当电力网短路电流数值与系统运行或发展不适应时，应采取措施限制短路电流，一般可从电力网结构、系统运行和设备等方面采取措施。

表 17.2 - 3　各级电压短路电流控制水平

电压等级/kV	10	35	63	110	220	330	500
短路电流/kA	16	16	25	20	10	50	50

1. 电力网结构方面　在保持合理电网结构的基础上，及时发展高一级电压、电网互联，或新建线路时注意减少网络的紧密性，大容量发电厂尽量接入最高一级电压电网，合理选择开闭所的位置及直流联网等，电网结构应经过全面技术经济比较后决定。

2. 系统运行方面　高一级电压电网形成后，及时将低一级电压电网分片运行，多母线分列运行或母线分段运行等。

3. 在设备方面　结合电力网具体情况，可采用高阻抗变压器、分裂电抗器和出线电抗器等常用措施，在高压电网必要时可采用 LC 谐振式或晶闸管控制式短路电流限制装置。

4. 其他方面　为限制单相短路电流，可采用减少中性点接地变压器的数目；变压器中性点经小电抗接地；部分变压器中性点正常不接地；在变压器跳开前使用快速接地开关将中性点接地；发电机—变压器组的升压变压器不接地，但要提高变压器和中性点的绝缘水平及限制自耦变压器使用等措施。

2.5　灵活交流输电系统（FACTS）

2.5.1　概述

灵活交流输电系统（Flexible AC Transmission Systems，FACTS）也称柔性交流输电系统，其主要内容是将现代电力电子及控制技术制成的 FACTS 控制器应用于交流输电系统，对系统中的一个或多个参数（如电流、电压、功率、阻抗及相角等）进行灵活快速控制，以提高系统的可控性和传输能力。FACTS 在输电系统中的应用主要包括可控串联补偿器、静止无功补偿器和统一潮流控制器等。

自 1987 年美国电力科学院（Electric Power Research Institute，EPRI）Hingorani. N. G. 博士提出灵活交流输电概念以来，FACTS 技术在电力工程中的应用迅速拓展。国际大电网会议（CIGRE）为此下设了专门研讨直流输电和 FACTS 的委员会。

二极管硅整流元件和晶闸管硅整流元件从 20 世纪 50 年代起是仅有的两大类电力电子器件，电力电子器件关断的可控性长时间得不到解决。20 世纪 90 年代前后电力电子元器件取得了突飞猛进的发展，可关断晶闸管（GTO）、功率场效应晶体管（MOSFET）、绝缘栅双极晶体管（IGBT）和栅极换相晶闸管（IGCT）等一系列新型元器件先后推出，额定电流大、额定电压高、损耗低以及开关频率范围大而可控性强的大功率电力电子元器件使 FACTS 技术的发展成为可行。

EPRI 组织了一系列 FACTS 技术的示范工程，探讨 FACTS 工程的技术经济指标和设计分析方法：

1. 应用基于快速晶闸管控制的高压交流输电系统

（1）串联补偿和并联补偿。

1）旨在将线路输电功率提高到热稳定极限，研究内容有暂态稳定与动态稳定、环流控制、潮流控制、无功支持和电压稳定等。

2）旨在提高联络线输电功率，研究内容有稳态和动态稳定估计、串联补偿和并联补偿的效果比较等。

3）旨在改进现有电力系统的利用和控制，研究内容有最优潮流、系统补偿的最低投资、传输功率增加时潮流和电压的控制、工频时的动态稳定以及较高频率时串联补偿和并联补偿的相互作用、减轻对断路器短路容量的压力等。

（2）应用晶闸管控制相位角的移相器、晶闸管投切电抗器，研究内容有改进系统间（弱）连接的暂态响应和提高输电功率极限等。

（3）应用晶闸管投切制动电阻、并联电容或串联电容，解决暂态稳定故障后第一摇摆周期的稳定问题等。

2. 应用静止无功补偿器（Static Var Compensator，SVC）及其应用，以及新型电力电子器件的无功补偿器 STATCOM

在负荷增长快速的负荷中心，应用 STATCOM 提高负载能力，快速支持电压，以减少低压切负荷的发生，并提高电能质量。

我国从 1996 年起研究 FACTS 技术。已有可控串联电容补偿器 TCSC 投入 500kV 和 220kV 交流输电线路运行。装在负荷中心的 STATCOM 装置正在研制中。

2.5.2　可控串联电容补偿器（TCSC）

可控串联电容补偿器（Thyristor Controlled Series Capacitor，TCSC）是一种快速调节输电线路阻抗的方法，它直接串接于输电线路，可以大范围连续调节线路电抗，动态运行能力强，可控制潮流，提高系统稳定性，克服功率振荡和次同步振荡，提高输电能力。

1. 可控串联电容补偿器　可控串联电容补偿器（TCSC）的单相模块结构及工作过程如图 17.2-22 所示。

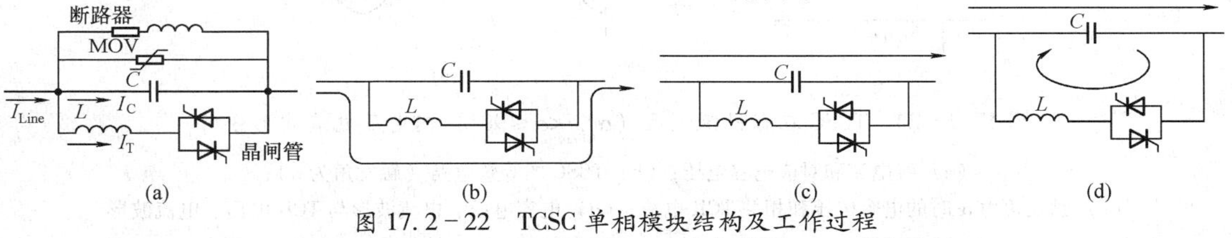

图 17.2-22　TCSC 单相模块结构及工作过程

（a）电路原理图；（b）电容旁路；（c）门极关断；（d）微调控制

TCSC 的主要元件是串联电容器 C 和与其并联的由晶闸管双向控制的电抗器 L，电抗器的电抗值小（$X_L \leqslant X_C/6$），它与电容的谐振频率为 2~3 倍工频，其品质因数应在 100 以上。

金属氧化物非线性电阻 MOV 起过电压保护作用；开关可在必要时旁路整个模块。工程应用中每一相根据阻抗要求可以由多模块串联而成。

在输电线路中运行时，TCSC 随着晶闸管导通和关断交替呈现小电感（并联大容抗）或纯电容的特性。假设线电流为正弦，则 TCSC 基波等值总阻抗是晶闸管触发角 α 的函数

$$X_{\text{TCSC}} = \frac{\pi - 2\alpha}{\pi\omega C} - \frac{2\omega(\pi - \alpha)}{\pi(\omega^2 - \omega_0^2)C} - \frac{\omega_0^2}{\pi\omega C(\omega^2 - \omega_0^2)^2} \times$$

$$\left\{ 4\omega\omega_0 \cos^2\alpha \tan\left[\frac{\omega_0}{\omega}(\pi - \alpha)\right] + (\omega^2 + \omega_0^2)\sin 2\alpha \right\}$$

式中，α 为晶闸管触发角（从电容电压峰值计起）；ω 为系统频率；ω_0 为 LC 谐振频率。

TCSC 容抗和触发角 α 的函数关系（容性微调区）如图 17.2 - 23 所示。

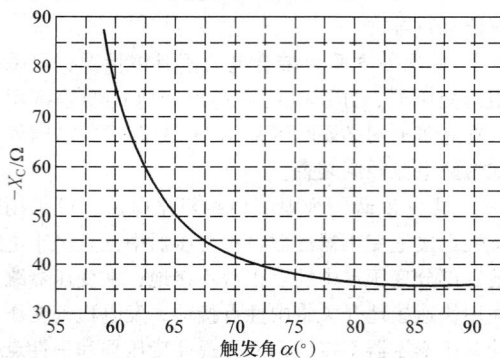

图 17.2 - 23　TCSC 容抗和触发角 α 的函数关系（容性微调区）

TCSC 在容性微调区（$\alpha_{\text{Clim}} < \alpha \leqslant 90°$）内电压电流波形分析如图 17.2 - 24 所示。

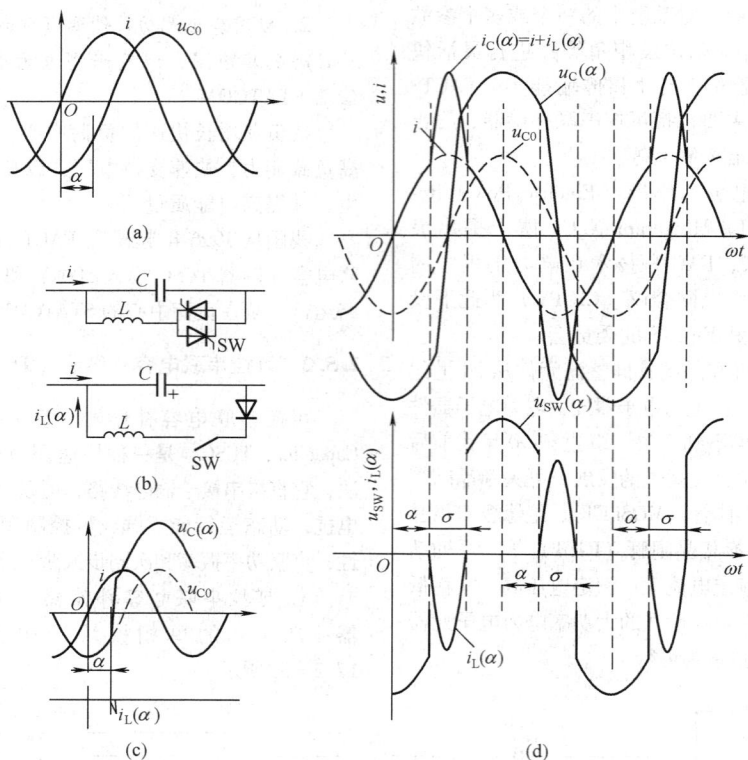

图 17.2 - 24　TCSC 在容性微调区（$\alpha_{\text{Clim}} < \alpha \leqslant 90°$）内电压电流波形分析

（a）线电流和对应电容电压；（b）TCSC 的等效电路（触发角为 α）；
（c）触发角为 α 时的电容电压和相关 TCR 电流；（d）电容电压、电流波形与 TCR 电压、电流波形

线电流 i 在固定电容上的电压为 u_{C0}。如晶闸管在相位角 α 处触发导通时，电容电压为负，线电流 i 为正，对电容正向充电；与此同时电容电压由于晶闸管导通形成 LC 谐振回路，谐振电流 $i_L(\alpha)$ 与充电方向相同，使电容下半周有正向直流偏置，小电感的续流作用使晶闸管在电容电压过零后关断（导通时间加倍）。半周后在角度 α 处另一晶闸管导通，反向重复前半周的过程。由于晶闸管每次导通 LC 谐振电流都加强充电，电容电压 $u_C(\alpha)$ 比未控制时的 u_{C0} 高，外部线路电流 i 几乎不变，总等效阻抗 X_{TCSC} 比 X_C 高。

TCSC 感性微调区（$0 \leqslant \alpha < \alpha_{Llim}$）内的电压电流波形可用电路理论分析，理想阻抗特性见图 17.2－25。但在感性微调区内连续可控性难以保证，未见工程实用。

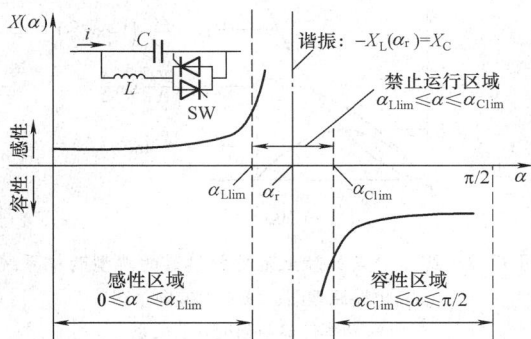

图 17.2－25　TCSC 总的阻抗特性

2. 次同步谐振阻尼器（SSR Damper）　在超高压串联补偿输电系统中，串联电容和系统总电抗的谐振频率低于同步频率（次同步频率 f_e），若与汽轮发电机组扭振频率之一 f_m 的和等于工频，即 $f_e = f - f_m$，系统将发生次同步振荡而损坏轴系。为了采用串联补偿提高系统输电容量，工程技术界 20 世纪 70 年代开始大力研究次同步振荡的抑制。

1981 年提出 NGH 次同步谐振阻尼器方案，用以减小次同步扭矩和轴系扭振；抑制串联电容上的直流偏置电压（由故障、故障清除、重合闸等所引起）；串联电容过电压保护；减小串联电容放电电流；消除旁路时电容放电引起的振荡等。其线路及消除偏置的波形如图 17.2－26 所示。

当电容两端工频电压上叠加直流或次同步频率的电压时，必定造成这半波时间长，另半波时间短（即偏置）。NGH 方案每相由一阻抗和晶闸管开关串联跨接在串补电容上，该阻抗可以是电抗、电阻或两者的组合，小电阻限制开关的暂态峰值电流，而小电抗则限制晶闸管的 di/dt。

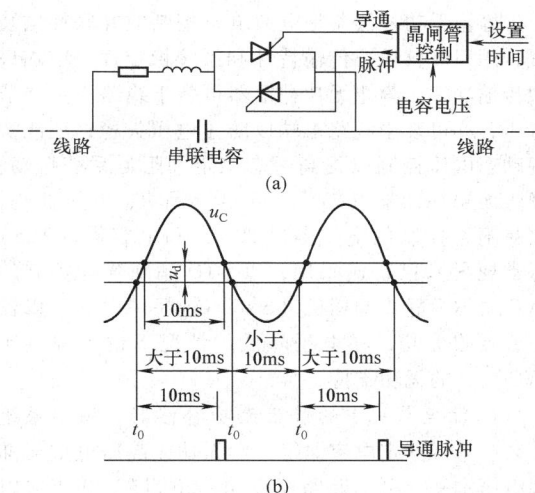

图 17.2－26　NGH 次同步谐振阻尼器
方案及消除偏置的波形
（a）电路原理图；（b）50Hz 信号 u_C 加直流信号 u_d

NGH 次同步谐振阻尼器方案设计中，先探测电容电压过零点，计算确定工频下半周的应有周期。一旦这半周超过了所整定的时间，相应的晶闸管导通使电容放电，使电容电流提前过零。电容电压到零以后，随即晶闸管电流过零，并停止导通。每当电容器电压过零，计时器启动，半周时间一到电容便放电，有效地消除线路电流和串补电容电压中的非正常直流和次同步分量造成的偏置。NGH 是 TCSC 的前身，TCSC 也沿袭了 NGH 消除 SSR 的思路。

3. 可控串联电容补偿器（TCSC）在电力系统中的应用功能

（1）调节 TCSC 的等效阻抗，改变输电线路总阻抗，从而控制输电网的潮流分布。

（2）串有 TCSC 的并行线路可以改变其等效阻抗，实现潮流转移，平稳地投入或切除其中一条线路。

（3）降低线路阻抗提高输电线路电压稳定极限。

（4）研究 TCSC 的控制律，阻尼电力系统振荡。

（5）每半周导通一次消除电容电压的偏置，具有抑制次同步振荡 SSR 的功能。

（6）能量法指导下控制 TCSC 有望提高电力系统暂态稳定。

2.5.3　静止无功补偿器（SVC 及 STATCOM）

电力系统并联补偿旨在增加稳态输电功率以及将系统中各点电压水平控制在合理范围内。固定或可投切的并联电抗器用于降低线路轻载时的过电压；固定或可投切的并联电容器用于维持线路在重载下的电压水平。

静止无功补偿器是电力电子控制的并联补偿装置，用以改善稳态传输特性和系统稳定性，增加最大传输功率。静止无功补偿器可装于线路中点调节电压；亦可装于线路末端以防止电压失稳；还能实现动态电压控制以提高暂态稳定和阻尼系统振荡。静止无功补偿器（SVC）可用于无功、电压控制，以晶闸管控制的电抗器（TCR）和电容器（TCS）等常规 SVC 已普遍采用，以 GTO 晶闸管等控制的 SVC 又称为静止调相机（Static Condenser），可以发出或吸收无功，在电压降低的情况下也可提供比 SVC 更大的无功支持。

1. 输电系统中的静止无功补偿器　输电系统中久已采用固定电容器组补偿无功或高压电抗器抑制电压水平，可用断路器投切。20 世纪 70 年代以来用晶闸管投切或调节的电容器或电抗器，称为静止无功补偿器（SVC），近 10 年来由于电力电子器件突飞猛进的发展，新型的静止无功补偿器（Advanced Static Var Generator，ASVG；Static Var Condensor，STATCON；Static Var Compensator，STATCOM）不断推出，其动态响应快速，对电力系统的瞬变过程能起补偿作用。

（1）线路中点电压调节提高暂态稳定并增大传输功率极限。典型两机系统，中点加静态无功补偿器使始端 s、中点 m 和末端 r 电压均为 U。假设线路无损耗，每段阻抗为 X/2，如图 17.2 - 27 所示。

图 17.2 - 27 中，

$$U_{sm} = U_{mr} = U\cos\frac{\delta}{4};\ I_{sm} = I_{mr} = \frac{4U}{X}\sin\frac{\delta}{4}$$

所传输的功率为

$$P = UI\cos\frac{\delta}{4} = 2\frac{U^2}{X}\sin\frac{\delta}{2}$$

$$Q = UI\sin\frac{\delta}{4} = \frac{4U^2}{X}\left(1 - \cos\frac{\delta}{2}\right)$$

可见中点并联补偿可显著增大输电功率极限（2 倍）；同等长度的线路等分 n 段，使用 n-1 点并联无功补偿，理论上输电功率极限可增大到 n 倍；而且线路沿线电压更接近理想情况。

并联无功补偿可以显著增加传输功率极限，快速控制使并联无功补偿在系统受到动态干扰后可以及时改变功率潮流，提高暂态稳定极限，并提供功率振荡阻尼。

（2）线路末端电压支持防止电压失稳。放射形的系统中发电机、输电线路阻抗 X、负荷阻抗 Z，如图17.2-28所示。

由负荷端电压 U_r 对功率 P 在不同功率因数时的曲线可见：电压稳定极限（鼻子曲线尖端）在感性

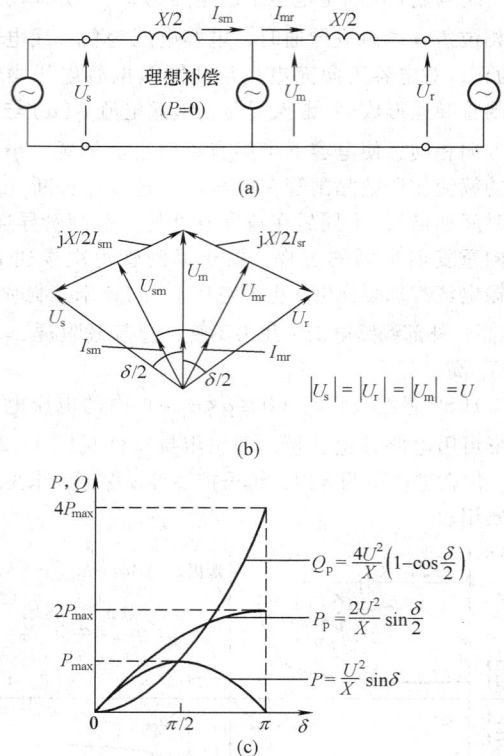

图 17.2 - 27　中点加静止无功补偿器的典型两机系统
(a) 电路原理图；(b) 对应向量图；
(c) 功率传输与角度 δ 的关系

负荷时小而容性负荷时增大。曲线表明，并联无功补偿提供无功功率并调节负荷端电压，从而有效地提高了电压稳定极限。显然在放射形的系统中，线路末端电压变化最大，也是补偿的最佳地点。

无功补偿的作用有：①在负荷变动时对母线电压进行调节；②由于发电机或线路退出运行而送端系统削弱时，对负荷提供电压支持；③多电源供应负荷中心时，若失去一回电源进线则要求其他电源送更多功率，将使负荷电压降低而崩溃，也需要电压支持。

（3）阻尼功率振荡。电力系统中低阻尼时，轻度干扰都将引起发电机功角围绕稳态值以机电系统总的自然频率振荡，相应地也引起功率围绕稳态传输功率值振荡，系统阻尼弱将限制输电功率的提高。

功率振荡是持续的动态过程，改变并联补偿可改变输电线路中点的电压，抑制受扰电动机振荡的加速或减速。在发电机加速时，功角 δ 增大，输电功率加大以抵消多余的输入机械功率；减速时，功角 δ 减小，输电功率减少以适应机械功率的不足。所需的无功输出控制以及功率振荡的衰减过程，如图 17.2 - 29 所示。

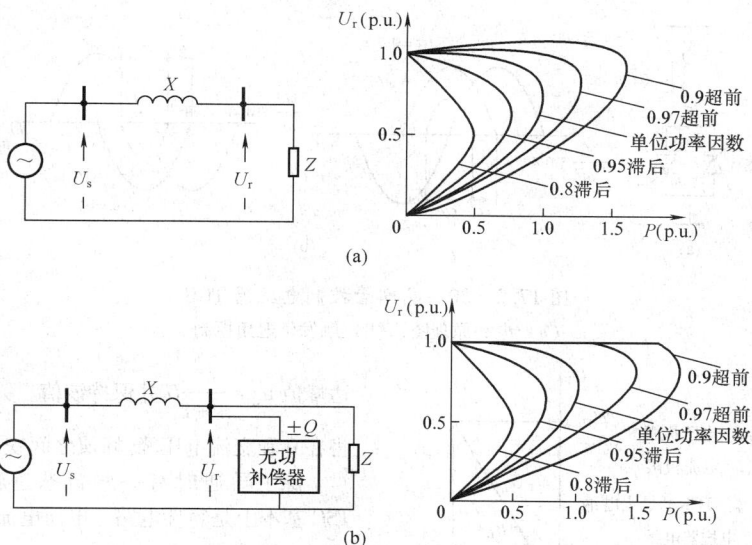

图 17.2 - 28 放射形系统中电压稳定极限的变化

（a）放射形系统中电压稳定极限；（b）并联无功补偿后的扩展极限

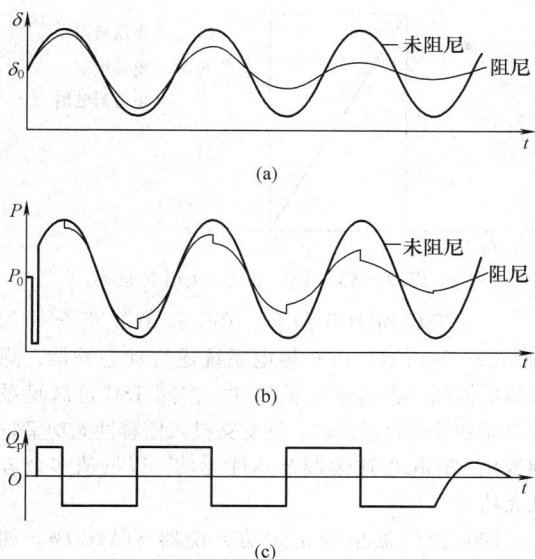

图 17.2 - 29 无功输出控制以

及功率振荡的衰减过程

（a）功角 δ 围绕稳态值 δ_0 的振荡波形；

（b）电功率 P 围绕稳态值 P_0 的振荡波形；

（c）并联补偿的无功输出 Q_P

图 17.2 - 29（b）一开始的波形突降是引起振荡的干扰。图 17.2 - 29（c）中，当 $\dfrac{d\delta}{dt}>0$ 时，为容性（正）输出，提高中点电压以及传输功率；当 $\dfrac{d\delta}{dt}<0$ 时，则降低电压。图 17.2 - 29（c）中所示为 Bang -

Bang 控制，对阻尼大幅振荡很有效。在较小幅度振荡时，可用连续控制。

系统对补偿器功能的一般要求如下：

（1）运行中挂接在母线上，始终与交流系统保持同步运行；包括严重故障母线失压，电压一旦恢复补偿器应立即同步。

（2）补偿器应能调节母线电压，起电压支持作用和提高暂态稳定；或控制电压以阻尼振荡和提高暂态稳定；视系统情况而定。

（3）连接两个系统的输电线，无功补偿的最佳位置是中点；而放射形线路末端带负荷者，补偿的最佳位置是负荷侧。

2. 具有可变阻抗的静止无功补偿器

（1）晶闸管控制和晶闸管投切的电抗器（Thyristor - Controlled Reactor，TCR；Thyristor - Switched Reactor，TSR）。目前晶闸管元器件的规格：阻断电压4000～9000V，导通电流 3000～6000A。每支路可采用 10～20 只晶闸管串联，以提高阻断电压，由一个脉冲同时触发。

晶闸管控制电抗器 TCR 的电路原理图和触发延迟角控制，如图 17.2 - 30 所示。TCR 和 TSR 的 U-I 运行区域，如图 17.2 - 31 所示。

电抗器中的基波电流为

$$I_{LF}(\alpha) = \frac{U}{\omega L}\left(1 - \frac{2}{\pi} - \frac{1}{\pi}\sin 2\alpha\right)$$

TCR 的电纳为

$$B_L(\alpha) = \frac{1}{\omega L}\left(1 - \frac{2}{\pi}\alpha - \frac{1}{\pi}\sin 2\alpha\right)$$

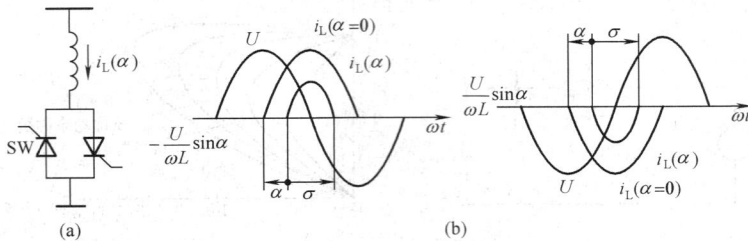

图 17.2−30 晶闸管控制电抗器 TCR

(a) 电路原理图；(b) 触发延迟角控制

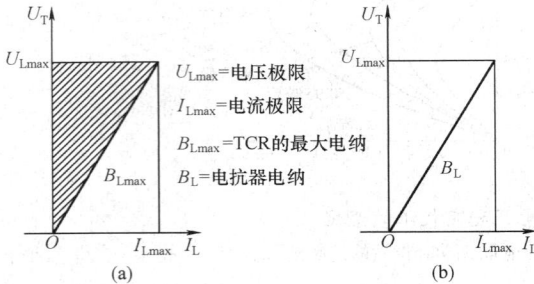

图 17.2−31 TCR 和 TSR 的 U−I 运行区域

(a) TCR (电纳 $0<B_L<B_{Lmax}$)；(b) TSR (电纳 B_L)

TCR 中常有 3、5、7 次等高次谐波，需要滤波配合。

(2) 晶闸管投切电容器 (Thyristor − Switched Capacitor，TSC)。晶闸管投切电容器 (TSC) 包括电容、双向晶闸管和限制涌流的小电抗。当晶闸管在错误时刻导通时有瞬变过程，小电抗用以限制晶闸管涌流，也避免电容与交流系统阻抗发生特定频率的谐振。其电路原理图及不考虑电容暂态过程时 TSC 在不同残压下的工作情况，如图 17.2−32 所示。

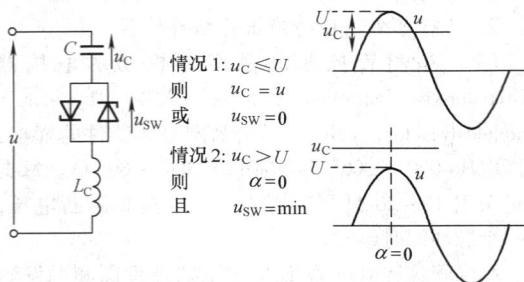

图 17.2−32 不考虑电容暂态过程时
TSC 在不同残压下的工作情况

TSC 呈容性，稳态时当晶闸管闭合而接至正弦电压源 $u = U\sin\omega t$，支路电流为 $i(\omega t) = U\dfrac{n^2}{n^2-1}\cdot$

$\omega C\cos\omega t$；其中 $n=\dfrac{1}{\omega\sqrt{LC}}$ 亦即 $n=\sqrt{\dfrac{X_C}{X_L}}$；晶闸管 (触发去除后) 在电流过零时关断，与此同时电容电压

达峰值 $u_C = \dfrac{n^2}{n^2-1}U$ 并保持该值。关断的晶闸管上电压将在 0 和交流电压峰−峰值之间变化。

除了导通时有一些暂态过程 (LC 谐振) 外，TSC 基本上是容性电路，电压电流呈线性关系，如图 17.2−33 所示。

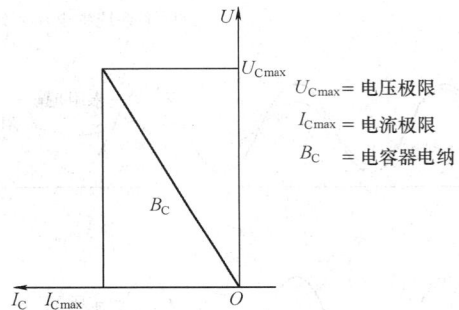

图 17.2−33 TSC 的 U−I 运行区域

(3) TSC 和 TCR 组合。TSC 和 TCR 组合 (如图 17.2−34所示) 可对输电系统进行动态补偿，降低待机损耗，提高运行灵活性。多路 TSC 可满足系统总无功补偿容量需求，逐支路投入使容性无功呈阶梯变化，TCR 可连续调节感性无功，以抵消多余容性无功。

(4) 换流器型静止无功补偿器 STATCOM。如图 17.2−35 所示，静止无功补偿器 (STATCOM) 常用电压源换流器，由直流电压源 (充电电容) 通过换流器产生一组可控三相输出电压，频率与系统相同。每相输出电压和相应的交流系统电压同相位，通过小联络电抗 (0.1~0.15p.u.) 连接，小电抗实际上常常就是连接变压器的每相漏电抗。改变所产生的输出电压幅值，换流器和交流系统无功交换可控的情况与旋转发电机相似：如果输出电压幅值增大至超过系统电压，则电流由换流器通过联络电抗流向系统，换流器对系统发出无功；如果输出电压幅值降至低于交流系统电压，则无功电流从交流系统流向换流器，换流器吸收无功；如果输出电压等于交流系统电压，则无功交换为零。

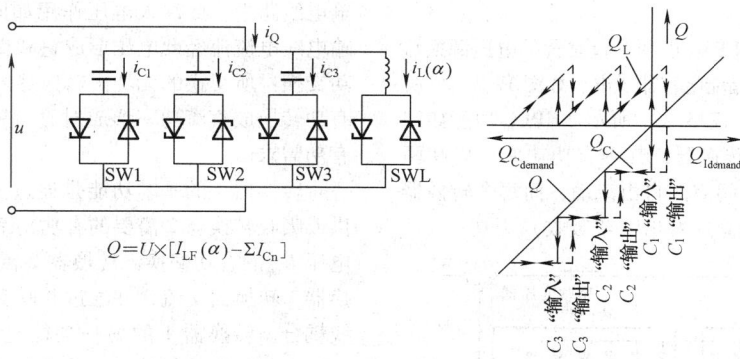

$$Q=U\times[I_{LF}(\alpha)-\Sigma I_{Cn}]$$

图 17.2－34 TSC 和 TCR 组合的
无功功率需求和输出特性

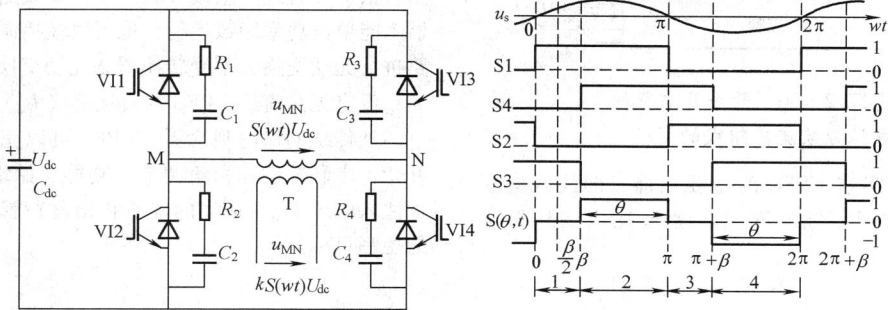

(a)

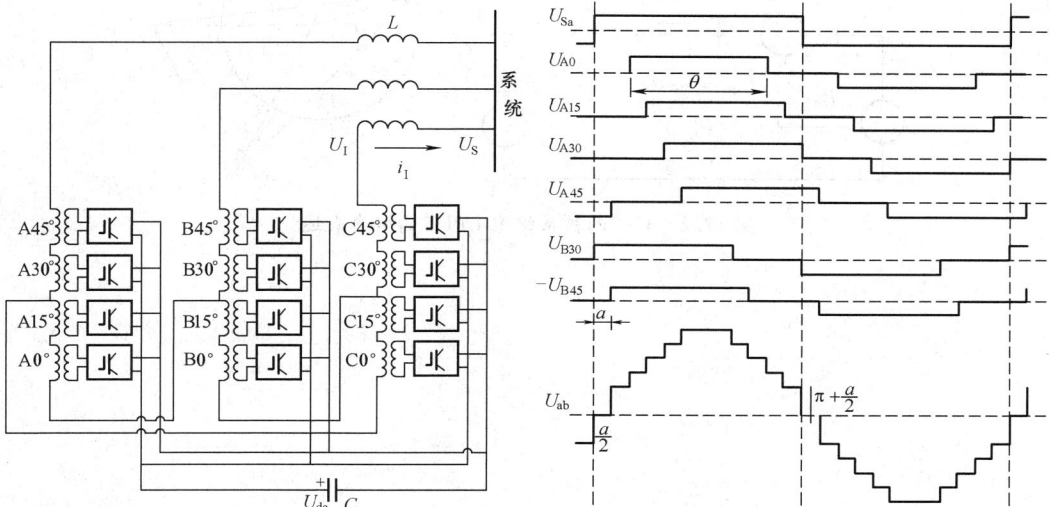

(b)

图 17.2－35 STATCOM 主电路及电压形成原理
（a）单相桥；（b）三相四重化 STATCOM

2.5.4 统一潮流控制器（UPFC）

统一潮流控制器（United Power Flow Controller,

UPFC）综合了许多 FACTS 元件的灵活控制手段，同时调节线路的基本参数（电压、阻抗及相角），可实现线路有功和无功功率的调节，提高输电能力及阻尼系统振荡。

目前实际应用的 UPFC 由两个背靠背的电压源换流器组成，由共用直流储能电容器供电，如图 17.2－36 所示，其工作原理如图 17.3－37 所示。UPFC 功能如同一理想的交-交功率转换器，其中有功功率可以在两个转换器的交流侧之间双向自由流动，而每个转换器可以在自身交流侧独立地发出（或吸收）无功。

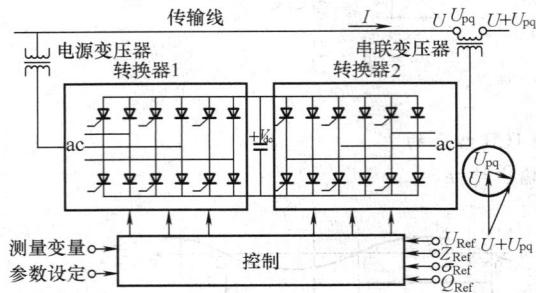

图 17.2－36 两个背靠背的
电压源换流器组成的 UPFC

转换器 2 实现 UPFC 的主要功能，即注入电压 U_{pq}（可控幅值 U_{pq} 与相角 ρ），通过注入变压器串联在

输电线路中。此注入电压作用如同同步交流电压源，输电线电流流经此电压形成它和交流系统的无功或有功交换：所交换的无功由转换器内部产生；所交换的有功转换成直流功率形成对直流链接 U_{dc} 的正或负的有功需求。

转换器 1 的基本功能是通过公共直流链接 U_{dc} 提供或吸收转换器 2 需要的有功功率，以支持注入串联电压 U_{pq} 的有功交换。转换器 2 需要的有功功率由转换器 1 转换回交流，并通过并联变压器与输电线路母线耦合。转换器 1 的另一功能是发出或吸收可控无功，即对线路提供独立的并联无功补偿。

必须指出，注入串联电压通过转换器 1 和 2 返回线路形成有功功率直接闭合通道时，相应的无功交换由转换器 1 就地产生或吸收，不需要线路传输。转换器 1 能单位功率因数运行，也可以在控制下独立与线路进行无功交换，不受转换器 2 无功交换的影响。因而，没有无功流经 UPFC 的直流链接 U_{dc}。

从传统的输电观念看，UPFC 可以完成并联无功补偿、串联补偿和相角调节的功能，始端电压 U_s 上加注入电压 U_{pq}（适当的幅值和相角）就能达到上述的控制目标。

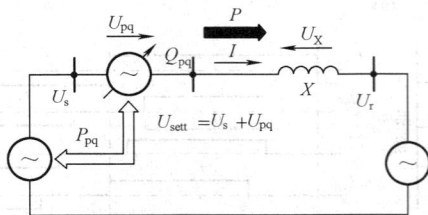

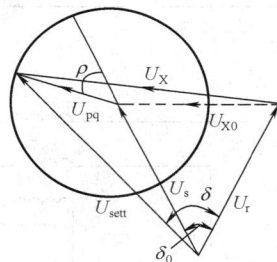

图 17.2－37 两机系统中 UPFC 的概念表述

第 3 章 高 压 直 流 输 电

3.1 概述

高压直流输电的主要原理是将交流电能整流成直流电能通过直流输电线路进行传送，在受电端再逆变成交流电能接入电网供应电能。直流输电技术发展已有 40 余年历史。所用的导线少、建设投资和运行损耗比三相交流输电低；两端换流站投资比交流变电设备成本高；综合起来直流输电应用于下列场合具有优越性：

1. 远距离大容量输电 采用超高压交流输电受到稳定性限制时，直流输电成为可选方案。800～1000km 以上输电距离情况下，架空线路三相交流输电总投资（三根导线及两端变电设备）和直流输电总投资（双极两根导线及两端换流站）相比，直流输电更为经济。

2. 电缆（水底或地下）输电 敷设电缆的成本高，直流输电换流站投资虽然较大，但电缆本身投资节省，综合起来，输电距离 50km 以上时，直流输电比交流输电经济。

交直流输电建设成本与输电距离的关系，如图 17.3－1 所示。

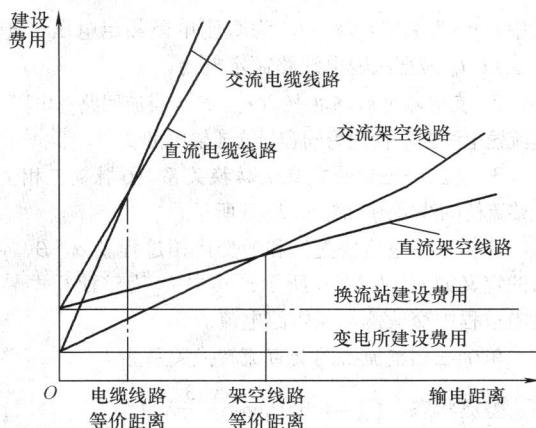

图 17.3－1 交直流输电建设成本
与输电距离的关系

3. 背靠背 是电网与电网连接的可选方案。整流和逆变处于一个站中，可非同步连接不同电压等级和/或不同频率的电网，可双向进行功率交换。

4. 电力系统互联的控制 电力系统间连接需要具有控制功能时选直流输电方案。直流输电可以方便地实现传输功率的控制、电流控制和电压控制。直流输电的辅助控制还可以抑制互联电力系统间的振荡。在交直流并行输电的系统中，恰当地利用直流的控制功能可加强交流输电系统的稳定性并抑制交流输电系统振荡。

目前运行中的高压直流架空线输电工程电压等级很多都是±500kV，双极输送容量达 3000MW。目前世界上规格最高的是巴西伊泰普直流输电工程电压±600kV，双极输送容量达 6300MW，输送距离达800km。±800kV 特高压直流输电工程我国正在实施中。

运行中的直流电缆输电工程最高电压 450kV。500kV 电压水平的直流电缆输电工程正在设计中。

3.2 直流输电的构成

两端直流输电系统主要由整流站、逆变站和直流输电线路三部分组成。大多情况下整流站和逆变站可以互换，故统称换流站。典型的双极直流输电系统简图如图 17.3－2 所示。

直流输电地线 直流输电常采用大地作为回线。海底电缆直流输电中可以用海水作为回线，也可用低绝缘的金属导线作为接地回线，线路投资较低。由于输送电流流经地线，大电流接地极、大地（海水）电流以及它们对环境（包括对交流输电系统）的影响都是直流输电的特殊问题，需要认真研究。

3.2.1 整流站和逆变站

换流站是直流输电系统中实现交直流电力变换的电力设施，一侧接入交流系统，另一侧与直流电力网络相联。换流站内装设有换流器及其冷却装置、换流变压器、平波电抗器、无功功率补偿装置、交流滤波装置、直流滤波装置、直流输电系统通信设施、换流站开关装置及直流控制保护装置和必要的辅助设备与设施。

换流站按其不同的运行方式可分为整流站和逆变站。整流站将交流电力变换为直流电力，逆变站将直流电力变换为交流电力。通过改变换流站内核心设备换流器的触发相位，可实现换流器的整流或逆变运行方式，因此换流站既可作为整流站运行，又可作为逆变站运行。

换流站电气主接线有换流单元串联和并联两种。换流站直流侧端和外接导线对地的电位有正负之分，据此可将换流站的换流器及有关设备划分为正极和负

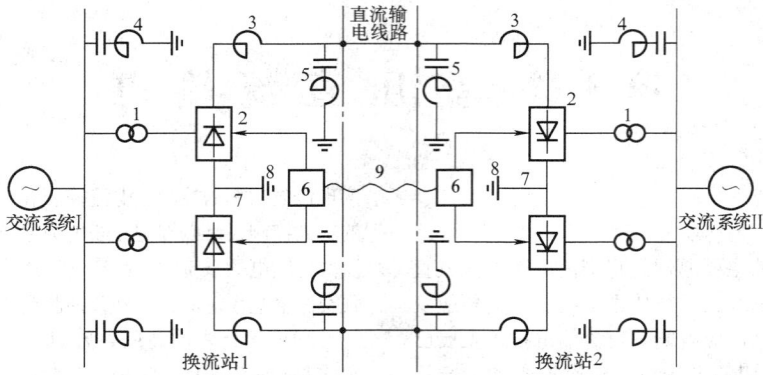

图 17.3-2 典型的双极直流输电系统简图

1—换流变压器；2—换流器；3—平波电抗器；4—交流滤波器；5—直流滤波器；6—控制保护系统；

7—接地极引线；8—接地极；9—远动通信系统

极。按直流极的数目分，有双极换流站和单极换流站两种。

直流输电系统大多可以双向输送功率，在变换功率输送方向时整流站和逆变站功能互换，因而整流站和逆变站设计基本相同。换流器目前主要用高压大容量晶闸管整流桥。换流站的典型布置如图 17.3-3 所示。

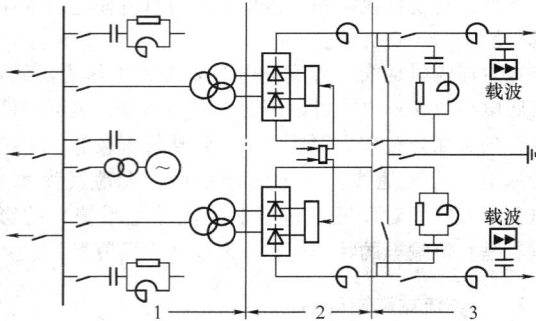

图 17.3-3 换流站的典型布置

1—交流变电所；2—阀厅和控制室；3—直流开关站

交流变电所一般在户外，有换流变压器、开关、交流滤波装置及无功补偿装置，以及避雷器等。

阀厅和控制室一般为整体建筑，晶闸管整流桥悬挂或支撑在阀厅内，配有阻尼吸收回路、过电压保护和开关等。正负极每极各占据一个阀厅，便于分极维护。控制室一般布置在两个阀厅之间。

直流开关站也布置在户外，有高压平波电抗器、直流侧滤波器、直流开关和过压保护等装置。直流线路侧还有电力载波。

换流器是换流站的核心部分，交流和直流转换一般采用三相全控晶闸管整流桥，每极可由多个整流桥组成（串联或并联）。按每一工频周期的直流电压波形的脉动数不同，基本换流单元有 6 脉动或 12 脉动两种。为减少直流侧低次谐波含量，从而减少滤波器的组数并简化接线，现代大型直流输电工程多采用 12 脉动换流单元，换流变压器为 Y/Y/△ 三绕组变压器，每单元由两个三相全控整流桥组成，变压器两组次级三相交流电源幅值相同而相位差 30°，接线方式如图 17.3-4 所示。

3.2.2 直流输电的基本公式

1. **双极直流输电的输送能力**

$$P_d = 2U_d I_d$$

式中，P_d 为额定功率；U_d 为直流单极额定电压（绝对值）；I_d 为直流输电线路额定电流。

2. **直流输电线路损耗** $R I_d^2$ R 为直流回路总电阻；直流输电线路损耗约为同容量交流输电的 2/3。

3. **整流和逆变的交直流转换关系** 6 脉动三相全控整流桥的线路图如图 17.3-5 所示。

三相全控整流桥整流和逆变换相过程及 α、β、γ 角的定义如图 17.3-6 所示，其中 I_{s2} 为整流桥两臂换向过程中交流侧两相短路电流。

单个三相整流桥的交直流转换关系为

整流状态 $\quad U_{dz} = 1.35 U_1 \cos\alpha - \dfrac{3}{\pi} X_{sz} I_d$

逆变状态 $\quad U_{dn} = 1.35 U_1 \cos\beta + \dfrac{3}{\pi} X_{sn} I_d$

或 $\quad U_{dn} = 1.35 U_1 \cos\gamma - \dfrac{3}{\pi} X_{sn} I_d$

式中，U_{dz}、U_{dn} 分别为整流状态和逆变状态的直流电压（kV）；U_1 为整流桥交流侧线电压有效值（kV）；α、β 分别为整流时和逆变时的触发角；γ 为逆变时

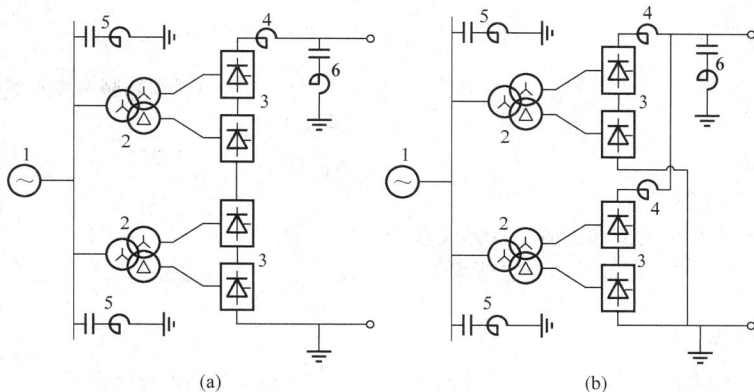

图 17.3-4　12 脉动换流单元原理接线方式

(a) 串联方式；(b) 并联方式

1—交流系统；2—换流变压器；3—12 脉动换流器；4—平波电抗器；5—交流滤波器；6—直流滤波器

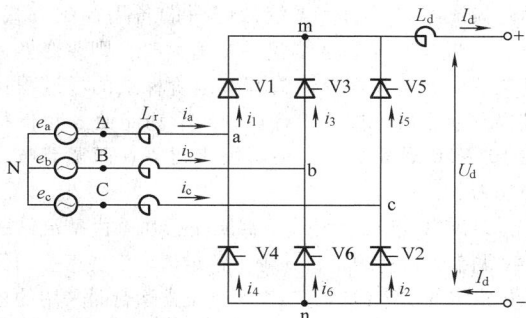

图 17.3-5　6 脉动三相全控
整流桥的线路图

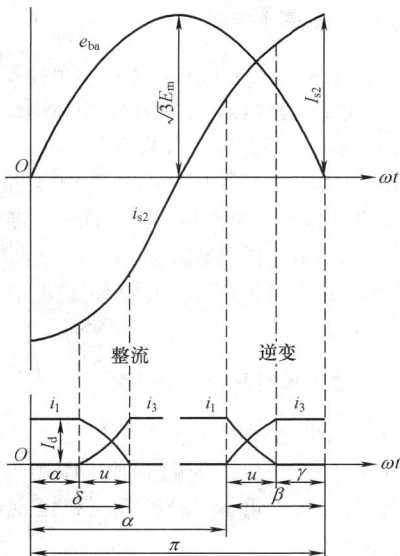

图 17.3-6　三相全控整流桥整流和逆变
换向过程及 α、β、γ 角的定义

的关断角；X_{sz}、X_{sn} 分别为整流侧和逆变侧的换相阻抗，即交流系统等值内阻抗（包括换流变压器短路阻抗）（Ω）；I_d 为整流桥直流侧电流平均值（A）。

换流站总的输出（或输入）直流电压和直流电流视接线方式而定，为三相全控整流桥输出（逆变时为输入）的叠加。

4. 换流站功率因数和无功功率　直流输电换流站无功补偿是重要技术问题，未考虑无功补偿时换流站的功率因数可用下列公式估算

整流站的功率因数　$\cos\varphi_z = \cos\alpha - \dfrac{X_{sz}I_d}{\sqrt{2}\,U_1}$

逆变站的功率因数　$\cos\varphi_n = \cos\gamma - \dfrac{X_{sn}I_d}{\sqrt{2}\,U_1}$

由此可见换流站的无功功率是由触发角相移和换弧过程而产生，其大小和转换的有功功率成正比（比例为 $\tan\varphi$）。

5. 整流站和逆变站的交流侧电流

交流侧电流（A）

$$I_a \approx \sqrt{\dfrac{2}{3}}\,I_d = 0.816I_d$$

式中，交流基波分量有效值（A）

$$I_a' \approx \dfrac{\sqrt{6}}{\pi}I_d = 0.78I_d$$

6. 换流变压器容量估计　整流站换流变压器的视在功率（kVA）

$$S_z = \dfrac{\pi}{3}U_{d0}I_d = \sqrt{2}\,U_1 I_d$$

逆变站换流变压器的视在功率（kVA）

$$S_n = \dfrac{\pi}{3}U_{d0}I_d = \sqrt{2}\,U_1 I_d$$

式中，U_{d0} 为换流理想空载直流电压（kV）

$$U_{d0} = \frac{3\sqrt{2}}{\pi}U_1 = 1.35U_1$$

3.2.3 直流输电方式

1. 直流输电工程主要接线方案

（1）双极直流输电工程。

1）双极两端中性点接地的直流工程。这是大多数直流输电工程采用的方式。正常时两极电流相等，大地回路中的电流为零。一极故障停运，另一极由大地（或金属）作为回线运行，送单极功率。

2）双极金属中线的直流工程。直流回路有三根导线，中线为低绝缘金属导线。一极故障可转为另一极单极金属回线方式运行。

（2）单极直流输电工程。单极直流输电工程一般用于输送容量较小的工程。采用下面两种方式：

1）单极大地回线方式。

2）单极金属回线方式。

2. 直流输电运行方式的变化

（1）降压运行。直流输电正常运行于额定直流电压。在线路绝缘降低等特殊情况下，各个极可分别采取降压运行方式 0.7～0.8p.u. 运行。

（2）功率反送。直流输电具有双向输电功能（正反向输送功率上限整定可以不同），运行中的系统可以手动或自动进行潮流反转。

（3）双极不对称运行。

1）双极电压不对称，指一极全压运行另一极降压运行，但双极电流对称可以保证接地极中电流最小。

2）双极电流不对称，则大地或金属回线中有电流。

3）双极电压和电流均不对称，保证最大可能输送能力。

3.3 直流输电系统运行控制方式

3.3.1 换流器基本控制

换流器基本控制是通过线路两端换流器的触发角变化来实现基本控制的。

6 脉动换流器两端单极直流输电系统中，有

整流侧直流电压 $\quad U_{dz} = 1.35U_1\cos\alpha - \frac{3}{\pi}X_{sz}I_d$

逆变侧直流电压 $\quad U_{dn} = 1.35U_1\cos\beta + \frac{3}{\pi}X_{sn}I_d$

或 $\quad U_{dn} = 1.35U_1\cos\gamma - \frac{3}{\pi}X_{sn}I_d$

12 脉动换流器两端单极直流输电系统为 6 脉动换流器串联，则直流电压是上述各式的 2 倍。

3.3.2 直流线路电流

直流线路电流为线路两端直流电压差值除以线路电阻，即

$$I_d = \frac{1.35(U_{1z}\cos\alpha - U_{1n}\cos\beta)}{R + \frac{3}{\pi}(X_{sz} + X_{sn})}$$

或

$$I_d = \frac{1.35(U_{1z}\cos\alpha - U_{1n}\cos\gamma)}{R + \frac{3}{\pi}(X_{sz} - X_{sn})}$$

3.3.3 整流站基本控制方式

1. 定电流控制方式　直流电流由电流调节器保持在整定值，并通过调节整流桥的触发角 α 而维持直流电流恒定，是整流站的基本控制方式，也是两端换流站之间通信系统故障时的备用控制方式。当 α 接近 0°而电流还要进一步增大时，则改变换流变压器的分接头。分接头调节是阶梯式的，过程比较慢。变压器分接头具有自动调节功能使 α 角保持在 10°～20°范围，以保留用快速调节 α 而调节电流的能力。

2. 定功率控制方式　直流输送功率由整流站的功率调节器保持恒定，并等于整定值。定功率控制保证按给定的功率值输送功率，是正常运行时采用的控制方式。当直流电压升高时降低直流电流以保持直流功率（直流电压和直流电流乘积）为整定值，反之亦然。定功率控制是通过改变定电流控制的整定值实现的。

3.3.4 逆变站的基本控制方式

1. 定最小关断角 γ 控制　用定 γ 角控制直流电压。为了降低直流输电系统的损耗，直流电压应维持在高水平，也就是 γ 角整定值应保持尽量小（15°～18°）。调节逆变侧电压靠改变换流变压器分接头。

2. 定电压控制　由电压调节器调节关断角 γ 以保持换流站的直流电压恒定。正常时全压运行保持额定电压。降压运行时保持降压运行额定值，即 0.7～0.8 倍额定电压。

3.3.5 两端直流输电系统控制特性

1. 整流侧定电流控制和逆变侧定电压控制配合　如图 17.3-7 所示，整流侧的控制特性有恒定直流电压与最小触发角 α_0（AB 段）和恒定电流 I_d（BH 段）两部分。

逆变侧的控制特性也有恒定直流电压与最小关断角 γ_n（FD 段）和恒定电流 I_d（FG 段）两部分。

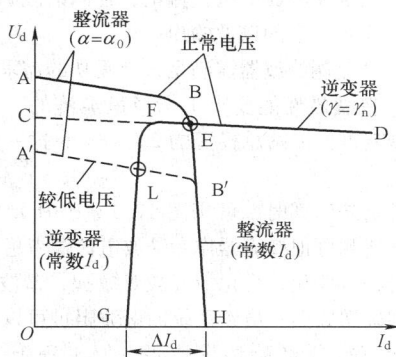

图 17.3 - 7　整流和逆变控制的实际特性

系统正常运行于交点 E，即整流侧保持恒定电流 I_d，而逆变侧保持直流电压与最小关断角 γ_n。

若整流侧电压突降至 A′B′，其恒定电流特性 B′H 段和逆变侧恒定电压 CD 段不再相交，电流从逆变侧高压向整流侧低压流动的倾向将使直流输电电流降为零，功率也相应降为零。因此逆变侧也有必要具备恒电流控制特性 FG，则系统仍可运行于交点 L，即由逆变侧保持恒定电流而整流侧保持降低的直流电压水平 A′B′。为了避免整流侧恒电流特性和逆变侧恒电流特性重合造成运行方式的不稳定，两个恒电流特性之间留有约相当于 15% 额定电流的裕度 ΔI_d。

正常运行调整直流电流的方式：若要增大输送直流电流，先提高整流侧的恒定电流整定值（扩大两端整定值之间的裕度），再提高逆变侧的整定值；若要减小输送直流电流，则先减小逆变侧的电流整定值，再减小整流侧的电流整定值。调整的顺序是为了保证两端电流整定值的裕度，绝不能使直流电流在整定过程中反向。

2. 潮流反向控制的实现　如图 17.3 - 8 所示，两端直流系统常具有双向送电功能，即整流侧可以转换成逆变侧，逆变侧相应转变成整流侧。转换过程中两端换流站都先按逆变方式工作，以快速消除输电线路上储存的电能。

为实现潮流反向控制、两端换流站各自具有恒触发角控制，恒电流控制和恒关断角控制三种功能。

图 17.3 - 8 中实线表示的是从换流站 1 到换流站 2 输送功率；点划线表示功率传输由于直流电压反向而改变方向，但直流电流不变。电流整定值在逆变侧应减去裕度（大约 15%）。在潮流反向的过程中，输电线路对地电容先放电再充电建立反向直流电压，电压反向所需的最短时间为 $T = C \dfrac{2V_d}{\Delta I_d}$。

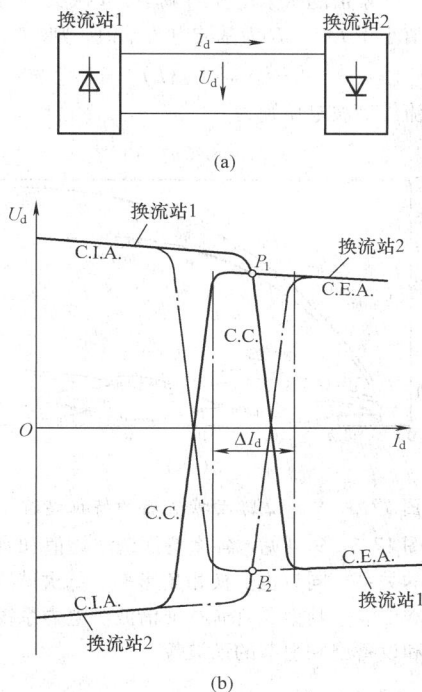

(a)

(b)

图 17.3 - 8　潮流反向控制特性
C. I. A. —恒触发角控制；C. C. —恒电流控制；C. E. A. —恒关断角控制

3.4　直流输电系统中的谐波和无功补偿

3.4.1　直流输电中的特征谐波

换流装置是谐波源，其交流侧和直流侧都会产生谐波电流和谐波电压。一个脉动数为 p 的换流器，其直流侧主要产生 $n = kp$ 次的谐波，交流侧则将产生 $n = kp \pm 1$ 次谐波，k 为正整数。这些典型谐波称为特征谐波。

高压直流输电系统一般脉动数采用 6 或 12，假设直流回路电流为理想直流，换流变压器绕组电流中特征谐波如下：

6 脉动换流器的特征谐波为 $6k \pm 1$ 次，其中 $k = 1$，2，3，…。

12 脉动换流器的特征谐波为 $12k \pm 1$ 次，其中 $k = 1$，2，3，…。

所产生的各次特征谐波见表 17.3 - 1。12 脉动换流器各次谐波的幅值比较如图 17.3 - 9 所示。

表 17.3 - 1　直流输电系统所产生的各次特征谐波次数

脉动数	直流侧	交流侧
6	6,12,18,24,…	5,7,11,13,17,19,23,25,…
12	12,24,36,…	11,13,23,25,35,37,…

谐波的幅值随次数增高而减小，n 次交流侧谐波电流幅值小于 I_1/n，I_1 为基波电流幅值，则

$$I_1 = I_d U_{d0} / (\sqrt{3} E)$$

直流侧谐波电压则为

$$U_{n0} = \sqrt{2} U_{d0} / (n^2 - 1)$$

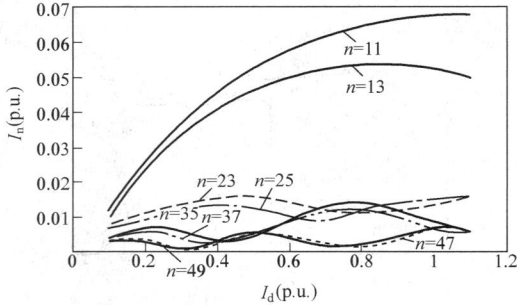

图 17.3 - 9　12 脉动换流器的特征谐波

由图 17.3 - 9 可见，各次特征谐波幅值和直流电流大小的关系，同时也受换相角影响。低次谐波幅值大于高次谐波。其他还有非特征谐波、电力系统的背景谐波和设备饱和引起的谐波等。

3.4.2　谐波危害及其对策

谐波对电力设备有危害，过大的谐波进入交直流网络，将会产生下列危害：

（1）直流侧谐波在 $200 \sim 3500\text{Hz}$ 音频范围内，对通信设备的干扰较为严重，特别是使邻近电话线路产生杂音。

（2）谐波将在旋转电动机和电容器中产生附加损耗和发热，特别当系统结构具备谐振条件时，将产生谐振而使直流输电不稳定。

（3）谐波会进一步恶化换流器的工作条件，引起逆变器换相失败或换流器控制不稳定。

减少谐波的方法有以下几种：

（1）采用多相接线，增加换流器的脉动数。对于高压直流输电系统一般采用 12 相；12 相以上的接线，被认为不如加滤波器经济。

（2）尽量减小换流阀触发角，一般采用 $10° \sim 18°$。

（3）装设滤波器。给谐波提供低阻抗回路。交流侧滤波器还可供给一定的无功。直流侧因有平波电抗器，一般不需滤波器，只有在架空输电线路的情况下才需要装设直流侧滤波器。

（4）改变输电线路参数，如采用特制导线，以加大直流回路中谐波的衰减。

3.4.3　滤波器选择

滤波器的选择原则如下：

（1）减少换流器的谐波输出，控制谐波源。

（2）满足规定的谐波输出。

（3）交流侧滤波器需满足系统无功的需求。

（4）在满足性能要求下选择最经济的，仅交流侧滤波器就占换流站总投资的 $2\% \sim 8\%$，这一点必须注意。

进行谐波计算时，可用图 17.3 - 10 所示的等效网络。交流侧可把换流器作为谐波电流源考虑。由于系统本身经常变化，变化情况较难掌握，谐波阻抗 Z 很难得到确切数据。虽然系统的谐波阻抗可以通过实测模拟计算或凭经验估计取得，但工程上一般由图 17.3 - 11 所示的系统阻抗圆图给出数据范围进行设计。直流侧则把换流器作为谐波电源考虑。

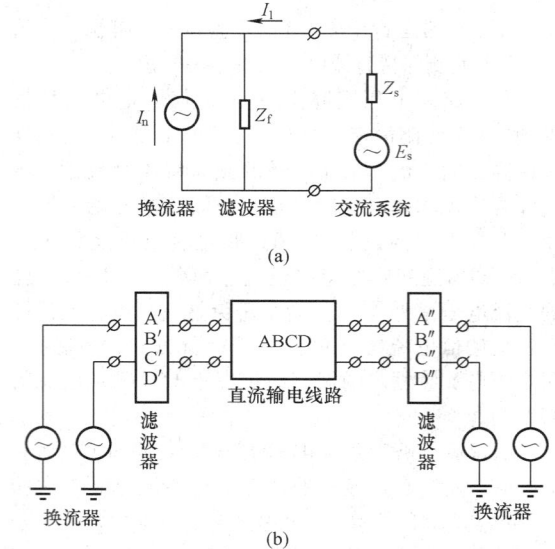

(a)

(b)

图 17.3 - 10　谐波计算用等效网络

(a) 交流侧；(b) 直流侧

I_1—基波电流；I_n—n 次谐波电流；

Z_f—滤波器等效阻抗；Z_s—系统等效阻抗；

E_s—系统等效电压

3.4.4　交流侧滤波器

至今多采用无源滤波，主要有调谐滤波器和阻尼滤波器两种类型。

滤波器滤除的是频率高于工频的谐波，在工频下呈容性，兼有无功补偿的作用。

3.4.5　换流站无功功率控制

直流输电换流器运行中需要无功，因而两端交流侧均装设交流滤波器、电容器组，有的情况还装设同步调相机或静止无功补偿器（Static Var Compensator, SVC）。在直流输送功率变化时，换流器所需无功随

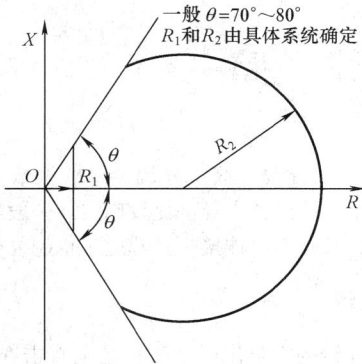

图 17.3 - 11 系统阻抗圆图

之变化，为了交流侧电压不至于变化过大，应进行无功控制。

换流站无功功率控制有无功功率控制和交流电压控制两种。交流电压控制多在换流站和弱交流系统连接时采用。大多情况采用无功功率控制，交流电压升高时加大换流器的触发角 α，换流站吸收交流系统多余无功，使电压降低；而交流电压降低时无功控制减小触发角 α，换流站向交流系统提供无功，使交流电压升高。

换流站控制无功功率的手段还有投切换流站内的交流滤波器组和补偿电容器组，此时无功功率变化呈阶梯式；同步调相机和 SVC 可以自动而连续地调节无功，从而也连续调节交流电压。

3.5 直流输电中的新技术趋势

近年来由于分布式发电的需求愈来愈高，新型功率电子器件 GTO 或 IGBT 用于直流输电的换流元件，轻型直流输电得到了较快的发展。同时用光触发晶闸管代替电触发晶闸管，大大简化了控制信号系统。

第4章 输 电 线 路

4.1 架空输电线路主要元件

4.1.1 导线

架空输电线路最常用的导线是钢芯铝绞线，其型号、结构和技术参数见国家标准 GB 1179—1983《铝绞线及钢芯铝绞线》。在大跨越、重冰区、高海拔地区、对导线有严重腐蚀的地段，可按不同要求选用不同品种的特殊导线。这些特殊导线的品种、适用范围及功效见表 17.4-1。

表 17.4-1 特殊导线的品种、适用范围及功效

导线品种	适用范围	功效
钢芯铝合金绞线	大跨越或重冰区	提高使用应力，减少弧垂或增大安全系数
铝包钢绞线及钢芯铝包钢绞线	大跨越	提高使用应力，减少弧垂
扩径导线	高海拔地区	降低导线表面场强，减少电晕损失
防腐型钢芯铝绞线及其他防腐蚀导线	海边、盐雾地区及工业污秽地区等对导线有严重腐蚀性的地段	耐腐蚀
耐热钢芯铝合金绞线	载流量大的大跨越或利用旧有杆塔和走廊，增加输电容量	提高载流量

我国开发的稀土铝导线，其导电率能提高到电工铝的标准，其耐腐蚀性能也较好。稀土铝导线已在各等级电压的线路上推广使用。

输电线路的导线根据其电压等级、输电容量、输电距离、电晕损失等因素可选用单导线或分裂导线，220kV 及以下的输电线路一般采用单导线，如输电容量大或输电距离较远时，也可采用双分裂导线；330kV 输电线路一般采用双分裂导线；500kV 输电线路一般采用 3~4 根分裂导线；750~1000kV 输电线路

可采用 4~8 根分裂导线。分裂导线的根数，应根据工程具体情况，经技术经济比较确定。一般来说，分裂导线的根数越多，连接金具和施工也越复杂。

4.1.2 地线

架空地线的主要作用是防止雷电直击在导线上，通常选用镀锌钢绞线。为保证防雷效果，地线与导线在杆塔头部的布置应满足行业标准 DL／T 620—1997《交流电气装置的过电压保护和绝缘配合》中的有关规定。

地线应满足电气和机械使用条件的要求，短路电流大的变电所或电厂升压变电所的进出线段还应验算短路热稳定。地线与导线的配合不宜小于表 17.4-2 的规定。

表 17.4-2 地线与导线的配合

导线型号	LGJ-185/30 及以下	LGJ-185/45~LGJ-400/50	LGJ-400/65 及以上
镀锌钢绞线最小标称截面积/mm²	35	50	70

500kV 线路的地线采用镀锌钢绞线时，标称截面不应小于 70mm²。

地线还可兼有其他用途，如用作屏蔽线以降低输电线路对电信线路的电磁影响，或用作载波通道等。不同的用途可选用不同材料的地线，常用的有钢芯铝绞线、铝包钢线及钢铝混绞线。用复合光缆（OPGW）作地线，因其通信容量大、不受强电干扰、通信质量高等优点，又与线路本体架设在一起，提高了通信的可靠性，所以得到了愈来愈多的应用。

在我国，330kV 及以上的线路，为了减少电能损耗，地线宜采用分段绝缘单点接地的方式，如图 17.4-1 所示。

4.1.3 绝缘子

输电线路上使用的绝缘子主要有盘形悬式瓷（或玻璃）绝缘子和棒形悬式合成绝缘子。盘形悬式绝缘子又分为普通型和防污型。按其破坏强度分为 70kN、100kN、160kN、210kN 和 300kN 五级。

绝缘子的选用应按其承受的电压、机械荷载的大小和线路经过地区的污秽等级等因素决定其绝缘子的

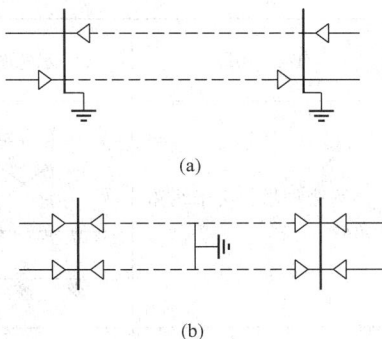

图 17.4－1 架空地线
分段绝缘单点接地方式
（a）分段绝缘端部单点接地方式；
（b）分段绝缘中间单点接地方式

形式和片数。在海拔 1000m 及以下地区，操作过电压及雷电过电压要求的悬垂绝缘子串的最小片数不宜少于表 17.4－3 的数值。

表 17.4－3　　　悬垂绝缘子串的最小片数

系统标称电压/kV	35	110	220	330	500
绝缘子型号	XP－70	XP－70	XP－70	XP－100	XP－160
片数	3	7	13	17	25

耐张绝缘子串的片数应比悬垂绝缘子串多，对 110~330kV 输电线路加 1 片，对 500kV 输电线路加 2 片。海拔为 1000~3500m 的地区，绝缘子串的片数，如无运行经验，可按下式确定

$$n_\mathrm{h} = n[1 + 0.1(H - 1)]$$

式中，n_h 为高海拔地区绝缘子数量（片）；n 为海拔 1000m 及以下地区绝缘子数量（片）；H 为海拔（km）。

输电线路的防污绝缘设计，应依照经审定的污秽分区图所划定的污秽等级，参考表 17.4－3 选择合适的绝缘子型式和片数。由于棒型悬式合成绝缘子的耐污性能好、质量轻、强度高等优点，在 I 级及以上污区得到广泛的应用。

盘形绝缘子机械强度的安全系数 K 不应小于表 17.4－4 所列数值，并按下式计算

$$K = \frac{T_\mathrm{R}}{T}$$

式中，T_R 为盘形绝缘子的额定破坏强度（kN）；T 为绝缘子承受常年荷载，最大使用荷载，断线荷载和断联荷载（kN）。

表 17.4－4　　盘形绝缘子机械强度安全系数

状况	最大使用荷载	断线荷载	断联荷载	常年荷载
安全系数 K	2.7	1.8	1.5	4.5

4.1.4　金具

金具主要用来固定、连接绝缘子串和导、地线，接续导、地线，保护绝缘子和导、地线。按用途分为悬垂线夹、耐线线夹、连接金具、接续金具、防护金具和拉线金具六大类。

1. 线夹　包括悬垂线夹、耐线线夹，用于支持和固定导线和避雷线。

2. 连接金具　连接电线线夹与杆塔的铁件，如各类挂板、挂环等。

3. 接续金具　连接电线用，如压接管、跳线线夹等。

4. 防护金具　保护或修补电线用，如防振锤、护线条、预绞式护线条等。

5. 拉线金具　组合与固定杆塔拉线的铁件，如楔形线夹，U、T 形线夹等。

在选用金具时，应根据线路特点，尽量选用定型金具。悬垂线夹一般都采用固定式线夹，铝合金线夹在线路中也得到愈来愈多的应用；大导线的耐张线夹和接续管可采用爆压型或液压型，小导线一般采用螺栓式耐张线夹。

金具强度的安全系数应不小于下列数值：

最大使用荷载情况　　　2.5
断线、断联情况　　　1.5

4.1.5　杆塔与杆塔基础

输电线路的杆塔用来支撑导、地线。主要有电杆和铁塔两大类。

电杆一般用在电压为 330kV 及以下的输电线路上。在我国以钢筋混凝土电杆为主，在城市电网中，拔稍钢管杆也得到愈来愈多的应用。有些国家还采用木杆和铝合金杆。35kV 线路大都采用单杆。110kV 及以上输电线路大多采用带叉梁的双杆。钢筋混凝土电杆具有耗钢量少，施工方便，维护工作最少，又可在工厂中规模生产等优点。其产品应符合国家标准 GB 396—1994《环形钢筋混凝土电杆》的技术要求。

铁塔大多采用热轧等边角，用螺栓连接成空间桁架结构，有些特殊铁塔用钢管或冷弯薄壁异型钢作为塔杆。铁塔按结构型式可分为拉线塔和自立塔两大类。拉线塔由塔头、立柱和拉线组成，能充分利用材料的强度特性，使拉线塔既安全可靠，又减少耗

钢量。

自立式的直线塔有上字型、猫头型、酒杯型等型式，220~500kV 线路上常用的承力塔也是自立式"干"字型铁塔。多回路线路的直线塔和承力塔一般也采用自立式铁塔。自立式铁塔具有占地少、强度大等特点。

大跨越塔的高度高、荷载大、结构复杂，耗钢量和投资都比较高。目前国内大多采用组合构件铁塔、钢管塔或独立钢筋混凝土塔等。

根据杆塔的作用和特点，一般有表 17.4-5 的各种型式。

塔头布置应满足绝缘配合的要求，带电部分与杆塔结构的间隙不应小于表 17.4-6 的数值。导线与避雷线的布置与间距应满足防雷保护要求。

为维护检修人员攀登和操作的安全与方便，应满足带电检修的间隙要求，见表 17.4-7。

表 17.4-5　　　杆塔型式

杆塔型式	作　用	示意图
直线杆塔	以针式或悬式绝缘子中间支持悬挂导线	
耐张杆塔	用耐张绝缘子串锚固电线以限制线路事故范围	

续表

杆塔型式	作　用	示意图
转角杆塔	同耐张杆塔，用于线路转角处	
终端杆塔	同耐张杆塔，用于升降变电所进出线端，可带转角、进线，拉力很小	同耐张或转角杆塔

表 17.4-6　　带电部分与杆塔构件的最小间隙

线路电压/kV	35	60	110	154	220	330	500
外过电压	0.45	0.65	1.00	1.40	1.90	2.60	3.70
内过电压	0.25	0.50	0.70	1.10	1.45	2.20	2.70
运行电压	0.10	0.20	0.25	0.55	0.55	1.00	1.25

表 17.4-7　　带电作业杆塔上带电部分的最小间隙

线路电压/kV	35	60	110	154	220	330	500
最小间隙/m	0.6	0.7	1.0	1.4	1.8	2.4	3.8

杆塔基础分为电杆基础和铁塔基础。电杆基础由底盘和卡盘组成，有拉线的电杆还需拉线盘。铁塔基础型式应根据塔型、地形、地质、水文及施工运输等条件确定，主要形式见表 17.4-8。

基础设计应计算上拔稳定、地基下压强度、倾覆稳定和基础强度。

表 17.4-8　　　　　　　　　　铁塔基础型式

类　型	特　点	简　图
混凝土或钢筋混凝土基础	施工简便，基础浇制侧，质量易于检查	
预制基础	基柱、底盘可在工厂生产、安装方便，用于荷载较小、运输方便的塔位	

续表

类 型	特 点	简 图
岩石基础	充分利用岩石的力学性能，可大量降低基础材料的消耗量，适用于山区岩石裸露或覆盖层较浅的塔位	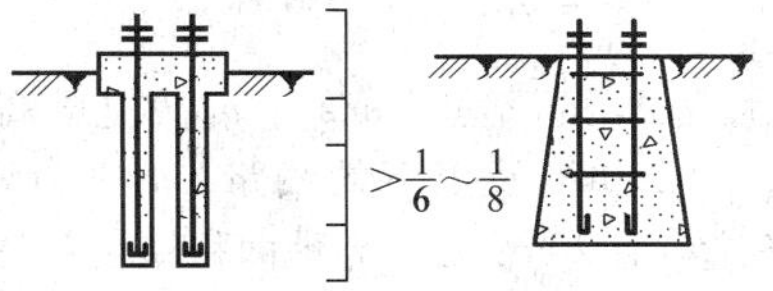
掏挖或机扩桩基础	充分发挥原状土的特性，具有良好的抗拔性和较大的横向承载力。具有节约材料、取消模板及回填土的工序。但混凝土的浇注质量难于检查	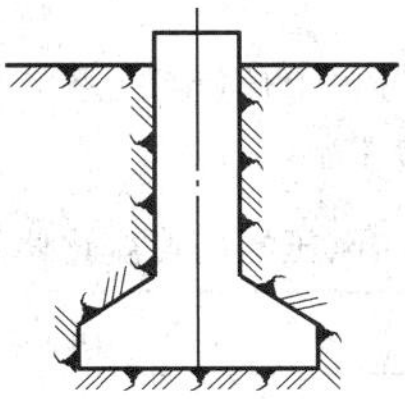
钻孔灌注桩基础	用于易受河水冲刷的塔位，跨河地段的淤泥、流砂等软弱地质	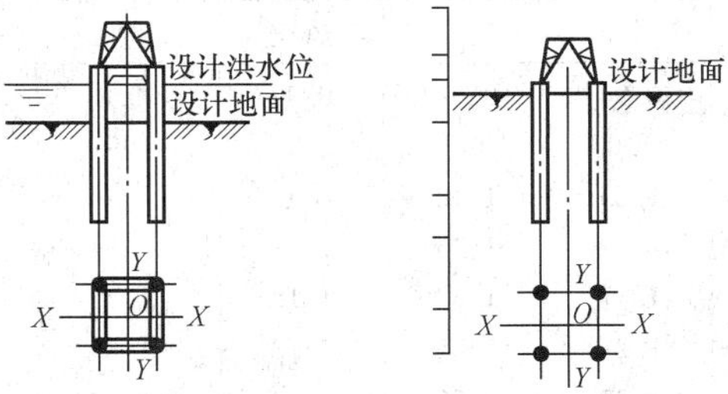

4.2 架空输电线路力学计算

4.2.1 气象条件与典型气象区

1. 气象条件 架空输电线路架设在大自然中，自然界的各种气候现象都对输电线路导、地线的运行应力、杆塔强度和电气性能等产生影响。其中大风、冰雪、气温、空气密度和雷电等是主要的。这些气象参数直接影响到架空输电线路的技术经济指标和线路运行的可靠性，因此合理地选择气象参数是十分重要的。

在选取架空输电线路的气象参数时，要注意搜集和分析沿线附近各气象台站的资料，重视已建电力线路、通信线路的运行资料，必要时可在新建线路经过的某些地段设立气象观测站。

另外，对架空线路沿线附近的空气污秽情况和雾天资料也要搜集，将它作为确定线路绝缘水平的依据之一。

对架空线路某些地段（如相对高差变化较大的地段、狭谷、山峰、冷暖气流交汇处等）的气象参数要特别重视。这些地段由于受微气候的影响，其气象参数同线路其他地段可能有较大的差别。

（1）最大设计风速。

1) 最大设计风速的取值标准。我国架空输电线路的最大设计风速的取值标准见表17.4-9。

表17.4-9 架空输电线路的最大设计风速的取值标准

线路电压等级 /kV	重现期 /年	基准高度 /m	时距 /min
35~330	15	15	10
500	30	20	10

跨越大江、大河、湖泊和海峡的大跨越挡的最大基准风速的取值标准：对于220~330kV输电线路，采用30年一遇的数值；对500kV输电线路，采用50年一遇的数值；基准高度和时距取历年平均最低水位以上10m高处的10min时距平均最大值。10m以上高度的风速应作高度换算。500kV输电线路大跨越处的基准设计风速应不低于30m/s。

2) 最大设计风速选取法。根据搜集到的历年最大风速值，用气象方面有关概率统计方法求出最大风速的分布频率，再按规定确定最大设计风速基准值。输电线路设计可采用较为粗略而简便的"经验频率法"，也可用极值分布法的耿贝尔法。

3) 风速的高度变化修正系数。输电线路杆塔高度和导、地线的平均悬挂高度与基准风速的高度往往

不同，设计中采用的设计风速应做高度修正。不同高度的风速可由下式求得

$$v_2 = v_1 \left(\frac{h_2}{h_1}\right)^{\alpha} \qquad (17.4-1)$$

式中，v_2 为高度为 h_2 的风速（m/s）；v_1 为基准高度为 h_1 的风速，对 330kV 及以下的线路，h_1 取 15m，对 500kV 线路，h_1 取 20m；α 为与地面粗糙度有关的指数值，其取值范围为 0.1~0.28，对于开阔地区，一般取 0.16。

按式（17.4-1）求得的输电线路的风速和风压高度变化修正系数见表 17.4-10。

表 17.4-10　　风速和风压的高度变化修正系数

离地高度 /m	电 压 等 级			
	330kV 及以下		500kV	
	风速	风压	风速	风压
10	0.94	0.88	0.89	0.8
15	1.0	1.0	0.95	0.91
20	1.05	1.10	1.0	1.0
30	1.12	1.25	1.07	1.14
40	1.17	1.37	1.12	1.25
50	1.21	1.46	1.16	1.34
60	1.25	1.55	1.19	1.42
70	1.28	1.63	1.22	1.49
80	1.31	1.71	1.25	1.56
90	1.33	1.77	1.27	1.62
100	1.35	1.83	1.29	1.67
150	1.45	2.09	1.38	1.90
200	1.51	2.29	1.45	2.09
250	1.57	2.46	1.50	2.24
300	1.62	2.61	1.54	2.38
350	1.66	2.74	1.58	2.50

注：中间值可按线性插入法得到。

（2）冰荷载。

1）导、地线覆冰的种类及其物理特性，见表 17.4-11。

表 17.4-11　　导、地线覆冰的种类及其物理特性

冰的种类	密度 /(g/cm³)	黏结度	外　观
雨凇	0.6~0.9	弱	透明
雾凇	0.15~0.3	弱	白色不透明
雨、雾凇混合体	0.2~0.6	较强	透明层与白色不透明层交替
湿雪	0.2~0.4	较强	白色不透明

2）冰荷载的取值标准。在我国，对 330kV 及以下的输电线路，冰荷载按 15 年一遇的最大覆冰厚度来计算；对 500kV 的输电线路和大跨越的 330kV 及以下电压等级输电线路，取 30 年一遇的数值；对大跨越的 500kV 输电线路，取 50 年一遇的数值。覆冰等值厚度的密度都取 0.9g/cm³。

按我国的设计标准，把冰区分为两类：覆冰厚度小于 20mm 的地区为轻冰区；等于或大于 20mm 的地区为重冰区。轻冰区和重冰区的杆塔荷载条件是不同的。

3）冰资料的搜集。冰荷载是设计架空输电线路的重要参数，对有覆冰现象的地区要重视冰资料的搜集。①搜集沿线气象台站的覆冰资料，其中包括冰的种类、直径、密度或单位长度的冰重等。若没有覆冰资料，搜集沿线各气象台站的某些气象数据对分析该地区的覆冰情况也是有用的，如高湿度、低气温的气候现象，覆冰季节的降雪量等。②为了获得冰荷载分布的样本，在一些有代表性的地区有必要设置冰荷载的观测站。③在缺少覆冰资料的情况下，调查新建线路附近的已有电力线路和通信线路的覆冰情况、沿线地面植被的覆冰情况和冰对植被的破坏情况也是十分重要的。利用这些资料有可能粗略估计出当地结冰特点及严重程度。

4）冰资料的处理。从气象台站和观冰站搜集到的冰资料，应进行必要的分析和换算。①要确定冰的种类及其物理特性，单位长度的冰重；②根据单位长度的冰重换算至密度为 0.9g/cm³ 的导线等值覆冰厚度；③用数理统计法计算出一定重现期的冰厚概率值；④进行高度和线径的修正；⑤确定设计冰厚。在确定设计冰厚时，要考虑某些地形对线路覆冰的影响，如暖流与冷空气交汇的山谷和山顶，平原边缘的突出高地。突出的丘陵顶峰和高海拔地区的某些山地等可能出现比较严重的覆冰现象，对这些地区的冰荷载做出定量分析是困难的。

冰荷载对架空输电线路的技术经济指标影响较大，重冰区的架空输电线路造价要比轻冰区的高 50%~100%，甚至更大。因此，确定冰荷载时要十分慎重。在选择线路路径时，宜尽量避开重冰区，并尽量避免多回线路通过同一重冰区。

由于缺少可靠的冰荷载资料，一条架空输电线路的某些地段的冰荷载难以确定。对这些地段，在选择塔型、塔位时要给予特别重视，杆塔上的导线布置最好采用水平排列；导、地线之间也应保持较大的水平位移；避免出现大档距、大高差和大转角等。这样做可充分利用高压架空输电线路自身的抗冰能力。

（3）雷电参数。雷电是积聚大量电荷的云团对

地放电或云团之间放电而发生的自然现象。由于雷电流的幅值和陡度都很大，当它击中输电线路的导线或杆塔时，会引起线路绝缘发生闪络。从统计资料可见，由雷击而引起的输电线路跳闸事故在输电线路的总事故中所占的比例相当大。所以线路的防雷设计，特别是在多雷区，应给予足够的重视。在防雷设计中常用到的雷电参数有雷暴日、地面落雷密度、雷电流的幅值和波形等。

1）雷暴日和雷暴小时。雷暴日和雷暴小时都是用来表示某一地区雷电活动的频率。雷暴日是指一年中有雷电的天数。雷暴小时是指一年中有雷电的小时数。由于各年的雷暴日（或雷暴小时）变化较大，一般都采用多年平均值。利用雷暴小时作计算单位更能反映雷暴的持续时间及强烈程度，但也给统计带来一些困难。在我国都采用雷暴日作为计算单位。

雷暴日的多少与纬度有关，以一般平均值来说，纬度越低，雷暴日越多。年平均雷暴日数不超过 15 的地区称为少雷区，超过 40 的地区称为多雷区。输电线路设计用的暴雷日数可在沿线附近的气象台站中搜集到，并取其多年平均值。

2）地面落雷密度。真正危害输电线路的雷电是落在输电线路上和输电线路附近地面上的雷电，用地面落雷密度 γ [次/（km² 雷暴日）] 来表示，其意义为每一雷暴日、每平方千米对地落雷次数。根据实测数据，《电力设备过电压保护设计技术规程》（SDJ 7—1979）推荐，在一般情况下可取 $\gamma = 0.015$。

3）雷电流的幅值和极性。雷电流是指雷直击于低接地电阻的物体时，流过该物体的电流。雷电流的幅值 I 与气象及自然条件有关，是一个随机变量。根据我国的实测数据，雷电流幅值的概率曲线如图 17.4-2 所示，该曲线可用下式表示

$$\lg p = -\frac{I}{108}$$

式中，I 为雷电流幅值（kA）；p 为超过雷电流幅值 I 的概率。

雷电流极性，从实测结果来看，多数为负极性。由于输电线路的绝缘子串在正极性雷电流作用下，其放电电压比负极性的低，因此在防雷设计上都采用正极性。

4）雷电流波形。根据世界各国测得的数据，雷电流波形的波长（τ）一般为 30~50μs，波头（τ_1）为 1~4μs。我国输变电设备的试验波形，其波头（τ_1）取 1.2μs，波长（τ）取 50μs。在线路防雷设计中，雷电流的波头一般可取 2.6μs，波头形状取斜角形；在设计特殊高塔时，可取半余弦波形，其最大陡度与平均陡度之比为 π/2。

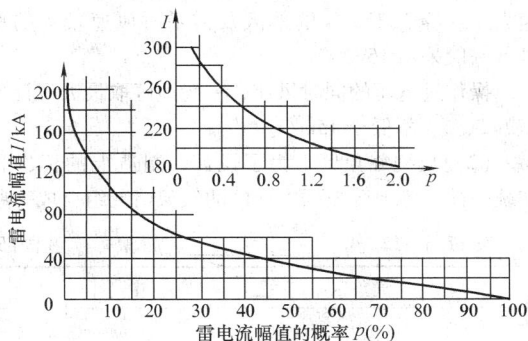

图 17.4-2　我国雷电流幅值概率曲线

2. 典型气象区

（1）气象条件的组合。输电线路设计所选用的气象条件组合，除应合理地反映自然条件的变化规律外，还要适合输电线路整体技术经济的合理性和适当考虑设计计算的方便。因此，必须根据输电线路实际运行中可能遇到的情况，慎重地调查分析原始气象资料，按有关标准，合理地概括出"组合气象条件"。

1）选择组合气象条件的要求有：①输电线路在大风、覆冰及最低气温时，仍能正常运行。②输电线路在事故（指断线）情况下，具有限制事故（指倒塔）范围的能力。③输电线路在安装过程中，不致发生人身或设备损坏事故。④输电线路在正常运行情况下，在任何季节里，导线对地面或与其他地物、建筑物保持足够的安全距离。⑤输电线路在长期运行中，应保证导线和地线有足够的耐振动性能。

2）输电线路正常运行情况下的气象条件组合。线路在正常运行中，导线和杆塔要承受大风、覆冰和最低气温三个气象因素的作用。根据气象规律，这三个气象因素的极值不可能同时发生，应分别考虑三种气象条件组合。一般情况下，发生最大风速时，导、地线不覆冰，其相应温度取该地区发生大风月的平均气温或稍低一些；考虑导、地线覆冰时，其相应风速可采用结冰过程中历年最大风速，温度取 0℃ 以下（如-5℃）；考虑最低气温时，不出现风和冰。

3）输电线路安装和检修情况下的气象组合。输电线路设计要考虑一年四季都有安装、检修的可能。如果遇有 10m/s 以上风速时，则不便进行野外作业。因此，安装和检修情况下，风速取 10m/s；温度取其所处地区最低气温月的平均气温；安装、检修时不考虑覆冰。遇有特殊情况，要在超过上述气象条件的情况下进行检修，则必须采取必要的保安措施，以确保人身和设备的安全。

4）雷电过电压和操作过电压的同时风速。雷电过电压的同时风速，一般地区取 10m/s。最大设计风

速大于或等于 35m/s 的地区及雷暴时风速较大的地区，一般采用 15m/s。

操作过电压的同时风速，一般地区取最大设计风速的 50%，不低于 15m/s。

（2）典型气象区。为了设计、制造上的标准化和统一性，各地区根据本地区的气象情况组合成一些典型气象区。表 17.4－12 为我国部分典型气象区。

4.2.2 比载

在各种气象条件下，导、地线每单位长度单位截面积上的荷载，称为比载，单位为 $N/(m \cdot mm^2)$，其意义和计算公式见表 17.4－13。

表 17.4－12　　我国部分典型气象区

气象区		I	II	III	IV	V	VI	VII	VIII	IX
大气温度 /℃	最 高	+40								
	最 低	−5	−10	−10	−20	−10	−20	−40	−20	−20
	覆 冰	−5								
	最大风速	+10	+10	−5	−5	+10	−5	−5	−5	−5
	安 装	0	0	−5	−10	−5	−10	−15	−10	−10
	雷电过电压	+15								
	操作过电压年平均气温	+20	+15	+15	+10	+15	+10	−5	+10	+10
风速/（m/s）	最大风速	35	30	25	25	30	25	30	30	30
	覆 冰	10						15		
	安 装	10								
	雷电过电压	15	10							
	操作过电压	0.5×最大风速（不低于 15m/s）								
覆冰厚度/mm		0	5	5	5	10	10	10	15	20
冰密度/（g/cm³）		0.9								

表 17.4－13　　　　导、地线的比载意义和计算公式　　　　[N/（m·mm²）]

比载种类	符 号	计 算 公 式	说 明
自重	γ_1	$\dfrac{P_1 g}{A}$	
冰重	γ_2	$0.9\pi\dfrac{b(b+d)}{A}g\times10^{-3}$	
自重加冰重	γ_3	$\gamma_1+\gamma_2$	A 为导、地线载面积；P_1 为导、地线单位长度的质量；g 为重力加速度，取 9.8m/s²；d 为导、地线直径（mm）；b 为导、地线覆冰厚度（mm）；v 为风速（m/s）；a 为风速不均匀系数 0.7～1.0；c 为导、地线体型系数 1.1～1.2
无冰时风荷载	γ_4	$ac\dfrac{v^2}{16A}d\times10^{-3}$	
覆冰时风荷载	γ_5	$ac\dfrac{v^2(d+2b)}{16A}d\times10^{-3}$	
无冰时综合荷载	γ_6	$\sqrt{\gamma_1^2+\gamma_4^2}$	
覆冰时综合荷载	γ_7	$\sqrt{\gamma_3^2+\gamma_5^2}$	

4.2.3 弧垂

导、地线悬挂在杆塔上的形状为悬链线，如图 17.4－3 所示。在工程实用上，除大跨越和特殊情况外，一般可近似地假定导、地线成抛物线状，两种情况的计算公式列于表 17.4－14。

表 17.4－14 　　　　　　　　　　　　　　导、地线弧垂公式

		悬链线公式	抛物线公式
曲线方程		$y = \dfrac{\delta_o}{\gamma}\left[\cosh x\,\dfrac{\gamma(l_{OA}-x)}{\delta_o} - \cosh x\,\dfrac{\gamma l_{OA}}{\delta_o}\right]$	$y = x\tan\beta - \dfrac{\gamma x(l-x)}{2\delta_o\cos\beta}$
弧垂	任意一点弧垂	$f_x = x\tan\beta + \dfrac{2\delta_o}{\gamma}\left[\sinh x\,\dfrac{\gamma(2l_{OA}-x)}{2\delta_o} - \sinh x\,\dfrac{\gamma x}{2\delta_o}\right]$	$f_x = \dfrac{\gamma x(l-x)}{2\delta_o\cos\beta} = \dfrac{4x}{l}\left(1 - \dfrac{x}{l}\right)f_m$
	档距中央最大弧垂	$f_m = \dfrac{\delta_o}{\gamma}\left[\cosh x\left(\dfrac{\gamma l}{2\delta_o} + \mathrm{arsinh}x\,\dfrac{\gamma h}{2\delta_o\sinh x\,\dfrac{\gamma l}{2\delta_o}}\right) - \sqrt{1+\left(\dfrac{h}{l}\right)^2} -\right.$ $\left.\dfrac{\gamma h}{2\delta_o} - \dfrac{h}{l}\left(\mathrm{arsinh}x\,\dfrac{\gamma h}{2\delta_o\sinh x\,\dfrac{\gamma l}{2\delta_o}} - \mathrm{arsinh}x\,\dfrac{h}{l}\right)\right]$	$f_m = \dfrac{\gamma l^2}{8\delta_o\cos\beta}$
档内线长		$L = \dfrac{\delta_o}{\gamma}\left(\sinh x\,\dfrac{\gamma l_{OA}}{\delta_o} + \sinh x\,\dfrac{\gamma l_{OB}}{\delta_o}\right)$	$L = \dfrac{1}{\cos\beta} + \dfrac{\gamma^2 l^2\cos\beta}{24\delta_o^2}$
导、地线最低点至悬挂点的水平距离		$L_{OA} = \dfrac{l}{2} - \dfrac{\delta_o}{\gamma}\mathrm{arsinh}x\,\dfrac{\gamma h}{2\delta_o\sinh x\,\dfrac{\gamma l}{2\delta_o}}$ $L_{OB} = \dfrac{l}{2} + \dfrac{\delta_o}{\gamma}\mathrm{arsinh}x\,\dfrac{\gamma h}{2\delta_o\sinh x\,\dfrac{\gamma l}{2\delta_o}}$	$L_{OA} = \dfrac{l}{2} - \dfrac{\delta_o}{\gamma}\sin\beta$ $L_{OB} = \dfrac{l}{2} + \dfrac{\delta_o}{\gamma}\sin\beta$

注：l 为档距（m）；h 为高差（m）；δ_o 为导、地线弧垂最低点应力（N/mm^2）；γ 为导、地线比载［N/(m·mm^2)］。

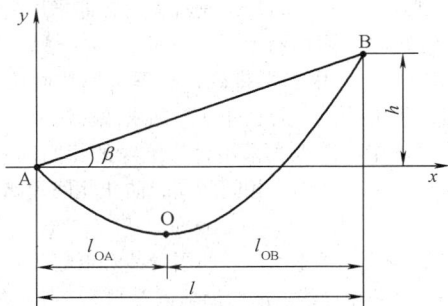

图 17.4－3 　导、地线弧垂

4.2.4　导地线基本状态方程式

导、地线架设后，其应力和弧垂随气象条件的变化而改变。一般最大应力发生在最低气温或最大荷载（冰载或风载），常以此作为已知的控制条件，来计算其他气象条件下的应力和弧垂。在荷载不大的地区，为防止微风振动受损所限定的平均运行应力，也是应力和弧垂计算的控制条件。

对悬挂于两固定点的导、地线，当已知某一起始气象条件的应力，考虑到弹性伸长和温度伸长等因素，可从下列基本状态方程，计算另一气象条件下的应力

$$\sigma_m - \dfrac{\gamma_m^2 l^2 E\cos^2\beta}{24\sigma_m^2} = \sigma - \dfrac{\gamma^2 l^2 E\cos^2\beta}{24\sigma^2} - \alpha E\cos\beta(t_m - t)$$

式中，σ_m、σ 分别为已知和待求状态的导、地线应力水平分量（N/mm^2）；γ_m、γ 分别为已知和待求状态的导、地线比载（N/m·mm^2）；t_m、t 分别为已知和待求状态的气温（℃）；E 为导、地线的弹性模量（N/mm^2）；α 为导、地线的温度伸长系数（1/℃）；l 为档距长度（m）；β 为高差角（°）。

架空线路是以耐张型杆塔分段的，即相邻两耐张型杆塔形成一耐张段，耐张段中含有一定数量的直线杆塔。在施工架设时，耐张段内各档导、地线应力的水平分量是相等的。当气象条件变化时，由于各档的档距和高差角不完全相同，各档的应力也不尽相等，但连续档内悬垂绝缘子串的偏移平衡作用，使得各档导、地线应力的水平分量基本上趋于同一数值。因此，耐张段内各档的应力变化，可用悬挂在两固定点的代表档距来表征。以此代入基本状态方程，就可求得在各种气象条件下耐张段内各

档的导、地线应力。

代表档距为

$$l_r = \sqrt{\frac{l_1^3 + l_2^3 + l_3^3 + \cdots + l_n^3}{l_1 + l_2 + l_3 + \cdots + l_n}} = \sqrt{\frac{\Sigma l^3}{\Sigma l}}$$

式中，l_1，l_2，l_3，$\cdots$，l_n 分别为耐张段内各档的档距长度（m）。

4.2.5 振动与舞动

1. 微风振动 在平稳的横向微风作用下，风速一般在 0.5~5m/s 之间，导、地线受到一定频率的上下交变的风力作用，当此频率与导、地线的扰动频率接近时，就会发生持续的振动，称为微风振动。振动频率由几赫至上百赫，全振幅（峰对峰）一般在 20~30mm。单线和多根分裂线都能发生，会造成导、地线疲劳断股、金具断裂、连接螺栓松动。导、地线的使用应力加大，振动水平和持续时间都会增加；地形平坦开阔，振动水平和持续时间也会增大；档距越大，悬挂点越高，振动也较强；分裂导线由于子导线间的相互阻尼作用，振动减弱；与导、地线的材质和构造也有一定的关系。根据能量平衡原理，应注意线材自阻尼的减振作用。

防振措施一般可根据导、地线的平均运行应力、地形和档距，按照表 17.4－15 的要求来选用。

表 17.4－15 导、地线平均运行应力的上限和加装防振措施

情 况	防振措施	平均运行应力上限（抗拉强度的%）	
		钢芯铝绞线	钢绞线
档距不超过 500m 的开阔地区	不需要	16	12
档距不超过 500m 的非开阔地区	不需要	18	18
档距不超过 120m	不需要	18	18
不论档距大小	护线条	22	—
不论档距大小	防振锤（线）或另加护线条	25	25

2. 次档距振荡 次档距振荡只在分裂导线的架空线路上的两间隔棒之间的线段上发生。引起振荡的风速为 4~18m/s，振荡频率为 0.7~2.0Hz，振幅可达几十厘米。造成的危害为：间隔棒松脱、损坏；导线疲劳磨损；也可能导致子导线鞭击损伤，甚至分裂导线的解体，对运行造成很大的困难。因此，次档距振荡问题，已受到普遍的重视。

采取的措施为：选用性能良好的间隔棒，采用不等的次档距和不对称布置，适当减少次档距的长度；增大子导线间的间距 D，使其与子导线直径 d 的比值（即 D/d）达到 15。

3. 舞动 单导线和分裂导线都可能发生舞动，但分裂导线更易于形成舞动。绝大多数舞动在覆冰的情况下发生，环境温度为 0~-5℃，风速一般在 5m/s 以上，代表风速为 10m/s，频率较低，在 3Hz 以下，但振幅较大，可达十几米，持续时间长，可连续舞动几十小时。舞动后果严重，会引起碰线短路跳闸，造成导线断股、断线、金具断裂，杆塔部件损坏，螺栓松脱等，致使长时间停电，威胁电网安全运行。我国自 500kV 输电线路建成投运以来，曾发生多次导线舞动。防舞问题已受到各方面的重视，开展了一系列的调查研究和分析工作。

从运行经验来看，导线舞动只发生在线路的局部地段，除冰、风等气象因素外，还与地形条件有关，平坦开阔地区容易发生舞动。因此，在选择线路路径，特别是选择大跨越走向时，要根据当地的运行经验，尽量避开有舞动记录的地段，无法避让时，可采取的对策有以下几点：

(1) 采用防舞动装置，如失谐摆、双摆防舞器、偏心重锤等防舞动装置，也可用防振锤作分散的集中荷载来抑制舞动。在国外，也有通过提高导线系统的自阻尼和提高风动阻力来抑制舞动的，如采用终端阻尼器和空气动力阻尼器等。

(2) 导线采用水平排列，合理选择线间距离和导、地线间的距离，防止碰线短路事故。国外在高压和超高压输电线路上，采用合成绝缘的相间间隔棒，用以抑制舞动，并固定相间距离，防止相间短路，我国也已开始应用。

(3) 采用不停电熔冰、防雪导线和低居里点合金套管等，以防止导线覆冰，消除诱发舞动的外部条件。

(4) 绝缘子、金具和杆塔的部件具有足够的机械强度，直线杆塔采用固定型悬垂线夹。

4.3 架空输电线路的电气设计

4.3.1 电晕

电晕是带电体附近空气在电场作用下，产生电离的现象。当带电体表面的电场强度超过空气的击穿强度时，在带电体的表面便开始产生电晕。当表面电场强度达到一定数值时，电晕电流显著增加，一般称此时的电场强度为电晕临界电场强度，相应的电压称为电晕临界电压。

电晕临界电压不仅与带电体表面电场强度及其不均匀程度有关，还与带电体周围的空气状态、电压的类型以及带电体的材料等有关。在输电线路上可能产生电晕的部位主要是导线。相导线的结构、子导线的直径、绞线中股线的股数和股径、导线表面的光滑和脏污程度都是影响电晕临界电压的内在因素，导线周围的空气密度、湿度、风、雨、雪、霜等则是影响电晕临界电压的外部因素。

导线表面有时在运输或施工过程中受损伤而出现棱角和毛刺，或者局部黏附某些污秽微粒，都会导致导线表面电场强度的局部畸变，使导线产生局部电晕，乃至刷形放电。这种局部电晕往往是无规律的，也是不稳定的。导线在运行中遭到风吹雨打和局部放电时受到离子的轰击，棱角和毛刺将会磨蚀，表面变得较光滑，呈现老化效应。

电晕可产生光、可听噪声、对无线电及有线电信的干扰、臭氧及其他生成物、诱发导线振动、影响生态环境和造成电能损耗等，电晕还有可能加速金属的腐蚀和绝缘体的老化。

高海拔地区的输电线路，由于空气密度减小和坏天气（雾天、霜天、雪天）的增多，降低了电晕临界电压。此外，升压线路如原有导线不变，其导线表面电场强度随运行电压的升高而成正比地增加。因此，对于高海拔地区和升压线路，更需注意导线能否满足电晕要求。

导线电晕临界电场强度峰值 E_0（kV/cm）可按下式计算

$$E_0 = 30.3m\delta^x\left(1 + \frac{0.3}{\sqrt{r_0\delta}}\right)$$

式中，m 为导线表面系数，取 0.82~0.9；r_0 为导线半径（cm）；δ 为相对空气密度；x 为指数，一般取 0.5~1.0。

导线表面电场强度与其直径、电压和工作电容有关。单导线和分裂导线的表面最大电场强度峰值 E_m（kV/cm）可用下式求得

$$E_m = 0.0147\frac{C u_e}{r_0}$$

$$E_m = E_p\left[1 + \frac{2r_0}{D}(n-1)\sin\frac{\pi}{n}\right]$$

$$E_p = 0.0147\frac{C u_e}{n r_0}$$

式中，C 为相导线的工作电容（pF/m）；u_e 为线电压有效值（kV）；r_0 为导线半径（cm）；D 为分裂间距（cm）；n 为分裂导线根数。

根据运行经验和计算分析，导线表面最大电场强度峰值 $E_m<25$kV/cm 或 $E_m/E_0<0.85$ 时，其电晕状况是可以接受的。在海拔 1000m 及以下地区，当导线外径不少于表 17.4-16 所列数值时，一般不必验算电晕。

表 17.4-16　　不必验算电晕的导线最小外径

系统标称电压/kV	110	220	330		500		
导线外径/mm	9.6	21.6	33.6	2×21.6	2×36.24	3×26.82	4×21.6

4.3.2 静电感应稳定准则

在架空输电线路附近，存在着工频的电场和磁场，对生态环境产生影响。随着输电电压和输电容量的提高，影响的程度也日益增加。除了影响电信线和无线电设施外，也会在人、畜和其他物体上感应出电压和电流，产生影响。一般认为只有在带电作业人体靠近导线，磁电强度达到 150A/m 时，才会产生有害的影响。静电效应由于影响的范围较大，特别是 500kV 及以上电压等级架空输电线路的兴建，受到了普遍的重视，世界各国进行了大量的试验研究，有些已制定了相应的标准和导则。我国也对 500kV 和 330kV 的架空输电线路和变电所进行了现场实测，积累了经验和数据，基本上完成了制定我国标准的技术准备工作。

架空输电线路附近的静电场是由导线上的电荷形成的，超高压线路采用分裂导线，导线电荷和地面电场强度都因此而增加。一般来说，220kV 及以下电压等级的架空输电线路不致出现有害的电场影响，对 330kV 及以上电压的架空输电线路，就必须考虑静电感应问题。

由于电容耦合，在高压架空线路附近的人和导电物体上会感应出电压和电流。例如，对地绝缘的人（穿绝缘的橡胶鞋底）接触到接地的物体，或者对地不绝缘的人（穿潮湿的皮鞋或者赤脚），接触到绝缘的导电物体（如橡胶轮胎的汽车），就有电流通过人体，产生电击。

电击可分为暂态电击和稳态电击，在接触的瞬间，就有能量或电荷通过人体释放到大地，释放的能量达 0.1mJ 就有感觉。达到 0.5~1.5mJ 就可引起痛感和肌肉不自觉反应，达到 25J 就可能引起伤亡，这类电击称为暂态电击。

当人接触到处于架空输电线路附近对地绝缘的金属，就有感应电流经人体入地。当此电流达到一定的

数值，就有电击感，称为稳态电击。电流更大就有痛感，直至被击者不能自行摆脱金属体的程度。被击者能自行摆脱的电流最大值，称摆脱电流。感觉电流和摆脱电流因人而异，试验统计数据，见表 17.4 - 17。

表 17.4 - 17　感应电流（有效值）对人体的影响

被电击者	男人	女人	儿童
感应电流/mA	1.1	0.7	5
摆脱电流/mA	9	6	

当流经人体的感应电流达 100mA，持续时间 3s 以上，就会造成人身伤亡。

关于人长期处于高电场强度下的影响，一系列的试验研究表明：20kV/m 的电场强度，不致对人体造成有害的影响。德国用高达 30kV/m 的电场强度进行试验研究，结果还不能断定对人的健康有什么影响和危害。

电场的影响程度取决于电场强度、被感应物体的对地电容及对地绝缘状况、四周环境的屏蔽效应等，其中电场强度是最基本的参数。架空线路下的电场强度在离地 2m 的范围内比较均匀，通常以离地 1m 高处的未畸变电场强度（有效值）作为量度地面电场强度的标准。

线路下的地面电场强度与导线离地高度、导线排列和相分裂的结构等因素有关。导线三角形排列较水平排列的电场强度要小；相导线截面积相同，分裂数多，电场强度较高；架空地线可使地面电场强度稍有降低，但影响很小，在工程计算中可略去不计。线路下的地面电场强度一般是对称的，以线路中心线为对称轴，中心线下的地面电场强度较低，边线下较高。图 17.4 - 4 是 500kV 输电线路的线下地面电场强度横向特性。边线外侧约 1m 处的地面电场强度为最高。

静电效应有可能会引起线路附近可燃物着火或爆

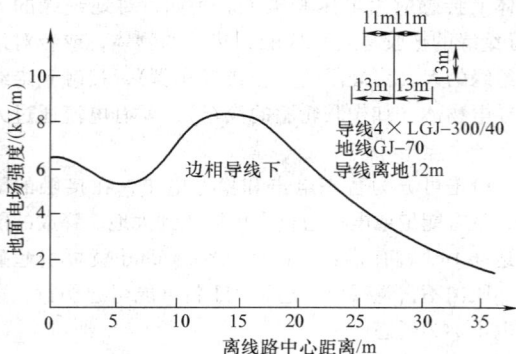

图 17.4 - 4　输电线路的线下地面电场强度横向特性

炸，在与线路平行接近的架空线上和金属栅栏上会产生较高的感应电压，对此必须采取相应的安全防护措施，如禁止车辆在线路附近加油，将接近的金属体接地等。

为限制电场的影响在可以接受的水平，在建设超高压架空线路时，必须安全可靠、经济合理地制订地面电场强度的限位。目前在一般地区，超高压架空线路下的地面电场强度控制在 10kV/m 以下。实践证明，这样的水平是合适的。

4.3.3　对电信线及无线电的电磁影响

输电线路正常运行时，对电信线有干扰影响。干扰影响的计算可采用国际电报电话咨询委员会《CCTT 导则》中的有关公式。当输电线路和电信线路间的距离远大于输电线路和电信线路的导线对地高度时，可采用简化公式，详见行业标准《送电线路对电信线路干扰影响设计规程》（DL／T 5063—1996）。音频双线电话回路噪声计电动势允许值应符合的规定有：省、地区（市）及以上电话局的电话回路为 4.5mV；县及以下电话局的电话回路为 10mV；业务电话回路为 7mV。兼作电话用的有线广播双线回路噪声计电动势允许值应为 10mV。输电线路在"线-地"电报回路中感应产生流过电报机的干扰电流允许值应为电报机工作电流的 10%。

中性点直接接地系统中，当输电线路发生单相接地短路；中性点不直接接地系统中，线路的其中两相在不同地点同时接地短路时，输电线路的短路电流将对邻近的电信线产生磁危险影响。在输电线路故障状态下，电信明线上的磁感应电压（包括磁感应纵电动势和磁感应对地电压）允许值对应高可靠输电线路为 650V；其他输电线路为 430V。对电缆线路，其允许值视电信电缆的试验电压、两端的接线和有无远距离供电等情况而定，详见《电信线路遭受强电线路危险影响的允许值》（GB 6830—1986）。

电信线路上感应纵电动势 E_s（V）可按下式计算

$$E_s = \sum_{i=1}^{n} -j\omega M_i l_{pi} I_s K_t$$

式中，ω 为输电线路电流角频率（rad/s），$\omega = 2\pi f$；M_i 为输电线路与电信线路第 i 段互感系数（H/km）；l_{pi} 为输电线路与电信线路间第 i 接近段长度（km）；I_s 为输电线路接地短路电流；K_t 为 50Hz 接近段内各种接地导体的电磁综合屏蔽系数。

当输电线路发生单相接地故障时，短路电流入地点就形成高电位，地电位升高，使大地上各点间产生电位差。当此电位差超过一定限值时，将对接地体附近的通信电缆和电信设备产生影响，电位差的允许值

同危险影响的允许值相同。大地中任意点 P 的电位 U_P 为

$$U_P = \frac{IP}{2\pi r} \arcsin \frac{r}{r+x}$$

式中，I 为流入大地的短路电流（A）；P 为大地电阻率（$\Omega \cdot m$）；r 为接地装置计算半径（m）；x 为 P 点至接地装置边缘距离（m）。

输电线路的导线和其他部件的电晕放电、连接部件的间隙火花放电，均可产生频率为 0.15~30MHz 的无线电干扰。按《高压交流架空送电线无线电干扰限制》（GB 15707—1995）的规定：频率为 0.5MHz 时，高压交流架空送电线无线电干扰限值见表 17.4－18。频率和距离修正可按 GB 15707—1995 的附录所列公式计算。

表 17.4－18 高压交流架空送电线无线电干扰限值

电压/kV	110	220~330	500
无线电干扰限值 /dB（$\mu V/m$）	46	53	55

4.3.4 安全距离

输电线路的带电体与杆塔构件的最小间隙，在相应风偏条件下，不应小于表 17.4－19 所列数值。

表 17.4－19 带电体与杆塔构件的最小间隙 （m）

线路电压/kV	110	220	330	500	
海拔高度/m	≤1000	≤1000	≤1000	<500	500~1000
雷电过电压	1.0	1.9	2.3	3.30	
操作过电压	0.7	1.45	1.95	2.50	2.70
工频电压	0.25	0.55	0.90	1.2	1.3

海拔超过 1000m 的地区，海拔每增高 100m，操作过电压和工频电压的间隙，较表 17.4－19 所列数值增大 1%。

各电压等级架空输电线路对地面和交叉物的最小安全距离，应能保证在导线最大弧垂时，对通过线下的行人和交通工具、电力线路及通信设施等，不发生空气间隙击穿放电。对超高压线路还要求线下的地面电场强度控制在限值以内。导线对地面和交叉物的最小垂直距离见表 17.4－20。

表 17.4－20 导线对地面和交叉物的最小垂直距离 （m）

地面或交叉物	35~110kV	220kV	330kV	500kV
居民区	7.0	7.5	8.5	14.0
非居民区	6.0	6.5	7.5	11（10.5）

续表

地面或交叉物		35~110kV	220kV	330kV	500kV
交通困难地区		5.0	5.5	6.5	8.5
跨越公用铁路，至轨顶		7.5	8.5	9.5	14.0
跨越等级公路，至路面		7.0	8.0	9.0	14.0
跨越电力线路		3.0	4.0	5.0	6.0~8.5（杆塔顶）
跨越电信线路		3.0			8.5
跨越通航河流	至五年一遇洪水位	6.0	7.0	8.0	9.0
	至最高航行水位的最高航桅顶	2.0	3.0	4.0	6.0
跨越不通航河流	至百年一遇洪水位	3.0	4.0	5.0	6.5
	冬季至冰面	6.0	6.5	7.5	11（10.5）

注：表中括弧内的数值用于导线三角排列。

4.3.5 架空输电线路的计算机辅助设计

1. 计算机辅助设计在输电线路设计中的应用 我国在输电线路设计中应用计算机辅助设计（CAD）始于 20 世纪 70 年代中期，早期应用以分析计算为主，到 20 世纪 80 年代中期以后，输电线路设计中大量的绘图工作亦开始利用计算机进行处理。在此基础上，又进一步实现了分析计算与绘图的接口，从而使输电线路设计中大部分的设计项目，从计算到施工图的绘制等全过程均可利用计算机辅助完成，这对于加快设计速度，提高设计质量发挥了重要作用，CAD 技术已成为输电线路设计现代化的有力手段。

2. 输电线路的 CAD 系统 输电线路 CAD 系统由线路设计各专业（电气、结构、通信保护、技术经济等）的应用软件通过数据库（或数据文件）以一定的方式相互联系而构成。目前，用于分析计算的软件主要使用 FORTRAN 语言和 BASIC 语言编制；用于图形的软件，则主要使用 LISP 语言和 FORTRAN 语言，部分项目使用 DAL 语言编制，大部分专业软件可在微机上运行。目前，实际应用的 CAD 系统侧重于施工图设计。图 17.4－5 为较典型的一种输电线路 CAD 系统逻辑结构图。

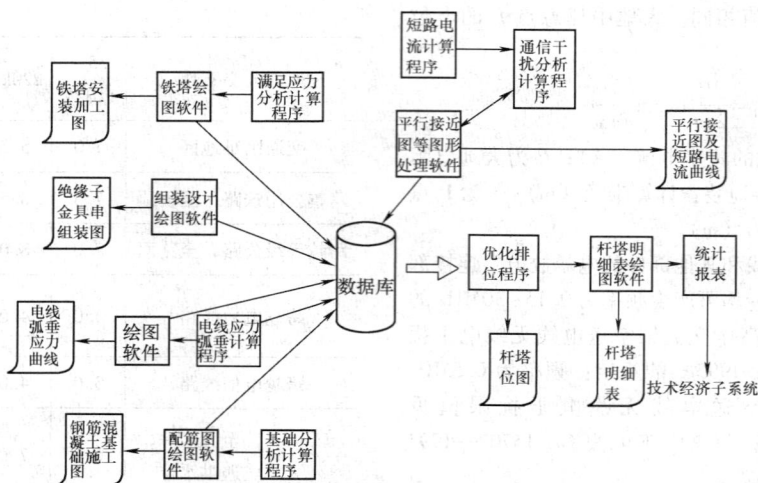

图 17.4-5 输电线路 CAD 系统逻辑结构图

在输电线路 CAD 系统中，电气、结构专业的 CAD 软件根据工程条件选择或设计出工程所需的主要部件（如杆塔、基础、电线、绝缘子金具串等），在线路路径确定的基础上，根据电线力学特性、杆塔使用条件及经济指标等因素，利用杆塔优化排位软件确定各种杆塔以及相应的基础、绝缘子金具串等沿选定路径的配置，进而构成设计要求的输电系统。该系统所包含的工程量信息通过报表文件提供给技术经济专业的应用软件，以完成技术经济分析。该系统中的通信干扰分析计算软件，用于分析处理输电线路对邻近通信设施的电磁影响，在某些情况下，可通过影响输电线路的路径而与系统的其他部分发生间接联系。数据库由输电线路设计所需的基本参数、典型部件库以及数据库管理系统组成，用于实现专业之间或专业内部各应用软件之间的数据传递和共享。各专业的应用软件是构成该系统的基础，目前应用较广泛的软件有如下几种：

（1）输电铁塔满足应力设计、验算通用软件。用于自立式铁塔的内力计算、选材或验算，可一次完成一种塔型多种高度和多种接腿的分析计算。其主要数学模型是根据铁塔节点的三维坐标及杆件信息建立杆件的刚度矩阵，采用稀疏矩阵的三角分析法求解出杆件内力，进而选择杆件规格或对给定的杆件规格进行验算。

（2）输电铁塔构造设计及制图软件。可利用铁塔分析计算的成果以及用户提供的构造信息，在计算机内建立铁塔三维模型，从而获得铁塔实体的空间尺寸。据此，可在图形工作站上，绘制小铁塔施工安装图或零件加工图。

（3）铁塔现浇（台阶式）基础设计制图软件。可对基础的外形尺寸（如底板宽度、基础高度、台阶模数或底板厚度）进行优化计算，在确定最优参数后，自动进行配筋计算，最后绘制出基础施工图。

（4）钻（挖）孔灌注桩设计制图软件。可根据基础作用力及环境条件，进行合理布桩，并选择经济合理的桩长、桩径及承台尺寸，计算构件的配筋并绘制全套施工图。

（5）钢筋混凝土电杆及基础设计制图软件。用于典型的钢筋混凝土电杆及其基础的设计计算，绘制电杆组装图及杆段制造图、横担结构图及零部件和基础图等全套图样。

（6）主要机电施工图设计计算与制图软件。用于电气专业的最基本的计算项目，如电线特性曲线计算、过载验算、跳线计算、塔头电气间隙检查等，计算结果可绘成图表。

（7）绝缘子金具串组装图软件。在绝缘子及金具零件库的支撑下，进行绝缘子金具串组装图设计，可检查连接配合的合理性。给出组装串的允许荷载、组装尺寸等参数及绘制施工图样。

（8）杆塔优化排位软件。在选定的输电线路路径上，利用动态规划原理进行杆塔的优化配置，即确定在该路径上何处需要设置杆塔以及设置何种型式及高度的杆塔。在满足设计要求的各种机械、电气条件下，所选择的杆塔配置方案能使输电线路造价最低。

（9）通信干扰设计计算及制图软件。用于分析输电线路对邻近通信线路的危险及干扰影响，并可进行防止危险影响的保护装置（放电器）的配置计算。电力线路与通信线路的相对位置通常采用坐标输入，软件自动进行分段计算，并可绘制出平行接近的分段图。

除以上所列的基本软件外，尚有一批专项软件用于对具体工程问题的分析处理，如大跨越的导线力学计算、输电铁塔抗震计算和地面电场强度计算等。在这些专业软件的支持下，输电线路 CAD 系统在越来越大的范围内，替代了原来的手工作业方式，成为输电线路设计中不可缺少的设计手段。

3. 输电线路 CAD 的发展　随着设计工作的深入和计算机技术的发展，输电线路 CAD 将在更高的层次上继续发展。下一阶段，输电线路 CAD 的发展重点将从目前的以提供施工图样为主，过渡到辅助设计人员进行方案的构思及优化，更加注重提高设计的内在质量，其应用领域亦将进一步向初步设计阶段拓展。例如，目前已着手考虑利用现代计算机图形扫描技术，在地形图上提取路径断面的数据。利用杆塔优化排位软件，进一步对多个可能的路径方案进行较为准确的定量分析，从而辅助设计人员选择更加经济合理的路径方案；在杆塔设计方面，利用计算机优化结构尺寸，以降低杆塔的单基造价。另外，在单项优化的基础上，可对相互依赖的电气环境条件和结构参数进行综合优化，使得输电线路的总体经济效益最佳。对已有的应用软件需进一步完善，如功能的扩充及人机界面的改善，使输电线路 CAD 能在更大范围内得到推广应用。

4.4　紧凑型输电线路

4.4.1　紧凑型输电线路的特点

输电线路的最大输电功率接近或等于自然功率，是技术上最完善、经济上最合理的运行状态。它没有电能传输距离的界限，不需任何补偿装置，电能传输的效率也最高。如果忽略线路的电阻和电导，则输电线路的自然功率 P_λ 为

$$P_\lambda = \frac{U_n^2}{Z_\lambda}$$

$$Z_\lambda = \sqrt{\frac{L_0}{C_0}} \qquad (17.4-2)$$

式中，U_n 为额定线电压（kV）；Z_λ 为波阻抗（Ω）；L_0、C_0 分别为导线单位长度的电感和电容。

按式（17.4-2），要增加自然功率就得提高线路的额定电压或降低波阻抗。常规的设计一般都以提高线路的额定电压来提高线路的输电容量。紧凑型线路的设计思想是最大限度地减小波阻抗来提高自然功率。其具体办法是增加子导线根数，优化分裂型式，

分裂间距，使其导线表面积得到充分利用；改变导线的悬挂方式，缩小导线的相间距离，从而减小线路电感，增加电容，大幅度地降低波阻抗，提高自然功率。从理论上计算，采用紧凑型线路输电，其输电功率可成几倍的增加。

紧凑型输电线路的出现，可以使各电压等级输电线路的适用范围有较大程度地扩大。特别是对输电容量大、走廊狭窄的情况，优点更加明显，值得推广。但也需考虑由此而引起的一些问题，如金具复杂，施工和维护工作量较大；相间绝缘问题；子导线直径相对较小，机械超载能力有所降低，数量增多，增大了风荷载；电晕损失和无线电干扰水平也有所增加。此外，操作过电压幅值也有所增大。

4.4.2　紧凑型输电线路的导线排列

为了增加电容、减小电感，以达到提高自然功率和输电容量的目的，紧凑型线路采用增加每相的子导线根数的办法，并努力做到每一子导线的表面电场强度 E_0 基本相等，充分利用其表面积。按这一原则来寻求最佳的分裂导线排列方式，子导线可布置成垂直型、水平型、抛物线型、椭圆型、圆型、多角型等，如图 17.4-6 所示。

为减小相间距离，可采取下列一些措施：

（1）采用 V 型绝缘子串来悬挂导线，以消除导线在杆塔上的摆动；采用相间间隔棒，以保持导线在档距中央的间隔。

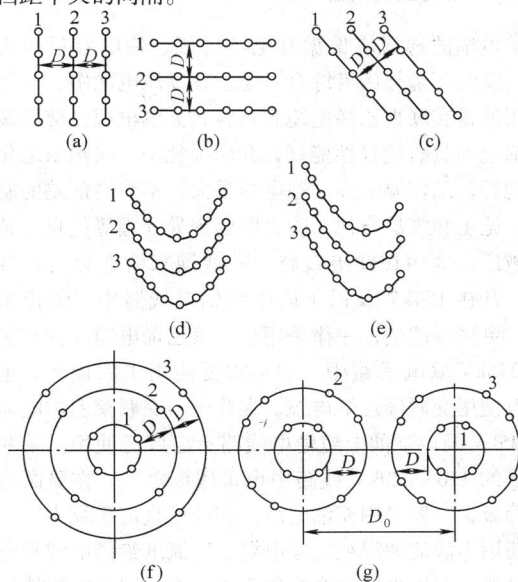

图 17.4-6　提高传输容量的
紧凑型线路的不同方案
1、2、3—相序号

（2）采用可包含三相导线的塔型，取消相间存在的接地体。

（3）采用柔性绝缘子（如合成绝缘子）代替刚性的金属横担。

根据紧凑型线路的原理，实际工程中，只要适当增加每相导线的子导线根数，并考虑其排列形式；适当缩小相间距离，就可有效地降低波阻杭，提高其输电容量的能力。

4.5 电缆输电线路

4.5.1 电缆输电线路的优缺点

电缆线路与架空线路相比，具有的优点有：①埋设于地下，不需大走廊，占地少；②不受气候和环境污秽影响，送电性能稳定；③维护工作量小，安全性高；④可用于架空线难以通过的地段，如跨海峡送电。主要存在的问题是：①输电容量受到限制；②造价高，电压越高与架空线的差价越大；③发生故障时，排除故障时间长等。

根据电缆输电线路的优缺点，电缆线路主要用在城市的供电网中，由于城市美化环境的要求，城网中的电缆线路将得到广泛的采用；电厂（特别是大型水电厂）变电所的出线走廊拥挤地区也多用电缆出线；跨大江、大河时，如在经济技术上合理，也可采用电缆线路；跨越海峡一般都采用电缆线路。

4.5.2 电缆型式的选择

电缆的选择应根据其电压等级、输电容量的大小、安装环境等因素综合考虑。在高压电网中，广泛使用的是交联聚乙烯电缆和自容式充油电缆。交联聚乙烯电缆具有绝缘性能好，介质损耗小，耐热耐老化性能好，工作温度高，输电容量大，不受高落差的制约，施工和维护方便，防火问题容易处理等优点，越来越广泛地用在输电线路。一些国家的电力公司规定，凡在154kV及以下的电缆输电线路中，无论新建、更新或改造，一律采用交联聚乙烯电缆。在较短的275kV输电线路中，如不需要使用中间接头，也推荐使用交联聚乙烯电缆。在我国，交联聚乙烯电缆在35kV及以下的电缆输电线路上已广泛使用。某些地区的110~220kV线路中也采用该电缆。在更高电压等级，一般采用充油电缆。在高压直流系统中，一般使用不滴流油浸纸绝缘电缆、充氮纸绝缘电缆和充油电缆，但极少使用交联聚乙烯电缆，因为在极性逆变时这种电缆容易击穿。核电厂一般采用硅酮橡胶电缆和难燃丙橡胶电缆，其性能应具有良好的电气特性和耐放射、耐热、阻燃以及低氯等物理化学特性。

电缆导体材料可根据经济比较选用铜芯或铝芯。一般在35kV以上或输送电流较大的电缆线路中，大多选用铜导体。

根据电缆敷设场地的具体情况，选择不同的电缆防护层、铠装形式。电缆防护层用的材料有聚氯乙烯和聚乙烯。电缆的铠装有钢带铠装和镀锌钢丝铠装。

4.5.3 电缆绝缘和截面的选择

交流系统中，缆芯的相间额定电压不得低于使用回路的工作线电压；中性点直接接地或经低阻抗接地的系统，当接地保护动作不超过1min切除故障时，缆芯的相绝缘应按100%的使用回路工作相电压；中性点非直接接地系统，缆芯的相绝缘不宜低于133%的使用回路工作相电压；在单相接地故障可能持续8h以上，或发电机回路等安全性要求较高的情况，宜采取173%的使用回路工作相电压。

电缆缆芯的截面应满足在最大工作电流作用下，缆芯工作温度符合表17.4-21的规定；在最大短路电流作用时间产生的热效应，应满足热稳定条件。对非熔断器保护的回路，满足热稳定条件可按短路电流作用下缆芯温度不超过表17.4-21所列允许值。

表 17.4-21 常用电力电缆最高允许温度

电缆类型	电压/kV	最高允许温度/℃	
		额定负荷时	短路时
黏性浸渍纸绝缘	1~3	80	250
	6	65	
	10	60	
	35	50	175
不滴流纸绝缘	1~6	80	250
	10	65	
	35	65	175
交联聚乙烯绝缘	≤10	90	250
	>10	80	
聚氯乙烯绝缘		70	160
自容式重油	63~500	75	160

注：1. 对发电厂、变电所以及大型联合企业等重要回路铝芯电缆，短路最高允许温度为200℃；

2. 含有锡焊中间接头的电缆，短路最高允许温度为160℃。

4.5.4 电缆敷设方式

敷设电力电缆一般是沿道路敷设，因此电力电缆路径的选择除了按电网规划，并结合当地现有建筑物、地下管线情况和道路规划外，还要考虑电缆路径短，综合投资较低，安全性好以及维修方便。电缆的敷设方式按图17.4-7进行分类。

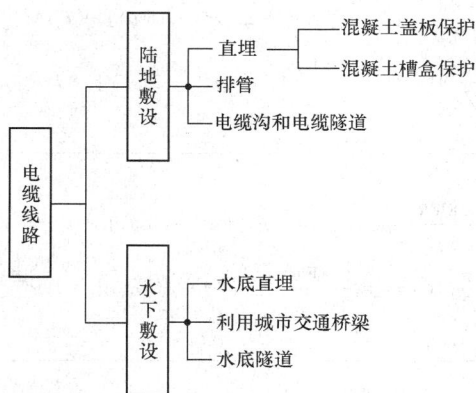

少于混凝土盖板保护方式，但工程费用前者大于后者。为避免日后故障修理或电缆更新开挖路面而影响车辆通行，直埋敷设的电缆都应敷设在人行道下，如图17.4-8所示。

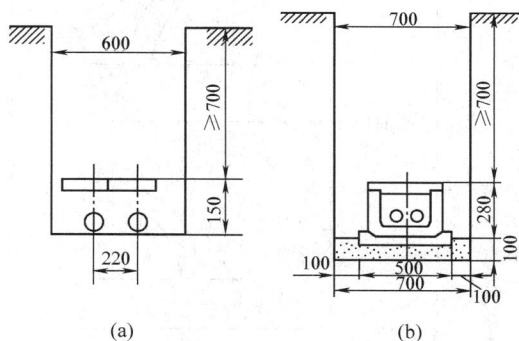

图 17.4-7 电缆敷设方式分类

图 17.4-8 电缆直埋敷设
(a) 混凝土盖板保护；(b) 混凝土槽盒保护

1. **直埋敷设** 直埋敷设又可分为混凝土盖板保护和混凝土槽盒保护两种方式。

从运行经验看，混凝土槽盒保护遭受外力的破坏

2. **排管敷设** 排管管道可设于车行道或人行道下，如图17.4-9所示。

工井的位置或间距按电缆本体所允许的牵引力和侧压力来决定，牵引力和侧压力的计算见表17.4-22。

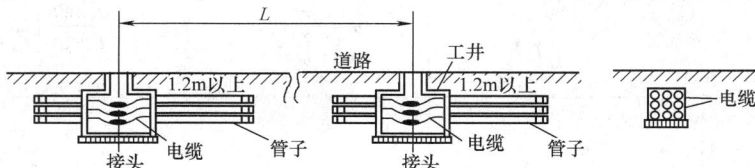

图 17.4-9 排管敷设

表 17.4-22 　　　　　弯曲牵引力和侧压力的计算公式

计算条件	示意图	计算式
水平直线牵引		$T = 9.8\mu WL$
倾斜直线牵引		$T_1 = 9.8WL(\mu\cos\theta_1 + \sin\theta_1)$ $T_2 = 9.8WL(\mu\cos\theta_1 - \sin\theta_1)$
水平弯曲牵引		布勒算式 $T_2 = 9.8WR\sinh\left(\mu\theta + \text{arsinh}\dfrac{T_1}{9.8WR}\right)$ 李芬堡算式 $T_2 = T_1\cosh(\mu\theta) + \sqrt{T_1^2 + (9.8WR)^2}\sinh(\mu\theta)$ 简易算式 $T_2 = T_1 e^{\mu\theta}$

计 算 条 件		示 意 图	计 算 式
垂直弯曲牵引	凸曲面		$T_2 = \dfrac{9.8WR}{1+\mu^2}[(1-\mu^2)\sin\theta + 2\mu(\varepsilon^{\mu\theta} - \cos\theta)] + T_1\varepsilon^{\mu\theta}$ 当 $\theta = \dfrac{\pi}{2}$ 时，$T_2 = \dfrac{9.8WR}{1+\mu^2}[(1-\mu^2) - 2\mu\varepsilon^{\mu\frac{\pi}{2}}] + T_1\varepsilon^{\mu\frac{\pi}{2}}$
			$T_2 = \dfrac{9.8WR}{1+\mu^2}[2\mu\sin\theta - (1-\mu^2)(\varepsilon^{\mu\theta} - \cos\theta)] + T_1\varepsilon^{\mu\theta}$ 当 $\theta = \dfrac{\pi}{2}$ 时，$T_2 = \dfrac{9.8WR}{1+\mu^2}[2\mu - (1-\mu^2)\varepsilon^{\mu\frac{\pi}{2}}] + T_1\varepsilon^{\mu\frac{\pi}{2}}$
	凹曲面		$T_2 = T_1\varepsilon^{\mu\theta} - \dfrac{9.8WR}{1+\mu^2}[(1-\mu^2)\sin\theta + 2\mu(\varepsilon^{\mu\theta} - \cos\theta)]$ 当 $\theta = \dfrac{\pi}{2}$ 时，$T_2 = T_1\varepsilon^{\mu\frac{\pi}{2}} - \dfrac{9.8WR}{1+\mu^2}[(1-\mu^2) + 2\mu\varepsilon^{\mu\frac{\pi}{2}}]$
			$T_2 = T_1\varepsilon^{\mu\theta} - \dfrac{9.8WR}{1+\mu^2}[2\mu\sin\theta - (1-\mu^2)(\varepsilon^{\mu\theta} - \cos\theta)]$ 当 $\theta = \dfrac{\pi}{2}$ 时，$T_2 = T_1\varepsilon^{\mu\frac{\pi}{2}} - \dfrac{9.8WR}{1+\mu^2}[2\mu + (1-\mu^2)\varepsilon^{\mu\frac{\pi}{2}}]$
倾斜面上垂直牵引	凸曲面		$T_2 = T_1\varepsilon^{\mu\theta} + \dfrac{9.8WR\sin\alpha}{1+\mu^2}[(1-\mu^2)\sin\theta + 2\mu(\varepsilon^{\mu\theta} - \cos\theta)]$
			$T_2 = T_1\varepsilon^{\mu\theta} + \dfrac{9.8WR\sin\alpha}{1+\mu^2}[(1-\mu^2)(\cos\theta - \varepsilon^{\mu\theta}) - 2\mu\sin\theta]$
	凹曲面		$T_2 = T_1\varepsilon^{\mu\theta} + \dfrac{9.8WR\sin\alpha}{1+\mu^2}[-(1-\mu^2)\sin\theta + 2\mu(\cos\theta - \varepsilon^{\mu\theta})]$
			$T_2 = T_1\varepsilon^{\mu\theta} - \dfrac{9.8WR\sin\alpha}{1+\mu^2}[(1+\mu^2)(\cos\theta - \varepsilon^{\mu\theta}) + 2\mu\sin\theta]$

计算条件	示 意 图	计 算 式
侧压力 一孔三条	三角形敷设	$p = \dfrac{TK_1}{2R}$ $K_1 = \dfrac{1}{\sqrt{1 - \left(\dfrac{d}{D-d}\right)^2}}$
	摇篮形敷设	$p = \dfrac{(3K_2 - 2)T}{3R}$ $K_2 = 1 + \dfrac{4}{3}\left(\dfrac{d}{D-d}\right)^2$
一孔一条		$p = \dfrac{T}{R}$

注：T 为牵引力（N）；T_2 为弯曲后的牵引力（N）；μ 为摩擦系数；α 为电缆弯曲部分平面的倾斜角（rad）；W 为电缆每米质量（kg/m）；R 为电缆弯曲半径（m）；L 为电缆长度（m）；p 为侧压力（N）；θ 为弯曲部分的圆心角（rad）；K_1、K_2 为质量增加系数；θ_1 为倾斜直线牵引力时的倾斜角（rad）；D 为管道内径（mm）；T_1 为弯曲前的牵引力（N）；d 为电缆外径（mm）。

排管用的管材有硅砂玻璃纤维环氧树脂复合管、耐冲击聚氯乙烯管，敷设三芯电缆时还可以使用钢管、铸铁管或钢筋混凝土压力管。但管子的内径（mm）必须满足如下要求：

①一孔敷设一根电缆时

$$D \geqslant 1.3d \quad \text{（mm）}$$

且

$$D \geqslant d + 30 \quad \text{（mm）}$$

②一孔敷设三根电缆时

$$2.85d \geqslant D \geqslant 2.16d + 30 \quad \text{（mm）}$$

式中，D 为管子内径（mm）；d 为电缆最大外径（mm）；$2.16d$ 为三根电缆的外接圆直径（mm）。

3. 电缆沟和电缆隧道内敷设 在电缆沟和电缆隧道内敷设的电缆要比排管敷设的电缆散热好。在电缆密集的地段，如发电厂和变电所的电缆进出口处，当电缆根数超过 20 根时，宜使用电缆沟或电缆隧道敷设。

（1）电缆沟和电缆隧道断面（如图 17.4 - 10 ~ 图 17.4 - 12 所示）。电缆沟一般只适用于厂区内或城市道路的人行道下。而电缆隧道可以设置在城市道路的车行道下。

任何方式敷设的电缆，其弯曲半径应按照制造厂规定的要求。国产常用电缆可采用表 17.4 - 23 所列的数值。

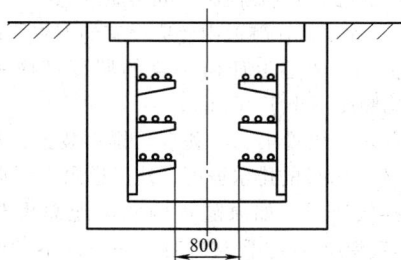

图 17.4 - 10 电缆沟断面

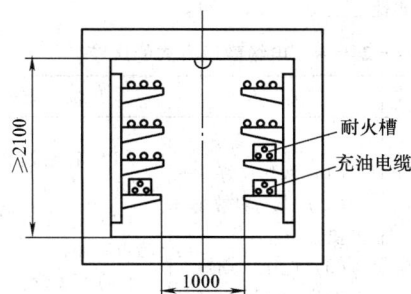

图 17.4 - 11 矩形隧道断面

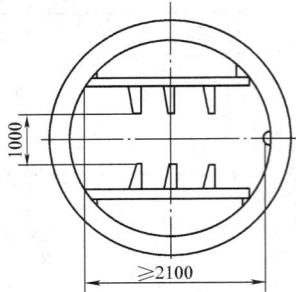

图 17.4－12　圆形隧道断面

表 17.4－23　　国产常用电缆的允许弯曲半径

电 缆 种 类		多芯	单芯
自容式充油电缆（铅包）			20
交联聚乙烯绝缘电缆（35kV 及以下）		15	20
聚氯乙烯绝缘电缆		10	10
油浸纸绝缘电缆（铅包）		15	20
橡胶绝缘电缆	橡胶或聚氯乙稀护套	10	
	裸铅护套	15	
	铅护套钢带铠装	20	

（2）隧道内的附属设施。由于众多的电缆集中敷设在隧道内，为防止其中一根电缆着火而蔓延，因此必须根据线路的重要性和不同类型的电缆，加设防火设施。除此之外在隧道内还应设有如下附属设备：

1）照明。通道上任何一点的照度都应不小于 21x，平均照度不小于 101x。

2）排水。设置集水坑和自动排水装置，隧道内要有 0.2%～0.5% 的排水坡度，使隧道内不积水。

3）换气通风。如果隧道内的电缆总发热量不大，夏季气温又不高于 38℃ 时，一般都不考虑装设机械强迫降温通风，只考虑换气通风或自然通风。进出风口可设于人员进出口处。

4. 三种敷设方式的比较　在陆地上三种电缆敷设方式的比较见表 17.4－24。

表 17.4－24　　电缆敷设方式的比较

敷设方式	优　点	缺　点
直埋	（1）散热良好 （2）转弯敷设方便 （3）施工工期短 （4）建设费用低廉	（1）容易遭受外力破坏 （2）巡视、寻找故障点不便 （3）增设、拆除、故障修理都要开挖路面，影响市容和交通
排管	（1）外力破坏很少 （2）寻找漏油故障点方便 （3）增设、拆除和更换电缆方便	（1）管道建设费用大 （2）管道弯曲半径大 （3）电缆热伸缩容易引起金属护套疲劳，管道有斜坡时，要采取防止滑落措施 （4）电缆散热条件差
电缆沟或电缆隧道	（1）散热条件好 （2）敷设电缆方便 （3）有效地防止外力破坏 （4）寻找故障点方便，维修条件好 （5）增设、拆除、更换电缆方便	（1）工期长，建设费用大 （2）附属设施多

5. 水下敷设　对宽度大于 1km 的江河湖海，如果在两岸建设架空线用的铁塔在技术上和经济上不合理，或者在附近又无桥梁可利用，可考虑在水底敷设电缆。

（1）跨越点的选择。

1）水面狭窄，水较浅，潮流不急，能直线敷设。

2）河床平坦，坡度不大于 20°，河床为砂泥质，无岩石。

3）与已敷设的水底电线不交叉、不重叠，与通信电缆的间距要保持在 500m 以上。

4）避开船舶抛锚、停泊以及小船使用撑杆的地方，避开捕鱼区。

5）避开洪水、潮汐或波浪冲刷以及河床发生变化的地方，避开计划疏浚的地方。

6）避开电腐蚀严重或河流污染严重的地方。

（2）水底电缆的铠装。水底敷设一般要采用直径为 4.5～8mm 的单层镀锌钢丝铠装力学性能良好的电缆，只有在敷设条件较差的地方，才使用双层镀锌钢丝铠装、钢带加钢丝混合铠装或弓形截面钢丝铠装的电缆。

在运行中水底电缆绝大多数是由于遭受外界机械力（如抛锚、捕鱼网具、潮流冲刷、岩石摩擦等）而损坏的。如果在没有大轮船通航，只有捕鱼船的水域，一般埋深为 0.7m 即可；在有轮船通航的水域，最好埋至 1.5m 深或更深些。轮船的锚爪或抛锚入土深度与轮船的排水量的关系如图 17.4－13 所示。

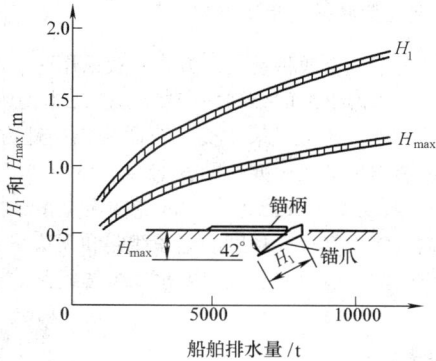

图 17.4－13 轮船抛锚深度与船舶排水量的关系

6. 在桥梁上的敷设 利用城市交通桥梁敷设电缆比水底直埋敷设或水底隧道敷设费用省，且符合城市建设全面发展，应予以优先考虑。电缆能否借用城市桥梁跨越江河，首先要考虑交通、行人、桥梁和电缆本身的安全，还要视敷设电缆所需的空间，以及对桥梁所增加的荷重而定（包括电缆本体及其安装材料的质量）。在桥梁上能作为敷设电缆的位置如图17.4－14所示。

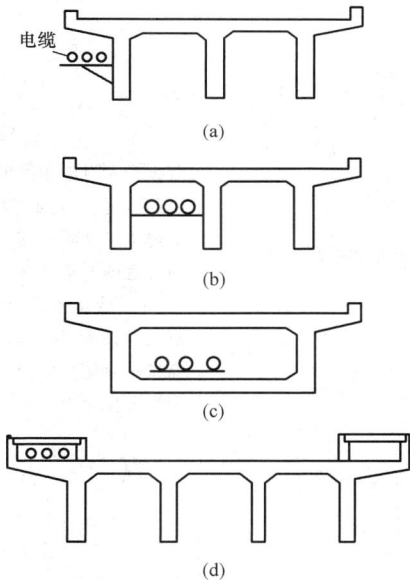

图 17.4－14 电缆在桥梁上的敷设位置
（a）桥侧敷设；（b）桥腹敷设；
（c）桥箱内敷设；（d）桥人行道下敷设

在城市桥梁上敷设电缆需注意如下问题：①在不影响桥梁结构的前提下，选择施工维修方便的位置。②所敷设的电缆距江面的高度，任何情况下都不能小于桥底距江面的高度。③敷设电缆用的构件，不能影响桥梁的结构。④桥梁上的结构梁和支撑梁都不能作

为固定电缆的支撑点。⑤桥台壁要预留孔，供电缆穿过桥台与陆地电缆连接，如图17.4－15所示。⑥桥台外侧的两端部应设置工作井，防止桥台沉降而损坏电缆。⑦在大跨度桥梁上，还要采取特殊措施来防止由于桥梁的热伸缩、挠曲和振动而加速电缆金属护套疲劳，如图17.4－16～图17.4－18所示。⑧要采用合适的防火措施，以确保电缆及桥梁的安全使用。

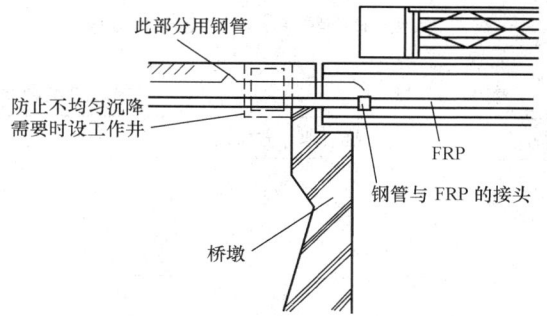

图 17.4－15 电缆穿入桥梁

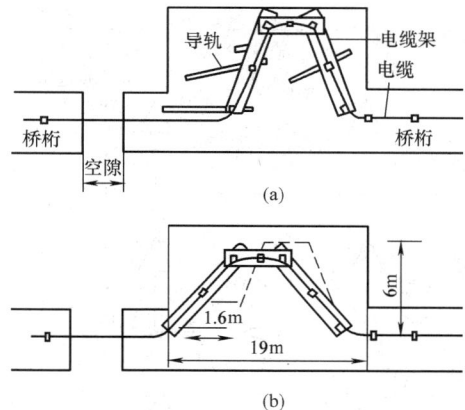

图 17.4－16 吸收桥梁热伸缩方法
（a）桥梁伸长时；（b）桥梁收缩时

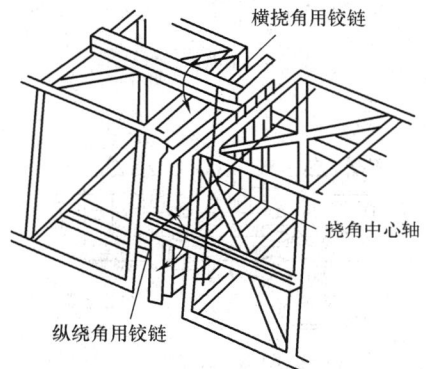

图 17.4－17 吸收桥梁挠曲电缆保护方法

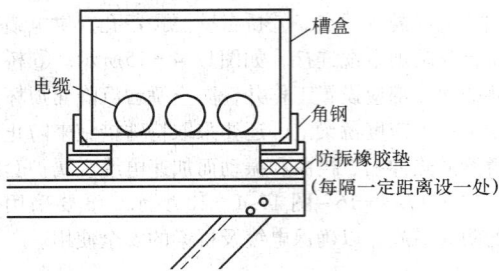

图 17.4－18 桥梁上敷设电缆的防振

4.5.5 电缆金属护套接地方式

三芯电缆的金属护套接地方式一般采用两点或多点接地,而单芯电缆的金属护套接地方式,除了两点和多点接地外,还可以采用交叉互联两端接地方式。单芯电缆金属护套接地方式见表 17.4－25。

1. 两点或多点接地方式 两点或多点接地方式适用于输电能力有较大裕度的电缆线路和无法采用其他接地方式的跨越海峡和江河的水底电缆线路。

表 17.4－25   单芯电缆金属护套各种接地方式

接 地 方 式	优 点	缺 点
 两点或多点接地	(1) 护套感应电压几乎等于零 (2) 系统短路时,70%～90%的故障电流通过护套,减少对邻近的弱电线路的干扰 (3) 无需装设护套过电压保护器	通过护套的环流大,发热而影响电缆的输电能力
 单点接地	护套环流等于零,不影响电缆的输送能力	(1) 不接地的一端要装设护套过电压保护器 (2) 系统短路电流不通过电缆金属护套,因而对邻近的弱电线路干扰大 (3) 接地点与不接地点之间的距离不能太长,需按护套感应电压的允许值设置接地点
 交叉互联两点接地	(1) 如果线路Ⅰ、Ⅱ、Ⅲ段电缆长度相等,正常运行时护套电流微小,不影响电缆输电能力 (2) 系统故障时,70%～90%故障电流都能通过金属护套,降低对邻近弱电线路的干扰	(1) 电缆线路需要分成三段,且设置两套绝缘接头,才能形成一个交叉互联段 (2) 在绝缘接头处需装设护套过电压保护器

2. 单点接地方式 单点接地方式又分三种，方式 A 仅适用于发电厂或变电所内的联络线或距离较短的线路；方式 B 和 C 适用于较长的线路，但为防止由于故障时对邻近弱电线路的干扰，往往需要沿电缆线路全长敷设一根回流线，其截面应根据最大单相接地短路流过时具有足够的热稳定性而定。

3. 交叉互联接地方式 交叉互联接地方式是较为理想的单芯长线路电缆金属护套接地方式，因而在国内外得到广泛采用。

电缆金属护套除上述三种接地方式外，还有低电阻接地、电抗器接地以及使用变压器接地方式，但目前这几种接地方式都已不采用。

4.5.6 电缆线路的防火与防振

1. 电缆线路的防火 敷设密集且外露于空气中的电缆，如在电缆隧道、电缆沟都要采取措施预防电缆本身着火蔓延，或者由于外来火源引燃电缆而造成事故。

电缆的防火措施，可在电缆外护套上涂上一层防火涂料，加绑防火带，或采用防火槽盒等。对防火材料都要具有必要的耐火、阻燃性能和机械强度，并能耐久、耐老化，而对电缆载流量的影响极小。近年来电缆制造厂家还用不含卤素的聚烯烃材料代替 PVC 或 PE，制造具有阻燃性能的阻燃外护套的电缆，其特征是电缆正常温升以及受外界火源燃烧时，都不会散发出有毒和有腐蚀性气体危及消防人员和设备的安全。

2. 电缆线路的防振 长期受到振动的电缆，会承受附加应力，金属护套会疲劳断裂。因此，敷设在下列地点的电缆都需要采取防振措施：

(1) 斜拉桥、吊拉桥、有接缝的桥梁。

(2) 靠近铁路或与铁路交叉。

(3) 直接与变压器连接。

(4) 经常受强风影响的电缆登塔处。

4.6 直流输电线路

4.6.1 直流架空线路电压与导线选择

1. 直流架空线路电压

(1) 最佳电压。可由下列经验公式确定

单极直流线路 $U=17\sqrt{P}$

双极直流线路 $U=12\sqrt{P}$

式中，U 单位为 kV；P 单位为 MW。

由上述两式表示的最佳直流电压如图 17.4-19 所示，图中用圈或点分别标出在建和已建的双极或单极架空直流输电线路的参数。

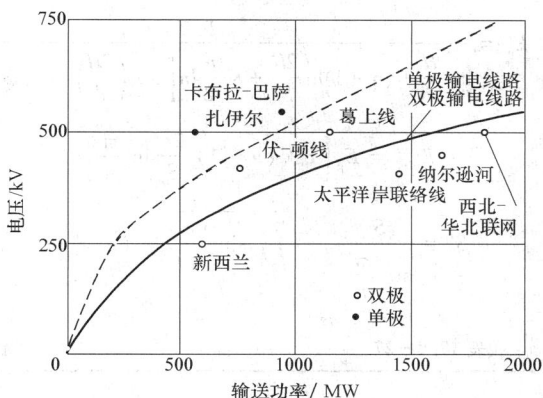

图 17.4-19 输电线路的最佳直流电压 (kV)

(2) 经济电流密度。高压直流架空线路导线的经济电流密度和其最佳组合形式，一般由电晕损失和电阻损失的比较以及限制电晕和无线电干扰的要求来确定。

2. 导线选择

(1) 导线截面积和每极导线分裂数的选择。直流架空输电线路的导线选择往往与直流电压的选择同时进行。当输电功率一定时，采用不同的电压等级，将影响线路每极的总截面积。导线截面积和每极导线分裂数的选择，既要满足电流密度的要求，又要满足导线表面允许电场强度的要求。

直流线路采用分裂导线的好处不像交流线路那样显著。电压为 ±400kV 及以上的超高压直流输电线路，由于电晕损耗与无线电干扰的要求，一股应考虑采用分裂导线。在同样的电压等级下，直流线路的导线分裂数要比交流线路的少。

根据导线表面电场强度的要求，每极导线的最小分裂数见表 17.4-26。

表 17.4-26 由表面电场强度决定的分裂导线最小分裂数

电压等级/kV	每极导线的最小分裂数
±400	2
±500	3
±600	3
±750	4

对两回平行线路，可在一基铁塔上仅布置一极导线（第一回路和第二回路的正极性导线悬挂在同一铁塔上，负极则悬挂在另一基铁塔上），这样可以减少电晕损耗。

(2) 导线表面的电场强度。直流架空线路的导线表面电场强度一般可按下式计算

$$E_p = \frac{U_e/r}{\ln\dfrac{2H}{r} + (n-1)\ln\dfrac{2H}{S'} + K\dfrac{n}{2}\ln\left[1 + \left(\dfrac{2H}{A}\right)^2\right] - \varphi\lambda}$$

$$E_{max} = E_p\left[1 + (n-1)\frac{2r}{S}\sin\frac{\pi}{n}\right]$$

$$S' = \frac{S}{\sin\dfrac{\pi}{n}}^{n-1}\sqrt{\prod_{x=1}^{n-1}\sin\frac{x\pi}{n}} \quad (n > 1)$$

式中，E_p 为导线表面平均电场强度（kV/cm）；E_{max} 为导线表面最大电场强度（kV/cm）；U_e 为直流电压（kV）；r 为子导线半径（cm）；n 为每极导线的分裂根数；S' 为分裂导线的几何平均距离（cm）；S 为导线的分裂间距（cm）；H 为导线对地平均高度（cm）；A 为极间距离（cm）；K 为接线系数，单极线路取 0，双极线路取 -1，同极线路取 1；φ、λ 分别为由架空地线决定的系数，无地线时 $\lambda = 0$，有地线时按表 17.4-27 中的公式计算。

表 17.4-27 φ、λ 值 计 算 式

	同极及双极 $\varphi = \dfrac{1}{n_e}(a_1 + Ka_2)$ $\lambda = \dfrac{a_1 + Ka_2}{a_3 + Ka_4}n$	
	同极 $\varphi = a_2$ $\lambda = 2n_e\dfrac{a_2}{a_3}$ 双极 $\lambda = 0$	$a_1 = \ln\dfrac{H_e + H}{H_e - H}$ $a_2 = \dfrac{1}{2}\ln\dfrac{B^2 + (H_e + H)^2}{B^2 + (H_e - H)^2}$ $a_3 = \ln\dfrac{2H_e}{r_e}$ $a_4 = \dfrac{1}{2}\ln\left[1 + \left(\dfrac{2H_e}{A}\right)^2\right]$ 式中，r_e 为地线半径（cm）；n_e 为地线根数；H_e 为地线对地平均高度（cm）

注：表内计算式中不考虑分裂地线。

部分已建直流线路的表面电场强度计算值见表 17.4-28。

表 17.4-28   **一些直流线路的表面电场强度计算值**

线路名称	电压 /kV	分裂 根数	子导线 直径 /mm	分裂 间距 /mm	表面电 场强度 /（kV/cm）
斯夸尔比尤特	±250	1	50.8		17.5
太平洋岸联络线	±400	2	45.7	457	20.4
	±500	2	45.7	457	25.5
安德伍—明 尼亚波利斯	±400	2	38.1		23.5

续表

线路名称	电压 /kV	分裂 根数	子导线 直径 /mm	分裂 间距 /mm	表面电 场强度 /（kV/cm）
纳尔逊河工程	±450	2	40.64	457	25.0
魁北克— 新英格兰	±450	3	50.8		16.9
伏尔加格 勒—顿巴斯	±400	2	33.0	400	27.8
葛洲坝—上海	±500	4	23.7	450	27.93

4.6.2　直流架空线路的绝缘配合

选择直流绝缘的基本原则和交流相似，但直流电压是恒定的电压，因此决定绝缘的因素有所不同：①正常运行电压时直流绝缘子容易积灰，需要采取防污闪措施，如采用特殊绝缘子和增加清扫次数等。②直流系统的内部过电压倍数比交流的小，约为1.7~2.0。③直流线路遭受雷击时只影响一极，雷电过电压不像交流那样影响到三相，防雷要求可以放宽，一般长线路才采用避雷线。

直流绝缘子不同于交流，绝缘子的长度一般由正常运行电压决定，但选择方法基本上同交流。目前采用的方法有根据运行经验按泄漏比距选择，按自然污秽闪络特性选择，按人工污秽闪络特性选择和按泄漏电流特性选择等。国际上采用绝缘子串的工程实例见表17.4-29。

塔头绝缘配合的原则同交流线路，应考虑内部过电压、大气过电压、工作电压以及与这种电压相应的风偏摇摆时不致发生闪络，并应适当留有带电作业的间隙。一般由内部过电压决定的间隙都能满足其他要求。工程中取值实例见表17.4-29。

4.6.3　直流电晕及噪声

1. 直流电晕及其影响

（1）直流电晕。在直流线路上，只要导线表面的电场强度超过某一数值，导线就会发生电晕放电。不过，直流电晕的机理与交流的很不相同。在直流电压下，与导体同极性的离子在导体邻近范围内形成离子区。而在交流电压下，离子总是被吸引回去。因此，当电压为直流时，在导线附近建立了空间电荷场。在单极直流电晕情况下，整个电极空间充满着与导线极性相同的空间电荷，而导线上所加电压的极性又是不变的，所以空间电荷将使导线附近的电场强度减弱，使外围空间的电场强度增强，使原有电场变得较为均匀。空间电荷对电晕放电的这种"屏蔽效应"是十分显著的。所以在直流电压下，导线表面附有水滴、灰尘等，并不会使电晕放电像交流电压下那样明显增强。

直流正、负极性导线周围的放电动机理是不同的，所以正、负极性下的电晕现象也有很大的差别。在负极性下，电晕是以频频重复的脉冲（若干皮库）作为特征的，而在正极性下，脉冲的频度要小得多，但是包含的电荷可达数千皮库。电流脉冲的延续时间只有几分之一微秒（负极性小于正极性）。

由于大量空间电荷的影响，单极电晕和双极电晕的特性是不相同的。在双极情况下，电极空间存在着两种符号的空间电荷，负离子要到直接接近正极导线或正离子要到直接接近负极导线时，才会发生电荷的中和，这样就使两根导线的表面电场强度都增大。

表17.4-29　　　　　　　　　　　直流缘子串工程实例

项　目		伏尔加格勒—顿巴斯（前苏联）	太平洋沿岸联络线（美国）			卡布拉-巴萨（莫桑比克—南非）	纳尔逊河（加拿大）	伊泰普（巴西）
投运时间		1962~1965	1970~1985			1977~1979	1978~1985	1983~1985
额定电压/kV		±400	±400			±533	±500	±600
额定功率/MW		720	1600			1920	1800	6300
输电距离/km		470	1362			1414	930	783+806
绝缘子	型号		耐雾型 6.5in× 12.625in	耐雾型 5.625in× 11.5in	圆盘型 7.75in× 12.625in	耐雾型 320mm× 320mm	直流绝缘子 267mm× 165mm	直流绝缘子 320mm× 170mm
	材质	瓷	玻璃	瓷	瓷/玻璃	玻璃	玻璃	
	表面泄漏距离/mm		508	465	425	510	508	
	每串片数	22	18~20	24，27	24/27，30	24~28	21	30
铁塔最小绝缘间距/m			2.36			3.3	35	
导线表面电位梯度/(kV/cm)		24	20.6				27.7	
最低导线对地距离/m			10.7			8.55 12(对公路) 14.5(对铁路)	14	

（2）直流电晕损失。在其他条件相同时，直流线路的电晕损失要比交流线路的小。当导线表面的电场强度相同时，双极直流线路的年平均损失仅为相应交流线路的 50%~60%；在年平均电晕损失相同时，直流线路的导线表面电场强度可比交流线路的大 5%~10%。

直流线路的电晕损失可用安乃堡（ANNEBERG）公式进行近似计算。

单极线路

$$P = UK_c nr \times 2^{0.25(E_m - E_0)} \times 10^{-3}$$

$$E_0 = 22\delta$$

双极线路（每回）

$$P = 2U(K+1) K_c nr \times 2^{0.25(E_m - E_0)} \times 10^{-3}$$

$$K = \frac{2}{\pi} \arctan \frac{2H}{S}$$

式中，P 为好天气下的电晕损失（W/km）；U 为对地运行电压（kV）；K_c 为经验系数，可取 0.266；n 为每极导线分裂根数；r 为子导线半径（cm）；E_m 为运行电压下，导线表面最大电场强度（kV/cm），E_0 为导线电晕临界电场强度（kV/cm）；δ 为相对空气密度；H 为导线对地平均高度（cm）；S 为正、负极

间距离（cm）。

单极线路中，负极性的电晕损失比正极性约大两倍。双极线路的电晕损失要比正负两种极性的单极电晕损失之和大得多，它近似地与极间距离的二次方成反比。

直流线路的年平均电晕损失基本上取决于好天气时的损失，因为在坏天气（如雨、雨夹雪、大雾等）时，直流线路的电晕损失仅比好天气时增加 5~6 倍。当风速较大时，直流电晕损失可增加为无风时的 1.5 倍左右。

2. 直流线路对无线电的干扰和可听噪声　直流线路的导线电晕放电和绝缘子上的局部放电都将产生无线电干扰。在直流电压下进行的实验表明，无论在晴天或是雨天，正极性下的无线电干扰总是比负极性下的强得多，如图 17.4-20 所示。正是这个理由，单极线路一般采用负极性。直流正极性电晕杂音水平在雨天时反而低于晴天，这是有利的。双极直流线路造成的干扰水平要比正极性单极线路的高。在双极直流线路上，用分裂导线代替单导线，可使干扰水平降低 5dB 左右。在对地电压相等的条件下，晴天时双极直流线路造成的无线电干扰水平大约等于或略小于相应的交流线路。雨天时的干扰水平低于交流线路。

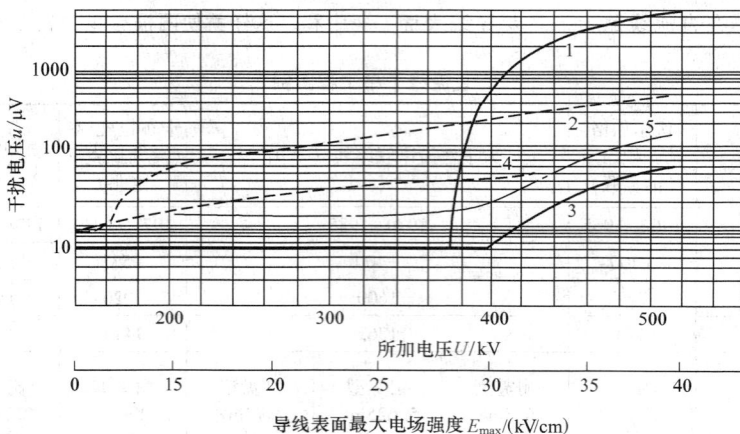

图 17.4-20　直流电晕的无线电干扰特性

电极：导线—平板　导线高度 $H = 2.6m$

导线：$3 \times ACO-280/300$ 分裂导线　频率：$f = 0.22MHz$

1—正极性，导线干燥；2—正极性，雨强 0.04mm/min；3—负极性，
导线干燥；4—负极性，下雨；5—正极性，导线干燥，上面绕有
直径为 2mm 的金属螺旋线，螺距为 50cm

直流线路对无线电的干扰标准，对±500kV 直流线路暂规定为，在离边导线投影 20m 处，频率为 1.0MHz 时，无线电的干扰允许值为 50dB。

为减少干扰，高压直流线路的金具一般采用无电晕金具。

根据一些实测数据的分析结果，直流线路的噪声水平低于相同电压等级的交流线路。其可听噪声的允许值为，在线路档距中央距正极性导线投影 20m 处不大于 6dB。

4.6.4 直流电缆线路

直流电缆线路的主要元件是电缆和附件。要求导电性能好，机械强度和电气绝缘强度高，损耗低，电容电流小，密封件好，耐腐蚀。在施工过程中敷设方便，不易受损伤。

在直流输电线路上常用的电缆是：黏性浸渍电缆，适用于 35kV 输电线路；交联聚乙烯电缆，适用于 35kV 输电线路；充油电缆，适用于 110kV 及以上电压等级的输电线路。由于交联聚乙烯电缆的优良性能和制造工艺的改进，在 220kV 及更高电压等级的线路上得到普遍的应用。近年来，国外研制和应用了 SF$_6$ 气体绝缘管道电缆（Gas Insulated Line，GIL），适用于大容量输电，可垂直布置，不受高差的影响，电容电流小，介质损耗小，在超高压和特高压的线路上均可应用。高温超导技术在电力输送，特别在电缆输电线路上的应用研究，必将使直流输电技术的面目焕然一新。

电缆附件主要有终端、连接盒、供油箱和电缆护层保护器等。

4.6.5 大地回路

大地回路是指利用大地或海水作为直流回路，每一端由接地电极和接地线构成，与金属回路相比，具有低电阻、低功率损耗的优点，因而广泛地应用于直流输电，其应用的形式有：①作为单极或同极线路的正常运行回路。同极直流输电线路具有两根以上相同极性的导线，通常都属负极，均以大地作回路。当一根导线故障时，其余导线仍能带一半以上的额定负荷，其构成基本上同单极—大地回路型。②双极在一极发生故障时可以利用大地回路继续运行，或者利用大地回路作为双极—中性点接地型线路的过渡形式，使直流输电系统可以根据输电容量分期建设。

大地回路的设计原则是：①接地点应远离埋地金属物，至少在 8km 以上，特别是应把接地点设置在离换流站 8~50km 处，以避免接地网腐蚀及变压器饱和等危险，接地点的电阻率一般不得大于 100Ω·m。②接地电极的极性和材质应避免电极发生腐蚀。一般选用碳棒或石墨棒代替铁棒，并埋在焦炭内，接地电极的布置方式如图 17.4−21 所示，其中六角形、环形、网形用于陆地电极，深埋管形用于海岸、海中电极。③接地线用以连接中性点和接地电极，可以利用电缆或架空线，甚至可以利用避雷线作接地线。④地下电极需考虑电阻功率，以使土壤发热能符合热稳定的要求，跨步电压和地面电位梯度应能保证人畜的安全，海中电极则需考虑对海中生物的影响。⑤需校核大地对其他电气系统（如交流输电线路、通信线路）的干扰影响，海底电缆还应计算对磁罗盘读数的干扰影响。

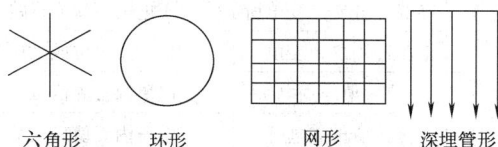

六角形　　环形　　　网形　　深埋管形

图 17.4−21　接地电极布置图

表 17.4−30 列出了大地回路接地电极的实例。

表 17.4−30　大地回路接地电极实例

直流系统		电极形式	极性	电流/A	允许电流时间	电极材料与尺寸	接地电阻/Ω
果特兰岛	瑞典本土	海岸	阳	200	100%持续	石墨：直径 85m 长 1500m	0.9
	果特兰岛	海中	阴	200	100%持续	裸铜线：（2mm）×（120/mm）长 350mm	0.8
新西兰	南岛	地中	阳	1200	100%长时间	焦炭中的低碳钢棒：一臂长 365.76m 直径 38.1mm	0.22
	北岛	海岸	阴	1200	100%长时间	石墨：直径 152.4m 长 2.134m	0.23~0.3
美国太平洋沿岸联络线	俄勒岗	地中	阳	1800	200%短时间	高硅铸铁：直径 38.1mm 长 1.524mm	0.04
	洛杉矶	海中	阴	1800	200%短时间	高硅铸铁：直径 76.2mm 长 1.524mm	0.01

第5章 变 电 所

5.1 变电所的分类和主接线

5.1.1 变电所分类

变电所是连接电力系统的中心环节，用于汇集电源、升降电压和分配电力，通常由高低压配电装置、主变压器、主控制室和相应的设施以及辅助生产建筑物等组成。根据其在系统中的位置、性质、作用及控制方式，可将变电所分类见表 17.5－1。

5.1.2 变电所常用主接线方式

变电所的主接线是变电所电气部分的主体，它将发电机、变压器、断路器等各种电气设备通过母线、导线有机地连接起来，并配置避雷器、互感器等保护、测量电器，构成变电所汇集和分配电能的一个系统。

根据变电所在电力系统中的地位、负荷性质、进出线数、设备特点、周围环境及规划容量等条件，综合考虑供电可靠、运行灵活、操作方便、投资节约和便于扩展等要求，常用的主接线有表 17.5－2 所列的各种典型方式。

表 17.5－1　　　　　　　　　　　　　　　变 电 所 分 类

类 型		作 用 与 特 点
按作用性质分	升压变电所	一般设于发电厂内或附近，将电厂电压升高，连接电力系统
	降压变电所	一部分分布于负荷中心或网络中心，一方面连接电力系统各个部分，同时将系统电压降低，分配给地区用电
	开关站（中间变电所）	仅连接电力系统中的各个部分，不起升压或降压作用，是为系统稳定性要求而设
按所处地位分	枢纽变电所	为系统中汇集多个大电源和大容量联络线的枢纽点，以交换系统间巨大的功率为主
	地区变电所	一般汇集 2～3 个中小电源，高压侧亦以交换功率为主，并供电给中、低压侧的变电所，电压通常为 220～330kV
	终端（分支）变电所	处于电网终端或线路分支接入的降压变电所，接线较简单，位置接近负荷点
	企业（用户）变电所	专供一个单位或工矿企业用电的降压变电所，电压多为 110～220kV
按管理方式分	有人值班变电所	变电所内常驻值班人员，就地操作与监视电气设备
	无人值班变电所	变电所内无值班人员，由集控变电所对其进行遥测、遥信、遥控、遥调、遥视
	无人值守变电所	无人值班变电所的一种高级形式，所内既无值班人员，又无留守人员，其技术要求比无人值班有人值守时更高
按布置形式分	屋外变电所	除主控室及低压侧设备置于室内大部分设备均在屋外的变电所
	屋内变电所	所有电压等级的配电装置均置于屋内的变电所
	地下（洞内）变电所	地位狭窄的水电站及大城市中心地区因用地困难而采用的布置形式

表 17.5－2　　　　　　　　　　　　　　　变电所常用主接线方式

接线类型		接线示意图（未表示隔离开关）	断路器数（n 为出线回路数）	适 用 范 围
桥形接线	内桥		n-1	适用于较小容量的变电所，且变压器不经常切换或线路较长、故障率较高的情况

接线 类型		接线示意图 （未表示隔离开关）	断路器数 （n 为出线回路数）	适 用 范 围
桥形 接线	外桥		$n-1$	适用于较小容量的变电所，且变压器切换频繁或线路较短、故障率较少的情况。此外，线路有穿越功率时，也宜采用本接线
角形 接线	三角形		n	适用于进出线回路数不多，如 3~5 回路，而远景发展比较明确的 110kV 及以上配电装置，不宜用于有再扩建可能的变电所，本接线亦可作为发展成 3/2 断路器接线的过渡接线
	四角形		n	
单母线			n	一般只适用于一台主变压器的三种情况： （1）6~10kV 配电装置的出线回路数不超过 5 回 （2）35~63kV 配电装置的出线回路数不超过 3 回 （3）110~220kV 配电装置的出线回路数不超过 2 回
单母线分段			$n+1$	变电所装有两台主变压器时，6~10kV 配电装置宜采用本接线，35~63kV 配电装置出线回路数为 4~8 回时或 110~220kV 配电装置出线回路数为 3~4 回时，可采用本接线
单母线分段加旁路			$n+1$	110~220kV 配电装置中，当断路器为少油断路器时，除断路器有条件检修外，应设置旁路母线 当 110kV 出线回路大于或等于 6 回，220kV 出线回路大于或等于 4 回，可设专用旁路断路器 在 35~63kV 主接线中，当不允许停电检修断路器时，亦可设置旁路母线，出线回路大于或等于 8 回时可设专用旁路断路器，6~10kV 配电装置一般不设旁路母线
双母线			$n+1$	出线带电抗器的 6~10kV 配电装置，6~10kV 配电装置出线大于或等于 12 回，35~63kV 配电装置出线回路大于或等于 8 回路时，采用本接线 110kV 配电装置，出线大于或等于 6 回，220kV 配电装置，出线大于或等于 4 回时，均可采用本接线

接线类型	接线示意图（未表示隔离开关）	断路器数（n 为出线回路数）	适 用 范 围
双母线分段	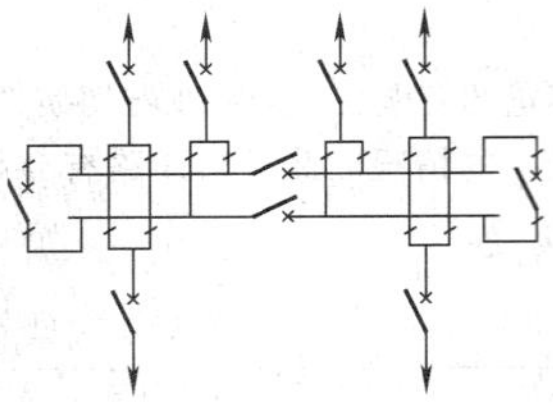	$n+3$ $n+4$	330~500kV 配电装置进出线回路数为 6~7 回时，一般采用单分段；进出线大于或等于 8 回时，宜采用双分段 220kV 配电装置，进出线回路数为 10~14 回时，采用单分段，15 回及以上时，则应采用双分段；为了限制 220kV 母线短路电流或系统解列运行的要求，可根据需要将母线分段
双母线分段加旁路	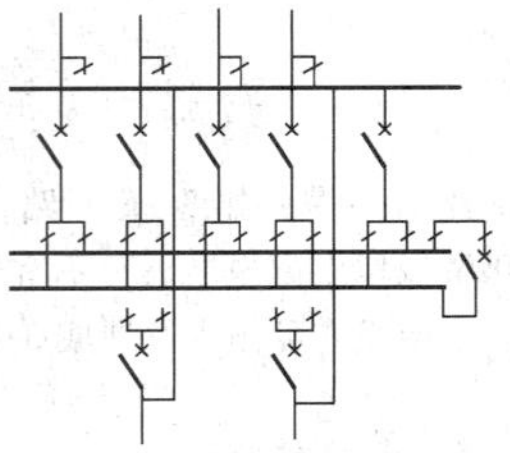	$n+2$	110kV 配电装置采用双母线时，除断路器有条件停电检修以及部分户内配电装置等外，应设置旁路设施 220kV 配电装置采用双母线时，一般均可设置旁路母线，当进出线回路大于或等于 4 回时，可设专用旁路断路器 330~500kV 配电装置采用双母线时，均设置旁路设施
3/2 断路器接线	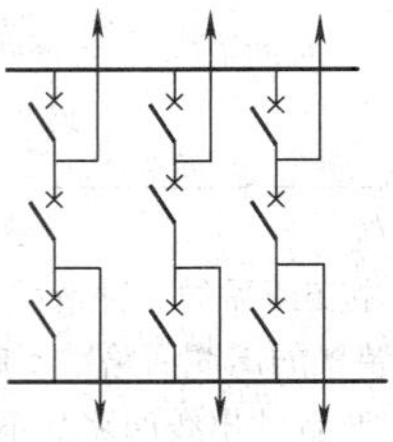	$\dfrac{3}{2}n$	750~1000kV 配电装置一般可采用本接线 330~500kV 配电装置进出线回路数大于或等于 6 回时可采用，并宜把电源回路与负荷回路配对成串，同名回路配置在不同串内，重要变电所的 220kV 配电装置进出线在 6 回以上时也可采用
母线—变压器组接线	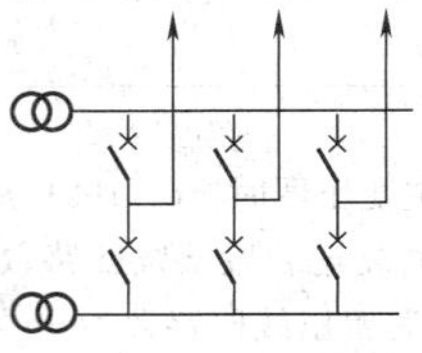	$n+1$	330~550kV 配电装置最终出线回路为 3~4 回，若出线大于 4 回且条件合适，采用本接线 750kV 配电装置也有采用 3/2 断路器与母线-变压器相结合的接线 本接线也可作为发展成 3/2 断路器接线的过渡接线

5.1.3　中性点接地方式

电力系统中性点接地是一种工作接地，保证电力系统及其设备在正常及故障状态下具有适当的运行条件。电力系统中性点接地方式的选择是一个综合性的技术经济问题，主要考虑条件是：①供电可靠性。②涉及设备制造和建设投资的绝缘水平与绝缘配合。③对继电保护的影响。④对通信和信号系统的干扰。⑤对系统稳定的影响。

电力系统中实际采用的中性点接地方式有多种，主要有直接接地、不接地和经消弧线圈接地三种，其他还派生有经电阻或经电抗接地。

中性点直接接地系统是通过将系统中一台或数台变压器中性点直接接地来实现的。这样可以防止中性点电位变化及相应的电压升高，因此过电压和绝缘水

平较低，接地保护较易实现，但单相接地电流较大，对通信干扰就也较严重，而且须断路器跳闸才能切除单相接地故障。

中性点不接地系统是系统中所有变压器中性点均不接地。其主要优点是单相接地故障时接地电流很小，一般能自动熄火，不需断开断路器，因此供电可靠性较高。其主要缺点是最大长期工作电压与过电压高，特别是电弧接地时过电压数值较大，继电保护的选择性与灵敏性均难实现。

中性点经消弧线圈接地系统是系统中除部分变压器中性点经消弧线圈接地外，其余均不接地。利用消弧线圈在接地时供给的电感电流补偿接地电容电流，减少故障点接地电流及其持续时间。因此不需断路器跳闸，可以自动消除瞬时性接地故障。

从主要运行特性划分，分为有效接地系统和非有

效接地系统两大类。

1. 有效接地系统 有效接地系统也称为大电流接地系统,中性点直接接地和经小阻抗接地都属于这一类,其划分标准是系统的零序电抗(X_0)和正序电抗(X_1)的比值$X_0/X_1 \leq 3$,且零序电阻(R_0)和正序电阻(R_1)的比值$R_0/R_1 \leq 1$。这类接地系统的最大优点是内部过电压较低和可以降低电器设备的绝缘水平,从而大幅度节约投资。在110kV及以上电压系统得到普遍的应用。

2. 非有效接地系统 非有效接地系统也称为小电流接地系统,中性点不直接接地和经消弧线圈或高阻抗接地都属于这一类,其划分标准是系统的零序电抗(X_0)和正序电抗(X_1)的比值$X_0/X_1 > 3$,且零序电阻(R_0)和正序电阻(R_1)的比值$R_0/R_1 > 1$。这类接地系统的最大优点是供电可靠性较高,在绝缘投资所占比重不大的110kV以下的配电网普遍采用。

中性点接地方式对电器设备的影响,主要由有效与非有效两类接地系统在单相接地短路与内部过电压两方面的巨大差异引起。有效接地系统单相接地短路电流大,最大值可能达到或超过三相短路电流,而内部过电压不高;非有效接地系统单相接地电流很小,中性点不接地时为电容电流,经消弧线圈接地时为补偿后的残流,但内部过电压可能很高(特别是不接地系统)。根据上述情况,不同中性点接地方式对电器设备的影响可归纳于表17.5-3。

表17.5-3 不同中性点接地方式对电器设备的影响

比较项目	中性点接地方式		
	直接接地	经消弧线圈接地	不接地
断路器工作条件	要按$I_d^{(1)}$、$I_d^{(3)}$中最大值校核遮断容量,动作次数多	按$I_d^{(3)}$考虑遮断容量,不经常动作	按$I_d^{(3)}$考虑遮断容量,动作次数多
单相接地后果与供电可靠性	单相接地要跳闸,影响供电可靠性	大部分接地故障能自动消除,供电可靠性高	单项接地产生中性点位移,供电可靠性也较高
高压电器设备绝缘	一般可降低	全绝缘	
阀型避雷器灭弧特性	可按80%线电压采用	不低于100%最高运行相电压	

注:$I_d^{(1)}$、$I_d^{(3)}$分别为单相、三相短路电流。

5.2 变电所的主要电器及导体

5.2.1 选择电器和导体的主要技术条件

1. 电压 其允许最高工作电压不得低于回路的最高运行电压。

2. 电流 其长期允许电流不得小于该回路的最大持续工作电流。

3. 机械荷载 电器机械荷载安全系数由制造厂提供。

4. 短路稳定条件 导体和电器的动、热稳定以及电器的开断电流,可按三相短路验算。当单相、两相接地短路较三相短路严重时,应按严重情况验算。

5. 绝缘水平 在工作电压及过电压作用下,其内、外绝缘应保证必要的可靠性,电器的绝缘水平应符合国标的规定。

5.2.2 校验电器和导体的环境条件

1. 温度 选择电器和裸导体的环境温度按表17.5-4选取。在环境最高温度为+40℃时,电器允许按额定电流长期工作;若超过+40℃时,则每增高1℃,额定电流减少1.8%。

表17.5-4 选择电器和裸导体的环境温度

类别	安装场所	环境温度/℃	
		最高	
裸导体电器	户外	最热月平均最高温度	
	户内	该处通风设计温度	
	户外	年最高温度	年最低温度
	户内电抗器	该处通风设计最高温度	
	户内其他	该处通风设计温度	

注:1. 年最高(或最低)温度为一年中所测得的最高(或最低)温度的多年平均值。

2. 最热月平均最高温度为最热月每日最高温度的月平均值,取多年平均值。

3. 选择户内裸导体及其他电器的环境温度,若该处无通风时,设计温度可取最热月平均最高温度加5℃。

2. 日照 计算日照的附加温升,日照强度取$0.1W/cm^2$,风速取0.5m/s。

3. 风速 采用离地10m高,30年一遇10min平均最大风速;对500kV及以上的电器,则采用离地10m高,50年一遇10min平均最大风速;一般高压电器可在风速不大于35m/s的环境下使用。

4. 冰雪 在积雪和覆冰严重地区,应采取措施,防止冰串引起瓷件绝缘对地闪络。

5. 相对湿度　选择时采用当地湿度最高月份的平均相对湿度，湿热带地区应采用湿热带型电器。

6. 污秽

7. 海拔　安装在海拔超过1000m地区的电器，可选用高原型电器或选用外绝缘提高一级的产品，由于现有110kV及以下大多数电器的外绝缘有一定裕度，因此，可使用在海拔2000m以下的地区。

8. 地震烈度

9. 雨　高压电器外绝缘的湿放电压随降用强度的大小变化，故户外电器应进行淋雨下的外绝缘特性试验。

5.2.3　电器的主要选择原则

1. 主变压器　主变压器可按以下原则选用：

（1）一般变电所装设2~3台（组）主变压器，对110~220kV变电所仅有一个电源时，亦可只装1台。

（2）330kV以下的主变压器一般采用三相变压器，容量按投运后5~10年的预期负荷选择。

（3）在装有2台以上主变压器的变电所中，当一台主变压器断开时，其余主变压器的容量应满足一级和二级负荷的需要。

（4）有两种电压并与110kV以上中性点直接接地的电力系统连接变电所，在条件许可时应优先选用自耦变压器。

（5）具有三种电压等级的变电所中，如通过主变压器各侧绕组的功率均达到该变压器额定容量的15%以上，或低压侧虽无负荷但需装设无功补偿设备时，宜选用三绕组变压器。

（6）电力潮流变化大和电压偏移大的变电所，如采用固定分接头的变压器不能满足调压要求时，应选用有载调压变压器，必要时亦可装设单独的调压变压器。

（7）选用主变压器结线组别时，应综合考虑继电保护、通信干扰和系统发展等因素。

对主变压器性能的主要要求如下：

（1）结构性能方面。

1）结构型式。按电力系统的需要及运输条件，可选用普通或自耦，单相或三相，双绕组、三绕组或分裂绕组，升压或降压等类型的变压器以及相关组别的接法。

2）调压方式。按运行要求选用有载调压或无载调压变压器以及分接头变比。

3）阻抗。按电力系统的短路容量、系统稳定、继电保护、供电电压水平等要求以及变压器具体结构

条件确定变压器阻抗，一般可采用标准阻抗。

（2）运行特性方面。

1）过载能力。过载能力应满足运行要求。

2）游离及防晕。运行中游离电量及电晕放电不应超过规定。

3）噪声。不超过环境保护对噪声的规定。

（3）中性点接地方式。按电力系统的需要可选用中性点直接接地与中性点不接地两种方式，一般要有中性点引出，绝缘水平可按标准或实际要求确定。

2. 并联电抗器　变电所中的并联电抗器主要用来削弱输电线路空载或轻载时的电容效应，降低工频过电压。同时利用其中性点经小电抗接地来补偿潜供电流，加速潜供电弧的熄灭。并联电抗器的容量、台数及安装地点需通过计算确定。对并联电抗器性能的主要要求如下：

（1）结构性能方面。

1）结构型式。按电力系统的不同要求，可选用单相式、三相式或可控式。

2）铁心结构。除满足电力系统对零序电抗的要求外，还须防止漏磁通产生过热。

3）伏安特性。按工作特性要求选择，但需避开与系统参数组合而产生谐振的条件。

（2）运行特性方面。

1）过载能力。满足在规定的过电压条件下安全运行的要求。

2）振动。应在设备安全运行允许的范围内长期振动时零部件不位移、不损坏。

3）噪声。不超过环境保护对噪声的规定。

4）合闸电压。用火花间隙接入时，允许在暂态过电压下单相或三相合闸。

（3）中性点绝缘水平。直接接地时同对变压器的要求。经小阻抗接地时，按接小阻抗后的要求。

3. 高压断路器　高压断路器可按以下主要原则选用：

（1）6~220kV电网一般选用少油断路器；35kV屋外配电装置可用多油断路器；110~330kV电网当少油断路器不能满足要求时可选用SF$_6$或空气断路器；500kV电网宜采用SF$_6$断路器；高寒地区也可采用空气断路器。

（2）开断电流一般取断路器实际开断时间的短路电流周期分量作为校验条件。

（3）断路器的额定关合电流不应小于短路电流的最大冲击值。

（4）对于110kV以上电网，当系统稳定要求快速切除故障时，断路器固有分闸时间应不大

于 0.04s。

（5）在变压器中性点绝缘等级低于相电压的系统中，应尽量选用合闸操作不同期时间不大于 10ms 的断路器。

（6）电气制动回路断路器的合闸时间一般不大于 0.04~0.06s。

对高压断路器性能的主要要求如下：

（1）开断关合性能。

1）开断关合正常负载和短路故障线路。要求快速可靠开断关合。有重合闸要求时，应保证开断次数及开断能力。

2）开断关合空载变压器、空载长线路、电容器组等。要求可靠开断关合，不引起越过规定的过电压。超高压断路器应装设并联电阻以限制操作过电压。

3）开断反相故障。要求在两个连接着的独立系统失步时的最不利情况下可靠地开断解列，过电压不超过规定。

4）开断近区故障。视系统结构不同，当故障距断路器数百到数千米而恢复电压起始部分特别快时，要求能可靠开断。

5）开断发展性故障。要求在开断小电流的过程尚未终了，突然转变为大短路电流时能顺利开断。

（2）机械动作性能。

1）固有分合闸时间。应满足快速切除故障及系统稳定的要求。

2）三相不同期性。应满足系统继电保护及变压器中性点避雷器不误动，操作过电压不增加的要求。

3）快速重合闸时间。应满足系统快速自动重合闸的要求，并可调整。

4. 隔离开关　隔离开关应根据配电装置的布置特点和使用要求等选用双柱、三柱或单柱式隔离开关。对隔离开关性能的主要要求如下：

（1）开断关合性能。要求可靠开断关合规定的电网环流，空载母线、短电缆等电容电流以及小容量空载变压器。过电压不超过规定。

（2）结构性能。结构简单可靠，能适应不同布置要求。断口间绝缘应考虑反相工频电压的影响。户外隔离开关应有破冰能力。应配备必要的接地刀开关。可用手动、电动或气动操作，要求操作稳定，并有闭锁装置。

5. 电流互感器　6~10kV 屋内配电装置采用瓷绝缘或树脂浇注绝缘结构的电流互感器。35kV 以上一般采用油浸瓷箱式绝缘结构的独立电流互感器，有条件时也可采用套管式电流互感器。对电流互感器工作性能的主要要求如下：

（1）结构性能。一次额定电流要求与其他电力设备相配合，按测量表计要求，一般采用发电机或变压器额定电流的 130%。二次额定电流采用 1A 或 5A。一、二次额定电流均应有数档，可换接使用。二次侧容量应满足测量表计、继电保护及其连接负载的要求。

（2）工作性能。对准确级别，标准仪表用 0.2 级，计量仪表用 0.5 级，一般仪表用 1~3 级，继电保护一般用 1~10 级，差动保护用差动级。对继电保护应满足灵敏度和选择性的要求，可按 10% 误差倍数校验。不论何种铁心均应满足 10% 误差倍数的标准要求。对超高压电网快速保护用电流互感器尚应考虑暂态特性对继电保护的影响。

6. 电压互感器　6~110kV 屋内配电装置一般采用油浸绝缘结构或树脂绝缘结构的电压互感器；35~110kV 一般采用油浸绝缘结构的电压互感器；220kV 以上，当容量和准确等级满足要求时，一般采用电容式电压互感器。对电压互感器工作性能的主要要求如下：

（1）结构性能。变比应满足测量表计及继电保护的要求。一次电压应与系统额定电压相配合，二次电压一般取 100V（线电压）或 $100/\sqrt{3}$ V（相电压），附加线圈取 100V（中性点接地）或 100/3V（中性点不接地）。用于接地保护的电压互感器应设附加绕组，三相组成开口三角，其不平衡电压应小于继电保护的动作值。电容式电压互感器的容量还应满足载波通信、高频保护和检验同期抽取电压的要求。

（2）工作性能。对准确级别，标准仪表用 0.2 级，计量仪表用 0.5 级，一般测量表计用 1~3 级。各准确级应符合比值差及相角差的规定要求。要防止铁磁谐振，并有消除谐振过电压的措施。对超高压电网快速保护用电压互感器还应考虑暂态效应的影响。

7. 消弧线圈　选择消弧线圈的原则如下：

（1）一般选用油浸式。

（2）补偿容量 Q（kVA）一般按下式计算

$$Q = K I_C \frac{U_n}{\sqrt{3}}$$

式中，K 为补偿系数，过补偿取 1.35；欠补偿按脱谐度确定；I_C 为电网的电容电流（A）；U_n 为电网额定线电压（kV）。

为便于调谐，选用的容量宜接近计算值。

（3）装在变压器中性点时应采用过补偿方式。

（4）中性点经消弧线圈接地的网，在正常情况下，长时间中性点位移电压不应超过额定相电压的

15%，脱谐度一般不大于 10%，分接头一般选用 5 个。

（5）在选择消弧线圈的台数及容量时应考虑安装地点及下列原则：

1）不应将多台消弧线圈集中安装在一处。

2）一般安装在变压器中性点，6～10kV 的也可安装在调相机的中性点。

3）安装在接线双绕组或接线三绕组变压器中性点的消弧线圈容量不应超过变压器三相总容量的 50%，并不得大于三绕组变压器任何一个绕组的容量。

4）安装在接线内铁心变压器中性点的消弧线圈容量不应超过变压器三相总容量的 20%。不应装在三相磁路各自独立、零序阻抗甚大的接线变压器中性点，如单相变压器组。

5）变压器无中性点或未引出时应加装专用接地变压器，其容量应与消弧线圈容量相配合。

8. 电力电容器

（1）并联补偿电容器。并联补偿电容器主要用于增加网络无功功率以及提高受端电压水平，可采用移相电容器，有三角形、单星形及双星形三种接线方式。

电力电容器组的额定容量与接线方式有关。

三相三角形接线电容器的容量（kvar）为

$$Q = 3\omega U_L^2 C_x \times 10^{-8}$$

三相星形接线电容器的容量（kvar）为

$$Q = \omega U_L^2 C_x \times 10^{-8}$$

式中，C_x 为单相等效电容（μF）；U_L 为线电压（kV）；ω 为角频率，$\omega = 2\pi f$。

（2）串联补偿电容器。串联补偿电容器在 220kV 以上的系统中用以提高线路输送容量、系统稳定和合理分布并联线间电容等，其补偿度 K 约为 0.15～0.6；在 110kV 以下的系统中用以改善线路电压水平和提高配电网输送能力，配电网的串联补偿度一般在 1～4 之间，较多接近或大于 1。

（3）静止补偿器。静止补偿器由移相电容器及可控饱和电抗器组成，兼有调相机及电容器的优点。调节平滑均匀，反应快速，约 0.02～0.04，适用于冲击负荷。

对电力电容器工作性能的主要要求如下：

（1）结构性能。满足串、并联，单相及三相，星形与三角形接线的要求；外壳应能在短路故障条件下承受规定的爆破容量；密封性好和能适应多种安装方式。

（2）工作性能。满足重复过负荷的要求；串联

电容器绝缘强度应能承受规定次数与幅值的过电压；电容器组应能承受规定次数、数值与频率的放电性能要求；满足运行频率及谐波分量的规定要求，满足规定条件下超电压运行；必须承受在允许工作电压下由故障引起的外部短路放电。

9. 避雷器 避雷器按下列原则选择：

（1）避雷器灭弧电压不得低于安装地点可能出现的最大对地工频电压。

（2）仅用于保护大气过电压的普通阀型避雷器的工频放电电压下限应高于安装地点预期操作过电压水平；既保护大气过电压又保护操作过电压的磁吹避雷器的工频放电电压上限在适当增加裕度后，不得大于电网内过电压绝缘水平。

（3）避雷器冲击放电电压和残压在增加适当裕度后，应低于电网冲击绝缘水平。

（4）保护操作过电压的避雷器的额定通流容量不得小于系统操作时通过的冲击电流。

（5）中性点直接接地系统中保护变压器中性点绝缘的阀型避雷器可按表 17.5-5 选择。

表 17.5-5　直接接地系统中保护变压器中性点绝缘的阀型避雷器

变压器额定电压/kV	110	220	330
中性点绝缘	110kV 级	35kV 级	110kV 级	154kV 级
避雷器型式	FZ-110J FZ-60	暂用 FZ-40 或特殊要求的避雷器	FCZ-110 FZ-110J	FCZ-154J FZ-154J

（6）选择氧化锌避雷器的原则与阀型避雷器基本相同，但应注意以下几点：

1）没有间隙，额定电压不得低于工频过电压。

2）保护水平不考虑间隙的放电电压，仅以各种波形下的残压与电网绝缘水平相配合。

3）须校验通流能力。

10. 高压电瓷器件

（1）变电所的 3～20kV 户外支柱绝缘子和穿墙套管，当有冰雪或污染时，宜用高一级电压的产品；对 3～6kV 者，亦可用提高二级电压的产品。

（2）户外配电装置的绝缘子和瓷套管应根据当地气象条件和不同受力条件进行力学计算，其安全系数应不低于表 17.5-6 所列数值。

<table>
<tr><td colspan="3">表 17.5-6　　套管和绝缘子的安全系数</td></tr>
<tr><td>类　别</td><td>载荷长期作用时</td><td>载荷短时作用时</td></tr>
<tr><td>套管、支柱绝缘子</td><td>2.5</td><td>1.67</td></tr>
<tr><td>悬式绝缘子</td><td>4</td><td>2.5</td></tr>
</table>

注：悬式绝缘子的安全系数对应 1h 机电试验载荷，而不是破坏载荷；若是后者，则安全系数分别为 5.3 和 3.3。

（3）支柱绝缘子除校验抗弯强度外，还应校验抗扭强度。支柱绝缘子和穿墙套管要求按短路动稳定校检

$$P \leqslant 0.6 P_{XU}$$

式中，P_{XU} 为支柱绝缘子或穿墙套管的抗弯破坏负荷（N）；P 为在短路时作用在支柱绝缘子或穿墙套管的力（N）。

5.2.4　导体的主要选择原则

（1）导体的正常最高工作温度不应超过 +70℃，在计及日照影响时，钢芯铝绞线及管形导体可按不超过 +80℃ 考虑。

（2）110kV 及以上导体的电晕临界电压应大于导体安装处的最高工作电压。海拔不超过 1000m 的地区，在常用相间距离情况，如导体型号或外径不小于表 17.5-7 所列数值，可不校验电晕。

表 17.5-7　可不进行电晕校验的最小导体型号及外径

电压/kV	110	220	330
软导体型号	LGJ-70	LGJ-300	LGKK-500/50 2×LGJQ-300
管形导体 外径/mm	φ20	φ30	φ40

（3）验算短路热稳定时，导体的最高允许温度，对硬铝及铝锰合金可取 200℃，对硬铜可取 300℃。

（4）验算短路动稳定时，硬导体的最大允许应力，对硬铝为 70MPa，对硬铜为 140MPa，对 LF21 型铝锰合金管为 90MPa。

（5）户外配电装置的导体，其安全系数不应小于表 17.5-8 所列数值。

（6）管形导体在无冰、无风及正常状态下的挠度，支柱式单管不宜大于（0.5~1.0）D，其中 D 为导体直径；分裂结构的管形导体宜小于 0.004L，其中 L 为母线跨度。

<table>
<tr><td colspan="3">表 17.5-8　　导体的安全系数</td></tr>
<tr><td>类　别</td><td>载荷长期作用时</td><td>载荷短时作用时</td></tr>
<tr><td>软导体</td><td>4</td><td>2.5</td></tr>
<tr><td>硬导体</td><td>2.0</td><td>1.67</td></tr>
</table>

注：硬导体的安全系数系对应于破坏应力。若对应于屈服点应力，其安全系数分别为 1.6 和 1.4。

5.3　变电所布置方式

5.3.1　变电所布置原则及主要建筑物

1. 变电所的布置原则

（1）总体规划应与城镇或工业区发展规划相协调，并充分利用当地生活、卫生、交通等设施。

（2）按工艺要求、自然及地形条件，充分考虑生产安全、经济，便于施工、扩建以及生活方便。

（3）辅助生产及附属建筑尽可能集中布置，有条件时可组成所前设施区。

（4）应采取各种措施节约用地，有条件时宜采用多层或联合布置等空间组合方案。

（5）应充分考虑出线方便，避免或尽量减少各级电压架空出线的交叉。

2. 变电所主要建筑物

（1）主控制室（楼）。它是变电所的神经中枢，安装控制盘、继电保护盘和直流电源等。位置的选择应便于巡视操作及监视屋外主要设备，减少控制电缆长度，并有较好的朝向。

（2）通信楼（室）。根据调度要求及通信设施规模设置。一般有载波机室、值班室、维修室、专用蓄电池室等。有微波通信时，则还有专用微波设施及微波塔等。

（3）屋内、外配电装置。包括各级电压母线、进出线及其设备的布置、安装结构以及相应的土建设施。

（4）调相机房及其冷却设施。只在有调相调压要求而装设调相机时才设置，有时为露天布置。冷却设施主要为冷却塔或喷水池以及相应的管路及水泵等装置。

（5）电容器室。有需要时才设置，须有良好的通风及防火措施，不宜采用采光玻璃窗。

（6）辅助生产建筑。如检修间、油处理室、事故油池等，需要时还有空气压缩机室、制图站等。

（7）生活及服务用建筑。如办公室、警卫传达室、材料库和锅炉房等。

5.3.2　配电装置布置型式

各级电压配电装置的布置型式见表 17.5-9。

表 17.5 - 9　　　　　　　　　　　　各级电压配电装置的布置型式

布置型式		简 要 说 明	适 用 范 围
户外配电装置	普通中型布置	母线下一般不布置任何电器设备,施工、运行及检修都较方便,但占地面积过大	330~500kV 配电装置,土地贫瘠或地震烈度在 8 度以上地区的 110~220kV 配电装置
	分相中型布置	与普通中型布置的不同点是将断路器母线侧一组隔离开关分解为 U、V、W 三相,每相隔离开关直接布置在各该相母线之下,可取消复杂的双层构架,布置清晰,一般比普通中型布置可约用地 20%~30%	一般地区的 110~220kV 配电装置均可采用
	半高型布置	抬高母线及母线隔离开关,将断路器、电流互感器等布置在母线下面;布置紧凑、占地少(约为普通中型布置用地的 60%左右),但检修条件较差	人多地少或地位狭窄地区的 110~220kV 配电装置,尤以 110kV 为宜
	高型布置	两组母线及两组隔离开关上下重叠布置,母线下面没有电气设备,可大量缩小占地面积,220kV 时可节约 50%左右,布置紧凑集中,但耗钢量较多,施工及检修不便,投资相差不大	人多地少或地位狭窄地区的 110~220kV 配电装置
户内配电装置		显著节约用地,运行及检修条件较好,有效防止空气污染,施工较复杂,房屋造价较高,特别是 110kV 以上配电装置,且应有防潮、防锈以及防小动物进入等措施	6~10kV 广泛采用,35kV 因户内、户外造价基本相同故一般采用;市区及污秽地区的 110kV,配电装置宜采用户内型,技术经济比较合理时,220kV 也可采用
SF$_6$ 绝缘金属封闭式组合电器配电装置		占地面积大大减少,不受大气及环境条件的影响,可靠性高,检修周期长,安装工作量小,但价格较贵,检修亦较麻烦,我国已能生产 330~500kV 本型装置	大城市中心地区、水电站、地位特别狭窄或环境恶劣地区可通过综合比较采用

5.3.3　配电装置安全净距

1. 户外配电装置的安全净距

(1) 户外配电装置的安全净距不应小于表 17.5 - 10 中的数值,并应按图 17.5 - 1~图 17.5 - 3 进行校验。户外配电装置设备外绝缘最低部位距地小于 2.5m 时,应装设固定遮栏。

(2) 户外配电装置使用软导线时,在不同条件下带电部分至接地部分和不同相带电部分之间的最小电气距离,应按表 17.5 - 11 进行校验,并应采用其中最大数值。

(3) 配电装置中相邻带电部分的额定电压不同时,应按高的额定电压确定其安全净距。

2. 户内配电装置的安全净距　户内配电装置的安全净距不应小于表 17.5 - 12 的规定,并应按图 17.5 - 4 和图 17.5 - 5 进行校验。户内设备外绝缘最低部位距地面小于 2.3m 时,应装设固定遮栏。

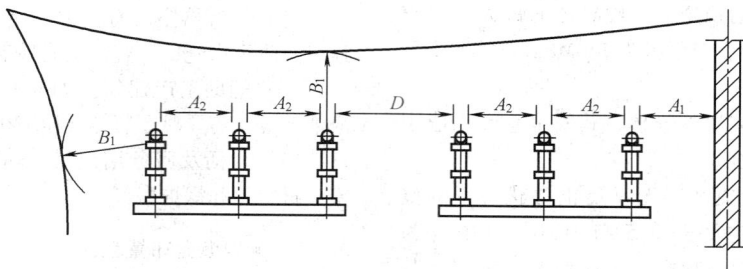

图 17.5 - 1　户外 A_1、A_2、B_1、D 值校验图

表 17.5－10   户外配电装置安全净距

符号	适 应 范 围	图 号	额定电压/kV								
			3～10	15～20	35	60	110J	110	220J	330J	500J
A_1	（1）带电部分至接地部分之间 （2）网状遮栏向上延伸线距地 2.5m 处与遮栏上方带电部分之间	17.5－1 17.5－2	200	300	400	650	900	1000	1800	2500	3800
A_2	（1）不同相的带电部分之间 （2）断路器和隔离开关的断口两侧引线带电部分之间	17.5－1 17.5－3	200	300	400	650	1000	1100	2000	2800	4300
B_1	（1）设备运输时，其外廊至无遮栏带电部分之间 （2）交叉的不同时停电检修的无遮栏带电部分之间 （3）板状遮栏至绝缘体和带电部分之间 （4）带电作业时的带电部分至接地部分之间	17.5－1 17.5－2 17.5－3	950	1050	1150	1400	1650	1750	2550	3250	4550
B_2	网状遮栏至带电部分之间	17.5－2	300	400	500	750	1000	1100	1900	2600	3900
C	（1）无遮栏裸导体至地面之间 （2）无遮栏裸导体至建筑物、构筑物顶部之间	17.5－2 17.5－3	2700	2800	2900	3100	3400	3500	4300	5000	7500
D	（1）平行的不同时停电检修的无遮栏带电部分之间 （2）带电部分与建筑物、构筑物的边沿部分之间	17.5－1 17.5－2	2200	2300	2400	2600	2900	3000	3800	4500	5800

注：本表所列各值不适用于制造厂生产的成套配电装置。

1. 110J、220J、330J、500J 系指中性点直接接地电网。

2. 对于 220kV 及以上电压，可按绝缘体电位的实际分布，采用相应的 B_1 值进行校验。此时，允许板状遮栏与绝缘体的距离小于 B_1 值。当无给定的分布电位时，可按线性分布计算，校验 500kV 相间通道的安全净距，也可用此原则。

3. 带电作业时，不同相或交叉的不同回路带电部分之间，其 B_1 值可取 A_2+750mm。

4. 500kV 的 A_1 值，双分裂软导线至接地部分之间可取 3500mm。

5. 海拔超过 1000m 时，A 值应按图 17.5－6 进行修正。

表 17.5－11   不同条件下的计算风速和安全净距   （mm）

条件	校 验 条 件	计算风速 /（m/s）	A 值	额 定 电 压/kV						
				35	60	110J	110	220J	330J	500J
外过 电压	外过电压和风偏	10①	A_1	400	650	900	1000	1800	2400 （2200）	3200
			A_2	400	650	1000	1100	2000	2600 （2400）	3600

续表

条件	校 验 条 件	计算风速/(m/s)	A 值	额 定 电 压/kV						
				35	60	110J	110	220J	330J	500J
内过电压	内过电压和风偏	最大设计风速的50%	A_1	400	650	900	1000	1800	2500 (2300)	3500
			A_2	400	650	1000	1100	2000	2800 (2700)	4300
最大工作电压	最大工作电压、短路和风偏(取10m/s风速)	10 或最大设计风速	A_1	150	300	300	450	600	1100	1600
	最大工作电压和风偏(取10m/s风速)		A_2	150	300	500	500	900	1700	2400

① 在气象条件恶劣的地区（如最大设计风速为35%及以上，以及当雷暴时风速较大的地区）用15m/s。

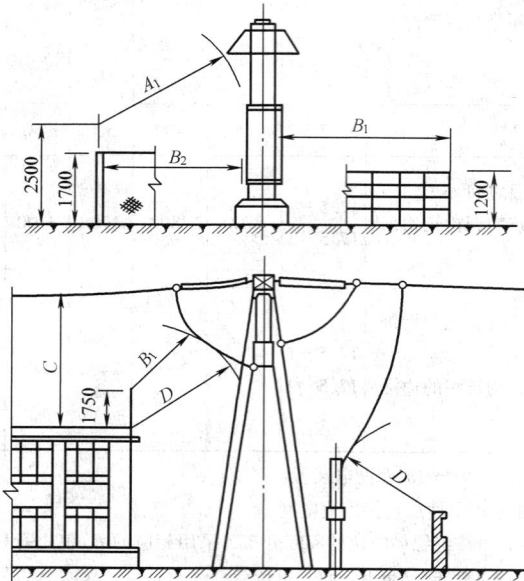

图 17.5－2 户外 A_1、B_1、B_2、C、D 值校验图

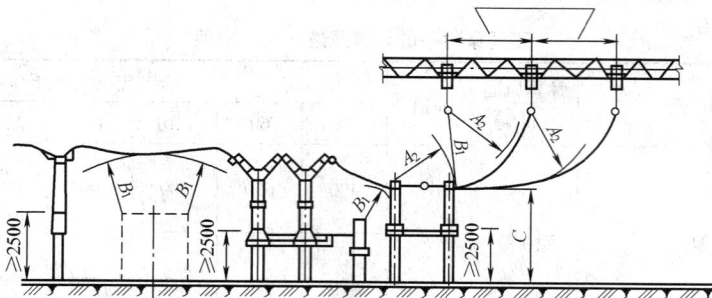

图 17.5－3 户外 A_2、B_1、C 值校验图

表 17.5－12　　　　　　　　　　户内配电装置的安全净距　　　　　　　　　　（mm）

符号	适 用 范 围	图号	额定电压/kV									
			3	6	10	15	20	35	60	110J[①]	110	220J[①]
A_1	（1）带电部分至接地部分之间 （2）网状和板状遮栏向上延伸线距地2，3m 处与遮拦上方带电部分之间	17.5－4	75	100	125	150	180	300	650	850	950	1800[③]
A_2	（1）不同相的带电部分之间 （2）断路器和隔离开关断口两侧带电部分之间	17.5－4	75	100	125	150	180	300	550	900	1000	2000[③]
B_1	（1）栅状遮栏主带电部分之间 （2）交叉的不同时停电检修的无遮栏带电部分之间	17.5－4 17.5－5	825	850	875	900	930	1050	1300	1600	1700	2550
B_2	网状遮栏至带电部分之间[②]	17.5－4	175	200	225	250	280	400	650	950	1050	1900
C	无遮栏裸导体至地（楼）面之间	17.5－4	2375	2400	2425	3450	2480	2600	2850	3150	3250	4100
D	平行的不同时停电检修的无遮栏裸导体之间	17.5－4	1875	1900	1925	1950	1980	2100	2350	2650	2750	3600
E	通向所区外的出现套管至屋外通道的路面	17.5－4 17.5－5	4000	4000	4000	4000	4000	4000	4500	5000	5000	5500

① 110J、220J 系指中性点直接接地电网。

② 当为板状遮栏时，其 B_2 值可取 A_1+30mm。

③ 海拔超过 1000m 时，A 值应按图 17.5－6 进行校正。

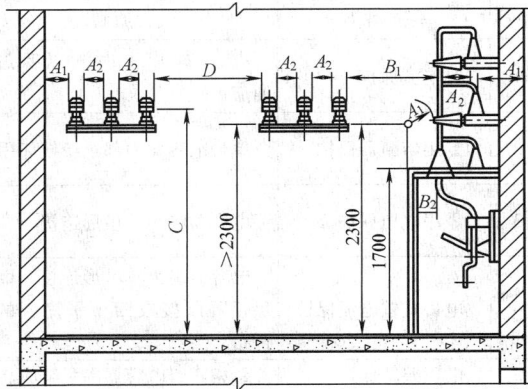

图 17.5－4　户内 A_1、A_2、B_1、B_2、C、D 值校验图

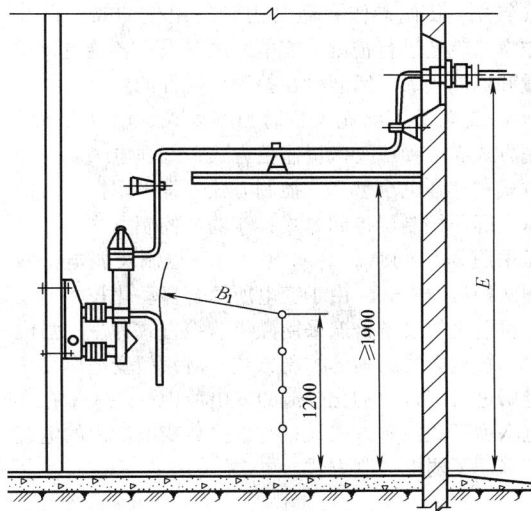

图 17.5－5　户内 B_1、E 值校验图

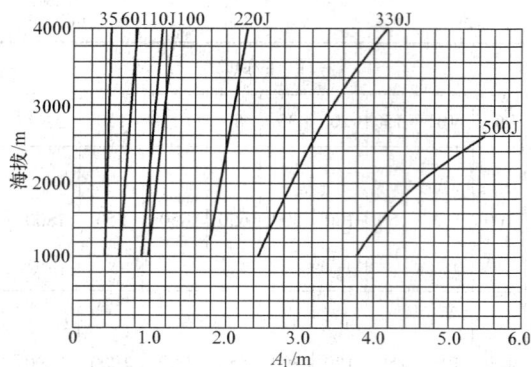

图 17.5-6 海拔大于 1000m 时，A_1 值的修正
（A_2 值和屋内的 A_1、A_2 值可按本图之比例递增）

5.4 变电所的控制、保护及自动装置

5.4.1 变电所的控制方式

1. 变电所的监控方式 按管理模式不同分为有人值班、无人值班及无人值守三种类型。

2. 电气设备的控制地点 变电所内的电气设备可以在调度室（集控站）、变电所主控制室、就地开关柜上进行控制。一般来说，220～500kV 枢纽变电所的电气设备均在主控制室控制，电气间隔内设置有相应的手动控制装置供特殊情况下或检修时手动操作，紧急情况下，220～500kV 枢纽变电所的电气设备也可以在调度室进行遥控。其他非枢纽变电所内的电气设备由于变电所实现无人值班的管理模式普遍采用了调度室遥控操作，但是仍然设置主控室控制点和就地控制点，供检修或特殊情况下处理。由于隔离开关电动操作存在技术经济上的问题，对隔离开关的控制（特别是倒闸操作）经常由专门组建的操作队在主控室或就地进行控制。变电所内各设备各继电保护装置和电能表，一般装设在控制该元件的地方。

3. 变电所内电气设备的控制方式 电气设备的控制方式有 4 种：①微机监控方式；②强电一对一控制方式；③强电小型开关控制方式，常采用控制台信号返回屏或控制屏控制方式；④弱电控制方式，控制电压采用 24V、48V，有弱电一对一控制及弱电选线控制两种接线方式。由于变电所综合自动化技术的发展，目前电气设备普遍采用微机监控方式为主、强电一对一控制方式为辅的控制方式；对大型变电所和一些老所进行综合自动化改造的变电所中，还大量存在强电小型开关控制方式；只有极少数变电所内的电气设备采用了弱电控制方式。

5.4.2 变电所主设备继电保护

1. 主变压器 其保护配置见表 17.5-13。

表 17.5-13　　主变压器保护配置

序号	保护种类	装 设 原 则
1	气体保护	800kVA 及以上油浸变压器
2	差动保护	（1）6300kVA 及以上并列运行变压器 （2）10000kVA 及以上单独运行变压器 （3）330kV 及以上装设双重差动保护
3	后备保护	（1）过电流保护 （2）复合电压起动的过电流保护 （3）负序电流保护和单相低压起动的过电流保护 （4）阻抗保护
4	高压侧零序电流保护	110kV 及以上中性点直接接地电网
5	过负荷保护	
6	过励磁保护	330kV 及以上变压器

2. 330～500kV 并联电抗器 其保护配置见表 17.5-14。

3. 并联电容器组 其保护配置见表 17.5-15。

4. 低压并联电抗器 其保护配置见表 17.5-16。

对上述各类短路保护装置的灵敏系数要求，不宜低于表 17.5-17 所列数值。

表 17.5-14　　330～500kV 并联电抗器保护配置

序号	保护种类	装设原则
1	差动保护	宜装设两套差动保护
2	过电流保护	宜用反时限特性
3	过负荷保护	宜用反时限特性
4	匝间短路保护	（1）零序电流方向保护 （2）阻抗保护 （3）零序电流保护
5	气体保护	

表 17.5-15　　并联电容器组保护配置

序号	保护种类	装设原则
1	过电流保护	带 0.2s 以上时限以躲过涌流
2	专用熔断器保护	单台电容器内部绝缘损坏用
3	零序电压保护	电容器组为单星形连接
4	电桥式差电流保护	电容器组为单星形连接，而每相可以接成四个平衡臂的桥路
5	电压差动保护	每相两组电容器串联组成
6	中性点不平衡电流或不平衡电压保护	电容器组为双星形连接

续表

序号	保护种类	装设原则
7	零序电流保护	电容器组为三角形连接
8	过负荷保护	（1）接入的系统高次谐波含量高 （2）实测电流超过允许值
9	母线过电压保护	
10	低电压保护	

表 17.5－16　　低压并联电抗器保护配置

序号	保护种类	装设原则
1	差动保护	容量为 10MVA 及以上装设
2	过电流保护	宜用反时限特性
3	过负荷保护	宜用反时限特性
4	气体保护	油浸式电抗器装设

表 17.5－17　　　　　　　　　　　　　短路保护最小灵敏系数

保护分类	保护类型	组成元件	灵敏系数	备注
主保护	变压器纵联差动保护	差电流元件	2.0	
	母线的完全电流差动保护	差电流元件	2.0	
	母线的不完全电流差动保护	差电流元件	1.5	
	变压器电流速断保护	电流元件	2.0	按保护安装处短路计算
后备保护	远后备保护	电流、电压及阻抗元件	1.2	按相邻电力设备和线路末端短路计算
		零序或负序方向元件	1.5	
	近后备保护	电流、电压及阻抗元件	1.3～1.5	按线路末端短路计算
		负序或零序方向元件	2.0	
辅助保护	电流速断保护	电流元件	≥1.2	按正常运行条件下保护安装处短路计算

5.4.3　变电所的安全自动装置

变电站常用的安全自动装置有：①备用电源自动投入装置。②自动准同期装置。③线路自动重合闸装置。④自动按频率减负荷装置。⑤电力系统无功补偿自动装置。

5.4.4　变电所的综合自动化

变电所综合自动化系统是将变电所二次设备（包括控制、信号、测量、保护、自动装置、远动等）利用计算机技术、现代通信技术，通过功能组合和优化设计，将功能有机地综合为一体，构成一个信息共享的对变电所执行自动监视、测量、控制和调整的综合性的分层分布式综合自动化系统。变电所综合自动化系统可以纵向分为过程层、电气间隔层、变电所层等层次结构。

变电所综合自动化系统的核心功能是配合调度自动化系统监控变电所和电网的运行安全性、电能质量和运行经济性。

变电所综合自动化系统具有五个方面的特点：①功能综合化；②设备、操作、监视微机化；③结构分层分布化；④通信网络化光纤化；⑤运行管理智能化。

由于变电所管理模式不同、电压等级不同，变电所综合自动化系统的配置和网络结构也有所不同。有人值班变电所的综合自动化系统配置有一定数量的人机工作站，如监控工作站、打印工作站、维护工作站等，以利用值班人员监控变电所的运行；而无人值班变电所的综合自动化系统一般只配置简单的维护工作站，甚至以便携式电脑代替维护工作站，其目的仅仅在于对维护人员提供方便。对不同电压等级的变电所，综合自动化系统的配置亦有不同，主要表现在综合自动化系统的规模和可靠性上。500kV 变电所和重要的 200kV 枢纽变电所的综合自动化系统多采用硬件动态冗余结构，电压等级较低的变电所的综合自动化系统一般不采用硬件冗余结构。

变电所综合自动化系统既可避免设备重复配置、功能重复和数据采集系统重叠，又可节约投资，减少运行人员，全面提高运行可靠性。

5.5　变电所其他设施及要求

5.5.1　变电所防污措施

1. 正确划分污秽等级　按国家标准 GB/T

16434—1996《高压架空线路和发变电所电瓷外绝缘污秽分级标准》划分，见表 17.5 - 18。

2. 尽量远离污染源　应使配电装置处于污染源的上风向。

3. 合理选择配电装置类型　户内配电装置及 GIS 均具有良好的防污性能，选用时应通过技术经济比较。

4. 采用防污涂料　常用的为矿脂涂料及有机硅涂料两大类。

5. 加强运行维护　定期停电清扫及带电水冲洗等。

5.5.2　变电所防火

(1) 变电所内建（构）筑物的火灾危险性分类及耐火等级，应符合表 17.5 - 19 的规定。

(2) 变电所内建（构）筑物及设备的防火间距应不小于表 17.5 - 20 的规定。

表 17.5 - 18　　　　　　　　　　　线路和发电厂、变电所污秽等级

污秽等级	污 秽 特 征	盐密 /（mg/cm²）	
		线　路	发电厂、变电所
0	大气清洁地区，及离海岸盐场 30km 以上无明显污染地区	≤0.03	—
I	大气轻度污染地区，工业区和人口低密集，离海岸盐场 10~50km 地区，在污闪季节中干燥少雾（含毛毛雨）或雨量较多时	>0.03~0.06	≤0.06
II	大气中等污染地区，轻盐碱和炉烟污秽地区，离海岸盐场 3~10km 地区，在污闪季节中潮湿多雾（含毛毛雨）但雨量较少时	>0.06~0.10	>0.06~0.10
III	大气污染较严重地区，重雾和重盐碱地区，离海岸盐场 1~3km 地区，工业和人口密度较大地区，离化学污源和炉烟污秽 300~1500m 的较严重污秽地区	>0.10~0.25	>0.10~0.25
IV	大气特别严重污染地区，离海岸盐场 1km 以内，离化学污源和炉烟污秽 300m 以内地区	>0.25~0.35	>0.25~0.35

表 17.5 - 19　　　　　　　　　　变电所建（构）筑物火灾危险性类别及耐火等级

建 筑 物 名 称	火灾危险性类别	最低耐火等级	建 筑 物 名 称	火灾危险性类别	最低耐火等级
主要生产建筑物			空气压缩机室	戊	三
控制楼（室）	戊	二	制氢站、贮氢罐	甲	二
通信楼	戊	二	检修间	丁	二
配电装置楼（室）			总事故贮油池		二
单台重油设备的油量>60kg	丙	二	油处理室	丙	二
单台重油设备的油量≤60kg	丁	二	附属建筑物		
屋外配电装置构架和支架		二	办公室		三
油浸变压器室	丙	一	材料库（内存可燃器材）	丙	三
电容器（可燃介质室）	丙	二	材料库（仅存非燃器材）	戊	三
调相机房	丁	二	锅炉房	丁	二
辅助生产建筑物					

注：主控制楼、通信楼当不采取防止电缆着火后延燃的措施时，火灾危险性应为丙类。

表 17.5－20   变电所内建（构）筑物及设备的防火间距   （m）

名 称	火灾危险性为丙、丁、戊类生产建（构）筑物（一、二级耐火等级）	生活建筑物（一、二级耐火等级）	屋外配电装置	屋外可燃介质电容器	总事故贮油池
火灾危险性为丙、丁、戊类生产建（构）筑物（一、二级耐火等级）	10	10	10	10	5
生活建筑物（一、二级耐火等级）	10	6	10	15	10
屋外配电装置	10	10	—	10	5
屋外可燃介质电容器	10	15	10	—	5
总事故贮油池	5	10	5	5	—

注：两建筑物相邻，其较高一边外墙为防火墙时，防火间距可不限。但两座建筑物门窗之间净距应不小于5m。

1. 变压器主要防火措施

（1）220kV、330kV、500kV 独立变电所，单台容量为 125000kVA 及以上的主变压器应设置水喷雾灭火系统。当采用该系统有困难时，可采用其他灭火设施。

（2）总油量超过100kg的屋内油浸变压器，应设置单独的变压器室。

（3）油量为2500kg及以上的屋外油浸变压器之间的最小间距见表17.5－21。

表 17.5－21   油量为 2500kg 及以上的屋外油浸变压器之间的最小间距

电压等级/kV	35及以下	66	110	220及以上
最小间距/m	5	6	8	10

当间距不能满足表17.5－21要求时应设置防火墙。

2. 户内配电装置主要防火措施

（1）配电装置室应设向外开的防火门，装弹簧锁，严禁装门闩。

（2）长度大于7m的配电装置室应有两个安全出口，长度大于60m时宜增添一个出口。

（3）户内单台油量为10kg以上的电气设备，应设置贮油或挡油设施。

（4）35kV及以下户内断路器、油浸电流互感器和电压互感器，应设置在开关柜或两侧有防火隔墙（板）的间隔内；35kV以上应安装在有防火隔墙的间隔内。

（5）布置在高层民用主体建筑中的户内配电装置，不宜采用具有可燃性能的断路器。

5.5.3 变电所抗震

地震的影响主要有两个方面，一是地震波频率；二是地面振动的加速度。地震波的自然振动频率，在介于基岩和软弱地基的场地约为 3.3Hz，而高压电气设备的自振振动频率为 1.38～6.5Hz，故易引起共振。

1. 抗震设防设计要求

（1）电压为330kV及以上的电气设施，7度及以上时，应进行抗震设计。

（2）电压为220kV及以下的电气设施，8度及以上时，应进行抗震设计。

（3）安装在户内二层及以上和户外高架平台上的电气设施，7度及以上时，应进行抗震设计。

2. 抗震措施

（1）合理选择配电装置类型。设防烈度为9度时，电压为110kV及以上的配电装置不宜采用户外高型或半高型，以及双层户内配电装置，若采用管型母线，则宜用悬挂式结构。

（2）选择抗震性能较好的电气设备。如选用阻尼比较高的设备，对制造厂提出抗震性能的要求等。

（3）装设减震阻尼装置。如装于少油断路器上的减震器，阀型避雷器上的阻尼器，棒式支柱绝缘子上的阻尼垫等。

（4）降低设备安装高度，减少设备端子承受的拉力。

（5）设备与基础的固定，应牢固可靠，防止位移和倾倒。

5.5.4 变电所环境保护与安防

1. 变电所的噪声 必须注意变电所的主变压器与主控制室、通信室及办公室等的距离，还需考虑主变压器与居民区的距离，以使各建筑物内的噪声级不超过国家标准。

2. 变电所静电感应　我国规定电压为 330kV 及以上的配电装置内设备遮栏外的静电感应场强水平（离地 1.5m 空间场强）不宜超过 10kV/m，小部分地区可允许达到 15kV/m。围墙外（为居民区时）非出线方向的静电感应场强水平在离地 1.5m 空间不宜大于 5kV/m。降低静电感应场强的措施：尽可能减少同相布置、同相母线交叉与同相转角布置；控制箱等操作设备尽量布置在低场强区，必要时可设屏蔽栅、屏蔽环或增加屏蔽线；适当提高电气设备及引下线的安装高度。

3. 变电所的无线电干扰　变电所对无线电的干扰主要由电晕放电和短路产生，配电装置围墙外 20m 处（非出线方向）的无线电干扰水平不宜大于 50dB（频率为 1MHz）。在选择导线及电气设备时应考虑降低整个配电装置的无线电干扰水平。

5.5.5　变电所直流电源

1. 变电所直流系统

（1）蓄电池的直流系统。采用 220V、110V、48V 三种电压。

（2）电容储能直流系统。只适用于要求不高的小容量变电所。

（3）复式整流直流系统。仅在小容量变电所采用。

2. 变电所直流设备

（1）蓄电池组。有防爆隔酸蓄电池、碱性镉镍蓄电池及密封免维护铅酸蓄电池等数种。

（2）充电设备。一般采用硅整流装置。

参 考 文 献

[1] 机械工程电机手册编辑委员会. 电机工程手册. 第 2 版, 第 5 卷. 北京：机械工业出版社, 1996.

[2] 中国电力百科全书编辑委员会. 中国电力百科全书：电力系统卷. 北京：电力工程出版社, 1995.

[3] GB 12325—1990 电能质量：供电电压允许偏差. 北京：中国标准出版社, 1991.

[4] GB 12326—1990 电能质量：电压允许波动与闪变. 北京：中国标准出版社, 1991.

[5] GB/T 15945—1995 电能质量：电力系统频率允许偏差. 北京：中国标准出版社, 1995.

[6] GB 14549—1993 电能质量：公用电网谐波. 北京：中国标准出版社, 1994.

[7] 电力系统安全稳定导则. 北京：水利电力部批准发布, 1983.

[8] SD 131—1984 电力系统技术导则. 北京：水利电力出版社, 1984.

[9] 王梅义, 吴竞昌, 蒙定中. 大电网系统技术. 第 2 版. 北京：中国电力出版社, 1995.

[10] SD 325—1989 电力系统电压和无功电力技术导则. 北京：水利电力出版社, 1989.

[11] 城市电力网规划设计导则. 北京：能源部、建设部批准发布, 1993.

[12] GB 132585—1993 继电保护和安全自动装置技术规程. 北京：中国标准出版社, 1993.

[13] DL 428—1991 电力系统自动低频减负荷技术规定. 北京：水利电力出版社, 1991.

[14] 电力系统设计技术规程. 北京：水利电力出版社, 1989.

[15] 戴熙杰. 直流输电基础. 北京：水利电力出版社, 1990.

[16] 王士政. 电力系统运行控制与调度自动化. 南京：河海大学出版社, 1990.

[17] 国家计划委员会、建设部发布. 建设项目经济评价方法与参数. 第 2 版. 北京：中国计划出版社, 1993.

[18] A. B. 波谢. 直流输电接线及运行方式. 华北电力学院直流输电教研组译. 北京：水利电力出版社.

[19] GB 311. 1—1997 高压输变电设备的绝缘配合. 北京：中国标准出版社, 1998.

[20] DL／T 620—1997 交流电气装置的过电压保护和绝缘配合. 北京：水利电力出版社, 1997.

[21] GB/T 16434—1997 高压架空线路和发电厂、变电所环境污区分级及绝缘分级及选择标准. 北京：机械工业出版社, 1997.

[22] DL／T 5092—1999 110~500kV 架空送电线路设计技术规程. 北京：中国电力出版社, 1999.

[23] GB 15707—1995 高压交流架空送电线无线电干扰限值. 北京：中国标准出版社, 1996.

[24] GB 50216—1994 电力工程电缆设计规范. 北京：中国计划出版社, 1995.

[25] GB 50229—1996 火力发电厂与变电所设计防火规范. 北京：中国计划出版社, 1996.

[26] GB 50260—1996 电力设施抗震设计规范. 北京：中国计划出版社, 1996.

[27] SDJ 5—1985 高压配电装置设计技术规程. 北京：水利电力出版社, 1985.

[28] SDJ 2—1988 220~500kV 变电所设计技术规程. 北京：水利电力出版社, 1985.

[29] 孙继荣等. 电网控制与管理的计算机信息系统. 北京：机械工业出版社, 1991.

[30] 于尔铿等. 电力市场. 北京：中国电力出版社, 1998.

[31] 陈燕等. 电气工程师手册. 第 2 版. 北京：机械工业出版社, 2000.

[32] 许立梓. 实用电气工程师手册. 上册. 南京：东南大学出版社, 2001.

[33] 赵识明. 电气工程师手册. 第十七篇电力网络. 北京：机械工业出版社, 1987.

[34] 何仰赞, 温增银. 电力系统分析. 武汉：华中科技大学出版社, 2002.

[35] 赵畹君. 高压直流输电工程技术. 北京：中国电力出版社, 2004.

第18篇

配 电 系 统

主　编　刘　东（上海交通大学）

执　笔　刘　东（上海交通大学）

　　　　袁智强（上海电力设计院）

主　审　刘　健（西安科技大学）

第1章 配电系统的组成及基本结构

1.1 配电系统组成

　　配电网是电力系统向用户供电的最后一个环节，一般指从输电网接受电能，再分配给终端用户的电网。配电网由配电线路、配电变压器、断路器、负荷开关等配电设备，以及相关辅助设备组成。配电网直接联系着广大用户，它的健全与否，直接关系到用户安全可靠供电及负荷增长的需要，是电力系统的重要组成部分。配电网及其相关的自动装置、测量和计量仪表以及通信和控制设备共同构成配电系统。

　　配电网按电压等级分类，可分为高压配电网、中压配电网和低压配电网。通常把 110kV 和 35kV 级称为高压配电网，10kV 级称为中压配电网，0.4kV 级称为低压配电网。按供电区的功能分类，可分为城市配电网、农村配电网和工厂配电网等。

　　1. 高压配电网　由高压配电线路和配电变电所组成的向用户提供电能的配电网，称为高压配电网。高压配电网的功能是从上一级电源接受电能后，可以直接向高压用户供电，也可以通过变压后为下一级中压配电网提供电源。部分大中城市高压配电网与高压输电网电压等级相同。

　　2. 中压配电网　由中压配电线路和配电变电所（配电变压器）组成的向用户提供电能的配电网，称为中压配电网。中压配电网的功能是从输电网或高压配电网接受电能后，向中压用户供电，或向各用电小区负荷中心的配电变电所（配电变压器）供电，再经

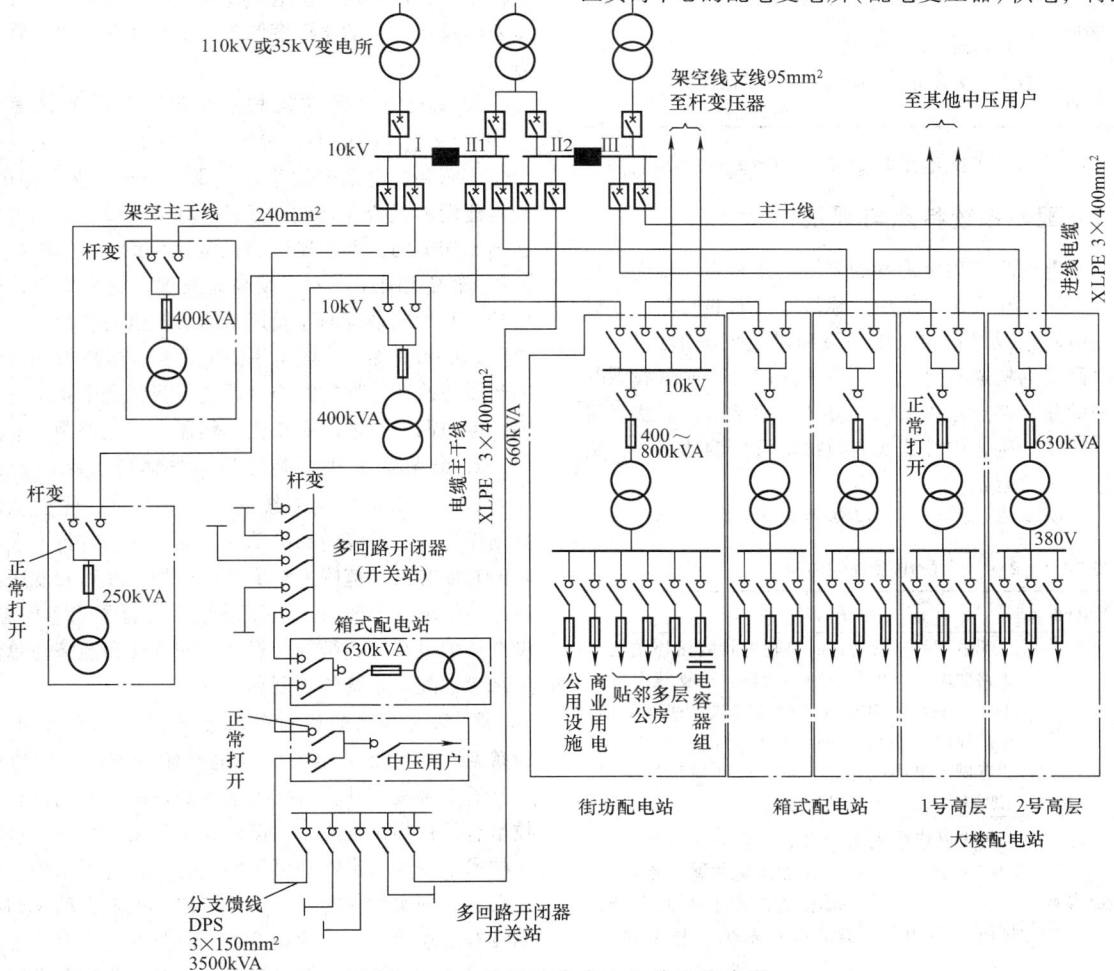

图 18.1-1　典型的城市配电系统接线图

过变压后为下一级低压配电网提供电源。

3. 低压配电网　由低压配电线路及其附属电气设备组成的向用户提供电能的配电网,称为低压配电网。低压配电网的功能是以中压(或高压)配电变压器为电源,将电能通过低压配电线路直接配送给用户。

配电网的供电方式由电源、网架、线路开关设备决定,电源、网架不同方式的组合,形成了多种多样的供电方式。

配电设备的组成见表 18.1-1。

表 18.1-1　　　　配电设备的组成

配电设备分类	配 电 设 备
变电所配电设备	断路器、隔离开关、电缆、互感器、二次设备(继电保护及二次回路设备)、自动的装置、其他设备
线路设备	架空线路、电缆线路、配电变压器、电力电容器,自动的装置、其他设备
开闭所和配电室设备	断路器、负荷开关、隔离开关、电缆、互感器、二次设备、自动的装置、其他设备

典型的城市配电系统如图 18.1-1 所示。

1.2　配电系统特点与现状

配电网络作为电力网的末端直接和用户相连,直接反映用户在安全、优质、经济等方面的要求,相对于输电网来说,它的电压等级和供电范围都比较小,配电网络的构成有电缆和架空线路两种方式。我国配电网的显著特点是体系结构复杂,通常呈辐射状、树状和环状结构,中性点非有效接地且传输功率小,负荷性质千差万别。

具体来说,配电系统的特点见表 18.1-2。

表 18.1-2　　　　配电系统的特点

配电网	特　点
网络结构	配电网络正常运行时呈辐射状的拓扑结构,线路功率具有单向流动的特性,分支线路多。中性点主要采用非有效接地方式,在发生单相接地时,仍允许供电一段时间。近年来,随着城市电缆线路的增加,一些城市配电网采用中性点经小电阻接地方式
线路参数	配电网络中支路的 R/X 比值较大,使得在输电系统中以小 R/X 比为前提的算法不再适用。一般情况下,我国配电线路中的三相电抗值也不相等,造成配电系统三相参数不对称

续表

配电网	特　点
负荷	三相负荷不平衡,集中负荷和大量沿线分布式负荷并存,对分布式负荷需要采用适当的方法进行等效分析计算
实时信息	由于国内配电自动化发展尚处于起步状态,大部分馈线上没有实时量测,但是由于变电站自动化系统的存在,变电所的 10kV 出线信息一般都有量测
配网参数信息	配电网经常发生变更,其参数信息一般保存在基于地理信息系统 GIS 的配电生产管理系统中,需要保证配电网的实际情况和系统数据的一致性

目前,相对于发电和输电系统,我国配电系统的发展滞后,存在的普遍问题是设备老化、事故率高、负荷重、网损率高、供电半径长、可靠性差、电压质量差以及运行自动化程度低等,主要体现在以下几个方面:

1. 配电系统的建设相对于用电负荷的快速增长明显滞后　历史上,我国配电系统的建设远远落后于电源和输电系统的建设,我国用于电源、输电、配电建设的投资比例约为 1∶0.21∶0.12,而西方发达国家如美国,上述建设的投资比例约为 1∶0.43∶0.7。随着我国经济的持续高速发展,电力负荷快速增长,而配电系统的建设速度滞后于电力负荷的增长速度,从而更加重了配电系统的负担。虽然城网、农网建设与改造计划的实施,促进了我国配电系统的发展,但与西方发达国家相比仍然还有很大差距。

2. 配电系统缺乏长远的、整体的、统一的规划和设计　我国配电系统的规划和设计,主要依靠规划设计人员的经验和简单的局部计算来进行,在有限的时期和条件范围内解决负荷增加、线路及变压器过载、供电半径较长、电压质量不符合要求等问题。没有从配电系统运行的可靠性、安全性和经济性总体上来考虑配电系统的规划和设计。

3. 配电系统的运行管理水平及自动化水平较为落后　近年来,随着城乡电网建设与改造的进行以及通信手段和计算机技术水平的发展,配电自动化技术有了初步试点应用。但是,目前无论是配电自动化技术本身的稳定性和可靠性还是运行管理水平,都还没有达到实用化的要求,也造成了配电自动化的应用没有规模效应,虽然获得了一部分反映配电系统运行状况的实时数据,但也没有能够对这些数据进行有效的集成和整合，更没有上升到为电力生产服务提供分析决策功能的高度。

1.3　配电网接线方式

根据变压器的容量、分布及地理环境等情况，配电系统的接线方式可采用放射式、树干式或环式。配电系统的放射式拓扑结构，供电可靠性高，便于管理，但线路和高压开关柜数量较多。对于辅助生产区，多属三级负荷，供电可靠性要求较低，可采用树干式，线路数量少，投资也少。对于负荷较大的高层建筑，多属二级和一级负荷，可用分区树干式和环式，减少配电电缆线路和高压开关柜数量，从而相应少占电缆竖井和高压配电室的面积。住宅区多属三级负荷，也有高层二级和一级负荷，因此以树干式或环式为主，但根据线路走廊等情况也可用放射式。配电线路的接线方式和特点见表18.1－3。

表 18.1－3　　　　　　　　　　　　　　配电线路的接线方式和特点

接线方式		接 线 图	特 点
1 放射式	单回路放射式	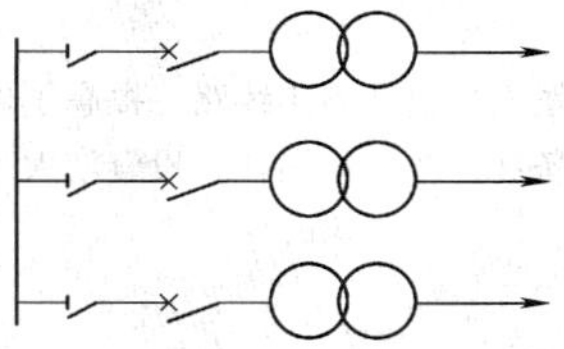	各用户由单独线路供电；线路互不影响；高压设备多，投资大；一般用于配电给二、三级负荷或专用设备，但对二级负荷供电时，尽量要有备用电源。如果另有独立备用电源时，则可供电给一级负荷
	有公共备用线路的放射式	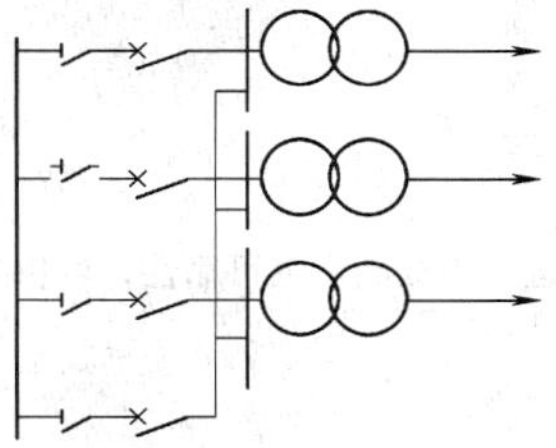	增设了公共备用线路，进一步提高了供电可靠性；相应地增加了开关设备和导线材料的消耗量，进一步增大了投资；一般用于配电给二级负荷。如果公共备用干线电源可靠时，亦可用于一级负荷
	利用低压联络作备用的放射式	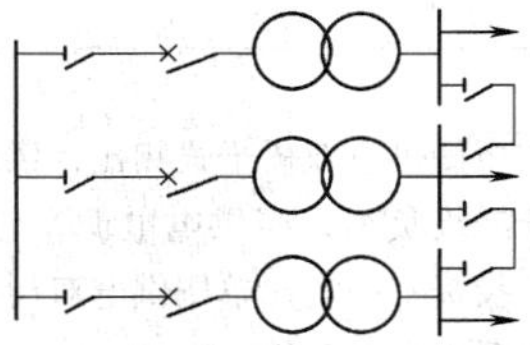	利用低压线作备用，比较经济灵活，除了提高供电可靠性外，还可实现变压器的经济运行，轻负荷时可切除变压器，由联络线供电；在工矿企业中应用较广
	双电源的放射式	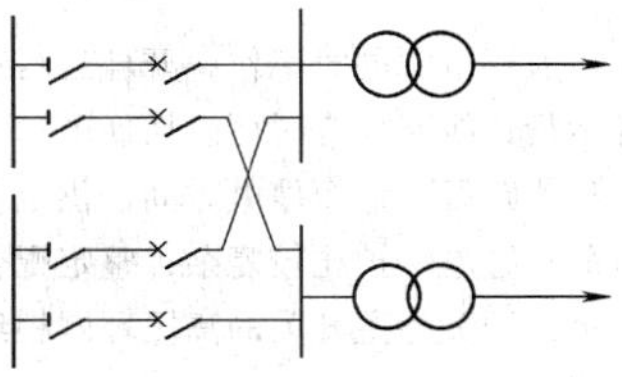	线路互为备用，供电可靠性更高，用于配电给二级负荷，电源可靠时，可供一级负荷；但是投资增加
2 树干式	单回路树干式（架空）	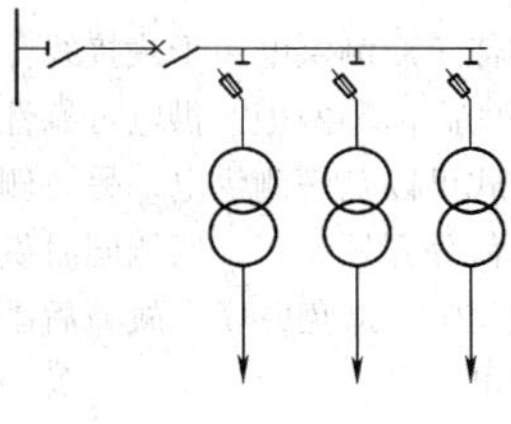	多个用户由一条公用干线供电；各个用户之间互相影响，当干线故障或检修时，所有用户供电中断，因此可靠性较低；高压开关设备和导线材料耗用少，投资较省。适用负荷容量较小，不重要的用户供电，每条线路装接的变压器约5台以内，总容量一般不超过2000kVA

续表

接线方式		接 线 图	特 点
2 树干式	单树干式（电缆）	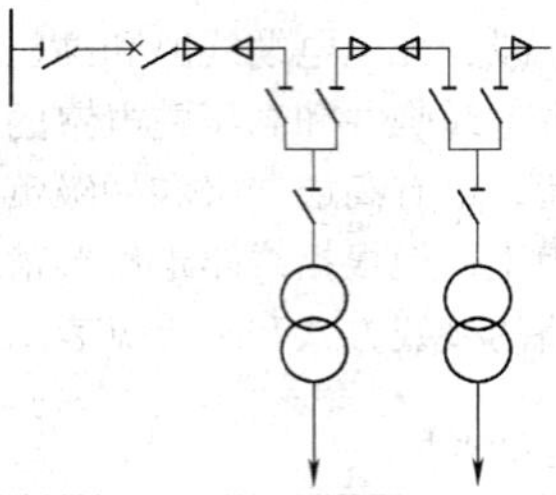	多个用户由一条公用干线供电，但此干线由多段电缆组成，各段电缆两端装有隔离开关，因此当干线中某一段故障或检修时，所有用户供电中断，但其前面的用户在断开隔离开关后可迅速恢复供电
	有公共备用线路的树干式	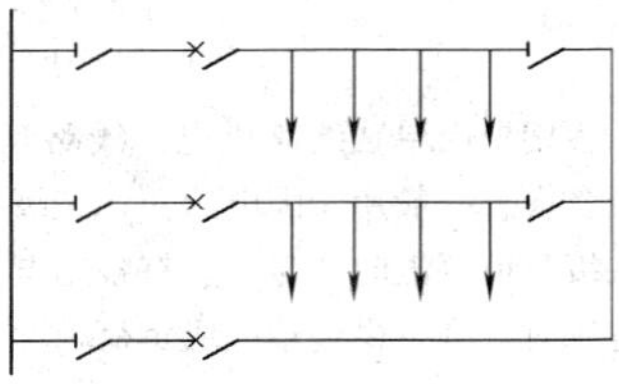	增设了公共备用线路，提高了供电可靠性；增加了开关设备和导线材料消耗，投资增大
	单侧供电双树干式	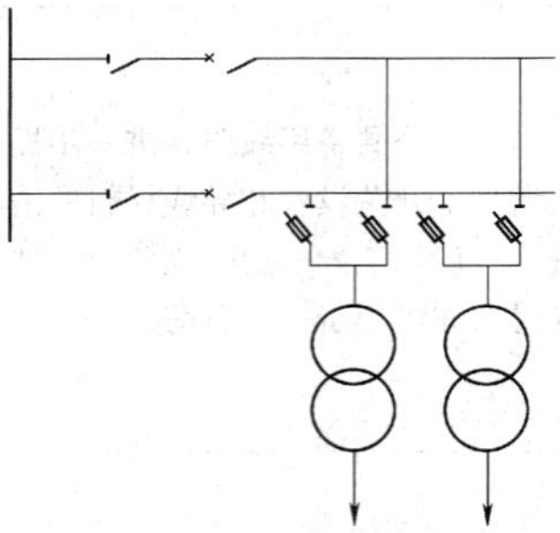	进一步提高供电可靠性，可供二级负荷；投资相应增加
	双侧供电双树干式	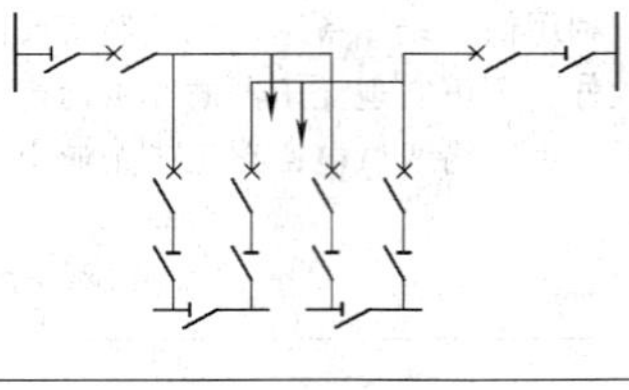	与单侧供电双树干式相比，供电可靠性有所提高，主要用于二级负荷，当供电电源足够可靠时，亦可供一级负荷；投资不一定比单侧供电双树干式增加很多；需要具有双电源供电的条件
3 环形接线	单侧供电环形	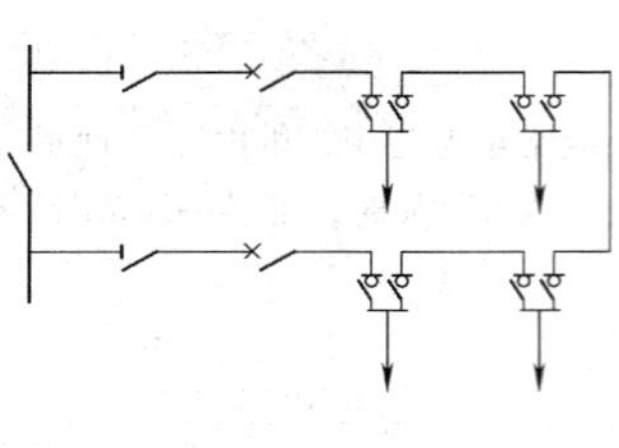	一般双电源同时工作，开环运行；也可以一用一备，闭环运行；线路检修时可以切换电源，出现故障时可以切除故障线路段，缩短停电时间，供电可靠性较高，可供二级负荷；继电保护比较复杂，整定配合比较困难；通常采用以负荷开关为主开关的高压环网柜组成，特别广泛地应用于现代城市电网
	双侧供电环形	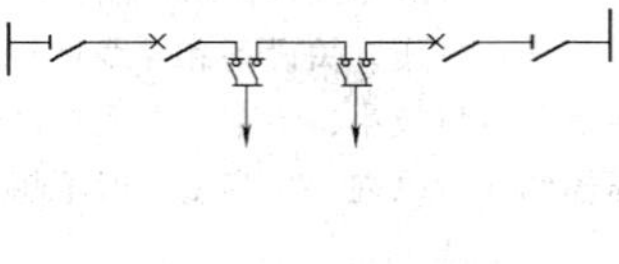	类似于双侧供电树干式接线。通常采用以负荷开关为主开关的高压环网柜，供电可靠性较高，可供二级负荷；运行方式可以是一侧供电，另一侧备用，也可以是在线路中间负荷分界处断开，两侧同时供电，互为备用。配电系统应加闭锁，避免并联，故障后手动切换，寻找故障时要中断供电

1.4　中性点接地方式

我国电力系统常用的接地方式有中性点直接接地、中性点经消弧线圈接地、中性点经电阻接地以及中性点不接地等。其中中性点经电阻接地方式按接地电流又分为高阻接地和低阻接地。上述接地方式归结为三类接地系统，即中性点有效接地系统、中性点非有效接地系统和谐振接地系统。三种接地方式的比较见表 18.1-4。

表 18.1-4　　　接地方式比较

接地类别	零序电抗与正序电抗的比值	零序电阻与正序电抗的比值	中性点接地方式
中性点有效接地系统	≤3	≤1	直接接地，经低阻接地
中性点非有效接地系统	>3	>1	不接地，经高阻接地
谐振接地系统	趋于无穷大		经消弧线圈接地

220kV 和 110kV：中性点采用有效接地，部分变压器中性点采用不接地方式。

3~66kV：采用中性点不接地，经消弧线圈接地，电阻接地。

380/220V：采用中性点直接接地。

《交流电气装置的过电压保护和绝缘配合》DL/T 620—1997 作了如下规定：

（1）3~10kV 不直接连接发电机的系统和 35kV、66kV 系统，当单相接地故障电容电流不超过下列数值时，应采用不接地方式；当超过下列数值又需要在接地故障条件下运行时，应采用消弧线圈接地方式。

1）对于 3~10kV 钢筋混凝土或金属杆塔的架空线路构成的系统和所有 35kV、66kV 系统，10A。

2）对于 3~10kV 非钢筋混凝土或非金属杆塔的架空线路构成的系统，当电压为 3kV 和 6kV 时，30A；10kV 时，20A；3~10kV 电缆线路构成的系统，30A。

（2）3~20kV 具有发电机的系统，发电机内部发生单相接地故障不要求瞬时切机时，如单相接地故障电容电流不大于表 18.1-5 所示允许值时，应采用不接地方式；大于该允许值时，应采用消弧线圈接地方式，且故障点残余电流也不得大于该允许值。消弧线圈可装在厂用变压器中性点上，也可装在发电机中性点上。

（3）发电机内部发生单相接地故障要求瞬时切机时，宜采用高电阻接地方式。电阻器一般接在发电机中性点变压器的二次绕组上。

（4）主要由电缆线路构成的 6~35kV 送、配电系统，单相接地故障电容电流较大时，可采用低电阻接地方式，但应考虑供电可靠性要求、故障时瞬态电压、瞬态电流对电气设备的影响、对通信的影响和继电保护技术要求以及本地的运行经验等。

（5）6kV 和 10kV 配电系统以及发电厂厂用电系统，单相接地故障电容电流较小时，为防止谐振、间歇性电弧接地过电压等对设备的损害，可采用高电阻接地方式。常用中性点接地方式的综合比较见表 18.1-6。

中性点接地方式是关系到城网规划的全局性问题，因此确定 35kV、10(20)kV 城网中性点接地方式时，必须进行安全、技术和经济上的充分论证。

表 18.1-5　　　　　　　　发电机接地故障电流允许值

发电机额定电压/kV	发电机额定容量/MW	电流允许值/A	发电机额定电压/kV	发电机额定容量/MW	电流允许值/A
6.3	≤50	4	13.8~15.75	125~200	2
10.5	50~100	3	18~20	≥300	1

注：对额定电压为 13.8~15.75kV 的氢冷发电机电流允许值为 2.5A。

表 18.1-6　　　　　　　　常用中性点接地方式综合比较表

比较项目	不 接 地	消弧线圈接地	电阻接地	直接接地
单相接地电流	很小	最小	1~10A(高阻)，100~1000A(低阻)	最大
单相接地非故障相电压	等于或略大于 $\sqrt{3}$ 倍相电压	$\sqrt{3}$ 倍相电压	0.8~$\sqrt{3}$ 倍相电压	<0.8 倍相电压

续表

比较项目	不 接 地	消弧线圈接地	电阻接地	直接接地
弧光接地过电压	最高达$\sqrt{3}$~3.5倍相电压	可抑制在2.5倍相电压以下	可抑制在2.8倍相电压以下	最低
操作过电压	最高可达4~4.5倍相电压	一般不大于4倍相电压	较低	最低
变压器采用分级绝缘可能性	不可	一般不可	一般不可	可以
高压电器绝缘	全绝缘	一般全绝缘，电缆允许I类绝缘	一般全绝缘，电缆允许I类绝缘	可降低20%
重复故障可能性	大	小	较小	最小
对通信的感应危害	最小~小	最小~小	低阻大，高阻小	最大
继电保护	分立元件灵敏度不易满足，单片机式可满足	采用LH系列和ML系列均可满足继保要求	灵敏度高，可用简单零序电流保护，推荐单片机系列	灵敏度最高
运行维护	简单	采用自动调谐产品简单，采用非自动调谐产品复杂	相对简单	简单
供电可靠性	较高	最高	低阻	不保证
综合技术装备水平	简单	较高	低阻最高、高阻较高	简单
人身设备安全	好	最好	低阻差，高阻较好	差
接地装置投资	最小	中等	低阻高、高阻中等	小
综合费用	最低	中等	低阻高、高阻中等	低

第 2 章　配电系统的分析模型及信息模型

配电系统分析模型是对配电系统物理特性的数学描述，是对配电系统进行分析的基础，配电网数学模型主要包括线路、变压器、电容器和负荷等模型，其中前两项为串联元件（又称为双端元件），后两项为并联元件（又称为单端元件）。

根据不同的应用，需要使用不同的分析模型，进行一般性粗略分析时，可以采用单相分析模型；需要计及配电系统三相不平衡状态分析计算时，必须使用三相分析模型和参数。

配电系统信息模型是配电系统进行计算机分析的基础，国际电工委员会 IECTC57 提出的电力系统公共信息模型（Common Information Model，CIM）推动了电力应用系统的标准化建设，使得电力应用的信息交换与共享有了公共参考的模型。

2.1　配电系统分析模型

2.1.1　配电单相分析模型

1. 架空线路的等效电路和参数　见表 18.2-1 和图 18.2-1。

2. 变电器的等效电路和参数　见图 18.2-2、图 18.2-3 和表 18.2-2。

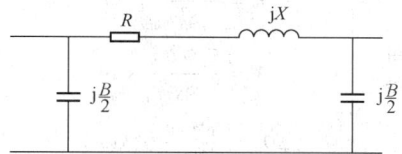

图 18.2-1　架空线路的等效电路图

表 18.2-1　架空线路的参数

参数	公　式	说　明
电阻 /Ω	$R = \dfrac{r_0}{n}l = \dfrac{\rho}{n}\dfrac{l}{S}$	r_0 为导线每千米电阻（Ω/km）；l 为线路长度（km）；n 为每相分裂导线数；ρ 为导线的计算电阻率（Ω·mm²/km），20℃时铝导线 $\rho_{20}=31.5$，铜导线 $\rho_{20}=18.8$；S 为导线标称截面积（mm²）
电抗 /Ω	$X = x_0 l = \left(0.1445\lg\dfrac{D_{gh}}{r_{dz}} + \dfrac{0.0157}{n}\right)l$ 对钢导线 $x_0 = x_0' + x_0''$ $x_0' = 0.1445\lg\dfrac{D_{gh}}{r_{dz}}$	x_0 为线路每千米的电抗（Ω/km），对于钢导线满足上式；x_0' 为外感抗（Ω）；x_0'' 为内感抗，与电流大小有关，可查阅有关手册；D_{gh} 为三相导线的几何均距（cm），$D_{gh}=\sqrt[3]{D_{AB}D_{BC}D_{CA}}$，其中 D_{AB}、D_{BC}、D_{CA} 为三相导线之间的距离；r_{dz} 为每相导线的等效半径（cm） 等效半径 r_{dz} 与每相导线的分裂根数 n、每相导线的计算半径 r 和分裂导线间的几何均距 d_{gh} 有如下关系 $$r_{dz} = \sqrt[n]{rd_{gh}^{n-1}}$$ $$d_{gh} = a\,\sigma$$ 式中，a 为分裂导线作正多边形排列时，为正多边形的边长（cm）；σ 为分裂系数，与每相导线的排列有关
电纳 /S	$B = b_0 l = \left(\dfrac{7.58}{\lg\dfrac{D_{gh}}{r_{dz}}} \times 10^{-6}\right)$	b_0 为线路每相每千米的电纳（S/km） 当架空线路电压在 35kV 及以下时，B 可忽略不计

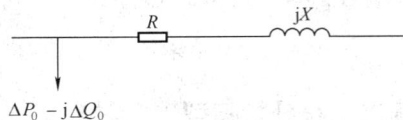

图 18.2－2 双绕组变压器的等效电路

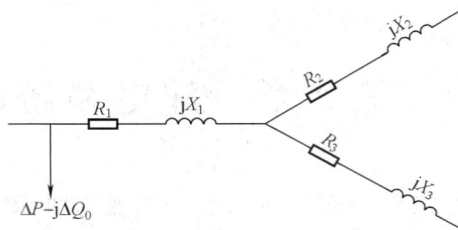

图 18.2－3 三绕组变压器的等效电路

表 18.2－2 变 压 器 的 参 数

变压器类型	公　式	说　明
双绕组变压器	$R = \dfrac{\Delta P_k U_N^2}{S_N^2} \times 10^3$ （Ω） $X = \dfrac{U_k\% U_N^2}{S_N} \times 10$ （Ω） $\Delta Q_0 = \dfrac{i_0\% S_N}{100}$ （kvar）	U_N 为归算侧变压器额定电压 （kV）；S_N 为变压器额定容量 （kVA）；ΔP_k 为变压器短路损耗 （kW）；$U_k\%$ 为变压器短路电压百分值；$i_0\%$ 为变压器空载电流百分值
三绕组变压器	$R_1 = \dfrac{\Delta P_{k1} U_N^2}{S_N^2} \times 10^3$ （Ω） $R_2 = \dfrac{\Delta P_{k2} U_N^2}{S_N^2} \times 10^3$ （Ω） $R_3 = \dfrac{\Delta P_{k3} U_N^2}{S_N^2} \times 10^3$ （Ω） $\Delta P_{k1} = 0.5[\Delta P_{k(1-2)} + \Delta P_{k(1-3)} - \Delta P_{k(2-3)}]$ $\Delta P_{k2} = \Delta P_{k(1-2)} - \Delta P_{k1}$ $\Delta P_{k3} = \Delta P_{k(1-3)} - \Delta P_{k1}$ $X_1 = \dfrac{U_{k(1)}\% U_N^2}{S_N} \times 10$（Ω） $X_2 = \dfrac{U_{k(2)}\% U_N^2}{S_N} \times 10$（Ω） $X_3 = \dfrac{U_{k(3)}\% U_N^2}{S_N} \times 10$（Ω）	$U_{k(1)}\% = 0.5[U_{k(1-2)}\% + U_{k(1-3)}\% - U_{k(2-3)}\%]$ $U_{k(2)}\% = U_{k(1-2)}\% - U_{k(1)}\%$ $U_{k(3)}\% = U_{k(1-3)}\% - U_{k(1)}\%$ 式中符号意义同双绕组变压器 对容量不是 100/100/100 而是 100/100/66.7、100/66.7/66.7、100/100/50、100/50/100 等的变压器，利用上式时应将绕组小于变压器额定容量的短路损耗，归算到变压器额定容量下的数值 $\Delta P_{k(1-2)} = \Delta P'_{k(1-2)} \left(\dfrac{S_{N1}}{S_{N2}}\right)^2$ $\Delta P_{k(1-3)} = \Delta P'_{k(1-3)} \left(\dfrac{S_{N1}}{S_{N3}}\right)^2$ $\Delta P_{k(2-3)} = \Delta P'_{k(2-3)} \left(\dfrac{S_{N1}}{S_{N3}}\right)^2$ 式中，$\Delta P'_{k(1-2)}$、$\Delta P'_{k(1-3)}$、$\Delta P'_{k(2-3)}$ 分别为铭牌给出的非全容量时的短路损耗功率；S_{N1} 为变压器的额定容量 （全容量）；S_{N2}、S_{N3} 分别为中、低压侧绕组本身的容量
自耦变压器	等效电路及参数计算与普通的双绕组、三绕组变压器相同，但各绕组间的短路损耗和短路电压百分比必须预先归算到同一基准容量（额定全容量）	短路损耗归算方法和普通三绕组变压器相同，短路电压百分比按下式归算 $U_{k(1-2)}\% = U'_{k(1-2)}\%$ $U_{k(2-3)}\% = \Delta U'_{k(2-3)} \left(\dfrac{S_{N2}}{S_{N3}}\right)$ $U_{k(1-3)}\% = \Delta U'_{k(1-3)} \left(\dfrac{S_{N1}}{S_{N3}}\right)$ 式中，$U'_{k(1-2)}\%$、$U'_{k(1-3)}\%$、$U'_{k(2-3)}\%$ 分别为归算前短路电压百分比

2.1.2　配电三相分析模型

配电网中三相不平衡分析的基础是确定三相分析模型，下面分别分析线路、变压器、负荷及并联补偿电容器的三相参数。

1. 配电线路三相模型　配电系统中导线包括架空线和电缆线，如图 18.2－4 所示。三相线路模型包含了串联阻抗和并联电容。其中串联阻抗是线路电阻效应和电感耦合效应产生的，在三相分析中需要知道导线的自阻抗和导线间的互阻抗。线路的阻抗矩阵可以由修正的 Carson 方程计算后获得。

i 相导线的自阻抗（Ω/km）的计算公式为

$$Z_{ii} = r_i + \pi^2 fG + j4\pi fG \times$$

$$\left(\ln \frac{1}{GMR_i} + 6.4905 + \frac{1}{2}\ln \frac{\rho}{f} \right)$$

i, j 相导线的互阻抗（Ω/km）的计算公式为

$$Z_{ij} = \pi^2 fG + j4\pi fG\left(\ln \frac{1}{D_{ij}} + 6.4905 + \frac{1}{2}\ln \frac{\rho}{f} \right)$$

式中，r_i 为 i 相导线的单位电阻（Ω/km）；f 为频率，等于 $50\mathrm{Hz}$；GMR_i 为 i 相导线的几何平均半径（m）；D_{ij} 为 i, j 导线间的距离（m）；$G = 0.1 \times 10^{-3}\,\Omega/\mathrm{km}$；$\rho$ 为大地电阻率，一般取 $100\,\Omega\cdot\mathrm{m}$。

计算线路的阻抗矩阵需要通过对线路的导体电阻、几何平均半径、导线间距和线路离地面的高度等参数进行综合计算后获得。详细的推导过程参见文献 1，本手册的相应参数已从英制单位转化为公制单位，上述公式既适用于架空线，也适用于电缆，计算过程中架空线和电缆的不同点就在于几何平均半径和导体间距离的计算方法不大相同，线路的三相参数见表 18.2－3。

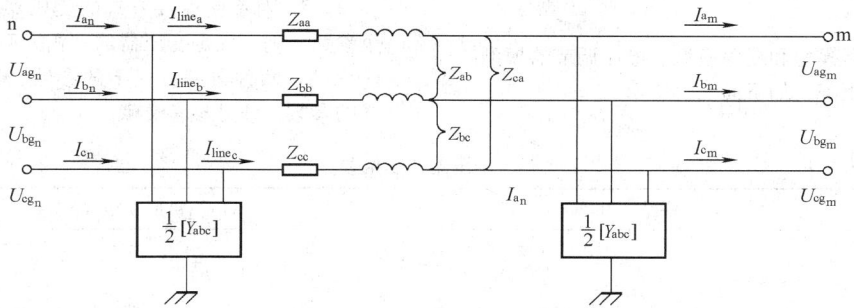

图 18.2－4　三相线路模型

表 18.2－3　　　　　　　　　　　　　　线 路 的 三 相 参 数

参数	架 空 线	电 缆
图形		
相导线间的距离	如上图所示	如上图所示

参数	架 空 线	电 缆
几何平均半径	对单股铝导线或单股铜导线，GMR = 0.779R，R 为导线半径 对多股铝导线或多股铜导线，GMR /R <0.779 对钢芯铝线，GMR = 0.95R	对于同轴电缆，其同轴电缆的等效几何平均半径 GMR 的计算公式为 $$GMR_{cn} = \sqrt[k]{GMR_s gkgR^{k-1}}$$ 式中，k 为中性线股数，R 为绝缘层半径，GMR_s 为中性线几何平均半径 对于屏蔽电缆，其屏蔽电缆的几何平均半径 GMR 的计算公式为 $$GMR_{shield} = \frac{d_s - \frac{T}{1000}}{24}$$ 式中，d_s 为绝缘层直径，T 为铜包层（CU 屏蔽电缆）的厚度

2. 配电变压器模型 通常电力系统中所用的三相变压器为三相三柱式变压器，严格说来它的参数是不对称的。由于三相参数相差不大，所以可近似认为变压器结构对称，是对称元件，但是在三相计算中，变压器实际变比、变压器连接方式对计算影响较大，需要和变压器阻抗一起进行综合计算以获得变压器的数学模型。

将变压器模型和线路模型、电压调节器模型统一归纳成六阶矩阵，如下面三式所示

$$VLN_{ABC} = a_t VLN_{abc} + b_t I_{abc}$$
$$I_{ABC} = c_t VLN_{abc} + d_t I_{abc}$$
$$VLN_{abc} = A_t VLN_{ABC} - B_t I_{abc}$$

式中，VLN_{ABC} 为一次相电压；I_{ABC} 为一次相电流；VLN_{abc} 为二次相电压；I_{abc} 为二次相电流；a_t，b_t，c_t，d_t，A_t，B_t 为模型的参数，见表 18.2 - 4 和表 18.2 - 5。对不同连接方式的变压器而言，确定这六个参数，则可确定变压器的三相模型。本手册仅列举 Dy 和 YD 两种典型方式下的参数，至于其他连接方式的参数，请见参考文献。

表 18.2 - 4 变压器的三相参数

	三角形联结（D）	星形联结（Y）
图形		
n_t	$\dfrac{VLL_{RatedHighSide}}{VLN_{RatedLowSide}}$	$\dfrac{VLN_{RatedHighSide}}{VLL_{RatedLowSide}}$
a_t	$\dfrac{-n_t}{3}\begin{bmatrix} 0 & 2 & 1 \\ 1 & 0 & 2 \\ 2 & 1 & 0 \end{bmatrix}$	$n_t\begin{bmatrix} 1 & -1 & 0 \\ 0 & 1 & -1 \\ -1 & 0 & 1 \end{bmatrix}$
b_t	$\dfrac{-n_t}{3}\begin{bmatrix} 0 & 2Zt_b & Zt_c \\ Zt_a & 0 & 2Zt_c \\ 2Zt_a & Zt_b & 0 \end{bmatrix}$	$\dfrac{n_t}{3}\begin{bmatrix} Zt_{ab} & -Zt_{ab} & 0 \\ Zt_{bc} & 2Zt_{bc} & 0 \\ -2Zt_{ca} & -Zt_{ca} & 0 \end{bmatrix}$
c_t	$\begin{bmatrix} 0 & 0 & 0 \\ 0 & 0 & 0 \\ 0 & 0 & 0 \end{bmatrix}$	$\begin{bmatrix} 0 & 0 & 0 \\ 0 & 0 & 0 \\ 0 & 0 & 0 \end{bmatrix}$

续表

	三角形联结（D）	星形联结（Y）
d_t	$\dfrac{1}{n_t}\begin{bmatrix}1 & -1 & 0\\ 0 & 1 & -1\\ -1 & 0 & 1\end{bmatrix}$	$\dfrac{1}{3n_t}\begin{bmatrix}2 & 1 & 0\\ 0 & 2 & 1\\ 1 & 0 & 2\end{bmatrix}$
A_t	$\dfrac{1}{n_t}\begin{bmatrix}1 & 0 & -1\\ -1 & 1 & 0\\ 0 & -1 & 1\end{bmatrix}$	$\dfrac{1}{3n_t}\begin{bmatrix}2 & 1 & 0\\ 0 & 2 & 1\\ 1 & 0 & 2\end{bmatrix}$
B_t	$\begin{bmatrix}Zt_a & 0 & 0\\ 0 & Zt_b & 0\\ 0 & 0 & Zt_c\end{bmatrix}$	$\dfrac{1}{9}\begin{bmatrix}2Zt_{ab}+Zt_{bc} & 2Zt_{bc}-2Zt_{ab} & 0\\ 2Zt_{bc}-2Zt_{ca} & 4Zt_{bc}-Zt_{ca} & 0\\ Zt_{ab}-4Zt_{ca} & -Zt_{ab}-2Zt_{ca} & 0\end{bmatrix}$

表 18.2－5　　　　　　　　　　变压器的三相参数

	星形联结（Y）	三角形联结（D）
图形		
n_t	$\dfrac{VLN_{RatedHighSide}}{VLN_{RatedLowSide}}$	$\dfrac{VLL_{RatedHighSide}}{VLL_{RatedLowSide}}$
a_t	$\begin{bmatrix}n_t & 0 & 0\\ 0 & n_t & 0\\ 0 & 0 & n_t\end{bmatrix}$	$\dfrac{n_t}{3}\begin{bmatrix}2 & -1 & -1\\ -1 & 2 & -1\\ -1 & -1 & 2\end{bmatrix}$
b_t	$\begin{bmatrix}n_tZt_a & 0 & 0\\ 0 & n_tZt_b & 0\\ 0 & 0 & n_tZt_c\end{bmatrix}$	$WAVZt_{abc}G_1$
c_t	$\begin{bmatrix}0 & 0 & 0\\ 0 & 0 & 0\\ 0 & 0 & 0\end{bmatrix}$	$\begin{bmatrix}0 & 0 & 0\\ 0 & 0 & 0\\ 0 & 0 & 0\end{bmatrix}$
d_t	$\dfrac{1}{n_t}\begin{bmatrix}1 & 0 & 0\\ 0 & 1 & 0\\ 0 & 0 & 1\end{bmatrix}$	$\dfrac{1}{n_t}\begin{bmatrix}1 & 0 & 0\\ 0 & 1 & 0\\ 0 & 0 & 1\end{bmatrix}$
A_t	$\dfrac{1}{n_t}\begin{bmatrix}1 & 0 & 0\\ 0 & 1 & 0\\ 0 & 0 & 1\end{bmatrix}$	$\dfrac{1}{3n_t}\begin{bmatrix}2 & -1 & -1\\ -1 & 2 & -1\\ -1 & 2 & -1\end{bmatrix}$

	星形联结（Y）	三角形联结（D）
B_t	$\begin{bmatrix} Zt_a & 0 & 0 \\ 0 & Zt_b & 0 \\ 0 & 0 & Zt_c \end{bmatrix}$	$WZt_{abc}G_1$

式中，$G_1 = \dfrac{1}{Zt_{ab} + Zt_{bc} + Zt_{ca}} \begin{bmatrix} Zt_{ca} & -Zt_{bc} & 0 \\ Zt_{ca} & Zt_{ab} + Zt_{ca} & 0 \\ -Zt_{ab} - Zt_{bc} & -Zt_{bc} & 0 \end{bmatrix}$；$Zt_{abc} = \begin{bmatrix} Zt_a & 0 & 0 \\ 0 & Zt_b & 0 \\ 0 & 0 & Zt_c \end{bmatrix}$；$W = \dfrac{1}{3} \begin{bmatrix} 2 & 1 & 0 \\ 0 & 2 & 1 \\ 1 & 0 & 2 \end{bmatrix}$；

$AV = \begin{bmatrix} 0 & -n_t & 0 \\ 0 & 0 & -n_t \\ -n_t & 0 & 0 \end{bmatrix}$。

3. 电容器模型 配电系统中装设了大量的并联电容器，用于补偿配电系统中的无功功率。并联电容器的接线方式有星形（Y）联结和三角形（D）联结两种，补偿电容器参数见表 18.2-6。

4. 配电负荷模型 电力系统中，负荷具有时变性、随机性、分布性、复杂性、不连续性及多样性等特点，配电系统中通常根据具体的应用场合采用相应的负荷模型，常常采用恒定阻抗、恒定功率、恒定电流模型处理，并将分布负荷近似等效成集中负荷，从而减少配电系统中的节点数量。

负荷模型最初都是以三相视在功率、相电压或线电压的形式给出，在潮流计算中需要根据负荷模型和电压计算出注入电流，配电负荷的三相参数见表 18.2-7。

表 18.2-6   补偿电容器的三相参数

	星形联结（Y）	三角形联结（D）
电纳	$B = \dfrac{Q}{U_{LN}^2}$	$B = \dfrac{Q}{U_{LL}^2}$
每相注入电流	$\begin{aligned} IC_a &= jB_a U_{an} \\ IC_b &= jB_b U_{bn} \\ IC_c &= jB_c U_{cn} \end{aligned}$	$\begin{aligned} IC_{ab} &= jB_a U_{ab} \\ IC_{bc} &= jB_b U_{bc} \\ IC_{ca} &= jB_c U_{ca} \end{aligned}$ $\begin{bmatrix} IC_a \\ IC_b \\ IC_c \end{bmatrix} = \begin{bmatrix} 1 & 0 & -1 \\ -1 & 1 & 0 \\ 0 & -1 & 1 \end{bmatrix} \begin{bmatrix} IC_{ab} \\ IC_{bc} \\ IC_{ca} \end{bmatrix}$

表 18.2-7   配电负荷的三相参数

		三相功率	三相电压	三相注入电流
Y 联结	恒功率	$\begin{aligned} \dot{S}_a &= |\dot{S}_a| \angle \theta_a \\ \dot{S}_b &= |\dot{S}_b| \angle \theta_b \\ \dot{S}_c &= |\dot{S}_c| \angle \theta_c \end{aligned}$	$\begin{aligned} \dot{U}_{an} &= |\dot{U}_{an}| \angle \delta_a \\ \dot{U}_{bn} &= |\dot{U}_{bn}| \angle \delta_b \\ \dot{U}_{cn} &= |\dot{U}_{cn}| \angle \delta_c \end{aligned}$	$IL_a = \left(\dfrac{\dot{S}_a}{\dot{U}_{an}}\right)^* = \dfrac{|\dot{S}_a|}{|\dot{U}_{an}|} \angle (\delta_a - \theta_a)$ $IL_b = \left(\dfrac{\dot{S}_b}{\dot{U}_{bn}}\right)^* = \dfrac{|\dot{S}_b|}{|\dot{U}_{bn}|} \angle (\delta_b - \theta_b)$ $IL_c = \left(\dfrac{\dot{S}_c}{\dot{U}_{cn}}\right)^* = \dfrac{|\dot{S}_c|}{|\dot{U}_{cn}|} \angle (\delta_c - \theta_c)$
	恒电流	$\begin{aligned} \dot{S}_a &= |\dot{S}_a| \angle \theta_a \\ \dot{S}_b &= |\dot{S}_b| \angle \theta_b \\ \dot{S}_c &= |\dot{S}_c| \angle \theta_c \end{aligned}$	$\begin{aligned} \dot{U}_{an} &= |\dot{U}_{an}| \angle \delta_a \\ \dot{U}_{bn} &= |\dot{U}_{bn}| \angle \delta_b \\ \dot{U}_{cn} &= |\dot{U}_{cn}| \angle \delta_c \end{aligned}$	$IL_a = \left(\dfrac{\dot{S}_a}{\dot{U}_{an}}\right)^* = \dfrac{|\dot{S}_a|}{|\dot{U}_{an}|} \angle (\delta_a - \theta_a)$ $IL_b = \left(\dfrac{\dot{S}_b}{\dot{U}_{bn}}\right)^* = \dfrac{|\dot{S}_b|}{|\dot{U}_{bn}|} \angle (\delta_b - \theta_b)$ $IL_c = \left(\dfrac{\dot{S}_c}{\dot{U}_{cn}}\right)^* = \dfrac{|\dot{S}_c|}{|\dot{U}_{cn}|} \angle (\delta_c - \theta_c)$ 注：电流幅值不变，相角随电压相角的变化而变化

		三相功率	三相电压	三相注入电流
Y联结	恒阻抗	$\dot{S}_a = \|\dot{S}_a\|\angle\theta_a$ $\dot{S}_b = \|\dot{S}_b\|\angle\theta_b$ $\dot{S}_c = \|\dot{S}_c\|\angle\theta_c$	$\dot{U}_{an} = \|\dot{U}_{an}\|\angle\delta_a$ $\dot{U}_{bn} = \|\dot{U}_{bn}\|\angle\delta_b$ $\dot{U}_{cn} = \|\dot{U}_{cn}\|\angle\delta_c$	$Z_a = \dfrac{\|\dot{U}_{an}\|^2}{\dot{S}_a^*} = \dfrac{\|\dot{U}_{an}\|^2}{\|\dot{S}_a\|}\angle\theta_a$ $Z_b = \dfrac{\|\dot{U}_{bn}\|^2}{\dot{S}_b^*} = \dfrac{\|\dot{U}_{bn}\|^2}{\|\dot{S}_b\|}\angle\theta_b$ $Z_c = \dfrac{\|\dot{U}_{cn}\|^2}{\dot{S}_c^*} = \dfrac{\|\dot{U}_{cn}\|^2}{\|\dot{S}_c\|}\angle\theta_c$ $IL_a = \dfrac{U_{an}}{Z_a} = \dfrac{\|\dot{U}_{an}\|}{\|\dot{Z}_a\|}\angle(\delta_a - \theta_a)$ $IL_b = \dfrac{U_{bn}}{Z_b} = \dfrac{\|\dot{U}_{bn}\|}{\|\dot{Z}_b\|}\angle(\delta_b - \theta_b)$ $IL_c = \dfrac{U_{cn}}{Z_c} = \dfrac{\|\dot{U}_{cn}\|}{\|\dot{Z}_c\|}\angle(\delta_c - \theta_c)$
D联结	恒功率	$\dot{S}_{ab} = \|\dot{S}_{ab}\|\angle\theta_{ab}$ $\dot{S}_{bc} = \|\dot{S}_{bc}\|\angle\theta_{bc}$ $\dot{S}_{ca} = \|\dot{S}_{ca}\|\angle\theta_{ca}$	$\dot{U}_{ab} = \|\dot{U}_{ab}\|\angle\delta_{ab}$ $\dot{U}_{bc} = \|\dot{U}_{bc}\|\angle\delta_{bc}$ $\dot{U}_{ca} = \|\dot{U}_{ca}\|\angle\delta_{ca}$	$IL_{ab} = \left(\dfrac{\dot{S}_{ab}}{\dot{U}_{ab}}\right)^* = \dfrac{\|\dot{S}_{ab}\|}{\|\dot{U}_{ab}\|}\angle(\delta_{ab} - \theta_{ab})$ $IL_{bc} = \left(\dfrac{\dot{S}_{bc}}{\dot{U}_{bc}}\right)^* = \dfrac{\|\dot{S}_{bc}\|}{\|\dot{U}_{bc}\|}\angle(\delta_{bc} - \theta_{bc})$ $IL_{ca} = \left(\dfrac{\dot{S}_{ca}}{\dot{U}_{ca}}\right)^* = \dfrac{\|\dot{S}_{ca}\|}{\|\dot{U}_{ca}\|}\angle(\delta_{ca} - \theta_{ca})$ $\begin{bmatrix} IL_a \\ IL_b \\ IL_c \end{bmatrix} = \begin{bmatrix} 1 & 0 & -1 \\ -1 & 1 & 0 \\ 0 & -1 & 1 \end{bmatrix} \begin{bmatrix} IL_{ab} \\ IL_{bc} \\ IL_{ca} \end{bmatrix}$
	恒电流	$\dot{S}_{ab} = \|\dot{S}_{ab}\|\angle\theta_{ab}$ $\dot{S}_{bc} = \|\dot{S}_{bc}\|\angle\theta_{bc}$ $\dot{S}_{ca} = \|\dot{S}_{ca}\|\angle\theta_{ca}$	$\dot{U}_{ab} = \|\dot{U}_{ab}\|\angle\delta_{ab}$ $\dot{U}_{bc} = \|\dot{U}_{bc}\|\angle\delta_{bc}$ $\dot{U}_{ca} = \|\dot{U}_{ca}\|\angle\delta_{ca}$	$IL_{ab} = \left(\dfrac{\dot{S}_{ab}}{\dot{U}_{ab}}\right)^* = \dfrac{\|\dot{S}_{ab}\|}{\|\dot{U}_{ab}\|}\angle(\delta_{ab} - \theta_{ab})$ $IL_{bc} = \left(\dfrac{\dot{S}_{bc}}{\dot{U}_{bc}}\right)^* = \dfrac{\|\dot{S}_{bc}\|}{\|\dot{U}_{bc}\|}\angle(\delta_{bc} - \theta_{bc})$ $IL_{ca} = \left(\dfrac{\dot{S}_{ca}}{\dot{U}_{ca}}\right)^* = \dfrac{\|\dot{S}_{ca}\|}{\|\dot{U}_{ca}\|}\angle(\delta_{ca} - \theta_{ca})$ $\begin{bmatrix} IL_a \\ IL_b \\ IL_c \end{bmatrix} = \begin{bmatrix} 1 & 0 & -1 \\ -1 & 1 & 0 \\ 0 & -1 & 1 \end{bmatrix} \begin{bmatrix} IL_{ab} \\ IL_{bc} \\ IL_{ca} \end{bmatrix}$
	恒阻抗	$\dot{S}_{ab} = \|\dot{S}_{ab}\|\angle\theta_{ab}$ $\dot{S}_{bc} = \|\dot{S}_{bc}\|\angle\theta_{bc}$ $\dot{S}_{ca} = \|\dot{S}_{ca}\|\angle\theta_{ca}$	$\dot{U}_{ab} = \|\dot{U}_{ab}\|\angle\delta_{ab}$ $\dot{U}_{bc} = \|\dot{U}_{bc}\|\angle\delta_{bc}$ $\dot{U}_{ca} = \|\dot{U}_{ca}\|\angle\delta_{ca}$	$Z_{ab} = \dfrac{\|\dot{U}_{ab}\|^2}{S_{ab}^*} = \dfrac{\|\dot{U}_{ab}\|^2}{\|\dot{S}_{ab}\|}\angle\theta_{ab}$ $Z_{bc} = \dfrac{\|\dot{U}_{bc}\|^2}{S_{bc}^*} = \dfrac{\|\dot{U}_{bc}\|^2}{\|\dot{S}_{bc}\|}\angle\theta_{bc}$ $Z_{ca} = \dfrac{\|\dot{U}_{ca}\|^2}{S_{ca}^*} = \dfrac{\|\dot{U}_{ca}\|^2}{\|\dot{S}_{ca}\|}\angle\theta_{ca}$ $IL_{ab} = \dfrac{U_{ab}}{Z_{ab}} = \dfrac{\|\dot{U}_{ab}\|}{\|\dot{Z}_{ab}\|}\angle(\delta_{ab} - \theta_{ab})$ $IL_{bc} = \dfrac{U_{bc}}{Z_{bc}} = \dfrac{\|\dot{U}_{bc}\|}{\|\dot{Z}_{bc}\|}\angle(\delta_{bc} - \theta_{bc})$ $IL_{ca} = \dfrac{U_{ca}}{Z_{ca}} = \dfrac{\|\dot{U}_{ca}\|}{\|\dot{Z}_{ca}\|}\angle(\delta_{ca} - \theta_{ca})$ $\begin{bmatrix} IL_a \\ IL_b \\ IL_c \end{bmatrix} = \begin{bmatrix} 1 & 0 & -1 \\ -1 & 1 & 0 \\ 0 & -1 & 1 \end{bmatrix} \begin{bmatrix} IL_{ab} \\ IL_{bc} \\ IL_{ca} \end{bmatrix}$

Y 联结和 D 联结的混合模型负荷都是以恒功率、恒电流、恒阻抗三种模型的百分比表示的。

2.2 配电系统信息模型

公共信息模型（Common Information Model, CIM）是 IEC 61970 系列标准的一个重要组成部分，该模型提供了一个统一的标准来描述电力系统对象，有利于实现系统间的数据交换与共享。近年来，IEC 国际电工委员会将 CIM 扩展至配电网中的研究，提出了 IEC 61968 配电管理系统接口标准，配电网信息模型是基于 CIM 建立的配电网面向对象模型，用于配电自动化及配电管理系统的信息建模，在配电网建模过程中，基于 CIM 的设计可以缩短开发周期，提高软件的可维护性，并能简化用于数据交换的适配器设计。

配电网模型的数据集表达了配电网中设备的基本信息及关系，其总体结构如图 18.2 - 5 所示。

以下类图引自 IEC 的 CIM 规范 2005 年 V10r7 版本。

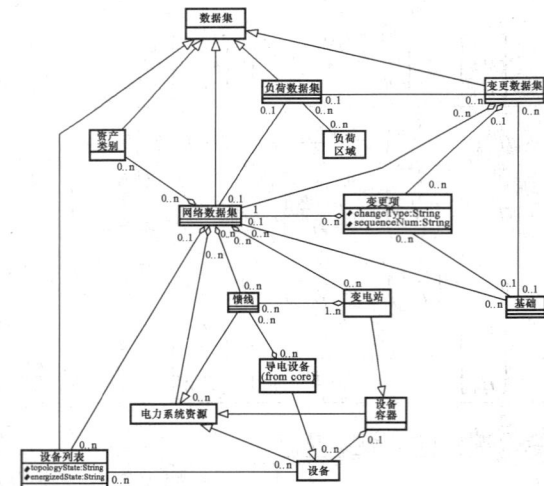

图 18.2 - 5　基于 CIM 的配电网模型数据集结构

在信息模型中表达了各个类之间的相互关系，图 18.2 - 5 中数据集（Collection）类派生出资产类型（Asset Catalogue）类、网络数据集（Network Data Set）类、负荷数据集（Load Data Set）类、变更数据集（Change Set）类、设备列表（Equipment List）。

电力系统资源类（Power System Resource）从 CIM 的 Core 类中继承过来，是所有配网元件的基类，派生出馈线类（Feeder）、设备类（Equipment）及设备容器类（Equipment Container），设备类（Equipment）又派生出导电设备（Conducting Equipment），配网中的开关、线路、变压器绕组等又是导电设备（Conducting Equipment）子类，设备容器（Equipment Container）类派生出变电站类（Substation）。从图 18.2 - 5 中还可看出馈线类（Feeder）同时也是导电设备类（Conducting Equipment）以及变电所类的一个聚合关联。

由于配电网络经常需要发生变更，该模型定义网络数据集（Network Data Set）类的同时还从数据集（Collection）类派生出变更数据集（Change Set）类，这样网络数据集（Network Data Set）类同时也是变更项（Change Item）类和变更数据集（Change Set）类的一个聚合关系，并且是基础（Land Base）类的关联。

每一个元件的具体类图可以参考 IEC61968 和 IEC61970 系列标准，以下仅对电气拓扑连接关系和线路以及变压器及开关模型在资产类中的描述作一个简要说明。

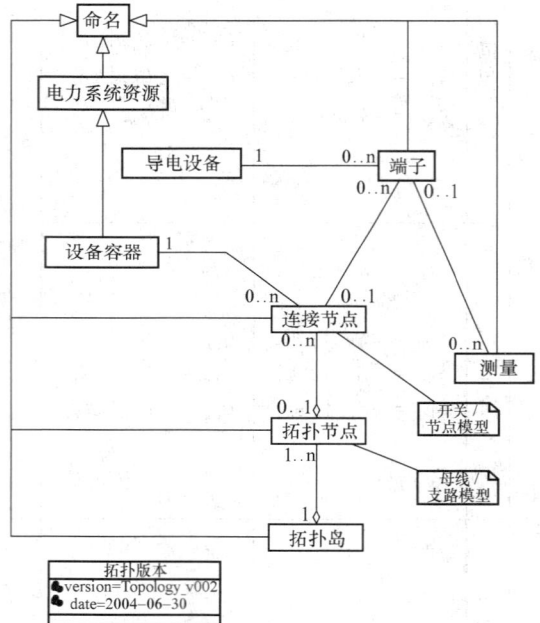

图 18.2 - 6　连接关系模型

配电网中导电设备间的连接关系由导电设备（Conducting Equipment）、端子（Terminal）、连接节点（Connectivity Node）、拓扑节点（Topological Node）以及拓扑岛（Topological Island）五个类描述，如图 18.2 - 6 所示。配电网中每个导电设备（Conducting Equipment）拥有两个端子（Terminal）：T1 和 T2，其中 T1 是靠近电源点的端子，T2 是远离电源点的端子。导电设备（Conducting Equipment）的电流、电压等电气参数通过其端子（Terminal）的相关属性表示。而每个端子（Terminal）又与一个连接节点（Connectivity Node）通过零阻抗连接在一起。

多个连接节点（Connectivity Node）通过闭合的开关组成一个拓扑节点（Topological Node）。多个拓扑节点（Topological Node）构成拓扑岛（Topological Island）。

图18.2-7描述了线路在资产类中的模型，各种类型的线路信息模型都是从 Asset 资源类派生而来。配电线路的描述根据分析和管理的需要分成两个部分，一部分，是侧重线路的资产管理特性的建模，如定义了线路导体资产（Linear Conductor Asset）、导体类型（Conductor Type）、电线位置（Wire Arrange-

ment）、电线类型（Wire Type）、电缆资产模型（Cable Asset Model）、电气资产模型（Electrical Asset Model）、资产模型（Asset Model）以及它们之间的相互关系；另一部分，是侧重线路的分析特性的建模，如定义了线路分段（Circuit Secti）、AC 线路段（AC Line Segment）、线路（Line）、导体（Conductor）以及它们之间的相互关系。

依照类似的方式，图18.2-8中描述了变压器和开关的资产信息模型。

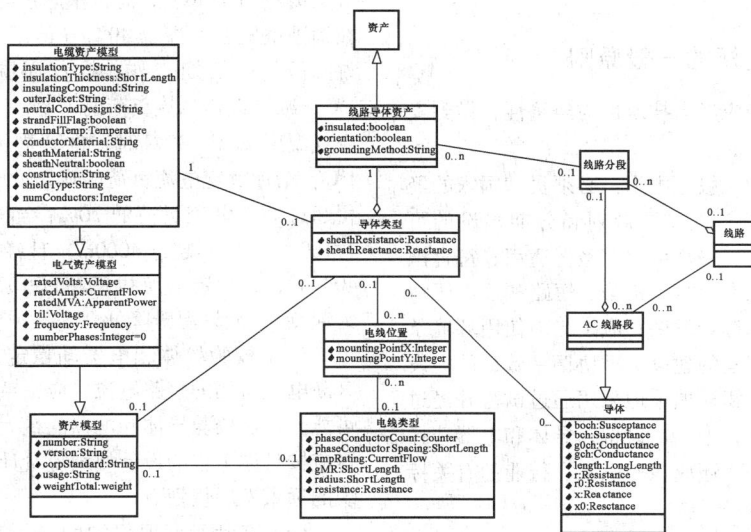

图 18.2-7　线路模型在资产类中的描述

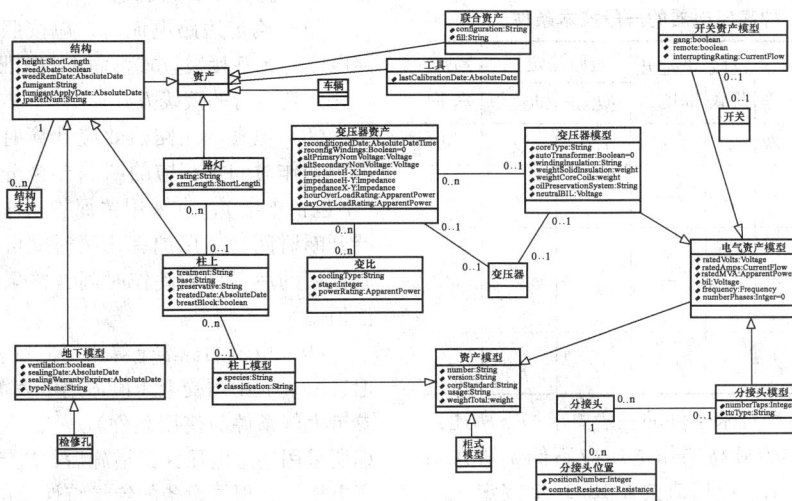

图 18.2-8　变压器及开关模型在资产类中的描述

第 3 章　配电系统中的开关、变压器及线路设备

配电系统中的线路、开关以及变压器设备是配电系统中主要的一次设备，其设备投资占配网投资的绝大部分，对它们的选择决定配电系统的技术性与经济性。本章首先介绍配电系统中电气设备选择的一般原则，然后对架空、电缆线路以及断路器、隔离开关、负荷开关以及环网柜等开关设备的选择进行介绍，最后介绍变压器的选择。

3.1　电气设备选择的一般原则

电气设备的选择应考虑技术性与经济性，做到安全与经济的和谐统一。

电气设备选择的一般原则为：必须贯彻国家的经济技术政策，要考虑工程发展规划和分期建设的可能，以达到技术先进、安全可靠、经济适用、符合国情的要求；应满足正常运行、检修、短路和过电压情况下的要求，并考虑远景发展；应按当地使用环境条件校核；应与整个工程的建设标准协调一致；同类设备应尽量减少品种；积极慎重地采用通过试验并经过工业试运行考验的新技术、新设备；导体和电器选择设计除执行本规定外，还应执行国家、行业的有关标准、规范和规定。

对于高压电器的选择，应保证其在长期的工作条件下和发生过电压、过电流的情况下保持稳定运行，因而选择电气设备时应考虑的一般技术条件见表 18.3 - 1。

表 18.3 - 1　各种高压电器的一般技术条件

电器名称	额定电压	额定电流	额定频率	机械荷载	额定开断电流	短路稳定性		绝缘水平
						热稳定	动稳定	
断路器	√	√	√	√	√	√	√	√
隔离开关	√	√	√	√	—	√	√	√
敞开式组合电器	√	√	√	√	—	√	√	√
负荷开关	√	√	√	√	—	√	√	√

对所考虑的各种技术条件的一般要求如下所述：

（1）选用电器的最高工作电压应不低于所在系统的系统最高电压值。电压值按表 18.3 - 2 规定。

（2）选用导体的长期允许电流不得小于该回路的持续工作电流。对于断路器、隔离开关、组合电器、封闭式组合电器、金属封闭开关设备、负荷开关和高压接触器等长期工作制电器，在选择其额定电流时，应满足各种可能运行方式下回路持续工作电流的要求。额定电流应当从 GB/T 762 规定的 R10 系列中选取。

（3）高压开关设备的额定频率为 50Hz。

（4）电器的正常使用环境条件规定为：周围空气温度不高于 40℃，海拔不超过 1000m。当电器使用在周围空气温度高于 40℃（但不高于 60℃）时，允许降低负荷长期工作。推荐周围空气温度每增高 1℃，减少额定电流负荷的 1.8%；当电器使用在周围空气温度低于 +40℃时，推荐周围空气温度每降低 1℃，增加额定电流负荷的 0.5%，但其最大过负荷不得超过额定电流负荷的 20%；当电器使用在海拔超过 1000m（但不超过 4000m）且最高周围空气温度为 40℃时，其规定的海拔每超过 100m（以海拔 1000m 为起点），允许温升降低 0.3%。

（5）校验导体和电器动稳定、热稳定以及电器开断电流所用的短路电流，应按系统最大运行方式下可能流经被校验导体和电器的最大短路电流。系统容量应按具体工程的设计规划容量计算，并考虑电力系统的远景发展规划。

（6）仅用熔断器保护的导体和电器可不验算热稳定；除用有限流作用的熔断器保护外，导体和电器的动稳定仍应验算。用熔断器保护的电压互感器回路，可不验算动、热稳定。

（7）确定短路电流时，应按照可能发生最大短路电流的正常接线方式，而不应按照仅在切换过程中可能并列运行的接线方式。

（8）电器的短路热效应计算时间，宜采用后备保护动作时间加相应的断路器全分闸时间。对导体（不包括电缆），宜采用主保护动作时间加相应断路器开断时间。主保护有死区时，可采用能对该死区起作用的后备保护动作时间，并采用相应的短路电流值。

（9）电器的标准绝缘水平应按表 18.3 - 3 所列数值选取（表中耐受电压值适用于表 18.3 - 4 中的标准参考大气条件与使用条件）。在进行绝缘配合时，考虑所采用的过电压保护措施后，决定设备上可能的作用电压，并根据设备的绝缘特性及可能影响绝缘特性的因素，从安全运行和技术经济合理性两方面确定设备的绝缘水平。

（10）在正常运行或短路时，电器引线的最大作用力应不大于电器端子允许的载荷。屋外配电装置的导体、套管、绝缘子和金具，应根据当地气象条件和不同受力状态进行力学计算，其安全系数应不小于表 18.3 - 5 所列数值。

表 18.3 - 2　电气设备的额定电压及最高电压

额定电压 /kV	3	6	10	20	35	66	110	220
最高电压 /kV	3.6	7.2	12	24	40.5	72.5	126	252

表 18.3 - 3　高压开关设备的额定绝缘水平

额定电压（有效值）kV	最高电压（有效值）/kV	额定短时工频耐受电压（有效值）U_d/kV 通用值	额定短时工频耐受电压 隔离断口	额定雷电冲击耐受电压（峰值）U_p/kV 通用值	额定雷电冲击耐受电压 隔离断口
3	3.6	10	12	20	23
		18	20	40	46
6	7.2	20	25	40	46
		23	28	60	70
10	12	28	32	60	70
		42[1]	48[1]	75	85
20	24	50	60	95	110
				125	145
35	40.5	85, 95[1]	110	185	215
63	72.5	40	160	325	375
		160	176	350	385
110	126	185	210	450	520
		230	265	550	630
220	252	360	415	850	950
		395	460	950	1050
		460	530	1050	1200

① 为设备外绝缘在干燥状态下之耐受电压。

表 18.3 - 4　标准参考大气条件与使用条件

标准参考大气条件			使　用　条　件	
温度 t_0	压力 p_0	绝对湿度 h_0	周围环境最高空气温度 T	安装地点的海拔 H
20℃	101.3kPa	11g／m³	≤40℃	≤1000m

表 18.3 - 5　导体和绝缘子的安全系数

类　别	载荷长期作用时	载荷短期作用时
套管、支持绝缘子及其金具	2.5	1.67
悬式绝缘子及其金具①	4	2.5
软导线	4	2.5
硬导体②	2.0	1.67

① 悬式绝缘子的安全系数对应于 1h 机电试验载荷，而不是破坏载荷。若是后者，安全系数则分别为 5.3 和 3.3。

② 硬导体的安全系数对应于破坏应力，而不是屈服点应力。若是后者，安全系数则分别为 1.6 和 1.4。

3.2　配电开关设备

3.2.1　断路器

断路器是指既能关合、承载、开断运行回路的正常电流，也能在规定时间内关合、承载及开断规定的过电流（包括短路电流）的开关设备。交流高压断路器主要用于开断电力系统中出现的各种故障电流，如端子故障、近区故障以及失步故障等，通常用于发电厂、输电线路、变电所以及工矿企业、铁道电气化中，作为短路保护之用。

1. 分类　交流高压断路器根据其灭弧介质不同，可以分为多油断路器、少油断路器、真空断路器以及 SF_6 断路器等。各类断路器的特点和应用范围见表 18.3 - 6。

表 18.3 - 6　断路器的特点和应用范围

类别	主　要　特　点	应用范围
多油断路器	触头在绝缘油中关合、开断的断路器；油兼有灭弧和绝缘双重功能，油量多；结构较简单，但体积较大，耗用钢材多；外壳接地，人体触及无触电危险，但有易燃易爆危险	过去曾广泛应用，现在 10kV 及以下电网中不再使用
少油断路器	触头在绝缘油中关合、开断的断路器；油只作灭弧介质用，油量少；结构简单，且体积小，质量轻；外壳带电，必须与大地绝缘，人体不能触及，但燃烧爆炸的可能性小	广泛用在不需频繁操作及不要求高速开断的各级电压电网中

续表

类别	主 要 特 点	应 用 范 围
真空断路器	触头在真空中关合、开断的断路器；以高真空作为触头间的绝缘介质；外绝缘分为空气绝缘和复合绝缘；灭弧能力强，燃弧时间短；结构简单，可采用积木式结构；无易燃易爆介质，无易燃易爆危险	适用于频繁操作及要求高速开断的场合，已逐步成为中压断路器的主导产品
SF$_6$断路器	触头在SF$_6$气体中关合、开断的断路器；SF$_6$气体作为开断和绝缘的介质；具有优异的绝缘和灭弧性能；SF$_6$气体在电弧的高温作用下会产生氟化氢等有强烈腐蚀性的剧毒物质，检修时需注意防毒；结构简单，可采用积木式结构；无燃烧爆炸危险	适用于频繁操作及要求高速开断的场合，但不适用于高寒地区

2. 参数选择 选择断路器时应考虑的参数见表18.3-7。

表18.3-7 断路器的参数选择

项 目		参 数
技术条件	正常工作条件	电压、电流、频率、机械载荷
	短路稳定性	动稳定电流、热稳定电流和持续时间
	承受过电压能力	对地和断口间的绝缘水平、泄漏比距、绝缘水平
	操作性能	开断电流、短路关合电流、操动机构、操作顺序、操作次数、操作气压、操作电压、相数、分合闸时间、对过电压的限制、特殊开断性能
环境条件	环境	环境温度、日温差①、最大风速①、相对湿度②、污秽①、海拔、地震烈度
	环境保护	噪声水平、电磁干扰

① 当在屋内使用时，可不校验。

② 当在屋外使用时，可不校验。

3. 技术要求

（1）断路器的额定电压应不低于系统的最高电压；额定电流应大于运行中可能出现的任何负荷电流。

（2）在校核断路器的断流能力时，宜取断路器实际开断时间（继电保护动作时间与断路器分闸时间之和）的短路电流作为校验条件。

（3）在中性点直接接地或经小阻抗接地的系统中选择断路器时，首相开断系数应取1.3；在110kV及以下的中性点非直接接地的系统中，则首相开断系数应取1.5。

（4）断路器的额定短时耐受电流等于额定短路开断电流，额定值在110kV及以下时其持续时间为4s；在220kV及以上为2s。对于装有直接过电流脱扣器的断路器，不一定规定短路持续时间。如果断路器

接到预期开断电流等于其额定短路开断电流的回路中，则当断路器的过电流脱扣器整定到最大时延时，该断路器应能在按照额定操作顺序操作，且在与该延时相应的开断时间内，承载通过的电流。

（5）当断路器安装地点的短路电流直流分量不超过断路器额定短路开断电流幅值的20%时，额定短路开断电流仅由交流分量来表征，不必校验断路器的直流分断能力。如果短路电流直流分量超过20%时，应与制造厂协商，并在技术协议书中明确所要求的直流分量百分数。

（6）断路器的额定关合电流，应不小于短路电流最大冲击值（第一个大半波电流峰值）。

（7）对于110kV以上的系统，当电力系统稳定要求快速切除故障时，应选用分闸时间不大于0.04s的断路器；当采用单相重合闸或综合重合闸时，应选用能分相操作的断路器。

（8）用于切合并联补偿电容器组的断路器，应校验操作时的过电压倍数，并采取相应的限制过电压措施。3~10kV宜用真空断路器或SF$_6$断路器。容量较小的电容器组，也可使用开断性能优良的少油断路器。35kV及以上电压级的电容器组，宜选用SF$_6$断路器或真空断路器。

（9）用于串联电容补偿装置的断路器，其断口电压与补偿装置的容量有关，而对地绝缘则取决于线路的额定电压，220kV及以上电压等级应根据所需断口数量特殊订货；110kV及以下电压等级可选用同一电压等级的断路器。

（10）当断路器的两端为互不联系的电源时，设计中应按以下要求校验：断路器断口间的绝缘水平满足另一侧出现工频反相电压的要求；在失步下操作时的开断电流不超过断路器的额定反相开断性能；断路器同极断口间的公称爬电比距与对地公称爬电比距之比一般取为1.15~1.3；当断路器起联络作用时，其断口的公称爬电比距与对地公称爬电比距之比，应选取较大的数值，一般不低于1.2。当缺乏上述技术参数时，应要求制造部门进行补充试验。

（11）断路器还应根据其使用条件校验下列开断

性能：近区故障条件下的开合性能；异相接地条件下的开合性能；失步条件下的开合性能；小电感电流开合性能；容性电流开合性能；二次侧短路开断性能。

（12）选择断路器接线端子的机械载荷，应满足正常运行和短路情况下的要求。一般情况下断路器接线端子的机械载荷应不大于表 18.3-8 所列数值。

（13）当系统单相短路电流计算值在一定条件下有可能大于三相短路电流值时，所选择断路器的额定开断电流值应不小于所计算的单相短路电流值。

表 18.3-8　　断路器接线端子允许的机械载荷

额定电压 /kV	额定电流 /A	水平拉力/N		垂直力（向 上及向下） /N
		纵向	横向	
12		500	250	300
40.5～ 72.5	≤1250	500	400	500
	≥1600	750	500	750
126	≤2000	1000	750	750
	≥2500	1250	750	1000
252～363	1250～3150	1500	1000	1250

注：当机械载荷计算值大于表中所列数值时，应与制造厂商定。

3.2.2　负荷开关

负荷开关指能在正常的导电回路条件或规定的过载条件下关合、承载和开断电流，也能在异常的导电回路条件（如短路）下按规定的时间承载电流的开关设备，但是一般情况下不具有关合短路电流的能力。

高压负荷开关的功能，要求通断正常的负荷和过负荷电流，亦可开断和关合空负荷变压器、长距离空负荷线路、空负荷电缆、电容器组的电容电流，但不要求通断短路电流，因此只需具有简单的灭弧装置。为了断开短路电流，必须与高压熔断器串联，以借助熔断器来切除短路故障。高压负荷开关大多还具有隔离高压电源，以保证其后边设备和线路安全检修的功能，因此，它断开后通常具有明显可见的断开间隙，与高压隔离开关类似。所以，这种负荷开关又有"功率隔离开关"之称。

1. 分类　负荷开关可按其用途、灭弧方式、安装场所、操作方式及操动机构进行分类，通常以其灭弧介质及灭弧方式进行分类，可分为油负荷开关、产气式负荷开关、压气式负荷开关（空气）、真空负荷开关和 SF₆ 负荷开关等，各类负荷开关的特点和应用范围见表 18.3-9。

表 18.3-9　　　　　　　　　　负荷开关的特点和应用范围

类别	主　要　特　点	应用范围
油负荷 开关	性能较差，其基本结构为三相共箱式，利用绝缘油兼作灭弧和绝缘介质，其灭弧能力较强，容量较大；必须与高压熔断器串联使用才能断开短路电流；结构较简单，但有易燃易爆危险，且断开后无可见间隙	用于 35kV 及以下户外电网中
产气式负 荷开关	利用有机材料通电弧加热后产生游离气体吹灭电弧；造价低；使用寿命受到产气材料的制约且电气参数通常都较低，灭弧能力较小，只能熄灭负荷和过负荷的开断电弧；必须与高压熔断器串联使用才能断开短路电流	用于 35kV 及以下电网中
压气式负 荷开关	利用压缩空气吹弧；性能较稳定，具有较好的性价比；必须与高压熔断器串联使用才能断开短路电流；结构较简单	用于 35kV 及以下户内电网中
真空负荷 开关	利用真空灭弧原理灭弧；断流能力只考虑开断正常负荷和过负荷电流；断开短路电流必须借助串联的熔断器；寿命长，但价较贵	用于 220kV 及以下电网中
SF₆ 负荷 开关	基本结构为三相共箱式；利用 SF₆ 气体作为灭弧和绝缘介质，灭弧原理为旋转式灭弧，效果良好；电气参数较高，性能稳定，可靠性高；必须与高压熔断器串联使用才能断开短路电流；结构较复杂；断开后无可见间隙，相对造价较高	适用于 35kV 及以下城市电网中

2. 参数选择 负荷开关的参数选择见表18.3-10。

表 18.3-10　负荷开关的参数选择

项 目		参 数
技术条件	正常工作条件	电压、电流、频率、接线端机械载荷
	短路稳定性	动稳定电流、额定关合电流、热稳定电流和持续时间
	承受过电压能力	对地和断口间的绝缘水平、泄漏比距、绝缘水平
	操作性能	开断和关合性能、操动机构
环境条件	环境	环境温度、最大风速①、覆冰厚度①、相对湿度②、污秽①、海拔、地震烈度
	环境保护	噪声水平、电磁干扰

① 当在屋内使用时，可不校验。

② 当在屋外使用时，可不校验。

3. 技术要求

（1）当负荷开关与熔断器组合使用时，负荷开关应能关合组合电器中可能配用熔断器的最大截止电流，其开断电流应大于转移电流和交接电流。

（2）负荷开关的有功负荷开断能力和闭环电流开断能力应不小于回路的额定电流。

（3）选用的负荷开关应具有切合电感、电容性小电流的能力。应能开断不超过 10A（3～35kV）、25A（63kV）的电缆电容电流或限定长度的架空线充电电流，以及开断 1250kVA（3～35kV）、5600kVA（63kV）配电变压器的空载电流。当开断电流超过上述限额或开断其电容电流为额定电流 80% 以上的电容器组时，应与制造部门协商，选用专用的负荷开关。

（4）机械载荷。负荷开关的接线端子允许承受的水平静拉力见表 18.3-11。

表 18.3-11　负荷开关允许的水平静拉力

额定电压/kV	10 及以下	35～63	110	220
水平静拉力/N	250	500	750	1000

3.2.3　环网柜

环网柜是环网供电柜的简称，是交流金属封闭开关设备的组成品种，应用于环网供电方式中，连接不同变电所或同一变电所的不同母线的两条或两条以上馈线，由负荷开关和熔断器等装置组合而成的供电单元。具备正常的开断能力，也能有效地切除短路故障，具有组网灵活、维护方便、节约投资成本的特点。适用于 10kV 环网供电供电或双辐射供电系统中作为电能的控制和保护装置，可使用于城区配电站或大厦配电室，也适于装入箱式变电所，用以提高环网供电回路的可靠性。

环网柜一般用于海拔不超过 1000m，环境温度在（40～-10）℃，且相对湿度不大于 90%（+25℃），以及无火灾、爆炸危险、化学腐蚀及剧烈振动的场所。

环网柜根据绝缘结构可分为空气绝缘和 SF_6 气体绝缘两种，一般由三个间隔组成，即两个环缆进出间隔和一个变压器回路间隔。其主要电器元件包括负荷开关、熔断器、隔离开关、接地开关等。在大容量环网柜中，主开关也采用断路器（真空或 SF_6），根据用户需要而定。相关技术参数可参见负荷开关。

3.3　变压器设备

配电变压器用于额定频率为 50Hz、10～35kV 电压等级的配电系统，为工农业动力、照明及民用建筑供电。

1. 类别 目前，10kV 系列产品主要推广 S9 型，该型产品在损耗性能指标上达到了国外发达国家 20 世纪 90 年代水平，符合我国的节能、降耗政策，是配电变压器的更新换代产品。35kV 及以上电力变压器产品在原有 S7、S8 型的基础上，主要发展 S9 型产品，其技术经济指标可达到国内先进水平。

变压器的类别与特点见表 18.3-12。

表 18.3-12　变压器的类别与特点

分类型式	类别	主要特点	应用范围
按功能分类	降压变压器	一次绕组匝数多，二次绕组匝数少；一次电压高，二次电压低	供降低电压用
	升压变压器	一次绕组匝数少，二次绕组匝数多；一次电压低，二次电压高	供升高电压用
	联络变压器	各侧绕组的匝数取决于各侧电网的电压	供不同电压电网联络用
按相数分类	单相变压器	只有一个闭合铁心、两个绕组。单台可供单相负荷。三台可按一定连接方式组成三相变压器组，用来变换三相电压，而每台容量只有总容量的 1/3，因此每台变压器的体积、质量均较小，便于制造和运输	供小容量单相负荷专用；用三台单相变压器组成三相变压器组，主要用于大电力系统中，当采用一台三相变压器因容量过大不便制造和运输时

分类型式	类别	主 要 特 点	应 用 范 围
按相数分类	三相变压器	双绕组三相变压器有六个绕组，其中三个一次绕组，三个二次绕组，有一个三心柱的闭合铁心。在三相总容量相同的情况下，它与三台单相变压器组成的变压器相比，具有造价低、占地面积小等优点	广泛用于供配电系统中；在大电力系统中当容量太大、便于制造和运输时，也都优先采用
按绕组型式分类	双绕组变压器	每相两个绕组，其中一个为一次绕组，另一个为二次绕组。一、二次绕组之间通过磁路联系，没有电联系	广泛用于变换一个电压的场合
	三绕组变压器	每相三个绕组，其中一个为一次绕组，另两个为二次绕组，可将一次电压变换为两个二次电压，各绕组间无电的联系	用于需两个二次电压的场合
	自耦变压器	其二次绕组与一次绕组有一部分是公用的，即有一部分为"公共绕组"，因此其一、二次绕组间除有磁的联系外，尚有电的联系。与普通变压器相比，具有体积小、重量轻、节约材料和投资、运行费用低等优点	广泛用在实验室作调压用
按绕组绝缘类型分类	油浸式变压器	绕组和铁心浸于绝缘油中。绝缘油除具有绝缘功能外，尚有散热和灭弧功能。油浸式变压器与干式变压器相比，具有较好的绝缘和散热性能，且价格较低，便于检修，但油为可燃物质，故有易燃易爆危险	广泛用于电力变压器，但不宜用于易燃易爆场所及安全要求较高的场所
	干式变压器	有三种类型：开启式，其绕组和铁心直接置于大气中；封闭式，其绕组和铁心密闭在金属外壳内，因此散热条件较差；浇注式，用浇注的环氧树脂作为绝缘和散热介质，结构简单、体积小、重量轻，主要用作小容量配电变压器	广泛用于安全防火要求较高的场所，如高层建筑内的变电所、地下变电所及矿井内变电所等
	充气变压器	绕组和铁心置于充气的容器内。利用填充的气体来绝缘和散热。填充的气体现在多用 SF_6	主要用于安全防火要求较高的场所，常与其他充气电器配合，组成成套装置
按调压类型分类	无载调压变压器	又称"无励磁调压变压器"，在变压器高压绕组上有分接头，可利用变压器外壳顶部装设的分接开关在变压器断电条件下进行调压。这种变压器较为经济，但不能随负荷变动进行调压	广泛用于对电压水平要求不是很高的场所，特别是10kV 及以下的配电变压器宜优先采用这种型式
	有载调压变压器	它配有有载分接开关、有载调压控制器及有关附件。能在有负荷条件下调节变压器一次绕组的分接头电压，使其二次输出电压稳定在规定的范围内	主要用于 10kV 及以上的电力系统中及对电压水平要求较高的场所
按容量系列分类	R8 容量系列变压器	变压器的容量等级是按 R8 = $\sqrt[8]{10} \approx 1.33$ 倍数递增的	旧的变压器容量系列，现已不再使用
	R10 容量系列变压器	变压器的容量等级是按 R10 = $\sqrt[10]{10} \approx 1.26$ 倍数递增的	新的变压器容量系列，现已普遍采用

2. 常用配电变压器的选择原则

(1) 主变压器的台数和容量，应根据地区供电条件、负荷性质、用电容量和运行方式等条件综合考虑确定。

(2) 一个变电所的主变压器台数（三相）不宜少于 2 台或多于 4 台，单台变压器容量由各城市按各年的情况自行确定。

(3) 在有一、二级负荷的变电所中宜装设两台主变压器,当技术经济比较合理时,可装设两台以上主变压器。若变电所可由中、低压侧电力网取得足够容量的备用电源时,可装设一台主变压器。

(4) 装有两台及以上主变压器的变电所,当断开一台时,其余主变压器的容量应不小于 60% 的全部负荷,并应保证用户的一、二级负荷。

(5) 具有三种电压的变电所,如通过主变压器各侧线圈的功率均达到该变压器容量的 15% 以上,主变压器宜采用三线圈变压器。

(6) 在城网中,同一电压级的主变压器单台容量不宜超过 2~3 种,在同一变电站中,同一电压等级的主变压器宜采用相同规格。

(7) 电力潮流变化大和电压偏移大的变电所,如经计算普通变压器不能满足电力系统和用户对电压质量的要求时,应采用有载调压变压器。

3.4 箱式变电站

箱式变电站是一种把高压配电装置、电力变压器、低压配电装置和电能计量装置等组合在一个或几个箱体内而构成的紧凑型成套配电装置,简称箱式变。具有成套性强、体积小、占地少、提高供电质量、减少损耗、送电周期短、选址灵活、对环境适应性强、安装使用方便、运行安全可靠及投资少及见效快等一系列特点。

箱式变电站所有的元件应符合各自相应的标准:

(1) 变压器,应符合 GB 1094.1 或 GB 6450。

(2) 高压开关设备和控制设备,应符合 GB 3906 和 IEC466。

(3) 低压开关设备和控制设备,应符合 GB/T 14048 系列标准和 GB 7251.1。

(4) 电能计量设备,应符合 GB/T 16934。

箱式变电站的基本分类见表 18.3 – 13。

表 18.3 – 13 箱式变电站的基本分类

分类方式	基 本 类 型
高压接线方式	单端供电、双端供电、环网供电
箱体结构	整体式、分体式

箱式变电站的使用条件见表 18.3 – 14。

表 18.3 – 14 箱式变电站的使用条件

设备名称	使 用 条 件
外壳	箱式变电站的外壳应设计成能在 GB 11022 规定的正常户外使用条件下使用
高压开关设备和控制设备	在外壳内部按 DL/T 593 规定的正常户内使用条件使用。海拔超过 1000m 时,见 GB/T 11022。其污秽等级应符合 GB/T 11022 的规定
低压开关设备和控制设备	在外壳内部按 GB 7251.1 规定的正常户内使用条件使用。其污秽等级应符合 GB/T 16935.1 的规定
变压器	外壳内的变压器,在额定电流状态下工作时,其温升要比无外壳条件下运行时高,可能会超过 GB 1094.2 或 GB6450 规定的温度极限。变压器的使用条件应按照安装地点外部的使用条件和外壳级别来确定。海拔超过 1000m 时,见 GB 1094.2 或 GB 6450。变压器的高压出线套管可参照 DL/T 404,低压出线套管可参照 GB/T 16935.1,具体要求由制造厂和用户商定
电能计量装置	在外壳内部按 GB 11022 或 GB 7251.1 规定的正常户内使用条件使用。对于高压电能计量装置,海拔超过 1000m 时,见 GB/T 11022。对于低压电能计量装置,海拔超过 2000m 时,见 GB 7251.1。其污秽等级应符合 GB/T 11022 和 GB/T 16935.1 的规定
无功补偿装置	在外壳内部按 GB 7251.1 规定的正常户内使用条件使用
其他	箱式变电站安装地点的周围空气温度显著地超过所规定的外壳正常使用条件时,应优先选用的温度范围规定如下:严寒气候为 (−50~+40)℃;酷热气候为(−5~+50)℃

3.5 配电线路及其附属设备

3.5.1 绝缘导线

配电网供电线路有裸导线、低压集束导线以及绝缘导线等,随着我国城市电网改造工作的不断推进及城网建设的迅速发展,为满足城市电网供电的可靠性及电能质量日益提高的要求,自 20 世纪 90 年代初以来,在我国大中城市配电网络中普遍采用架空绝缘电线。

选择绝缘导线的一般原则如下:

(1) 架空绝缘配电线路的设计应与城市的总体

规划相协调。

（2）如无地区配网规划，导体截面积宜按 20 年用电负荷发展规划确定。

（3）下列地区在无条件采用电缆线路供电时，应采用架空绝缘配电线路：

1）架空线与建筑物的距离不能满足 SDJ 206 要求的地区。

2）高层建筑群地区。

3）人口密集的繁华街道区。

4）绿化地区及林带。

5）污秽严重地区。

（4）低压配电系统宜采用架空绝缘配电线路。

3.5.2　电缆

随着城市发展，用电负荷密度也相应增高，而架空线路因受道路走廊等限制，且回路数与供电能力都有一定的限度，因此电缆线路必然在大城市中应用。尤其是电缆网络的敷设与城市建设、道路、煤气、热力、供水管道等其他基础设施关系密切，因此，其主体结构的布置必须合理，并应与远期负荷发展相适应。

1. 电缆芯线材质的选择　见表 18.3－15。
2. 电缆敷设的一般要求　见表 18.3－16。

表 18.3－15　　　　　　　　　　　　电缆芯线材质

电缆芯线材质		使　用　场　合
铜芯	应采用	控制电缆、电动机励磁、重要电源、移动式电气设备等需要保持连接并具有高可靠性的回路；振动剧烈、有爆炸危险或对铝有腐蚀等严酷的工作环境
	宜采用	紧靠高温设备配置，安全性要求高的重要公共设施中，水下敷设中当工作电流较大需增多电缆根数时
铝芯		除限于产品仅有铜芯和上述确定宜用铜芯的情况外

表 18.3－16　　　　　　　　　　　　电缆敷设的一般要求

电缆线路路径的选择原则	避免电缆遭受机械性外力、过热、腐蚀等危害；满足安全要求条件下使电缆较短；便于敷设、维护；避开将要挖掘施工的地方；充油电缆线路通过起伏地形时，使供油装置较合理配置
敷设方式选择原则	电缆工程敷设方式的选择，应视工程条件、环境特点和电缆类型、数量等因素，且按满足运行可靠、便于维护的要求和技术经济合理的原则来选择
敷设的一些要求	电缆在任何敷设方式及其全部路径条件的上下左右改变部位，都应满足电缆允许弯曲半径要求。电缆的允许弯曲半径，应符合电缆绝缘及其构造特性要求，对自容式铅包充油电缆，允许弯曲半径可按电缆外径的 20 倍计算。交流系统用单芯电力电缆与公用通信线路相距较近时，宜维持技术经济上有利的电缆路径，必要时可采取下列抑制感应电动势的措施：使电缆支架形成电气通路，且计入其他并行电缆抑制因素的影响；对电缆隧道的钢筋混凝土结构实行钢筋网焊接连通；沿电缆线路适当附加并行的金属屏蔽线或罩盒等。明敷的电缆不宜平行敷设于热力管道上部。电缆与管道之间无隔板防护时，相互间距应符合电缆与管道相间允许距离的规定。在隧道、沟、浅槽、竖井、夹层等封闭式电缆通道中，不得含有可能影响环境温升持续超过 5℃ 的供热管路。有重要回路电缆时，严禁含有易燃气体或易燃液体的管道
电缆群敷设在同一通道中位于同侧的多层支架上配置的规定	应按电压等级由高至低的电力电缆、强电至弱电的控制和信号电缆、通信电缆的顺序排列；当水平通道中含有 35kV 以上高压电缆，或为满足引入柜盘的电缆符合允许弯曲半径要求时，宜按"由下而上"的顺序排列；在同一工程中或电缆通道延伸于不同工程的情况，均应按相同的上下排列顺序原则来配置；支架层数受通道空间限制时，35kV 及以下的相邻电压级电力电缆，可排列于同一层支架，1kV 及以下电力电缆也可与强电控制和信号电缆配置在同一层支架上；同一重要回路的工作与备用电缆需实行耐火分隔时，宜适当配置在不同层次的支架上
同一层支架上电缆排列配置方式的规定	控制和信号电缆可紧靠或多层叠置；除交流系统用单芯电力电缆的同一回路可采取品字形（三叶形）配置外，对重要的同一回路多根电力电缆，不宜叠置；除交流系统用单芯电缆情况外，电力电缆相互间宜有 35mm 空隙

交流系统用单芯电力电缆的相序配置及其相间距离	同时满足电缆金属护层的正常感应电压不超过允许值，并使按持续工作电流选择电缆截面尽可能较小的原则来确定；未呈品字形配置的单芯电力电缆，有两回线及以上配置在同一通路时，应计入相互影响
需抑制电气干扰强度的弱电回路控制和信号电缆可采取的措施	与电力电缆并行敷设时相互距离，在可能范围内宜远离；对电压高、电流大的电力电缆间距更宜较远。敷设于配电装置内的控制和信号电缆，与耦合电容器或电容式电压互感器、避雷器或避雷针接地处的距离，宜在可能范围内远离。沿控制和信号电缆可平行敷设屏蔽线或将电缆敷设于钢制管、盒中
爆炸性气体危险场所敷设电缆的要求	在可能范围应使电缆距爆炸释放源较远，敷设在爆炸危险较小的场所，并应符合下列规定：易燃气体比空气重时，电缆应在较高处架空敷设，且对非铠装电缆采取穿管或置于托盘、槽盒中等机械性保护；易燃气体比空气轻时，电缆应敷设在较低处的管、沟内，沟内非铠装电缆应埋砂。电缆沿输送易燃气体的管道敷设时，应配置在危险程度较低的管道一侧，且应符合下列规定：易燃气体比空气重时，电缆宜在管道上方；易燃气体比空气轻时，电缆宜在管道下方。电缆及其管、沟穿过不同区域之间的墙、板孔洞处，应以非燃性材料严密堵塞。电缆线路中间不应有接头
应采用具有机械强度的管或罩加以保护的场所	非电气人员经常活动场所的地坪以上 2m 范围、地中引出的地坪下 0.3m 深电缆区段，可能有载重设备移经电缆上面的区段
电缆敷设在有周期性振动的易振场所	应采用能减少电缆承受附加应力或避免金属疲劳断裂的措施。可采取下列方法：在支持电缆部位设置由橡胶等弹性材料制成的衬垫；使电缆敷设成波浪状且留有伸缩节
电缆的计算长度中附加长度宜计入的因素	电缆敷设路径地形等高差变化、伸缩节或迂回备用裕量。35kV 及以上电压电缆蛇形敷设时的弯曲状影响增加量。终端或接头制作所剥截电缆的预留段、电缆引至设备或装置所需的长度
电缆订货长度的规定	长距离的电缆线路，宜采取计算长度作为订货长度。对 35kV 以上电压单芯电缆，应按相计；当线路采取交叉互联等分段连接方式时，应按段开列
电缆直埋敷设方式的选择	同一通路少于 6 根的 35kV 及以下电力电缆，在厂区通往远距离辅助设施或城郊等不易有经常性开挖的地段，市区人行道、公园绿地及公共建筑间的边缘地带，宜用直埋；在城镇人行道下较易翻修情况或道路边缘，也可用直埋；厂区内地下管网较多的地段，可能有熔化金属、高温液体溢出的场所，待开发将有较频繁开挖的地方，35kV 及以上电缆、10(20)kV 重要进线电缆，不宜用直埋；在化学腐蚀或杂散电流腐蚀的土壤范围，不得采用直埋
电缆穿管敷设方式的选择	在有爆炸危险场所明敷的电缆，露出地坪上需加以保护的电缆，地下电缆与公路、铁道交叉时，应采用穿管；地下电缆通过房屋、广场的区段，电缆敷设在规划将作为道路的地段，宜用穿管；在地下管网较密的工厂区、城市道路狭窄且交通繁忙或道路挖掘困难的通道等电缆数量较多的情况下，可用穿管敷设
浅槽敷设方式的选择	地下水位较高的地方；通道中电力电缆数量较少，且在不经常有载重车通过的户外配电装置等场所
电缆沟敷设方式的选择	有化学腐蚀液体或高温熔化金属溢流的场所，或在载重车辆频繁经过的地段，不得用电缆沟；经常有工业水溢流、可燃粉尘弥漫的厂房内，不宜用电缆沟；在厂区、建筑物内地下电缆数量较多但不需采用隧道时，城镇人行道开挖不便且电缆需分期敷设时，又不属于上述的情况下，宜用电缆沟
电缆隧道敷设方式的选择	同一通道的地下电缆数量众多，电缆沟不足以容纳时应采用隧道；同一通道的地下电缆数量较多，且位于有腐蚀性液体或经常有地面水流溢的场所，或含有 35kV 以上高压电缆，或穿越公路、铁道等地段，宜用隧道；受城镇地下通道条件限制或交通流量较大的道路下，与较多电缆沿同一路径有非高温的水、气和通信电缆管线共同配置时，可在公用性隧道中敷设电缆
其他敷设方式	垂直走向的电缆，宜沿墙、柱敷设，当数量较多，或含有 35kV 以上高压电缆时，应采用竖井；在控制室、继电保护室等有多根电缆汇聚的下部，应设有电缆夹层，电缆数量较少的情况，也可采用有活动盖板的电缆层；在地下水位较高的地方、化学腐蚀液体溢流的场所，厂房内应采用支持式架空敷设；建筑物或厂区不适于地下敷设时，可用架空敷设；明敷又不宜用支持式架空敷设的地方，可用悬挂式架空敷设；通过河流、水库的电缆，未有条件利用桥梁、堤坝敷设时，可采取水下敷设

3.5.3　金具

电力金具是连接和组合电力系统中各类装置，以传递机械、电气负荷及起到某种防护作用的金属附件。

电力金具的基本要求见表 18.3 - 17。电力金具的分类要求见表 18.3 - 18。

表 18.3 - 17　电力金具的基本要求

制造标准	金具应采用按规定程序批准的图样制造，同时应采用合适的材料和生产工艺制造
机械载荷与环境条件	金具应承受安装、维修及运行中可能出现的有关机械载荷，并能经受设计工作电流（包括短路电流）、工作温度及环境条件等各种情况的考验
金具的标称破坏载荷及连接型式尺寸	符合 GB 2315 的规定
金具的各连接部件	应有锁紧装置，并保证在运行中不致松脱，与线路带电检修有关的金具尚应保证安全和便于操作
电气特性	金具应尽量减少磁滞、涡流损耗，以及限制电晕的影响
金具经热浸镀锌后的可锻铸铁件的外观质量	铸件表面应光洁、平整，不允许有裂纹、缩松等缺陷；铸件的重要部位（指不允许降低机械载荷的部位，以产品图样标注为准）不允许有气孔、砂眼、渣眼及飞边等缺陷存在；在与其他零件连接及与导线、地线接触部位（如挂耳、线槽）不允许有涨砂、结疤、毛刺等妨碍连接及损坏导线或地线的缺陷
金具经热镀锌后的锻制件、冲压件的外观质量	冲裁件的剪切断面斜度偏差应小于板厚的 1/10；锻件、冲压件、剪切件应平整光洁，不允许有毛刺、开裂和叠层等缺陷；锻件、热弯件不允许有过烧、叠层、局部烧熔及氧化皮存在；铜铝件的电气接触面应平整、光洁，不允许有毛刺或超过板厚极限偏差的碰伤、划伤、凹坑及压痕等缺陷
金具中铝制件（热挤压、压铸、金属型铸造成型铝件）的外观质量	铝制件表面应光洁，不允许存在可见裂纹；铸铝件的重要部位（指有机械载荷要求的部位，按产品图样标注部位）不允许有缩松、气孔、砂眼、渣眼、飞边等缺陷；铝制件与导线接触面的表面及与其他零件连接的部位，接续管与压模的压缩部位，以及有防电晕要求的部位，不允许有涨砂、结疤、凸瘤等缺陷；铝制件的电气接触平面，不允许有碰伤、划伤、凹坑、压痕等缺陷
焊接件的表面质量	焊缝应为细密平整的细鳞形，并应封边，咬边深度不大于 1mm；焊缝应无裂纹、气孔、夹渣等缺陷
紧固件表面质量	紧固件表面不应有锌瘤、锌渣、锌灰存在；外螺纹、内螺纹应光整；螺杆、螺母均不应有裂纹

表 18.3 - 18　电力金具的分类要求

悬垂线夹	悬垂线夹应考虑裸线或包缠护线条等多种使用条件。船式悬垂线夹，其船体线槽的曲率半径应不小于导线或地线直径的 8 倍。任何类型的悬垂线夹应具有一个能允许船体在垂直面内回转活动的水平轴，其位置在导线轴线平面内，亦可在导线轴线平面的上方或下方；悬垂线夹应明确提供使用时的限定范围，最大出口角、最小出口角及允许回转角等；悬垂线夹的设计应考虑减少微风振动对导线、地线产生的影响，并应避免对导线、地线产生应力集中或损伤。固定型悬垂线夹对导线、地线的握力，与其导线、地线计算拉断力之比应不小于表 18.3 - 19 的规定。悬垂线夹与被安装的导线、地线间应有充分的接触面，以减少由故障电流引起的损伤
耐张线夹、接续金具和接触金具	承受电气负荷的金具，不论是承受张力的或非承受张力的，均不应降低导线的导电能力。用于电气接续的金具应满足 GB 2317 的要求。要求承受电气负荷性能的金具应符合下列规定：导线接续处两端点之间的电阻，对于压缩型金具，应不大于同样长度导线的电阻；对于非压缩型金具，应不大于同样长度导线的电阻的 1.1 倍；导线接续处的温升应不大于被接续导线的温升；所有承受电气负荷的金具，其载流量应不小于被安装导线的载流量。耐张线夹、接续金具和接触金具对导线、地线的握力，其与导线、地线计算拉断力之比应不小于表 18.3 - 19 的规定。非压缩型耐张线夹的弯曲延伸部分，与承受张力的导线相互接触时，则此弯曲延伸部分出口处的曲率半径应不小于被安装导线直径的 8 倍。对于金具的导电接触面，应涂导电脂；对于压缩型金具，应提供防止氧化腐蚀的导电脂，填充金具内部的空隙。所有压缩型金具应使内部孔隙为最小，以防止运行中潮气侵入其内。耐张线夹接续和接触金具与导线的连接处，应避免两种不同金属间产生的双金属腐蚀问题。耐张线夹接续和接触金具应考虑在安装后的导线与金具原接触面处，不出现导线应力增大现象，以防止微风振动或其他导线振荡情况下引起导线损坏。耐张线夹接续和接触金具应避免应力集中现象，防止导线或地线发生过大的金属冷变形

保护金具	电气保护金具应能承受微风振动作用而不引起疲劳损坏。电气保护金具应能承受一定的静态机械载荷的作用，均压屏蔽金具要保证安全支撑一个人的体重。补修管应考虑对导线最外层断股数不多于 1/3 的情况下进行修补。防振锤的要求按 GB 2336，间隔棒的要求按 GB 2338 进行
母线金具	母线固定金具应能承受抗弯载荷，其值与所安装的高压支柱绝缘子的要求相配合。母线伸缩节在承受伸缩量 32mm 及往返 10^3 次以后，不得发生疲劳损坏。采用闪光焊或其他焊接工艺制造的铜与铝过渡金具，在铜铝焊接处应能承受 180° 弯曲而不出现焊缝断裂情况。钎焊工艺制造的铜铝过渡金具及冷轧的铜铝过渡复合片，应进行铜板剥离试验，铜与铝表面复合面积应不小于总接触面的 75%

表 18.3 - 19 耐张线夹、接续金具和接触金具握力与绞线计算拉断力之百分比

金具类别	百分比（%）
压缩型接续管及耐张线夹	95
非压缩型耐张线夹	90
T 型线夹及设备线夹（接触盒具）	10

注：对特大截面导线、扩径导线和绝缘线用耐张线夹，其握力可取 65%。

表 18.3 - 20 避雷器的种类

阀式避雷器	由非线性电阻片或非线性电阻片与放电间隙串联（或并联）组成的避雷器，包括碳化硅和金属氧化物避雷器
碳化硅阀式避雷器	由碳化硅非线性电阻片与放电间隙串联组成的避雷器。其中，由碳化硅非线性电阻片与非磁吹放电间隙串联组成的避雷器，为普通阀式避雷器；由碳化硅非线性电阻片与非磁吹放电间隙串联组成的避雷器为磁吹阀式避雷器
金属氧化物避雷器	由金属氧化物电阻片相串联和（或）并联有或无放电间隙所组成的避雷器，包括无间隙和有串联、并联间隙的金属氧化物避雷器
无间隙避雷器	仅有非线性电阻片相串联和（或）并联、无并联或串联放电间隙所组成的避雷器
有串联间隙避雷器	由非线性电阻片与放电间隙相串联组成的避雷器
排气式避雷器	利用灭弧腔内电弧与产气材料接触所产生的气体来切断续流的一种避雷器

阀式避雷器应按表 18.3 - 21 所列技术条件选择。

表 18.3 - 21 阀式避雷器选择的技术条件

项 目	参 数
技术条件	额定电压、持续运行电压、工频放电电压、冲击放电电压和残压、通流容量、额定频率、机械载荷
环境条件	环境温度、最大风速①、污秽①、海拔、地震烈度

① 当在屋内使用时，可不校验。

避雷器的选用应采取如下原则：

（1）采用阀式避雷器进行雷电过电压保护时，除旋转电机外，对不同电压范围、不同系统接地方式的避雷器选型如下：对于有效接地系统，宜采用金属氧化物避雷器；对于气体绝缘全封闭组合电器和低电阻接地系统，应选用金属氧化物避雷器；对于不接地、消弧线圈接地和高电阻接地系统，根据系统中谐振过电压和间歇性电弧接地过电压等发生的可能性及其严重程度，可任选金属氧化物避雷器或碳化硅普通阀式避雷器。

（2）旋转电动机的雷电侵入波过电压保护，宜采用旋转电动机金属氧化物避雷器或旋转电动机磁吹阀式避雷器。

（3）阀式避雷器标称放电电流下的残压，应不大于被保护电器设备（旋转电动机除外）标准雷电冲击全波耐受电压的 71%。

（4）有串联间隙金属氧化物避雷器和碳化硅阀式避雷器的额定电压，在一般情况下应符合下列要求：110kV 及 220kV 有效接地系统不低于 $0.8U_m$；3 ~ 10kV 和 35kV、66kV 系统分别不低于 $1.1U_m$ 和 U_m；

3.5.4 避雷器

避雷器是一种过电压限制器。当过电压出现时，避雷器两端子间的电压不超过规定值，使电气设备免受过电压损坏；当过电压作用后，又能使系统迅速恢复正常状态。避雷器的种类见表 18.3 - 20。

3kV 及以上具有发电机的系统不低于 1.1 倍发电机最高运行电压；中性点避雷器的额定电压，对 3～20kV 和 35kV、66kV 系统，分别不低于 $0.64U_m$ 和 $0.58U_m$；对 3～20kV 发电机，不低于 0.64 倍发电机最高运行电压。

（5）采用无间隙金属氧化物避雷器作为雷电过电压保护装置时，应符合下列要求：避雷器的持续运行电压和额定电压应不低于相关数值；避雷器能承受所在系统作用的暂时过电压和操作过电压能量。

第 4 章 配电系统电源、负荷及电能质量

4.1 分布式电源

分布式电源（Distributed Generation）是指安装在用电地点附近，与配电网直接相连的发电形式。单机容量一般为数千瓦至 50MW，通常能同时提供供电、供热和制冷的能源系统，一般采用清洁能源，如风力发电、太阳能光伏电池发电、燃料电池发电和小型燃气轮机发电等多种发电方式。该系统具有较高的能源转换效率和良好的环境保护性能。

分布式电源包括功率较小内燃机（Internal Combustion Engines）、微型燃气轮机（Micro-turbines）、燃料电池（Fuel Cell）、可再生能源如太阳能发电的光伏电池（Photovoltaic Cell）和风力发电等。

4.1.1 分布式电源的类型及特性

现在全世界供电系统是以大机组、大电网、高电压为主要特征的集中式单一供电系统，与常规大电厂集中供电系统相比，分布式能源系统是对大电网的有益补充，可以就地供应，具有低的能源损失，补充大电网在负荷高峰时的供电能力，可以弥补大电网在局部地区和特殊情况下的安全稳定性不足，在意外灾害发生时继续供电；土建与安装成本低，能量输送投资很少，可以满足某些用户特殊性的要求，可在农村、牧区、山区供电供热，大大地减少输电线路的建设；适合于多种热电比的变化，可灵活地根据热、电需求进行调节，减少以电力来转换到低品位热、冷应用（电空调）而造成的能源转换浪费，设备利用小时高；可为电力、热力、燃气、制冷、环境、交通等多系统实现优化整合提供技术支持。表 18.4-1 指出了不同分布式发电技术的形式和耗费。其中，造价需根据当前的国际市场状况来确定，表中数据仅供参考。

表 18.4-1　　　　　　　　　　　　分布式发电技术对比

技　　术	发电效率（%）	CHP 效率（%）	容量/MW	有害排放/×10⁻⁶	单位千瓦造价/（美元/kW）	适合场合
燃料电池	36~50	80~85	~1	NO_x: <0.02 CO: <0.01	4000~5500	家庭用或小型企业
小涡轮机	15~30	80~85	~0.5	NO_x: 9~50 CO_x: 9~50	700~1100	家庭用或小型企业
燃气轮机	21~40	80~90	0.5~30	NO_x: <9~50 CO_x: <15~50	400~900	大型企业或中压配电网供电
太阳能电池	5~15	60~80	~10	无	3000~5000	家庭用或小型企业
太阳能发电机	5~15	60~80	~50	无	4500~6000	大型企业或中压配电网供电
风力发电机	20~40	70~90	0.3~10	无	800~3500	农村或中压配电网供电
小型水力发电机	50~80	80~90	~50	无	1000~2900	农村或中压配电网供电

4.1.2 分布式电源接入对配电网的影响

分布式发电的发展可以提供更好的电能质量和可靠性。高的电能质量和可靠性意味着电力供应能全面达到规定的品质标准而且没有什么波动。因为分布式发电不需要使用长途输送网络，它可以降低输送中的峰负荷值。因此分布式发电可以降低输送损耗，以及输送网络中由于超载引发的故障可能性。所有这些优点都说明分布式发电可以提高电能质量和可靠性。

分布式发电还可支持能源效率工程，因为降低损

耗意味着更高的效率。线损目前基本上是 3%~8%，这取决于电网规模、负荷、负荷和电源之间的距离。

一般情况下，分布式电源要获得高能源利用率和经济效益，必须使系统的电、热负荷保持在一个经济合理比例中，系统的设计容量一般小于其本身最高需求。因此，分布式电源需要与大电网联网，与大电网一起同时向用户供电（除非是孤立系统，可自给自足，但一般仍需要大电网作为其备用）。

分布式电源目前还存在着诸如分布式电源如何接入电力系统，以及大规模容量接入系统所引起的对电力系统安全稳定运行的影响及其系统的控制、保护问题等等，尚需进一步研究并经受实践的检验。

分布式电源对电网的不利影响主要有以下几个方面：

（1）分布式电源类似一个个小型发电厂，千差万别、不同形式的并网发电设备并接在电网上，进一步增加了电网的技术复杂性，成倍地增加了调度难度。小型分布式电源也没有像大型发电厂一样建有符合电网要求的完备和先进的遥测和遥控设施。该系统一旦发生事故不能及时断开，潮流倒送到电网，将对局部电网产生冲击，电网系统的安全性、稳定性将会受到一定程度的影响和削弱。

（2）增加电网事故发生后的判断处理复杂性。由于分布式电源多以中低电压接入电网，分布零星，一旦电网发生事故，增加了迅速判断故障来源以及时隔断来电点的难度，从而使故障处理时间延长，并加大了处理事故过程中危及人身安全的可能性。

（3）对大电网来说，分布式电源联网后，大电网仍要承担其备用容量的责任。

分布式电源接入电网结构如图 18.4-1 所示；分布式电源接入后对配电网的影响见表 18.4-2。

如果分布式电源接入电网满足系统一致性、系统运行有效性及合理的调度，则分布式电源对电网可以产生正面的影响。

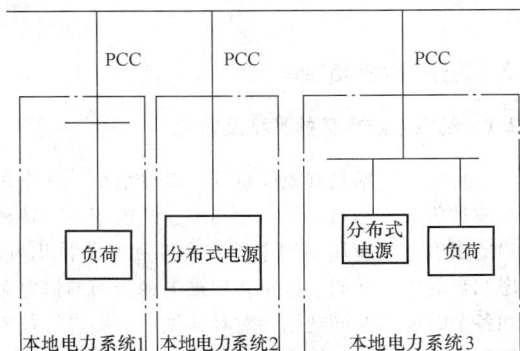

图 18.4-1 分布式电源接入电网

表 18.4-2 分布式电源接入的影响

影响方面	影响效果
对配电网保护的影响	（1）传统的配电网保护系统是基于放射状的基础上设计的，接入分布式电源需要考虑多个电源供电方向 （2）分布式电源和配电网的相位错位时的重合闸将会对系统造成危害，需要通过有效的保护配合来避免 （3）分布式电源机组可能会改变配电网短路电流水平、持续时间及其方向 （4）分布式电源本身的故障行为也会对系统运行和保护产生影响 分布式电源的孤岛运行，可能对配电网的相关设备产生损坏。需要在配电系统中进行反孤岛保护（Anti-islanding）
对配电网电能质量的影响	1. 闪变 分布式电源可以补偿由于负荷突变引起的闪变，同时，分布式电源的投入与退出也能造成一定的闪变 2. 谐波 （1）分布式电源可能造成系统的谐波； （2）需要在设计接入电网时抑制 3. 直流注入 （1）如果隔离变压器失效，有可能造成分布式电源的直流量直接接入电网； （2）分布式电源的功率转换器故障也可能造成直流量接入电网
配电网可靠性的影响	对可靠性有利的影响 （1）降低主网备用容量 （2）降低传输负荷 （3）减少故障 （4）提高用户供电可靠性

4.1.3 分布式电源的接入原则

分布式电源除了在偏远或特殊地区作为惟一的供电电源外，大部分情况下需要并网使用，既可以由当地电网向用户供电又可以把电网作为备用电源，以提高供电的可靠性和灵活性。

为了规范分布式电源接入电网的要求及其影响，必须制定得到各方认可并网统一规范和标准，目前世界上有许多国家的组织都正在制定关于分布式电源的并网标准，我国 Q/GDW 156—2006《城市电网规划设计导则》也对分布式电源并网运行进行了规范。

分布式电源接入电网应该对城市电网的规划设计提出新的要求，《城市电网规划设计导则》中规定：城市电网规划设计时应对允许分布式电源接入的地点和装机容量做出规定；城市电网规划设计时应考虑为允许接入的分布式电源留有事故备用容量。

分布式电源的接入不应影响城市配电网的设计与

运行控制，具体要求如下：

（1）分布式电源容量不宜超过接入线路容量的 10%~30%（专线除外）。

（2）刚度系数（指接入点短路电流与分布式电源机组的额定电流之比）不低于 10。

（3）分布式电源接入后线路短路容量不超过断路器遮断容量，否则需加装短路电流限制装置。

分布式电源并网的电压等级见表 18.4-3。

表 18.4-3　　　分布式电源并网的电压等级

分布式电源容量	并网的电压等级
数千瓦至数十千瓦	400V
数百千瓦至 9MW	10kV、35kV
大于 9MW	35kV、110kV

分布式电源并网运行规定如下：

（1）分布式电源并网运行应装设专用的并、解列装置和开关。解列装置应具备低压、低频等可靠判据。在配电线路掉闸和分布式电源发生内部故障时，分布式电源应立即与电网解列，在电网电压和频率稳定后方可重新并网。

（2）分布式电源所发电力应以就近消纳为主。用户建设的分布式电源若需向电网反送功率，应向电力公司申请并得到批准，原则上限制分布式电源在低谷时段向电网反送功率。

（3）分布式电源的运行不能对电网产生污染，必要时应装设滤波装置。

（4）分布式电源接入点的功率因数应满足电力公司的要求。

（5）分布式电源应装设双向的峰谷电能表。

异常电压情况下切除分布式电源所需切除时间见表 18.4-4。

表 18.4-4　　异常电压情况下切除分布式电源

电压偏离（基准值的百分比%）	切除时间/s
$U < 50$	0.16
$50 \leqslant U < 88$	2.00
$110 < U < 120$	1.00
$U \geqslant 120$	0.16

异常频率情况下切除分布式电源的情况见表 18.4-5。

表 18.4-5　　异常频率情况下切除分布式电源

容量/kW	频率/Hz	切除时间/s
≤30	>50.5	0.16
	<49.3	0.16
>30	>50.5	0.16
	<（49.8~47.0）可调	0.16~300 可调
	<47.0	0.16

注：本表引自 IEEE1547 标准，频率原为 60Hz 的北美标准，现改为 50Hz 使用。

分布电源接入电网最大谐波电流畸变率见表 18.4-6。

表 18.4-6　　　　　　分布电源接入电网最大谐波电流畸变率

谐波次数 h（奇次）	$h < 11$	$11 \leqslant h < 17$	$17 \leqslant h < 23$	$23 \leqslant h < 35$	$35 \leqslant h$	总畸变率 TDD
畸变率（%）	4.0	2.0	1.5	0.6	0.3	5.0

最大谐波电压畸变率见表 18.4-7。

表 18.4-7　　　　　　分布电源接入电网最大谐波电压畸变率

谐波次数 h（奇次）	$h < 11$	$11 \leqslant h < 17$	$17 \leqslant h < 23$	$23 \leqslant h < 35$	$35 \leqslant h$	总畸变率 TDD
畸变率（%）	4.0	2.0	1.5	0.6	0.3	5.0

注：偶次谐波的畸变率应该限制在奇次谐波畸变率的 25% 内。

基准电流取分布式电源的额定电流，基准电压取分布式电源的额定电压。

接入电网的同步参数限制见表 18.4-8。

表 18.4-8　　　接入电网的同步参数限制

分布式电源的容量/kVA	频率偏差 Δf/Hz	电压偏差 ΔU（%）	相角偏差 $\Delta \Phi$（°）
0~500	0.3	10	20
>500~1500	0.2	5	15
>1500~10000	0.1	3	10

4.2 配电系统负荷

4.2.1 配电系统负荷的类型及特性

特种用户包括具有重要负荷、畸变负荷、冲击负荷、波动负荷、不对称负荷和高层建筑的用户。特种用户的供电方式应从供用电的安全性和经济性出发，考虑用户的用电性质、容量，根据电网当前的供电条件和各个时期的电网规划，对具体供电方案进行技术经济比较，并最终与用户协商后确定。

配电网负荷类型及特点见表 18.4-9。

表 18.4－9　　　　　　　　　　　　　配电网负荷类型及特点

负荷类型	特　征	对　策	典型用户
重要负荷	（1）中断供电将造成人身伤亡者 （2）中断供电将造成环境严重污染者 （3）中断供电将造成重要设备损坏，连续生产过程长期不能恢复或大量产品报废者 （4）中断供电将在政治上或军事上造成重大影响者	重要用户除正常供电电源外，还应有保安备用电源 重要用户由两路及以上线路供电时，用户侧各级电压网络一般不应环并，以简化保护，当其中任一回路故障重合闸（电缆除外）不成功时，采用备用电源自投，互为备用，以提高供电可靠性	
畸变负荷	引起电网电压及电流的畸变，产生高次谐波的负荷	必须采取限制措施，如加装电能质量监测和分析系统、有源或无源滤波器，对快速波动的谐波源采用静止无功补偿装置	整流设备、电弧炉、电气化铁道、交流弧焊机等
冲击负荷、波动负荷	引起电网电压波动、闪变，使电能质量严重恶化，危及电机等电力设备正常运行	为限制冲击、波动等负荷对电网产生电压骤降和闪变，除要求用户采取相应措施外，供电部门可根据电网实际情况制定可行的供电方案，如增加供电电源的短路容量，以减少电压波动数值；就地装置无功补偿设备，以减少线路阻抗引起的压降等	短路试验负荷、电弧炉，大型轧机、电焊机、拖动波动负荷的电动机等
不对称负荷	引起负序电流，导致三相电压不平衡	10kV 用户一般不供单相负荷，单相负荷应用三相到单相的转换装置或将多台的单相负荷设备平衡分布在三相线路上 当三相用电不平衡电流超过供电设备额定电流的 10% 时，应考虑采用高一级的电压供电，如 10kV 改用 35kV（或 63kV、110kV）供电	电弧炉、电气机车，单相负荷等
电压敏感负荷	电压暂降和波动将造成连续生产中断和影响产品质量	用户应根据负荷性质自行装设电能质量补偿装置，如动态电压恢复器 DVR	IT 行业
高层建筑负荷	高度超过 24m 的民用建筑	应备有保安备用电源，必要时还应自备发电机组等以作为紧急备用 高层建筑应根据供电方式预留变、配电所和电能表室的适当位置，配电所根据负荷大小，可以集中布置，也可以分散布置，还可以在建筑物内分在几层分别在负荷中心布置	10 层及以上的住宅建筑（包括底层设置商业服务网点的住宅）

4.2.2　配电系统负荷预测

负荷预测是城网规划设计的基础，根据本地区用电量和负荷的历史发展规律来进行测算，并适当参考国内外同类型城市的历史和发展资料进行校核。城网负荷预测数字应分近期、中期和远期。负荷预测应分区并分电压等级进行，使城网结构的规划设计更为合理。

分区应根据城市规划功能、地理自然分布位置、负荷性质等情况进行适当划分，亦可按一个或几个变电所供电范围来划分。分区的选择主要便于制定城网在不同时期的改造与发展规划。

分电压等级应根据城网选用的电压等级划分，计算某个电压等级城网的负荷时，应从总负荷中减去上一级电压城网的线损功率和直接供电的（包括发电厂直供的）负荷。

负荷预测需收集的资料一般应包括以下内容：

（1）城市建设总体规划中有关人口规划、用地规划、能源规划、产值规划、城市居民收入和消费水平、市区内各功能区（如工业、商业、住宅、文教、港口码头、风景旅游等区域）的改造和发展规划。

（2）市计划、统计部门和各大用户的上级主管部门提供的用电发展规划和有关资料。

（3）电力系统规划中如电力、电量的平衡等有关资料。

（4）全市及分区、分电压等级统计的历年用电量和负荷，典型日负荷曲线及潮流图。

（5）各级电压变电所、大用户变电所和有代表性的配电所的负荷记录和典型日负荷曲线。

（6）按行业分类统计的历年售电量和负荷。

（7）大工业用户的历年用电量、负荷、主要产品产量和用电单耗。

（8）计划新增的大用户名单、用电容量、时间和地点。

（9）现有电源供电设备或线路过负荷情况，及由此而供不出电的数量和因限电对生产、生活等造成影响的资料。

（10）国家及地方经济建设发展中的重点工程项目及用电发展资料。

应用于配电网规划的负荷预测方法有单耗法、弹性系数法、外推法、综合用电水平法和负荷密度法，见表 18.4 - 10。

表 18.4 - 10   配电网负荷预测方法

负荷预测方法	内 容	适用场合
单耗法	根据产品（或产值）用电单耗和产品数量（或产值）来推算电量，是预测有单耗指标的工业、部分农业生产用电量的一种直接有效的方法。预测的准确程度取决于对产品数量（或产值）的估计和对用电单耗变动趋向的正确掌握；按产值计算用电单耗时，还需注意产品结构的变化 总的工业用电量可按主要产品分类预测，或分行业综合预测后再进行汇总	适用于近、中期规划
弹性系数法	电力弹性系数是地区总用电量平均年增长率与工农业总产值平均年增长率的比值。城网的电力弹性系数应根据地区工业结构、用电性质，并对历史资料及各类用电比重发展趋势加以分析后慎重确定	校核中期或远期的规划预测值
外推法	运用历年的历史资料数据加以延伸，由此推测未来各年的用电量，外推法有回归分析法和平均增长率法等。回归分析法是用时间、人口、工农业产值等相关因素作为自变量，电量作为因变量，根据历史规律用数理统计方法求出适当的数学模型，据此预测电量	适用于近、中期规划
综合用电水平法	根据人口及每人的平均用电量来推算城市的用电量。对于市政生活用电，可通过典型小区调查分析按市区人口的每人用电量来估算。在人民生活水平不断提高、市区工业增长相对稳定的情况下，市政生活用电的比重将有较大的增长	适用于近、中期规划
负荷密度法	负荷密度按市内分区面积以每平方千米的平均负荷千瓦数表示。市区内少数集中用电的大用户必要时可视作点负荷单独计算 采用负荷密度法应首先调查市内各分区的现有负荷，分别计算现有负荷密度值。必要时可将分区再分为若干小区进行计算后加以合成，然后根据城市功能区和大用户的用电规划以及市政生活用电水平等，并参考国内外城市用电规划资料，估计规划期内各分区可能达到的负荷密度预测值 根据各分区的负荷密度汇总计算市内总负荷预测值时应同时考虑分区间的负荷分散系数（大于 1）和单独计算的大用户用电预测值	适用于负荷跳跃式发展情况下的预测 适用于市区内大量分散的用电负荷预测

4.3   配电系统电能质量

供电部门需要为用户提供电压合格、频率合格并持续供电的电能产品，构成电能产品的质量要素有频率、电压、波形和相位差。引起电能质量问题的主要原因有雷电、风雨、冰霜等自然现象对线路的损害；配电设备及线路故障、配电运行的误操作、冲击性负荷的影响等。为保证用电设备的正常工作，国家电能质量标准针对供电系统的电压偏差、电压波动和闪变、电网谐波、三相电压不平衡度都作了具体规定。

4.3.1　供电系统的电压偏差

保证各类用户受电电压质量是配电系统的一项基本要求。《供电营业规则》规定的电压合格标准（用户受电端的电压变动幅度）如下：

（1）35kV 及以上供电和对电压质量有特殊要求的用户为标称电压的±5%。

（2）10kV 供电和低压电力用户为标称电压的±7%。

（3）低压照明用户为标称电压的+5%、−10%。

（4）城网中低压配电网一般是动力和照明混合的，因此低压用户的允许电压变动幅度应为标称电压的+5%、−7%。

各地城网应按具体情况计算并规定各级电压城网的允许电压损失值的范围，一般情况可参考表 18.4 − 11 所列数值。

表 18.4 − 11　城网的允许电压损失值的范围

城 网 电 压	电压损失分配值（%）	
	变压器	线 路
110kV、63kV	2~5	4.5~7.5
35kV	2~4.5	2.5~5
10kV 以下	2~4	8~10
10kV 线路		2~6
配电变压器	2~4	
低压线路（包括接户线）		4~6

4.3.2　供电系统的电压波动和闪变

电力系统正常运行方式下，由波动负荷引起的公共连接点电压的快速变动及由此可能引起人对灯闪明显感觉的场合，常常出现电压波动和闪变现象。公共连接点是指电力系统中一个以上用户的连接处。波动负荷指生产（或运行）过程中从供电网中取用快速变动功率的负荷，例如炼钢电弧炉、轧机、电弧焊机等。电压波动是指电压均方根值一系列的变动或连续的改变。闪变是指灯光照度不稳定造成的视感。

GB 12326—2000《电能质量　电压波动和闪变》规定的由波动负荷产生的电压变动限值和变动频度、电压等级之间的关系见表 18.4 − 12~表 18.4 − 14。

表 18.4 − 12　电压变动限值

r／h	d（%）	
	LV、MV	HV
r≤1	4	3

续表

r／h	d（%）	
	LV、MV	HV
1<r≤10	3	2.5
10<r≤100	2 *	1.5 *
100<r≤1000	1.25	1

注：1. 很少的变动频度 r（每日少于 1 次），电压变动限值 d 还可以放宽。

2. 对于随机性不规则的电压波动，依 95% 概率大值衡量，表中标有"＊"的值为其限值。

3. 系统标称电压 U_N 等级按以下划分：

低压（LV）　　　　　　 $U_N \leqslant 1kV$

中压（MV）　　 $1kV < U_N \leqslant 35kV$

高压（HV）　 $35kV < U_N \leqslant 220kV$

表 18.4 − 13　各级电压下的闪变限值

系统电压等级	LV	MV	HV
P_{st}	1.0	0.9（1.0）	0.8
P_{lt}	0.8	0.7（0.8）	0.6

注：1. P_{st} 为短时间的闪变值；P_{lt} 为长时间的闪变值；P_{st} 和 P_{lt} 的每次测量周期分别取为 10min 和 2h（下同）。

2. MV 括号中的值仅适用于 PCC 连接的所有用户为同电压级的用户场合。

表 18.4 − 14　LV 和 MV 用户第一级限值

r／min	$k=（\Delta S/S_{sc}）_{max}$（%）
r<10	0.4
10≤r≤200	0.2
200<r	0.1

注：1. 表中 ΔS 为波动负荷视在功率的变动；S_{sc} 为 PCC 短路容量。

2. 已通过 IEC 61000-3-3 和 IEC 61000-3-5 的 LV 设备均视为满足第一级规定。

不同电压等级之间闪变传递系数 T 见表 18.4 − 15。

表 18.4 − 15　不同电压等级间闪变传递系数

	HV − MV T_{HM}	HV − V T_{HL}	MV − V T_{ML}
范围	0.8~1.0	0.8~1.0	0.95~1.0
一般取值	0.9	0.9	1.0

对于不同类型的电压波动，P_{st} 有不同的评估方法，见表 18.4 − 16。

表 18.4 - 16 闪变的评估方法

电压变动类型	P_{st} 评估方法	内 容
各种类型电压波动（在线评估）	直接测量	各种类型的电压波动均可以用符合 IEC61000 - 4 - 15 的闪变仪直接测量来评估
$U_t(t)$ 已确定的所有电压波动	仿真法，直接测量	当负荷变动特性和 PCC 的系统阻抗已知时，可以计算负荷引起的电压变动 $d(t)$，然后由闪变仪的模拟程序求出相应的 P_{st}。本法需要专门的程序，其精度主要取决于负荷特性的数学模型
周期性等间隔电压波动（如图 18.4 - 2 和图 18.4 - 3 所示）	利用 $P_{st} = 1$ 曲线	对于周期性等间隔矩形波（或阶跃波）、正弦波和三角波的电压变动，当已知电压变动 d 和频度 r 时，可以利用图 18.4 - 2 由 r 查出对应于 $P_{st} = 1$ 的电压变动 d_{Lim}，则 $$P_{st} = F\frac{d}{d_{Lim}}$$ 式中，F 为波形系数。对于短形波（或阶跃波）$F = 1$；对于正弦波和三角波查图 18.4 - 3
电压变动间隔时间大于 1s 的电压波动	闪变时间分析法、仿真法、直接测量	在求 P_{st}（或 P_{lt}）时分别选取产生闪变较严重的 10min（或 2h）时段的 $d(t)$ 作分析，把各种变动波形利用波形系数等值为阶跃变动波形，求出闪变时间 $t_f(s)$ 来评估 P_{st}（或 P_{lt}）

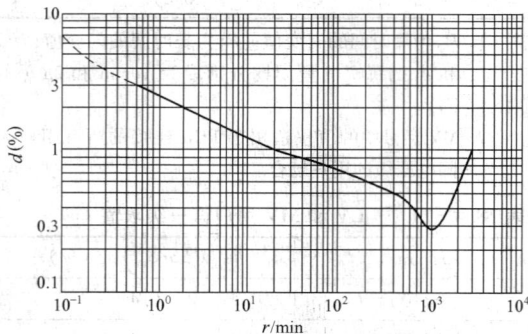

图 18.4 - 2 周期性矩形（或阶跃）电压变动的
单位闪变（$P_{st} = 1$）曲线

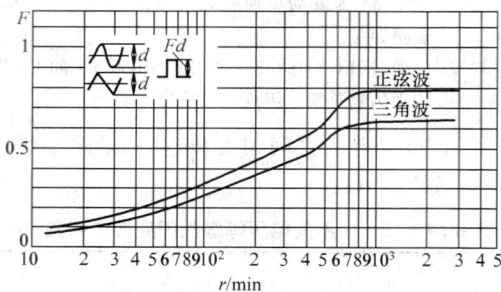

图 18.4 - 3 周期性正弦波和三角波
电压波动的波形系数

4.3.3 电网谐波

谐波（分量）是指对周期性交流量进行傅里叶级数分解，得到频率为基波频率大于 1 整数倍的分量。谐波次数（h）是指谐波频率与基波频率的整数比。谐波含量（电压或电流）是指从周期性交流量中减去基波分量后所得的量。谐波含有率是指周期性交流量中含有的第 h 次谐波分量的方均根值与基波分量的方均根值之比（用百分数表示）。总谐波畸变率（THD）指周期性交流量中的谐波含量的方均根值与其基波分量的方均根值之比（用百分数表示）。电压总谐波畸变率以 THD_u 表示，电流总谐波畸变率以 THD_i 表示。

谐波指标计算公式见表 18.4 - 17。

表 18.4 - 17 谐波指标计算公式

谐波指标	公 式	备 注
第 h 次谐波电压含有率 HRU_h（%）	$HRU_h = \dfrac{U_h}{U_1} \times 100\%$	U_h—第 h 次谐波电压（方均根值）
第 h 次谐波电流含有率 HRI_h（%）	$HRI_h = \dfrac{I_h}{I_1} \times 100\%$	
谐波电压含量 U_h	$U_h = \sqrt{\sum\limits_{h=2}^{\infty}(U_h)^2}$	U_1—基波电压（方均根值）
谐波电流含量 I_h	$I_h = \sqrt{\sum\limits_{h=2}^{\infty}(I_h)^2}$	I_h—第 h 次谐波电流（方均根值）
电压总谐波畸变率 THD_u（%）	$THD_u = \dfrac{U_h}{U_1} \times 100\%$	I_1—基波电流（方均根值）
电流总谐波畸变率 THD_i（%）	$THD_i = \dfrac{I_h}{I_1} \times 100\%$	

公用电网谐波电压（相电压）限值见表 18.4 - 18。

表 18.4-18　公用电网谐波电压（相电压）限值

电网标称电压/kV	电压总谐波畸变率（%）	各次谐波电压含有率（%）	
		奇次	偶次
0.38	5.0	4.0	2.0
6	4.0	3.2	1.6
10			
35	3.0	2.4	1.2
66			
110	2.0	1.6	0.8

谐波电流允许值公共连接点的全部用户向该点注入的谐波电流分量（均方根值）应不超过表 18.4-19 中规定的允许值。

4.3.4　三相电压不平衡度

不平衡度 ε 是指三相电力系统中三相不平衡的程度，用电压或电流负序分量与正序分量的方均根值百分比表示。电压或电流不平衡度分别用 ε_U 或 ε_I 表示。不平衡度的计算公式见表 18.4-20。

表 18.4-19　注入公共连接点的谐波电流允许值

标准电压/kV	基准短路容量/MVA	谐波次数及谐波电流允许值/A																							
		2	3	4	5	6	7	8	9	10	11	12	13	14	15	16	17	18	19	20	21	22	23	24	25
0.38	10	78	62	39	62	26	44	19	21	16	28	13	24	11	12	9.7	18	8.6	16	7.8	8.9	7.1	14	6.5	12
6	100	43	34	21	34	14	24	11	11	8.5	16	7.1	13	6.1	6.8	5.3	10	4.7	9.0	4.3	4.9	3.9	7.4	3.6	6.8
10	100	26	20	13	20	8.5	15	6.4	6.8	5.1	9.3	4.3	7.9	3.7	4.1	3.2	6.0	2.8	5.4	2.6	2.9	2.3	4.5	2.1	4.1
35	250	15	12	7.7	12	5.1	8.8	3.8	4.1	3.1	5.6	2.6	4.7	2.2	2.5	1.9	3.6	1.7	3.2	1.5	1.8	1.4	2.7	1.3	2.5
66	500	16	13	8.1	13	5.4	9	4.1	4.3	3.3	5.9	2.7	5.0	2.3	2.6	2.0	3.8	1.8	3.4	1.6	1.9	1.5	2.8	1.4	2.6
110	750	12	9.6	6.0	9.6	4.0	6.8	3.0	3.2	2.4	4.3	2.0	3.7	1.7	1.9	1.5	2.8	1.3	2.5	1.2	1.4	1.1	2.1	1.0	1.9

表 18.4-20　不 平 衡 度 的 计 算 公 式

表达式	公　式	备　注
不平衡度的定义式	$\varepsilon_U = \dfrac{U_2}{U_1} \times 100\%$　（B1）	U_1 为三相电压的正序分量方均根值（V）；U_2 为三相电压的负序分量方均根值（V）。如将式（B1）中 U_1、U_2 换为 I_1、I_2，则为相应的电流不平衡度 ε_I 的表达式
不平衡度的准确计算式	在有零序分量的三相系统中，应用对称分量法，分别求出正序分量和负序分量，由式（B1）求出不平衡度	
	在没有零序分量的三相系统中，当已知三相量 a、b、c 时，用下式求不平衡度 $$\varepsilon = \sqrt{\dfrac{1-\sqrt{3-6L}}{1+\sqrt{3-6L}}} \times 100\%$$	$\varepsilon_U = (a^4+b^4+c^4)/(a^2+b^2+c^2)^2$
不平衡度的近似计算式	设公共连接点的正序阻抗与负序阻抗相等，则 $\varepsilon_U = \dfrac{\sqrt{3} I_2 U_L}{10 S_K} \times 100\%$	I_2 为电流的负序值（A）；S_K 为公共连接点的三相短路容量（MVA）；U_L 为线电压（kV）
	相间单相负荷引起的电压不平衡度表达式 $\varepsilon_U = \dfrac{S_L}{S_K} \times 100\%$	S_L 为单相负荷容量（MVA）

电压不平衡度允许值，电力系统公共连接点正常电压不平衡度允许值为2%，短时不得超过4%。

电气设备额定工况的电压允许不平衡度和负序电流允许值仍由各自标准规定，例如旋转电机按 GB 755《旋转电机 基本技术要求》规定。

接于公共接点的每个用户，引起该点正常电压不平衡度允许值一般为 1.3%，根据连接点的负荷状况，邻近发电机、继电保护和自动装置安全运行要求，可作适当变动，但是不得超过电力系统公共连接点正常电压不平衡度允许值。

第 5 章　配电自动化及配电管理系统

配电自动化是一项集计算机技术、自动控制技术、数据通信、信息管理技术于一身的综合信息管理系统。配电自动化是利用现代计算机及通信技术，将配电网的实时运行、电网结构、设备、用户以及地理图形等信息进行集成，构成完整的自动化系统，实现配电网运行监控及管理的自动化、信息化。其目的是提高供电可靠性，提高供电质量，提高服务质量，优化电网操作，提高供电企业的经济效益和提高企业的管理水平，使供电企业和用户双方受益。

5.1　配电自动化系统的实现原则

实施配电自动化系统应坚持统筹兼顾、统一规划；分析现状、优化设计；远近结合、分步实施；充分利用现有设施、改造建设等原则。评价配电自动化方案优劣的依据包括供电可靠性、投资的经济性、使用及维护的方便性。供电可靠性包括故障下停电范围、停电次数、停电时间、恢复供电时间。投资的经济性包括一次性投资费用以及运行维护费用。

具体地说，实施原则有以下几个方面：

（1）配电自动化系统应充分考虑本地社会经济发展的需要，以及供电企业本身的经济效益。根据当地经济发展水平、负荷重要性、负荷密度等，在原有自动化的基础上，因地制宜地开展。并选择最有效的功能着手，充分利用原有系统，经过试点逐步推广，避免盲目性，讲求实效。

（2）实现配电自动化必须和城网的建设和改造相结合，自动化专业规划的编制应和城网建设改造规划密切配合。城网的一、二次设备和网络应为配电系统自动化提供条件，并尽量同步实施，自动化专业规划应满足提高供电可靠性和电能质量的要求。对一次电网进行规划、改造，确保电网接线在各种方式下，能满足 $N-1$ 时基本安全准则。配电网规划应遵循如下原则：

1）遵循相关标准，结合当地电网实际主干线路宜采用环网接线、开式运行，导线和设备应满足负荷转移的要求。

2）主干线路宜分段，并装设分段开关，分段主要考虑负荷密度、负荷性质和线路长度。

3）配电设备自身可靠，有一定的容量裕度，并具有遥控和某些智能功能。

（3）配电自动化规划必须满足在考虑网络现有结构和设备现有水平的基础上，处理好局部与整体、近期与远期的关系，使得整个配电网实现配电自动化的整体经济利益最佳。分阶段投资和实施、分层次推广配电自动化系统，确定分阶段投资的区域，并使分阶段建设的各配电自动化子系统，最终构建成一个能够与运行功能相配合的配电自动化系统。

1）分阶段实施，配电自动化和管理的功能要考虑实施的时间，分阶段推进并要考虑功能的衔接以避免投资浪费如城中心区架空线入地后再实施配电网自动化，以避免投资浪费。

2）分区域实施，要考虑供电区域的负荷特性、供电可靠性要求，针对不同的可靠性要求，实施相适应的配电自动化模式，满足用户的可靠性需求。对最需要的区域，如金融中心居民小区、工业用电等，影响面非常大；而对最不重要的区域，影响面就小。

3）分档次实施，要针对不同供电可靠性要求考虑不同投资水平的技术手段，包括控制策略、通信方式等。

（4）配电自动化系统应在在线控制和离线管理方面，实现纵向和横向集成，实现资源共享，逐步发展成一个较为完整的系统。配电自动化系统应与地区电网调度自动化、负荷管理、变电站自动化、用电管理、用户服务、管理信息等系统有机集成，以实现信息源唯一、资源共用、信息共享、图形数据同步更新。

（5）配电自动化系统工程应具备先进性和实用性，采用开放式系统，能与多厂家系统逐步集成，满足实时性要求，方便扩展和升级。

（6）配电系统自动化的信息通道要结合配电系统的各种自动化通道综合解决，与城网建设改造同步建设，提供足够的自动化通道。

5.2　配电自动化系统的组成及基本功能

配电自动化系统组成结构如图 18.5－1 所示。

配电自动化系统主要功能见表 18.5－1。

配电自动化系统的馈线自动化功能（即 FA，Feeder Automation），其基本原理是将环网结构开环运行的配电网线路通过分段开关把供电线路分成各个供电区域。当某区域发生故障时，及时将分割该区域的开关跳开，隔离故障区域。随后，将因线路发生故障而失电的非故障区域迅速恢复供电，从而避免了因线路出现故障而导致整条线路连续失电，大大减小停电范围，提高供电可靠性。要求故障点的自动隔离应快速完成，非故障区域恢复供电及故障修复后，恢复正常的供电运行方式等重组功能, 在步骤上, 由故障定位、故障隔离、非故障区恢复供电和配电网络优化重构三部分构成。

馈线自动化实现方式有无通道模式、集中智能模式和分布智能模式三种, 见表 18.5-2。

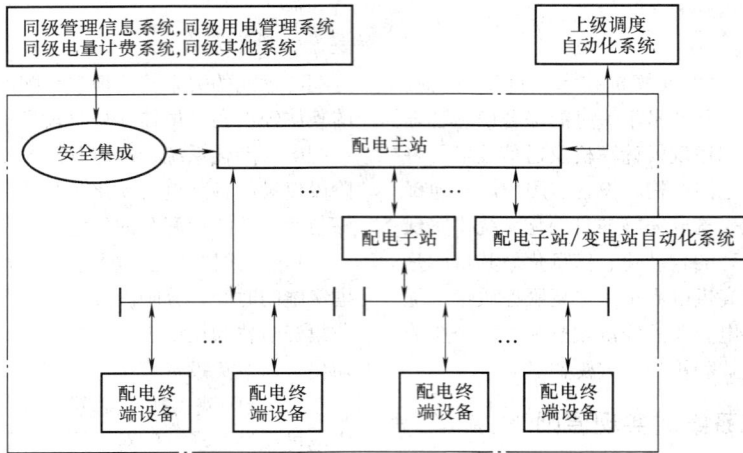

图 18.5-1　配电自动化系统组成结构

表 18.5-1　　　　　　　　　　　　配电自动化系统主要功能

功能模块	描　　述	相关数据资源
监控数据采集业务	主站从厂站接收遥测、遥信数据, 主站向厂站发送遥控遥调数据	上行远动数据、下行远动数据
配电网络实时计算业务	进行配电网的在线网络分析, 进行配电网的实时优化计算分析	实时数据、网络拓扑数据、计算信息
拨号诊断及移动告警服务	开发商或本系统人员远程维护以及把告警信息发给操作员的 BP 机或手机等移动设备	主站系统程序文件、告警数据
馈线自动化功能	进行故障定位、隔离及非故障区域恢复供电	上行远动数据、下行远动数据、网络拓扑数据、故障信息、处理策略
运行计划与优化业务	通过对运行方式和运行工况的计算, 优化运行方式降低网损	网络拓扑数据、实时数据或历史数据、计划信息、优化计算信息
配网调度员培训业务	进行调度员培训, 对配网的故障预演及事故仿真	实时数据或历史数据、设备信息
SCADA/GIS 图形及拓扑维护业务	将配电网图形在 GIS 系统与 SCADA 系统中保持一致, 同步更新	空间数据及 GIS 图形、历史数据、网络更新信息
图资管理	在地理信息系统基础上对配电系统的设备及图形进行管理, 在线 DMS 应用和其他 DMS 应用中都是基础功能	设备管理数据、空间数据及 GIS 图形、设备信息、网络拓扑
客户查询业务	客户查询配电管理、用电信息业务	设备管理数据、空间数据及 GIS 图形、网络更新信息、业扩需求信息
读表及负荷管理	用户抄表及大用户负荷管理	网络拓扑数据、实时数据或历史数据、负控信息
配电工作管理	对配电业务流程进行管理, 对配网设备建设及维护	设备管理数据、空间数据及 GIS 图形、网络扩展信息、管理信息
配网扩展规划	对配网的扩容及线路扩展进行规划	历史数据、设备管理数据、空间数据及 GIS 图形、网络扩展信息
对主站系统外提供的 Web 服务	经过配电通信网为上级或同级控制中心、部门提供电网接线图的 Web 浏览	电网接线图及其相关数据
上级或同级 EMS 与 DMS 之间的系统互联	接收上级或同级 EMS 的控制命令, 并发送实时数据	配电中心间的交换数据
向供电企业管理系统提供配电数据	向供电企业管理系统提供配电系统的设备及运行等数据	历史数据

表 18.5-2　　　　　　　　　　　馈线自动化实现方式

实现方式	实现原理	特　点	通信要求	适用场合
无通道模式	这种模式主要有电压时间型和电流计数型两种。主要设备就是FTU结合断路器或负荷开关构成的具有重合功能的分段器。主要原理就是根据变电所出线保护重合闸到再次出现故障电流的时间确定故障区域（电压时间型），或根据重合器开断故障电流动作次数确定故障区域（过电流脉冲计数型）	（1）故障处理及供电恢复速度慢 （2）对系统及用户冲击大 （3）需改变变电站速断保护定值及重合闸次数 （4）同一线路上、下级重合器动作缺乏选择性 （5）网络重构后，需改变重合器的整定参数 （6）多电源多分支的复杂网络，参数配合困难 （7）不支持信道问题解决后需具备的SCADA功能及高层在线和离线管理功能	不需要通信	适合于网架结构比较简单，不具备通信手段或通信条件不完善、可靠性较低的场合
集中智能模式	集中智能模式是指现场的FTU将检测的故障信息上传给主站或子站，由主站或子站根据配电网络的实时拓扑结构，按照一定的算法进行故障定位，下达命令给相关的FTU跳闸隔离故障及恢复供电	（1）通过一次重合即可完成故障处理 （2）可以进行全网优化分析计算 （3）电源必须配备储能电池	必须要建设有效而又可靠的通信网络，要求具备主从式通信网络	适用于多电源复杂的网络
分布智能模式	在馈线网络上发生相间故障或三相故障后，FTU采用对等式的通信网络，线路上的开关控制器之间互相通信，收集相邻开关的故障信息，综合比较后确定出发生故障的区段，跳开该区段两端的开关，完成故障隔离动作及恢复供电	（1）一次性快速处理故障，故障切除时间很短 （2）无需配电主站、子站的配合，具有更高的可靠性	要求具备对等式通信网络	适合电能质量要求高的场合

5.3　配电自动化系统终端设备

配电远方终端是用于中低压电网的各种远方监测、控制单元的总称。包括配电开关监控终端FTU（Feeder Terminal Unit）、配电变压器监测终端TTU（Transformer Terminal Unit）、开闭所、公用及用户配电所的监控终端DTU（Distribution Terminal Unit）等。

配电子站功能见表18.5-3。

配电终端功能见表18.5-4。

表 18.5-3　　配 电 子 站 功 能

功　能		基本功能	选配功能
数据采集	（1）状态量	✓	
	（2）模拟量	✓	
	（3）电能量	✓	
	（4）事件顺序记录		✓

续表

功　能		基本功能	选配功能
控制功能	（1）当地控制	✓	
	（2）远方控制	✓	
数据传输	（1）与主站、终端通信	✓	
	（2）支持多种通信规约		✓
	（3）与其他智能设备通信		✓
维护功能	（1）当地维护	✓	
	（2）远方维护		✓
故障处理	（1）故障区段定位		✓
	（2）故障区段隔离		✓
	（3）非故障区段恢复供电		✓
通信监视	（1）通信故障监视	✓	
	（2）通信故障上报	✓	
其他功能	（1）校时	✓	
	（2）设备自诊断及程序自恢复	✓	
	（3）后备电源	✓	

表 18.5 - 4 配 电 终 端 功 能

功能			柱上开关配电终端 基本功能	柱上开关配电终端 选配功能	配电变压器终端设备 基本功能	配电变压器终端设备 选配功能	开闭所终端设备 基本功能	开闭所终端设备 选配功能	配电所终端设备 基本功能	配电所终端设备 选配功能	用户配电所终端设备 基本功能	用户配电所终端设备 选配功能
数据采集	状态量	(1) 开关位置	✓				✓		✓		✓	
		(2) 终端状态	✓		✓		✓		✓		✓	
		(3) 开关储能、操作电源	✓				✓		✓			
		(4) SF$_6$ 开关压力信号			✓		✓		✓			✓
		(5) 通信状态			✓	✓	✓		✓			✓
		(6) 保护动作信号和异常信号	✓				✓		✓			✓
	模拟量	(1) 中压电流	✓				✓		✓		✓	
		(2) 中压电压			✓		✓		✓		✓	
		(3) 中压有功功率			✓		✓		✓		✓	
		(4) 中压无功功率			✓		✓		✓		✓	
		(5) 功率因数	✓	✓			✓		✓		✓	
		(6) 低压电流			✓							✓
		(7) 低压电压			✓							✓
		(8) 低压有功功率			✓							✓
		(9) 低压无功功率			✓							✓
		(10) 低压零序电流及三相不平衡电流			✓							
		(11) 温度				✓				✓		
		(12) 电能量			✓				✓		✓	
控制功能		(1) 开关分合闸	✓			✓	✓		✓			✓
		(2) 保护投停			✓		✓		✓			
		(3) 重合闸投停			✓				✓		✓	
		(4) 备用电源自投装置投停					✓		✓			
数据传输		(1) 上级通信	✓		✓		✓		✓		✓	
		(2) 下级通信			✓		✓		✓		✓	✓
		(3) 校时	✓		✓		✓		✓		✓	
		(4) 其他终端信息转发			✓		✓		✓			
		(5) 电能量转发			✓		✓		✓		✓	
维护功能		(1) 当地参数设置	✓		✓		✓		✓		✓	
		(2) 远程参数设置			✓		✓		✓		✓	
		(3) 远程诊断			✓		✓		✓		✓	
其他功能		(1) 馈线故障检测及故障事件记录	✓				✓		✓			
		(2) 设备自诊断			✓		✓		✓			✓
		(3) 程序自恢复	✓		✓		✓		✓			
		(4) 终端用后备电源及自动投入	✓			✓	✓		✓			
		(5) 事件顺序记录					✓		✓			
		(6) 当地显示			✓		✓		✓			✓
		(7) 保护及单/多次重合闸			✓		✓					
		(8) 备用电源自动投入					✓					✓
		(9) 最大需量及出现时间				✓			✓			
		(10) 失电数据保护			✓				✓			
		(11) 断电时间				✓			✓		✓	
		(12) 电压合格率统计				✓			✓			✓
		(13) 模拟量定时存储				✓			✓			✓

续表

功　能		柱上开关配电终端		配电变压器终端设备		开闭所终端设备		配电所终端设备		用户配电所终端设备	
		基本功能	选配功能	基本功能	选配功能	基本功能	选配功能	基本功能	选配功能	基本功能	选配功能
当地功能	（1）配电变压器有载调压				✓				✓		✓
	（2）配电电容器自动投停				✓				✓		✓
	（3）终端、开关蓄电池自动维护	✓			✓	✓			✓		✓
	（4）其他当地功能	✓			✓				✓		✓

5.4　配电自动化系统主站系统

　　配电自动化主站系统完成配电自动化信息的采集、处理与存储，并对配电网进行分析、计算与决策控制，是配电自动化（DA）与配电管理系统（DMS）的控制中心。

　　系统的一般构成包括服务器（包括 DMS 应用服务器、SCADA 服务器、历史数据服务器、DTS 服务器、WEB 服务器等）和工作站（包括调度员工作站、远程维护工作站、报表工作站、配电工作管理工作站等），其中磁盘阵列用于存储历史数据。

　　在数据采集网中，由数据采集服务器、终端服务器和网络交换机组成，其中终端服务器用于连接串行通信的配电终端设备，网络交换机用于连接网络型的配电终端设备。

　　在与其他系统通信网中，由通信服务器和网络交换机或路由器组成，完成与 SCADA /EMS 系统以及其他的信息管理系统接口与互联。主站系统的网络类型采用双以太局域网，网络协议采用 TCP/IP 或 DECnet 等。主站系统的软件由基础软件、平台支撑软件和应用软件三部分组成。

　　配电主站实时功能见表 18.5-5。

表 18.5-5　　配电主站实时功能

功　能		基本功能	选配功能
数据采集	模拟量		
	（1）电压	✓	
	（2）电流	✓	
	（3）有功功率	✓	
	（4）无功功率	✓	
	（5）功率因数		✓
	（6）温度		✓
	（7）频率		✓
	数字量		
	（1）电能量	✓	
	（2）标准时钟接收输出	✓	

续表

功　能		基本功能	选配功能
数据采集	状态量		
	（1）开关状态	✓	
	（2）事故跳闸信号	✓	
	（3）保护动作信号和异常信号	✓	
	（4）终端状态信号	✓	
	（5）开关储能信号	✓	
	（6）通道状态信号	✓	
	（7）SF_6开关压力信号		✓
数据传输	（1）与配电子站和远方终端通信	✓	
	（2）与调度自动化系统通信	✓	
	（3）与管理信息系统交换信息	✓	
	（4）与用电管理系统交换信息	✓	
	（5）与其他系统交换信息	✓	
数据处理	（1）有功功率总加	✓	
	（2）无功功率总加	✓	
	（3）有功电能量总加	✓	
	（4）无功电能量总加	✓	
	（5）越限告警	✓	
	（6）计算功能	✓	
	（7）合理性检查和处理	✓	
控制功能	（1）开关分合闸	✓	
	（2）闭锁控制功能	✓	
	（3）保护及重合闸远方投停		✓
	（4）保护定值远方设置		✓
事件报告	（1）事件顺序记录	✓	
	（2）事故追忆		✓
人机联系	画面显示与操作		
	（1）配电网络图	✓	
	（2）变电所、开闭所、配电站、中压用户一次接线图	✓	
	（3）系统实时数据显示	✓	
	（4）实时负荷曲线图及预测负荷曲线图，选出最大值、最小值、平均值	✓	
	（5）主要事件顺序显示	✓	
	（6）事件报警：推图、语音、文字、打印	✓	
	（7）配电自动化系统运行状况图	✓	
	（8）发送遥控、校时、广播冻结电能命令等	✓	
	（9）修改数据库的数据	✓	
	（10）生成与修改图形报表	✓	

续表

功　能		基本功能	选配功能
人机联系 报表管理与打印	（1）报表编辑	✓	
	（2）定时打印	✓	
	（3）召唤打印	✓	
	（4）异常及事故打印	✓	
	（5）操作记录存储、查询、打印	✓	
	大屏幕		✓
系统维护 主站维护	（1）数据库	✓	
	（2）界面及图形维护	✓	
	（3）通信系统设备参数的维护	✓	
	（4）设备自诊断	✓	
远方维护	（1）配电主站远方维护		✓
	（2）配电子站远方维护		✓
	（3）配电终端远方维护		✓

续表

功　能		基本功能	选配功能
故障处理	（1）故障区段定位	✓	
	（2）故障区段隔离、恢复非故障区段供电	✓	
	（3）网络重构		✓
应用软件	（1）网络拓扑	✓	
	（2）潮流计算		✓
	（3）短路电流计算		✓
	（4）电压/无功分析及优化		✓
	（5）状态估计	✓	
	（6）网络优化		✓

配电主站管理功能见表18.5-6。

表18.5-6　　　　　　　　　　配电主站管理功能

功　能		基本功能	选配功能
指标管理	（1）采集变电所、配电网、用户中与可靠性管理有关的实时数据，录入其他采集数据，进行配电系统的供电可靠率分析与管理		✓
	（2）采集变电所、公用配电变压器、专用变压器用户、低压用户等实时电能量数据，录入所需手抄电能量数据，进行线损分析、分台区分析与管理		✓
	（3）采集变电所母线、公用配电变压器、专用变压器用户、低压用户电压监测点的实时电压数据，录入其他电压监测点的电压数据，进行全局电压合格率分析与管理		✓
地理信息系统 图形及数据维护	（1）支持商用数据库	✓	
	（2）地理接线图自动生成电气单线图	✓	
	（3）图形数据的录入、转换和编辑（包括道路图、建筑物分布图、行政区规划图、地形图、电网设备分布图等）	✓	
	（4）属性数据的录入、转换和编辑	✓	
	（5）属性数据与图形数据的关联	✓	
	（6）含有配电网络设备分布图及其属性数据的工程图的打印输出，可输出全图和局部图	✓	
	（7）图形建模	✓	
	（8）系统内数据一致性	✓	
查询与统计	（1）设备图形双向查询功能（既可通过图形属性查询设备属性，又可通过设备属性定位其相应位置）	✓	
	（2）区域查询与统计	✓	
	（3）按设备类型查询与统计	✓	
	（4）重要用户查询与统计	✓	
	（5）Web发布功能	✓	
	（6）其他查询		✓
运行管理 配网工况	（1）实时电气单线图	✓	
	（2）实时地理接线图	✓	
	（3）实时配电网络工况监测	✓	
	（4）变电所供电范围分析与显示	✓	
	（5）故障区域分析与显示	✓	
	（6）配电变压器负荷率		✓
	（7）继电保护定值		✓
	（8）实时网络运行方式分析		✓
	（9）配电变压器三相不平衡度监视		✓

续表

	功　能	基本功能	选配功能
停电管理	（1）事故及检修停电范围分析、显示	✓	
	（2）停电事项管理		✓
	（3）挂牌管理		✓
	（4）事故预演、重演		✓
运行管理 用户投诉电话受理	（1）用户定位		✓
	（2）自动录音（带时标）		✓
	（3）投诉处理		✓
	（4）自动应答		✓
工作票单管理	（1）操作票、工作票生成		✓
	（2）操作票、工作票、停电申请单显示、打印、存储		✓
	（3）网上传递、网上签名		✓
设备维护及检修管理	（1）以地理图为背景分层显示配电网电力设备、设施，编辑、查询、统计相关技术资料及表格	✓	
	（2）巡视管理		✓
	（3）缺陷管理		✓
	（4）检修与故障抢修管理		✓
	（5）预防性试验管理		✓
辅助设计	（1）用户业务扩充供电方案		✓
	（2）线路改造方案		✓
辅助工程管理			✓

主要技术指标见表 18.5-7。

表 18.5-7　　主要技术指标

	内　容	指　标
模拟量	（1）遥测综合误差	≤1.5%
	（2）遥测合格率	≥98%
状态量	（1）遥信动作正确率（年）	≥99%
遥控	（1）遥控正确率	≥99.99%
	（2）遥控拒动率	≤2%/月
系统响应时间	（1）开关量变位由终端传递到子站	<5s（光纤方式）
	（2）开关量变位传递到主站	<10s（光纤方式）
	（3）遥控完成时间	<20s（FTU级，光纤方式）
	（4）双机切换时间	<60s
	（5）站内事件分辨率（站内单个配电终端）	<10ms
	（6）重要模拟量越死区传递时间	<15s
	（7）画面调用时间	<5s

续表

	内　容	指　标
系统响应时间	（8）事故画面推出时间	<15s
	（9）故障区段隔离	<1min
	（10）非故障区段恢复送电	<2min
子站、配电终端平均无故障时间		≥8760h
系统可用率		≥99.9%
其他	配电自动化设备的环境温度、湿度、耐压强度、抗电磁干扰、抗振动、防雷等	满足 GB/T 13729 和 DL/T 721 要求

5.5　配电自动化通信系统

　　在配电自动化的通信系统的规划中一般应遵循"全面规划、因地制宜、优化设计、信息共享"的设计原则，配电网的终端数量多，但通道相对短，网络结构复杂且经常变化，配电自动化监控和管理系统的不同功能对通信的要求也有所不同。规划中要考虑到配电自动化系统对于通信可靠性、通信速率、停电对通信的影响、通信系统的使用与维护方便性及通信系统扩充能力等方面的要求，以及通信系统的总体投资和运行费用等要求。具体体现在以下几个方面：

1. 通信的可靠性和抗干扰性 配电系统的通信设备大多曝露在室外，需承受各种恶劣的自然条件的影响和电磁干扰。要保证馈线自动化功能的实现过程中大量的信息交换的可靠性。

2. 通信的速率要求 通信的速率选择应该根据配电自动化的不同应用功能选择相匹配的通信速率。

3. 通信系统的投资和运行费用 通信系统的投资不能太大，以免影响配电自动化系统的总体经济效益，既要考虑通信设备的初始投资费用，又要考虑到通信系统的运行费用。

4. 通信系统不受停电影响的适应性和故障恢复能力 按配电网的自动化功能和故障区段隔离及恢复正常区域供电功能的要求，应该即使在停电的地区内仍能正常通信一定时间。

5. 通信系统的使用与维护方便性 通信系统的选择应该安装调试简单，维护方便的设备。

6. 便于扩展 通信系统的节点随网架结构变化、用户增加而有可能增加与变化，因而要求系统可扩展性强，使节点接入方便，并具有可靠性和抗干扰性。

主要通信方式的比较见表 18.5 - 8。

表 18.5 - 8 主要通信方式的比较

	通信电缆（双绞线）	光纤通信	无线	电力线载波	GPRS
传输速率	约 1Mbit/s	约几个 Gbit/s	约几个 kbit/s	约几个 kbit/s	约 115kbit/s
传输距离	约几个 km	适合长距离通信	约几个 km	约几个 km，可中继	在 GPRS 网内不受限制
传输可靠性	可靠性高，噪声影响小	可靠性高，噪声影响无	可靠性中等，天气有些影响，也受其他因素影响	相线耦合干扰大，可靠性低，干扰小，利用电缆屏蔽层通信可靠性中等	可靠性中等，同时通信数量过大时通信质量下降
成本	便宜	稍微贵些	便宜	较为便宜	运行费用与数据量相关
安装及维护	不方便，涉及路面开挖、移杆等麻烦	不方便，涉及路面开挖、移杆等麻烦	方便	较为方便，涉及耦合设备安装	方便
评价	适宜于站内通信	适合配电主干通信或新建线路预先埋设	城市建筑对其影响较大，适宜于郊区和农村	适合城市电缆供电系统	适合不带控制的配电监测系统

第 6 章　配电系统节能与需求侧管理

6.1　配电系统能耗

1. 统计线损率　它是各网、省、地市供电部门对所管辖（或调度）范围内的电网各供、售电量计量表统计得出的线损率，即

$$统计线损率 = \frac{统计线损电量}{供电量} \times 100\%$$

供电量＝厂供电量＋输入电量－输出电量＋

购入电量

式中，厂供电量即电厂出线侧的上网电量，对于一次电网厂供电量是指发电厂送入一次电网的电量，对于地区电网厂供电量是指发电厂送入地区电网的电量；输入电量是指邻网输入的电量；输出电量是指送往邻网的电量；购入电量是指厂供电量以外的上网电量，如集资、独资、合资、股份制、独立核算机组、地方电厂、电力系统退役机组、多经机组、用户自备电厂等供入系统的电量；凡地方电厂和用户自备电厂的送出电量不应和系统送入电量抵冲，电网送入地方电厂及用户自备电厂的电量一律计入售电量，则

统计线损电能＝供电量－售电量

售电量是指所有用户的抄见电量，发电厂、供电局、变电所、供电所、保线站等的自用电量及电力系统第三产业所用的电量。凡不属于厂用电的其他用电，不属于所或站用电的其他用电，均应由当地电力部门装表收费。

2. 理论线损率　它是各网、省、地区供电公司对其所属输、变、配电设备根据设备参数、负荷潮流、特性计算得出的线损率，即

$$理论线损率 = \frac{理论线损电能}{供电量} \times 100\%$$

供电量＝厂供电能＋输入电能＋购入电能

理论线损电量是下列各项损耗电量之和：变压器的损耗电能；架空及电缆线路的导线损耗电能；电容器、电抗器、调相机中的有功损耗电能、调相机辅机的损耗电能；电流互感器、电压互感器、电能表、测量仪表、保护及远动装置的损耗电能；电晕损耗电能；绝缘子的泄漏损耗电能（数量较小，可以估计或忽略不计）；变电所的所用电能；电导损耗。

在配网的技术线损中，配电变压器的损耗占配网全部损耗的一半以上，所以配网降损的关键是降低配电变压器的损耗。

配电网线损计算方法见表 18.6 - 1，配电网络的节点多，分支线多，元件也多，且多数元件不具备测录运行参数的条件，因此，要精确地计算配电网电能损耗是困难的，在满足实际工程计算精度的前提下，一般采用平均电流法及等效电阻法等在计算机上进行计算。有条件时也可采用潮流计算的方法进行。

表 18.6 - 1　　　　配电网线损计算方法

计算方法	内　　　容	特　　　点
方均根电流法	方均根电流法采用电流的方均根值代替电流的积分值计算电阻上的电能损耗值	原理简单，易于掌握，对局部电网和个别元件电能损耗计算非常有效
平均电流法	平均电流法则利用方均根电流与平均电流的等效关系，用平均电流代替方均根电流计算电阻上的电能损耗值	与方均根电流法等效关系
等效电阻法	等效电阻法将配电线路等效成一个等效电阻，用线路首端的平均电流的二次方直接与等效电阻相乘，就能得到给定线路的电能损耗值	要求的配网运行数据很少，仅需获得线路首端的运行数据。但是，有一定的误差，需要在运用时加以修正
潮流计算法	利用配电网潮流计算的功率计算线路损耗	
三相潮流计算法	三相潮流法计算线路损耗首先根据配电线路的运行数据，对配电线路在选定的时间段内反复进行三相潮流计算，然后由潮流计算得到的线路潮流分布计算网络的线损	考虑到配电网中三相不平衡的特性，损耗计算的精确度高，但是对数据的要求很高，除了首端的运行数据外，还需要线路的详细的网络参数和每一个负荷点的详细的运行数据

（1）平均电流法。

第 i 段导线的损耗电能

$$\Delta A_{L(i)} = 3I_{av(i)}^2 RK^2 \times 24 \times 10^{-3} \quad (kW \cdot h)$$

配电线导线的总损耗电能

$$\Delta A_L = 72 \left[\sum_{i=1}^{m} I_{av(i)}^2 R_i \right] K^2 \times 10^{-3} \quad (kW \cdot h)$$

式中，$I_{av(i)}$ 为第 i 线段的平均电流（A）；R_i 为第 i 线段的电阻，$i = 1 \sim m$，m 为该配电线线段的总数，对于配电网各线段的电阻可以不作温度校正（Ω）。

根据公用配电变压器（产权属于电力部门的）所在节点的平均电流及该节点配电变压器的额定电流、计算该配电线全部公用配电变压器代表日的绕组损耗电能。

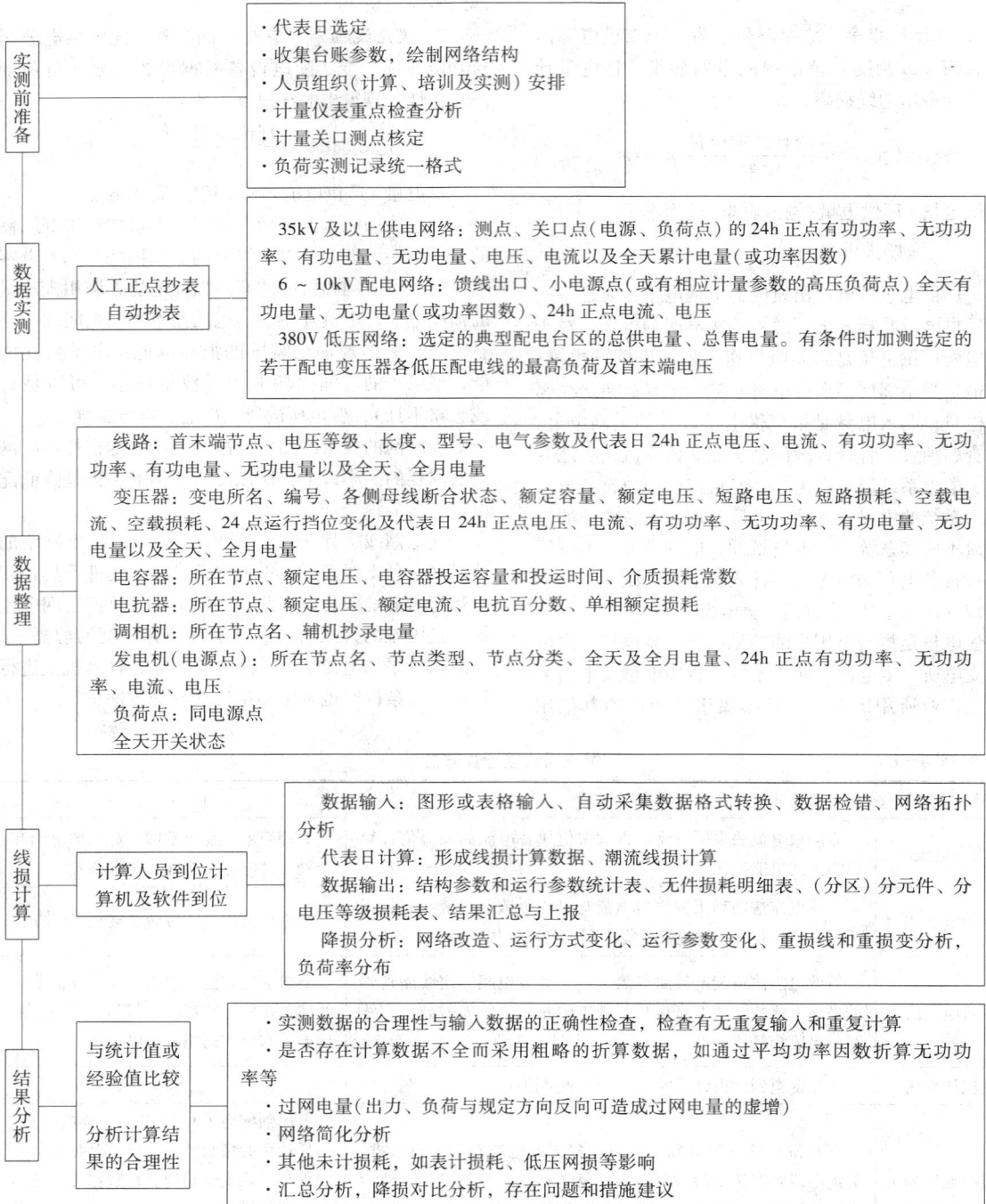

图 18.6－1 负荷实测与线损理论计算过程框图

$$\Sigma\Delta A_{R(j)} = \left[\Sigma\Delta P_{k(j)}\frac{I^2_{av(j)}}{I^2_{N(j)}}\right]K^2 \times 24 \quad (kW \cdot h)$$

式中，$\Delta P_{k(j)}$、$I_{av(j)}$、$I_{N(j)}$ 分别为第 j 节点公用配电变压器的短路损耗功率（kW），j 节点日平均电流（A），j 节点配电变压器高压侧的额定电流（A）。

配电线全部公用配电变压器代表日的铁心损耗

$$\Sigma\Delta A_{r(j)} = \Sigma\Delta P_{o(j)} \times 24 \quad (kW \cdot h)$$

式中，$\Delta P_{o(j)}$ 为第 j 节点公用配电变压器的空载损耗功率（kW）。

配电线代表日的总损耗电能

$$\Delta A = \Sigma\Delta A_{r(j)} + \Delta A_L + \Sigma\Delta A_{R(j)}$$

（2）等效电阻法。导线的等效电阻

$$R_{eqL} = \frac{\sum_{i=1}^m S^2_{(i)}R_i}{(\Sigma S_a)^2}$$

式中，ΣS_a 为该线路各节点配电变压器的总容量（kVA）；$S_{(i)}$ 为经 i 线段送电的配电变压器总容量（kVA）；R_i 为第 i 线段的导线电阻（Ω）。

全部公用配电变压器绕组的等效电阻

$$R_{eqR} = \frac{U^2 \Sigma\Delta P_{k(j)}}{(\Sigma S_a)^2} \times 10^3$$

式中，U 为配电变压器高压侧额定线电压（kV）；$\Delta P_{k(j)}$ 为第 j 节点公用配电变压器的额定短路损耗功率（kW）。

配电线路总的等效电阻

$$R_{eq} = R_{eq}L + R_{eq}R$$

配电线代表日的总损耗电量

$$\Delta A = [\Sigma\Delta P_{0(j)} + 3I^2_{av(0)}K^2 R_{eq} \times 10^{-3}] \times 24(kW \cdot h)$$

（3）负荷实测方法。在规定时间内，由各厂、所运行人员，以表盘表计为主，抄录实测日当天 24h 正点负荷数据，也可采用调度自动化系统和配电地理信息系统所采集的数据。现场运行人员要准点抄表，准确读表，严禁估抄、错抄和漏抄。表计抄见功率以流出母线为正，流入母线为负。负荷实测与线损理论计算过程框图如图 18.6 - 1 所示。

随着配电自动化系统的推广和使用并逐步实用化，负荷实测信息可以通过配电自动化系统中实时监测获得，这将大大促进线损计算的准确度，可以进行线损的精细化管理。

6.2　配电系统节能措施

在统计线损及理论线损进行统计计算的基础上，分别列出变压器绕组及空载损耗、线路损耗及其他元件的损耗电能及其所占该电压等级的总损耗电能的百分比，并与上年及历年的分压线损及分类线损进行比较，以便判断损耗结构的变化。分析供电半径、电流密度、供电电压、潮流分布、变压器负载率是否合理，以及售电构成变化对电能损耗的影响；分析电网的无功潮流及功率因数，无功功率是否符合分压分区就地平衡的原则。

针对线损存在的问题，提出改善措施，开展节能降损工作。降低电能损耗措施的效果计算见表 18.6 - 2。

表 18.6 - 2　　　　　　　　　　　降低电能损耗的措施

措　施	内　容	计　算　公　式
合理调整电压	通过调整变压器分接头，在母线上投切电容器及调相机调压等手段，在保证电压质量的基础上对电压作小幅度的调整	$$U_a\% = \frac{U' - U}{U} \times 100\%$$ 式中，$U_a\%$ 为电压提高率；U' 为调压后的母线电压（kV）；U 为调压前的母线电压（kV） $$C = \frac{\Delta A_R}{\Delta A_G}$$ 式中，ΔA_G 为调压前被调电网的固定损耗电能（kW·h）；ΔA_R 为调压前被调电网的可变损耗电能（kW·h） 电压调整后降损电能 $$\Delta(\Delta A) = \Delta A_R\left[1 - \frac{1}{(1+a)^2}\right] - \Delta A_G a(2+a)$$
送电线路升压改造	送电线路升压改造适用于以下两种情况 （1）用电负荷增长，造成线路输送容量不够或能耗大幅度上升，达到明显不经济的地步 （2）简化电压等级，淘汰非标准电压	线路升压后的降损电能为 $$\Delta(\Delta A) = \Delta A\left(1 - \frac{U^2_1}{U^2_2}\right)$$ 式中，ΔA 为升压前线路的损耗电能（kW·h）；U_1 为升压前线路的额定线电压（kV）；U_2 为升压后线路的额定线电压（kV） 或按表 18.6 - 5 查取升压后线路损耗降低百分数

续表

措　施	内　容	计　算　公　式
并联无功补偿	当电网中某一点装置无功补偿容量 Q_c 后，则从该点至电源点所有串接的线路及变压器的无功潮流都将减少 Q_c，从而使该点以前串接元件中的电能损耗减少	（1）根据无功经济当量计算。补偿装置的无功经济当量是该点以前无功潮流流经的各串接元件的无功经济当量的总和$$C_{p(x)} = \sum_{i=1}^{m} C_{pi}$$式中，$C_{p(x)}$ 为补偿设备装置点（x 点）的无功经济当量（kW/kvar）；C_{pi} 为 x 点以前各串元件的无功经济当量；i 为取 $1 \sim m$，m 为 x 点以前串接元件数　为了简化计算，串接元件只考虑到上一级电压的母线$$C_{pi} = \frac{2Q_i - Q_c}{U_i^2} R_i \times 10^{-3} \quad (\text{kvar})$$式中，Q_i 为第 i 串接元件补偿前的无功潮流（kvar）；R_i 为第 i 串接元件的电阻（Ω）；U_i 为第 i 元件的运行电压（kV）；Q_c 为无功补偿装置的额定容能（kvar）　装置无功补偿设备后，电网中的降损电能$$\Delta(\Delta A) = Q_c[C_{p(x)} - \tan\delta]T$$式中，$\tan\delta$ 为电容器的介质损耗角正切值，由厂家提供，对于调相机，则以它的相应损耗率代替；T 为无功补偿设备的投运时间（h）　（2）根据补偿点前各串接元件补偿前后的功率因数的变化，计算补偿前各串接元件负荷的功率因数$$\cos\varphi_{i(1)} = \cos\left(\arctan\frac{Q_i}{P_i}\right)$$式中，P_i、Q_i 分别为补偿前各元件的有功负荷、无功负荷　补偿后各串接元件负荷功率因数$$\cos\varphi_{i(2)} = \cos\left(\arctan\frac{Q_i - Q_c}{P_i}\right)$$补偿后电网中的降损电能$$\Delta(\Delta A) = \sum_{i=1}^{m}\left[\Delta A_i\left(1 - \frac{\cos^2\varphi_{i(1)}}{\cos^2\varphi_{i(2)}}\right)\right] - Q_c\tan\delta t$$式中，ΔA_i 为各串接元件补偿前的损耗电能（kW·h）
增大导线截面积		$$\Delta(\Delta A) = \Delta A\left(1 - \frac{R_2}{R_1}\right)$$式中，ΔA 为改造前线路的损耗电能（kW·h）；R_1、R_2 分别为线路改造前后的电阻（Ω），对于有分支的线路，则以等效电阻代替
环网开环运行（网络重构）	根据经济功率分布得出的送端输出功率 S_{Lij}、S_{Lnj} 及各负荷节点的负荷功率，确定环网的开环点，使开环后的网络功率分布接近经济功率分布，并得出开环时各线段的功率 S_{Lig}	合环运行时的功率分布按下式计算$$\left.\begin{array}{l}\dot{S}_{Li} = \dfrac{\sum\limits_{k=1}^{m} \dot{S}_k \dot{Z}_k}{\dot{Z}_\Sigma} \\[4mm] \dot{S}_{Ln} = \dfrac{\sum\limits_{k=1}^{m} \dot{S}_k \dot{Z}'_k}{\dot{Z}_\Sigma}\end{array}\right\}$$其余线路的功率分布可按基尔霍夫定律确定

措　施	内　容	计　算　公　式
环网开环运行（网络重构）	根据经济功率分布得出的送端输出功率 S_{Lij}、S_{Lnj} 及各负荷节点的负荷功率，确定环网的开环点，使开环后的网络功率分布接近经济功率分布，并得出开环时各线段的功率 S_{Lig}	式中，$\dot{S}_{Li}$ 为通过各线段的功率（kVA），下标 i 为线段顺序号，i 取 $1\sim n$，n 为线段数；$\dot{S}_k$ 为环网各节点的负荷功率（kVA），下标 k 为节点顺序号，k 取 $1\sim m$，m 为节点数；$\dot{Z}_k$ 为第 k 节点后各线段阻抗之和（Ω）；$\dot{Z}'_k$ 为第 k 节点前各线段阻抗之和（Ω）；$\dot{Z}_\Sigma$ 为环网各线段阻抗（Ω）之和，$\dot{Z}_\Sigma = \dot{Z}_k + \dot{Z}'_k$ 经济功率分布按下式计算 $$\left. \begin{array}{l} \dot{S}_{Lij} = \dfrac{\sum\limits_{k=1}^{m} \dot{S}_k \dot{R}_k}{\dot{R}_\Sigma} \\[4mm] \dot{S}_{Lnj} = \dfrac{\sum\limits_{k=1}^{m} \dot{S}_k \dot{R}'_k}{\dot{R}_\Sigma} \end{array} \right\}$$ 式中，$\dot{S}_{Lij}$ 为按照经济功率分布的通过各线段的功率（kVA），下标 i 为线段顺序号，i 取 $1\sim n$，n 为线段数；R_k 为第 k 节点后各线段电阻之和（Ω）；R'_k 为第 k 节点前各线段电阻之和（Ω）；R_Σ 为环网各线段电阻之和，$R_\Sigma = R_k + R'_k$ 其他各线段功率可按基尔霍夫定律确定 环网开环运行后的降损电能 $$\Delta(\Delta A) = \frac{FT}{U^2} \sum_{i=1}^{m} (S_{Li}^2 - S_{Lig}^2) R_{Li} \times 10^{-3}$$ 式中，S_{Li} 为最高负荷时，合环运行各线段的功率（kVA）；S_{Lig} 为最高负荷时，开环运行各线段的功率（kVA）；U 为环网送端母线的平均线电压（kV）；R_{Li} 为各线段的电阻（Ω）；F 为损耗因数；T 为运行时间（h）

当整个电网的可变损耗与固定损耗之比 C 大于表 18.6-3 数值时，可提高电压水平，有降损效果。

表 18.6-3　可变损耗与固定损耗之比的标准值（一）

电压提高率 U_a（%）	1	2	3	4	5
铜铁损比 C	1.02	1.04	1.061	1.092	1.10

当整个电网的可变损耗与固定损耗之比 C 小于表 18.6-4 数值时，可降低电压水平，有降损效果。

表 18.6-4　可变损耗与固定损耗之比的标准值（二）

电压提高率 U_a（%）	-1	-2	-3	-4	-5
铜铁损比 C	0.98	0.96	0.941	0.922	0.903

升压前后的比较见表 18.6-5。

表 18.6-5　升压前后的比较

升压前的额定电压/kV	升压后的额定电压/kV	升压后的线路损耗降低（%）
154	220	51
110		75

续表

升压前的额定电压/kV	升压后的额定电压/kV	升压后的线路损耗降低（%）
66	110	64
35		89.9
22	35	60.5
10		91.8
6	10	64
3		91

6.3　电力需求侧管理

电力需求侧管理指通过采取有效的激励和强制措施，引导电力用户改变用电方式，提高终端用电效率，优化资源配置，实现最小成本电力服务所进行的用电管理活动。它是促进电力工业与国民经济、社会协调发展，改善和保护环境的一项系统工程。经济、技术及必要的行政措施包括错峰、避峰、有序用电及削峰填谷等多种手段，充分调动电网经营企业、发电企业、用户及能源中介机构等各方积极性，共同参与，共享收益，以取得最佳的社会效益和经济效益。

6.3.1 电力需求侧管理目标

电力需求侧管理是现代电力系统在电力市场条件下产生的用电管理模式，通过提高终端用电效率和优化用电方式，在完成同样用电功能的同时减少电力功率和电量消耗，实现低成本电力服务，达到节约能源和保护环境的目的。它突破了传统的电力管理模式，改变了依靠单纯地扩大供应能力以满足日益增长的电力需要的方式，在更高层次上处理供应侧和需求侧的关系。

电力需求侧管理目标有削峰、填谷、移峰填谷、策略性节电、策略性负荷增长和柔性负荷等，见表18.6-6。

1. 可避免电量　由于实施了电力需求侧管理而避免的新增电量，包括终端和系统可避免电量两种。事实上就是节电量。

2. 可避免峰荷容量　由于实施了电力需求侧管理使电力系统避免新增的装机容量。在数值上等于发电端可避免的峰荷电力加上与其相适应的备用容量。

3. 可避免电量成本　由于实施电力需求侧管理，使电力系统避免的新增电量成本。其中也包括终端可避免电量成本。

4. 可避免峰荷容量成本　由于实施了电力需求侧管理，使电力系统避免新增装机容量成本。

5. 单位节电成本　实施电力需求侧管理项目的标准寿命期内节约单位电量的支出费用。

6. 单位避免峰荷容量成本　具有峰荷调整目标的电力需求侧管理技术项目，在标准寿命期内的支出费用与可避免峰荷容量之比。

7. 可中断负荷　是根据用户与电力公司签订可中断负荷协议，在系统峰时的固定时间内，或在电力公司要求的任何时间内，减少他们的用电需求。负荷需求的减少可以通过用户自己安装的限制器或电力公司发出控制信号来中断用户的部分负荷。

8. 需方发电　有些用户的自备电源。这些分散的自备电源提高了供电可靠性，起到了移峰填谷的作用。

6.3.2 电力需求侧管理手段

电力需求侧管理是一项系统工程，涉及政府职能部门、电力公司、用户、项目中介机构和节能产品制造厂商。基本内容包括调查资源，选择管理对象，设置管理目标，制定政策、法规、标准，制订管理计划，选择管理手段，组织项目实施，评估项目实施效果等。从运行的角度看，电力需求侧管理某些手段在有些条件下可以作为电网运行的手段，把它作为一种在错峰、紧急减负荷、系统备用等情况下可以调度的资源。

电力需求侧管理的主要手段包括行政手段、经济手段、技术手段和引导手段等。

电力需求侧管理行政措施见表18.6-7。

表 18.6-6　　　　　　　　　　　　　　　电力需求侧管理目标

需求侧管理的目标	内　　容	典　型　应　用
削峰	指压低高峰时段的电力负荷	可中断负荷
填谷	增加低谷时段的电力负荷	蓄热式电锅炉
移峰填谷	高峰时段的电力负荷转移到低谷时段使用	蓄冷式电力空调机
策略性节电	将系统负荷全面降低，使用电能利用效率高的产品和技术	绿色照明、节能型电器、高效风机、水泵、电动机、变压器、建筑节能
策略性负荷增长	将系统负荷进行全面提高	替代能源、推行电气化
柔性负荷	为了提高供电可靠性而改变负荷曲线，优化资源配置，降损节能	分布式电源、需方发电

表 18.6-7　　　　　　　　　　　　　　　电力需求侧管理行政措施

行政措施	内　　容	应　　用
政府推动	通过政策引导发电企业、电网企业和电力客户共同参与实施需求侧管理，使广大用户有更好的能源和环境观念	制定需求侧管理的政策、法规、体制和标准
电力公司推动	通过电力公司实施需求侧管理节电的投资利润率不低于装机发电的投资利润率的措施，提高其推广的积极性	电力公司加大推广电力需求侧管理的力度

续表

行政措施	内　容	应　用
错峰管理	调整电力客户的用电时间，实施用电负荷错峰和避峰，做好用电供需平衡	工业用户周轮休制度、工业设备检修时间安排、调整生产班次
能效信息传播	政府通过能效信息的传播来引导电力用户选择节能型产品	节能信息传播中心、行业协会、社会团体、网络和媒体
政府采购	政府机关通过购置高效节能产品直接介入能效市场，推动节能活动	集中招标采购
能源审计	政府能效主管部门委托审计机构对用能单位的能源活动进行检查、诊断和审核	企业能源审计

电力需求侧管理经济措施见表 18.6 - 8。

表 18.6 - 8　　　　　　　　　　　电力需求侧管理经济措施

行政措施	内　容	应　用
多种电价	通过价格变化激励电力客户控制和调整负荷需求	峰谷分时电价、季节性电价、丰枯电价、避峰电价
两部制电价	根据社会各种电力用户的特性不同，用电结构的差异细分市场，分别对待一、二、三产业用户、大用户、一般用户和特殊用户，逐步完善基本电价机制，使电能电价更加公正、合理	对形成基荷、腰荷和峰荷的不同行业区别电价，形成不同的电价水平
直接刺激	降低需求侧管理设备价格或其他优惠措施来促进电力用户使用	低息、无息贷款、设备安装补贴、奖励推广需求侧管理人员
能源管理合同	让项目中介机构和节能产品制造厂商按其贡献大小分摊部分节电效益，创造多赢的局面，促进需求侧管理的实施	研究和制定电力部门和建筑部门合作推广各种建筑节电技术的政策和机制，研究和制定电力部门和节电产品制造部门、经营部门及应用部门合作推广节电产品和设备的机制

电力需求侧管理技术措施见表 18.6 - 9。

表 18.6 - 9　　　　　　　　　　　电力需求侧管理技术措施

技术措施	内　容	应　用
提高终端设备效率	通过对电能使用终端设备能效的提高来促进需求侧管理的实施	绿色照明技术，使用节能家用电器，大功率低频冶炼技术，交流电动机调速运行技术，高效风机、水泵、高效电动机、变压器的应用技术，控制电污染的滤波技术
蓄热蓄冷技术	通过推广实施蓄热和蓄冷技术提高电力终端设备效率	集中式或单元式陶瓷热存储装置、储热式和制冷式空调
建筑节电设计和改造	通过对建筑节电设计来提高建筑物的节能效率	新建筑物提高绝热保温标准，建筑物的门、窗和屋顶等部分加装绝热保温层
负荷控制技术	通过对电力用户负荷的直接或间接控制，实现需求侧管理	直接调控（包括空调、热水器日负荷循环控制） 间接调控（实行分时、分季电价，用经济手段调控峰谷负荷等）

电力需求侧管理引导手段见表 18.6 - 10。

表 18.6 - 10 电力需求侧管理引导手段

引导手段	内 容	应 用
用户教育	提高用户对电力需求侧管理的认识	电费单中附加教育材料、发放节能手册和营业厅展示
直接接触用户	通过面对面的交流，影响用户对电力需求侧管理的理解	用电审计客户服务
商业合作伙伴	通过与建筑师、工程师、中介机构等合作，提高需求侧管理的推广	培训、资格认证、产品销售与服务
广告和促销	增加公众对电力需求侧管理的理解	传播媒体（广播、电视、报纸）和广告牌

第 7 章 配电设备及系统试验

7.1 配电设备的试验

配电设备投入运行之前，必须进行相关的试验。配电设备的相关试验项目主要分为例行试验、型式试验、特殊试验、出厂试验和现场试验等。

例行试验是每台设备都要承受的试验。型式试验是制造厂对其产品设计、制造工艺和技术性能的验证。用户在订货时，应要求制造厂提供产品有效的型式试验报告，其中包括试验项目、试验结果、试验周期以及试验站资格等，并应符合有关标准规定。

出厂试验是为了检查产品制造过程中（包括材料、结构、工艺等）存在的缺陷。出厂试验不应给产品的性能和可靠性带来损害。出厂产品均应附有产品合格证及相应的有关出厂试验结果的技术文件。如有协议要求，任一项出厂试验项目可作为对产品的验收内容。

出厂试验和安装后的现场试验是用户对所订产品的验收试验。特殊试验项目或用户根据运行经验提出的试验项目可由制造厂与用户协商确定。

7.1.1 变压器

变压器的试验分为例行试验、型式试验和特殊试验，其中例行试验是每台变压器都要承受的试验；型式试验是在一台有代表性的变压器上所进行的试验，以证明被代表的变压器也符合规定要求（例行试验除外）；特殊试验是除型式试验和例行试验外，按制造厂和用户协议所进行的试验。

对上述试验的一般要求如下：

（1）试验应在 10～40℃ 环境温度，冷却水（如果有）温度不超过 25℃ 下进行。

（2）试验均应在制造厂进行（除非制造厂与用户商议另有规定）。

（3）试验时，变压器的外部组件和装置（指可能影响变压器运行的）均应安装在规定的位置上。

（4）试验应在主分接上进行（除非有关试验条文另有规定或制造厂与用户另有协议）。

（5）除绝缘试验外，所有性能试验，均应以额定条件为基准（除非试验条文另有规定）。

（6）试验测量系统应按 GB/T 19001 第 4.11 条的要求来保证准确度。

各类试验项目见表 18.7 - 1。

表 18.7 - 1　　　　　　　　　　　变压器的试验

试验类别	试 验 项 目
例行试验	绕组电阻测量、电压比测量和联结组标号检定、短路阻抗和负载损耗测量、空载电流和空载损耗测量、绕组对地绝缘电阻和（或）绝缘系统电容的介质损耗因数的测量（此测量值用来与安装现场测量作比较）、绝缘例行试验、有载分接开关试验、绝缘油试验
型式试验	温升试验、绝缘型式试验
特殊试验	绝缘特殊试验、绕组对地和绕组间的电容测定、暂态电压传输特性测定、三相变压器零序阻抗测量、短路承受能力试验、声级测定、空载电流谐波测量、风扇和油泵电动机所吸取功率测量

7.1.2 开关设备

开关设备的型式试验是为了验证开关设备和控制设备及其操动机构和辅助设备的性能。除非在有关的产品标准中另有规定，型式试验应该最多在四个试品上进行。

开关设备的出厂试验是为了暴露材料和结构中的缺陷，它们不会损坏试品的性能和可靠性。出厂试验应该在制造厂内任一合适的地方对每台成品进行，以确保产品与已通过型式试验的设备相一致。根据协议，任一项出厂试验都可在现场进行。

一般开关设备的型式试验包括：主、辅助和控制回路的绝缘试验；无线电干扰电压试验；主回路电阻的测量；温升试验；短时耐受电流和峰值耐受电流试验；关合和开断试验；外壳防护等级检验；密封试验；机械试验；环境试验。

出厂试验项目包括：主回路的绝缘试验；辅助和控制回路的绝缘试验；主回路电阻的测量；密封试

验；设计检查和外观检查；可能需要进行一些附加的出厂试验，这在有关的产品标准中予以规定。

如果开关设备和控制设备在运输前不完成总装，那么应该对所有的运输单元进行单独的试验。在这种场合，制造厂应该证明这些试验的有效性（如泄漏率、试验电压、部分主回路的电阻）。

高压断路器、SF$_6$ 断路器、交流高压负荷开关-熔断器组合电器、户内充气式开关柜试验项目见表 18.7-2。

表 18.7-2　　　　　　　　　　　开关设备 SF$_6$ 断路器等试验项目

试验设备	试验类别	试 验 项 目
高压断路器	型式试验	绝缘试验；无线电干扰电压试验；主回路电阻的测量；温升试验；短时耐受电流和峰值耐受电流试验；防护等级验证；密封试验；电磁兼容性（EMC）试验；机械试验和环境试验；关合、开断和开合试验
	出厂检验	主回路的绝缘试验；辅助和控制回路的绝缘试验；主回路电阻的测量；密封性试验；设计和外观检查以及机械操作试验
SF$_6$ 断路器	型式试验	必试项目包括：机械试验；温升试验；主回路电阻测量；绝缘试验；局部放电测量（仅适用于必须进行此项试验的部件）；动热稳定试验；出线端短路开断、关合能力试验；近区故障开断能力试验（仅适用于 72.5kV 以上，额定短路开断电流大于 12.5kA，且直接与架空线相连的三极断路器）；线路充电电流开合试验（仅适用于 72.5kV 以上，且预定要开、合架空线充电电流的三极断路器）；防雨试验（仅适用于户外产品，充气单元可以除外）；密封试验；六氟化硫气体含水量测量；外壳强度试验（适用于承压外壳）；额定短路开断电流下的电寿命试验；失步开断、关合试验（仅适用于联络断路器）；电缆充电电流开合试验（仅适用于有此性能要求的断路器）；额定单个电容器组及背对背电容器组电流开合试验（仅适用于 3.6~72.5kV 且要求有此性能的断路器）；小电感电流开合试验（仅适用于要求有此性能的断路器）；端子静拉力试验；无线电干扰试验（仅适用于 126kV 及以上的断路器）；临界电流开断试验（仅适用于具有临界电流的断路器）；湿度试验（仅适用于有凝露且影响绝缘的户内断路器）；地震试验。按供、需双方协议进行的试验项目为：污秽条件下的绝缘试验；高低温试验；严重冰冻条件下操作的验证（仅适用于有外部运动部件的户外断路器）；并联开断试验；异相接地条件下的短路开断试验
	出厂试验	机械装配及控制线路检查；机械特性和机械操作试验；密封试验；主回路电阻测量；辅助和控制回路的工频耐压试验；主回路工频耐压试验；外壳压力试验
高压负荷开关-熔断器组合电器	型式试验	绝缘试验；温升试验；主回路电阻测量；短时耐受电流和峰值耐受电流试验；关合开断试验以及对机构的试验。此外，在组合电器进行型式试验前，组合电器中的负荷开关和熔断器应按相关标准进行过型式试验
	出厂试验	结构检查；主回路 1min 工频耐压干试；操动机构和辅助回路工频耐压试验；主回路电阻测量；机械操作和机械特性试验
户内充气式开关柜	型式试验	绝缘试验；主回路电阻测量和温升试验；峰值耐受电流、短时耐受电流试验；关合和开断短路电流能力试验；机械试验；外壳防护等级检查；充气隔室的压力耐受试验；泄漏电流测量；充气隔室的气体密封试验和水分测量；振动试验；内部故障电弧效应的试验；压力释放试验
	出厂试验	高压导电回路的绝缘工频耐受电压试验；辅助回路和控制回路的工频耐受电压试验；测量主回路电阻；机械性能、机械操作及机械防止误操作装置或电气联锁装置功能试验；仪表、继电器元件校验及接线正确性检定；充气隔室的压力试验；充气隔室的密封试验和水分测量
	现场试验	检查及操作试验；高压导电回路的绝缘耐压试验；辅助回路和控制回路工频耐受电压试验；主回路电阻测量；密封性试验；水分测量和空气含量测量

7.2　配电自动化系统试验

由于配电自动化系统具有涉及面广和集成度高等特点，为了保证配电自动化产品在其形成的各个阶段的产品质量，需要在各个阶段进行各种测试，即配电自动化系统试验。通过配电自动化系统试验的有效组织能起到以下作用：为广大电力用户提高应用系统的产品质量；为生产制造厂家缩短应用系统的开发周期，节约应用系统的开发成本，减少现场的服务时间；可以推动配电自动化系统的实用化，促进技术进步，提高应用水平。

配电自动化系统的产品生命期可以大致分为产品研制、市场认可及供货与接入系统三个阶段，在每个阶段都有各自不同的测试与运行过程，如图 18.7-1 所示。

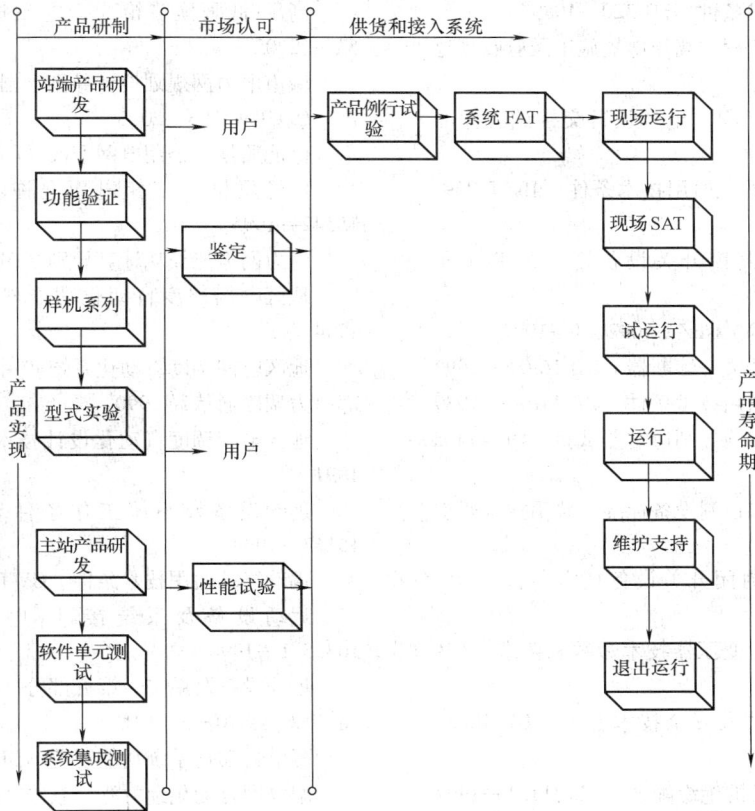

图 18.7-1　配电自动化系统的全生命期测试

在产品研制阶段，对配电终端产品进行功能验证和型式试验，主站产品在开发的过程中要进行软件单元测试和软件系统集成测试。

在市场认可阶段，进行产品技术鉴定，取得入网许可证。

在供货与接入系统阶段，配电终端产品在生产过程中要进行例行试验，整个系统要进行出厂试验 FAT（Factory Acceptence Test），现场投运前要进行现场试验 SAT（Site Acceptence Test）。

在三个阶段的每一个测试项目都必须有完整的测试计划，要明确初始条件，严格测试过程，并对测试结果进行有效评估。

附录　配电系统规程规范

六氟化硫断路器　通用技术条件　GB/T 9694—1999

导体和电器选择设计技术规定　DL/T 5222—2005

高压交流断路器　GB 1984—2003

户内交流高压开关柜订货技术条件　DL/T 404—1997

电力变压器　GB 1094.1—1996

电力变压器应用导则　GB/T 13499—2002

电力变压器选用导则　GB/T 17468—1998

干式电力变压器技术参数和要求　GB/T 10228—1997

3~500kV 交流电力系统金属氧化物避雷器使用导则　SD 177—1986

现场绝缘试验实施导则　DL 474.1—1992

交流高压断路器的合成试验　GB/T 4473—1996

交流电力系统金属氧化物避雷器　DL/T 804—2002

现场绝缘试验实施导则避雷器试验　DL 474.5—1992

架空配电线路金具技术条件　DL／T 765.1—2001

电力金具通用技术条件　GB 2314—1997

高压电缆选用导则　DL／T 401—2002

箱式变电站技术条件　SD 320—1989

电气装置安装工程　高压电器施工及验收规范 GBJ 147—1990

电气装置安装工程　电气设备交接试验标准 GB 50150—1991

六氟化硫断路器　通用技术条件　JB／T 9694—1999

气体绝缘金属封闭开关设备订货技术导则 DL／T 728—2000

高电压试验技术　GB／T 16927.1—1997

交流高压负荷开关—熔断器　GB 16926—1997

高压开关设备通用技术条件　GB 11022—1989

现场绝缘试验实施导则避雷器试验　DL 474.5—1992

高压开关设备和控制设备标准的共用技术要求 GB／T 11022—1999

气体绝缘金属封闭开关设备技术条件　DL／T 617—1997

三相油浸式电力变压器技术参数和要求　GB／T 6451—1999

系统接地的型式及安全技术要求　GB 14050—1993

高压输变电设备的绝缘配合　GB 311.1—1997

通用用电设备配电设计规范　GB 50055—1993

3～110kV 高压配电装置设计规范　GB 50060—1992

35～110kV 变电所设计规范　GB 50059—1992

10kV 及以下变电所设计规范　GB 50053—1994

110kV 及以上交流高压负荷开关　GB／T 14810—1993

低压配电设计规范　GB 50054—1995

72.5kV 及以上气体绝缘金属封闭开关设备　GB 7674—1997

电力网电能损耗计算导则　DL／T 686—1999

高压/低压预装箱式变电站选用导则　DL／T 537—2002

城市电力网规划设计导则　国家电网公司企业标准 Q/GDW 156—2006

电能质量　公用电网谐波　GB／T 14549—1993

电能质量　三相电压允许不平衡度　GB／T 15542—1995

电力网电能损耗计算导则　DL／T 686—1999

地区电网调度自动化功能规范　DL／T 550—1994

地区电网调度自动化系统实用化验收细则　能源部电力调度通信局 1990

地区电网调度自动化设计技术规程　DL 5002—1991

远动设备及系统工作条件环境条件　GB／T 15153—1994

远动终端通用技术条件　GWT 13739—1992

远动设备及系统接口（电气特性）　GB／T 16435.1—1996

远动设备及系统　第五部分　传输规约　101 篇 neq IEC 60870－5－101

配电自动化系统功能规范　DL/T 814—2002

配电网自动化远方终端系统　DL/T 721—2000

IEC 61970 Energy Management System Application Program Interface （EMS-API）

IEC 61968 System Interface For Distribution Management System

《电力二次系统安全防护规定》国家电监会第 5 号令

参 考 文 献

［1］ WH. Kersting. Distribution System Modeling and Analysis. CRC Press，2002.

［2］ 刘东. 配电自动化系统试验. 北京：中国水利水电出版社，2004.

［3］ 刘健，倪建立等. 配电自动化系统. 北京：中国水利水电出版社，1999.

［4］ 李润先. 中压电网系统接地实用技术. 北京：中国电力出版社，2002.

参 考 文 献

第19篇

电力系统继电保护、通信及监测与控制

主　编　程时杰（华中科技大学）

执　笔　程时杰（华中科技大学）

　　　　林湘宁（华中科技大学）

　　　　罗　毅（华中科技大学）

　　　　文劲宇（华中科技大学）

　　　　孙海顺（华中科技大学）

第1章 电力系统继电保护

1.1 概论

1.1.1 继电保护主要任务、基本原理及要求

电力系统继电保护是指在电力系统中的电力元件（如发电机、线路等）或电力系统本身发生了故障或危及其安全运行的事件时，向运行值班人员及时发出警告信号，或者直接向所控制的断路器发出跳闸命令，以终止事件发展的自动化措施和设备。实现这种自动化措施，用于保护电力元件的设备，一般通称为继电保护装置；而用于保护电力系统设备的装置则通称为电力系统安全自动装置。继电保护装置是保证电力元件安全运行的基本装备，任何电力元件不得在无继电保护的状态下运行；电力系统安全自动装置的作用是快速恢复电力系统的完整性，防止发生和中止已发生的足以引起电力系统大面积停电的重大系统事故，如失去电力系统稳定、频率崩溃或电压崩溃等。

用于继电保护状态判别的变量随被保护对象而异，也随电力系统的运行条件而异。其中使用最为普遍的是工频电气量，如通过电力元件的电流和所在母线的电压，以及由这些量演绎出来的其他量，如功率、相量、阻抗、频率等。由于所使用的变量的不同，就构成了不同的保护，如电流保护、电压保护、阻抗保护、频率保护等。

对电力系统继电保护的基本性能要求是可靠性、选择性、快速性、灵敏性和结构简化等。这些要求之间，有的相辅相成，有的相互制约，在具体使用时，需要根据使用条件和要求的不同，分别进行协调。

1.1.2 电力系统继电保护的配置

在对电力系统配置继电保护时，必须详细分析电力系统的组成和各个构成元件的特性，选择技术性能合乎要求和相互协调的继电保护装置。只有这样才能更好满足继电保护可靠性、选择性、快速性及灵敏性的要求。从广义上讲，可将电力系统继电保护配置分为电力系统元件继电保护配置和电力系统安全自动装置配置两大类。

1. 电力系统元件继电保护的总体配置 包括主保护与后备保护、断路器失灵保护等，以下分别对其进行说明。

（1）主保护与后备保护。电力系统元件（如发电机、变压器、线路、母线、电动机等）保护的基本任务与继电保护配置的总体要求密切相关。当被保护的电力系统元件发生故障时，该元件的继电保护装置应该迅速准确地给离故障元件最近的断路器发出跳闸命令，使故障元件及时从电力系统中断开，以最大限度地减少电力元件受故障的伤害，降低对电力系统安全供电的影响，并满足电力系统的某些特定要求（如保持电力系统的暂态稳定性等）。担当这种作用的继电保护称为主保护。而当这个任务不能实现时，则应由其他的继电保护或相邻电力元件的继电保护动作，将故障元件自电力系统中断开。完成这种保护功能的继电保护称为后备保护。

（2）断路器失灵保护。断路器失灵保护属于后备保护，当判定保护装置已动作并发出断路器跳闸命令，经过足以判别的最小时间间隔，确证断路器尚未跳闸时（往往以发出跳闸命令断路器中电流的继续流通作为判据），这种保护装置将同一变电所中最靠近拒动断路器，且与电源相连的所有其他相邻断路器全部断开，主要用于220kV及以上的高压和超高压线路。

2. 电力系统元件继电保护的配置 包括相间故障保护、接地故障保护、电力设备专用保护。

（1）相间故障保护。用于当电力系统中发生相间或相间对地短路故障时的保护。这一类故障的特点是通过故障点的电流大，邻近变电所的母线电压有较大的下降，无论对电力元件本身，或者对于电力系统的安全稳定运行都将带来严重的不良后果，因而要求尽可能快速地将故障切除。

（2）接地故障保护。主要分为两大类别，视单相接地故障时通过故障点的电流大小而定。一种是通过故障点的电流大，和相间故障一样，同样要求快速将故障切除；另一种是通过故障点的接地电流被限制到允许故障元件带接地故障短时间运行的水平，这时可以只发出接地警报，由运行人员将故障元件原来所带的电力负荷转移到其他电力系统元件上，然后手动将故障元件断开。

（3）电力设备专用保护。是结合电力设备故障特点而实现和按设备特殊要求而装设的继电保护。例如，反映变压器内部故障的瓦斯保护、保护大型发电机转子过热的负序电流保护等等。

3. 电力系统安全自动装置的配置　电力系统安全自动装置是为了防止系统失去运行稳定性和避免发生大面积停电，保证电力系统整体安全运行而配置的特殊保护系统。它需要根据系统的特殊需要，进行专门设计并在系统中的适当地点安装使用。在我国，行业标准 DL 400—1991《继电保护和安全自动装置技术规程》已经对 3kV 及以上电压等级的电力系统中电力设备和线路的继电保护及安全自动装置的配置作出了详尽的规定。

1.1.3　电力系统继电保护的整定

电力系统继电保护的整定是对所配置的继电保护装置规定故障起动值和动作时间，使上下级相邻继电保护装置间具有可靠与正确切除故障的协调动作。继电保护整定的基本内容是，整定和核查发生保护范围内故障时，保护装置是否具有足够的选择性和灵敏度，包括无时限保护整定、有时限保护整定、灵敏度检查等。

1. 无时限保护整定　目的是必须保证保护装置只能在被保护元件发生故障时才动作。例如，对无时限的过电流保护，其起动值必须大于任一侧母线故障时可能通过保护的最大电流。

2. 有时限保护整定　目的是为了实现相邻电力元件故障时可能动作的有时限保护，必须和相邻电力元件的保护整定相配合，即由电源算起，当下一级电力元件发生故障时，上一级继电保护灵敏度必须小于下一级继电保护的灵敏度，同时在动作时间上大一适当阶段（考虑下一级断路器的动作时间、保护动作时间的离散值等）。

3. 灵敏度检查　它是保证故障时保护装置能可靠动作所必需的。灵敏度检查的条件由保护装置的任务而定，作为被保护电力元件故障时的主保护，必须在被保护电力元件故障时能可靠动作；如果作为相邻电力元件的后备保护，则必须当相邻电力元件故障时，也能可靠地动作。

继电保护整定手段包括整定继电保护所需要的电力系统短路电流计算程序，通过计算可以求出通过继电保护的最大和最小电流，母线电压及相邻电力元件故障时的最大和最小电流分配系数等等。过去使用的计算工具是直流模拟计算台，现在已普遍应用数字计算机，并开始研究和实现继电保护整定工作的自动化。

1.1.4　电力系统继电保护的试验

继电保护的试验指使用相应的测试设备，用通电试验的方法，研究、考核或设定继电保护装置的动作性能及其起动值。根据试验目的的不同，电力部门的继电保护试验可分为研究性试验、新装置投入运行前试验、运行维护试验和事故后检验等。

1. 电力系统继电保护研究性试验　它是指从开发新的故障判别元件到成套继电保护装置实现全过程中所进行的探索性试验。研究性试验的基本要求是使被研究对象在试验过程中尽可能处于和实际系统中相同运行环境和系统变量条件下，如具有相同的电流及电压幅值、相位、波形和相应的过渡过程等。研究性试验的根本任务是验证理论分析结果的正确性和完整性；而在研究试验中发现的问题，必须有确切完整的理论解释。对于成套装置的研究性试验，则主要包括物理模拟与数字模拟两大类。

物理模拟又称为动态模拟。将发电机、变压器和负荷等电力元件微型化，线路则由多节集中元件回路等价，将它们互联构成微型电力系统。配以相应的自动控制环节及设备，和相应的电流与电压互感器，使输入到被试继电保护装置的电力系统参量，特别是那些影响装置动作性能的各种电参量的变化特点符合装置实际接入系统运行的情况。

早期的数字模拟将由电磁暂态程序计算求得的电力系统电流、电压等参量经数模转换与功率放大后输入被试继电保护装置进行研究试验，目前已有全数字化专门用于线路继电保护试验的"实时数字模拟系统"产品问世，使试验非常方便快捷。

2. 新装置投入运行前试验　它是指继电保护装置在现场安装后投入运行前所进行的试验，试验的主要目的是：①检查装置在运输过程中是否被损坏。②验证相关设备已正确安装，二次回路连接正确。③证实设备的电气和机械性能良好，满足规定要求。④进行起动值试验，并得出一系列试验数据，以备日后需要时查对。

3. 运行维护试验　目的是确证继电保护装置已经处于功能良好状态而进行的定期例行试验。一般来说，继电保护装置较少因动作而损坏，但易受不良条件的影响。例如，电磁继电器的轴长期承受严重振动而磨损；电缆与连线受潮；绝缘的热老化；电腐蚀引起连线和触点开路等等。鉴于继电保护装置正确动作对电力系统安全供电极为重要，其定期运行维护试验是必须的，其实验周期随设备不同有很大差异。运行维护试验项目包括有选择地核查装置的绝缘水平、触点动作情况、故障起动值与动作特性等，并与上一次检验的结果相对照，以判别装置的工作是否稳定可靠。

4. 事故后检验　当继电保护装置在正常运行或系统故障情况下发生了非预定动作或拒绝动作时所进

行的试验。目的是找出原因，及时进行改正。

1.1.5　继电保护装置的其他相关问题

1. 继电保护用互感器暂态误差　电流互感器暂态误差是指当一次电流发生突变时，电磁感应式电流互感器二次电流在暂态过程中出现的误差（比差和角差）。电流互感器的暂态误差是由电磁感应式铁心非线性所决定的一种固有特性。当通过很大的一次电流，特别是系统发生短路故障时，一次电流中含有的大量非周期分量将使全电流偏向于时间轴一侧，电流互感器感应电压所需要的励磁电流将迅速增大，铁心饱和，致使二次电流（一次电流减去励磁电流）的数值和波形失真，严重时在一个工频周期的一定时间间隔内，二次电流完全无输出。影响电流互感器暂态误差的因素很多，主要有短路电流水平和故障初相角、电力系统一次时间常数、电流互感器剩磁、电流互感器铁心饱和特性及电流互感器二次负荷等。

电容式电压互感器暂态误差指当一次电压发生突然变化时，互感器二次输出电压中，因出现短时的暂态附加电压而造成电压传变误差，这是这种互感器的一种固有特性。电容式电压互感器的暂态误差对装设在弱电源侧（电源阻抗远大于线路阻抗的短线路上）瞬时距离继电器的测量精度影响很大；同时也影响快速方向继电器在母线故障时的方向判别能力。在这些情况下，继电器安装点故障后的一次工频残余电压很低，或为零，在故障后的短时间内，继电器上感受到的电压中，暂态分量电压占了极大比重，甚至只含暂态分量电压，从而妨碍了继电器的正常工作，需采取有效的解决措施。

由于互感器本身暂态过程的影响，在系统的某些重大操作中，如空载线路在带电情况下断开然后进行重合闸，无论在第一次断开或重合闸后断开，装设在线路上的电容式电压互感器的二次输出电压中，将出现许多一次系统中根本不存在的假象，不能如实反应一次电压变化暂态过程的实际情况。

2. 变电所二次回路干扰　它是指由于短路接地故障、一二次回路操作、雷击以及高能辐射等原因，在变电所的二次回路上引起的电磁干扰。它的存在可能使接在二次回路上的继电保护和控制设备不正确动作或遭受损坏。干扰电压通过多种途径，如交流电压及电流测量回路、控制回路、信号回路或直接辐射等窜入设备中，需要采取措施抑制干扰并对设备进行保护。

变电所二次回路干扰的种类分为 50Hz 干扰、高频干扰、雷电干扰、控制回路产生的干扰及高能辐射

设备引起的干扰等。这些干扰是不可能被完全消除的，但却可以采取措施以显著地对其予以抑制。在干扰源处采取措施对于抑制控制回路的操作干扰不但可行而且简单有效；对于来自一次系统的干扰，只能降低干扰回路与被干扰回路间的耦合以降低干扰。抑制干扰的基本措施有二次回路电缆合理布置及分组、对电容式电压互感器的特殊考虑、高频同轴电缆屏蔽层接地、选用屏蔽电缆、电缆沟道的屏蔽作用、抑制进线干扰、抑制二次回路操作过电压等。

继电保护设备绝缘及抗干扰试验的目的是为了保证变电所中二次设备的安全运行，必须客观地制定继电保护设备绝缘及继电保护设备抗干扰能力的标准。一方面，采取各种措施，保证输入设备的干扰电压在各种情况下都低于这个标准；另一方面，二次设备对干扰电压的耐受能力必须大于这个标准，并经过试验证实。

国际电工委员会在 IEC 标准出版物 255—5（1977）中，对继电器的绝缘试验（耐压试验和冲击电压试验）作出了如下规定：

（1）耐压试验。对额定电压为 30～60V 的装置，施加交流工频 0.5kV 电压 1min；对额定电压为 127～500V 的装置，施加交流工频 2.0kV 电压 1min。也可用直流电压试验，其值为上述值的 1.4 倍。

（2）冲击电压试验。5 kV，1.2/50μs，0.5J，三次正极性冲击，三次负极性冲击，每次间隔时间不小于 5 s。

在 IEC《用于量测继电器与保护设备的电扰动试验》的规定中，已有下列标准：

第一部分：1 MHz 脉冲群扰动试验（1EC 255 - 22 -1 1988）。

第二部分：静电放电试验（1EC 255 - 22 - 2 1989 - 10）。

第三部分：辐射电磁场扰动试验（1EC 255 -22 - 3 1989 - 10）。

第四部分：快速暂态扰动试验（1EC 255 - 22 - 4 1992 - 03）。

上述各项，中国均有等同采用的国家标准。

3. 继电保护设备抗干扰能力　关于继电保护设备抗干扰能力，评见变电所二次回路干扰。

4. 互感器二次回路接地　当互感器在系统电压下运行时，其二次绕组的一端及所接回路在任何时候都必须与变电所接地网连接。它是保证变电所中互感器二次绕组及其所接回路与接入的继电保护装置、测量仪表等设备和接触这些回路和设备人员安全的一项重大安全措施。

1.2 继电器和继电保护装置的构成方式

1.2.1 保护继电器

保护继电器是用于继电保护装置中能在一个或多个输出回路中产生预定跃变的一种控制器件。当输入参量（电、磁、光、热、声等）达到某一预先设定值（整定值）时输出量便发生跳跃式变化，通常由传感（测量）、比较和执行三个主要部件组成。感受部件将反应的输入参量综合后送至比较部件，比较部件将所得的参量与预先设定的值进行比较，作出判断，由执行部件实现输出量的跃变。按感受元件所反映的物理量种类分为电气、机械、温度和光学等。反映电气量动作的保护继电器应用最为广泛，种类也最多，大体可分为两大类：①反映输入参量，主要是交流电量，如电流、电压、功率等大于或小于预定值而动作的继电器，主要用于实现故障判断等功能。②按输入参量的有无而动作的逻辑继电器，主要用于构成保护装置的逻辑回路，如用于增加触点容量或数量；用于增加动作时限；用于表示某一回路的通电状态等功能。保护继电器按结构形式又可分为感应型、电磁型、整流型、晶体管型、集成电路型、微机型等。

1.2.2 感应型继电器

感应型继电器是利用输入激励量产生的交变（移动或旋转）磁场与该磁场中可动导体（圆盘、鼓或环）所感应的电流之间相互作用力而工作的一种电气继电器。它利用一组定向交变磁场在导电可动系统上感应的电流与另一组定向交变磁场的相互作用，使该可动系统和固定于可动系统的动触点与静触点间的相对位置发生变化。其工作原理与感应型测量仪表（如电能表）相同。

1.2.3 电磁型继电器

电磁型继电器是利用输入电流在电磁铁铁心与衔铁间产生的吸力作用而工作的一种电气继电器。利用外加电气量在固定的电磁线圈通过电流，控制定向磁场的变化，使位于两磁极间的可动导磁系统位移或偏转，从而改变可动系统的动触点与继电器静触点间的相对位置。其工作原理与电磁型测量仪表类似。

1.2.4 整流型继电器

整流型继电器是将交流量经整流变成直流量，由直流反应元件执行输出的保护继电器。整流型继电器由互感器、交流量的综合、处理网络和直流高灵敏执行元件构成。

1.2.5 晶体管继电保护装置

晶体管继电保护装置是以晶体三极管为基础构成的继电保护装置，属静态继电器。晶体管继电保护装置包括故障起动、测量元件和逻辑回路等几个部分，均由晶体管回路构成。其中的三极管工作于开关状态。装置的跳闸出口回路由可控整流器、干簧继电器或小型电磁继电器构成。

1.2.6 集成电路继电保护装置

集成电路继电保护装置是以集成运算放大器和集成门电路为基础构成的保护装置，属静态继电器。集成电路继电保护包括故障起动、测量元件和逻辑电路几个部分，集成运算放大器用于交流信号的运算、处理和线性放大，构成故障起动和测量元件。逻辑部分由集成门电路构成。装置的跳闸出口继电器可由干簧继电器、小型电磁继电器或可控整流器构成。

1.2.7 微机型继电保护装置

微机型继电保护装置是由微型计算机构成的继电保护装置。其核心是一台微型机算机。保护对象的运行状态量引入装置后经过采样和模数变换器变换成数字量输入计算机，计算机不断地根据输入量进行计算和判断，在发现被保护对象工作状况不正常时，通过接口电路驱动执行元件，动作于跳闸，用于报警或执行其他任务。

微机型继电保护装置由于各种功能均由软件实现，具有很大的灵活性，因而具有用常规保护装置难以实现的某些性能。通过打印机可以在事故后打印出多种有价值的信息供事故分析用，如可以输出故障距离等。另一个重要特点是可以实现在线自动监测，在保护装置异常时自动报警并显示出故障部位，从而允许延长运行中的定检周期，并减少调试工作量和提高可靠性。

保护装置的硬件由 CPU 主系统、数据采集系统（或称模拟量输入系统）及开关量输出系统三个部分组成，如图 19.1 - 1 所示。

1. CPU 主系统 它包括微处理机 CPU、存放程序的 EPROM、存放整定值的 EPROM、随机存储器 RAM 以及可编程用以实现各种定时要求（如定时采样和各种保护的延时等）的定时器等。

2. 数据采集系统 它包括电压形成回路、模拟低通滤波器、采样保持器（S/H）和模数变换器（A/D）。

电压形成回路将输入量变换成适合于模数变换器工作的电压信号，并实现外部电路和微机之间的电气

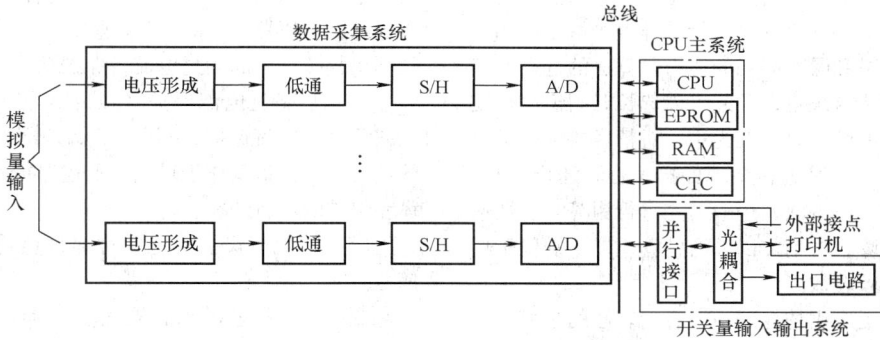

图 19.1－1　硬件构成框图

隔离，以防止输入引线携带的共模浪涌干扰微机的正常工作。对于交流输入量，一般用变压器原理实现电气隔离和电平转换。对于直流输入量，例如发电机转子电压，可以用电—光或光—电转换技术。

采样保持器（S／H）的基本部分由一个快速电子开关 S 和一个保持电容器 C 组成。在 CPU 主系统定时器的控制下，每隔一定的采样间隔时间 T_s，使电子开关短时接通——采样，从而在电容器 C 两端记下该时刻电压信号的输入值。在电子开关打开后，电容器上电压短时保持基本不变，模数变换器可从容地将此采样值变换为数字量。

采样间隔 T_s 的倒数称为采样频率 f_s，这是微机型继电保护装置的一个重要参数。采样频率过低，将不足以真实反映输入模拟信号。为防止频率混叠，f_s 必须大于被采样信号所含最高频率成分的两倍。采样频率过高，将增大对微机处理速度的要求，目前大多数反映工频量的微机型继电保护装置选用的采样频率在 400～2000Hz 的范围内。在采样前设置一个模拟低通滤波器，用以除去高于 $f_s/2$ 的频率成分，防止这些高频分量"混叠"成虚假的成分而造成计算误差。

模拟变换器（A／D）将输入量的采样值变换成二进制的数值量。由于 A／D 输出的二进制数的位数或称其字长总是有限的，不可能完全精确地表示模拟量，由此引入的误差称为量化误差。绝对量化误差的最大值就是 A／D 输出二进制数最低位所代表的值，A／D 的字长越长，相对量化误差越小，或称分辨率越高。

3. 开关量输入输出系统　它是指保护装置的出口和信号系统以及装置同外部其他装置的触点连接回路。微机通过可编程的并行接口芯片和光电隔离器件同这些电路联系。对不同的保护原理，开关量输入输出系统的硬件结构方式基本不变，可以应用通用的硬件配以不同的软件实现各种不同原理的保护，这是全微机化的保护装置。也有另一种部分利用微机组成继电保护装置的做法，保护装置的故障起动判别元件，包括滤波等都由模拟器件构成，微机仅用于实现保护的逻辑运算功能。

对于某些复杂保护装置，由于计算工作量大而又要求快速动作，因而设置 n 个微处理机，每个处理机只担当一部分任务，构成多 CPU 的硬件结构。合理设计的多 CPU 系统，各 CPU 不仅可以互相分担任务，还可以互相监测，互为备用，又互相闭锁，从而大大提高整套保护装置的可靠性，这是微机型复杂保护装置的发展趋势。

随着大规模集成电路集成度的不断提高，现在已能在一个芯片上集成 CPU、EPROM、RAM、串行和并行接口、定时器以及 A／D 等，即单片计算机。采用单片机将使微机型继电保护装置的硬件结构大为简化，也更加可靠。

微机根据采样值进行计算和判断以完成保护功能的方法称为算法。原则上讲，算法可以分为两大类：一类是根据采样值进行数值计算，确定保护所反映的系统状况，如距离保护可以计算感受到的阻抗值，然后同阻抗定值比较；另一类是沿用模拟型保护的判断依据，如距离保护根据动作方程判断故障是否发生在区内，不同的动作方程可以实现不同的阻抗动作特性，不必计算感受阻抗的数值。

就绝大多数反映工频量的保护原理而言，其算法可以归结为计算交流电流、电压和阻抗的模值和幅角。迄今提出的算法有许多种，研究工作的焦点是在计算精度和速度这一对矛盾中进行权衡和折中。速度与两个因素有关：一是算法的计算工作占 CPU 的时间，对于现代的高速 CPU，这部分时间在大多数情况下已经可以忽略；二是算法所要求的时间窗长度，因为各种算法都要在故障发生一定时间后才能获得所要求的足够原始采样数据，此时间称为算法的时间窗。研究算法的重点在于如何应用短时间窗得到满足要求的计算精度。计算精度主要是衡量它从短路后含有各种暂态分量和噪声的电气量采样值中取出有用分量排除暂态分量和噪声影响的能力。算法的选择要根据保护原理的要求决定，有的可以选长时间窗高精度的算法，而有的则应以速度为主，对精度要求则可以适当放宽，如方向保护和差动保护。有时还可用长、短时窗法相结合的方法，用短窗先进行粗算，以快速识别出严重故障，再辅之以长窗精算，以识别位于保护范围边沿的较轻故障。

在目前广泛应用的算法中，有代表性的是傅里叶方法和解微分方程法。

1.3　电气主设备继电保护

1.3.1　发电机继电保护

发电机是电力系统最重要的电力设备之一。当发电机定子绕组发生相间短路，匝间短路、接地（接地电流大于 5A）和励磁回路两点接地时，保护装置应动作于跳开发电机的断路器及自动灭磁开关，并宜动作于事故停机。当发电机过电流、过电压和转子过负荷时，保护装置宜作用于跳开发电机的断路器及自动灭磁开关。对于水轮发电机，当系统有储备容量时，也允许这些保护动作于停机。当发电机定子绕组接地（接地电流小于 5A），励磁回路一点接地或过负荷时，保护装置通常带时限作用于信号。对于不允许失磁运行的发电机，在自动灭磁开关断开时，应连锁断开发电机的断路器。对失磁保护，当发电机不允许失磁运行时，应动作于跳闸；当发电机允许失磁运行时，宜动作于信号，有条件时宜自动减负荷。

根据发电机故障及不正常工作方式，参考文献给出了 1000kW 以上容量发电机的保护方式。对于不同容量等级、不同类型的发电机，具体装设哪些保护装置应当根据有关规程或规定并按照实际情况决定。

1.3.2　变压器继电保护

变压器故障及异常运行方式的保护有以下几类：

（1）瓦斯保护。用于防御伴有气体产生的变压器内部故障与油面降低，其中重瓦斯保护作用于跳闸，轻瓦斯仅作用于信号。

（2）纵联差动及电流速断保护。用于防御变压器内部和引出线端的多相短路、直接接地、电网侧绕组和引出线的接地短路和单相匝间短路，保护动作于跳闸。电流速断保护仅作用于小容量、不重要的变压器。

（3）零序电流保护（对中性点接地的变压器）、零序电压保护（对中性点不接地的变压器）或零序电流电压复合起动的接地保护（对保护接地系统分级绝缘的变压器）。用于防御直接接地系统中变压器外部单相接地引起的过电流，保护动作于跳闸。

（4）后备过电流保护（或复合电压起动的过电流或负序过电流保护）。用于防御外部相间短路引起的过电流，保护动作于跳闸，上述保护并作为瓦斯及纵差保护的后备。

（5）过负荷保护。防御对称过负荷，仅作用于信号。

变压器纵联差动保护是为变压器内部的相间短路、高压侧单相接地短路以及匝间、层间短路故障所设置的主要保护。由于匝间短路电流小（与发电机比），要求差动保护的整定值远小于额定值。由于各侧电流互感器特性不一致，在外部故障时不平衡电流大及空载投入或外部故障切除时励磁涌流大，为了保证选择性及必要的灵敏度，大型变压器的纵联差动保护通常用穿越制动办法来躲过穿越短路引起的不平衡电流，并用下列方法之一躲过励磁涌流：①用判断电流波间断角的大小来区别短路与励磁涌流。②利用励磁涌流中包含的二次谐波分量进行制动以躲过涌流。

1.3.3　发电机−变压器组继电保护

大机组在电力系统中占有重要地位，特别是单机容量占系统容量比例较大的情况下，大机组的突然切除，会给电力系统造成较大的扰动。

因此，在考虑大机组继电保护的总体配置时，比较强调最大限度地保证机组安全和最大限度地缩小故障破坏范围，尽可能避免不必要的突然停机，对某些异常工况采用自动处理装置，特别要避免保护装置误动和拒动。这样，不仅要求有可靠性、灵敏性、选择性和快速性好的保护继电器，还要求在继电保护的总体配置上尽量做到完善、合理，并力求避免繁琐、复杂。

大机组保护装置可以分为短路保护和异常运行保护两类。

短路保护用来对被保护区域内发生的各种类型短路故障作出反应，这些故障将造成机组的直接破坏。这类保护很重要，所以为防止保护装置或断路器拒动，必须配置主保护和后备保护。

异常运行保护用来对各种可能给机组造成危害的异常工况作出反应，这些工况一般不会或不能很快造成机组的直接破坏。这类保护装置，一般都装设一套专用继电器，不设后备保护。

图 19.1−2 为典型的汽轮发电机−变压器组的一次接线图。

对于图 19.1-2 所示的发电机—变压器组，其详细的保护配置及其出口的控制对象详见参考文献。所配置的保护装置一般被划分为 A 组和 B 组，两组保护装置在结构上和配线方面彼此独立。这样，在运行期间，检测或维修继电器时，发电机—变压器组仍保持有必要的保护装置。

各保护装置动作后所控制的对象，依保护装置的性质、选择性要求和故障处理方式的不同而不同。对于发电机—双绕组变压器组，通常有以下几种处理方式：

1. 机组全停　停汽轮机、停锅炉、断开高压侧断路器、灭磁、断开高压厂用变压器低压侧断路器、停止机炉及其辅机等。

2. 解列灭磁　断开高压侧断路器、灭磁、断开高压厂用变压器低压侧断路器。

3. 解列　断开高压侧断路器。

4. 减出力　减少原动机的输出功率。

5. 发信号　发出声信号或光信号。

6. 母线解列　对双母线系统，断开母线联络断路器，缩小故障波及范围。

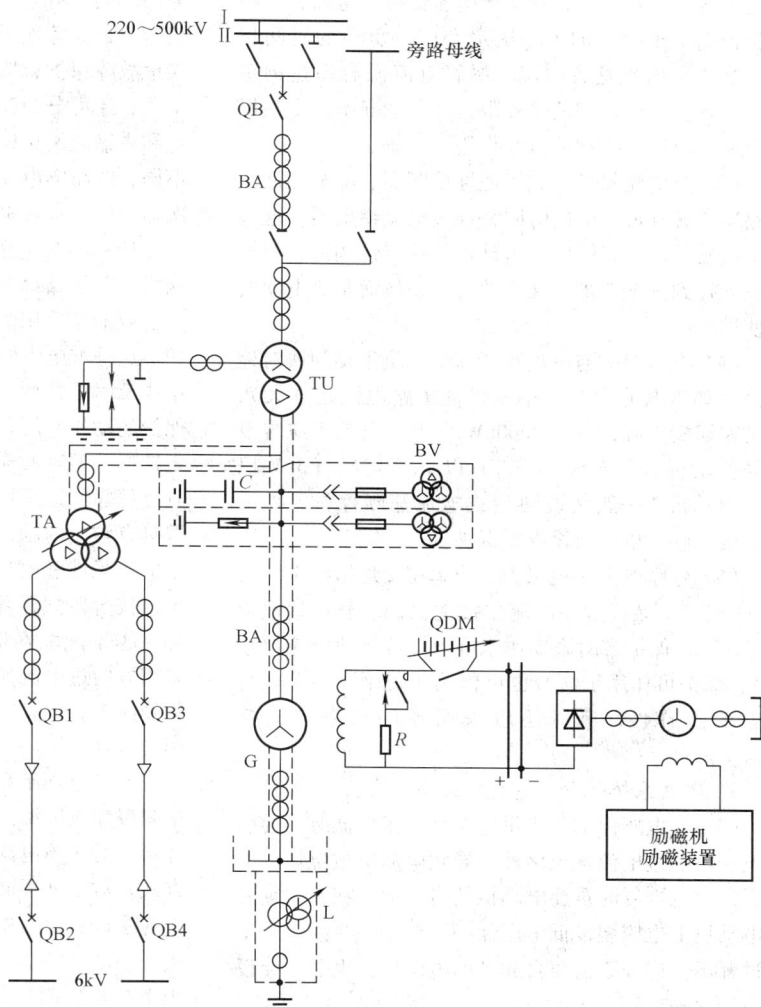

图 19.1-2　汽轮发电机-双绕组变压器组的一次接线图（50 万~60 万 kW）

1.3.4　电动机继电保护

异步电动机结构简单，成本低廉，维护方便，其机械特性能满足大多数生产过程的要求，因此在工农业生产中被广泛使用。电动机故障形式多样，大体可分为绕组损坏和轴承损坏两类。绕组损坏的原因大致可归结为：电源电压太低以致不能顺利起动，或者起动过于频繁，使电动机过负荷；长期受电、热、机械或化学作用，使绝缘老化或损坏，形成相间或相对地短路；三相电源电压不平衡、波动过大，或者断相运行；冷却系统故障或环境温度过高；轴承损坏造成偏心、扫膛，以及因机械故障造成堵转（闷车）。轴承损坏的原因大致可归结为：机械负荷过大或振动太大；使用润滑剂不合适，缺少润滑油甚至无油；环境恶劣，如多尘、腐蚀性气体等；绕组温度过高，热量

传至轴承，致使轴承损坏。

针对电动机的上述故障，应该装设绕组保护、供电系统保护和轴承保护。

1. 绕组保护　决定电动机寿命的因素很多，最主要的是绝缘老化。导致绝缘老化的原因是潮湿、尘埃、腐蚀性气体、过电压、过电流以及机械力或热作用引起的疲劳损坏，特别是热作用对绝缘老化与电动机寿命关系重大。一般认为，当绝缘温度超过允许值的 8~10℃时，其寿命将减半，因此检测电动机各部分的温度十分重要。

（1）温度保护。将双金属盘式继电器或热敏电阻、热电偶等测温元件安装在电动机内部（定子绕组端部或定子铁心上），当温度达到整定值时动作。

（2）热保护。利用双金属热继电器的热效应，反

映定子电流的过负荷，它属于电流保护的范畴，这种保护根据定子电流的大小决定允许过负荷的时间长短，往往会出现这种情况，尽管电流没有超过额定值，可是温度却达到危险界限，这种情况不能由热保护反应，温度保护却可以起作用。

（3）过电流保护。利用惯性熔断器、配电用低压断路器、各种形式的反时限特性过电流继电器，这些保护电器的动作特性应与电动机的热特性相近，使电动机既得到安全保护，又不致过早动作而影响电动机的使用。

（4）纵差保护与电流速断保护。绕组相间或对地短路（如供电电力系统单相接地短路电流足够大），为迅速切断电源，对于 2000kW 以上的电动机应装设纵联差动保护。对于 2000kW 以下的高压（3kV 以上）电动机，一般装设两相式电流速断保护，如果灵敏度不够，也应装设纵差保护。

（5）零序电流接地保护。当单相接地短路电流大于 5A 时，应装设零序电流型接地保护。若接地电流大于 10A，保护带时限动作于跳闸。若接地电流小于 10A，保护可作用于信号也可作用于跳闸。为了获得足够的选择性，有时还应采用零序功率方向接地保护。

2. 供电系统保护　它包括以下两类：

（1）低电压保护。当供电系统电压太低时，会引起电动机的过电流甚至堵转，导致电动机被烧坏。为了保证供电恢复时重要电动机的自起动，在不太重要的电动机上也应装设低电压保护。对于一些因生产工艺过程不允许或不需要自起动的电动机，也必须装设低电压保护。

（2）断相或三相不平衡保护。可使用负序电流继电器或其他专用保护。

3. 轴承保护　径向负荷、轴向负荷和振动的作用可能会使轴承损坏，因此应装设相应保护。轴承温度过高，可用热电偶或热敏电阻检测；油位过低，可用油标尺监视；润滑油油压不够，可用压力开关监控；油量不够，可用节流开关控制；振动过大，用振动表监测。

1.4　线路继电保护

1.4.1　线路继电保护的配置

有多种不同动作原理的继电保护装置可供线路继电保护选用，但需要在考虑全电力网协调的基础上，进行线路继电保护的配置，以满足电力系统安全稳定运行对它们提出的可靠性、选择性、快速性以及灵敏性等基本性能要求。线路继电保护的配置，按保护任务的不同，可分为主保护与后备保护以及辅助保护；按所保护故障性质的不同，又可分为相间故障保护及接地故障保护；按被保护线路所在电力网电压等级的不同，还可分为配电线路保护、次输电网送电线路保护和主输电网送电线路保护。由于电力网电压等级的不同，线路继电保护的配置可分为 10~63kV 配电网、次输电网、主输电网线路保护。

10~63kV 电压等级的配电网多为单电源辐射型网络，其线路继电保护最适于选用过电流保护，而最为普遍的是采用由单个继电器构成的反时限过电流保护。这种继电器的动作特点是动作时间随通入电流大小成反时限特性，故障点越远，故障电流越小，继电保护的动作时间越长；反之，则越短。经过正确的整定选择，不难实现下一级电力元件故障时，保护装置具有可靠的选择性；而当被保护线路故障时，保护装置具有较短的动作时间。另一种电流保护方式是由多个电流元件和时间元件组成的阶段式定时限电流保护，按阶段式原则整定配合，以取得选择性。如果 10~63kV 配电网接成环状网络运行，则需要部分地采用方向过电流保护才能满足选择性要求。在配电网的线路上，大多配置了一次性或多次性的三相重合闸装置。

次输电网是介于电力系统主输电网与配电网间的中间级输电网络。这种输电网的结构既有辐射型也有环形。对于单电源辐射型线路，仍然采用过电流保护方式；对于环形网络线路，则主要以阶段式距离保护作为主保护及后备保护；对于双回线，多配以专用的横联差动电流方向保护或电流平衡保护（后者只适用于有电源侧）作为主保护，并以过电流或距离保护作为后备保护。如果送电网络是有效接地系统，则普遍以零序电流作线路接地故障的主保护及后备保护。这种电力网中的输电线路，一般都配置有一次性的三相重合闸装置。

主输电网的特点是接入了大容量电厂，网络结构复杂，接线及运行方式变化大，线路传输功率大，为有效接地系统。在这种网络中，为保证故障后的系统的暂态稳定性，对故障切除时间有严格要求。在这些线路上，基本上只能采用近后备保护方式，普遍以双重化的纵联保护作为线路的主保护，并以相间距离保护和零序电流保护或者再加上接地距离保护作为后备保护，并普遍配置断路器失灵保护回路。主保护动作时的故障全断开时间为 2.5~5.0 个工频周波。这些线路的重合闸配置，因电力网条件与传统使用习惯而异。有的电力网采用单重合闸，有的电力网采用间隔时间约 0.5s 的快速三相重合闸。自 20 世纪 70 年代初，美国发生了因次同步谐振引起的大容量机组大轴损坏事故后，为了避免三相重合于故障时对机组寿命的严重危害，在大容量火电厂的配出线路上，单相重合闸方式的应用得到了更多的重视。

在 DL 400—1991《继电保护和安全自动装置技术规程》中，对 3kV 及以上电压线路的继电保护配置有详尽的规定。

1.4.2 电流保护

电流保护是以通过保护安装处的电流为作用量的继电保护。当通过的电流大于某一预定值（整定值）时，电流保护动作。这种继电保护装置通常由电流、时间、中间、信号等继电器按一定的逻辑组合而成，以实现对输电线路、发电机、变压器、电动机等发电设备的保护，可以根据相电流或序电流（负序或零序）工作。除直接作用的过电流保护外，还有经故障方向判别元件和经低电压或复合元件控制的过电流保护。主要有无时限（瞬时）过电流保护和带时限过电流保护两种。对于线路保护，则有线路相间过电流保护和线路零序过电流保护之分。

1.4.3 距离保护

距离保护是以距离测量元件为基础构成的保护装置，其动作和选择性取决于本地测量参数（阻抗、电抗、方向）与设定的被保护区段参数比较的结果，由于阻抗、电抗与输电线的长度成正比，距离保护因此得名。距离保护主要用于输电线的保护，一般是三段或四段式。第一、二段带方向性，作本线段的主保护，其中第一段保护线路的 80%～90%。第二段保护余下的 10%～20% 并作相邻母线的后备保护。第三段可带方向也可不带方向，有的距离保护还具有不带方向的第四段，作本线及相邻线段的后备保护。

整套距离保护包括故障起动、故障距离测量、相应的时间逻辑回路与电压回路断线闭锁等环节，有的还配有振荡闭锁等基本环节以及对整套保护的连续监视和自动闭锁等装置，有的接地距离保护还配备单独的选相元件。

各国使用的距离保护，虽然在原理上相似，但由于传统习惯不同，在整套装置的某些环节上，对安全性和可信赖性、系统振荡、防止电压回路故障引起的误动作等方面的要求与做法不同。我国对 110kV 以上电压等级线路的距离保护，有详尽而明确的基本技术要求。

1. 距离保护的结构　距离保护一般应包括故障起动元件，第一、二段及第三段距离继电器，振荡闭锁，电压回路断线闭锁等基本环节。

2. 距离保护的类型及其应用范围　按应用条件不同，可将距离保护分为相间距离保护、接地距离保护和相间-接地距离保护。相间距离保护普遍用于高压输电线路，作为相间短路的基本保护，而以带方向或不带方向的零序电流保护作为接地故障的保护。接地距离保护特别适用于用短线构成的电力网中。在这种电力网中，零序电流保护较难满足快速动作和选择性要求。相间-接地距离保护具有更好的适应性。

在中压电力网中，为了在一套保护中少用距离继电器，使用切换式距离保护，即将一个距离继电器按故障类型和故障相别有选择地接入相应的电压和电流，不同的保护段也由这个距离继电器通过改换动作设定值实现。目前这种保护广泛为微机型距离保护所采用。

在 220kV 及以上电压等级的电力网中，以距离保护为主体构成的纵联保护，是一种被广泛采用的保护装置。在大型升压变压器上，带延时的距离保护也作为变压器及其连接母线的后备保护。

3. 影响正确测量故障距离的特殊因素　距离保护能否正确测量故障距离，受到故障电阻、平行线间互感和串补电容的影响。

1.4.4 高频继电保护

高频继电保护主要有载波继电保护、微波继电保护、特高频继电保护和光纤继电保护等。

1. 载波继电保护　它是利用载波系统的传输设备及其通道传输线路各端经一定方式调制后的保护信息，并以其相互综合比较为动作判据的一种线路纵联保护。载波继电保护是线路纵联保护的主要形式。

载波继电保护装置由电压与电流互感器的二次交流输入、规定电气量的形成、保护信息的综合比较、出口执行诸单元（组成保护设备）以及与通信设备的接口（组成远方保护设备）及通信设备与通道组成，如图 19.1-3 所示。由保护装置接口经通信终端设备

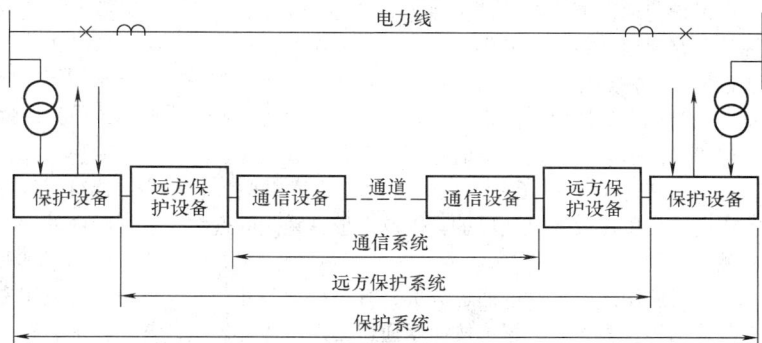

图 19.1-3　载波继电保护的原理框图

与通道实现本线路各端保护信息的相互传输。

用于载波继电保护的通道有音频、电力线载波、特高频、微波与光纤等五种。传输保护信息常用调幅（AM）、调频（FM，包括移频 FSK）与脉码调制（PCM）三种方式。

（1）调幅是最早使用的一种调制方式。这种调制方式技术简单，但抗干扰性差，不用于直接传输电气数据量，只用于可靠性高又较少受环境条件影响的电力线载波方向比较式与电流相位比较式纵联保护中，传输"有—无"信息。

（2）调频用来传输表征电气数据量的保护信息。由于它以频偏表征数据的量值，故抗干扰性优于调幅制，但技术比较复杂。为减少量化误差，要求调制与解调器在工作范围内非线性畸变小，其中心频率与最大频偏取决于被传输电气数据量的动态范围与量化精度。调频为宽频带传输方式，用频分多路（FDM）终端设备与通道传输。频移键控（FSK）的技术要求比调频简单，但是只能表征保护信息状态的变化，常用于电力线载波通道与微波中继线路上实现远方跳闸与控制。

（3）脉码调制将模拟量的每点采样值变换为数字量，码位根据所表征的电气数据量的动态范围与量化精度要求决定，一般为 12 位（包括符号位）。脉码调制具有比较完善的多种校核手段（如固定位、奇偶、冗余码等），抗干扰性强，误码率低。脉码调制的保护信息可以直接由时分多路（TDM）终端设备经通道传输。

安装在被保护线路两端的阻波器，用来阻止载频流入两端的高压母线上，耦合电容器隔离工频高压并形成载频通路。本线路两端载波通信设备的载频信号，通过连接滤波器、耦合电容器经由电力线传输到对端。连接滤波器目前多为变压器型，作为载频频段的带通滤波与输电线路的阻抗（高压架空线 300 ~ 400Ω，电缆为 75Ω 或 100Ω）匹配。电力线载波的工作频段一般为 40 ~ 500kHz。

除保护使用专用通道（一般带宽 4kHz）外，也可由保护与通信复用电力载波通道。在这种情况下，规定每路通道（4kHz）中低于 2.0 ~ 2.4kHz 的信号为话音信号，在这个频率以上的信号为保护与远动信号，此时电力载波保护需增设音频接口与电力线载波机连接。由于只能利用有限的带宽，电力线载波保护只适用于传输"有—无"信息的方向比较式纵联保护或电流相位比较式纵联保护，以及窄带移频式的远方跳闸装置。

按所使用的电力载波通道分类，有相相耦合和相地耦合两种主要方式，还可按使用通道类别与传输保护信息功能不同而分类。

按使用通道的类别不同，可以分为电力线载波、电力线复合电缆载波、分裂导线载波以及绝缘地线载波 4 种。以绝缘地线为载波通道的优点是设备工作电压低，通道分布干扰小，但必须保证高压线路故障时不因绝缘地线出现间隙放电而影响载波继电保护的工作。

按传输保护信息功能不同，可分为允许（跳闸）式和闭锁（跳闸）式两种。允许方式在本线路上发生内部故障时，可能由于载波通道衰耗严重，使接受端保护因收不到对侧信息而拒绝动作，而如果降低收信电平以提高收信灵敏度，又容易因误收干扰信息而误动作；闭锁方式可能在内部故障初始形成阶段，受故障点出现强干扰脉冲的影响，实测结果表明，该干扰脉冲持续时间一般不大于 4 ~ 5ms，与保护整组的起动时间相当，不致明显延缓保护动作时间，因此，利用电力通信载波通道的线路纵联保护一般采用闭锁式为宜。

2. 微波继电保护　是利用微波（波长为 30cm ~ 0.3mm）终端设备与通道传输本线路各端保护信息，进行综合比较，形成动作判据的一种线路纵联保护。其特点如下：①通道不受电力线路故障的影响，在本线路故障时仍能安全可靠地传输各端的保护信息。②传输信息容量大，易于实现高性能线路纵联保护。③具有比较完善的通道监测手段，但并不增加保护装置结构的复杂性，便于运行维护。④用于方向比较式纵联保护时，适于采用传输允许跳闸信息方式，其安全性与可靠性优于传输闭锁信息方式。

继电保护的微波通信设备工作频率多为 2GHz 与 6 ~ 8GHz。

3. 特高频继电保护　它是利用特高频（波长为 10 ~ 1dm）通道传输本线路各端保护信息，进行综合比较，形成动作判据的一种线路纵联保护。其特点如下：①根据无线通信频率的管理与分配，特高频保护的通道工作频率在 400 ~ 500MHz 频段内。②工作于分米波段，故特高频通信设备与天线结构比微波通信简单，实际上是一种简易的微波通信方式。特高频通信一般采用多路频分制，适用以移频或调频方式工作的模拟式线路纵联保护。与微波通信相比，特高频通信设备简单，但传输频道有限，可以在工业干扰不大的高层建筑间作短距离通信之用。在电力系统中只能用作视距内的厂、所间通信；由于不能提供足够宽的频道，限制了其在高性能线路纵联保护中的使用。纵联保护虽可使用专用的特高频通信设备，但是由于该设备比保护装置复杂又不利于运行维护，一般只在个别特殊条件下采用。

4. 光纤继电保护　它是利用激光经光导纤维传输被保护线路各端保护信息，进行综合比较，形成动作判据的一种线路纵联保护。其特点是：① 光纤通信为高速大容量的数据传输方式，多采用保护与通信复用方式。② 光纤通信具有不受电磁干扰与耐高压的特点，在超高压电力网的厂、所等强电磁场环境中，传输信息具有特殊的优越性。其主要类型有"主-主"与"主-从"两种方式。

（1）"主-主"方式。线路各端保护功能相同，即均具有传输保护数据与综合比较的功能。本线路内部故障时，各端保护各自发出本端断路器跳闸指令。这种方式的功能完善而且使用灵活方便。

（2）"主-从"方式。各端保护功能不同，配套使用。线路一端的保护（主方）具有综合比较各端保护数据的功能，当判定为内部故障时，向所有各端发送断路器跳闸指令。其他各端保护（从方）只具有进出本端保护数据与接收断路器远方跳闸指令的功能。

光通信技术与数字技术的发展也促进着保护与计量新技术的研究与实用。例如，光数字式电压、电流互感器具有抗干扰性强，并能忠实传送一次系统故障过程的能力，这将有助于实现基于数字式快速动作的新型线路纵联保护。

1.4.5　行波继电保护

行波继电保护是一种利用输电线故障时产生的行波故障特征构成判据的保护。目前虽有实际应用，但由于技术还不完善，尚处于探索研究阶段。其原理是，根据叠加原理，短路后的电压和电流可以分解成正常负荷分量和故障分量。初始的故障分量等于在故障点接入一个与该点故障前电压大小相等方向相反的电动势 $u_d(t)$，同时将系统电源电动势短路，在系统中产生的电压和电流。由于输电线具有分布参数的特征，故障点突然接入 $u_d(t)$ 将产生电压和电流行波分别向线路两端传送，电压行波和电流行波的比值为线路的波阻抗。此行波到达线路的任一端点后，由于参数突变将产生反射波，同样反射波抵达故障点也将再次反射形成第二个前行波，从而在故障点和线路任一端点间形成了一连串的前行波和反射波。在每一个前行波到达线路一端时，将造成该点电压和电流的一个突变，这就是故障后电压和电流中的高频暂态分量。当故障发生在电压过峰值附近时，$u_d(t)$ 有很陡的波前，高频分量的幅值很大；反之当故障发生在电压过零附近时，高频分量幅值很小。人们已设想了若干种利用行波所包含信息构成判据的保护。行波保护大体可分为行波距离保护、行波方向保护和行波差动保护。

1.4.6　母线继电保护

1. 母线的继电保护方式　电力系统中母线故障是最严重的事故之一。这种故障如仅靠供电设备的保护带时限切除或解列（当具有联结母线的断路器或母线分段的断路器时），将不能满足电力系统安全运行的要求。在可能发生下列情况时，应装设专用母线保护，以便有选择性地快速切除故障：

（1）电力系统的稳定性可能受到破坏。

（2）发电厂用电或重要用户的母线电压降低到允许值（一般为额定电压的 60%）以下，影响到安全供电。

（3）全电网保护水平受到影响，或可能引起大范围负荷切除，或供电质量下降。

母线差动继电保护是以母线上各回出线电流相量和或各回出线电流相位作为区分母线内、外部短路故障判据的母线故障专用继电保护，简称母差保护。它动作后跳开母线上所有带电源的出线断路器。主要有电流差动母线保护和电流相位比较差动母线保护两种。按母线接线方式的不同，母线差动保护具有不同的特点。

2. 电流差动母线继电保护　理想情况下，在正常运行或母线外部发生短路故障时，流入和流出母线的电流相等，即由各回出线流入母线总电流的相量和等于零；母线内部发生短路故障时，流入母线总电流等于母线故障点的故障电流。据此可以区分母线内外部短路故障。按此工作原理实现的母线保护有：完全电流差动母线保护和不完全电流差动母线保护。

完全电流差动母线保护是按循环电流原理将母线上所有出线的二次电流都包括在差动保护差电流回路中的一种母线保护。它适用于各种电压等级各种主接线方式的母线，应用最为普遍。这种保护方式要求母线所有出线装设变比和特性完全一致的电流互感器，如果变比不等，则需增设满足要求的辅助变流器，以实现变比补偿。差回路中的保护起动元件或双母线保护选择元件的动作值必须大于母线外部短路故障时在保护差回路中可能产生的最大不平衡电流。有时为避免电流互感器二次回路断线引起的保护误动作，其动作值还要大于母线上最大负荷支路的负荷电流。保护灵敏度按母线内部发生短路故障时最小短路电流校验。当外部故障时，特别是在超高压电力网中，电流互感器的暂态误差将严重影响这种保护的安全性。因此，采用电压型（高阻型）差动母线保护比采用电流型（低阻型）差动母线保护可以获得更为优良的性能。

不完全电流差动母线保护是按循环电流原理只将母线上有电源出线的二次电流包括在保护差电流回路中的一种母线保护。它适用于发电厂发电机电压母线和 6~10kV 降压变电所的母线，具有简单、经济等优点。一般由接在保护差电流回路中的无时限和定时限两段式过电流保护构成起动元件。在母线上的全部出线都安装限流电抗器的情况下，该保护可使用距离继电器，保护范围不超出电抗器。

3. 电流相位比较差动母线继电保护　以流入母线的电流方向为正方向，理想情况下，在正常运行时，供电电源侧出线流入母线的电流与由受电负荷侧流入母线的电流在相位上相差 180°，在母线外部发生短路故障时，非故障的电源侧出线流入母线的电流相位也差 180°；而当母线内部发生短路故障时，各电源侧出现流入母线的电流相位相同。可以用这些区别母线内外部短路故障。按此原理实现的母线保护有电流比相式母线保护和母联相位差动母线保护两种。

电流比相式母线保护将同一母线上所有出线的二次电流，经电压形成回路变成电压以实现区内外短路故障判断的相位比较。由于只需比较电流相位，因此该保护对各回出线上装设的电流互感器变比、特性是否一致无特殊要求，并且具有灵敏度高的特点。但其正确工作受某些特殊运行状况的限制，如母线内部发生短路故障时，若母线上某一回出线有流出电流，则该保护可能拒绝动作。

母联相位差动母线保护是通过比较母线联络断路器（简称母联）电流与总差电流相位差来选择故障母线的电流比相式双母线保护。这种保护方式的缺陷是，当母线联络断路器断开或单母线运行时，选择元件失去作用。

1.4.7 电力系统自动重合闸

电力系统自动重合闸的作用是，在架空线路或母线上的断路器因故障（如发生短路故障或断路器自动跳开）断开后，被断开的断路器经预定的短时延自动合闸，使断电的电力元件重新带电，如果故障未消除，则由保护装置动作将断路器再度断开。

1. 电力系统自动重合闸的作用　长期的运行统计结果表明，架空线路的短路故障绝大多数具有暂时性质，当故障消失后，故障点的绝缘即可迅速恢复，并提供正常运行的条件。采用自动重合闸，可以使因短路断开的线路迅速得以恢复送电。因而，在供电网中，它可以提高对用户供电的可靠性；而在主要输电网中，则可以快速恢复电力网的完整性，从而显著提高电力网的安全运行水平。在各级电压电力网中，自动重合闸的应用极为普遍。对于电缆线路，因故障多为永久性，一般不实施重合闸，以避免事故的扩大。自动重合闸也可用于变电所母线，但使用得不多。

2. 电力系统自动重合闸的分类　它主要分为三相重合闸、单相重合闸和综合重合闸。

采用三相重合闸的线路不论发生何种短路故障，继电保护动作后均同时跳开三相断路器，然后三相同时重合。在供电网中，采用三相操作断路器，因而这也是唯一可用的重合闸方式。在主要输电网中，对具有多回并联通路的线路，即使装设了单相操作的断路器，为了简化继电保护，也广泛采用三相重合闸。

对于设置了单相操作断路器的超高压输电线路，当线路发生单相接地时，经继电保护的控制只断开故障相，另两相仍保留运行，如果重合到故障未消除的线路，则跳开三相断路器不再重合。在一些重要的同杆双回线上，为了解决异名相（如甲线 U 相与乙线 V 相）同时故障问题，发展了按相重合闸方式，即在双回线的两个三相线路中只要保留了异名两相连通两侧电源，实现按故障相跳闸随之各自重合闸，它要求有很强的重合闸逻辑控制功能。

综合重合闸是实现单相故障单相跳闸并单相重合、多相故障三相跳闸并三相重合的重合闸方式。

重合闸时间是指从由于故障而断开电源开始到再接通系统电压为止所经历的时间，包括由断路器跳闸到给出断路器合闸命令的预定时延与断路器本身的合闸时间。重合闸时间必须大于故障点消弧及绝缘恢复的时间才能保证重合闸成功，而且在主输电网中，如果重合到故障未消除的线路将对系统暂态稳定产生巨大的影响，因此，合理选择重合闸时间是非常重要的。对于三相重合闸，重合闸时间一般不小于 0.3~0.5s，其中后者适用于超高压主输电网；对于单相重合闸，在中长超高压线路上，故障点消弧时间很长，需要考虑特殊的加速消弧措施。

普遍采用一次重合闸方式，即重合于故障未消除的情况时，再次跳闸即不再重合。在较低电压供电线路上，也采用二次或三次重合闸方式，但后二次的重合闸间隔时间很长，主要代替手动强送。重合闸成功率并不因采用多次重合闸而有很大的提高。

3. 线路自动重合闸的配置　随各国电力系统情况与使用习惯而异，并不统一，我国电力系统采用自动重合闸已有 40 多年的历史，除了在 110kV 及以下供电线路上一直广泛采用三相一次重合闸外，在 220kV 线路上，也曾采用过非同步重合闸和快速重合闸等。20 世纪 70 年代开始建设的 330kV 电力网和 80 年代初开始建设的 500kV 电力网，都普遍采用单相重合闸方式。随着对超高压电力网运行经验的日益丰富，在深入研究电网结构、系统安全稳定要求和线路自动重合闸方式关系的基础上，在我国电力系统中，220kV 及以上电压电力网的自动重合闸方式，逐步统一地采用了如下的配置原则。

在 330~500kV 和联系较为松散（如并联送电回路数在 4 回以下）的 220kV 电力网线路上采用单相重合闸，即发生单相接地短路故障时，由两侧断开该故障相断路器，随之重合。

三相重合闸是在三相断路器断开后随之进行三相重合的一种自动合闸方式。这种重合闸方式的应用一直最为普遍，原因是其控制回路简单，对断路器不要求分相操作。根据不同的电力网条件，这种重合闸又可分为一般三相重合闸、检电压重合闸、检同步重合闸、非同步重合闸、检邻线电流重合闸与自同步重合闸等。

20 世纪 70 年代以来的研究结果认为，在大型机组的高压配出线路出口附近，如果三相重合于未消除的多相故障，有可能给机组带来严重的损害。为此，许多电力系统已经在高压配出线路的电厂侧，采用有限制的三相重合闸，如检同步的重合闸、延时 10s 以上的重合闸，或改用单相重合闸。

综合重合闸是在综合上述合闸原理基础上提出的一种重合闸方式，在线路发生单相故障时，只将故障相断路器断开，随之进行重合闸；如果发生多相故障则跳开三相不重合闸或者进行三相重合闸，当重合于故障未消除线路时，都永远跳开三相。在实际系统中，这种重合闸方式使用得较少。

4. 母线自动重合闸　它是在单母线和双母线变电所，当一回母线因故障被切除而断电后，将接到该母线的一回电源线路的断路器先重合，如果成功，再陆续重合其他断路器以恢复母线供电的一种重合闸方式。母线重合闸用于系统中枢纽变电所。运行经验表明，母线故障并不罕见，属于临时性故障的仍占一定的比例，采用这种重合闸方式对快速恢复供电具有积极的作用。母线重合闸还可能防止因断路器失灵保护误动作而引起的大面积停电，它不适用于火力发电厂，因为不允许发电机在这种情况下出现非同步重合闸。迄今，母线重合闸只用于少数 220kV 变电所。

为了使断路器重合到未消除的故障时能快速再跳闸，在发出重合闸命令后的短过程中，将采用重合闸后加速保护。这是电力系统中一种常用的技术，实现重合闸后加速保护的时限宜尽量缩短，以保证可靠地执行预定任务。

1.5　电力系统故障自动记录装置

1.5.1　电力系统故障录波装置

故障录波装置是在电力系统发生故障时自动连续

记录多路电流、电压模拟量波形和开关量的仪器。所记录的波形可用于了解系统运行状态的变化，分析故障的性质、相别、发展过程，评价继电保护、安全自动装置的动作行为。

故障录波装置有如下特点：

（1）可以无遗漏地连续记录电力系统中发生的各次短路故障、系统振荡、系统频率突变以及系统动态过程中的电流和电压变化情况、继电保护和安全自动装置的动作行为。

（2）当系统发生大扰动时自动起动，而当系统动态过程基本结束时自动停止记录。

（3）通过分析软件，可以直接输出分析继电保护动作和研究系统运行状态变化过程所需的相量和数据（如 I、U、P、Q 和 f 及装置的动作时刻）和它们随时间变化的曲线以及初始故障电流、电压波形，实现故障测距。

（4）根据故障分析的需要，有重点地分时段以不同的记录速度输出必要数据。

（5）输出数据带有同步时间标度，适应集中处理系统全部信息的要求。

（6）方便存档和事后检索。

新一代的电力系统故障记录，除了记录可用以分析继电保护动作行为的有关数据外，还记录了电力系统的全部动态过程，可用来分析系统事故，校核各种计算分析程序及其所用模型和给定参数的正确性，从而为深入了解电力系统的实际运行特性，总结电力系统运行经验，提高运行水平和电力系统的供电安全性等提供有重要价值的背景材料。

1.5.2　电力系统故障测距

故障测距的作用是在电力系统输电线路发生短路故障时，利用输电线路一侧或两侧安装的数据采集系统所采集的电流和电压数据，经过计算分析，确定故障位置的实用技术。利用故障测距技术可快速而准确地确定故障地点，有利于及时排除故障，缩短停电时间。常用的方法有：①零序电流法；②电流、电压计算法。

1.6　直流输电系统继电保护

直流输电系统继电保护是用于检测发生于直流输电系统中两端换流站及直流输电线路和两端交流系统的故障，并发出相应的处理指令，以保护直流输电系统免受过电流、过电压、过热和过大电动力危害，避免系统事故进一步扩大的技术。

1.6.1　直流输电系统保护的特性要求

直流输电系统保护除了与交流继电保护一样，应满足快速性、灵敏性、选择性和可靠性的要求外，还应特别注意其抗电磁干扰和抗暂态谐波干扰、双极系统中两个单极的保护必须完全独立等特性。直流保护应为多重化配置，并应具有很强的软、硬件自检功能。新建的直流输电工程均采用微机型数字式直流系统保护。

直流输电系统保护通常分为直流侧保护、交流侧保护和直流线路保护三部分，并分为 6 个保护分区：①换流站交流开关场保护区，包括换流变压器及其阀侧连线、交流滤波器和并联电容器及其连线、换流母线。②换流阀保护区，包括换流阀及其连线。③直流开关场保护区，包括平波电抗器和直流滤波器，及其相关的设备和连线。④中性母线保护区，包括单极中性母线和双极中性母线。⑤接地极引线和接地极保护区。⑥直流线路保护区。各保护区的保护范围应是重叠的，不允许存在死区。

直流输电系统保护的主要特点是它与直流控制系统的联系十分紧密，对于直流系统的异常或故障工况，通常首先通过控制的快速性来抑制故障的发展。例如，直流控制可在 10ms 左右将直流故障电流抑制到额定值左右；又如，当换相电压急剧下降时，直流控制将自动降低直流电流整定值，以避免低压大电流不稳定工况的产生并防止故障的发展。根据不同的故障工况，直流保护起动不同的直流自动顺序控制程序，某些保护首先是告警，如果故障进一步发展，则起动保护停运程序。直流系统保护停运的动作过程是，首先是通过换流器触发脉冲的紧急移相或投旁通对后紧急移相，使直流电流很快降到零，直流线路迅速去能。然后闭锁触发脉冲，并断开所连的交流滤波器和并联电容器，如果需要与交流系统隔离，则进一步跳开交流断路器。在断开断路器指令发出的同时，应投入断路器失灵保护。因此，直流控制和保护的合理配合，既能快速抑制故障的发展，迅速切除故障，又能在故障消除后迅速恢复直流系统的正常运行。

双极直流系统中，各极的直流保护应完全独立，必须避免单极故障误引起直流系统双极停运。对于双极公共部分的保护，如双极中母线的保护，或接地极的保护，应具有准确的判据和措施，尽量减少直流系统双极停运。

对直流系统保护的另一项要求是：虽然保护动作要影响两端换流站系统，但不管故障发生在整流侧还是在逆变侧，保护装置的正常工作应尽量不依赖于两端换流站间的通信。

直流系统保护的功能和参数，必须针对不同工程的交直流系统特性，与直流控制系统，以及与相关交流系统的继电保护和安全自动装置的功能和参数进行统一的研究、设计、匹配和试验，以确保直流系统设备的安全、直流系统的高可靠性和可用率以及相关交流系统的安全。

1.6.2 直流输电系统继电保护的配置

直流输电系统通常按其保护特性要求配置各种保护功能，对于每个设备或保护区要求配置不同原理的主保护和后备保护，可分为直流侧继电保护、交流侧继电保护和直流线路继电保护三类。

1. 直流侧继电保护 它主要包括：换流器保护、极中性母线保护、直流滤波器保护、平波电抗器保护、直流电压异常保护、直流谐波保护、换流站接地网保护、金属返回线故障保护、直流开关场开关设备保护、双极中性母线保护和接地极引线保护。

换流器保护主要有换流器的各种差动保护，过电流保护以及换流器本体的保护等。通过对换流变压器阀侧套管中、换流器高压端直流线路出口处，以及换流器中性母线处的电流互感器测量值的比较，根据各电流的差值情况可区别不同的换流器故障而设置不同的保护。如以交流电流大于直流电流为判据的桥差保护可作为换流阀内或换流变压器阀侧连线的短路故障保护；以换流器直流侧高压端和低压端电流差为判据的极差保护可作为极出口短路故障的保护；以直流电流大于交流电流为判据的差动保护可作为逆变器的换相失败或不触发故障的保护等。对于换相失败故障的保护，通常要求延时（约 200ms）动作，以避免当换相失败可自行恢复时不必要地停运直流系统。

通过对换流变压器阀侧电流、换流器直流侧中性母线电流以及换流阀冷却水温度等参数的测量，可构成换流器的过电流保护，它不仅保护换流器，而且可保护相关设备。

此外，根据对交流电压和换流变压器分接头位置的测量，可设置电压应力保护并联动分接头控制，防止交流电压变化引起的换流阀及其他换流设备电压应力的增加。

对于换流器的触发脉冲，通常均设置监视系统。通过控制系统发出的脉冲与换流器晶闸管元件实际的触发脉冲的比较，可对换流器的误触发或丢失脉冲进行辅助保护。在阀内，需设置晶闸管强迫导通保护，以避免当阀臂导通时，某个晶闸管不开通而承受过大的电压应力。

对于换流器本体，通常要求设置阀温度监视。大部分工程使用温度的计算值，对阀的过热应力进行保护。对于晶闸管工作状态的监视是换流器必不可少的，当发现晶闸管击穿损坏个数达到一定数量时，必须闭锁换流器。由于换流器中的晶闸管备有冗余量，因此，击穿损坏的晶闸管数量不超过冗余量时，可进行报警处理。换流器应避免在过大的触发角下运行，因此还可针对触发角设置保护性监视，以避免阀承受过大的换相应力。

换流器的辅助设备，如阀冷却系统、阀控制及其辅助电源系统，以及测量系统等都是十分重要的，工程中通常均需双重化配置，并配有性能良好的监测、故障自检报警以及主设备和备用设备的切换逻辑。

极中性母线保护通过检测换流阀中性母线侧电流、直流滤波器电流以及流入接地极引线的电流并比较它们的差值实现。保护装置可以对中性母线或连接于中性母线的相关设备（如滤波器或电容器）的接地故障实现极中性母线差动保护。根据对换流阀中性母线侧直流电压和直流电流的监测，可以判断极中性母线的开路故障并采取停运直流系统的保护措施。

直流滤波器保护通常为常规结构的直流滤波器设置谐波电流过负荷保护、差动保护和电容器组不平衡保护，以防止外部和内部故障造成设备的损坏。对于电容器元件的监视，通常进行告警和进一步停运的分段保护措施。电容器组不平衡保护的参数设置应根据实际工程的要求进行具体研究，既要灵敏又不应误动，而且应特别注意当电容器组对称损坏时，由于测试不到不平衡电流而出现保护拒动。对于有源直流滤波器，其电子回路部分的自检、多重配置及主备故障切换是必要的。

平波电抗器保护中，油浸式平波电抗器的本体保护配置与常规交流变压器保护相同。对于空气绝缘的平波电抗器一般没有特殊的保护配置，但应配置绕组的温度监视。平波电抗器的对地短路故障，通常由换流器直流侧保护中的极差动保护进行保护。

直流电压异常保护对直流电压的过电压或欠电压进行保护。可针对直流开关场、直流线路、交流系统以及直流控制系统的故障进行保护，并根据直流电压、直流电流和触发角测量值的综合情况来判断故障。该保护通常是首先作用于交流滤波器的投切控制，如果无效，再启动停运直流系统的保护程序，可保护换流器和所需承受直流电压的设备。对于交流系统故障引起的直流欠电压保护动作，应避开清除交流故障的时间，以减少直流系统的停运。

直流谐波保护通过对直流电流中的异常谐波（主要是工频和二次谐波）进行检测，在发现谐波超过整定允许值并长达预定时间后，启动保护程序停运直流系统。这类保护主要针对交流系统故障、换相失败，或换流阀的触发失灵等故障。

换流站接地网保护通常对换流站内接地网的电压和流入接地网的电流进行检测，如果检测到高于保护整定值的过电压或过电流时，则保护动作停运直流系统。当直流系统为双极平衡运行时，直流接地网过电流保护动作，使直流系统双极停运，以避免造成更大的过电流而损坏站内接地系统。

金属返回线故障保护，对于直流系统在金属回线运行方式下，通过检测接地一端换流站接地点的电流与金属回线电流的差值，可判断金属返回线的接地故障并启动停运直流系统的保护程序。直流线路电流和站内中性母线电流的差动保护可对金属返回线的开路故障进行保护。

直流开关场开关设备保护主要指对换流站直流开关场的中性母线开关、中性母线接地开关、大地回路转换开关和金属回路转换开关的保护。其基本保护原理均为当发出开关断开指令并经整定的延时后，如果仍检测到有电流流过开关，则重合此开关，以免损坏开关。

双极中性母线保护通过对极 1 和极 2 中性母线电流、接地极引线电流检测值的比较，可设置双极中性母线故障的差动保护。

接地极引线保护通常需对接地极引线设置过电流保护。对两根接地极引线的结构，应设置接地极引线电流横差保护或线路开路保护，对两个电流进行不平衡监测，以及对接地极引线的电压进行监视，以判断其发生对地短路故障，或发生开路故障，保护应发出报警信号，或进一步停运直流系统。接地极引线保护还可采用阻抗监测原理或脉冲反射原理，这两种原理的保护均可在小电流（双极平衡运行时小于直流额定电流的1%）时，不使用通信通道测得接地极引线的故障。此外，还可为接地极引线设置纵差保护，但这种保护的实现必须使用换流站与接地极之间的专用通信通道。

2. 交流侧继电保护　它包括换流变压器及交流母线保护、交流滤波器保护。

换流变压器同常规的电力变压器一样，具有油温、油位和漏油的监测，绕组温度的监测，分接头箱及储油柜的压力保护和油流保护、瓦斯保护，以及冷却系统故障保护等本体保护。对于换流变压器及交流母线，通常还配置各种主保护和后备保护，如对于一次绕组和二次绕组内部故障的电流差动保护、交流换流母线故障的差动和过电流保护、换流母线以及换流变压器故障更大范围的差动保护、中性点接地故障的零序电流保护、换流母线过电压保护等。当换流变压器或换流母线保护动作时，如果换流器处于解锁状态，则应首先闭锁换流器，然后跳交流断路器。在直流输电系统中，换流变压器的分接头控制十分重要且动作频繁，因此应特别注意分接头及机械部件的监测和保护。

对构成交流滤波器的电容器、电抗器和电阻器应予以保护。对于典型的"H"型电容器结构，通常通过检测中间点的电流而起动电容器的不平衡保护。还可通过检测流过滤波器的电流，配置并联电容器过电流保护和电抗器接地故障保护，还有进行电抗器和电阻器热检测的过负荷保护、并联电抗器内部短路接地的电流差动保护，以及通过对滤波器中零序电流和单相阻抗值变化的检测而设置的滤波器失谐保护。交流滤波器的开关是直接影响换流站交直流系统运行的重要部件，必须配置检测信号可靠的断路器失灵保护。换流站交流开关场还应配置常规的交流线路、交流母线、重合闸、断路器失灵保护等。

3. 直流线路继电保护 它主要有行波保护、直流电压变化率（du/dt）保护、直流欠电压保护和直流线路纵差保护等。

对于直流输电架空线路，要求保护具有全线速动性能，并能区别直流开关场内故障、逆变侧换相失败故障，以避免区内故障区外保护动作。通常采用行波保护，即通过对直流线路故障点向换流站两端发射的电压和电流行波的快速检测来判断故障，最快可在故障后约 2ms 检测到行波量，不需远动通信就可起动直流线路接地故障保护。通常与行波保护配合使用的还有直流电压变化率（du/dt）保护，以区别其他故障。但 du/dt 保护的定值要经过仔细的研究、试验和选择。还可根据换流站线路出口处所测得电流变化的方向（du/dt 的方向）来区分直流线路和直流开关场故障。对于直流线路的高阻接地，直流电压下降幅值和速率都较低，可根据直流线路两端电流的差值，采用选择性和灵敏度都很好的直流线路纵差保护。但此保护需要依靠两端换流站间的通信通道，因而其动作延时较长。具有长时限的直流欠电压保护也可作为直流线路故障的后备保护。

直流架空线路接地故障的保护逻辑最终由整流侧控制保护系统实现。其常规的保护逻辑是测得故障发生后整流器紧急移相，使其变为逆变器运行，直流电流迅速降到零，等待弧道去游离后，再自动起动直流系统，使其恢复到故障前的直流电压和直流电流。去游离时间通常在 100～500ms 左右，再起动次数可视工程要求而定。如果由于线路污秽等原因造成全压再起动不成功，也可设置有降压再起动的保护逻辑，如果再起动也不成功，则应停运直流系统。有较大延时的直流欠电压保护动作时，通常不采用自动再起动的保护逻辑。

当工程中采用双极线并联运行方式时，由于一极线故障可在健全极线上产生较大的电压变化率，健全极线的保护应设置电压闭锁环节防止误动作。

直流工程均配置有直流线路故障定位装置。其基本原理是测量故障行波到达两端换流站的时间差，并由全球卫星定位系统（GPS）统一定时，以精确判定故障的位置。其定位精度一般要求±0.5km（或正负一个塔距）。

对于直流电缆线路，其故障一般是永久性的，因而不采用自动再起动措施。

第 2 章 电力系统通信

2.1 概论

2.1.1 电力系统通信的概念

电力系统通信是指利用有线、无线、光纤或其他电磁系统，对电力系统运行、经营和管理等活动中需要的各种符号、信号、文字、图像、声音或任何性质的信息进行传输与交换，以满足电力系统要求的专用通信。

按照通信区域范围的不同，电力系统专用通信一般分为系统通信和厂站通信。系统通信也称站间通信，主要提供发电厂、变电所、调度所、公司本部等单位相互之间的通信连接，满足生产和管理等方面对通信的要求。厂站通信又称站内通信，其范围为发电厂或变电所内，与系统通信之间有互连接口，主要任务是满足厂站内部生产活动的各种通信要求，对抗干扰能力、通信覆盖能力、通信系统可靠性等有一些特殊的要求。

电力系统通信的三个基本要素是通信业务、通信网和通信机构。电力系统通信的完整内涵是电力通信机构通过电力通信网提供电力通信业务服务。

电力系统通信业务种类繁多，包括行政电话、调度电话、远动、远方保护、移动通信、数据通信、视频监视、同步业务等。公用通信网一般难以满足电力系统的高实时和高可靠性要求，加上电力部门拥有一些特殊资源优势，因此世界上绝大多数国家的电力公司都建立自己的电力系统专用通信网。

电力通信网是由传输设备、交换设备、终端设备及其他辅助设备构成的技术装备体系，其中，传输是基础，交换是核心，终端则直接面向用户，这三者构成了通信网的主体。

电力系统通信机构的主要任务是：了解和分析电力系统各专业对通信业务的需求；通过规划、设计、采购、施工等步骤进行基本建设和更新改造，建立和完善电力通信网；组织必要的人力、物力、财力，对电力通信网实施运行管理（包括调度指挥、维护检修、运行考核等）；提供各种电力专用通信业务，并开展服务质量管理，满足电力系统各方面对通信的需求；进行通信成本分析，通信业务经济核算和资产经营等。

2.1.2 电力系统通信业务

1. 行政电话 行政电话用于企业内部的组织协调、物质供应等工作联系和接收用户申诉、用户要求及与有关部门的相互联络。行政电话包括多种具体业务，如本地电话、长途电话、会议电话、传真、话音频带内的数据传输等。

2. 调度电话 调度电话是电力系统运行调度指挥的最基本的手段，用于调度控制中心与发电厂、变电所及维护中心的电话联系，指挥日常运行操作和紧急情况处理，以及为计划安排和电能交换等事宜与邻近电力公司的电话联系。过去对于重要厂站要求具备两条独立路由通道，现多用特殊设计的调度电话交换网。

3. 远动 远动利用信息采集、通信和控制技术对远方厂站进行监视和控制。在中国，通信专业对此项业务只负责远动信息的传递，即远动通道。传统的SCADA系统对远动通道要求具备 $0.05 \sim 64 \text{kbit}/\text{s}$ 的传输速率，99.98%以上的可用率，小于1s的时延和 10^{-5} 的比特差错率。新的远动系统要求提供具有冗余保护能力，传输速率一般为 $2 \text{Mbit}/\text{s}$ 的工业广域网，而不再依赖点对点远动通道。

4. 远方保护 不同的远方保护技术对传送远方保护信息的通道有不同的要求，但均很严格。国际大电网会议（CIGRE）技术报告 TB107 中建议将远动通道中最严格的可用率指标（优于99.99%）作为对远方保护通道的要求，基本可满足远方保护系统的可靠性要求。时延要求分为传输时延（T_d）和时延变化（ΔT_d）两部分，对要求最严的系统 T_d 应小于2ms，ΔT_d 应为数百微秒以下。数字通道的传输速率不超过64kbit/s，模拟通道的传输速率不超过4kHz。

5. 移动通信 移动通信用于电力线路检修、故障处理、建设施工、客户服务等。电力系统使用的移动通信系统有许多种类，如 800MHz 集群系统、150MHz 或 450MHz 常规无线系统等。有的国家则利用电力线路上的地线载波终端机和检修班组的携带式载波机组成移动通信系统进行联系。

6. 数据通信 随着电力市场的建立，电力公司内部、电力公司之间、电力公司与管理部门或客户之间需要交换的数据越来越多，过去主要依靠点对点数据专线或音频调制解调器，现在除了 DDN 和 X.25 分组交换网之外，还有通过帧中继、ATM 或 IP 网络提供的多种数据通信业务。调度运行数据所要求的通信速率不高（国际上一般不高于 64kbit/s），但对实时性和可靠性要求很高。管理数据的通信要求一般低于调度运行数据通信，但对传输速率要求较高。

7. 视频监视　视频监视用于运行工况监视和厂站环境监视等。根据图像质量要求不同，采用的压缩技术不同，视频监视对通信的要求也不同。最低为话音电路中传送的慢扫描电视，最高为采用 2Mbit/s 速率的实时彩色视频。监视的方式可以是固定位置监视，也可以是移动扫描监视。国际上已开始采用微型机器人操纵的巡逻扫描系统，用于厂站内人员进出不便或危险场合的动态监视。

8. 同步业务　同步业务利用信息通道和高精度主时钟系统，提供系统对时或通信同步信号。时钟同步信号可以采用专用通道传输分配，也可以利用全球定位系统（GPS）等在当地接收后加工提取。

2.1.3　电力系统通信设计

电力系统专用通信网的设计工作必须以电力系统发展规划、管理体制和调度职责分工为依据，从分析通道需求和组网条件出发，经过技术经济比较，提出满足电力系统调度监控和经营管理所需要的通信总体方案和实施步骤。

电力系统通信设计的主要内容包括如下几个方面：

1. 信息量的统计与分析　它包括对调度、生产、基建和行政管理等所需语音通道数量以及远方保护、安全稳定控制系统、调度自动化系统、负荷控制系统、水情测报系统、计算机和办公自动化系统等所需各种非电话通道数量的分类统计；根据电力网结构、厂站地理分布、管理体制和调度机构设置合理的信息流向；分析各种信息的通道要求，包括可靠性、传输质量、响应时间及传输速率等。

2. 通信设施制式的选择　建设通信网首先要确定通信设施制式。目前普遍采用的制式标准有 ITU、IEC 等国际组织在标准化方面的建议或标准。一个通信网内的设施一般采用一种制式，应能满足所设计系统的信息传输要求，且方便而经济地将各种通信设施组成通信网。还要考虑电力系统专用通信网与邮电公用通信网之间的联系和相互利用的问题。

3. 通信网结构设计　通信网由通信终端设备、传输设备、中继设备和交换设备等组成。设计中要确定终端站址和终端设备、中继站址和中继设备、转接站的位置和交换设备的型式及容量，并提出传输通道的通信方式和各种通信方式之间的接口要求。

4. 通信方式的选择　通信方式的选择依赖于信息传输的任务和厂站及其调度中心的地理位置和环境条件，以及各种通信方式的技术经济指标。目前在电力系统采用较多的通信方式有光纤通信、电力线载波通信、微波中继通信、卫星通信、特高频通信、电缆和架空明线的音频或载波通信。目前，光纤通信已经上升到主导地位。

5. 通信交换网设计　包括参与汇接交换的信息种类和信息量的统计、交换节点设置规划，并提出组网原则、交换机的选型原则、编号制度、信令方式及接口标准等。

6. 通信网监测系统设计　通信网监测系统一般与电力系统调度管理体制相适应，采取分层监测方式。设计内容包括监测系统方案选择、主站和被监测站的设置方案、监测对象选择、信息采集内容和采集方式、信息传输通道安排、监测系统设备配置方案和型式选择。

7. 通道计算　主要内容有：传输衰耗和接收电平计算、频率分配和传输质量校验计算、微波中继通信的站距选择、余隙校验和天线挂高校核、天线方位角和路由垂直角计算、衰落深度预测计算、通道相互之间或外部干扰计算，某些长距离线路还需进行发信机功率选择计算等。计算的项目、内容和方法随通道方式而定。

8. 投资估算　对所设计的通信系统列出拟建项目表、分项投资和总投资估算。

2.1.4　电力系统通信的发展方向

在电力系统通信技术领域，主要的发展趋势如下：

（1）以 IP 技术为基础，建立宽带综合通信网络（广域网和城域网），以具有不同服务质量（QoS）等级的通信业务，为 SCADA/EMS、DMS、MIS、DMIS 和电力市场支撑系统等提供公共平台。

（2）因地制宜，采取适当的技术局部组网，然后用网络互联技术通过公共平台将其连成一体，以最经济最有效的方式满足电力系统的各种需要。

（3）更好地利用语音信箱（V-mail）、自动呼叫分配（ACD）、计算机电话集成（CTI）、无绳 PBX 等技术改进现有的语音通信系统。

（4）建立和完善的电力通信网络管理系统，由简单的故障监视发展到网络管理、业务管理和商务管理。

（5）在大力发展光纤通信的同时重点加强特殊光缆安全性管理，避免发生灾难性通信事故的发生。

（6）研究开发配电线复合通信技术，利用配电网实现高速双向通信。

2.2 光纤通信

2.2.1 概论

1. 光纤通信的优点

（1）通信容量大，传输频带宽。根据信息理论，载波频率越高，通信容量越大。光波频率比微波频率高约 $10^4 \sim 10^5$ 倍，所以其容量也可增加约 $10^4 \sim 10^5$ 倍。

（2）不受电磁干扰的影响。由于光纤采用非导电介质材料，它几乎不受电磁干扰的影响。

（3）投资省。光纤的主要原料是玻璃，价格相对便宜。此外，光纤还有质量轻、损耗低、耐化学腐蚀能力强等优点。

2. 光信号模式　光纤纤芯中的电场和磁场，包层中的电场和磁场均满足波动方程（即 Helmholtz 方程）

$$\nabla^2 \vec{E} + \left(\frac{n\omega}{c}\right)^2 \vec{E} = 0 \qquad (19.2-1)$$

$$\nabla^2 \vec{H} + \left(\frac{n\omega}{c}\right)^2 \vec{H} = 0 \qquad (19.2-2)$$

式中，$\vec{E}$ 为电场在直角坐标系中的任一分量；$\vec{H}$ 为磁场在直角坐标系中的任一分量；c 为光速。

但它们的解不是彼此独立的，而是满足在纤芯和包层处电场和磁场的边界条件。光信号的模式就是满足边界条件的电磁场波动方程的解，即电磁场的稳态分布。这种空间分布在传播过程中只有相位的变化，没有形状的变化，而且始终满足边界条件，每一种这样的分布对应一种模式。

光信号的模式，除少数几个模式以外，大部分模式的 $\vec{E}$ 和 $\vec{H}$ 分量不为零，因而光纤中的模式是混合模。根据 $\vec{E}$ 和 $\vec{H}$ 的贡献大小，分为 EH 模（$\vec{E}>\vec{H}$）和 HE 模（$\vec{E}<\vec{H}$）。

3. 光通信波段　光通信波段见表 19.2-1。

表 19.2-1　　光 通 信 波 长

应用	局内通信	局 间 通 信				
		短 距 离		长 距 离		
光波波长/nm	1310	1310	1550	1310	1550	1550
光纤类型	G.652	G.652	G.652	G.652	G.652 G.654	G.653
传输距离/km	≤2	≈15	≈15	≈40	≈60	≈60

4. 光传输衰减　光在光纤中传播时，平均光功率沿光纤长度方向呈指数规律减少，即

$$P(L) = P(0)\,10^{(-\alpha L/10)} \qquad (19.2-3)$$

式中，$P(0)$ 为在 $L=0$ 处注入光纤的光功率；$P(L)$ 为传输到轴向距离 L 处的光功率；α 为衰减系数，其定义为单位长度光纤引起的光功率衰减（dB/km）。

光纤中传输光能衰减的起因是材料本身的制造缺陷、弯曲、接续等对光能的吸收、散射损耗，这些损耗会限制光中继段的距离。

2.2.2 光缆

1. 光纤　光纤是由纯石英经复杂的工艺拉制而成的一种高度透明的玻璃丝，其典型结构是多层同轴圆柱体。从横截面看，自内向外为纤芯、包层和涂覆层。纤芯由高度透明的材料制成，是光波的主要传输通道；包层的折射率略低于纤芯，它为光的传输提供反射面和光隔离；涂覆层包括一次涂覆、缓冲层和二次涂覆，保护光纤不受水汽的侵蚀和机械的擦伤，同时又增加光纤的柔韧性，起延长光纤寿命的作用。光纤应具有足够的抗拉强度和抗剪强度，且在恶劣环境下不会因疲劳而被破坏。

衡量光纤传输质量的关键指标是损耗。光纤产生损耗的原因有：① 吸收损耗，由固有光吸收、杂质吸收引起。②散射损耗，由固有散射、结构不完整散射引起。③辐射损耗，由弯曲损耗、耦合辐射引起。光纤中存在着一些低损耗窗口，开发和利用这些窗口可以提高光纤传输质量。目前，最新研制的光纤产品在 $1.55\mu m$ 处的损耗只有 $0.188dB/km$。

根据光纤中传输模式的多少分为单模光纤和多模光纤。单模光纤只能传输一个模式，即光纤的基模（HE11 模）。单模光纤纤芯的直径较小，约为 $4 \sim 10\mu m$，纤芯折射率的分布为均匀分布，故单模光纤多为阶跃光纤。多模光纤可以采用阶跃折射率分布，也可以采用渐变折射率分布。按照 IEC 60793-1-1（1995）《光纤第 1 部分总规范》对光纤的分类法，A 类为多模光纤，B 类为单模光纤，具体见表 19.2-2。

表 19.2-2　　光 纤 的 分 类

类型	符号	种类	ITU-T编号	特点
多模光纤	A1	A1a，A1b，A1c，A1d	G.651	梯度折射率光纤
	A2	A2a，A2b，A2c，A2d		阶跃型折射率光纤
	A3	A3a，A3b，A3c，A3d		阶跃型折射率光纤
	A4	A4a，A4b，A4c，A4d		阶跃型折射率光纤

续表

类型	符号	种类	ITU - T 编号	特点
单模光纤	B1	B1.1、B1.2、B1.3	G. 652，G. 654，G. 652	常规单模光纤截止波长位移单模光纤
	B2		G. 653	色散位移单模光纤
	B3			色散平坦单模光纤
	B4		G. 655 A、B	非零色散位移单模光纤

2. 光纤接续

（1）端面的制备。光纤端面的制备包括三个环节：剥覆、清洁和切割。

（2）光纤熔接。根据光纤材料和类型的不同，设置最佳预熔电流和时间及光纤送入量等关键参数。光纤熔接分为放电试验和光纤熔接两个步骤。

（3）熔接补强保护。采用光纤热缩保护管（热缩管）保护光纤接头部位。

（4）盘纤。将热缩后的套管逐个放置于固定槽中，然后再处理两侧余纤，个别光纤过长或过短时，可将其放在最后单独盘绕。

3. 光纤连接器　按传输模型分为单模连接器和多模连接器，分别应用于单模光纤系统和多模光纤系统，按纤芯数又分为单纤（芯）连接器和多纤（芯）连接器。

衡量光纤连接器质量的主要技术指标是插入损耗，其定义为连接器的输出功率与输入功率比的分贝数。在使用连接器进行光纤接续时，为了防止反射对信号的不良影响，一般是设法调整反射光的入射角余角，使之大于临界角余角。让反射光进入包层并最终泄露出去。反射损耗应大些为好。

标准连接器的类型见表 19.2 - 3。

表 19.2 - 3　　光纤连接器的分类

类型	特性
咬合式单光纤连接器（SC）	围绕 2.5mm 圆柱形套筒构造，和互联适配器或耦合插座紧密配合。只要推一下连接器就可以实现闭锁。横截面为 9mm×7.9mm 的矩形，在插接板上允许很高的组装密度，使得其易于在极性双工形式下封装，确保在配对连接器中光纤之间的正确配对
扭转式单光纤连接器（ST 和 FC）	围绕 2.5mm 圆柱形套筒构造，和互联适配器或耦合插座紧密配合。ST 截面为圆形，通过扭接使其与一个装有弹簧的卡口插座啮合；FC 则通过旋转螺纹来闭锁
双工连接器	包含一对光纤，一般有一个内键，可以单向配合

续表

类型	特性
偏振连接器	用于单纤传输偏振光，其作用是定位偏振光纤，使偏振光方向在光纤输入和输出端相同
MT 多光纤连接器	光纤装配到套筒以前去掉涂覆层，剩下 125μm 直径的光纤按间距 250μm 装配。套筒还包含一对 0.7mm 的孔，与光纤平行，位于套筒的外侧。通过销子配合套筒以紧密公差定位，从而使光纤准确配合
小形状因子连接器	围绕 1.25mm 套筒构造，基于 MT 型套筒的更小版本设计。多数具有一个"推入-闩锁"设计，很容易与双工连接器适配。典型尺寸使连接器插头端面 5mm 见方，中间是套筒，对双工适配器来说是 10mm×13mm

4. 光缆　光缆的基本组成为：①缆芯。缆芯通常包含被覆光纤（或称纤芯）和加强件两部分。被覆光纤是光缆的核心，决定着光缆的传输特性。加强件起着承受光缆拉力的作用，通常处在缆芯中心，有时配置在护套中。加强件通常用杨氏模量大的钢丝或非金属材料（如芳纶纤维）做成。②护套。护套起对缆芯的机械保护和环境保护作用，要求具有良好的抗侧向压力特性及密封防潮和耐腐蚀的能力。护套通常由聚乙烯（PE）或聚氯乙稀（PVC）和铝带或钢带构成。

常见光缆的分类及特点见表 19.2 - 4。

表 19.2 - 4　　光缆的分类和特点

基本结构	特点
中心管式光缆	由 1 根二次松套管或螺旋形光纤松套管，无绞合直接放在中心位置，纵包阻水带和双面覆塑钢（铝）带，两根平行加强圆磷化碳钢丝或玻璃钢圆棒位于聚乙烯护层中组成。分为分离光纤中心管式、光纤束中心管式和光纤带中心管式
层绞式光缆	由 4 根或更多根二次被覆光纤松套管（或部分填充绳）绕中心金属加强件绞合成圆整的缆芯，缆芯外先纵包复合铝带并挤上聚乙烯内护套，纵包阻水带和双面覆膜皱纹钢（铝）带加上一层聚乙烯外护层构成。分为分离光纤层绞式、光纤束层绞式和光纤带层绞式
骨架式光缆	将单根或多根光纤放入骨架的螺旋槽内，骨架的中心是加强件。具有耐侧压、抗弯曲和抗拉的特点
单元式光缆	把几根光纤以层绞式或骨架式结构制作成光缆单元（每个单元芯数小于 10），然后把若干光缆单元绞合成光缆，可制作成包含几百根光纤的光缆

续表

基本结构	特　　点
带状光缆	先将多根光纤制成光纤带，然后把多组光纤带绞合成光缆或多组光纤带置于骨架中成缆，具有光纤分布密度高和便于接续等优点，带状光缆与骨架式结构相结合，可生产 4000 芯以上的大芯数光缆
综合光缆	由光纤与通信电缆，电力电缆或者电气装备组成

光缆抗张加强芯通常用高强度钢丝，在有强电干扰或对光缆重量有限制的情况下可采用多股芳纶丝或纤维增强塑料。金属铠装层可采用钢丝铠装、钢带铠装、皱纹钢管、铝管等。外护套可采用聚乙烯等材料，也可采用芳纶加强护套等。

成品光缆一般要求具有下述特性：①拉力特性，要求大于 1km 光缆的质量，一般在 100~400kg。②压力特性，多数光缆能承受的最大侧压力为 1~4MPa。③弯曲特性，光缆最小弯曲半径等于或大于光纤的最小弯曲半径，一般为 200~500mm，主要考虑的问题是减少光辐射引起的光纤附加损耗。④温度特性，我国对光缆使用温度的要求为：低温地区为（-40~+40）℃，高温地区为（-5~+60）℃。

根据国标规定，光缆型号由光缆型式的代号和规格代号组成，第一部分为分类代号；第二部分为加强构件代号；第三部分为派生特征代号；第四部分为护套代号；第五部分为外护套代号。

5. 电力特种光缆　它是适应电力系统特殊应用而发展起来的一种架空光缆体系，将光缆技术与输电技术相结合，架设在 10~500kV 不同电压等级的电力杆塔和输电线路上，普遍应用于我国电力通信领域。

电力特种光缆主要包括全介质自承式光缆（ADSS）、架空地线复合光缆（OPGW）、缠绕式光缆（GWWOP）、捆绑式光缆（AL-Lash）、相线复合光缆（OPPC）等。使用较多的是 ADSS、OPGW、GWWOP 光缆。

（1）全介质自承式光缆（ADSS）。目前世界上 ADSS 光缆的结构主要有 4 种，如图 19.2-1 所示。A 型：中心束管式 ADSS 光缆；B 型：层绞式 ADSS 光缆；C 型：分布增强式 ADSS 光缆；D 型：带状式 ADSS 光缆。其中 A 型与 B 型光缆在电力系统中应用较广泛，其显著特点是：使用特殊的外护套，以增强其耐电腐蚀性能，同时提高其表面抗拉强度，具有防弹性能，光缆内的聚芳基酰胺纱线可起防弹作用和具有很高的温度稳定性。

（2）架空地线复合光缆（OPGW）。OPGW 光缆将光纤复合在输电线路的架空地线里，地线和通信功能合二为一。OPGW 光缆由铝包钢线或铝合金线组成的外部绞线包裹着光纤缆和中心加强件等组成。目前电力系统主要使用如图 19.2-2 所示几种结构的 OPGW 光缆。其主要特点是：既可避雷，又可用于通信、光缆受到外层铝包钢线或铝合金线的包裹保护，可靠性较高，随电力线架设，节省施工费，输电线路

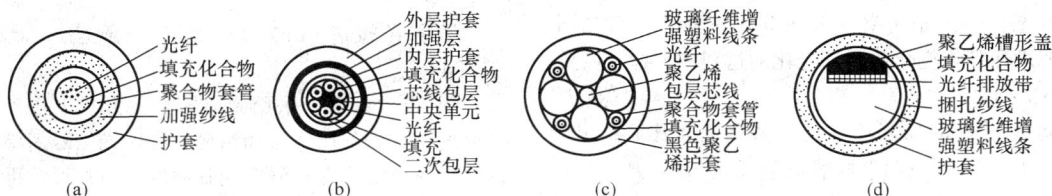

图 19.2-1　几种无金属全介质自承式光缆（ADSS）的结构图

（a）A 型 ADSS 光缆；（b）B 型 ADSS 光缆；（c）C 型 ADSS 光缆；（d）D 型 ADSS 光缆

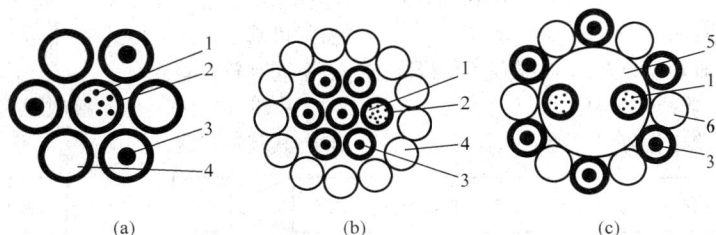

图 19.2-2　几种 OPGW 光缆结构示意图

（a）中心束管式；（b）偏管层层绞式；（c）骨架式 OPGW 光缆

1—光纤；2—不锈钢钢管（铝管/塑管）；3—铝包钢线；4—铝合金线；

5—螺旋型带槽铝合金骨架；6—镀锌钢管

铁塔可靠、安全。

（3）缠绕式光缆（GWWOP）。GWWOP 光缆可缠绕在已运行的输电线路地线上。它是由松套缓冲管与小强度件或填充件绞绕在一起形成圆形光纤单元，光纤单元用交联聚乙烯护套加以保护，这个护套提供了机械和环境保护，并可抗电弧和雷击。其主要特点是：抗干扰能力强，耐高温，抗老化，且不易被盗，光缆轻，便于施工，光缆可在任何自承塔上熔接。其缺点是容易受外界损坏。

2.2.3　光纤通信设备

1. 光端机　它包括光发射机和光接收机，是光纤通信系统的基本部件，其原理如图 19.2-3 所示。

（1）光发射机。光发射机主要由光源和电路两部分组成。电路实现线路编码、光调制、光源驱动、光功率控制以及其他保护检测功能。光源器件则用来发出一定波长的光载波，耦合入光纤。它们有适当的偏流，由驱动电路输出的数字脉冲对光源器件进行直接调制。数字脉冲预先经过线路编码器，编成适合于光纤线路传输的码型，光功率脉冲只能是正或零，不能为负。

光发射机的技术要求如下：

1）光源的发射波长要合适。光源发射的光波波长应位于光纤的三个低损耗窗口，即 $0.85\mu m$、$1.31\mu m$ 和 $1.55\mu m$ 波段。

2）输出功率稳定。要求光发射机输出合适的光功率，既满足远距离传输，又不至于使光纤工作在非线性状态。输出光功率一般在 $0.01\sim 5mW$。与此同时，要求在环境变化和器件老化的过程中，稳定度要求在 $5\%\sim 10\%$。

3）光脉冲的通断功率比（或称消光比）E_{xt} 小。消光比为全"0"码时的平均输出光功率 P_{off} 与全"1"码时的平均输出光功率 P_{on} 之比，即 $E_{xt}=P_{off}/P_{on}$。理想的光源，在"0"码时没有光功率输出，否则它将使光纤系统产生噪声。为了保证光接收机的灵敏度，消光比应尽量小，一般要求 $E_{xt}\leqslant 10\%$。

4）调制特性好。即光源的 $P\text{-}I$ 曲线在工作段线性度好，否则将会产生非线性失真。

5）光发射机工作稳定性好，光源寿命长等。

（2）光接收机。光接收机中的光检测器件及其预放大器通过光纤耦合接收光载波信号。线性放大主体包含均衡器用来扩大前端的带宽；主放大器提供高增益；低通滤波器使带宽限制于通过信号的最小必需值。为了使数字信号接收与发送同步，接收机从收到的信号中提取定时信息或恢复时钟信号。接收机的最后一级是判决器，判决收到的信号为 1 码或 0 码；恢复钟信号控制比较电路，以便在眼图开口最大的时刻，即每位信号的中心时刻触发判决。接收机输出经过解码器，把线路码变回到原来的数字信号。

1）光接收机的灵敏度是衡量光接收机性能的综合性指标。它用最低接收平均光功率、每个光脉冲中最低接收光子能量和每个光脉冲中最低接收平均光子数三种不同物理量分别描述。光接收机的灵敏度是用功率的相对值来描述的，用 dBm 表示

$$S_r=10\lg\frac{P_{min}}{P_j}=10\lg\frac{P_{min}}{10^{-3}}\qquad(19.2-4)$$

式中，P_{min} 为满足给定误码率指标条件下的最低接收光功率（W）；P_j 为基准功率，$P_j=10^{-3}W=1mW$。

由灵敏度的定义可知，要计算 S_r，则必须先确定误码率 BER 和最低接收光功率 P_{min}。

2）动态范围。动态范围 D 反映光接收机接收强光的能力，D 为在限定的误码率条件下，光接收机最大允许输入光功率 dBm 数与最低输入光功率 dBm 数之差，即

$$D=10\lg\frac{P_{max}}{10^{-3}}-10\lg\frac{P_{min}}{10^{-3}}=10\lg\frac{P_{max}}{P_{min}}\qquad(19.2-5)$$

数字光接收机的动态范围一般应大于或等于 18dB。

2. 光中继器　采用光电转换的方式工作，它将从光纤接收到的已衰减和畸变的脉冲光信号由检测器转换成光电流，在电域实现脉冲放大与整形，再驱动光源产生符合传输要求的光脉冲信号沿光纤继续传输。除了没有接口、码型变换和控制部分外，光中继器在原理、组成元件和主要特性方面与光接收机和光发射机基本相同。但其结构与可靠性设计则视安装地点不同有较大差异。

中继器实际上是光接收机和光发射机功能的串联，其基本功能是均衡放大、识别再生和再定时。光

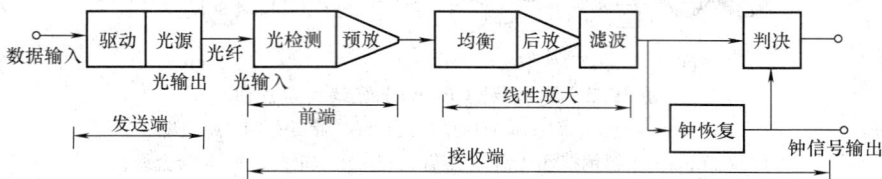

图 19.2-3　光发射机和光接收机框图

中继器常以基本功能多少而命名，具有三种功能的光中继器称为 3R 中继器，而仅具有前两种功能的光中继器称为 2R 中继器。

3. 光放大器　作用是放大由于传输距离和光纤损耗产生衰减的光信号，有两种类型的光放大器：一是半导体光放大器；二是掺稀土元素石英光纤放大器。

（1）半导体光放大器。对于小信号输入具有高增益特性，但在高功率下会发生饱和。它具有一个峰值输出功率，能放大一定波长范围的光。当放大器被断开时，它会吸收输入信号，没有光通过。当放大器开启时，它能产生放大的输出信号。半导体光放大器既能放大信号，还能调制信号。

（2）掺稀土元素石英光纤放大器。对于一定长度的石英光纤，如果掺入铒（Er），并给以适当波长和足够大功率的激光抽引，就有可能从掺铒光纤获得 20～30dB 的光功率增益，成为光放大器。掺铒光纤的工作波长在 1530～1620nm 之间。它有如下两个关键指标。

1）增益。它是输入功率和放大器设计参数的函数。典型光纤放大器的小信号增益为 30dB，在高功率下的增益会降低到 10dB 左右。

2）输出功率。输出功率是从光纤放大器出射放大信号的总功率，输出功率等于输入功率加上增益（用 G 表示），即 $P_{out} = P_{in} + G$。典型的最大饱和输出功率为 10～24dB。每个信道的功率随信道数的增加而减小。若最大功率是 100mW，放大器能以 100mW 发送到一个光信道，以每信道 12.5mW 发送到 8 个光信道，或者以每信道 2.5mW 发送到 40 个光信道。

全光传输是在 1.55μm 的长途光纤光缆沿线上设若干光纤放大器的传输方式，它不用再生中继机，系统可靠性高。这种光纤放大器还可装在发送激光管的输出端，作为功率放大器，便于延长距离或者便于分光。它也可用于接收端，在光检测管输入端作为前置放大器，便于提高接收的信号噪声功率比。

2.3　电力线载波通信

2.3.1　概论

电力线载波通信的信息媒体是各种电压等级的电力线路采用频分复用，将工频 50Hz 的电力信号与 40～500kHz 的载波通信信号一起在电力线路上传输。因此，电力线载波通信的基本过程为：先用调制器变换各路信号的频率，将叠加后的通信信号调制到 40～500kHz 中选定的频带范围，并耦合到电力线上进行

传输；接收方将信号耦合下来后采用滤波器区分各路频带；采用解调器还原出原始信号。

电力线载波通信的特点如下：

（1）需要独特的耦合设备以阻隔工频，保护载波设备和人身安全。

（2）变电所的各种电气设备（如互感器、变压器等）和分支线对载波信号起严重的分流作用。为了确保载波信号的正常传输，需要采用线路阻波器。

（3）变电所的出线很多且相互联系，因此需要采用频率分割方法和载频阻塞电路减小各载波通道相互间的电磁耦合和串音影响。

（4）电力线路上存在较大的电晕干扰噪声，要求电力线路载波设备具有较高的发信功率，以获得必要的信噪比。

2.3.2　电力线载波通信设备

1. 电力线载波机　它是按照频率搬移、频率分割原理实现传输线路频分多路复用的设备。电力线载波机通常由下列各部分组成：

（1）话音信号传输系统。它是载波机骨干电路，包括发信支路和收信支路，用于完成话音信号以及二次复用信号的频率搬移、发送和接收。

（2）远动信号复用系统。作为远动装置与载波机之间的接口电路，完成平衡电路与不平衡电路的转换，以及信号接口电平的配合与调整，用以保证载波机的正常工作和音频远动信号通过载波通路顺利传输。

（3）呼叫信号系统（振铃系统）。包括呼叫发送电路和呼叫接收电路两部分，用以完成直流呼叫信号与音频呼叫信号的转换。

（4）优先强拆信号系统。用以完成自动交换系统中直流强拆信号与载波通路中音频强拆信号的相互转换。

（5）高频保护信号复用系统。未复用高频保护的电力线载波机无此系统。

（6）载频供给系统。用以产生各种载频和导频。

（7）自动电平调节系统（导频系统）。主要用于补偿高频通道在运行过程中衰减的变化，保证收信端传输电平稳定。

（8）电源供给系统。

（9）告警系统。

（10）自动交换系统。国外电力线载波机一般不带自动交换系统，而是采用由数台载波机共用一台自动电话小交换机的办法来提高载波通路的利用率。

2. 载波耦合装置　为使电力线兼用于载波通信目的，需要装设耦合装置，包括耦合电容器（或电

容分压器）、线路阻波器、结合设备及高频电缆等，其连接如图19.2-4所示。耦合装置使载波信号进入电力线及从电力线引出时损耗较小，使通信设备和电力线的工作电压、操作过电压、雷电过电压隔开，减少一次设备对载波信号引起的分流损失，并使通道的线路阻抗不受电力系统操作的影响。耦合系统所采用的线路阻抗值一般是：对于单根导线，相地耦合为400Ω，相相耦合为600Ω；对于分裂导线，相地耦合为300Ω，相相耦合为500Ω。

耦合电容器连接在结合设备和电力线之间，具有承受高电压的性能。耦合电容器的技术要求见GB 4705《电力通信技术标准》。建议对于220kV以下线路选用10000pF；220kV及以上线路选用5000pF；线路阻波器与电力线串联，连接在耦合电容器与电力线的连接点和变电站之间，或接在电力线的分支处。线路阻波器主要由能通过全部线路电流的强流线圈、调谐元件和保护元件组成。强流线圈的电感值为0.2～2mH。线路阻波器的技术要求见GB 7330；结合设备与耦合电容器一起，在电力线和高频电缆之间传输载波信号，由接地刀开关、避雷器、排流线圈、调谐元件（包括匹配变压器）组成。在结合设备工作频带内，工作衰减应小于2dB。结合设备应尽可能与线路特性阻抗匹配，以提高传输效率。在结合设备的工作频带内，线路侧和电缆侧的回波损耗应大于12dB。测试时应计及耦合电容器低电压端子杂散电导和杂散电容的影响。结合设备的其他要求见GB 7329；高频电缆用于连接结合设备和载波机，按照载波机载波输出输入端不同阻抗的要求，可以用不对称电缆（同轴电缆），也可用对称电缆。对于电缆的阻抗值，同轴电缆一般为75Ω；对称电缆一般为150Ω，我国主要采用同轴电缆。

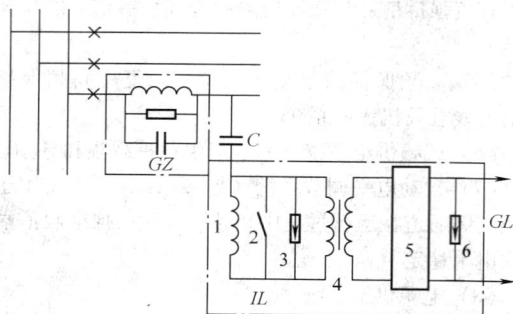

图 19.2-4　耦合装置的连接

1—排流线圈；2—开关；3—主避雷器；
4—匹配变压器；5—调谐元件；6—副避雷器

3. 载波频率分隔设备　它主要由分频滤波器组成，连接在结合设备与电力线载波终端设备之间，以

提高电力线载波终端设备并联后的传输质量。分频滤波器与有关设备连接示意图如图19.2-5所示。

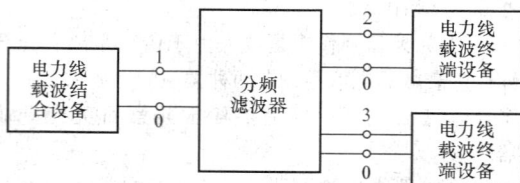

图 19.2-5　分频滤波器与有关设备连接示意图

分频滤波器有高低通、带通带阻等类型，其中高低通分频滤波器由一个高通滤波器和一个低通滤波器并联组成；带通带阻分频滤波器具有明显的通带和阻带区。分频滤波器的使用可有效减小各类信号间的相互干扰，完成信号分流的功能。

分频滤波器的选型原则如下：

（1）继电保护收发信机与电力线载波机工作频率各在一边时，选用高低通分频滤波器。

（2）继电保护收发信机工作频率在电力线载波机工作频率之中时，选用带通带阻分频滤波器。

（3）多台电力线载波机合相并机时，选用高低通分频滤波器。

分频滤波器允许相同电力线载波机的并机数见表19.2-5。

表 19.2-5　分频滤波器允许相同电力线载波机的并机数

电力载波终端设备 /W	分频滤波器功率 /W				备　注
	50	100	200	400	
5	3	4	6	8	当不同功率的电力线载波机并机时，应先求出每台电力线载波机的电压系数，再求总功率，所选的分频滤波器的功率应大于求出的总功率
10	2	3	4	6	
20	1	2	3	4	
100			1	2	

分频滤波器的主要技术指标包括频率分隔比、工作频带、衰减、失真和交调、相互影响等。电力行业为此制定了DL/T 629—1997《电力线载波结合设备分频滤波器》标准。

2.4　无线通信

2.4.1　概论

1. 无线通信的概念　无线通信是指利用无线电波在空间传送信息的通信方式。电力系统中常用的无线通信方式有微波中继通信、超短波通信、移动通信、卫星通信、散射通信等。

（1）微波中继通信。由于微波具有与光波相似的沿直线传播特性，通常只能在两个没有障碍的点间（视线距离内）建立通信，故称为视距通信。如果要在超视距的两个点或多点间建立微波通信，必须采用中继方式。这种通信方式是指信号由始发站发出后，经过若干中继站，以中继方式传送至终端站。电波是沿着地面以视距传输的，中继站一般 50km 左右设置一个。

（2）超短波通信。它是利用 30～300MHz 的超短波频段电磁波进行的无线电通信，也叫甚高频通信。

（3）移动通信。它是指移动用户与固定用户之间或移动用户之间的通信。

（4）卫星通信。它是利用人造地球卫星作中继站转发无线电信号，在多个地球站之间进行的通信。

（5）散射通信。利用对流层对电波的散射作用，进行超视距通信，其一般距离为 100～500km。还可利用流星的反射来实现通信。

2. 无线通信的频段　它是指无线通信中所使用的电磁波频率（或波长）分段的规定。一般按频率划分为频带，按波长划分为波段。由于电磁波的频率和波长存在对应关系，因此，常将频带和波长统称为频段。按波长不同，电磁波分为无线电波、红外线、可见光、紫外线、X 射线和 γ 射线。关于无线电波的频段划分，相关国际组织如 URSI、IEC 等作出了基本一致的规定，即段号为 N 的频段，其频率范围为 $0.3 \times 10^N \sim 3 \times 10^N (N = -1, 0, 1, 2, \cdots, 12)$。ITU-R 和 ITU-T 对用于电信的无线电波 9 个频段（$N = 4 \sim 12$）的命名作出了规定，分别颁布了名称均为《用于电信的频带和波段命名法》、编号为 ITU-RV. 431-6 和 ITU-T B. 15 的建议。在我国，除采用国际标准中规定的米制分段名称外，大部分也都有相应的中文名称，见表 19.2-6。频率在 1000～100GHz 范围的微波频段通常又分成 10 个子频段（波段），见表 19.2-7。

在无线电技术中，频段一词还指无线电收发信等设备工作频率范围的划分。根据国际和我国的公认说法，有 150MHz、450MHz、800MHz、900MHz、1500MHz、2GHz、4GHz、6GHz、7GHz、8GHz 和 11GHz 等工作频段。在不同的工作频段内，频率的使用方法和带宽以及话路数、信道数、信道间隔、极化等均有相应的规定或建议。

表 19.2-6　　　　　　　　　　无线电波频率及波长分段表

段号	频段符号	频段名称	频段范围（含上限、不含下限）	波长范围	相应米制分段	米制波段符号	中国习惯叫法
-1			0.03～0.3Hz		千兆米波	B. Gm	
0			0.3～3Hz		百兆米波	B. hMm	
1	ELF	极低频	3～30Hz	100～10Mm	十兆米波	B. daMm	极长波
2	SLF	超低频	30～300Hz	10～1Mm	兆米波	B. Mm	超长波
3	ULF	特低频	300～3000Hz	1000～100km	百千米波	B. hkm	特长波
4	VLF	甚低频	3～30kHz	100～10km	十千米波	B. Mam	甚长波
5	LF	低频	30～300kHz	10～1km	千米波	B. km	长　波
6	MF	中频	300～3000kHz	1000～100m	百米波	B. hm	中　波
7	HF	高频	3～30MHz	100～10m	十米波	B. dam	短　波
8	VHF	甚高频	30～300MHz	10～1m	米　波	B. m	超短波
9	UHF	特高频	300～3000MHz	1～0.1m	分米波	B. dm	
10	SHF	超高频	3～30GHz	10～1cm	厘米波	B. cm	微　波
11	EHF	极高频	30～300GHz	10～1mm	毫米波	B. mm	
12	THF	至高频	300～3000GHz	1～0.1mm	亚毫米波	B. dmm	

表 19.2-7　　　　　　　　　　微波子波段划分表

子波段代号	频率范围/GHz	波长范围/cm	子波段代号	频率范围/GHz	波长范围/cm
L	1～2	30～15	K	18～27	1.67～1.11
S	2～4	15～7.5	Ka	27～40	1.11～0.75
C	4～8	7.5～3.75	U	40～60	0.75～0.5
X	8～12	3.75～2.5	V	60～80	0.5～0.375
Ku	12～18	2.5～1.67	W	80～100	0.375～0.3

2.4.2 微波通信

1. 微波的传播特性

（1）自由空间传播损耗。电波在自由空间传播时，其能量会因向空间扩散而衰耗，这种衰耗称为自由空间传播损耗（dB），用下式计算

$$L_s = 20 \lg \left(\frac{4\pi d f}{c} \right) \qquad (19.2-6)$$

式中，L_s 为传播损耗；d 为收发天线的直线距离（m）；f 为发信频率（Hz）；c 为光速，取 3×10^8 m/s。

（2）自由空间传播条件下收信电平的计算。实际使用的天线均为有方向性天线，自由空间传播条件下接收机收信电平为

$$P_r = P_t + (G_t + G_r) - (L_{ft} + L_{fr}) - (L_{bt} + L_{br}) - L_s \qquad (19.2-7)$$

式中，P_r 为收信电平；P_t 为发信功率；G_t 为发信天线增益；G_r 为收信天线增益；L_{ft} 为发信端馈线系统损耗；L_{fr} 为收信端馈线系统损耗；L_{bt} 为发信端分路系统损耗；L_{br} 为收信端分路系统损耗。

（3）地形地物对微波传播的影响。微波中继通信的电磁波主要在靠近地表的大气空间传播，水平或平坦地面对微波会造成反射，接收点的场强是直射波和反射波的矢量和，只有当收发天线足够高时，才可以认为直射波是自由空间波；地表障碍物（如丘陵、山头、树林、高大建筑等）会引入阻挡损耗。

（4）对流层对微波传播产生影响。主要表现为：氧气分子和水蒸气分子对电磁波的吸收；雨、雪、雾等气象微粒对电磁波的吸收和散射；对流层结构不均匀对电磁波的折射。当微波中继系统的工作频段在 10GHz 以下时，可只考虑对流层折射的影响；当工作频率在 10GHz 以上时，三个方面都需要考虑。

（5）余隙。余隙是指地面最高点在垂直方向上至收发天线连线间的距离。余隙的计算与等效地球半径系数 k 和第一菲涅尔区半径 F_1（m）有关，即

$$F_1 = 31.6 \sqrt{\frac{\lambda d_1 d_2}{d}} \qquad (19.2-8)$$

式中，λ 为微波工作波长（m）；d_1 为反射点离发射天线的距离（km）；d_2 为反射点离接收天线的距离（km）；d 为收、发天线间的距离（km）。

余隙为

$$h_c = \begin{cases} \geqslant 0.3 F_1 & (k = 2/3) \\ \geqslant 1.0 F_1 & (k = 4/3) \\ \geqslant 1.35 F_1 & (k = \infty) \end{cases} \qquad (19.2-9)$$

2. 数字微波通信系统

数字微波通信是指利用微波作载波携带数字信息，通过无线电波空间进行中继的通信方式，目前使用较多的频段是 2GHz、4GHz、6GHz、7GHz、8GHz、11GHz。

数字微波设备的基本组成如图 19.2-6 所示。

收、发信逻辑根据调制器的要求，对来自 PCM 终端的脉冲及由解调器送给终端的脉冲信号进行码型交换。

调制器按照频率可分为中频调制器和射频调制器（直接调制），它们各有优缺点。中频调制器多半在低电平进行，所以调制器件能够保证良好的电气性能，比较简单，容易实现。但是容量大时，由于带宽的限制，采用高频调制器较为有利。

解调器也像调制器一样，有高频和低频之分。对于 PSK 方式常用的有同步检波和延迟检波两种。选用时应从抗干扰、检波效率、对失真反应是否敏感、是否简单易行等方面考虑。

收、发信本振对于采用中频调制解调方式来说，其主要作用是完成频率变换，主要指标是稳定度、噪声和输出功率。

分路滤波器用于在多波道传输时波道间的分离与合并。在脉码调制方式中，由于传输的频带较宽，要求幅度和时延都平坦，码间干扰小，且还需要有良好的波道间干扰抑制特性。

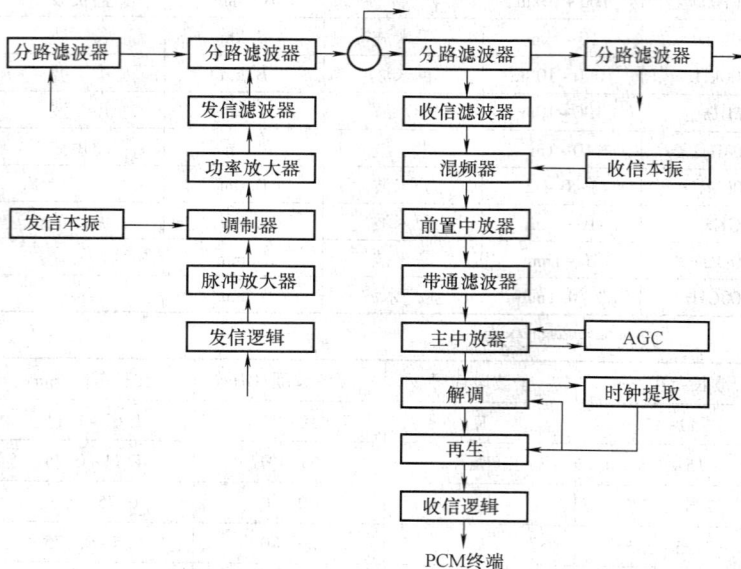

图 19.2-6 数字微波设备基本组成

天馈线系统属于户外设备，根据频率的不同，馈线主要有椭圆波导和同轴电缆之分，选用时主要考虑损耗和驻波比两项指标。天线一般采用抛物面天线，有单、双极化之分。

3. 数字微波中继通信的传输设计

（1）传输质量指标的选择。应该由传输的信息内容来确定，CCITT 和 CCIR 对此有明确的建议，我国主要参考执行的指标为：将实际数字微波通道作为数字通信网的高级通道，且其长度 L 为 $280 \sim 2500$km 时，任何月份 $0.4 \times \dfrac{L}{2500}\%$ 以上的时间 1min 平均误码率不大于 10^{-6}；任何月份 $0.054 \times \dfrac{L}{2500}\%$ 以上的时间 1s 平均误码率不大于 10^{-3}；任何月份的误码秒累计时间不大于 $0.32 \times \dfrac{L}{2500}\%$；残余误码率不大于 $5.0 \times 10^{-9} \times \dfrac{L}{2500}$。当 L 小于 280km 时，按照 280km 规定其误码性能指标，在实际工作中，通常按照 $L/2500$ 计算。

（2）传输余隙的选择。见式（19.2-9）。

（3）频率的匹配和极化安排。CCIR 对不同频段波道的划分有规定，选择波道时既要考虑节省频率资源，也应避免产生干扰。交叉极化去耦度可达 25dB（90°）时，配置频率时应充分利用这一资源。

（4）传输指标计算。包括传输余隙、接收电平和干扰等指标计算。

4. 一点多址微波通信 一点多址微波通信系统是一种面向广大农村用户和局部地区专用网的微波通信系统，它采用与时分多址类似的原理，使微波中继点对点的通信发展到点对多点通信并按需分配中继线，可以灵活、经济地组织小容量多点通信网。一点多址微波通信特别适合远距离分散用户，它克服了有线等通信方式建设费用昂贵、维护量大、抗自然灾害能力低等缺点。

典型的一点多址微波通信系统由一个中心站和不同方向的多个用户站组成。中心站设在具有自动交换能力的机房附近，通过音频电缆同交换机的主配线架相连。用户站设在用户相对集中的地方。为了克服微波传输受视距范围限制的缺点，可以采用中继站，中继站可设上、下话路。利用中心站、用户站、中继站，可以构成线状、星状或树状的组网方案。

一点多址微波通信系统的信号传输方式分为上行方式和下行方式。上行传输采用时分多址；下行传输采用时分复用方式。

2.4.3 卫星通信

1. 卫星通信的分类和特点

（1）按卫星运动方式。分为静止卫星通信系统、低轨道行动卫星通信系统。

（2）按通信覆盖区。分为国际卫星通信系统、区域卫星通信系统、国内卫星通信系统。

（3）按使用者。分为公用卫星通信系统、专用卫星通信系统。

（4）按通信业务。分为固定地面站卫星通信系统、移动地面站卫星通信系统、广播业务卫星通信系统、科学试验卫星通信系统。

（5）按多重撷取方式。分为分频多重撷取（FDMA）卫星通信系统、分时多重撷取（TDMA）卫星通信系统、空间分隔多重撷取（SDMA）卫星通信系统、分码多重撷取（CDMA）卫星通信系统、混合多重撷取卫星通信系统。

（6）按基频信号。分为模拟卫星通信系统、数字卫星通信系统。

卫星通信的特点包括：

（1）通信距离远、覆盖面积大。一颗静止通信卫星的天线波束，可以覆盖地球表面积的 42.4%。在这个覆盖区域内，两个相距 18000km 的地面站可以进行远距离通信。在静止轨道上等间隔（120°）配置三颗卫星，就可建立除地球两极地区以外的全球通信。

（2）组网络灵活，便于多重撷取连接。在卫星天线波束的覆盖区内，卫星通信网路所属的地面站可以同时和其他地面站建立各自的通信路线，形成一种多方向、多地点的通信。这种卫星通信特有的性能，叫做多重撷取连接。另外，各种形式的地球站，可以不受地理条件的限制，无论是固定站还是移动站，各种不同的业务种类，都可以组织在一个通信网路内，电路的建立十分灵活方便。

（3）通信质量高、容量大。卫星通信工作在微波频段，再加上各种频率的重复利用，使得近代一颗通信卫星的可用频带宽度达几千兆赫，与之相应的通信容量超过了 33000 条话路。在卫星通信中，电波主要在接近真空的外层太空传播。因而可以大大减小大气折射和地面反射的影响，传播特性比地面微波接力线路明显稳定，所以通信质量高。

2. 地球站技术 地球站的基本作用是向卫星发射信号，同时接收由其他地球站经卫星转发来的信号。地球站分为固定站、移动站和可拆卸站。其设备按功能可分为天线馈源系统、发射系统、接收系统、通信控制系统、终端及通信控制系统和电源系统等六个系统。

（1）天线馈源系统的作用是有效地送出发射机的功率，同时又将接收到的微弱信号有效地馈送给接收机。对天线馈源系统，其性能要求为：具有窄波束、高增益、高效率、低噪声和宽频带等特点；具有很强的机械刚性及很高的精度；具有损耗小、频带宽、匹配好、不同通道之间的隔离度大和耐高功率等特点。所使用天线的种类一般分为喇叭天线和反射面天线两种型式。

（2）发送系统，由于目前技术条件的限制，在卫星转发器上还不便采用大口径高增益天线。因而，一般要求地球站向卫星发射大功率信号。按地球站技术的要求，需要有几百瓦至十几千瓦的连续波大功率微波信号发向卫星。能够产生高频率大功率的器件有速调管和行波管。速调管的结构简单、质量小、使用方便、价格低，但频带窄（35～80MHz）。行波管的结构复杂、电源消耗大、价格昂贵，但有较宽的频带（500MHz）。地球站若需要发射多个载波时，可采用共同放大和分别放大两种放大多载波方式。在发射系统中，把多路电话或其他多种信号发向卫星的同时，必须附加导频及能量扩散信号。整个信号经过基带转换后输入到调制器，一般经调制后的中频为70MHz，再经带通滤波器滤掉不必要的干扰，然后输入上变频器变成发射频率的信号，再经中功率放大器后，输入到大功率放大器，馈送到天线发往卫星。

（3）接收系统的作用是接收来自卫星的信号，它必须具有低噪声、高灵敏度的性能。卫星微弱信号经天线接收后，送到低噪声的参量放大器（或场效应放大器）放大后，输出到下变频器变成70MHz的中频信号，再经带通滤波器加到门限扩张解调器，恢复成基带信号。还要去掉发射时加进的能量扩散信号，同时取出导频信号。

3. GPS （Global Positioning System，GPS）利用卫星的测时和测距进行导航，以构成全球卫星定位系统。GPS包括卫星（空间部分）、地面支撑（地面监控部分）、接收机（用户部分）三大部分。

（1）GPS卫星。由21颗工作卫星和3颗在轨备用卫星组成，布置在互成60°的6个轨面上，轨道倾角为55°，长轴半径26609km，如图19.2-7所示。GPS卫星上装备有高精度的时钟，频率稳定度达到10^{-15}d，卫星位置误差优于1.0m。GPS高精度的时钟为GPS精密定位和定时提供了条件。

（2）地面监控。其功能是观测卫星并计算其星历，编辑成电文注入卫星，然后由卫星以广播星历的方式实时地传送给用户。地面支撑部分包括一个主控站、3个注入站和5个监测站。主控站位于科罗拉多

州平士的联合空间执行中心，所完成的功能有：收集监测站传来的卫星运行数据；编辑导航电文，并传入注入站；诊断卫星系统健康状况；调整卫星。注入站分别位于大西洋的阿松森岛、印度洋的狄哥伽西亚和太平洋的卡瓦加兰，注入站定时将导航电文注入各个卫星。监测站设在主控站、3个注入站和夏威夷岛，监测站的主要任务是对每颗卫星进行观测，每个监测站配有GPS接收机，每隔6s进行一次伪距测量和多普勒观测、采集气象要素等数据，监测站实现无人值守，受主控站控制，定时将观测数据传送到主控站。

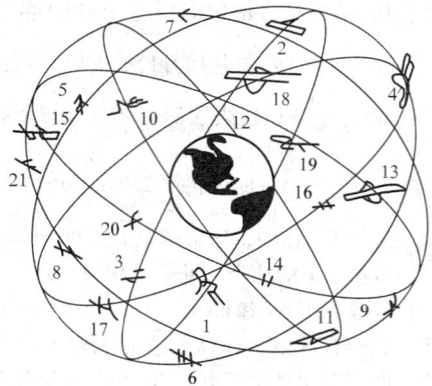

图19.2-7 GPS工作卫星星座

（3）GPS接收机。分为导航型和测地型两类。导航型接收机结构简单，体积小，耗电省，精度低，价格便宜。一般采用单频C/A码伪距接收技术，定位精度为100m或1～3m（差分GPS技术）。测地型接收机结构复杂，精度高，价格昂贵。它采用双频伪距和载波相位接收技术，测量基线的精度一般达到10^{-7}，最高达到10^{-9}，可用于精密测量。GPS接收机的结构基本一致，分为天线单元和接收单元两部分。GPS接收天线有定向天线、偶极子天线、微带天线、螺旋天线等几种。GPS接收机的构成如图19.2-8所示。

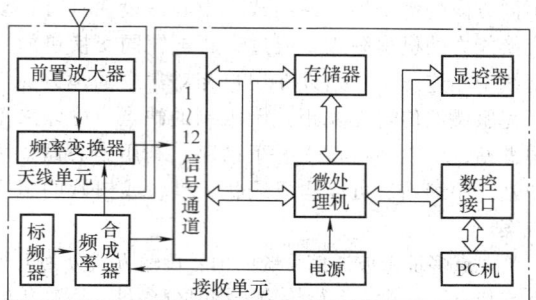

图19.2-8 GPS接收机构成

2.4.4　扩频通信

实际上扩频通信也是无线通信的一个组成部分。扩频技术是一种数字调制技术，它将数字信号扩展到比常规的调制方法所需要的带宽宽得多的频带上。这一技术的实现是通过使用有一定码位长度的伪随机码（PN 码）将数据位成倍增加，然后迅速改变调制信号的相位完成的。调制信号在接收端进行同样的 PN 码解扩，这种方法通常称作直接序列扩频方式。扩频通信的主要优点是频谱资源利用率高，抗干扰和绕射能力强，误码率低，许多用户可以共享相同的带宽。

2.5　数字通信及网络

2.5.1　电力数字通信概论

1. 数字通信的基本概念　通信的目的是为了传递和交换信息，根据在信道上传输信号波形的不同，可以将通信方式分为模拟通信和数字通信两类。电力系统主要采用数字通信，这里所说的数字通信是指为了实现计算机与计算机或终端与计算机之间（以下简称主机）的信息交互而使用的一种通信技术。与数字通信相关的一个概念是数据通信，数据通信着重于"数据"的传输，而不涉及数据所表达的原始信息。

数字通信的特点是：抗干扰能力强，无噪声积累，便于加密处理，设备便于集成化、微型化；便于构成综合数字业务网和综合业务数字网。电力系统数字通信除具有一般数字通信的特点外，还具有如下特征：

（1）电力系统数字通信的可靠性要求高。在电力系统中，数字通信承载着各类实时监控业务和与调度相关的各类准实时业务，数据包、信息的丢失和差错直接危害到电力系统安全、经济运行和电能质量的保证。

（2）电力系统数字通信具有突发性。电力系统正常运行和事故时，通信量明显不同。电力系统事故（特别是全网性大事故）发生时，数据具有"雪崩"效应，信息量突增。

（3）在电力系统数字通信中，数据速率一般要求很高，传输的时延和抖动对电力系统控制会产生直接的影响。因此在通信距离较远的系统中，有必要采用预测技术对时延进行补偿；在经过较多节点设备的系统中，应该采取各种抗抖动的算法。

（4）电力系统数字通信的异构性很强，各种不同的硬件接口和软件协议增加了电力应用系统建设上的困难。

由多台主机（或数据终端设备）通过传输系统和交换系统构成的具有信息传输和信息共享功能的系统称为数字通信网。ISDN、DDN 就是典型的数字通信网络。但是，目前的数字通信网已经远远超出 ISDN 的概念范畴，网络化是数字通信的发展趋势。

通信网有公用网和专用网之分。公用网一般是指由政府部门建立和管理的为社会广大用户提供通信业务服务的网络。专用网由某个团体或企业组建，专门针对解决团体或企业内部的需求而设计，因此其所属权属于该团体或企业，如国家电力数据专用网就是我国电力系统专用的数据网络。专用网有针对性强、传输质量高、保密性好的特点。

2. 数字通信系统　数字通信系统的简化模型如图 19.2－9 所示。信源把原始消息变换成原始电信号，常见的信源如电话机、摄像机、数据采集设备等；信源编码的功能是把模拟信号变换成数字信号，通常采用 PCM 原理实现；由于信道中存在噪声干扰，使得传输的信号产生差错（即误码），为了在接收端能自动进行检错甚至纠错（目前电力系统信息传输仅采用检错），需要进行信道编码；由于二进制方波信号、脉冲信号具有低频的特性，在传输数字信号时，信号的频带通常与信道的通频带不一致，因此需要调制与解调；信道是指由光纤、载波、微波、无线、双绞线等链路信道及其这些链路与交换设备一起构成的网络。

数字通信系统必须满足如下要求：

（1）可达性。可达性是指信息能够传输到目的主机（信宿），有两个方面的含义：一是源主机（信源）与目的主机之间应该具有连通性，即通过链路直接相连（直连链路），或通过若干链路和中间节点间接相连；二是地址唯一性，即每台主机在通信系统中必须具有全局唯一地址。地址唯一性通常采用若干二进制位来实现，每个二进制值代表一个地址。根据通信系统采用的不同协议，标示地址的二进制位数不同。电力系统中采用的 CDT 远动规约、Polling 远动规约、HDLC 都采用 8 位二进制表示地址；计算机网卡采用 48 位二进制表示全球唯一的物理地址；IPV4 采用 32 位二进制表示地址；IPV6 采用 64 位二进制表示地址等。

（2）共同服务模型。为了降低通信系统设计的

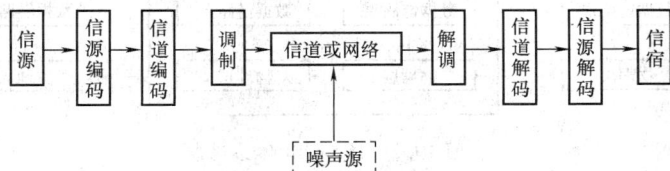

图 19.2－9　数字通信系统的简化模型

复杂性，一般按照分层思想对通信系统进行抽象。在数字通信系统可能提供的服务方面，目前抽象出两种共同的服务，即请求应答服务和数据流服务，目前各种用户业务都是建立在这两种服务的基础之上。

（3）性价比。在满足用户业务需求的前提下，尽可能地提高性价比是通信系统设计的关键。目前，提高性价比的考虑是尽可能提高通信系统的利用率，如保证管道满载，提高包交换速率等。

数字通信系统的主要性能指标是信息传输速率和误码率。

信息传输速率是指每秒传送的信息量。根据编码方式的不同，一个电周期所包含的信息量有所不同。一个二进制码元所包含的信息量称为一个比特，故信息传输速率的单位是 bit/s。

误码率用来衡量通信系统的可靠性，是指在传输过程中发生误码的码元个数与传输的总码元个数之比。

3. 通信体系结构 ISO 制定的开放式系统互连（OSI）结构是最著名的通信体系结构之一，如图 19.2-10 所示。该结构将通信功能划分为 7 层，每一层的功能由一个或多个协议实现。ISO 通常与 ITU 联合发布基于 OSI 体系结构的"X."系列的协议说明，如 X.25、X.400、X.500 等。

从底层开始向上，物理层负责传输透明比特流；数据链路层解决成帧问题，通过差错控制对上层屏蔽了物理层的比特差错；网络层负责中间节点的路由选择和流量控制；传输层实现进程到进程的逻辑信道；会话层提供会话管理；表示层实现数据格式转换和加解密；应用层实现用户业务功能。

很多通信系统的协议和规范建立在 OSI 体系结构之上。例如，用于串行通信的 RS232C、RS422 规范对应于物理层；HDLC、PPP 对应于链路层等。OSI 体系结构在过程控制领域具有非常重要的地位。

OSI 体系结构并没有在网络领域获得成功，目前绝大多数的分组网络和互联网络采用的是 TCP/IP 体系结构。TCP/IP 体系结构如图 19.2-11 所示，TCP 和 IP 是它的两个主要协议。在最底层有多种网络协议，这些协议由硬件（如网络适配器）和软件（如网络设备驱动程序）共同实现；第二层只有一个网际协议 IP，这个协议支持将多种网络技术互连为一个逻辑网络；第三层包括两个主要的端到端协议：传输控制协议 TCP 和用户数据报协议 UDP；应用层实现用户业务功能。

为了标准化实时的电力调度通信，IEC TC57 分会制定了电力系统通信体系结构，如图 19.2-12 所示。该体系结构以 IEC 60870-101、IEC 60870-102、IEC 60870-103、IEC 60870-104 为核心规范了变电所自动化系统各层之间、变电所与调度之间、调度与调度之间的通信协议。但是由于 101、102、103 都比较适合直连链路的通信，不能适应网络化趋势；同时，协议与协议之间的连接需要进行转换，属于"有缝"结构，因此 IEC 又专门制定了电力系统无缝通信体系结构，如图19.2-13所示。

在图 19.2-13 中，IEC 61850 协议是核心，变电所自动化系统各层之间、变电所与调度之间、调度与调度之间的通信协议都采用了 IEC 61850 协议，配合实施 IEC 61970，能够实现各层协议之间的无缝连接，因而是未来电力系统通信中最重要的体系结构。

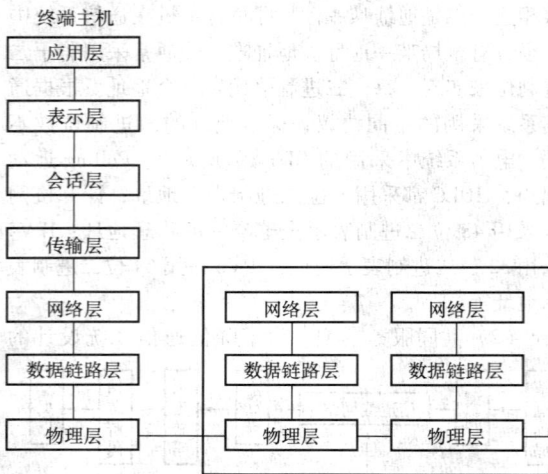

图 19.2-10 OSI 体系结构

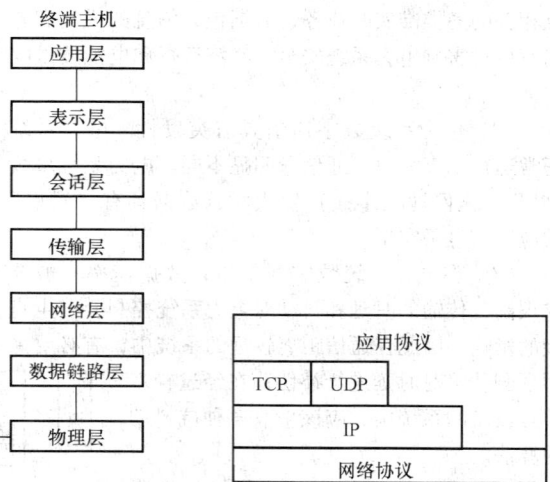

图 19.2-11 TCP/IP 体系结构

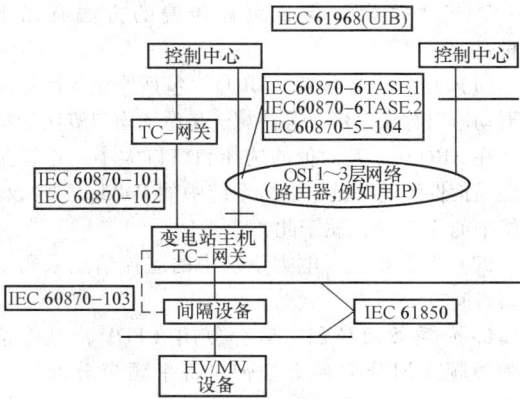

图 19.2-12 电力系统通信体系结构

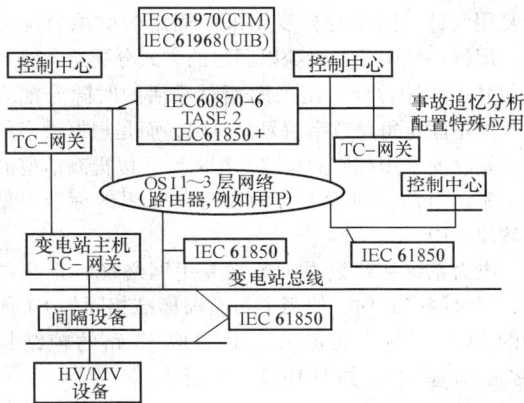

图 19.2-13 电力系统无缝通信体系结构

2.5.2 直连链路的数字通信

1. 结构 所谓直连链路的数字通信是指所有参与通信的主机都直接与同一链路相连。从结构上讲，这种数字通信主要有点对点、多路点对点、一点对多点、多点共享链路、多点共享环状链路等结构。针对不同的结构，通信系统具有不同的工作方式。一点对多点、多点共享链路、多点共享环状链路结构一般工作于半双工方式；点对点、多路点对点结构可以工作于全双工或单工方式。

2. 编码与调制解调 脉冲编码调制（PCM）的概念是 1937 年由法国工程师 Alec Reeres 最早提出来的，成为现今信源编码（即数字化）最常用的技术。PCM 由采样、量化和编码三个步骤组成。采用 PCM 对模拟话音信号进行数字化的思路是：模拟话音经防混叠的低通滤波器限带（300～3400Hz），然后以 8kHz 频率将其采样、量化和编码成二进制数码。对于电话通道，规定其采用值编码为 8 位，共有 256 个

量化级。这样每个数字话路的标准速率为 64kbit/s。为了解决线性量化时小信号音质差的问题，采用了 13 折线 A 律压扩编码。尽管现在通过压缩编码，可以使在可接受信噪比的前提下一路电话信号的通信速率降低到16kbit/s、8kbit/s，但是人们仍然习惯上将 64kbit/s 称为一个话路带宽，简称一个"话路"。n 个 64kbit/s 的话路可以复接成一个更大带宽的信道，称为 $n \times 64kbit/s$ 信道。

表示二进制"0"、"1"或者二进制序列的波形有多种方法，包括单极性不归零、单极性归零、双极性不归零、双极性归零、曼彻斯特码、差分曼彻斯特码、AMI 码、HDB$_3$ 码、PST 码、Miller 码、CMI 码、nBmB 码（4B5B、5B6B 码）、4B/3T 等。这些数字信号波形分别应用于不同的通信系统和同一通信系统的不同部分。

所谓调制就是按照基带信号的变化规律去改变某些载波参数的过程，其逆过程即为解调。调制解调的作用是：进行频谱搬移；实现信道多路复用，提高信道频带利用率；通过选择不同的调制方式可以改善系统的传输特性。常用的二进制数字调制方法和性能见表 19.2-8。

表 19.2-8　常用的二进制数字调制方法和性能

调制方法	$P_e - r$ 关系
相干 OOK	$P_e = \dfrac{1}{2}\mathrm{erfc}\sqrt{\dfrac{r}{2}}$
非相干 OOK	$P_e = \dfrac{1}{2}\mathrm{e}^{-r/4}$
相干 2FSK	$P_e = \dfrac{1}{2}\mathrm{erfc}\sqrt{\dfrac{r}{2}}$
非相干 2FSK	$P_e = \dfrac{1}{2}\mathrm{e}^{-r/2}$
相干 2PSK	$P_e = \dfrac{1}{2}\mathrm{erfc}\sqrt{r}$
差分相干 2DPSK	$P_e = \dfrac{1}{2}\mathrm{e}^{-r}$
同步监测 2DPSK	$P_e = \mathrm{erfc}\sqrt{r}\left(1 - \dfrac{1}{2}\mathrm{erfc}\sqrt{r}\right)$

注：表中 P_e 为误码率；r 为信噪比；补误差函数为 $\mathrm{erfc}(x) = 1 - \mathrm{erf}(x)$，其中误差函数为 $\mathrm{erf}(x) = \dfrac{2}{\sqrt{\pi}}\int_0^x \mathrm{e}^{-y^2}\mathrm{d}y$。

此外，一些多进制调制方法也得到发展和应用，如 QAM、QFM、QPSK、QDPSK、APK、MSK、GMSK 等。

3. 成帧 帧是指有确切含义的二进制序列。成

帧是 OSI 数据链路层的功能。目前广泛采用的成帧协议包括两类：面向字符的协议和面向比特的协议。

面向字符的协议（如 BISYNC、PPP、DDCMP 等），采用字符填充方法和字节计数方法成帧。字符填充法（如 BISYNC、PPP）的基本思路是：若在一帧的数据部分出现了与正文结束符 ETX 相同的字符，则在其前加上一个换码符 DLE；帧中出现 DLE 也类似处理。字节计数方法（如 DDCMP）在帧的头部包含了帧的字节数。

面向比特的协议（如 HDLC）采用比特填充方法成帧，在帧的数据部分若遇到连续 5 个 "1"，则自动在其后加上一个 "0"，以避免出现连续 6 个 "1"（帧同步码为二进制 01111110）。

同步光纤网 SONET 采用了一种较为特殊的成帧方法。其每帧由 9 行组成，每行 90 个字节，并且每行的前 3 个字节代表了特定的管理信息（也用于标示帧的起始点）。当前 3 个字节表示的特定模式重复出现多次时，接收方就可以同步。

4. 差错检测 它采用抗干扰编码实现。常用的抗干扰编码包括以下三类：

（1）水平垂直一致校验。将要发送的信息按位组成阵列，在水平方向和垂直方向分别采用奇校验（或偶校验）。由于水平方向和垂直方向采用的校验方式相同，故称水平垂直一致校验。水平垂直一致校验的海明距离等于 4，并具有偶监督能力，检错能力强，并且校验简单（异或运算）。

（2）校验和算法。即采用二进制补码加法将所有需要校验的数据相加，并去掉多余的高位构成的校验码。校验和算法采用加法运算，思路简单。IP 协议的头部即采用了校验和算法。

（3）循环冗余校验（CRC）。这是目前应用最广泛的差错检测方法，在 IEC 制定的电力系统通信体系结构中的大多数协议都采用了 CRC，这是因为 CRC 不仅检错能力强，而且很容易通过硬件电路实现。常用的 CRC 见表 19.2-9。

表 19.2-9　　常用 CRC 多项式

CRC	生成多项式
CRC-8	x^8+x^2+x+1
CRC-10	$x^{10}+x^9+x^5+x^4+x+1$
CRC-12	$x^{12}+x^{11}+x^3+x^2+1$
CRC-16	$x^{16}+x^{15}+x^2+1$
CRC-CCITT	$x^{16}+x^{12}+x^5+1$
CRC-32	$x^{32}+x^{26}+x^{23}+x^{22}+x^{16}+x^{12}+x^{11}+$ $x^{10}+x^8+x^7+x^5+x^4+x^2+x+1$

5. 可靠传输　保证可靠传输的方法有以下两种：

（1）自动请求重传（ARQ）。包括停止等待算法和滑动窗口算法。停止等待算法是滑动窗口算法的特例。在 ARQ 中，超时值的选择和窗口大小的选择是保证通信性能的关键。电力系统中的 Polling 类协议、网络中的 TCP 协议属于此类。

（2）反馈检验。电力系统中的遥控信息采用了反馈检验方法。

6. 介质访问控制　频分复用（FDM）是将信道的通频带划分成多个频带，每个频带分配给一个用户或传输一类信息，每个频带形成一个逻辑信道。

时分复用（TDM）分为同步时分复用和统计时分复用两种。同步时分复用采用固定的时隙分配方式，即将一帧中的各时隙以固定的方式分配给各路数字信号；统计时分复用采用相对灵活的时隙分配方式，即不固定每路数字信号的时隙，而是根据数字信号流量状况采用相应的策略分配时隙，以提高信道的利用率。目前，国际上有两大时分复用的标准，见表19.2-10。

电力系统在建设电力数据专用网络（特别是二级、三级网络）时，使用了与欧洲标准相同的 E1 体系的 PCM 系统。规定采用 PCM30/32 路的帧结构（称为 E1 基群），如图 19.2-14 所示。

帧长度 TS = 1/8kHz = 125μs。一帧分为 32 个时隙，其中 30 个时隙供 30 个用户（即 30 个话路）使用，即 TS1-TS15 和 TS17-TS32 为用户时隙。TS0 是帧同步时隙，TS16 是信令时隙。帧同步码为 *0011011，它是偶数帧中 TS0 的固定码组，接收端根据此码组建立正确的路序，即实现帧同步。其中的第一位码元 "*" 供国际间通信用。奇数帧中 TS0 不作为帧同步用，供其他用途。TS16 用来传送话路信令。话路信令有两种：一种是共路信令；另一种为随路信令。若将总比特率为 64kbit/s 的各 TS16 统一起来使用，称为共路信令传输，这时必须将 16 个帧构成一个更大的帧，称之为复帧。若将 TS16 按时间顺序分配给各个话路，直接传送各话路的信令，称为随路信令传送，此时每个信令占 4bit，即每个 TS16 含两路信令。

根据以上帧结构不难看出，PCM30/32 系统位速率为

$$R_{BP}=f_s Nn=8000\times8\times32=2048kbit/s \quad (19.2-10)$$

式中，f_s 为采样率；N 为每一个时隙中所含码元数；n 为帧中所含时隙数。

表 19.2-10　　　　　　　　　　　时分复用标准（TDM 制数字复接系列）

地区	单位	基群	二次群	三次群	四次群	STM-1	STM-4	STM-16
北美	kbit/s	1544（T1）	6312	44736 或 32064	274176 或 97723			
日本	路数	24	96	672 或 480	4032 或 1440	155.52 Mbit/s	622.08 Mbit/s	2488.32 Mbit/s
欧洲	kbit/s	2048（E1）	8448	34368	139264			
中国	路数	30	120	480	1920			

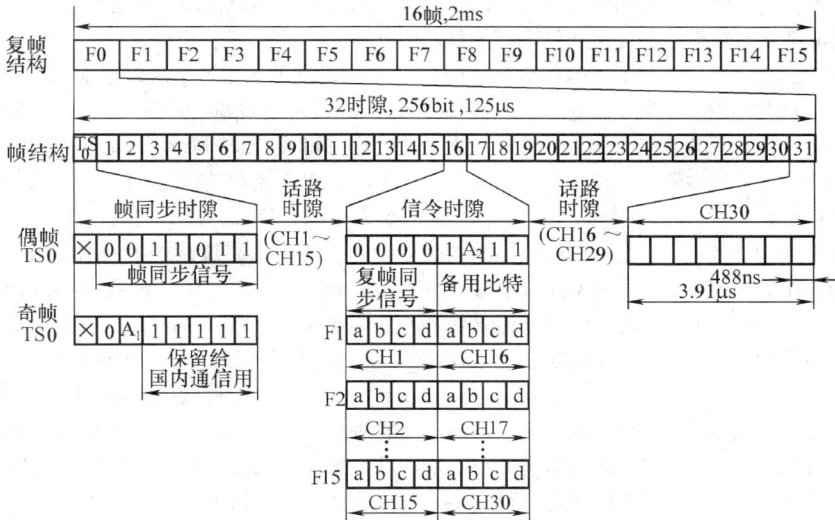

图 19.2-14　E1 基群帧结构

需要指出的是，接入二次群复接器的数字流，可以来自 PCM30/32 端机外，也可以来自"12 路载波基群编码器"或"数据复用器"；接入三次群复接器的数字流，可以来自"二次群复接器"，也可以来自"120 路话音直接编码器"、"60 路载波超群编码器"、"1MHz 可视电话编码器"或其他类型的数字流设备；接入四次群复接器的数字流设备，除可以是三次群复接器之外，还可以是"300 路载波主群编码器"；产生四次群以上数字流的设备，可以是四次群复接器、"900 路载波超主群编码器"或"电视编码器"。总之，复接的终端设备可以是多种多样的。当然，无论哪种终端设备，其输出的数码率都必须符合该群次所规定的标准。

四次和四次以下的高次群，都是采用准同步方式进行复接的，称为准同步数字序列（PDH）；STM-1 以上的高次群，都是采用同步方式进行复接的，称为同步数字序列（SDH）；电力系统中采用的 STM-1 有 PDH 体系，也有 SDH 体系。

波分复用（WDM）是指在一根光纤中同时传输多个波长的光信号。在同一窗口中信道间隔较小的波分复用称为密集波分复用（DWDM）。

码分复用（CDM）系统的全部用户共享一个无线信道，用户信道的区分靠所用正交码型的不同来实现（即扩频通信）。其中码分多址（CDMA）应用广泛。

数据复用器就是采用上述任何一种复用技术将若干个分散的低速信号合并成为一个单一的高速数据信号（或反之）的设备。使用数据复用器的目的是在数据传输中，允许两个或多个数据源共享一个公用高速数字信道。

数据集中器是连接于不同种类的异步数据终端与主计算机之间实现数据通信任务的一种缓冲式集线设备。不同于同步时分数据复用器，数据集中器允许连接到它的数据源的总和速率可以超过公用传输媒体可提供的最高速率。数据集中器有信息集中、线路集中两种方式。

并发逻辑信道可以采用某种算法在宏观上允许多个信息源在同一个共享链路上同时传输信息。这些算法包括 CSMA/CD、Token、CSMA/CA 等。并发逻辑信道主要用于多主传输。IEC 60870-101、DNP3.0 协议部分采用了这种思路。

2.5.3　通信网络

1. 电力数据专用网　国家电力数据通信网早期

建设了一个基于 X.25 协议的窄带数据网，一级网络目前已经覆盖了全国各网（分）公司和直属省公司共 17 个节点（已于 1994 年投入运行）。网络为 X.25 分组交换网，包括三类设备：①14 套 DDN（数字数据网）设备分别安装在 13 个地点；②24 套数据交换设备分别安装在 14 个地点；③34 套路由设备分别安装在 18 个地点，如图 19.2－15 所示。

该数据通信网目前主要用于传送电力调度实时数据、应用软件用的准实时数据、调度生产管理用的批次数据，在该网络的基础上，实现了全国各级调度中心 DMIS 的互连。同时，该网络为信息应用系统提供了平台，向用户提供基本服务功能，如文件传输、虚拟终端、远程登陆、电子邮件等，实现了与国家经济信息系统的网间互连。

网、省级电力公司数据通信网大多基于三项技术：IP over ATM、IP over SDH、IP over Optical。其中 IP over ATM 已经逐渐不受重视。地、市级电力系统的数据通信网早期采用 PDH 建网，目前基本上采用 SDH 技术。

电力系统的特殊业务是指对实时性要求强的业务，如远动数据传送、继电保护用的数据传送、AGC/AVC 控制数据等，这些业务都对延迟、可靠性方面有严格的规定。因此，目前电力系统中不采用带有交换功能的网络结构而是采用点对点的专线连接。但是随着网络化进程的加快，在如何采用网络传输电力系统特殊数据业务方面将有较大发展。

2. X.25　X.25 是 CCITT 提出的一种基于模拟系统的分组交换网建议书，它支持永久虚电路（PVC）和交换虚电路（SVC），但不支持数据报服务。PVC 用于常规的数据传送，SVC 支持突发包的传输。X.25 采用存储转发机制，各节点交换机对接收的数据进行严格检查才予以转发，纠错和控制功能强，因此系统具有很高的可靠性。X.25 分组层协议允许在数据终端设备（DTE）和数据电路端接设备（DCE）之间建立多条逻辑信道（0～4095），即分组层有多条逻辑信道，所以一个 DTE 可以同时和多个 DTE 建立虚电路，并进行通信。X.25 支持两种通信优先级，即高优先级和常规优先级。高优先级设置可获得较快的响应，用于传送紧急数据，但需支付较高费用。

X.25 的通信速率决定于 X.25 节点交换设备。一般 X.25 可支持 64～256kbit/s 的数据传输，个别厂家的设备可支持 2Mbit/s 的数据传输。其标准包长为 128 字节，允许包长可为 16、32、64、128、256、512、1024 字节。X.25 的时延较大，因为需要执行复杂的差错控制和流量控制操作，交换节点时延约为 20～30ms，系统时延一般在 200ms 以上，这是 X.25 的主要缺点。X.25 的高可靠性是以高时延为代价的。

X.25 采用统计时分多路复用技术，信道利用率高。其体系结构与 OSI 的底三层基本对应：最底层为物理层，遵循 CCITT X.21 建议和 CCITT V.35 接口规范；数据链路层的接口标准为 LAPB，它是 HDLC 的一个子集，但增加了多重链路访问功能；分组层主要是多路复用物理链路、纠错和流控。

3. IP Over SDH　SDH 是以同步方式实现数字信号复用和构建传输网络的一种通信体制，所具有的特点有：将基群码速率不同的两套准同步数字系列，经过一系列措施后，在四次群以上兼容互通，将其共同的两速率变为 155.520Mbit/s 构成一个基本模块信号 STM－1；在帧结构中留有足够多的管理比特，因而 SDH 比 PDH 有大得多的网络管理功能；由于它将标准光接口综合进各种不同的网元，减少了将传输和复

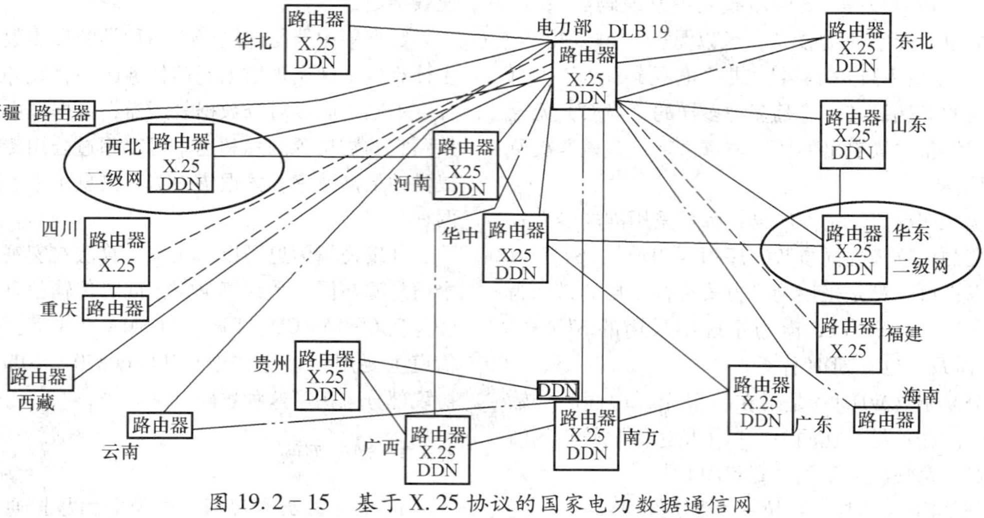

图 19.2－15　基于 X.25 协议的国家电力数据通信网

用分开的需要，从而简化了硬件，缓解了布线拥挤；提出了一个自愈用的新概念。

ITU-T 已经规定了四个等级的 SDH 信号，记为 STM-N（N=1,4,16,64），其信号速率分别为 155.52 Mbit/s、622.08Mbit/s、2488.32Mbit/s、9953.28Mbit/s。

SDH 采用一种以字节结构为基础的矩形块状帧结构，由 9 行 270×N 列 8bit 字节组成。整个帧结构主要分为段开销、管理单元指针和信息净负荷三个部分。其中，在信息净负荷区具有透明性，可以封装各种信息，因此在 SDH 高速传输网上可以实现 IP Over SDH。

IP Over SDH 也称 IP Over SDH/SONET。IP Over SDH 的分层模型如图 19.2-16 所示。

图像	话音	数据
IP		
PPP		
SDH/SONET		
Optical		

图 19.2-16　IP Over SDH 分层模型

4. IP Over Optical　IP Over Optical 的通俗说法就是让 IP 数据报直接在光纤上传输，减少网络层的冗余，提高传输效率，节省运营商的成本。由于光通信必然要用到波分复用技术，因此 IP Over Optical 又称为 IP Over WDM。IP Over Optical 的分层模型如图 19.2-17所示。

图像	话音	数据
IP		
PPP		
类似 SDH 帧		
Optical/WDM		

图 19.2-17　IP Over Optical 分层模型

三种 IP 网络技术比较见表 19.2-11。

表 19.2-11　　三种 IP 网络技术比较

IP over	ATM	SDH	WDM
效率	低	中	高
带宽	中	中	高
结构	复杂	略简	极简
价格	高	中	较低
传输性能	好	可以	好
维护管理	复杂	略简	简单

第 3 章 电力系统调度自动化

3.1 概论

远动技术和通信技术的发展，使电力系统的实时信息直接进入调度控制中心成为可能，调度人员可根据这些信息迅速掌握电力系统的运行状态，及时发现和处理发生的事故。

20 世纪 60 年代开始，用电子计算机和图像显示技术在电力系统调度控制中心的应用使自动化程度达到一个新水平。在开始阶段，计算机与相应的远动装置及通信设备组成的系统，主要用来完成电力系统运行状态的监视（包括信息的收集、处理和显示）、远距离开关操作，以及制表、记录和统计等功能，一般称为数据采集与监视控制（Supervisory Control And Data Acquisition，SCADA）。

20 世纪 60 年代后期，国际上出现多次大面积停电事故以后，加强了电力系统的安全监视、分析和控制。这种控制系统不仅能完整了解全系统的实时状态，而且可在计算机及其外围设备的帮助下，能够在正常和事故情况下及时而正确地做了同控制的决策。这种包括 SCADA 功能、自动发电控制及经济运行、安全控制功能以及其他调度管理和计划功能的系统称为能量管理系统（Energy Management System，EMS）。利用这种先进的自动化系统，运行人员已从过去以监视记录为主的状况转变为较多地进行分析、判断和决策，而日常的记录事务则由计算机取代。

3.2 电力系统分层调度控制

从理论上讲，电力系统可以实行集中调度控制，也可以实行分层调度控制。所谓集中调度控制就是把电力系统内所有发电厂和变电所的信息都集中在一个调度控制中心，由该中心对整个电力系统进行调度控制。由于电力系统在地理位置上分布很广，远距离采集和传输所有信息不仅不经济，也不可靠，同时控制中心也无力在短时间内处理海量的数据。

鉴于集中调度控制的缺点，目前世界各国大型电力系统都采用分层调度控制。国际电工委员会（IEC 870-1-1）提出的典型分层结构由主调度中心（MCC）、区域调度中心（RCC）和地区调度中心（DCC）组成，相当于国内的大区电网调度中心（网调）、省调度中心（省调）和地区调度所（地调）。

分层调度控制将全电力系统的监视任务分配给属于不同层次的调度中心。下一层调度除了完成本层次的调度控制任务之外，还接受上一级调度命令并向上层调度传递所需信息。

分层调度控制的主要优点如下：

（1）便于协调调度控制。大量的调度控制任务是局部性的，分层调度控制将大量的局部调度任务划分给下层相应的调度机构完成，上层调度仅完成全系统性或跨地区的调度控制，这样可以提高控制效能。

（2）提高系统的可靠性。采用分层调度控制，某个调度所的调度自动化系统故障或停运不会影响其他调度中心的调度自动化系统。

（3）改善系统的响应。电力系统调度控制的实时性非常重要。分层调度控制方式使很多调度控制任务由不同层次的调度自动化系统并行处理，从而加快了整个系统的响应速度。

图 19.3-1 是我国电力系统分层调度控制示意图，共有国家级、大区级、省级、地区级和县级调度五个级别。国家级调度的主要任务是掌握全国发电量及负荷，协调大区之间的功率传输，以及了解各大区电力系统的安全状况。大区级调度主要维持系统频率，执行水、火电联合调度计划和调峰，保证系统的稳定和安全。省级调度主要保证省属电力系统的安全和经济运行，执行自动发电控制，实行安全分析和安

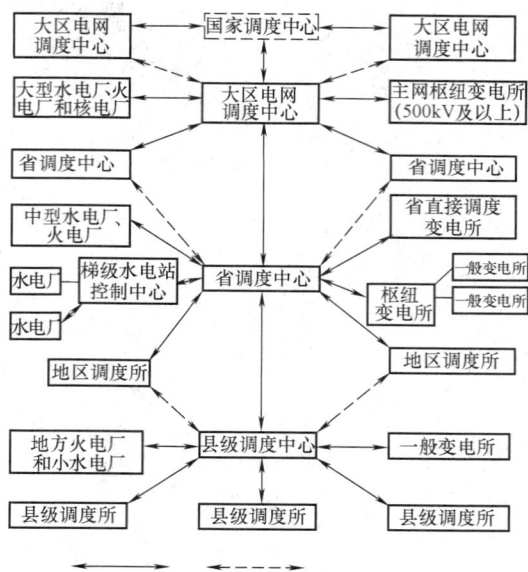

图 19.3-1 电力系统分层调度控制示意图

全控制。地区级调度主要对地区电力系统实行监控、分配负荷、实行电压和无功功率的优化运行。县级调度主要是分配负荷和控制负荷。

目前我国各级调度中心（或调度所）具体的控制和管理任务如下：

1. 网调的控制管理任务

（1）区网负荷预测、安排系统结构和发电计划。

（2）频率—有功功率控制、经济运行调度控制。

（3）区主网枢纽点电压监视和无功功率控制。

（4）区网安全监视、预防事故分析和校正控制。

（5）区网正常操作和事故处理。

（6）区网检修计划。

（7）调度记录、统计业务。

2. 省调的控制管理任务

（1）省网负荷预测并按经济原则作出省网系统结构的调度和发电厂发电计划。

（2）省主网和110kV系统枢纽点电压监视和无功控制。

（3）省主网和110kV系统安全监视和控制。

（4）不影响区网的局部性正常操作和事故处理。

（5）管理范围内的网损计算和检修计划。

（6）水库调度、水电厂发电计划。

（7）调度记录报告（对上级）、统计业务。

3. 地调或中间控制所的控制管理任务

（1）局部110kV系统枢纽点电压监视和控制。

（2）局部110kV系统安全监视和控制。

（3）局部110kV系统正常操作和事故处理。

（4）管辖范围内的网损计算和检修计划。

（5）对所属供电局的业务联系。

（6）统计业务。

3.3　调度自动化系统的基本结构

图19.3-2是电力系统调度自动化系统的基本构成示意图。整个自动化系统完成对电力系统的信息采集、实时处理、决策生成并指导控制任务的执行。

要在调度中心实现电力系统调度控制的任务，必须掌握电力系统的实时运行状态。电力系统运行状态信息的采集工作由远动单元（RTU）完成，并通过通信系统将这些信息上传到调度中心由调度计算机进行处理。

由于RTU采集并上传的电力系统状态信息可能存在错误、精度不高、不完整等问题，因此，调度计算机需要对遥测数据和遥信信息进行处理。这种信息处理功能被称为电力系统状态估计。通过状态估计可以得出表征电力系统运行状态的尽可能完整准确的信息。

获得完整准确的电力系统状态信息后，调度计算机通过执行各种应用程序对数据进行分析，并作出调度决策，决定是否需要对当前的电力系统的运行状况进行调节或控制，以及生成具体的调节控制命令。当然，调度决策也可以由调度人员做出。

调度决策通过遥控和遥调功能下传到发电厂和变电站，由那里的RTU接收后，再送往具体的自动装置或设备执行，也可以由现场人员来执行。

人机联系也是调度自动化系统中的重要环节。调度值班人员的经验在相当长的时期内是不可能完全由计算机来代替的。调度自动化系统应该具有良好的人机接口，使得调度员可以方便地了解电力系统及其调度自动化系统的工作情况，必要时进行人工干预。

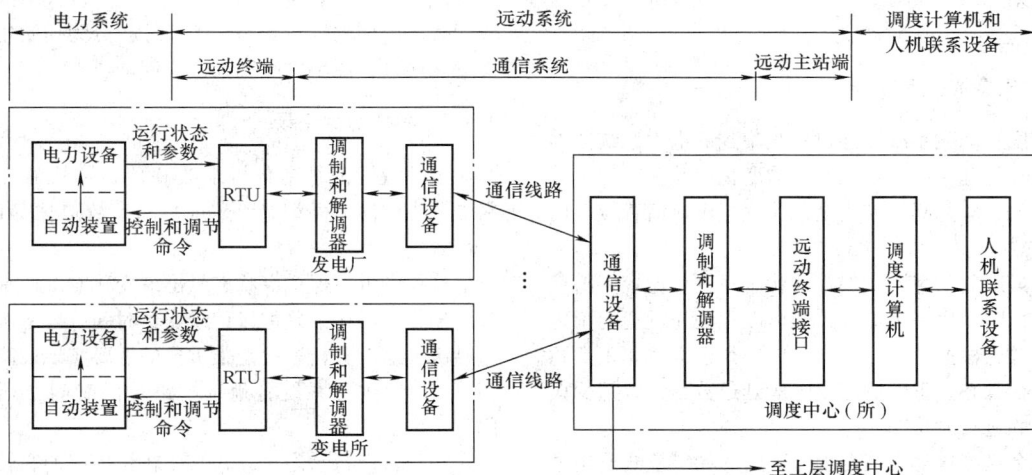

图 19.3-2　调度自动化系统的基本构成

3.4 调度自动化系统的基本功能

调度自动化系统的基本功能包括数据收集与监控（SCADA）、安全监视与告警、制表打印、特殊运算、事件数据记录等。

3.4.1 数据采集与监控（SCADA）

SCADA 是电力系统调度自动化最基本的功能。SCADA 主要由现场远程量测终端、传输信道和主站计算机三部分组成。

我国目前使用的远程量测终端主要有布线式数字远动装置和微机远动装置两种，其主要功能为：收集现场的量测量（遥测）和状态量（遥信），接收调度中心的命令并对现场设备进行控制；对采集的数据进行简单处理，如数字滤波、越限报告等；与主站通信，进行通信规约处理。

数据传送有两种方式：一是应主站要求的直接报告方式；二是在量测量变化（超过死区）或状态量变位时的例外报告方式。当前，数据收集普遍按两种形式进行：一是循环式，即现场发送端循环不断地将数据送给主站的接收端，需独占信道；二是应答式，由主站依次查询远程终端有无信息发送，几个终端可以共用同一信道。

传输信道指信号传送时经过的通道。信道中存在噪声和干扰，通常以信噪比和误码率反映信道的质量。

主站计算机系统分为集中式和分布式两大类。近年来分布式系统发展很快。

SCADA 系统采集的数据包括状态量、量测量和电量。断路器状态、隔离开关状态、报警和其他信号等均用状态量表示。电压、功率、温度和变压器抽头位置等则用量测量表示。电量值由脉冲计数方式得到。

3.4.2 安全监视与告警

调度自动化系统需要对所收集到的电力系统数据进行自动处理。要监视状态量的变化，并正确记录其时间序列，对量测值或其变化速度超出限值者应加以记录。

将最新的状态量和保存的状态量进行比较，出现状态变化时产生一个事件，也可以和预先设置的正常状态比较，根据比较结果，产生一个正常或非正常的设备运行状态。事件的产生一般延迟数秒，以减少误报警和躲过过渡状态。

每个量测量都有其合理的限值。如果量测量超过物理限值，则判定出现错误数据；如果量测量超过警报限值，则需要向调度员发出警报；如果量测量超过警告限值，则说明运行状态已接近警报状态，需要提醒调度员注意。

此外，还有量测量的趋势监视，如量测量变化速率监视。趋势监视可以提早检测出状态量的可疑变化。

电力系统的运行变化和操作在调度自动化系统中不断产生大量的事件，既不能将所有事件都通知给调度员，更不能遗漏重要信息，需要将对其进行处理，并按地区、重要程度和处理对象等原则将其分类处理。

3.4.3 制表打印

现代应用软件使用的数据周期越来越长，有些分析软件可能用到过去一个月甚至一年的累计数据。因此，调度自动化系统不仅需要处理当前数据，也需要保存历史数据。

历史数据是按照时间顺序记录的。由于数据缓冲区的长度有限，不可能无限制地保存大量的历史数据。因此需要周期性地将历史数据整理归档并转移保存。可将历史数据按照一定格式制成表格存储到磁盘或其他海量存储介质上，也可以打印出来，长期保存。为了便于历史数据的读取，应合理整理数据的记录格式，必要时应及时进行数据的转换。

3.4.4 特殊运算

特殊运算包括数值计算和逻辑运算。

典型的数值计算有计算各种报表数据、电力平衡和电量计算、各种辅助电源和成本计算、计算流量和存水量等。这些计算有的是周期起动，有的是人工起动，有的用画面输出，有的用打印输出。

逻辑运算主要用于网络接线分析，以模拟盘或单线图表示电网的逻辑状态。接线分析分为初始化和逐次变化两种，由事件起动或人工起动。

3.4.5 事故数据记录

事故数据记录是分析事故和预防事故的宝贵资料，分为顺序事件记录（SOE）和事故追忆（PDR）两部分。

开关和继电保护等状态量出现变化时，通常要按时间的先后顺序准确加以记录，其时间分辨率应达到毫秒级，这对分析事故是很重要的。要实现较高的时间分辨率，电力系统各地远程终端的时间必须良好同步。

在正常运行状态下，SOE 以较长的周期和较低的优先级作为正常扫描的一部分进行工作，一旦出现状态量变化，必须立即提高其优先级，按顺序记录事件信息，以便将其用于事后追查和事故分析。

SOE 通常采用时间表的形式滚动存放，它应能存放一次最复杂事故过程中的全部信息，并能以系统和厂站的形式显示和打印所记录的信息。

事故追忆功能用于记录电力系统事故前后的量测数据和状态数据，存放引起记录的事件和相关的数据。

事故追忆循环采集所规定的数据集合或全部量测值，循环周期由数秒到数分钟，有些当地记录的循环周期达到毫秒级。

一旦出现所选定的事件，相关记录数据就被送到专门存储事故追忆的区域。状态量的变化和量测值越限均可引起事故追忆动作（数据冻结）。当有地方事故追忆功能时，地方事故追忆的数据也要送到调度中心处理。

事故追忆区最好能保存几次事故的记录，典型的记录长度是事故前 10min，事故后 5min。

3.5　调度自动化系统的高级应用功能

调度自动化系统的高级应用功能主要由能量管理系统 EMS 实现，具体内容包括网络拓扑分析、电力系统状态估计、电力系统安全分析、电力系统安全稳定控制、电力系统在线潮流计算、电力系统同步相量测量、电力系统实时负荷预测等。

能量管理系统是现代电力系统中以计算机为基础的综合自动化系统，主要针对发电和输电系统，用于大区级电网和省级电网的调度中心，而根据 EMS 技术发展起来的配电管理系统 DMS 则主要针对配电和用电系统进行开发。

3.5.1　网络拓扑分析

网络拓扑分析主要用于实时网络状态分析、调度员潮流、预想事故分析和调度员培训模拟等网络分析应用软件。此外，近年来 SCADA 也采用简单的网络拓扑分析给网络着色。

结点模型（或物理模型）是对网络的原始描述，输入数据用此模型；母线模型（或计算模型）和网络方程联系在一起，随开关状态而变化。网络拓扑分析就是根据开关状态和网络元件状态由电网结点模型产生电网母线模型的过程。

网络拓扑分析包括如下两个基本步骤：

1. **厂站母线分析**　根据断路器的开/合和元件的退出/恢复状态，由结点模型形成母线模型。其功能是分析某一厂站某一电压级内的节点由断路器的闭合状态连接成多少条母线，其结果是将厂站划分为若干条母线。

2. **系统网络分析**　目的是分析整个电网的母线由闭合支路连接成多少个子电网，每个子电网是有电气联系母线的集合，计算中以此为单位划分网络方程组，一般来说，电力系统正常运行时，整个系统属于同一个子电网（未解列状态）。

网络拓扑分析用数据主要有以下两类：

1. **元件数据**　它包括逻辑支路（开关 CB）、单端支路（机组 UN、负荷 LD、电容器或电抗器 CP）和双端支路（变压器 XF、线路 LN、零阻抗支路 ZBR）等。它们按公司（CO）、地区（DV）和电压等级（kV）的层次排列。

2. **非层次层数据**　节点（ND）、母线（BS）、子电网（ISLAND）、母线—元件关联表（BSL）和接线分析记录表（TPL）等非层次型数据。

接线分析用的画面也是其他网络分析应用软件的公用画面，不但要表现接线分析结果，还要表现其他网络分析软件的潮流计算结果，主要包括母线电压画面、母线—元件关联画面、网络拓扑分析过程记录、开关画面、子网画面等。

3.5.2　电力系统状态估计

自动化装置采集的电力系统信息是通过 RTU 传送到调度中心的，由于 RTU 的测量误差及在传送过程中各个环节所引入的误差，使这些数据不同程度地存在着不可靠性。此外，由于测量装置在数量和种类上的限制，往往不可能得到完整足够的电力系统分析计算所需的全部数据。为了解决上述问题，除了不断改善测量和传输系统外，可采用数学处理的方法提高数据的可靠性和完整性。电力系统状态估计就是为了适应这一需要而提出的。

利用统计方法处理原始数据以求出电力系统实际状态估计值的方法称为状态估计。状态估计分为动态估计和静态估计两类。按运动方程和以某一时刻的测量数据作为初值进行下一时刻系统状态量的估计，称为动态估计；仅仅根据某时刻测量数据，确定该时刻系统的状态量估计，称为静态估计。

与状态估计协同工作的是不良数据的检测和辨识。对于所发现的明显不合理数据，一般将其称为不良数据，应该将其剔除，并重新进行状态估计，最终建立起完整的电力系统实时模型。状态估计必须在几分钟内完成，因此它通常可以通过跟踪节点负荷的变化规律实现。在必要时可用来提供补充的测量量，因此，状态估计的计算结果也可用于负荷预测。

3.5.3　电力系统安全分析

电力系统安全运行状况用三类条件衡量：①系统

负荷需求（用 E 表示）；②运行约束（潮流和电压越限，用 C 表示）；③可靠性约束（预想故障分析，用 R 表示）。

使用这三类条件，电力系统的运行状态可分为以下五种：

1. 正常状态 也称为正常安全运行状态，在这种运行状态下，上述三类条件全部得到满足，即系统能满足全部负荷的需求，没有违反运行约束，而且经过校验系统能够承受预想故障的冲击。

2. 警戒状态 也可称为正常不安全运行状态，在这种运行状态下，系统能满足全部负荷的需求，没有违反运行约束的情况存在，但经校验系统不能承受预想故障的冲击。这时，若针对预想故障采取预防性控制，系统可以回到正常状态；否则系统处于警戒状态，这时，一旦出现预想故障，系统将陷于紧急状态。

3. 紧急状态 在这种运行状态下，系统能满足全部负荷的需求，但已出现某些支路电流或节点电压的越限。这时，若事先有所警戒，能准确及时采取安全校正措施，可能回到警戒状态或正常状态；否则可能导致系统瓦解。

4. 瓦解状态 在这种运行状态下，系统的上述三类条件都不能得到满足。这时，需要采取紧急控制措施，以制止事故的扩大，使系统尽快过渡到恢复状态。

5. 恢复状态 事故不再扩大，网络元件越限已经被解除，但许多用户尚未恢复供电，可以通过恢复控制使系统回到正常运行状态。

在目前的技术条件下，EMS 的作用主要是预防事故而非实时处理电力系统事故。其主要内容包括预想故障分析、安全约束调度、最优潮流、网络化简和电压稳定性分析。

预想故障分析是指针对预先设定的电力系统元件（如线路、变压器、发电机、负荷和母线等）故障及其组合，确定它们可能对电力系统安全运行产生的影响。预想故障分析的主要功能包括：①按调度员的需要方便地设定预想故障；②快速准确区分各种故障对电力系统安全运行的危害程度；③准确分析严重故障后的系统状态，并能方便直观地显示分析的结果。

对由预想故障分析或状态估计得到的系统不安全运行状态，需要使用安全约束调度软件提出解除办法。在预防性控制、安全校正和恢复控制中均要用到安全约束调度。因为系统的有功功率方程可用线性关系近似表示，所以进行安全约束调度最有效的方法是利用线性规划法处理有功不等式约束的问题。相关的处理技术可分为两类：一类是灵敏度分析方法；二类是有约束最优化法分析方法。

将电力系统经济调度和潮流计算相结合可以得到最优潮流（OPF），它以潮流方程为基础，进行系统经济与安全、有功与无功的全面优化，这是一种理想的算法。由于这是一个大型多约束非线性规划问题，在技术上很难圆满地达到实用化的要求。有功的最优潮流因为接近线性性质，可以比较好地解决。无功最优潮流因为非线性较强，目前解决得不太理想。

网络化简（Network Reduce），也称为静态等值（Network Static Equivalents），是利用较小规模的网络代替较大规模的网络进行分析的一种方法，其基本要求是化简网络的计算精度使之能满足实际需要。网络化简常用的方法是扩展 Ward 法和 REI 法。

3.5.4 电力系统安全稳定控制

电力系统紧急状态是电力系统受到大干扰以后出现的异常运行状态。这种状态下控制的目的是迅速抑制事故和异常的发展和扩大，尽量缩短故障延续时间，减少事故对电力系统非故障部分的影响，尽量使电力系统维持在一个较好的运行水平。

紧急控制一般分为两个阶段。在第一阶段，事故发生后迅速而有选择地切除故障，使电力系统处于无故障运行状态，主要依靠继电保护和安全自动装置完成。第二阶段是故障切除后的紧急控制，控制目标是防止事故的扩大和保持系统的稳定性，使系统恢复到警戒状态或正常状态，这时，需要采取各种提高系统稳定性的措施，在必要时还允许切除一部分负荷，停止向部分用户供电。在上述努力无效的情况下，系统将解列成几个小系统，并努力使每个小系统正常运行。

继电保护和安全自动装置是电力系统紧急状态控制的重要组成部分，这些装置的作用如图 19.3 - 3 所示。其中左侧线内的序号为：①电力系统发生扰动。②继电保护动作。③自动重合闸动作。④提高电力系统稳定的其他自动装置动作。⑤电力系统失步和解列。

电力系统紧急状态控制是全局控制的问题，不仅需要系统调度人员的正确调度指挥以及发电厂、变电站运行人员的认真监视和操作，而且还需要安全自动装置的正确动作配合。

1. 频率紧急控制 当系统频率大幅度下降时，需要进行电力系统频率紧急控制，控制措施有以下几个方面：

（1）立即增加具有旋转备用容量的发电机组的有功出力。

（2）立即将调相运行的水轮发电机组改为发电运行。

（3）立即将抽水蓄能水电站中正在抽水运行的机

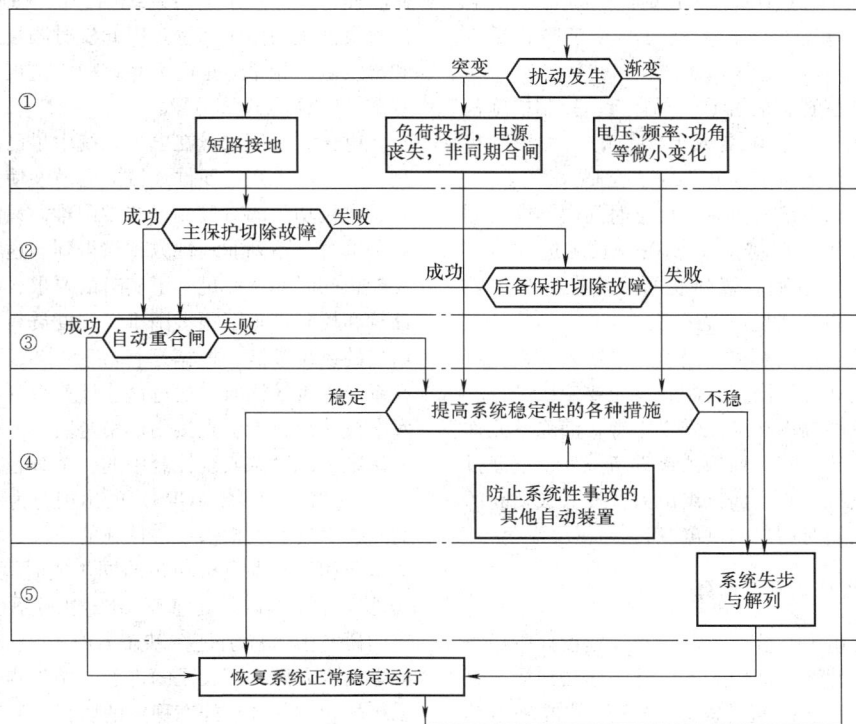

图 19.3－3 电力系统紧急状态控制示意图

组改为发电运行。

(4) 迅速起动备用机组。

(5) 自动起动低频减载（负荷）装置动作。

(6) 将火电厂内一台或几台机组与系统解列，解列的机组负责厂用电及电厂的部分重要负荷，以防止由于频率继续下降使整个发电厂瓦解，同时有利于可能的恢复控制。

(7) 短时间降低电压。

2. 电压紧急控制 当无功电源突然被切除，或者无功电源不足的系统中无功负荷缓慢持续增长到一定程度，造成系统电压大幅度下降甚至可能出现电压崩溃时，应采取电压紧急控制，控制措施包括以下几个方面：

(1) 立即增大发电机励磁电流，增加发电机无功出力，甚至可以在短时间内让发电机过电流 15% 运行。

(2) 立即增大调相机的励磁电流，增加调相机的无功出力。

(3) 立即投入并联电容器，调节静止无功补偿器的补偿出力。

(4) 起动备用机组。

(5) 将电压最低点的负荷切除。

如果出现系统电压因事故升高的情况，同样需要采取电压控制措施，具体措施与电压过低时所采取的措施相反。

3. 电力系统稳定控制 目的是通过调度指挥和安全自动装置尽快平息事故后的系统振荡，防止振荡加剧造成发电机失步以及系统失去稳定。常用的稳定控制措施包括以下几个方面：

(1) 切除部分机组。减少系统中的过剩功率，防止发电机转子过分加速而导致发电机失步，自动切机一般用于水电厂。

(2) 电气制动。其作用是在电力系统发生故障后，迅速投入制动电阻消耗发电机的过剩有功功率，是制止机组失去稳定的一种措施。

(3) 快关汽门。即迅速关闭汽轮机进汽阀门，减少汽轮机的输入功率，在发电机的第一摇摆周期摆到最大功角时，再缓慢地将汽门打开，这也是减少故障后系统中出现不平衡功率的一种措施。

(4) 自动重合闸。是指在继电保护装置动作跳开故障线路的断路器，通过延时使故障点电气绝缘恢复之后，再将断开的断路器重新闭合一次的操作，这种操作在瞬时故障情况下，对提高系统暂态稳定是很有效的。

(5) 采用快速励磁系统。可以有效地提高电力系统的静态稳定功率极限，同时强行励磁可以改善电力系统暂态稳定性。此外，电力系统稳定器（PSS）的使用可以有效地抑制电力系统中可能产生的低频振荡。

（6）快速切除部分负荷。其目的在于防止系统失步。

（7）再同步控制。是指上述所有自动控制措施都未能阻止系统失步时，调度人员实施的一种控制措施，即对异步运行的机组实施再同步控制。

（8）解列。如系统失步后在规定时间内不能再同步，应将系统解列，以避免事故在全系统进一步扩大，这就是系统的解列。解列后的系统在事故消除后，应该逐步并列，恢复正常运行。

电力系统恢复控制是将已崩溃的系统重新恢复到正常状态或警戒状态。恢复控制，首先要使已经分开运行的各小系统的频率和电压恢复正常，消除各元件的过负荷状态。然后将解列的系统重新并列，逐渐投入被解列的发电机组并增加机组出力，投入被切断的输变电设备，恢复对用户的供电。

3.5.5　电力系统在线潮流计算

潮流计算是电力系统运行分析和规划设计中最常用的工具。潮流计算最常用的方法是牛顿法和快速分解法。电力系统在线潮流计算是 EMS 软件的基本功能。调度员可以用它研究当前电力系统可能出现的运行状态，计划工程师可以用它校核调度计划的安全性，分析工程师可以用它分析近期运行方式的变化。

在线潮流计算可以随时为其他网络分析软件提供"研究方式"（或称为"假想方式"）。此外，潮流还是其他网络分析软件的基本模块。

3.5.6　电力系统同步相量测量

随着电网装机的容量不断增加，电力系统的规模越来越大，大容量、超高压和特高压、远距离输电日益增多，电力系统结构也日趋复杂，电网的稳定监视和控制显得越来越重要。以 SCADA/EMS 及有关应用软件为代表的传统调度监控系统，只能在潮流水平上对电力系统的稳态行为进行监测控制，这对于现代电力系统的安全稳定运行尤其是动态安全监测控制是不够的。

电力系统电压相量（特别是电压相角）和同步发电机功角是反映系统稳定性最主要的状态量，对它们的实时测量，一方面可以帮助调度员实时监视系统母线电压和发电机功角的变化，及时发出调度命令；另一方面也可以使自动调节装置能够根据发电机功角的变化直接控制发电机和对安全自动装置进行紧急控制，如切机、甩负荷、解列等，以尽量减小系统受到损害。此外，电力系统电压相量和同步发电机功角这两个状态变量不仅能用于调度中心的集中监视和控制，而且还能用于电力系统的分散就地监视和控制，以解决系统的稳定问题。因此实时测量发电机的功角和母线电压相量，是电力系统稳定监视和控制的关键基础性问题。

电压的幅值测量在电力系统中早已不是问题，但是，由于电力系统元件地域的分散性使全局电压相角和发电机功角的直接测量非常困难，只能通过潮流计算和求解一系列非线性方程组得到。这种计算往往需要较长的时间，满足不了实时的要求，给电力系统的计算和控制带来了很多困难。调度员只能从模拟盘上给出的系统潮流，根据运行经验判断系统的稳定性，在系统发生摇摆时，通过这些计算得到的电压相角和发电机功角也无法直接用于稳定监视和控制，这是电力系统传统紧急安全控制中的一个难题。

全球定位系统（GPS）的出现，为电力系统同步监测技术的实现提供了一种新的手段，使电力系统全局电压相量和发电机功角的同步实时测量成为可能。10 多年来，国内外在基于 GPS 电力系统状态监测系统的研究中，特别是在基于 GPS 电力系统相角同步测量技术方面有了长足的进展。相角测量可望在电力系统的状态估计、静态稳定的监视、暂态稳定的预测及控制和自适应失步保护方面发挥作用。

目前国内外将 GPS 同步时钟技术用于电力系统的研究主要集中在以下两个方面：一方面是相角的监视和它在稳定控制中应用的理论研究，即将电压相角和发电机功角信息上送到调度中心，由调度中心对系统中各条母线的电压相角和各台发电机的功角进行监视；在已知相角和功角信息的条件下，进行暂态稳定的分析和控制。另一方面是基于电压相角和发电机功角研究系统的动态行为。

同步相量测量单元 PMU 已经逐渐在国内外得到应用。但就目前的情况看，同步相量测量系统基本上还是独立的测量系统，尚未与 SCADA 以及其他电力系统自动化系统相结合，它在电力系统运行调度、状态估计、安全评估、稳定控制、继电保护等方面的应用研究正在逐步深入开展之中。随着同步相量测量应用的不断完善和深入，可以预见在不久的将来，同步相量测量系统一定会成为调度自动化系统的一个重要组成部分，为电力系统的监测与控制提供更多的信息和手段。

3.5.7　电力系统实时负荷预测

由于电能无法大规模存储，因此电能的生产和消费必须时刻保持基本平衡。为了避免浪费发电能力或者在负荷高峰时拉闸限电，掌握电力生产的主动性，负荷预测是电力系统运行与控制中必不可少的一项任务。

EMS 需要电力系统过去（历史）、现在（实时）和未来（计划）的三类数据，负荷预测是获得电力系统未来数据的主要途径。负荷预测对电力系统控制、运行和计划都是非常重要的，提高负荷预测的精度既能增强电力系统运行的安全性，又能改善电力系统运行的经济性。图 19.3－4 给出了负荷预测和其他应用功能之间的关系。

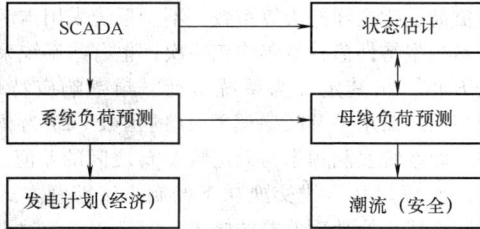

图 19.3－4　负荷预测和其他应用软件的关系

提高负荷预测精度的主要途径是建立更合理的负荷预测模型和采用更精确的预测算法，这些是当前的研究热点。不同的应用范围对负荷预测的时间有不同的要求，其中超短期负荷预测的主要用途是：①质量控制需预测后 5~10s 的负荷值；②安全监视需预测后 1~5min 的负荷值，预防控制和紧急状态处理需预测后 10~60min 的负荷值，其使用对象是调度员。短期负荷预测主要用于火电分配、水火电协调、机组经济组合和交换功率计划等，需要下 1 天~1 星期的负荷预测值，其使用对象是编制调度计划的工程师。中期负荷预测主要用于水库调度、机组检修、交换计划和燃料计划，需要后 1 月~1 年的负荷预测值，其使用对象是编制中长期运行计划的工程师。长期负荷预测用于电源和网络发展，需要后数年至数十年的负荷预测值，其使用对象是规划工程师。

第 4 章 电力系统自动控制

4.1 概论

电力系统自动控制是电力系统调度自动化的重要组成部分，包括调度控制和安全控制两部分内容。调度控制的主要目标是在保证系统电压和频率符合电力系统运行要求的前提下，合理分配系统负荷实现全系统经济最优运行，其主要内容包括有功功率与频率自动控制，无功功率与电压自动控制以及电力系统经济调度控制。安全控制的目标则是监测和分析系统运行状态，对于已经或者可能出现偏离正常运行状态的情况，通过合理的控制手段和策略维持系统的安全稳定运行。

4.2 电力系统调度控制

电力系统调度控制包括有功功率与频率自动控制，无功功率与电压自动控制以及电力系统经济调度控制等内容。

4.2.1 有功功率与频率自动控制

有功功率与频率自动控制通常又称为自动发电控制（Automatic Generation Control，AGC）或负荷与频率控制（Load and Frequency Control，LFC）。它是电力系统能量管理系统的一个重要组成部分。

1. 负荷与频率控制的任务 负荷与频率控制 LFC 起源于互联电力系统间的协调控制的需求。LFC 的主要任务如下：

（1）使系统的总发电出力满足总负荷要求。它主要由原动机调速器的机组转速控制（亦称一次调频）来实现。

（2）使电力系统的实际频率与额定频率之间的误差趋于零，即自动频率控制（又称二次调频），通过调节发电机的功率频率特性来实现。

（3）在联网系统各成员间合理分配发电出力而使联络线上的交换功率满足预先商定的计划值，从而保证联网系统的运行水平及各成员的本身利益。

2. 负荷与频率控制主要控制方式 EMS 系统提供的 LFC 控制方式有恒定频率控制、恒定联络线交换功率控制、联络线偏差控制。

（1）恒定频率控制。该控制方式只考虑频率偏差的修正，即只致力于实现前述 LFC 主要任务中的第（2）项。其主要控制指标，即区域控制误差（Area Control Error，ACE）为

$$\text{ACE} \triangleq B\Delta f \qquad (19.4-1)$$

式中，$B(\text{bias})$ 为区域频率偏差系数，为系统频率变化与负荷变化之间的折算系数，不少系统采用本区域的自然频率特性值，每年修正一次；也有些系统采用可变 B 值，将其定义为系统负荷、频率响应特性、系统当前负荷水平及频率偏差 Δf 的函数。Δf 为频率偏差，即系统实测频率与额定频率 f_0 之间的差值。

（2）恒定联络线交换功率控制。该控制方式只考虑联络线交换功率偏差的修正，即只考虑前述 LFC 主要任务中的第（3）项。联络线交换功率偏差 ΔP_{TL} 为联络线实测功率 P_{TL} 与计划交换功率 P_{TL0} 间的差值，即

$$\text{ACE} \triangleq \Delta P_{\text{TL}} \qquad (19.4-2)$$

（3）联络线偏差控制。综合了对频率及联络线功率的控制，为恒定频率控制和恒定联络线交换功率控制两种控制方式的组合，即

$$\text{ACE} \triangleq \Delta P_{\text{TL}} + B\Delta f \qquad (19.4-3)$$

上述三种控制方式中联络线偏差控制是常用的。在实际应用中还可考虑时间误差 ΔT 的修正及偿还联络线交换电能量偏差 ΔE_{TL}，即可将联络线偏差控制中的 ACE 扩展为

$$\begin{aligned}\text{ACE} &\triangleq \Delta P_{\text{TL}}^* + B\Delta f^* \\ &= (P_{\text{TL}} - P_{\text{TL0}} - P_{\text{TLoffset}}) + B(f - f_0 - f_{\text{offset}})\end{aligned}$$
$$(19.4-4)$$

式中，P_{TLoffset} 为考虑偿还 ΔE_{TL} 对联络线交换功率计划值 P_{TL0} 的偏置，$P_{\text{TLoffset}} = C_{\text{E}}\Delta E_{\text{TL}}$；$f_{\text{offset}}$ 为考虑时差 ΔT 修正时对额定频率 f_0 的偏置，$f_{\text{offset}} = C_{\text{T}}\Delta T$，其中时间偏差 ΔT 为电力系统时钟与标准时钟之差，正比于系统频率偏差 Δf 的累积值，即

$$\Delta T \propto \int_0^t \Delta t \, \mathrm{d}t \qquad (19.4-5)$$

或者

$$\Delta T \propto \sum_i^t \Delta f_i \qquad (19.4-6)$$

时差修正系数 C_{T} 为考虑时差修正时，将时差 ΔT 折算为对标准频率值的偏置所对应的系数。

联络线交换电能量偏差 ΔE_{TL} 为联络线实际交换电能量与计划交换电能量之差，计算式为

$$\Delta E_{\text{TL}} = \int_0^t \Delta P_{\text{TL}} \, \mathrm{d}t \qquad (19.4-7)$$

或者

$$\Delta E_{\text{TL}} = \sum_{i}^{t} \Delta P_{\text{TL}} \Delta T \qquad (19.4-8)$$

联络线交换电能量偏差修正系数 C_{E} 为考虑偿还区域累积的联络线交换电能量偏差 ΔE_{TL} 时，将电能量 ΔE_{TL} 折算为对联络线计划交换功率的偏置所对应的系数。

通常时差 ΔT 及联络线交换电能量偏差 ΔE_{TL} 的修正有两种方式：①手动方式，由调度员指定实施修正的起止时间及修正速率。②自动方式，由计算机软件自动按设计要求进行修正。

3. 负荷与频率控制算法　它包括经典控制理论（比例积分控制）和现代控制理论的两种方法。

（1）经典控制理论。又称比例积分（PI）控制，是 EMS 系统广泛采用的方法。系统的控制调节量为

$$\Delta P_{\text{g}} \triangleq K_{\text{p}} \times \text{ACE} + K_1 \int_{0}^{t} \text{ACE} \, dt \qquad (19.4-9)$$

式中，ΔP_{g} 为根据当前控制误差所需的发电调节量；K_{p}、K_1 分别为比例、积分增益。

在 EMS 实际应用中，常根据 ACE 的大小将系统状态定义如下：

1）正常。ACE 在很小的范围内波动，跟踪系统负荷的微小变化。

2）协助。ACE 在较大范围内波动，说明本系统或相邻系统受到较小扰动。

3）紧急。ACE 在相当大的范围内波动，说明系统中出现较大的扰动。

4）暂停。有三种情况：①ACE 很大，超过预定限值；②LFC 丧失调节能力（即无可调机组或无可调容量）；③失去关键的遥测量，如无频率遥测值而 LFC 采用恒定频率控制或联络线偏有效期控制方式，或无联络线功率遥测值而 LFC 采用恒定联络线交换功率控制或联络线偏有效期控制或联络线偏差控制方式，则控制系统将停发调节命令。如上述情况能在给定时限内缓解，仍可自动返回正常控制，否则将进入悬挂状态。

5）悬挂。当暂停状态超过一定时限后，控制系统将进入悬挂状态，其与暂停状态的唯一区别是不可能自动返回正常控制，必须由有关调度控制人员分析、处理故障后，手动重新起动。

为了获得较好的控制质量（如快速响应速度及减小超调），不少 EMS 采用动态增益，即 K_{p}、K_1 随系统不同而取不同的数值。另外，由于 ACE 出自稳态概念，而 LFC 任务是满足动态负荷-发电平衡，所以用稳态指标来实现动态控制不甚合理。当前实际应用中解决这一矛盾的方法是对 ACE 进行滤波，并加上死区控制，以滤去负荷波动中的随机变化分量，同时避免不必要的及不正确的控制作用。

（2）现代控制理论。如线性二次调节理论、最佳跟踪、自适应控制理论等。这些算法将现代控制理论应用于 LFC，强调跟踪同调振荡，改进 LFC 暂态及稳态响应特性。它们开始于 20 世纪 70 年代，但至今很少实际用于 EMS 系统，在可行性与必要性、实际系统中的物理约束、性能/价格比三点存在争议。

1）可行性与必要性。同调振荡速度很快，控制系统是否有必要或能够有效地跟踪。

2）实际系统中的物理约束。在实际系统中原动机的响应速度是有限的，其动态特性极大地影响着发电机组的动态特性，后者又是影响 LFC 动态响应速度的主要因素之一。

3）性能/价格比。与经典 PI 控制法相比，优化算法需较多量测、控制变量，且算法也较复杂，对计算机速度、内存要求较高。

4. LFC 的发展

（1）开发新一代 AGC。结合当今电力系统的新因素，如分布式发电、非电力公司所属发电、用电侧管理、蓄能装置、共有机组、电力中转、控制中心与被控电厂间的协调、不确定负荷等，提出新的实用控制方法。

（2）AGC 成本/收益分析。研制出一套分析工具来帮助电力公司根据成本/收益分析决定如何进行发电控制，并确定在满足控制指标的前提下优化运行费用所需配备的 AGC 系统等级；机组级、区域控制中心级或互连系统级。

（3）改进 AGC 性能评价指标。重新评价当前广泛采用的 AGC 控制原则、性能指标和控制设备水平等，确定有无需要改变或改进之处，从而建立一套 AGC 控制指标、性能评价及应用标准，作为工业界统一的既实用且有指导意义的评判方法。

4.2.2　无功功率与电压自动控制

无功功率与电压自动控制的主要任务是：①根据供电要求，自动保持用户的供电电压在允许偏差范围之内；②有效地利用无功电源和各种调压措施，使无功功率就地平衡，合理分配，使电网网损达到最小；③根据系统稳定性要求，保持电网中枢点电压在规定最低水平以上。

随着电力系统的发展，电压和无功功率自动控制的手段，逐步由单一型走向多种综合型，控制方式由个别控制向分散控制、集中控制发展。近年来，逐步实现以电子计算机为中心的无功功率与电压最优控制，成为发展的总趋势。

1. 控制电压和无功功率的设备

（1）同步发电机。通过调节励磁电流来控制无功功率和端电压。励磁电流的调节装置有：自动电压调节装置、自动无功调节装置、自动功率因数调节装置。自动电压调节装置（AVR）将发电机电压与给定的基准电压进行比较，根据其偏差调整励磁电流，使端电压维持恒定。AVR 装置一般装在大容量的水轮发电机或汽轮发电机上。自动无功调节装置（AQR）调整励磁电流，使发电机无功出力保持给定值。对于自动功率因数调节装置（APR），不管有功功率多少，通过调节励磁电流，使发电机功率因数维持恒定。中小型发电机一般采用 AQR 或 APR 调节装置，以防止过分的过励磁或欠励磁运行。

（2）有载调压变压器。采用电压继电器，将母线电压与基准电压进行比较，根据电压偏差，在带负荷情况下调整变压器的分接头位置。

（3）无功补偿设备。包括并联电容器、并联电抗器、同步调相机和静止补偿器，安装在负荷侧变电所或枢纽变电所。其作用是：在重负荷时作为无功电源发出无功功率，补偿无功负荷，从而减少在线路上引起的电压损耗和功率损耗；在轻负荷时减少所发无功功率（甚至吸收无功功率），达到调节电压的目的。并联电容器只能发出无功功率，而并联电抗器只能吸收无功功率，在控制上通过电压继电器，进行成组投入或切除。同步调相机通过改变励磁电流，过励磁时发出无功功率，欠励磁时吸收无功功率。静止补偿器与调相机相似，改变控制角，能发出无功功率，或吸收无功功率，两者都能平滑地实现无功功率的自动控制。并联电容器的最大优点是单位投资成本低，便于分散安装，能最大限度地降低网损。同步调相机和静止补偿器建设成本高，但除调相作用外，还可以提高系统的运行稳定性。静止补偿器对冲击负荷引起的电压波动还有很好的抑制作用。

2. 电压和无功功率的控制方式　根据电力系统的结构、规模和自动化水平，控制方式大体上可分成个别自动控制、地区自动控制和集中自动控制三种类型。

（1）个别自动控制。通过发厂自动调压装置、变电所无功补偿设备的自动调整及有载调压变压器的自动调压等方式进行调节，主要希望各地各自维持其给定的电压值。这是过去常用的控制方式，目前尚有采用。

（2）地区自动控制。又称地区分散控制，是由各地区中心发电厂或变电所通过调压手段，自动维持电压中枢点电压偏移不超过给定范围的控制方式。图 19.4－1 为在变电所内进行这种控制的例子。首先检

测出通过变压器的无功功率及母线电压，将它们各自按时间次序与程序中给定的基准值相对比，在模拟演算部分进行偏差的检测和积分，然后由逻辑电路进行判断，对并联电容器或调相机、有载调压变压器等调压设备发出操作指令。也就是，根据图 19.4－2 中所示的控制特性，视电压和无功功率在哪一方超出如图 19.4－3 中所示的不灵敏区而选择应该操作的设备。这种控制方式可使地区电力系统的电压和无功潮流都在给定范围内变动，从而保证了运行的技术经济指标。它适用于放射性网络，并与其他地区联系不紧密的电力系统。

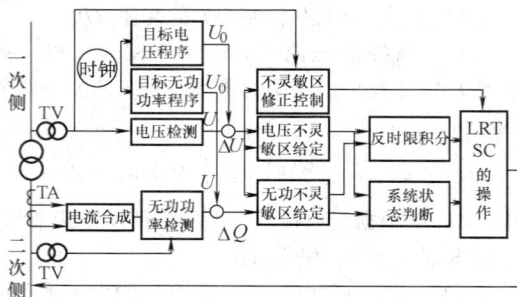

图 19.4－1　变电所无功功率与电压
自动控制装置图例

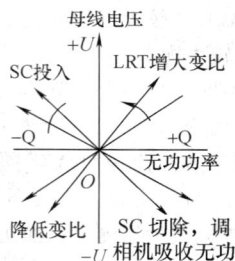

图 19.4－2　电压和无功
功率的控制特性

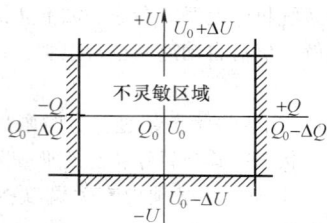

图 19.4－3　电压和无功功率
控制的不灵敏区域

20 世纪 90 年代中期，变电所自动化技术在中国广泛推行，新建变电所主变压器都能带负荷调分接头，变电所内装有实现监控功能的计算机，因此很容易用软件按图 19.4－3 实现上述电压和无功功率自动

闭环控制，电压合格率维持在 100%。此外，还有专用的硬件设备实现电压和无功功率自动控制。

（3）集中自动控制。集中控制涉及的区域较广，是大电力系统采用的控制方式，其中也包括地区电力网的分散控制。它是由计算机集中控制系统中各中枢点的电压和主干线的无功潮流。集中自动控制的示意图如图 19.4-4 所示。在控制中心，对各被控制点的电压、线路输送的有功功率、无功功率以及各控制设备的运行状态进行遥测，并每隔一定时间（如几分钟），将这些数据输入计算机。如发现某控制点的电压或无功功率超过了允许范围，计算机能自动求出为使电压或无功潮流纳入允许范围并使电力网有功损耗达到最小时各调节设备必要的调节量，实现相应设备的自动调节，并将调整后的运行状态送回控制中心。

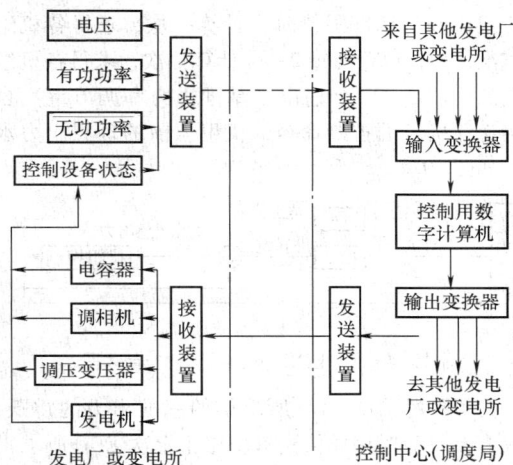

图 19.4-4 集中自动控制示意图

3. 无功功率与电压最优控制 目的是在保证电力系统电压要求和设备安全的前提下，综合利用无功功率和电压的控制手段来改善无功潮流和电压，使系统有功网损达到最小。这种方式在一些技术先进国家已开始实现计算机在线控制。

无功功率与电压最优控制的方法很多，早期都采用经典的网损等微增率法，但由于安全约束和变压器分接头的调整不易考虑，近年来趋向于用数学规划法，如线性规划、网络规划和非线性规划等。

（1）灵敏度分析。灵敏度是指以状态量 x 表征的系统运行状况对控制向量 u 的变化敏感到何种程度，因此也称敏感度。灵敏度分析是利用灵敏度关系式来确定某些参数量变化对系统状态产生影响的程度的一种方法。

在电力系统稳态运行中，潮流方程式的一般形式为 $F(x, u) = 0$，对上式在 (x_0, u_0) 点进行线性化，化简后可得

$$\Delta x = s \Delta u \qquad (19.4-10)$$

式中，$s = -\left[\dfrac{\partial F}{\partial x}\right]^{-1}\left[\dfrac{\partial F}{\partial u}\right]$ 称为灵敏度矩阵，其元素根据潮流计算结果利用因子表法求得。式（19.4-10）为灵敏度方程的基本形式。

（2）无功功率与电压最优控制的数学模型。在无功功率与电压最优控制中，通常取发电机的电压 U_d、负荷点的无功补偿容量 Q_C 和调压变压器的变化 T 作为控制变量向量，而把发电机的无功出力 Q_C、负荷点的电压 U_D 和某些支路的无功潮流 q_s 作为状态变量向量。无功优化的目的不同，则目标函数不同。如果以网损最小为优化目标，则在控制变量中要找出一组最佳调整值，使系统网损达到最小，并满足函数约束和变量约束的条件。

根据上述要求，利用灵敏度分析，将目标函数和约束条件式线性化，则得无功功率与电压优化的数学模型如下。

目标函数为

$$\min \Delta P_L = \left[\left(\frac{\partial P_L}{\partial U_G}\right)^T, \left(\frac{\partial P_L}{\partial Q_C}\right)^T, \left(\frac{\partial P_L}{\partial T}\right)^T\right]\begin{bmatrix} \Delta U_G \\ \Delta Q_C \\ \Delta T \end{bmatrix}$$

$$(19.4-11)$$

函数约束（状态变量约束）为

$$\begin{bmatrix} \Delta Q_{Gmin} \\ \Delta U_{Dmin} \\ \Delta q_{smin} \end{bmatrix} \leqslant \begin{bmatrix} \dfrac{\partial Q_G}{\partial U_G} & \dfrac{\partial Q_G}{\partial U_C} & \dfrac{\partial Q_G}{\partial T} \\ \dfrac{\partial U_D}{\partial U_G} & \dfrac{\partial U_D}{\partial Q_C} & \dfrac{\partial U_D}{\partial T} \\ \dfrac{\partial q_s}{\partial U_G} & \dfrac{\partial q_s}{\partial Q_C} & \dfrac{\partial q_s}{\partial T} \end{bmatrix}\begin{bmatrix} \Delta U_G \\ \Delta Q_C \\ \Delta t \end{bmatrix} \leqslant \begin{bmatrix} \Delta Q_{Gmax} \\ \Delta U_{Dmax} \\ \Delta q_{smax} \end{bmatrix}$$

$$(19.4-12)$$

变量约束为

$$\left.\begin{array}{l} \Delta U_{Gmin} \leqslant \Delta U_G \leqslant \Delta U_{Gmax} \\ \Delta Q_{Cmin} \leqslant \Delta Q_C \leqslant \Delta Q_{cmax} \\ \Delta T_{min} \leqslant \Delta T \leqslant \Delta T_{max} \end{array}\right\} \quad (19.4-13)$$

式中，ΔP_L 为有功网损增量；ΔU_G、ΔQ_C、ΔT 为发电机电压、无功补偿容量和变压器变比的增量；$\dfrac{\partial P_L}{\partial U_G}$、$\dfrac{\partial P_L}{\partial Q_C}$、$\dfrac{\partial P_L}{\partial T}$ 为有功网损对发电机电压、无功补偿容量、变压器变比的灵敏度矩阵；min，max 为有关各量的下限和上限，余类推。

由式（19.4-11）~式（19.4-13），无功最优控制的数学模型为线性规划的标准形式。可利用单纯型法求出 ΔU_G、ΔQ_C、ΔT，对控制变量进行修正，再进行潮流计算。经过迭代，即可求出最优调节量，

对各控制对象发出指示。

4. 无功功率与电压控制的新进展 迅速发展中的现代电力电子技术被引入到电压与无功功率控制领域，将分散的固定的（或断路器投切的）电容补偿与集中的动态连续无功补偿相结合，实现变压器分接头的电压控制与静止无功补偿器（SVC）的连续调节进行协调。

（1）晶闸管取代断路器投切容器。传统的断路器投切电容器容易损坏触头，应用晶闸管取代开关可控制在电压过零时投入电容器，做到平滑控制，而且寿命长。该方法简单易行，可在 380V 低压网中推广应用。

（2）静止无功补偿器。通过改变晶闸管的导通角使晶闸管可控电抗器成为一个可连续调节的等值电抗器，再与固定电容器和可投切电容器相配合，使 SVC 变成连续可调的阻抗元件，既可发出无功功率，又可吸收无功功率，再与变压器分接头调整相协调，可在很大范围中实现对电压的控制，维持系统电压稳定。又由于它响应速度快（30ms 左右），用于对快速冲击负荷进行补偿，可抑制闪变。SVC 可在变电所 10kV 及以上电压等级使用。

（3）静止同步补偿器。（STATCOM）。采用可关断晶闸管在变流器侧生成与系统电压同相位的交流电压 $\dot{U}_i$，通过一个电抗元件与系统相连，电抗器的电流与系统电压 U_s 成正交关系，控制 $\dot{U}_i > \dot{U}_s$ 则向系统输出无功功率；反之，则从系统吸收无功功率，从而对系统无功功率实现连续调节。目前已经有装置在现场投运。

4.2.3 电力系统经济调度控制

电力系统经济调度控制（Economic Dispatching Control, EDC）是在给定的电力系统运行方式中，在保证频率质量的条件下，以全系统的运行成本最低方式，将有功负荷需求分配给各可控的发电机组，并在调度过程中考虑电力系统安全可靠运行的约束条件。

电力系统经济调度控制及有功功率与频率自动控制（Load and Frequency Control, LFC）相结合，构成了能量管理系统（Energy Management System, EMS）必备的基本功能之一。

1. 经济调度控制的功能和应用 电力系统中的负荷，无论是计划分量还是随机分量，都随着时间在不断变化，而且这种变化又将影响输电网中的负荷分布及传输损耗（简称网损）。为了跟踪系统负荷及网损的变化，系统的总发电出力也必须作相应的调整。但如何将当前所需的总发电出力分配给数以百计的各类发电机组，则可能有无数种方案，这主要取决于发电分配功能所采用的目标函数。

经济调度控制的主要目标函数是在使系统的总发电出力与负荷及网损相平衡的约束条件下，令所有机组的发电成本最低。其目标函数和约束条件的数学表达式分别为

$$\min F = \sum_{i=1}^{N} f_i(P_{gi}) \qquad (19.4-14)$$

$$\Phi = P_{load} + P_{loss} - \sum_{i=1}^{N} P_{gi} = 0 \qquad (19.4-15)$$

式中，P_{gi} 为第 i 台机组的有功出力，$i = 1, 2, \cdots, N$；P_{load} 为系统总负荷；P_{loss} 为系统总网损；$f_i(P_{gi})$ 为第 i 台机组的发电成本函数；N 为系统中发电机组数。

在 EMS 中经济调度控制（Economic Dispatching Control, EDC）一般每 5min（或当调度员改变机组控制方式或经济调度限值时）计算一次，求得各机组的基准出力；LFC 则每 2~8s 计算一次，求得各机组当前的调节量。两个输出（基准出力和调节量）合成为送往机组的控制命令，机组当前的理想出力水平，如图 19.4-5 所示。

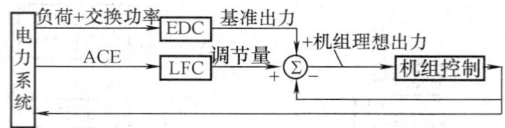

图 19.4-5 EDC 和 LFC 功能示意图

为了平滑两次 EDC 所求得的基准出力的跳跃，每次 LFC 计算时用插值法近似修正上次 EDC 所求得的基准出力。另外，不少 EMS 还提供一种开环的研究性经济调度，将所有手动控制的机组也包括于经济调度计算中，其结果并不作为控制信号，而只是显示于调度员的监控屏幕上，作为决定是否切换手动机组或受控制机组的控制方式时的参考或依据，因此这一功能又称为建议型经济调度。

2. 经济调度控制的主要算法 它包括等微增率（迭代解）法、梯度法、线性规划法和动态规划法。

（1）等微增率（迭代解）法。利用拉格朗日（Lagrange）极值理论求解式（19.4-14）和式（19.4-15）。首先将目标函数和约束条件组合为拉格朗日函数式 $L = F + \lambda \Phi$，由极值条件（各项偏导 $\frac{\partial L}{\partial P_{gi}} = 0, \frac{\partial L}{\partial \lambda} = 0$）可得

$$\lambda = \frac{\mathrm{d} f_i}{\mathrm{d} P_{gi}} \times PF_i \quad i = 1, 2, \cdots, N \quad (19.4-16)$$

式中，λ 为拉格朗日系数，称为费用微增率；PF_i 为对应于机组的线损惩罚因子，定义为 $\left(1 - \frac{\partial P_{loss}}{\partial P_{gi}}\right)^{-1}$。

各机组的最经济基准出力 P_{gi} 可由 λ 迭代法解得。由于最优解出现于各机组微增率相等处（除 P_{gi} 在迭代过程中已达机组最大/最小出力限值者外），所以称为等微增率法。这是 EDC 计算中最经典，最简单也曾为最广泛应用的算法。

（2）梯度法。将目标函数式（19.4－14）在当前运行点 t 附近用泰勒级数展开，可得

$$F_t + \Delta F_t = f_1(p_{g1}) + f_2(p_{g2}) + \cdots +$$

$$f_N(p_{gN}) + \frac{df_1}{dP_{g1}}\Delta P_{g1} + \frac{df_2}{dP_{g2}}\Delta P_{g2} + \cdots +$$

$$\frac{df_N}{dP_{gN}}\Delta P_{gN} + \frac{1}{2}\left[\frac{d^2f_1}{dP_{g1}^2}(\Delta P_{g1})^2 + \right.$$

$$\left. \frac{d^2f_2}{dP_{g2}^2}(\Delta P_{g2})^2 + \cdots + \frac{d^2f_N}{dP_{gN}^2}(\Delta P_{gN})^2\right]$$

$$(19.4－17)$$

一阶梯度法中，ΔF_t 只取式（19.4－17）中的一阶导数项；二阶梯度法中，ΔF_t 包括式（19.4－17）中一阶及二阶导数项。梯度法属于搜索寻优法，即起始于任一可行解，沿可行解轨迹的最快速度方向求得下一个可行解，如此反复，直至找到最优解为止。决定终止搜索的准则有多种，其中常用的是：目标函数不再有明显的改进，或迭代次数超过一定限值。其他用于经济调度控制的梯度法还有考虑线性约束的简化梯度法、最陡降梯度法等，都力图以各种不同方式来加速考虑线性约束的优化问题的求解。

（3）线性规划法。有以下几种：

1）阶段 1/阶段 2（phase Ⅰ/phase Ⅱ）法。先求得可行解（phase Ⅰ），然后逐步优化（phase Ⅱ）。

2）大 M（big M）法。用一大数 M 乘以人工变量（相当于提高费用），以此来迫使其在优化过程中趋于零。

3）单纯形（simplex）法。从一个基本可行解开始，根据对减少总费用影响最大的原则，逐步切换基变量与非基变量，直至求得最优解。

（4）动态规划法。它主要用于解决各种不同的控制与优化问题，火电机组和水电机组的联合经济调度即是应用之一。

由于计算机速度与容量总是有限的，动态规划法所定义的状态与阶段数也只能是有限的，因此，在求解经济调度问题时，机组的出力水平只能是离散的（即在机组最大、最小出力范围内分为有限个不同的出力水平，如 100MW，200MW，…，800MW），而不是连续解。

3. 经济调度的主要约束　以上所有计算只考虑了系统供求平衡的约束［如式（19.4－15）所示］，

但在实际应用中所涉及的约束则是多方面的。比如在机组级就得考虑机组的最大与最小出力限制、调节速率限制、禁止运行区限制等。在系统级，得考虑备用约束、燃料约束、废气排放约束、输电能力约束等。

原则上，所介绍的算法仍然可行，只需结合不同的约束要求加以相应改进。如考虑备用约束时，一种方法是将约束包括于拉格朗日函数中，即增加一求解变量（对应于备用约束项的拉格朗日乘子）；另一方法称为双通道（double-pass）或倒置（upside-down）λ，即当经济调度解不满足备用要求时，相应减小机组的出力约束上限值，然后采用该修正过的约束再求解一次经济调度。此外，还可将备用约束包括于线性规划算法中求解。再如考虑废气排放约束时，可先建立一个类似于成本函数的废气排放函数，然后选用所介绍的搜索寻优法来求解，或采用与处理线损类似的方法，在经济调度求解公式中增加一废气排放惩罚因子。

4. 经济调度控制的最新研究

（1）有约束的经济调度。由于调度员当前所面临的运行约束多于现有经济调度功能所包括的，所以必须改进现有的经济调度功能及其算法，需要进一步加以考虑的约束条件包括：①预测的系统状态条件；②传输极限；③区域发电限制；④燃料限制；⑤环保约束；⑥运行备用；⑦动态安全水平；⑧机组调节速率；⑨实际的及动态的机组成本曲线；⑩非电力公司所属发电量的特性。

在上述约束中，①点涉及动态经济调度，这相当于将动态经济调度作为一个动态最优跟踪问题，利用一个滑动窗口来预见调度目标，其性能在很大程度上受短期负荷预报的可靠性与精度的影响。用于动态经济调度的算法有庞特里亚金最大值原理、多通道动态规划、二次规划、采用连续逼近的动态规划及改进的双通道法等。

（2）环境保护约束。考虑到环境污染对生态平衡的影响（如酸雨及臭氧层的破坏），一些法律规定各电厂控制 SO_2 的输出量，以减小空气污染。这一约束直接影响到经济调度控制的目标函数及调度方式。另外，水源管理及燃料控制等也都有直接的影响，因此需要开发新的经济调度及规划软件与算法，通过建立合适的模型来满足长、短期调节所需考虑的环境保护约束，同时维持系统及联网的可靠性及经济运行。

4.3　电力系统安全控制

电力系统安全控制是以保持电力系统安全性为主要目的，同时考虑电能质量和运行经济性的控制。电力系统进入不安全状态，是指当发生某种程度的扰动或事故后，系统不能保证连续供电。一个实施了安全

控制的系统可以提高承受故障的能力，即使在严重故障下也能防止事故扩大或能迅速消除事故所造成的后果，恢复正常供电。

4.3.1　电力系统安全控制的内容

电力系统运行状态可以分为，正常状态、警戒状态、紧急状态和恢复状态四种。其中的紧急状态还可以再分类为两种不同的危机，即稳定性危机与可行性危机。稳定性危机是一个动态的过渡过程，时间很短，从故障开始起最多只有几秒种。在这种危机中系统面临失步。稳定控制需要在很短时间内起作用才能保持系统的稳定运行。可行性危机是指系统发生故障时虽不发生稳定危机，但不能满足正常运行条件，此时发电与负荷功率可能不平衡，安全约束被破坏。这一危机的持续时间大约为几秒钟到几分钟。如果不及时控制，系统就无法维持。

电力系统安全控制是通过有效的控制使电力系统在各运行状态之间转变，保障系统最终能在安全正常状态下运行。

（1）预防控制。电力系统安全分析通过预想事故来检验安全水平，判断系统是处于安全正常状态还是警戒状态。当在预想事故的作用下，出现不安全时，应提出对策并实施控制，使系统从警戒状态转变为安全正常状态。这种预防对策往往是带有经济目标的，使在满足安全的条件下同时满足经济调度，或者选择那些变动最小的控制措施。预防性对策的实施称为预防控制。

（2）校正控制。通常是指系统处在持久性危机时的控制，由于在这种情况下系统可能有远负荷或电压违限，但仍可保持稳定运行，并且允许有一定时间来通过控制后使系统回到安全状态。这种控制的结果是系统功率重新分配，其中也包括经济分配。校正控制有时也称为持久性的紧急状态控制。

（3）紧急控制。处在稳定危机下的电力系统，其能容忍的持续时间很短，因此相应的稳定控制时间不得超过 1s。这种控制属于紧急控制或称稳定性紧急控制。

（4）恢复控制。紧急状态以后系统可能解列，部分用户可能停电。恢复控制的作用是通过包括起动备用机组，系统重新并列的系统等事先预订的恢复控制策略，在尽可能短的时间内，恢复对用户的供电，使系统重新恢复到正常状态。

4.3.2　电力系统安全控制的计算方法

安全控制的计算方法可分为三类：第一类是稳定性质的，包括预防控制和校正控制；第二类是暂态稳定性质的，即紧急控制；第三类是恢复控制。

1. 预防控制与校正控制的计算方法

（1）安全约束优化方法。预防控制是在预想事故下发生不安全时采用的。这时由于系统尚未进入不安全，而又需针对预想下的不安全状态作预先控制，所以应同时计及正常运行下和预想事故下的不等式约束（运行约束条件）和等式约束（负荷约束条件）。目标函数则用运行总费用最小或最小发电成本来表示。由于这种计算工作量庞大而系统又本来可以允许一定时间的持久性，因此，是否需要采用预防控制也存在着技术经济比较的问题。

（2）提高安全性的解耦算法。通常安全约束优化方法关心的是经济与安全两方面的问题，而运行人员首先考虑的还是如何立即恢复安全状态。所以从短期来说，提高安全性的解耦法更实用。其控制措施首先是调配发电机和甩负荷，然后调整无功功率输入及变压器分接头，使支路电流降到额定以下，节点电压保持在规定的限值以内。

（3）单步和多步规划法。安全控制在实施策略上可以是单步线性规划，也可以是多步动态规划。为了将非线性问题线性化，多步法采用了分时段的方法将每个时段内的发电量与甩负荷量的变化作为决策量，以达到消除过载和甩负荷最少的目的。

2. 紧急控制的计算方法　紧急控制的方法到目前为止仍停留在探索研究阶段，虽已取得了许多重大进展但离实用还有一定距离，目前涉及的主要方面有如下四点：

（1）暂态稳定计算直接法。现在已经实施的方法，一般是对各种运行方式和假定的故障进行离线计算，确定其控制措施，并将其存放在存储器内。当实际故障发生时，根据所获故障信息执行预定相应控制措施。由于系统运行方式多变，离线计算工作量很大，这一方法存在一些困难。改进的方法是用暂态稳定计算直接法在实时情况下对各种预想事故作快速稳定计算，并用计算结果随时更新存储器内的稳定控制措施，在系统发生故障后自动执行。

（2）最优目标决策控制。将局部观察的状态变量作为控制系统的反馈量，而把选择的系统某一平衡点作为目标状态量，通过状态量的反馈控制，把系统控制到目标状态。

（3）非线性控制。多机电力系统是一个非线性系统。因此，稳定分析通常是求解在平衡点处的线性化常微分方程组。当系统运行点远离其所给定的平衡点时，这种计算会带来误差，甚至可使稳定控制难以奏效。应用微分几何控制理论的非线性系统线性化等值的方法可以把仿射非线性系统等价映射到一个可控线性化系统上，再进行稳定分析与控制。

（4）变结构控制理论。变结构控制是指其控制规律不是连续函数。通常的方法是把原系统的研究转换成一个由开关函数决定的系统。当此函数为零时，其解即为系统的平衡点。可由此条件来确定控制措施，使系统的运行达到稳定。

紧急控制的措施见电力系统安全稳定控制。

3. 恢复控制的处理方法　当故障被清除之后，系统已稳定下来，但部分用户停电，发电机解列，电力系统分解为若干部分。恢复控制的方法首先要检查出每一个不带电的设备，并按下列内容自动形成恢复控制命令：①将已恢复正常的线路或变压器投入运行，或将备用线路、变压器投入运行。②恢复供电电源。③调整发电机出力和电力系统潮流。④将紧急情况下解列的系统重新并列。

4.3.3　电力系统安全稳定控制

电力系统安全稳定控制是利用计算机技术及专用的自动装置对电力系统实施紧急控制，以确保电力系统运行的稳定性。电力系统稳定控制技术是指在实时监测电力系统事故前后状态参数的变化与收信反映电网运行方式及故障状态的各种可能得到的信息的基础上，进行综合分析判断，按照一定的稳定判据，立即采取相应的稳定措施和必要的控制量，来改善并保持电力系统的稳定性。用来实施电力系统稳定控制的专用自动装置称为电力系统稳定控制装置，在中国又称为安全自动装置。

1. 对稳定控制的技术要求　①具有高度的可靠性与安全性，稳定控制装置的拒动将导致电力系统稳定性的破坏，而其误动作则将损失部分电源或负荷，影响正常供电；②足够的快速性，动作速度越快所需控制量就越小，获得的控制效果越佳；③具有良好的选择性，要求能区分故障的元件、类型、严重程度，并根据当时电网的运行方式正确选择控制措施和控制量，以避免不必要的损失；④对电网发展变化的适应性，控制装置的硬件与软件应能比较灵活地扩充和改变，以适应电网不断发展变化的需要。

2. 安全稳定控制措施　可供选用的稳定措施分送端、受端、输电系统三方面选用控制措施。

（1）送端发电厂稳定措施。①切除部分运行的发电机组；②汽轮机快控汽门；③动态电阻制动；④发电机强行励磁及高顶值快速励磁；⑤投运电力系统稳定器；⑥尚在研究阶段的超导储能装置。最常用且最有效的措施仍是切除发电机组。

（2）受端系统稳定措施。①集中切除一定量的负荷（包括某些允许短时停电的大用户）；②低频自动减负荷或低压自动减负荷；③装设静止补偿器或同步调相机。

（3）输电系统稳定措施。①恰当地选用输电线路的自动重合闸及重合时间；②超高压直流输电的紧急调制；③串联及并联电容器的强行补偿；④解列电力系统（包括解列联络线及高低压环网），用于防止稳定破坏或消除失步振荡。此外，采用现代大功率电力电子技术和计算机控制技术的灵活交流输电系统（FACTS）具有非常好的电网调节控制能力，正在逐步进入系统应用，必将成为系统稳定控制的重要手段。

3. 稳定控制判据　事故时电力系统状态的演变过程受当时电网运行方式、故障类型、继电保护及自动装置的动作行为等多种因素的影响，因此对电力系统稳定的在线实时判别是十分复杂和困难的。在实际工程中采用的稳定判据，主要都是基于大量的稳定分析计算归纳出来的控制规律，其中以稳定控制策略表法应用最为广泛。而对于简单的电力系统，也可以使用某些状态量的数学表达式进行判别。

稳定控制策略表法适合于各种电网结构，该策略表由离线或在线进行的大量稳定分析计算结果整理归纳形成。一般按电网运行划分成若干张分策略表，每一张分表对应电网的一种确定的运行方式（正常接线方式或某一种检修方式）。分策略表的编排一般按电网的故障元件及该元件的故障类型划分为若干子项，每一子项内再按输电断面的输送功率分成若干档（功率范围），在每档内填上经分析计算确定的应采取的控制措施及控制量。当电力系统发生故障时，装置根据事故前判定的运行方式查找到分策略表，再按事故时判断出的故障元件、故障类型及事故前断面的送电功率，查出预先填在表内的措施，查表的过程如图 19.4-6 所示。控制策略表法的优点是简单、明确、直观、查找快速。但如果依靠离线计算来填写该表的内容，则调度运行人员的工作量太大，电网发生变化时又需要重新计算和整定，否则就难以适应。为此，采用在线分析计算、自动刷新策略表的方案（称为在线预决策方案）就可克服上述缺点，保持与系统的良好匹配，这一方案的示意图如图 19.4-7 所示。该方案需要快速的分析算法、高速的计算硬件及尽可能多的系统运行信息，是今后的发展方向。

4. 稳定控制装置的分类

（1）就地型稳定控制装置。安装在发电厂或变电所内，不同安装点的装置之间不进行信息交换，无直接联系。各站的装置只检测本厂站出线及设备的运行状态，负责本厂站范围内（含出线）的事故处理，一般只限于在本地采取措施，必要时也可通过远方信号传输装置远切相邻厂站的发电机或负荷，解决该厂

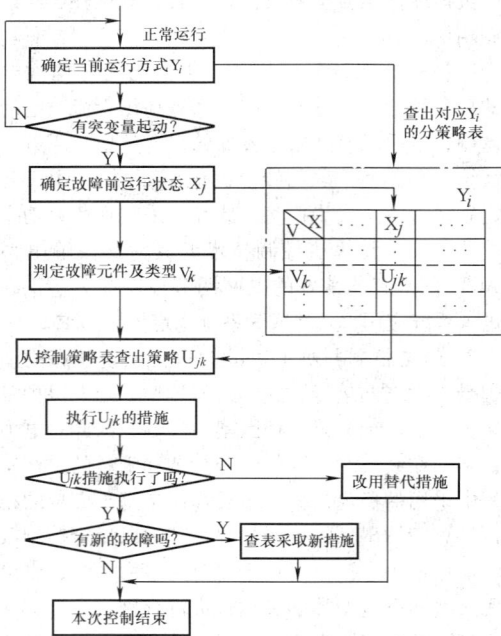

图 19.4-6　稳定控制装置查表示意图

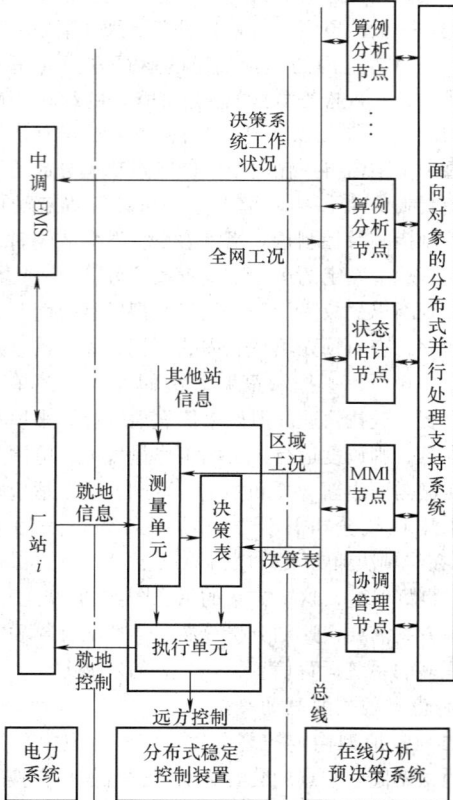

图 19.4-7　在线预决策的暂态稳定
控制系统的总体结构
EMS —能量管系统；MMI —人机接口

站范围内的稳定问题。

（2）区域型稳定控制系统。解决的则是一个区域电网内的安全稳定问题。该控制系统一般包括若干个控制站，各控制站之间经通道进行通信联系，交换数据、运行信息及传递控制命令。区域型稳定控制系统一般设一个主控制站（主站）、若干个子控制站（子站）及终端控制站（终端站）。主站负责收集总区域电网内的运行方式信息，并发往各有关子站，直接或转发控制命令到有关站点，一般设在该区域电网的枢纽变电所或电厂；子站负责向主站上送本站检测到的数据和信息，接收主站发送来的电网信息及命令，作为本站决策的依据；主站、子站决策后可以在当地采取措施，也可以把命令往远方有关站执行；终端站则一般只接收控制命令（需要时也可转发控制命令），并经当地判别后执行。

区域型稳定控制系统的决策方式可分为分散决策与集中决策两类。分散决策方式是将控制策略表分散配置在各站的装置内，各站附近的事故由各站自己判断处理，主站除进行本站的决策外，还负责站间的协调控制；集中决策方式是将控制策略表只配置在主站的装置内，系统的事故由主站集中判断处理，在本站或把命令发往远方有关站进行控制。

国内目前已有 20 多套区域稳定控制系统在各电网成功地运行，对电网的安全稳定运行发挥了重要作用，这些系统绝大多数应用的是分散决策方式。俄罗斯、日本、加拿大等国在区域稳定控制方面都有成功的系统和经验。

5. 电力系统稳定控制技术的发展方向

（1）在线预决策、自动刷新稳定控制策略表，在技术上已趋成熟，经过现场的试点和改进完善后可以推广应用，是今后稳定控制系统决策方面发展的方向。

（2）稳定控制装置的模块化、标准化、系列化方面，近几年国内已取得了成功的经验，今后应增加模块的品种，提高模块的性能，使其更好地满足电力系统稳定控制的需要。

（3）区域型稳定控制系统已成为电力系统稳定控制的主流，今后应继续发展这方面的技术，使其不断改进和提高，以适应大区电网及大区电，多互联的需要。

（4）随着电网能量管理系统（EMS）技术的发展和完善，区域型稳定控制系统与 EMS 相接口，实现资源共享，已是大势所趋。今后应开发两者间的接口技术，使稳定控制系统能自动适应电网的变化和发展。

4.3.4 电力系统安全自动装置

1. 自动重合闸 架空输电线路的短路故障绝大多数是瞬时性故障。当故障消失，故障点的绝缘即可迅速恢复，采用自动重合闸，可以使因短路断开的线路迅速恢复送电。这对于提高供电可靠性和电力网的安全水平具有非常显著的作用。自动重合闸装置在各电压等级的电网中应用非常普遍。对于电缆线路，因为故障多为永久性，一般不实施重合闸，以避免重合于故障带来的严重损坏。自动重合闸在变电所母线上也有少量应用。

（1）自动重合闸分类。主要分为三相重合闸、单相重合闸和综合重合闸三类。

1）三相重合闸。无论线路发生单相或者多相短路故障，继电保护动作跳开三相断路器，重合闸时也按照三相重合。配电网中通常采用的三相断路器不具备分相控制的功能，只能采用这种重合闸动作方式。具有多回路并联运行的输电系统，尽管配备了可以按相操作的断路器，但是为了简化继电保护的配置和整定，通常也采用三相重合闸。

2）单相重合闸。超高压输电线路上通常配置具有分相操作能力的断路器。当线路发生单相接地短路时，继电保护动作仅仅跳开故障相线路断路器，经过整定的重合时间后重新合闸，如果故障仍未消失，则跳开三相断路器。当线路发生多相短路故障时，同时跳开三相断路器不进行重合闸。由于超高压输电系统的短路故障中单相短路故障占相当大比例，仅跳开单相线路，系统非全相运行的情况下仍然能够维持一定的功率输送能力，这对于保持系统运行稳定性具有非常重要的作用。

设置单相重合闸，要求继电保护装置能够可靠地区分单相故障和多相故障以及正确确定故障相别，装置配置和整定计算相对较为复杂。在一些重要的同杆并架双回输电线路上，为了解决异名相（如一回线路的 A 相和二回线路的 B 相）同时发生故障的问题，发展了按相重合闸方式，即在双回三相线路中只要保留了异名两相连通两侧电源，就实现按故障相跳闸随之各自重合闸，它要求很强的重合闸逻辑控制功能。

3）综合重合闸。综合重合闸方式下，当系统发生单相故障时，单相跳闸并实施单相重合闸；发生多相故障时，则三相跳闸且且实施三相重合闸。

（2）重合闸时间。由故障点断开电源到再次接通电源的间隔时间定义为重合闸时间。它包括断路器跳闸到给出断路器合闸命令的预定时延与断路器合闸时间。重合闸时间必须大于故障点消弧与绝缘恢复的时间，才能保证重合闸成功。对于三相重合闸，一般

整定值不小于 0.3～0.5s，后者适用于超高压输电线路；对于单相重合闸，在中长超高压线路上，故障点消弧时间，需要考虑特殊的加速消弧措施。在主干输电网中，同时还要考虑重合闸不成功可能给系统暂态稳定性带来的影响，因此，合理地确定是否采用重合闸以及如何整定重合闸时间非常关键。

（3）重合闸次数。目前电力系统普遍采用一次重合闸方式，即如果重合于故障未消失状态时，再次跳闸后不再重合。在较低电压等级的供电线路上，也采用二次或者三次重合闸方式，但是再次重合闸的间隔时间很长，主要用于代替手动强行送电。重合闸成功率并不会因为采用多次重合闸而有很大提高。

2. 自动切机 切除部分机组以限制电源，可预防故障（如双回线一回跳闸）引起功率过剩而产生振荡。就地切机可以采用本发电厂或变电所的继电保护触点联动，远方切机则需要利用高频通道传送切机信号，并采取移相、调频或编码等方式以提高通道的抗干扰能力。也可以利用失步预测装置作为切机的起动元件。

切机措施适用于系统容量大、切除部分电源对系统的频率和电压影响不大的场合。对于容量不大的系统，可以采用自动移机的方式实现电源的限制，例如，将在故障后预计要加速的发电机自动转移到相邻的负荷支路上，以实现快速制动。

3. 快关汽门 旨在减少故障后作用在发电机转子上的不平衡功率，它对于提高发电机转子第一摇摆周期的稳定性非常有效。快关汽门控制有两种方式：一种是仅仅控制中压调节汽门来调节进入汽轮机的蒸汽功率；另一种是高压调节汽门和中压调节汽门联合调节控制方式。

快关汽门的控制策略可分为瞬时快关和持续快关。瞬时快关从发出调节指令时刻算起，在 0.5s 内通过调节汽门使得蒸汽功率降低到额定值的 30%～40%，然后经过一定的时间再逐步打开调节汽门，以减少发电机转子摇摆过程中的不平衡力矩，保持第一摇摆周期的稳定性。

持续快关是在中压调节汽门关闭的同时，高压调节汽门部分关闭。当中压调节汽门再次打开的时候，高压调节汽门不动，实现部分切机的作用。

4. 电气制动 它是提高动态稳定的有效措施之一，常用于送端发电厂。故障时发电机甩负荷使转子加速，此时若投入制动电阻增加发电机的电磁功率，可以平衡转子的加速动能，维护系统的稳定。

制动电阻投入的方式有下列两种，可采用其中的任何一种或两种的综合。

（1）定时限制动方式。制动电阻在故障瞬间投

入，定时切除。

（2）微分制动方式。根据检测发电机的出力变化、相角变化或角速度变化等来判断故障的轻重程度，计算并控制最合适的投切时刻，即故障瞬间投入，在发电机摇摆过程的第一个摇摆顶值时切除。

根据系统的要求，电气制动可采用一次或多次控制。制动装置应具有防止误动或拒动的措施。

5. 自动调节发电机励磁　它应用于发电机、调相机以及带冲击负荷的大容量同步电动机上。在电力系统中，采用自动调节励磁可以提高运行的稳定性和送电线的输送能力。正常运行时，自动调节励磁按给定的特性曲线保持系统电压接近恒定。在故障切除的两审终审制，可加速系统电压的恢复及改善异步电动机的自起动条件。当发电机失去盛磁转为异步运行时，可维持电压水平及改善发电机自同期并列运行时电压的恢复等。自动调节励磁亦承担在无功电源间合理分配无功负荷的功能，并可限制水轮发电机在突然甩负荷时产生过电压。

自动调节励磁装置要求简单可靠，调节稳定，并满足以下要求：

（1）在电力系统发生故障、电压降低时，自动调节励磁应能迅速增加励磁电流直至最高值，反应速度及强励倍数应能满足系统动态稳定的要求。

（2）为提高送电线的静态稳定功率极限，自动调节励磁应根据系统要求，使励磁电流按发电机端电压、电流或角度偏移进行比例式调节，或按上述参数的一次或二次微分进行强力式调节。

（3）自动调节励磁应具有尽可能小的失灵区。

（4）水轮发电机的自动调节励磁应具有强盛和强减磁的功能。

（5）调节系统的调节范围应适合调整电力系统电压及并列运行机组间无功功率自动分配的要求。

6. 自动低频减负荷　防止电源功率不足而使频率下降的基本措施是合理限制负荷，最普遍的限制负荷的方法是自动按频率减负荷。通常这种装置反应频率下降的数值。但在电网故时电压下降过速的情况下，可能使单纯反应频率下降数值的继电器失灵，这就需要采用反应频率下降速度或下降速度和下降数值的综合的继电器。

为了防止过多切断用户，应按用户重要程度，分批先后断开。基本的减负荷装置应该快速动作，后备的减负荷装置则应带一定的时限，以防止基本的减负荷装置动作后频率停止在不允许的水平上。

连接到自动按频率减负荷装置的容量大约为系统总容量的30%～50%，视电力系统在事故时实际可能发生的功率缺额而定。

自动按频率减负荷无方向性，控制量也不够准确。如果局部地区发生事故引起的功率缺额很大（如超过45%原有的负荷），可能由于电压急剧下降而使按频率的减负荷装置失灵，这就要求设置其他辅助的自动减负荷装置，如反应功率或电流大小和方向等的减负荷装置。

利用计算技术控制频率，是根据事故前后的潮流来预测频率的变化量，并将按频率下降数值或速度，在事先准备好的电源线或负荷线上选择与控制量相适应的值，并对其发出切断指令。这样，由于事故造成的频率异常可以在较短时间内恢复。

7. 电力系统失步与解列

（1）失步预测。目的在于在系统稳定尚未破坏之前采取预防措施，以防止振荡或抑制事故的扩大。可以利用失步预测装置起动电气制动、切机（或移机）、解列、切除部分负荷、串联电容强行补偿或送电线极限功率减负荷等预防失步的装置。

失步预测是利用检测失步前系统参数的变化（数值或速度）来判断系统是否处于临界失步状态，其方式有以下几种：

1）利用功角遥测预测发电机失步。发电厂经远距离送电线与受端系统相联运行，在运行功角超过一定限度后，在微小扰动下即可能引起失步。利用功角遥测装置，在运行功角临近失步时发出越限告警，以便用人工或自动控制改善稳定性的自动装置。

2）利用振荡中心电压变化预测系统失步。振荡中心电压 U_z 和系统功角 δ 在简单系统（如双机系统）中有一定的函数关系，而在临近失步功角（90°～120°）附近有近似线性的关系，因此可以利用电压 U_z 变化的绝对值 ΔU_z 和速率 $\mathrm{d}U_z/\mathrm{d}t$ 来预测失步。

振荡中心电压 U_z 可以通过对线路电压降补偿的方法（如距离保护中常用的那样）获得，因此不需要如功角遥测那样利用高频通道进行相位传输。图19.4-8表示失步预测动作特性的原理。

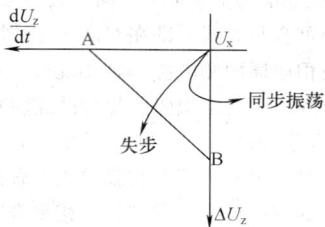

图 19.4-8　失步预测动作特性示意图

（2）系统解列方式。当系统遭受干扰超过稳定极限或维持稳定运行的装置失灵时，将发生失步。防止失步事故扩大的主要措施是使系统解列或使已失步的发电机经过短期异步运行后再同步。

对于大的电力系统，在失步时将其解列为几个不再同步运行的独立系统，以合理分布潮流和防止联络过载等，是防止整个系统稳定破坏的主要措施。解列后某些局部系统将会发生功率不足，频率和电压下降，但其影响已限制在局部系统，可用切除部分负荷来解决。

失步解列应选择合适的解列点及合适的解列装置。解列点应尽可能选择功率平衡点。解列装置按构成原理有以下两类：

一类属于预测性的，即在临近失步状态前或判断在某种状态下必将发生失步时采取措施，以减轻解列后系统的摇摆，保持解列后系统的稳定。利用某些逻辑判断也可以预测失步，例如，根据重要送电线事故前的潮流超过失步预测的潮流时，在该线路被切断的同时，按预定地点将系统解列。

另一类是在发生失步时将系统解列。在系统失步时，由于系统的结构和发生事故的地点不同，反应在阻抗继电器上的振荡时感受阻抗的轨迹所通过的区域和速度都有不同。通常在高速失步的场合，采用反应阻抗变化率的继电器来判断失步。在失步产生比较迟缓的场合，则采用反应阻抗通过区域的继电解列装置，一般由两个或三个阻抗继电器互相结合而成。

对于某些已经失步的发电机，有时允许作短时的异步运行，此时可以适当增大发电机励磁或调节原动机的调速器，以便在转差为零时牵入再同步。如果发生持续的非同步过程，则经过一定的时限（规定的振荡周期数）后，必须在预定地点解列。

参 考 文 献

[1] 电机工程手册编委会. 电机工程手册. 第3卷：电力系统与电源. 北京：机械工业出版社，1982.

[2] 王维俭. 电气主设备继电保护原理与应用. 北京：中国电力出版社，1996.

[3] 中国电力百科全书编委会. 中国电力百科全书. 电力系统卷. 第二版. 北京：中国电力出版社，2001.

[4] 日本电气学会. 电工技术手册. 第3卷. 北京：机械工业出版社，1984.

[5] 朱声石. 高压电网继电保护原理与技术. 第二版. 北京：中国电力出版社，1995.

[6] CIGRE WG 07 of SC 35. Power system Communications in the High Speed Environment，1997.

[7] CIGRE WG 07 of SC 35. Guide for Planning of Power system Telecommunication Networks，1985.

[8] 《中国电力百科全书》，2001.

[9] 国家电力公司东北公司，辽宁省电力有限公司. 电力工程师手册. 北京：中国电力出版社，2002.

[10] 张淑娥，孔英会，高强. 电力系统通信技术. 北京：中国电力出版社，2005.

[11] 李洪涛，许国昌，薛鸿印，等. GPS应用程序设计. 北京：科学出版社，1999.

[12] 曹宁，胡弘莽. 电网通信技术. 北京：中国水利水电出版社，2003.

[13] 国家电力调度通信中心，湖南省电力调度通信局. 电力通信技术标准. 北京：中国电力出版社，1999.

[14] 云南省电力设计院. 电力系统光纤通信线路设计. 北京：中国电力出版社，2003.

[15] 李海，宋元胜，吴玉蓉. 光纤通信原理及应用. 北京：中国水利水电出版社，2005.

[16] 张仁永，陈宇辉. 电力线载波通道设备应用指南. 北京：中国电力出版社，2002.

[17] 袁世仁. 电力线载波通信. 北京：中国电力出版社，1998.

[18] 中国电力百科全书第二版编委会. 中国电力百科全书·电力系统卷. 第二版. 北京：中国电力出版社，2001.

[19] 电气工程师手册第二版编委会. 电气工程师手册. 第二版. 北京：机械工业出版社，2000.

[20] 电机工程手册编委会. 电机工程手册. 电力系统与电源卷. 北京：机械工业出版社，1982.

[21] 于尔铿. 能量管理系统. 北京：中国电力出版社，1998.

[22] 浙江大学. 电力系统自动化. 北京：中国电力出版社，1980.

[23] 王祖佑. 电力系统稳态运行计算分析. 北京：中国水利电力出版社，1987.

[24] 陈珩. 电力系统稳定分析. 第二版. 北京：中国水利电力出版社，1992.

[25] 吴际舜. 电力系统静态安全分析. 上海：上海交通大学出版社，1985.

[26] Wood A J, Wollenberg B F. Power Generation Operation and Control(Second Edition). Beijing：Tsinghua University Press，2003.

[27] 中国电力百科全书第二版编委会. 中国电力百科全书·电力系统卷. 第二版. 北京：中国电力出版社，2001.

[28] 电气工程师手册第二版编委会. 电气工程师手册. 第二版. 北京：机械工业出版社，2000.

[29] 电机工程手册编委会. 电机工程手册·电力系统与电源卷. 北京：机械工业出版社，1982.

[30] 于尔铿. 能量管理系统. 北京：中国电力出版社，1998.

[31] 浙江大学. 电力系统自动化. 北京：中国电力出版社，1980.

[32] 王祖佑. 电力系统稳态运行计算分析. 北京：中国水利电力出版社，1987.

[33] 陈珩. 电力系统稳定分析. 第二版. 北京：中国水利电力出版社，1992.

[34] 吴际舜. 电力系统静态安全分析. 上海：上海交通大学出版社，1985.

[35] Wood A J, Wollenberg B F.Power Generation Operation and Control (Second Edition).Beijing：Tsinghua University Press，2003.

第20篇

电力系统规划与电力市场

主　编　程浩忠（上海交通大学）

执　笔　张　焰　严　正　顾　洁　宋依群

辛洁晴　蒋传文　范　宏　贾德香

章文俊　刘思革　王　一

主　审　陈章潮

第1章　电力负荷预测

1.1　电力负荷

1. 电力负荷的概念

（1）电力负荷。指电力需求量或者用电量。

（2）需求量。指能量的时间变化率，即功率，常用单位为 W、kW、MW 等。

（3）用电量。指某时间段内电能的消耗量，其单位一般以 kW·h、亿 kW·h 等表示。

2. 电力负荷的分类　电力负荷是一个综合的概念，随着分类标准的不同，电力负荷有不同的类型划分。

（1）按负荷物理性能划分。有有功负荷和无功负荷两种。

1）有功负荷。指将电能转换为其他形式能量，并在用电设备中真实消耗掉的能量，计量单位为 kW（千瓦）。

2）无功负荷。指在电能输送和转换过程中，需要建立磁场而消耗的功率，计量单位是 kvar（千乏）。

（2）按电能的传输过程划分。有发电负荷、供电负荷和用电负荷三种。

1）发电负荷。指某一时刻电网或发电厂的实际发电出力的总和，亦可以定义为某电网内供电负荷的总和再加上发电厂的厂用电负荷，计量单位为 kW。

2）供电负荷。指某供电地区内某一时刻用电负荷的总和加上该区内电能输送过程中电力网络的功率损耗，计量单位为 kW。

3）用电负荷。指某一时刻电网中所有用电设备消耗掉的功率总和，计量单位为 kW。

（3）按时间的划分。有年、月、日、时、分负荷五种。

（4）按用电部门属性进行划分。电力负荷一般有：①城市民用负荷；②商业负荷；③农村负荷；④工业负荷；⑤地质普查用电负荷；⑥交通运输；⑦建筑负荷；⑧其他负荷。

（5）按电力用户重要性划分。即按突然停电对用户造成损失的程度，将电力用户划分为以下三类：

1）一类负荷（或一级负荷）。指关系到国家经济命脉及人民生命财产的安全，或者停电或突然停电造成的损失太大的负荷。必须保证对该类负荷有高度的供电可靠性。

2）二类负荷（或二级负荷）。指在国民经济中的

地位没有一类负荷重要，计划停电或事故停电虽然会造成较大的损失，但不会造成设备损坏、人员伤亡等严重危害的负荷。对该类负荷至少要求系统提供有中等程度的供电可靠性。

3）三类负荷（或三级负荷）。这类负荷在国民经济中的地位更低，中断该类负荷的供电，带来的损失最小。因此，该类用户的供电可靠性是最低的。

3. 电力负荷的特性　它可分为静态特性和动态特性两类。

（1）静态特性。指电压与频率变化缓慢时（稳态）负荷功率与负荷端母线电压或频率的关系，常表示为电压或频率的函数，其表示式如下

$$P = F_{\mathrm{p}}(U, f) \qquad (20.1-1)$$
$$Q = F_{\mathrm{q}}(U, f) \qquad (20.1-2)$$

（2）动态特性。指负荷端母线电压或频率急剧变化过程中，负荷功率与电压或频率的关系，其表示式如下

$$P = \varphi_{\mathrm{p}}\left(U, f, \frac{\mathrm{d}u}{\mathrm{d}t}, \frac{\mathrm{d}f}{\mathrm{d}t}, \frac{\mathrm{d}u}{\mathrm{d}f}, \cdots\right) \qquad (20.1-3)$$

$$Q = \varphi_{\mathrm{q}}\left(U, f, \frac{\mathrm{d}u}{\mathrm{d}t}, \frac{\mathrm{d}f}{\mathrm{d}t}, \frac{\mathrm{d}u}{\mathrm{d}f}, \cdots\right) \qquad (20.1-4)$$

4. 电力负荷曲线　它是描述电力负荷功率随时间变化关系的曲线，常用的有负荷分布曲线（如日负荷曲线、年负荷曲线）及负荷持续（或累积）曲线（如年持续负荷曲线）。

（1）日负荷曲线。指电力系统负荷在 24h 内变化的规律，如图 20.1-1 所示。日负荷曲线主要用于日发电计划的制定。其中图 20.1-1（a）中 P、Q 分别表示了典型的日有功功率和无功功率负荷曲线，实际分析中也常以折线段形式描述日有功功率负荷曲线的形状，如图 20.1-1（b）所示。

（2）年负荷曲线。指一年的最大负荷的变化曲线，如图 20.1-2 所示。它描述的是一年内每一天的最大负荷或每个月的最大负荷随时间变化的规律，用于安排发电设备检修计划。

（3）年持续负荷曲线。反映日内或年内各种负荷水平的持续时间，表明负荷大小与持续时间的关系曲线，如图 20.1-3 所示。包括日负荷持续曲线和年负荷持续曲线，该类曲线可用于制定系统发电计划和进行可靠性计算。图中 $P_{\max}$ 称为系统综合最大用电负荷，即电力系统在一定时段内（如一天或一年）的最大

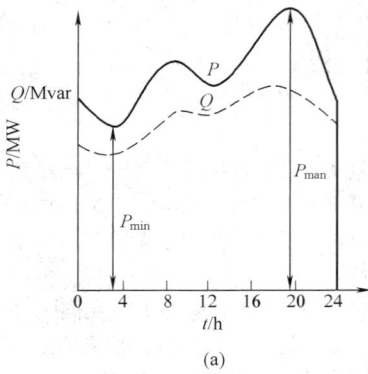

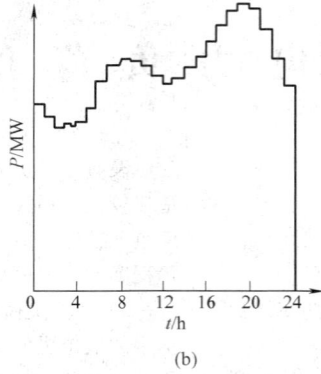

图 20.1-1　日负荷曲线

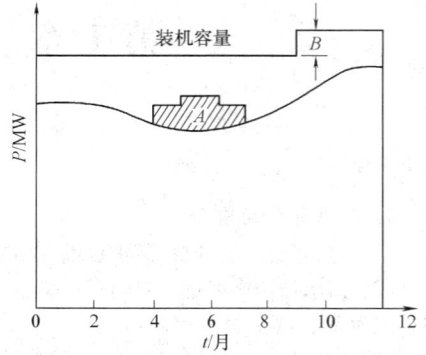

图 20.1-2　年最大负荷曲线

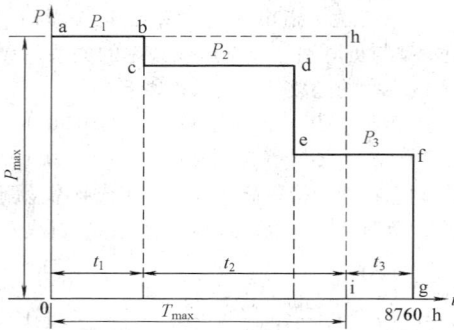

图 20.1-3　年持续负荷曲线

负荷值称为该时段的系统综合最大用电负荷；T_{max} 称为年最大负荷利用小时，是表征年负荷曲线起伏特性的主要指标。其物理意义是：假定负荷恒等于最大负荷 P_{max}，经过 T_{max} 小时消耗的电能等于全年的实际耗电量。

5. 电力电量　它分为有功电量和无功电量两种。

（1）有功电量。指有功负荷与时间的乘积（或对时间的积分）。其数值可由电能表读出，或利用有功负荷的平均值乘以时间得出近似结果，计量单位是 kW·h，俗称"度"。

（2）无功电量。指无功负荷与时间的乘积（或其对时间的积分）。其数值可以由无功电能表读出，或利用无功负荷的平均值乘以时间得出近似结果，计量单位是 kvar·h。

按照电能输送过程，有功电量又可以分为以下两种：

1）售电量。指电力企业售给用户（包括零售户）的电量及供给本企业非电力生产、基本建设、大修和非生产部门等所使用的电量。

2）用电量。指电网（或电力企业）的售电量与自备电厂自发、自用电和其售给附近用户的电量之和。

6. 电力负荷密度　它是指每平方千米的平均负荷数值，单位为 kW/km^2，其数值大小与具体地区的社会经济发展状况、土地使用情况等有关。

1.2　电力负荷预测

1. 电力负荷预测的概念　它是指在充分考虑一些重要的系统运行特性、增容决策与自然条件的情况下，利用一套系统地处理过去与未来负荷的方法，在满足一定的精度要求的意义下，决定未来某（或某些）特定时刻的负荷数值及某一时段的负荷变化规律，其核心是预测的数学模型。

2. 电力负荷预测的目的　负荷预测是电力网络规划设计的基础。预测结果主要用于经济合理地安排电网内部发电机组的起停，安排机组检修计划，决定未来新发电机组的安装，决定电网的增容和改建，决定电网的建设和发展及安全、经济运行。

3. 电力负荷预测的基本内容　电力负荷预测范围包括需电量预测、最大电力预测，即系统综合最大负荷预测及负荷曲线预测。

4. 电力负荷预测的分类

（1）按预测时间期限分类。分为长期、中期、短期和超短期负荷预测。

1）长期负荷预测。一般指 10 年以上且以年为单位的预测。

2）中期预测。指 5 年左右并以年为单位的预测。

3）短期预测。指一年内以月为单位的负荷预测（如未来一个月、一周、一天 24h 的负荷）。

4）超短期负荷预测。指未来 5min、10min、30min、1h 的负荷预测。

（2）按用电行业分类。分为城市民用负荷、商业负荷、农村负荷、工业负荷以及其他负荷的预测。

（3）按预测负荷特性分类。分为最高负荷、最低负荷、平均负荷、峰谷差等类型的预测。

5. 电力负荷预测的影响因素

（1）城市总体规划中有关人口、用地、能源、产值、居民收入和消费水平以及各功能分区的布局改造和发展规划等。

（2）城市计划、统计部门以及气象部门等提供的有关历史数据和预测信息。

（3）电力系统规划中电力、电量的平衡，电源布局等有关资料。

（4）全市及各分区分块、分电压等级按用电性质分类的历年用电量、高峰用电量和负荷、典型日负荷曲线及电网潮流图。

（5）各级电压变电所、大用户变电所及配电所的负荷记录和典型负荷曲线、功率因数。

（6）大用户的历年用电量、负荷、装接容量、合同电力需量、主要产品产量和用电单耗。

（7）大用户的用电发展规划，计划新增和待建的大用户名单、装接容量、合同电力需量，时间地点。国家及地方经济建设发展中的重点项目及用电发展资料。

（8）当电源及供电网能力不足，造成供不出电时，应根据有关资料估算出潜在负荷。

6. 电力负荷预测的特点　负荷预测的特点包括不准确性、条件性、时间性、多方案性。

7. 电力负荷预测基本原则

（1）惯性原则。设想在各种因素没有改变的情况下，电力需求也不可能随意变动。

（2）完全性原则。预测量的历史行为中包含了一切信息。

（3）相似性原则。在相同的背景下，预测量会体现出与历史量相同的规律。

（4）统计规律性原则。预测的历史行为中必然包含着一定的随机因素，即具有某种统计规律。

8. 电力负荷预测基本步骤

（1）确定负荷预测的目的，制订预测计划。

（2）调查资料。

（3）资料整理。

（4）对资料的初步分析。

（5）建立预测模型。

（6）综合分析，确立预测结果。

（7）编写预测报告，交付使用。

（8）负荷预测管理。

1.3　电力负荷预测方法

现行的负荷预测方法按照其数学体系一般分为三种：①确定性负荷预测方法；②不确定性（新兴）负荷预测方法；③空间负荷预测方法。

1. 确定性负荷预测方法　把电量和电力负荷变化规律用一个或一组方程来描述，它与自变量之间有明确的一一对应关系。其中又可分为经验预测方法、经典预测方法、经济模型预测法、时间序列预测法、相关系数预测法和饱和曲线预测法等。

2. 不确定性（新兴）负荷预测方法　该类方法是将处理不确定信息的相关理论引入电力负荷预测领域，从而增强了模型的适应性，改善了预测效果。主要有模糊预测法、灰色预测法、人工神经网络预测法、专家系统法、证据理论、混沌、分形预测等多种方法。

3. 空间负荷预测　该方法不仅能够预测未来负荷量的变化规律，而且对未来的负荷地理分布情况也做出了相应的预测，其预测结果常用于城市的电力网络规划。

1.4　经典与经验预测技术

1. 经验预测方法　主要有专家预测法，类比法及主观概率法三种。

（1）专家预测法。包括专家会议法和专家小组法两种。

1）专家会议法。通过召集专家开会，当面讨论问题，以充分听取每位专家的意见。

2）专家小组法。又称为德尔菲预测法，其中专家通过书面形式独立地发表个人的见解，专家之间相互保密，经过多次反复，给专家以重新发表和修改原来意见的机会，最后综合得出预测结果。

（2）类比法。将类似事物进行对比分析，通过已知事物对未知事物或新事物做出预测。

（3）主观概率预测法。请若干专家来估计某特定事件发生的主观概率，然后综合得出该事件的概率。

2. 经典预测方法　主要有单耗法、弹性系数法、外推法、综合用电水平法、负荷密度法五种。

（1）单耗法。根据产品（或产值）用电单耗和产品数量（或产值）来推算电量，是预测有单耗指标的工业和部分农业用电量的一种直接有效的办法。

（2）弹性系数法。电力弹性系数应根据地区工业结构、用电性质，并对历史资料及各类用电比重发展趋势加以分析后慎重确定。

（3）外推法。运用历年的时间系列数据加以延伸，推测各目标年的用电量。计算时，一般以各个分类电量作为应变量，以此分类电量的相关因素（如人口、工农业产值、人均收入、居住面积等）作为自变量，用回归分析建立数学预测模型，反复计算进行预测。

（4）综合用电水平法。根据单位消耗电量来推算各分类用户的用电量。城市生活用电可按户均或人均用电量来推算，工业和非工业等分类用户的用电量可按每单位设备装接容量的平均用电量推算，适用于一般负荷和点负荷的预测，但预测期以近、中期较为合适。

（5）负荷密度法。按城市区域或功能分区，首先计算现状和历史的分区负荷密度，然后根据地区发展规划对各分区负荷发展的特点，推算出各分区各目标年的负荷密度预测值。对于大用户，在预测时可另作点负荷单独计算。负荷密度法是一种比较直观的方法。

1.5　经济预测模型预测法

这类模型往往是通过建立负荷与经济变量间的关系，并通过回归预测技术来实现的。由于在预测过程中，以数理统计中的回归分析方法为基础来确定变量之间的关系，达到预测目的，又称为回归预测模型。

1. 一元线性回归模型　一元线性回归模型可以表述为

$$y = f(S, X) = a + bx + \varepsilon \quad (20.1-5)$$

式中，$S = [a, b]^{\mathrm{T}}$ 为模型的参数向量；x 为自变量，例如时间或对负荷产生重大影响的因素；y 是依赖于 x 的随机变量（如电力负荷）；ε 是服从正态分布 $N(0, \sigma^2)$ 的随机误差，又称为随机干扰。残差平方和为

$$Q(a, b) = \sum_{i=1}^{n} (y_i - a - b x_i)^2 \quad (20.1-6)$$

式中，(x_i, y_i)，$i = 1, 2, \cdots, n$ 为样本，利用最小二乘方法来估计模型参数 a、b，即选取参数 a 和 b，以使 Q 达到极小值，得到模型参数估计值为

$$\begin{cases} \hat{b} = \dfrac{\sum\limits_{i=1}^{n} (x_i - \bar{x})(y_i - \bar{y})}{\sum\limits_{i=1}^{n} (x_i - \bar{x})^2} \quad (20.1-7) \\ \hat{a} = \bar{y} - \hat{b}\bar{x} \end{cases}$$

式中，$\bar{x} = \dfrac{1}{n} \sum\limits_{i=1}^{n} x_i$ 和 $\bar{y} = \dfrac{1}{n} \sum\limits_{i=1}^{n} y_i$。

变量 y 对 x 的线性回归方程式，即预测方程为

$$\hat{y} = \hat{a} + \hat{b}x \quad (20.1-8)$$

回归预测模型建立后必须进行相应的统计检验，以保证回归方程的实用价值。

2. 多元线性回归　电力负荷变化常受到多种因素的影响，这时根据历史资料研究负荷与相关因素的依赖关系就要用多元回归分析方法来解决。

（1）多元线性回归模型。多元线性回归分析的模型可以表述为

$$y = f(S, X) = a_0 + \sum_{i=1}^{m} a_i g x_i + \varepsilon$$
$$\varepsilon \sim N(0, \sigma^2) \quad (20.1-9)$$

式中，x 为由对负荷产生影响的一系列因素构成的自变量向量；y 是依赖于 x 的随机变量（如电力负荷）。

（2）参数估计。模型参数为 $A = [a_0, a_1, \cdots, a_m]^{\mathrm{T}}$，同样利用基于残差平方和最小的最小二乘方法对参数进行估计，其表达式如下

$$\hat{A} = \begin{bmatrix} \hat{a}_0 \\ \hat{a}_1 \\ \vdots \\ \hat{a}_m \end{bmatrix} = (X'X)^{-1}X'Y \quad (20.1-10)$$

式中，$Y = \begin{bmatrix} y_1 \\ y_2 \\ \vdots \\ y_n \end{bmatrix}$；$X = \begin{bmatrix} 1 & x_{11} & x_{12} & \cdots & x_{1m} \\ 1 & x_{21} & x_{22} & \cdots & x_{2m} \\ \cdots & & & & \\ 1 & x_{n1} & x_{n2} & \cdots & x_{nm} \end{bmatrix}$。

将得到的参数估计值代入预测方程，得到负荷的预测数值

$$\hat{y} = \hat{a}_0 + \sum_{i=1}^{m} \hat{a}_i x_i \quad (20.1-11)$$

同样只有通过假设检验的多元线性回归模型才可应用于实际工程。

3. 非线性回归　非线性回归预测模型中自变量与因变量间存在的相关关系的表现形式是非线性的，这类情形虽然在实际系统中最为多见，但是考虑到非线性模型的复杂性，因此常见的非线性预测模型主要指那些可以通过适当的变量代换，将非线性关系转化为线性关系来处理的，有

（1）双曲线。$\dfrac{1}{y} = a + \dfrac{b}{x}$ \quad (20.1-12)

（2）幂函数曲线。$y = ax^b (x > 0, a > 0)$
$$(20.1-13)$$

（3）指数曲线。$y = ae^{bx} (a > 0)$ \quad (20.1-14)

（4）倒指数曲线。$y = ae^{\frac{b}{x}} (a > 0)$ \quad (20.1-15)

（5）S 型曲线。$y = \dfrac{1}{a + be^{-x}}$ \quad (20.1-16)

1.6　趋势外推预测技术

趋势外推技术是基于负荷变化表现出的明显趋势，获得了负荷的变化趋势，可按该趋势对未来负荷情况做出预测。通过对原始数据序列的分析，例如借助于散点图等方法，能定性地确定变化的趋势类型，一般可分为水平趋势、线性趋势、多项式趋势、增长

趋势四种。

1. 水平趋势外推 假定负荷变化的历史数据序列为 $\{x_1, x_2, \cdots, x_T\}$，符合水平趋势变化规律，则可由这组数据出发利用水平趋势外推技术，求出负荷的预测值序列 $\{\hat{x}_1, \hat{x}_2, \cdots, \hat{x}_T, \hat{x}_{T+1}, \hat{x}_{T+2}, \cdots\}$。

（1）全平均法。预测模型如下

$$\begin{cases} \lambda_t = \dfrac{1}{t}\sum_{i=1}^{t} x_i (t \leqslant T) \\ \hat{x}_{t+1} = \lambda_t \end{cases} \quad (20.1-17)$$

一般取 $l = 1$。

（2）一次滑动平均法。基于"远小近大"的预测原则，在建模过程中可以对不同数据加以权重，以强化近期数据的作用，而弱化远期数据的影响，从而提高预测的精度。预测模型如下

$$\begin{cases} M_t = \dfrac{1}{N}\sum_{i=1}^{N} x_{t-N+i} (t = N, N+1, \cdots, T) \\ \hat{x}_{t+1} = M_t \end{cases} \quad (20.1-18)$$

式中，N 称为跨度，依数据的具体情况而定，其值越大则滑动平均的平滑作用越大。

（3）一次指数平滑法。取定参数 α，$0 < \alpha < 1$，初值 $s_0 = x_1$，预测公式为

$$\begin{cases} s_t = \alpha x_t + (1-\alpha)s_{t-1} \\ \hat{x}_{t+1} = s_t \end{cases} \quad (20.1-19)$$

2. 线性趋势外推

（1）二次滑动平均法。二次滑动平均是对一次滑动平均序列在作一次滑动平均，取跨度为 N，二次滑动平均公式为

$$\begin{cases} M_t^{(1)} = \dfrac{1}{N}\sum_{i=1}^{N} x_{t-N+i} (t = N, N+1, \cdots, T) \\ M_t^{(2)} = \dfrac{1}{N}\sum_{i=1}^{N} M_{t-N+i}^{(1)} (t = 2N, 2N+1, \cdots, T) \\ \hat{x}_{t+1} = \dfrac{2N}{N-1}M_t^{(1)} - \dfrac{N+1}{N-1}M_t^{(2)} (t = 2N, 2N+1, \cdots, T) \end{cases} \quad (20.1-20)$$

（2）二次指数平滑。二次指数平滑法是在一次指数平滑基础上再次进行指数平滑后得到外推结果，预测公式为

$$\begin{cases} s_t^{(1)} = \alpha x_t + (1-\alpha)s_{t-1}^{(1)} \\ s_t^{(2)} = \alpha s_t^{(1)} + (1-\alpha)s_{t-1}^{(2)} (t = 1, 2, \cdots, T) \\ \hat{x}_{t+1} = \dfrac{2-\alpha}{1-\alpha}s_t^{(1)} - \dfrac{1}{1-\alpha}s_t^{(2)} (t = 1, 2, \cdots, T-1) \end{cases} \quad (20.1-21)$$

3. 多项式趋势外推 在负荷预测中常用二次多项式趋势的三次指数平滑等进行预测。其预测公式为

$$\begin{cases} s_t^{(3)} = \alpha s_t^{(2)} + (1-\alpha)s_{t-1}^{(3)} \\ \hat{x}_t = \hat{a}_t + \hat{b}_t l + \hat{c}_t l^2 \\ \hat{a}_t = 3s_t^{(1)} - 3s_t^{(2)} + s_t^{(3)} \\ \hat{b}_t = \dfrac{\alpha}{2(1-\alpha)^2}[(6-5\alpha)s_t^{(1)} - 2 \times (5-4\alpha) \\ \qquad s_t^{(2)} + (4-3\alpha)s_t^{(3)}] \\ \hat{c}_t = \dfrac{\alpha^2}{2(1-\alpha)^2}[s_t^{(1)} - 2s_t^{(2)} + s_t^{(3)}] \end{cases}$$

$$(20.1-22)$$

4. 增长趋势外推 一般情况下，年度或季度、月度电量呈递增的变化趋势，可采用趋势增长模型进行预测。

（1）指数曲线模型。设历史用电量负荷数据序列 $\{x_1, x_2, \cdots, x_T\}$ 大体为指数增长趋势

$$x_t = ae^{bt}, \quad a > 0, \ b > 0 \quad (20.1-23)$$

两边同时取常用对数，利用变量替换，得到

$$\begin{cases} \ln \hat{x}_t = \ln a + bt \\ \hat{x}'_t = \ln \hat{x}_t = a' + bt \end{cases} \quad (20.1-24)$$

进而利用最小二乘方法可以求出模型参数 a 和 b，代入模型进行预测。

（2）非齐次指数模型。又称修正指数模型，模型表达式为

$$x_t = c + ae^{bt} \quad (20.1-25)$$

（3）龚帕兹（B. Compertz）模型。该模型由英国统计学家、数学家龚帕兹提出的，模型表述为

$$x_t = e^{(c+ae^{bt})} (b < 0, \ a < 0) \quad (20.1-26)$$

上式同样可利用变量代换转换为线性方程，从而用最小二乘方法进行求解。

（4）逻辑斯谛（logistic）模型。由比利时数学家提出的逻辑斯谛（logistic）模型，又称为 S 曲线模型

$$x_t = \dfrac{1}{(c+ae^{bt})}(c > 0, \ a > 0, \ b < 0) \quad (20.1-27)$$

模型的求解可以利用尤拉法、若赫茨法或耐尔法实现。

1.7 时间序列预测技术

时间序列负荷预测方法有一阶自回归、n 阶自回归、自回归与移动平均。它们的共同点在于从历史负荷数据的相关关系出发，来预测未来的负荷。

1. 一阶自回归 AR（1）　该模型基于简单线性回归算法，即认为观测值 y_t 与 x_t 之间为线性关系。可用下式表达

$$y_t = \beta_0 + \beta_1 x_t + \varepsilon_t \qquad (20.1-28)$$

式中，β_0、β_1 分别为待确定参数；ε_t 为残差，服从正态分布，NID（0，σ_s^2）。

求 $\sum_t \varepsilon_t^2$ 的最小值，用最小二乘法来确定 β_0、β_1 的估算值 $\hat{\beta}_0$、$\hat{\beta}_1$。

一阶自回归中前后两个时段负荷的关系为线性关系，则有下式

$$x_t = \varphi_1 x_{t-1} + \varepsilon_t \qquad (20.1-29)$$

式中，x_t、x_{t-1} 为 t、$t-1$ 阶段的负荷值。

2. n 阶自回归 AR（n）　该法利用了多重回归的思路，认为变量 y_t 与一组变量 x_{1t}，x_{2t}，$\cdots$，x_{nt} 有关，它们之间的关系式如下

$$y_t = \beta_0 + \beta_1 x_{1t} + \beta_2 x_{2t} + \cdots + \beta_n x_{nt} + \varepsilon_t$$
$$(20.1-30)$$

将 y_t 和 x_{1t}，x_{2t}，$\cdots$，x_n 平稳化（$Y_t = y_t - \overline{Y}$）后得到上式的等价表达式为

$$Y_t = \beta_1 X_{1t} + \beta_2 X_{2t} + \cdots + \beta_n X_{nt} + \varepsilon_t$$
$$(20.1-31)$$

式中，β_1，β_2，$\cdots$，β_n 为待求参数；ε_t 为残差，服从正态分布，NID（0，σ_s^2）。令

$$Y = \begin{bmatrix} Y_1 \\ Y_2 \\ \vdots \\ Y_N \end{bmatrix} \quad X = \begin{bmatrix} X_{11} & X_{21} & \cdots & X_{n1} \\ X_{12} & X_{22} & \cdots & X_{n2} \\ \vdots & \vdots & \vdots & \vdots \\ X_{1N} & X_{2N} & \cdots & X_{nN} \end{bmatrix} \quad \beta = \begin{bmatrix} \beta_1 \\ \beta_2 \\ \vdots \\ \beta_N \end{bmatrix}$$

则由最小二乘法求出待定参数的值，并进一步得到 Y 的预测值

$$\hat{\beta} = (X^T X)^{-1} X^T Y \qquad (20.1-32)$$

n 阶自回归方法认为 t 时段的负荷值与前面 n 个负荷值呈线性相关，有下式

$$X_t = \phi_1 X_{t-1} + \phi_2 X_{t-2} + \cdots + \phi_n X_{t-n} + \varepsilon_t$$
$$(20.1-33)$$

式中，X_t，X_{t-1}，X_{t-2}，$\cdots$，X_{t-n} 为各个时段的负荷值。

3. 自回归与移动平均 ARMA（n，m）　自回归与移动平均算法考虑负荷值与前 n 个阶段的历史负荷值及前 m 个阶段的噪声关系

$$X_t = \phi_1 X_{t-1} + \phi_2 X_{t-2} + \cdots + \phi_n X_{t-n} + \varepsilon_t - \theta_1 \varepsilon_{t-1} - \cdots - \theta_m \varepsilon_{t-m} \qquad (20.1-34)$$

式中，X_t，X_{t-1}，X_{t-2}，$\cdots$，X_{t-n} 为各个时段的负荷值；ε_t，ε_{t-1}，$\cdots$，ε_{t-m} 为各个时段的噪声。

第2章　电力系统电源规划

2.1　电源规划基本概念

1. **电源规划**　电源规划的任务是确定在何时、何地兴建何种类型和何种规模的发电厂，在满足不断增长的负荷对电力的需求和各种技术经济指标的条件下，使规划期内总的投资最经济合理。

2. **电源规划的投资决策原则**　在制定电源规划方案时，必须以保证电网运行的经济性、可靠性和灵活性为原则。决策时要充分考虑：①参与经济计算和比较的各个方案必须具有可比性。②合理的经济计算年限。③合理的经济比较标准。如果各方案的投入相同时，应以收益最大为标准；如果各方案的收益相同，应以费用最小为标准。④资金的时间因素。⑤统筹兼顾国民经济整体利益，与相关部门密切配合。

3. **资金的时间价值及其计算方法**　资金的时间价值是指等额资金在不同时间具有不同的价值的特点。由于电源规划的投资周期较长，为了能够比较各个方案，必须将资金的时间价值因素考虑到方案比较中。常用的资金等值有三种：①资金的现在值，用 P 表示；②资金的将来值，用 F 表示；③资金的等年值，用 A 表示。假定整个规划周期为 n 年，资金的年利率用 i 表示。表20.2-1中给出了常用的计算公式。

表20.2-1　资金的时间价值计算公式

公式名称	已知值	待求值	公　式
本利和	P	F	$F = P(1+i)^n$
贴现值	F	P	$P = F\left[\dfrac{1}{(1+i)^n}\right]$
等年金本利和	A	F	$F = A\left[\dfrac{(1+i)^n - 1}{i}\right]$
等年偿债基金	F	A	$A = F\left[\dfrac{i}{(1+i)^n - 1}\right]$
等年金现值	A	P	$P = A\left[\dfrac{(1+i)^n - 1}{i(1+i)^n}\right]$
等年回收资金	P	A	$A = P\left[\dfrac{i(1+i)^n}{(1+i)^n - 1}\right]$

4. **电源规划方案的经济性评价目的及方法**　电源规划的经济性评价是根据国民经济整体发展战略及地区发展规划的要求，计算各方案的投入费用和产出效益，以进行多种方案的技术经济比较，从而选择对国民经济发展最有益的方案。常见的经济性评价方法有投资回收期法、年总费用最小法、净现值法和等年值法。

5. **投资回收期法**　投资回收期法是指电源规划项目以每年的净收益抵偿其全部投资所需时间。回收期较小的方案具有优先考虑的价值。设电源规划项目的最初投资为 P，第 t 年的净收益为 R_t，则投资回收期 T 应满足

$$P = \sum_{t=1}^{T} \frac{R_t}{(1+i)^t} \qquad (20.2-1)$$

若每年的净收益均为 R，则由等年金现值公式可得

$$\frac{(1+i)^T - 1}{i(1+i)^T} = \frac{P}{R} \qquad (20.2-2)$$

通过查表即可求得投资回收期 T。上式也称动态投资回收期法，若不计资金的年利率 i，则是静态投资回收期法。

6. **年总费用最小法**　年总费用最小法是指把一个方案在规划期内各个阶段的投入平均分配到经济计算年限内，据此比较各方案的优劣。设项目的施工年限为 m，经济使用年限为 n，第 t 年的投资为 P_t，则折算到第 m 年的总投资为

$$P = \sum_{t=1}^{m} P_t (1+i)^{m-t} \qquad (20.2-3)$$

项目建成投产后，其每年的运营费用 OP_t 也折算到第 m 年，则总运营费用为

$$OP = \sum_{t=m+1}^{n} OP_t (1+i)^{-t} \qquad (20.2-4)$$

则平均分配在经济使用年限内的年总费用指标为

$$\begin{aligned}
A &= (P + OP)\left[\frac{i(1+i)^n}{(1+i)^n - 1}\right] \\
&= \left[\sum_{t=1}^{m} P_t (1+i)^{m-t} + \sum_{t=m+1}^{n} OP_t (1+i)^{-t}\right] \times \\
&\quad \left[\frac{i(1+i)^n}{(1+i)^n - 1}\right]
\end{aligned} \qquad (20.2-5)$$

实际的电源规划方案可能包含多个被选工程项目，每个项目有各自不同的建设期、投产期和经济使用年限，年总费用最小法为各个方案之间的费用比较提供了一个共同的基础。

2.2 电源规划数学模型的一般形式

1. 目标函数　电源规划模型的目标函数的一般形式为

$$\min f(X, Y) \qquad (20.2-6)$$

式中，X 表示发电机容量；Y 表示发电机出力。目标函数一般是系统总投资费用最小，包括两个部分：第一部分与安装发电机组容量 X 有关，如发电厂的投资费用，第二部分与发电机的实际出力 Y 有关，如发电厂的运行费用，其中主要有发电厂的燃料费用。

2. 约束条件

(1) 备用容量。充足的备用容量可以保证供电的可靠性和电能质量。系统备用容量可表述为

$$\sum_{j=0}^{m} X_{jt} + P_{Zo} - P_{mt}(1+\rho+\sigma) \geqslant \Delta B_t \quad t = 1, 2, \cdots, T$$
$$(20.2-7)$$

式中，X_{jt} 为新建电厂 j 在 t 年新装容量；P_{Zo} 为系统原有装机容量；P_{mt} 为系统在 t 年的最大负荷；ρ 为电厂厂用电率；σ 为系统线损率；ΔB_t 为系统在 t 年应有的备用容量；T 为规划期年数；m 为待建电站数。

(2) 电源建设施工约束。

1) 待建电站最大装机容量约束

$$\sum_{\tau \in t} X_{j\tau} \leqslant P_{zjmaxt} \qquad j = 1, 2, \cdots, m$$
$$(20.2-8)$$

即各待建电厂某年 t 的装机容量，不应超过该年施工和设备等条件允许的最大值 P_{zjmaxt}。

2) 待建电站最大总装机容量约束

$$\sum_{t=1}^{T} X_{jt} \leqslant P_{zjmax} \qquad j = 1, 2, \cdots, m$$
$$(20.2-9)$$

即各待建电站在规划期 T 内的总装机容量不应超过规定的最大容量 P_{zjmax}。

3) 最早投入年限约束

$$\sum_{t=1}^{t_{ej}} X_{jt} = 0 \quad j = 1, 2, \cdots, m \quad (20.2-10)$$

即待建电厂 j 的最早建成投入年限不应早于一定年限 t_{ej}。

其他应考虑的约束条件还包括：财政约束，如某个时期内电源建设不应该超过财政支付能力；待建电站装机连续性约束；建设顺序约束等。

(3) 系统运行约束。

1) 系统需求约束，即任何时候，系统发电容量总和要与系统电力需求平衡

$$\sum_{j=1}^{m} P_{jt} + P_{ot} = D_t(1+\rho+\sigma) \qquad (20.2-11)$$

式中，P_{jt}、P_{ot} 分别为 j 电厂和系统原有电厂在 t 时刻的出力；D_t 为系统在 t 时段的负荷。

2) 发电机组最大最小出力约束

$$P_{jmint} \leqslant P_{jt} \leqslant P_{jmaxt} \qquad j = 1, 2, \cdots, m$$
$$(20.2-12)$$

式中，P_{jmint} 为机组 j 的最小出力；P_{jmaxt} 为机组 j 的最大出力。

3) 火电燃料消耗约束

$$\sum_{\tau \in t} E_{j\tau}\beta_j \leqslant A_{jt} \qquad j = 1, 2, \cdots, k$$
$$(20.2-13)$$

式中，$E_{j\tau}$ 为电厂 j 在时间段 τ 的发电量；β_j 为电厂 j 的平均燃料单耗；A_{jt} 为电厂 j 在 t 时间段内的燃料消耗限量。

4) 水电水量消耗限制

$$\sum_{t=1}^{\tau} E_{jt} \leqslant W_j \times \tau \qquad j = k+1, k+2, \cdots, n$$
$$(20.2-14)$$

式中，E_{jt} 为水电厂 j 在 t 时段的发电量；W_j 为水电厂在时间段内的平均出力。

另外，根据采取模型不同，可能还要考虑输电能力约束、最小开机容量约束、火电年利用小时约束、抽水蓄能电站约束，以及分布式发电机组的约束等。

3. 投资决策　电源规划数学模型可以分解为电源投资决策和生产模拟两部分。相应的电源规划过程也被分成相互关联的两个阶段。投资决策问题以离散变量为主，其解反映了方案中各项目的建设与投产年份，以及厂址、机组类型和容量的选择，因此确定了方案中与投资成本对应的费用。

4. 生产模拟　电源规划中的生产模拟问题，是指在投资决策条件给定的前提下，对方案中的运行成本逐年进行详细优化计算的问题。规划期内可能存在诸如各机组的非计划强迫停运、水电站来水的不确定性等因素，生产模拟问题要考虑这些因素的影响，并计算方案中各机组的期望生产电能、生产费用及电源可靠性指标，为电源规划的决策提供准确的反馈信息。

2.3 电源规划的数学优化方法

电源规划的数学模型具有高维数、非线性和随机性的特征。此外，由于存在难以用数学量化的因素，导致数学上的最优解未必是实际工程问题的最优解，数学模型的解只能作为最终决策的参考。

1. 混合整数规划模型　电源规划模型是典型的混合整数规划问题。整数变量 X 表示电厂或机组是否投入运行，或表示机组装了几台或第几次装机（每次装机可能不止一台）。整数变量的数目与规划年限、机组类型及候选厂址数目有关，确定整数变量

数值的过程实质上是投资决策。连续变量是在给定投资决策方案后由生产模拟过程来确定的。投产后的机组的实际运行出力与负荷及各种约束条件有关，机组只能在其容量允许范围内运行。常用的求解方法是分枝定界法和割平面法。

2. 非线性规划法　电源规划是典型的非线性规划问题。常用的求解方法有直接解法、罚函数法、拉格朗日乘子法、牛顿法、梯度法、拉格朗日松弛法、变尺度法以及基于变分法的优化方法。在我国自行开发的 JASP 电源规划软件包中，投资决策子问题采用爬山法搜索求解，并提出了等效电量法的随机生产模拟算法。

3. 分解协调技术　将电源规划模型分解为电源投资决策主问题和生产优化子问题两部分，可以将一些统一计算中不易考虑的因素加以考虑，如限能电厂和储能电厂的作用，及电力市场环境下的竞争和财政约束等。主问题确定电源建设的方案及投资成本，如各年应新装机组类型、容量和地点；子问题根据新增电源和系统已有电源逐年作运行模拟以给出生产成本，并将结果反馈给主问题。典型的分解协调技术是 Benders 分解法。

4. 动态规划法　电源规划是一个多阶段的寻优问题。对于这类问题，动态规划也是一种有效的方法。动态规划易于引入各种约束条件和费用因素，可以考虑水电电源的不同组合方案和不同补偿调节数据，可以考虑离散变量和随机因素，可以研究重要电站的合理装机容量，对于不同年份中的一些特殊问题也比较容易处理。理论上动态规划能获得整体最优方案。其缺点是对于大规模问题会遇到维数灾困难。

2.4　基于智能技术的电源规划方法

1. 模糊理论在电源规划中的应用　模糊理论对电源规划问题的描述更接近于真实世界。同时模糊算法得出的结论可以给出不同方案的可能性，减轻了进行灵敏度分析的负担。采用模糊理论可以建立电源规划决策支持系统，弥补了单纯的数学模型的不足，使理论和实践更有机地相结合。模糊理论还可以与动态规划相结合，利用专家知识减小计算规模，并对计算结果进行评估。

2. 专家系统在电源规划中的应用　专家系统是在启发式推理中引入专家知识，根据预定规则进行决策和推理。它是一种将人的知识与计算机计算相结合的方法，其效率很大程度上取决于知识库的建立。在专家系统中可以对知识中不相容部分引入模糊理论决策，通过对工程约束条件的专家经验表示，可在规划

前期实现对大量不可行方案的裁减，从而减少规划后期优化计算的工作量。

3. 进化算法在电源规划中的应用　进化算法是模拟生物进化机制而发展起来的一种算法，其涉及的主要技术有以下几个方面：①群体搜索策略，即同时对多个解进行评估，使其具有较好的全局搜索性能。②不依赖搜索空间的知识，而仅用适应度函数值来评价个体。③采用概率变迁规则来指导其搜索方向。模拟进化算法在原理上可以以较大概率找到优化问题的全局最优解。进化规划算法的主要缺点是收敛条件不易确定，全局搜索能力强，但局部搜索能力不足，计算时间长。

2.5　电力市场环境下的电源规划

1. 市场环境下电源规划面临的新挑战　市场环境下的电源规划中，新增发电机组将以电厂投资者的利益最大化为前提。新机组（或电厂）的投运，以及旧机组和旧电厂的退役或停运等情况基本上由发电公司自行确定。因此，市场环境下的电源规划面临更严峻的挑战：①如何建立有效而可靠的市场机制，有效地引导发电公司投资，以确保系统发电容量充裕性？②各个发电公司应如何根据市场负荷预测确定自己的电源新建/退役计划和投资决策？如何选择新增机组容量、类型和地点等？③选择参与什么样的市场，并分析在不同市场下自己的收益情况。

市场化因素可能导致电源规划的投资回收和合理回报得不到保证。一方面，电网公司不再投资电源，使电源建设少了一个理智的投资来源；另一方面，电力市场的竞争性及垄断市场的进入壁垒，使投资风险加大，投资来源可能减少。电源投资受利益驱动，缺电责任主体不明，发电公司完全根据对未来收益的预测做投资决策。

2. 市场环境下电源规划的模式　市场环境下，电源规划是以市场为导向进行的，电网公司具有最直接、最准确的市场信息。电源规划过程可考虑采用以下两种模式：

（1）统一规划，招标决策。统一规划过程既可以从电网规划开始，也可以从电源规划开始，发电和输电反复迭代，筛选出几个可能的电源和电网的优选方案，并进行综合技术分析，提出预期的综合电价和输电电价评估，排列优选的电源和电网规划方案供决策考虑。电源方案按招标、竞标决策实施，电网方案按指令性计划实施。

（2）参考规划，自主决策。电源投资者在决策之前，必须评估未来各种电源投资组合的预期一次性投资成本、运行成本和与电源项目接入系统相关的输电

电价,以提高竞争力,并获得最大利益。但电源投资者不可能收集到未来电力负荷地域和时域增长的详细数据和可能的输电价格信息。因此,由电网公司按照发挥市场的激励作用,同时加强监管的原则,统一进行电源和电网规划,提出规划方案,作为各电源投资者的参考规划,由投资者自主决策。

第 3 章 电 力 网 络 规 划

3.1 电力网络规划的基本概念

1. 电力网络规划的任务与目的　电力系统规划包括发展规划和运行规划两部分。发展规划根据电力系统负荷增长情况，确定发电机组的扩建、退役和更新计划，确定电源的合理结构及未来输电网络的电压等级、网络结构等。运行规划包括发电分配、检修计划、水库调度、燃料需求、售购电合同以及发电成本分析。电力网络规划的任务是根据规划期间的负荷增长及电能需求，在考虑电源规划方案与电力网络的条件下，确定相应的最佳电网结构，以满足经济、可靠地输送电力的要求。其目的是根据投资及运行费用最小的原则，确定扩建线路的时间、地点、线路走向和线路类型，保证可靠地将电能由发电厂送到负荷中心，并且出入线路及沿途环境都能够满足要求。

2. 电力网络规划的基本要求

（1）结构简明、层次清晰，要贯彻"分层分区"的原则。

（2）输、变、配电比例适当，容量充裕。

（3）电压支撑点多。能在正常及事故情况下保证电力系统的安全及电能质量；保证用户供电的可靠性。

（4）能适应多种运行方式。

（5）便于运行。在变动运行方式或检修时操作简便、安全，对通信线路影响小。

3. 电力网络规划的分类

电力网络规划的分类主要有以下三种：

（1）按时间可以分为远景规划（16~30 年）、中长期规划（6~15 年）和短期规划（1~5 年）。

（2）根据规划期间的处理不同，分为单阶段扩展规划和多阶段扩展规划。

1）单阶段规划是根据规划期始的数据寻求规划期末（即水平年）的最佳网络结构方案。

2）多阶段规划可采用动态规划方法，也可采用静态规划方法来实现。整个规划期最优扩展方案称为动态规划方法。把多阶段的每一个阶段都作为单阶段规划来优化，把上个阶段优化结果作为下个阶段的输入，称为静态规划。

（3）按电压等级或电网功能的不同又可分为输电网络规划和配电网络规划。

4. 电力网络规划所需要的原始资料与数据

按时间分为现状资料数据和预测资料数据两种。

（1）现状资料数据。主要包括规划地区现有负荷水平以及电能需求数据，现有电源点的供电能力和分布，现有网架结构及对其输变电能力的评估数据，现有可选变电所所址，以及电力通道走廊资源。

（2）预测资料数据。主要包括对规划地区未来负荷增长及电能需求的预测数据，未来拆迁或退出的送变电设备，未来电源点的开发建设计划。

5. 电力网络规划的主要流程　电网规划包括输电网规划流程和配电网规划流程两种。

（1）输电网规划流程。

1）原始资料的收集和论证。

2）制定连接系统规划，根据电源点和地区负荷分布及线路所址条件，制订连接系统规划。

3）环境条件分析，包括确定供电薄弱环节；确定不经济设备退出运行；确定因社会环境条件变化而必须改建或迁建的送变电项目。

4）制定规划方案，各种送变电规划方案应满足系统供电要求，并力求技术上先进。

5）技术经济评价，包括社会环境适应性、供电可靠性、运行维护条件、供电质量和经济性。

输电网规划的基本流程如图 20.3-1 所示。

（2）配电网规划流程。

1）原始资料的收集准备。主要内容包括用户用电需求、用户电压要求、用户供电可靠性要求、用电负荷分布、配电所址要求、地区环境要求、现有配电网的改造计划、输电网规划。

2）确定可能的配电网规划方案。在考虑了负荷密度、供电可靠性水平、变电所布置及上一级电力系统结构等的基础上，确定各种可行的配电电压和配电方案。

3）经济性评价。分析各种可行方案对供电能力、供电可靠性、供电电压的要求及对未来发展和环境的适应性，并进行评价，计算出各种可行方案的经济效果指标。

4）确定最佳配电网规划方案。被选出的规划方案，应该是与输电网规划方案密切配合、协调一致的，适应运行管理、安全性、地区经济发展等方面的要求，其经济效果指标也应符合要求，配电网的规划流程如图 20.3-2 所示。

6. 电力网络规划的投资决策原则　它是指在对

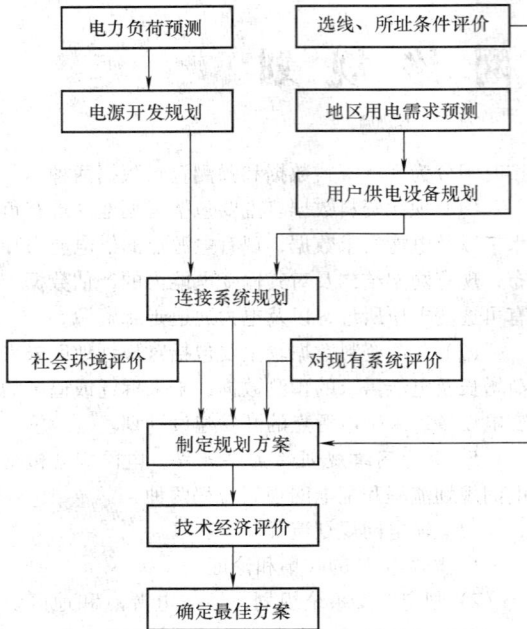

图 20.3 - 1 输电网规划流程图

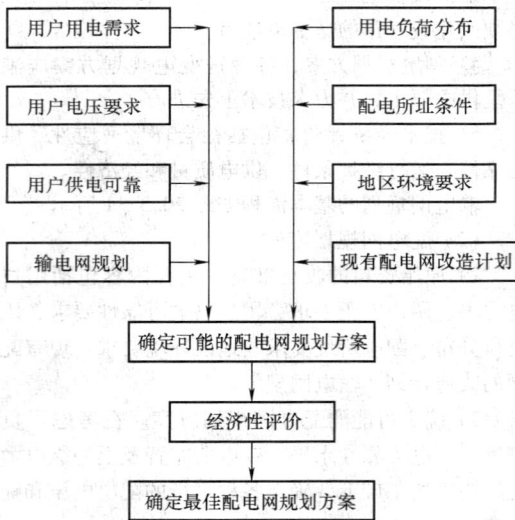

图 20.3 - 2 配电网规划流程图

各个规划方案进行经济评价的基础上，通过经济比较对各个方案进行筛选，决定出优选方案的原则。

电力网络规划的投资决策原则有以下几条：

（1）技术可行性。包括：①编制规划方案的前提条件是否可行；②可能遇到的技术风险；③设备和技术的先进性；④规划方案的可扩充性；⑤系统维护的灵活性；⑥系统操作的方便性；⑦系统运行的可靠性；⑧负荷预测的准确性。

（2）社会可行性。包括：①规划方案考虑社会可行性要从国家整体利益出发，不带主观偏见；②是否符合国家能源和电力建设的方针政策；③对生态自然环境的冲击影响；④是否与国民经济及地方经济相适应协调；⑤要符合集资办电、统一规划、统一调度的电力管理体制精神。

（3）经济可行性。包括：①规划方案资金按计划年限是否到位；②规划方案的内部收益率的计算；③规划方案对地区经济发展的影响；④按照市场化的原则，以投资开发经济效益最佳为原则确定规划方案。

7. 电力网络规划的运行模拟原理　它是指将已形成的各规划方案，按照规划水平年的正常运行方式与事故运行方式进行模拟和分析，通过运行模拟分析对规划方案的技术经济合理性进行比较评价分析。

规划模拟分析的主要步骤有以下几点：

（1）潮流计算分析。分析各方案是否满足正常与事故运行方式下送电能力的需要。正常运行方式下，各线路潮流一般应接近线路的经济输送容量，各主变（联变）的潮流应小于额定容量。在 N-1 的事故（包括计划检修的情况）下，线路潮流应不超过持续允许发热容量，变压器应没有长期过负荷的现象。

（2）暂态稳定计算。检验各方案是否满足在 SDJ 161—1985《电力系统设计技术规程》中所规定的关于电网结构设计的稳定标准下，电力系统能保持稳定。

（3）短路电流计算。确定网络中所有的断路器能否承受各水平年的网络短路容量，制定出今后发展新型断路器的额定断流容量以及研究限制短路电流水平的措施，包括提高变压器中性点绝缘水平。

（4）调相、调压计算。无功补偿应满足系统各种正常及事故运行方式下电压水平的需要，达到经济运行的效果，原则上应使无功就地分层分区基本平衡。

（5）经济比较。见 3.4 节，综合分析得出推荐方案。

3.2　电力网络规划的技术原则

1. 电网规划的基本原则　它是满足运行中的安全可靠性、近期和远景发展的灵活适应性以及供电的经济合理性要求。

（1）可靠性。应具有《电力系统安全稳定导则》所规定的抗干扰的能力，满足向用户安全供电的要求，防止发生灾难性的大面积停电。

为提高电网可靠性，应执行以下技术准则：

1）加强受端系统建设。

2）分层分区应用于发电厂接入系统的原则。

3）按不同任务区别对待联络线的建设原则。

4）按受端系统、发电厂送出、联络线等不同性质电网，分别提出不同的安全标准。

5）简化和改造超高压以下各级电网（包括城网）的原则。

（2）灵活性。是指能适应电力系统的近期和远景发展，便于过渡，尤其要注意到远景电源建设和负荷预测的各种可能变化；二是指能满足调度运行中可能发生的各种运行方式下潮流变化的要求。

（3）经济性。规划方案要节约电网建设费和年运行费，使年计算费用达到最小。

这三项要求往往受到许多客观条件（资源、财力、技术等）的限制，在某些情况下，三者之间相互制约并会发生矛盾，因此需要进一步研究三个方面之间综合最优的问题。

2. 电力网络规划的安全稳定标准

（1）电力系统安全稳定导则。

1）电力系统的静态稳定储备标准。①在正常运行方式下，对不同的电力系统，按功角判据计算的静态稳定储备系数（$K_p\%$）应满足 15%～20%，按无功电压判据计算的静态稳定储备系数（$K_v\%$）应满足 10%～15%。②在事故后运行方式和特殊运行方式下，$K_p\%$ 不得低于 10%，$K_v\%$ 不得低于 8%。③水电厂送出线路或次要输电线路在下列情况下允许只按静态稳定储备送电，但应有防止事故扩大的相应措施。如发生稳定破坏但不影响主系统的稳定运行时，允许只按正常静态稳定储备送电；在事故后运行方式下，允许只按事故后静态稳定储备送电。

2）电力系统承受大扰动能力的安全稳定标准。电力系统承受大扰动能力的安全稳定标准分为以下三级：

第一级标准：保持稳定运行和电网的正常供电。

第二级标准：保持稳定运行，但允许损失部分负荷。

第三级标准：当系统不能保持稳定运行时，必须防止系统崩溃并尽量减少负荷损失。

（2）电力系统技术导则。《电力系统技术导则》把电力网络分为受端系统、电源接入系统与系统间联络线三部分，根据各部分的重要性及技术经济条件规定了不同的安全标准。

1）受端系统的安全标准。①在正常运行情况下，受端系统内发生任何严重单一故障（包括线路及母线三相短路）时，除了保持系统稳定，不得使其他任一元件超过规定负荷这两项要求外，还要求保持正常供电，不允许损失负荷。②在正常检修方式下（即受端系统内有任一线路（或母线）或变压器被检修），而诱发严重单一故障或失去任一元件时，允许采取措施，包括允许部分减负荷的切机、切负荷措施。

2）电源接入系统的安全标准。①对 220kV 及以下的线路和已基本建成的 500kV 线路，原则上执行 N-1 原则，即在正常情况下突然失去一回线时，保持正常送电。②在 500kV 电网建设初期，为了促进 500kV 电网的发展，只要送电容量不过大，可采用单向重合闸作为安全措施，在加强受端系统的基础上，允许主力电厂初期先以 500kV 单回线接入系统。③对长距离重负荷的 500kV 接入系统的线路，为了取得较大的经济效益，可允许利用安全措施在一回线切除时，同时切除相应的送端电源（对水电厂）或快速压低送端电源输出功率（对火电厂），以保持其余电路的稳定运行。允许这样做的基础同样是加强受端系统。

3）系统间联络线的安全标准。系统间联络线的安全标准，应根据联络线路的不同任务区别对待。①联络线故障中断时，各自系统要保持安全稳定，这对要求输送较大电力，并正常做经济功率交换的交流或直流联络线尤为重要。②对于为相邻系统担负规定事故支援任务的联络线，当两侧系统中任一侧失去大电源或发生严重单一故障时，该联络线应保持稳定运行，不应超过事故负荷规定。③系统间如有两回（或两回以上）交流联络线，不宜构成弱联系的大环网，并要考虑其中一回断开时，其余联络线应保持稳定运行并可传送规定的最大电力。④对交直流混合的联络线，当直流联络线单极故障时，在不采取稳定措施条件下，应能保持交流系统稳定运行；当直流线路双极故障时，也应能保持交流系统稳定运行，但可采取适当的稳定措施。

3. 电网规划的主要技术原则

（1）电压等级确定原则。

1）电网电压等级层次清晰，如特高压输电 1000kV；超高压输电 500kV；高压输电 220kV；高压配电 110kV、35kV；中压配电 10kV；低压配电 380V，单相 220V。

2）电网的分层分区：①电网的 500kV 超高压环网作为沟通各分区电网的主干网架，并与大区电网联系，接受区外来电。②以 500kV 枢纽变电站为核心，将 220kV 电网划为几个区，各分区电网之间在正常方式下相对独立，在特殊方式下应考虑互相支援。③电网内不应形成电磁环网运行。在电网发展过渡阶段，若构成电磁环网运行，应作相应的潮流计算和稳定校核。

3）在受端电网分层分区运行的条件下，为了控制短路电流和降低电网损耗，对电网中新建大型主力发电厂，应经技术经济论证，优先考虑以 220kV 电压接入系统的可行性；单机容量为 600MW 及以上机组的大型主力发电厂，经论证有必要以 500kV 电压接入系统时，一般不采取环入 500kV 超高压电网的方式。大型主力发电厂内不宜设 500/220kV 联络变电所，避免构成电磁环网。

4）220kV 分区电网的结构，原则上由 500kV 变电所提供大容量的供电电源，经过 220kV 大截面的架空线路，向 220kV 中心变电所供电，再从中心变电所经 220kV 大截面的电缆或架空线路，向 220kV 终端变电所供电。

5）220kV 联络线上不应接入分支线或 T 接变压器：对于 220kV 终端线允许 T 接变压器，但不宜多级串供。

6）应避免 35~220kV 变电所低压侧出现小电厂，当接入小电源时，应配置保证电网安全运行的解列措施。

7）在同一个配电网电压层次中，有两种电压时，应避免重复降压：要加速对现有非标准电压的升压改造，新建变电所不应再出现非标准电压供电。

（2）变电所选址及容量确定原则。城网变电所的所址应符合下列要求：

1）便于进出线的布置，交通方便，并尽量靠近负荷中心。

2）占地面积应考虑最终规模要求。

3）避开易燃易爆及严重污染地区。

4）注意对公用通信设施的干扰问题。

变电所的所址应在城网中期规划时，由供电部门与城市规划部门共同进行预选，并初步划定线路走廊与电缆通道。

市区变电站的设计应尽量节约用地，变电所用地面积根据变电所容量、接线和设备选型确定，可采用占地面积较少的户外型和半户外型布置。市中心区的变电所可考虑采用占空间较小的全户内型，并考虑与其他建筑物混合建设，或建设地下变电所。

一个变电所的主变压器台数（三相）不宜少于 2 台或多于 4 台，单台变压器（三相）容量可作以下选择：

500kV 单组主变压器容量可选 750MVA、1000MVA、1500MVA。

220kV 单组主变压器容量可选 220/110/35kV 为 180MVA、240MVA、300MVA；220/35kV 为 150MVA、180MVA、240MVA。

110kV 单台 110/10 主变压器容量可选 31.5MVA、40MVA、50MVA（对原有 110/35/10kV 三绕组主变压器容量可选 31.5MVA、63MVA）。

35kV 负荷密度较高地区单台主变压器容量可选 31.5MVA，负荷密度较低地区可选 20MVA。

在一个城网中，同一级电压的主变压器单台容量不宜超过三种，在同一变电所中同一级电压的主变压器宜采用相同规格。当变压器的容量已达到规定的最终容量以后，如负荷继续增长，一般不宜采用在原变电所内扩建增容的措施。主变压器的外形结构、冷却方式及安装位置应充分考虑通风散热的措施，为节约能源及减少散热困难，主变压器应选用低损耗型。

（3）变电所电气主接线形式选择原则。

1）500kV 变电所：①500kV 侧最终规模一般为 6~8 回进出线，4 组主变压器。优先采用一个半断路器接线，根据需要 500kV 主母线也可分段，主变压器应接入断路器串内。单组主变压器容量可选 750MVA、1000MVA、1500MVA。②220kV 侧一般设有 16~20 回出线。③为适应电网分层分区和提高可靠性的要求，新建 500kV 变电所的 220kV 母线优先考虑采用一个半断路器接线，根据需要 220kV 主母线也可分段。④500kV 变电所 220kV 侧也可采用双母线、双分段两台分段断路器的接线。有条件时一次建成，一期工程也可采用双母线单分段。

2）220kV 变电所：一般可分为中心变电所、中间变电所和终端变电所三大类，最终规模为 3 台主变压器。单台主变压器容量：220/110/35kV 可选 180MVA、240MVA；220/35kV 可选 120MVA、150MVA、180MVA。

① 220kV 侧有如下几种情况：

a. 中心站。当最终规模符合具有 8~12 回进出线，可选用双母线双分段一台分段断路器的接线。

取消旁路母线的原则需同时满足以下三个条件：220kV 进出线满足 $N-1$ 可靠性要求；主变压器满足 $N-1$ 可靠性要求；断路器一次设备质量可靠。

新建 220kV 变电所原则上应不再配置旁路母线。现有 220kV 变电所在满足上述原则的情况下，也可取消旁路母线。

对可靠性要求更高的中心变电所，系统不要求两条母线解列运行，同时地理位置又许可，可考虑选用一个半断路器接线。

b. 中间变电所。220kV 中间变电所，通常可采用双母线或单母线分段接线。为简化接线、节约占地，应尽量减少中间变电所。

c. 终端变电所。可采用线路（电缆）变压器组接线，主变压器 220kV 侧（电缆进线）一般不设断路器，可设接地开关以满足检修安全的需要，并应配置可靠的远方跳闸通道。

为了节省中心变电所 220kV 出线仓位及线路走廊（或电缆通道），220kV 终端变电所输变电工程可采用 "T" 型接线，并实现双侧电源供电。"T" 接主变压器的 220kV 侧应装设断路器或 GIS 组合电器。

② 110kV 侧。可有 6~9 回出线，宜采用单母线

三分段两台分段断路器的接线，并与35kV侧构成交叉自切。

③ 35kV侧。对于220/110/35kV变电所35kV侧容量为3×120MVA，可有24回出线，宜采用单母线三分段两台分段断路器的接线，并与110kV侧构成交叉自切。

220/35kV变电所35kV侧容量为（3×150~3×180）MVA，可有30~36回出线，宜采用单母线六分段三台分段断路器的接线。

220kV变电所的35kV出线允许并仓。35kV配电装置采用GIS组合电器时，原则上应按并仓设计。

3）110 kV变电所：

① 110kV侧。可采用线路（电缆）——变压器组接线或"T"型接线方式。电缆线路可以经负荷开关或隔离开关环入环出，"T"接主变压器的110kV侧可设断路器。必要时可预留远景实现手拉手接线方式，最终规模为3台主变压器。单台主变压器容量可选31.5MVA、40MVA。

② 10kV侧。容量为3×31.5MVA可有30回出线，3×40MVA可有36回出线，宜采用单母线四分段。根据需要也可选用单母线六分段三台分段断路器的接线。

4）35kV变电所：

① 35kV侧。可采用线路变压器组接线或"T"型接线方式。最终规模为3台主变压器。对带有开关站性质的站可采用单母线分段的接线。

单台主变压器容量可选10MVA、16MVA、20MVA、31.5MVA。

② 10kV侧。可有24回出线，宜采用单母线四分段。根据需要也可选用单母线六分段三台分段断路器的接线。

（4）电力网络的供电可靠性原则。

1）电网规划考虑的供电可靠性是指电网设备停运时，对用户连续供电的可靠程度，应满足下列两个要求：电网供电安全准则；满足用户用电的程度。

2）电网供电安全准则。电网的供电安全采用$N-1$准则。

① 35kV及以上变电所中失去任何一回进线或一台主变压器时，必须保证向下一级电网供电。

② 10kV配电网中任何一回架空线或电缆或一台配电变压器故障停运时：正常方式下，除故障段外不停电，并不得发生电压过低和设备不允许的过负荷。计划检修方式下，又发生故障停运时，允许局部停电，但应在规定时间内恢复供电。

③ 低压电网中当一台配电变压器或低压线路发生故障时，允许局部停电，并尽快将完好的区段在规定时间内切换至邻近电网恢复供电。

3）主变压器、进线回路按$N-1$准则规划设计。对于电网中特别重要的输变电环节，以及有特殊要求的重要用户，可按检修方式下的$N-1$准则规划。

4）为防止全变电所停电，确保系统安全运行，对220kV变电所的电源应力求达到双电源的要求。根据目前的实际情况，"双电源"的标准可分为以下三级：

第一级，电源来自两个发电厂或一个发电厂和一个变电站或两个变电所。电源线路：独立的两条线路（电缆），发电厂、变电所进出线走廊段，允许同杆和共用通道。

第二级，电源来自同一个变电所3/2断路器的不同串或同一个变电所两条分段母线。电源线路：同杆（通道）双回路的两条线路（电缆）。

第三级，电源来自同一个变电所双母线的正、副母线。电源线路：同杆（通道）双回路的两条线路（电缆）。

现有220kV变电所，尚处于第三级或第二级双电源标准的，应在规划扩建第三台主变压器时，逐步提高等级标准。

5）上一级变电所的可靠性应优于下一级。对于110kV或35kV变电所的电源进线，必须来自220kV变电所的110kV或35kV不同段母线。

6）220kV变电所110kV或35kV侧联络线。220kV变电所间一般不设置110kV或35kV专用联络线。

对重要地区，供电可靠性有特殊要求的变电所，经论证批准后，方可设置110kV或35kV联络线。

7）满足用户用电的程度。电网故障造成用户停电时，对于申请提供备用电源的用户，允许停电的容量和恢复供电的目标时间，其原则是：①两回路供电的用户，失去一回路后，应不停电；②三回路供电的用户，失去一回路后，应不停电，再失去一回路后，应满足50%用电；③一回路和多回路供电的用户，电源全停时，恢复供电的目标时间为一回路故障处理时间；④开环网络中的用户，环网故障时需通过电网操作恢复供电的，其目标时间为操作所需时间。

考虑具体目标时间的原则是负荷愈重要的用户，目标时间应愈短。随着电网的改造和完善，若配备配电网自动化设施时，故障后负荷应能自动切换，目标时间可逐步缩短。

（5）电力网络的短路容量限制原则。为了取得合理的经济效益，城网各级电压的短路容量应该从网络的设计、电压等级、变压器的容量、阻抗的选择、运行方式等方面进行控制，使各级电压断路器的开断电流以及设备的动热稳定电流得到配合，一般可采取表20.3-1 中的数值。

表 20.3-1　断路器开断电流数值

电压等级/kV	短路电流/kA
500	63
220	50
110	25
35	25
10	16

按照上述数值选用，必要时需进行技术经济论证。

（6）城市电力线路。

1）城市架空电力线路应符合下列要求：

① 应根据城市地形、地貌特点和城市道路规划要求，沿道路、河渠、绿化带架设。路径选择应做到短捷、顺直，减少同河渠、道路、铁路的交叉。对35kV 及以上高压线路，应规划专用走廊或通道。

② 架空线杆塔的选择，应采用占地少的混凝土杆、钢管杆及自立式铁塔。110kV 架空线路在占地限制或高度要求条件下，可采用钢管杆，一般地带直线型采用混凝土杆，转角耐张型采用铁塔。35kV 及10kV 架空线路一般采用混凝土杆；对特高杆及受力较大的转角、耐张杆，为取消拉线可采用钢管杆或窄基铁塔。380V 低压架空线路一般都采用混凝土杆。杆塔的外表和色调应与周围环境协调。

③ 为美化市容，提高空间利用率，对于线路走廊拥挤地区，配电线路宜合杆架设，做到"一杆多用"（包含电力通信线）和"一杆多回路"。

④ 中、低压架空线在电网联络分段处及支接点，需要时可加装负荷开关。

⑤ 城市架空电力线路的导线安全系数一般选用3~4；市区架空线路根据导线截面、档距大小，可增加至 5 以上，合成绝缘子的机械强度安全系数应不小于 3.5，线路外绝缘的泄漏比距应符合地区污秽分级标准。

⑥ 架空线路的规划设计，应满足导线与树木及建筑物之间的安全距离。对于市区或县级城镇低压架空线路，应使用绝缘导线或沿墙敷设的成束架空绝缘导线，现有裸导线应逐步更换为绝缘导线。对于人口稠密地区，中压架空线路推荐使用绝缘导线。对线路走廊及安全距离有矛盾时，应通过规划、电力、绿化等部门协调解决。对于中压、高压、超高压架空线路的导线，宜推广稀土铝导线。经过技术经济比较，也可选用耐热铝合金导线（包括老线路改造）。

⑦ 架空电力线路的规划建设应注意对邻近通信设施的干扰影响及电台距离。其干扰值应符合国家有关标准。

2）城市地下电缆线路的规划设计应符合如下要求：

城市地下电缆线路敷设方式主要有直埋敷设、沟槽敷设、排管敷设、隧道敷设等。

城市地下电缆线路路径应与城市其他地下管线统一规划，在变电所进出线部分的通道，尽可能按最终规模一次实施。

3）导线截面积的选择：

架空线，500kV 选用 $4 \times 400mm^2$、$4 \times 630mm^2$；220kV 选用 $1 \times 400mm^2$、$2 \times 400mm^2$、$2 \times 500mm^2$、$4 \times 400mm^2$、$2 \times 630mm^2$；110kV 选用 $185 \sim 240mm^2$；35kV 选用 $185 \sim 400mm^2$；10kV 干线选用 $95 \sim 240mm^2$；380V 干线选用 $95 \sim 240mm^2$。

电缆，220kV 选用 $1 \times 630mm^2$、$1 \times 800mm^2$、$1 \times 1000mm^2$、$1 \times 1600mm^2$；110kV 选用 $1 \times 400mm^2$、$1 \times 630mm^2$、$1 \times 400mm^2$；35kV 选用 $3 \times 240mm^2$、$3 \times 400mm^2$、$1 \times 400mm^2$；10kV 干线选用 $3 \times 240mm^2$、$3 \times 400mm^2$；380V 干线选用 $4 \times 240mm^2$。

绝缘导线，10kV 干线选用 $1 \times (95 \sim 120)mm^2$、$3 \times (95 \sim 120)mm^2$；380V 干线选用 $4 \times (95 \sim 120)mm^2$；电缆排管孔径 150mm，电缆外径 120mm 及以下时使用；电缆排管孔径 175mm，电缆外径 $120 \sim 140mm$ 时使用。

4）电力电缆并行敷设载流量计算原则：

① 220/110/35kV 变电所，主变压器容量为 $3 \times 180MVA$：主变压器容量比为 100/100/67%，220kV 进线 3 回，110kV 出线 3×2 回，35kV 出线 3×8 回。

每回路 35kV 电缆设计输送容量为 20MVA；每回路 110kV 电缆设计输送容量为 63MVA；每回路 220kV 进线电缆设计输送容量，按主变压器容量 180MVA 设计。

选择 220kV 电缆截面时，敷设在同一排管中的 110kV 和 35kV 电缆，其输送总容量按主变压器容量 180MVA 设计。

每回路 110kV 电缆输送容量按 $(180/2) \times [100/(100+67)] = 53.9MVA$ 计算；

每回路 35kV 电缆输送容量按 $(180/8) \times [67/(100+67)] = 9.03MVA$ 计算。

② 220/110/35kV 变电所，主变压器容量为 $3 \times 240MVA$：主变压器容量比为 100%/100%/50%，220kV 进线 3 回，110kV 出线 3×3 回，35kV 出线 3×8 回。

每回路 35kV 电缆设计输送容量为 20MVA；每回

路 110kV 电缆设计输送容量为 94.5MVA；每回路 220kV 进线电缆设计输送容量，按主变压器容量 240MVA 设计。

选择 220kV 电缆截面时，敷设在同一排 110kV 和 35kV 电缆，其输送总容量按主变压器容量 240MVA 设计：每回路 110kV 电缆输送容量按（240/3）×[100/（100+50）]=53.33MVA 计算。

每回路 35kV 电缆输送容量按（240/8）×[50/（100+50）]=10MVA 计算。

③ 220/35kV 变电所，主变压器容量为 3×180MVA：220kV 进线 3 回，35kV 出线 3×12 回。

每回路 35kV 电缆设计输送容量为 20MVA；每回路 220kV 进线电缆设计输送容量，按主变压器容量 180MVA 设计。

选择 220kV 电缆截面时，敷设在同一排管中的 35kV 电缆每回路输送容量按 180/12=15MVA 计算。

④ 110/10kV 变电所，主变容量为 3×31.5MVA：110kV 进出线 3×2 回，10kV 出线 3×10 回。

每回路 10kV 电缆设计输送容量为 5~6MVA；每回路 110kV 进线电缆设计输送容量按主变压器容量 3×31.5MVA 设计。

每回路 110kV 出线电缆设计输送容量按主变压器容量 2×31.5MVA 设计。

选择 110kV 电缆截面时，敷设在同一排管中的 10kV 电缆，每回路输送容量按 31.5/10=3.15MVA 计算。

⑤ 35/10kV 变电所，主变压器容量为 3×20MVA：35kV 进线 3 回，10kV 出线 3×8 回。

每回路 10kV 电缆设计输送容量为 5~6MVA；每回路 35kV 进线电缆设计输送容量，按主变压器容量 20MVA 设计。

选择 35kV 电缆截面时，敷设在同一排管中 10kV 电缆，每回路输送容量按 20/8=2.5MVA 计算。

3.3 电网规划的基本方法

1. 电压等级选择 根据线路送电容量和送电距离选择电网电压，我国各级电压输送能力统计见表 20.3-2。

表 20.3-2 我国各级电压输送能力统计表

输电电压 /kV	输送容量 /MW	传输距离 /km	适 用
0.38	0.1 及以下	0.6 及以下	低压配电网
3	0.1~1.0	1~3	中压配电网
6	0.1~1.2	4~15	
10	0.2~2.0	6~20	

续表

输电电压 /kV	输送容量 /MW	传输距离 /km	适 用
35	2~10	20~50	高压配电网
63	3.5~30	30~100	
110	10~50	50~150	
220	100~500	100~300	省内送电
330	200~1000	200~600	网际输电
500	600~1500	400~1000	

从控制电力损失角度选择电压等级。电压等级与电网电力损失有密切的关系。在一般情况下（即送电线路采用铝导线、电流密度 0.9A/mm² 、受端功率因素为 0.95 的条件下），各级电压线路每千米电力损失的相对值近似为

$$\Delta P = \frac{5L}{U_n} \qquad (20.3-1)$$

式中，ΔP 为每千米电力损失的相对值（%）；U_n 为线路的额定电压（kV）；L 为线路长度（km）。

送电线路的电力损失正常不宜超过 5%，由式（20.3-1）可求得各级电压合适的送电距离。

2. 电力电量平衡

（1）根据预测的负荷水平和分布情况，应与电力系统规划中对城网安排的电源容量进行电力平衡（包括有功和无功平衡）。

（2）电力平衡应与上级电力规划部门共同确定：①由电力系统供给的电源容量和必要的备用容量；②电源点的位置、接线方式及电力潮流；③地区发电厂、热电厂、用户自备电厂接入城网的电压等级，接入方式和供电范围；④电源点和有关线路以及相应配套工程的建设年限、规模及进度。

3. 变电所的所址选择原则

（1）接近负荷中心。

（2）使地区电源布局合理。

（3）高低压各侧进出线方便。

（4）所区地形、地貌及土地面积应满足近期建设和发展要求。

（5）所址不能被洪水淹没或受山洪冲刷，而且地质条件应适宜。

（6）确定所址时，应考虑其与邻近设施的相互影响。

（7）交通运输方便。

（8）具有可靠水源，排水方便。

（9）施工条件方便等。

4. 变电所电气主接线和容量选择方法

（1）主接线的选择。35～500kV 变电所的电气主接线有：变压器的线路单元接线、桥形接线、三至五角形接线、单母线、单母线分段、双母线、双母线分段、增设旁路母线或旁路隔离开关以及 3/2 断路器接线。

变电所电气主接线的选择应根据变电所在电力系统中的地位、变电所的电压等级、出线回路数、设备特点、负荷性质等条件，以及满足运行可靠、简单灵活、操作方便和节约投资等要求来决定。一般情况已在技术原则中有所反映。

（2）变电所主变压器容量的确定。变压器容量既可按电力系统 5～10 年发展规划的需要来确定，也可由上一级电压电网与下一级电压电网间的潮流交换容量来确定。同时也需考虑 $N-1$ 情况下的负荷安全送进送出，满足负荷率规定。

500/220kV 变压器的 500kV 及 220kV 侧均为星形接线，故从结构上要求 500/220kV 变压器具有 35～63kV 的第三绕组，第三绕组的容量应不小于变压器容量（对自耦变压器为串联绕组容量）的 15%，最大不超过变压器容量的 $(1-1/K_{12})$ 倍。具体容量也可根据变电所装设的无功补偿容量来确定。

（3）主变压器台（组）数及型式的选择。①对大城市郊区的一次变电所，在中、低压侧已构成环网的情况下，变电所以装设 2 台主变压器为宜。但随着所址征地的困难程度提高，系统变电容量的增加，现在已大量采用 3 台主变压器。②对于地区性孤立的一次变电所或大型工业企业专用变电所，在设计时应考虑装设 3 台主变压器的可能性。③对 220kV 及以下电压等级的变电所，一般采用三相变压器。④变压器按绕组型式可分为双绕组变压器、三绕组变压器和自耦变压器。一般变电所选用双绕组变压器，当变电所具有 3 种电压，且通过主变压器各侧绕组的功率均达到该变压器容量的 15% 以上时，主变压器一般采用三绕组变压器。自耦变压器与同容量的普通变压器相比具有很多优点，在 220/110kV、330/110kV、330/220kV 及 500/220kV 变电所中，宜优先选用自耦变压器。

5. 输电线路选择

（1）架空送电线路导线截面积及输电能力。架空送电线路导线截面积一般按经济电流密度来选择，并根据电晕、机械强度以及事故情况下的发热条件进行校验，必要时通过技术经济比较确定。但对超高压线路，电晕往往成为选择导线截面积的决定因素。

架空送电线路的输电能力是指输送功率大小与输送距离远近，它与电力系统运行的经济性、稳定性有很大关系。

城网架空线路截面积的选择一般可参考表 20.3-3。

表 20.3-3　各级电压送电线路选用导线截面积

电压/kV	导线截面积（按钢芯铝绞线考虑）/mm²			
35	185	150	120	95
63	300	240	185	150
110	300	240	185	150
220	400	300	240	

中低压配电线路的截面选择可参考表 20.3-4。

表 20.3-4　中、低压配电线路选用导线截面积

电压等级		导线截面积（按铝绞线考虑）/mm²		
380/220V（主干线）		150	120	95
10kV	主干线	240	185	150
	次干线	150	95	
	分支线	不小于 50		

（2）电力电缆截面积及输电能力。电缆导线、材料与截面积的选择，除按输送容量、经济电流密度、热稳定、敷设方式等一般条件校核外，一个城网内 35kV 及以下的主干线电缆应力求统一，每个电压等级可选用两种规格，预留容量，一次埋入。各种电压选用电缆截面积可参考表 20.3-5。

表 20.3-5　各种电压选用电线截面积

电压	电缆铝芯截面积/mm²			
380/220V	240	185	150	120
10kV	300	240	185	150
35kV	300	240	185	150

3.4　电网规划的数学方法

1. 网络结构规划启发式方法

（1）加线法（逐步扩展法）。逐步扩展法的思路是：根据各待选线路对过负荷支路过负荷量消除的有效度，即以减轻其他支路过负荷的量来衡量待选线路的作用，选择适当待选线路加到网络上直到网络无过负荷为止。

（2）减线法（逐步倒推法）。逐步倒推法的方案形成策略为：首先根据水平年的原始数据构成一个虚拟网络，该网络包含系统现有网络、所有孤立节点和所有待选线路，这样的虚拟网络一般是联通的、冗余度很高的但不经济的网络；然后对虚拟网络进行潮流分析，比较各待选线路在系统中的作用和有效性，逐步去除有效性低的线路，直到网络没有冗余线路为

止，即此时去掉任何新增线路都会引起系统过负荷或系统解列。

2. 网络结构规划

（1）单目标单阶段规划。单目标输电网规划通常只考虑经济性，目标函数只包括供应侧的投资成本和运行成本。单目标单阶段规划是在规划水平年的负荷预测和电源规划已知的条件下，基于现有网络结构和给定的待选线路，确定满足运行要求和可靠性要求的经济网络扩展方案。规划模型中目标函数通常是供应侧开发成本最小，一般包括线路建设投资费用、系统发电费用和系统运行费用三部分。约束条件主要从安全可靠运行角度考虑，包含节点功率平衡方程、线路潮流约束、变量上下界约束等。算法多采用线性规划、非线性规划、现代启发式算法等。

（2）多目标规划。多目标输电网规划将经济性和安全性有机结合起来，增加了可靠性等其他目标函数和约束条件，使最终优化方案综合效益最佳。

典型的多目标输电网规划可以分为以下四类：①以经济性要求为目标，可靠性分析作为后校验计算。②以可靠性指标为目标。③将可靠性指标作为约束条件加入到模型中。④将可靠性指标转化为经济指标形式加入到目标函数，形成综合考虑经济性和可靠性的规划模型。

算法常采用线性规划、非线性规划、现代启发式算法等。

（3）多阶段规划。对于规划期约 10～30 年的中长期规划而言，需要分为多个阶段分别进行规划。规划期间既要考虑各阶段电网方案的可行性，又要考虑各阶段方案的相互影响，因此长期输电网规划问题成为一个多阶段动态规划问题。与单阶段规划模型相比其模型更复杂。算法常采用动态规划、静态规划算法等。

（4）柔性约束规划。是指在电网规划中，允许电网中部分线路出现一定的过负荷，以此来寻求一种经济性和可靠性之间的平衡；它的目的不在于寻求一种严格满足约束的最优解，而是考虑如何能够在尽可能小的违反约束条件的情况下，使目标函数的目标值得到大幅度地提高。算法常采用现代启发式算法。

（5）考虑不确定性因素的灵活规划。电力网络灵活规划，又称电力网络柔性规划，是指在进行电网规划时，计及各种不确定性因素对规划结果的影响，以最佳的柔性规划方案来适应未来环境的变化，从而使规划方案在总体上达到最优。其灵活性体现在能够以现有的规划方案适应未来环境的可能变化，使电力系统在未来的发展中以最小的代价弥补因可能出现的环境变化而造成的损失。算法常采用模糊规划，随机规划等不确定性规划法。

3.5　电网规划方案的经济评价

1. 经济评价　是电力工程项目或方案评价的一个组成部分。需要对各方案进行经济比较后，再对优选方案进行国民经济评价、财务评价及不确定性分析。

2. 经济评价的原则

（1）技术上可行。

（2）从国家整体利益出发，不带主观偏见，不迁就照顾人情。

（3）符合国家能源和电力建设方针政策。

（4）按市场经济规律办事。

（5）符合集资办电、统一规划、统一调度、省为实体的电力管理体制精神。

3. 经济评价的注意事项

（1）经济评价的方法应从实际需要出发，选用合适的经济评价方法。

（2）各方案应有可比性，应设法使方案不同部分等同后再比较。

（3）一般应考虑时间因素，按动态法比较分析，以静态指标进行辅助分析，对工期较短或较小型的项目，也可按静态法比较分析。

（4）电力建设的投资渠道多，贷款利率也各不同，如涉及投资渠道和贷款利率均比较明确的电力建设工程方案比较时，应考虑建设期投资贷款利息和生产期流动资金贷款利息对方案的经济影响。

（5）经济评价的内容应完整、不漏项。

（6）采用的基础资料和数据应正确无误。

（7）各方案需用同一时间的价格指标。

（8）当方案涉及相关的煤炭、水利或交通运输部门的费用和效益时，应分析其影响。

（9）某些方案若涉及社会效益而又难以用经济指标表达时，宜将社会效益作为经济比较的辅助材料同时列出。

（10）要对可变因素加以分析。

（11）方案比较时，一般可按现价格进行，但若某些材料、设备在项目费用中占比重较大，而价格又明显不合理，可能影响方案确定时，应采用其影子价格。

（12）经济评价方法只是一种科学手段，不能代替规划人员的分析和判断，所以要求规划者应多做方案，多调查研究，对计算所采用的参数要慎重研究，对具体项目必须具体分析。

4. 目前采用的经济评价法

（1）静态评价法。在评价工程项目投资的经济效果时不考虑资金的时间价值，该方法简单直观，但难以考虑项目在使用期内收益和费用的变化，难以考虑各方案使用寿命的差异，特别不能考虑资金的时间因素。故只用在简单项目的初步可行性研究阶段。

（2）动态评价法。考虑资金的时间价值，比较符合资金的动态规律，符合实际需要。常用的动态评价法有现值法或净年值法、内部收益率法、费用现值法、等年费用法四种。

（3）不确定性的评价法。考虑原始数据的不确定性及不准确性，数据的不确定性来自电力负荷的预测误差、一次能源和电工设备价格的变化等。不确定性经济评价法分为以下三种：

1）盈亏平衡分析，又称量本利分析。用来分析项目的产品产量与项目的成本及收入间的关系，确定项目的盈亏平衡点，是预测产品产量对项目盈亏影响的常用方法。

2）灵敏度分析。当已知某参数的一些可能的取值，但不知道这些数值出现的概率时，可以分析该参数不同取值对方案经济性的灵敏度。

3）概率分析。又称风险分析，是一种用统计原理研究不确定性的方法，是通过不确定因素的概率分布寻找经济评价值的概率分布情况，进而判断方案的损益和风险。

5. 资金的时间价值 工程项目有关资金的时间价值可用以下四种方法来表示：

（1）现值 P。把不同时刻的资金换算为当前时刻的等效金额，此金额称为现值。这种换算称为贴现计算，现值也称为贴现值。

（2）终值 F。把资金换算为将来某一时刻的等效金额，此金额称为终值。现值和终值都是一次支付性质的。

（3）等年值 A。把资金换算为按期等额支付的金额，通常每期为一年，故此金额称等年值。

（4）递增年值 G。把资金折算为按期递增支付的金额，此金额称为递增年值。等年值和递增年值都是多次支付性质的。

以上四种类型的资金可以互相转换。具体转换方式如下：

（1）由现值 P 求将来值 F。由现值 P 求将来值 F 的计算叫本利和计算。设利率为 i，则第 n 年末的将来值 F 与现值 P 的关系为

$$F = P(1 + i)^n \qquad (20.3 - 2)$$

式中，$(1+i)^n$ 称为一次支付本利和系数。利用上式进行计算时应注意 P 值发生在第一年初，而 F 值发生在第 n 年末。

（2）由将来值 F 求现值 P。由将来值 F 求现值 P 的计算称为贴现计算

$$P = F/(1 + i)^n \qquad (20.3 - 3)$$

式中，$(1+i)^{-n}$ 称为一次支付贴现系数，为一次支付本利和系数的倒数。

（3）由等年值 A 求将来值 F。由等年值 A 求将来值 F 的计算称为等年值本利和计算

$$F = A \frac{(1 + i)^n - 1}{i} \qquad (20.3 - 4)$$

式中，$\dfrac{(1+i)^n - 1}{i}$ 为等年值本利和系数。

（4）由将来值 F 求等年值 A。由将来值 F 求等年值 A 的计算称为偿还基金计算

$$A = F \frac{i}{(1 + i)^n - 1} \qquad (20.3 - 5)$$

式中，$\dfrac{i}{(1+i)^n - 1}$ 叫做偿还基金系数。

（5）由等年值 A 求现值 P。由等年值 A 求现值 P 的计算叫做等年值的现值计算

$$P = A \frac{(1 + i)^n - 1}{i} \times \frac{1}{(1 + i)^n} = APA(i, n)$$
$$(20.3 - 6)$$

式中，定义 $PA(i, n) = \dfrac{(1 + i)^n - 1}{i(1 + i)^n}$ 为等年值的现值系数。

（6）由现值 P 求等年值 A。由现值 P 求等年值 A 的计算叫做资金收回计算

$$A = P \frac{i(1 + i)^n}{(1 + i)^n - 1} = P \cdot AP(i, n)$$
$$(20.3 - 7)$$

式中，定义 $AP(i, n) = \dfrac{i(1 + i)^n}{(1 + i)^n - 1}$ 为资金收回系数。

6. 最小费用法 是电力系统规划经济分析常用的方法，适用于比较效益相同的方案或效益基本相同但难以具体估算的方案。具体有如下几种表达方式：

（1）费用现值比较法（简称现值比较法）。将各方案基本建设期和生产运行期的全部支出费用折算至计算期的第一年，现值低的方案是可取方案。通用表达式为

$$P_w = \sum_{t=1}^{n} (I + C' - S_v - W)_t (1 + i)^{-t}$$
$$(20.3 - 8)$$

式中，P_w 为费用现值；I 为全部投资（包括固定资产投资和流动资金）；C' 为年经营总成本；S_v 为计算期

末回收固定资产余值；W 为计算期末回收流动资金；i 为电力工业基准收益率或折现率；n 为计算期；$(1+i)^{-t}$ 为折现系数。

在实际工作中，也可采用终值费用或工程建成年费用进行比较。终值费用法只需将式（20.3−8）中的折现系数改为终值系数即可（折现系数与终值系数互为倒数）。工程建成年费用是将建设期的投资及运营费等按终值费用法折算到建成年；生产运行期的支出费用和计算期末回收的固定资产余值与流动资金按折现法折算到建成年。终值费用法计算出的数据庞大，工程建成年费用计算较麻烦，费用现值法比较简单。

（2）计算期不同的现值费用比较法。对计算期不同（如水、火电源方案比较）的方案，则不能简单地按式（20.3−8）计算不同方案的现值费用，一般可按各方案中计算期最短的计算。其表达式为

$$P_{w1} = \sum_{t=1}^{n_1} (I_1 + C_1' - S_{v1} - W_1)_t (1+i)^{-t}$$

$$(20.3-9)$$

$$P_{w2} = \left[\sum_{t=1}^{n_2} (I_2 + C_2' - S_{v2} - W_2)_t (1+i)^{-t} \right] \times$$

$$\left[\frac{i(1+i)^{n_2}}{(1+i)^{n_2}-1} \right] \left[\frac{(1+i)^{n_1}-1}{i(1+i)^{n_1}} \right]$$

$$(20.3-10)$$

式中，I_1、I_2 为第一、二方案的投资；C_1'、C_2' 为第一、二方案的年运营总成本；S_{v1}、S_{v2} 为第一、二方案回收的固定资产余值；ω_1、ω_2 为第一、二方案回收的流动资金；n_1、n_2 为第一、二方案的计算期 $(n_2>n_1)$；$\dfrac{i(1+i)^{n_2}}{(1+i)^{n_2}-1}$ 为第二方案的资金回收系数；$\dfrac{(1+i)^{n_1}-1}{i(1+i)^{n_1}}$ 为第一方案的年金现值系数。

（3）年费用比较法。将参加比较的各方案计算期的全部支出费用折算成等额年费用后进行比较，年费用低的方案为经济上优越方案。计算期不同的方案宜采用年费用法。计算方法只是将式（20.3−10）的费用现值再乘以资金回收系数，通用的年费用表达式为

$$AC = \left[\sum_{t=1}^{n} (I + C' - S_v - \omega)_t (1+i)^{-t} \right] \times$$

$$\left[\frac{i(1+i)^n}{(1+i)^n - 1} \right] \qquad (20.3-11)$$

式中，$\dfrac{i(1+i)^n}{(1+i)^n-1}$ 为资金回收系数；其余符号含义同式（20.3−8）。

年费用计算法如下

$$AC_m = I_m \left[\frac{i(1+i)^n}{(1+i)^n - 1} \right] + C_m' \qquad (20.3-12)$$

式中，AC_m 为折算到工程建成年的年费用；I_m 为折算到工程建成年的总投资；C_m' 为折算到工程建成年的运营成本；其余符号含义同式（20.3−8）。

将式（20.3−12）展开后为

$$AC_m = \left\{ \sum_{t=1}^{m} I_t (1+i)^{m-t} + \left[\sum_{t=t'}^{m} C_t' (1+i)^{m-t} + \right. \right.$$

$$\left. \left. \sum_{t=m+1}^{m+n} C_t' \frac{1}{(1+i)^{t-m}} \right] \right\} \times \frac{i(1+i)^n}{(1+i)^n - 1}$$

$$(20.3-13)$$

式中，I_t 为施工期逐年投资；C_t' 为逐年运营费；m 为施工期；n 为生产运行期；t' 为开始投产年；$m+n$ 为施工加生产运行期；其余符号含义如图 20.3−3 所示。

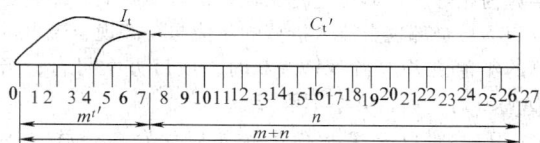

图 20.3−3 投资及运营流程图

对比式（20.3−11）和式（20.3−13）可知，式（20.3−11）是将全部支出费用折算至现值后再折算为年费用，考虑了固定资产余值和流动资金的回收；式（20.3−13）是将全部支出费用折算至工程建成年后再折算为年费用，未表达出固定资产余值和流动资金两项费用的处理。

7. 净现值（NPV）法 净现值是用折现率将项目计算期内各年的净效益折算到工程建设初期的现值之和。净现值率是反映该工程项目的单位投资取得效益的相对指标，是净效益现值与投资值之比。净现值法要求计算各项目的投入与产出效益的全部费用，因而各项目都需具备较准确的经济评价用原始参数。它适用于项目决策的最后评估。采用净现值法比较，如果诸方案投资相同，净现值大的方案为经济占优势方案；若诸方案投资不同，需进一步用净现值率来衡量。

$$ENPV = \sum_{t=1}^{n} (CI - CO)_t (1+i)^{-t} \qquad (20.3-14)$$

$$ENPVR = ENPV/I_p \qquad (20.3-15)$$

上两式中，ENPV 为净现值；ENPVR 为净现值率；CI 为现金流入量；CO 为现金流出量；$(CI-CO)_t$ 为

第 t 年的净现金流量；I_p 为投资净现值；其余符号含义同前。

净现值法又分经济净现值法和财务净现值法，计算项目不尽相同，二者比较见表 20.3 - 6。

8. 净年值（NAV）指标法 由资金的等值计算公式可知，现值（P）与等年值（A）存在如下关系

$$P = A \frac{(1 + i)^n - 1}{i (1 + i)^n} = A \cdot PA(i, n)$$

或

$$A = P \frac{i (1 + i)^n}{(1 + i)^n - 1} = P \cdot AP(i, n)$$

因而下列关系成立

$$NAV = NPV \cdot AP(i, n)$$

或

$$NPV = NAP \cdot PA(i, n) \qquad (20.3 - 16)$$

净年值指标法是将投资项目整个寿命期内的现金流量，利用适当的因子换算成净年值，再按净年值进行比较。其优点是对于寿命期不同的项目方案，无需换算为相等周期即可进行比较评价。实际上，此法是投资项目全部现金流入折算的年值与全部现金流出折算的年值之差。当 $NAV \geq 0$ 时，项目方案可行；当 $NAV < 0$ 时，项目方案不可行。

9. 内部收益率指标法和差额投资内部收益率指标法

（1）内部收益率法。要先计算各方案的内部收益率，然后比较，内部收益率大的方案为经济上占优方案。计算表达式为

$$\sum_{t=1}^{n} (CI - CO)_t (1 + i)^{-t} = 0 \qquad (20.3 - 17)$$

式中，各符号含义同式（20.3 - 14）。内部收益率采用试差法求得。

（2）差额投资内部收益率法。差额投资内部收益率法是由式（20.3 - 17）演化得来，其表达式为

$$\sum_{t=1}^{n} [(CI - CO)_2 - (CI - CO)_1]_t (1 + \Delta IRR)^{-t} = 0$$

$$(20.3 - 18)$$

式中，$(CI - CO)_2$ 为投资大的方案净现金流量；$(CI - CO)_1$ 为投资小的方案净现金流量；ΔIRR 为差额投资内部收益率。

差额投资内部收益率用试差法求得。当大于或等于电力工业投资基准收益率或社会折现率时，投资大的方案较优；当小于电力工业投资基准收益率或社会折现率时，投资小的方案较优。

10. 折返年限法 它是《建设项目经济评价方法与参数》中的静态差额投资回收期法。该方法的优点是计算简单，资料要求少。缺点是以无偿占有国家投资为出发点，未考虑时间因素，无法计算推迟投资效果，投资发生于施工期，运行费发生于投资后，在时间上未统一起来；仅计算回收年限，未考虑投资比例多少，未考虑固定资产残值；多方案比较一次无法计算出，即

$$P_a = \frac{I_2 - I_1}{C_1' - C_2'} \qquad (20.3 - 19)$$

式中，P_a 为静态差额投资回收期（折返年限）；I_1、I_2 分别为两个比较方案的投资；C_1'、C_2' 分别为两个比较方案的运行费。

如果比较方案的产量不同，可按式（20.3 - 19）用产品单位投资和单位成本进行比较。

式（20.3 - 19）亦可演化成式（20.3 - 20）用于计算，该方法称为静态差额投资收益率 R_a，其表达式为

表 20.3 - 6 　　　　　　　　经济净现值法与财务净现值法计算项目的比较

现金流入计算项目	经济净现值法	财务净现值法	现金流入计算项目	经济净现值法	财务净现值法
1. 产品销售收入	计　算	计　算	1. 固定资产投资	计　算	计　算
2. 回收固定资产余值	计　算	计　算	2. 流动资金	计　算	计　算
3. 回收流动资金	计　算	计　算	3. 经营成本	计　算	计　算
4. 项目外部效益	计　算	不计算	4. 销售税金	不计算	计　算
5. 计算转让费	计　算	计　算	5. 营业外净支出	不计算	计　算
6. 资源税	不计算	计　算	6. 项目外部费用	计　算	不计算

$$R_a = \frac{C'_1 - C'_2}{I_2 - I_1} \qquad (20.3-20)$$

式（20.3-19）计算的折返年限低于电力工业基准回收年限和式（20.3-20）计算的差额投资收益率，大于电力工业基准收益率的方案为经济上优越方案。

将式（20.3-20）按不等式计算，其表达式为

$$\frac{C'_1 - C'_2}{I_2 - I_1} > i \qquad (20.3-21)$$

式（20.3-21）还可以变换为

$$C'_1 + iI_1 > C'_2 + iI_2 \qquad (20.3-22)$$

从式（20.3-22）看出，折算费用最小的方案为经济上最优的方案。式中 i 为电力工业投资基准收益率（或称投资效果系数）。

11. 收益费用（B/C）法　主要针对公共事业性项目方案，收益费用指标是以收益现值和费用现值相互关系为基础的收益分析法，按其应用场合和范围分为微观收益费用和宏观收益费用分析。微观收益费用是针对一个投资方案或一个企业而言的；宏观收益费用分析是针对公共项目，或国家、地区、部门而言的。其计算公式为

收益／费用 ＝ 收益现值／费用现值（或 B/C）

$$(20.3-23)$$

式中，当 $B/C \geqslant 1$ 时，项目方案可行；当 $B/C < 1$ 时，项目方案不可行。

12. 财务评价方法　财务评价以财务内部收益率、投资回收期和固定资产投资借款偿还期为主要评价指标。

（1）财务内部收益率（FIRR）。财务内部收益率的计算表达式与式（20.3-17）相同，只是将式中 i 换成 FIRR。该式现金流入、流出的计算项目按财务评价规定的计算项目核算。当 FIRR $\geqslant i$（电力工业基准收益率）时，应认为项目在财务上是可行的。

（2）投资回收期。又称投资返本年限，是该项目或方案的净收益抵偿全部投资（包括固定资产和流动资金）所需的时间。投资回收期自工程开始年算起，按年表示的表达式为

$$\sum_{t=1}^{P_t} (CI - CO)_t = 0 \qquad (20.3-24)$$

财务内部收益率和投资回收期可由财务现金流量表推算出。该表中投资回收期表达式为

$$P_t = P_{tn} - 1 + \frac{C_{sLj}}{C_{dj}} \qquad (20.3-25)$$

式中，P_t 为计算投资回收期（以年数表示）；P_{tn} 为累计净现金流量开始出现正值的年份数；C_{sLj} 为上年累计净现金流量的绝对值；C_{dj} 为当年净现金流量。

将 P_t 与电力工业投资基准回收期 P_c 相比较，当 $P_t < P_c$ 时，应认为在财务上是可行的。

（3）固定资产投资借款偿还期 P_d。是指在国家财政规定及项目具体财务条件下，项目投产后可用作还款的利润、折旧及其他收益额偿还固定资产投资借款本金和利息所需时间。其表达式为

$$I_d = \sum_{t=1}^{P_d} (R_P + D' + R_0 - R_t)_t$$

$$(20.3-26)$$

式中，I_d 为固定资产投资借款本金与利息之和；P_d 为借款偿还期（从建设开始年算起，若从投产年算起应注明）；R_P 为年利润总额；D' 为年可用作偿还借款的折旧；R_0 为年可用作偿还借款的其他收益；R_r 为还款期间企业留利；$(R_P + D' + R_0 - R_r)$ 为第 t 年可用作还款的收益额。

借款偿还期可由财务平衡表直接推算出，以年表示，计算式为

$$P_d = P_{dy} - 1 + \frac{R_{dj}}{R_{dsj}} \qquad (20.3-27)$$

式中，P_{dy} 为借款偿还后开始出现盈余的年份数；R_{dj} 为当年应偿还金额；R_{dsj} 为当年可用作还款的收益额。

13. 国民经济评价法　国民经济评价以经济内部收益率为主要评价指标。根据项目特点和实际需要，可计算经济净现值和经济净现值率等指标。

（1）经济内部收益率。反映项目对国民经济的相对贡献。它是使项目计算期内的经济净现值累计等于零时的折现率，计算出的经济内部收益率大于或等于社会折现率的项目认为是可考虑接受的。其计算式为

$$\sum_{t=1}^{n} (CI - CO)_t (1 + EIRR)^{-t} = 0$$

$$(20.3-28)$$

式中，EIRR 为经济内部收益率；CI 为现金流入量；CO 为现金流出量；n 为计算期；$(CI-CO)_t$ 为第 t 年净现金流量。

（2）经济净现值。是反映项目对国民经济所作贡献的绝对指标。它是用社会折现率将项目计算期内各年的净效益折算到建设起点的现值之和。当经济净现值大于零时，表示该项目是可以接受的。其计算式为

$$ENPV = \sum_{t=1}^{n} (CI - CO)_t (1 + i_s)^{-t}$$

$$(20.3-29)$$

式中，ENPV 为经济净现值；i_s 为社会折现率；其余符号含义同式（20.3-27）。

（3）经济净现值率。用于方案比较，当各方案投资不同时，用经济净现值率表示。其表达式为

$$ENPVR = \frac{ENPV}{I_P} \qquad (20.3-30)$$

式中，I_P 为投资的现值（包括固定资产投资和流动资金）。

14. 各类方案比较宜考虑的因素

（1）一般性的小方案比较。如设备型号、局部性的小电网、电气主接线等不同方案的选择，其特点是各方案的建设期短，且建设时间基本近似。具体要求如下：

1）各比较方案生产能力相同。

2）比较内容应包括投资、电能损失和运营费。

3）比较方法可采用静态法，如果方案涉及国外贷款或设备进口，应考虑到其贷款利息和进口税收影响。

（2）同一电网的火电厂址方案比较。

1）比较条件应是供电能力和主设备相同。

2）比较内容包括发电厂本体部分（土石方量、进厂铁路和公路专用线、供水、除灰、环保，以及因厂址不同引起的电气主接线的差异）、电网接线和燃料运输的投资与运营费差别。如厂址不同，煤源不同，还应考虑煤矿建设与运营费的差异。

3）因电厂建设期长，比较方法必须考虑建设期贷款利息和投资时间因素，即应当用动态法比较。

（3）水、火电厂方案比较。水、火电厂间的方案比较较为复杂，很难补齐可比条件。往往补得出力相同，年供电量不同；电量补得相同后，供电出力又不相同。具体要求如下：

1）尽可能补齐可比条件，即设计水平年不同方案的逐年供电出力和供电量应设法补齐。

2）比较内容应包括水、火电厂本体部分（环保、淹没损失赔偿也应计入）、电网差异部分、交通运输的不同部分、能源建设的差异部分（火电厂考虑煤矿建设）和综合效益的差别。

3）比较方法要考虑投资时间因素、建设期的贷款利息、水电和火电的不同使用寿命等差异。

（4）不同水电厂开发方案。

1）比较条件应是设计水平年内逐年最大负荷的供电出力和逐年供电量相同。

2）比较内容应包括不同方案的发电厂本体（包括环保和淹没赔偿）、不同电厂的电网建设和综合效益。

3）比较方法要考虑投资时间因素和建设期贷款利息。

（5）电源已定的不同网架方案比较。

1）比较条件应是供电能力相同（包括稳定运行水平、电压水平、可靠性等）。

2）比较内容应包括不同网架方案的送变电本体、电能损失和无功补偿费用。

3）比较方法要考虑不同方案的过渡期的电网建设差异的影响，还应考虑投资时间因素和建设期的贷款利息。

（6）联网方案比较。

1）比较条件应是设计水平年内逐年供电电力和电量相同。

2）分析联网效益的内容有错峰效益、节约备用效益、提高水电出力的效益、补偿调节效益、减少弃水效益、改善运行方式节能效益、提高可靠性效益等。

3）比较内容应包括联网和不联网发电厂建设与运营费的差别、电网建设与运营费的差别（包括送变电本体、电能损失、无功补偿）、一次能源开发和生产的差别、交通运输的差别等。

4）比较方法应考虑时间因素和建设期贷款利息，还应对联网本体工程进行财务分析。

（7）输煤送电方案比较。

1）比较方案应当具备的条件是煤源相同、供电出力和供电量相同、发电厂主设备基本相同。

2）比较内容包括电厂本体费用的差异、送电网络费用的差异、输煤费用的差异、因送电而实现联网还应计算联网效益。

3）比较方法要考虑建设期贷款利息和时间因素。

3.6　电力网络的可靠性

1. 电力系统可靠性　它是指电力系统按可接受的质量标准和所需数量不间断地向电力用户供应电力和电能量的能力的量度，包含静态可靠性和动态可靠性。

2. 电力系统静态可靠性　它是指静态条件下电力系统满足用户电力和电能量的能力，又称充裕性；指电力系统维持连续供给用户总的电力需求和总的电能量的能力，同时考虑到系统元件的计划停运及合理的期望非计划停运。

3. 电力系统动态可靠性　它是指动态条件下电力系统经受住突然扰动且不间断地向用户提供电力和电能量的能力，又称安全性；是电力系统承受突然发生的扰动，如突然短路或未预料到的失去系统元件的能力。

4. 可靠性指标　电力系统可靠性是通过定量的可靠性指标来量度的。一般可以是故障对电力用户造成的不良后果的概率、频率、持续时间、故障引起的期望电力损失及期望电能量损失等，不同子系统有不同的可靠性指标。

（1）概率指标。设备或系统在预期时间内发生故障的概率。

（2）频率指标。设备或系统在单位时间内发生故障的平均次数。

（3）持续时间指标。设备或系统故障的平均持续时间等。

（4）期望值指标。设备或系统在一年中发生故障的期望天数等。

5. 电力系统设备可靠性　它是指电力系统的设备或产品在规定的条件下和规定的时间内完成规定功能的能力。它综合反映了设备的耐久性、可靠性、维修性、有效性和使用经济性等，可用下面的定量指标表示为：

（1）故障率 $\lambda(t)$。设备在 t 时刻以前正常工作，t 时刻后单位时间发生故障的条件概率密度。当设备的工作寿命分布呈指数分布时，设备的故障率为常数 λ，为设备在单位时间内发生故障的比率。

（2）修复率 $\mu(t)$。设备发生故障后，在 t 时刻以前未被修好，而在 t 时刻以后单位时间被修的条件概率密度。当设备的修复过程呈指数分布时，设备的修复率为常数 μ，为设备在单位时间内完成修复的比率。

（3）平均无故障工作时间 MTTF。设备持续工作时间的数学期望值。当设备的工作寿命分布呈指数分布时，有

$$\mathrm{MTTF} = 1/\lambda \qquad (20.3-31)$$

（4）平均修复时间 MTTR。设备持续修复时间的数学期望值。当设备的修复过程分布呈指数分布时，有

$$\mathrm{MTTR} = 1/\mu \qquad (20.3-32)$$

（5）可用度 A。设备可利用的程度，又可称为可用率或设备的工作概率。常用时间的概率量来表示

$$A = \mathrm{MTTF}/(\mathrm{MTTF} + \mathrm{MTTR}) \qquad (20.3-33)$$

当设备的工作寿命与修复过程都呈指数分布时，有

$$A = \mu/(\lambda + \mu) \qquad (20.3-34)$$

设备的不可用度（又称为不可用率或设备的故障停运概率）

$$\overline{A} = 1 - A$$

6. 输电系统可靠性指标

（1）电力不足概率 LOLP。输电网电力不足概率 LOLP（Loss of Load Probability），定义为电网某日在某一负荷水平下由于电网结构不合理，或设备（变压器及线路等）检修及故障停运而引起供电能力（或称传输能力）不足造成用户停电的概率。当设备状态相互独立时，LOLP 可按下式计算

$$\mathrm{LOLP} = P_{\mathrm{L}} \sum_{q \in F} P_{\mathrm{Sq}} = P_{\mathrm{L}} \sum_{q \in F} \prod_{j \in h} P_{qj} \prod_{k \in \overline{h}} (1 - P_{qk})(\mathrm{d/d})$$

$$(20.3-35)$$

式中，F 为导致电网供电不足的所有故障状态集合；H 为电网中所有正常设备的集合；h 为电网中所有故障设备或检修停运设备的集合；P_{L} 为负荷水平 L 发生的概率；P_{Sq} 为电网处于 q 状态的概率；P_{qj}，P_{qk} 为电网在 q 状态下第 j 台和第 k 台设备的故障停运概率（计划检修停运概率），可按下述公式计算

$$\begin{cases} P_{qj} = \dfrac{\lambda_j}{\lambda_j + \mu_j} \\[2mm] P_{qk} = \dfrac{\lambda_k}{\lambda_k + \mu_k} \end{cases} \qquad (20.3-36)$$

式中，λ_j，μ_j，λ_k，μ_k 为第 j 台和第 k 台设备的故障率、修复率（或计划检修率及相应的修复率）。

（2）电力不足期望值 LOLE。输电网的电力不足期望值 LOLE（Loss of Load Expectation）定义为研究期间内，电网在不同负荷水平下由于电网结构不合理或设备检修及故障停运而引起供电不足造成用户停电时间的均值。设研究期间内的负荷水平集为 NL，其中第 r 个负荷水平出现的概率为 $P_{\mathrm{L}r}$，则电力不足期望值可按下式计算

$$\mathrm{LOLE} = \sum_{r \in NL} P_{\mathrm{L}r} \sum_{q,\, r \in F} \prod_{j \in h} P_{qj} \prod_{k \in H} (1 - P_{qk})(\mathrm{d}/期间)$$

$$(20.3-37)$$

（3）电力不足频率 LOLF。用电网的电力不足频率 LOLF（Loss of Load Frequency）表示研究期间内，电网在不同负荷水平下由于电网结构不合理或设备检修及故障停运而引起供电不足造成用户停电的平均次数。LOLF 不仅与负荷水平和设备状态有关，还与电网各状态之间的转移率有关。其计算如下

$$\mathrm{LOLF} = \sum_{r \in NL} P_{\mathrm{L}r} \sum_{q,\, r \in F} \prod_{j \in h} P_{qj} \prod_{k \in H} (1 - P_{qk}) \sum_{l \in S} \lambda_{ql}$$

$$（次/期间）\qquad (20.3-38)$$

式中，S 为电网正常状态集合；λ_{ql} 为电网从故障状态 q 转到正常状态 l 的转移率。

当只考虑单重设备停运时，λ_{ql} 就为设备的修复率。但如果考虑设备的多重故障，则须对所有的转移进行检验后，才能根据各停运设备修复率确定相应状态的转移率。

（4）电力不足持续时间 LOLD。用电网的电力不足持续时间 LOLD（Loss of Load Duration）表示研究期间内，由于电网结构不合理或电网故障引起用户停电的平均持续时间。它可以用电力不足期望值与电力不足频率的比值来近似表示

$$\mathrm{LOLD} = \frac{\mathrm{LOLE}}{\mathrm{LOLF}} \quad （\mathrm{d}/次）\qquad (20.3-39)$$

（5）电量不足期望值 EENS。电网的电量不足期望值 ENNS（Expected Energy Not Supplied）表示在一研究期间内，由于电网结构不合理或部分电气设备停运造成电网供电不足，而使用户得不到供电的缺电量

均值。一研究期间内的 EENS 可通过下式求得

$$EENS = \sum_{r \in NL} P_{Lr} \sum_{q,\ r \in F} APNS_{q,\ r} \prod_{j \in h} P_{qj} \prod_{k \in H} (1 - P_{qk})$$
$$(kW \cdot h / 期间)$$

$$(20.3 - 40)$$

式中，$APNS_{q,r}$ 是电网在负荷水平为 r、故障状态为 q 时向用户少供的有功功率总值，即总的缺负荷量。当用上式求电网各节点的电量不足期望值时，其中的 $APNS_{q,r}$ 就为各节点的缺负荷量。

7. 配电系统可靠性指标

（1）配电网平均停电频率指标 SAIFI。配电网的平均停电频率指标 SAIFI（System Average Interruption Frequency Index）是指每个由配电网供电的用户在单位时间内所遭受到的平均停电次数，它可以用一年中用户停电的累积次数除以系统供电的总用户数来估计

$$SAIFI = \frac{\sum_i \lambda_i N_i}{\sum_i N_i} \quad [次/(户 \cdot 年)] \quad (20.3 - 41)$$

式中，N_i 为负荷点 i 的用户数；λ_i 为负荷点 i 的等效故障率。

（2）系统平均停电持续时间指标 SAIDI。配电网平均停电持续时间指标 SAIDI（System Average Interruption Duration Index）是指每个由配电网供电的用户在一年中所遭受的平均停电持续时间，可以用一年中用户遭受的停电持续时间总和除以该年中由系统供电的用户总数来估计

$$SAIDI = \frac{\sum_i N_i U_i}{\sum_i N_i} \quad [h/(户 \cdot 年)] \quad (20.3 - 42)$$

式中，U_i 为负荷点 i 的等效年平均停电时间。

（3）用户平均停电持续时间指标 CAIDI。用户平均停电持续时间指标 CAIDI（Customer Average Interruption Duration Index）是指一年中被停电的用户所遭受的平均停电持续时间，可以用一年中用户停电持续时间的总和除以该年停电用户总户数来估计

$$CAIDI = \frac{\sum_i N_i U_i}{\sum_{j \in EFF} N_j} \quad [h/(停电户 \cdot 年)]$$

$$(20.3 - 43)$$

式中，EFF 为受停电影响的负荷点的集合。

（4）用户平均停电频率指标 CAIFI。用户平均停电频率指标 CAIFI（Customer Average Interruption Frequency Index）是指一年中每个被停电的用户所遭受的平均停电次数，可按下式计算

$$CAIFI = \frac{\sum_i \lambda_i N_i}{\sum_{j \in EFF} N_j} \quad [h/(停电户 \cdot 年)]$$

$$(20.3 - 44)$$

（5）配电网平均供电可用率指标 ASAI。配电网平均供电可用率指标 ASAI（Average Service Availability Index）是指一年中用户经受的不停电时间总数与用户要求的总供电时间之比，可按下式计算

$$ASAI = \frac{8760 \sum_i N_i - \sum_i U_i N_i}{8760 \sum_i N_i}$$

$$(20.3 - 45)$$

有

$$ASAI = 1 - \frac{SAIDI}{8760} \quad (20.3 - 46)$$

（6）配电网电量不足指标 ENSI。配电网电量不足指标 ENSI（Energy Not Service Index）是指系统中停电负荷的总停电量，其计算式为

$$ENSI = \sum L_{a(i)} U_i \quad (kW \cdot h)$$

$$(20.3 - 47)$$

式中，$L_{a(i)}$ 为连接在停电负荷点 i 的平均负荷（kW）。

3.7　电力网络规划方案的可靠性成本效益分析

1. 可靠性成本效益分析的意义　电网规划过程中进行可靠性成本-效益分析的意义在于通过分析研究电网建设的投资成本与由此带来的可靠性效益，确定什么样的投资能获得供电总成本最低的最佳可靠性水平，使规划出的电网将来投运后整体社会效益最好。

2. 可靠性边际成本　边际成本是每增加一个单位的收益而需增加的投资成本，即收益为（$B+1$）单位时的总成本减去收益为 B 时的总成本：$\partial TC / \partial B$；可靠性边际成本是供电部门为使电网达到一定供电可靠性水平而需增加的投资成本（包括运行成本）。

3. 可靠性边际效益　边际效益是因增加了一个单位收益而获得的效益或因此而减少的总成本：$\partial TB / \partial B$；可靠性边际效益是因电网达到一定供电可靠性水平而使用户获得的效益。为便于衡量和计算某一供电可靠性水平下电网所产生的社会和经济效益，可将可靠性效益用缺电成本，即由于电力供给不足或中断引起用户缺电、停电而造成的经济损失来表示，又称边际缺电成本。

4. 平均成本　是指分摊到每个单位收益的总成本

$$AC = TC / B$$

5. 净效益　净效益 TTB 为总效益减去总成本

$$TTB = TB - TC$$

6. 可靠性成本效益分析　可靠性成本效益分析曲线如图 20.3 - 4 所示。

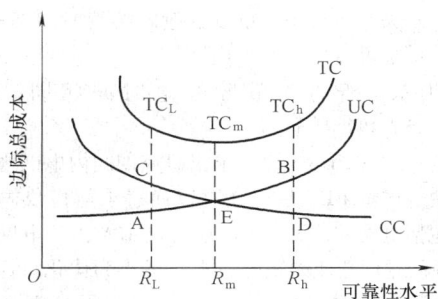

图 20.3－4　可靠性成本效益分析曲线

可靠性成本效益分析可用边际成本与边际效益概念来说明。图 20.3－4 所示的可靠性成本效益分析曲线中，UC 为可靠性边际成本曲线；CC 为可靠性边际效益曲线或边际缺电成本曲线；TC 为边际供电总成本曲线。由分析可知，当可靠性边际成本等于可靠性边际效益，即曲线 UC 与 CC 相交时，边际供电总成本最低为 TC_m，这时所对应的可靠性水平 R_m 为最佳可靠性水平。若电网投资不足，设可靠性成本对应于曲线 UC 上的 A 点，对应的供电可靠性水平（R_L）低于 R_m，其边际供电总成本（TC_L）高于 TC_m；若电网投资过高，设可靠性成本对应 UC 上的 B 点，虽然相应的供电可靠性水平（R_h）高于 R_m，但边际供电总成本（TC_h）仍然高于 TC_m。因此，只有当每增加一个单位供电可靠性水平所需的投资成本等于用户因该可靠性提高而获得的效益（或由此减少的缺电成本）时，电网的边际供电总成本最低，电网可靠性水平最合理。数学表示如下

$$\frac{\partial BE}{\partial R}\frac{\partial R}{\partial C} = 1 \qquad (20.3-48)$$

式中，BE 为用户获得的效益；R 为可靠性水平；C 为投资成本。

当以供电总成本最低为规划目标时，目标函数简记为

$$\min Z = WC + UEC \qquad (20.3-49)$$

式中，Z 为电网供电总成本；WC 为电网建设的投资费用；UEC 为由于电网供电不足或停电而引起的需求侧（用户）缺电成本。

为使得供电总成本最少，社会净收益最大，式（20.3－49）对 WC 求导

$$\frac{\partial Z}{\partial WC} = \frac{\partial UEC}{\partial WC} + 1 = 0 \qquad (20.3-50)$$

即

$$-\frac{\partial UEC}{\partial WC} = 1 \qquad (20.3-51)$$

用增量形式表示为

$$-\Delta UEC = \Delta WC \qquad (20.3-52)$$

通过分析可知，当 $-\Delta UEC > \Delta WC$ 时，$\partial Z/\partial WC <$ 0，电网建设投资费用的增加小于缺电成本的减少，此时可靠性水平的提高只需较少的投资费用，投资增加能够获得收益。

当 $-\Delta UEC = \Delta WC$ 时，$\partial Z/\partial WC = 0$，投资费用的边际增加将完全为停电损失成本的边际减少所抵消，供电总成本 TC 最小，即电网建设最佳投资和达到最佳可靠性的条件。

当 $-\Delta UEC < \Delta WC$ 时，$\partial Z/\partial WC > 0$，电网建设投资费用的增加大于缺电成本的减少，此时系统可靠性水平的提高需要大量增加投资费用，投资增加已不能获得收益。

7. 可靠性效益分析和计算　电网规划中可把规划方案的可靠性效益分析计算转化为对用户缺电成本的计算。

目前缺电成本计算采用下述几种简单的估算方法：

（1）按 GDP 计算。该方法是按每缺 1kW·h 电量而减少的国民生产总值 GDP 计算平均缺电成本，即 GDP/总用电量，反映了缺电对整体经济的平均影响，但无法描述各类用户受到的实际影响。

（2）按电价倍数计算。根据对各类用户进行缺电损失的调查和分析，用平均电价的倍数来估算缺电成本。该方法虽然反映了缺电损失影响，但没有考虑缺电持续时间等因素的影响。

（3）按缺电功率、缺电量、缺电持续时间及缺电频率计算。常采用下式计算年缺电成本

$$UEC = \sum_{i=1}^{k}(K_w P_i + K_E E_i) \qquad (20.3-53)$$

式中，K_w、K_E 分别为单位缺电功率与单位缺电量损失系数；P_i、E_i 为第 i 次缺电功率及缺电量；k 为每年缺电次数（即缺电频率）。其中的 K_w、K_E 与工业用户大小有关。

缺电成本计算问题不仅与各国经济发展状况、国情及电力和电力需求侧管理水平有关，还与国家法制、法规的健全与实施有关，是一个涉及面较广的复杂问题。

为方便而又不失一般性地反映缺电影响，可构造缺电损失评价率 IEAR（Interrupted Energy Assessment Rate），把用户单位缺电功率或缺电量下的平均缺电成本作为停电时间函数，而其他一些影响因素在 IEAR 的构造中得以反映。IEAR 定义为由于电网供电中断造成用户因得不到单位电量而引起的经济损失。研究期间内的缺电成本 UEC（Unserved Energy Cost）可按下式计算

$$UEC = \sum_{i=1}^{n} IEAR_i \times EENS_i \qquad (20.3-54)$$

式中，n 为电网的负荷节点数；$IEAR_i$ 为节点 i 的缺

电损失评价率，单位为元/(kW·h)；EENS$_i$ 为研究期间内节点 i 的电量不足期望值（kW·h/期间），可通过系统可靠性计算得到。

IEAR 可通过向用户调查所得到的基础资料及系统可靠性计算结果来构造，主要步骤如下：

（1）对供电区内用户进行调查，获取不同缺电时间段内各类用户的缺电损失情况。

（2）将所得资料进行汇编整理并以此建立供电区内各类用户缺电损失函数 SCDF（Sector Customer Damage Function），以表征各类用户缺电损失与缺电时间的关系。

（3）根据建立的 SCDF 及各类用户年峰荷或年电能消耗量，求出以节点为单位的用户综合缺电损失函数 CCDF（Composite Customer Damage Function），以说明用户综合缺电损失与停电时间的关系

$$CCDF_i(t) = \sum_{j=1}^{N} SCDF_j(t) \times \left(\frac{P_j}{\sum_{j=1}^{N} P_j} \right) \quad [\text{元}/(kW \cdot h)]$$

$$(20.3 - 55)$$

或

$$CCDF_i(t) = \sum_{j=1}^{N} SCDF_j(t) \times \left(\frac{E_j}{\sum_{j=1}^{N} E_j} \right) \quad [\text{元}/(kW \cdot h)]$$

$$(20.3 - 56)$$

式中，N 为节点 i 上的用户分类数；$SCDF_j(t)$ 为第 j 类用户停电 t 时的损失；P_j、E_j 分别为第 j 类用户的年峰荷值及电能消耗量。

（4）求出各节点缺电损失评价率 IEAR$_i$：在综合考虑缺电量、缺电持续时间、缺电频率及用户综合缺电损失影响下，IEAR$_i$ 可用下式计算

$$IEAR_i = \frac{\sum_{k=1}^{m} L_{ik} f_k C_{ik}(d_k)}{\sum_{k=1}^{m} L_{ik} f_k d_k} \quad [\text{元}/(kW \cdot h)]$$

$$(20.3 - 57)$$

式中，m 为造成节点 i 用户缺电的故障总次数；L_{ik} 为第 k 种故障下节点 i 的缺负荷量；f_k 及 d_k 分别为第 k 种故障出现的频率及持续时间；$C_{ik}(d_k)$ 为相应的单位缺电损失，可由用户综合缺电损失函数求得。其中的 L_{ik}、f_k、d_k 可通过可靠性计算求出。式（20.3 - 57）的分母表示研究期间内 m 次故障下节点 i 的缺电量，分子表示相应的缺电成本期望值。整个式子表示综合考虑系统故障情况下的单位缺电成本期望值。实用中，IEAR$_i$ 的近似算式为

$$IEAR_i \approx \frac{C_i(\overline{d}_i)}{\overline{d}_i} \quad [\text{元}/(kW \cdot h)] \quad (20.3 - 58)$$

式中，$\overline{d}_i$ 为造成节点 i 缺电的故障持续时间期望值，可通过系统可靠性计算得出；$C_i(\overline{d}_i)$ 为相应的单位缺电损失。若每次故障停电时间相同，则式（20.3 - 58）可取等号。

当按式（20.3 - 57）求出研究期间内电网规划方案的缺电成本 UEC 后，就可以通过求解以供电总成本（包括电网的建设成本、运行成本及由于电网供电可靠性问题而造成的缺电成本）最小为优化目标的电网规划数学模型，综合分析与评价电网规划方案的优劣。

3.8 电力网络的无功补偿规划

1. 无功补偿规划原则

（1）电力系统的无功电源和无功负荷，在高峰和低谷时应采用（电压）分层和（供电）分区基本平衡的原则进行配置和运行，并应具有灵活的无功调节手段与检修备用。

（2）电力系统应有事故无功电力备用，以保证负荷集中区在正常运行方式下，突然失去一回线路，或一台最大容量无功补偿设备，或本地区一台最大容量发电机（包括发电机失磁时），能保持电压稳定和正常供电，而不致出现电压崩溃。

（3）无功补偿设备的配置与设备类型选择，应进行技术经济比较。220kV 及以上电网，应考虑提高电力系统稳定的作用。

（4）220～500kV 电网，应按无功电力分层就地平衡的基本要求配置高低压并联电抗器，以补偿超高压线路的充电功率。一般情况下，高低压并联电抗器的总容量不宜低于线路充电功率的 90%，高低压并联电抗器的容量分配应按系统的条件和各自的特点全面研究决定。

（5）330～500kV 电网的受端系统，应按输入有功容量相应配套安装无功补偿设备。其容量（kvar）宜按输入容量（kW）的 40%～50% 计算，分别安装在向其供电的 220kV 及以下变电所中。

（6）220kV 及以下电网的最大自然无功负荷，可按下式计算

$$Q_{Lmax} = KP_{Lmax} \quad (20.3 - 59)$$

式中，Q_{Lmax} 为电网最大自然无功负荷；P_{Lmax} 为电网最大有功负荷（发电负荷和外网送入负荷）；K 为自然无功负荷系数。K 值的大小与城网结构、电压层次和用户构成有关，可计算得出，一般可选 1.1～1.3。

（7）电网的无功补偿可采用用户端分散就地补偿与变电所集中补偿相结合的方式，以利于降低电网损耗和有效地控制电压质量。

（8）无功补偿装置主要是配置可手动/自动频繁

投切的并联电容器组。电容器组宜采用密集型电容器组或由单台大容量有内放电电阻的电容器构成，并应具有功率因数或电压控制的自动投切功能。

（9）变电所应合理配置恰当容量的无功补偿装置，保证500kV及以下变电所在最大负荷时中低压侧出线不小于表20.3-7所示的功率因数规定值。

表 20.3-7　　　功率因数规定值

变电站高压侧电压/kV	变电站中低压侧出线功率因数 $\cos\varphi$	无功补偿配置原则
500		一般可不装设电容器组；低压电抗器容量不宜低于500kV线路充电功率的90%
220	0.95~0.98	装设电容器组的容量一般为主变压器容量的12%~16.7%；220kV电缆进线的终端站应装设低压电抗器，其容量不宜低于220kV电缆充电功率的110%；变电站毗邻大中型发电厂的情况下，满足电压控制范围可不配置电容器组
110 35	0.90~0.95	装设电容器组的容量一般为主变压器容量的15%~20%
10	0.85~0.95	装设电容器组的容量一般为配电变压器容量的20%~30%

（10）为限制大容量冲击性负荷、波动负荷对电源产生电压骤降、闪变以及非线性畸变负荷对电网注入谐波的影响，必须要求用户就地装设静止无功补偿装置（SVC）。

（11）为保持电网安全稳定运行，防止电压崩溃，提高区外受电容量有特殊要求时，经技术经济比较合理后，可考虑配置无功补偿装置。

（12）对于并联电容补偿的最基本要求是满足负荷对无功电力的基本需要，使电压运行在规定的范围内，以保证电力系统运行安全和可靠。当电厂出线电压在220kV及以下时，其母线电压一般不宜高于额定电压的10%。因此，各级电网的送受端允许有10%的电压降。线路压降越大，输送无功电力越多。从利用发电机无功容量考虑，按电压原则进行无功补偿，可以让线路多输送些无功电力给受端。这一原则适用于无功补偿容量小，尚不能按经济补偿原则来要求的电力系统。按电压原则补偿，使电网中无功流动

量加大和流动距离增加，电网有功损耗也相应提高。

（13）在电力系统无功补偿设备充裕，电网运行管理水平较好的情况下，并联无功补偿应按减少电网有功损耗和年费用最小的经济原则进行补偿和配置，即就地分区分层平衡。500（330）kV与220（110）kV电网层间，应提高运行功率因数，甚至不交换无功。一个供电公司是一个平衡区，一个500kV变电所可作为一个供电区，35~220kV变电所均可作为一个平衡单位，以防止地区间变电所无功电力大量蹿动。对用户则要求最大有功负荷时，功率因数补偿到0.98~1.0。而且要求补偿容量随无功负荷的变化及时调整平衡，不向系统输送无功。

2. 无功补偿优化模型　无功补偿最优配置规划，是根据各规划年的负荷水平，通过优化计算求出电网逐年补偿电容量及有载调压变压器的最优配置方案。

（1）最优配置方案的目标函数。

1）网损最小

$$P_L = \sum_{i=1}^n \sum_{j=1}^n U_i U_j G_{ij} \cos\theta_{ij} \quad (20.3-60)$$

式中，U_i、U_j 为 i、j 节点的电压；G_{ij} 为 i 和 j 节点之间的电导；θ_{ij} 为 U_i 和 U_j 之间的相角差。

2）补偿电容最小（或补偿费用最省）

$$\min Z = \sum_{i=1}^k C_i \Delta Q_{ci} \quad (20.3-61)$$

式中，Z 为费用或电容容量表达式；ΔQ_{ci} 为 i 节点的补偿电容增量；C_i 中 1 为以补偿量为目标函数时的取值，A_i 为以补偿费用为目标函数，i 补偿点单位补偿电容的费用。

3）补偿效果最好

$$\max Z = \sum_{i=1}^{K_c} a_i^g \Delta u_i \quad (20.3-62)$$

式中，K_c 为控制变量个数；a_i^g 为第 i 个控制变量网络性能的综合补偿效果系数；Δu_i 为第 i 个控制变量的增量。

4）综合经济效益最大。从经济效益角度来评价无功和电压的优化效果，就是将无功优化补偿后的网损降低，设备投资费用、银行贷款利息、能源成本提高、设备折旧、电费分时计算等综合考虑的经济效益作为目标函数。

（2）被控制量与控制量的约束方程。

1）被控制量的约束条件。一般以电网中各母线（节点）电压、线路及变压器的电流为被控制量，所以节点电压的允许偏移范围、线路及变压器的允许电

流就是约束条件，其表达式为

$$U_i^{\min} \le U_i \le U_i^{\max} \quad (i = 1, 2, \cdots, n)$$

$$I_j \le I_j^{\max} \quad (j = 1, 2, \cdots, m) \quad (20.3 - 63)$$

式中，i 为节点号；j 为支路号；n、m 为节点和支路数；$U_i^{\min}$、$U_i^{\max}$ 为 i 节点电压的下限和上限；$I_j^{\max}$ 为 j 支路的允许电流上限。

2) 控制变量的约束条件。如果电网没有发电厂，那么控制电网无功的手段只能是投切电容器和改变有载调压变压器的分接头（即控制变量）。对于一个具体的电网，各节点的可投切电容和变压器分接头的调节范围都是一定的，即必须满足

$$Q_{cj}^{\min} \le Q_{cj} \le Q_{cj}^{\max} \quad (j = 1, 2, \cdots, n - 1)$$

$$t_k^{\min} \le t_k \le t_k^{\max} \quad (k = 1, 2, \cdots, M_k)$$

$$(20.3 - 64)$$

式中，t_k 为第 k 台变压器调节分接头；M_k 为可调压变压器台数；$t_k^{\max}$、$t_k^{\min}$ 分别为第 k 台调压变压器分接头上、下限；$Q_{cj}^{\min}$ 和 $Q_{cj}^{\max}$ 分别为电网 j 节点上配置的电容量上、下限，其值根据无功电压优化计算来决定，对于长期的无功配置规划，可能是分期配置电容。所以投切电容的上、下限应按具体情况来确定。

3. 无功补偿容量的配置 在规划出全系统或局部地区所需要的无功补偿总容量后（注：如果不是按上节中无功补偿优化模型获得的无功容量），需将其配置到用户和各级变电所中去，配置方式按前面无功补偿规划原则要求，并考虑到适当集中补偿容量，以利于节省投资和无功控制。

（1）用户的补偿容量。目前我国对用户尚未要求按经济原则（即在最大负荷方式时，要求用户基本不受系统供给的无功（功率因数达到 0.98 ~ 1.0）；在非最大负荷方式时，用户应及时调节补偿容量，不向系统送无功）进行补偿。按经济补偿原则，用户需要装设有效的控制设备和具有较高的运行水平。

对用户的补偿容量在《供电营业规则》中已有规定，用户在当地供电局规定的电网高峰时的功率因数，应达到下列要求：

对于高压供电的工业用户和供电装置有带负荷调整电压装置的用户，功率因数为 0.9 以上；对于其他 100kVA（kW）及以上电力用户和大、中型电力排灌站，功率因数为 0.85 以上；对于趸售和农业用电，功率因数为 0.8。

目前各电网中，大部分是符合按功率因数 0.9 进行补偿的电力用户。如按用户自然功率因数 0.707 计（$Q/P=1$），用户只需补偿其所需无功容量的 50%，

其余 50% 的无功电源则取自电力系统。

（2）220kV 及以下地区电网无功补偿容量配置。无功补偿容量的配置方式与电网结构、负荷性质、负荷间的同时率、受电电压等因素有关。根据目前供用电规则和具体情况，各级变电所电容器补偿容量可按主变压器容量计算：

1）35kV 和 110kV 变电所补偿容量，一般可取主变压器容量的 15% ~ 20%；63kV 变电所一般可取主变压器容量的 20% ~ 30%；220kV 变电所一般可取主变压器容量的 0 ~ 30%。

2）如有地区性电厂接入不同的电压层，则根据其供出的无功容量相应减少该层变电所的补偿容量，甚至不装无功补偿设备，受电厂无功。

就地补偿的配置方式，使电网有功和无功损耗减少，但由于用户加大了补偿容量，用户间的同时率将起作用，补偿总容量会有所增加。通过综合经济分析，可确定经济补偿容量。

（3）500（330）kV 电网无功补偿装置配置。500（330）kV 变电所中，一般在主变压器的第三绕组侧（15 ~ 63kV）装设低压电抗器和并联电容器，并根据各种技术需要在线路两端装设 500（330）kV 高压电抗器。按就地补偿原则，电厂内也需装设电抗器，如厂内无条件安装低压电抗器时，应安装高压电抗器补偿充电功率。

（4）电缆线路电抗器的补偿。随着城市电网建设的需要，35 ~ 220kV 电缆线路敷设量逐渐增加。电缆线路单位长度的电抗小，一般为架空线路的 30% ~ 40%；正序电容大，一般为架空线路的 20 ~ 50 倍；由于散热条件不同，同样截面的导体，电缆长期允许通过的电流值，一般只有架空线路的 50%。因此，电缆线路相对架空线路而言，其运行特点是损耗小、充电功率多、负荷轻。

由于 35kV 和 63kV 电缆线路的充电功率小且距负荷的电气距离近，一般情况下，即作为无功电源参与无功平衡，不进行电抗补偿。对 110kV 和 220kV 电缆线路的充电功率，则需根据电缆线路长度和电网的具体情况而定。电缆充电功率利用越多，无功电源的调节容量越小。为更好地使用和调节电缆线路产生的无功容量，应考虑装设一定容量的电抗器，以补偿在小负荷运行方式时电缆线路多余的充电功率。

用并联电抗器补偿电缆线路充电功率，其容量和配置方式尚无明确规定。上海地区电网的做法是：在有电缆进出线的 220kV 变电所低压侧安装补偿电抗器，其容量为主变压器容量的 17%，即 180MVA 主变压器补偿一组 30Mvar 低压电抗器；120MVA 主变压器补偿一组 20Mvar 电抗器。

3.9 配电网络规划

1. 负荷同时率 配电网的负荷最大值 P_{max} 与其各组成分支负荷最大值之和 $\sum\limits_{i=1}^{n} p_{imax}$ 的比值称为配电网络的负荷同时率，通常用 K 表示，$K = P_{max} \Big/ \sum\limits_{i=1}^{n} p_{imax}$。由于配电网各分支负荷的用电性质不同，各自出现最大负荷的时刻不同，配电网负荷的最大值通常不等于而是小于各分支负荷最大值之和，故 K 值通常小于1。同时率的倒数 $1/K$ 称为参差率或分散系数。

设 C_n 是合成的最大负荷中所包含的第 n 个负荷值与第 n 个负荷的最大值的比值，即 $C_n = P_{max(n)}/p_{nmax}$ 称为分量系数，则同时率 $K = \sum\limits_{i=1}^{n} C_i p_{imax} \Big/ \sum\limits_{i=1}^{n} p_{imax}$。一般分量系数 C_i 和各个负荷最大值 p_{imax} 是任意值，但考虑某一些负荷时，可出现以下两种情况：①各个 p_{imax} 值相同，而 C_1，C_2，…，C_n 各不相同，则 $K = (C_1 + C_2 + \cdots + C_n)/n$，即同时率等于平均分量系数；② $C_1 = C_2 = \cdots = C_n$，而各个 p_{imax} 不同，则 $K = C_1$，即同时率等于分量系数。

2. 日负荷率 配电网日负荷率是配电网日平均负荷（P_a）与日最高负荷（P_{max}）的比值，一般用 r 表示，$r = P_a/P_{max}$。它反映一日之内配电网负荷变动的情况，是配电网的运行特性之一。配电网的负荷通常用有功功率计算，在已知日用电量 A_d 时，$r = \dfrac{A_d}{24P_{max}}$，此处的 P_{max} 必须以 kW 为单位。r 的值一般在 0~1 之间。r 的数值越小，日负荷曲线的波动就越大；r 的数值越大，日负荷曲线就越平稳。

配电网日负荷率的大小取决于其负荷的构成，即用电负荷组成的种类、比重及其相互之间的关系。工业用电负荷所占比重较大的配电网，其日负荷率较高；而市政生活用电、交通运输及农村用电负荷所占比重较大的配电网，其日负荷率就较低。一般来说，发达国家的配电网日负荷率较低，而发展中国家的配电网日负荷率较高。

3. 负荷密度 最高负荷时，配电网线路的回路长度或供电区域占地面积内的平均单位负荷值，即负荷密度 $D_L = \dfrac{P(\text{供电负荷})}{L(\text{配电网线路回路长度})}$ 或 $D_S = \dfrac{P(\text{供电负荷})}{S(\text{供电区域占地面积})}$，它分别以 kW/km、kW/km^2 或 kVA/km、kVA/km^2 单位表示，但供电负荷以视在功率（kVA）表示更能说明其发热效应，其中 D_L 适用于架空配电网。

配电网负荷除极少数为集中负荷外，主要是分散负荷，均匀或不均匀地分布在电力网沿线或供电地区内。但在计算配电网负荷密度时，实用上对配电网的负荷都可作均匀分布来处理，其中以配电网单位回路长度表示的负荷密度，可用于配电线路的电压降及线损等计算；而以面积表示的负荷密度，可用于配电变电站位置和容量的选择。

4. 配电网络容载比 配电网设备的额定容量 S_n 与所供年平均最高有功功率 P_{max} 之比，一般用 R 表示，即 $R = S_n/P_{max}$。由于变压器和线路是配电网的主要供电设备，故配电网容载比又分为变电容载比和线路容载比。

(1) 变电容载比。配电网内同一电压等级的主变压器总容量与对应的供电总负荷之比，用 R_t 表示，其数值可由下式估算

$$R_t = K_1 K_4 / (K_2 K_3) \qquad (20.3-65)$$

式中，K_1 为负荷分散系数，$K_1 > 1$；K_2 为平均功率因数；K_3 为主变压器运行率，即系统最大负荷时该变压器的负荷与其额定容量之比；K_4 为储备系数，包括事故备用系数和负荷发展储备系数。

大、中城市配电网的变电容载比一般取为：220kV电网为 1.6~1.9，35~110kV 电网为 1.8~2.1。

(2) 线路容载比。其概念和计算方法与变电容载比相似，但配电网接线和运行方式的变化，对线路运行状态的影响更为复杂，还涉及线路压降等许多问题，故配电网线路容载比的数值实用意义不大，且难以合理确定。

5. 电压等级 对不同性质、不同容量、不同供电距离的电力用户，采用不同的电压等级供电，可获得必要的供电可靠性和较好的经济性，并有利于保证合格的供电电压质量。

(1) 电压等级的正确选择。总的原则是技术上先进可行，运行上经济合理。具体考虑以下四个方面：

1) 尽量减少配电网的电能损耗，做到经济合理。

2) 与配电网的改造工作相结合，要便于整个配电网的发展，保证配电网的运行灵活与安全可靠。

3) 用发展的观点确定适当的电压等级，以适应配电网负荷密度的增长趋势，并防止日后改进工程上的浪费。

4) 设备供应与制造技术上的协调性和可行性。

(2) 电压等级的标准化。按照《供电营业规则》规定，供电额定电压为 500kV、330kV、220kV、110kV、35（63）kV、10kV、0.38kV，并规定除发电厂直配电压可采用 3kV、6kV 外，其他等级的电压应逐步过渡到上列额定电压。

6. 无功补偿 调节配电网无功功率供需平衡的措施，用以改善无功功率潮流，减少线路功率损失，

确保供电容量和维持适当的电压。

7. **接线方式**　配电网接线方式根据供电可靠性的要求基本上可分为有备用和无备用两大类别。图20.3-5(a)～(c)为无备用的接线方式。图20.3-5(d)～(h)为有备用的接线方式。城市电力网一般选择有备用的接线方式，而且常根据负荷的大小、分布以及对供电可靠性的不同要求，选取几种方式相结合的混合接线型式，并按电压等级220/110/10kV布局成"强/弱/强"，根据此总体构思来规划一个城市配电网的接线。

（1）高压配电网的接线方式。现代大、中城市的配电网，大部分从220kV及以上电网取得电源，由于可靠性要求很高，故一般这种电网的接线方式为建于城市外围的架空线双环网。在不能形成地理环网时，也可以采用C形电气环网。当负荷增长需要接入新电源而使环网的短路容量超过规定时，应在现有环网外围建设高一级电压的环网，将原有的环网开环分片运行以降低短路容量，并避免电磁环网。在负荷密集、用电量很大的市区，可采用220kV深入市区的供电方式。

高压配电网包括110kV、63kV和35kV的线路和变电所。根据采用的架空线路或电缆及变电所中变压器的容量和台数，选择图20.3-5（d）～（h）所示的有备用的接线。变电所接线要尽量简化，采用架空线路时，以两回路为宜。采用电缆线路时，可分多回路。为充分利用通道，市区高压架空线可同杆双回架设。为避免双回路同时故障停电而使变电所全停，应尽可能在双侧有电源，如图20.3-6所示。条件不具备时，可加强中压电网的联络，在双回路同时故障时，由中压电网倒入保安电力。

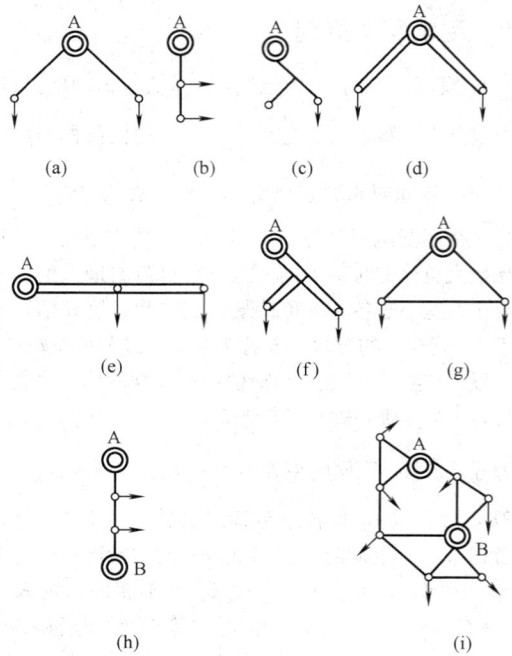

图 20.3-5　配电网络的接线方式

(a)辐射式；(b)干线式；(c)T接线；(d)有备用辐射式；(e)有备用干线式；(f)双T接线；(g)环形网；(h)两端供电网；(i)多网孔复杂网

由于城网变电站相距近，高压线故障机会少，双T接线和三T接线应用较多，如图20.3-7和图20.3-8所示。当线路上T接入或环入3个及以上变电所时，线路宜在两侧有电源，但正常运行时两侧电源不并列。

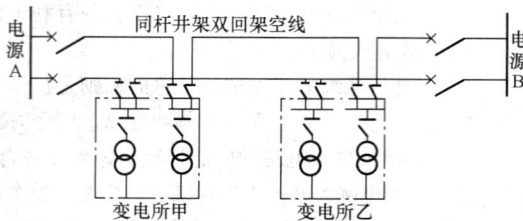

图 20.3-6　两侧电源分段的高压配电网

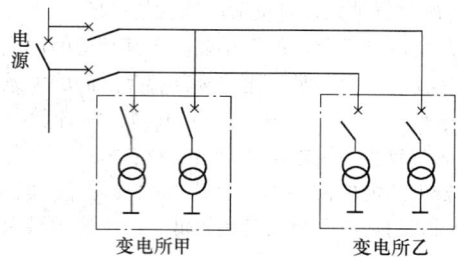

图 20.3-7　双T接线

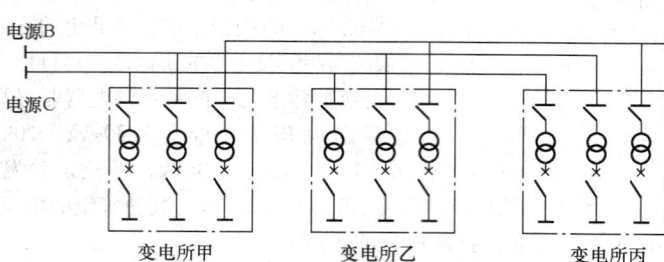

图 20.3-8　T接线

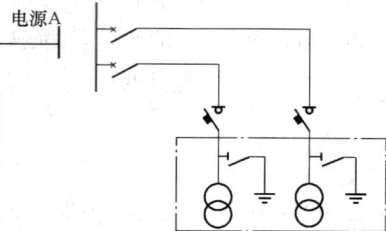

图 20.3-9　变电所有接地快分开关的接线

对直接接入高压配电网的小型供热电厂或自备电厂，一般采用单电源辐射方式向附近供电，随着城网负荷的增长，逐步缩小这些电厂的供电范围。这些电厂与系统的连接方式，如通过高压配电线连接，则一般考虑在运行上仅与一个高一级电压的系统变电站相连，并在适当地点设解列点。高压配电网的接线方案，一般通过最后的技术经济比较选取。

（2）中压配电网的接线方式。中压配电网由 10kV 线路、配电所、开闭所、箱式配电所、杆架变压器等组成，主要是分布面广的公用电网。中压配电网的规划应符合以下原则：

1）中压配电网应依据高压变电所的位置和负荷分布分成若干相对独立的分区，且一般不交错重叠。分区配电网的供电范围将随新增加的高压配电变电所及负荷的增长进行调整。

2）高压配电变电所中压出线开关停用时，应能通过中压电网转移负荷，对用户不停电。

3）高压变电所之间的中压电网应有足够的联络容量，正常时开环运行，异常时能转移负荷。

4）严格控制专用线和不带负荷的联络线，以节约走廊和提高设备利用率。

5）中压配电网应有较强的适应性，主干线导线截面应按长远规划选型并一次建成，在负荷发展不能满足需要时，可增加新的馈入点或插入新的变电所，而其结构基本不变。

市区中压架空配电网为沿道路架设的环形布局网络，在道路交叉口连接。全网在适当地点用杆架开关分断，形成多区段（区段中又分段）、多连接的开环运行网络。

（3）低压配电网的接线方式。城市低压配电方式与用户建筑结构、进户装表方式以及负荷分布有关。由于低压负荷分散，进户点多，从经济角度出发，仍以架空线为主，并与中压线路合杆架设。规划低压电网时，必须考虑配电变压器的容量及其供电范围和导线截面积，使电网适应日益增长的电力负荷，而不需多次调大导线截面积。低压电网接线的原则如下：

1）供电半径一般不超过 400m。

2）选定干线和支线的导线规格及配电变压器的容量均应满足的要求有：① 当变压器故障时，可将负荷拆开，向邻近电网 2~3 个方向转移；② 故障转移负荷时，导线运行率不超过 100%，线路末端电压降不超过规定值。

对于城市的经济开发区、繁华地区、重要地段主要道路及高层住宅区的低压供电，需要时可采用电缆。其接线如下：

1）设置若干配电所（或箱式变电所）。

2）自配电所低压侧以大截面电缆将电源引入低压开关箱和接户线分支箱，再分别接至负荷点，按需要组成有备用的接线，常用接线如图 20.3 - 10 所示。

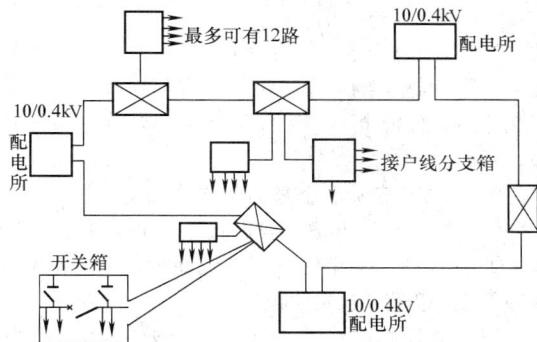

图 20.3 - 10　放射式低压配电网示意图

8. 配电网的可靠性和经济性指标

（1）可靠性指标。据不完全统计，用户的停电事故中 80% 是由配电系统的故障引起的。因此，统计与分析配电网络的可靠性指标，从而找出提高用户供电可靠性的措施是有意义的。

（2）经济性指标。在配电网规划设计或技术改造中需要进行方案的技术经济比较时，一般要对方案的经济性进行评价。常用的经济指标有下列几种：

1）一次投资 Z。它是项目前期工作开始到工程建成投产后的建设及购置设备所付出的全部资金，又称固定资产投资。对配电网来说有土地征用、建筑物拆迁、环境保护、设备、设施和施工费用等，包含了上述各种费用的配电网一次投资又称综合造价，由下式求得

$$Z = Z_L + Z_T = aL + Z_T \quad (20.3 - 66)$$

式中，Z_L 为线路综合造价（万元）；a 为单位长度线路造价（万元/km）；L 为线路长度（km）；Z_T 为变电所的综合造价（万元）。

2）年运行费 C。它是指配电网在运行一年中所发生的费用，包括维修费、折旧费、电能损耗费等。其中，前二项常以投资的百分数 H 表示，后一项常用电能损耗 ΔW 乘以损耗电价 C_0 求得，即配电网年运行费为

$$C = ZH + \Delta W C_0 \quad (20.3 - 67)$$

式中，Z 为配电网的一次投资；H 为维修费、折旧费等占投资的比例。

3）年费用 NF。它是指考虑了资金的时间效益后，将投资和年运行费归算成配电网使用寿命期内的贴现等年值。在不同的方案作技术经济比较时，在技术条件相同的情况下，一般年费用 NF 最小的方案就是最经济的方案。NF 可由下式求得，即

$$NF = \frac{i(1+i)^n}{(1+i)^n - 1}\left[\sum_{t=1}^{m} Z_t(1+i)^t + \right.$$

$$\left. \sum_{t=m+1}^{m+n} C_t(1+i)^{-t}\right] \qquad (20.3-68)$$

式中，m 为施工年数；n 为使用年数（寿命）；i 为贴现率；Z_t 为施工期内第 t 年的投资（$t=1$，…，m）；C_t 为使用期内第 t 年的年运行费（$t=m+1$，…，$m+n$）。

9. 变电所容量和个数的优化方法

（1）静态优化方法。静态投资过程具有下述特征：① 在规划水平年的投资有效期内，负荷密度 σ 保持不变。② 整个投资建设费用发生在规划期末。

（2）动态优化方法。从宏观上分析，电力负荷的增长与电网的发展是同步进行的。变电所供电区的负荷逐年增加，而变电站的电气设备及中压配电网元件也逐步变更直至完善。这一完善过程包含两个子过程：一方面变电所供电区内的负荷超过原有网络中变电所的主变压器容量而导致新的变电所建设或调整原变电所主变容量；另一方面，在整个规划设计期内，不可避免地会出现原有网络中主变压器因使用年限到期而退役的问题。在负荷增加的过程中出现主变压器退役而需要投资来调整原变电所容量和新建变电所，从而以某种反馈形式对第一个子过程进行修正。可将上述两个子过程拟合在一起，提出整体的动态规划模型，并进行优化。

10. 网络结构的优化

（1）网架结构优化的特点。网架结构优化问题主要有非线性和整数性两个特点。用非线性规划方法解题常常会遇到搜索方向错误、迭代不收敛、逼近速度慢等问题，当变量和约束条件数目较多时，这些问题更加突出。另外，线路都是按整回和确定的电压等级来架设的，若变量取线路的某电气量，则变量应是整数值或某种离散值。对于这样的非线性整数规划问题，目前还没有理想的优化算法。若试图严格地解决这种问题（如用穷举法），将遇到一个典型的组合数目以指数形式增长的问题，即所谓的"组合爆炸"问题。

（2）网架结构的优化方法。合理的电网结构是电力系统安全稳定运行的物质基础。国内外学者在配电网架优化规划方面已经取得了许多成就，运用的方法也多种多样。以前的各种传统优化方法各有优劣，要么容易偏离最优解陷入局部最优，要么受到维数限制而难以达到实用的目的。最近使用的优化方法包括遗传算法、模拟退火算法等方法，取得了较好的效果。

11. 配电网的中性点接地方式　它分为有效接地和非有效接地两大类，有效接地包括中性点直接接地和中性点经低值阻抗接地；非有效接地包括中性点经消弧线圈接地（又称调谐接地）、高阻抗接地和中性点不接地。

（1）110kV 配电网的接地方式。我国 110kV 的电网绝大多数采用直接接地方式，经过论证有必要时，也可经电阻、电抗接地或经消弧线圈接地。

（2）35（63）kV 配电网的接地方式。对于 35（63）kV 配电网，当单相接地故障电流不大于 10A 时，中性点宜采用不接地方式，否则可采用消弧线圈接地方式。

（3）10（6）kV 配电网的接地方式。从 20 世纪 50 年代初直到 80 年代后期将近 40 年的时间里，我国的 10（6）kV 中压配电网绝大部分均采用中性点不接地方式。近 10 多年来，中压电网的接地方式选择也发生了新的变化。除了在一般情况下，当单相故障电流不大于 30A 时，仍采用不接地方式外，今后在中压电网的设计或改造中，应考虑新的接地方式如下：

1）以架空线路为主的中压配电网和架空线路、地下电缆线路混合使用的中压配电网，宜采用中性点经消弧线圈（包括自动跟踪调谐消弧线圈）接地的方式。

2）大、中城市以低压电缆为主的中压配电网，可以考虑采用中性点经低值电阻接地的方式。

3）较小城市的中压配电网，一般以架空线为主，除采用中性点经消弧线圈接地方式外，也可考虑采用高值阻抗接地方式。

（4）低压配电网的接地方式。我国 220/380V 低压配电网中性点大多数采用直接接地方式，接地保护分为接零（TN）、接地（TT）两种形式。

第4章 电 力 市 场

4.1 电力市场基本经济学知识

1. 需求、需求函数 需求指消费者在某一时期内和一定市场上按照某一价格愿意并能够购买的某种商品或劳务的数量。如果只考虑需求和商品价格之间的关系，需求函数可表示为 $Q=f(p)$，Q 为需求量，p 为商品价格，如图 20.4-1 所示。需求函数是一条自左向右的下降曲线。价格上升，需求量减少；价格下降，需求量增加，这也是通常所说的需求规律（Law of Demand）。

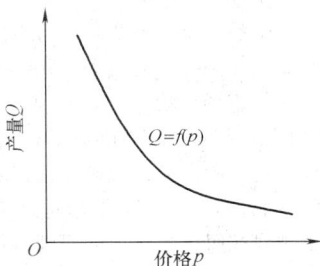

图 20.4-1 需求函数

2. 需求（价格）弹性 简称需求弹性，指消费者对某一商品的需求量对该商品自身价格变化的反应程度，一般用需求弹性系数 E_d 来表示。需求弹性系数的定义如下

$$E_d = \frac{\Delta Q/Q}{\Delta p/p} \tag{20.4-1}$$

式中，ΔQ 为需求量的变化量；Δp 为商品自身价格的变化量。习惯上按照 E_d 的绝对值（$|E_d|$）大小来判断该商品的弹性程度。如果 $|E_d|>1$，说明该商品需求富有弹性；$|E_d|<1$，该商品需求缺乏弹性；$|E_d|=0$，该商品需求无弹性；$|E_d|=\infty$，该商品需求弹性为无穷大。

3. 生产成本 根据生产规模是否已定，可以分为长期生产成本和短期生产成本。如果规模已定，短时间内厂商不考虑设备、厂房等固定资产的再投资，该生产成本可视为短期生产成本；反之，则视为长期生产成本。短期生产成本由固定成本和可变成本组成，长期生产成本只有可变成本。

固定成本 C_f 包括厂房设备投资的利息、折旧费和维修费、各种保险费和税金以及即使在暂时停产期间也要支付的工资费用。可变成本 C_v 指随产量变化而变化的成本。生产总成本 C_t 为固定成本和可变成本之和。

边际成本 C_m，亦称增量成本，定义为多生产额外的一个单位产量而引起的那部分成本增加量。平均成本是单位产量的成本。边际成本和平均成本是两个重要的概念，它们是企业选择产出水平的重要因素。当平均成本最小时，边际成本与平均成本相等。

4. 市场结构

（1）完全竞争市场。具备人数众多的小规模买者和卖者、产品同质、自由进入和退出该行业以及信息完全的市场。完全竞争市场中，需求曲线相对产量水平，市场价格不受任何一个市场参与者产量的影响。完全竞争市场是效率最高、资源分配最优、社会福利最大化的市场。

（2）完全垄断市场。只有一个生产厂商且其产品没有相近替代品。由于经济上和政治上的各种原因，市场进入壁垒很高，垄断者在其市场上保持唯一卖者地位。垄断企业可以根据已知的供给和需求情况，制定自己的产品价格，以便取得最大限度的利润。

（3）寡头竞争市场。介于完全竞争市场和完全垄断市场之间，市场参与者数量有限且具有影响市场价格的潜在市场力。目前电力市场主要以这种竞争市场结构为主。

5. 博弈均衡 博弈论分为非合作博弈和合作博弈。非合作博弈，指参与者互相独立各自争取自身最大利益的博弈。合作博弈则指若干参与者结成共谋（Coalition），共同争取他们的最大总利益，然后再进行利益内部分配的博弈问题。电力市场中的应用以非合作博弈为主。完全信息静态博弈是非合作博弈中的一种，其解称为纳什均衡，是各博弈方都不愿意或不会单独改变自己策略的策略组合。有些博弈存在一个甚至多个纳什均衡，但有些博弈也会出现不存在纳什均衡的现象。

6. 古诺（Cournot）模型 古诺模型是博弈论最常用的模型，描述只有两个市场参与者的市场竞争。假设两个企业生产同样的产品并知道市场需求情况，每个企业的战略是选择产量，且理性（即追求自身利润最大化），同时假定他们已知对方的利润函数。

假设两个企业选择的产量分别为 Q_1 和 Q_2，市场中总产量 $Q=Q_1+Q_2$，$C_1(Q_1)$ 和 $C_2(Q_2)$ 分别代表两个企业的成本函数，$p=f(Q)=a-bQ$ 为下降的市场逆需求函数，其中 p 为市场价格，a、b 为逆需求函数参数。

假定两个企业具有相同的固定单位成本 c，即

$$C_i(Q_i) = Q_i c \qquad (i = 1, 2) \qquad (20.4-2)$$

此时每个企业的边际成本为

$$C_{m,i} = \frac{dC_i(Q_i)}{dQ_i} = c \qquad (i = 1, 2)$$

$$(20.4-3)$$

各企业在已知对方产量的前提下，所追求的利益目标为

$$\begin{cases} \max_{Q_1} \pi_1 = pQ_1 - cQ_1 = [f(Q_1 + Q_2) - c]Q_1 \\ \max_{Q_2} \pi_2 = pQ_2 - cQ_2 = [f(Q_1 + Q_2) - c]Q_2 \end{cases}$$

$$(20.4-4)$$

满足上述目标的最优条件应为

$$\begin{cases} \frac{\partial \pi_1}{\partial Q_1} = a - 2Q_1 - Q_2 - c = 0 \\ \frac{\partial \pi_2}{\partial Q_1} = a - 2Q_2 - Q_1 - c = 0 \end{cases}$$

$$(20.4-5)$$

根据上式可得两个企业在已知对方产量的情况下所作出的反应函数为

$$\begin{cases} Q_1 = R_1(Q_2) = \dfrac{a - c - Q_2}{2} \\ Q_2 = R_2(Q_1) = \dfrac{a - c - Q_1}{2} \end{cases}$$

$$(20.4-6)$$

反应函数意味着每个企业的最优产量是另一个企业产量的函数。两个反应函数的交叉点就是纳什均衡

$$Q^* = (Q_1^*, Q_2^*)$$

式中

$$Q_1^* = Q_2^* = \frac{a - c}{3}$$

7. 市场力　市场力（Market Power），或称市场势力，是一个或一组企业对某一行业价格和生产决策的控制程度。市场力的存在与否与该商品市场的市场结构、该商品的稀缺性以及该商品的价格弹性等因素有密切的联系。评估市场参与者所拥有的潜在市场力主要有市场集中程度指数，如 CR 指数（Concentration Ratio）、HHI 指数（Hirschman-Herfindall Index）和反映市场竞争程度的行为指数，如勒纳指数 LI（Lerner Index）、价格成本指数 PCMI（Price Cost Margin Index）等两大类。

4.2　电力交易类型

1. 现货交易（Spot Trading）　它分为日前交易、小时前交易和实时交易，在某些电力市场中，现货交易特指日前电能交易。现货交易可以减少远期交易与运行日实际需求之间的交易差额，对于保障运行日的电力供需平衡具有重要意义。

（1）日前交易。一般指运行日提前一天进行的市场参与者之间的电力电量交易。

参与各方在运行日的前一天，作出未来一天 24h 内的出力和相应价格的投标。日前交易的价格由市场竞争决定，日前交易的结算价格通常采取系统边际电价或发电商申报电价，即"按统一市场清算价格"进行结算或"按报价"进行结算。统一市场清算价格为市场清算出力外的额外单位出力所对应的报价。按统一市场清算价格结算机制中，所有竞价成功的发电机组所发电量均按统一市场清算价格进行结算。按报价结算机制中，所有竞价成功的发电机组按其申报的投标价格进行结算。两种结算方式各有利弊。

（2）小时前交易。是指在日前市场价格形成后开市，到实际运行时段前 1h 为止的电力电量交易，有时也称为调节市场。

（3）实时交易。是指在实际运行时段中进行的该时段的电能交易。一些电力市场中将小时前交易和实时交易并为平衡市场交易。

2. 远期交易（Forward Trading）　通常指双边交易，是一种实物合同交易，交易双方在未来一定时间内（年、月、周等）将一定数量的电力商品以一定交易价格交割，并按照事先商定的原则，将合同电量分摊到可运行时段的交易。

交易双方签订的双边合同可分为电力物理合同和电力金融合同两大类。电力物理合同指有固定电价，合同交割与现货市场无关的远期合同。电力金融合同由于其合同电量仍然通过现货市场交割，合同电量仍能参与现货竞价。电力差价合同（Contract for Difference）、可选择远期合同（Optional forward Contract）和期货合同（Future Contract）等为电力金融合同。

3. 期货交易（Future Trading）　指交易双方支付一定数量的保证金，通过交易所进行的在未来某一地点和时间交割某一特定数量和质量的电力商品标准合同的买卖。该合同在规定交割时间之前，可随时在交易所内进行买卖，为电力金融合同。

4. 期权交易（Option Trading）　指在期权交易中购买选择权利的一方在支付一定数额的权力金后，在特定期限内以事先商定的价格购买或出售特定数量的某种商品的权利。一般期权可分为看涨期权（Call Option）和看跌期权（Put Option）。

4.3　发电市场竞价

1. 竞价机制　它是以拍卖理论为基础，按照允许投标的次数可以分为静态竞价和动态竞价（亦称为迭代竞价），按照投标信息披露方式可以分为开放式

竞价和密封式竞价。静态竞价机制中市场参与方只有一次投标机会,分为歧视性竞价(按各参与方报价结算)和统一价格竞价(按统一市场出清电价结算)。而动态竞价机制则允许市场参与方在市场结束截止时间前根据市场定期公布的阶段出清信息可以修改其报价。开放式竞价,即为叫价拍卖,一般应用于动态竞价机制。该方式投标信息公开,市场参与方可以根据竞争对手的投标信息修改自己的投标策略,目前在电力市场中尚无应用;密封式竞价,即为暗标拍卖,市场参与方的投标信息密封,一般在静态竞价机制中采用。目前大多数电力市场采用密封统一价格竞价机制。

2. 竞价方式 或称报价方式主要有单一报价和复合报价两种。单一报价只要求电厂给出将来每一时段的报价曲线,市场出清时不考虑机组组合和系统安全性校验。复合报价要求发电厂上报报价曲线外,还要求上报机组爬坡率、起停机成本和空载成本等参数,市场出清时同时考虑机组组合计划和系统安全性校验。报价曲线一般采用分段能量块形式,由一系列的电价/电量对组成。目前大多数电力市场采用复合报价形式。

3. 竞价策略 指发电商利用电力市场的寡头垄断特性不按实际边际成本报价的报价行为。竞价策略的主要目标是在考虑电力系统运行的各种规则和限制条件的基础上,通过合法的操纵市场力,合理选择报价曲线以谋求自身利益最大化。主要的竞价策略有市场出清电价预测法、竞争对手策略估计法和基于博弈的发电竞价方法三大类。

(1) 市场出清电价预测法。首先预测市场出清电价,然后以略低于预测电价的价格进行报价以便中标,从而实现自身收益最大化。其主要问题在于采用市场出清价格预测法的发电公司的报价决策同样会影响到市场出清电价,更加剧了市场出清电价预测准确的困难性。

(2) 竞争对手策略估计法。该方法关键在于估计竞争对手的生产成本和竞争对手的竞价策略。由于竞争对手报价为私密信息,所以只有通过对竞争对手的机组类型和燃料市场进行分析,估计其生产成本,并结合市场力分析,估计其竞价策略。竞争对手策略估计法,一般采用概率分析模型或模糊数学方法。由于竞争对手众多需逐个估计,且竞争对手策略估计的准确性很大程度决定了自身策略的成败,因此该方法的实用性略差。

(3) 基于博弈的发电竞价方法。基于博弈论的发电公司报价决策大致可分为基于矩阵博弈论的决策方法和基于博弈论中古诺模型、斯坦博格模型或供需函

数模型的报价决策两种方法。基于博弈的发电竞价方法充分考虑了电力市场的寡头垄断特性,但该方法假设所有市场参与者的成本信息均为公开信息。

4.4 输电服务及定价

1. 输电服务的类型 输电服务包括输变电设备的规划、投资、建设、调度、维护和维修、输电服务费结算等。从服务方式上分为点对点(Point to Point)服务和网络(Network)服务:前者又称为过网(Wheeling)服务,是由双边交易的买卖双方事先确定电力电量输送的时间、数量和发、收节点,申报电网公司提供输电服务;后者指地区电网公司为本地区电力联营体(Pool)交易提供的输电服务。

2. 输电服务成本

(1) 输电会计学成本。包括输电网运营中实际支出的成本和电网企业的合理利润,具体包括:

1) 输电投资扩建成本。包括电网规划、建造和扩建的初投资及其折旧费。

2) 输电运行维护成本。包括输电损耗成本和输变电设备修理费。

3) 辅助服务成本。指电网经营企业为维护电网安全稳定运行,从发电企业购买频率支持(AGC 服务)、电压支持、备用、黑启动等辅助服务所发生的费用以及电网经营企业进行的系统控制和调度成本。

4) 输电管理成本。包括地区电网公司的职工工资和福利、企业合理利润、各项税费,以及企业在经营管理中发生的其他费用(如工会经费、保险费、销售费用)等。

(2) 输电机会成本。又称为阻塞成本(Congestion Cost),是当输电服务引起线路传输容量达到上限,即发生线路阻塞时,电网公司不得不放弃其他可获利的交易机会而引起的可能的最大利润损失。输电机会成本仅当有线路阻塞时为正,否则为零。输电机会成本反映输电容量的稀缺性价值。一条阻塞输电线路 l 的机会成本 $C_l^{T, \text{opp}}$ 通常用其传输容量微增所能增加的社会剩余价值(对于需求弹性非零的情况)或减少的发电成本(对于需求固定的情况)来衡量,计算公式如下:

当 $E_d \neq 0$ 时

$$C_l^{T, \text{opp}} = \frac{\partial S_s}{\partial \bar{z}_l} = \frac{\partial [B(d) - C(g)]}{\partial \bar{z}_l}$$

$$(20.4-7)$$

当 $E_d = 0$ 时

$$C_l^{T, \text{opp}} = \frac{\partial S_s}{\partial \bar{z}_l} = -\frac{\partial C(g)}{\partial \bar{z}_l} \qquad (20.4-8)$$

式中，$B(d)$ 为用户用电总效用；$C(g)$ 为发电总成本；$S_s = B(d) - C(g)$ 为社会剩余价值（Social Surplus）；$\overline{z}_l$ 为线路 l 的有功传输容量上限；E_d 为电力需求价格弹性。

3. 输电服务定价

（1）输电服务定价的基本原则。促进发、输电资源的最优使用和日常运行效率的提高；补偿建设线路时的投资、设备折旧费，并保证电网公司用于扩大再生产的合理利润；定价方式无歧视，将输电成本公平分摊给所有使用输电线路的成员；定价方法和相应的计算过程简明清晰、易于操作、便于管理；定价过程向投资者和用户公开，可以进行实时结果核查，保证电力市场的公平公开。

（2）输电价格类型。输电服务价格包括专项服务价格和公共网络服务价格两类。其中，专项服务价格又分为接入价、联网价和专用输电工程输电价。接入价是电网经营企业为本地区发电厂接入系统提供服务所制定的价格，由发电厂承担；联网价是电网经营企业为区域电网之间或独立省级电网与区域电网之间联网服务所制定的价格，由联网双方承担；专用输电工程输电价，是电网经营企业利用特定输电工程为跨区或跨省送电的发电厂提供输电服务制定的价格，由受电电网承担。

（3）输电服务定价方法如下：

1）嵌入成本法（Embedded Cost Method）。是对输电网运营中发生的会计学成本进行核算和分摊的方法。根据输电成本在网用户之间分摊原则的不同，又有贴邮法、合同路径法、边界潮流法、兆瓦-英里法、潮流跟踪法等。

2）边际成本法（Marginal Cost Method）。将输电价格定义为节点功率的变化引起的输电成本的增量。根据所考虑的时间跨度的不同，又分为短期边际成本法和长期边际成本法。

4. 输电服务的类型

（1）输电阻塞。输电系统在正常运行或进行事故安全检查时出现了以下两种情况：①输电线路或变压器有功潮流超过允许极限；②节点电压越限。

（2）阻塞管理（Congestion Management）。通过技术、经济、管理手段来避免或消除输电阻塞现象。阻塞管理方法主要有以下几种：

1）电网参数优化和控制。通过电网参数优化和控制技术提高输电能力，尽可能满足所有交易的输电需求。电网中的可控设备有变压器分抽头、移相器和各种并联补偿装置等。

2）阻塞定价。适用于采用节点电价（Nodal Price）或区域电价（Zonal Price）的电力联营体市场。利用此类电价中的阻塞成本项灵敏于线路容量供需状况的特性，在线路阻塞时，使分布潮流与阻塞方向一致的发电节点价格降低，给相应厂商以减小出力的激励；反之，节点电价上升，鼓励厂商多发电来平衡本地负荷，从而缓解阻塞。

3）削减负荷。由电力调度交易中心直接计划负荷的削减量来消除线路过线。

4）附加交易协调。适用于双边、多边交易市场，市场运营机构负责检测线路是否会阻塞，以及如何交易可能消除阻塞，并将这些信息公布出来，由交易方自觉地组织能相互协调、消除线路过载的多边交易，通过允许增加其他方向的交易来消除线路过载。

5）物理输电权交易。物理输电权（Physical Transmission Right）是对每条线路或一组可能阻塞的线路定义的容量使用权，事先运行物理输电权交易市场，对有限传输容量进行分配，从而避免线路过载。

5. 输电权

（1）输电权的基本类型。输电权是对输电容量的一种权利，它赋予其所有者使用相应输电容量的权利或者取得与该输电容量相关的经济利益的权利。输电权的分类如下：

1）按产权界定分类。分为金融性输电权和物理性输电权。金融性输电权给予其所有者获得相应输电容量经济收益的权利，是网用户规避输电阻塞费波动风险的金融工具；物理性输电权则赋予其所有者使用和支配（如转售）相应输电容量的权利。

2）按定义形式分类。分为点对点输电权（Point - to - point Right）和基于潮流的输电权（Flow - based Right）。前者针对每一对发电、负荷节点定义，后者针对一条或多条预计发生阻塞的输电线路（Flowgate）定义。

（2）物理输电权。是对每条线路或一组可能阻塞的线路定义的容量使用权。在实施物理输电权的市场上，电力交易各方必须事先购买足够传输容量的物理输电权，它意味着不管市场中网络的拥挤程度如何，电力交易调度中心都要保证物理输电权所有者相应的输送通道。

（3）点对点金融输电权。赋予其所有者获得相应节点间阻塞费补偿的权力。一般的，节点 $i \sim j$ 的点对点金融输电权可用以下的四元组描述

$$\Gamma = \{i, j, P, \mu\} \qquad (20.4-9)$$

式中，i, j 分别为功率输送的发、收节点；P 为传输功率量；μ 为购买单位容量输电权的保证金。若在某个交易时段，节点 i 和 j 的节点电价分别为 λ_i 和 λ_j，则购买了上述点对点金融输电权的网用户，无论其实际使用电网情况如何，都将获得大小为 $(\lambda_j - \lambda_i) \cdot P$

的经济补偿。

（4）基于潮流的金融输电权（Flow Gate Right，FGR）。针对一条或多条可能阻塞的线路定义，它赋予其所有者获得这些线路阻塞成本分摊额的权力。一般节点 i 上的网用户（发电厂商或负荷）对线路（组）l 的 FGR 用以下的四元组描述

$$\Gamma = \{l,\ i,\ P_{l,\ i},\ \mu\} \qquad (20.4-10)$$

式中，μ 为购买单位容量输电权的保证金；$P_{l,\ i}$ 为节点 i 上的交易功率 P_i 在线路（组）l 上的分布值，可通过发电转移分布系数 $GSDF_{l-i}$ 按下式求得

$$P_{l,\ i} = P_i GSDF_{l-i}，对 \forall 线路 l \in l$$

$$(20.4-11)$$

若在日前电力联营体的某个交易时段，线路 l 的阻塞成本为 η_l（对 $\forall l \in l$），则节点 i 上的网用户将得到大小为 $\sum_{\forall l \in l} \eta_l P_{l,\ i} = \sum_{\forall l \in l} \eta_l P_i GSDF_{l-i}$ 的经济补偿。

6. 可用输电能力（ATC）　根据北美电力可靠性委员会（NERC）的定义，ATC 是指在现有的输电合同基础上，实际物理输电网络中剩余的、可用于商业使用的传输容量。其基本计算公式如下

$$ATC = TTC - TRM - CBM - ETC$$

$$(20.4-12)$$

式中，TTC 是最大输电能力，反映在满足系统各种安全可靠性要求下，互联系统联络线上总的输电能力；TRM 是输电可靠性裕度，反映不确定因素对互联系统间输电能力的影响；CBM 是容量效益裕度，反映了为保证 ETC 中不可撤销输电服务顺利执行时输电网络应当保留的输电能力；ETC 是为现有输电协议（包括零售用户服务）占用的输电能力。

4.5　辅助服务

1. 辅助服务概念　指辅助服务是指在电力市场运营过程中，为完成输电和电能量交易并保障电力系统安全和电能商品质量（包括频率、电压和可靠性），发电厂和其他辅助服务提供者提供的与正常电能生产和交易相互耦合的频率控制、备用、无功支持、黑启动和其他安全措施等服务。

2. 辅助服务类型

（1）频率控制。指调整与控制发电厂的频率偏差，主要靠一次调频和二次调频进行调整。一般电力市场中，系统的调频服务通常由 AGC 机组在投运 AGC 期间提供。

（2）旋转备用。指由于市场主体发生故障（发电、电网、用电），使负荷与发电功率产生较大的不平衡，需要以一定的调节速率在允许的偏差下增加同频容量，也包括可以压减的发电出力，使负荷与发电

功率的平衡恢复到频率控制与负荷调节的水平。

（3）非旋转备用。指能在短时间内起动并达到正常发电功率的最大备用发电容量，也包括能控制切断的负荷，以保证能恢复到旋转备用时的水平。

（4）无功支持。指发电机组按电网要求提供的超出设计功率因数范围的无功调整服务。无功的最优分配还可以降低系统的网损。

（5）黑启动。指失去电源状态下发电厂的自启动，能保证在电力系统部分或全部瓦解时恢复电力系统的运行。

3. 辅助服务获取方式及定价

（1）义务提供方式。系统强制性要求供方提供辅助服务并且没有额外的付费。这种机制广泛地用于垂直垄断结构的电力工业中。

（2）基于成本的补偿方式。系统强制性要求供方提供辅助服务，但根据辅助服务的实际成本给予经济补偿。随着逐步解除对电力工业的管制，这种机制得到了广泛应用。但是，在实际使用过程中遇到的主要问题是如何确保辅助服务成本计算方法的合理性。另外，基于成本补偿，应有必要的惩罚和奖励措施来确保系统得到高质量的辅助服务。

（3）价值核算方式。系统强制性要求供方提供辅助服务，并按辅助服务的价值来定价。首先需要估算辅助服务能够创造的价值，然后以此为基础，确定辅助服务的价格。目前还没有真正使用这种定价机制的实例。一般认为，对辅助服务价值的估价在大多数情况下会明显超过其成本。

（4）双边协商。辅助服务买卖双方通过协商，确定辅助服务的交易价格。这种机制的不足之处是定价机制不透明，不利于形成一个透明的市场交易环境。

（5）长期市场竞标方式。供应方按一定交易规则的要求，申报辅助服务价格；需求方按照服务需求量，根据投标价格的高低排序，选择合适的供应商进行辅助服务交易。供需双方通常签订 3~5 年的中长期合同，在合同有效期内，辅助服务的价格保持不变。这种机制适用于无功支持和黑启动服务等可能出现短期区域性垄断的辅助服务交易。

（6）实时竞争定价。组织现货（即日前或者实时）辅助服务市场，各市场成员通过申报数据的方式参与市场，通过市场竞争确定短期内的辅助服务价格。目前，实时定价机制已经应用于部分辅助服务市场中。

4.6　电力市场技术支持系统

电力市场技术支持系统是一套基于 IT 技术，根据电力市场模式，实现电力市场规则，以支持电力市场运营，既保证市场竞争的公平、公正和公开，又保证电

力系统的安全、稳定、优质和经济运行的自动化系统。典型电力市场技术支持系统一般包括以下 6 个条目：

1. 电能数据采集系统(Metering Data Acquisition System) 由放在局端和厂站的电能表及远传装置组成，主要实现电厂上网及联络线关口点的电能量的计量、分时段存储、采集和处理，为结算和分析提供基本数据。

2. 能量管理系统(Energy Management System, EMS) 电力市场下的 EMS 应进行大量的数据采集和处理；为结算系统提供带时标的系统数据，以利于按市场规则进行结算和考核；提供分时钟级的实时数据，如系统频率、总出力、总负荷、发电厂及变电所运行工况(机组出力、线路潮流、母线电压、开关状态)；部分传统 EMS 功能已交由交易管理系统实现。

3. 交易管理系统(Pool Trading System) 是电力市场技术支持系统的核心，决策对各发电商的购电计划和各时段的电能价格、辅助服务价格和输电服务价格等。交易管理系统一般由两部分组成：预调度计划管理系统和实时调度计划管理系统。

4. 结算管理系统(Settlement and Billing System) 主要根据电能计量系统的电能数据、交易管理系统中的电价数据、运行考核数据、交易合同数据及相关原则，与发电公司和供电公司分别进行核算。与发电公司的结算包括计划发电量电费、上网成交电量电费、实时指令发电量电费、发电机组违约电量电费、容量电费、辅助服务费用及备用费用等。与供电公司的结算包括计划用电量电费和违约电量电费。

5. 合同管理系统(Contract Management System) 指对合同的制订、管理、执行及评估提供全过程的技术支持。主要功能包括：①合同管理：支持合同的制订，对已签订的合同进行录入，电能量分解，完成情况跟踪，滚动平衡等。②合同评估：根据现有市场情况对已签订的合同进行评估。③合同辅助决策：依据长期负荷预测的结果和市场未来供需情况及市场价格的预测，进行未来合同的辅助决策。

合同管理系统需向交易管理系统提供次日市场交易受合同约束的情况，包括必须运行的机组/电厂及其电量，可供调度的电厂/机组以及可提供各种辅助服务的电厂/机组及其容量、电价等。

6. 发电报价系统(Generation Bidding System) 是电力市场技术支持系统主站侧的一个子系统，由安装在厂端的电厂报价系统和安装在局端的报价处理系统组成。主要任务是接受各发电厂的报价，校核并确认报价。

4.7 电力市场监管

1. 发电市场监管

(1) 市场监管内容。电力监管机构对所有市场主体和市场运营机构的监管，包括履行系统安全义务的情况；进入和退出电力市场的情况；参与电力市场的资质情况；披露电力市场信息的情况；以及执行各类技术标准、安全标准、定额标准、质量标准的情况。

(2) 发电企业监管。是对发电企业的监管，包括市场份额监管，即发电企业在各区域电力市场中的份额不得超过规定比例；企业由于新增装机、租赁经营或兼并、重组、股权变动而超出市场规则允许范围，形成市场操纵力的行为；不正当竞争、串通报价和违规交易行为；市场运营机构调度指令的执行情况监管。

(3) 电网经营企业监管。对电网经营企业实施的监管内容包括无歧视、公平开放电网，提供输电服务的情况；资产收益的情况；所属发电企业发电情况；执行输电价格的情况。

(4) 供电企业监管。对供电企业实施作为购电方时的市场交易行为监管，对配电、售电价格的执行情况监管和供电服务质量及电能质量监管。

(5) 市场运营机构监管。监管市场运营机构按规定实施电力调度的情况；按电力市场运营规则组织电力市场交易的情况；获取辅助服务的方式和费用管理情况；电力市场结算的执行情况；对电力市场的干预行为；对电力市场技术支持系统的建设、维护、运营和管理的情况。

(6) 用户监管。电力监管机构监管用户在电力市场中的交易行为。

2. 输电监管

(1) 电网安全监管。由国家电力监管委员会具体负责，监管任务包括：不断完善保障电网安全运行的法规体系；指导并促进电网规划建设的科学合理性，确保协调发展；建立电网经营企业、发电企业、电力用户间的协调机制；建立电网安全应急机制；组织电网安全生产科研和新技术推广工作；负责全国电网安全生产的统计、分析、发布和信息交流；参与特大、重大电网事故的调查，负责电网事故通报、处理与处罚。

(2) 电力调度监管。包括对电力调度机构"三公"调度的监管和对电力电量、辅助服务交易计划执行情况的监管。监管方式包括：市场运营机构定期向监管机构提交电力市场运营报告；监管机构根据需要要求市场主体和市场运营机构就具体事项提交说明报告；监管机构将对市场主体和市场运营机构实施定期和不定期的检查。

(3) 输电价格监管。包括对输电网投资行为、输电成本行为、输电价格执行行为、辅助服务价格执行行为的监管，主要有基于回报率和基于业绩的两类管制方法。

（4）输电标准监管。编制和修订相关的技术标准、监督输电企业和相关的市场成员建立完善的标准体系。

（5）输电普遍服务监管。促进输电网的扩展，增大输送能力；保证输电网对于所有用户提供接入服务与使用机会；保护电力用户免遭电网企业的非难与歧视等。

3. 市场信息披露　电网经营企业应向电力监管机构披露有关电力供需形势、企业发展及电网规划、重点电网项目建设、电网经营、电网安全等方面的信息。电网经营企业应向各市场主体披露国家经济发展方针、能源及开发政策，国家及地方政府颁发的有关电网规划、设计、建设、运行以及电力生产、建设的法律、法规、导则、规程、规定等，电网规划和建设信息，电网运行信息，电网安全生产情况，上期（年、季、月）电网运行情况总结，对发电（集团）公司（厂）提出的质疑、意见进行解答等。电网经营企业应对社会公众披露电网电力供需形势信息、有关电价信息、影响供电的事故信息等。

第 5 章 需 求 侧 管 理

5.1 用电管理

1. 用电负荷的分类　按供电可靠性要求由高到低分为一类负荷、二类负荷、三类负荷；按生产班制分为单班制生产负荷、两班制生产负荷、三班制生产负荷；按用电连续性分为连续性负荷、间断性负荷；按用电时间分为高峰负荷、低谷负荷、一般负荷(腰荷)；据国民经济各时期的政策和季节要求，分为优先保证供电的重点负荷、一般性供电的非重点负荷与可以暂时限制或停止供电的负荷；按国民经济行业分为农林牧渔水利业、工业、地质普查和勘探业、建筑业、交通运输和邮电通信业、商业公共饮食物资供应和仓储业、其他事业单位、城乡居民生活用电。

2. 用电构成　它是指一个国家(地区)内各行业用电量的组成。用电构成反映一个国家(地区)在一个统计年度内国民经济的结构状况；用电构成的历史变化反映经济发展过程；不同国家(地区)之间用电构成的横向对比，可反映其经济结构的相对特点和居民生活电气化水平的差异。

3. 用户负荷计算

(1) 负荷计算中的基本概念。

1) 计算负荷。按发热条件选择供电系统元件而需要计算的负荷功率或负荷电流称为计算负荷。通常采用 30min 平均最大负荷作为计算负荷。

2) 用电设备的工作制。包括长期连续工作制、短期工作制(工作时间很短而停歇时间相当长)和断续周期工作制(周期性地时而工作、时而停歇，工作周期一般不超过 10min)。

3) 暂载率。断续周期工作制的用电设备用"暂载率"(又称"负荷持续率")来表述其反复短时工作的特点，其定义如下

$$\varepsilon = \frac{每个工作周期内的工作时间}{每个工作周期内的工作时间 + 每个工作周期内的停歇时间} \times 100\%$$

$$(20.5-1)$$

吊车电动机的铭牌暂载率 ε_N 有 15%、25%、40%、60% 几种；电焊设备的铭牌暂载率 ε_N 有 50%、60%、75%、100% 几种，其中 100% 是自动焊机。

4) 负荷系数。指电气设备的实际负荷功率与其设备容量之比。

5) 同时使用系数。设备组在最大负荷时运行的

设备容量与全部设备容量之比。

6) 需要系数。计算负荷与设备容量之比值。

(2) 单台用电设备的计算负荷。即设备容量。对长期连续工作制和短时工作制的电气设备，设备容量等于其铭牌额定功率。对断续周期工作制用电设备，设备容量为对应到规定暂载率的容量，计算公式如下

$$P_{js} = P_s = \sqrt{\frac{\varepsilon_N}{\varepsilon_e}} P_N \qquad (20.5-2)$$

式中，P_s 为设备有功容量；P_N 为铭牌暂载率 ε_N 对应的设备铭牌额定容量；ε_e 为规定暂载率(吊车电动机为 25%，焊接设备为 100%)。

(3) 成组用电设备的计算负荷。

1) 需要系数法。工作性质相同的一组用电设备的计算负荷等于该组用电设备容量的总和乘以需要系数。其中，需要系数可按设备类型查取。

2) 二项系数法。用电设备组中有少数容量特别大的设备时，可考虑采用二项系数法确定计算负荷。基本计算公式为

$$P_{js} = bP_s + cP_n \qquad (20.5-3)$$

式中，P_s 为用电设备组的设备容量；P_n 为 n 台最大容量设备的总容量；各类用电设备的 b、c 值可查有关手册。

(4) 多组用电设备的计算负荷。

1) 需要系数法。确定多组用电设备(如 m 组)的计算负荷时，除了将每组计算负荷累加之外，还必须乘以多组用电设备的同时使用系数 K_{op}，即

$$P_{js} = K_{op} \sum_{i=1}^{m} (P_{js})_i \qquad (20.5-4)$$

2) 二项系数法。同式(20.5-3)，但在各组用电设备中只能取一组最大的附加负荷 cP_1。

(5) 工厂企业的总计算负荷。

1) 全厂需要系数法。全厂用电设备的总设备容量 ΣP_n(不计备用设备容量)乘以全厂需要系数 K_x 得全厂的计算负荷，即

$$P_{js} = K_x \Sigma P_n \qquad (20.5-5)$$

各类工厂的需要系数可由有关设计单位根据调查统计的资料，或参考有关设计手册而定。

2) 单耗计算法。对于有固定产品的工厂可采用单位产品耗电量来确定计算负荷，对于无固定产品的工厂(如修理厂等)可用单位产值耗电量来确定计算负荷。具体计算公式如下：

按单位产品耗电量计算

$$P_{js} = \frac{A}{T_{max}} = \frac{qm}{T_{max}} \qquad (20.5-6)$$

按单位产值耗电量计算

$$P_{js} = \frac{A}{T_{max}} = \frac{bM}{T_{max}} \qquad (20.5-7)$$

式中，A 为工厂全年耗电量（kW·h）；T_{max} 为工厂的年最大负荷利用小时数（h）；m 为工厂全年产品的产量；q 为单位产品耗电量（kW·h）；M 为工厂年产值（万元）；b 为单位产值耗电量（kW·h/万元）。

4. 电力平衡管理

（1）电力平衡。指电力系统所有有功（无功）电源发出的有功（无功）功率总和与电网所有用电设备（包括输电线路）取用的有功（无功）功率总和相等。

（2）调整负荷的行政手段。①日负荷调整方法包括调整生产班次、错开上下班时间、错开中午休息和就餐时间等；②周负荷调整方法是把一个供电区域或一个城市的工业用电负荷分成基本相等的七部分，让工厂轮流休息，使一周内每天的用电负荷基本均衡。③年负荷调整包括在每年高峰负荷期组织工厂进行设备大修、组织季节性生产等。

（3）限电。有意抑制需求或有计划缩减供应量的事件，分为事故限电和计划限电两类。

（4）停电。供电发生中断的现象，分为事故停电、计划停电、临时停电和处罚停电四类。

（5）可中断负荷控制。根据供需双方事先的合同约定，在电力系统峰荷时段，向用户发出请示信号，经用户响应后中断部分供电的一种方法。适于可对供电可靠性放宽要求的"塑胜负荷"，如有最终产品贮存能力、可通过工序调整改变作业程序、有热能贮存能力的用户。

5. 电力负荷控制装置 指可对分散在供电区内众多的用户进行用电管理，适时拉用用户部分用电设备的供电开关或为用户提供供电信息的装置。根据控制方式的不同有分散型和集中型两大类。前者主要包括电力时控开关和电力定量器；后者按通道不同又分为有线和无线两类。

5.2 节约用电

1. 用电设备的节电措施

（1）电气照明节电。①选用高效电光源，如荧光灯、汞灯、金属卤化物灯、钠灯等；②采用高效电子镇流器；③选择高效灯具；④根据对照明方向和光照质量的要求合理进行照明设计；⑤采用晶闸管调光器；⑥合理控制照明时间；⑦充分利用自然光。

（2）电动机节电。①采用机翼型轴流式节电风扇，减小通风损耗；②对大型电动机定子，采用磁性槽楔或槽泥，减少气隙中磁场脉动的幅值；③安装轻载节电装置，如功率因数控制节电器、电感调压节电器、接电转换器等；④对异步电动机进行无功补偿，降低电动机铜耗；⑤采用变频、变极、串极等调速节电技术；⑥采用高效电动机。

（3）风机节电。①合理选配风机；②风机调速运行；③风机节能改造。

（4）水泵节电。①减少不必要的弯道和阀门，降低管路阻力；②选用合理的调节方式，如通过调节管路上阀门的开度来改变泵的工作点，改变泵的工作台数来进行流量粗调节，采用调速方法进行流量细调节等；③合理选型，尽量选用高转速泵。

（5）电加热设备节电。①正确选择电加热炉的炉型，做到加热速度快、炉温均匀、温度控制准确等；②采用轻质耐火保温材料；③采用先进的加热元件，如将电阻加热元件改换为远红外加热元件，将电阻丝换为电阻带等；④改革工艺和设备，将整体加热改为局部加热，改氧化中加热为可控气氛中加热；⑤采用微机自动控制，缩短工作时间。

（6）空调节电措施。①改善建筑物围护结构，如采用保温性能好的材料砌墙体，采用外遮阳，采用门窗密封条等；②选择单机效率高的制冷机、风机和水泵电动机；③采用经济合理的调速方式；④规定合理的温、湿度标准；⑤对风管进行保温隔热；⑥回收排风中的冷量（或热量），用于新风预冷（或预热）等。

2. 电力蓄冷蓄热技术

（1）蓄冷空调系统。利用夜间电网低谷负荷时的电力制冰（或冷冻水），将制得的冷量储存起来，待到白天电网高峰负荷时，将冰（或冷冻水）储存的冷量交换出来调节空气温度，由此实现移峰填谷的作用。适用于办公楼、商场、影剧院、体育场馆等非全天用冷单位。

（2）电热锅炉。在后夜电网负荷低谷时段，把电气锅炉或电加热器生产的热能存储在蒸汽或热水蓄热器中，用于白天或前夜电网负荷高峰时段的生产或生活，实现移峰填谷，适合为宾馆、饭店、机关、学校、居民等提供生活用的热水或蒸汽以及向化工、塑料、纺织、电动机等行业提供工业用饱和蒸汽。

3. 节电管理

（1）企业用电功率因数管理。提高企业的功率因数能减少无功功率需要量，进而减少用电设备有功损耗。主要方法有：①合理选择电气设备的容量，提高自然功率因数；②增置同期调相机、并联电容器、静止补偿装置等设备，进行无功功率补偿。

（2）产品用电单耗管理。单位产品电耗定额指生产符合质量标准或合同要求的单位产品（或单位工作量）而合理消耗电能的标准量。制定产品电耗定额依据国家标准《产品电耗定额制定和管理导则》（GB 5623—1995），每年申报、核定一次。全厂定额由电力分配部门审批下达和考核，单项定额和车间定额由用电单位的主管部门审批下达和考核。

5.3 电能计量

1. 电能计量装置

（1）电能计量装置。是用于测量和记录用电量的计量器具，是电能表、计量用互感器及连接二次线构成的总体。我国将电能计量装置按其计量的重要性分为Ⅰ、Ⅱ、Ⅲ、Ⅳ四类。

（2）电能表。是计量某一段时间内电能累积值的仪表，俗称电度表。按电流类别分为直流式和交流式；按用途分为普通和特种电能表；按准确度等级分为普通和标准电能表；按工作原理分为感应式和电子式；按计量对象分为有功和无功电能表；按相数分为单相、三相三线和二相四线电能表；按接入方式分为直接式和带互感器间接接入式；按付款方式分为普通和定量电能表（如投币、磁卡、电卡电能表）。

（3）测量用互感器。用于高电压或大电流的电能计量中，它将高电压变为低电压、大电流变为小电流，再接入测量仪表，相当于扩大了电能表的量程范围。其中，变换电压的称为电压互感器，也称为TV，电气符号如图20.5-1所示；变换电流的称为电流互感器，也称为TA，电气符号如图20.5-2所示。我国规定：TV二次线电压额定值为100V，TA二次电流额定值为5A。

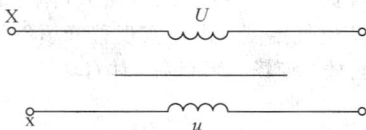

图 20.5-1 电压互感器的符号

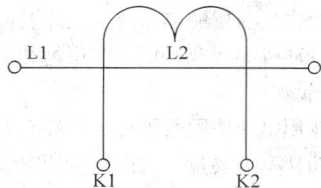

图 20.5-2 电流互感器的符号

2. 电能表的误差及其校验

（I）电能表误差。由基本误差和附加误差构成，

前者指感应式电能表在规定电压、频率和温度条件下测得的误差值，后者指因电压、频率和温度等外界条件的变化而产生的误差值。

（2）电能表误差调整。在电能表检验过程中要进行误差调整，包括轻载调整、防潜调整、相位角调整、满载调整和平衡调整。

（3）电能表检验。包括直观检查、绝缘强度试验、潜动检查、测定起动电流、检查计度器传动比、测定基本误差等。

5.4 电力营销

1. 业务扩充 简称业扩，也称报装接电。主要任务包括：受理用户的用电申请；根据电网供电可能性与用户协商，确定供电方案；组织供电业扩工程的设计、施工，并对用户自建内部工程的设计进行审定；确定电能计量方式；收取各项业务费用；对用户自建工程进行中间检查和竣工检查验收；签订供用电合同（协议）；装表、接电。

2. 日常营业

（1）供电营业区。供电企业经有关部门批准向用户供电的区域范围。

（2）变更用电。改变供用双方事先约定的用电事宜的行为，包括减容、暂停、迁址、过户、消户、分户、移表、改变用电电价类别，改变供电方式等。

（3）违章用电。供用电法规不允许出现的用电现象。我国将下列现象认定为违章用电：在电价低的供电线路上接入电价较高的用电设备；超过申请用电容量用电；使用已向供电企业办理了暂停用电手续或被供电企业查封的用电设备；迁移、更动或操作供电企业管理的供用电设备；在未经供电企业许可的情况下引入或供出电源，或者将自备电源并入电网运行等。

（4）窃电。采用不正当手段，使供电企业的电能计量装置不记录或少记录电量的用电行为。包括在供电企业的公用供电或配电线路和变压器上私自引接线路用电；绕越供电企业的电能计量装置私自用电；故意改变电能计量装置的接线，伪造或开启电能计量装置封印用电；故意损坏供电企业电能计量装置，使记录的电量数值失真；采用其他方法窃电。

（5）供用电合同。确定电力供应与使用关系，明确供用电双方权利、义务的法律文书。供用电合同应具备以下条款：供电方式、用电方式、供电数量、供电质量、计量及价款、产权与维护、违约责任及承担方式、履约期限及变更规定、其他未尽事宜的规定。

3. 电价制度

（1）两部制电价。由容量电价（俗称基本电价）与电量电价（俗称电度电价）两部分组成。其中，基本电费可按用户变压器容量（kVA）或用户契约容量（kW）计费；电度电费按用户当月抄表电量计费。

（2）分时电价。在不同时段采用不同电价水平的电价制度。作用是引导用户合理安排用电，将部分用电需求从电网缺电期转移到非缺电期。根据电价变化周期的长短，有日峰谷分时电价、季节性电价、丰枯电价、实时电价之分。适用于负荷有调整能力的用户。

（3）非线性电价。将需求水平划分为若干段、不同负荷段电价不同的电价制度。其中，电价水平随着需求量的增长而增大的称为反向电价，有抑制用电需求、缓解电力电量紧缺的作用；电价水平随需求量的增大而减小的称为促销电价，用于吸引某类用户加入到供电区中来。

（4）可中断负荷电价。对可靠性要求较低的可中断负荷实施较低的电价，以鼓励用户选择较低的供电可靠性，作为峰荷时段的一种备用。

（5）功率因数调整电费。按用电功率因数高低，对用户承担的电费进行增、减调整的做法。目的是激励用户合理进行无功就地补偿，稳定供电质量，降低输变电损耗。

4. 电费管理

（1）抄表。指定期对用户计费电能计量装置读数，核对与计费有关的表计、接线、封印。有现场手抄、现场抄表微机抄记、电话口述抄表和远动遥测抄表四种。

（2）核算。对抄表读数和电费计算进行复核。

（3）收取电费。有抄表人员代收、专人走收、坐收、银行代收、银行托收、计划分次划拨及预收电费等方式。

（4）账务统计。内容包括历年各行业用电量的增长情况和逐月变化情况、用电结构的变化情况、各行业售电和地区总售电平均电价的变化趋势、大工业用户功率因数的变化情况、电费资金的回收情况、用户增减变动情况、电费工作人员的配备和劳动定额完成情况、电费工作质量（如差错率、实抄率等）的改进情况等。统计结果是资金的部门分割、财务成本分析、用电分析和用电负荷预计的基础。

5.5 电力需求侧管理（DSM）

1. 电力需求侧管理（Demand Side Management, DSM）

它是电力公司采取有效的激励和诱导措施以及适宜的运作方式，与用户共同协力提高终端用电效率、改变用电方式，为减少电量消耗和电力需求所进行的管理活动。

（1）DSM 的参与者。包括政府、电力公司、能源服务公司和用户。政府是主导者，为 DSM 提供法制和政策的支撑；电力公司是 DSM 计划的实施者；能源服务公司为用户提供从能源审计、节能诊断、筹集节能投资、进行节能设计、安装节能设备、操作培训到获得节能收益的一条龙服务；电力用户是节能节电整体增益的主要贡献者。

（2）DSM 的主要内容。①负荷整形，即改变电力需求在时序上的分布，主要有削峰、填谷、移峰填谷三种；②节约用电，即通过提高终端用电效率，减少电量消耗。

（3）DSM 的意义。通过移峰填谷，改善电网运行的经济性和可靠性，提高电网的运营效益；通过节电减少发电燃料消耗，减少有害气体排放，有力遏制环境恶化。

2. DSM 的措施

（1）DSM 的技术措施。①负荷控制，指由电力公司在系统需要时以遥控方式断开用电设备或对设备循环开停，由此减少或推迟负荷增长，包括直接负荷控制、可中断负荷控制、间歇和循环控制三类；②使用蓄冷蓄热用电设备，如蓄冷式中央空调系统、蓄热式电锅炉等，起到移峰填谷的作用；③应用高效用电设备，如高效节能灯具、高效电动机、高效热泵和风机、高效家用电器等，起到节电作用；④通过节电控制减少电能消耗，如电动机变频调速运行，实行流水作业、降低电动机空载率等；⑤鼓励用户使用天然气、太阳能等替代能源，减少对电能资源的依赖；⑥回收工业生产中产生的余能余热用于发电，从而提高能源使用效率，相关技术如应用干法熄焦高温余热回收发电、工业炉窑高温余热回收发电、高炉炉顶排气压力发电、工业锅炉余压发电等；⑦建筑物绝热保温，充分利用自然光和热。

（2）DSM 的经济激励措施。①电价鼓励，如日峰谷分时电价、季节性电价、容量电价、可中断电价等（参见 20.5.4.3）；②折让鼓励，即给予购置特定高效节电产品的用户或推销商适当比例的折让；③借贷优惠鼓励，即向购置高效节电设备的用户，尤其是初始投资较高的那些用户提供低息或零息贷款；④免费安装鼓励，即为用户全部或部分免费安装节电设备；⑤节电设备租赁鼓励，即把节电设备租借给用户，以节电效益逐步偿还租金；⑥节电特别奖励，即对工商业用户实施的行之有效的节电方案给予特别奖励；⑦节电招标鼓励，指电力公司建立"负瓦数"市场，采取招标、拍卖、期货等市场交易手段，向独立经营的发电公司、节能公司和用户征集各种切实可行的节电方案。

（3）DSM 的行政措施。政府及其有关职能部门通过法规、标准、政策、制度等来规范电力消费，推动节能，约束浪费，保护环境。具有权威性、指导性和强制性的特点。

（4）DSM 的诱导措施。通过节能知识传播、研讨交流、审计咨询、技术推广、宣传鼓励、政策交待等，消除用户在节能技术、效果、效益信息上的障碍，对用户消费行为进行引导。

3. DSM 成本效益分析

（1）可避免成本。实施 DSM 项目后可在供应方避免的成本，通常用边际供电成本来衡量

$$MC = \frac{TC_n - TC_{n-1}}{Q_n - Q_{n-1}} = \frac{d}{dQ}[f(Q) + f_0(Q)]$$

$$(20.5-8)$$

式中，TC_n 为供电量为 Q_n 时的总成本；TC_{n-1} 为供电量为 Q_{n-1} 时的总成本；$f(Q)$ 为可变成本；$f_0(Q)$ 为固定成本。

（2）可避免电量。节电使电力系统避免的新增电量。用户可避免电量即其终端节电

$$\Delta W_b = \frac{\Delta W_0}{1 - l} \qquad (20.5-9)$$

系统可避免电量是由于终端节电而使供应方避免的发电量，计算公式为

$$\Delta W_c = \frac{\Delta W_b}{(1 - \alpha)(1 - \beta)} \qquad (20.5-10)$$

式中，ΔW_0 为终端年节电量；l 为终端配电损失系数，工业企业为 0.04 ~ 0.06，商业和服务业要低些，居民住宅近于零；α 为电网输配电损失系数，一般为 0.05 ~ 0.10；β 为发电厂厂用电率，燃煤电厂为 0.07 ~ 0.09，双循环燃机电厂为 0.025 ~ 0.035，外购电为 0。

（3）可避免峰荷容量。由于节电在电网峰荷期可避免的发电装机容量，计算公式为

$$\Delta N_b = e_b \Delta P_b = \frac{1}{(1 - \alpha)(1 - \beta)(1 - \gamma)} \Delta P_b$$

$$(20.5-11)$$

式中，ΔP_b 为终端用户节约的电力；γ 为系统备用容量系数；系数 e_b 称为可避免容量系数。

（4）有害气体减排量。DSM 在节约终端用电量的同时减少发电燃料消耗，因而减少的二氧化硫（SO_2）、二氧化碳（CO_2）等气体排放量。计算公式如下：

某种气体 x（如 SO_2 或 CO_2）的减排量

$$A_x = \rho_x \sigma_x \theta_x B \qquad (20.5-12)$$

可避免燃煤消耗

$$B = \frac{kb\Delta W_b}{(1 - \alpha)(1 - \beta)} \times 10^{-3}$$

$$(20.5-13)$$

式中，ρ_x 为燃料含硫或含碳率（%），对我国燃煤电站 $\rho_{SO_2} = 1.0\% \sim 1.2\%$，$\rho_{CO_2} = 0.60\% \sim 0.65\%$；$\sigma_x$ 为 S→SO_2 或 C→CO_2 的转换系数，$\sigma_{SO_2} = 2$，$\sigma_{CO_2} = 3.667$；θ_x 为硫或碳的释放率（%），对我国燃煤电站 $\theta_{SO_2} = 85\%$ 左右，$\theta_{CO_2} = 95\%$ 左右；k 为发电燃煤折标煤系数；b 为发电煤耗 $[kg/(kW \cdot h)]$。

第21篇

电 气 照 明

主　编　徐殿国（哈尔滨工业大学）

执　笔　刘汉奎（哈尔滨工业大学）

　　　　刘晓胜（哈尔滨工业大学）

　　　　张相军（哈尔滨工业大学）

　　　　杨　华（哈尔滨工业大学）

第1章　电气照明技术基础

1.1　电气照明常用的技术术语

1.1.1　辐射和光

1. 辐射（radiation）　由电磁波或粒子发射或传递能量的现象。

2. 单色辐射（monochromatic radiation，homogeneous radiation）　由单一频率或单一波长描述的微小频率范围或微小波长范围内的辐射。

3. 热辐射（thermal radiation）　根据物质的原子、分子或离子等的热振动发射出辐射能的现象。

4. 黑体（blackbody）　与波长、温度无关，入射的辐射被完全吸收的热辐射体。

5. 辐射能量（radiant energy）　光源以辐射的形式发射、传播或接收的光能量。其符号是 Q_e，单位是卡、尔格或焦耳。$1cal = 4.18J = 4.18 \times 10^7 erg$（尔格）。

6. 辐射通量，辐射功率（radiant flux，radiant power）　在单位时间内通过某一面积的辐射能量，称之为通过该面积的辐射通量或辐射功率。其符号是 Φ_e 和 P，单位是 W。

7. 辐射照度（irradiance）　单位面积上的辐射通量叫做辐射照度。其符号是 E_e，单位是 W/m^2 等。

8. 辐射强度（radiant intensity）　在一个源的给定方向、包含在给定方向的立体角元内离开光源或源元的辐射功率除以该立体角元。其符号是 I，单位是 W/sr。

9. 辐射亮度（radiance）　在表面一点和给定方向上，面元的辐射强度除以该面元在垂直于给定方向的平面上的正投影的面积。其符号是 L，单位是 $W/(sr \cdot m^2)$。

10. 辐射出射度（radiant exitance）　在表面的一点，离开面元的辐射能通量除以该面元的面积。其符号是 M，单位是 W/m^2。

11. 光（light）　波长范围为 380~780nm，通过视觉器官能够引起视觉的辐射。

12. 可见光（visible rays）　波长范围为 380~780nm，能直接引起视觉的光。

13. 紫外光（ultraviolet rays）　波长范围约为 1~380nm，波长比可见光短的光。

14. 红外光（infrared rays）　波长约为 780~ 10^6nm，波长比可见光长的光。

15. 光谱（spectrum）　将辐射分解成按波长排列的由单色光形成的图像。

16. 线光谱（line spectrum）　由单色光或单色光群组成的光谱是线状的不连续的光谱。由原子产生的光谱通常是线光谱。

17. 连续光谱（continuous spectrum）　在光谱展开图像中没有间断的光谱。由固体或液体发射的热辐射光谱是连续光谱。

18. 发光（luminescence）　物质吸收了光、电、辐射等能量使之成为激发状态后，又以光的形式发射出能量的现象。

19. 光致发光（photoluminescence）　因光子激发而引起的发光现象，简写成 PL。

20. 电致发光（electroluminescence）　由于电磁的激发而产生的固体（主要是荧光体）的发光，简写成 EL。

21. 荧光（fluorescence）　激发以后极短时间（小于 $10^{-8}s$）内的光致发光或激发中持续的光致发光。

22. 荧光体（phosphor）　促使引起光致发光或电致发光的物质。

23. 光通量（luminous flux）　电光源的光通量是指单位时间内，在可见光波长范围里光源所辐射的光总量。光通量是电光源的一个重要参数，描述人眼对光的相对感觉量。它表明发光体辐射可见光的能力，光源的光通量愈大，则人眼感觉愈明亮。其符号是 Φ，单位是 lm（流明）。

24. 发光强度（luminous intensity）　点光源向观察方向微小立体角内发射的光通量除以该立体角元。其符号是 I，单位是 cd（坎德拉）。

25. 光亮度（luminance）　在表面的一点和给定的方向上，面元的发光强度除以该面元在垂直于给定方向平面上的正投影的面积。其符号是 L，单位是 cd/m^2。

26. 光出射度（luminous exitance）　在表面的一点，离开面元的光通量除以该面元的面积。其符号是 M，单位是 lm/m^2。

27. 照度（illuminance）　在光照面上，单位面积上入射的光通量。其符号是 E，单位是勒克斯（lx）或

lm/m²。照度是衡量物体表面被光源照亮程度的。

28. 折射率（refractive index） 对非吸收介质，电磁辐射在真空中的速度与指定频率的电磁辐射在介质中的相速度之比，其符号是 n。

29. 透射比，透射因数（transmittance，transmission factor） 透射（透过）光通量对入射光通量之比。其符号是 τ。

30. 反射比，反射因数（reflectance，reflection factor） 被反射的光通量对入射光通量之比。其符号是 ρ。

31. 吸收比，吸收因数（absorptance，absorption factor） 被吸收的光通量对入射光通量之比，其符号是 α。

1.1.2 视觉和颜色

1. 视觉（vision） 由辐射刺激眼睛而产生感觉印象和知觉的过程。

2. 视野（visual field） 单眼或双眼静止时可以觉察到的空间的角度范围。

3. 视角（visual angle） 从瞳孔中心对于识别对象所张的角度。

4. 视力（visual ability） 眼睛能识别微小物体的能力。用视力表或兰道尔环作为视力测定的标准。

5. 可见度（visibility） 表示容易看到对象的存在或形状的程度。可见度受对象大小、亮度、背景等影响。

6. 明视觉（photopic vision） 在数坎德拉/平方米以上亮度条件下，主要由人眼视网膜中央窝处能感受光、色刺激的锥体细胞起作用的视觉状态。

7. 暗视觉（scotopic vision） 在 10^{-2} cd/m² 以下的低亮度条件下，主要由人眼中央窝和视神经乳头以外的视网膜上只能感受弱光刺激的杆体细胞起作用的视觉状态。

8. 介视觉（mesopic vision） 视野内的亮度介于明视觉和暗视觉之间，锥体细胞和杆体细胞同时起作用的视觉状态。

9. 色觉（color vision） 由于进入眼内的辐射的刺激作用而产生色的感觉功能。

10. 闪烁（flicker） 由于光刺激的周期性变化而产生的亮度或角度的闪动印象。

11. 适应（adaptation） 与光刺激或色刺激相对应的视觉器官的特性变化过程。

12. 色适应（chromatic adaptation） 视觉器官对视场内主体色光的适应过程或适应状态。

13. 眩光（glare） 由于时间上、空间上的不适当亮度分布、亮度范围或极端对比等，使视觉不舒适或存在着降低视觉能力的视觉条件。

14. 不舒适眩光（discomfort glare） 对于视觉来讲，视觉不一定降低，但发生不舒适感觉的眩光。

15. 失能眩光（disability glare） 对于视觉来说，使视觉降低的眩光，而且往往带来不舒适。

16. 失明眩光（blinding glare） 在一定时间内完全看不到视觉对象的强烈眩光。

17. 颜色（color） 与光的光谱成分相对应的视觉效果。

18. 标准色度观察者（standard colorimetric observer） 与国际照明委员会在 1931 年规定的光谱三色刺激值一致的理想观察者。

19. CIE 标准色度体系（CIE standard colorimetric system） 按照国际照明委员会规定的光谱三色刺激值的三色色度体系。

20. 色度图（chromaticity diagram） 表示色刺激混合结果的平面图。国际照明委员会标准色度体系中一般广泛采用表示色度坐标的直角坐标图。

21. 光谱轨迹（spectrum locus） 在色度图上将单色光的色度坐标按波长次序连接起来的曲线。

22. 主波长（dominant wavelength） 用某一光谱色与一确定的参照光源相混而匹配出样品色，则该光谱色的主波长就是样品色的主波长。已知样品色的色品坐标 (x, y) 和参考光源的色品坐标 (x_0, y_0)，连接两点并延长，与光谱轨迹相交的交点波长即为主波长。

23. 互补色（complementary color） 当两种光谱色相混可得到等能白光（或 C 光源色）时，这对光谱色就成为互补色的关系，其中一种光谱色称为另一种的互补色。

24. 色调（hue） 在孟塞尔颜色立体中，水平剖面上的不同方向代表各种色调，包括红、黄、绿、蓝、紫等基本色调及它们的中间色调。

25. 明度（lightness） 颜色样品的明亮程度。每一明度值对应于在日光下颜色样品的一定亮度因数。理想黑的明度值定为 0，理想白的明度值为 10。

26. 彩度、饱和度（saturation） 颜色样品离开颜色立体中央轴的水平距离。

27. 物体色（object color） 在标准光源照射下的物体反射光或透射光的颜色。

28. 表面色（surface color） 由不透明物体反射的光的颜色。

1.1.3 照明

1. 照明（illumination） 用光的照射为手段，

对人们的生活、活动起作用为目的的方法，包括用光照使看清物体及其周围，用光照产生信号传递信息，用光照产生气氛来改变人们的感情等。

2. 照明环境（luminous environment）　用光（照度等级和照明方式）、色（颜色、彩色、配色、显色等）及房屋形状等在室内创造出来的生理、心理的环境。

3. 人工照明（artificial lighting）　除了昼光以外，用人工光源照射物体及其周围的方法。

4. 天然采光（day lighting）　白天利用太阳发射的光照射物体及其周围的方法。

5. 一般照明（general lighting）　设计时不考虑特殊的、局部的重要物体而使作业场或室内某个大区域具有大致均匀照度等级的照明方式。

6. 局部照明（local lighting）　只对工作需要的小面积或局部区域进行照明的方式。

7. 直接照明（direct lighting）　照明器发射的光通量中 90%～100% 的光通量直接到达工作面上的照明。

8. 半直接照明（semi-direct lighting）　照明器发射的光通量中 60%～90% 的光通量向下直接到达工作面上的照明，剩余的光通量是向上的。

9. 漫射照明（diffused lighting）　光并不是显著地从某一特定的方向入射到工作面或目标上的照明。

10. 一般漫射照明（general diffuse lighting）　照明器发射的光通量中 40%～60% 的光通量向下直接到达工作面上的照明。

11. 间接照明（indirect lighting）　照明器发射的光通量中只有 10% 以下的光通量直接到达工作面，而其余光通量 90%～100% 向上，间接照明工作面的照明。

12. 半间接照明（semi-indirect lighting）　照明器发射的光通量中 10%～40% 的光通量直接到达工作面，而其余光通量 90%～60% 向上，间接照明工作面的照明。

13. 定向照明（directional lighting）　光明显地从某一方向入射到工作面或目标上的照明。

14. 泛光照明（flood lighting）　为使某一情景或目标的亮度大于它的周围而设计的照明系统或由此实现的照明状态。

15. 造型照明、立体感照明（modeling）　对于立体目标用适度的明暗来表现立体形状的照明。

16. 室内照明（interior lighting）　为使室内主观亮度、亮度分布、光色等形成良好的视觉环境，尽量减少灯具的眩光而设计并制造的照明设备的照明。

17. 室外照明（exterior lighting）　为使室外的主观亮度、亮度分布、光色良好，尽量减少光源的眩光而设计并制成设备的照明。

18. 水下照明（underwater lighting）　为了在水中进行运动竞赛、表演或观赏以及摄影或集鱼等目的，在水中或其附近设置照明器的照明。

19. 舞台照明（stage lighting）　舞台上用光的明暗和色彩自由而微妙地表现场面的情景、气氛或登台人物心理和感情等的照明。

20. 道路（交通）照明［road（traffic）lighting］　为提高道路交通的夜间安全性和舒适性，对道路及附属设施设置的照明。

21. 配光（luminous intensity distribution）　光强在各个方向的分布。

22. 配光曲线（luminous intensity distribution curve）　在包含光源的某一平面内，光源各个方向的光强用矢量大小来表示并将矢量端连接起来的曲线。

23. 法向照度（normal illuminance）　垂直于光的进行方向的面上的照度。

24. 水平面照度（horizontal illuminance）　受照点上水平面方向的照度。

25. 垂直面照度（vertical illuminance）　受照点上垂直面方向的照度。

26. 等照度曲线（isolux curve, isolux line）　在受照平面图上将照度相等的点连接起来的曲线。它与地图上的等高线概念相同。

27. 等光强图（isocandela diagram）　等光强曲线群。

28. 照明利用因数（utilization factor）　到达工作面上的光通量与光源发出的总光通量之比。

29. 调光（lighting control）　在电影电视的转播室及剧场中，按照节目和演出内容对照明光的亮度、光色、方向等进行调整和控制。

30. 光信号（luminous signal）　用光表示信号或作指示。

31. 灯杆［pole（美），column（英）］　用于广场、道路等照明中直接安装或通过托架等安装照明器的杆子。

1.1.4　光源和灯具

1. 光源（light source, lamp）　由于能量的转变而能发光的表面或物体。一般指人工光源。

2. 点光源（point source of light）　只有几何位置而无大小的光源。

3. 标准光源（standard light source）　成为光度量、辐射量和色度量的标准光源，由 CIE 定义推荐的人工光源称为 CIE 标准光源。CIE 标准光源有 *A*、*B*、*C* 和 D_{65}。

4. 发光效率（lumens efficiency）　指电光源所发出的光通量与它所消耗的电功率之比值，常简称为光效。发光效率是电光源的一个重要指标，提高发光效率是目前电光源研究的一个重要方面。其符号是 η，单位是 lm/W。

5. 光源色（light-source color）　由光源发出的光的颜色，即光源的色表。

6. 色温（color temperature）　当电光源发射的光的颜色与黑体在某一温度下辐射的光的颜色相同时，则称黑体的这个温度为该电光源的颜色温度，简称色温。它用绝对温度表示。色温是表示光源颜色的一个重要参数。

7. 相关色温（corelated color temperature）　由于气体放电光源的光谱能量分布与黑体的光谱能量分布很不一致，气体放电光源发射光的颜色与黑体在某一温度下辐射光的颜色接近时，则称黑体的温升为气体放电光源的相关色温。

8. 显色性（color rendering properties）　在规定条件下，评价光源照射物体的颜色显现与标准光源照射下的一致性。如果各色物体受照的效果和标准光源照射时一样，则认为该光源的显色性好；反之，如果物体在受照后颜色失真，则该光源的显色性差。显色性也称演色性或传色性。

9. 显色指数（color rendering index）　在规定条件下，由光源照明的物体色与由标准光源照射时相比较一致性程度的参数。显色指数是衡量电光源质量的一个重要指标，其符号是 R_a。

10. 光源寿命（lamp life）　光源光通量下降到它的初始值的一定比例（如 80%）以前的累计开灯时间。其单位是小时（h）。

11. 平均寿命（everage life）　指一批灯泡至50% 的数量损坏时的小时数。

12. 经济寿命（economic life）　在考虑灯泡的损坏以及灯泡的光束输出衰减的情况下，其综合光束输出衰减至某一特定值时的小时数。此特定值用于室外照明光源时为 70%，用于室内照明光源时为 80%。

13. 白炽灯（incandescent lamp）　流经的电流使灯丝加热至白炽而发光的光源。

14. 卤钨灯（tungsten-halogen lamp）　以一定的比率封入碘、溴等卤族元素或其化合物的充气灯泡。

15. 辉光放电灯（glow lamp）　直接或间接利用阴极辉光放电的放电灯。

16. 气体放电灯（discharge lamp）　在气体、金属蒸气或几种气体与蒸气的混合物内放电发光的灯。

17. 热阴极放电灯（hot cathode lamp）　由弧光放电的阳光柱发光的放电灯。

18. 冷阴极放电灯（cold cathode lamp）　由辉光放电的阳光柱发光的放电灯。

19. 红外线灯（infrared lamp）　并不以产生可见辐射为直接目的，而红外线热辐射特别强的灯。

20. 黑光灯（black light lamp）　主要发出波长为360nm 左右的紫外辐射，几乎不发出可见辐射的灯。

21. 杀菌灯（germicidal lamp）　主要发射杀菌作用的紫外辐射（波长为253.7nm）的低压汞灯。

22. 荧光灯（fluorescent lamp）　因放电产生紫外辐射，再激发荧光物质光致发光的放电灯。

23. 汞灯（mercury lamp）　主要由汞原子激发而发光的放电灯。

24. 高压汞灯（high pressure mercury lamp）　在开灯时蒸气的分压力在 $10^5 N/m^2$ 以上的汞灯。它有涂荧光物质与不涂荧光物质之分。

25. 荧光（高压）汞灯 [fluorescent (high pressure) mercury lamp]　在外管玻壳上涂荧光物质的高压汞灯。

26. 自镇流型汞灯 [self-ballasted mercury lamp（美），blended lamp（英）]　汞灯的发光管和白炽丝串联在一起，装在同一玻壳内的放电灯。

27. 低压钠灯（low pressure sodium lamp）　在开灯时蒸气分压力在几个牛顿/平方米以下的钠蒸气放电灯。

28. 高压钠灯（high pressure sodium lamp）　在开灯时蒸气的分压力在 $10^4 N/m^2$ 左右的钠蒸气放电灯。

29. 氙灯（xenon lamp）　主要由氙气体的激发而发光的放电灯。

30. 金属卤化物灯（metal halide lamp）　封入金属卤化物（如碘化铊、碘化钠等）的放电灯，开灯时金属卤化物蒸发分解，可以得到金属特有的发光。

31. 霓虹灯（neon tubing）　主要由于氖气体的辉光放电的阳光柱而发光的管形放电灯。

32. 电致发光灯（electroluminescent lamp）　由于电致发光现象而发光的光源，或称 EL 灯。

33. 反射式灯泡（reflector lamp）　在玻壳的适当部位镀以反射性物质的膜层，使配光具有方向性的白炽或放电灯。

34. 灯头 [base（美），cap（英）]　使光源保持在灯座上并且与电源接通的灯的部分。

35. 灯座 [1amp-holder（美），socket（英）]　为使灯泡、放电灯保持固定位置并能与电源接通，与光源灯头插入相配的部件。

36. 镇流器（ballast）　为使放电稳定而与放电灯一起使用的装置。

37. 启动器，启辉器（starter）　使放电灯预热，同时与镇流器一起产生浪涌电压的放电灯启动装置。

38. 灯具（luminaire）　为改变光源光通量的空间分布或光谱分布的部件。

39. 反射器（reflector）　主要利用反射现象改变光源的光通量空间分布的装置。

40. 漫射器（diffuser）　主要利用漫射现象改变光源的光通量空间分布的装置。

41. 探照灯（searchlight）　通常口径在 0.2m以上，发出大致平行的光束的投光器。

42. 聚光灯（spot lighting）　通常口径在 0.2m以下，发出开角在 20°以下的光束的投光器。

43. 泛光灯（flood lighting）　通常为投光照明而设计，使指向为任意方向的投光器。它包括开启式和密闭式两种。

44. 防爆灯具（luminaire for explosive gas atmosphere）　在有爆炸危险的地方能安全使用的照明器。

45. 防水灯具（water-proof luminaire）　灯具结构上对浸水有防护功能的照明器。

46. 防腐灯具（corrosion-proof luminaire）　对腐蚀性物质（主要是气体）有防护作用的照明器。

47. 嵌装式灯具（recessed luminaire）　能将灯具的全部或局部嵌装在建筑物中的灯具。

48. 吸顶式灯具（surface mounted luminaire）直接安装在建筑物表面上的灯具。

49. 吊装式灯具［suspended（pendent）luminaire］安装用软线、链、管等连接到建筑物平顶上的灯具。

50. 发光顶棚（luminous ceiling）　在大部分顶棚上安装漫射透射板（照明用板），并在它上面布置光源的照明系统。

51. 壁灯，墙灯（wall luminaire）　在墙壁、柱上侧面安装的灯具。

52. 下射灯（down lighting）　通常在顶棚上嵌装的小型直射灯具。

53. 台灯，桌灯（table lamp）　放在家具、用具上面应用的，有低支柱的可移动式灯具。

54. 落地灯，立灯（floor lamp）　立在地面上应用的，有高立柱的可移动式灯具。

55. 手提灯（hand lamp）　有柄（手柄、把手），用软电缆连接电源而在一定范围内移动（或自带电源）的工作灯具。

56. 前大灯（head lamp）　安装在车辆前部，对照亮它的前方起主要作用的灯具。

57. 格栅、格片（louver）　为了在给定的角度以外不能直接看到光源，按照几何学布置的由半透明或不透明构件制成的遮光性用具。

58. 灯具效率（luminaire efficiency）　在规定条件下测得的灯具所发射的光通量与灯具内所有裸光源测得的光通量之和的比值。

1.2　常用的照明电光源

从 1879 年爱迪生发明第一只电灯泡到现在，由于科学技术的进步及社会需求的推动，电光源得到了迅猛的发展。目前电光源的品种规格已发展到 4 万多种，电光源不仅在外形上千差万别，在电参数上也各有特色。光源的长度从不到 1mm 到几米，功率从零点几瓦到几百千瓦，色温从远红外灯泡的只有 650K 到紫外线灯泡的几万度，显色性从单色性很强到接近日光的显色指数，光效从只有每瓦几个流明到每瓦几百个流明。

1.2.1　电光源的分类、应用和型号命名

电光源的基本分类如图 21.1-1 所示。

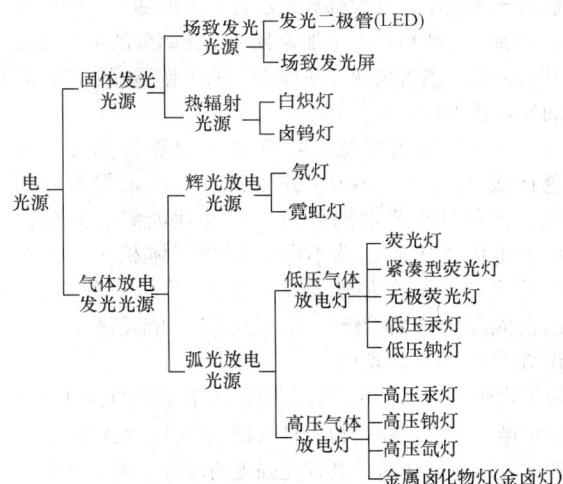

图 21.1-1　电光源的基本类型

电光源在工业、农业、交通运输、医药卫生、文化艺术、科学研究和国防公安等各个领域里得到了广泛的应用。电光源最大的用途是生活和生产照明，主要包括室内照明、工业厂房照明、道路照明、广场照明、艺术照明。在现代化的大城市和企业，照明直接影响社会治安、交通事故、产品的质量等问题。另外，电光源还广泛地应用于农业、畜牧业和微生物等领域，以及医疗保健、国防、公安、仪器仪表等方面。

为了对同一种光源给予一个科学、准确的统一命名，国家发布了轻工行业标准 QB 2274—1996《电光源产品的分类和型号命名方法》。该标准规定了各种白炽光源和气体放电光源的型号命名。型号命名包括五部分：第一部分为字母，由表示光源名称主要特征的三个以内词头的汉语拼音首字母组成；第二部分和第三部分一般为数字，主要表示光源的电参数；第四部分和第五部分为字母或数字，由表示灯结构特征的 1~2 个词头的汉语拼音首字母或有关数字组成。第四和第五部分作为补充部分，在生产或流通领域中使用时可灵活取舍。型号的各部分当相邻部分同为数字时，用短横线"—"分开；同一部分有多数字时，用斜线"/"分开；相邻同为字母时，用圆点"."分开。表示玻壳形状或灯头型号特征的字母应符合 QB/T 1112 和 QB/T 2218 的规定。

1.2.2 白炽灯

白炽灯是利用热辐射的原理制成的电光源。由斯忒藩—玻耳兹曼定律得知，黑体的总辐射出度与热力学温度的四次方成正比。白炽灯的灯丝一般采用钨丝。钨丝热辐射的波长范围很广，可见光部分占总辐射的比例很小，绝大部分是红外线。但随着工作温度的增加，钨丝辐射也增加，且可见光部分的增加比红外线部分增加得更快，所以钨丝的工作温度越高，灯的光效就越高。

白炽灯使用方便，具有连续的辐射光谱，显色指数 R_a 达 99~100，并还具有可以根据需要而做成各种具有艺术的外形、启动性能好、光输出可随电源电压而连续不断地变化、体积小、成本低等优点，至今仍然是应用最广泛的一种光源。但在能源紧张的今天，用耗电多、光通量小的白炽灯照明是不合理的。

白炽灯泡都是设计在额定电压下工作的，只有在额定电压下，才能获得各种规定的特性。当灯泡高于额定电压下工作时，其发光强度将增强，发光效率提高，但寿命缩短；相反，当灯泡低于额定电压下工作时，其发光强度将减弱，发光效率降低，但寿命延长。

白炽灯泡应能承受瞬时电压的冲击。因为灯丝的冷电阻很小，所以在灯泡点燃时，施加电压的瞬间，流过灯丝的电流很大，虽受回路阻抗等因素的制约，但过渡电流仍有大约为额定电流的 7~10 倍，故往往在开灯瞬间易造成灯丝烧毁。

白炽灯的光谱能量分布是连续的，它的大部分电能都变成了热能，只有很少一部分转换成可见光，因此白炽灯的发光效率很低，仅为 7.4~19lm/W。

白炽灯的寿命与灯泡的各项参数有密切的关系，平均寿命余额 1000h。白炽灯的寿命实验可采用过电压加速寿命实验的方法，其计算公式为

$$L_0 = L\left(\frac{U}{U_0}\right)^n \qquad (21.1-1)$$

式中，L_0 为额定电压下的寿命；L 为加速寿命试验电压下的寿命；U_0 为额定电压；U 为加速寿命试验电压；n 为寿命试验指数。

白炽灯有真空白炽灯泡和充气白炽灯两种。在真空白炽灯泡中，钨的蒸发速率随着灯丝工作温度的升高而迅速增大，进一步提高真空白炽灯泡的光效会导致寿命缩短。充气白炽灯泡是在灯内充入不与灯丝起化学反应的惰性气体或氮气可来抑制灯泡中钨的蒸发，提高灯泡的光效。所充的气体压力越高，钨的蒸发速度越小。当灯丝工作温度不变时，灯的寿命延长；如果维持相同的寿命，灯丝的工作温度可以提高，从而提高了灯的发光效率。钨的蒸发还与充入气体的种类有关，所充气体的相对分子质量越大，抑制钨蒸发的效果越好，气体的热导损失也越小。但当充气压力增加时，气体的热导损失将增加，这又会使灯泡的发光效率下降。

1.2.3 卤钨灯

卤钨灯是利用卤钨循环的原理制成的，玻壳采用耐高温的石英玻璃。当灯内充入适量的卤素后，在适当的温度条件下，从灯丝蒸发出来的钨在玻壁附近与卤素产生化学反应，形成挥发性的卤钨化合物，当卤钨化合物扩散到温度较高的灯丝周围区域时，又分解成卤素和钨。释放出来的钨沉积在灯丝上，而卤素则继续扩散到温度较低的玻壁附近与钨化合，这一过程称为卤钨循环或钨的再生循环。卤钨灯的管壁温度应不高于所使用卤素的反转温度。

卤钨灯玻壳材料的选择应考虑管壁负载的大小。卤钨灯的玻壳多数采用石英玻璃，也有采用高硅氧玻璃和硬质玻璃的。使用石英玻璃时，管壁负载可取得较高，高色温卤钨灯为 25~30W/cm²；普通照明卤钨灯取 20~25W/cm²；红外卤钨灯为 15~20W/cm²；而高硅氧玻璃的管壁负载为 15~20W/cm²；硬质玻璃的则为 10W/cm² 左右。卤钨灯的灯丝通常做成线形，根据灯丝结构和使用要求制成单螺旋灯丝或双螺旋或三螺旋灯丝，玻壳制成管状。卤钨灯的引出线采用钼杆。

管形照明卤钨灯的特点是体积小，光效高，寿命长；与普通白炽灯一样具有光色好、光输出稳定等优点；与气体放电灯相比不需要任何附件，使用方便。

管形照明卤钨灯在工矿企业、建筑行业的大面积照明方面获得广泛应用。它特别适用于电视转播照明、摄影、建筑物的泛光照明等。

柱形卤钨灯是 20 世纪 80 年代发展起来的白炽灯类照明光源，具有体积小、定向性好、装饰性强、显色性好、光效高、寿命长等优点，特别适用于商业柜窗的展示照明光源。

1.2.4　荧光灯

荧光灯也叫日光灯，本质是低压、热阴极的放电管，是一种低压汞蒸气放电灯。

荧光灯一般由内壁涂荧光粉的玻璃管、涂敷电子发射物质的灯丝、芯柱和灯头等组成。玻璃管内充入少量的惰性气体和微量汞。作为灯电极的灯丝一般采用双螺旋或三螺旋结构，其上涂敷的电子发射物质通常为钡、锶、钙的氧化物。快速启动荧光灯还应有启动辅助电极。

灯用荧光粉属于荧光材料，其作用是把它所吸收的紫外辐射转换为较长波长的辐射。最早使用的荧光粉是硫化物，现在使用最广泛的是卤磷酸钙荧光粉。改变卤磷酸钙荧光粉中激活剂锰和锑的含量，就可得到各种色调的卤磷酸钙荧光粉系列。荧光灯的光谱能量分布与采用的荧光粉成分有关，据此可制成各种彩色荧光灯和特殊用途的荧光灯。采用三基色荧光粉可以使荧光灯既具有高显色性，又具有高发光效率，但价格昂贵。

荧光灯的发光包含气体放电辐射和光致发光两个基本物理过程。当灯开始放电时，由于灯管内温度上升，使汞气化，逐渐代替惰性气体的放电。在低气压汞蒸气放电过程中，发出共振辐射强度很大的 253.7nm 的紫外线，并伴有 185.0nm 的紫外线和少量的可见光。这种高强度的 253.7nm 的紫外线激发灯管内壁的荧光粉而转换成可见光。在荧光灯中的气体放电也属弧光放电，但荧光灯的启动（燃点）电压比较低。

荧光灯的发光效率是由 253.7nm 紫外辐射的发生效率、荧光粉的能量转换效率和荧光粉层、玻璃管的透过率决定的。荧光灯的发光效率与灯管的几何尺寸、荧光粉的种类、颗粒大小和粉层厚度、填充气体的种类和压力、管壁温度、发光颜色等有关。

荧光灯的光衰是荧光灯极为重要的一项特性。影响光衰的因素很多，有水分、氢和氢的化合物、硫化物等杂质气体的影响，有玻璃管中钠离子的影响及荧光粉本身的稳定性。此外，由 185nm 紫外辐射所产生的光化学作用也会使荧光粉光衰增大。

荧光灯的寿命决定于灯管的设计与制造，如电极的结构，电极电子发射物质的组成及配比，电子发射物质的涂敷重量，充气的种类与压力，排气与老练的工艺等，但也必须重视使用中附件及外界条件对灯管寿命的影响，如电源电压的波动、启动次数的变化、镇流器和启动器等附件的特性及其燃点电路等。

荧光灯的启动过程是气体击穿放电的过程。灯的启动特性除了与灯的设计和制造工艺密切相关外，还受外界环境温度、湿度、电源电压及镇流器和启辉器等附件的影响。

荧光灯在交流电路中燃点时，在各半周期内，随着电流的增减，光通量发生相应的变化，因而引起灯光闪烁（频闪），其频率与电源频率成倍数关系，其闪烁程度因荧光粉的余辉性能而异。

双端荧光灯是一种具有光效高、光色好、发光柔和、寿命长的节能光源，无论在商场、住宅、办公室、学校教室，还是在工厂车间、候机楼、车站、码头等都使用了双端荧光灯，是应用最广泛的一种绿色照明光源。

特种荧光灯是指在灯的结构形状、发光特性或用途上不同于普通照明用直管形荧光灯。大功率荧光灯指管壁负载为 0.5W/cm² 左右的高功率荧光灯和管壁负荷为 0.9W/cm² 左右的超高功率型荧光灯。缝隙式荧光灯是在灯管内壁表面与荧光粉涂层之间涂了一层反射层，又在灯管的整个长度上留有一条一定宽度的透明缝隙。缝隙式荧光灯的光线在灯管内经过多次反射后，通过缝隙集中射出，故在缝隙处获得高亮度输出。辐射用荧光灯包括在印刷和复印中获得广泛应用的高光输出的复印荧光灯，进行阳光治疗的荧光"太阳灯"，能诱杀害虫或金属探伤的黑光灯以及可用作消毒的杀菌灯。三基色荧光灯具有显色性好、发光效率高等特点，实现了高光效和高显色性的统一，更适合于商场、宾馆、家庭等场所的照明，是中国绿色照明工程重点推广的节能光源之一。紧凑型荧光灯采用三基色荧光粉，与镇流器、启辉器一体化，结构紧凑，可直接代替白炽灯。紧凑型荧光灯被称为 20 世纪 80 年代的新光源，现在正越来越广泛地被应用于宾馆、商店和家庭照明。普通照明用自镇流荧光灯是一种把灯头、镇流器和灯管组装为一体并不可拆卸的灯，是目前应用较为广泛的一种节能光源，主要用于家庭、宾馆、商场等场合作普通照明用。

1.2.5　低压钠灯

低压钠灯是一种低气压钠蒸气放电灯，是照明电光源中发光效率最高（可达 200lm/W）的一种光源。其发射波长是为 589.0nm 和 589.6nm 的单色光，这两条黄色谱线的位置靠近人眼最灵敏的波长为

555. 0nm 的绿色谱线，在人眼中不产生色差，因此，视见分辨率高，对比度好。

低压钠灯的放电管直径为 16mm 左右，并弯制成 U 形，封在一个管状的外玻壳中。放电管采用耐钠腐蚀的玻璃管制成，外壳仍为普通电真空玻璃。在 U 形放电管的外侧每隔一段长度吹制一个凸出的小窝。电极多数为双螺旋双绞钨丝，并涂敷三元碳酸盐，经分解激活后就具有电子发射能力。低压钠灯的外玻壳内壁喷涂一薄层能透过可见光并反射红外辐射的氧化铟或氧化锡，外玻壳内抽成真空后，还在其内蒸散一层吸气剂，使灯在寿命期间，吸气剂继续吸收残余气体，以维持有良好的真空度，从而减少因气体对流和传导所形成的热损耗。

低压钠灯与其他低气压放电灯一样具有负的伏安特性。其启动电压和再启动电压都较高，特别是温升阶段的灯电压比稳定时的工作电压高得多，因此再启动电压更高。灯的启动电压基本上与环境温度无关。当电源电压在一定范围内变化时，其照度可基本上保持不变，环境温度的变化对灯性能没有多大影响，寿命长达 10^4h，但由于低压钠灯的钠共振辐射谱线处于纯黄色光区，所以灯的显色性能差。低压钠灯适用于道路、高架桥、隧道和交叉路口等高能见度和显色性要求不高的地方。低压钠灯还具有不眩目、不会产生因环境气体的蚀化作用而引起灯具光学系统过早损坏的优点。

1.2.6　高压汞灯

高压汞灯是利用汞放电时产生的高气压来获得高发光效率的一种光源，是一种高强度气体放电灯，可用于道路等照明，此外，还用于工业上的光聚合、荧光分析、紫外线探伤及晒图复印、农业水产方面的光照栽培、灯光捕鱼和医学上的保健、医疗等方面。

高压汞灯刚启动燃点时，灯管两端只有 20V 左右的电压。在 254nm 的紫外区域有很强的辐射，放电的光色呈现蓝色。随着放电的继续进行，灯管温度逐渐升高，愈来愈多的汞被蒸发，汞蒸气压强也随之增大，从而使电弧沿着灯管的轴收缩成狭小的带，辐射能量逐渐向长波谱线移动，并有少量的连续光谱辐射，放电的光色也从蓝色变成白色。随着汞蒸气压强的增高，光谱线进一步增宽，连续光谱成分也相对增加，光色得到了改善。

高压汞灯都具有负阻特性，通常采用串接扼流圈的方法把电流限制在所需的数值。高压汞灯常采用辅助电极降低启动电压，从启动到正常工作一般需要 4~10min。当灯熄灭后，必须待灯管冷却后汞蒸气压降下来才能再重新启动、点灯，标准中一般规定再启

动时间不大于 10min。如果灯熄灭后要求能立即启动，可以采用施加高压脉冲的方法。低温启动特性是衡量高压汞灯性能好坏的一个重要指标。标准规定灯应在 -15℃ 的环境温度下能正常启动。高压汞灯工作时，灯内气压、灯管电压和光效受温度和电源电压变化的影响很小。

高压汞灯的发光效率为 40~60lm/W，随着灯功率的增大，发光效率也随着提高。高压汞灯的显色性较差，显色指数只有 25 左右。在高压汞灯的外玻壳内壁涂敷荧光粉，使灯的一部分紫外辐射转变为可见光，能提高发光效率，显色指数可达到 40~45。

影响高压汞灯寿命的最主要因素是电极发射物质的损耗。高压汞灯的寿命还与灯的点灭次数、电源电压、发光管的设计、镇流器的参数等因素有关。高压汞灯的寿命已可达 10^4h 以上，是可靠性最高的光源之一。

荧光高压汞灯是在高压汞灯的外玻壳内壁涂敷上荧光粉，使灯的一部分紫外线转变为可见光。涂敷荧光粉后不仅改变了灯的显色性，而且提高了灯的发光效率。

自镇流荧光高压汞灯自身采用白炽灯灯丝作镇流器件，把白炽灯灯丝和放电管串联起来，并封入外玻壳中，当灯工作时，灯丝发出可见光，并能限制放电管的电流。

反射型荧光高压汞灯的外玻壳采用圆锥投光形，并在内表面蒸镀一层铝反射膜，玻壳顶部为漫透射面。这种灯发射的光为圆锥形光束，轴向光强较强，四周较弱，作为局部照明使用时有较高的照明效果。

紫外线高压汞灯能发射较强的紫外线，因而可用于印刷晒图、医疗保健、光聚合、荧光分析、紫外干燥、紫外探伤等方面。

超高压汞灯能在很小的区域内辐射出大量的光能，灯内的工作气压远高于普通高压汞灯。通常有球形超高压汞灯和毛细管超高压汞灯两种。球形超高压汞灯的灯体呈球形，灯内封有两个距离很近的电极。灯工作时汞全部气化，灯内汞蒸气压高达 1~5MPa，两电极之间形成光强很强的光斑，是一种亮度很高的点光源。毛细管超高压汞灯的玻壳呈毛细管形状，是一种在很高的电位梯度下工作而获得高亮度的灯。汞蒸气压高达 5~20MPa，管壁负载很高。

1.2.7　高压钠灯

高压钠灯是一种利用高压钠蒸气放电的高强度、高发光效率（光效可达 120lm/W）的高压气体放电灯，在广场、道路、车站、码头等大面积照明场所获得广泛应用。高压钠灯与低压钠灯不一样，它的光谱

不是单色的黄光，而是已能被人们所接受的金白色的光。

高压钠灯的放电管的管壳为耐高温、抗腐蚀的透光多晶氧化铝瓷管，电极经过金属铌引出陶瓷放电管外。陶瓷放电管被封入抽成高真空的玻璃外壳中，在玻壳内还蒸散一次性吸气剂，使灯在寿命期间，吸气剂继续吸收残余气体，使外玻壳内保持较高的真空度。在陶瓷放电管中充入放电物质钠，缓冲气体汞和用作帮助灯管启动的稀有气体氙气或 Ne－Ar 混合气。电极的电子发射物质采用钨酸钡钙和氧化钇的混合物。

钠蒸气放电的性质取决于在放电管中的蒸气压。当钠蒸气压达到大约 10^4Pa 时，光效又出现一个峰值。高压钠灯正是在这种状态下工作的，灯的发光效率也很高。光辐射也扩展成一个较宽的波长范围，所有高压钠灯的发光效率比低压钠灯低，但是色表和显色指数比低压钠灯的好。

高压钠灯启动时，灯功率、灯电压、光通量随着燃点时间的增加上升至额定值，而灯管电流下降至额定值。高压钠灯重复启动所需的电压比较高，若电源电压中断，灯将熄灭。为了使灯能瞬时再启动，灯上必须施加约 30kV 的高压脉冲。电源电压变化对高压钠灯的灯管电压、功率影响较大，因此要求电网电压变化小。高压钠灯的发光效率通常为 $100\sim120$lm/W。

灯的发光效率主要决定于钠和汞的蒸气压、放电管的几何尺寸、管壁负载，同时还与缓冲气体的成分和气压、多晶氧化铝陶瓷放电管的透光率、电极损耗等因素有关。高压钠灯的寿命与阴极结构、电子发射材料、充气压力和成分、钠的损失等多种因素有关，还受环境温度、镇流器、触发器、灯具类型、电源电压的稳定性、点燃位置、开关次数等因素的影响。高压钠灯的寿命已可达到 $10000\sim20000$h。

一般高压钠灯的显色指数 R_a 为 $20\sim30$，色温约为 2100K。当钠蒸气压增加时，灯的显色指数增大，高显色性型高压钠灯的色温已可达到 $2300\sim3000$K，显色指数 R_a 约为 $80\sim88$。颜色改进型高压钠灯的光效比高显色性型高压钠灯高，具有显色性好、相关色温高的特点，色表接近于白炽灯的色表和颜色质量，已适用于室内照明。

双芯高压钠灯是在一个玻壳内并联连接两支特性相近的发光管的高压钠灯。由于两支发光管之间启动性能上存在着差异，因此，当灯通电后，只有一支管芯点亮，另一支管芯因电压低而不能着火（启动），处于"等待启动"状态。工作发光管的热量辐射使待工作发光管处于最佳"等待"状态。一旦工作发

光管熄灭，待工作发光管将立即启动工作。这种工作的转换过程是灯泡自动完成的，因此，双芯高压钠灯不仅寿命长，而且灯的启动和热态启动特性得到提高，可减少照明维修工作量，提高照明效果。

1.2.8　金卤灯

金属卤化物灯（金卤灯）是利用金属卤化物作为发光物质的高压气体放电灯。它的放电管中除充入汞和稀有气体外，还充入以碘化物为主的金属卤化物。金属卤化物不仅蒸气压比金属单体高，而且可以抑制高温下金属单体与石英玻璃起反应。电极采用钍和稀土金属氧化物，并在放电管内充入 Ne－Ar 混合气。为了控制最冷点的温度，在管端部分涂以保温膜。放电管内还设有帮助启动用的辅助电极或在外玻壳内设有双金属片。

金属卤化物灯启动点燃后，灯管放电开始在惰性气体中进行，灯只发出暗淡的光，随着放电继续进行，放电产生的热量逐渐加热玻壳，使玻壳温度慢慢升高，汞和金属卤化物随玻壳温度的上升而迅速蒸发，并扩散到电弧中参与放电，当金属卤化物分子扩散到高温中心后分解成金属原子和卤素原子，金属原子在放电中受激而发出该金属的特征光谱。这就是金属卤化物灯的发光机理。另一方面，放电中心的金属原子和卤素原子也向管壁扩散，而管壁温度远低于放电中心的温度，金属原子和卤素原子在比较冷的管壁区域相遇时，会重新化合成卤化物，生成的卤化物又会再向中心扩散，如此重复循环。在金属卤化物灯中，参与放电物质中的金属原子的激发能级远远低于汞和卤素原子的激发能级，因而灯的光谱特性主要由卤化物中的金属元素所决定。

金属卤化物灯的启动电压比高压汞灯高，再启动时间也长。电源电压变化对金卤灯的灯管电压、功率影响较大，因此，要求电网电压变化小。

金属卤化物灯的光效介于高压汞和高压钠灯之间，但显色指数 R_a 远远高于这两种灯。金属卤化物灯的寿命可以达到 20000h。

金属卤化物灯按充填物质分为铊钠系列、钠铊铟系列、镝铊系列和锡系列等。铊钠系列金属和化物灯的显色指数 R_a 为 $60\sim70$，发光效率可达 $70\sim110$lm/W，寿命已超过 10000h。钠铊铟系列的金属卤化物灯在燃点时，是由钠、铊、铟三种金属原子发出线状光谱叠加而成。显色指数 R_a 为 $60\sim70$，光效可达到 $80\sim90$lm/W，灯寿命可达数千小时。超高压铟灯是利用金属蒸气压达到足够高时放电辐射光谱呈现连续的特性制成的，该灯具有体积小、光效高、光色好等特点，可用作电影放映光源。镝铊系列金属卤化物灯的

显色性很好, 显色指数 R_a 可达 90, 光效达75lm/W以上, 是一种极好的电影、电视拍摄光源。锡系列的金属卤化物灯能产生强烈的分子辐射, 发射出很强的连续光谱, 其显色指数 R_a 可达 95, 适用于广场、公园、街道等室外照明和体育馆、宾馆等室内照明。

金属卤化物灯除了作照明用外, 还可以加入各种不同的金属卤化物制成各种颜色的灯, 可以作装饰用。

由于金属卤化物灯具有高光效和高显色性等特点, 故广泛用于机场、广场、体育场、宾馆、车站、码头、建筑工地、高大厂房道路等作大面积照明; 也用作拍摄电影、彩色电视、实况转播、录像、彩色印刷等方面, 是我国绿色照明工程重点推广的节能光源, 现已从大量用于室外照明发展到室内照明及家庭照明。人们已经研制出了功率小、光效高、显色性好、启动快和体积小的一系列小功率金属卤化物灯, 特别是近年来开发出的陶瓷金属卤化物灯, 品质进一步改善, 光色稳定, 一致性好, 光效高, 有良好的流明维持率。

1.2.9 氙灯

氙灯是利用高压、超高压惰性气体的放电现象制成的高效率光源之一。氙气在高压、超高压下放电时, 原子被激发到更高的能级, 并被大量地电离, 在可见光区域发射连续光谱, 与日光接近, 发光效率亦高, 所以也用氙灯作为照明光源。

氙灯发射光谱连续, 光色近似于日光, R_a 达 90以上; 氙灯的工作状态受到制灯工艺、工作环境等条件的影响比较小; 氙灯放电一开始, 发光很快就会稳定; 氙灯的工作电流或工作电压在一定范围内变化时, 光谱能量分布及光色基本不变; 氙气放电却具有正的伏安特性, 因此氙灯可以不用镇流器。氙灯的主要缺点是发光效率比其他气体放电灯低, 一般为 30~50lm/W。

1.2.10 高频无极荧光灯

高频无极荧光灯用高频代替普通荧光灯的低频, 无电极。类似于荧光灯的发光, 它利用低气压的汞放电产生的紫外线辐射激发荧光粉, 发射可见光, 是一种新型光源。

在高频无极荧光灯中心或在灯外（靠灯壁）设置电感线圈, 高频电流流过线圈中时在灯中产生高频磁场（磁力线）, 在磁场周围又产生电场。在电场作用下, 产生气体放电而形成等离子体, 汞原子受激而发射紫外光子。高频无极荧光灯主要的特点

是寿命长, 光效高, 瞬间点燃, 可连续调光, 无闪烁现象以及亮度高。无极灯特别适合用于难以经常更换的地方。它的主要缺点是价格贵, 有电磁干扰和需要高频电源。

1.2.11 霓虹灯

霓虹灯是辉光放电荧光灯。它通常制作成细长形管壳, 两电极材料常为铁、镍、铜或铝, 管内充入几百帕的惰性气体。早期出现的霓虹灯是充氖气的, 它的发光颜色是鲜艳的橘红色。如果需要其他颜色, 则在惰性气体中加入汞滴, 并在玻管内壳涂上荧光粉, 由汞中的紫外线激发荧光粉而发出各种不同光色的可见光。

通常, 由于辉光放电的启辉电压大于工作电压, 而且两个电压均比市电电压高得多, 因此, 需配专用的霓虹灯变压器。

霓虹灯主要用于字符、图案等的强光显示及广告、招牌、装饰等。大面积的霓虹灯也有一定的照明作用。

1.2.12 发光二极管（LED）

发光二极管（LED）又称为半导体灯, 是半导体PN结, 利用电流在固体中的流通而发光。外形上, 发光二极管可视为点光源; 发光二极管的工作电压较低, 一般为几伏。目前, LED 的基体主要是 GaAs、GaP 或它们的混合晶体 GaAsP 等 Ⅲ - Ⅴ 族材料, 当渗入不同的杂质后即成 PN 结。

LED 的电特性与半导体二极管类似, 但它的反向电压较低, 反向击穿电压为 5~25V。其光输出随电流的增加而增加。LED 的发光颜色决定于基体和渗杂的材料, 基本上发单色光。现在, LED 光效已远远大于白炽灯, 且有白光的 LED。它具有体积小、质量轻、耗电少、寿命长、亮度高、响应快等优点, 可作为指示灯、字符和图像的显示, 以及汽车后灯、交通信号灯等。

1.3 光源电源和灯具

1.3.1 光源电源的分类及要求

1. 光源光源的分类 光源电源的分类和应用见表 21.1－1。

2. 光源对电源的要求

（1）热辐射光源对电源的要求。热辐射光源的电源一般配用交流电源, 也有配用直流电源的。对一般热辐射光源, 只要根据光源的工作电压、工作电流和功率安排配电即可。对工作电压有特

殊要求的热辐射光源，需要配上合适的变压器。但在实际应用中应注意：电源电压必须在光源许可的额定电压范围内变化；对大功率的热辐射光源，一般采用调压装置或可变电阻装置启动，避免灯丝烧毁和减小冲击电流；对属于热辐射光源的标准灯，要求配用高稳定度电源。

表 21.1－1　　　　光源电源的分类和应用

分　类		应　用
交流稳压电源	饱和交流稳压器	光源检测、老练、测量及光源电器的试验和测量
	稳压变压器	单个或几个光源共用照明环境
	电子交流稳压器	光源检测、老练、测量及光源电器的试验和测量
	稳频稳压电源	大批光源的老练和寿命实验
	交流大功率自动稳压调压器	大批大功率光源的老练和寿命实验
交流调光电源		大功率热辐射光源的调光
直流电源		直流氙灯等放映光源和仪器光源
高压电源		小功率脉冲光源
高频电源		荧光灯、高压钠灯和金卤灯等气体放电光源

（2）气体放电光源对电源的要求。气体放电光源对电源提出的必需条件：启动装置必须合适；要有镇流装置；电源配电必须考虑功率因数的影响；测试所用的交流气体放电光源必须用稳频稳压电源。

1.3.2　灯具的主要部件、功能要求及分类

1. 灯具的主要部件

（1）反射器。反射器是一个重新分配光源光通量的器件，光源发出的光经反射器反射后，投射到要求的方向。为了提高效率，反射器由高反射率的材料制成。这些材料有铝、镀铝的玻璃或者塑料等。反射器的基本形式有球面反射器、椭球面反射器、双曲面反射器、复合式反射器、柱状抛物面反射器等。

（2）折射器。利用光的折射原理，将某些透光材料做成灯具元件，用于改变原先光前进的方向，获得合理的光分布。灯具中经常使用的折射器有棱纹板

和透镜两大类。

（3）漫射器。漫射器的作用是将入射光向许多方向散射出去。散射可以发生在材料内部（如在白色塑料板中）或在材料的表面上（如磨砂玻璃面）。漫射器可以使从灯具中透射出来的光线均匀漫布开来，减少眩光。

（4）遮光器。灯具的遮光角指从光源下端与灯具下端连线同水平线之间的夹角。它的限值取决于限制直接眩光的等级和光源的亮度，一般取 10°～30°。

（5）镇流器。气体放电灯一般需要镇流器。镇流器的作用是能够产生高压将灯点亮，并使灯稳定运行。镇流器分为电感镇流器和电子镇流器。

2. 对灯具的基本要求　灯具的基本功能是提供与光源的电气连接，调整光线到预期方位，把光损失降至最低，减少光源的眩光，拥有令人满意的外形及强化灯点燃与未点燃环境的装饰性等。

（1）光源的防护。光源除需要电气连接以外，还必须有机械支撑并要受到防护，防护程度视要求而定。

（2）适宜的机械性能。灯具部件必须有足够强的机械强度，从而确保在安装和使用时有适当的耐久性，同时有充分强的悬挂强度，金属部件必须有足够的耐腐蚀能力。

（3）壳体要求。室外用灯必须有严格的防尘和防水要求，而对某些特殊要求的室内灯具也要提供防护，以抵御水和尘埃的侵入。为了根据防尘和防潮的程度来划分外壳的防护等级，使用了防护等级 IP（国际防护 International Protection）代码。

（4）电气要求。各种电器元件和电线都必须在安全情况下工作，并保护使用者防止电击。

（5）热要求。各部件的工作温度不能超出安全标准的要求。

（6）标志要求。灯具的标志必须有生产厂家的标识、供电电压、额定功率、分类、额定最高温度等。标志必须耐久。

（7）光度学要求。在不同的照明场合，对灯具有特殊的光度方面的要求。例如，一些设施的道路照明灯具，必须控制接近水平面位置上的光强以达到控制眩光的目的；对于使用视觉显示终端的办公室用灯具，必须限定在某一个方向上的亮度；对于机场灯具，有特定的光强要求。

3. 灯具的分类　灯具种类繁多，分类方法也多种多样。灯具的基本分类见表 21.1－2。

表 21.1 - 2   灯 具 的 分 类

分 类 依 据	对 应 的 类 别
使用用途	民用灯具、工矿灯具、舞台灯具、车船灯具、防爆灯具和路灯灯具等
安装方式	嵌入式、吸顶式、悬挂式、落地式和移动式灯具等
防触电保护方式	0 类灯具、Ⅰ类灯具、Ⅱ类灯具和Ⅲ类灯具
防尘、防水等级	IP 字母后跟两位数字。第一位数字表示防尘等级，取值为 0~6；第二位数字表示防水等级，取值为 0~8。后面还可以有一位可选字母和一位补充字母；可选附加字母是 A、B、C 或 D，补充字母是 H、M、S 或 W
防爆等级	隔爆型、增安型、正压型、无火花型具和粉尘防爆型灯具
防腐蚀等级	户外防轻腐蚀型、户外防中等腐蚀型、户外防强腐蚀型、户内防中等腐蚀型和户内防强腐蚀型灯具
光通量分布	直接灯具、半直接灯具、全漫射灯具、半间接灯具和间接灯具
光束角大小	特狭照型、狭照型、中照型、广照型和特广照型
截光性能	截光型灯具、半截光型灯具和非截光型灯具

第 2 章　电 气 照 明 系 统

2.1　照明器的选择与布置

照明器是由光源与能控制光线分布的光学器件（反射器和折射器等）、外壳、供安装和调节用的部件和电器部件（灯座、电源连接部件等）等构成的照明灯具组成的装置。照明器的主要作用是发出光线，固定光源，向光源提供电力，合理利用光源发出的光线使其向需要的方向或工作面配出适量的光，防止眩光，保证光源免受外力、恶劣使用环境的影响，满足照明质量的要求。另外，照明器还有装饰的作用。

2.1.1　照明器的选择

1. 光源的选择　由于各类电光源在发光效率、寿命、显色性、适用环境等方面差异很大，因而应用场所也有所不同。电光源消耗着大量的能源，如何选择和推广节能光源，降低投资，减少运行费用，改善照明质量是关系国计民生的大事，也是"中国绿色照明工程"的重要内容之一。

表 21.2-1 给出了 CIE1983 提出的各种场所对光源性能的要求及推荐选用的光源。在实际工程应用中，要根据光源的电参数、使用场所的照度要求及功率、数量来选定。

表 21.2-1　CIE1983 中各种场所对光源性能的要求及推荐选用的光源

使用场所	光输出②	显色性能③	色温④	白炽灯 I	白炽灯 H	荧光灯 S	荧光灯 H·C	荧光灯 3	荧光灯 C	汞灯 F	金属卤化物灯 S	金属卤化物灯 H·C	高压钠灯 S	高压钠灯 I·C	高压钠灯 H·C
工业建筑 高顶棚	高	IV/III		○	○					○	☆		☆		
工业建筑 低顶棚	中	III/II				☆				○	☆		☆		
办公室、学校	中	III/II/IB							○			○			
商店 一般照明	高/中	II/IB	1/2	○	○	○		☆	☆			☆	○		☆
商店 陈列照明		IB/IA		☆											
饭店和旅馆	中/小	IB/IA		○	☆	○	○					☆			
博物馆		IB/IA					☆								
医院 诊断		IB/IA		☆			☆								
医院 一般		II/IB							○						
住宅	小	II/IB/IA		☆	○							☆			
体育馆⑥	中	III/II									☆	☆	○	☆	

注：推荐的光源⑤：优先选用 ☆　可用 ○（色温④栏"1/2"为合并格，适用于商店至医院各行）。

① 各种使用场合都需要高效的灯，不仅灯的光效要高，而且灯具效率也要高，并应满足显色性要求和特定应用场所的其他要求。

② 光输出值分类：高为大于 10000lm；中为 3000～10000lm；小为小于 3000lm。

③ 显色指数的分级：IA—R_a≥90；IB—90>R_a≥80；II—80>R_a≥60；III—60>R_a≥40；IV—>R_a<40。

④ 色温分类：1—<3300K；2—3300～5300K；1—>5300K。

⑤ 各种光源的符号如下：

　　a. 白炽灯：I—钨丝白炽灯；H—卤钨灯。

　　b. 高压钠灯：S—标准灯；I·C—改显色型；H·C—高显色性。

　　c. 荧光灯：S—标准灯；H·C—高显色性；3—三基色窄谱带；C—紧凑型。

　　d. 汞灯：F—荧光高压汞灯。

　　e. 金属卤化物灯：S—标准灯；H·C—高显色性。

⑥ 需要电视转播的体育照明，还应满足电视演播照明的要求。

2. 灯具的选择　灯具的选择直接影响到照明质量、经济性能和能耗指标的好坏。灯具选择要综合考虑照明方式、选定的光源种类、使用场所的照度要求、环境条件及投资额度等因素。选择灯具应考虑以下因素：

（1）灯具要与光源配套。灯具的结构和规格要与使用光源的种类和功率配套。

（2）灯具必须与使用环境相适应。对正常环境，应尽量选用开启型灯具，以提高照明器的效率。对潮湿或特别潮湿的环境，应选用绝缘性能好而耐湿的灯座，最好用防潮型灯具，灯具进出线处应用绝缘套管密封。在特别潮湿的环境，应采用灯泡内有反射镀层的光源，以提高照明质量的稳定性。在有压力水冲洗的场合，应选用防溅水或带扩散罩的保护型灯具。对多尘但非易燃性或非爆炸性尘埃的场合，选用防水、防尘灯具。对灼热多尘的场合，宜采用远距离投光照明灯具。在有火灾和爆炸危险的场合，按照火灾和爆炸危险的介质分类等级选择灯具。在有可能使灯具受偶然撞击的场合，采用带坚固玻璃罩或金属网罩的灯具。根据不同建筑物，应选择与与建筑物装饰水平相当的灯具。

（3）根据不同配光型灯具的配光特点，合理利用配光分布，提高照明效率。

（4）对不同应用场合，限制或合理利用眩光。

（5）综合考虑灯具的初装投资和运行费用。通常，在同一照度水平，耗能最少的灯具的经济性好。

2.1.2　照明器的布置

照明器的布置合理与否，直接影响照明质量、经济性、能耗指标及维护安全。

室内照明器的布置应满足：相关规范规程和技术条件规定的照度值；工艺对照明方式的要求；工作面上的照度均匀度要求；光线射向要适当，眩光限制在允许的范围内，无阴影；维护方便、安全；利用系数高；与建筑空间气氛和装饰格调协调。

室外路灯照明器的布置应满足：路面平均亮度为 $1.5 \sim 2 \text{cd/m}^2$；路面亮度均匀度（最小亮度与平均亮度之比）大于等于 0.4，道路纵向均匀度（沿每个车道中轴线方向的最小与最大亮度之比）为 $0.5 \sim 0.7$；限制眩光，眩光指标 G 值与主观评价的对应关系见表 21.2-2；使行人对前方道路有良好的视觉条件，以辨明方向、路线和有关配置物。

室外场所照明器的布置除满足室内照明器的布置要求外，对不同功能的照明还应满足：对体育场馆照明，应尽量减小对运动员的眩光程度；对广场照明，应与环境协调，避免灯杆柱造成活动障碍；对公园照明，照明器位置与灯杆高度应与功能、环境协调；对建筑物外形及纪念碑等泛光照明，主要利用投光灯，灯的位置高低要能使被照物显示出立体感。

表 21.2-2　眩光指标 G 值与主观评价的对应关系

G	主观评价
1	不能忍受的眩光（失能眩光）
3	感到心烦的眩光
5	允许的临界眩光
7	眩光程度令人满意
9	几乎感觉不到的眩光

2.2　照明供配电系统设计

照明供配电系统设计的目的在于正确地用经济上的合理性和技术上的可能性来创造满意的照明效果，解决眩光、阴影、光色等问题，并在工作面上得到合适、均匀的照度。

2.2.1　照明供电电压的选择

电气照明装置供电电压的选择要考虑以下问题：

1. 系统的电压等级满足光源的电压等级要求　我国现行单相交流变电设备的额定电压等级有 220V、127V、100V、42V、36V、24V、12V 和 6V 等；三相交流变电设备的额定电压等级有 1140V、380/660V、220/380V、127V、100V、42V 和 36V。一般照明用的白炽灯的额定电压等级有 220V、36V、24V 和 12V 等；荧光灯的额定电压等级有 110V 和 220V；其他光源的额定电压通常为 220V，有少数光源额定电压采用 380V。变电设备的额定电压等级一般必须与光源的额定电压等级相符合，但采用电子镇流器或电子变压器时，变电设备的额定电压等级必须与电子镇流器或电子变压器的额定电压等级相符合。

2. 系统的电压等级要满足使用安全的要求　环境正常的场所，对固定安装的照明器采用对地不大于 250V 的供电电压。在一般小型民用建筑中，照明的供电电压为单相交流 220V。对较大容量（如超过 10kW）的建筑物，其进线电压采用三相交流 220/380V，低压配电系统接地形式一般采用 TN-S 或 TN-C-S。对容易触及又无防触电措施的一般照明和局部照明器，使用电压应不超过 36V。对移动照明的电压，一般采用 36V（或 12V），电缆隧道及其他地下坑道照明电压一般为 36V。当安装高度或照明器的结构能满足安全要求时，可以采用 220V；事故照明电压一般为 220V。

2.2.2　照明负荷分级及供电方式的选择

1. 照明负荷的分级　照明负荷的分级应根据对供电可靠性的要求及中断供电在政治和经济上造成的损失或影响程度进行分级。

（1）一级负荷。中断供电会给政治、经济造成重大损失，从而影响有重大政治、经济意义的用电单位的正常工作，甚至出现人身伤亡等重大事故的场所的照明。主要包括：中断供电将发生中毒、爆炸和火灾等情况的负荷所在场所的工作照明及大型企业的指挥控制中心照明；国家、省、直辖市等各级政府主要办公室的照明；特大型火车站、海港客运站等交通设施的候车（船）室、售票处、检票口的照明；国境站处的照明；大型体育场馆、经常用于国际活动的大量人员集中的公共场所的照明；四星级、五星级宾馆的高级客房、宴会厅、餐厅、娱乐厅、主要通道的照明；重要医院手术室的照明；监狱的警卫照明；正常电源中断时，处理安全停产所必需的应急照明等。另外，所有建筑或设施中，需要在正常供电中断后使用的备用照明、安全照明及疏散标志照明都作为一级负荷。

（2）二级负荷。中断供电将在政治、经济上造成较大损失，将影响重要用电单位的正常工作场所的照明。主要包括：大、中型火车站照明；内河港客运站照明；高层住宅的楼梯照明、疏散标志照明；三星级宾馆的高级客房、宴会厅、餐厅、娱乐厅等照明；大型影剧院、大型商场等人员集中的重要公共场所的照明；省、直辖市的图书馆和阅览室的照明等。

（3）三级负荷。不属于一、二级的负荷都属于三级负荷。

2. 供电方式的选择　照明的供电方式应根据照明负荷的等级和实际要求选择。

（1）不同等级负荷的供电方式。

1）一级负荷应由两个电源供电。中断供电将发生中毒、爆炸和火灾等情况的特别重要负荷，除两个供电电源外，还必须增设应急电源。严禁将其他负荷接入应急供电系统。

2）二级负荷应由两回线路供电，采用两个供电变压器（两个变压器可以在不同变电所）。当发生电力变压器的故障或电力线路的常见故障时不会导致供电中断。

3）三级负荷只需由电源供电即可。

（2）正常照明的供电方式。正常照明与电力负荷一般由共用变压器供电，二次侧电压为 220/380V。如果电力负荷会对照明造成不允许的电压偏移或波动，可以采用有载自动调压变压器、调压器或照明专用变压器。

对变压器—干线式配电系统，对外无低压联络线时，照明电源应接在变压器低压侧总断路器前；对外有电压联络线时，照明电源应接在变压器低压侧断路器后。当采用放射式配电系统时，照明电源接在低压配电屏的照明专用线上。

对于共用和一般性住宅建筑或远离变电所的建筑，可以采用电力和照明合用的回路，但应在电源进户处将照明和电力分开。

对一级和二级照明负荷，当无第二路电源时，可用自备快速起动发电机作为备用电源。在某些情况下，也可以采用蓄电池作为备用电源。

（3）应急照明的供电方式。由于应急照明在正常断电后对电源的切换时间要求，备用照明与疏散照明应不超过 15s（金融商业交易场所应不超过 1.5s），安全照明应不超过 0.5s。应急照明的连续供电时间要求：备用照明应按工作特点和实际需要确定，一般不少于 0.5~1h；疏散照明一般不少于 20~30min；安全照明一般不少于 10~20min。应根据对电源切换与连续供电的特点来确定应急照明的供电方式，总的来说应按一级负荷要求供电。

（4）局部照明的供电方式。机床和固定工作台的局部照明应接自电力回路；移动式局部照明应接自正常照明回路，保证电力回路在停电检修时仍能保证使用。

（5）室外照明。室外照明线路应与室内照明线路分开供电。负荷小时，可以采用单相、两相供电；负荷大时，可采用三相供电。当供电距离较远时，可采用由不同地区的变电所分区供电的方式。露天工作场所或堆场的照明电源，视具体情况可由邻近车间或线路供电。

2.2.3　照明电气线路设计

照明供配电网络由馈电线、干线和分支线组成。馈电线是将电能从变电所低压配电屏送至总照明配电箱；干线是将电能从总照明配电箱送至各个分照明配电箱；分支线是将电能从分照明配电箱送至各个灯具。供配电网络的接线可以采用放射式、树干式、环链式或混合式。在当前照明设计中，一般采用混合式接线方式。

1. 照明负荷的计算　照明负荷是照明设备的安装容量与需要系数的积（如三相线路的负荷不平衡时，以最大一相负荷乘以 3 作为总负荷）。照明负荷为

$$P_c = K_x P_e \qquad (21.2-1)$$

式中，P_c 为计算负荷（W）；P_e 为照明设备的安装容量，包括光源和镇流器等所消耗的功率（W）；K_x 为需要系数，表示不同性质的建筑对照明负荷需要的程度（反映各照明设备同时点燃的情况）。

对不同建筑物，计算照明干线负荷时采用的需要系数见表 21.2-3。

表 21.2-3　计算照明干线负荷时采用的需要系数

建筑物分类	K_x
住宅区、住宅	0.6~0.8
医院	0.5~0.8
办公楼、实验室	0.7~0.9
科研楼、教学楼	0.8~0.9
大型厂房（由几个大跨度组成）	0.8~1.0
由小房间组成的车间或厂房	0.85
辅助小型车间、商业场所	1.0
仓库、变电所	0.5~0.6
应急照明、室外照明	1.0

采用一种光源时，三相电路的电流（A）为

$$I_c = \frac{P_c}{\sqrt{3}\,U_1\cos\varphi} \qquad (21.2-2)$$

式中，U_1 为额定线电压（V）；P_c 为三相计算负荷（W）；$\cos\varphi$ 为电源的功率因数。

采用一种光源时，单相电路的电流（A）为

$$I_c = \frac{P_c'}{\sqrt{3}\,U_p\cos\varphi} \qquad (21.2-3)$$

式中，U_p 为额定相电压（V）；P_c' 为单相计算负荷（W）；$\cos\varphi$ 为电源的功率因数。

采用两种电源混合使用时，线路的计算电流（A）为

$$I_c = \sqrt{(I_{p1}+I_{p2})^2 + (I_{q1}+I_{q2})^2}$$

$$(21.2-4)$$

式中，I_{p1}、I_{p2} 为两种光源的有功电流（A）；I_{q1}、I_{q2} 为两种光源的无功电流（A）。

除采用高功率因数电子镇流器外，气体放电灯的线路功率因数很低，使得线路上的功率损失和电压损失增加，一般采用并联电容器进行无功功率补充。可以将电容器放在各照明器处进行单独补充，也可以在配电箱处进行分组补偿，或放在变电所进行集中补偿。为维护方便，较多采用分散补偿或集中补偿。

分散补偿时，采用的电容器的电容值（μF）为

$$C = \frac{Q_c}{2\pi f U^2} \qquad (21.2-5)$$

式中，U 为电容器端电压（V）；f 为供电电源频率（Hz）；Q_c 为电容器的补偿容量（var）。

电容器的补偿容量（var）为

$$Q_c = P(\tan\varphi_1 - \tan\varphi_2) \qquad (21.2-6)$$

式中，$\tan\varphi_1$ 为补偿前最大负荷时的功率因数角的正切值；$\tan\varphi_2$ 为补偿后最大负荷时的功率因数角的正切值；P 为照明器消耗的有功功率（W）。

2. 导线、电缆的选择　导线、电缆型式的确定主要考虑环境条件、运行电压、敷设方式及经济性和可靠性的要求。导线敷设方式按使用环境选择。导线、电缆的规格选择要考虑载流量、电压损失和机械强度，并进行热稳定校验。根据机械强度要求，绝缘导线线芯的最小截面积应不小于表 21.2-4 中的规定值。室内灯具灯头使用的导线最小线芯截面积，民用建筑中的铜线不得小于 0.5mm²，铝线不得小于 1.5mm²；工业建筑中的铜线不得小于 0.8mm²，铝线不得小于 2.5mm²。

3. 照明回路分组和控制方式的选择

（1）照明回路分组遵循的原则。

1）在照明器合理布置的条件下，应使照明线路敷设的路径最短，以便于维护检修。在生产场所还要考虑工艺流程。

2）三相线路的各相负荷要尽可能平衡。

3）民用建筑应考虑各场所的使用功能和特点。对目前使用的小功率光源的室内照明线路，每一相回路的电流一般控制在 15A 内，灯头和插座总数不超过 25 个。

（2）照明器控制方式的选择。主要取决于在安全条件下便于维护和管理，并注意节能。

表 21.2-4　绝缘导线线芯最小允许截面积

用途或敷设方式		线芯截面积／mm²	
		铜芯	铝芯
灯头引下线		1.0	2.5
架设在绝缘支持体上的导线，支持间距为 L/m	室内 $L\leqslant2$	1.0	2.5
	室外 $L\leqslant2$	1.5	2.5
	$2<L\leqslant6$	2.5	4
	$6<L\leqslant15$	4	6
	$15<L\leqslant25$	6	10
穿管敷设		1.0	2.5
槽板、护套线、扎头明敷		1.0	2.5
线槽		1.0	2.5

注：用链吊或管吊的室内照明灯具，其灯头引下线为铜芯软线时，可适当减小截面积。

1）室内照明的控制方式。应在照明供电干线上便于操作的入口处设置带有保护装置的总开关。单层生产厂房的一般照明，应按照生产性质分区，分组集中于配电箱处控制。不重要的生产厂房、辅助设施、

生活室及门灯，为达到节能的目的，应分散控制，照明开关应装在操作方便或人流较多的入口处。在大面积照明场所，与天然采光窗平行的灯具应单独控制，充分利用天然采光。对多层建筑，在每层都应设置照明配电箱。对于楼梯灯及走廊灯，建议采用双控开关或定时开关控制。照明配电箱及开关应避免设置在有爆炸或火灾危险的场所。

2）室外照明的控制方式。各独立工作的地段或场所的室外照明，由于用途和使用时间不同，应采用就近单独控制的供电方式。道路照明除每个回路有保护设施外，每个照明器还应加单独的熔断器保护。道路照明的控制，应设在有值班人员的配、变电所或警卫室内。

2.3　镇流器和启动器

2.3.1　气体放电灯的伏安特性

伏安特性是气体放电光源最重要的电气特性之一。伏安特性是光源的端电压与通过光源的电流之间的关系，常常可用曲线表示。它们又可分为静态伏安特性和动态伏安特性。

1. 气体放电灯的静态伏安特性　气体放电的静态伏安特性如图 21.2 - 1 所示。

图 21.2 - 1 中，气体放电的静态伏安特性主要分为暗放电、辉光放电和弧光放电三个区间。E 点对应的电压称为击穿电压。气体击穿后，立即由暗放电转为辉光放电。辉光放电分为正常辉光放电（F1 - G）和异常辉光放电（G - H）。霓虹灯是辉光放电灯，工作于正常辉光放电区。随着电流的增加，进入弧光放电区。荧光灯、钠灯和金卤灯属于弧光放电灯，工作于弧光放电的伏安特性下降段（I - J）。

由伏安特性曲线可以求出放电内阻。放电内阻分为静态内阻和微分内阻两种。静态内阻是电压与相应电流强度的比值 U/I。但是放电的伏安特性具有相当复杂的形式，所以静态电阻不能表明电流变化时的伏

安特性，为此引入电压对电流的微商 dU/dI。在伏安特性曲线的某点取电压对电流的一阶微商，称为该点的微分内阻。微分内阻可以是正的，也可以是负的，负阻特性就是指这个微分内阻是负的。微分内阻的正负分别表示伏安特性曲线的上升和下降，亦即表示 $I - U$ 曲线的斜率。具有负阻特性的放电灯（如荧光灯、钠灯和金卤灯等），其端电压随电流增加而降低，不能独立工作，必须加设镇流装置。具有“正阻特性”的放电灯（如霓虹灯），可以独立工作。

在恒定电压网络下，要限制具有“负阻特性”的放电灯的电流，最简单的方法是将具有一定阻抗的装置与放电器件相串联。在一般直流和交流场合，可以用具有欧姆电阻的变阻器作为镇流装置（即镇流器）。在交流电的场合，也可以用电感或电容器件——扼流圈或足够电容量的电容器，或是在中间接入具有较大漏磁通的特殊变压器。

2. 气体放电灯的动态伏安特性　如果伏安特性曲线上的每一点都符合周期或非周期变化着的电压和电流的瞬时值，则此种情况下的特性就称为动态特性。灯在交流工作时，其一周内电压和电流关系曲线就是如此。气体放电灯的动态伏安特性与电源的频率直接相关。荧光灯在不同频率下的动态伏安特性如图 21.2 - 2 所示。其中，图 21.2 - 2（a）对应工频（50/60Hz），图 21.2 - 2（b）对应高频（20kHz 以上）。钠灯和金卤灯的动态伏安特性与此类似。这些气体放电灯在高频工作时，灯端电压和灯电流的相位基本相同，接近电阻性负载。

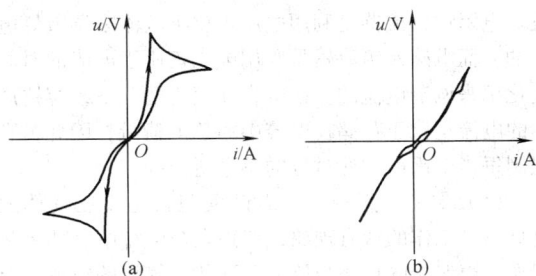

图 21.2 - 2　荧光灯在不同频率下的动态伏安特性
(a) 低频；(b) 高频

2.3.2　镇流器的功能要求和性能指标

不同的气体放电灯对镇流器的功能要求和衡量镇流器的性能指标不同，不同种类镇流器的功能要求和性能指标也不相同。

1. 镇流器的基本功能要求

（1）将灯的启动电流控制在合适范围内。启动电流是指灯在启动后 30s 内，或灯预热过程中通过灯的电流。一般情况下，它比正常工作电流大得多。每

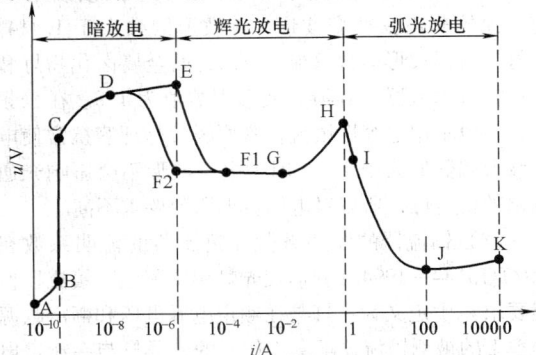

图 21.2 - 1　气体放电的静态伏安特性

一种灯都有规定的启动电流。如果启动电流太大，将缩短短的寿命，电流太小，则使预热过程延长或灯不能预热至正常工作状态。

（2）启动电压足以使灯启动。当镇流器的开路峰值电压作为灯的启动电压时，产生的电流必须能使电极间发生弧光放电。受尺寸和成本的限制（方均根开路电压与方均根短路电流之积不能太大），开路峰值电压只要能使灯在启动时从辉光放电顺利过渡到弧光放电即可。当有启动器或启动电路时，启动电压只要有足够的峰值和宽度即可。一般情况下，400W 以下的高压钠灯启动脉冲电压约需 2500V，而 1000W 的高压钠灯约需 3000V 的脉冲高压。高压汞灯和金属卤化物灯在低温时比常温时启动困难，室外照明用的镇流器必须经受低温启动的试验。高压钠灯所用镇流器要求的低温运行温度更低。合格的镇流器必须能在电网波动范围内和低温下使灯可靠地启动和运行。

（3）使灯管功率不发生大幅度变化。在实际应用中，如果灯电压变化较大，就需要由镇流器调整，使灯管功率的幅度变化限制在要求的范围内。高压汞灯和金属卤化物灯在整个寿命期间，灯管电压变化不太大，与此直接相关的灯管功率也基本保持不变。但是，高压钠灯点到后期时，气压逐渐增加，因此，管压会慢慢上升。如 400W 高压钠灯，其灯电压由 84～90V（新灯）能上升到 180V 左右（接近寿命终端）。

（4）自动控制灯电流。控制灯电流是镇流器的重要功能之一。除了提供必需的开路电压外，镇流器还应该包括阻抗，在使用交流镇流器时，常用的是感抗。电阻性镇流器是利用电压正比于电流来调节灯电流的，而电感性镇流器是利用电压正比于电流的时间变化率来调节电流的。在电容性镇流情况下，容抗产生的电流正比于存储在电容中的总电荷量，因此，它限制每半个周期中通过灯的总电荷。

（5）保证电弧稳定。声谐振现象是高压气体放电灯高频工作的特有现象，特别在金卤灯中表现更为明显。声谐振的频率与放电管形状、气体的组成、温度、压力以及电极尺寸密切相关。声谐振是多种声振动的叠加，声谐振的频率并非是单一的，而是一组包含基波和高次谐波在内的频率。只要镇流器的工作频率与其中的一个相同，就有可能产生声谐振。声谐振还与能量有密切的关系，只有当声谐振频率上的能量达到一定的水平时，才会发生明显的声谐振现象。当声谐振现象发生时，轻则使放电电弧不稳定，灯光闪烁，光色改变；重则使电弧熄灭，甚至炸裂放电管。在设计高压气体放电灯电子镇流器时，必须避免出现声谐振现象。

（6）灯出现整流效应时，能可靠工作或保护。

气体放电光源经过长时间燃点，当使用时间接近其使用寿命时，单侧电极烧损严重，发射电子不足或丧失发射电子的功能，导致在连续的半个周期内产生不平衡的电弧电流。于是气体放电光源起着整流电路的作用，出现"整流效应"，造成高于正常情况的电流流过电路的一些部件。为了防止光源出现整流效应以后的过热问题，在镇流器和它的部件设计时，就必须保证过载的交流或整流电流的安全控制，或者使用一个能对电流或温度敏感的保护装置自动的切断电路。

2. 镇流器的性能指标　镇流器的运用指标对照明设计者来说非常重要，它由镇流器制造厂给出。

（1）电源电压。每个镇流器都标明使用电压，应该严格按照要求使用。

（2）允许电压。各类镇流器的允许输入电压范围不同，电源电压一般在 5%～13% 之间变化。因此，选用镇流器时，应根据配电系统输出电压的变化范围来决定。

（3）功率因数。具有高功率因数的镇流器能使配电系统降低费用。按照规定，镇流器的功串因数高于 0.9，称为高功率因数镇流器。

（4）启动电流。对一般电感整流器，照明线路中的熔丝、开关及控制器的设计，是以灯的启动电流作为依据的，因为它比运行电流要大很多。

（5）输入电压下降率。一般情况下，如果电源电压以每秒 2%～3% 的幅度连续下降至某一电压时，灯熄灭了，这个电压就称为灯的熄灭电压。对电感镇流器，熄灭电压不仅与电压下降幅度有关，而且与下降的速度有关。

（6）镇流器功耗。镇流器功耗与使用环境温度有关，可以通过试验测得。一般情况下，灯的功率越大，其镇流器效率越高。

（7）灯电流波形因数。波形因数即电流的峰值与方均根值之比，它关系到灯在整个寿命期间的光通输出的稳定性。对于正弦波形，波形因数为 1.414。对于方波电流输出的电子镇流器，波形因数接近 1。有尖顶的非正弦畸变波形，其波形因数大于 1.414。汞灯镇流器波形因数只能小于 2，而金属卤化物灯和高压钠灯镇流器，其最大波形因数值为 1.8。在工频下，一般不用电容性镇流，其原因就是纯容抗常使电流波形因数值大于 1.8。因为电压波形不会影响光通输出的稳定性，所以对电压波形因数要求不高。

（8）镇流器的流明系数。镇流器的流明系数在 GB/T 15144—1994《管形荧光灯用交流电子镇流器性能要求》中定义为：灯与在额定电源电压和额定电源频率下的被测镇流器配套工作时的光通量与在额定电源电压和额定电源频率下的基准镇流器配套时的光通量的比值。它表示镇流器带动发光灯的能力，即代表了镇流器工作的最终输出。

（9）能效因数 BEF（Ballast Efficiency Factor）。能效因数用来评定镇流器在整个灯具中的能源利用系数，不但考虑了镇流器的输入，也考虑了灯具的光输出。

国际上能效因数的计算公式为

$$BEF = \mu/P \times 100\% \qquad (21.2-7)$$

式中，BEF 为镇流器能耗因数，量纲为 1；μ 为镇流器流明系数；P 为线路功率（W）。

2.3.3　镇流器的分类、命名和主要性能对比

1. 镇流器的分类　气体放电灯镇流器主要分为电感镇流器（铁心式镇流器）和电子镇流器两大类，其具体分类如图 21.2-3 所示。电感镇流器一般是在硅钢片铁心上绕制铜线绕组构成多种铁心镇压流器，用于低频交流电源。电子镇流器是利用电力电子技术，将工频电源转化为高频或低频电源并提供给气体放电灯的电子装置，它能提高灯光效和改善照明质量。电子镇流器多工作在高频交流状态，但目前的一些小功率金卤灯为了消除声共振而采用低频方波工作。一些电子镇流器还具有调光和控制功能。

2. 镇流器的命名方法　我国轻工总会在 1997 年发布并实施了 QB 2275—1996《镇流器型号命名方法》行业标准。镇流器型号由三部分组成：第一部分为字母；第二部分为数字；第三部分为字母。

型号的第一部分表示镇流器的名称，见表 21.2-5。对电子镇流器，在表中各类镇流器前加"电子"两字；不加"电子"则表示电感镇流器。

表 21.2-5　镇流器型号的第一部分

类　别	镇流器名称	代表字母
荧光灯用	直管形荧光灯镇流器	YZ
	快速启动荧光灯镇流器	YK
	紫外线管镇流器	ZW
	环形荧光灯镇流器	YH
	单端荧光灯一体式镇流器	YDY
	单端内启式荧光灯镇流器	YDN
低压汞灯用	直管形石英紫外线低压汞灯镇流器	ZSZ
	U 形石英紫外线低压汞灯镇流器	ZSU
高压汞灯用	荧光高压汞灯镇流器	GGY
	直管形紫外线高压汞灯镇流器	GGZ
超高压汞灯用	球形超高压汞灯镇流器	GGQ
	毛细管形超高压汞灯镇流器	GGM
	球形超高压汞氙灯镇流器	XQ
钠灯用	低压钠灯镇流器	ND
	高压钠灯镇流器	NG
金卤灯用	照明金属卤化物灯镇流器	JLZ
	管形铊灯镇流器	JTG
	球形铟灯镇流器	JTQ
	镝灯镇流器	JD
	钠铊铟灯镇流器	NTY
	球形镝铢灯镇流器	JDH
	钪钠灯镇流器	KN

型号的第二部分表示灯的额定电源电压、额定功率和灯数量。只适用于一只灯时，数量可以省略。额定电源电压为 220V 时，可以省略。同一镇流器配多只额定功率相同的灯时，在额定功率和数量之间用"×"连接；配多只额定功率不同的灯时，在每个额定功率之间用"/"连接；在额定电压和额定功率之间用"—"连接。同一镇流器可适用多种规格灯时，额定功率用最大灯功率表示。

型号的第三部分代表参数相同，但结构型式或用途不同的镇流器，必须符合表 21.2-6。参数相同但设计顺序或形式不同的镇流器，可在该部分最后一个字母的后面用与字母大小相同的阿拉伯数字加顺序号。几种特征同时存在时，按该表所列顺序编号。

3. 电感镇流器与电子镇流器的性能比较　见表 21.2-7。近年来迅速发展的智能照明常常是和电子镇流器结合发展的。由于电子镇流器有节能、高效、无频闪效应、体积小、重量轻等一系列优点，并有利

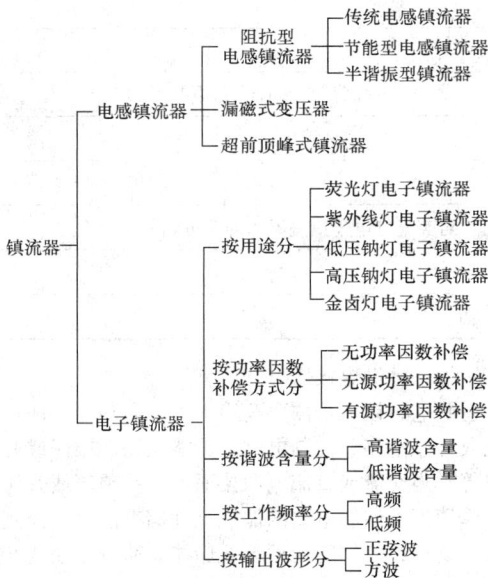

图 21.2-3　气体放电灯镇流器的主要类型

于眼睛保健，因此，在我国以至全世界都在积极发展推广。现在，荧光灯电子镇流器已经基本取代电感镇流器，高强度气体放电灯的镇流器也有这个趋势。

表 21.2 - 6 镇流器型号的第三部分

序号	镇流器的结构形式及用途	代表字母	序号	镇流器的结构形式及用途	代表字母
1	阻抗式镇流器	Z	6	寿命试验用镇流器	S
2	电容式镇流器	R	7	启动用镇流器	Q
3	漏磁式镇流器	L	8	快速启动镇流器	K
4	电子式镇流器	D	9	防腐防潮镇流器	F
5	基准镇流器	J	10	内装式镇流器①	N

①不标注者为独立式镇流器。

表 21.2 - 7 电感镇流器与电子镇流器的性能比较

比较项目	电感镇流器	电子式镇流器
工作电压范围	窄，一般在 5% ~ 13%	宽，可达 20%
输出功率控制	随电网电压变化而变化	有功率闭环时，可以恒定
保护功能	无	灯开路、灯短路保护，对高压气体放电灯还有热灯延时启动
功率因数	无补偿电容时，在 0.5 左右 有补偿电容时，可达 0.95	高于 0.95
效率	对大功率灯，可达 90%	对大功率灯，可达 96%
温升（环境温度 20℃）	50℃ 以上	小于 30℃
进线电流谐波含量	小于 16%	小于 10%
能效因数	低	高
调光和控制功能	难实现大范围连续调光和单灯控制	可实现大范围连续调光和单灯控制
低温启动性能	差	好
频闪	有	无
噪声	有	高频工作时，无噪声
尺寸	大	小
重量	重	轻
寿命	10 年以上	对荧光灯电子镇流器，寿命可到 8 年以上
可靠性	高	比较高
价格	低	高

2.3.4 电感镇流器与启动器

1. **启动器** 气体放电光源要进入正常工作状态，灯端电压必须能够达到气体击穿电压（图 21.2 - 1 的 D 点）。为了降低启动电压和保护灯电极，可以采用电极预热启动方式，采用低频交变电压提高灯管中电子碰撞和电离的几率、在灯管附近放置导电带以及在灯管中加入辅助电极等方式。

有些电感镇流器需要配启动器。启动器一般包括整流或升压电路、控制电路、储能电路、振荡或升压电路等。当交流或直流电源接通后，在整流或升压电路的作用下，储能电路的储能元件储存能量，控制电路按照要求，使储能元件释放储能，通过振荡或升压电路获得瞬时高压或瞬时高频高压，加到灯端，使灯启动。

（1）荧光灯启动器。基本类型有自动开关启动和电子线路启动等。

自动开关启动一般采用充氖或氩的辉光放电管。放电管中有含镍和铬的双金属片，另有一个小纸介电容器与放电管并联。这就是通常所说的启辉器或跳泡。电子线路启动是利用晶闸管或双向晶闸管来实现启辉器的功能，如图 21.2-4 所示。图中，U_t 是根据交流供电的周期产生的控制脉冲信号。

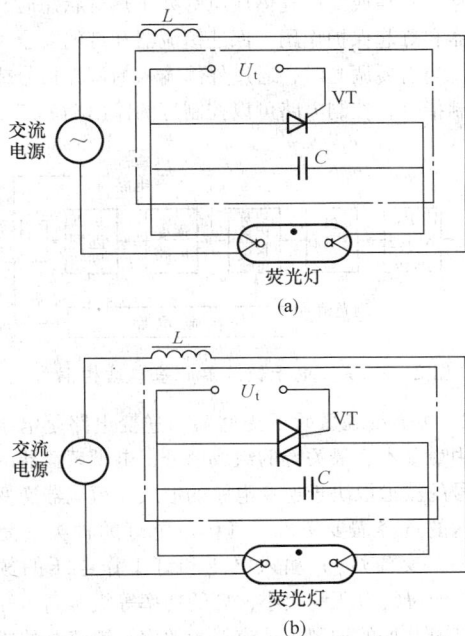

图 21.2-4　荧光灯电子线路启动器
（a）采用晶闸管；（b）采用双向晶闸管

（2）低压钠灯启动器。低压钠灯通常是冷电极启动，启动器一般采用电子启动器，如图 21.2-5 所示。晶闸管在交流电源的每个周期触发导通，是 L 和 C_2 形成通路，产生触发高压。

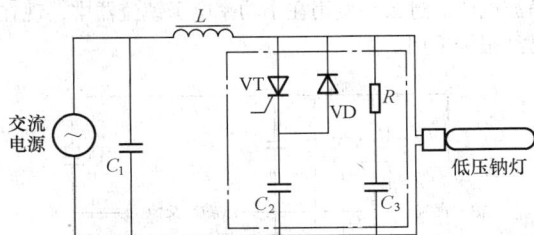

图 21.2-5　低压灯电子线路启动器

（3）高压钠灯启动器。高压钠灯启动器的种类和构成形式很多，图 21.2-6 给出两种利用晶闸管的电子线路启动器。

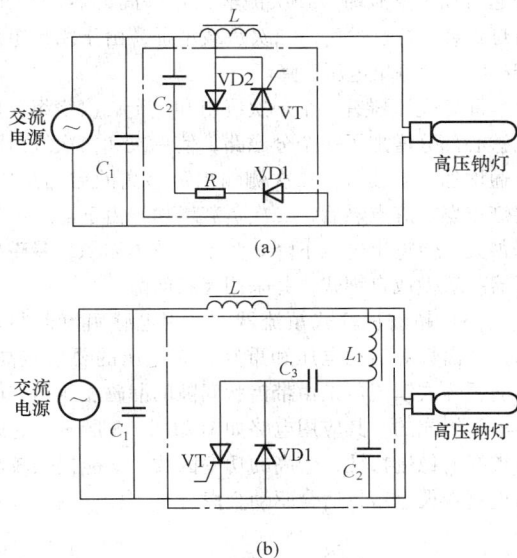

图 21.2-6　高压钠灯电子线路启动器

2. 电感镇流器

（1）阻抗型电感镇流器。在图 21.2-4、图 21.2-5 和图 21.2-6 中，L 就是阻抗型电感镇流器。这种镇流器一般要配启动器才能将灯启动，它由铁心和线圈两部分组成。铁心过去用硅钢片叠成，现在也有采用非晶、超微晶合金铁磁材料的。铁心有 C 型、环形和 O 型等结构。线圈用漆包线绕制。外形一般分为封闭式、半封闭式和敞开式三种，内部结构一般分为芯式和壳式两种。目前，新型阻抗型电感镇流器主要体现在节约原材料、减小体积和重量、提高效率等方面。

（2）漏磁式变压器。它的结构实际上就是一种绕组有较大漏抗的特殊降压变压器，基本结构如图 21.2-7 所示。它有一个一次绕组和一个二次绕组，但

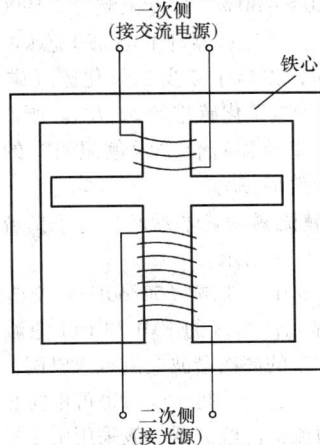

图 21.2-7　漏磁变压器的基本结构

在铁心部分增加了一个分磁路，使一次和二次绕组漏磁通增加。空载时，二次侧输出足够高的启动高压，将灯点燃。灯点燃后，二次负载增加，由于漏抗电压降很大，使输出电压下降。

漏磁变压器有一个一次绕组和一个二次绕组，但在铁心部分增加了一个分磁路，使一次和二次绕组漏磁通增加。空载时，二次侧输出足够高的启动高压，将灯点燃。灯点燃后，二次负载增加，由于漏抗电压降很大，使输出电压下降。为了让减小体积，漏磁变压器一般做成自耦式，并采用齿状间隙。

（3）超前顶峰式镇流器。采用电感镇流器驱动时，金卤灯对启动电压和重复着火电压的要求较高。超前顶峰式镇流器是由带齿状间隙的漏磁变压器和电容串联组成的，其应用电路如图21.2-8所示。它既有较好的稳流特性，较高的功率因数，又能提供较高的重复着火电压，适合驱动金卤灯。

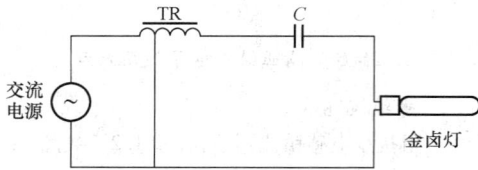

图 21.2-8 超前顶峰式镇流器的电路结构

2.3.5 电子镇流器

绿色照明工程是我国实施的一项重点节能示范工程，目的是推广应用高效照明产品，节约用电，保护环境，有益健康，并得到联合国开发计划署和全球环境基金的支持。国家发改委的《节能中长期专项规划》中指出，绿色照明工程是"十一五"期间国家组织实施的10大重点节能工程之一。照明用电约占全国用电量的13%，用电子镇流器替代传统电感镇流器可节电20%～30%。据专家测算，1996～2005年间，中国绿色照明工程累计节电590亿kW·h，削减大量电网峰荷，相当于减少二氧化碳（碳计）排放1700万t，减少二氧化硫排放53万t。所以，推广应用高效的电子镇流器符合"绿色照明"的要求，具有显著的节能效果。

1. 电子镇流器的基本结构 电子镇流器的基本结构如图21.2-9所示。

图21.2-9中，工频（50/60Hz）交流电源经过由电感和电容元件组成的EMI和RFI滤波器，可以阻止镇流器产生的高次谐波电流流入电网，抑制对电网和其他电子设备的干扰，同时也可以防止来自电网的干扰影响镇流器。整流器一般采用由二极管构成的全波不控整流电路。在镇流器和大容量直流环节滤波

电容之间加入功率因数校正电路，可以降低镇流器输入电流谐波含量，提高功率因数。逆变电路将直流电压变换为高频或低频交流电压，其核心是功率开关器件。负载匹配网络可以对气体放电灯起到镇流作用。一般逆变电路的输出频率在20kHz以上，负载匹配网络的体积可以大大减小，这是电子镇流器的突出优点之一。如果负载匹配网络不能为灯提高启动高压，要设计单独的启动电路。控制电路控制功率因数校正电路和逆变电路的运行，并检测灯端反馈信号，当灯出现断路、开路或高压气体放电灯处于热灯状态时，对镇流器和灯起保护作用，保证镇流器和灯的安全可靠工作。当需要调光时，通过外部输入的调光信号或内部控制指令，控制电路可以控制灯的输出功率。

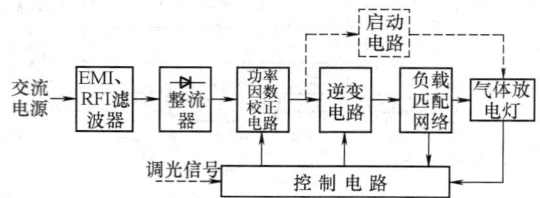

图 21.2-9 电子镇流器的基本结构框图

2. 电子镇流器的逆变电路 逆变电路是电子镇流器中最基本、最关键的组成部分，电子镇流器的输出信号的波形取决于逆变电路的形式。镇流器逆变电路结构的选择需要考虑：气体放电灯的种类（是直流灯还是交流灯）；输入电压和灯工作电压的额定值；直流母线电压的大小；灯的功率等级；高压气体放电灯声共振的抑制；镇流器的效率；镇流器的成本等问题。

电子镇流器的基本类型有FLYBACK变换器、推挽式变换器、半桥式逆变器、双BUCK变换器、全桥变换器等。双BUCK变换器主电路结构如图21.2-10所示。

采用FLYBACK变换器时，电子镇流器的电路结构简单，但效率低，且输出近似方波的脉冲电压和三角波电流。过去一般用在小功率电子镇流器中，现在已经很少采用。

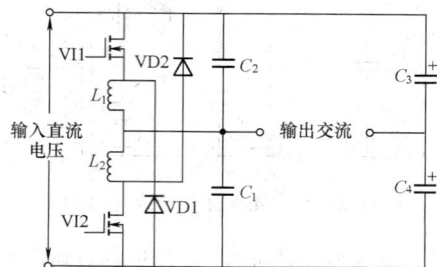

图 21.2-10 双BUCK变换器主电路结构图

采用推挽式变换器时，电子镇流器的电路结构简单，输出正弦波，可靠性比较高。但对开关管耐压要求比较高且有偏磁的问题。一般适用于输入电源电压比较低的场合。

采用半桥式逆变电路时，功率开关管承受的是直流母线电压。这种电路可以输出低频方波供电电流，从而解决金卤灯的声共振问题，可以应用于小功率金卤灯的电子镇流器中。另外，去掉两个直流均压电容的 Class D 半桥式逆变电路的结构简单。半桥式逆变器是在电子镇流器中应用最为广泛的逆变电路。

采用全桥式逆变电路时，功率开关管承受的电压是直流母线电压，直流环节的电压利用率高，可用于端电压较高的场合。这种电路也可以输出低频方波供电电流，并应用于小功率金卤灯的电子镇流器中。

采用双 BUCK 变换器时，电路可以输出低频方波供电电流，一般应用于小功率金卤灯的电子镇流器中。

3. 电子镇流器的负载匹配网络　电子镇流器常用的负载匹配网络主要有：LC 串联负载谐振电路、LC 并联负载谐振电路、LCC 串并联负载谐振电路和 LLC 串并联负载谐振电路等，其电路结构如图 21.2－11 所示。

LC 串联负载谐振电路输出电压小于输入电压，采用这种电路的电子镇流器必须另外设计启动电路。LC 并联负载谐振电路的输出电压可以高于输入电压，但输入和输出之间没有隔直电容，采用这种电路的电子镇流器，逆变电路必须有隔直电容（如采用标准的半桥逆变器）。LCC 串并联负载谐振电路输出电压可以高于输入电压，而且输入和输出之间有隔直电容，是普遍采用的一种电路结构。LLC 串并联负载谐振电路输出电压可以高于输入电压，而且输入和输出之间有隔直电容，但采用两个电感，体积比较大。为了实现逆变电路功率开关管的零电压开通，一般要求负载匹配网络工作在感性区。

4. 电子镇流器的功率因数校正电路　采用功率因数校正电路，可以减小谐波对电网的污染，提高进线功率因数，降低配电容量，是交流输入电子镇流器必需的环节。

电子镇流器中功率因数校正电路分为无源功率因数校正（PPFC）和有源功率因数校正（APFC）两种。前者可以降低镇流器成本，一般应用于荧光灯和小功率金卤灯、高压钠灯电子镇流器中。

有源功率因数校正电路一般应用于中、大功率金卤灯和高压钠灯电子镇流器中。有源功率因数校正电路可以采用降压（BUCK）型、升压（BOOST）型和升降压（BUCK－BOOST）型功率因数校正电路，其中 BOOST 型应用最为广泛。现在，已经有很多公司生产专用于 BOOST 型 PFC 电路的集成电路芯片，可以使 PFC 电路工作于电流临界导通模式或电流连续导通模式，芯片中一般还集成过电压保护、过电流保护、缓启动和输出开路保护等动能。表 21.2－8 给出一些常用的 PFC 专用控制芯片。

表 21.2－8　　　常用的 PFC 专用控制芯片

公　司	电流临界导通模式	电流连续导通模式
IFX	TDA4862，TDA4863	TDA16888 IPCS01
ST	L6561，L6562	L4981
Fairchild	FAN7527	FA4800
ON	MC33262，MC34262，MC33261	
TI	UC3852，UCC38050	UC3854
SG	SG6561	

5. 电子镇流器的关键器件　电子镇流器不但要求能在较为恶劣的环境下可靠运行，而且还要满足相关国内和国际标准的要求，器件的选取对电子镇流器的长期安全可靠运行起着至关重要的作用。

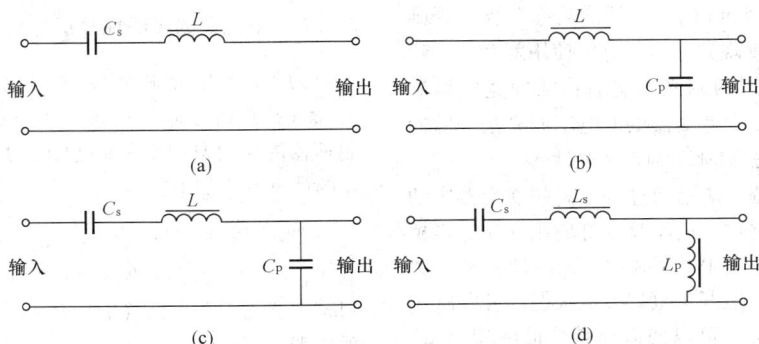

图 21.2－11　负载匹配电路
(a) LC 串联负载谐振电路；(b) LC 并联负载谐振电路
(c) LCC 串并联负载谐振电路；(d) LLC 串并联负载谐振

电子镇流器的关键元器件主要包括：熔丝管、EMI 滤波器相关器件、变压器、负载匹配网络的电容和电感、主电解电容、半导体功率器件等。

半导体功率器件是影响电子镇流器可靠性的关键元件，主要包括整流桥、PFC 和逆变电路中的功率开关器件等。整流器的选择主要考虑平均输入电流、定额电压以及工作温度范围。功率开关器件一般采用 BJT 和 P-MOSFET，选择时主要考虑定额耐压、开关速度、通态阻抗、最大允许电流以及温度范围等，必须特别注意器件的高温和低温特性。

主电解电容起滤波和储能的作用，也是影响电子镇流器可靠性和寿命的关键元件。选择主电解电容除了要考虑电容量和额定电压外，还要特别注意温度等级、纹波电流等级和串联等效电阻（ESR）。

6. 电子镇流器的一拖多电路 在两只或多只灯集中安装的场合，采用一拖多镇流器会大大减小安装空间和重量。另外，一拖多电子镇流器可以共用进线 EMI 滤波器、PFC 电路和逆变电路，降低镇流器的成本。

对于一拖多电子镇流器的设计，主要考虑：能够可靠点亮所有的灯；能够控制各灯的功率或保证各灯功率的均衡；当某一只灯出现故障灭灯后，不应影响其余的灯；逆变器能够在各种点灯工作状态实现软开关，提高效率。

7. 电子镇流器的常用调光方案 采用调光技术用于照明领域是一种行之有效的节能方法。荧光灯的调光技术已经成熟，随着电力电子技术的不断发展，在体育场馆、城镇道路和隧道等场所大面积照明采用的高压钠灯和金卤灯调光产品也已开始出现。高压钠灯的调光范围一般为输出功率的 50%~100%（光通量约为 30%~100%），金卤灯的调光范围一般为输出功率的 60%~100%（光通量约为 45%~100%）。而根据国外研究资料，可调光高压钠灯和金卤灯电子镇流器，在灯启动 3~5min 内，必须满功率工作，否则会出现灯管早期发黑现象，影响灯的使用寿命。

电子镇流器常用的调光方法有：脉冲宽度调制（PWM）调光法、改变逆变器供电电压调光法、脉冲调频（PFM）调光法和脉冲调相调光法等。

脉冲宽度调制调光法是通过调节高频逆变器中功率开关管的导通占空比，从而改变灯输出功率。半桥逆变器的最大占空比为 0.5。这种方式能使功率开关管导通时工作在零电压开关（ZVS）状态，可以减小 EMI 和功率管的应力，可以使调光特性曲线很平滑。但随着占空比的减小，波形的畸变程度变大，会影响气体放电灯的寿命。另外，如果占空比太小，以至电感电流不连续，将失去 ZVS 工作特性，并且由于供电直流电压较高，而使开关管上的应力加大，这种不连续电流导通状态将导致可靠性降低和加大 EMI 辐射。

改变逆变器供电电压调光法是通过调节逆变器直流母线电压，从而改变灯输出功率。由于开关频率固定，所以可以方便地确定负载匹配网络的参数。在较宽的灯功率范围内（5%~100%）保持 ZVS 工作条件；可实现平滑和几乎线性的灯功率控制特性。但是，由于电子镇流器都有功率因数要求，如果采用普通的 BOOST 电路作为功率因数校正，直流母线电压降低会破坏功率因数校正电路的正常工作。另外，调光时，灯电压的变化远没有功率的变化范围大，降低的母线电压可能无法产生较高的灯端电压，调光范围会减小。

脉冲调频调光法是通过调节逆变器的开关频率，改变负载匹配网络的工作点，从而改变灯输出功率，是最简单、最常用的调光方法。但是开关频率的变化，使 EMI 滤波器设计比较困难。另外，为了实现宽范围调光，频率变化必须很宽，在整个调频范围内难以实现软开关，可能导致逆变器的损耗加大，效率降低，镇流器的可靠性降低。

脉冲调相调光法是通过调节半桥逆变器中两支开关管的导通相位，从而改变灯输出功率，是 IR 公司的专利技术，并应用于其生产的荧光灯调光集成电路控制芯片上。相控调光法主要有以下特点：对荧光灯可调光至 1%；可在任意调光设定值下启动荧光灯；可应用于多灯应用场合；调光相位与灯功率之间的线性度好。

2.4 电气照明的经济性分析

照明的经济性是照明技术经济效果的重要指标之一。研究电气照明系统设备的经济性，是为了在相同的照明效果条件下能尽量减少投资，节约电能。在进行经济性分析时，要考虑每年用电费、设备费、施工费和维护费等。照明经济计算主要是计算各个照明方式的初次设备投资费、寿命期内用电费用和维护费用。

2.4.1 电光源的经济性分析

为了计算电光源的经济性，这里采用光源在额定寿命（指经济寿命）期内，每单位时间和单位光通量所需的照明费 C [元/(lm·h)] 作为比较单位。C 的计算方式如下

$$C_{光源} = \frac{P + C_L}{\Phi T} \qquad (21.2-8)$$

式中，C_L 为光源单价（元/只）；Φ 为光源光通量（lm）；T 为光源寿命（h）；P 为光源寿命期内所消耗的电费（元）。

P 的计算公式为

$$P = \frac{(W_L + W_B)T}{10^3} \times \rho \qquad (21.2-9)$$

式中，W_L 为光源输入功率（W）；W_B 为镇流器或变压器损失功率（W）；ρ 为电费单价 [元/（kW·h）]。

2.4.2　灯具的经济性分析

影响灯具经济性的因素很多，它包含使用照明灯具的数量、灯具的单价、灯具装配线的单价、折旧年数、灯具清扫费单价、灯具耗电费等。灯具产生单位光通量每月所需的照明费用为

$$C_{灯具} = \frac{C_\alpha \times t + C_c}{\Phi_0(1 - gt/2)t} \qquad (21.2-10)$$

式中，C_α 为灯具的折旧费、灯具耗电费、光源价格费（元/月）；C_c 为平均每清扫一次所需费用；t 为清扫周期（月）；Φ_0 为光源初始光通量（lm）；g 为由于污染灯具输出光通减少的比例。

t 和 g 是一对矛盾，增加清扫次数虽可增加光通量的输出，但也增加费用。在灯具寿命期内，要求得到尽量多的光通而要花最少的费用。在求清扫周期时，需将 C 对 t 求导，并令其等于零，得

$$t = \sqrt{2C_c / C_\alpha g} \qquad (21.2-11)$$

光通下降比例 g 可实测得出或查表，它与使用地周围环境条件和灯具形式有关，对一般近似计算，开启式灯具可取 0.024，密封式灯具可取 0.020。

上式表明，若清扫人工费用 C_c 很低，并且与每月所需的照明费 C_α 相差很多时，则清扫周期可短些；反之，若清扫一次的费用很大，则清扫周期应长些。污染严重时 g 值大些，清扫周期也应短些。

2.4.3　照明方案的经济比较

对两种或两种以上的照明设计方案作经济比较时，应在照明条件近似和照明效果基本相同的条件下进行。照明经济比较分析应包括照明设备投资、电力费和维护运行费。

进行照明经济比较分析时，由于不同照明方案的照度值不尽相同，因此必须采用单位照度的年照明费用来进行比较。

单位照度的年照明费为

$$C_{TE} = \frac{F + M + P}{\overline{E}} = \frac{C_T}{\overline{E}} \qquad (21.2-12)$$

式中，F 为年固定费；M 为年维护费；P 为年电力费；$\overline{E}$ 为平均照度。

照明设备是机电设备的一大类，在使用过程中都有消耗，一般情况下取照明设备初投资的一定比例 K（年折旧系数）作为固定费，这些费用需计算到年投资费用中去，并按预定年份逐年回收，即为以后的设备更新费用。而灯具中的光源和清洁剂等，则作为消耗品在维护费用中考虑。K 随折旧年数不同而变化。若折旧年限为 3 年，K 取 0.33；若为 5 年时，K 取 0.27；若为 6 年时，K 取 0.25；若为 8 年时，K 取 0.20；若为 12 年时，K 取 0.16。

年固定费即为

$$F = K(C_E + C_B + C_1) \qquad (21.2-13)$$

式中，C_E 为灯具价格；C_B 为镇流器或变压器及启动器等价格；C_1 为配线安装施工费。

年维护费包括更换光源时的人工费和光源本身的价格，还包括清扫灯具所消耗的清洁剂等材料及人工费用，可表示为

$$M = E + D \qquad (21.2-14)$$

式中，E 为年更换光源费用；D 为年清扫费用。

而 E 为

$$E = (C_L + a)N_1 = (C_L + a)nN\frac{t_E}{T} \qquad (21.2-15)$$

式中，C_L 为光源单价（元/只）；a 为平均每更换一支光源的人工费用（元）；N_1 为年内更换光源的次数；n 为每个灯具内的光源数；N 为整个设施内灯具的数量；t_E 为每年点灯的时间（h）；T 为光源寿命（h）。

C_L 通常要比 a 大得多，所以成批更换光源和单个更换光源的人工费用对总的年照明费的影响较少。D 为

$$D = (b + d)C_f \times N \qquad (21.2-16)$$

式中，b 为每个灯具的平均清扫人工费（元）；d 为每个灯具清扫时所需的材料费（元）；C_f 为年清扫次数。

年电力费 P 为

$$P = \rho\frac{W_L + W_B}{10^3}nNt_E \qquad (21.2-17)$$

式中，ρ 为电力费单价 [元/（kW·h）]。

根据上述各项费用，即可综合为年运行费 R 和设备初次投资费 I 为

$$R = M + P = E + D + P \qquad (21.2-18)$$
$$I = N(C_F + C_B + C_1 + n C_L) \qquad (21.2-19)$$

照明设备初次投资费 I 是照明经济分析中较为重要的数据。

2.5　照明电器标准和认证

随着贸易全球化，国际贸易的竞争实质是标准的竞争。大多数发达国家代表了当今标准化的主流，占据了国际标准化组织的主导地位，并通过标准设置技术壁垒，从而占领国际市场。因此，从照明电器产品设计开始就必须研究和采用相应的国际标准，并努力发展和完善我国的产品标准。一般电气照明产品认证

主要包括 EMC、安全和性能三个方面，分别遵循相应的标准。

2.5.1 世界主要电气照明产品标准和认证

照明电器产品要进入国际大市场，必须符合国际认可的标准，并进行相应认证。由于电网电压的不同，世界上主要有两大照明标准体系，即美国国家标准协会（ANSI）标准和国际电工委员会（IEC）标准。近年来，ANSI 在保留其必要的标准的同时，也积极靠拢、大量采纳 IEC 标准；IEC 也考虑吸收某些国家区域合理的标准作为其特殊分支，这在照明系统电子镇流器标准应用方面体现得尤为明显。

在 2002 年 10 月 14 日的世界标准日大会上，三大国际标准组织国际电工委员会、国际标准化组织（ISO）和国际电信联盟（ITU）联手为国际市场制定规则并颁布标准与建议书，建立不同层次的标准与合格评定相互认可协议，目标在于减少技术性贸易壁垒，降低生产成本，提高买卖双方相互信任度，从而实现真正意义上的全球贸易。

现在，约占一半全球范围的电子镇流器在北美销售，供应美洲市场的电子镇流器产品，它们均采用 ANSI/UL 标准。美国境内销售的电子镇流器，安全标准为 UL935，性能标准为 ANSI C82.11，其他相关标准如谐波失真、EMC、荧光灯工作性能和灯具安全性等，则采用 ANSI C82.77、FCC Part 18、ANSI C78.81/C78.901 和 UL 1598 等标准。现在，美国 T8 荧光灯已要求全部采用电子镇流器。

欧洲主要按照 EN 标准，进行 TUV 和 CE 认证。EN 的标准已和 IEC 标准趋同一致。谐波失真、EMC、荧光灯工作性能和灯具安全性等，参考 EN 相关标准为 EN61000-3-2、EN61547、CISPR15、EN60081/60901 和 EN60598。

国际电工委员会产品认证组织（IECEE）通过执行电工产品安全标准测试认可体系（CB-Certificate Body），对产品进行认证。目前，世界上已有 30 多个国家加入了 CB 体系。由于 CB 成员国所采用的安全标准与 IEC 标准差异程度不同，需要补做差异试验。

为拓展业务，各国认证机构往往采取互认的方法。如美国、加拿大的 C-UL 认证同时满足美国、加拿大两国的安规要求。另外，欧盟、东南亚国家联盟 ACCSQ 的电工产品工作组织制定了对实验室和认证机构进行认可的规则。

2.5.2 我国主要电气照明产品标准和认证

我国照明电器和照明系统的标准化研究始于 20 世纪 50 年代，照明电器能效标准的研究于 20 世纪 90 年代开始走上正轨。

全国能源基础与管理标准化技术委员会（TC20）是中国能源基础和管理标准化、能节标准化的技术归口单位，主要从事国家通用性、综合性及基础性的能源管理标准化研究及国家标准的制修定和宣贯培训工作。在绿色照明标准化研究领域，主要负责组织制定修定照明产品的能效标准和照明系统的节电管理标准。

全国照明电器标准化技术委员会（TC224），主要从事电光源及其附件以及灯具产品的基础、性能、方法及安全等方面的标准化研究以及相应的国家标准与行业标准的制修定和宣贯培训工作，与 IEC 的 TC34 直接对口。

建筑照明设计方面的国家级标准或技术规范由建设部归口管理，由国家质量技术监督局和建设部联合发布；建筑照明设计方面的行业标准由建设部归口管理、中国工程建设标准化协会负责归口组织行业标准的制修定工作。

1959 年，我国首次颁布了荧光灯产品的行业标准。以后先后制定了包括灯具、灯头和灯座、电光源以及电光源专用材料和半成品等方面的基础标准、产品性能标准、安全标准和试验方法等国家标准和行业标准近 200 个，为推进节能照明产品的发展打下了良好的技术基础。

我国组织制定能效标准，主要是为实施《中华人民共和国节约能源法》中所规定的高耗能产品淘汰制度、节能产品认证制度提供技术支持。1999 年 11 月 1 日，我国第一个照明产品能效标准 GB 17896—1999《管形荧光灯镇流器能效限定值及节能评价值》由国家质量技术监督局正式批准和发布为强制性国家标准。高压气体放电灯和相应放电灯用镇流器等产品的能效标准已开始实施。荧光灯电子镇流器及其照明系统所采用的标准，包括安全标准和性能标准，分别是 GB 15143（等同于 IEC 928）和 GB 15144（等效于 IEC 929）。

中国国内市场的电子镇流器实施中国强制认证 CCC。CCC 认证标准均已参照 IEC 标准。

第 3 章　智 能 电 气 照 明 网 络

照明电子学、数字控制技术、计算机技术，尤其是网络技术的发展，为电气照明提供了更加优秀的电光源技术、电光源控制技术和电光源综合优化技术。照明节能化，使用环保化、控制智能化、维护实时化和服务人性化已经成为照明领域发展的必然趋势。

智能电气照明网络系统由中央控制盘（器）通过某种网络通信方式（有线通信和/或无线通信），结合各种传感器（照度传感器、声音传感器、移动传感器、延时开关等）信号融合技术，实现远程/本地所有照明系统的电力供应和调光控制。智能电气照明网络系统通过标准的数据通信接口（Ethernet 网接口、RS-485 接口等）可以进一步与空调控制系统、保安监控系统、消防系统等楼宇自动系统相结合，成为智能大楼或智能小区的一部分。

3.1　传统自动照明控制方法

在满足照度要求的前提下，为了节约能源，目前人们经常采用以下节能措施：

1. 光控开关控制　根据自然环境照度的变化，利用光控开关，自动控制公共场所照明电力供给。这是目前城市路灯照明、广场照明、广告照明等公共场所使用最为普遍的控制方式。

2. 定时开关灯控制　根据时间定时器的设定，照明系统自动实现开关灯控制，如图 21.3-1 所示。为实现节能和合理确定开光灯时间，一些定时控制器实现了基于日照曲线的开关控制。由于地球上每一点的地理位置不同，对应的日出日落时间是不相同；并且由于地球的自转轴相对于地球和太阳的平面是倾斜的，再加上地球的公转作用，使得同一地区每天的日出日落时间也不是完全相同。因此，用户可以根据具体某一城市的经纬度信息，计算出当地的日照曲线，并根据用户对照度变化规律的具体要求，确定出每天大致的开关灯时间从而更为合理地使用光源。这种方式多用在城市路灯照明、广场照明、广告照明等公共场所照明控制。

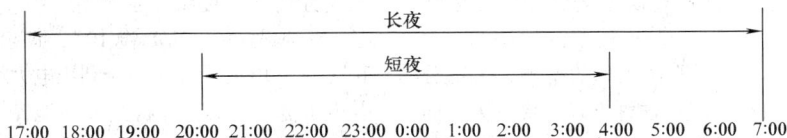

图 21.3-1　定时控制示意图

3. 光控+定时开关控制　定时开关控制无法解决天气突变（如沙尘暴、大暴雨等）时照度变化要求，因此，通常采用光控+定时开关控制，解决公共环境照度突变问题。这也是一种目前公共场所照明普遍采用的自动控制方式。

4. 调压控制　考虑到低压配电网负荷变化导致电网供电电压明显波动，照明供电系统一般采用线路自动调压设备，在前半夜用电高峰时调高整条线路供电电压，在后半夜用电低谷时调低整条线路供电电压。这种方式一般仅用于路灯照明等大面积照明场合。

5. 调光控制　考虑到路灯、地铁照明、车站照明等场所不同时段对照明要求的不同，仅仅稳压控制还无法满足照明控制需求。一些照明控制器可以实现了线路级控制；根据不同时段，控制照明线路输出不同的供电电压，进而实现整体调光控制要求。图 21.3-2为基于分时段的线路整体调光控制。这种控制方式应用与前几种方式基本相同。

6. 声控+延时控制　当公共场所没有人员活动时，应自动关闭照明；当公共场所出现人员活动时，则应立刻开启有关照明；当特定公共场所无人员活动

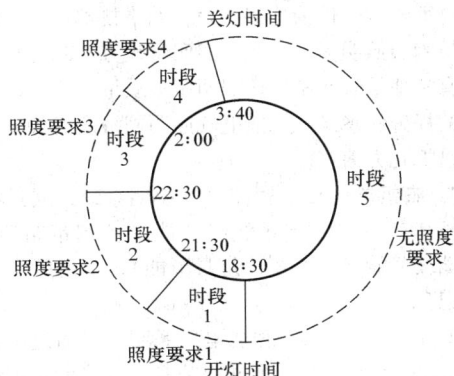

图 21.3-2　控制时段划分示意

迹象，延时一定时间后系统自动关闭照明，这就是所谓的"声控+延时控制"方式。这种方式比较好地节约了电能，实现成本也比较低廉，是一种常见的室内照明自动控制方式，室外公共场所照明很少采用该方式。

上述几种常见的照明控制方式在一定程度上解决了照明自动化问题和节能问题，但是还存在一定的不足之处，主要表现在以下几个方面：

1. 控制策略单一　上述几种方法还没有实现有机的结合，功能相对单一，节能效果有限，适应范围小。

2. 无法实现场景模式控制　所谓场景模式就是指在特定时刻、特定照明需求情况下，实现特定照明控制规律要求。无论室内照明，还是室外照明，均存在场景模式控制需求。例如，多功能活动厅室内照明可以分为会议照明模式、讲演照明模式、娱乐照明模式和常规照明模式等；家庭室内照明可以分为常规照明模式、工作学习模式、娱乐模式、休息模式和离家模式等。路灯照明可以分为全功率照明模式、半夜灯照明模式和低照度照明模式等。多种照明模式使照明更加合理、更节能。

3. 无单灯控制　对于各种交通路口、公共场所门厅等特殊地段，相关照明灯具应能单独按需求实现单灯控制。目前传统自动照明还无法实现单灯控制。

4. 无照度控制或难以实现　上述几种自动控制方式往往通过多种配线方式实现不同时段的照度调节，如"半夜灯"功能。

5. 缺乏故障检测　目前对故障的检测，大部分照明系统采用人工巡检方式。这种方式需要白天大面积开灯巡检，对于电量消耗的开销是极大的。国内有部分产品通过检测线路电压波动（照明负载变化）来达到故障检测的目的。这种方式准确率低，无法定位到具体节点，维护工作依然不易进行。

3.2　智能电气照明网络的优势

网络技术的发展，推动了包括照明领域在内的各领域全面进步。作为连接手段，网络技术把现代照明控制技术、照明需求理念、照明管理方法和各种智能技术有机地结合起来，使照明服务质量真正可以实现本质的提升和飞跃。智能电气照明网络的优势主要体现在以下几方面：

1. 照明节能化　智能电气照明系统，通过各种网络技术，可以实现系统级节能（控制策略节能）和终端级节能（电光源、灯具节能），实现照度"按需分配"。

2. 使用环保化　智能电气照明可以通过网络技术，可以合理分配照度需求，避免产生光污染；同时一些智能电气照明系统还可以通过网络技术，合理分配每个电光源的工作时间，有效延长灯具使用寿命，减少资源消耗。

3. 控制智能化　通过智能电气照明网络，可以实现定时控制、光控、策略控制、日照控制、延时控制、多时段控制、场景模式控制和用户特殊需求控制等，实现照明控制的全面智能化。

4. 维护实时化　网络技术在照明系统中的应用，可以实现照明故障的自动检测和报警，使系统得到更为及时的维护。

5. 服务人性化　网络技术的应用，使照明可以实现"按需分配"的原则，实现"局部控制"与"整体控制"的有机结合，使照明服务人性化得以实现。

3.3　常用智能电气照明网络的种类、结构与特点

智能电气照明网络种类很多，并且随着技术的进步，不断有新的可用于照明领域的网络技术涌现。这里仅就常用的几种用于电气照明领域的网络技术进行简要介绍。

3.3.1　X-10

1. X-10 概况　1974 年苏格兰一家名为 PICO 的公司（Pico Electronics Ltd）开展了"如何用电力无线方式遥控设备"的研究，并把该试验研究定义了一个编号——"实验 10"，即我们今天的"X-10"。X-10 是全球第一个利用电力线载波来控制灯饰及电子电器产品，并将其成功地商业化。X-10 是以 60Hz（或 50Hz）为调制信号，以 120kHz 的脉冲为载波信号，直接利用住宅电力线 220V 电压（也有其他电压等级，下同）作为控制总线，在 220V 电压过零点处传输 120kHz 的高频信号来表示二进制信息，进而实现家庭照明及其他电器网络化通信和控制。该技术通信距离一般为 30.48m（100ft），包含一套完备的电力线载波通信控制协议，因此，也称其为 X-10 协议。图 21.3-3 是 X-10 系统"过零"通信示意图。

X-10 于 1978 年被引进美国，无线电器材公司则于 1979 年开始卖该系列产品。今日，X-10 不仅是一家公司，也是一种利用电力线载波原理的家庭自

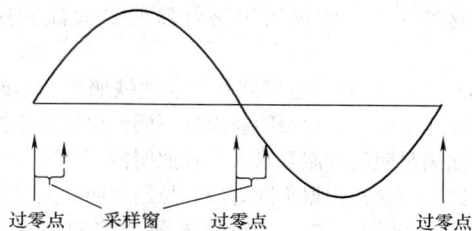

图 21.3-3　X-10 采样点

动化控制协议。由于 X-10 系统不需要重新铺设控制线路，使用方便，该技术和产品传入美国后被看好，美国许多大公司如 Radio Shack、Stanley、Leviton、Honeywell 都销售 X-10 的产品。1980 年以该技术为背景，美国出现了 Smarthome 概念。1997 年 X-10 专利开放，作为智能家居品牌产品，基于该技术的产品数量、种类猛增，并大量进入超市，在欧美得到了比较广泛的应用。X-10 主要以家居灯光照明控制应用为核心，同时涉及诸如空调控制、电动窗帘控制等智能家居控制系统。X-10 公司为世界上一些著名公司，例如 GE、RCA、IBM、Philips、Magnavox、Gemini、Leviton、Radio Shack、ATI、Black & Decker 等，提供了大量智能家居（Home Automation）产品。虽然 X-10 形式上属于企业规范，但本质上它已经是一种智能家居的事实标准。

2. X-10 原理　X-10 是一种电力载波协议，它定义了如何在电力线上进行数字通信。X-10 的关键技术主要有零交叉检测、载波调制与解调和数字通信规约。

每个 X-10 装置内部都有一个集成的"零交叉检测器"，用于检测电网电压过零点。在每一个过零点处，提供一个 0.6mm 的检测窗，在检测窗内发送或接收（调制/解调）120kHz 的载波信号，如图 21.3-4 所示，并通过每一个过零点使 X-10 装置保持同步通信。

由于 120kHz 的载波信号对于 50Hz（也可以是 60Hz，下同）的强电信号来说是一个很高的频率，此时载波信号可以看成一个脉冲信号。X-10 利用一个 50Hz 周期传输一位二进制数"1"或"0"。

X-10 协议由 22 个周期 50Hz 信号组成一帧数据，格式如图 21.3-5 所示。其中，起始码（Start Code）段为 2 个周期，内含 3 个载波脉冲，表示一帧数据通信的开始，其后紧跟着的是数据信息，如图 21.3-6 所示。

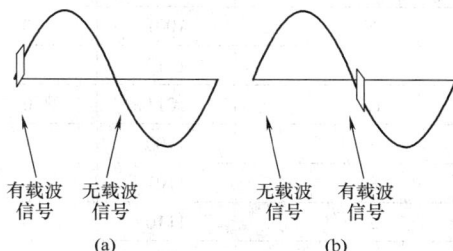

图 21.3-4　X-10 的"1"和"0"
（a）表示二进制"1"；（b）表示二进制"0"

起始码	字母码	数字码	起始码	字母码	数字码	静默段
2周期	4周期	5周期	2周期	4周期	5周期	3周期

图 21.3-5　X-10 数据帧格式

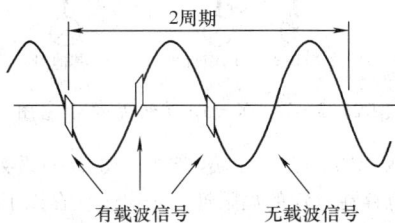

图 21.3-6　X-10 起始码波形

字母码段由 4 个 50Hz 周期组成，4 个二进制数表示出 16 个英文字母 A~P，表 21.3-1 给出了这 16 个字母及其对应的编码。

数字码段由 5 个 50Hz 周期组成，紧跟在字母码信号后面。这 5 位数据的最后 1 位为功能位，定义前面 4 位数据的种类。当该位"0"时，表示前面 4 位是数字 1~16；当该位"1"时，表示前面 4 位是命令，表 21.3-2 给出了相关 X-10 的定义。字母码段与数字段组合可以产生 256 个不同的地址信息，可以执行的指令包括 ON、OFF、DIM、BRIGHT、ALL LIGHTS ON、ALL UNITS OFF 等命令。

为了提高通信的可靠性，在同一数据帧 X-10 将数据连续传输两遍。在每一数据帧之间，增加三个周期空信号（即无载波信号），来调整通信速度。

表 21.3-1　字　母　码　表

字母	编码	字母	编码	字母	编码
A	0110	F	1001	L	1011
B	1110	G	0101	M	0000
C	0010	H	1101	N	1000
D	1010	I	0111	O	0100
E	0001	J	1111		
		K	0011	P	1100

3. X-10 优点与主要功能　X-10 的主要优点在于：①无需增加任何布线，实现起来简单方便；②构建家庭小规模自动化网络成本低，具有良好的经济性；③控制可达 256 只灯或家用电器；④运行可靠性高。该系统原理简单、实用，在欧美已有近 30 年的成功应用，被认为是家居智能化的一种重要手段。

表 21.3-2 数 字 码 表

含 义	前 4 位	第 5 位
13	0000	0
5	0001	0
3	0010	0
11	0011	0
15	0100	0
7	0101	0
1	0110	0
9	0111	0
14	1000	0
6	1001	0
4	1010	0
12	1011	0
16	1100	0
8	1101	0
2	1110	0
10	1111	0
ALL UNITS OFF	0000	1
ALL LTS ON	0001	1
ON	0010	1
OFF	0011	1
DIM	0100	1
BRIGHT	0101	1
ALL LIGHTS OFF	0110	1
EXT CODE	0111	1
HAIL REQUEST	1000	1
HAIL ACK	1001	1
EXT CODE 3	1010	1
UNUSED	1011	1
EXT CODE2	1100	1
STATUS ON	1101	1
STATUS OFF	1110	1
STATUS REQ	1111	1

4. X-10 典型应用 X-10 系统设备一般可以分成集中控制器、发射模块、接收模块、双向模块和阻波器模块等。集中控制器直接插到 220V 电源插座即可使用,可以随意更换使用位置,即插即用,控制器可以实现分别控制,也可以按一个按键控制所有电灯或电器,还可以调节灯光亮度;发射模块是用于向低压配电网发射网络化控制信号、不接收控制指令或反馈信号的电器设备;接收模块用于只接收网络化控制指令的家用电器,不发出指令控制其他设备,也发射状态反馈信号。同一房间的多个接收器可设置成同一个地址码;双向模块用于双向通信,既接收又发射,既可控制其他设备,又可受控于其他设备;阻波器模块是一种用来阻止家庭其他电气设备向电网泄漏 120kHz 干扰信号和隔离电网其他负载对 120kHz 信号吸收的设备。通过该设备,可以保证 X-10 通信系统内部无 120kHz 干扰,同时也避免对有用的 120kHz 通信信号的衰减;网络开关实际上是某种收发模块,它分为 R 型网络开关和 T 型网络开关。R 型网络开关直接接电灯,接收控制命令并执行,可以像普通开关一样控制电灯的开关。T 型网络开关不接灯,只接 220V 电源,可以发出控制命令,让 R 型网络开关执行,达到控制目的。图 21.3-7 给出了 X-10 系统典型应用结构示意图。

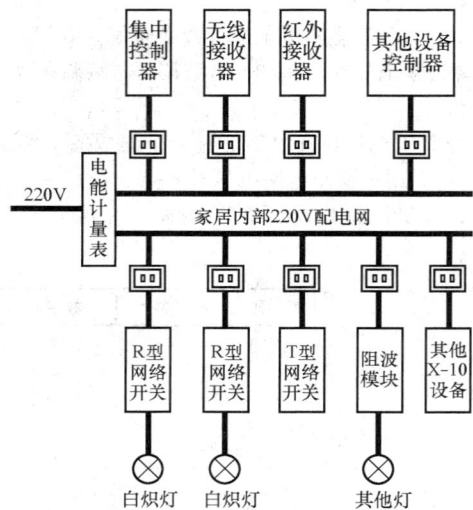

图 21.3-7 X-10 系统结构示意图

5. X-10 局限性 尽管 X-10 有一系列优点,但是它也存在一定的局限性。主要表现在以下几点:

(1) 灯光调光控制对象一般只能是白炽灯,而白炽灯效率低,不是现在和未来家庭照明的主要电光源。

(2) 可扩展性不强,它最多只能接入 256 个电器负载,应用规模有限。

(3) 对噪声和低压配电网负载种类敏感,抗干扰性能差。现代家居有各种开关电源设备,这些设备的接入随时可能导致 X-10 系统通信中断或失效。

(4) 通信速率低, X-10 通信速率一般小于 10kbit/s。

(5) 反应速度慢,在 60Hz 供电系统中,传送一个指令需 0.883s。

3.3.2　DALI

1. **DALI 概况**　DALI（Digital Addressable Lighting Interface）即数字化可寻址照明接口。1994 年被列入 IEC60929 标准，得到国际主要芯片、灯具、镇流器和夹具制造商的支持。1999 年 Philips 公司对 DALI 协议做了进一步的完善工作，并与欧洲镇流器著名生产商 Osram、Tridonic 等公司在 Helvar 公司研究成果基础上，共同合作开发了 DALI。这是一个专为电子镇流器调光控制而开发的开放数字通信协议。该协议定义了电子镇流器和控制单元之间的数字通信，为了专业室内照明管理而设计，适用于室内的智能高性能照明管理。DALI 建立了一个结构定义清晰的简单照明系统，该系统可以通过适当的接口集成到建筑物管理系统中，是应用在照明领域的多用途数字化新协议和新技术。

一般 DALI 的用途包括：调整灯光昼夜照明的亮度；为白天举行的活动而调整照明；能够实现照明节能和远程控制。每个系统组件都有独立的通信地址，使实现单独的设备控制成为可能。DALI 被设计用于标准组件和简单布线，即低成本应用。图 21.3 - 8 为 DALI 系统组成结构示意图。DALI 系统最多可以有 64 个镇流器，可以有 16 个照明组，最多可以有 16 个情景模式。

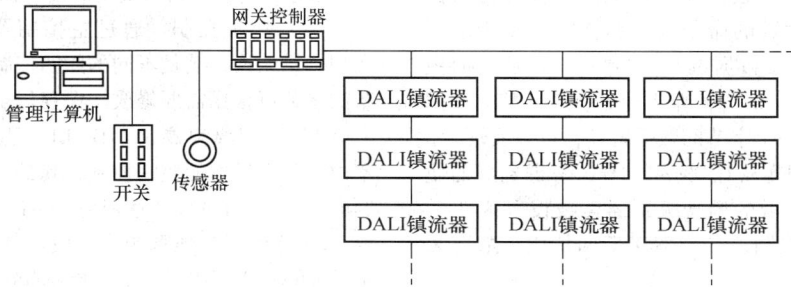

图 21.3 - 8　DALI 系统组成结构示意图

2. **DALI 原理**　数字可寻址照明系统自动调光控制原理如图 21.3 - 9 所示。DALI 照明接口的新标准定义了数字电子镇流器和控制单元之间的数字通信，在定义标准的时候，目的不是针对功能性强大和复杂的楼宇自控系统，而是建立一个结构定义清晰的简单系统；DALI 的设计也不是用于复杂的总线系统，而是用于室内的智能化高性能照明管理。这些功能可以通过合适的接口集成到楼宇自控或建筑物管理系统中，调光节能系统原理如图 21.3 - 10 所示。

从使用角度看，需要明确以下几个问题：

（1）地址编码。一个 DALI 系统最多可以分配 64 个地址，即可接 64 个电子整流器，几个整流器也可以设定为一组，最多可以设定 16 个组。镇流器安装好系统后必须执行编址，编址过程由控制器决定。

（2）寻址方式。DALI 电子镇流器可以实现全部接收命令、单个地址接收命令和组地址成员接收。

（3）通信介质要求。DALI 通信线不要求使用双绞线或专用电缆，安装时已存在的控制线对也可以作为 DALI 线。

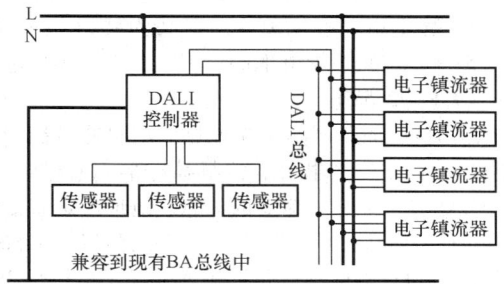

图 21.3 - 10　DALI 调光节能系统原理示意图

（4）DALI 网络安装距离要求。DALI 系统可以如图 21.3 - 11 所示进行安装，最远通信距离在 300m 以内。最重要的是确保最大的电压降不超过 2V。

（5）传感器距离限制。传感器和 DALI 控制器之

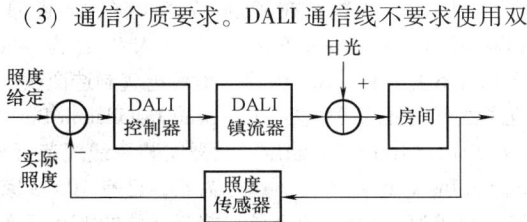

图 21.3 - 9　DALI 系统控制原理

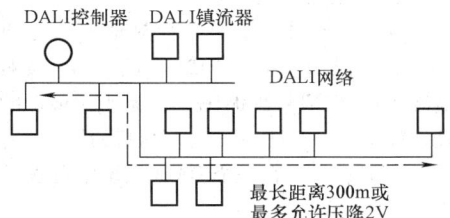

图 21.3 - 11　DALI 系统安装示意图

间的连接是 30m 连接，到 DALI 控制器的所有传感器线路总长度不超过 125m。如果电缆超过这个长度，性能会被削弱。如果个别情况需要更长的线路，建议使用屏蔽电缆。

从通信角度看，DALI 具有以下特点：DALI 是一个 2 线制总线结构，数据以帧的形式传输，采用双相曼彻斯特编码，数据使用信号边沿传输，上升沿为"1"，下降沿为"0"；电子镇流器通过两条线连接到控制器，数据帧由 19 个位组成，数据帧每位占有 2 个通信时钟周期，一帧信息以 1 个起始位开始，2 个高电平停止位结束；MSB 在前，帧与帧之间总线处于空闲状态；DALI 数据传输分为两种帧格式，即主机向从机发送的命令数据帧和从机向主机应答数据帧；主机向从机发送的命令数据帧格式为 1 个起始位 + 8 位地址 + 8 位数据位 + 2 位停止位；从机向主机应答数据帧包括 11 位，即 1 个起始位 + 8 位数据位 + 2 位停止位；一个字节的数据宽度，可以实现 255 个亮度级调光，调光从 100% ~ 0.1%，考虑到灯的使用寿命，实际中最低的调光级别通常被设置为 3%；DALI 接口采用两线制差分半双工双向传输，数率为 1200bit/s。

从电气角度看，DALI 具有以下特点：

1）电流限制。根据 IEC 929，DALI 系统最大电流小于 250mA。每个电子镇流器的通信线电流消耗设定在 2mA。一个 DALI 装置中最多接有 125 个镇流器。

2）逻辑电平低（"0"）。定义为物理电平 0V（-4.5 ~ +4.5V），逻辑电平高（"1"）定义为物理电平 16V（9.5 ~ 22.5V）。

3）DALI 的基础是主从原则。用户通过控制器（主机）对系统进行操作，控制器向所有镇流器（从机）发送包含地址和命令的消息。地址决定着镇流器是否应该听从指示。每个镇流器都是数字寻址的，因此，DALI 对电磁噪声并不敏感（优于模拟 1 ~ 10V 调光器开关系统）。

3. DALI 主要功能 由于 DALI 协议是为要求专业的室内照明管理而设计的，因此，它定义了以下的功能：

（1）开关。可以开关系统中独立的 DALI 电子镇流器、镇流器组或所有镇流器。

（2）调光。在技术上可以简易地安装可调光的 DALI 电子镇流器，它可以在 125 个调节档中按对数将灯的电流从 100% 调节到 0.1%。实际上，最低的调光级别被设置在 3%，以保证不会降低灯的使用寿命。

（3）灯光场景。在一个 DALI 系统中可以设定和实现 16 个灯光场景。

（4）状态显示。DALI 协议也可以用于显示和或取得电子镇流器或灯的状态。

（5）活动控制。DALI 可以通过活动传感器，控制照明开关。

（6）遥控手动调光。通过开关或 IR，可以实现遥控和手动调光控制。

DALI 利用上述基本功能定义，可以很方便地实现以下典型功能：

（1）集中控制。主控制器发送命令集中控制各照明设备。

（2）单独控制。实现对每盏照明设备的启动、关断、调光、状态监控。

（3）分组控制。系统中的照明设备可以属于不同的设备组，每组设备可实现启动、关断、调光控制。

（4）场景控制。通过主控制器命令设定场景，实现场景切换，满足不同的照明控制要求，对每组场景的参数可根据需要修改、保存。

4. DALI 典型应用 DALI 主要设计用来为封闭室内空间提供方便照明控制，其最主要的特征在于控制的简洁性。DALI 还能够通过网关接入到诸如 EIB 或 LON 等楼宇管理系统中。应用领域主要包括办公室（Offices）、放映间（Projection rooms）、教室（Classrooms）、陈列室（Showrooms）、会议室（Conference rooms）和控制室（Control rooms）等。

5. DALI 的局限性 DALI 主要为室内照明而设计的，因此，从本质上存在以下几方面的局限性：

（1）规模小。它最大可以接 64 个电子镇流器。这一数量对于大型体育场馆、展览馆等场所应用表现出一定的局限性。

（2）仅为数字电子镇流器而设计。它必须使用具有 DALI 数字接口的电子镇流器，无法使用目前广为使用的电感镇流器。

（3）一般仅用于小功率荧光灯照明调光控制。具有 DALI 接口的大功率高压气体放电灯（HID），目前市场还很少见。

（4）仅用于室内照明调光。

3.3.3 EIB

1. EIB 概况 EIB（European Installation Bus）即欧洲安装总线，在亚洲称为电气安装总线（Electrical Installation Bus），也有人称之为 i-bus。1990 年 5 月 8 日，由 110 多个欧洲电气制造商联合成立了欧洲安装总线协会（European Installation Bus Association，EIBA），并制定了欧洲安装总线规范（European Installation Bus）。迄今为止，已有 100 多家制造厂商成为了 EIBA 的会员，按照开放的 EIB 标准生产能够相互兼容和交互操作的各种元器件，各类产品品种多达 4000 多种，几乎能够满足建筑中各个行业和各种用途的需要。

经过 10 多年的发展，EIB 不仅成为事实上的欧洲标准，也被成功地引入世界各地，2000 年在 IEC 国际现场总线标准大会上被作为提名国际标准之一。该总线已被美国消费电子制造商协会（CEMA）吸收作为家庭网络 EIA-776 标准。1999 年，EIB 技术开始被引入中国，在短短的 3 年多时间内，以其优越的性能和质量获得了很大的成功。

EIB 是一种专门用于智能建筑领域的现场总线标准，可以满足现代化建筑对于越来越复杂配套设施以及多功能的要求，是电气布线领域使用范围最广的行业规范和产品标准。网络化照明控制只是这一标准的重要内容的一部分。该系统的所有功能都通过一条总线来控制，可以完成包括照明控制、电动窗控制、供暖系统和空调系统控制、负荷管理、指示、信号、操作控制及安保监控在内的一系列功能。该系统可以与建筑设施管理系统的其他系统相连接，广泛适用于展览馆、银行、商业大厦、体育馆、博物馆、飞机场等不同的建筑。

2. EIB 系统的优点

（1）降低运行成本。系统内所有元件可以通过总线相互通信达到最佳的控制，从而降低运行成本，使得照明、温度调节系统一直都能满足要求。

（2）节省设计和安装的时间。只需铺设少许电缆和电线，设计和安装所花的精力大大减少，安装时间也大为减少。

（3）适用性灵活。建筑的电气安装如果需要在使用期间改动，根本不必要去改动布线，而仅需重新安排或补充安装元件、传感器和驱动器，便可去适应新功能的要求。

（4）容易操作。EIB 系统以其易安装、易使用、易维护的特点，满足了不同电气技师的要求。

（5）未来的扩展性。这个系统的主要优点是它把所有部件都连接在主线上。如果需要扩张，只要简单地连接额外的主线元件就可以了，免除了所有复杂的额外接线。此外，系统的向上兼容性使得其与建筑设施的先进管理自动化系统兼容。

（6）产品兼容性。凡是遵循 EIB 标准的产品，不管生产商是谁，均可以用于同一系统。

3. EIB 原理　EIB 网络是一个完全对等的分布式网络，其网络拓扑采用三级分层结构，支线（Line）是 EIB 的最小安装单元，每条支线上最多可连接 64 个总线元件；通过线路耦合器（Line Coupler）可以将多达 15 个线路连接组成一个更大的拓扑单元称之为域（Area）；通过主干耦合器

（Backbone Line Coupler）又可将 15 个域相互连接和组合起来，形成一个最大的系统。这样，EIB 总线系统最多可连接多达 14400 个总线元件。若支线上接入线路中继器（Line Repeater），则每条支线可以再多连接 192 个总线元件，即此时每一条线上最多可以连接 255 个设备。根据 EIB 标准，一条总线的最大长度为 1000 米。因此，可以用 EIB 来实现一些大距离跨度的控制，如桥梁、小区等的电气照明控制。图 21.3-12 给出了 EIB 拓扑结构示意图，不难看出，EIB 网络拓扑是总线型、树型和星型拓扑的结合。同时也可以看出，EIB 总线系统有非常灵活的组态，可以适用于不同大小的电气安装系统，小到普通的一个房间，大至一栋大楼或一个小区，都可以在布局上分层次设计安装。

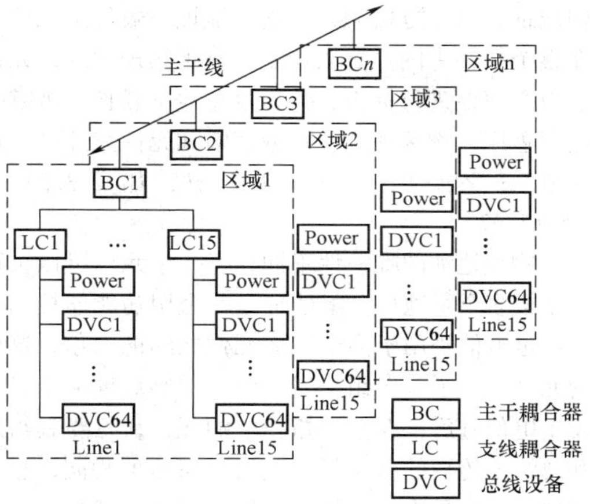

图 21.3-12　EIB 拓扑结构示意图

4. EIB 主要功能

（1）总线传输介质。EIB 总线目前可支持双绞线（Twist Pair）、电力线（Power Line）、无线电（Radio）和红外线（Infrared）四种传输介质。其中双绞线是应用最广泛的介质，它采用 2×2×0.8 的 4 芯屏蔽双绞线，其中两芯为总线使用，另外两芯备用，EIB 总线具有良好的抗干扰性。电力线系统多用于对旧建筑的改建，利用建筑中敷设的电力线作为载体传送信号。无线和红外系统则用于一些难以敷设线路的场合。目前在中国市场上提供的主要以双绞线系统为主。

EIB 系统是一种标准的总线控制系统，属于新一代 FCS 即现场控制总线的范畴，采用的总线标准为 EIB，即欧洲安装总线标准，控制方式为对等控制，所有元件均采用 24V DC 工作电源，24V DC 供电与电信号复用总线。

（2）控制方式。EIB 网络不同于传统的主从控制方式，它采用对等控制方式。介质访问控制方式采用了总线竞争方式，即 EIB 采用了具有冲突检测的载波

监听多路访问（CSMA/CD）。EIB 有自己的优先权定义以保证信号按照一定的次序传送。

（3）通信协议。EIB 协议是面向控制的网络通信协议，参考 ISO/OSI 七层模型，EIB 协议提供了四种端到端的通信方式，即广播、点对多点传送、面向无连接点对点及面向连接点对点通信。它实现通信的目的是实现传感器与执行器之间的互动，开始于已定义数据结构的交换，终止于功能性的应用。

（4）地址形式。为了保证系统中各个元件之间准确无误地进行信息交换，EIB 引入了"地址"的概念。在 EIB 协议标准中，定义了两种类型的地址：物理地址（Physical Address）和组地址（Group Address）。物理地址是用来标识每一个元件的身份的，在系统中每一个元件都有一个属于自己的唯一的物理地址，为了方便调试，这个地址一般都按照该元件在整个拓扑中的位置来设定。有了物理地址，元件可以很方便地进行标识，并通过总线下载自己被赋予的应用程序。物理地址包括域、线和元件三部分。在三个部分之间用一个点来分开，如 0.3.53 或者 15.15.62。

和物理地址的唯一性不同，每一个元件可以被赋予一个或多个组地址。组地址是一个用功能连接的地址，通过电信号用于多个接受元件之间的通信，这些接受元件构成了一个组。当一个元件要实现某个目的而发出电信号后，在整个拓扑上的元件，只要其组地址和总线上传输的电信号中包含的组地址相同，它就能响应这个信号中包含的动作指令。这一概念与 CAN 总线中的"接受字"和"接收屏蔽控制字"功能相同。利用组地址的概念，可以轻易实现传统电气安装技术中很难实现的"一控多"和"多控一"的任务。

（5）元器件的分类与安装。EIB 的元件从功能上可以分为传感器、执行器和系统附件三大类。EIB 的元器件均为模块化元件。驱动器采用标准 DIN 导轨的安装方式；探测器采用标准 86 盒齐平安装方式。其中，EIB 多功能开关取代传统面板按钮开关，外形和安装都和传统的 86 型开关类型相同，在一个面板上可以实现照明、空调、窗帘等多种功能，真正实现了多系统的集成。

EIB 每个元件内均有内置的微处理器与存储器，故这些元器件可分别独立工作。任何一个元件的损坏都不会影响系统其他部分的独立工作。

（6）供电。所有元件均采用 24V DC 工作电源，24V DC 供电与电信号复用总线。通过单一多芯电缆替代了传统分离的控制电缆和电力电缆。

5. EIB 系统应用领域　从应用建筑对象目标来看，它主要适用于：住房建筑尤其是独立型住宅，如

别墅等；公用建筑中的部分单体建筑，如报告厅、会议室、大堂等；大空间的单体建筑，如影剧院、体育场馆等；大范围公共区域的电气控制，如住宅小区、广场等；桥梁、道路等远距离照明控制。

从应用领域来看，它主要适用于：照明控制自动化，即通过 ABB 的总线系统实现照明的异地控制，多点多组控制及总控等；家电控制智能化，即利用电话，通过电话线远程遥控，打开关闭空调或厨房内的小家电等；防盗报警智能化，即电话还可以接受防盗报警系统的信号，通过电话线按照事先设置好的号码拨打报警电话等。

总之，EIB 系统已被成功地运用于各种场合，如工厂、会展中心、酒店、办公楼、大型超市、机场、医院、别墅等。

3.3.4　C-bus 系统

1. C-Bus 概况　智能大厦通常采用楼宇自控（BA）系统来监控照明，但只能实现简单的区域照明和定时开关功能，无法实现调光、场景控制等功能，缺少灵活性。C-Bus 正是为满足这些更高的照明需求而开发出来的新一代智能照明控制系统。

C-Bus 系统由澳大利亚奇胜电器公司在 1994 年初开发，是一个专门针对照明需要而开发的一个智能化系统。C-Bus 是一个二线制的照明管理系统，可以独立运行。所有的单元器件（除电源外）均内置微处理器和存储单元，由一对信号线（UTP5）连接成网络。C-Bus 系统可方便地与其他系统连接（如楼宇自控系统、保安系统、消防系统等）。C-Bus 可与美国江森自控、霍尼威尔、德国西门子等公司进行软件接口。国内的卓越科技也已开发出 C-Bus 的路灯监控系统。

2. 系统组成　C-Bus 系统是由系统单元、输出单元和输入单元三部分组成。系统单元一般包括网络桥、系统电源和 PC 接口。输出单元包括单/双/四/十二路等继电器、四/八路调光器和四路模拟输出单元。输入单元包括单/双/四键开关、四场景开关、场景控制器、带红外遥控的四键开关和红外线感应器等。

C-Bus 系统适合多种环境对照明的要求，如写字楼、医院、多功能厅等。通过 C-Bus 还可以控制空调、电扇、电动门窗、加热器等其他设备。

C-Bus 系统有一套独立的控制协议，相对 BA 系统来说比较简单，完全能满足对照明控制的需求，价格也更有竞争力。它遵从以太网的 CSMA/CD 标准协议，可设计成总线型、树型、星型等拓扑结构，组网方便。系统可以由单个子网络组成，每个子网络要满足以下条件：

（1）网络内最多有 100 个单元。

（2）控制回路地址数最多为 255 个。

（3）网络内传输距离最远为 1000m。

目前，已经开发出了多种接口单元（RS232、以太网等）和功能强大的接口程序，任何系统或软件均可方便地与 C–Bus 系统集成。该系统不仅能在本地维护管理，还可通过局域网甚至因特网进行远程维护。因此，采用 C–Bus 系统会使设计更简单，安装更快捷，使用更灵活，管理更方便。

3. 系统特点

（1）照明线路设计简单，系统安装方便，操作维护容易，其软件的可编程性和硬件的灵活结构，大大节省建筑开发商的投资成本和维修运行费用，缩短安装工期，提高投资回报率。

（2）任意实现单点、双点、多点、区域、群组逻辑控制，定时开关、亮度手/自动调节、红外线监测、遥控、场景组合等多种照明控制功能，不但可以展现丰富的灯光效果，而且还能节约能源。

（3）根据用户需求和外界环境的变化，仅仅是修改软件设置，或少量改造线路，就可以调整照明布局和扩充功能，适合于商业、工业、居家的不同使用要求。

（4）系统中每个输入输出单元里都存储有系统状态和控制指令，停电后不丢失数据。在恢复供电时，系统会根据预设记忆参数，自动恢复停电前的工作状态，实现无人值守。

（5）控制回路与负载回路分离，输入输出单元仅用一根 UTP5 五类线作为总线相连，并且在网络中可以随时添加新的控制单元。总线上开关的工作电压为安全电压 DC 36V，确保人身安全。

（6）C–Bus 系统具有分布式智能控制的特点和开放性，可以和其他建筑管理系统（BMS）、楼宇自控系统（BA）、保安及消防系统结合起来，提高物业智能化管理水平，符合现代化生活的发展趋势。

3.3.5　电力线通信系统

1. 电力线载波通信简介　低压配电网（Low-Voltage Network，LVN）是一个用户最多、分布最广、用户最必不可少的动力能源传输网络。随着各种新技术的发展，阻碍电力线通信（Power Line Communication，PLC）技术应用的一些关键技术困难已经逐渐被克服，LVN 已经成为一个日益被看好的未来高速数字通信网络。

PLC 技术，包括宽带电力线（Broadband over Power Line，BPL）通信技术和窄带电力线载波（Narrow over Power Line，NPL）通信技术，以覆盖面广、使用方便、节约投资、工程实施简单、支持多种新业务应用以及可以实现数据、语音（VoIP）、视频、电力"四网合一"等强大优势，得到了诸如美国、加拿大、以色列以及欧洲等世界各国的高度重视和发展，使 PLC 技术开始全面走向实用化，并成为各种数字用户线（Digital Subscriber Line，DSL）技术，电缆调制（Cable Modem）技术和无线接入（Wireless Access）技术的重要竞争对象。

利用 PLC 技术组网，实现照明网络化和自动化，仅是 PLC 在照明领域中的一个重要应用，也是未来照明通信的重要方式。

2. PLC 原理与照明系统组成　PLC 是指利用电力线传输数据和话音信号的一种通信方式。该技术是把载有信息的、频率在 9kHz～30MHz 的射频信号，以电流形式加载于电线或电缆上进行传输，接收信息的调制解调器再把高频信号从电流中分离出来，并传送到计算机或电话或其他设备，以实现信息传递。美国联邦通信委员会（Federal Communications Commission，FCC）称之为"载波电流系统"（Carrier Current Systems，CCS）。

PLC 有宽带电力线通信（BPL）和窄带电力线通信（NPL）之分。BPL 技术就是指带宽限定在 2～30MHz 之间、通信速率通常在 1Mbit/s 以上的电力线载波通信技术。目前多采用以 OFDM 为核心的通信技术。通常所说的电力线载波通信多指窄带电力线载波（NPL）通信技术，即指带宽限定在 3～500kHz、通信速率小于 1Mbit/s 的电力线载波通信技术，多采用普通的 PSK 技术、DSSS 技术和线性调频 Chirp 等技术，主要用于控制与数据采集网络的通信。

就低压配电网来说，电力线载波通信信道一般有以下特点：

（1）通信信道的时变性。对载波信号来说，低压电力线是非均匀分布的传输线，各种不同性质的电力负载在低压配电网的任意位置随机地投入和断开，使信道表现出很强的时变性。

（2）通信信道的频率选择性。由于低压配电网中存在负荷情况非常复杂、负载变化幅度大、噪声种类多且强等特点，各节点阻抗不匹配，信号很容易产生反射、驻波、谐振等现象，使信号的衰减变得极其复杂，从而造成电力载波通信信道具有很强的频率选择性。

（3）噪声干扰强而信号衰减大。一般来说，影响电力通信噪声主要有以下三种，即背景噪声、周期性噪声和突发性噪声。背景噪声一般分布在整个通信频带；周期性噪声包括周期性的连续干扰和周期性的脉冲干扰；突发性噪声一般是由用电设备的随机投入或断开而产生。研究表明，脉冲干扰对低压电力线载波通信的质量影响最大，信号衰减可达 40dB。

由于 BPL 目前可以提供 14MHz（甚至 200MHz）的带宽，不仅可以为一般的家庭、企业提供有效的 Internet 宽带接入和各种宽带数据服务，而且为偏远农村和欠发达地区提供了经济、快捷的 Internet 宽带服务；同时也为整个宽带市场的竞争、发展提供了更广阔的空间。相比之下，NPL 速率低，频带占用少，对电网及周边环境影响小，成本低，易于实现，可以很好地满足低数据量的通信需求，同时也弥补了的相对 BPL 存在的不足。

PLC 组网方法很多，归纳起来有以下几种：

（1）基于宽带电力线通信的组网模式，如图 21.3－13 所示。在这种模式中，每一个照明节点均采用宽带电力线调制/解调器。在照明专用系统中，该节点可以直接控制单盏或多盏照明灯具。在此条件下，由于没有诸如视频类的大数据量通信，电力线实际带宽没有起到应有的作用。此外，由于带宽比较宽（目前带宽多为 14Mbit/s 或 85Mbit/s，而 200Mbit/s 的宽带"电力猫"也将很快上市。），因此，每个节点可以接入诸如 PC 的宽带设备，并由这些宽带设备完成路由器和中继器等功能。

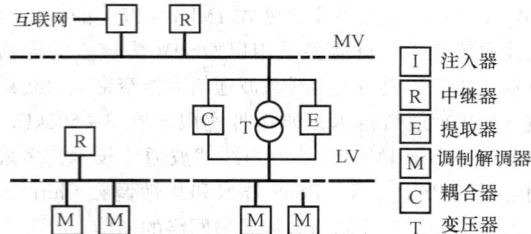

图 21.3－13　端到端宽带电力线
接入组网模式（MV）

（2）基于窄带电力线通信的组网模式，如图 21.3－14 所示。它采用窄带电力线调制/解调技术，其他情况与前者基本相同，主要服务对象是少数据量的通信，比较适合目前照明系统的监控要求。组网时需要在低压配电网的适合位置安装专用/兼用的中继器/路由器，完成载波信号的重生和放大。中继器/路由器的配置可以采用基于通信协议的静态远程网络配置，也可以采用基于优化算法的动态远程网络配置。在此模式下，通常存在一个中心控制器 C，通信组网由控制器负责通信链路的监理和维护。

（3）基于混合电力线通信的组网模式，如图 21.3－15 所示。该模式结合了宽带电力线通信和窄带电力线通信的优点，多角度地满足照明系统多层次需求。

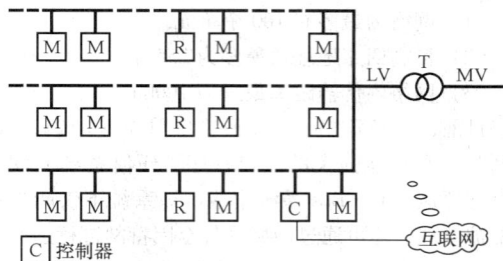

图 21.3－14　窄带电力线组网模式

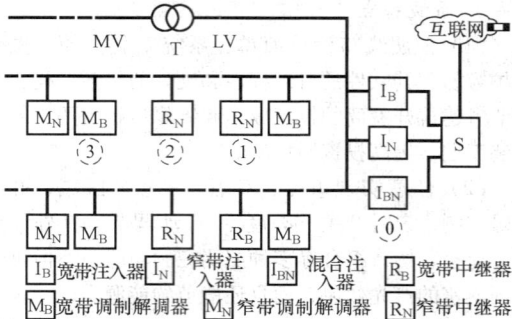

图 21.3－15　混合电力线组网模式

然而，作为一种具有光明前景的通信方式，无论是 BPL，还是 NPL，PLC 仍然难以克服时变性、频率选择性等固有特点的影响，在具体应用中仍然存在由于信道质量动态变化而导致的逻辑拓扑变化、通信距离有限和通信可靠性差等问题。正是由于 PLC 的固有特性，使其在组网和网络管理上与普通计算机网络有着自己的特点。实现 PLC 快捷组网、延长通信距离和提高通信可靠性以及安全性将是大规模应用 PLC 技术的关键技术。

（4）基于 PLC 的照明控制系统。利用低压配电网和电力载波通信技术可以直接实现照明控制。图 21.3－16 是基于远程网络路由配置系统的电力线通信照明控制系统结构模型。对于普通的电感镇流器，需要增加"灯控制器"来实现对灯的"开光/调光/故障检测"等控制；对于具有数字接口的电子镇流器，可以直接实现对灯的"开光/恒功率控制/调光/故障检测"等控制。PLC 通信模块完成载波信号的收/发和物理层和数据链路层组网。载波信号形式可以采用基本 FSK、PSK 等窄带调制/解调技术和 Chirp 技术，也可以采用正交频分复用（OFDM）技术、直接序列扩频（DSSS）技术和跳频（FH）技术等宽带扩频通信技术。在一个台区变压器内，有一个照明控制器作为照明系统的管理者，它可以通过同样的电力线载波技术与其他触点通信，控制、维护整个照明系统运行。

3. PLC 照明控制系统的优缺点　总的来说，基

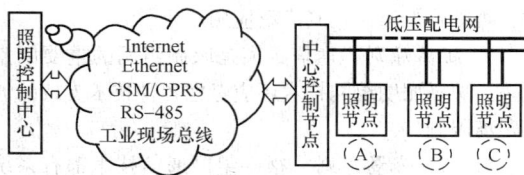

图 21.3 - 16　基于远程网络路由配置系统模型

于 PLC 的照明监控系统具有的优点为：无需布线，投资少，安装简单，使用方便；布线系统无需维护。

基于 PLC 的照明监控系统的缺点主要表现在：低压配电网负载复杂、多变，物理拓扑和逻辑拓扑可能会随时发生变化，通信链路可靠性相对差；低压配电网物理拓扑结构复杂，网络路由算法与策略复杂；电力线通信一般还局限于一个台区内的通信。

3.3.6　其他方式

1. RS - 485 系统　在计算机之间的通信应用中，由于要求传输距离远，抗干扰性能高，系统通信造价不宜过高，因此，串行通信总线技术得到了广泛应用。目前主要的串行通信接口有三大类：RS - 232C（RS232A、RS232B）；RS - 449、RS - 422A、RS - 423 和 RS - 485；20mA 电流环。其中，RS - 485 是一种广泛应用的工业环境下远程数据通信总线技术。RS - 485 总线可以实现半双工和全双工通信。采用一对线缆、差分电平方式传输数据。

RS485 总线是一种多发送器和多接收器的电路标准，它扩展了 RS422A 的性能，适用于收发双方公用一对线缆进行通信，也适用于多个点之间公用一对线路进行总线方式联网。一对 RS485 总线接口线路一般能支持 32 个发送/接收器。对于某些型号收发器，可以支持多达 128 个节点。RS485 标准没有规定在何时控制发送器发送或在何时控制接收器接收数据。RS485 总线通信典型连接如图 21.3 - 17 所示。

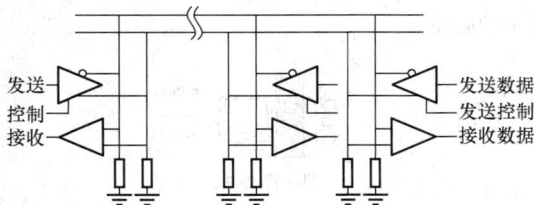

图 21.3 - 17　RS485 总线连接示意图

利用 RS - 485 技术构建的网络照明控制系统具有系统结构简单、通信可靠性高、组网节点成本低、技术成熟、通信息距离远和原则上组网规模没有限制等一系列优点，适合于新建的网络化照明控制系统。缺点主要在于需要专门铺设通信线缆，不宜用于已有照

明系统的网络化改造，也不宜用于含有大数据量通信要求的照明控制系统。

2. Ethernet 系统　以太网是由美国 Xerox 公司和 Standord 大学联合开发并于 1975 年提出的，后来由 DEC、Intel 和 Xerox 三家公司合作，于 1980 年 9 月第一次正式公布了 Ethernet 的物理层和数据链路层的详细技术规范，成为第一个局域网的工业标准。

以太网（Ethernet）是局域网中使用最多的一种网络模型。它结构简单，一条无源总线将局域网的所有站点连接起来，站点之间通过总线通信。

以太网采用总线型或星型拓扑结构，传输介质为 50Ω 同轴电缆或双绞线，或者为光纤，传输速率为 10Mbit/s，介质访问控制方式为 CSMA/CD。以太网的主要特点是接入方便，可靠性较高，但是消息发送通过竞争实现，在局域网站点较多的情况下，有可能经常发生冲突，消息发送延迟过高。以太网一般可以分为标准以太网（10Mbit/s）、快速以太网（100Mbit/s）和千兆位以太网（1000Mbit/s）。

目前，随着嵌入式系统的发展，嵌入式以太网被广泛应用到工业控制领域。作为照明通信总线，嵌入式以太网也是一种可以考虑的重要方式，但是，目前的成本、技术复杂度等因素限制了其在照明控制领域的应用。

3. 无线通信系统　当今无线通信领域非常活跃，各具特色的新技术不断涌现。在无线广域网（WWAN）领域，CDMA/GSM 技术、本地多点分配业务（Local Multipoint Distribute Service，LMDS）技术等成为高带宽、远距离传输的重要技术；在无线局域网（WLAN）领域以及无线个人网（WPAN）领域，出现了很多新技术。其中，蓝牙技术一直是较为经典的技术，但由于其价格高、传输距离短等因素不适合于照明系统应用。但还有一些其他短距离无线通信技术，例如经典的射频 RF 和新兴的 Z - Wave 等，都可以在照明系统中应用。这里仅以另一种新型无线技术为例，简要说明无线系统在照明领域的应用。

电气与电子工程师协会 IEEE 于 2000 年 12 月成立了 IEEE 802.15.4 工作组，这个工作组负责制定 ZigBee 的物理层和 MAC 层协议，2002 年 8 月成立了开放性组织——ZigBee 联盟。摩托罗拉、Honeywell、Invensys、三菱电器、飞利浦是这个联盟的主要支持者。物理层采用直接序列扩频 DSSS（Direct Sequence Spread Spectrum）技术，定义了 3 种流量等级：当频率采用 2.4 GHz 时，使用 16 信道，能够提供 250 kbit/s 的传输速率；当采用 915MHz 时，使用 10 信道，能够提供 40kbit/s 的传输速率；当采用 868MHz 时，使用单信道，能够提供 20kbit/s 的传输速率。ZigBee 网络的拓扑主要有星状、网状和混合状拓扑。

ZigBee 技术的优点主要表现在省电、可靠、廉价、时延短、网络容量大和安全。1 个 ZigBee 网络最多可以容纳 254 个从设备和 1 个主设备。ZigBee 技术提供了数据完整性检查和鉴权功能，加密算法采用 AES - 128。ZigBee 采用了简单灵活的协议，数据发送时采用载波侦听多址/冲突（CSMA/CD）的信道接入方式和完全握手协议。其帧有数据帧、标志帧、命令帧和确认帧 4 种类型。

ZigBee 技术传输距离大致在 10 ~ 300m。其中，2.4GHz 时的传输距离只有 10m 左右，915MHz 的传输距离为 30 ~ 75m，868MHz 的传输距离为 300m。

由于 ZigBee 技术特征主要在于它是基于传感器的无线网络数据通信，因此，应用领域包括工业领域、医学领域、现代化农业领域和家庭自动化领域等。其中，消费类电子设备和家庭智能化将是 ZigBee 技术最有潜力的市场，家庭可以联网的设备包括电视、录像机、PC 外设、儿童玩具、游戏机、门禁系统、窗户和窗帘、照明设备、空调系统和其他家用电器等。照明领域将是该技术的一个重要应用分支。

当然，作为照明组网用的通信技术还很多，更详细的内容可参考有关通信书籍或手册。

3.4　智能电气照明网络的选择原则

照明系统网络化与智能化是照明发展的必然趋势。在选择和建设照明通信系统时，应注意参考以下原则：

1. 可靠性原则　照明涉及人身安全，尤其是隧道照明、高速公路照明灯领域，因此，照明网络系统的可靠性至关重要。这类系统应该具有很低的通信误码率和很强的抗干扰能力，同时还要避免产生误动作。

2. 价格原则　照明网络系统及部件价格不宜过高，尤其是室内照明组网更应该具有一个比较低的价

位，否则将严重制约其广泛应用。

3. 距离原则　通信距离是限制组网的重要因素之一。选择照明组网技术还应考虑各种技术支持的通信距离限制。

4. 系统容量原则　很多组网通信技术都有系统最大容量限制，因此，在选择网络之初，就应该考虑该技术所支持的系统容量是否能够满足照明组网的要求。

5. 维护方便性原则　系统维护直接导致系统运行成本的发生，因此，照明通信系统部件要考虑首次安装与设备成本，还要考虑正常运行是需要成本和发生故障时需要的成本。选择知名企业生产的、符合某种通用技术规范的产品是降低维护成本的重要途径。

此外，安装方便性原则、技术服务性原则和用户类型背景原则都是在选择照明通信网络是应该考虑的因素。这里不再详述。

3.5　常用的智能电气照明网络设计实例

路灯照明是照明领域中的一个重要组成部分。这里仅举一例，说明照明网络系统的设计过程。

3.5.1　工程背景

图 21.3 - 18 所示为某城市一段典型城市街道。该道路全长 1107m，双向车道，由分隔带隔离，单向道宽 14m（含车行道和人行道）。

考虑到节约电力资源，适应低质量供电网络（电压波动范围大）的实际要求，现提供几种利用现代高科技手段，实现的现代路灯照明管理系统设计方案，为用户提供节能、可靠、精确、方便的照明控制系统。

3.5.2　照明系统功能要求

这是一个典型的现代照明网络化控制系统，具体要求功能如下：

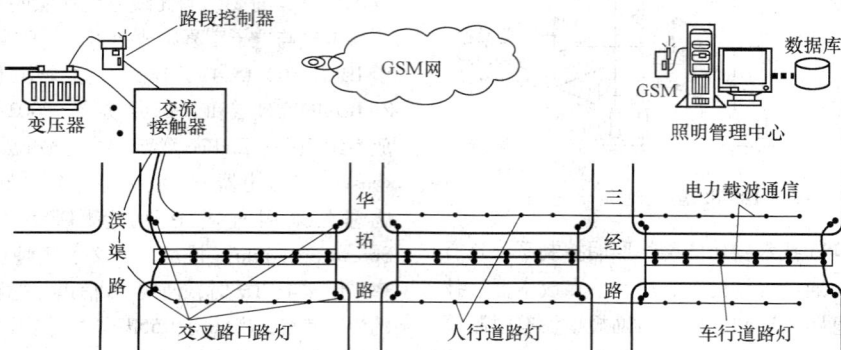

图 21.3 - 18　基于数字镇流器和 PLC 的路灯照明系统

1. 自动运行功能　包括路灯管理中心计算机直接控制运行；各路段控制器独立控制运行；统一开/关/调光控制功能；任意节点开/关/调光功能；任意节点运行信息远程查询功能；线路掉电保护功能；电子日历与远程校准功能；整体电网运行信息远程查询功能；故障报警与故障状态下的远程控制功能；镇流器运行状态自动报警功能；电力线载波全透明组网通信功能；路灯节点网络逻辑拓扑自动建立与修复；路灯节点信息自动导入；预存每日路灯节点控制时间策略表；预存季节路灯节点控制时间策略表；预存一般节假日路灯节点控制时间策略表；预存特殊节假日路灯节点控制时间策略表；每日路灯节点控制时间策略表远程更新功能；季节节点控制时间策略表远程更新功能；一般节假日路灯节点控制时间策略表远程更新功能；特殊节假日路灯节点控制时间策略表远程更新功能。

2. 自动报警与控制功能　包括镇流器运行故障报警；电力载波通信故障报警；路段控制器电源故障报警；路段控制器通信故障报警；管理中心远程直接控制。

3. 统计分析与查询功能　包括供电质量统计分析；用电量统计分析；路段控制器故障统计分析；电子镇流器故障统计分析；灯具使用统计分析；工作人员情况统计分析；相关产品统计分析。

4. 系统维护与管理功能　包括用户添加、修改用户权限的设定；系统时间设定；数据库维护；数据备份与恢复；数据库的修复；历史数据维护；日志的查询与维护；系统操作日志管理。

总之，当不进行人工干预操作时，路段控制器可以根据预先设定的控制策略，自动控制路灯照明系统正常运行。当需要人工查询、控制路灯系统工作状态时，可以通过管理计算机方便进行；同时可以及时了解路灯损坏情况，给操作员和管理人员以及维修人员带来了极大的便利。

3.5.3　方案设计

1. 方案设计原则

（1）节约能源原则。本方案采用高效先进的高压钠灯 HID 电子镇流器。在一般情况下，该镇流器比普通电子镇流器节电 28% 以上；在电网负载变化，尤其是后半夜电网电压升高时，仍可以恒定功率输出，避免电感镇流器输出功率增大，进而也节约一部分能源。此外，可调输出功率的电子镇流器还可以结合路面照度要求，科学地调整控制策略，合理地分配路面照度需求，进一步实现节约电能。

（2）绿色照明原则。第一，减少废弃物。采用

高效先进的高压钠灯 HID 电子镇流器可以实现电压波动 20% 范围内恒功率输出，极大地保护了光源，延长光源使用寿命，减少对环境有影响的废弃物，无需启动器和外接补偿电容，同样也减少了对环境有影响的废弃物。第二，减少对电网污染。一方面，HID 电子镇流器功率因数高，接近于 1，谐波含量小，对电网无污染；另一方面，HID 电子镇流器具有极低的启动电流（启动电流仅为额定工作电流的 25% ~ 50%，而普通电感镇流器启动电流为额定工作电流的 2 倍），这可以降低对供电变压器容量要求和减少对电网的冲击。在同等规格变压器环境下，可以增容 40% ~ 60%。

（3）可靠性原则。选用可靠的 GSM 模块和计算机系统，实现大区域组网与控制；利用路段控制器和电力载波通信模块，实现本地组网和监控。路段控制器可以独立工作。在管理计算机（上位机）未开机，或 GSM 通信出现故障时，路段控制器可自动正常控制照明。当路段控制器出现故障时，上位机可以通过 GSM 的 I/O 控制，直接实现路灯开关控制。当上位机、GSM、路段控制器均出现问题时，可以手动控制实现开关控制和半夜灯控制。

（4）实用性原则。本设计从路灯的管理者和维护者角度出发，简化管理过程，提高管理水平，降低维护和运营成本，提高维护响应时间，进而提高整个城市照明服务质量。

2. 本设计方案特点　该系统具有以下几方面的特点：简便化，整个系统操作通过鼠标即可完成；数字化，从镇流器到传输网络均采用数字化技术；网络化，从镇流器到到路灯管理中心实现网络化监控与管理；实时化，从镇流器到到路灯管理中心实现实时化监控与管理；精确化，可以对任意一个镇流器实现精确化监控与管理。

该系统的优点主要表现在：电压波动 20% 范围内恒功率输出，极大保护光源，延长光源使用寿命，降低维修与维护费用；单个/部分/整体大范围无级调光，照度均匀，照明效果理想；功率因数高，接近于 1，调光范围大而平稳，大幅度节约电能，降低运行费用；采用电力载波通信技术，无需另外架设信号线管道；安装与维护简单，节省工程施工时间与费用；管理中心地理信息系统直观反映照明系统运行状态，方便管理和维护。

3. 系统方案　本方案系统结构如图 21.3 - 18 所示。具体系统方案配置说明如下：

（1）本方案采用了"上位机管理+路段控制器+电力载波模块+数字镇流器"形式。

（2）分隔带采用 400W 高压 HID 钠灯，2 只/杆，

1 杆/30m，共采用 72 个镇流器。图中每一个节点代表两个灯杆，即图中两点之间为 60m。

（3）每个路口处平均安装 16 盏 400W 灯，4 个路口共需镇流器 48 个。

（4）考虑到两侧人行道照度要求，采用 250W 高压 HID 钠灯，1 只/杆，1 杆/30m，与车行道灯杆错开 15m，共采用 60 个镇流器。

（5）系统需配管理计算机系统 1 套。包括：

1）台式计算机 1 台，要求 CPU 为奔腾 4 以上，内存不小于 256M，硬盘不小于 120G，显卡为 256 真彩色。

2）投影仪 1 台。

3）打印机为激光或喷墨打印机，1 台。

4）UPS 稳压源为 1000W/500W，1 台。

5）稳压电源 1 个，12V、1A 以上。

（6）路段控制器系统 1 套。

（7）电力载波模块共需 180（即 72 + 48 + 60 = 180）个。

（8）GSM 模块 1 个。

（9）带数字接口的电子镇流器：共需 180（即 72+48+60＝180）个。

3.6　智能电气照明网络的布线、保护与接地

智能电气照明网络布线需要根据组网方式确定。对于无线组网方式，总体上不存在布线问题，应用时需要考虑室外防雷电等问题。基于电力线通信的组网方式同样不存在布线问题。对于其他有线组网方式，其布线可以参考智能建筑（弱电）布线标准和要求。

对于照明网络化中的保护与接地，可以参考建筑电气对系统的一般要求。

3.7　智能电气照明网络发展趋势

随着技术发展和人们对生活质量要求的提高，对城市路灯照明系统也提出了新的要求。总的来说，发展趋势可以体现在以下几个方面：

1. **精确化控制**　根据线路负载消耗功率的变化来判断路灯是否有损坏的情况，判断既不可靠，也无法准确定位故障路灯具体位置。因此，无法满足现代城市路灯管理要求。路灯精确定位控制、精确工作状态查询、精确路灯故障报警，已经成为路灯照明管理必不可少的需求。

2. **多场景控制**　"亮化城市"的过程给城市也带来了新的问题，包括电力能源紧张问题和"光污染问题"。为了解决这一矛盾，城市路灯应该能够实现不同时段、不同地段有不同控制策略。这种策略可以根据城市发展需要随时灵活调整，即实现所谓的"场景控制"。

3. **网络化控制**　随着城市规模的日益扩大和农村城市化进程的加快，城市路灯数量增加迅速。大规模的城市路灯照明对网络化控制提出了明确要求，成为新一代城市路灯发展的又一重要趋势。

4. **节能与快速反应**　节能环保与绿色照明是当今和未来照明领域的重要发展趋势；提高城市路灯照明系统的实时监控，提高城市路灯维护响应速度是现代技术发展的必然结果。

第 4 章　电气照明的典型应用

在社会文明高度发达的今天，照明已经渗透到人类活动的所有领域。照明设计不仅是一门科学，也是一门艺术，设计结果与设计者的审美观点直接相关。照明设计就是要为使用者营造一个安全、高效、舒适、高质量和高品位的照明环境。

4.1　室内电气照明

室内电气照明设计时，首先要听取业主的要求，并与建筑师、装潢设计师、电气工程师进行商讨，充分研究照明场合的功能、受照空间的大小、室内家具和设备的布置、需要的照明风格和经费预算等因素；然后进行方案设计，选择光源和灯具；最后校验室内的平均照度、照度均匀度以及作业面上的照度是否符合照明标准的要求。

4.1.1　住宅建筑室内照明

住宅环境适宜的照度标准是满足居住功能的基本要求，照度标准值见表 21.4-1。住宅照明选用的光源一般是荧光灯和白炽灯。照明器的选择与其使用的位置和室内装饰情况有关，见表 21.4-2。单元住宅的负荷如果大于 30A，宜采用三相供电，否则可采用单相供电。

表 21.4-1　住宅建筑照明的照度标准值

类　别		参考平面及其高度	照度标准值/lx		
			低	中	高
起居室、卧室	一般活动区	0.75m 水平面	20	30	50
	书写、阅读		150	200	300
	床头阅读		75	100	150
	精细作业		200	300	500
餐厅或方厅、厨房			20	30	50
卫生间			10	15	20
楼梯间		地面	5	10	15

4.1.2　办公建筑室内照明

从照明技术的角度出发，办公建筑一般要求有较高的照度，照度标准值见表 21.4-3。办公建筑室内照明还要减少光源的直接和反射眩光，要协调室内装饰和光源的显色性，要注意室内亮度的合理分配，从而创造一个舒适的视觉环境。另外，还要考虑空调器和照明器的组合，消防队照明电源控制和疏散诱导照明的要求，顶棚声学和照明器的协调等问题。

表 21.4-2　住宅建筑室内的照明器和适用环境

照明器类型＼环境	客厅	卧室	书房、学习室	儿童室	走廊	厨房	浴室、卫生间
下射光照明器	○①				○①	○②	
吸顶式照明器	○	○	○		○	○	○③
壁装式照明器	○	○					
悬式照明器	○	○	○			○	
台灯		○④	○	○			
防水式照明器							○

注：○表示可选用。
① 客厅、走廊有吊顶时常采用。
② 抽油烟罩配套下射光照明器。
③ 浴室、卫生间内没有热水系统时可以采用。
④ 一般用作床头灯。

表 21.4-3　办公建筑照明的照度标准值

类　别	参考平面及其高度	照度标准值/lx		
		低	中	高
办公室、报告厅、会议室、接待室、陈列室、营业厅	0.75m 水平面	100	150	200
有视觉显示屏的作业	工作台水平面	150	200	300
设计室、绘图室、打字室	实际工作面	200	300	500
装订、复印、晒图、档案室	0.75m 水平面	75	100	150
值班室		50	75	100
门厅	地面	30	50	75

采用顶棚照明的办公室，一般采用顶棚暗装时照明器（发光天棚），可以防止眩光。不采用顶棚照明的办公室，可利用桌子或橱柜等处向上或向下的照明器。必要时可以采用带格栅或乳白罩的吸顶式照明器作为空间的辅助照明或其他装饰照明，使视觉环境更富于变化。

办公照明用电占整个大楼能耗约 1/3，办公照明的设备费用约占电气工程总费用的 10% 以上，因此，必须注意节约能源和使用照明经济。

4.1.3　工业照明

良好的工厂可以提高生产效率，降低生产成本，提高产品质量，保护工人视力，确保生产安全。良好的工业照明环境要确定合理的照度，选择合适的灯具，要处理好一般照明与局部照明的配合关系，限制眩光，保证必要的显色指数，还要充分满足生产工艺的要求。工业照明根据产品的种类可以分为机械工厂照明、轻纺工厂照明、食品工厂照明、化工厂照明、冶金工厂照明和矿山照明灯。

GB 50034—1992《工业企业照明设计标准》规定生产场所工作面上的照度标准值见表 21.4-4。

表 21.4-4　生产场所工作面上的照度标准值

视觉作业特性	识别对象的最小直径 /mm	视觉作业分类		亮度对比	照度范围/lx	
		等	级		一般照明	混合照明
特别精细作业	$d \leqslant 0.15$	I	甲	小	—	1500~2000~3000
			乙	大		1000~1500~2000
很精细作业	$0.15 < d \leqslant 0.3$	II	甲	小	200~300~500	750~1000~1500
			乙	大	150~200~300	500~750~1000
精细作业	$0.3 < d \leqslant 0.6$	III	甲	小	150~200~300	500~750~1000
			乙	大	100~150~200	300~500~750
一般精细作业	$0.6 < d \leqslant 1.0$	IV	甲	小	100~150~200	300~500~750
			乙	大	75~100~150	200~300~500
一般作业	$1.0 < d \leqslant 2.0$	V	—	—	50~75~100	150~200~300
较粗糙作业	$2.0 < d \leqslant 5.0$	VI	—	—	30~50~75	—
粗糙作业	$d > 5.0$	VII	—	—	20~30~50	—
一般观察生产过程	—	VIII	—	—	10~15~20	—
大件储存	—	IX	—	—	5~10~15	—
有自行发光材料的车间	—	X	—	—	30~50~75	—

工业照明设计的一般步骤为：收集工厂的有关照明资料；确定需要的照度；根据要求选择光源；拟订照明器的布置方案；计算校验照度，如果有必要，调整照明器的数量和布置；进行照明经济性分析；设计供电配线系统。

为确保工业照明的可靠性和安全性，照明电源要有可靠的供电条件，照明供电回路不能与其他易产生过负荷和短路的动力设备并用。光源和照明器应选用高质量产品，比如选用高质量的电子镇流器，提高光源的寿命，减少维护，消除频闪效应。合理选择照明器的悬挂位置和高度，以便于维修。对动力机房及重要车间，一定要设置事故照明和安全疏散照明。在有爆炸与火灾的场所，应按照相关规程选用灯具和开关，并进行相应的线路敷设。

4.1.4　商业照明

恰当的商业照明除帮助商场显示其独特的性质和品位外，还可以吸引顾客，引起顾客的兴趣，起到导向的作用。商业照明要与总的营销策略相一致，随季节的变换、营销趋势和营销策略的变化，应能容易地对照明进行相应的调整。

在进行商业照明设计时，必须根据商场的特征确定照明方式，选择灯具和光源。一般商店建筑的照度标准值见表 21.4-5。对大多数商场，光源的显色指数要高，光源的色温以日光色和暖白色为主。

表 21.4-5　商店建筑照明的照度标准值

场所或作业类别		照度标准值/lx			注
		丙级	乙级	甲级	
一般商店营业厅	顾客流通区	75	100	150	—
	柜台	100	150	200	0.9m 高柜台面
	货架	100	150	200	1.5m 高货架垂直面
	陈列柜、橱窗	200	300	500	货物所处平面
室内菜市场营业厅		50	75	100	—
自选商场营业厅		150	200	300	—
试衣间		150	200	300	试衣人处
收款处		150	200	300	收款台面
库房		30	50	75	

4.2　室外电气照明

室外环境照明指人们进行室外活动和社会交往的城市公共空间环境的照明。随着人类技术经济、社会文化的发展及价值观念的变化，公共空间环境的照明对环境整体美、群体精神价值美和文化艺术内涵美的作用越来越重要。室外环境照明分为功能性和装饰性两大类。良好的室外环境照明可以保障人身和财产安全，减少道路交通事故，提高商业利润，提高城市夜视环境质量。

4.2.1　室外投光（泛光）照明

设计室外投光（泛光）照明时，要了解被照对象的特征、功能、风格、社会历史背景地位、装饰材料及环境，要明确用户要求；景物的照度和亮度水平、照明光源、灯具和电气控制设备与系统应严格遵守相关标准和规范；要做到被照对象的亮度和颜色与周围环境既有差别，又和谐统一；要根据被照对象表面材料的质地和发射特性合理使用颜色光；要力争做到见光不见灯；要节约电能；要采用技术成熟、安全可靠的照明器；要防止光污染。

在观察被照物时，人眼的直接感觉是亮度，亮度与被照物的照度水平和反射特性有关。为确保可见度，被照物的表面平均亮度应当与其环境在亮度、位置上相匹配，当背景亮度与目标亮度之比至少为1∶5时，视觉上才感到目标比背景亮一倍。

不同被照材料所需的平均照度见表 21.4-6。在建筑物上安装投光灯的灯具间距推荐值见表 21.4-7。

表 21.4-6　不同被照材料所需的平均照度

表　面　材　料	照度/lx			修　正　系　数				
	环境明暗程度			光源类型		表面条件		
	暗	中	亮	汞灯 金卤灯	钠灯	清洁	脏	很脏
淡色石材、白色大理石	20	30	60	1	0.9	3	5	10
中色石材、水泥、浅色大理石	40	60	120	1.1	1	2.5	5	8
深色石材、灰色花岗石、深色大理石	100	150	300	1	1.1	2	3	5
浅黄色砖	30	50	100	1.2	0.9	2.5	5	8
浅棕色砖	40	60	120	1.2	0.9	2	4	7
深棕色砖、粉红花岗石	55	80	160	1.3	1	2	4	6
红砖	100	150	300	1.3	1	2	3	5
深色砖	120	180	360	1.3	1.2	1.5	2	3
建筑水泥	60	100	200	1.3	1.2	1.5	2	3
铝（表面烘漆处理）	200	300	600	1.2	1	1.5	2	2.5

表 21.4-7　建筑物上安装投光灯的灯具间距推荐值

建筑高度/m	灯具光束类型	灯具伸出建筑物 1m 安装间距/m	灯具伸出建筑物 0.75m 安装间距/m
25	窄光束	0.6~0.7	0.5~0.6
20	窄光束或中光束	0.6~0.9	0.6~0.7
15	窄光束或中光束	0.7~1.2	0.6~0.9
10	窄、中或宽光束	0.7~1.2	0.7~1.2

4.2.2　道路照明

根据 CIE 调查报告显示，如果夜间有良好的道路照明，城市的道路交通事故发生率至少下降30%，乡村的道路交通事故发生率下降45%，高速公路的交通事故发生率下降30%，因此，合适的道路夜间照明是非常重要的。另外，合适的道路照明还能美化城市环境，给市民提供一个舒适的休闲环境。

对道路照明的评价主要从视功能和视舒适两个方面进行。视功能包括平均亮度和总体亮度均匀度和失能眩光。视舒适包括平均亮度、纵向均匀度、不舒适眩光、环境因数和视觉导向性等。

各类道路的照明等级见表 21.4 - 8，相应的道路照明标准见表 21.4 - 9。

表 21.4 - 8   各类道路的照明等级

道 路 描 述	交通控制	照明等级
有隔离带的高速公路，无交叉路口的快速干道、高速路	交通密度高	M1
	交通密度中等	M2
	交通密度低	M3
高速公路、双向车道	交通秩序较差	M1
	交通秩序好	M2
重要的城市交通干道、地区辐射道路	交通秩序较差	M2
	交通秩序好	M3
次要道路、社区道路、连接主要道路的社区道路	交通秩序较差	M4
	交通秩序好	M5

表 21.4 - 9   道路照明标准

照明等级	所 有 道 路			很少或无交叉口的道路	人行道
	最小平均亮度 /(cd/m²)	最小总体均匀度	最大相对阈值增量（%）	最小纵向均匀度	环境系数
M1	2.0	0.4	10	0.7	0.5
M2	1.5	0.4	10	0.7	0.5
M3	1.0	0.4	10	0.5	0.5
M4	0.75	0.4	15	—	—
M5	0.5	0.4	15	—	—

道路照明方式主要有灯杆照明、高杆照明、悬索照明和栏杆照明。道路照明灯具按照其光强分布分为截光型、半截光型和非截光型三种。四周没有建筑物、环境较暗的一般高速路、一级国家道路、郊外重要道路等可采用截光型灯具。道路亮度高、均匀度高，且几乎没有眩光。周围有建筑物，环境比较明亮的一般城市道路、市内街道，宜采用半截光型灯具。要求周围场所明亮时，可采用非截光型灯具。为限制眩光，灯具安装高度可参照表 21.4 - 10。

表 21.4 - 10   灯具最小安装高度与光源光通量的关系

灯具安装高度 /m	每个灯具内光源的光通量 /lm
大于 6	4500 以下
大于 8	12500 以下
大于 10	25000 以下
大于 12	45000 以下
大于 15	95000 以下
大于 20	240000 以下

道路照明的电源一般取自沿线布置的专用配电站，照明电压采用 220V，放射式供电变压器二次线圈中性点接地，各灯具底座利用地脚螺栓或专用接地极作重复接地，电源引出端上方在低压配电屏内装设小型断路器，灯具进线端一般用熔断器进行短路保护。

4.3 体育场馆照明

体育场馆的照明除满足运动员的视觉要求外，还要满足工作人员与观众的视觉要求及电视转播要求。比赛的等级不同，对照明的要求也不相同。我国规定的体育运动场所照明的平均照度标准见表 21.4 - 11。

表 21.4 - 11   体育运动场所的照度标准值

场 所 类 别	照度标准/lx[①]		注
	训 练	比 赛	
篮球、排球、羽毛球、网球、手球、室内田径、体操、艺术体操、技巧、武术、垒球	150~200~300	300~500~750	地面照度，室外比赛照度降低一级
保龄球	150~200~300	200~300~500	地面照度
举重	100~150~200	300~500~750	地面照度
击剑	200~300~500	300~500~750	地面照度
柔道	200~300~500	300~500~750	地面照度
中国摔跤、国际摔跤	200~300~500	300~500~750	地面照度，宜设局部照明
拳击	200~300~500	1000~1500~2000	地面照度，宜设局部照明

续表

场 所 类 别		照度标准/lx①		注
		训 练	比 赛	
乒乓球、台球		300~500~700	500~750~1000	台面照度，赛区其他部分不应低于台面照度的一半
游泳、蹼泳		150~200~300	300~500~750	水面照度，尽可能沿游泳池长边两侧布灯
跳水		150~200~300	300~500~750	水面照度，在跳水区应有附加照明
水球		150~200~300	300~500~750	水面照度
花样游泳		200~300~500	300~500~750	水面照度，应设水下照明，其容量为每平方米水面1000lm
冰球、速度滑冰、花样滑冰		150~200~300	300~500~750	冰面照度
围棋、中国象棋、国际象棋		—	500~750~1000	台面照度，应设局部照明
桥牌		—	100~150~200	
射击靶心		1000~1500~2000	1000~1500~2000	靶心垂直照度
射击房		75~100~150	75~100~150	地面照度
足 球、曲棍球	观看距离	—		观众席最后一排到场地边线距离
	120m	—	150~200~300	地面照度
	160m	—	200~300~500	地面照度
	200m	—	300~500~750	地面照度
观众席		—	50~75~100	地面照度
健身房		100~150~200	—	地面照度
消除疲劳用房		50~75~100	—	根据该馆的比赛项目而定

①国际级训练、比赛取高值；国家级训练、比赛取中值；省市级训练、比赛取低值。

若需要电视转播时，照明应根据场地的垂直照度来设计，其测量区域为场地上方 1.0m 处。垂直照度值选取的方向平行于场地的四条边线。不同项目按照运动速度分为 A 组（包括田径、柔道等）、B 组（包括篮球、排球、羽毛球、网球、乒乓球、手球、体操、武术、技巧、滑冰、速度滑冰、足球和游泳等）和 C 组（包括拳击、冰球和击剑等）。各运动项目对应的平均照度和摄像距离按表 21.4－12 选取。在表演或比赛场地内选取的摄影方向上垂直照度的最小值和最大值之比小于 1：2.5。另外需要电视转播时，最好采用单一的光源，光源的色温在 3300~5600K 显色指数大于 65。

表 21.4－12　　各运动项目的平均照度和摄像距离的关系

最大摄像距离/m		160	100~20	20
平均照度 /lx	A 组	1000	1000~500	500
	B 组	1500	1500~750	750
	C 组	—	1500~1000	1000

体育场馆照明还必须考虑造型立体感，防止眩光和频闪效应。造型立体感取决于光线的方向、灯具的类型和数量等。为克服频闪效应，可以采用高性能的电子镇流器。

参 考 文 献

［1］ 陈小丰. 建筑灯具与装饰照明手册. 第二版. 北京：中国建筑工业出版社，2000.

［2］ 国家轻工业局行业管理司质量标准处编. 中国轻工业标准汇编——灯具篇. 北京：中国标准出版社，2003.

［3］ 刘跃群，王强，刘卓炯. 光源电器原理与应用技术. 北京：化学工业出版社，2003.

［4］ 全国灯具标准化分技术委员会，国家灯具质量监督检验中心编.（GB 7000.1—2002）灯具一般安全要求与试验强制性国家标准宣贯教材. 北京：中国标准出版社，2003.

［5］ 全国照明电器标准化技术委员会编. 照明电器标准汇编（一）~（四）. 北京：中国标准出版社，1999.

［6］ 赵振民. 实用照明工程设计. 天津：天津大学出版社，2003.

［7］ 李炳华，王玉卿. 现代体育场馆照明指南. 北京：中国电力出版社，2004.

［8］ 李恭慰主编. 建筑照明设计手册. 北京：中国建筑工业出版社，2004.

［9］ 蔡国泉，陈大华，王盛富，刘跃群. 光源电器原理及其应用. 郑州：河南科学技术出版社，1988.

［10］ 周太明. 光源原理与设计. 上海：复旦大学出版社，1993.

［11］ 俞丽华. 电气照明. 上海：同济大学出版社，2001.

［12］ 周太明，皇甫炳炎等. 电气照明设计. 上海：复旦大学出版社，2001.

［13］ 路秋生. 电子镇流器的设计与调光控制. 北京：科学出版社，2005.

［14］ 毛兴武，祝大卫. 电子镇流器原理与制作. 北京：人民邮电出版社，1999.

［15］ 朱小清. 照明技术手册. 第二版. 北京：机械工业出版社，2003.

［16］ 陈茂军. 用于多灯管驱动之单级高功率因数可调光电子安定器.［硕］台湾私立中原大学电动机工程学系，1993.

第22篇

电 加 热

主　编　赵荣祥（浙江大学）

副主编　陈辉明（浙江大学）

　　　　金天均（浙江大学）

　　　　李胜川（浙江大学）

第 1 章 电加热概论

1.1 电加热与电热设备

1.1.1 电加热方式、原理、设备及应用场合

电加热是指电能转换为热能的方式。按加热方式分为电阻加热、电弧加热、感应加热、介质加热（微波加热）、红外加热、电子束加热、激光加热、等离子加热和热泵加热。其加热原理、主要设备及应用场合见表 22.1－1。

表 22.1－1 　　　　　　加热原理、主要设备及应用场合

加热方式	加热原理	特　点	主　要　设　备	应　用
电阻加热	导电材料通电因其本身电阻产生热，分为直接加热和间接加热	直接加热是指直接对导电材料加热，能达被加热材料的最高温度，热效率高。间接加热通过对导电材料加热，以热传播方式对被加热材料加热，对被加热材料无限制，加热简便	（1）直接加热式电阻炉 （2）间接加热式电阻炉。分为间歇式（箱式、井式、钟罩式、台式）炉，连续式（传送带式、推送式、震底式、辊底式）炉，电渣炉和其他电阻熔炼炉 （3）焊机。分为电焊机、对焊机、缝焊机、凸焊机和高频焊机	金属材料的热处理、加热、钎焊，材料或制品的烘烤、烧结，碳的石墨化，钢的熔炼，轻有色金属的熔炼，半导体的晶体生长
电弧加热	气体电弧放电产生热，分为直接加热和间接加热	直接加热是指电弧电流通过被熔炼的导电材料，温度可达 3000℃。间接加热是指电弧电流不通过被熔材料	交、直流电弧炼钢炉、真空电弧炉、钢包精炼炉、手弧焊机、惰性气体保护焊机	普通钢、特殊钢、难熔与活泼金属及其合金、铁合金、铜、电石、黄磷、耐火材料、磨料的熔炼和制取，金属的焊接
感应加热	交变磁场中闭合的被加热工件（二次线圈）产生感生电动势，在工件中产生电流（涡流）使工件发热	热效率高，尤其适合局部加热和表面加热	各种频率的感应熔炼炉，感应加热、淬火、焊接设备	有色金属及钢、铁的熔炼，金属坯料的加热，金属零件的表面淬火，钎焊，焊接，半导体材料的晶体生长
介质加热（微波加热）	介质在高额电场作用下被反复极化，引起分子间产生激烈的摩擦，从而在介质内部产生热	热效率高，加热均匀	高频介质加热设备、微波加热设备	木材、纸张、谷物、织物、皮革等的干燥，塑料的热合（封口），烟草、药材的烘烤等
红外加热	被加热材料在红外源辐射下产生热	加热均匀，速度快。辐射光谱和吸收光谱匹配时，加热效率高	红外加热设备	用于低、中温加热，诸如纸张脱水、玻璃退火等
电子束加热	被加热材料受到高速运动的电子束撞击而产生热	功率密度大，能在瞬间将能量传给工件	电子束焊接设备、电子束热处理设备	对材料进行表面热处理、焊接、刻蚀、钻孔、熔炼或直接使材料升温
激光加热	物体表面吸收激光能而产生热	能量密度高，可进行局部表面加热	激光焊机、激光加热设备	金属零件表面硬化处理、金属焊接等
等离子加热	等离子能量产生热	加热温度最高（可达 10000℃ 以上），功率密度大	等离子电弧炉、真空等离子熔炼炉、真空离子渗碳炉等	特殊钢、难熔与活泼金属及其合金、耐火材料的熔炼和制取，金属零件的热处理
热泵加热	通过热力循环的原理从低温热源吸收热量排向高温热源的装置	加热效率高，但加热温度不高	热泵，分体式空气热源热泵，热泵—蓄热系统，家用风冷热泵型空调机等	建筑物供热，干燥，热回收，海水淡化等过程

1.1.2 电热设备的技术发展动向

1. 节能 针对不同的应用场合，选择合理的加热方式。节能的主要途径有：

（1）提高设备容量和功率密度，缩短加热时间。

（2）选用良好的耐火材料和绝热材料，提高热效率。

（3）选用节能型供电设备和合理布置供电线路。

（4）加热方式的混合使用，如热水器采用电阻加热和热泵加热，电热效率可达 100%。

（5）余热的回收和利用。

2. 实现少、无氧化加热 为了提高热加工质量和减少金属烧损等目的，要求加热过程少氧化或不氧化，为此加热要在各种保护气氛、可控气氛或真空条件下进行。

3. 机电一体化 随着微机技术和网络技术的发展，应用先进控制技术，将使电热设备处于最佳工作状态，同时宜与机电成套，增加信息处理功能，向智能和网络化发展。

4. 开拓新技术领域 新加热方式、新品种设备不断出现，应用领域也在不断扩大。例如，电子束加热、等离子加热、激光加热、超高频脉冲加热和微波加热等技术的发展都十分迅速。

1.2 电热设备的供电

1.2.1 供电可靠性等级

按照 GB 50056—1993《电热设备电力装置设计规范》规定，电热设备一般属于二级或二级负载。当事故停电时，会对国民经济造成重大损失的多台大型电热装置应属于一级负载。电热设备辅助装置（冷却装置、传动装置、真空系统等）的负载等级也应根据事故造成的损失或影响的大小来确定。

1.2.2 电源

电热设备工作电源有交流和直流。交流电除工频 50Hz 之外，还有低频、中频、高频和超高额。工频电源大多由电网通过专用变压器或晶闸管装置获得，其他频率的交流电和直流电则需由变频和变流装置获得。直流电源和 10kHz 以下的中频电源主要由晶闸管电源装置构成，10kHz 以上的高频电源则由传统的电子管电源装置构成。随着大功率半导体器件的发展，IGBT 电源广泛应用于 100kHz 以下的电源，功率可达 500kW。MOSFET 高频电源正在逐步取代传统的电子管电源，频率可达 500kHz。IGBT 电源、MOSFET 高频电源具有效率高、寿命长等特点。

电热设备一次电压视功率大小而定，同时也必须考虑电源制作的可能性，通常 4000kVA 以上的电热设备宜采用 6kV 以上的电压，随着功率增大，一次电压也相应提高。对具有冲击性和变化急剧的负载（如电弧炼钢炉），应接在短路容量较大的公用供电点上。

电热设备的工作电压是指电热装置的端电压，除 220V、380V 标准电压外，还有许多非标准电压等级，低的 10 余伏，高的达 3kV，甚至更高，如电子束熔炼炉的工作电压可达 30～50kV。为满足电热设备在生产过程对功率和电压的要求，工作电压应有足够的调节范围。可采用抽头变压器，实现无载或有载分级调压，或采用自耦调压器、感应调压器、饱和电抗器、磁性调压器和半导体电源（晶闸管、IGBT、MOSFET 等电源）等实现平滑无级调压，其中半导体电源有利于功率控制。

1.2.3 电热设备工作对电网的影响

（1）单相电热设备（如工频感应加热设备、电渣炉、石墨化炉等）接入三相电网工作会造成三相电压不平衡。单相负载接入三相电网时应满足

$$S \leqslant K_u S_k$$

式中，S 为单相负载容量；K_u 为允许的电压不平衡系数；S_k 为公共供电点短路容量。

当不满足此条件时，单相负载必须加装平衡装置，如工频感应加热设备上普遍采用的由电容器和电抗器组成的平衡装置。

（2）对于像电弧炼钢炉那样急剧变动的负载，会造成公共供电点电压波动和闪变。当电弧炼钢炉接入电网时，应满足

$$S_k \bigg/ \sqrt{\sum_{i=1}^{m} S_i^2} \geqslant 100 \sim 120$$

式中，S_i 为单台电弧炉变压器额定容量；S_k 为公共供电点短路容量；m 为熔化期重合的电弧炉台数。

如果上述条件不能满足，则必须采取措施（如采用动态无功补偿）来减小电压波动和闪变。

（3）电弧炼钢炉和装有变频电源的电热设备工作时，会向电网注入谐波电流，在公共供电点产生谐波电压。如果谐波分量超过允许值，则必须采取滤波措施。

1.3 电加热常用材料

1.3.1 加热元件

加热元件材料的主要性质必须满足：①耐高温氧化；②高温下变形小；③电阻率大，且电阻温度系数小而稳定；④容易进行弯曲加工，又高温使用后不易

脆化等。

1.3.2 金属加热元件

金属加热元件通常有电热合金，主要有镍—铬（—铁）系和铁—铬—铝系，加热最高温度一般在 1100~1400℃。对于特别需要高温等特殊用途，有钼、钨、钽、铂等高熔点金属，加热温度可达 1600~2500℃；但钼等高熔点金属由于缺乏耐氧化性，需要用于保护气氛或真空中。镍—铬（—铁）系电热合金塑性好，加工性能良好，适于加工成极细的线材，高温工作时不易脆化；但电阻率相对较小，电阻温度系数较大，使用温度低。由于镍的资源紧缺，故价格高。铁—铬—铝系具有高温，耐氧化性好，电阻率较大，电阻温度系数小，成本低等特点；但其力学性能方面一般，塑性差，与耐氧化性相反，铬、铝的含量越多，越发脆。

管状电热元件是一种在金属管中放入电阻丝，并在空隙部分紧密填充有良好耐热性、导热性和绝缘性的结晶氧化镁粉，再经其他工艺处理而成的电热元件。它具有结构简单、机械强度高、热效率高、安全可靠、安装简便、使用寿命长等优点，广泛适用于各种硝石槽、水槽、油槽、酸碱槽的加热及易熔金属熔化炉、空气加热炉、干燥箱、热压模等装置。

紫铜通常不作为直接的加热元件，作为一次线圈被广泛地应用于感应加热设备中，为方便通水冷却，通常使用管材。功率密度低的场合也可选用扁铜线，采用风冷。

1.3.3 非金属加热元件

非金属电热材料主要有石墨、氧化锆（ZrO_2）、铬酸镧（$LaCrO_3$）、二硅化钼（$MoSi_2$）和碳化硅（SiC）五种。石墨在氮气、氩气等非活性气氛中可使用温度达 2500℃，多用于半导体单晶炉、热处理炉等，有棒、管、颗粒和纤维织物等形状。氧化锆为离子导电型材料，在 1000℃ 以上有较大的电导率，稳定化的氧化锆可用作电阻发热体。铬酸镧在大气中可使用到 1900℃，在高温氧化性气氛中工作稳定，熔点高，电阻温度系数小。二硅化钼的使用温度可达 1600℃ 以上，形状以 U 形和 W 形居多，一般考虑垂直安装，以防止高温变形。碳化硅加热元件是一种有代表性的非金属加热元件，在普通空气气氛炉内，能在发热部分表面温度 1600℃ 下使用，其形状有棒状、螺旋管状和管状等。但其电阻温度系数大，低于 800℃ 为负值。

PTC（Positive Temperature Coefficient）热敏电阻器是一种以钛酸钡为主要成分的高技术半导体功能陶瓷材料，当温度达到某定值时，其电阻值会显著增加，特别是在居里温度点附近电阻值跃升 3~7 个数量级。在中小功率加热场合，PTC 热敏电阻器具有恒温发热、无明火、热转换率高、受电源电压影响极小、自然寿命长等传统发热元件无法比拟的优势，在电热器具中得到了广泛的应用，PTC 热敏电阻器可以做成多种外形结构和不同规格，常见的有圆片形、长方形、长条形、圆环和蜂窝多孔状等。

1.3.4 耐火材料

耐火材料品种繁多，形状复杂，大小不一，生产方法也不一样。按耐火度，分为普通耐火材料（耐火度为 1580~1770℃）、高级耐火材料（耐火度为 1770~2000℃）、特级耐火材料（2000℃ 以上）。按用途分为高炉用、平炉用、转炉用、连铸用、玻璃窑用、水泥窑用耐火材料等。按化学—矿物组成，分为硅酸铝质（黏土砖、高铝砖、半硅砖），硅质（硅砖、熔融石英烧制品），镁质（镁砖、镁铝砖、镁铬砖），碳质（碳砖、石墨砖），白云石质，锆英石质，特殊耐火材料制品（高纯氧化物制品、难熔化合物制品和高温复合材料）。经常使用的普通耐火材料有硅砖、半硅砖、黏土砖、高铝砖和镁砖等。经常使用的特殊耐火材料有 AZ5 砖、刚玉砖、直接结合镁砖、碳化硅砖、氮化硅结合碳化硅砖，氮化物、硅化物、硫化物、硼化物、碳化物等非氧化物耐火材料；氧化钙、氧化铅、氧化铝、氧化镁、氧化硅等耐火材料。经常使用的隔热耐火材料有硅藻土制品、石棉制品等。经常使用的不定形耐火材料有补炉料、耐火捣打料、注料、耐火可塑料、耐火泥、耐火喷补料、耐火投射料、耐火涂料、轻质耐火浇注料和炮泥等。

1.4 温度测量

1.4.1 温标、温度测量仪表及其应用范围

一般常用的国际温标有下列几种：

摄氏温标（℃），一个大气压下水的冰点为 0℃，沸点为 100℃。

华氏温标（℉），一个大气压下水的冰点为 32℉，沸点为 212℉。

开氏温标（K），一个大气压下水的冰点为 273.16K，沸点为 373.16K。

上列各项温标间的关系为

$$℉ = 1.8℃ + 32$$

$$K = ℃ + 273.16；℉ = 1.8K - 459.688$$

温度测量仪表按工作原理可分为膨胀式温度计、

压力表式温度计、电阻式温度计、热电偶式温度计和非接触式温度计，见表 22.1-2。其中在电炉上应用最广的是热电偶。热电偶具有使用简单、精度高、无须能源供应等优点，但其参考点需作补偿。安装热电偶温度计避免将热电偶装于火焰经过之处。

表 22.1-2　　　　　　　　温度计的分类、工作原理及典型产品

分　类	工　作　原　理	温度范围/℃	典　型　产　品
膨胀式温度计 （1）液体膨胀式 （2）固体膨胀式	利用液体、气体或固体热胀冷缩的性质，即测温敏感元件在受热后尺寸或体积会发生变化，根据尺寸或体积的变化值得到温度的变化值	-200~620	玻璃管温度计 双金属温度计
压力表式温度计 （1）液体式 （2）气体式 （3）蒸气式	利用在密闭容器中液体或气体受热后压力的升高来反映被测温度	-120~620	压力温度计
电阻式温度计	利用导体或半导体的电阻率随温度变化而变化的原理制成的，实现了将温度变化转化为元件电阻的变化	-260~900	铂热电阻 铜热电阻 镍热电阻 半导体热敏电阻
热电偶式温度计	利用物体的热电效应	-200~1000	铂铑—铂（LB）热电偶 镍铬—考铜（EA）热电偶 镍箔—镍硅（Eu）热电偶 铜—康铜（CK）热电偶 特殊热电偶
非接触式温度计	利用热辐射原理	0~2000	光学高温计 光电高温计 比色高温计 全辐射测温仪

1.4.2　测温注意事项

（1）根据工艺要求正确地选择测温方式和仪表。

（2）使用接触式测温仪，必须正确选择测温点及传感器安装位置。

（3）使用非接触式测温仪，与被测物体的距离必须符合规定。在烟尘影响严重的环境，可选用双色测温仪。

1.4.3　温度控制

温度控制是通过改变输入炉内的电功率来实现的。大多数电阻炉，加热过程缓慢的感应加热设备和有色金属熔炼、保温用感应炉都可实现自动控温。温度控制系统由控制对象和控制装置组成，控制对象是电炉，被控量是温度。控制装置由温度传感器、控温仪表和执行器组成。温度传感器的温度信号送到控温仪表，在那里与设定值进行比较，当两者有差异时，控温仪表按一定控制规律动作，发出控制信号给执行器，后者改变炉子输入功率，使炉温达到要求的值。

1. 温度传感器　主要有热电偶、热电阻、全辐射高温计和光电高温计等，其中热电偶用得最普遍。

2. 控温仪表　传统控温仪表分为动圈式和电子自动平衡式，目前正被智能式控温仪表逐步取代。以微处理器构成的智能式仪表除具有精度高、适应性强等优点外，还有许多常规仪表无法实现的功能，如参数自设定、自整定，储存多组加热曲线，实现多炉群控和通信等。在复杂系统中，控温仪表也可采用可编程逻辑控制器或工业控制机。

3. 执行器　主要有接触器、半导体开关、磁性调压器和饱和电抗器。接触器控制简单，过载能力强，价格低；缺点是有噪声，寿命短。半导体开关的优点是体积小，响应快，无噪声；缺点是过载能力弱，控制稍复杂，价格高，运行时必须采取必要措施以免对电网、通信系统等的干扰。磁性调压器和饱和电抗器工作可靠，容量可做得较大；但体积大，时间常数大，消耗较多。

第 2 章 电 阻 加 热

2.1 分类及特点

与其他电炉相比，电阻加热炉具有发热部分简单、对炉料种类的限制少、炉温控制精度高、容易实现在真空或控制气氛中加热等特点。它是品种规格最多、应用面最广的一类电炉。

2.1.1 分类

电阻加热炉按加热方式，分为直接加热和间接加热。间接加热电阻炉在工业上用得较多。

按作业方式，分为间歇式和连续式。前者适用于批量小、工件品种多的场合；后者适用于工件和工艺比较单一的大批量生产场合。

按炉膛气氛或介质，分为普通电阻炉、控制气氛电阻炉、真空电阻炉、浴炉、流动粒子炉和直接加热电阻炉等。

2.1.2 特点及应用场合

几种主要电阻加热炉的特点及应用场合见表22.2－1。

表 22.2－1　　　　电阻加热炉的特点及应用场合

种　类	特　　点	应　用　场　合	常用国产系列
普通电阻炉	炉膛是自然气氛，设备结构较简单，造价低，使用方便。但炉料氧化、脱碳较严重	广泛应用于无特别要求的一般金属及工件的熔炼、烧结、加热及热处理场合	RX、RM 箱式炉，RT 台式炉，RF、RJ 井式炉，RB 罩式炉
控制气氛电阻炉	在控制气氛下进行热处理。可防止工件加热时氧化、脱碳，使工件表面光亮	对工件氧化、脱碳有一定要求，同时可进行渗碳、渗氮、氧化、覆碳等工艺，几乎适用于所有电阻炉	RXQ 箱式保护气氛炉
真空电阻炉	节能、公害少、操作环境好、易实现自动化；无脱碳、氧化；工件变形小，表面状态好，成品率高	可进行淬火、回火、退火、渗碳、氮化、渗金属等几乎全部热处理工艺，还可进行气淬、油淬、烧结、钎焊、压接、多晶硅熔炼等	ZR 真空热处理和渗碳炉，ZC 系列真空淬火炉
浴炉	以液体为介质的间接加热设备。加热速度快，温度均匀，变形小，不易氧化和脱碳。工作温度宽，但劳动条件差，有环境污染，不安全	可完成淬火、回火、分级淬火，等温淬火，局部加热及化学热处理等多种热处理	RY 系列电热浴炉
流动粒子炉	工件在流态化的固体粒子中加热、冷却或进行化学热处理。氧化少，升温快，均匀性好，变形少，高效节能，造价低	最高温度可达1350℃，适用于淬火、正火、退火、回火、渗碳、渗氮、渗硼、碳氮共渗和冷却	RSL 系列流动粒子炉
直接加热电阻炉	工件通过电流直接发热，比间接式加热效率高，加热速度快，均匀性好	可用于金属棒、管、链的加热和焊接。碳素制品的石墨化炉和碳化硅炉，最高温度可达3000℃	LWG 石墨化炉

2.2 普通电阻炉

这种电阻炉炉膛是自然气氛。由于没有人造气氛，设备上相对要简单些，造价低，使用方便。它的

缺点是炉料氧化、脱碳较严重。

2.2.1 常用炉型特点及用途

见表 22.2－2。

表 22.2 - 2 普通电阻炉的常用炉型及其特点和应用

种 类	炉 型	特 点 及 应 用 场 合
间歇作业式	箱式	(1) 结构简单，通用性大。适用于炉料品种多、工艺变化频繁的场合 (2) 进出炉料一般由人工操作，大型炉配备进出料机构，以减轻劳动强度 (3) 适用于各种中、小工件的加热
	井式	(1) 炉内工件可吊挂，以减少长杆件的加热变形 (2) 有起重设备时装卸炉料比箱式炉方便 (3) 适用于轴类、丝杆、拉刀等长杆和薄壳筒的加热
	钟罩式	(1) 适用于被加热工件不便从炉口装入炉内的场合 (2) 密封性较好 (3) 一个炉罩可配合几个炉台，节约装、出料时间，提高热效率 (4) 一般用于金属线材、带材或薄钢板卷材等的热处理
	台车式	(1) 工作装卸运送方便 (2) 适用于大型、重型件的加热，大型容器的退火
	升降式	(1) 加热室固定在离地面一定高度处，炉底可升降并在地面上移动 (2) 两个炉底轮流工作，节省装料时间，减少热损失，提高生产率 (3) 适用于铸铁和有色金属、硅钢片退火
	坩埚式	(1) 结构简单，操作方便 (2) 适用于熔铝、锌等轻有色金属
连续作业式	推送式	(1) 传动机构简单，承载能力大，可用于较高的炉温 (2) 料盘造成的热损失较大 (3) 主要用于齿轮、短轴等中、小型工件的热处理和粉末冶金烧结 (4) 工件通常放在料盘或托架上输送 (5) 导轨可有滑动、滚动等形式
	传送带式	(1) 炉料输送的连续性比推送式好，比震底式平稳 (2) 承载能力和适用炉温受传送带材料的限制。传送带常用网带和铸链板式 (3) 主要用于小型工件的淬火和中型工件的退火、回火等
	震底式	(1) 热损失比传送带式和推送式的小 (2) 噪声较大，炉料在输送中有一定碰撞 (3) 震底机构有凸轮、气动、电磁等形式 (4) 主要用于螺栓、螺母、弹簧、垫圈等工件以及各种毛坯件的热处理
	辊底式	(1) 通过辊子转动输送工件，适用的炉温受辊子材料的限制 (2) 炉温较高时，一般要用水冷却，热损失较大 (3) 用于管材、板材、棒材等的加热
	滚筒式	(1) 加热较均匀，热损失较小 (2) 输送过程中工件有碰撞 (3) 如炉罐内有螺旋筋，可通过炉罐转动来输送工件 (4) 适用于滚珠、钢球、销子等形状简单、体积较小的工件的成批和连续处理
	步进式	(1) 送料机构的耐热钢消耗量较小 (2) 可用于较重的负载和炉温较高的场合 (3) 主要用于坯锭加热和板簧、轴等长工件的热处理
	回转炉底式	(1) 送料机构的耐热钢消耗量较小 (2) 进出料可在同一方位或多工位，占地面积相对较小 (3) 适用于中型工件的加热，工件不能过长
	传送链式	(1) 工件是吊挂的，由传送链输送，可减少加热变形 (2) 承载能力受挂钩材料强度的限制 (3) 适用于轴类工件的退火、回火以及烤漆和烘干等
	牵引式	(1) 加热较均匀 (2) 适用于线材、带材的加热

2.2.2　普通电阻炉的炉衬组成

炉衬由耐火材料和隔热材料组成，见表22.2-3。大型炉和连续式炉的炉衬厚度可取较大值，小型炉和间歇式炉则可以薄些。采用轻质、超轻质隔热材料可以提高炉衬的隔热性，缩短空炉升温时间。耐火纤维是一种优良的高温耐火隔热材料，与传统的体积密度较大的砖质炉衬相比，具有显著的节能效果。高强度超轻质砖（体积质量 $0.6g/cm^3$ 以下），用作中温炉炉衬，也有良好的节能效果。

2.2.3　炉衬砌筑要点

（1）不用受潮的耐火材料、隔热材料和黏合剂。

（2）不同层、不同行的相邻砖缝要互相错开。

（3）砖缝大小要符合要求，一般炉顶砖缝不得大于 1.5mm，炉墙和炉底砖缝不大于 2mm。

（4）较大的炉子应留膨胀缝（一般每米长留6mm）。

（5）砌砖用灰浆的成分和性能应严格符合要求。

（6）隔热材料要填实。

表 22.2-3　　　　　　普通电阻炉的炉衬组成

炉温 /℃	耐 火 层		中 间 层		隔 热 层	
	材　料	厚度/mm	材　料	厚度/mm	材　料	厚度/mm
<300	—	—	—	—	矿渣棉、珍珠岩或蛭石等	100 以下
300~650	体积质量 $0.4g/cm^3$ 的轻质黏土砖	90~113	—	—	硅藻土砖+蛭石+石棉板；矿渣棉或玻璃棉	100~120
	普通耐火纤维制品	50~60	—	—	玻璃棉或矿渣棉制品	50~60
1000	体积质量 $0.6g/cm^3$ 的轻质黏土砖	90~113	普通耐火纤维	20	硅藻土砖+蛭石（或珍珠岩制品）+石棉板	120
	普通耐火纤维制品	80~125	—	—	矿渣棉制品或普通耐火纤维制品	50~60
1200	体积质量 $1.0g/cm^3$ 的轻质黏土砖	90~113	体积质量 $0.6~0.4g/cm^3$ 的轻质黏土砖	113	硅藻土砖+蛭石+石棉板或耐火纤维、矿渣棉制品	120
	高铝耐火纤维制品	100~120	—	—	普通耐火纤维制品	130~160
1300	重质高铝砖	65	体积质量为 $0.6~0.4g/cm^3$ 的轻质黏土砖	113	硅藻土砖+蛭石+石棉板	235~300
	氧化铝纤维制品	50	高铝纤维制品	75	普通耐火纤维制品	200
1600	刚玉砖或氧化铝空心球制品	113	泡沫氧化铝砖	113	普通耐火纤维制品	200~230
	氧化铝纤维制品	60	高铝纤维制品	100	普通耐火纤维制品	200

（7）采用耐火纤维毯炉衬时要压紧，压缩量一般为 20%。

2.3　控制气氛炉

控制气氛炉是指在控制气氛下进行热处理的加热炉。它可防止工件加热时氧化、脱碳，使工件表面光亮。同时还可按工艺要求进行渗碳、渗氮、氰化、覆碳等，从而可提高工件表面的硬度和内在质量。

2.3.1　控制气氛炉的特点

控制气氛几乎适用于所有电阻炉。但对于箱式、井式、钟罩式、传送带式、推杆式、辊底式、滚筒式等炉种更容易实现炉气控制。此外，控制气氛炉还可以分成有罐式和无罐式。井式气体渗碳炉是最常见的有罐式控制气氛炉,炉罐通常用耐热钢制造,它可以有效地将炉气与加热元件、炉衬等隔离,以避免炉气对加热元件和炉衬等的侵蚀。但是炉罐寿命一般较短,所以耐热钢耗量较大,而且炉罐对炉子的升温、传热也有影响。无罐式炉的炉衬和加热元件应采用不会被控制气氛侵蚀的材料,加热元件一般采用辐射管,有的采用大截面电阻板。

间歇作业式无罐控制气氛炉的典型产品是箱式气体渗碳炉,也称多用炉。

连续作业式炉多数采用无罐式,最常见的有推送式、传送带式和震底式等。推送式无罐气体渗碳炉和淬火槽、清洗机、回火炉等可组成一条热处理自动生产线,该生产线适用于少品种、处理量大的零件。对于多品种、处理量少的零件,可以选用由多用炉、清洗机、回火炉组成的横向生产线,零件的传送由一台推拉小车来完成。根据产量大小而选用不同组合形式,而且可以根据产量多少,随时多开或少开几台炉子,给生产组织工作带来很多方便。

控制气氛炉的结构应有良好的密封,以保护炉气成分稳定,减少炉气消耗。为使炉内成分均匀,一般应加风扇搅拌,必要时加导风板或挡风罩。大型炉子采用炉体分段或各区隔开的结构。采用有毒或易爆炸炉气时,必须有相应的安全措施。

2.3.2 常用控制气氛的种类和用途

控制气氛的获得一般有两条途径:一是用独立的气体发生装置产生控制气体;另一种是用有机液原料(如甲醇、乙醇、丙醇),按一定比例加到电炉中裂解而成。后一种方法投资小,但产气量也小,原料成本较贵。常用控制气氛的种类和用途见表22.2-4。

表 22.2-4　　　　　　　　　　常用控制气氛的种类和用途

气体名称	参考成分(体积分数)(%)					露点范围 /℃	毒性	易爆性	主 要 用 途
	CO_2	CO	H_2	CH_4	N_2				
吸热式气体	微	20~25	31~40	<1	40~45	+4~-20	大	大	高、中碳钢,一般合金钢光亮淬火。低、中碳钢和一般合金钢渗碳,碳氮共渗,气体软氮化;铁基材料粉末冶金烧结
放热式气体(浓)	5~7	10	8~12	0.5	余量	一般除水,10~27;冷冻除水,+5	中	大	碳钢和一般合金钢的光亮淬火、回火,铁基材料粉末冶金烧结
放热式气体(淡)	10~12	1.5	0.8~1.2	0			无	无	铜及其合金光亮退火;铁滋氧烧结
净化放热式 N_2 基气体(浓)	微	1.1	8~18	0.5	余量	低于-20	小	大	中、高碳钢,一般合金钢光亮淬火、退火;碳钢和一般合金钢渗碳、碳氮共渗,气体软氮化;铁基材料粉末冶金烧结
净化放热式 N_2 基气体(淡)	微	1.8	0.9~1.4	0	余量	低于-20	无	无	含高 Cr、Mn、Si 等高合金钢光亮淬火、退火;碳钢和一般合金钢的光亮回火;铜及其合金光亮退火
$H_2 - N_2$ 基气体	微	微	3	0	余量	低于-20	无	微	含高 Cr、Mn、Si 等高合金钢光亮淬火、退火;马氏体和某些铁素体不锈钢、硅钢及镀锡用钢板的光亮退火
氨分解气体	—	—	75		25	-20~40	无	极大	碳钢、不锈钢、电工合金光亮退火,高速钢、高合金钢光亮淬火;硬质合金、磁性材料的粉末冶金烧结
纯氮气	微	—			>99	-40~60	无	无	碳钢、一般合金钢光亮退火;不锈钢的光亮退火、淬火;真空炉气淬用冷却介质;无氧化加热保护

续表

气体名称	参考成分(体积分数)(%)					露点范围 /℃	毒性	易爆性	主要用途
	CO_2	CO	H_2	CH_4	N_2				
氢气	—	—	100	—	—	-40~60	无	极大	不锈钢、硅钢光亮退火;钨、钼等金属无氧化加热;硬质合金、磁性材料的粉末冶金烧结
氩气	100%Ar					-60	无	无	钛、锆等金属材料光亮退火;钨、钼等金属无氧化加热保护
有机物质裂解气	由原料种类决定。一般用甲醇、醋酸乙酯、丙酮、甲酰胺等原料。产生气体主要成分为 CO、H_2					—	大	大	中、高碳钢和一般合金钢光亮淬火、钢材渗碳、碳氮共渗,气体氮软化

2.3.3 控制气氛炉气氛测量与控制

热处理气氛需控制的主要参数是碳势和氮势。控制的最终目的是控制渗碳或渗氮工件的质量。

碳势控制受许多因素的影响,如炉内总压力,CO、CO_2、O_2、H_2、N_2、CH_4、H_2O 的分压,炉温,工件材质和炉子结构等。碳势测量与控制的方法也有多种,不同的测量方法适用于不同的气氛。根据所分析的对象、精度、反应速度等的不同,相应地使用不同的控制方法。最常用的测量方法是红外分析与氧势测量,它们都能实现碳势自动控制。红外分析选取 CO、CO_2、CH_4 或 NH_3 作为分析对象,可进行单参数或多参数控制;氧势测量只以 O_2 为分析对象,进行单参数控制。碳势控制模型及控制系统建立方法可参阅相应的参考文献。

用纯 NH_3 进行渗氮的场合多用氮势控制,依据 NH_3、H_2 的分压或氨分解率来测定氮势。例如,用热导式氢分析仪测量炉气中的氨分压,可构成氮势控制的微机自动控制系统。

2.3.4 控制气氛炉的炉衬特点

有罐式气氛炉的炉罐有效地使炉气和炉衬隔离开来,无需考虑炉气对炉衬材料的侵蚀。无罐式控制气氛炉必须考虑这种影响,应采用抗炉气侵蚀的材料或适当增加炉衬厚度。高碳势炉内的耐火层材料中 Fe_2O_3 的质量分数应低于 1%;对于炉温高于 1200℃ 的氢气炉,炉膛内壁应采用 Al_2O_3 的质量分数大于 90% 的材料。

2.3.5 预抽真空控制气氛炉

预抽真空控制气氛炉是一种将控制气氛和真空相结合的炉子。使用时,先抽真空,然后再向炉内充控制气体。与单纯控制气氛炉相比,预抽真空控制气氛炉大大缩短洗炉时间,节省控制气体消耗。

2.4 真空电阻炉

真空电阻炉是指工件在全部或部分真空状态下进行热处理的电阻炉。目前,大多数真空热处理电阻炉的工作真空度在$(1.3~130)×10^{-3}$ Pa。真空电阻炉在真空炉中所占比例最大、应用面最广,是一种先进的并很有发展前途的热处理设备。真空热处理几乎可实现全部热处理工艺,如淬火、回火、退火、渗碳、氮化和渗金属等;可实现气淬、油淬、硝盐淬和水淬等。

2.4.1 用途和特点

各种真空电阻炉的用途、特点和实例见表22.2-5。

真空电阻炉具有如下特点:

(1) 不需要耗用以燃料气为介质的控制气体,可节省能源。

(2) 操作和维护简单方便,易于实现自动化。

(3) 公害少,操作环境良好,又没有爆炸的危险。

(4) 在真空状态下可实现无氧化、无脱碳、无渗碳,可去掉工件表面上的磷屑,有脱脂、除气等作用,从而达到表面光亮净化的效果。

(5) 被处理的工件变形小,加之表面状态好,可减少热处理后的加工余量,达到省工时、节能、降低成本、成品率高的目的。

2.4.2 外热式真空电阻炉

外热式真空电阻炉是应用最早,结构很简单的炉型。通常人们称之真空马弗或简易真空炉。因其炉罐不水冷,所以也称为热壁式真空炉。

外热式真空电阻炉的特点是结构简单,造价便宜,操作维护方便;由于炉罐内没有加热体和隔热材料,故放气源少,又易于清理;其加热体在真空罐外,

表 22. 2 - 5 真空电阻炉的应用

方式	用 途	电炉类别及其特点	适用的材料	实用举例
热处理	光亮退火、正火、固相除气	有炉罐式或无炉罐式真空电阻炉	Cu、Ni、Be、Cr、Ti、Zr、Nb、Ta、W、Mo 不锈钢等	电器材料、磁性材料、弹性材料、高熔点金属、活泼金属
	淬火、回火	具有强迫冷却装置的真空电阻炉	高速钢、工具钢、轴承钢、高强度合金钢	工模具、工夹具、量具以及轴承和齿轮等机械零件
	渗碳、离子渗碳	同上，另具有渗碳气体引入装置	碳钢、合金钢	齿轮、轴、销等机械零件
	离子渗氮	离子氮化炉	球墨铸铁、合金钢	工模具、齿轮、轴等机械零件
	烧结	电阻烧结炉，具有热压机构的烧结炉等	W、Mo、Ta、Nb、Fe、Ni、Be、TiC、WC、VC 等	高熔点金属材料，超硬质工具、粉末冶金零件
焊接	钎焊（无助焊剂）	电阻炉	不锈钢、铝、高温合金	不锈钢、高温合金的钎焊，如飞机零件、火花塞等
	压接	电阻炉、加压接机构	碳钢、不锈钢	
熔炼	熔化多晶硅	电阻加热	多晶硅	直拉式单晶炉生产单晶硅
表面处理	化学气相沉积	电阻加热	金属及其碳化物、硼化物等沉积于金属或非金属上	工具、模具、汽轮机叶片、飞机零件、火箭喷嘴等
	物理气相沉积	电阻加热	金属、合金、化合物等沉积于金属、玻璃、陶瓷、塑料、纸张等表面	各种材料的真空涂膜制品、工具、模具的表面超硬处理等

因而不存在放电和其他电气弊病。该炉由于受炉罐材质限制，使用温度不高，加热和冷却时间较长，生产率较低。

近 10 年来，人们将该炉与氮基或其他气氛结合起来，并广泛采用一炉多罐的方式，实现真空回火、真空退火和真空渗碳，可得到少氧化、无氧化的处理质量，并发展成多品种和半连续式炉型。

2.4.3 内热式真空电阻炉

内热式真空电阻炉是将电热元件、隔热屏、炉床和其他构件均安装在真空炉壳内。主要靠热辐射对工件加热。炉壳一般都是双层水冷的，所以也称冷壁式真空炉。

内热式真空电阻炉的数量多，种类繁杂，是目前真空炉的主流，常用来退火、淬火、回火、烧结、钎焊等。与外热式炉相比，其主要特点是：

（1）因无耐热炉罐，温度范围广。炉子的容量也不受限制。

（2）结构较复杂，造价高，但易实现全过程自动化。工作环境好，操作安全。

（3）炉子热惯性小，加热和冷却作业循环短，热效率和生产率较高。

（4）炉温均匀性好，控温精度也高。

（5）加热时通常不需保护气氛。

内热式真空电阻炉正在迅速发展阶段，应用面很广，其分类也五花八门。按作业方式分为周期式、半连续式和连续式；按结构形式分为立式和卧式；按冷却方式分为自冷式、气冷式、油冷式和气—油冷却式。

2.4.4 真空炉的炉衬

内热式真空炉在加热元件与水冷炉壁间安装炉衬，即常说的隔热屏。目前使用的隔热屏主要有三大类型：金属辐射屏、耐火砖隔热屏和石墨毡隔热屏。耐火砖隔热屏，由于隔热差、蓄热量大、易污染炉膛和真空泵，因此采用得越来越少。除了这三种主要形式屏外，还有一些金属与耐火纤维组合使用的混合屏。

在选择材料时主要考虑最高炉温，其次还应注意：在高温时有足够的强度；隔热效果好，即选用热导率或黑度较小的材料；重量轻，蓄热量小，热损失小；在真空中放气量小，不吸潮或少吸潮；耐热冲击；此外，价格便宜，且易维护与更换。

金属辐射屏是选用表面光亮的耐热金属或合金薄板材，做成圆筒、方形或其他形状，包围加热元件，以便把热量反射回加热区。常用的材料有钨板、钼片、钽片和不锈钢板。其各层的材料与层数多少根据炉温高低而定。

耐火纤维隔热屏主要用石墨毡、碳毡、氧化铝和硅酸铝纤维毡等材料。其优点是耐高温，热导率小，有良好的隔热效果；密度小，蓄热量小，热损失小，可实现快速升降温；高温下不变形，安装、检修、更换方便；材料来源容易，价格比金属屏便宜。由于它节能、便宜、加工方便，所以目前除了一些被加热材料在工艺上不允许采用的情况下，广泛用在真空电阻炉上。

2.5 浴炉

浴炉是用液体介质加热工件的间接式电阻炉。工件放到浴炉中与液体介质相接触，靠对流换热，换热系数大、加热速度快、温度均匀、变形小。零件又不与空气接触，不易产生氧化和脱碳。浴炉的工作温度范围很宽（150~1300℃），可以完成淬火、回火、分级淬火、等温淬火、局部加热及化学热处理等多种热处理。因此，浴炉的应用很广泛。

浴炉的缺点是：劳动条件差，对环境有污染，操作不安全。因此，有些工业发达国家已考虑淘汰浴炉；而有些国家（如德国）的一些设备制造公司，把浴炉发展成自动线，且对有害的氰进行处理，不造成污染，目前还在使用。

2.5.1 分类及结构特点

浴炉按加热方式，分为外热式浴炉和内热式浴炉；按使用的液体介质，分为盐浴炉、碱浴炉、油浴炉和铅浴炉等。目前应用最普通的是内热式电极盐浴炉，盐浴炉的结构形式及特点见表 22.2－6。

表 22.2－6　盐浴炉的结构形式及其特点

形　式		工作温度/℃	特　点
外热式坩埚浴炉		<850	（1）结构简单 （2）不需要变压器
内热式盐浴炉	用管状加热元件的盐浴炉	<550	（1）比外热式盐浴炉热损失小 （2）工作温度低
	插入式电极盐浴炉	150~1300	与以上两种盐浴炉相比 （1）工作温度高 （2）不需要用耐热钢和电热材料，结构简单，制造方便 （3）盐液受到电磁搅拌，温度均匀 （4）需用变压器
	埋入式电极盐浴炉	600~1300	与插入式电极盐浴炉相比 （1）节电（在盐槽工作面积相同的情况下，一般节电30%） （2）起动时，升温速度快 （3）电极寿命较长 （4）电极不能调节，电极更换时盐槽一般也要同时更换 （5）电极形状复杂，制造困难

2.5.2 盐浴炉常用加热介质

见表 22.2－7。

表 22.2－7　盐浴炉常用加热介质

介质成分 （按质量分数计算）	熔点 /℃	使用温度 /℃
55%KNO₂+45%NaNO₂	137	150~500
100%NaNO₃（外加2%~4%NaOH）	317	325~600
50%NaNO₂+50%KNO₃	140	150~550
20%NaOH+80%KOH（外加10%~15%水）	155	170~350
30%KCl+20%NaCl+50%BaCl₂	560	580~700
30%NaOH+70%BaCl₂	650	700~1000
50%NaCl+50%BaCl₂	600	650~1000
20%NaCl+80%BaCl₂	650	700~1000
50%NaCl+50%KCl	670	700~900
100%BaCl₂	960	1100~1350

2.5.3 内热式电极盐浴炉

电极盐浴炉是利用电流通过熔盐时所产生的热量把熔盐加热到所要求的温度。电极盐浴炉的设备组成一般包括炉体、变压器、铜排、电控柜及排风装置等。

1. 炉膛尺寸　盐浴炉炉膛形状一般为正方形、长方形或圆形。盐槽的容积应能容纳在工作温度下所需的熔盐的体积。熔盐在工作温度下的体积（L）为

$$V_t = \frac{m}{\rho_t}$$

式中，m 为所需要的熔盐质量（kg）；ρ_t 为工作温度下熔盐的密度（kg/L）。

当要求的生产率为 A（kg/h），则熔盐的质量 m 可根据以下经验公式计算：

低温盐熔炉 $m=(5\sim10)A$

中温盐熔炉 $m=(2\sim3)A$

高温盐熔炉 $m=(1\sim1.5)A$

在确定盐槽尺寸时，除能容纳上述计算所得的熔盐体积外，还应保证工件装入后熔盐的温度下降在10~20℃范围内。对于埋入式盐熔炉，电极底边应离开盐槽约65mm距离，以免盐渣对电极的腐蚀和对电极间导电的影响。工件与盐槽壁面之间应有30~50mm的距离。插入式电极盐浴炉，零件应离开电极区，把零件放到无电极区2/3的作业面积上，所以盐槽的容积比熔盐体积要大。

由于盐浴表面的辐射损失很大，因此，在满足工件装炉和工艺操作条件下，应尽量缩小盐槽的横截面

积，适当增加盐槽深度。

2. 插入式电极的设计 插入式电极大多数为棒状，截面为圆形或方形。其电极尺寸的要求并不严格，一般不必进行计算，其功率大小可调节电极间距来实现。

3. 埋入式电极的设计 埋入式电极一般不能进行调节，所以电极的形状、尺寸及其相对位置对炉子的功率、三相平衡、炉温均匀性及电极使用寿命等有很大影响。正确设计电极是埋入式电极盐炉设计的关键。其基本要求是能产生所需功率，三相电流不平衡控制在 10% 以内。

由于通过熔盐的电流密度分布复杂，用理论计算来确定电极尺寸较困难。一般可参考使用效果较好的现有炉子的电极来确定或通过水模拟试验求得。

电极的厚度主要影响电极的使用寿命，与炉子的输入功率无关。一般电极厚度为 60~80mm，高温时取厚些。电极面上的平均电流密度尽可能不大于 3.5A/cm² 。电极柄的截面尺寸可按 50~100A/cm² 的电密来计算。

4. 耐火混凝土盐槽 采用磷酸盐耐火混凝土或矾土水泥耐火混凝土制造的盐槽，不易漏盐，使用寿命比砖砌盐槽长，生产成本低。但盐槽比电极寿命长，电极寿命一到，盐槽同时报废，且不易破碎，电极和电极柄不能充分再利用。

5. 砖砌盐槽 用耐火砖砌筑的盐槽，制造费工，易漏盐，电极的形状及尺寸受砌砖的限制。但电极及炉胆可以回收使用。

2.6 流动粒子炉

从炉底部的风室向炉膛内均匀地通入一定流速的气体，使炉膛内的固体粒子（如石墨位子）悬浮起来、上下翻腾，这叫固体粒子的流态化。工件在流态化的固体粒子中加热、冷却或进行化学热处理的炉子，称为流动粒子炉或流态床炉。

流动粒子炉的分类、用途及特点：

1. 分类 电加热流动粒子炉分为内热式和外热式两种。内热式又可分为电极式和电热体式。

2. 用途 流动粒子炉温度范围广，最高可达 1350℃ 左右。适用于工件的淬火、正火、退火、回火、渗碳、渗氮、渗硼、碳氮共掺和冷却。一般是间歇工作，但也可建成连续式炉在生产线中使用。

3. 特点 主要优点是：①可实现无氧化或少氧化加热，工件表面光洁；②升温传热和传质速度快，温度均匀性好，工件变形小；③热惯性小，热效率高，节能；④无毒、无爆炸危险，操作安全；⑤设备简单，造价低。缺点是粒子粉尘飞散会污染环境。

2.7 直接加热式电阻炉

直接加热式电阻炉比间接加热式电阻炉的热效率高，容易得到高温，升温、加热速度快，加热均匀性好。

直接加热可用于金属棒、管、链的加热和焊接，在非金属材料的加热方面最为典型的是碳素制品的石墨化炉和碳化硅炉，此外，还有焦炭和无烟煤的焙烧炉等。

2.7.1 石墨化炉

石墨化炉子为长方形，在炉子两端装有一对石墨电极。在炉底的耐火砖上铺一层焦炭粒子。碳素制品放在焦炭层上，在碳素制品周围和上下空隙用焦炭粉填充。为了防止炉壁和炉顶受高温作用，放好碳素制品后，在侧面和顶部再覆盖一层硅砂和焦炭粉的混合物。电流从两端的石墨电极处通入，流过碳素制品，使之发热，在 2000~2500℃ 时，开始石墨化，炉内电阻迅速下降；接近 3000℃ 时，炉内电阻变化很少，这表示石墨化已经完成。

石墨化炉一般用交流电，工作电压低、电流大，要由电炉变压器供电。炉子工作周期长，加热 2~3 天后，经过长时期冷却再出炉。因此可利用一台变压器对数台炉子轮流供电。它是单相负载，供电要考虑三相平衡问题，通常可用电抗器和电容器与炉子一起组成三相平衡负载；或将几台炉子接在不同的相线上。

采用交流电时，炉子的电抗较大，功率因数低，特别是在通电后期，功率因数更低，因而要用电容器进行补偿。

大容量石墨化炉也可采用直流供电。

炉子的电耗一般为 4000~7000kW·h/t，有的高达 10 000kW·h/t 以上。

2.7.2 碳化硅炉

碳化硅炉由固定式炉底、电极壁和可拆卸的侧壁等组成炉膛。把配好的石英砂和焦炭原料装入炉膛内，直接通电加热。由于炉内电阻很大，所以在炉子中心部用石墨或焦炭粒制成贯通全长的电阻芯，使之容易导电，电流是从两端的电极引入的。炉子温度约为 1900~2000℃，电耗为 10 000kW·h/t。

2.8 电阻炉的功率计算

电阻加热炉的功率计算一般有热平衡法和经验估算法。

2.8.1　热平衡法

依据能量守恒原理，炉子功率可以按下式计算

$$P = \frac{K(Q_t + \Sigma Q_s)}{3600}$$

式中，P 为炉子功率（kW）；Q_t 为加热炉料所需热量（kJ/h）；ΣQ_s 为炉子热损失的总和（kJ/h），为各项热损失之和；K 为系数，一般取 1.2~1.5，间隙式和小型炉取较大值。

该算法准确性高、通用性较大，可校核炉衬的结构设计，在炉子设计时一般都采用这种方法。

2.8.2　经验估算法

1. 按炉膛容积或表面积计算　见表 22.2-8。这种方法主要适用于箱式电阻炉，用于井式电阻炉时，取下限值。

表 22.2-8　　炉膛单位表面积功率

炉温 /℃	功率 /kW	炉膛单位表面积功率 /(kW/m²)
400	$(30 \sim 50) \sqrt[3]{V^2}$	4~7
700	$(50 \sim 75) \sqrt[3]{V^2}$	6~10
1000	$(75 \sim 100) \sqrt[3]{V^2}$	10~15
1200	$(100 \sim 150) \sqrt[3]{V^2}$	15~20

2. 按炉膛表面积、炉温和空炉升温时间计算

$$P = C\tau^{-0.5} F \left(\frac{\theta_f}{1000} \right)^{1.55}$$

式中，P 为炉子功率（kW）；C 为系数，炉子热损失大取 30~50，热损失小取 20~25；τ 为空炉升温时间（h）；F 为炉膛面积（m²）；θ_f 为炉温（℃）。

盐浴炉亦可按以下经验公式估算

$$P = KV_t$$

式中，P 为炉子功率（kW）；V_t 为溶盐体积（L）；K 为系数（kW/L）。

通常，炉温为 650℃时，$K = 0.4 \sim 0.6$；850℃时，$K = 0.6 \sim 0.8$；1300℃时，$K = 0.9 \sim 1.5$。

2.9　电阻炉的加热元件

一般情况下，工作温度在 1000℃ 以下的炉子，采用铁铬铝和镍铬加热元件；工作温度在 1000~1250℃，采用高温铁铬铝加热元件；工作温度在 1250~1400℃，采用碳化硅加热元件；工作温度在 1400℃ 以上采用二硅化钼加热元件。

2.9.1　金属加热元件的结构形式

常用金属加热元件的结构形式有线材螺旋形、线材波形和带材波形三种，见表 22.2-9。

表 22.2-9　　　　　　　　　　金属加热元件的结构形式

种　类	结　构	尺寸关系 铁铬铝合金	尺寸关系 镍铬合金
线材螺旋形		$h \geqslant 2d$ 炉温<700℃：$D = (7 \sim 10)d$ 700~1000℃：$D = (6 \sim 8)d$ >1000℃：$D = (5 \sim 7)d$	$h \geqslant 2d$ $D = (6 \sim 12)d$
线材波形		$m = \dfrac{b}{a} = 5 \sim 15$ $r = (4 \sim 8)a$ $A < 80a$ $m = \dfrac{b}{a} > 10$ 时，为防止高温时元件倒伏，可辅加挂钩或支撑	$r \geqslant (4 \sim 8)a$ 平放炉底时 $A = 100 \sim 150\text{mm}$ 挂在炉壁上时 $A = 200 \sim 300\text{mm}$
带材波形		$S > 3d$ $A = 150 \sim 250\text{mm}$	$S > 3d$ $A = 200 \sim 300\text{mm}$

2.9.2 金属加热元件的计算（以辐射为主）

在确定了电阻炉的供电电压、相数和功率，并初步选定了加热元件的材料和连接方式之后，各并联支路中每个加热元件的截面尺寸可按下式计算

$$d = 34.3 \sqrt[3]{\frac{\rho_t P_i^2}{U^2 [\omega]}}$$

$$a = \sqrt[3]{\frac{10^5 \rho_t P_i^2}{2m(m+1) U^2 [\omega]}}$$

$$\rho_t = \rho_{20}[1 + \alpha(t - 20)]$$

式中，d 为线材加热元件的直径（mm）；ρ_t 为温度为 t 时的电阻率；P_i 为每个加热元件的功率（kW）；U 为加热元件端电压（V）；$[\omega]$ 为允许表面负荷（W/cm²）；a 为带材加热元件的厚度（mm）；m 为带材加热元件的厚度比，一般取 5~10；ρ_{20} 为 20℃ 时电阻率（Ω·m）；α 为电阻温度系数（1/℃）。

按上式求得截面尺寸，根据产品样本选定合适的规格，然后可按下式计算每个加热元件在工作温度下的电阻值及长度为

$$R_t = \frac{U^2}{10^3 P_i}$$

$$l = \frac{S R_t}{\rho_t}$$

式中，R_t 为每个加热元件在温度为 t 时的电阻值（Ω）；l 为每个加热元件的长度（m）；S 为选定规格的加热元件材料的截面积（m²）。

求出长度后，计算实际表面负荷，其值不得大于允许表面负荷。此外，还应考虑加热元件的机械强度以及是否能够合理布置等问题。

2.9.3 控制气氛炉中的加热元件选择

加热元件的材质、工作温度和炉内气氛间的关系见表 22.2 - 10。

2.9.4 真空电阻炉中的加热元件选择

真空电阻炉加热元件材料的选择，首先要考虑炉子的额定温度。加热元件的温度一般比炉子额定温度高 100~150℃。除炉温外，还应考虑炉内残余气体中活性气氛的分压，以及电热元件与绝缘件、被处理金属的相互作用等。例如，有的被加热工件，不允许有碳分的存在，因此，加热元件与隔热屏的材料就不能运用石墨和碳毡。

内热式真空电阻炉加热元件的电压应合理选择，如果太高，会导致炉内真空放电或辉光放电，致使加热元件、炉内结构件损坏；如果电压太低，就会增大加热元件的电流，致使加热元件的连接结构（即电极）困难，且增加了电损耗。表 22.2 - 11 列出真空电阻炉电压的推荐值。

根据允许的表面功率，可算出加热元件的表面温度，这一温度不得超过该加热元件所用材料的最高使用温度。

加热元件的寿命，在理想情况下，取决于其蒸发速度。由于加热元件的蒸发，造成了它的质量损失，电阻值变大，当电阻值增大到 1.15~1.2 倍的时间，即为加热元件的寿命。蒸发速度按下式计算

$$v = 775.4 P_s \sqrt{\frac{M}{T}}$$

表 22.2 - 10　　　　　常用加热元件在各种气氛中的最高温度

加热元件材料 控制气氛	铁铬铝合金		镍铬合金	碳化硅元件	二硅化钼元件
	OCr13A16Mo2, OCr25A15	OCr13A17Mo2	Cr20Ni80		
空气	1300	1400	1150	1500	1700
氢	1250	1350	1150	1200	1400
氨分解气	1150	1250	1100	1200	1400
氨燃烧气	1000	1000	1100	1200	1400
氮	950	950	1100	1200	1500
吸热式气体	1100	1200	950	1350	1350
放热式气体	1150	1250	1050	1350	1350
含硫氧化性气体	1050	1150	不适宜	1350	1600

式中，v 为加热元件蒸发速度 [g/(cm²·s)]；P_s 为加热元件饱和蒸汽压（Pa）；M 为元素相对分子质量（g）；T 为加热元件的温度（K）。

对圆形截面加热元件，其使用寿命为

$$\tau = 1.46 \times 10^{-5} \frac{d\gamma}{v}$$

式中，τ 为使用寿命（h）；d 为圆形截面的直径（cm）；γ 为密度（g/cm³）。

当然，影响真空炉加热元件寿命的因素是多方面的，如炉温、真空度、压升率、加热元件的表面功率及其结构等。

加热元件的结构合理与否不仅影响其寿命，对炉子的性能也有很重要的作用。

表 22.2－11　　　　　　　　　　　　　　　　真空电阻炉电压推荐值

材　　料	剩余气体	在不同温度下的电压/V					
		20℃	1200℃	1600℃	1800℃	2000℃	2200℃
电阻合金	空气	200	170	—	—	—	—
石墨	氨	230	200	140	120	90	60
石墨	氩	170	170	100	60	30	25
石墨	氦	120	120	80	60	45	30
钨	氮	250	220	160	140	135	130
钨	氩	170	165	120	95	60	35
钨	氦	120	120	100	90	60	45
钼	氮	240	200	120	80	55	30
铌	氩	160	130	60	40	20	15
碳化铌	氮	190	160	100	80	55	25
碳化铌	氩	150	130	60	30	20	15
碳化铌	氦	110	95	50	25	20	20

2.10　电阻炉的供电电路及炉温控制

2.10.1　供电电路

常用电阻加热炉与电网连接有两种方式：① 380V 电网直接供电，适用于电热合金作加热元件的中、小型电阻炉；②通过电炉变压器供电，适用于碳化硅、二硅化钼、石墨、钼、钨等材料作元件的电阻炉以及盐浴炉、流动粒子炉等。

功率小于 15kW 的炉子多用单相 380V 或 220V 供电；大于 15kW 时一般用三相 380V 供电。

盐浴炉通常由低电压大电流变压器供电，一次电压一般为 380V 或 220V，二次输出电压为 36V 以下安全电压，一般分 5～7 挡。变压器的功率为炉子额定功率的 1.1～1.2 倍。

也可用磁性调压器供电，由于可不停电连续调压，因此，可实现炉温自动控制。另外，磁性调压器

的限流特性和取消了分挡调压开关，提高了工作可靠性。

流动粒子炉的电源可用交流或直流，工作电压一般为 100～150V，因此，用交流电时要有变压器。也可用磁性调压器、晶闸管交流调压器和晶闸管直流电源。

真空电阻炉不宜采用：①供电电压大于 100V；②晶闸管调节输入功率。

常用三相供电电路如图 22.2－1 所示。位式控制电路中切换加热元件接法的电路如图 22.2－2 所示。

2.10.2　电阻炉炉温控制方式及特点

电阻炉炉温控制系统中的传感器多用热电偶，炉温超过 1600℃时，则常用光电高温计或辐射高温计。调节器可根据被调量的要求选择电子电位差计、程序控制仪表、带微处理器的控制仪表，或专门设计的微机控制系统。

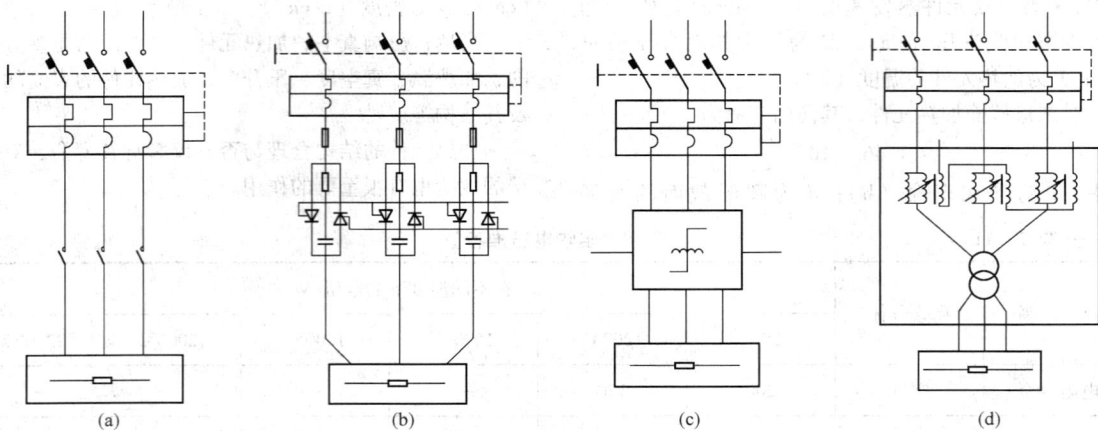

图 22.2-1 常用三相供电电路结构

（a）位式；（b）晶闸管式；（c）饱和电抗器式；（d）磁性调压器式

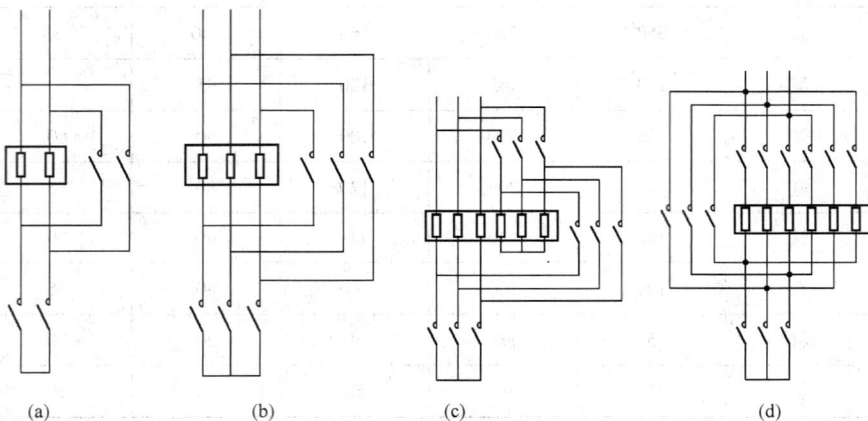

图 22.2-2 加热元件切换接法

（a）单相串联-并联；（b）丫-△三相串联-并联；（c）、（d）△△-△-丫 丫-丫

第3章　电　弧　炉

3.1　电弧炉的分类、用途、特点及选用

3.1.1　分类、用途及特点

　　电弧炉按电极位置可分为直接电弧炉和埋弧炉。一般的炼钢电弧炉均为直接电弧炉。按供电方式及用途可分为三相炼钢电弧炉、直流电弧炉、钢包精炼炉和真空电弧炉。炼钢电弧炉主要用于熔炼合金钢、普通钢和铁合金等。其加热原理是利用专用电极棒与被熔炉料间产生的电弧，使炉料直接加热，达到熔化。炼钢电弧炉与平炉、转炉相比，具有熔化速率快，合金烧损小，炉气、温度和合金成分易于控制，没有从燃烧和热风带来的杂质等特点，而埋弧炉以高电阻率矿石为原料。在工作过程中电极下部一般是埋在炉料里的，所以除了利用电极和炉料之间的电弧产生的热量以外，还利用电流通过炉料时炉料电阻所产生的热量，因而埋弧炉又称为埋弧电阻炉或矿热炉。

3.1.2　电弧炉的选用

　　电弧炉的选用首先依据所炼材料及要求来确定选用哪一种的电弧炉。炼钢电弧炉的规格用炉膛额定容量表示，可根据生产率和设备利用系数来确定电炉变压器容量和对应的电炉容量。设备利用系数用下式表示：

　　　　设备利用系数＝每昼夜出钢量/电炉变压器容量

　　对于熔炼合金钢的普通功率电弧炉，其设备利用系数约为18t/MVA，配以钢包精炼炉时还可以取高些。高功率炼钢电弧炉可取25以上，超高功率电弧炉则达35或更高。埋弧炉的选用也是根据被熔炼产品的品种、生产率、设备利用系数和现场条件来选定炉子的容量。

3.2　炼钢电弧炉

3.2.1　炼钢电弧炉设备组成和炉体结构

　　炼钢电弧炉设备主要由四部分组成：①供电设备，包括隔离开关、高压断路器、电抗器、电炉变压器和大电流线路等；②机械设备，包括炉盖顶起机构、电极升降机构、电极加紧机构、加料机构和出料机构等；③控制设备，包括电极升降调节装置、高压断路器控制设备和各机械设备的控制等；④炉体，包括炉身、炉盖、炉门、电极和其他部分。炉门供观察炉内情况、扒渣、加料等用，一般均通水冷却。三相炼钢电弧炉的炉体结构如图22.3-1所示。

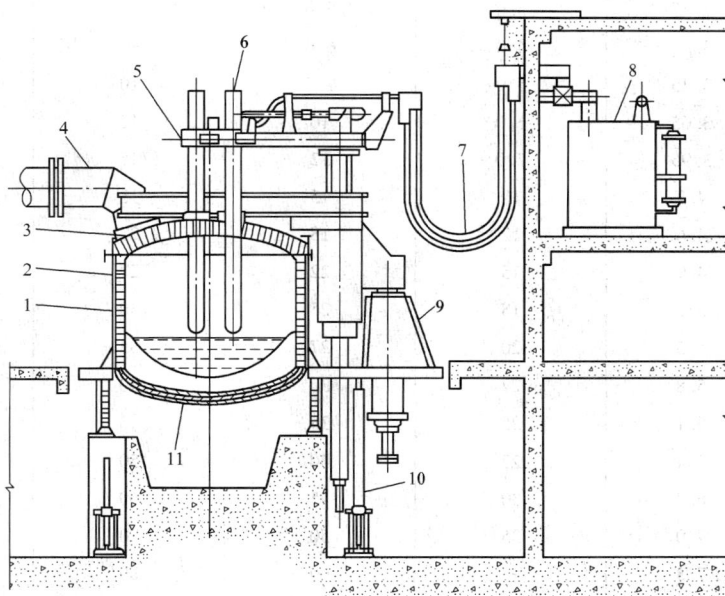

图 22.3-1　三相炼钢电弧炉的炉体结构简图

1—炉壳；2—炉壁；3—炉盖；4—除尘管道；5—电极夹持器；6—电极；
7—水冷电缆；8—电炉变压器；9—炉盖提升旋转机构；10—倾动油钢；11—炉底

国产电弧炉能向出渣侧倾动 15°，向出钢侧倾动 45°，靠自重回倾。为了缩短大电流线路长度和解决电弧炉倾动机构过于复杂等问题，近年来又发展了一种底出钢电弧炉，各项指标与倾动式电弧炉相比有较大改善。

炼钢电弧炉的炉衬按部位可分为炉底区、炉壁区、炉底区和出钢槽。炉衬按所用材料的化学性质有酸性、碱性和中性。几种炉衬中以碱性炉衬应用最为普遍。

炼钢电弧炉的电极一般采用石墨电极，电极直径应依据炉子功率（电极电流）选择。使用时应注意：①电极应储存在干燥处，如有水分，加热时易开裂与折断；②电极的接长应在专用机架上进行；③电极表面应与夹头表面紧密接触；④电极应能在炉顶电极孔中畅通地移动；⑤电极下部区域应填装小块料、金属屑或焦炭，以使电弧稳定；⑥在炉料熔化期间应注意不使炉坡上的料块滑下碰伤电极。电极升降自动调节器以电弧长度为调节对象，由给定、测量、放大和执行四个主要环节组成，目的是为了自动点弧，消除短

路，自动保持每相电弧功率等。

3.2.2　炼钢电弧炉系列及主要参数

常用炼钢电弧炉系列及主要参数见表 22.3－1。

高功率和超高功率电弧炉是利用高的输入能量，将炉料尽快熔化，以达到节能和提高生产率的目的。超高功率电弧炉和炉外精炼技术相结合，使电炉炼钢技术达到一个崭新的水平。

3.2.3　供电系统及主要电气特性

供电系统组成如图 22.3－2 所示。其中一次侧电抗器在大型电弧炉中可不串接。三相炼钢电弧炉的理论电气特性如图 22.3－3 所示，其中，P 为有功功率；P_a 为电弧功率；P_r 为损耗功率；η_d 为电效率；U_a 为电弧电压；$\cos\varphi$ 为功率因数。炉子运行工作点就是指电弧电流在其特性曲线上的位置。为使炉子工作于最佳状态，必须正确选择它的工作点。有关特性曲线的计算和工作点选择方法详见相关参考文献。

表 22.3－1　　　　　　　　　　　　　　炼钢电弧炉系列及主要参数

电炉容量 /t	炉壳直径 /m	变压器容量/MVA			电动机直径 /mm
		普通功率	高功率	超高功率	
1	1.70	1.0	—	—	150
2	2.15	1.5	—	—	175
3	2.45	2.0	—	—	200
5	2.75	3.0	5.0	—	250
8	3.05	4.0	6.0	—	300
10	3.35	5.0	7.5	10	300、350
15	3.65	6.0	10	12	350
20	3.95	7.0	12	15	350、400
25	4.3	10	15	18	400
30	4.6	12	18	22	400
40	4.9	15	22	27	450
50	5.2	18	25	30	450
60	5.5	20	27	35	500
70	5.8	22	30	40	500
80	6.1	25	35	45	500
100	6.4	27	40	50	500
120	6.7	30	45	60	550、600
150	7.0	35	50	70	600
170	7.3	—	60	80	600
200	7.6	—	70	100	600、700
250	8.2	—	—	—	700
300	8.8	—	—	—	700

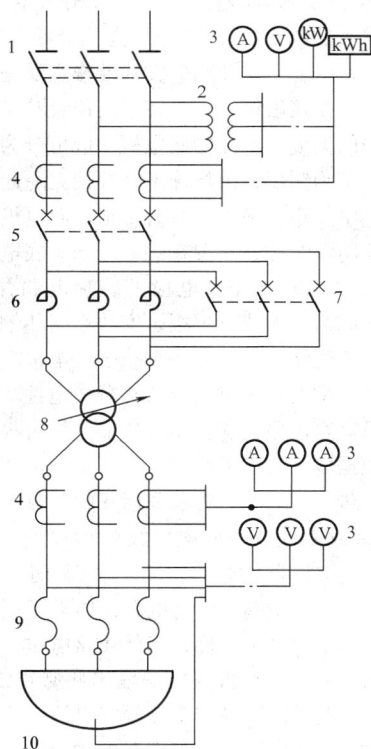

图 22.3 – 2　三相电弧炉供电系统
1—隔离开关；2—电压互感器；3—测量仪表；
4—电流互感器；5—高压断路器；6—电抗器；
7—电抗器短接开关；8—电炉变压器；
9—软电缆；10—电弧炉

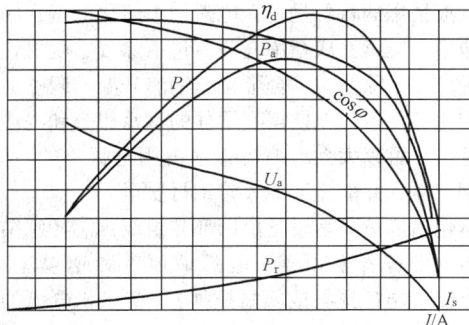

图 22.3 – 3　三相电弧炉理论电气特性

从电炉变压器二次侧出线端至电极（包括电极）这一段线路称为短网。这段线路长度一般仅为 10~20m，但对炉子的压降、功率损失及相平衡影响极大，在设计和安装时必须从线路长度、母线厚度和位置安排等方面考虑减小这些影响。

1. 功率控制　控制电弧炼钢炉不同冶炼期的功率，需在宽范围内调整变压器的二次电压。实际系统中是采用分接开关改变供电变压器一次抽头位置来实现的。国产电炉变压器新系列规定，变压器容量 10MVA 以下用无励磁调压，10MVA 以上用有载调压。

为保持各冶炼期中炉内的功率恒定，还必须根据炉内阻抗的变化来调节电弧的长度，以确保电弧电流稳定。电极升降自动调节装置的功能就是检测炉阻抗（电弧电压与电流之比）的变化，通过运算，控制电极的升降，调节电弧长度，使炉阻抗保持在给定值，从而实现在不同冶炼阶段输出的二次电压下炉内功率的恒定。

2. 电极调节装置　目前常见的三相电弧炼钢炉电极调节装置按驱动方式可分为电动式和液压式两类。电动式调节器国内多用于 10t 以下电弧炼钢炉，常见的是晶闸管供电的双绕组交流电动机式调节器及变频器控制的交流笼型电动机式调节器。液压式调节器没有电动式调节器的旋转部分和配重引起的惯性，响应速度快，稳定性好，提升速度高，载能液体大多用乳化液。大型电弧炼钢炉均采用液压式调节器。

近年来在电弧炉的控制中引入了计算机，除完成电极升降自动调节功能外，还可有效地增加输入功率，减少电极折断次数，延长炉底、炉壁的使用寿命，克服由于一次电压波动、炉料装入量变化及三相电弧功率不平衡对熔化速度的影响，并按不同冶炼阶段的工艺要求针对不同指标进行最优控制，可有效地节能和提高产品质量。

3. 电压闪变及其抑制　电弧炼钢炉在熔化期间工作时会产生两种类型的电流波动：①塌料引起电弧突然短路，造成 2~3 倍于额定工作电流的冲击电流。这种电流波动是突发性的，频率约为 1 次/s；②电弧在炉料上转移引起弧长及电弧电流波动，这种波动近似周期性，频率为 2~15 次/s。电流波动在供电线路上产生变动的压降，导致同一电网上其他用户电压以相同频率波动，这就是闪变。我国用等效闪变电压 ΔU_{10} 和闪变电压限值 ΔU_{t} 衡量闪变电压的大小，必须满足 GB 12326—1990 标准的规定。

抑制电弧炉引起的电压闪变有两种方法：一是用短路容量大的公共电网供电；另一种方法是采用动态无功功率补偿装置配合谐波滤波器来吸收炉子产生的无功功率波动。

3.2.4　电磁搅拌与排烟除尘

利用电磁力代替人力对钢液进行搅拌，能够强化钢液与熔渣的反应，使钢液温度和成分均匀，并能驱使熔渣向炉门汇集，便于扒渣操作。全套搅拌装置主要由搅拌器和低频电源两大部分组成，并附以水冷系统和测量监控系统等。搅拌器位于电弧炉炉底下部。

采用电磁搅拌的电弧炉炉底需用非磁性钢制造。搅拌器的工作原理同一般异步电动机。它是一种特殊形式的直线电动机，钢液在电动力的推动下顺着磁场移动方向移动，从而使钢液得到了搅拌。

炼钢电弧炉熔炼每吨钢要产生 5~25kg 烟尘。许多国家从环保要求提出了向大气排放的废气含尘量每吨钢不大于 0.3kg，所以必须装设排烟除尘装置。电弧炉排烟除尘有以下三种方式：①炉内抽烟式，这种方式是在炉盖上开孔，将炉气用管子导出，进行除尘净化处理；②排烟罩式，在炉盖三个电极孔上方装设局部排烟罩，烟气经管道、风机及除尘净化设施后排入大气中；③全密封式，将电弧炉全部密封起来，设置特殊出入口和排气口。

3.2.5 安全技术和使用维护

炼钢电弧炉的安全技术应符合国家标准《电热设备的安全》第一篇通用要求和第四篇电弧炉的特殊要求。此外，应注意以下几点要求：①炉顶作业只能在工作架上进行，为了挡住从电极周围间隙处喷出的火焰，应采取石棉板隔离措施；②当发生电极圈漏水现象时，应立即停炉；③出钢前应检查倾炉机构，以确保出钢时能顺利倾炉；④确保电极升降机构和倾炉机构上各传动系统的保护装置完全无损；⑤装入炉内的废钢铁料需经安全检查，以防把爆炸物带入炉内；⑥不准将湿料加入已化清的钢水内，不得使用湿扒耙扒渣，不得使用未经充分干燥的钢水包（包括塞杆）；⑦在扒渣和出钢前应检查渣坑和钢包坑，坑内应完全无水。

3.2.6 直流电弧炉

直流电弧炉具有以下优点：①采用单根石墨电极，熔炼均匀，且机械设备紧凑；②电弧稳定，对电网干扰小，引起的闪变发生量为交流电弧炉的 50%；③能长弧作业，且电弧方向始终垂直向下，熔炼初期熔化快，精炼期热效率高，单位电耗可减少 5%~16%；④短网损耗低；⑤电极消耗少，比交流电弧炉减少 50%；⑥炉衬寿命长，耐火材料消耗减少 30%~50%；⑦钢液搅拌力强；⑧噪声小。

直流电弧炉总体结构与三相交流电弧炉类似，但它用直流供电，故只有一根顶电极、一个电极升降机构和一套底电极。底电极布置在金属熔池下面，目前

常用的有风冷接触销式、水冷棒式和导电炉底三种。接触销由低碳钢制成，数量与炉子容量有关，其寿命在 200 炉以上。这种底电极的维修主要是在更换炉底时同时更换接触销，也可在适当位置装设热电偶监视接触销的温度。水冷棒式底电极一般可分为两段；上为钢质，下为铜质，由特殊工艺焊接在一起，也有全钢棒式。中、小型炉一般只有一根。底电极的水冷区有高可靠防爆结构，布置在炉底外部。底电极直径约为顶电极的 2.5~5 倍，电极上装热电偶并显示温度。导电炉底为一大块紫铜板，安放在耐热钢炉底上并与炉子外壳绝缘。板上有一个或多个电极端子与水冷电缆连接。炉底耐火材料应有充分导电性。

目前直流电弧炉基本上用晶闸管可控整流电源供电。根据电炉功率大小和电压高低，可用不同结构形式的电路。通常，小功率采用 6 脉整流电路，大功率采用 12 或 24 脉电路；电压低于 300V 时，可用双反星型带平衡电抗器的电路，高于 300V 时，则用三相桥式电路。对大功率电炉的电源，还常用同相逆并联方式来减小柜内电磁干优，降低线路电抗，改善桥臂并联晶闸管的均流。直流电源输出侧必须设置电抗器，将动态短路电流限制在 2 倍额定电流以内。整流器的空载输出电压应当高于工作时的输出电压，其大小与工作时的电弧长度、炉壳直径和炉衬耐火指数等有关。

3.2.7 钢包精炼炉

钢包精炼炉是一种把电磁搅拌（或吹氩搅拌）、真空除气和电弧精炼三者结合在一起的钢液精炼设备。钢液精炼的目的是将在电弧炉中熔化的钢水倾注到钢包中，继续完成精炼任务，包括除气、脱氧、脱碳、脱硫、排除杂质、合金化、钢液升温、调整成分和均匀化等任务，以期得到最佳的钢水成分和浇注条件。这样，可以大大地缩短钢水占用电弧炉的时间，提高钢产量，并能显著地改善钢材质量。

钢包精炼炉成套设备由四部分组成：①特殊结构的钢包，带有真空顶盖、电弧炉顶盖和钢包座等；②搅拌器（电磁搅拌或吹氩搅拌）；③三相电弧加热系统；④真空系统。钢包精炼炉的布置方式有两种：一种是钢包座固定而真空顶盖和电弧炉顶盖可以提升并旋开；另一种是顶盖不动，钢包座做成小车式，可在导轨上移动。表 22.3-2 和表 22.3-3 是钢包精炼炉主要参数和不同精炼方法比较。

表 22.3-2		钢包精炼炉主要参数			
钢包炉熔量/t	20	40	60	100	150	200
变压器容量/MVA	3~3.2	5.4	6.5~7	9.7	12.2~13	14
钢包直径/m	2.2	2.4	2.6	2.8	3.9~4	—

表 22.3 - 3 　　　　　　　　　　　不同精炼方法比较

冶金条件	ASEA-AKF 法[1]	VAD 法[2]	钢包真空吹氩	钢包吹氩
脱硫操作	在包中	在电炉内	在包中	炉内+包中
双渣或单渣	均可	双渣	单渣	双渣
出钢温度	正常	正常	高 40~60℃	高 40℃
钢包类型	无磁性不锈钢板	通用钢包	比通用钢包大	通用钢包
加热方式	电弧	电弧	无	无
抽气能力	大些为好	一般	比通常小	无
真空度/Pa	53.3	1333.2	133~166	大气压
搅拌方式	电磁	吹氩	吹氩	吹氩
包衬材料	高铝、铬镁系	高铝、铬镁系	高铝系	正常包衬
周期时间/min	120	30~60	11~13	10
吹氩量/（m³/t）	无	0.5~1.1	0.5~1	0.5
添料量	不受限制	量大	10%左右	极少量
适应钢种	高合金钢，不锈钢	中、低合金钢	中、低合金钢，碳钢	碳钢，结构钢

① ASEA-AKF 法包括真空脱气、电弧加热和电磁搅拌。

② VAD 法在真空下进行电弧加热和吹氧去碳。

3.2.8　真空电弧炉

真空电弧炉用于熔炼高级合金钢及钛、锆、钼等高熔点活泼金属及其合金，工作时真空度一般为 1.33~0.133Pa。按用途分为锭子型和浇注型。锭子型采用自耗电极，故称为真空自耗炉，用来生产锭子。浇注型炉又称真空凝壳炉，除自耗电极外，还配合非自耗电极，用于生产异型铸件。

真空自耗电弧炉采用直流电源供电，电源装置可用饱和电抗器-硅整流装置或晶闸管可控整流装置。直流电源要求空载电压为 70~80V，以保证点弧；在 20~40V 的工作电压范围内应具有恒流特性。由于工作平稳，最简真空自耗电弧炉大多采用脉冲式电极自动调节器。这种调节器的反馈信号来自自耗电极熔滴

通过等离子区时产生的电压波动的次数和大小，把这种信号转换成直流电压后与给定信号比较，按规定的调节规律对差值进行处理、放大，驱动执行机构完成电极的升降。

3.3　埋弧炉

3.3.1　埋弧炉的主要类别及用途

埋弧炉（电弧电阻炉）以高电阻率矿石为原料，埋弧炉又称矿热炉与埋弧电阻炉。绝大多数埋弧炉都是连续作业式的，即连续加料，电极也随着其端部消耗而连续进入炉中。间歇式埋弧炉的作业方式与炼钢电弧炉相似。埋弧炉的主要类别、原料和参数见表 22.3 - 4。

表 22.3 - 4 　　　　　　　　埋弧炉的主要类别、用途、反应温度及电耗

类　　别		炉　料	制 成 品	反应温度/℃	电耗/(kW·h/t)
铁合金炉	硅铁炉	硅石、废铁、焦炭	硅铁	1550~1700	4600~8300
	锰铁炉	锰矿石、废铁、焦炭、石灰	锰铁	1300~1400	3000~8000
	铬铁炉	铬矿石、硅石、焦炭	铬铁	1600~1750	3600~6000
	钨铁炉	钨矿石、焦炭	钨铁	2400~2900	3000~5000
	硅锰炉	锰矿石、硅石、废铁、焦炭	硅锰合金	1350~1400	3500~4100

类别	炉料	制成品	反应温度/℃	电耗/(kW·h/t)
炼铁电炉	铁矿石、焦炭	生铁	1500~1600	1800~2500
结晶硅电炉	硅石、石油焦炭	结晶硅	1550~1700	12000~13000
冰铜炉	铜矿石、焦炭	冰铜	1500~1550	700~800
电石炉	生石灰、焦炭	电石	1900~2000	2900~3600
碳化硼炉	氧化硼、焦炭	碳化硼	1800~2500	约20000
电熔刚玉炉	铝土矿石、焦炭	电熔刚玉	1600~1950	1400~3000
黄磷炉	磷灰石、硅石、焦炭	磷	1450~1500	10000~17000
氰盐炉	氰氨化钙、氯化钠	氰盐混料	1400~1500	约900

注：电耗随原料料成分、制成品成分、电炉容量不同有较大差异，表中是约值。

3.3.2 埋弧炉的设备组成和炉体结构

埋弧炉主要由炉体、电极装置和电气设备三大部分组成。炉体结构随制成品出炉时的状态、作业方式和炉子容量而异。现代化的埋弧炉炉体一般都做成圆筒形，这种结构的特点是强度大，刚性好，以及散热表面小。由于三电极圆筒形电炉的装料不易达到全部机械化，所以有时也把炉子做成长方形。埋弧炉的电极多数为自焙电极。

3.3.3 埋弧炉的电气设备

埋弧炉的电气设备同炼钢电弧炉的相似，但由于埋弧炉的负荷变化很小，工作状态平稳，功率因数高，三相负荷比较平衡，所以在主电路中不需设置电抗器来限制短路电流。其中高压断路器的动作次数很少，易于选型。由于多数埋弧炉都不倾炉，所以很容易将载有相反方向电流的大电流母线互相靠近，使磁场抵消，电抗减小。三相埋弧炉可由一台三相变压器供电，也可由三台单相变压器供电，这时三台单相变压器对称地布置在炉子周围。三台单相变压器供电的优点是：系统功率因数高，三相阻抗不平衡系数小。

埋弧炉运行过程中，电极也需要进行升降调节，简单的位式控制调节器也能保证炉子稳定工作，现代埋弧炉、大型炉多用液压调节系统，中、小型炉多用电动机调节系统。

3.3.4 埋弧炉的安全技术及使用维护

埋弧炉的安全技术除应符合国家标准《电热设备的安全》第一篇通用要求和第四篇对电弧炉设备的特殊要求外，尚须考虑以下工艺操作时的安全技术：

1. 电气设备的维护及安全技术 停炉后进行检修前，应先用仪器检查所有导电部件确已断电，并接好接地线后才能开始修理。在电极操作平台上工作时，不允许用手、身体和工具同时接触两根电极。带电接长电极外套和装电极料时，必须穿绝缘鞋。

2. 加料时的安全技术 在加料操作平台上进行加料操作时，要防止触电、炉内爆炸及炉渣喷出等事故发生。加料工具应带有绝缘手柄。水分超过3%的湿料加入炉内时，就可能引起爆炸，喷出金属熔液，因此，必须防止加湿料。

3. 出料和出渣的安全技术 在捅开排放口之前，必须在操作者前面放置挡板，以防熔液喷溅。排放口捅开后，操作者要迅速离开排放口，并应关闭氧气阀门。

4. 熔液包的装满程度 熔液面距包的上缘不得小于200mm，使熔液在运输时不致溢出。

5. 在溜渣槽上打渣壳时，特别要注意安全 如果溜渣槽尾部长了渣壳，则该处可能有炉料积下，因此应当用长钎子从侧面将渣壳打掉，绝对不允许直接在溜渣槽上面打渣壳，因为这样可能引起爆炸。出热渣时，渣罐必须安全干燥。

第4章 感 应 加 热

4.1 感应加热原理

1831年麦迦勒·法拉第（Michael Faraday）发现的电磁感应现象是一切感应加热的技术基础，其本质是一次线圈（感应器线圈）中流过交流电流会产生同频率的交变磁通，交变磁通的存在，会使闭合的二次线圈（待加热工件）中产生感生电动势，在工件中产生电流（涡流）使工件发热。

为使工件加热到一定温度，甚至使之熔化，要求工件中的感生电动势尽可能大，增加感应器线圈中电流可以增加工件中的交变磁通，所以以增加线圈中的电流是加大感生电动势的一个途径。近代感应加热设备中的线圈电流最大可达到几千甚至上万安培。加大感生电动势的另一个途径是提高线圈电流的频率，频率越高，交变磁通变化越快，感生电动势就越大。现代感应加热除采用工频（50Hz）电源外，还广泛采用中频（50Hz～10kHz）和高频（10kHz～2MHz）电源。

4.1.1 交流电效应

感应加热采用交变电流，交变电流通过导体存在下列几种效应。

1. 集肤效应 当交流电通过导体时，沿导体截面上的电流分布是不均匀的，其最大电流密度出现在导体的表面层，这种电流集聚的现象称为集肤效应。

导体在通过交变电流时由于集肤效应的存在，横截面上的电流密度从表面到中心呈现指数规律分布，如图22.4-1所示。

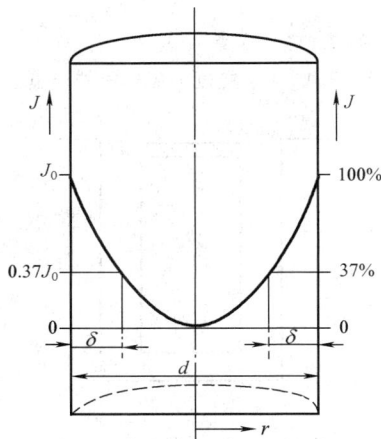

图22.4-1 交流电集肤效应示意图

$$J_{(x)} = J_0 e^{-x/\delta}$$

电流引起的功率分布为

$$P_{(x)} = P_0 e^{-2x/\delta}$$

式中，$J_{(x)}$为离导体表面垂直距离等于x处的电流密度；J_0为导体表面电流密度；$P_{(x)}$为离导体表面垂直距离等于x处的功率密度；P_0为导体表面功率密度；δ为电流透入深度。

导体透入深度与流过的电流频率f，导体材料的相对导磁系数μ_r及电阻率ρ有关，可由下式计算

$$\delta = 5030 \sqrt{\frac{\rho}{\mu_r f}} \quad (\text{cm})$$

式中，ρ为导体电阻率（$\Omega \cdot cm$）；μ_r为导体的相对磁导率，对于非磁性材料导体而言$\mu_r = 1$；f为频率（Hz）。

导体中功率密度在离表面深度δ的地方就很小（$0.135P_0$），超过2δ的地方基本为零，交流电流在导体中所产生的焦耳热全部能量的86.5%集中在电流透入深度δ层内。

图22.4-2为不同材料不同频率时导体的透入深度分布。

2. 邻近效应 当两根导体（例汇流排或感应线圈与被感应加热的零件）在通有交流电流的情况下，由于电流磁场的相互作用，两导体中的电流将作重新分布，这种现象叫做邻近效应，它本质上与集肤效应相似。

导体不同摆放方式引起的邻近效应如图22.4-3所示。

图22.4-3（a）所示两导体平行放置，通以大小相等、方向相反交变电流，邻近效应表现为电流在导体内层表面流过，导电厚度即为电流透入深度，两导体间磁场强度增加，外侧磁场强度减弱。

图22.4-3（b）所示两导体平行放置，通以大小相等、方向相同交流电流，邻近效应表现为电流在导体外层表面流过，两导体内侧磁场相互抵消，强度减弱，而导体外层磁场增加。

图22.4-3（c）所示两导体非平行放置，通以大小相等、方向相反交流电流，电流在导体内侧流过，距离近内侧电流更密集。

图22.4-3（d）所示两导体非平行放置，通以大小相等、方向相同交流电流，电流在导体外侧流过，距离远外侧电流更密集。

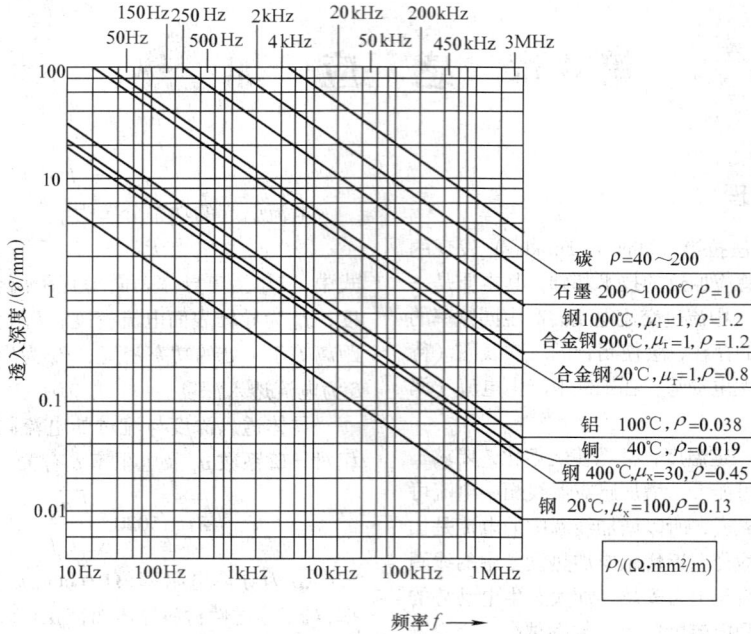

图 22.4－2　不同材料不同频率时透入深度

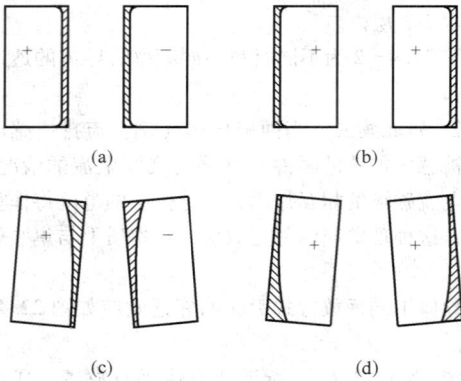

图 22.4－3　导体不同摆放方式引起的
邻近效应

(a)平行放置反向电流;(b)平行放置同向电流;
(c)非平行放置反向电流;(d)非平行放置同向电流

3. 圆环效应　当交变电流通过圆环型线圈时,其最大电流出现在线圈导体的内侧 (如图 22.4－4 所示),这种现象称为圆环效应。导体的径向厚度与圆环直径之比愈大,则此种现象愈显著。磁力线在环内集中,在环外分散,具体表现为置于同一圆环导体之中和导体之外的圆柱体和圆筒工件,在耦合距离相同时,环内的圆柱体工件加热剧烈,升温很快,而环形的圆筒工件加热缓和,升温很慢。

4. 导磁体的槽口效应　一根通以交变电流的导体置于"U"形导磁体的槽口之中,导体中电流将聚集于槽口上部。这一现象称为导磁体的槽口效应或称为导磁体的趋流效应,如图 22.4－5 所示。

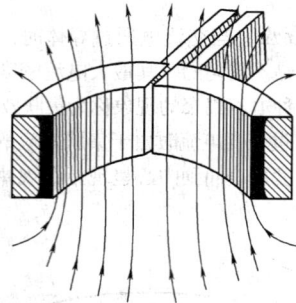

图 22.4－4　交流电圆环效应示意图

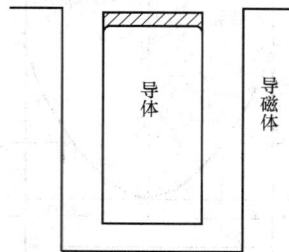

图 22.4－5　槽口效应示意

导磁体槽口深度越大，电流频率越高，则导磁体的槽口效应越强烈。

利用导磁体的槽口效应可以把导体中的电流驱逐到导体的任何位置，以提高感应器的加热效率。

4.1.2 负载感应器的等效电路

感应加热负载形式多种多样，有熔炼、透热、淬火和钎焊等，但从电磁学角度都可等效为一付边单匝短路的变压器，其等效电路如图22.4-6所示。即负载感应器可等效为电阻 R_s 与电抗 X_s 串联或电阻 R_p 与电抗 X_p 并联。

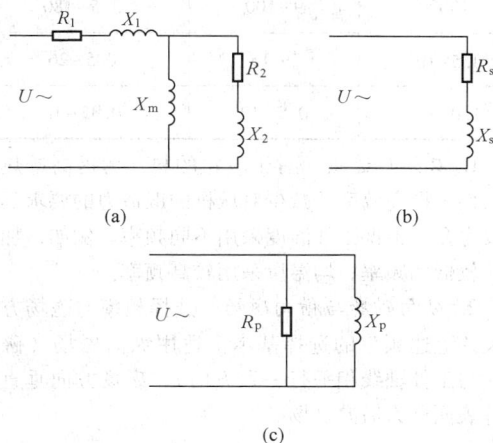

图 22.4-6　感应器负载系统的等效电路

(a)等效电路；(b)串联简化等效电路；

(c)并联简化等效电路

R_1、X_1—线圈电阻、电抗；R_s、X_s—串联等效负载电阻、电抗；R_2、X_2—工件电阻、电抗；X_m—气隙电抗；R_p、X_p—并联等效负载电阻、电抗

对同一负载，存在

$$R_p = \frac{R_s^2 + X_s^2}{R_s}$$

$$X_p = \frac{R_s^2 + X_s^2}{X_s}$$

负载无功功率与有功功率之比称为负载感应器的品质因数

$$Q = \frac{X_s}{R_s} = \frac{\omega L_s}{R_s}$$

式中，L_s 为负载等效串联电感；ω 为负载工作电流角频率。

负载功率因数

$$\cos\varphi_L = \frac{R_s}{\sqrt{R_s^2 + X_s^2}} = \frac{1}{\sqrt{1 + Q^2}}$$

表22.4-1为不同应用中负载感应器功率因数范围。一般感应器与工件负载耦合越紧，其功率因数越高，磁性材料比非磁性材料工件具有更高的功率因数值。

表 22.4-1　　功率因数与负载性质间关系

用　途	熔　炼	透　热	淬　火
功率因数	0.099~0.05	0.196~0.099	0.316~0.196

4.2　感应透热炉

感应透热主要用于金属材料（坯料）在锻造、冲压、挤压、轧制等热加工前的加热，对于不同规格坯料的加热一般有周期式（静止加热）、步进式和连续式三种加热方式。

（1）周期式（静止加热）是单个坯料在感应器中加热达到温度出炉后，再放入下一个冷坯料。

（2）步进式是在感应器中有几个坯料，这些坯料按一定的时间间隔，在进料端加入一段冷料，出料端则送出一个达到温度的热料。

（3）连续式是冷坯料连续不断地进入感应器，在匀速前进过程中逐渐加热至所需要温度，出料端不间断出料。

4.2.1　透热频率选择

透热主要用于热加工前（例如锻造、挤压、碾轧和剪切）的预热和热处理的穿透加热。加热时间短，效率高。在保证温差下，加热时间越短越好。较低的频率，产生深的透入深度。有效加热层随着频率的降低趋于极限值（如图22.4-7所示），随着频率的降低电效率会急剧地下降。所以过分选择低的频率，被加热工件的径向温差并不减小。而过分选择高的频率，有效加热层减少，超过最佳频率，随着频率的提高反而电效率下降，势必引起工件的径向温差增加。

实心圆柱频率选择

$$\frac{d}{\delta} = 2.5 \sim 6$$

式中，d 为直径（cm）。

板材频率选择

$$\frac{h}{\delta} = 2.25 \sim 6$$

式中，h 为板厚（cm）。

管材频率选择

$$f \geqslant 30000/d^2$$

式中，d 为管材外径（cm）。

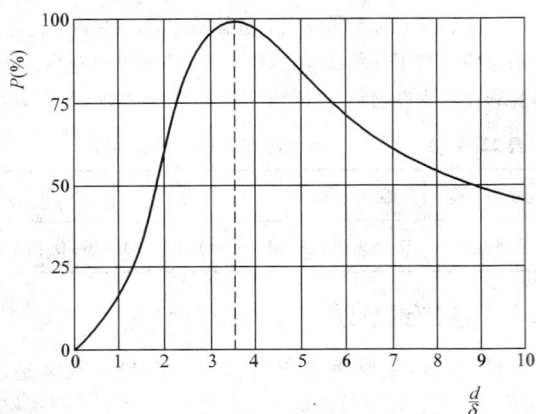

图 22.4 - 7 工件直径与透入深度
与工件吸入功率关系

$$0.35\delta \leqslant \tau \leqslant 2\delta$$

式中，τ 为管材壁厚（cm）。

表 22.4 - 2　　加热钢材高于居里点的透热
深度（δ），不同直径的频率选择

f/Hz	δ/mm	d/mm
50	78.0	150 ~ 500
150	45.0	100 ~ 400
500	24.4	60 ~ 250
1000	17.5	43 ~ 175
2000	12.3	30 ~ 120
3000	10.0	100 ~ 2113.4
4000	8.7	22 ~ 90
5000	7.8	20 ~ 85
8000	6.0	17 ~ 70
10000	5.5	15 ~ 60
4.5×10^5	0.8	2.5 ~ 8
1.0×10^6	0.5	1.5 ~ 6

表 22.4 - 3　　　有色金属直径与频率的选择

频率 f/Hz	工件截面直径 d/mm	
	黄铜（800℃）	铝和铝合金（500℃）紫铜（850℃）
50	110	52
500	37 ~ 440	16 ~ 820
2000	18 ~ 210	8 ~ 410
5000	11 ~ 130	5 ~ 260
10000	9 ~ 100	3.5 ~ 180
4.5×10^5	1 ~ 15	0.5 ~ 26
1.0×10^6	0.8 ~ 12	0.35 ~ 18

1. 双频与透热　对于较粗的料，为提高透热的均匀性，提高效率，减少对压机的锻造力的要求延长模具寿命，根据工件温度采用不同频率。例如，加热段比较低的频率，均温段采用较高频率。

2. 纵向磁场与横向磁场　选择频率与磁场方向相关。上述频率的选择基本上适用纵向磁场（磁场方向与工件轴线平行一致方向），磁场方向垂直于工件表面称为横向磁场。

4.2.2　功率的选择

$$P = \frac{4.2c\Delta TG}{\eta} \quad (kW)$$

式中，c 为被加热金属的平均比热容 [kJ /（kg·K）]（见表 22.4 - 4）；ΔT 为加热温升（℃）；G 为所需的生产率（kg/s）；η 为综合效率（电效率 η_D 与热效率 η_R 之综合）。

表 22.4 - 4　　常用金属固态比热容

材质	钢	铝	铜	镍	金	银
比热容 4.2 kJ /（kg·K）	0.16 ~ 0.17	0.232	0.113	0.130	0.344	0.066

η 取决于感应器与工件的耦合。感应器由铜管绕制而成，通水冷却。为了有好的冷却效果，在通水铜管内壁的水温不大于 80℃、铜管出水温度不大于 55℃，炉衬所用耐火材料必须满足机械、化学和热方面的要求。炉衬越薄，电效率越高，热效率越低，通常电效率 $\eta_D \approx 0.7 \sim 0.85$，热效率 $\eta_R \approx 0.75 \sim 0.90$，综合效率为 0.5 ~ 0.65。几种金属材料不同温度下的热容量如图 22.4 - 8 所示。

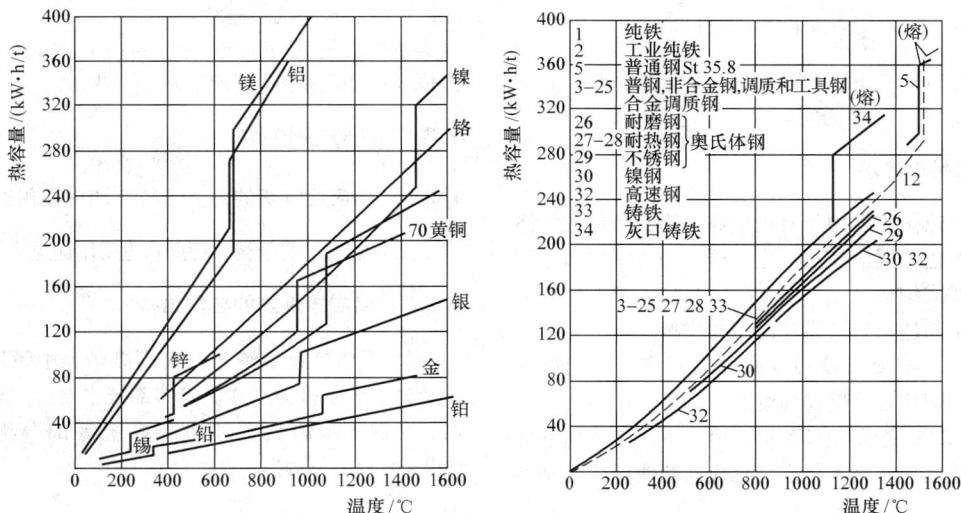

图 22.4 - 8　几种金属材料不同温度下的热容量

4.2.3　炉长的计算

炉子长度可按下式计算

$$L_{SP} = \frac{t_D G}{g \times 3600} \quad （m）$$

式中，G 为每小时产量（kg/h）；g 为工件每米重量（kg/m）；t_D 为加热时间（s）。

加热时间 t_D 的确定，以圆柱形工件为例

$$t_D = \frac{d_2^2}{4\alpha}\tau$$

式中，d_2 为工件计算直径（cm）。

导温系数为

$$\alpha = \frac{\lambda}{c\gamma}$$

式中，c 为工件材质比热容[J/(kg·K)]；λ 为工件材质热导率[W/(m·K)]；γ 为工件材质密度（kg/cm³）。

傅里叶准数为

$$\tau = \frac{S(\alpha, 1) - \dfrac{T_0}{T_x}S(\alpha, 0)}{\dfrac{T_0}{T_x} - 1}$$

式中，T_0 为加热终了时的表面温度（℃）；$T_x = (T_0 - \Delta T)$ 为加热终了时的芯部温度（℃）。

由 $S(\alpha, 0)$ 与 $S(\alpha, 1)$ 为辅助函数可由曲线（见图 22.4 - 9）查出

$$\alpha = 1 - \frac{\xi}{R_2}$$

当 $\Delta_2 < 0.4R_2$ 时　$\xi = \Delta_2 = 5030\sqrt{\dfrac{\rho_2}{f}}$

当 $\Delta_2 > 0.4R_2$ 时　$\alpha = \alpha_1 = 0.6$

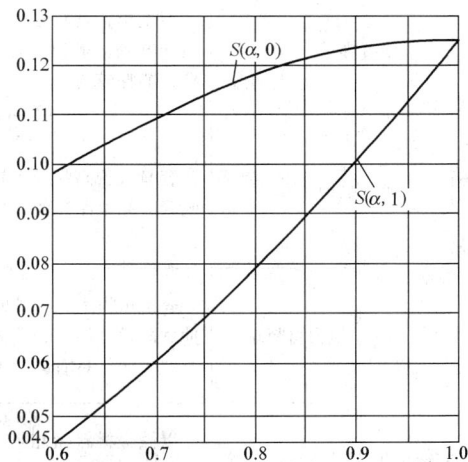

图 22.4 - 9　函数 $S(\alpha, 1)$ 和 $S(\alpha, 0)$

表 22.4 - 5　常温(20℃)常用金属的热导率

材　质	黄铜(H62)	紫　铜	铝	钢
λ /[W/(m·K)]	120	393.56	211.9	50

通常芯表温差铜、铝为 25℃，钢为 80～100℃。

上述计算的简化，钢材可进行如下估算

$$t_D = \frac{d^2}{K} \quad （min）$$

式中，d 为工件直径（cm）。

普通加热 $K = 11$，快速加热 $K = 20$。

冷却水的计算，根据设备发热（损耗功率）所

需冷却计算流量为

$$Q = \frac{P}{0.07\Delta T} \times 0.06 \quad (\text{m}^3/\text{H})$$

式中，P 为损耗功率（kW）；ΔT 为允许温升，通常以出水口不大于 55℃为宜。

4.2.4 工频透热炉

工频透热炉主要用于有色金属、铝、铜锭的加热或大直径黑色金属的加热，通常透热炉为每层布置双层或四层饼式结构。

单相工频透热炉必须考虑三相平衡。三相工频透热炉相与相之间交接处磁场减弱，若将中间相倒接时，相与相交接处的磁场强度有所提高，此时三相磁场相角由 120℃变成 60℃互相抵消较少。在各相感应器功率和端电压相等条件下，感应器的线圈匝数是不相等的，因为各相感应器相对应部位炉料温度不一样，炉料介入阻抗不一致。

在对铝锭感应加热时，要防止表面下（大约10mm 处）局部熔化，粗晶环的产生。

4.3 感应熔炼炉

4.3.1 感应熔炼炉的分类、特点和主要用途

感应熔炼炉的分类、特点和主要用途见表 22.4 - 6。

4.3.2 感应熔炼炉的典型结构

1. 无芯感应熔炼炉 有高频炉、中频炉和工频炉之分，炉子多为立式。炉体部分主要由炉架、感应器、坩埚、倾炉装置和水冷系统等部分组成（如图 22.4 - 10 所示）。

表 22.4 - 6 　　　　　　　　　　　　　感应熔炼炉的分类、特点和主要用途

类　　别		特　　点	主　要　用　途
高频熔炼炉		容量小，具有起熔方便，不用起炉块，搅拌力小，炉衬冲刷轻，更换品种容易等优点。缺点是功率因数太低，能耗较高	熔炼贵重金属和特殊合金，也可用于熔炼钢、铸铁和有色金属等
中频熔炼炉		容量大于高频炉，具有与高频炉相似的优点，采用晶闸管变频电源以使能耗显著降低	熔炼钢、铸铁和有色金属等，也可降低频率和功率作为保温炉，特别是与冲天炉双联作业时
工频无芯熔炼炉	耐火材料坩埚	容量可很大，开炉时必须有起炉块，搅拌力强，炉衬冲刷严重，但合金成分均匀。功率因数比中频炉高，与有芯炉比，具有高、中频炉相似的优点	用途同于中频熔炼炉，但因炉衬寿命原因，较少用于大的炼钢炉
	铁坩埚炉	以铁磁材料做坩埚，确保了较好的电效率和功率因数，且坩埚更换方便。缺点时坩埚不宜太大，且寿命较短。增加被熔金属的含铁量	主要用于非导磁、低熔点的金属熔炼和保温，如铝、镁等
	短线圈炉	线圈在坩埚下部，占坩埚高度的 1/4，上部炉衬加厚，提高炉子的热效率。该炉型保留了无芯炉的一般优点，但功率密度低，多为液体起熔	用于金属液保温，主要是铸铁保温。不要时亦可少量熔化和进行合金化
工频有芯熔炼炉		由于有闭合磁路，炉子的电效率和功率因数均比其他炉型好。熔池保温好，热效率高。设备投资额低。缺点是炉子起熔困难，要求连续作业，不易更换品种，对炉衬材料要求高等	用于有色金属（铜、铝、锌等）的熔炼、铸铁的保温（多与冲天炉双联作业），亦可进行铸铁的熔炼
真空熔炼炉		一般用无芯炉配以所需的真空系统，分为间歇式和半连续式作业两种形式	用于耐热合金、磁性材料、电工合金、高强钢等的熔炼及核燃料的制取

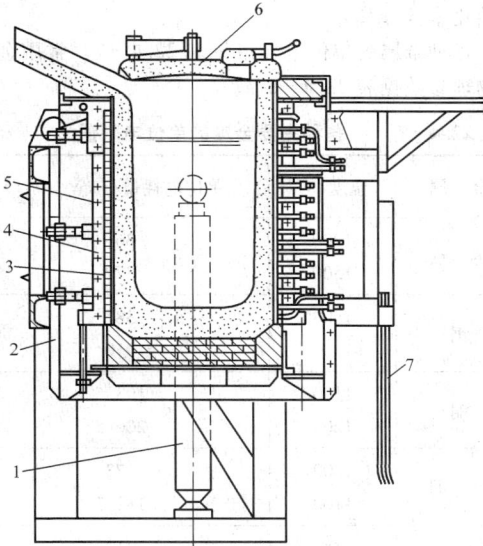

图 22.4 - 10 无芯感应熔炼炉简图

1—倾炉油缸；2—炉架；3—坩埚；4—导磁体；
5—感应线圈；6—炉盖；7—铜排或冷水电缆

2. 有芯感应熔炼炉 沟槽式感应电炉具有导磁体，在导磁体的铁心安置了多匝的一次线圈（感应器），二次绕组就是充满金属液态的熔沟，如图 22.4 - 11 所示。熔沟金属流动传热类型：①旋转传热型；②单向流动传热型；③喷流传热型。

3. 真空感应熔炼炉 在无芯感应熔炼炉的基础上增加真空系统而成（如图 22.4 - 12 所示）。

4.3.3 感应熔炼炉频率选择

1. 有芯感应熔炼炉

$$f = 50 \sim 60Hz$$

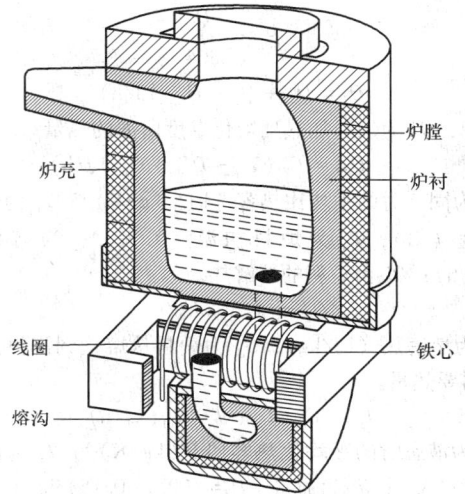

图 22.4 - 11 有芯感应熔炼炉
（沟槽式）简图

2. 无芯熔炼炉

$$f \geqslant \frac{25 \times 10^6 \rho}{D}$$

式中，ρ 为被熔金属电阻率（$\Omega \cdot cm$）；D 为坩埚内径（cm）。

选择 f 后兼顾炉容（感应熔炼炉基本特性取决于频率、功率密度和电磁搅拌力三要素）。

4.3.4 感应熔炼炉的功率选择

1. 炉料所需功率（kW）

$$P_2 = P_1 + P_r$$

式中，P_1 为炉料熔化和升温所需功率（kW）；P_r 为炉子全部热损失（kW）。

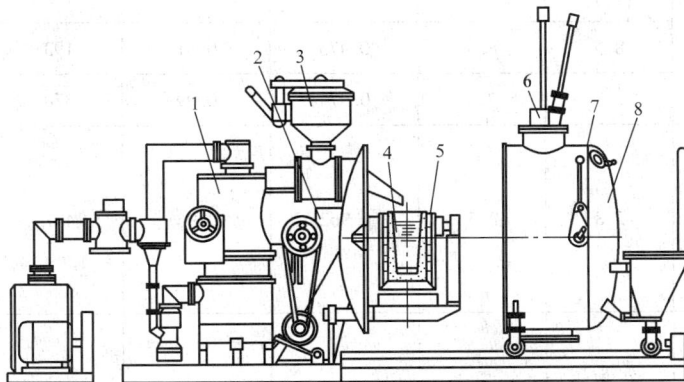

图 22.4 - 12 间歇式真空感应熔炼炉

1—真空系统；2—转轴；3—加料装置；4—坩埚；
5—感应器；6—取样和捣料装置；7—测温装置；
8—可动炉壳

$$P_1 = \frac{Q}{864}$$

$$Q = Q_1 + Q_2 + Q_3 \quad (kJ/h)$$

式中，Q_1 为炉料加热到熔化温度所需的热量；

$$Q_1 = C_{p1}(T_r - T'_{ch})N_{sh} \quad (kJ/h)$$

C_{p1} 为固态时的平均比热容 $[kJ/(kg \cdot K)]$；T_r 为熔化温度（℃）；T'_{ch} 为炉料初温（℃）；N_{sh} 为熔化率（kg/h）；Q_2 为炉料的熔解热。

$$Q_2 = \lambda_q N_{sh} \quad (kJ/h)$$

λ_q 为熔解热（kJ/kg）；Q_3 为炉料从熔化到浇铸温度所需要热量。

$$Q_3 = C_{p3}(T_z - T_r)N_{sh} \quad (kJ/h)$$

C_{p3} 为液态时的平均比热容 $[kJ/(kg \cdot K)]$；T_z 为浇铸温度（℃）；P_r 为通常，$P_r = (0.1 \sim 0.15)P_1$。

2. 按经验值

$$P_z = P_n N_{sh} \times 10^{-3} \quad (kW)$$

式中，P_n 为炉料熔化的单位电耗量（kW·h/t）；N_{sh}

为熔化率（kg/h）。

各种金属的单位电耗量见表 22.4-7。常用金属的物理参数见表 22.4-8。

表 22.4-7　　各种主要金属的单位电耗量

金属	温度/℃	单位电耗量/(kW·h/t)
铸铁	1200	363
	1500	372
钢	1600	387
	1700	410
铜	1100	193.5
	1200	206.5
黄铜	1000	173
	1100	182.5
铝	700	310
	800	343

表 22.4-8　　常用金属的物理参数

金属或合金①	熔点/℃	固态密度/(kg/cm³)	液态密度/(kg/cm³)	固态平均比热容/[kJ/(kg·K)]	液态平均比热容/[kJ/(kg·K)]	熔解热/(kJ/kg)	液态电阻率/(10⁻⁶Ω·m)	浇注温度/℃
钢 0.3%C 0.8%C 1.6%C	1570 1485 1420	7.8	7.2	0.705 0.689 0.655	0.82	273	136.6	1650
铸铁 3.7%C 1.5%C 0.6%C	1200	7.4	6.9	0.676	0.97	291	136	1450
黄铜 H62	905	8.5	7.8	0.47	0.48	149	40	1070
铜	1083	8.9	8.3	0.475	0.51	193	21	1225
铝	658	2.7	2.4	0.974	0.99	378	24	700
硬铝 94.4%Al 4.6%Cu 0.5%Ag 0.5%Mn	658	2.7	2.5	0.962	0.96	407	28	700
磷青铜 93%Cu 3%Zn 4%Sn	1060	8.6	8.0	0.479	0.483	172	35	1225
锡	232	7.3	—	0.273	0.214	—	50	—

续表

金属或合金①	熔点/℃	固态密度/(kg/cm³)	液态密度/(kg/cm³)	固态平均比热容/[kJ/(kg·K)]	液态平均比热容/[kJ/(kg·K)]	熔解热/(kJ/kg)	液态电阻率/(10⁻⁶Ω·m)	浇注温度/℃
铅	327	11.36	—	0.126	0.139	—	58.6	—
锌	419	7.1	—	0.42	0.53	—	33~36	500
镁	50	1.74	—	1.302	—	—	—	700
镍	1452	8.9	—	0.546	0.739	—	109	1550
铬	1850	7.19	—	0.647	0.882	—	—	—
金	1063	19.32	—	0.143	0.151	—	—	—
银	961	10.49	—	0.277	0.319	—	19.2	—
钛	1725	4.5	—	0.587	—	—	—	—
钼	2622	10.2	—	0.323	—	—	—	—
钨	3390	19.35	—	0.147	—	—	—	—

注：1kcal=4.1868kJ。

①百分数皆为各成分的质量分数。

4.4 感应热处理概述

4.4.1 感应热处理

感应热处理用于改善材料的性能，如改变材料的硬度、脆性、韧性和内应力等。

感应热处理（淬火、回火、退火、正火、调质）最常用的是含碳量为 0.3%~0.6% 的碳钢，改善耐磨性，提高疲劳强度和静态强度；也能对铸铁（含碳量的 0.2%）感应淬火，虽然得不到均匀一致的奥氏体金相组织，仍可提高表面的耐磨性。

感应热处理同时也应用在非碳钢材质，例如铜材的感应退火，经感应退火的铜材晶粒细化，其抗拉强度、伸长率都优于其他加热方式。

感应加热可以对钢材零件进行感应加热气体渗碳、渗氮，感应加热渗硼、渗铝。

感应加热速度快，应比普通热处理所需温度高 40~100℃。

4.4.2 淬火设备

淬火设备通常有立式和卧式两种。要求移动速度稳定均匀，定位准确，重复精度高。机械传动有手动、半自动和全自动等方式。

4.4.3 感应器

淬火用感应器通常由裸铜管制成，只有一匝或数匝，当然根据产量也有数 10 匝（例如高速线材的热处理）。有的线圈按部件，淬硬层的轮廓弯曲成形。其应用如图 22.4-13 所示。

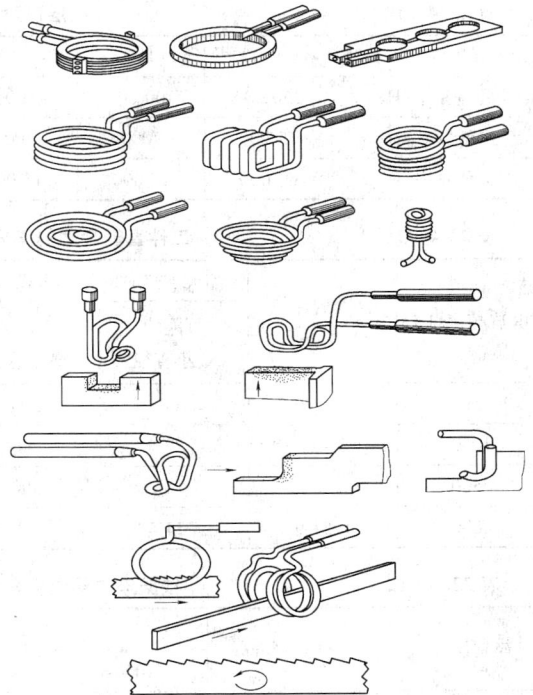

图 22.4-13 淬火用感应器示例

根据加热的需要，通过改变线圈与工件的耦合关系改变温度分布匝间距。通过改变耦合距离或线圈的匝间距来进行感应加热模型的调整，改变工件的温度分布，如图 22.4-14 所示。

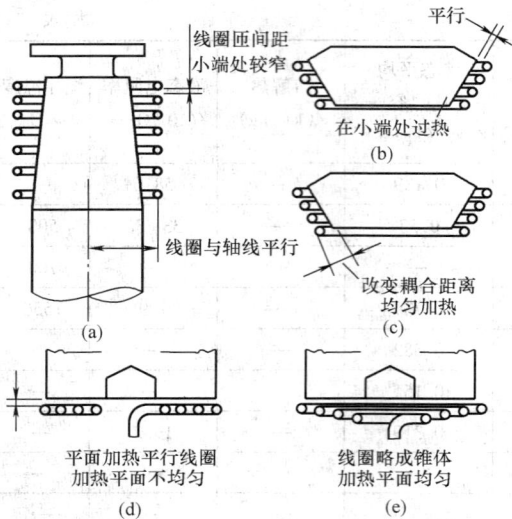

图 22.4－14　通过改变耦合距离或匝间距
来进行感应加热模型的调整

4.4.4　线圈与淬火工件间隙

线圈内表面与零件的侧表面之间距离越小，感应

器的电效率越高，但淬火质量、结构有一个合理值，
见表 22.4－9。

表 22.4－9　　　　淬火直径与线圈间隙（参数）

零件直径 r/mm	<20	20~40	40~100
常用间隙 h/mm	1~2	1.5~3	2.5~5.0

长轴移动式加热耦合距离大一些。

4.4.5　频率的选择

依据淬硬层厚度 D_s 及零件形状，淬硬层分布加
以选择，见表 22.4－10~表 22.4－13。

$$D_s \leqslant \frac{1}{2}\delta_{800℃}$$

式中，D_s 为淬硬层厚度（cm）；$\delta_{800℃}$ 为小于居里点时
渗透深度。

$$f_{max} \leqslant \frac{250\,000}{D_s^2} \quad f_{min} \geqslant \frac{150\,000}{D_s^2} \quad f_H = \frac{60\,000}{D_s^2}$$

表 22.4－10　　　　淬硬层深度与电流频率的关系

淬硬层深度/mm	1.0	1.5	2.0	3.0	4.0	6.0	10.0
最高频率/Hz	250 000	100 000	60 000	30 000	15 000	8000	2500
最低频率/Hz	15 000	7000	4000	1500	1000	500	150
最佳频率/Hz	60 000	25 000	15 000	7000	4000	1500	500

表 22.4－11　　　　工件直径合理的淬火层深度与电流频率的关系

电流频率/Hz	合理的加热深度/mm	淬火加热时的最小直径/mm 可能的最小直径	希望的最小直径	电流频率/Hz	合理的加热深度/mm	淬火加热时的最小直径/mm 可能的最小直径	希望的最小直径
50	15~80	100	200	8000	1~6	8	16
1000	3~17	22	44	10 000	0.9~5.5	7	14
2500	2~11	14	28	7000	0.3~2.5	2.7	5.4
4000	1.5~9	11	22	400 000	0.2~1	1.1	2.2

表 22.4－12　　　　根据淬硬层深度和工件直径选择频率的依据

淬硬层/mm	工件直径/mm	电流频率 1000Hz	3000Hz	10 000Hz	20~600kHz	≥200kHz
0.4~1.3	6~25				好	好
1.3~2.5	11~16			中	好	好
	16~25			好	好	好
	25~30		中	好	中	中
	>50	中	好	好	差	差

续表

淬硬层/mm	工件直径/mm	电 流 频 率				
		1000Hz	3000Hz	10 000Hz	20~600kHz	≥200kHz
2.5~5.0	25~50 50~100 > 100	好 好	好 好 中	好 中 差	差	差

注：好表示加热效率高；中表示有两种情况：①比"好"的频率低，尚可用来将所需淬硬深度加热到淬火温度，但效率低；②比"好"的频率高，比功率大时，易造成表面过热，加热效率亦低。差表示频率过高，只有用很低的比功率才能保证表面不过热。

表 22.4－13 零件直径与电流频率之间的关系 （圆环感应器）

零件直径/mm	10~30	25~50	45~100
电流频率/kHz	200~300	8.0	2.5

对于中、小模数齿轮，采用全齿同时加热淬火或单齿加热淬火时，齿轮表面淬火的频率选择见表22.4－14。

4.4.6 功率选择

$$P = \frac{P_0 S}{\eta_\rho \eta_g} \quad (kW)$$

式中，P_0 为比功率（kW/cm²）；S 为零件淬火面积（cm²）；η_ρ 为淬火变压器输出效率（0.7~0.8）；η_g 为感应器效率（0.65~0.7）。

P_0 单位时间内向零件单位加热面积上输送能量的大小，加热到奥氏体转变温度所需要的热量。

$$P_0 = \frac{5.667 D_s}{t}$$

设硬化层厚度 $D_s = 0.1cm$、$0.2cm$、$0.3cm$、$0.4cm$、$0.5cm$，加热时间 $t = 2s$、$3s$、$4s$、$5s$、$6s$，求得比功率 P_0 列于表22.4－15~表22.4－17。

表 22.4－14 齿轮表面淬火的频率选择

加热淬方法	模数/mm	电流频率/kHz	加热及淬火效果
全齿同时加热淬火 （或连续淬火）	1~5	200~300	$m = 2.3~3.5$ 加热质量较好
	2~6	60~70	$m = 4~5$ 加热轮廓线明显，齿顶与齿根温度差较小，加热及淬火质量较好
	5~10	8.0	$M = 7~8$ 齿顶与齿根温度均匀，加热及淬火质量较好
单齿加热淬火（沿齿面或沿齿沟连续加热淬火）	5~10	200~300	沿齿沟连续淬火，可以得到较为理想的硬化层分布
	8~24	8.0	沿齿沟连续淬火，可以得到较为理想的硬化层分布，硬化层深度也较深

表 22.4－15 计算出的 P_0 值 （kW/cm²）

t/s	D_s/cm				
	0.1	0.2	0.3	0.4	0.5
2	0.383	0.567	0.85	1.13	1.42
3	0.19	0.38	0.57	0.76	0.9445

t/s	D_s/cm				
	0.1	0.2	0.3	0.4	0.5
4	—	0.28	0.42	0.57	0.71
5	—	—	0.34	0.45	0.57
6	—	—	—	0.38	0.47

注：空格处 P_0 太低，不能实现表面淬火。

表 22.4－16　　　　　　　　　　生产实际应用的比功率

淬火方式 淬火种类	同 时 加 热 淬 火		连 续 加 热 淬 火	
	比功率范围/(kW/cm²)	常用比功率/(kW/cm²)	比功率范围/(kW/cm²)	常用比功率/(kW/cm²)
中频淬火	0.5~2.0	0.8~1.5	1.0~4.0	2~3.5
高频淬火	0.5~3.5	0.8~2.0	1.0~4.0	2~3.5

表 22.4－17　　　　　　　　　　轴类零件表面淬火的比功率

频率/kHz	硬化层深度/mm	比功率/(kW/cm²)		
		低　值	最　佳　值	高　值
500	0.4~1.1	1.1	1.6	1.9
	1.1~2.3	0.5	0.8	1.2
10	1.5~2.3	1.2	1.6	2.5
	2.3~3.0	0.8	1.6	2.3
	3.0~4.0	0.8	1.6	2.1
3	2.3~3.0	1.6	2.3	2.6
	3.0~4.0	0.8	1.6	2.1
	4.0~5.0	0.8	1.6	2.1
1	5.0~7.0	0.8	1.6	1.9
	7.0~9.0	0.8	1.6	1.9

4.4.7　加热时间的选择

频率越高，时间越短，淬硬层越浅；反之，将加深淬硬层。时间短所需电源功率则大，电源频率、功率、加热时间和淬硬层深度之间存在着错综复杂的关系。当然，淬火介质和冷却速度也影响着淬硬层深度及硬度值。通常估一个加热时间，按一定功率和时间加热工件，然后对工件进行金相分析。

不同频率时淬火加热时间、表面功率密度和淬硬层深度的关系如图 22.4－15 所示。

4.4.8　淬火介质

选用合适的淬火介质和冷却参数是保证淬火质量，克服淬火缺陷的重要环节。

冷却方式有喷射、流水和浸沉。常用冷却介质的性能见表 22.4－18。工件感应加热淬火用的几种油

的典型技术条件见表 22.4－19。

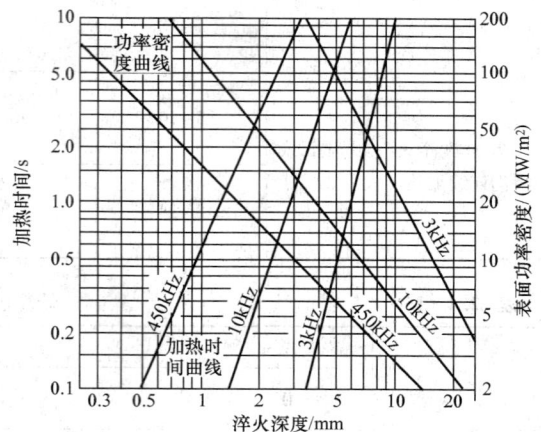

图 22.4－15　不同频率时淬火加热时间、
表面功率密度和淬硬层深度的关系

表 22.4-18 常用冷却介质的性能

冷却介质及其冷却方式		喷水圈与工件的间隙/mm	冷却条件		冷却温度/(℃/s)	
			压力/101.25kPa	温度/℃	600℃	250℃
喷水		10	4	15	1450	1900
			3	15	1250	1750
			2	15	610	860
		40	4	20	1100	400
			4	30	890	330
			4	40	650	270
			4	60	500	200
喷油（10 号机械油）		—	2	20	190	190
			3	20	210	210
			4	20	230	210
			6	20	260	320
喷聚乙烯醇水溶液（质量分数）	0.025%	—	4	15	1250	1000
	0.05%	—	4	15	730	550
	0.10%	—	4	15	860	240
	0.30%	—	4	15	900	320
浸水		—		15	180	560
浸油		—		50	65	10

表 22.4-19 工件感应加热淬火用的几种油的典型技术条件

一般用途淬火油（标准石蜡油）		快速淬火油	
40℃时黏度	70~85SUS	40℃时黏度	70~110SUS
闪点/℃	165，最低	闪点/℃	175，最低
着火点/℃	175，最低	着火点/℃	200，最低
淬火温度/℃	50~60	淬火温度/℃	50~60

4.4.9 能量控制

能量控制以工业控制计算机为基础，对信号采集、处理和反馈；对输出到工件的能量进行监视、控制，从而保证淬火零件稳定一致的淬火质量，用少量的能量达到最佳效果。

4.4.10 双频淬火

采用两种不同频率的搭配（中频和高频）在一个感应器对零件进行淬火，可以得到仿形淬硬层的分布。同时具有淬火时间短、能量少、工件变形小的特点。齿轮、齿条、链轮和铁路导轨均可用此方法提高淬火质量。

4.5 感应加热电源设备

感应加热电源按其输出电流（电压）频率不同可分为高频（100kHz ~ 10MHz）、超音频（10 ~ 100kHz）、中频（200 ~ 10kHz）及工频（50Hz），实际应用中所需的电源工作频率主要由加热负载工件的工艺要求所确定。

4.5.1 电子管高频电源

工业应用中常用的电子管高频电源振荡器，其工作频率范围一般为 200~5MHz，特殊的如介质加热及金属的高频溅射，其工作频率为 10MHz 以上。电子管高频电源由于存在电效率低等缺点，因此有被晶体管式固态半导体高频电源取代的趋势。

电子管高频电源装置主要由振荡槽路、电子管和整流电源三部分组成。

图 22.4-16 为一典型的单回路电子管高频振荡器原理图。振荡槽路由电感 L 和电路 C 组成，槽路中存在电阻 R，产生谐振的条件是

$$R \leqslant \sqrt{\frac{L}{C}}$$

振荡槽路存在电阻 R，因此，槽路振荡是阻尼性的，振荡频率可用下式近似求出

$$f = \frac{1}{2\pi\sqrt{LC}}$$

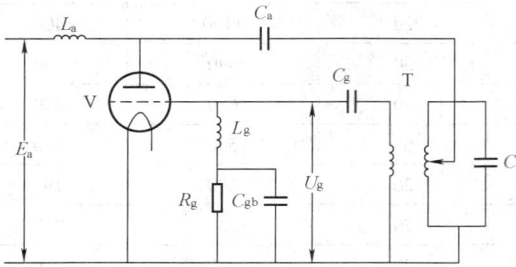

图 22.4 - 16　电子管高频振荡器主回路原理简图

E_a—阳极电源电压；L_a—阳极扼流圈；V—高频振荡电子管；C_a—阳极隔直电容器；L_g—栅极扼流圈；R_g—栅极电阻；C_{gb}—栅极旁路电容器；U_g—栅极电压；C_g—栅极隔直及耦合电容器；T—高频变压器；C—槽路电容器

为使振荡保持恒定，必须靠电子管从整流侧不断地向槽路补充能量。电子管振荡器一般都为自激式，为得到良好的自激，必须满足以下两个条件：

1. 沿槽路补充的电能值要合适　应使电压的振幅既不衰减也不增大。

2. 补充能量的时间要恰当　为此必须满足下式

$$K \geqslant D + \frac{1}{S_d R_d}$$

式中，K 为反馈系数；D 为振荡管的渗透系数；S_d 为振荡管的动态互导；R_d 为槽路的等效电阻。

4.5.2　固态半导体感应加热电源

固态半导体感应加热电源频率已覆盖中频、超音频和高频全范围，功率从几个千瓦至兆瓦级。高频电源一般采用场效应晶体管（MOSFET）功率器件，超音频电源采用绝缘栅门极双极晶体管（IGBT）功率器件，中频采用晶闸管（SCR）功率器件。目前，IGBT 已有在中频电源中应用的趋势。

固态半导体感应加热电源框图如图 22.4 - 17 所示。

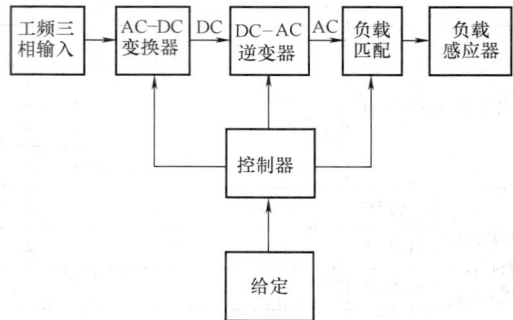

图 22.4 - 17　固态半导体感应加热电源框图

输入一般采用三相工频 50Hz、380V（大功率电源采用更高电压输入，小功率也有采用单相 220V 输入）；AC - DC 变换器（整流器）完成交流至直流的变换，它可以是固定的电压，或可变的直流电压或电流；DC - AC 逆变器完成所需频率的单相交流电输出；负载匹配实现电源感应器负载间阻抗匹配；控制器完成整个电源装置控制，包括直流电压调整、逆变器工作频率及其他加热要求控制。

感应加热电源逆变器可分为电压型逆变器和电流型逆变器，其基本配置要求如图 22.4 - 18 所示。

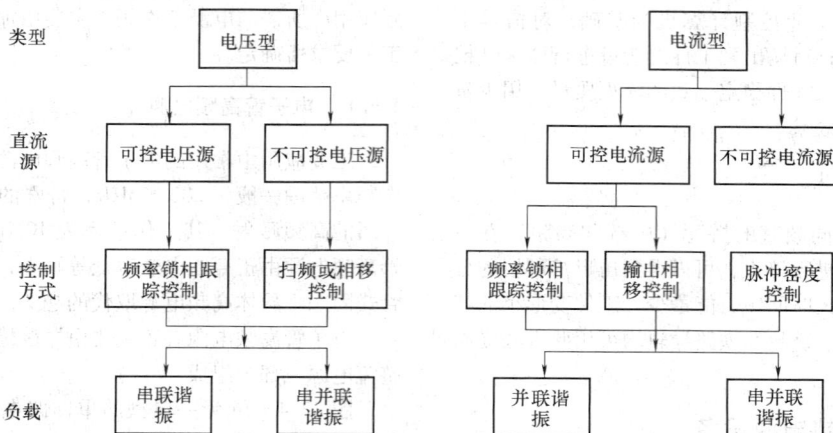

图 22.4 - 18　感应加热电源逆变器

1. AC-DC 变换器 可分为不可控和可控直流源两大类,可控直流源可通过相控或斩波控制实现,如图 22.4-19 所示。

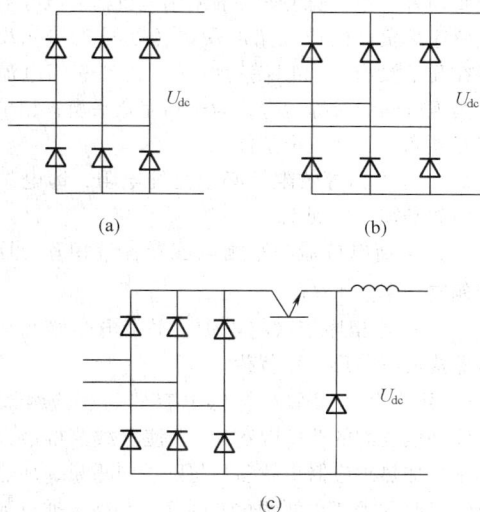

图 22.4-19 AC-DC 变换器

图 22.4-19(a)为不控整流,是最简单的 AC-DC 变换器,具有较高的三相输入功率因数,由于直流环节无功率调节控制功能,与之匹配的逆变器控制需有功率调节功能;图 22.4-19(b)为相位控制整流,可为电源提供功率控制手段,逆变器可工作于负载谐振频率,以提高逆变器的工作效率,但它存在功率调节控制速度较慢,深控时三相输入功率因数较低等缺点;图 22.4-19(c)为斩波控制整流器,可克服相控整流器的缺点,但它一般只适合于小功率(<50kW)电源。

2. DC-AC 逆变器 通过开关切换实现直流电压或电流的单相输出,固态半导体感应加热电源一般采用 H 全桥逆变器电路结构,根据负载补偿电容连接的不同,可分为电压型逆变器(串联谐振逆变器)或电流型逆变器(并联谐振逆变器),如图 22.4-20 所示。

功率半导体器件(S1~S4)根据逆变器工作频率的不同,可采用 SCR、IGBT 或 MOSFET。一般中频电源(200Hz~10kHz)采用 SCR,超音频(10~100kHz)电源采用 IGBT,高频(100kHz~10MHz)电源采用 MOSFET。电流型逆变器功率半导体器件(S1~S4)要求具有电压双向阻断能力,采用 IGBT 或 MOSFET 时,由于功率器件本身无电压反向阻断能力,因此,在主电路中必须串联功率二极管;电压型逆变器功率半导体器件(S1~S4)要求具有电流双向流通能力,采用 SCR 或 IGBT 时,在主电路

中必须反并联功率二极管。

逆变器工作时,其电压和电流波形如图 22.4-21 所示。

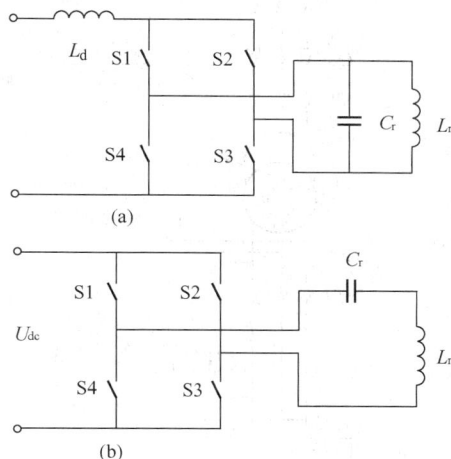

图 22.4-20 全桥逆变器
(a)电流型逆变器;(b)电压型逆变器

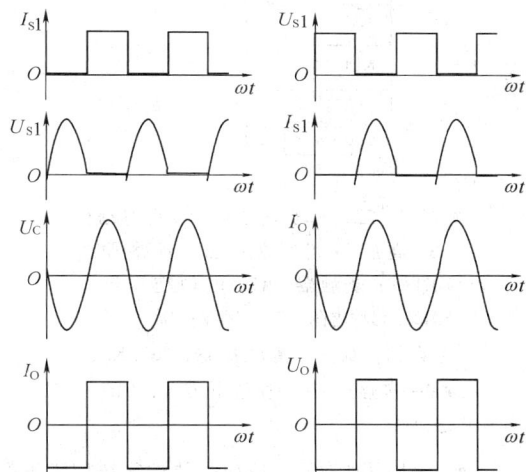

图 22.4-21 逆变器电路工作波形

4.5.3 工频电源

工频感应电炉是直接利用电网工频交流电工作的,电源不需专用的变频设备。工频电源主要由断路器、主接触器、电源功率调节器、起动电阻及切除接触器、相平衡装置、补偿电容器组等构成,其主电路结构如图 22.4-22 所示。

1. 断路器 作为主电路短路保护分闸开关,不宜频繁操作。工频感应电炉高压供电可采用真空断路器,380V 供电可采用空气断路器。

2. 主接触器 它是电炉通电或断电的操作开关,操作较频繁。它可放在电炉变压器一次侧或两次

侧。高压供电采用真空接触器，低压供电采用真空接触器或一般接触器。

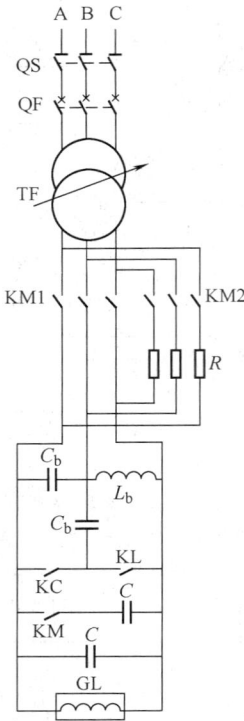

图 22.4 - 22　工频感应电炉主电路结构

QS—高压隔离开关；QF—断路器；
KM1—主接触器；TF—电炉变压器；
KM2—起动电阻切除接触器；C_b—平衡
电容器；L_b—平衡电抗器；KC、KL、
KM—接触器；C—补偿电容器；GL—
感应器

3. 电炉功率调节器　感应加热炉往往用于不同规格，甚至不同品种的炉料，因此，必须根据生产工艺调整电炉的输入功率。感应熔炼炉的功率除应满足熔炼要求外，还应满足电炉在烘炉、保温及后期炉衬变薄时降压运行的需要，所以电源必须有较宽的功率调节范围，一般采用调压变压器或晶闸管调压电源来实现电源功率调节。

4. 起动电阻及切除接触器　工频感应电炉负载功率因数低，需要配置补偿电容，在电源起动合闸时会产生很大的冲击电流，如果设计不当或调整不好，往往会造成合闸困难，甚至损坏电气设备。因此，在主电路中必须串联起动电阻限流，起动后用接触器切除。

5. 相平衡装置　绝大多数工频感应电炉是单相

的，单相负载接入三相电网会引起三相电压和电流的不平衡，在供电系统中会出现负序电压和负序电流，严重时将导致电厂发电机组和同一电网上其他受电设备受到损害。相平衡装置一般采用电抗器、电容器和单相感应炉负载组成三角形联结（见图 22.4 - 22）。它可在几乎没有电力损耗的情况下达到三相电流平衡，实现电网的对称运行，为达到完全平衡，相平衡装置必须满足下列三个条件：

（1）电炉的等效阻抗必须是纯电阻，即电炉的功率因数必须补偿到 1。

（2）平衡电抗器与平衡电容器容量相等，且为电炉额定功率的 $1/\sqrt{3}$。

（3）按正相序依次将电炉、平衡电容器及平衡电抗器接成三角形三相负载。

6. 补偿电容器组　补偿电容器与感应线圈并联，以补偿线圈的功率因数为 1，使负载获得最大有功功率，加热感应器负载参数将随炉料重量、加热温度及炉衬厚度等变化而变化，因此，必须根据负载特性随时改变补偿电容量。

4.5.4　负载匹配

感应加热电源负载功率因数较低，需要用电容补偿以提高其功率因数。对电流型逆变器，一般采用并联补偿方式；而对电压型逆变器，一般采用串联补偿方式，如图 22.4 - 23 所示。

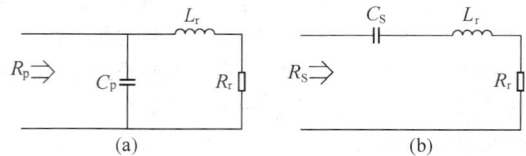

图 22.4 - 23　感应加热电源负载电路结构

当电源工作于谐振频率时，对并联补偿方式，其等效阻抗为 $R_p = \dfrac{L_r}{R_r C_p}$；对串联补偿方式时，其等效阻抗为 $R_s = R_r$。即对并联补偿电流型逆变器，负载阻抗可通过调节补偿电容量 C_p 及感应器电感量 L_r 而改变，而对电压型逆变器在感应器等效电阻不变的情况下调节 L_r、C_s 只会引起谐振频率的变化，对阻抗并不能起到调节的作用。

当电源负载阻抗不匹配时，最常用的方式是采用匹配变压器，它不仅可以实现阻抗的匹配，同时还可实现电源与负载感应器间的电隔离。

不论采用何种匹配形式，都应该满足工件的工艺要求，不应拘泥于电参数（U、I、P、f）是否达到电源设备的额定值。

第5章　特殊加热设备

5.1　介质加热设备的工作原理和用途

电介质在交变电场的作用下被反复极化，外电场的变化越快（亦即频率越高），介质中的电偶极子反复极化的运动也越剧烈，反复极化越剧烈从电磁场所得到的能量也越多。同时，电偶极子在反复极化的剧烈运动中又在相互作用，从而使分子间的摩擦也变得越剧烈。这样从电磁场中所吸收的能量就变成了热能，从而达到使电介质升温的目的。实用上所使用的电场频率是很高的。如果频率在中、短、超短波波段内（从几百千赫到300MHz），则叫做高频介质加热。如果高于300MHz到了微波波段，则叫做微波介质加热。所不同的是，高频介质加热是在电容器电场中进行的；而微波介质加热则是在波导、谐振或者微波天线的辐射场照射下进行的。单位体积的介质所吸收的电功率（W/m²）为

$$P_v = 0.556 f \varepsilon E^2 \tan\delta \times 10^{-14}$$

式中，f 为外加电场频率（Hz）；ε 为相对介电常数；E 为电场强度（kV/m）；δ 为介质损耗角。

高频（微波）介质加热是通过电场直接作用于被加热物质的分子，使其运动而自身发热的，电场与介质之间能量的传递不需要任何中间媒介，属于直接加热的一种方式，具有加热速度快、加热均匀、加热过程容易控制及加热有选择性等优点。

对同一种类的材料而言，在不同的温度与不同的频率下，ε 和 δ 值也有很大的差异，所以选择工作额率时，应该尽量靠近 ε 和 $\tan\delta$ 最大值所对应的频率附近，可以是使负载从电场中吸收最多的功率，有利于负载和电场的耦合，而且能比较容易地实现选择性加热。由于高频及微波加热所适用的频域很宽，可从数百千赫到几千兆赫，所以对于功率大的高频设备来说，应该尽可能地避开广播、电视、通信以及其他业务所使用的频率，防止产生电波干扰。国际上曾有明确规定，专门划给工业和医疗等设备规定使用的频率有 13.56MHz±0.05%、27.12MHz±0.6%、40.68MHz ± 0.05%、915MHz、2450MHz ± 50MHz、5800MHz±75MHz及24125MHz±125MHz。

介质加热主要用于木材、纸张、谷物、铸造泥芯、化工产品、药品和化学试剂等的干燥；木材和塑料等的黏合；罐头杀菌、橡胶硫化、塑料加热、卷烟、茶叶、中草药的烘焙；蔬菜的脱水；食品烹调等。由于介质加热对生物有特殊的刺激作用，也可用来进行杀菌、杀虫、机场驱鸟、农作物种籽办理、电疗等。

5.2　电红外加热设备的工作原理和用途

红外线是指波长从 0.70μm 到 1000μm 范围的电磁波。对工业加热而言，利用波长从 2.5μm 到 15μm 电磁波加热，我国习惯上称之为远红外加热。由于大多数有机化合物对远红外线有强烈的吸收特性，因此利用远红外线加热具有较高的热效率。

远红外加热技术的特点是：

1. 节省能源　远红外加热技术比普通加热技术节能。远红外加热技术实现了辐射源光谱与被烘烤物质的吸收光谱的近似对应，使远红外辐射的大部分热能直接被烘烤物质吸收，加上辐射的传播速度快，又可以不通过任何介质，大大减少了热能传递过程中的损失，从而提高了利用率，所以远红外加热技术具有热能利用率高，被加热件升温快等优点。

2. 生产效率高　由于远红外加热具有升温快的特点，因而可缩短烘烤时间（有时甚至可缩短到原来升温时间的1/2～1/4），大大提高了生产效率。

3. 提高产品质量　远红外加热技术应用于油漆烘干可使漆膜平整、牢固、光亮度高；用以烘干果品和粮食可减少外焦内湿现象。由于远红外辐射有灭菌作用，可使粮食不生虫；用于烘干鱼类，可以减少其中的有害成分；用于烘干茶叶，可以提高茶叶的质量，保持茶叶鲜艳的色泽；用于熔化塑料，可使其里外受热均匀，减少老化现象。总之，采用远红外加热技术，特别对于有机物是大有好处的。

红外辐射加热器是把电能转变成辐射能的关键部件。它主要由供热和辐射两部分组成。供热部分采用电热丝（Ni-Cr 或 Fe-Cr-Al 合金丝）通电产生焦耳热。辐射部分是一个带有辐射面的耐高温物体，它靠近电热丝，接受热量而升高温度。这个物体本身应具有高的比辐射率或在辐射面上涂敷一薄层具有高比辐射率的材料。为了适应各种不同的应用，辐射加热器可以设计各种各样的形状，最常见的有平板状辐射加热器、管状辐射加热器和灯状辐射加热器。

5.3　激光加热设备的工作原理和用途

激光加热设备是利用激光进行物料加热、切割和

微型焊接的装置，目前已成熟地应用在表面热处理等方面。

应用在激光加热设备的激光器主要有 CO_2 和 YAG（钇铝石榴石）激光器。YAG 连续输出功率超过 1kW，但光电转换效率较低，约 2% 二氧化碳激光器已达到 100W 级的功率，光电转换效率为 15% ~ 20%。

激光是用激光器产生的特种光束，它的波长单一（单色性好），能量高度集中（亮度大），而且定向不扩散传递，可以聚集到达距离的某一点上。激光的用途很多，可用来加热处理物料。激光器一般用电能产生激光，这种激光加热也可认为是一种特种电热。

激光热处理装置通常由激光器、功率调节系统、聚光系统、导光系统、光束摆动机构、聚焦镜头、工作台及控制系统等组成，且激光器无需装在工作台附近。

激光加热主要用于机械零件的表面硬化处理，也可用于激光复层和激光合金化。激光加热装置具有以下特点：

（1）通用性好。一种装备能适应多种尺寸和形状不同的零件，有时还可间接地进行处理，可以节省附件种类，节省更换时间。

（2）一台大功率激光器可供几套工作台使用，管理方便。

（3）可以选择性地处理零件必须处理的部位，故可节约能量和材料。

（4）激光加热的速度极高。用于金属表面硬化处理时，也可以实现"自身淬火"，但工件的加热变形小，生产率高。

激光加热装置的缺点是：

（1）大功率激光器的体积太大。

（2）设备造价昂贵。

（3）激光器的电—光能量转换效率太低，通常在 20% 以下。

5.4 电子束加热设备的工作原理、用途

电子束热处理是利用电子枪发射的成束电子轰击工件表面，高能电子的动能直接传给表面金属原子，使表面急速加热，热量由热传导迅速深入内层。随后进行自冷淬火，也可以进行局部表面加热。

电子束热处理加热与激光热处理相比，电子束热处理的热效率更高，操作费较低，投资费用较少。另外，工件表面不需要预先涂黑，处理周期极短。

电子束加热的特点是功率密度高（最大功率密度可达 $10^5 W/cm^2$）和控制精度高。电子束可以使热处理的精确度达到一般热处理所达不到的程度。由于功率输入与自冷速度极快，并十分均匀，因此可以将硬化部分及其深度控制得相当精确，热影响区很小，工件变形量能降低到无需校直和精密等后道工序的程度。

电子束热处理以高速电子的聚集束为能源，电子束由电子枪产生。电子发射与加速区要求高真空度，防止发射元件氧化，避免处于低速状态的电子散射。为此，电子枪罩要密封，保持 1.3×10^{-3} Pa 真空度，工件置于 6.7Pa 的容器内。整个容器结构设计应能完全保证工作人员免受电子束射向工件时激发的软 X 线辐射。由于电子束加热在真空中进行，因此，对热处理而言，可以不要保护气氛，加热后表面没有氧化皮，也无需消除表面覆盖层。电子束熔炼不仅可以熔炼难熔和活泼金属，而且可以熔炼蒸汽压低、高温下导电的非金属材料。

5.5 热泵加热设备的工作原理、用途

热泵是一种利用高位能使热量从低位热源流向高位热源的节能装置，即热泵可以通过高位能的做功，把不能直接利用的低位热能（如空气、土壤、水中所含的热能、太阳能、工业废热等）转换为可以利用的高位热能，从而达到节约部分高位能（如煤、燃气、油、电能等）的目的。

热泵的功效倍数 ε 是指从低温热源 T_L 吸收热量后排向高温热源 T_H 的热量 Q 与外力做功 W 之比，即

$$\varepsilon = \frac{Q}{W} = \frac{T_H}{T_H - T_L} > 1$$

事实上，热泵的功效倍数 ε 不仅取决于温差，还取决于运行状况、辅助装置消耗的能源及系统的效率等，实际上一般为 3 ~ 4，近年已研制出 5 ~ 8 的超级热泵。

热泵有多种形式，应用最广的是压缩式和吸收式两种。压缩式热泵系统是以离心式、活塞式或旋涡式压缩机及其他设备组成的系统，压缩机一般为电力驱动。

吸收式热泵系统是利用水或其他液体对某种气体的吸收和放出的过程来代替压缩和膨胀过程。溶液被加热放出高压蒸汽，蒸汽冷却后又被溶液吸收，如此往复达到交换热量的目的。

目前，热泵技术较多应用于干燥、热回收、海水淡化等过程。在家用电器中，暖通空调多采用热泵技术以达到节能的目的。由于热泵通常只能提供 100℃ 以下的低温用能，除纯热泵热水器外，目前也有采用热泵技术和常规电加热技术混合的方法以提高出水温度，也实现了节能的目的。

参 考 文 献

［1］ 机械工程手册电机工程手册编委会编. 电机工程手册. 第 2 版：应用卷（一）. 北京：机械工业出版社，1997.

［2］ 电气工程师手册第二版编辑委员会编. 电气工程师手册. 第 2 版. 北京：机械工业出版社，2005.

［3］ 徐平坤，魏国钊编著. 耐火材料新工艺技术. 北京：冶金工业出版社，2004.

［4］ 马最良，姚杨，杨自强等编著. 水环热泵空调系统设计，北京：化学工业出版社，2005.

［5］ 汤定元编著. 红外辐射加热技术. 上海：复旦大学出版社，1992.

［6］ 林渭勋等编著. 可控硅中频电源. 北京：机械工业出版社，1983.

［7］ 潘天明编著. 现代感应加热装置. 北京：冶金工业出版社，1996.

［8］ 林信智编著. 淬火感应器的选用、设计与制造. 北京：机械工业出版社，1991.

［9］ V Rudnev et. al. Handbook of Induction Heating. Marcel Dekker, Inc. 2003.

第23篇

电化学与电池

主　编　陈立铭（浙江大学）

副 主 编　张俊喜（浙江大学博士，现上海
　　　　　　电力学院）

执　　笔　陈立铭（浙江大学）

　　　　　张俊喜（浙江大学博士，现上海
　　　　　　电力学院）

第 1 章　电化学基础及应用

1.1　电化学基本概念

1.1.1　电化学科学

电化学科学是研究电子导电相（金属和半导体）和离子导电相（溶液、熔盐和固体电解质）之间的界面上发生的各种界面效应，即伴有电现象的化学反应的科学。现代电化学是一门交叉学科，电化学领域横跨纯自然科学（理学）和应用自然科学（工程和技术）两大领域。电化学为解决能源、材料、环境等相关问题发挥了不可低估的作用。随着科技的发展，电化学将定义为"控制离子、电子、量子、导体、半导体以及介电体之间的界面，即本体溶液中荷电粒子的存在和移动的科学技术"。

1.1.2　电化学体系

电化学体系的最小单位至少由一个电子导体（第一类导体）和一个离子导体（第二导体）相接触而成。电子导体以电子导电为特征，通称电极；离子导体以离子导电为特征，即电解质溶（熔）液（或固溶体）。一个电化学体系原则上应由至少一个离子导体以及与两端相接触的两个第一类导体组成。电化学反应就是在这两类导体的接触界面处发生的。根据电化学反应发生的条件和结果的不同，通常把电化学体系分为以下几个大类：第一类是电化学体系中的两个电极和外电路负载接通后，能自发地将电流送到外电路中作功，这类体系称为原电池；第二类是与外电源组成回路，强迫电流在电化学体系中通过并促使电化学反应发生，这类体系称为电解池；第三类是电化学反应能自发进行，但不能对外作功，只起破坏金属的作用，这类体系称为腐蚀电池。

1.1.3　电极/电解液界面

当电极置于电解液中时，就会在这两个体相之间形成新的界面，但是这两个界面之间并不是厚度等于零的几何学上的面，而是一层具有一定厚度的过渡区，或者更确切地说，在这两个相之间是一层"相界区"。电化学反应的基本步骤——反应粒子得到或者失去电子的步骤是直接在"电极/溶液"界面上实现的。也就是说，该界面是实现电化学反应的"客观环境"。在电极与溶液接触后，由于两相的表面

（界面）上的分子或原子的不平衡性，会与另一个相的组分作用而形成双电层。双电层中存在界面电场。由于双电层中符号相反的两个电荷面之间的距离非常小，因而能给出巨大的场强（可达 10^8 V/cm）。在如此大的界面电场下，电极反应速度必将发生极大的变化，所以电极/电解液界面对电极反应速度有很大的影响。电极/电解液界面会受到电解质溶液的组成和浓度与电极材料的物理与化学性质及其表面状态和外加电位的影响。

1.1.4　电化学反应

电化学反应发生在电极（材料）相和溶（熔）液相这两个相的界面，因此具有复相反应的特点。通常至少包含三个接续的过程：①反应物由相的内部向相界反应区传输；②在相界区，反应物发生电荷转移进行电化学反应而生成反应产物；③反应产物离开相界反应区。在相界区的反应过程，即上述第二个过程是主要过程，而且它不是一个简单的过程，而是一个由一系列吸附、电荷转移、前置化学反应和后置化学反应以及脱附等步骤组成的复杂过程。其中，电荷转移步骤是最主要的，因为任何一个电化学反应都必须经过这一步骤。

1.2　电解质

1.2.1　电解质及其类型

在电化学体系中，根据电荷载体的不同，电极是由电子担负导电任务的导体相。而依靠离子移动来导电的相称为离子导体，即电解质。电解质包括电解质水溶液、有机电解质溶液、熔融盐和固体电解质，其中最常见的是电解质水溶液。熔融盐电解质一般指熔融状态的盐类。熔盐的电离度大，而且温度高，使离子运动速度增加，故其电导率一般比水溶液的大得多。熔盐应用范围广，主要有电解冶金和材料工程、能源技术（如核能、燃料电池）等。固体电解质是一种离子导体，目前已知的固体电解质有数百种，主要用于微型电池、定时器、记忆元件以及氧分压的测定等。

1.2.2　活度

由于真实溶液中存在各种粒子间的相互作用，使得真实溶液的性质与理想溶液的性质有一定的偏差。

由理想溶液导出的一些热力学关系式不能直接用于电解质溶液。为了使这些公式能应用于电解质溶液的计算，把真实溶液相对于理想溶液的偏差以浓度项来校正。为此，引入一个新的参数——活度（a），又称为有效浓度。活度与浓度的关系式为

$$a = \gamma C$$

式中，γ 为活度系数，反映离子间相互作用引起真实溶液与理想溶液之间的偏差。

溶液可以采用不同的浓度标度，因而各自选用的标准状态不同，得到的活度和活度系数也不相同。

电解质在溶液中会电离成正、负离子。每种离子在溶液中都有自己的活度和活度系数。但活度要靠实验测定。任何电解质溶液都是电中性的，电解质电离时，同时离解成正离子和负离子，不可能得到只含一种离子的溶液，也不可能只改变溶液中某一种离子的浓度。所以单种离子的活度是无法测量的。人们只能通过实验测定整个电解质溶液的活度，然后采用平均活度来计算。平均活度 $a_\pm$ 与活度的关系为

$$a = a_\pm^v = (\gamma_\pm m_\pm)^v$$

式中，v 为一个电解质分子电离后的正离子数与负离子数之和；$m_\pm$ 为平均质量摩尔浓度。目前许多常见电解质的平均活度系数均已求出，可以从电化学或者物理化学手册中查到。

1.2.3　电解质溶液的电导

电解质溶液是靠离子导电的导体。其导电动机理是在外电场的作用下，溶液中的正离子和负离子发生定向移动，这一现象称为离子的电迁移。电迁移时正离子向阴极方向移动，负离子向阳极方向移动。正、负离子的迁移方向虽然不同，但其导电效果是相同的。在迁移过程中，如果只含正、负两种离子，则通过电解质溶液的总电流是两种离子迁移的电流密度之和。每种离子所迁移的电流密度只是总电流的一部分。用迁移数来表示某种离子迁移的电量在溶液中各种离子迁移的总电量中所占的百分数。

根据电解质溶液导电机理，参与导电的离子在电场的作用下，迁移的路程和通过的溶液截面积一定时，溶液导电能力应与离子的运动速度有关，离子的运动速度越大，传递电量就越快，则导电能力也越强。其次，溶液的导电能力应与离子的浓度成正比。因此，凡是影响离子运动速度和离子浓度的因素都会对溶液的导电能力发生影响，主要包括电解质溶液的浓度、电离度、离子的价态与水化离子的半径、溶液的温度以及溶剂的黏度等。

1.3　电化学体系的平衡

1.3.1　电极电位

当电极与电解质组成一个电化学体系后，在电极相与电解质相之间由各种电荷的重新排布并达到平衡。在界面两侧形成电荷符号相反、电荷数量相等的双电层。这时电极表面与界面附近溶液之间的电位差，称为电极电位。电极电位的绝对值是无法测定的，即单个电极的电极电位是不可测定的。但两个电极之间的电极电位可以进行比较。因此，人们选择氢电极的电极电位作为标准，将待测电极与之组成原电池，通过测定原电池的电动势得出待测电极的电极电势的相对值，即为该电极的电极电位。

1.3.2　标准电极电位

国际纯粹与应用化学联合会（IUPAC）规定，氢气分压为 1 个标准大气压，氢离子活度为 $1mol/L$ 的条件下，氢电极为标准氢电极（SHE），并规定其电极电位为 $\pm 0.0000V$。在测定其他电极的电极电位时，则以待测电极为正极，标准电极电位为负极组成自发电池，所测的电动势即为待测电极的电极电位，表示为 $E_{(氧化型/还原型)}$。当待测电极处于热力学标准状态时，所测的电极电位为该电极的标准电极电位。目前常用的标准电极电位已经测得，可在电化学手册或物理化学手册查阅。需注意，标准电极电位表中的数据出自标准状态下的水溶液，对于非水溶液、干燥状态、高温以及高浓度等情况下的电极电位，则应该作相应的换算。

1.3.3　平衡电极电位

平衡电极电位也称可逆电极电位。一个可逆电极就是平衡电极，首先，可逆电极必须具备下面两个条件：①电极反应是可逆的，即只有电极的正向反应和逆向反应相等时，电极反应物的交换和电荷的交换才是平衡的；②电极在平衡条件下工作，即通过电极的电流等于零或者电流无限小，这时电极上进行的氧化反应和还原反应才能被认为是相等的。

任何一个平衡电位都是相对一定的电极反应而言的。平衡电极的氢标电位就是标准电极电位，该值可以通过热力学方法计算。

但是，在实际的电化学体系中，有许多电极电位并不能满足平衡电极的条件。这时的电极电位称为不平衡电位。与平衡电位相对应，电极上的正向反应与逆向反应速度不相等，有净反应发生。这时所建立起来的电极电位称为不平衡电位或者不可逆电位。不平

衡电位可以是稳定的也可以是不稳定的，当电荷在界面上交换的速度相等时，尽管物质交换不平衡，也能建立起稳定的双电层，使电极电位达到稳定状态。稳定的不可逆电位称为稳定电位。稳定电位是相对的，对同一种金属，由于电极反应类型或速度不同，不同条件下形成的电极电位往往相差很大。但不可逆电极电位的数值很有实用价值。例如在金属腐蚀和表面处理领域中，可以用此来判断不同金属接触时的腐蚀倾向，或者判断和确定电镀工艺。

1.3.4　标准电化序

将各种电极的标准电极电位按数值的大小排列成一个次序表，这种表称为标准电化序。标准电极电位的正负反映了电极在进行电极反应时相对于标准氢电极电位的得失电子的能力，电极电位越负，越容易失去电子；电极电位越正，越容易得电子。电极反应和电池反应实质上都是氧化还原反应。因此，标准电化序也反映了某一电极相对于另一电极的氧化还原能力的大小。它可以作为一种分析氧化还原反应的热力学可能性的有力工具，主要表现在：①标准电化序在一定条件下反映了金属的活泼性；②标准电化序指出了

金属（包括氢离子）在水溶液中的置换次序；③标准电化序可以初步估计电解过程的，溶液中各种金属离子（包括氢离子）在阴极析出的先后次序；④利用标准电化序可以初步判断可逆电池的正负电极和计算电池的标准电极电位；⑤利用标准电化序可以计算诸如平衡常数、反应的焓变以及电解质平均活度等多种物理化学参数。

同时也应注意到，实际上，多数电极过程是在非平衡电位下进行的。因此，将各种金属电极在一定介质中测得的稳定电位的排列称为电偶序，用电偶序来判断金属并确定介质的腐蚀倾向要比标准电化序可靠。

1.3.5　参比电极

现在采用的标准电极电位是指该电极与标准氢电极组成电池时的电动势。由于标准氢电极在实际使用中不方便和对杂质很敏感，因此，常用其他电极替代。这些与被测电极组合成电池的另一个电极则称为参比电极。用作参比电极的电极，其电极电位必须稳定，温度系数小，在小电流下不极化，重现性好。常用的参比电极见表23.1－1。

表 23.1－1　　常用的参比电极的参数

电　　　极	电　极　组　成	φ/V	温度系数/（V/℃）
标准氢电极	Pt，$H_2(p_{H_2}=1atm)\|H^+(a_{H^+}=1)$	0.000 0	0.0×10^{-4}
饱和甘汞电极	Hg/Hg_2Cl_2（固），KCl（饱和溶液）	0.244	-6.5×10^{-4}
1mol/L 甘汞电极	Hg/Hg_2Cl_2（固），KCl（1mol/L 溶液）	0.283	-2.4×10^{-4}
0.1mol/L 甘汞电极	Hg/Hg_2Cl_2（固），KCl（0.1mol/L 溶液）	0.336	-6×10^{-5}
1mol/L 氯化银电极	$Ag/AgCl$（固），KCl（0.1mol/L 溶液）	0.236	-6.5×10^{-5}
氧化汞电极	Hg/HgO（固），NaOH（0.1mol/L 溶液）	0.169	-7×10^{-5}
硫酸亚汞电极	Hg/Hg_2SO_4（固），$SO_4^{2-}(a=1)$	0.6141	—
饱和硫酸铜电极	$Cu/CuSO_4$（固），SO_4^{2-}（饱和溶液）	0.300	—

1.4　电极反应速度

1.4.1　电极极化

无论是平衡电极还是非平衡电极，当有电流通过时，电极的状态会发生改变，电极电位会随电流的变化而变化，这一现象称为电极的极化。极化的大小即极化值（ΔE）为：既定的条件和电流下的电极电位值（$E_{I=I'}$）与电极电流为零时的电极电位（$E_{I=0}$）的差值，即

$$\Delta E = E_{I=I'} - E_{I=0}$$

产生极化的原因有以下几点：电极附近溶液中的离子扩散速度低于电子传递速度，使电极附近与溶液本体

的离子浓度产生差异，电极电位偏移，这种现象称为浓差极化；电极表面电化学反应速度跟不上电子运动速度而造成电荷在界面的积聚，即电化学极化。一般情况下，因电子运动速度大于电极反应速度，所以通电时，电极总是表现出极化现象，但是也有两种特殊极端的情况，即理想极化电极与理想不极化电极。所谓理想极化电极，就是在一定条件下，电极上不发生电极反应的电极，这种情况下通电时不存在去极化作用，流入电极的电荷全都在电极表面不断地积累，只起到改变电极电位，即改变双电层的作用。反之，如果电极反应速度很快，电子运动速度与电极反应速度相当，这种情况下，有电流通过时，电极电位几乎不变化，这类电极就是理想不极化电极，如在电流密度

较小时的参比电极就可以看作不极化电极。

1.4.2 Tafel 关系式

Tafel 在 1905 年提出了关于过电位 η 和电流密度 j 之间的一个经验公式，称为 Tafel 公式。其表达式为

$$\eta = a + b\lg j$$

式中，过电位 η 和电流密度 j 均取绝对值；a、b 为常数。a 表示电流密度为单位数值（如 $1A/cm^2$）时的绝对值，它的大小和电极材料的性质、电极的表面状态、溶液组成以及溶液温度等因素有关。根据 a 值的大小，可以比较不同电极体系中进行电子转移步骤的难易程度。b 是一个主要与温度有关的常数。需要指出，当电流密度很小（$j \to 0$）时，Tafel 关系式就不再成立。这种情况下，过电位 η 与电流密度 j 之间呈线性关系，即

$$\eta = \omega j$$

式中，ω 为一个常数，与 Tafel 关系式中的 a 值类似。

1.4.3 交换电流密度

当电极电位等于平衡电位时，电极上没有净反应发生，即没有宏观的物质变化和外电流通过，但微观上仍有物质交换。因为平衡电位下的还原反应速度与氧化反应速度相等，所以用一个统一的符号 i^0 来表示两个反应速度，i^0 就称为该电极反应的交换电流密度。它表示平衡电位下氧化反应和还原反应的绝对速度。也可以说，i^0 就是平衡状态下氧化态粒子和还原态粒子在电极/溶液界面的交换速度。交换电流密度本身就是表征电极反应在平衡状态下的动力学特征。i^0 与电极反应、电极材料以及反应物质的浓度有关。

1.5 半导体电化学

1.5.1 半导体/电解质界面

半导体/电解质界面区结构比金属电极/电解质界面区的复杂，通常认为由三部分组成，即半导体空间电荷层（Space Charge Layer）、亥姆霍兹层（Helmholtz Layer）和扩散（Gouy）层。其中，Gouy 层的影响一般较小，常被忽略。以 N 型半导体为例，N 型半导体没有与电解质接触前，由施主性质决定的费米能级 E_F 处于导带的最下边。当这样的半导体开始与含有比费米能级低的氧化还原电位为 φ_{RO} 的电解液相接触时，原来存在于导带中的电子移向溶液中处于低能级状态的氧化体而生成还原体。伴随着费米能级的降低和这一反应的进行，在 $E_F = \varphi_{RO}$ 时达到平衡，由于施主浓度通常比氧化还原体系浓度小得多，为了达到这种平衡状态，必须是相当深的内部施主的

电子参与反应，其结果是，在半导体内反应前与这些电子相反存在的空穴残留在晶格上，形成了由界面向内部的分布状态，如图 23.1-1 所示。另一方面，溶液一侧集聚了负电荷。这种双电层构造正好与金属电极/电解液界面的双电层构造形成相反的形式。这种在半导体体内产生的电荷分布称为空间电荷层。此时能带边缘向上弯曲，建立起来的势垒将阻止电子进一步向溶液相转移。当达到平衡时，半导体表面的电子密度 n_s 与体相电子密度 n_b 的关系为

$$n_s = n_b \exp(-e_0 \Delta\varphi_{SC}/k_B T)$$

式中，$\Delta\varphi_{SC}$ 为半导体表面与体内之间的电位差；$e_0\Delta\varphi_{SC}$ 为能带弯曲量。类似地，如果 P 型材料的初始费米能级位于溶液的初始费米能级之下，固体中的多数载流子（空穴）将移到溶液，这样半导体表面内侧形成带负电的空间电荷层，能带边缘向下弯曲。当达到平衡时，半导体表面的空穴密度 p_s 与体相空穴密度 p_b 的关系为

$$p_s = p_b \exp(-e_0 \Delta\varphi_{SC}/k_B T)$$

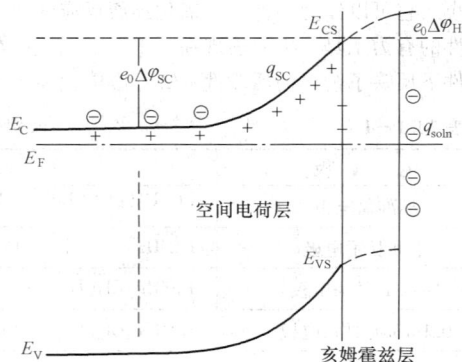

图 23.1-1　N 型半导体与溶液界面区的结构
注：E_C、E_V—导带、价带边缘能量，E_{CS}、E_{VS}—表面上导带或价带边缘能量。

1.5.2 平带电位

同样以 N 型半导体为例，在半导体电极与电解液接触后，达到平衡时，由于半导体内的电子的转移使得能带弯曲，当半导体电极电位向负方向移动时，由于电子的注入，使得原来被拉下的费米能级向上移，同时导带、价带也向上推移而形成平的形状，这时电极内部的过剩电荷为零，电极电位成为平带电位 φ_{fb}。平带电位是一个临界线，半导体电极/电解液间的电子授受，或者说氧化还原关系将发生逆转。与本征半导体的平带电位相比，N 型半导体的平带电位表现为负电位，P 型半导体的平带电位表现为正电位。

1.5.3　Mott－Schottky 关系

半导体电极的空间电荷层电容与电极电位之间存在一定的关系，当半导体电极电位调整到使空间电荷层成为耗尽层时，所测到的空间电荷层电容与电极电位有如下关系

$$C_{SC}^{-2} = \frac{2}{\varepsilon_{SC}\varepsilon_0 e N_{SC}}\left(\varphi - \varphi_{fb} - \frac{kT}{e}\right)$$

式中，C_{SC} 为空间电荷层电容；φ 为电极电位；φ_{fb} 为平带电位；e 为单位电荷；ε_{SC} 为半导体的介电常数；ε_0 为真空电容率；N_{SC} 为载流子密度，k 为玻耳兹曼常数，T 为热力学温度。以 C_{SC}^{-2} 对电极电位 φ 作图，可得到直线关系，通常将这一关系称为 Mott－Schottky 关系。利用该关系可以确定半导体的平带电位和载流子密度。

1.5.4　光效应

从能量转换的角度来说，在光照的作用下，电子从半导体的价带激发到导带，即产生电子和空穴的同时，光能直接转换为化学能；如果通过电极界面电场的作用，使电子和空穴分离，则光能可直接转换为电能；如果产生的电子和空穴进一步参与电化学反应，则光能可直接转换为能够储存的化学能。电化学体系中的光效应为人们所认识已经很久了。利用光吸收所发生的电化学现象作为光能直接转化为化学能、电能的一种方法。在利用半导体粒子的光电化学反应设计的光电化学电池已涉及到固定氮、二氧化碳、制取纯水、合成氨基酸、有机合成反应、有机毒物的降解等许多方面，还在太阳光能量的固定、设计光伏电池和光电解电池以及利用太阳能发电等方面已做了大量的工作。

1.6　电化学测量技术

1.6.1　极化曲线

极化曲线是通过实验测定极化值（过电位）或电极电位随电流密度变化的关系曲线。它反映整个电流密度范围内电极极化的规律。极化曲线可完整而直观地表达出一个电极过程的极化性能。稳态时的极化曲线实际上反映了电极反应与电极电位之间的特征关系。

极化曲线上某一点的斜率（$\mathrm{d}\varphi/\mathrm{d}j$ 或 $\mathrm{d}\eta/\mathrm{d}j$）称为该电流密度下的极化度。极化度具有电阻的量纲，有时也称为反应电阻。极化度表示了某一电流密度下电极极化程度变化的趋势，因而反映了电极过程进行的难易程度：极化度越大，电极极化的倾向也越大，

电流密度的微小变化就会引起电极电位的明显改变，也说明电极过程不容易进行；反之，极化度越小，则电极过程越容易进行。

测量极化曲线的方法根据自变量可分为控制电流暂态法和控制电位暂态法（恒电位法）两大类，其中控制电位法适用范围较广，常用恒电位仪进行测量。

1.6.2　控制电位暂态法

控制电位暂态法是控制电极电位按指定的规律变化，同时测定电极电流随时间的变化（也称为时间—电量法），继而计算电极的有关参数或电极的等效电路中各元件的数值。常用的控制电位方法有以下几种。①电位阶跃法，实验开始前，电极电位处于开路电位 φ_1，实验开始时（$t=0$），使电极电位突跃至某一恒定的电位值 φ_2，直至实验结束，如图 23.1－2（a）所示；②方波电位法，控制电极电位在某一恒定 φ_1 持续时间 t_1 后，突变为另一恒定电位值，持续时间为 t_2 后，又突变为 φ_1 值，如此反复多次，如图 23.1－2（b）所示；③线性电位扫描法，控制电极电位 φ 以某一恒定的速率变化，即 $\mathrm{d}\varphi/\mathrm{d}t =$ 常数。该方法又可分为单程线性电位扫描法［如图 23.1－2（c）所示］和三角波电位扫描法［如图 23.1－2（d）所示］，后者又称为循环伏安法，线性扫描记录电极电流随电位 φ 的变化。

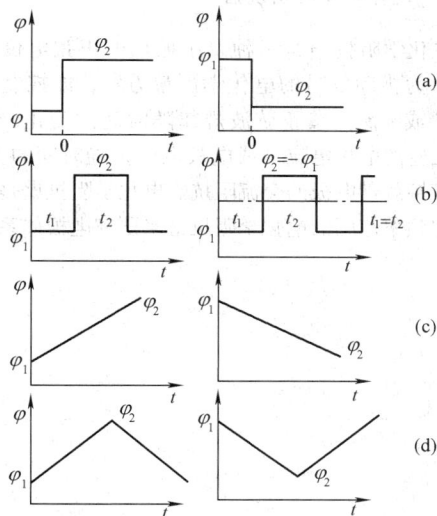

图 23.1－2　几种常见的电位控制波形
（a）电位阶跃法；（b）方波电位法；（c）单程线性电位扫描法；（d）三角波电位扫描法

1.6.3　控制电流暂态法

控制电流暂态法就是控制电极电流 i 按指定的规律变化，同时测量电极电位 φ 等参数随时间 t 的变化。然后根据 $\varphi-t$ 关系计算电极体系的有关参数或电

极等效电路中各元件的数值，常用的控制电流方法有以下几种：①电流阶跃法，将极化电流突然从零阶跃至 i_1 并保持此电流不变，同时记录电极电位随时间的变化，如图 23.1－3（a）所示；②断电流法，用恒电流对电极极化，在电位达到稳定后，突然把电流切断，测定电极电位随时间的变化，如图 23.1－3（b）所示；③方波电流法，即用小幅度方波电流对电极极化，如在某一指定恒电流 i_1 下持续时间 t_1 后，突然到另一指定恒电流值 i_2，持续时间 t_2 后又变回 i_1，如此循环下去，同时测定电极电位随时间的变化。

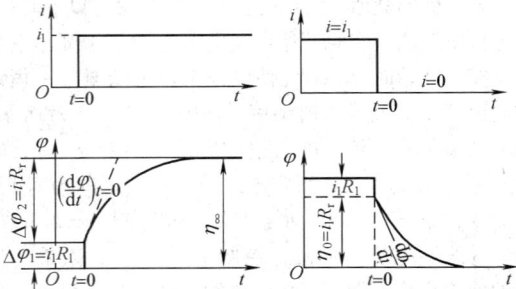

图 23.1－3 控制电流暂态法电流和电位波形
（a）电流阶跃法；（b）断电流法

1.6.4 电化学交流阻抗谱

电化学阻抗谱是一种以小振幅的正弦电位（或电流）为扰动信号的电化学测量方法，即控制电极电位（或电流）按正弦波规律随时间的变化，同时测量相应的电极电流（或电极电位）随时间的变化，或者直接测量电极的交流阻抗。电化学阻抗谱是以测量很宽频率范围的电化学阻抗谱来研究电极体系，该

方法能得到比常规的电化学方法更多的动力学信息和电极界面结构信息。而且由于电化学阻抗谱是以小幅值电位或电流信号对电极进行扰动的，对电极体系的破坏很小，能够获得电极的真实信息，是一种很有效的测量方法。

1.6.5 光电化学测量

光电化学测量是一种根据光电化学理论建立起来的一种电化学原位研究方法。测量时控制电极电位或光照波长的变化，同时测量电极电流的响应，根据测得的光电流 i_{ph} 对电极电位 φ 或光的波长（或光子能量）的关系曲线，通过相关的半导体理论，研究具有半导体性质的电极的光电效应，表征电极的电子结构特征或光学性能。光电化学测量的装置如图 23.1－4 所示，测量系统包括恒电位测量系统、锁相放大器、单色光源系统和数据采集系统等。

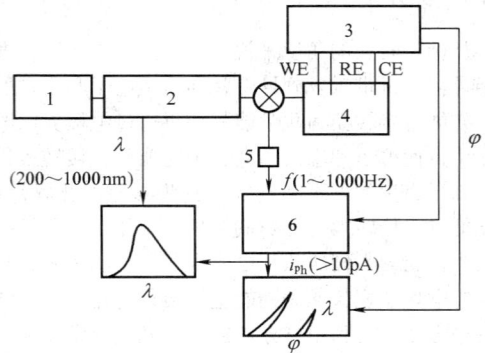

图 23.1－4 光电化学测量装置示意图
1—氙灯；2—单色器；3—恒电位仪；4—电解池；5—光斩波器；6—锁相放大器

第 2 章 电化学应用技术

2.1 电化学工程

2.1.1 电解

电解是使电流通过电解质溶液或熔融液而发生氧化还原反应的过程。进行电解的电化学装置称为电解池或电解槽。电解槽的阴极与直流电源的负极连接,获得电子,使电极与槽液的界面处发生电解还原反应。与直流电源的正极相连接的称为阳极,它从槽液获取电子转移给电源正极,使电极与槽液的界面处发生电解氧化反应。因此,借助于外电流提供的能量,在电解槽的阳极和阴极分别发生氧化和还原反应,而无须引入化学的氧化剂和还原剂。从应用角度来说,主要是利用阳极的氧化反应和阴极的还原反应来实现反应物到产物的转化。利用阴极的还原作用,可在其与电解液的界面发生金属离子的还原反应,沉积出金属单质,金属离子的电沉积可用于电解冶金、电镀、电铸以及废液中金属离子的电解回收;也可以使其他离子获得电子而形成新的物质,如氢气的析出。利用阳极的氧化作用可以使金属或其他离子失去电子。对金属来说,金属在阳极的反应可以用于电解加工、电解抛光、电侵蚀、电解精炼金属或金属表面阳极氧化形成保护性的氧化膜等。对其他物质,在阳极失去电子可形成新的产品,如电解氯化钠水溶液可以在阳极获得次氯酸钠或氯酸钠。

2.1.2 电解槽

电解槽是用于电解操作的电化学反应器,它至少应由一种电解液和两个浸在电解液中的电极构成。为了防止两电极的反应产物相互接触而发生反应或电解产物对电极的作用,通常用隔膜将阳极反应区与阴极反应区隔离,以避免影响产量和质量。电解槽的设计原则如下:①结构简单合理,以利加工和维护;②电极及槽液中的电流分布均匀,必要时可设置辅助电极;③极间距离小,以减少电能消耗和提高空间利用率;④结构材料稳定耐腐蚀,不与电解液和产物发生反应。电解槽的结构一般可分为箱式和压滤式两大类型。槽内电极的连接方式分为并联和串联两种。

2.1.3 法拉第定律

英国科学家法拉第于 1833 年提出了如下两个基本定律,其表述为:①电流通过电解质溶液时,在电极上发生的电化学反应的物质的量与通过溶液的电量成正比关系;②当以相同电流通过一系列含有不同电解质溶液的串联电解池时,在各电极上发生化学变化的基本单元的物质的量相等。法拉第定律的数学表达式为

$$n = \frac{Q}{zF} \text{ 或者 } m = \frac{MQ}{zF}$$

式中,n 为在电极上发生的物质的量;m 为电极上发生反应的物质的质量;M 为反应物的相对分子质量;Q 为通过电解质溶液,即电极上的电量;z 为离子的电荷数;F 为法拉第常数,其数值 1mol 单位电荷所具有的电量,即 $F = 96485 \text{C/mol}$。

2.1.4 电化当量

根据法拉第定律关于通过电解质溶液的电量与电极上参加反应物质的量的关系,可以得到下面的关系式

$$m = \frac{MQ}{zF} = K_1 Q \text{ 或者 } Q = \frac{zFm}{M} = K_2 m$$

式中,m 为电极上发生反应的物质的质量;Q 为通过电解质溶液,即电极上的电量;K_1 和 K_2 则称为电化当量,单位为 g /C 或者 C /g,它体现电极反应中物质的量与电量的关系。常用物质的电化当量可以计算或从电化学手册中查得。

2.1.5 电流效率

在实际电解中,电极上常发生一些副反应或次级反应,无益地额外消耗一定的电量。如电镀锌时,在阴极上析出锌的同时,还可能有氢气析出,这时析氢消耗的能量是无益的消耗。因此,将电解时获得的实际产量与理论产量之比称为电流效率。电流效率(η)可按下式计算

$$\text{电流效率}(\eta) = \frac{\text{实际获得的产物的质量}(m_{\text{实}})}{\text{理论获得的产物的质量}(m_{\text{理}})} \times 100\%$$

或者

$$\text{电流效率}(\eta) = \frac{\text{理论所需电量}(Q_{\text{理}})}{\text{实际消耗的电量}(Q_{\text{实}})} \times 100\%$$

2.1.6 物料衡算

物料衡算是指对一个生产过程或者一个设备系统

1380 · 第 23 篇　电化学与电池

内所有进入、离去或消耗的物料进行质量或组成方面的衡算。物料衡算的理论依据是质量守恒定律。在化学生产过程中物料衡算是流动的，体系与环境发生质量交换，物料衡算方程可表示为

$$\frac{dm}{dt} = N_1 - N_2 + G$$

式中，dm/dt 为体系中某一物种的积累量随时间的变化；N_1 和 N_2 为单位时间内物种进入和离开体系的质量；G 为该物种在体系中生成（正值）或消耗（负值）的速度（单位为 mol／s）。在稳定条件下，$dm/dt = 0$，于是有

$$N_2 = N_1 + G$$

电解产物的生成速度与通过的电流有关，根据法拉第定律，G 可以表示为

$$G = \eta \frac{vI}{nF}$$

式中，v 为电化学反应式中该物种的化学计算数；n 为反应电子数；η 为电流效率。

2.1.7　电压衡算

电流通过电解槽时，电解槽中由于电化学反应、电极极化以及欧姆效应等因素的存在，两电极间所测得的电压应为电解槽中各部分电压降的代数和。这一等量关系的衡算称为电压衡算。电解池的电压平衡可表示为

$$E = E_d + E_e + E_p$$

式中，E 为总电压，电解时为施加在电解池两极的电压，又称槽压或端电压；E_d 为分解电压，可由化学热力学关系求出；E_e 为电导电压，是为克服电极及溶液的阻力而消耗的电压；E_p 为极化电压，是为克服电极极化所消耗的电压。

各部分电压均由阳极部分和阴极部分构成。电解实践中向电解槽施加的电压总是大于理论分解电压，分解电压与槽电压之比称为电压效率。电压效率越低，电解中电能利用率也越低，因此提高电压效率是节能的重要任务之一。

2.1.8　电极和电极材料

电极材料必须是具备优良的足够的电化学惰性、良好的机械稳定性、可加工性、耐电解质和电解产物的腐蚀，此外，还需考虑使用成本。从生产来看，所用电极可以分为三类：①性能长期稳定的电极，常用于简单的氧化还原反应，电极表面作为反应中间产物吸附位置；②气体反应剂电极，一般具有多孔结构，用于氢、烃类和 CO 的氧化或 CO_2 的还原等；③在反应过程中电极材料不断被消耗的电极。

阳极材料有可溶性和不溶性两种。可溶性阳极材料用于电解精炼、电解加工中，阳极材料除传递电荷外，还起到了通过溶解补充阴极电解沉积而减少了的金属阳离子；不溶性阳极材料要求有优良的导电性和较好的耐腐蚀性。炭或石墨、金属及合金都广泛地被用作阳极材料。其中石墨类在许多化学环境下有良好的耐腐蚀性，并具有可使用的力学性能，所以应用较为广泛，在熔盐电解时，除特殊要求外，石墨迄今仍是唯一的阳极材料。另一种不溶性阳极是钌钛阳极，这种不溶性金属阳极常称为形稳阳极（DSA）。该电极是以钛为基材，在表面涂覆钌与钛的共晶氯化物涂层。这类电极的过电位低，并且耐腐蚀性优良，目前氯碱工业中主要采用这种材料，生产能力大幅提高，而且寿命可达 10 年。阳极材料中，贵金属元素（Au、Pd、Pt）是理想的电极材料，但价格昂贵，通常是用这类材料的镀层作为阳极材料。

阴极材料都在较负的电位下工作的，不易受电化学腐蚀，因此，与阳极相比，材料选择的自由度大。常见的腐蚀问题在下述三种场合产生：①电解槽停止运转时；②即使在运转时，由于电流分布不均匀，有的地方未完全阴极极化；③容易形成氢化物的金属材料。

阴极材料的选择另一要点是过电位特性，可根据具体的反应选择电极材料来促进或抑制相应的反应。表 23.2 - 1 列出一些电解工业常用的电极材料。

表 23.2 - 1　　　　　一些电解工业常用的电极材料

材　　料	阳　极	阴　极	用　　　途
铅	+		H_2SO_4 溶液中的电解
	+	+	有机电合成
铁	+	+	水的电解，碱性溶液中有机电合成
	+	+	食盐水电解，ClO_3^-，ClO_4^- 和过氧酸盐生产，溶盐电解（Na，Li，Be，Ca）
石墨	+		食盐水电解，ClO_3^- 生产，有机合成，铝电解
	+	+	次氯酸盐生产，溶盐电解（Na，Li，Be，Ca）

续表

材　料	阳　极	阴　极	用　　　　途
镍	+		水的电解
	+	+	有机电合成，溶盐电解（Na），制取高锰酸盐和 Fe（Ⅲ）氰化物
铂	+		含氯化物溶液中的有机电合成
	+	+	ClO_3^-，ClO_4^-，过氧酸盐，次氯酸盐的生产
汞	—	+	食盐水电解，汞齐电解（Cd，Tl，Zn），有机电合成
Fe_3O_4	+	—	氯碱和氯酸盐生产
形稳阳极（钛和钌或其他贵金属的混合物阳极）	+	—	食盐水电解，次氯酸盐，ClO_3^- 的生产，电冶炼和阴极保护
Ta 或 Ti／Pt	+	—	过硫酸盐生产，次氯酸生产，电渗析和阴极保护
Ti／Pt-Ir	+	—	ClO_3^- 和次氯酸盐生产
Ti／PbO_2	+	—	ClO_3^- 生产，酸性介质中的有机电合成

2.1.9　电流分布

电极上电流分布不但和电场分布有关，而且和电极过程有关。在电解时，电化学极化和电极形状、电极排布等都是影响电流分布的因素。前者是电化学因素，后者是几何因素。如果只考虑几何因素对电流分布的影响而得到的电流分布称为一次电流分布，一次电流分布与电极的形状和电极的排布有关；若同时考虑几何因素和电化学极化因素对电流分布的影响时，所得的电流分布为二次电流分布。二次电流分布同时受几何因素和电化学因素的影响，当电解液的导电性越好且电化学极化度越大时，电极各处的电流分布越均匀。

2.1.10　电解制度

在选定电解液后，电流密度（恒电流法）或电极电位（恒电位法）、电解温度及电解时间三者统称为电解制度。电解制度的确定对电解加工有重要的作用，如温度升高使阳极溶解速度加快。温度对整个电化学过程的影响是复杂的。如果电解速度主要决定于初生电极反应速度或电化学反应速度或者扩散过程速度，则温度可以直接用 Arrhenius 方程表示

$$\ln K = \frac{A}{T} + B$$

式中，K 为反应速度；T 为热力学温度；A、B 为常数。

温度对电解液的黏度以及电解液中离子的水化作用有影响，温度升高使溶液比电导增加，一般温度升高 1℃，比电导约增加 2%~25%。

在影响电极过程的外界因素中，电流密度是最重要的，因为电流是影响极化过程从而导致极化的控制因素。总之，电解制度是影响电极过程的重要因素之一。

2.2　金属的提取和精炼

2.2.1　电沉积

电沉积是通过电解方法使金属离子在电解池阴极上发生还原反应和电结晶，并生成金属层的过程。其目的是改变固体材料的表面性能或制取特定成分和性能的金属材料。金属电沉积的实际应用领域通常包括电冶炼、电精炼、电铸和电镀等。

金属电沉积的基本历程一般由以下几个单元步骤串联组成：①液相传质，溶液中的反应粒子向电极表面迁移；②前置转化，迁移到电极表面附近的反应粒子发生化学转化反应，如金属水化、离子水化程度降低并发生重排，金属络离子配位数降低等；③电荷传递，反应粒子得到电子还原为吸附态金属原子；④电结晶，新生的吸附态金属原子沿电极表面扩散到适当的位置（生长点）进入金属晶格生长或与其他新生原子集聚而形成晶粒并长大，从而形成晶体。在上述各单元步骤中反应阻力最大、速度最慢的步骤则成为电沉积过程的速度控制步骤，不同的工艺，因电沉积条件不同，其速度控制步骤也不相同。

2.2.2　电解提取金属

矿物经选矿、富集以及一系列化学处理，最后得到了纯度合乎要求的金属化合物（氧化物或盐类）。金属化合物进一步还原为金属一般采用两种方法：热还原法和电解法。电解法是以水溶液或熔盐电解以制取金属的方法。电解提取金属属于湿法冶金过程。电解法制取金属的优点如下：①还原能力强，用还原剂方法不能还原的活泼金属（如钠），电解法则是唯一

的制备方法；②不用还原剂，引入杂质较少，可获得纯度较高的金属；③与火法冶金相比，水溶液电解放入大气中的烟尘和废气较少，有利于环境保护。

电解提取金属的方法可分为水溶液电解和熔盐电解两种。水溶液电解大多数是电解金属氯化物或硫酸盐的水溶液，电流效率较高，操作条件比较简单。但对于一些活泼金属如碱金属、碱土金属或稀土金属等，由于产物会与水反应，故常采用熔盐体系来电解制取。电解时采用不熔性阳极（如石墨、钌钛阳极氧化物电极等）在阳极发生析氧反应，阴极析出所需金属。电解提取金属后的电解液往往可以循环使用。表 23.2 - 2 是冶金工业中大规模用电解沉积或精炼方法制取的金属的种类。

表 23.2 - 2 冶金工业中大规模用电解沉积或精炼方法制取的金属的种类

电解体系	电沉积	电解精炼
水溶液电解	Cu, Zn, Co, Fe, Cr, Mn, Cd, Pb, Sb, Sn, In, Ag 等	Cu, Ni, Co, Sn, Pb, Hg, Ag, Sb, In 等
熔盐电解	Al, Mg, Na, Li, Ca, Sr, Ba, B, Th, U, Ce, Ti, Mo, Ta, Nb 等	Al, Ti, V 等

2.2.3 电解精炼

电极电位越负的金属越容易失去电子而被电解氧化为金属离子，电极电位越正的金属离子越容易得到电子，通过还原反应在阴极沉积析出。基于这一电化学理论，将纯度低的粗金属制成可溶解性阳极，利用电解方法对含有杂质的金属进行提纯。在阳极粗金属的电溶解过程中，一些电极电位较正的金属未能溶解，与一些不溶性的氧化物形成阳极泥，其他电极电位比被精炼金属更负的杂质金属则与被精炼金属一起溶解到电解液中，但只有被精炼金属才能沉积在阴极上。在阳极的下方沉淀的阳极泥可用来回收提取贵金属，而电极电位更负的杂质金属离子则以盐的形式回收。由于电解精炼时，阳极过程原则上是阴极过程的逆过程，所以理论上分解电压应为零，因而电解精炼时，槽压和电能消耗一般都很低。

2.3 表面处理

2.3.1 电镀

电镀是指在直流电流通过电解质时，在阴极基体表面沉积具有一定性能的金属或复合镀层的电解过程。人们利用镀层的特殊组织和性质满足日益增强的

耐蚀、耐疲劳、润滑、高硬以及电、热、磁、光等多方面的性能要求。电镀时施加的电流除常见的直流电流外，有时还使用调制电流（如周期换向电流、脉冲电流、不对称交流电流、交直流叠加等），从而改善镀层的性能，强化生产。根据被电镀工件的几何尺寸、数量及对镀层要求等因素，电镀常采用挂镀、滚镀、刷镀以及连续镀等几种方式生产。尽管各种镀层的特性不同，同一种镀层在不同使用场合中的要求也不一样。但除特殊情况外，人们对镀层的基本要求是结构细致紧密，基体各部位镀层厚度尽可能均匀，镀层与基体或镀层与镀层结合牢固。

2.3.2 电刷镀

电刷镀是利用电沉积原理，电源正极接镀笔，作为刷镀时的阳极，如图 23.2 - 1 所示，电源的负极接工件，作为刷镀时的阴极。通常，镀笔采用石墨或镀铂钛棒为阳极材料，阳极外面包裹上棉花和耐磨的涤棉套。刷镀时把浸满镀液的镀笔以一定的相对运动速度在工件表面上移动，并保持适当的压力。在镀笔与工件接触的部位，镀笔中的金属离子在工件表面还原沉积形成镀层。随着刷镀时间增长，镀层逐渐增厚。

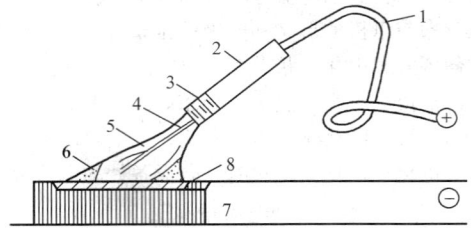

图 23.2 - 1 电刷镀原理示意图
1—阳极电缆；2—镀笔手柄；3—散热片；
4—不溶性阳极；5—阳极包裹材料；
6—镀液；7—工件；8—镀层

电刷镀过程中，由于镀笔与工件有相对运动，散热条件好，在使用大电流密度电刷镀时，不易使工件产生过热现象。另外，镀层的形成是一个连续的结晶过程，限制了晶粒的长大和排列，因而在镀层中存在大量的超细晶粒和高密度的位错，使镀层得到强化，性能高于同类槽镀镀层。

电刷镀设备简单、体积小，多为便携式或可移动式，便于现场使用或进行野外整修。大量的实际应用表明，该技术能以很低的成本换得较大的经济效益。

2.3.3 复合镀

复合镀是将某种不溶于镀液的固体微粒通过搅拌

使固体微粒均匀地悬浮在镀液中，用一般电镀或化学镀方法，使镀液中某种单金属或合金成分在阴极上实现共沉积的一种工艺。由于固体微粒均匀地分散在单金属或合金基体中，故复合镀又被称为分散镀或弥散镀。所得镀层成为复合镀层，是一种金属基复合材料。由于固体微粒的嵌入，使得原有镀层性能发生了显著变化，从而扩展了它在不同领域的应用。复合镀层应用非常广泛，分为以下几种：①装饰-防护性复合镀层，如镍封和缎面镍（与 SiO_2、SiC、$BaSO_4$、高岭土等复合）、沙面铜复合镀，还有使用各种不同颜色的荧光颜料与镍共沉积，而制成各种不同颜色的荧光复合镀层；②功能性复合镀是利用镀层的各种物理、机械、化学等性能，如耐磨、导电、抗高温氧化等性能来满足实际工况需要；③用作结构材料的复合镀层，在金属材料中如具有高强度的第二相，选用适当的分散颗粒或纤维，调整工艺参数控制复合成分的比例，使结构材料的性能大大提高。

2.3.4　电化学抛光

电化学抛光亦称电解抛光，是金属表面一种阳极溶解精加工技术，可使表面光亮平整，常用于镀层或金属表面的装饰性加工。在电解抛光过程中，表面尖凸部位电流密度较大，优先发生溶解，从而得到微观整平的表面。电化学抛光可作为电镀和阳极氧化的前处理及镀后经加工处理，主要用于形状不太复杂的铝、铜、银、钢和不锈钢制品或镀层表面。各种金属电化学抛光典型工艺条件及参数可查阅《表面处理手册》。

2.3.5　阳极氧化

铝、镁及其合金、不锈钢等金属表面可形成致密氧化膜而钝化。在电流强制作用下，它们可以生成较厚的氧化膜层，从而强化表面膜的防护、装饰及某些功能特性。电化学氧化工艺用于铝及铝合金最为普遍，目前，随着镁合金的广泛应用，通过阳极氧化来提高镁合金的耐蚀性能也是主要的措施。

阳极氧化可以用直流电，也可以用交流电（或其他形式的交变电场），电解液可根据基体的组成性质来确定，对同样的基体，不同的电解液组分，可以获得不同组成结构和性能的氧化膜。阳极氧化所得的氧化膜随着结构性能的不同有着不同的功能，除常用的提高耐蚀性、耐磨性等功能外，还可以利用氧化膜的结构特征为其他材料的制备提供模板等用途（如纳米碳管的制备等）。

2.3.6　电泳

胶体分散体系中，胶体粒子比表面积和表面能很大，因此具有很强的吸附能力，可以从溶液中不等量吸附阴、阳离子而带电荷。如果将胶体溶液置于直流电场中，即可观察到胶体微粒和分散介质都有在电场中移动的能力。带电胶体微粒在电场下向异极移动的现象称为电泳。电泳可应用于颜料、粘土、金刚砂等材料的分离精制及胶体分散系的分析测试。将涂料制成胶体分散系，并使胶体微粒携带特定的正或负电荷，如果将工件作为电场的异极，利用电泳现象即可使涂料微粒沉积于工件表面，经后处理可得到质地良好的涂层。这一技术称为电泳涂漆。涂层厚度与工作电压及温度等因素有关，工件需进行类似电镀工件的前处理操作。

2.3.7　镀液的组成

电镀溶液的种类很多，组成差别极大，但任何一种电镀溶液通常都具备如下作用：①提供阴极电沉积的金属离子；②提高镀液的导电能力；③缓冲溶液的 pH 值，使溶液保持一定的酸碱度；④调节电沉积物的物理和形态特征。通常镀液含有主盐、导电物质、缓冲剂、配位剂、阳极活化剂和有机添加剂等，但不是各种镀液都同时含有这些成分。各成分的作用分别为：①主盐，指含有镀层金属的盐，它们经阴极电沉积形成镀层；②导电物质，常用的导电物质有硫酸、盐酸、碱金属氢氧化物或碱金属盐等。溶液电导率提高，有利于镀液分散能力，改善镀层质量，降低电能消耗；③配位剂，添加络合剂可以降低镀液中游离金属离子的浓度，从而增大阴极极化，使镀层细致，还能促进阳极溶解，但会降低阴极电流效率；④缓冲剂，稳定镀液 pH 值，抑制阴极表面扩散层 pH 值的升高，同时还可以提高阴极电流密度和极化度，改善镀层组织的作用；⑤阳极活化剂，可以消除阳极钝化，降低阳极极化，促进阳极溶解，从而保持了主盐离子浓度的稳定；⑥有机添加剂，按其功能可分为整平剂、光亮剂、结构调整剂和微粒共沉淀促进剂以及镀层细化剂、防针孔剂、抑雾剂等。

2.3.8　镀层的选择

目前开发的镀层有近 30 种不同性质和功能（包括物理、化学、机械等性能）的金属和合金。选择一种镀层所考虑的最重要的因素有：①镀覆的目的；②被镀工件的预期用途；③镀层的成本使用寿命和镀后工件的使用环境等。根据目的区分镀层的类型有三类：一是纯粹用于防止腐蚀，如镀锌、镉等；二是除保护作用外，还兼有其他性能要求，如装饰、电接触等；最后是功能性镀层，如改善润滑、提高耐磨性等。因此，对镀层的选择需根据具体情况设计相应的镀层。

对一个工件表面的镀层而言可以分为单一镀层和多层镀层。常用的镀层多为多层镀层，多层镀层的结构一般包括过渡镀层、夹心镀层和工作镀层（如图 23.2-2 所示）。过渡镀层又称为打底层，主要是为了防止基体金属和镀层之间的扩散，或者是为了整平，或者防止在基体金属上产生置换镀层，或者是为了提高基体金属与镀层的结合强度而针对性地镀覆一层其他金属；夹心镀层是为了消除镀层中的内应力而增加的镀层，它与其他镀层有着相反的内应力；尺寸镀层则是在有些电镀工艺中，为了满足工件的公差配合而增加镀层；工作镀层是表面最终镀层，其作用是满足表面诸如机械性能、物理性能、化学性能等特殊要求。

在优先选择合适的镀层以及取代其他精饰方法及材料方面，镀层的成本与性能间的关系则是主要的决定因素。镀层的成本与一些因素有关，如镀层的类型和厚度、工件的要求、工艺过程以及工件的数量和外形特征等。

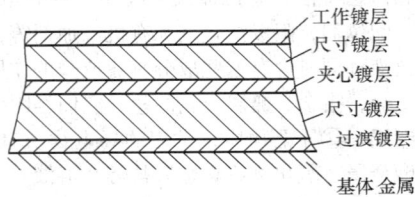

图 23.2-2　镀层的组合与结构

2.3.9　镀层的检测

对镀层的测试主要包括测量镀层的厚度、测验镀层与基体的结合力、测验镀层耐腐蚀性，以及镀层的外观等。目前关于这些测试方法都有相应的国家标准或行业标准。对特殊应用的镀层还有一些特性的测试方法，如孔隙率、表面粗糙度、光泽度、硬度、延展性以及抗拉强度和内应力等。

2.3.10　电化学表面处理工艺流程

金属材料在表面处理中主要包括表面预处理、表面处理、表面后处理、检验和包装等过程。①预处理的目的是使表面与清洁的表面状态提高表面层与基体牢固结合，预处理包括表面的整平、除锈、除油、浸蚀除去表面氧化膜、活化、清洗等过程；②表面处理，在预处理后，在基体表面根据需要进行相应的表面处理，主要有电镀、化学镀、阳极氧化、电泳以及电化学抛光等方法；③后处理是表面处理后的辅助处理工序，不同的表面处理工艺所采用的后处理方法不同，如电镀镀层的钝化处理、加热以提高镀层与基体

的结合力或脱氢处理、阳极氧化后的封闭处理等；④检测，针对各种表面处理的目的，对表面处理后的工件进行质量检验，包括外观检测和性能检测，如外观上的起皮、针孔、麻点和颜色等，性能上厚度、耐蚀性、耐磨性、结合力、导电性以及硬度等；⑤包装，对不同的工件则根据表面要求、形状大小、运输距离以及存放环境对表面处理后的工件进行包装。

2.3.11　非导体上电镀

非导体电镀是指在玻璃、塑料、木材等绝缘体上获得金属镀层的方法。这类工艺主要是用来对非导体材料进行艺术化加工或装饰。对这类材料进行电镀时，首先要进行表面导电化处理，常用的方法有：①涂层法，即在工件表面刷涂一种由极细的金属粉和胶合剂混合而成的涂料，当粉末完全分布在整个表面上之后，就浸镀一层银以改善导电性；②石墨化，主要用在易于黏附石墨的表面，如蜡、橡胶和橡胶化的高聚物。将细的石墨刷涂在表面上，然后用一撮棉花擦抹直到带有很高光泽度；③化学镀，将非金属表面采用二氯化锡或氯化钯溶液敏化后，进行化学镀银、铜或镍等导电金属层。

在实现导电化处理后，再进行相应的电镀处理，方法与金属的电镀相近，只是因为待镀的零件表面的导电性较差，所以电镀时开始要用较低的电流密度进行电沉积，然后再逐渐提高电镀的电流密度，电镀的后处理与金属基体的后处理工艺相近。

2.4　腐蚀与防护

2.4.1　金属腐蚀及类型

金属材料与其环境介质发生化学的和电化学的反应而引起材料退化和破坏的过程称为金属的腐蚀。与机械磨损不同，金属腐蚀是一个相界面上的化学过程。多数情况下，金属材料中的腐蚀破坏是由于它逐渐丧失了金属特性，使单质转变为热力学上更为稳定的化合态，如氧化物、氢氧化物、硫化物、碳酸盐等。腐蚀过程中金属原子发生了氧化反应，金属腐蚀的必要条件是存在氧化剂。

金属腐蚀有不同的分类方法，按照反应的性质可分为化学腐蚀和电化学腐蚀；按照腐蚀形态可分为全面腐蚀和局部腐蚀；按照腐蚀的力学作用可分为应力腐蚀、疲劳腐蚀和磨蚀；按照腐蚀环境介质可分为高温腐蚀、大气腐蚀、海水腐蚀、土壤腐蚀、有机物腐蚀、溶盐腐蚀、工业酸碱腐蚀、微生物腐蚀等。

2.4.2　腐蚀速度

根据腐蚀破坏形式的不同，金属腐蚀的程度用不

同的腐蚀速度表示，全面腐蚀的腐蚀速度可用失重法（或增重法）、深度法或电流密度表示。①失重法（或增重法）是根据腐蚀后单位面积单位时间的重量变化来计算腐蚀速度，其单位可表示为［质量］［面积］$^{-1}$［时间］$^{-1}$，质量可用克、毫克或千克表示，时间可用小时、天或年表示；②深度法是将失重腐蚀速度除以金属的密度，即单位时间的腐蚀深度。可用毫米/年来表示，深度法可以衡量不同密度的金属的腐蚀程度；③电流密度是反映电化学腐蚀中的腐蚀程度，腐蚀电流密度 i_{corr} 与失重腐蚀速度 v 之间的关系为

$$v=\frac{i_{corr}M}{nF}$$

式中，M 为金属的原子量；n 为电荷转移数；F 为法拉第常数。

局部腐蚀速度及其耐蚀性的评定比较复杂，一般不能用上述方法表示腐蚀速度。

2.4.3 电化学腐蚀

电化学腐蚀是指金属在电解质或潮湿的金属表面发生的破坏。区别于化学腐蚀，电化学腐蚀在进行过程中有电流产生。电化学腐蚀过程是通过腐蚀原电池进行的。在腐蚀原电池中，金属各部分的电位是不相同的，在电位低的区域进行阳极氧化反应，电位高的区域进行阴极反应。腐蚀原电池是一种不能对外界输出电能的短路电池，而仅能使金属发生腐蚀。从热力学角度来讲，金属的腐蚀多数是在非平衡电位下进行的。非平衡电位是金属在不含有该金属离子的溶液中的电位，或称为腐蚀电位。金属的电化学腐蚀不但与它的电极电位有关，而且还与水溶液的 pH 值有关，因此可以用电位-pH 图（Pourbaix 图）来判断腐蚀倾向。电位-pH 图是研究金属在水溶液中腐蚀行为的重要工具，它可以从理论上预测金属的腐蚀倾向、类型和选择控制腐蚀的途径。

电化学腐蚀是腐蚀电池作用的结果。一个腐蚀电池必须有阴极、阳极和电解质以及连接阴、阳极的电子导体等四个部分组成。腐蚀电池中金属作为阳极发生氧化反应，阴极上则是去极化剂（腐蚀剂）的还原反应，所以金属发生电化学腐蚀的条件有两个：一个是构成腐蚀电池；另一个是含有去极化剂。

2.4.4 材料的耐蚀性和耐蚀材料

金属材料的耐腐蚀性能与材料本身和所处的介质条件有关，对某一既定的介质条件，各类金属的耐蚀性可由腐蚀速度的大小来划分（见表23.2-3）。金属材料的耐腐蚀性能可以通过手册查找或通过试验考察来确定。

表 23.2-3 金属耐腐蚀标准

耐腐蚀等级	腐蚀速度/（mm/a）
耐腐蚀性优良	<0.001
耐腐蚀性良好	0.05~0.5
耐腐蚀性稍差	0.5~1.5
不耐腐蚀	>1.5

各种材料在不同的腐蚀环境中的腐蚀性能不同，根据环境条件正确地选用耐蚀材料，对工程技术十分重要，常用的耐蚀材料有金属类碳钢、合金钢、铝合金、镍合金、铅、钛等，非金属类（塑料、橡胶、玻璃陶瓷、石墨、石棉等）。在使用时，可根据实际环境参考手册对所需的耐蚀材料进行选择。表23.2-4列出部分常用材料所适用的介质。

表 23.2-4 各种材料使用的腐蚀性环境

材料名称		适用介质
金属	碳钢	80%~100%硫酸（70℃），<10%及90%~100%醋酸（20℃），<35%氢氧化钠（<120℃）
	高硅铸铁	各种浓度的硫酸、硝酸、磷酸、有机酸
	高镍铸铁	中性或碱性溶液
	不锈钢	大气、水、硝酸、有机酸、碱、盐
	铝及合金	大气、水、pH4.5~8.5的溶液、有机酸、溶剂
	铜及合金	大气、水、海水、中等浓度硫酸、磷酸、盐酸、有机酸
	镍及合金	水、海水、微酸性溶液、浓碱、有机溶剂
	铅及合金	硫酸、亚硫酸、磷酸、铬酸
	钛及合金	海水、各种氯化物、次氯酸盐、湿氯气、氧化性酸、碱、有机酸、<4%盐酸

续表

材料名称		适 用 介 质
非金属	酚醛树脂	水、稀硫酸、盐酸、磷酸、盐类溶液
	环氧树脂	水、硫酸、碱、盐、多种有机酸
	聚乙烯	稀盐酸、硫酸、硝酸、碱和盐溶液
	聚氯乙烯	水、硝酸、碱、盐溶液
	聚四氟乙烯	几乎所有化学介质
	聚苯乙烯	稀酸、碱、盐、醇
	天然橡胶	稀硫酸、盐酸、磷酸、氢氟酸
	丁苯橡胶	多种无机酸（硝酸、铬酸除外）、碱、盐
	石墨	盐酸、稀硫酸、氢氟酸、磷酸、碱液
	玻璃和陶瓷	除热浓碱以外的所有化学介质
	石棉	稀酸、弱酸、碱、盐、油类、有机溶剂

2.4.5 保护层防腐技术

表面保护是常用的金属保护方法，人们通过物理的、化学的、电化学的工艺方法在金属表面覆盖保护层，借以减轻或防止金属腐蚀。按照保护层材质，可将其分为金属保护层和非金属保护层。

对金属保护层来讲，如果在腐蚀介质中电极电位低于基底金属，则称为阳极保护层（如钢铁上镀锌）。一旦发生腐蚀，保护层先受到腐蚀，从而保护了基底金属。若在腐蚀介质中保护层电极电位比基底金属高，则称为阴极保护层。一旦保护层发生破坏，基底金属将加速腐蚀，因此只有将保护层和基底金属完全与腐蚀介质隔离，才能起到有效的保护作用（如铁上铜、银镀层）。金属保护层常称为镀层，它可以是单层，也可以是多层复合层。镀覆方法有电镀、化学镀、热浸镀、渗镀、包镀、真空镀、气相沉积等多种方法。工业中常用镀层有锌、镍、铜、铬、锡、铅及其合金等。

非金属保护层主要包括转化膜保护层和涂料保护层。转化膜保护层种类很多，如黑色金属和多种有色金属表面的磷化层，钢铁、铜、铝表面的化学和电化学氧化膜层，不锈钢、锌、镍、钛等金属及其合金表面的钝化层等；涂料保护是指将涂料覆盖于金属表面，对金属腐蚀有阻碍和抑制作用的涂层。按照涂层材料的溶剂类型，防腐涂料分为油性涂料、溶剂型涂料、水性涂料和无溶剂型粉末涂料。涂料的涂覆方法包括浸涂、刷涂、喷涂、静电喷涂、电泳、流化床涂覆等。

除此之外，搪瓷保护层、塑料保护层、玻璃钢保护层、耐蚀砖板、橡胶衬里、搪玻璃层等保护层在金属防腐蚀方面也都发挥了积极作用。

2.4.6 缓蚀技术

在腐蚀介质中加入少量化学的或复合的物质，它们以适当浓度或形式存在于介质中，防止或减缓腐蚀的进行，这种物质就称为缓蚀剂或腐蚀抑制剂。

金属电化学腐蚀是在电解质溶液中同时进行阴极过程和阳极过程的结果。缓蚀剂的加入可以缓解阴极过程和（或）阳极过程，缓蚀剂可分为三类：①阳极抑制型缓蚀剂，其作用主要通过吸附于金属表面阻止金属表面阳极部分的离子进入溶液或者在金属表面形成保护膜（钝化膜），阻碍阳极过程，因而能增大阳极极化，使腐蚀电流减小。但如果用量不足或溶液稀释，在金属表面没有形成完整的保护膜，则会形成大阴极小阳极，反而使腐蚀加速，使用时应特别注意。常用的阳极缓蚀剂包括氧化性物质（铬酸盐、硝酸盐、亚硝酸盐等）和非氧化性物质（磷酸盐、碳酸盐、硫酸盐、硅酸盐以及苯甲酸盐等）。它们与金属上溶解下的离子形成难溶化合物而起到保护作用。②阴极抑制型缓蚀剂，它不改变阳极的面积，而是控制阴极过程，增大阴极极化，使阴极反应难以启动或在表面形成难溶化合物，阻碍阴极过程，使腐蚀电流减小，属于安全型缓蚀剂。但其用量较大，缓蚀效率较低。常用的有聚磷酸盐，三价砷、铋、锑离子的盐类等。③混合型缓蚀剂，它能同时抑制阳极过程和阴极过程，常用的混合型缓蚀剂有有机含氮化合物、有机含硫化合物以及硫脲和硫脲的衍生物等。④气相缓蚀剂，这类缓蚀剂在常温下有一定的蒸汽压，其蒸汽可溶于金属表面的水膜中抑制金属的大气腐蚀，常用的有吗啉类有机化合物、咪唑类有机化合物等。

2.4.7 电化学保护

电化学保护分为阴极保护和阳极保护两种。

阴极保护是在被保护的金属表面通入足够大的阴极电流，使其电位变负，从而抑制金属表面上腐蚀电池阳极溶解的速度，是一种经济而有效的防腐措施。阴极保护根据阴极电流的来源可分为牺牲阳极的阴极保护和外加电流阴极保护两类。牺牲阳极的阴极保护是靠电位较负的金属的溶解来提供阴极电流，一般是用锌合金、铝合金、镁合金。在保护过程中电位较负的金属为阳极，逐渐溶解牺牲而使阴极被保护，金属免受腐蚀。外加电流阴极保护则靠外部电流提供阴极电流，这时要用钢铁、石墨、高硅铸铁、镀铂的钛等作为阳极，称为辅助阳极。被保护金属作为阴极，电化学体系工作时，由于被保护金属为电化学体系阴极而被保护。在阴极保护中，使金属达到完全保护所需要的最小电流密度称为最小保护电流密度，相应的电位称为最小保护电位。阴极保护电位不是越负越好，超过规定的范围时，除浪费电能外，还会引起析氢，导致附近的介质 pH 值升高，破坏金属表面的涂层，甚至会引起金属氢脆。

阳极保护是对于钝化和易钝化金属组成的腐蚀体系中，在被保护的金属表面通入足够大的阳极电流，使电位变正进入钝化区从而防止金属腐蚀。阳极保护主要用来保护储存硫酸用的碳钢储槽、储存氨水用的碳钢储槽以及钢制纸浆蒸煮釜等钢铁材料，阳极保护中的辅助阴极也随着环境的不同有所差异，如对浓硫酸可用镀铂电极、高硅铸铁、银等，对稀硫酸可用铝青铜、石墨等，对碱液可用高镍铬合金或普通碳钢等。必须注意，如果其中含氯离子浓度较高，就不宜用阳极保护的方法，因此阳极保护的应用是有限的。

2.5 电化学合成与加工

2.5.1 电合成

电合成是指用电化学方法合成化学物质。电合成的实质是电解氧化和电解还原。由于电化学方法可以提供极强的氧化和还原能力，并通过改变电解工艺参数，如电流密度、电解电压、电催化活性等可以很方便地控制、调节反应的方向、速率和限度，因而成为许多无机和有机产品主要或不可替代的生产方法。电合成除上述可控性好外，还具有对环境污染少的优点，这种方法排放的三废很少，不会给环境造成公害。同时，电合成也具有能耗大、设备复杂、技术要求高等不足。无机电合成的重要产物有氢、氯、氟、氧、二氧化锰、过硫酸盐、高锰酸盐、烧碱、氯酸盐

和次氯酸盐等；有机电合成的主要产品有己二腈、四烷基铅、癸二酸、有机氟化物、环氧丙烷、对氨基酚、苯二酚、苯胺和对甲氧基苯胺等。

2.5.2 电铸

电铸是利用电沉积原理的一种金属成型方法。就是把按照所要求的形状做好的阴模放在电解液中，使溶液中金属离子在阴模表面电沉积，再把电沉积金属从阴模上取下来而制作的各种产品。电铸与电镀的根本区别在于电铸层的厚度很厚。而且，考虑到脱模的方便，阴模和电沉积金属之间的附着力要适当。通常电铸的金属有铜、镍、铁，为了特殊的目的也有电铸金、银、复合电铸。

2.5.3 电化学切削

电化学切削是利用阳极溶解的原理把工件变成规定的形状和尺寸。加工时，将电化学的阳极溶解作用集中在加工件的加工部位，通过控制这种溶解作用，加工成规定的形状和尺寸。电化学加工不同于电火花加工，后者是通过放电造成的消耗来去除金属，是物理方法。电化学切削的应用很广泛，可以加工形状复杂的曲面、深孔加工或者超硬合金等机械加工难以实现的加工工序。

2.5.4 半导体器件加工

利用电化学方法结合掺杂和光照等手段，可以在半导体材料上进行各种复杂结构的加工。区别于金属的电化学加工，半导体器件加工在加工取向和定位上有多种方法。例如，结合光照、PN 结或者掺杂等技术可以使半导体在三维空间内有选择性地溶解，从而形成特定的三维结构。

2.6 环境保护

2.6.1 电解氧化和电解还原处理污染物

该方法包括：①不溶性阳极电解氧化法，通过阳极反应氧化分解氰、酚、染料等物质，也可以通过阳极反应生成的中间体间接分解有毒物质或杀灭细菌；②利用阴极还原反应使有毒金属离子在阴极上还原析出并加以回收。

2.6.2 电浮离和电凝聚法处理废水

电浮离法是利用阳极和阴极电解产生的氧气和氢气微泡吸附污水中的悬浮物或胶状物，使这类物质上浮而被分离。该方法常用于石油工业、冶金工业、食品工业和涂料工业生产中产生的废水，这类废水中含

有细微的分散的悬浮固体和油状物。

电凝聚法是以铝、铁等金属为阳极，在直流电的作用下，溶出 Al^{3+}、Fe^{2+} 等离子，经一系列水解、聚合及亚铁离子的氧化，逐渐生成各种羟基络合物、多核羟基络合物、氢氧化物，使水中的胶态杂质絮凝沉淀而被分离。同时水中带电的污染物颗粒则在电场中泳动，其部分电荷被电极中和，也促使其脱稳聚沉。电凝聚法与投加絮凝剂的化学絮凝法相比，具有去除污染物范围广、反应迅速、适用 pH 范围宽、形成的沉渣密实、澄清效果好等优点，而且由于电极的氧化还原作用，还能除去水中的其他污染物和细菌。

2.6.3 电渗析

电渗析是在电场作用下，依靠对溶液中离子有选择性透过的离子交换膜，使离子从一种溶液透过离子交换膜进入另一种溶液，以达到分离、提纯、浓缩、回收的目的。电渗析器由电极、隔板和离子交换膜组成。电渗析的功能在很大程度上由渗析膜（离子交换膜）的性质所控制，按离子交换膜中活性基团种类分为阳离子交换膜、阴离子交换膜和复合膜。电渗析方法具有用药量少、环境污染小、适应性强以及操作简便等优点，广泛应用于海水淡化、浓缩制盐、医药及食品用水、物质的纯化与分离、废水废液处理等方面。

2.6.4 光催化降解污染物

利用太阳能进行废水处理研究，对于保护环境，实现可持续发展具有重要的意义。光催化降解污染物是指吸附于催化剂表面的氧及水合悬浮液中的 OH^-、H_2O 等均可产生一种主要活性物质——羟基自由基（·OH），它可以将污染物转化为无害的物质。氧化作用既可以通过表面键合羟基的间接氧化，即粒子表面捕获的空穴氧化，又可在粒子内部或颗粒表面经价带空穴直接氧化，或同时起作用，视具体情况有所不同。

在废水处理中一般是将催化剂 TiO_2 固定在某些载体上。目前国内外应用的载体主要有硅胶、活性氧化铝（Al_2O_3）、玻璃纤维网、空心陶瓷球、海砂、层状石墨、空心玻璃珠、石英玻璃管、普通（导电）玻璃片、有机玻璃、光导纤维等。多孔性载体如硅胶、海砂等，固定方法有浸渍-烧结法、溶胶-凝胶法、化学气相沉淀法。其中溶胶-凝胶法较为理想，所制半导体薄膜均匀性及结晶性较好，膜厚及特性较易控制。

TiO_2 能有效地将废水中的有机物降解为 TiO_2、CO_2、PO_4^{3-}、SO_4^{2-}、NO_3^-、卤素离子等无机小分子，

达到完全无机化的目的。染料废水、农药废水、表面活性剂、氯代物、氟里昂、含油废水等都可以被 TiO_2 催化降解，迄今详细研究过的有机物达 100 种以上。

许多无机物在 TiO_2 表面也具有光化学活性，利用二氧化钛催化剂的强氧化还原能力，可以将污水中汞、铬、铅，以及氧化物等降解为无毒物质。传统的水处理方法效率低、成本高、存在二次污染等问题，污水治理一直得不到好的解决，纳米技术的发展和应用很可能彻底解决这一难题。

SO_2、H_2S、NO 和 NO_2 等有害气体也能被吸附在 TiO_2 表面，在光的作用下转化成无毒无害物质。利用纳米光催化 TiO_2 治理空气污染已经得到广泛应用，国内外都出现了很多产品，例如纳米空气净化器、中央空调净化模块、光触媒涂料等，市场前景非常广阔。

纳米 TiO_2 的杀菌作用是利用光催化产生的空穴和形成于表面的活性氧类与细菌细胞或细胞内的组成成分进行生化反应，使细菌头单元失活而导致细胞死亡，并且能使细菌死亡后产生的内毒素分解。研究表明，将 TiO_2 涂覆在陶瓷、玻璃表面，经室内荧光灯照射 1h 后，可将其表面99%的大肠杆菌、绿脓杆菌、金黄色葡萄球菌等杀死。

在当今世界性的环境污染问题越来越受到各国政府重视的情况下，利用纳米材料进行环境治理已经成为各国高科技竞争中的一个热点。

2.7 分析监控

2.7.1 电化学传感器

电化学传感器也称电化学敏感器，是一类采用电极将其环境介质中的化学量或物理量转换为电信号进行检测的元器件，用作传感器的探头。离子选择电极是电化学传感器的基础，其电极表面的敏感膜，通过选择性地渗透或交换特定离子而使其膜电动势或扩散电流等响应值与溶液中特定组分的活度、分压等化学量或物理量呈线性函数关系，因此可以用作指示电极。常用的基于电子交换的金属电极、金属难溶盐电极、汞电极、金属离子氧化还原电极也属于电化学传感器之列。根据敏感膜的性质和状态，通常把离子选择电极分为三类：①固体膜型离子选择型电极，这类电极用的薄膜由玻璃或其他无机盐组成，如玻璃电极、LaF_3 电极等。②流动载体型离子选择电极，此类电极又分为液态离子交换膜电极和中性分子载体膜电极，前者如钙离子选择电极；中性分子载体膜电极所用的有机物称为中间载体，如环状聚醚、链状聚

醚、缬氨霉素等。它们能够与被选择测量的阳离子形成络阳离子，并显出膜电位，如钡离子选择电极。③气敏电极。

2.7.2　电化学分析

电化学分析是应用电化学的基本原理和技术，研究在电化学电池内的特定现象，依据被测组分的各种电化学性质来确定其组成和含量的一类分析方法。按所测电化学性质或参数的不同，电化学分析主要包括：①电动势分析法（测定电池电动势）；②电导分析法（测定溶液导电性）；③库仑分析法（测定通过电解池的电量或电流强度和时间）；④极谱分析法（测定溶液中的电动势-电流关系或半波电动势）；⑤电解分析法（依据被测组分的电解特性）。

电化学分析的最大优点就是灵敏度、选择性和准确度都很高，是很有发展前途的分析方法。因为现代科学技术可将被测物种的许多信息转换成电信号，即使是十分微弱的电信号都可以被准确地监测出来并放大、显示和记录，所以电分析化学在超微量、超痕量分析方面将有着广泛的应用。

2.7.3　腐蚀监测

腐蚀监测是对在役设备或构件的腐蚀情况进行测量和控制的一种技术。金属的腐蚀监测技术形式多种多样，可根据检测手段的性质分为物理方法、化学分析方法和电化学方法。物理方法如超声波测厚法、电阻法等是利用物理原理获得金属材料腐蚀速度的信息；化学分析方法是通过对介质条件的测定或测定介质中腐蚀产物的方法来获取腐蚀速度；电化学方法则是根据金属电化学腐蚀原理利用电化学测量技术来获取金属腐蚀速度的方法，电化学方法获得的信息量大，通过合适的测量方法不但可以获得腐蚀速度，还可以获取腐蚀产生的原因，从而可以采取相应的控制措施。随着现代网络通信技术的发展，已开发了网络版的腐蚀监测技术，使监测数据的获得和管理更加方便，电化学监测系统也正在从单一的、便携式模式向多点式、在线式模式发展。腐蚀监测在石油化工、化学工业中已得到了广泛的应用。目前腐蚀监测已深入到其他领域中，如建筑物中钢筋的腐蚀监测。

第3章 化 学 电 源

3.1 概述

3.1.1 电池概念

1. 电池 是化学电源的一种习惯称呼。它是一种把化学能转化为电能的装置。

2. 电池的组成 任何一种电池都是由正极、负极、电解质、隔膜（或隔板）和容器五个部分组成。其中最主要的是正极、负极和电解质三个部分。

3. 电池的表示方法 （−）负极 | 电解质 | 正极（+）。其中，电解质两侧的直线不仅表示电极与电解质的接触界面，而且还有正、负极之间必须分开的意思。例如：

铅酸蓄电池可表示为： （−）Pb | H_2SO_4 | PbO_2（+）

锌−空气燃料电池可表示为：（−）Zn | KOH | O_2（+）

锌锰干电池可表示为： （−）Zn | NH_4Cl−$ZnCl_2$ | MnO_2（C）

二氧化锰后面括号的 C 表示正极的导电体为碳棒。

4. 活性物质 在电池中起化学变化产生电能的物质称为活性物质，如铅酸蓄电池中的 PbO_2 和 Pb，锌−空气燃料电池中的 Zn 和 O_2。

5. 氧化还原反应和嵌入—脱嵌反应（电池反应中的两种主要方式）

（1）氧化还原反应。电池放电时，负极上总是发生氧化反应，并放出电子；而正极上总是获得电子，发生还原反应。以铅酸电池为例，在放电时，负极上发生下列氧化反应

$$Pb + HSO_4 \longrightarrow PbSO_4 + H^+ + 2e$$

在正极上则发生下列还原反应

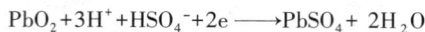

$$PbO_2 + 3H^+ + HSO_4^- + 2e \longrightarrow PbSO_4 + 2H_2O$$

该电池充放电时的总反应可表示为

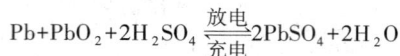

$$Pb + PbO_2 + 2H_2SO_4 \underset{充电}{\overset{放电}{\rightleftharpoons}} 2PbSO_4 + 2H_2O$$

（2）嵌入—脱嵌反应。锂二硫化钛电池充放电时就是按嵌入—脱嵌反应进行的

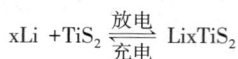

$$xLi + TiS_2 \underset{充电}{\overset{放电}{\rightleftharpoons}} LixTiS_2$$

3.1.2 电池的主要技术、经济性能指标

1. 开路电压 电池的开路电压是指电池在几乎没有电流通过时，电池两极之间的电位差。

2. 额定电压 指电池开路电压的最低值（保证值）。

3. 放电曲线 电池的工作电压实际上是随放电时间变化的。用工作电压作纵坐标，放电时间为横坐标，把放电过程中不同时间测得的工作电压描绘在图上，就得到电池的放电曲线。图 23.3−1 是 R6 锌−锰干电池的放电曲线。显然，放电曲线平稳，表示放电过程中工作电压的变化较小，电池性能较好。

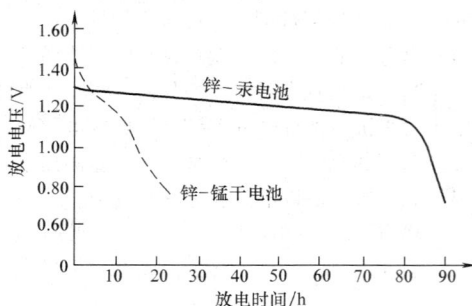

图 23.3−1 R6 锌锰干电池的放电曲线

4. 终止电压和平均工作电压（未指明时简称为工作电压） 从放电曲线定出电池的放电终止电压和平均电压。所谓终止电压，即低于此电压时，电池实际已放不出电了。

5. 电池容量 指在一定的放电条件下（即在一定的温度和一定的放电电流下），它所能放出的电量。对于容量较大的电池，容量的单位常用安培小时（A·h）表示；对于容量较小的电池，容量的单位常用毫安小时（mA·h）表示，1A·h = 1000mA·h。电池容量的大小除了与正、负极上的活性物质的数量及其电化学当量以及电极制造工艺有关外，还与电池的放电条件（放电电流的大小、放电温度的高低等）有密切的关系。因此，在说明某一电池的容量时，一定要指明放电条件。

（1）电池容量的表示法。电池以恒定电阻放电到终止电压所能维持的时间来表示其容量的大小。例如，一号电池（R20）在（21±2）℃时，以外电阻为 5Ω，放电到终止电压 0.75V 所能维持的时间（min）来表示其电容量。

（2）额定容量（C）。它是在规定的工作条件（放电电流、温度等）下，该电池能保证放出的电容量。电池的实际容量比额定容量大 10% ~ 20%。

（3）放电率。用来表示放电电流的大小。

放电率＝额定容量（A·h）/放电电流（A）

由上可知，放电率是以时间（h、min）为单位，如10h放电率、5h放电率、20min放电率等。按国际规定：放电率在C/5以下者称为低倍率；C/5～1C称为中倍率；1C～22C称为高倍率。

6. 电池内阻 指电流通过电池时所受到的阻力。它包括欧姆内阻和极化内阻两部分。

（1）欧姆内阻。包括电解液（电解液的性质、浓度）的电阻、隔膜（隔膜材料的性质、厚度、孔率、孔径）的电阻以及电极材料的电阻等。

（2）极化内阻。电极的极化决定于通过电极的电流密度（电流密度增大、电极的极化增加）。为了减小电极极化，必须提高电极的活性和降低真实电流密度，而降低真实电流密度可以通过增加电极面积来实现。所以，绝大多数电池中的电极是采用多孔电极，它的真实面积比表观面积可能大几十倍、几百倍，甚至更多。

由于电池存在内阻，致使电池的工作电压总是低于电池的开路电压。电池的内阻在电池工作时要消耗能量。因此，要求大电流放电的电池，其内阻必须很小。

7. 电池的比能量和比功率（电性能） 它是电池在单位质量或单位体积时所能输出的电能和所做的功。电池输出的能量就是电池所能做的电功。它等于电池放电容量和电池平均工作电压的乘积。电池的比能量有以下两种：

（1）质量比能量。常用瓦·时/千克（或 W·h/kg）来表示。在电池反应中，1kg反应物所产生的电能称

为电池的理论比能量（假设反应物全部按电池反应进行，即无副反应；放电过程中电池电压等于电动势，电池内部无电压降；没有计算电池电解质、溶剂及其他部件的重量）。

（2）体积比能量。常用瓦·时/升（或 W·h/dm³）表示。比能量指标是比较各种电池性能优劣的重要依据。在表23.3-1中列出了常见的一些电池的比能量数据。由表23.3-1可知，锌银电池、碱性锌空气电池和锌汞电池具有较高的质量比能量。而锌汞电池和锌银电池还具有较高的体积比能量。

8. 电池的充放电寿命 指在一定的放电条件下，能经受多少次充电与放电，电容量下降到某一规定值。经受一次充电和放电称为一个周期（或循环）。周期数越多，表示电池充放电寿命越长，电池的充放电性能越好。各种电池的使用周期数与放电深度、温度、充放电率等有关。

放电深度是指电池放出的容量占额定容量的百分数。减少放电深度，蓄电池的使用周期数可以明显地延长。

9. 电池的自放电（储存性能） 在存储期间，虽然电池没有放出电能，但是在电池内部却不断地进行着反应，使电容量逐渐下降，这种现象通常称之为电池的自放电。自放电有如下两种表示法。

（1）用单位时间内容量减少的百分数来表示即

$$自放电 = \frac{Q_0 - Q_T}{Q_0 T} \times 100\% \qquad (23.3-1)$$

式中，Q_0 为新制的电池在规定条件下的电容量；Q_T 为在存储 T 时间（天数、月数、年数）以后，在同样的放电条件下的电容量。

表 23.3-1   常见的一些电池的比能量

电池名称	质量比能量/(W·h/kg)		体积比能量/(W·h/dm³)		说　明
	单体电池	组合电池	单体电池	组合电池	
铅蓄电池	19~30（理论170）	—	40~90		管式电极
铅蓄电池	—	10~20	—	40~60	涂膏式电极
铅蓄电池	~10			~30	形成式电极
锌锰干电池	44~88（理论274）		98~195		
锌银电池	65~130（理论487）	40~105	106~275	70~220	
镍镉电池	20~37（理论214）	18~30	40~75	25~65	烧结电极，开放式
镍镉电池	16~36	10~29	45~110	25~65	烧结电极，密封式
镍镉电池	16~27	15~25	25~60	20~35	盒式电极，开放式
镍镉电池	16~27	15~25	30~80	20~35	盒式电极，密封式
锌汞电池	95~112（理论255）	—	396~457	—	
碱性锌-空气电池	~150（理论1350）		~150		

（2）用电池容量下降至某一规定容量所经过的时间来表示，并称其为搁置寿命（或存储寿命）。换句话说，在电池搁置寿命的时间范围内，电池放电性能（电容量、工作电压等）保证能达到规定的指标。

（3）存储寿命有以下两种：

1）干存储寿命。在使用时才加入电解质的电池寿命（一般较长）。

2）湿存储寿命。出厂前已经加入电解液的电池寿命。

3.1.3 电池的分类

1. 按电池内活性物质复原方法分类

（1）原电池（一次电池）。凡是放电后，不能用充电方法使它复原的这类电池，如锌锰干电池。

（2）蓄电池（二次电池）。凡是可用充电方法使它复原，再能放电，并能多次充电和放电的电池，如铅酸电池、锌银电池等。

（3）储备电池。这类电池是为长期保存而设计的，一般是以干燥状态保存。在使用前采取适当的措施使之"激活"进入工作状态。

（4）燃料电池。指用天然燃料或易从天然燃料得到的物质，如氢、甲醇、煤气及某些金属（如铝、镁等）等作为负极活性物质；以空气中的氧或纯氧作为正极活性物质的化学电源。这种电池只要不断地输入正、负极活性物质，电池就可能较长时间地工作下去，所以又称作连续电池，如氢氧燃料电池。

2. 按正、负极活性物质及电解质溶液分类

（1）高能电池。镁干电池、金属空气电池、锂非水电池、钠硫电池、锂高温电池、锌卤素电池、钠水电池和锂水电池、氢镍电池和氢银电池。

（2）长期存储电池。固体电解质电池、热电池、储备电池。

（3）燃料电池。氢氧（空气）电池、以含碳化合物为燃料的电池、高温燃料电池、金属燃料电池。

3.2 原电池

3.2.1 原电池及其体系

原电池是一种通过电极反应将活性物质直接转换成直流电能的换能装置；放电后它不能用反向充电的方法使两电极的活性物质恢复到初始状态。其电极活性物质只能利用一次，用毕即被丢弃（回收）不能反复使用，故称为一次性电池。常见的原电池有锌锰电池、碱性锌锰电池、锌汞电池、锌空气电池等。

3.2.2 锌-锰干电池

锌-锰干电池按电解液性质可分为中性、微酸性和碱性三大类。中性锌-锰电池可分为筒式、叠层式、薄形（纸）三种。碱性锌-锰电池可分为筒式、扣式、扁平式三种。本手册主要介绍筒式，筒式锌-锰电池有以下四类。

1. 糊式锌-锰电池 也称锌-锰干电池，其负极是锌，正极是用二氧化锰，隔膜是淀粉浆隔离层，负极是锌筒。其电化学体系如下

$$(-)\ Zn\ |\ NH_4Cl、ZnCl_2\ |\ MnO_2(C)\ (+)$$

电池反应为

$$Zn+2MnO_2+2NH_4Cl \rightarrow 2MnOOH+Zn(NH_3)_2Cl_2$$

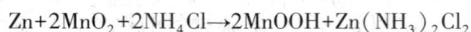

由于锌-锰电池具有原材料丰富、价格便宜、制造工艺简单、比能量高、便于携带等优点，所以，是目前生产量大，使用广的一种原电池。这种电池的缺点是比功率较小（内阻较大），不适宜大电流连续放电，且放电电压不平稳。

锌-锰干电池的开路电压在 1.5~1.8V 之间，其额定开路电压为 1.5V。其工作电压与负荷有关，典型终止电压为 0.9V。

锌-锰干电池的理论质量比能量为 274W·h/kg，而实际质量比能量约为 55W·h/kg；其体积比能量在 98~195W·h/dm³ 之间。锌-锰干电池在高温及潮湿的环境下储存，其自放电较为严重；在低温下储存，电池的自放电较小。

圆筒式适用于放电电流较大或工作电压不太高的场合；在需要较高的工作电压而工作电流较小时，用叠层式电池。

锌-锰干电池的型号是以字母"R"代表圆筒型单体电池；"F"代表扁形单体电池。字母后紧接的数字大小代表单体电池的大小，如 R6、F15 分别表示小型圆筒式和小型扁形单体电池。组合电池的型号标志方法是：在单体电池型号的前面加上数字表示串联的只数。如 30R20 表示有 30 只 R20 电池串联的组合电池，其额定电压为 1.5×30V = 45V；6F100-2 表示有两组六只 F100 型单体电池串联的电池组并联起来的组合电池，其额定电压为 6×1.5V = 9V。

2. 纸板锌-锰电池 用纸板浆层隔膜代替纸板糊层隔膜，电解质有氯化铵型和氯化锌型。

电池的表达式为

$$(-)\ Zn\ |\ ZnCl_2\ |\ MnO_2\ (+)$$

电池总反应为

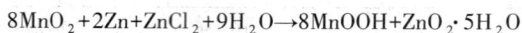

$$8MnO_2+2Zn+ZnCl_2+9H_2O \rightarrow 8MnOOH+ZnO_2·5H_2O$$

这类电池容量比糊式锌-锰电池高，高氯化锌型电池可大电流放电，放电时间长。

3. 碱性锌-锰电池 以氢氧化钾或氢氧化钠为电解质的电池称为碱性电池。碱性锌-锰电池的负极是汞齐化锌粉，电解液是 KOH 溶液。电池反应机理

和前两类不同。其电化学表达式为

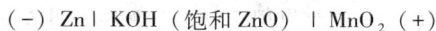

(-) Zn | KOH（饱和 ZnO）| MnO_2（+）

电池反应为

$$Zn+2MnO_2+H_2O =\!=\!= ZnO+2MnOOH$$

碱性锌-锰电池电性能优于前两类电池，放电时间是同类糊式的 5~7 倍。

4. 无汞锌-锰电池　此类电池中汞的含量按质量分数不超过 0.000 1%。

电池表达式为　（-）Zn | KOH | MnO_2（C）（+）

电池总反应为

$$Zn + 2MnO_2+ H_2O \longrightarrow 2MnOOH + ZnO$$

5. 锌-锰电池的主要性能

（1）电动势。　$E=1.47~1.59V$

（2）开路电压。　$U_0=1.7~1.8V$

碱性锌-锰电池的 $U_0=1.52V$

（3）放电性能。锌-锰干电池、碱性锌-锰电池的放电曲线如图 23.3-2 所示。

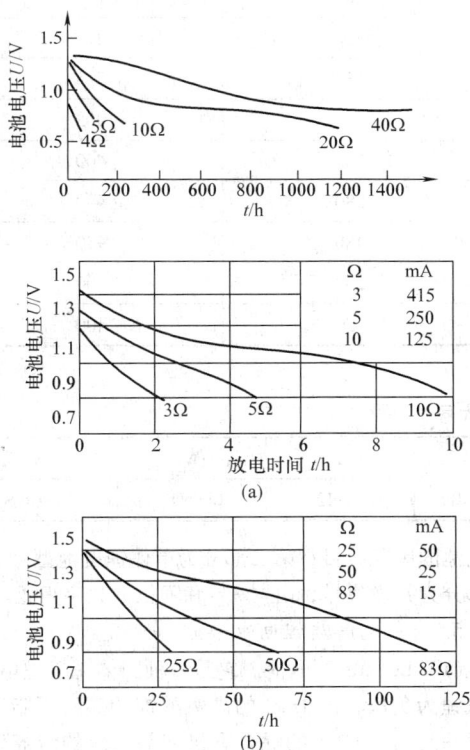

图 23.3-2　锌-锰电池的放电曲线

(a) 锌-锰干电池；(b) 碱性锌-锰干电池

（4）欧姆电阻。未放电的 R20 电池，欧姆电阻可达 0.2~0.5Ω。

（5）储存性能。碱性锌-锰电池具有很好的储存性能。在 20℃ 的条件下储存一年容量仅损失 5%~

10%，储存三年的容量损失为 10%~20%。在 45℃ 存放三个月后容量损失在 10%~20% 之间。碱性锌-锰电池的开路电压约为 1.52V，工作电压约为 1.25V。实际工作电压取决于放电负荷和荷电状态，通常终止电压取 0.9V，大电流放电时可取得更低些。碱性锌-锰电池具有良好的低温工作性能。通常，在轻负荷情况（如放电率为 C/200）下，-20℃ 时还可放出 20℃ 时容量的 40%~50%，相当于相同的锌-锰干电池室温下连续放电的容量。

3.2.3　镁-锰干电池

电池的阳极是由质量分数为 3% Al、1% Zn、0.2% Mn 和 0.15% Ca 的镁合金做成的。用冲压法将电极冲成圆筒形式。采用的电解质是 $MgBr_2$ 溶液。

电池的化学式是　　Mg | $MgBr_2$ | MnO_2（C）

总的放电反应是

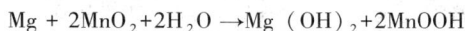

$$Mg + 2MnO_2+2H_2O \longrightarrow Mg(OH)_2+2MnOOH$$

镁-锰干电池的主要优点是：放电电压高，比锌-锰电池平均电压约高 0.2~0.3V；比能量高，约为锌-锰干电池的四倍；放电曲线相当平坦；不工作的镁电池的自放电比通常锌-锰电池要低。在室温下保存两年以后，电容量的损失一共只有 14%；耐高温存储，在 45℃ 下保存六个月，电池的电容量只降低 15%。这样低的自放电归功于镁的阳极产物不溶解于电解液；电池在低温下具有很好的工作能力。在 -29℃ 温度下放电八昼夜，电池给出的电容量相当于 21℃ 时的 14%。

此电池的缺点之一是在微弱的和间断的放电条件下电池的性能显著地变坏；另一缺点是在电路接通刚放电时，存在着一段"延迟作用"的时间。

3.2.4　锂原电池

1. 锂电池的分类　锂电池按其工作方式可分为不可充电的锂一次电池、锂激活电池和可充电锂二次电池三大类。但通常是按电解质的种类分为有机电解质锂电池和无机电解质锂电池。

2. 锂电池的组成和工作原理　锂电池由负极、正极和电解质三大部分组成。锂电池的负极反应是

$$Li \underset{充电}{\overset{放电}{\rightleftharpoons}} Li^+ + e$$

锂电池正极反应有两种情况。一种是放电时，作为正极活性物质的卤化物、硫化物、氧化物含氧酸盐及单质元素等还原成低价金属离子或元素，形成新的物相，如

$$AgCl+e \longrightarrow Ag+Cl^-$$

另一种正极反应是还原后不出现新相，如

$$MnO_2+Li+e \longrightarrow LiMnO_2$$

3. 锂电池的主要特点

（1）锂电池的最大特点是比能量高。一次锂电池的比能量高于锌-银、锌-镍、镉-镍、铅酸、锌-锰、碱性锌-锰电池。

（2）比功率比锌-锰电池好，但重负荷特性不如镉-镍和锌-银电池。

（3）锂电池具有放电电压稳定、工作温度范围宽、自放电率低、储存寿命长、无记忆效应及无公害等优点。

（4）锂电池的安全性问题必须给予重视。在短路或某些重负荷条件下，某些有机电解质锂电池及非水无机电解质锂电池都有可能发生爆炸。

（5）锂电池的缺点是价格昂贵，所以目前尚不能普遍应用，主要应用于掌上计算机、PDA、通信设备、照相机、卫星、导弹、鱼雷、仪器等。随着技术的发展、工艺的改进及生产量的增加，锂电池的价格将会不断地下降，应用上也会更普遍。比较成熟的几种锂原电池与常见的原电池的性能比较见表 23.3 - 2。

4. 锂电池的命名法

（1）单体锂电池型号命名。单体锂电池型号由四部分组成。

第一部分为体系字母代号，见表 23.3 - 3。

表 23.3 - 2 主要原电池的特性

电池系列	负极	正极	工作电压/V	实际比能量	
				质量比能量/（W·h/kg）	体积比能量/（W·h/dm³）
锌锰干电池	Zn	MnO_2	1.2	65	140
镁锰电池	Mg	MnO_2	1.7	100	195
碱性锌锰电池	Zn	MnO_2	1.15	95	210
锌银电池	Zn	Ag_2O	1.5	130	515
锌空气电池	Zn	O_2	1.2	290	905
锂二氧化锰电池	Li	MnO_2	2.7	200	400
锂二氧化硫电池	Li	SO_2	2.8	280	440
锂亚硫酰氯电池	Li	$SOCl_2$	3.4	480	950
锂聚氟化碳电池	Li	$(CF)_N$	2.7	200	400
锂碘电池（固体电解质）	Li	I_2（P_2VP①）	2.8	150	400

① 正极为碘和聚二乙烯吡啶的混合物。

表 23.3 - 3 锂电池体系字母代号

代号	B	C	D	E	I	W	K
体系	$Li-(CF_x)_x$	$Li-MnO_2$	$Li-Bi_2O_3$	$Li-SOCl_2$	Li-I2	$Li-SO_2$	Li-Cu S

第二部分为形状字母代号，R 表示细长圆柱形，S 表示方形，F 表示扁方形。

第三部分用阿拉伯数字表示电池尺寸。

第四部分电池工作特性代号，见表 23.3 - 4。

表 23.3 - 4 电池工作特性代号

代号	蓄电池	放电倍率			高温环境
		低	中	高	100~150℃
特性		不表示	M	H	S

例：CF241406 表示 $Li-MnO_2$ 扁方形电池。电池尺寸为 24mm×14mm×6mm。

（2）锂电池组型号命名。锂电池组型号由三部分组成。第一部分为串联代号，用阿拉伯数字表示单体电池的串联数目；第二部分为单体锂电池型号；第三部分为并联代号，由"-"和阿拉伯数字组成。

5. 有机电解质锂电池

（1）$Li-MnO_2$ 电池。它是一种固体正极锂电池。它以锂为负极，以 1mol 的高氯酸锂的碳酸丙脂和二甲氧基乙烷为 1：1 的混合有机溶剂组成的溶液作电解液，以经热处理的二氧化锰正极活性物质。其电池反应为

$$Li + Mn^{IV}O_2 \longrightarrow Mn^{III}O_2（Li^+）$$

上式中二氧化锰被从 +4 价还原成 +3 价，反应物为 $Mn^{III}O_2$（Li^+），写成这一形式的意思是 Li^+ 进入了 MnO_2 的晶格中。$Li-MnO_2$ 电池的开路电压为 3V 以上，在 20℃ 温度下一般工作电压为 2.8V，一般规定

其终止电压为 2.0V。电池的比能量达 250W·h/kg，约为普通干电池的 5 倍。

目前已研制的 Li-MnO₂ 电池，从外形上分为硬币形或扣式、圆筒形和矩形电池。

Li-MnO₂ 电池的工作温度范围较宽；温度变化对电池的放电容量影响较小；该电池的储存性能十分优良。在 20℃ 下，即使储存 6 年后，其放电容量还可达到新电池容量的 85%；有较高的体积比能量；较好的高倍率放电能力和较便宜的价格（与普通的锌锰电池相比），所以是最早实现商业化的一种固体正极锂电池。

（2）Li-SO₂ 电池。它的负极是金属锂，以多孔碳电极作为正极，而正极活性物质为溶于有机溶剂中的二氧化硫气体，电解液由溴化锂（LiBr）、乙腈（AN）和碳酸丙烯脂。其电池反应如下

$$2Li + 2SO_2 \longrightarrow Li_2S_2O_4$$

Li-SO₂ 电池一般制成圆筒形。Li-SO₂ 电池的额定电压为 3.0V，其工作电压随放电率、放电温度和荷电状态而变化，一般在 2.9~2.7V 之间。

Li-SO₂ 电池的优点是：放电电压非常平稳，而且能在很宽的电流密度范围放电，甚至可供高倍率短时间和脉冲负载下放电；可以用小电流连续放电 5 年甚至更长的时间，而且在长期放电的条件下，其容量可达额定容量的 90%；工作温度范围宽（-55~+70℃）；在各种体系中，比能量最高；卓越的储存性能。

（3）Li-(CFₓ)ₙ 电池。Li-(CFₓ)ₙ 电池以锂作负极，以固态的聚氟化碳为正极，可采用各种不同的有机溶剂作电解液，如以亚硫酸二甲脂作溶剂加入一定量的六氟砷酸锂或碳酸丙烯加 1，2-二甲氧基乙烷溶剂，再加四氟硼酸锂（LiBF₄）溶质等混合溶液作为电解液。隔膜为非编织的聚丙烯，组成电池后的放电反应为

$$nLi + (CF)_n \longrightarrow nLiF + nC$$

其开路电压为 3.1V，放电时的工作电压约为 2.5V。该电池也可制成各种形式。

Li-(CFₓ)ₙ 电池的优点是：比能量高，25℃ 时的比能量可达 200W·h/kg，为碱性二氧化锰电池的三倍以上；放电曲线比较平稳；其储存性能与其他固体正极锂电池相似。Li-(CFₓ)ₙ 电池的低温性能虽不如 Li-SO₂ 等电池，但它在 -20℃ 时的比能量仍可达室温时的一半。

（4）Li-Pb2Bi₂O₅ 电池和 Li-Bi₂O₃ 电池。这两种电池的反应如下

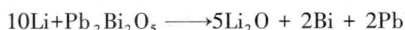

$$10Li + Pb_2Bi_2O_5 \longrightarrow 5Li_2O + 2Bi + 2Pb$$
$$6Li + Bi_2O_3 \longrightarrow 3Li_2O + 2Bi$$

这两种电池的开路电压均为 2.2V 左右，工作电压为 1.7~1.8V；工作温度范围为（10~45）℃，储存寿命长（储存在 60℃ 的环境中，3 个月后的容量损失为 6%），重量轻，价格较低。

（5）Li-Ag₂CrO₄ 电池。Li-Ag₂CrO₄ 电池一般用锂片和镍制切拉网（作集流骨架）加压而成负极。由铬酸银和石墨的混合物制成正极。由碳酸丙烯脂（PC）和高氯酸锂配制而成电解液。其放电反应为

$$2Li + Ag_2CrO_4 \longrightarrow Li_2CrO_4 + 2Ag$$

该电池的开路电压为 3.3V，放电曲线有两个坪阶电压，第一个坪阶电压为 3.2V，第二个坪阶电压约为 2.5V。该电压的出现可作为放电终止的标志。

Li-AgCrO₄ 电池体积比能量高；工作温度范围较宽（-10~55℃）；自放电可忽略不计，即使在 100℃ 温度下储存一个月，其容量仍无变化。在心脏起搏器中作电源，其寿命可长达 6~10 年。

有机电解质锂电池的放电性能比较如图 23.3-3 所示。

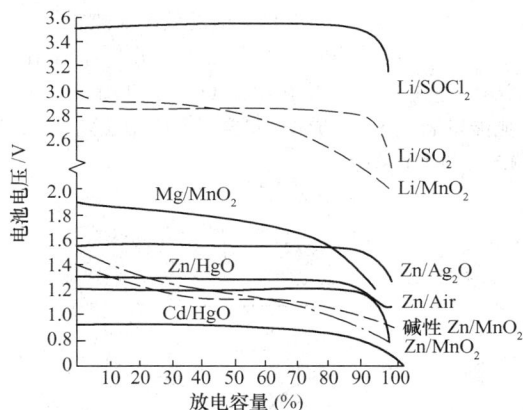

图 23.3-3 某些原电池的放电
曲线（30~100 小时率）

6. 无机电解质锂电池 以非水无机溶剂如 SOCl₂（亚硫酰氯）、SO₂Cl₂（硫酰氯）、POCl₃（磷酰氯）、POFCl₂（磷酰氟二氯）和某些无机盐组成的无机电解质电池。在非水无机电解质电池中，Li-SOCl₂ 电池性能超过有机电解质电池中性能最好的 Li-SO₂ 电池。Li-SO₂Cl₂ 电池与 Li-SOCl₂ 电池性能接近。

（1）Li-SOCl₂（锂-亚硫酰氯）电池。Li-SOCl₂ 电池由锂负极、碳正极和电解质 LiAlCl₄ 的非水电解液组成。无机溶剂 SOCl₂ 既作为正极活性物质，又作溶解无机盐的溶剂。Li-SOCl₂ 电池反应如下

$$4Li + 2SOCl_2 \longrightarrow 4LiCl + SO_2 + S$$

锂负极一般用锂箔，切拉镍网作导电集流骨架，

在一定压力下把两者压成一体，再和多孔碳电极（两者之间用隔膜相互隔离）一起包成要求形状的电极组，紧紧地装入电池壳中。按其外形可做成扁形（或称盘形和扣式）电池、圆筒形电池、矩形电池和特殊结构的自动激活电池（见储备电池小节）。

$Li - SOCl_2$ 电池的开路电压为 3.66V，典型工作电压在 3.3~3.5V 范围内，终止电压一般为 3.0V。

$Li - SOCl_2$ 电池的优点是：放电曲线很平稳，比能量高（275W·h/kg，550W·h/L），能在很宽的温度下（−20~50℃）工作，储存性能特别优越（20℃储存三年后，每年容量仅损失 1%~2%），电池价格相对便宜，品种多样化，材料无公害，小容量电池更为安全可靠。

（2）$Li - SO_2Cl_2$ 电池。该电池的内部结构与 $Li - SOCl_2$ 电池相似，也是采用锂电极、碳电极（其具体制法与 $Li - SOCl_2$ 不同）和 $LiAlCl_2$ 作电解质，但用 SO_2Cl_2 作溶剂的无机电解液，其放电反应为

$$2Li + SO_2Cl_2 \longrightarrow 2LiCl + SO_2$$

电池的开路电压为 3.90V，图 23.3-4 比较了 $Li - SO_2Cl_2$ 和 $Li - SOCl_2$ 电池的放电性能。

$Li - SO_2Cl_2$ 电池的优点是：开路电压比 $Li - SOCl_2$ 电池还高 0.3~0.4V，$Li - SOCl_2$ 电池的相应的比能量高达 950Wh/L，安全性好。缺点是自放电比 $Li - SOCl_2$ 电池大。

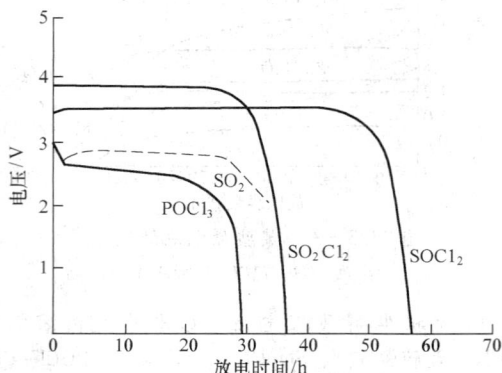

图 23.3-4　$Li - SOCl_2$ 高功率电池的
电压-电流关系

3.2.5　其他一次电池

1. 锌-氧化汞电池

（1）锌-氧化汞电池的工作原理。锌-氧化汞电池以汞齐化锌粉为负极，石墨粉和氧化汞为正极，电解液 KOH 的质量分数为 35%~40%。电化学表达式为

$$(-)Zn | KOH | HgO (+)$$

电池反应为

$$Zn + HgO + 2e \longrightarrow Hg + Zn + ZnO$$

（2）锌-氧化汞电池的性能。锌-氧化汞电池电压非常稳定，受温度影响小，储存时间长（在 20℃下存放 3~5 年容量损失仅 10%~15%），活性物质利用率接近 100%。

2. 锌-银电池

（1）锌-银电池的工作原理。锌-银电池正极是多孔氧化银（AgO 和 Ag_2O）构成的正极活性物质铺在导电网上压制成的极片。负极也是多孔金属锌（Zn）或其氧化物混有适量缓蚀剂和黏结剂组成的活性物质，铺在导电网上压制成极片；电解液是 KOH。其电化学表达式为

$$(-)Zn | KOH | Ag_2O(AgO) (+)$$

其电化学反应如下

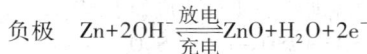

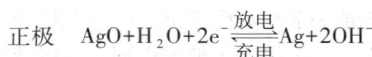

负极　$Zn + 2OH^- \underset{充电}{\overset{放电}{\rightleftharpoons}} ZnO + H_2O + 2e^-$

正极　$AgO + H_2O + 2e^- \underset{充电}{\overset{放电}{\rightleftharpoons}} Ag + 2OH^-$

电池反应为

$$Zn + AgO \underset{充电}{\overset{放电}{\rightleftharpoons}} Ag + ZnO$$

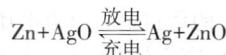

（2）锌-银电池的性能。锌-银电池的放电电压十分平稳，其平坦段电压为 1.55~1.60V；单体电池全容量放电的终止电压为 1.30V；电池的比能量和比功率高；自放电较小，在室温下存放三个月，仍可放出额定容量的 85%。

一次锌-银电池分为人工激活锌-银电池（简称锌-银电池）和自动激活一次锌-银电池。锌-银电池的湿寿命为 3~6 个月；自动激活一次锌-银电池简称自动激活电池，按性能有几十分钟到两小时以上的可预检型和几秒以下的不可预检型。

3. 锌-空气电池

（1）锌-空气电池的工作原理。锌-空气电池是以空气中的氧气作为正极活性物质（通过载体活性碳做成的电极进行反应），锌为负极活性物质，电解液是 KOH 的一种电池，其电化学表达式为

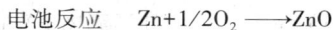

$$(-)Zn | KOH | O_2 (+)$$

电池反应　$Zn + 1/2O_2 \longrightarrow ZnO$

电池电动势 E 为

当正极活性物质为纯氧时，$E = 1.646V$；

当正极活性物质为空气时，$E = 1.636V$。

在有银的活性碳等电极上，氧的还原过程会生成 HO_2^-。HO_2^- 的存在，使锌-空气电池的开路电压仅为 1.4~1.5V。

（2）锌-空气电池的性能。

1）放电性能。锌-空气电池的开路电压为

1.45V，工作电压为 0.9～1.30V，自放电每月为 0.2%～1.0%，可在−20～40℃的温度范围内使用。实际重量比能量是目前已应用电池中最高的一种，放电曲线平稳。在相同负载下，其放电时间是锌−汞和锌−银电池的两倍。

2）电池使用寿命。高倍率电池适合于大电流放电，但使用寿命短；低倍率电池适合于小电流放电，使用寿命长。

3）储存寿命。锌−空气电池的储存寿命短。

3.3 蓄电池（二次电池）

3.3.1 蓄电池概述

蓄电池又称为二次电池。凡可用充电方法使其复原、能再放电，并能多次充、放电的电池称为蓄电池，如锂离子电池、镍氢电池和铅酸蓄电池等。

3.3.2 铅酸蓄电池

1. 铅酸蓄电池的基本结构 铅酸蓄电池主要由正极、负极、电解液、隔板和电池槽组成。

（1）正、负极板。由板栅和活性物质构成。板栅除支撑活性物质外，还起导电作用。正极板活性物质有涂膏式和管式两种；负极板一般都是涂膏式。

（2）电解液。根据用途不同，铅酸蓄电池的电解液采用20℃时密度为 1.200～1.280kg/L 的硫酸溶液。其产品型号详见表23.3−5。

电解液除起正、负极间离子导电作用外，还参加成流反应。在放电过程中一步分被消耗，从而使其密度降低，在充电过程中又逐渐复原。

（3）隔板。隔板的作用是防止正、负极活性物质直接接触而发生短路，但要允许离子顺利通过。

（4）电池槽。起容器作用，但需耐硫酸腐蚀。

2. 铅酸蓄电池分类与型号

（1）按用途分为起动用、蓄电池车牵引用、摩托车起动用、航空潜艇照明用等。

（2）按板极板结构分为涂膏式、形成式。

（3）按电解液和充电维护情况分为干放电蓄电池、干荷蓄电池、带液充电蓄电池、免维护蓄电池。

（4）按电池盖和充电维护情况分为开口式、排气式、防酸隔爆式、密闭式等。

（5）按使用条件分为寒带用低温电池、热带或亚热带用电池和高原电池、特殊条件下的井下防爆用电池等。

3.3.3 铅酸蓄电池的电化学原理

单体铅酸蓄电池主要由正极板（PbO_2）、负极板（海绵状金属铅）、电解液（稀硫酸）隔板、槽、盖等组成。其电化学表达式为

$$(-)Pb \mid H_2SO_4 \mid PbO_2(+)$$

负极反应   

$$Pb + H_2SO_4^- - 2e \rightarrow PbSO_4 + H^+$$

正极反应

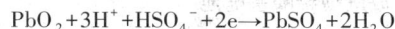

$$PbO_2 + 3H^+ + HSO_4^- + 2e \rightarrow PbSO_4 + 2H_2O$$

电池反应

$$Pb + PbO_2 + 2H^+ + 2HSO_4^- \rightarrow 2PbSO_4 + 2H_2O$$

电池充放电时，正、负极板发生氧化还原反应。电池放电后，两极活性物质都转化为硫酸铅，称为"双硫酸盐化"理论。硫酸起传导电流的作用，并参加电池反应。但参加反应的是 HSO_4^-，不是 SO_4^{2-}。铅酸蓄电池电动势可按下式计算

$$E = \varphi_+^\theta - \varphi_-^\theta + \frac{RT}{F}\ln\frac{a_{H_2SO_4}}{a_{H_2O}}$$

由上式可见，φ_+^θ、φ_-^θ、$a_{H_2SO_4}$ 及温度是影响电池电动势的主要因素。H_2SO_4 活度（常用浓度表示）升高，电动势增加。

铅酸蓄电池电解液用纯硫酸加纯水配制。不同用途的铅酸蓄电池的电解液密度见表23.3−6。

3.3.4 铅酸蓄电池的特点

铅酸蓄电池具有价格低廉、原料易得、使用性能十分可靠、适于大电流放电、放电曲线平稳等优点。蓄电池有多种体系，但唯有铅酸蓄电池在总产量和应用范围方面占绝对优势。这种情况也许还会持续一段时间。但由于铅酸电池也存在一些致命的缺点：铅是有毒金属，因此铅酸蓄电池有二次污染问题；其次，铅酸蓄电池的体积和重量比能量均较低，不适合对重量和体积有限制的应用场合。它与各种动力电池的有关参数比较见表23.3−7。

表 23.3−5   铅酸蓄电池产品型号

汉语拼音字母	表 示 电 池 用 途						表 示 正 极 板 结 构					
	Q	G	D	N	T	HK	G	T	A	H	B	F
含义	起动	固定	蓄电池车	内燃机车	铁路客车	航空	管式	涂膏	干荷电	化成式	半化成式	防酸防爆

表 23.3－6 各类铅酸蓄电池用硫酸电解液密度

铅酸蓄电池类型	汽车起动型	固定型	火车用	牵引用	携带用
硫酸溶液密度 $\rho/(kg/L)$	1.220~1.240	1.200~1.225	1.210~1.250	1.230~1.280	1.235~1.245

表 23.3－7 铅酸蓄电池与各种动力电池的有关参数比较

电池种类	价 格 /(元/W·h)	性能 /(W·h/kg)	电池种类	价 格 /(元/W·h)	性能 /(W·h/kg)
阀控密封铅酸蓄电池	0.8	40	锂离子蓄电池	8.0	130
镍镉蓄电池	4.0	45	锌-空气燃料电池	—	230
镍氢蓄电池	6.0	70	—	—	—

3.3.5 改进型铅酸蓄电池

1. 免维护铅酸蓄电池 是一种不需要定期进行注水，能维持电解液体积的铅酸蓄电池。其主要特点是：它的正、负极板栅与传统的铅锑合金板栅有显著的差别，明显地减少了电池的自放电和耗水量，使电池在使用时期内不需要加水，从而达到了对电池的免维护要求。其工作原理与普通铅酸电池基本相同，其特点如下：

（1）免维护铅酸蓄电池的负极采用了过量的活性物质，保证充电时正极上优先析出氧气，而负极上不产生氢气

$$2H_2O \longrightarrow O_2 + 4H^+ + 4e$$

析出的氧气穿过隔膜扩散到负极，与海绵状铅发生下列反应

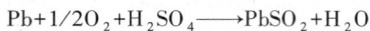

$$Pb + 1/2O_2 + H_2SO_4 \longrightarrow PbSO_4 + H_2O$$

同时，氧气在负极上不会产生氢气。

（2）氧气能顺利地扩散到负极并在负极上被消耗掉，必须采用高孔隙率隔膜并严格控制电解量。

2. 铅布蓄电池 铅布蓄电池的特点：采用高强度玻璃纤维丝作为板栅内芯，板栅抗蠕变能力强；重量轻，比能量高；纵、横铅丝融合交错，电流传导分布均匀；内阻小，大电流放电性能好；玻璃纤维增强铅布表面采用铅合金包覆，合金晶粒致密细小，耐蚀能力强，比现有传统板栅或机械加工的铅布板栅耐蚀性提高4倍以上。

3. 胶体铅酸蓄电池 与普通铅酸蓄电池的设计比较具有下列特点：低密度电解液，减小电解液对板栅的腐蚀，提高深放电后的恢复能力；电解液的量多10%~15%，加倍延长蓄电池的浮充寿命，同时防止热失控；低浮充电压，保证充好电，同时降低有害反应的速度；延长蓄电池的使用寿命，同时不必均衡充电；凝胶覆盖汇流排，改变汇流排的酸环境，降低腐蚀，消除电解液的分层现象。

4. 水平铅酸蓄电池 水平电池技术是近年发展起来的世界先进的铅酸蓄电池技术。水平电池与传统的铅酸蓄电池不同之处在于它的原材料和设计理念，基于此，水平电池在能量和动力表现方面展示出它的进步。

（1）复合铅丝技术概述。复合铅丝技术基于通过独特的挤压过程在连续不断的玻璃纤维上包裹高纯度的铅。复合铅丝具有极好的抗张力，高纯度的复合铅丝因为具有完整的结构而具有较强的耐腐蚀性，而高强度、重量轻的复合铅丝是制造水平电池的基础。铅丝经过纺织、涂膏和切板，最后组装成电池。通过复合铅丝制造的极板比传统极板轻，因此水平铅酸蓄电池比传统电池要轻。

（2）水平铅酸蓄电池的特点。因为水平铅酸蓄电池先进的设计与材料，与传统铅酸蓄电池相比，采用复合铅丝技术制造的电池具有以下显著的特点。

材料经固态挤压加工，与传统铸造板栅相比，晶粒细小、晶界清晰、电阻率小、抗拉强度大、能耐受充放电循环中活性物质的变形；极板水平放置，避免了浓差极化现象；用压力框架保证极板组装压力，提高了电池的抗冲击性能，避免了由于活性物质脱落而引起的电池短路，延长了电池使用寿命；电池准双极结构，极板直接联通，没有汇流排和极耳，同时也取消了极耳与汇流排之间的焊接，缩短了工艺路线，提高了电池制造的可靠性；电池内部通过均匀分布的铅丝导电，电阻小，电流分布均匀，大电流放电性能好；比能量显著提高，在同等容量下，用铅网板栅代替传统铸造板栅，可使板栅重量减轻，电池的重量降低 25%~50%。

水平铅酸蓄电池是一种阀控铅酸电池，安全免维护。对阀控铅酸电池，在一定充电状态下，充电电压过高会导致水的分解，正极产生氧气，负极产生氢气。正极产生的氧气通过"氧循环原理"重新生成水，保持了正确的电解液浓度；而负极的氢气则无法重新利用，从泄气阀溢出。因此，合理的充电方式是水平电池达到最佳性能的关键，不当的充电方式可能

会让电池性能受到影响甚至损害电池。

3.3.6 碱性蓄电池概述

1. 镉-镍蓄电池

（1）镉-镍蓄电池的工作原理。电池负极为海绵状金属镍，正极为氧化镍（NiOOH）电解液为 KOH 或 NaOH 水溶液，电池电化学式为

$$(-)\ Cd\,|\,KOH（或\,NaOH）|\,NiOOH(+)$$

负极反应

$$Cd+2OH^- \underset{充电}{\overset{放电}{\rightleftharpoons}} Cd(OH)_2+2e$$

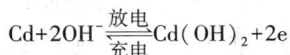

电池放电时，负极镉被氧化生成氧化镉；正极上氧化镍接受由负极经外线路流来的电子，被还原为 Ni（OH）。充电时变化正好相反。电池放电过程消耗水，充电过程生成水。

（2）镉-镍电池的温度系数为 $-0.5mV\cdot C^{-1}$，表示电池电动势随温度升高而降低，即温度每增加 1℃，电动势降低 0.5mV。

（3）镉-镍电池的规格多、品种多，分类也不同。按电池结构可分为有极板盒式（袋式、管式等）、无极板盒式（压成式、涂膏式半烧结式和半烧结式）和双极性电极叠层式等。按电池封口结构分为开口式、密封式和全密封式。按输出功率分为超高倍率（C）、高倍率（G）、中倍率（Z）和低倍率（D）。按电池外形分为方形（F）、圆柱形（Y）和扣式（B）。

2. 氢-镍蓄电池

（1）氢-镍蓄电池的工作原理。氢-镍蓄电池是镉-镍蓄电池技术和燃料电池技术相结合的产物，正极就是镉-镍蓄电池用的氧化镍电极，负极是燃料电池用的氢电极，负极活性物是氢气。气体电极和固体电极共存是氢-镍蓄电池的新特点。氢-镍蓄电池可分为高压氢-镍蓄电池和低压氢-镍蓄电池两类。

高压氢-镍蓄电池是氢气被密封在单体电池的壳体中，氢气的压力在 0.3~4MPa 之间。因此，密封二次氢-镍蓄电池常被称为高压氢-镍蓄电池。

（2）氢-镍蓄电池的电化学式为

$$(-)\ Pt\ ,H_2\,|\,KOH（或\,NaOH）|\,Ni(OOH)(+)$$

电池负极为 H_2，正极为氧化镍，电解液为 KOH 或 NaOH 水溶液。

电池反应　　$1/2H_2+ Ni(OOH) \longrightarrow Ni(OH)_2$

（3）高压氢-镍蓄电池的性能。

1）氢-镍蓄电池的充、放电特性。氢-镍蓄电池具有耐过充电和过放电能力。高压氢-镍蓄电池充电工作电压范围在 1.40~1.50V，放电电压范围在 1.20~1.30V，电压平稳。其充电和放电的电压随速率和温度的变化而变化。温度越低，充电终止电压越高；充

电速率越大，充电终止电压越高。

2）电池容量。一般，放电速率增加，容量减小；温度升高，放电容量降低。

3）自放电特性。氢压是电池容量的直接指示，自放电率正比于氢气压力。其自放电速率低。

4）电池工作寿命。氢-镍蓄电池工作寿命长达 10 年以上。单体电池工作寿命结束的标志是放电工作电压下降到 1V 以下。

（4）金属氢化物-镍（MH－Ni）蓄电池。它是用 LaNi5 电极代替高压氢-镍蓄电池中的氢电极的一种低压氢-镍蓄电池。

（MH－Ni）蓄电池的电极反应为 MH－Ni 蓄电池以金属氢化物为负极，氧化镍为正极，氢氧化钾溶液为电解液。电池反应为

$$MH + Ni(OOH) \longrightarrow M + Ni(OH)_2$$

（5）金属氧化物-镍（MH－Ni）蓄电池的性能。（MH－Ni）蓄电池的特点是能量密度高，无记忆效应，耐过充放电能力强，无污染，被称为绿色电池。表23.3－8列出了几种（MH－Ni）电池的性能并与 Cd－Ni 电池性能进行比较。

1）MH－Ni 电池的充电特性。MH－Ni 电池的充电曲线与 Cd－Ni 电池相似，但充电后期 MH－Ni 电池充电电压比 Cd－Ni 电池的低。

2）放电特性。MH－Ni 电池的放电曲线与 Cd－Ni 电池相似，但放电容量几乎是 Cd－Ni 电池的两倍。

3）温度特性。在各种环境温度下，当充电容量接近75%时，电池电压升高；充电容量达标称容量的100%时，电池电压达到最大值。随后，由于电池自热，导致电池电压降低，说明电池电压有一个负温度系数。

4）自放电特性。MH－Ni 电池的自放电比 Cd－Ni电池大。

5）循环寿命。MH－Ni 电池的循环寿命比 Cd－Ni电池稍大。

3.3.7 液态锂离子电池原理与性能

1. 概述　锂离子电池目前有液态锂离子电池（LIB）和聚合物锂离子电池（PLIB）两类。其中，液态锂离子电池是指以 Li^+ 嵌入化合物为正、负极的二次电池。正极采用锂化合物 $LiCoO_2$、$LiNiO_2$、$LiMn_2O$ 或 $LiFePO_4$ 负极采用锂-碳层间化合物 L_xC_6。典型体系为

$$(-)\ LiC_6\,|\,LiPF_6-EC+DEC\,|\,LiCoO_2\,(+)$$

在充、放电过程中，Li^+ 在两个电极之间往返嵌入和脱嵌，被形象地称为"摇椅电池"（Rocking Chair Battery，RCB）。

表 23.3 - 8 　　　　　　　　　　　　　　　**R6 型 MH - Ni 电池的性能**

厂家	标称电压 /V	容量 /mA·h	能量密度		最大连续放 电电流/A	自放电率 (%)	循环寿命 /次	负极材料
			W·h/kg	W·h/L				
松下	1.2	1070	51	$175_{(0.2C放电)}$	3	25	500	MmNi MnAlCo
东芝	1.2	1100	53	$150_{(1C放电)}$	3	25	500	MmNi（添加 Mn, Al Co）
日立	1.2	1000		$170_{(0.2C放电)}$	3	30	500	TiNi 系列
标准	1.2	500	25	80	3	25	400	Cd

锂离子电池一般可分为液态锂离子电池和固态锂离子电池。聚合物锂离子电池属于固态锂离子电池中的一种（见下节）。

2. **液态锂离子电池工作原理**　锂离子（二次）电池工作原理如图 23.3 - 5 所示。

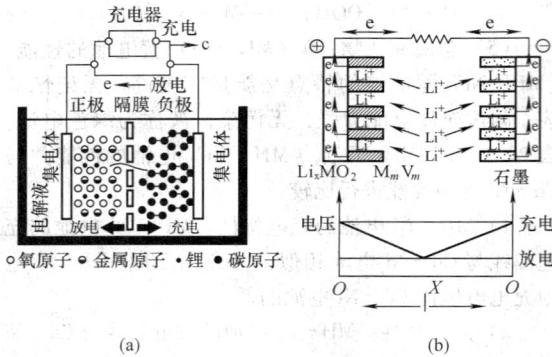

（a）　　　　　　　　　（b）

图 23.3 - 5　锂离子电池工作原理

（a）原理图；（b）示意图

锂离子电池的电化学表达式为

$$(-) \ C_n \ | \ LiClO_4 - EC + DEC \ | \ LiMO_2 \ (+)$$

正极反应

$$LiMO_2 \xrightleftharpoons[\text{充电}]{\text{放电}} Li_{1-x}MO_2 + xLi^+ + xe$$

或

$$Li_{1+y}Mn_2O_4 \xrightleftharpoons[\text{充电}]{\text{放电}} Mn_2O_4 + xLi^+ + xe$$

负极反应　$nC + xLi^+ + xe \xrightleftharpoons[\text{充电}]{\text{放电}} Li_xC_n$

电池反应　$LiMO_2 + nC \xrightleftharpoons[\text{充电}]{\text{放电}} Li_{1-x}MO_2 + Li_xC_n$

或　$Li_{1+y}Mn_2O_4 + Nc \xrightleftharpoons[\text{充电}]{\text{放电}} Li_{1+y-x}MnO_4 + Li_xC_n$

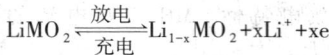

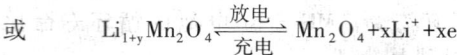

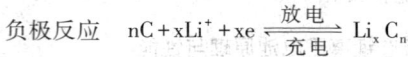

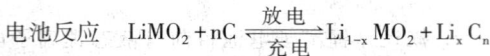

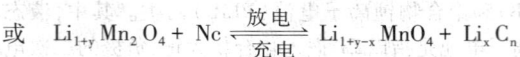

式中，M 为 Co、Ni、Fe、W 等；正极化合物有 $LiCoO_2$、$LiNiO_2$、$LiMn_2O_4$、$LiFeO_2$、$LiWO_2$、$LiFePO_4$ 等；负极化合物有 Li_xC_6、Ti_xS_2、WO_3、N_bS_2、V_2O_5 等。

锂离子电池实际上是一种锂离子浓差电池，正极由两种不同的锂离子嵌入化合物组成。充电时，Li^+ 从正极脱嵌，经过电解质嵌入负极，负极处于富锂态，正极处于贫锂态，同时电子的补偿电荷从外电路供给到碳电极，保证负极的电荷平衡。放电时则相反，Li^+ 从负极脱嵌，经过电解质嵌入正极，正极处于富锂态，负极处于贫锂态。在正常充放电情况下，锂离子在层状结构的碳材料和层状结构的氧化物的层间嵌入和脱出，一般只引起层间间距变化，不破坏晶体结构；在充放电过程中，负极材料的化学结构基本不变。因此从充放电反应的可逆性看，锂离子电池反应是一种理想的可逆反应。

3. **液态锂离子电池的性能**　锂离子电池工作电压高（3.6V，是镉-镍、氢镍电池的 3 倍），体积小（比氢-镍电池小 30%），质量轻（比氢-镍电池轻 50%），比能量高（140W·h/kg，是镉-镍电池的 2~3 倍，氢镍电池的 1~2 倍），无污染，自放电小，循环寿命长。

4. **液态锂离子电池结构**　锂离子电池从外形分类一般分圆柱形和方形两种。圆柱形的型号用 5 位数表示，前两位表示直径，后三位表示高度，如 18650 型表示直径 18mm，高度 65mm，用 φ18×65 表示。方形的型号用 6 位数表示，前两位表示电池厚度，中间两位表示宽度，最后两位表示长度，如 083448 型，表示厚度为 8mm，宽度为 34mm，长度为 48mm，用 08×34×48 表示。

无论何种锂离子电池，其基本结构为正极片、负极片、正负极集流体、隔膜纸、外壳及密封圈、盖板等。

（1）正极。使用 $LiCoO_2$、$LiNiO_2$、$LiMn_2O_4$、$LiFePO_4$ 等。从电性能及其他综合性能来看，普遍采用 $LiCoO_2$ 制作正极，即将 $LiCoO_2$ 与黏结剂混合，然后碾压在正极集流体（铝箔）上制成正极片。目前，有更多采用 $LiFePO_4$ 的趋势。

（2）负极。将石墨和黏结剂混合碾压在负极集流极（铜箔上）。

（3）电解液。较好的是 $LiPF_6$，但价格昂贵；其他有 $LiAsF_6$，但有很大的毒性；$LiClO_4$ 具有强氧化性；有机溶剂有 DEC、DME、DME 等。

（4）隔膜纸。采用微孔聚丙烯薄膜或特殊处理的低密度聚乙烯膜。

3.3.8　聚合物锂离子电池原理与性能

1. **工作原理**　聚合物锂离子电池（PLIB）的正、负极活性物质与液态锂离子电池相同，一般负极为碳材料，正极为 $LiCoO_2$、$LiNiO_2$、$LiMn_2O_4$ 等。其工作原理也与液态锂离子电池的相同。不同的是聚合物锂离子电池的电解质是将液态有机电解质吸附在一种聚合物基质上，故被称作凝胶聚合物电解质。这种电解质既不是游离电解质，也不是固体电解质。因此，聚合物锂离子电池除了具有液态锂离子电池的优良性能，而且可制成任意形状和尺寸的电池，并且可制成厚度仅 1mm 的极薄电池，一只 12V 的电池组可以只有 3mm 厚。由于电池中不存在游离的电解质，消除了漏液问题。因此，电池结构可大大简化，不需要金属外壳和高压排气装置，可以简化甚至取消充电保护装置。

$LiMO_2$ 聚合物锂离子电池的电化学式为

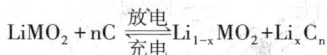

$$LiMO_2 + nC \underset{充电}{\overset{放电}{\rightleftharpoons}} Li_{1-x}MO_2 + Li_xC_n$$

电池充电时，锂离子从正极过渡金属氧化物中脱嵌，经聚合物电解质嵌入石墨负极；电池放电时，发生相反的过程。聚合物锂离子电池与液态锂离子电池不同的是由于使用聚合物作电解质，导致正负极材料和聚合物电解质之间的界面阻抗较高，从而对电池容量和循环寿命有一定影响。

2. **聚合物锂离子电池的性能**　聚合物锂离子电池的比能量高，电性能优良，不漏液，抗过充电，结构简单，可以制成任意形状的超薄形电池。

聚合物锂离子电池的充电电压为（4.20±0.05）V，终止电压为 3.0V，放电电压平稳。PLIB 电池的循环寿命长，一般循环 500 次以上仍可保持电池初始容量的 80%。PLIB 电池的使用温度范围宽，可在 -20～60℃下正常工作。

3. **聚合物锂离子电池的结构**　不同于传统的电池，它没有刚性的壳体，不需昂贵的隔膜，而是由薄层软塑料组合而成。采用工业化的塑料制膜技术和层压技术，再将压合层剪切成需要的任意形状和尺寸，活化后用铝塑膜包装成产品。

3.3.9　其他碱性蓄电池

1. **银-锌蓄电池**　可以做成原电池、蓄电池、储备电池等不同形式。银-锌储备电池归类见 3.4 节。

（1）锌-银电极反应。

二价银的氧化物电极反应如下：

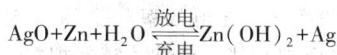

$$AgO + Zn + H_2O \underset{充电}{\overset{放电}{\rightleftharpoons}} Zn(OH)_2 + Ag$$

实际上，锌-银电池的充放电过程可以分成两个独立的步骤，相应地在其充放电曲线上表现出两个不同高度的坪阶，实验也证明，电解液浓度变化时，不仅影响锌-银电池的开路电压，而且更严重地影响它的放电电压。

（2）锌-银电池的性能。

1）锌-银电池典型的充放电曲线如图 23.3-6 所示。

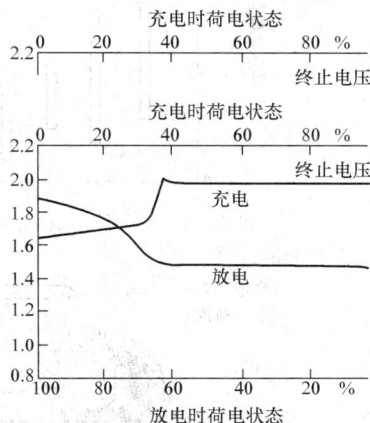

图 23.3-6　锌-银电池充放电电压与荷电状态的关系（荷电状态以额定容量的百分数表示）

2）高倍率放电时锌-银电池的放电电压随放电电流的大小而变化。以不同倍率放电时，锌-银电池的放电曲线如图 23.3-7 所示。

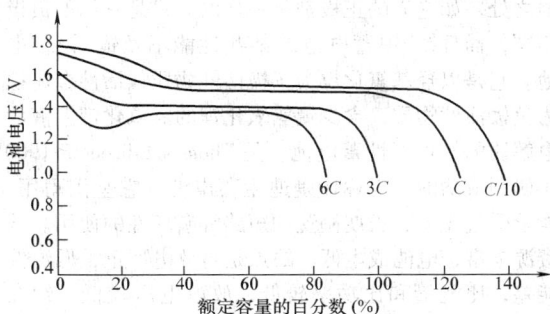

图 23.3-7　不同倍率下放电电压和输出容量的关系

3）锌-银电池的电荷保持能力。锌-银电池在室温下，带电搁置 3 个月，尚能放出的容量一般为额定容量的 85%。

4）循环寿命。由于负极上枝晶的生长和隔膜的破裂，使电池的寿命终止。低倍率电池的循环寿命可达 100 周以上。

5）能量密度和充电效率。锌-银电池的比能量与其他的蓄电池相比，都处于领先地位，这可从图 23.3-8 的比较中说明这点。

（3）锌-银电池的类型。

1）矩形电池。也就是平板电极的电池，这种电池的容量较大。

2）扣式电池。扣式电池所能储存的容量较小（约为 30~175mA·h）。其内部结构如图 23.3-9 所示。

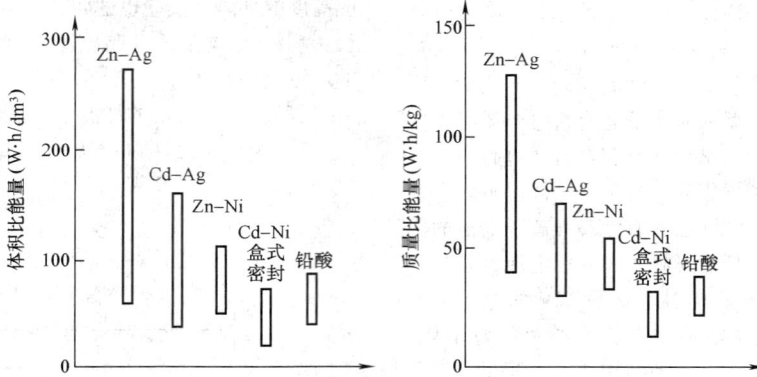

图 23.3-8 锌-银体系的比能量和其他的电化学体系的比能量的比较

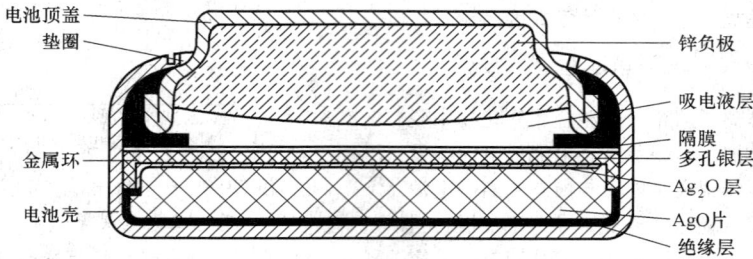

图 23.3-9 扣式电池内部结构

2. 铁-镍蓄电池 铁-镍蓄电池与镉-镍蓄电池在电池结构，生产工艺以及电池性能等方面均有很多相似之处。如它们的正极都是一样的。只是它们的负极不同，而且铁-镍蓄电池的某些性能不及镉-镍蓄电池。它是以羟基氧化镍为正极活性物质，活性金属铁为负极活性物质，含少量氢氧化锂的氢氧化钾溶液为电解质的一种碱性蓄电池。是 Thomas Edison 于 1900 年研制成功的，也称作爱迪生蓄电池。它坚固耐用，能承受过充电、长期搁置和短路等破坏性的使用。铁资源丰富，电池成本低。缺点是自放电严重，低温性能差，比能量和比功率较低，放电电压较低，约在 1V 上下。适宜用作长循环寿命和反复深放电的直流电源。大容量电池主要用于矿山电力牵引或应急电源，小容量的主要用于矿灯或信号电源。

3. 镉-氧化银蓄电池 镉-氧化银蓄电池是以氧化银为正极活性物质，海绵状金属镉为负极活性物质，电解液为 35%~40%KOH 溶液。电池采用了类似锌-氧化银蓄电池的结构形式。

镉-氧化银蓄电池的电化学表达式为

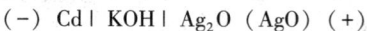

（-）Cd | KOH | Ag$_2$O（AgO）（+）

电池的成流反应可简写为

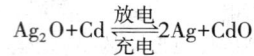

$$Ag_2O + Cd \underset{充电}{\overset{放电}{\rightleftharpoons}} 2Ag + CdO$$

镉-氧化银蓄电池的电压比锌-氧化银蓄电池的电压低约 0.35V；

镉-氧化银蓄电池的比容量也比锌-氧化银蓄电池的比容量低一些。

由于上述原因，镉-氧化银蓄电池的比能量比锌-氧化银蓄电池的比能量低，仅为后者的 1/2。尽管如此，镉-氧化银蓄电池的比能量比镉-镍电池大约高一倍。

镉-氧化银蓄电池的优点是比锌-氧化银蓄电池的寿命长，且自放电小于锌-氧化银蓄电池。但是远不如镉-镍蓄电池或铁-镍蓄电池以及铅酸蓄电池，因而在使用上仍受到很大限制。

4. 锌-氧化汞电池 锌-氧化汞电池是碱性一次电池。它的正极活性物质是氧化汞，负极活性物质是金属锌，电解液为 35%~40%KOH 溶液。

锌-氧化汞电池的电化学表达式为

$$Zn + HgO \longrightarrow ZnO + Hg$$

锌-氧化汞电池的特点是：它的电池电动势和工作电压很稳定。电池开路电压为 1.351~1.353V。电池的放电曲线相当平坦，根据放电率的不同，终止电压可为 0.90~1.10V。体积比能量很高，超过一般实用的其他化学电源体系，例如，其体积比能量超过锌-二氧化锰电池的 3~4 倍。

锌-氧化汞电池的自放电很小，但电池的低温性能较差。

由于锌-氧化汞电池使用了大量汞化合物，会对操作人员及环境造成污染，因而生产和使用受到了一定的限制。

3.3.10 新型蓄电池

1. 钠-硫电池

（1）概述。钠-硫电池的负极是熔融金属钠，正极活性物质是熔融多硫钠（N_2S_x），通常充满在多孔碳中，碳作为正极集流体。钠和多硫化钠用导电的陶瓷管隔开，陶瓷管只容许 Na^+ 通过。

（2）电池反应。放电初期：

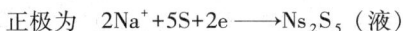

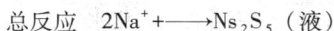

负极为　$2Na \longrightarrow 2Na^+ + 2e^-$

正极为　$2Na^+ + 5S + 2e \longrightarrow Ns_2S_5$（液）

总反应　$2Na^+ \longrightarrow Ns_2S_5$（液）

负极上生成的 Na^+，通过导电陶瓷，进入正极与硫反应。

放电中、后期，多硫化钠溶液中的硫耗尽后，转为

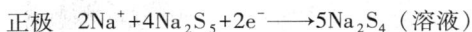

负极　$2Na \longrightarrow 2Na^+ + 2e^-$

正极　$2Na^+ + 4Na_2S_5 + 2e^- \longrightarrow 5Na_2S_4$（溶液）

总反应　$2Na^+ + 4Na_2S_5 \longrightarrow 5Na_2S_4$（溶液）

多硫化钠溶液中 Ns_2S_5 耗尽后，转为

负极　$2Na \longrightarrow 2Na^+ + 2e^-$

正极　$2Na^+ + 4Na_2S_4 + 2e^- \longrightarrow 5Na_2S_2$（溶液）

总反应　$2Na^+ + 4Na_2S_4 \longrightarrow 5Na_2S_2$（溶液）

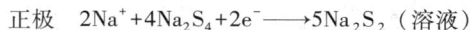

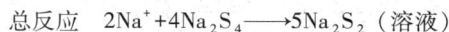

所以，放电时，负极的钠消耗了，正极形成多硫化物，体积及重量均增加。一般情况下在充足电时，多硫化钠组成约为 Na_2S_5；放完电时，组成约为 Na_2S_2。为了使金属钠和多硫化钠都处于液态，放电是在 300℃ 左右进行的。

（3）钠-硫电池的特点。

优点：它的两极活性物质，不是有害的铅和二氧化铅，电解质也不是有毒的硫酸水溶液，而是分别采用固体化学元素金属和硫，电解质是一种固体离子导电陶瓷。不排放任何有害物质，也无二次污染；具有比能量高（300W·h/kg）；高比功率；充、放电循环寿命长（近两万次，相当于 20 多年）；没有自放电问题和不会形成晶枝；使用寿命长等。

缺点：陶瓷隔膜退化、高温状态下，硫电极的腐蚀作用很强，存在电池安全性问题。

2. 锂合金-硫化物（高温）电池 锂合金-硫化物（高温）电池是锂高温电池中目前最有希望成为汽车动力电池和储能电池的一种电池。它的负极为含 50%（摩尔）锂的锂铝合金，硫化物（硫化铁）为正极活性物质，熔融盐为电解质的电池，可以克服锂-硫电池的各种缺点。电池隔板以氧化钇毡综合性能最好。表 23.3-9 列出了这种电池的比能量，并与锂-硫电池作比较。

表 23.3－9　　　　　Li－Al／FeS₂ 电池的比能量

电池体系	电池反应	标准电动势 E_f^0/V	理论比能量 /(W·h/kg)	目前达到的实际比能量 /(W·h/kg)
Li/S	$2Li + S \longrightarrow Li_2S$	2.25	2630	135
Li/FeS₂	$2Li + FeS_2 \longrightarrow Li_2S + FeS$	2.03	1150	—
	$2Li + FeS \longrightarrow Li_2S + Fe$	1.63	1150	
Li/FeS	$2Li + FeS \longrightarrow Li_2S + Fe$	1.63	930	
Li-Al/FeS₂	$2LiAl + FeS_2 \longrightarrow Li_2S + FeS + 2Al$	1.77	650	75~120
	$2LiAl + FeS \longrightarrow Li_2S + Fe + 2Al$	1.33	650	75~120
Li-Al/FeS	$2LiAl + FeS \longrightarrow Li_2S + Fe + 2Al$	1.33	460	60~100

从表 23.3-9 可以看出，Li-Al/FeS$_2$电池的理论比能量，虽然比锂-硫（Li/S）电池低得多，但目前研制成功的电池比能量与锂-硫电池差不多。

3.4 储备（激活）电池

3.4.1 储备电池及其激活

储备电池又称激活电池。把装配好的电池在干燥状态下储存，使用前才加入活性物质或使电池加热，在短时间内进入工作状态的电池称为储备电池或激活电池。电池由储存状态变成活性状态的过程称为激活。激活可以采用人工激活或自动激活。自动激活有海水激活、火药激活、蒸汽激活、惯性力和非惯性离心力激活、高压气体激活、特殊激活等。

3.4.2 储备电池的用途

储备电池适用于需要长期储存或低温大功率等用途，如高空测候、水上水下声纳浮标、引信标、探矿等用途的电池，炮弹炸弹的引信电池，火箭、鱼雷的电源等。

3.4.3 储备电池的种类

1. 镁-氯化银储备电池　在这个体系中，通常采用溶解度很低的氯化物作阴极材料，如 AgCl、CuCl 和 PbCl 等。由于 MgCl 的形成，电解液中的氯化物的浓度是增高的，这就使我们有可能利用氯化物最初含量较低的溶液，如海水甚至淡水来使电池活化。不要求特殊的电解质是这一体系用作储备电池的重要优点之一。镁被腐蚀时，由于在较小体积的电池中产生了大量的热，又由于镁阳极的工作电位与平衡电位之间很大的差别而引起大量焦耳热的发生，便有可能在非常低的环境温度下使电池工作而无需特殊加热。当镁储备电池在室温下活化以后，直到（-60~70）℃还能保持其工作能力。

由于氯化物阴极材料在放电时转变为导电性很好的金属，它的电位在放电过程中很少变化。在放电过程中，镁阳极的极化变化也是不大的。上述情况使含有氯化物的镁电池具有如下特点：它的电压很少依赖于放电的程度，电池能在大电流密度下工作，比能量几乎与放电电流无关，体积比功率很高（大于 2W/L，见表 23.3-10）等。该电池的缺点是成本较高（由于银的存在）和活化时间较长（见表 23.3-11）。

电池的电化学式是

$$MG \mid NaCl \mid AgCl$$

电池反应为　$Mg + 2AgCl \longrightarrow MgCl_2 + 2Ag$

镁-氯化银储备电池有扁平式和圆筒式两种。扁平式镁-氯化银储备电池组，适用于需要电压很高，但电流不大的场合。每一单电池的正极都是用 25~75μm 厚的银箔作成的，银箔的表面被电化学形成的氯化银所覆盖。负极是工业纯的镁箔。用干的吸水性的纸把单电池中不同极性的电极隔开。这种电池常用于短时间的负荷——在 30min 或更短的时间内输出全部电容量。只能用少量圆筒式单电池组成电池组。在需用高电压和相当小的电流时，应该采用扁平式结构的电池组。电池组的容器通常是用绝缘材料的带子做的，它包围电池组的两端和侧面，这样就可以有效地把电池组的电极有效地压紧。为了便利和加速电池的活化，电池组的容器是没有底的，电解质就保持在电极间的多孔衬垫中。制成的未活化的电池组被保存在关闭的不透气的容器里，其中放降低潮气的硅胶。在这样的状态下，电池组实际上可以无限期地被保存。在直接使用前，将电池从容器中取出，并将它浸在水中（水是稍微盐化的，也可以是天然水）。在电池组被活化后，将它从水中取出来就可以工作。美国生产的镁-氯化银储备电池组，电容量为 0.017~17.5A·h，工作电压为 1.5~150V。

镁-氯化银储备电池开始放电时电压是逐渐升高的（约 1~2min），若用海水或盐化水可以加快活化过程。

2. 银-锌储备电池　是在干燥状态下装配电池，其中没有注入电解液，因而电池可以长期保存，性能没有重大变化。为了使电池进入工作状态，只要在电池中注入电解液，以后它就准备放电了。注液的手续可以很快进行，即在很短的时间内就可以使电池进入工作状态。其特点是既可以迅速进入工作状态，又可以长时间保存。

为了加速注液过程，开发了多种银-锌电池组的结构，其中装有自动地使电池组进入工作状态的设备。图 23.3-10 和图 23.3-11 表示雅德莱（Yadney）公司制造的一种电池组的结构。电池组是由 20 个串联的单电池组成的，它们被放在塑料外壳 1 中，在每一个电池 2 的下面都有一个注入电解液用的管子。在电池的上部，有一个注液时使空气从电池排出的阀门 3。电解液处于特殊的圆筒形储藏器 4 中。压缩气体处于气罐 5 中。将电解液储藏器同气罐及电池组用导管连接起来，并用带有引燃管的特殊阀门 6 将导管封闭。为使电池组进入工作状态，只要揿一下按钮使引燃管爆炸，隔离用的阀门薄膜便可以裂开。压缩气体冲入电解液储器并从这里将电解液压入装配着电极的电池中。阀门起防止电解液向储器倒流。电池充满电解液的全部过程只要几秒钟或不到 1s 就够了，此后，电池组就可以迅速使用。这类电

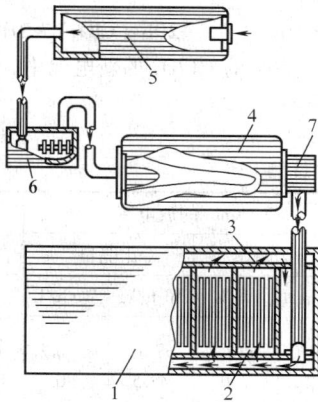

图 23.3－10　雅德莱公司的银-锌
储备电池工作原理图

池组主要用于火箭技术。银-锌蓄电池的主要缺点是寿命短以及不能在充电状态下长时间保存。

图 23.3－11　雅德莱公司的
银-锌储备电池外形图

表 23.3－10　　　Mg｜AgCl 储备电池组的单位性能与放电条件的关系

放电到 1.0V 的时间	7h	34min	7min15s	30min50s	1min20s
比功率/(W/L)	9.4	146	690	1280	2160
比能量/(W·h/L)	66	83	83	82	48

表 23.3－11　　　　　　　　Mg｜AgCl 储备电池组的性能

活化方法	活化时间	工作温度范围/℃	平均工作电压/V	比能量		保存方法
				W·h/kg	W·h/L	在活化状态下保持48h
浸入水中	几分钟	－55～+90	1.3～1.6	42	83	在密封容器中可无限期保存

3. 锌-碘酸盐储备电池　这一体系作基础的电池组，是由双极性的电极所组成的单电池装配而成的。锌-碘酸盐储备电池的电化学表示式为

$$Zn｜H_2SO_4｜KIO_3（C）$$

电极反应

阳极　　　　$Zn - 2e \longrightarrow Zn^{2+}$

阴极　阴极上可能进行两种反应：

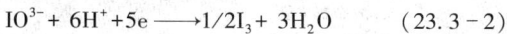

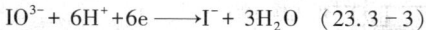

$$IO_3^- + 6H^+ + 5e \longrightarrow 1/2I_3^- + 3H_2O \qquad (23.3-2)$$

$$IO_3^- + 6H^+ + 6e \longrightarrow I^- + 3H_2O \qquad (23.3-3)$$

在室温和较高温度下，基本过程是反应式（23.3－2）；在接近 0℃ 的温度下，反应式（23.3－3）占优势。总的电池反应相应地由以下两个方程式表示

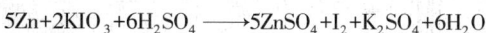

$$5Zn+2KIO_3+6H_2SO_4 \longrightarrow 5ZnSO_4+I_2+K_2SO_4+6H_2O$$

$$3Zn+KIO_3+3H_2SO_4 \longrightarrow 3ZnSO_4+KI+3H_2O$$

这种电池的负极是一个 0.2mm 锌片，锌片的一面盖一层 0.02mm 银片。正极活性物质是由 57.1% 的 KIO_3、40.8% 的石墨和 2.1% 的乙炔黑的混合物做成的。在干的混合物中加入乙酸烯脂使成其糊状的物质；然后，把糊状物涂在锌片盖有银层的一面上，其厚度是 0.8mm。银层的作用是防止锌和 KIO_3 在电池组中注入电解液时直接相互作用。这样做成的一面涂有正极活性物质的圆形锌片就是电池组的基本组件。将这些圆片按下法组装起来构成一个单电池：前一片的锌的一面正对着有去极化剂的一面。在银片之间放置着厚度为 1.19mm 的橡皮环，它们把相邻的电极隔开，并且在电极之间造成了一个可以注入电解液的空间。用这些单电池装配的电池组，从最外面的两个电极引出导线。

从电池组中央的小孔注入电解质。电解质的组成是 8%NH_2SO_4、0.5%$NHCl$、2%$HgCl_2$ 的溶液。电池能在 0～65℃ 的范围内工作，电流密度可以达到 155mA/cm^2。在室温和较高的温度下，当电流密度约为 100mA/cm^2 时，电池的放电电压是 1.6～1.5V。电池的设计是在 7～8min 内输出全部电容量。

锌-碘酸电池组的优点是：放电曲线很平坦，具有很好的单位性能（见表 23.3－12），单电池的工作电压很高，制备电池的材料也不贵。

电池组的缺点是：当温度低于 0℃ 时，在通常的工作条件下不能工作；使用时有大量气体发生；放电

时电池的温度可以升高到很大的数值，甚至把电解液从电极空间中部分挤出来。

4. 用 $HClO_4$ 作电解质的 Pb/PbO_2 储备电池　电池的电化学式是

$$Pb \mid HClO_4 \mid PbO_2$$

总反应是

$$Pb + PbO_2 + 4HClO_4 \longrightarrow 2Pb(ClO_4)_2 + 2H_2O$$

在刚注入 50% 的 $HClO_4$ 的新电池中，250℃ 时的实际电动势等于 1.92V。

表 23.3 - 12　　　　锌-碘酸盐储备电池（和电池组）的性能

活化方法	活化时间 /s	电动势 /V	平均电压 /V	工作电流密度		工作温度范围 /℃	7~8min 的放电率				保存寿命
				电极的/ (mA/cm^2)	体积的/ (A/cm^2)		比功率		比能量		
							W/kg	W/L	W·h/kg	W·h/L	在不活化的密封状态下无限期；在活化状态下 2h
在真空的电池组中加压注入电解液	1~2	1.96	1.6	直到 155	直到 0.5	0~65	254/ 352	314/ 730	31.4/ 43.5	38.6/ 90	

这类电池的正极是用电解的二氧化铅做成的，后者从硝酸铅溶液中被阳极电沉积到电极基板上。电极基板可以用石墨、镍、不锈钢、铅和某些其他金属或合金做成。这种电池的最大优点是能够很快地被活化，在注入电解液后不久，电池迅即达到工作状态。通过盖上的小孔，将电池组接到一个特殊的真空泵，电解液可以很快地被注进去。注入高氯酸 $HClO_4$ 的电池，不论是在高温或低温下，电学性能（电容量、电压）都是最好的。这种电池的另一优点是：在低温下有很好的工作性能（在高于 0℃ 的温度下活化）；在小电流密度下，电池可以在 (-60 ~ -55)℃ 工作。这类电池的缺点是比能量不高。（见表 23.3 - 13）。

5. 锌-氯储备电池　锌-氯储备电池的电化学式是

$$Zn \mid ZnCl_2 \mid Cl_2(C)$$

总反应是

$$Zn + Cl_2 \longrightarrow ZnCl_2$$

锌-氯储备电池有很平坦的放电曲线，很好的单位性能和工作电压较高（见表 23.3 - 14）。

6. $LiMx - FeS_2$ 热电池　热激活电池（简称热电池）由两种以上无机盐组成低共熔体。常温时电解质是不导电的固体，电池自放电极少。使用时，用电流引燃点火头或用撞击机构撞击火帽，点燃内部烟火热源，使电池内部温度迅速上升，电解质熔融形成高电导率的离子导体。

热电池是以熔盐作电解质，利用热源使其熔化而激活的一次储备电池。由于它具有很高的比能量和比功率，使用环境温度宽，储存时间长（达 10~25 年），激活时间短（0.2~2s），输出电流密度可达 6.2A/cm²，结构紧凑，工艺简便，造价低廉，不需要维护等优点，一问世就成为导弹、核武器、火炮等现代化武器的理想

电源，在军事领域占有重要位置。

热电池根据其负极材料分为钙阳极系列、镁阳极系列和锂或锂合金系列阳极三大类。现生产在用的主要有：$Ca/PbSO_4$、$Ca/CaCr_4$、Mg/V_2O_5、$LiAl/FeS_2$、$LiSi/FeS_2$ 等热电池体系，其次还有 Ca/K_2CrO_7，该系列仅适用于脉冲型热电池，正在开发中的有：金属骨架浸吸锂阳极和锂硼合金阳极及新型阴极等热电池体系。

根据热电池使用功能特征又可分为：快速激活型（0.2s 以内）；短工作寿命功率型（战术导弹用）；中长工作寿命、高比特性型（水下动力）；高压型（200V）；高过载型（炮弹或炮射导弹用）热电池等。

热电池的基本组成和结构如图 23.3 - 12 所示。

热电池由引燃系统、加热系统、电堆、绝缘保温系统、不锈钢外壳、金属/玻璃绝缘子盖组件等构成。

热电池的基本工作原理可用图 23.3 - 13 说明。

锂合金系列热电池的电化学体系是指以锂合金作阳极、以二硫化铁为阴极、以氯化钾-氯化锂二元低共熔盐为电解质的电化学体系。其电化学式为

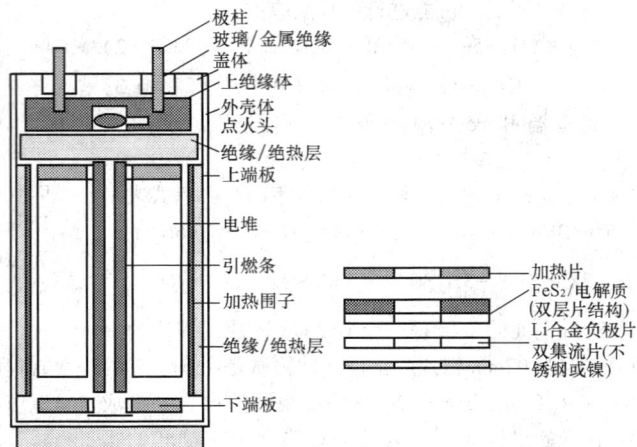

图 23.3 - 12　热电池结构图

$$(-) \ LiM_x \mid KCl\text{-}LiCl \mid FeS_2 \ (+)$$

```
┌─────────────────────────────────────┐
│ 由外线路提供点火头发火能量或由外     │
│ 作用力提供底火发火能量               │
└─────────────────────────────────────┘
                 │
┌─────────────────────────────────────┐
│ 引燃条燃烧,加热围子燃烧              │
└─────────────────────────────────────┘
                 │
┌─────────────────────────────────────┐
│ 电堆内加热片点燃,放热                │
└─────────────────────────────────────┘
                 │
┌─────────────────────────────────────┐
│ 电堆温度升至工作温度(500~650℃)     │
│ 电化学反应                           │
└─────────────────────────────────────┘
                 │
┌─────────────────────────────────────┐
│ 输出电能                             │
└─────────────────────────────────────┘
                 │
         热能向外扩散流失
```

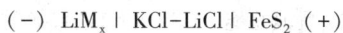

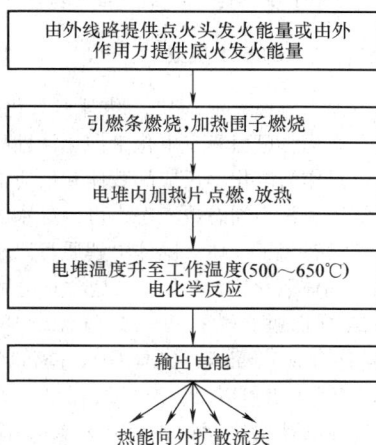

图 23.3-13　热电池基本工作原理

其中 $M_x = Al, Si, B$

热电池总反应为

$$4LI + FeS_2 \longrightarrow 2Li_2S + Fe$$

(1) 锂合金阳极。目前通常使用的锂合金阳极有 LiAl、LiSi 和 LiB。也有人使用金属锂加超细金属粉作为阳极材料的。

(2) 二硫化铁阴极。与锂合金阳极相匹配的热电池阴极材料是二硫化铁。它的主要特点是资源丰富,价格便宜,电性能稳定。

由于热电池的工作温度在 500℃ 左右,因此热电池的热稳定性问题是人们十分关心的问题;使用 FeS_2 作热电池阴极材料最棘手的一个问题是热电池在激活时存在瞬间电压尖峰,大大降低了电压精度,限制了使用范围。如上所说,FeS_2 是热电池的一种性能优良的阴极材料,特别适合于短寿命热电池使用。对中等寿命和长寿命热电池来说,它存在两个致命弱点:一个是 FeS_2 热分解到电解质问题,造成很大的容量损失;另一个是它在电解质中的溶解问题。由于被溶解在电解质中的 FeS_2 很容易扩散到隔膜层,与那里的锂发生反应生成铁和硫化锂,电池的放电时间越长,这个过程越严重,使 FeS_2 的容量损失也越严重。

(3) 电解质。目前热电池使用最多的电解质是 LiCl-KCl 共熔物,它的优点是价格便宜,容易制备。其中,LiCl-LiBr-LiF 电解质是全 Li^+ 电解质,虽具有较高熔点,但导电性能良好,在高速放电过程中产生的 Li 浓度小,浓差极化小,不会引起熔点升高,因此,适合于快速大功率放电的短寿命热电池使用,对于长寿命热电池来说,LiCl-LiBr-KBr 电解质较为理想。它的主要优点是熔点低,适应电池工作温度范围宽,导电性能好。

表 23.3-13　用 $HClO_4$ 作电解质的 Pb/PbO_2 储备电池的性能

活化方法	活化时间	电动势/V	平均工作电压/V	最低工作温度/℃	保存寿命	单电池的比能量/(W·h/kg)
注入 $HClO_4$ 溶液	注入电解液后即可直接使用	1.9	1.8~1.6	-60~-50	在活化状态下可保存几小时;无电解液时可以无限期保存	30

表 23.3-14　锌-氯储备电池的性能

活化方法	工作电流密度		放电电压/V	保存寿命	比能量	
	mA/cm² 电极表面	A/cm³ 电池体积			W·h/kg	W·h/L
用气态氯作用	260	0.65	2.0~1.5	未活化电池 6~8 个月;活化状态下 1h	60	120

(4) 保温材料。LiMx-FeS_2 热电池正常的工作温度范围为 400~550℃,必须靠优质的保温材料维持工作温度才能使电池正常工作。对短寿命热电池来说,一般的保温材料如云母片、石棉等就能满足要求。但对于中等寿命或长寿命热电池来说,必须使用高性能保温材料才能满足要求,寿命越长,需要保温材料的性能越好。对于 1h 左右工作寿命的热电池,通常使用硅酸铝陶瓷纤维或纤维板。它的导热系数为 0.070W/(m·k)(300℃ 氩气氛)。比硅酸铝陶瓷纤维性能更好的保温材料为 MiKTE1400,它的导热系数为 0.025W/(m·k)(200℃ 氩气氛)。最近对热电池的寿命提出了 2~4h 的更长要求。

综上所述,由于在阳极、阴极、电解质、保温材料研究方面取得的成果,各种性能优良的 LiMx-FeS_2 热电池已相继问世。在这些热电池中,根据不同用途,性能各有特色,有的比能量达到 44W·h/kg,有的比能量达到 1900W/kg,有的工作寿命达到 1~2h,有的激活时间达到 0.2s,有的具有很高的电压精度。

LiM$_x$-FeS_2 热电池的特点:

1) 与其他热电池系列比较,锂合金系列热电池显示出更佳的性能,其放电电压平稳,没有噪声,内阻低且在电池工作期间保持不变，电极利用率高，高放电率下具有长的工作寿命，比容量、比能量、比功率大（比能量为同样尺寸 Ca/CaCrO$_4$ 系列热电池的 6 倍）。

2）单体电池工作电压为 1.7～1.9V，稳态工作电流密度大于 400mA/cm^2，脉冲负载可达 10A/cm^2，电压-时间曲线出现两个台阶并且在第二台阶出现显示出相当长的容量。表 23.3－15 列出了三种锂合金阳极的性能比较。

表 23.3－15　三种锂合金阳极的性能比较

电极名称	锂含量质量（%）	理论容量（Ah/g）	最高熔点/℃	对锂电动势/V	对 FeS$_2$ 开路电压/V
锂铝合金	19.3	0.56	~700	0.3	2.05
锂硅合金	44	1.46	~730	0.27	2.20
锂硼合金	70	1.84		0.1	>2.2

3）锂合金阳极热电池能适应很宽的工作环境温度范围（－55～85℃），有更好的力学性能，可以作为各种不同用途的军用装备配套电源。

4）电池组放电初期会出现明显的电压脉冲，影响了电池的实际使用。

3.5　燃料电池

3.5.1　定义

燃料电池是一种将化学能转变为电能的特殊装置，其所需的化学原料全部（或部分）由电池外部供给。燃料电池的负极称为"燃料电极"，正极称为"氧化剂电极"。空气中的氧是电池中的氧化剂。

3.5.2　燃料电池特点

燃料电池具有容量大、比能量高、功率范围广、噪声小等优点，尤其是能量转换效率高达 50%～80%（热机能量转换效率小于 50%），并可长时间连续工作。

3.5.3　燃料电池的基本组成

燃料电池由电极、电解质、燃料和氧化剂组成。电极为多孔结构，可由具有电化学催化活性的材料制成，也可以只作为电化学反应的载体和反应电流的传导体。电解质通常为固态或液态，可以是水溶液、非水溶液或熔融态离子导体。固体电解质可以是离子导体（如高温固体氧化物），也可以是含有电解质的离子交换膜或石棉膜。燃料可以是气态（H$_2$、NH$_3$、CO 或碳氢化合物）、液态（CH$_3$OH、高价碳氢化合物和液态金属），也可以是固态（碳）。

燃料电池的理论比能量相当高，表 23.3－16 列出了主要燃料电池的质量比能量。目前，燃料电池的实际比能量只有理论值的 1/10 左右，但仍比一般电池的实际比能量高得多。

3.5.4　燃料电池的类型

燃料电池有多种分类方法。按电池工作温度的高低可分为低温（<200℃）、中温（200～750℃）和高温（>750℃）；按工作方式可分为直接式、间接式和再生式；按燃料的种类可分为氢-氧、有机无氧、金属-空气、重整燃料（天然气、石油、甲醇、乙醇）和生化燃料（葡萄糖、碳水化合物、尿素）；按电解质的不同可分为碱性燃料电池（Alkaline Fuel Cell AFC）、磷酸燃料电池（Phosphorous Acid Fuel Cell PAFC）、熔融碳酸盐燃料电池（Molten Carbonate Fuel Cell MCFC）、质子交换膜燃料电池（Proton Exchange Membrane Fuel Cell PEMFC 或 Polymer Electrolyte Membrane Fuel Cell）、固体氧化物燃料电池（Solid Oxide Fuel Cell，SOFC）五类。详见表 23.3－17。

表 23.3－16　电池的理论质量比能量（kW·h/kg）

燃料（Z）		H$_2$	CH$_4$	CO	CH$_3$OH	C$_2$H$_5$OH
理论质量比能量	Z-空气	32.7	14.15	2.53	6.08	7.96
	Z-氧气	3.65	2.83	1.62	2.43	2.59
电池		Zn-空气	Li－Cl2	Zn－MnO$_2$	Cd－NiOOH	铅蓄电池
理论质量比能量		1.58	2.21	0.36	0.21	0.18

表 23.3－17　燃料电池按电解质分类

分类	磷酸型（PAFC）第一代	熔融碳酸盐型（MCFC）第二代	固体电解质型（SOFC）第三代	碱　型（AFC）	质子交换膜型（PEMFC）
燃料	天然气 甲醇	煤气天然气 甲醇	煤气天然气 甲醇	氢	氢 重整氢
氧化剂	空气 碳酸水	空气 碳酸盐	空气 氧化锆等	纯氧 氢氧化钾	空气 全氟磺

分类	磷酸型（PAFC）第一代	熔融碳酸盐型（MCFC）第二代	固体电解质型（SOFC）第三代	碱　型（AFC）	质子交换膜型（PEMFC）
电解质	溶液	（碳酸离子）	（氧离子）	水溶液（氢氧离子）	酸膜（氢离子）
电极	多孔质石墨 Pt 催化剂	多孔质镍等（不用 Pt 催化剂）	氧化镍等（不用催化剂）	多孔质石墨（Pt 或 Ni 催化剂）	
工作温度	~200℃	600~750℃	800~1000℃	~100℃	~100℃
发电效率	40%以上	45%以上	50%以上	约45%	约40%
缺　点	(1) 对 CO 敏感 (2) 启动慢 (3) 成本高	工作温度较高	工作温度过高	(1) 需以纯氧作氧化剂 (2) 成本高	(1) 对 CO 非常敏感 (2) 反应物需要加湿
用　途	热电联供电厂，分布式电站	热电联供电厂，分布式电站	热电联供电厂，分布式电站，移动电源	宇宙飞船，潜艇	分布式电站，移动电源

3.5.5　氢-氧燃料电池

氢-氧燃料电池是通过氢和氧发生电化学反应产生电力，同时产生热水或水蒸气。由于它不产生燃烧，因此，燃料电池被认为是最清洁的电源之一。氢通常由可燃的碳氢化合物提供，而氧则由空气提供。

完整的燃料电池发电系统由电池堆、燃料供给系统、空气供给系统、冷却系统、电力电子换流器、保护与控制及仪表系统组成。

燃料电池单体由以下主要部件组成：

（1）负极（燃料电极）。又称为氢电极。它必须为燃料和电解液提供公有的界面，并对燃料的氧化产生催化作用，同时把反应中的电子传输到外电路（或者先传输到集流极后再向外电路传输电子）。

（2）正极（氧电极）。它必须为氧和电解液提供公有的界面，并对氧的还原产生催化作用，同时还能从外电路向氧电极的反应部位传输电子。

（3）电解液。它必须能输送燃料电极和氧电极在电极反应中产生的离子，并能阻止电极间直接传递电子。

（4）隔膜。为了阻止电子在电极间直接传递，或是为了储存电解液，有的燃料电池的电极间装有隔膜。隔膜必须具有良好的润湿性，并对两电极上的反应剂形成隔离作用。

一般的燃料电池单体，只产生 1V 左右的电压。要得到实际可用的电压，必须把若干个燃料电池单体串联起来。这种燃料电池单体的组合称为燃料电池组，或电池堆。要使燃料电池组成实用的电源系统，除燃料电池外，还须附有燃料和氧化剂的供给系统、排水系统、散热系统和自动控制系统。

1. **磷酸燃料电池（PAFC）**　它是一种酸性介质的氢-氧燃料电池。PAFC 以天然气重整气体为燃料，空气作氧化剂，Pt/C 作电催化剂，电解液是 100%的磷酸，室温时是固态，相变温度是 42℃。其原理示意图如图 23.3－14 所示。

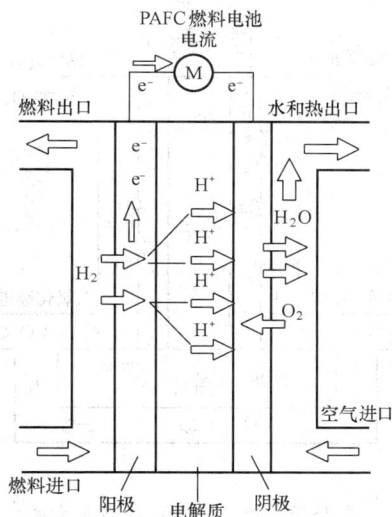

图 23.3－14　PAFC 原理示意图

PAFC 工作时，氢气作为燃料通入燃料电池的阳极，发生如下氧化反应

$$H_2+2H_2O \longrightarrow 2H_3O^++2e^-$$

氢气在催化剂上被氧化成质子，与水分子结合成水合质子，同时释放出两个自由电子。电子通过导电的阳极向阴极方向运动，而水合质子则通过磷酸电解质往阴极方向传递。在阴极上，氧气在电极上被还原，发生如下电极反应

$$O_2+4H_3O^++4e^- \longrightarrow 6H_2O$$

氧气分子在催化剂的作用下，结合从电解质传递过来的水合质子以及从外电路传递过来的电子，生成水分子。总的电池反应为

$$2H_2+O_2 \longrightarrow 2H_2O$$

可见，燃料电池是个能量转化装置，只要外界源源不断地提供燃料和氧化剂，燃料电池就能持续发电。磷酸燃料电池的工作温度一般在200℃左右，在这样的温度下，需要采用铂作为催化剂，通常采用碳黑作为催化剂载体。电池工作电压在0.8V以下，发电效率可达40%~50%，如果采用热电联供，系统总效率可达80%。

由于磷酸燃料电池不受二氧化碳的限制，可以使用空气作为阴极反应气体，燃料可以用重整气，使得这种燃料电池非常适合用作固定式电站。磷酸燃料电池的制作成本低，是目前发展最为成熟的燃料电池。1991年日本投入使用的PAFC达11MW。工作温度为120~200℃，电效率为41.1%，热电总效率为72.7%，但是它的运行成本比电网电价高得多，目前为1500~2000美元/kW。

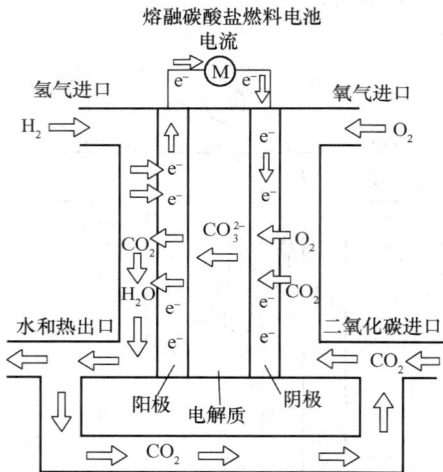

图 23.3-15　MCFC原理示意图

2. 熔融碳酸盐燃料电池（MCFC）　是由多孔陶瓷阴极、多孔陶瓷电解质隔膜、多孔金属阳极、金属极板构成的燃料电池。其电解质是熔融态碳酸盐，载流子是碳酸根离子，氧气在阴极和二氧化碳一起在催化剂的作用下被氧化成碳酸根离子，在电解液中迁移到阳极，与氢气作用生成二氧化碳和水。其原理示意图如图23.3-15所示：其电极反应和总反应如下

阴极　$O_2+2CO_2+4e^- \longrightarrow 2CO_3^{2-}$

阳极　$2H_2+2CO_3^{2-} \longrightarrow 2CO_2+2H_2O+4e^-$

总反应　$O_2+2H_2 \longrightarrow 2H_2O$

熔融碳酸盐燃料电池是一种高温电池（600~700℃），具有效率高（高于40%）、噪声低、无污染、燃料多样化（氢气、煤气、天然气和生物燃料等）、余热利用价值高和电池构造材料价廉等诸多优点。这种电池目前处于商业化前的示范运行阶段。

3. 固体氧化物燃料电池（SOFC）　固体氧化物燃料电池采用固体氧化物作为电解质，除了高效，环境友好的特点外，它无材料腐蚀和电解液腐蚀等问题；在高的工作温度下电池排出的高质量余热可以充分利用，使其综合效率可由50%提高到70%以上；它的燃料适用范围广，不仅能用 H_2，还可直接用 CO、天然气（甲烷）、煤汽化气，碳氢化合物、NH_3、H_2S 等作燃料。

固体氧化物燃料电池的工作原理是（如图23.3-16所示）：氧气在阴极被还原成氧离子，在电解质中通过氧离子空穴导电从阴极传导到阳极，氢气在阳极被氧化，结合氧离子生成水。

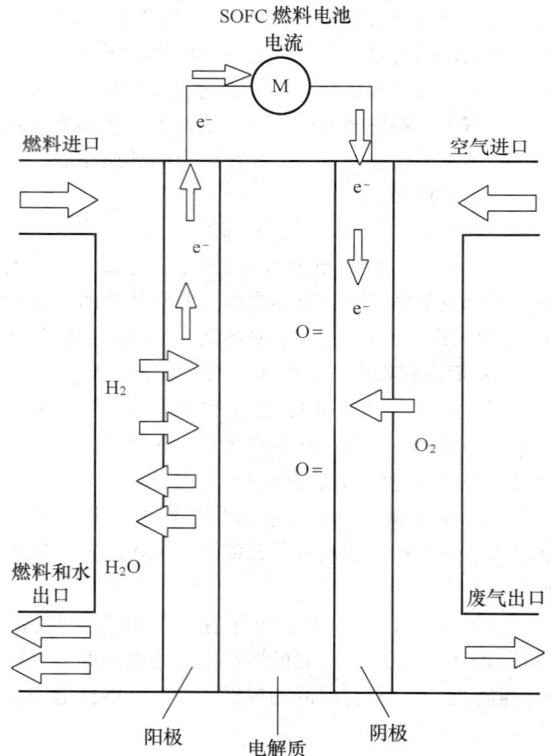

图 23.3-16　SOFC燃料电池示意图

目前广泛使用的高温 SOFC 电解质材料为 Y_2O_3 稳定化的 ZrO_2，简写为YSZ。阳极是多孔 Ni-YSZ，阴极材料广泛采用掺锶的锰酸镧。电解质为致密层，以防气体的导通。SOFC 的工作温度很高，达1000℃

左右。降低工作温度是今后的发展方向。德国西门子-西屋电器公司正在试运行 100~250kW SOFC 管状工作堆。

4. **碱性燃料电池（AFC）** 采用 35%~50% 的 KOH 作为电解液，浸在多孔石棉膜中或装载在双孔电极碱腔中，两侧分别压上多孔的阴极和阳极构成电池。电池工作温度一般在 60~220℃，可在常压或加压条件下工作。

其工作原理是（如图 23.3-17 所示）：电解质中的电流载体是氢氧根离子（OH^-），从阴极迁移到阳极与氢气反应生成水，水再反扩散回阴极生成氢氧根离子。其电极反应如下

阳极反应　$2H_2+4OH^- \longrightarrow 4H_2O+4e^-$
阴极反应　$O_2+2H_2O+4e^- \longrightarrow 4OH^-$
总反应　　$2H_2+O_2 \longrightarrow 2H_2O$

碱性燃料电池有下列优点：

（1）在电解液中，氢气的氧化反应和氧气的还原反应交换电流密度比在酸性电解液中要高，反应更易进行。所以不像酸性电解液中必须采用铂作为电催化剂，而可以采用非贵金属催化剂，也具有足够高的活性。阳极常采用多孔镍作为电极材料和催化剂，阴极可用银作催化剂，这样，可以降低燃料电池的成本。

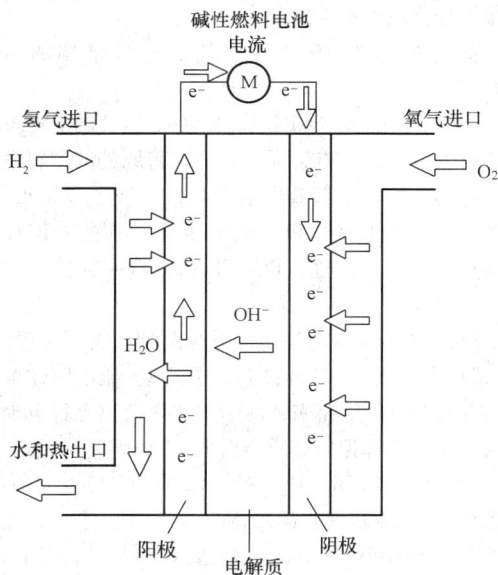

图 23.3-17　AFC 燃料电池示意图

（2）镍在碱性条件下是稳定的，可以用来做电池的双电极材料，这样可以使电池的成本更低。

（3）碱性燃料电池的工作电压较高，一般选定在 0.8~0.96V，电池效率高达 60%~70%。是燃料电池中最高的。

碱性燃料电池的缺点是：碱性电解液非常容易和

CO_2 发生化学反应

$$CO_2+2OH^- \longrightarrow CO_3^{2-}+H_2O$$

生成的碳酸盐会堵塞电极孔隙和电解质的通道，使电池寿命受到影响。所以要将电池的燃料和氧化剂经过处理，使 CO_2 含量降低到 mg/m^3 数量级。这使得电池不能直接用空气作为氧化剂，也不能用重整气体作为燃料。

5. **质子交换膜燃料电池** 其核心部分称作膜电极组件（MEA），包括作为电解质的质子交换膜（杜邦公司的 Nafion 膜等）、阴/阳极催化层、阴/阳极平整层、阴/阳极气体扩散层等构成。气体扩散层通常为石墨碳纸或碳纤维编织布经 PTFE 憎水处理。通常用活性炭层以使阴/阳极表面平整，再附上碳载铂催化剂。这几层经过热压成型构成膜电极组件，厚度为几百微米。各个 MEA 间加上密封圈和双极板构成电池堆。双极板通常为石墨板，在其上加工阴极、阳极气体流场。

PEMFC 的工作原理是（如图 23.3-18 所示）：燃料气体和氧气通过双极板上的气体通道分别到达电池的阳极和阴极，通过 MEA 上的扩散层到达催化层。在膜的阳极侧，氢气在阳极催化剂表面上解理为水合质子。水合质子通过质子交换膜上的磺酸基（$-SO_3H$）传递到阴极，而电子则通过外电路流过负载到达阴极。在阴极催化剂的表面，氧分子结合从阳极传递过来的水合质子和电子，生成水分子。在这个过程中，质子要携带水分子从阳极传递到阴极，阴极也生成水并被排出。

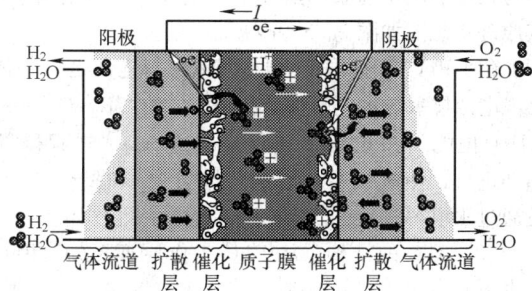

图 23.3-18　质子交换膜燃料电池工作原理

质子交换膜燃料电池的优点是功率密度高，能量转换效率高，可低温启动，环境友好等。其主要缺点是燃料电池系统昂贵，需用稀有贵金属铂。

6. **再生氢氧燃料电池（Regenerative Fuel Cell，RFC）** 卫星、空间站等太空飞行器在轨道上运行时存在向日和背日工作状态；仅依靠太阳能电池不能满足连续供电的需要，必须装备储能电池；即向日时利用太阳能对储能电池充电，背日时依靠储能电池供电。

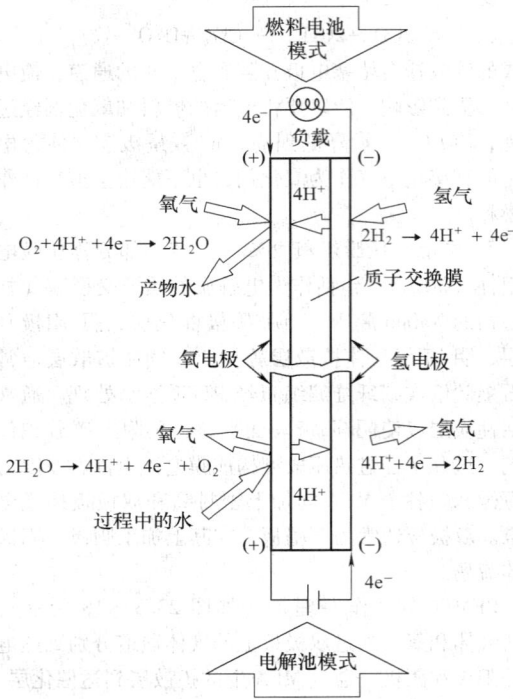

图 23.3-19 RFC 原理示意图

由于再生氢氧燃料电池（RFC）与目前所用二次电池相比，具有明显的优点，将能够为空间站提供更大功率的电源，并且研制成功的 RFC 电源系统还可与地面太阳能或风能配套，作为高效的蓄能电池。由于具有很好的应用前景，国外十分重视该技术的研制。其原理示意图如图 23.3-19 所示。

（1）RFC 工作原理。再生氢氧燃料电池是将氢氧燃料电池技术与水电解技术相结合，使"$2H_2+O_2 \longrightarrow 2H_2O+$电能"与"电能$+2H_2O \longrightarrow 2H_2+O_2$"过程得以循环进行，使氢氧燃料电池的燃料 H_2 和氧化剂 O_2 可通过水电解过程得以"再生"，起到蓄能作用。

（2）RFC 的结构。从 RFC 工作原理可知，RFC 技术主要由四个部分组成。

1）燃料电池（FC）子系统，将 H_2、O_2 的化学能直接转化为电能。

2）电解水（WE）子系统，将燃料电池生成的水，利用外部电能重新电解成 H_2、O_2。

3）反应物储罐，用于储存高压 H_2、O_2 和水。

4）电源调节及控制子系统。

氢氧燃料电池将水电解技术（电能$+2H_2O \longrightarrow 2H_2+O_2$）与氢氧燃料电池技术（$2H_2+O_2 \longrightarrow H_2O+$电能）相结合，氢氧燃料电池的燃料 H_2、氧化剂 O_2 可通过水电解过程得以"再生"，起到蓄能作用。

我国研究双效催化剂和双效氧电极的制备方法，研制薄层电极并制备膜电极三合一组件，降低电极铂当量。目前电极的铂当量已降至 $0.2mg/cm^2$。

（3）RFC 的分类。RFC 从燃料电池与电解池结合方式来划分，可分为三种形式：分开式、综合式和可逆式。

1）分开式（Dedicated）。分开式的各个子系统独立，除反应物互相贯通，每个子系统完全与其他子系统分开，装入各自的轨道更换单元，较先进的分开式 RFC 系统，各子系统都装在一个轨道更换单元内，共用一个冷却系统。分开式 RFC 系统优点容易放大，各自系统单独定型，易引入新技术，并且容易维修。缺点是系统复杂，体积能量密度低。

NASA 的 Lewis 中心于 20 世纪 80 年代中后期完成的分开式 RFC 系统，在模拟近地轨道运行条件下，最长寿命可达 7.8 年。

2）综合式（Integrated）。综合式 RFC 的电池与电解池同在一个机箱中，FC 电池放电与 WE 电解充电在各自的电极和电池区域进行，这种结构所需的连接设备要求高，而且在两种电池运行时要选择相匹配的运行参数。其优点是体积能量密度比分开式高，缺点是 RFC 循环周期短，受储水板容量限制，电路气路连接复杂，电池组装麻烦。

美国 20 世纪 80 年代申请了这种结构的 RFC 专利。

3）可逆式（Reversible）。可逆式 RFC 的电池可以以燃料电池模式或电解模式工作，将原先的燃料电池与水电解池以一个双效电池替代，减轻了系统重量，提高了系统的可靠性和系统比能量。可逆式 RFC 主要特点是电极双效性，FC/WE 功能合一，从而可省去 WE 构件。

可逆式 RFC 从电解质可分为两种：①石棉膜-碱性 KOH 水溶液（ARFC）；②离子膜型-纯水固体电解质（PEMRFC）。近年来，由于质子交换膜燃料电池发展很快，各国都把研究重点转向 PEMRFC。

（4）RFC 与 Ni-H_2、Ni-Cd 电池对比。作为储能系统，RFCS 较现有的二次电池更有竞争力，尤其在功率大于 2kW 时，其主要指标为储能系统重量，近地轨道（LEO）飞行时，20kW RFCS 与 Ni-H_2 电池对比见表 23.3-18。

表 23.3-18 RFCS 与 Ni-H_2 电池对比

类　别	不流动碱性 RFCS	Ni-H_2
功率/kW	20	20
（背日/向日）/hr	0.6/0.95	0.6/0.95
操作温度/℃	80	0~15

续表

类　别	不流动碱性 RFCS	Ni-H$_2$
最大压力/Pa	30×10^5	60×10^5
DOD(%)	80	40
电压/V	120	72
单池充电电压/V	1.55	1.5~1.55
单池放电电压/V	1.01	1.19
整体效率(%)	65	70
所需太阳能电池功率/kW	20.3	20
散热器功率/kW	10.8	8.5
自放电	0	2%/d
活动部件	-	+
与其他系统组合	+	-
电池重/kg	380	1200
系统总重量/kg	1200	1950

从表 23.3-18 中可知，RFCS 的可用废热比 Ni-H$_2$ 多，如在阴影区加热飞行器，可减轻加热器重量。化学电池的衰减速度与放电深度有关，放电深度越高，衰减越快，而 RFCS 的放电深度大于 80%，对电池性能无影响。化学电源充/放电电压不稳，需要附加一个充/放电控制器，而 RFCS 的功率只需微调，但目前水平的 RFCS 运动部件多，是一个不利因素。

比能量为 45W·h/kg，DOD 为 60% 的 Ni-H$_2$ 电池系统整体重为 6978kg，其储能效率为 75%，用于 GEO 飞行，功耗 90kW(背日、向日温度分别为 6K，225K)，同样条件下选用 H$_2$-O$_2$RFC 系统，则系统重量为 4767kg，比能量约 65.9W·h/kg。

RFC 与 Ni-Cd、Ni-H$_2$ 等二次电池相比，其优点如下。

1)功率密度、能量密度高。见表 23.3-19。

表 23.3-19　RFC 和 Ni-H$_2$ 等电池目前和将来可能达到的技术水平

储能技术	能量密度 /(W·h/b)	功率范围 /kW	寿命 年寿命	寿命 循环次数	轨道类型
Ni-Cd	0.5~2	1~5	10~20	2000	GEO
Ni-H$_2$(目前)	2~10	1~5	5	3000	LEO
			10	1000	GEO
Ni-H$_2$(将来)	10~25	1~10	>	42000	LEO
RFC(目前)	20~30	10~100	5	44000	LEO
RFC(将来)	50~100	10~1000	>10	88000	各种
Na-S	50~60	10~100	>5	7500	各种

目前，碱性石棉膜燃料电池(AFC)的功率密度已达到 500W/kg(近 1.0V 时)，水电解池可达 1000W/kg；

如果采用高强度轻质材料制作储罐(安全系数为 3)，则储罐系统重量可降至 1.6kg/kW(0.6h 放电)；整个 RFC 系统功率密度为 4.6kW/kg，即能量密度为 130W·h/kg，效率可达 60%。其性能指标远远高于 Ni-H$_2$ 电池和 Na-S 电池。

目前，Ballard 动力公司的 PEMFC 单电池功率密度已高达 3W/cm^2，电池组的功率密度已达 1000W/L，700W/kg，所以包括储罐在内的功率密度在 500W/kg，能量密度在 400W·h/kg 以上。

2) RFC 系统寿命会更长。我们知道，Ni-H$_2$ 电池、Ni-Cd 电池等寿命随着放电深度 DOD 增加而迅速衰减；这是因为在充放电过程中，活性物质(NiOOH，储氢材料等)会发生相和晶格以及体积变化，并且有一定的不可逆性，从而导致电极结构的变劣，影响了电池寿命。RFC 寿命与 DOD 无关，也可以说，在 100%DOD 时放电次数可达成千上万次。

3) 在载人飞行器中使用 RFC 较之 Ni-H$_2$ 电池更为有利，供能系统可与生命维持系统(如水净化系统)相组合，电解出的 H$_2$ 可用于还原 CO$_2$，生成的 O$_2$ 可供宇航员呼吸；也可与推进系统组合，80~100℃ 工作所排放的废热可供宇航员保暖用。

4) 适应大功率长时间储能要求。例如月球基地，功率需 500~1000kW，300 多小时；即使高比能量的 Na-S 电池也满足不了这么多电能。可适用的只有 RFC，因为 RFC 功率与储能容量独立，可以只增加反应物储量，而不增加电池大小，就能增加储能量；因此大功率大储能量时，RFC 重量增加很少。另外，在大功率情况下 Ni-H$_2$ 电池所存在的排热问题也使其 DOD 受到限制。需要增加冷却机构，从而增加了电池重量和复杂性。而 RFC 中这些都是现成的。

5) RFC 工作电压与充放电状态关系不大，运行性能稳定，无自放电，充放电控制简单。

6) 采用 RFC 储能可降低燃料更换费用，由于 WE/FC 循环物质仅是水，即使有所损失，地面供应也比低温液态燃料运送经济安全方便。

RFC 与 Ni-Cd，Ni-H$_2$ 二次电池相比，不足之处有以下两点。

1) RFC 的总能量效率一般在 50%~60%，与 Ni-H$_2$ 电池相比(75%~80%)，RFC 所需 PV 板面积要比 Ni-H$_2$ 电池的大，所需排放的废热比 Ni-H$_2$ 电池多。如果能用于载人飞船的加热，则这一不足可抵消。

2) 就目前水平，RFC 系统比 Ni-H$_2$ 电池要复杂，可靠度、技术成熟性都不如 Ni-H$_2$ 电池。简化系统提高可靠性将是 RFC 迈入实用的条件。

7. 直接甲醇燃料电池 (Direct Methanol Fuel Cell,DMFC)　是质子交换膜的一种，其膜电极组件与 PEMFC 基本相同，只是采用的燃料是液态甲醇而不是气态的氢气，燃料供应系统不同。其阳极反应是甲醇直接被氧化，阴极发生氧气的还原反应。其电极反应如下

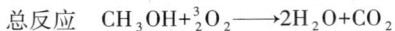

阳极 $CH_3OH+H_2O \longrightarrow CO_2+6H^-+6e^-$

阴极 $\frac{3}{2}O_2+6H^++6e^- \longrightarrow 3H_2O$

总反应 $CH_3OH+\frac{3}{2}O_2 \longrightarrow 2H_2O+CO_2$

DMFC 采用液态的甲醇作为原料，氢气的储存、运输问题就没有了。目前的主要技术难题是寻找高效的催化剂和解决甲醇在质子膜中的渗透。

3.5.6 金属-空气燃料电池

金属-空气电池是以空气中的氧气为正极活性物质，金属为负极活性物质的电池的总称。研究的金属一般是镁、铝、锌、镉、铁等，采用水作电解质溶液。其中，锌-空气电池已经是成熟的产品。

1. 金属-空气电池的优点

（1）空气来源无限。

（2）空气重量不必计入电池重量之内，所以金属-空气电池的比能量较高，是目前生产的电池中最高的。

（3）由于使用了氢氧燃料电池的空气电极，使现代金属-空气电池性能上有所突破，已进入中功率行列，并正向高功率方向发展。

（4）可选用价廉材料，成本很低。

2. 金属-空气电池的缺点

（1）放电时要不断地供应空气，因此不能在密闭状态下使用，也不能用在缺少空气的场合，如水下使用。

表 23.3-20　　　研制中的金属-空气电池的性能

电池	标准电动势 /V	开路电压 /V	工作电压 /V	理论比量 /(W·h/kg)	实际比能量 /(W·h/kg)	寿命 /周期数	备注
镁-空气	3.09	1.60	1.30	3910	110~130	—	—
铝-空气	2.70	1.70	1.2~1.3	2290	200	—	需研究腐蚀剂
二次镉-空气	1.21	0.98	0.75 (5小时率)	496	67~92	500	成本太高
二次铁-空气	1.28	1.05	0.7~0.9 (2小时率)	1220~1480	132~154	200	需研究铁电极
密封二次锌-氧	1.65	—	1.30	1084	132	200	密封
锌-空气	1.65	1.45	1.30	1350	143~440	—	未含外壳
锌-氧	1.65	1.48~1.50	1.25	1084	165~400	—	未含外壳

（2）湿储存性能不好。因为空气中的氧气透过空气电极并扩散到金属电极，形成腐蚀电池而自放电。

（3）碱性或中性电解质一般能吸收空气中的 CO_2 使性能下降。同时电解质也会透过空气失去水分，或吸收水分而影响电池性能。

（4）二次金属-空气电池多使用更换金属电极的"机械再充电"电池。锌电极在放电中变形膨胀，更换时很不方便。

（5）金属电极 100% 深充、放电，其变形和晶枝特别严重。

3. 锌-空气燃料电池

（1）概述。锌-空气燃料电池体系可表示为

$$(-)Zn|KOH|O_2(C)(+)$$

负极活性物质为金属锌，正极活性物质为空气中的氧气或纯氧，电解液为钾水溶液。正负极反应为

负极 $Zn+2OH^- \longrightarrow ZnO+H_2O+2e$

正极 $1/2O_2+H_2O+2e \longrightarrow 2OH^-$

电池的总反应式 $Zn+1/2O_2 \longrightarrow ZnO$

当正极活性物质为空气中的氧时，锌-空气电池的电动势（E）为 $E=1.636V$。

当正极活性物质为纯氧时，$E=1.464V$。

实际的锌-空气（氧）电池的开路电压为 1.4V，其工作电压随着放电条件不同，在 $1.0~1.2V$ 之间。

早年的锌-空气电池是用含少量铂的碳粉做空气电极，以锌板为负极，氯化铵为电解质，工作电流仅为 $0.3mA/cm^2$。锌-空气电池在性能上的突破，主要是在 20 世纪 60 年代燃料电池的研究基础上，获得了高性能的氧电极以后。1965 年以来，已能制造出高电流密度工作的空气电极。它与金属镁、铝、镉、锌、铁等电极分别组成各种金属空气电池。由于锌来源广、易生产及比容量较高，所以锌-空气电池受到广泛的重视，发展很快。锌-空气电池除一次电池以外，还有机械再充电式二次电池、储备式或活化式电池等。

锌-空气电池的优点主要是正极采用了取之不尽、用之不竭的氧气，由于消除了沉重的氧化剂，电池的造价及重量随之可以降低。

但是，空气电极也给锌-空气电池带来某些固有的缺点，如由于采用空气中的氧气作为活性物质，它工作必须与空气相接触，故电池无法密封，这使碱性电解液易受环境的影响，如被空气中的二氧化碳碳酸化，受温度、湿度的影响等，从而影响了电池的性能及寿命。

根据放电率的不同，锌空气电池可用于不同的场合。微小电流长寿命的扣式锌空气电池用于电子计算器、助听器、电子手表中；中小电流密度下工作的无线电通信、铁路的信号灯、农用黑光灯、航标灯、手电筒照明、mp3 机等用的电源；大电流下工作的动力电源，如汽车动力电源。

（2）锌-空气电池的放电特性及储存特性。

1）放电特性。碱性锌-空气电池的商业化是在20 世纪 30 年代。目前国内外生产的一次碱性锌-空气电池有容量为 3~1000A·h 之间多种产品，不同规格的电池都有其自身的特点。表 23.3-21 为一次锌-空气电池的一般特性。

表 23.3-21　锌-空气电池的一般特性

开路电压/V	1.45
工作电压/V	0.09~1.30
适用温度/℃	-20~40
每月自放电率（%）	0.2~1
比能量/(Wh/kg)	150~350

锌-空气电池的理论质量比能量为 $1341W·h/kg$。实际约为理论值的 1/4。与现有的其他水溶液电解质电池相比，其质量比能量是最高的。

由于空气电极的极化在电池放电过程中基本保持不变，所以锌-空气电池的放电电压比较平稳。锌-空气电池的低温性能不太好。尽管如此，它的低温性能在常用的电池中仍是较好的。尤其是在较大的电流密度下工作时，电池内部的温度升高可以使电池的性能得到很大的改善。

2）储存特性。由于锌-空气电池本身的特点，使得其储存寿命成为一个突出的问题。锌-空气电池的湿存储期间容量降低有下列原因：①锌在碱液中的自放电。②通过透气膜溶解到电解液的氧气，扩散到锌板表面，发生氧的去极化反应，促使锌加速腐蚀。③当大气中的相对湿度较低时，电池内部的碱液通过透气膜大量蒸发，使锌板暴露于空气中，受到严重的氧化；当大气相对湿度比较高时，碱液吸潮上涨，导致电池渗漏，不能正常工作。④大气中约 0.04% 的

CO_2 将通过透气膜与氢氧化钾电解液作用生成碳酸钾或碳酸氢钾；另外，室温降低时碳酸钾在透气层与催化层之间结晶析出破坏了电极结构。上述原因都是由于空气电极暴露在大气中造成的，因此，锌空气电池在不使用时应与空气隔绝。在某些特殊场合还必须做成激活式电池，使电池在干态下储存，使用时再注入电解液。⑤空气电极的溢流。随着电池工作时间的延长，通氧孔逐渐被液体电解质所充满，阻碍了氧的输送，这是一个很复杂的效应。各种材料的憎水性变坏可归因于碱性电解质接触，使得它们能被电解质更好地润湿。另外，电渗透作用使电极的溢流更加严重，即放电时电极的溢流比电池储存时快。这是由于电极电位影响电解质溶液对孔壁的润湿性造成的，厚的碳电极的溢流就发生得很慢。因此，为了延长电池的寿命，还必须进一步研究空气电极的结构、组成和加工工艺。

4. 镁-空气燃料电池　其电解液为中性，例如用 $4NMg(ClO_4)$ 或 $7\%NaCl$ 溶液。

镁-空气燃料电池的电池反应式

$$Mg+1/2O_2+H_2O \longrightarrow Mg(OH)_2$$

标准电动势　　　$E_j^0 = 3.091V$

电池的理论质量比能量为 $3910W·h/kg$，比锌-空气电池（$1350W·h/kg$）高两倍。镁-空气燃料的性能目前比锌-空气燃料电池差一些。镁-空气燃料工作范围可从 $-26~85℃$。但在高温时腐蚀反应严重。

5. 铝-空气燃料电池　采用 KOH 作为电解质溶液。铝-空气燃料电池的电池反应式

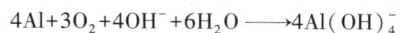

$$4Al+3O_2+4OH^-+6H_2O \longrightarrow 4Al(OH)_4^-$$

标准电动势　　　$E_j^0 = 2.700V$

铝-空气电池的理论质量比能量为 $2290W·h/kg$，比镁-空气燃料电池的小，但比锌-空气电池的大。因此，铝-空气电池也具有高能电池的条件。但其单电池的电压只有 1.2V，比标准电动势低很多；工作电压比标准电动势低 55%。还需要研究效能更好地抑腐蚀剂，增强其湿储存性能。

6. 镉-空气燃料电池　其电解液是 KOH 水溶液，电池反应式

$$Cd+1/2O_2+H_2O \longrightarrow Cd(OH)_2$$

标准电动势　　　$E_j^0 = 1.207V$

镉在 KOH 溶液中能耐长时间多次充、放电周期，这是镉-空气燃料电池的优点。其理论质量比能量只有 $496W·h/kg$，但仍比银锌电池略高，实际可达 $69~97W·h/kg$。

参 考 文 献

[1] 张文保，倪生麟. 化学电源导论. 上海：上海交通大学出版社.
[2] B. C. 巴高茨基，B. H. 弗廖罗夫著. 化学电源的最新成就. 北京：国防工业出版社.
[3] 陈景贵. 化学与物理电源. 北京：国防工业出版社.
[4] 毛宗强，等. 燃料电池. 北京：化学工业出版社.
[5] 郭炳锟，徐徽，王先友，肖立新. 锂离子电池. 长沙：中南大学出版社.
[6] 吴宇平，万春荣，姜长印等. 锂离子二次电池. 北京：化学工业出版社.
[7] （日）电气学大电流能量技术调查专门委员会编. 大电流能量技术与应用. 陈国呈译. 北京：科学出版社.
[8] 朱松然，张勃然，等. 铅蓄电池技术. 北京：机械工业出版社.
[9] 徐国宪，章庆权. 新型化学电源. 北京：国防工业出版社.
[10] 郭炳锟，李海新，杨松青. 化学电源——电池原理及制造技术. 长沙：中南工业大学出版社.

第24篇

自动控制与系统

主　编　赵光宙（浙江大学）

韦　巍（浙江大学）

执　笔　赵光宙（浙江大学）

韦　巍（浙江大学）

颜文俊（浙江大学）

姚　维（浙江大学）

孟　濬（浙江大学）

齐冬莲（浙江大学）

张　耀（浙江机电职业技术学院）

第 1 章　总　　论

1.1　自动控制系统及自动控制理论

1.1.1　自动控制

　　自动控制是人们实现自动化的技术手段，而自动化可理解为一个设备、一个系统或者一个过程采用自动控制技术，在没有人参与或尽量少人参与的情况下实现预期目标的运行过程或运行状态。

　　自动控制主要有两种基本的控制方式：

　　1. 顺馈控制　这是一种补偿控制的方式，是信号由信号源端至输出端单方向传递的控制。其特点是结构简单、成本低廉，但控制精度难以得到保证。它可分为按输入信号的顺馈控制和按扰动信号的补偿控制两种情况。

　　2. 反馈控制　这是一种按偏差的控制方式。将被控量测量出来，反馈至输入端与给定信号比较后得出偏差信号，然后根据偏差对被控对象实施有效的控制，达到消除或减少偏差的目的。由于"反馈"通道构成了闭合环路，所以也称为闭环控制。这是自动控制最基本的形式，它具有有效抑制外界扰动或系统内部结构参数变化所引起的被控量变化的能力，具有控制效果好、控制精度高等特点，但是其结构比较复杂。

　　有时，在反馈控制的基础上加入补偿控制，构成复合控制的形式。这种控制形式既具有反馈控制的优点，又能快速补偿输入信号或扰动信号的影响。

1.1.2　自动控制系统

　　自动控制系统是指能够实现自动化任务的设备、装置。典型的自动控制系统如图 24.1－1 所示，通常由如下各功能环节组成：

　　1. 被控对象　指所要控制的设备或过程，它的输出就是被控量。

　　2. 给定环节　产生给定输入信号的环节。给定的输入信号通常与我们希望的被控量相关。

　　3. 测量环节　随时将被控量检测出来的装置。

　　4. 比较环节　将给定的输入信号与测量环节得到的被控量实际值加以比较，形成偏差信号。

　　5. 控制环节　根据偏差信号，遵循一定的控制规律，决定如何去操作被控对象，以实现被控量达到所希望的目标，它是自动控制系统实现有效控制的核心。

　　6. 执行环节　按控制环节得出的操作决定，对控制对象实施具体的操作。

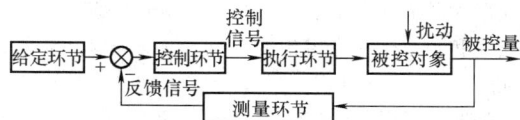

图 24.1－1　典型自动控制系统结构图

1.1.3　自动控制理论

　　自动控制理论是自动控制的理论基础，它从三个方面对自动控制系统进行研究和阐述：

　　1. 系统的模型　用数学关系式表示的系统的运动规律，也称为系统的数学模型。

　　2. 系统的分析　已知一个自动控制系统的结构组成，研究它具有什么样的特性。

　　3. 控制系统的综合　已知对控制系统性能指标的要求，确定控制系统应具有怎样的结构组成，实际上是落实到应具有怎样的控制器。

1.2　自动控制系统的基本类型

1.2.1　按控制系统本身的结构特性分

　　1. 连续系统与离散系统　所包含全部是连续时间信号的系统称为连续系统；包含离散信号（只在某些间断时刻有定义，其他时刻无定义的信号）的系统称为离散系统，其中的离散信号既可以是本身客观存在的，也可以是由连续信号采样得到的。数字控制（计算机控制）系统是一种离散系统，但其中的离散信号除了时间上离散外，还在幅值上经过量化处理，成为数字信号。连续系统一般用微分方程描述，离散系统一般用差分方程描述。

　　2. 线性系统与非线性系统　凡是同时满足叠加性和齐次性的系统称为线性系统。所谓叠加性是指当有几个输入信号同时作用于系统时，它的输出等于每个输入信号单独作用时所产生的输出的叠加；所谓齐次性是指输入信号倍乘一常数时，则系统的输出也倍乘同一常数。不具备线性系统条件的系统就是非线性系统。线性系统一般由线性元件组成，用线性方程描述；非线性系统一般含有非线性元件，通常用非线性方程描述。

3. 定常系统与时变系统 不含有参数随时间变化的元、部件的系统，称为定常系统，反之称为时变系统。描述定常系统运动的数学模型通常是常系数微分方程或差分方程，而时变系统由系数随时间变化的时变方程描述。

4. 单输入-单输出（SI - SO）系统与多输入-多输出（MI - MO）系统 只有一个输入变量和一个输出变量的系统称为单输入-单输出系统；多于一个输入或（和）多于一个输出的系统称为多输入-多输出系统。

此外，根据系统结构或参数的特性，还可以有集中参数系统与分布参数系统，确定性系统与随机系统等等。图 24.1 - 2 示出了按系统结构特性的控制系统分类情况。

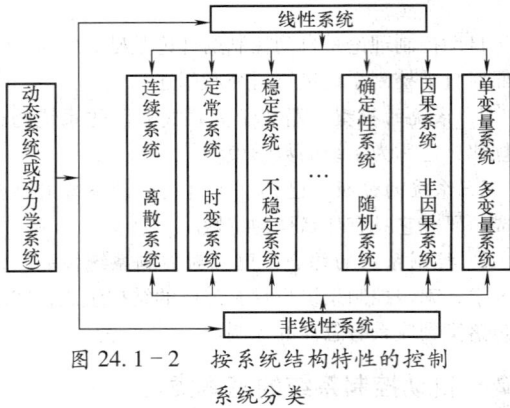

图 24.1 - 2 按系统结构特性的控制
系统分类

1.2.2 按控制系统的控制性质分

1. 开环控制系统与闭环控制系统 采用顺馈控制方式的系统称为开环控制系统；采用反馈控制方式的系统称为闭环控制系统。

2. 恒值控制系统与随动系统 恒值控制系统要求系统的输出量尽可能地保持在期望的固定值上，控制的主要任务是增强系统抵御扰动对输出影响的能力；随动系统则要求系统的输出紧紧跟随输入量的变化，控制的主要任务在于提高系统的快速跟踪能力。

1.3 自动控制系统的性能要求

1.3.1 基本要求

自动控制系统基本的性能要求可概括为以下四个方面：

1. 稳定性 控制系统的被控量能随时间的增长最终达到期望的目标，则称控制系统是稳定的。如果系统的被控量越来越偏离期望的目标，则系统是不稳定的。稳定性是自动控制系统最基本的要求，不稳定的控制系统不能正常工作。与稳定性相关，还可以用平稳性来衡量一个控制系统过渡过程的好坏，即使一个稳定的系统，也需要其被控量的变化过程不能起伏太大及起伏次数太多。

2. 快速性 希望控制系统的被控量能以快的速度、短的时间达到期望的目标，即要求系统的过渡过程时间短。

3. 准确性 系统在过渡过程结束后，其被控量以尽量小的偏差达到期望的目标值。

4. 鲁棒性 系统抵御各种摄动因素（包括系统内部结构、参数的不确定性，系统外部的各种干扰等）的能力。

1.3.2 典型的阶跃响应指标

系统对阶跃信号的响应能较全面地反映控制系统的性能指标，图 24.1 - 3 表示出了一个控制系统对单位阶跃信号的典型响应曲线，从中可定义系统的性能指标。

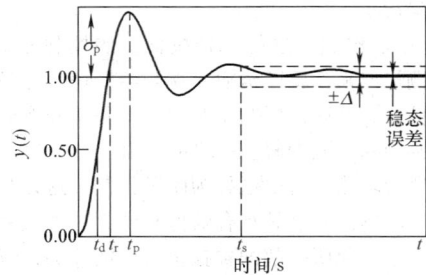

图 24.1 - 3 控制系统对单位阶跃信号的
典型响应曲线

1. 稳态误差 系统稳态时的输出值 $y(\infty)$ 与期望值之差，用来表示控制系统的准确性或控制精度。

2. 最大超调量 σ_p 系统在过渡过程中输出值超过稳态值的最大偏离度，即

$$\sigma_p = \frac{y(t_p) - y(\infty)}{y(\infty)} \times 100\% \quad (24.1 - 1)$$

式中，t_p 为系统输出达到最大值的时间，即峰值时间。最大超调量表示了系统的平稳性。此外，过渡过程期间系统输出的振荡次数 N 也可以用来表示系统的平稳性。

3. 调节时间 t_s 系统输出达到新的稳态值所需的时间，也称过渡过程时间。这里用"到达并不再越出稳态值的容许误差带 Δ（通常取稳态值 $y(\infty)$ 的 2% 或 5%）来表示达到新的稳态值，即

$$t \geq t_s \text{ 时}, \quad |y(t) - y(\infty)| \leq \Delta$$

调节时间表示了系统的快速性，此外，上升时间 t_r、延迟时间 t_d 等也可用来表示系统的快速性。

1.3.3　优化型性能指标

用性能指标函数描述系统的性能，通过使其达到极值来综合系统，从而使控制系统在此意义上最优。对系统不同的要求可提出不同的性能指标函数，例如：

1. 误差性能指标

（1）平方误差积分指标（ISE）。

$$J = \int_0^\infty e^2(t)\,\mathrm{d}t \qquad (24.1-2)$$

（2）时间乘平方误差积分指标（ITSE）。

$$J = \int_0^\infty t\,e^2(t)\,\mathrm{d}t \qquad (24.1-3)$$

（3）绝对误差积分指标（IAE）。

$$J = \int_0^\infty |e(t)|\,\mathrm{d}t \qquad (24.1-4)$$

（4）时间乘绝对误差积分指标（ITAE）。

$$J = \int_0^\infty t\,|e(t)|\,\mathrm{d}t \qquad (24.1-5)$$

2. 二次型性能指标

$$J = \int_0^\infty X^{\mathrm{T}}QX\,\mathrm{d}t \qquad (24.1-6)$$

$$J = \int_0^\infty (X^{\mathrm{T}}QX + U^{\mathrm{T}}RU)\,\mathrm{d}t \qquad (24.1-7)$$

第 2 章　经 典 控 制 理 论

2.1　概论

经典控制理论适用于单输入、单输出的线性定常系统，它用高阶常微分方程或传递函数描述系统的动态行为，在系统分析和系统综合时，采用根轨迹法（1948 年 W·Evans 提出并完善）和频率法（20 世纪 30 年代 N·Nyquist，A·Myhairov 等人建立）。这一控制理论及由此引出的控制技术在后来的工业和其他工程技术领域的局部自动化中得到非常广泛的应用。

2.2　线性定常连续系统的数学模型

2.2.1　传递函数

（1）线性定常系统的传递函数定义为零初始条件时，输出量的拉普拉斯变换与输入量的拉普拉斯变换之比。设有一线性定常系统，它的微分方程是

$$a_0 y^{(n)} + a_1 y^{(n-1)} + \cdots + a_{n-1}\dot{y} + a_n y$$
$$= b_0 x^m + b_1 x^{(m-1)} + \cdots + b_{m-1}\dot{x} + b_m x$$

$$(24.2-1)$$

式中，y 为系统的输出量；x 为系统的输入量。初始条件为零时，对方程式（24.2-1）两端进行拉普拉斯变换，可得到该系统的传递函数为

$$G(s) = \frac{Y(s)}{X(s)} = \frac{b_0 s^m + b_1 s^{m-1} + \cdots + b_{m-1}s + b_m}{a_0 s^n + a_1 s^{n-1} + \cdots + a_{n-1}s + a_n}$$

$$(24.2-2)$$

（2）传递函数是一种以系统参数表示的线性定常系统的输入量与输出量之间的关系式，它表达了系统本身的特性，而与输入量无关。传递函数包含着联系输入量与输出量所必需的单位，但它不能表明系统的物理结构，即多个物理性质不同的系统，可以有相同的传递函数。

（3）传递函数分母中 s 的最高阶数，就是输出量最高阶导数的阶数。如果 s 的最高阶数等于 n，这种系统就叫 n 阶系统。

（4）控制系统的运动情况只决定于所有各组成环节的动态特性及连接方式，而与这些环节具体结构和进行的物理过程没有直接关联。从这一点出发，组成控制系统的环节可以抽象为几种典型环节。常见的典型环节见表 24.2-1。

表 24.2-1　　典型环节及相应的单位阶跃响应

序　号	典型环节名称	传递函数 $G(s) = \dfrac{C(s)}{R(s)}$	单位阶跃响应
1	比例环节	K	$K \cdot 1(t)$
2	惯性环节	$\dfrac{K}{Ts+1}$	$K(1-\mathrm{e}^{-t/T})$
3	积分环节	$\dfrac{K}{s}$	Kt
4	微分环节	Ts	$T\delta(t)$
5	振荡环节	$\dfrac{K\omega_n^2}{s^2 + 2\zeta\omega_n s + \omega_n^2}$	不同的阻尼比对应不同的响应形式
6	延迟环节	$\mathrm{e}^{-\tau s}$ 响应	$1(t-\tau)$

2.2.2　频率特性

频率特性又称频率响应，它是指系统或部件对不同频率的正弦输入信号的稳态响应特性。对于一般的线性定常系统，设输入是一频率为 ω 的正弦信号，在稳态时，系统的输出为具有和输入同频率的正弦函数，但其振幅和相位一般均不同于输入量，且随着输入信号频率的变化而变化。由于频率特性是传递函数的一种特殊形式，因而它和传递函数一样能表征系统的运动特性，成为描述系统的又一种数学模型。显然，传递函数的有关运算规则同样也适用于频率特性。

1. 由传递函数求系统的频率响应　设一系统的开环传递函数为

$$G(s) = \frac{C(s)}{U(s)}$$
$$= \frac{K(s+z_1)(s+z_2)\cdots(s+z_m)}{(s+p_1)(s+p_2)\cdots(s+p_n)}(n \geqslant m)$$

$$(24.2-3)$$

对应的频率特性为

$$G(\mathrm{j}\omega) = \frac{K(\mathrm{j}\omega+z_1)(\mathrm{j}\omega+z_2)\cdots(\mathrm{j}\omega+z_m)}{(\mathrm{j}\omega+p_1)(\mathrm{j}\omega+p_2)\cdots(\mathrm{j}\omega+p_n)}(n \geqslant m)$$

$$(24.2-4)$$

设在 s 平面的虚轴上任取一点 $\mathrm{j}\omega_1$，把该点与 $G(s)$ 的所有零、极点连接成向量，可得到其对应的幅值和相角

$$|G(\mathrm{j}\omega_1)| = \frac{K\prod\limits_{i=1}^{m}A_i}{\prod\limits_{l=1}^{n}B_l} \qquad (24.2-5)$$

$$\varphi(\omega_1) = \sum_{i=1}^{m}\varphi_i - \sum_{l=1}^{n}\theta_l \qquad (24.2-6)$$

式中，A_i、φ_i 分别为 $G(s)$ 的零点向量的模和辐角；B_l、θ_l 分别为 $G(s)$ 的极点向量的模和辐角。若对 ω 取所有可能的值，则可得到一系列相应的幅值和相位，其中幅值随频率变化而变化的特性称为系统的幅频特性，相角随频率变化而变化的特性称为系统的相频特性。

2. 极坐标图

（1）频率特性 $G(\mathrm{j}\omega)$ 是一个复数，可在复平面上用直角坐标形式表示

$$G(\mathrm{j}\omega) = X(\omega) + \mathrm{j}Y(\omega) \qquad (24.2-7)$$

式中，$X(\omega)$ 称为系统的实频特性；$Y(\omega)$ 称为系统的虚频特性。同时上式也可用极坐标形式写成

$$G(\mathrm{j}\omega) = \sqrt{X^2(\omega)+Y^2(\omega)}\,\mathrm{e}^{\mathrm{j}\varphi(\omega)}$$

$$\varphi(\omega) = \arctan\frac{Y(\omega)}{X(\omega)} \qquad (24.2-8)$$

可见，频率特性 $G(\mathrm{j}\omega)$ 可由幅值为 $|G(\mathrm{j}\omega)|$、相角为 $\varphi(\omega)$ 的向量来表示。当输入信号的频率 ω 由 $0\rightarrow\infty$ 变化时，向量 $G(\mathrm{j}\omega)$ 的幅值和相位也随之作相应的变化，其端点在复平面上移动所形成的轨迹，称为极坐标图，又称为 $G(\mathrm{j}\omega)$ 的幅相特性或奈奎斯特（Nyquist）曲线，简称奈氏图。

（2）把开环系统的频率特性表示成极坐标形式，即得开环奈氏图。在控制工程中，一般只需要画出奈氏曲线的大致形状和几个关键点的准确位置。开环系统极坐标图的低频部分是由因式 $K/(\mathrm{j}\omega)^v$ 确定的。对于 0 型系统，$G(\mathrm{j}0) = K\angle 0°$；而对于 I 型和 I 型以上 v 型的系统，$G(\mathrm{j}0) = \infty\angle -90°v$。对于开环系统的高频部分，因 $n>m$，当 $\omega\rightarrow\infty$ 时，$G(\mathrm{j}\infty) = 0\angle -90°(n-m)$，$G(\mathrm{j}\omega)$ 曲线以顺时针方向按 $-90°(n-m)$ 的角度趋于坐标原点。如果 $n-m$ 是偶数，则曲线与横轴相切；反之，若是奇数，则曲线与虚轴相切。

2.3 线性定常连续系统的时域分析

时域分析法，就是对系统外施一个给定输入信号，通过研究控制系统的时间响应来评价系统的性能，如稳定性、快速性和准确性等。它是一种直接在时间域中对系统进行分析的方法，具有直观、准确、物理概念清楚的特点，尤其适用于二阶系统。

2.3.1 稳定性

1. 稳定性的基本概念　原来处于平衡状态的系统，在受到扰动作用后都会偏离原来的平衡状态。若系统能恢复到原来的平衡状态，则称系统是稳定的；若干扰消失后系统不能恢复到原来的平衡状态，偏差越来越大，则系统是不稳定的。一般来说，系统的稳定性表现为其时域响应的收敛性，如果系统的零输入响应和零状态响应都是收敛的，则此系统就被认为是总体稳定的。

2. 线性系统的稳定性　线性系统的特性或状态是由线性微分方程来描述的，它包含稳态分量（又称强制分量）和瞬态分量（又称自由分量）两部分。稳态分量对应微分方程的特解，与外作用形式有关；瞬态分量对应微分方程的通解，是系统齐次方程的解，它与系统本身的参数、结构和初始条件有关，而与外作用形式无关。研究系统的稳定性，就是研究系统输出量中的瞬态分量的运动形式。这种运动形式完全取决于系统的特征方程式。

单输入单输出线性系统的传递函数一般表示为

$$G(s) = \frac{Y(s)}{X(s)}$$

$$= \frac{b_0 s^m + b_1 s^{m-1} + \cdots + b_{m-1}s + b_m}{a_0 s^n + a_1 s^{n-1} + \cdots + a_{n-1}s + a_n} \quad (n>m)$$

系统的特征方程式为

$$a_0 s^n + a_1 s^{n-1} + \cdots + a_{n-1}s + a_n = 0$$

此方程的根，称为特征根，它是由系统本身的参数和结构决定的。

3. 线性系统稳定的充分必要条件

（1）线性系统稳定的充分必要条件是系统的特征根均位于复平面的左半部分。由于系统特征方程式的根就是系统的极点，所以又可以说，系统稳定的充分必要条件是系统的极点均在 s 平面的左半部分。

（2）如果特征方程在复平面的右半平面上没有根，但在虚轴上有根，则该线性系统是临界稳定的，系统将出现等幅振荡。

4. 劳斯－赫尔维茨（Routh－Hurwitz）稳定判据　判别系统稳定性最基本的方法是根据特征方程式的根的性质来判定，但求解高于三阶的特征方程式相当复杂和困难。在实际应用中提出了各种工程方法，它们无需求特征根，但都说明了特征根在复平面上的分布情况，从而判别系统的稳定性。

（1）系统稳定性的初步判别。设已知控制系统的特征方程

$$a_0 s^n + a_1 s^{n-1} + \cdots + a_{n-1}s + a_n = 0$$

式中所有系数均为实数，且 $a_0>0$，系统稳定的必要

条件是上述特征方程式所有系数均为正数。

（2）劳斯（Routh）判据。将系统的特征方程中的各系数组成如下排列的劳斯表：

s^n	a_0	a_2	a_4	a_6	$\cdots$
s^{n-1}	a_1	a_3	a_5	a_7	$\cdots$
s^{n-2}	b_1	b_2	b_3	b_4	$\cdots$
s^{n-3}	c_1	c_2	c_3	c_4	$\cdots$
$\vdots$	$\vdots$	$\vdots$	$\vdots$	$\vdots$	
s^2	e_1	e_2			
s^1	f_1				
s^0	g_1				

表中的有关系数为

$$b_1 = \frac{a_1 a_2 - a_0 a_3}{a_1} \qquad (24.2-9)$$

$$b_2 = \frac{a_1 a_4 - a_0 a_5}{a_1} \qquad (24.2-10)$$

$$\vdots$$

系数 b_l 的计算一直进行到其余的 b 值全部等于零为止。

$$c_1 = \frac{b_1 a_3 - a_1 b_2}{b_1} \qquad (24.2-11)$$

$$c_2 = \frac{b_1 a_5 - a_1 b_3}{b_1} \qquad (24.2-12)$$

$$\vdots$$

这一计算过程一直进行到 n 行为止。为了简化数值运算，可以用一个正整数去除或乘某一行的各项，这时并不改变稳定性的结论。列出了劳斯表以后，可能出现以下几种情况：

1）第一列所有系数均不为零的情况。劳斯判据指出，系统极点实部为正实数根的数目等于劳斯表中第一列的系数符号改变的次数。系统极点全部在复平面的左半平面的充分必要条件是方程的各项系数全部为正值，并且劳斯表的第一列都具有正号。

2）某行第一列的系数等于零，而其余项中某些项不等于零的情况。在计算劳斯表中各元素的数值时，如果某行的第一列的数值等于零，而其余的项中某些项不等于零，那么可以用一个有限小的数值 ε 来代替为零的那一项，然后按照通常方法计算阵列中其余各项。如果零（ε）上面的系数符号与零（ε）下面的系数符号相反，表明这里有一个符号变化。

3）某行所有各项系数均为零的情况。如果劳斯表中某一行的各项均为零，或只有等于零的一项，这表示在 s 平面内存在一些大小相等符号相反的实极点和（或）一些共轭虚数极点。为了写出表中下面各

行，将不为零的最后一行的各项组成一个方程，这个方程叫作辅助方程，式中 s 均为偶次。由该方程对 s 求导数，用求导得到的各项系数来代替为零的各项，然后继续按照劳斯表的列写方法，写出以下的各行。至于这些根，可以通过解辅助方程得到。但是当一行中的第一列的系数为零，而且没有其他项时，可以像情况 2）所述那样，用 ε 代替为零的一项，然后按通常方法计算阵列中其余各项。

2.3.2 稳态误差

（1）系统的稳态误差是指系统在稳定状态下其实际输出值（在实际工作中常用系统输出的测量值代替）与给定值之差。对稳定的单输入单输出系统，稳态误差是时域中衡量系统稳态响应的性能指标，它反映了系统的稳态精度。设有如图 24.2-1 所示的系统，误差信号 $e(t)$ 和输入信号 $r(t)$ 之间的传递函数是

$$\frac{E(s)}{R(s)} = 1 - \frac{C(s)H(s)}{R(s)} = \frac{1}{1 + G(s)H(s)}$$
$$(24.2-13)$$

其中误差 $e(t)$ 是输入信号和反馈信号之差。

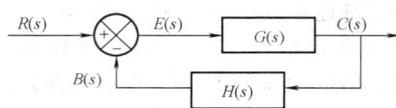

图 24.2-1 控制系统

（2）终值定理为求稳定系统的稳态误差提供了一个简便的方法，如果存在稳态误差，其值可由终值定理计算

$$\begin{aligned} e_{ss} &= \lim_{t \to \infty} e(t) \\ &= \lim_{s \to 0} sE(s) \\ &= \lim_{s \to 0} \frac{sR(s)}{1 + G(s)H(s)} \end{aligned} \qquad (24.2-14)$$

（3）误差系数 K_p、K_v 和 K_a 描述了系统减少或消除稳态误差的能力，它们的定义如下：

静态位置误差系数 K_p 为

$$K_p = \lim_{s \to 0} G(s)H(s) \qquad (24.2-15)$$

静态速度误差系数 K_v 为

$$K_v = \lim_{s \to 0} sG(s)H(s) \qquad (24.2-16)$$

静态加速度误差系数 K_a 为

$$K_a = \lim_{s \to 0} s^2 G(s)H(s) \qquad (24.2-17)$$

系数值越大，则给定稳态误差终值越小。一般来说，在保持瞬态响应在一个允许的范围内时，希望增加误差系数，如果在静态速度误差系数和加速度误差

系数之间有任何矛盾时，主要考虑前者。

（4）对于系统开环传递函数如

$$G(s)H(s) = \frac{K(\tau_1 s + 1)(\tau_2 s + 1)\cdots(\tau_m s + 1)}{s^v(T_1 s + 1)(T_2 s + 1)\cdots(T_n s + 1)}$$

的一般形式，分母中的因子 s^v 表明开环传递函数中含有 v 个积分单元。将系统按照 $v=0$、1、2 分别为 0 型、1 型、2 型，表 24.2-2 列出了 v 型的系统静态误差计算式。

表 24.2-2　0 型、1 型及 2 型系统的静态误差

	0 型系统	1 型系统	2 型系统
（阶跃输入） $r(t) = 1(t)$	$\frac{1}{1+K_p}$	0	0
（斜坡输入） $r(t) = t$	∞	$\frac{1}{K_v}$	0
（加速度输入） $r(t) = \frac{1}{2}t^2$	∞	∞	$\frac{1}{K_a}$

2.3.3　瞬态特性

（1）瞬态特性是系统由接受外作用开始到新平衡状态出现的中间过渡过程（或称暂态响应过程）所表现出的特性。暂态响应过程的性能，如时间响应过程的快速性、动态准确度、系统的相对稳定性等，这些指标称为暂态响应性能指标或称为过渡过程品质指标。

（2）暂态响应性能指标是以系统在单位阶跃信号作用下的衰减振荡过程（或称欠阻尼振荡过程）为标准来定义的。图 24.1-3 已标明了一个线性控制系统的典型单位阶跃响应。

（3）在分析或设计系统时，二阶系统的响应特性常被视为一种基准。虽然在实际系统中并非都是二阶系统，但是对于三阶或更高阶系统有可能用二阶系统去近似，或者其响应可以表示为一、二阶系统响应的合成。对于典型的二阶欠阻尼系统

$$\frac{C(s)}{R(s)} = \frac{\omega_n^2}{s^2 + 2\zeta\omega_n s + \omega_n^2}$$

式中，$\zeta(\zeta<1)$ 为阻尼比；ω_n 为无阻尼自然振荡角频率。当系统为欠阻尼情况下，即 $0<\zeta<1$ 时，二阶系统阶跃响应的上升时间 t_r、峰值时间 t_p、最大超调量 σ_p 的计算公式分别为

$$t_r = \frac{\pi - \arctan\left(-\frac{\sqrt{1-\zeta^2}}{\zeta}\right)}{\omega_n\sqrt{1-\zeta^2}} \quad (24.2-18)$$

$$t_p = \frac{\pi}{\sqrt{1-\zeta^2}\,\omega_n} \quad (24.2-19)$$

$$\sigma_p = e^{-(\zeta/\sqrt{1-\zeta^2})\pi} \quad (24.2-20)$$

当 $0<\zeta<0.8$ 时，调整时间 t_s 为

$$t_s \approx \begin{cases} 3/(\zeta\omega_n) & \text{采用 5\% 允许误差} \\ 4/(\zeta\omega_n) & \text{采用 2\% 允许误差} \end{cases}$$

$$(24.2-21)$$

2.4　线性定常连续系统的综合

一个控制系统一般可分解为被控对象、控制器和测量反馈三个部分，其中被控部分和反馈部分的模型一般是根据实际对象建立的，是不可变的，因此根据要求对控制器进行设计或综合是控制系统设计的主要任务。

2.4.1　系统校正

在进行系统设计时，应考虑如下几个方面的问题：

（1）综合考虑控制系统的经济指标和技术指标。

（2）控制系统结构的选择。对单输入单输出系统，一般有四种结构可供选择：前馈校正、串联校正、反馈校正和复合校正。

（3）控制器或校正装置的选择。

（4）校正手段或校正方法的选择。究竟采用时域还是频域方法，需根据控制系统性能指标的表达方式选择。控制系统的性能指标通常包括动态和静态两个方面。

1. 串联校正装置的频率特性设计

（1）超前校正。超前校正的目的是改善系统的动态性能，以实现在系统静态性能基本不受损的前提下，提高系统的动态性能。实现的方法是在系统的前向通道中增加一超前校正装置。

（2）无源超前校正的传递函数为

$$G_c(s) = \frac{U_o(s)}{U_i(s)} = \frac{1}{\beta} \cdot \frac{1 + \beta Ts}{1 + Ts}$$

$$(24.2-22)$$

相应的零、极点分布如图 24.2-2 所示，由于 $\beta>1$，故 $G_c(s)$ 的零点总在其极点的右侧。在采用超前校正网络时，系统的开环增益会有 $1/\beta$（或 k）倍的衰减。对此，用放大倍数 β 或 $(1/k)$ 的附加放大器予以补偿。经补偿后，令 $\alpha=1/\beta$，其传递函数 $G_c(s)$ 为 $\frac{1 + Ts}{1 + \alpha Ts}$，频率特性为

$$G_c(j\omega) = \frac{1 + j\omega T}{1 + j\alpha\omega T} \quad (24.2-23)$$

与式（24.2-23）对应的幅频特性及相频特性的表达式分别为

$$A(\omega) = |G_c(j\omega)| = \sqrt{\frac{1 + (\omega T)^2}{1 + (\alpha\omega T)^2}}$$

$$(24.2-24)$$

$$\varphi(\omega) = \arctan\omega T - \arctan\alpha\omega T \qquad (24.2-25)$$

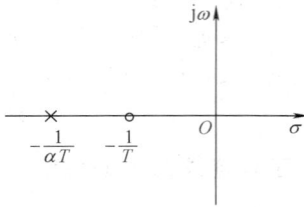

图 24.2 - 2 零、极点分布

其相应的极坐标图如图 24.2 - 3 所示。

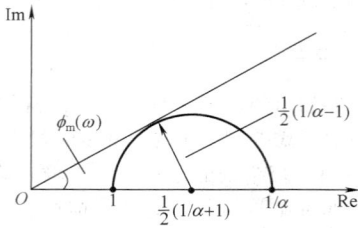

图 24.2 - 3 极坐标图 (奈奎斯特图)

(3) 滞后校正。与超前校正相反，如果一个控制系统具有良好的动态性能，但其静态性能指标较差（如静态误差较大）时，则一般可采用滞后校正装置，使系统的开环增益有较大幅度的增加，而同时又可使校正后的系统动态指标保持原系统的良好状态。

(4) 无源滞后校正装置的传递函数为

$$G_c(s) = \frac{U_o(s)}{U_i(s)} = \frac{1 + R_2 Cs}{1 + (R_1 + R_2)Cs} = \frac{1\tau s}{1 + \beta\tau s}$$
$$(24.2-26)$$

式中，$\beta > 1$。该校正装置的零、极点分布如图 24.2 - 4 所示，极坐标图如图 24.2 - 5 所示。

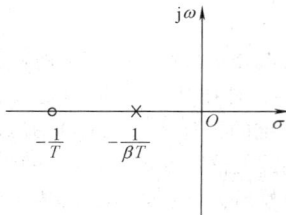

图 24.2 - 4 零、极点分布

ϕ_m、ω_m 的值可用超前校正装置的相似方法获得

$$\phi_m = \frac{1 - \sin 1/\beta}{1 + \sin\beta}$$

$$\omega_m = \frac{\sqrt{\beta}}{\tau}$$

(5) 比较超前校正装置和滞后校正装置可以发现，滞后校正装置具有如下特点：

1) 输出相位总滞后于输入相位，这是校正中必须要避免的。

2) 它是一个低通滤波器，具有高频衰减的作用。

3) 利用它的高频衰减作用（当 $\omega > 1/\tau$），使校正后系统剪切频率 ω_c 前移，从而达到增大相位裕量的目的。

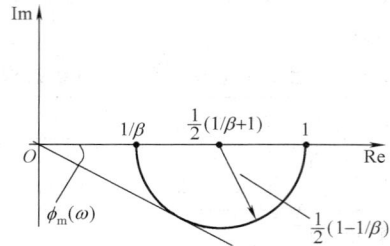

图 24.2 - 5 极坐标图 (奈奎斯特图)

2. 频率法校正

(1) 以滞后校正为例，由于滞后校正装置具有低通滤波器的特性，因而当它与系统的不可变部分 $G_o(s)$ 串联时，会使系统开环频率特性的中频和高频段增益降低，剪切频率 ω_c 减小，从而有可能使系统获得足够大的相位裕量，但它不影响频率特性的低频段。由此可见，滞后校正在一定的条件下，也能使系统同时满足动态和静态性能的要求。不难看出，滞后校正的不足之处是：校正后系统的剪切频率 ω_c 会减小，瞬态响应的速度要变慢；在剪切频率 ω_c 处，滞后校正网络会产生一定的相角滞后量。为了使这个滞后角尽可能地小，理论上总希望 $G_c(s)$ 的两个转折频率 ω_1、ω_2 比 ω_c 越小越好，但考虑到物理实现上的可行性，一般取 $\omega_2 = 1/T = \omega_c/5 \sim \omega_c/10$ 为宜。

(2) 用频率法对系统进行滞后校正，一般步骤如下：

1) 根据给定静态误差系数的要求，计算系统的开环增益 K。

2) 画出未校正系统的博德图，并求出相应的相位裕量和增益裕量。

3) 在已作出的相频曲线上寻找一个频率点，要求在该点处的开环频率特性的相角为

$$\phi = -180° + \gamma + \varepsilon$$

式中，γ 为系统所要求的相位裕量；ε 为考虑到因滞后网络的引入，在剪切频率 ω_c 处产生的相位迟后量，一般取 $\varepsilon = 5°\sim15°$。以这一频率作为校正后系统的剪切频率 ω_c。

4) 设未校正系统在 ω_c 处的幅值等于 $20\lg\beta$，据此确定滞后网络的 β 值，可保证在 ω_c 处，校正后开环系统的幅值为 0。

5）选择滞后校正网络的转折频率 $\omega_2 = 1/T = \omega_c/5 \sim \omega_c/10$，则另一个转折频率为 $\omega_1 = 1/\beta T$。

6）画出校正后系统的博德图，并校核相位裕量。如果不满足要求，则可通过改变 T 值，重新设计迟后校正网络。

2.4.2 PID 调节器

1. PID 校正装置（又称 PID 控制器或 PID 调节器）　它是一种有源的比例＋积分＋微分校正装置，在工业过程控制中有着最广泛的应用。其实现方式有电气式、气动式和液压式。与无源校正装置相比，它具有结构简单、参数易于整定、应用面广等特点，设计的控制对象可以有精确模型，也可以是黑箱或灰箱系统。图 24.4－6 给出了典型 PID 控制结构框图。

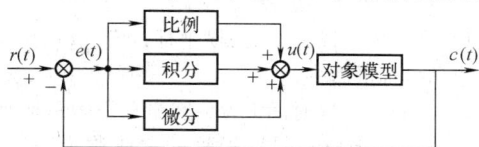

图 24.2－6　典型 PID 控制结构框图

PID 控制器是通过对误差 $e(t)$ 的放大、积分、微分的加权，得到控制器的输出 $u(t)$，该值就是控制对象的控制值。PID 控制器的数学描述为

$$u(t) = K_p\left[e(t) + \frac{1}{T_i}\int e(t)\,\mathrm{d}t + T_o\frac{\mathrm{d}e(t)}{\mathrm{d}t}\right]$$

(24.2－27)

式中，$u(t)$ 为控制输入；$e(t)$ 为误差信号，$e(t) = r(t) - c(t)$；$r(t)$ 为输入量；$c(t)$ 为输出量。

在实际控制系统中，单纯采用 PD 控制的系统较少，其原因有两方面；一是纯微分环节在实际中无法实现；其次，若采用 PD 控制器，则系统各环节中的任何扰动均将对系统的输出产生较大的波动，尤其对跳变信号，情况将更加严重，因此也不利于系统动态性能的真正改善。

2. 实际的 PID 控制器的传递函数

$$G_c(s) = K_p\left[1 + \frac{1}{T_i s} + \frac{T_d s}{1 + s\dfrac{T_d}{N}}\right]$$

(24.2－28)

式中，N 一般大于 10。当 $N \to \infty$ 时，上式即为理想的 PID 控制器。

3. Zieloger - Niclosls 整定公式　Zieloger - Niclosls 整定公式是一种针对带有时延环节的一阶系统而提出的实用经验公式。此时系统设定为如下形式

$$G(s) = \frac{Ke^{-s\tau}}{1 + Ts}$$

(24.2－29)

在实际的控制系统中，尤其对于一些无法用机理方法进行建模的生产过程，大量的系统可用此模型近似，在此基础上，可分别用时域法和频域法对模型参数进行整定。基于时域响应的 PID 参数整定方法有两种：

（1）第一种方法。设想对被控对象（开环系统）施加一个阶跃信号，通过实验方法，测出其响应信号，如图 24.2－7 所示，则可由图中输出信号的形状近似确定参数 k、l 和 T（或 a），式中，$a = kl/T$。如果获得了参数 k、l 和 T（或 a）后，则可根据表 24.2－3 确定 PID 控制器的有关参数。

（2）第二种方法。设系统为只有比例控制的闭环系统，当 K_p 增大到某一 K'_p 时，闭环系统若能产生等幅振荡，如图 24.2－8 所示，测出其振荡周期 P' 及临界增益 K_p，然后由表 24.2－3 整定 PID 参数。

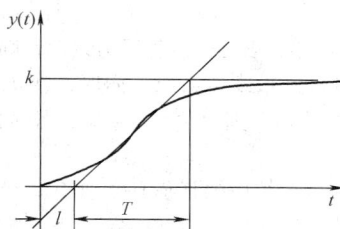

图 24.2－7　一阶时延系统阶跃响应

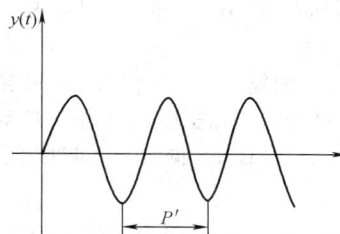

图 24.2－8　系统等幅振荡

表 24.2－3　PID 参数整定表

调节器类型	阶跃响应整定			等幅振荡整定		
	K_p	T_i	T_d	K'_p	T_i	T_d
P	$1/a$	∞	0	$0.5K'_p$	∞	0
PI	$0.9/a$	$3L$	0	$0.45K'_p$	$0.833P'$	0
PID	$1.2/a$	$2L$	$L/2$	$0.6K'_p$	$0.5P'$	$0.125P'$

2.5　非线性控制系统的分析

在实际系统中，存在大量的非线性系统，所谓的线性系统只是在一定的允许范围内对非线性系统的近似，纯粹的线性系统是不存在的。因此，研究非线性系统不仅是对线性系统的深化，同时也是对一大类新系统的研究。

2.5.1　控制系统中的非线性

（1）一般非线性系统的数学模型可用下式描述

$$F\left[\frac{d^n x(t)}{dt^n},\frac{d^{n-1}x(t)}{dt^{n-1}},\cdots,\frac{dx(t)}{dt},x(t),\frac{d^m u(t)}{dt^m},\cdots,u(t)\right]=0$$

$$(24.2-30)$$

写成多变量的形式为

$$\dot{x}(t)=f[x(t),u(t),t]\quad(24.2-31)$$

在 F 或 f 函数中，若相应的算子为线性，则称为线性系统；否则称为非线性系统。同时，在 F 或 f 函数中，如果不显含 t，则为时不变系统；若显含 t，则为时变系统。

（2）一个系统中的任何环节含有非线性，则该系统即为非线性系统。与线性系统相比，非线性系统有许多与线性系统不同的特点：

1）齐次性和叠加定理。线性系统的最大特点是它具有可叠加性和齐次性，但对于非线性系统，这个特点不再具有。

2）从系统对输入信号的暂态响应来看，线性系统的动态性能与输入信号无关，而非线性系统的动态性能则与输入信号有关。同时，对非线性系统其输出信号可能产生畸变。

3）线性系统稳定性仅与系统的结构和参数有关，而与系统的初始状态和输入信号无关；而非线性系统的稳定性不仅与系统的初始状态有关，也与系统的输入信号的类型和幅值有关。

4）在线性系统中，串联环节的互换对系统输出响应并没有影响；而在非线性系统中，这可能会导致一个稳定的系统变为不稳定，或使系统的输出发生根本性的变化。

5）非线性系统常会产生持续振荡，即所谓自持振荡；而对于线性系统，其运动状态有两种：收敛和发散。

从上述分析可以看出，非线性系统的运动方式比线性系统要复杂得多。从数学角度来看，其解的存在性和唯一性都值得研究；从控制的角度来看，目前的研究方法虽很多，但仍没有系统性的和普遍性的解决方案。

（3）在控制系统中，存在各类非线性现象，其中典型的有死区特性、饱和特性、继电器特性、间隙特性。通常情况下，系统中若有回环非线性特性的元件存在，会使其输出在相位上产生滞后，从而导致系统稳定裕量的减小，动态性能的恶化，甚至可能使系统产生自持振荡。

2.5.2　相平面法

相平面法实质上是一种求解二阶线性或非线性常微分方程的二维图解方法。

1. 相平面基本概念（二阶系统）

（1）对于系统

$$\ddot{x}+f(x,\dot{x})=0\quad(24.2-32)$$

式中，x 为状态变量，可以是输出量，也可以不是输出量；$f(x,\dot{x})$ 为 $(x,\dot{x})$ 的解析函数，可以是线性的，也可以是非线性的。

1）相平面。以 $x(t)$ 为横坐标，$\dot{x}(t)$ 为纵坐标的直角坐标平面。

2）相轨迹。以时间 t 为参变量，由表示运动状态的 $[x(t),\dot{x}(t)]$ 所描绘的曲线称为相轨迹，每根相轨迹与初始条件有关。

3）相平面图。由相轨迹曲线族构成的图。

4）奇点或平衡点。同时满足 $\dot{x}_1(t)=\dot{x}(t)=0$ 和 $\dot{x}_2(t)=\ddot{x}(t)=f(x,\dot{x})=0$ 的点称为奇点或平衡点，与其相对立的是普通点。奇点可分为孤立奇点和非孤立奇点，如果一个奇点附近无其他奇点，则称为孤立奇点；否则称为非孤立奇点。

（2）对于一阶系统：$\dot{x}+ax=b$，根据奇点的定义，系统没有奇点。

（3）对于二阶系统：$\ddot{x}+2\xi\omega_n\dot{x}+\omega_n^2 x=0$，显然相平面上的原点是该系统的奇点。由于方程的特征根为：$\lambda_{1,2}=-\zeta\omega_n\pm\omega_n\sqrt{\zeta^2-1}$，因此根据 ζ 和 ω_n 取值的不同，在奇点 $(x,\dot{x})=(0,0)$ 位置，奇点共可分为六种类型：

1）稳定焦点。若 $0<\zeta<1$，$\lambda_{1,2}$ 为均在左半 s 平面的共轭复根。

2）不稳定焦点。若 $-1<\zeta<0$，$\lambda_{1,2}$ 为均在右半 s 平面共轭复根。

3）稳定节点。若 $\zeta>1$，则 $\lambda_{1,2}$ 为左半 s 平面两个实根。

4）不稳定节点。若 $\zeta<-1$，$\lambda_{1,2}$ 为右半 s 平面两个实根。

5）中心点。若 $\zeta=0$，$\lambda_{1,2}$ 为虚轴上的一对共轭虚根。

6）鞍点。若系统存在两个正负实根，即 $\lambda_{1,2}$ 分别为左半和右半 s 平面上的实根。

（4）将式（24.2-32）改写成

$$\frac{\mathrm{d}\dot{x}}{\mathrm{d}x} = \frac{\dfrac{\mathrm{d}\dot{x}}{\mathrm{d}t}}{\dfrac{\mathrm{d}x}{\mathrm{d}t}} = \frac{\ddot{x}}{\dot{x}} = -\frac{f(x,\dot{x})}{\dot{x}} \quad (24.2-33)$$

显然，这是一个关于 x、$\dot{x}$ 的一阶微分方程，它给出了相轨迹曲线在 $(x, \dot{x})$ 平面上的斜率，其解 $\dot{x} = g(x)$ 表示相轨迹曲线方程。根据式（24.2-33），容易得到相轨迹的有关性质：① 相交性：在普通点上相轨迹不相交，在奇点上，有无数条相轨迹相交，它们离开或逼近奇点。② 正交性：在相轨迹与 x 轴交点处，$\dot{x}=0$，因此只要交点不是奇点，则相轨迹与 x 轴垂直相交。③ 相轨迹走向：在相轨迹的上半部，相轨迹从左向右运动；在相轨迹的下半部，相轨迹从右向左运动。④ 相轨迹的对称性：相轨迹的曲线可能对称于 x 轴、$\dot{x}$ 轴或坐标原点。根据式（24.2-33）斜率方程可知：

若 $f(x,\dot{x}) = f(x,-\dot{x})$，即 $f(x,\dot{x})$ 是 $\dot{x}$ 的偶函数，则相轨迹对称于 x 轴。

若 $f(x,\dot{x}) = -f(-x,\dot{x})$，即 $f(x,\dot{x})$ 是 x 的奇函数，则相轨迹对称于 $\dot{x}$ 轴。

若 $f(x,\dot{x}) = -f(-x,-\dot{x})$，则相轨迹对称于原点。

2. 非线性控制系统相平面分析

（1）相轨迹的作图方法可分为解析法和图解法，其中解析法主要针对可直接由方程求出 x、$\dot{x}$ 关系的相对比较简单的系统；而图解法则针对不能直接由方程求出 x、$\dot{x}$ 关系的系统，原则上说，此法对任何非线性系统都适用。图解法根据具体的作图方法不同，常可进一步分为等倾斜线法和 δ 法。

（2）解析法

1）直接法。即由式（24.2-32）直接求取出 $\dot{x}$ 和 x 的关系。

2）间接法。即先分别求出 x、$\dot{x}$，然后消去 t，但大多数情况下，要消去 t 比较困难。

（3）等倾斜线法。考虑相轨迹通过相平面上的点 $(x_1, \dot{x}_1)$，令 $\mathrm{d}\dot{x}/\mathrm{d}x = \alpha$，则 $\alpha = -\left.\dfrac{f(x,\dot{x})}{\dot{x}}\right|_{(x_1,\dot{x}_1)}$ 是常数，即为相轨迹通过该点的斜率，以该点处的斜线近似代替该点附近实际的相轨迹，并依此法光滑连接所有的短线段，即可得到系统的相轨迹。

（4）δ 法（如图 14.2-9 所示）。将相轨迹近似认为由一系列圆弧连接而成的。考虑系统式（24.2-32），则有

$$\ddot{x} + \omega^2 x = -f(x,\dot{x}) + \omega^2 x$$

令 $\delta(x,\dot{x}) = -f(x,\dot{x})/\omega^2 + x$，则

$$\ddot{x} + \omega^2 [x - \delta(x,\dot{x})] = 0$$

在相平面某点 $(x_i, \dot{x}_i)$ 附近，$\delta_i(x_i, \dot{x}_i)$ 为常数，则

$$\ddot{x} + \omega^2 [x - \delta_i(x_i,\dot{x}_i)] = 0$$

$$\Rightarrow \left(\frac{\dot{x}}{\omega^2}\right)^2 + (x - \delta_i)^2 = r_i^2$$

式中，$\delta_i = -f(x_i,\dot{x}_i)/\omega^2 + x_i$。因此，在 $x - \dot{x}/\omega$ 相平面上，相轨迹是圆曲线，圆心位于 $(\delta_i, 0)$，半径 r_i 为 $(\delta_i, 0)$ 和 $(x_i, \dot{x}_i/\omega)$ 两点间的距离，即 $r_i = \sqrt{(\dot{x}_i/\omega)^2 + (x_i - \delta_i)^2}$。此过程继续，即可得到光滑的相轨迹曲线。

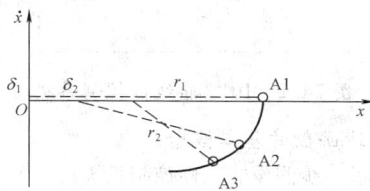

图 24.2-9　相轨迹的 δ 法作图原理

（5）相平面方法仅限于对一阶或二阶的线性或非线性系统进行分析。在实际系统中，有许多非线性控制系统，其线性部分和非线性部分可以进行分离，具有这个特性的系统称为本质非线性系统。应用相平面分析法对非线性系统进行研究的目的有两个：一是分析系统的稳定性；二是分析系统的时间响应，即系统的动态性能。

对于大多数本质非线性系统，非线性元件可分为两类：一种是具有解析形式的非线性元件，可在工作点附近进行线性化；另一种则是可分段线性化的元件，经分段或分区线性化后，非线性控制系统在各段转化为线性系统。上述两类方法均是在一定条件下对非线性系统进行了线性化处理。

（6）对于本质非线性系统的相轨迹作图，最重要的是区域划分，同时应着重注意以下几点：

1）熟练掌握一阶线性系统的相轨迹和二阶线性系统的奇点类型，以及特殊二阶线性系统的相轨迹形状。

2）对于比较复杂的本质非线性系统，应将线性部分和非线性部分进行分离，分区域写出与它们对应的线性微分方程。

3）如果非线性环节中不只含一个非线性元件，则应根据各非线性元件的输入、输出，先对非线性环节的输入、输出进行等效。

2.5.3　描述函数法

设非线性控制系统的结构如图 24.2-10 所示，

其中 N 为非线性环节，$G_0(s)$ 为线性环节，由于用描述函数法研究非线性系统的主要目的是分析系统的稳定性和自持振荡问题，因此可令输入信号 $r(t) = 0$。现假设系统存在自持振荡，且频率单一，即相当于在非线性环节的输入端施加一幅值为 A、频率为 ω 的正弦信号，输出端信号为 $n(t)$。一般来说，该信号不是与输入同频的正弦信号。为分析方便，可用一个含各次谐波的周期函数 $y(t)$ 逼近 $n(t)$，逼近准则是它们间的方差最小，即

$$\min \int_0^T |y(t) - n(t)|^2 \mathrm{d}t$$

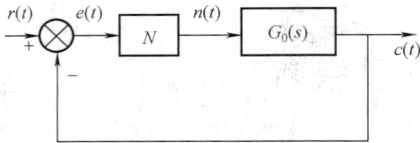

图 24.2 - 10　非线性控制系统

1. 描述函数的基本概念

（1）进一步假设非线性控制系统具有下列特点：

1）非线性元件的输入、输出特性是定常的。

2）非线性环节的特性对坐标原点是奇对称的，即在正弦输入信号作用下，非线性元件的输出具有同频基波的周期信号，且只含一次谐波和高次谐波分量，而无直流分量。

3）非线性系统中的线性部分具有良好的低通特性。

（2）在满足上述条件下，对周期函数 $y(t)$，应用傅里叶级数，可得出其描述函数如下

$$x(\omega t) = A\sin \omega t$$

$$y(t) = \frac{A_0}{2} + \sum_{i=1}^{\infty} (A_i \cos i\omega t + B_i \sin i\omega t)$$

$$= \frac{A_0}{2} + \sum_{i=1}^{\infty} Y_i \sin(i\omega t + \varphi_i)$$

$$A_i = \frac{1}{\pi} \int_0^{2\pi} y(t)\cos i\omega t \mathrm{d}\omega t \quad (i = 0, 1, \cdots)$$

$$B_i = \frac{1}{\pi} \int_0^{2\pi} y(t)\sin i\omega t \mathrm{d}\omega t \quad (i = 1, 2, \cdots)$$

$$Y_i = \sqrt{A_i^2 + B_i^2}, \quad \varphi_i = \arctan\left(\frac{A_i}{B_i}\right)$$

（3）根据前面的三个假设，非线性环节的输出可近似用基波分量表示，则它是与输入同频的正弦信号，其幅值和相位由 Y_1 和 φ_1 表示，此时非线性控制系统可由图 24.2 - 11 所示的结构进行近似，非线性环节的输入输出特性可由描述函数 $N(A)$ 表示

$$N(A) = |N(A)| \mathrm{e}^{\mathrm{j} \angle N(A)}$$

$$= \frac{Y_1 \mathrm{e}^{\mathrm{j}\varphi_1}}{A} = \frac{B_1}{A} + \mathrm{j}\frac{A_1}{A}$$

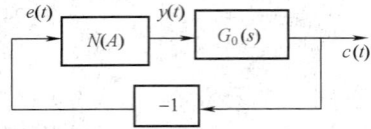

图 24.2 - 11　等效的非线性控制系统

在非线性控制系统的描述函数分析方法中，常用的是负倒描述函数

$$-\frac{1}{N(A)} = -\frac{1}{|N(A)|} \mathrm{e}^{-\mathrm{j} \angle N(A)}$$

2. 非线性控制系统的描述函数分析

（1）由于描述函数法仅表示非线性环节在正弦输入信号的作用下，其输出的基波分量与输入的正弦信号间关系，也即包含了输入、输出间一种近似的等效增益和等效相位的信息，因此可考虑应用线性系统的频率法对它们进行分析。而从求描述函数的三个约束条件可以看出，该法不可能像线性系统的频域法一样能全面地分析系统的各类性能，只能近似地分析系统的稳定性和自持振荡问题。

（2）当非线性系统产生自持振荡时，它仅与系统的结构和参数有关，而与输入信号和初始条件无关。令输入信号 $r(t) = 0$ 且 $G(s)$ 为最小相位系统，则当系统产生自持振荡时，假如在非线性环节的输入端的信号 $x(t) = e(t) = A\sin(\omega t)$，则在其输出端的基波信号

$$u_1(t) = |N(A)| A\sin[\omega t + \angle N(A)]$$

系统输出端的基波信号

$$c_1(t) = |G(\mathrm{j}\omega)N(A)| \cdot$$
$$A\sin[\omega t + \angle N(A) + \angle G(\mathrm{j}\omega)]$$

假设系统确实存在等幅持续振荡，则系统输出的基波分量与输入的正弦信号间关系 $x(t) = -c_1(t)$，即

$$A\sin(\omega t) = -|G(\mathrm{j}\omega)N(A)| \cdot$$
$$A\sin[\omega t + \angle N(A) + \angle G(\mathrm{j}\omega)]$$

上式相等的条件与下式等价

$$\begin{cases} |G(\mathrm{j}\omega)N(A)| = 1 \\ \angle N(A) + \angle G(\mathrm{j}\omega) = \pi \end{cases}$$

亦即 $1 + G(\mathrm{j}\omega)N(A) = 0$，可写成

$$G(\mathrm{j}\omega) = -\frac{1}{N(A)} \qquad (24.2 - 34)$$

上式即为非线性系统产生自持振荡的条件。

（3）在线性系统中，判别系统稳定性主要是分析 $G(\mathrm{j}\omega)$ 是否包围点 $(-1, 0)$；而对于非线性系统，此点变为一条曲线：$-1/N(A)$。仿照频域法中对线

性系统稳定性的分析思路，对非线性系统的奈奎斯特判据可以这样叙述：如果 $-1/N(A)$ 不被 $G(j\omega)$ 包围，则系统是稳定的；反之，若 $-1/N(A)$ 被 $G(j\omega)$ 包围，则系统是不稳定的。

（4）对于 $-1/N(A)$ 与 $G(j\omega)$ 曲线相交的情况，则非线性系统可能存在自持振荡，但并非曲线相交就一定有自持振荡，具体要根据相交点的情况进行分析，如图 24.2 - 12 所示。

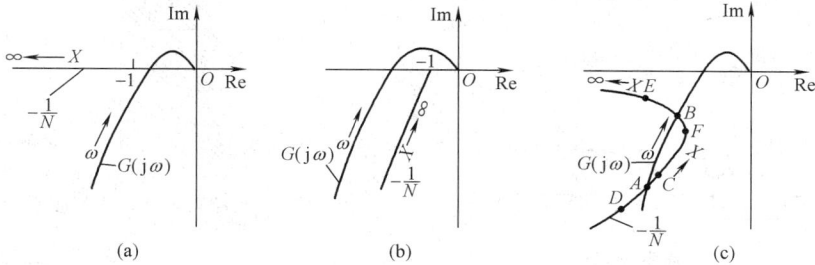

图 24.2 - 12　非线性系统的稳定性和自持振荡

（a）稳定；（b）不稳定；（c）自持振荡

（5）若非线性系统存在自持振荡，且其振荡频率为 ω_0，则

$$-\frac{1}{N(A_0)} = G(j\omega_0)$$

求出振幅 A_0。如果 $N(A)$ 中存在反三角函数，则只能用拭探法或数值法求之。

（6）如果 $-1/N(A)$ 位于实轴，则只要使 $G(j\omega)$ 的虚部为零即可得到自持振荡的频率 ω_0；否则，需使式 $-1/N(A)$ 的实部、虚部分别与 $G(j\omega)$ 的实部、虚部相等，通过联立方程求出自持振荡的频率和幅值，通常这要困难得多。

2.6　采样控制系统的分析与综合

离散时间的动态系统，简称离散系统。从工程角度看，它又被称为采样数据系统。在这类系统中，有一个或多个变量仅在离散的瞬时发生变化。这些瞬时以 $kT(k = 0, 1, 2, \cdots)$ 表示，其中 T 称为采样周期。如果连续系统中的信号表示为 $f(t)$、$e(t)$、$\cdots$，那么离散系统中的信号则可表示为 $f(kT)$、$e(kT)$、$\cdots(k = 0, 1, 2, \cdots)$。

离散控制系统的一个重要应用是计算机控制系统。图 24.2 - 13 是一般计算机控制系统的结构框图，偏差信号 $e(t)$ 经 A/D 转换后的信号为 $e^*(t)$，该信号作为计算机的数字输入，经计算机处理并按一定的控制策略输出数字控制信号 $u^*(t)$，然后经 D/A 转换成为执行机构的控制输入（为连续信号），并最终作用于对象。在上述结构图中，A/D 转换器不仅起模拟量、数字量的转换作用，还起采样开关的作用；同样，D/A 转换器一方面起数字量到模拟量的转换作用，同时也起着数字信号保持的作用。

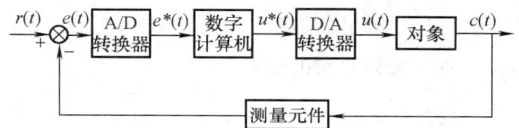

图 24.2 - 13　典型的计算机控制系统结构框图

2.6.1　采样控制系统的数学模型

1. Z 变换　在离散系统中的作用，与拉氏变换在连续系统中的作用非常相似。对于采样过程

$$f^*(t) = \sum_{k=0}^{\infty} f(kT)\delta(t - kT)$$

对上面方程进行拉氏变换，得到

$$F^*(s) = L[f^*(t)] = \sum_{k=0}^{\infty} f(kT) e^{-kTs}$$

设 $e^{Ts} = z$，并将 $F^*(s)$ 写成 $F(z)$，则得

$$F(z) = F^*(s) = F^*\left(\frac{1}{T}\ln z\right) = \sum_{k=0}^{\infty} f(kT) z^{-k}$$

$F(z)$ 就叫做 $f^*(t)$ 的 z 变换，并且以 $Z[f^*(t)]$ 表示 $f^*(t)$ 的 z 变换。

在 z 变换中，只考虑采样时的信号值。因此，$f(t)$ 的 z 变换与 $f^*(t)$ 的 z 变换有相同的结果，即

$$Z[f(t)] = Z[f^*(t)] = F(z) = \sum_{k=0}^{\infty} f(kT) z^{-k}$$

2. 脉冲传递函数　是用于描述采样控制系统的数学模型。

在线性离散系统中，将初始值为零时，系统离散输出信号的 z 变换与离散输入信号的 z 变换之比，定义为脉冲传递函数。

对于图 24.2 - 14 所示离散系统，其脉冲传递函

数定义为

$$G(z) = \frac{C(z)}{R(z)} \qquad (24.2-35)$$

而离散输出信号为

$$c^*(t) = Z^{-1}[C(z)] = Z^{-1}[G(z)R(z)]$$
$$(24.2-36)$$

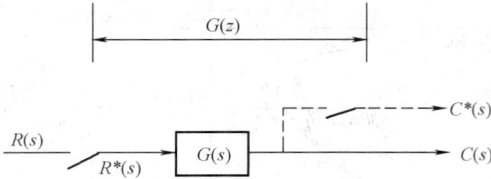

图 24.2 - 14　离散系统

由于实际离散系统的输出信号多数是连续的，而用脉冲传递函数只能求得输出信号的离散值，为此，在图 24.2 - 14 中，在输出端虚设一个与输入采样开关同步的采样开关。

2.6.2　采样控制系统的分析

1. 稳定性分析

(1) 根据 z 变换的定义及线性连续系统稳定性判据，线性离散系统稳定的充分和必要条件是闭环脉冲传递函数所有极点均位于 z 平面的单位圆内。

(2) 根据复变函数理论，作一双线性变换，设

$$z = \frac{\omega + 1}{\omega - 1} \qquad (24.2-37)$$

式中，ω 和 z 均为复变量。令 $\omega = u + jv$，则可得出"z 和 ω"的映射关系如图 24.2 - 15 和图 24.2 - 16 所示。分析该映射关系可以发现，原位于左半 ω 平面的所有极点均位于 z 平面的单位圆内。

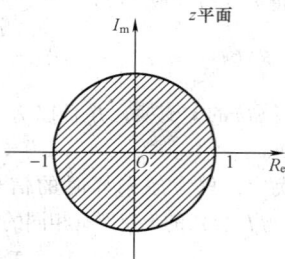

图 24.2 - 15　 z 平面

根据以上分析，若将 $z = (\omega + 1)/(\omega - 1)$ 代入闭环离散系统的特征方程中，进行 ω 变换之后，原来需要在 z 平面上分析是否位于单位圆外的问题转化为在 ω 平面上分析是否有根位于右半平面的问题，这样即可应用劳斯判据对离散系统的稳定性进行判定。

2. 稳定误差分析　图 24.2 - 17 所示的闭环采样系统，采样误差信号的 z 变换为

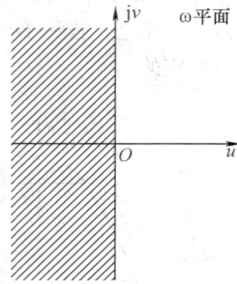

图 24.2 - 16　 ω 平面

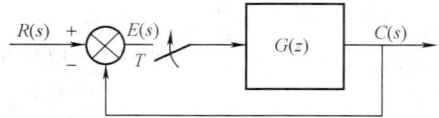

图 24.2 - 17　闭环离散系统

$$E(z) = [1 + G(z)]^{-1}R(z)$$

设闭环系统稳定，则根据 z 变换终值定理可以求出在输入信号作用下的采样系统稳态误差

$$e_{ss} = \lim_{z \to 1} \frac{(z-1)R(z)}{z[1 + G(z)]}$$

上式表明，采样系统的稳态误差取决于脉冲传递函数和输入信号的形式。与连续系统相似，对于不同型式的采样系统，在三种典型信号作用下的稳态误差值见表 24.2 - 4。

表 24.2 - 4　0 型、1 型及 2 型采样系统的稳态误差

	0 型系统	1 型系统	2 型系统
$r(t) = 1(t)$	$\dfrac{1}{1+K_p}$	0	0
$r(t) = t$	∞	$\dfrac{1}{K_v}$	0
$r(t) = \dfrac{1}{2}t^2$	∞	∞	$\dfrac{1}{K_a}$

表中，$K_p = \lim\limits_{z \to 1}(1 + G(z))$ 为采样系统的位置误差系数；$K_v = \lim\limits_{z \to 1}(z - 1)G(z)$ 为采样系统的速度误差系数；$K_a = \lim\limits_{z \to 1}(z - 1)^2 G(z)$ 为采样系统的加速度误差系数。

2.6.3　采样控制系统的综合

与连续控制系统类似，采样系统的校正装置按其在系统中的位置可以分为串联校正装置、反馈校正装置和复合校正按其作用可以分为相位超前校正与相位

迟后校正装置。采样系统中的校正装置不仅可以用模拟电路来实现，而且也可以由数字装置来实现，而数字校正则是目前的主要方式。

在经过一些变换后，用于连续系统的频域法和根轨迹法同样可以推广到采样控制系统中来。

1. 采用博德图的校正方法

(1) 设单位反馈采样控制系统如图 24.2－18 所示，图中 $G_h(s) = (1 - e^{-Ts})/s$ 为零阶保持器的传递函数，$G_c(s)$ 和 $G_o(s)$ 分别为校正装置和被控对象的传递函数。系统的开环传递函数为

$$G(z) = Z[G_h(s) G_c(s) G_o(s)] = G_h G_c G_o(z)$$

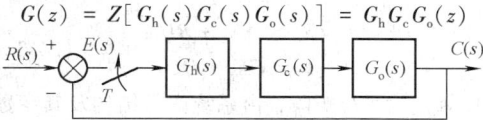

图 24.2－18　闭环离散系统框图

由上式可见，校正装置的脉冲传递函数 $G_c(z)$ 无法直接从 $G_h G_c G_o(z)$ 中分解出来。如果直接进行校正，则每选择一次 $G_c(s)$，就要绘制一次 $G_h G_c G_o(z)$ 所对应的特征，并校验是否能满足给定的性能指标。若不能满足，就需要重新选择 $G_c(s)$。往往要经过多次试探，才能得到比较满意的结果。

(2) 实际上，可采用一些近似的简化方法来进行系统的校正。

1) 当采样频率比较高，大于闭环系统和保持器的带宽频率时，可以考虑近似地把采样器和零阶保持器忽略掉。这样，就可以把采样系统当作连续系统来进行校正，然后再对经过校正的采样系统的性能指标进行检验。

2) 另外一种简化方法是，把采样器和零阶保持器近似地视为一个等效的迟后环节 $e^{-\frac{T}{2}s}$ 或一阶惯性环节 $1/(1 + Ts/2)$。这时，可以采用相应的连续系统的校正方法。

2. 串联数字校正装置的校正方法　设采样控制系统的框图如图 24.2－19 所示，图中 $D(z)$ 为数字校正装置的传递函数。

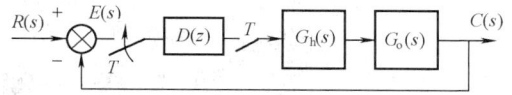

图 24.2－19　闭环离散系统框图

对于此系统可以采用双线性变换，用 ω 域的博德图进行校正，步骤如下：

(1) 求出校正前系统的开环脉冲传递函数 $G_h G_o(z)$。

(2) 进行 ω 变换，把 $G_h G_o(z)$ 变换为 $G_h G_o(\omega)$。

(3) 令 $\omega = j\nu$ 代入 $G_h G_o(\omega)$，并画出 $G_h G_o(j\nu)$ 的博德图。

(4) 根据博德图确定未校正系统性能指标，如相角裕度和幅值裕度等。

(5) 根据给定的性能指标，确定校正装置在 ω 域的传递函数 $D(\omega)$。

(6) 校验已经校正后的系统的性能指标。

(7) 若满足了给定指标，则进行 ω 反变换，将 $D(\omega)$ 转换成 $D(z)$。否则返回到 (5)，重新选择 $D(\omega)$。

(8) 实现 $D(z)$。

3. 最少拍采样控制系统的校正　在典型输入信号的作用下，经过最少采样周期，系统的采样误差信号减少到零，实现完全跟踪，则此系统称为最少拍系统。最少拍控制器见表 24.2－5。

对于图 24.2－19 所示的采样系统，设 $G(z) = G_h G_o(z)$，$\Phi(z)$、$\Phi_e(z)$ 分别表示闭环系统输出和误差传递函数，则

$$D(z) = \frac{\Phi(z)}{G(z)[1 - \Phi(z)]} = \frac{1 - \Phi_e(z)}{G(z)\Phi_e(z)}$$

考虑采样闭系统是稳定的，则在单位阶跃、单位斜坡和单位加速度输入作用下，根据 z 变换的终值定理可以求出相应的稳态误差值

$$e_{ss} = \lim_{z \to 1}(1 - z^{-1})R(z)\Phi_e(z)$$
$$= \lim_{z \to 1}(1 - z^{-1}) \frac{A(z)}{(1 - z^{-1})^v}\Phi_e(z)$$

表 24.2－5　最少拍控制器

典型输入 $r(t)$	闭环脉冲传递函数		数字控制器 $D(z)$	暂态时间
	$\Phi_e(z)$	$\Phi(z)$		
$1(t)$	$1 - z^{-1}$	z^{-1}	$\dfrac{z^{-1}}{(1 - z^{-1})G(z)}$	$1T$
t	$(1 - z^{-1})^2$	$2z^{-1} - z^{-2}$	$\dfrac{z^{-1}(2 - z^{-1})}{(1 - z^{-1})^2 G(z)}$	$2T$
$\dfrac{1}{2}t$	$(1 - z^{-1})^3$	$3z^{-1} - 3z^{-2} + z^{-3}$	$\dfrac{z^{-1}(3 - 3z^{-1} - z^{-2})}{(1 - z^{-1})^3 G(z)}$	$3T$

第 3 章 现 代 控 制 理 论

3.1 概论

现代控制理论以状态空间模型为基础，研究系统内部结构的关系，提出了能控性、能观性等重要概念和状态反馈、解耦等设计方法。主要研究内容包括：

1. 线性多变量系统理论 用状态空间法对 MIMO 系统建模；状态方程求解分析；研究系统的能控性、能观性及稳定性；分析系统的实现问题。

2. 最优控制理论 根据控制对象的动态特性，选择一个容许控制，使被控对象按照一定的技术要求运行，并使得描述系统性能的某个"指标"在一定意义下达到最优。

3. 最优估计理论 研究如何从被噪声污染的观测数据中，确定系统的状态，并使这种估计在某种意义下是最优的。

4. 系统辨识与参数估计 研究基于对象的输入、输出数据，在希望的估计准则下，建立与对象等价的动态系统，给出系统的阶数和参数估计。

3.2 动态系统的状态空间模型

3.2.1 基本概念

1. 状态 反映系统运动状况，并可以用来确定系统未来行为的信息集合。

2. 状态变量 能够描述系统状态的最小变量组中的每一个变量，称为系统的状态变量。

3. 状态空间 以状态变量 x_1、x_2、$\cdots$、x_n 为坐标轴构成的空间。

4. 状态矢量（状态向量） 以状态变量为元素构成的矢量。

$$x = [x_1, x_2, \cdots, x_n]^T$$

5. 状态方程 描述状态变量与输入变量之间关系的一阶微分（差分）方程组。

$$\dot{x}(t) = F[x(t), u(t), t]$$

6. 输出方程 描述输出变量与状态变量、输入变量间函数关系的代数方程。

$$y(t) = G[x(t), u(t), t]$$

状态方程和输出方程组合起来，构成对一个系统完整的动态描述，称为系统的状态空间表达式或动态方程。根据函数矢量 F、G 的不同情况，控制系统可分为四类：线性定常（时不变）系统（LTI——Linear Time Invariant，LTI）、线性不定常（时变）系统、非线性定常系统和非线性不定常（时变）系统。

7. 线性定常系统

（1）线性定常系统的矢量形式为

$$\begin{cases} \dot{X} = AX + BU \\ Y = CX + DU \end{cases} \quad (24.3-1)$$

式中，$A_{n \times n}$ 为系统矩阵，由系统内部结构及其参数决定，体现了系统内部的特性；$B_{n \times r}$ 为输入矩阵，主要体现了系统输入的施加情况；$C_{m \times n}$ 为输出矩阵，表示了输出变量与状态变量间的关系；$D_{m \times r}$ 为直接传递矩阵，表达了控制向量直接转移到输出变量的转移关系。

（2）线性定常系统状态空间表达式的系统结构图。与经典控制理论类似，可用框图表示系统信号传递的关系，如图 24.3-1 所示。

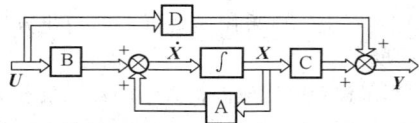

图 24.3-1 n 阶线性系统的结构图

8. 特征多项式 行列式

$$|\lambda I - A| = \lambda^n + a_1 \lambda^{n-1} + \cdots + a_{n-1} \lambda + a_n$$

$$(24.3-2)$$

称为 A 的特征多项式，其根为 A 的特征值。若线性定常系统的状态方程为 $\dot{x} = Ax + Bu$，称系统矩阵 A 的特征值为系统的特征值。系统经非奇异变换，特征方程是不变的，特征值也是不变的。

3.2.2 建立状态空间表达式的方法

1. 结构图分解法建立系统状态空间表达式

（1）在系统结构图的基础上，将各环节通过等效变换分解，使得整个系统只有标准积分器（1/s）、比例器（k）以及综合器（加法器）组成，这些基本器件通过串联、并联和反馈形式组成整个控制系统。

（2）将上述调整过的结构图中的每个标准积分器（1/s）的输出作为一个独立的状态变量 x_i，积分器的输入端就是状态变量的一阶导数 dx_i/dt。

（3）根据框图中各信号的关系，写出每个状态变量的一阶微分方程，从而求出系统的状态方程。根据需要指定输出变量，即可写出系统的输出方程。

2. 由系统的微分方程或传递函数求其状态空间表达式　从经典控制理论中知道，任何一个线性系统都可以用线性微分方程表示

$$y^{(n)} + a_{n-1}y^{(n-1)} + \cdots + a_1 y^{(1)} + a_0 y$$
$$= b_m u^{(m)} + b_{m-1}u^{(m-1)} + \cdots + b_1 u^{(1)} + b_0 u$$

$$(24.3-3)$$

其传递函数为

$$G(s) = \frac{Y(s)}{U(s)} = \frac{b_m s^m + b_{m-1}s^{m-1} + \cdots + b_1 s + b_0}{s^n + a_{n-1}s^{n-1} + \cdots + a_1 s + a_0}$$

$$(24.3-4)$$

由系统的微分方程或传递函数求其状态空间表达式时，必须适当地选取一组状态变量，它可以是输出及输入各变量的线性组合。线性系统的实现一般有直接法、串联法和并联法三种。

3.2.3　状态方程的线性变换

1. 状态向量的线性变换

线性变换是利用线性运算法则将一组变量 x_1，x_2，…，x_n 变换成与它们有函数关系的另一组变量 $\tilde{x}_1$，$\tilde{x}_2$，…，$\tilde{x}_n$。若用向量的形式表示这种关系，可写出

$$x = P\tilde{x} \qquad (24.3-5)$$

式中，P 为非奇异常数矩阵。

状态向量的线性变换的实质是状态空间基底的变换，即坐标的变换。满足以上线性关系的非奇异矩阵 P 有无穷多，因此，如已知一个控制系统的状态向量 x，通过线性变换 P，可得到无穷多个等价的状态向量。

对于线性定常系统，设其状态空间表达式为

$$\begin{cases} \dot{x} = Ax + Bu \\ y = Cx + Du \end{cases}$$

令 $x = P\tilde{x}$，有

$$\begin{cases} \dot{\tilde{x}} = \tilde{A}\tilde{x} + \tilde{B}u \\ y = \tilde{C}\tilde{x} + \tilde{D}u \end{cases} \qquad (24.3-6)$$

则 $\tilde{A} = P^{-1}Ap$，$\tilde{B} = P^{-1}B$，$\tilde{C} = CP$，$\tilde{D} = D$。

2. 化系统矩阵 A 为对角标准型或约当标准型

（1）化系统矩阵 A 为对角标准型。设系统的动态方程为

$$\begin{cases} \dot{x} = Ax + Bu \\ y = Cx + Du \end{cases}$$

式中，系统矩阵 A 有 n 个不相等的特征根 λ_i（$i = 1$，

2，3，…，n），相应地有 n 个不相等的特征向量 m_i（$i = 1$，2，3，…，n），所以，矩阵 A 的特征矩阵（模态矩阵）：$M = (m_1，m_2，\cdots，m_n)$。

对原系统作下列线性变换

$$\bar{x} = Mz$$

有

$$\begin{cases} \dot{z} = M^{-1}AMz + M^{-1}BU = A'z + B'U \\ y = C'z + D'U \end{cases}$$

$$(24.3-7)$$

式中

$$A' = M^{-1}AM = \mathrm{diag}(\lambda_1，\lambda_2，\cdots，\lambda_n)$$
$$B' = M^{-1}B$$
$$C' = CM$$
$$D' = D$$

$$(24.3-8)$$

（2）化系统矩阵 A 为约当标准型。设系统的动态方程为

$$\begin{cases} \dot{x} = Ax + Bu \\ y = Cx + Du \end{cases}$$

若系统有 k 个 m_i 重特征值 λ_i（$i = 1$，2，…，k），作线性变换 $x = T_J z$，那么其约当标准型为

$$\begin{cases} \dot{z} = Jz + \tilde{B}u \\ y = \tilde{B}z + \tilde{D}u \end{cases}$$

式中，J 为约当矩阵，即 $J = \mathrm{diag}(J_1，J_2，\cdots，J_k)$。$J_i$ 为 m_i 重特征根 λ_i 所对应的约当块，即

$$J = \begin{pmatrix} \lambda_i & 1 & \cdots & 0 \\ & \lambda_i & & \vdots \\ \vdots & & & 1 \\ 0 & \cdots & & \lambda_i \end{pmatrix}_{(m_i \times m_i)} \qquad (24.3-9)$$

设 $T_J = [t_1，t_2，\cdots，t_n]$，其 t 由下式确定

$$\begin{cases} (\lambda_i I - A)t_1 = 0 \\ (\lambda_i I - A)t_2 = -t_1 \\ \vdots \\ (\lambda_i I - A)t_{m_i} = -t_{m_i-1} \end{cases}$$

3.2.4　多变量系统的传递函数阵

设多输入多输出线性定常系统状态空间表达式为

$$\begin{cases} \dot{x} = Ax + Bu \\ y = Cx + Du \end{cases}$$

式中，x、y、u 分别为 $n \times 1$、$m \times 1$、$r \times 1$ 的列向量；A、B、C、D 分别为 $n \times n$、$n \times r$、$m \times n$、$m \times r$ 的矩阵。

系统传递函数矩阵 $G(s)$ 为

$$G(s) = \frac{Y(s)}{U(s)} = C(sI - A)^{-1}B + D$$
$$(24.3-10)$$

$G(s)$ 为一个 $m \times r$ 的传递函数阵，即

$$G(s) = \begin{pmatrix} G_{11}(s) & G_{12}(s) & \cdots & G_{1r}(s) \\ G_{21}(s) & G_{22}(s) & \cdots & G_{2r}(s) \\ \vdots & \vdots & \vdots & \vdots \\ G_{m1}(s) & G_{m2}(s) & \cdots & G_{mr}(s) \end{pmatrix}$$
$$(24.3-11)$$

式中，$G_{ij}(s)$ 为一标量传递函数，它表示第 j 个系统输入对第 i 个系统输出的传递作用。当系统为单入单出（SISO）系统时，$G(s)$ 就是一个标量传递函数。

对同一系统，尽管其状态空间表达式存在各种非奇异变换，形式不是唯一的，但是其传递函数阵是不变的。

3.2.5 离散时间系统的数学描述

描述离散系统的数学模型有状态空间表达式和线性定常离散系统的脉冲传递函数（矩阵）。

线性时变离散系统的状态空间表达式为

$$\begin{cases} x(k+1) = G(k)x(k) + H(k)u(k) \\ y(k) = C(k)x(k) + D(k)u(k) \end{cases}$$

式中，$x(k)$ 为 n 维状态向量；$u(k)$ 为 r 维输入向量；$y(k)$ 为 m 维输出向量；$G(k)$、$H(k)$、$C(k)$ 和 $D(k)$ 为满足矩阵运算的矩阵。当 $G(k)$、$H(k)$、$C(k)$ 和 $D(k)$ 的元素与时刻 k 无关时，即得到线性定常离散系统状态空间表达式

$$\begin{cases} x(k+1) = Gx(k) + Hu(k) \\ y(k) = Cx(k) + Du(k) \end{cases}$$
$$(24.3-12)$$

线性定常离散系统的框图表示如图24.3-2所示。

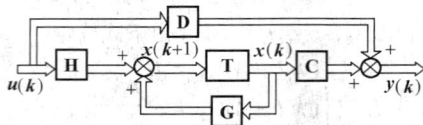

图 24.3-2　线性定常离散系统
动态方程框图

图中，T 为单位延迟器，它表示将输入的信号延迟一个节拍，即如果其输入为 $x(k+1)$，那么其输出为 $x(k)$。

对于描述线性定常离散系统的差分方程，通过 z 变换，在系统初始松弛时，可求得系统的脉冲传递函数（矩阵）。当给出系统状态空间表达式时，通过 z 变换也可得到脉冲传递函数（矩阵）。

系统状态对输入量的 $n \times r$ 型脉冲传递函数矩阵为

$$G_{xu}(z) = (zI - G)^{-1}H \quad (24.3-13)$$

系统输出向量对输入向量的 $m \times r$ 型脉冲传递函数矩阵为

$$G_{yu}(z) = C(zI - G)^{-1}H + D \quad (24.3-14)$$

3.2.6 组合系统的数学描述

由若干个子系统按某种方式连接而成的系统，称为组合系统。

子系统 S_1 的系统方程为

$$\begin{cases} \dot{x}_1 = A_1x_1 + B_1u_1 \\ y_1 = C_1x_1 + D_1u_1 \end{cases} \quad (24.3-15)$$

传递函数矩阵为

$$G_1(s) = C_1[sI - A_1]^{-1}B_1 + D_1 \quad (24.3-16)$$

子系统 S_2 的系统方程为

$$\begin{cases} \dot{x}_2 = A_2x_2 + B_2u_2 \\ y_2 = C_2x_2 + D_2u_2 \end{cases} \quad (24.3-17)$$

传递函数矩阵为

$$G_2(s) = C_2[sI - A_2]^{-1}B_2 + D_2$$
$$(24.3-18)$$

1. 并联连接　两个子系统并联连接，如图24.3-3所示。组合系统的输入量 u 和两个子系统输入量相同，输出向量 y 为两个子系统输出向量之和。并联系

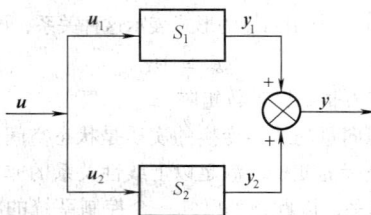

图 24.3-3　并联连接

统传递函数矩阵等于各子系统传递函数矩阵之和，即

$$G(s) = G_1(s) + G_2(s) \quad (24.3-19)$$

2. 串联连接　两个子系统串联连接，如图24.3-4所示。组合系统的输入量 $u = u_1$，输出向量 $y = y_2$，子系统 S_1 的输出向量等于子系统 S_2 的输入向量 u_2。串联系统传递函数矩阵等于各子系统传递函

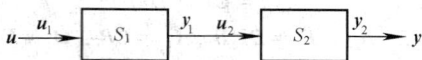

图 24.3-4　串联连接

数矩阵之积，即

$$G(s) = G_2(s)G_1(s) \quad (24.3-20)$$

3. 反馈连接　若 S_1 的系统方程为

$$\begin{cases} \dot{x}_1 = A_1 x_1 + B_1 u_1 \\ y_1 = C_1 x_1 \end{cases}$$

若 S_2 的系统方程为

$$\begin{cases} \dot{x}_2 = A_2 x_2 + B_2 u_2 \\ y_2 = C_2 x_2 \end{cases}$$

构成反馈连接的组合系统如图 24.3-5 所示，则组合系统的传递函数矩阵为

$$G(s) = [I + G_1(s) G_2(s)]^{-1} G_1(s)$$

$$(24.3-21)$$

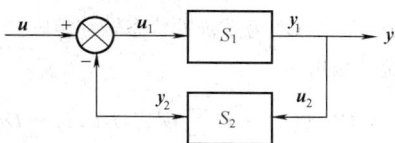

图 24.3-5 反馈连接

3.3 线性动态系统的运动分析

3.3.1 线性定常系统状态方程的解及状态转移矩阵

1. 线性定常连续系统状态方程的解及状态转移矩阵

（1）线性定常系统的解。给定线性定常系统非齐次状态方程为

$$\dot{x}(t) = Ax(t) + Bu(t)$$

式中，$x(t) \in R^n$，$u(t) \in R^r$，$A \in R^{n \times n}$，$B \in R^{n \times r}$，且初始条件为 $x(t)|_{t=t_0} = x(t_0)$，则非齐次状态方程的解为

$$x(t) = e^{A(t-t_0)} x(t_0) + \int_0^t e^{A(t-\tau)} Bu(\tau) d\tau$$

$$(24.3-22)$$

或

$$x(t) = \boldsymbol{\Phi}(t-t_0) x(t_0) + \int_0^t \boldsymbol{\Phi}(t-\tau) Bu(\tau) d\tau$$

$$(24.3-23)$$

式中，$\boldsymbol{\Phi}(t) = e^{At}$ 为系统的状态转移矩阵。

（2）线性定常系统的状态转移矩阵。对于线性定常系统，当初始时刻为 t_0 时，满足以下微分方程和初始条件

$$\begin{cases} \boldsymbol{\Phi}(t, t_0) = A\boldsymbol{\Phi}(t, t_0) \\ \boldsymbol{\Phi}(t_0, t_0) = I \end{cases}$$

的解 $\boldsymbol{\Phi}(t)$，即为系统的状态转移矩阵。

（3）状态转移矩阵的性质

1) $\boldsymbol{\Phi}(0) = I$

2) $\dot{\boldsymbol{\Phi}}(t) = A\boldsymbol{\Phi}(t)$

3) $\boldsymbol{\Phi}^{-1}(t, t_0) = \boldsymbol{\Phi}(t_0, t)$

4) $\boldsymbol{\Phi}(t_1 + t_2) = \boldsymbol{\Phi}(t_1) \boldsymbol{\Phi}(t_2) = \boldsymbol{\Phi}(t_2) \boldsymbol{\Phi}(t_1)$

5) $[\boldsymbol{\Phi}(t)]^k = \boldsymbol{\Phi}(kt)$ （k 为整数）

6) $\boldsymbol{\Phi}(t_2 - t_1) \boldsymbol{\Phi}(t_1 - t_0) = \boldsymbol{\Phi}(t_2 - t_0)$

7) 对于 $n \times n$ 矩阵 A 和 B，如果满足 $AB = BA$，则 $e^{(A+B)t} = e^{At} e^{Bt}$。

（4）凯莱-哈密尔顿（Caley - Hamilton）定理。考虑 $n \times n$ 维矩阵 A 及其特征方程

$$|\lambda I - A| = \lambda^n + a_1 \lambda^{n-1} + \cdots + a_{n-1} \lambda + a_n = 0$$

凯莱-哈密尔顿定理指出，矩阵 A 满足其自身的特征方程，即

$$A^n + a_1 A^{n-1} + \cdots + a_{n-1} A + a_n I = 0$$

$$(24.3-24)$$

（5）状态转移矩阵的计算

1) 直接计算法（矩阵指数函数）

$$e^{At} = I + At + \frac{A^2 t^2}{2!} + \frac{A^3 t^3}{3!} + \cdots$$

$$= \sum_{k=0}^{\infty} \frac{1}{k!} A^k t^k \qquad (24.3-25)$$

可以证明，对所有常数矩阵 A 和有限的 t 值来说，这个无穷级数都是收敛的。

2) 对角线标准型与 Jordan 标准型法。若可将矩阵 A 变换为对角线标准型，则 e^{At} 可由下式给出

$$e^{At} = Pe^{At}P^{-1} = P \begin{pmatrix} e^{\lambda_1 t} & & \cdots & & 0 \\ & e^{\lambda_2 t} & & & \\ \vdots & & \cdot & & \vdots \\ & & & \cdot & \\ 0 & & \cdots & & e^{\lambda_n t} \end{pmatrix} P^{-1}$$

$$(24.3-26)$$

式中，P 是将 A 对角线化的非奇异线性变换矩阵。

类似地，若矩阵 A 可变换为 Jordan 标准型，则 e^{At} 可由 $e^{At} = T_J e^{Jt} T_J^{-1}$ 确定。

3) 拉氏变换法

$$e^{At} = L^{-1} [(sI - A)^{-1}] \qquad (24.3-27)$$

为了求出 e^{At}，关键是必须求出 $(SI - A)$ 的逆。一般来说，当系统矩阵 A 的阶次较高时，可采用递推算法。

4) 化 e^{At} 为 A 的有限项法（Caley - Hamilton 定理法）。利用凯莱-哈密尔顿定理，化 e^{At} 为 A 的有限项，然后通过求待定时间函数获得 e^{At} 的方法。

设 A 的最小多项式阶数为 m，可以证明，采用赛

尔维斯特内插公式，通过求解行列式

$$\begin{vmatrix} 1 & \lambda_1 & \lambda_1^2 & \cdots & \lambda_1^{m-1} & e^{\lambda_1 t} \\ 1 & \lambda_2 & \lambda_2^2 & \cdots & \lambda_2^{m-1} & e^{\lambda_2 t} \\ \vdots & \vdots & \vdots & & \vdots & \vdots \\ 1 & \lambda_m & \lambda_m^2 & \cdots & \lambda_m^{m-1} & e^{\lambda_m t} \\ I & A & A^2 & \cdots & A^{m-1} & e^{At} \end{vmatrix} = 0$$

$$(24.3-28)$$

即可求出 e^{At}。利用上式求解时，所得 e^{At} 是以 A^k（$k=0,1,2,\cdots,m-1$）和 $e^{\lambda_i t}$（$i=1,2,3,\cdots,m$）的形式表示的。

此外，也可采用如下等价的方法，由

$$e^{At} = a_0(t)I + a_1(t)A + a_2(t)A^2 + \cdots + a_{m-1}(t)A^{m-1}$$

求解下列方程组

$$\begin{cases} a_0(t) + a_1(t)\lambda_1 + a_2(t)\lambda_1^2 + \cdots + a_{m-1}(t)\lambda_1^{m-1} = e^{\lambda_1 t} \\ a_0(t) + a_1(t)\lambda_2 + a_2(t)\lambda_2^2 + \cdots + a_{m-1}(t)\lambda_2^{m-1} = e^{\lambda_2 t} \\ \qquad\qquad\qquad \vdots \\ a_0(t) + a_1(t)\lambda_m + a_2(t)\lambda_m^2 + \cdots + a_{m-1}(t)\lambda_m^{m-1} = e^{\lambda_m t} \end{cases}$$

确定出 $a_k(t)$（$k=0,1,2,\cdots,m-1$），进而可求得 e^{At}。

如果 A 为 $n×n$ 维矩阵，且具有相异特征值，则所需确定的 $a_k(t)$ 的个数为 $m=n$，即有

$$e^{At} = a_0(t)I + a_1(t)A + a_2(t)A^2 + \cdots + a_{n-1}(t)A^{n-1}$$

如果 A 含有相重特征值，但其最小多项式有单根，则所需确定的 $a_k(t)$ 的个数小于 n。

（6）线性定常系统的脉冲响应。当输入为单位脉冲函数时，系统的响应即称之为脉冲响应。

单位脉冲函数 $\delta(t)$ 可表示为

$$\begin{cases} \delta(t) = \begin{cases} 0 & t \neq 0 \\ \infty & t = 0 \end{cases} \\ \int_{0_-}^{0_+} \delta(t)\mathrm{d}t = 1 \end{cases} \quad (24.3-29)$$

则系统状态方程的解为

$$\begin{aligned} x(t) &= \Phi(t)x(0) + \int_0^t \Phi(t-\tau)Bu(\tau)\mathrm{d}\tau \\ &= \Phi(t)x(0) + \Phi(t)B \end{aligned} \quad (24.3-30)$$

系统的输出响应为

$$h(t) = Cx(t) = C\Phi(t)x(0) + C\Phi(t)B$$

$$(24.3-31)$$

当 $x(0) = 0$ 时，系统单位脉冲响应为

$$h(t) = Cx(t) = C\Phi(t)B \quad (24.3-32)$$

2. 线性定常离散系统状态方程的解及状态转移矩阵　线性定常离散系统为

$$x(k+1) = Gx(k) + Hu(k)$$
$$y(k) = Cx(k) + Du(k)$$

式中，$x(k)$ 为 n 维状态向量；$u(k)$ 为 r 维输入向量；$y(k)$ 为 m 维输出向量；G、H、C、D 为满足矩阵运算所需的适当维数矩阵。

如果系统方程的解存在且唯一，则其解为

$$x(k) = G^k x(0) + \sum_{i=0}^{k-1} G^{k-i-1} Hu(i)$$

$$(24.3-33)$$

或

$$x(k) = \Phi(k)x(0) + \sum_{i=0}^{k-1} \Phi(k-i-1)Hu(i)$$

$$(24.3-34)$$

式中，$\Phi(k) = G^k$ 为系统的状态转移矩阵。

系统的输出为

$$y(k) = CG^k x(0) + C\sum_{i=0}^{k-1} G^{k-i-1} Hu(i) + Du(k)$$

$$(24.3-35)$$

或

$$y(k) = C\Phi(k)x(0) + C\sum_{i=0}^{k-1} \Phi(k-i-1)Hu(i) + Du(k)$$

$$(24.3-36)$$

3.3.2　线性时变系统的解

1. 线性时变连续系统的解　线性时变系统的状态空间表达式为

$$\dot{x} = A(t)x + B(t)u, \ x(t_0) = x_0, \ t \in [t_0, t_\alpha]$$
$$y = C(t)x + D(t)u \qquad (24.3-37)$$

式中，$x(t)$ 为 n 维状态向量；$u(t)$ 为 r 维输入向量；$y(t)$ 为 m 维输出向量；$A(t)$ 为 $n×n$ 维系数矩阵；$B(t)$ 为 $n×r$ 维输入矩阵；$C(t)$ 为 $m×n$ 维输出矩阵；$D(t)$ 为 $m×r$ 维直接传输矩阵。

如果 $A(t)$、$B(t)$ 和 $C(t)$ 的所有元素在时间区间 $[t_0, \infty]$ 上均是连续函数，则对于任意的初始状态 $x(t_0)$ 和输入向量 $u(t)$，系统状态方程的解存在并且唯一。

（1）线性时变系统状态转移矩阵 $\Phi(t, t_0)$。线性时变系统状态转移矩阵 $\Phi(t, t_0)$ 是满足如下矩阵微分方程和初始条件的解

$$\begin{cases} \dot{\Phi}(t, t_0) = A(t)\Phi(t, t_0) \\ \Phi(t_0, t_0) = I \end{cases}$$

（2）状态转移矩阵的性质

1）$\Phi(t, t_0)$ 满足自身的矩阵微分方程及初始条件

$$\dot{\Phi}(t, t_0) = A(t)\Phi(t, t_0), \ \Phi(t_0, t_0) = I$$

2）传递性。$\Phi(t_2, t_1)\Phi(t_1, t_0) = \Phi(t_2, t_0)$

3) 可逆性。$\boldsymbol{\Phi}^{-1}(t, t_0) = \boldsymbol{\Phi}(t_0, t)$。

4) 唯一性。当 $\boldsymbol{A}(t)$ 确定以后，$\boldsymbol{\Phi}(t, t_0)$ 是唯一的。

5) $\boldsymbol{\Phi}(t, \tau)$ 对第二变元 τ 的偏导数为

$$\frac{\partial \boldsymbol{\Phi}(t, \tau)}{\partial \tau} = - \boldsymbol{\Phi}(t, \tau)A(\tau)$$

（3）状态转移矩阵的计算。线性时变系统状态转移矩阵的计算一般采用级数近似法计算

$$\boldsymbol{\Phi}(t, t_0) = I + \int_{t_0}^{t} A(\tau_0)\mathrm{d}\tau_0 + \int_{t_0}^{t} A(\tau_0)$$
$$\int_{t_0}^{\tau_0} A(\tau_1)\mathrm{d}\tau_1 \mathrm{d}\tau_0 + \cdots \qquad (24.3-38)$$

（4）线性时变系统非齐次状态方程的解。线性时变系统

$$\dot{x}(t) = A(t)x(t) + B(t)u(t)$$

$A(t)$ 和 $B(t)$ 的元素在 $t \in [t_0, t_a]$ 时分断连续，则其解为

$$x(t) = \boldsymbol{\Phi}(t, t_0)x(t_0) + \int_{t_0}^{t}\boldsymbol{\Phi}(t, \tau)B(\tau)u(\tau)\mathrm{d}\tau$$
$$(24.3-39)$$

（5）线性时变系统的输出。线性时变系统的输出为

$$y(t) = C(t)\boldsymbol{\Phi}(t, t_0)x(t_0) + C(t)\int_{t_0}^{t}\boldsymbol{\Phi}(t, \tau)$$
$$B(\tau)u(\tau)\mathrm{d}\tau + D(t)u(t) \qquad (24.3-40)$$

2. 线性时变离散系统的解　线性时变离散系统为

$$x(k+1) = G(k)x(k) + H(k)u(k)$$
$$y(k) = C(k)x(k) + D(k)u(k)$$
$$(24.3-41)$$

初始时刻为 k_0，初始状态为 $x(k_0)$。如果系统方程的解存在且唯一，则其解为

$$x(k) = \boldsymbol{\Phi}(k, k_0)x(k_0) + \sum_{i=k_0}^{k-1}\boldsymbol{\Phi}(k, i+1)H(i)u(i)$$
$$(24.3-42)$$

式中，$\boldsymbol{\Phi}(k, k_0)$ 为系统的状态转移矩阵，由下式表示

$$\boldsymbol{\Phi}(k, k_0) = G(k-1)G(k-2)\cdots G(k_0+1)G(k_0)$$
$$(k > k_0)$$

系统的输出为

$$y(k) = C(k)\boldsymbol{\Phi}(k, k_0)x(k_0) + C(k)\sum_{i=k_0}^{k-1}$$

$$\boldsymbol{\Phi}(k, i+1)H(i)u(i) + D(k)u(k)$$
$$(24.3-43)$$

3.4　控制系统的李雅普诺夫稳定性分析

3.4.1　稳定性基本概念及李雅普诺夫第二法

1. 稳定性的基本概念

（1）平衡状态。对于系统 $\dot{x} = f(x, t)$，对所有的 t 存在

$$f(x_e, t) = 0 \qquad (24.3-44)$$

式中，x_e 为系统的平衡状态。显然，在平衡状态 x_e 系统的状态不再发生变化。

（2）系统的稳定性定义。稳定性是指系统受到扰动偏离平衡状态，而后能否恢复回原来平衡状态的能力，所以系统的稳定性是由系统的自由运动特性决定的。设 $x(t_0)$ 为系统偏离平衡状态的初始值，如果对于 x_e 的任意小的邻域 $S(\varepsilon)$，总对应存在一个邻域 $S(\delta)$，使从 $S(\delta)$ 内任意初始状态 $x(t_0)$ 出发的运动 $x(t)$ 都保持在 $S(\varepsilon)$ 内，则称 x_e 为李雅普诺夫意义下稳定；进一步，如果 $x(t)$ 不仅保持在 $S(\varepsilon)$ 内，而且最终收敛于 x_e，则称 x_e 为渐近稳定；如果无论 $S(\varepsilon)$ 和 $S(\delta)$ 是 x_e 多么小的邻域，从 $S(\delta)$ 内出发的运动 $x(t)$ 总有脱离 $S(\varepsilon)$ 的情况存在，则称 x_e 是不稳定的。上述关于稳定性的概念可由图 24.3-6 的二维情况来说明。

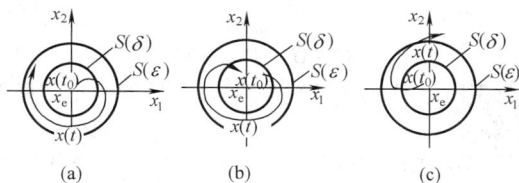

图 24.3-6　二维系统稳定性示意图
（a）李雅普诺夫意义下稳定；
（b）渐近稳定；（c）不稳定

2. 李雅普诺夫第二法的稳定性定理　李雅普诺夫第二法从李雅普诺夫函数（虚构的广义能量函数）$V(x)$ 及其变化率 $\dot{V}(x) = \mathrm{d}V(x)/\mathrm{d}t$ 的符号特性来确定系统平衡状态 x_e 的稳定性。具体地，如果存在一个正定的标量函数 $V(x)$，即 $x \neq 0$ 时，$V(x) > 0$，且

（1）若 $\dot{V}(x) \leqslant 0 (x \neq 0)$，则 x_e 为李雅普诺夫意义下的稳定。

（2）若 $\dot{V}(x) < 0 (x \neq 0)$，或者 $\dot{V}(x) \leqslant 0 (x \neq 0)$，但在 $t \geqslant t_0$ 时不恒为 0，则 x_e 为渐近稳定。

（3）若 $\dot{V}(x) > 0 (x \neq 0)$，则 x_e 为不稳定。

需要指出的是上述定理中关于系统稳定性的判别条件只是充分条件。

3.4.2 线性系统的李雅普诺夫稳定性分析

对于线性系统而言，除了上述稳定性定理外，还可用下列稳定判据。

1. 连续系统

（1）对于线性定常连续系统 $\dot{x} = Ax$，平衡状态 $x_e = 0$ 为渐近稳定的充要条件是：对任意给定的正定实对称矩阵 Q，必存在正定的实对称矩阵 P，满足方程

$$A^T P + PA = -Q \quad (24.3-45)$$

并且 $V(x) = x^T Px$ 是系统的李雅普诺夫函数。

（2）对于线性时变连续系统 $\dot{x} = A(t)x$，平衡状态 $x_e = 0$ 为渐近稳定的充要条件是：对任意给定的连续对称正定矩阵 $Q(t)$，必存在一个连续对称正定矩阵 $P(t)$，满足方程

$$P(t) = -A^T(t)P(t) - P(t)A(t) - Q(t) \quad (24.3-46)$$

并且 $V(x, t) = x^T(t)P(t)x(t)$ 是系统的李雅普诺夫函数。

2. 离散系统

（1）对于线性定常离散系统 $x(k+1) = Gx(k)$，平衡状态 $x_e = 0$ 为渐近稳定的充要条件是：对任意给定的正定实对称矩阵 Q，必存在正定的实对称矩阵 P，满足方程

$$G^T PG - P = -Q \quad (24.3-47)$$

并且 $V[x(k)] = x^T(k)Px(k)$ 是系统的李雅普诺夫函数。

（2）对于线性时变离散系统 $x(k+1) = G(k+1, k)x(k)$，平衡状态 $x_e = 0$ 为渐近稳定的充要条件是：对任意给定的正定实对称矩阵 $Q(k)$，必存在一个正定的实对称矩阵 $P(k+1)$，满足方程

$$G^T(k+1, k)P(k+1)G(k+1, k) - P(k) = -Q(k) \quad (24.3-48)$$

并且 $V[x(k), k] = x^T(k)P(k)x(k)$ 是系统的李雅普诺夫函数。

非线性系统一般用李雅普诺夫第二法的稳定性定理分析系统的稳定性，也有一些可行的方法用来寻找合适的李雅普诺夫函数，如克拉索夫斯基法、变量梯度法等。

3.5 控制系统的能控性与能观性分析

3.5.1 系统能控性及其判据

1. 系统能控性 对于线性定常连续系统 $\dot{x} = Ax$

$+ Bu$，如果存在容许的控制 $u(t)$，能在有限的时间区间 $[t_0, t_f]$ 内，使系统从任意的初始状态 $x(t_0)$ 转移到指定的任一终端状态 $x(t_f)$（如原点），则称系统是状态完全能控的，简称系统能控。其他类型的系统有类似的能控性定义。系统能控性反映系统的控制量 $u(t)$ 对系统状态的控制能力。

2. 线性定常连续系统能控性代数判据 线性定常连续系统能控的充要条件是其能控性矩阵 $S_c = [B \quad AB \quad A^2B \quad \cdots \quad A^{n-1}B]$ 满秩。

3.5.2 系统能观性及其判据

1. 系统能观性 对于线性定常连续系统 $\dot{x} = Ax + Bu$，$y = Cx$，如果在有限的时间区间 $[t_0, t_f]$ 内，根据该期间的输出值 $y(t)$，能唯一地确定系统在任意初始时刻的状态 $x(t_0)$，则称系统是状态完全能观测的，简称系统能观。其他类型的系统有类似的能观性定义。系统能观性体现系统的输出量 $y(t)$ 对系统状态的反映能力。

2. 线性定常连续系统能观性代数判据 线性定常连续系统能观的充要条件是其能观性矩阵 $S_o = [C^T \quad A^T C^T \quad (A^T)^2 C^T \quad \cdots \quad (A^T)^{n-1} C^T]$ 满秩。

3.5.3 系统能控性与能观性的对偶关系

对于系统 Σ_1：$\dot{x}_1 = A_1 x_1 + B_1 u_1$，$y_1 = C_1 x_1$ 和系统 Σ_2：$\dot{x}_2 = A_2 x_2 + B_2 u_2$，$y_2 = C_2 x_2$，如果有 $A_2 = A_1^T$，$B_2 = C_1^T$，$C_2 = B_1^T$，则称系统 Σ_1 与系统 Σ_2 互为对偶。对偶系统的能控性与能观性也互为对偶，即系统 Σ_1 的能控性等价于系统 Σ_2 的能观性，系统 Σ_1 的能观性等价于系统 Σ_2 的能控性。

3.5.4 线性系统的结构分解

（1）对于状态不完全能控的系统，可以通过非奇异变换，将系统在新的状态空间分解为能控子系统和不能控子系统。

（2）对于状态不完全能观的系统，可以通过非奇异变换，将系统在新的状态空间分解为能观子系统和不能观子系统。

（3）对于状态既不完全能控又不完全能观的系统，可以通过非奇异变换，将系统在新的状态空间分解为能控能观子系统、能控不能观子系统、不能控能观子系统和不能控不能观子系统。

系统的传递函数矩阵只描述了其中能控能观子系统的输入、输出关系。单输入、单输出系统的传递函数无零、极点对消现象是系统既能控又能观的充要条件。

离散系统有与连续系统类似的能控性、能观性描述及判据。一个连续系统经过采样离散化后并不能一定保持其能控性、能观性不变。

3.6　线性系统的综合

3.6.1　状态反馈控制

1. 状态反馈控制系统的基本结构及其特性　状态反馈控制是一种最基本的控制方法，它将受控系统 Σ_0 的每一个状态变量通过相应的反馈系数反馈到输入端，构成对受控系统的控制，其基本结构如图 24.3－7 所示。其中 K 为由相应的反馈系数组成的状态反馈矩阵，它的维数为 $p×n$。状态反馈控制有可能实现系统极点的任意配置，从而适应对系统动态性能的要求；状态反馈控制也是实现系统最优控制或解耦控制等的重要手段。状态反馈控制不会改变系统的能控性，但有可能改变系统的能观性。

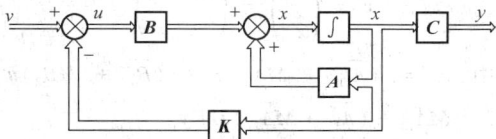

图 24.3－7　状态反馈控制系统的结构原理图

如果仅考虑受控系统的镇定（使系统渐近稳定），则系统 Σ_0 中不能控子系统为渐近稳定是状态反馈能镇定的充要条件。

2. 状态反馈控制系统的极点配置

（1）状态反馈控制系统极点任意配置的条件。系统极点的位置与系统的动态特性紧密相关，因此系统极点的任意配置是改善系统动态性能的需要。采用状态反馈控制实现系统极点任意配置的充要条件是原受控系统 Σ_0 完全能控。

（2）状态反馈极点配置的方法。考虑能控的单输入系统 Σ_0

$$\dot{x} = Ax + Bu$$
$$y = Cx$$

式中，x 为 n 维状态向量；u 为输入标量；y 为 q 维输出向量；A、B、C 分别为 $n×n$、$n×1$、$q×n$ 矩阵。

状态反馈控制为

$$u = v - Kx \qquad (24.3-49)$$

式中，K 为 $1×n$ 状态反馈矩阵；v 是参考输入，为标量。于是状态反馈控制系统为

$$\dot{x} = (A - BK)x + Bv$$
$$y = Cx \qquad (24.3-50)$$

其特征多项式为

$$f(s) = \det[sI - (A - BK)] \quad (24.3-51)$$

若根据控制系统性能的要求，确定出其期望的极点为 p_1，p_2，…，p_{n-1}，p_n，则控制系统期望的特征多项式为

$$\hat{f}(s) = \prod_{i=1}^{n}(s - p_i) \qquad (24.3-52)$$

显然有

$$f(s) = \hat{f}(s) \qquad (24.3-53)$$

状态反馈矩阵 K 可由式（24.3－53）中 s 的同次幂的系数相等求得。

3.6.2　状态重构与状态观测器

1. 状态重构问题　状态反馈要求系统的状态变量全部都能够检测得到，但是在实际的系统中，状态变量并不都是容易直接检测的，有的状态变量甚至根本无法检测，而系统的输出量总是可以检测的，因此考虑通过系统输出量与状态量的关系间接得到系统的状态量信息，这就是状态重构问题。状态重构通过状态观测器来实现。

2. 全维状态观测器

（1）基本结构。全维状态观测器建立在对原系统 Σ_0 模拟的基础上，它的结构如图 24.3－8 所示，其中状态观测器 $\hat{\Sigma}_0$ 是图中虚线框出部分，原系统 Σ_0 的输出 y 与状态观测器得出的输出 $\hat{y}$ 之间的误差通过 M 反馈至观测器，用来实现误差的闭环校正。

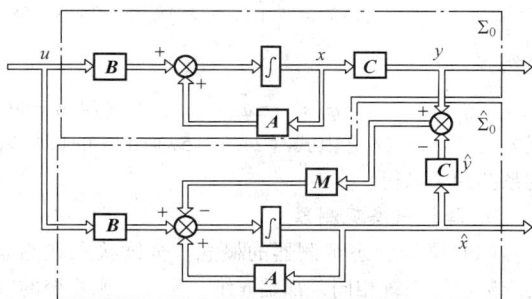

图 24.3－8　全维状态观测器结构原理图

根据图 24.3－8 可得状态观测器方程

$$\dot{\hat{x}} = A\hat{x} + Bu - M(y - \hat{y})$$
$$= A\hat{x} + Bu - My + MC\hat{x} \qquad (24.3-54)$$

即

$$\dot{\hat{x}} = (A + MC)\hat{x} + Bu - My \qquad (24.3-55)$$

式中，$\hat{x}$ 为观测器的状态向量，也即状态 x 的重构值；M 为误差反馈矩阵。可见一个状态观测器是以原系统输入 u 和输出 y 为输入量的系统，它搬用了原

系统的结构参数矩阵 A、B、C 外，引入了误差反馈矩阵 M。当观测器的系统矩阵 $(A+MC)$ 的特征值（也称观测器的极点）都具有负实部时，$\hat{x}$ 可随着时间 t 的增长而趋向于 x，而且趋向的速度由 $(A+MC)$ 的特征值决定。为了构造合适的观测器，其极点可以任意配置是必要的。

如果仅考虑状态观测器的存在（状态观测器的 $\hat{x}$ 能渐近趋向于原系统的状态 x），则系统中不能观子系统为渐近稳定是观测器存在的充要条件。

（2）状态观测器极点任意配置的条件。全维状态观测器能通过误差反馈矩阵 M 任意配置其极点的充要条件是原系统完全能观。

（3）状态观测器极点配置的方法。考虑能观的单输出系统 Σ_0

$$\dot{x} = Ax + Bu$$
$$y = Cx$$

式中，x 为 n 维状态向量；u 为 p 维输入向量；y 为输出标量；A、B、C 分别为 $n \times n$、$n \times p$、$1 \times n$ 矩阵。

与 Σ_0 对应的全维状态观测器 $\hat{\Sigma}_0$ 为

$$\dot{\hat{x}} = (A + MC)\hat{x} + Bu - My \quad (24.3-56)$$

其特征多项式为

$$\varphi(s) = \det[sI - (A + MC)] \quad (24.3-57)$$

若根据状态观测器性能（$\hat{x}$ 渐近趋向于 x 的速度）的要求，确定出其期望的极点为 λ_1，λ_2，$\cdots$，λ_{n-1}，λ_n，则观测器期望的特征多项式为

$$\hat{\varphi}(s) = \prod_{i=1}^{n}(s - \lambda_i) \quad (24.3-58)$$

显然有

$$\varphi(s) = \hat{\varphi}(s) \quad (24.3-59)$$

误差反馈矩阵 M 可由式（24.3-59）中 s 的同次幂的系数相等求得。

3. 降维状态观测器

（1）降维状态观测器的概念。全维状态观测器的维数与原系统相同，都是 n 维。实际上原系统的输出向量 y 中一定包含了部分状态变量的信息，因此，一般情况下可以利用系统的输出向量 y 直接产生一部分状态变量，从而使需要状态观测器间接估计状态变量的个数减少，降低了观测器的维数。可以证明，若系统能观，且系统输出矩阵 C 具有 q 的秩，则它的 q 个状态变量可以由 y 直接得到，其他 $(n-q)$ 个状态变量由 $(n-q)$ 维的降维状态观测器重构。

（2）降维状态观测器的设计思路。降维状态观测器的设计方法很多，下面介绍它的一般设计思路：

1）确定原系统的能观性。

2）求出输出矩阵 C 的秩：$\text{rank}C = q$，只需构造

$(n-q)$ 维降维状态观测器。

3）构造非奇异变换矩阵 $Q = \begin{pmatrix} D \\ C \end{pmatrix}$，其中 C 为 $q \times n$ 矩阵，D 是保证 Q 为非奇异的任意 $(n-q) \times n$ 矩阵，并求出 $Q^{-1} = [P_1 P_2]$，其中 P_1 为 $n \times (n-q)$ 矩阵，P_2 为 $n \times q$ 矩阵。

4）对原系统施加非奇异变换 $x = Q^{-1}\bar{x}$，得新状态空间的各矩阵为

$$\bar{A} = QAQ^{-1} = \begin{pmatrix} \bar{A}_{11} \bar{A}_{12} \\ \bar{A}_{21} \bar{A}_{22} \end{pmatrix},$$

$$\bar{B} = QB = \begin{pmatrix} \bar{B}_1 \\ \bar{B}_2 \end{pmatrix},$$

$$\bar{C} = CQ^{-1} = [0I_q]$$

5）降维状态观测器为

$$\hat{\bar{x}} = \begin{pmatrix} \hat{\bar{x}}_1 \\ \hat{\bar{x}}_2 \end{pmatrix} = \begin{pmatrix} z - My \\ y \end{pmatrix}$$

式中，$z^{\cdot} = (\bar{A}_{11} + M\bar{A}_{21})z + (\bar{B}_1 + M\bar{B}_2)u + [\bar{A}_{12} + M\bar{A}_{22} - (\bar{A}_{11} + M\bar{A}_{21})M]y$。

6）经反变换得原系统状态 x 的估计值 $\hat{x}$

$$\hat{x} = Q^{-1}\hat{\bar{x}} = [P_1 P_2]\begin{pmatrix} z - My \\ y \end{pmatrix}$$

$$= P_1(z - My) + P_2 y$$

按上述思路设计得到的降维状态观测器结构如图 24.3-9 所示。

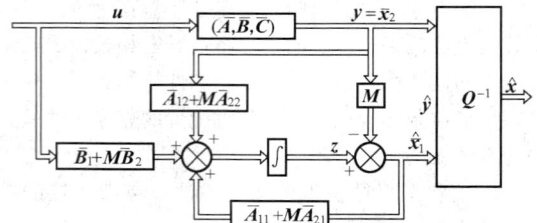

图 24.3-9 降维状态观测器结构原理图

3.6.3 带有状态观测器的状态反馈系统

状态观测器解决了受控系统的状态重构问题，使状态不能直接测量的系统也能实现状态反馈控制，构成带有状态观测器的状态反馈系统。这类反馈系统有其自身的一系列特性，现以全维状态重构为例，讨论这一类反馈系统，对于降维状态观测器的情况，讨论的思想是一样的。

1. 系统结构 带有状态观测器的状态反馈系统的结构原理如图 24.3-10 所示，其中 Σ_0 为原受控系

统，$\hat{\Sigma}_0$ 为全维状态观测器，K 为状态反馈矩阵，它

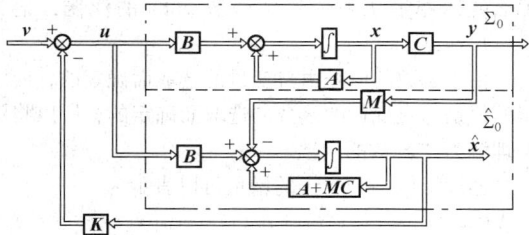

图 24.3-10　带有状态观测器的状态反馈系统
结构原理图

将 n 维的状态观测向量反馈至系统的输入端，有

$$\Sigma_0: \quad \dot{x} = Ax + Bu \quad y = Cx$$

$$\hat{\Sigma}_0: \quad \dot{\hat{x}} = (A + MC)\hat{x} + Bu - My$$

以及

$$u = V - K\hat{x}$$

从而可得

$$\dot{x} = Ax - BK\hat{x} + Bv$$

$$\dot{\hat{x}} = -MCx + (A + MC - BK)\hat{x} + Bv$$

$$y = Cx$$

即可用下列增广系统形式表示带有状态观测器的状态
反馈系统

$$\begin{pmatrix} \dot{x} \\ \dot{\hat{x}} \end{pmatrix} = \begin{pmatrix} A & -BK \\ -MC & A + MC - BK \end{pmatrix} \begin{pmatrix} x \\ \hat{x} \end{pmatrix} + \begin{pmatrix} B \\ B \end{pmatrix} v$$

$$(24.3-60)$$

$$y = \begin{bmatrix} C & 0 \end{bmatrix} \begin{pmatrix} x \\ \hat{x} \end{pmatrix} \quad (24.3-61)$$

2. 系统的特性　带有状态观测器的状态反馈系
统具有如下特性：

（1）系统的维数 = 原受控系统 Σ_0 的维数 + 状态
观测器 $\hat{\Sigma}_0$ 的维数。

（2）系统特征值（极点）的集合 = 原受控系统
直接引入状态反馈构成的状态反馈系统的特征值
（极点）的集合 + 状态观测器的特征值（极点）的集
合，由此可以得出在设计带有状态观测器的状态反馈
系统时很有用的分离性原理：通过状态反馈矩阵 K
配置状态反馈系统特征值（极点）与通过误差反馈
矩阵 M 配置状态观测器特征值（极点）互相保持分
离性，所以状态反馈控制的设计与状态观测器的设计
可以分别独立地进行。

（3）为了保证状态观测器具有比状态反馈系统
快的动态特性，一般把状态观测器极点离虚轴的距离
取为状态反馈系统极点离虚轴的距离的 2~3 倍。

（4）观测器的引入不改变原状态反馈系统的传

递函数矩阵。

3.7　最优控制

所谓最优控制，就是根据受控系统的动态特性，
选择控制规律，使系统按照一定的技术要求进行运
转，并使得描述系统性能或品质的某个"指标"在
一定意义下达到最优值。

以登月舱的月球软着陆问题（落在月球表面的
速度为零）为例，如图 24.3-11 所示，设登月舱的
质量 $m(t)$，它离月球表面的高度为 $h(t)$，垂直运动
速度为 $v(t)$，发动机的推力为 $u(t)$，月球表面的引
力加速度为常数 g。设登月舱自身的质量为 M_1，所
携带的燃料质量为 M_2，初始高度为 h_0，初始的垂直
速度为 v_0。登月舱自某时刻 $t_0 = 0$ 开始进入登月着陆
过程，其运动方程式为

$$\begin{cases} \dot{h}(t) = v(t) \\ \dot{v}(t) = \dfrac{u(t)}{m(t)} - g \\ \dot{m}(t) = -ku(t) \end{cases} \quad (24.3-62)$$

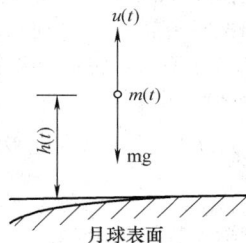

图 24.3-11

式中，k 为某一常数，现在要求控制登月舱从初始状
态出发，在某一终端时刻 t_f 实现软着陆，即要求

$$\begin{cases} h(0) = h_0 \\ v(0) = v_0 \\ m(0) = M_1 + M_2 \end{cases} \quad (24.3-63)$$

$$\begin{cases} h(t_f) = 0 \\ v(t_f) = 0 \\ m(t_f) \geqslant M_1 \end{cases} \quad (24.3-64)$$

在控制登月舱软着陆的过程中，推力 $u(t)$ 不能超过
发动机所能提供的最大推力 u_M，即 $u(t)$ 应满足下面
的约束条件

$$0 \leqslant u(t) \leqslant u_M \quad (24.3-65)$$

并使登月舱实现软着陆的推力 $u(t)$ 不止一种，其中
使燃料消耗最少的推力，便是所求的最优推力
$u^*(t)$。这时可以将问题归结为寻求登月舱所剩燃料
为最多，即

$$J = m(t_f) \quad (24.3-66)$$

为最大的推力 $u^*(t)$。

综上所述, 可以将登月舱在月球表面的软着陆问题抽象成如下的最优控制问题: 寻求满足约束条件式(24.3-65)的发动机的最优推力规律 $u^*(t)$, 使登月舱从初始状态式(24.3-63)转移到终端状态式(24.3-64), 并使性能指标式(24.3-66)达到最大值。

3.7.1 最优控制问题

给定受控系统的状态方程
$$\dot{X}(t) = f[X(t), U(t), t] \quad (24.3-67)$$
初始条件
$$X(t_0) = X_0 \quad (24.3-68)$$
式中, $X(t)$ 为 n 维状态变量; $U(t)$ 为 m 维控制变量; 并满足约束条件
$$U(t) \in \Omega, \quad t \in [t_0, t_f] \quad (24.3-69)$$
式中, Ω 为 m 维控制函数空间的闭子集。在受控系统的状态方程中, 向量函数 $f[X(t), U(t), t]$ 是 $X(t)$, $U(t)$ 与 t 的连续函数, 并对 $X(t)$ 与 t 是连续可微的。

满足约束条件式 (24.3-69) 的具有第一类间断点的分段连续的控制函数 $U(t)$, 使系统的状态变量 $X(t)$, 由给定的初态 $X(t_0)$ 转移到某个终态 $X(t_f) \in M$ (M 称为目标集), 并使性能指标
$$J = \theta[X(t_f), t_f] + \int_{t_0}^{t_f} L[X(t), U(t), t] \mathrm{d}t$$
$$(24.3-70)$$
达到极值的问题称为最优控制问题。

式中, $\theta[X(t_f), t_f]$ 为终值型性能指标; $\int_{t_0}^{t_f} L[X(t), U(t), t] \mathrm{d}t$ 为积分型性能指标; $\theta[X(t_f), t_f] + \int_{t_0}^{t_f} L[X(t), U(t), t] \mathrm{d}t$ 为复合型性能指标; $\theta[X(t_f), t_f]$ 和 $\int_{t_0}^{t_f} L[X(t), U(t), t] \mathrm{d}t$ 都是 $X(t)$ 与 t 的连续可微的标量函数。

记 $U^*(t)$ 为控制 $U(t)$ 的最优控制, 记 $X^*(t)$ 为状态 $X(t)$ 的最优轨线。最优控制必须满足以下三个条件:

(1) 最优控制 $U^*(t)$ 一定是容许控制, 即 $U^*(t) \in \Omega \subseteq R^m$。

(2) 最优控制必须将状态 $X(t)$ 由初态 $X(t_0)$ 转移到目标集 M 中的某个终态 $X(t_f)$。

(3) 最优控制必须使性能指标达到极大值或极小值, 即在某种意义下达到最优值。

3.7.2 基于变分法的最优控制

1. 泛函的变分 如果变量 J 对于某一函数类中的每一个函数 $x(t)$, 都有一个确定的值与之对应, 那么就称变量 J 为依赖于函数 $x(t)$ 的泛函, 记为 $J = J[x(t)]$。

由于函数的值是由自变量的选取而确定的, 而泛函的值是由自变量的函数的选取而确定的, 所以将泛函理解为 "函数的函数"。

连续泛函 $J[x(t)]$ 的增量可以表示为
$$\Delta J[x(t)] = J[x(t) + \delta x(t)] - J[x(t)]$$
$$= L[x(t), \delta x(t)] + r[x(t), \delta x(t)]$$
式中, $L[x(t), \delta x(t)]$ 是关于 $\delta x(t)$ 的线性连续泛函; $r[x(t), \delta x(t)]$ 是关于 $\delta x(t)$ 的高阶无穷小。$L[x(t), \delta x(t)]$ 称为泛函的变分, 记为
$$\delta J = L[x(t), \delta x(t)] \quad (24.3-71)$$
也就是说, 泛函的变分是泛函增量的线性主部。当一个泛函具有变分时, 即泛函的增量可以用式(24.3-71)来表示时, 称该泛函是可微的, 可以证明, 泛函的变分是唯一的。

如果泛函 $J[x(t)]$ 在函数空间中点 $x = x_0(t)$ 的邻域内, 其增量为
$$\Delta J = J[x(t)] - J[x_0(t)] \geqslant 0$$
就称泛函 $J[x(t)]$ 在点 $x_0(t)$ 处达到极小值。

2. 欧拉方程 若给定曲线 $x(t)$ 的始端 $x(t_0) = x_0$ 和终端 $x(t_f) = x_f$, 则泛函
$$J[x(t)] = \int_{t_0}^{t_f} L[x(t), \dot{x}(t), t] \mathrm{d}t$$
达到极值的必要条件是, 曲线 $x(t)$ 满足欧拉方程
$$L_x - \frac{\mathrm{d}}{\mathrm{d}t} L_{\dot{x}} = 0$$
式中, $x(t)$ 应有连续的二阶导数; $L[x(t), \dot{x}(t), t]$ 则至少应是二次连续可微的。

上面的标量结论可推广到 n 维函数空间中, 若极值曲线 $X(t) = [x_1(t), x_2(t), \cdots, x_n(t)]^\mathrm{T}$ 的始端 $X(t_0) = [x_1(t_0), x_2(t_0), \cdots, x_n(t_0)]^\mathrm{T}$ 和终端 $X(t_f) = [x_1(t_f), x_2(t_f), \cdots x_n(t_f)]^\mathrm{T}$ 是给定的, 则泛函
$$J[X(t)] = \int_{t_0}^{t_f} L[X(t), \dot{X}(t), t] \mathrm{d}t$$
达到极值的必要条件是曲线 $X(t)$ 满足向量欧拉方程
$$L_X - \frac{\mathrm{d}}{\mathrm{d}t} L_{\dot{X}} = 0 \quad (24.3-72)$$
式中, $\dot{X}(t)$ 应有连续的二阶导数; 而 $L[X(t), \dot{X}(t), t]$ 则至少应是二次连续可微的。

3. 横截条件

(1) 始端、终端可变, 即 $x(t_0) = \psi(t_0)$, $x(t_f) = \varphi(t_f)$, 则横截条件为
$$[L_x + (\dot{\psi} - \dot{x}) L_{\dot{x}}]\big|_{t = t_0^*} = 0$$

$$[L_x + (\dot{\varphi} - \dot{x})L_{\dot{x}}]\big|_{t=t_f^*} = 0$$

（2）当 t_0、t_f 可变，而 $x(t_0)$ 与 $x(t_f)$ 固定时，则横截条件为

$$[L_x - \dot{x}L_{\dot{x}}]\big|_{t=t_0^*} = 0$$

$$[L_x - \dot{x}L_{\dot{x}}]\big|_{t=t_f^*} = 0$$

（3）当 t_0、t_f 固定，而 $x(t_0)$ 与 $x(t_f)$ 可变时，即始端与终端分别在 $t = t_0$、$t = t_f$ 上滑动，则横截条件为

$$L_{\dot{x}}\big|_{t=t_0^*} = 0$$

$$L_{\dot{x}}\big|_{t=t_f^*} = 0$$

以上几种情况的横截条件，都可以将其推广到 n 维函数向量 $X(t) = [x_1(t), x_2(t), \cdots, x_n(t)]^T$ 的泛函的情形。

4. 等式约束条件下的变分问题 如果 n 维向量函数 $X(t) = [x_1(t), x_2(t), \cdots, x_n(t)]^T$ 能使泛函

$$J = \int_{t_0}^{t_f} L[X(t), \dot{X}(t), t]\mathrm{d}t \quad (24.3 - 73)$$

在等式约束

$$f[X(t), \dot{X}(t), t] = 0, \ \forall t \in [t_0, t_f]$$

$$(24.3 - 74)$$

条件下达到极值，这里 f 是 m 维向量函数，$m < n$，则必存在适当的 m 维向量函数

$$\lambda(t) = [\lambda_1(t), \lambda_2(t), \cdots, \lambda_m(t)]^T \quad (24.3 - 75)$$

使泛函

$$J_0 = \int_{t_0}^{t_f}\begin{Bmatrix} L[X(t), \dot{X}(t), t] + \\ \lambda^T(t)f[X(t), \dot{X}(t), t] \end{Bmatrix}\mathrm{d}t$$

达到无条件极值。即函数 $X(t)$ 是上述泛函的欧拉方程的解，其中

$$F = F[X(t), \dot{X}(t), \lambda(t), t] +$$

$$\lambda^T(t)f[X(t), \dot{X}(t), t] \quad (24.3 - 76)$$

而 $X(t)$ 和 $\lambda(t)$ 由欧拉方程和约束方程共同确定。

5. 利用变分方法求解最优控制问题 当状态变量和控制变量均不受约束，即 $X(t) \in R^n$，$U(t) \in R^m$ 时，最优控制问题是个在等式约束条件下求泛函极值的变分问题，可以利用拉格朗日乘子法来求解。

由于积分型指标的拉格朗日问题和终值型指标的梅耶问题可看成是波尔扎问题的特例，因此仅以波尔扎问题为例进行说明。

设系统状态方程为

$$\dot{X}(t) = f[X(t), U(t), t]$$

则为将系统从给定的初态

$$X(t_0) = X_0$$

转移到满足约束条件

$$\Phi[X(t_f), t_f] = 0$$

的某个终态 $X(t_f)$，其中 t_f 是可变的，并使性能泛函

$$J = \theta[X(t_f), t_f] + \int_{t_0}^{t_f} L[X(t), U(t), t]\mathrm{d}t$$

达到极小值的最优控制应满足的必要条件。

（1）设 $U^*(t)$ 是最优控制，$X^*(t)$ 是对应于 $U^*(t)$ 的最优轨线，则必存在一个与 $U^*(t)$ 和 $X^*(t)$ 相对应的 n 维协态变量 $\lambda(t)$，使得 $X(t)$ 与 $\lambda(t)$ 满足规范方程

$$\dot{X}(t) = \frac{\partial H}{\partial \lambda} = f[X(t), U(t), t]$$

$$\dot{\lambda}(t) = -\frac{\partial H}{\partial X}$$

式中，$H = H[X(t), \lambda(t), U(t), t]$
$\qquad = L[X(t), U(t), t] + \lambda^T(t)f[X(t), U(t), t]$
为哈密尔顿函数。

（2）边界条件为

$$X(t_0) = X_0$$

$$\Phi[X(t_f), t_f] = 0$$

$$\lambda(t_f) = \left[\frac{\partial \theta}{\partial X} + \frac{\partial \Phi^T}{\partial X}\mu\right]_{t=t_f}$$

$$\left[H + \frac{\partial \theta}{\partial t} + \frac{\partial \Phi^T}{\partial t}\mu\right]_{t=t_f} = 0$$

（3）哈密顿函数 H 对控制变量取极值，即

$$\frac{\partial H}{\partial U} = 0$$

式中，哈密顿函数 H 具有如下性质

$$\frac{\mathrm{d}H}{\mathrm{d}t} = \frac{\partial H}{\partial t}$$

当 H 不显含 t 时，$H(t) = $ 常数，$t \in [t_0, t_f]$。

3.7.3　最小值原理

最小值原理是对古典变分法的发展。它不仅可以用来求解函数 $U(t)$ 不受约束或只受开集性约束的最优控制问题，而且也可以用来求解控制函数 $U(t)$ 受到闭集性约束条件的最优控制问题。

最小值原理没有提出哈密顿函数 H 对控制函数 $U(t)$ 的可微性的要求，同时，最小值原理将古典变分法求解最优控制问题的极值条件作为一个特例概括在其中。

最小值原理是最优控制问题的必要条件，并非充分条件。也就是说，由最小值原理所求得的解能否使性能泛函 J 达到极小值，还需要进一步分析与判定。

利用最小值原理和古典变分法求解最优控制问题时，除了控制方程的形式不同外，其余条件是相同的。

一般来说，根据最小值原理确定最优控制 $U^*(t)$ 和最优轨线 $X^*(t)$ 仍然需要求解两点边界值问题。

1. 积分型最优控制问题的最小值原理 给定系统的状态方程

$$\dot{X}(t) = f[X(t), U(t), t] \quad (24.3-77)$$

和初态 $X(t_0) = X_0$，而终端时刻 t_f 固定，终端状态 $X(t_f)$ 自由以及控制变量 $U(t)$ 所受约束条件是

$$U(t) \in \Omega, \ t \in [t_0, t_f] \quad (24.3-78)$$

则为将系统从给定的初态 $X(t_0)$ 转移到某个终态 $X(t_f)$，并使性能泛函

$$J = \int_{t_0}^{t_f} L[X(t), U(t), t] \mathrm{d}t \quad (24.3-79)$$

达到极小值的最优控制应满足的必要条件如下：

（1）设 $U^*(t)$ 是最优控制，$X^*(t)$ 是对应于 $U^*(t)$ 的最优轨线，则必存在一与 $U^*(t)$ 和 $X^*(t)$ 相对应的 n 维协态变量 $\lambda(t)$，使得 $X^*(t)$ 和 $\lambda(t)$ 满足规范方程

$$\dot{X}(t) = \frac{\partial H}{\partial \lambda} = f[X(t), U(t), t] \quad (24.3-80)$$

$$\dot{\lambda}(t) = -\frac{\partial H}{\partial X} \quad (24.3-81)$$

式中，H 是哈密顿函数，且为

$$\begin{aligned} H &= H[X(t), \lambda(t), U(t), t] \\ &= L[X(t), U(t), t] + \lambda^{\mathrm{T}}(t) f[X(t), U(t), t] \end{aligned} \quad (24.3-82)$$

（2）边界条件为

$$X(t_0) = X_0$$
$$\lambda(t_f) = 0$$

（3）哈密顿函数在最优控制 $U^*(t)$ 和最优轨线 $X^*(t)$ 上达到最小值，即

$$\begin{aligned} &H[X^*(t), \lambda(t), U^*(t), t] \\ &= \min_{U(t) \in \Omega} H[X^*(t), \lambda(t), U(t), t] \end{aligned} \quad (24.3-83)$$

2. 一般型最优控制问题 给定系统状态方程

$$\dot{X}(t) = f[X(t), U(t), t]$$

的初态 $X(t_0) = X_0$ 和控制函数的约束条件

$$U(t) \in \Omega, \ t \in [t_0, t_f] \quad (24.3-84)$$

从满足约束条件（24.3-84）的容许控制函数中，确定一个控制函数 $U(t)$，使性能泛函

$$J = C^{\mathrm{T}} X(t_f) = \sum_{i=1}^{n} c_i x_i(t_f) \quad (24.3-85)$$

达到极小值，式中

$$C = (c_1, c_2, \cdots, c_n)^{\mathrm{T}}$$

t_f 是终端时刻；$X(t_f)$ 是终端状态。

最优控制问题的上述提法具有一般性，它将许多常见的最优控制问题概括成为自己的特殊情况，故称为一般型最优控制问题，许多最优控制问题都可以转化为一般型最优控制问题。例如，一个复合型指标的最优控制问题，也能够转化为一般型最优控制问题。

对于一般型最优控制问题中，终端时刻可变，终端状态受限一不显含 t_f 的最小值原理，如果给定系统的状态方程

$$\dot{X}(t) = f[X(t), U(t), t]$$

和控制函数 $U(t)$ 的约束条件

$$U(t) \in \Omega, \ t \in [t_0, t_f]$$

则为将系统从给定的初态 $X(t_0) = X_0$ 转移到满足约束条件

$$\Phi[X(t_f)] = 0$$

的某个终态 $X(t_f)$，其中 t_f 是可变的，并使性能泛函

$$J = C^{\mathrm{T}} X(t_f)$$

达到极小值的最优控制应满足的必要条件如下：

（1）设 $U^*(t)$ 是最优控制，$X^*(t)$ 是对应于 $U^*(t)$ 的最优轨线，则必存在一个与 $U^*(t)$ 和 $X^*(t)$ 相应的 $\lambda(t)$，使得 $X^*(t)$ 和 $\lambda(t)$ 满足规范方程

$$\dot{X}(t) = \frac{\partial H}{\partial \lambda} = f[X(t), U(t), t]$$

$$\dot{\lambda}(t) = -\frac{\partial H}{\partial X(t)}$$

式中

$$\begin{aligned} H &= H[X(t), \lambda(t), U(t), t] \\ &= \lambda^{\mathrm{T}}(t) f[X(t), U(t), t] \end{aligned}$$

（2）边界条件为

$$X(t_0) = X_0$$
$$\Phi[X(t_f)] = 0$$
$$\lambda(t_f) = -\left[C + \frac{\partial \Phi^{\mathrm{T}}[X(t_f)]}{\partial X(t_f)} \mu \right]$$
$$H[X(t), \lambda(t), U(t), t]\big|_{t=t_f^*} = 0$$

（3）在最优控制和最优轨线上哈密顿函数 H 达到最大值，即

$$\begin{aligned} &H[X^*(t), \lambda(t), U^*(t), t] \\ &= \max_{U(t) \in \Omega} H[X^*(t), \lambda(t), U^*(t), t] \end{aligned}$$

3.7.4 动态规划

动态规划是美国学者贝尔曼（BeIIman）在 20 世纪 50 年代中期创立的，是求解最优控制问题的重要方法之一，最初被用来研究多级决策的最优化问题。但目前，它已在许多领域里获得了广泛并且成功的应用。

动态规划的理论基础是所谓的贝尔曼最优性原理。动态规划研究的对象是多级决策过程的最优化问题。

与穷举法相比，动态规划法的计算工作量大为减

少。对于多阶段、多决策（每段不是两个决策而是多个决策）问题，动态规划的优越性就更加突出。因此，它对于处理路程或过程分为多段，每段都要做出决策才能确定过程继续演化的所谓多级决策问题，是一个很有前途的方法。

动态规划法可将一个复杂的、难以求解的多级决策问题，转化为一系列简单的、易于求解的多个单级决策问题来处理，这在数学上称为不变嵌入原理。

1. 最优性原理　在一个多级决策问题中的最优策略具有这样的性质，不论初始状态和初始决策如何，当将其中的任何一个状态再作为初始状态时，则余下的策略，对此必定也是一个最优策略。

具体地说，如果有一个初始状态为 $X(0)$ 的 N 级决策问题，其最优决策为 $U(0)$，$U(1)$，…，$U(N-1)$，那么，对于以 $X(j)(j=1, 2, …, N-1)$ 为初始状诚的 $N-j$ 级决策问题来说，策略 $U(j)$，$U(j+1)$，…，$U(N-1)$ 必定也是最优策略。

2. 离散动态规划的基本方程　给定 n 阶离散系统的状态方程
$$X(i+1) = f[X(i), U(i)] \quad (24.3-86)$$
初始状态
$$X(0) = X_0 \quad (24.3-87)$$
和性能指标
$$J_N = \theta[X(N)] + \sum_{i=0}^{N-1} L[X(i), U(i)]$$
$$(24.3-88)$$
式中，性能指标 J_N 的下标 N 表示从 $U(0)$ 到 $U(N-1)$ 进行 N 级控制。问题是求最优控制序列 $U^*(0)$，$U^*(1)$，…，$U^*(N-1)$ 使性能指标 J_N 达到极小（或极大）值。这是一个多级决策问题。

在离散系统最优控制问题式（24.3-86）～式（24.3-88）中，如果已经求出 $U^*(0)$，已知 $U^*(0)$ 和 $X(0)$，那么 $X(1) = f[X(0), U^*(0)]$，根据最优性原理，如果 $U^*(0)$ 已被求出，那么求 $U^*(1)$，$U^*(2)$，…，$U^*(N-1)$ 的问题就构成了一个初态为 $X(1)$ 的 $N-1$ 级的最优控制问题，该最优控制问题的性能指标 J_{N-1} 的极小值记为

$$J_{N-1}^*[X(1)] = \min_{U(1), …, U(N-1)}\{J_{N-1}[X(1), U(1), …, U(N-1)]\}$$

$$= \min_{U(1), …, U(N-1)}\{L[X(1), U(1)] + … + L[X(N-1), U(N-1)] + \theta[X(N)]\}$$

则离散动态规划的基本方程是

$$J_N^*[X(0)] = \min_{U(0)}\{L[X(0), U(0)] + J_{N-1}^*[X(1)]\}$$

$$J_{N-1}^*[X(1)] = \min_{U(1)}\{L[X(1), U(1)] + J_{N-2}^*[X(2)]\}$$

$$X(2) = f[X(1), U^*(1)]$$
$$\vdots$$

$$J_{N-j}^*[X(j)] = \min_{U(j)}\left\{\begin{array}{l}L[X(j), U(j)] \\ + J_{N-j-1}^*[X(j+1)]\end{array}\right\}$$

$$X(j+1) = f[X(j), U^*(j)]$$
$$j = 0, 1, …, N-1$$

利用动态规划法求解离散系统最优控制序列的过程是将一个 N 级最优控制问题转化为 N 个一级最优控制问题来处理，并且从最后一级开始，依次向前递推。解 N 个函数方程，每次可求出一个最优解 $U^*(N-j)$，$j=1, 2, …, N$。

3. 连续动态规划的基本方程　给定 n 阶连续系统的状态方程和初始状态

$$\dot{X}(t) = f[X(t), U(t), t], X(t_0) = X_0$$

式中，$X(t)$ 是 n 维状态变量；$U(t)$ 是 m 维控制变量，其所受到的约束条件为

$$U(t) \in \Omega, t \in [t_0, t_f]$$

式中，Ω 为 m 维实函数空间中的一个闭子集。问题是，从所有容许的控制函数 $U(t) \in \Omega$ 中，确定控制函数 $U(t)$，使性能指标

$$J = \int_{t_0}^{t_f} L[X(t), U(t), t]dt$$

达到极小值。终端时刻 t_f 给定，终态 $X(t_f)$ 自由。

假定最优控制 $U^*(t)$ 和最优状态轨线 $X^*(t)$ 都已经找到了，最优性能指标 J^* 仅与初始时刻 t_0 和初始状态 $X(t_0)$ 有关的，也就是说，它是初始时刻 t_0 和初始状态 $X(t_0)$ 的函数，记为

$$J^*[X(t_0), t_0] \stackrel{\wedge}{=} J[X^*(t), U^*(t)]$$

$$= \int_{t_0}^{t_f} L[X^*(t), U^*(t), t]dt$$

$$= \min_{U(t)[t_0, t_f]} \int_{t_0}^{t_f} L[X(t), U(t), t]dt$$

$$J^*[X(t), t] \stackrel{\wedge}{=} J[X^*(\tau), U^*(\tau)]$$

$$= \int_t^{t_f} L[X^*(\tau), U^*(\tau), \tau]d\tau$$

$$= \min_{U(t)[t, t_f]} \int_t^{t_f} L[X(\tau), U(\tau), \tau]d\tau$$

应用连续最优控制问题的最优性原理, 初始状态为 $X(t_0)$ 的最优控制策略 $U^*[t_0, t_f]$ 后面的一部分 $U^*[t_1, t_f](t_1 > t_0)$ 仍然是最优控制策略, 其初始状态是在区间 $[t_0, t_1]$ 上应用控制策略 $U^*[t_0, t_1]$ 由系统状态方程

$$\dot{X}(t) = f[X(t), U(t), t]$$

和初始状态 $X(t_0) = X_0$ 所得到的 $X(t_1)$。

根据上述定义式, 对于在区间 $[t_0, t_f]$ 上的任意时刻 t, 最优性能指标函数为

$$J^*[X(t), t]$$
$$= \min_{U[t, t_f]} \int_t^{t_f} L[X(\tau), U(\tau), \tau] d\tau$$
$$= \min_{U[t, t_f]} \left\{ \int_t^{t+\Delta t} L[X(\tau), U(\tau), \tau] d\tau + \int_{t+\Delta t}^{t_f} L[X(\tau), U(\tau), \tau] d\tau \right\}$$
$$= \min_{U[t, t+\Delta t]} \left\{ \min_{U[t+\Delta t, t_f]} \left[\int_t^{t+\Delta t} L[X(\tau), U(\tau), \tau] d\tau + \int_{t+\Delta t}^{t_f} L[X(\tau), U(\tau), \tau] d\tau \right] \right\}$$
$$= \min_{U[t, t+\Delta t]} \left\{ \int_t^{t+\Delta t} L[X(\tau), U(\tau), \tau] d\tau + \min_{U[t+\Delta t, t_f]} \int_{t+\Delta t}^{t_f} L[X(\tau), U(\tau), \tau] d\tau \right\}$$
$$= \min_{U[t, t+\Delta t]} \left\{ \int_t^{t+\Delta t} L[X(\tau), U(\tau), \tau] d\tau + J^*[X(t+\Delta t), t+\Delta t] \right\}$$

可得到连续动态规划的基本方程 (包含一个函数方程和偏微分方程的混合方程), 又称哈密顿-雅可比 (记为 H - J - B) 方程

$$-\frac{\partial J^*[X(t), t]}{\partial t}$$
$$= \min_{U(t)} \left\{ L[X(t), U(t), t] + \left[\frac{\partial J^*[X(t), t]}{\partial t} \right]^T f[X(t), U(t), t] \right\}$$

结合相应的 H - J - B 方程的边界条件:

$$J^*[X(t_f), t_f] = \min_{U[t_f, t_f]} \int_{t_f}^{t_f} L[X(t), U(t), t] dt = 0$$

可得到连续动态规划的的最优控制和最优性能指标函数最优值的充分条件。

3.7.5　线性二次型最优控制

线性二次型最优控制问题是指线性系统具有二次

型性能指标的最优控制问题, 它呈现以下重要特性:

(1) 性能指标具有鲜明的物理意义。

(2) 最优解可以写成统一的解析表达式。

(3) 所得到的最优控制规律是状态变量的反馈形式, 便于计算和工程实现。

(4) 可以兼顾系统性能指标的多方面因素。例如快速性、能量消耗、终端准确性、灵敏度和稳定性等。

在理论上, 有许多控制问题都可作为线性二次型最优控制问题来处理; 在实践上, 得到了广泛而成功的应用。可以说, 线性二次型最优控制问题是现代控制理论及其应用领域中最富有成果的一部分。

1. 线性二次型最优控制问题的提法　给定线性时变系统的状态方程和输出方程

$$\begin{cases} \dot{X}(t) = A(t)X(t) + B(t)U(t) \\ Y(t) = C(t)X(t) \end{cases}$$

式中, $X(t)$ 为 n 维状态变量; $U(t)$ 为 m 维控制变量; $Y(t)$ 为 l 维输出变量; $A(t)$ 为 $n \times n$ 时变矩阵; $B(t)$ 为 $n \times m$ 时变矩阵。假设 $1 \le l \le m \le n$, $U(t)$ 不受约束。若 $Y_r(t)$ 表示预期输出变量, 它是 l 维向量, 则有 $e(t) = Y_r(t) - Y(t)$ 称为误差向量。现在的问题是, 选择最优控制 $U^*(t)$ 使下列二次型性能指标

$$J = \frac{1}{2} e^T(t_f) S e(t_f) + \frac{1}{2} \int_{t_0}^{t_f} [e^T(t) Q(t) e(t) + U^T(t) R(t) U(t)] dt$$

(24.3 - 89)

为最小, 这就是线性二次型最优控制问题。式中, S 是 $l \times l$ 半正定对称常数矩阵; $Q(t)$ 是 $l \times l$ 半正定对称时变矩阵; $R(t)$ 是 $m \times m$ 正定对称时变矩阵, 终端时间 t_f 是固定的, 终端状态 $X(t_f)$ 自由。

性能指标式 (24.3 - 89) 中的第一部分 $\frac{1}{2} e^T(t_f) S e(t_f)$ 称作终端代价, 用它来限制终端误差 $e(t_f)$, 以保证终端状态 $X(t_f)$ 具有适当的准确性; 式 (24.3 - 89) 中的第二部分 $\frac{1}{2} \int_{t_0}^{t_f} e^T(t) Q(t) e(t) dt$ 称作过程代价, 用它来限制控制过程的误差 $e(t)$, 以保证系统响应具有适当的快速性; 式 (24.3 - 89) 中的第三部分 $L_u = \frac{1}{2} \int_{t_0}^{t_f} U^T(t) R(t) U(t) dt$ 称作控制代价, 用它来限制控制 $U(t)$ 的幅值及平滑性, 以保证系统安全运行。同时, 它对限制控制过程的能源消耗也能起到重要的作用, 从而保证系统具有适当的节能性。

在解决实际的最优控制问题时, 选取恰当的加权矩阵, 对实现相应的控制目标是非常重要的。

2. 有限时间的状态调节器问题　给定线性定常

系统的状态方程

$$\dot{X}(t) = AX(t) + BU(t)$$

式中，$U(t)$ 不受约束。初始条件 $X(t_0) = X_0$ 和性能指标

$$J = \frac{1}{2}\int_{t_0}^{t_f}[X^T(t)QX(t) + U^T(t)RU(t)]dt$$

则最优控制存在且唯一，最优控制的充要条件是

$$U^*(t) = -R^{-1}B^T P(t)X(t)$$

式中，$P(t)$ 为矩阵黎卡提微分方程

$$\dot{P}(t) = -P(t)A - A^T P(t) + P(t)B R^{-1}B^T P(t) - Q$$

满足边界条件

$$P(t_f) = 0$$

的唯一对称解。并且，当 Q 为半正定对称矩阵时，$P(t)(t_0 \leqslant t < t_f)$ 是半正定对称矩阵；而当 Q 为正定对称矩阵时，$P(t)$ 是正定对称矩阵。性能指标的最小值为

$$J^*[X(t_0), t_0] = \frac{1}{2}X^T(t_0)P(t_0)X(t_0)$$

状态最优轨线是下列状态方程

$$\dot{X}(t) = [A - BR^{-1}B^T P(t)]X(t)$$

满足初始条件 $X(t_0) = X_0$ 的解。

3. 无限时间的状态调节器问题　在有限时间状态调节器问题中，所得到最优调节作用是状态变量的线性函数，可以实现状态反馈的闭环控制。但是，其反馈增益矩阵

$$K(t) = R^{-1}B^T P(t)$$

却是时变的。这在工程实现上是极不方便的，如果能够得到定常的反馈增益矩阵，将给工程实现带来方便。当终端时刻 t_f 趋于无限时，就可得到非时变的状态调节器，即这时的反馈增益矩阵是一个定常矩阵。

给定线性定常系统的状态方程和初始条件

$$\begin{cases} \dot{X}(t) = AX(t) + BU(t) \\ X(t_0) = X_0 \end{cases}$$

式中，A、B 为定常矩阵；系统 $(A、B)$ 是完全可控的；控制函数 $U(t)$ 不受约束。性能指标为

$$J = \frac{1}{2}\int_{t_0}^{\infty}[X^T(t)QX(t) + U^T(t)RU(t)]dt$$

式中，Q、R 为定常对称正定矩阵，则使性能指标 J 达到最小值的最优调节作用为

$$U^*(t) = -R^{-1}B^T \bar{P}X(t)$$

式中，$\bar{P}$ 是矩阵黎卡提代数方程

$$\bar{P}A + A^T\bar{P} - \bar{P}BR^{-1}B^T\bar{P} + Q = 0$$

的唯一正定对称解。而状态最优轨线 $X^*(t)$ 是状态方程

$$\dot{X}(t) = [A - BR^{-1}B^T\bar{P}]X(t)$$

满足初始条件

$$X(t_0) = X_0$$

的解。

性能指标的最小值为

$$J^*[X(t_0), t_0] = \frac{1}{2}X^T(t_0)\bar{P}X(t_0)$$

最优调节系统的框图如图 24.3 - 12 所示。

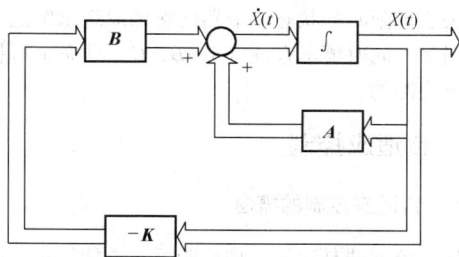

图 24.3 - 12　最优调节系统框图

4. 输出调节器问题　给定完全可观测的线性定常系统的状态方程和输出方程

$$\dot{X}(t) = AX(t) + BU(t), \quad X(t_0) = X_0 \tag{24.3-90}$$

$$Y(t) = CX(t) \tag{24.3-91}$$

以及性能指标

$$J = \frac{1}{2}\int_{t_0}^{t_f}[Y^T(t)QY(t) + U^T(t)RU(t)]dt \tag{24.3-92}$$

式中，Q 为定常半正定对称矩阵；R 为定常正定对称矩阵；t_f 为有限的终端时刻；控制函数 $U(t)$ 不受约束。要求确定最优调节作用 $U^*(t)$ 使性能指标式 (24.3-92) 达到最小值。这类最优控制问题，称为输出调节器问题。其实质是用不大的控制能量，使输出变量 $Y(t)$ 保持在零值附近。

考虑到输出方程式 (24.3-91)，式 (24.3-92) 可写为

$$\begin{aligned} J &= \frac{1}{2}\int_{t_0}^{t_f}[Y^T(t)QY(t) + U^T(t)RU(t)]dt \\ &= \frac{1}{2}\int_{t_0}^{t_f}[X^T(t)C^TQCX(t) + U^T(t)RU(t)]dt \\ &= \frac{1}{2}\int_{t_0}^{t_f}[X^T(t)Q'X(t) + U^T(t)RU(t)]dt \end{aligned}$$

于是，加权矩阵为 Q 的有限时间的输出调节器问题就转化为加权矩阵为 Q' 的有限时间的状态调节器问

题。因此可以利用关于有限时间的状态调节器的原理来求解这个问题。但是，这时要求系统（A，C）必须是完全可观测的。

如果将所讨论的是终端时刻 t_f 为无限值的情况，即当 $t_f \to \infty$ 时，性能指标为

$$J = \frac{1}{2} \int_{t_0}^{\infty} [Y^T(t)QY(t) + U^TRU(t)] \, dt$$

这时，输出调节器问题称为无限时间的输出调节器问题。经过与上述相同的变换，无限时间的输出调节器问题就转化为无限时间的状态调节器问题。自然可以利用关于无限时间状态调节器问题的原理求解这个问题。但是，同时要求系统（A，B，C）是完全可控和完全可观测的。

3.8 自适应控制

3.8.1 自适应控制的概念

适应控制器是这样一种控制器，它能修正自己的特性以适应对象和扰动的动态特性的变化。自适应控制的研究对象是具有一定程度不确定性的系统，这里所谓的"不确定性"是指描述被控对象及其环境的数学模型不是完全确定的，其中包含一些未知因素和随机因素。

自适应控制和常规的反馈控制和最优控制一样，也是一种基于数学模型的控制方法，所不同的只是自适应控制所依据的关于模型和扰动的先验知识比较少，需要在系统的运行过程中去不断提取有关模型的信息，使模型逐步完善。具体地说，可以依据对象的输入输出数据，不断地辨识模型参数，这个过程称为系统的在线辨识。随着过程的不断进行，通过在线辨识，模型会变得越来越准确，越来越接近于实际。既然模型在不断地改进，显然，基于这种模型综合出来的控制作用也将随之不断地改进。在这个意义下，控制系统具有一定的适应能力。

常规的反馈控制系统对于系统内部特性的变化和外部扰动的影响都具有一定的抑制能力，但是由于控制器参数是固定的，所以当系统内部特性变化或者外部扰动的变化幅度很大时，系统的性能常常会大幅度下降，甚至是不稳定。所以对那些对象特性或扰动特性变化范围很大，同时又要求经常保持高性能指标的一类系统，采取自适应控制是合适的。但是，同时也应当指出，自适应控制比常规反馈控制要复杂得多，成本也高得多，因此，只是在用常规反馈达不到所期望的性能时，才会考虑采用。

自适应控制可分为模型参考自适应、自校正控制、自寻优控制、变结构控制和学习控制等类型，主

要的理论问题有稳定性、收敛性和鲁棒性等。

3.8.2 模型参考自适应控制

模型参考自适应控制系统由参考模型、可调系统、自适应机构三部分组成，常用的一种典型结构如图 24.3 - 13 所示。模型参考自适应控制是将所要求的性能指标与系统的实际性能进行比较，以其误差信息来修改反馈控制规律，而系统的性能要求直接通过一个参考模型的输出来表达。

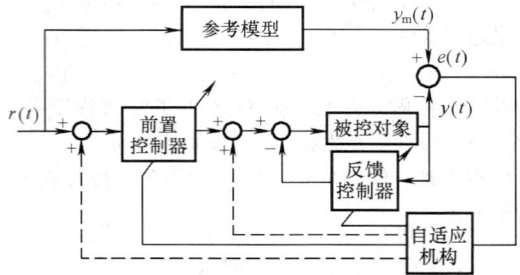

图 24.3 - 13 并联模型参考自适应系统

在并联模型参考自适应控制中，根据被控对象要求达到的性能指标，设计一个与对象同阶的定常参考模型，将其与被控对象并联。在同输入作用下，比较二者的输出得到偏差 $e(t)$，再通过所设计的参数调整机构去调整控制器的参数（相当于调整被控对象的参数），使被控对象的输出跟踪参考模型的输出（如图 24.3 - 13 所示）。这里，模型的性能指标就是系统的性能指标，模型的输出表示系统的期望输出。

模型参考自适应控制的设计方法很多，主要有局部参数最优化设计方法、基于稳定性理论和超稳定性理论的设计方法等。

下面简单介绍具有可调增益的模型参考自适应控制的参数最优化设计方法。

图 24.3 - 14 为具有可调增益的模型参考自适应控制系统。外界系统的变化可能会引起被控对象的增益 K_c 发生变化，并最终反映到输出误差 $e(t)$ 上。为了克服 K_c 变化所带来的影响，在控制系统中增加了可调益 K_c。

已知参考模型的传递函数为

$$G(s) = K \frac{N(s)}{d(s)} \qquad (24.3 - 93)$$

输出误差 $e(t) = y_m(t) - y(t)$。若所选用的系统性能指标为

$$J = \frac{1}{2} \int_{t_0}^{t_f} e^2(t) \, dt \qquad (24.3 - 94)$$

自适应系统的任务就是要通过调整增益 K_c，使性能指标 J 达到最小，最终达到

$$\lim_{t \to \infty} e(t) = 0 \qquad (24.3-95)$$

用梯度法进行参数寻优，K_c 值应沿负梯度方向变化，即

$$K_c - K_{c0} = -\gamma \frac{\partial J}{\partial K_c} = -\gamma \int_{t_0}^{t_f} e(t) \frac{\partial e(t)}{\partial K_c} dt$$

$$(24.3-96)$$

式中，K_{c0} 为可调增益 K_c 的初值；γ 为正的常数。

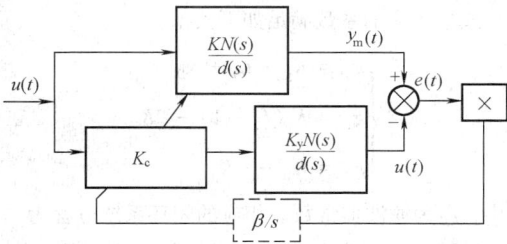

图 24.3-14　具有可调增益的模型参考

为了抗干扰起见，实际系统中应尽量避免使用微分项 $\partial e(t)/\partial K_c$，为此，需找到一个与 $\partial e(t)/\partial K_c$ 有关的量替代之。可以证明，为使 J 最小，$\partial e(t)/\partial K_c$ 与 $y_m(t)$ 必须成比例，由此得

$$K_c - K_{c0} = -\gamma \frac{\partial J}{\partial K} = -\gamma \int_{t_0}^{t_f} e(t) y_m(t) dt$$

$$K_c = \beta e(t) y_m(t)$$

式中，β 为常数。这就是 K_c 的调整规律，即系统的自适应控制规律。

这种控制算法在系统阶次较高及在某些输入作用下，稳定性较差，用李亚普诺夫稳定性理论和波波夫超稳定性理论设计模型参考自适应控制系统可以避免这个问题。

3.8.3　自校正控制

自校正控制系统近年来得到很快发展，并在过程控制领域得到应用，它是一种很有应用前景的控制方法。自校正控制系统的框图如图 24.3-15 所示。系统由被控对象和自校正控制器组成。按控制器的设计原则，可分为基于优化控制策略的自校正控制器设计和基于常规控制策略的自校正控制器设计。

1. 基于优化控制策略的自校正器　此类自校正控制器能在线估计被控对象的模型参数，并根据事先规定的性能指标去计算和修改控制器的参数，使系统处于最优运行状态。

自校正控制系统的核心是控制器的设计。自校正控制算法有两类：一类称为显式算法，它首先估计出被控对象的数学模型的参数，然后用估计出的参数去计算自适应控制参数；另一类称为隐式算法，它建立一个与控制器参数直接相关的估计模型，在线辨识所估计出的参数就是与自适应控制规律有关的参数。自校正控制中多采用隐式算法。

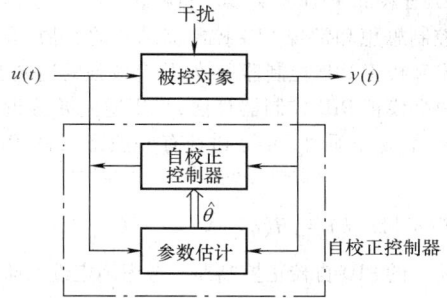

图 24.3-15　自校正控制系统框图

下面介绍最小方差自校正控制系统的设计。单输入单输出对象的输入输出关系可用 CARMA 模型描述

$$A(q^{-1})y(k) = q^{-d}B(q^{-1})u(k) + \lambda C(q^{-1})e(k)$$

$$A(q^{-1}) = 1 + a_1 q^{-1} + a_2 q^{-2} + \cdots + + a_{na}q^{-na}$$

$$B(q^{-1}) = b_0 + b_1 q^{-1} + b_2 q^{-2} + \cdots + + b_{nb}q^{-nb}, \; b_0 \neq 0$$

$$C(q^{-1}) = 1 + c_1 q^{-1} + c_2 q^{-2} + \cdots + + c_{nc}q^{-nc}$$

式中，$e(k)$ 为均值为零、方差为 1 的白噪声；λ 为决定干扰强度的系数；d 为对象的时延。假定 $A(q^{-1})$、$B(q^{-1})$ 和 $C(q^{-1})$ 的全部 q^{-1} 零点均在单位圆外。

由于过程中有时延 d，同时由于 k 时刻以后的随机干扰无法预先知道，所以在控制量 $u(k)$ 作用下的预测输出 $\hat{y}(k+d)$ 只能在统计意义上接近输出期望值 y_r。

定义目标函数

$$J = E\{[\hat{y}(k+d) - y_r]^2\}$$

可以证明，使目标函数 J 最小的控制量为

$$u(k) = -\frac{G(q^{-1})}{B(q^{-1})F(q^{-1})}y(k)$$

$$G(q^{-1}) = g_0 + g_1 q^{-1} + \cdots + g_{n-1}q^{-n+1}$$

$$F(q^{-1}) = 1 + f_1 q^{-1} + \cdots + f_{d-1}q^{-d+1}$$

$G(q^{-1})$ 和 $F(q^{-1})$ 可通过分解 $C(q^{-1})/A(q^{-1})$ 得到，即

$$\frac{C(q^{-1})}{A(q^{-1})} = F(q^{-1}) + q^{-d}\frac{C(q^{-1})}{A(q^{-1})}$$

这就是自校正控制的显式算法，它必须先估计模型参数 $A(q^{-1})$、$B(q^{-1})$ 和 $C(q^{-1})$，然后计算出 $G(q^{-1})$ 和 $F(q^{-1})$，最后得到控制量 $u(k)$。显式算法计算量比较大，为克服这个缺点，可采用隐式算法。

2. 自校正 PID 控制器 自校正 PID 控制器是自校正控制思想和常规 PID 控制器结合的产物，能够在线整定和校正 PID 控制器参数，具有较强的适应能力。

根据模拟 PID 控制器算法，采用逆向差分近似表示积分和微分项时，可得到具有一般形式的 PID 控制器

$$F(q^{-1})u(k) = H(q^{-1})y_r(k) - G(q^{-1})y(k)$$

对于简单的 PID 自校正控制器，考虑确定性二阶过程

$$A(q^{-1})y(k) = q^{-1}B(q^{-1})u(k) + y_d$$

y_d 为常值偏移，式中

$$A(q^{-1}) = 1 + a_1 q^{-1} + a_2 q^{-2}$$

$$B(q^{-1}) = b_0 + b_1 q^{-1}$$

若对此系统施加一般形式的 PID 控制器，为了消去偏移项，取

$$\begin{cases} F(q^{-1}) = 1 + (f_2 - 1)q^{-1} + f_2 q^{-2} \\ \quad = (1 - q^{-1})(1 + f_2 q^{-1}), \quad -1 < f_2 < 0 \\ G(q^{-1}) = g_0 + g_1 q^{-1} + g_2 q^{-2} \\ H = G(1) = g_0 + g_1 + g_2 \end{cases}$$

这里，相应的 PID 控制策略 $u(k)$ 可表示为

$$u(k) = -\left[K_p + \frac{K_D(1 - q^{-1})}{1 + f_2 q^{-1}}\right]y(k) +$$

$$\frac{K_I}{(1 - q^{-1})(1 + f_2 q^{-1})}[y_r(k) - y(k)]$$

上述式中相应的系数满足如下关系

$$\begin{cases} g_0 = K_p + K_I + K_D \\ g_1 = K_p(f_2 - 1) - 2K_D \\ g_2 = K_D - f_2 K_p \end{cases}$$

式中，f_2 为滤波器常数。相应的闭环系统方程为

$$(AF + q^{-1}BG)y(k) = Hq^{-1}By_r(k) + Fy_d$$

如果 A、B 已知（若未知，可通过辨识得到），且 B 中没有 $q = 1$ 的零点，则可唯一选择 F、G，使闭环特征多项式等于希望的多项式 $A_m(q^{-1})$ 即

$$AF + q^{-1}BG = A_m$$

第 4 章 智 能 控 制

4.1 概述

智能控制理论是在传统控制理论面临复杂的、非线性的、时变的和不确定系统难以有效控制的条件下提出的一种系统分析和设计方法。

1. 智能控制 智能控制术语是在 1967 年由 Leondes 等人首先提出。1971 年，傅京生（King-Sun Fu）教授把智能控制概括为自动控制（AC）和人工智能（AI）的交集。

2. 智能系统 它是指具备一定智能行为的系统，即若对于一个问题的激励输入，系统具备一定的智能行为，能够产生合适的求解问题响应的系统。

3. 智能控制系统的特点

（1）智能控制系统一般具有以知识表示的非数学广义模型和以数学模型表示的混合控制过程。

（2）智能控制系统能应对复杂系统，如非线性、快时变、变结构等系统。

（3）智能控制系统具有定性决策和定量控制相结合的多模态控制能力。

（4）智能控制系统具有自组织能力，能从系统的功能和整体优化的角度来分析和综合系统。

4. 智能控制主要研究内容

（1）专家控制。

（2）模糊逻辑控制。

（3）人工神经元网络控制。

（4）学习控制。

（5）分层递阶控制。

4.2 模糊控制

4.2.1 基本术语

（1）模糊集合：论域 U 中的模糊集合 F 是用一个在闭区间 $[0, 1]$ 上取值的隶属度 μ_F 来表示，即

$$\mu_F: U \to [0, 1]$$

$\mu_F(u) = 1$，表示 u 完全属于 F；

$\mu_F(u) = 0$，表示 u 完全不属于 F；

$0 < \mu_F(u) < 1$，表示 u 部分属于 F。

式中，u 为论域 U 中的一个元素。

（2）隶属度：隶属度 $\mu_F(u)$ 取值范围为闭区间 $[0, 1]$，$\mu_F(u)$ 的取值大小反映了 u 对于模糊集合 F 的从属程度。

（3）模糊数：连续论域 U 中的模糊数 F 是一个 U 上的正规凸模糊集。所谓正规模糊集合就是隶属度函数的最大值为 1，且论域中至少有 1 个元素 u 的隶属度值为 1。

（4）语言值：在语言系统中，那些与数值有直接联系的词，如长、短、多、少、高、低、重、轻、大、小等或者由它们再加上语言算子（如很、非常、较、偏等）而派生出来的词组，如不太大、非常高、偏重等都被称为语言值。语言值一般是模糊的，可以用模糊数来表示。

（5）语言变量：语言变量是用一个五元素的集合 $(X, T(X), U, G, M)$ 来表征的。式中，X 是语言变量名；$T(X)$ 为语言变量 X 的项集合，即语言变量名的集合，且每个值都是在 U 上定义的模糊数 F_i；U 为语言变量 X 的论域；G 为产生 x 数值名的语言值规则，用于产生语言变量值；M 为与每个语言变量含义相联系的算法规则。

（6）模糊关系：n 元模糊关系 R 定义在直积 $X_1 \times X_2 \times \cdots \times X_n$ 上的模糊集合，它可以表示为：

$$\begin{aligned} R_{X_1 \times X_2 \times \cdots \times X_n} &= \{[(x_1, x_2, \cdots, x_n), \mu_R(x_1, x_2, \cdots, x_n)] \mid \\ &\quad (x_1, x_2, \cdots, x_n) \in X_1 \times X_2 \times \cdots X_n\} \\ &= \int_{X_1 \times X_2 \times \cdots \times X_n} \mu_R(x_1, x_2, \cdots, x_n)/(x_1, x_2, \cdots, x_n) \end{aligned}$$

$$(24.4-1)$$

（7）模糊关系合成：如果 R 和 S 分别为笛卡尔空间 $X \times Y$ 和 $Y \times Z$ 上的模糊关系，则 R 和 S 的合成是定义在笛卡尔空间 $X \times Y \times Z$ 上的模糊关系，并记为 RoS。它具有隶属度函数

$$\mu_{ROS}(x, z) = \bigvee_{y \in Y} \{\mu_R(x, y) \wedge \mu_S(y, z)\}$$

$$(24.4-2)$$

（8）模糊控制：模糊控制器的输出是通过观察过程的状态和一些如何控制过程规则的推理得到的。模糊控制是以模糊集合论作为它的数学基础。

4.2.2 模糊集合的表示法

（1）查德表示法。

$$F = \sum_{i=1}^{n} \mu_F(u_i)/u_i$$

注意这里的 $\sum$ 并不表示"求和"，只是借用来表

示集合的一种方法。符号"/"也不表示分数，只是表示元素 u_i 与它对 F 的隶属度的关系。

（2）序偶表示法。

$$F = \{(u_1, \mu(u_1)), (u_2, \mu(u_2)), \cdots, (u_n, \mu(u_n))\}$$

（3）向量表示法。

$$F = \{\mu(u_1), \mu(u_2), \cdots, \mu(u_n)\}$$

此时元素 u 应该按次序排列，隶属度值为零的项不能省略。

4.2.3 隶属度函数的确定方法

（1）模糊统计法。基本思想是对论域 U 上的一个确定元素 u_0 是否属于论域上的一个可变动的清晰集合 A^* 作出清晰的判断。

（2）例证法。基本思想是从已知有限个 μ_A 的值，来估计论域 U 上模糊子集 A 的隶属函数。

（3）专家经验法。根据专家的实际经验给出模糊信息的处理算式或相应权系数值来确定隶属函数的一种方法。

（4）二元对比排序法。通过对多个事物之间的两两对比来确定某种特征下的顺序，由此来决定这些事物对该特征隶属函数的大体形状。

4.2.4 模糊逻辑推理

1. 近似推理

（1）肯定式［玛达尼（Mamdani）］推理法。

前提1：如果 x 是 A，则 y 是 B

前提2：如果 x 是 A'，

结论：y 是 $B' = A' o (A \rightarrow B)$

则近似推理得到的隶属度函数为

$$\mu_{B'}(y) = \bigvee_x \{\mu_{A'}(x) \wedge \mu_{A \rightarrow B}(x, y)\}$$

其中模糊关系矩阵元素 $\mu_{A \rightarrow B}(x, y)$ 的计算方法采用玛达尼推理法

$$(A \rightarrow B) = A \wedge B$$

即隶属度函数为

$$\mu_{A \rightarrow B}(x, y) = [\mu_A(x) \wedge \mu_B(y)] = \mu_{Rmin}(x, y)$$

（2）否定式［扎德（Zadeh）］推理法。

前提1：如果 x 是 A，则 y 是 B

前提2：如果 y 是 B'

结论：x 是 $A' = (A \rightarrow B) \, oB'$

则近似推理得到的隶属度函数为

$$\mu_{A'}(x) = \bigvee_y \{\mu_{B'}(y) \wedge \mu_{A \rightarrow B}(x, y)\}$$

其中模糊关系矩阵元素 $\mu_{A \rightarrow B}(x, y)$ 的计算方法采用扎德（Zadeh）推理法

$$(A \rightarrow B) = 1 \wedge (1 - A + B)$$

或

$$(A \rightarrow B) = (A \wedge B) \vee (1 - A)$$

即隶属度函数为

$$\mu_{A \rightarrow B}(x, y) = [\mu_A(x) \wedge \mu_B(y)] \vee [1 - \mu_A(x)]$$

2. 条件推理

语言规则：如果 x 是 A，则 y 是 B，否则 y 是 C。

其模糊关系 R 是 $X \times Y$ 的子集，可以表示为

$$R = (A \times B) \cup (\bar{A} \times C)$$

$$\begin{aligned} \mu_R(x, y) &= \mu_{A \rightarrow B} \cup \mu_{\bar{A} \rightarrow C} \\ &= [\mu_A(x) \wedge \mu_B(y)] \vee \\ &\quad [(1 - \mu_A(x)) \wedge \mu_C(y)] \end{aligned}$$

模糊推理结论 B'，即

$$B' = A' o R = A' o [(A \times B) \cup (\bar{A} \times C)]$$

3. 二输入模糊推理

前提1：如果 A 且 B，那么 C

前提2：如果是 A' 且 B'

结论：$C' = (A' \, AND \, B') \, o [(A \, AND \, B) \rightarrow C]$

玛达尼推理结果为

$$C' = (A' \, AND \, B') \, o [(A \, AND \, B) \rightarrow C]$$

其隶属度函数为

$$\mu_{C'}(z) = (\alpha_A \wedge \alpha_B) \wedge \mu_C(z)$$

$$\alpha_A = \bigvee_X (\mu_{A'}(x) \wedge \mu_A(x))$$

$$\alpha_B = \bigvee_X (\mu_{B'}(y) \wedge \mu_B(y))$$

4. 二输入多规则推理

如果 A_1 且 B_1，那么 C_1

否则如果 A_2 且 B_2，那么 C_2

$\vdots$

否则如果 A_n 且 B_n，那么 C_n

已知 A' 且 B'，

结论 $C' = (A' \, AND \, B') \, o ([(A_1 \, AND \, B_1) \rightarrow C_1]$

$$\cup \ldots [(A_n \, AND \, B_n) \rightarrow C_n])$$

$$= C_1' \cup C_2' \cup C_3' \cup \ldots \cup C_n'$$

玛达尼推理结果为

$$\mu_{C'i}(z) = (\alpha_{Ai} \wedge \alpha_{Bi}) \wedge \mu_{Ci}(z)$$

$$\alpha_{Ai} = \bigvee_X \{\mu_{A'}(x) \wedge \mu_{Ai}(x)\}$$

$$\alpha_{Bi} = \bigvee_Y \{\mu_{B'}(y) \wedge \mu_{Bi}(y)\}$$

4.2.5 模糊控制系统的组成

模糊控制系统通常由模糊控制器、输入/输出接口、执行机构、被控对象和测量装置等五个部分组成。

其中模糊控制器包括3大块：

（1）模糊化接口（Fuzzy Interface）：把被控对象的测量值从数字量转化为模糊量。

（2）知识库：知识库包括数据库和规则库（推理决策）。数据库主要包括：量化等级的选择、量化方式（线性量化或非线性量化）、比例因子和模糊子

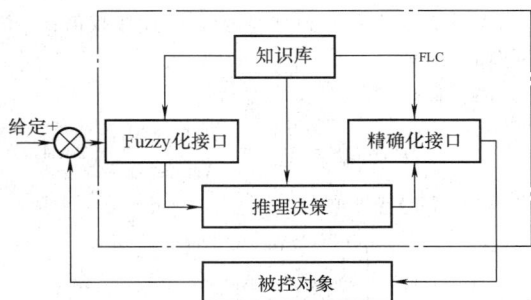

图 24.4-1　模糊控制系统结构图

集的隶属度函数。规则库是用一系列模糊条件语句（IF…THEN…）描述的模糊控制规则。

（3）精确化过程：推理得到的模糊集合中取一个能最佳代表这个模糊推理结果可能性的精确值过程就称为精确化过程。主要的精确化计算方法有：

1）最大隶属度函数法。简单地取所有规则推理结果的模糊集合中隶属度最大的那个元素作为输出值。即 $v_0 = \max\mu_v(v)$　$v \in V$

2）重心法。重心法是取模糊隶属度函数曲线与横坐标围成面积的重心为模糊推理最终输出值，即

$$v_0 = \frac{\int v\mu_v(v)\,\mathrm{d}v}{\int \mu_v(v)\,\mathrm{d}v} \qquad (24.4-3)$$

3）加权平均法。加权平均法的最终输出值是由下式决定的

$$v_0 = \frac{\sum\limits_{i=1}^{m} v_i \cdot k_i}{\sum\limits_{i=1}^{m} k_i} \qquad (24.4-4)$$

这里的系数 k_i 的选择要根据实际情况而定。

4.2.6　模糊控制系统的两种基本类型

1. 玛达尼（Mamdani）型模糊控制系统

R_1：如果 x 是 A_1 且 y 是 B_1，那么 z 是 C_1

R_2：如果 x 是 A_2 且 y 是 B_2，那么 z 是 C_2

$$\vdots$$

R_n：如果 x 是 A_n 且 y 是 B_n，那么 z 是 C_n

其中，x，y 为前件变量，其论域分别为 A，B。z 是输出控制变量，论域为 C。

则第 j 条规则的模糊关系为

$$R_j = A_j \times B_j \times C_j$$

n 条规则全体构成的模糊关系为

$$R = \bigcup_{j=1}^{n} R_j$$

对于某一组输入（x 是 A' 且 y 是 B'），则模糊推理结论为

$$C' = (A' \times B')oR$$

2. Takagi-Sugeno（T-S）型模糊控制系统

R_1：如果 x 是 A_1 且 y 是 B_1，那么 $z=f_1(x, y)$

R_2：如果 x 是 A_2 且 y 是 B_2，那么 $z=f_2(x, y)$

$$\vdots$$

R_n：如果 x 是 A_n 且 y 是 B_n，那么 $z=f_n(x, y)$

式中，x，y 为前件变量，其论域分别为 A，B。z 是输出控制变量，论域为 C。

对于某一组输入（x 是 A' 且 y 是 B'），则采用重心法计算得出的模糊控制器输出

$$z = \frac{\sum\limits_{j=1}^{n} w_j f_j(x, y)}{\sum\limits_{j=1}^{n} w_j} \qquad (24.4-5)$$

式中，w_j 为输入变量对第 j 条规则的激活度。

4.2.7　模糊控制系统的设计原则

（1）定义输入输出变量。

（2）定义所有变量的模糊化条件。

（3）设计控制规则库。

（4）设计模糊推理结构。

（5）选择精确化计算的方法。

4.3　专家控制

专家控制是指将专家系统的设计规范和运行机制与传统的控制理论和技术相结合而形成的分析和设计方法。

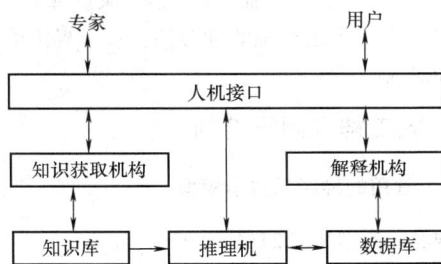

图 24.4-2　专家系统的基本结构

4.3.1　专家控制的基本结构

（1）知识库：存放领域知识、常识性知识、理论性知识、推理规则等。这些知识使专家系统具有启发性。

（2）数据库：存放推理的原始数据、中间结果、控制信息等。一般来说，知识库存放的信息具有规律性和普遍性，相对于数据库更为稳定。

（3）推理机：利用知识库的推理规则，对数据库的信息进行推理，得到结论或决策。从结构上说，专家系统的推理机和知识库是彼此分离的。这一特点

使专家系统便于维护和调整。

（4）知识获取机构：获取专家的领域知识，对知识库进行修改和维护，保持其内容的一致性和完整性。知识获取机构使专家系统具有自学习和自适应的特点。

（5）解释机构：对推理过程作出说明，并回答用户问题。解释机构使专家系统具有透明性，便于人机交互。

（6）人机接口：人机交互的界面。可以充分发挥人、机协作。

4.3.2　专家控制系统的知识表达方式

（1）图示类：与或图、petri 网、语义网、神经网络等。

（2）符号类：谓词逻辑表示法、状态空间表示法等。

（3）结构类：框架、脚本、面向对象的表示方法等。

4.3.3　专家控制系统的设计

（1）专家控制系统的结构：专家控制器和实时专家控制系统。

专家控制器是基于规则的自适应专家控制器，它是自适应控制的思想在知识层面上的推广。通过对被控过程运行状态的识别，根据专家经验，对控制参数、控制模式进行调整，达到自适应控制的目的。

实时专家控制系统为传统控制的底层增加了一个监督管理层，这是一个基于知识的专家决策系统。

（2）专家控制系统的推理法：基于规则的组织方法和黑板法。

4.4　人工神经网络控制

4.4.1　常用的神经元数学模型

神经元模型如图 24.4 - 3 所示。

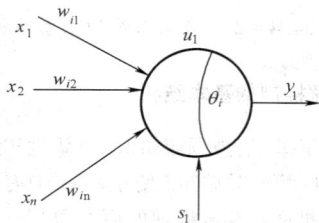

图 24.4 - 3　神经元模型

其中 Net_i 表示神经元的激励输入

$$Net_i = \sum_j w_{ij} x_j + s_i - \theta_i$$

式中，θ_i 为阈值；x_i 为输入信号，$j = 1, 2, \cdots, n$；

w_{ij} 为表示从神经元 u_j 到神经元 u_i 的连接权值；s_i 为外部输入信号。

（1）阈值型。

$$f(Net_i) = \begin{cases} 1 & Net_i > 0 \\ 0 & Net_i \leq 0 \end{cases} \quad (24.4 - 6)$$

（2）分段线性型。

$$f(Net_i) = \begin{cases} 0 & Net_i \leq Net_{i0} \\ kNet_i & Net_{i0} < Net_i < Net_{i1} \\ f_{max} & Net_i \geq Net_{i1} \end{cases}$$

$$(24.4 - 7)$$

（3）Sigmoid 函数型。

$$f(Net_i) = \frac{1}{1 + e^{\frac{Net_i}{T}}} \quad (24.4 - 8)$$

（4）Tan 函数型。

$$f(Net_i) = \frac{e^{\frac{Net_i}{T}} - e^{\frac{Net_i}{T}}}{e^{\frac{Net_i}{T}} + e^{\frac{Net_i}{T}}} \quad (24.4 - 9)$$

4.4.2　常用的神经元网络模型

（1）前向神经网络模型：前向神经网络是由一层或多层非线性处理单元组成。相邻层之间通过突触权阵连接起来。由于每一层的输出传播到下一层的输入，信息依次向下传递一直到输出层。如：多层感知器神经网络、CMAC 神经网络、RBF 网络等。

（2）反馈神经网络模型：反馈神经网络是一种动态神经网络模型。它需要工作一段时间后才能达到稳定态。该网络主要用于动态系统控制、联想记忆和优化计算等。如：Hopfield 网络、带时滞的多层感知器网络、回归感知器网络、Boltzmann 机等。

（3）自组织神经网络模型：自组织神经网络模型的神经元数目和神经网络结构会随着环境的变化而变化。如：Kohonen 网络、ART 网络等。

4.4.3　神经网络学习算法

（1）相关学习。仅仅根据连接间的激活水平改变权系数，如：Hebbian 学习规则。

$$\Delta w_{ij} = \eta y_i o_j$$

（2）纠错学习。依赖关于输出节点的外部反馈改变权系数。

$$\Delta w_{ji} = \eta \, \delta_j y_i$$

式中，w_{ji} 为神经元 u_i 到神经元 u_j 的连接权值；y_i 为第 i 个神经元输出；o_j 为第 j 个神经元输出；t_i 为第 i 个神经元的期望输出；δ_j 为第 j 个神经元的广义误差，$\delta_j = t_j - y_j$。

（3）无导师学习。学习表现为自适应实现输入空间的检测规则。如：Winner-Take-All 学习规则。

4.4.4　神经网络的反向传播学习算法

1. 多层前向传播的神经网络模型

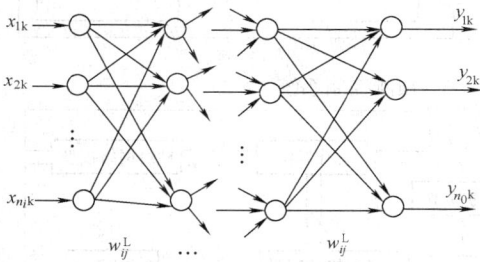

图 24.4-4　多层前向传播神经网络模型

2. BP 学习算法可归结为　给定 p 组样本 $(x_1, t_1; x_2, t_2; \cdots; x_P, t_P)$。这里 x_i 为 n_i 维输入矢量，t_i 为 n_o 维期望的输出矢量，$i = 1, 2 \cdots P$。假设矢量 y 和 o 分别表示网络的输出层输出和隐含层输出矢量。则训练过程为：

（1）选 $\eta > 0$，$E_{\max}$ 作为最大容许误差，并将权系数 W^l，θ^l，$l = 1, 2, \cdots, L$ 初始化成较小的随机数矩阵。

$$p \leftarrow 1, \quad E \leftarrow 0$$

（2）训练开始。

$$o_p^{(o)} \leftarrow x_p, \qquad t \leftarrow t_p$$

$$o_{pj}^{(r+1)} = \Gamma_{r+1}\left(\sum_{l=1}^{n_{r+1}} w_{jl}^{r+1} o_{pl}^{(r)} + \theta_j^{r+1}\right) \quad \begin{array}{l} r = 0, 1, 2, \cdots, L-1 \\ j = 1, 2, \cdots, n_{r+1} \end{array}$$

注：n_{r+1} 表示 $r+1$ 隐含层的神经元数目。

$$y_{pj} = \Gamma_L(Net_{pj}^L) = \Gamma_L\left(\sum_{i=1}^{no} w_{ji}^L o_{pi}^{(L)} + \theta_j^L\right) \quad j = 1,$$

$2, \cdots, n_0$

（3）计算误差。

$$E \leftarrow (t_k - y_k)^2/2 + E, \quad k = 1, 2, \cdots, n_0$$

（4）计算广义误差 δ_{pj}^L、δ_{pj}^r。

$$\delta_{pj}^L = (t_{pj} - y_{pj})\Gamma'_L(Net_{pj}^L)$$

$$\delta_{pj}^r = \left(\sum_k \delta_{pk}^{r+1} \cdot w_{kj}^{r+1}\right) \cdot \Gamma'_r(Net_{pj}^r)$$

$j = 1, 2, \cdots, n_0$；$r = L-1, \cdots, 2, 1$

（5）调整权阵系数。

$$\Delta_p w_{ji}^r = \eta \delta_{pj}^r o_{pi}^{(r-1)}$$

$$\Delta_p \theta_j^r = \eta \delta_{pj}^r$$

（6）若 $p < P$，$p \leftarrow p+1$ 转 2^0，否则转 7^0。

（7）若 $E < E_{\max}$，结束，否则 $E \leftarrow 0$，$p \leftarrow 1$，转 2^0

4.4.5　神经元网络的建模

非线性动力学系统的神经网络建模问题根据模型的表示方式不同主要有两大类：前向建模法和逆模型法。所谓前向建模法是利用神经网络来逼近非线性系统的前向动力学模型，其结构图如图 24.4-5 所示。逆模型法是将系统输出作为网络的输入，网络输出与其期望输出即系统的输入进行比较得到的误差作为此神经网络训练的信号，如图 24.4-6 所示。

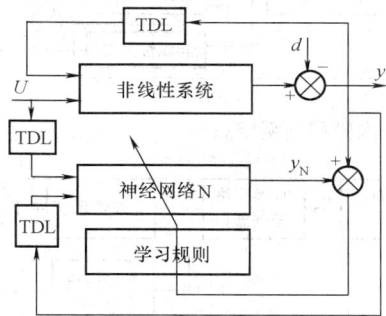

图 24.4-5　前向建模结构图

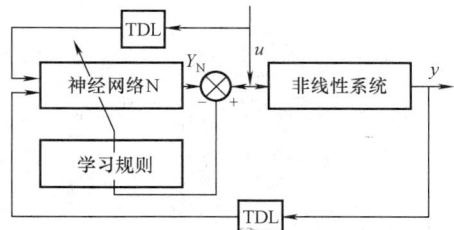

图 24.4-6　逆模型建模结构图

4.4.6　基于神经网络的几种控制系统结构

神经网络在控制系统中主要作用有充当对象的模型、控制器、优化计算环节等。

（1）逆网络模型控制系统。

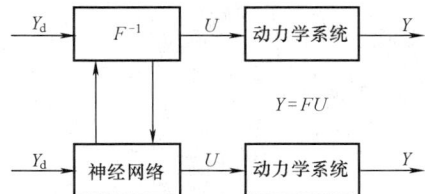

（2）参数估计自适应网络控制系统。

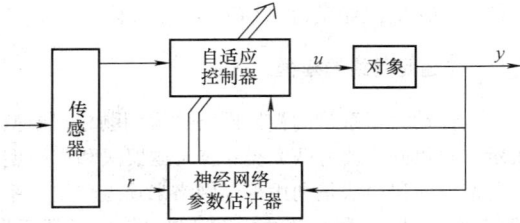

（3）模型参考自适应网络控制系统。

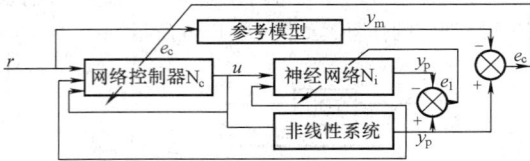

（4）内模控制系统。

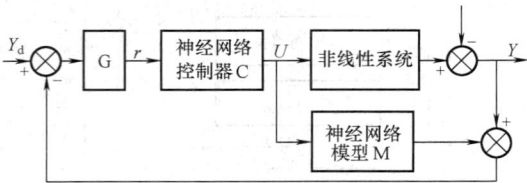

（5）前馈控制系统。

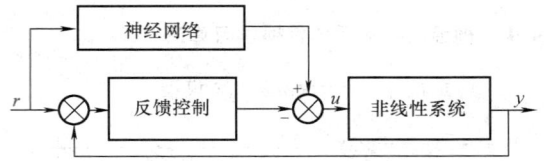

（6）预测控制系统。

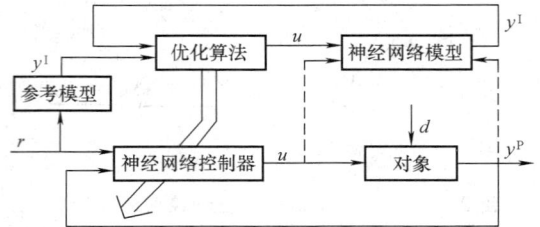

（7）自适应评价网络控制系统。

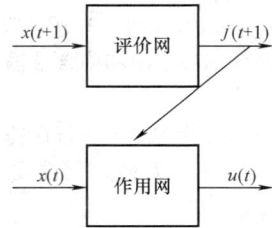

第 5 章　其 他 控 制 技 术

5.1　前馈-反馈复合控制

5.1.1　跟随输入的复合控制

增加前向通道中积分环节个数或提高开环增益，虽然可改善稳态性能，但会引起系统动态性能恶化，通常可采用复合控制来减小稳态误差。

引入前馈控制 $G_r(s)$，如图 24.5-1 所示，系统

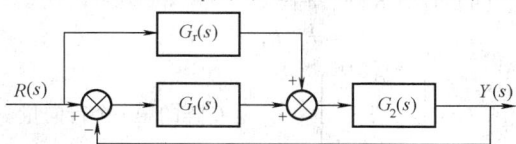

图 24.5-1　跟随参考输入的复合控制

误差为

$$E(s) = R(s) - Y(s) = \frac{1 - G_r(s)G_2(s)}{1 + G_1(s)G_2(s)}R(s)$$

$$(24.5-1)$$

取 $G_r(s) = 1/G_2(s)$，则可完全补偿控制对象 $G_2(s)$ 的惯性，达到"无偏差"跟踪。

对 $G_2(s)$ 完全补偿往往很难实现，只能部分地补偿。假设

$$\frac{1}{G_2(s)} = f_1 s + f_2 s^2 + \cdots$$

引入前馈控制 $G_r(s) = f_1 s$，如果原系统在斜坡信号输入下稳态误差不为零（Ⅰ型），就可使之变为零，相当于将原来的 Ⅰ 型系统变成 Ⅱ 型系统；若取 $G_r(s) = f_1 s + f_2 s^2$ 就可以将原来的 Ⅰ 型系统变成 Ⅲ 型系统。

5.1.2　抗干扰的复合控制

对扰动进行补偿的复合控制系统如图 24.5-2 所示。

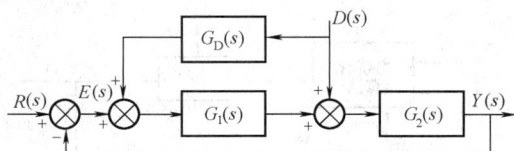

图 24.5-2　抗干扰的复合控制

误差扰动的传递函数为

$$\frac{E(s)}{D(s)} = \frac{-[1 + G_1(s)G_D(s)]G_2(s)}{1 + G_1(s)G_2(s)}$$

$$(24.5-2)$$

若取扰动补偿环节

$$G_D(s) = -\frac{1}{G_1(s)}$$

就可以使扰动对输出不产生影响，实现了系统扰动下的不变性。从上式求出的 $G_D(s)$ 的分子阶次可能高于分母阶次，往往很难实现。这时，可按

$$G_D(0) = \lim_{s \to 0} G_D(s) = \lim_{s \to 0}\left[-\frac{1}{G_1(s)}\right]$$

$$(24.5-3)$$

设计，虽不能作到 $e(t) = 0$，但可以消除阶跃型扰动产生的稳态误差，实现对阶跃型扰动的静态补偿。

5.2　解耦控制

5.2.1　解耦控制的概念

解耦控制就是寻求合适的控制规律，使闭环系统实现一个输出分量仅仅受一个输入分量的控制，也就是实现一对一控制，从而解除输入与输出间的耦合。

若一个系统 $\Sigma(A, B, C)$ 的传递函数矩阵 $G(s)$ 是非奇异对角形矩阵，即

$$G(s) = \begin{pmatrix} g_{11}(s) & & & 0 \\ & g_{22}(s) & & \\ & & \ddots & \\ 0 & & & g_{mm}(s) \end{pmatrix}$$

则称系统 $\Sigma(A, B, C)$ 是解耦的。

此时系统的输出为

$$Y(s) = G(s)U(s)$$

解耦实质上就是实现每一个输入只控制相应的一个输出，通过解耦可将系统分解为多个独立的单输入单输出系统。解耦控制要求原系统输入与输出的维数相同。

5.2.2　串联解耦

串联解耦就是在原反馈系统的前向通道中串联一个补偿器 $G_c(s)$，使闭环系统传递函数矩阵 $G_f(s)$ 为要求的对角阵 $G(s)$，系统结构图如图 24.5-3 所示。

其中，$G_0(s)$ 为受控对象的传递函数矩阵，H 为

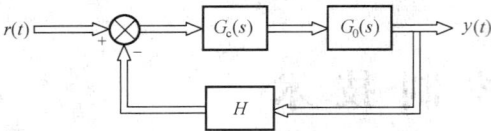

图 24.5 - 3　串联解耦控制结构图

输出反馈矩阵，$G_p(s)$ 为前向通道的传递函数矩阵。

串联补偿器的传递函数矩阵为

$$G_c(s) = G_0^{-1}(s) G(s) [I - HG(s)]^{-1}$$

$$(24.5 - 4)$$

一般情况下，只要 $G_0(s)$ 是非奇异的，系统就可以通过串联补偿器实现解耦控制。

5.2.3　状态反馈解耦

1. 状态反馈解耦的概念　设受控系统的传递函数矩阵为 $G(s)$，其状态空间表达式为

$$\begin{cases} \dot{x} = Ax + Bu \\ y = Cx \end{cases}$$

利用状态反馈实现解耦控制，通常采用状态反馈加输入变换器的结构形式，如图 24.5 - 4 所示。

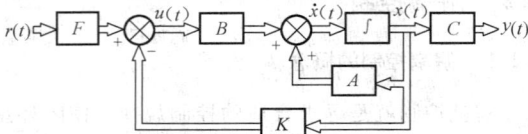

图 24.5 - 4　状态反馈解耦控制系统结构图
K—状态反馈矩阵，它是 $m \times n$ 阶常数阵；F—$m \times m$
阶输入变化阵；$r(t)$ —m 维参考输入向量

系统的控制规律为

$$u = Fr - Kx$$

将控制规律代入原受控系统，即可得到状态反馈闭环系统的状态空间表达式

$$\begin{cases} \dot{x} = (A - BK)x + BFr \\ y = Cx \end{cases} \quad (24.5 - 5)$$

闭环系统的传递函数矩阵为

$$G_{KF}(s) = C(sI - A + BK)^{-1} BF \quad (24.5 - 6)$$

如果存在某个 K 阵与 F 阵，使 $G_{KF}(s)$ 是对角非奇异矩阵，就实现了解耦控制。

定义两个不变量和一个矩阵：

$d_i = \min \{ G_i(s)$ 中各元素分母与分子多项式幂次之差$\} - 1$

$$E_i = \lim_{s \to \infty} s^{d_i + 1} G_i(s)$$

$$E = [E_1 \quad E_2 \quad \cdots \quad E_m]^T$$

式中，d_i 为解耦阶常数；E 为可解耦矩阵，是 $m \times m$ 阶方阵；$G_i(s)$ 为受控系统的传递函数矩阵 $G(s)$ 的第 i 个行向量。

2. 可解耦条件及方法　受控系统 (A, B, C) 通过状态反馈实现解耦控制的充分必要条件是可解耦矩阵 E 是非奇异的，即

$$\det E \neq 0$$

若已知受控系统 (A, B, C)，求取状态反馈解耦控制的 K 阵、F 阵的步骤如下：

(1) 由 (A, B, C) 写出受控系统的传递函数矩阵 $G(s)$。

(2) 由 $G(s)$ 求系统的两个不变量 d_i、E_i，$i = 1$，$2, \cdots, m$。

(3) 构造可解耦矩阵 E，判断系统是否可通过状态反馈实现解耦控制。

(4) 计算 K 阵、F 阵

$$K = E^{-1}L, \quad F = E^{-1}$$

其中，$L = \begin{pmatrix} C_1 A^{d_1 + 1} \\ \vdots \\ C_m A^{d_m + 1} \end{pmatrix}$，$C_i$ 是 C 阵的第 i 个行向量。

(5) 写出状态反馈解耦系统的闭环传递函数矩阵 $G_{KF}(s)$ 和状态空间表达式 $(\tilde{A}, \tilde{B}, \tilde{C})$

$$G_{KF}(s) = \begin{pmatrix} s^{\frac{1}{d_1 + 1}} & & & 0 \\ & s^{\frac{1}{d_2 + 1}} & & \\ & & \ddots & \\ 0 & & & s^{\frac{1}{d_m + 1}} \end{pmatrix}$$

$$\tilde{A} = A - BE^{-1}L, \quad \tilde{B} = BE^{-1}, \quad \tilde{C} = C$$

5.3　预测控制（Predictive Control）

5.3.1　预测控制的概念

预测控制又称模型预报控制，是一种基于预测模型、滚动实施，并结合反馈校正的优化控制算法，其结构图如图 24.5 - 5 所示。

图中，P 为控制对象，M 为 P 的预测模型，它能根据时刻 k 以及 k 以前的输入、输出值，给出系统在时刻 $k + 1$ 输出的预报值 $\hat{y}_m(k + 1)$，称为一步预报。这里只强调模型 M 的预测功能，而对其结构形式并没

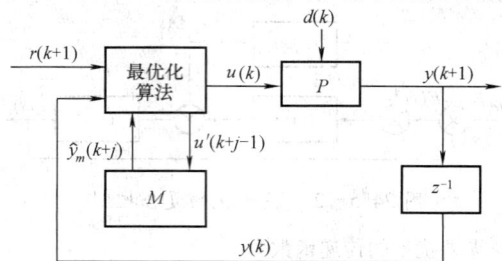

图 24.5 - 5　预测控制系统结构图

有限制。它可以是状态方程、传递函数、具有外部输入的 ARMA 模型，也可以是控制对象的阶跃响应序列。假定控制序列为 $u'(k+j-1)$，$j=1，2，\cdots$，N，递推进行一步预报就能产生系统输出的预报值序列 $\hat{y}_m(k+m)$。最优控制量则可通过性能指标 J 的最小化来确定。

$$J = \sum_{j=1}^{N_p} \left[r(k+j) - \hat{y}_m(k+j) \right]^2 +$$
$$\sum_{j=1}^{N_c} \lambda_i \left[u'(k+j-1) - u'(k+j-2) \right]^2$$

$$(24.5-7)$$

式中，N_p 和 N_c 称为预报区间和控制区间，指标 J 的第一项的作用是保证系统跟踪参考输入的能力，第二项限制控制量的增量，从而使控制作用平滑。

利用最优化算法可以求得最优的控制序列 $u(k)$，$u(k+1)$，$\cdots$，$u(k+N_c-1)$，但任意时刻 k 只用 $u(k)$ 作为真正的控制量作用于 P。到了时刻 $k+1$，由于又获得了量测数据 $y(k+1)$，可以重复递推预测和优化求解的过程，再将新的 $u(k+1)$ 作用于 P。这样，在每个采样时刻都重复进行一次优化计算，这就是所谓的"滚动优化"。滚动优化不仅大大减小了计算量，而且能及时纠正因模型不准或扰动引起的预报误差，从而增强控制系统的鲁棒性。

在时刻 $k+1$，根据量测值 $y(k+1)$，可以得到预测误差 $e(k+1) = y(k+1) - \hat{y}(k+1)$，用来修正预测模型，以克服预测模型失配和时变的影响；或者当对象时变性不显著时，可以直接用来修正未来的预测值。这种利用量测数据对预测模型的误差进行反馈校正构成了闭环控制，进一步增强了预测控制系统的鲁棒性。

5.3.2　常用的预测控制算法

常用的预测控制算法有模型算法控制（MAC）、动态矩阵控制（DMC）和广义预测控制（GPC）。

1. 模型算法控制　模型算法控制包括：内部模型、反馈校正、滚动优化和参考输入轨迹等部分。系统原理图如图 24.5 - 6 所示。它采用基于脉冲响应的非参数模型作为内部模型，用过去和未来的输入输出信息，根据内部模型，预测系统未来的输出状态，经过用模型输出误差进行反馈校正以后，再与参考输入轨迹进行比较，应用二次型性能指标进行滚动优化，然后再计算当前时刻应加于系统的控制作用，完成整个控制循环。模型算法控制分为单步模型算法控制、多步模型算法控制、增量模型算法控制、单值模型算法控制等。

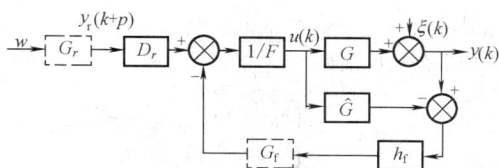

图 24.5 - 6　模型算法控制的内模控制结构图

2. 动态矩阵控制　动态矩阵控制与模型算法控制不同之处是，它采用在工程上易于测取的对象阶跃响应做模型，算法比较简单，计算量较少，鲁棒性较强，适用于有纯时延、开环渐近稳定的非最小相位系统。动态矩阵控制的内模控制结构图如图 24.5 - 7 所示。

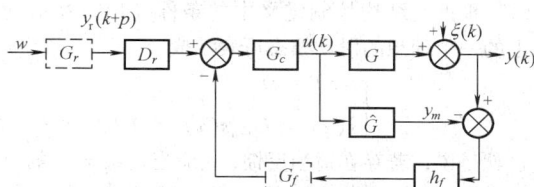

图 24.5 - 7　动态矩阵控制的内模控制结构图

3. 广义预测控制　广义预测控制是在广义最小方差控制的基础上，在优化中引入了多步预测的思想，抗负载扰动、随机噪声、时延变化等能力显著提高，有较强的鲁棒性，适用于有纯时延、开环不稳定的非最小相位系统。广义预测控制系统的结构图如图 24.5 - 8 所示。

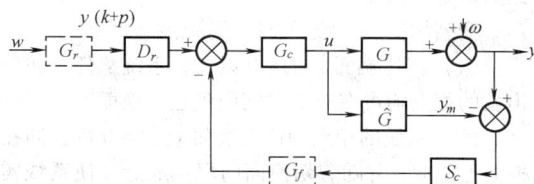

图 24.5 - 8　广义预测控制系统的结构图

5.4　变结构控制

5.4.1　变结构控制的概念

变结构控制系统是一种有跳变的不连续系统。它的控制器由若干个不同的子系统组成，这些子系统的参数不同或结构不同，系统在工作过程中根据某种函数规则在这些子系统之间切换，以改善整个系统的动态性能。

对于非线性系统 Σ

$$x^{\cdot} = f(x) + g(x)u，\ x \in R^n，u \in R$$

假定 $s：R^n \rightarrow R$ 是满足

$$\left(\frac{\partial s}{\partial x_1}，\frac{\partial s}{\partial x_2}，\cdots，\frac{\partial s}{\partial x_n} \right) \neq 0$$

的光滑函数。

如果存在反馈律

$$u(x) = \begin{cases} u^+(x), s(x) > 0 \\ u^-(x), s(x) < 0 \end{cases} \quad (24.5-8)$$

使得

（1）若 $s(x) = 0$，则 $\dot{s}(x) = 0$；

（2）若 $s(x) \neq 0$，则 $s(x)\dot{s}(x) < 0$。

则称 $(n-1)$ 维子流形 $S = \{x \mid s(x) = 0\}$ 为系统 Σ 的滑动流形或滑动模。由于 $u^+(x) \neq u^-(x)$，因此称其为变结构控制 VSC（Variable Structure Control），又称为滑模控制。

根据变结构控制定义中的条件（1），在滑动模上的一个理想的滑动模态可表示成

$$\begin{cases} s(x) = 0 \\ \dot{s}(x) = L_{f+gu}s(x) = 0 \end{cases}$$

也就是说，若存在适当反馈，S 应当是系统 Σ 的一个不变子流形。满足上式的控制称为一个等价控制 $u_{eq}(x)$。

5.4.2　变结构控制的特点

变结构控制的基本思想是：选择一个滑动流形，然后选择一个滑动模控制，可驱使流形外面的状态进入流形，用 $u_{eq}(x)$ 可使滑动模上的状态沿着滑动模到达期望平衡点。

变结构控制系统具有以下特点：

（1）在切换面 $s(x) = 0$ 以外，系统从任一初始点出发的相点均可在有限时间内到达切换面。

（2）系统的相点到达切换面 $s(x) = 0$ 后，即在切换面上滑动，并随着切换面向原点靠近，使系统实现渐近稳定。系统运行方式只决定于切换面的方程，与系统原来的参数无关。称这样的工作方式为滑动模态。

变结构控制系统的运动可以表现为到达切换面的趋近运动和在切换面上的滑动运动。其中，滑动模态对于系统的摄动和外扰具有理想的鲁棒性，这是变结构控制系统的独特优点。

5.4.3　变结构控制的稳定性

等价控制 $u_{eq}(x)$ 局部可定义的充要条件是在 S 上满足横截条件

$$L_g s(x) \neq 0$$

称动态系统

$$\dot{x} = f(x) + g(x)u_{eq}(x)$$

为理想滑动动态系统。如果理想滑动动态系统是渐近稳定的，那么称相应的滑动模是系统的稳定的理想滑

动动态。

对于多输入系统

$$\dot{x} = f(x) + \sum_{i=1}^{m} g_i(x)u_i$$

假定通过部分线性化和正则反馈律 $u = \alpha(x) + \beta(x)v$，$u \in R^m$，系统可表示成

$$\begin{cases} \dot{x}_1^1 = x_2^1 \\ \cdots \\ \dot{x}_{r_1}^1 = f_1(x) + v_1 \\ \cdots \\ \dot{x}_1^m = x_2^m \\ \cdots \\ \dot{x}_{r_m}^m = f_m(x) + v_m \\ \dot{x}^{m+1} = f_{m+1}(x) \end{cases} \quad (24.5-9)$$

式中，$x = (x^1 \cdots x^{m+1})^T$，$i = 1, 2, \cdots, m$，$x^{m+1} \in R^{n-\sum_{i=1}^{m} r_i}$。如果系统是最小相位的，那么它的稳定的滑动模可表示成

$$s_i(x^i) = x_{r_i}^i + \sum_{j=1}^{r_i-1} c_j^i x_j^i \quad (24.5-10)$$

这里选取 $c_j^i (j = 1, \cdots, n_i - 1, i = 1, \cdots, m)$ 使得所有的子系统都是渐近稳定的。

5.4.4　变结构控制的抖振现象

变结构控制系统是一种继电系统，控制规律的变化由于惯性不可能瞬时完成。因此，滑动模态有时表现为在光滑的运动上叠加了一个自持振荡，称之为"抖动"或"抖振"，这是变结构控制的一个突出缺点。

图 24.5-9 所示为延迟引起抖动的示意图。图中，在区域 $s>0$ 的轨线，向切换面 $s=0$ 运动，在点 a 首次到达切换面。在理想变结构控制中，轨线由 a 点出发沿切换面滑动到达系统原点。在实际情况下，在 s 的符号变化时刻与控制切换时刻之间会存在一个延迟。在延迟期间，轨线越过切换面进入到 $s<0$ 的区

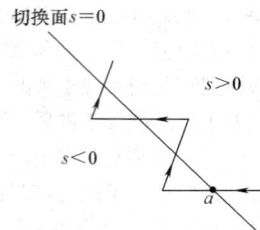

图 24.5-9　控制切换中延迟造成的抖动

域。当控制切换时，轨线又调转方向，再次向切换面方向运动并越过切换面。如此反复，产生了如图所示的"之"字形的运动（振荡），这就是抖动。抖动会导致控制精度的降低，功率电路的热消耗和机械运动部件的磨损，还可能激励未建模的高频动力学系统，因而降低系统性能，甚至会导致系统的不稳定。

5.5　鲁棒控制

5.5.1　模型的不确定性

在进行控制系统设计时，所采用的传递函数和状态方程式等数学模型，未必能够完全准确地表达实际系统的特性，这就是所谓的模型的不确定性。在鲁棒控制理论中的不确定性，根据其表现形式的不同，可分为结构的不确定性和非结构的不确定性。

不确定性的加法表示式

$$G(s) = G_0(s) + \Delta_a(s)$$

不确定性的乘法表示式

$$G(s) = [1 + \Delta_m(s)] G_0(s)$$

式中，$G(s)$ 为实际系统的传递函数；$G_0(s)$ 为额定的传递函数；$\Delta_a(s)$，$\Delta_m(s)$ 表示模型误差。

假设 $\Delta_a(s)$，$\Delta_m(s)$ 的传递函数虽不明确，但它们是稳定的且其评价公式可表示为

$$|\Delta_a(\omega)| \leqslant |W_a(\omega)|, \quad |\Delta_m(\omega)| \leqslant |W_m(\omega)|,$$
$$\omega \in [0, \infty]$$

式中，$|W_a(\omega)|$，$|W_m(\omega)|$ 表示不确定性程度的上限函数。

若设 $\Delta(s) = \Delta_a(s)/W_a(s)$，或者 $\Delta(s) = \Delta_m(s)/W_m(s)$，则实际系统模型可表示为

$$G(s) = G_0(s) + W_a(s)\Delta(s)$$
$$G(s) = [1 + W_m(s)\Delta(s)] G_0(s)$$

这里 $|\Delta(s)| \leqslant 1$，$\omega \in [0, \infty]$。

具有乘法不确定性的反馈控制系统如图 24.5-10 所示，具有加法不确定性的反馈控制系统如图 24.5-11 所示。具有乘法不确定性的反馈控制系统的稳定性与图 24.5-12 所示系统具有等价性。

5.5.2　鲁棒稳定性的条件

在鲁棒控制理论中，H_∞ 范数起着重要的作用。鲁棒控制的提出是为了使受控系统对外扰（在 H_∞ 意义下）具有一定的鲁棒性，其鲁棒性在线性系统研究中用 H_∞ 范数刻画。

H_∞ 鲁棒控制理论是在 H_∞ 空间（即 Hardy 空间）通过某种性能指标的无穷范数优化而获得具有鲁棒性能的控制器的一种控制理论。H_∞ 空间是在开右半平面解析且有界的矩阵函数空间，其范数定义为矩阵函数在开右半平面的最大奇异值的上界。H_∞ 范数的物理意义是它代表系统获得的最大能量增益。

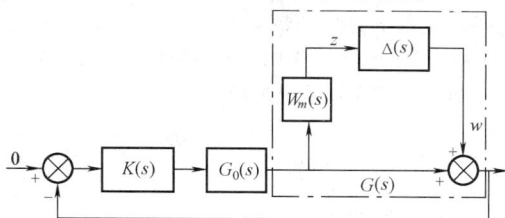

图 24.5-10　具有乘法不确定性的反馈控制系统

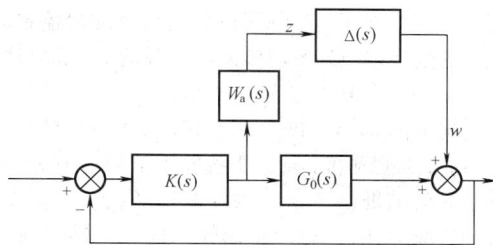

图 24.5-11　具有加法不确定性
的反馈控制系统
（$\|\Delta\|_\infty \leqslant 1$）

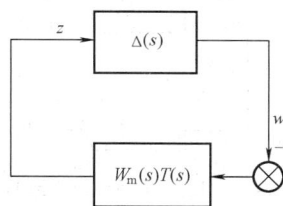

图 24.5-12　鲁棒稳定性条件

稳定并常态（分母次数 ≥ 分子次数）的传递函数 $G(s)$ 是 Hardy 空间的元素，其 H_∞ 范数可定义为

$$\|G\|_\infty = \sup_\omega [\sigma_{\max}(G(\omega))] \quad (24.5-11)$$

其中，$\sigma_{\max}$ 表示最大的奇异值。

另外，对于 $G(s)$ 的 H_∞ 范数及其响应时间，还有下面的已知结果：

假设传递函数为 $G(s)$ 且稳定的系统输入为 $u(t)$，其相应的输出为 $y(t)$，此时，有下式成立

$$\int_0^\infty y^2(t)\,dt \leqslant \|G\|_\infty^2 \int_0^\infty u^2(t)\,dt$$
$$(24.5-12)$$

对于模型误差 $\Delta(s)$ 还可以写成下式

$$\|\Delta\|_\infty \leqslant 1$$

对于乘法不确定性系统（如图 24.5-10 所示）的鲁棒稳定性的充分必要条件是：

（1）当 $\Delta(s) = 0$ 时，即对于额定设备，图 24.5-10 所示的反馈系统是稳定的。

（2）$\| W_{\mathrm{m}} T \|_\infty < 1$ 成立。

对于加法不确定性系统（如图 24.5 - 11 所示）的鲁棒稳定性的充分必要条件是：

（1）当 $\Delta(s) = 0$ 时，即对于额定设备，图 24.5 - 11所示的反馈系统是稳定的。

（2）$\left\| W_{\mathrm{a}} \dfrac{K}{1 + P_0 K} \right\|_\infty < 1$ 成立。

5.5.3 H_∞ 控制问题

基于 H_∞ 控制理论设计控制系统，不论是鲁棒稳定还是干扰抑制问题，都可以归结为求反馈控制器，使闭环系统稳定，且闭环传递函数阵的 H_∞ 范数最小或小于某一给定值。

考虑如图 24.5 - 13 所示系统。其中 u 为控制输入信号，y 为观测量，w 为干扰输出信号（或为了设计而定义的辅助信号），z 为控制量（或者为应设计需要而定义的评价信号）。由输入信号 u，w 到输出信号 y，z 的传递函数 $G(s)$ 称为增广被控对象，它包括实际被控对象和为描述设计指标而设定的加权函数等。$K(s)$ 为控制器。

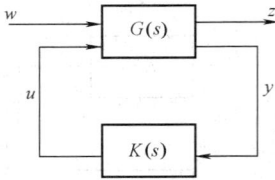

图 24.5 - 13 H_∞ 标准设计问题

设传递函数 $G(s)$ 的状态空间实现由下式给出

$$\dot{x} = Ax + B_1 w + B_2 u$$

$$z = C_1 x + D_{11} w + D_{12} u$$

$$y = C_2 x + D_{21} w + D_{22} u$$

式中，x 为 n 维状态变量；w 为 r 维信号向量；u 为 p 维控制输入信号；z 为 m 维控制量；y 为 q 维信号向量。

则系统还可以表示为

$$G(s) = \begin{bmatrix} G_{11}(s) & G_{12}(s) \\ G_{21}(s) & G_{22}(s) \end{bmatrix} = \begin{bmatrix} A & B_1 & B_2 \\ C_1 & D_{11} & D_{12} \\ C_2 & D_{21} & D_{22} \end{bmatrix}$$

$$(24.5 - 13)$$

从 w 到 z 的闭环传递函数等于

$$\Phi_{zw} = G_{11} + G_{12} K(I - G_{22} K)^{-1} G_{21}$$

H_∞ 最优设计问题：对于给定的增广被控对象 $G(s)$，求反馈控制器 $K(s)$，使得闭环系统内部稳定且 $\| \Phi_{zw}(s) \|_\infty$ 最小，即 $\min\limits_{K} \| \Phi_{zw}(s) \|_\infty = \gamma_0$。

H_∞ 次优设计问题：对于给定的增广被控对象 $G(s)$ 和 $\gamma(\geqslant \gamma_0)$，求反馈控制器 $K(s)$，使得闭环系统内部稳定且 $\Phi_{zw}(s)$ 满足 $\| \Phi_{zw}(s) \|_\infty < \gamma$。

H_∞ 标准设计问题：对于给定的增广被控对象 $G(s)$，判定是否存在反馈控制器 $K(s)$，使得闭环系统内部稳定且 $\| \Phi_{zw}(s) \|_\infty < 1$，如果存在这样的控制器，则求之。

许多控制问题均可统一为 H_∞ 标准设计问题。在实际控制系统中，经常是干扰和受控对象的不确定性同时存在。同时抑制干扰和受控对象不确定性称为 H_∞ 控制的混合灵敏度问题。

设计混合灵敏度控制器的基本思想是对闭环系统的灵敏度和补灵敏度函数进行频域整形，以使系统具有较好的鲁棒性和抗干扰能力。下面说明实际应用时如何将混合灵敏度问题归结为 H_∞ 标准设计问题。

图 24.5 - 14 为加权函数下的系统结构图，其中 $K(s)$ 为控制器，$G(s)$ 为被控对象的传递函数，$W_1(s)$、$W_2(s)$、$W_3(s)$ 为待选择的加权函数，y_{1a}、y_{1b}、y_{1c} 为加权后的输出信号。如果不考虑加权函数，从 r 到 y_{1a}、y_{1b}、y_{1c} 的闭环传递函数分别称为灵敏度

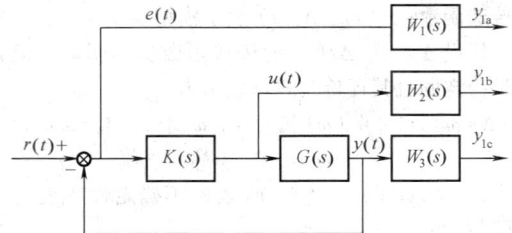

图 24.5 - 14 加权函数下的系统结构图

函数 S、输入灵敏度函数 R 和补灵敏度函数 T

$$S = (I + GK)^{-1}$$

$$R = K(I + GK)^{-1} = KS$$

$$T = GK(I + GK)^{-1} = I - S$$

混合灵敏度优化问题就是设计控制器 K，使得闭环系统稳定，且使

$$\left\| \begin{matrix} W_1 S \\ W_2 R \\ W_3 T \end{matrix} \right\|_\infty$$

所示的 H_∞ 范数最小（最优问题），或小于某一给定值 γ（次优问题）。这样，就将混合灵敏度问题转化为 H_∞ 标准设计问题。

5.5.4 H_∞ 控制问题的解法

对 H_∞ 控制问题的解法，主要有黎卡提方程式法和采用线性矩阵不等式 LMI 法。这里介绍黎卡提方

程式法。

假设 1：$(A，B_2)$ 为可稳定的，$(C_2，A)$ 为可检测的。

假设 2：秩 $rankD_{12} = m_2$（列秩），$rankD_{21} = p_2$（行秩）。

假设 3：对于任意的 ω，要满足下述秩的条件：
$$rank\begin{bmatrix} A - j\omega & B_2 \\ C_1 & D_{12} \end{bmatrix} = n + m_2，\ rank\begin{bmatrix} A - j\omega & B_1 \\ C_2 & D_{21} \end{bmatrix} = n + p_2$$

（1）在假设条件 1~条件 3 成立的前提下，H_∞ 控制问题可解的充分必要条件如下：

黎卡提方程为
$$X(A - B_2\tilde{D}_{12}D_{12}^T C_1) + (A - B_2\tilde{D}_{12}D_{12}^T C_1)^T X +$$
$$X(\gamma^{-2}B_1 B_1^T - B_2\tilde{D}_{12}B_2^T)X + \tilde{C}_1^T \tilde{C}_1 = 0$$

因上式有解 X，则 $A - B_2\tilde{D}_{12}D_{12}^T C_1 + (\gamma^{-2}B_1 B_1^T - B_2\tilde{D}_{12}B_2^T)X$ 是稳定的。

$$Y(A - B_1 D_{21}^T \tilde{D}_{21}C_2) + (A - B_1 D_{21}^T \tilde{D}_{21}C_2)^T Y +$$
$$Y(\gamma^{-2}C_1^T C_1 - C_2^T \tilde{D}_{21}C_2)Y + \tilde{B}_1 \tilde{B}_1^T = 0$$

因上式有解 Y，则 $(A - B_1 D_{21}^T \tilde{D}_{21}C_2) + Y(\gamma^{-2}C_1^T C_1 -$ $C_2^T \tilde{D}_{21}C_2)$ 是稳定的。
$$X \geqslant 0，Y \geqslant 0$$

且 X 与 Y 的积 XY 的最大特征值小于 γ^2，即
$$\lambda_{\max}(XY) < \gamma^2$$

式中，$\tilde{D}_{12} = (D_{12}^T D_{12})^{-1}$
$$\tilde{D}_{21} = (D_{21}D_{21}^T)^{-1}$$
$$\tilde{C}_1 = (I - D_{12}\tilde{D}_{12}D_{12}^T)C_1$$
$$\tilde{B}_1 = B_1(I - D_{21}^T \tilde{D}_{21}D_{21})$$

（2）当可解条件成立时，其解即控制器之一，由下式给出：
$$u = -K_c\hat{x}$$
$$\dot{x} = A\hat{x} + B_2 u + B_1\hat{w} + ZK_e(y - \hat{y})$$
$$\hat{y} = C_2\hat{x} + D_{21}\hat{w}$$
$$\hat{w} = \gamma^{-2}B_1^T X\hat{x}$$

式中，$K_c = \tilde{D}_{12}(B_2^T X + D_{12}^T C_1)$
$$K_e = YC_2^T + B_1 D_{12}^T \tilde{D}_{21}$$
$$Z_\infty = (I - \gamma^{-2}YX)^{-1}$$

第 6 章 自 动 控 制 系 统

6.1 概述

在日常生活中，可以从控制的英文名"control"，知道其意思有支配、管束、管制、管理、监督，以及抑制、镇压等。而控制本质上的意义更像是："如果对某些事情放置不管，任其而行的话，将无法把握事态的发展；如果要达到某种目的，就需要对它进行一些控制。"而在工业界中，控制具有特别重要的意义。其应用范围不仅包括飞机、机器人，还有空调设备、汽车的空（气）燃（料）比、空载转速、功率组合等控制；另外还有电力传输系统的电压、频率控制，硬盘控制，化学过程的温度、压力、流量的控制，压延过程的控制，各种工程机械的控制，大型建筑物的振动控制等，数不胜数，这些只不过是形态和功能不同的控制系统而已。计算机的应用大大增强了控制系统的功能。目前所说的控制系统，多指采用电脑或微处理器进行智能控制的系统，已经渗透到应用控制的各个领域。本章将分类介绍各种各样的自动控制系统。

6.2 数控技术与系统

由于社会对产品多样化的需求越来越强烈，多品种、小批量生产的比重日益增加，采用传统的加工设备已难于适应高效率、高质量、多样化的加工要求。数控机床是数控技术与系统应用于传统加工设备的典型产品，它不但解决了多品种、小批量、复杂、精密零件的加工问题，而且具有柔性、高效能，代表加工设备发展方向。

6.2.1 数控加工程序的编制

1. 程序编制　数控机床是按照事先编好的数控程序自动地对工件进行加工的高效自动化设备。理想的数控程序不仅应该保证能加工出符合图样要求的合格工件，还应该使数控机床的功能得到合理的应用与充分的发挥，以使数控机床能安全、可靠、高效地工作。

在程序编制前，编程人员应了解所用数控机床的规格、性能、数控系统所具备的功能及编程指令格式等。编制程序时，需要先对零件图样规定的技术特性、几何形状、尺寸及工艺要求进行分析，确定加工方法和加工路线，再进行数值计算，获得刀具中心运动轨迹的位置数据。然后，按数控机床规定采用的代

码和程序格式，将工件的尺寸、刀具运动中心轨迹、位移量、切削参数（主轴转速、切削进给量、背吃刀量等）及辅助功能（换刀、主轴的正转与反转、切削液的开与关等）编制成数控加工程序。在大部分情况下，要将加工程序记录在加工程序控制介质（简称控制介质）上。常见的控制介质有硬盘、移动存储器、磁带、穿孔带等。通过控制介质或计算机网络将零件加工程序输入数控系统，由数控系统控制数控机床自动地进行加工，数控机床加工过程见图24.6-1。

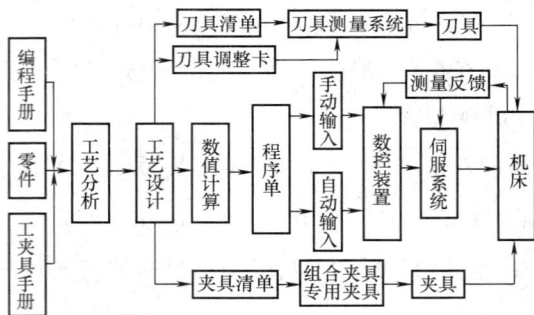

图 24.6 - 1　数控机床加工过程

因此，数控机床的程序编制主要包括分析零件图样、工艺处理、数学处理、编写程序单、制作控制介质及程序检验，其流程见图24.6-2。

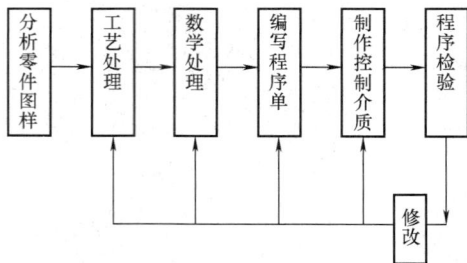

图 24.6 - 2　数控机床程序的编制过程

2. 程序编制的具体步骤与要求

（1）分析零件图样和制定工艺方案。这一步骤的内容包括：对零件图样进行分析，明确加工的内容和要求；确定工艺加工方案；选择适合的数控机床；选择、设计刀具和夹具；确定合理的走刀路线及选择合理的切削用量等。

（2）数学处理。在确定工艺方案后，下一步需要根据零件几何尺寸、加工路线，计算刀具中心运动

轨迹，以获得刀位数据。一般的数控系统均具有直线插补与圆弧插补的功能，对于加工由圆弧和直线组成的较简单的平面零件，只需要计算出零件轮廓上相邻几何元素的交点或切点的坐标值，得出各几何元素的起点、终点、圆弧的圆心坐标值。如果数控系统无刀具补偿功能，还应该计算刀具运动的中心轨迹。对于较复杂的零件或零件的几何形状与控制系统的插补功能不一致时，就需要进行较复杂的数值计算。

（3）编写零件加工程序单及程序检验。在完成上述工艺处理及数值计算工作后，即可编写零件加工程序单。程序编制人员使用数控系统的程序指令，按照规定的程序格式，逐段编写零件加工程序。程序编制人员应对数控机床的性能、程序指令及代码非常熟悉，才能编写出正确的加工程序。程序编写好之后，输入数控系统，控制数控机床工作。一般来说，正式加工之前，要对程序进行检验。对于复杂的零件，需要采用铝件、塑料或石蜡等易切材料进行试切。通过检查试件，不仅可确认程序是否正确，还可知道加工精度是否符合要求。若能采用与被加工工件材质相同的材料进行试切，则更能反映实际加工效果。当发现工件不符合加工技术要求时，可修改程序或采取尺寸补偿等措施。

3. 程序编制的方法　数控机床程序编制的方法有两种：手工编制程序与自动编制程序。

手工编制程序是指由人来完成数控机床程序编制各个阶段的工作。当被加工零件形状不十分复杂或程序较短时，可以采用手工编程的方法。但对形状复杂的零件，用手工编程就有一定难度，有的甚至无法编出程序，必须采用自动编程法编程。

自动编制程序是利用计算机专用软件编制数控加工程序的过程。它包括数控语言编程和图形交互式编程。数控语言编程为解决形状复杂的零件曲面、曲线加工提供了有效方法。但它存在直观性差，编程过程较复杂且不易掌握，程序检查不易等问题。随着计算机技术的发展，图形交互式自动编程也应运而生。图形交互式自动编程是利用 CAD 软件的图形编程功能，将零件的几何图形绘制到计算机上，形成零件的图形文件，或直接调用 CAD 系统已有零件的图形文件，然后调用计算机内相应的数控编程模块，进行刀具轨迹处理，由计算机自动对零件加工轨迹的每一个节点，进行运算和数学处理，从而生成刀位文件，之后再经相应的后置处理，自动生成数控加工程序，并同时在计算机上动态显示刀具的加工轨迹图。

6.2.2　数控机床控制系统的检测与控制

1. 检测装置　检测装置是构成半闭环、闭环数控系统的重要部件。在数控机床中需检测的量有位移和速度，检测装置的精度和稳定性对数控系统的定位精度和加工精度有着决定性的影响。数控系统对检测装置要求较高，具体有：

（1）满足移动部件和速度要求。一般闭环和半闭环控制系统要求检测装置能测量的最小位移为 $0.001 \sim 0.01$ mm，测量精度在 $0.001 \sim 0.01$ mm 内。一般移动部件的移动速度为 $0 \sim 24$ m/min。

（2）工作可靠，抗干扰强。

（3）使用维护方便，成本低。

目前，数控机床常见检测装置如表 24.6-1 所示。常用的检测方式有以下几类：

表 24.6-1　数控机床常见检测装置表

	数字式		模拟式	
	增量式	绝对式	增量式	绝对式
回转型	光电盘、圆光栅	编码器	旋转变压器、圆盘感应同步器、圆形磁尺	多极旋转变压器、旋转变压器组合、三速圆感应同步器
直线型	计量光栅、激光干涉仪	编码尺、多通道透射光栅	直线感应同步器、磁尺	三速感应同步器、绝对值式磁尺

（1）增量式测量和绝对式测量。增量式测量方式结构简单，任何一个对中点都可以作为检测的基点，工作台每移动一个基本长度单位，检测装置对应产生一个脉冲增量，脉冲所代表的就是最小的测量单位。在轮廓控制的数控系统中大都采用这种测量方式，其不足之处是，一旦计数不准确，后继的测量结果也随之而错。此外，在机床停电、断刀等故障出现后，必须将工作台移至始点重新计数才能找到事故前的正确位置。常用的增量式位置检测装置有感应同步器、光栅和磁尺等。绝对式测量是相对一个固定的参考点进行检测，它可以克服增量式测量之不足，测量方便，但测量装置结构复杂。典型的测量装置如绝对式编码器，对应其编码盘的每一个角位移都有一组二进制数，只要编码盘的角位移不变，其反映移动部件的位移值就唯一确定。

（2）模拟量测量和数字量测量。模拟量测量是将被测量用连续量来表示，其优点是可以直接检测不需变换，在小量程内可以实现高精度的测量；缺点是模拟式测量的信号处理较复杂，技术要求高，易受干扰。常用的模拟检测装置有感应同步器、旋转变压器及磁尺等。数字量测量是将被测量用数字表示，它可直接送入数控系统进行比较，测量精度取决于测量单位，只要测量单位取得足够小就可实现对移动部件精确的控制。数字量测量具有抗干扰能力强，测量装置简单，信号便于处理等优点，但存在累积误差等不足。

（3）直线型测量和回转型测量。直线型测量用于直接测量移动部件的直线位移，这种检测装置安装在设备的导轨侧面，其长度等于移动工作台的行程，可以直接测出移动部件位移，而不需要变换，检测精度较高。回转型测量装置一般安装在移动部件直线运动相关的回转轴上，它间接测量移动部件的位移。它的特点是不需要将测量装置制作很长，其不足是不能测出回转运动变直线运动时引起的误差，继而影响系统的精度。直线型测量主要为闭环控制系统服务，回转型测量为半闭环控制系统服务。

2. 插补原理　如何控制刀具或工件的运动，是数控机床的核心问题。要走平面曲线轨迹，需两个坐标协调运动；要走空间曲线轨迹，需三个或三个以上坐标的协调运动。实现多坐标的协调运动的算法通常有直线插补、圆弧插补、抛物线插补、螺旋线插补等。插补是指数据密化的过程，其对应的算法称为插补算法。插补算法由数控系统软件或硬件自动完成，并以此来协调控制各坐标轴的运动，从而获得所需要的运动轨迹。插补的速度直接影响到数控系统的精度。插补算法可归纳为如下两大类：

（1）脉冲增量插补算法。该插补算法主要为各坐标轴进行脉冲分配计算，其特点是每次插补的结束仅产生一个行程增量，以一个个脉冲的方式输出给步进电动机。脉冲增量插补在计算过程中不断向各个坐标发出相互协调的进给脉冲，驱动各坐标轴的电动机运动。在数控系统中，一个脉冲所产生的坐标轴位移量叫做脉冲当量，通常用 σ 表示。σ 是脉冲分配的基本单位，按机床设计的加工精度选定。普通精度的机床取 $\sigma = 0.01\text{mm}$，较精密的机床取 $\sigma = 0.001\text{mm}$ 或 0.005mm。脉冲增量插补算法通常有以下几种：逐点比较法、数字积分法、比较积分法、矢量判断法、最小偏差法、数字脉冲乘法器法等。脉冲增量插补算法适用于以步进电动机为驱动装置的开环数控系统。

（2）数据采样插补算法。这类插补算法的特点是数控装置产生的不是单个脉冲，而是数字量。插补运算分两步完成，第一步为粗插补，它是在给定起点和终点的曲线之间插入若干个点，即用若干条微小直线段来逼近给定曲线，每一微小直线段的长度 ΔL 都相等，且与给定进速度有关。粗插补在每一微小直线段的长度 ΔL 与进给速度 F 和插补周期 T 有关，即 $\Delta L = FT$。第二步为精插补，它在算出的每一个微小直线上再作"数据点的密化"工作，这一步相当于

对直线的脉冲增量插补。数据采样插补算法适用于闭环和半闭环的直流或交流伺服电动机为驱动装置的位置采样控制系统。

3. 进给控制系统　按伺服驱动系统类型数控机床进给控制系统一般可分为开环控制系统、闭环控制系统、半闭环控制系统。

（1）开环控制系统。无位置反馈装置的伺服进给系统称为开环控制系统。使用步进电动机作为伺服元件是其最明显的特点。在开环控制系统中，数控装置根据信息载体上的指令信号，经控制器运算发出指令脉冲，使伺服驱动元件转过一定的角度，并通过传动齿轮、滚珠丝杠螺母副，使执行机构（如工作台）移动或转动。

该系统的特点是系统简单，调试、维修方便，工作稳定，成本较低。由于开环系统的精度主要取决于伺服元件和机床传动元件的精度、刚度和动态特性，因此控制精度较低。目前在国内多用于经济型机床，以及对旧机床的数控化改造。

（2）闭环控制系统。在机床移动部件上直接安装直线位移检测元件，测出工作台的实际位移量后，反馈到数控装置的比较器中与指令信号进行比较，用误差值进行控制，最终实现移动部件的精确运动和定位，这种系统称为闭环控制系统。

该系统优点是精度高、速度快，缺点是系统复杂，传动系统的刚度、间隙，导轨的爬行等各种非线性因素将直接影响系统的稳定性。

（3）半闭环控制系统。这种控制系统不是直接测量工作台的位置量，而是通过旋转变压器、光电编码器等角位移测量元件，测量伺服机构中电动机或丝杠的转角，来间接测量工作台的位移。在该系统中滚珠丝杠、螺母副和工作台均在反馈环路之外，其传动误差等仍会影响工作台的位置精度，故称为半闭环控制系统。

该系统电气控制与机械传动间有明显分界，因而调试、维修与故障诊断较方便，稳定性好，成本较（闭环）低。控制精度没闭环系统高，但由于采用了高精度的测量元件，这种控制方式仍可获较满意精度。目前大多数数控机床采用该类系统。

6.3　伺服系统

伺服系统中的"伺服"一词来源于英语单词 Servo 的音译。伺服系统的核心技术是伺服控制技术，这正是自动化学科与制造业、产业化部门联系最紧密，服务最广泛的一个分支。世界上第一个伺服系统诞生于 1944 年的美国 MIT 辐射实验室，是用于火炮自动跟踪目标的伺服系统。早期的伺服系统都采用直

流电动机式驱动方式，到 20 世纪 60 年代伺服系统中液压控制有优于直流伺服电动机控制的趋向，从 70 年代以来，电力电子技术的突飞猛进、计算机技术的应用以及电动机制造技术的进步，大大改善了伺服系统的性能。随后而来的就是交流化、数字化、高集成化、智能化、模块化和网络化的发展趋势和潮流，使得伺服系统的高速和高精度控制成为现实。

6.3.1　伺服系统及典型伺服电动机

1. 伺服系统简介　伺服系统是用来控制被控对象的某种状态，使其能自动、连续、精确地复现输入信号的变化规律，通常是闭环控制系统。伺服系统的输出可以是各种不同的物理量，如速度、位置和运动轨迹控制等。典型的伺服系统结构图如下：

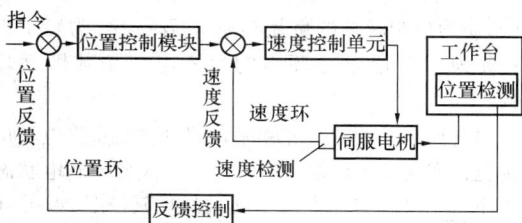

图 24.6-3　伺服系统结构图

伺服系统的定义：在自动控制系统中，使输出量能够以一定准确度跟随输入量的变化而变化的系统称为随动系统，亦称伺服系统。

（1）伺服系统的组成：由伺服系统的结构和定义可以看到，组成伺服系统的元件按照功能可分为以下几类：

1）测量元件：主要功能是检测被控物理量，如角度、位移、速度等。常见的有测速发电机、自整角机、光电编码器等。

2）给定元件：其功能是给出与期望的被控量相对应的系统输入量。

3）比较元件：其功能是为得到给定量与实际输出值的误差。

4）放大元件：用来放大比较器输出的偏差信号。

5）执行元件：用来直接推动被控对象，主要是各类伺服电动机，还有液压马达等。

6）校正元件：也叫补偿元件，它是结构或参数便于调整的元件。

（2）伺服系统的主要特点：

1）精确的检测装置。

2）有多种反馈比较原理和方法　目前常用的有脉冲比较、相位比较和幅值比较三种。

3）高性能的伺服电动机。

4）宽调速范围的速度调节系统。

（3）伺服系统的分类：

1）按照调节理论分类：开环伺服系统、闭环伺服系统、半闭环伺服系统。

2）按驱动元件分类：步进伺服系统、直流伺服系统、交流伺服系统。

3）按进给驱动和主轴驱动分类：进给伺服系统、主轴伺服系统。

4）按反馈比较控制方式分类：脉冲、数字比较伺服系统，相位比较伺服系统，幅值比较伺服系统，全数字伺服系统。

2. 典型伺服电动机

（1）伺服电动机的类型：伺服电动机是构成伺服系统的关键部件之一。可作为伺服系统执行元件的电动机类型很多，常见的有如下几种：

1）直流伺服电动机：直流伺服电动机的原理和一般的直流电动机相同，作为伺服电动机来考虑，有三点：①与直径相比，电枢较长。②为了减少不规则转矩的出现，电枢作成斜槽的。③为了防止涡流，励磁铁芯和磁轭都是硅钢片叠压成的。

2）低速大扭矩、宽调速电动机。

3）两相异步电动机：和感应电动机原理相同。和直流伺服电动机一样，电枢细长，转子作成斜槽。频率为 50Hz、60Hz、400Hz，功率多在 10W 以下。

4）三相异步电动机。

图 24.6-4　交流伺服
电动机外观

5）转差电动机。

6）步进电动机。

7）力矩电动机。

8）无刷电动机。

另外伺服电动机还有两项值得关注的新技术：一是高密度电动机，这类电动机制造工艺好，体积和空间利用可达到最小化，故称为高密度电动机，在运行原理上，其不属于旋转磁场电动机，而是在三相脉振磁场下工作，目前安川、松下、富士的小功率伺服电动机产品中均采用高密度电动机设计方案。另一类是嵌入式磁钢速率伺服电动机，其采用凸极效应引起的交、直轴电感随位置变化的特点，构成真正意义上的、可靠的无位置传感器速率伺服电动机驱动系统。

图 24.6 - 5　伺服电动机的外观

（2）伺服电动机的选择。作为伺服系统的执行元件，最多用的还是电动机。所以现在给出对执行电动机的要求如下：

1）满足负载运行的要求，即提供足够的力矩和功率，使负载达到要求的运动性能。

2）能很快正反转，能快速起停，保证系统的快速运行。

3）有较宽的调速范围。

4）电动机本身的功率消耗小、体积小、重量轻。

控制对象的要求是选择执行电动机的依据。要正确选用执行电动机，必须对负载的固有特性及运动性能加以分析。

电动机的主要指标是功率，若电动机功率不足，满足不了负载的要求，将降低系统的使用寿命和可靠性，并导致事故。若功率过大，又将使系统体积和重量增加，并增加功率损耗和增加成本。此外，电动机的输出转矩、转速也是选择的指标。

故选择电动机应包含：确定电动机类型、额定输入输出参数、控制方式；确定电动机到负载之间传动装置的类型、速比、传动级数和速比分配，以及估算传动装置的转动惯量和传动效率。

（3）伺服电动机的选择方法：

1）直流伺服电动机的选择。伺服电动机是将电信号转变成机械运动的关键元件，因此，伺服电动机输出的转矩、转速和功率，应能满足负载运动要求，控制特性应保证所需的调速范围和转矩变化范围。①功率估算。②发热校核。③转矩过载校核。④按动态品质校验电动机。

2）力矩电动机的选择。力矩电动机具有转速低、力矩大、力矩波动小、机械特性硬度大、线性度好等优点，可以在低速，甚至堵转下长期工作。所以适用于力平衡系统。

直流力矩电动机的工作原理与普通直流电动机相同。

3）步进电动机的选择：随着数字计算技术的发展，步进电动机得到越来越广泛的应用。步进电动机的选用和其他电动机不同，主要选择的参数是步距角、精度、转矩和工作频率。

6.3.2　步进伺服系统

1. 步进电动机　是将脉冲信号转换成角位移（或线位移）的一种机电式数模转换器，它是典型的数字控制系统的执行元件，当外电路输入一个脉冲时，控制绕组的通电状态即改变一次，与此对应，步进电动机将转动一个步距角 β_b。因此，步进电动机转过的步距角数，等于外加的脉冲数。所以步进电动机的平均转速（r/min）

$$n = \frac{60f}{Z_r m} \qquad (24.6 - 1)$$

式中，f 为控制脉冲的重复频率（Hz）；Z_r 为转子齿数；m 为一个通电循环内的通断电节拍数即循环拍数。

改变控制脉冲的重复频率，即可改变步进电动机的转速，实现无级调速。同时，只要改变通断电状态的顺序，就可以实现步进电动机的反转。图 24.6 - 6 给出了步进电动机的驱动原理图。

图 24.6 - 6　步进电动机驱动系统示意图

步进电动机的开环控制与闭环控制形式见图 24.6 - 7（a）和（b）。

步进电动机驱动器近年来取得长足进步，有体积小、功能多、性能优良的特点，大大提高了步进电动机的动态性能。

2. 步进电动机伺服系统特点

（1）步进电动机、驱动器、上位控制单元、负载构成一个开环系统。系统结构简单可靠，成本低。

（2）步进电动机本身就是一个数字器件，所以特别适合于点位控制。

（3）具有较高的定位精度且没有累积误差。

（4）具有高分辨率。由于驱动器具有细分功能，大大提高了步进电动机的分辨率。脉冲当量越小，系统定位精度越高。

（5）步进电动机在驱动连续运行负载时，具有平滑调速功能。

（6）作为点位控制系统，它比交流伺服系统成本低得多，但电动机振动和噪声较大。

步进电动机广泛应用到如空调、打印机、办公设备、线切割机、数控机床、医疗设备、音箱设备和钟表等。

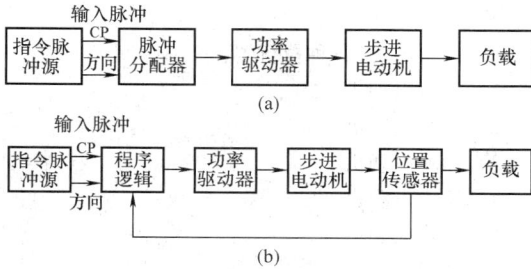

图 24.6-7　步进电动机控制系统框图

（a）开环系统；（b）闭环系统

6.3.3　直流伺服系统

（1）直流伺服系统的基础是直流电动机调速系统，直流调速系统主要有转速单闭环调速系统，转速、电流双闭环调速系统，后者具有更好的动态性能和抗干扰性能，对于双环系统，电流环是内环，转速环是外环。

对于直流伺服系统，外环是位置环，内环通常与直流调速系统的结构相同。

（2）直流电动机伺服系统具有以下特点

1）具有很高的过载能力和较好的动态性能。

2）调速范围宽，调速比可达 1:1000 以上。

3）具有良好的低速特性，能进行高精度定位，低速时能输出较大的转矩，可以与生产机械直接连接，以提高机床的加工精度。

6.3.4　交流伺服系统

1. 交流伺服系统是未来伺服系统的主流

"交流伺服取代直流伺服"这一愿望正在逐渐变为现实。交流伺服系统按照其采用的驱动电动机的类型来分，主要有两大类：永磁同步（SM 型）电动机交流伺服系统和感应式异步（IM 型）电动机交流伺服系统。

交流伺服系统主要包括交流伺服电动机、交流伺服驱动器、上位控制单元、驱动对象、传感器及反馈环节等构成。

交流电动机伺服系统中，其内部的速度调节完全可以利用交流调速的各种方法，目前多采用变频调速、矢量控制、直接转矩控制等技术，这样可以大大提高交流伺服系统的性能，图 24.6-8 就是基于矢量控制的交流伺服系统原理框图。

2. 交流伺服系统的主要特点

（1）调速范围特别宽，调速比可达 1:10000，电动机可以在极低速下运行。

（2）系统分辨率高。电动机运行平稳、噪声低。

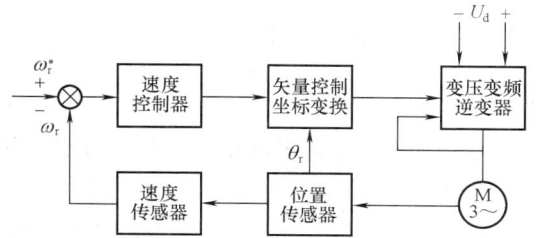

图 24.6-8　交流伺服电动机伺服系统
的基本框图

这是其他系统无法比拟的。

（3）具有多种控制功能，位置控制、模拟量速度控制、转矩控制、位置-转速控制、位置-转矩控制、速度-转矩控制。

（4）具有全闭环功能，即双位置环功能。

（5）电动机可做成小惯量的、中惯量的等，以适应系统惯量匹配，使系统反应速度快、刚性好、定位精度高。

（6）驱动器有多项功能设置，使系统运行在理想状态。

（7）电动机过载能力强，一般在 1.5 倍到 3 倍。比直流伺服电动机过载能力高。

目前交流伺服驱动器的功能正在逐渐完善与扩展，如整合式交流伺服驱动器，其上位控制单元的功能移到驱动器中，能够自编程，对单轴进行位置速度控制，系统简化、成本降低。

总之，交流伺服系统集中了变频调速和步进驱动系统两方面的优点，其生命力非常强大。同时由于 CPU、DSP、PWM 技术、软件技术、编码器技术的发展，其性能会更加优良，应用面会越来越广。图24.6-9给出了"软件伺服"交流伺服系统原理框图。

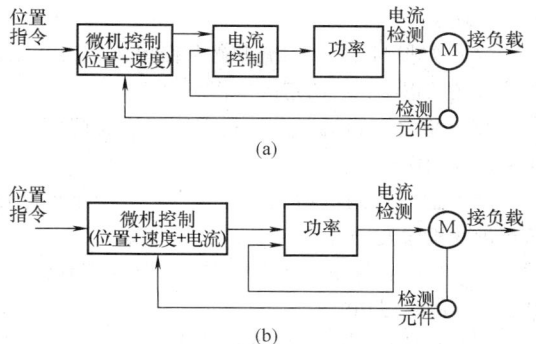

图 24.6-9　交流伺服系统的"软件伺服"
典型结构框图

（a）"软件伺服"；（b）"全软件伺服"

6.4　机器人控制系统

6.4.1　引言

机器人的定义目前国际上尚未统一，一般有以下几种定义：

我国机器人专家对机器人下的定义：机器人是一种自动化机器，所不同的是这种机器具备一些与人或生物相似的智能行为，如感知能力、规划能力、动作能力和协同能力，是一种具有高度灵活性的自动化机器。

日本机器人专家对机器人下的定义：机器人是一种具有移动性、个体性、智能性、通用性、半机械半人性、自动性和奴隶性等 7 个特征的柔性机器。

工业机器人：工业机器人是一种具有自动控制的操作和移动功能，能完成各种作业的可编程操作机。

服务机器人：半自动或全自动执行服务用途并对人和设备友好的机器人，包括制造业操作者。

6.4.2　机器人分类

机器人的分类目前没有国际标准。一般按控制方式分、按应用领域分、按机械结构分等多种方式。目前科研人员比照用途划分为两大类机器人。一是代替人类重复操作行为的工业机器人；二是代替人类部分智能行为的服务机器人。除此以外，还可以按自动化功能分为 8 类：

（1）操作机器人。能自动控制，可重复编程，可实现多功能、多自由度运动控制。

（2）程控机器人。按预先设定的顺序及条件，依次完成机器人机械动作。

（3）示教再现机器人。通过示教操作向机器人传授顺序、条件等信息，继而让机器人根据示教信息独立作业。

（4）数控机器人。通过输入程序、语言等后，机器人按照程序完成给定的操作。

（5）感觉控制机器人。利用传感器反馈信号控制机器人动作。

（6）适应控制机器人。能适应环境变化控制自身行为的机器人。

（7）学习控制机器人。机器人能体会工作经验，具有一定的学习功能。

（8）智能机器人。具备环境识别、智能决策等智能行为的机器人。

6.4.3　机器人的各种执行器和传感器

随着科学技术的发展，机器人的执行器和传感器种类和性能会不断增长。本手册将对目前常用的执行器和传感器作了介绍。

（1）机器人的各种执行器：

1）直流电动机。

2）同步电动机。

3）无刷电动机。

4）感应电动机。

5）步进电动机。

6）液压缸。

7）液压马达。

8）气压缸。

9）压电执行器。

10）超声波执行器。

11）形状记忆合金执行器。

12）静电执行器。

（2）机器人的各种基本传感器：

1）旋转角度传感器：光学式绝对型编码盘、光学式增量型编码盘、激光干涉式编码器、分相器、电位计。

2）角速度度传感器：旋转编码器、测速发电机。

3）力传感器。

4）姿态传感器。

5）视觉传感器。

6）声音传感器。

6.4.4　机器人运动学

机械手可以看作是一个开链式刚性多连杆机构。连杆之间一般通过旋转关节或柱关节连接在一起。机器人运动学是研究机器人位置、速度、加速度之间的关系。

1. 正向运动学　已知各关节位置变量的值，求解手爪在空间的位置和姿态。

机械手任一连杆 i（$i=0$，1，2，…，n）可看作是一个刚体，它确定了两个相邻关节 J_i 和 J_{i+1} 之间的位置关系（如图 24.6 - 10 所示）。机械手用四个参数描述连杆。

（1）连杆长度 b_i：轴线 i 与轴线 $i+1$ 之间的公垂线的长度。

（2）连杆扭角 α_i：以从轴线 i 指向轴线 $i+1$ 的 α_i 法线。

（3）连杆间距 d_i：从 a_{i-1} 在轴线 i 上的垂足沿轴线 i 指向 a_i 在轴线 i 上的垂足的长度。

（4）关节转角 θ_i：把 a_{i-1} 平移到与 α_i 的延长线相交的位置上，这两条公垂线所成的夹角。

连杆坐标系 $\{i\}$ 相对于 $\{i-1\}$ 的变换为

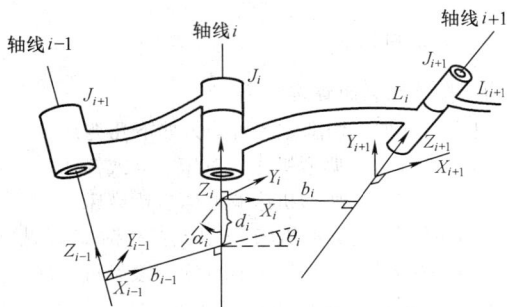

图 24.6－10 连杆参数和连杆坐标系

$$^{i-1}_iT = {}^{i-1}_uRot(X_{i-1},\ \alpha_{i-1})^u_vTrans(b_{i-1},\ 0,\ 0)^v_wRot(Z_i,\ \theta_i)^w_i$$

$$Trans(0,\ 0,\ d_i)$$

$$= \begin{pmatrix} \cos\theta_i & -\sin\theta_i & 0 & b_{i-1} \\ \sin\theta_i\cos\alpha_{i-1} & \cos\theta_i\cos\alpha_{i-1} & -\sin\alpha_{i-1} & -d_i\sin\alpha_{i-1} \\ \sin\theta_i\sin\alpha_{i-1} & \cos\theta_i\sin\alpha_{i-1} & \cos\alpha_{i-1} & d_i\cos\alpha_{i-1} \\ 0 & 0 & 0 & 1 \end{pmatrix}$$

$$(24.6-2)$$

对于旋转关节 θ_i、对于柱关节连杆间距 d_i 是变量，其余都是机械设计常量。

对于具有 n 个连杆的机械手，运动学方程要确定与末端坐标系 $\{n\}$ 固联手爪相对于基座 $\{0\}$ 的变换为

$$^0_nT = {}^0_1T{}^1_2T\cdots{}^{n-1}_nT \qquad (24.6-3)$$

2. 反向运动学 指定手爪在空间的位置和姿态，求解各关节位移变量的相应值，也就是给定 ^0_nT，求出 $\theta_1,\ \theta_2,\ \cdots,\ \theta_n$ 的值。一般情况下，运动学方程的解不是唯一的。主要有解析法和数值计算法。

3. 雅可比矩阵 描述手爪速度与各关节速度之间的关系

分别用 $^n\omega_m$ 和 ^nv_m 表示在连杆坐标系 $\{n\}$ 中，描述的连杆坐标系 $\{m\}$ 的角速度和线速度。则连杆 $i+1$ 在坐标系 $\{i+1\}$ 中的角速度 $^{i+1}\omega_{i+1}$ 与连杆 i 在坐标系 $\{i\}$ 中的角速度 $^i\omega_i$ 的关系为

$$^{i+1}\omega_{i+1} = {}_iT^i\omega_i + \dot{\theta}_{i+1}{}^{i+1}\widehat{Z}_{i+1} \quad (24.6-4)$$

式中，$^{i+1}\widehat{Z}_{i+1}$ 为 $\{i+1\}$ 在 Z 轴上的单位矢量在 $\{i+1\}$ 中的描述。

连杆 $i+1$ 在坐标系 $\{i+1\}$ 中的线速度 $^{i+1}v_{i+1}$ 与连杆 i 在坐标系 $\{i\}$ 中的角速度 ^iv_i 的关系为

$$^{i+1}v_{i+1} = {}^{i+1}_iT({}^iv_i + {}^i\omega_i{}^iQ_{i+1}) \quad (24.6-5)$$

式中，$^iQ_{i+1}$ 为 $\{i+1\}$ 的原点在 $\{i\}$ 中的位置矢量。

如果将角速度和线速度合为一个矢量

$$\dot{D} = \begin{pmatrix} {}^0v_n \\ {}^0\omega_n \end{pmatrix}$$

则手爪直角坐标速度矢量 $\dot{D}$ 和各关节的位移矢量 Θ 之间关系满足雅可比矩阵 $J(\Theta)$ 形式为

$$\dot{D} = J(\Theta)\dot{\Theta} \qquad (24.6-6)$$

6.4.5 机器人动力学

机器人动力学是研究机器人动态特性的运动方程。

1. 拉格朗日方程

$$\tau_j = \frac{d}{dt}\frac{\partial L}{\partial \dot{\theta}_j} - \frac{\partial L}{\partial \theta_j} \quad j = 1,\ 2,\ \cdots,\ n$$

$$(24.6-7)$$

其中：拉格朗日算子 $L=K-P$ 是 t，θ_j 的函数，τ_j 是广义力；对于 k 个质点、n 个自由度的机械手而言，

质点系动能 K：$K = \sum\limits_{i=1}^{k} \frac{1}{2}m_iv_i^2$ (24.6－8)

质点系势能 P：$P = \sum\limits_{i=1}^{k} m_igh_i$ (24.6－9)

m_i 为第 i 个质点的质量。通过化简，则式 (24.6－7) 可写为

$$\tau = M(\Theta)\ddot{\Theta} + V(\Theta,\ \dot{\Theta}) + G(\Theta)$$

$$(24.6-10)$$

式中，τ 为 n 维广义力矢量；Θ 为 n 维关节旋转角度矢量；$M(\Theta)$ 为 $n\times n$ 维惯性矩阵；$V(\Theta,\ \dot{\Theta})$ 为 n 维离心和哥氏项；$G(\Theta)$ 为 n 维重力项。

2. 牛顿-欧拉方程 作用在质心 i 质量为 m_i、惯性张量为 I_i 的惯性力 F 和力矩分别满足

$$^iF_i = m_i\dot{V}_1 \qquad (24.6-11)$$

$$^iN_i = {}^iI_i{}^i\dot{\omega}_1 + {}^i\omega_i \times {}^iI_i{}^i\omega_i \quad (24.6-12)$$

式中，f_i 为连杆 $i-1$ 作用于连杆 i 上的力；n_i 为连杆 $i-1$ 作用于连杆 i 上的力矩。

则 $^i_if = {}^i_{i+1}T^{i+1}f_{i+1} + {}^iF_i$ (24.6－13)

$$^in_i = {}^iN_i + {}^i_{i+1}T^in_{i+1} + {}^iQ_i \times {}^iF_i + {}^iQ_i \times {}^i_{i+1}T^{i+1}f_{i+1}$$

$$(24.6-14)$$

式中，^iQ_i 为连杆 i 的质心在 $\{i\}$ 中的位置矢量。

6.4.6 机器人控制方法

1. 基本控制方法

（1）机器人力/位置混合控制方法。

（2）机器人阻抗控制。

2. 自适应控制 通过自适应算法来在线估计未知参数，并根据估计值随时修改控制策略来达到机械

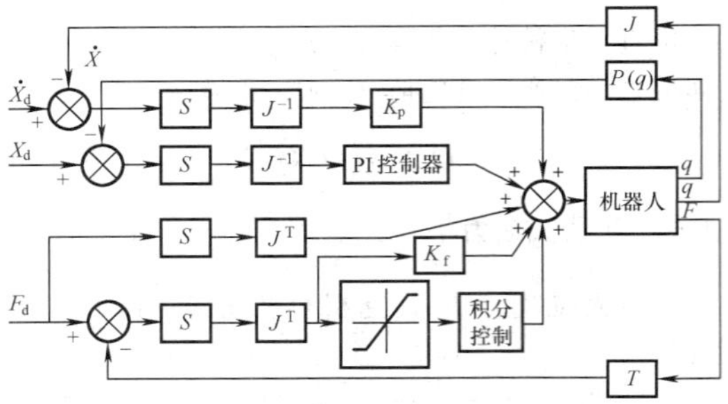

图 24.6 - 11　机器人力/位置混合控制系统框图
S—选择矩阵；J—雅可比矩阵；T—力变换矩阵；
X_d—期望位置；F_d—期望力

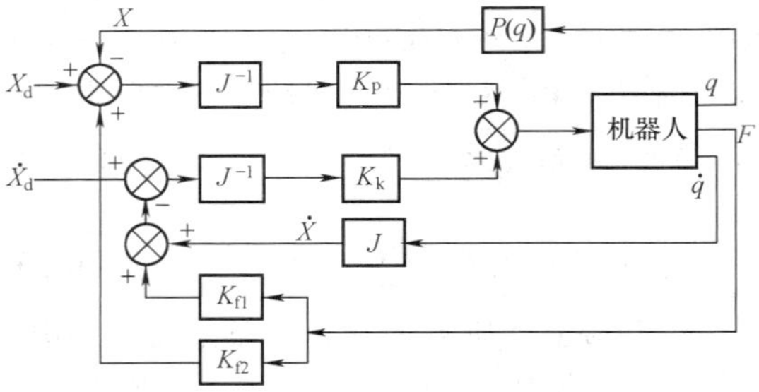

图 24.6 - 12　机器人阻抗控制系统框图

手位置或其他被控制变量的闭环控制。

3. 变结构控制

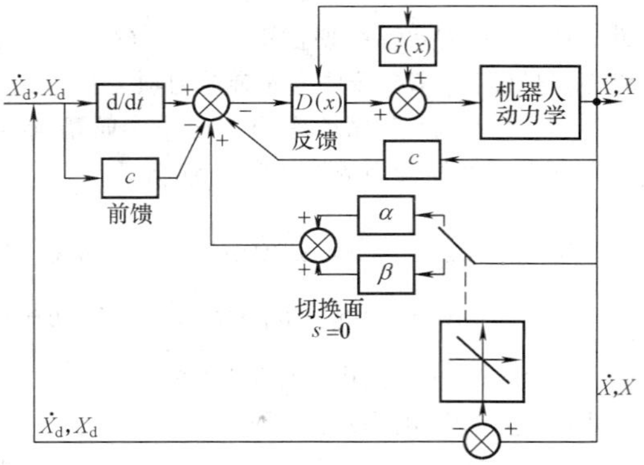

图 24.6 - 13　机器人变结构控制系统框图

4. 智能控制

5. 机器人视觉伺服控制

6.5　典型机械的电气控制

　　一般设备由机械、电气控制两部分组成。为了保证机械设备能实现相关的功能，完成要求的动作，达到预定的技术指标，必须配制合适的电气控制系统。电气控制系统已成为机械设备的核心技术，它的技术是否先进已成为衡量机械设备是否先进的关键指标。随着科学技术的发展，电气控制系统正朝着智能化、微型化、网络化等方向发展。

6.5.1　普通机床

1. 普通机床的分类

机床按其加工切削方式可分为如下几类：

（1）车削类。典型机床有车床、立式镗床。

（2）磨削类。典型机床有磨床、珩磨床。

（3）钻削类。典型机床有钻床、扩孔钻、攻丝钻。

（4）铣削类。典型机床有铣床、滚齿机、锯床。

（5）刨削类。典型机床有牛头刨床、插床、龙门刨床。

（6）拉削类。典型机床有拉床。

（7）塑性变形类。典型机床有冲床、锻压机、挤压机。

2. 机床对电气控制系统的要求

（1）与机床特性要一致，采用短时工作或长期工作制，电动机保证有足够功率。

（2）精度高，振动小。

（3）适应有导电尘埃和滑润液等的工作环境。

（4）可靠安全，维修方便。

3. 电动机的选择

（1）根据生产机械调速要求选择电动机类型。

（2）按生产机械不同的工作制选择连续工作、短时及断续周期性工作制的电动机。

（3）根据不同的工作环境选择电动机的防护形式。

4. 电动机容量选择　电动机的容量反映了它的负载能力，它与电动机的允许温升和过载能力有关，电动机容量的选择方法通常有两种，一种是分析法，另一种是调查统计类比法。

（1）分析法。根据生产机械负载图求出其平均功率，再按负载平均功率的（1.1~1.6）倍求出初选电动机的额定功率。对于放大系数的选用，应根据负载变动情况确定。负载较大时，选较大系数；负载长时间不变或变化不大时，可选最小系数。对初选电动机进行发热校验，然后进行电动机过载能力的校验，必要时还要进行电动机起动能力的校验。当校验均合格时，该电动机的额定功率符合负载要求。该法计算量大，负载图绘制较为困难，使用相对较少。

（2）统计类比法。将各国同类型、先进的机床电动机容量进行统计和分析，从中找出电动机容量与机床主要参数间的关系，再根据我国国情得出相应的计算方式来确定电动机容量。这是一种实用方法，一般生产机械的电力拖动系统，电动机容量选择较多采用该法。几种典型机床电动机的统计类比法公式如下：

1）车床

$$P = 36.5D^{1.54}$$

2）立式车床

$$P = 20D^{0.88}$$

式中，P 为电动机容量（kW）；D 为工件最大直径（m）。

3）摇臂钻床

$$P = 0.0646D^{1.19}$$

式中，D 为最大钻孔直径（mm）。

4）卧式镗床

$$P = 0.004D^{1.7}$$

式中，D 为镗杆直径（mm）。

5）龙门铣床

$$P = 1.16B/1.66$$

式中，B 为工作台宽度（mm）。

6）外圆磨床

$$P = 0.1KB$$

式中，B 为砂轮宽度（mm）；K 为砂轮主轴用滚动轴承时，$K = 0.1 \sim 1.1$；砂轮主轴用滑动轴承时，$K = 1.0 \sim 1.3$。

5. 电气控制系统　机床大都以各类电动机为原动机，所以机床电气控制的主要任务就是使电动机起动，运行（正、反转、调速）和停止。此外机床电气控制还包括对液压、电磁铁、电磁离合器及各种保护等环节的控制。

（1）继电器-接触器控制系统。它是一种以继电器、接触器和各种按钮、开关等电器元件组成的有触点、断续控制方式。尽管机床以及其他生产机械的电气控制已向无触点、连续控制、弱电化、微机控制方向发展。但由于继电器——接触器控制系统具有控制线路简单、维修方便、便于掌握等优点，且能满足生产机械一般生产要求，目前该控制系统在普通机床与简单的专用机床的电气控制领域中，仍有广泛的应用。

（2）PLC（Programmable Logic Controller）控制系统。它一般由信号输入元件（如按钮、限位开关、传感器等）、输出执行器件（如继电器、接触器、电磁阀等）、显示器和 PLC 等构成。随着技术的发展，PLC 不但可以代替继电器——接触器控制系统，使硬件软件化，提高系统的可靠性和柔性，而且还有模拟量控制、智能控制和联网功能等。此外 PLC 还具有体积小、重量轻、性价比高（例 OMRON CP1H PLC 有 I/O点 24/16，定时器/计数器与中间继电器数百个，4 路高速脉冲输出 100KHz＊2，30KHz＊2）等特点，使 PLC 控制系统在机床电气控制中的应用越来越多。

（3）电气调速系统。对机床主轴与进给电动机有较高控制要求时须采用电气调速系统。它一般可分为直流调速系统、交流调速系统和伺服调速系统。

1）直流调速系统具有调速范围宽、调速精度高、动态性能好等优点，同时也存在维护要求高、价格高、体积大等不足。一般晶闸管-电动机直流调速系统多用于重型机床的主拖动中，而绝缘栅极晶体管-电动机直流调速系统则多用于机床的进给拖动中。

2）交流调速系统中的交流电动机与直流电动机相比，结构简单、成本低、维护简单、体积小，长期以来人们一直在研究交流电动机的调速问题。随着电力电子、计算机等自动化技术发展，交流调速系统有了很大发展，性能已达到与直流调速系统可以媲美的程度，正逐步取代直流调速系统。在机床调速系统中常用变频调速、无刷整流子电动机调速和矢量控制调速系统。

3）伺服系统是以机械位置或角度为控制量的控制系统。对位置控制要求高的场合，采用闭环控制，典型系统有直流伺服系统和交流伺服系统；对位置控制要求相对不高的场合，采用开环控制，典型系统是步进电动机系统。

6.5.2　数控机床

1. 数控机床的分类　数控系统与被控机床本体的结合称为数控机床。

（1）按加工方式分类：可分数控车床、数控铣床、数控钻床、数控镗床、数控磨床、加工中心及电加工机床等。

（2）按数控机床的功能水平分类：可分为经济型数控机床、普及型数控机床、高档型数控机床 3 类。①经济型数控机床能满足一般精度要求的加工，能加工形状较简单的直线、斜线、圆弧及螺纹类的零件，控制的轴数和联动的轴数在 3 轴或 3 轴以下，进给分辨率一般为 10μm，进给速度不超过 10m/min。这类机床结构简单、精度中等、价格较低。②普及型数控机床能加工形状较复杂的零件，控制 4 轴或 4 轴以下联动，进给分辨率一般为 1μm，最大进给速度达 24m/min。这类机床功能多，精度较高，价格适中。③高档型数控机床能加工复杂形状零件，具有 5 轴或 5 轴以上的联动控制，最小进给分辨率为 0.1μm，最大进给速度达 100m/min 或更高。该类机床结构复杂，控制精度高，功能多，价格高。

2. 数控系统　数控系统一般由输入/输出装置、数控装置、伺服与驱动系统、电气控制装置、传感器与执行器五部分组成，机床本体为被控对象，其组成框图如图24.6－14。

（1）数控装置。数控装置是数控系统的控制、指挥中心，它由硬件和软件两大部分组成，数控装置称 NC（Numerical Control）装置或 CNC（Compute Numerical Control）装置。

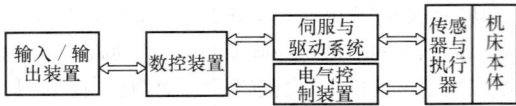

图 24.6 - 14 数控机床组成框图

数控装置根据输入数据插补出理想的运动轨迹，然后输出到执行部件加工出所需要的零件。它有多种系列，性能各异，但其功能通常包括基本功能和选择功能。基本功能是数控装置必备的功能，选择功能是供用户根据机床特点和用途进行选择的功能。

数控装置按硬件的制造方式可分为专用型结构和 PC 机式结构。前者由各制造厂家专门设计和制造，布局合理，结构紧凑，专用性强，不同厂家硬件之间彼此不兼容。如日本 FANUC 数控装置、德国 SIEMENS 数控装置、武汉华中数控装置等。后者以工业 PC 机为支撑平台，插入相关运动控制卡和数控软件，构成数控装置。

随着技术的发展及用户需求的不断提高，数控装置正朝着开放式方向发展，目前开放式数控装置主要形式是基于 IPC 的 NC，即在 IPC 机的总线上插入具有 NC 功能的运动控制卡完成实时性要求高的 NC 内核功能。代表性的运动控制卡有美国 DETA TAU 公司的 PMAC 卡，深圳固高运动控制卡等。开放式数控装置是制造技术领域的革命性飞跃，其硬件、软件和总线规范都是开放的，由于有充分的软硬件资源可被利用，装置的软硬件可随 IPC 技术的发展而升级，不仅数控装置制造商和用户进行系统集成得到有力的支持，而且针对用户的二次开发也带来方便，促进数控装置多档次、多品种的开发和广泛应用，即可通过升挡或裁减构成各种档次的数控装置，又可通过扩展构成不同类型数控机床的数控装置，开发周期大大缩短。

（2）伺服驱动系统。伺服驱动系统是数控机床的重要组成部分，用于实现数控机床的进给伺服控制和主轴伺服控制。伺服驱动系统的作用是把接受来自数控装置的指令信息，经功率放大，整形处理后，转换成机床执行部件的直线位移或角位移运动。由于该系统是数控机床的最后环节，其性能将直接影响数控机床的精度和速度等技术指标。伺服驱动系统包括驱动装置与执行机构二部分。

根据数控机床切削加工的特点，对伺服驱动系统有如下要求：

1）调速范围宽。为了保证机床在任何情况下都能得到最佳切削条件，具有良好稳定性，一般要求速比（$N_{min} : N_{max}$）为 1：24000，低速时应平稳无爬行。

2）精度高。伺服驱动系统必须保证机床的定位精度和加工精度，一般为 0.01~0.001mm。

3）响应速度快。为保证轮廓切削形状精度，伺服驱动系统应具有良好的快速响应性。

4）负载特性硬。

5）良好的稳定性。

6）高性能电动机。

常见的伺服驱动系统有如下 3 种：

1）步进电动机伺服驱动系统。该系统是典型的开环伺服系统，其基本结构如图 24.6 - 15 所示。在该系统中，执行元件是步进电动机。步进电动机是一种可将电脉冲转换为机械角位移的控制电动机，它通过丝杠带动工作台移动。通常该系统中无位置、速度检测环节，其精度主要取决于步进电动机的步距角和与之相联传动链的精度。步进电动机的最高转速通常比直流伺服和交流伺服电动机低，且在低速时容易产生振动，影响加工精度。但步进电动机伺服系统的制造与控制比较容易且系统价格相对较低，在速度和精度要求不太高的场合有一定的使用价值。另外步进电动机细分技术的应用，使步进电动机开环伺服系统的定位精度显著提高。采取有效的措施降低步进电动机的低速振动，将使步进电动机伺服系统得到更广的应用。该系统特别适合于中、低精度的经济型数控机床和普通机床的数控化改造。

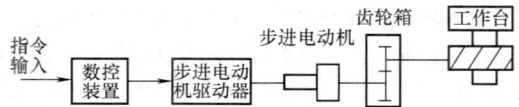

图 24.6 - 15 步进电动机伺服驱动系统框图

2）直流伺服驱动系统。在 20 世纪 70 年代至 80 年代的数控机床上，一般采用直流伺服驱动系统。早期的直流伺服驱动系统一般采用晶闸管速度控制系统，到 80 年代中期，开始逐渐被脉宽调制 PWM 速度控制系统代替。直流伺服电动机通常采用以铁氧体作为永磁材料的"永磁式直流伺服电动机"，它的电枢部分与普通直流电动机相似。

PWM 速度控制系统是通过脉宽调制器对大功率晶体管的开关时间进行控制，将直流电压转换成某种频率的方波电平，并通过对脉冲宽度的控制，改变输出直流平均电压的自动调速系统。以脉冲编码器作为检测器件的 PWM 直流伺服驱动系统的框图如图 24.6 - 16 所示。其工作过程如下：

数控装置 CPU 发出的指令信号，经过数值积分器 DDA（即插补器）转换后，输出一系列的均匀脉冲。为了使实际机床位置分辨率与指令脉冲相对应，系统中通常需要通过指令倍乘器 CMR，对指令脉冲进行倍频/分频变换。将指令脉冲与位置反馈脉冲比

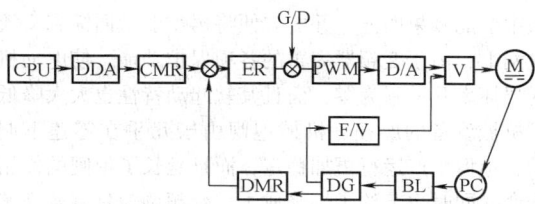

图 24.6 - 16 PWM 直流伺服驱动
系统原理图

较的差值，送到脉宽调制器 PWM 进行脉宽调制，被调制的脉冲经过 D/A 变换器转换成模拟电压，作为速度控制单元 V 的指令电压 VCMD。电动机 M 旋转后，脉冲编码器 PC 发出的脉冲经断线检查器 BL 确认无信号断线之后，送到鉴相器 DG 进行电动机的旋转方向识别。鉴相器的输出分为两路，一路经 F/V 变换器，将反馈脉冲变换成测速电压 TSA 送速度单元，并与 VCMD 指令进行比较，从而实现速度的闭环控制。另一路输出到检测倍乘器 DMR，经倍乘后送到比较器作为位置环的位置反馈输入。通过设置不同的 CMR、DMR 值，可以将指令脉冲的移动量和实际机床的每脉冲移动量相一致，从而使控制系统能适应于各种场合。

3）交流伺服驱动系统。直流伺服驱动系统虽有优良的调速性能，但由于其在结构上采用了易磨损的电刷和换向器，一方面需要经常维护，另外由于换向火花，使电动机的最高转速受到限制。此外，直流电动机结构复杂，制造难，材料消耗大，制造成本较高。

进入 20 世纪 80 年代以后，由于交流伺服电动机的材料、结构及控制理论与方法均有了突破性进展，微电子技术和功率半导体器件的发展又为其控制方法的实现创造了条件，使得交流驱动装置发展飞快，目前已逐渐取代直流伺服驱动系统。交流伺服电动机与直流伺服电动机比最大的优点在于不需要维护，制造简单，适合于恶劣环境下工作。目前交流伺服驱动系统的性能完全达到直流伺服驱动系统的性能。

（3）其他装置。输入/输出装置 输入装置将数控加工程序等各种信息输入数控装置，输入的内容及数控装置的工作状态通过输出装置观察。常见的输入/输出装置有纸带阅读机，磁盘驱动器，通信网络接口，CRT 及各种显示器件等。

电器控制装置位于数控装置和机床之间，接受数控装置发出的开关命令，主要完成机床主轴选速、起停和方向控制、换刀、工件装夹、冷却、液压、气动、润滑系统控制功能以及机床其他辅助功能。其形式可以是继电器控制线路或 PLC 控制系统。

传感器与执行器。传感器主要用于检测位置信号，通过直接或间接测量将执行部件的实际进给位移检测出来，反馈到数控装置，典型传感器有编码器、光栅、感应同步器等。执行器将电信号转换为机械运动，典型执行器有步进电动机，伺服电动机，电磁阀等。

6.5.3 起重机械

1. 起重机的分类 起重机是搬运物料的机械设备，一般有多种运动，分别由起升、运动、变幅、回转等机构完成。它广泛用于工厂、港口、车站、仓库、建筑等部门。

起重机可分为轻型起重机、桥式类起重机、臂架类起重机、堆垛起重机等类型。

2. 起重机工作分类 根据起重机的工作繁重程度将起重机及其机构分为轻、中、重、特重四级。

在选择电动机及电气元件时，或在验算减速器、制动器等的发热情况时，必须考虑周围环境温度和机构的通电持续率的大小，一般工作条件下的周围环境为 -25~40℃，机构的通电持续率 FC 按下式计算

$$FC = 100tj/T \times 100\%$$

式中，tj 为起重机在一个工作循环中该机构的总运转时间；T 为起重机的一个工作循环时间。

按规定，只有在 $T \leqslant 10min$ 时，计算的 FC 值才有意义。当 $T > 10min$ 时，此时电动机的容量不能简单按 FC 值选择，而应按具体情况的不同考虑短时工作制、短时额定容量的折算。

在一般情况下，机构通电持续率 FC 值与机构的工作类型有大致对应关系，见表 24.6 - 2。

表 24.6 - 2   不同工作类型 FC 值

工作类型	轻级	中级	重级	特重级
FC 值（%）	15	25	40	60

3. 起重机对电气控制系统的要求 起重机工作性质多为重复短时工作制，提升电动机经常处于起动、制动、调速、反转工作状态；起重机负载变化大，经常承受大的过载和机械冲击；起重机工作环境差，往往湿度大、温度高、粉尘大。

（1）一定的调速范围，普通起重机调速范围为 2~4。

（2）有合理的升降速度，空钩能实现快速下降，轻载提升速度大于重载提升速度。

（3）提升第一挡作为预备挡，用以消除传动系统中的齿轮间隙，将钢丝绳张紧，避免过大的机械冲击。

（4）下放重物时，依负载大小，提升电动机可运行在电动状态（强力下放）、反接制动状态、再生

发电制动状态，以满足不同下降速度的要求。

（5）为确保安全，提升电动机设有电气、机械两重制动。

4. 起重机电气控制系统 目前起重机电气控制系统主要由控制部分、保护部分及传动系统等组成。控制部分有继电器—接触器控制线路与 PLC 控制系统两种方案供选择；保护部分有过电流保护、超速保护、防碰撞保护及安全限位保护等环节；传动系统有涡流制动器调速、晶闸管定子调压调速、液压推杆调速、晶闸管串级调速、变频调速等系统。

（1）涡流制动器调速系统是用于三相绕线转子电动机的控制装置，由涡流制动器（与电动机的输出轴机械联接）、涡流调节器以及反馈检测设备（运行机构可不用）等组成，与主令控制器等设备配合，就可以控制和保护电动机的起动、调速、换相和制动。该系统具有结构简单、成本较低、搬运与安装方便等特点；但因需要在电动机后面增装涡流制动器，因此需要较大的安装空间，特别是将它用在起升机构或小车运行机构时，将增加小车上设备布置的难度。该系统开环调速范围 5~10，特性不够硬；它的闭环调速范围 20~40，特性较硬。由于涡流制动器是发热设备，不能长期连续工作，所以该系统主要应用在低速持续时间较短的场合。

（2）晶闸管定子调压调速系统是基于模拟电子电路、晶闸管功率元件发展起来的交流绕线异步电动机的调速技术。通过速度给定值、速度调节环、电流调节环、晶闸管触发线路、晶闸管功率元件来控制电动机。该系统的优点是系统简单、成本较低、维修方便、可靠性高、调速范围 10~20、易实现再生制动。缺点是低速时噪声、振动大，长时间低速运转，发热严重。该系统适用于中小功率、低速时间较短、频繁起制动的一般起重机。

（3）液压推杆调速系统由液压推杆制动器、若干个继电器与接触器、变压器及电动机等组成。它具有系统简单、成本低的优点。它的缺点是调速范围小（3~4），机械特性较软，制动器存在机械磨损和发热现象。它一般适用于中小功率电动机的调速。

（4）晶闸管串级调速系统的优点是由于转差能量可以通过逆变器返回电网，低速时效率较高，电动机可较长时间低速工作；恒转矩负载时，电动机降低转速，转子电流不增加。其缺点是系统复杂，安装维护不便，初始投资大，系统功率因素低等。该系统适用于功率较大、低速工作时间较长的场合。

（5）变频调速系统调节范围宽，在该调节范围内可以任意设定所需的速度，重载时可使电动机低速稳定运行，空载或轻载时使电动机高速运行；它在应用中节能效果明显，并能方便将再生能量回馈到交流电网上；由于变频器完善的各项保护功能，使电动机的损坏率几乎降为零，而且其软起动特性也大大降低了机械设备的磨损，机械抱闸由于几乎在零速下制动，不但生产运行更加稳定，而且延长了抱闸的使用寿命，同时也节约了维修成本。变频调速具有较完美的机械特性，其良好的起制动性能实现了起重机起升机构吊钩的快速、准确定位，从而大大提高了作业效率，尤其是与 PLC 的结合使控制系统大为简化、可靠性大为提高。随着电子元器件性能的不断提高，变频调速技术将更广泛应用于起重机械上。图24.6－17 为某型号桥式起重机电气控制系统结构图，该系统由触摸屏（OMRON）、PLC（OMRON）、变频器（安川）等组成。

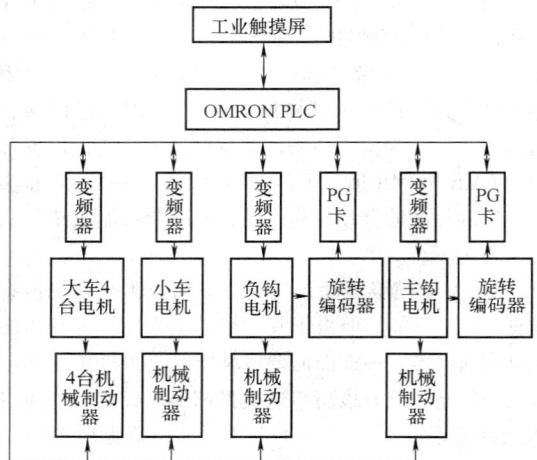

图 24.6－17 为某型号桥式起重机
电气控制系统结构图

6.5.4 轧钢机

轧钢机是钢铁生产企业的关键设备，轧钢机的种类很多，根据其在钢铁生产中的作用可分为热轧机、热连轧机、冷轧机、冷连轧机四类。轧钢机电气自动化系统在轧钢机中占重要地位，其主要电气设备有：直流或交流电动机调速系统；控制上述系统运行的由可编程序控制器或计算机组成的自动化系统；用于生产过程和生产管理的信息处理系统；以及各种变电、配电设备等。

轧钢机电气自动化系统发展方向：①网络化，不仅将现场各控制器连成网组成控制网络，而且将控制网络与信息网络相连，实现管控一体化。②节能，在传动系统中大量采用节能效果显著的交流变频调速系统，同时重视提高电网质量，改善功率因素。

1. 可逆热轧机 常见的可逆热轧机有初轧机、带立辊的万能板轧机、中板轧机、宽厚板轧机等。可逆热轧机电气自动控制系统应完成钢坯位置和轧机轧制数据跟踪，最佳轧制表的计算，自动位置控制（APC），能实现快速频繁正反转的调速系统，具有各类保护电路等功能。目前典型可逆热轧机电气自动控制系统有 PLC 控制系统、集散控制系统（DCS）、现场总线控制系统（FCS）等。该系统的核心环节是轧机的主传动可逆调速系统，企业广泛使用的可逆调速系统有晶闸管供电的可逆直流调速系统，全数字式可逆直流调速系统，交-交变频调速系统。目前大容量系统采用前二者，中小容量系统采用三者均可。后者是可逆调速系统发展方向，图 24.6 - 18 是交-交变频调速系统的系统结构图。

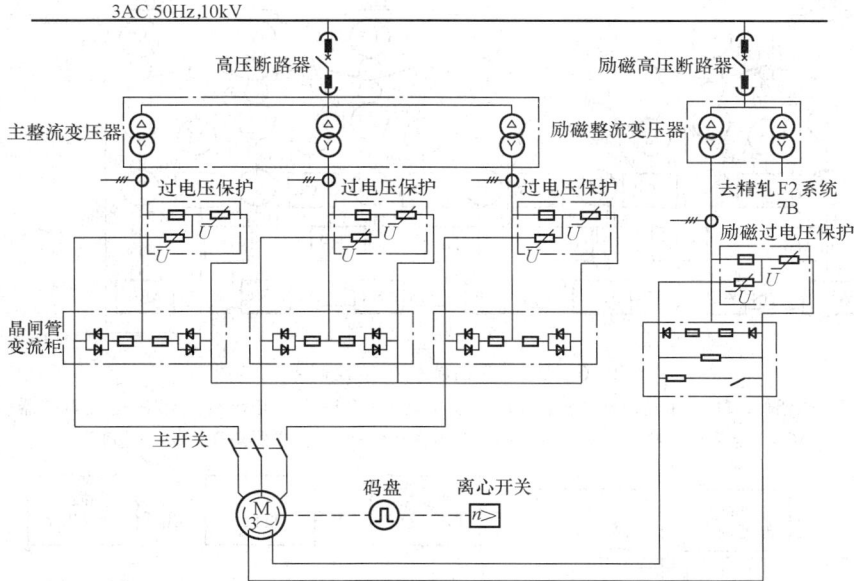

图 24.6 - 18　可逆热轧矢量控制交-交变频系统结构图

2. 热连轧机　带钢轧机、钢坯轧机、棒材轧机、线材轧机等均为热连轧机。热连轧机的轧制速度快（25m/s），控制系统复杂，电气设备总容量大（达 10 万 kW）。热连轧机电气自动控制系统主要完成带钢厚度、宽度、温度、凸度及平直度等的控制。图 24.6 - 19 为某精轧机组控制系统框图，由于加工的原料存在厚度、温度、材质的不均匀，而要求轧出的钢板纵向厚度控制在某厚度范围内，故要求在本系统中必须加入厚度自动控制（AGC）环节。AGC 包括反馈 AGC，前 AGC 与 X 射线厚度监控 AGC 等。一套高水平的调速系统是实现上述控制的关键设备。

精轧机各架大多由单台直流或交流不可逆调速系统拖动。直流不可逆调速系统由晶闸管变流器供电，交流不可逆调速系统由交-交变频器供电，目前，除了一些要求频繁起、制动及频繁正反转的设备外，一般传动系统更多使用变频器。

由于热连轧机要控制的工艺参数多，控制要求较高，各控制环节间数据交换较多，故热连轧机电气自动控制系统大多采用分布式控制网络结构。代表性系统为生产管理级、过程控制级、现场控制级三级分布式控制网络，它基本实现管控一体化。

为了减少金属损耗，节能，提高产品质量，无活套控制（又称最小张力控制）、带钢宽度控制与板形控制等新技术已在带钢热连轧控制系统中应用。

3. 冷连轧机　带钢冷连轧机一般由 3~6 架四辊轧机和开卷机、卷取机组成，适应于少规格大批量生产。冷连轧机的轧制速度达 30~40m/s，板宽达 2000mm 以上，年产量达 150~200 万 T，传动电动机总容量达 5 万余 kW，这对冷连轧机的电气自动控制系统提出高的要求。带钢冷连轧机电气自动控制系统通常采用多级分布式控制网络结构，控制环节主要由传动调速系统和计算机自动控制系统等组成。整机对传动调速系统的要求是调速精度高，响应快。调速时，各机架速度相对值保持不变，通常调速系统有电枢电流断续适应调节和弱磁控制适应调节。计算机自动控制系统具有各类数据采集与处理，各工艺的逻辑控制，厚度自动控制（AGC），张力控制（ATC），液压位置控制（HPC），卷取速度/张力控制，轧辊偏心控制，弯辊控制等功能。图 24.6 - 20 是五机架冷连轧机的电气自动控制系统框图。

4. 可逆冷轧机　可逆冷轧机由一台多辊机架和左右两台卷取机组成，它适合于品种规格多，产量不

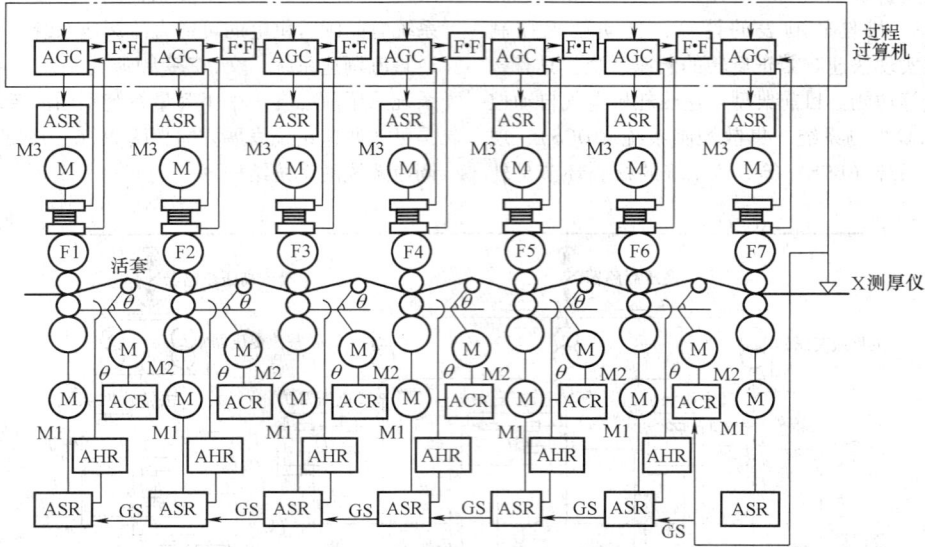

图 24.6 - 19 带钢精轧机组控制系统框图

F1~F7—机架号；M1—主转动电动机；M2—活套电动机；M3—压下电动机；ASR—速度调节器；
ACR—电流调节器；AHR—活套高度调节器；θ—活套支撑器角度；GS—速度设定

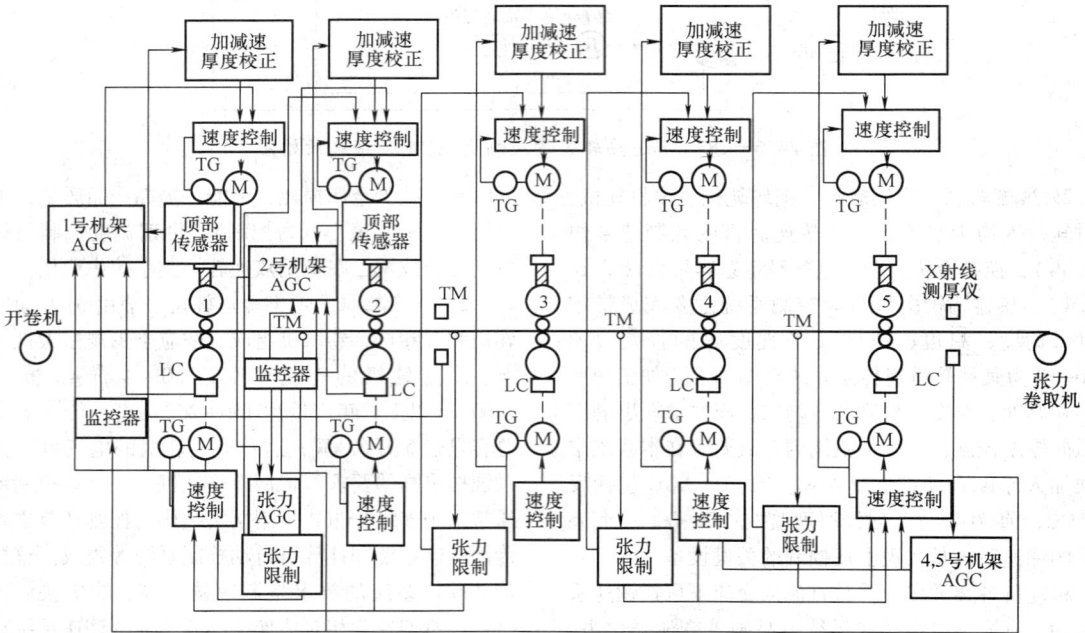

图 24.6 - 20 五机架冷连轧机电气自动控制系统框图

AGC—原度自动控制；LC—负载之件；TM—张力计；M—电动机；TC—测速发电机

高的场合。可逆冷轧机的电气自动控制系统主要完成机架传动调速、带钢恒张力控制，准确的带长计算与带尾预减速停车控制等功能。机架传动电动机具有恒功率调速特性，工艺对调速系统的要求是静态精度高，动态响应快，调速系统一般采用带多闭环的弱磁调速方案。为了保证生产线的连续性，卷取机要进行恒线速度恒张力控制。为了提高生产效率，轧机机架和开卷机要进行自动减速控制。

6.5.5 电梯

1. 电梯的分类 电梯是运输客货的交通工具，随着经济的迅速发展，电梯运用的场合也越来越多。

从不同的角度看,电梯有不同的分类:

(1) 运行方式:有垂直升降电梯、自助扶梯。

(2) 运行速度:有低速梯(1m/s 以下)、中速梯(1~1.75m/s)、高速梯(2~4m/s)、超高速梯(5m/s 以上)。

(3) 控制方式:单机电梯、群控电梯。

(4) 用途:有客梯、货梯、客货两用梯等。

2. 电梯的组成 一般电梯由曳引、引导、轿厢和厅门、对重装置、安全装置、补偿装置、电气控制系统等组成。

曳引部分由曳引机与曳引钢丝绳组成。曳引钢丝一端与电梯轿厢相连,另一端与对重装置相连,电动机带动曳引机使轿厢上下运动。引导部分由导轨和导轨架或传动链条组成。轿厢和厅门由轿架、轿底、轿壁和轿门组成。对重装置由若干块铸铁组成,用于平衡轿厢负荷。

电梯的安全可靠性是电梯的首要指标,故在电梯上设置了一系列安全装置,具体可分电气、机械两大类。常见的电气安全装置有电磁制动器、强迫减速开关、限位开关,行程极限开关,急停按钮、超速保护电路、过电流保护、电动机长期过载保护、超速开关、关门安全开关、钢带轮的断带开关等。常见的机械安全装置有安全钳、缓冲器等设施。

电气控制系统由曳引电动机、选层器、传动系统、轿厢操纵盘、呼梯按钮和厅站指示器等组成。

3. 电梯电气控制系统

(1) 主要技术要求:

1) 安全可靠。

2) 效率高、运行迅速。

3) 起、制动平滑、噪声小,舒适感好。

4) 平层准确。

5) 调度合理,候梯时间及乘梯时间短。

6) 技术先进、易维护。

7) 节能。

(2) 主要控制功能:

1) 按规定的操作方式运行轿厢。

2) 轿厢召唤和厅门上、下召唤的登记、应答、消号。

3) 确定轿厢的运动方向。

4) 开关门控制。

5) 轿厢位置指示。

6) 平层控制。

7) 速度控制-速度给定命令。

8) 梯群控制调配。

(3) 电梯传动系统。电梯传动系统的特点:

1) 较高的调速范围 D。

$$D = n_1/n_2$$

式中,n_1 为电梯在额定速度时的曳引电动机转速;n_2 为电梯在停车前曳引电动机转速。

一般 D 愈大愈好,这样既可保证电梯的运行速度快的要求,又可满足电梯停层准确度的要求。电梯停车前的速度越低,电梯的停层准确和舒适度就越好,D 典型值一般有 4,6,10,30,50 等。

2) 对起、制动的过渡过程必须加以控制,实现电梯平稳、舒适地运行。

3) 为了保证电梯的"快、稳、准",对于速度 v 小于 1m/s 的电梯,其传动系统的控制一般采用开环控制;对速度大于 1m/s 的电梯,其传动系统的控制一般采用闭环控制。

4) 为了保证电梯在不同负荷时的停层准确度,电梯的传动系统的机械特性应足够"硬"。

电梯传动系统分类:

直流传动、交流传动是电梯的两大类传动系统。直流传动对应的控制系统有直流发电机供电的发电机—电动机传动系统,模拟式晶闸管直流调速系统,全数字的直流调速系统。交流传动系统有串阻抗、变极对数、变频等调速系统。

直流传动系统可分带蜗轮减速箱的直流传动系统和不带蜗轮减速箱直流传动系统两类。前者用于电梯速度不大于 2m/s 范围的中速电梯;后者用于电梯速度大于 2m/s 的高速电梯,通常称为直流无齿高速电梯。直流传动系统的最大特点是运行性能优良,特别是动态性能好。

1) 发电机-电动机传动系统虽有起、制动平稳,舒适感好和停层准确度高等优点,但也有机组结构复杂、系统能耗大,初期投资成本高等缺点,现已逐渐被各类新型传动系统取代。

2) 模拟式晶闸管直流传动系统用于高速电梯,其主电路采用三相桥式可逆电路。系统有电流,转速双闭环,特性硬,调速性能好,效率高。其缺点是功率因数随转速下降而下降,且对电网有"污染"。

3) 全数字的直流调速系统是以微处理器为核心的数字控制系统,它使传统的直流调速系统发生了根本性的变化,它不仅实现了调速系统所有调节功能,而且还增加了许多辅助控制功能,提供了良好的人机界面,增强了系统的自适应性和扩展能力。全数字的直流调速系统具有信息数字化、功能软件化、故障诊断与保护功能智能化、结构紧凑化、安装与调试简单化、系统网络化等特点,它正逐渐取代模拟式晶闸管直流传动系统。图 24.6-21 为全数字的直流调速系统结构图。

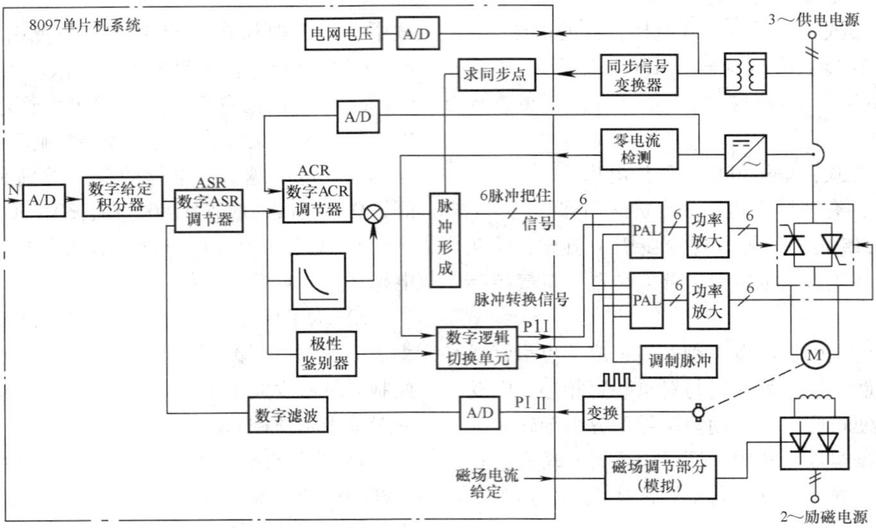

图 24.6－21　全数字直流调速系统结构图

众所周知，交流异步电动机无换相器，故其维护方便、费用低廉，因此，现在一般电梯速度在 2m/s 以下的，大都采用交流异步电动机作为电梯的曳引电动机。只有在要求高速、高性能的电梯上才使用直流电动机作为电梯的曳引电动机。常用的交流传动系统有交流单速、双速和变压变频传动系统。

1）交流单速和双速传动系统的曳引电动机分别采用交流异步电动机、交流异步双速电动机。对曳引电动机的起制动及运行控制采用继电器—接触器串阻抗，变极对数和双绕组切换等方式来实现。它适用低速电梯，各项指标均较低。

2）随着交流调速理论和技术、电力电子技术的发展，交流变压变频（VVVF）调速技术日趋成熟。VVVF 调速系统的调速范围宽，具体从 0 至额定转速连续可调，VVVF 调速电梯起动、制动平稳舒适，运行平稳，加减速度及其变化率易于控制，整机功耗低，功率因素高，效率高等特点。VVVF 加上矢量控制的交流调速系统，能使电梯速度大于 4m/s。VVVF 调速系统是电梯传动系统发展方向。

4. 自动扶梯电气控制系统　自动扶梯是一种连续运行的客运工具，其输送能力大，广泛用于百货大楼、机场等公共场合。自动扶梯采用交流电动机传动，连续工作制，提升高度较低时用笼型异步电动机，提升高度较高时用绕线转子异步电动机。自动扶梯的电气控制系统大都采用 PLC 控制系统。图 24.6－22 为某公司生产的自动扶梯电气控制系统原理图，该系统由主电路、控制电路和故障信号回路组成，曳引电动机采用星型-三角形方式降压起动。

6.6　过程控制系统

过程控制系统通常是指石油、化工、电力、冶金、轻工、建材、核能等工业生产中连续的或按一定周期程序进行的生产过程自动控制系统，系统的被控量一般为温度、压力、流量、液位、成分、粘度、湿度、以及 PH 值等一些过程参量，它是自动化技术的重要组成部分。

过程检测与控制仪表（亦称工业自动化仪表）是工业生产过程中具有检测、显示、控制、执行等功能的仪表总称，它的用途是实现工业生产过程自动化。

工业主产过程的特点是生产规模日益扩大，工艺参数复杂，使用环境严酷和长期连续运行。因此，过程检测与控制仪表必须满足安全可靠、反应敏捷、判断准确、操作灵便、经久耐用以及防护妥善等要求。

工业生产过程中用的检测仪表是一类能感受被测量大小的仪表。为了便于显示和控制，一般需要通过转换器把传感器输出的信号转换成能够显示和控制的标准化信号。输出为标准化信号的检测仪表称为变送器。

显示仪表是把来自检测仪表的信号通过指示、记录、发声、发光等方式显示出来的仪表。

控制仪表是把来自检测仪表的信号与工艺要求的设定值进行比较，获得偏差，根据偏差大小按一定的控制规律驱动执行器动作，使被控变量符合工艺要求的仪表。控制仪表除常规控制仪表外，还包括程序控

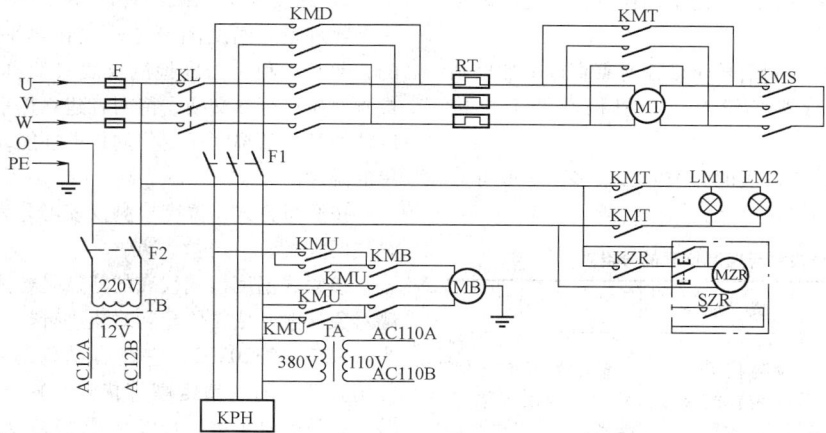

(a)

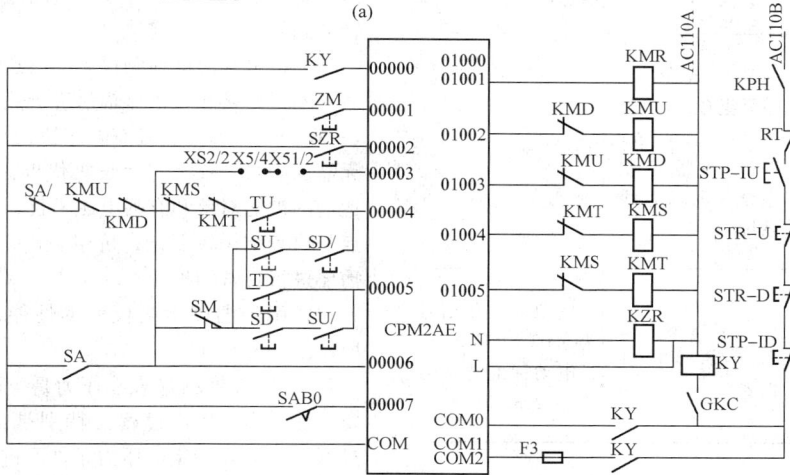

(b)

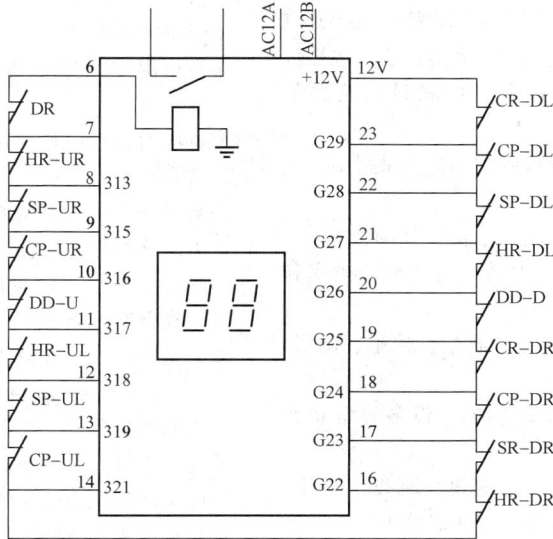

(c)

图 24.6-22　某公司生产的自动扶梯电气控制系统原理图

（a）主回路；（b）可编程控制回路；（c）故障信号回路（GXS）

制器、联锁保护装置、工业控制计算机、通道接口和外围设备。

执行器是接受控制信号对被控对象直接施加控制作用的仪表，执行器一般由执行机构与调节机构组成。

过程检测与控制仪表的分类方法很多，一般可分为三种，如表 24.6-3 所示。

表 24.6-3　过程检测与控制仪表的分类

分类方法	类　别	备　注
按功能分	检测仪表、显示仪表、控制仪表、执行器	输出为标准化信号的检测仪表称为变送器
按结构分	基地式仪表、单元组合式仪表、组装式仪表、PLC、集散控制系统、现场总线系统	
按信号类型分	气动仪表、电动仪表、液动仪表	气动标准化信号为 0.02~0.1MPa 电动标准化信号为 4~20mADC

6.6.1　检测与变送仪表

1. 概述　检测仪表（又称测量仪表）是指专供采集和测量工业生产过程变量的一大类仪表，包括传感器、变送器或自身兼有检测元件和显示装置的仪表。

在工业生产过程中需要检测的工艺变量很多，主要有下列五类：

（1）热工量。如温度、压力、流量和物位等。

（2）电工量。如电压、电流、电功率、频率和相位等。

（3）机械量。如力、重力、质量、转矩、位移、速度、尺度和机械振动等。

（4）状态量。如机械运转状态、设备异常状态和仪表装置状态等。

（5）物性量与成分量。如湿度、粘度、密度、酸碱度、液体成分、气体成分、固体成分等。

检测仪表可按被测变量分类，本节主要介绍温度检测仪表、压力检测仪表、流量检测仪表、物位检测仪表以及 Smart 变送器。

2. 温度检测仪表　温度是表示物体冷热程度的一个物理量。温度测量是建立在热平衡定律基础上的，通常，利用温度检测仪表（简称为温度计）与被测对象进行热交换，待两者建立热平衡时，根据温度计的某种随温度而变化的物理性能，来确定被测对象的温度。

按测量方式，温度检测仪表可分为接触式与非接触式两大类。

接触式温度检测仪表的特点是检测元件直接与被测对象接触，依靠传导和对流进行热交换，测温范围为 $(-270 \sim 2320)$℃。它具有结构简单、价格便宜、使用方便、测量精度高等优点，缺点是存在置入误差、易受电磁干扰、难以测量高温、应用场合受保护管的制约。

非接触式温度检测仪表的特点是检测元件与被测对象不直接接触，依靠辐射进行热交换，测量范围为 $(-50 \sim 6000)$℃。它具有响应快、对被测对象干扰小、无需保护管、仪表寿命长等优点，特别适合于高温、运动的被测对象和有强电磁干扰、强腐蚀的场合。缺点是仪表结构较复杂，价格较高，应用技术较复杂，需要进行日常维护。

常用的温度检测仪表的性能比较如表 24.6-4 所示。

3. 压力检测仪表　压力是生产过程控制中的重要参数，许多生产过程（特别是化工、炼抽等生产过程）都是在一定的压力条件下进行的。

在工程上，压力定义为垂直而均匀地作用于单位面积上的力，用符号 p 表示。在国际单位制中，压力单位是帕斯卡（Pa），它的定义是在每平方米面积上垂直作用 1N 的力，即

$$1Pa = 1N/m^2$$

压力有三种表示方法，即绝对压力、表压力、负压或真空度。绝对压力是指物体所受的实际压力。表压力是指一般压力仪表所测得的压力，它是高于大气压力的绝对压力与大气压力之差，即

$$p_{表压} = p_{绝对压力} - p_{大气压力}$$

真空度是指大气压与低于大气压的绝对压力之差，是负的表压（负压），即

$$p_{真空度} = p_{大气压力} - p_{绝对压力}$$

通常情况下，由于各种工艺设备和检测仪表本身就处于大气压力之下，因此工程上经常采用表压和真空度来表示压力的大小，一般压力仪表所指示的压力也是表压或真空度。

常用的压力检测仪表的性能比较如表 24.6-5 所示。

表 24.6 – 4 温度检测仪表的性能比较

测量方式	类别和仪表		测温范围/℃	工作原理	应用范围
接触式	膨胀式	玻璃液体温度计	−100~600	利用液体受热膨胀的性质	用于实验室或现场测量场合
		双金属温度计	−80~600	利用两种金属的热膨胀差	适用于飞机、轮船、机车等振动较大的场合
	压力式	气体温度计	−20~350	利用气体、液体或蒸汽的体积或压力随温度变化的性质	用于测量易爆、易燃、振动处的温度
		蒸汽温度计	0~250		
		液体温度计	−30~600		
	热电式	热电偶温度计	0~1600	热电效应	用于测量液体、气体、蒸汽中的中、高温场合，能远距离传送
	热电阻	铂电阻温度计	−200~850	利用金属或半导体的电阻值随温度变化的性质	用于测量液体、气体、蒸汽中的中、低温场合，能远距离传送
		铜电阻温度计	−50~150		
		热敏电阻温度计	−50~300		
	其他电学	集成温度传感器	−50~150	半导体器件的温度效应	
		石英晶体温度计	−50~120	晶体的谐振频率随温度变化的性质	用于作标准温度计和高准确度温度计
	光纤式	光纤温度传感器	−50~400	光纤的温度特性或作为传光介质	强电磁干扰、强辐射的恶劣环境
		光纤辐射温度计	200~4000		
非接触式	辐射式	辐射温度计	400~2000	物体辐射能随温度变化的性质	用于测量火焰、钢水等不能接触测量的场合
		光学温度计	800~3200		
		比色温度计	500~3200		

表 24.6 – 5 压力检测仪表的性能比较

类 别	工作原理	分 类	测量范围/MPa	应用范围
液柱式压力计	液体静力平衡（被测压力与一定高度的工作液体产生的重力相平衡）	U 形管压力计	−0.01~0.01	低微压测量。高精确度者可作基准器
		单管压力计	−0.1~0.1	
		倾斜微压计	−0.001~0.001	
		补偿微压计	−0.001~0.001	
		自动液柱式压力计	−0.01~0.01	
弹性式压力表	被测压力使弹性元件产生位移，经传动放大机构指示或记录	弹簧管压力表	−0.1~1000	表压、负压、绝对压力测量，就地指示，报警、记录或将测量信号远传，进行集中显示
		膜片压力表	−0.1~1	
		膜盒压力表	−0.01~0.01	
		波纹管压力表	0~0.1	
		电接点压力表	−0.1~100	
		远传压力表	−0.1~100	

续表

类 别	工作原理	分 类	测量范围/MPa	应用范围
负荷式压力计	被测压力与活塞及活塞上所加专用砝码的重力平衡	单活塞式压力计	0～1000	精密测量，基准器
		双活塞式压力计	-0.1～0.1	
		浮球式压力计	0～1	
		钟罩式压力计	-0.001～0.001	
数字式压力计	将被测压力经模/数转换以数字量显示		0～1000	工业流程测试或作基准仪器

4. 流量检测仪表

在工业生产过程中，采集和测量有关流量信息的仪表称为流量检测仪表。绝大部分的流量仪表是采集和测量封闭管道或明渠中流体的流量或一段时间内的累积总量。

流量是指单位时间内流经管道或通道中某一有效截面的流体量。当流体量用体积表示时，则称为体积流量，单位为 m^3/h。当流体量用质量表示时，则称为质量流量，单位为 kg/h。

总量（累积流量）是指某一段时间间隔内，流过管道或通道中某一有效截面的流量。总量也可用体积或质量表示，单位为 m^3 或 kg。

常用的体积流量检测仪表的性能比较见表 24.6-6 和表 24.6-7。

表 24.6-6　　　　　常用的体积流量检测仪表的性能比较（一）

仪表类别		节流式（压差）流量计			容积式流量计		
		孔板型	喷嘴型	文丘利管型	椭圆齿轮型	腰轮型	旋转活塞型
被测介质		液体、气体、蒸汽			液体		
管径/mm		50～1000	50～400	150～400	10～250	15～300	15～100
量程/(m³/h)	液体	1.5～9000	5～2500	30～1800	0.005～500	0.4～100	0.2～90
	气体	50～10000	50～26000	240～18000			
工作压力/kPa		19600	19600	2450	6272～9800	6272	6272
工作温度		可达 500			可达 120		
准确度（%）		±(1～2)			±(0.2～0.5)	±(0.5～1)	±(0.5～1)
量程比		3:1			10:1		
压力损失/kPa		<20					
安装要求		需装直管段			装过滤器		
体积、重量		小	中等	重	重	重	小
价格		低	较低	中等	中等	高	低
使用寿命		中等	长	长	中等		

表 24.6-7　　　　　常用的体积流量检测仪表的性能比较（二）

仪表类别		转子流量计		靶式流量计	电磁流量计	旋涡流量计	
		玻璃管	金属管			旋进型	卡门型
被测介质		液体、气体		液体	导电液体	气体	
管径/mm		4～100	15～150	15～200	6～1200	50～150	150～1000
量程/(m³/h)	液体	0.001～40	0.012～100	0.8～4000	0.1～20000		
	气体	0.016～1000	0.4～3000			10～5000	1～30 m/s

仪表类别	转子流量计		靶式流量计	电磁流量计	旋涡流量计	
	玻璃管	金属管			旋进型	卡门型
工作压力/kPa	1568	6272	6272	1568	1568	6272
工作温度	120	150	200	100	60	150
准确度（%）	±(1~2.5)	±2	±(0.5~1)	±(1~1.5)	±1	±1
量程比	10:1		3:1	10:1	30:1~100:1	
压力损失/kPa	98~6860	2940~5880	<24500	极小	107.1	极小
安装要求	要垂直安装			无要求	要较短直管段	要装直管段且不准倾斜
体积、重量	轻	中等	中等	大	中等	轻
价格	低	中等	较低	高	中等	中等
使用寿命	中等	长				

5. 物位检测仪表 物位是液位、料位和相界面位置的总称。

（1）液位是指液体表面的位置，即液体在罐、塔、槽等容器中的高度。液体包括一般液体、浆状液体、熔融金属和液态气体等。

（2）料位是固体物料在各种容器中的高度。固体包括粉体（粒径为 $10\mu m$ 以下的固体）、粒体（粒径约为 $100\mu m \sim 10mm$ 的固体）和块体（粒径为 $10mm$ 以上的固体）。例如，矿石、煤、沙子、粮食及各种塑料颗粒等。

（3）相界面是指液-液、液-固等的分界面。测量、指示和控制物位的仪表，称为物位测量仪表。物位检测仪表按测量方式可分为连续测量与定点测量两大类。连续测量是指测量物位的整个变化范围，实现连续测量的仪表称为物位计或物位变送器。定点测量是指检测物位是否到达上、下限等某个特定位置，实现定点测量的仪表称为物位开关。

物位检测仪表的分类和主要技术性能见表24.6-8。

表 24.6-8　　　　　　　　　　物位检测仪表的分类和主要技术性能

类别		适用对象	测量范围/m	使用特点	测量方式
直读式	玻璃管式	液位	<1.5	直观	连续
	玻璃板式	液位	<3	直观	连续
差压式	压力式	液位、料位	50	适用大量程、开口容器	连续
	吹气式	液位	16	适用粘性液体	连续
	差压式	液位、界面	25	法兰式可用于粘性液体	连续
浮力式	浮子式	液位、界面	2.5	受外界温度、湿度、强光及灰尘影响小	连续、定点
	翻板式	液位	<2.4	指示醒目、可带信号远传	连续
	沉筒式	液位、界面	3	受外界温度、湿度、强光及灰尘影响小	连续
	伺服式	液位、界面	40	测量范围大、精确度较高	连续
接触式	重锤式	料位	23	受环境变化影响小，但可动件易卡死	连续、断续
	旋翼式	料位	安装位置定	受环境变化影响小，但可动件易卡死	定点
	音叉式	液位、料位	安装位置定	适用于测量密度小的非粘滞性物料料位	定点
其他	电阻式	液位、料位	几十米	适用于导电介质的液位测量	连续、定点
	电感式	液位	5	介质介电常数变化影响不大	连续
	电容式	液位、料位	几十米	使用范围广	连续、定点
	超声波式	液位、料位	60	不接触介质	连续、定点

6. Smart 变送器 变送器在过程控制系统中能将温度、压力、流量、物位等工业过程参数自动转化为标准化信号，并传送至显示或控制仪表，实现对过程参数的自动显示或自动控制。

Smart 变送器是指以微处理器为核心部件，来实现高精确度、多功能的变送器。

Smart 温度变送器由输入测量部件和变送部件组成，工作原理如图 24.6-23 所示。Smart 温度变送器

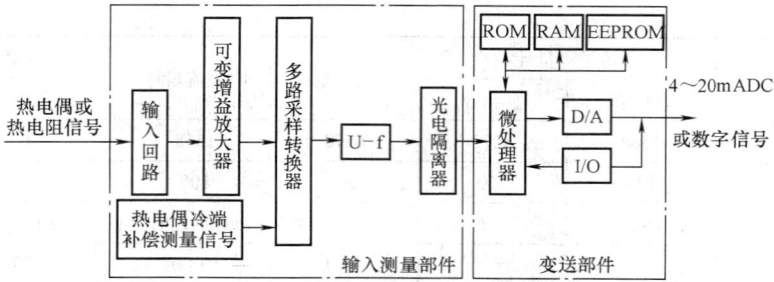

图 24.6-23 Smart 温度变送器的工作原理框图

的主要性能为：

（1）测量精确度。可达±0.1%~±0.05%。

（2）量程选择。一台温度变送器可以配 20 多种温度传感器信号。

（3）远距离标定。可通过现场通信器，以通信的方式在很宽的范围内对变送器进行远程组态、调整量程、远距离标定等，并且具有自检测和自诊断等功能。

Smart 差压变送器由测量和变送两大部件组成，工作原理如图 24.6-24 所示。Smart 温度变送器的主要性能为：

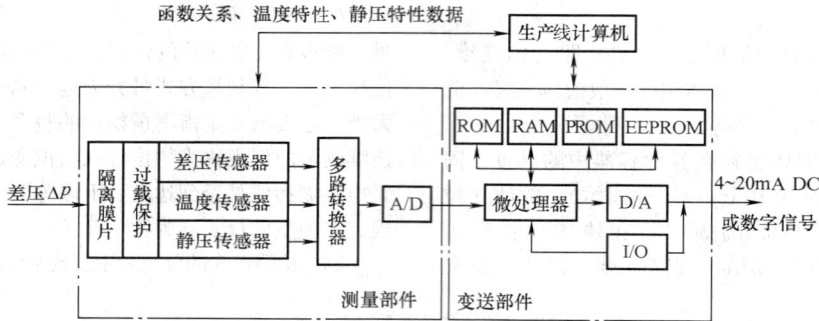

图 24.6-24 Smart 差压变送器的工作原理框图

（1）测量精确度。可达±0.1%。

（2）量程调整比。可扩大到 400∶1。

（3）远距离标定。可通过现场通信器进行远距离标定，最大通信距离为 1500m。

6.6.2 显示仪表

显示仪表通常指在工业测量或控制系统中以指针的位移、数字、图形、声、光等形式直接或间接地显示、记录测量结果的仪表。

工业上常用的显示仪表见表 24.6-9。

表 24.6-9　　显示仪表的分类

类别	结构形式	主要功能
动圈式	指示仪	单针指示
	调节仪	二位调节，三位调节，时间比例调节，电流 PID 调节，时间程序调节
数字式	逻辑电路型，微机型	单点或多点显示，显示报警，显示输出，显示调节，显示记录

续表

类别	结构形式	主要功能
光柱型	等离子光柱显示仪，荧光光柱显示仪，发光二极管光柱显示仪	单点显示，显示报警，显示控制
记录型	自动平衡记录仪，微机型显示记录仪，无纸显示记录仪	单点或多点显示、记录，趋势显示、记录，带数据处理和电动调节功能
闪光报警型	逻辑电路型，微机型	多路声光报警，语音报警

6.6.3 控制仪表

控制仪表是把来自检测仪表的信号与所要求的设定值进行比较，得出偏差值，按照预定的控制规律发出控制信号推动执行器以消除偏差，使生产过程中的某个被控变量保持在设定值附近（或按设定规律变化）。这种控制仪表习惯上称为调节器。

控制仪表按作用原理可分为模拟控制仪表和数字控制仪表两大类；接工作能源可分为气动式、电动式和液动式三类；生产过程中使用最多的是气动式和电动式；按仪表结构和功能可分为基地式、气动单元组合仪表、电动单元组合仪表、s 系列仪表、单（多）回路调节仪表、组装式控制仪表、可编程序控制器以及集散型控制系统等。

气动单元组合仪表，简称 QDZ 仪表，它采用 137.2kPa 的压缩空气为工作能源，以 19.6~98kPa 为标准统一信号，具有结构简单、价格便宜、性能稳定、工作可靠、安全防火防爆等特点，特别适用于石油、化工等易燃易爆的场合。我国先后推出了 QDZ-Ⅰ型、QDZ-Ⅱ型、QDZ-Ⅲ型三个系列的产品。

电动单元组合仪表，简称 DDZ 仪表，它由变送单元、转换单元、计算单元、显示单元、给定单元、调节单元、辅助单元及执行单元共八大类仪表构成。各单元仪表均具有独立的函数转换、显示操作等处理功能，各单元之间规定了统一的传输信号，可根据系统的规模大小、复杂程度，选用适当的单元仪表加以组合，以满足生产过程自动化的需要。30 多年来，电动单元组合仪表经历了以电子管、晶体管、线性集成电路、微处理器为主要器件的 DDZ-Ⅰ型、DDZ-Ⅱ型、DDZ-Ⅲ型和 DDZ-S 型四个系列产品阶段。

单（多）回路调节仪表是以微处理器为核心，采用数字和模拟技术相结合的一种通用调节仪表，包括可编程单回路调节器、固定程序调节器、可编程复合运算器、系统程序组态器。单回路调节器一般有 5 个模拟输入信号、2~3 个模拟输出信号，但其中只有 1 个 4~20mADC 输出信号，只能控制一个执行器工作。多回路调节器能输出多个 4~20mADC 信号，同时控制多个执行器工作。

6.6.4　执行器

执行器是控制系统中直接改变操纵变量的仪表，它由执行机构和调节机构组成。在过程控制系统中，执行机构将控制信号转换成相应的动作，驱动调节机构改变操纵变量。

1. 执行机构　执行机构按使用能源可分为气动、电动和液动三种。其中气动执行器具有结构简单、工作可靠、标准化程度高、维护方便、价格便宜、防火防爆等特点，在过程控制中获得了最广泛的应用。电动执行器具有能源取用方便、信号传输迅速和便于远传等特点，缺点是结构复杂、价格贵、适用于防爆要求不太高及缺乏气源的场合。液动执行器具

有输出推力大、反应速度快的优点，但结构复杂、价格高、安装维修较困难，还必须有一个外部液压源，主要用于电站、钢厂等专用控制系统中。

电动或气动仪表采用不同执行器时，可通过转换器或阀门定位器连接。

气动执行机构分为薄膜式和活塞式两种。薄膜式执行机构一般用于小行程，与中、低压阀门配套；活塞式执行机构用于大行程和大推力的场合。

电动执行机构按输出位移的不同，分为直行程、角行程和多转式三种；按其输出特性，又可分为比例式和积分式。

对于液动执行机构来说，工业上大多采用接受电信号的电液执行机构，它主要由电液伺服阀、油缸、位置发信器和液压动力源等组成。由于液压可高达 10MPa 以上，具有大的输出力，因此，电液执行机构可适用于高静压、高压差和高频率响应特性的使用场台。

2. 调节机构　调节机构是由执行机构驱动并直接改变操纵变量的机构，如阀、调速泵、调整器等。

（1）调节阀。根据流体力学的原理，调节阀是一个局部阻力可变的节流元件，它通过改变阀芯的行程来改变阀的阻力系数，以达到控制流量的目的。

工业上常用的调节阀的结构形式有直通双座阀、直通单座阀、角形阀、隔膜阀、蝶阀、三通阀等。

流体通过阀门的相对流量与阀门相对开度之间的关系称为调节阀的流量特性，即

$$\frac{Q}{Q_{max}} = f\left(\frac{l}{L}\right) \qquad (24.6-15)$$

式中，Q/Q_{max} 为相对流量，即某一开度下的流量与阀门全开时的流量之比；l/L 为相对开度，即某一开度下的阀杆行程与阀门全开时的行程之比。

当调节阀前后压差一定的情况下得到的流量特性，称之为理想流量特性。它主要有直线、对数（又称为等百分比）、抛物线和快开特性。在实际使用中，调节阀前后压差是变化的，此时调节阀的流量特性称为工作流量特性。调节阀流量特性的选择原则是：用调节阀的非线性特性补偿调节对象的非线性特性。

调节阀流通能力 C 的定义：调节阀全开，阀前后压差为 $\Delta p = 98kPa$，介质的重度为 $\gamma = 9.8 \times 10^{-3}$ N/cm³ 时，每小时流过阀门的流体流量，计算方法为

$$C = \frac{Q}{\sqrt{\Delta p / \gamma}} \text{或} C = \frac{G}{\sqrt{\Delta p \gamma}} \qquad (24.6-16)$$

式中，Q 为流体体积流量（m³/h），G 为流体重量流量（10³N/h），Δp 为阀前后压差（kPa），γ 为流体的重度（10⁻³N/cm³）。

（2）电磁阀。电磁阀主要由电磁铁和阀两部分

组成，它是利用线圈通电励磁产生的电磁力驱动阀芯运动来开启或关闭的阀。

电磁阀具有结构紧凑、体积小、质量小、密封性好、维护方便、价格低廉等特点，主要用于工艺流程流体介质管路中的程序控制和远程控制。由于它一般是位式开闭控制，适用于控制精确度要求不太高的场合。

电磁阀按动作原理可分为直动型、先导型和反冲型；按介质类别可分为制冷用、气体用、水液用、蒸汽用、燃油用、酸碱液体用和其他介质用等电磁阀；按控制方式可分为常闭式、常开式和自保持式，其特点如下：

1）常开式和常闭式电磁阀需要长期通电，才能保持现工作位置。

2）自保持式电磁阀仅需要瞬时通电，断电后仍能保持现工作位置。

6.7 计算机控制系统

6.7.1 计算机控制技术

现代科学技术领域中，计算机技术、自动控制技术普遍被认为是发展最迅速的分支之一，计算机控制技术是两者直接结合的产物。随着微电子技术及器件的发展，特别是高速网络通信技术的日臻完善，作为自动化工具的自动化仪表和计算机控制装置取得了突飞猛进的发展，各种类型的计算机控制装置已经成了工业生产实现安全、高效、优质、低耗的基本条件和重要保证，成为现代工业生产中不可替代的神经中枢。

回顾近些年来自动化技术发展的主流，其最明显的特征是各种自动化仪表和自动控制装置在经历了50多年的模拟时代，现已逐渐跨入真正的数字时代。自20世纪50年代开创计算机控制的先河以来，已经历了若干发展时期。随着计算机技术、自动控制技术、检测和传感技术、先进控制技术、智能仪表技术、网络通信技术的快速发展，计算机控制系统的结构特征从早期的直接数字量控制、集中型计算机控制，发展到分布式计算机控制和现场总线控制。计算机控制系统的功能特征也由单一的回路自动化、工厂局域自动化，发展为全厂综合自动化和计算机集成制造。

所谓计算机控制就是利用计算机实现工业生产过程的自动控制，图 24.6 - 25 是典型的计算机控制系统原理框图。不同于常规仪表控制系统，输入和输出到计算机控制系统中的信号都是数字信号，因此在典型的计算机控制系统中需要有 A/D、D/A 等 I/O 接口装置，实现模拟量信号和数字量信号的相互转换，以构成一个闭合的回路。

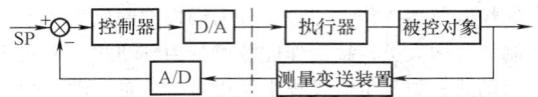

图 24.6 - 25　典型的计算机控制系统原理框图

从上面的框图看，计算机控制的工作过程可以归纳为三个步骤：①数据采集：实时检测来自于测量变送装置的被控变量瞬时值；②控制决策：根据采集到的被控变量按一定的控制规律进行分析和处理，产生控制信号，决定控制行为；③控制输出：根据控制决策实时地向执行机构发出控制信号，完成控制任务。

计算机控制系统的工作过程不断地重复执行上述三个步骤，使整个系统按照一定的控制品质进行工作。

与常规仪表控制系统相比，计算机控制系统有极大的优越性，例如系统结构简单、维护方便、控制功能强大、便于实现先进控制、人机交界界面友好、可操作性好等等。计算机控制系统不仅能够有效地实现常规意义上的工业过程自动化，更主要的是它还可以实现集信息流自动化和信息管理自动化为一体的综合自动化。

6.7.2 计算机控制系统及实施

1. 计算机控制系统的组成　计算机控制系统由计算机控制装置、测量变送装置、执行器和被控对象等几大部分组成，从系统构成上看，计算机控制装置只是取代了常规仪表控制系统中的控制器部分。计算机控制装置主要指按照控制系统的特点和要求设计的计算机系统，它可概括地分为计算机硬件和计算机软件两个部分。

计算机控制装置的硬件部分主要由主机、外围设备、过程输入输出设备、人机联系设备和通信设备等组成，如图 24.6 - 26 所示。

计算机控制装置的软件部分分为系统软件和应用软件两大类。

（1）系统软件。系统软件一般包括操作系统、汇编语言、高级算法语言、过程控制语言、数据库、通信网络软件和诊断程序。

（2）应用软件。应用软件一般分为过程输入程序、过程控制程序、过程输出程序、人机接口程序、打印程序和公共服务程序，以及控制系统组态、画面生成、报表曲线生成和测试等工具性支撑软件。

根据系统构成、控制目的、控制方案和应用特

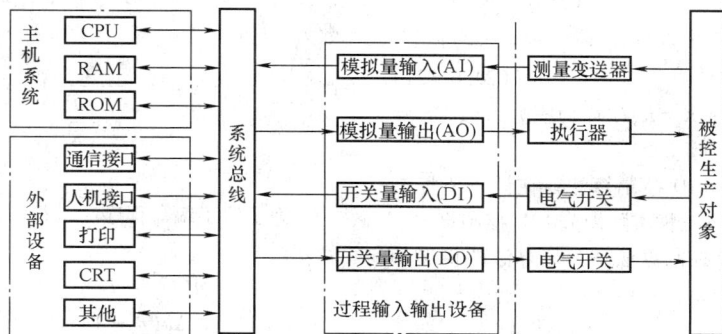

图 24.6－26　典型计算机控制系统组成框图

点，工业过程计算机控制系统可以分为数据采集处理系统、操作指导控制系统、直接数字控制系统、监督计算机控制系统、集散控制系统五种类型。

2. 计算机控制系统的实施　工业过程计算机控制系统的实施必须按照一定的步骤，遵循某些原则进行设计、制造、编程、调试、施工和投运，还必须按专业配备相应的工程技术人员。

在设计过程中应该遵守以下设计原则：

（1）可靠性高。首先要选用高性能的工业控制计算机，保证在恶劣的环境下仍能正常运行。其次是设计可靠的控制方案，并具有各种安全保护措施，比如报警、事故预测、事故处理和不间断电源等。

为了预防计算机出现故障，还需设计后备装置。对于一般的控制回路，选用手动操作器作为后备；对于重要的控制回路，选用常规控制仪表作为后备；对于特殊的控制对象，设计两台计算机，互为备用地执行控制任务，称之为双机系统。

（2）操作性好。主要表现在两方面：使用方便和维修容易。使用方便体现在操作简单、直观形象、便于掌握，维修容易体现在易于查找故障、易于排除故障。

（3）实时性强。过程控制计算机的实时性表现在对内部和外都事件能及时地响应，并做出相应的处理，不丢失信息，不延误操作。

（4）通用性好。过程控制计算机的通用灵活体现在两方面：一是硬件模板设计采用标准总线结构，配置各种通用的功能模板；二是软件和控制算法采用标准模块结构，灵活地进行控制系统组态。

（5）经济效益高。经济效益表现在系统设计的性能价格比和投入产出比。

工业过程计算机控制系统的实施可分为总体规划、初步设计、详细设计、安装调试、现场投运、总结验收六个阶段。

工业过程计算机控制系统的设计和实施，需要各种专业的技术人员协同工作，一般由总设计师、工艺工程师、控制工程师、计算机工程师和电气工程师组成。

3. 计算机控制系统的基本算法　在过程计算机控制系统中，PID 控制是应用最广泛的控制算法，该算法包括理想微分的 PID 控制和实际微分的 PID 控制两大类。

（1）理想微分的 PID 控制算法。在过程计算机控制系统中，通常采用如图24.6－27所示的 PID 控制，其算法为

$$u = K_P\left(e + \frac{1}{T_i}\int edt + T_d\frac{de}{dt} \right)　(24.6-17)$$

或写成传递函数的形式

$$\frac{U(s)}{E(s)} = K_P\left(1 + \frac{1}{T_i s} + T_d s \right)　(24.6-18)$$

式中，K_P 为比例增益；T_i 为积分时间；T_d 为微分时间；u 为控制量；e 为偏差。

为了便于计算机实现 PID 控制算法，需把上式改写成差分方程的形式，即

$$u(n) = K_P\left\{ e(n) + \frac{T}{T_i}\sum_{j=1}^{n} e(j) + \frac{T_d}{T}[e(n) - e(n-1)] \right\}$$

$$(24.6-19)$$

式中，$u(n)$ 为第 n 时刻的控制量；T 为采样周期。

式（24.6－19）就是理想微分数字 PID 控制算法，在计算机控制系统中为了编程方便，通常采用 PID 增量型算法，即

$$u(n) = u(n-1) + \Delta u(n)　(24.6-20)$$

式中，$u(n)$ 为第 n 时刻的控制量；$u(n-1)$ 为第 $n-1$ 时刻的控制量；$\Delta u(n)$ 是第 n 时刻控制量的增量。

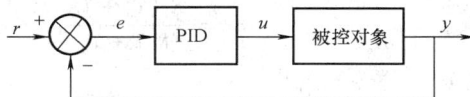

图 24.6－27　PID 控制系统框图

$$\Delta u(n) = K_p [e(n) - e(n-1)] + K_i e(n) + K_d [e(n) - 2e(n-1) + e(n-2)]$$

$$(24.6-21)$$

式中，K_p 为比例增益；$K_i = K_p T/T_i$ 为积分系数；$K_d = K_p T_d/T$ 为微分系数。

（2）实际微分的 PID 控制算法。在计算机控制系统中，通常采用以下三种实际微分 PID 控制算式：

1）实际微分 PID 控制算法一。该算法的传递函数为

$$\frac{U(s)}{E(s)} = K_p \left(1 + \frac{1}{T_i s} + \frac{T_d s}{1 + \frac{T_d}{K_d} s} \right)$$

$$(24.6-22)$$

式中，K_p 为比例增益；T_i 为积分时间；T_d 为微分时间；K_d 为微分增益。

为了便于编写程序，可得实际编程用的增量型差分方程为

$$\left. \begin{array}{l} u(n) = u(n-1) + \Delta u(n) \\ \Delta u(n) = \Delta u_p(n) + \Delta u_i(n) + \Delta u_d(n) \\ \Delta u_p(n) = K_p [e(n) - e(n-1)] \\ \Delta u_i(n) = \frac{K_p T}{T_i} e(n) \\ \Delta u_d(n) = \frac{K_d}{K_d T + T_d} \left\{ \begin{array}{l} u_d(n-1) + K_p K_d \\ \times [e(n) - e(n-1)] \end{array} \right\} \end{array} \right\}$$

$$(24.6-23)$$

2）实际微分 PID 控制算法二。该算法的传递函数为

$$\frac{U(s)}{E(s)} = K_p \frac{1 + T_d s}{1 + \frac{T_d}{K_d} s} \left(1 + \frac{1}{T_i s} \right) \quad (24.6-24)$$

为了便于编写程序，可得实际编程用的增量型差分方程为

$$\left. \begin{array}{l} u(n) = u(n-1) + \Delta u(n) \\ \Delta u(n) = K_d \Delta u_d'(n) + \Delta u_i(n) \\ \Delta u_i(n) = u_i(n) - u_i(n-1) \\ \Delta u_d(n) = u_d(n) - u_d(n-1) \\ u_i(n) = u_i(n-1) + a_4 u_d(n) \\ u_d(n) = a_1 u_d(n-1) + a_2 e(n) + a_3 e(n-1) \end{array} \right\}$$

$$(24.6-25)$$

式中，$a_1 = \frac{T_d}{K_d T + T_d}$；$\quad a_2 = \frac{K_d(T_d + T)}{K_d T + T_d}$；$\quad a_3 = \frac{-K_d T_d}{K_d T + T_d}$；$\quad a_4 = \frac{K_p T}{T_i}$。

3）实际微分 PID 控制算法三。该算法的传递函数为

$$\frac{U(s)}{E(s)} = K_p \frac{1}{1 + \frac{T_d}{K_d} s} \left(1 + \frac{1}{T_i s} + T_d s \right)$$

$$(24.6-26)$$

为了便于编写程序，可得实际编程用的增量型差分方程为

$$u(n) = u(n-1) + \Delta u(n) \quad (24.6-27)$$

$$\Delta u(n) = c_1 \Delta u(n-1) + c_2 e(n) + c_3 e(n-1) + c_4 e(n-2)$$

式中，$c_1 = \frac{b_1}{b_2}$；$b_1 = \frac{T_d}{K_d T}$；$b_2 = 1 + b_1$；$c_2 = \frac{K_p}{b_2}(1 + \frac{T}{T_i} + \frac{T_d}{T})$；$c_3 = -\frac{K_p}{b_2}\left(1 + \frac{2T_d}{T} \right)$；$c_4 = \frac{K_p T_d}{b_2 T}$。

实际微分 PID 控制算法的优点之一，是微分作用能维持多个采样周期，这样就能更好地适应一般的工业用执行机构（如气动调节阀或电动调节阀）动作速度的要求，因而控制效果比较好。优点之二是算式中具有一阶惯性环节，具有数字滤波的能力，抗干扰能力较强。

6.7.3 PLC 控制系统

1. PLC 分类及特点 可编程序控制器（Programmable Controller，或 Programmable Logic Controller - PLC）是从 60 年代末开始发展的一种工业控制装置，国际电工委员会（IEC）对 PLC 的定义为：可编程序控制器是一种数字运算操作的电子系统，专为在工业环境下应用而设计。它采用可编程序的存储器，以存储执行逻辑运算、顺序控制、定时、计数和运算等操作的指令；并通过数字或模拟的输入和输出操作，来控制各类机械或生产过程。可编程序控制器及其相关设备，都按易于与工业控制系统联成一个整体，易于扩充其功能的原则设计。

自 1969 年第一台 PLC 诞生以来，这种新型的工业控制器发展迅速，在工业自动化领域得到了广泛的应用。

（1）按结构形式可以把 PLC 分为一体化和模块化两类：一体化是指 CPU、电源、I/O 接口、通信接口等都集成在一个机壳内的一体化结构，如 OMRON 公司的 C20P、C20H，三菱公司的 F1 系列产品；模块化是指电源模块、CPU 模块、I/O 模块、通信模块等在结构上是相互独立的，用户可根据具体的应用要求，选择合适的模块安装固定在机架或导轨上构成一个完整的 PLC 应用系统，如 OMRON 公司的 C1000H、

SIEMENS 公司的 S7 系列 PLC 等。

（2）按 I/O 点数又可将 PLC 分为以下几种：

1）超小型 PLC：I/O 点数小于 64 点。

2）小型 PLC：I/O 点数在 65～128 点。

3）中型 PLC：I/O 点数在 129～512 点。

4）大型 PLC：I/O 点数在 512 点以上。

小型及超小型 PLC 一般是一体化结构，主要用于单机自动化及简单的控制对象；大、中型 PLC 一般是模块化结构，除具有小型、超小型 PLC 的功能外，还增强了数据处理能力和网络通信能力，可构成大规模的综合控制系统，主要用于复杂程度较高的自动化控制，并在相当程度上替代 DCS 以实现更广泛的自动化功能。

PLC 之所以取得高速发展和广泛应用，除了工业自动化的客观需要外，主要还是在于其本身具备许多独特的优点，较好地解决了工业控制领域中普遍关心的可靠、安全、灵活、方便、经济等问题。

（1）可靠性高、抗干扰能力强。①PLC 采用了微电子技术，大量的开关动作是由无触点的半导体电路来完成的，因此不会出现继电器控制系统中的接线老化、脱焊、触点电弧等现象，提高了可靠性。②PLC 对采用的器件都进行了严格的筛选，尽可能地排除了因器件问题而造成的故障。③PLC 在硬件设计上采用屏蔽、滤波、隔离等措施，某些大型的 PLC 还采用了双 CPU 构成的冗余系统，或三 CPU 构成的表决式系统，进一步增强了系统可靠性。④PLC 的系统软件包括了故障检测与诊断程序。⑤PLC 一般还设有 WDT 监视定时器，如果用户程序发生死循环或由于其种原因导致程序执行时间超过了 WDT 的规定时间，PLC 立即报警并终止程序执行。

由于采取了以上一些措施，可靠性高、抗干扰能力强是 PLC 最重要的特点，一般 PLC 的平均无故障时间可达几十万小时以上。

（2）功能完善，通用灵活。现代 PLC 不仅具有逻辑运算、条件控制、计时、计数、步进等控制功能，而且还能完成 A/D 转换、D/A 转换、数字运算和数据处理以及网络通信等功能。因此，它既可对开关量进行控制，又可对模拟量进行控制；既可控制一条生产线又可控制全部生产工艺过程；既可单机控制，又可以构成多级分布式控制系统。

现在的 PLC 产品都已形成系列化，基于各种齐全的 PLC 模块和配套部件，用户可以很方便地构成能满足不同要求的控制系统，系统的功能和规模可根据用户的实际需求进行配置，便于获取合理的性能价格比。在确定了 PLC 的硬件配置和 I/O 外部接线后，用户所做的工作只是程序设计而已；如果控制功能需要改变的话，则只需要修改程序以及改动极少量的接线。

（3）编程简单、使用方便。目前大多数 PLC 可采用梯形图语言的编程方式，既继承了继电器控制线路的清晰直观感，又考虑到一般电气技术人员的读图习惯，很容易被电气技术人员所接受。一些 PLC 还提供逻辑功能图、语言表指令、甚至高级语言等编程手段，进一步简化了编程工作，满足了不同用户的需要。

此外，PLC 还具有接线简单、系统设计周期短、体积小、重量轻、易于实现机电一体化等特点，使得 PLC 在设计、结构上具有其他许多控制器所无法相比的优越性。

2. PLC 的基本组成 PLC 的基本组成与一般的微机系统相类似，主要包括：CPU、RAM、EPROM、E^2PROM、通信接口、外设接口、I/O 接口等，按结构形式它分为一体化和模块化二类，当然后者的应用范围更广泛。

如图 24.6－28 所示，模块化 PLC 在系统配置上表现得更为方便灵活。CPU 模块、通信接口模块、I/O 模块、智能模块、电源模块等相互独立封装，用户可以根据系统规模和设计要求进行配置，模块与模块之间通过外部总线连接。

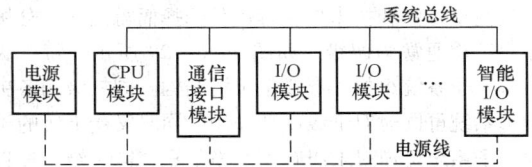

图 24.6－28 模块化 PLC 结构示意图

一组基本的功能模块可以构成一个机架，CPU 模块所在的机架通常称为中央机架，其他机架统称为扩展机架。根据安装位置的不同，机架的扩展方式又分为本地连接扩展和远程连接扩展两种。前者要求所有机架都集中安装在一起，一般是通过专用电缆实现机架间的连接，机架与机架间的连接距离通常在数米之内。后者一般通过光缆或通信电缆实现机架间的连接，连接距离可达几百米到数公里，通过中继环节还可以进一步延伸。因此，远程扩展机架也称为分布式 I/O 站点，这是一种介于模拟信号传输技术和现场总线技术的中间产品。

一个 PLC 所允许配置的机架数量以及每个机架所允许安装的模块数量一般是有规定的，这主要取决于 PLC 的地址配置和寻址能力，以及机架的结构和负载能力。例如，SIEMENS 的 S7－CPU315－2DP 要求每个机架最多安装 8 个 I/O 模块，允许配置 1 个中央机架和 3 个本地连接扩展机架。通过 CPU 模块上的 PROFIBUS - DP 接口，用户还可以配置若干个远程连接的扩展机架，总寻址范围达 1kb。

6.7.4 集散控制系统

集散控制系统是以微处理器为基础的集中-分散型综合控制系统的简称。由于它在发展初期是以分散控制为主要特征的，因此，国外一般称其为分散控制系统（Distributed Control System - DCS），而国内习惯称之为集散控制系统。集散控制系统的主要特征是它的集中管理和分散控制。它采用危险分散、控制分散，而操作和管理集中的基本设计思想，多层分级、合作自治的结构形式，同时也为正在发展的先进过程控制系统提供了必要的工具和手段。目前在电力、冶金、石油、化工、制药等行业，集散控制系统获得了广泛的应用，在控制品质、系统安全可靠性等方面较传统的控制系统有明显的优势，显示了强大的生命力。

根据管理集中和控制分散的设计思想而设计的 DCS 的特点表现在以下几个方面：

（1）分级递阶结构。这种结构方案是从系统工程出发，考虑功能分散、危险分散，提高可靠性，强化系统应用灵活性，减少设备的复杂性与投资成本，并且便于维修和技术更新等优化选择而得出的。分级递阶结构通常为四级，如图 24.6 - 29 所示。每一级由若干子系统组成，形成金字塔结构。同一级的各决策子系统可同时对下级施加作用，同时又受上级的干预，子系统可通过上级互相交换信息。第一级为过程

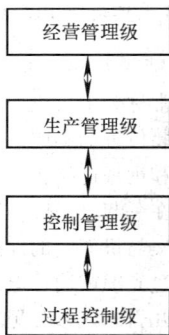

图 24.6 - 29 DCS 的结构层次

控制级，根据上层决策直接控制生产过程，具体承担信号的变换、输入、运算和输出的分散控制任务；第二级为控制管理级，对生产过程实现集中操作和统一管理；第三级为生产管理级，承担全工厂或全公司的最优化；第四级为经营管理级，根据市场需求、各种与经营有关的信息因素和生产管理的信息，做出全面

的综合性经营管理和决策。

（2）采用微机智能技术。集散控制系统采用了以微处理器为基础的"智能技术"，这是集散控制系统有别于其他系统装置的最大特点。集散控制系统中的现场控制单元、过程输入输出接口、显示操作站和数据通信装置等均采用微处理器，有记忆、逻辑判断和数据运算功能，可以实现自适应、自诊断和自检测等"智能"。

（3）采用局部网络通信技术。集散控制系统的数据通信网络采用工业局部网络技术进行通信，传输实时控制信息，进行全系统信息综合管理，并对分散的现场控制单元、人机接口进行控制和操作管理。大多采用光纤传输媒质，通信的可靠性和安全性大为提高。通信协议已开始向标准化前进，如采用 IEEE802.3、IEEE802.4、IEEE802.5 和 MAP3.0 等。

（4）丰富的功能软件包。集散控制系统具有丰富的功能软件包，它能提供控制算法模块、控制程序软件包、过程监视软件包、显示软件包、报表打印和信息检索程序包等，并至少提供一种过程控制语言，供用户开发高级的应用软件，例如优化管理和控制软件。

（5）采用高可靠性技术。可靠性是集散控制系统发展的生命，没有可靠性就没有今天的集散控制系统。当今大多数集散控制系统的 MTBF 达 50kh，MTTR 一般只有 5min 左右。保证这样的高可靠性，主要是硬件的工艺结构可靠，广泛采用表面安装技术与专用集成电路（ASIC），同时对每一个元件、部件进行一系列可靠性测试和设计等。

保证高可靠性的另一条途径是采用冗余技术。集散控制系统各级人机接口、控制单元、过程接口、电源和 I/O 接口插件均可采用冗余化配置；信息处理器、通信接口、内部通信总线和系统通信网络均采取冗余措施；在软件设计上，采用容错技术、故障的智能化自检和自诊断技术等。

完整的集散控制系统是一个控制与管理相结合的综合系统，这种综合系统一般由过程控制单元、操作单元和管理单元三大功能部件组成，它们相互之间通过通信链路按一定的网络结构形成一个分散型多级递阶自动控制系统。

系统的主要功能包括：

（1）检测与控制功能。①数据采集与处理：包括采样、数字滤波、工程单位换算、线性化、温压补偿、流量累积、各种限幅与报警处理等。②连续控制：常规 PID、变参数 PID、自适应 PID、串级、比例、前馈、超驰等过程控制算法。③顺序控制：包括逻辑运算、逻辑传送、梯形图等。④批量控制：连续

控制与顺序控制综合处理。⑤启停及保护：自控系统自动起动、停车和安全联锁保护。

（2）系统生成功能。①过程站离线组态生成自控系统。②过程站在线组态生成自控系统。③上位机（监控设备）经过通信网对过程站组态。④配系统生成组态语言。⑤数据库生成、报表生成、图形生成、告示键（用户自定义键）定义、过程语言的编辑与编译等。

（3）操作画面功能。操作画面一般包括：总貌显示画面、组显示画面、细目画面、报警画面、实时趋势画面、历史趋势画面、多表头组显示、回路总貌画面、任务运行状态报告、全局工况流程图画面、局部工况流程图画面、局部子工况流程图画面。

（4）报警功能。报警功能一般包括：任务巡检声光报警、报警信息显示画面、优先级报警分组参数显示、优先级报警分组实时趋势显示、报警记录打印、报警追忆打印。

（5）打印功能。打印功能一般包括：各类报表打印、屏幕拷贝打印、操作记录打印（包括参数修改记录、键盘操作记录、任务运行记录等）、追忆记录打印、报警记录打印。

（6）系统维护功能。各站都配有驻留的诊断程序，对自身的硬件和软件进行周期性的诊断检查。当故障发生时，将故障内容送到操作站，操作人员利用系统维护画面监视整个系统的故障情况，包括：通信网络上各站的状态诊断、各站自诊断到I/O通道模板级、各站外围设备的离线诊断、系统中各用户任务的状态监视及报告。

（7）分布式数据库。在高中速通信网络上实现的实时控制分布式数据库是以网络链路层提供的广播式通信服务和通信控制器提供的共享存储为基础。一个典型系统要求如下：①中速系统的站容量≥1000点，全库≥8000点。②高速系统的站容量≥3000点，全库≥30000点。③更新速度≥1000点/s。④存储响应≤2ms。

6.7.5 现场总线控制系统

1. 现场总线概述 现场总线（Field bus）是顺应智能现场仪表而发展起来的一种开放型的数字通信技术，其发展的初衷是用数字通信代替4~20mA模拟传输技术，把数字通信网络延伸到工业过程现场。随着现场总线技术与智能仪表管控一体化（仪表调校、控制组态、诊断、报表、记录）的发展，这种开放型的工厂底层控制网络构造了新一代的网络集成式全分布计算机控制系统，即现场总线控制系统（Fieldbus Control System，简称FCS）。

国际电工委员会IEC和现场总线基金会FF对现场总线的定义为：现场总线是连接智能现场设备和自动化系统的数字式、双向传输、多分支结构的通信网络，它的关键标志是能支持双向、多节点、总线式的全数字通信。

现场总线的技术特征可以归纳为以下几个方面：

（1）全数字化通信。在现场总线控制系统中，现场信号都保持着数字特性，所有现场控制设备采用全数字化通信。许多总线在通信介质、信息检验、信息纠错、重复地址检侧等方面都有严格的规定，从而确保总线通信快速、完全可靠的进行。

（2）开放型的互联网络。开放的概念主要是指通信协议公开，也就是指对相关标准的一致性、公开性，强调对标准的共识与遵从。一个开放系统，它可以与任何遵守相同标准的其他设备或系统相连，现场总线就是要致力于建立一个开放型的工厂底层网络。

（3）互操作性与互用性。互操作性的含义是指来自不同制造厂的现场设备可以互相通信、统一组态，构成所需的控制系统；而互用性则意味着不同生产厂家的性能类似的设备可进行互换而实现互用。由于现场总线强调遵循公开统一的技术标准，因而有条件实现这种可能。用户可以根据性能、价格选用不同厂商的产品，通过网络对现场设备统一组态，把不同产品集成在同一个系统内，并可在同功能的产品之间进行相互替换，使用户具有了系统集成的主动权。

（4）现场设备的智能化。现场总线仪表本身具有自诊断功能，它可以处理各种参数、运行状态及故障信息，系统可以随时掌握现场设备的运行状态，这在传统模拟仪表中是做不到的。

（5）系统结构的高度分散性。数字、双向传输方式使得现场总线仪表可以摆脱传统仪表功能单一的制约，可以在一个仪表中集成多种功能，甚至做成集检测、运算、控制于一体的变送控制器，将DCS控制站的功能块分散地分配给现场仪表，构成一种全分布式控制系统的体系结构。

总之，开放性、分散性与数字通信是现场总线系统最显著的特征，FCS更好地体现了"信息集中、控制分散"的思想。

2. 现场总线的国际标准 由于现场总线是以开放的、全数字化的双向多变量通信代替传统的模拟传输技术，因此现场总线标准化是该领域的重点课题。国际电工委员会、国际标准化组织、各大公司及世界各国的标准化组织对于现场总线的标准化工作都给予了极大的关注，现场总线技术在经历了群雄并起、分散割据的初始阶段后，尽管已有一定范围的磋商合并，但由于行业与地域发展等历史原因，加上各公司和企业集团受自身利益的驱使，致使现场总线的标准化工作进展缓慢，至今尚未形成完整统一的国际标准，直至 1999 年形成了一个由 8 个类型组成的 IEC61158 现场总线国际标准。

IEC61158 包括的 8 个组成部分分别是：IEC61158 原先的技术报告、Control Net、PROFIBUS、P－NET、FF－HSE、SwiftNet、WorldFIP 和 Interbus，如图24.6－30所示。IEC 61158 国际标准只是一种模式，它既不改变原 IEC 技术报告的内容，也不改变各组织专有的行规，各组织按照 IEC 技术报告 Type1 的框架组织各自的行规。IEC 标准的 8 种类型都是平等的，其中Type2～Type8 需要对 Type1 提供接口，而标准本身不要求 Type2～Type 8 之内提供接口，用户在应用各类型时仍可使用各自的行规，其目的就是为了保护各自的利益。

3. 常用的现场总线 目前流行的现场总线主要有：CAN（控制局域网络）、LONWORKS（局部操作网络）、PROFIBUS（过程现场总线）、HART（可寻址远程传感器数据通路）、FF（基金会现场总线）。其中在楼宇自控领域，LONWORKS 和 CAN 总线具有一定的优势。在过程控制领域，主要有过渡型的 HART 协议，它将是近期内智能化仪表主要的过渡通信协议。FF 和 PROFIBUS 是过程控制领域中最具竞争力的现场总线，它们得到了众多著名自动化仪表设备厂商的支持，也具有相当广泛的应用基础。

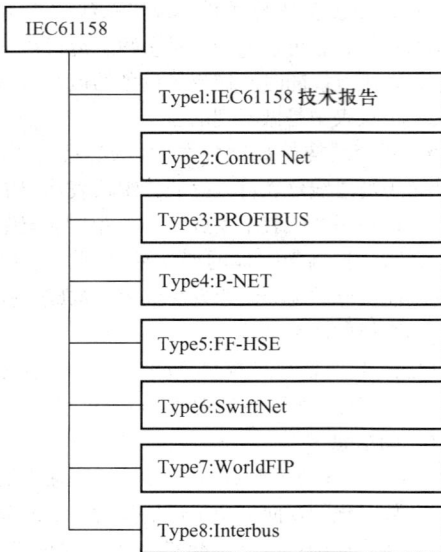

```
┌─────────────┐
│  IEC61158   │
└──────┬──────┘
       │  ┌─────────────────────────────┐
       ├──│ Typel:IEC61158 技术报告       │
       │  └─────────────────────────────┘
       │  ┌─────────────────────────────┐
       ├──│ Type2:Control Net            │
       │  └─────────────────────────────┘
       │  ┌─────────────────────────────┐
       ├──│ Type3:PROFIBUS               │
       │  └─────────────────────────────┘
       │  ┌─────────────────────────────┐
       ├──│ Type4:P-NET                  │
       │  └─────────────────────────────┘
       │  ┌─────────────────────────────┐
       ├──│ Type5:FF-HSE                 │
       │  └─────────────────────────────┘
       │  ┌─────────────────────────────┐
       ├──│ Type6:SwiftNet               │
       │  └─────────────────────────────┘
       │  ┌─────────────────────────────┐
       ├──│ Type7:WorldFIP               │
       │  └─────────────────────────────┘
       │  ┌─────────────────────────────┐
       └──│ Type8:Interbus               │
          └─────────────────────────────┘
```

图 24.6－30 IEC61158 采用的 8 种类型

（1）CAN（Controller Area Network）最早是由德国 BOSCH 公司推出，用于汽车内部测量与执行部件之间的数据通信协议，它得到了 Motorola, Intel,

Philips、NEC 等公司的支持，已广泛应用于离散控制领域。CAN 协议是以 OSI 开放系统互建模型为基础，采用了其中的物理层、数据链路层和应用层，并提高了实时性。

CAN 协议中的信号传输介质为双绞线，通信速率与总线长度有关，通信速率最高可达 1Mbit/s 40m，直接传输距离最远可达 10km/5kbit/s，可挂接设备数最多可达 110 个。CAN 采用了总线仲裁技术对每个通信节点都有优先级设定，当出现几个节点同时在网络上传输信息时。优先级高的节点可继续传输数据，而优先级低的节点则主动停止发送，从而避免了总线冲突。CAN 支持多主方式工作，网络上任何节点均可在任意时刻主动向其他节点发送信息，支持点对点、一点对多点和广播式通信，各节点可随时发送信息。CAN 总线采用短消息报文，每一帧为 8 个有效字节数，在传输过程中降低了受干扰的概率。当总线式的节点出现严重错误时，可以自动切断节点与总线的联系。使总线式的其他节点的通信不受影响，具有较强的抗干扰能力和较高的可靠性。

目前，已有多家公司开发生产了符合 CAN 协议的通信芯片。如 Motorola 的 MC68HC05X4, Intel 公司的 82527，Philips 公司的 82C250 等。还有插在 PC 机上的 CAN 总线接口卡，具有接口简单、编程方便、开发系统价格便宜等优点。

（2）LONWORKS（Local Operating Network）是美国 ECHELON 公司开发，并与 Motorola 和东芝公司共同倡导的现场总线技术，它采用了 OSI 参考模型全部的七层协议结构。LONWORKS 技术的核心是具备通信和控制功能的 Neuron 芯片，它实现了完整的 LONWORKS 的 LonTalk 通信协议，由神经芯片构成的节点之间可以进行对等通信。神经上集成有介质访问处理器、网络处理器和应用处理器三个 8 位 CPU：介质访问处理器实现了 OSI 模型第一和第二层的功能，实现介质访问的控制与处理；网络处理器进行网络变量寻址、路径选择、网络通信管理等；应用处理器用于运行操作系统与用户代码。为了实现 CPU 之间的信息传递，在 Neuron 芯片中还具有存储信息缓冲区，作为网络缓冲区和应用缓冲区。如 Motorola 公司生产的神经元集成芯片 MC143120E2 就包含了 2KRAM 和 $2KE^2PROM$。

LONWORKS 支持双绞线、同轴电缆、光纤、红外线、电源线等多种通信介质，并支持多种拓扑结构。对多种介质的透明支持是 LONWORKS 技术的独特能力，它使开发者能选择最适合他们需要的介质和通信方法。LONWORKS 采用了面向对象的组网方式，通过网络变量把网络通信设计简化为参数设置，一个测控网络上的节点数可以达到 32000 个，其通信速率范围是 300 ~ 1.5Mbit/s，直接通信距离可达 2700m（78kbit/s，双绞线）。为此，LONWORKS 在组建分布式监控网络方面有较优越的性能，被誉为通用控制网络，广泛应用于楼宇自动化、家庭自动化、保安系统、办公设备、交通运输以及工业过程控制等行业。

（3）PROFIBUS 是一种用于车间级监控和现场设备层数据通信的现场总线技术，可实现从现场设备层到车间级监控的分散式数字控制和现场通信网络。PROFIBUS 由 PROFIBUS - DP、PROFIBUS - FMS 和 PROFIBUS - PA 三个兼容部分组成，PROFIBUS - DP 是一种高速低成本的通信连接，专门用于控制系统与设备级分散的 I/O 之间的通信，以取代 4 ~ 20mA 等传统的模拟信号传输。FMS 是指现场信息规范，PROFIBUS - FMS 是一个令牌结构、实时多主数据传输网络，主要用来解决车间级通用性通信任务，也可用于大范围和复杂的通信系统，目前它有被 PROFINet 所取代的趋势。PROFIBUS - DP 和 FMS 均采用 RS485 通信标准，传输速率为 96kbit/s ~ 12Mbit/s，最大传输距离（不加中继器）从 1200m 到 100m（与传输速率有关）。PROFIBUS - PA 则是专为过程自动化低速数据传输使用的总线类型，可使传感器和执行机构连接在一根共用的总线上，其基本特性类似于 FF 的 H1 总线，利用 PROFIBUS 总线构成的系统体系结构大致也可以分为现场级、车间级和工厂级三层，现场级采用 PROFIBUS - DP 或 PROFIBUS - PA 现场总线，车间级采用 PROFIBUS - FMS 总线，工厂级采用 Industrial Ethernet。

与其他现场总线系统相比，PROFIBUS 是一种比较成熟的总线，在众多的现场总线中占据首位，在自动化控制领域的应用十分广泛，在德国和欧洲市场中 PROFIBUS 占开放性工业现场总线系统超过 40% 的市场。

（4）HART（Highway Addressable Remote Transducer）是用于现场智能仪表和控制室设备间通信的一种开放协议，属于模拟系统向数字系统转变过程中过渡性产品，它最早由 Rosemount 公司开发并得到 E+H、Moor Products、Allen - Bradly、Siemens、Smar、Arcom、和横河公司等许多著名仪表公司的支持，这种被称为可寻址远程传感器数据通路的开放通信协议的特点是在现有模拟信号传输线上实现数字信号通信，因而在当前的过渡时期具有较强的市场竞争能力。

（5）FF 总线的前身是可操作系统协议 ISP 和世界工厂仪表协议 WorldFIP 标准。按照基金会总线组织的定义，FF 总线是一种全数字的、串行的、双向传输的通信系统，是一种能连接现场各种传感器、控制器、执行单元的信号传输系统。FF 总线最根本的特点是专门针对工业过程自动化而开发的，在满足要求苛刻的使用环境、本质安全、总线供电等方面都有完善的措施。FF 采用了标准功能块和 DDL 设备描述技术，确保不同厂家的产品有良好的互换性和互操作性。为此，有人称 FF 总线是专门为过程控制设计的现场总线。

在最初的 FF 协议标准中，FF 分为低速 H1 总线和高速 H2 总线。低速总线协议 H1 主要用于过程自动化，其传输速率为 31.25kbit/s，传输距离可达 1900m，可采用中继器延长传输距离，并可支持总线供电和本质安全防爆环境。H1 协议标准已于 1996 年发表，目前已经进入实用阶段。高速总线协议 H2 主要用于制造自动化，传输速率分为 1Mbit/s 和 2.5Mbit/s 两种，通信距离分别为 750m 和 500m。但原来规划的 H2 高速总线标准现在已经被现场总线基金会所放弃，取而代之的是基于 EtherNet 的高速总线技术规范 HSE。

6.7.6 计算机集成制造系统

计算机集成制造（Computer Integrated Manufacturing，CIM）是信息技术和生产技术在企业生产过程中的综合应用，用于提高整个企业的生产率和市场响应能力，使企业更快、更好、更省地制造出市场需要的产品。信息技术主要包括计算机、网络和数据库技术。生产技术主要指制造技术，包括产品设计和工艺过程设计、生产管理（生产计划和控制等）以及生产过程（加工、装配、物料储运等）。CIM 最基本的特征，就是信息集成，即在 CIM 的整个信息系统中不会出现数据（或信息）的重复输入。

计算机集成制造系统（Computer Integrated Manufacturing System，CIMS）是在企业中实现 CIM 的新型生产系统，该系统具有 CIM 的基本特征，又属于生产系统的范畴。生产系统在企业中的任务是实现企业的生产战略，而生产战略是从产品的开发和制造方面为实现企业的整个经营战略并满足市场对产品的需求，即从根本上提高企业的竞争力，以保持企业长期的生存和发展。

CIMS 的核心在于集成，所谓的集成是指将原来没有联系或联系不紧密的单元组成有一定功能的、联系紧密的新系统。CIMS 作为一个新型生产系统，其集成是把人与生产经营系统和技术系统三者紧密地结合起来，组成一个统一的整体，使整个企业范围内的工作流程、物流和信息流都保持通畅以及相互之间有机的联系（见图 24.6 - 31），这里的集成应从整个企业的经营目标和内外环境出发，进行优化组合，应摆脱过去的人为分工、部门界限和职能范围所带来的束缚，这是实现工作流程、物流和信息流畅通以及企业高效运行的前提。集成的工作流程应尽量消除多余的环节，从工作流程的组织上进行简化和优化，包括进

行并行作业。信息的集成将消除沿信息流各环节上人工重复输入信息以及输出数据的泛滥，使人们及时得到准确的信息，保持整个系统内数据的一致性和完整性。

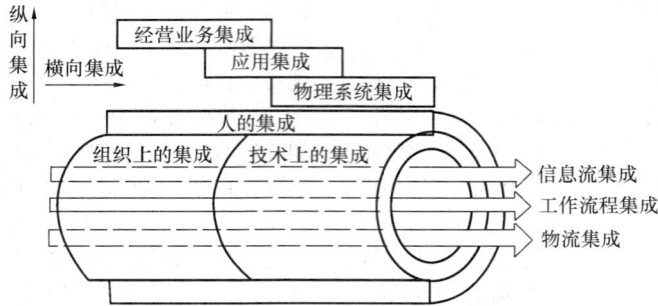

图 24.6 - 31　CIMS 的概念及层次集成

6.8　自动控制系统的工程问题

6.8.1　控制系统的可靠性分析与设计

1. 可靠性技术概述　可靠性工程及其管理，对简化系统设计，缩短系统设计和投运周期，降低系统设计成本，都具有非常重要的意义。

从经济效益考虑，系统可靠性研究应包括下面几个内容：

（1）明确控制系统在规定周期内完成控制任务的成功概率。

（2）研究系统失效的原因，找出防止和减少失效的方法。

（3）为了达到高可靠性水平，可能会与系统的简单性以及组成系统的各个环节的经济性发生矛盾，因而在定性与定量分析的基础上寻找合理的折中。

（4）改进系统设计和提高可靠性水平，须研究采用何种控制技术能获得最佳效果。

（5）控制系统在投运阶段的维修性，须研究系统可靠性与维修性的最佳组合。

2. 可靠性分析基本概念　系统可靠性可用其可靠度（Reliability）来衡量，通常用 R 表示。考虑到它是时间的函数，又可以表示为 $R = R(t)$，称为可靠度函数。

用于表示可靠性的特征量有：无故障性特征量、耐久性特征量、维修性特征量、可用性特征量等。现在主要介绍无故障性特征量如下：

1）可靠性：产品在规定地条件下和规定地时间内，完成规定功能的能力称为可靠性。可靠性的概率度称为可靠度，用 $R(t)$ 表示。若以 T 表示产品的

寿命，可靠度可以看作时间 $t < T$ 的概率；若产品寿命 T 的概率密度 $f(t)$ 已知，则 $R(t)$ 就可通过下列积分求得

$$R(t) = \int_t^\infty f(t) \mathrm{d}t \qquad (24.6 - 28)$$

式中，可靠度 $R(t)$ 为时间 t 的非增函数，其取值范围为 0 ~ 1。

2）故障率：产品在 t 时刻以前一直正常工作的条件下，在时刻 t 以后单位时间内发生故障的概率称为该产品在时刻 t 的故障率函数，简称故障率（对于不可修复产品则称为失效率），用 $\lambda(t)$ 表示，故障率实质上是寿命的条件概率密度，即

$$\lambda(t) = \lim_{\Delta t \to 0} \frac{P(t < T \leqslant t + \Delta t \mid T > t)}{\Delta t} = \frac{f(t)}{R(t)}$$
$$(24.6 - 29)$$

故障率函数 $\lambda(t)$ 反映了产品故障变化的速度。

3）误动率：它是用来表示保护类电器产品的平均故障率的，用 λ_f 表示

$$\lambda_f = f / T \qquad (24.6 - 30)$$

式中，f 为误动次数；T 为试验工作总时间或累积元件动作总次数。

4）拒动率：也是用来表示保护类电器产品的平均故障率的，用 λ_R 表示

$$\lambda_R = R / T \qquad (24.6 - 31)$$

式中，R 为拒动次数；T 为试验工作总时间或累积元件动作总次数。

5）成功率：产品在规定条件下完成规定功能的概率或在规定条件下试验成功的概率，称为成功率，用 S 表示

$$S = n / M \qquad (24.6 - 32)$$

式中，n 为试验成功次数或成功产品数；M 为总试验

次数或受试产品数。

3. 可靠性分析模型　可靠性框图是通过分析系统中单元功能和系统功能的关系，用图的形式逻辑地描述系统正常工作的情况，它是分析系统可靠性的基础。根据单元在系统中所处的状态及其对系统的影响，可分为如图 24.6-32 所示的类型。

常用的典型系统及其可靠性特征量计算。为简化问题，设系统中各单元状态互相独立，并且只考虑正常和失态两种状态。则模型表示如下：

（1）串联系统模型。串联系统模型是可靠性数学模型中最简单、最常见的一种系统。系统由 n 单元组成，只有当系统中各单元都正常工作时系统才正常工作。若某一单元出现故障，则导致整个系统故障。

系统的可靠度为

$$R_s(t) = R_1(t)R_2(t)\cdots R_n(t) = \prod_{i=1}^{n} R_i(t)$$

$$(24.6-33)$$

式中，$R_s(t)$ 为系统的可靠性；$R_i(t)$ 为第 i 个单元的可靠度，$i = 1, 2, \cdots, n$；n 为组成系统的单元数；t 为系统和单元的工作时间。

（2）并联系统模型。在并联系统中，只有当系统的所有设备都发生故障时，系统才出现故障。对于高可靠性要求系统，通常采用多个通道并联设计。

（3）混联系统模型。实际工程系统大多数由串联和并联系统混合组成，即为混联系统。

（4）表决系统模型。对于 n 个单元组成的系统，若系统成功完成任务只需要其中 k 个单元正常工作，称为 n 中取 k（记 k/n）表决系统。这种设计方法已在工程中有很多成功应用。

（5）旁联系统模型。旁联系统为非工作贮备系统。在由 n 个单元组成的旁联系统中，其中只有一个单元工作。

4. 可靠性设计　采用了可靠性设计，就能设计出不易发生故障或即使发生故障也容易修复的系统，原则有：①利用以前的经验；②减少零、部件数，尤其是故障率高的部件；③用标准化产品；④检查、调试和互换容易；⑤部件互换性好。

可靠性设计的主要方法有：①降额设计；②漂移设计；③冗余设计；④电磁兼容设计；⑤热设计；⑥应力—强度干涉设计。

5. 提高系统可靠性的一些方法　系统可靠性是由多方面因素决定的，它比一般的控制仪表的可靠性更为复杂。在明确上面介绍的基本概念之后，便可以采取一些措施来提高系统的可靠性。

（1）系统可靠性的预测。

（2）系统可靠性的设计。① 建立系统可靠性数学模型。② 可靠性指标的分配。③ 系统设计简单化。

（3）系统的冗余设计。

6.8.2　控制系统的抗干扰

随着自动控制技术的高速发展，控制系统在生产过程中发挥越来越重要的作用。但基于微电子技术的特点，控制系统本身的抗干扰一直困惑着控制系统的应用，也是控制系统长期、稳定、可靠运行中的一个潜在威胁。各种干扰小则造成信号失真、控制失灵；大则损坏系统，甚至造成生产停车等重大事故。

1. 系统干扰产生的原因、种类

（1）干扰的来源。

干扰的来源有：①来自空间干扰；②来自系统外引线干扰；③来自系统内部软、硬件的干扰。

对于一个控制系统，其干扰源主要有以下几方面：

1）控制系统供电电源的波动以及电源电压中高次谐波产生的干扰。

2）其他设备或空中强电场通过分布电容的耦合串入控制系统引起的干扰。

3）邻近的大容量电气起停时，因电磁感应引起的干扰。

4）相邻信号线绝缘降低，通过导线绝缘电阻引起的干扰。

5）来自控制系统内部的干扰。

（2）干扰种类。

1）工作环境对系统的影响：① 温度、湿度、粉尘、大气压力对系统各部分的影响；② 电气因素对仪器仪表的影响。

2）通道干扰。

3）电源干扰。

2. 抗干扰的具体方法、措施　抗干扰的基本手段就是八个字："隔离、绞线、屏蔽、接地"。

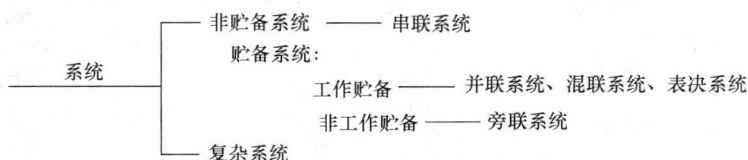

```
                ┌── 非贮备系统 ──── 串联系统
                │   贮备系统：
  系统 ─────────┤       工作贮备 ──── 并联系统、混联系统、表决系统
                │       非工作贮备 ──── 旁联系统
                └── 复杂系统
```

图 24.6-32　可靠性模型分类示意图

（1）隔离。"隔离"包括两个含义：一是可靠绝缘；二是合理配线。

（2）绞线。"绞线"是指仪表信号电缆都是双绞线。它是抑制磁场干扰的行为之有效的办法。

（3）屏蔽。"屏蔽"是指仪表信号电缆的芯线用金属网或其他导体套罩起来。

（4）接地。工作接地又分为信号回路接地、本安仪表系统接地、屏蔽接地三种。

（5）硬件滤波及软件抗干扰措施。信号在接入系统主机前，在信号线与地间并接电容；在信号两极间加装滤波器。

常用的一些提高软件结构可靠性的措施包括：自诊断、程序容错、信息冗余、数字滤波和工频整形采样。

6.8.3 控制系统的使用与维护

1. **系统维护概述** 自动控制系统应用往往是一个工业企业生产水平高下的标志，同时也是企业生产系统的核心，因此当一个可靠且具有抗干扰措施的控制系统建成并开始运行后，后期的维护就摆在系统维护人员面前。如何采用有效的维护方法，以便杜绝隐患，减少和防止故障的发生以及提高对发生故障的维修能力，保证系统的实时运转，对于确保生产具有非常重要的意义。

首先，要建立完善的规章制度、操作手册等；其次，就是及时作好操作人员的培训，同时确立操作人员等级；再者，提供完整有效、方便的帮助文件、文档，给出故障报警及其故障等级；再后，建立好数据的备份、保存工作，作好防火墙和杀毒工作，及时有效的备份数据，并定期归档等；最后，定期安全检查、系统升级等。

（1）维护分类

1）环境条件维护：对控制系统运行所要求的规定环境的维护。主要有：①注意温度、湿度、通风散热情况，及时发现不良环境并处理。②注意地面变化，线缆更换，防止静电积聚。③注意防尘，防止有害物质进入控制室，消除粉尘对元件的运行和散热的不良影响。④防止磁干扰,应把磁性的器件放在固定的地方。

2）预防性维护。

3）故障维修、维护。

4）系统升级与系统维护有：①检测设备部件。②系统故障自诊断。③更换元件。④故障排除及技术处理。

（2）维护准备。为了做好以上的维护工作，下面几点是必须的也是重要的：

1）根据设计提供的文档资料，了解系统总体设计思路。

2）熟悉系统外部接线。

3）了解系统仪表和控制元件信息。

4）基本或熟练掌握软件编程技术。

5）系统备份：A 软件；B 硬件。

6）维护、维修等服务、通信资料。

只有做好以上几点工作，才能使自己在系统维护中充分发挥作用，解决问题。

2. **维护策略及方法** 控制系统的维护工作复杂，而且具有一定的技术难度，使用者应制定一个工作职责明确、方式合理可行的维护方案，做到有效预防、及时发现、解决故障。系统维护方案从便于实际工作出发，一般可以分成如下几点：

（1）周期维护。周期性的维护主要是为了减少故障隐患，保证系统功能的正常发挥，它的工作包括：①元器件的分析、综合检查、功能测试。②对系统进行功能测试。③消耗品及性能不良品的更换。④系统环境测试。⑤写维护报告。

（2）日常维护。①对发生故障的诊断与维修。②巡查系统运行状态，记录。③环境维护，如保持控制室卫生，器件散热良好，温度、湿度合规。

（3）故障维修。①在故障确定之前不能贸然动手，东拆西碰，易造成人为故障。②先外设后主机。③故障未查清之前，不能贸然通电，易扩大故障点。④维修过程，切不能带电插拔。⑤累积资料，记载运行记录，故障现象记录，维修记录。⑥对于有特殊规定的和维修难度比较大的设备，应该与专业技术员联系。

系统维修的几种常见方法：①软件诊断法。②替换法。③插拔法。④原理分析法。

（4）系统升级。

参 考 文 献

[1] 天津电气传动设计研究所编著，电气传动自动化技术手册. 第 2 版. 北京：机械工业出版社，2005.

[2] 电气工程师手册第二版编辑委员会. 电气工程师手册. 第二版. 北京：机械工业出版社，2003.

[3] 机械工程手册电机工程手册编委会. 电机工程手册：自动化与通信卷（第二版）. 北京：机械工业出版社，1997.

[4] （美）Katsuhiko Ogata 著. 现代控制工程. 卢伯英，于海勋等译. 第 3 版. 北京：电子工业出版社，2000.

[5] 夏德钤主编. 自动控制理论. 北京：机械工业出版社，1998.

[6] John J. D'azzo, Constantine H. Houpis. Linear Control System Analysis and Design，McGraw-Hill，1999.

[7] 黄家英编著. 自动控制原理. 北京：高等教育出版社，2003.

[8] 颜文俊等. 控制理论 CAI 教程. 北京：科学出版社，2002.

[9] 吴沧浦. 最优控制的理论与方法. 2 版. 北京：国防工业出版社，2000.

[10] Locatelli A . Optimal control : an introduction. Birkhauser, 2001.

[11] 李清泉编著. 自适应控制系统理论、设计与应用，北京：科学出版社，1990.

[12] 韦巍主编. 智能控制技术. 北京：机械工业出版社，1999.

[13] 孙增圻等编著. 智能控制理论与技术，北京：清华大学出版社，1997.

[14] 李人厚编著. 智能控制理论和方法，西安：西安电子科技大学出版社，1999.

[15] 诸静等著. 模糊控制原理与应用. 北京：机械工业出版社，1995.

[16] 舒迪前编著. 预测控制系统及其应用. 北京：机械工业出版社，1996.

[17] 洪奕光，程代展著. 非线性系统的分析与控制. 北京：科学出版社，2005.

[18] 冯纯伯，费树岷编著. 非线性控制系统分析与设计. 北京：电子工业出版社，1998.

[19] 郭雷等编著，控制理论导论——从基本概念到研究前沿. 北京：科学出版社，2005.

[20] 钱平. 伺服系统. 北京：机械工业出版社，2005.

[21] 李恩光. 机电伺服控制技术. 上海：东华大学出版社，2003.

[22] 刘胜，彭侠夫，叶瑰昀. 现代伺服系统设计. 第 1 版. 哈尔滨：哈尔滨工程大学出版社，2001.

[23] 秦忆等. 现代交流伺服系统. 武汉：华中理工大学出版社，1995.

[24] 郭庆鼎，王成元. 交流伺服系统. 北京：机械工业出版社，1994.

[25] 冯国楠. 现代伺服系统的分析与设计. 北京：机械工业出版社，1990.

[26] 冯勇，霍勇编著. 现代计算机数控系统. 北京：机械工业出版社，1998.

[27] 孙鹤旭. 交流步进传动系统. 北京：机械工业出版社，1999.

[28] 细江繁幸编. 白玉林等 译. 系统与控制. 北京：科学出版社，2001.

[29] 蔡自兴著. 机器人学. 北京：清华大学出版社，2000.

[30] 王耀南著. 机器人智能控制工程. 北京：科学出版社，2004.

[31] 赵玉刚，宋现春主编. 数控技术［M］. 北京：机械工业出版社，2003.

[32] 顾京主编. 数控机床加工程序编制［M］. 北京：机械工业出版社，2002.

[33] 王炳实主编. 机床电气控制［M］. 北京：机械工业出版社，2002.

[34] 许缪编. 电动机与电气控制技术［M］. 北京：机械工业出版社，2005.

[35] 周泽魁. 控制仪表与计算机控制装置. 北京：化学工业出版社. 2002.

[36] 侯志林. 过程控制与自动化仪表. 北京：机械工业出版社. 1999.

[37] 何克忠. 计算机控制系统. 北京：清华大学出版社. 1998.

[38] 饭高成男，泽间照一著. 李福寿译. 图解电动机电器. 北京：科学出版社，2000.

[39] 李志铁，刘沂. 可编程控制器控制系统抗干扰技术. 天津冶金 2005（2）：46-47.

[40] 徐立. 自控系统维护策略与方法. 机械工程与自动化, 2004(5)：87－90.

[41] 陈建滨. 控制系统抗干扰. 油气田地面工程, 2005, (24)2：37－38.

[42] 肖淑英. 计算机控制系统中的抗干扰措施. 仪器仪表用户, 2005, (12)1：115-116.

[43] 祝福, 肖彦直. 计算机控制系统的抗干扰技术. 计算机与数字工程, 2005, (33)5：65-68.

第25篇

电器设备智能化

主　编　耿英三（西安交通大学）

执　笔　耿英三（西安交通大学）

　　　　宋政湘（西安交通大学）

　　　　张国钢（西安交通大学）

第1章 电器设备智能化概论

1.1 电器智能化的基本概念

电器是完成电路检测、控制电路接通或分断操作的设备，如电压、电流互感器以及断路器、接触器、各类继电器等开关电器，主要用于电力传输与分配、电力系统继电保护、工业及民用用电设备供电与保护等场合。电器智能化是现代化社会生产和生活向开关电器领域提出的要求，也是现代科学技术与传统电器技术相结合的产物。它融合了传统电器、计算机与数字控制、微电子技术、电力电子技术、计算机通信与网络以及现代传感器技术等各门类的学科。

电器智能化主要是指开关电器具备灵敏的检测功能，正确的状态判断、控制功能和相应的操作功能的过程。电器智能化是一种理念，也是一种电器发展和进步的过程。智能化电器是指智能化的开关电器元件或系统，是指能自动适应电网、环境及控制要求的变化，始终处于最佳运行工况的电器。由于电力系统及电力设备其物理过程的复杂性、不确定性和模糊性，难以有精确的数学描述，所以采用计算机技术，通过感知、学习、记忆和大范围的自适应等手段，及时适应环境和人为的变化，以有效地处理和控制，使电器设备和电力系统达到其最佳的性能指标。电器智能化包含三个层次：智能化的电器元件、智能化开关柜和智能化供配电系统。其中，电器元件的智能化是基础，也是最重要的层次。

智能化的电器元件是采用微机控制技术、现代传感器技术、模拟量数字化处理技术及计算机数字通信技术，具有自动检测和识别故障类型及操作命令类型，能根据故障和操作命令类别来控制电器元件操作机构合理动作的电器元件。

智能化的电器具有以下基本特点：

1. 现场参量处理数字化 这是智能电器区别其他采用集成电路实现控制功能的电器设备的最重要的标志。由于采用微机处理和控制技术，电器设备运行现场的各种被测参量全部采用数字处理，不仅大大提高了测量和保护精度，减小产品保护特性的分散性，而且可以通过软件改变处理算法，不需修改硬件结构设计，就可以实现不同的保护功能。

2. 电器设备的多功能化 采用微处理器或单片微机（Singer Chip Microcomputer，简称单片机，又称微控制器）对电器设备运行现场各种参量的采样与处理，智能电器可以集成用户需要的各种功能，如数字化仪表功能，可以实时显示要求的各种运行参数；可以根据工作现场具体情况设置保护类型、保护特性和保护阈值；对运行状态进行分析和判断，完成监控对象要求的各种保护；真实记录并显示故障过程，以便用户进行事故分析；按用户要求保存运行的历史数据，编制并打印报表等。

3. 电器设备的网络化 智能电器监控单元以微处理器为核心，实际上就是独立的计算机控制设备，可以把它们当作计算机通信网络中的通信节点，采用数字通信技术，组成电器智能化通信网络，完成信息的传输、设备资源的共享。

4. 实现分布式管理与控制 智能电器的监控单元能够实现对电器设备本身及其监管对象要求的全部监控和保护功能，使现场设备具有完善的、独立的处理事故和完成不同操作的能力，可以组建成完全不同于集中控制或集散控制系统的分布式控制系统。

5. 组成真正全开放式系统 采用计算机通信网络中的分层模型建立起来的电器智能化通信网络，可以把不同生产厂家、不同类型、但具有相同的通信协议的智能电器互联，实现资源共享，不同厂商产品互换，达到系统的最优组合。通过网络互联技术，还可以把不同地域、不同类型的电器智能化通信网络连接起来，实现全国乃至世界范围内的开放式系统。

6. 可靠性增强 智能化电器可靠性增加是通过以下途径达到的：功能一体化，系统简化，可能故障点减少；自检、自诊断功能的实现；监测信息的增加，利用多种传感器和控制器，对开关柜内的电、磁、热、机械、运动等各种物理现象与过程实施在线监测和优化控制，诊断其工作状态，预测其运动规律。

1.2 电器设备智能化的主要内容

根据电器智能化主要是指开关电器具备灵敏的检测功能，正确的状态判断、控制功能和相应的操作功能的过程，可以确定电器设备智能化应包括三个方面内容：①智能测控；②智能操作；③电器状态在线监测与故障诊断。

1. 智能测控 智能测控是指在传统电器的基础上增加智能测量控制器来控制开关电器的通断，它对开关电器输出"0""1"开关量信号控制其通断，而不对开关电器操作过程进行控制。目前绝大多数智能化电器都属于这一范畴，包括一般意义上的断路器电子脱扣器、电动机控制器、双电源切换器、电能质量测控器和在变电站自动化中应用的线路保护单元、变压器保护单元等。智能测控通常也称为智能监控。

智能测控装置都采用微处理器技术，采集电流、电压信号并按照一定的保护和测量算法实现对本体开关设备的控制和系统运行参数的测量显示。相比于传统的保护和测量方法，智能测控装置具有以下突出优点：

（1）多功能一体。例如，断路器电子脱扣器可以实现长延时、短延时、瞬时、接地、欠电压等多种保护功能，同时可实现电压、电流、频率、有功功率、无功功率、功率因数，甚至电流、电压的高达51 次谐波的测量，这些优点使得智能测控装置在减小保护、测量装置体积的同时，节约了生产成本。

（2）动作值准确，一致性好。由于采用微处理器技术，对模拟量进行就地数字化并进行运算，分散性远小于传统保护和测量方法。

（3）标准化程度高、通用性好。例如，可以通过更换前级互感器和调整智能测控器设定，实现整个系列电流等级断路器的保护，而不需要更换电子脱扣器的硬件和程序，为产品的研发、生产和使用提供了极大的方便。

（4）可通信。"可通信"是智能测控器的一个重要标志。基于通信功能，高、低压电器配电系统和电动机控制中心可以统一形成监控、保护的信息化网络系统；利用通信功能，电器设备的运行状态可以进行遥测和遥信，断路器的操作可以实现遥控，变电站可以实现无人值守。整个电力系统成为数字化的信息系统。通信功能使得各种装置之间的信息能够充分共享，提供给计算机进行综合分析和研究，进一步实现智能决策。

（5）人机界面友好。可以通过人机接口实现各种定值的设置，查看系统运行参数。

当前这一领域的研究集中于功能集成；保护算法的及时性和有效性；应用小波理论、人工智能技术、模糊算法、神经网络等先进的信号处理方法对被保护对象的故障精确识别以进行更合理的保护；采用微电子技术的系统集成；硬件装置的抗干扰理论及技术研究；通信功能的加强等方面。

2. 智能操作　开关电器的"智能操作"是指"动触头从一个位置到另一个位置的自适应的转换"，是对开关电器的操作过程进行智能控制，控制输出信号不是简单的"0""1"开关量。引申其含义，可以认为"智能操作"就是使被控制本体设备进行自适应的状态转换，它是智能电器的本质要求。根据引申

以后的含义，它主要有断路器智能操作、接触器智能操作和电动机智能操作。

断路器智能操作包括断路器的分断过程和关合过程的智能控制。具有智能操作功能的断路器可以根据开断瞬间系统状态的电流、电压、功率因数等参数的数值及各参数之间的关系来确定所需开断速度的大小，自动调节和控制断路器的分闸速度，从而改变了现有断路器的单一分闸特性。在具体应用中，断路器在低载时以较低的分闸速度工作，而在系统故障时又以较高的分闸速度开断，具有更加合理的工作特性。对断路器关合过程进行智能控制，使动触头"软着陆"可以减小触头的碰撞。对于带永磁操作机构的断路器，由于其分断关合过程的可控性好，能更好地实现智能操作思想。

断路器同步关合也是智能操作的典型应用。同步断路器的特点是可以实现与电网电压或电流信号同步操作，而与操作指令是何时给出、手动或遥控无关。为了实现同步操作，断路器的操作时间要稳定并且控制在运行的范围内，因而电子控制装置必须是自适应，并且是闭环控制系统。无论在断路器触头磨损还是温度等环境条件变化时，都要保证触头在正确的瞬间闭合或断开。由于永磁机构结构简单、工作可靠，特别是动作速度快、动作时间准确，因而能作为同步断路器的操作机构。同步断路器由硬件和软件两部分组成。硬件部分由永磁机构、电子控制装置和真空断路器组成。由于三相电源电压在相位上相差120°，因而要实现同步操作，与传统的断路器三相共用一个操作机构不同，每相都要有一个独立的永磁操作机构。

接触器的智能操作包含智能接通和智能分断两个过程。在接触器操作电磁铁的控制电路中，引入微处理器实现接触器的合闸智能操作，这种带智能操作的接触器能提高接触器各种性能指标，特别通过减小合闸过程可动部分的速度和动能，改善电磁铁吸合过程动态特性，减小触头振动，实现接触器的智能合闸。其原理是按照反力特性配合最佳的吸力特性曲线来调节线圈电流，在接触器吸合阶段，输入宽脉冲电压，使主触头安全可靠地吸合；在保持阶段输入窄脉冲电压，在足够保持触头闭合的条件下节能。在 AC－3 使用类别下，触头的电弧侵蚀主要由接通时触头振动而造成的断续电弧所引起，因而智能控制的目的主要是减小触头接触瞬间的速度，以减少振动时间和降低电弧能量。接触器的智能分断主要是减小触头侵蚀，根据电弧电子电位模型，采用电子电路对励磁线圈电流的控制，使分断过程的不同阶段可动部分以不同的速度运动，并可以减小触头的侵蚀。

以节能、环保为目的的电动机软起动器也是电动

机智能操作的一个典型应用，引入微处理器以闭环调节方式控制电力电子开关的开通过程，从而改善电动机的起动性能，减小对电网系统的冲击。

3. 电器状态在线监测与故障诊断　电器设备状态在线监测和故障诊断技术起源于 20 世纪 70 年代，随着传感器技术和信号处理技术的不断进步，这一技术也在不断发展和完善。针对具体的被检测设备的主要故障模式，能反映其状态的变化趋势，必要时给出警告信号，通过上位机建立状态数据库，对设备进行质量统计和管理，分析重要参数的变化趋势。

中、高压开关设备常见的监测内容主要有绝缘性能监测、机械性能监测和电气性能监测等。通过监测开断电流和燃弧时间这两个影响触头磨损量的主要参数来判断触头的电寿命；通过监测分/合闸线圈电流和电压波形的变化、关键部件的机械振动等量判断断路器触头行程、触头速度等机械性能；采用超高频（UHF）电磁波监测绝缘状态，应用感温元件或红外线技术监测载流导体接触部位温度等。根据监测项目的不同选择合适的传感器是故障诊断正确与否的关键，信号处理方法的先进性和诊断方法的可靠性在很大程度上决定了在线监测与故障诊断功能的实现。

总结智能化电器元件的三个方面，从实现的表现形式来看，智能化电器元件通过信息采集、数据处理、逻辑判断和模式识别，从而控制开关本体部分按照一定策略进行操作，能进行自身在线监测和故障诊断，并有通信接口和人机接口，可以方便交换信息，其一般模型如图 25.1-1 所示，智能化电器元件总可以抽象为图示系统或其中一部分。

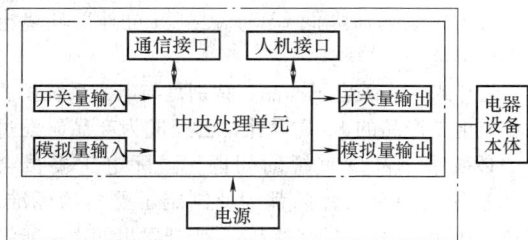

图 25.1-1　智能化电器元件一般模型

中央处理单元是智能化电器的核心，它把输入的模拟量信号进行数字化，应用数字信号处理方法，结合输入的开关量信号进行逻辑判断和模式识别，最后输出开关量和模拟量控制后级操作部分，同时处理本地和远方的命令和显示。开关量输入包括开关触头状态、其他装置提供的开关量变化事件和脉冲式电能表的输出等。模拟量输入包括系统电流、电压信号和环境物理量等，是必不可少的环节。开关量输出则提供电器设备的操作命令、故障报警等信息。一般智能电

器测控装置不含模拟量输出环节，智能操作的引入使智能装置需要模拟量控制自适应的状态转换。通信接口和人机接口则是提供本地和远方的设定、操作和显示。智能控制部分的电源也是一个很重要的内容。

1.3　电器设备智能化的关键共性技术

智能化电器几乎是与微机，特别是单片微机控制技术、微电子技术、计算机网络和数字通信技术同步发展的。随着单片微机功能日益完善，传感器技术、计算机网络和数字通信技术的高速发展，智能电器已经从简单的采用微机控制取代传统继电控制功能的单一封闭式装置，发展到具有较完整的理论体系和多学科交叉的电器智能化系统，成为电气工程领域中电力开关设备、电力系统继电保护、工业供配电系统及工业控制网络技术新的发展方向。智能化电器的主要相关共性技术集在以下一些方面：现场参量及其检测技术；信号分析与处理技术；电磁兼容（Electromagnetic Compatibility，EMC）技术；网络化技术；微处理器与专用集成电路技术；嵌入式系统软件设计技术；电能质量测量技术等。

1.3.1　现场参量及其检测技术

作为电力系统、供电系统和工业控制系统主要设备的开关电器，其智能监控单元不仅要对电器元件的分、合操作进行控制，而且必须完成对现场运行参量的测量，并根据测量结果判断系统是否出现故障。现代电力系统和供电系统对测量和保护精度要求很高，为保证测量和保护精度，在测量通道中每一个环节的精度都必须精确控制。

智能电器所要采集的现场参量可以分为两个大类：模拟型现场参量和开关型现场参量。模拟型现场参量是指随时间连续变化的信号，如电压、电流、温度、压力、速度等。这些信号需要专门的传感器将其转换成可与后级电路输入相兼容的电压信号，以便进行调理和 A/D 转换。开关型现场参量本身只存在两种状态，如断路器触头的分与合，继电器的开与闭，脉冲式电能表的输出脉冲有和无等。这些信号需要通过信号的变换、隔离，成为逻辑变量才能经 I/O 通道被 CPU 处理。

传感器用于把现场高电压、大电流的电参量或非电量变为与监控单元采样通道兼容的电量，其转换的线性度和精度直接影响测量精度。为减小这一环节对测量精度的影响，首先要选用高精度、高线性度的电压电流互感器和各类非电量传感器。

传感器未来的发展方向是数字化、智能化、网络化。通过现场总线，被测模拟量以数字量形式输入

中央处理器, 不仅可以保证同一类型参数转换的线性度和精度, 也极大地简化了监控单元输入通道的设计和调试, 是智能电器监控功能网络化的重要基础之一。A / D 转换器的转换线性度、输出数字量位数及中央控制器处理周期内的采样点数都直接影响到被测参量的最终测量结果。

1.3.2　信号分析与处理技术

智能电器通过对不同类型、不同物理属性的现场参量进行采样, 以便进行信号的分析和处理, 如模拟量数值计算、显示、保护和控制输出等。可以说, 没有对现场参量的检测与信号的分析与处理, 智能电器的功能便不能实现。

现场被测参量一般都是模拟信号, 都是时间 t 的函数。根据是否能用确定的函数形式描述其信号波形, 智能电器被测参量的信号可分为确定性信号和非确定性信号两类。在智能电器被测参量中, 现场的电压、电流是典型的周期确定性信号, 短路故障电流则是典型的非周期确定性信号, 脉冲式电能表输出的脉冲信号也可作为确定性信号。开关电器机械特性随时间的变化是无法用确定的时间函数描述的, 因此属于平稳的非确定性信号。随机信号是指那些偶然发生的, 无法预知其出现时刻的信号, 如由于干扰叠加在电压、电流波形上的各种扰动信号等, 在完成测量和保护功能时是必须去除的。

在对运行参量采样后, 中央处理模块必须把离散化的采样结果处理成对应的测量结果。不同的算法需要不同的处理时间, 也带来不同的误差。对电器智能控制单元而言, 正常的实时数据显示的是运行现场各种电量的有效值 (电量) 或平均值 (非电量); 在故障发生时, 由于电流波形畸变, 必须提取波形基波有效值, 根据基波有效值大小决定开关电器分断操作方式 (速断或延时)。当前对正常运行参量有效值处理算法一般采用复化梯形算法, 这种算法是复化求积算法中最简单的一种, 但其截断误差较大。为减小截断误差, 可以采用增加采样点数 (减小计算步长) 的方法, 也可在相同计算步长条件下采用其他复化求积算法, 如复化辛普森算法。目前较流行的方法是采用提高 A / D 转换速率和 CPU 速度, 增加采样点数的复化梯形算法。

在编制算法程序时, 可以采用定点运算和浮点运算。定点运算比较简单, 程序执行时间较短, 但处理精度较低, 且必须自行编制程序。浮点运算精度高, 通常 CPU 供应商提供的软件中都带有浮点运算子程序, 可供直接调用。

为处理故障电流和实现电能质量 (Power Quality,

PQ) 监控, 必须对采样到的电流信号进行频谱或谐波分析。快速傅里叶变换 (Fast Fourier Transform, FFT) 是处理这类问题的最常用的方法。这种算法成熟, 而且是 DSP 的基本工具之一, 在现有智能电器监控单元开发中, 几乎无例外地采用这种算法处理频谱分析和谐波问题。近年来, 小波变换 (Wavelet Transform, WT) 在信号处理领域受到越来越多的关注。与快速傅里叶变换相比, WT 具有在时域、频域都能表征信号局部特征的能力, 因此在检测信号的瞬态或奇异点方面有特殊的优越性。由于电力系统故障电流是瞬态过程, 而影响电力系统运行质量的负载, 如大功率电力电子装置、电弧炉等, 使电压、电流产生的畸变常常表现为瞬态且具有奇异点, 因此采用小波变换处理故障电流, 进行 PQ 监控有更好的应用前景。

当前, 中、低电压等级的智能电器测量和保护算法已基本成熟, 但在超高电压等级的智能电器中, 由于故障过渡过程快, 要求判断准确度高, 保护算法还存在许多的问题有待解决。

1.3.3　电磁兼容技术

作为在电力系统和供、配电系统环境中运行的电子产品, 智能电器监控单元工作在高电压、大电流的现场环境中, 受到不同能量、不同频率的电磁干扰, 因此, 对它的电磁兼容设计是保证其可靠工作的关键问题之一。EMC 包括电磁敏感性 (Electromagnetic Susceptibility, EMS) 和电磁干扰 (Electromagnetic Interference, EMI)。在智能电器监控单元的设计中, 最关心的则是如何降低 EMS, 提高其抗外部环境电磁干扰的能力。

近年来, 有关电子产品, 特别是与电力系统相关的各类电子产品的 EMC 设计, 已经成为产品研发过程中必须给予高度重视的问题, 国际电工委员会 (IEC) 和国内有关部门都为此制定了严格的标准, 科技工作者已提出了许多措施, 使开发出的产品能符合标准的要求, 保证产品的开发适应产业化要求。以往的 EMC 问题研究多是一些经验的积累, 没有从理论上找到一个描述问题和解决问题的方法, 近年来已经开始探索利用仿真模型等建立虚拟的电磁环境模型, 以便为 EMC 问题的解决提供理论依据。

1.3.4　网络化技术

网络化技术在智能化电器产品中至关重要, 网络是构成各类电力自动化系统的基本环节和纽带, 是“智能化功能”延伸和信息融合的基础。网络的作用在于信息资源共享, 共享的资源可为智能电器提供许多网络功能。当前智能化电器所构成的数据通信网络水平还较低，网络功能多限于数据传输，由网络所能体现出的特有"智能化功能"还很少。

网络功能的增加会对传统电网控制、保护带来变革。网络功能的实现必须有一定高速、可靠的网络通信系统支持，它是形成网络的核心和基础。根据电力系统的应用实际，该网络应具有以下特点：

（1）开放性、互操作性（兼容性）。

（2）高速化，具有较高的稳定性。

（3）协议简单可靠，易于集成。

（4）适应通信介质（媒体）的多样性。

较为理想的网络要求是：采用对等方式组成网络，可方便地实现各节点间的直接数据交换。有效数据的传输速率要大于 1Mbit/s；传输延迟时间小于5ms；采用短帧方式传输，最大传输数据量应加以限制；适应于电力系统中数据频繁交换的特点；协议形式要简单化。

现有的网络主要采用的现场总线为：Profibus 、CAN、FF、LonWorks、DeviceNet、AS－I、Ethernet 等几种；工业以太网（i－Ethernet）的应用随着以太网的实时性、稳定性、抗干扰性问题逐步得到解决，许多厂商已开展工业以太网产品的研制和应用。但真正实现不同厂家的以太网的产品互联还有困难，虽然其底层协议是一样的，但应用层并不一致。

当前短距离无线通信技术已在智能化电器中得到应用（如蓝牙技术），其对智能化电器产生的变革将是巨大的。

1.3.5　嵌入式系统软件设计技术

早期的智能控制单元功能比较单一，无通用性要求，因此软件设计多按传统的过程程序模式进行。这种方法编制程序必须了解设备硬件配置和功能，一旦硬件配置需要改变，软件也必须重新设计。另一方面，当设备要完成较多的功能时，这种软件编制方法得到的程序结构复杂，不仅编写代码十分困难，而且很难甚至无法满足某些重要功能的实时性要求，程序可靠性很低，用户也无法进行二次开发。

随着智能电器在电力系统自动化、供电系统和工业控制系统智能化应用领域中的发展，监控单元的硬件基本已标准化、通用化，为智能化网络系统嵌入式设计奠定了基础。为此，软件设计方法也必须适应这种变化，以满足系统灵活多变的配置要求。

1. 模块化设计　根据监控单元完成的功能，把软件划分成不同的模块，每一个模块对应一种功能，或者说每一个程序模块完成一种指定的工作任务。这种模块化的设计方法使程序结构清晰，易于同时由多个程序编制人员独立编制，缩短程序开发周期。另一方面可以用不同的软件设计平台，如实时多任务操作系统（Real Time Multi－tasking Operation System，RTOS）、组态式软件设计方法等，在不改变监控单元软件基本结构的条件下，方便地配置智能化系统中各底层设备的控制功能。

2. 面向用户的设计方法　嵌入式系统软件设计的一个重要特征是用户不必直接对控制器的硬件配置和数据资源等进行操作和访问。在用户与控制器内部硬件和数据资源之间有一个软件管理系统，用户对控制器的硬件设备的操作和内部数据访问，都经过这个软件管理系统来完成，用户不必了解控制器硬件配置的细节，就可以按智能化系统配置要求，对各底层控制单元进行二次开发。

为了使用户的二次开发更加简单、方便，软件的用户接口除与 C 语言兼容以外，近年来正尝试采用 PLC 编程思想，开发出更适合用户使用的二次开发平台。

1.3.6　微处理器与专用集成电路

电器智能化测控器硬件中的中央处理单元通常采用微控制器（MCU）或 DSP。与专用集成电路相比，这种结构存在以下一些缺点和不足：

1. 效率低　电器智能化测控器的核心微处理器以及 DSP 都采用排队式串行指令执行方式，从而其工作速度和效率的提高也受限于该工作方式，DSP 及微处理器的速度不能满足不断出现的新算法对数据处理的要求。为了达到高的处理速度，通常需要多个处理器协调工作，这一方面增加了电路的复杂程度，影响了可靠性；另一方面，多处理器的协调与工作分配以及相应的软件开发也较复杂，进一步提高处理能力的空间有限。

2. 升级困难　由于每一个平台都是针对某一个具体的微处理器设计的，因此，其硬件、软件具有专用的特点，一旦需要硬件升级，尤其是微处理器的升级，必须硬件软件全部重新设计，这也就是目前多种平台共存的一个很重要原因。尤其需要在线更改电路结构时更是无能为力。

3. 开发周期长　由于微处理器是以执行软件指令方式来实现逻辑功能的器件，兼之不同的功能环境和不同的适用面需要不同的 CPU，而不同的 CPU 通常又具有不同的汇编语言。此外，在实际开发软件编程中需要时时顾及特定的微处理器硬件结构和外围接口。程序的移植性差导致了每一新系统开发中的软件重复性劳动一再发生。成功的 CPU 开发智力成果难以实现直接的再应用。所有这一切导致了微处理器应用系统开发效率低下和产品上市周期的延长。

可编程 ASIC 技术可以从根本上解决微处理器所面临的问题。利用 ASIC，既保证了灵活性，又兼顾了 ASIC 的价格低和并行处理的快速性。采用专用芯片（集成电路）可降低产品成本；提高产品可靠性；减少体积。还可以以硬代软，提高处理速度；软件可固化于专用芯片内部，使其标准化、模块化，专用集成电路技术是电器智能化的关键共性技术之一，也是研究与应用的重点。

第 2 章　电器设备的智能监控

电器设备进行智能监控是实现电器智能化的前提与基础，只有通过智能监控才能完成对现场情况的数字化获取与控制，完成电器设备智能监控的核心是各种智能电器监控单元，它用于完成智能电器及开关设备现场运行参量与状态的监测和记录、设备与被控对象的保护与控制，以及现场开关设备与远方上位控制和管理中心的通信，其设计的合理性直接影响到智能电器及开关设备的安全可靠运行。

本章在了解智能监控单元硬件总体结构及功能的基础上，介绍了单元中各模块设计原理；在监控单元的软件设计部分，着重讨论了任务调度系统的设计思想和基本方法，实时数据和历史数据的存放格式。

2.1　智能监控单元的功能及结构组成

2.1.1　智能监控单元的基本功能

智能监控单元的监控对象是输配电用高中低压断路器、接触器等成套开关电器设备的一次元件，必须在系统正常工作时，能够及时检测和处理大量的实时动态数据，并在被控制和保护的线路、用电设备及开关设备自身出现故障时，能够及时判断出故障，切断故障源。因此智能监控单元对现场各种被测变量检测和处理的实时性、快速性和准确性要求很高，也希望智能监控单元具有尽可能完善的监控和保护功能。

具体地说，智能监控单元应具备以下基本功能：

1. 测量和计量功能　替代传统测量仪表检测线路或用电设备的电流、电压、有功功率、无功功率，并实现电能的计量。

2. 保护功能　保护分为按电量保护和按非电量保护两大类。其中按电量保护有电流和电压保护。电流保护通常包括反时限（过载）、瞬时（短路）、短延时、差动等。电压保护主要有过电压、欠电压、失电压和反相序保护。按非电量保护主要用于线路和用电设备的温升、绝缘，工作环境温度、湿度，开关设备及其一次元件自身的性能变化等。一般来说，不同电压等级、不同应用场合的智能电器，应有不同的保护功能配置。例如，用于线路保护的中压智能开关设备与用于变压器保护的开关设备在保护功能设置上就不相同，低压配电线路用框架式断路器和设备保护用塑壳式断路器也有不同的保护要求。

3. 监控功能　监控功能包括：

（1）对一次开关电器工作位置变化状态及监控单元键盘按动情况的定时检测，记录一次开关电器分、合闸操作次数，并在达到一定次数后，提示维修信息。

（2）PT、CT 及一次开关电器操作线圈等断线监测，一旦发现断线情况，立即给出报警信号。

（3）智能监控单元的自检，包括对存储器、I/O 接口寄存器、开关量输入通道、继电器命令出口电路的定时检查和校验。

4. 通信功能　通过现场总线或通信网络，向上级管理计算机（上位机）或远方控制中心服务器、工作站发送现场的各种运行参数和工作状态，同时接收上位机或控制中心下传的数字和命令，以便实现对现场设备监控、管理和调度。

5. 人机交互功能　由键盘与显示器配合完成，现场操作人员可通过键盘把开关设备的保护定值、功能设置、要求显示的内容等信息输入监控单元，监控单元将按设定信息进行工作，并把结果送到监控单元显示器液晶就地显示。

6. 故障录波功能　记录故障发生前、中、后规定的时间段内电压、电流波形及一次元件分、合闸信息。

2.1.2　智能监控单元硬件功能模块的划分

无论是智能电器元件还是智能开关设备，其中的智能监控单元的硬件电路都可以按结构功能分成输入模块、中央控制模块、开关量输出模块、通信模块和人机交互模块，如图 25.2-1 和图 25.2-2 所示。这些模块在功能上和电路结构上都相对独立，以便针对不同智能电器设备的具体要求，进行灵活的配置。以下简述各模块电路的组成及其电路功能。

1. 输入模块　输入模块是被测现场参量的入口通道，也是把被测现场参量转换成可与中央控制模块接口的信息的功能部件（有关该模块的结构和设计原理参见本篇第 4 章）。

2. 中央控制模块　这是智能监控单元的核心模块，处理和分析现场运行参量以及上级管理中心或现场操作人员给出的操作命令的，根据分析结果实现如本章 2.1.1 节所述的各项功能。因此，模块通常都要由中央处理器及必需的外围电路元件组成。

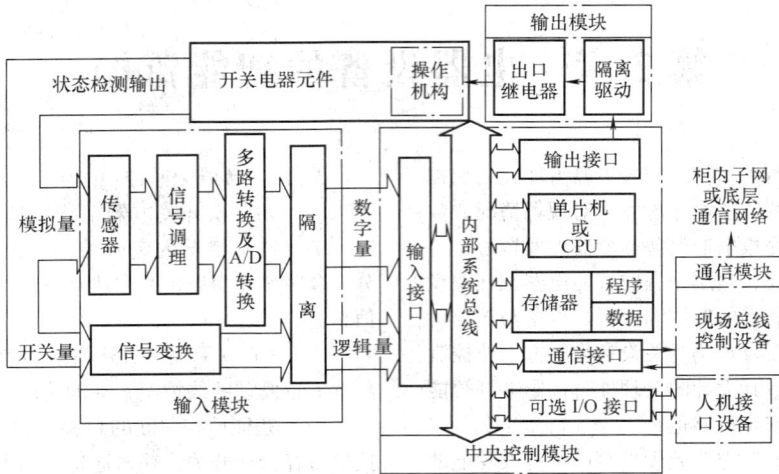

图 25.2-1 智能电器元件结构图

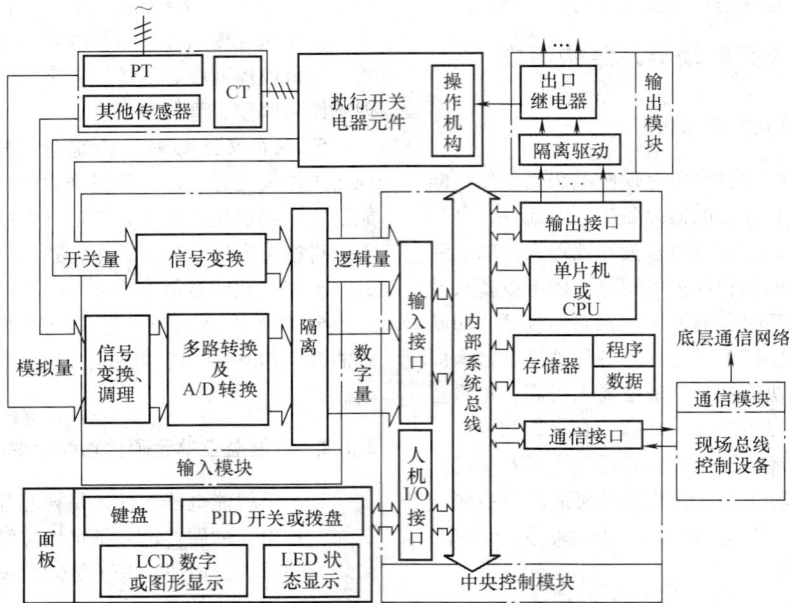

图 25.2-2 开关柜智能监控单元结构图

3. 开关量输出模块 该模块接收中央控制模块输出的相应指令，完成对一次电器元件的操作控制，并输出系统要求的各种闭锁信号。因此，与一般智能化的工业控制设备不同，智能电器监控单元只输出开关量。为了把中央控制模块输出的这些指令信息可靠地发送到一次设备，输出模块应保证可靠的隔离和足够的驱动能力。

4. 通信模块 通信模块是智能电器能够实现网络功能的关键，用来完成现场智能电器与管理中心上位计算机之间各类信息的交换。它把中央控制模块通过串行通信接口发出的信息，变成可以通过网络介质传送到上位管理计算机的数据；或把上位管理计算机通过网络介质发给现场智能电器的信息转换成中央控制模块可以接收的数据。由于不同现场环境有不同网络介质和网络类型，通信模块设计方案也不同。

5. 人机交互模块 对于监控单元与一次开关电器一体集成的智能开关电器，这是可选的部分，对于监控单元与开关柜体集成在一起的智能开关设备，这是完成就地设置开关柜功能和保护参数阈值及运行状态就地监测的重要环节。

在第 4 章中将介绍的现场变量及其检测技术主要围绕输入模块进行介绍，所以本章将主要介绍除此之外的各模块硬件设计原理和常用电路元件。

2.1.3　中央控制模块的一般结构和设计方法

中央控制模块是智能电器监控单元的核心，是开关电器完成智能控制和智能操作的关键。它的基本结构必须是一个完整的微型计算机控制系统，包括中央处理器、存放程序和各种表格的 ROM、存放数据的 RAM，以及连接处理器和各种外围设备的 I/O 接口电路。

1. 中央控制模块结构设计步骤　决定监控单元中央控制模块结构的主要因素有两个：完成的功能和使用的器件。一般来说，中央控制模块设计的基本步骤如下：

（1）分析智能电器对监控单元的功能要求。根据智能电器监控和保护对象的要求，监控单元完成的功能可以分成三类。

1）只完成逻辑处理和开关量输出功能。完成这种功能的监控单元，输入、输出只有开关（或逻辑）量。处理器不进行模拟量的采样和处理，只对输入通道输入的各种逻辑信号做逻辑运算和判断，并根据判断结果输出相应的操作和闭锁信号。低压智能型双电源转换器和不带保护监控功能的永磁式真空断路器智能操作单元，是这种类型监控单元的典型例子。

2）只完成规定的保护和操作功能。与低压塑壳式断路器集成一体的智能脱扣器，是这类监控单元的典型代表。脱扣器保护功能有三段式和两段式，不需要监测现场参量。保护特性误差范围较宽，但要求高稳定性，过载保护特性可就地选择，瞬时和短延时脱扣电流阈值就地设定。这类监控单元中央控制模块需要完成对被控开关电器运行电流的采样和数值处理，并根据处理结果完成开关电器操作控制。由于保护特性允许一定的误差范围，数值处理精度要求不很高。

3）具有监控对象和一次开关电器的全部监控和保护功能。所有智能化开关柜的监控单元以及柱上开关智能监控单元（FTU）等属于这一类型。这类监控单元要完成对现场的电量、有关的非电量等模拟量的采样、数值处理和显示，一次开关设备运行状态的监测，并根据处理和监测结果做出判断，输出相应的报警或操作信号。要求测量的现场参量种类多、数量大、保护功能多、测量和保护精度高，因此，对中央控制单元的处理速度、精度和处理功能要求非常高。

（2）根据监控和保护功能确定模块的配置。模块配置主要是选择处理器的处理功能，如执行速度、内部寄存器容量、能访问的存储器空间、数值的精度和速度、中断处理能力等；估计程序代码需占用的

ROM 容量，数据缓冲区所需 RAM 的容量；确定 I/O 端口的数量和输出驱动能力。此外，还应考虑满足处理器对地址译码、地址锁存、数据传输方向控制、总线驱动能力、复位和基准时钟、与外围芯片的时序配合等要求所需的辅助电路芯片。

（3）确定模块的电路结构。在了解中央处理模块要完成的功能并确定了模块基本配置的基础上，还需要综合监控单元能分配给模块的物理空间和允许的监控单元成本，正确选择模块的电路结构。当前在智能监控单元中常见的中央控制模块电路结构有单处理器多芯片、单处理器单芯片、单处理器双芯片和多处理器结构。

1）单处理器多芯片结构。这是使用最普遍的结构，处理器、存储器（ROM、RAM）、I/O 接口电路都是各自独立的集成电路芯片，所有电路芯片都通过内部总线连接。图 25.2-3 示出了这种结构的电路示意图。采用这种结构，不需要处理器有片内存储器和足够数量的 I/O 端口，价格较低；采用低价的独立 EPROM、EEPROM 作存储器，修改方便；各种芯片配置比较灵活。但由于芯片数量多，印制电路板（PCB）上连线数量大，给布线和 EMC 设计带来很多困难。这种结构用在监控单元开发阶段比较适合。此外，中央处理器带有在片存储器和 I/O 接口，但存储器容量和 I/O 端口数量不够时，应选择这种结构，以便扩展存储器容量和 I/O 端口的数量。

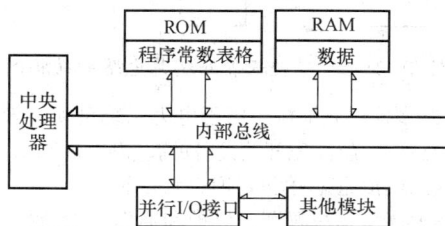

图 25.2-3　单处理器多芯片结构的中央
控制模块电路示意图

2）单处理器单芯片结构。用这种结构的中央控制模块，处理器带有满足程序和数据存放要求的在片存储器，足够数量的 I/O 端口，因此模块中只有处理器和必要的辅助电路元件。可以把供电电源、输入通道、输出通道全部集成在一块 PCB 上，体积小，价格较低，但只完成比较简单的功能。低压塑壳式断路器的智能脱扣器中常采用这种结构。图 25.2-4 示出了常见的低压塑壳式断路器智能脱扣器结构。

3）单处理器双芯片结构。这是近年来发展起来的一种电路结构，由中央处理器和一片高性能的可编程外围接口芯片组成。芯片中有 32~64KB EPROM、

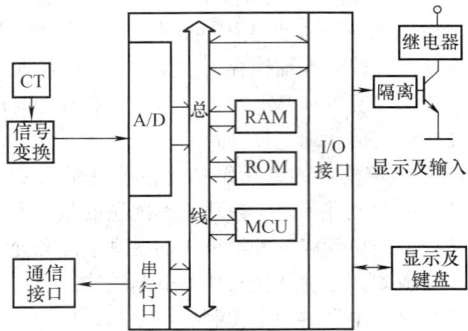

图 25.2 - 4　一种常见的塑壳式低压断路器
智能脱扣器结构图

2KB SRAM，最多可提供 40 位 I／O 引脚。此外，这类芯片具有可编程逻辑器件（Programmable Logic Device，PLD）阵列，通过对内部逻辑项的编程，完成地址译码、地址锁存等功能。采用这类外围接口芯片组成的双片结构电路，可以取代单处理器多芯片结构电路，可以大大简化中央控制模块 PCB 的布线设计，减小 PCB 面积，有利于提高模块的抗干扰能力。这种电路的结构如图 25.2 - 5 所示。

图 25.2 - 5　单处理器双芯片电路的结构图

4）多处理器结构。用于电力系统自动化管理和保护的高压、超高压开关设备的智能监控单元，要完成大量的模拟量采样和处理，测量和保护精度高，算法复杂，保护和通信的实时性、可靠性、准确性要求高，采用一般单处理器结构设计的监控单元中央控制模块已不能满足其功能和性能要求。在多处理器结构电路中，把中央控制模块的处理功能分成数字处理、I／O 管理与控制输出、通信等几个相对独立的部分，按处理功能配置不同的处理器，各处理器有自己的外围接口和内部总线，各自完成相应的工作。各功能部分之间的信息传送可以采用双口 SRAM 并行通信，也可以采用串行通信。用串行通信时，按主从结构，半双工方式管理。现有的多处理器结构电路基本是双处理器，用

专用的数字信号处理器（DSP）完成所有对模拟量的处理功能，输入开关量处理、控制和闭锁信号输出以及通信功能可选用逻辑处理能力强、执行速度快、输出端口较多而价格较低的 8 位单片机。在可靠性要求非常高的场合，可要求为每个处理器设置备份。在两个处理器之间数据量交换不大的场合，可以使用如图 25.2 - 6 所示的方式，采用带有缓冲功能的锁存器，组成 16 位双向数据传送通道

2. 中央控制模块常用处理器和外围集成电路芯片　对不同功能、不同电路结构的中央控制模块，应选用不同的处理器及其外围电路。下面简单介绍几种常用的处理器和组成双片电路的可编程外围器件（PSD）。

智能电器监控单元中的中央处理器一般都采用单片微机。由于单片机集成了微处理器内核、模拟输入、一般 I／O 接口、中断管理逻辑等多片微机系统中的主要部件，片内还有相当数量的寄存器和 SRAM，有的版本芯片内还集成了 2～8KB ROM，这给电路设计带来许多方便。按照单片机数据总线宽度，现在市场供应的器件可分为 8 位（bit）、16 位和 32 位三种：

（1）常用 8 位单片机。在智能电器监控单元中，8 位单片机主要用于数据处理功能要求不太高、没有测量要求或测量精度较低、保护功能少、特性误差范围较宽、但稳定性要求较高的场合。它的主要应用有低压供配电电网智能化双电源转换器、塑壳式低压断路器智能脱扣器等。此外，在高性能智能监控单元中，中央控制模块采用双处理器结构电路时，通常使用 8 位单片机完成逻辑处理、开关量 I／O 管理、控制输出及通信管理等功能。常用的 8 位单片机有 Intel 8×51 系列、PIC 系列单片机等。

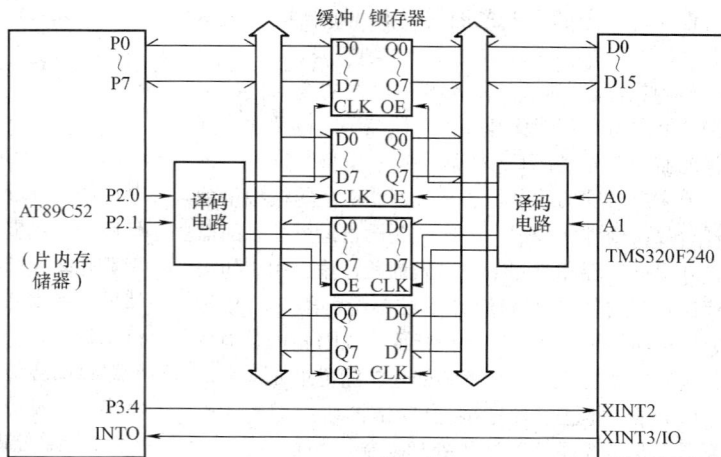

图 25.2 - 6　双处理器结构的电路原理

（2）常用 16 位单片机。当前绝大多数的中低电压智能化开关设备监控单元、框架式断路器的智能脱扣器中，都使用 16 位单片机，其中应用较多的包括 Intel 公司的 MCS8XC196 系列及摩托罗拉公司的 MC68000 系列。这些单片机都支持 C 语言、汇编语言编程以及两种语言的混合编程。

（3）数字信号处理器（Digital Signal Processor，DSP）。在高电压和超高电压输配电系统中，综合自动化管理的变电站中各间隔的智能开关柜、输电线路中各种柱上开关的智能监控单元等，要求非常精确的测量、计量和严格准确的保护。而高压输电线路中故障状态下，电压电流变化非常快。这种情况下，无论在运行变量的采样速率（每个电源周期的采样点数）、数据处理的速度和精度方面，现有的 16 位单片机都无法满足要求，因而必须采用数据字位更宽、速度更快、数据处理功能更强的微处理器。目前，智能电器监控单元处理高电压和超高电压系统数据基本上采用数字信号处理器。

DSP 是一种用于高速实时信号处理的微处理器，它除了具备一般处理器的高速运算和控制功能外，更注重对实时数字信号的处理。按照使用的广泛性，DSP 可分为通用型和专用型。根据 DSP 处理数据的类型，又可有定点 DSP 和浮点 DSP 之分。在智能电器中使用的基本上都是通用型定点或浮点 DSP。

2.1.4　开关量输出模块的结构组成

如前所述，智能电器只要求监控单元输出开关量。输出开关量要与现场中不同的一次开关电器操作回路连接，完成本机一次开关的操作控制、其他有关开关的连锁控制及现场系统的闭锁功能。因此，开关量输出模块设计中最关键的问题就是隔离和驱动能力。

为了防止继电器线圈通断过程中的过电压对监控单元的干扰，中央控制模块输出接口与继电器驱动电路间必须隔离，隔离器件多使用受光器件（二次器件）为光敏晶体管的光耦合器（LEC）。中央控制模块输出的信号必须由驱动器放大，才能提供发光二极管（LED）的电流。图 25.2－7 示出了典型的开关量输出通道电路，电路中使用 LEC 二次侧光敏晶体管直接驱动继电器线圈。当 LED 二次侧光敏晶体管的电压、电流不能直接驱动继电器线圈时，应再加一级驱动器。通常为了减小继电器操作时触头抖动造成的干扰，应把继电器板与隔离驱动电路 PCB 分开，并加物理屏蔽。驱动电路应尽量选用集成驱动器，避免分立元器件造成的布线困难、电路电磁敏感度（EMS）高、PCB 面积大等问题。

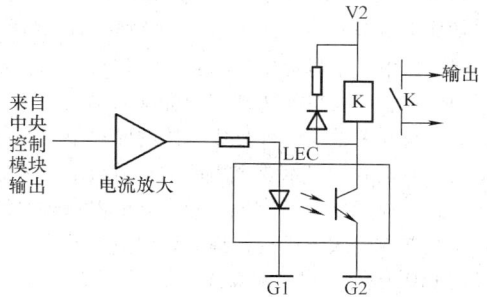

图 25.2－7　LEC 直接驱动继电器的开关量输出通道电路图

2.1.5　通信模块的基本要求和设计原则

监控单元的通信模块是实现智能电器网络功能的重要环节，通信模块把监控单元连接到现场总线或电器智能化通信网络中，实现与系统上位管理机或控制调度中心计算机间信息交换，接收上位机或远方调度控制中心通过通信网络下达的遥测、遥控、遥调、遥信信息，实现"四遥"功能，或根据上位机或远方调度控制中心要求上传数据，完成对现场设备的远方监控和管理。智能电器作为现场设备，与上位机或远方调度控制中心间的通信通常采用主从式管理，半双工工作方式。智能电器是从机，只有在上位机召唤时，才能从网络上接收数据，或把数据发送到网络上去。监控单元的中央控制模块收发数据只能通过串行通信接口电路，输出信号为 TTL 电平，无法与现场总线和网络物理层要求的信号兼容，必须在串行通信接口和现场总线或网络物理层之间设置通信模块，完成它们之间信号电平的转换，并能用满足现场总线或通信网络物理层标准的接口进行连接。在智能电器中，最常用的是 RS－232 和 RS-485，若要求全双工工作时，应用 RS-422 来取代 RS-485。通信规约也是设计通信模块重要的一环，应与网络设计统一考虑。

2.1.6　人机交互模块的设计步骤和常用器件

智能电器监控单元中，现场操作人员对设备工作状态的监视、某些运行参数和功能的修改，需要相应的外围设备。供现场操作人员输入有关信息的外围设备有键和键盘、数字拨盘、PID 开关等。近年来，还发展了如遥控键盘、远程开关以及语音输入接口等非接触操作输入设备。监控单元向操作人员提供智能电器运行状态的外围设备最常用的有各种报警指示灯、LED／LCD（液晶）显示器。若要求现场打印，则要配置打印机。

人机交互模块的设计需要考虑以下几个问题：

1. 根据智能电器的就地监控要求选配外围设备 智能电器监控单元人机交互用的外围设备配置，应根据监控单元本身应用的场合、用户对就地监测和控制的要求、监控单元物理结构提供的安装面积来决定。对于与开关电器元件集成一体的监控单元，一般体积很小，操作和显示要求简单，只需给出开关电器运行状态、故障标志等信号，操作人员也只对保护特性和某些参数的阈值进行选择。这种情况下，可以考虑只用 PID 开关和 LED（发光二极管），配合适当的面板画面设计，就可以以很低的成本满足要求。大多数塑壳式低压断路器的智能脱扣器采用这种配置。对只要求运行参数显示和数字式设定保护参数的监控单元，如无特殊的画面显示要求，为了减少成本，可以选用键盘作为参数设置输入设备，7（8）段 LED 数字显示器或段式字符形 LCD 显示器，开关运行和故障状态也可另设 LED 指示。对安装在开关柜面板上的智能监控单元，由于要求的监测功能多，除运行参数外，还要求用画面形式显示柜内所有一次设备的运行状态，并能动态地进行画面刷新，就地操作功能也比较复杂，如显示项目选择、数字设定保护参数，功能投退等，人机交互外围设备就要以充分满足功能要求为主来配置。这种监控单元面板显示器应当采用大屏幕点阵式图像型 LCD，显示项目选择用键盘，故障指示仍然应当配置 LED。由于执行一次功能投退或参数设定的操作后，如无特殊情况，一般不允许任意更改，因此需采用 PID 开关或拨码开关，以便于现场操作人员直观地了解，也便于中央控制单元识别。

2. 键盘操作和故障指示用 LED 显示方式选择 键盘操作方式决定了键盘阵列中键数和键功能的设置。在智能监控单元中，常见的方式有两种：一是直接采用键盘选项、输入参数。这种方式必须要分别设置功能键、数字键、操作键（取消、确认等），键数多，键盘所占面积大，但软件设计相对简单。另一种是菜单方式操作，与 LCD 配合，只需用上、下、左、右、取消、确认等几个键即可实现全部操作。这种方式所用键数少，键盘面积小，显示器和键盘管理程序设计比较复杂。

故障状态指示用 LED 可以直接显示或编码显示。直接显示是每一个 LED 指示一个对应的故障，中央控制模块按位进行控制，程序简单，用不同色彩的 LED，可以非常直观地显示故障类别。但当故障种类较多时，LED 在面板上占用空间较大，占用中央控制模块输出端口多。这种场合下，可采用编码显示的方式，通过少量 LED 不同组合的显示，可指示较多的故障类别。一般来说，用 n 个 LED，经编码后可组合 2^n 种不同状态，指示 2^n 种不同故障。这种方式大

大减少了 LED 数量，占用中央控制模块输出端口少，监控单元面板布置也更加合理。

3. 接口芯片的选择方法 当前市售各种 LCD 都带有专用的、可直接与处理器接口的控制芯片，并为用户提供了相应的设计资料，包括与处理器接口的硬件连接及控制和显示程序设计方法。当用户选定 LCD 后，不需要再选择控制器芯片。7（8）段 LED 显示器可用通用并行 I/O 接口与处理器接口，处理器发出的控制信号和显示数据从 I/O 接口芯片输出，经驱动放大后使显示器工作。驱动电路可以采用各种集成驱动电路，但是必须注意，驱动显示器中各段 LED 的芯片，其输出端要能提供使显示器中每段 LED 发光所需的电流；而显示器的位选择驱动器，则应能提供每个显示器内全部 7（8）段 LED 同时发光时所需的电流。故障指示用 LED 也选用集成驱动器，条件是能输出使其发光的电流。

键盘由一系列排列矩阵的按键组成，有非编码和全编码两种形式。全编码键盘由硬件逻辑直接提供与被按键对应的 ASCII 码或用户要求的其他编码，使用方便，但价格昂贵，一般很少使用。非编码键盘只向处理器提供键盘矩阵中的列和行，其他工作均由处理器通过程序完成，或由专用接口芯片和处理器共同完成。智能电器监控单元只采用非编码键盘。管理这种键盘的关键问题是识别键盘中的被按键，产生与被按键相对应的编码；消除按键被按下时可能出现的抖动；防止操作键盘时的串键问题。非编码键盘与处理器接口有两种方法：一是用可编程通用并行 I/O 接口芯片，如 Intel 8255 等。这种方法键盘中被按键的识别和编码工作全部必须由处理器通过程序完成，识别被按键采用键反转的方法。另一种是采用专用的键盘管理接口芯片，如 Intel 8279。这种接口电路采用键扫描方法来识别被按键，处理器只完成被按键的编码。当组成键盘的按键数量较多，且中央控制模块 PCB 板布置允许时，为减轻处理器的负担，常采用第二种方法。若键盘按键数量少，或处理器工作负担不是主要考虑因素时，常用第一种方法，可以减小中央控制模块 PCB 板面积和布线负担。

2.1.7 智能监控单元的时序设计

智能电器是一种数字化、微机化的监控和保护设备，其监控单元内包含了中央处理器、存储器、各种连接不同的外围设备 I/O 接口和外围数字集成电路，它们都要按照严格的时序，在中央处理器的管理下，协调一致地工作。由于存储器、I/O 接口和外围数字电路的读写速度不能保证与所选用的中央控制器完全一致，特别是各种外围设备的执行速度都大大低于

中央处理器，因此为保证智能监控单元的正常工作，硬件设计时应充分考虑到快速的中央处理器和其他慢速器件的时序协调问题。时序协调的基本措施有以下几种：

1. 选用存取周期与中央控制器兼容的外部存储器和接口电路芯片　当智能监控单元的中央处理器芯片内不含在片 EPROM、RAM 和 I/O 接口，或在片存储器容量和 I/O 引脚数量不够需要外部扩展时，应尽量选用存取速度小于中央处理器存取速度的存储器芯片，I/O 接口电路的端口寄存器读、写速度也应满足中央处理器存取速的要求，否则，容易造成数据出错，甚至会导致系统崩溃的后果。

2. 处理器采用插入等待周期的数据存取方式，协调与存储器和 I/O 接口电路的时序　当前市场提供的用作监控单元中央处理器的各类单片微机和处理器基本都有 Ready 输入端，当外部扩展的存储器和 I/O 接口电路端口寄存器的读写速度低于中央处理器时，可输入 Ready 逻辑信号，控制处理器在读、写总线周期中自动插入等待周期，解决时序协调问题。

3. 利用接口电路应答控制，通过程序查询或中断处理来协调低速外围设备与高速处理器间的时序　微机的通用 I/O 接口电路与外围设备连接部分除数据输入输出端口外，一般都提供一对应答控制信号线。一根输出，当处理器已准备好接收或发出数据时，通知外围设备；一根输入，当外围设备准备好接收或发出数据时，通知处理器。处理器可以通过程序查寻这一对应答线的状态，协调与外围设备数据交换的时序，也可采用中断处理的方式来实现二者间时序的配合。

2.2　智能监控单元的软件设计

智能监控单元的监控对象是连接在一次电路中的开关电器及其被控的电力设备和用电设备，无论是对现场参量的检测还是对设备和开关电器本身的保护，都要求具有很高的实时性、可靠性。此外，监控单元物理结构体积小，内存容量有限，程序编制和数据存放都必须精心考虑。与上位机庞大的系统管理软件相比，监控单元的软件必须实时性强、高效、功能语句简单、执行速度快，且便于管理。因此通常应采用高效率程序设计语言，如汇编语言，针对实时控制软件设计用的 C 语言等。二者相比，汇编语言设计的程序效率高，内存空间占有量小，实时性也更高，但程序设计者必须十分熟悉所用的处理器结构和指令系统，程序的编制和阅读比较困难。在有的设计中，也可采用汇编语言和 C 语言混合编程，以提高编程速度，但需要有开发商提供的专用接口软件。本节将

从设计原理出发，讨论智能监控单元的软件的整体结构，着重分析实时多任务管理和层次化的软件设计方法，功能模块的划分及实现，并简要介绍了软件的数据结构。

2.2.1　智能监控单元软件的层次设计

1. 智能监控单元软件设计的基本要求

（1）满足一次开关电器操作的准确性和快速性。智能监控单元必须对现场大量的信息进行实时处理和分析，做出正确的判断和响应，尤其在发生故障时，能够迅速地检测出故障，快速地判断故障类型，准确地向开关电器的操作机构发出相应的操作命令。为此，软件的设计必须保证很高的实时性，同时需要采用合理有效的数据结构，来存放和处理大量的实时数据。

（2）有良好的透明度和开放性。为了完成遥测、遥控、遥调和遥信功能，智能监控单元软件必须保证远方管理中心不直接操作现场设备，就能在任何时刻查看监控单元及其被控制和保护对象的信息，接收控制中心下发的各种指令。另一方面，监控单元的软件还应对用户开放，用户不必了解其硬件结构，也不必修改软件整体设计，即可根据现场要求更改、增加或删除监控单元的保护功能，保护特性和参数阈值的设定。

（3）良好的人机交互能力和友好的用户界面。对智能化开关柜，其监控单元必须使现场操作人员了解运行现场的各种参数，被控制和保护的对象及开关柜内各种一次电器设备的工作状态，还要满足必要的就地操作功能，如保护特性和参数设定、功能投退、现场打印报表等。

（4）软件产品的系列化和标准化。针对不同的保护对象开发的软件，能快速地移植到具有相同硬件资源的监控单元中。

（5）保证监控单元的网络功能。智能电器作为现场运行设备，通过通信网络来接收上位管理计算机和远方控制中心的监控和管理，其监控单元的软件结构设计，也必须符合通信网络的基本要求。

（6）保证监控单元稳定、有序并可控的运行。智能电器监控单元必须完成许多不同功能的工作任务，这些任务实时性要求不同，执行频率不同，占用中央处理器的时间不同，入口条件及任务优先级也不同。因此，软件设计必须保证能够有效地协调所有任务的资源占有、运行时间和运行顺序，才能满足监控单元工作的稳定性、可靠性要求。

综上所述，监控单元软件应同时兼顾被控制和保护对象及上位管理控制中心和用户，并且能够实现完

善的调度和管理。因此，现在流行的智能电器监控单元软件，应采用以实时多任务调度为基础的模块化、层次化结构设计。

2. 软件的整体结构　图 25.2 - 8 示出了智能电器监控单元软件层次化结构的设计模型，整体结构从上到下分为应用层、基础功能层、管理调度层和硬件驱动层。

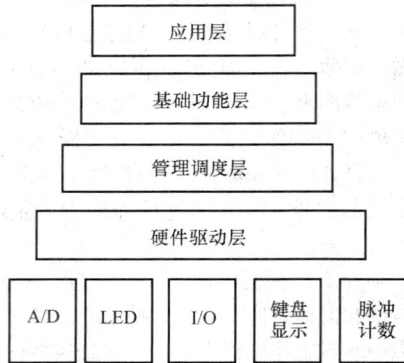

图 25.2 - 8　智能监控单元
软件的层次划分

硬件驱动层是直接面向硬件的最底层，所有与硬件联系紧密的功能，如运行现场模拟量采样和开关量信息监测、监控单元自身运行状态的监视、各种保护和操作控制命令的执行、显示输出、键盘管理等，都由驱动层中相关的程序模块来完成。一方面，通过硬件驱动层获得的各种数据和信息是上层软件工作的数据来源和依据；另一方面，上层管理软件又通过它向外围设备输出各种数据和控制指令。因此，硬件驱动层的设置实际上隔离了上层软件对硬件的直接操作，硬件的改变只影响硬件驱动层中相关的程序模块，既不影响其他无关的程序模块，对上层软件程序更不会有任何影响。这不仅大大提高了软件的灵活性，而且也提高了软件的可移植性，硬件或保护对象改变时，软件的修改量可以减少到最小。

调度管理层负责基础功能层中各内部任务模块的进程调度中和应用层中各用户程序模块的管理调度，是整个软件的核心，控制和协调监控单元的全部工作。在智能电器监控单元的软件设计中，调度管理层本质上是一个实时多任务调度系统。

基础功能层由与实现基本功能联系密切的软件模块构成，分为两部分。第一部分是加工从硬件驱动层取得的现场信息，提取其中的有效数据，建立公用数据区为应用层软件提供数据。这部分包括模拟量加工处理，如电压、电流的数字滤波，短路电流波形的分析和故障录波，现场事件记录等。其特点是执行频率

高或实时性要求高，由调度管理层作为内部任务调度。第二部分是被应用层当作底层功能模块调用的部分，包括 LCD 屏幕显示、开关量的 I/O 处理等。

应用层则是根据不同的保护对象和用户的特殊要求配置的各种独立的功能模块，如通信、显示、键盘处理、功能投退、定值改写等，同样由调度管理层来管理。与基础功能层不同，应用层主要面向管理中心和用户，各程序模块的执行时间较长，通用性更好。

2.2.2　实时多任务调度系统

如前所述，智能电器监控单元要完成多种功能，而每种功能的执行频率及实时性要求都不相同，而且它们都必须依靠大量的、被不断更新的各种实时数据及相应的算法来实现，这就给程序设计带来了很大困难。例如，智能电器监控单元对模拟量采用交流等间隔采样，若每个周期的采样点数为 n，一个采样间隔则为 $20/n$（ms），在这一时间区间要完成所有被测模拟量的采样和采样点数字量的处理、存储，而且在当前交流周期还必须计算出前一交流周期电压、电流有效值，有功和无功功率以及电能计量（功率的时间累加），运算数据量大，数据处理时间长。在采用了平滑滤波等算法后，计算速度会进一步降低。此外，通信、液晶显示、键盘管理都需占用较长的执行时间。在出现故障或某些特殊事件时，还要按照选定的保护算法完成相应的保护操作或进行事件的处理和记录。因此软件如果仍然采用传统的控制方法和过程模式的软件设计思想，事实上无法设计出满足智能电器功能要求的软件，也不利于程序的维护、修改和功能扩充。为此，智能电器监控单元的软件设计借鉴了 PC 操作系统的进程管理和调度思想，建立了一个实时多任务的管理调度系统，统一负责安排监控单元所有与硬件和软件资源的管理、调配与控制相关程序模块的执行，从而大大提高了软件的灵活性和可扩充性。

1. 任务的划分　任务一般是指程序连同它操作的数据在处理器中动态运行的过程，是任务调度和管理的基本单位。在智能电器监控单元的软件中，每项任务都应完成一项独立的功能或实时数据的处理过程，都包含了相应的程序和执行程序需要的数据，如电压、电流有效值计算、电能计量、故障保护、液晶显示、键盘管理、通信等，都可以看成是独立完成的任务。由于智能电器监控单元有大量不同的任务，但所用的处理器是有限的，为保证实时任务的并行性，必须对所有任务进行分类、分时的管理。

按照任务执行的时间界限，可以把智能电器监控单元的任务划分为 3 类。第 1 类任务有严格的时间起点和终点，有执行周期和任务周期。执行周期是完成

任务所需的时间，而任务周期是两次执行同一任务的时间间隔。监控单元中这类任务不止一种，如数据采集、求平方累加和等，它们的执行周期各不相同。为了任务调度的合理性，在设计任务调度软件时，用所有第 1 类任务的任务周期的最小公约数作为最小任务周期，它是任务调度的控制依据，所有这类任务的调用周期都是最小任务周期的整数倍。任务周期最小的任务具有最高优先级。在智能电器监控单元的任务调度设计中，基本上用采样任务周期作为最小任务周期。第 2 类任务没有严格的起始点，但有严格的终止点。起始点可以是到达某规定时刻或出现某种事件。在智能电器中这类任务包括实时时钟处理、短路故障保护和故障录波、通信及各种随机事件的处理。这类任务多用中断方式来触发任务的调度。第 3 类任务是除上两类任务以外，受任务调度管理的所有任务。这类任务称为通用任务，既没有严格的起始点，也没有严格的终止点。通常把实时性要求不高或与慢速的外围设备操作有关的任务归入这类任务，键盘管理和显示任务、通用计算和数据处理都是典型的通用任务。

每个任务都有运行态、就绪态和等待态。正在执行的任务处于运行态；就绪态是任务执行的条件已满足，但因其他优先级更高的任务正在执行而不能立刻执行的状态；执行条件尚不满足的任务处于等待态。每种任务必定处于三种状态中的一种，而这三种状态在一定条件下可以相互转换，图 25.2-9 示出了任务状态的转换示意图。

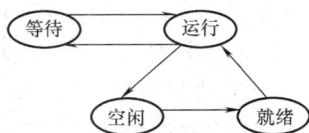

图 25.2-9　任务状态的转换示意图

在中央处理器硬件资源和处理速度有限的情况下，任务的划分应尽可能减少数据交换的次数和数量，并最大限度地实现数据共享。

2. 任务的调度　在智能电器监控单元，任务调度通常采用分层、分级调度的策略。所谓分层，是指以上三类任务按 1、2、3 类优先顺序排列，而分级则是同类任务按其重要性来安排优先级。调度程序一方面要保证优先级高的任务尽快得到响应；另一方面还必须使优先级较低的任务也能得到相应的处理，不致因任务堆积造成系统的崩溃。为此，监控单元的任务调度大多采用抢占式调度策略，即使各类任务先后进入运行状态，在各任务周期内复合地工作，而高优先级的任务又可以中断低优先级的任务，强制进入运行状态。

根据各类任务的特点和实时性要求，在设计实时

任务调度系统时，一般分为内部任务调度和外部任务调度两个模块。实时性或执行频率要求高的基本任务由内部任务调度管理，包括所有第 1 类任务和实时性要求特别高的第 2 类任务，如模拟量采样，电压和电流采样值平方累加，各种故障和事件的处理，一次开关电器的状态及其变位检测等。这类任务执行频率很高，执行时间必须要短，以便在每个基本任务周期中，为其他频率较低的任务保留一定的执行时间。外部任务调度主要管理的是应用型的任务，这类任务一般面向管理中心和用户，执行频率低于内部任务，程序执行时间相对较长，实时性要求也相对较低。

任务的调度实质上是任务的切换。由于智能电器监控单元的任务多，其性质、对资源的要求及实时性都有很大的不同，在进行任务调度时，必须记录所有任务的状态、优先级和现场的情况。任务管理则应根据任务的优先级别，决定处于就绪状态的任务中哪一个任务能得到执行；任务的切换就是对任务状态进行更换，并保护现场。

这种管理有利于智能电器监控单元软件的模块化，并具有可扩充性。如果在安排面向用户和管理中心的外部任务时，预先在较高的优先级上设置部分空闲任务，当需要添加新的任务时，就可根据其重要性插入到优先级队列中，大大增加了软件的灵活性。作为多任务系统的核心，任务调度必须拥有绝对的权威性，在执行任务的过程中，严格按照优先级对列的顺序进行调度。通常任务调度是在每个采样周期定时到或某一任务执行结束后进行，所以优先级最高的任务最多等待一个采样周期，即 $20/n$（ms）左右便可执行（n 为被采样的电压、电流模拟通道数），一般都可以满足实时性的要求。

3. 任务的管理与协调　任务调度必须保证不同任务的协调处理。在智能电器监控单元的设计中，用最小任务周期作任务调度控制的基本单位，它就是采样任务周期 T [$=20/n$（ms）]。每次采样任务周期定时到，中央处理器都通过中断来完成各个模拟通道的采样任务。假定采样任务执行时间为 T_{AD}，每次剩余给任务调度及被选中任务的执行时间 $T_t = T - T_{AD}$。如果任务安排不合理，出现多个任务同时被触发，慢速任务可能长时间处于就绪态，得不到响应，造成任务的堆积，严重时甚至会使系统崩溃。因此，一般都把第 1 类任务分配到各采样周期，每次执行一个第 1 类任务，其余时间分配给外部任务。其他通过中断触发的内部任务则通过中断嵌套的方式，插入除采样外的其他各任务的执行周期中执行。监控单元的任务时间分配示意图如图 25.2-10 所示。可以看出，除采样任务外，其他内部任务的执行时间应尽可能

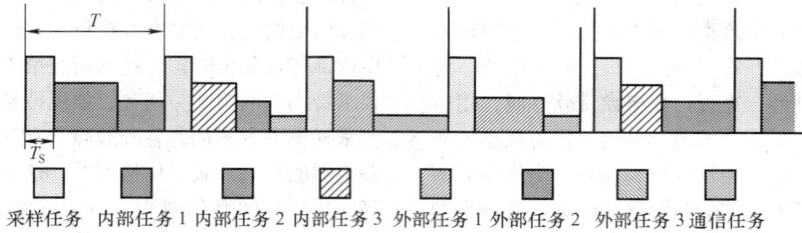

图 25.2-10　监控单元任务分配示意图

短，并错开安排，在一个采样中断后的间隔内只执行一个内部任务，以便为外部任务留出一定的时间。

4. 任务调度方法和执行过程　智能电器监控单元的任务通常都以模拟量采样任务周期为基本任务周期，为一个电源周期中两个采样点间的时间，即 $20/n$（ms）。由于采样任务执行频率最高，实时性要求也高，安排为最高优先级任务，每个基本任务周期定时时间到，通过中断直接启动采样任务，采样任务结束，设置下面需要执行的第 1 类任务的标志，并触发任务调度程序。进入任务调度后，首先判断是否有第 1 类任务，若有在执行完该任务后启动外部任务调度程序模块，判断优先级，按顺序执行外部任务。否则直接启动外部任务调度程序模块，按优先级执行外部任务。

对保护操作、基准时钟、随机事件等无固定起始时刻，实时性要求又很高的第 2 类任务，一般通过中断方式来启动任务调度，用内部调度模块管理。允许嵌套除采样任务外的任何其他任务。在出现任务嵌套时，必须注意保护被中断的任务的现场，包括中断处的地址、状态字和其他重要寄存器的内容。

外部任务的调度最通用的办法是设置一个特殊寄存器（16bit）来记录外部任务的就绪情况和优先级。寄存器中的每一位对应一个任务，任务放置的位数则对应了它的优先级的高低，如图 25.2-11 所示。

当任务的执行条件满足后，任务转为就绪态，并同时在字寄存器中相应的位置置 1，此时调度开始检查是否有更高级的任务。若有，则先去执行优先级高的任务；如果没有，则去执行当前的任务。任务执行完后，字寄存器中相应的位被清零。进行任务的切换

时，任务的入口地址以表格的形式存放。字寄存器中的标志位与表格中的地址对应，由标志位即可查出任务的入口地址，任务切换很方便。任务的执行现场以数据块的形式压入堆栈。任务执行时，执行现场也恢复。

2.2.3　智能监控单元软件的数据格式设计

为了高效、正确地执行程序，必须在智能监控单元中央处理模块的 RAM 区中设置几个专用数据区，存放监控、保护、故障、状态、设定值等不同的数据，每个数据区的数据按相应的格式存放，便于数据的处理、调用和转换，有利于节省存储器空间并最大限度地实现数据共享。

1. 实时数据的存放　实时数据包括现场的各种被测模拟参量采样值及其处理结果，用于当地显示或向上位管理计算机、控制中心服务器提供运行现场的实时数据。这类数据结构比较简单，通常先根据测量精度要求决定数据字长度，每个数据字占有的存储器单元数，为计算被测参量的值，需要采样点的数量，实现数字滤波所需的数据等，然后在一个指定的 RAM 地址区内，按规定的格式存放相应的数据。采样点数据一般按地址递增方式，从第 1 个采样点数据开始存放，若为多字节数，数据存放时先存低位字节，后存高位字节，用地址指针进行管理。数据处理结果则应根据其作用，分别设置缓冲区，按调用和共享方便的原则安排数据的存放格式。下面以智能电器中使用频率最高的现场电量实时数据为例，说明实时数据的基本格式。

当前绝大多数的智能电器在完成监控和保护功能

15	14	13	12	11	10	9	8	7	6	5	4	3	2	1	0
1号任务	2号任务	3号任务				...						指示灯控制	液晶显示	通信任务	16号任务
优先级高												优先级低			

图 25.2-11　记录优先级和调度的字寄存器

时，对现场电量的采样都直接采用交流采样，采样点数由监控单元所用的中央处理器处理速度、A／D 转换速率和数据处理及保护精度决定，最少 12 点。采样值分别用于计算有功功率、无功功率、电能计量，以便当地显示和上传各种电参量的实时数据。出现故障时，用采样值对故障电流进行谐波分析，记录故障波形。为此，现场电量数据可设置以下几个缓冲区：

（1）计算用交流采样数据缓冲区。假定每个交流周期采样 12 点，每个采样点数据长度 12bit，前一个周期有效值与当前周期有效值数字滤波后作为当前周期的有效值。图 25.2 - 12 示出了一种可供参考的数据存放格式。这一缓冲区内的数据每一个交流周期要全部刷新，即用当前周期采样值取代前一周期采样值。

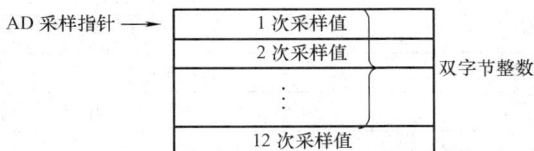

图 25.2 - 12　计算用交流采样数据存放格式

（2）短路保护用交流采样数据缓冲区。为了保证短路故障录波数据要求，除故障时的波形数据外，还需存放故障前约一个周期和后一个周期的数据，采样点数也应视录波波形要求而定。设每个交流周期采样为 n 点，每个采样点数据字长 16bit。这样，短路保护用采样数据缓冲区所占有的内存空间要比计算用采样数据缓冲区大得多。考虑到故障电流持续时间的随机性，更需留有足够的内存空间，保证能够完整地记录不同持续时间的故障电流的采样数据。故障录波数据必须按相分别存放，数据格式与计算用采样数据基本相同，但只在故障发生后，才从缓冲区内取出故障部分的采样值，用保护算法程序进行处理，并把缓冲区中的全部内容转存到存放故障录波历史数据的缓冲区。这样存放的数据，每个交流周期都将全部刷新。在实际设计中，为了减轻中央处理器采样和数据存放的负担，一般可以在监控单元中设置一个短路故障快速检测的硬件环节，在无故障时，只记录故障前的波形采样值，并且每个交流周期刷新一次。当中央处理器接收到故障检测环节输出的故障发生信号后，才继续记录并存放故障波形和故障后一周期的采样数据，这部分数据只在下一次短路故障时才被刷新。必须指出，任何一相发生短路故障，三相电流波形必须同时记录。

（3）保护数据缓冲区。用来存放保护数据处理过程中的中间结果和最后结果等数据。智能电器的保护和控制对象不同，其保护功能也不同，因此，保护数据缓冲区的存储容量和存放的内容，必须根据监控单元要完成的保护功能来设置。以一个带有两段保护和短路保护的断路器智能脱扣器为例，保护数据缓冲区的数据存放格式如图 25.2 - 13 所示。

图 25.2 - 13　保护数据存放格式

在每次发生故障后，保护数据缓冲区中某些要求做历史记录的内容，应该立即转存到历史事件记录表中相应的地址单元中，上次发生的故障对应的数据将被刷新。

（4）测量数据缓冲区。用于存放各种被测模拟参量处理过程中的数值，如计算电流、电压有效值时，需要先求出一个交流周期中各采样点的平方和。若要采用数字滤波，则需按滤波要求存放两个以上交流周期采样值平方和，再根据滤波算法求得要求的电压、电流有效值的平方，存在数据缓冲区内。这部分数据要按双倍字长存放，地址从低到高先低位字节，后高位字节。有功功率、无功功率和电能的数据包括各相的功率、总功率及功率积分（电能，定时累加结果）。非电量参量如环境温度、湿度等传感器输出基本是当前值对应的电压或电流，缓冲区内存放的就是对应的数字量。为保证测量精度，这些数据字长一般用双字节。所有数据可以通过网络上传，为上位计算机显示测量结果的处理程序提供原始数据。数据也可由监控单元应用层中的显示程序调用，并处理成可以在选定显示器上显示的参数。全部电量数据每个交流周期刷新一次，非电参量数据在每次采样处理后更新。

2. 历史数据存放格式　电器智能化网络上层管理设备完成对运行现场的监控和管理时，不仅需要智能电器提供大量现场运行的实时数据，还需要提供某些现场的历史数据，如短路故障的录波信息，过去某段时间内发生过哪些故障，一次开关电器有多少次分、合闸操作，操作原因，保护成功或失败记录等。因此，监控单元中央处理模块的数据 RAM 中，还应设置历史数据缓冲区，分别用于存放短路故障时的波形采样点数据和记录要求的历史事件。

（1）历史事件记录表。顺序记录智能监控单元发生的各种事件。事件类型、保存事件记录的个数由用户设定，采用指针控制的循环记录方式。一种事件记录表排列的参考格式见表 25.2 - 1。

事件记录次数设定值和事件类型由用户设定。事件类型标志应由监控单元程序设计者设置，在事件类型数小于 8 种时，可以按位设置，1 字节内存单元中每 1 位代表一种事件，该位为 1 表示有事件发生，为 0 则表示无事件发生。事件类型数较多时，可预先对类型标志编码，事件发生后只需填入相应的标志字即可，1 字节内存单元可记录 256 种不同事件。记录完设定次数后，记录表必须更新。更新方法是逐次前移，即用第 $m+1$ （$m=1,2,3,\cdots,n$）次的记录替换第 m 次记录，当前事件记录取代原来的第 n 次记录。

（2）故障录波记录数据缓冲区。短路故障波形是分析故障原因的主要依据，在电器智能化网络中，中央控制和管理中心需要从现场智能电器设备取得短路、故障时的波形参数，供管理工程师或计算机专家系统分析，以便尽快查出故障。一般要求现场智能电器不仅记录当前故障的波形参数，也能保留历史记录，保留次数由用户或管理中心工程师设置。数据来源就是短路保护用交流采样数据缓冲区存放的数据，当故障录波记录数据缓冲区存满后，按逐次前移的方法更新。

表 25.2 - 1 一种事件记录表排列的参考格式

内存单元字排 （地址由低到高）	数据类型
事件记录次数设定值 n （1 字节）	单字节整数
事件类型标志 （每闪 1 字节，共 n 字节）	单字节整数
故障发生时间 （1 次记录年、月、日、时、分、秒各 1 字节，共 $6n$ 次字节）	单字节整数
短路故障电流最大值 （每次 2 字节，共 $2n$ 字节）	双字节定点或浮点数
过载电流倍数 （每次 1 字节，共 n 字节）	单字节整数
保护完成标志 （每种保护 1 位，每次占有字节数由要求记录的保护种类决定，n 倍后为该缓冲区字节数）	位操作数
故障相记标志 （每相电流、电压各一位，接地电流一位，每次占用 1 字节，共 n 字节）	位操作数

第 3 章　电器的智能操作

3.1　电器智能操作的基本理论

开关电器的机构分、合闸操作往往具有单一的运动特性，不论运行于何种工作条件，电器开关的运动特性均不可调。显然，这样单一的操作特性具有明显的缺陷，没有考虑到操作现场的具体运行状况，不但不利于提高开关电器本身的寿命和可靠性，也不利于提高电网运行的质量和稳定性。

随着现代微处理器技术、传感技术和现代电子技术的迅猛发展，以及新型可控电器操作机构的不断创新，各种电器开关操作控制理论的发展完善，为电器的智能操作打下了基础。电器智能化操作，就是改变开关电器单一的分、合闸操作特性，提高开关电器操作的灵活性和柔韧性，有针对性地根据开关电器运行电气参数和负载条件，通过调整和控制电器操作的运动特性，减少电器运行时的触头材料损耗和能量消耗，提高电器开关的寿命和可靠性，提高电网运行的稳定性，提高电能质量，达到最佳的技术和经济指标。

3.1.1　智能操作基本原理

1. 高压断路器的智能操作基本原理　高压断路器特别是超高压断路器的性能对电网的安全稳定运行至关重要，从电力系统分合过程的理论分析和实际运行经验可知，由于断路器在电网不同工作状态下（例如无载、空载、负载、短路故障等）开断时的实际电路参数不同，断路器所需开断能力是不相同的。正因如此，世界各国有关断路器的型式试验标准对用于不同场合、不同电压等级的断路器有不同的考核要求。由于灭弧过程的影响，负载分闸特性就与空载不同，而且开断条件不同，其负载分闸特性也不相同，所产生的电气和机械上的作用也不同。为了满足在电网各种工作条件下均能顺利开断和可靠性的要求，现有断路器均按照断路器在运行时可能承受的最严酷的电气与机械上的性能要求设计。而在实际运行中，发生苛刻情况的概率是很小的，极大多数操作都是一些正常条件的开断，这种情况下的开断不需要很大的分闸速度，因此现有的设计方法使断路器在机械上受到较大的冲击，这在很大程度上降低了断路器机械耐受性和可靠性。

大量的运行经验表明，高压断路器的故障中60%~80%是由机械故障而不是电气故障引起的，这与现代断路器的设计方法有一定关系。因此提高断路器机械操作的可靠性对保证断路器的正常运行至关重要。机械开关器件的"操作"的定义是"动触头从一个位置到另一个位置的转换"。断路器"智能操作"被定义为"动触头从一个位置到另一个位置的自适应控制的转换"，即通过对操动机构进行改进，使其具有不同的操作特性，在断路器得到分闸信号后，根据电网中所发出的不同开断信息自动调整操动机构和选择灭弧室合理的工作条件，从而改变了现有断路器的单一空载分闸特性。例如在无载时以较低的分闸速度断开，而在系统故障时又以较高的分闸速度开断，从而达到操动机构和灭弧室的良好配合，获得实际开断时在电气和机械性能上的最佳开断效果。

断路器作为一种机械装置，其开断过程是通过动触头的运动实现的。在开断过程中，操动机构与灭弧室相互作用，相互影响，使得整个开断过程非常复杂。如 SF_6 断路器是利用灭弧室内一定压力的 SF_6 气体吹熄电弧的，能否灭弧主要取决于气吹过程中 SF_6 气体的气流场特性。SF_6 气流场的特性取决于灭弧室的结构、电弧特性及断路器的速度特性。智能操作要想实现对断路器的操作特性的改变，对操动机构与灭弧室进行实时调节是最理想的办法。根据以上理论分析，选择操动机构为控制对象，实现对断路器操作特性的改变是可行的。对于 SF_6 断路器而言，其速度特性是最能表征其工作能力的特性。在超高压断路器中大多数是采用液压操动机构，而液压操动机构的调整较为方便，而且效果明显。例如，断路器在分断负载电流时，只需较低的分闸速度就可分断电流。也就是说，在不改变灭弧室结构的情况下，改变断路器的速度特性就可以提高断路器的可靠性和寿命。

断路器在开断和关合电力设备的瞬时，所处系统电压的初相角通常都是随机的和不确定的，因此会产生不同程度的暂态过程。例如，在关合空载变压器、电容器组和空载线路时，常常产生幅值很高的涌流和过电压。幅值很大的涌流将导致断路器触头受损，变压器绕组产生很大的电动力，保护继电器误动作。过电压可能导致设备的局部放电，以致绝缘设备击穿等恶性事故。开关操作的暂态过程对配电系统会产生各种干扰，开关本地产生的暂态电压可能会传播到远处，有时会影响其他用户并发展到不同的电压等级，影响电力系统的稳定。

采用同步操作技术，可以减少涌流的幅值和对系统电压的扰动，既限制了涌流和过电压，又省去了预置合闸电阻，提高了系统技术经济指标，提高电能质量和系统的稳定性；同时可以延长电器的使用寿命和检修周期，降低成本。

所谓同步操作，就是使开关在电流或电压的过零点进行分、合闸操作。断路器分、合闸时间的稳定性是实现同步操作的基本要求。由于永磁机构结构简单，体积小，传动部件少，相对弹簧机构而言，其分、合闸的分散性较小，使得断路器三相独立操作变得容易，有利于发展为同步操作的断路器。因此，中压电器的智能化操作，主要指利用永磁操作机构的控制能力，实现开关电器在电流或电压的过零点进行分、合闸操作，实现电器的同步操作。

实现断路器的智能操作将有如下意义：

（1）使断路器实际操作大多是在较低速度下开断，从而减小断路器开断时的冲击力和机械磨损，减小机械故障和提高可靠性，提高断路器的操作使用寿命，在工程上有较大的经济效益。

（2）可以实现有关检测、保护、控制、通信等高压开关设备一般的智能化功能。

（3）智能操作理论的深入研究将涉及断路器的性能、自适应控制的原理与装置、系统工作状态的信号处理和自动识别等一系列新内容，不仅对断路器的发展具有理论上的意义，还有利于一些新兴学科在高压电力设备中得到应用和发展。

（4）实现定相合闸，降低合闸操作过电压，取消合闸电阻，进一步提高可靠性。

（5）能改变现有的试探性自动重合闸的工作方式，实现自适应自动重合闸，即在任何短路故障开断后，如果故障仍存在，则拒绝重合，只有待故障消除后才能重合，从而提高重合闸的成功率，减小短路冲击。

（6）实现选相分闸，控制实际燃弧时间，使断路器起弧时间控制在最有利于燃弧的相位角，不受系统燃弧时差要求的限制，从而提高断路器实际开断能力。

2. 低压电器的智能操作基本原理　传统的低压电器，如继电器、接触器、断路器等，均是在两个极限位置间进行切换，不论运行于何种工作条件，电器开关的运动特性是不可自适应调节的，即都按预先设计好的额定运动特性运行。低压电器这样运行状态的缺陷是显而易见的。实际运行中，低压电器的负载条件和控制参数是变化的，由于传统的电压电器操作时不具有自适应调节运动特性的能力，因而不可能根据

负载条件自主地改变运动特性，进而提高开关的电气性能和机械性能。

对于交流接触器的机构运行特点，合闸过程中动触头往往不可避免地产生弹跳，弹跳产生的电弧导致触头材料的电损耗，影响接触器的电寿命和工作可靠性；同时在分断电路时，由于依靠弹簧分闸，接触器的分断速度往往不高，同样也会产生电弧和电损耗，影响电寿命，同时由于操动机构的制约，传统的电压电器也无法借助提高分闸速度的方法减少触头材料损耗；另一方面，在合闸保持位置，交流接触器必须不断给线圈通电才能维持合闸状态，由于低压电器使用量大面广，电能消耗十分惊人。

针对传统低压电器的缺点，低压电器的智能化操作，就是结合电弧等离子体与触头材料相互作用的机理，对低压电器进行智能化控制，改变低压电器单一的运动特性，使低压电器具备对分、合闸操作的调控能力，提高低压电器的电寿命和工作可靠性，提升低压电器的品质。包括调控低压电器合闸过程的吸力和反力特性的配合，减少合闸过程中的触头弹跳；提高分闸过程中的刚分速度，调节分闸过程的运动特性，减少触头材料损耗，减少分闸过程中的触头材料净转移，通过对分闸过程的机构运动学特性和交流电流相位特性的控制配合，实现交流电流的无弧或少弧分断；通过对低压电器合闸位置维持方式的改变，减少或消除维持闭合位置所需的能量消耗。通过低压电器的智能化操作，最大程度地减少低压电器工作过程中的触头材料损耗和能量消耗，提高其电寿命和可靠性，提高其经济和技术指标。

3.1.2　实现智能化操作基本条件

实现电器的智能化操作，需要具备三个基本条件，即建立电器的智能操作基础理论，设计动作特性可调的操作机构，以及能够实现智能操作的电子控制器。

1. 智能操作的基础理论　超高压电器、高压电器和低压电器智能化操作，所针对的对象是截然不同的，根据具体对象的不同，其操作控制理论必然有其特殊性。针对特定的智能化操作的对象和目的，则存在与其对应的操作理论和控制策略，以及与之对应的机构调节方法。

2. 动作特性可调的操作机构　电器智能化操作的一个重要特征，就是对分、合闸运动特性进行特定调节，因此具有调节能力的操作机构是实现智能化操作的必要条件。依据智能化操作的对象的不同，采用的操作机构不尽相同。目前，可调液压操作机构、永磁操作机构是实现电器智能化操作所普遍采用的具有

调节能力的操作机构。

3. 智能控制器 随着现代微处理器技术、传感技术和现代电子技术的迅猛发展，电器智能化操作的控制器技术已经成熟。开关设备与微电子技术、控制技术、通信技术、电力电子技术的结合也日益紧密，电力设备的操作、运行、通信、监测、抄表、继电保护及数据存储、传输信息、在线故障监测等这些功能，均由控制保护单元来实现。微电子、微处理技术与开关设备相结合，能充分发挥微电子、微处理技术对大量信息存储、适时判断、快速反应等优点。利用微电子技术和计算机技术不但可以使断路器测量某些参数和检测自身的状态，及时发现故障隐患，而且还可以对电力系统参数进行自动采集、处理和故障识别，并根据预先确定的程序自动切除故障。

3.2 超高压断路器的智能操作

高压电器的智能化操作，是采用一定的控制策略，通过调控高压断路器液压操作机构的运动特性，实现"动触头从一个位置到另一个位置的自适应控制的转换"。

3.2.1 超高压断路器液压操动机构的操动原理

断路器液压操动机构采用的液压工作缸有直动式和差动式两种，以差动式液压缸为例，如图 25.3 − 1 所示。其中 1 为储能器即氮气瓶，3 为缸体，4 为运

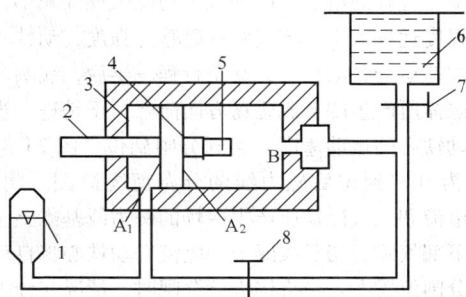

图 25.3 − 1 液压机构原理图
1—储能器；2—活塞杆；3—缸体；4—运行活塞；
5—缓冲头；6—油箱；7—分闸阀；8—合闸阀

动活塞，运动活塞与动弧触头直接相连，7 为分闸阀，8 为合闸阀。合闸时，分闸阀 7 关闭，合闸阀 8 打开，活塞两端均处于高压油的作用之下，由于差动力的作用，活塞向左运动，最后使断路器保持在合闸状态。分闸时，分闸阀 7 打开，合闸阀 8 关闭，运动活塞 4 右侧的高压油经分闸阀 7 排入低压油箱 6，活塞 4 在左侧的高压油的作用下向右运动，带动断路器迅速分闸（图中没有画出触头和灭弧室等）。最后缓

冲头 5 进入缓冲空腔中使速度下降。

目前，断路器液压机构在动作时由蓄能器提供能量，针对此特点，通过调节回路流量实现速度调节时采用的调速方式称为节流调速，就是采用定量泵供油，由流量控制阀改变流入和流出执行元件的流量以调节速度，这种系统称为阀控系统。在实际断路器设计制造中，采用调节分闸定径孔或合闸定径孔大小的方法。调节分闸定径孔即为调节液压工作缸出口流量，液压缸活塞运动速度在其他条件不变的情况下，可通过定径孔过流面积来调节，在液压机构中以流量控制阀代替固定定径孔即可实现速度调节的功能。

3.2.2 超高压断路器智能操作工作原理

高压断路器的智能化操作，是在智能控制单元的参与下，通过智能控制单元对电网参数进行采集和处理，并可根据需要调整断路器的操动机构的运动参数，从而获得合适的分合闸速度。智能操作的原理框图如图 25.3 − 2 所示。图中实线部分为现有断路器和变电站的有关结构和相互关联。

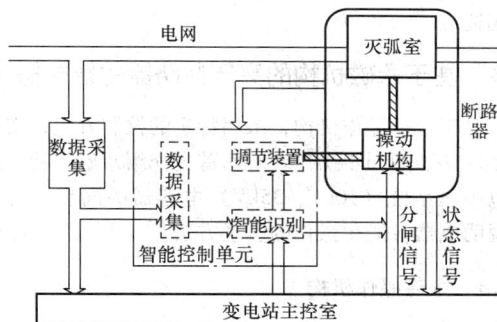

图 25.3 − 2 智能操作断路器工作原理

在现有的变电站和断路器的工作中，由继电保护装置或操作人员对断路器发出控制信号，命令断路器合闸或分闸，而断路器接到分合闸信号后就按设计预定的单一分合闸运动特性操作，分合闸的时刻由接收到分合闸命令时刻唯一决定，所以分合操作时刻的相位是不定的。在故障分闸后的重合闸操作中，也是按固定的方式进行试探性重合，而不考虑所发生的故障是永久性的还是暂时性的。

图 25.3 − 2 中点划线线和点划线框为引入智能操作后所增加的部分，即智能控制单元，它由数据采集、智能识别和执行机构（调节装置）三个基本模块构成。

1. 智能识别模块 它是智能控制单元的核心，由高速数字信号处理器（DSP）构成的微机控制系统，能根据操作前所采集到的电网信息和主控制室发出的操作信号，自动地识别当次操作时断路器所处的

电网工作状态,并根据事先对断路器仿真分析的结果,决定对执行机构发出调节信息,从而使断路器得到合适的分闸运动特性。

2. 数据采集模块 它由小型电压、电流转换装置和多路选择器,可编程增益放大器,高速模数转换器组成,随时把电网的数据由模拟量转换为数字量,供智能识别模块进行处理分析。

3. 执行机构(调节装置) 它由能接收定量控制信息的部件和驱动执行器组成,作用是用来调整操动机构的参数,以改变每次操作时的运动特性。对液压操动机构来说,它可由可控液压阀组成。

智能操作断路器的工作过程如下:由 DSP 为核心的智能控制单元时刻采集电网的状态数据,智能识别模块根据所采集的数据对电网的状态进行快速识别,判断电网和断路器所处的状态,并随时根据识别结果控制调节装置来改变操动机构参数,使断路器获得与当前系统工作状态相适应的运动特性,当系统故障由继电保护装置发出分闸信号或由操作人员发出操作信号后,断路器的分闸速度特性便与当前电网的状态相适应。

3.3 基于永磁机构的高压断路器的智能操作

基于永磁操作机构,采用特定的控制方式,实现中压断路器的同步操作。下面首先介绍永磁机构,然后以中压系统(10kV, 35kV)电容器的同步关合为例说明电器智能化操作的实现方法。

3.3.1 永磁操作机构

永磁操动机构同其他操动机构相比,其独特之处在于,工作时主要运动部件只有一个,无需机械脱、锁扣装置,故障源少;具有较高的可靠性,并可实现免维护运行。由于永磁操作机构所具有的独特优点,使其在中压断路器领域成为研究热点。尽管永磁操动机构有不同的结构形式,但工作原理大体相似。按照机构在终端位置的保持方式,永磁操动机构可以分为双稳态和单稳态两种形式,按照机构使用线圈的数量,永磁操动机构大致可以分为双线圈和单线圈两种形式。

1. 双线圈永磁操动机构 特点为:利用永久磁铁提供的磁吸力使断路器分别保持在分闸和合闸位置,使用合闸线圈驱动机构铁心从分闸位置到合闸位置,完成合闸过程,使用分闸线圈驱动机构铁心从合闸位置到分闸位置,完成分闸过程。

真空断路器用双线圈永磁操作机构如图 25.3 - 3 所示。它由 7 个主要部件组成:静铁心为机构提供低磁阻通路,动铁心是机构中唯一的可动部件,驱动机

构完成合闸或分闸,永久磁铁在合闸或分闸位置为机构提供保持力。

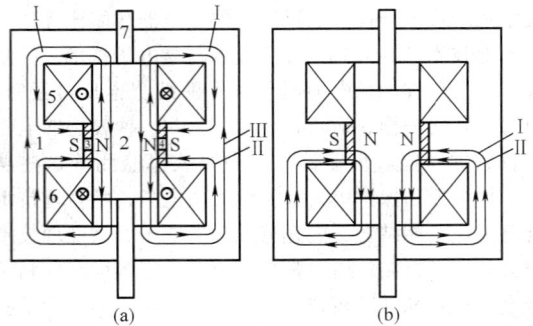

图 25.3 - 3 双线圈永磁操作机构结构简图
(a) 合闸;(b) 分闸
1—静铁心;2—动铁心;3、4—永久磁铁;
5—合闸线圈;6—分闸线圈;7—驱动杆

对于双线圈永磁操动机构,当断路器处于合闸或分闸位置时,线圈中无电流通过,永久磁铁利用动、静铁心提供的低磁阻通道将动铁心保持在上、下极限位置,磁力线的方向如图 25.3 - 3(a)中的曲线 I 所示。当机构接到分闸命令时,分闸线圈 6 带电,分闸线圈中的电流产生磁场。其磁力线方向如图中磁力线 II 与磁力线 III 所示,分闸线圈在上部工作气隙产生的磁场方向与永磁材料所产生的磁场方向相反,当分闸线圈的电流达到某一值,动铁心开始向下运动,并且随着位移的增加,底部气隙的磁阻逐渐减小,磁感应强度远远大于上部气隙的磁感应强度,动铁心向下呈加速运动,动铁心运动至行程一半后,线圈电流和永磁体所产生的合成磁场方向向下,于是进一步加速了动铁心的运动速度,直到分闸到位。图 25.3 - 3(b)为分闸到位后磁力线的分布情况简图。此时,线圈电流和永久磁铁所产生磁场的磁力线基本上全部通过下部气隙,切断线圈中的电流,动铁心将自动保持在分闸位置上。当机构进行合闸时,情况与分闸基本相同。

2. 单线圈永磁操动机构 单线圈式永磁机构也是采用永久磁铁使真空断路器分别保持在分闸和合闸极限位置上,但分合闸共用一个励磁线圈。合闸的能量主要来自励磁线圈,分闸的能量主要来自分闸弹簧。

图 25.3 - 4(a)为断路器处于分闸状态,此时,线圈中无电流通过,永久磁铁的磁通路径和方向如图中磁力线 I 所示,永久磁铁在动铁心的下端面处产生吸力,使断路器保持在分闸位置。当机构接到合闸命令时,操作线圈 5 通以一定大小的电流,电流的方向应使其产生的磁场按图 25.3 - 4(a)中磁力线 II、III 的方向,线圈电流所产生的磁场起到两方面的作用,

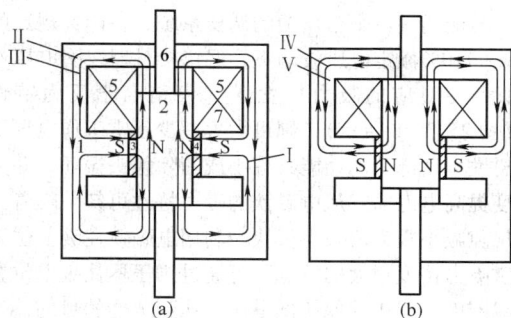

图 25.3-4　单线圈永磁操作机构结构简图

（a）分闸；（b）合闸

1—静铁心；2—动铁心；3、4—永久磁铁；

5—操作线圈；6—驱动杆

一方面在动铁心的上端面产生向上的吸力，以驱动断路器合闸，另一方面在动铁心的下端面，与永久磁铁的磁场相反，起到削弱永久磁铁向下的保持力，当向上的力大于向下的力时，动铁心开始向上运动，驱动断路器进行合闸，同时，给分闸弹簧和触头弹簧储能，为分闸作好准备。断路器合闸到位后，如图 25.3-4（b）所示，线圈 5 断电，此时不需任何能量和机构锁扣，靠永久磁铁的吸力使断路器保持在合闸位置。磁场路径及方向如磁力线Ⅳ所示。

当机构接到分闸命令时，给操作线圈通以与合闸电流方向相反，数值较小的电流，该电流产生的磁场方向如图 25.3-4（b）中磁力线Ⅴ所示。它的磁场与永久磁铁的磁场方向相反，当动铁心上端合成磁场所产生的吸力小于触头弹簧与分闸弹簧的合力时，动铁心开始向下运动，驱动断路器分闸。在分闸的整个过程中，线圈电流很小，仅需提供一个抵消永久磁铁的磁场，分闸能量主要由触头弹簧和分闸弹簧提供。

以上两类可称为双稳态永磁机构，此机构之所以被称为双稳态结构，是由于动铁心在行程终止的两个位置，不需要消耗任何能量即可保持。

3.3.2　基于永磁机构的电容器同步关合

图 25.3-5（a）是单组电容器的接线图，G 为电源，T 为变压器，电容器组 C 经断路器 QF1 接在母线 B 上。图 25.3-5（b）是计算涌流 i_c 的等效电路图，

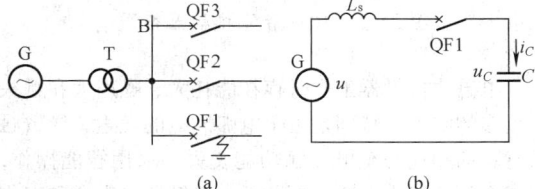

图 25.3-5　单组电容器的接线

（a）接线图；（b）等效电路图

L_s 为电源电感，u_C 为电容器上的电压。

设 φ_0 为开关关合的初始相位，通过分析 QF1 关合时的电路方程可知，$\varphi_0 = 0°$，涌流的幅值最小，且暂态过程较短；$\varphi_0 = 90°$，涌流的幅值最大，且暂态过程较长，对电力设备的危害较大；当 φ_0 在 0°～90°范围内，涌流的幅值随着 φ_0 的增大而增大；当 φ_0 在 90°～180°范围内，涌流的幅值随着 φ_0 的增大而减小；因此，如果能控制断路器在 0°或 180°附近关合电容器，将大大降低涌流幅值。同步关合初相角的选择与真空断路器的预击穿特性有关，而合闸速度直接影响着断路器预击穿时间，因此合闸速度是很重要的参数。合闸速度和断口两端的电压以及灭弧室断口两端所能承受的电压确定了断路器进行同步关合时的关合相位。对于 10kV 系统和 35kV 系统，分别存在一个临界合闸速度，如果合闸速度低于该速度，真空断路器在电压过零点进行关合时，会发生预击穿，断路器关合电流的点就会偏离预定的点，合闸速度越低，偏离越严重；如果合闸速度大于临界速度，真空断路器在电压过零点进行关合时，不会发生预击穿，断路器能够在电压过零点进行关合。真空断路器进行同步关合时，考虑合闸时间的分散性为 ±1ms，对于 10kV 系统和 35kV 系统，使得关合时涌流最小的最佳预期关合点与断路器的关合速度，系统的电压以及参数有关。

关合相位控制方式分别如图 25.3-6 和图 25.3-7 所示。断路器在进行关合以前，必须考虑预击穿对同步关合的影响，关合目标相位的选择应根据断路器的关合速度进行确定。

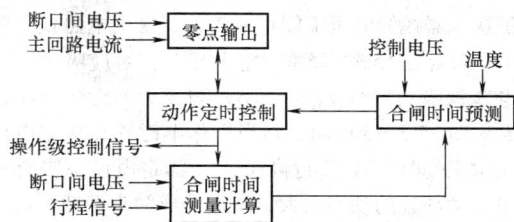

图 25.3-6　相位控制流程图

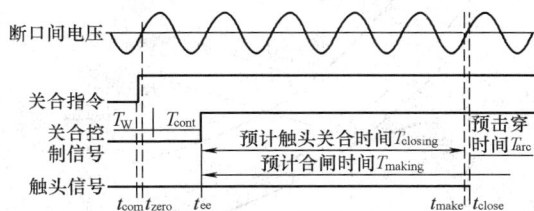

图 25.3-7　相位控制流程图

当同步控制器在时刻 t_{com} 接到合闸指令后，预测出断路器的合闸时间 $T_{closing}$，根据断路器的关合速度，

关合回路的电压以及关合时的预击穿，计算出触头预期关合时的最佳时刻 t_{close}，为了使断路器在 t_{close} 点合闸，即在 t_{cc} 点对断路器发出合闸命令，需计算出关合控制信号所需的延迟时间。微处理器的计算时间和检测到零点的时间为 T_w，经过延迟时间 T_{cont} 后，控制器在时刻 t_{cc} 输出关合控制信号。断路器在经过 T_{making} 时间后，在时刻 t_{make} 点关合电路。

3.4 低压交流接触器的智能操作

通过低压交流接触器的智能化操作，调控交流接触器分、合闸操作的运动特性和保持方式，减少其工作过程中的触头材料损耗和能量消耗，提高其电寿命和可靠性。根据电器智能化操作的具体目的不同，其具体采用的控制方式、操动机构和控制单元也不同。下面以电磁式接触器实现节能和减少弹跳的智能化操作为例，简单说明低压电器智能化操作的实现方法。

AC3 使用类别下，接触器闭合条件比较苛刻，要求在额定电压下闭合相当于电动机起动电流的 6 倍额定电流，因而接触器的触头侵蚀主要在闭合操作过程中产生。在触头闭合过程中，由于动、静触头碰撞而造成振动，引起了断续电弧，这是造成触头侵蚀的主要原因。一般触头振动时间为 $2 \sim 5 \mathrm{ms}$，减少振动时间，可以降低电弧能量，并且减少触头受电弧的侵蚀量。操作电磁铁的动态吸力与反力的良好配合能降低触头接触瞬间的速度，从而减少振动时间和触头侵蚀，提高接触器在 AC3 条件下的寿命。

按 GB 14048.4—1993 规定，交流接触器操作电磁铁应在 85% 额定电压下可靠吸合。但在实际中，为保证接触器在低电压下能可靠工作，常把电磁铁的吸合电压设计在 65% ~ 75% 额定电压。若对应吸上电压的电磁铁吸力特性 $F_{吸上} = f(\delta)$ 与反力特性 $F_f = f(\delta)$ 配合如图 25.3 - 8 所示，则当操作电磁铁在额定电压下正常工作时，其 F_N 远高于 F_f。额定电压下吸合过程中可动部分的动能太大，从而造成触头振动。

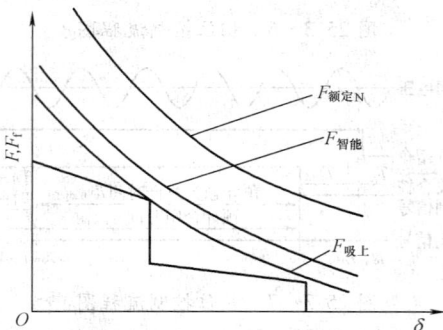

图 25.3 - 8 吸力与反力特性配合曲线

若能通过一个带反馈的调压系统，在国标规定的 85% ~ 110% 额定电压波动下，保持接触器线圈电压不变，并使对应的吸力特性 $F_{智能}$ 仅稍高于反力特性（如图 25.3 - 8 所示），则可大大减少正常工作电压下电磁铁可动部分的动能，减小或消除触头振动，并大幅度提高电寿命。从电磁铁的吸力特性可知，随着工作气隙减小吸力增大得很快。利用电磁铁在吸上位置电磁吸力裕度很大的特点，可通过调压器让吸上位置的线圈电压减小并保持低电压，达到节能的目的。

由此，低压电磁接触器的智能化操作，在吸合过程中线圈电压的变化如图 25.3 - 9 所示。在吸合过程中，当外界条件变化时，通过反馈调压系统，保持 $U_{智能}$ 不变；当动铁心吸合后，线圈供电电压降低，并保持在 $U_{保持}$ 以节能，其带反馈的调压系统框图如图 25.3 - 10 所示。交流输入经整流后，通过调压器给接触器线圈供电，由微处理器组成的控制模块接收线圈电路的电压和电流反馈信号，实现对调压器的控制，以使线圈的供电电压保持不变。

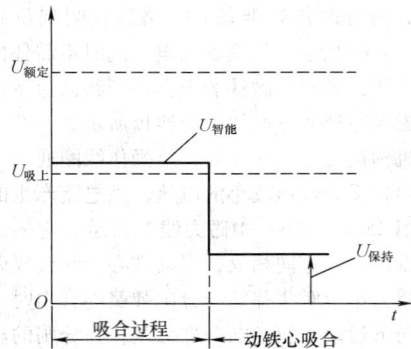

图 25.3 - 9 智能控制的线圈供电电压

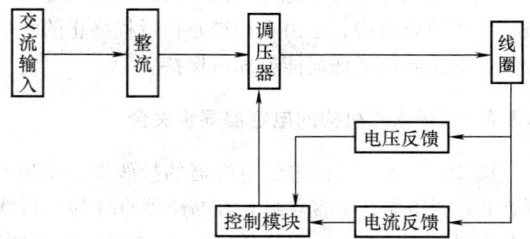

图 25.3 - 10 智能接触器框图

电磁式接触器工作时存在能耗大、噪声大和触头弹跳多的缺点，特别是由于电弧放电的发生，导致触头材料的损耗乃至电接触功能丧失。采用智能操作，可以有效地解决上述问题，提高接触器电寿命和工作可靠性。

第 4 章　电器智能化的关键共性技术

4.1　现场参量及其检测技术

智能电器监控单元需要对不同类型、不同物理属性的现场参量进行采样，以便进行各种处理，如模拟量数值计算、显示、保护和控制输出等。因此，现场参量输入和检测是智能电器监控单元设计中一个十分重要的环节。可以说，没有对现场参量的检测，智能电器的功能便不能实现，所以它是电器智能化的关键共性技术。本节将讨论与智能电器相关的各种模拟量（电量、非电量）和开关量的检测方法。

4.1.1　智能电器现场参量类型及数字化测量方法

智能电器的核心是它的监控单元。完成现场参量的转换、调理和采集是监控单元的一个主要任务。图 25.4－1 示出了从现场参量输入到转换为中央处理模块可直接处理的信号的整个过程。

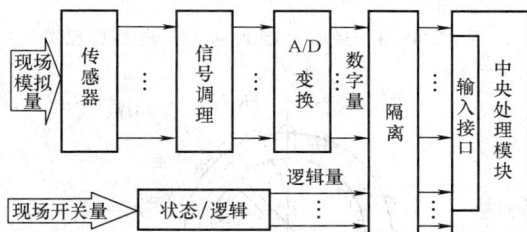

图 25.4－1　智能电器现场参量的采集、调理和转换过程示意图

由图 25.4－1 可以看出，智能电器监控单元所要采集的现场参量可以分为两个大类。

1. 模拟型现场参量　这类参量是指随时间连续变化的信号，如电压、电流、温度、压力、速度等。这些信号需要专门的传感器将其转换成为可与后级电路输入相兼容的电压信号，以便进行调理和 A／D 转换。

模拟型现场参量又可以分为电量和非电量两种：

（1）电量信号。这种信号指原始信号就是电量形式的信号，主要是智能电器运行现场的电压、电流和频率，其他的电量如有功功率、无功功率、功率因数、电能等都可以通过这两个基本参量计算出来。

（2）非电量信号。指原始信号不是电量形式的物理信号，主要包括运行现场需要检测的温度、湿度、压力、位置、速度、加速度等，需要通过与被测

物理量相对应的传感器将其转换为电量信号。

2. 开关型现场参量　这种参量本身只存在两种状态，如断路器触头的分与合、继电器的开与闭、脉冲式电能表的输出脉冲有和无等。这些信号需要通过信号的转换、隔离，成为逻辑变量才能经 I／O 通道被 CPU 处理。

一般说来，运行现场的各种参量都不能直接送入监控单元。如前所述，直接取自运行现场的各种被测参量，它们或在物理属性上或在电压幅值上，不能与智能监控单元的输入端兼容。此外，运行现场的各种干扰信号不经处理，还将直接影响中央处理模块的处理结果，造成测量不准确，甚至使开关电器误操作。因此，如图 25.4－1 所示，现场模拟量在经过传感器转换为相应的电压信号后，还必须经过信号调理电路，进行进一步的幅值调整和滤波处理，才能送至 A／D 转换器变为中央处理器能接收并处理的数字量，以保证测量和处理结果的准确。由于现场开关量信号只是电气触头的分、合或脉冲信号的有、无状态，对它们的调理是把这些状态变为对应的、可被中央处理器处理的逻辑信号。

为提高监控单元的抗干扰能力，经信号调理和转换后的数字量和逻辑量与中央处理模块之间还应当具有良好的电隔离。

4.1.2　电量信号检测方法

被保护和控制的线路中各种电参数是智能电器监控的一类主要现场参量，包括供电电压、线路电流、有功功率、无功功率、视在功率、功率因数等。这些电参数中需要直接检测的只有电压和电流，其他参数则是通过特定算法，由中央处理器根据测得的电压和电流计算出来的，所以本节只介绍电压和电流的检测方法。

用于电压和电流检测的传感器一直是电气测量中一个重要的研究内容。按照传感器的工作原理，主要可分为以下几类：

1. 基于电磁感应定律的电压、电流互感器

铁心电磁式电压互感器和电流互感器是目前最常见也是最主要的电压和电流测量用传感器，二者原理基本相同。

（1）电压互感器。常见的电压互感器有电磁式和电容式两种：

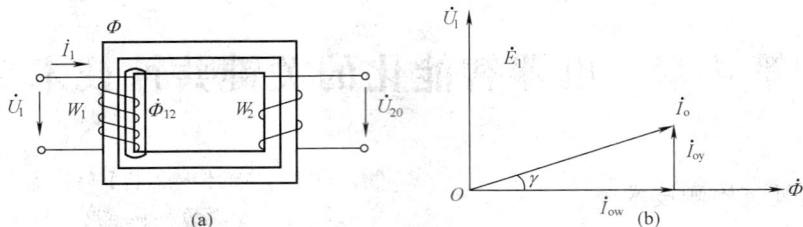

图 25.4 - 2　电磁式电压互感器原理图

1) 电磁式电压互感器。目前电力系统中应用最多的是电磁式电压互感器，其原理图如图 25.4 - 2 所示。

$$\frac{U_1}{U_{20}} \approx \frac{E_1}{E_2} = \frac{W_1}{W_2} = K_u \qquad (25.4 - 1)$$

式中，K_u 为变压器变比，它是变压器一次与二次绕组的匝数比，近似等于一次电压与二次空载电压之比。

2) 电容式电压互感器。RYH 的原理接线如图 25.4 - 3 所示，其中 C_1 为高压电容器（或称主电容器）；C_2 为中压电容器（或称分压电容器）；TZYH 为中间电压互感器；L 为调谐电抗器；p_1 和 p_2 为过电压火花放电间隙；J 为载波通信或高频保护用的结合滤波器。

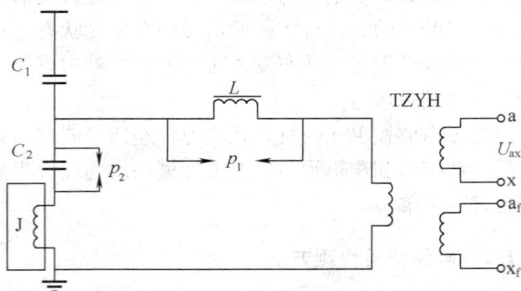

图 25.4 - 3　RYH 原理接线图

从 RYH 的原理图可以看出，空载分压比为

$$K_{fy} = \frac{U_{C_2}}{U_{ax}} = \frac{C_1}{C_1 + C_2} \qquad (25.4 - 2)$$

（2）电流互感器。电流互感器是一种将供电线路大电流转换为小电流的电气设备，用于对线路和供、用电设备的测量与保护。可分为铁心式和空心式两大类。

1) 铁心电磁式电流互感器。铁心电磁式电流互感器基本工作原理与铁心电磁式电压互感器相似，其原理图如图 25.4 - 4 所示。

电流互感器互感器一、二次侧的电流比

$$K_i = \frac{I_1}{I_2} = \frac{W_2}{W_1} \qquad (25.4 - 3)$$

2) 空心电流互感器（Rogowski 线圈）。迄今为止，铁心电磁感应式电流互感器一直是电力系统主要应用的电流检测工具，在继电保护应用中占有主导地位，但是它本身有着成本高及铁心饱和等难以克服的缺点。Rogowski 线圈是目前在智能电器中应用比较多的一种电流传感器。

Rogowski 线圈其工作原理如图 25.4 - 5 所示。

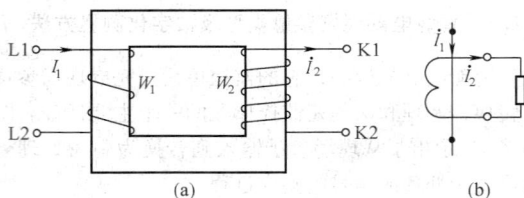

图 25.4 - 4　铁心电磁式电流互感器原理图

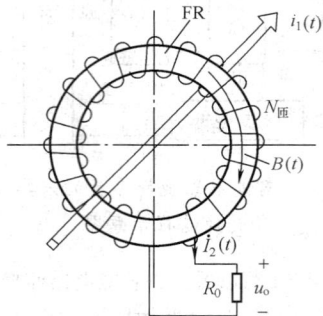

图 25.4 - 5　Rogowski 线圈测量电流原理图

设线圈的匝数为 N，绕制在横截面积为 A 的非磁性材料骨架上，磁通密度为 $B(t)$。采样电阻 R_0 上输出的电压为

$$u_0 = R_0 \dot{I}_2(t) = -K \frac{di_1(t)}{dt} \qquad (25.4 - 4)$$

式中，$K = \mu_0 NA / 2\pi r$。

可见，输出电压正比于被测电流的微分。对于工频正弦交流而言，输出电压的有效值将正比于被测交流电流的有效值。

与传统铁心式电流互感器相比，以 Rogowski 线圈为基础的空心电流互感器具有测量范围宽、精度高、频率响应范围宽且成本较低、性价比高的特点。

2. 霍尔电流、电压传感器　霍尔电流传感器利用霍尔效应，可实现电流/电压转换和被测电路与控制电路间的电气隔离。

霍尔元件是由一种具有霍尔效应的半导体材料制成的薄片，是一种磁电转换器件，可把磁场信号转换为电压信号。霍尔效应的基本原理如图 25.4-6 所示。垂直置于磁感应强度为 B 的磁场中的霍尔元件 H，当按图 25.4-6 所示方向输入一个控制电流 I_C 时，将引起薄片内部载流子数量的变化，从而产生一个极性如图所示的电位差，这个电位差就称为霍尔电动势 E_H，其大小由下式确定

$$E_H = R_H I_C B / d \qquad (25.4-5)$$

式中，R_H 为所用材料的霍尔常数，也称霍尔电阻（V·m／A·T）；d 为薄片厚度（m）；I_C 为控制电流（A）；B 为磁感应强度（T）。

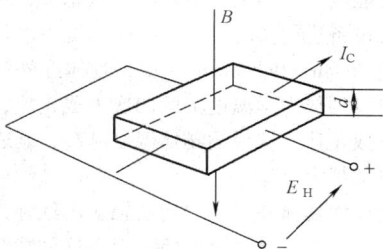

图 25.4-6　霍尔效应图

令 $K_H = R_H / d$，代入式（25.4-5）可得

$$E_H = K_H I_C B \qquad (25.4-6)$$

由此可见，霍尔电动势的大小正比于控制电流和磁感应强度。K_H 称为霍尔元件的灵敏度，它与材料的性质和几何尺寸有关。

利用这一原理可以制作成零磁通霍尔电流传感器，它具有工作频率范围宽、抗干扰能力强、构造简单的特点。从图 25.4-7 电路可以看出，其二次补偿绕组电流 I_S 产生的安匝数在任何时刻都与一次被测流 I_1 产生的安匝数相等，即

$$N_1 I_1 = N_S I_S \qquad (25.4-7)$$

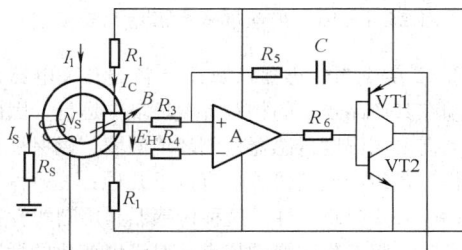

图 25.4-7　零磁通霍尔电流
传感器原理图

式中，N_1 为流过被测电流的导线匝数；N_S 为补偿绕组匝数。

3. 光学电流电压互感器　光学电压互感器（Optical Potential Transformer，OPT）和光学电流互感器（Optical Current Transformer，OCT）是目前比较流行的另一类电量传感器。

（1）光学电流互感器。它的理论基础是法拉第磁光效应。其基本概念是，当光波通过置于被测电流产生的磁场内的磁光材料时，其偏振面在磁场作用下将发生旋转，通过测量旋转的角度即可确定被测电流的大小，如图 25.4-8 所示。其偏转角为

$$\theta = VHL \qquad (25.4-8)$$

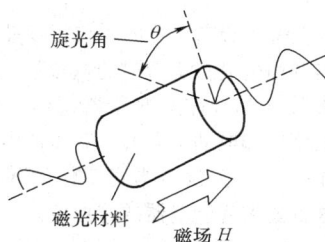

图 25.4-8　法拉第磁光效应原理图

式中，V 是光纤材料的 Verdet 常数，是指把磁光材料置于单位电流产生的磁场内，光波在其中通过单位长度时引起的旋转角的大小；H 是磁化强度；L 是磁场作用下的光纤长度。由于磁场是被测电流产生的，所以可由式 25.4-8 求得电流值。

图 25.4-9 为光纤 OCT 传感头的原理图。在产生磁场的线圈匝数和磁场内的光纤长度确定后，传感器输出的偏转角 θ 与被测电流和光纤的 Verdet 常数有关。但由于所谓"线性双折射现象"的影响，OCT 中等效的 Verdet 常数实际是一个随机变量，与光纤的形变、内部应力、光源光波长、环境温度、弯曲、扭转、振动等许多因素有关。受到这些量的影响，输出补偿相当困难。经过 20 多年的探索，OCT 已经从纯粹的理论研究开始进入实际应用的开发研究。

（2）光学电压互感器。光学电压互感器利用光电子技术和电光调制原理来实现电压测量。它是利用光而不是电作为敏感信息的载体，用光纤而不是金属

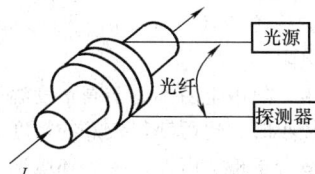

图 25.4-9　光纤 OCT 传感头
原理图

导线来传递敏感的信息,光信号经光电转换之后用电子线路和计算机来处理。

某些透明的光学介质,如 BGO（锗酸铋 $Bi_4Ge_3O_{12}$）晶体,具有电光效应。在电场的作用下会使其输入光的折射率随外加电场的改变而线性地改变,这就是 Pockels 效应,也称为线性电光效应。理论分析表明,该类物质在无外电场作用时是各向同性的单轴晶,而在外电场的作用下,则会变为双轴晶。当输入光传播方向与电场方垂直时,电场所引起的双折射最大,使晶体中射出的两束线偏振光产生相位差,根据相位差就可以计算被测电压。

4.1.3 非电量信号检测方法

智能电器及开关设备工作时不仅需要监测被控制和保护的线路及用电设备运行时的电参数,而且需要对某些非电参数（如线路、变压器绕组、电动机绕组的绝缘、变压器和电动机温升、变压器内部气体压力等）以及电器及开关设备本身工作的环境和状态进行监测。这就要求智能电器的监控单元同时具有监测各种相关非电量（如温度、湿度、压力、速度、加速度、绝缘强度等）的功能。这些参数本身都不是电信号,不能直接检测,必须通过相应的传感器,将它们变成电压信号,才能输入监控单元进行处理和显示,并根据结果输出不同的信息。本节主要介绍温度、湿度、压力、速度、加速度检测用传感器及测量电路设计方法。

1. 温度检测传感器及在智能电器中的应用

在输配电设备的运行中,变压器、开关柜、母线、电动机等因发热引起的故障是相当多的,所以温度是智能电器及开关设备工作时需要监测的一个重要参数。测量温度的传感器的方法很多,下面分别介绍几种智能电器监控单元常用的方法。

1) 热敏电阻温度传感器。电阻式温度传感器利用热敏元件材料本身电阻随环境温度变化而改变的特性制成。把金属氧化物陶瓷半导体材料或是碳化硅材料,经过成形、烧结等工艺制成的测温元件叫做热敏电阻。

热敏电阻有两类:电阻温度系数为正称为 PTC（Positive Temperature Coefficient）热敏电阻;电阻温度系数为负的称为 NTC（Negative Temperature Coefficient）热敏电阻。

一般说来,热敏电阻不适于高精度温度测量,但在测温范围较小时,也可获得较好的精度。在智能电器应用中,适合于检测电器设备的环境温度,但不适合用来测量母线等处的温度。

2) 热电偶。同一金属材料不同空间位置的两点

间温度不同时,这两点间将会出现电位差,这一现象就称为热电效应。不同金属材料在相同的温差下热电动势不同。因此,把两根不同材料的金属丝 A 和 B 绞在一起,一端直接相连,就构成了热电偶,金属丝 A 和 B 就成为热电极。由于两根热电极热电效应不同,当被测物体温度变化时,它们的冷端之间就会出现电位差,这个电位差就是热电动势,其大小取决于热端和冷端间的温度差。

常用的热电偶有铂铑-铂热电偶、镍铬-镍铝（镍铬-镍硅）热电偶、镍铬-考铜热电偶和铜-康铜热电偶。

3) 红外温度传感器。智能电器和开关设备自身及其控制和保护的对象中,往往带有高电压和大电流部件,不能对这类特殊部件采用接触式温度测量方法。红外测温技术是一种非接触、被动式的设备诊断技术,智能电器可用它在不停电的状态下,对高、低电压电气设备进行实时、非接触式温度检测。

根据 Stefan - Boltzmann 定律,物体红外辐射的能量与它自身的热力学温度 T 的四次方成正比,并与比辐射率 ε 成正比,这说明物体温度越高,其表面所辐射的能量就越大。

由于任何物体在发热时均会辐射出红外光,而接收红外光辐射的物体又会发热。根据这种特性,把具有热电效应的材料做成探测器来接收被测物体辐射的红外光,就可以通过测量探测器输出的电量间接地测量被测物体的温度。

在智能电器中应用最多的是热电堆探测器,它是一个热端与一个红外接收器相连的热电偶,如图 25.4 - 10 所示。红外接收器接收到被测物体辐射的红外光,使其温度改变,热电偶将温度差转换为电动势信号输出。

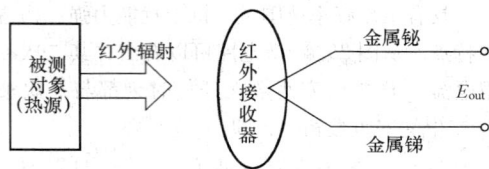

图 25.4 - 10 热电堆传感器结构示意图

2. 湿度检测传感器及应用 各类开关电器设备都必须在其产品规定的相对湿度环境中运行,因此智能电器需要用湿度传感器检测环境湿度,以保证其可靠工作。常用的湿度传感器有以下几种:

（1）Licl 湿敏元件。这种传感器利用潮解性盐类在受潮时电阻发生改变的特点,对湿度变化的敏感主要表现在其电阻值的变化上。

（2）高分子湿度传感器。利用高分子材料制成

的湿敏元件，主要是利用它的吸湿性和膨润性。常用的有电容型和电阻型两类。

（3）金属氧化物湿敏元件。许多金属氧化物有较强的吸、脱水性能，利用它们的烧结膜或涂布薄膜已研制出多种湿敏元件，如 Fe_3O_4 胶体膜湿敏元件、低湿高温用 Fe_2O_3 烧结膜湿敏元件、多孔氧化铝膜湿敏元件等。

3. 电器操作机构机械特性测量　开关电器的合闸与分闸是由操作机构完成的。所以智能电器通常选择操作机构中某一个最能反映机构本身特性的机械运动部件，检测有关压力、速度和加速度等参量来反映操作机构的机械特性。下面将简要介绍压力和加速度的测量方法。

（1）压力测量传感器及其工作原理。最常用的压力传感器是压阻式传感器，它利用单晶硅压阻效应，在单晶硅的基片上用扩散工艺（或离子注入工艺及溅射工艺）制成一定形状的应变元件。当受到压力作用时，其电阻发生变化，从而使输出电压变化。为了提高测量灵敏度，大多数压阻式压力传感器的结构都是在硅膜片上做四个电阻等效的应变元件，连成单臂电桥。元件受力时，电桥平衡破坏，导致输出产生变化。

（2）加速度测量用传感器。电器机构机械特性在线监测用加速度传感器多为压电式加速度传感器，是以某些物质（如石英、压电陶瓷材料锆钛酸铅等）的压电效应为基础做成的。这些物质在机械力作用下发生变形时，内部产生极化现象，上下表面产生符号相反的电荷，撤除外力，电荷就立即消失。输出的电信号与力成比例，即与加速度成比例。

4.1.4　被测量输入通道的设计

智能电器需要测量的现场模拟参量的类型很多，通过不同的传感器转换后输出的电量信号种类不同，信号大小也不同，此外，它不能直接接收和处理被测的现场开关量。因此，在智能监控单元中，必须设置被测量的输入通道，把不同的模拟量电信号，变成数字信号，或者把触头状态变成电平兼容的逻辑信号，以便监控单元中的中央处理器接收和处理。

1. 输入通道的基本结构

（1）模拟量输入通道的结构。模拟量输入通道有单通道和多通道之分。多通道结构又有以下两种电路结构：

1）由多个独立的单通道组成，其电路结构如图25.4-11 所示。由于各通道完全独立，因此成本高，但是速度快，主要用于高速数据采集的场合。

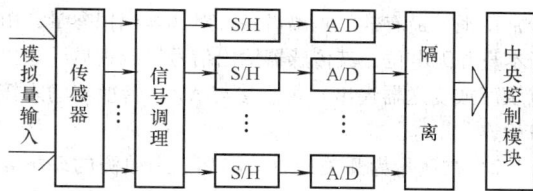

图 25.4-11　独立单通道组成的多模拟量输入通道结构

2）多路模拟信号通道共用 S／H 和 A／D。这种结构的电路中，各模拟信号有独立的传感器和调理电路，但使用同一个采样保持器和 A／D 转换器，结构简化，成本低，只能采样变化较慢的模拟信号。

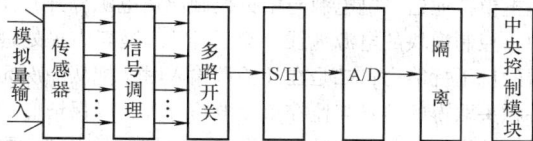

图 25.4-12　多模拟信号共享采样通道的结构

（2）开关量输入电路的结构。智能电器及开关设备在系统中运行时，不仅要检测现场的各种模拟参量，还应检测一次元件的工作状态（接通或分断）、系统为元件操作提供的各种闭锁等信号，以保证监控系统正确地发出操作命令，必须要用相应的转换电路，把触头状态变成与中央控制模块输入电平兼容的逻辑信号。此外，为了隔离现场高压，避免干扰，在触头与中央处理模块间还需要可靠的电隔离。图25.4-13 示出了最常用的开关量输入电路。该电路不仅完成了触头状态到逻辑信号的转换，而且通过光耦合器（Light Electric Cupper，LEC）实现了电隔离。

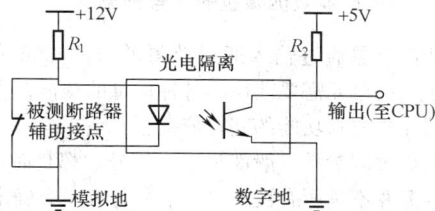

图 25.4-13　开关量输入电路的结构示意图

2. 输入通道的隔离　由于智能电器的监控单元工作在高电压、大电流场合，会受到各种强电磁干扰影响，所以在模拟量通道与开关量通道的设计时，必须考虑隔离问题，以减小干扰对监控单元的影响。

（1）现场与监控单元间的隔离

1）被测量为模拟量时的隔离。智能电器及开关设备的被测现场参量大多是模拟量。对来自一次电路的电压、电流等电参量，各类电压、电流互感器就是最常用也是最有效的隔离设备。对非电模拟参量，由于本身并无电位，其传感器输出信号经调理后的输出电压（或变送器输出）可直接与 A／D 转换器输入接口相连。

2）被测量为开关量时的隔离。当被测的现场参量为开关量时，除采用光电隔离电路外，因为继电器的线圈和触头之间没有电气上的联系，所以有的场合也可用继电器隔离。

（2）输入通道与中央处理器间的隔离。智能电器及开关设备运行现场的被测参量，无论模拟量还是开关量，在经过输入通道进入中央控制模块前，一般都需要再经过一次隔离。隔离的目的主要有两点：一是把模拟通道供电电源与中央控制模块电源分开，使中央控制模块的电源地线"全浮空"，提高中央处理器的抗干扰能力；二是在开关量输入时，把从一次元件触头取得的信号与监控单元电路分开，以保证监控单元的安全运行。这种隔离设置在监控单元内部，要求使用的隔离器件体积小，电路简单，基本措施就是使用光电隔离器或集成隔离运算放大器。

4.2　信号分析与处理技术

对运行现场参量的采样结果的处理和分析，是智能电器监控单元完成测量和保护功能的基础。正确选择被测参量采样结果的处理方法以及测量和保护算法，是智能电器设计的重要环节之一，直接影响到智能电器测量和保护精度，也关系到开关电器操作的准确性。本章首先介绍智能电器被测参量的分类，再分别讨论与被测参量信号处理有关的采样和数字滤波知识，与测量和保护有关的基本算法。

4.2.1　智能电器被测参量的信号分类

智能电器通过输入通道获得的被测参量采样结果，是监控单元需要获得的各种信息的载体，也是智能电器完成要求功能的基本依据。

现场被测参量一般都是模拟信号，都是时间 t 的函数，但并不是所有被测参量信号都有一个确定的函数表达式。根据是否能用确定的函数形式描述其信号波形，智能电器被测参量的信号可分为确定性信号和非确定性信号两类。能用明确的函数关系来表达的是确定性信号，否则就是非确定性信号。确定性信号又分为周期和非周期两种；非确定性信号则有平稳和非平稳两种。平稳的非确定性信号指那些不能用确定的函数形式描述其信号波形的模拟量，而非平稳的非确定性信号就是随机信号。一个理想的、稳定的确定性信号进行反复测量，总能得到一致的结果。在智能电器被测参量中，现场的电压、电流是典型的周期性确

定性信号，短路故障电流则是典型的非周期确定性信号，脉冲型电能表输出的脉冲信号也可作为确定性信号。一次开关电器机械特性随时间的变化是无法用确定的时间函数描述的，因此属于平稳的非确定性信号。随机信号是指那些偶然发生的，无法预知其出现时刻的信号，如由于干扰叠加在电压、电流波形上的各种扰动信号等，在完成测量和保护功能时是必须去除的。图 25.4-14 示出了这种方式的信号分类图。

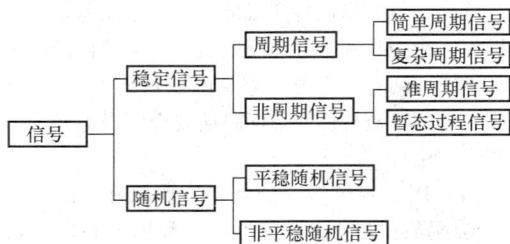

图 25.4-14　被测参量的信号的分类

智能电器要实现测量和保护功能，必须采集运行现场的相关变量的数据，并对采集到的结果进行处理和计算，显示测量的结果，在判断到故障时，输出故障操作命令。因此，如何采集被测量的数据，如何处理正常运行的采样数据以得到测量结果，如何处理各种故障状态下的采样数据准确地给出故障操作的命令，是智能电器监控单元至关重要的任务。

4.2.2　被测参量的采样及采样速率的确定

所谓采样，就是把一个连续的时间变量（模拟量）用一个周期为 T_s 的离散时间变量替代，而这个离散时间变量必须包含原始模拟量的基本信息。

香农（C. E. Shannon）采样定理指出，只有采样频率大于原始信号频谱中最高频率的两倍，采样结果才能复现原始信号的特征。因此，在选择监控单元中 A／D 转换的采样频率时，必须对被测信号进行分析，确定信号中的最高次谐波次数，再根据下式确定采样频率

$$\omega_s \geq 2\omega_c \tag{25.4-9}$$

确定被测参量信号中的最高频率 ω_c 是选择采样频率的一个关键因素，使被测量信号在除去大于 ω_c 的高次谐波后，仍然保留其主要特征，不造成影响测量精度的畸变。

4.2.3　数字滤波

为了消除智能电器被测现场参量所受到的各种干扰，需要采用数字滤波方法，对采样信号进行平滑处理，消除或减少各种随机干扰和噪声。下面介绍几种智能电器常用的数字滤波算法。

1. 程序判断滤波法 程序判断滤波的方法是根据经验，确定出两次采样输入信号可能出现的最大偏差，当两次的偏差超过此最大值时，则表明该输入信号是干扰信号，不能使用；如果偏差小于此最大偏差，则保留作为本次采样值。

2. 平均值滤波算法

（1）算术平均滤波。算术平均值滤波算法为

$$Y = \frac{1}{N} \sum_{i=1}^{N} x_i \qquad (25.4-10)$$

式中，Y 为平均结果；x_i 为各次的采样结果。算术平均值法适用于对一般的具有随机干扰的信号的滤波。

（2）滑动平均滤波。算术平均值法必须连续采样 N 次后才能计算一次数据，当模拟信号变化速度较快或数据处理实时性要求较高时，不宜采用这种方法。但是在这种算法思想基础上得到的滑动平均值法算法，可以用于上述情况。

滑动平均值算法设置一个长度为 N 的数据队列，依次存放 N 个采样结果。最后的第 N 个采样结果，即本次采样的结果，始终是队列中 N 个数据的算术平均值。每进行一次新的采样，先把采样到的数据放入队尾，去掉原来队首的一个数据，其余数据依次位移，然后重新求队列中数据的算术平均值，存入队尾作为本次采样结果。这样队列中始终保持有 N 个数据，每进行一次新的采样，就可以计算一次新的算术平均值，得到新的采样结果。

（3）加权平均滤波。对许多模拟信号而言，参与平均值滤波计算的采样点的数据权重并不相同，越接近当前采样点的数据，对本次采样结果的影响越明显。为此，应该给参与滤波计算的不同采样点的数据赋予不同的权重，再对这些数据求平均值，这就是所谓加权平均滤波。N 个采样点的加权平均式为

$$Y = \sum_{i=0}^{N-1} C_i x_i \qquad (25.4-11)$$

式中，C_0，C_1，C_2，…，C_{N-1} 为各次采样值的加权系数，它们均为常数，并且 $C_0 < C_1 < C_2 < \cdots < C_{N-1}$。

3. 中值滤波法 所谓中值滤波，就是对被测模拟信号连续采样 N 次（一般取 N 为奇数），把各 N 次采样点的值从小到大或从大到小排队，再取中间值作为本次采样值。一般来说，中间值越大，滤波效果越好。

4.2.4 非线性传感器测量结果的数字化处理

智能电器传感器转换特性总是存在非线性，进行测量时，必须要采用特殊的处理方法，才能保证测量的精度。智能电器监控单元用非线性传感器测量现场

参量时，对测量结果的处理常用的方法有直接计算法、查表法、插值法和拟合法等。

1. 直接计算法 当传感器的输出与输入量之间有确定的数学表达式时，就可采用计算法进行非线性补偿。计算法就是编制一段实现数学表达式的计算程序，直接对经过输入通道进入中央处理器的传感器输出进行计算，计算结果就是被测参量的当前值。

实际上，由于非线性的函数表达式基本上都十分复杂，监控单元中的中央处理器要在完成其他要求功能的同时，直接用表达式来实时地计算结果几乎是不可能的，必须采用其他的方法。

2. 查表法 当传感器的输出与输入关系非线性，且无法用一个可以方便快速地得到解析结果的数学表达式来描述时，就不能采用上述方法。在这种情况下可采用查表法。

查表法首先在测量范围内将被测参量（即传感器输入）对应的变化范围等分成若干段，每段中取一个特定点（多用起点和中间点），用这些点的参量值作为自变量，按照由小到大的顺序，离线地直接计算出这些点所对应的测量结果，存入监控单元中央控制模块中的一个指定内存区，形成一张表格。采样结果通过索引表格读取出对应的测量结果。这种方法简单，但是误差偏大。

3. 插值法 插值法是对查表法的一种修正和补充，是智能电器监控单元处理非线性传感器测量结果使用较多的一种方法。

当采样结果在表格相邻两个单元地址（x_k，x_{k+1}）间时，用一段可用简单函数描述的表达式计算出 x_i 对应的测量结果 y_i。设传感器的输出—输入特性中 X 为被测参量，Y 为输出电量，两者关系非线性。首先，根据精度的要求，把被测参量 X 分为 N 段，用实验或计算的方法得到各段中特定点的采样值（x_i）对应的测量结果（y_i）（$i = 1$，2，3，…），再按上面的方法列表。当采样结果在表格相邻两个单元地址（x_k，x_{k+1}）间时，用一段可用简单函数描述的表达式计算出 x_i 对应的测量结果 y_i。一般为了保证误差小，且计算简单，选用了线性插值算法，即用 x_k，y_k 和 x_{k+1}，y_{k+1} 两点间的直线近似代替这两点间的被测参量波形，计算公式为

$$y_i = y_k + \frac{y_{k+1} - y_k}{x_{k+1} - x_k}(x_i - x_k) = y_k + K_k(x_i - x_k)$$

$$(25.4-12)$$

不论采用哪种算法完成非线性传感器测量结果的计算，都要占用程序运行时间，需要设计者综合考虑性能的要求决定是否采用。

4.2.5 智能电器现场电参量的测量和保护算法

智能电器运行过程中需要测量的主要参数是监控和保护对象的各种电参数，如何进行根据硬件转换的结果计算电参数并进行保护是实现功能的关键。

1. 常用的电量测量算法 智能电器对电参量的测量，就是根据对被测参量的采样结果，实时地计算出被测量的当前值。被测电参量包括监控和保护对象的电压和电流有效值、有功功率、无功功率和功率因数。

（1）电压、电流的有效值计算。求电压、电流的有效值，就是计算其方均根值。根据周期性连续函数有效值的定义，任意周期函数 $f(x)$ 的有效值为

$$F = \left[\frac{1}{T} \int_0^T f^2(x) \, \mathrm{d}x \right]^{\frac{1}{2}} \quad (25.4-13)$$

式中，T 为函数 $f(x)$ 的周期。

在智能电器中，中央处理器是根据被测量的采样值进行计算的。如前所述，对连续函数采样的结果是离散时间函数，计算时将连续函数的积分，变成对离散量的求和。因此，电压、电流有效值计算的表达式就是

$$U = \sqrt{\frac{1}{N} \sum_{k=0}^{N-1} U_k^2} \quad (25.4-14)$$

$$I = \sqrt{\frac{1}{N} \sum_{k=0}^{N-1} I_k^2} \quad (25.4-15)$$

式中，N 为每个电源周波的采样点数；U_k、I_k 为电压电流在 K 点的采样值。

（2）有功功率、无功功率与功率因数计算。在三相电网中，有功功率的测量可以用三瓦计法或两瓦计法。在智能电器中，两种测量方法的计算公式分别为

$$P = \frac{1}{N} \sum_{k=1}^{N} \left(u_{Ak} i_{Ak} + u_{Bk} i_{Bk} + u_{Ck} i_{Ck} \right) \quad (25.4-16)$$

$$P = \frac{1}{N} \left(\sum_{k=1}^{N} u_{ABk} i_{Ak} + \sum_{k=1}^{N} u_{CBk} i_{Ck} \right)$$
$$= \frac{1}{N} \sum_{k=1}^{N} (u_{Ak} - u_{Bk}) i_{Ak} + \frac{1}{N} \sum (u_{Ck} - u_{Bk}) i_{Ck}$$
$$= P_1 + P_2 \quad (25.4-17)$$

根据无功功率和功率因数的定义，用三瓦计法测量原理计算时，监控和保护对象的无功功率为

$$Q = \sqrt{S_A^2 - P_A^2} + \sqrt{S_B^2 - P_B^2} + \sqrt{S_C^2 - P_C^2} \quad (25.4-18)$$

式中，S_A、S_B、S_C 分别为 A、B、C 三相的视在功率，

可直接由各相已经求得的电压、电流有效值得到

$$S_A = U_A I_A$$
$$S_B = U_B I_B \quad (25.4-19)$$
$$S_C = U_C I_C$$

三相总视在功率为

$$S = U_A I_A + U_B I_B + U_C I_C \quad (25.4-20)$$

由此可求得监控和保护对象的功率因数

$$PF = P / S \quad (25.4-21)$$

2. 基本保护算法 智能电器应用场合不同、监控保护对象不同、保护类型不同，所以，不同的智能电器的电参量有不同的算法。这里简单介绍介绍集中电流保护的常用算法。

（1）短路保护。短路是供电线路中较常见的严重故障之一。出现短路时，电流异常增大，而且因为线路的分布电感、电容等产生瞬态过程，使故障出现时的电流中含有衰减的非周期分量和高次谐波，波形严重畸变。一旦发生短路，保护用的开关电器必须在规定的时间内分断，切断故障段，避免造成大面积停电事故。因此，短路电流波形是非周期、非正弦的，在算法上与有效值计算完全不同。

在电力系统中，开关电器的短路保护动作值，是用基波电流有效值超过额定电流的倍数来整定的。因此，监控单元必须从非正弦的短路电流波形中快速地提取出基波分量，求出其有效值相对额定电流的倍数，决定一次开关电器是否应该进行分断操作。当前采用最多的提取短路电流的基波分量的方法，就是采用基于快速傅里叶变换 FFT 的傅氏滤波算法，分解并滤除出其中的非周期衰减分量和高次谐波。

（2）过载保护。与短路保护要求不同，一般说来，供电线路或负载发生过载时，都要求有一定的延时后才发出分断操作的指令，过载电流相对于额定电流的倍数越小，延时时间越长，即所谓反时限保护。在智能电器监控单元处理过载故障时，采用的方法是累计热效应判断。

这种算法的基本出发点是在考虑到实际热脱扣器中的散热条件下，温升与通过热元件的电流二次方及通电时间成正比，即

$$\tau \propto \int i^2 t \quad (25.4-22)$$

式中，i 为通过元件的电流瞬时值；t 为通电时间。

作为智能脱扣器反时限（长延时）保护的判断依据，就是通过断路器的实际电流产生的热效应（温升）是否达到设定的阈值。阈值一般是以反时限特性中的某一点所对应的电流（有效）值二次方与相应动作时间的乘积，即

$$\Sigma i_k^2 \Delta t = \Sigma i_k^2 \frac{T}{N} = K \times I_e^2 \times t_D \quad (25.4-23)$$

式中，i_k 是电流的第 k 点采样值；$\Delta t = T/N$，是两次采样之间的时间。通常选择反时限特性上电流最大，时间最短那一点的 I^2t 作为动作判断阈值。

（3）瞬动保护。瞬动保护是监控保护线路和某些用电负载（如电动机）的中、低压智能电器保护特性的基本要求。当电流超过反时限最大电流值时，希望立即分断开关电器，切断故障源，避免故障范围扩大。基本做法是判断本次计算的电流有效值是否超过瞬动电流的设定值，若是，即发出分闸指令；不是，则按反时限保护处理。由于实际监控单元计算电流有效值，是在一个周期采样值全部处理完后，在下一周期中完成的，因此，本次计算的是上一周期的有效值。如果发生电流超过瞬动电流设定值，动作时间必然延迟，这在低压断路器，特别是塑壳断路器中是不能允许的。以前通常的措施是选择电流波形中的某一点（如峰值点），判断是否大于设定电流峰值，超过即给出分断操作指令。这种方法简单，但抗干扰能力差，而且设定电流通常都是按有效值计算的。为此，可以采用所谓"窗口移动"的有效值计算，来提高保护的实时性和抗干扰的能力。

假定每个电源周期采样点数 N，第 k 周期采样点电流 i_{mk}，第 $k+1$ 周期采样点电流 $i_{m(k+1)}$，$m = 1$，2，$\cdots$，n。若当前周期为 $k+1$，当前采样点为 m，现在时刻以前一个周期的电流有效值应为

$$I = \sqrt{\frac{1}{N}\left(\sum_{N-m}^{N} i_{mk}^2 + \sum_{1}^{N-m-1} i_{m(k+1)}^2\right)}$$
$$(25.4-24)$$

这种方法计算电流有效值比传统有效值算法有较高的实时性，又可避免噪声干扰可能引起的误动。

（4）差动保护。差动保护是电力系统用来识别和区分线路区段故障、发电机内部故障的重要措施，近年来，也扩展到变压器，作为内部短路故障的主保护之一。差动保护的保护范围是电流互感器为边界以内的设备，根据监控被保护对象各引线端电流之和来识别故障，有很高的反应速度和准确性。差动保护的基本原理是，在忽略被保护对象的内部损耗时，处于正常运行状态的被保护对象，流入和流出的功率相等。当被保护设备两侧电压相等时，可以直接由流入和流出的电流之和来判断被保护对象的故障。当被保护对象是变压器时，由于两侧电压不等，必须通过两侧电流互感器变比的配合，来补偿电压的差异，等效地满足两侧功率相等的条件。

4.3　电磁兼容问题

智能监控单元与开关电器或开关柜集成一体，在高电压、大电流以及开关电器分合闸操作引起的强电磁干扰环境下工作，分析干扰途径，采取对应措施，提高监控单元抗电磁干扰的能力，是保证智能电器可靠运行的关键因素之一。本节在分析电磁干扰原因及传播途径的基础上，介绍监控单元硬件和软件的电磁兼容性设计原理，以及硬件电路的抗电磁干扰的基本措施。

4.3.1　电磁兼容的基本概念和电磁干扰的传播途径

电磁兼容（Electromagnetic Compatibility，EMC）包括电磁干扰（Electromagnetic Interference，EMI）和电磁敏感性（Electromagnetic Susceptibility，EMS）两方面的内容。EMS 是指设备在包围它的电磁环境中能够不因干扰而降低其工作性能；EMI 则指能够产生电磁干扰的设备，在工作时不会使同一电磁环境中的其他设备因其电磁发射而不能正常工作。从电磁能量的发射和接收的角度看，每个电气或电子设备在运行中同时起发射器和接收器的作用。由于智能电器监控单元本身功率非常小，不可能发射足以影响其周围的电气或电子设备工作的电磁干扰，因此，对其 EMC 设计也就集中在降低其 EMS，以提高抗干扰能力。

电磁干扰的传播方式主要有两种：①辐射。电磁干扰的能量通过空间的磁场、电场或者电磁波的形式，使干扰源与受干扰体之间产生耦合。②传导。电磁干扰的能量通过电源线和信号电缆以电压或电流的方式传播。从干扰信号的频率来看，电磁干扰包括低频干扰（DC 至 10~20kHz）、高频干扰（几百兆赫，辐射干扰可达几千兆赫）和瞬变干扰（持续周期从数纳秒到数毫秒）。

在使用电力开关设备的系统中，产生电磁干扰的原因有诸多方面。连接在同一电力上中的各种电气设备通过电和磁的联系紧密相连，相互影响，其中任何一个发生运行方式改变或故障，开关电器分、合闸操作等，都可能引起电磁振荡，波及到其他比较敏感的电气设备，使它们不能正常工作甚至遭到破坏。此外，越来越多的大容量电力电子设备（如高压直流输电设备、大功率晶闸管整流器、不间断电源、交流电动机软起动器及变频调速装置等）的使用，电力变压器中的非正励磁电流，电网上大容量非线性负载的运行或大容量负载的投切等，使得电网中的谐波干扰变得日益严重。近年来，随着开关电器二次设备微机化、数字化程度的提高，更增加了二次设备对各种干扰的敏感性，特别是断路器操作、雷击、一次系统短路等引起的暂态干扰，开关电器分断时的电弧和触头接触不良产生的火花放电等产生的高频辐射，使开关电器的微机化、数字化二次设备工作可靠性的问题

越来越突出。由于干扰造成的监控单元信号疏漏、计量不准、控制失误，使断路器误动、上位计算机出错等事件在国内外都有发生。在分布式系统中，前置智能监控单元被下放到电磁环境极为恶劣的运行现场，甚至紧邻干扰源，这使得 EMS 问题更加突出。

为此，国际电工委员会（IEC）于 1990 年在推出了新的电磁兼容基础性标准 IEC 1000 - 4 标准。该标准的应用场合为：①居民区和商业场合下的公共电源网络；②工业场合的电源网络；③在公共电源网络和工厂（包括控制室）中的控制线路；④在电站中的电源及控制线路；⑤通信线路；⑥一些有专用电源的电气设备。新标准为其他各有关组织编制行业的标准，以及电气与电子设备的研制者和制造商设计产品提供了参考。随着我国经济和工业的发展，EMC 的研究也日益受到重视。我国国家技术监督局在 1995 年初制定了等效于 IEC1000 - 4 标准的国内新标准，预计在不久的将来颁布实施。

智能电器监控单元的 EMC 设计，主要考虑从一次侧耦合过来的干扰，以及其他二次设备对装置本身的干扰。通过对监控单元的运行环境、电力网的结构和智能电器保护对象的分析，总结出智能监控单元受到主要干扰有：

1. 低频干扰

（1）高、中、低电压电网中的谐波干扰，一般应考虑到 40 次谐波（2000Hz）。

（2）电网电压跌落和短时中断。

（3）电网三相电压不平衡和电网频率变化引起的干扰。

2. 高频干扰

（1）20kHz 以上的电压浪涌，50kHz 以上的电流浪涌。它们是由电网中的开关电器操作，变压器、电动机及继电器等感性负载的投切和雷击等因素造成的。

（2）快速瞬变脉冲群干扰。

3. 静电放电干扰　智能监控单元会受到来自雷电、操作者和邻近物体对设备的放电。

4. 磁场干扰

（1）工频电流或变压器磁场泄漏产生的工频磁场干扰。

（2）由雷电引起的脉冲磁场干扰。

智能电器中电磁兼容问题主要是针对监控单元的，因此，要解决 EMC 问题，必须进行 EMC 设计，也针对这些干扰源，从硬件电路和软件设计上采取措施，一方面抑制这些干扰，另一方面提高监控单元自身的抗干扰能力。

4.3.2　监控单元硬件的电磁兼容性设计

1. 静电放电干扰的抑制　静电放电分为直接和间接放电，前者是通过直接耦合而后者则是通过辐射耦合产生的放电。无论哪种形式的静电放电，都会影响智能电器监控单元的正常工作，甚至对监控单元内某些电路元件造成损害。抑制静电干扰最有效的方法是让设备的外壳与大地良好地接触。因此，在监控单元用开关电源的金属外壳应当与单元本体金属屏蔽外壳可靠地连接，同时必须把单元本体金属屏蔽外壳直接接地。静电干扰实验结果表明，监控单元本体屏蔽外壳不接地时，4.0kV 的空气放电即可引起监控单元自复位，而屏蔽外壳接地时，在 8.0kV 的空气放电环境下，监控单元仍可以正常工作。

2. 减小电网电压跌落和短暂中断的影响　电压跌落是指电网电压值偶然降低 10% ~ 15%，持续时间为 0.5~50 个周波；短暂中断则是 100% 的电压跌落。造成上述现象的原因大多是电网中大容量负荷的投切，电网因某种原因造成瞬间短路后又恢复，短路或接地故障情况下线路开关电器的连续快速重合闸等。电压跌落和短期中断会使监控单元因电源不能正常工作而引起实时数据丢失，一次开关电器误动、拒动等问题。

采用具有宽输入电压范围并带有储能电容和电感的开关电源为监控单元供电，是减小这类影响的最基本的措施。在出现电压跌落或短暂中断时，利用储存在电容和电感中能量短时间内维持监控单元的正常工作；此外，增设了对电源供电质量的监视，在电源电压跌落到极限值后，监控单元会报警并闭锁一些服务功能。例如，监控单元供电电压不正常，会使采样数据出错，严重时会造成保护误动。因此，出现这种情况时，软件将停止现场参量的采样并封锁继电器出口。试验结果证明，采取上述措施后，监控单元在电源电压跌落至 70% 甚至 40% 时仍然能够正常工作，电压中断后能继续维持工作 150ms。

3. 滤除快速瞬变脉冲群的干扰　这类干扰源主要是监控单元输出继电器触头弹跳或一次真空断路器操作时产生的电弧，脉冲周期在 50μs 以内，脉冲群重复率为 1~ 100 次/s，尖峰电压为 200~3000V。其特点是单个脉冲上升时间快，持续时间短，能量低，但重复频率较高。虽不会使监控单元损坏，但可能会产生干扰，影响其可靠工作。由于脉冲群的频率远远高于系统的正常工作频率，消除它的影响最有效的方法就是滤波。在监控单元易受到干扰的电源输入端、模拟量输入通道、主要芯片的电源输入端、数据总线、信号控制线和 I/O 通道都应采取相应的措施。

（1）设置电源线路滤波器。智能监控单元的供电电源最易受到干扰。干扰信号会沿着电源线进入智能监控单元内部，通过辐射或传导耦合的方式干扰内部工作信号或影响电路元件的工作。由于 PCB 板上电源线分布很广，所以受到干扰的区域会很大，造成的后果会十分严重。在监控单元供电电源的交流输入端接入高品质的无源线路滤波器，可最大限度地将干扰信号阻隔在智能监控单元的外部。线路滤波器应同时考虑抑制共模干扰和差模干扰。差模干扰（U_{cd}）常产生在相间和相与中线之间；共模干扰（U_{cm}）出现在电源线与地线之间，通常是由于地电位升高引起的。

（2）消除模拟量输入通道的干扰。在模拟量输入通道线路中接入高频磁环，以不同的接线方式分别抑制差模和共模干扰。

（3）设置监控单元专用采样互感器的二次侧滤波器。在监控单元专用采样互感器的二次侧加入 LC 组成的 π 型低通滤波电路，可进一步抑制干扰。滤波器设计应保证对基波基本无影响，幅度衰减为零，相移小于 $0.3°$。

（4）用瞬态电压抑制器（TVS）吸收过电压能量。TVS 的正向伏安特性为普通二极管特性，反向为雪崩二极管特性。加在它两端的反向电压超过其预设值后，TVS 被迅速击穿，电压被箝制在预设值，吸收能量能力强。智能电器监控单元中多用双极性 TVS。其击穿电压根据监控单元直流电源电压选择，最大峰值脉冲功耗则应按照可能加在电源上的过电压能量最大值来决定。

（5）装设去耦电容。为进一步消除由电源线窜入的干扰通过耦合方式影响 PCB 板上其他信号线，通常在每个芯片的电源和地之间再加一级去耦电容。

4. 电压、电流浪涌的吸收　最常见浪涌的是雷电浪涌电流和开关操作浪涌电压。这类干扰的形式基本上是单极性脉冲或迅速衰减的振荡波，其特点是持续时间较长，单极性脉冲上升比较缓慢且能量大，因而会对监控单元的正常工作影响很大，甚至会造成危害。

浪涌信号最易通过监控单元电源的交流输入线、端子排进入监控单元内部。为保护智能监控单元免受浪涌侵袭，采取的主要措施就是在电源的交流输入侧线路滤波器前并接，输出直流侧并接过电压抑制器。浪涌吸收器和过电压抑制器一般都用金属氧化物压敏电阻。压敏电阻箝位电压按监控单元可允许的交流过电压最大值选择，一般可选 300V。击穿后的通流容量按可能出现的最大浪涌电压能量确定，保证器件在击穿后不会因能量太大而损坏。试验表明，加入浪涌

吸收器可以有效地提高监控单元电源的抗扰度电平。

4.3.3　印刷电路板（PCB）的抗干扰设计

PCB 布线设计的合理性对监控单元的 ENS 有很大的影响，若设计不当，会产生如串音（指从另外的信号路径干扰某一信号路径）和电磁耦合等干扰。因此，在设计 PCB 板时应注意以下问题：

1. 数字电路与模拟电路分开布置，分开供电　如果智能监控单元的数字电路与模拟电路采用同一个电源供电，用公共的地线，由于数字电路工作时在电源和公共地线上出现的高频扰动会通过地线耦合到模拟放大器的输入端，经放大器放大后会造成计量的严重失误，甚至引起保护操作的误动作。为此，在设计时，最好把数字电路和模拟电路的电源分开，在 A / D 转换器芯片处，再把模拟地和数字地连接。如果数字电路和模拟电路用同一个电源，将数字电路与模拟电路仅通过单点共地，以避免公用地线引起的耦合。

2. 加宽 PCB 中的电源线和地线　尽量加宽 PCB 上电源线和地线的线宽，以减小传导阻抗造成的各芯片间的电位差。

3. 强电区域与弱电区域严格分离　强电部分的连线与弱电的连线之间最小距离不小于 $0.8cm$，可以有效地减少串音耦合的干扰。

4. 通信部分采用与中央控制模块完全隔离的独立的电源供电　还有一些其他需要考虑的措施，如对于重要的控制命令出口电路（如断路器的分合控制电路），除采用光隔进行电气隔离外，还设了封锁位进行二级控制，即要同时对继电器控制位和封锁位发出命令，才能使跳、合信号出口，否则继电器不动作；将与数据线联系密切的芯片集中布在一块板上，以减少总线的长度；减少平行走线的数量和长度，并在板面允许的情况下尽量加大线宽和线间的距离，以减少信号传输线的阻抗和寄生电容。

4.3.4　智能监控单元软件的抗干扰措施

为保证智能电器的工作稳定性和可靠性，软件的抗干扰设计也同样重要。因为不论采取多少防范措施，仍不能保证智能监控单元内部不受到任何干扰。由于监控单元以微处理器为核心，电磁干扰会导致指令码或数据码的个别字位跳变，造成程序执行错误等后果。如干扰使程序计数器发生跳变，会产生程序跑飞或进入死循环的现象；反之，指令码被当作数据码，就可能破坏 RAM 存储器中的数据，最终使软件系统崩溃。

智能电器监控单元软件设计中常采取的抗干扰措

施有：

1. 增加看门狗（Watchdog）监视程序 为防止程序由于受到偶然的干扰运行出错，导致中央处理器进入死循环或跑飞，在硬件中加设置 Watchdog 定时复位电路。监控单元正常工作时，程序定时给 Watchdog 复位。当程序跑飞后，Watchdog 不能定时复位而产生溢出，迫使中央处理器自复位，使装置恢复正常工作。

2. 软件陷阱和指令冗余 除采用硬件 Watchdog 外，常用的提高软件抗干扰的方法还有指令冗余和软件陷阱的方法。指令冗余是在 SJMP、LJMP、LCALL、JH 等决定程序流向的指令前插入几条空操作指令，或在各程序模块间无代码的空间设置单字节的空操作指令、返回指令；软件陷阱的方法是设计一个专门的出错处理程序模块，在程序因干扰发生错误时，设法把程序引导到出错处理程序。

3. 无扰动的重恢复技术

（1）软件复位后的初始化部分分为冷启动和热启动（再次复位），通过置上电标志加以区分。冷启动是指正常的上电复位启动，这种情况要对监控单元中央控制模块中的处理器和 I/O 接口电路进行全面的初始化。热启动是在程序出现错误时，由 Watchdog 或复位指令、出错处理程序等引起的复位启动，这时只要对部分 I/O 接口重新初始化。

（2）软件模块设置功能和任务标志。每个功能模块和任务模块方便设置标志字，程序模块或任务入口必须判断标志字正确后才执行。若标志不正确，模块会向调度管理程序发出出错信号，经校验标志并确定是程序跑飞，调度管理程序将取消该任务或闭锁该功能。在某些关键控制程序的出口，还应设置校验标志，以防止这类程序执行过程中出现的错误。例如，智能电器监控单元的断路器分合操作控制模块设有控制口令校对功能，在命令发出前，必须先校对控制口令是否正确。控制口令不正确时，不执行操作。

（3）采用容错技术对数据进行有效的保护，是智能监控单元可靠工作的重要条件。软件设计时，应在不同的数据存储器空间设置重要数据的保护存储单元，备份软件中所有的标志字、部分计量数据、故障状态、开关状态及重要事件发生时间等重要信息。对于需要较长时间保护的数据，还需在数据存储区设立非易失性存储单元，保证掉电时数据不丢失。在程序取重要操作数时，应当从存放同一数据的不同存储单元中取出数据，比较无误后才进行后续操作。

（4）为保证一次开关电器的安全性和数据恢复的可靠性，智能监控单元上电复位或再复位后，程序入口处应当锁定一些重要的硬件出口，在初始化后智

能监控单元能正常工作时，再解除封锁。

4. 监控单元的自检 包括中央处理器、A/D 转换器、程序和数据存储器、指示灯、I/O 接口和键盘等的自检。在程序不同位置对重要的输出口初始化，防止干扰影响硬件出口的状态。

5. 采用平滑技术 克服由于电磁干扰造成的计算误差和计量结果的分散性。在智能电器的监控单元中，电压、电流的有效值计算多用均值平滑滤波。

4.4 网络技术

电器智能化网络就是连接分布在不同运行现场、具有不同功能的智能电器和智能开关设备，利用数字通信技术实现对现场设备的管理和监控的通信网络。电器智能化局域网的基本功能是在远方中央控制室对其覆盖范围内的下层变电站、配电室及下属的现场设备的运行进行监控和管理。为此在通信网络中传送的信息都是由中央控制室下发给各下级管理机或现场设备的命令、控制、系统配置等信息，或是要求下面上传至中央控制室的现场运行的状态、实时数据或某些特殊的历史数据。

4.4.1 电器智能化局域网的特点

1. 电器智能化局域网的结构特点

（1）开放性。开放性是指网络协议分层应有统一的标准，一方面能方便同一生产厂商不同类型产品实现系统集成；另一方面，更重要的是它能使不同生产厂商的具有相同功能的现场设备互换，方便用户自主地集成系统。

（2）现场设备能实现即插即用。在系统中增加或更换设备时，既能使加入的设备立即正常投入工作，又不影响系统内其他现场设备的正常运行。这大大方便了系统的维护和用户更新系统配置。

（3）网络节点电源与通信双线合一。电源线与信号传输线共用一对双绞线是一种可行的低成本的方式。

（4）能适应现场环境对传输介质和传输速率的要求。智能电器及智能开关设备运行现场情况比较复杂，尤其户外设备距离差别很大，因此，对现场设备设计的网络应该能支持不同现场环境使用的传输介质和传输速率。

2. 通信特点

（1）数据传输的实时性强、可靠性高。电器智能化下层局域网络中传送的数据，大多数是控制中心为了实时监控现场运行状态要求上传的现场实时运行数据，或是根据监控结果下达给现场的保护和操作命令。这些数据必须及时、无误地进行传送，才能保证

系统运行安全、可靠地运行。

（2）现场设备数据收发为异步方式。运行现场的智能电器和智能开关设备监控单元中的通信接口都是使用处理器芯片内部配置或监控单元通信模块中配置的可编程串行 I／O 接口。考虑到现场设备收发的数据的特点和底层网络低成本要求，这些接口总是设置为异步工作方式，收发数据的格式必须是约定的异步帧格式。

（3）一次通信过程发送数据的长度较短。电器智能化网络的底层网中传送的信息类型决定了每次要发送的数据量都不会很长，因此数据总是以短帧格式发送。为了保证实时性，降低误码率，在满足对现场参数测量精度要求的前提下，每次传送数据的长度不应过长。

（4）底层通信网采用半双工主从方式通信。这是根据当前智能电器和智能开关设备使用环境提出的。现场设备只与中央控制室进行信息交换，它们之间不能直接传送信息，而且现场设备总是在主设备的指令下进行数据的收发。这种方式决定了电器智能化底层通信网中任何时候都只有一个站点有数据发送，不存在竞争控制。

（5）现场总线标准可自定义，也可使用国际流行总线标准。对于覆盖范围很小，应用比较特殊的底层网（如电动机控制中心），可以使用自定义现场总线标准或 Modbus 标准。对于那些覆盖范围较大，使用功能极为普遍的底层总线网和底层局域网，应使用国际认可的总线标准，以保证系统的开放性和用户集成要求。除非特殊的 EMI 要求，现场总线通信介质使用双绞电缆，以降低成本。

（6）现场设备数据基带传输。现场数据传输不加调制解调，网络成本低。

4.4.2　电器智能化局域网的一般结构及设计原则

目前较流行的电器智能化局域网基本采用以太网。以太网是一种总线拓扑局域网，用于电器智能化网络时，组成最小网络的站点通常包括通信控制器（工业微机或全硬件设备）、服务器、不同功能的现场工作站（值班员级或系统主管工程师级）及现场设备。现场设备可以是底层现场总线网，也可以是分布距离较远的独立智能开关设备。通信控制器可以下接多个现场设备，也可以是一个附属于现场开关设备的独立接口单元，从物理上和逻辑上完成现场设备与以太网的连接，典型结构如图 25.4－15 所示。

电器智能化系统应用领域决定了它的下层局域网的工作任务主要是：通过对现场设备运行参数的监测、分析、判断，完成对现场生产设备运行状态的监控与保护。另一方面，用户可以通过局域网设置现场设备各种运行参数的给定配置和保护功能，修改系统配置等。因此，在下层局域网中，现场设备的智能监控单元一般都能直接采样现场运行参数并进行实时处理，这些数据一方面作为就地监控和保护的依据，另一方面需要通过网络上传到控制中心的服务器和工作站。

局域网设置服务器的目的有两个：一是在机电一体化的现场设备中，智能监控单元要求体积小，其内存容量不够大，许多需要保存的现场历史数据无法长时间保存。另一方面，为了管理现场设备组成的系统，不仅要完成对现场各类具体设备的监控，还要实现系统的配置和保护，用图形动态地显示系统运行状态等功能，要求具有很强的软、硬件支持。由于现场系统中有许多具有公用性的管理信息，如设备名称、在网络中的地址、现场设备的图形符号等，如果在每一个现场监控单元中都做一份相同的拷贝，不仅需要大大增加其内存容量，而且为保证每个现场设备对拷贝信息的一致性，以及这些信息的动态刷新，所需的软、硬件开销都是很大的。因此，网络中这些数据一般都以数据库的形式保存，当现场设备需要时，可动

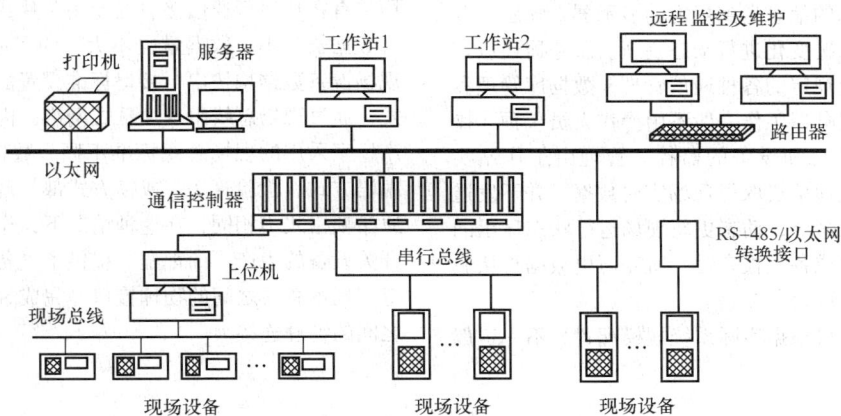

图 25.4－15　电器智能化局域网结构示意图

态地提供。此外，对于整个网络的管理还要配置相应的操作系统和系统应用程序。基于上述原因，电器智能化下层局域网中必须设置一个具有强大的数据处理和数据存储能力及网络管理能力的站点设备，即服务器。

服务器的工作一般不由操作人员干预，因此，这类局域网中常常还会设置系统操作员工作站或责任工程师工作站，负责对现场系统工作状态的监控。根据需要下发各种命令，从现场取得实时数据事件信息，调用相应软件分析现场情况，以便及时调整系统运行参数；操作员通过工作站从服务器数据库取得历史数据信息，可以调用软件制成运行数据和故障事件分析报表。当现场系统结构由于设备更新、工作流程改变等原因需要改变时，工程师可以根据新的设计，经过工程师工作站直接对现场设备的系统组成结构进行修改，并可通过对数据库的访问，将修改结果存入数据库。

图 25.4－16 示出了上述局域网中数据交换的示

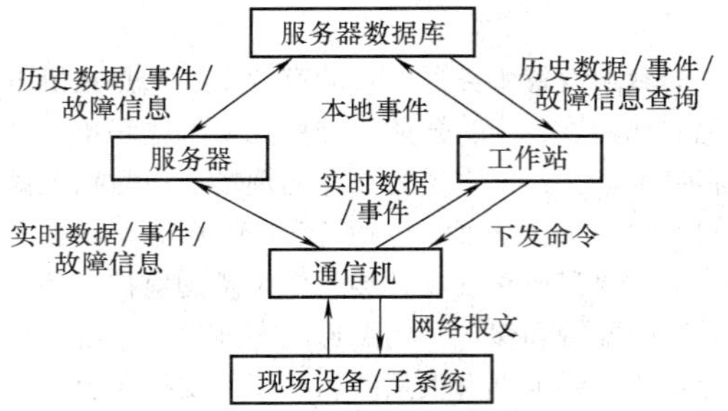

图 25.4－16　局域网数据交换示意图

意图。这种结构的网络中，控制中心对各种现场数据的采集总是由通信机根据现场总线网或现场设备的协议，召唤现场设备智能监控单元完成，并由通信机发送至服务器和工作站。服务器将接收到的信息进行分类、处理后，把需要长期保存的信息保存在数据库内，将需要显示的信息送到规定的显示器上显示，并根据现场运行情况变化进行动态刷新。服务器还应完成网络操作系统规定的各种通信管理、数据库管理和维护等功能，服务器工作一般不由操作人员干预。操作人员对现场系统和设备的监控、管理由工作站实现。工作站只从通信机取得现场实时数据，并下发遥控、遥测、遥调命令，动态更新现场运行状态显示的画面。当需要生成各类报表时，所需历史数据将从服务器中的数据库取得。

局域网设备可根据实际系统规模配置，不一定都

包含服务器、工作站和通信机三部分。中等规模系统可不设工作站，由通信机和服务器完成全部功能。当系统规模较小时，只用一台功能很强的 PC，完成通信机和服务器的功能。

此外，局域网通过网桥（或路由器）与不同通信介质和传输速率的同级局域网连接，可以扩大局域网规模；也可以在以太网协议下用 Modem 经电话线或无线方式与远方总调室连接，把本地信息送至总调室，并接收远程调度和维护等服务。

4.4.3　现场设备底层网设计原则

现场设备通信网是电器智能化网络中的最底层，也可称为现场设备底层网。它直接完成现场设备间物理和逻辑的连接。由于现场设备都是微机化的、具有通信功能的智能设备，都能自己独立完成设备要求的工作，从这个意义上说，电器智能化网络的底层网应该是一个微机局域网。但是它又绝不同于一般计算机通信网络。计算机通信网络一个最突出的特点是网络中任意两个站点计算机都可以直接通信，也就是说，每个站点计算机既是从机也是主机，可以在网中主动发起通信进程。因此，计算机通信网络中的数据链路层必须有介质访问控制（MAC）功能，以解决通信冲突的问题。但是，如前所述，由于智能电器和开关设备系统的运行、管理特点，其底层网中的通信通常由主机发起，现场设备只是被动地接收主机下传的数据，或上传主机要求的数据。任意两个现场设备间无信息交换，它们也不能主动发起与主机的通信。在这种意义上，它又不是真正的计算机（微机）通信网络，只能称为主从式系统。这种系统中，通信信道中任何时刻只有主机或被选中的从设备发送数据，实际上采用了由主机控制的分时传送方式，不会出现各站点设备数据传送的"冲突"问题。

现场设备智能监控单元的中央控制模块，大多采用带有片内串行通信接口的专用芯片或单片微机，而且数据长度小，数据量也不大。为了降低网络成本，现场设备数据均按串行接口标准设置的异步帧格式收发，通过现场总线组成主从式网络。由于现场设备生产厂家采用的现场总线标准不同，数据的逻辑电平、编码方式、检验算法、成帧方式都与现场设备发送的原始帧格式不相同，在这种情况下，作为智能电器和开关设备的生产厂商都配套提供了设备通信输出口与专用现场总线之间的物理接口，完成现场设备与总线之间的物理连接。

第 5 章 电器智能化技术在配电网自动化中的应用

配电网自动化是实现电力系统自动化的关键技术之一，也是电器智能化技术综合应用的一个典型。它包含了现场开关设备智能监控单元，为实现馈电自动化和变电站综合自动化所建立的电器智能化局域网，以及配电网全网自动化要求的高层次的电器智能化网络。迄今为止，关于配电网自动化的看法仍然没有完全统一。本章在说明配电网自动化的基本概念的基础上，介绍配电网自动化的发展层次；实现不同层次的配电网自动化所用的一次开关电器和成套装置，以及配电网自动化智能远方终端监控单元；配电网自动化下层的馈电自动化基本知识和实现技术；配电网自动化系统的结构组成及其典型应用。

5.1 配电网自动化系统概述

5.1.1 配电网自动化的概念及发展

通常把电力系统中二次降压变电所低压侧直接或降压后向用户供电的网络，称为配电网。它由架空线或电缆配电线路、配电所或柱上降压变压器直接接入用户所构成。早在 20 世纪 30 年代，英国就用时间开关控制用户负荷。一些欧洲国家从 50 年代初期开始使用时限顺序送电装置，自动隔离故障区间，以加快查找电线故障点。20 世纪 70、80 年代，应用自动控制和电子技术与配电开关的控制，出现了自动重合器、自动分段器及故障指示器，实现自动隔离故障及恢复供电，称为馈线自动化。20 世纪 80 年代末配电自动化技术开始在西方发达国家推广应用。我国的配电自动化起步较晚，20 世纪 90 年代才开始零星使用一些自动重合器开关，局部试点馈线自动化。近年来，配电网自动化技术也引起了我国电力部门的关注，为了降低运营成本，改进供电可靠性，提高供电质量，争取更多的用户，各供电企业都积极开展了配电网自动化工作。

配电自动化是近些年发展起来的一门新技术，其定义和相关功能含义都在发展之中，迄今为止，国际上尚无统一的定义和规范。关于什么是配电自动化，说法也比较多。根据中国电动机工程学会城市供电专业委员会起草的《配电系统自动化规划设计导则》和行业内的普遍提法对这些概念加以阐述。《导则》指出，所谓配电网自动化系统，"是利用现代电子、计算机、通信及网络技术，将配电网在线数据和离线数据、本电网数据和用户数据、电网结构和地理图形进行信息集成，构成完整的自动化系统，实现配电网及其设备正常运行及事故状态下的监测、保护、控制、用电和配电管理的现代化"。根据近年来国内外技术的最新发展，配电自动化系统的主要功能可归纳为三个方面：一是配电网运行自动化，即实现配网的在线监视与控制，由配电自动化系统（Distribution Automation，DA）实现；二是配电网管理自动化，即集成在线实时信息和配电管理离线信息，由配电管理系统（Distribution Management System，DMS）实现；三是配电网的高级分析计算，包括配电网拓扑分析、潮流计算、网络优化等，由高级应用软件（Power Advanced Software，PAS）实现。

配电网自动化的发展可分为三个阶段：

第一阶段是传统的初级自动化，在配电线路上装设多组不同功能、带有操作自动控制装置的自动化开关电器，依靠不同开关电器的操作配合来避开瞬时性故障和隔离永久性故障。

第二阶段采用具有智能监控和通信功能的一次开关设备，在光纤、电力载波以及现场总线等通信网络的支持下，实现变电站综合自动化和馈电分支线路自动化。

第三阶段以新型智能化可通信配电一次设备为基础，综合应用计算机技术、自动控制技术、电子技术以及通信技术，实现全网的计算机控制。对配电网进行在线和离线的智能化监控与管理，使配电网运行于安全、可靠、经济、优质、高效的最优运行状态。

目前我国的配电网自动化大多还处在第一阶段，第二、三阶段已在部分大中城市和大型工矿企业的中等电压供电系统中开始实践。

5.1.2 配电网自动化系统的构成及功能

配电网自动化系统一般由主站、通信网络、变电站自动化系统或配电自动化二级主站、配电自动化远方终端设备 DA-RTU（Remote Terminal Unit）（如馈线自动化终端设备（Feeder Terminal Unit，FTU）、自动读表终端）等几个层次组成。图 25.5-1 给出了配电网自动化系统的典型结构图。

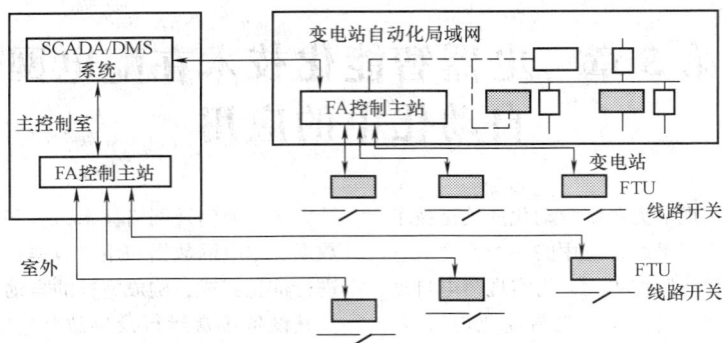

图 25.5－1 配电网自动化系统典型结构图

配电自动化主站是配电自动化系统的控制与管理中心，其软件系统一般采用客户/服务器（Client / Server）结构，以监视控制与数据采集（Supervisory Control and Data Acquisition，SCADA）系统和地理信息系统（Graphic Information System，GIS）作为基本平台，配合各种应用软件完成 DA/DMS 的功能。

变电站自动化系统完成变电站设备的实时监控与管理，它一般是集中式 RTU 与变电站各种保护监控装置通信构成的系统，或由间隔层微机综合保护、监控装置配合后台通信处理机构成的分布式计算机系统。

配电自动化二级主站（也称为子站）是配电自动化系统的中间层，主要用于完成小区内配电网馈线自动化功能，并作为通信节点，向主站转发小区内 RTU/FTU 或其他智能装置的数据。

配电自动化远方终端单元 DA－RTU 分为安装在变电站或开闭所站内的 RTU 及安装在线路上的 FTU 两种设备。DA－RTU 与配电网自动化主站或二级主站通信，提供配电网系统运行的控制及管理所需的数据，执行主站给出的对配电设备的控制、调节命令。

区别于电力调度自动化系统，配电网自动化系统的监控对象具有点多、分散的特点，其通信系统一般采用主干通道与分支通信网相结合的结构，分为用户、线路 FTU、变电站或二级主站、控制中心等几个层次。用户终端（如配变监测、自动读表）数据由线路 FTU、变电站 RTU 或二级主站转发，可选用有线、配电线路载波、无线、电话线等通信方式。线路 FTU 数据由变电站或二级主站转发，可选用无线、有线等通信方式。变电站或二级主站可采用无线扩频、数字微波、载波或有线等方式，直接与控制中心通信。

按照系统的纵向结构，配电网自动化的功能可分为配电管理自动化（主站系统）、变电站自动化、馈电线路自动化及用户自动化等四个层次的内容。通常把以上四个层次的功能总称为配电网管理系统（DMS）功能，而把其中的变电站自动化及馈线自动化（Feeder Automation，FA）功能称为配电网自动化（DA）功能。

根据功能的实时性划分的方法，也可以把配电网在线实时监视、控制及调节功能称为配电网自动化（DA）功能，而把用于离线信息维护的功能和用电信息管理的功能称为配电网管理（DMS）功能。

长期以来，我国配电网基础设施较差，供电可靠性低，能耗大，供用电间矛盾突出。通过配电网自动化系统的实施能够较好地解决上述问题，其主要具有如下优点和特点：利用馈线自动化系统，实现线路故障区段的自动定位、隔离，以及正常线路自动恢复供电，这样可缩小故障停电范围，减少对用户的停电时间，提高供电可靠性，同时节省修复费用；实时监视线路电压的变化，自动调节变压器分接头或投切无功补偿电容器组，保证用户电压质量；优化网络结构及无功配置，可以有效地减少线损，降低电能损耗；通过对配电网的自动化管理，可以有效地调整负荷，削峰填谷，提高设备利用率，减少备用容量，节省总体投资；改善故障时对用户的应答能力，迅速处理用户申诉，为用户查询及电费计量提供方便。

鉴于配电网管理系统（DMS）在我国尚处于起步阶段，加之其系统复杂，涉及面广，实施起来有相当的难度，而且许多内容在国际和国内也都还没有标准和规范可循，必须慎重对待。因此，有关专家建议，当前我国电力部门首先应当实施配电网自动化（DA），即变电站自动化和馈线自动化，这是提高供电可靠性及供电质量的关键，同时也是建设完善的配电网管理系统的基础。

5.2 配电网自动化开关电器元件和成套设备

一次开关电器元件和成套装置是实现配电网自动化的主要设备。本节主要针对传统配电网自动化，讨论所用的开关电器和成套装置，介绍其工作特性和在配电网自动化中的配合方法。

5.2.1　重合器

交流高压自动线路重合器（H. V. Automatic Circuit Recloser for A. C. System）简称重合器，是一种自具控制及保护功能的高压开关设备。所谓"自具"（Self Contained）功能是指它本身具备故障电流（包括过流及接地电流）检测、操作顺序控制并执行操作的功能，而无需另设操作电源，适合于户外和野外安装。它能够按照预先设定的分断和重合程序，在交流线路发生故障时，自动进行多次开断和重合操作，并在完成程序规定的操作后自动复位并闭锁。因此，重合器包括了一次元件及相应的控制单元。一次元件基本采用以 SF_6 作为灭弧介质的开关和真空开关，在其使用期间，一般不需保养和检修。控制单元应能对分断、重合的次数计数，记忆每次分断、重合操作后的时间，在全部操作完成后使重合器闭锁在分断状态，并将程序复位到原始的设置状态等功能。当重合器并未完成全部分断、重合操作，而前次重合闸操作后的时间已超过预设时间，仍未出现分断操作信号，说明前次出现的线路故障是瞬时故障。控制单元要保证在这种情况下，自动将程序复位到初始状态。

传统重合器的操作自动控制单元基本有液压式和电子式两种。就其发展过程和使用的电路元件，电子式可以分为分立元件的控制单元、集成元件控制单元和单片机控制单元。分立元件的控制装置在控制功能方面远不如后面两种，而微机控制单元更因其具有数据采集、软件实现时间—电流曲线、网络通信等功能，成为现代配电网自动化系统实现全网计算机网络管理与控制的一种远方终端设备。

无论何种类型的重合器操作自动控制单元，都应能根据设置选择相间和接地跳闸程序，选择闭锁操作程序；可以设定相间和接地最小电流值；设置一次跳闸—重合操作的时间，重合后到下次分断操作的时间，并完成定时功能；设置并完成重合和分断操作的次数；还应能记忆和清除（复位）已经完成的工作状态。

5.2.2　分段器

自动线路分段器（Automatic Line Sectionalizers）简称分段器，是一种在无电流的情况下能自动完成分、合闸操作的开关电器。在配电网中，它串联于重合器的负荷侧，其功能是在线路发生永久性故障时，隔离故障线路区段，达到识别故障位置的目的。因此，分段器的控制器应当具有计数（记录）故障次数、定时、预设计数次数和定时时间、清除记录等功能。分段器应能自动检测故障电流，并在检测到的电流达到设定的分段器的启动电流值时，启动控制单元工作，开始对故障信号的出现次数计数。根据分段器在线路中距离重合器的位置，记录故障次数的设定值不同，距离越远，设定值越小，但最大值必须小于所串联的重合器操作设的定值，最小值为 1。由于分段器的一次开关不允许分断和接通故障电流，它必须在重合器分闸操作后分断。当控制单元记录的故障电流出现次数达到预定值，表示故障电流就在本区段，控制器将在预定时间达到，重合器分断时，接通分段器的分闸电路使其分断，并同时清除本次工作记忆，将分段器闭锁于分闸状态，从而切断故障线路区段，使重合器可以再次重合成功，恢复对电网其他部分的供电，将故障停电范围限制到最小。若分段器在预设的故障次数计完以前，已经检测不到故障电流信号，即表示前次线路故障为瞬时性故障，或某地的永久故障已被其他设备切除。这种情况下，分段器将保持原来的合闸状态，保证在重合器重合成功后，线路能够正常供电，同时应当清除原来的故障记录，保证以后对故障的正确判断。

5.2.3　自动配电开关

与重合器和分段器不同，自动配电开关检测线路电压，并以电压的有、无来接通和分断电路。它的一次开关是真空开关，按开断负荷电流和接通短路电流来设计。它可与重合器配合，构成电压型的初级配电网自动化方案。自动配电开关由真空开关、提供真空开关操作动力的电源变压器和故障区段指示器组成。真空开关操作机构受励磁线圈控制，给励磁线圈施加电压，开关接通，励磁线圈失去电压，开关自动分断。故障检测器用来检测真空开关两侧的电压，故障检测器检测到真空开关电源侧有电压时，才能使真空开关接通。故障区段指示器安装在线路出口处，线路发生故障时，指示故障发生的线路区段。

自动配电开关有两种职能：①正常运行时作为闭合点，在电网为辐射式结构时，使用这种职能；②正常运行时作为断开点，在电网为环网时用到这种职能，以便封闭式电网开环运行。利用配置在故障检测器底部的操作手柄可以改变自动配电开关的职能。自动配电开关时间特性的最大特点，是不采用传统继电保护中顺时差选择性配合的方法，而采用逆时差选择性配合的方法。

5.2.4　成套组合电器

成套技术把变电站或成套开关设备作为一个整体来考虑，既考虑了电网在整体上对开关设备的要求，又兼顾了开关及其他电器元件之间的相互配合。因而成套组合电器作为电力系统的一个子系统，其适应性更强，结构上更科学，使用更可靠。使用成套组合电器可大大缩短系统安装、调试时间，减少元器件在安装调试过程中可能出现的失误，具有更高的技术含量。现代城市乃至乡镇的供电系统，给设备提出了占地少、投入运行快、可靠性高、抗污染、低噪声、不可燃等要求。为此，人们相继开发出环网开关柜、箱式变电站、气体绝缘开关柜、熔断器-接触器组合（F-C 回路）开关柜等成套组合电器，且二者合一的成套组合设备，如充气式环网开关柜也已面市。各类成套组合电器的自动化、智能化程度也越来越高。

从以上对配电网用的各种开关电器分析可以看出，无论实施电流型方案还是电压型方案，采用现有的重合器、分段器和自动配电开关，都是利用它们之间动作时间的严格配合，实现选择性保护。由于不能真正做到在配电网中各电器开关元件与控制主站之间、各电器开关元件之间信息相互交换与共享，这种配电网自动化只能是最低层次的初级自动化，高层次的配电网自动化必须具有网中各设备的资源共享、现场设备应能与控制管理中心进行信息交换的功能。这类用于高层次配电自动化系统现场开关设备的智能监控单元，就是配电网自动化远方终端单元（Distribution Automation Remote Terminal Unit，DA-RTU）。

5.3 配电网自动化远方终端设备

5.3.1 DA-RTU 概述及其特点

DA-RTU 用于配电系统中的变压器、断路器、重合器、分段器、柱上负荷开关、环网柜、调压器、无功补偿装置的监控与保护，与配电自动化主站通信，提供配电系统运行状态监测、控制及管理所需的数据，执行主站下达的对现场配电设备的调节与控制指令。它的功能设置、数据采集及处理的精度、工作的可靠性直接影响着配电自动化系统的性能。

根据应用对象的不同，DA-RTU 可分为两类：一类用于变电站和开闭所，称为站内 RTU；另一类安装在户外线路上，用于柱上开关、环网柜等线路开关设备的监视及控制，称为线路 RTU 或 FTU（Feeder Terminal Unit）。这些装置既要为配电自动化主站服务，完成现场数据的上传和配电自动化主站指令的下达，同时还应能独立完成运行现场设备的当地保护、控制（如低周减载、备用电源自投）、部分运行数据的存储（如故障录波）等功能。因此，DA-RTU 应该是一种具有综合功能的，用于现场开关设备的智能电子装置（Intelligent Electronic Device，IED）。本节主要讨论不具保护功能的 DA-RTU。

由于 DA-RTU 的运行环境差别很大，从只监控一条线路的柱上开关，到管理几条线路的环网柜，甚至十几条线路的开闭所、变电站。不同应用场合，对输入输出量的要求从几个到上百个不等，若采用集中式结构，将很难满足各种不同的运行要求。DA-RTU 所检测的电力设备的模拟量及开关量信号，需要用长距离的电缆接入，电缆需要量大，施工极为不便。因此，DA-RTU 宜采用分布式设计技术，即每一个 DA-RTU 监控一定数量的配电设备，配置相应数量的输入输出端口。每个 DA-RTU 都带有局域网通信接口，具有数据转发功能，若干个这样的 DA-RTU 连成一个电器智能化局域网，完成更多的配电设备的监控工作。

5.3.2 配电自动化远方终端的基本功能

1. 基本要求

（1）常规 RTU 的"四遥"功能。首先，DA-RTU 应具有常规调度自动化 RTU 的遥测、遥信、遥控、遥调功能。除测量正常负荷状态下的电压、电流、有功功率、无功功率、视在功率、功率因数、有功电能、无功电能、电网频率外，还应能测量零序、负序电压及电流等反映系统不平衡程度的电气量。

（2）配电网故障信息采集处理功能。配电网自动化系统是一个配电网及其设备运行的综合管理系统，应具有故障定位、自动隔离故障及恢复供电、配电网网络重构等故障管理功能。因此，DA-RTU 要能够采集并处理故障数据及信息，这是它区别于常规的调度自动化 RTU 的一个重要特点。

DA-RTU 需要采集的故障信息一般有：

1）故障电流、电压。实际应用中，要求记录故障电压和电流的波形。为了简化装置的构成及减少数据传输量，也可以只记录几个关键的故障电流和电压的幅值，如故障发生时刻及故障切除前、后的值。

2）故障发生及故障持续时间。

3）故障电流方向。在采用双端电源供电的线路或环网供电的配电网中，DA-RTU 需要检测故障电流的方向，以便确定故障位置，实现故障线路区段隔离后的网络结构重组。

4）小电流接地故障检测。DA-RTU 应能检测小电流接地系统出现单相接地时产生的零序电流，以便配电网自动化系统确定接地故障的位置。

如果仅仅完成线路故障区段定位，主站只需知道 DA-RTU 所监视的设备有无故障电流流过，在这种场合下，往往不要求 DA-RTU 精确地测量故障电流的数据，只需要产生一个有故障电流的标志，作为"软件开关量"。

（3）电能质量测量功能。提高供电质量是实施配电网自动化的主要目的之一，因此，要求 DA-RTU 应能够检测电能的品质，包括供电电网中的谐波、电压波动、电压闪变等参数。

（4）断路器在线监测功能。通过测量记录断路器累计切断故障电流的水平、动作时间、断路器动作次数等参数，间接地估量断路器触头受电腐蚀的程度，以及断路器机械性能的变化情况，为对断路器进行状态检修提供依据。累计切断电流的水平定义为 $\Sigma I^2 \Delta t$，其中 I 表示断路器切断的故障电流有效值，Δt 为断路器触头的燃弧时间。断路器动作次数是指断路器进行分/合操作的次数。

（5）PLC 功能。在 RTU 中集成 PLC 功能，是 DA-RTU 的一个重要的发展目标。利用 PLC 功能，可以实现低周减载、备用电源自投、无功补偿电容器的自动投切、线路自动故障分段等当地自动控制功能。

为此，RTU 的制造商在 PC 中提供了相应的运行软件，用户可以方便地用专用语言对 RTU 的输入（包括模拟量、开关量）及输出（开关量）模块进行编程，并设定 RTU 所完成的逻辑控制功能。

（6）数据转发功能。配电网自动化的通信网络一般采用主干网与各类供电小区内的分支通信网结合的结构，位于主干节点上的变电站、开闭所所配置的 RTU 或线路开关设备的 FTU，需要转发附近其他现场智能开关设备的数据。为了优化分支通信网的结构，要求一些位于分支网节点上的 DA-RTU 也具备数据转发功能。

以上介绍了 DA-RTU 的基本功能。实际上，由于被监控的设备不同、应用现场的要求不同，对 RTU 功能的要求也不相同，应根据具体的应用情况设置相应的功能。

2. 线路 RTU（FTU）的特殊要求　在我国，配电网中越来越多地采用了安装在线路中的柱上开关、环网柜、电容器无功补偿装置等设备，对这些线路设备的监控是配电网自动化的重要内容。用于线路设备监控的 RTU（即 FTU）需有以下的特殊要求：

（1）能适应较恶劣的运行环境。由于这类设备是户外运行，其智能监控单元必须能在 $-40 \sim +85℃$ 温度变化范围内正常工作，并且要具有良好的防潮、防雨、耐腐蚀性能。FTU 安装在电力线柱上或成套电器设备柜内，要承受高电压、大电流、雷击等干扰，应有很高的抗干扰能力。

（2）体积小，便于安装。FTU 一般是安装在电力线柱上或成套电器设备柜内，安装空间有限，体积应尽可能小。从减少体积、抗震、可靠等角度考虑，FTU 不宜采用总线插件式结构，所有电路芯片和元件应尽量放置在一块 PCB 板上。如果必须使用多块 PCB 板，应使用电缆，通过插针式连接件连接。

（3）功耗要小。FTU 内部电路通常由被监控的设备中的电压互感器或备用蓄电池组（线路失电压时）供电，电源容量有限，要求 FTU 的功耗尽量小。

我国对 FTU 研究开发工作开展得较晚，与发达国家先进水平还有一定的距离。但近年来，也开始有国产化的 FTU 产品挂网运行。为适应我国配电网自动化发展的需要，中国电动机工程学会城市供电专业委员会已起草了《配电系统自动化规划设计导则》，对各种远方终端设备的功能及技术指标提出了明确的要求。

5.3.3　DA-RTU 的故障检测方法

1. 短路故障检测　一般在具有测量和保护功能的智能电器监控单元中，为了提高测量和保护精度，要求被监控对象同时配备保护与测量用的 CT。但从简单、经济等方面考虑，特别是用于监控柱上开关、环网柜的 DA-RTU，通常不采用这种方法，而只配备一种 CT。测量用 CT 虽然可以保证测量的精度，但在发生短路故障时，CT 饱和，将给故障检测带来很大的误差。目前，国外研制出了一种用于柱上开关及环网柜监控的饱和型 CT，铁心采用易饱和型材料做成，并带有一定的气隙。这种饱和型 CT 的特性接近测量用 CT 的特性，但饱和电流值比一般测量用 CT 大一些。国内生产的线路配电自动化开关设备一般是只装设保护 CT，发展的趋势是安装饱和型或测量 CT。

在使用 DA-RTU 的线路中，故障区段是由控制主站通过比较监控区内各 DA-RTU 的故障检测结果来确定的，只要测出有故障，即可判断出故障区段。因此，DA-RTU 不需要传统的配电电器开关操作控制单元那样的选择性功能，只需检测有无故障电流出现。另一方面，DA-RTU 对电力设备运行状态的监控是实时在线进行的，只要在设计中保证有充分的时间对采样数据进行分析判断，就能可靠地检测故障。使用保护 CT 检测故障的 DA-RTU 一般要预设故障电流阈值（整定值），通过对电流采样值的处理和分析，根据线路电流是否超过整定值来判断是否出现故障。故障电流阈值的选择必须超过最大负荷电流值。有些线路在开始投入运行时，所谓"冷启动"的负荷电流可能很大，应当设定相应的动作延时避开这种启动电流。

2. 小电流系统单相接地故障检测　我国配电网基本采用小电流接地方式。由于接地电流小，对单相接地故障的检测相当困难。由于发生单相接地故障时，三相系统中将会产生零序电流。分析可知，零序电流的暂态分量值远大于稳态分量值。因此，利用零序电流暂态分量值检测单相接地故障，可以提高灵敏度。但由于对瞬时信号的记录及处理要求 A／D 转换器和处理器具有非常高的速度，这种单相接地故障检测方法实施起来，有一定的难度。因此，也常常采用计算零序电流稳态分量的基波或某次谐波（一般为 3 次或 5 次）的方法来确定单相接地故障。另一方面，相当一部分单相接地故障是间歇式电弧接地故障，故障点电弧不稳定，产生一个持续的暂态过程，影响基于稳态基波或谐波分量检测方法的准确性。在实际应用中，单相接地故障还可以通过计算零序电流的真有效值（即均方根值）来识别，控制主站比较监控区内不同的 DA-RTU 在同一时刻检测到暂态零序电流真有效值，就可以确定故障线路区段。

影响小电流接地故障检测的另一个关键因素，是零序电流互感器的设置问题。使用电缆馈线的系统中，可以较方便安装零序电流互感器检测零序电流。但在配有三相 CT 的架空线路中，就只能通过 CT 求出三相线路电流，根据它们之和来求得零序电流。

3. DA-RTU 的配置及维护　在不同的应用场合，DA-RTU 采集的数据类型、数量以及控制和通信功能，往往都有很大的差别，使得面向具体工程应用的二次开发设计工作量很大。因此，DA-RTU 的发展方向，应该是一个开放的、电力自动化装置的开发平台。硬件必须模块化设计，可扩展性要好，软件应用层次化结构设计，采用实时多任务操作系统，便于新的功能模块植入。DA-RTU 实际能完成的功能，由设在内存中的配置（Configuration）方式字确定。用户可以基本不依赖生产厂商，只通过修改配置方式字，就能改变装置的功能。这大大地减少了工程应用的开发工作量，提高了装置的性能价格比。

一般 DA-RTU 配有专用的维护通信口，可以直接与 PC 机连接，用户在台式 PC 机上通过执行专用程序，即可在线检查、修改装置的配置方式字，监测装置的测量数据及运行状态。有些 RTU 甚至可以通过维护通信口把应用程序模块装入台式 PC 机，可以方便地更改有错误的程序，增加新的功能。通过 DA-RTU 对控制主站的通信口，操作人员还能够在主站通过通信网络上装或下载装置的配置方式字。

5.4　馈线自动化及其实现

5.4.1　馈线自动化技术概述

馈线自动化（Feeder Automation，FA）是配电网自动化的一个重要方面，是对配电线路上的电力设备进行远方实时监视、协调及控制的系统集成。其范围包括变电站的变压器二次侧出线口到线路终端的负荷。高电压馈电线路的负荷一般是指二次降压变电站；中等电压馈电线路的负荷包括大电力用户或配电变压器；低电压馈电线路的负荷则是广大用户。

馈线自动化主要有以下几项功能：

1. 数据采集与监控（SCADA）　馈电线路的数据采集与监控以所谓"四遥"（遥信、遥测、遥控、遥调）功能为特征。线路管理和控制中心通过通信网络从各智能线路设备获得现场的各种模拟量数据（遥测）、开关量信息（遥信），向各智能线路设备下达分、合闸命令（遥控），以及对线路的电压、频率、有功功率、无功功率等参量的调节命令（遥调），完成对线路的监控与管理。

2. 故障信息采集，故障自动定位，隔离并自动恢复供电　当线路发生瞬时性故障时，能自动识别，并且不影响线路的正常供电。当线路出现永久性故障（包括小电流接地故障）时，能迅速定位、隔离故障，并自动恢复无故障区段的供电。

3. 无功控制　对线路的无功控制包括线路电压的调整和无功功率的控制。线路电压调整通过改变变压器一次侧分接开关触头位置实现；线路的无功功率控制则是控制无功补偿装置中电容器组的自动投切。

4. 电能质量监测　检测线路电压波动、电压闪变、电压畸变及谐波等参数，并通过通信网络上传到管理控制中心。

据统计，计划检修及故障是造成停电的主要原因。我国已明确提出了供电可靠性达到 99.96% 的要求，配电自动化是实现这一目标的重要措施，而故障定位、隔离及自动恢复供电，是保证供电可靠性最重要的因素，也是一个采用传统方法难以实现的功能。如上所述，馈线自动化是配电自动化系统的重要组成部分，具有减少停电时间、提高供电可靠性和供电质量、减少线路运行维护费用的作用。因此，采用馈线自动化技术，真正实现配电网线路的故障定位、隔离及自动恢复，应是我国近期配电网自动化的主要实施目标。

5.4.2　馈电线路故障自动隔离与恢复供电的主要方案

1. 当地控制　当地控制是利用变电站馈线断路器与具有操作自动控制功能的重合器或分段器，在线路故障时按照规定的程序执行操作，通过这些线路开关电器动作时间的配合，完成线路故障的隔离，恢复对非故障线路的供电。当地控制有电压控制和电流控制两种实施方案。

（1）电压控制方式。采用重合器和自动配电开关。在双端供电的线路中，自动配电开关作为分段开关，采用"常闭"工作方式，在开关控制器检测到两端没有电压信号时分闸，检测到任何一侧有电压时合闸。若在合闸后一预定时间内再一次检测到没有电压，说明下一段线路有永久性故障，分闸后闭锁，不再合闸。在环网供电的系统中，自动配电开关作为联络开关，采用"常开"工作方式。开关控制器检测到两侧有电压，说明线路工作正常，使开关处于分断状态；若检测到一侧失电压，控制开关合闸。

（2）电流控制方式。采用自动重合器与线路自动分段器配合的方式。线路自动分段器的控制器能够预设故障电流阈值和故障电流脉冲次数，线路电流超过预设阈值时，即产生一个故障电流脉冲，同时对故障电流脉冲计数，在达到预设的计数次数后，自动控制分段器分闸操作，从而隔离故障线段。

采用电流控制方案比电压控制方案简单，线路分段器动作次数较少。如果线路上有两个以上的分段器，它们之间动作电流整定配合比较复杂。由于电流控制方案没有电压检测功能，所以它不适用于环网供电的系统。

可以看出，当地控制不需要通信网络就能实现线路故障的隔离，但是线路开关电器必须具有切断或重合故障电流的能力，故障电流多次重合对设备及线路冲击大，线路开关电器之间配合的整定比较复杂，不具有根据线路负荷、潮流等情况完成优化的网络重构的能力。此外，在使用电力电缆的配电网线路中，不采取重合闸方式，不能使用当地控制。

2. 远方遥控　远方遥控采用具有电动操作能力的负荷开关以及具有远方通信能力的现场测控装置FTU。故障发生后，FTU 通过通信线路将故障信息送到控制中心，控制中心根据 FTU 上传的信息进行故障定位，经通信线路下发操作命令，隔离故障点，恢复非故障区段的供电。这种方式需要架设专用通信线路，成本较高。

智能电器应用的推广，电器智能化网络技术提高和完善，通信可靠性的提高和通信网络造价降低，为广泛采用 SCADA 监控系统配合遥控负荷开关、分段器来实现故障区段的定位、隔离及恢复供电提供了良好的条件，也为配电网自动化的其他功能奠定了基础。

5.4.3　基于自动化开关设备相互配合的馈线自动化

1. 重合器与分段器　重合器是用于配电网自动化的一种智能化开关设备，它本身具有控制及保护功能。它能检测故障电流并能够按照预定的开断和重合顺序在交流线路中自动进行开断和重合操作，并在其后自动复位和闭锁。它预置了多条 $I-t$ 曲线，其中有一条快速和多条慢速动作曲线。实际动作时，重合器按快速动作曲线和整定的一条慢速动作曲线进行多次

分、合操作。如图 25.5-2 所示，当重合器的重合次数设为 1 时，重合器消除瞬时故障的过程。重合器遇到故障时跳开，经过设定时间的延时，再次闭合开关，如果这次的故障恰好是瞬时性故障，那么重合成功［如图 25.5-2（a）所示］；如果这次的故障是永久性故障，重合失败［如图 25.5-2（b）所示］，开关闭合后再次跳开。重合器的重合次数也可设置为 2次、3 次或 3 次以上，这主要是为了和线路上其他设备（如分段器、重合器等）的配合。

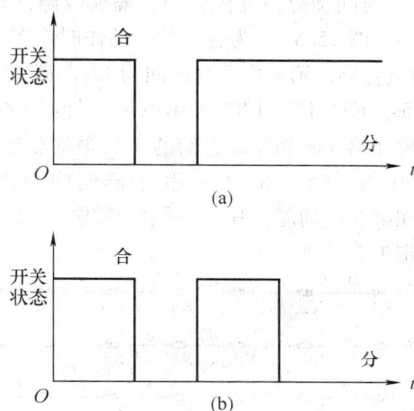

图 25.5-2　重合闸过程

重合器有电流-时间型和电压-时间型两种。反映故障电流跳闸后能重合的称为电流-时间型。这种重合器既作为保护跳闸用，又能实现 1～3 次重合闸。电压-时间型重合器是线路失电压分闸，来电后延时重合。电压-时间型重合器多用在环网中，作为联络重合器。

分段器是配电网中用来隔离故障线路区段的自动开关设备。它由切除负荷的灭弧室和隔离刀开关及控制器组成。分段器不具备 $I-t$ 特性。一般安装在10kV 配电网的分支点或规定的分段点，与重合器或断路器或熔断器相配合，串联于重合器与断路器的负荷侧，在无电压或无电流情况下自动分闸。

分段器按识别故障的原理不同，可分为过电流脉冲计数型（电流-时间型）和电压-时间型两大类。电流-时间型分段器通常与前级开关设备（重合器或断路器）配合使用，它不能开断短路电流，但具有记忆前级开关设备开断故障电流动作次数的能力。电压-时间型分段器是凭借加电压、失电压的时间长短来控制其动作的，失电压后分闸，加电压后合闸或闭锁。

电压-时间型分段器有两个重要参数需要整定。其一为 X 时限，它是指从分段器电源侧加压至该分段合闸的时延；另一个参数为 Y 时限，它又称为故障

检测时间，它的含义是若分段器合闸后在未超过 Y 时限的时间内又失压，则该分段器分闸并被闭锁在分闸状态，待下一次再得电时也不再自动重合。

重合器与分段器配合使用可以实现馈线自动化功能。重合器与电压-时间型分段器的配合主要是重合器的重合时间间隔和各分段器延时合、分闸的时间之间的巧妙配合。

2. 重合器和电压-时间型分段器配合　图 25.5-3 为一个典型的开环运行的环状网在采用重合器与电压-时间型分段器配合时，隔离故障区段的过程示意图，图 25.5-4 为各开关的动作时序图。其中 D1 采用重合器，第一次重合时间为 15s，第二次重合时间为 5s。K1、K2 和 K3 采用电压-时间型分段器，并且设置在第一套功能，它们的 X 时限均整定为 7s，Y 时限均整定为 5s；K4 亦采用电压-时间型分段器，但设置在第二套功能，其 X_L 时限均整定为 45s，Y 时限均整定为 5s。

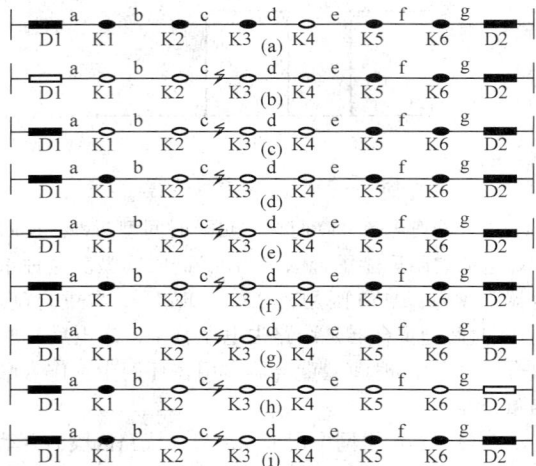

图 25.5-3　环网开环运行时
故障区段隔离的过程

图 25.5-3d（a）为该开环运行的环状网正常工作的情形；图 25.5-3（b）描述在 c 区段发生永久性故障后，重合器 D1 跳闸，导致联络开关左侧线路失电压，造成分段器 K1、K2 和 K3 均分闸，并起动分段器 K4 的 XL 计数器；图 25.5-3（c）描述事故跳闸 15s 后，重合器 D1 第一次重合；图 25.5-3（d）描述又经过 7s 的 X 时限后，分段器 K1 自动合闸，将电供至 b 区段；图 25.5-3（e）描述又经过 7s 的 X 时限后，分段器 K2 自动合闸，此时由于 c 段存在永久性故障，再次导致重合器 D1 跳闸，从而线路失电压，造成分段器 K1 和 K2 均分闸，由于分段器 K3 合闸后未达到 Y 时限（5s）就又失电压，该分段器将被闭锁；图 25.5-3（f）描述重合器 D1 再次跳闸后，又

经过 5s 进行第二次重合，随后分段器 K1 自动合闸，而分段器 K2 因闭锁保待分闸状态；图 25.5-3（g）描述重合器 D1 第一次跳闸后，经过 45s 的 X_L 时限后，分段器 K4 自动合闸，将电供至 d 区段；图 25.5-3（h）描述又经过 7s 的 X 时限后，分段器 K3 自动合闸，此时由于 c 段存在永久性故障，导致联络开关右侧的线路的重合器跳闸，从而右侧线路失电压，造成其上所有分段器均分闸，由于分段器 K3 合闸后未达到 Y 时限（5s）就又失电压，该分段器将被闭锁；图 25.5-3（i）描述联络开关以及右侧的分段器和重合器又依顺序合闸，而分段器 K3 因闭锁保持分闸状态，从而隔离了故障区段，恢复了健全区段供电。

可见，当隔离开环运行的环状网的故障区段时，要使联络开关另一侧的健全区域所有的开关都分一次闸，造成供电短时中断，这是很不理想的。制造公司就这个问题做出了改进，具体作法是：在重合器上设置了异常低压闭锁功能，即当重合器检测到其任何一侧出现低于额定电压 30% 的异常低电压的时间超过 150ms 时，该重合器将闭锁。这样在图 25.5-3（e）中，分段器 K3 就会被闭锁，从而在图 25.5-3（g）中，只要合上联络开关 K4 就可完成故障隔离，而不会发生联络开关右侧所有开关跳闸再顺序重合的过程。

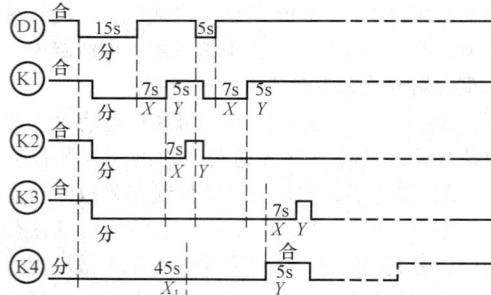

图 25.5-4　各开关的动作顺序图

5.4.4　基于智能化终端单元和通信网络的馈线自动化

由于基于自动化开关设备相互配合的馈线自动化方案存在切断故障时间较长，系统可靠性低，可能扩大事故影响范围，仅在故障时才能发挥作用，不能远方遥控完成正常的倒闸操作，不能实时监视线路状况，无法掌握用户用电规律，以及不能最优地管理运行电网等缺点，再加上随着电子与通信技术的发展所导致的馈线 FTU 和通信网络建设成本的降低，在一些对供电质量和可靠性要求相对较高的配网系统中，采用基于智能化终端单元和通信网络的馈线自动化方案将是一个很好的选择。

1. 基本概念　基于智能化终端单元和通信网络的馈线自动化是通过在变电所出口断路器及户外馈线分段

开关处安装柱上馈线终端单元 FTU，以及在配电变压器处安装配电变压器监测单元 TTU，并建设可靠的通信网络将它们和配电网控制中心的 SCADA 系统连接，再配合相关的处理软件所构成的高性能自动化控制系统。

该系统在正常情况下，远方实时监视馈线分段开关与联络开关的状态和馈线电流、电压情况，并实现线路开关的远方合闸和分闸操作，以优化配网的运行方式，从而达到充分发挥现有设备容量和降低线损的目的；在故障时获取故障信息，并自动判别、隔离馈线故障区段以及恢复对非故障区域的供电，从而达到减小停电面积和缩短停电时间的目的。其主要功能包括：①配网馈线运行状态监测；②馈线故障检测；③故障定位；④故障隔离；⑤馈线负荷重新优化配置（网络重构）；⑥无故障区段供电恢复；⑦馈线过负荷时，系统切换操作；⑧正常计划调度操作；⑨馈线开关远方控制操作；⑩统计及记录：开关动作次数累计、供电可靠性统计、事故记录报告、负荷记录等。

基于智能化电器和通信网络的馈线自动化系统一般采用基于环状网的配电网络，实现以"手拉手"方式环网供电，优化配网结构。在设备选型上要采用可靠的、长寿命的可远程操作，并且少维护或免维护的负荷开关。要有功能完善、满足室外恶劣环境的与负荷开关配套监控 FTU，同时要有可靠的、高速率的通信网络。一个高性能的通信系统的建设是配电馈线自动化系统实施成功的关键之一。主站软件要功能完善，硬件上有足够的处理速度和裕度，确保电网正常与故障情况时运行的可靠性。

2. 系统构成　基于智能化电器和通信网络的馈线自动化系统可分为一次设备、控制箱（FTU）、分散多点通信子系统、FA 控制子站及 SCADA／DMS（配电管理系统）主站等 5 个层次。图 25.5－5 给出

一个典型系统的例子，其中 FA 控制主站可设在变电所内，也可单独设置在主控制室内。

（1）一次设备。

1）开关。馈线自动化所选用的负荷开关、分段器要具备电动操作功能。在电缆线路中采用台式安装方式，而在架空线路上采用柱上安装方式。从实现故障区段的隔离及恢复供电的功能角度来说，线路开关是在变电所内断路器切除故障后，线路处于停电状态下操作的，可选用无电流开断能力的"死线"（deadline）分段开关，以减少开关的投资。

2）电压、电流互感（感）器。传统的电压、电流互感器体积大、成本高，不适于在变电所外的线路上使用。馈电线路监控系统对电压、电流转换器的负载能力及精度要求相对较低，一般使用电压、电流传感器装置。这些传感器体积小、造价低，它们内嵌在绝缘子内，配套安装在柱上开关上或线路开关柜内。

（2）FTU。FTU 是基于 FTU 的馈线自动化系统的核心设备，其性能要求主要有：①遥信功能；②遥测功能；③遥控功能；④统计功能；⑤对时功能；⑥时间顺序记录（SOE）；⑦事故记录；⑧定值远方修改和召唤；⑨自检和自恢复功能；⑩远方控制闭锁与手动操作功能；⑪远程通信功能；⑫抗恶劣环境；⑬电能量采集；⑭微机保护；⑮故障录波等。以上功能可根据需要选择配置。

（3）通信网络。配电自动化系统需要一个有效的广域通信网。但相对于输电网调度自动化系统，馈线自动化通信的特点是点多、分散，但距离较短，要交换的信息量少，速率要求相对较低。对它的要求除可靠、成本低外，还应考虑不受配电网故障的影响以及能在线路故障时正常通信。可供选择的通信方式有：①无线电通信；②配电线载波；③专用线缆；④光纤；⑤电话线；⑥卫星通信。在实现馈线自动化系统时考虑尽量降低成本，可以在采用通信方式上应因地制宜，同时在某些情况下应采用多种通信方式混合的手段。

通信规约宜采用符合 OSI 系统模型的开放式规约（如 IEC807－5－101 规约），力争做到接口标准化规范化，便于选用不同公司的产品构筑系统，保证系统具有良好的可扩展性。

（4）FA 控制子站。为达到迅速、准确地处理配电事故，提高电网安全可靠性，减轻 SCADA 主站的负担，缩短信道的距离，减少误码率的目的，增设了 FA 控制子站。在正常运行时，FA 控制子站实际上是一个通道集中器和转发装置，它将众多分散的采集单元集中起来和上级配电管理系统主站联系；而在故障

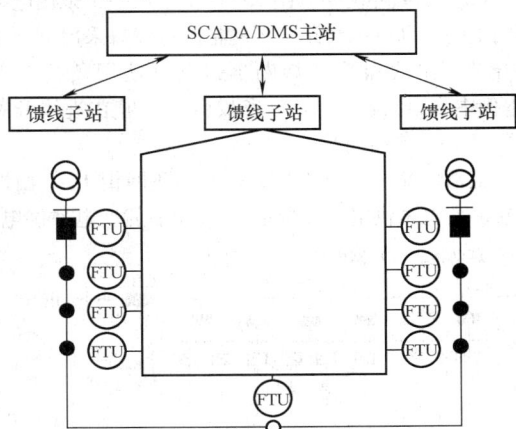

图 25.5－5　典型的基于 FTU 的
馈线自动化的组成

情况下，FA 控制子站可以将自身范围内的故障进行快速隔离，对自身不能隔离的故障，将故障信息快速上报便于上级主站处理，减轻上级主站的负担。

（5）SCADA/DMS（配电管理系统）主站。SCADA 主站系统是馈线自动化系统的控制与管理中心，它一般采取客户/服务器（Client / Server）结构，辅以浏览器/服务器（Web / Server）模式，以 SCADA 系统作为基本平台，配合各种应用软件完成 FA 的功能。其体系结构由以下系统模块构成：

1）数据采集功能模块。采集所有馈线开关的电流、电压等运行信息和开关位置等状态信息。

2）数据处理模块。实现正常运行时负荷优化分配，故障时合理地进行正常区段恢复供电；通过对开关位置等信息的处理，对各类开关动作的顺序和次数进行统计登记，以图标或表格的方式显示或打印有关信息，供运行人员及时了解故障情况。

3）控制操作功能模块。正常运行过程中根据运行方式的需要，带负荷遥控投切馈线开关或线路上的其他可操作开关设备，遥控投切空载线路、空载变压器或线路电容器；当馈线上故障时，能通过开关设备的操作自动隔离故障区段，恢复非故障线路的供电。

4）报表功能。自动生成各种表格，如日报、月报和年报表等，表格的形式和大小由用户任意定制生成，各类报表可以定时打印，也可以随时打印。

5）事故告警功能模块。遥测量越限，设备运行异常，保护和开关运作时发出声、光报警信号，并打印，归档备查。

6）图形功能模块。用户可自行编辑、绘制各种图表，提供多窗口的画面显示，画面具有平移、滚动、缩放、漫游和自动整理等功能。

7）系统时间管理模块。由于运行信息以及开关动作信息的时间属性关系到程序处理的正确性，全网时间必须保持一致。时间显示格式可以由用户根据自己的习惯选择。

8）状态估计功能模块。由于终端设备故障或外界对终端设备和通信信道的干扰，系统的遥测量和遥信量有可能出现中断或差错值，从而造成系统处理的错误。为了保证系统正常工作，必须对初步量测值经过状态估计模块处理后再送入数据处理模块进行处理。

9）数据库管理功能。借助窗口，通过数据库管理软件，用户可以方便地对数据库进行创建、删除、修改、读写、检索和显示，但不能修改实时数据，特别是电量数据。通过该软件，可以保证配网馈线自动化系统内各工作站数据的一致性。

10）通信管理和信息解释模块。负责接收所辖范围内的变电所和各现场终端上传数据并对其进行解释，在硬盘中建立运行信息数据库（主要包含电压、电流等运行参数信息以及开关位置等状态信息）。

11）与上级调度系统关联模块。负责从上级系统中获取本系统需要的控制运行信息，将上级系统需要的信息提供给上级系统，保证两系统之间信息共享。

3. 故障恢复　不同结构形式的馈电线路，故障隔离及恢复供电的控制方案不同。

（1）架空环网。以图 25.5 - 6 给出的两条线路组成的简单环网为例。当线路 F 点发生故障时，变电站

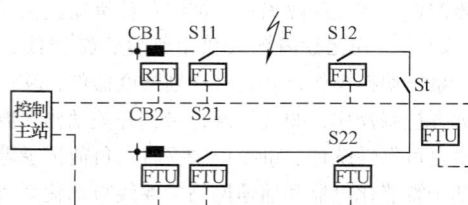

图 25.5 - 6　架空环网故障定位、隔离及
自动恢复供电示意图

内的断路器 CB1 经两次重合后检测出永久故障，并闭锁。线路上各 FTU 同时进行故障检测，并将结果送到控制中心。由于配置在开关 S11 处的 FTU 检测到故障电流，检测结果是有故障；而配置于开关 S12 处的 FTU 因该处没有故障电流，检测结果是没有故障。主站根据两处 FTU 的检测结果，可以确定故障线路区段位于 S11 与 S12 之间，即下发操作命令断开负荷开关 S11、S12，重合断路器 CB2，然后合上环网联络开关 St，恢复正常线路供电。由于采用自动方式，故障停电时间仅需 1~2min。

（2）电缆环网柜。图 25.5 - 7 示出一个采用电缆环网柜的环网供电线路，环网柜的进线口采用电动负荷开关，出线口采用熔断器，也可使用负荷开关（本例中为熔断器）。为节省投资，一般在进线开关处配置 FTU 进行监控。

正常情况下，开关 S22 打开，环网柜 1、2 由图中左侧变电站供电，环网柜 3、4 由右侧变电站供电。

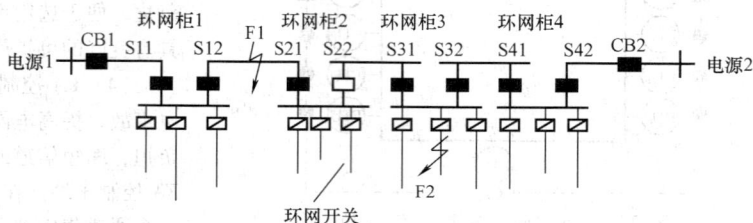

图 25.5 - 7　环网柜故障隔离及恢复供电示意图

如果线路上 F1 点发生故障，断路器 CB1 跳开，主站根据各环网柜进线口设置的 FTU 给出的相关信息，判断出故障点位置，遥控分断开关 S12 和 S21，切除故障线段，然后重合 CB1，接通 S22，所有的环网柜恢复供电。在 F2 点发生故障时，由相应的出线口熔断器熔断，切除故障。

（3）开闭所。图 25.5－8 给出采用开闭所的供电

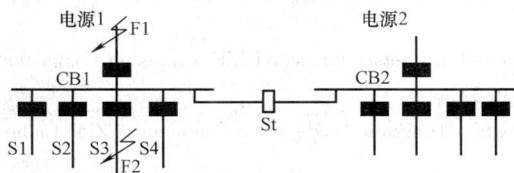

图 25.5－8　开闭所故障隔离与恢复供电方案

线路。为节省投资，开闭所的进线端配置带有保护监控单元的断路器，出线端配置负荷开关。开闭所设 DA－RTU 对所有的出线开关进行监控，检测并上报故障信息。

当电源进线 F1 点发生故障时，上一级保护动作，相应的断路器分闸。开闭所进线断路器 CB1 的监控单元检测到失压后控制分闸。接通联络开关 St，开闭所将恢复正常供电。如果在出线 F2 点故障时，断路器 CB1 监控单元检测到故障电流，并控制分闸，主站通过开闭所的 RTU 传送的信息，检测出故障线路，遥控分断开关 S3，切除故障线路，重合 CB1，恢复非故障线路供电。

参 考 文 献

［ 1 ］　王汝文，宋政湘，杨伟. 电器智能化原理及应用. 北京：电子工业出版社，2003.

［ 2 ］　Jorgens St. Optimization of AC3 - Lifespan with Electronic Controlled Magnet System Using an Example of Contactors for Nominal Current Between 185A and 820A. Proceedings of 19th International Conference on Electric Contact Phenomena. Germany，1998.

［ 3 ］　Terry S Davies, Nouri H, Fred W Britton. Towards the Control of Contact Bounce. IEEE Trands on Component, Packaging and Manufacturing Technology Part A. 1996，19(3).

［ 4 ］　Capp B. The Power Balance in Electrode Dominated Arcs with a Tungsten Anode and a Cadmium or Zinc Cathode in Nitrogen. J Phys D：Apply Phys, 1972，(5).

［ 5 ］　Davies T S, Nouri H, Jenkins T, et al. Erosion Control of AgCdO Contactor Contacts Using Electrics. 42th IEEEE Holm Conference on Electrical Contacts，1996.

［ 6 ］　马志瀛，陈晓宁，徐黎明，苏方春. 超高压 SF_6 断路器的智能操作［J］. 中国电动机工程学报，1999(7).

［ 7 ］　陈德桂. 交流接触器通断过程的智能操作［J］. 低压电器，2000(4).

［ 8 ］　杨纪明. 基于模糊神经网络的 SF_6 高压断路器智能操作控制的研究. 西安：西安交通大学，2000.

［ 9 ］　孙弋. 高压 SF_6 断路器脉冲编码调制控制及其模糊遗传优化. 西安：西安交通大学，2001.

［10］　林莘. 永磁机构与真空断路器. 北京：机械工业出版社，2002.

［11］　郑南宁. 数字信号处理. 西安：西安交通大学，1991.

［12］　吴道悌. 非电量电测技术(第 2 版). 西安：西安交通大学出版社，2001.

［13］　阳宪惠. 现场总线技术及其应用. 北京：清华大学出版社，1999.

［14］　王章启，何俊佳，邹积岩，尹小根. 电力开关技术. 武汉：华中科技大学出版社，2003.

［15］　罗毅，丁毓山，李占柱. 配电网自动化实用技术. 北京：中国电力出版社，1999.

［16］　王士政. 电网调度自动化与配网自动化技术. 北京：中国水利水电出版社，2003.

［17］　刘健，倪建立，邓永辉. 配电自动化系统. 北京：中国水利水电出版社，2003.

［18］　叶世勋. 现代电网控制与信息化. 北京：中国水利水电出版社，2005.

［19］　林振华. 一种低压框架式断路器的智能脱扣器的研制［D］. 西安：西安交通大学，2004.

［20］　罗珊珊，贺家李. 基于数字信号处理器的保护装置的研究［J］. 电力系统自动化，1999(23).

［21］　程利军. 微机继电保护装置电磁兼容研究［D］. 北京：华北电力大学，2001.

［22］　Perez R. Steps for the proper development of an EMC Control Plan［C］. 2002 IEEE International Symposium on Electromagnetic Compatibility，2002，2：766 - 771.

［23］　刘光斌，刘冬，姚志成. 单片机系统实用抗干扰技术［M］. 北京：人民邮电出版社，2003.

［24］　周浩敏. 信号处理技术基础［M］. 北京：北京航空航天大学出版社，2001.

［25］　申忠如，郭福田，丁晖. 电气测量技术［M］. 北京：科学出版社，2003.

［26］　张迎新，雷道振，陈胜，王盛军. 非电量测量技术基础［M］. 北京：北京航天航空大学出版社，2002.

［27］　方佩敏. 新编传感器原理应用电路详解［M］. 北京：电子工业出版社，1994.

［28］　何立民. 单片机应用系统设计［M］. 北京：北京航空航天大学出版社，1990.

［29］　冯涛. 开关柜微机测控系统的研制［D］. 西安：西安交通大学，1997.

［30］　王道军. 可编程逻辑在低压继电保护中的实现［D］. 西安：西安交通大学，2002.

［31］　郑锐. 中低压电力系统微机保护通用硬件平台的研制［D］. 西安：西安交通大学，2002.

第26篇

电力设备在线检测与故障诊断

主　编　成永红（西安交通大学）

执　笔　成永红（西安交通大学）

第 1 章　电力设备在线检测与诊断概述

1. 电力设备绝缘老化　是电力设备绝缘在运行状态下在一定的外界因素（如电、热、机械应力、环境因素等，常称为老化因子）作用下产生的一种不可逆过程，其作用机理极其复杂。电力设备绝缘老化通常不是一个单一因子作用过程，往往是多个因子协同作用的结果。

所谓电老化，是指在电场长期作用下电力设备绝缘系统中发生的老化，它包含放电引起的一系列物理和化学效应。随着外施电压的增加，绝缘系统中的放电加强，放电量和放电重复率均增加，导致电老化速度加快，绝缘寿命降低。所谓热老化，是指在热的长期作用下电力设备绝缘系统中发生的老化，有机绝缘材料在热的作用下发生热降解，使其电气性能和力学性能劣化。随着温度的上升，绝缘的热老化速度迅速增加。所谓机械老化，是指固体绝缘系统在运行过程中受到各种机械应力作用发生的老化，机械老化过程是绝缘材料在机械应力的作用下微观缺陷发生规则运动，形成微裂缝并逐渐扩大的过程。机械应力产生的微裂缝在强电场作用下将引发局部放电，从而加速绝缘系统的破坏。所谓的环境老化是指在水分、氧气、阳光辐射、化学尘埃等自然环境条件下和在高海拔地理条件下导致的绝缘系统表面老化，特别是当有机高聚物表面沉积污秽物后，在水和强电场的作用下将产生强烈的污秽放电，导致绝缘表面产生破坏。

2. 电力设备在线检测　是一种在电力设备运行状态下，利用系统运行电压进行的电力设备特征量的测量。测量可以是连续的，也可以是间断的。在线检测是一种非破坏性测量，由于测量是在运行过程中进行的，大大提高了试验的真实性与有效性，有助于及时发现电力设备潜在的缺陷和故障。

3. 电力设备在线监测　是一种在电力设备运行过程中，对表征电力设备运行状态的特征参数实施的连续测量，以期得到电力设备各特征参量随运行时间、运行电压、运行负荷、运行环境条件（温度、湿度）变化的规律，了解电力设备的当前状态。

4. 电力设备绝缘特征参量　是指能够表征和反映电力设备绝缘系统（结构）剩余寿命（剩余击穿强度）的各种可测量参数。绝缘特征量有两类：一类是直接表征绝缘剩余寿命的特征量，如耐电强度、机械强度；另一类是间接表征绝缘剩余寿命的特征量，包括电量参数（如介质损耗角正切、绝缘电阻、泄漏电流、局部放电相关参量等）、非电量物理参数（振动、温度等）、化学量参数（气体成分、湿度等）。不同电力设备由于绝缘结构、老化因子、老化因子作用规律和老化演变规律的不同，导致其绝缘特征参量不同。

5. 电力设备状态监测与诊断　是指对于电力设备进行持续的多特征量的在线监测，以及电力设备运行参量的连续监测，结合定期的离线的预防性试验相关结果，对电力设备绝缘状态进行的评估与诊断。

6. 电力设备故障检测与诊断　是针对电力设备出现的故障进行的各种试验与分析，结合已有的在线检测和预防性试验数据，根据不同电力设备的不同故障树分析诊断导致故障原因的方法。

7. 电力设备定期维修　是指电力设备按一定周期进行的维修，定期维修根据维修涉及面和内容的大小分为小修和大修。不同的电力设备定期维修周期是不同的。

8. 电力设备状态维修　不是依据电力设备运行时间的周期，而是按照电力设备状态监测提供的电力设备当前运行状态而制定的维修计划的维修。

9. 电力设备寿命评估　是指根据对电力设备进行的在线监测（在线检测）和预防性试验的相关数据与电力设备绝缘剩余击穿强度之间的关系，进行的电力设备剩余寿命的评估。

10. 电力设备寿命管理　是指对电力设备的设计、制造（含材料和结构制造）、运输、安装调试、运行检测、检修维修、设备报废等电力设备生命全过程的管理。

第 2 章　发电机在线检测与诊断

1. 发电机主绝缘老化　发电机在长期运行后绝缘性能逐渐劣化，绝缘结构的老化是各种劣化的综合表征。造成发电机绝缘结构老化的因素很多，主要有热因素、电因素、机械因素和环境因素等。在这些因素的综合作用下，绝缘结构产生了各种老化现象。热老化将导致各种物理化学变化（如挥发、裂解、分层、龟裂等）；电老化将导致局部放电、漏电和电腐蚀；机械老化将导致绝缘结构的疲劳、裂纹、散弛、磨损等；环境老化将导致绝缘污损和侵蚀、绝缘吸潮和表面污染。

图 26.2-1 给出了大型发电机绝缘劣化的典型过程。对于大、中型发电机，温度和环境是主要老化因素，电因素和机械应力也是重要的老化因素；对于特大型发电机，由于采取了一定的冷却方式，并且一般在氢气一类的惰性环境中运行，所以主要受到电应力和机械应力的作用，温度和环境成为次要的老化因素。

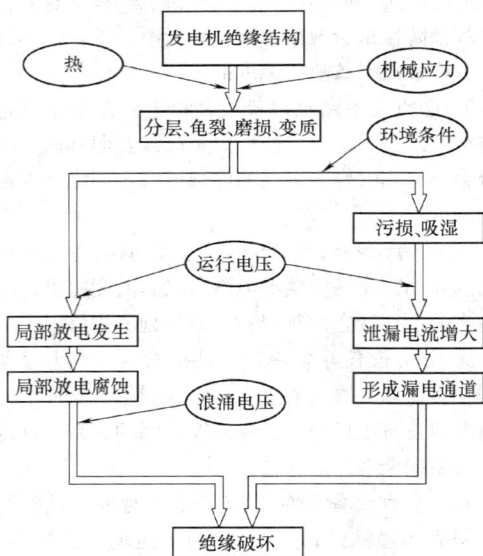

图 26.2-1　大型发电机绝缘劣化过程

2. 发电机常见绝缘故障　发电机在运行过程中受到电、热、机械、环境等因素的影响，绝缘结构逐渐产生缺陷而导致绝缘故障，常见的绝缘故障现象有：

（1）定子绕组绝缘击穿。定子绕组绝缘击穿约占发电机事故的 30% 以上，其主要是由于绝缘老化、磨损、受潮而导致电气和机械强度降低引起的。

（2）定子相间短路。主要是由于定子绕组端部绝缘有缺陷而造成相间击穿，定子绕组端部手包绝缘是发电机绝缘的薄弱环节。

（3）定子绕组空心导体内堵塞。定子绕组空心导体由于堵塞，冷却水流通不畅，致使局部绝缘过热。

（4）发电机定子、转子漏水。发电机的定子和转子的引水管及连接件在运行中发生破裂，造成漏水，引发绝缘击穿事故。

（5）定子端部焊接不良。定子绕组端部并头套焊接不良（假焊、虚焊），以及断股，运行中发热开焊烧损绝缘。

（6）转子绕组匝间短路。转子因端部工艺难度较大，自身机械强度较低，在运行过程中易发生匝间绝缘损伤，引起匝间短路。

2.1　发电机局部放电在线检测与诊断

2.1.1　发电机内部放电特征

在电场的作用下，发电机绝缘中因各种因素产生的电气故障，都呈现出放电现象，随着绝缘进一步老化、放电加剧，发电机的绝缘剩余寿命减少。发电机内部的放电主要有：

（1）槽部放电。指发电机定子线棒槽部防晕层与铁心之间的气隙中的放电。这时放电波形中的正极性脉冲常大于负极性脉冲，而且放电次数随负荷而变动。

（2）表面防晕层放电。指发电机定子线棒表面防晕层与空气间的放电，这时虽然正极性的脉冲也常大于负极性脉冲，但放电过程比槽部放电缓慢，而且后期也往往发展成槽部放电。

（3）绝缘层内部的局部放电。指发电机线棒内部绝缘缺陷导致的放电，这时正、负极性的放电脉冲大体上相同。

2.1.2　发电机数字化放电检测技术

发电机局部放电检测是发电机在线检测的主要参数，随着技术发展，发电机放电检测技术也在飞速发展，并逐步向着数字化方向发展，目前比较常见的是在发电机中性点上加装高频传感器采集放电信号的方式。当定子绕组线棒出现各种类型的放电时，其中一部分传向定子星形绕组的中性点。采用装于中性点上的射频放电传感器及其相应的测量装置可以在线检测，其检测系统工作原理如图 26.2-2 所示。

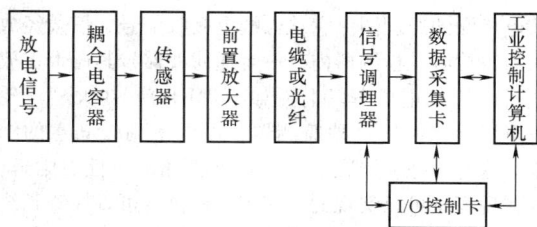

图 26.2－2　发电机放电检测系统构成原理图

传感回路采用射频罗可夫斯基（Rogowski）线圈套在定子星形绕组的中性点引线上，通过罗可夫斯基线圈对电磁信号的耦合将放电信号取出，罗可夫斯基线圈的响应频率可达 30kHz～30MHz。信号采集系统通常包括前置放大器、通信电缆、信号调理器、数据采集卡、系统控制卡和工业控制计算机。从发电机中

传来的放电信号经过耦合电容器耦合后，传感器将放电信号转换为电压脉冲信号。为了保证远距离传递放电信号，先经过前置放大器将传感器采集到的放电信号放大，然后经过同轴通信电缆或光缆传送到控制室的信号调理器。放电信号经过调理后，送入工业控制计算机内的数据采集卡进行处理。计算机中的数字 I/O 卡实现对信号调理器和数据采集卡的程控。

当发电机的中性点没有接地时，采用图 26.2－3(a) 的连接方式，通过耦合电容器直接将中性点接地，传感器套接在中性线上；如果中性点通过接地变压器或者接地电阻接地时，可以采用图 26.2－3(b) 或图 26.2－3(c) 的接线方式；如果要单独取得每相的放电信号，则可以按照图 26.2－3(d) 的接线方式。

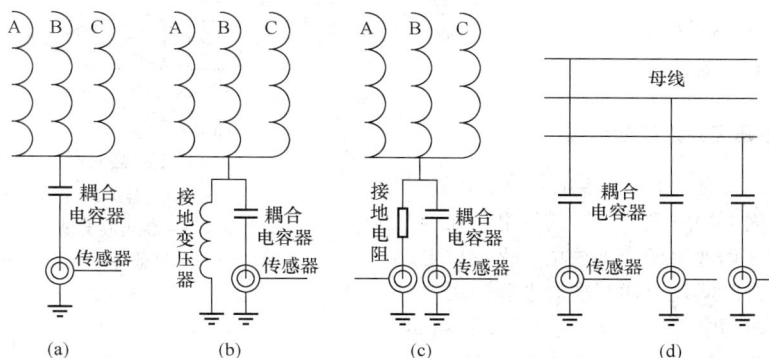

图 26.2－3　耦合电容器和传感器的接入方式

检测系统基于虚拟仪器开发，其软件部分可以实时显示放电波形，计算最大放电量、平均放电量、中心放电量、中心放电次数和总放电次数等，并计算得到放电量谱图的两个重要指纹参数——偏斜度 S_k 和陡峭度 K_u。检测系统可以自动记录放电历史数据，并给出机组的放电发展趋势预测。

2.1.3　发电机放电高压耦合电容法

发电机放电高压耦合电容法是在发电机定子绕组的出线端通过一个耦合电容器与脉冲高度分析器相连，对放电脉冲的时域特性进行分析的一种方法，其测量原理如图 26.2－4 所示。这里所用的脉冲高度分析器由阈值上下限电路与单稳等电路构成。耦合电容器永久地安装在发电机端部各相的环形母线上，安装上这种耦合电容器还可以保证系统免受外部供电系统放电信号所产生干扰的影响。

利用这种方法可以定时地对发电机进行检测，可以检测到定子槽部放电和绕组绝缘的劣化过程。用耦

合电容法进行局部放电测量，应尽量靠近局部放电源，如将耦合电容器成对地接到差分放电器上，可大大抑制来自电源等的外来干扰。

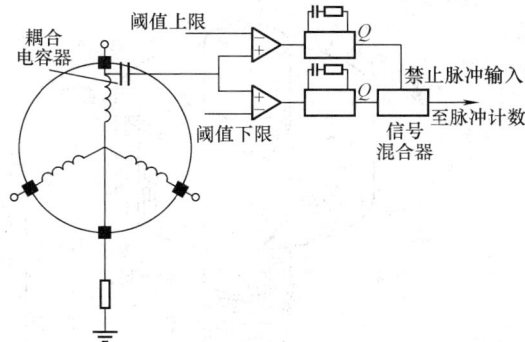

图 26.2－4　发电机放电高压耦合
电容法测量原理

图 26.2－5 给出了一种专门用于在线监测槽部局部放电的测量原理图，它在用耦合电容器采集信号

后，经高通滤波以后，分别将信号送到局部放电测量单元和频谱分析仪，利用该仪器可以记录放电强度、脉冲次数、频谱等，便于观察放电性质，区分放电的部位。

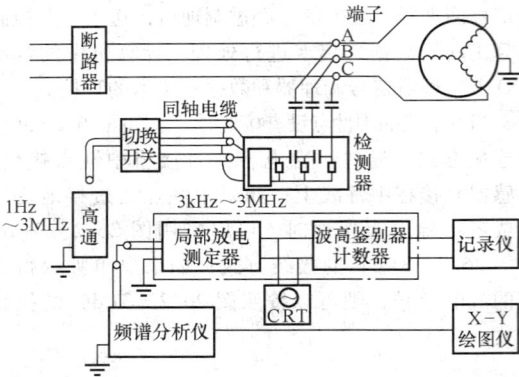

图 26.2 - 5　槽部局部放电
在线监测原理图

2.1.4　发电机放电超高频天线检测法

任何一台发电机都有一定的基准电晕放电和基准局部放电，其大小因不同时刻和不同的发电机而异。危害性的放电脉冲，如严重的局部放电、火花放电、电弧放电的脉冲上升时间比上述基准放电脉冲更短，从而产生频率高得多的电磁波信号，可达到几百兆赫兹，甚至达到数千兆赫兹。通常当频率高于 4MHz 的电磁波信号可以从绕组的放电处空间辐射传出来，而不像较低频段的电磁波信号那样只沿绕组传递。对这种辐射信号，可以用安装在发电机外壳内或外部的紧靠外壳空隙处的高频/超高频天线来检测。

图 26.2 - 6 给出了一种基于高频天线法进行局部

放电检测的原理图。它从天线上接收信号，信号经放大后再检测，检测器内有一带通滤波器，其通带在放电噪声的截止频率以上（如 350MHz）。在大型汽轮发电机上，使用这种监测器，可以得到较满意的结果。这时，把天线装在发电机外壳靠近中性点附近，这在现场是可以实现的。使用这种仪器可以检测到绕组股线的电弧放电与其他危害性放电。

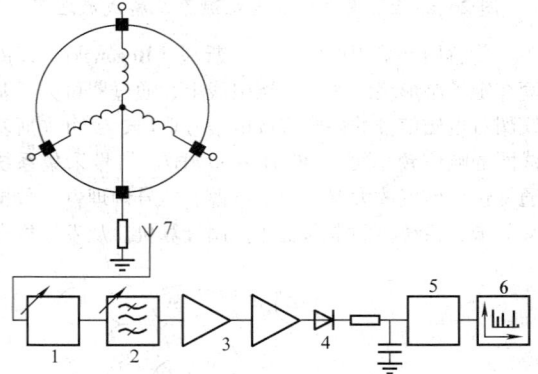

图 26.2 - 6　发电机放电高频
天线法检测原理图
1—衰减器；2—可调带通滤波
器；3—高频放大器；4—检波器；
5—信号处理单元；6—记录仪；
7—高频天线

图 26.2 - 7 所示的是一种将高频天线装在发电机转子上的局部放电在线监测装置，它通过集电环将接收到的局部放电信号送到信号处理单元。也有将高频天线安装在发电机轴的中心线的延长线上，由于采用了很高的频段（如 1~6GHz），背景干扰已较小，能明显区分出局部放电来。

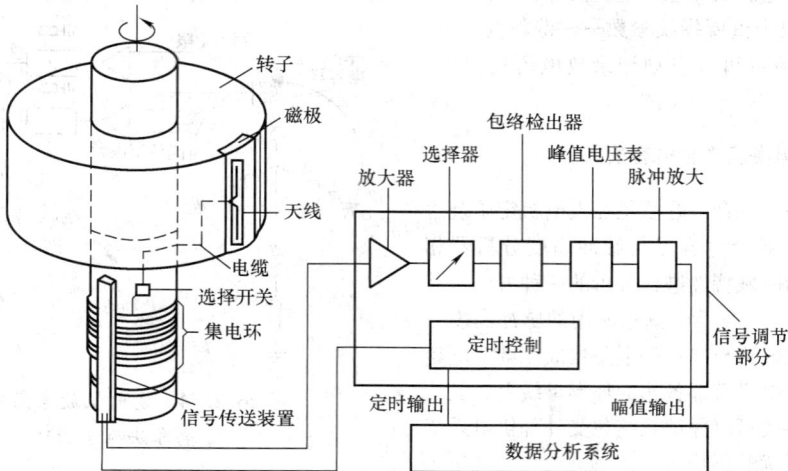

图 26.2 - 7　装在发电机转子上的高频天线局部放电检测装置

2.2 转子绕组接地及匝间短路故障的检测与诊断

2.2.1 转子绕组接地故障的检测与诊断

汽轮发电机转子绕组在运行中会受到电、热和机械等应力的综合作用，因而可能导致接地故障。这种故障大多数是集电环绝缘损坏、引线绝缘损坏、转子绕组端部积灰和槽口绝缘损伤造成的，也有一些是因为槽绝缘损坏引起的。发电机的转子绕组一点接地故障本身并不严重，因为励磁电源的泄漏电阻很大，限制了接地泄漏电流的数值，所以不会对转子产生严重的危害。但如果再有另外一个接地点，就会产生很大的电流，从而损坏转子绕组、绕组的绝缘和转子锻件。

转子绕组一点接地，按其性质可分为稳定接地和不稳定接地；按其接地电阻的大小可分为低阻接地和高阻接地。当转子绕组发生不稳定接地或高阻接地时，为查找故障点，必须在接地状态下烧穿故障点残余绝缘，使其变为稳定的低阻接地。

在线检测转子接地故障可以用一个电位计，经一个灵敏的检流计构成一个电桥电路，检流计的一端接地，如图 26.2 - 8 所示。当接地故障点的位置变化时，或出现第二接地点时，电桥就失去平衡，检流计出现指示，这种方法在第二接地故障点紧靠第一接地故障点时，泄漏电流变化可能不大，灵敏度较低。

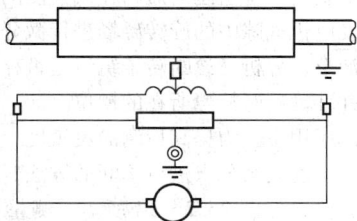

图 26.2 - 8　平衡电桥法在线检测转子接地故障

一个更灵敏的检测方法是采用直流电压降法，其原理接线如图 26.2 - 9 所示。这种方法不仅能够检测到接地故障，而且可以进行故障定位。这种方法是在集电环上通以直流电流，测量正、负集电环对转子本体的电压和正、负集电环之间的电压，根据测得的正、负集电环对地电压值，可以求出转子绕组接地点距正、负集电环的相对距离分别为

$$l_+ = \frac{U_1}{U_1 + U_2} \times 100\%；\quad l_- = \frac{U_2}{U_1 + U_2} \times 100\%$$

式中，l_+、l_- 分别为接地点距正、负集电环距离与转子绕组总长度 l 的比值。

为准确地确定接地点的轴向位置，常采用直流法，其接线图如图 26.2 - 10 所示。测量时，在转子

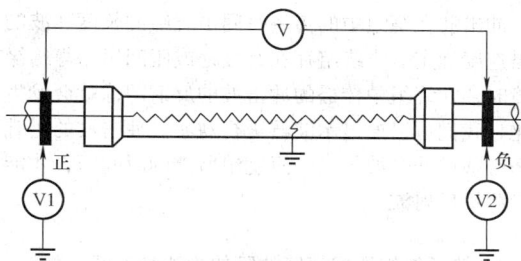

图 26.2 - 9　直流电压降法诊断转子接地故障

本体两端轴上施加直流电压，检流计 A 的一端接集电环，另一端接探针，并将探针沿转子表面轴向移动，当移动到检流计的指示值为零（或接近于零）时，该处即为绕组接地点所在断面的轴向位置。该方法的准确性决定于所通电流的数值、检流计的灵敏度以及转子与测试设备远离电磁场的程度。在发电厂内，由于强电磁场的干扰，即使对检流计进行很好的屏蔽，有时也会出现假"零"现象，造成误判断。因此，被试设备应远离运行的电气设备（如发电机和励磁机等）。试验实践表明，电流愈大，其灵敏度愈高。在大轴两端施加的直流电流应在 500A 以上。

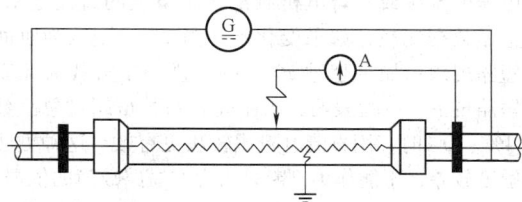

图 26.2 - 10　直流法确定转子轴向接地点测量线路

利用冲击波技术既可检测发电机转子的接地故障，又可检测匝间故障，其测量线路如图 26.2 - 11 所示。绕组可近似地看成一根简单的传输线，冲击波在其上的传播主要是由绕组导体在槽中的几何形状和绝缘性质决定的，绕组匝间的耦合作用将使冲击波发生散射，但对于实心转子来说，这种散射作用的影响是不大的。当冲击波加到集电环的一端时，冲击波的幅度由冲击波发生器的内阻抗和绕组的波阻抗所决

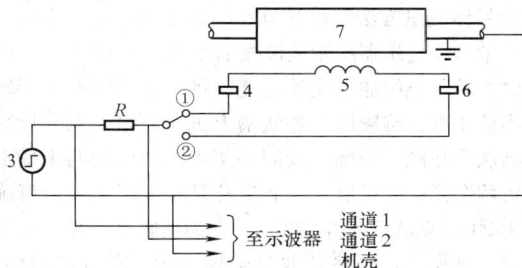

图 26.2 - 11　冲击波法诊断转子接地故障点测量线路
1，2—转换开关；3—冲击波发射器；
4，6—集电环；5—绕组；7—转子

定。冲击波在绕组中的传播时间由绕组的长度和波的传播速度确定。当绕组存在有接地或匝间短路等绝缘故障时，在绕组中传播的冲击波的反射图像就会发生变化，我们可以通过示波器进行观察。冲击波的上升时间必须比冲击波传过一匝绕组所需的时间短，才能准确测量反射波。

2.2.2　转子绕组匝间短路故障的检测与诊断

转子绕组匝间短路是发电机运行中常见的故障。发电机匝间短路分为永久性匝间短路和动态匝间短路。发电机在转动或静止时都存在永久性匝间短路。发电机在运转时绕组受到机械力作用或在一定温度下产生不稳定性匝间短路，称之为动态匝间短路。当发电机产生匝间短路时，将导致振动增大，并影响出力。转子绕组局部短路后，磁通减少，造成每极磁通分布不均和磁拉力不等以及热膨胀不均匀，引起振动，振动频率为 100Hz。部分线匝短路后，未短路的线匝由于电流增大，引起绕组温度升高，发生变形。

检测静态匝间短路故障可采用直流电阻比较法，用电压电流法或双臂电桥测量转子绕组的直流电阻，与原始数据比较，如果变化不超过 2%，则认为匝间无短路现象；如果超过 2%，则应进一步查找有无匝间短路现象。试验表明，当匝间短路数量超过总匝数的 4%～10% 时，用直流电阻比较法更有效。这种方法灵敏度较差，不能作为判断是否存在短路故障的依据。

感应电动势相量法是根据转子上各齿间合成漏磁通的分布来判断转子绕组有无匝间短路的方法。它可以决定匝间短路的具体槽号。测量时，抽出转子，由集电环通入工频电流，大齿中就产生主磁通，小齿间还有漏磁通存在。利用开口变压器顺次跨接在相邻两齿间进行测量，在开口变压器测量绕组中所感应的电压（电流），其大小和相角与线槽上漏磁通的大小和相角有关。将各槽上测得的感应电压（电流）的大小和相角相互比较，就可以判断转子绕组是否有匝间短路存在，而且相应的槽号也可以确定。

具体测量方法有单开口变压器法和双开口变压器法。单开口变压器法测试接线如图 26.2-12 所示。试验时，转子绕组通入交流电流，将开口变压器置于转子本体中部，按顺序在各线槽上进行测量。双开口变压器法是在同一线槽上或同一绕组相对应的两个槽上放置两个开口变压器，一个为发射变压器（一般可施加 1000～2000A 工频电源），一个为接收变压器，如图 26.2-13 所示。忽略杂散电磁场干扰，在良好槽中，接收绕组的感应电压为零，当有短路线匝时，接收绕组将感应出电压。这种方法因发射绕组功率不大，很难避免杂散电磁场的干扰，必须采取消除干扰的措施。

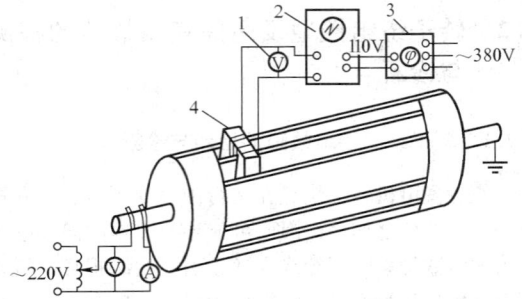

图 26.2-12　单开口变压器法
1—真空管电压表；2—示波器；
3—电移相器；4—单开口变压器

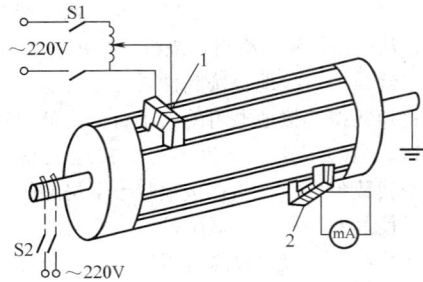

图 26.2-13　双开口变压器法
1—发射变压器；2—接收变压器

2.2.3　转子绕组匝间短路故障在线监测

对发电机转子绕组匝间短路在线监测的基本原理是对同步发电机气隙中的旋转磁场进行微分，根据微分所得的波形，分析、诊断转子绕组是否存在匝间短路故障，并准确判断故障所在的槽位。

在实际应用中，为提高检测的灵敏度，往往采用对气隙磁通密度波微分来进行诊断的方法，即气隙磁通密度微分法，如图 26.2-14 所示。测量中使用微分探测线圈，该线圈是用直径为 0.06～1.0mm 高强度漆包线绕在有机玻璃框架上制成的，其匝数可选在 50～300 匝范围内。线圈输出电动势与匝数成正比，测试设备灵敏度高，抗干扰性能好。线圈的心径小，薄而矮，则测量精度就高，通常取心径为 3～5mm、厚度为 2～4mm、高度为 5～8mm。绕好的线圈嵌入直径为 10mm 不锈钢管或铜管制成的探测杆的顶端，将引线绞成麻花状并在另一端引出。

测量时，将探测杆自发电机定子铁心背部经径向风道（一般宽为 8～10mm）插入定、转子气隙中，当转子旋转时，探测线圈中产生感应电动势，由于线圈的面积很小，小线圈输出的感应电动势即为按圆周分布的气隙磁通密度直接微分的结果。

采用气隙探测线圈可以采集到线圈磁通变化，除了上述的微分分析法，还可以利用其他的分析方法，如分析探测线圈的电压波形与其延迟波形的差，或分析探测电压线圈波形图上的齿纹波幅值的增量，或根据探测线圈的电压波形积分求出磁通波形。将检测到信号送到在线监测器中，即可显示匝间故障发展过程。

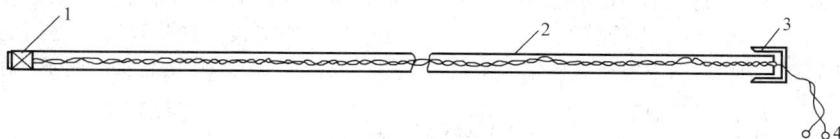

图 26.2-14　微分探测线圈结构示意图

1—探测线圈；2—探测杆；3—引线固定架；4—引线

2.3　发电机主绝缘缺陷的声学和超声检测

2.3.1　发电机主绝缘缺陷的声学检测系统

振动与声是紧密相联的，发电机定子线棒绝缘可以看成是一个声谐振子，存在多个谐振模式，当大型发电机主绝缘老化后，绝缘材质的变化以及内部出现的缺陷均会对其各个模式产生扰动，使谐振频率等声学特征发生变化，因此敲击绝缘时产生的声信号就能够有效地反映发电机主绝缘在老化过程中材料和结构上发生的变化，从而可以达到检测大型发电机主绝缘老化状态的目的。

发电机主绝缘老化状态的声学检测原理：由冲击源产生冲击力敲击大型发电机定子线棒的主绝缘表面，采用声传感器接收主绝缘在冲击力作用下辐射的声波，再对产生的声波进行采样，并利用现代信号处理技术对声信号进行分析，得到声检测的特征参量。图26.2-15给出了数字化声学检测系统的测量原理图。

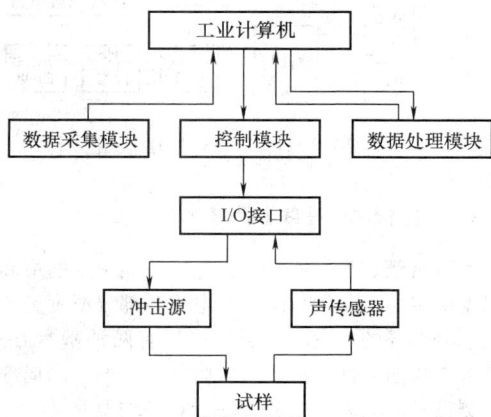

图 26.2-15　数字化声学检测系统测量原理图

检测时通过计算输入测量命令，在冲击源控制电路的作用下，由冲击源产生低频应力波作用于试样，产生的信号通过声传感器进入滤波器、放大器和 A/D 转换电路，然后再经数据采集卡送入计算机进行数据处理。该检测装置采用计算机控制冲击源，每次敲击的力度基本一致；采用声传感器接收信号，所接收到的信号经过预处理后输入计算机，由测试软件进行数据处理。声传感器被安装在一个空气耦合腔内，以避免现场环境对检测结果的影响。由于该检测装置应用的检测频率较低，传播中衰减较小，但分辨率较低，因此适合于检测较大的缺陷，如发电机主绝缘中的分层及脱壳缺陷，以及检测发电机定子槽楔的松动程度。

2.3.2　发电机主绝缘老化状态的超声检测与诊断技术

声波传播的本质是介质分子的相互作用，所以声波的传播在很大程度上取决于介质内部的微观变化。发电机定子绝缘在老化过程中，由于绝缘膨胀，使绝缘材料变得疏松，出现气隙、分层、脱壳和裂纹等微观缺陷，所以在定子绝缘中传播的超声波传播参数或者传播路径可能因绝缘的老化程度不同而发生变化。

发电机主绝缘剩余寿命的超声检测技术正是基于超声在绝缘介质中的传播特性，其检测原理为：超声波发生及接收装置发射频率为500kHz的同步电脉冲，超声传感器产生的超声波经耦合剂垂直入射到定子线棒（绝缘）内，并在定子绝缘内传播。当超声波在定子绝缘内传播，遇到缺陷（绝缘-空气界面、气隙）或者遇到铜导体（绝缘-铜导体界面），就会在界面发生反射，反射波在定子绝缘内反向传播，并由发射超声波的超声传感器接收。超声波经超声传感器接收后变为电脉冲信号，经超声波发生及接收装置衰减放大等信号调理后，由数据采集卡数字化，通过数据传输线送入计算机，进行实时显示超声扫描波形、保存波形、参数统计和状态诊断等处理。

发电机主绝缘是一种声衰减很大的材料，超声波必须具有较强的穿透能力，所以对超声传感器的频率提出非常高的要求。发电机主绝缘的超声检测只有使用低频率、脉冲窄的超声传感器，牺牲分辨能力，才有可能穿透定子线棒的单边绝缘，从而了解缺陷或绝缘材料的微观状态，完成整个绝缘结构的评价。但是，超声传感器的频率越低，其外直径越大。发电机定子线棒检测面较小，普通超声传感器的外直径太大，不适合环氧云母绝缘的检测。通常选用频率为 0.8MHz 左右、直径为 15mm 的超声传感器。

利用超声波探测技术可以对发电机线棒绝缘剩余

进行检测，图 26.2－16 给出了不同运行年限的超声检测结果。其中波峰 T、波峰 F 和波峰 B，分别对应着超声波的发射波、超声波在探头-绝缘界面的反射波和超声波在绝缘-铜界面的反射波。随着定子绝缘运行年数的增长，波 F 和波 B 之间的时间间隔，即超声波在定子绝缘中的传播时间不断增长。

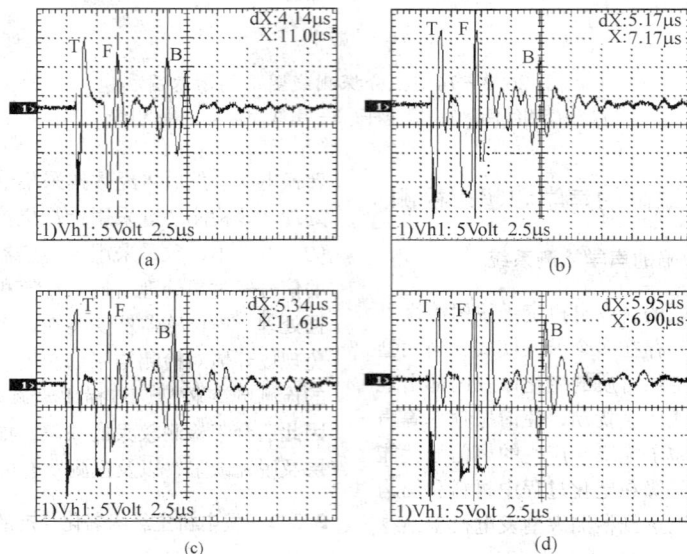

图 26.2－16 运行不同年数定子绝缘典型超声反射波形
（a）未投运；（b）运行 16 年；（c）运行 18 年；（d）运行 23 年

2.4 发电机其他参量检测技术

2.4.1 汽轮发电机定子内冷水超声波流量检测

汽轮发电机定子循环冷却水系统是用于冷却发电机线棒的重要部件，由于管径小，十分容易发生堵塞，进而影响到发电机的安全运行。在发电机定子线棒冷却水引出管上加装一对在水管外侧的、能同时发射和接收超声波的换能器，通过超声波时差法原理检测冷却水的流速，可以了解发电机循环冷却系统的工作状态。发电机定子线棒冷却水引出管是用聚四氟乙烯制成的，对超声波的吸收相当严重，要在冷却水中发射出足够强度的超声波，进而在接收换能器处能接收到足够强度的超声波，则要求超声波换能器发射出高能量的超声波，并且要求超声波接收换能器和接收电路有足够高的接收灵敏度。

检测系统的硬件主要包括超声传感器（TR1、TR2）、发射与接收电路、放大电路、检波比较电路、控制电路、循环计数电路、50MHz 时钟产生电路、单片机、键盘显示电路以及液晶显示等，如图 26.2－17 所示。

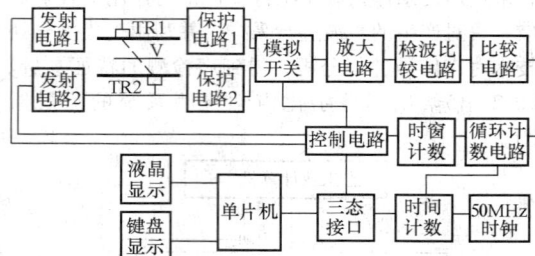

图 26.2－17 硬件原理框图

2.4.2 发电机温度在线监测技术

发电机额定容量通常是由绝缘所能承受的最高允许温度决定的，在运行中对发电机各部分温度进行检测是十分重要的。发电机温度测量有两种基本方法：用埋入式检温元件测量发电机内部某些部位的局部温度；测量发电机内温度分布并计算平均温升。

在设计和制造过程中，为了监测发电机有效部分的温度，在定子绕组或定子铁心之中常预埋热电偶或电阻式检测计类的测温元件，这些测温元件还可以埋设在运行的轴承中检测发热情况（见图 26.2－18）。这种方法的缺点是热电偶和电阻式检温计必须与发电机的带电部分绝缘，因为它们都是由金属构成的，因此它们不能直接安放在定子绕组的最热部位，而不得不安放在定子线棒的绝缘层外，由此产生的温差可通过热阻公式进行计算。随着科学技术的发展，光纤温度传感器已开始用于发电机内部转子温度测量。

定子端部绕组是发电机中的局部最热点。发电机的整体热状态可以通过平均温度来反映，平均温度测量可以通过热电偶测量入口和出口处冷却介质温度的方法得到，发电机上都装有这样的测温装置，当发电机过负荷或其冷却系统工作不正常时，可以及时显示出来。

2.4.3　发电机绝缘劣化的气体成分在线监测

旋转电机绝缘出现过热、局部放电等故障时，将分解出多种气体。因此，也可根据冷却气体中所含的其他气体的成分和数量来对绝缘状况进行在线检测。随着过热温度的不同，不同绝缘材料中分解的气体成分也不同，表 26.2-1 给出了环氧云母绝缘和沥青云母绝缘材料因过热而产生分解的试验结果。

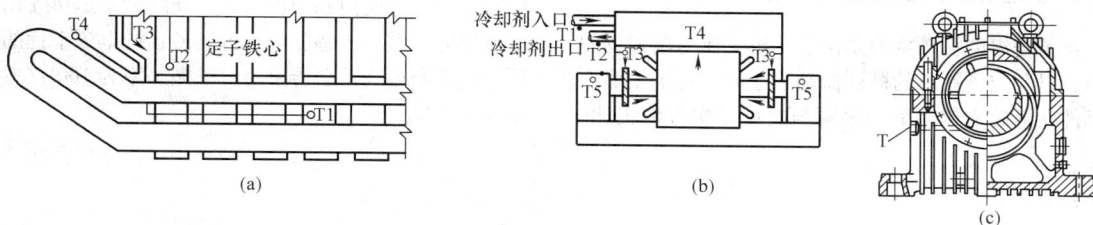

图 26.2-18　发电机中主要预埋温度测量点
（a）T1—埋在定子槽中上下层线棒之间；T2—埋在定子铁心叠片上；T3—安装在如大压圈等可能是最热点的部位上；T4—埋在定子端部绕组上；（b）T1—热交换器的水或气体的入口处；T2—热交换器的水或气体的出口处；T3—经过热交换器冷却的气体再进入发电机处；T4—从发电机排出后进入热交换器的气体；T5—轴承温度；（c）T—轴承温度

表 26.2-1　　　　　环氧云母绝缘和沥青云母绝缘材料热分解情况　　　　　　　　（mL／g）

绝缘材料	温度/℃	CO_2	CH_4	C_2H_6	C_2H_4
沥青云母绝缘	100	0.16	—	—	—
	200	0.38	0.02	0.02	0.01
	300	5.11	0.86	0.43	0.07
环氧云母绝缘	100	0.02	—	—	—
	200	0.06	—	—	—
	300	0.44	0.14	0.01	0.01
	400	1.14	1.74	0.25	0.17
	500	0.78	2.97	0.45	0.18

对于氢冷发电机，可采用一种称作火焰电离检测器的装置进行氢气中有机物总含量的监测，如图 26.2-19 所示。这是一种用色谱分析来测定有机物成分的典型检测器，它是把氢冷发电机中的气体引入到氢氧火焰中燃烧，而氢氧火焰是电路的一个部分，正常时它具有很高的电阻。当有机类物质存在时，形成了含碳有机离子，火焰的电阻就与有机物质的含量成正比地下降。这种监测器非常灵敏，并可连续地显示过热分解物的变化趋势。

在局部放电的作用下，绝缘材料也将分解出气体，一般来说，当放电量增大时，平均放电电流也增大，分解物也随之增多。

对氢冷汽轮发电机绝缘材料的热裂解，用气相色谱法进行检测的较常见的判据为：

（1）对运行时间在 10 年以内的汽轮发电机，正

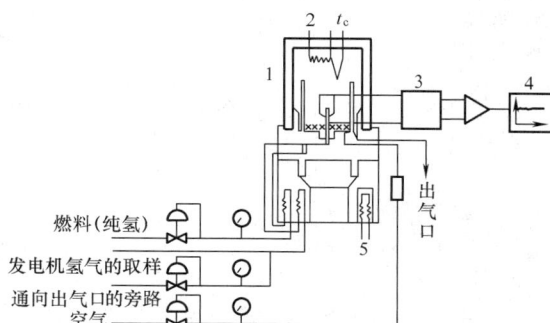

图 26.2-19　火焰电离检测器工作原理
1—火焰电离检测器；2—点火线圈；3—信号适配器；4—记录仪；5—加热器

常时在氢气中的 CH_4 含量应不大于 0.01%，CO_2 含量不大于 0.05%；而运行 10 年以上者，CO_2 的含量有

可能超过 0.1%，但 CH_4 的含量应不超过 0.1%。

（2）如果氢气中 CH_4 及 CO_2 的含量增高，并且出现其他气体，如 CO、C_2H_6、C_2H_4 等，往往提示有固体绝缘过热或气体放电；如果出现 C_2H_2，则反映在有些点上有较强烈的放电现象。

（3）如果氢气中有 CO_2，而 CH_4 的含量不大于 0.01%，则可能是在固体绝缘中有微弱的局部放电。

2.4.4　发电机定子绕组端部振动监测

定子绕组的振动主要是由于绕组电流与漏磁场的作用，以及定子铁心的椭圆振动引起的。定子端部固定元件在电磁力作用下的振幅与电流二次方成正比，定子绕组端部振动的幅值最大部位在绕组 R 部（即定子绕组的接头转弯部位）。发电机处于短路状态时，大的冲击电流在定子端部产生几种大小与方向不同的电磁力的剧烈作用，使端部绕组产生大的振动幅值和位移，导致主绝缘的损坏。

发电机端部振动的检测通常是通过安装在端部的振动传感器，将端部振动信号转换为电信号，再经过光电转换成光的数字信号，用光纤送出发电机，接收端再将信号进行还原，显示出振动的幅值或波形。振动监测装置的机内部分由组装在光纤和发送单元内的电池供电。振动传感器应选择具备强抗电磁干扰的器件，常用谐振式振动传感器，谐振频率为 100Hz 或略超过 120Hz。

第 3 章　电力变压器在线检测与诊断

变压器的绝缘水平是变压器安全运行的关键，变压器绝缘在运行过程中受到电、机、热等因素的作用，还会受到化学、环境等因素的影响。

变压器在运行中不仅要承受大气过电压、操作过电压和长期工作电压的作用，还要能承受短路电流电动力的作用。当变压器绕组有电流流过时，在正常情况下，这些电动力不太大，当发生短路时，由于变压器短路电流有可能达到额定电流的 20～30 倍，因而绕组短路电动力有可能达到正常时的几百到近千倍。如果绕组固定不结实或者绝缘材料已经老化，就有可能导致绕组变形、松散等，造成事故。

变压器油浸纸或纸板等通常属于 A 级绝缘材料（最高允许工作温度 105℃），在额定负荷下运行时，其油面允许的温升不得超过 55℃，绕组的平均温升不超过 65℃，而变压器经常会工作在 80～100℃，长期在较高的温度作用下，绝缘材料将逐渐老化变脆，在 80～140℃范围内，每升高 8℃，其绝缘寿命缩短约一半。

变压器油的老化、受潮以及含有杂质、气泡等都将影响到电气性能，特别在高温下，会加速绝缘油的老化；高温时绝缘纸老化变脆，当遇到短路等故障时，就可能因承受不了机械应力而使纸层断裂，导致绝缘击穿。

变压器在运行中绕组绝缘损坏故障主要有纵绝缘事故、主绝缘事故、进水受潮、过电压事故等。

（1）匝间绝缘和段间绝缘故障称为纵绝缘故障，其大部分故障是由于匝绝缘裕度不够或制造工艺不良造成的。

（2）绕组对地和相间绝缘故障称为主绝缘故障，通常在绝缘围屏纸板产生树枝状放电烧伤。主绝缘故障对变压器的破坏作用，要比纵绝缘事故大得多，往往造成相对地或相间短路，使绕组遭到严重破坏。

（3）若套管顶部连接帽密封不良，水分会沿导线进入绕组绝缘内，引起击穿故障。

（4）雷电过电压、系统单相接地故障、异物进入变压器等情况，均将对变压器的绝缘造成损坏。

3.1　变压器油中溶解气体的检测与故障诊断

3.1.1　变压器油中气体产生的原因

导致变压器内部析出气体的主要原因为局部过热、局部电晕放电或电弧等。这些变压器运行中的异常现象都会引起变压器油和固体绝缘的裂解，从而产生气体。产生的气体主要有氢、烃类气体（甲烷、乙烷、乙烯、乙炔、丙烷、丙烯等）、一氧化碳、二氧化碳等。导致产生各种故障的原因有：

（1）热故障原因。导线过电流、铁心局部放电短路、铁心多点接地形成环流、分接开关接触不良、电磁屏蔽不良、漏磁集中、油道堵塞影响散热等。当绝缘材料局部过热时，会产生大量的 CO 和 CO_2；当绝缘油局部过热时，会产生大量的 C_2H_4 和 CH_4。随着温度升高，C_2H_6 和 H_2 逐渐增加，严重过热时将产生少量的 C_2H_2。

（2）电气故障原因。绕组匝间、层间、相间绝缘击穿，以及引线对地闪络与分接开关飞弧。电气故障产生的气体主要是 H_2 和 C_2H_2，其次是 C_2H_4 和 CH_4。

（3）高能量电弧放电原因。绕组短路和绝缘大面积击穿的严重绕组故障、严重的铁心失火和大面积铁心短路。这时产生的放电电流较大，故障能量大，且发生得非常突然，气体来不及溶于油中，主要气体有 H_2 和 C_2H_2。

（4）火花放电原因。引线接触不良、不稳定的铁心接地、分接开关触头接触不良、套管导电杆与引线接触不良。这种故障能量小，总烃含量不高，气体主要是 H_2 和 C_2H_2。

（5）造成局部放电的原因。冲片棱角或冲片间局部放电、金属尖端之间局部放电，产生的放电电流较小，这时产生的主要气体是 H_2 和 CH_4。

表 26.3-1 列出了各种故障下油和绝缘材料产生的主要气体成分。

表 26.3-1　　　　　　各种故障下油和绝缘材料产生的主要成分

气 体 成 分		油			油和绝缘材料		
		强烈过热	电弧放电	局部放电	强烈过热	电弧放电	局部放电
氢气	H_2	☆	☆	☆	☆	☆	☆
甲烷	CH_4	☆	△	☆	☆	△	☆
乙烷	C_2H_6	△			△		

续表

气体成分		油			油和绝缘材料		
		强烈过热	电弧放电	局部放电	强烈过热	电弧放电	局部放电
乙烯	C_2H_4	☆	△		☆	△	
乙炔	C_2H_2		☆			☆	
丙烷	C_3H_8	△			△		
丙烯	C_3H_6	☆			☆		
一氧化碳	CO				☆	☆	△
二氧化碳	CO_2				☆	△	△

注："☆"表示产生的主要气体；"△"表示产生的次要气体。

变压器油中特征气体有两方面的来源：一方面是由于变压器中出现故障点；另一方面是来源于变压器的维修或变压器内部结构或材料，如补焊、补油、真空滤油机、分接开关、绝缘材料吸收的气体、过度精致的变压器油、油流静电放电、变压器内部活性金属材料等。

变压器在制造、运输、安装和运行过程中，不可避免地会混入空气，引起绝缘逐渐老化和分解。随着故障的发展，分解出的气体形成的气泡在油里经过对流、扩散，不断溶解在油中。当产气量大于溶解量时，还会有一部分气体进入气体继电器。由于故障气体的组成和含量与故障的类型和故障的严重性有密切关系，所以定期分析溶解于变压器油中的气体就能及早发现变压器内部存在的潜伏性故障，并随时掌握故障的发展情况。

3.1.2　变压器油故障定性分析

利用特征气体分析法可以进行变压器故障原因的判断。油中溶解的气体可反映故障点周围油、纸绝缘的电、热分解本质。气体特征随着故障类型、故障能量及涉及的绝缘材料的不同而不同，即故障点产生烃类气体的不饱和度与故障源的能量密度之间有密切关系，利用特征气体分析法可以比较直观、方便地分析判断故障大致类型，表 26.3-2 给出了故障性质定性分析方法。

当 H_2 含量增大，而其他组分不增加时，有可能是由于设备进水或有气泡引起水和铁的化学反应，或在高电场强度作用下，水或气体分子的分解或电晕作用所致。

乙炔含量是区分过热和放电两种故障性质的主要指标。但大部分过热故障，特别是出现高温热点时，也会产生少量乙炔。例如温度达 1000 ℃ 以上时，会有较多的乙炔出现，但 1000 ℃ 以上的高温既可以由能量较大的放电引起，也可以由导体过热而引起。分接开关过热时，会出现乙炔。低能量的局部放电，并不产生乙炔，或仅仅产生很少量的乙炔。表 26.3-3 给出了在电弧作用下变压器油及固体绝缘分解出气体的情况。

表 26.3-2　　　　　　　　　　　故障性质的定性分析方法

故障性质	主要成分	气体特征描述	故障可能部位
局部放电	H_2、CH_4	总烃不高，$H_2 > 100×10^{-6}$，CH_4 占总烃中的主要成分	绕组局部放电，分接开关触头间局部放电
火花放电	H_2	总烃不高，$C_2H_2 > 10×10^{-6}$，H_2 较高	分接开关接触不良，绝缘不良
电弧放电	H_2、C_2H_2	总烃高，C_2H_2 高，并构成总烃的主要成分，H_2 含量高	绕组短路，分接开关闪络，弧光短路
一般过热	CH_4、C_2H_4	总烃较高，$C_2H_2 < 5×10^{-6}$	导体过热，分接开关故障
严重过热	CH_4、C_2H_4	总烃高，$C_2H_2 > 5×10^{-6}$，但未构成总烃的主要成分，H_2 含量较高	金属导体过热（温度达 1000 ℃ 以上）

表 26.3-3　　　　　　　　　　电弧使变压器油及固体绝缘分解出气体[①]　　　　　　　　（%）

	H_2	C_2H_2	CH_4	C_2H_4	CO	CO_2	O_2	N_2
变压器油	57~74	14~24	0~3	0~1	0~1	0~3	1~3	2~12
油浸纸板	40~58	14~21	1~10	1~11	13~24	1~2	2~3	4~7
油-酚醛树脂	41~58	4~11	2~9	0~3	24~35	0~2	1~3	2~6

① 指体积分数。

3.1.3　变压器油中气体含量三比值法定量诊断

目前国际通用的通过变压器油的气体含量来鉴别变压器故障的方法是三比值法。所谓三比值法，是用五种特征气体的三对比值，用不同的编码表示不同的三对比值和不同的比值范围，来判断变压器的故障性质，即根据电气设备内油、纸绝缘故障下裂解产生气体组分的相对浓度与温度有着相互的依赖关系，选用两种溶解度和扩散系数相近的气体组分的比值作为判断故障性质的依据，可得出对故障状态较可靠的判断。表 26.3 - 4 给出了三比值法的编码规则。

表 26.3 - 5 中给出了三比值法故障性质判断。另外，在实际应用中，常出现不包括在表 26.3 - 5 范围内的编码组合，应结合必要的电气试验作出综合分析。

表 26.3 - 4　　　　　　　　　　　　三比值法的编码规则

特征气体的比值	按比值范围编码			说　明
	$\dfrac{C_2H_2}{C_2H_4}$	$\dfrac{CH_4}{H_2}$	$\dfrac{C_2H_4}{C_2H_6}$	
<0.1	0	1	0	$\dfrac{C_2H_2}{C_2H_4}=1\sim3$，编码为 1
0.1~1	1	0	0	$\dfrac{CH_4}{H_2}=1\sim3$，编码为 2
1~3	1	2	1	$\dfrac{C_2H_4}{C_2H_6}=1\sim3$，编码为 1
>3	2	2	2	

表 26.3 - 5　　　　　　　　　　　　三比值法故障性质判断

序　号	故　障　性　质		比值范围编码			典　型　事　例
			$\dfrac{C_2H_2}{C_2H_4}$	$\dfrac{CH_4}{H_2}$	$\dfrac{C_2H_4}{C_2H_6}$	
0	无　故　障		0	0	0	正常老化
1	局部放电	低能量密度	0	1	0	空隙中放电
2		高能量密度	1	1	0	空隙中放电并已导致固体放电
3	放　电	低能量	1→2	1	1→2	油隙放电、火花放电
4		高能量	1	0	2	有续流的放电、电弧
5	过热故障	<150°C	0	0	1	绝缘导线过热
6		150~300°C	0	2	0	铁心过热：从小热点、接触不良到形成环流，温度逐渐升高
7		300~700°C	0	2	1	
8		>700°C	0	2	2	

当变压器内部存在高温过热和放电性故障时，绝大部分情况下 $C_2H_4/C_2H_6>3$，于是可选择三比值中的其余两项构成直角坐标，CH_4/H_2 作纵坐标，C_2H_2/C_2H_4 作横坐标，形成 T（过热）D（放电）分析判断图，如图 26.3 - 1 所示。

3.1.4　现场油气分离技术

实现变压器油中气体在线监测的关键是在现场如何简便地从油中脱出气体，以及如何方便地测量出各气体数量。现场从油中脱出气体的方法主要有两类：一类是利用某些合成材料薄膜（如聚酰亚胺、聚四氟乙烯、氟硅橡胶等）的透气性，让油中所溶解的气体经此膜透析到气室里。

经薄膜透出的气体浓度 c 与不少因素有关

$$c = 1.3 \times 10^4 k\nu\left[1 - \exp\left(-\frac{76PA}{Vd}t\right)\right]$$

式中，c 为透析到气室的气体体积分数（$\times10^{-6}$）；k 为亨利常数；ν 为油中气体体积分数（$\times10^{-6}$）；P 为渗透系数；A 为渗透薄膜的面积（cm^2）；V 为接收透析出来的气体的气室体积（cm^3）；d 为薄膜厚度（cm）；t 为渗透时间（s）。

当渗透时间相当长后，透析到气室的气体浓度 c

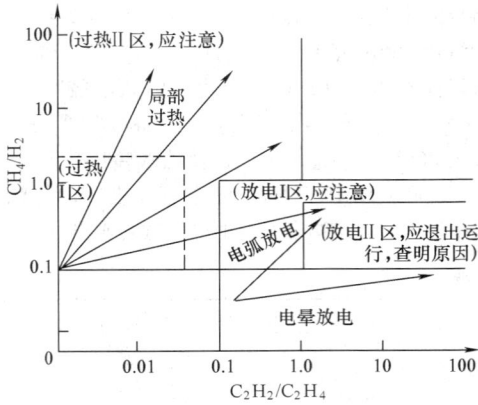

图 26.3-1 变压器油中气体含量 TD 图

将达到稳定，它与油中溶解气体的浓度 v 之间的关系如图 26.3-2 所示。

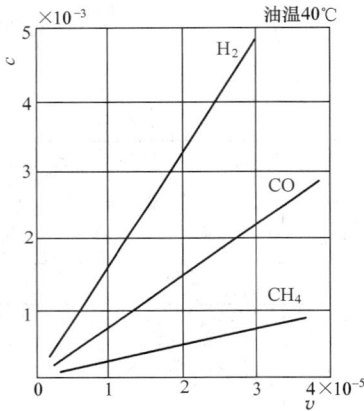

图 26.3-2 渗透的气体饱和值 c
与油中气体浓度 v 的关系

3.1.5 变压器油中氢气的在线监测

不论是放电性故障还是过热性故障都会产生氢气，由于生成氢气需要克服的键能最低，所以最容易生成。氢气既是各种形式故障中最先产生的气体，也是电力变压器内部气体各组成中最早发生变化的气体，因此在电力变压器运行中监测其油中氢气含量的变化，并及时预报，便能捕捉到早期故障。

比较成熟的方法是将监测装置的气室安装在热虹吸器与本体连接的管路上，在这段管路上增加一段过渡管，并与检测单元相连接。图 26.3-3 给出了一种微机控制的利用气体敏感半导体元件来检测油中氢气含量的原理框图。氢气脱气单元主要采用聚四氟乙烯透膜，安装在变压器侧面；检测单元包括气室和氢敏元件；诊断单元主要包括信号处理、报警和打印等功能。

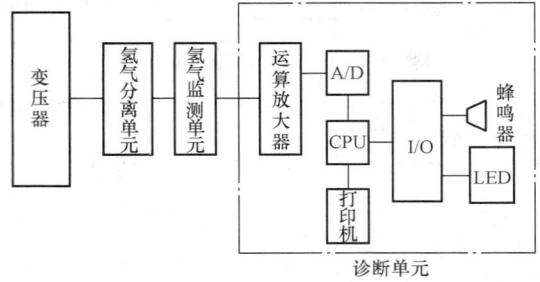

图 26.3-3 油中氢气含量监测仪原理图

目前常用的氢敏元件有燃料电池和半导体氢敏元件。燃料电池由电解液隔开的两个电极组成，由于电化学反应，氢气在一个电极上被氧化，而氧气则在另一电极上形成。电化学反应所产生的电流正比于氢气的体积分数（10^{-6}）。半导体氢敏元件也有多种，例如采用开路电压随含氢量而变化的钯栅极场效应晶体管，或用电导随氢含量变化的以 SnO_2 为主体的烧结型半导体。半导体氢敏元件造价较低，但准确度等往往还不够令人满意。

不仅油中气体的溶解度与温度有关，在用薄膜作为渗透材料时，渗透过来的气体也与温度有关。因此进行在线监测时，宜取相近温度下的读数来作相对比较，或在系统中考虑温度补偿。测得的氢气含量，一般在每天凌晨时测值处于谷底，而在中午时接近高峰。

3.1.6 油中多种气体的在线监测

监测油中的氢可以诊断变压器故障，但不能判断故障的类型，图 26.3-4 给出了诊断变压器故障发生及性质的多种气体在线监测装置。

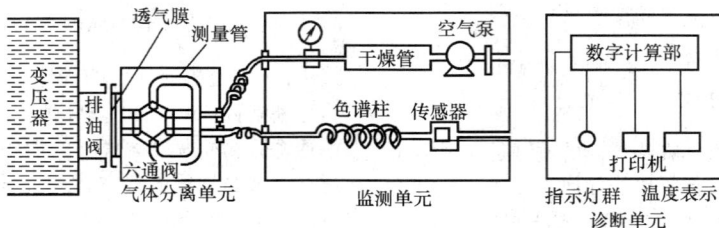

图 26.3-4 多种气体在线监测原理

气体分离单元包括不渗透油而只渗透各气体成分的氟聚合物薄膜（PFA）、集存渗透气体的测量管和装在变压器本体排油阀上改变气流通过的六通控制阀，排油阀通常处在打开位置。若渗透时间相当长时，则渗透气体浓度与油中气体浓度成正比；检测单元通过一个直通管与气体分离单元相连，利用空气载流型轻便气相分析仪进行管中各渗透组成气体的定量测定；诊断单元包括信号处理、浓度分析和结果输出等功能。

用色谱柱进行气体分离后可测量出变压器油中色谱图（见图 26.3 - 5），有了这些气体的含量，就可根据比值准则，利用计算机进行故障分析，可以诊断变压器中局部放电、局部过热、绝缘纸过热等故障。

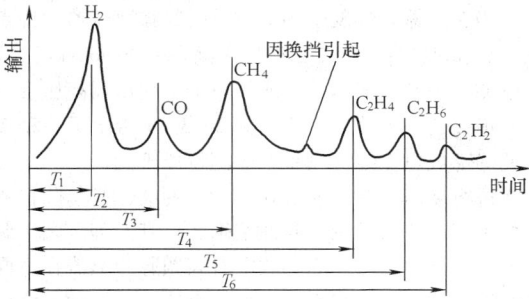

图 26.3 - 5　六种气体色谱图例

利用测量到的变压器色谱可以区分放电类型与过热类型、油过热与油-绝缘纸过热等。当 CH_4/H_2 比值等于或小于 0.5 时，可判定为放电类型（放电、电弧）；当此比值大于 0.5 时，可判定为局部过热类型，如图 26.3 - 6 所示；当产生的一氧化碳等于或小于 150×10^{-6} 时，属于油过热；当 CO 大于 150×10^{-6} 并超过 300×10^{-6} 时，过热就趋向于包含绝缘纸在内的过热。

若绝缘纸出现局部过热时，变压器油气体中 CO 的含量增加，但当过热温度再上升时，油即产生热分解而使甲烷气体增加。当过热温度上升时，CO/CH_4 比值即下降，如图 26.3 - 7 所示。借助于这种关系曲线，用 CO/CH_4 比值，就可估计大致的过热温度。

3.1.7　变压器油中微水的在线监测

随着变压器设计结构和制造工艺的改进，油浸式变压器受潮现象比过去有明显减少，但仍为常见的故障，因此实现对油中微量水分的在线检测仍具有重要意义。

目前较成熟的变压器微量水分的在线监测原理是利用塑料薄膜电容器的吸收特性。由于一些耐高温聚合物薄膜在充分吸收后，其相对电介常数由约 3.0 提高到 4.0，因此薄膜对水分的吸收，引起介电常数的增加，取决于油中水的相对饱和度。图26.3 - 8为一

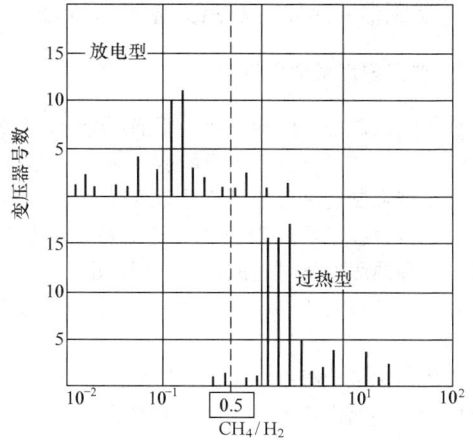

图 26.3 - 6　变压器 CH_4/H_2 比值分类

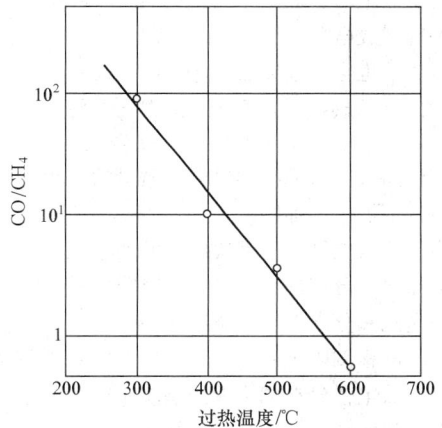

图 26.3 - 7　CO/CH_4 值与过热的温度关系曲线

种在 500kV 变压器里油中进行含水量在线监测的方法，由于在不搅动的油里，传感器含水量达到平衡要好几个小时或更长，而在缓慢搅动的油中，响应时间常数仅为几分钟，所以通常传感器安装在流动的油路中。

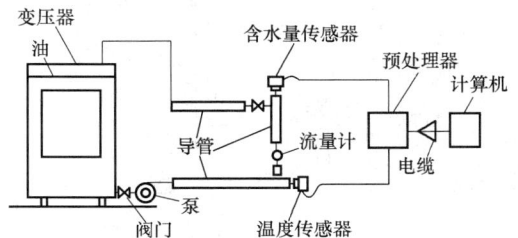

图 26.3 - 8　变压器含水量在线监测框图

对于在运行中的设备，对其油中微量水分的允许值，因为设备的密封形式、油量多寡、电压等级等不同而有所差别。

3.2 变压器局部放电在线监测与诊断

3.2.1 变压器局部放电特点

变压器内部绝缘结构主要采用油纸绝缘，其绝缘结构较复杂，在设计过程中可能造成局部区域场强过高；变压器在制造过程中可能导致绝缘中含有气泡和较多的水分，在运行过程中油质劣化可分解出气泡，机械振动和热胀冷缩可造成局部开裂，也会出现气泡等等，这些情况都会导致在较低外施电压下发生局部放电。

变压器油纸绝缘中如果含有气隙，由于气体介质的介电常数小而击穿场强比油、纸都低，因而在外施交流高压下气隙将是最薄弱环节。但初始放电时放电量较小，通常不超过几百皮库；当外施高压下油中也出现局部放电时，放电量可能有几千到几十万皮库。强烈的局部放电量达到 10^6 pC 以上，即使时间很短，如几秒钟，也会引起纸层损坏。而持续时间较短、强度不大的局部放电，并不会马上损伤纸层；但如果局部放电在工作电压下不断发展，就会加速油质老化，促使气泡扩大，形成高相对分子质量的蜡状物等，更会导致局部放电的加剧。

变压器放电脉冲是沿绕组传播的，起始放电脉冲是按分布电容分布的，经过一段时间后，放电脉冲通过分布电感和分布电容向绕组两端传播，行波分量到达测量端的检测阻抗后，有可能产生反射或振荡，所以纵绝缘放电信号在端子上的响应比对地绝缘放电要小得多，放电脉冲波沿绕组传播的衰减随测量频率的

增加而增大。对于变压器来说，油中放电对绝缘损坏是主要的，而油中放电时延较长，低频分量较大。

电力变压器中局部放电可分为：
（1）绕组中部油-屏障绝缘中油道击穿。
（2）绕组端部油道击穿。
（3）接触绝缘导线和纸板（引线绝缘、搭接绝缘、相间绝缘）的油隙击穿。
（4）引线、搭接线等油纸绝缘中的局部放电。
（5）线圈间（纵绝缘）的油道击穿。
（6）匝间绝缘局部击穿。
（7）纸板沿面滑闪放电。

3.2.2 变压器放电电流脉冲检测法

当变压器内部发生局部放电时，在变压器中性点或外壳接地电缆处加装罗哥夫斯基（Rogowsky）线圈就能检测到电流脉冲；或用一个与变压器高压套管抽头连接的检测器来检测。图 26.3-9 给出了一种典型的局部放电在线检测系统的测量原理图。

进行变压器局部放电在线检测的关键是消除抑制现场干扰，比较常见的脉冲鉴别法，其原理是利用脉冲鉴别电路，使出现局部放电时高频脉冲电流在不同的检测阻抗上产生相反的极性，而这时外来的干扰信号则在它上面产生相同的极性，从而鉴别出不同类型的信号。也可采用选频法消除外界干扰，即在信号采集系统中加入选频滤波器，图 26.3-10 给出了一种选频法加脉冲鉴别法的局部放电信号识别方法。现在还采用数字滤波技术，通过软件的方法对测量到的信号进行干扰识别和抑制。

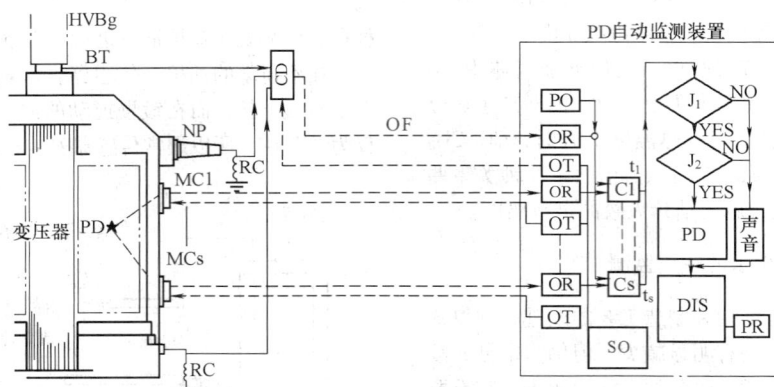

图 26.3-9　变压器局部放电在线检测系统测量原理图

HVBg—高压套管；BT—高压抽头；NP—中性点；MC—微音器；RC—Rogowsky 线圈；CD—电流脉冲检测器；OF—光缆；PO—脉冲振荡器；OR—光接收器；OT—光发送器；C—计数器；SO—模拟脉冲振荡器；J—传播时间的判断；DIS—显示装置；PR—打印机

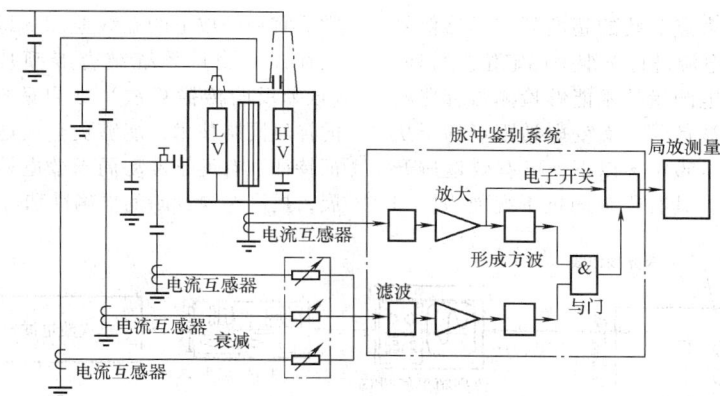

图 26.3 - 10　选频法加脉冲鉴别法测量原理

3.2.3　变压器放电超声检测法

变压器内发生局部放电时，不仅有电信号，也有超声信号发生，超声脉冲的分布范围约从几千赫兹到几百千赫兹。由于变压器结构复杂，且超声波在油箱内传播时不但随距离而衰减，而且遇到箱壁等又会发生折射、反射，这样要靠超声传感器测到的信号来确定放电量是很困难的。但多个超声传感器的联合应用，对于局部放电的定位却是很有其特色的。

若把电流脉冲法和超声检测法结合起来，则可提高检测可靠性。测量原理如图 26.3 - 11 所示，超声波在油及箱壁中的传播速度分别为1400m/s 及5500m/s（见表 26.3 - 6），远低于电信号的传播速度，因此可利用装在外壳地线或小套管上的高频传感器所接收到的电气信号来触发示波器或记录仪，然后根据记录下来的各个超声传感器所接收到超声信号的时差大小，来推测变压器内部局部放电的位置。

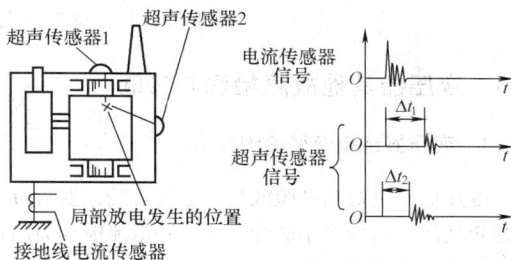

图 26.3 - 11　变压器放电超声法测量原理图

表 26.3 - 6　　　　　　　　　　超声波在变压器里的传播速度

媒　　质	变压器油	油浸纸	油浸纸板	铜	钢
传播速度/（m/s）	1400	1420	2300	3680	5500
相对衰减率/（dB/cm）	~0	0.6	4.5	9	13

在选择超声传感器的频率范围时应尽量选择避开铁心噪声、雨滴或砂粒等对箱壳的撞击声。通常采用 180~230kHz、60dB 的放大器配以中心频率为 200kHz 的超声传感器；也有的采用 10~120kHz 频段，认为局部放电超声信号的大部分集中在 10~30kHz，而变压器箱壳及风扇振动噪声也大多在这个频率范围里，这时宜加进平衡阻抗器来抑制噪声。

3.2.4　变压器超高频放电在线监测

近些年来，随着测量技术特别是测量电路采样速率的提高，局部放电的超高频检测方法得以实现。这种方法通过接收变压器内部局部放电发射的超高频电磁波（300~3000MHz），实现局部放电的检测和定位，并且检测信号的中心频率和带宽可调，抗干扰能力强。变压器超高频局部放电测量技术原理如图 26.3 - 12所示，安装于变压器上的若干超高频天线传感器经过数据采集、数据预处理、波形数据的数据库存储后，通过工控机的软件分析功能对变压器局部放电进行模式识别与定位。

超高频局部放电测量技术具有放电定位与放电模式识别两大功能：第一，变压器绝缘体系中的放电类型很多，不同的放电类型对绝缘的破坏作用有很大差异，因此有必要对各种放电类型加以区分。超高频法能够测量完整的局部放电波形信号，通过频谱特征提取变压器不同部位的局部放电在超高频下的放电特征，对变压器超高频局部放电谱图进行模式识别，进而区分不同类型的绝缘内部缺陷。第二，变压器内的局部放电信号在箱体介质中传播后会产生不同程度的衰减，不同的超高频传感器测量到的同一局部放电的波形相同，电压和时间不同，根据这一原理可以将多点安装的超高频传感器信号进行计算分析，对放电源进行三维坐标定位。另外，采用超高频法局部放电测量技术能够检测数百兆赫兹以上的超高频电磁波信号，而变电站现场的干扰信号频谱范围一般在 150MHz 以下，可有效地避开各种电晕等干扰信号，具有很强的抗干扰能力，非常适宜局部放电的在线监测。最新的变压器超高频局部放电测量系统结合混频技术、基于 BP 算法（误差反向传播算法）或自适应遗传算法（AGA）的神经网络技术，能够更全面地研究局部放电的本征特征，有助于推动局部放电检测理论和技术的发展，提高绝缘诊断的准确性和可靠性。

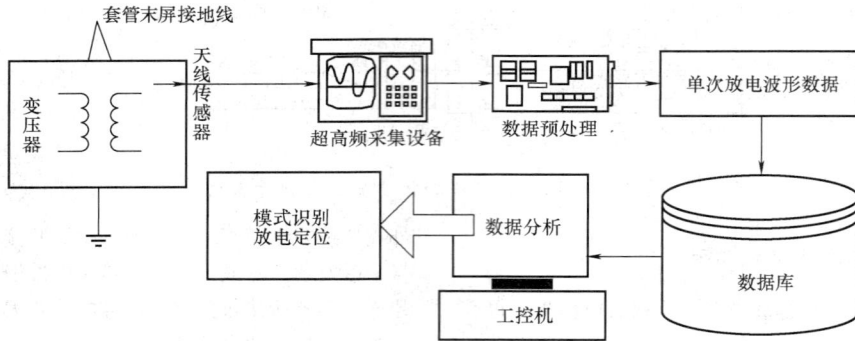

图 26.3 - 12　变压器局部放电超高频检测系统原理图

3.3　变压器其他故障检测与诊断

3.3.1　变压器绕组变形检测技术

变压器经过短路试验或长途运输之后，要检查绕组是否变形，运行多年遭受系统短路电流电动力的冲击，绕组可能移位变形。

低压脉冲法的原理如图 26.3 - 13（a）所示，重复脉冲发生器输出 1250V 脉冲电压，重复频率为 50 次/s，脉冲电晕发生器的波形为短脉冲（0.1/5 μs、0.3/1.5μs、0.1/1μs 等），将脉冲电压施加于变压器的高压绕组、低压绕组，三相并联在一起经电阻（1~75Ω）接地，用数字示波器测量此电阻两端的电容电流压降。

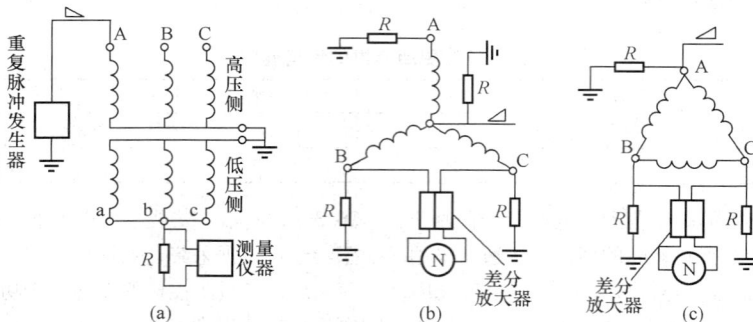

图 26.3 - 13　低压脉冲法和差分法接线原理图
（a）低压脉冲法原理接线图；（b）Y 联结绕组的差分接线原理图；
（c）D 联结绕组的差分接线原理图

图 26.3 - 13（b）、（c）给出了差分法的接线原理，差分法实际上是两个被试绕组所测波形的差值，如果被试的两个绕组的结构完全一致，则两个电阻上的电压波形应完全一致，差分法得到的波形应该接近一条零直线。

3.3.2　铁心故障检测技术

大型变压器的事故统计表明，铁心的事故率仍在变压器事故率中占相当大的比例。铁心事故的产生，大部分是由于铁心多点接地引起的。在铁心多点接地故障中，有一大部分是由于制造设计不良，变压器经长途运输或运行后，铁心部件受到振动或冲击力而引起的；另一部分是由于运行检修人员不熟悉铁心接地结构以及不正确处理铁心接地的方法而造成的。

不接地的变压器在绕组带电时处理高压电场中，由于电容耦合作用，使铁心对地产生一定的悬浮电位。对于三相变压器铁心不接地时的等效电路如图 26.3－14 所示。正常运行时，如三相电压对称，则电容电流 $i'_A + i'_B + i'_C \approx 0$，此时即使铁心不接地，对地产生的悬浮电位也不会高，接近于地电位。当变压器非全相运行时，就会有比正常运行时大得多的电流 i_T 流过 C_T，这时铁心对地就会产生很高的悬浮电位，导致铁心对夹件、油箱壁等接地零部件放电。因此运行中变压器的铁心是一定要接地的，但只允许有一个接地点。

在运行中用钳形电流表测量铁心外引接地电流（见图 26.3－15），如果电流达数安培，则可判断铁心存在多点接地故障。

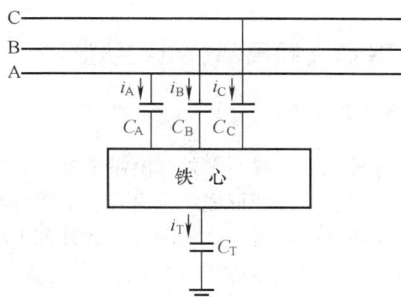

图 26.3－14　三相变压器铁心对地等效电路图
C_A、C_B、C_C—分别为三相绕组与铁心间的电容；
C_T—铁心对地电容；i_A、i_B、i_C、i_T—分别为
流过 C_A、C_B、C_C、C_T 的电容电流

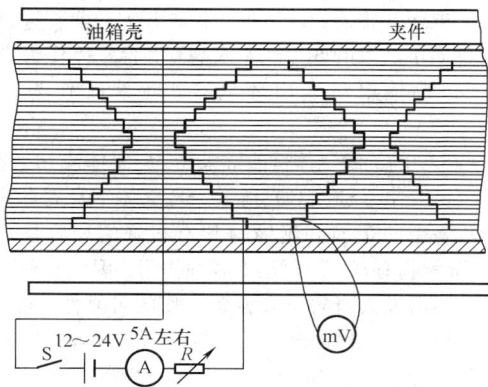

图 26.3－15　检测铁心内部的绝缘接线图

第 4 章　GIS 在线检测与诊断

GIS 内部包括母线、断路器、隔离开关、电流互感器、电压互感器、避雷器、各种开关及套管等。用化学性质不活泼的 SF_6 气体或 SF_6 混合气体作为主绝缘，GIS 内输电母线用环氧盆式绝缘子作为支撑绝缘。

GIS 中的绝缘气体目前常采用 SF_6 气体或 SF_6 混合气体（SF_6/N_2、SF_6/CO_2 等）。SF_6 气体本身无毒，与电力设备中的金属和绝缘材料有很好的相容性。但 SF_6 的分解物有毒，对材料有腐蚀作用，因此必须采取措施，以保证人身安全和设备工作的可靠性。使 SF_6 分解的原因有三种，即电子碰撞引起的分解、热分解和光辐射分解，在 GIS 中主要是前两种。GIS 中常见的三种放电形式均会引起 SF_6 气体分解，这三种放电形式是大功率电弧放电、火花放电、电晕或局部放电。

造成 GIS 内部发生局部放电的原因主要有：

（1）由于安装、维修时不注意，在壳内留有导电微粒及其他杂物。

（2）电极表面有损伤，如毛刺、刮伤，或安装、维修不善而出现台阶等。

（3）导电或接地部分接触不良。

（4）支撑绝缘子内部有气泡或劣化。

（5）气压下降或含水量增多等。

水分是 SF_6 气体中危害最大的杂质，水分主要有以下几种来源：SF_6 新气中的水分、充气管路中的水分、安装时带入的水分、固体材料析出的水分和运行中大气渗入的水分，最新的标准规定水分含量比应不大于 8×10^{-6}。SF_6 气体含水量过高会危及电力设备的安全运行，主要表现在：

（1）水分的存在影响气体分解物的生成。

（2）水与酸性杂质在一起时，会使材料腐蚀，导致机械操作失灵。

（3）水分在低温下会在固体绝缘表面凝露，使沿面闪络电压急剧下降，导致事故。

从 GIS 运行事故的统计看，约 60% 的故障发生在盆式支撑绝缘子处，即 GIS 中电场极不均匀处，而导致事故的原因 70% 左右是由于雷电过电压，并导致对地闪络。

在 GIS 中开关操作时，会产生快速暂态过电压，可能导致 GIS 和邻近设备的绝缘事故。例如，当 GIS 隔离开关切合小电容电流时，有时会引起对外壳的击穿事故；GIS 中开关操作或接地故障均有可能造成 GIS 外壳电位的暂态升高，引起接地外壳对支持构架放电。

4.1　GIS 超高频局部放电在线监测与诊断

4.1.1　外部电极法

在 GIS 外壳上放置一个外部测量电极，外电极与外壳之间用薄膜绝缘，形成耦合电容。薄膜绝缘的主要目的是防止外壳电流流入检测装置。外部电极法监测局部放电的原理如图 26.4-1 所示。

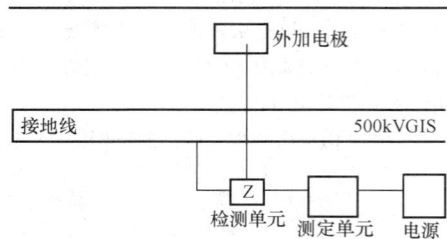

图 26.4-1　外部电极法原理图

考虑到 GIS 各室之间有绝缘垫，因为对于局部放电的高频电流而言，它将在同一绝缘垫两侧的两个外复电极间形成电位差，将 20~40MHz 的衰减波进行放大、检波、A/D 转换后，即可得到测量结果。该系统可采用脉冲鉴别系统以区分外来干扰及内部局部放电。由于采用了一对外复电极，因而可以将脉冲的相位关系等信息显示出来，在此基础上有可能分出在哪个气室发生局部放电。

4.1.2　接地线电磁耦合法

当 GIS 内部发生局部放电时，GIS 外壳接地线中流过的电流除工频分量外，还有高频脉冲，可通过铁磁线圈耦合进行测量。图 26.4-2 给出了一种接地线电磁耦合法的测量原理图。

现场用的检测仪器一般比较简单，例如，可用宽频放大器（10~1000kHz）和示波器配合，或用带通滤波器（例如 400kHz）与峰值电压表配合，也有的测量处于几兆赫兹的局部放电信号。现场测量关键是提高抗干扰能力，进而考虑根据局部放电电波形区分故障性质。例如，自由微粒引起的局部放电出现的相位不规则，放电量大小与气压几乎无关；而固定突出物引起的局部放电出现在电压峰值附近，放电与气压有关。

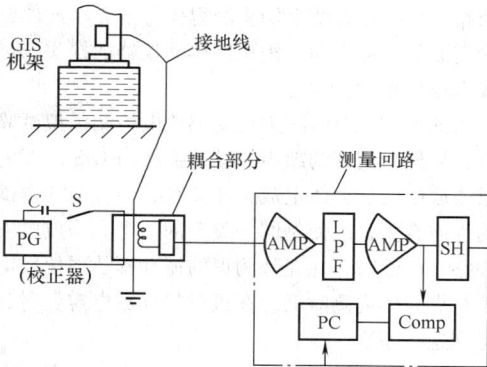

图 26.4－2　接地线电磁耦合法测量原理图

PG—脉冲发生器；LPF—低通滤波；

SH—门槛电路；PC—脉冲计数器；

Comp—计算机；AMP—放大器

4.1.3　绝缘子中预埋电极法

利用事先已埋在绝缘子里的电极作为探测传感器进行内部局部放电的测量（见图 26.4－3），可测量频率处于 400kHz 左右的衰减波的振幅。

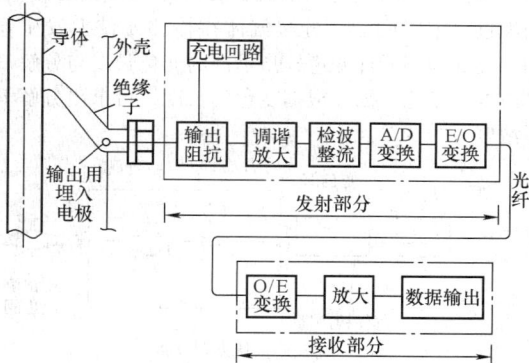

图 26.4－3　绝缘子中预埋电极法检测原理框图

因为预先埋入的电极处于金属容器以内，所以抗干扰性能好、灵敏度高，可测出几个皮库的放电量。但传感器探头必须事先安装在支撑绝缘子里，为此常需妥善解决处于壳内的前置放大器电源问题。对于分相有壳的 GIS，已有可能采用电源测的感应电压来作为此放大器的电源；面对于三相同一外壳者，常需要定期更换锂电池。

4.1.4　超高频耦合电容检测法

GIS 中局部放电频谱广泛分布，在几百兆赫兹，甚至几千兆赫兹均有放电频率分量存在，因而可以通过超高频信号检测法来检测局部放电，通常传感器的中心频率为 250～3000MHz。

超高频耦合电容局部放电检测法，是一种在 GIS 壳内预置一种薄膜电容器，电容量约数千皮法，在 GIS 壳外通过阻抗匹配器采集信号，测量仪器全部置于壳外。其检测原理和等效电路如图 26.4－4 所示。图中，C_1 为中心导体与外壳间的电容，约为几皮法。

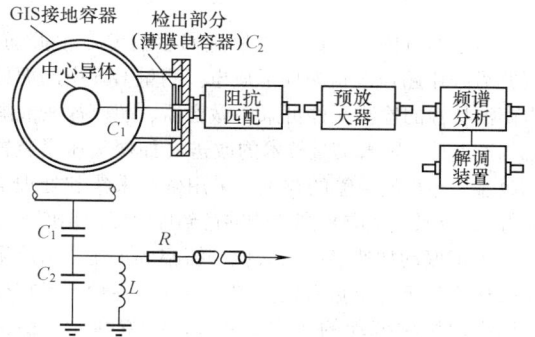

图 26.4－4　超高频局部放电检测

原理和等效电路图

4.1.5　超高频外部天线法

GIS 局部放电外部天线法是一种用超高频天线耦合 GIS 中放电信号的方法，是目前国内外采用比较多的方法，检测系统是由超高频天线、超宽带放大器、数字存储示波器、GPIB 接口板和计算机组成，其工作原理如图 26.4－5 所示。

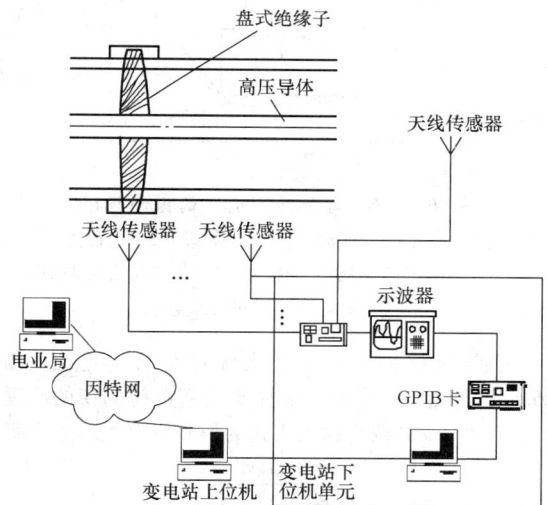

图 26.4－5　GIS 超高频放电外部天线法检测系统

由于 GIS 局部放电脉冲所激发的电磁波的频带较宽，为了获得比较丰富的信息，外部耦合天线的频带通常为 0.3～3GHz，因此常采用微带天线或双臂平面等角螺旋天线。天线放置于 GIS 外部，靠近 GIS 外壳和盆式绝缘子连接处。信号传输线使用双屏蔽电缆，屏蔽铜丝网多点接地，避免信号在传输过程中引入干扰。采用带宽为 5GHz，实时采样率为 20GS/s 的数字存储示波器，可以较完整地采集信号波形。

4.2 GIS 局部放电非电量在线监测技术

4.2.1 机械振动检测法

由于 GIS 内部局部放电使金属容器壁产生振动，因此可采用超声波检测局部放电。测量 GIS 中局部放电声波特性的检测元件可采用微音器、超声探头或振动加速度计。随着测量技术的改进（如探头压紧装置的改进、超声波导管的改进、采用微机采集和处理信号等），灵敏度大有提高，能够达到皮库级的精度。

由于振动加速度的最大值与振幅成正比，因此采用加速度计进行测量有较高的灵敏度。各种因素在容器壁引起机械振动的频谱如图 26.4-6 所示。由图 26.4-6 可见，局部放电引起的振动频率较高（几千赫兹到几十千赫兹），因此可先经滤波器除去低频部分。由于局部放电引起的 GIS 密封外壳的振动很小，所以必须提高检测的灵敏度，改进抗干扰的技术。

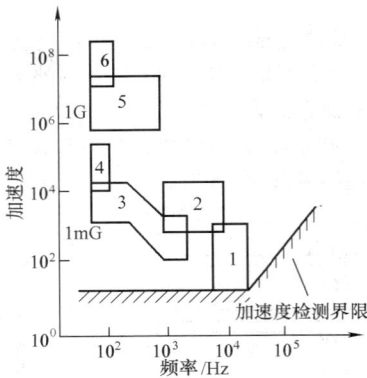

图 26.4-6 各种原因引起的振动频谱
1—局部放电引起的振动；2—异物振动；3—电磁力引起的振动；4—静电力引起的振动；5—操作引起的振动；6—对地短路引起的振动

测量机械振动波的最大优点是易于定位。图 26.4-7 给出了具有双压电探头的超声检测仪的原理图，图中 A、B 两个探头测到的信号经放大后送入判

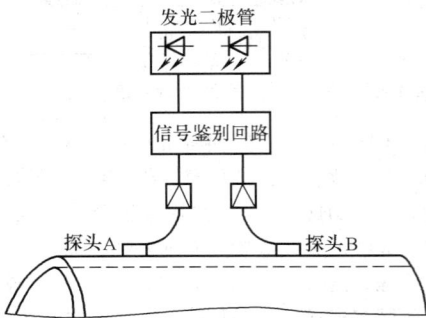

图 26.4-7 双压电探头超声检测原理图

别回路，根据左右两个探头测得信号的先后次序，可以确定波的传播方向。按顺序移动仪器的探头，可准确找出故障点。

用这种方法对 GIS 进行局部放电检测模拟试验研究时，壳外所测到的超声振动的振幅与 GIS 内部的放电量或放电能量大体上成正比关系，但与 GIS 内部放电的性质有关，即使是同一类型的放电，当放电发生在中心导体处时，在壳外测得的振动幅值要比放电就发生在靠壳体内测时低。在进行局部放电定量时，要注意到这一差别。

4.2.2 气体检测法

当 GIS 内部发生故障放电时，局部放电形成的高温将产生金属蒸汽，会引起 SF_6 气体产生分解，生成化学性质很活泼的 SF_4，同时与气体中的水分子发生反应生成 SOF_2、HF、SO_2 等活泼气体。

利用气体检测器进行酸度测量十分灵敏、方便。图 26.4-8 给出了一种简易的气体分解物检测仪。将气体检测器装在 GIS 气体管道口处，打开 GIS 管道口和气体检测器的流量调节阀，使试样气体流过探头，当经过一定时间后，分解气体在检测元件上发生作用，导致检测元件变色，指示剂的变色长度与分解气体浓度成正比，因而根据变色的长度，可求出分解气体浓度。

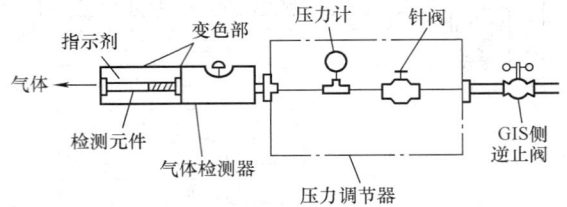

图 26.4-8 气体分解物检测仪结构示意图

通常可选用一种灵敏度高和变色清晰的溴甲酚红紫指示剂，这种指示剂随氢离子浓度的变化而变色，其 pH 值的转变范围为 5.2~6.8。这种敏感元件包括一支充有氧化铝粉和指示剂碱溶液的玻璃管，将含有分解气体的气样通过该敏感元件，玻璃管内的颜色从蓝紫色变到黄绿色。肉眼可观察相当于 0.03×10^{-6} 的分解气体体积分数。

4.2.3 光学检测法

由于局部放电伴随着光辐射，若在 GIS 内部安装光传感器，就可以利用局部放电光特性进行检测。图 26.4-9 为光检测器原理框图，包括高灵敏度的传感器和控制单元。传感器由装在屏蔽电磁、光的铁壳中的光倍增管和信号处理回路组成，传感器装在金属外

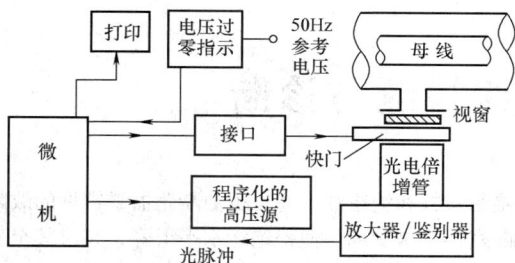

图 26.4-9　光学检测法原理框图

壳的窗口上，以便检测 GIS 内部的局部放电，测量到的信号通过电缆送到控制单元，其信号按黑体电流和距离进行校正，并显示出来。

使用这种方法时，为了使传感器安放在外壳内，需要在密封外壳上开窗，同时为了消除观察死角，应采用多个传感器。这种方法的优点是不会受到背景干扰的影响。

第 5 章 断路器在线检测与诊断

在运行中高压断路器要承受长期最高工作电压和短时各种过电压的作用，其绝缘能力必须满足各种运行要求。

高压断路器的绝缘主要有三部分：一是导电部件对地之间的绝缘，通常由支持绝缘子或瓷套、绝缘拉杆、提升杆，以及绝缘油或绝缘气体组成；二是同相断口间的绝缘；三是相间绝缘，各相独立的断路器的相间绝缘就是空气间隙。

少油断路器通常采用充油或纯瓷绝缘套管作为对地绝缘，绝缘拉杆一般用环氧玻璃布棒（环氧玻璃钢）。支持瓷套内的油起到防止瓷套内壁凝水和保证绝缘提升杆的绝缘性能。

SF_6 断路器的绝缘结构十分简单，在断口动、静触头之间的绝缘介质除了瓷套外就是 SF_6 气体，其对地绝缘包括 SF_6 气体、绝缘瓷套、绝缘拉杆。SF_6 断路器是一种全封闭的结构，其内部绝缘不容易受潮。

影响高压断路器绝缘性能的主要因素有：

（1）潮气。变压器油中吸入万分之一的水分将使其耐压水平降低好几倍，绝缘胶纸受潮后沿面放电电压将大大下降，并由于绝缘电阻的下降在工作电压下就可能发生热击穿。

（2）外绝缘污闪。断路器断口间的工频电压可以达到两倍相电压，在外绝缘脏污并出现雾雨天时容易发生污闪。

（3）绝缘胶开裂。由于热胀冷缩而导致套管充胶开裂、密封结构老化，使绝缘强度大大降低。

断路器中的断口连接是靠电接触，接触电阻的存在，增加了导体的通电时的损耗，使接触处的温度升高，将直接影响其间绝缘介质的品质，为了保证断路器的可靠工作，无论是导体本身，还是接触处的温升都不允许超过规定值，这就要求必须控制接触电阻的数值，使它不超过允许的值。

断路器要求在运行过程中能在工频最大工作电压下长期工作不击穿，在最大负载电流下长期工作时各部分温升不超过规定值，并能承受短路电流所产生的热效应和电动力效应而不损坏。

5.1 断路器绝缘参数在线监测

5.1.1 交流泄漏电流在线检测

高压少油断路器在运行时，承受运行电压的绝缘

是绝缘拉杆和绝缘油。高压少油断路器最常见的故障是断路器进水受潮，使得绝缘水平下降，有时甚至发生击穿或爆炸的事故。

要实现断路器交流泄漏电流的在线检测，需要对断路器结构进行必要的改造。断路器的改造主要是指对绝缘拉杆的改造，将电流表（微安表）串入回路，以满足在线检测泄漏电流的要求。

将测量引线接于测量小套管上，引线经一桥式整流电路接地，用直流微安表测量，测量线路见图26.5－1。测量时，断开测量小套管接地引线，由直流微安表读出运行电压下的泄漏电流（直流微安表接于桥式整流电路另两个端点）。测量完毕后，测量小套管恢复接地，使高压少油断路器恢复正常运行。

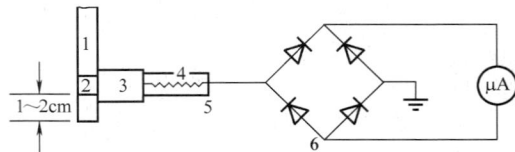

图 26.5－1 油断路器交流泄漏电流
在线检测示意图
1—绝缘拉杆；2—金属圆环；3—测量电极；
4—绝缘引线；5—测量小套管；6—桥式整流

在线检测得到的断路器交流泄漏电流小于《规程》规定的 $10\mu A$ 时，直流 40kV 电压下泄漏电流试验结果基本上一致。但当断路器进水受潮后，一般交流泄漏电流小于直流泄漏电流值。检测交流泄漏电流基本能反映绝缘缺陷，考虑到在线检测交流泄漏电流的偏差，通常将交流泄漏电流的判断标准规定为不大于 $5\sim 8\mu A$。当大于 $5\mu A$ 时应引起注意，而当大于 $8\mu A$ 时应停电检查。

检测交流泄漏电流也可以有效地检查出绝缘拉杆分层开裂的缺陷。

5.1.2 介质损耗角正切在线检测

高压少油断路器改造成经测量小套管将拉杆绝缘引出后，接入西林电桥就可以用于在线检测介质损耗角正切。

电桥的第一臂为试品 C_x，电桥的第二臂为标准电容器 C_N，第三臂为可变电阻 R_3，第四臂由固定电阻 R_4（值为 3184Ω）与电容箱 $C_4(\mu F)$ 并联组成。则

$$C_x = C_N \frac{3184}{R_3}$$

$$\tan\delta = \omega R_4 C_4 \times 10^{-6} = C_4$$

在线检测油断路器的介质损耗角正切可以采用高压标准电容器和低压标准电容器法，也可以用瓦特表法。

5.1.3　高频接地电流在线监测

由高压断路器（如 SF_6 断路器）内部放电产生的高频电晕电流，会流入壳体的接地线，通过传感器监测该电流，用滤波器消除干扰后，进行输出信号的判断处理，如图 26.5－2 所示。

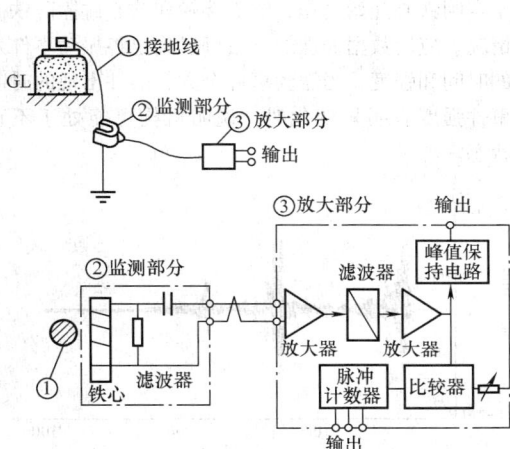

图 26.5－2　接地电流测量法的原理

除局部放电之外的各种外部干扰所产生的电流也会流入接地线，所以可以利用传感器的特性和滤波器，或采用前叙的脉冲鉴别线路，尽量消除那些外部放电的干扰。

5.2　断路器机械、运行参数在线监测

5.2.1　合、分闸线圈电流的监测

分合闸线圈的波形中包含了重要的信息，可以为机械故障诊断所用。利用霍尔磁平衡式电流传感器测量输入端电流，可以间接测量经整流桥后输入到分合闸线圈中的实际电流。由于该霍尔传感器失调电流小，线性度好，响应时间短，跟踪速度快，动态范围大，电气绝缘和抗干扰能力都很强，因而对于保证整个系统的测量精度和测量稳定性十分有利，不会对断路器的操作回路的正常运行造成影响。

如图 26.5－3 所示为一个典型的合闸线圈电流波形。图中 T_0 为分合闸命令到达时刻，T_1 是线圈中电流上升到足以使铁心运动的时刻，T_2 代表铁心触动操作机构的负载而显著减速的时刻。T_3 代表辅助触头切断的时刻。因此，$T_1 \sim T_0$ 这段时间反映了控制电源电压的和线圈本身阻抗的变化。$T_2 \sim T_1$ 反映了电磁铁心运动是否有卡塞、变形、脱扣失灵等故障。$T_3 \sim T_0$ 可以反映整个操动传动系统的运动情况。电流波形中的 I_1 可以反映电源电压的大小，I_2 反映电磁铁心的运动速度。由以上参数的变化可以诊断断路器拒分和拒合等故障的趋势。

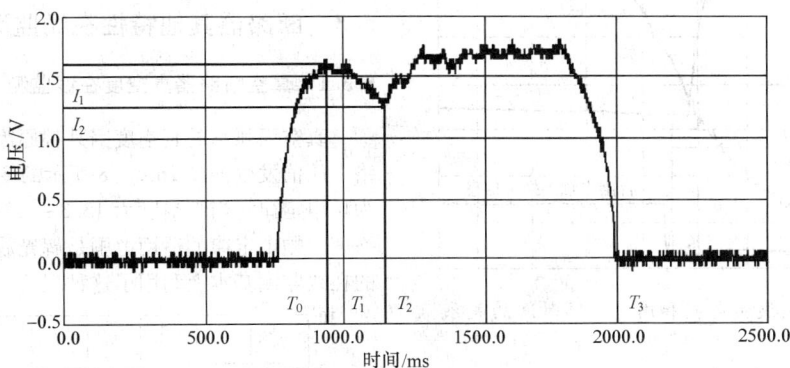

图 26.5－3　合闸线圈电流波形

5.2.2　行程、速度的监测

断路器行程的监测可采用光栅行程传感器。对于能安装直线式行程传感器的可直接测定动触头运行曲线，还可以选用旋转式角位移传感器，安装在操作机构的转动轴上，间接测量触头的运行特性。

图 26.5－4 给出了合闸时直线位移传感器和角位移传感器测量触头行程曲线，曲线 1 为角位移传感器的输出，曲线 2 为直线位移传感器输出，曲线 3 是断路器触头的换位信号。根据测量触头运行曲线，可以计算出动触头行程、分合闸同期性、超行程、平均速度、刚分（刚合）速度、最大速度等。

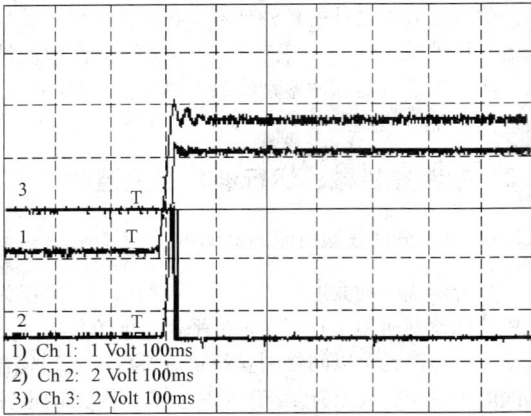

图 26.5 - 4　合闸时直线位移传感器和角位移
传感器测量触头行程示波图

从位移特性曲线上可以得到固有分闸时间、固有合闸时间、平均合闸速度、刚合速度、平均分闸速度等。断路器的固有合闸时间为从接到合闸指令瞬间到触头接触上瞬间的时间间隔，固有分闸时间为接到分闸指令瞬间起到触头分离瞬间的时间间隔。因为断路器的闭合和开断过程是变速运动过程，通常分合闸速度用某一运动区段内主触头的平均速度来表征。图 26.5 - 5 给出了合闸线圈电流和固有合闸时间的关系，图 26.5 - 6 给出分闸线圈电流和固有分闸时间的关系。

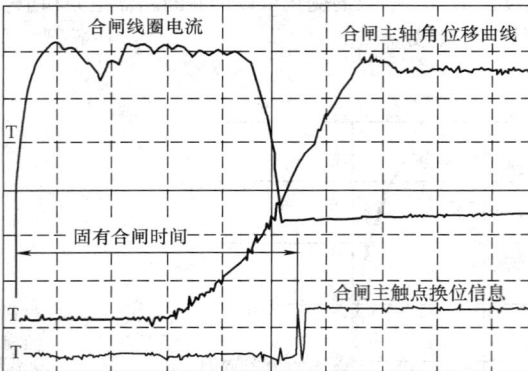

图 26.5 - 5　合闸线圈电流和固有合闸时间的关系

5.2.3　断路器振动信号的监测

断路器在合、分闸过程中，由于操作机构、联动机构、触头等的运动、撞击，产生一系列振动信号，应用振动传感器在断路器体外采集振动信号，可用以判断断路器的机械状态。

图 26.5 - 7 是电磁机构操动的少油断路器合闸过程中的振动信号波形，图中的三个振动事件，分别对应于合闸铁心开始动作、触头接触和铁心碰撞静铁心的情况。应用数据处理的方法可以确定各振动事件发生的时间和强度，当振动事件个数、事件出现的时间和事件强度有明显变化时，说明机构可能处于不正常状态。

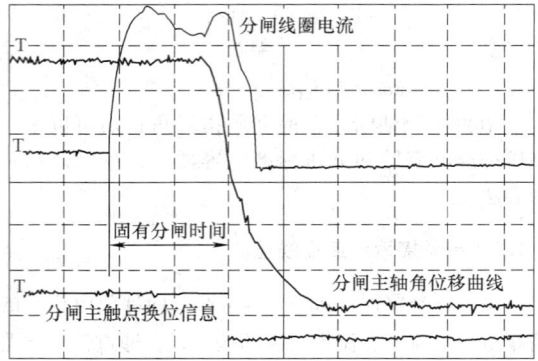

图 26.5 - 6　分闸线圈电流和固有分闸时间的关系

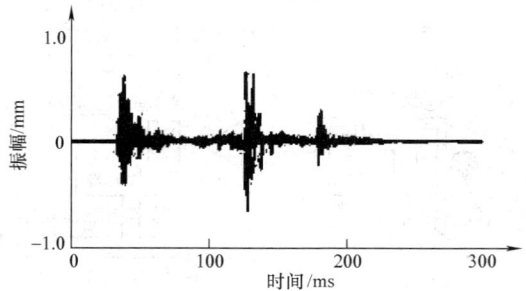

图 26.5 - 7　断路器合闸振动波形

5.3　断路器其他特性在线监测

5.3.1　真空断路器真空度在线监测

真空灭弧室的真空度因某种原因降低时，内部闪络电压值发生如图 26.5 - 8 所示的变化，这个现象称为帕申定律，当真空度为 13.3~133Pa 时，呈最低闪络值。帕申定律的适用范围是辉光放电领域，真空度的在线监测基本上利用了这种现象。

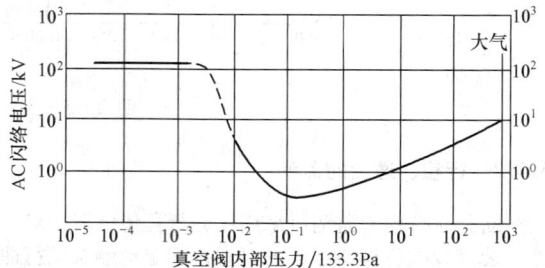

图 26.5 - 8　真空灭弧室内部压力和交流闪络电压

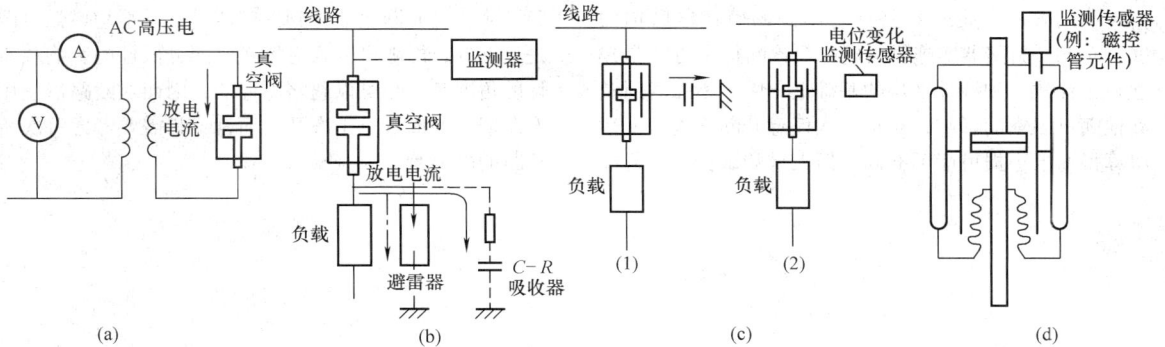

图 26.5-9　各种真空度的监测方法

（a）耐压法；（b）放电电流监测法；（c）中间电位变化监测法；

（d）直接监测法

各种真空度的监测方法如图 26.5-9 所示，其中图 26.5-9（a）所示的是耐压法：在真空灭弧室的极间施加与真空灭弧室间距离相应的交流高压或直流高压，根据有无闪络现象（放电电流的大小）来判断真空度好坏。图 26.5-9（b）所示的是放电电流监测法：在真空度降低的状态下使真空断路器断开时，因为真空灭弧室内部由于线路电压而呈导通状态，所以按照真空断路器负载侧的回路条件，将有放电电流流过。如果真空断路器的负载侧接有避雷器等电阻元件，就能够监测流过电阻元件的电流，从而发出警报。用作电涌保护的 C 和 C-R 吸收器同样可用于监测放电电流。图 26.5-9（c）所示的是中间电位变化监测法：真空灭弧室多数具有中间保护屏。当真空度降低时，真空灭弧室的中间保护屏电位会起变化，所以如果直接将电容器等接在中间保护屏上，就可以监测通过该电容的放电电压，并利用电位变化监测传感器监测中间保护屏的电位变化。图 26.5-9（d）所示的是直接监测法：该方法是在真空灭弧室的某一处直接安装真空度监测传感器，直接测量真空度的传感器有离子泵元件、磁控管等元件。

5.3.2　SF₆ 断路器触头电寿命诊断技术

SF₆ 断路器检修工艺规定对灭弧室解体检修是以年限或某种等级的开断电流次数等作为依据的，即检

修周期或临修次数与累计开断电流的大小有关。

利用试验所得到的断路器的 N-I_b 曲线（见图 26.5-10），求出任意电流下的等效磨损次数与相对磨损量的换算关系（见表 26.5-1），其余各任意开断电流下的相对磨损量可根据表 26.5-1 进行线性插值获得，其中 N 为额定开断电流下的允许次数，括号内数表示对应 I_b/I_N 百分比下的触头可开断次数，其中曲线中 1 部分的拟合为 $N = (49.5/I_b)^{3.46}$（$I_b <$ 11kA），2 部分的拟合为 $N = (233.5/I_b)^{1.76}$（$I_b \geqslant$ 11kA）。

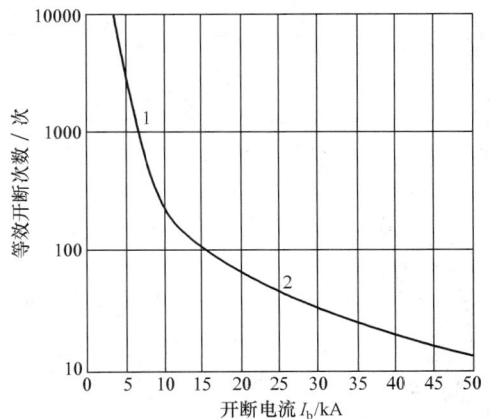

图 26.5-10　SF₆ 断路器的 N-I_b 曲线

表 26.5-1			SF₆ 断路器相对磨损量的换算关系				
I_b/I_N（%）	100	75	50	35	25	10	3
等效开断次数与额定开断次数比	1.00	1.65	3.30	6.30	11.40	199.0	477.0
—	(14)	(23)	(47)	(88)	(160)	(2786)	(6680)
相对磨损量	$1/N$	$606/1000N$	$303/1000N$	$159/1000N$	$88/1000N$	$5/1000N$	$2/1000N$

不同灭弧介质的断路器有不同的等效电磨损曲线，对 SF$_6$ 断路器实施触头电寿命诊断标定方法是建立在累计效应和统计平均的基础上，由于燃弧时间及其他随机因素的影响，对每一次任意开断来说，上述所算得的电磨损可能不准确，但大量的试验及运行经验证明，当开断次数达到一定值后，其平均燃弧时间是趋近的，即随机因素对燃弧时间分散性的影响从累计的角度考虑是可以忽略不计的，因而对断路器使用寿命期间的成百上千次开断而言，只需要考虑每次所开断的电流量。

第 6 章　电力电缆在线检测与诊断

1. **电力电缆故障与老化原因**　引起电缆绝缘故障的原因是多方面的，如电缆的制造质量（包括缆芯绝缘、护层绝缘所用的材料及制造工艺）、运行条件（包括负荷、过电压、温度及周围环境等）、外力的作用等因素。国内外的运行经验表明，制造、敷设良好的电缆，运行中的事故大多是由于外力破坏（如开掘、挤压而损伤）或地下污水的腐蚀等所引起的。

由于电缆材料本身和电缆制造、敷设工程中不可避免地会存在缺陷，受运行中的电、热、化学、环境等因子的影响，电缆的绝缘都会发生不同程度的老化，不同的老化因子引起的老化过程及形态也不同。表 26.6－1 给出了交联聚乙烯电缆绝缘老化的原因和表现形态，这其中树枝化老化是交联聚乙烯电缆所特有的。所谓水树枝和电树枝是指在局部高电场的作用下，绝缘层中水分、杂质等缺陷呈现树枝生长，最终导致绝缘击穿；所谓化学树枝是指绝缘层中的硫化物与铜导体产生化学反应，生成硫化铜和氧化铜等物质，这些生成物在绝缘层中呈树枝状生长。

表 26.6－1　交联聚乙烯电缆绝缘老化的原因及表现形态

老化原因		老化形态
电效应	运行电压、过电压、过负荷、直流分量	局部放电老化 电树枝老化 水树枝老化
热效应	温度异常、冷热循环	热老化 热-机械老化
化学效应	化学腐蚀、油浸泡	化学腐蚀 化学树枝
机械效应	机械冲击、挤压外伤	机械损伤、变形 电-机械复合老化
生物效应	动物啃咬 微生物腐蚀	成孔、短路

2. **交联聚乙烯电缆中水树枝老化特性**　交联聚乙烯电缆绝缘中存在的杂质、气孔以及绝缘表面内外半导体层的不均匀处形成的局部高电场部位是发生水树枝的起点，只有同时在水和电场时才会发生水树枝，即使这个电压较低。水树枝在交流电场下比在直流电场下容易产生，交流电频率越高，发展速度越快，并且温度高时容易发生。

按水树枝产生的起点可分成以下三种类型：①内导型水树枝：以电缆内半导体包带作为起点的水树枝，当内半导体层是挤出结构的情况时，在半导体带边缘或有毛刺等结构不均匀部分容易产生水树枝。②蝴蝶型水树枝：以绝缘中的杂质和气隙作为起点的一种水树枝。③外导型水树枝：以电缆中的外部半导体层作为起点的一种水树枝。

水树枝的形成是由以下几个阶段完成的：水树枝产生的第一阶段是在绝缘体中不规整部位（如在绝缘半导电层表面）的水产生局部凝缩，在电缆制造过程中和从外部环境侵入的少量水在绝缘物中是均匀分布的，但水分子在电场作用下因极化而产生极化迁移，被不规整部位所吸引，逐渐积累产生水汽的局部过饱和状态；第二阶段，在不规整部位的微空隙和多孔性不纯物的自由空间产生液态的水。这一过程中存在极化迁移、微孔机械扩张、微孔表面渗透压、Maxwell 电磁应力、电化学效应及微放电等，导致水树枝逐步生长，并在水树枝的尖端形成高电场，促使水树枝延伸，以后水树枝逐步向电树枝转移，最后形成大面积的贯穿整个绝缘体的树枝，使绝缘击穿。

3. **交联聚乙烯电缆中电树枝老化特性**　电树枝的起晕存在引发期或称诱导期，在一定的时间内无明显的局部放电现象，加压一定的时间会突然出现局部放电，产生电树枝。加压后无局部放电这一段时间称为树枝引发时间，树枝的引发时间与所加交流电压有一定的关系。电树枝引发之后，在较低的交流电压下就会维持其发展。这是由于树枝诱发时的局部放电产生局部温度升高，促使绝缘材料汽化，使气体通道得以扩大和延伸；同时，局部放电产生的空间电荷加强了局部电场，也维持了放电的不断发展。

根据材料的聚集态和残存应力状态，交联聚乙烯电缆绝缘中会生成枝状、丛林状、藤枝状、松枝状和混合状等五类电树枝。除丛林状和混合树外，由于残存应力和不均匀结晶的影响，其余三种结构电树枝引发时间短，生长速度快，对电缆的安全运行有较大的威胁性。

XLPE 绝缘中电树枝放电可分为丛状放电和枝状放电两种形式，电压较高时出现丛状放电；反之，则为枝状放电。

XLPE 绝缘的空间电荷效应也是制约电力电缆绝缘介电强度的主要因素。在聚烯烃化合物中添加少量的极性基团可以大大减少绝缘中的空间电荷积累，也可以明显减少电树枝的形成概率。

4. 交联聚乙烯电缆的直流耐压试验的危害性

由于电力电缆具有较大的电容量，因此规程规定运行中的橡塑电缆进行绝缘试验采用直流试验电源，但对于交联聚乙烯电缆进行绝缘直流耐压试验往往会导致电缆再投运时发生击穿故障，这是由于交联聚乙烯绝缘材料十分特殊的性质所决定的：一方面是由于交联聚乙烯电缆绝缘电阻很高，以致在直流耐压时所注入的电荷不易散逸，导致电缆中原有的电场发生畸变；另一方面是由于交联聚乙烯电缆中存在水树枝、电树枝，当经过直流耐压试验后，将在水树枝和电树枝尖端积累残余电荷，保有一定的直流电压。因此进行直流耐压试验是不适合的，具有一定的危害性。

目前常将交联聚乙烯电缆的直流耐压试验从常规性预防性试验改为鉴定性试验，即当其他预防性试验项目发现问题而又无法判断电缆能否投运时，才进行直流耐压试验，或将直流耐压试验改做交流耐压试验，如采用串联谐振法或超低频（0.01Hz）法进行试验。

6.1 交联聚乙烯电缆性能鉴定试验

6.1.1 残余电压法

交联聚乙烯电缆不同老化过程阶段其残余电压明显不同，电缆劣化越严重，残余电压越高，检测交联聚乙烯电缆的残余电压是一种电缆性能评价方法。残余电压法测量原理如图 26.6 - 1 所示。测量时将开关 S2、S3 打到接地侧，合上开关 S1 使被试电缆充上直流电压。一般可按每毫米绝缘厚度上的梯度为 1kV 来施加电压。约经 10min 充电后，将 S1 及 S2 先后打到接地侧，经约 10s 后打开 S1 及 S2，合上 S3，以测量电缆绝缘上的残余电压。交联聚乙烯电缆的残余电压与其 tanδ 值的相关性较好。

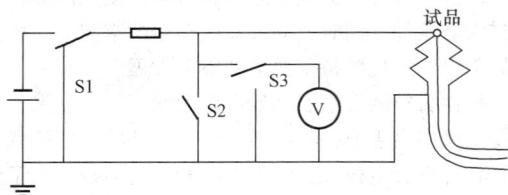

图 26.6 - 1 残余电压法测量原理

6.1.2 反向吸收电流法

由于交联聚乙烯电缆中主绝缘在直流场作用下会积累电荷，特别是树枝化现象严重时，大量积累的电荷，会导致反向吸收电流增加，因此可采用反向吸收电流法测量，其测量原理如图 26.6 - 2 所示。测量时

先将开关 S1 打到电源一侧，让电缆加上 10min 的 1kV 直流电压，然后将 S1 打到接地侧让电缆放电；3min 后打开 S2，由电流表测量反向吸收电流。而吸收电荷 Q 为 3~33min 内电流对时间的积分值。

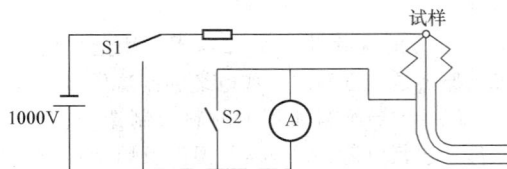

图 26.6 - 2 反向吸收电流法测量原理

图 26.6 - 3 给出了的交联聚乙烯电缆的吸收电荷 Q、绝缘电阻 R 及 tanδ 三者与该电缆交流击穿电压 U 的关系，其 Q - U 的相关性比 tanδ-U 要好，而绝缘电阻与 U 的相关性最差，当监测某电缆整体劣化时，以测量 Q 及 tanδ 为宜。因两者均取决于绝缘的整体特性，且测残余电荷时外界干扰也较小，故测量较准确。

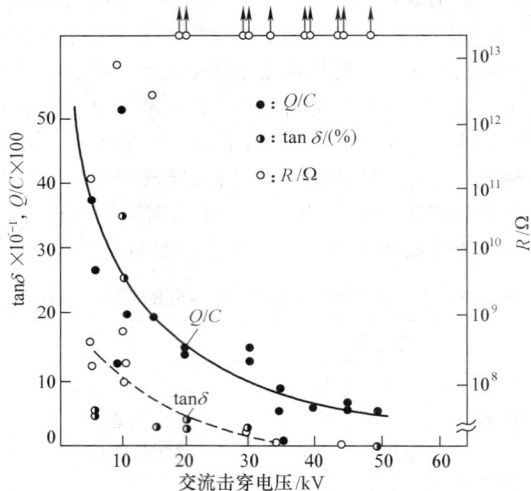

图 26.6 - 3 吸收电荷、绝缘电阻、tanδ 和交流击穿电压相关性

6.1.3 电位衰减法

电位衰减法是在电缆充电后测量自放电的电压下降速度，如果电缆绝缘良好，则自放电很慢；如果电缆绝缘品质已经下降，则放电电压速度很快，其测量原理如图 26.6 - 4 所示。试验时先对电缆绝缘充电，再打开开关 S1 让它自放电，由于静电电压表的绝缘电

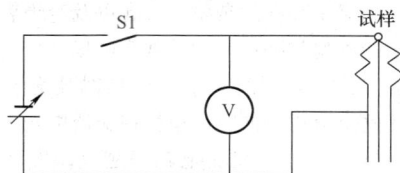

图 26.6 - 4 自放电法测量原理

阻远高于电缆的绝缘电阻,如电缆绝缘良好,则自放电很慢;如电缆绝缘劣化,则放电电压下降速度很快。图 26.6-5 所示的是典型的自放电电压下降曲线。

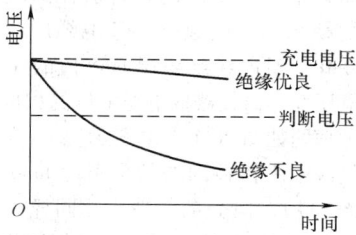

图 26.6-5 自放电电压的下降曲线

6.2 交联聚乙烯电缆在线监测技术

6.2.1 交联聚乙烯电缆直流分量在线监测

由于交联聚乙烯电缆中存在着树枝化绝缘缺陷,在交流正、负半周表现出不同的电荷注入和中和特性,导致在长时间交流工作电压的反复作用下,水树枝的前端积聚大量的负电荷,树枝前端所积聚的负电荷逐渐向对方漂移,导致流过电缆接地线的交流电流含有微弱的直流成分,因此检测出这种直流成分即可进行劣化诊断。图 26.6-6 所示的测量回路可在交联聚乙烯电缆系统中,检测电缆线芯与屏蔽层的电流中的极小直流分量。

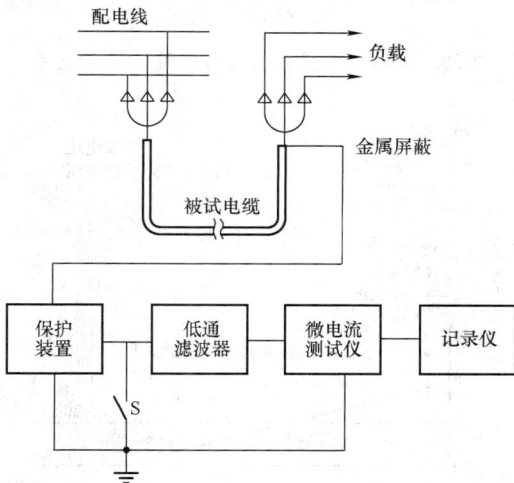

图 26.6-6 直流分量在线监测回路

水树枝发展得越长,直流分量也就越大,而且 XLPE 电缆的直流分量电流 I_{dc} 与其直流泄漏电流及交流击穿电压间往往具有较好的相关性,如图 26.6-7、图 26.6-8 所示。在线监测出 I_{dc} 增大时,常常说明水树枝的发展、泄漏电流的增大,这样的绝缘劣化过程会导致交流击穿电压的下降。

直流分量法测得的电流极微弱,且不稳定,微小的干扰电流就会引起很大误差。干扰主要来自被测电缆的屏蔽层与大地之间的杂散电流,因杂散电流及真实的由水树枝引起的电流,均经过直流分量测量装置,以致造成很大误差。可以考虑让杂散电流旁路掉或在杂散电流回路中串入电容将其以阻断等等。

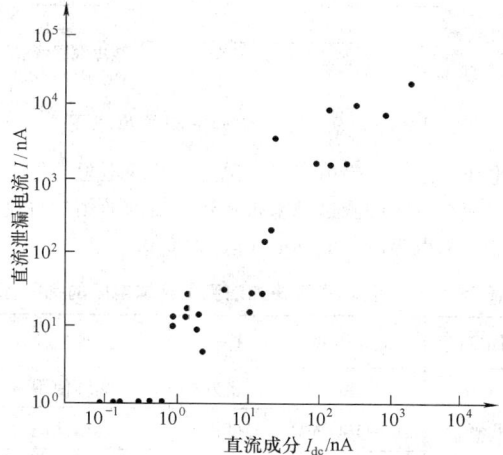

图 26.6-7 泄漏电流与直流分量的相关性

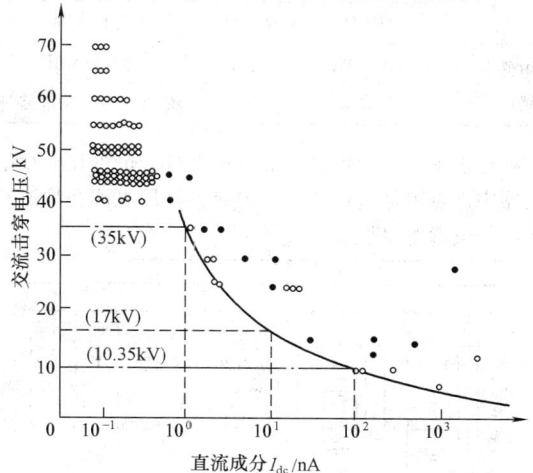

图 26.6-8 交流击穿电压与直流分量的相关性

目前评判标准是将用直流分量法测得的值分为:大于 100nA、1~100nA、小于 1nA 三挡,分别表明绝缘不良、绝缘有问题需要注意、绝缘良好。

6.2.2 交联聚乙烯电缆直流叠加法

直流叠加法的基本原理是利用在接地的电压互感器的中性点处加进低压直流电源(通常为 15~50V),使该直流电压叠加在电缆绝缘上的交流电压上,从而测量通过电缆绝缘层的微弱的 nA 级直流电流或其绝缘电阻,其测量原理如图 26.6-9 所示。

由于直流叠加法是在交流高压上再叠以低值的直

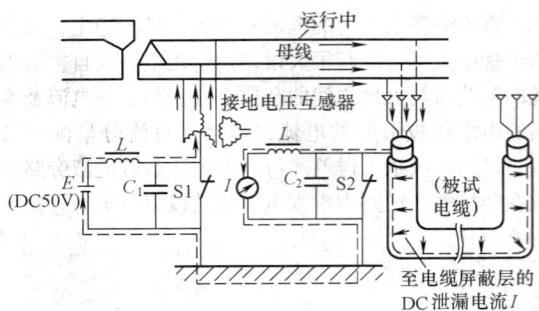

图 26.6-9 直流叠加法测量原理图

流电压，这样在带电情况下测得的绝缘电阻与停电后加直流高压时的测试结果很相近。目前通用的直流叠加法绝缘电阻的判断标准见表 26.6-2。

表 26.6-2 日本直流叠加法测量绝缘电阻的判断标准

测定对象	测量数据	评价	处理建议
电缆主绝缘电阻	>1000MΩ	良好	继续使用
	100~1000MΩ	轻度注意	继续使用
	10~100MΩ	中度注意	密切关注下使用
	<10MΩ	高度注意	更换电缆
电缆护套绝缘电阻	>1000MΩ	良好	继续使用
	<1000MΩ	不良	继续使用、局部修补

对于中性点固定接地的三相系统，也可在三相电抗器中性点上加进低压直流电源而仍用直流叠加法在线监测电缆绝缘性能。

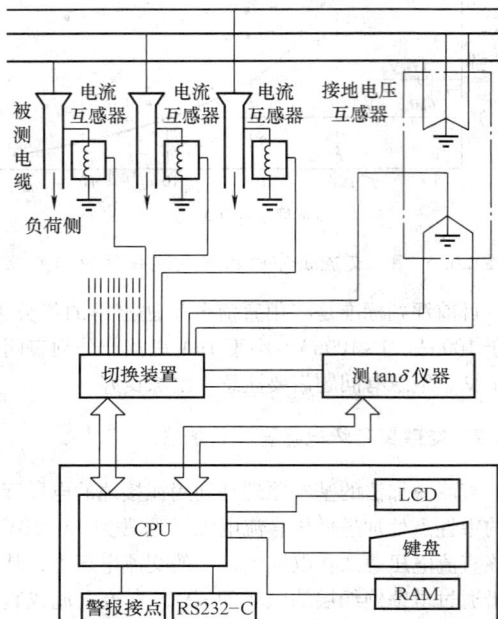

图 26.6-10 多路巡回监测 tanδ 测量原理

6.2.3 电力电缆绝缘介质损耗在线监测技术

一般认为，对发现集中性的缺陷以直流分量法较好，因为 tanδ 值往往反映的是普遍性的缺陷，个别的较集中的缺陷不会引起整根长电缆所测到的 tanδ 值的显著变化。对电缆绝缘层 tanδ 值的在线监测方法，常由电压互感器处获取电源电压的相位来进行比较，其原理框图如图 26.6-10 所示。

电缆绝缘中水树枝的增长会引起 tanδ 值的增大（见图 26.6-11），但分散性较大。同样，在线测出 tanδ 值的上升可反映绝缘受潮、劣化等缺陷，交流击穿电压会降低，其间的关系如图 26.6-12 的实例所示，同样具有分散性。

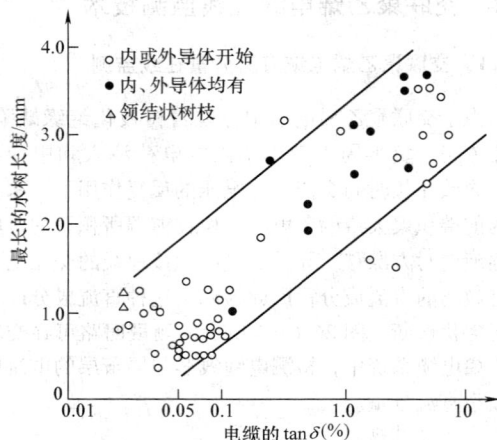

图 26.6-11 水树枝长度与电缆 tanδ 的关系

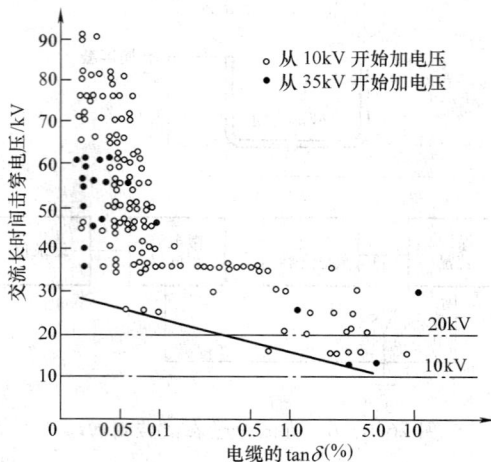

图 26.6-12 电缆 tanδ 与长时击穿电压的关系

在对已运行过的交联聚乙烯电缆进行加速老化试验，得出水树枝发生的个数以及最长的水树枝长度与电缆 tanδ 测量值的关系，如图 26.6-13 及图 26.6-14 所示，它们的趋势是明确的，但分散性很大。如将最长的水树枝长度与每单位电缆长度中的树枝数的乘积作为横坐标，则与测得 tanδ（纵坐标）之间具有更好的相关性，说明测得的 tanδ 值是取决于整体损耗的变化。

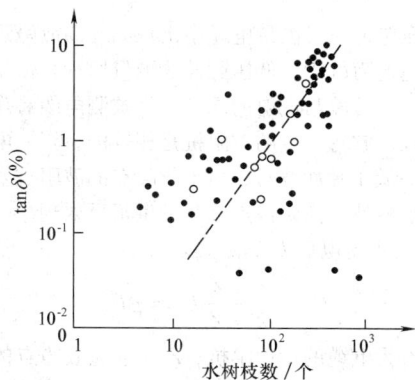

图 26.6 - 13　树枝数对 tanδ 影响

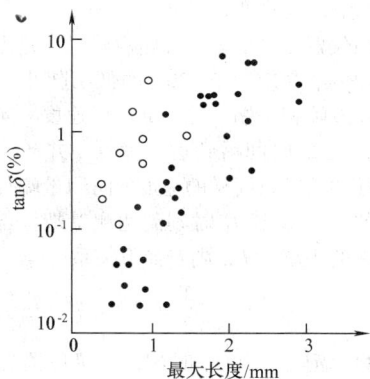

图 26.6 - 14　最大树枝长度与 tanδ 的关系

从在线监测 tanδ 值可估计整体绝缘的状况，表 26.6 - 3 给出了在线监测 tanδ 的参考标准。

表 26.6 - 3　在线监测 tanδ 的参考标准

参考标准	<0.2%	0.2% ~ 5%	>5%
状态分析	绝缘良好	有水树枝形成	水树枝明显增多

6.2.4　电力电缆局部放电在线监测与诊断

对于发现局部缺陷，局部放电检测是很有价值的。常见的电缆局部放电方法有局部放电检测仪、接地线脉冲电流法、电磁耦合法、超声波法等，可以对电缆及其附件进行检测。由于电缆长、电容量大，对其进行在线监测时外界干扰的影响十分严重，在现场进行监测时有效分辨率一般为 100 ~ 1000pC。

一个典型的监测系统总体结构如图 26.6 - 15 所示，系统包括罗氏线圈局部放电传感器、前端放大器、信号电缆、后端信号调理器、电阻分压器、数据采集卡、数字 I/O 卡、计算机等。套接在电缆接地线上的局部放电传感器耦合的放电信号经过前端放大器放大之后，经过信号电缆传输到位于监控室的后端信号调理器进行放大、滤波、信号隔离、多路选择等处理之后，送入数据采集卡进行数据采集、处理和结果显示。电阻分压器安装在变电站电压互感器低压输出端，其输出信号经过信号电缆传输后送入后端信号调理器进行隔离等处理，与局部放电信号同时采集，用于获取电缆局部放电的相位参考信息。

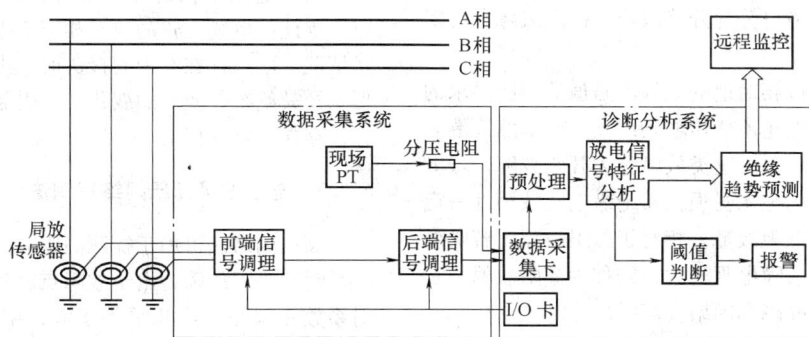

图 26.6 - 15　XLPE 电缆局放在线监测系统结构示意图

超高频法是在靠近电缆的接头或端部处安装一种超高频电容耦合器，检测耦合器上耦合到的放电信号。这种方法需要在安装耦合器的地方，剥去部分的电缆护套，将金属箔贴在外半导电层上作为电极，被测量的电力电缆的阻抗与绝缘层的阻抗并联，如图 26.6 - 16 所示。信号由耦合器取出，高频接地端是外金属屏蔽层。这种方法测量的频率高，可达数百兆赫兹，具有灵敏度高和抗干扰能力强等优点，但传感器的安装需要破坏电缆的外护套，在实际应用中受到限制。

差分法可用于检测 110kV 及以上电压等级 XLPE 电力电缆局部放电。该方法是在电缆的中间绝缘接头

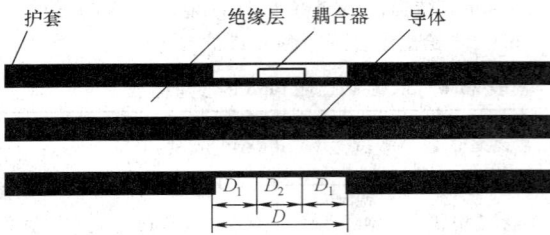

图 26.6－16 超高频电容传感器示意图

D—剥去的电缆护套的长度；D_1—金属箔和护套之间的距离；D_2—金属箔的宽度

连接盒外护套表面，金属护套绝缘分段处的接头左右两边分别固定两个金属箔电极，外接一个适当的高阻抗 Z_d，从 Z_d 上采集信号输入频谱分析仪进行分析，差分法检测原理如图 26.6－17 所示。这种方法的优点在于在检测时不需要加入耦合电容，也不改变电缆的本体。但这种方法在实际应用中系统安装比较复杂，需要直接采用频谱分析仪进行信号的采集分析。

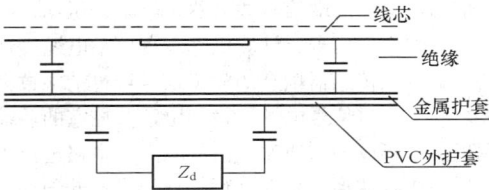

图 26.6－17 差分法检测回路图

6.3 电力电缆故障诊断与定位

6.3.1 电力电缆故障性质和类别

电力电缆故障可分为开路故障、低阻故障和高阻故障三种类型。

若电缆相间或相对地的绝缘电阻值达到所要求的规范值，但工作电压不能传输到终端，或虽然终端有电压但负载能力较差，这类故障称为开路故障。若电缆相间或相对地的绝缘受损，其绝缘电阻减小到一定程度的故障称为低阻故障。相对于低阻故障，若电缆相间或相对地的故障电阻较大，则称为高阻故障，它包括泄漏性高阻故障和闪络性高阻故障。

在进行电缆故障探测时，先需要进行电缆故障性质判断，通常是将电缆脱离供电系统，并按下列步骤测量：

（1）用兆欧表测量每相对地绝缘电阻，如绝缘电阻指示为零，可用万用表或双臂电桥进行测量，以判断是高阻还是低阻接地。

（2）测量两相之间的绝缘电阻，以判断是否是相间故障。

（3）将另一端三相短路，测量其线芯直流电阻，以判断是否有断路故障。

6.3.2 电缆故障低压脉冲探测法

低压脉冲法可测量电缆中出现的开路故障、相间或相对地低阻故障。低压脉冲法测量原理是依据均匀传输线中波传输与反射的原理，将被测电缆看作是均匀传输线，它每一点的波阻抗是相等的，当从电缆一端发射一低压脉冲波时，由于故障点的波阻抗发生了变化，电磁波传播到该点处就发生折反射现象，反射电压 U_e 与入射电压 U_i 满足关系式

$$U_e = \frac{Z - Z_c}{Z + Z_c} U_i = \beta U_i$$

式中，Z_c 为电缆的特性阻抗；Z 为电缆故障点的等效波阻抗。对于低阻故障，若故障点对地电阻为 R，则该点的等效波阻抗 $Z = R / Z_c$；对于开路故障，若故障电阻为 R，则该点的等效阻抗 $Z = R + Z_c$。

实际用仪器测量低阻、开路故障时，是由一个宽度为 $0.1 \sim 2\mu s$、幅度大于 120V 的低压脉冲，在 t_0 时刻加到电缆故障相一端，此时脉冲以速度 v 向电缆故障点传播，经 Δt 时间后到达故障点，并产生反射脉冲，反射脉冲波又以同样的速度 v 向测量端传播，并经过同样的时间 Δt 于 t_1 时刻到达测量端。若设故障点到测量端的距离为 L，则有如下关系

$$L = v\Delta t = \frac{1}{2}v(t_1 - t_0)$$

所以只要记录 t_0 和 t_1 时刻，就可以测出测量端到故障点的距离。

当对电缆全长进行校准时，往往使电缆终端开路。因此，电缆全长的校准相当于电缆断线故障的测量情况。电缆存在有中间接头时，由于接头处的电缆形状及其绝缘介质等的变化，会引起该点波阻抗的变化，存在一定的反射。

6.3.3 电缆故障高压闪络探测法

高压闪络法可用于探测高阻故障。

对于高阻故障，由于故障点电阻较大，此点的反射系数 β 很小，或几乎等于零，用低压脉冲法测量时，故障点的反射脉冲幅度很小或不存在反射，因而仪器分辨不出来。这时需要用高压闪络测量法进行故障探测。高压闪络法是由直流高压发生器产生负直流高压，加到电缆故障相，当电压高到一定数值后，电缆故障点产生闪络放电，瞬间被电弧短路，故障点便产生跳变电压波，在故障点与测量端之间来回反射，这时只要测量波两次经过某一端的时间差，即可求出故障点的距离。

用于击穿高阻故障点的电源也可以是冲击高压。在用冲击放电进行高阻探测时，应特别注意电缆的耐压等级，所选用的冲击电压的幅值应不超过正常运行电压的 3.5 倍。

6.3.4　电缆故障精确定位技术

由于电缆线路不可能完全直线敷设，用电缆故障探测仪仅能对电缆故障的大致位置进行初步判断，而不能确切给出电缆敷设后的准确故障点。

传统的电缆故障定点方法是听声法。这种方法的特点是简单易行，特别是放电声较大的时候，还是比较理想的。然而，当故障点的直流电阻较小时，放电声不太大，这时难以奏效。现在较普遍使用的定点仪是将微弱的机械振动波首先转换成电信号，由放大电路将这一电信号进行足够的放大后，再通过耳机还原成声音，然后通过人机的有机配合，从而准确地确定故障点的精确位置。

不同性质的电缆故障，在定点技术上略有差异：

（1）对于高阻故障的定点，由于故障的阻抗较高，探测时施加的冲击电压较高，故障点才会发生闪络放电，故放电声和由此而产生的冲击振动波一般说来都比较大，便于收听、分析和辨别。

（2）对于低阻故障的定点，由于这类故障电阻小，因此故障点的放电间隙也小，致使施加的冲击高压在不很高的情况下，故障点便发生闪络放电。这时因闪络放电而产生的冲击振动波也小，再加上现场其他因素的干扰，这时的放电声往往不易分辨甚至听不到放电声。这时可控制冲击电压的高低，并通过加大储能电容器的电容量，增强放电强度，从而获得较强、较大的放电声，便于收听、分析和判断故障点的精确位置。

（3）对于开路故障的定点，是在故障相的一端加冲击高压，而故障相的另一端及另外两相和电缆铅包连接后充分接地，然后利用定点仪在粗测的范围内进行定点。因开路故障类似于高阻故障，其定点方法与高阻故障的定点方法相同。

如果故障点就在测试端附近，这时故障点的放电声会被球隙的放电声所淹没，因而故障点的放电声不易被测听到。当遇到这种情况时，可以将球间隙放到远离测试端的另一端，并通过已知的正常相对故障相加电压，从而达到故障相闪络放电的目的。这时因串入回路的球间隙远离测试端，因此故障点放电时就比较容易监听到。

第 7 章　避雷器在线检测与诊断

1. 氧化锌避雷器基本特性　氧化锌避雷器的基本结构是氧化锌阀片，这种阀片具有优良的非线性、较大的通流容量。氧化锌阀片的非线性特性主要是由晶界层形成的，在直径约 $10\mu m$ 的氧化锌晶粒周围包有由添加剂形成的厚度为 $0.1\mu m$ 左右的晶界层，这种晶界层在界面上产生位垒，使阀片呈半导体性质。

氧化锌阀片在运行电压下呈绝缘状态，通过的电流很小，一般为 $10\sim15\mu A$。由于阀片有电容，在交流电压下总电流可达数百微安。随着阀片承受电压升高，电流也随之增加，当电流达 $1mA$ 时，则认为它开始动作，此时的电压称为起始动作电压（U_{1mA}）。由于氧化锌晶粒间的晶界层形成位垒，在低电位下，电子靠热发射越过在电场作用下被降低了的位垒，形成泄漏电流；在中位区，相当于受到冲击波作用，阀片承受场强达 $10^6V/cm$，产生隧道效应，位垒被突破，这时通过的电流显著增大；在高电位区，位垒产生的压降由于隧道效应而变小，起作用的只是氧化锌晶粒的电阻 r，因此电流近似为 $I_0=E/r$。

根据不同的需要，氧化锌避雷器可以做成带串联间隙和带并联间隙的避雷器。无间隙氧化锌避雷器，对波头陡的冲击波能迅速响应，放电无延迟，限制过电压效果很好。中性点不直接接地的 $3\sim63kV$ 的电力系统中，常出现持续的 $3\sim3.5$ 倍内部过电压，无间隙氧化锌避雷器无法承受，在氧化锌避雷器中增加串联间隙，可以使氧化锌避雷器的阀片在正常运行情况下没有工频电压的作用，且当间隙击穿后，作用在阀片上的电压低于其额定电压时，持续电流小于 $1mA$，电弧可以自灭，串联间隙不必考虑灭弧能力。带并联间隙氧化锌避雷器采用了主阀片和并联放电间隙的阀片，在过电压作用下，并联间隙达到放电电压将该部分阀片短路，此时避雷器的残压由主放电阀片的伏安特性决定，从而可以使避雷器的残压比较低，保护性能提高。

在交流电压作用下，避雷器的总泄漏电流（全电流）包含阻性电流（有功分量）和容性电流（无功分量）。在正常运行情况下，流过避雷器的主要电流为容性电流，阻性电流只占很小一部分，约为 $10\%\sim20\%$。但当阀片老化、避雷器受潮、内部绝缘部件受损以及表面严重污秽时，容性电流变化不多，而阻性电流却大大增加，所以，目前对氧化锌避雷器主要进行全电流和阻性电流的在线监测。

2. 氧化锌避雷器直流试验　测量氧化锌避雷器在直流 $1mA$ 下临界动作电压，是氧化锌避雷器预防性试验的必检项目，每年在雷雨季节到来之前必须进行该项试验，通过试验可以检查其阀片是否受潮，确定其动作性能是否符合要求。

测量回路与阀型避雷器电导电流测量回路一样，测量中直流高压可以采用单相半波整流电路或倍压整流直流发生器，根据规定，整流后的电压脉动系数应不大于 1.5%。《规程》规定，直流 $1mA$ 下临界动作电压与初始值相比较，变化应不大 $\pm5\%$。

对于直流 $1mA$ 测量，需要注意：

（1）因泄漏电流于 $200\mu A$ 以后，随电压的升高，电流急剧增大，故应仔细地升压，当电流达到 $1mA$ 时，准确地读取相应的电压 U_{1mA}。

（2）测量前应将避雷器外绝缘套管表面擦拭干净，以防止表面泄漏电流的影响。

（3）测试后应对 U_{1mA} 进行温度系数校正，温度系数 $\alpha=\dfrac{U_2-U_1}{U_1(T_2-T_1)}\times100\%$，一般约为 $0.05\%\sim0.17\%$。现场试验时可以粗略按温度每增高 $10\,^\circ C$，U_{1mA} 约降低 1% 进行折算。

7.1　氧化锌避雷器全电流与阻性电流在线监测与诊断

7.1.1　氧化锌避雷器全电流在线监测

测量氧化锌避雷器全电流的最简单方法是用数字式万用表（也可采用交流毫安表、经桥式整流器连接的直流毫安表），接在动作计数器上进行测量，其原理如图 26.7-1 所示。测量时，当电流增大到 $2\sim3$ 倍时，往往认为已达到危险界限。现场测量表明，这一标准可以有效地监测氧化锌避雷器在运行中的劣化。

7.1.2　氧化锌避雷器阻性电流在线监测

阻性电流在线监测基本原理如图 26.7-2 所示。它是先用钳形电流互感器（或传感器）从 MOA 的引下线处取得电流信号 I_0，再从分压器或电压互感器侧取得电压信号 U_S。后者经移相器前移 $90°$ 相位后得 U_{S0}（以便与 I_0 中的电容电流分量同相），再经放大后与 I_0 一起送入差分放大器。在放大器中，将 GU_{S0} 与 I_0 相减；并由乘法器等组成的自动反馈跟踪，以控制放

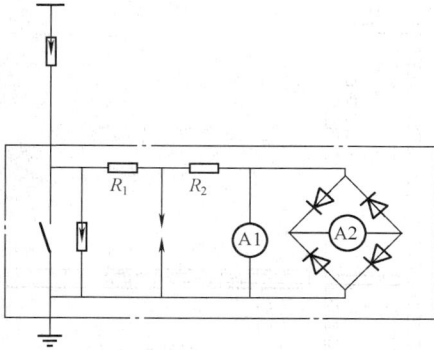

图 26.7 - 1　全电流在线监测原理图

大器的增益 G 使同相的 $(I_C - G\dot{U}_{S0})$ 的差值降为零，即 I_0 中的容性分量全部被补偿掉，剩下的仅为阻性分量 I_R，再根据 U_S 及 I_R 即可获得 MOA 的功率损耗 P 了。

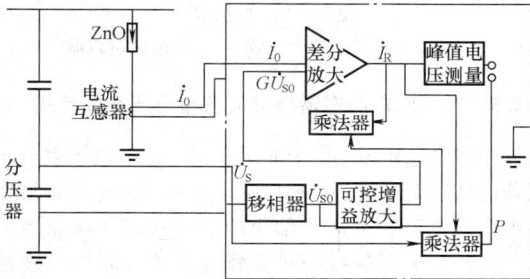

图 26.7 - 2　阻性电流测量仪基本原理

采用钳形电流互感器测量阻性电流比较方便实用，不必断开原有接线，而且不需人工调节，自动补偿到能直读取 I_R 及 P。钳形电流互感器的质量很重要，要保证不因各次钳合时由于电流互感器铁心励磁电流变化而引起比差，特别是角差的改变，并采用合适的屏蔽结构以尽量减小在变电站里实测时外来干扰的影响。

7.2　其他避雷器在线监测技术

7.2.1　无并联电阻避雷器绝缘电阻在线监测

在线监测无并联电阻 FS 型避雷器绝缘电阻可用兆欧表带电监测，其接线如图 26.7 - 3 所示。

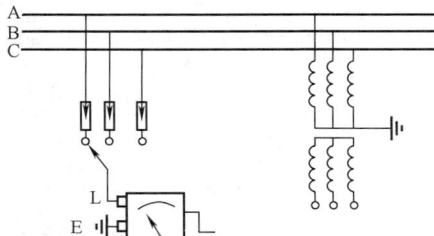

图 26.7 - 3　避雷器绝缘电阻在线监测原理图

测试前断开避雷器下端的接地连线（或在安装时就考虑能方便地进行在线监测），而兆欧表的接地端子 E 应先可靠接地。当兆欧表动作而指针指向"∞"时，用操作杆将此兆欧表的线路端子 L 接到避雷器原接地端，直到指针稳定后才读取避雷器的绝缘电阻值。

由于配电线路母线上的电压互感器高压绕组中性点是直接接地的，在测试时兆欧表线路端 L、避雷器、高压线路、母线电压互感器、大地、兆欧表接地端 E 构成了回路。回路中，线路和电压互感器的直流电阻与避雷器的绝缘电阻相比较是极小的，可以忽略不计，因此通过兆欧表能够测得避雷器的绝缘电阻及其绝缘状况。

7.2.2　无并联电阻避雷器泄漏电流在线监测

对无并联电阻的 FS 型避雷器，在交流运行电压下接入全波桥式整流电路，如图 26.7 - 4 所示，构成在线监测泄漏电流基本接线。由于无并联电阻的避雷器是由 SiC 阀片串以多组平板型间隙组成，间隙间的电容极小，电容电流往往不超过 $2\mu A$，当避雷器瓷套内部受潮时，测得的微安值将明显增大。

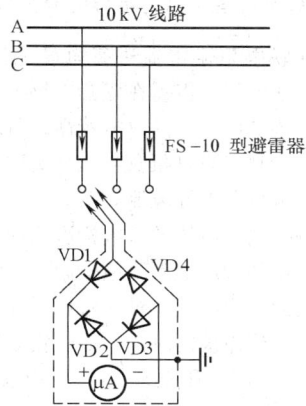

图 26.7 - 4　FS 型避雷器泄漏电流在线监测

7.2.3　无并联电阻避雷器工频放电电压的在线监测

工频放电电压在线监测接线原理如图 26.7 - 5 所示，用这种方法试验时，试验电源必须与避雷器同相，在试验电源正、反相位时，分别记录所测得的放电电压 U_1、U_2，这时由于试验电压向量与运行电压向量的相位相同或相反，因此避雷器的真实工频放电电压 U_d 与试验电压 U_1、U_2 及运行电压 U_0 间有如下关系

$$U_d = \frac{U_1 + U_2}{2}$$

停电条件下的试验结果与在线测试结果是一致的。10kV 及以下的高压配电系统中大量使用的无并

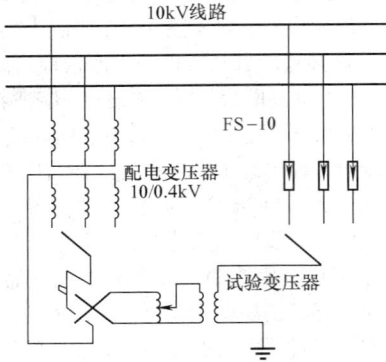

图 26.7 - 5 无并联电阻避雷器工频
放电电压的在线监测

联电阻避雷器，可以用在线测试代替停电试验。如果
在安装无并联电阻避雷器时，将其接地线部分通过一
个电流足够的断开装置接地（正常运行时接地，而
试验时可以断开），试验电源则可从避雷器附近的变
压器低压侧分别抽取，这样可以十分方便地进行在线
测试。

7.2.4 有并联电阻避雷器的电导电流在线检测

对于有并联电阻避雷器进行电导电流的在线监
测，因为有并联电阻避雷器在瓷套内每组间隙上并有
均压电阻以改善电压分布及放电特性，所以对有并联
电阻避雷器测量其绝缘电阻及电流，实质上是测量此
均压电阻串的电阻及电导电流。图 26.7 - 6 是有并联
电阻避雷器进行电导电流的带电检测原理图。

因各厂所用的均压电阻阻值不同，在测量时要注
意将同一试品的历次测值作纵向对比，并将同一类试
品三相的电导电流作横向对比，如三相电导电流的最
大和最小者分别为 I_{max} 和 I_{min}，其不平衡系数为

$$v_i = \frac{I_{max} - I_{min}}{I_{min}}$$

当三相电导电流不平衡系数 $v_i > 25\%$ 时，该避雷
器宜退出运行，送回实验室进行进一步的试验。

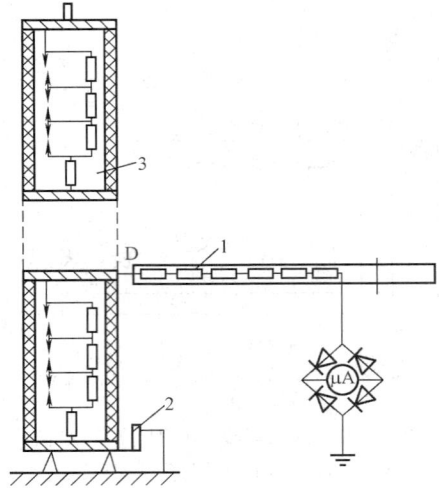

图 26.7 - 6 有并联电阻避雷器电导
电流的在线检测
1—电阻杆；2—放电记录器；3—被试避雷器

7.2.5 有并联电阻避雷器交流分布电压在线监测

用静电电压表测量分布电压时，静电电压表与避
雷器的高压引线对地电容应尽量小，否则此电容与静
电电压表并联，可造成偏小的测量误差。现场测量
时，使用普通塑料线，并将静电电压表高压引线悬
空，而不应使用耐压足够的电缆作静电电压表的高压
引线（因电缆屏蔽接地，引线电容较大，减小了测
量的分布电压值），并将其随地施放。测量时应详细
记录运行电压、环境温度和空气相对湿度。测得三相
分布电压后，可计算电压的不平衡系数 v_u，若 U_{max} 为
三相中最大分布电压，U_{min} 为三相中最小分布电
压，则

$$v_u = \frac{U_{max} - U_{min}}{U_{min}}$$

当 $v_u < 15\%$ 时，认为合格；当 $v_u > 15\%$ 时，建议避
雷器停止运行，并进行进一步试验，以鉴定其是否可
以继续运行。

第 8 章 绝缘子在线检测与诊断

传统的用于制造绝缘子的材料是高压电瓷，它具有绝缘性能和化学性能稳定的特点，并具有较高的热稳定性和机械强度。后来发展了玻璃、钢化玻璃、高碱玻璃、浇注环氧树脂作为绝缘子的绝缘材料，近年来硅橡胶有机绝缘子得到了飞速发展。

在运行中，绝缘子承受着工作电压和各种过电压的作用，承受着绝缘子自重、导线重量、覆冰重量、风力、振动力以及系统运行中的电磁、机械力，其工作条件通常是非常恶劣的，所以一个好的绝缘子应该具有热稳定性能、耐放电性能、耐污秽性能、抗拉、抗弯、抗扭、耐振动、耐电弧、耐泄漏、耐腐蚀等性能。

决定绝缘子性能的主要包括电气性能、机械性能、热性能和抗老化性能。绝缘子的电气性能主要包括绝缘子闪络特性、各种过电压下的电气性能、绝缘子的污秽闪络特性、油中工频击穿电压特性；绝缘子的机械性能主要包括抗拉强度和抗弯强度，绝缘子的热性能主要是指其冷热性能。

8.1 绝缘子电压分布检测与在线监测

8.1.1 绝缘子串电压分布规律

每一个绝缘子就相当于一个电容器，因此一个绝缘子串就相当于由许多电容器组成的链形回路。因为绝缘子的体积电阻和表面电阻较正常情况下（50Hz）的容抗大得多，所以一般将它看成串联的电容回路。如果不考虑其他因素影响，由于每个绝缘子的电容量相等，因而在绝缘子串中，每一片绝缘子分担的电压是相同的。但由于每个绝缘子的金属部分与杆塔（地）间与导线间均存在杂散电容（寄生电容），绝缘子串中每个绝缘子所分担的电压并不相同。

在图 26.8-1（a）中，C 为绝缘子本身的电容，C_z 为其金属部分对杆塔的电容。由于存在这种电容，当有电位差时，就有一个电流经 C_z 流入接地支路。流经 C_z 的电流都分别要流经电容 C，这样，越靠近导线的电容 C，所流经的电流就越大。由于各绝缘子电容大致相等，则它们的容抗也大致相等，又由于靠近导线的绝缘子的电容电流较大，所以此处每片绝缘子上的电压降也就较大。绝缘子串的电压分布如图 26.8-2 中的曲线 1 所示。在图 26.8-1（b）中，C 为绝缘子本身的电容，C_d 为其金属部分对导线的电容。由于每个电容 C_d 两端均有电位差，因此就有电

容电流流过，而且都必须经电容 C 到地构成回路，这样就使离导线愈远的绝缘子所流过的电流愈多，因此电压降也愈大。绝缘子串的电压分布如图 26.8-2 的曲线 2 所示。

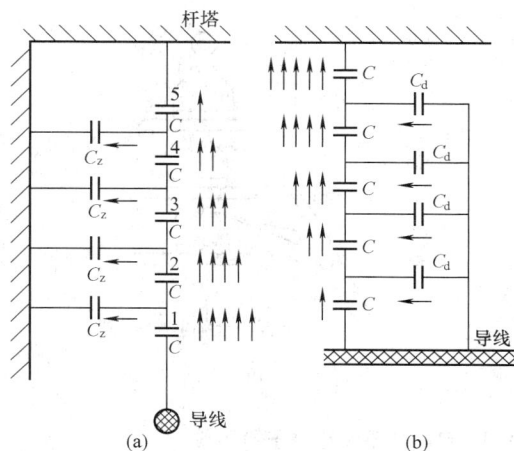

图 26.8-1 绝缘子串的等效电路
（a）仅考虑金属部分对杆塔的电容；
（b）仅考虑金属部分对导线的电容

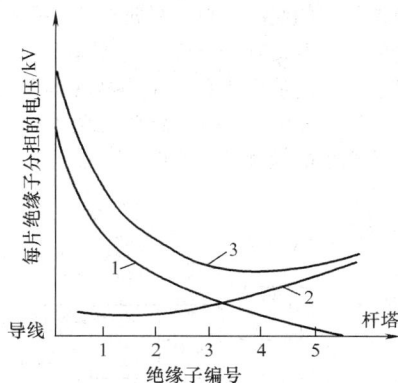

图 26.8-2 绝缘子串的电压分布曲线
1—仅考虑 C_z 作用；2—仅考虑 C_d 作用；
3—考虑 C_z、C_d 两者同时作用

由于绝缘子金属部分对导线的电容 C_d 比其对地电容 C_z 小，因而流过的电流也小，所以产生的压降就相对较小。实际的绝缘子串各个绝缘子上的电压分布应考虑两种电容的同时作用，即沿绝缘子串的电压分布应该由分别考虑 C_z 与 C_d 所得到的电压分布相叠加，如图 26.8-2 中的曲线 3 所示。由图 26.8-2 可

见，沿绝缘子串的电压分布是极不均匀的，靠近导线的绝缘子电压降最大，离导线越远的绝缘子两端电压降越小，当绝缘子靠近杆塔横担时，绝缘子电压降又升高。绝缘子串越长，电压分布越不均匀，越容易导致某些部位的绝缘损坏。

8.1.2 零值绝缘子短路叉检测

用短路叉检测损坏绝缘子（零值绝缘子）是十分最简便的方法，其检测原理如图26.8-3所示。

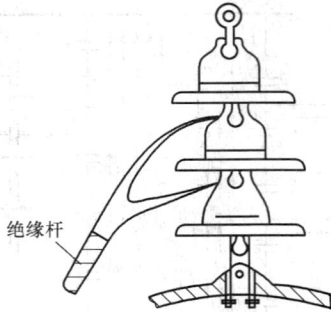

图 26.8-3 短路叉检测法

8.1.3 自爬式不良绝缘子检测器

自爬式不良绝缘子检测器的测量系统主要由自爬驱动机构和绝缘电阻测量装置组成，它在测量时用电容器将被测绝缘子的交流电压分量旁路，并在带电状态下测量绝缘子的绝缘电阻。根据直流绝缘电阻的大小判断绝缘子是否良好。当检测 V 型串和悬垂串时，可借助于自重沿绝缘子下移，不需特殊的驱动机构。图26.8-4为一种用于500kV超高压线路的自爬式不良绝缘子检测器的检测系统原理图。

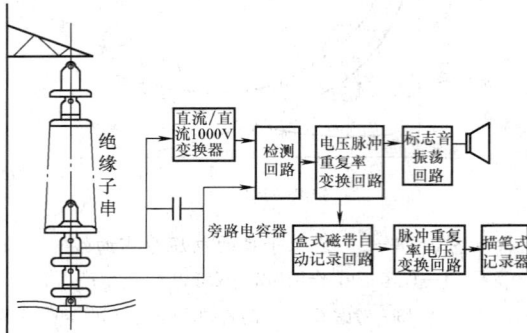

图 26.8-4 自爬式不良绝缘子检测系统原理图

8.1.4 光纤分布电压测量仪

利用光电转换技术将绝缘子两端的电位差转变为光信号，然后由绝缘杆内的光纤传到近端，再转换成电信号。由于探头间电容很小，对原有分布的影响

几乎可忽略，而且用数字显示，读取方便。图26.8-5为其工作原理框图，由光纤传输来的光信号经光电转换变为电信号 e，再经放大整形成方波信号，由秒门控制其计数的时间。

为将测得的电位差直接用语言报出，现已有智能语言式绝缘子测量仪问世。绝缘子两端的电位差经分压后送到 A/D 采样回路，直接将交流信号转换成数字信号，经识别、计算后送到微处理器，而自动编排好的语音信号经放大后将直接报出测量数值。

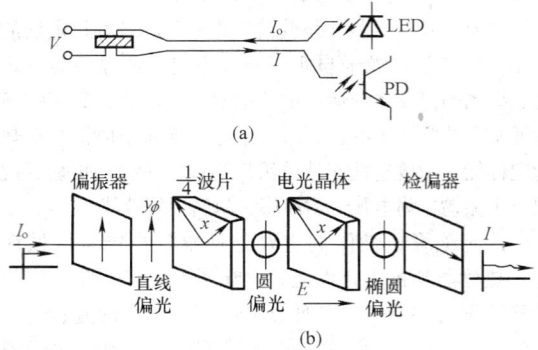

图 26.8-5 光纤分布电压测量原理
(a) 光路示意图；(b) 光信号传输原理

8.2 绝缘子故障检测与在线监测

8.2.1 电晕脉冲式检测器

在输电线路运行中，绝缘子串的连接金具处会产生电晕，并形成电晕脉冲电流通过铁塔流入地中。若把正负极性的电流分开，则同极性各相的脉冲电流相位范围的宽度比各相电压间的相位差还小，采用适当的相位选择方法便可以分别观测各相脉冲电流，利用该原理开发出一种专门在地面上使用的检测器，如图26.8-6所示。检测系统由四部分组成：电晕脉冲信号形成回路、周期信号发生回路、各相电晕脉冲计数回路、各铁塔不同指数的计算和显示回路。

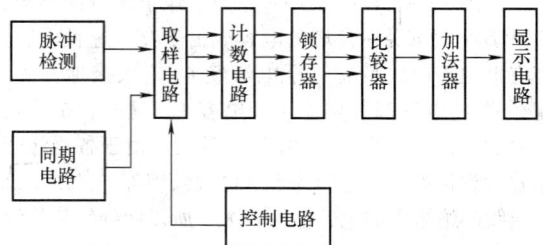

图 26.8-6 电晕脉冲式检测仪原理图

测量时对各相电晕脉冲分别进行计数，并选出最大最小的计数值，取两者的比值（最大/最小）即不

同指数，作为判别依据。当同一杆塔的三相绝缘子串无不良绝缘子时，各相电晕脉冲处于平衡状态，此时比值接近于 1；当有不良绝缘子时，则各相电晕脉冲处于不平衡状态，该比值将与 1 有较大偏差。可以先以铁塔为单元粗测，若判定该铁塔有不良绝缘子时，再逐个绝缘子细测。

8.2.2 电子光学探测器

电子光学探测器是应用电子和离子在电磁场中的运动与光在光学介质中传播的相似性的原理制造而成。由于架空输电线路绝缘子串中每片绝缘子的电压分布是不均匀的，离导线最近的几片绝缘子上电压降最大。当出现零值绝缘子时，沿绝缘子串的电压将重新分布，离导线最近的几片绝缘子上的电压将急剧升高，会引起表面局部放电或者增加表面局部放电的强度。而根据表面局部放电时产生光辐射的强度，可知道绝缘子串的绝缘性能。图 26.8-7 给出了一种电子光学探测器的原理示意图。

但是，电子光学探测器仅能判断出绝缘子串中是否存在零值绝缘子，不能确定到底有几片零值绝缘子以及它们的位置。

8.2.3 红外热像仪检测法

不良绝缘子与良好绝缘子的表面温度存在差异，尽管这种差异很小，但应用红外热像仪可以将绝缘子表面的温度分布以直观、形象的热像图显示出来。

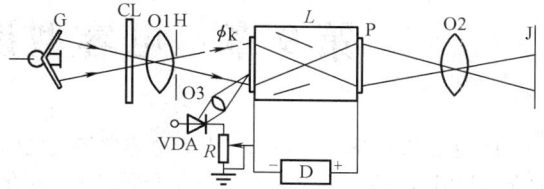

图 26.8-7 悬式绝缘子串用的电子光学
探测器工作原理图

G—被测绝缘子；J—照相胶卷；H—物镜光圈；O1、
O2—输入、输出物镜；R—可调电阻；VDA—光电
三极管；O3—透镜；CL—滤光器；φk—光阴极；
L—焦距调节；D—电源；P—荧光屏

正常运行中，不良绝缘子由于电压低于正常绝缘子，导致该不良绝缘子的表面温度低于正常绝缘，利用红外热像仪可以测量出这温度的差异，对于涂有半导体釉的防污绝缘子的遥测相当顺利，因为表面电流较大，温升较高，一旦出现零值绝缘子，该片的温度将比其他正常绝缘子低好几度，易于用红外热像仪识别；而对于玻璃绝缘子或普通釉的瓷绝缘子，正常时温升就很小，当出现不良绝缘子时，其温度比其他正常者只低约1℃左右，可通过红外热像图中绝缘子表面温度分布，来判断不良绝缘子的位置。

第 9 章　电容型设备在线检测与诊断

1. 电容器介质破坏特性　电力电容器极板之间的介质材料有三类：固体介质、液体介质以及金属化纸（薄膜）。

固体介质是电容器的主要介质材料，用于电容器的固体介质要求导电微粒和弱点很少、耐电强度高、介电常数大、介质损耗小，目前常用的固体介质主要是电容器纸、塑料薄膜。电容器纸在常温下化学稳定性很好，但温度在 120 ℃以上会明显氧化，温度达到 150~160 ℃时即很快分解。

液体介质在电力电容器中用作浸渍剂，以填充固体介质中的空隙，从而提高介质的耐电强度，改善局部放电特性和散热条件等，常用的液体介质有电容器油、烷基苯、二芳基乙烷、酯类浸渍剂等。

金属化纸和金属化薄膜是在纸或薄膜表面上蒸发一层 30~50nm 的金属层做电极，其特点是具有自愈性，即当金属化纸或金属化薄膜的某处被击穿时，极板之间产生短路电流，而使击穿部位周围的金属层熔化并蒸发，从而恢复极板间介质的绝缘性能，由于自愈性而使电容器有较高的可靠性。

运行中电力电容器的主要缺陷是由于制造中卷折、破损残留局部缺陷而形成的局部放电，局部放电还会发展成部分元件的击穿短路，结果使耦合电容器实测电容量增加，通过带电测量电力电容器的电容量对发现其绝缘缺陷是有效的。

高压电容型绝缘结构的电气设备（电容式套管、耦合电容器、电容式电压互感器等）在运行中发生爆炸事故，主要是由于电容型绝缘结构中局部受潮或放电，聚积大量能量形成热击穿，从而使电气设备的内部压力不断增加而超过外瓷套的强度造成的。因此，介质损耗角正切的大小在电气设备的绝缘监测中是衡量绝缘水平的一项重要指标。

由于电容器年损坏率与时间的关系曲线是一条浴盆曲线，投运的开头两年的早期损坏率一般高一些，以后 10~15 年时间内年损坏率较低，且变化不大，再往后年损坏率又要升高。

2. 电容型套管绝缘故障原因　纯瓷套管内部采用空气腔绝缘或被短路的空气腔绝缘结构，为了克服滑闪常在法兰附近设置大伞裙并涂覆导电层，以使场均匀；充油套管其径向是用变压器油绝缘，瓷套起径向附加绝缘和外绝缘作用；电容式套管由电容芯子、瓷套、连接套筒和固定附件组成，电容芯子是套管的主绝缘，瓷套是外绝缘和保护芯子的密闭容器。油纸电容芯子是用电缆纸和油作绝缘，胶纸电容芯子是用酚醛树脂或环氧树脂涂覆纸作绝缘，电极一般用铝箔或金属化纸。电容芯子两端加工成阶梯状或锥形，并全部浸在变压器油中。高压电容式套管设有介质损耗测量端子，用小瓷套从末屏（电容芯子最外层电极）引出，运行时接地。

根据电容型绝缘结构在运行中查出的绝缘缺陷以及事故后的解体检查，常见的绝缘故障有：

（1）局部放电损坏。电容型绝缘结构是通过在绝缘中设置电容屏强迫均压的，在电容极板边缘由于电场集中，容易发生局部放电；由于制造检修过程中真空干燥不彻底，绝缘中残留气泡，在电场作用下承受比固体介质更高的场强而产生局部放电，放电的不断蔓延与发展，导致绝缘损坏。

（2）热老化。电容型绝缘既承受高电压又有大电流通过，绝缘介质在高电压作用下的介质损耗以及电流的热效应均会使绝缘的温度升高，如果绝缘存在缺陷，绝缘中发出的热量会超过向周围介质散发的热量，则绝缘的温度将会不断升高，而产生热老化。

（3）绝缘油老化。绝缘油长期电、热及水分作用下会使绝缘油性能劣化，在电场作用下由于局部放电、过热等使油分解，或是由于水分及杂质溶于油中而使其介电性能下降，同时绝缘油长期与大气接触也会导致氧化老化。

（4）端子放电。电流互感器的一次绕组的一个出线端子 L2 与储油柜是等电位的，另一个端子 L1 与储油柜是绝缘的，在工频电压下由于一次绕组电感很小，故在储油柜与 L1 端子间不会出现放电，但在过电压情况下，高频电流在一次绕组的电感上的压降可能造成 L1 端子对储油柜放电。

9.1　电容型设备介质损耗与电容量在线检测技术

9.1.1　有电压抽取装置的电容式套管介质损耗角正切的检测

电容式套管的内绝缘电容芯子对于套管的性能影响最重要，所以主要监测主绝缘（导电杆与抽压套管或测量套管间的绝缘）的损耗角正切。电容式高压套管有两种基本结构：有电压抽取装置电容式套管和无电压抽取装置电容式套管。

图 26.9－1 为测量有电压抽取装置电容式套管的主电容 C_1 和抽压电容 C_2 串联的等值电容和介质损耗角正切 $\tan\delta_x$ 的接线图。图 26.9－2 为测量抽压电容 C_2 及其介质损耗角正切 $\tan\delta_2$ 的接线图。

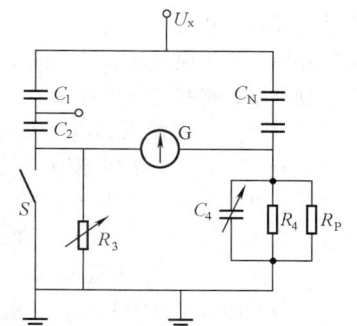

图 26.9－1　测量 C_x 和 $\tan\delta_x$ 的接线

C_1—主电容；C_2—抽压电容

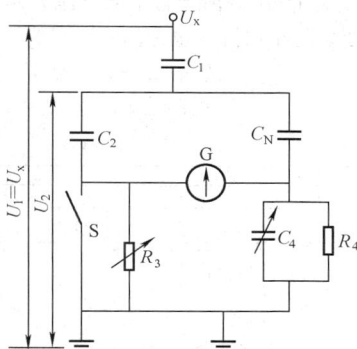

图 26.9－2　测量抽压电容 C_2 和 $\tan\delta_2$ 的接线

按图 26.9－1 所示接线可测得 C_x、$\tan\delta_x$，按图 26.9－2 所示接线可测得 C_2、$\tan\delta_2$，则可计算出主电容 C_1 和介质损耗角正切 $\tan\delta_1$，即

$$C_1 = \frac{C_x C_2}{C_2 - C_x} \text{ 及 } \tan\delta_1 = \tan\delta_x + \frac{C_x(\tan\delta_x - \tan\delta_2)}{C_2 - C_x}$$

9.1.2　电容型设备监测的标准电容取样法

把有损耗的 $\tan\delta_N$ 的"标准"电容器当作标准电容器 C_N，而试品 C_x 的损耗为 $\tan\delta_x$，当电桥平衡后，测量值为 $\tan\delta_m$，则

$$\tan\delta_m = \omega C_4 R_4 = \tan(\delta_x - \delta_N) = \frac{\tan\delta_x - \tan\delta_N}{1 + \tan\delta_x\tan\delta_N}$$

由于 $\tan\delta_N \ll 1$，$\tan\delta_N \ll 1$，故

$$\tan\delta_m \approx \tan\delta_x - \tan\delta_N \text{ 或 } \tan\delta_x \approx \tan\delta_m + \tan\delta_N。$$

运行条件下如果没有相应电压的高压标准电容器时，可采用低压标准电容器法按 QS_1 电桥正接线测

量。标准支路电压可由同相电压互感器的二次电压供给，也可由跨接于同相高压上的试验变压器的低压电压供给，测量接线如图 26.9－3 所示。

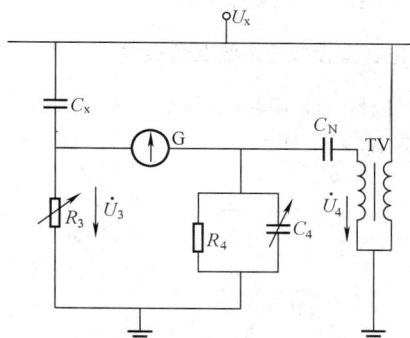

图 26.9－3　采用低压标准电容器测量 $\tan\delta_x$

9.1.3　电容型设备监测的电压互感器取样法

为解决在现场只有低压标准电容器而无高压标准电容器的困难，还可以采用电压互感器配以低电压标准电容器 C_N 的方案，其原理图如图 26.9－4 所示。这时对该电压互感的角差大小及其线性度等需予以重视，因为被测的试品 C_x 的 $\tan\delta_x$ 常是很小的数值。

测量介质损耗角正切 $\tan\delta_x$ 的计算公式，即

$$\tan\delta_x = \tan\delta_0 = \frac{I_0 R_0}{I_0 / \omega C_0} = \omega C_0 R_0$$

$$C_x = \frac{U_0}{U_x} C_0$$

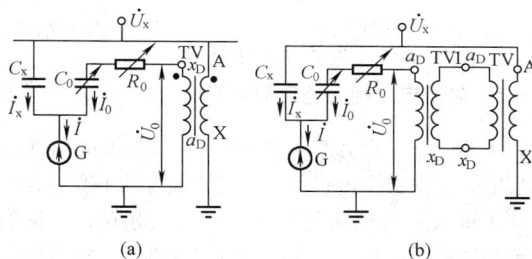

图 26.9－4　采用电压互感器取样法测量 $\tan\delta$

（a）不接隔离变压器；（b）接隔离变压器

C_x—被试电容器；R_0、C_0—可调电阻、电容箱；

TV—电压互感器；TV1 隔离变压器；G—指示器

测量时注意事项如下：

（1）测试时应停用相应耦合电容器的载波通信或中断继电保护装置。

（2）一般情况下，由于电压互感器的负载很小，所以电压 U_0 与 U_x 方向相反，即 AX 与 $a_D x_D$ 绕组电压角差约为 0，现场测试表明，一般情况下角差均小于 $5'$，即引起测量介质损耗角正切的误差 $|\Delta\tan\delta_x| \leqslant 0.5\%$。

（3）测试时应防止电压互感器 TV 二次侧短路。

（4）若电压互感器距离 C_x 较远，可以将试验仪器靠近电压互感器，加长测量仪器至被试耦合电容器的引线（使用屏蔽线），因加长屏蔽引线引起的试品的 $\tan\delta$ 测量误差可以忽略不计。

9.1.4　电容型设备检测的瓦特表法

通过测量有功损耗可以简便计算出 $\tan\delta$，其测试原理如图 26.9 − 5 所示。

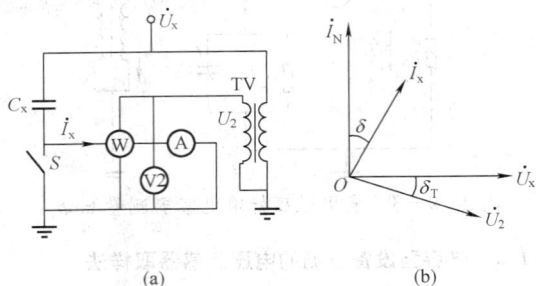

图 26.9 − 5　瓦特表法测量 $\tan\delta$ 原理图
(a) 接线原理图；(b) 相量图

瓦特表的读数可以表示为

$$P = U_2 I_x \cos(90° - \delta + \delta_T) = U_2 I_x \sin(\delta - \delta_T)$$

由于 $\delta - \delta_T$ 很小，所以

$$\sin(\delta - \delta_T) \approx \tan(\delta - \delta_T) = \frac{\tan\delta + \tan\delta_T}{1 + \tan\delta\tan\delta_T} = \frac{P}{U_2 I_x}$$

而 $\tan\delta\tan\delta_T \approx 0$，故

$$\tan\delta = \frac{P}{U_2 I_x} + \tan\delta_T$$

通常 $|\delta_c| < 10'$，即 $|\tan\delta_c| < 0.3\%$，上式可以简化为

$$\tan\delta = P / U_2 I_x$$

9.1.5　电压电流相角差自动检测法

图 26.9 − 6 给出了一种自动平衡检测 $\tan\delta$ 方法的原理图，它主要由传感器、移相器及自动平衡装置组成，由被试品 C_x 接地侧处的传感器获得 U_i，它反映了流经试品的电流 I_x；而由分压器或电压互感器处获得 U_u，它反映了加在试品上的电压 U_x。如果先忽略传感器及分压器的角差，则 U_u 应滞后 U_i 一个角度（$90° - \delta$）；再将 U_u 经移相器移 $90°$ 而成 U'_u，则 U'_u 与 U_i 间的角差即为介质损耗角 δ。

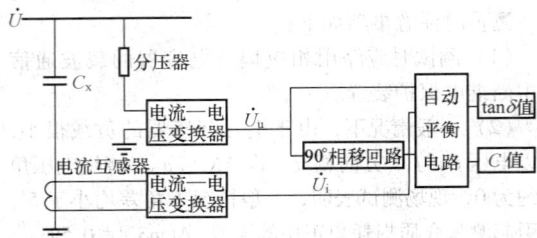

图 26.9 − 6　自动 $\tan\delta$ 检测的原理图

9.2　电容型设备三相不平衡信号在线监测技术

9.2.1　三相电流之和在线监测

测量三相电容型设备的不平衡电流应该说是一种较灵敏的方法，如果三相电压平衡，三个电容型试品的电容及损耗相同，则无电流通过其中性点处；如果有一个试品出现缺陷，将有电流出现在中性点处。

在实际测量过程中，即使三相电压对称、平衡，三个电容型试品相同，仍有杂散电流 I_d 进入接于中性点处的电流表，其原理图如图 26.9 − 7 所示。其中三相试品的导纳为 Y_A、Y_B 及 Y_C，空间杂散耦合的等效导纳为 Y_A'、Y_B' 及 Y_C'。当正常运行时，由于三相电压的不平衡、各个阻抗之间的差异，三相试品的不平衡电流为 I_0。如果三相电压的不对称性无明显变化，而有一相试品绝缘中出现缺陷，则三相不平衡电流由 I_0 改变为 $I_0 + \Delta I$。由于有杂散电流 I_d，中性点测得的电流变化的比例值（也称信噪比）为

$$K = \frac{|I_0 + \Delta I + I_d|}{|I_0 + I_d|}$$

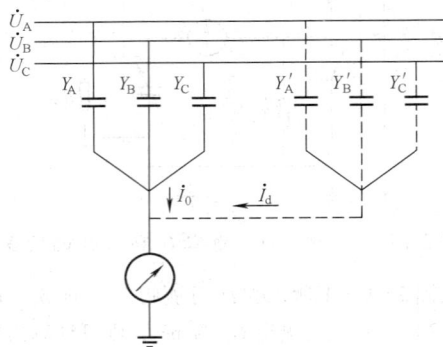

图 26.9 − 7　三相电流之和测量原理图

一般电容型试品（如电容式套管或电流互感器），在制造时对其电容量常允许有 10% 以下的容差，这样只有当由于缺陷使其等效导纳变化很大时，才有可能用本方法鉴别出来，因而三相不平衡电流法往往难以发现早期缺陷。通过在线监测此不平衡电流随时间的变化情况更有价值。

9.2.2　中性点不平衡电压在线监测

三相电容型设备中性点不平衡电压在线监测采用以穿芯式电流互感器取样，将它套在一次侧的接地导体上。图 26.9 − 8 给出了一个实用方案：在现场安装好后，调整信号箱里的 R_a、R_b、R_c，使三相不平衡

电压 U_0 的输出为最小。当运行中某相电容器出现缺陷时，U_0 会有明显变化。利用这些信号箱取得的电流信号，配合从电压互感器处获得的电压信号，也可测 $\tan\delta$。

如果变电所里各类三相电容型试品都装上电流互感器取样，则也可用巡回监测的方法来对整个变电所里各试品进行在线监测。

测量 U_0 的方法简便而且灵敏，但它反映的是三相不平衡电压的大小，因而与三相电源电压的不平衡性等有关。由于所反映的不是试品的特征参数，无法与停电时测得的绝缘参数进行对比，所以在测量 U_0 的同时，最好也能测出 $\tan\delta$ 及 C 等绝缘参数。

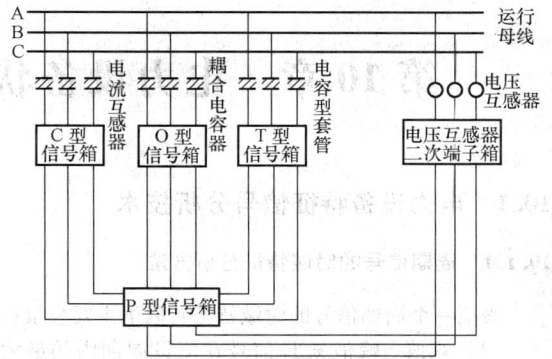

图 26.9-8　电容型设备在线监测系统原理图

第 10 章 电力设备状态诊断与寿命评估技术

10.1 电力设备特征信号分析技术

10.1.1 周期信号的时域特征分析方法

表征一个周期信号的时域特征有以下主要参量：

（1）峰值。峰值 x_p 是信号在测量周期内的最大瞬态值

$$x_p = |x(t)|_{max}$$

（2）峰-峰值。峰-峰值 x_{p-p} 是测量周期内最大瞬时值 x_{p+} 与最小瞬时值 x_{p-} 之差：$x_{p-p} = x_{p+} - x_{p-}$。

（3）平均值。周期信号的平均值 $\bar{x}$ 是信号的直流分量

$$\bar{x} = \frac{1}{T} \int_0^T x(t) \, dt$$

（4）绝对均值。信号的绝对均值 $m_{|x|}$ 就是信号经过全波整流后的平均值

$$m_{|x|} = \frac{1}{T} \int_0^T |x(t)| \, dt$$

（5）有效值。信号的有效值 x_{rms} 是信号的均方根值

$$x_{rms} = \sqrt{\frac{1}{T} \int_0^T x^2(t) \, dt}$$

（6）平均功率。信号的平均功率 P_{av} 是信号的方均值

$$P_{av} = \frac{1}{T} \int_0^T x^2(t) \, dt$$

10.1.2 随机信号的幅值域特征

（1）概率分布函数与概率密度函数。随机信号的概率密度函数是表示信号幅值落在指定区间内的概率。对于信号瞬时值落在 $x < x(t) < x + \Delta x$ 区间信号的概率分布函数为

$$P(x) = P[x < x(t) < x + \Delta t]$$
$$= \lim_{T \to 0} \frac{T[x < x(t) < x + \Delta x]}{T}$$

而随时间连续变化的平稳随机信号 $x(t)$ 概率分布函数为

$$P(x) = P[x(t) \le x] = \lim_{T \to 0} \frac{T[x(t) \le x]}{T}$$

概率密度函数为

$$p(x) = \frac{dP(x)}{dx}$$

（2）直方图。未归一化的概率密度函数称为幅值直方图，横坐标为从 $-x_{max}$ 到 x_{max} 按等间隔分成若干区间，纵坐标为信号幅值落在该区间的次数 N_i。图 26.10-1 给出了高斯随机波、均匀随机波和正弦波（相位随机波）的直方图。

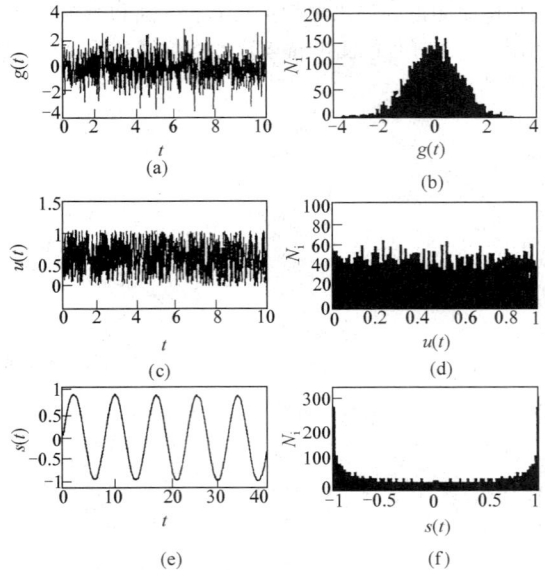

图 26.10-1 三种信号的波形及其直方图

（a）高斯随机波 $g(t)$；（b）$g(t)$ 的直方图；（c）均匀随机波 $u(t)$；（d）$u(t)$ 的直方图；（e）正弦波 $s(t)$；（f）$s(t)$ 的直方图

（3）低阶矩。平稳随机信号的低阶矩有：零阶矩（面积），$\int_{-\infty}^{\infty} p(x) \, dx = 1$；一阶矩（均值），$\int_{-\infty}^{\infty} x p(x) \, dx = \mu$；通过原点的二阶矩（方均值），$\int_{-\infty}^{\infty} x^2 p(x) \, dx = \Psi$；通过中心的二阶矩（方差），$\int_{-\infty}^{\infty} (x - \mu)^2 p(x) \, dx = \sigma^2$。

（4）高阶矩。从理论上讲，要分析随机信号必须计算无穷多阶矩，但实际上对高斯随机信号只要计算一、二阶矩，对一般随机信号研究其三、四阶矩有特殊意义。三阶中心矩（偏斜度 S_k）：$S_k = \overline{(x - \mu)^3} / \sigma^3$；四阶中心矩（峭度 K_u）：$K_u = \overline{(x - \mu)^4} / \sigma^4$。偏斜度刻画围绕均值分布的非对称程度，高斯随机信号的偏斜度为 0，负偏斜度表示曲线向 x 轴负方向偏移，正偏斜

度表示曲线向 x 轴正方向偏移。峭度表示曲线峰的陡峭性，高斯随机信号峰的峭度为 3，大于 3 为高峰态，低于 3 为低峰态。在局部放电信号的数字分析中，就经常需要分析放电信号在一个周波中的统计波形的偏斜度和峭度。

10.1.3　频域信号的特征分析方法

信号频域成分能较敏感地反映系统运行过程状态的动态信息，以其作为识别特征，是人们普遍采用的经典方法，表 26.10－1 给出了信号的频域参数特性指标。

表 26.10－1　信号的频域参数特性指标

分 析 参 量	分析参量的数学定义
总功率谱和	$G_t = \int_f S(f)\,\mathrm{d}f$
给定频率范围内功率谱和	$G_j = \int_{f_{j-1}}^{f_j} S(f)\,\mathrm{d}f$
谱峰及对应频率	$G_{\max} \leftrightarrow f_{G_{\max}}$
周期倍频及对应基频	f_0, $\quad f_j = kf_0$, $\quad k=1,\ 2,\ \cdots$
超过一定阈值功率谱的频率成分	f_i, $\quad G_{fi} > G_T$
莱斯频率	$f_x = \dfrac{1}{2\pi}\sqrt{\dfrac{\int_f S^2(f)\,\mathrm{d}f}{G_t}}$ $\quad = \dfrac{1}{2\pi}\sqrt{\dfrac{\frac{1}{N}\Sigma\, G_i^2}{G_t}}$
频率重心	$F_c = \int_0^\infty f S(f)\,\mathrm{d}f / G_t = \dfrac{1}{N}\Sigma\, G_i$
频率方差（谱矩）	$V_f = \int_0^\infty (f - F_c)^2 S(f)\,\mathrm{d}f / G_t$ $\quad = \dfrac{1}{N-1}\Sigma\, (G_i - F_c)^2$
谐波指标	$H = f_x / f_{\int x}$, $f_{\int x}$: $x(t)$ 对时间积分再求莱斯频率
均方频率	$MSF = \int_0^\infty f^2 S(f)\,\mathrm{d}f / G_t$
AR 谱及分段谱和	$S_x(f) = \dfrac{\sigma_a^2}{\mid l - \Sigma\, \varphi_j \exp(-ij\pi l/L)\mid^2}$ $(l = 0,\ 1,\ \cdots,\ L-1)$
倒谱峰值及对应时间	$T_{\max} = \max_t\left\{\int G(f)\exp(-\mathrm{j}ft)\,\mathrm{d}f\right\}, t_{\max}$

10.1.4　特征信号的时频分析方法

时频分析（JTFA）是时频联合域分析的简称，利用时频谱图，不仅能看到主要频率成分随时间的变化情况，而且还可以看到频率成分的密集度。

时频分析所采用的基本分析方法包括加博尔变换（又称短时傅里叶变换）、小波分析、威格纳-维利时频分布和时频分布级数等。时频分析的发展与经典的傅里叶变换密切相关，傅里叶变换和时频分析都属于线性表达方法。时频分析中的加博尔变换和小波变换都是将信号与一个预先设计好的"信号量尺"进行比较，"量尺"的尺度由基函数构成，它们之间的区别在于所选的基函数类型不同，不同的基函数或者尺度，导致了不同的信号表达方式。

傅里叶变化所采用的尺度是相互正交的简谐函数，由于每个基函数都对应一个特定的频率 ω，所以傅里叶变换反映信号与量尺比较的结果反映了信号在频率 ω 处的量值大小。加博尔和小波基函数却集中于某一特定的时段，如图 26.10－2 所示。在加博尔变化中，不同的频率尺度是通过频率调制得到的；小波变换中，频率尺度则通过基函数的时域伸缩获得，在时域压缩基函数时，基函数的振荡周期相应减小，而其中心频率则增大，即基函数的时域伸展将伴随频域的反向压缩，通过改变时域的伸缩尺度，得到各种所需的频率尺度。由于加博尔函数和小波在时域和频域都具有集中性，将它们与信号进行比较就能同时得到信号在时域和频域中的特征描述。

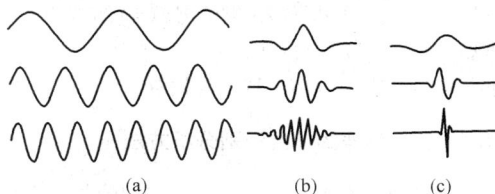

图 26.10－2　傅里叶、加博尔和小波的基函数
(a) 傅里叶基函数；(b) 加博尔基函数；
(c) 小波基函数

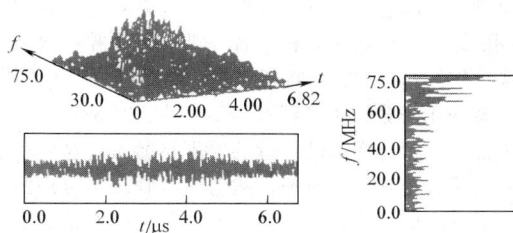

图 26.10－3　叠加着随机噪声的非线性调频信号的时频分析图

JTFA 还是一个非常有效的信号除噪识别工具，图 26.10-3 为一个叠加有随机噪声的非线性调频信号的时频分析图，时域波形近似平稳随机信号，几乎看不出有调频信号成分，同样在功率谱图中也识别不出调频信号成分，但在二维时频谱图中，感兴趣的调频信号成分却能很容易被识别出来。

10.1.5　特征信号的小波分析方法

傅里叶分析是频谱分析，而小波分析是频带分析，小波分析是对傅里叶分析的发展，而傅里叶分析是对小波分析的支撑。构造频率尺度的方法有两种：一种是用调制的复简谐函数，如傅里叶变换以及加博尔变换；另一种方法是给定基函数 $\Psi(t)$ 的时间变量 t 进行尺度变换。若 $\Psi(t)$ 的中心频率为 ω_0，那么经时间尺度变换后的 $\Psi(t/a)$ 的中心频率则为 ω_0/a，当尺度时移函数 $\Psi((t-b)/a)$ 被当作信号局域特性测量的尺度时，所得结果称为小波变换，连续时间信号则称连续小波变换（CWT），有

$$\text{CWT}(a,\ b) = \frac{1}{\sqrt{|a|}} \int x(t)\psi^* \left(\frac{t-b}{a} \right) \mathrm{d}t \quad a \neq 0$$

式中，$\Psi(t)$ 被称为小波的母函数；参数 a 为尺度变换系数；参数 b 表示时移。

换句话说，小波分析是一种时域-频域分析，介于纯时域的方波分析和纯频域的传统傅里叶分析之间，同时具有时域和频域的良好局部化性质，可以观察信号的任意细节并加以分析。在电力设备检测中小波分析主要用于分析被检测信号（局部放电信号、超声振动信号等）的特性，还可以利用小波分析技术进行信号和噪声分离、特征峰提取。

10.1.6　特征信号的聚类识别分析方法

聚类分析是在数学上把样本按它们的某些特性进行分类的分析方法。聚类分析又分为系统聚类分析、动态聚类分析、模糊聚类分析和图论聚类分析四种。

系统聚类分析是首先将每个样本看成一类，然后根据样本之间的相似程度并类，并计算新类与其他类之间的距离，再选择最相似者并类，每合并一次减少一类，继续这一过程，直至所有样本都并成一类为止。

动态聚类分析法又称逐步聚类法，其是先选一批凝聚点，然后让样本向最近的凝聚点凝聚，这样由点凝聚成类，得到初始分类，然后逐步修改不合理的分类，最后形成最终分类。动态聚类分析较之系统聚类分析具有计算工作量较小等优点。

图论聚类分析最重要的概念是最小支撑树。几个点之间如果都有链连接，但没有形成回路，则称这些点和边组成了一个支撑树，树的所有边的长度和叫做树的重量，连接 n 个点的所有可能的支撑树中，重量最小的叫做最小支撑树。

在诊断技术中，聚类分析不仅可以用于故障分类、模式向量维数压缩，也可用来进行判断分析和预测。

10.1.7　特征信号的相关分析

相关分析是随机数据分析中的一项重要内容，相关分析是研究两随机变量的线性关系。由于相关函数是研究两随机函数经过一段时间差后的相似性，故相关分析也称时差分析或时滞域分析。

（1）自相关函数与自相关系数。

1）自相关函数。能量有限信号

$$r_{xx}(\tau) = \int_{-\infty}^{\infty} x(t)x(t+\tau)\mathrm{d}t$$

功率有限信号

$$R_{xx}(\tau) = \lim_{T \to \infty} \frac{1}{T} \int_T x(t)x(t+\tau)\mathrm{d}t$$

式中，τ 为时差。

2）自相关系数。自相关函数以最大值归一化。

（2）互相关函数与互相关系数。

1）互相关函数。能量有限信号

$$r_{xy}(\tau) = \int_{-\infty}^{\infty} y(t)x(t+\tau)\mathrm{d}t$$

功率有限信号

$$R_{xy}(\tau) = \lim_{T \to \infty} \frac{1}{T} \int_T y(t)x(t+\tau)\mathrm{d}t$$

2）互相关系数。其归一化后称为互相关系数。互相关既非偶函数也非奇函数，且 $R_{xy} \neq R_{yx}$，$R_{xy}(\tau) = R_{yx}(-\tau)$，互相关最大值一般不在 $\tau = 0$ 处，还可能有几个极大值。

自相关与互相关用互相关不等式 $|R_{xy}(\tau)| \leqslant \sqrt{R_{xx}(0)R_{yy}(0)}$ 表示。

10.2　电力设备故障诊断方法

10.2.1　故障的统计模式识别法

故障的统计模式识别法是一种分类误差最小的判别分析方法，它包括两组判别分析、多组判别分析、逐步判别分析等多种。两组判别分析适用于在两组间进行，以确定它们是同一模式或不同模式；多组判别分析能在研究对象已用某种方法分成多组的情况下，判定待判样本属于已知组中的何组；逐步判别分析能在影响分类的多个变量中挑选对分类影响最大的那些变量来建立判别函数，进行判别。

10.2.2　故障的时序参数识别法

设备诊断中时序参数识别法是通过时序模型将数据所包含的信息凝聚在为数很少的模型参数之中，并以此作为模式识别中的特征量以构成相应的判别函数。

时序分析包括特征信号的选择、模式向量的形成、特征量的提取、判别函数的构造和系统模式的识别五步。一个电力设备处于不同的状态就是不同的模式，选择恰当的特征信号，通过一定变换以获得系统的有关参考模式，再对系统目前所处的待检模式用所构造的判别函数进行判别，以确定系统目前的模式属于何种参考模式。时序分析一般采用自回归（AR）模型，由 AR 模型得到的功率谱等价于最大熵谱。

10.2.3　故障的模糊识别法

模糊识别方法有个体模糊识别和群体模糊识别两种方法。

个体模糊模式识别方法是在论域上有 n 个模糊子集 A_1，A_2，…，A_n，它们分别表示了 n 个模式，对于 U 上的任何一个元素，要判断它属于哪一个模式，就要看它从属哪个模式的从属度或隶属度最大。

群体模糊识别方法是将 n 个模式不同特性的模糊集合 A_{ij} 和待识别的样本 B 的模糊集 B_j 进行比较，求出两者之间的贴近度 $(A_{ij} B_j)$ 中的最小值，根据最小值即可判定 B 的归属。

10.2.4　电力设备诊断的故障树分析法

电力设备诊断故障树分析法（Fault Tree Analysis，FTA）是一种将系统故障形成的原因由总体至部分按树枝状逐级细化的分析方法，是确定故障原因、影响和发生概率的重要方法。

在故障树分析法中将最不希望发生的事件称为顶事件，毋须再深究的事件称为底事件，介于顶事件和底事件之间的一切事件为中间事件，用适当的逻辑门把顶事件、中间事件和底事件联结成树形图，这样的树形图称为故障树，用它可以表示系统或设备的特性事件与其各个子系统或各个部件故障之间的逻辑结构关系，利用它可以分析系统发生故障的各种途径，计算各个可靠性特征量，对系统的安全性或可靠性进行评价。

10.3　电力设备状态评估与诊断技术

10.3.1　神经网络技术

利用神经元的适当模型可以构造具有描述某些复杂行为功能的网络系统，这就是神经网络。人工神经网络（Artificial Neural Network，ANN）是由人工建立的具有向拓扑结构的动态系统，它通过对连续或断续的输入做状态响应而进行信息处理，利用神经元的适当模型可以构造具有描述某些复杂行为功能的网络系统。

在电力设备状态评估和诊断中应用最多的是以下四种神经网络：Hopfield 神经网络、多层感知器、自组织神经网络和概率神经网络。

（1）Hopfield 神经网络。分离散 Hopfield 神经网络和连续 Hopfield 神经网络，如图 26.10-4 所示。

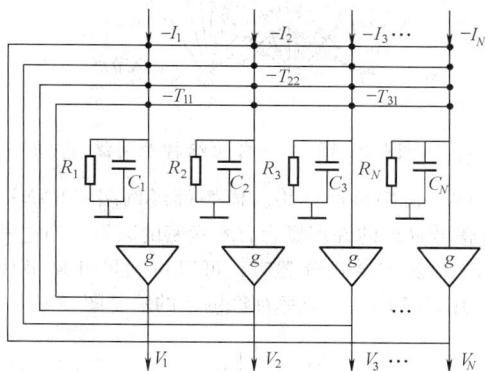

图 26.10-4　连续 Hopfield 神经网络

离散 Hopfield 神经网络也是由 N 个神经元互连而成，神经元的输出为离散值 1 和 0（或 -1），分别代表神经元的激活和抑制状态。

（2）多层感知 BP 网络。是一种典型的前馈神经网络，它通常由输入层、输出层和若干隐含层组成，如图 26.10-5 所示。

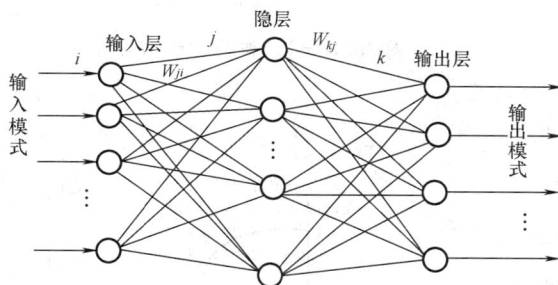

图 26.10-5　多层感知 BP 网络

（3）自组织神经网络。由于在电力设备状态诊断应用中，有时并不能提供所需的先验知识，这就需要网络具有能够自学习的功能，一种基于生理和脑科学研究成果的自组织特征映射图就是一种具有自学习功能的神经网络。

如图 26.10－6 所示，在这种网络中，输出节点与邻域其他节点广泛相连，并互相激励，输入节点和输出节点之间通过强度 $W_{ji}(t)$ 相连接，通过某种规则，不断地调整 $W_{ji}(t)$，使得在稳定时，每一邻域的所有节点对某种输入具有类似的输出，并且这种聚类的概率分布与输入模式的概率分布相接近。

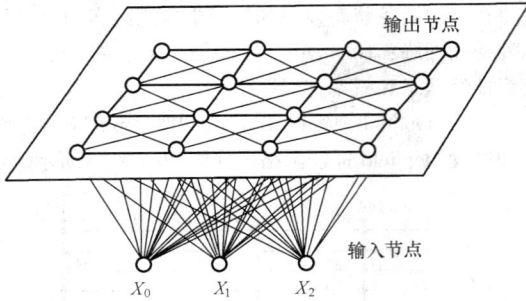

图 26.10－6　自组织神经网络

（4）概率神经网络。概率神经网络（PNN）与统计信号处理的许多概念有着紧密的联系，当这种网络用于检测和模式分类时，可以得到贝叶斯最优结果，图 26.10－7 为概率神经网络的示意图。

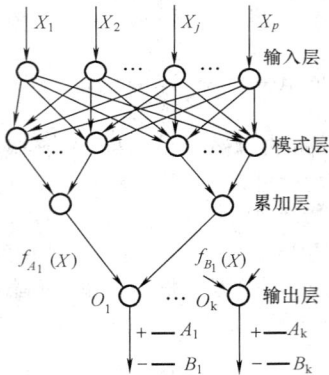

图 26.10－7　概率神经网络

10.3.2　模糊诊断技术

用模糊集合的概念描述设备的状态和故障征兆，必须对其是否属于某个状态的原因进行描述，这种描述不是简单地加以肯定或否定，而是采取用归属的程度"隶属度"来描述，或者通过识别与分类、预报、综合评判和可靠性分析等作出定量判断，从而诊断出状态原因。特别是一些复杂的电气设备，其状态形成的原因与征兆的因果关系错综复杂，状态信息用测试手段不易分离，征兆与状态之间无法建立确定的数学模型。这时，只有在获取系统状态的综合效应、积累维修经验和集中专家意见的前提下，用模糊的方法进行状态诊断。

典型模糊分布如图 26.10－8 所示。

模糊诊断技术在电力设备检测中的具体应用，不仅突破了传统的基于规则的绝缘检测评判方法，而且利用模糊诊断技术可以对多因子故障进行分类模糊判别。一个典型的多参量综合模糊诊断模型原理框图如图 26.10－9 所示。

10.3.3　人工智能与专家诊断系统

专家诊断系统是一种人工智能计算机程序，在电力设备在线监测与诊断中可以用于辅助进行数据的记录、管理、分析。通常一个用于诊断的专家系统应该由知识库、推理机、数据库、解释程序和知识获取程序组成，其基本结构如图 26.10－10 所示。知识库是为解决实际问题而储存各种人类专家知识的一个子系统；推理机是能运用知识进行推理并解决特定问题的功能模块；数据库是一种特殊的存储器，用于存储诊断问题领域内的原始特征数据，推理过程中得到的各种中间信息和解决问题后输出结果的信息（如各类典型故障的标准谱图数据）；解释程序可以解释推理的路线和为什么要查询所需的那些特征数据信息，以及解释推理得到的确定性结论。

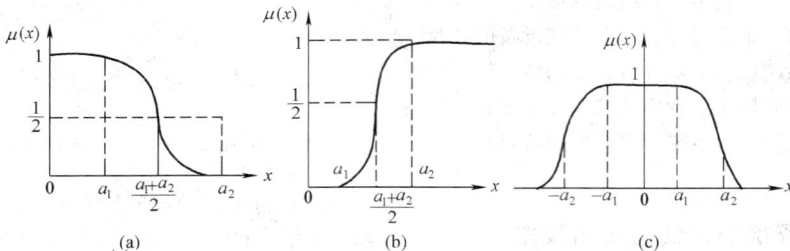

图 26.10－8　典型模糊分布（岭形分布）
（a）戒上型；（b）戒下型；（c）中间分布

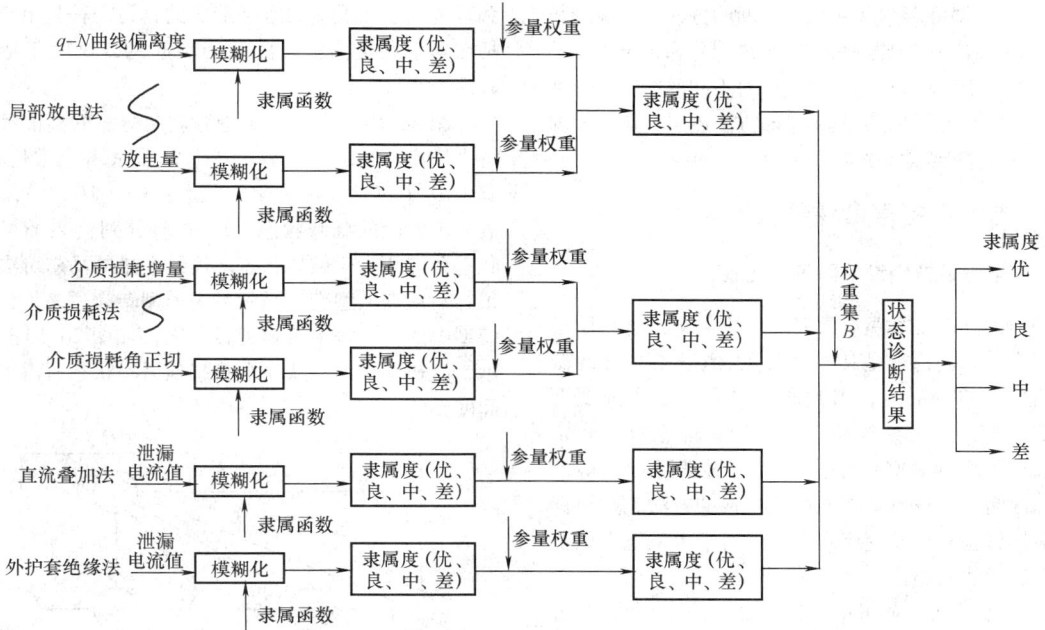

图 26.10-9　多参量模糊综合诊断框图

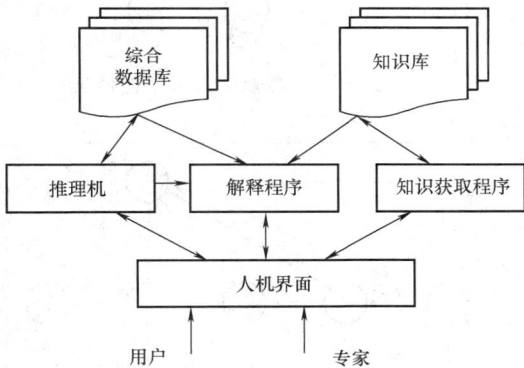

图 26.10-10　专家系统的基本结构

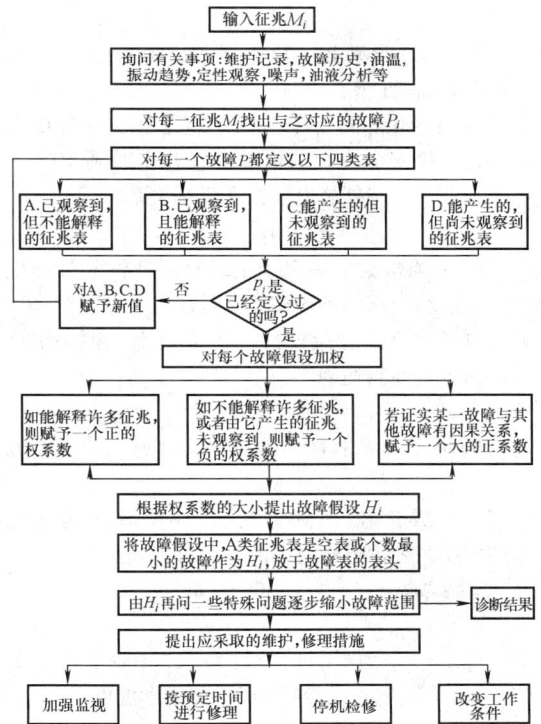

图 26.10-11　故障诊断推理流程图

一个诊断型专家系统应包括：①状态监测：根据来自现场的大量监测的状态参数，对系统的主要指标进行评估，当主要功能指标发生异常时，按其程度分别给出早期警报、紧急警报，直至强迫停机等处理方案；②故障分析：根据检测到的信息和其他补充测试的信息，找出故障源。故障分析可以依据于正常信息和异常信息，依据正常信息时，要求被诊断对象具有较明确的结构和功能关系；依据异常信息进行诊断时，要求被诊断对象的各种特征信号中包含足够的故障源信息；③决策处理：当系统出现与故障有关的征兆时，通过综合分析，对设备状态的发展趋势作出预测；当系统出现故障时，根据故障等级的评价，对系统作出修改操作、控制或者停机的决定。图26.10-11给出了一个具有实用价值的故障诊断推理流程图。

对于一个复杂的电力设备，其状态诊断可以把系统本身描述成树状结构，其顶层是系统本身，中间层是组成系统的各子系统，下层是组成各子系统的部件，对于这样一个分层次的系统采用层次诊断的方式。层次诊断是利用系统结构分级原理将复杂系统划分为系统级、子系统级和部件级等几个层次，然后对不同的层次，分别采用与它最为适应的各种具体诊断方法逐层确定故障的部位和原因，最终对系统作出一个合理的诊断。

10.4　电力设备寿命评估技术

10.4.1　电力设备绝缘单因子老化规律

按照国际电工委员会（IEC）的定义，电力设备绝缘寿命的判断标准是其寿命点为绝缘击穿电压降低到初始值的 50% 的点，因此通常将剩余耐压强度下降到 50% 的点作为绝缘更新的界限，但也有把剩余耐压强度下降到 30% 时的点作为可靠性运行的最低界限。诊断电力设备绝缘寿命最直接的方法就是根据绝缘破坏试验来诊断绝缘寿命，但对于大型电力设备这种方法无法实施。

（1）热老化。对于单一因子的绝缘热老化，可以用阿累尼乌斯定律来计算绝缘热老化率

$$D = k\exp\left(-\frac{E}{RT}\right)t$$

式中，k 为热老化系数；T 为老化温度；t 为老化时间；E 为活化能；R 为气体常数。

（2）电老化。对于单一因子电老化，在外施电压较高，绝缘寿命较短的情况下（几小时到 10^4h），绝缘平均寿命 τ 和外施电压存在反幂关系，即

$$\tau = AU^{-n}$$

式中，A、n 为常数，决定于绝缘材料特性和外施电压种类、电场分布特征等试验条件。

当电压较低、寿命较长（10^4h 以上）时，绝缘平均寿命可定性表达为

$$\tau = B(U - U_i)^{-m}$$

式中，B、m 为常数；U_i 为绝缘的局部放电起始放电电压。

（3）机械老化。在静态机械负荷下，随着老化过程的发展，固体绝缘材料的寿命可以表示为

$$\tau = \tau_0\exp\left(\frac{W - \gamma\delta}{kT}\right)$$

式中，τ_0、W、γ 为材料的特性参数；δ 表示机械负荷应力；k 为玻尔兹曼常数；T 为热力学温度。

10.4.2　电力设备剩余寿命评估

对于多因子老化的情况可以采用概率模型来评估剩余寿命。在没有维修条件下，首先假设绝缘系统的劣化将分阶段进行，直至损坏。绝缘的损坏有两种类型：一种属于典型的多因子老化，是由电、热、机械

和环境因子以及应力水平造成的；另一种是由于未包括在典型老化范围内的原因引起的，这属于随机性故障。

图 26.10-12 给出了绝缘剩余寿命的离散型马尔可夫模型。图中 D_1，D_2，$\cdots$，D_k 代表各个劣化状态，其中 D_1 为正常（无劣化）状态；M_1，M_2，$\cdots$，M_k 代表各个阶段的维修状态；F_0 和 F_1 分别代表随机破坏状态和综合劣化破坏状态。连续变量的马尔可夫模型很容易从离散型变量马尔可夫模型转换过来，只要将模型中的转移概率等效为转移率，如图 26.10-13 所示，而转移率可以从一个状态到另一状态所需平均时间的倒数来评估。

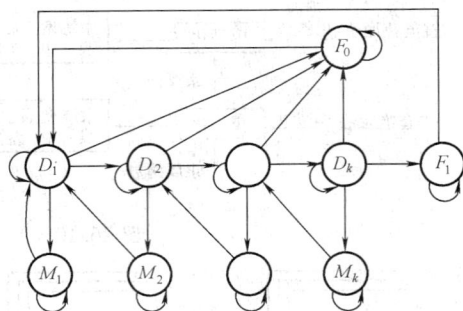

图 26.10-12　离散型马尔可夫模型

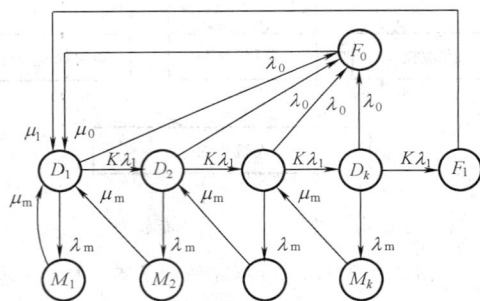

图 26.10-13　连续型马尔可夫模型

用马尔可夫模型评估电力设备的剩余寿命除可根据给定劣化状态评估剩余寿命外，还可以评估绝缘处于某一特殊劣化状态能维持多久，绝缘从现状态经过多少年后处于某一特定的劣化状态、任一劣化状态下，绝缘的概率范围有多宽，每种劣化状态能观察到的频度是多少，每一劣化状态中平均维持多久等。

10.4.3　发电机剩余寿命放电图评估法

发电机剩余寿命放电图评估法是一种通过绝缘非破坏性试验测定参数 $\Delta\tan\delta$、$\Delta C/C_0$ 和 q_m，以 $\Delta\tan\delta$+$\Delta C/C_0$ 和 q_m 分别为 y 和 x 坐标，在坐标图分别绘出不同剩余寿命分布线，以用来诊断绝缘剩余寿命的方

法，见图 26.10-14。

　　在诊断进行时，可以定时测量发电机绝缘 $\Delta\tan\delta + \Delta C/C_0$ 值和 q_m 值，并在放电图坐标上标明测定点的位置，根据测定点的位置可以判断出发电机绝缘剩余寿命，几个测定点连接线就是绝缘的老化趋势曲线。同时根据测定点在放电图中的趋势，可以诊断发电机绝缘老化属于正常老化还是异常老化，通常在放电图中，向纵坐标方向移动的测定点，是属于正常的综合老化，向 V_R 线垂直移动的测定点是属于绝缘局部损坏的异常老化。在放电图上可以非常直观地看出绝缘劣化倾向和劣化状态，定期检测可以较准确地预报绝缘剩余寿命。

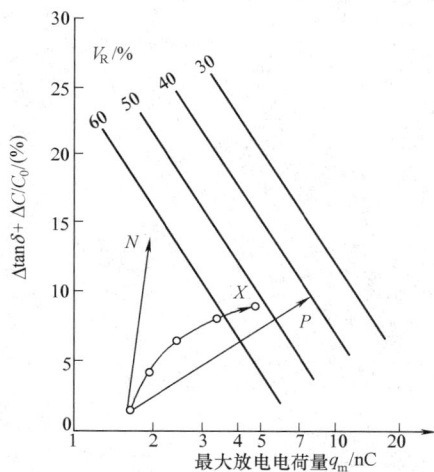

图 26.10-14　用放电图法诊断绝缘剩余寿命

第27篇

楼宇自动化

主　编　王凌云（华中科技大学）

执　笔　董春桥（华中科技大学）

　　　　徐菱虹（华中科技大学）

主　审　汪　隽（中南建筑设计院）

第1章　楼宇自动化的一般概念

1.1　概述

自1984年在美国出现第一幢智能建筑（IB）以来，智能建筑就受到了世界各国的广泛关注，得到了大力提倡，世界各地涌现出了大量的智能建筑。经过20余年的实践，智能建筑的功能不断得到发展和完善，实现技术也不断成熟和更新，并形成了以楼宇自动化系统（BAS）、通信自动化系统（CAS）和办公自动化系统（OAS）为基础的基本构成框架，如图27.1-1所示。其中，楼宇自动化系统是当前智能建筑的实施重点和难点。

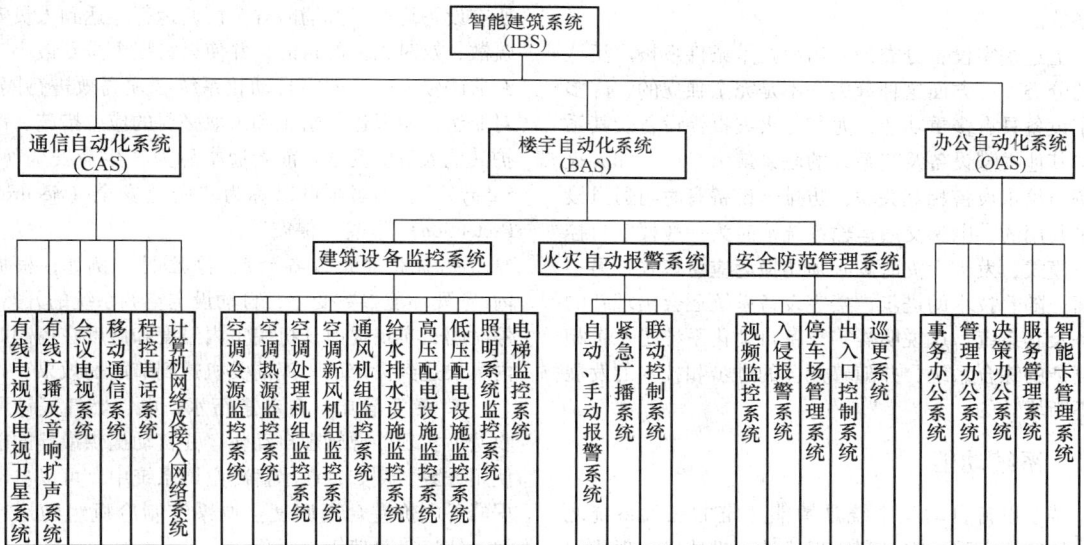

图27.1-1　智能建筑基本组成框架

从技术上看，楼宇自动化系统主要表现为以计算机技术为基础的现代IT技术在面向建筑领域的具体应用，因而楼宇自动化技术具有多学科交叉的特点，其内容不仅涉及现代计算机技术、现代网络数据通信技术和现代自动控制技术，而且涉及建筑技术、建筑环境技术、建筑设备技术等诸多技术，是多学科技术的典型结合。我国《智能建筑设计标准》（GB/T 50314—2006）将楼宇自动化系统定义为"将建筑物或建筑群的电力、照明、空调、给排水、防火、保安、车库管理等设备或系统，以集中监视、控制和管理为目的，构成综合系统"。由此可见，楼宇自动化系统是一个对建筑物内所有机电设施进行自动控制和管理的综合系统，从其结构来看，楼宇自动化系统是通过建筑设备自控网络（Building Automation and Control Networks）将众多具有网络通信功能的建筑设备监控系统［通常为直接数字控制（DDC）系统］连接而形成具有数据共享（DataSharing）和互操作（Interoperability）功能的分布式控制系统（Distributed Control System，DCS），也称为集散控制系统。具体地说，BAS监视、控制和管理的具体内容可以包括如下几个方面，以实现建筑设备运行、维护与资料档案管理以及经济分析等管理功能：

1. 建筑环境设备及其系统监控与管理　建筑环境设备主要包括空调冷热源、空调处理机组、新风量机组、通风系统等。

2. 给、排水设备及其系统监控与管理　给水排水设备主要包括生活给水系统设备、生活排水系统设备及污水处理系统设备。

3. 电力设备及其系统监控与管理　电力设备主要包括高低配电设施、变电设施、蓄电池和应急发电设备等。

4. 照明设备及其系统监控与管理　照明设备主要包括工作照明设备、事故照明设备、景观照明设备、高层建筑屋顶航标设备及事故与特殊照明设备等。

5. 安全防范设备及其系统监控与管理　安全防范设备主要包括出入口控制设备、入侵报警设备、停车场管理设备、视频监控设备以及电子巡更设备等。

6. 火灾报警设备及其系统监控与管理　火灾报警设备主要包括自动报警设备、手动报警设备、自动灭火设备、正压送风设备、防排烟设备、应急广播设备、应急照明设备以及联动控制设备等。

7. 交通运输设备及其系统监控与管理　交通运输设备主要包括各种电梯、自动扶梯、自动步行道等。

8. 广播设备及其系统监控与管理　广播设备主要包括背景音乐设备、紧急广播设备和电子公告系统设备等。

上述楼宇设备分类是在当前技术条件下被广泛认可的分类,一方面这种分类并不是完全独立的,许多楼宇设备具有多重功能,尤其是火灾报警设备及其系统与其他类型设备及其系统的联系最为紧密,如灭火设备与给水设备相互关联,防排烟设备有时与通风设备是共用的,电梯交通运输系统平时为一般楼宇自控运行模式,发生火灾时则必须切换为应急模式;另一方面,随着技术的进步,楼宇设备系统还会出现新的设备及其系统。这说明楼宇设备自动化系统是一个相当复杂的综合系统,并随着社会的进步和技术的发展是不断增长的。

1.2　系统功能

楼宇设备自动化系统是智能建筑的三大系统之一,从功能上看,它是利用现代计算机技术、现代网络通信技术和现代控制技术,对建筑物或建筑群的电力、照明、空调、给排水、消防、保安、车库管理等设备或系统进行集中监视、控制和管理而构成的综合系统;从系统结构上看,它是通过楼宇设备自控网络将众多分布在智能建筑中具有网络通信功能的楼宇设备监控系统互连而形成具有数据共享和互操作功能的 DCS。

楼宇设备监控系统是利用计算机自控技术和自控网络通信技术,通过现场检测装置和执行机构对某个建筑设备的运行状态和参数进行检测、监视、控制和管理的 DDC 系统。楼宇设备自动化系统则是通过系统集成,利用系统管理软件管理和协调各个楼宇设备监控子系统的运行,不仅向人们提供一个"安全、高效、舒适和便利"的建筑环境,而且还可以优化楼宇设备的维护管理,减少运行费用,延长楼宇设备的使用寿命。例如,当发生火灾时,楼宇设备自动化系统的系统软件通过协调建筑环境设备自动化系统、电梯自动化系统等楼宇设备监控子系统的运行,并利用消防自动化系统进行人员撤离和灭火,从而保证人

身安全和最大限度地降低损失。根据楼宇设备自动化系统在智能建筑系统中的功能,楼宇设备自动化系统的基本功能可以归纳如下:

1. 自动控制楼宇设备的运行参数,使其处于设定值状态或最佳运行状态　例如,空调系统可以根据室外天气参数和室内状态,自动调整空调设备的运行,使其在维持舒适的室内环境下优化运行,达到节能和维护设备的目的。

2. 实时监测、统一协调控制和管理各种楼宇设备的运行参数,并快速处置各种意外事件和突发事件　例如,当实时监测到火灾时,智能建筑内的所有设备均可以按消防规定协调运行,达到人员安全疏散、及时灭火的目的,并使火灾损失减到最小。当有非法侵入时,楼宇自动化系统必须高效进行隔离,对非法入侵者进行阻止和采取必要的应急措施,以保护其他人员的安全。前者通常称为"生命安全(Life Safety)",后者则可以称为"防范安全(Security & Protection)"或"保安"。

3. 优化建筑设备的起/停控制　例如,根据室内/室外环境参数变化,自动设定空调系统的开启/关停时间,实现提前开机使室内温度和湿度在控制时间内最快达到设定值,提前关机达到节能的效果。

4. 能源管理　自动进行水、电、燃气等计量与收费,实现能源管理自动化,并自动提供最佳的能源使用方案。例如,在冰蓄冷空调系统中,可以自动根据峰谷电价差合理调度空调系统制冷机组的运行时间,使运行总费用最小化。

5. 自动采集楼宇设备的运行参数,存储、显示或打印实时变化趋势或历史数据　当某个楼宇设备的实时运行参数超出设定范围,并满足一定条件时,进行自动报警。对历史数据进行分析与处理,可以对运行质量和物业管理制度进行合理评估,实现最优化运行和管理。

6. 楼宇设备维护管理　建立楼宇设备运行档案和累计运行时间,必要时自动生成楼宇设备运行报表和维护表单,及时对楼宇设备进行预防性维护,以提高楼宇设备的运行效率和延长其使用寿命。

总之,楼宇设备自动化系统必须在保证安全的前提下,既要维持高效、舒适和便利的建筑环境,又要优化楼宇设备及其系统的运行,达到节能、环保和提高物业管理水平,最大限度地减少运行维护成本的目的。

1.3　系统结构

建筑物虽然早已是人类居住和生活的主要场所,但与工业生产领域相比,现代先进技术直接应用于建

筑的步伐总是较为落后的。从楼宇自动化系统的发展过程来看，楼宇自动化基本沿袭和继承了工业生产领域的发展过程和成果，也经历了由气动（Pneumatic）控制到电气仪表模拟控制，由电气仪表模拟控制到数字控制，再到直接数字控制（DDC），直到现在集散控制系统制（DCS）的发展过程，并朝着企业应用集成

（Enterprise Application Integration，EAI）的方向发展。

DCS 是随着计算机技术、自动测量和控制技术、信号处理技术、通信技术和人机接口技术的发展和相互渗透而产生的大型控制系统。DCS 的基本体系结构如图 27.1-2 所示，其中，DDC 是其基本组成单元和"细胞"。

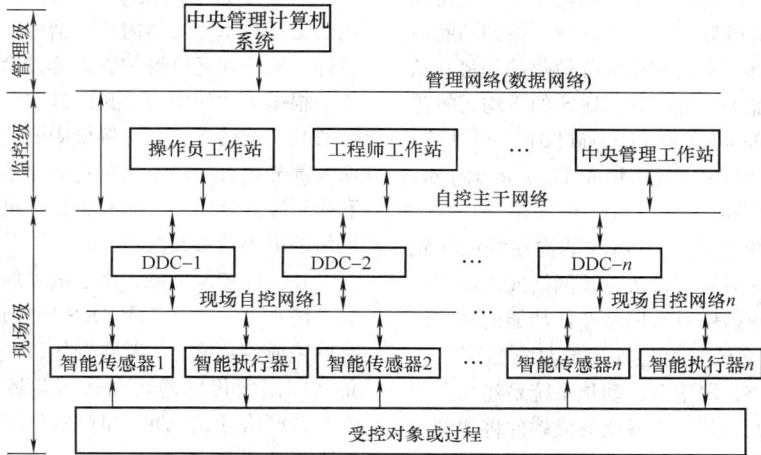

图 27.1-2　集散控制系统（DCS）体系结构

在图 27.1-2 所示的体系结构中，DCS 通常可以分为如下三个层次：

1. 第一级：现场级　由现场控制器 DDC、现场检测设备和现场执行设备所组成，对现场控制对象或过程的状态和参数进行监测和控制，同时，DDC 还与监控级的各种工作站相连，接收上层计算机的指令和管理信息，并向上传递现场采集数据。在系统规模较大时，为了方便对不同子系统的监控和管理，也可在这一层设置子系统工作站，对子系统进行有效的监控和管理。例如，楼宇自动化系统的火灾报警与消防子系统。

2. 第二级：监控级　由各种监控工作站组成，实现对现场级控制的优化控制、协调现场各种 DDC 系统的运行、设置和修改现场控制参数等。另外，监控级计算机还可以实现对故障检测、历史数据进行存档，记录运行状态和打印显示等功能。监控工作站一般只为中央监控工作站，但在大系统中，为了安全和方便，在监控级还可以设置多个工程师站和操作员工作站，将不同级别的用户区分开，防止误操作。

3. 第三级：管理级　通常是监控级的延伸。在工业生产过程中，管理级计算机可以根据用户的订货情况、库存情况等来规划和协调各个生产子系统的运行。在楼宇自动化系统中，可以根据能源情况（如电力实时价格）、楼宇设备状态、物业管理制度、账务和人事等决定楼宇自动化的运行策略，并协调各监

控级计算机的运行，或直接对现场 DDC 系统进行监控。在大型企业级应用中，有时管理级还可以进一步分为"经理管理级"，对包括楼宇自动化或生产自动化在内的所有企业活动过程进行规划和管理，这就是所谓的"企业应用集成（EAI）"。

从图 27.1-2 中可以看出，DCS 既不同于分散的电气仪表模拟控制系统，也不同于集中式的计算机控制系统，它在自控网络（Automation and Control Networks）或现场总线（Fieldbus）的基础上实现了对控制过程或对象"分散控制、集中管理"的功能，具有分散控制、集中操作、分级管理、组态灵活、稳定可靠和综合协调的特点。自 20 世纪 70 年代第一代基于现场总线技术的 DCS 问世以来，这种控制系统已日益成熟，逐渐形成了以各种"自控网络为基础、系统集成技术为核心"的先进 DCS 结构，并在各个控制领域得到了广泛的应用。楼宇自动化系统就是基于楼宇自控网络的建筑设备控制和管理系统。

完整的 DCS 具有如下两个显著的优点：一是所有自控节点或设备（包括传感器和执行器）均具有网络通信功能，并且通过通信网络接口以网络通信方式进行交换控制和管理信息，这种自控节点或设备也称为"网络节点（Node）"或设备（Device）"。因而 DCS 是以网络设备或节点为基本单元的系统。二是 DCS 可采用结构化的综合布线，非常灵活和实用，避免了"点

对点"或"一对一"的直接布线而造成的布线结构复杂、功能固定、扩展和升级代价高的缺点。

基于自控网络和现场总线的 DCS 强调控制和智能的全分散化，各个自控节点或设备是具有自治（Autonomous）功能的智能主体，且相互之间高内聚、松耦合，从而上层主机可以实现大范围的协调、控制和管理等高级功能。虽然这种系统结构在层次上是纵向递阶结构，但随着控制过程的分散化，控制功能也出现了前端化、局部集中化和全局分散化的趋势，从而获得可靠的控制能力。据统计，DCS 的平均无故障时间（Mean Time Between Failure，MTBF）可达 $5 \times 10^4 h$，平均故障修复时间（Mean Time to Repair，MTTR）一般只有 5min。

楼宇自动化系统就是这种 DCS 结构在智能建筑中的具体应用，是通过楼宇设备自控网络或现场总线将众多分布在智能建筑中具有网络通信功能的楼宇设备监控系统（DDC 系统）互连而形成具有数据共享和互操作功能的 DCS，即楼宇自动化系统是建立在建筑设备自控网络之上，并利用系统集成软件将智能建筑内各个独立的监控系统进行系统集成而形成的综合监控和管理系统。因此，从 DCS 的基本组成框架中可以看出，计算机自动控制技术、计算机网络、建筑设备自控网络、数据通信技术和系统集成技术是建筑设备自动化的核心基础技术。这些核心基础技术与面向楼宇自动化应用的工程技术就形成了如图 27.1-3 所示的楼宇自动化的基本内容和体系。

在图 27.1-3 所示的楼宇自动化基本内容和体系结构中，"计算机自动控制"和"计算机网络"是楼宇自动化的基础内容，是其他学科在楼宇自动化领域的具体应用；"楼宇自控网络"和"楼宇自动化系统集成"是楼宇自动化领域在上述基础理论之上发展而形成的具有本领域特色的专有理论和技术内容，是上述基础内容在楼宇自动化领域的延伸和扩展，是楼宇自动化区别于其他学科或领域的根本和关键；"工程技术"则是面向楼宇自动化工程项目全寿命周期内的支撑技术，具体内容包括楼宇自动化系统的工程设计、实施和运行维护管理等技术。

根据上述楼宇自动化的基本内容和体系结构，本手册只介绍楼宇自动化领域中的特有理论和工程技术两大部分内容，以及楼宇自动化系统常用的检测设备和执行装置等内容。而有关计算机自动控制和计算机网络的内容请参阅其他文献。

在实际控制领域，由于成本的限制，在目前技术和经济水平下，并不是 DCS 所有的设备或节点均具有网络通信功能，尤其在现场级，目前大多数检测设备（如温度传感器）和执行装置（如电动调节阀）不具备网络通信功能，而是以模拟信号方式与现场 DDC 系统直接连接的，因此，许多实际的 DCS 并不是完全符合图 27.1-2 所示的体系结构。实际上，许多 DCS 现场级的体系结构如图 27.1-4 所示。这种体系结构实际上是数字（Digital）技术与模拟（Analog）技术共用的混合结构。

在图 27.1-4 所示的混合结构中，大部分 DDC 与传感器和执行器的连接是通过模拟信号方式连接的（如 DDC-1 和 DDC-2 等），而非网络方式，只有极少部分智能型现场测控设备支持网络通信，并以网络方式与 DDC 连接（如 DDC-n）。因此，从结构上来看，目前大多数自动化系统是以 DDC 系统为单元的系统，并非所有现场测控设备都是 DCS 的"直接"网络节点。

随着自控网络技术的发展，以及自控网络与数据网络（Data Network）相互融合的需求，自控系统将成为企业管理信息系统的一个子系统，是企业管理与决策系统不可缺少的组成部分。这就促使自控网络和数据网络逐渐向统一的方向发展，并形成两者共用的理论和技术。

从当前发展趋势来看，以可扩展标记语言（eXtensible Markup Language，XML）为基础的 XML/Web Services 技术将成为自控网络与数据网络共用理论和技术的基础。XML/Web Services 不仅可以集成多种自控网络系统，而且还是数据网络系统集成的基础。当自控网络与数据网络在 Internet 上"交融"时，则形成如图 27.1-5 所示的集成系统结构，所有自控系统将成为现代信息技术（IT）的一个分支，并真正成为企业应用集成（EAI）的一个子系统。

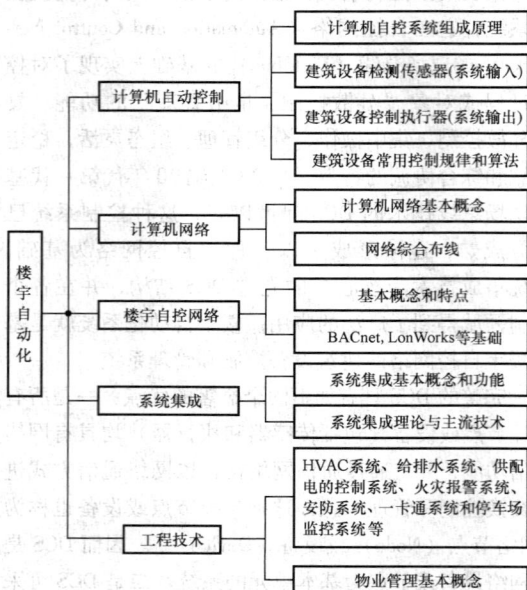

图 27.1-3 楼宇自动化基本内容和体系结构

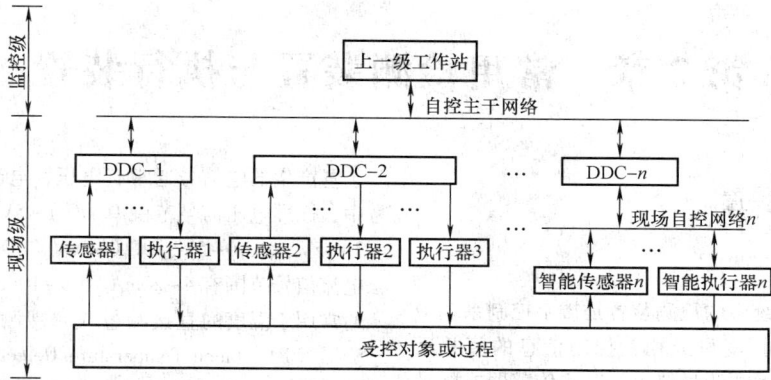

图 27.1-4　实用 DCS 系统现场级体系结构

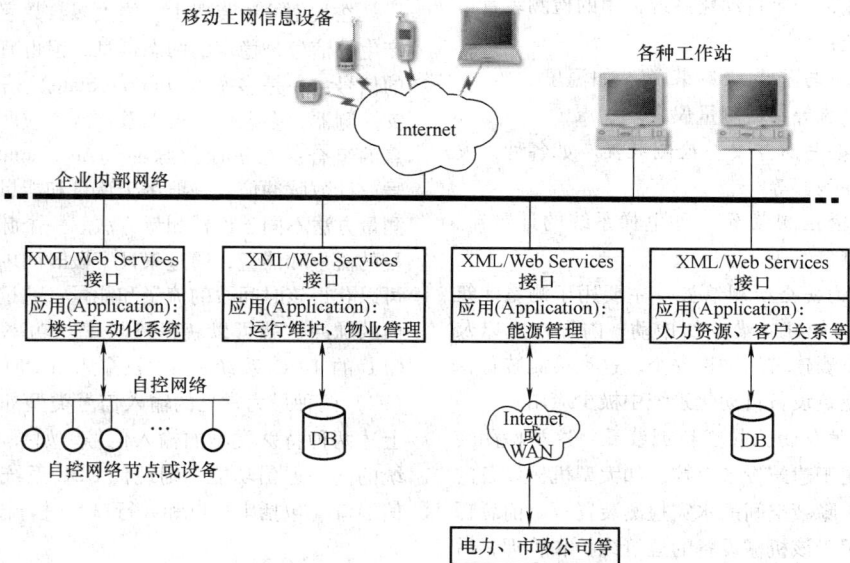

图 27.1-5　基于 XML/Web Services 自控系统结构

第 2 章　常用检测装置与执行装置

2.1　常用检测装置

2.1.1　分类

楼宇自动化系统中的检测装置是楼宇控制系统中测量或"感觉"受控变量或相关控制信息的值并反馈给控制器的传感器或测量仪表。这些传感器或测量仪表用于计算机自动控制系统的输入通道，因而检测装置属于控制系统的输入设备。根据检测装置在楼宇自动化中的功能，楼宇自动化系统常用的检测装置可以分为如下五类：

1. 建筑环境与能量检测装置　如温度、压力、流量、电压、电流等参数测量仪表。

2. 生命安全与防范安全检测装置　如各种火灾探测器、安防探测器等。

3. 交通运输检测装置　如电梯系统的计重器、轿厢运行速度测量器等。

4. 建筑结构安全检测装置　主要用于测量建筑结构关键构件（如柱、梁）的振动、内部应力以及含湿量等，以监测建筑的结构安全。这类检测装置目前在一般性的建筑设备自动化系统中极少应用。

5. 运行维护与物业管理检测装置　这类检测装置通常不直接用于建筑设备自控，如大型机械设备的振动检测装置、隐蔽空间的水灾检测装置等。前者探测的信息主要用于该机械设备的运行维护和管理，后者主要用于检测电气设备夹层（如大型计算机房防静电地板以下的空间）是否渗水。这类检测装置通常被忽视，因而也很少在一般性的建筑设备自动化系统中得到应用。

不论检测装置的功能如何，根据检测装置输入信号的特点，所有检测装置又可分为"数字开关量检测装置"和"模拟量测量装置"两大类。

数字开关量检测装置用于检测在时间上具有两种离散状态的受控变量或相关控制信息的值，产生的输入信号是逻辑"0"或"1"，代表"开（On）"或"关（Off）"、"正常（Normal）"或"异常（Off-normal）"等状态信息。模拟量测量装置用于测量在时间上连续变化的受控变量或相关控制信息的值。在计算机自动控制系统中，由于 A／D 转换器特性的限制，模拟量测量装置通常指将被测量转换成一定范围，且与被测量之值成正比电信号的传感器。模拟量测量

装置产生的电信号通常有电压、电流和电阻三种。其中，标准电压信号范围有 DC 1~5V、DC 2~10V、DC 3~15V、DC 0~5V、DC 0~10V 和 DC 0~15V 等；标准电流信号范围有 4~20mA 和 0~10mA 两种；电阻信号通常用于温度的直接测量或"裸测量"，电阻温度检测器（Resistance Temperature Detector，RTD）又称为热电阻，正温度子数 PTC 型传感器的标准电阻值有 100Ω、500Ω、1000Ω 和2000Ω 等，负温度子数 NTC 型传感器的标准电阻有 3kΩ、10kΩ、20kΩ 和100kΩ 等。

在数据检测装置中，绝大多数数字开关检测装置产生的信号是稳定的两态信息，但也有两种特殊类型的信号：一是多态（Multiple State）信号，如智能火灾探测器，多态信息可以看作两个或两个以上两态信息的组合；二是计数脉冲（Accumulating Pulse）信号，计数脉冲信号一般用于流量和能量的测量，但其测量方法不同于模拟测量方法。一个脉冲代表一定数量的流量和能量，通过累计一段时间内的脉冲数，就可以获得该时间段的流量和能量，通过计算单位时间内的脉冲数就可以获得流量率和功率。这说明基于 CPU 的 DDC 系统除数字输入（DI）和模拟输入（AI）两种最为常见的输入信号类型外，还可以接收上述两种特殊类型的输入信号。如果考虑到 DDC 系统的网络通信功能，则现代 DDC 系统还可以利用通信端口（包括串行口和并行口）进行输入。

2.1.2　接线制式

由于各种检测装置中传感器和变送器采用的原理和技术有所不同，楼宇自动化系统中不同的检测装置具有不同的接线制式，应根据具体情况进行选择，常用的接线制式有如下几种：

1. 两线式国际标准制式　该接线制式适用于输出信号为国际标准信号的检测装置，电源线和信号共用，分为"＋"和"－"两极。供电电源为直流电压 24V，接线上的电流即为检测装置的检测输出信号，电流信号范围为 4~20mA。这种信号在接入 DDC 系统时，通常采用 250Ω 标准电阻转换为 1~5V 直流电压，由 A／D 转换器进行数字化。

2. 四线制式　这种接线制式是常用检测仪表的接线方式，电源线与检测信号线分开，两线为电源回路，两线为信号回路。电源电压通常为交流 220V、24V 或直流 24V，信号多为直流信号 0~10mA、0~

5V、0~10V 等，分正负极性。

在直接利用电阻值进行"裸"测量时，如直接利用热电阻和热敏电阻传感器进行温度测量时，所采用的接线制式与普通检测仪表是不同的，这种测量方式无需单独设置电源，但应根据传感器电阻信号值的大小和测量精度的要求选择如下不同的接线方式：

1. 两线式　当电阻传感器的电阻信号值足够大，并可以忽略测量引线电阻影响时，则可以采用这种接线方式。楼宇自动化系统多采用这种接线方式。

2. 三线式　当要求测量精度较高或不可以忽略测量引线电阻产生的误差时，就可以采用这种接线方式。这种接线方式利用三条引线中的两条分别接入 DDC 系统测量电桥的两个桥臂，从而减少电阻体引线电阻的影响。

3. 四线式　当测量要求更高时，则可以采用这种接线方式。这种接线方式可以完全消除引线电阻的影响。

为了实用的目的，以下只对楼宇自动化系统中常用的温度、湿度、压力、流量和照度检测的方法和作用进行介绍。同时，本手册对火灾报警探测器和安防探测器的种类及选用方法也进行了归纳。

2.1.3　常用参数的测量

1. 温度测量　温度是一个最基本的物理量，自然界中的一切过程无不与温度密切相关。温度传感器是最早开发和应用最广的一类传感器。根据美国仪器学会的调查，温度传感器的市场份额大大超过了其他参数的传感器。从 17 世纪初伽利略发明温度计以来，人们开始利用温度计进行测量。但真正把温度信号变成电信号的传感器是 1821 年由德国物理学家赛贝发明的，这就是后来的热电偶传感器。50 年以后，另一位德国人西门子发明了铂电阻温度计。在半导体技术的支持下，20 世纪相继开发出了半导体热电偶传感器、PN 结温度传感器和集成 IC 温度传感器。与之相应，根据波与物质的相互作用规律，也相继开发了声学温度传感器、红外传感器和微波传感器。由于温度是一个非常普遍的物理量，各行各业几乎对温度都有要求，因而温度测量技术多种多样，并已非常成熟。

在楼宇自动化系统中，温度影响人的舒适感觉以及建筑内各种机电设备的正常运行，因而温度测量也是非常重要的。在楼宇自动化系统，温度检测通常分"干球（Dry-bull）温度"、"湿球（Wet-bull）温度"和"露点（Dew Point）温度"三种。所谓"温度测量"通常指前者的测量，后两者通常用于恒温恒湿精密空调系统的控制过程。对温度测量仪表来说，这三种温度的测量原理和方法相同，只是测量条件和环境不同，在此不作详述。

常用的温度测量装置主要有电阻温度检测器 RTD（也称为热电阻）式、半导体热敏电阻（Thermistor）式、热电偶（Thermocouple）式仪表和固态（Solid-state）温度计，其中固态温度计也称为集成电路（IC）温度计。因此以下只对这三种温度测量的基本原理和特点进行介绍。

（1）热电阻、热敏电阻测温装置。众所周知，金属电阻体的电阻值随温度变化而改变，这就是热电阻和热敏电阻测温仪表的基本原理。温度对电阻体阻值的影响主要有两个方面的原因：一是利用热胀冷缩效应对电阻体几何形状的改变而引起电阻体阻值的变化；二是利用温度变化改变电阻体的电阻率（ρ），从而改变电阻体的电阻值。前者改变电阻体的几何参数，后者改变电阻体的物性参数。金属热电阻温度计可以分别或综合利用这两种效应进行温度测量，而热敏电阻测温则主要是利用电阻率随温度改变而变化的关系来测量温度的，并且其灵敏度通常远高于金属热电阻体。金属热电阻和热敏电阻测温仪表的输出信号可以为电阻信号，可以直接输入到接收电阻信号的计算机控制系统，也可以通过线性变换电路转换成标准的电流或电压信号。

金属热电阻的基准电阻值 $R_0 = 10 \sim 2000\Omega$，测温精度可达 $\pm 0.2\% \sim \pm 0.01\%$。在建筑设备自动化系统中常采用 R_0 为 100Ω、500Ω 和 1000Ω 的铂、铜、镍电阻体。热电阻的测量引线通常为二线式，为了提高测量精度，减小电阻体测量引线电阻的影响，也可采用三线式或四线式，尤其是基准电阻值较小的电阻体（如 Pt100）在精确测量时更是如此。

热电阻根据电阻温度系数 α 不同，可以分为"正温度系数（Positive Temperature Coefficient，PTC）"和"负温度系数（Negative Temperature Coefficient，NTC）"两种。金属热电阻通常为 PTC 型热电阻，半导体热敏电阻通常为 NTC 型热电阻。

在使用热电阻体时，可以先用模拟电路对其输出信号进行线性转换，使其输入信号符合 A/D 转换器的要求，然后由 A/D 转换器得到其测量值，或直接输入到可以接收电阻信号的 DDC 系统，由 DDC 系统的相关软件进行计算而得到温度测量值。电阻测温软件可以利用各电阻的温度函数关系进行计算而得出温度测量值，也可以通过查表法和线性插值法获得温度测量值。后者是楼宇自动化系统经常采用的方法。

标准热电阻均有相对应的电阻与温度对照表，表 27.2-1 是四种常用热电阻传感器的电阻与温度对照表（仅列出 0~100℃ 范围内的对照值）。

表 27.2－1　四种常用热电阻传感器电阻与温度对照表

温度 /℃	电阻值/Ω			
	NTC K2	NTC K10	Pt100	Pt1000
0	7352.90	32650.50	100.00	1000.0
5	5718.10	25391.20	101.95	1019.0
10	4481.09	19898.30	103.90	1038.0
15	3537.90	15710.00	105.85	1057.0
20	2813.11	12491.60	107.79	1076.0
25	2252.00	10000.00	109.73	1095.0
30	1814.51	8057.31	111.67	1114.0
35	1470.89	6531.31	113.61	1133.0
40	1199.72	5327.34	115.54	1152.0
45	983.97	4369.33	117.47	1171.0
50	811.42	3610.10	119.40	1190.0
55	672.58	2986.60	121.32	1209.0
60	560.34	2488.20	123.24	1228.0
65	469.05	2082.84	125.16	1247.0
70	394.47	1751.65	127.07	1266.0
75	333.13	1479.30	128.98	1285.0
80	282.64	1255.08	130.89	1304.0
85	240.91	1069.79	132.80	1323.0
90	206.13	915.32	134.70	1342.0
95	177.12	786.54	136.60	1361.0
100	152.78	678.42	138.50	1380.0

（2）热电偶测温仪表。热电偶是目前温度测量中应用最广泛的温度传感器之一。热电偶一般用于高温测量，结构简单，准确度高，热惯性小，其输出信号为电压信号，便于测量信号的远距离传输和变换。为了利用上述热电效应进行温度测量，业界将常用热电偶进行了标准化工作。常用标准型热电偶及其热电特性见表 27.2－2。

表 27.2－2　　常用标准热电偶特性表

名称及分度号	测量上限（长期/短期）/℃	灵敏度 /(μV/℃)	特　点
铂铑 10－铂（S）	1300/1600	10	精度高，性能稳定，但价格贵
铂铑 30－铂铑 6（B）	1600/1800	10	
镍铬－镍硅（K）	1000/1300	40	线性好，性能稳定，价格便宜
镍铬－康铜（E）	600/800	80	热电动势大，价格便宜
铜－康铜（T）	350/450	50	最便宜，易氧化

（3）固态温度计。固态温度计是利用集成电路工艺制造的半导体测温仪器，因而也可称为 IC 温度计。这种温度计将温度传感元件、信号转换、线性处理及自动补偿、甚至 A/D 转换器件等集成在一块集成电路（IC）上，不仅测量精度高，而且外围电路非常简单，有的 IC 温度计可直接与主机相连，使用极为方便。固态温度计的输出信号有二线配置的电压信号、三线配置的电流信号，也有串行的数字信号。

上述四种温度测量装置是建筑设备自动化系统中常用的测温装置，这些测温装置各有优缺点和相应的应用场所。表 27.2－3 是这四种测温装置主要特性的比较。在测量温度时，应根据测温范围、要求测量精度、被测介质的性质和测量环境条件综合来考虑。

表 27.2－3　　　　　　　　　　　　　常用测温装置特性比较表

名　称	输出信号	优　点	缺　点
热电阻（RTD）	电阻	线性好，线性转换电路简单 稳定性好 测温范围大 互换性好	灵敏度较小 需要外电源 易受自身加热温度影响 基准电阻较小，引线电阻影响较大 振动时易断裂 响应较慢
热敏电阻（NTC）	电阻	灵敏度高 响应特性好 基准电阻大，引线电阻可忽略 稳定性好，价格便宜	非线性 测温范围较小 互换性差 易受自身加热温度影响 需要外接电源

续表

名　称	输出信号	优　　点	缺　　点
热电偶	电压	测温范围大 结构简单，价格便宜 不需外接电源	非线性 稳定性相对较差 参考端需要补偿 易受电磁干扰
固态（IC） 温度计	电流、电压 或数字	线性最好 价格便宜 外围电路简单	测温范围小 需要外接电源 易受自身加热温度影响 无行业标准

2. 湿度测量装置　湿度通常指空气的相对湿度，其值（φ）为空气中水蒸气的实际分压力 p 与相同空气温度的饱和水蒸气压力 p_b 之比，即 $\varphi = p/p_b \times 100\%$。空气的相对湿度是衡量空气继续吸收水分能力的指标：φ 越小，则表示空气继续吸收水分的能力就越大，即可以再吸收更多的水分；反之，φ 越大，空气中的水分已接近饱和状态，再吸收外部水分的能力就小。这表明相对湿度 φ 是描述影响人的舒适感觉及生产工艺过程的主要湿度参数，而其他湿度参数（如绝对湿度和含湿量）则不能很好地进行描述。因而空气的相对温度 φ 是建筑设备自动化主要测量的湿度参数。

常用的相对湿度测量装置有薄膜电容式、高分子电阻式和集成电路湿度测量装置。其中，集成电路湿度测量装置是将其他湿度敏感元件（一般为薄膜电容式敏感元件）与信号转换电路集成在一起而形成的固态相对湿度测量装置。

薄膜电容式湿度测量装置的电极是很薄的金属多微孔蒸发膜，蒸发膜可以根据空气的相对湿度大小吸附或释放水分。当蒸发膜吸附或释放水分时，蒸发膜的介电常数发生改变，从而使薄膜电容发生变化。因此通过测量薄膜电容值就可以测量出相应的空气相对湿度。薄膜电容式湿度测量装置测量范围大，测量精度较高（可达±1%），互换性较好，不经过校验时，互换误差可小于±3%，长期使用漂移误差可小于±1%/年。但易受油垢污染的影响，当测量温度偏离标定温度时，其测量精度也会受到影响。

高分子电阻式湿度测量装置的电阻值随高分子吸附或释放水分发生变化，高分子吸收或释放水分的过程与空气的相对湿度有关，因而通过测量分子电阻体的电阻值就可以测量空气的相对湿度。这种测量装置测量精度高，可长期使用。与电容式测量装置相比，电阻式测量装置易于将测量信号转换成电压或电流信号，转换电路相对简单。但高分子电阻式湿度测量装置互换性较差，测量精度亦受温度变化的影响。

3. 压力测量装置　在楼宇设备自动化系统中，压力测量主要用于监控风机、泵等液体机械设备的运行。某些特殊应用（如洁净空调、生物安全实验室等）也必须对空气的压力梯度等级进行严格控制。同时，压力测量也是流速、流量测量的基础。

压力测量与温度测量一样，测量技术多种多样，并已非常成熟。在计算机自动控制系统中，常用的压力测量方法有电容式和变阻式（如压阻式和应变式）两种。

电容式压力传感器的结构如图 27.2-1 所示。这种传感器的敏感元件是一个很薄的弹性膜片，安装在一个硬度极高的隔离器中。当压力介质引入膜片时，膜片产生变形，从而改变电容的电容值。这种电容代压力传感器的测量范围为 $10^2 \sim 10^6$ Pa，当采用微处理器时，这种压力测量装置的满量程测量精度可达±0.1%，并可自动标定和校验，也可以进行数据的远程传输。

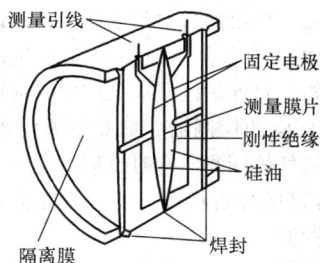

图 27.2-1　电容式压力传感器结构示意图

传统的应变式电阻压力测量装置通常为丝状结构，电阻改变与压力传感元件内的应力成正比。利用单臂电桥［曾称惠斯通（Wheatstone）电桥］可直接进行测量，也可以经转换电路转换成电压或电流信号。压阻式压力传感器是一种新型的压力传感器，也称为固态应变式压力传感器，它是采用集成电路工艺在单晶硅膜片上扩散一组等效应变电阻，而膜片置于接收压力的腔体内，当压力发生变化时，硅膜片产生应变，使直接扩散的应变电阻产生与压力成比例的变化。这种压力传感器灵敏度高，测量精度可达±0.1%，输出信号通常有电压信号和频率信号。

4. 流量测量装置　在楼宇自动化系统中，流量测量装置分为气体流量测量装置和液体流量测量装置两类。通常，气体流量测量用于监测和控制风机、风阀及变风量（Variable Air Volume，VAV）末端的流量，液体流量测量用于监测和控制泵、锅炉、冷水机组、热交换器的流量。与温度测量配合，流量测量也可用于（热）能量的测量。

流量测量历史悠久，实验数据非常完整，其测量原理也比较多，有些原理适用于气体流量测量，也适用于液体流量测量，是通用的，而有些原理则是不通用的。在计算机控制系统中，常用的测量装置有热线风速仪、差压式流量测量装置、涡街流量计、涡轮流量计、电磁流量计和超声波流量计等。

5. 照度测量装置　照度测量装置用于照明控制系统。目前大多数照度测量装置的输出信号通常为开关量信号，用于控制照明设施（如荧光灯）的开或关，也有些照度测量装置用于具有调光要求的特殊场所，如舞台。目前，大多数模拟照度测量装置的精度可达±1%。

6. 火灾探测器　火灾探测器是用于检测火情的传感器，根据警戒的范围，可分为点型火灾探测器、线型火灾探测器和区域型火灾探测器。点型火灾探测器是对警戒范围为空间某一点周围附近的火灾所产生的物理和化学参量变化进行响应的探测器，如离子感烟探测器。线型火灾探测器是对警戒范围为空间某一连线周围附近的火灾所产生的物理和化学参量变化进行响应的探测器，如红外光束探测器。区域型火灾探测器是利用吸气风机通过空气取样管道和取样孔从保护区域中提取空气样品，经过一个高灵敏度的探测器对其进行分析，对保护区域火灾产生的物理和化学参量变化进行响应的探测器，如吸气式可燃气体探测器，这种可燃气体探测器有时也称为"空气采样探测器"，具有极高的分析精度，用于非常重要关键业务场所的火灾探测。

根据对不同火灾参量变化的响应以及不同的响应方法，火灾探测器又可分为感烟式、感温式、感光式、复合式和可燃气体探测器。不同类型的探测器适用于不同的场合和不同的环境条件。

（1）感烟式火灾探测器。对警戒范围内火灾烟雾浓度进行响应，用于火灾过程早期和阴燃阶段的探测，是火灾早期报警的主要探测工具。感烟式火灾探测器分为点型离子感烟探测器、点型光电感烟探测器和红外光束（激光）线型感烟探测器三种。

（2）感温式火灾探测器。对警戒范围内的火灾热量（温度）变量进行响应，即对火灾环境中气流的异常高温或（和）升温速率进行响应。感温型火灾探测器结构较为简单，可靠性高，误报率低，特别适用于对易燃物质的火灾监测。

感温式火灾探测器根据其作用原理可分为定温探测器、差温探测器和差定温探测器三种。其中，定温探测器是在规定时间内，火灾引起的温度上升超过某一阈值时起动报警的火灾探测器。差温探测器是在规定时间内，火灾引起的温度上升速度超过某一阈值时起动报警的火灾探测器。差定温探测器兼有定温探测器和差温探测器的功能，两者既可以共同起作用，又可以互为冗余，大大增加了系统报警的可靠性。

（3）感光式火灾探测器。对警戒范围内的火灾火焰光谱中的紫外或红外辐射进行响应，这种火灾探测器又称为火焰探测器，响应速度极快，故可对快速发生的火灾（特别是可燃液体火灾）或爆炸引起的火灾能及时响应，适应于突然起火而又无烟雾的易燃易爆场所，如汽油库。火焰探测器通常与快速灭火系统或抑爆系统联动，组成快速自动报警灭火系统和自动报警抑爆系统。它主要适用于探测易燃物质区域火灾，工程上适于火灾形成初期较短，或者无引燃阶段的场合。目前广泛使用紫外式和红外式两种类型。紫外火焰探测器是应用紫外光电管来探测 $0.2\sim0.3\mu m$ 以下的由火灾引起的紫外辐射；红外火焰探测器是利用红外光敏元件的光电导或光伏效应来敏感地探测低温产生的红外辐射，光波范围一般大于 $0.76\mu m$。

（4）可燃气体火灾探测器。对警戒范围内火灾早期阶段由于预热和汽化作用所产生的可燃气体或存放可燃气体场所泄漏的可燃气体进行响应。由于可燃气体火灾探测器对可燃气体的探测在早期报警的效果比其他火灾探测器好，因而可燃气体火灾探测器特别适用于火灾安全要求较高的重要场所。例如，吸气式可燃气体探测器可用于大型关键业务电信机房的火灾报警系统。

（5）复合式火灾探测器。它同时具有上述两种或以上功能的探测器，通常有复合感温感烟探测器、红外光束感烟感温探测器、感烟感光探测器及感温感光探测器等。复合式火灾探测器具有探测准确、快速的优点。

按照测控范围，火灾探测器又可分为点型火灾探测器和线型火灾探测器两大类。点型火灾探测器只能对警戒范围中某一点周围的温度、烟雾温度等参数进行控制，如点型离子感烟探测器、点型紫外光火焰火灾探测器、点型感温火灾探测器等；线型火灾探测器则可以对警戒范围中某一线路周围的烟雾、温度进行探测，如红外光束线型火灾探测器、激光线型火灾探测器、缆式线型感温火灾探测器等。

在选用火灾探测器的时，应根据火灾形成和发展的特点、房间的高度以及环境条件来选用。常用火灾探测器的特点及性能见表 27.2－4。

表 27.2－4　　　　　　　　　　　　　　常用火灾探测器性能特点比较

探测器类型与名称		性 能 特 点	备 注
感烟式火灾探测器	点型离子感烟探测器	灵敏度高，历史悠久，技术成熟，性能稳定，对阴燃火的响应最灵敏	
	点型光电感烟探测器	灵敏度高，对湿热气流扰动大的场所适应性好	易受电磁干扰，对散射光型黑烟不灵敏
	红外光束（激光）线型感烟探测器	探测范围大，可靠性、环境适应性好	易受红外、紫外光干扰；探测视线易被遮挡
感温式火灾探测器	点型感温探测器	性能稳定，可靠性、环境适应性好	造价较高，安装维护不便
	线型感温探测器		
感光式火灾探测器		对明火响应迅速，探测范围宽广	易受阳光和其他光源干扰；探测被遮挡，镜头易被污染
复合式火灾探测器		综合探测火灾时的烟雾温度信号，探测准确，可靠性高	价格贵，成本高

7. 安防探测器　用于对智能建筑或智能小区内主要场所和敏感区域进行监控的人体探测器，这种探测器有很多种，采用的探测原理也各不相同。常用的安防探测器有振动探测器、开关探测器、声控探测器、红外线探测器、微波探测器、超声波探测器、激光探测器以及复合型入侵探测器等。与火灾探测一样，随着视频技术的发展，视频技术也广泛应用于安防报警系统之中。其中，数字视频技术具有监控范围大、灵敏度高、实时图像清晰、误报率低，并且便于存储和查询的优点。根据防范的范围，安防探测器可以分为点型、线型、面型和空间型四种。

（1）振动探测器。它是以探测入侵者走动或破坏活动时产生的振动信号来触发报警的探测器。振动传感器是振动探测器的核心部件。常用的振动探测器有位移式传感器（机械式）、速度传感器（电动式）、加速度传感器（压电晶体式）等，振动探测器基本上属于面控制型探测器。振动探测器应该与探测面安装牢固，否则不易感受到振动，应该远离振动干扰源。

（2）开关探测器。它是通过各种类型开关的闭合和断开来控制电路产生通、断，从而触发报警。常见的开关有磁控开关、微动开关、压力垫，或用金属丝、金属条、金属箔等来代用的多种类型开关。

（3）声控探测器（玻璃破碎探测器）。它是利用压电式微音器，装于面对玻璃的位置，由于只对高频的玻璃破碎声音进行有效的检测，因此不会受到玻璃本身的振动而引起响应。利用压电陶瓷片的压电效应（压电陶瓷片在外力作用下产生扭曲、变形时，将会在其表面产生电荷），可以制成玻璃破碎入侵探测器。对高频的玻璃破碎声音（10~15kHz）进行有效检测，而对 10kHz 以下的声音信号（如说话、走路声）有较强的抑制作用。玻璃破碎探测器要尽量靠近所要保护的玻璃，尽量远离噪声干扰源，如尖锐的金属撞击声、铃声、汽笛的啸叫声等，减少误报警。

（4）红外线探测器。它是利用探测人体辐射的红外光线及其特征进行工作的人体探测器。人体红外线波长为 3~50 μm，其特征为 8~14 μm 占 46%，峰值波长在 9.5μm 左右。根据工作原理和探测方式，红外探测器可以分为主动式红外线探测器和被动式红外线探测器两种。

主动式红外线探测报警器由红外线发射机、红外线接收机和报警控制器组成。发射机与接收机相对布置成一道红外线警戒线，当有人挡住不可见的红外线时，接收机的输出电信号强度发生变化，从而起动报警控制器发出报警。主动式红外线探测器所探测的是点到点，而不是一个面的范围。其特点是探测可靠性非常高。但若对一个空间进行布防，则需有多个主动式探测器，价格昂贵。

被动式红外线探测器主要由光学系统、热传感器、红外线传感器及报警控制器等部分组成。被动式红外线探测器采用对人体辐射红外线非常敏感的红外线传感器，与光学系统的配合作用可以探测到某个立体防范空间内的热辐射的变化。红外线传感器的探测波长范围是 8~14μm,而人体辐射的红外线峰值波长约为 10μm,正好在范围以内。被动式红外线探测器由于探测性能好,易于布防,价格便宜而被广泛应用。其缺点是相对于主动式红外线探测器误报率较高。

(5) 微波探测器。它的工作原理是多普勒 (Doppler) 效应,当发射微波碰撞入侵者等能动的物体时,微波探测器会根据反射波长变化而起动报警。微波报警器是微波收、发设备合置的报警器,微波报警器发出无线电波,同时接收反射波,当有物体在防范区域移动时,反射波的频率与发射波的频率有差异,两者的频差为多普勒频率。也就是说只要检测出多普勒频率,就可发现在防范区域内移动的物体,即可完成报警传感功能。

(6) 超声波探测器。它是利用人耳听不到的超声波 (20000Hz 以上) 作为探测源的报警探测器,它是用来探测移动物体的空间探测器。按照其结构和安装方法不同分为两种类型:一种是将两个超声波换能器安装在同一个壳体内,即收、发合置型,其工作原理是基于声波的多普勒效应,也称为多普勒型。其发射

的超声波的能场分布具有一定的方向性,一般为面向方向区域呈椭圆形能场分布。另一种是将两个换能器分别放置在不同的位置,即收、发分置型,称为声场型探测器,它的发射机与接收机多采用非定向型(即全向型)换能器或半向型换能器。非定向型换能器产生半球型的能场分布模式,半向型产生锥形能场分布模式。

安装超声波探测器的空间密封性要求高,不应有大容量的空气流动,不能有过多的门窗且需紧闭。应该避开通风设备及气体的流动。用超声波探测器保护的空间隔音性能要好,以减少外界噪声引起的误报。超声波对物体没有穿透性,因此使用时应避免物体的遮挡,玻璃、隔板、房门等对超声波的反射能力较差,因此不应正对安装。超声波是以空气作为传输介质的,因此空气的温度和相对湿度会影响其探测灵敏度。当温度为 21℃、相对湿度 38% 时,超声波的衰减最为严重,探测范围也最小。

根据以上介绍可知,每种类型安防探测器均有优缺点,其应用场所和要求也有所不同,应综合选用,达到既及时报警,又减少误报或漏报。表 27.2-5 是部分安防探测器特性的比较表。

表 27.2-5　　　　　　　　主要安防探测器性能表

探测器名称		探测区域	安装场所	主要特点	适用环境与条件	不适用环境与条件
微波	多普勒	空间	室内	隐蔽,穿透力强	有热源、光源、流动空气的环境	机械振动、抖动、摆动、电磁干扰的环境
	主动	点、线	室外	与运动速度无关	全天候,远距离直线周边防范	收发视线内不得有障碍物或运动、摆动物体
红外	被动式	空间、线	室内	隐蔽,全天可用	静态背景	背景有红外线辐射变化及有热源、振动、冷热气流、阳光直射,背景与目标温度相近,有强电磁干扰
	主动式	点、线	室内、外	隐蔽,易于伪装	在室外与围栏配合使用	收发视线内不得有障碍物、地形起伏、周边不规则,大雾、大雪恶劣气候
超声波		空间	室内	无死角,不受电磁干扰	隔声性能好的密闭房间	振动、热源、噪声源、多门窗的房间,温湿度及气流变化大的场所
激光		线	室内、外	隐蔽,但价格较高,调整较困难	长距离直线周边警戒	收发视线内不得有障碍物、地形起伏、周边不规则,大雾、大雪恶劣气候
声控		空间	室内	有自我复核能力	无噪声干扰的安静场所,一般与其他类型报警器配合使用	有噪声干扰的热闹场所
监控电视		空间、面	室内、外	报警与复核相结合	静态景物及照明缓慢变化	背景有动态景物及照度快速变化的场所
红外线-微波复合型		空间	室内	相互鉴证,误报率低	其他类型探测器不适用的环境	强电磁干扰

由于安防探测器探测的对象是人体，因此，所有安防探测器均必须安装在入侵者不易到达或隐蔽的位置，连接线必须暗埋，并且具有防拆卸功能。当利用上述人体探测原理和技术用于室内空调和照明等系统的控制时，则可以友好地称为"人体探测器（Occupancy Sensor）"。当室内无人时，人体探测器可以通知自动控制系统停或减小空调及照明系统的输出，以实现节能的目的。

2.1.4　检测装置选用原则

检测装置除考虑其经济类指标外，其性能参数指标是非常关键的评定因素。在检测装置性能指标中，精度和量程指标往往是决定性选择条件。针对常用楼宇自动化系统，表 27.2 - 6 列出了模拟参数检测装置的推荐精度和量程。

表 27.2 - 6　模拟参数检测装置推荐精度和量程

模拟参数量	精　度	量　程
室内温度	±0.5℃	0～+50℃
风管温度	±0.5℃	0～+50℃
新风温度	±1.0℃	−30～+50℃
露点温度	±1.5℃	−30～+50℃
冷冻水温度	±0.5℃	−5～+20℃
低温热水温度	±0.5℃	0～+100℃
高温热水温度	±1.0℃	+100～+260℃
水温差	±0.05℃	
相对湿度	±5%	20%～80%
水流量	±5%（全量程）	
空调末端设备空气流量	±10%（全量程）	
VAV 总风管空气流量	±5%（全量程）	
保持压力梯度的空气流量	±3%（全量程）	
风管空气压力（较高空气压力）	±25Pa	0～1.25kPa
具有压力要求房间的空气压力（低压空气压力）	±2.5Pa	−50～+50Pa
水压力	±2%（全量程）	
电气参数（如电压、电流、功率等）	±5%（读数）	
CO 含量	±5%（读数）	$0～1000×10^{-6}$
CO_2 含量	$±50×10^{-6}$	$0～1000×10^{-6}$

事实上，楼宇自动化系统实际测量精度除测量仪表本身的精度外，还与测量仪表的量程有关。测量同一参数，如果选用两种精度相同而量程不同的测量仪表，则实际测量精度是不同的。只有根据实际情况，合理选择仪表的精度和量程，才能获得准确的测量。具体地说，除表 27.2 - 6 推荐的仪表精度外，应特别注意以下参数测量仪表的量程选择。

（1）测量温度时，正常工作温度应处于所选仪表量程的 2/3 处。

（2）测量压力时，对于较为稳定的压力，正常压力应处于所选仪表的 1/2～2/3 处；对脉动压力，其平均压力应处于所选仪表的 1/3～1/2 处；对高压压力，正常操作压力应处于量程的 3/5 处。

（3）测量流量时，正常流量宜处于量程的 1/2～4/5 处，最大流量应不大于满量程的 90%，最小流量应不小于满量程的 10%。

建筑设备自动化系统的性能除与检测装置的精度

和量程等主要因素有关外，还应处理好许多其他次要因素。一旦忽视了次要因素的影响，次要因素也会对建筑设备自动化系统性能和稳定运行产生严重的影响。检测装置不仅必须安装在正确反映检测参数的恰当位置，而且还必须根据测量参数的具体特点进行正确安装。具体安装要求可参阅选用检测设备产品的说明书。

2.2　常用执行装置

执行装置是根据控制器的控制信息，通过调节进入或离开受控对象或过程的能量或物质来实现控制要求的。根据执行机构调节进入或离开受控对象或过程的能量或物质的方式，可以分为"开关量执行装置"和"模拟量执行装置"两大类。

开关量执行装置接收控制器的数字量输出（DO）信号，对进入或离开受控对象或过程的能量或物质进行双位控制的自控装置。模拟量执行装置接收控制器的模拟输出（AO）信号，对进入或离开受控对象或过程的能量或物质进行连续控制的自控装置。

根据执行机构使用能源，又可以分为电动（Electric）和气动（Pneumatic）两大类。其中，电动执行机构接收的控制信号有电压型（DC 0～5V、DC 0～10V、DC 0～15V、DC 1～5V 和 DC 2～10V 五种）；电流型（4～20mA 和 0～20mA 两种）；电阻型（0～500Ω、0～1000Ω、0～2kΩ、0～5kΩ、0～20kΩ、0～30kΩ、0～40kΩ 等多种）三种。气动执行机构接收的控制信号为压缩空气的压力信号，标准压力信号为（0～20）×6.9kPa（0～20lbf/in²）和（0～15）×6.9kPa（0～15lbf/in²）两种。由于气动执行机构在现代楼宇自动化系统中很少使用，故本手册按照开关量执行装置和模拟量执行装置的分类方式进行介绍和分析。

DDC 系统输出信号除 DO 和 AO 两种最为常见的信号外，还有一种被称为"脉冲宽度调制（Pulse Width Modulated，PWM）"的输出信号。该输出信号的脉冲宽度在其时钟周期内可连续调节，其大小用脉冲宽度占时钟周期的百分比表示。相应地，任意模拟量在其值域范围内均正比于脉冲宽度调制信号的百分比。脉冲宽度调制信号常用于变速器（VSD）和晶闸管（SCR）整流器的控制信号。图 27.2－2 为利用 PWM 进行调节的示意图。

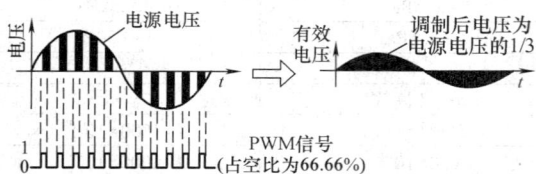

图 27.2－2　PWM 调速示意图

图 27.2－2 描述为用占空比为 66.66% 的 PWM 信号对电源电压进行调制后得到幅值为 1/3 的有效电压，该有效电压就可以用于对控制对象进行调节，如电动机转速、阻性负载等。

2.2.1　开关量执行装置

开关量执行装置只有"开（On）"或"关（Off）"两种操作状态，对受控对象或过程的作用是间断的。在楼宇自动化系统中，主要的开关量执行装置包括各种继电器、接触器、起动器和电动两位阀。其中，继电器、接触器和起动器是调节能量（电能）的开关量执行机构，电动两位阀用于调节流体的流量，同时也具有调节能量（热能）的作用，因此电动两位阀既可以用于控制与流体质量密切相关的参数（如液位参数）和与能量密切相关的参数（如温度参数），也可以控制与物质和能量同时相关的参数（如

气体的压力参数）。

1. 继电器、接触器和起动器　这类开关量执行机构具有众多的种类，主要用于控制各种电动机、照明设备和报警与指示设备（如报警铃、紧急指示灯等）的开启或关停。其中，继电器通常用于较小功率设备的控制，接触器和起动器通常用于较大功率和载荷的设备。由于接触器和起动器用于大功率设备的控制，通常带有过载保护装置。

继电器有机电型和固态电子型两种，外形与结构多种多样，最小的继电器可以安装在印制电路板上。根据继电器的动作特征，继电器又可以分为即时型、延时型和锁扣型等。现在已开发出具有智能功能的固态电子型继电器，这种固态电子型继电器利用数字化技术检测电流，并自动对运行状态进行监控。

2. 电动两位阀　开关动作通常有两种方式：直线运动和旋转运动。直线运动的两位阀称为电磁阀，旋转运动的双位阀称为旋转阀。

电磁阀根据阀门口径大小有两种工作方式：第一种通常用于小口径阀门（<φ100mm），由通电线圈直接开启阀门的阀芯；第二种用于大口径阀门，这种大口径阀门由主阀和先导阀组成，线圈用于控制小口径先导阀的开/关，通电时，线圈先开启先导阀，使主阀阀芯上方的流体流动，从而在主阀阀芯上下产生压力差，然后主阀在这个压力差的作用下缓慢开启。线圈断电时，先导阀阀芯关闭，使主阀阀芯上部的流体压力回升，主阀阀芯在这个反向压力差和自身重力的作用下关闭主阀。可以看出，利用先导阀的工作原理，不论主阀口径大小，均可以用较小的电磁线圈进行操作，这样先导阀的电磁线圈就可以标准化，并统一为一个规格，易于大量生产。第一种方式开/关过程迅速，但易产生"水锤"现象。第二种方式开/关缓慢，可以避免"水锤"现象，但存在时延现象。

旋转阀由电动机通过减速与传动装置使阀芯产生角位移来开启/关闭阀门，这种阀门可分为球阀、蝶阀和多叶阀。

所有电动两位阀的传动装置如果不能反向运转时，则其传动装置必须配备复位弹簧。带有复位弹簧的电动两位阀一般用于突然停电或系统故障时必须复位的控制系统。值得注意的是，除电磁阀外，大部分电动两位阀同时具有双位控制和连续控制的功能，但其连续控制性能不如模拟量执行机构，一般只能用于控制精度要求不高的场所。

2.2.2　模拟量执行装置

在楼宇自动化系统中，常用的模拟量执行装置有

变速器（VSD）、晶闸管整流器（SCR）和各种电动调节装置。其中，变速器用于可变速电动机转速的控制；晶闸管整流器用于阻抗负载（如电加热器）的调节。电动调节装置主要为电动调节阀，由电动执行器（Actuator）和阀体（Valve or Damper）组成。

1. 变速器　分为直流和交流变速器。直流变速器价格昂贵，但可以提供高精度控制，常用在精密生产工艺过程中。交流变速器价格相对便宜，并可以满足一般控制精度要求，因而建筑设备自动化系统大量采用了这种交流变速器，如离心式压缩制冷机组、泵和风机控制系统均可以采用这种变速器进行控制。

2. 晶闸管整流器　通过控制信号（通常为标准电压信号或电流信号）连续调节电功率的输出，是精确调节阻抗负载的执行机构。但晶闸管整流器价格较高，因此在控制精度不高的建筑设备自动化系统中，通常用多个两位开关量执行器组合进行控制。

3. 电动调节装置　在楼宇自动化系统中，电动调节装置由电动执行器和阀体两部分组成。其中，电动执行器主要由电子电路（接收和处理控制器的模拟控制信息）、伺服电动机、减速与传动机构等部分组成，阀体由电动执行器驱动其开启度来调节通过的液体流量。

电动调节装置分为风管式和水管式执行装置。风管式电动调节装置通常称为电动多叶调节阀，由电动执行器和多叶调节阀组成，通过多叶片阀芯的旋转角度来调节阀门的开启度。水管式电动执行装置由电动执行器和调节阀体组成，根据阀体的结构类型，可以分为截止阀（Globe Valve）和调节球阀（Ball Valve）两种。前者阀芯通过直线运动进行调节，后者阀芯通过角旋转进行调节。

值得注意的是，调节球阀与两位调节球阀的结构是不同的。调节球阀的球形阀芯通孔形状一般是经过特别设计和加工的，而不是两位调节球阀中的简单圆柱形通孔。图 27.2-3 是一种用于连续调节的调节球阀阀芯形状示意图。

图 27.2-3　调节球阀阀芯结构示意图

电动执行器的结构和外形多种多样。带有复位弹

簧的电动调节阀在系统断电或故障时可以自动复位，而没有复位弹簧的电动调节阀通常带有机械锁装置，这种机械锁装置可以保持断电时阀门的开启度。另外，有的电动调节阀带有开启度反馈信号装置，这种电动执行器可以实现高精度控制和状态检测。对于某些电动执行器，还设有力矩开关，以便执行器在到达全开或全关状态时自动停止驱动电动机。

电动执行装置是直接通过调节流体的流量对受控对象或过程进行控制的，即电动执行装置是通过调节进入或离开受控对象或过程的物质量来直接或间接调整受控参数的。由于楼宇自动化系统的受控对象或过程普遍是一个大惯性、滞后、干扰因素多且耦合性强的多环节高阶系统，电动调节装置作为控制系统的一个重要环节，其计算与选用对整个控制系统的性能有着至关重要的影响，直接关系到建筑设备自动化系统的投资、运行维护及使用寿命等，因而有关电动执行装置的计算与选择是楼宇自动化技术中较为重要的内容。

2.2.3　电动调节阀的选择与计算

在楼宇自动化系统中，电动调节装置广泛应用于各种建筑环境设备系统，对其进行正确计算，并恰当地进行选择是楼宇自动化系统工程设计阶段的关键内容，这不仅关系到楼宇自动化系统的初投资，而且还关系到控制性能与运行维护过程和费用。如果选择过大，易于引起控制过程产生振荡，造成阀门在小开度状态下频繁动作，加快阀芯与阀体、阀杆与密封以及传动机械局部的磨损，同时在小开度状态时执行器力矩偏大，也加剧传动机械的磨损，从而减少执行机构的使用寿命。反之，如果选择过小，显然是不能满足控制要求的。因此正确计算和恰当选择执行机构是楼宇自动化系统工程设计必不可少的步骤。但是，实际的建筑设备自动化系统工程往往忽视了正确计算和选择，选用的调节阀往往偏大，虽然可以满足一般控制要求，但却给以后的运行和维护管理带来了隐患。

1. 流量特性　阀门的流量特性是指流过阀门流体的相对流量与调节阀的相对开度之间的关系，即

$$\frac{Q}{Q_{max}} = f\left(\frac{L}{L_{max}}\right) \qquad (27.2-1)$$

式中，Q/Q_{max} 为相对流量，即阀门在某一开度下的流量与全开时流量之比；L/L_{max} 为相对开度，即阀门在某一开度下的行程与全开时行程之比。

为了说明阀门的流量特性，阀门的流量特性可分为等百分比分特性、直线特性和快开特性等，如图 27.2-4所示。

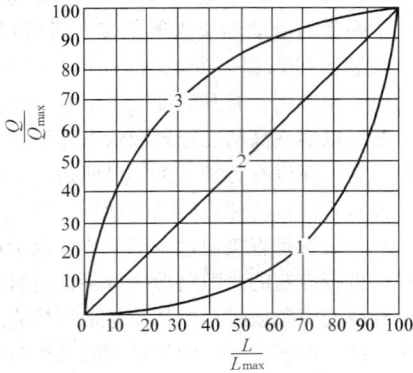

图 27.2 – 4 理想流量特性图
1—等百分比特性；2—直线特性；
3—快开特性

为了便于研究和分析，阀门的流量特性可分为"理想流量特性"和"实际流量特性"。所谓理想（又称固有）流量特性是指阀门前后压差保持不变条件下所得到的流量特性。显然，理想流量特性是在实验室条件下才能得到的流量特性，其主要作用是为研究和分析各类阀门提供标准参考。而实际流量特性是阀门在实际使用条件下的流量特性，与理想流量特性相比，该特性非常复杂，不仅与阀门的相对开度有关，而且还与阀门出入口的实际压差有关。一个阀门在管道系统中的实际压力差是非常复杂的，因而阀门的实际流量特性不能用简单函数进行表示。

（1）理想流量特性。

1）直线流量特性。该流量特性的函数是斜率等于常数，与对流量值无关，即

$$\mathrm{d}\frac{Q}{Q_{\max}}\Big/\mathrm{d}\frac{L}{L_{\max}} = K \qquad (27.2-2)$$

式中，K 为阀门的放大系数，即特性曲线斜率。

2）等百分比流量特性。该流量特性的放大系数即曲线斜率与相对流量成正比，即

$$\mathrm{d}\frac{Q}{Q_{\max}}\Big/\mathrm{d}\frac{L}{L_{\max}} = K\frac{Q}{Q_{\max}} \qquad (27.2-3)$$

该函数表明，等百分比流量特性曲线随着相对流量的增加，其放大系数是变化的。

3）快开流量特性。该流量特性的曲线位于直线流量特性之上，通常不用具体函数进行表示。因而凡是流量曲线位于直线流量特性之上的均可称为快开流量特性。

此外，还有抛物线流量特性，这种流量特性介于直线和等百分比特性之间。

从图 27.2 – 4 可以看出，以等百分比流量特性为界，下部所有流量特性的特点是，在小开度时相对流

量变化量小，而大开度时相对流量变化量大。这说明此类阀门在小开度时比较迟钝，而在大开度时具有较高的灵敏度，因而这类阀门适用于控制精度较高的场所，其控制方式是连续的。反之，上部所有流量特性的最大特点是，在小开度时相对流量变化量大，而大开度时流量变化量小。这说明此类阀门在小开度时具有较高的灵敏度，而在大开度时却比较迟钝，因而这类阀门多用于两位控制的场所，其控制方式是离散的。因而在连续调节控制中，应避免调节阀处于此类实际流量特性状态。

（2）实际流量特性。在实际工程中，阀门前后压差是随运行工况不同而不断变化的，因而具有某一理想流量特性的阀门在实际运行时并不是总以其具有的理想流量特性运行。安装在具有阻力的管道系统上，虽然实际的管道系统结构非常复杂，但从阀门的角度来度看，所有管道系统（包括设备）均可以抽象为如图 27.2 – 5 所示的结构，即一个阻力（包括管道沿程阻力和局部阻力）部件和一个阀门串联。

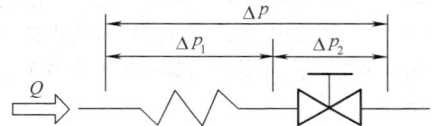

图 27.2 – 5 管道系统的抽象结构图

在实际系统中，阀门前后的压差值不能保持不变。因此，即使在同一开度下，通过阀门的流量与其理想特性时所对应的流量是不同的。在阀门前后压差随流量变化的条件下，阀门的相对流量与相对开度之间的关系称为阀门的实际流量特性，也称"工作流量特性"。

在图 27.2 – 5 中，Δp_1 为阀门压差，Δp_2 为串联管道及设备上的压差，令

$$S = \frac{\Delta p_{1m}}{\Delta p} = \frac{\Delta p_{1m}}{\Delta p + \Delta p_2} \qquad (27.2-4)$$

式中，S 为阀权度，又称阀门能力，表示阀门在管道系统总压力中的分配比例；Δp_{1m} 为阀门全开时的压差；Δp 为管道系统总压力。

管道系统的总压力 Δp 由泵或风机提供，其值与泵或风机的性能曲线有关，并随管道系统的总流量 Q 的变化而变化，当阀门处于不同的开度或管道系统中其他部件的阻力发生变化时，管道系统的总压力 Δp 和总流量 Q 就会发生变化，这样分配到阀门的阻力也是不断变化的，即使阀门处于同一开度，其 S 值也可能是不同的。一般情况下，随着管道阻力的增大，S 值递减。如以 Q_{100} 表示阀门全开时实际流量（$Q_{100} < Q_{\max}$），则 Q/Q_{100} 称作以 Q_{100} 为参比的阀门的相对流

量，其实际流量特性就是指流过阀门流体的相对流量
与阀门的相对开度之间的关系，即

$$\frac{Q}{Q_{100}} = f\left(\frac{L}{L_{max}}\right) \qquad (27.2-5)$$

当 $S=1$ 时，即系统总压力全部分配在阀门上，
并且保持不变，则阀门的实际流量特性为理想流量特
性。当管道系统存在阻力，并且发生变化时，阀门的
S 值减少，阀门全开的流量 Q_{100} 也会递减，从而使某
一相对开度下的相对流量 Q/Q_{100} 随着 S 的减少而增
大，使实际流量特性曲线发生畸变，成为一组向上拱
起的曲线族。因此，随着 S 的减小，理想流量特性为
直线特性的阀门，其实际流量特性趋向于快开特性，
如图 27.2-6 所示；同理，理想流量特性为等百分比
特性的阀门，其实际流量特性趋向于直线特性。

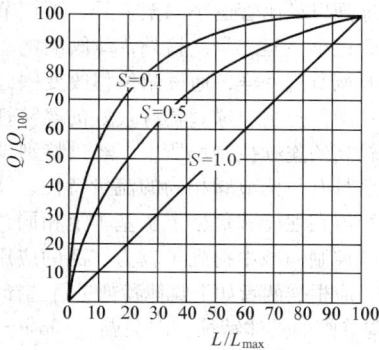

图 27.2-6　实际流量特性变化趋势图

为了使阀门获得较好的可控性，在计算和选择
时，S 值应在合理的范围内。从理论可知，S 值越
大，阀门的控制能力就越好；反之，S 值越小，阀门
的控制能力就越差，其实际流量特性就趋向于两位
阀。显然，当 $S=1$ 时，阀门具有最好的可控性，但
这种情况不可能在实际中出现。当 $S=0$ 时，阀门就

没有调节能力，这种情况在实际中也不可能出现。因
此，实际工程的 S 取值范围为 0~1.0。

如果 S 取值过大，一方面使管道系统的总压差增
大，导致管道系统选用较高扬程的泵或风机，增加这些
设备的初投资和运行费用；但另一方面也会导致选用较
小的阀门，控制性能提高。如果阀门数量较多，也可以
弥补泵或风机的初投资和运行费用。考虑到技术与经济
的综合因素，实际 S 值可以为 0.15~0.40。当控制对象
或过程的流量变化较小，或流量变化量相对于基准流量
不大时，S 值可以为 0.15 或者更小。

2. 选择与计算　正确选择与计算必须包含以下
步骤：

（1）确定液体介质。在楼宇自动化系统中，液
体介质一般有水、蒸汽、水溶液（如用于冰蓄冷系
统的乙二醇水溶液）、空气及煤气等。不同的介质由
于其密度和黏度不同，对调节阀流通系统的影响是不
同的。因此在选择阀门时首先必须确定调节的液体
介质。

（2）确定阀门流量特性。在自控系统中，如果
各控制环节的动态特性均为线性或近似线性，则该自
控系统就具备良好的可控性。在楼宇自动化系统中，
以水或水溶液为介质的换热器，其换热量基本上与水
流量的平方根成正比，如图27.2-7（a）所示。当要
求执行环节为线性环节时，就要求阀门的相对开度
（或位移量）与换热器的换热量成正比或近似线性关
系，如图27.2-7（c）所示。从图27.2-6可以定性地
看出，在几种典型的流量特性中，只有等百分比流量
特性的阀门具有将执行环节线性化的潜力，如图
27.2-7（b）所示。因此，以水或水溶液为介质的执
行环节应尽量选择等百分比流量特性的阀门，并选取
较大的阀权度 S 值。在实际工程中，通常分配给阀门
的压差与被控制对象的压力差相等（即 $S \approx 0.5$），也
可以按经验分配给阀门的压差为 30k~50kPa。

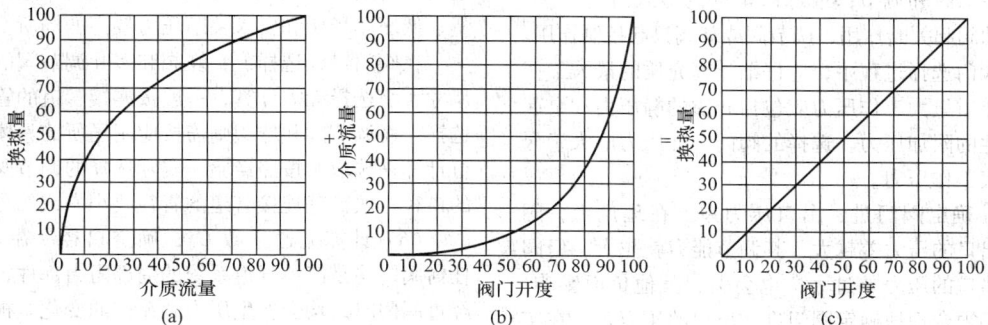

图 27.2-7　执行环节线性化示意图

在以蒸汽为介质的换热器中，其换热量基本上与蒸汽流量成正比（忽略蒸汽冷凝水显热影响），因而以蒸汽为介质的执行环节应尽量选择线性流量特性的阀门。

总之，阀门的选择原则是使控制系统的执行环节尽量线性化，但实际上由于各种因素的影响，很难用分析法进行精确求解，因而多数是根据理论分析和经验相结合的方法进行确定的，并得出如下经验，以供参考：

1）用于风机盘管的两通阀，由于其控制精度不高，宜选择电磁阀。

2）用于空气处理机组、空气换热器和水-水换热器的两通阀，应采用等百分比特性的阀门；若采用三通阀时，则应尽可能采用直流支路为等百分比特性、旁流支路为直线特性的非对称型阀门，并且上述设备应接在直流支路上。

3）用于控制蒸汽加热器的阀门，应采用等百分比特性或直线特性的阀门。用于蒸汽加湿器时，若要求不高，可采用电磁阀；要求较高时，宜采用直线特性的阀门。

4）用于空调冷冻水系统压差控制的压差旁通阀，若旁通支路无其他局部阻力部件（除压差旁通阀两侧的阀门外），宜采用直线特性的阀门；若旁通支路其他局部阻力相对较大，并且旁通支路管径较大时，宜采用等百分比特性或抛物线特性的阀门。注意，压差旁通阀两侧的阀门只在压差旁通阀检修时起关断作用，在正常情况下均处于全开状态，其局部阻力较小。

（3）确定阀门压力等级。阀门的压力等级分为标称压力、关断（Close - off）压力和实际压力。标称压力与阀门的结构和材质有关。实际压力与实际使用条件有关，在阀门标称压力一定时，实际压力主要取决于介质的温度，介质温度越高，实际压力就越低。关断压力不仅与介质温度有关，而且与阀门的最小渗漏量有关。显然，关断压力越高的阀门，其价格也越高，尤其是高关断压力的调节阀或球阀，其价格更高。在关断压力比较高的场所，为了减少初投资，可采用手动阀和调节阀或球阀串联的方式进行安装。其中手动阀起关断作用，调节阀或球阀只起控制作用。

在阀门选择过程中，应仔细计算介质的最大工作压力，介质最大工作压力应包括介质的静压力和泵起动时产生的附加压力。选择的阀门实际压力应大于介质的最大工作压力。

（4）确定阀门进、出口压力差。在理论上，阀门进、出口的压力差越大，其调节能力就越大。但阀门进、出口的压力差过大，也会引起其他负面影响。因此，必须合理地确定阀门进、出口的压力差。在实际工程中可以参阅上述的推荐值。

（5）确定阀门类型。根据控制要求和投资的不同，液体和煤气介质可选择的阀门类型有调节阀、球阀和蝶阀三种；空气介质可选择的阀门类型一般只有多叶调节阀。当存在多种选择时，应充分进行技术和经济比较，综合考虑初投资、控制性能以及安装与维护因素，达到合理选用。

蝶阀具有典型的快开流量特性，一般用于两位控制场所，不宜用于连续控制场所。但在控制精度不高时，也可以根据具体情况用于连续控制场所。

球阀最初与蝶阀一样，主要用于不经常操作的人工控制场所，并不用于连续控制场所。前者主要用于小口径管道之中，而后者则主要用于大口径管道之中。由于球阀的球形阀芯有较大的圆柱形通孔，在相同口径下允许流通的流量较调节阀大，且压降小，因而在相同管道和流量条件下，球阀口径比调节阀小。一般情况下，球阀口径比管道小二至三号，而调节阀口径通常只比管道小一至二号。另外，球阀的电动执行器与电动多叶调节阀一样，通过角位移改变阀门的开启度，因而在两位控制中球阀具有较好的经济性能。在控制精度较高的连续控制场所中，经过特别设计和加工的球阀已具有与调节阀相同的流量特性，并且两者的电动执行器在性能和价格上也基本上相同，因此球阀已在连续控制领域中得到了较为广泛的应用。在实际工程中，应根据两者如下具体特征进行选择。

1）调节阀的具体特征：①关断（Close - off）压力较低，一般不超过 350kPa（建筑设备系统的压力一般在此范围内），其中，关断压力指阀门完全关闭后两端的压力差；②工作时压降较大；③控制精度较好，且技术成熟；④小开度时具有较好的可控性；⑤可用于蒸汽、水和各种水溶液。

2）球阀具体特征。①关断压力大，可以是调节阀的 2 倍（即 700kPa）；②流通能力大，压降较小；③密封性能好，渗漏量极小或无渗漏；④一般不能用于蒸汽介质。

综合来看，调节阀在小流量、高压差和精确控制场所的应用具有优势，而球阀的优势则表现在大流量、低压差场所和要求关断压力较高的场所。

在阀门口径选择上，蝶阀和多叶调节阀的口径或尺寸大小选择无需计算，一般按连接管道的管径进行选择。而调节阀和球阀则需按应用场所的具体条件进行计算来选取。按照经验，实际选择的调节阀或球阀的口径一般比其连接管道的管径要小一或二号。

（6）计算流通系数 C_V，确定口径。在理论上，任何阀门均是流体管道系统的局部阻力部件，当流体经过阀门时，均会发生压力和流速的变化。根据液体力学的基本原理，通过阀门的体积流量可用下式表示

$$Q = C_V \sqrt{\Delta p / \rho} \qquad (27.2 - 6)$$

式中，Q 为通过阀门的流量；C_V 为阀门的流通系数；Δp 为阀门前后的压力差；ρ 为液体密度。

上式将经过阀门的流量简化为只有流通系数 C_V 和压力差 Δp 的函数，其中，流通系数 C_V 是一个非常抽象的参数，表示阀门在特定流体和规定进、出口压差条件下的流通能力，其数量定义通常为"阀门全开，作用于阀门两端的压力差为 105Pa，液体（水）密度为 1000kg/m³ 时，单位时间内流过阀门的体积流量"。由于流量系数 C_V 的定义与阀门结构参数无关，并且是在相同条件下得出的，因而该参数可以用于阀门性能的评价。从其定义可以看出，该参数综合了阀门所有结构参数对流量的影响，并将所有结构参数的作用综合为"口径"的影响。这样就可以将流通系数 C_V 与阀门口径对应起来。显然，不同厂家的阀门由于其结构差异，同一"标称口径（Nominal Size）"的阀门，其流通系数 C_V 是有可能不同的。

正是由于流通系数 C_V 屏蔽了阀门的具体结构参数，该参数才成为阀门的通用参数，是选择阀门的重要参数，从而将阀门的选择计算（或设计计算）简化为如下两个主要过程：

1）确定阀门全开时在管道系统中分配的压力差 Δp。

2）根据调节过程中的最大流量 Q，即阀门全开时的流量，计算流通系数 C_V。然后根据计算的流通系数 C_V 选择阀门的大小（调节阀的实际流通系数应大于计算值）。

在实际计算过程中，由于不同流体具有不同的密度和黏度系数，因而不同的液体应采用不同的公式进行计算。常用流通系数 C_V 的计算公式如下：

1）水（平均密度 $\rho = 1000$kg/m³）

$$C_V = 316Q/\sqrt{\Delta p} \qquad (27.2-7)$$

式中，Q 为通过阀门的流量（m³/h）；Δp 为阀门前后的压力差（Pa）。

2）乙二醇水溶液（平均温度为 0℃）

$$C_V = \xi C_{VW} \qquad (27.2-8)$$

式中，ξ 为修正系数，见表 27.2-7；C_{VW} 为相同温度条件下流体为水的流通系数 C_V。

表 27.2-7　C_V 修正系数表

乙二醇质量浓度（%）[①]	10	20	30	40	50
修正系数 ξ	1.04	1.06	1.10	1.14	1.19

① 指成分的质量分数。

3）蒸汽。蒸汽阀门的流通系数计算方法有阀前密度法、阀后密度法、平均密度法和压缩系数法。其中，以阀后密度法较为准确。以下只介绍阀后密度法。

当 $p_2/p_1 = \beta_k$ 时，称为临界状态，流通系数 C_V 按下式计算

$$C_V = 10Q/\sqrt{\rho(p_1 + p_2)} \qquad (27.2-9)$$

式中，Q 为通过阀门的流量（m³/h）；p_1 为阀前蒸汽绝对压力（Pa）；p_2 为阀后蒸汽绝对压力（Pa）；β_k 为临界压缩比，蒸汽的临界压缩比为 0.577，可近似取 0.5；ρ 为阀后蒸汽密度（kg/m³），根据阀后压力和温度（可以近似等于阀前温度），查饱和蒸汽及过热蒸汽密度表。

当 $p_2/p_1 > \beta_k$ 时，称为超临界状态。此时，不管阀后背压为多少，阀出口绝对压力 p_2 和阀后密度 ρ 均保持不变，并且 $p_2 = (1/2)p_1$，故流通系数 C_V 按下式计算

$$C_V = 14.14Q/\sqrt{\rho p_1} \qquad (27.2-10)$$

式中，Q 为通过阀门的流量（m³/h）；p_1 为阀前蒸汽绝对压力（Pa）；ρ 为阀后蒸汽密度（kg/m³），根据阀后绝对压力 $p_2 = (1/2)p_1$ 和温度，查蒸汽密度表。

（7）其他。在实际过程中，还有许多需要考虑的方面，例如，阀门连接方式、安装位置等。在安装位置较为狭小的空间且管道较为复杂的系统中，通常应选用电动执行器与阀门可以分离的执行机构。这样，一方面可以避免其他管道安装时有可能造成电动执行器损坏；另一方面也可以避免因电动执行器故障对管道系统的拆装和重新安装。

（8）电动执行器选择。通常情况下，电动执行机构的执行器和阀门是一个整体。当执行器与阀门不是一个整体时，或特殊情况需要重新选择执行器时，应考虑如下因素即可：①控制信号类型：4~20mA，DC 0~10V，DC 1~5V 等；②工作方式：直线位移或角位移；③大小和电功率；④最大扭矩或推力；⑤故障时状态（如，断电时阀门自动处于开启、关闭或保持状态）；⑥复位方式。

第 3 章 楼宇自动化监控系统

楼宇自动化监控（子）系统是楼宇自动化系统的主要组成内容（见图 27.1-1），它是利用计算机自控技术和自控网络通信技术，通过现场检测装置和执行机构对某个建筑设备的运行状态和参数进行检测、监视、控制和管理的 DDC 系统。楼宇自动化系统则是通过系统集成，利用系统管理软件管理和协调各个楼宇自动化监控子系统的运行，不仅向人们提供一个安全、高效、舒适和便利的建筑环境，而且还可以优化楼宇设备的维护管理，减少运行费用，延长楼宇设备的使用寿命。

从目前智能建筑实施的水平来看，楼宇自动化监控（子）系统包括如下建筑环境设备：监控系统、给水排水监控系统、供配电与照明监控系统等。有关

符号请参见附录 A。

3.1 建筑环境设备监控系统

常见民用建筑环境设备包括空调新风处理机组、空调一次回风处理机组、通风机（组）、冷水机组等楼宇设备，因而建筑环境设备监控系统就是对上述不同楼宇设备进行监控的 DDC 系统。本手册给出各监控系统的基本结构和基本功能，供实际工程参考。

1. 新风处理机组监控系统　新风处理机组将室外新鲜空气处理到室内所要求的参数，以满足人体生理需求和维护空调室内正压及空气品质等要求。新风处理机组监控系统如图 27.3-1 所示，其基本功能见表 27.3-1。

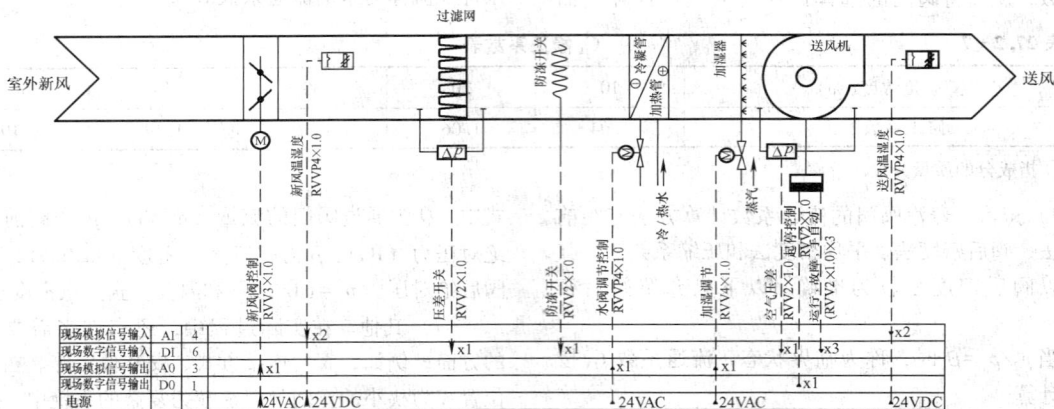

图 27.3-1　新风处理机组监控系统图

表 27.3-1　　　　　　　　　　新风处理机组监控系统基本功能表

序　号	监 控 功 能	备　注
1	新风阀控制	1. 新风阀与风机连锁，一般为两位控制方式 2. 当室内安装 CO_2 检测器时，可实现最小风量控制，为连续控制方式
2	过滤器堵塞报警	压差检测器报警值可调
3	室外新风温度、湿度自动检测	风管式温、湿度计，风管内插入长度大于或等于 25mm
4	防冻保护	防冻报警值一般设置为 4℃
5	送风温度调节	通过电动调节阀调节冷媒/热媒的流量
6	送风湿度调节	通过电动调节阀调节水/蒸汽的流量。该功能只用于北方严寒干燥的地区。南方地区很少设置此功能，送风湿度一般通过控制温度控制而间接控制

续表

序 号	监 控 功 能	备 注
7	送风机运行状态监控	1. 风机进出口压差装置用于检测风机运行状况 2. 通过风机控制箱中的辅助触点对电动机的运行状况和起/停进行控制
8	送风温度、湿度自动检测	风管式温、湿度计，风管内插入长度大于或等于25mm

2. 空调一次回风处理机组监控系统　空调一次回风处理机组是民用大空间（如商场、多功能厅等）的主要空调方式之一。其监控系统如图27.3-2所示，基本监控功能见表27.3-2。

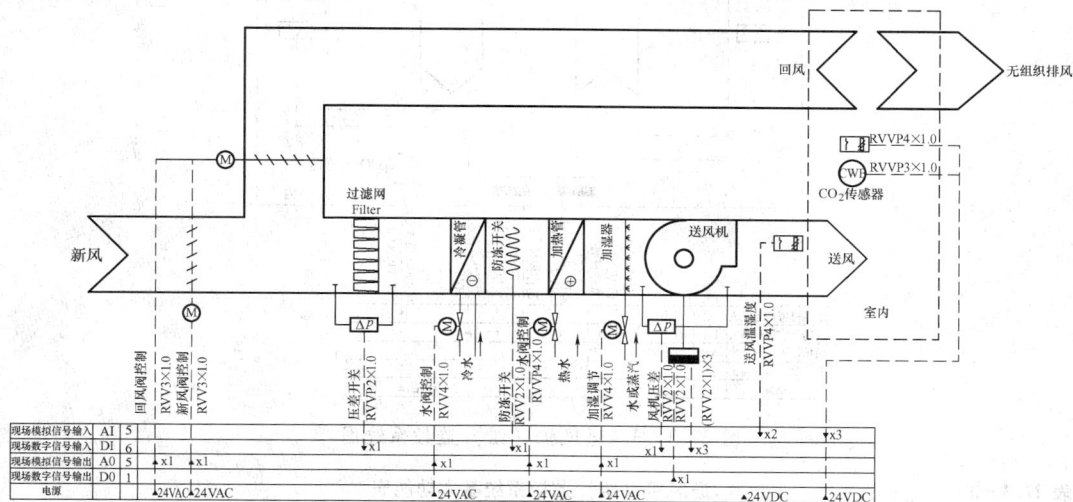

图 27.3-2　一次回风处理机组监控系统图

表 27.3-2　一次回风处理机组监控系统功能表

序 号	监 控 功 能	备 注
1	新风阀与回风阀协调控制	1. 新风阀、回风阀与风机连锁，并均为连续控制方式 2. 根据室内 CO_2 检测器测量值，实现最小风量控制，并使新风量与回风量之和保持不变
2	过滤器堵塞报警	压差检测器报警值可调
3	防冻保护	防冻报警值一般设置为4℃
4	送风温度调节	夏季和冬季分别控制冷水/热水电动调节阀调节冷媒/热媒的流量，以控制送风温度
5	送风湿度调节	通过电动调节阀调节水/蒸汽的流量。该功能只用于北方严寒干燥的地区。南方地区很少设置此功能，送风湿度一般通过控制温度控制而间接控制
6	送风机运行状态监控	1. 风机进出口压差装置用于检测风机运行状况 2. 通过风机控制箱中的辅助触点对电动机的运行状况和起/停进行控制
7	送风温度、湿度自动检测	风管式温、湿度计，风管内插入长度大于或等于25mm
8	室内温度、湿度自动检测	壁挂式温、湿度计
9	室内 CO_2 浓度测量	用于控制最小新风量，实现节能目的

3. 通风机（组）监控系统 通风机（组）主要用于（地下）停车场，其监控系统如图27.3-3所示，基本功能见表27.3-3。

4. 供热监控系统 在空调系统中，供热系统主要为图27.3-4所示的热交换系统，用高温热媒产生空调系统所需要的低温热水。该系统的基本功能见表27.3-4。该系统的监控结构和基本功能也可以用于生活热水供应系统。

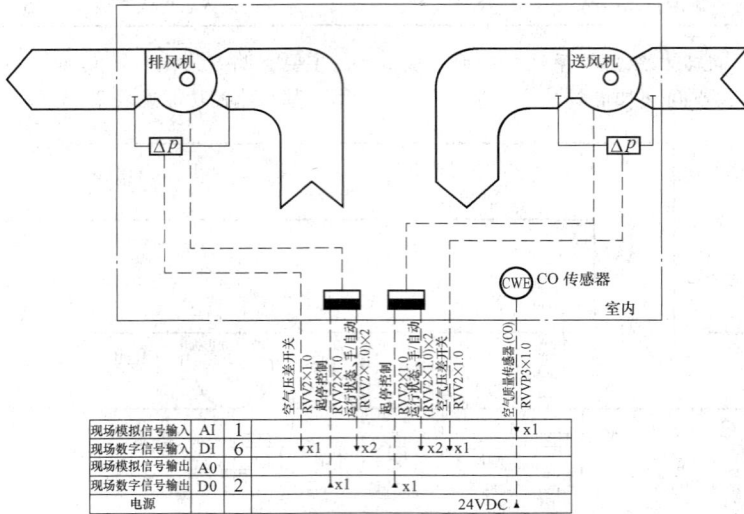

图 27.3-3 通风机（组）监控系统图

表 27.3-3　　　　　　　　　通风机（组）监控系统基本功能表

序号	监 控 功 能	备 　 注
1	送风机、排风机运行状态监视	1. 各风机进出口压差装置分别用于检测各风机运行状况 2. 通过各风机控制箱中的辅助触点对各自电动机的运行状况和起/停进行控制
2	CO自动报警	CO检测装置壁挂式安装。当CO浓度超标时，产生报警信号，并起动送风机和排风机

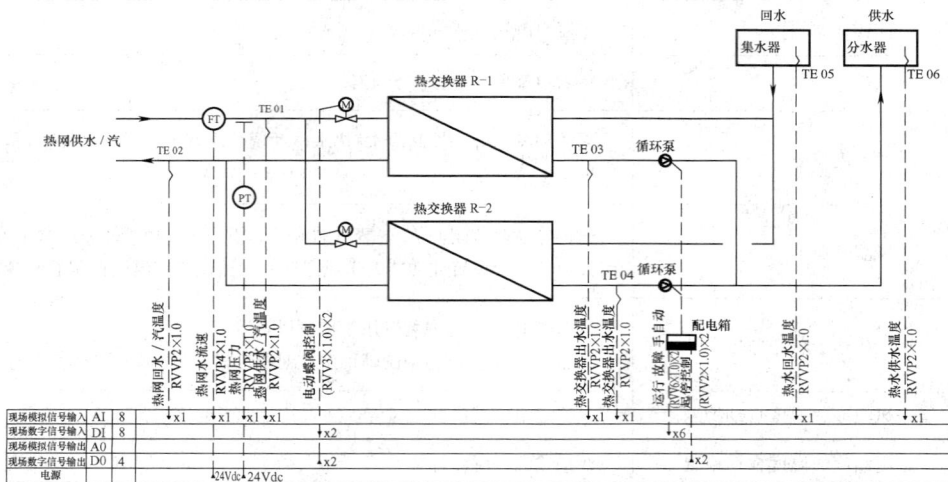

图 27.3-4　供热监控系统图

表 27.3－4　　　　　　　　　　　　　　　供热监控系统基本功能表

序号	监 控 功 能	备 注
1	热网供水/蒸汽（一次热媒）温度监测	1. 水管式温度传感器，感温元件应插入水管中心线 2. 保护套管应符合耐压要求
2	一次热媒压力监测	压力检测器性能应稳定可靠，安装和取压方式应满足规范要求
3	一次热媒流量监测	可选用电磁流量计
4	二次水供、回水温度监测	1. 水管式温度传感器，感温元件应插入水管中心线 2. 保护套管应符合耐压要求
5	自动联锁控制	当循环泵停止运行时，一次热媒调节阀应迅速关闭
6	二次水供、回水温度控制	根据集水器和分水器的温度，调节一次热媒的流量，以控制二次水供、回水温度

5. 冷水机组监控系统

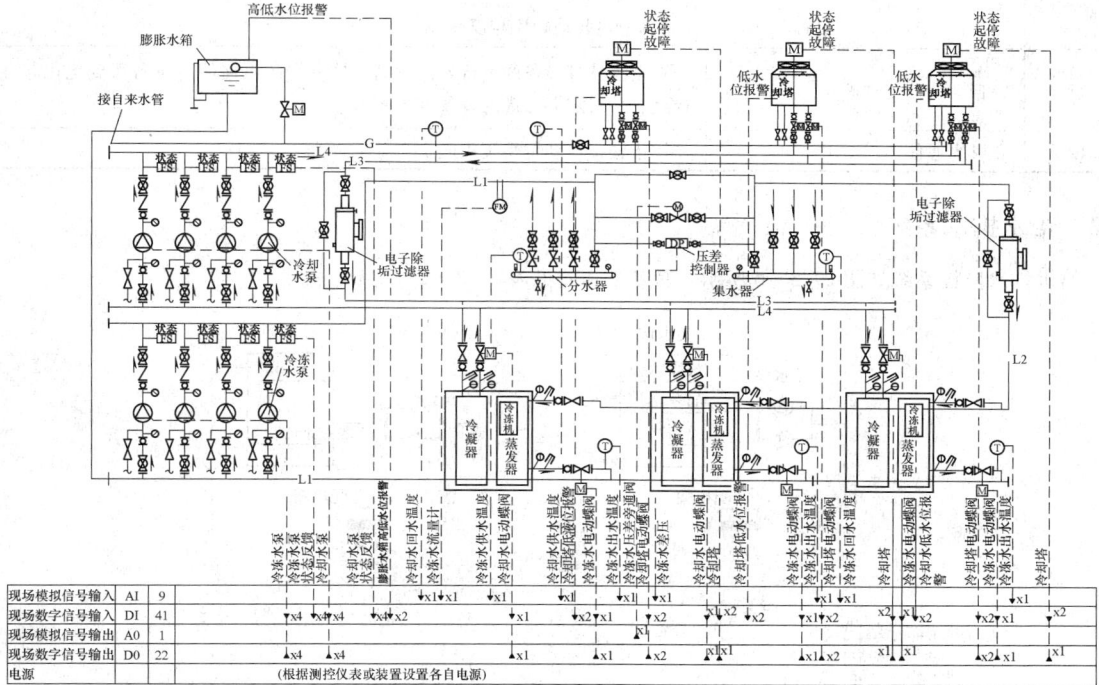

图 27.3－5　冷水机组监控系统

表 27.3－5　　　　　　　　　　　　　　　冷水机组监控系统基本功能表

序号	监 控 功 能	备 注
1	冷冻水供、回水温度监测	1. 水管式温度传感器，感温元件应插入水管中心线 2. 保护套管应符合耐压要求
2	冷冻水供水流量监测	可选用电磁流量计
3	冷却水供、回水温度监测	1. 水管式温度传感器，感温元件应插入水管中心线 2. 保护套管应符合耐压要求
4	膨胀水箱水位监测	用于补水控制
5	冷负荷计量	根据冷冻水供、回水温度差和流量自动计算和计量
6	冷水机组起/停台数控制	根据实际负荷自动确定冷水机组运行的台数，并使冷水机组优化运行

序号	监 控 功 能	备 注
7	冷冻水供、回水压差自动调节	根据集水器和分水器的供、回水压差，自动调节冷冻水旁通调节阀，以维持供回水压力为设定值，并实现优化运行
8	冷却水温度监测和控制	自动控制冷却塔排风机的运行，使冷却水温度低于设定值，以提高冷水机组的运行效率
9	冷水机组保护控制	检测冷冻水、冷却水系统的流量开关状态，如果异常，则自动停止冷水机组，并报警和自动进行故障记录
10	冷水系统顺序（Sequence）控制	1. 起动顺序 开启冷却塔蝶阀→开启冷却水蝶阀→起动冷却泵→起动冷却塔排风机→开启冷冻水蝶阀→起动冷冻泵→冷却水和冷冻水的水流开关同时检测到水流信号后→起动冷水机组 2. 停止顺序 （基本上与起动顺序相反）
11	自动统计与管理	自动统计各设备的运行累计时间，按一定的策略使各设备得到优化起/停控制，并对定期修理的设备进行提示
12	机组通信	用于楼宇自动化系统集成

3.2 给水排水系统

给水排水监控系统如图 27.3 - 6 所示，其基本功能见表 27.3 - 6。

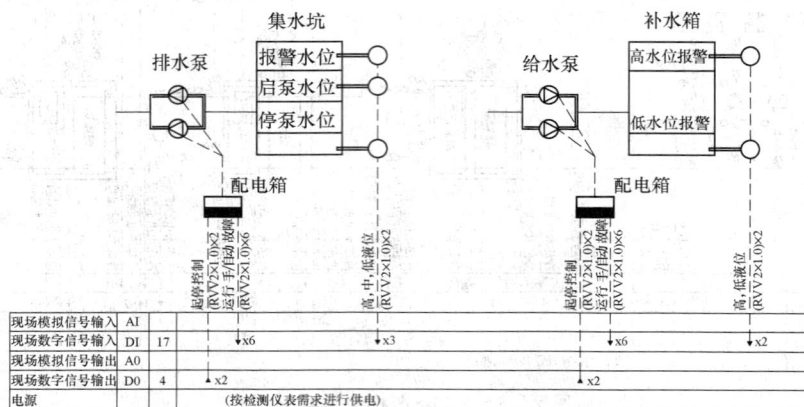

图 27.3 - 6　给水排水监控系统

表 27.3 - 6　　　　　给水排水监控系统基本功能表

序号	监 控 功 能	备 注
1	排水泵、给水泵运行状态监测	通过对各自配电箱内的辅助触点进行监测
2	集水坑、补水箱高水位报警	1. 通过各自高位液位计进行报警 2. 对集水坑，当液位高于设定值时，应使排水泵或污水泵继续开启运行 3. 对于给水箱，当液位高于设定值时，应停止给水泵
3	集水坑、补水箱高水位报警	1. 通过各自低位液位计进行报警 2. 对集水坑，当液位低于设定值时，停止排水泵或污水泵 3. 对于给水箱，当液位低于设定值时，开启给水泵

3.3 供配电监控系统

常用建筑供配电监控系统如图 27.3 - 7 所示，其基本功能见表 27.3 - 7。

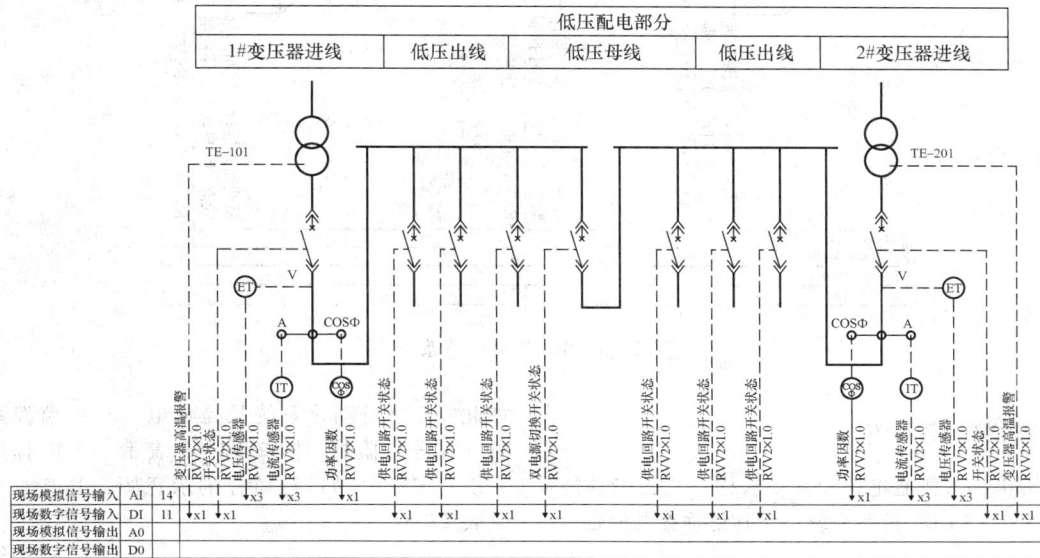

图 27.3 - 7 低压供配电监控系统

表 27.3 - 7 低压供配电监控系统基本功能

序号	监 控 功 能	备 注
1	电流监测	通过配电箱内的电流互感器，并被测回路的电流转换为 0~5A，再通过电流变送器将其转换为标准信号
2	电压监测	通过配电箱内的电压互感器，并被测回路的电流转换为 0~110V，再通过电压变送器将其转换为标准信号
3	变压器线圈过热报警	通常由变压器内部的温度传感器（由生产厂家在制造时设置）进行检测
4	开关状态检测	对各重要回路开关状态进行监测，跳闸时自动报警并记录，并采取相应措施
5	各种电学参数检测	对有功功率、功率因素、频率等参数进行自动检测和记录

3.4 照明监控系统

图 27.3 - 8 为无调光功能的照明监控系统图，其基本功能见表 27.3 - 8。

表 27.3 - 8 照明监控系统基本功能表

序号	监 控 功 能	备 注
1	建筑内部照明分区控制	从照明配电箱内取状态信号和控制信号
2	建筑外部照明分区控制	通过室外照度传感器自动开/关照明回路
3	建筑外部景观控制	从照明配电箱内取状态信号和控制信号

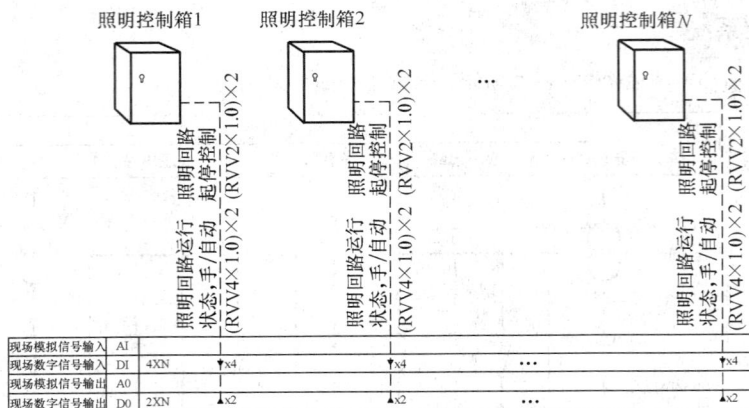

图 27.3-8　照明监控系统

3.5　电梯监控系统

每部电梯（垂直电梯和自动扶梯）均自带性能可靠的 PLC 或 DDC 控制系统，尤其是垂直电梯更是如此。楼宇自动化系统只是从电梯自带监控系统的外部进行监控。图 27.3-9 表示一个电梯监控系统对多部电梯进行监控的示意图，其基本功能见表 27.3-9。

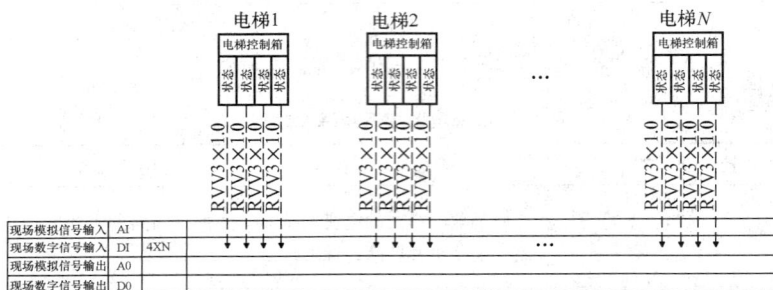

图 27.3-9　电梯（组）监控系统

表 27.3-9　　　　电梯（组）监控系统功能表

序号	监控功能	备注
1	电梯运行状态监视	从电梯控制柜内取出状态信号和控制信号
2	工作时间统计	统计电梯工作时间，提示定时维护

第4章　楼宇自动化系统通信协议

4.1　概述

在智能建筑中，各种为建筑功能服务的楼宇设备（如建筑环境设备、给水排水设备、供电设备、照明设备、消防设备以及安防设备等）分布安装在建筑的不同位置，要使分布的各种楼宇设备在整体上协调和优化运行，实现节能、安全、高效、舒适、便利的工作和生活环境，就必须在分布楼宇设备的自控设备之间建立可以进行实时数据通信的网络。这种可以进行实时数据通信的网络在楼宇自动化系统中就称为"楼宇自控网络（Building Automation and Control Networks）"。楼宇自动化系统就是通过楼宇自控网络将分布在智能建筑中具有网络通信功能的楼宇设备监控（子）系统互连而形成具有数据共享和互操作功能（Interoperability）的 DCS 系统。

楼宇自控网络的产生和发展是与其他工业自控领域的发展密切相关的。相对工业过程控制和制造业自动化等领域，建筑行业应用自控网络的脚步是远远落后于这些新型行业的。也正因为如此，楼宇自动化领域就成为其他自控领域应用成果的拓展对象，这就是现阶段楼宇自动化领域存在众多自控网络的根本原因。这种情况在我国表现更为突出，无论是国外技术和产品，还是国内企业开发的技术和产品，各种自控网络在我国楼宇自动化行业的应用可谓五花八门。当其他自控领域的自控网络不能很好地满足建筑设备自控领域的具体需求时，就产生了专用于楼宇自动化领域的自控网络——楼宇自控网络。

在技术和市场的双重作用下，曾经在楼宇自动化领域出现过的大多数自控网络已逐渐消失，从现阶段楼宇自动化市场份额来看，BACnet 标准和 LonWorks 技术已经成为主流标准和技术。其中，BACnet 标准已成为楼宇自动化控领域的 ISO 标准（ISO 16484 - 5），同时也是 CEN 标准（Comité Européen de Normalisation，欧盟标准）和韩国国家标准（KS X6909）。Lon Works 技术是美国 Echelon 公司开发的技术，不仅应用于楼宇自动化领域，还广泛应用于工业过程、交通运输等自控领域，其核心技术 Lon-Talk 协议已成为美国国家标准和电子工业协会的标准（ANSI/EIA - 709.1），这是 Lon Talk 协议至今为止获得的最重要标准地位。

鉴于上述原因，尽管楼宇自控网络仍在不断发展，不断有新的通信协议标准产生，如 Zigbee 无线技术和标准等，但本手册从工程应用的角度较系统地介绍 BACnet 标准、Lon Works 技术和 XML/Web Services 技术的有关内容。

4.2　自控网络基本概念

自控网络是利用通信介质（有线或无线）将自控系统中各种网络节点或设备（如传感器、执行器、控制器和信息处理机等）互连而形成的集合体，其功能是使网络上所有节点或设备在满足自控系统实时（Real-time）性能的基础上进行信息共享和互操作，从而实现自控系统的特定功能。其中，网络节点或设备具有自主（Autonomic）运行的特性，对外一般有两种形式的"交流"：一是根据自身状态变迁（Transition）主动向外发出相关信息，如报警或事件信息；二是不断监听和接收信息，然后根据监听或接收信息所具有的语义（Semantic）产生相应的响应或动作，如执行器根据指令发生的动作。自控网络在物理结构形式上表现为系统所有节点或设备进行"交流"的公用"路径"和"桥梁"——通信介质和连接通信介质的通信设备，通信介质和通信设备的物理规划和布局就是网络的"物理拓扑（Topology）结构"。图 27.4 - 1 是最基本的网络拓扑结构图，实际使用的网络拓扑结构均由这些基本结构按一定的规则组合而成。

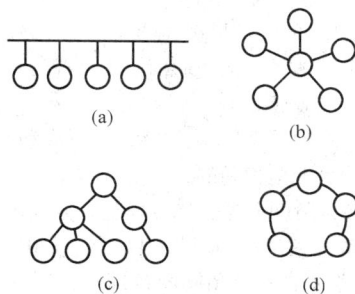

图 27.4 - 1　基本网络拓扑结构图

(a) 总线型；(b) 星型；(c) 树型；(d) 环型

从图 27.4 - 1 可以看出，网络所有自主节点或设备要实现通信和互操作，就必须复用网络通信介质。为了使多个网络节点或设备有序地进行数据通信，就必须制定网络节点或设备访问通信介质的规则和过程，这个规则和过程就称为"通信协议（Communication Protocol）"。在自控网络中，通信协议的规则和过程不仅包含将数据从一个网络节点或设备传输到另一个网络节点或设备的通信规则和过程，而且还包含进行通信的网络节点或设备之间对通信数据所表示的语义进行解释和理解，并在解释和理解的基础上产生响应和动作的规则和过程。网络节点或设备能够相互理解通信数据的语义并产生通信数据语义所描述响应或动作的过程，就称为"互操作"。前者所定义的规则和过程与数据传输有关，后者所定义的规则和过程与互操作有关。在自动化系统中，互操作通常指来自不同生产厂家的自控设备或自控系统可以互连和互动，并易于系统集成。

在自控网络中，通信协议不仅要实现网络节点或设备间的信息交换或共享，而且还要实现网络节点或设备间的互操作。因此，任意自控网络通信协议的内容必须包含"通信"和"互操作"两部分的内容。

另外，从应用的角度来看，任意自控网络通信协议必须易于产品开发和工程系统应用，尤其是基于该通信协议的系统集成方法更为重要。可以推出，一个自控通信网络通信协议或标准如果有非常易于工程应用的系统集成方法，该通信协议或标准就会得到大量的应用，从而就会赢得较大的市场份额，就会成为业界主流标准。

综上所述，任意自控网络通信协议或标准必须解决网络节点或设备"通信"、"互操作"和"系统集成"三方面的问题，并提供一个合理的综合解决方案。目前现有的自控网络通信协议或标准均可以看作为解决上述三个问题的综合方案，但由于不同的自控网络通信协议或标准对上述三个问题的解决方案有所不同，所用的技术原理和方法也有所不同，因而形成了不同体系结构（Architecture）的通信协议或协议，并造成了不同体系结构的通信协议或标准不能直接互相通信和系统集成。

在楼宇自动化系统中，BACnet 标准和 Lon Works 技术实现的目标是相同的，即实现楼宇自动化系统中各楼宇自控设备间的通信和互操作，并提供楼宇自控设备进行系统集成的方法。很显然，BACnet 标准和 Lon Works 技术在实现相同的目标时分别选择了不同的技术路线和方法。

4.3 BACnet 标准

建筑设备自控网络数据通信协议（A Data Communication Protocol for Building Automation and Control Network）简称 BACnet 是美国 ASHRAE（美国采暖、制冷与空气调节工程师学会）从 1987 年开始资助制定的楼宇自控网络通信标准，于 1995 年 6 月正式发布该标准的第一个版本——BACnet135—1995。同年 12 月批准为美国国家标准，正式编号为 ANSI/ASHRAE 135—1995。

自产生后，BACnet 标准以其先进的技术架构和开放的维护模式得到了业界的广泛认可，自身得以快速发展，于 2003 年成为楼宇自动化领域的唯一 ISO 标准和 CEN 标准。在亚洲，BACnet 标准已成为韩国国家标准（KS X6909）和日本电气安装工程师协会的行业标准（IEIEJ/P）。与应用在楼宇自动化领域的其他技术和标准相比，BACnet 标准具有如下显著的优点：

1. 专用于建筑设备自控网络，具有高效的特点　BACnet 是由来自全球的建筑设备自控领域专家针对建筑设备自动化领域的特点专门开发的建筑设备自控网络数据通信标准，它具有许多建筑设备自控系统所特有的特性和功能，如按日期和时间进行操作的日期和时间安排表、分级操作命令、趋势记录、多种报警和事件处理机制等。这些特性和功能是其他标准（如 LonWorks）所没有的。

2. 完全开放，技术先进　由于 ASHRAE 是一个行业组织，不属于以纯营利为目的的商业公司，故 BACnet 标准没有任何技术和商业秘密，没有使用授权问题。任何人都可以参与 BACnet 标准的讨论，提出建议，并可开发相关产品。这种开放性的模式可以集思广义，博采众长，使 BACnet 不断注入新的内容，始终代表着建筑设备自动化最新技术的发展方向。

正是这种开放的特性，BACnet 得到了全球所有主要建筑设备自控设备厂商的支持，如 ABB，Honey Well，Siemens，Johnson，Carrier，McQuay，Trend，York，Invensys 等，这为建筑设备自动化系统提供了多种选择，最终为业主和物业管理降低了成本和运行费用。BACnet 这种完全开放和技术先进的特点最终使其成为建筑设备自动化的唯一 ISO 标准。正是由于该标准采用了完全开放的模式，我国智能建筑领域才有机会参与先进标准的制定，才有可能打破国外大公司在建筑设备自动化高端领域的垄断地位。

3. 被许多标准组织接收为标准，具有广泛的权威性　接收 BACnet 的主要标准组织有美国国家标准局（ANSI）、欧盟标准组织（CEN）、国际标准组织（ISO），同时 BACnet 也是韩国国家标准。BACnet 不仅应用于 HVAC&R 设备，而且还可以用于照明、电梯、安全等建筑设备自控系统。由于应用范围不断扩大，BACnet 还被其他许多非 HVAC&R 产业组织预审和接收。例如，BACnet 已成为美国电气制造协会（NEMA）标准。这种被广泛认可的事实使 BACnet 具有比较广泛的权威性。

4. **不依赖于现有的局域网或广域网技术，具有良好的互连特性**　BACnet 利用其简洁的网络层屏蔽了不同的底层差异，可以使 BACnet 标准包含不同的局域网技术，也可以利用广域网技术，甚至可以利用未来的网络技术。这就使 BACnet 网络可以由具有不同传输介质和通信速率的网段所组成，不仅提高了网络互连的能力，而且提高了网络的性能/价格比，使 BACnet 具有更为广泛的应用空间。

5. **具有良好的伸缩性**　BACnet 标准没有规定 BACnet 网络中的设备节点数，对 BACnet 设备数量没有限制，这种特性使 BACnet 网络根据实际需要来确定，可以由两个 BACnet 设备构成一个极小的 BACnet 网络，也可以构成由许多不同 BACnet 网络组成的超级"BACnet 互连网络"。从工程项目的应用来看，BACnet 标准已用于各类规模的工程，也已用于超大型规模的工程项目。例如，美国公用设施管理局（General Services Administration）GSA 利用 BACnet 标准进行控制和管理的（GSAEnergy and Maintenance Network，GEMnet）系统跨越美国太平洋西海岸 3 个州，集成 10 多个大型政府办公大楼的建筑设备自控系统，集成的总建筑面积达 180 万 m^2。这充分证明了 BACnet 标准具有良好的互连、互操作和扩展的功能。

6. **具有良好的扩展性**　BACnet 采用了先进的设计和分析方法，提供了良好的扩展机制。这种扩展机制可以对标准的各个部分进行扩展，并且扩展部分均可以以同样的方式进行各种操作。任意扩展的内容如果得到了该标准的标准化委员会 SSPC - 135（前身为 SPC - 135）的认可，就可以成为正式标准的一部分或下一个版本中的内容。也可以认为 BACnet 的扩展部分本来就是协议框架的一部分，只不过扩展部分没有得到 SSPC - 135 的正式公布而成

为标准部分。也就是说，BACnet 协议是一个很大的框架，成为标准内容的只是框架中最常用最一般并能满足绝大多数实际应用的一个子集。因此 BACnet 的扩展机制使其扩展部分几乎不需要"认可（Permission）"，就表现出与标准部分相同的特性。这种扩展方式不同于其他协议的扩展，几乎对原有的协议没有任何附加的开销。

正是由于 BACnet 标准具有上述优点，我国可以利用该标准开发出具有自主知识产权的建筑设备自控设备和产品，打破国外产品在我国的垄断地位，使我国智能建筑市场迈入健康发展的轨道。因此在我国研究和应用 BACnet 标准是具有重大意义的。

4.3.1　体系结构和网络拓扑结构

BACnet 标准是一个开放的建筑设备自控网络数据通信标准，其目标是实现来自不同厂商的建筑设备自控设备实现互连和互操作，以摆脱专利标准的束缚和垄断。为了实现这个目标，BACnet 标准必须参照 OSI - RM 模型。但由于 OSI - RM 是解决所有计算机在任意环境下实现互连的标准性通用方案，它涉及所有复杂情况下的通信问题，因而有完善的路由选择算法，有多种数据传输方式，有复杂的同步和错误恢复机制，也有不同层次的流量控制机制。而建筑设备自控网络的通信环境只是 OSI - RM 通信环境的一个极小子集。很显然，在建筑设备自控网络中完全实现 OSI - RM 中所有的解决方案是不适应的，也是不必要的。因此 BACnet 标准并未完全按 OSI - RM 的结构来定义，而是根据自身的应用环境对 OSI - RM 进行了精简和定制，使 BACnet 标准的体系结构更加紧凑，具有高效的特性，以适应建筑设备自控系统对实时性的要求。图 27.4 - 2 和图 27.4 - 3 分别是 BACnet 标准体系结构和互连网络拓扑示意图。

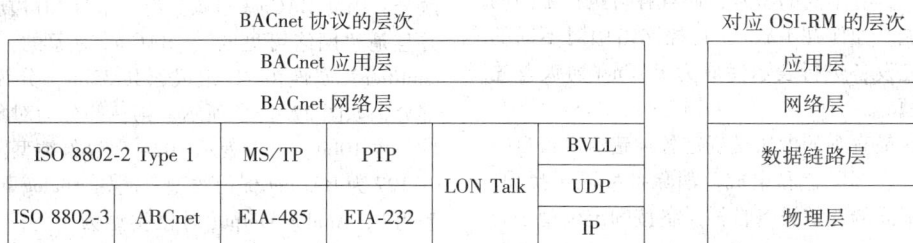

BACnet 协议的层次					
BACnet 应用层					
BACnet 网络层					
ISO 8802-2 Type 1	MS/TP	PTP	LON Talk	BVLL	
				UDP	
ISO 8802-3	ARCnet	EIA-485	EIA-232		IP

对应 OSI-RM 的层次
应用层
网络层
数据链路层
物理层

图 27.4 - 2　BACnet 体系结构图

从 BACnet 体系结构和各阶段的发展趋势来看，可以得出如下两个结论：

（1）BACnet 标准的内容可以分为"通信"和"互操作"两个既相互联系又相对独立的部分。除自定义 MS/TP 和 PTP 外，BACnet 标准的"通信"则是

在网络层定义的框架下"借用"其他已有的标准。而"互操作"的内容则在 BACnet 应用层中进行定义。

（2）BACnet 应用层既是特征最稳定，又是内容发展最快的协议层。而网络层几乎没有变化，只是在其数据链路层和物理层扩大了"借用"的范围，

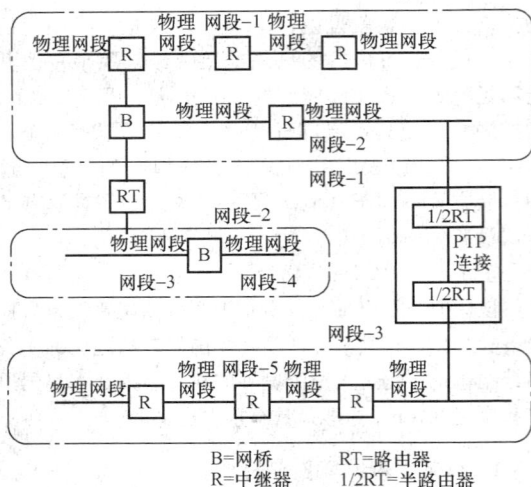

图 27.4 – 3　BACnet 互连网络拓扑结构示意图

即在最初版本上为了扩展与 Internet 的互连，增加了 IP/UDP/BVLL（BACnet Virtual Link Layer，BACnet 虚拟链路层）协议层，并将其作为体系结构中的最低两层。与 Internet 互连的内容可参阅"4.3.5 BACnet 与 Internet"。

这两个结论说明 BACnet 应用层是反映 BACnet 标准特色和本质的协议层，是整个 BACnet 标准基本原理和内容的具体体现。由于 BACnet 在"通信"方面基本上"借用"已有的通信标准，因而本手册不再介绍其功能、原理和技术内容，以下只介绍 BACnet 标准实现"互操作"和"系统集成"的基本原理和方法，以及与 Internet 互连的基本内容。

4.3.2　BACnet 对象模型

在智能建筑中，楼宇自动化系统由许多不同的建筑设备自控设备所组成，这些建筑设备自控设备来自不同的厂商，具有不同的型号，而且各自执行不同的建筑设备功能。如何在 BACnet 自控网络中对不同的建筑设备自控设备进行表示便成为 BACnet 协议首先应解决的问题。

最简单且最直观的做法是规定各种建筑设备自控设备的功能、内部配置和组成，消除各种可选择项。这相当于把不同的建筑设备自控设备按固定模型来处理，虽然不具有灵活性，但按照这种方法生产的设备无疑可以实现互操作，因为按这种固定模型生产的设备产品跟一个厂商生产的设备产品没什么区别。但这种方法存在严重的不足之处：一方面，这种方法必须规定与设备有关的各个方面，诸如产品的设计、制造、测试，甚至产品的安装和配置等，这不仅使协议内容种类繁多，规模庞大，不易扩展，而且严重阻碍

了厂商对设备产品的创新能力，埋没了各厂商设备产品的特点和优点；另一方面，在市场经济高度发展的今天，没有一个权威机构可以控制所有生产厂商的行为，使所有厂商按同样的设计进行生产。

BACnet 标准在描述各种建筑设备自控设备时采用面向对象分析与设计（OOA&D）的方法。这种方法将楼宇自控设备在控制功能上进行分解为数量有限、并且具有一定功能或"粒度（Granularity）"的"基本功能单元"，然后对这些基本功能单元进行抽象，并形成具有一般性和可复用能力的"BACnet 对象（Object）"。然后，利用可复用的 BACnet 对象进行组合来描述或表示具体的实际楼宇自控设备。

通过大量的分析和研究，几乎所有的楼宇自控设备均可以分解为如下（但不限于）基本功能单元，对这些基本功能单元进行抽象就形成 BACnet 标准中最重要的概念——"BACnet 对象"。不同的 BACnet 对象是描述不同基本功能单元各个特性的集合，是由描述基本功能单元的"属性（Property）"所组成。

1. 硬件二进制输入/输出值　如继电器的状态值。
2. 硬件模拟输入/输出值　如温度的测量值。
3. 软件二进制/模拟值　如控制参数的设定值。
4. 字符串　如报警信息的显示内容。
5. 时间计划表信息　如上、下班时刻建筑设备自控设备的动作。
6. 报警和事件信息　如事件通告。
7. 文件　如程序文件、趋势记录文件、历史文件。
8. 控制逻辑环　如室内温度控制系统等。为了 BACnet 对象具有一般性、全局性和可复用的能力，就必须在对象中加入一个全局性的"对象标识符（Object – Identifier）"属性（Property）。当用同一对象表示不同的楼宇设备时，就可以利用这个属性进行区分。因此 BACnet 对象具有一般性和可复用的能力，并且是"网络可见的"。BACnet 对象的"Object – Identifier"属性由 4B 组成，共 32bit，分为如下两个部分，如图 27.4 – 4 所示。第一部分为对象类型标识域，占 10bit，可以表示 1024 个对象类型。协议规定 0~127 为 BACnet 保留类型，例如 Analog Input 对象类型为 0，Analog Output 对象类型为 1 等。128~1 023 为用户对象扩展类型。第二部分为对象实例编码域，共 22bit，可以表示 4M 个对象实例。

BACnet 对象是由不同"属性（Property）"组成的集合，用于描述建筑设备自控设备在互操作过程中所表现出的外部特性，是建筑设备自控设备与自控过程有关参数的集合或"视图"。例如，设备的类型（Type）、状态（Status）、工程量（Value）、单位（Unit）

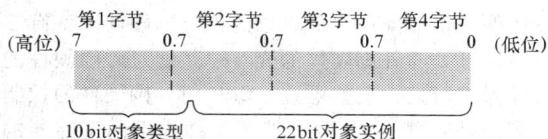

图 27.4-4　Object-Identifier 属性格式

等均是与自控过程有关的参数，这些参数在对象中就称为"属性"。

为了满足实际应用和灵活性的需要，BACnet 标准对所有的楼宇自控设备进行了分解和归纳，最终形成了有限数量的"BACnet 标准对象（BACnet Standardized Object）"集。表 27.4-1 为 BACnet—2001 标准定义的"标准对象"类型表。随着 BACnet 标准应用广度和深度的发展，BACnet 标准对象集将不断增加新的对象类型。

表 27.4-1　　　　　　　　　　　　BACnet 标准对象类型及应用示例表

标 准 对 象 类 型	应 用 示 例
Analog Input（模拟输入）	温度传感器输入
Analog Output（模拟输出）	控制输出
Analog Value（模拟值）	控制设置值
Averaging（平均值）	控制参数在一段内的平均值
Binary Input（二进制输入）	开关输入
Binary Output（二进制输出）	继电器控制输出
BinaryValue（二进制值）	控制系统参数
Calendar（日历表）	一年中所有的法定假日表
Command（命令）	上、下班时办公室内的所有设备的开/停动作
Device（设备）	一个温度传感器基本属性描述
Event Enrollment（事件注册）	空调过滤器压差报警处理方式的定义
File（文件）	某一空调系统能耗记录数据
Group（组）	一次读入新风机组室外新风温度与送风温度
Life Safe Point（生命安全点）	点型火灾探测器
Life Safe Zone（生命安全区）	多个火灾探测器组成的探测区
Loop（控制环）	一次回风空调系统的温度闭环控制系统
Multi-state Input（多态输入）	风冷热泵机组的运行状态：运行、停止、除霜
Multi-state Output（多态输出）	通风与排烟合用系统的控制状态：正常运行、排烟运行、停止
Multi-stateValue（多态值）	具有多个状态的内部逻辑点
Notification Class（通告类）	火灾联动设备列表
Program（程序）	一个模糊控制算法的程序的描述
Schedule（时间安排）	上、下班时间表
Trend Log（趋势记录）	运行数据实时记录

当利用面向对象的方法表示实际具体的楼宇自控设备时，就是用这些标准对象的不同实例组合进行表示，这就是 BACnet 标准的"对象模型（Object Model）"。通过 BACnet 对象模型，任何对楼宇自控设备的操作就是访问"对象模型"中 BACnet 标准对象实例的属性。

BACnet 对象模型用 BACnet 对象实例组合进行各种建筑设备自控设备的表示，这种表示方法就像"用有限数量的字母按一定的规则可以组合为数量众多的单词"一样，但与顺序无关。利用 BACnet 对象实例进行组合时，可以根据实际选择任意 BACnet 标准对象实例进行组合，但每个楼宇自控设备的对象模型规定有且仅有一个"Device"对象实例，这就是 BACnet 对象模型所具有的唯一规则或限制。例如，一个现场 DDC 控制器则可由 1 个"Device"对象实例、多个"Analog Input"对象实例、多个"Analog Output"对象实例，以及其他类型的 BACnet 标准对象实例的组合来表示，如图 27.4-5（a）所示。而一个"智能温度传感器"则可以只用 1 个"Device"对象实例和 1 个"Analog Input"对象实例就可以完整地进行表示，如图 27.4-5（b）所示。

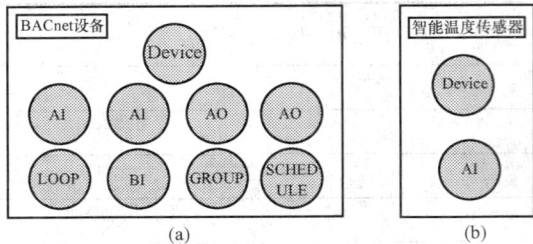

图 27.4-5 BACnet 对象模型示意图

如果用 BACnet 标准类型对象不能表示某个建筑设备自控设备或功能，则可以根据标准类型对象的定义方法自定义专用类型对象，并加入到由 BACnet 标准类型对象实例组成的对象模型之中，就可以满足对任意实际建筑设备自控设备的抽象表示。但 BACnet 标准建议尽量使用标准类型对象表示建筑设备自控设备。

BACnet 对象是 BACnet 协议描述互操作的最为关键内容，并在 BACnet 协议中具有如下的特点：

（1）BACnet 对象是描述建筑设备自控设备互操作过程中所表现出的外部特性，不涉及建筑设备自控设备的内部配置、内部结构和内部执行过程。也就是说，对象是从建筑设备自控设备外部看到的关于建筑设备自控设备与控制过程有关的"视图"，这个视图不仅包含表示建筑设备自控设备状态和功能的参数，而且还包含用于控制建筑设备自控设备状态和功能的控制参数。这些参数就构成了对象的属性，即对象是建筑设备自控设备在控制过程中所表现出的有关参数的集合。这个参数集合最大的特点是可以在网络上进行访问。这也说明 BACnet 对象是"网络可见的"。"网络可见"是互操作的基础，互操作也正是通过对"网络可见"对象的访问来实现的。

（2）BACnet 对象对建筑设备自控设备的抽象描述，与数字硬件设计中寄存器（Register）对硬件结构的抽象是相似的。如果把建筑设备自控设备看作为数字系统的硬件设备，那么对象就相当于数字系统中硬件设备的寄存器。在数字系统中，硬件的寄存器是中央处理器（CPU）与外围硬件设备进行

互操作的接口（Interface）。无论外围硬件设备有多复杂，CPU 与外围硬件的交互总是通过外围硬件的寄存器进行的，也就是说，CPU 对外围硬件的控制和管理是通过"读/写"外围硬件中不同寄存器的值，然后外围硬件按寄存器中的写入值由本身的电路完成特定的功能，而 CPU 则根据读入的值进行不同的操作。可以看出，外围硬件的寄存器是CPU 看到的外围硬件的抽象视图，是 CPU 与外围硬件交互的"窗口"或"纽带"。这种抽象描述不仅简化了外围硬件的处理，而且不涉及外围硬件的内部功能电路设计。CPU 看到的只是外围硬件的寄存器，外围硬件的内部电路则对 CPU 是不可见的。因此，只要有相同的"可见"寄存器，不管其内部设计如何，CPU 都可以以同样的方式对其控制和管理。由于这种抽象描述不涉及内部结构设计，因此不限制对内部结构的创新和发明，有利于建筑设备自控设备厂商的竞争，最终有利于建筑设备自控设备产品的多样化，为用户提供更好的服务。

BACnet 对象类型是根据控制系统基本功能元素来确定，不仅对象具有比较明确的意义，易于理解，而且使对象的划分"粒度"有了客观的依据，从而可以标准化对象类型，进而确定有限数量的标准对象。例如，控制系统中硬件输入/输出值、事件、控制逻辑等均有相应的"标准对象"来表示。

（3）BACnet 对象对建筑设备自控设备抽象表示的方法使网络服务只直接作用于对象的属性值，并不直接作用于建筑设备自控设备，或不直接改变建筑设备自控设备的状态和功能。即服务的行为只"读/写"对象的属性，建筑设备自控设备随后执行的建筑设备功能并不是协议服务直接作用的结果，而是建筑设备自控设备根据对象属性值自动产生的功能行为。由此可以在协议中将建筑设备自控设备的通信功能和建筑设备功能有关的行为分开，协议只规定与通信功能有关的行为规程，而不规定建筑设备自控设备的建筑设备功能行为规程，只将设备的建筑设备功能看作为通信协议过程的间接行为。这种抽象表示不仅使 BACnet 协议可以用于 HVAC&R，而且还可以用于其他建筑设备自控系统，如照明系统、消防系统、安全及防范系统等，甚至可以扩展到其他工业控制领域。事实上，BACnet 的应用已正在向其他控制领域扩展。

由于 BACnet 对象只是有关参数变量的集合，对象的操作只能有"读"和"写"两种方式，因而协议服务的行为也就只有两种行为规程。这就是所有 BACnet 服务都是基于"读/写"操作的原因。因此

"对象"这个概念使协议对互操作的定义也得到了极大的简化，使表面上很复杂的互操作行为最终简化为"读"和"写"两种最基本的操作。这种对互操作行为的简化在数字系统设计中最早得到了应用。例如，CPU 与外围硬件无论进行何种交互操作，不管交互操作是否复杂，最终的操作均分解为一系列 CPU 对外围硬件寄存器或端口的"读/写"两个基本操作过程。

（4）BACnet 对象可以将整个协议分为两个相对独立的部分：互操作和通信。一旦互操作部分的语义由对象及其服务来定义后，接下来的工作就是定义传输互操作协议的通信工具或系统。从理论上讲，只要能进行数据通信的网络均可以作为协议的通信工具或系统。事实上，正是这种先进的设计方法使 BACnet 协议不仅可以建立在现有通信技术的基础之上，如以太网等，而且还可以建立在其他通信技术之上，如 IP 通信网络等。这种扩展技术很可以容易将 BACnet 通信系统扩展到 ATM、ISDN 等通信网络，甚至可以扩展到未来的通信技术之上。

（5）BACnet 对象具有良好的扩展机制。由于 BACnet 对象实质上只是一个由数据项组成的数据结构，因此可以很容易地构造各种对象类型，也可以很容易地在已有对象（如 BACnet 规定的标准对象）中加入新的属性，从而"继承"已有的对象类型。在对象模型中，任意一个互操作行为均可以分解为"读"和"写"两个基本操作组合，因而对于任何一个具有特殊意义的互操作就可以通过不同的"读"、"写"组合序列来完成。这就是互操作或协议服务扩展的基础。另外，BACnet 通信系统对现有网络技术和未来网络技术的兼容，也是协议引入对象模型所具有的扩展机制。

BACnet 标准采用"BACnet 对象模型"对实际具体建筑设备自控设备进行抽象表示，不仅巧妙地解决了通信和互操作过程中实体或主体的"可见性或全局性"表示，而且也简化了通信和互操作过程的复杂性。同时，这种方法也使 BACnet 标准具有良好的扩展机制。

4.3.3　应用层服务与报文

根据面向对象分析与设计（OOA&D）的方法，当定义了一个被访问的对象后，就必须定义访问这个对象的方法，并且访问方式必须是基于"读/写（Read/Write）"的互操作模式。从理论上讲，这种基于对象模型的互操作模式只有两个基本的服务："读服务"和"写服务"。但 BACnet 标准为了互操作过程的灵活性和效率，从这两个基本服务衍生许多不同形式的服务，如"多重读服务"、"多重写服务"等。

根据网络的基本概念，网络服务可以从"服务功能"、"服务时序过程"和对应的"协议数据单元 PDU 结构"进行分类、研究和应用，则 BACnet 标准的应用层服务（共 35 个）可进行如下分类。

1. 按功能分

（1）对象访问服务（Object Access Service）。

（2）报警与事件服务（Alarm and Event Service）。

（3）文件访问服务（File Access Service）。

（4）远程设备管理服务（Remote Device Management Service）。

（5）虚拟终端服务（Virtual Terminal Service）。

（6）安全服务（Security Service）。

2. 按协议时序过程分

（1）证实服务（Confirmed Service）。由"请求"、"指示"、"响应"和"证实"4 个服务原语构成。

（2）非证实服务（Unconfirmed Service）。由"请求"和"指示"2 个服务原语构成。

3. 按应用层协议数据单元的编码结构分

（1）BACnet-Confirmed-Request-PDU（Type = 0）。

（2）BACnet-Unconfirmed-Request-PDU（Type = 1）。

（3）BACnet-SimpleACK-PDU（Type = 2）。

（4）BACnet-ComplexACK-PDU（Type = 3）。

（5）BACnet-SegmentACK-PDU（Type = 4）。

（6）BACnet-Error-PDU（Type = 5）。

（7）BACnet-Reject-PDU（Type = 6）。

（8）BACnet-Abort-PDU（Type = 7）。

纵观 BACnet 标准所定义的服务，尽管其数量超过 35 个之多，但其基本的操作方式只有"读（Read）"和"写（Write）"两种方式："读"服务和"写"服务，其他服务均由这两个基本服务衍生而来。

为了说明 BACnet 的互操作原理，以图 27.4-6 所示的"BACnet 智能型温度传感器"为例进行说明，其他没有介绍的服务及其内容请参阅"BACnet 标准"正文。BACnet 智能型温度传感器是支持 BACnet 自控网络通信功能的数字温度检测设备，具有数字处理功能。

在 BACnet 标准自控网络中，BACnet 智能型温度传感器通常为服务器，在互操作功能上只响应 Read-Property（读属性）服务请求。如果响应成功，则发送 Result（+）响应，将其测量数值返回请求方。反之，则发送 Result（-）响应，通知请求方响应失败。

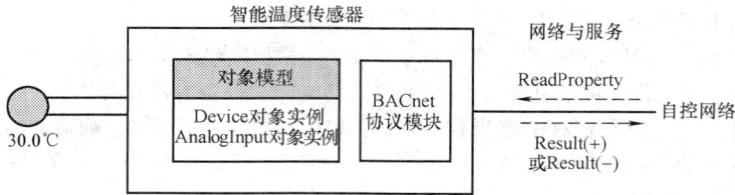

图 27.4-6　智能型温度传感器

根据 BACnet 标准，ReadProperty 服务是"对象访问服务"功能类的一种服务，属于"证实服务"类。由于该服务是证实服务，则该服务涉及的报文种类有"BACnet－Confirmed-Request-PDU（Type＝0）"、"BACnet-ComplexACK－PDU（Type＝3）"和"BACnet-Error-PDU（Type＝5）"三种。第一个报文类型为请求方发出的请求报文，后两个报文则是由智能温度传感器的响应报文，分别用于正确响应和错误响应时的报文。

有关 BACnet 应用层服务的功能、结构和编码请参阅 BACnet 标准正文（ISO 16484-5/ANSI/ASHRAE Standard 135—2001）。

4.3.4　系统集成的原理和方法

系统集成通常发生在工程应用之中，一般是指将来自不同生产厂家的自控设备或系统集成在同一人机操作界面下协调运行。BACnet 标准不仅是设计和开发楼宇自控设备的技术标准，也提供了集成 BACnet 自控设备或系统的集成原理和方法。BACnet 标准经过 10 余年的发展，其集成原理和方法发生了彻底的变化，由最初的"一致性类别（Conformation Class）"和"功能组（Function Group）"的概念变化为"BIBB（BACnet Interoperability Building Block）"，并在此概念基础上提供了两个层次的系统集成方法（或两种集成方法）。其中，BIBB 可以理解为"BACnet 互操作功能构造块"。

1. BIBB 基本原理　与描述"互操作"基本原理一样，BACnet 标准通过对各种互操作功能进行分解和抽象，形成了描述互操作功能的基本单元——BIBB，其作用与"对象"一样，当描述复杂的互操作功能时，则可以由多个 BIBB 进行组合来表示。可以看出，这种将基本单元进行组合描述复杂事物或过程的方法是 BACnet 标准常用的方法，也是最有效的方法之一。

为了全面反映互操作过程所具有的"请求/响应"对应关系，BIBB 的定义是"成对"的，并采用"客户/服务器"或"用户/提供者"模型进行定义，分别用"A 设备"和"B 设备"代表互操作过程的双方。当 A 设备和 B 设备需要实现某个 BIBB 所表示的互操作功能时，A 设备通常表示互操作功能的请求方或发起方，是互操作过程的客户或用户；相应地，B 设备则表示互操作功能的响应方或执行方，是互操作过程的服务器或提供者。因而 BIBB 很好地说明了互操作过程所具有的"对称性"，能够准确地描述互操作功能及其过程，从而克服了原"一致性类别（Conformation Class）"和"功能组（Function Group）"易于产生混淆和不准确的缺点。

由于 BIBB 是描述互操作功能的最小单元，针对互操作的各种功能，BACnet 标准定义了许多 BIBB。为了易于使用，BACnet 标准参照了"ASHRAE Guideline 13—2000：Specify Direct Control System（ASHRAE 指南 13—2000：DDC 系统说明与设计）"对 BIBB 进行分类和分组，并用不同的 BIBB 组合实现了该指南所提出的五个"IA（Interoperability Area）"的功能。IA 可以直译为"互操作域"，该指南对楼宇自动化系统的互操作功能规定了如下五个"IA"，并对每个 IA 的功能进行了具体定义。

（1）数据共享（Data Sharing, DS）。定义共享数据的类型、表示方式以及操作等内容。

（2）报警与事件管理（Alarm and Event Management, AE）。定义报警与事件的产生条件、显示与确认方式、内容摘要以及相关参数调整等内容。

（3）日程控制（Scheduling, SCHED）。定义自控设备的时间安排表、"启/停"次数显示和修改时间安排表等内容。

（4）趋势（Trending, T）。定义趋势与日志列表、数据存储与检索以及参数设置等内容。

（5）设备与网络管理（Device and Network Management, DM）。定义设备与网络的运行状态显示、远程控制、路由表查询与修改等内容。

BIBB 与 IA 的结合可以使 BIBB 概念更具体化和实用化，可以直接在实际工程项目系统集成中说明、设计和应用 BACnet 标准。例如，当一个设备（A 设备）需要读取另一个设备（B 设备）的数据时，就可以用一对名为"DS－RP－A，DS－RP－B"的 BIBB 进行描述，分别表示这两个设备在实现该互操作功能时各自必须具备的互操作功能。其中，"DS"表示两个设备进行的互操作功能属于"数据共享（DS）"互操作域，"RP"是 ReadProperty 服务的简称，"A"和"B"分别表示 A 方设备和 B 设备。"DS－RP－A"表示是 A 方设备具有发出 ReadProperty 服务请求的互操作能力，"DS－RP－B"表示 B 方设备具有响应 ReadProperty 服务请求的互操作能力。可以想像，如果互操作过程涉及的设备没有相应的"对称性"功能时，双方是不可能完成互操作功能的。

以图 27.4－6 所示的智能型温度传感器为例，由于该设备只能响应 ReadProperty 服务请求，故该设备具有 DS－RP－B 的 BIBB 互操作功能。由此可知，该智能温度传感器可以与具有 DS－RP－A 的 BIBB 互操作功能的自控设备实现互操作。

从上述可以看出，BIBB 的概念非常直观、清晰。因而 BACnet 标准定义了大量的 BIBB，见表 27.4－2，这些 BIBB 可以直接在系统集成时应用。

2. 集成方法

（1）直接利用 BIBB 方法。该方法直接利用 BACnet 标准定义的各种 BIBB 进行系统集成。显然，这种方法必须理解和熟悉各种 BIBB 的基本功能和要求，这就需要对 BACnet 标准的内容有一定的深入了解。但是对大量的工程技术人员来说，深入了解

BACnet 标准是不太现实的。因此，BACnet 标准为方便工程技术人员的需求，提供了如下的实用集成方法。

（2）标准 BACnet 设备（Standardized BACnet Device）。BIBB 概念虽然很好地说明了互操作的基本原理，但 BIBB 数量较多。另外，如果直接用 BIBB 概念说明互操作功能，则必须准确地选用恰当的 BIBB，这就必须要求对 BACnet 标准有较为全面和深入的了解。为了满足众多对 BACnet 标准不太熟悉的工程技术人员的需求，BACnet 标准又定义了如下 6 个类型的"标准 BACnet 设备（Standardized BACnet Devices）"，以简化实际工程系统集成的过程：①BACnet 操作员工作站（B－OWS）；②BACnet 建筑设备控制器（B－BC）；③BACnet 高级应用控制器（B－AAC）；④BACnet 专用控制器（B－ASC）；⑤BACnet 智能执行器（B－SA）；⑥BACnet 智能传感器（B－SS）。"标准 BACnet 设备"即为 BACnet 标准的"行规（Profile）"。制定行规的主要作用是为了易于系统集成，是目前各种自动化系统进行系统集成最为有效和最为广泛使用的一种方法，这种系统集成方法及其作用在 Lon Works 技术中表现最为突出。BACnet 标准用 BIBB 的概念对上述"标准 BACnet 设备"定义了最小的互操作功能集，也就是说，这些标准 BACnet 设备具有预先定义的最小互操作功能，可以直接用于系统集成互操作功能的说明和设计。表 27.4－2 列出了各标准 BACnet 设备及其支持的 BIBB 名称。

表 27.4－2　　　　　　　　　　　　　　标准 BACnet 设备与 BIBBs

互操作域	标准类型设备					
	B－OWS	B－BC	B－AAC	B－ASC	B－SA	B－SS
数据共享	DS－RP－A，B	DS－RP－A，B	DS－RP－B	DS－RP－B	DS－RP－B	DS－RP－B
	DS－RPM－A	DS－RPM－A，B	DS－RPM－B	DS－WP－B	DS－WP－B	
	DS－WP－A	DS－WP－A，B	DS－WP－B			
	DS－WPM－A	DS－WPM－B	DS－WPM－B			
		DS－COVU－A，B				
报警与事件管理	AE－N－A	AE－N－I－B	AE－N－I－B			
	AE－ACK－A	AE－ACK－B	AE－ACK－B			
	AE－INFO－A	AE－INFO－B	AE－INFO－B			
	AE－ESUM－A	AE－ESUM－B				
时间安排	SCHED－A	SCHED－E－B	SCHED－I－B			

续表

互操作域	标准 类 型 设 备					
	B－OWS	B－BC	B－AAC	B－ASC	B－SA	B－SS
趋势	T－VMT－A	T－VMT－I－B				
	T－ATR－A	T－ATR－B				
设备与网络管理	DM－DDB－A, B	DM－DDB－A, B	DM－DDB－B	DM－DDB－B		
	DM－DOB－A, B	DM－DOB－A, B	DM－DOB－B	DM－DOB－B		
	DM－DCC－A	DM－DCC－B	DM－DCC－B	DM－DCC－B		
	DM－TS－A	DM－TS－BOr DM－UTC－B	DM－TS－BOr DM－UTC－B			
	DM－UTC－A					
	DM－RD－A	DM－RD－B	DM－RD－B			
	DM－BR－A	DM－BR－B				
	NM－CE－A	DM－CE－A				

从表 27.4－2 可以看出，各类标准 BACnet 设备由其功能不同，支持的互操作域（IA）也是不同的。BACnet 操作员工作站（B－OWS）功能最为丰富，支持所有互操作域的功能，其余次之，直到 BACnet 智能传感器（B－SS）功能最为简单，只支持数据共享互操作域中的一个 BIBB—DS－RP－B。由此也可看出，本章所引用的"智能温度传感器"就属于BACnet 智能传感器（B－SS）类别的设备。

标准 BACnet 设备的概念非常直观，可以很容易被一般工程技术人员所应用。例如，当建筑设备自控系统需要一个传感器时，可以在不知晓 BIBB 概念的前提下，直接在标准 BACnet 设备类型中选用"BACnet 智能传感器（B－SS）"即可。因此，标准BACnet 设备的概念可以使 BACnet 互操作说明和设计更加容易，以提高互操作说明和设计的效率。

可以算出，标准 BACnet 设备的类别是有限的，不可能完全准确地满足各种实际需求的场合，因而有可能出现选用标准 BACnet 设备"大材小用"的情况。这种情况虽然不符合工程经济的原则，但在实际工程中是允许的，也是经常实际出现的情况。如果要使选用的 BACnet 设备正好适用，就必须利用基本的BIBB 概念进行说明和设计。

3. 互操作测试与 PICS 文档　符合 BACnet 标准的设备产品是 BACnet 标准应用的基础，为了保证不同厂家开发的 BACnet 设备具有良好的互连和互操作性能，通常要求进行互操作测试，并实施产品认证制度。目前 BACnet 产品认证标准为"ANSI/ASHRAE 135.1—2003, Method of Test for Conformance to BACnet"，该标准也是 ISO 标准（ISO 16484—6）。

PICS（Protocol Implementation Conformance Statement）文档即为"协议实现一致性声明"文档，用于描述 BACnet 设备所具有的互操作功能及其特性的说明性文件，因而该文档是说明和设计互操作系统时选择恰当设备的依据。PICS 文档通常由设备开发和制造厂商提供，但为了文档的统一和方便使用，BACnet 标准对该文档的格式和内容进行了严格的规定，PICS 文档的标准格式和内容如图 27.4－7 所示。

上述 3 个说明和设计 BACnet 互操作集成系统的基本方法从不同层次、不同角度对应用 BACnet 标准进行了技术上的规范，并形成了 BACnet 标准的应用技术体系。BIBB 方法具有最高的灵活性和准确性，但应用该方法时必须对 BACnet 标准的内容有较好的理解。标准 BACnet 设备是非常实用的工程方法，应用这种方法可能会造成某些互操作功能的冗余，但具有极高的工作效率，易于被工程技术人员所接受。互操作测试与 PICS 文档是从设备级层次上对互操作功能的描述，是保证系统互操作功能的基础。

BACnet协议实现一致性声明PICS

时间：

开发商名称：

产品名称：

产品型号：

应用软件版本号：_固件版本号：_BACnet协议版本号：

功能简介：
　　　　　　　　　　　　　　　　　　　　　　　　　　—— 概述性说明

BACnet标准设备类型（附录L）：

　　　BACnet工作站（B-OWS）

　　　BACnet楼宇控制器（B-BC）

　　　BACnet高级应用控制器(B-AAC)

　　　BACnet专用控制器(B-ASC)　　　　　　　　　　—— 互操作性说明

　　　BACnet智能传感器(B-SS)

　　　BACnet智能执行器(B-SA)

支持BACnet互操作基本块（BIBB）：

分段参数：

　　　支持分段请求　　　　　窗口大小　＿＿＿＿＿＿＿

　　　支持分段响应　　　　　窗口大小　＿＿＿＿＿＿＿

支持的BACnet标准对象类型：

　　对任意一个BACnet对象均要求填入如下内容：

　　　（支持可选择的属性表

　　　（可以用BACnet服务进行"写"操作的属性表

　　　（专用属性、属性标识符及功能列表

　　　（取值范围有限制的属性表

　　　（是否可以用BACnet服务进行动态生成或删除

数据链路层选择项：

　　　BACnetIP,(附录J)

　　　BACnetIP,(附录J)，外部设备

　　　ISO 8802-3，以太网

　　　ANSI/ATA878.1，2.5Mb,ARCnet

　　　ANSI/ATA878.1,RS-485ARCnet,波特率：＿＿＿＿＿＿＿　　　　—— BACnet协议

　　　MS/TP maste,波特率：＿＿＿＿＿＿　　　　　　　　　　　　　　内容说明

　　　MS/TP slave,波特率：_9.6kbps__

　　　Point-To-Point,EIA-232,波特率：＿＿＿＿＿＿＿

　　　Point-To-Point,moden,波特率：＿＿＿＿＿＿＿

　　　LonTalk,传输介质：＿＿＿＿＿＿

　　　Other:＿＿＿＿＿＿＿

设备地址连接（捆绑）：

　　　是否支持静态设备连接？是　　否

连网功能选项：

　　　路由器

　　　IP隧道路由器

　　　BACnet/IP广播管理设备(BBMD)

　　　是否支持外部设备注册？是　否

支持字符集：

　ANSI X3.4　　　　　　IBM/Microsoft DBCS　　　　ISO 8859-1

　ISO 10646(UCS-2)　　ISO 10646(ICS-4)　　　　　JIS c6226

若是网关设备,说明支持非BACnet协议类型：
　　　　　　　　　　　　　　　　　　　　　　　　　　—— 其他说明
_____

_____

图 27.4-7　PICS 标准格式和内容

4.3.5 BACnet 与 Internet

Internet 是世界上最大的互连网络，其应用已渗透到各个领域。由于 IP 协议是 Internet 的基础，因而 Internet 也称为"IP 网络"。Internet 的企业应用可以分为两个方面：一是与 Internet 互连，利用 Internet 进行通信与信息共享；二是将 Internet 网络作为骨干网（Backbone）建立企业内连网络（Intranet）。后者只是利用 IP 技术建立企业的内部网络，并且这种网络一般不直接与外界 Internet 互连。但在配置（如 IP 地址）不冲突的情况下，这种方式建立的内部网络也可以直接与外界 Internet 互连。很显然，IP 技术在楼宇自动化系统中的应用也可以分为上述两个方面，利用 Internet 连接多个楼宇自控网络，实现楼宇自控网络间的通信和信息共享；或利用 IP 技术直接建立楼宇自控网络，将 Internet 作为控制系统的低层控制网络（Infranet）。正因为 Internet 应用迅速普及，利用 IP 技术将是智能建筑楼宇自动化系统的发展趋势。BACnet 作为智能建楼宇自动化领域的网络系统，IP 技术是其不可缺少的重要内容。

具体地说，当 BACnet 网络利用 Internet 互连时，只实现信息传输和共享。这种应用方式相当于其数据链路层的 PTP 连接，并且可以取代 PTP 连接。而当利用 IP 技术建立 BACnet 网络时，IP 网络则是 BACnet 网络的"局域网络"，并且建立在 IP 网络上的 BACnet 网络仍是一个 BACnet 网络，是 BACnet 互连网络中的一个子网（Subnet）。

针对 IP 技术的不同应用，BACnet 标准定义了两种不同技术：B/IP PAD 和 BACnet/IP。其中，B/IP-PAD 技术用于 Internet 对多个 BACnet 网络的连接；BACnet/IP 则是基于 IP 技术的 BACnet 标准，用于实现 BACnet 网络。

1. B/IP PAD B/IP PAD 为"BACnet/Internet Protocol Packet - Assembler - Disassemblers（BACnet/Internet 协议包封装/拆装设备）"的简称。这种技术也称为"隧道"技术，就是将 BACnet 协议包在进入 IP 网络时先封装在 IP 协议包中，后在 IP 网络中传输。当封装 BACnet 协议包的 IP 协议包到达目的地址时，将 IP 协议包进行拆装，分离出其中的 BACnet 协议包。这种连接犹如在 IP 网络中开通了一条"隧道"，BACnet 协议包从隧道的一端传输到另一端。在"隧道"两端进行协议包封装和拆装的网络设备通常称为"协议包封装/拆装设备（PAD）"。"隧道"技术是一种较为常用的异构网络互连技术，可以实现任意异构网络的互连。

在 B/IP PAD 技术中，PDA 既是一个 IP 节点，也是一个 BACnet 设备节点。即 PDA 既要实现 IP 协议的用户数据报 UDP 功能，也要实现 BACnet 网络层的功能。BACnet 标准规定用于传输 BACnet 协议包的默认 UDP 端口为 X"BAC0"。但在有些情况下，也可以利用其他 UDP 端口进行传输。

B/IP PAD 技术可以用图 27.4-8 清楚地进行说明。图 27.4-8 是用一个 IP 网络连接多个 BACnet 网络的示意图。由于 PAD 既是 BACnet 设备节点，又是 IP 节点，因而 PAD 必须分配 IP 地址和 BACnet 地址。很显然，这种配置中的 BACnet 网络和 IP 网络共用一个物理网络。其中，与 BACnet 网络共用的 IP 子网均只有一个 PAD 节点，并通过 IP 路由器与 Internet 连接。

当网络-1 上的 A 节点需要向网络-2 上的 B 节点发送 BACnet 协议包时，BACnet 协议包首先传输给该网络上的 PDA。当 PDA 接收到 BACnet 协议包时，就检查 NPCI 中的 DNET 域。如果存在 DNET，则根据内部配置的"路由表"，找出目标网络-2 中 PAD 的 IP 地址和第一个 IP 路由器的地址，并将 BACnet 协议包封装成 IP 用户数据报（UDP），然后转发到第一个 IP 路由器上。封装 BACnet 协议包的 IP 用户数据报一旦进入 IP 网络，则由 IP 网络进行路由，并转发到与目标网络-2 直接连接的 IP 路由器，后由该 IP 路由器转发到目标网络 PDA。当目标网络 PDA 接到 UDP 后，就进行拆装，分离出封的 BACnet 协议包，最后转发到网络-2 中的 B 节点，从而完成不同 BACnet 网络上两个设备间的信息传输。

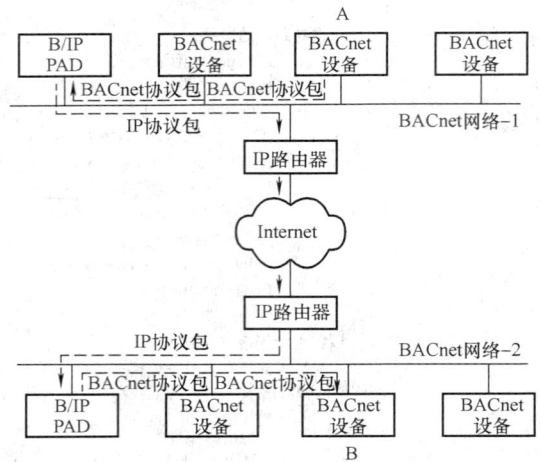

图 27.4-8 B/IP PAD 连接示意图

从上述信息传输过程来看，连接 BACnet 网络的 IP 网络对所有非 B/IP PAD 的 BACnet 节点是透明的，因而 PDA 除具有封装/拆装功能外，还应具有一定的"路由"功能，可以将其看成一个较为特殊的 BACnet 路由器，对 BACnet 协议包进行转发。同时，PAD 也是一个 IP 节点，具有接收和发送 IP 协议包的功能。

在图 27.4 - 8 中，PDA 在封装 BACnet 协议时，就必须确定目标网络 PDA 的 IP 地址，这就需要在 PDA 中建立一个"路由表"。路由表的内容随 PAD 配置不同可以有不同的形式，BACnet 标准没有规定路由表的形式，只要满足路由功能即可。图 27.4 - 8 的 PAD "路由表（Router Table）"每一项至少应包括：①通过 IP 网络连接可以到达的目标 BACnet 网络号；②目标 BACnet 网络 PAD 的 IP 地址和 UDP 端口；③到达目标网络的第一个 IP 路由器的 IP 地址。

作为一个特殊的 BACnet 路由器，PAD 与标准 BACnet 路由器的根本区别在于对广播方式的处理不同。标准 BACnet 路由器除广播报文的源网络外，向所有与之直接相连接的网络进行广播。而 PAD 只是将广播报文转发给所有对等 PAD，并不在 IP 网络上进行广播。之所以如此，一是为了避免拥塞（Congestion），二是在 IP 路由器不支持广播功能时保证 BACnet 广播。

另外，利用 B / IP PAD 连接 BACnet 网络时必须遵守如下两个原则：第一，所有连接 BACnet 网络必须具有唯一 BACnet 网络标识号，同一网络上的所有设备必须具有唯一 Device 标识符及其对象名称等参数；第二，在进行网络连接时，必须保证所有 BACnet 设备节点间只有唯一的"BACnet 路径"。其中，信息在 IP 网络中的传输不受第二条原则限制，既使有多个 IP 路径，但由于 IP 网络对 BACnet 设备透明，因而不违反第二条规定。

2. BACnet / IP 分析　PAD 隧道技术是所有异构网络互连均可采用的互连技术，因而 B / IP PAD 技术是一种相对成熟的 BACnet 与 Internet 互连技术。但该技术缺少灵活性，一是当网络配置改变时，所有 PAD 设备的路由信息或表均须修改，以维护路由信息的正确性；二是通过 Internet 向 BACnet 网络动态增加 BACnet 设备时，较为困难，且开销较大。而 PAD 路由信息的修改或维护很难制定成标准协议，这给网络运行和管理带来了极大的挑战。

针对 B / IP PAD 的主要缺点，BACnet 标准委员会（SSPC-135）的 IP 工作组（IP Working Group）开发了一个更具扩展性和灵活性的 BACnet 互连协议。该互连协议是基于 IP 的 BACnet 协议，简称为"BACnet / IP"标准。

BACnet / IP 直接支持基于 IP 协议的 BACnet 设备，用 IP 帧接收和发送 BACnet 报文，可以在 IP 网络上有效地进行 BACnet 广播，并允许在 IP 网络的任意位置动态地增加或减少 BACnet 设备。另外，BACnet / IP 定义的扩展机制，可以将 BACnet 标准扩展到其他通信协议标准，如 ATM，SONET，IPv6 等，甚至可以扩展到未来出现的通信协议之上。

（1）基本原理。BACnet 标准是建筑设备自控网络数据通信协议，互操作是 BACnet 标准的基本目标，通信只是传输互操作语义的工具或手段。在区分目标和手段之后，BACnet 标准在体系结构上定义了 4 个层次，应用层定义了严格而灵活的互操作语义，链路层和物理层定义了 5 种可供选择的局域网络通信标准作为通信工具或手段。其中，ISO 8802 - 3，ARCnet 和 Lon Talk 标准是已有的局域网络通信标准，而 MS / TP 和 PTP 局域网络通信标准只是参照 ISO 8802 - 2 标准的一个子集框架制定的特有标准。网络层也是作为通信工具或手段而定义的，其作用主要表现在两个方面：一是将多个局域网络连接起来，形成一个较大规模或大规模的通信网络，以克服单个局域网络规模的限制。二是 BACnet 广播管理，广播是控制网络中一种非常重要的信息传输方式，它可使多个相关设备同时得到某个参数或事件。BACnet 广播分为当地广播（Local Broadcast）、远程广播（Remote Broadcast）和全局广播（Global Broadcast）三种。在这三种广播中，局域网络通信标准只能管理当地广播，而远程广播和全局广播超出了局域网络通信标准的范围，必须由局域网络标准之上的网络层进行管理。因而 BACnet 网络层也是通信系统所不可缺少的组成部分。

从上面的分析可知，BACnet 应用层是 BACnet 标准的核心（Core），定义了建筑设备互操作的语义。网络层、链路层和物理层只是实现互操作基本目标的工具。也可以说，只要 BACnet 定义的互操作语义不变，无论采用何种通信标准作为工具或手段，均不会改变 BACnet 标准的性质。因此，如果将通信工具或手段进行扩展，或者将其他通信标准作为传输 BACnet 互操作语义的通信工具或手段，不仅改变不了 BACnet 标准的基本性质或基本目标，而且还可以扩展 BACnet 标准，使其具有更大的灵活性，具有更大的应用空间。这就是 BACnet 标准在链路层和物理层进行扩展的依据。由于 BACnet 网络层与链路层间只定义了一个标准接口（ISO 8802 - 2 Type 1），没有定义具体的实现方式，因而从理论上讲，该扩展可以使 BACnet 网络建立在目前所有的通信标准网络之上。

为了充分利用 IP 协议的功能，BACnet 标准并没有直接利用 IP 协议，而是在其网络层和 IP 之间增加"BVLL"协议层和 UDP 协议（见图 27.4 - 2）。BVLL 是 BACnet 标准定义的一个"微协议层（Micro Protocol Layer）"，该微协议层的全称为"BACnet 虚拟链路层（BACnet Virtual Link Layer）"，位于 BACnet 网络层与 UDP 协议之间，其作用是进行 BACnet 广播管理，并提供向其他通信协议扩展的扩展机制。同时，为了减少对 IP 协议的影响，BACnet 标准利用 IP 用户数据报（UDP）进行 BACnet 信息传输。这种 BACnet 标准的体系结构即称为"BACnet / IP 体系结构"。

在 BACnet / IP 体系结构中，加入 UDP 协议既可以避免重新定义新类型的 IP 协议包，保持 IP 协议稳定，又可以利用已有的 IP 系统建立 BACnet 网络。如果重新定义一个新类型 IP 协议包，或在 IP 帧结构中重新定义一个"Protocol"值，则不能在已有的 IP 系统进行有效的传输。例如，某些 IP 路由器可能将不能识别的 IP 协议包简单地丢掉。而加入传输控制层则可以非常容易地利用端口机制进行扩展，但如果选择 TCP 协议，不仅传输开销较大，而且也不能进行 BACnet 广播。UDP 协议是一种无连接传输协议，既满足 BACnet 标准中 ISO 8802 - 2 Type 1 的要求，也可以实现"一对多"的广播传输。

BVLL 是一个非常简洁的微型协议层，其作用非常巨大：一是对 BACnet 广播进行统一管理；二是提供在 IP 网络上动态增加或减少 BACnet 设备的功能；三是提供 BACnet 通信系统的扩展机制，允许 BACnet 标准向其他通信协议扩展。例如，ATM，SONET 等。

BACnet / IP 与 B / IP PAD 相比，两者均利用端口为 X"BAC0"的用户数据报 UDP 进行信息传输，但 BACnet / IP 网络中的所有 BACnet 设备均为 IP 节点，BACnet 应用层协议包不需要进行封装和拆装处理，并直接利用 IP 地址进行寻址和路由。B / IP PAD 只是利用 IP 网络进行 BACnet 网络互连，除 PAD 设备外，其他 BACnet 设备均为非 IP 节点。虽然 IP 网络对 BACnet 设备透明，但不同 BACnet 网络上的设备进行信息传输时，必须在 PAD 设备中进行封装和拆装处理。

（2）BACnet / IP 网络。BACnet / IP 网络由一个或多个 IP 子网组成，并且一个 BACnet / IP 网络只有一个 BACnet 网络号。当多个 BACnet / IP 网络或 BACnet 网络通过 BACnet 路由器连接时，就形成了一个 BACnet 互连网络。

图 27.4 - 9 为两个 IP 子网组成一个 BACnet / IP 网络的示意图。该图与图 27.4 - 8 相比，单从形式上看，网络的物理拓扑结构完全相同，只是将 PAD 设备换成了 BBMD（BACnet Broadcast Managememt Device）设备，并增加了一个称为"外部 BACnet 设备（Foreign BACnet Device）"的 BACnet 设备。但在内涵上是完全不同的，首先，图 27.4 - 9 中的 BACnet 设备均为 IP 节点，任意两设备均可以直接进行"一对一"通信，或单播（Unicast）通信，不需要经过封装和拆装处理。其次，图 27.4 - 9 中的两物理网段虽然有不同的 IP 子网号，但这两个 IP 子网组成一个 BACnet 网

络，并只有一个 BACnet 网络标识号。而图 27.4 - 8 中的两个物理网段分别为两个 BACnet 网络，并具有不同的 BACnet 网络号。

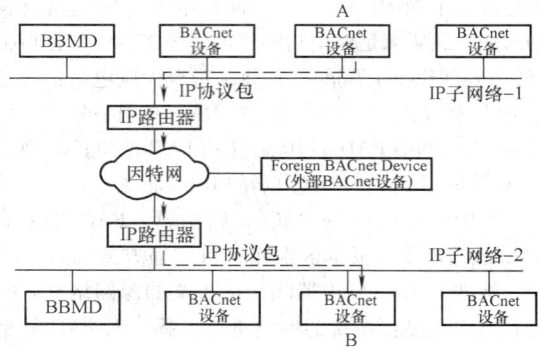

图 27.4 - 9　BACnet / IP 网络示意图

BBMD 设备是 BVLL 协议定义的关键设备。BVLL 协议规定，BACnet / IP 网络的每个 IP 子网有且只有一个 BBMD 设备，用于注册外部 BACnet 设备，并在 BACnet / IP 网络中实现 BACnet 广播机制，使 BACnet / IP 网络中的所有 BACnet 设备（包括外部 BACnet 设备）均可以进行 BACnet 广播。BBMD 通过广播路由表 BDT（Broad Distribution Table）管理 BACnet / IP 广播，通过外部设备表 FDT（Foreign Device Table）实现对外部设备的注册和广播。

外部 BACnet 设备也可以简称为"外部设备"，是指在 BACnet / IP 网络之外的 IP 子网上接入的 BACnet 设备。也可以说，外部设备所在的 IP 子网不是组成 BACnet / IP 网络的 IP 子网，在外部设备的 IP 子网上没有 BBMD 设备。显然，外部设备可以与 BACnet / IP 网络的所有 BACnet 设备进行直接通信或单播。但要参与 BACnet / IP 广播，就必须提供一种参与机制，使外部设备既可以接收来自 BACnet / IP 网络的广播，也可以向 BACnet / IP 网络进行广播。

BVLL 协议定义了一种"注册"机制，该机制可以使外部设备参与 BACnet / IP 网络的所有广播活动。这种机制规定，任意外部设备要参与 BACnet / IP 广播活动，就必须向 BACnet / IP 网络的某个 BBMD 设备进行注册，在 BBMD 设备建立相应的外部设备表 FDT。当 BACnet / IP 网络进行广播时，由 BACnet / IP 网络上的注册 BBMD 用单播的方式向外部设备发送广播信息。当外部设备向 BACnet / IP 网络广播时，外部设备先将广播报文用单播方式发送给注册 BBMD，后由该 BBMD 负责 BACnet / IP 网络广播。

外部设备既可以作为一个永久 BACnet 设备接入 IP 网络，也可以是临时接入的 BACnet 设备。BVLL 协议允许外部设备在 IP 网络的任意位置接入，这种

功能可以使移动 BACnet 设备（如手提式 BACnet 管理工作站）进行远程注册或登录，实施远程控制和管理。这种允许外部设备随时随地接入的功能相当于网络的"即插即用"功能。另外，利用外部设备机制还可以进行 BACnet/IP 网络互连。

BACnet/IP 网络的每个 BACnet 设备均为 IP 节点，且其地址由 6 个字节组成：4 字节 IP 地址和 2 字节 UDP 端口值。其中 UDP 地址默认值为 X"BAC0"，所有 BACnet 设备均应支持这个端口值。当多个 BACnet/IP 网络共用一个 IP 子网，或在一个 IP 子网上存在多个虚拟 BACnet/IP 网络时，也可以给不同的虚拟 BACnet/IP 网络分配不同的 UDP 端口值。这个 6 字节地址称为"BACnet/IP 地址"，其作用相当于 BACnet 标准的 MAC 地址，用于 BACnet/IP 设备寻址。

BACnet/IP 网络具有与 BACnet 网络相同的通信功能，也就是说，直接发送给某个设备的报文由 IP 协议直接传输给该设备节点，当地广播（Local Broadcast）发送给 BACnet/IP 网络中其他的所有设备节点，远程广播（Remote Broadcast）发送到指定网络（该网络的网络号与源网络号不同）中的所有设备节点，而全局广播（Global Broadcast）则应发送到所有网络中的所有设备节点。在 BACnet/IP 网络内，所有 IP 子网均有相同的 BACnet 网络号，并属于同一个 BACnet 网络，当一个 BACnet 广播报文在多个 IP 子网上广播时，需要经过多次转发和广播。这种多次广播过程从传统的 BACnet 观点来看，具有"远程广播"和"全局广播"的特点，但这些广播过程均在同一个 BACnet 网络范围，仍属于 BACnet 标准的"当地广播"。因此，为了实现对广播的统一管理，BACnet/IP 定义了一个 BVLL 协议层，并将"广播地址（Broadcast Address）"均规定为主机（Host）地址全部为"1"的 IP 地址。该广播地址的定义完全引用了 IP 广播地址的定义。

（3）BVLL 协议。对 BACnet 通信系统的任何扩展，都应考虑与原 BACnet 网络层接口的兼容，或扩展的通信系统都应提供一个相同的 BACnet 网络层"视图（Viewpoint）"。也就是说，BACnet/IP 网络上的设备应与 BACnet 网络上的设备具有相同的通信方式或通信规程，即任意对等 BACnet 设备均可以直接通信，并且可以进行 BACnet 标准的当地广播、远程广播和全局广播。连接 BACnet/IP 网络的路由器也应与连接 BACnet 网络的路由器具有相同的网络层规程和协议功能。

单从 IP 网络来看，对等 IP 节点可以直接相互通信，但大多数 IP 网络为了防止网络拥塞通常不支持或禁止广播，尤其是远程广播和全局广播。因而 IP 网络不提供 BACnet 标准所要求的网络层视图。这就需要在 BACnet 网络层与 IP 之间重新定义一个协议层，该协议层起适配器的作用，既不影响原来的协议，又将原来的协议进行连接，并在 IP 协议之上提供一个 BACnet 网络层视图。从协议体系结构的观点来看，这个新的协议层提供了 BACnet 网络层所要求的视图，因而相当于 BACnet 标准的"链路层"，故称为"BACnet 虚拟链路层"或"BVLL"。

BVLL 在 BACnet 网络层与通信系统协议之间提供了一个接口或机制，这个接口或机制包括 BVLL 协议数据格式和协议规程两个内容。协议数据格式说明了 BVLL 的基本组成和功能，协议规程说明了协议功能操作的过程。BVLL 共定义了 12 个类型的协议报文，所有报文格式如图 27.4-10 所示，并且必须包含"Type"、"Function"和"Length"三个域。这三个域称为 BVLL 协议报文的头部，不仅格式固定，而且长度均为 4B。

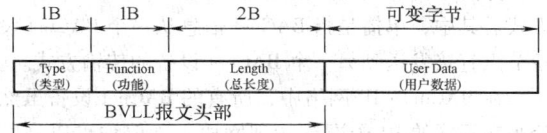

图 27.4-10　BVLL 协议报文结构图

Type（类型）域用于说明低层通信协议及其对应微协议的类型。在 BACnet/IP 体系结构中，该域取值为 X"81"，表示低层通信协议仅限为 IP 协议（IPv4）。该域提供了一种扩展低层通信系统的机制。如果 BACnet 标准建立在其他通信协议之上，如 IPv6、ATM、SONET 或未来出现的通信协议，则必须对应地定义 BACnet 网络层与低层通信协议间的"虚拟链路层"。此时该域就可以取不同的值，以区分低层通信系统所采用的通信协议。

Function（功能）域表示该协议报文的协议功能。该域为 1 个字节长度，目前只定义了编号为 0~11 的协议功能，这些协议功能都是用于对信息传输（直接传输或单播、当地广播、远程广播和全局广播）的管理。很显然，这个域也具有扩展功能，可以将其他编号定义为 BVLL 协议的扩展功能，并且这种协议扩展功能与已定义的信息传输管理功能一样，对 BACnet 网络层及低层通信协议均没有影响。例如，可以定义加密/解密协议扩展功能，也可以定义加压/解压协议扩展功能等。这些扩展功能均不会要求重新定义 APDU 或 NPDU 类型，也不会修改低层通信协议，对原来的协议没有任何影响。

Length（长度）表示协议报文的总长度，其值为报文头部（4B）与报文用户数据长度之和。编码时高字节在先。

综上所述，一个 BACnet 应用报文从应用层产生到 IP 网络进行传输的过程可以用图 27.4 - 11 所示的步骤进行描述。

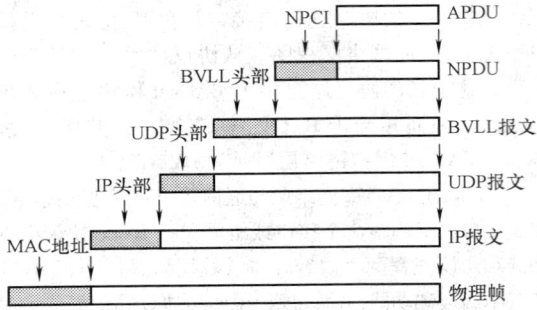

图 27.4 - 11　BACnet / IP 协议报文处理流程图

（4）BVLL 协议分析。BVLL 协议规程主要定义了 BACnet / IP 网络的信息传输过程。BACnet 信息的传输分为单播、当地广播、远程广播和全局广播四种方式。其中，单播是指 BACnet 信息从一个 BACnet 设备节点直接发送到另一个 BACnet 设备的传输方式。

在 BACnet / IP 网络中，所有的 BACnet 设备虽然分布在不同的 IP 子网或物理网段上，但均可以划归为一个 BACnet 网络。由于一个 BACnet 网络内通常只有单播和当地广播两种信息传输方式，故 BVLL 协议规程只定义了单播和当地广播两种信息传输方式。BACnet / IP 网络中的当地广播是指对一个 BACnet 网络所有组成 IP 子网进行的广播。当 BACnet 网络只由一个 IP 子网组成时，则当地广播对该 IP 子网上的所有节点进行广播。而当 BACnet 网络由多个 IP 子网组成时，则当地广播具有"全局广播"的性质，需要对所有 IP 子网上的所有节点进行广播。为了叙述方便，下面内容将 BACnet / IP 网络中的当地广播也称为"广播"，并将 IP 子网上的节点对本子网进行的广播地址称为"直接广播（Directed Broadcast）"。

1）单播。在 BACnet / IP 网络中，任意两节点间（包括外部设备）均可以通过 Original - Unicast - NPDU 报文直接进行单播，如图 27.4 - 9 所示。值得注意的是，不论外部设备是否注册，均可以用单播的方式与 BACnet / IP 网络中的任意节点进行通信，不需要 BBMD 的参与。

2）广播。BACnet / IP 的广播可以有两种管理方式：第一种是直接利用 IP 协议的 IGMP（Internet Group Management Protocol）广播协议；第二种是 BVLL 协议。

IGMP 组播（Multicast）协议是利用"群组"关系进行的特殊广播。所有进行组播的节点称为"群组"，每个群组均有一个特殊的 IP 地址，称为"组播地址"。组播地址属于 IP 地址的 D 类地址，地址空间为 224.0.0.0 ~ 239.255.255.255。其中，地址 224.0.0.0 保留，不能分配给任何群组。地址 224.0.0.1 也是永久性地分配给全主机群组（All Hosts Group）地址。全主机群组包括参与该 IP 组播的所有主机和路由器。所有组播地址只能用于目标地址，不能出现在源地址字段中。

利用 IGMP 组播协议可以将所有参与广播的 BACnet 设备节点划归为一个组播群组（Group），从而可以"借用"已有的 IGMP 机制直接实现 BACnet / IP 网络上的广播。但 IGMP 组播协议存在下列缺点：①实现 IGMP 组播协议的 IP 路由器价格较高，并不是所有的 IP 路由器都支持 IGMP 组播协议。即使某些 IP 路由器支持 IGMP 协议，管理也较为复杂。在大多数情况下，由于网络流量的限制，该功能经常被关闭。②IGMP 功能只是 BACnet 设备的一个可选功能，大多数 BACnet / IP 设备由于各种因素（如计算资源）限制是不支持 IGMP 的。③当在不具有组播功能的网段上增加 BACnet 设备时，该设备就不可能成为组播群组的成员，从而不能进行 BACnet / IP 广播操作。

由于 IGMP 组播协议具有上述缺点，不可能保证任意条件下的 BACnet / IP 广播，因而 BACnet 标准委员会 IP 工作组在将 IP 组播功能作为可选功能的同时，还根据 BACnet / IP 广播的特点开发了 BVLL 协议。BVLL 协议除提供了一种扩展机制外，其主要功能是 BACnet / IP 广播管理。

BVLL 对 BACnet / IP 广播管理可以分如下两种情况进行说明。

当 BACnet / IP 网络只由一个 IP 子网组成时，则可以利用 Original - Broadcast - NPDU 报文进行直接广播。Original - Broadcast - NPDU 报文使用广播地址自动地广播到同一 IP 子网上所有的节点。如果 IP 子网上有 BBMD 设备，并有外部设备注册时，则在 BBMD 的管理下，由 BBMD 使用 Forward - NPDU 报文将广播信息发送给外部设备（如图 27.4 - 12 所示）。

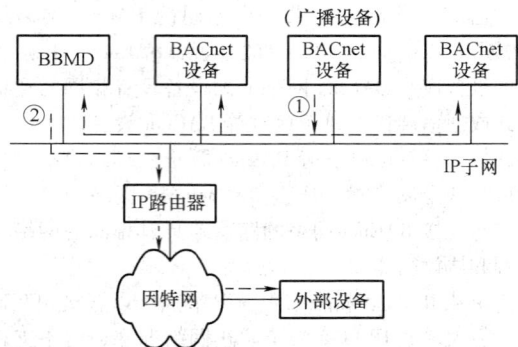

图 27.4 - 12　只有一个 IP 子网的广播示意图

当 BACnet / IP 网络由多个 IP 子网组成时，则必须引入一个广播管理设备进行管理。该广播管理设备称为"BACnet 广播管理设备"或 BBMD。BBMD 的作用可以用图 27.4 - 13 所示的 BACnet / IP 网络进行说明。

图 27.4 - 13 为两个 IP 子网所组成的 BACnet / IP 网络。当 IP 子网-1 的设备 A 广播时，首先使用 O-riginal - Broadcast - NPDU 报文在 IP 子网-1 上进行直接广播，以便 IP 子网-1 上包括 BBMD 在内的其他所有节点均能收到广播。但由于 IP 路由器不能转发直接广播，因而直接广播被 IP 路由器限制在 IP 子网-1 的范围内。

在上述两种广播方式中，图 27.4 - 13（a）表示的广播方式比较直接，通常称为"一跳（One - hop）"广播方式，但由于 IP 路由器不总是支持 BACnet 广播的，因而图 27.4 - 13（a）表示的广播方式有时是不可行的。而图 27.4 - 13（b）所表示的广播方式较为复杂些，不是由 IP 路由器直接在 IP 子网上广播，而由 IP 路由器转发到 BBMD，再由 BBMD 设备进行在 IP 子网上广播的，因而称为"二跳（Two - hop）"广播方式。这种广播方式在 IP 环境中总是可行的。通过 BBMD 配置可以选择 IP 子网的广播方式。

当外部设备需要向 BACnet / IP 网络广播时，就必

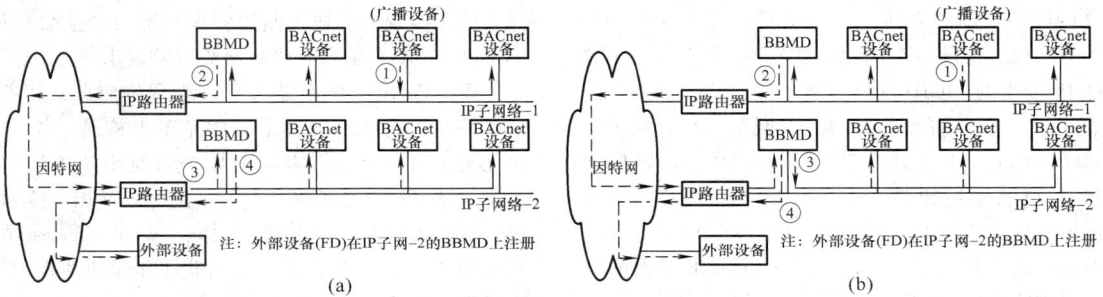

图 27.4 - 13 有多个 IP 子网的广播示意图
（a）IP 路由器支持广播；（b）IP 路由器不支持广播

当 IP 子网-1 上的 BBMD 收到直接广播后，就生成一个 Forwarded - NPDU 报文，并根据 BBMD 中的广播路由表 BDT 向 IP 子网-2 转发广播报文。当 IP 路由器具有广播功能时，则 Forwarded - NPDU 报文的目标地址为 IP 路由器。当 IP 路由器不支持广播功能时，则 Forwarded - NPDU 报文的目标地址为 IP 子网-2 上的 BBMD 设备。

图 27.4 - 13（a）是与 IP 子网-2 直接连接的 IP 路由器支持广播功能的广播示意图。当 Forwarded - NPDU 报文到达与 IP 子网-2 连接的 IP 路由器时，由 IP 路由器使用直接广播地址向 IP 子网-2 进行直接广播，从而完成 BACnet / IP 广播。此时，IP 子网-2 上的 BBMD 不再进行直接广播，如果该 BBMD 中存在注册的外部设备，则由 BBMD 简单地向外部设备转发广播报文。

图 27.4 - 13（b）是与 IP 子网-2 直接连接的 IP 路由器不支持广播功能的广播示意图。当 Forwarded - NPDU 报文到达与 IP 子网-2 连接的 IP 路由器时，由 IP 路由器将此报文转发到 IP 子网-2 的 BBMD，然后由该 BBMD 使用直接广播地址在 IP 子网-2 上继续进行直接广播，从而完成 BACnet / IP 广播。如果该 BBMD 中还存在注册的外部设备，则同时向外部设备转发广播报文。

须先注册，后由注册 BBMD 参与完成广播。图 27.4 - 14 为外部设备进行广播的示意图。

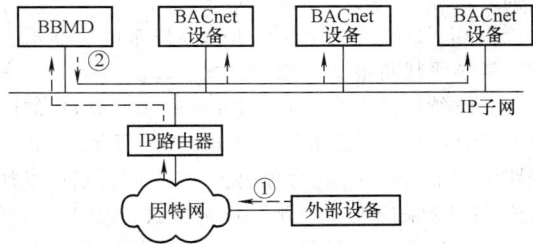

图 27.4 - 14 外部设备广播示意图

（5）BBMD。从以上内容可知，BBMD 对 BACnet 广播的管理分为两个方面：一是对 BACnet / IP 网络的所有 IP 子网广播进行管理；二是对外部设备广播进行管理。要实现对所有 IP 子网的管理，就必须在每个 IP 子网上配置一个 BBMD 设备和设置相应的广播路由表 BDT。要实现对外部设备广播的管理，就必须提供外部设备注册功能，并设置对应的外部设备表 FDT。

1）BDT。BDT 由 BACnet / IP 网络的所有 IP 子网项组成，每个 IP 子网项由 10 个字节组成。其中，6 个字节用于表示 BBMD 的 BACnet / IP 地址，4 个字节用于表示广播路由掩码（Broadcast Distribution

Mask）。BBVL 协议要求 BACnet／IP 网络中所有 BBMD 的 BDT 均应相同。其中，广播路由掩码的形式和作用相当于 IP 协议中的 IP 子网掩码，用于选择和判断 IP 子网的广播方式（"一跳"广播方式或"二跳"广播方式）。

当 BBMD 需要向其他 IP 子网发送广播报文时，根据该 IP 子网在 BDT 的 IP 子网项，计算广播报文的目标地址。计算方法是先将 IP 子网项的广播路由掩码取反（NOT），然后与 IP 子网项的 BACnet／IP 地址进行"或（OR）"运算。当 BBMD 向其他 IP 子网发送广播报文的 IP 地址为直接广播地址（主机号全为"1"）时，则由目标 IP 子网的 IP 路由器进行直接广播，即"一跳"广播方式。当发送广播报文的 IP 地址为目标 IP 子网的 BBMD IP 地址时，则由目标 IP 子网的 BBMD 进行直接广播，即"二跳"广播方式。例如，假设目标 IP 子网的 IP 子网项的 BBMD BACnet／IP 地址为 202.114.3.218（C 类 IP 地址），广播路由掩码为 255.255.255.0，则广播报文的目标地址为 202.114.3.255，这个目标 IP 地址的主机地址全为"1"，从而可以认为该目标 IP 子网的 IP 路由器支持 BACnet 广播，采用"一跳"广播方式对该 IP 子网进行广播。如果广播路由掩码为 255.255.255.255，则广播报文的目标地址为 202.114.3.218，可以认为广播报文先发送到该目标 IP 子网的 BBMD，后由 BBMD 进行直接广播，因而广播方式为"二跳"广播方式。

当 BBMD 收到一个其他 BBMD 发来的广播报文时，就必须判断报文广播的方式，以决定是否在本 IP 子网继续进行广播。由于 BACnet／IP 网络中的所有 BBMD 都有相同的 BDT，当 BBMD 检测到本 IP 子网路由广播掩码的主机号掩码为"0"时，则可以判断原 BBMD 采用了"一跳"广播方式，BBMD 不再需要在本 IP 子网上进行直接广播。此时，若存在外部设备表，则只向外部转发广播。当 BBMD 检测到本 IP 子网路由广播掩码的主机号掩码为"1"时，则可以判断原 BBMD 采用了"二跳"广播方式，BBMD 需要继续在本 IP 子网上进行直接广播。此时，若存在外部设备表，则还向外部转发广播。

2）FDT。FDT 用于登记注册的外部设备。当一个外部设备向某个 BBMD 注册时，就在该 BBMD 的 FDT 增加一项记录。FDT 每一项记录由 10 个字节组成。其中，6 个字节用于表示注册外部设备的 BACnet／IP 地址，两个字节表示外部设备注册时的有效时间期限（Time‐to‐Live），另两个字节用于表示外部设备注册有效的剩余时间。当注册有效时间剩余时间为 0 时，如果外部设备没有重新注册，而 BBMD 自动注销该外部设备的记录项。

一个外部设备可以在 BACnet／IP 网络的任意一个 BBMD 中进行注册，但一旦在某个 BBMD 中进行了注册，就不能再在同一 BACnet／IP 网络的其他 BBMD 中注册。因此，BBMD 不要求所有的 FDT 相同。值得指出的是，FDT 只对外部设备的广播活动起作用，如果外部设备不进行广播，即使不进行注册，也可以与 BACnet 设备进行直接通信（单播）。

3. BACnet／Web Services　为了适应智能建筑集成系统从自动监控向综合信息管理发展的必然趋势，BACnet 标准利用现代 IT 技术对其进行了扩展。这种扩展仍然是建立在 BACnet 对象模型基础之上的，其目的是实现智能建筑监控管理系统与企业级（Enterprise‐wide）信息管理系统集成的需求。

Web Services 技术是当今 IT 业界的焦点，其主要目标是在现有各种异构平台的基础上构筑一个"平台无关，语言无关，协议无关"的通用技术层。通过这个技术层，各种平台上的应用可以互相连接和集成，从而实现信息互操作的功能。Web Services 作为一种 IT 技术，以其开放性、标准性和简便性在 IT 业界得到了广泛应用，并正向自控领域及其系统集成应用领域高速渗透。利用 Web Services 技术进行智能建筑管理系统正是这种发展趋势的具体表现，代表着智能建筑管理系统技术的发展方向。BACnet／WS 则是 BACnet 标准利用现代 IT 技术在其体系结构之上进行的 Web Services 技术扩展。

虽然 BACnet／WS 是 BACnet 标准的一部分，但该部分是"协议中立（Protocol Neutral）"的，其他标准（如 MODBUS，Konnex，LON 等）均可以使用。这就是说，BACnet／WS 所定义的 Web Services 接口为一个独立于协议的通用接口，其他标准（包括 BACnet 标准）均可以利用这个通用接口与企业级信息管理系统实现系统集成和信息互操作。

Web Services 技术包含许多内容，其核心技术主要是可扩展标记语言（eXtensible Markup Language，XML）、简单对象访问协议（Simple Object Access Protocol，SOAP）和超文本传输协议（Hypertext Transfer Protocol，HTTP）。这三项技术同样包含很多内容，但其作用可以简单地总结为，XML 用于数据描述，SOAP 用于数据访问，HTTP 用于数据传输。根据这三项 IT 技术的基本作用和上述 BACnet 基本原理，就可以清晰地看出 BACnet 标准对 Web Services 技术的应用，即利用 XML 映射 BACnet 对象信息模型和报文，用 SOAP 映射 BACnet 服务规程，用 HTTP 映射 BACnet 传输工具。

在理论上，完全可以根据上述对应关系利用 Web Services 技术重新建立一个新的通用协议标准，以取代现有的协议（如 BACnet，LonWorks 等）。但由于实现 Web Services 技术需要较强的处理能力、较宽的通信带宽和较多的存储资源，而目前建筑设备自控系统是以资源较少的嵌入式系统（Embedded System）或专用系统为主的，因而现阶段 Web Services 技术是不可能取代上述协议的。事实上，BACnet／WS 也没有利用 XML 映射 BACnet 对象信息模型和报文，只是利用 SOAP 定义了一组"协议中立"的应用程序接口（API）。并利用 HTTP 传输请求与响应。图 27.4－15 为 BACnet／WS 的基本原理图。

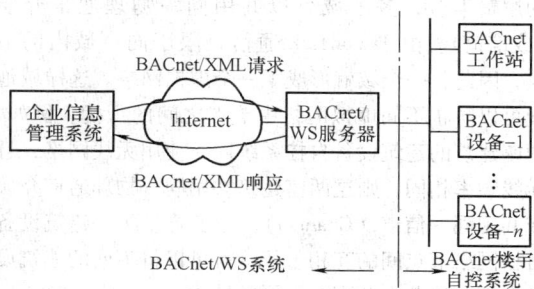

图 27.4－15　BACnet／WS 基本原理图

利用 BACnet／WS，可以实现如下功能：①可以实现 BACnet 或其他协议标准与企业信息管理系统的无缝集成。②可以建立"机器可读"的 EPICS（Electronic Protocol Implementation Conformance Statements）文档。③可以建立"机器可读"的"BACnet 对象"结构及组成属性的描述。④可以建立易于分析且非常直观的协议分析器。⑤可以实现网络拓扑结构和路由器的自动配置。

Web Services 技术是最新加入到 BACnet 标准的内容。这个内容虽然是从 BACnet 体系结构外部进行扩展的，但仍未改变 BACnet 对象信息模型的基本特征和内容。这也再次说明 BACnet 对象信息模型和间接互操作模式是 BACnet 标准的本质。

4.4　LonWorks 技术

LonWorks 技术是美国埃施朗（Echelon）公司 20 世纪 80 年代后期推出开发和设计自控网络节点或设备，以及自控网络系统集成的技术平台（Platform），是一套完整的自控网络解决方法和方案，已广泛应用于工业过程、交通运输、建筑设备和家庭自动化领域。这个技术平台包括如下几个组成部分：

1. LonTalk 通信协议　ANSI／EIA 709.1 标准。

2. 专用硬件　神经元芯片（Neuron Chip）和收发器（Transceiver）等。

3. 专用软件和工具　Neuron C，NodeBuilder 和 LonBuilder 等。

4. LonMark 互操作标准　LonMark 互操作指南（LonMark Interoperability Guidelines）。

4.4.1　LonTalk 协议

LonTalk 通信协议是一个分层的对等（Peer － to － peer）通信协议，是一个完全符合 ISO／OSI RM 模型的通信协议。表 27.4－3 是 LonTalk 体系结构和功能分配表。

从表 27.4－3 可以看出，LonTalk 通信协议是完全符合 OSI－RM 模型分层原则的，但各层具体功能分配是有所不同的。

1. 物理层　LonTalk 支持多种通信介质——双绞线（Twisted Pair，TP），电力线（Power Line，PL），无线射频（Radio Frequency，RF），红外线（Infrared，IR），同轴电缆（Coaxial Cable，CX）和光纤（Optical Fiber，OF）等。通信介质通常被抽象地称为"信道（Channel）"，不同介质具有不同的通信速率、通信距离和不同的收发器。其中，Echelon 生产 TP 和 PL 收发器；Motorola 生产 RF 收发器，RF 收发器工作于 400～470MHz（许可）和 900MHz（未许可）两个频段；MicroSym 生产 OF 收发器；Fasirand 生产 IR 收发器。表 27.4－4 是常用通信介质的特性表。

表 27.4－3　　　　　　　　　　**LonTalk 体系结构和功能分配表**

层次	OSI－RM		服　　务	LonTalk 功能	Neuron 芯片
7	应用层		网络应用	标准网络变量类型（SNVT）	应用 CPU（CPU－3）
6	表示层		数据表示	网络变量（NV），外部帧传输	网络 CPU（CPU－2）
5	会话层		远程控制	请求／响应，认证，网络管理，连接恢复	
4	传输层		端对端传输	应答，非应答，广播，认证等	
3	网络层		传输分组	地址与路由，网络管理	
2	数据链路层	LLC 层	帧结构	帧结构，数据解码，CRC 检查	
		MAC 层	介质访问	优先级 P－坚持 CSMA	MAC CPU（CPU－1）
1	物理层		电路连接	介质，电气接口	

表 27.4－4   常用通信介质的特性表

类 型	介 质	数据速率	最 大 距 离
TP／XF－1250	双绞线，总线型	1.25Mbit/s	130m（最不利情况下）
TP／XF－78	双绞线，总线型	78kbit/s	1330m（最不利情况下）
TP／FT－10	双绞线，自由拓扑	78kbit/s	500m（无中继器）或1000m（一个中继器）
PL－2X	电力线	5kbit/s	~500 与环境有关

由于采用了不同的通信介质和收发器，LonTalk 物理层也有不同的电气编码，如 Neuron 芯片在单端工作模式时通信端口通常为差分式曼彻斯特编码。

2. 数据链路层 LonTalk 采用带优先级可预测的 P 坚持 CSMA（Predicative P－Persistent CSMA）算法进行介质访问控制，既有效地提高了通信介质的通信能力，又可以有选择性提供优先机制，以实现对重要数据信息（或急迫信息）的实时响应能力。帧结构由控制段、地址段和用户数据段和 CRC 段组成，根据自控网络传输数据量小的特点，规定用户数据段最大长度为 228 字节。

3. 网络层 LonTalk 网络层主要功能为网络管理和路由两种功能。其网络管理包括网络地址分配、节点查询、路由表配置、网络认证和流量控制等。路由功能是所有网络必备的功能，LonTalk 为了实现灵活的路由功能，不仅定义了如图 27.4－16 所示的网络拓扑结构，而且还定义了许多复杂的概念和功能。

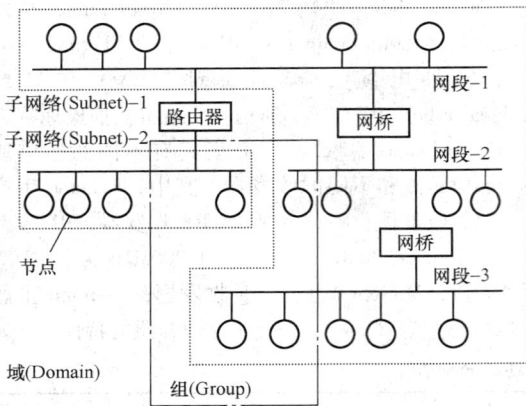

图 27.4－16 LonTalk 网络拓扑结构图

从图 27.4－16 可以看出，网段通过网桥连接形成"子网（Subnet）"，子网通过路由器连接形成"域（Domain）"。在一个域中，由不同子网上的节点（Node）可形成"组（Group）"，其中每个节点称为"组成员（Member）"。

为了灵活支持信息传输，LonTalk 协议采用了一种使用域、子网和节点地址的分级编址方式。这种编址方式可以编址整个域、单个子网或单个节点。为了

支持广播，LonTalk 协议还采用了组地址方式同时对多个节点进行编址。

（1）域地址（或域 ID）。域是 LonTalk 网络节点的逻辑集合，多个域可以共用同一物理通信介质（或信道）。由于 LonTalk 通信只限于同一域内的节点，因此，一个域就形成了一个虚拟网络。这样域地址可以防止不同虚拟网络中节点之间的干扰。例如，两座建筑的建筑设备自控系统同时使用无线网络，且无线频率相同，则这两座建筑共用同一物理通信介质或共用同一信道（Channel），为了防止两个建筑设备自控网络节点间的互相干扰，就可以将不同的建筑设备自控网络节点分配在不同的域中。

同一网络节点可以属于一个或两个域。属于两个域的节点具有两个域地址，可以用于两个域间的通信网关（Gateway）。LonTalk 协议不支持域间通信，但可以通过同属于两个域的节点利用专用应用程序实现两个域间的数据通信。

一个域有一个域 ID 标识。域 ID 可以配置成 0、1、3 或 6 个比特位。6 比特位的域 ID 可以确保域 ID 是唯一的。但 6 个比特位的域 ID 增加了通信开销，因此，在不可能发生域 ID 冲突时，尽可能用位数少的域 ID。例如，在一个只有一个物理网段形成的 LonTalk 网络中，就可以省略域 ID。

（2）子网络地址。在 LonTalk 网络中，一个域最多有 255 个子网络，每个子网络具有一个唯一的编号，该唯一编号即为子网络地址。

在 LonTalk 网络中，一个子网络最多有 127 个节点。在一个子网络中，每个节点具有一个唯一的编号，该唯一编号即为节点地址。

（3）组地址。组是一个域中节点的逻辑集合，是有效地进行广播的地址形式。与子网络不同的是，节点可以任意分组，并可以跨越任意信道、网桥和路由器等。一个节点可以属于不同的组，但最多不能超过 15 个组。组地址用 1B 进行编码，因此，一个域最多可以有 256 个组。

（4）Neuron 芯片 ID（Neuron ID）。Neuron ID 是 Neuron 芯片在出厂时就固化在芯片里的 48 比特位编号，它在全球范围内是唯一的，并且在其生命期内是

不会变化的，故可以用 Neuron ID 对网络节点进行编址。但 Neuron ID 只支持一对一的信息传输，并且路由表较为庞大。另外，当节点被其他不同 Neuron ID 的节点替换（如原来节点发生故障进行更换）时，必须全部更改与之有关的路由表，不仅繁琐，而且有可能遗漏。因而该编址方式不宜作为路由表使用。但由于这种编址方式在节点进行其他编址之前就可以进行通信，故主要用于节点安装和配置过程之中。

根据上述网络拓扑结构和节点编址方式，LonTalk 协议对网络规模具有如下规定或总结：

（1）域中的子网络　　　　　255
（2）子网中的节点　　　　　127
（3）域中的节点　　　　　　127×255 = 32385
（4）网络系统中的域　　　　2^{48}
（5）网络系统中的节点　　　2^{48}×32285
（6）组中的成员
　　　非确认或重复　　　　无限制
　　　确认或要求响应的　　63
（7）域中的组　　　　　　　255
（8）网络的信道　　　　　　无限制
（9）网络变量报文的字节　　31
（10）显示报文的字节　　　228
（11）文件最大长度（字节）2^{32}

4. 传输层　在传输层，LonTalk 协议主要定义了如下四种服务，以适应不同网络响应时间、安全性和可靠性场所的要求。

（1）确认服务或请求/应答服务（Acknowledged or Request/Respone）。这种服务通常要求对方进行确认或应答，是可靠性的信息传输。当对方在规定的时间内没有确认或应答时，发起方开始重新发送。若重发次数超过规定的次数，则传输失败，并通告相关进程进行处理。

（2）无确认重复服务（Unacknowledged/Repeated）。这种服务为了保证对方能正确收到发送的信息，不需要对方进行确认或应答，采用多次向对方发送的方式进行信息传输，重发次数可事先设定。这种服务的可靠性比确认服务或请求/应答服务差些，但其开销较少。

（3）无确认服务（Unacknowledged）。这种服务只向对方发送一次，并且不需要确认或应答。虽然其可靠性低，但具有极高的传输效率。这种服务通常用于需要较高传输性能、网络带宽有限及对报文丢失不敏感的场合。

（4）优先服务（Priority）。这种服务通过预先设定的优先级，按报文的优先级进行传输。利用该服务可以发送紧急报文，以实现对紧急事件的实时处理。

为了保证紧急报文的实时传输，这种服务必须预留一定的通信带宽，因而这种服务是以损失通信带宽为代价来实现紧急报文传输的。

5. 会话层　在会话层中，除定义网络管理及其接口外，LonTalk 协议最具特色的功能是认证（Authentication）功能。认证功能可以防止非法访问和操作。认证功能是在节点安装和配置时通过设置一个 48 比特位密钥来确定的。有关认证过程可参阅 ANSI/EIA 709.1 标准正文。

6. 表示层　LonTalk 协议在表示层定义了报文数据的编码，包括网络变量（Network Varibke，NV）报文编码和显示报文编码。其中，网络变量（NV）是 LonTalk 协议中最为重要的概念，并可称为"隐式报文（Implicit Message）"，是传输互操作功能信息的主要方式之一。而显示报文（Explicit Message）可以用于传输应用程序的任意数据。

7. 应用层　LonTalk 协议主要定义了标准网络变量（Standard Network Variable Type，SNVT）和一个文件传输协议。其中，SNVT 是由 LonWorks 技术标准化的网络变量，它将 LonTalk 网络节点互操作的语义进行了标准化，使网络节点具有更好的互操作性。文件传输协议主要用于传输应用程序间的数据流。

从 LonTalk 协议的体系结构可以总结出，LonTalk 协议在网络拓扑结构、寻址方式、冲突检测、优先级响应和报文服务等方面均有自己独特的技术优势，可以支持多节点、多信道、不同速率和高负载的自由拓扑结构的自控网络系统。尽管 LonTalk 协议具有非常高深的技术含量，但通过 Neuron 芯片，使用者可以在无须知道这些技术细节的情况下快速应用 LonTalk 技术。这种非常实用的方式是现有其他自控网络无法超越的。

4.4.2　互操作原理和方法

在 LonTalk 协议中，网络节点间传输互操作语义的数据称为"网络变量（NV）"。网络变量从形式上来看，只是一个具有基本类型的简单数据，如整数、实数等。但从互操作功能上来看，网络变量是描述自控网络系统状态的某个参数，除具有数值大小外，通常还具有单位。另外，对网络变量赋值的实质是引发节点间互操作信息的传输过程，即网络变量赋值的节点将网络变量的数值按规定的编码形成隐式报文，并通过网络发送到捆绑这个网络变量的节点。当捆绑这个网络变量的节点监听并收到这个网络变量，就按预定的处理流程进行互操作过程。显然，一个网络变量可以同时与多个网络变量进行捆绑。

所谓"捆绑（Bind）"，就是利用网络安装与配置管理软件工具将一组包含节点地址、网络变量类型等信息的网络管理报文传输到需要接收该网络变量信息的节点，这些节点就将收到的有关节点地址、网络变量的信息写入节点的地址表和网络变量配置表中。

节点的地址表和网络变量配置表在 Neuron 芯片的 512 字节的 EEPROM 中，这样即使节点掉电，配置信息也不会丢失。但由于 EEPROM 容量有限，一个节点最多可以捆绑 62 个网络变量。这对于以 Neuron 芯片为核心的小系统来说，这并不是一个非常重要的限制。如果某个节点需要捆绑的网络变量很多，就可以采用基于主机系统的结构，这种结构可以捆绑多达 4096 个网络变量。

由于网络变量形成的隐式报文没有对网络变量所隐含的单位进行编码，为区分网络变量的种类和相应的单位，也为了更好规定网络变量的语义和提高互操作性能，就有必要对网络变量进行标准化，规定网络变量的种类（或索引）和相应的单位，从而形成"标准网络变量类型（SNVT）"。例如，温度测量可以采用摄氏度（℃）、华氏度（°F）、热力学温度（K）等单位，测量压力可以采用 Pa、kPa、MPa 等单位，这样同一数据由于单位不同所有的语义是不同的，就必须通过标准网络变量 SNVT 进行区分。到目前为止，LonMark 已定义了 187 个 SNVT（包括 4 个保留网络标准），表 27.4-5 列出了部分 LonMark 的标准网络变量 SNVT。

表 27.4-5　　　　标准网络变量 SNVT 表（部分）

索引号	名　称	参　数	数据类型	编码长度	有效范围	分辨率	单　位
⋮							
16	SNVT_length	长度	实数	2B	0~65535	0.1	m
17	SNVT_length_kilo	长度	实数	2B	0~65535	0.1	km
⋮							
30	SNVT_press	表压力	实数	2B	-3276.8~3276.7	0.1	kPa
⋮							
39	SNVT_temp	温度	实数	2B	-274.0~6279.5	0.1	℃

有关利用 SNVT 进行互操作的原理可以用图 27.4-17 的例子进行说明。图 27.4-17 是 LonWorks 技术教学中经常引用的例子——用"信息开关"控制电灯工作状态。信息开关和电灯控制器是 LonWorks 网络上的两个节点。假设信息开关中有一个输出型的"nv_switch"网络变量，电灯控制器中有一个相同类型的输入型"nv_lamp"网络变量。这两个网络变量具有相同的类型，在进行安装和配置时，通过系统集成工具将这两个网络变量进行逻辑连接。这个逻辑连接过程即为"捆绑"，并且捆绑只能在系统安装和配置阶段进行和完成。

图 27.4-17　LonWorks 互操作示意图

当信息开关的按钮动作时，就触发信息开关对其"nv_switch"输出网络变量进行重新赋值，使该网络变量值与按钮状态一致。这个重新赋值过程就会引发信息开关将"nv_switch"输出网络变量的值以隐式报文的方式发送给捆绑这个网络变量的电灯控制器。当电灯控制器监听并收到这个隐式报文后，就根据电灯控制器的应用程序流程进行处理，并产生相应的动作，使电灯的工作状态与信息开关的状态一致，从而实现两个设备的互操作。

正是由于 LonWorks 网络在安装和配置时需要对网络中所有关联的网络变量进行捆绑，从逻辑上看，LonWorks 网络就是由网络变量相互连接而形成的逻辑网络，一个输出网络变量与一个或多个具有相同类型的输入网络变量相连接，这就好像"管道连接"。当发生互操作过程时，互操作信息——网络变量（NV）从"管道的一端流向另一端"。

4.4.3　LonMark 互操作标准

LonMark International 协会致力于 LonWorks 技术产品的互操作和系统集成应用两方面的规范和标准，以保证来自不同厂商用 LonWorks 技术开发的 LonWorks 产品具有良好的互操作性，以及 LonWorks 产品在系统集成应用的简洁性。LonMark 协会总结和分析了大量 LonWorks 技术应用经验，提出了一系列概念、规范和标准。由于 LonMark 协会的规范和标准在 LonWorks 技术并不具有强制性，因而其规范和标准通常称为"指南（Guideline）"或"准则"。到目前为止，已有近 700 种产品设备获得了 LonMark 认证。可以看出，LonMark 设备是符合 LonMark 标准的 LonWorks 设备，只不过 LonMark 设备具有更好的互操作性和系统集成应用的简洁性。

经过多年的努力，LonMark International 协会在一些基本概念的基础上提出了如下两个互操作指南。前者用于规范 LonMark 设备的通信互连，后者用于规范 LonMark 设备的互操作和系统集成应用。这两个指南目前最新版本为 3.4，本书只介绍后者的基本原理和主要内容。

（1）LonMark Layer 1–6 Interoperability Guidelines（LonMark 1–6 层互操作指南）。

（2）LonMark Application – Layer Interoperability Guidelines（LonMark 应用层互操作指南）。

为了实现 LonMark 设备的互操作，LonMark 协会同样采用了面向对象设计与分析（OOA&D）的方法提出了"LonMark Profile（LonMark 简表或行规）"和"LonMark Object（LonMark 对象）"的两个基本概念。

一个自控设备可以分为一个或多个基本功能单元——功能模块（Functional Block），每个功能模块不论其内容结构如何，但从其功能行为来看，均表现为接收输入数据、处理数据和输出数据三个过程。其中，输入数据可以分为操作（Operation）数据和配置（Configuration）数据，而输出数据一般只为操作数据。显然，输入/输出网络变量是输入/输出数据中的操作数据，配置数据用于设置网络变量、功能模块或整个自控设备的功能行为。

输入数据可以来自网络，也可以来自与之相连接的硬件设备，还可以来自该自控设备内部的其他功能模块。相应地，其输出既可以面向网络，也可以面向与之相连接的硬件设备，还可以面向该自控设备内部的其他功能模块。

如果将功能模块的功能标准化，则该功能模块就称为"LonMark Object（LonMark 对象）"。也就是说，一个 LonMark 对象是一个 I/O 功能标准化的功能模块。图 27.4–18 为 LonMark 简表描述 LonMark 对象的标准图形表示。

从图 27.4–18 可以看出，LonMark 简表通过标准网络变量类型（SNVT）而不是任意网络变量（NV）类型、标准配置变量类型（SCPT）而不是任意配置变量（CP）类型、以及生产厂商自定义 I/O 三个部分描述 LonMark 对象。其中，SNVT 和 SCPT 均分必

备和可选两类。必备 SNVT 和 SCPT 规定了 LonMark 对象的基本互操作功能，可选 SNVT 和 SCPT 是 LonMark 对象的扩展互操作功能。也由此可以看出，LonMark 简表通过定义 LonMark 对象的 SNVT 和 SCPT 类型使其互操作功能的种类或类别标准化，通过定义 LonMark 对象的 SNVT 和 SCPT 数量使其互操作功能的范围标准化。只有如此，才能避免因网络变量（NV）和配置变量（CP）类型不同而产生设备间互操作功能无"交集"或无"对称性"的情况，从而保证设备的互操作功能。

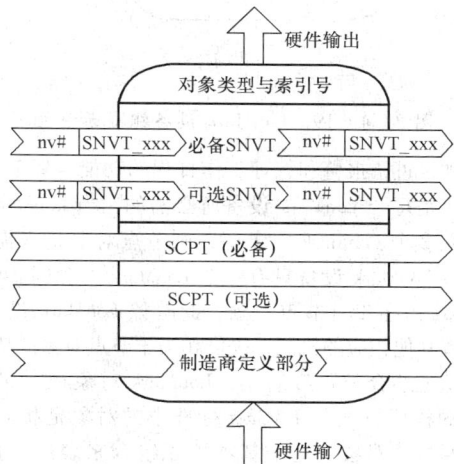

图 27.4–18　LonMark 对象的标准图形表示

根据上述原理，LonMark 协会定义了许多通用型（Generic）的 LonMark 对象类型，这些 LonMark 对象类型用对象类型索引号进行标识，如节点对象（Node Object，类型索引为 0）、开环传感器对象（Open Loop Sensor，类型索引为 1）、闭环执行器对象（类型索引为 4）等。同时，也定义了许多 LonMark 设备类型，这些 LonMark 设备类型包括 HVAC 设备类（如 VAV 控制器、风机盘管控制器等）、照明设备类（如开关、恒光控制器、场景控制器等）、制冷设备类（如除霜控制器、蒸发控制器等）以及传感器设备类（如温度传感器、CO_2 探测器、人体探测器等）四个大类，数量超过 70 种。LonMark 设备既可以由一个或多个 LonMark 对象，如图 27.4–19 所示，也可以单独用 LonMark 简表方式进行定义，此时用 LonMark 简表索引号（类型索引号 ID>10）进行标识，如 HVAC 温度传感器（LonMark 简表索引号为 1040）。

在 LonMark 设备组成对象中，节点对象（类型索引为 0）是一个非常特殊的对象，该功能模块定义了网络工具（Tool）测试和管理设备中其他功能模块或对象的接口，提供节点文件传输服务功能，同时还具

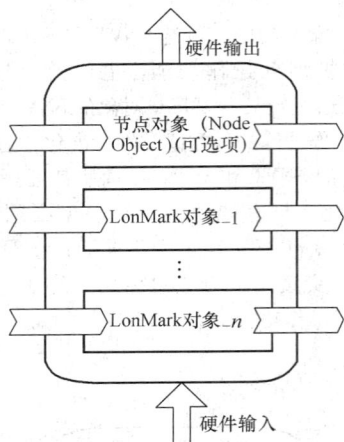

图 27.4 - 19 LonMark 设备组成示意图

有时钟设置、报警和管理工作日程的功能。但节点对象并不是每个 LonMark 设备所必需的，当 LonMark 设备存在多个 LonMark 对象时，则节点对象是必需的。但如果 LonMark 设备只有一个 LonMark 对象时，则该 LonMark 设备没有节点对象，此时该 LonMark 设备必须具备其他相应的机制，提供相当于节点对象的功能。

从上述介绍可以看出，LonMark 对象在 LonMark 设备的构成方式与 BACnet 标准中的对象是相同的，均是通过"对象"这个基本单元组合来表达自控设备的互操作功能，LonMark 指南中"节点对象（Node Object）"的功能与 BACnet 标准的"设备对象（Device Object）"相类似，均要求是唯一的，只不过前者并不是必备的，而后者是必备的。

另外，在设备级互操作的层次上，BACnet 标准利用 BIBB 概念只定义了 6 个类别的标准 BACnet 设备，而 LonMark 标准则利用 LonMark 简表或行规的描述方法定义了 70 多种标准的 LonMark 设备。例如，风机盘管控制器（FCU）、变速电机驱动器（VFD）、风阀执行器等，并且 LonMark 设备种类还在不断增长。这说明 LonMark 标准是通过对具体设备（而不是一类设备）的互操作功能进行定义来保证互操作的，这种定义比 BACnet 标准更加细致和严格，70 多种标准的 LonMark 设备基本可以精确地满足建筑设备自控领域的互操作要求。

4.4.4 系统集成

上述方法只定义了 LonMark 设备在互操作功能上的要求，但没有说明如何应用 LonMark 设备，如何进行系统集成，即没有说明网络工具（如安装工具、运行维护工具等）如何自动识别设备的互操作内容——LonMark 对象及其 SNVT、SCPT 和厂商自定义

的内容。可自动识别设备互操作内容在设备应用、系统集成和运行维护中是非常重要的。如果通用型的网络工具能自动识别设备的互操作内容，那么就可以知道如何应用该设备，这样至少有助于系统集成和运行维护管理，甚至可以自动进行系统集成。

在 LonMark 标准中，通过定义"设备接口（Device Interface）"和"设备接口文件（Device Interface File）"来实现自动识别 LonMark 设备的互操作内容。

设备接口是 LonMark 设备"在 LonWorks 网络可见的"互操作接口，由 LonMark 设备基本信息和外部输入/输出所组成。设备接口文件则是描述设备接口的文件，其主要作用：一是提供 LonMark 设备本身不能提供的信息，如 SNVT 和 SCPT 的名字（Name）等；二是可在 LonMark 设备未接入自控网络时提供必要的自控系统设计、安装和调试信息。从这个作用来看，LonMark 设备接口文件的作用与 BACnet 标准 PICS 文档相同，只不过两者采用的方式和具体内容不同，但两者"异曲同工"或"殊途同归"，描述的均是设备外部接口信息，其目标均是易于系统集成和工程应用。

在 LonMark 设备中，设备接口由如下项目组成，并可由网络工具通过 LonWorks 网络或设备接口文件直接读出。

1. Neuron 芯片 ID（Neuron ID）　LonMark 设备唯一的标识符。

2. 标准程序 ID（Standard Program ID）　LonMark 设备接口唯一的标识符。

3. 设备信道 ID（Device Channel ID）　可选项，LonMark 设备支持信道类别的标识符。

4. 设备安装位置域（Device Location Field）可选项，由 6 个字节组成，是描述 LonMark 设备安装位置的字符串或编号。

5. 设备自描述文档字符串（Device Self - documentation String）　描述 LonMark 设备功能模块的字符串。

6. 设备配置属性（Device Configuration Properties）描述配置 LonMark 设备及其功能模块的配置属性。

7. 功能模块（Functional Blocks）　描述 LonMark 设备的逻辑组成。

在设备开发过程中，设备接口文件一般由 LonWorks 开发工具自动生成，并具有文本形式（*.XIF）、二进制形式（*.XFB）和优化形式（*.XFO）三种。其中，文本形式的设备接口文件是设备接口文件的主要形式，并具有严格的结构形式。有些开发工具可以将文本形式的设备接口文件转化为二进制形式文件或优化形式文件。如 LNS 网络操作系统可以将文本形式转化为二进制形式和优化形式，XIF32BIN 软件工具可以将文本形式转化为二

进制形式。优化形式的设备接口文件具有高效访问设备接口文件的功能，但不同网络工具可以有不同存储形式和访问方式的优化文件。

4.4.5　专用硬件和软件

与 LonWorks 技术相关的专用硬件有许多，如 Neuron 芯片、收发器、i. Lon 等。其中，Neuron 芯片是 LonWorks 技术最为重要的专用硬件。

Neuron 芯片是 Echelon 公司设计的专利产品，其功能是固化 LonTalk 协议，并预留部分资源供用户开发应用逻辑。Neuron 芯片有 3120 和 3150 两个系列，分别如图 27.4 - 20、图 27.4 - 21 所示。

3120 芯片没有外部存储器扩展接口，适用于功能较少的控制场所。3150 芯片无 ROM，但提供了外部存储器扩展接口，可用于功能较多的大型控制场所。除上述体系结构差别外，这两个系列芯片的功能是基本相同的。本节从实用的角度只介绍该芯片的 CPU 和管脚（Pin）功能。

1. Neuron 芯片　从 LonTalk 协议体系结构可知，Neuron 芯片的 3 个 CPU 共同完成 LonTalk 协议功能。CPU - 1 为 "MAC CPU"，主要完成 LonTalk 协议栈的第 1 ~ 2 层协议功能，即执行介质控制访问控制（MAC）算法和协调与 CPU - 2 的通信。CPU - 2 为

"网络 CPU"，主要完成 LonTalk 协议栈的第 3 ~ 6 层协议功能，即执行网络变量处理进程、寻址、会话进程、事务认证、软件定时、网络管理和路由器的功能，同时协调与 CPU - 1 和 CPU - 3 的通信。CPU - 3 为 "应用 CPU"，主要完成 LonTalk 协议栈第 7 层协议功能，以及在任务调节操作系统（OS）的管理下执行用户开发的逻辑应用程序。

按 I／O 功能分，Neuron 芯片的管脚分为时钟与控制、应用 I／O 和通信接口三大类：

（1）时钟与控制管脚。在 Neuron 芯片中有一个振荡器，利用 CLK1 和 CLK2 管脚外接一个晶振器，可产生输入时钟，输入时钟范围为 625kHz ~ 10MHz，有效输入时钟通常为 10MHz、5MHz、2.5MHz、1.25MHz 和 625kHz。时钟精度要求为 ±1.5% 或更高，以保证节点能够准确同步位时钟，保证节点通信准确。

复位管脚（Reset）是一漏极开路、低电平有效的双向 I／O 管脚，其内部的电流源为一上拉电阻。复位管脚既可以被外部信号置为低电平（有效状态），也可以在内部控制下产生低电平。

复位管脚（Reset）有效时，Neuron 芯片进行各种初始过程以保证所有过程从头开始运行。Neuron 芯片初始化过程非常复杂，包括程序堆栈初始化、存储器初始化和自检、通信端口初始化以及调度初始化等。

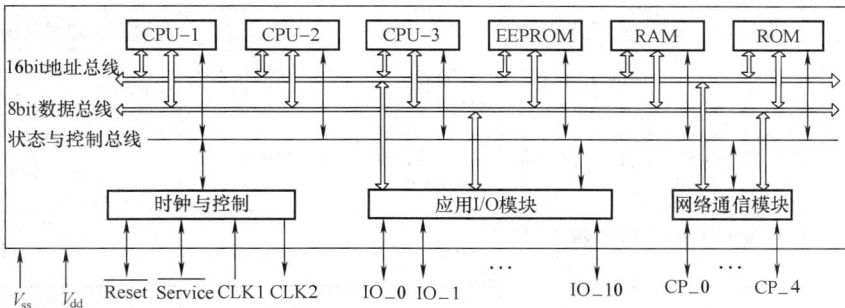

图 27.4 - 20　3210 体系结构

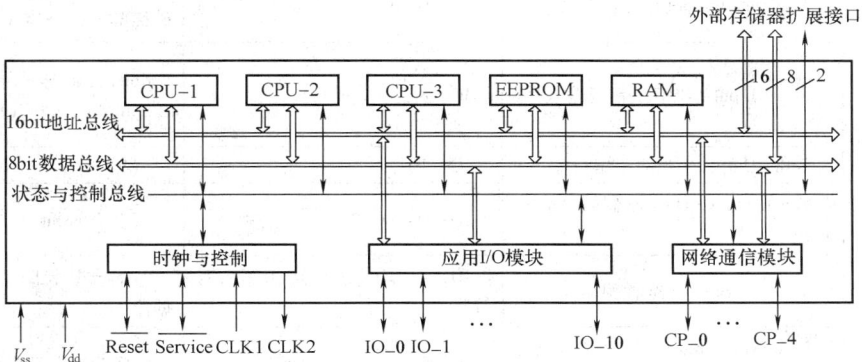

图 27.4 - 21　3150 体系结构

引起复位的内部控制有如下几种情况：

1) 软件。应用程序或网络管理复位命令（来自网络管理器）。

2) 看门狗（Watchdog）定时器超时。为保证由于偶然因素软件出错和存储器故障时不死机，Neuron芯片为 3 个 CPU 各提供 1 个看门狗定时器。软件正常运行时，系统程序会周期性地复位看门狗定时器，从而保证看门狗定时器不超时。如果死机时，则看门狗定时器不能周期复位，当看门狗定时器超时，就使Neuron 芯片复位重新启动。但在 Neuron 芯片处于睡眠模式时，屏蔽所有看门狗定时器。看门狗定时器的复位周期与输入时钟成反比，即输入时钟频率越高，看门狗定时器复位周期时间越短。例如，在输入时钟为 10MHz 时，看门狗时钟的复位周期大约为 0.84s。

3) 检测到低电压。该功能只在 0.8μm 生产工艺的芯片上实现，主要起低电压保护作用。

服务管脚（Service）是输入与输出交替的功能管脚，交替频率为 76Hz，波形占空比为 50%。当其作为输出时，可以吸收 20mA 电流（该电流可以驱动一个 LED）。当其作为输入时，如果没有外接 LED，则可以通过一个可选的片内上拉电阻使输入被拉高为高电平而进入无效状态。该管脚通常外接一个 LED，主要用于节点配置、安装和维护过程中。当节点未配置网络地址时，LED 在芯片固件控制下闪烁，闪烁频率为 0.5Hz。当该管脚接地时，节点会主动在网络上发送一个含有本身 Neuron ID 的网络管理报文，网络管理设备将使用该报文中的信息对该节点进行安装和配置。

（2）应用 I/O 管脚。Neuron 芯片共有 11 个应用 I/O 管脚。这些管脚可以通过应用程序配置成 34 种不同的功能对象，允许程序员根据需要灵活加以配置，从而方便实际应用。按功能对象的 I/O 方向来分，可以分为"输入"、"输出"和"双向"三大类；按功能对象的类型来分，可以分为"直接 I/O 对象"、"串行 I/O 对象"、"并行 I/O 对象"和"定时器对象/计时器 I/O 对象"四大类。表 27.4-6 列出了各种功能对象的基本配置和特点。

表 27.4-6　　应用 I/O 对象类型参照表

对象类型	对象名称	对应管脚	I/O 值（信号）
直接 I/O 对象	Bit Input/Output（位输入/输出）	IO_0~IO_10	0 或 1
	Byte Input/Output（字节输入/输出）	IO_0~IO_7	0~255
	Leveldetect Input（电平检测输入）	IO_0~IO_7	逻辑 0 电平检测
	Nibble Input/Output（半字节输入/输出）	IO_0~IO_7 中任意相邻 4 个管脚	0~15
串行 I/O 对象	BitShift Input/Output（位移输入/输出）	IO_7, IO_8 以外的任意一对相邻管脚	最多 16bit 时钟数据
	I²C Input/Output（I²C 输入/输出）	IO_8~IO_9	最多 255B 的双向串行数据
	Magcard Input（磁卡编码输入）	IO_0~IO_9	磁卡阅读机输出的数据流，编码标准 ISO 7811 Track 2
	Magtrack 1 Input（磁轨 1 输入）	IO_0~IO_9	磁卡阅读机输出的数据流，编码标准 ISO 3554 Track 1
	Serial Input（半双工串行输入）	IO_8	8bit，传输速率可为 600bit/s、1200bit/s、2400bit/s、4800bit/s
	Serial Output（半双工串行输出）	IO_10	（同上）
	Touch Input/Output（接触输入/输出）	IO_0~IO_7	最多 2048bit
	Wiegand Input（维甘德输入）	IO_0~IO_7 任意相邻一对管脚	Wiegand 卡阅读器的编码数据流
	Neurowire Input/Output（全双工同步串行 I/O）	IO_0~IO_10	最多 256bit 双向串行数据

续表

对象类型	对象名称	对应管脚	I/O值（信号）
定时器/计数器I/O对象	DualSlope Input（双积分输入）	IO_0~IO_1, IO_4~IO_7	双积分A/D转换电路的比较器输出
	Edgelog Input（边沿跳变时间间隔序列输入）	IO_4	有跳变的输入数据流
	Infral Input（红外输入）	IO_4~IO_7	红外解调器的编码数据流
	Ontime Input（逻辑电平持续时间输入）	IO_4~IO_7	脉宽0.2μs~1.678s
	Period Input（周期输入）	IO_4~IO_7	周期0.2μs~1.678s
	Pulsecount Input（脉冲计数输入）	IO_4~IO_7	0.839s期间内最多65535个输入边沿
	Quadrature Input（正交编码输入）	IO_4~IO_7	±16383编码（Gray码）
	Totalcount Input（累加计数输入）	IO_4~IO_7	0~65535边沿输入
	Edgedivide Output（分频输出）	IO_0, IO_1, IO_4~IO_7	输出频率=（输入频率/敲定数）
	Frequency Output（频率输出）	IO_0, IO_1	0.3Hz~2.5MHz的方波
	Oneshot Output（单稳态输出）	IO_0, IO_1	脉宽0.2μs~1.678s
	Pulsecount Output（脉冲计数输出）	IO_0, IO_1	计数值0~65335
	Pulsewidth Output（脉宽输出）	IO_0, IO_1	占空比0~100%
	Triac Output（可控硅触发输出）	IO_0, IO_1, IO_4~IO_7	相对于输入沿的输出脉冲延时
	Triggeredcount Output（计数触发输出）	IO_0, IO_1, IO_4~IO_7	通过对输入边沿计数控制输出脉冲

从表27.4-6可以看出，应用I/O管脚在应用程序的配置下，可以配置成支持电平、脉冲、频率、编码等多种信息模式的应用I/O对象。当选用恰当的外围器件与Neuron芯片连接时，就可以直接连接各种输入设备（如键盘、A/D转换器、温度传感器、压力传感器、开关量、转速计等），输出设备（如马达、阀门、显示器、继电器、晶闸管、变频器等）以及其他处理器等，从而形成完整的网络节点。

（3）通信管脚。Neuron芯片的通信端口由CP_0至CP_4五个管脚组成，通过应用程序配置成"单端（Single-ended）"、"差分（Differential）"和"专用（Special purpose）"三种通信模式，并可直接与多种通信介质接口—收发器连接，以实现较宽范围内的数据通信。表27.4-7列出了各种模式的管脚定义。

表27.4-7 通信端口管脚定义表

管脚	驱动电流/mA	单端模式	差分模式	专用模式
CP_0	1.4	RX(in)	RX+(in)	RX(in)
CP_1		RX(out)	RX-(in)	TX(out)
CP_2	40	TX使能（out）	TX+（out）	位时钟（out）
CP_3		睡眠（out）	TX-（out）	睡眠（out）或唤醒（in）*
CP_4	1.4	CDet(in)*		帧时钟（out）

注：RX—接收器；TX—发送器；CDet—冲突检测；*—可选择。

1）单端模式。是最常用的一种通信模式，用于实现收发器与多种通信介质的连接，广泛应用于 RF、IR、OF 和 CX 等通信介质的接口场所。这种模式的通信接口一般使用差分式曼彻斯特编码进行通信。

2）差分模式。在差分模式下，Neuron 芯片的内置收发器能够配合外部无源部件有区别地驱动和监听双绞线介质。差分模式在大多数场所与单端模式类似，主要区别是驱动/接收电路被设置为差分线路传输，以提高抗干扰能力。

3）专用模式。在一些专用场合，Neuron 芯片只提供没有编码和同步头部信息的原始报文，这就需要一个智能型的收发器在通信介质与 Neuron 芯片之间处理报文信息。发送时，智能传感器将 Neuron 芯片的原始报文进行编码，并加入同步头部信息，然后驱动通信介质进行发送。接收时，则将从通信介质接收的报文去掉同步头部，重新转换为 Neuron 芯片要求的编码后交给 Neuron 芯片。

从上面的处理过程来看，智能收发器是具有信息处理功能的专用计算机系统，一般采用"握手协议"方式与 Neuron 芯片进行交互。专用模式的收发器一般为专利产品，如 Echelon 公司的 PL 型收发器，具有许多如下特性：①能够从 Neuron 芯片设置其工作参数；②能够向 Neuron 芯片报告其工作参数；③多种通信操作；④多位传输速率操作；⑤使用前向纠错编码；⑥需要特殊的同步头部信息和帧格式的介质调制技术。

2. 专用软件和工具 LonWorks 技术平台建立了如图 27.4 - 21 所示的集成开发环境（Integrated Development Environment）。根据这个集成开发环境，Echelon 公司提供了许多 LonWorks 节点开发软件和工具，以及 LonWorks 网络安装、配置和系统集成管理工具，以满足不同用户的需求。其中，NodeBuilder 和 LonBuilder 是最为常用的开发和管理工具。Node-Builder 是完整的节点开发工具，LonBuilder 不仅是强大的节点开发工具，而且也是 LonWorks 网络安装、配置和集成的管理工具。除这两种开发和网络管理工具外，Echelon 公司还提供其他形式的节点开发和网络管理工具，如 LonManager，LonMaker 以及 LNS（LonWorks Network Service）技术等。下面介绍 Node-Builder 和 LonBuilder 两种常用工具的基本功能，以及 Neuron C 专用开发程序语言，以便读者尽可能快地了解开发工具和网络管理工具，以及必要的开发技术。

（1）NodeBuilder 和 LonBuilder。NodeBuilder 是单个 LonWorks 网络节点的应用程序开发工具，包含如图 27.4 - 22 所示的项目管理器、源代码编辑器、Neuron C 编译器、Neuron C 调试器和一个包含硬件的在线节点仿真器。利用 NodeBuilder，程序员可以进行 Neuron C 程序的开发和调试，生成可下载文件或可供 EEPROM 编程器烧制的二进制映像文件。利用在线仿真器也可以进行仿真测试。

LonBuilder 是 LonWorks 技术中最主要的开发工具，基本上包含了图 27.4 - 22 所示的所有功能模块，不仅是 LonWorks 节点应用程序开发工具，而且也是 LonWorks 网络安装和管理工具。其具体内容可以分如下几个部分：

1）节点开发器。除包含 NodeBuilder 全部功能外，LonBuilder 提供了两个在线仿真器和一个路由器，可以进行一些简单的网络通信测试。

2）网络管理器。网络安装和配置：分配节点网络地址（域、子网、节点、组地址等）；定义网络通信信道；安装路由器（设置路由表等）；捆绑网络变量；确定服务类型等。

网络维护：测试节点和路由器状态，更换故障节点和路由器等。

网络监控：查询节点状态和信息。

3）协议分析器。它是 LonBuilder 的一个重要网络管理工具，其作用是截获网络节点的通信报文，并将其转换为人可阅读的信息，以便观察和分析。同时，协议分析器也可以统计和计算报文流量、带宽利用率、碰撞率和出错率，作为调整网络参数的参考。

4）例子程序和开发板。包含一些可供练习的开发板、应用程序模块和演示程序。

（2）Neuron C。它是专用于 Neuron 芯片应用程序设计的开发语言，它在 ANSIC（即标准 C）的基础上

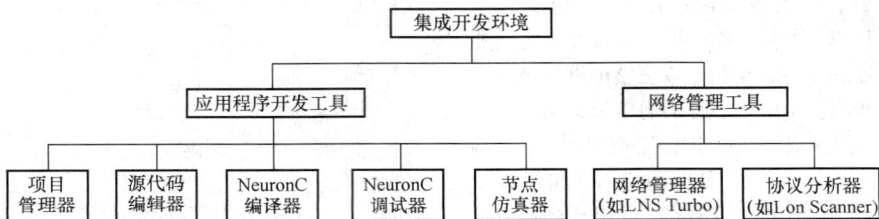

图 27.4 - 22 集成开发环境体系结构图

针对 Neuron 芯片特点进行剪裁和扩展而形成的 C 语言。Neuron C 为 LonWorks 分布式环境提供了特定的对象集合和访问这些对象的内部函数库，还提供了内部类型检查，是开发 LonWorks 网络的最有效程序语言。

1) Neuron C 应用程序的特性和结构。由于 Neuron 芯片为一个功能强大的片上系统（SOC），其自带操作系统的调度程序是该片上系统的主运行程序，任务是调度程序员开发的 Neuron C 应用程序。因此用户用 Neuron C 开发的应用程序在结构上只是系统调度程序的一个模块（module），这就是 Neuron C 应用程序不再使用 main () 函数结构的原因。由 Neuron C 编写的源程序只是被 Neuron C 编译器编译成符合系统调度程序接口（Interface）要求的二进制模块，当通过专用下载程序烧制到 Neuron 芯片时，就将应用程序模块与系统调度程序进行了连接。这样当系统调度程序运行时，就会运行应用程序。

在结构上，Neuron C 应用程序引入了 when 语句和事件，并采用基于事件驱动的系统调度机制。事件是通过如下 When 语句结构形式进行定义的，这也是 Neuron C 程序的结构形式。

When （表达式）
｛
　　Neuron C 代码；
｝

当一个 When 语句的表达式为"TURE"时，其所包含的 Neuron C 代码程序就被调度运行。When 语句中的一段 Neuron C 代码通常称为"任务（Task）"。

在 Neuron C 中，事件分为预定义事件和用户定义事件两大类。其中，预定义事件包含系统级事件、I/O 对象事件、定时器事件、网络变量事件（隐式报文事件）和显式报文事件五个小类。用户定义事件与预定义事件并没有严格的逻辑功能区别，但预定义事件的代码空间较小，因此应尽可能使用预定义事件。

每个预定义事件都用唯一的关键字来区分，如：

flush _ completes	//当所有输出事务完成
io _ changes	//当某个 I/O 对象的输入值发生改变
in _ in _ ready	//并行中输入数据准备好
…	
nv _ update _ occurs	//输入网络变量接收到新值
nv _ updata _ completes	//输出网络变量发送完成
…	
timer _ expries	//定时器定时到期
…	

2) I/O 对象。Neuron 芯片有 11 个 I/O 管脚

（Pin），并可以设置为 34 种 I/O 对象（Object），参见表 27.4 - 6。在使用 Neuron 芯片时必须根据实际应用对 I/O 管脚进行设置，使之成为满足功能的 I/O 对象。在 Neuron C 中，这些管脚分别命名为 IO _ 0，IO _ 1，…，IO _ 10。在默认情况下，没有说明的管脚是不被使用的，处于高阻抗的非活动状态。

Neuron C 提供设置 I/O 对象的函数有：io _ change _ init ()，io _ edgelog _ preload ()，io _ in ()，io _ in _ request ()，io _ out ()，io _ request ()，io _ preserve _ input ()，io _ select ()，io _ set _ clock () 和 io _ set _ direction () 等，这些 I/O 函数可以在应用程序代码直接调用。

由于 I/O 对象与 I/O 管脚不是一一对应关系，要定义一个 I/O 对象，就必须说明该 I/O 对象与哪些 I/O 管脚有关，并且必须给 I/O 对象定义一个名字。显示定义一个 I/O 对象的语句格式为

　　pin type ［option…］io _ object _ name；

其中，pin 为 IO _ 0~ IO _ 10 的一个。一般来说，管脚只出现一个管脚说明中，但对于并行对象，一个 I/O 管脚名可以出现在多个说明语句中。

type 为指定 I/O 对象类型。

option 为可选参数。每个 I/O 对象类型可以使用选择项进行详细说明，多选择项可以按任意顺序列出。当没有选择项时，所说明的 I/O 对象按默认项进行定义。

io _ object _ name 是用户为 I/O 对象分配的名字，应符合 ANSI C 标识符要求。

由于 I/O 管脚是有限的硬件资源，应特别注意由 I/O 管脚定义而形成 I/O 对象的应用限制，如一个 Neuron 芯片最多可定义 16 个 I/O 对象等。

3) 网络变量（隐式报文）与显式报文。在 Lon-Talk 协议中，网络变量是互操作的最基本形式。要使用网络变量，就必须定义网络变量。对于基于 Neuron 芯片的节点，最多可定义 62 个网络变量，对于基于主机的节点，则可以定义多达 4 096 个网络变量。网络变量定义的语法结构如下：

　　network input｜output［netvar - modifier］［class］type ［connect _ info］identifier ［＝initial _ value］；
或
　　network input｜output［netvar - modifier］［class］type ［connect _ info］identifier ［array _ bound］［＝initial _ value］；

其中 network 为网络变量关键字。

input｜output 为表示网络变量的 I/O 方向。

netvar _ modifier 为修饰字，有 sync，polled 和 sd - string 三个。但 sync 与 polled 不能同时使用。sync 表

示网络变量为同步网络变量，若同步网络变量赋值，所有赋值按顺序一一发送，不允许丢失。polled 表示网络变量为轮询网络变量，该修饰符仅被输出网络变量使用。只有当某个节点的输入网络变量与该输出网络变量捆绑时，全节点对该输入网络变量调用 poll() 函数时，该输出网络变量值才被发送。sd-string 用于设置一个网络变量的自标识字符，最长为 1023 个字符。这个修饰符在网络变量定义时只能出现一次，并且放在 sync 和 polled 之后。

class 为说明网络变量的存储类型。如果没有说明，则网络变量为全局网络变量，并全存储在 Neuron 芯片的 RAM 之中。

type 为说明网络变量的类型。网络变量类型与一般变量类型基本相同，如 long int, char, enum, 数组等。另外，网络变量类型还可以为标准网络变量类型（SNVT）。

connection_info 为定义网络变量的连接信息。

identifier 为网络变量名。

initial_value 为网络变量初始值。

在 LonTalk 中，对网络变量的操作就会产生网络报文的传输，由网络变量产生的报文称为"隐式报文"，其作用是传递互操作信息，编码格式是固定的，长度不超过 31 字节，具有简单、可靠、快捷的优点。但当节点需要传输较长的信息时，且传输的信息一般不是用于节点间的互操作，就可以选用显示报文传输。

显示报文长度可达 228B，其传输过程是直接调用 LonTalk 通信协议 1~6 层提供的通信功能直接将信息传输到目标节点。这种通信过程与数据网络的通信过程一样，不关注传输信息的语义，只是简单地将信息从源地址传输到目的地址。在 Neuron C 中，定义了相关的构造显式报文对象（如 msg_in 和 msg_out 对象）和发送与接收显式报文的函数 [如 msg_send(), msg_cancel(), msg_recieve(), resp_send() 等]。

4.4.6 LonWorks 与 Internet

i.Lon 系列产品极大地简化了 LonWorks 网络与 Internet 的互连，并在实际工程中得到了广泛的应用。

LonWorks 网络与 Internet 互连虽然具有很复杂的技术细节，但其连接形式是非常简单的，没有 BACnet/IP 网络复杂的配置结构，从结构形式上看，LonWorks 网络与 Internet "泾渭分明"，i.Lon 设备只是两种异构网络互连的"分水岭"。这种应用形式虽具有简单的优点，但应用不够灵活，并且 i.Lon 设备是远程访问和管理的关键，因此对其具有较高的性能要求。正是由于这样，i.Lon 设备也可以算是

LonWorks 技术体系中的专用产品。表 27.4-8 列出了 i.Lon 系列主要产品。

表 27.4-8　i.Lon 系列主要产品列表

产品名称	功能简述	外形图
i.LON 10	低成本的 Ethernet 远程网络接口（Remote Network Interface, RNI）	
i.LON 100	LonWorks 至 IP 的网关，同时具有 RNI 功能，内置 Web 服务、SOAP/XML 接口，以及数据记录、报警处理、时序调度、数字量 I/O、抄表、类型转换等应用程序	
i.LON 600	高性能的 LonWorks/IP 路由器，为远程访问现场级控制设备（如，泵、马达、阀传感器、执行器以及照明设备等）提供一个可靠的、安全的 IP 通道	
i.LON 1 000	高性能的 LonWorks 至 IP 的路由器，内置 Web 服务器	

从表 27.4-8 可以看出，i.Lon 10 是系列产品中成本最低的以太网（Ethernet）适配器接口，它可以将 LonWorks 网络连接到以以太网为基础的网络上，如 Internet。i.Lon 100 是性能最高的网关设备，支持"XML/Web Services 技术"中所介绍的现代 IT 技术，是 LonWorks 技术为适应现代 IT 技术发展的最新产品。其他两种设备的性能则位于上述两种设备之间。

i.LON 系列产品是 LonWorks 网络与 Internet 互连的关键性产品，在实际工程中，应根据具体需求合理选用具体的 i.Lon 产品。

4.5 XML/Web Services 技术

XML/Web Services 技术是近期 IT 业界的焦点，例如，Microsoft 推出的 .NET、IBM 推出的 WebSphere 和 Sun 推出的 SunOne 均是对 XML/Web Services 技术的支持。XML/Web Services 技术的主要目标是在现有各种各样异构平台之间建立一个"平台无关、语言无关、协议无关的"通用中性技术层，各种应用依靠这个技术层来实现互连和集成，最终实现应用系

统间的互操作——智能交互、信息共享和协同工作。可以说，XML／Web Services 是现有应用面向 Internet 的延伸，也是现有 Internet 应用面向更好互操作的扩展。Web Services 技术已成功应用于电子商务、远程教育等领域。在楼宇自控领域，XML／Web Services 技术已应用在空调、供热和制冷设备上。

XML／Web Services 技术是一系列 Internet 应用技术和应用架构的总称。其体系结构如图 27.4 - 23 所示，其应用技术主要包括 XML, XML Schema, SOAP, WSDL 和 UDDI 等核心技术，其中，XML 和 SOAP 是 XML／Web Services 技术的基础。

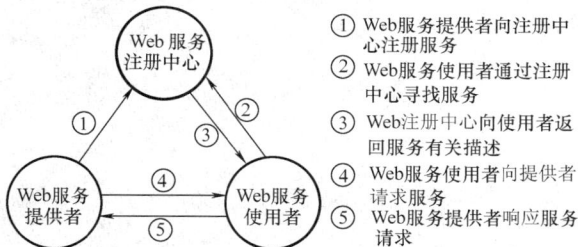

图 27.4 - 23　XML／Web Services 体系架构

① Web服务提供者向注册中心注册服务
② Web服务使用者通过注册中心寻找服务
③ Web注册中心向使用者返回服务有关描述
④ Web服务使用者向提供者请求服务
⑤ Web服务提供者响应服务请求

XML（eXtensible Markup Language）是对 SGML（Standard Generalized Markup Language）进行简化而形成的一种可扩展标记语言，它继承了 SGML 的灵活性和强大的描述功能，用于描述结构化数据，具有自描述和可扩展的特性。HTML 也是对 SGML 进行精简而形成的固定标记语言，用于 Web 页面各元素（如文本、图像、控件等）及相关链接的显示描述。Web 浏览器显示的页面均是由 HTML 语言描述的，因而 HTML 只用于 Web 页面的显示结构描述，实现的是"人与机器"之间的交互界面。而 XML 不仅描述标记可以自由扩展，而且更表现在使用功能和方式上的根本不同。XML 描述的是数据本身，这种描述方式不仅是"人可读的（Human - readable）"，而且也是"机器可读的（Machine - readable）"，因而 XML 描述的数据不仅可以在机器间传输，而且可以被机器所"理解"，从而实现"机器与机器"的互操作。正是由于 XML 可以实现机器间的互操作，XML 作为一种"文本编码"工具被广泛应用于 IT 系统集成领域。当然，同一 XML 文档通过不同的转换和处理也可以转换为不同 HTML 文档，从而实现不同的显示页面。

图 27.4 - 23 所示的 XML／Web Services 体系架构描述了 Web 服务在 Internet 上部署的逻辑关系。Web 服务提供者将自身提供的 Web 服务在公认的 Web 服务注册中心进行注册；Web 请求者首先从注册中心寻找所需要的 Web 服务，当发现所需的 Web 服务后，就根据注册中心提供的信息与 Web 服务提供者进行

绑捆和调用。上述三者间的交互过程均是通过不同的协议进行的，而 SOAP 协议则是所有交互过程协议的基础。

SOAP（Simple Object Access Protocol）是一个在 Web 环境中使用 XML 交换数据的简单且轻量级的协议。SOAP 仍然利用 XML 的描述功能定义了一种相当简单的访问机制，利用这个简单的机制，部署在不同位置的应用构件就可以交互信息，产生互操作，进而达到系统集成的功能。XML 和 SOAP 是所有 XML／Web Services 技术的基础。

当利用 XML／Web Services 技术作为智能建筑系统集成解决方案时，不仅可以解决目前系统集成时现场通信协议或标准的争议，使之相互补充、协调发挥功用，而且可以使系统集成更加灵活，应用部署更加自由，集成规模更大，功能更加强大。例如，利用 XML／Web Services 技术将楼宇管理系统与物业管理系统集成时，在无需安装任何专用应用程序的情况下，用户只要获得授权，就可以随时查询物业管理的费用，也可以自由控制为用户服务的楼宇设备，甚至个人也可以直接在自己的桌面（Desktop）上直接控制自己区域的环境，真正实现"以人为本"的功能。这就是 XML／Web Services 集成技术应用部署自由所产生强大功能之一。

正是由于这些优点，不少标准组织或协会正在将已有的楼宇现场总线通信标准进行 XML／Web Services 技术扩展，或制定相应的 XML／Web Services 技术应用标准。

BACnet 标准是楼宇自动化领域的唯一国际标准，ASHRAE 学会的工作成果将是 ISO 标准之一。2004 年末期 ASHRAE 正式公布了基于 Web Services 技术的 BACnet／Web Services 标准。该标准分为两个部分，第一部分定义了一个基于 XML／Web Services 技术的数据模型和接口，这个数据模型和接口是"协议中性（Protocol Neutral）"的，既可以用于 BACnet 标准，也可以用于 Konnex, MODBUS, LonWorks 和其他任意专用协议，并且功能具有"本地化"功能。因而第一部分是通用的，适用于所有现场总线通信协议或标准。第二部分则定义了 BACnet 与 XML／Web Services 之间的消息映射机制，属于 BACnet 标准的一个补充内容。

值得说明的是，XML／Web Services 技术目前或将来一段时间内在楼宇自动化领域中的应用并不会取代已有的现场总线通信协议或标准，如 BACnet 或 LonWorks。虽然从理论上可以直接利用 XML／Web Services 技术实现现场级控制设备间的通信和互操作，但由于 XML／Web Services 技术需要占用大量的硬件和软件资源，以及产业所具有的历史延续性，尽管目

前有现场控制级的研究和应用尝试，XML／Web Services 技术在现场控制级的应用还有待时日。因而基于 XML／Web Services 技术的楼宇自动化系统集成主要表现在管理级系统集成方式上，而非现场监控级的监控功能上。

尽管如此，基于 XML／Web Services 技术的楼宇自动化系统集成标志着楼宇自动化领域也进入了 Web 时代，预示着楼宇自动化系统，尤其是楼宇自动化管理系统，与企业信息管理系统正在融合，并且是企业应用集成（EAI）的一个重要组成部分。随着 IT 技术的发展，尤其是微电子技术的发展，当处理成本、传输成本和存储成本降低到一定的时候，也许这种技术会延伸至楼宇自动化系统的最底层，从而成为真正的"统一标准"。

第 5 章 系 统 集 成

5.1 系统集成的概念

楼宇自动化系统集成是指将所有的楼宇自控DDC系统有机地集中于一个统一的环境之中，运行于同一人机操作界面，以高效地实现楼宇自动化系统的任务。因而系统集成并不是各监控DDC系统功能的简单相加或罗列，而是将各子系统功能进行科学配置、优化和综合，形成更强大的系统功能，从而满足用户对目前和未来功能的要求，体现出系统集成的意义。性能优良的智能建筑集成系统可以最佳地发挥各种楼宇自控设备的技术功能和得到最经济的系统建造成本，具体地说，楼宇自动化系统集成应实现如下功能：

（1）信息共享。以提高建筑设备实时信息利用率，发挥增值服务功能，提高物业管理水平和质量。

（2）楼宇设备统一管理。一方面可以减少管理人员的人数，提高管理效率，降低人员培训的费用；另一方面可以加强对建筑内各种事件，尤其是重大突发事件（如火灾）的综合协调和控制能力，使建筑安全性能得到极大提高和物业管理现代化。

（3）优化楼宇设备运行。一方面在确保建筑内部环境高品质的前提下，减少楼宇设备运行维护费用和能耗，节省运行成本；另一方面还可以使设备长期处于最优状态，提高楼宇设备的可靠性和延长设备的使用寿命，提升固定资产的价值。

根据当前技术和经济水平，楼宇自动化系统的集成应根据实际情况进行实施，切忌盲目进行，应坚持如下主要原则：

（1）实用性与先进性原则。楼宇自动化系统应根据具体情况和需求制定实用和可行的集成方案和实际的集成功能，避免不必要的功能。但应在实用的基础上根据未来的发展趋势注重适当超前。

（2）可实施性与经济性原则。楼宇自动化系统集成必须建立在技术可行的原则上，并应使楼宇自动化系统全寿命周期成本最小化。当然，最好还应兼顾系统未来扩展和功能提升的需求。

（3）开放性与安全性原则。开放性原则是楼宇自动化系统全寿命周期内的持续发挥影响的重要因素，应作为主要考虑因素进行评估和研究。但开放性不应牺牲系统的安全性，尤其对重大突发事件（如火灾、恐怖事件等）应具有极高的可靠性和处理能力。系统安全既是楼宇自动化系统集成的目标，也是其首要基础。

从第一个基于微处理器的楼宇自动化系统出现以来，楼宇自动化系统的发展就与IT技术的发展密切相关，IT技术的发展是推动智能建筑楼宇自控发展的动力。因而楼宇自动化系统的集成方法和技术就随着IT技术的发展而不断更新，并且随着IT技术标准化程度的提高而不断得到简化和具有通用性。

纵观楼宇自动化系统的发展历程和趋势，楼宇自动化系统集成方法可以归纳为面向协议集成、面向平台集成和面向Web集成三种集成方法。

5.2 面向协议的集成方法

在基于网络通信技术的楼宇自控系统中，通信协议是智能建筑楼宇自控系统集成技术的关键。最初的通信协议是专用的（Proprietary）通信协议，由各生产厂商单独制定，专用于自己的楼宇自控产品，不对外开放，甚至将专用通信协议作为技术或商业秘密加以保护。随着市场的发展，业界认识到通用型开放性通信协议的商业价值。于是有些具有实力的厂商或公司向业界公开自己的通信协议，希望得到业界的大量采用而成为事实性的标准。时至今天，楼宇自动化领域至少出现过几十种的通信协议。众多的通信协议固然促进了楼宇自控及系统的发展，但也给楼宇自控系统集成带来了困难。智能建筑经过20余年的发展，虽然主流标准只有BACnet国际标准和LonWorks标准，但这两个主流技术标准也是不兼容的，由于利益的驱动，国内外代表这两个标准的两大阵营曾发生过激烈的"战斗"，至今还"硝烟未尽"。根据其他控制领域的经验，楼宇自动化领域在短期内不可能出现统一的协议标准，多种协议标准仍将并存。

在多标准并存的楼宇自控系统中，最早出现的系统集成模式就是面向协议（Protocol-oriented）的集成方法。这种集成方法的核心就是通信协议的转换，实现通信协议转换的互连设备往往称为"网关（Gateway）"。图27.5-1是这种集成模式的基本结构图，其中，运行集成系统主界面的工作站通常是基于智能建筑集成系统中的主通信协议的。这种集成模式在目前已得到了广泛的应用，尤其在已建系统中用另一种不同协议标准扩展时就必须采用这种技术进行系统集成。

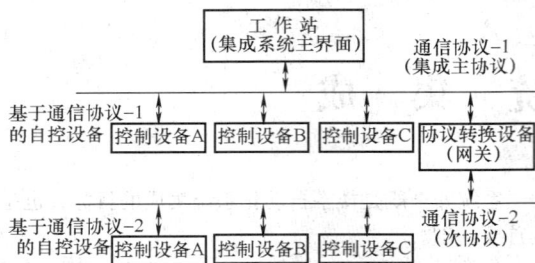

图 27.5-1 面向协议的集成系统基本结构图

从系统集成的层次来看，楼宇自控网络数据通信协议是对楼宇自控设备（即通信实体）的抽象描述。不同的通信协议通常采用不同的描述方式和信息模型，有的通信协议采用面向对象的信息模型（Object-oriented Information Model），这种信息模型在描述楼宇自控设备时采用具有一定层次的数据结构，如BACnet 和 EIB-obis 标准，而有的通信协议采用面向寄存器的信息模型（Register-oriented Information Model），这种模型是"扁平（Flat）"的，描述楼宇自控设备的信息模型不具有层次化的数据结构，如MODbus 和 LonTalk 标准。因此，面向协议的集成模式是以"描述信息模型"为中心的，实质上是协议描述信息模型的转换，并且这种信息模型转换是在二进制编码（Binary Encoding）的层面上进行的。

面向协议的智能建筑管理系统集成模式在早期的智能建筑中应用较为普遍。这种集成模式建立在二进制编码基础之上，具有极高的运行效率。但正是由于这种集成模式是在二进制编码基础上进行的转换，当集成系统中存在多种通信协议标准时，这种集成模式的代价就会太大，并且存在模型转换不完全的现象。同时，当非集成主标准系统（次协议系统）扩展时，升级网关的代价较大。因此面向协议的智能建筑管理系统模式一般用于小型规模的智能建筑。

另外，也正是由于面向协议的系统集成模式是在二进制信息基础上的系统集成，往往还会使智能建筑管理系统成为"信息孤岛"，与企业管理信息系统集成困难，因而不适用于智能建筑突发事件的综合管理。这也是早期智能建筑集成系统没有突发事件综合管理功能的主要原因之一。随着 IT 技术的发展，为了克服这种集成模式的缺点，出现了"面向平台"的集成模式。

5.3 面向平台的集成方法

面向平台（Platform-oriented）的集成模式是以"标准信息接口"为核心的，通过定义自控网络中通信实体信息交换的标准接口（Interface），以屏蔽不同通信协议对通信实体信息模型的差异。不论通信协议对通信实体进行何种模型描述，只要描述的信息模型提供标准的信息集成接口，则可以在这个标准接口上实现信息的集成，从而实现控制系统信息共享和互操作的集成目标。

与面向协议集成模式相比，面向平台的集成模式是一种较高层次上的集成模式。面向平台的集成模式通过信息交换的标准接口还可以实现控制系统与办公管理系统（OAS）的集成，这种优点正好符合控制系统与信息管理系统集成的发展趋势。因而这种技术目前正处于高速发展和成熟的阶段。OPC（OLE for Process Control）技术就是这种集成方法中最为著名的集成方法之一。

OPC 全称是"OLE for Process Control"，它的出现为基于 Windows 的应用和现场过程控制应用建立了桥梁。在过去，为了存取现场设备的数据信息，每一个应用软件开发商都需要编写专用的接口函数。由于现场设备的种类繁多，并且产品也会不断升级，往往给用户和软件开发商带来了巨大的工作负担。这样系统集成商和开发商急切需要一种具有高效性、可靠性、开放性、可互操作性的"即插即用（PnP）"的设备驱动程序。在这种情况下，OPC 标准应运而生。

OPC 标准以微软公司的 OLE 技术为基础，它的制定是通过提供一套标准的 OLE/COM 接口完成的。OPC 技术采用的是 OLE 2 技术，允许多台微机之间交换文档、图形等对象。其中，DOM 是 Component Object Model 的缩写，是所有 OLE 机制的基础。COM 是一种为了实现与编程语言无关的对象而制定的标准，该标准将 Windows 下的对象定义为独立单元，可不受程序限制地访问这些单元。这种标准可以使两个应用程序通过对象化接口通信，而不需要知道对方是如何创建的。

在系统结构上，OPC 采用客户/服务器（C/S）体系，包括 OPC 服务器和 OPC 客户两个部分。其中，应用程序作为 OPC 接口中的客户端，硬件驱动程序作为 OPC 接口中的服务器端。在 OPC 技术中，每一个 OPC 客户端应用程序可以连接多个 OPC 服务器，反过来，每一个 OPC 服务器可以为若干个 OPC 客户端应用程序提供数据。图 27.5-2 为利用 OPC 技术的集成系统结构图。

OPC 采用客户/服务器模式，把开发访问接口的任务放在硬件生产厂家或第三方厂家，以 OPC 服务器的形式提供给用户，解决了软、硬件厂商的矛盾，完成了系统的集成，提高了系统的开放性和可互操作性。

OPC 是以 OLE/COM 机制作为应用程序的通信标准。OLE/COM 是一种客户/服务器模式，具有语

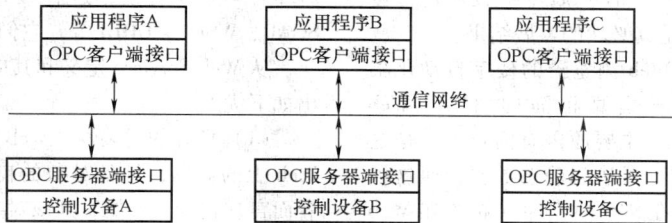

图 27.5-2　OPC 集成系统结构

言无关性、代码重用性、易于集成性等优点。OPC 规范了接口函数，不管现场设备以何种形式存在，客户都以统一的方式去访问，从而保证软件对客户的透明性，使得用户完全从低层的开发中脱离出来。从而使采用 OPC 规范设计系统具有如下好处：

（1）OPC 规范以 OLE／COM 技术为基础，而 OLE／COM 支持 TCP／IP 等网络协议，因此可以将各个子系统从物理上分开，分布于网络的不同节点上。

（2）按照面向对象的原则，将一个应用程序（OPC 服务器）作为一个对象封装起来，只将接口方法暴露在外面，客户以统一的方式去调用这个方法，从而保证软件对客户的透明性，使得用户完全从低层的开发中脱离出来。

（3）OPC 实现了远程调用，使得应用程序的分布与系统硬件的分布无关，便于系统硬件配置，使得系统的应用范围更广。

采用 OPC 规范，便于系统的组态化，将系统复杂性大大简化，可以大大缩短软件开发周期，提高软件运行的可靠性和稳定性，便于系统的升级与维护。

（4）OPC 规范了接口函数，不管现场设备以何种形式存在，客户都以统一的方式去访问，从而实现系统的开放性，易于实现与其他系统的接口。

OPC 技术是面向平台集成模式的典型范例，自 OPC 技术出现以来，这种集成技术得到广泛的应用，并随着应用需求和 IT 技术发展而不断更新和完善。表 27.5-1 不仅列出了 OPC 技术的基本内容，而且还说明了这种技术的发展过程和未来趋势。

表 27.5-1　　OPC 标准内容表

标　准	版　本	内　容
Data Access	3.0, 2.0, 1.0	数据存取规范
Alarms and Events	1.10, 1.00	报警和事件规范
Historical Data Access	1.0	历史数据存取规范
Batch	2.0, 1.0	批量过程规范
Security	1.0	安全性规范
Compliance	2.0, 0.2	数据访问标准的测试工具

续表

标　准	版　本	内　容
OPC XML	1.00, 0.18	过程数据的 XML 规范
OPC eXchange	1.0	数据交换规范
OPC Commands	正在开发	命令规范
OPC Common I／O	正在开发	公共 I／O 规范
OPC Complex Data	正在开发	复杂数据规范

虽然这种集成模式起源于工业过程控制，也广泛应用于楼宇自动化领域。例如，Siemens 公司的 APOGEE 系统、我国浙大中控的 AdvBMS 集成管理软件系统以及西安协同软件（集团）股份有限公司的 Synchro BMS 系统等均采用了这种集成模式。

面向平台的集成模式虽然在较高层次上实现了控制系统的集成，但这种集成模式与平台相关。另外，随着楼宇自动化系统从自动化监控向综合信息管理的发展，面向平台的集成模式同样存在与企业管理信息集成的困难，不能进行跨平台集成，也不能大规模地实现对智能建筑突发事件的综合管理。为了实现跨平台的系统集成，并将楼宇自动化系统纳入企业应用集成（EAI）之中，又出现了面向 Web 的集成方法。

5.4　面向 Web 的集成模式

随着"数字城市"、"数字地球"等数字化社会发展的需要，IT 业界出现了资源共享和系统集成的 XML／Web Services 新技术。这种现代 IT 技术可以实现各种信息资源的共享和系统集成，具有"平台无关、协议无关、语言无关"的特点，并且具有应用部署灵活、应用程序间耦合性弱的优点。于是这种新技术同样在各行各业产生了深远的影响，被称为信息技术的"第三次革命"。这次信息技术革命在楼宇自动化系统中就产生了面向 Web 的系统集成方法。目前，XML／Web Services 技术已在电子政务、电子商务、远程教育、卫生医疗等领域得到了广泛应用。从其应用领域和发展趋势来看，这种技术将会成为"数字城市"的基础。智能建筑作为"数字城市"的一个"细胞",采用 XML／Web Services 技术进行楼宇自动化系统的集成则是其必然的发展结果。

现阶段有许多基于 Web 浏览器的楼宇自动化集成系统,但大部分并不是真正面向 XML／Web Services 技术的集成系统,主要原因有两点:一是这种系统只是利用 Web 浏览器访问静态数据,而这种静态数据通常早已存储在某个数据库(布置在 Web 上)之中;二是数据库中存储的数据是由其他集成模式(通常为上述两种集成模式)所产生或生成的。虽然目前绝大部分基于 Web 浏览器的系统不是面向 Web 集成模式的系统,而是通过数据"嫁接方式"实现 Web 浏览器控制的,但这种系统提供统一的人机界面,还可以利用 Web 浏览器的客户/服务器模式在 Web 上进行布置,实现远程、无线等监控功能。因而在面向 Web 集成的集成系统中也通常采用 Web 浏览器作为人机主界面。

面向 Web 的集成方法是利用 XML／Web Services 技术进行系统集成的技术。XML／Web Services 技术是一系列 Web 应用技术,这些 Web 应用具有"自包含、自描述和模块化"的特点,可以在 Web 上发布、布置和调用。图 27.5-3 为 XML／Web Services 技术层次结构图,该技术的主要目标是在现有各种异构平台的基础上构筑一个"平台无关、语言无关,协议无关"的通用技术层,通过这个技术层,各种平台上的应用可以互相连接和集成,从而实现互操作功能。

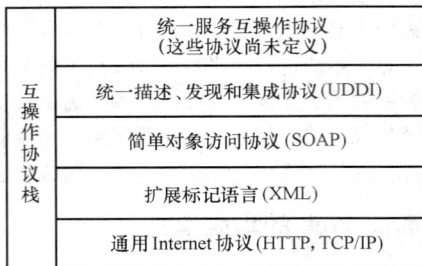

图 27.5-3　Web Services 技术层次结构

可以说,XML／Web Services 是现有应用面向 Internet 的延伸,也是现有 Internet 应用面向更好互操作的扩展。那么,什么是 Web Services 技术? 首先引用 Web Services 工作组对其定义:"一个 Web Service 就是可以被 URI(统一资源标识符)识别的软件应用,它的接口和绑定可以被 XML 描述和发现,并且可以通过基于 Internet 的协议与其他基于 XML 消息的软件应用交互"。它描述了一种全新的分布式计算方式,强调基于 XML 来解决异构分布计算问题。XML／Web Services 定义了一系列技术用于描述被访问的软件组件、访问方法以及如何发现服务的方法。从图

27.5-3 可以看出,这种技术的主要协议标准有 SOAP、WSDL、UDDI 等,它们都是以 XML 为基础。

从 Web Services 定义和其应用体系架构可以总结出如下优点:

(1) 良好的封装性。Web Services 是一种部署在 Web 上的对象,具备对象的良好封装性。对于使用者而言,它能且仅能看到该对象提供的功能列表。

(2) 松散耦合性。这一特征源于其良好的封装特性,只要 Web Services 调用的界面接口不变,不管其实现平台如何变化和迁移,对于其服务调用者来说都是透明的,服务调用者不会有任何改变。

(3) 可发现性。Web Service 应用体系架构提供了一种机制,便于服务提供者公布其服务,同时供服务请求者查找服务。

(4) 使用标准协议规范。Web Services 使用开放的标准协议进行描述、传输和数据编码,客户可以在任何平台上使用 Web Services。

(5) 高度可集成能力。由于 Web Services 完全采取简单的、易理解的标准 Web 协议作为组件界面描述和协同描述的规范,完全屏蔽了不同平台、不同协议、不同语言之间的差异,因此无论是 CORBA、DCOM、RMI 还是 EJB,都可以通过这种标准协议进行互操作。

可扩展标记语言(eXtensible Markup Language, XML)是一种可扩展标记(tag)的描述语言,具有自描述的特性,用于对数据进行结构化的信息描述,是 Internet 上数据交换的事实(de facto)标准。XML 是对 SGML(Standard Generalized Markup Language)进行简化而形成的一种可扩展标记的文本形式元语言(Meta-language),继承了 SGML 的灵活性和强大的描述功能,用于描述结构化数据,具有自描述和可扩展的特性。用 XML 描述的数据,其信息不仅是"人可读的(Human-readable)",而且也是"机器可读的(Machine-readable)",因而 XML 可以用于"机器间(Machine-to-machine)"的通信。正是由于 XML 可以实现机器间的互操作,XML 作为一种"文本编码"工具被广泛应用于 IT 系统集成领域。

简单对象访问协议(Simple Object Access Protocol, SOAP)是一个在 Web 环境中使用 XML 交换数据的简单且轻量级的协议。SOAP 仍然利用 XML 的描述功能定义了一种相当简单的访问机制,利用这个简单的机制,部署在不同位置的应用构件就可以交互信息、产生互操作,进而达到系统集成的功能。为了实现信息交互的目标,一个完整的 SOAP 协议的消息报文通常由如下 4 个部分组成:

1. SOAP 封装(Envelop)　封装定义了一个描述消息中的内容是什么,是谁发送的,谁应当接受并

处理它以及如何处理它们的框架。

2. SOAP 编码规则（Encoding Rules）　用于表示应用程序需要使用的数据类型的实例。

3. SOAP RPC 表示（RPC Representation）　表示远程过程调用和应答的协定。

4. SOAP 绑定（Binding）　使用底层传输协议（如 HTTP）交换信息。

但在实际应用中，为了提高传输效率和应用上的灵活性，也可以进行简化。图 27.5-4 是一个简化和实用的 SOAP 消息报文的例子。

XML／Web Services 技术除上述两个基础技术之外，还有以这个基础为核心建立体系结构及其所涉及的其他技术，如 XML Schema、WSDL、UDDL 等技术，以及正在发展之中的其他技术。

综上所述，XML／Web Services 技术包括许多高新技术，但其核心技术主要是 XML 和 SOAP。这两项技术虽然同样也包含很多内容，其作用却可以简单地总结为，XML 用于数据描述，SOAP 用于数据访问。根据这两项技术的作用，可以准确地推导出利用 XML／Web Services 技术进行多协议系统集成的基本原理。首先，利用 XML 数据描述功能将某个具体协议所描述的楼宇自动化系统的信息进行转换或映射，形成一种具有"自包含和自描述"的 XML 模型；然后利用 SOAP 数据访问功能对 XML 模型进行访问，从而实现多协议系统的系统集成。图 27.5-5 是利用这种技术进行系统集成的基本结构图。

综上所述，XML／Web Services 技术对智能建筑管理系统的影响远远超过了 BACnet 标准和 LonWorks 标准的影响。正是由于这些优点，不少标准组织和协会正在将已有的楼宇现场总线通信标准进行 XML／Web Services 技术扩展，或制定相应的 XML／Web Services 技术应用标准。其中最有影响的标准组织和协会有 ASHRAE、LonMark International 协会和 CABA 等。

正是由于有了上述的工作，楼宇自动化领域出现了不再以楼宇自控网络数据通信协议标准技术为核心的新局面，而是在现代 IT 技术的框架下"淡化"楼宇自控网络数据通信协议标准技术的作用，使各个楼宇自动化现场总线技术标准"和平共处"，优势互补，共同完成智能建筑管理系统的功能。这就是说，无论是开放（Open）标准，还是专有（Proprietary）标准，只要符合现代 IT 技术的集成标准，均可以用于智能建筑及其系统集成。因而继续争论现场总线技术标准的优劣，或否定所有现场总线技术标准，或重新制定一个属于"自己的"标准是没有意义的。

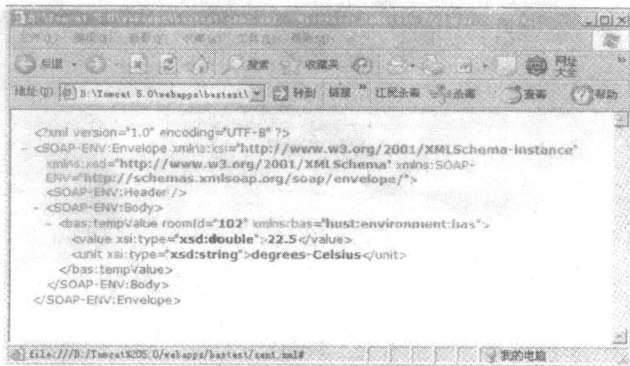

图 27.5-4　一个 SOAP 消息报文

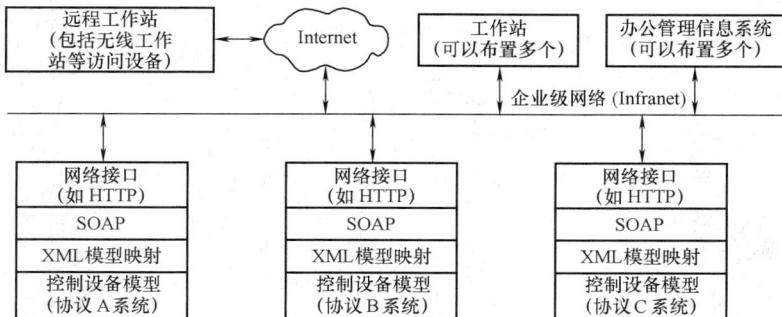

图 27.5-5　面向 Web 的集成系统基本结构图

由于 XML / Web Services 技术具有"平台无关、语言无关、协议无关"的特性，不仅可以用于楼宇自动化系统的集成，还可以用于楼宇自控系统与智能建筑中其他智能子系统的集成，实现所有建筑智能系统的集成。也正是由于这种技术具有"众所周知和开放"的特点，这种技术也是建设"数字城市"的基础。

从楼宇自动化系统集成的发展过程可以看出，楼宇自动化的发展与 IT 技术的发展是息息相关的，并且 IT 技术是其发展的推动力。在 IT 技术的推动下，楼宇自动化或智能建筑领域已进入了 Web 时代，因而研究和应用的焦点已不再是对现场总线通信协议或标准的优劣评价和争论，而应是在认同差异的基础上利用最新 IT 技术寻求最好的系统集成解决方案或集成方式，使楼宇自动化系统真正成为企业应用集成（EAI）的一个有机部分，在更高层次上有效地利用楼宇自动化系统的信息资源，并扩展和提升楼宇自动化系统的"智能"。

从上述楼宇自动化系统的发展趋势来看，楼宇自动化技术的重点已由原来的楼宇自控网络数据通信协议技术标准转移到了以现代 IT 技术为主的系统集成技术标准。我国已经错过了参与楼宇自控网络数据通信协议技术标准的机会，而现代 IT 技术的发展又一次给予了我们参与智楼宇自动化技术的机遇。

第6章 系统设计与主要产品介绍

6.1 一般设计原则和内容

根据我国民用建筑设计有关规范的规定，楼宇自动化系统一般约占总投资 2%～5%，如果只从楼宇设备优化运行和节能的效率来折算，通常在 5 年左右运行和维护管理期内可收回投资。虽然我国制定了许多与楼宇自动化系统有关的规范和标准，如《智能建筑设计标准》（GB／T 50314—2000）等，但这些标准通常只是楼宇自动化系统（或智能建筑）工程设计和施工验收等管理性的标准和规范，至今我国还没有出现与楼宇自动化系统有关的技术性标准或规范。

从我国的标准和规范来看，楼宇自动化系统的设计与施工不在我国强制性执行标准或规范的范围之内，因此，楼宇自动化系统应根据业主的需求、各楼宇设备的监控要求和项目投资状况，在坚持"实用性与先进性、可实施性与经济性、开放性与安全性"的原则基础上确定楼宇自动化系统的内容、范围和等级标准。

从楼宇自动化系统工程来看，楼宇自动化系统一般由监控主机（中央工作站）、现场控制器（DDC 系统）、就地仪表和自控网络四个主要部分组成。在大型楼宇自动化系统，监控主机除中央工作站外，还可根据各楼宇自控子系统设置多个监控分机（分工作站），如火灾报警与消防子系统监控工作站。

监控主机一般采用通用型 PC 或工控型 PC，其系统配置除主机、显示器、键盘和鼠标外，通信网络接口卡（Network Interface Card，NIC）是必备的，且必须与自控网络通信协议一致。主机外围设备还应配置打印机和相应的控制操作工作台，打印机必须具有打印图表和曲线的功能，控制操作工作台应外型美观，坚固实用。

监控主机软件包括具有图形用户界面（GUI）的操作系统（OS）、数据库、楼宇自动化系统管理软件和必备应用软件，这些必备软件必须稳定、可靠，图形用户界面必须支持中文显示。应用软件通常由各种组态软件组成，应能满足楼宇自动化系统的自动检测、配置和管理的要求，且为用户提供必备的运行维护功能。

现场控制器为嵌入式系统，一般不配置人机界面，或只配置很简单的按键。但大多数现场控制器除自控网络接口外，通常还提供一个供现场安装时组态和管理的通信端口（大多数为串行口）。现场控制器分别安装在建筑内不同的位置，对建筑设备进行现场监控和管理，并通过自控网络互连。现场控制器的组态通常有两种形式：一是通过自控网络由上位机（如中央工作站）下载组态软件；二是利用虚拟终端的方式在现场通过串行端口下载组态软件。有的现场控制器可以提供上述两种组态方式，有的现场控制器只提供现场下载方式。

就地仪表通常为安装在现场的数字仪表，具有显示和设置参数的功能，如室内温度控制器，既可以显示室内温度值，也可以根据个人需求设置室内温度值。

控制网络则是楼宇自动化的综合布线系统，要求施工简单，配置灵活，并具有一定的裕量，以备扩充和升级。

综上所述，楼宇自动化系统的设计就是对上述四个组成部分进行合理的选择和安装，一般步骤可以归纳如下：

（1）根据业主的需求和各楼宇设备的控制功能，确定各个现场控制器 DDC 系统和监控主机系统。

（2）根据现场控制器 DDC 系统和监控主机的位置分布，以及通信流量设计自控网络系统。自控网络系统通常为智能建筑综合布线的一部分，应在综合布线系统中统筹考虑，综合布线系统设计应包含自控网络系统中 DDC 及其他具有网络通信功能楼宇自控设备的信息点。

（3）现场控制器 DDC 系统监控功能逻辑设计，即对现场控制器根据控制功能和 I／O 信息接线设计控制软件，设置自控网络通信地址和通信波特率等。现有大多数商业产品提供图形化或脚本（Script）高级编程语言进行控制软件设计和直观的网络参数配置功能。

（4）监控主机人机界面和数据库设计。现有商业产品既提供楼宇自动化系统监控系统软件，又提供图形化的应用工具软件，可以非常直观地进行人机界面和数据库的设计。但不同的厂家提供不同的应用工具软件和打包方式，有的厂家提供集成化的应用工具软件，有的厂家将系统监控软件与应用工具软件分开打包和销售。

当楼宇自动化系统完成施工，并经过各阶段验收合格后，就可以进行现场调试和试运行。当试运行合格后，就可以移交给业主，从而完成楼宇自动化系统的设计和实施。

6.2　监控点表

对于同一楼宇自动化系统工程，当业主需求和各楼宇设备监控要求确定时，在技术和经济的约束下，可以选择不同厂家的产品和系统，或同一厂家不同型号的产品和系统，由此可以形成不同体系结构的楼宇自动化系统，即楼宇自动化系统的监控主机系统、系统组态和自控网络有所不同。虽然楼宇自动化系统的监控主机系统、系统组态和自控网络取决于厂家的产品和系统，但楼宇自动化系统的前期设计是有相同工作的，这说是监控点表（Point List）的制作和统计。

监控点表是统计各 DDC 系统 I/O 点的表格，是选择现场 DDC 控制器和监控主系统数据库的重要依据。当考虑系统升级或未来功能扩展时，所选用现场 DDC 控制器的 I/O 点数必须大于监控点表的统计数，通常按 10% 的富裕量进行考虑。

监控点表的统计可以分两步进行：第一，根据业主需求和楼宇设备的监控要求，确定楼宇自动化系统监控范围，并进行统计；第二，根据各楼宇设备监控 DDC 系统图，统计各 DDC 系统的 I/O 点数，然后汇总为楼宇自动化系统监控点表。各楼宇设备监控 DDC 系统及其 I/O 点统计可以参见第 3 章，并可以根据具体情况进行对各 DDC 系统进行增加或删减。表 27.6-1 和表 27.6-2 分别是某一楼宇自动化系统工程的监控范围表和 I/O 监控点表。参照这两个表格，则可以很容易地进行其他楼宇自动化系统的设计。

表 27.6-1　　　　　　　　　　××楼宇自动化系统监控范围统计表

序号	系　统	设　备	备　　注	位　置
1	冷热源系统	制冷机组 5 台	水冷机组	地下 1 层
		冷却塔 5 台		裙楼屋顶
		冷冻泵 7 台		地下 1 层
		冷却泵 7 台		地下 1 层
		热交换器 3 台		地下 1 层
		空调热水循环泵 4 台		地下 1 层
		燃油蒸汽锅炉 1 台		地下 1 层
		给水泵 1 台		地下 1 层
		燃油热水锅炉 3 台		地下 1 层
		锅炉热水泵 4 台		地下 1 层
		膨胀水箱 2 个		屋顶
		锅炉供油系统 1 套		地下 1 层
		屋顶热水循环泵 4 台		屋顶
2	空调系统	空调机组 45 台 AHU-01~AHU-52		各层
		组装式机组 18 台 ASU-01~ASU-09		各层
		送排风机 45 台		各层
		排烟风机 51 台	消防系统联动控制，BAS 监测其状态	各层
		加压风机 14 台	消防系统联动控制，BAS 监测其状态	各层
3	给排水系统	消防泵 4 台	消防系统联动控制，BAS 监测其状态	地下 1 层
		喷淋泵 8 台	消防系统联动控制，BAS 监测其状态	地下 1 层
		生活水泵 2 台		地下 1 层
		清水池 1 个		地下 1 层
		生活水箱 2 个		地下 1 层
		排水泵 49 台		地下 1 层
		集水坑 41 个		地下 1 层
4	变配电系统	高压柜		地下 1 层
		变压器 6 台		地下 1 层
		低压配电柜		地下 1 层
		柴油发电机组 2 台		地下 1 层
5	电梯系统	客梯 14 台		各层
		货梯 5 台		屋顶
		自动扶梯 25 台		各层
6	照明系统	照明回路 135 路		各层

表27.6－2

××楼宇自动化系统控制点表

系统	设备	数量	AI:风道温度	AI:风道湿度	AI:温度	AI:湿度	AI:压力	AI:反馈	AI:流量	AI:静压	AI:电流	AI:电压	AI:频率	AI:有功功率	AI:功率因数	AI:空气质量	AO:二通阀	AO:风阀	AO:变频器	AO:旁通水阀	DI:运行状态	DI:故障报警	DI:手自动	DI:压差开关	DI:水流开关	DI:液位开关	DO:风阀	DO:加湿设备	DO:起停	DO:蝶阀	AI	AO	DI	DO
冷热源系统	制冷机组	5			4		2		1											1	5	5	5	2	10				5	8	7	1	27	13
冷热源系统	冷却塔	5																			5	5	5						5	5	0	0	15	10
冷热源系统	冷冻水泵	7																			7	7	7						7		0	0	21	7
冷热源系统	冷却水泵	7																			7	7	7						7		0	0	21	7
冷热源系统	热交换器	3																													0	0	0	0
冷热源系统	空调热水循环泵	4																			4	4	4						4		0	0	12	4
冷热源系统	燃油蒸汽锅炉	1			1		1														1	1									2	0	2	0
给排水系统	给水泵	1																			1	1	1							1	0	0	3	1
冷热源系统	燃油热水锅炉	3			2		2		1												3	3									5	0	6	0
冷热源系统	锅炉热水泵	4																	4	1	4	4	4						4		0	5	12	4
冷热源系统	锅炉供油系统	1																								2					0	0	2	0
冷热源系统	屋顶热水循环泵	4																			4	4	4						4		0	0	12	4
空调系统	空调机组	45	45		1	1											75	90			45	45	45	45				45	45		47	165	180	90
空调系统	柜式机组	18	18														18				18	18	18	18			18	18	18		18	18	72	54
空调系统	送排风机	45																			45	45	45						45		0	0	135	45

续表

××楼宇自动化系统控制点表

系统	设备	数量	AI 风道温度	风道湿度	温度	湿度	压力	反馈	流量	静压	电流	电压	频率	有功功率	功率因数	空气质量	AO 二通阀	风阀	变频器	旁通水阀	DI 运行状态	故障报警	手自动	压差开关	水流开关	液位开关	风阀	加湿设备	DO 起停	蝶阀	AI	AO	DI	DO
空调系统	排烟风机	51																			51	51									0	0	102	0
空调系统	加压风机	14																			14	14									0	0	28	0
给排水系统	消防泵	4																			4										0	0	4	0
给排水系统	喷淋泵	8																			8										0	0	8	0
给排水系统	生活水泵	2																			2	2	2						2		0	0	6	2
给排水系统	清水池1个	1																								2					0	0	2	0
给排水系统	生活水箱2个	2																								4					0	0	4	0
给排水系统	排水泵	49																			49	49	49						49		0	0	147	49
给排水系统	集水坑	41																								82					0	0	82	0
变配电系统	高压柜	9									6	6									9												6	
变配电系统	变压器	6			6																6										6	0	6	0
变配电系统	低压柜	9									18	18	6	6	6						6										54	0	6	0
变配电系统	自备发电机	2									3	3									1	1				1					6	0	3	0
变配电系统	照明回路	135																			135		135						135		0	0	270	135
电梯系统	客梯	14																			42	14									0	0	56	0
电梯系统	货梯	5																			15	5									0	0	20	0
电梯系统	自动扶梯	25																			75	25									0	0	100	0
点数小计																															145	184	1230	421

注：系统总控制点数为1980点，不包含以通信方式并入的第三方设备控制点。

6.3　主要产品介绍

我国是一个楼宇自动化系统工程的大市场。这个大市场,尤其是高端市场,几乎被国外产品所垄断。以下只介绍其中较为有影响力的厂家产品。

1. Apogee(Siemens)　西门子的 Apogee 楼宇自动化系统是国际应用较为广泛的产品之一。早在 1978 年,西门子楼宇科技推出了 System 600 楼宇自控系统,经过多年的发展,升级为运行在 Windows 2000/XP 平台上的 Insight 监控系统,其产品应用包括采暖供热系统监控、冷冻冷却系统群控、空调机组监控、空调末端设备调节、空调末端能耗计费、通风/排风系统监控、变配电系统监测、照明系统监控、发电机系统监测、电梯系统监测和给排水系统监控等领域。

(1) APOGEE 系统包括如下组成:

1) 管理平台。Insight,运行于 Windows NT/2000/XP 系统。

2) DDC 控制器。包括 MBC/MEC/TEC 等及网络互连设备。

3) 传感器。包括温度、湿度、压力、流量、CO_2 浓度等。

4) 执行器。包括阀体、阀门驱动器、风门驱动器等。

(2) 系统结构,如图 27.6-1 所示。

从图 27.6-1 所示的体系结构可以看出,Apogee 系统分管理级网络(Management Level Network,MLN)、楼宇级网络(Building Level Network,BLN)和楼层级网络(Floor Level Network,FLN)三个层次的网络。

1) 管理级网络 MLN 包括:①Windows XP/2000/NT 工作平台;②TCP/IP 协议,通信速率最快 100Mbit/s;③Client/Server 结构,最多 25 个 Clients;④可利用大楼的综合布线系统;⑤Insight 软件功能选项。支持 OPC 技术、BACnet、Web 技术、InfoCenter Server、UCM 能源管理(Utility Cost Manager)、RENO 远程通告(Remote Notification)和 Terminal Services。

2) 楼宇级网络 BLN。BLN 网络有 RS485、Ethernet 和 Remote 三种类型。每条 BLN 上的设备类型可以包括如下类型:① Insight 工作站;② MBC(模块化楼宇控制器);③ MEC(模块化设备控制器);④ RBC(远程楼宇控制器);⑤ FLNC(楼层网络控制器)等。

当 BLN 采用 RS485 时,最大通信速度为 115.2kbit/s,最远传输距离为 1200m。当传输距离超过 1000m 或网络设备超过 32 个时,必须采用干线隔离器/扩充器(TIE)或光纤接口(FOTI)。增加干线隔离器/扩充器(TIE)后最远可延长至 7900m,最多可加 6 个干线隔离器/扩充器(TIE)。每个 Insight 工作站最多连接 4 条 RS485 BLN 网络,每条 RS485 BLN 通过干线连接器(TI-II)与 Insight 工作站的电脑串口连接。每条 RS485 BLN 上最多可连接 100 个 BLN 设备。

当 BLN 采用 Ethernet 时,MBC/MEC 控制器通过网络设备(HUB/SWITCH 等)与 Insight 工作站连接。每个 Insight 工作站可以管理 64 条 Ethernet BLN 网络,并且每条 Ethernet BLN 上最多可连接 1 000 个 BLN 上的设备。

当 BLN 采用 Remote 时,即采用远程连接时,可以有两种方式:一是通过 MODEM 连接,每个 Insight 工作站最多可同时管理 300 条拨号 Remote BLN 网络;二是通过以太网转换器(AEM200)连接,每个

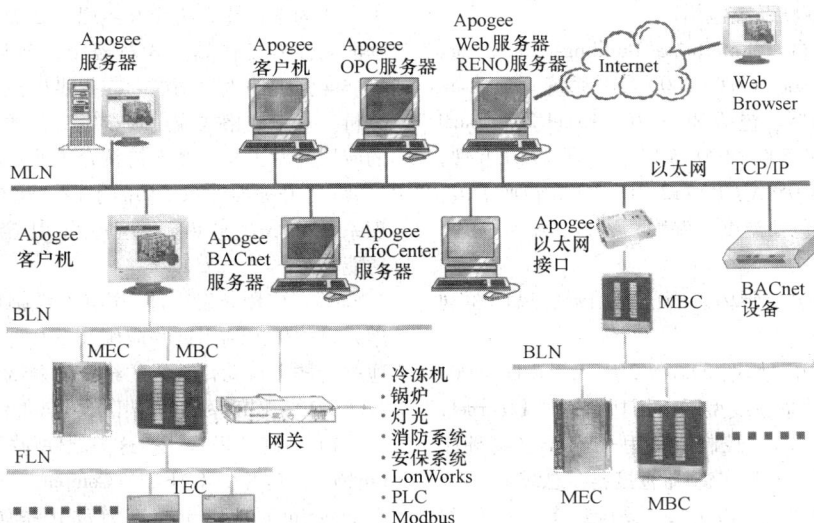

图 27.6-1　Apogee 体系结构图

AEM200 都有独立的 IP 地址，使用 TCP／IP 协议，可利用大楼的综合布线系统，每个 Insight 工作站最多管理 64 条通过以太网转换器（AEM200）连接的 Remote BLN 网络，但建议不要超过 32 条。

3）楼层级网络。每个 MBC 或 MEC－1xxxF 或 FLNC 控制器最多同时支持 3 条 FLN 网络，通信速率最大为 38.4kbit／s，通信距离最大为 1200m。每条 FLN 上最多可连接 32 个设备，包括末端设备控制器（Terminal Equipment Controller，TEC）、点扩展模块（Point eXpansion Module，PXM）、多功能电力变送器（Digital Energy Monitor，DEM）和 SED2 系列变频器等。

每个 MEC－1xxxL 控制器带有 Neuron 神经元芯片和 FTT－10A 收发器，可最多同时支持 1 条 Lon FLN 网络，且每条 LON FLN 支持自由拓扑的网络结构，通信速率最大为 78.8kbit／s。每条 LON FLN 上建议连接 22 个设备，包括 LonMark 末端设备控制器 LTEC（Lon Terminal Equipment Controller）或第三方的 LON 控制器。

当 Lon 控制器的数量超过 22 个或网络距离超过 500m 时，必须使用 LonTalk 中继器，且一条 LonWork 总线最多使用 1 个 LonTalk 中继器。

（3）控制器、传感器和执行器。西门子提供多种上述型号产品。

2. Excel 5000（Honeywell） Excel 5000 是美国 Honeywell 公司推出的用于楼宇自动化系统的 DCS 系统。Honeywell 公司楼宇事业部的产品还包括消防报警（FA）和安防系统（SA）等产品。本手册只介绍其楼宇自动化系统。

（1）Excel 5000 系统包括：

1）管理平台（Enterprise Buildings Integrator，EBI）。运行于 Windows NT／2000／XP 系统。

2）DDC 控制器。包括 Excel 10、Excel 20、Excel 80B／100B、Excel 500／600 等以及各种通信组件，如 XPC PC 卡、Q7054A、PA732－RS－485 转换卡等。

3）传感器。包括温度、湿度、压力、流量、CO_2 浓度等。

4）执行器。包括阀体、阀门驱动器、风门驱动器等。

（2）系统结构，如图 27.6－2 所示。Excel 5000 系统管理层采用共享总线型网络拓扑结构的 Ethernet，传输速率为 10Mbit／s；控制层采用 C－Bus（物理层为 RS－485）总线，DDC 控制器直接连在总线上，C－Bus 总线传输速率可达 1Mbit／s。系统最多可定义 97 条总线（包括 LonWorks，Modbus 等），一条 C－Bus 总线可连接 29 台 DDC。

中央工作站（Workstation）所用的管理系统软件一般有基本型楼宇自动化系统（XBS）和企业楼宇集成系统（EBI）两种。

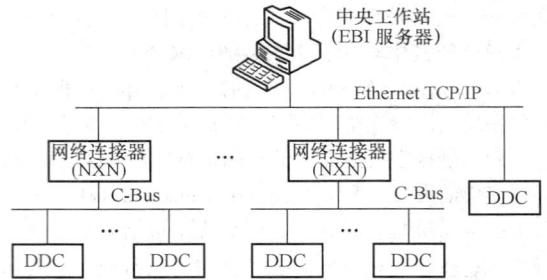

图 27.6－2 Excel 5000 体系结构

1）基本型楼宇自动化系统（XBS）。基本型楼宇自动化系统在 Windows 操作环境下运行，采用下拉菜单、对话框和弹出式视窗系统。

2）企业楼宇集成系统（EBI）。EBI 是 Honeywell 近年新推出的、专用于楼宇自动化系统的集成软件。该系统有一个充分开放的、采用客户机／服务器体系的系统网络结构。中央工作站采用 Web 服务器、数据访问层和混合数据库层三层结构，可以实现楼宇自动化系统与企业管理系统集成，使楼宇自动化系统真正成为企业应用集成（EAI）的一部分。

EBI 不仅可以集成楼宇自动化系统，而且还可以集成生命安全管理系统（Life & Safety Management），如火灾报警消防系统（FAS），也可以集成安防管理系统（Security Management System）。同时，EBI 可支持多种协议接口和设备，如 TCP／IP、BACnet、Lon-Works、OPC 等。具体地说，EBI 提供如下功能：①专业的图形化人机交互界面。②支持多个本地和远程的高性能工作站。③对楼宇设备运行进行实时监控。④强大的报警功能。⑤提供历史数据和趋势曲线分析。⑥标准格式或用户自定义格式的报表。⑦丰富的应用开发工具。⑧支持符合工业标准的本地和远程多客户／服务器体系。⑨楼宇设备运行数据与企业管理系统集成。⑩热冗余备用。⑪全面支持 Internet 功能。

（3）应用开发软件。EBI 系统提供功能强大的应用开发软件，利用这些应用开发软件，可以较为容易地进行楼宇自动化系统的组态、调试和系统集成。图 27.6－3 为 EBI 系统的应用开发软件体系图。

1）系统工程软件。这类软件包括 CARE、SDU 和 LincNet。其中，CARE（Computer Aided Regulation Engineering）应用于楼宇自动化系统（BAS），SDU（System Definition Utility）用于火灾报警消防系统（FAS），LincNet 用于安防系统（SAS）。

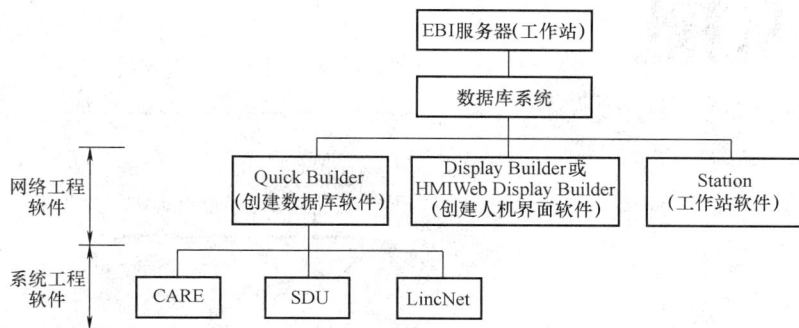

图 27.6-3　EBI 应用开发软件体系图

CARE 是一种图形化的组态工具软件，用于对楼宇自动系统的现场 DDC 系统创建数据文件和控制程序，使 Excel 系列 DDC 在 EBI 系统下运行。CARE 提供的功能如下：①控制系统原理图；②控制策略或控制算法；③开关逻辑；④设置控制点属性；⑤建立控制点的映射文件；⑥时间程序；⑦创建工程文件。SDU 和 LincNet 的作用与 CARE 基本相同，将各自系统进行设置，使之在 EBI 环境下运行。

2）网络工程软件。Quick Builder 根据上述工程软件建立的各种工程数据文件在中央工作站建立相应的数据库，将各 DDC 系统链接到 EBI 网络系统中。数据库是 EBI 系统运行的基础。

Display Builder/HMIWeb Displayer Builder 是建立人机交互界面的开发工具，后者用于 Web 环境的人机界面。EBI 环境下的人机界面也可以用其他图形软件进行制作，如 Micrografx Designer 或 Visio 等。

Station 安装在操作员工作站上，是运行人机交互界面的平台。

（4）控制器、传感器和执行器。HoneyWell 提供多种型号产品，请参阅其设备用户手册。

3. WebCTRL（Automated Logic）　美国奥莱斯公司（Automated Logic corporation or ALC）是促进 BACnet 标准的先驱者之一，致力于 BACnet 标准的应用，力图实现整个系统从底层到顶层全部符合 BACnet 标准，是目前市场上少数具备完整 BACnet 标准产品的制造商。

WebCTRL 是一套核心使用大量的 XML／Web Services 技术设计而成的产品，因此，任何支持 Web 标准可以支持浏览器浏览的（包括 Internet Explore 6.x 或 Netscape Navigator 6.x）的硬件都可以成为一个"全功能"的人机操作界面。而使用的浏览器是和一般上网所使用的一样，不需要再附加任何额外的插件。所称的"全功能"应该是包括操作者管理、权限管理、系统监视、参数修正、趋势图、使用图形

接口的日程管理、程序下载、图形化编程、树状结构浏览、控制器管理、系统组态管理等功能。

WebCTRL 既可以在 PC 上运行，也可以在"非 PC"上运行，如 WebPads、Set－top boxes、无线 PDA、WAP 和其他支持 Web 标准的装置或设备。

（1）WebCTRL 的体系结构及基本组成。WebCTRL 的体系结构如图 27.6-4 所示。

从图 27.6－4 所示的体系结构可以看出，WebCTRL 系统主要设备构成分类如下：

1）网络服务器计算机：①WebCTRL Server。软件，负责和系统中各控制器及网络工作站通信及资料交换；②Site Builder。系统数据库架构工具，快速建立系统结构；③Eikon。图形编译程序工具，用于编写各设备控制程序；④View Builder 及外挂于 MS Frontpage 的绘图组件用于动态图面设计，执行控制及数据显示。

2）网络工作站计算机。支持网络浏览器的工作站，无需奥莱斯任何工作站软件。通过 Web 浏览器，提供全功能的图形操作接口、使用者管理、控制器程序下载、日程表管理、群组管理、趋势图、控制器管理、警报管理等。

3）络由控制器及集成网关。ME－LGR、LGR、LGE、WebPRTL。

4）现场控制器。ME－line、M－line、MX－line、Mnx－line、SE－line、ZN－line。

5）现场操作显示器。BACview1 及 BACview2。

6）各类现场执行器和传感器等。

（2）系统工作站。WebCRTL 工作站提供直观的操作界面及强大的控制功能，可以在世界的任何地方通过一个标准的互联网浏览器（不需要特定的软件或外加组件的浏览器）进行 WebCTRL 系统的操作。仅通过使用浏览器，就可以实现对远程楼宇自动化系统的管理功能。这些功能包括：

1）操作者管理。

2）树状地理层次引导。

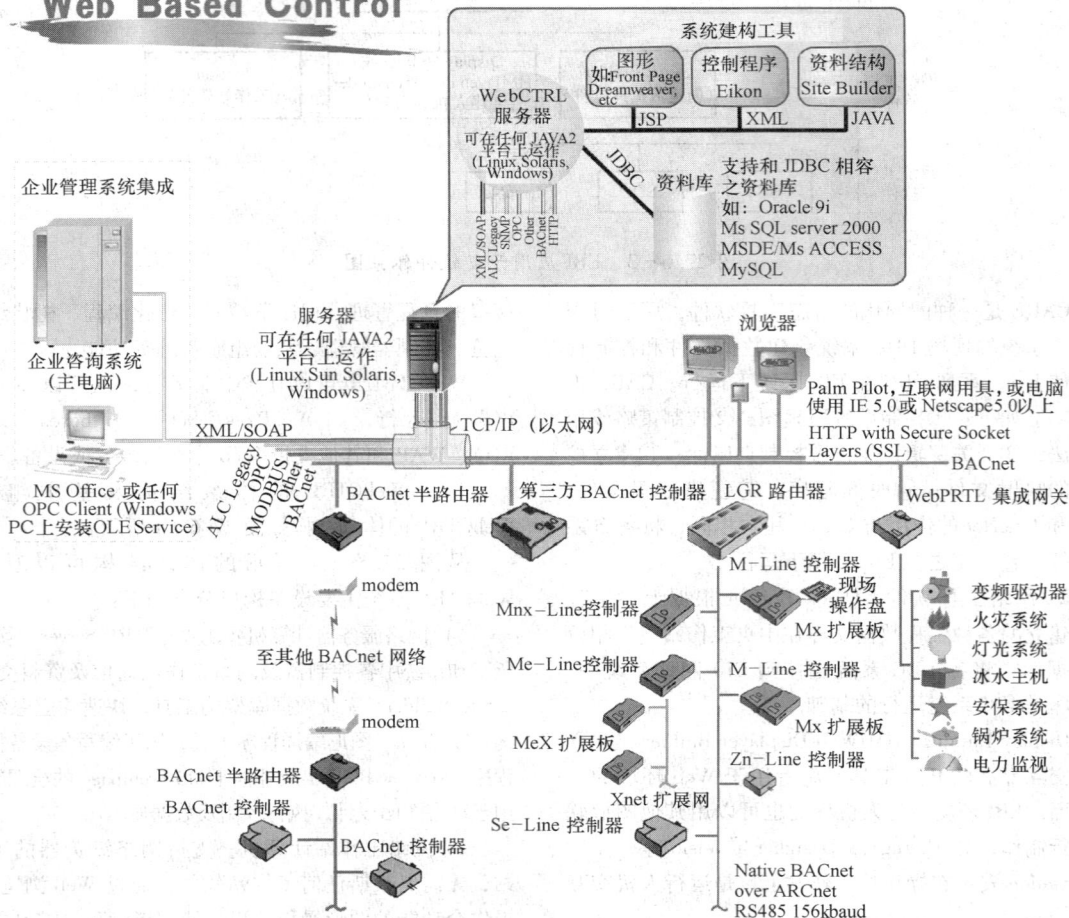

图 27.6 - 4　WebCTRL 体系结构图

3）动态图形，数据显示及操作。

4）设定及改变日程表。

5）趋势图显示。

6）查看及确认警报及事件。

7）系统组态设定及管理。

8）控制网络及控制器管理。

9）群组设定。

10）控制器程序下载。

WebCRTL 工作站具有如下特点：

1）通过动态的、交互的图形界面达到直观且全面的楼宇自控系统的操作。

2）系统完全依照开放标准研发而成。

3）使用互联网语言（HTTP）在互联网（Internet）及企业网（Intranet）中不必特殊软件或插入（Plug - ins）即可建立通信。

4）可运行于多种的操作平台包括 Windows、Linux 及 Sun Solaris。

5）先进、完整的警报管理能力。

6）使用完善的系统保护，具多层次的密码及 Secure Socket Layer（SSL）以 128bit 加密保护。

7）可经由浏览器监视及控制多样的第三方暖通及电气设备。

（3）Eikon 组态软件。Eikon 是先进的图形化编程工具，通过模块的搭建和对象连接就能构造复杂的控制算法，诊断故障可以通过实时或模拟的运行参数来检验控制程序的性能。其主要特点如下：

1）直观的图形化编程工具不需要复杂的编程技巧和深奥的计算机代码。

2）功能强大的模块链接库提供开发复杂程度不同的程序的灵活性。

3）易懂的图形符号使表达的控制算法容易理解。

4）灵活的仿真功能使开发和纠错简单化。

5）动态的图形化程序模块是有利的诊断工具，允许实时检测系统的运行。

6）程序可与工作站软件/报警管理软件完全结合，构成无缝的设备联动。

7）开发过程与建立项目文档同步。

8）完全兼容和满足 BACnet 标准。

附　　录

序号	图形符号	说　明	序号	图形符号	说　明	序号	图形符号	说　明
1		风机	10		电气配电，照明箱	19	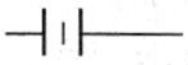	节流孔板
2		水泵	11	 数字编号 数字编号	就地安装仪表	20		一般检测点
3		空气过滤器	12	 数字编号 数字编号	盘面安装仪表	21	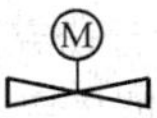	电动二通阀
4	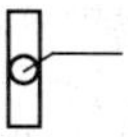	空气加热冷却器 S＝＋为加热 S＝－为冷却	13	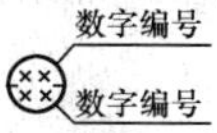 数字编号 数字编号	盘内安装仪表	22		电动三通阀
5		风　门	14	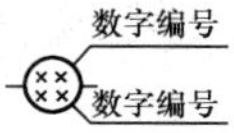 数字编号 数字编号	管道安装仪表	23	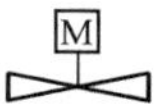	电磁阀
6		加湿器	15		仪表盘，DDC 站	24	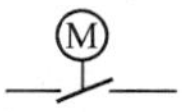	电动蝶阀
7	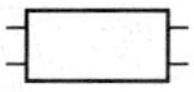	水冷机组	16		热电偶	25		电动风门
8		冷却塔	17		热电阻	26	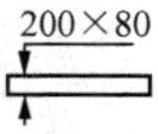 200×80	电缆桥架（宽×高）
9	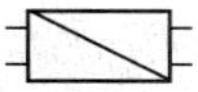	热交换器	18	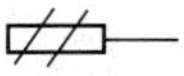	湿度传感器	27	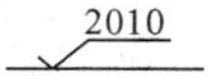 2010	电缆及编号

参 考 文 献

[1] 建设部. 智能建筑设计标准(GB/T 50314—2006). 北京:中国计划出版社,2007.

[2] 张九根,马小军,等. 建筑设备自动化系统设计. 北京:人民邮电出版社,2003.

[3] 董春桥,袁昌立,等. 建筑设备自动化. 北京:中国建筑工业出版社,2006.

[4] 王可崇,乔世军,等. 建筑设备自动化系统. 北京:人民交通出版社,2003.

[5] 周洪,张世荣,等. 智能建筑控制系统概论. 北京:中国电力出版社,2004.

[6] 李刚. 楼宇自控. 北京:北京赛迪电子出版社,2005.

[7] 董春桥. 智能楼宇 BACnet 原理与应用. 北京:电子工业出版社,2003.

[8] 柴晓路,梁宇奇. Web Services 技术、架构和应用. 北京:电子工业出版社,2003.

[9] 顾宁,刘家茂,等. Web Services 原理与研发实践. 北京:机械工业出版社,2006.

[10] 凌志浩. 从神经元芯片到控制网络. 北京:北京航空航天大学出版社,2002.

[11] 马莉. 智能控制与 Lon 网络开发技术. 北京:北京航空航天大学出版社,2003.

[12] 王再英,韩养社,等. 楼宇自动化系统原理与应用. 北京:电子工业出版社,2005.

[13] 戴瑜兴. 建筑智能化系统工程设计. 北京:中国建筑工业出版社,2005.

[14] 华东建筑设计研究院. 智能建筑设计技术. 上海:同济大学出版社,2002.

[15] 沈燕华. 智能楼宇建筑与施工. 北京:电子工业出版社,2004.

[16] 刘劲辉. 建筑电气工程施工质量验收规范应用指南. 北京:中国建筑工业出版社,2003.

第28篇

电气传动控制

主　编　贺益康（浙江大学）

副主编　章　玮（浙江大学）

执　笔　贺益康（浙江大学）

　　　　章　玮（浙江大学）

　　　　黄科元（成都希望森兰变频器制造

　　　　有限公司）

第1章 概 述

1.1 电气传动概念

1.1.1 电气传动定义

采用电动机实现生产机械、生产过程电气化及其自动控制的电气装备及系统的技术总称，是机电运动控制的重要技术内容。一个电气传动系统主要由电动机、电源装置和控制系统组成。

1. 电动机

电动机
- 直流电动机
  - 电励磁直流电动机
    - 他励直流电动机
    - 串励直流电动机
    - 复励直流电动机
  - 永磁直流电动机
- 交流电动机
  - 异步电动机
    - 笼型异步电动机
    - 绕线转子异步电动机
  - 同步电动机
    - 电励磁同步电动机
    - 永磁同步电动机
    - 磁阻同步电动机
- 开关磁阻电动机

各类电动机的机械特性、主要性能如表 28.1 - 1

所示。

2. 电源装置

(1) 母线供电装置。由交流或直流电源通过电器开关构成供电系统。

(2) 机组变流装置。这种旋转变流机组已很少应用，由电力电子静止变流装置代替。

(3) 电力电子变流装置。它可分为以下几种：

1) 整流器：提供直流电压。

2) 交流调压器：提供恒频、大小可调交流电压。

3) 变频器：提供变频交流电压，分为交-直-交（间接）变频器，交-交（直接）变频器。

4) 斩波器：提供大小可调直流电压。

3. 控制系统

(1) 逻辑控制。采用电气控制装置实现对电动机起、停，正、反转及有级变速的运行控制。控制信号来自主令电器或可编程序控制器。

(2) 连续控制（速度调节）。与变流装置配合，根据运行需要连续改变电动机转速，这是电气传动控制的主要任务。

表 28.1 - 1　　　　　　　各类电动机机械特性

类 型	特 性 曲 线	计 算 公 式	符 号	性 能
直流电动机	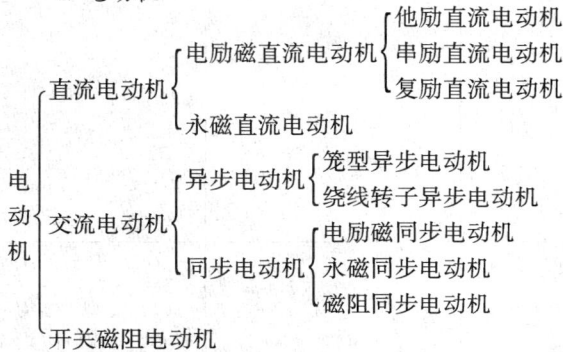 他励电动机变电枢电阻 他励电动机变电枢电压	$E = K_e \Phi n = C_e n$ $K_e = \dfrac{pN}{60a}$ $T = K_m \Phi I_a = C_m I_a$ $K_m = \dfrac{K_e}{1.03}$ $n = \dfrac{U - I_a (R_a + R)}{K_e \Phi}$ $= \dfrac{U}{K_e \Phi} - \dfrac{R_a + R}{K_e K_m \Phi^2} T$ $n_s = \dfrac{U}{K_e \Phi}$	E—反电动势（V） Φ—磁通（Wb） K_e—电动势结构常数 K_m—转矩结构常数 N—电枢绕组导体总数 p—极对数 a—电枢绕组支路对数 I_a—电枢电流（A） U—电枢电压（V） T—电磁转矩（N·m） R_a—电枢电阻（Ω） R—电枢回路附加电阻（Ω） T_N—额定转矩（N·m）	(1) 调速性能好，调速范围宽，但价格贵，需维护，不能同时做到大容量、高转速 (2) 串励电动机起动转矩大、过载能力强，特性软，适用于电力牵引机械和起重机 (3) 复励电动机起动转矩和过载能力比他励电动机大，但调速范围稍窄。其中积复励适合于起动转矩很大、负载强烈变化的设备

类 型	特 性 曲 线	计 算 公 式	符 号	性 能
直流电动机	他励电动机变励磁 他励电动机各种运行状态	$T_N = 9\,565\,\dfrac{P_N}{n_N}$	T_L—负载转矩（N·m） P_N—额定功率（kW） C_e—电动势常数 C_m—转矩常数	
异步电动机	自然特性 不同转子电阻 （U_1＝常数） 不同定子电压 （r_2＝常数）	$p = m_1 U_1 I_1 \cos\varphi$ $T = \dfrac{m_1}{\omega_1} \cdot \dfrac{U_1^2 r_2' s}{(r_1 s + r_2')^2 + s^2 x_k^2}$ $s_m = \dfrac{r_2'}{\sqrt{r_1^2 + x_k^2}}$ $x_k = x_1 + x_2'$ $T_m = \dfrac{m U_1^2}{2\omega_s \left(\sqrt{r_1^2 + x_k^2} - r_1\right)}$ $S_m = S_N \left(\lambda_T + \sqrt{\lambda_T^2 - 1}\right)$ $\lambda_T = \dfrac{T_m}{T_N}$ $T_Q = \dfrac{m_1}{\omega_s} \cdot \dfrac{U_1^2 r_2'}{(r_1 + r_2')^2 + x_k^2}$ $s = \dfrac{\omega_s - \omega}{\omega_s}$	P—电磁功率（kW） m_1—相数 U_1—定子相电压（V） I_1—定子相电流（A） $\cos\varphi$—功率因数 T—电磁转矩（N·m） r_1—定子相电阻（Ω） r_2'—折算至定子侧的转子相电阻（Ω） x_1—定子电抗（Ω） x_2'—折算至定子侧的转子电抗（Ω） x_k—短路电抗（Ω） s—转差率 s_N—额定转差率 s_m—临界转差率 λ_T—转矩过载倍数	（1）笼型。结构简单、牢固可靠、免维护、价格低、特性硬、工业界广泛采用，一般不调速。调速时可采用变频或变极对数调速；小功率大转子电阻（高转差）电动机还可采用调压调速 （2）绕线转子型。因有集电环、电刷，结构复杂、价格高，需维护，但串电阻后起动特性好，且可进行小范围调速。调速控制可在定、转子任一侧实施，故方式多、灵活，多用于电网容量小、起动次数多的电气传动应用场合

类　型	特　性　曲　线	计　算　公　式	符　　号	性　　能
异步电动机	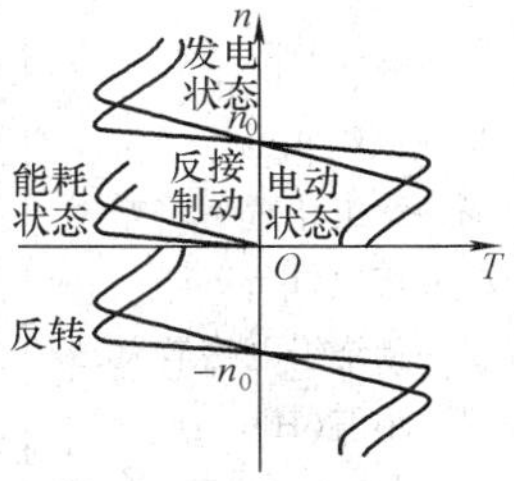 各种运行状态 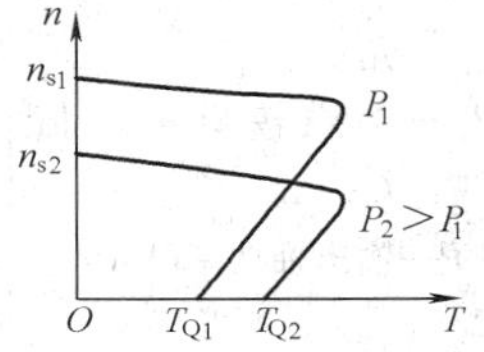 不同极对数 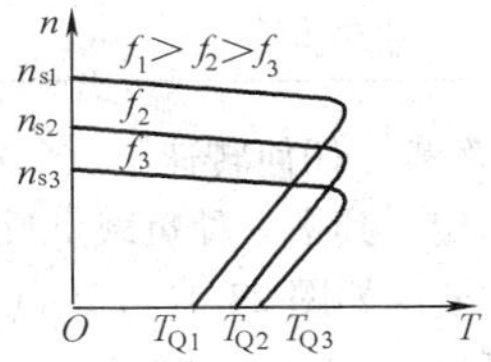 不同供电频率 $\left(\dfrac{U_1}{f_1}=常数\right)$	$\omega_s=\dfrac{2\pi n_s}{60}$ $n_s=\dfrac{60f_1}{p}$ $T=\dfrac{2T_m\ (1+q)}{\dfrac{s}{s_m}+\dfrac{s_m}{s}+2q}$ $q=\dfrac{r_1}{\sqrt{r_1^2+x_k^2}}$	T_N—额定转矩(N·m) T_m—最大转矩(N·m) T_Q—起动转矩(N·m) ω—角速度(1/s) ω_s—同步角速度(1/s) n_s—同步转速(r/min) f_1—供电频率(Hz) p—极对数 q—系数	
同步电动机	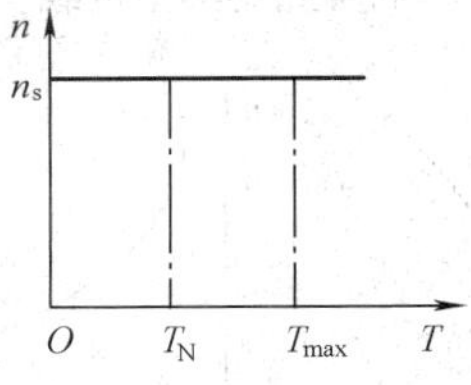	$n_s=\dfrac{60f}{p}$ $T_s=\dfrac{9.56m_1U_1E_1}{n_s\,x_s}\sin\theta$ $T_{max}=\dfrac{9.56m_1U_1E_0}{n_s\,x_s}$	E_0—空载相电动势(V) θ—电动势与电压间相位差 T_s—同步转矩(N·m) x_s—同步电抗(Ω)	(1)转速恒定为同步速，功率因数高 (2)根据励磁方式分电励磁式、永磁式和磁阻式 (3)永磁无刷直流电动机是一种自控式永磁型同步电动机变频调速系统

续表

类 型	特 性 曲 线	计 算 公 式	符 号	性 能
开关磁阻电动机	 机械特性 相绕组电感 $L(\theta)$ 曲线	$T_{av} = m\dfrac{U_s^2}{\omega_r^2} \cdot \dfrac{(\alpha_2 - \theta_1)}{\theta_r} \times$ $\left[\dfrac{\theta_1 - \alpha_1}{L_{min}} - \dfrac{1}{2}\dfrac{(\alpha_2 - \theta_1)}{(L_{max} - L_{min})}\right]$ $P = m\dfrac{U_s^2}{\omega_r} \cdot \dfrac{(\alpha_2 - \theta_1)}{\theta_r} \times$ $\left[\dfrac{\theta_1 - \alpha_1}{L_{min}} - \dfrac{1}{2}\dfrac{(\alpha_2 - \theta_1)}{(L_{max} - L_{min})}\right]$	U_s—绕组相电压(V) m—绕组相数 ω_r—转速(r/min) L_{max}、L_{min}—相绕组电感最大、最小值(H) α_1、α_2—开通角与关断角(°) θ_1—相电感上升段起始角(°) T_{av}—电磁转矩平均值(N·m) P—输出轴功率(kW)	(1) 结构简单、造价低；起动转矩大，适合于高速驱动；损耗小，可在较宽速度范围高效率运行 (2) 适应性强，可通过对电流导通、关断控制（APC方式）和电流幅值控制（CCC 方式）等，适应恒转矩、恒功率驱动 (3) 振动、噪声及转速波动较大

按控制原则可分为开环控制、闭环控制及复合控制。

按控制信号处理方式可分为模拟控制、数字控制及模拟/数字混合控制。

按所用电动机类型可分为直流调速控制和交流调速控制。随着电力电子技术、电动机控制技术和微机控制技术的发展，目前后者已逐步取代前者，成为电气传动控制中的主流技术。

1.1.2 负载类型

生产设备的负载转矩 T_L 随转速 n 变化的特性决定了负载的类型。通常有三种典型的负载，其负载特性如图 28.1-1 所示。

1. 恒转矩负载 任何转速下，负载转矩 T_L 总保持恒定或大致恒定，其中一种负载呈反抗性，T_L 极性随转速方向而改变，如图 28.1-1 (a) 所示，工业机械中轧机、造纸机、机床属此类型。另一种负载呈位能性，T_L 极性不随转速方向而改变，如图 28.1-1 (b) 所示，电梯、提升机、起重机属此类型。

2. 风机、泵类负载 风机、泵中流体介质对叶片的阻力（矩）在给定速度范围内与转速的二次方成正比，如图 28.1-1 (c) 所示，T_{L0} 为机械传动部分的摩擦阻力矩。

3. 恒功率负载 负载转矩 T_L 在一定速度范围内与转速成反比，使负载功率保持恒定，如图 28.1-1 (d) 所示。电动车辆属此类典型负载。

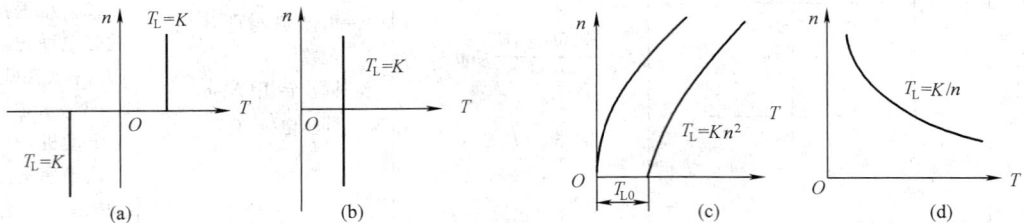

图 28.1-1 负载特性

(a) 反阻性恒转矩；(b) 位能性恒转矩；(c) 风机、泵类负载；(d) 恒功率负载

1.1.3 电气传动用电动机选择

1. 电动机选用原则 应全面考虑使用条件、运行环境、技术经济指标。

（1）应考虑供电电网质量，如允许电压波动范围、电网要求功率因数等因素。

（2）与生产机械要求的起、制动特性，调速性能及控制特性等传动特性相匹配。

（3）电动机功率以满足负载需要为原则，不宜过大，以免加大轻载时损耗、降低运行效率和功率因数，引起起动冲击。

（4）根据生产机械的工作环境和允许温升确定合适的通风方式、结构型式、防护等级和安装方式。自冷式电动机不宜长期在低速下运行，应增设外部通风设备，以免过热。

2. 根据传动特性选择 电气传动用电动机类型应与负载所需传动特性相区配，见表28.1-2。

表 28.1-2 各类电动机适用的传动特性

电动机类型		适用的传动特性	传动机械举例
直流电动机	他励	对宽调速及起、制动等动态有高要求时	轧机、造纸机、卷扬机、电梯、机床、纺织机械
	复励	负载变化大并需宽调速	提升机、电梯、剪断机
	串励	（1）起、制动频繁，要求大起动转矩 （2）恒功率负载	起重机、车辆电驱动、机车电牵引
笼型异步电动机	普通型	（1）无需调速 （2）采用变频器，加接电磁转差离合器等调速方式可获得较好调速特性和节能效果	风机、泵、普通机床、起动机、输送机械
	深槽型双笼型	起动时静态负载转矩或飞轮转矩大，电动机需有较大起动转矩	压缩机、粉碎机、球磨机
	高转差型	（1）长时间工作在周期性负载下，要求利用飞轮储能 （2）采用交流调压实现调速	（1）锤击机、冲击机、轧机、压缩机、绞车、电梯 （2）风机、泵
	变极型	（1）只需有级调速 （2）配合交流调压调速、电磁转差离合器，实现大范围有级、小范围无级调速	风机、纺织机械、印染机、木工机床等
绕线转子异步电动机		（1）负载要求大起动转矩，起动频繁而电网容量小 （2）采用转子绕组回路串电阻、串级调速、双馈调速等方式实现变转差调速	（1）输送机、压缩机、起动机、提升机、轧机、带飞轮的机组 （2）风机、泵
同步电动机		（1）要求转速严格恒定 （2）需对电网实现无功（功率因数）补偿	轧机、风机、泵、压缩机、电动-发电机组
开关磁阻电动机		（1）要求高起动转矩、宽调速范围及高效传动的负载 （2）恒功率特性负载	输送机、提升机、卷扬机、车辆电驱动、机车电牵引

3. 电动机功率选择

（1）连续工作制电动机功率选择

1）根据负载转矩和转速，计算负载功率（kW）

$$P_L = \frac{T_L n_N}{9550}$$

式中，T_L 为折算到电动机轴上的负载转矩（N·m）；

n_N 为电动机额定转速（r/min）。

若负载转矩恒定又需从基速向上调速，P_L 应按最高转速计算。

2）选择电动机额定功率 $P_N \geqslant P_L$。

3）笼型异步电动机或同步电动机用于带较大飞轮力矩或有较大静阻转矩的负载起动时，选择额定功

率 P_N 后还需校验最小起动转矩 T_{stmin}（N·m）和允许最大飞轮力矩 GD^2_{xm}（N·m²）

$$T_{stmin} > T_{Lmax} \frac{K_S}{K_u^2}$$

式中，T_{Lmax} 为起动中可能的最大负载转矩（N·m）；K_S 为保证起动时有足够加速度的转矩系数，$K_S = 1.15 \sim 1.25$；K_u 为电压波动系数（起动时机端电压与额定电压之比），$K_u = 0.85$。

$$GD^2_{xm} = GD^2_0 \left(\frac{1 - T_{Lmax}}{T_{stav}} K_U^2 \right) - GD^2_M \geqslant GD^2_{mec}$$

式中，GD^2_{mec} 为折算至电动机轴上的传动机械最大飞轮力矩（N·m²）；GD^2_0 为整个电气传动系统允许的最大飞轮力矩（N·m²）；GD^2_M 为电动机转子的飞轮力矩（N·m²）；T_{stav} 为电动机平均起动转矩（N·m），见表 28.1-3。

（2）短时工作制电动机功率的选择

1）短时工作的生产机械应选用短时定额电动机。

2）若工作周期远小于电动机的发热时间常数，且停机时间长到足以使电动机完全冷却至环境温度，其额定功率 P_N（kW）还可按过载能力来选择，直流电动机过载能力见表 28.1-4。

3）对于异步电动机

$$P_N \geqslant P_{Lmax} / (0.75\lambda)$$

式中，P_{Lmax} 为短时负载功率的最大值（kW）；λ 为电动机的转矩过载倍数，见表 28.1-5。

表 28.1-3 交流电动机平均起动转矩 T_{stav}

电动机类型		T_{stav}	说　　明
同步电动机	$T_{st} > T_{pi}$ 时	$T_{stav} = \frac{1}{2}(T_{st} + T_{pi})$	T_{st}—静止时（$s=1$）起动转矩
	$T_{st} \leqslant T_{pi}$ 时	$T_{stav} = (1.0 + 1.1)T_{st}$	T_{pi}—牵入转矩（同步电动机） T_m—最大转矩（异步电动机）
笼型异步电动机		$T_{stav} = (0.45 \sim 0.5)T(T_{st} + T_m)$	

表 28.1-4 直流电动机的过载能力

电动机类型		工作条件	允许的过载		切断过载电流倍数
			电流倍数	时间/s	
一般用途中小型电动机（Z_2 系列）			1.5	120	
起重、冶金用电动机 （ZZ、ZZY 系列）	并励	基速及以下	2.5	60	2.8
	复励		2.7		3.0
中型无补偿变速电动机（ZD 系列）			1.5		

表 28.1-5 交流电动机的转矩过载倍数 λ

电动机类型	工　作　制		$\lambda = T_{Mmax} / T_N$
笼型异步电动机	一般用途，连续工作制		$\geqslant 1.6$
	高起动转矩型，连续工作制		$\geqslant 2.0$
	起重、冶金型	$\leqslant 10kW$	$\geqslant 2.5$
		$> 10kW$	$\geqslant 2.8$
绕线转子异步电动机	一般用途，连续工作制		$\geqslant 1.8$
	起重、冶金型	$\leqslant 10kW$	$\geqslant 2.5$
		$> 10kW$	$\geqslant 2.8$
同步电动机	$\cos\varphi = 0.8$（超前）		$\geqslant 1.65$
	强励时		$3 \sim 3.5$

1.1.4　典型生产机械适用的电气传动方案

电源装置和控制系统紧密相关，可以按生产机械的典型工艺要求选择合适的电气传动方案，见表 28.1－6。

表 28.1－6　　　　　　　　　　　　　　典型生产机械适用的电气传动方案

生产机械类型	特　　　点	电 气 传 动 方 案
风机与泵类	（1）长期工作制，运行无冲击，起动容易 （2）采用调速调流量，有重大节能效果	（1）不调速时，一般采用母线供电、电器控制 （2）一般调速范围不宽时，可采用 1）变极调速。简单、经济，但有级调速 2）串级调速。变流装置容量小，但需采用绕线转子异步电动机，且功率因数低，有谐波污染问题 3）双馈调速。可克服串级调速缺点，且变流装置容量可进一步减小，但系统与控制复杂，成本高 4）变频调速。可使用笼型异步电动机、同步电动机，调速性能好但成本高。具体方案有 PWM 电压型交-直-交变频、晶闸管电流型交-直-交变频、交-交直接变频和无换向器电动机方案 5）特大型（几万千瓦）风机、泵采用同步电动机拖动作不调速运行，但采用无换向器电动机方式作变频起动
球磨机类	（1）恒转矩负载，负载平稳 （2）低转速（常带减速机构）、不调速 （3）起动困难	（1）母线供电，电器控制 （2）交-交变频器-交流电动机直接传动（取消减速机构）
提升机械类	（1）位势类负载机械（电梯、起动设备、卷扬机等），提升重物时电动机作电动运行，下放重物时电动机作发电制动运行 （2）调速范围宽，满足爬行和准确停车需要 （3）需要良好速度跟随性，对速度变化率有限制 （4）有零负载工作能力，即平衡转矩等于负载转矩时，电动机在零转矩附近及时地在电动—再生状态间频繁切换，要求过渡平滑、可靠	（1）可逆直流调速系统或可逆交-直-交变频调速系统 （2）中小型卷扬机用绕线转子异步电动机转子回路串电阻调速或转子回路串电阻斩波调速方案 （3）高速电梯、中大型卷扬机以直流调速为主 （4）大型卷扬机采用交-交变频器直接低速传动 （5）电梯采用交流电动机调压调速和 PWM 变频调速
张力控制类	（1）位势类负载机械（卷取机、开卷机、压延机、张力辊等）的恒张力控制 （2）控制目标为转矩而非转速，电气传动系统工作于机械特性下垂段（堵转区）	（1）不可逆直流调速系统 （2）中、小功率可用电磁转差离合器、交-直-交 PWM 变频调速 （3）小功率张力群控系统采用交流调压调速 （4）高性能张力控制系统需采用矢量控制变频调速
宽调速类	（1）调速范围宽 $D = n_{max} / n_{min} = 100 \sim 1\,000$ 以上 （2）转速变化率小 （3）功率较小	（1）直流脉宽（斩波）调速，交-直-交 PWM 调速 （2）交流调速中须采用矢量控制变频调速 （3）极低速应采用锁相技术稳速
高速类	（1）转速特高（3 000r／min 以上至几十万转／分） （2）不宜用升速齿轮，应用特殊高速电动机直接驱动	（1）交流变频调速 （2）大容量采用无换向器电动机方式 （3）必要时实施弱磁控制
车辆电驱动类	（1）起动转矩大 （2）调速范围宽 （3）高速应作恒功率弱磁控制 （4）需有正／反、电动／制动功能	（1）可逆直流调速系统 （2）PWM 变频器供电异步电动机、永磁同步电动机可逆调速系统 （3）开关磁阻电动机系统 （4）需实施矢量控制及恒功率弱磁控制

续表

生产机械类型	特　　点	电气传动方案
快速正反转类	（1）重复短期工作制负载（可逆轧机、龙门铇床），频繁起制动、加减速、正反转 （2）较大调速范围，$D = n_{max}/n_{min} = 10 \sim 20$ （3）可快速堵转，限制过大负载转矩对机械、电气系统的破坏 （4）四象限运行机械特性	（1）可逆直流调速系统 （2）交-交变频调速系统 （3）电流型交-直-交变频调速系统 （4）双 PWM（PWM 整流—PWM 逆变）电压型交-直-交变频调速系统 （5）各类交流调速方案须采用矢量控制技术
伺服类	（1）机械的位置（或转角）、速度跟随给定量变化（如火炮自动瞄准、雷达天线跟踪、数控机床工作台或刀具定位） （2）快速响应，精确跟随（位置、速度、加速度误差小） （3）功率小，机械特性四象限运行	（1）电压型 PWM 变频器驱动永磁同步电动机 （2）永磁无刷直流电动机（有低转速转矩脉动问题） （3）矢量控制异步电动机变频调速系统 （4）可逆直流脉宽调制（斩波）直流电动机调速系统
多单元速度协调类	（1）机械系统由多个单元（分部）组成，通过工件连接成整体，各部分速度间须维持一定比例关系（如印染机、造纸机、连轧机） （2）各单元速度应稳定、协调 （3）具有良好动态调速性能	（1）单象限或较小制动转矩的四象限运行时，可选用不可逆直流调速系统 （2）当直流调速方案的单电枢直流电动机最高转速与功率之积超过 $10^6 kW \cdot r/min$ 时应采用交流变频调速方案 （3）各类交流变频调速均须采用矢量控制技术

1.2　电气传动的发展

电能是一种生产、变换、传输、使用和控制高效、方便的能源形式，因而在国民经济建设、人民生活中获得了广泛的应用。电能的生产和利用更涉及机械与电两种能量形态之间的变换与控制，能源的利用和节约，电气传动就是一门服务于这个目的的电工技术分支。通过长时间的发展，它已逐渐形成一门以电动机为机械本体，集电子技术（电力电子技术、微电子技术）、信息技术（微机控制技术、网络技术）与工作机械于一体的机电一体化技术。因此，现代电气传动控制已摆脱了以电磁感应现象为基础、电器控制为手段的传统概念，发展成了一门新型的称之为运动控制的新学科。

1.2.1　电气传动的发展过程

电气传动主要实现电动机的速度调节和特性控制，以满足生产过程和生产工艺的要求，并实现运行节能。

按照所用电动机类型的不同，电气传动大体分为直流电动机传动和交流电动机传动两大类别，目前正迅速完成由直流传动向交流传动的过渡，交流传动即将成为电气传动的主流形式。

1. 直流电气传动　由于直流电动机中产生电磁转矩的电枢电流和励磁磁通之间没有耦合，可分别控制，从而能获得良好的速度调节、转矩控制特性和快速的动态响应。特别是 20 世纪 50 年代晶闸管的出现，开创了采用电力电子技术实现变流的新时代，使直流传动从电动-发电机组供电形式进步到晶闸管可

控整流器供电形式，加上线性集成电路、运算放大器的应用，直流传动系统的静、动态性能获得了很大提高，是 20 世纪 70 年代之前电气传动的主流形式。

然而直流电动机需要设置机械换向器和电刷，使直流传动存在固有的结构性缺陷，如需经常维护，影响运行可靠性；换向火花限制了使用场合；换向问题限制了直流电动机同时高速和大容量化，其极限容量与转速乘积被限制在 $10^6 kW \cdot r/min$ 之内，远不能适应现代工业所需的高速、大容量电气传动需要。随着第一只晶闸管的面世，特别是 20 世纪 70 年代中期世界能源危机的出现，交流调速传动技术开始迅猛发展，并逐渐走向成熟，交流传动取代直流传动已是电气传动发展的必然趋势。

2. 交流电气传动　交流电动机结构简单、价格低廉、运行可靠、无需维护、无使用环境问题，其极限容量与转速乘积高达$(400 \sim 600) \times 10^6 kW \cdot r/min$，因而被广泛应用。但交流电动机调速、控制困难，这是由于同步电动机气隙磁场由电枢电流和励磁电流共同产生，其磁通值不仅决定于两电流的大小，还与工作状态有关；异步电动机则电枢与励磁功能在同一绕组内实现，使两者存在强烈耦合，不能简单地通过控制电枢电压或电流来准确控制气隙磁通，进而控制电磁转矩，因而不能获得优良的调速传动性能。因此，交流传动的高性能化是通过电力电子技术、微机数字控制技术和现代控制理论等手段达到交流电动机的解耦控制而实现的。交流传动的发展过程正是这些关键技术进步的结果。

（1）20 世纪 60 年代初，中小型异步电动机多采用晶闸管调压调速，或采用晶闸管可控整流的电磁转差离合器；在中、大容量绕线转子异步电动机中，多采用晶闸管串级调速装置，并广泛应用于风机、水泵的调速节能改造。至于变频调速，由于晶闸管没有自关断能力，由它构成的逆变器需要有附加的换相措施。对于过励同步电动机，可以利用电动机反电动势实现负载换相，构成自控式同步电动机变频调速系统（无换向器电动机），在 20 世纪 70 年代得到了迅速推广，最大单机容量已达到 $1 \times 10^5 kW$，并被用于特大型同步电动机的起动。由于异步电动机输入电流总是滞后于端电压，无法利用电动机反电动势实现逆变器晶闸管的自然换相，须采用电容强迫换相方式，使调速系统电路结构复杂。这一阶段较多地发展了供单台异步电动机变频调速的串联二极管式电流源型逆变器，供多台异步电动机协同调速的串联电感式及带辅助换相晶闸管式电压源型逆变器，还有利用电网电压实现自然换相、适合于低速大容量调速传动的交-交变频器。由于晶闸管开关频率太低，这些逆变器输出电流或电压波形通常是矩形波、阶梯波或正弦波拼块，除基波外含有大量谐波，特别是低次谐波，对电动机性能、电网供电质量产生严重的负面影响，如引起损耗发热、效率及功率因数下降、转矩脉动、振动噪声等。为了优化逆变器输出性能，必须提高器件开关频率，电力电子器件成为关键。

（2）20 世纪 50 年代出现的晶闸管只是一种半控器件，开关频率低但通态压降小，可以做成高压大容量，因而在大功率（≥1MW）、高电压（≥10kV）的交流调速传动中仍有不可替代的地位。70 年代后，各种具有关断能力的高频自关断器件得到了发展，主要有电流控制型的大功率晶体管（GTR）、门极关断晶闸管（GTO），电压控制型的功率 MOS 场效应晶体管（Power MOSFET）、绝缘栅双极型晶体管（IGBT）、MOS 控制晶闸管（MCT）等。这些器件的开关频率、电压电流容量均已达到相当高的水平，在产品中获得了广泛应用。80 年代后又出现了新的一代电力电子器件——功率集成电路（PIC），它集功率开关器件、驱动电路、保护电路、接口电路于一体，发展成智能化的电力电子模块，如目前交流电气传动中广泛使用的智能功率模块 IPM。它简化了接线、减小了体积、方便了使用、提高了可靠性，是电气电子器件的发展方向。

（3）随着高频自关断器件的应用，进一步推动了交流传动所需变流技术的发展，主要是脉宽调制（PWM）技术的成熟和应用。脉宽按正弦规律变化的 SPWM 技术显著地改善了逆变器的输出特性，使输出电压中低次谐波消除，电动机运行转矩脉动大为减小，动态响应加快，目前已在中、小型交流传动系统中得到广泛应用；采用 SPWM 技术的整流器能有效改善变流装置的输入特性，使交流输入电流正弦并与电网电压同相位（单位输入功率因数）。这样，由 PWM 整流和 PWM 逆变构成的功率可双向流动的双 PWM 交—直—交变频器应是当前中、小型交流调速传动中的最优电源方案。

脉宽调制技术的进步对交流传动的发展起了重要的促进作用，已有不少 PWM 方法在交流传动中得到实用，如电压空间矢量 PWM（SVPWM）、指定谐波消去法 PWM（PHEPWM）等。

（4）由于交流电动机定、转子绕组间的紧密耦合，形成了一个复杂的非线性控制系统，使其电磁转矩与电流不成正比，瞬时转矩控制困难，导致交流传动系统的动态性能不如直流传动系统优良，交流电动机的解耦控制成为高性能交流传动技术的核心。1973 年德国学者提出了矢量变换控制，它以坐标变换理论为基础，将交流电动机三相定子电流（矢量）经坐标旋转变换分解成磁化电流分量和与之垂直的转矩电流分量，再通过控制定子电流矢量在旋转坐标系中的位置和大小，达到对两个分量的分别控制，也就实现了对磁场和转矩的解耦控制，获得了如同直流电动机那样优良的调速性能和动态特性。

矢量控制的应用开创了交流传动取代直流传动的时代，随后又出现了其他高性能控制方法，如直接转矩控制、标量解耦控制等。1985 年提出的直接转矩控制采用电压空间矢量方法在定子坐标系内进行磁通、转矩的计算，通过两位型调节器进行磁链和转矩的直接自控制。由于无需进行定子电流解耦的复杂旋转坐标变换和电流的 PI 调节，系统控制更为简单、直接、快速，转矩动态调节性能更为优越，目前已受到广泛的关注和推广应用。

1.2.2 电气传动的发展动向

现代电气传动控制是一门集电动机运行理论、电力电子技术、自动控制理论和微机控制技术于一体的机电一体化技术，随着这些相关技术的飞速进步，电气传动控制技术目前正日新月异地不断发展，其主要动向表现在：

1. 变流装置 随着一代代新器件的不断涌现，电气传动系统中电源（变流）装置正朝着高电压、大容量、高频化、高效化、高功率密度化方向发展，适合中电压（≥10kV）、大容量（≥10MW）的高性能变频器已获得了工业应用。变流中所用 PWM 技术获得了优化和推广。除了使变频器获得优良的输出特性外，PWM 整流技术更使变频器获得了良好的输入特性，可实现功率双向流动的双 PWM 变频器、单位功率因数变流器已是电气传动中电源装置的技术方案。此外，大功率变频器中如何在提高开关频率的同时降低开关损耗是变频器高频化的关键。近期来已研究出使功率器件在零电压下开通、零电流下关断的谐振软开关技术，使开关损耗接近为零，大大提高了变流装置运行效率。

2. 控制策略　交流电动机是一个多变量、强耦合、时变的非线性系统，转矩动态控制困难是交流电气传动不如直流电气传动的主要原因。20 世纪 70 年代提出的矢量变换控制开创了交流电动机高性能控制的新时代；80 年代中又提出了直接转矩控制，进一步简化了控制系统和提高了动态控制性能，目前正在工业应用中推广。

电气传动闭环控制中常需检测转子速度和磁极空间位置，采用机械式传感器常带来安装、维护、环境适应性、可靠性等诸多问题，因此 20 世纪 70 年代开始了无速度传感器控制技术的研究。通过电动机定子电压、电流等易测量和电动机模型来进行速度估算，并结合模型参考自适应方法进行速度辨识，采用卡尔曼滤波器理论进行电动机参数辨识，以提高速度估算的精度。目前已有采用无速度传感器控制技术的变频器商品。

3. 智能控制理论的应用　基于现代控制理论的滑模变结构控制，采用微分几何理论的非线性解耦控制、模型参考自适应控制均已引入电气传动控制中。但这些方法是建立在对象精确数学模型基础上，仍无法摆脱系统非线性和参数时变的影响。智能控制无需对象的精确数学模型并具有较强鲁棒性，近年已被陆续引入电气传动控制之中。如模糊控制、人工神经元网络控制、专家系统等，使电气传动朝智能化控制方向发展。

4. 全数字化控制　电气传动的高性能控制通常要采用坐标变换、矢量运算等复杂控制算法来实现，因此采用微机的数字控制必不可少。随着微机运算速度的提高，存储器的大容量化，可编程逻辑器件的出现，全数字控制已是电气传动控制方式中的主流方式。目前除各类单片控制器外，数学信号处理器（DSP）已在电动机控制中展现越来越大的优势，形成了电动机控制专用系列。

为了解决控制器的小型化，出现了高级专用集成电路（ASIC），如变压变频用 SPWM 序列波发生器，甚至还有包括一个完整控制系统的 ASIC 面市。此外可供用户自己开发的可编程数字逻辑芯片，如现场可编程门阵列（FPGA）或复杂可编程逻辑器件（CPLD），它们可用来实现非常复杂的逻辑运算且有极强灵活性。现在，采用 DSP+FPGA+IPM 已构成全数字化电气传动系统先进的硬件格局。

第2章 直 流 调 速 传 动

直流调速传动系统中，以直流电动机作为机电能量转换设备，以晶闸管可控整流器或直流脉宽调制装置（斩波器）作为电源（变流）装置，以闭环控制形式实现速度的调节。

2.1 可控整流器供电直流调速系统

2.1.1 系统构成

采用晶闸管可控整流器供电的直流调速系统与发电机—电动机组供电系统相比，控制性能好，运行效率高，动态响应快，调试维修方便。系统构成可分为两大类：

1. 不可逆调速系统 系统结构如图28.2-1所示。功率主电路由单一可控整流器及平波电抗器 L_d 构成；控制系统为双闭环结构，内环为电流控制环，外环为速度控制环。各环由各自的调节器控制，以获得所期望的静态和动态调速性能。

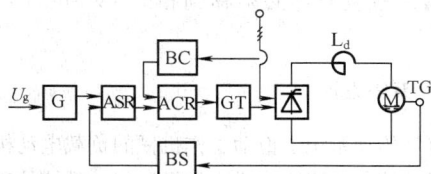

图 28.2-1 不可逆双闭环调速系统
G—给定积分器；ASR—速度调节器；ACR—电流调节器；GT—触发器；TG—测速发电机；M—直流电动机；L_d—平波电抗器；BC—电流变换器；BS—速度变换器

速度环进行对转速的调节与控制，由于采用 PI 型调节器，可以实现速度与给定值的静态无差；当电网电压或电动机负载变化或有扰动时，可实现转速的快速调节和稳定。

电流环的给定为速度调节器的输出，速度调节器的限幅值决定了调速系统允许的最大电流，一方面可以保证系统以最大转矩实现快速起动，另一方面还可对负载电流起限流保护作用，确保系统安全。

不可逆调速系统只能作单方向电动运行，无制动功能。

2. 可逆调速系统 可逆调速系统由正、反向两套可控整流器反并联向直流电动机供电，两套变流装置分别处在整流和逆变工作状态。两套变流装置工作

状态切换时，其间过渡有两种方式：有环流系统和无环流系统。

（1）有环流可逆调速系统。两套变流器状态切换时有不经过负载电动机的环流存在，状态过渡平滑，适应于高精度速度控制、快速响应系统和频繁改变转向的应用场合。它又分为以下两个系统：

1）不可控环流可逆系统。如图 28.2-2 所示，这是一个速度、电流双闭环系统。ACR 输出分别控制正、反两组变流器，其中一组 GT 的输入为 ACR 的反号输出，以此保证两组 GT 输出移相触发角大小相同，方向相反，使两组变流器分别工作在整流和逆变状态。

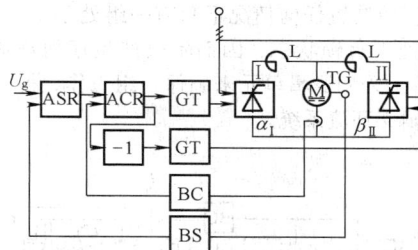

图 28.2-2 不可控环流可逆系统
ASR—速度调节器；ACR—电流调节器；-1—反号器；GT—触发器；BC—电流变换器；BS—速度变换器；M—直流电动机；TG—测速发电机；L—限流电感；Ⅰ、Ⅱ—正、反组可控整流器；α_I、β_{II}—两组整流器移相触发角

当 ACR 输出为零时，两 GT 的初始相位有如下设置方式：①$\alpha_{I_0} = \beta_{II_0} = 90°$。此时平均环流为零，存在瞬时环流，应采用 L 限制环流大小。②$\alpha_{I_0} = \beta_{II_0} > 90°$。此时平均环流为零，瞬时环流比①小。

2）给定环流可逆系统。此系统可把环流保持在一个设计值内而不随 α、β 角变化，以减小限流电抗器大小和降低对触发电路的线性度要求，其结构如图28.2-3所示。

系统由两个独立的电流对对两组可控整流器形成各自的移相触发控制，且各电流调节器的输入端加上一小值正电压 U_h 作为环流给定。当施加负值给定电压 U_g 时，ASR 输出为正，二极管 VDI 导通，U_g 与 U_h 相加后作为 ACRI 输入。ASR 输出反号后，$-U_g$ 使 VDⅡ 截止，且Ⅱ组整流器仅由环流给定 U_h，使系统

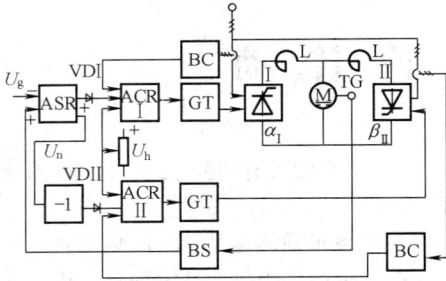

图 28.2-3 给定环流可逆系统

ASR—速度调节器；ACR—电流调节器；-1—反号器；BS—速度变换器；BC—电流变换器；GT—触发器；M—直流电动机；TG—测速发电机；L—限流电感；Ⅰ、Ⅱ—正、反组可控整流器

运行在给定大小环流下。

（2）无环流可逆调速系统

1）逻辑无环流可逆系统。无环流可逆系统正、反两组变流装置任何情况下只有一组处于工作状态、另一组处于封锁状态，因而不会产生任何环流。图28.2-4为采用逻辑单元来确保一组工作、另一组封锁的逻辑无环流系统。

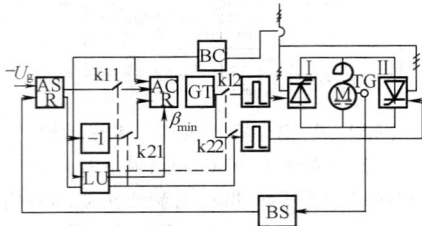

图 28.2-4 逻辑无环流系统

ASR—速度调节器；ACR—电流调节器；BC—电流变换器；BS—速度变换器；-1—反号器；LU—逻辑单元；M—直流电动机；TG—测速发电机；Ⅰ、Ⅱ—正、反组可控整流器；k11~k22—模拟开关

逻辑单元必须保证系统的安全工作：①任何时候只允许一组整流器有触发脉冲；②原工作的整流器只有当它断流并确实关断后才能封锁其脉冲，以防整流器工作在逆变状态因触发脉冲消失而导致逆变失败；③只有当原工作的一组整流器完全关断后才能开放另一组整流器，以防环流的出现；④为避免两组整流器切换时产生电流冲击，防止待工作整流器刚开放时发生整流电压与电动机反电动势的相加，要有暂使整流器进入逆变状态的"推β_{min}"信号作用在ACR上。

2）错位无环流可逆调速系统。采用错开两组整流器触发脉冲的位置和根据电压调节器输出电压的极性选择正组或反组工作，实现无环流控制，系统结构如图28.2-5所示。

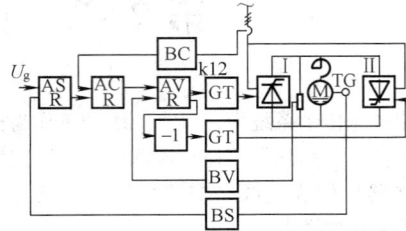

图 28.2-5 错位无环流系统

ASR—速度调节器；ACR—电流调节器；AVR—电压调节器；-1—反号器；BS—速度变换器；BC—电流变换器；BV—电压变换器；GT—触发器；M—直流电动机；TG—测速发电机；Ⅰ、Ⅱ—正、反组可控整流器

系统中除速度、电流环外，还设置有电压内环，其作用是：①缩小电压死区，提高切换快速性。②抑制瞬态环流，确保安全切换。③抑制电流断续引起的运行不稳定性，使系统在小值电流时也能快速工作。根据错位无环流原理，当一组整流器工作时，另一组整流器的触发脉冲必须移到相应180°位置才能无环流。

2.1.2 系统设计

电气传动系统由拖动工作机械的负载电动机、变流装置及控制电路所构成。为保证传动系统的正常工作，设计时应注意考虑：

（1）传动系统的具体工作条件、环境及负载情况。

（2）供电系统的电压、频率波动，应避免传动系统对电网的过大谐波电流污染和过度无功电流需求。

（3）传动系统应经济、节能。

（4）便于维修。

（5）符合国家标准。

设计大体分三步进行：初步设计、技术设计和产品设计。初步设计确定系统组成并优化设计方案，为技术设计提供基础和依据；技术设计根据用户同意的初步方案完成传动系统的电气设计及电控设备的布置设计；产品设计依据用户接受的技术设计最终完成产品生产用的工作图样。

直流调速系统主回路包括有整流变压器（或交流进线电抗器）、晶闸管可控整流器、平波电抗器、交直流侧过电压吸引装置、过电流保护装置及开关等，其设计、计算可参考电力电子电路的有关章节，本处仅对与直流调速特性紧密有关部分作一简述。

　　1. 晶闸管可控整流器　直流调速传动系统中，最常用的是三相桥式整流器以及以此为基础的复合系统，见表 28.2-1。

表 28.2-1　　直流调速传动用可控整流器类型

主电路形式	适用功率范围及特点	脉动频率	工作象限
单相半波	不可逆，可逆变，0.5kW 以下	f	Ⅰ，Ⅳ
单相半控桥	不可逆，10kW 以下（交通输送系统中可达 75kW）	$2f$	Ⅰ
单相全控桥	不可逆，可逆变，10kW 以下（交通输送系统中可达 75kW）	$2f$	Ⅰ，Ⅳ
双单相全控桥（反并联）	可逆，可逆变，10kW 以下	$2f$	Ⅰ，Ⅱ，Ⅲ，Ⅳ
三相半波	不可逆，10～50kW 及电动机励磁	$6f$	Ⅰ
三相全控桥	不可逆，可逆变，10～200kW	$6f$	Ⅰ，Ⅳ
双三相全控桥（反并联）	可逆，可逆变，100～几千千瓦	$6f$	Ⅰ，Ⅱ，Ⅲ，Ⅳ

　　可控整流器晶闸管元件触发器一般由移相环节、脉冲形成环节和功率放大环节等组成。常用移相触发方式有：

　　(1) 正弦波移相：输入-输出特性线性，对电网电压波动有一定自补偿作用，但易受同步电源干扰。

　　(2) 锯齿波移相：输入-输出特性非线性，有较宽的移相范围，受电网干扰影响小，更常用。目前应用中更多采用集成电路构成的移相触发器，如国产 KJ 系列、KC 系列和德国西门子公司的 TCA785 等。此外单片机构成的全数字触发器也获得了广泛应用。脉冲形成环节常用单稳态电路和三稳态开关电路。脉冲功率放大环节的关键是输出用脉冲变压器，其设计要点是减少漏磁和防止干扰。为减小脉冲变压器的体积，触发脉冲应设计成高频脉冲链形式。晶闸管触发器具体设计参见电力电子电路有关部分。

　　2. 平波电抗器　为了减小电流断续区域、扩大机械特性运行范围，调速系统直流回路中必须设置平波电抗器；此外平波电抗器还有限制直流电流脉动、限制环流和限制短路电流上升率的功能，一般按满足这几种要求中的最大电感值选择平波电抗器。

　　减小直流电流断续区域所需电感（mH）

$$L_{Ls} = K_{Ls} \frac{K_{uv} U_{v\phi}}{I_{min}} - L_{MA} - K_L L_B$$

　　限制直流电流脉动率所需电感（mH）

$$L_{md} = K_{md} \frac{K_{uv} U_{v\phi}}{\delta I_{MN}} - L_B - K_L L_B$$

　　每个环流回路限制环流所需电感（mH）

$$L_K = K_K \frac{10 U_{v\phi}}{\pi I_K}$$

　　式中，L_{MA} 为电动机电枢回路电感（mH）；L_B 为折算

到阀侧整流变压器每相漏感；δ 为允许电流脉冲率，$\delta = (5 \sim 10)\%$；I_{min} 为保持电流连续的最小电流（A）；K_{uv} 为整流电压计算系数，与整流电路形式有关：单相全波、半桥、全桥 $K_{uv} = 0.9$，三相零式 $K_{uv} = 1.17$，三相半桥、全桥及双桥并联 $K_{uv} = 2.34$，三相双桥串联 $K_{uv} = 4.68$；K_{md} 为限制脉动率的电感计算系数，对三相桥式有

$$K_{md} = \frac{10}{3}\left\{ \cos\left[\arccos\left(0.5 \frac{u_k}{100}\right) + \frac{\pi}{3} \right] + 1 \right\}$$

　　式中，u_k 为变压器短路比（%）；K_{LS} 为限制电流断续的电感计算系数，对三相桥式有

$$K_{LS} = \left(\frac{10}{\pi} - \frac{5}{\sqrt{3}} \right) \cos\alpha$$

K_K 为限制环流的电感计算系数，对三相桥式交叉联结或反并联联结时，$K_K = 0.44$；K_L 为变压器电感折算系数，见表 28.2-2。

表 28.2-2　　电感折算系数 K_L

接法	单相全波	单相半桥	单相全桥	三相零式	三相半桥	三相全桥	双桥并联	双桥串联
K_L	1	0	1	1	0	2	4	1

　　3. 保护设置　针对直流传动系统的工作要求，作如下过电流及过电压保护安排：

　　(1) 过电流保护。①在可控整流器的交流进线端，串接进线电抗器或采用漏抗大的变压器，以限制交流侧的短路电流和抑制与之并接其他变流装置间的相互干扰。②交流侧设置过电流检测装置，当出现过电流时将触发角移至最小逆变角，以抑制过电流。③调节电流调节器对电流实现限幅。④直流侧设置直流快速开关。

　　(2) 过电压保护。直流传动变流回路常用过电

压保护如图 28.2-6 所示。

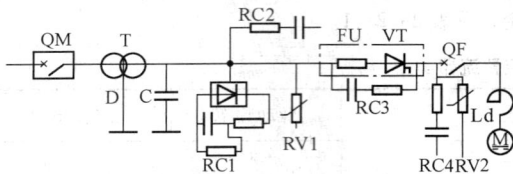

图 28.2-6 直流传动变流回路
过电压保护设置

QM—交流侧断路器；T—整流变压器；D—变压器一、二次侧间静电屏蔽；C—静电感应抑制电容；RC1—整流式阻容吸收；RC2—交流侧阻容吸收；RC3—晶闸管换相过电压阻容吸收；RC4—直流侧阻容吸收；FU—快速熔断器；VT—晶闸管；RV1—交流侧压敏电阻；RV2—直流侧压敏电阻；QF—直流断路器；Ld—平波电抗器；M—直流电动机

图中，接于变流回路交流侧的阻容保护、整流保护、压敏电阻保护主要用于抑制断开变流器交流进线电压时产生的阶跃过电压尖峰；静电感应过电压保护回路用于抑制变压器接通瞬间因一、二次侧绕组间寄生电容引起的合闸过电压；换相过电压阻容吸收用以抑制晶闸管关断中变压器漏抗引起的换相过电压。接于变流回路直流侧常采用阻容吸收和压敏电阻来抑制主电路电感储能释放时产生的过电压。

4. 电子调节器 传动系统速度、电流闭环控制中，广泛采用各类线性电子调节器（全数字控制中采用相应的控制算法）。常用电子调节器的类型及其特性见表 28.2-3。

表 28.2-3 常用电子调节器及其特性

类型	原理图	传递函数	时间特性	频率特性
比例调节器（P）		$W(S) = \dfrac{R}{\alpha R_1} = K_p$ K_p—比例系数 α—电位器 R_0 抽头对电源零之间的电压与输出电压 u_0 之比，$\alpha \le 1$ 考虑电位器 R_0 分压影响时 $K_{p\alpha} = \dfrac{R + \alpha(1-\alpha)R_0}{\alpha R_1}$ $= K_p\left[1 + (\alpha - \alpha^2)\dfrac{R_0}{R}\right]$		
积分调节器（I）		$W(s) = \dfrac{1}{\alpha R_1 Cs} = \dfrac{1}{\tau_i s}$ τ_i—积分时间常数 注：反馈电位器 R_0 的引入相当在积分调节器中串入了一个比例微分修正项，选择 $R_0 < R_1$ 或在积分器前加入滤波环节可消除其影响		
比例-积分调节器（PI）		$W(s) = K_p\dfrac{\tau s + 1}{\tau s}$ $= K_p + \dfrac{1}{\tau_i s}$ K_p—积分调节器比例系数，$K_p = R/(\alpha R_1)$ τ—超前积分时间常数，$\tau = RC$ τ_i—积分时间常数，$\tau_i = \alpha R_1 C$		

类 型	原 理 图	传 递 函 数	时 间 特 性	频 率 特 性

带输入、反馈滤波的 PI 调节器	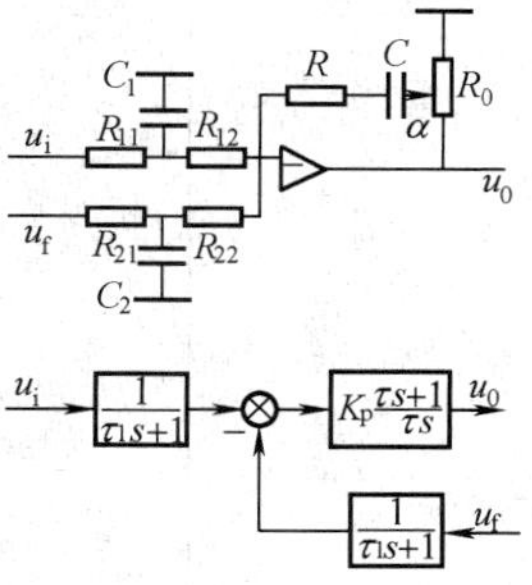	$-U_0(s) = K_p \dfrac{\tau s + 1}{\tau s}\left[\dfrac{1}{\tau_1 s + 1}U_i(s) + \dfrac{1}{\tau_2 s + 1}U_f(s)\right]$
		
		K_p—比例系数，$K_p = \dfrac{R}{R_1}$
		τ—超前积分时间常数，$\tau = RC$
		τ_1—输入滤波时间常数，$\tau_1 = (R_{11} // R_{12})C_1$
		τ_2—反馈端滤波时间常数，$\tau_2 = (R_{21} // R_{22})C_2$		

微分调节器（D）	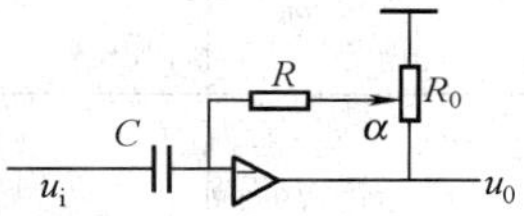	$W(s) = \dfrac{1}{\alpha}RCs = \tau_d s$ τ_d—微分时间常数，$\tau_d = RC/\alpha$	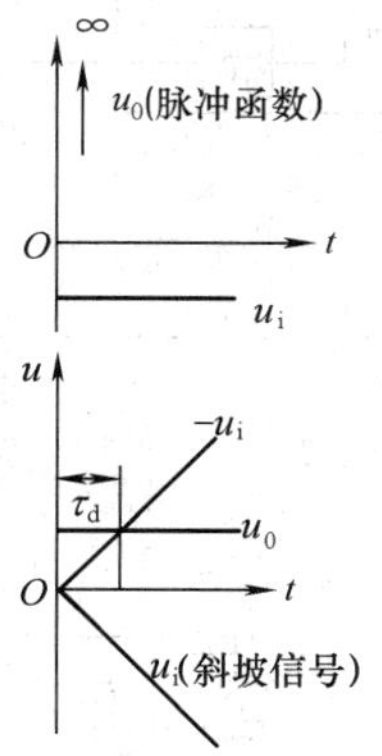	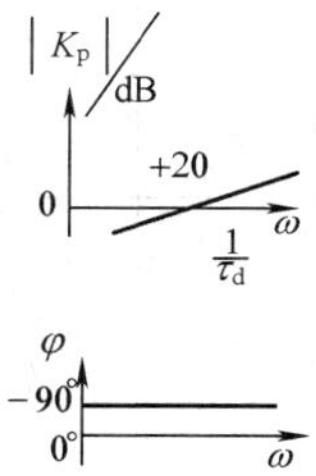
比例-积分-微分调节调（PID）	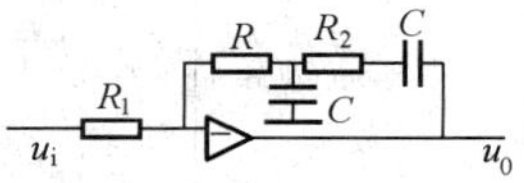	$W(s) = K_p \dfrac{(\tau s + 1)(\tau_d s + 1)}{\tau s}$ K_p—比例系数，$K_p = \dfrac{R + R_2}{R_1}$ τ_d—微分时间常数，$\tau_d = C_1 \dfrac{RR_2}{R+R_2}$ τ—超前时间常数，$\tau = (R + R_2)C$	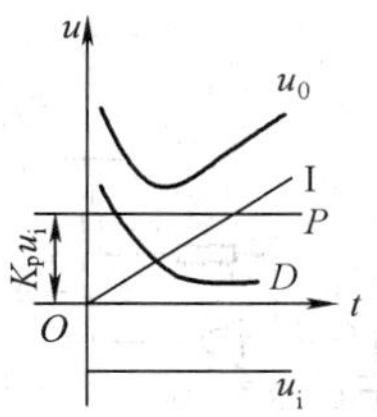	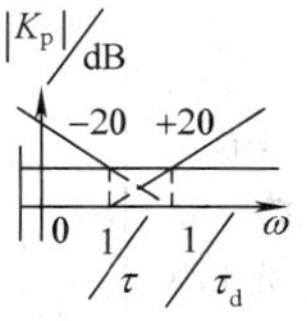

续表

类　型	原　理　图	传　递　函　数	时　间　特　性	频　率　特　性
带输入、反馈滤波的 PID 调节器	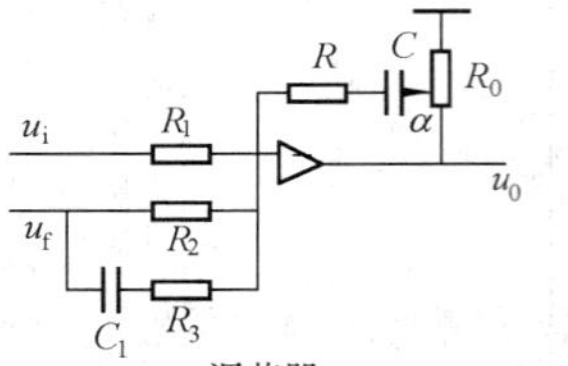 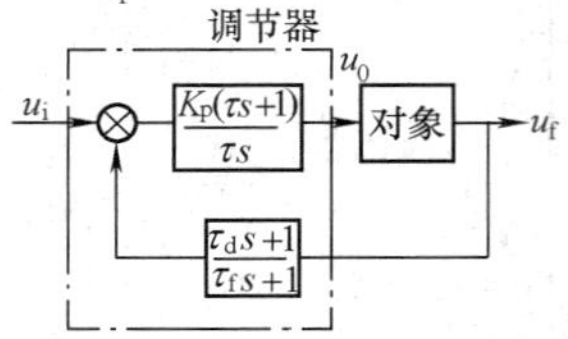 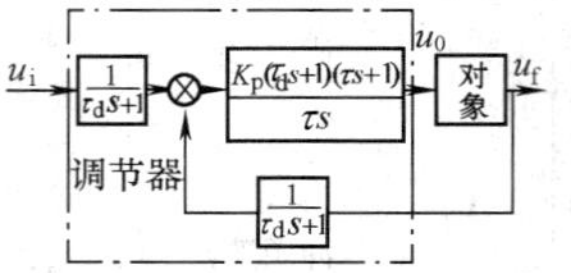	对 $U_i(s)$ 的传递函数 $$W_i(s) = K_p \frac{\tau s + 1}{\tau s}$$ 对 $U_f(s)$ 的传递函数 $$W_f(s) = K_p \frac{\tau s + 1}{\tau s} \cdot \frac{\tau_d s + 1}{\tau_f s + 1}$$ K_p—比例系数,$K_p = R/(\alpha R_1)$ τ—超前积分时间常数,$\tau = RC$ τ_d—微分时间常数,$\tau_d = (R_2 + R_3)C_1$ τ_f—反馈滤波时间常数,$\tau_f = R_3 C_1$ $$U_0(s) = K_p \frac{\tau s + 1}{\tau s}[U_i(s) + \frac{\tau_d s + 1}{\tau_f s + 1}U_f(s)]$$ $$= K_p \frac{(\tau s + 1)(\tau_d s + 1)}{\tau s}$$ $$[\frac{1}{\tau_d s + 1}U_i(s) + \frac{1}{\tau_f s + 1}U_f(s)]$$		
惯性调节器（PI）	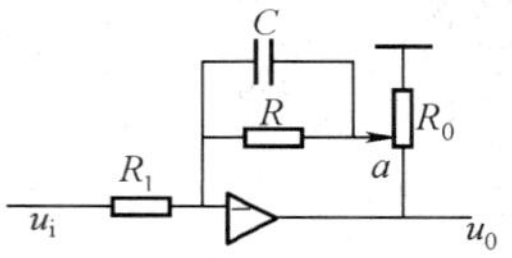	$$W(s) = K_p \frac{1}{\tau s + 1}$$ K_p—比例系数,$K_p = \dfrac{R}{\alpha R_1}$ τ—惯性时间常数,$\tau = RC$	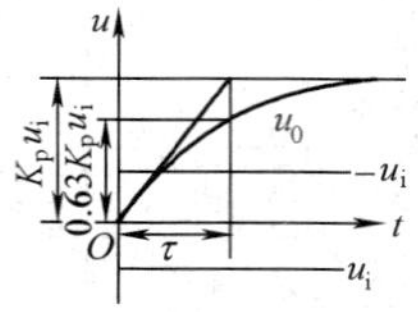	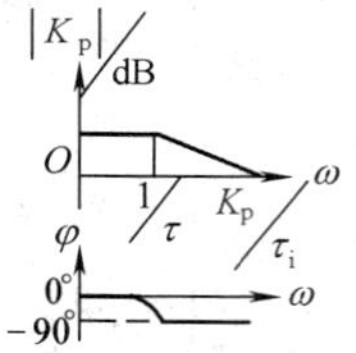
带输入滤波的惯性调节器	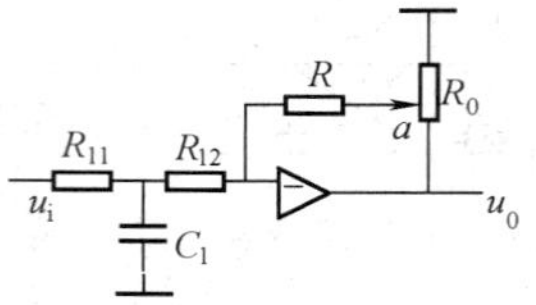	$$W(s) = K_p \frac{1}{\tau s + 1}$$ $$K_p = \frac{R}{\alpha(R_{11} + R_{12})}$$ $$\tau = \frac{R_{11}R_{12}}{R_{11} + R_{12}}C_1$$		

续表

类　型	原　理　图	传　递　函　数	时　间　特　性	频　率　特　性
并联校正 PI 调节器(反馈式 PI 调节器)		对输入信号 $U_i(s)$ 的传递函数为 $$W_i(s) = \frac{1}{\alpha R_1 Cs}$$ $R_3 \ll R_1 = R_2$ 时，对反馈信号 $U_f(s)$ 的传递函数为 $$W_f(s) = \frac{1}{\alpha R_1 Cs} \frac{(R_2 + R_3)C_1 s + 1}{R_3 C_1 s + 1}$$ $$= \frac{1}{\alpha R_1 Cs} \frac{R_1 C_1 s}{R_3 C_1 s + 1}$$ 总的传递函数为 $$U_0(s) = K_p \frac{\tau s + 1}{\tau s}\left[\frac{1}{\tau s + 1}U_i(s) + \frac{1}{\tau_1 s + 1}U_f(s)\right]$$ K_p— 比例系数，$K_p = \dfrac{C_1}{\alpha C}$ τ— 超前时间常数，$\tau = R_1 C_1$ τ_1— 反馈滤波时间常数，$\tau_1 = R_3 C_1$ 注:1. 线路借助反馈通道构成 PI 调节器，故称反馈式 PI 调节器 　2. 电流内环采用反馈式 PI 调节器能有效改善系统电流断续特性，减小系统固有参数变化的影响，缩短系统正、反向切换死区大小，广泛用于晶闸管供电直流传动系统		

2.1.3　系统工程设计方法

为使传动系统的闭环控制获得优良的动、静态特性，必须要进行调节器参数的优化设计。在传动系统的工程设计中，往往是先将实际系统降阶为标准低阶系统，然后再通过校正为期望系统实现系统优化。

1. 降阶处理　原则是处理前、后系统开环对数幅频、相频特性在中频段和低频段内变化最小。

（1）小惯性环节的降阶。若系统有二个小惯性环节，开环传递函数为

$$W(s) = \frac{K(\tau s + 1)}{s(T_1 s + 1)(T_2 s + 1)(T_3 s + 1)}$$

式中，T_2、$T_3 \ll T_1$，为小时间常数；$T_1 > \tau$。

令 $T_2 + T_3 = T_\Sigma$ 为小时间常数之和，当系统开环截止频率满足 $\omega_c \leqslant \dfrac{1}{\sqrt{10 T_2 T_3}} \approx \dfrac{1}{3\sqrt{T_2 T_3}}$ 时，该环节可

降阶等效为

$$W(s) = \frac{K(\tau s + 1)}{S(T_1 s + 1)(T_\Sigma s + 1)}$$

若系统有三个小惯性环节，其小时间常数之和为 $T_2 + T_3 + T_4 = T_\Sigma$，当系统满足

$\omega_c \leqslant \dfrac{1}{3\sqrt{T_2 T_3 + T_2 T_4 + T_3 T_4}}$ 时，则有

$$\frac{1}{(T_2 s + 1)(T_3 s + 1)(T_4 s + 1)} \approx \frac{1}{T_\Sigma s + 1}$$

（2）高阶系统降阶处理。在多环系统中，一般内环（电流环）截止频率 ω_{ci} 远高于外环（速度环）的 ω_{cn}，故外环校正时将已校正的内环用一个一阶惯性环节来等效。若按二阶期望系统校正时可等效为

$$W(s) = \frac{1}{2T_{\Sigma i}^2 s^2 + 2T_{\Sigma i}s + 1} \approx \frac{1}{2T_{\Sigma i}s + 1}$$

等效条件为 $\omega_{cn} \leqslant \dfrac{1}{3\sqrt{2}\,T_{\Sigma i}} = \dfrac{1}{4.24 T_{\Sigma i}}$，其中 $T_{\Sigma i}$ 为

内环小时间常数之和。

一个三阶系统可等效为惯性环节

$$W(s) = \frac{K}{as^3 + bs^2 + cs + 1} \approx \frac{1}{cs + 1}$$

等效条件为 $\begin{cases} \omega_c \geqslant \dfrac{1}{3}\min\left(\dfrac{1}{b}, \sqrt{\dfrac{c}{a}}\right) \\ bc \geqslant a \end{cases}$

（3）大惯性环节的近似处理。若满足 $\omega_c \geqslant 3/T$，则大时间常数 T 的惯性环节 $1/(T_s+1)$ 可近似为一个 $1/T_s$ 的积分环节。

2. 系统优化　预先选定某种结构及特性的系统作为优化的目标，然后选取适当的调节器型式和参数使被校正的系统特性和优化系统一致。常用系统优化方式有：

（1）二阶优化。典型二阶优化系统结构及其阶跃输入下的动态响应如图 28.2-7 所示。调节器可选用 PI 型，优化参数为 $\tau_i = T$；$K_p = T/(2K_a\sigma)$。

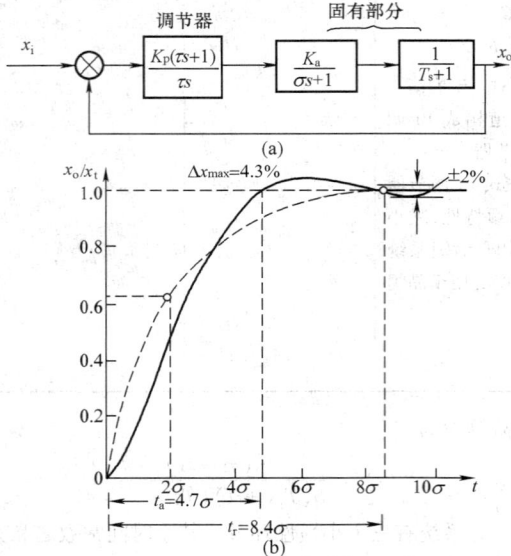

（a）

（b）

图 28.2-7　二阶优化系统结构及其动态响应
（a）结构；（b）二阶优化系统动态响应

二阶优化系统动态响应快，可近似为一个 2σ 的一阶惯性环节，但抗负载扰动能力较差。

（2）三阶优化。典型三阶优化系统结构及其阶跃输入下的动态响应如图 28.2-8 所示。调节器可选用 PI 型，其参数为 $\tau_i = 4\sigma$，$K_p = T/(2K_a\sigma)$，且必须设置给定滤波环节，时间常数 $\tau_g = 4\sigma$。

三阶化系统对阶跃输入的动态响应不如二阶优化，但有良好的抗负载扰动能力。直流传动系统中一般速度环多按三阶优化设计，电流环多按二阶优化设计。

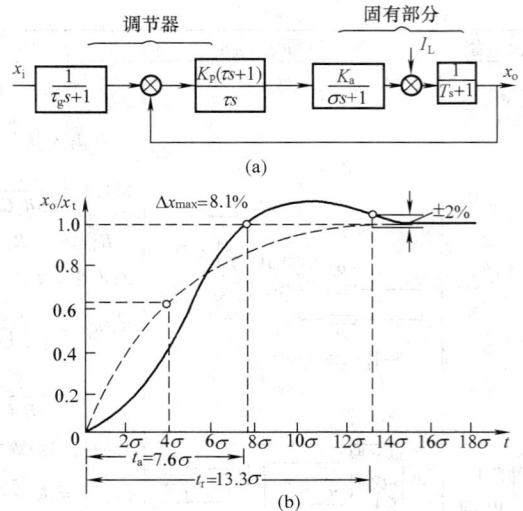

（a）

（b）

图 28.2-8　三阶优化系统结构及其动态响应
（a）结构；（b）三阶优化系统动态响应

2.2　直流脉宽调制（PWM）调速系统

直流脉宽调制用于恒定直流电压源或经不控整流变换的交流电源供电直流调速系统，又称斩波调速。与可控整流器供电直流传动方式相比，直流脉宽调速可使系统具有更高输入功率因数，减少电力谐波污染，同时具有更快的动态响应速度。大功率斩波器多采用 GTO，中、小功率多采用 IGBT 或 Power MOSFET 作为开关器件；脉宽调制控制方式有定频调宽、定宽调频及其混合调制等。

直流调速传动中多采用可逆斩波电路。图 28.2-9 为只能在一个方向旋转的二象限运行可逆斩波电路及其典型工作波形，其中 V1 和 VD1 构成降压斩波电路，由电源向直流电动机供电作电动运行；V2 和 VD2 构成升压斩波电路，将电动机转子动能变为电能回馈到电源，作发电（制动）运行。

图 28.2-10 为能正、反方向旋转的四象限运行可逆斩波电路及其典型工作波形。该电路为 H 桥型，可以看作是两组二象限可逆斩波电路的组合。桥臂元件的控制方式上分为单极性控制和双极性控制两种：

（1）单极性控制时一个桥臂的上元件封锁、下元件导通，另一个桥臂上、下两个元件互补地通、断。这样，当 V4 保持导通过时可工作在第 Ⅰ、第 Ⅱ象限（如图 28.2-9 所示）；当 V2 保护导通时可工作在第 Ⅲ、Ⅳ象限。改变电动机转向时必须改变常通的开关器件。

（2）双极性控制时功率开关器件分为两组：V1、V4 为一组，V2、V3 为一组；同组两开关器件同时通、断，不同组开关器件互补地交替通、断。输出电

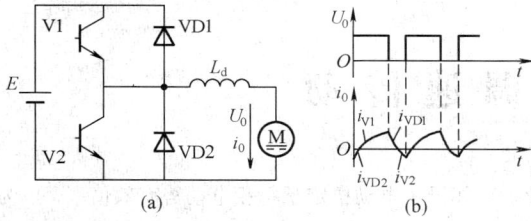

图 28.2-9 二象限可逆斩波电路及输出波形
（a）电路；（b）输出波形

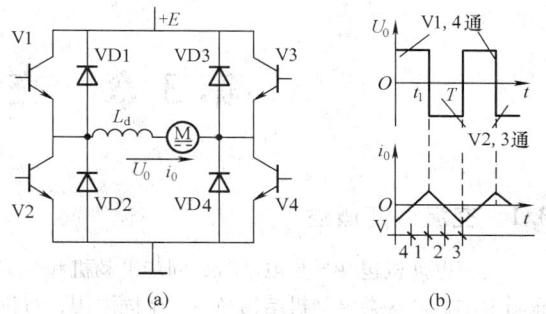

图 28.2-10 四象限可逆斩波电路及双极性
控制输出波形
（a）H 桥式电路；（b）双极性控制时输出波形

压、电流波形如图 28.2-10（b）所示。只要改变 t_1 位置，就能改变输出电压的平均值极性，实现电动机的正、反转运行控制。

第 3 章　交 流 调 速 传 动

3.1　交流调速概述

交流电动机包括异步电动机、同步电动机和开关磁阻电动机。这类电动机结构简单，坚固耐用，造价较低，运行可靠，特别是笼型异步电动机和永磁同步电动机更可无需维护，在单机容量、速度极限、供电电压等方面均优于直流电动机，在国民经济各个领域获得了广泛应用。由于交流电动机是一个多变量、强耦合、非线性、时变的复杂系统，从原理上看其调速性能不如直流电动机。但随着电力电子技术、微电子技术、微机控制技术和电动机控制理论的发展，交流电动机调速技术得到了飞速地发展并进入了工业实用，特别是矢量变换控制和直接转矩控制技术等高性能交流调速技术的出现，使交流调速系统性能已能与直流调速相媲美，交流调速传动已成为电气传动的主流技术。

交流调速传动可按交流电动机转速 n 公式进行分类。

1. 同步电动机　$n = \dfrac{60f}{p} = n_s$

式中，p 为极对数；f 为供电频率；n_s 为同步速。

因此，同步电动机只有变频方式调速，但可再划分为他控式和自控式两种控制方式。

2. 异步电动机　$n = (1-s)n_s$

因此有：

（1）变同步速调速。包括变频调速和变极对数调速（只对笼型异步电动机有效）。

（2）变转差调速。这是一种为异步电动机所特有、改变电动机转差功率消耗的调速方式，具体实现方法有调压调速、转子串电阻调速、串级调速（双馈调速）、电磁转差离合器（电磁调速电动机）。

3.2　异步电动机调速控制

3.2.1　变频调速

1. 变频调速理论　变频调速是一种改变交流电动机电枢绕组供电频率、从而改变同步速的一种调速方法，适用于采用旋转磁场工作机理的异步电动机、同步电动机。

根据电动机原理，电动机调速时为保持良好运行特性，必须确保电动机气隙磁通 Φ_m 额定或按要求变

化。三相异步电动机定子每相电动势有效值（V）为

$$E_1 = 4.44 f_1 W_1 k_{w1} \Phi_m$$

式中，f_1 为定子供电频率（Hz）；W_1 为定子每相串联匝数；k_{w1} 为定子基波绕组系数；Φ_m 为每相气隙磁通（W_b）。

电动机一旦选定，结构参数确定，则有 $\Phi_m \propto E_1/f_1$，说明只要协调地控制 E_1、f_1，就可达到控制 Φ_m 的目的。因此，变频变压是变频调速最基本的控制原则。由于 E_1 为内部量，无法直接量测、控制，可采用控制定子端电压 $\dot{U}_1 = -\dot{E}_1 + \dot{I}_1 Z_1$ 来实现。

（1）基频以下调速。当运行频率不是最低时，可忽略定子漏阻抗压降 $\dot{I}_1 Z_1$，得 $U_1 \approx E_1$。实行恒压频比 $U_1/f_1 = C$ 控制即可维持气隙磁通恒定。当运行频率很低时，不能忽略定子电阻压降的影响，必须抬高 U_1 以维持 $E_1/f_1 \approx C$。这样基频 f_{1N} 以下保持了恒磁通运行，获得了恒转矩调速特性，如图 28.3-1 中 $f_1 \leqslant f_{1N}$ 区间所示。

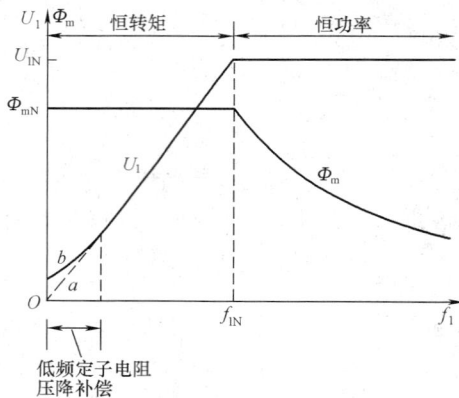

图 28.3-1　异步电动机变频调速控制方式

（2）基频以上调速。当运行频率 $f_1 \geqslant f_{1N}$ 后，鉴于电动机和变频装置电压定额限制只能维持 $U_1 = U_{1N}$ 运行，这样 U_1/f_1 比值随 f_1 上升而下降，$\Phi_m \propto U_1/f_1$ 减小，进入弱磁运行。此时随电动机转速上升电磁转矩减小，电动机获得近似恒功率调速特性，如图 28.3-1 中 $f_1 \geqslant f_{1N}$ 区间所示。

实际调速传动中实现频率换主要有两种方式：交-直-交变频和交-交变频。

2. 交-直-交变频调速　交-直-交变频器由整流

器和逆变器两部分构成，并在整流器与逆变器之间的直流环节接入滤波元件。当滤波元件为大电容时，逆变器具有电压源型内阻特性，构成交-直-交电压源型变频器；当滤波元件为大电感时，逆变器具有电流源型内阻特性，构成交-直-交电流源型变频器。此外，在逆变器的输出特性控制上，还可以区分为方波（六阶梯波）逆变器和 PWM 逆变器。

（1）交-直-交电压源型变频器。方波（六阶梯波）电压源型变频器电路拓扑如图 28.3 - 2 所示。其中可控整流器实现调压，逆变器实现变频，直流环节采用大电容滤波平滑整流电压纹波，构成电压源内阻特性，因而适用于多台电动机协同调速传动。逆变器采用方波（六阶梯波）电压输出，含有较多低次谐波；配合逆变器电压源内阻特性，其功率开关器件多采用 180° 导通型。当拖动异步电动机感性负载工作时，逆变器每个开关器件旁必须反并联续流二极管，为负载电机无功电流提供通路；当逆变器功率开关元件采用晶闸管时，必须设置强迫换流回路。

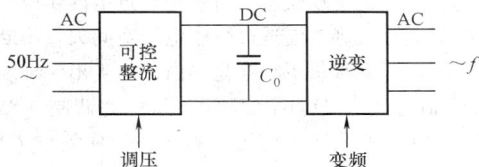

图 28.3 - 2　交-直-交电压源型变频器

主要参数计算：

1）直流滤波电容（F）。根据允许的直流电压脉动率计算

$$C_0 = \frac{100AI}{k\omega U_d}$$

式中，A 为与负载功率因数角 φ 有关的系数，由图 28.3 - 3 查得；I 为逆变器输出电流有效值（A）；ω 为逆变器输出角频率（rad / s）；U_d 为直流母线电压（V）；k 为直流电压允许脉动率（%）。

2）换流回路参数。电压源型逆变器晶闸管元件

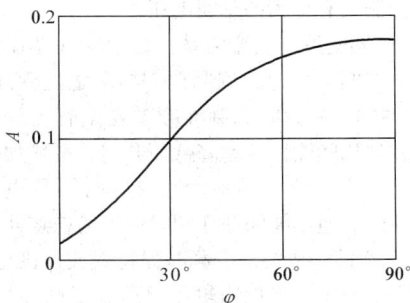

图 28.3 - 3　系数 A 函数曲线

常采用串联电感式和带辅助换流晶闸管式强迫换流电路，其主要参数见表 28.3 - 1。

表 28.3 - 1　电压源型逆变器典型换流回路主要参数

换流回路类型	串联电感式	带辅助换流晶闸管式
线路结构（一相）		
换流电容 C / F	$C = 2.35 t_0 I_L / U_d$	$C = 1.08 t_0 I_L / U_d$
换流电感 L / H	$L = 2.35 t_0 U_d / I_L$	$L = 0.336 U_d / I_L$
主晶闸管电压 U / V	$U = 1.48 U_d$	$U = 1.2 U_d$

（2）交-直-交 PWM 型变频器。常规交-直-交电压源型变频器采用可控整流器调压、逆变器变频的 PAM 控制方式，其输入、输出特性俱差：系统低速（低频）运行时整流器作深调制，输入功率因数差、输入电流畸变；输出电压为方波，低次谐波严重，导致电动机谐波电流大、损耗增加、谐波转矩及振动、噪声严重。为改善变频器输入特性可采用二极管不控整流器，为改善输出特性逆变器采用高频自关断器件实现脉宽调制（PWM）控制，使其输出为按一定规律改变脉宽的等幅脉冲波，其基波成分大，谐波成分少，且高频化，影响小，易滤除。改变脉冲的宽度实现基波电压幅值调节，改变脉宽变化的周期实现基波电压的频率调节，从而在同一个逆变器中同时实现了变频和调压双重功能，其原理性框图如图 28.3 - 4 所示。

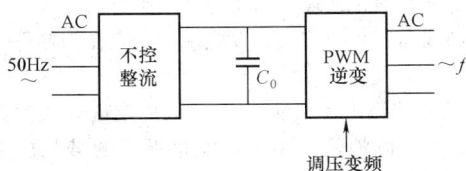

图 28.3 - 4　交-直-交 PWM 型变频器

PWM 控制主要是脉宽调制波形的生成方式控制，可从不同角度予以分类。

1）按调制方式

① 自然采样法。将调制波信号 u_r 与等腰三角形

载波信号 u_c 直接比较，以两波的交点时刻作为逆变器器件的开关时刻，以此生成逆变器输出 PWM 波形，如图 28.3 - 5 所示。参考信号形有：a）矩形波（PWM 调制），输出等脉宽波；b）正弦波（SPWM调制），输出正弦脉宽波；c）马鞍波，为正弦波基础上叠加三次谐波，可使逆变器直流电压利用率提高 16%，开关次数减少 30%。

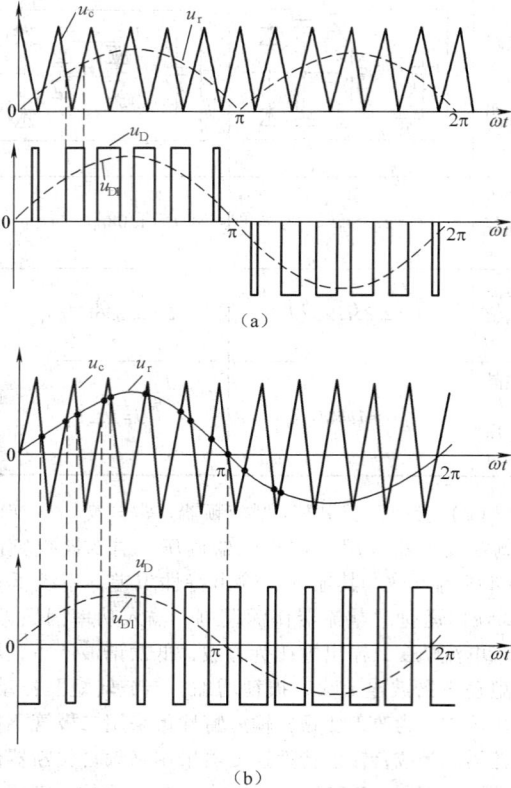

(a)

(b)

图 28.3 - 5 自然采样法 PWM 控制
(a) 单极性 PWM 控制方式波形；
(b) 双极性 PWM 控制方式波形

② 规则采样法。在自然采样法的数字实现中，难以实时求解逆变器的开关时刻，可将调制波与载波相交部作简化处理。利用与横轴平行的直线替代原来的斜线与三角波相交，以此求解交点作为器件开关信号。

③ 指定谐波消去法。以 1/4 周期内开关次数最少为目标，以消除对系统影响最严重的某几次谐波（使之为零）为原则，利用富氏级数分解方法，求解出相应器件的开关角，实现逆变器脉宽调制控制。

④ 电流跟踪控制法。称电流滞环控制 PWM。它将负载（电动机）电流与正弦波参考电流相比较，通过逆变器开关控制，使负载电流在以参考电流为基准的设定滞环内变化，获得近似正弦的电流输出，以

此形成逆变器的 PWM 电压波形，如图 28.3 - 6 所示。本质上这是一种电流源型 PWM，用于交流传动有良好的电流保护功能，但有开关频率不恒定的问题。

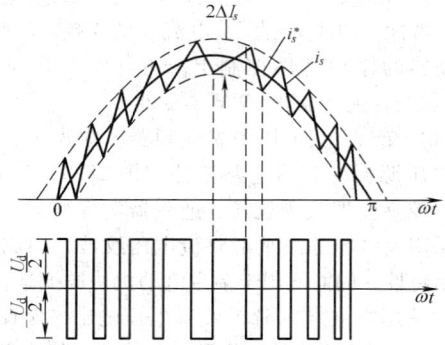

图 28.3 - 6 电流跟踪控制 PWM

⑤ 磁链跟踪控制法。将逆变器与交流电动机作为整体考虑，通过对逆变器开关状态组合的控制，形成不同的三相电压空间矢量（组合），使电动机内部产生的实际磁链运动轨迹尽可能地逼近电网供电下的理想圆形磁链轨迹。逼近过程中电压空间矢量不断修正，逆变器开关状态不断变化，由此产生出一种新型PWM 调制方式，又称电压空间矢量脉宽调制（SVP-WM）。SVPWM 采用三相统一处理，操作简单方便，易于实现全数字控制，直流电压利用率高，呈现取代 SPWM 的趋势。

2）按功率器件控制方式。① 单极性控制。在逆变器的输出半周期内，同一桥臂的上、下开关器件一个关断，一个作通、断开关，使半周期内输出相电压呈单一极性，如图28.3 - 5（a）所示。半周期内的调制波和载波也呈单一极性，输出电压的正、负半周波形依靠极性控制信号切换形成。② 双极性控制。在逆变器的输出半周期内，同一桥臂的上、下开关器件互补地作通、断控制，使半周期内输出相电压正、负交替，呈现双极性，如图28.3 - 5（b）所示。半周期内调制波和载波也均呈双极性特征，因而无需极性控制信号来形成输出电压的正、负半周。双极性控制比单极性控制具有更大的基波电压值。

3）按调制波与载波关系。在 SPWM 调制中，载波与调制波幅值之比称调制比，频率之比称载波比。① 异步调制。变频时调制波频率变化而载波频率固定，使载波比随输出频率降低而升高，可增加每半周期内输出电压波形内的脉冲数，有利于改善电动机低频运行性能。但不能保证变频时波形的稳定性和三相对称性。② 同步调制。变频时保持载波比固定不变，使任意频率下每半周期内输出电压波形脉冲数不变，确保波形的稳定性和三相对称性。但低频时会因半周

期内脉冲数少而恶化电动机运行性能，特别是转矩脉动和运行平稳性。③ 分段同步调制。综合异步与同步调制的长处，将整个运行频率范围划分为几个区间，不同频率区间有不同的载波比，同一频率区间用同一载波比。分段原则是注意最大限度地利用所选功率器件的开关频率。

（4）按实现方式。① 模拟方式。采用模拟电子技术实现 PWM 信号的生成，因线路复杂、可靠性差，现在很少采用。② 数字方式。以微机（微处理器，数字信号处理器 DSP）为硬件基础，采用软件编程实现 PWM 波形生成。具有控制灵活、可靠性高、成本低优点，是 PWM 实现的主要方式。③ 专用芯片。一种生成 PWM 波形的集成电路，如 HEF 4752，SLE 4520 等，多用于通用变频器。

（3）交-直-交电压源型变频器的四象限运行。四象限运行的核心是能量从负载向电源的回馈。交-直-交电压源型变频器采用大电容滤波，直流环节电压 U_d 极性不能改变；若负载电动机作发电运行，直流环节电流 I_d 将改变流向，促使能量从负载泵入电容，引起 U_d 升高。此时必须采取能量消耗或回馈电源的措施予以抑制。

1）能耗制动。在直流母线上并接能耗电阻 R_0 及电子开关 V_0，当 U_d 高于设定值时 V_0 导通，使回馈能量通过 R_0 泄放而使 U_d 下降，电动机产生制动转矩，如图 28.3-7 所示。由于受能耗电阻温升限制，该方法只能用于小功率及无需快带制动的场合。

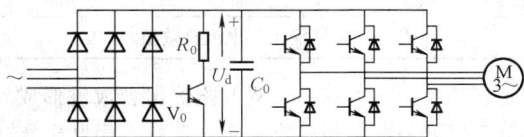

图 28.3-7 能耗制动系统

2）再生制动。在原系统不控整流器旁反并联一套可控整流器，使其工作在有源逆变状态，将负载电机回馈至直流环节能量返馈回电网，实现再生制动，如图 28.3-8 所示。由于电网侧、电动机侧变换器均可控，故可实现真正四象限运行，用于容量较大和需要快速可逆运行场合。

3）双 PWM 方式。整流器与逆变器均采用自关断器件构成，如图 28.3-9 所示。当电动机作电动运行时，整流器通过闭环作 PWM 控制，使输入电流正弦，并与电网电压同相位，获得单位功率因数，极大减少了输入电流谐波；当电动机作制动运行时，直流母线电压 U_d 高于电网线电压，整流器工作在逆变状态，将电动机动能反馈回电网，实现再生制动。双 PWM 变频器是一种具有能量双向流动能力和极优良

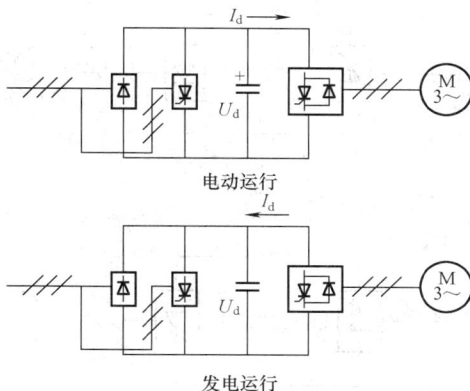

图 28.3-8 再生制动系统原理

输入、输出特性的变频器。

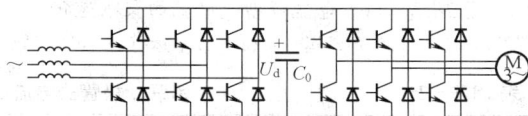

图 28.3-9 双 PWM 变频调速系统

（4）交-直-交电流源型变频器。方波电流源型变频器电路拓扑如图 28.3-10 所示，直流环节采用大电感滤波构成电流源内阻特性。在直流电流方向不变的条件下，可以通过简单地改变整流器、逆变器触发角实现四象限运行，如图 28.3-11 所示。因此，电流源型变频器多用于要求频繁起动、动态性能要求较高的中、大功率交流传动。

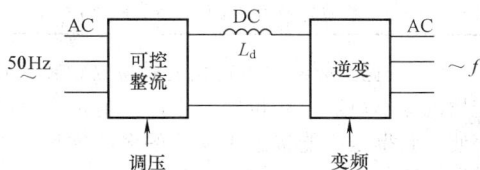

图 28.3-10 交-直-交电流源型变频器

电流源型逆变器晶闸管元件依靠换流电容和电动机漏感的谐振完成换相，图 28.3-12 所示为典型串联二极管式逆变电路。在直流电流 I_d 完全平直、逆变器输出电流为方波的理想条件下，主回路参数可按表 28.3-2 计算。电流源型逆变器输出换相时，换流电容与电动机绕组电感的谐振将产生很大换流过电压尖峰，必须采取相应过电压吸收和尖峰抑制措施。

（5）高压、大容量变频器。当交流电动机额定电压超过 3~6kV、容量超过 1MW 后，调速系统中变频装置需作特殊设计。目前常用方案除交-交变频器、交-直-交电流源型变频器外，还有多重化或多电平化电压源型、PWM 型变频器、单元串联多电平 PWM 型变频器等。

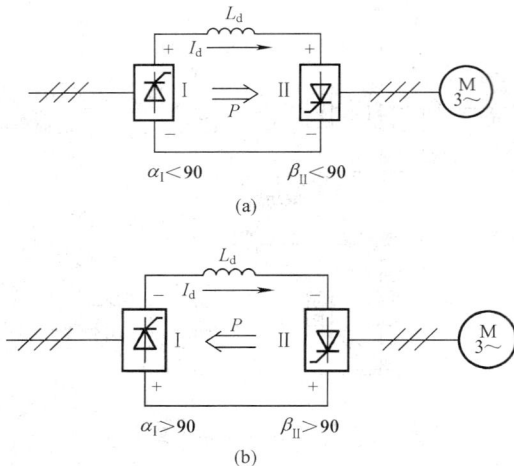

图 28.3-11 电流源型变频器四象限运行
(a) 电动运行；(b) 发电运行

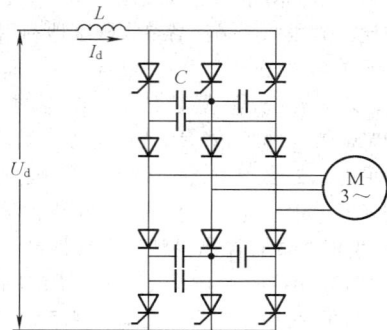

图 28.3-12 串联二极管式
电流源型逆变器

表 28.3-2　　　　　　串联二极管式电流源型逆变器主回路参数计算

参　数	计 算 公 式	符 号 说 明
直流环节电压 U_d / V	$U_d = 3\sqrt{2}\,U_\sim\cos\varphi/\pi$	$U_\sim$—逆变器输出交流电压有效值（V） $\cos\varphi$—电动机功率因数
换流电容 C / μF	$C = (t_o - 3\sqrt{2}\,U_\sim\sin\varphi/I_d)^2 / 3L$	t_o—晶闸管反压时间（μs） L—电动机每相漏感（μH） I_d—直流环节电流（A）
晶闸管电压 U_T / V	$U_T = I_d\sqrt{4L/3C} + \sqrt{2}\,U_\sim\sin\varphi$	
隔离二极管电压 U_Z / V	$U_Z = 1.5(I_d\sqrt{4L/3C} + \sqrt{2}\,U_\sim)$	
晶闸管、隔离二极管电流 I_T / A	$I_T = \sqrt{2}\,\pi I_\sim/6$	$I_\sim$—逆变器输出相电流有效值（A）

1) 多重化变频器。多重化就是将变频装置几个逆变器的输出矩形波在相位上错开一定角度进行叠加，使之获得尽可能接近正弦波的多阶梯波，也扩大了变频器的输出容量。从电路输出合成波形成看可分为串联多重化和并联多重化两种。串联多重化是将几个逆变器输出串联，如图 28.3-13 所示，多

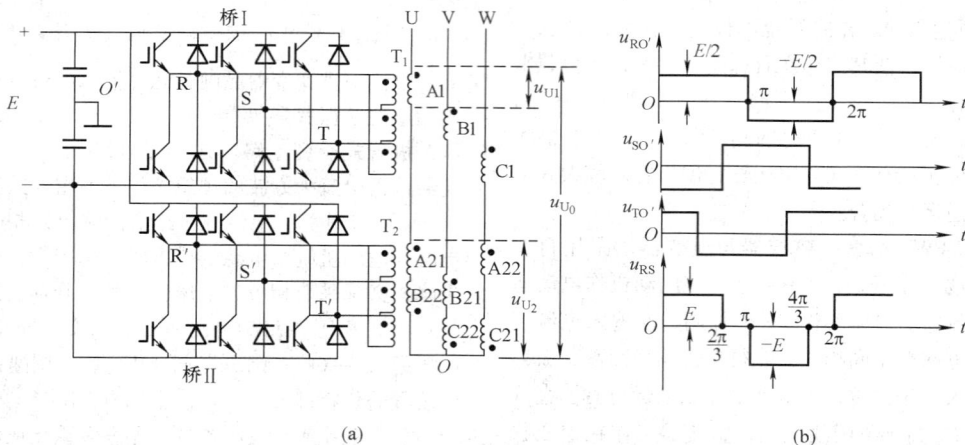

图 28.3-13 三相电压源型二重化变频器及输出波形
(a) 二重化逆变电路；(b) 输出电压波形

用于电压源型变频器；并联多重化将几个逆变器的输出并联起来，如图 28.3-14 所示，多用于电流源型变频器。

2）多电平变频器。多电平是一种采用单一逆变器实现几个台阶电平合成阶梯波以逼近正弦波输出的处理方式。由此构成的多电平变频器减少了输出电压谐波，改善了输出特性，降低了功率开关器件的电压定额，提升了变频器的容量，适应高压、大容量调速传动的需要。图 28.3-15 为三相三电平 PWM 型变频器及其输出电压波形（为清楚起见，未画成 PWM 波）。由于控制时序使任何两串联器件不会同时作通、断转换，故不存在器件动态均压问题。如果输入级也采用多电平 PWM 整流器，则变频调速系统输入功率因数接近于 1，谐波失真小于 3%，可四象限运行，适合于轧机、卷扬机等要求高动态性能及有四象限运行要求的使用场合。

3）单元串联高压变频器。这种变频器采用低压 H 型桥式 PWM 逆变单元串联实现变频高压输出，如图 28.3-16 所示。每个单元由输入变压器的一组二次侧绕组供电，各组二次侧绕组间相互错开一对称角，以构成多重化的不控整流方式，减少了输入谐波，提高了输入功率因数。单元电路为三相输入、单相输出的交-直-交电压源型变频电路，承受全部输出电流，但只承受 $1/3$ 的输出电压和 $1/9$ 的输出功率。控制上采用了多电平相移式 PWM 技术，各功率单元输出相同的基波电压但各自的载波相互错开一定相位，从而获得了高的等效开关频率和电平数，大大改善了输出波形。由于该高压变频器有优良的输入、输出波形，工业应用中有"完美无谐波变频器"的美誉。但因输入级采用二极管不控整流，能量不能回馈电网，不能四象限运行，主要用于风机、水泵的调速节能。

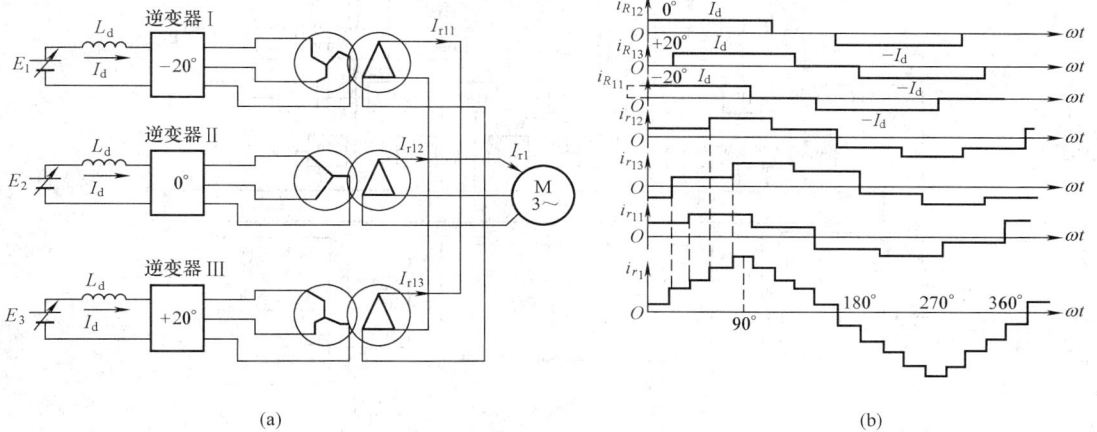

(a)

(b)

图 28.3-14　三相电流源型三重化变频器及输出波形

（a）三重化逆变电路；（b）输出电流波形

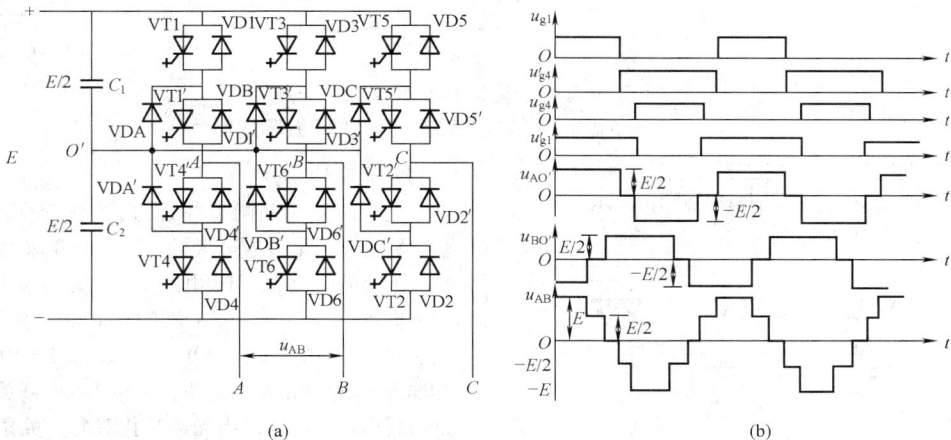

(a)

(b)

图 28.3-15　三相三电平 PWM 型变频器及输出波形

（a）三电平逆变电路；（b）输出电压波形（未画 PWM）

3. 交-交变频调速 交-交变频器输出的每一相都是由两组三相晶闸管可控整流器反并联而成，如图28.3-17所示。其中图（a）在可控整流器进线端接入了滤波电感 L，输出电流近似方波，构成电流源型交-交变频器；图（b）可控整流器直接接电网，构成电压源型交-变频器。当Ⅰ组工作在整流状态而Ⅱ组封锁时，负载电压 u_o 上（+）下（-）；当Ⅱ组整流、Ⅰ组封锁时，u_o 上（-）下（+）；两组交替工作使负载电压 u_o 为交流，如图（c）所示。调整整流器移相触发角可调节输出平均电压 U_d 以实现输出电压 u_o 幅值调节；控制两组整流器交替工作切换频率即

调节了输出频率 f_o。由于交-交变频器输出交流电压是经接至电网的晶闸管整流获得，利用了电网电压换流，无需设置换流回路。考虑输出电力谐波的影响其输出最高频率只能为电网频率的 $1/2 \sim 1/3$，仅适应于低速、大容量调速传动。

根据输出波形的不同交-交变频器可分为120°导通型方波电流源型和180°导通型正弦波电压源型变频器，它们主电路结构相同，只是控制方式不同。正弦波交-交变频器常采用余弦交点法控制。图28.3-18为三相半波整流电路构成的18管三相输出交-交变频器电路结构，其主要参数可按表28.3-3计算。

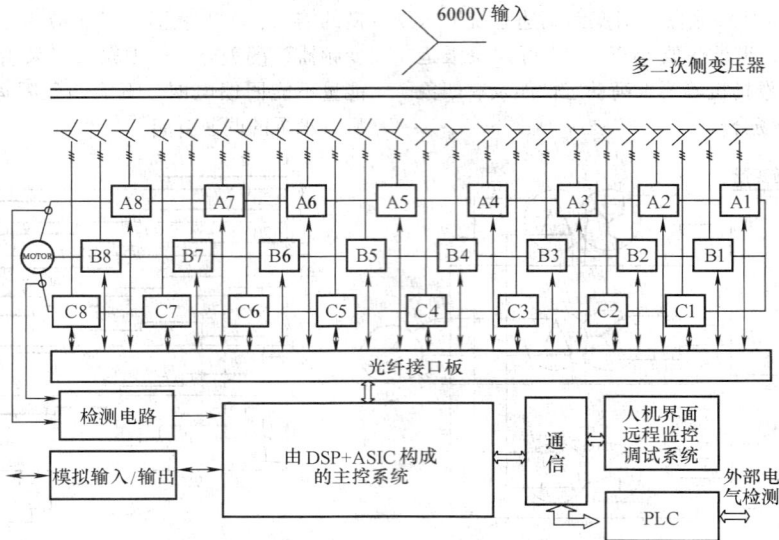

图 28.3-16 单元串联式高压变频器

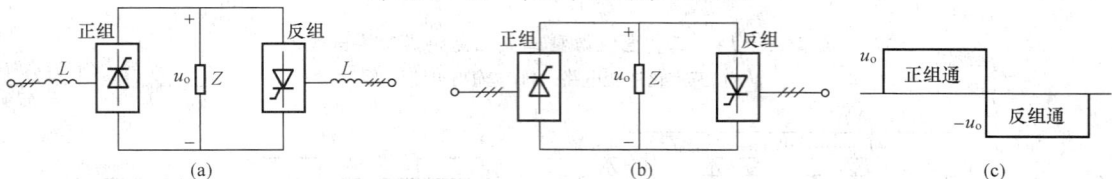

图 28.3-17 交-交变频器原理图（一相）
(a)电流源型；(b)电压源型；(c)输出波形

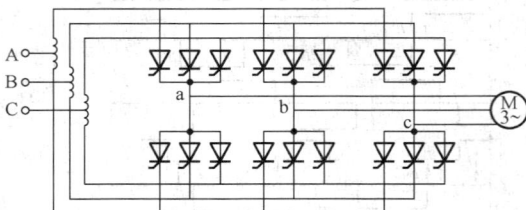

图 28.3-18 三相半波电流源型交-交变频器

采用矢量变换控制的交-交变频器调速系统可以获得优良的动、静态特性，用于轧钢机等高性能低速

大容量调速传动。

为解决常规晶闸管相控方式交-交变频器输入、输出特性差、谐波成分大的缺陷，近年来出现了一种新颖的矩阵式交-交变频电路。电路元件采用正、反两个方向均可控制开通与断开的双向全控自关断器件，控制方式为脉宽调制（PWM）。图28.3-19(a) 为三相输入-三相输出变频电路，由9个双向开关作3×3矩阵布置而成。在目前尚无商品化双向开关条件下，可采用两单向开关（如IGBT）进行组合来替代，如图28.3-19(b) 所示。

表 28.3-3 交-交变频器主要参数计算

类 型	正弦波电压型（三脉波，18 管）	方波电流型（三脉波，18 管）
主回路结构		
供电电源电压 U_s / V	$U_s = \pi U_\sim / (3\cos\alpha_{\min})$	$U_s = U_\sim \cos\varphi / \cos\alpha$
供电电源电流 I_s / A	$I_s = 2\sqrt{3}\, I_\sim / \pi$	$I_s = I_\sim$
电源侧平均功率因数	$\cos\alpha \approx \sqrt{3}\cos\alpha_{\min}\cos\varphi/2$	$\cos\alpha = U_\sim\cos\varphi / U_s$
晶闸管电压 U_T / V	$U_T = \sqrt{2}\, U_\sim$	$U_T = \sqrt{2}\,(U_s + U_\sim)$
晶闸管电流 I_T / A	$I_T = \sqrt{6}\, I_\sim / 2\pi$	$I_T = \sqrt{6}\, I_\sim / 6$
符号说明	$U_\sim$—变频器输出电压有效值（V） $I_\sim$—变频器输出电流有效值（A） α—触发角 $\alpha_{\min}$—变频器最大输出时触发角 $\cos\varphi$—电动机功率因数	

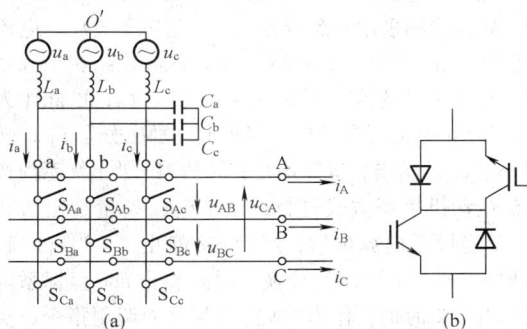

图 28.3-19 矩阵式交-交变频器
及组合双向开关

矩阵式交-交变频器输出电压正弦、输出频率不受输入频率限制；输入电流正弦、可与输入电压同相位（单位输入功率因数），也可控制成所需功率数；能量可双向流动，适合于交流电动机的四象限运行。只是电压传输比只有 0.866，电动机电压额定值需特殊设计，但其十分优良的电气性能使它今后会有广阔的应用前景。

4. 变频调速系统 异步电动机变频调速系统可以分为频率开环和频率闭环两种基本系统结构。频率开环系统一旦速度给定后电动机供电频率不再调节，气隙磁场同步速确定，电动机转速将在电动机转差范围内随负载大小变化，适合于静态调速精度要求不高的负载，如风机、水泵。频率闭环系统则在速度给定

后，由控制系统对供电频率和同步速作自动调节，确保负载变化时电动机转速恒定不变，适合于静态调速精度要求高、动态性能一般的用户，如提升机械、输送机、电梯等。若要求获得如同直流电动机那样优良的动、静态调速特性，交流调速系统必须实现高性能控制，如矢量变换控制、直接转矩控制等。

（1）转差频率控制变频调速系统。异步电动机电磁转矩可写为

$$T = C_t \Phi_m I_2 \cos\psi_2$$

式中，C_t 为转矩系数；Φ_m 为气隙磁通；I_2 为转子电流；ψ_2 为转子内功率因数角。

当转差 $s \leqslant s_m$ 较小时，$\cos\psi_2 \approx 1$，则有 $T \approx C_t \Phi_m I_2$

考虑到 $\begin{cases} I_2 \approx sE_1/R_2 \\ s = \omega_s/\omega_1 \\ E_1/\omega_1 \propto \Phi_m \end{cases}$

式中，E_1 为由 Φ_m 产生的气隙电势；R_2 为转子电阻；ω_s 为转差角速度（绝对转差），$\omega_s = \omega_1 - \omega$；$\omega_1$ 为同步角速度，$\omega_1 = 2\pi f_1$；ω 为电动机转速。

可得 $T \approx C_t' \Phi_m^2 \omega_s$。

此式说明当 s 控制得很小时，如设法保持 Φ_m 恒定，则转矩与 ω_s 正比；控制绝对转差 ω_s 就能达到控制转矩的目的，这就是转差频率控制的思想。在忽略电动机铁磁饱和及铁损条件下，可以通过按图 28.3-20 所示函数发生器图像来控制定子电流 I_1 实现磁通 Φ_m 恒

定，为转差频率控制创造必要条件。这样，在转差频率控制系统中，一方面应通过图 28.3-21 所示转差调节器将电动机转差控制在允许的小值 $\pm\omega_{sm}$（对应 $|s| \le s_m$）范围内，另一方面按函数发生器规律在 ω_s 变化过程中控制定子电流以保持 Φ_m 恒定。图 28.3-22 所示为电流源型转差频率控制系统。

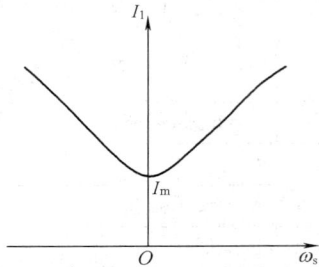

图 28.3-20　函数发生器特性

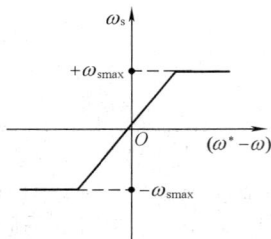

图 28.3-21　转差调节器特性

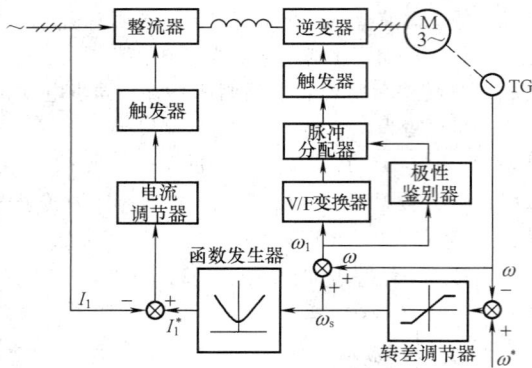

图 28.3-22　转差频率控制变频调速系统

（2）矢量变换控制系统。交流电动机是一个多变量、强耦合、非线性、时变的复杂系统，其转矩的动态控制性能差。直流电动机是一个自然解耦系统，其转矩可通过分别控制磁场或电枢电流得到解耦控制，转矩动态控制性好。矢量变换控制的基本思想是利用坐标变换的方法，将交流电动机等效为一台旋转的直流电动机进行控制，获得类似于直流电动机那样优良的调速特性。由于变换中所选用的坐标系与交流电动机中某磁场轴线重合，故又称磁场定向控制。这

是 20 世纪 70 年代开发出来的一种交流电动机高性能控制策略，使交流电动机控制性能发生了质的飞跃，开创了交流调速传动取代直流调速传动的新时代。

矢量变换控制必须遵守磁场等效原则。三相交流电动机（静止三相坐标系）产生的同步速旋转磁场应按在空间以同步速旋转的直流电动机（同步速二相坐标系）励磁磁场来等效。这样，采用以同步速旋转的异步电动机转子磁场 Φ_2（转子磁链 ψ_2）为同步速二相 M-T 坐标系的 M 轴方向（定向），将定子电流矢量分解成沿 M 轴方向的励磁分量 i_{M1} 和与 M 方向垂直的 T 轴方向转矩分量 i_{T1}，通过对定子电流矢量在 M-T 坐标系内的大小和位置控制，调节 i_{M1}、i_{T1} 的大小，使交流电动机获得如同直流电动机那样优良的磁场和转矩的解耦控制性能。

矢量变换控制的关键在于转子磁场空间位置的检测。根据获得作为 M 轴线的转子磁通矢量 Φ_2 空间位置方法的不同，矢量变换控制系统可以分为磁通检测式（直接矢量变换控制）和转差频率控制式（间接矢量变换控制）两种。

1）磁通检测式。磁通检测式 PWM 电压源型变频器供电异步电动机矢量变换控制系统如图 28.3-23 所示。磁通检测采用观测器方法，通过定子电压、电流检测和三相/二相（3Φ/2Φ）变换从静止二相坐标系中获得转子磁链的大小 ψ_2 和空间位置 θ_0，以此作为 M-T 坐标系的定向基准。定子电流励磁分量 i_{M1}、转矩分量 i_{T1} 的给定、运算均在旋转的 M-T 坐标系内按直流电动机控制方式进行；定子电压矢量给定值在 M-T 坐标系内算出后，经旋转/静止（VR）变换、三相/二相（3Φ/2Φ）变换，得到静止 abc 坐标系内三相电压瞬时值，作为 PWM 变频器的调制指令，实现对交流电动机的实际控制。

磁通检测式矢量控制的解耦控制效果直接受检测精度和转子参数时变影响，加上需要进行复杂的旋转坐标变换，使控制效果难以理想，工程实用中常多用转差频率控制式矢量变换控制。

2）转差频率控制式。转差频率控制电流源型逆变器供电异步电动机矢量变换控制系统如图 28.3-24 所示。转子磁通矢量的空间位置 θ_0 是通过计算出的转差速度 ω_s 与转子实际转速 ω 相加，获得转子磁通速度 $\omega_1 = \omega + \omega_s$ 后经积分求得，即 $\theta_0 = \int \omega_1 dt + \theta_0(0)$。可以看出，这种矢量变换控制方法无需进行转子磁通观测和坐标的旋转变化，因而对转子参数具有较强鲁棒性，实用性更强。

（3）直接转矩控制系统。直接转矩制是一种通过三相电压组合（电压空间矢量）对交流电动机定

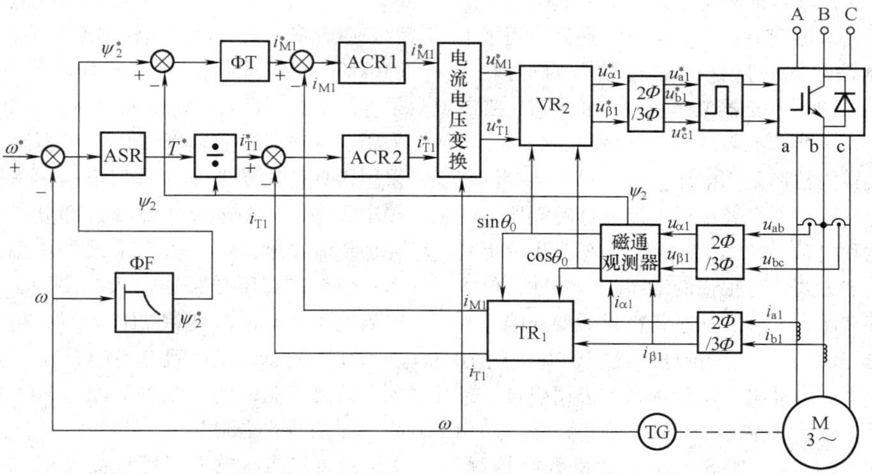

图 28.3-23　磁通检测式异步电动机矢量变换控制系统

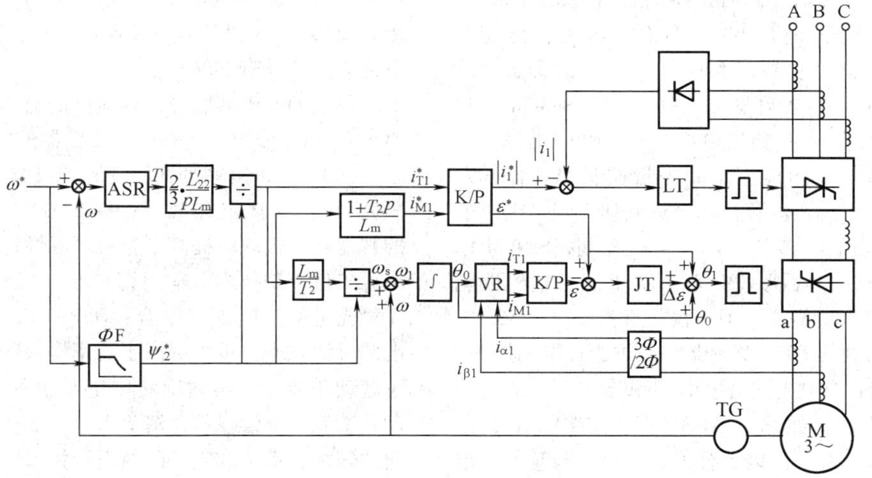

图 28.3-24　转差频率控制式异步电动机矢量控制系统

子磁链和转矩进行直接控制的高性能控制方法。由于所有运算和控制均在定子坐标系内进行，无需坐标变换，系统结构大为简化，控制效果不受转子参数影响；由于定子磁链和转矩闭环采用两位滞环调节器，转矩调节动态响应快。图 28.3-25 为异步电动机直接转矩控制系统框图，主要包括磁链自控制和转矩自控制两大部分。

1）磁链自控制。包括 2Φ/3Φ（二相/三相）变换、磁链观测器、磁链调节器和换相逻辑等。磁链观测器通过对电动机电压、电流检测，经坐标变换，采用电压模型实现定子磁链计算。二位滞环控制磁链调节器根据磁链给定值与观测值之差和调节器容差输出磁链控制信号，再经换相逻辑决定有效电压空间矢量的使用和与之相应的逆变器开关状态。

2）转矩自控制。由转矩观测器和转矩调节器组

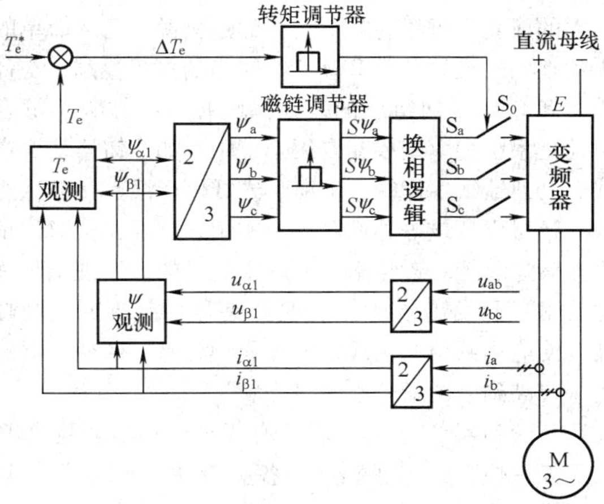

图 28.3-25　异步电动机直接转矩控制系统框图

成。转矩观测器采用磁链观测值和电动机线电流计算

出电磁转矩，转矩给定值与转矩观测值之差经二位滞环控制的转矩调节器调节后，输出决定是否使用零电压矢量的控制信号 S_0。这样，在 S_0 信号的干预下，换相逻辑输出形成逆变器功率器件的 PWM 控制信号。

由于直接转矩控制采用电压空间矢量直接控制定子磁链及相应转矩，不必经定子电流分量解耦所需的坐标旋转变化和电流的 PI 调节；加上磁链及转矩采用两位滞环调节方式，有很快的动态响应特性，但也带来了转矩存在脉动和静、动态特性矛盾的缺陷。

5. 商品变频器　我国变频器制造从 20 世纪 80 年代末开始，大连电动机厂从日本东芝公司引进一条变频器生产线，生产了型号为 130G 的变频器，采用大功率晶体管（GTR）、MCS－51 单片机数字控制、SPWM 控制和 V/F=C 控制，这是我国最早规模组装的国外较先进变频器。同时销售的有富士 G5/P5 变频器、三垦变频器 SVF。90 年代初，台湾普传变频器 pi89 进入大陆，它是日本春日 KV－8 的翻版，采用大功率晶体管 GTR 和 8085 CPU 芯片，SPWM 控制和 V/F=C 控制，但仍使用模拟电源。1993 年普传和清华大学合作开发出电压空间矢量控制变频器 pi97 及其改进型。以后台湾普传和台湾利佳合资，生产了利佳 4001 变频器，它采用 V/F=C 控制，SPWM 控制，GTR，16 位单片机 CPU 和开关电源，整机性能比 pi89、130G 有所提高，但也仅是日本明电舍 86S 的翻版；后来的利佳 5001 变频器则是仿造日本三垦 MF 变频器。另外，国内还有不少国外和台湾厂商的独资公司、合资公司，如北京 ABB、天津 SIEMENS、富士、台安、台达等。国内大公司如华为、森兰也在市场竞争中崛起，成为国产变频器主要厂家。

现在我国变频器的生产水平和应用技术取得了相当大的成就，每年有数十亿元的销售额。已从简单的手动控制发展到基于 RS－485 网络的多机控制，与计算机和 PLC 联网组成的复杂系统控制。在大型综合自动化系统和大型成套专用系统中，如连铸连轧生产线、高速造纸生产线、电缆、光纤生产线、化纤生产线、建材生产线等领域获得了实用，已经完全取代了直流调速装置。近年来，又利用先进的控制理论与优化技术，开发出了诸如卷取、提升、主从等控制功能，使应用系统的构成更加方便和容易，使变频器的应用提高到一个新的水平。

从变频器的分类来看，有 V/F 控制通用变频器、矢量控制通用变频器、各类专用变频器（如塑机专用，纺机专用，风机、水泵专用）、高压变频器等。其中 6k/10kV 中压变频器主要采用由美国 RO-BICON 公司推出的单元串联多重化技术，即所谓的罗宾康方案。该方案无须输出变压器，直接实现 6kV（10kV）的高压输出，输出电压波形完美无谐波，无须外加滤波器即可满足电网对谐波的严格要求。由于采用了三项高压变频新技术：①输出（逆变）部分采用了具有独立电源的单相桥式 SPWM 逆变器的直接串联叠加。②输入（整流）部分采用了多相多重叠加整流技术。③结构上采用了功率单元模块化技术；使得该高压变频器输入功率因数达 0.95 以上，输入电流总谐波畸变率 THD<1%，包括输入隔离变压器在内的总体效率高达 97%。由于具有良好的输入、输出性能，且输出功率可达 10 000kW，是目前高压变频器的主流方案。

此外还有三电平高压直接变频方案，如 ABB 公司生产的采用新型功率器件－集成门极换流晶闸管（IGCT）的 ACS1000 系列三电平变频器，输出电压等级有 2.2kV、3.3kV 和 4.16kV。限于器件耐压水平，目前为止还没有 6kV 产品。

以下列举国内主要厂家生产的通用变频器和美国 ROCKWELL 公司生产的中压变频器的主要技术性能。

（1）TD2000 系列通用变频器（华为电气股份有限公司）。①额定容量：3.9～273kVA；②采用最新的智能功率模块，提高了整机可靠性；③优化的空间电压矢量控制技术，输出谐波小、电压输出能力强；④最先进的控制硬件组合：DSP+CPLD+MCU；⑤低电感母线技术，极大提高了功率模块安全性；⑥停电再起动功能，可实现旋转中电动机的平滑无冲激起动；⑦死区补偿技术，消除由上、下桥臂开关死区引起的转矩脉动；⑧先进的热设计技术，保证高效、经济的散热效果；⑨无源 PFC，大大减小输入电流谐波，提高输入功率因数；⑩网络化设计，可实现 255 台变频器组网运行；⑪功能灵活，满足用户多种需求：如热插拔设计；内置 PID 调节器及 24VDC 电源，可方便组成闭环控制；自动电压提升，可在 304～456V 交流电网电压下正常工作；载波频率为 1～10kHz，可实现静音运行；内含简易 PLC，配合内置计数器，适合生产线自动化控制；带速度反馈脉冲输入接口，可实现高精度速度控制；加减速过程中，有防止过电流、过电压的失速水平设置，可防止频繁跳闸，保证连续运行；频率设定信号与输出频率对应关系设置灵活，便于与通用变频器和调节器组成正、反两种特性的闭环控制系统；符合国际标准的防护设计，同时适应工业和民用电网应用；冷却风扇开/关受内部温度控制，确保变频器安全和风扇长寿命。

表 28.3－4　　　　　　　　　　　　　　TD2000 系列变频器规格

变频器型号		额定容量/ kVA	额定电流/ A	适配电动机/ kW
恒转矩负载用系列	风机水泵用系列			
TD2000－4T0022G		3.9	6	2.2
TD2000－4T0037G		5.9	9	3.7
TD2000－4T0055G		8.6	13	5.5
TD2000－4T0075G	TD2000－4T0075P	11.2	17	7.5
TD2000－4T0110G	TD2000－4T0110P	16.5	25	11
TD2000－4T0150G	TD2000－4T0150P	21.1	32	15
TD2000－4T0185G	TD2000－4T0185P	25.7	39	18.5
TD2000－4T0220G	TD2000－4T0220P	30.3	46	22
TD2000－4T0300G	TD2000－4T0300P	40	60	30
TD2000－4T0370G	TD2000－4T0370P	48.7	74	37
TD2000－4T0450G	TD2000－4T0450P	60	91	45
TD2000－4T0550G	TD2000－4T0550P	73.7	112	55
TD2000－4T0750G	TD2000－4T0750P	98.7	150	75
TD2000－4T0900G	TD2000－4T0900P	116	176	90
TD2000－4T1100G	TD2000－4T1100P	138	210	110
TD2000－4T1320G	TD2000－4T1320P	167	253	132
TD2000－4T1600G	TD2000－4T1600P	200	304	160
TD2000－4T2000G	TD2000－4T2000P	248	377	200
TD2000－4T2200G	TD2000－4T2200P	273	415	220

表 28.3－5　　　　　　　　　　　TD2000 系列变频器产品技术指标

	项　　目	TD2000－4T　G／P
输入	额定电压；频率	三相，380V；50Hz／60Hz
	变动容许值	电压，±20%，电压失衡率<3%；频率：±5%
输出	额定电压	380V
	频　　率	0~400Hz
	过载能力	G 型：150%额定电流 1min，180%额定电流 0.5s； P 型：120%额定电流 1min，150%额电流 0.5s

续表

项　目	TD2000－4T G／P
主要控制功能 调制方式	优化空间电压矢量控制
控制方式	V／F 控制
频率精度	数字设定：最高频率×±0.1%；模拟设定：最高频率×±0.5%
频率分辨率	数字设定：0.01Hz 模拟设定：最高频率×0.1%
起动频率	0.1～60Hz
转矩补偿	自动转矩补偿，范围：0.1%～30.0%
转矩提升	手动转矩提升，范围：0.1%～30.0%
V／F 曲线	任意设定 V／F 曲线
加减速曲线	两种曲线：直线和任意 S 曲线；四种加减速时间：加减速时间 1～4
制　动	直流制动，外接能耗制动
点　动	点动频率范围：0.1～60Hz；点动加减速时间可设
多速运行	内置 PLC 编程多速运行；外接端子控制多速运行
内置 PID	可方便地构成简易自动控制系统
内置计数器	配合内置 PLC，可实现生产线自动控制
自动节能运行	根据负载情况，自动改变 V／F 曲线，实现节能运行
自动电压调整（AVR）	当电网电压变化时，能自动适当地改变基本频率，保证电动机的负载能力
运转功能 运转命令给定	面板给定；外接端子给定；通过 RS232 由上位机给定
频率设定	数字设定；模拟电压设定；模拟电流设定；上位机串行通信设定
输入信号	正、反转指令；点动选择；多段速控制；自由停车；EMS（异常停止）
输出信号	故障报警输出（250V／2A 触点），开路集电极输出
显示 四位数码显示	设定频率；输出频率；输出电压；输出电流；电动机转速；负载线速度
中文液晶显示	中文提示操作内容
外接仪表显示	输出频率；输出电流显示（DC 1mA，10V）
保护功能	过电流保护；过电压保护；欠电压保护；过热保护；过载保护；断相保护
任选件	中文液晶显示键盘；制动组件；输入输出电抗器；远程电缆；通信总线适配器等
环境 使用场所	室内，不受阳光直晒，无尘埃、腐蚀性气体、可燃性气体、油雾、水蒸气、滴水或盐分等
海拔高度	低于 1000m
环境温度	（－10～＋40）℃
湿　度	20%～90%RH，无水珠凝结
振　动	小于 5.9m／s² （0.6g）
存储温度	（－20～＋60）℃
结构 防护等级	IP20
冷却方式	强制风冷
安装方式	壁挂式

（2）SB40S 系列变频器（森兰公司）。①功率范围：0.75～280kW；②设计上运用独有树状散热器、开关等多项专利技术；生产采用贴片工艺，使机器可靠性大幅度提高；③内置 PLC 功能、IGBT、IPM 智能功率模块超静音运行；④多路可编程功能输出端子和继电器输出端子；⑤面板增加电位器，方便输出频率的微调。

表 28.3－6 　　　　　　　　　　　　　　　SB40S 系列变频器规格型号表

型　号		0.75	1.5	2.2	3.7	5.5	7.5	11	15
		18.5	22	30	37	45	55	75	90
		110	132	160	200	220	280		
适用电动机功率/kW		0.75	1.5	2.2	3.7	5.5	7.5	11	15
		18.5	22	30	37	45	55	75	90
		110	132	160	200	220	280		
额定输出	额定容量/kVA	1.6	2.4	3.6	5.9	8.5	12	16	20
		25	30	40	49	60	74	99	116
		138	167	200	248	273	342		
	额定电流/A	2.5	3.7	5.5	9.0	13	18	24	30
		38	45	60	75	91	112	150	176
		210	253	304	377	415	520		
	过载电流	额定电流的 150% 1min							
	电压/V	3 相 0～380							
输入	电　源	3 相 380V 50／60Hz							
	容许波动	电压：+10%～-15%（短暂波动±15%）频率：±2%							
制动	制动选择	0.75～15kW：外接制动电阻 18.5～280kW：外接制动单元							
	直流制动	DC 制动起始频率、DC 制动量、DC 制动时间							

表 28.3－7 　　　　　　　　　　　　　　　SB40S 系列变频器技术规范表

项　目		规　　范
控制	电压/频率特性	V／F 曲线控制
	转矩提升	0～50
	加减速时间	0.1～3 600s，4 种加、减速时间
	程序运行	7 段频率速度，4 种程序运行模式
	附属功能	上限频率、下限频率、回避频率、电流限制、偏置频率、频率增益、失速控制、自动复位、S 线加减速曲线、点动控制、自动稳压 AVR、自动节能
输出	最大频率	50～400Hz
	基本频率	10～400Hz
	频率设定	触摸面板：∧键、∨键、面板电位器 外控端子：X4、X5 模拟信号：VRF，IRF
	运转操作	触摸面板：RUN 键、STOP 键 外控端子：FWD、REV
	运转输出	多功能继电器输出：30A、30B、30C 集电极开路输出：Y1、Y2、Y3 模拟信号：FMA

续表

项 目		规 范
显示	LED 显示器	频率、输出电流、输出电压、转速、线速度、负载率、
	灯指示	充电（有电压）、显示数据单位、触摸面板操作指示、运行指示
环境	使用场所	室内，海拔 1 000m 以下
	环境温度/湿度	（−10~40）℃/20%~90% RH，不结露
	振 动	5.9m/s² （0.6g） 以下
	保存温度	（−20~65）℃
	保护功能	短路（FL）、过电压（ouu）、欠电压（Lou）、过载（oL）、过热（oH）、外部报警（oLE）、制动电阻过热（dbr）、电动机过载
	防护等级	IP21
	冷却方式	强制风冷

（3）SB12S 系列变频器（森兰公司）。①功率范围：0.4~315kW；②内置 PLC 功能、PID 功能、IGBT、IPM 智能功率模块超静音运行；③内置供水专用功能组、可实现"一拖多"控制；④全封闭柜机，恶劣条件下可靠运行。

表 28.3−8 SB12S 系列变频器规格型号

型 号	0.75	1.5	2.2	3.7	5.5	7.5	11	15
	18.5	22	30	37	45	55	75	90
	110	132	160	200	220	280		
适用电动机功率/kW	0.75	1.5	2.2	3.7	5.5	7.5	11	15
	18.5	22	30	37	45	55	75	90
	110	132	160	200	220	280		
额定输出	额定容量/kVA	1.6	2.4	3.6	5.9	8.5	12	16	20
		25	30	40	49	60	74	99	116
		138	167	200	248	273	342		
	额定电流/A	2.5	3.7	5.5	9.0	13	18	24	30
		38	45	60	75	91	112	150	176
		210	253	304	377	415	520		
	过载电流	额定电流的 120% 1min
	电 压/V	3 相 0~380V
输入	电 源	3 相 380V 50/60Hz
	允许波动	电压：+10%~−15%（短暂波动±15%）频率：±2%
制动	制动选择	0.75~15kW：外接制动电阻　18.5~280kW：外接制动单元

表 28.3−9 SB12S 系列变频器技术规范

项 目		规 范
控制	电压频率特性	V/F 曲线控制
	转矩提升	0：自动，根据负载转矩调整到最佳值　1~50：手动
	加减速时间	0.1~3600s，对加速时间、减速时间可单独设定

续表

项　目		规　范
控制	附属功能	上下限频率、回避频率、电流限制、偏置频率、频率增益、自动复位、自动稳压 AVR
	PID	手动设定 PI 参数，P：1~8 000　I：1.0~500.0s
	多泵切换	能控制多达 4 台电动机，3 台主电动机可设置为工频或变频工作方式，简化恒压供水系统
	定时换泵	对多泵系统为使各泵平均工作时间相同，须设置定时换泵功能，当泵连续工作时间达到设定值且有另一泵处于停止状态，变频器自动切换；换泵时间 0~1 000h 任意设定
	睡　眠	当反馈值大于睡眠值时且运行频率小于休眠频率，主电动机停止运行；睡眠值≥反馈值≥苏醒值时，附属电动机工作
	唤　醒	当反馈值小于苏醒值时，主电动机开始工作，附属电动机停止
	消防控制	当需要一定的压力供水时，短接端子 FA 与 CM
	水位控制	自动检测水位，控制变频器起停
	定时开关机	选择定时开关机时间，0~24.0h
输出	最大输出频率	50~120Hz
	频率设定	触摸面板：∧键、∨键、面板电位器（选件） 外控端子：X4、X5 模拟信号：端子 VRF、端子 VPF，端子 IRF、端子 IPF
	运转操作	触摸面板：运行键、停止/复位键 外控端子：FWD、REV
	运转输出	多功能继电器输出：A1、B1、C1 和 A2、B2、C2 集电极开路输出：Y1、Y2 模拟信号：FMA
环境	使用场所	室内，海拔 1000m 以下
	环　境	(-10~40) ℃/20%~90% RH，不结露
	振　动	5.9m/s² (0.6g) 以下
	保存温度	(-20~65) ℃
	保护功能	过电流、短路、过电压、欠电压、过载、过热、电动机过载、外部报警
	防护等级	IP10
	冷却方式	强制风冷

（4）SB60/61 G/P 系列变频器（400V）（森兰公司）。

①功率范围：0.75~315kW（61G）；0.75~400kW（61P）。②无速度传感器矢量控制方式。③高性能 DSP 专用控制芯片；IGBT、IPM 智能功率模块超静音运行。④电动机参数自测试功能。⑤标准 RS-485 口，方便接入 Profibus 总线。⑥多达 12 组功能块，提供强大的控制功能。

表 28.3-10　　　　　　　　　　　SB60G 系列变频器规格型号

SB60G		0.75	1.5	2.2	4	5.5	7.5	11
电动机容量/kW		0.75	1.5	2.2	4	5.5	7.5	11
输出	额定容量/kVA	1.6	2.4	3.6	6.4	8.5	12	16
	额定电流/A	2.5	3.7	5.5	9.7	13	18	24
	电压/V	0~380V　　　0~400 Hz						
	过载能力	150%　　　1min						
输入电源		3 相 380V　　　50/60Hz						

表 28.3－11 SB60P 系列变频器规格型号

SB60P	1.5	2.2	4	5.5	7.5	11	15
电动机功率/kW	1.5	2.2	4	5.5	7.5	11	15
输出 额定容量/kVA	2.4	3.6	6.4	8.5	12	16	20
输出 额定电流/A	3.7	5.5	9.7	13	18	24	30
输出 电压/V	0~380V 0~400 Hz						
输出 过载能力	120% 1min						
输入电源	3 相 380V 50／60Hz						

表 28.3－12 SB61G 系列变频器规格型号

SB61G	15	18.5	22	30	37	45	55	75
	90	110	132	160	200	250	315	
电动机功率/kW	15	18.5	22	30	37	45	55	75
	90	110	132	160	200	250	315	
输出 额定容量/kVA	20	25	30	40	49	60	74	99
	116	138	167	200	248	310	389	
输出 额定电流/A	30	38	45	60	75	91	112	150
	176	210	253	304	377	475	590	
输出 电压/V	0~380V 0~400Hz							
输出 过载能力	150% 1min							
输入电源	3 相 380V 50／60Hz							

表 28.3－13 SB61P 系列变频器规格型号

SB61P	18.5	22	30	37	45	55	75	90
	110	132	160	200	250	315	375	400
电动机功率/kW	18.5	22	30	37	45	55	75	90
	110	132	160	200	250	315	375	400
输出 额定容量/kVA	25	30	40	49	60	74	99	116
	138	167	200	248	310	389	460	500
输出 额定电流/A	38	45	60	75	91	112	150	176
	210	253	304	377	475	590	705	760
输出 电压/V	0~380V 0~400Hz							
输出 过载能力	120% 1min							
输入电源	3 相 380V 50/60Hz							

表 28.3－14 SB60／61 系列变频器技术规范

控制	调制方式	磁场定向矢量控制 PWM 方式
	控制模式	2 种 V／F 控制模式：V／F 开环控制模式和 V／F 闭环控制模式 2 种矢量控制模式：无速度传感器矢量控制模式和 PG 速度传感器矢量控制模式
	V／F 曲线比	线形和任意 V／F 曲线，用户最多可设置 6 段 V／F 曲线

续表

控制	频率设定方式	4 种主给定和 4 种辅助给定，主给定和辅助给定叠加同时控制 模拟给定 VR1、VR2、IR1、IR2 通过 RS485 上位机给定
	加减速控制	8 种加减速时间，0.1~3 600s，可选择直线或 S 曲线模式
	程序运行模式	5 种程序运行模式，15 段频率速度
	附属功能	上限频率、下限频率、回避频率、电流限制、失速控制、自动复位、自动节能运行、自动稳压、瞬停再起动
运行	运转命令给定	面板给定 多功能外控端子 X1~X7 给定 通过 RS485 上位机给定
	输入信号	多功能外控端子 X1~X7 输入
	输出信号	多功能输出 Y1~Y3，DC 24V／50mA； 多功能继电器输出 30A、30B、30C，AC 220V／1A
制动功能		外接制动电阻：SB60G0.75~11kW　SB60P1.5~15kW 外接制动单元和制动电阻：SB61G15~315kW 　　　　　　　　　　　　　　SB61P18.5~315kW
保护功能		过电流、短路、接地、过电压、欠电压、过载、过热、断相、外部报警
环境	使用场所	室内，海拔 1000m 以下
	环境温度／湿度	（-10~40）℃／20%~90% RH，不结露
	振动	5.9m²／s²（0.6g）以下
	保存温度	（-20~60）℃
冷却方式		强制风冷
防护等级		IP20

（5）Bulletin 1557 中压变频器（Rockwell 自动化公司）。①先进的技术配置：额定电压 2300~6900V；额定功率 75~12000kW；电力谐波滤波器／功率因数补偿控制器；进线电抗器或变频器隔离变压器；输入／输出／旁路起动器；6、12、18 脉冲整流器，PWM 整流器；单或多电动机同步切换装置；异步电动机和同步电动机变频器。②无速度传感器矢量控制，运行频率 6Hz 以下才需采用测速机反馈。③自整定功能：可实现变频器与被控电动机、变频器与负载之间的调节参数快速而准确的自行整定，加快调试和起动时间。④输入特性优良，可使公共连接点电压波形失真控制在 5% THD 以下，符合 IEEE 519—1992 标准。⑤输出特性优良，任何速度、任何负载下电动机电压、电流波形非常接近正弦，失真小于 5% THD。解决了引起变频电动机发热的电流谐波和危害绕组绝缘的大电压梯度问题。⑥较低开关频率和高品质电压、电流波形，确保低噪声（静音）运行。⑦多种电动机控制：笼型异步电动机；绕线转子异步电动机；同步电动机；交流无刷型；直流无刷型；标准或变频电动机。

表 28.3-15　Bulletin 中压变频器数据

冷却方式	电动机电压/V	变频器功率/kW	整流器脉波数
空气	2300（60Hz）	75~600	6
			12
		601~1120	6
			12
		1121~1865	12
	3300（50Hz）	75~450	6
			12
		451~1120	6
			12
		1121~2250	12

续表

冷却方式	电动机电压/V	变频器功率/kW	整流器脉冲数
空气	4000~4160（50/60Hz）	75~670	6 12 18
		670~1300	6 12 18
		1301~2600	12 18
	6000~6600（50Hz）	75~500	6 18
		501~930	6 18
		1125~2600	12 18
液体对空气热交换	4000~4160（50/60Hz） 6000~6600（50Hz）	2250~4500 2250~3730	12 18
	4000~4160（50/60Hz） 6000~6600（50Hz）	4501~6000 3731~6000	
	4000~4160（50/60Hz） 6000~6600（50Hz）	2250~4500 2250~3730	
	4000~4160（50/60Hz） 6000~6600 50Hz	4501~6000 3731~6000	

表 28.3－16　通用中压变频器特性

设计标准	CSA／UL／IEC／IEEE／NEMA／CE／ANSI
逆变器类型	CSI－PWM
电动机类型	感应式，同步式，绕线转子式
额定功率	75~12 000kW（100~16 000hp）
输入额定电压	+/- 10%标称线路电压
输入电源频率	+/- 3%　50/60Hz
输出额定电压	0~2300；0~3300；0~4160；0~6000；0~6900
输出频率	0~75Hz

续表

输出波形	接近标准正弦的电流及电压波形（小于5% THD）
整流器设计	6/12/18 脉冲，PWM
电源输入保护	金属氧化物压敏电阻
中压隔离	光纤（整流器/逆变器/热传感器）
效率	>98.5%（满负载，满速度）
调制技术	PWM（脉宽调制技术）和 SHE（有选择性谐波抑制技术）
控制方法	无速度传感器矢量控制
调整方法	ASTC（自整定控制）
过载能力	110% 1min / 150% 1min
速度调整率	0.5%开环/0.1%带同轴编码器
操作员界面	40 字符/16 行格式化文本
控制电压	AC 110/120/220/240V，50/60Hz
模拟量输入	4~20mA/0~10V
控制 I/O	光电隔离（准备好/运转/故障/报警）
通信接口	Modem，RS－232，Drives Tools，RIO，SCAM Port
机壳	NEMA Type 1/IP 20
环境温度	32~104°F，0~40 ℃
冷却方式	强制空气冷却式或液体冷却式
相对湿度	95%无凝结
海拔高度	1000m 以下不需降容使用
机柜涂料	环氧粉末

3.2.2　调压调速

1. 交流固态调压器　调压调速是异步电动机一种较简单的调速方法。由于异步电动机电磁转矩与输入电压基波的二次方成正比，改变电动机端电压基波有效值大小可以改变电动机的机械特性（$T-s$ 曲线）形状和它们与负载特性 T_L 的交点（工作点）处转差率 s，从而实现调速，如图 28.3－26 所示。在 20 世纪 50 年代以前，一般采用串饱和电抗器、自耦调压器等电磁装置改变电动机端电压；随着电力电子技术的发展，现多采用由双向晶闸管构成的交流固态调压器实现交流调压。图 28.3－27 为一种对称接法三相固态调压器主电路，其输入电压 U_A、U_B、U_C 接电网，输出 U_a、U_b、U_c 接异步电动机。为应用移相触发方式控制输出电压大小，要求采用后沿固定、前沿可调、最大宽度达 180° 的脉冲链触发，以防止两反并联晶闸管导通不对称引起的大电流冲击。

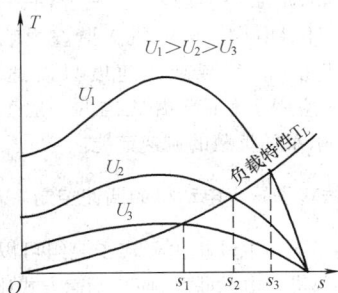

图 28.3－26　调压调速原理

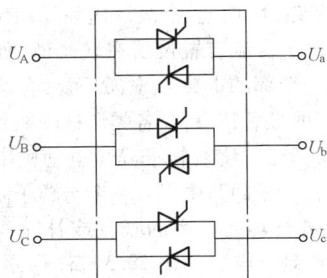

图 28.3－27　三相交流固态调压器

用于调压调速的异步电动机要求是大转子电阻电动机，如高转差电动机或绕线转子电动机外接电阻，以获得较宽的调速范围并防止转子过热。但转子电阻增大后，异步电动机机械特性将变得十分软，无调速精度可言，且低速运行不稳定。因此对于恒转矩负载及调速范围 2∶1 以上的应用场合，应采用如图 28.3－28（a）所示速度负反馈控制。采用速度闭环后机械特性如图 28.3－28（b）所示，它们是一族由速度给定 u_g 控制的平行线，其硬度得到极大的提高，可获得 10∶1 的调速范围。

调压调速属于转差功率消耗型调速方式，适合于风机、泵类负载的驱动；而拖动恒转矩负载则不宜长时间在低速下运行，以防转子过热烧毁。

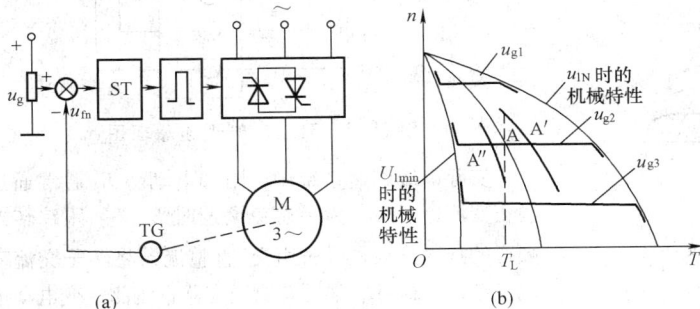

图 28.3－28　速度负反馈调压调速系统
（a）原理图；（b）机械特性

调压调速系统结构简单，成本低，但运行效率也低。适合于调速精度要求不高（3%）的设备，如低速电梯、起重机械、风机、水泵等，电动机功率一般限制在 200~300kW 以内。

2. 异步电动机软起动器　当供电网络和变压器的容量足够大（一般要求比电动机容量大 4 倍以上）而供电线路并不太长（起动电流造成的瞬时电压降落低于 10%~15%）时，小容量三相异步电动机可以直接通电起动，操作也很简便。

起动时，$s=1$，起动电流和起动转矩分别为

$$I_{sst} \approx I'_{rst} = \frac{U_s}{\sqrt{(R_s + R'_r)^2 + \omega_1^2 (L_{1s} + L'_{1r})^2}}$$

$$T_{est} = \frac{3p_n U_s^2 R'_r}{\omega_1 [(R_s + R'_r)^2 + \omega_1^2 (L_{1s} + L'_{1r})^2]}$$

不难看出，一般情况下三相异步电动机的起动电流比较大，而起动转矩并不大。笼型电动机起动电流和起动转矩对其额定值的倍数大约为

起动电流倍数　$K_I = \dfrac{I_{sst}}{I_{sN}} = 4 \sim 7$

起动转矩倍数　$K_T = \dfrac{T_{est}}{T_{sN}} = 0.9 \sim 1.3$

这样，中、大容量电动机的起动电流将很大，会使电网压降过大，影响其他用电设备的正常运行，甚至使该电动机本身根本起动不起来。这时，若降低电压，起动电流将正比地降低，从而可以避开起动电流冲击的高峰。但起动转矩的减小将比起动电流的降低更快，会出现起动转矩不够的问题。因此降压起动只适用于中、大容量电动机空载（或轻载）起动的场合。传统的降压起动方法有星－三角（Y－△）起动、定子串电阻或电抗起动、自耦变压器（又称起动补偿器）降压起动等，它们都是一级降压起动，起动过程中电流有两次冲击，其幅值虽都比直接起动电流低，而起动过程时间略长。

现代带电流闭环的电子控制异步电动机软起动器可以限制起动电流并保持恒值，直到转速升高后电流自动衰减下来，起动时间短于一级降压起动。异步电动机软起动器主电路采用晶闸管交流固态调压器，以连续地改变其输出电压来保证恒流起动，稳定运行时可用接触器实行旁路切除，以免晶闸管不必要地长期工作。视起动时所带负载的大小，起动电流可在（0.5~4）I_{sN} 之间调整，以获得最佳的起动效果，但不宜于满载起动。

软起动的功能同样也可以用于制

动，用以实现软停车。

3. 电磁转差离合器（电磁调速电动机） 电磁转差离合器是一种调速原理与性能与异步电动机调压调速十分相似的调速装置，它通过调节转差离合器的励磁电流改变其内部磁场强度实现调速，也属于转差功率消耗型调速方式，只是转差功率消耗在与电动机同轴的电磁离合器中。

电磁转差合器结构如图 28.3 - 29 所示，它由电枢及磁极两部分构成，两者可分别旋转，只在磁路上通过气隙磁通构成联系。电枢大多为整块铸钢构成，常呈爪极结构；磁极上装有直流励磁绕组，通过滑环、电刷由单相半波可控整流电路提供大小可调励磁电流 I_f。当电枢被异步电动机拖动以恒速 n 旋转时，电枢与磁极间的相对运动会在实心电枢中感应出涡流，与磁场相互作用产生电磁转矩，其过程与作用机理与实心转子异步电动机相同。改变励磁电流 I_f 大小可以调节电枢与磁极间相对旋转的转差，从而改变从动轴的输出速度 n'。若 $I_f = 0$，磁极停转，使从动轴与主动轴分离，起到离合器的作用。

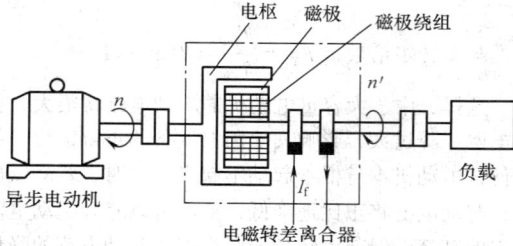

图 28.3 - 29 电磁转差离合器结构

电磁转差离合器的机械特性和实心转子异步电动机调压调速特性十分相近，其自然机械特性很软，如图 28.3 - 30（a）所示。为提高调速精度和运行稳定性，常采用速度负反馈闭环控制，其闭环机械特性如图 28.3 - 30（b）所示，其中 u_g 为速度指令电压，由此可获 1：10 的调速范围。

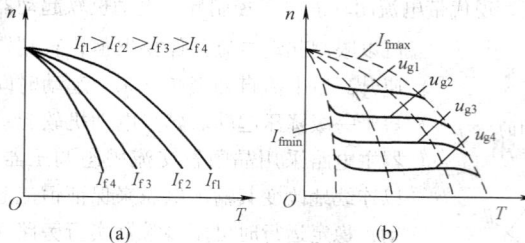

图 28.3 - 30　电磁转差离合器机械特性
（a）开环机械特性；（b）闭环机械特性

电磁转差离合器常与异步电动机在结构上做成一体，并配有同轴测速发电机和速度闭环控制装置，这

种成套配置常称为电磁调速电动机。电磁转差离合器或电磁调速电动机结构简单、控制方便、价格低廉、运行可靠，且对电网、电动机无谐波影响；但效率低、转差损耗大，负载上的速度只能达同步速的 80% ~ 85%，应用于上百千瓦之内的一般工业调速传动和风机、水泵类负载的调速节能。

3.2.3　绕线转子异步电动机的调速控制

绕线转子异步电动机由于转子绕组可以通过滑环及电刷与外部进行电的联系，使其调速方式比笼型异步电动机更加灵活。除了变频和定子调压调速外，还可以通过直接控制转子回路内的转差功率实现转子串电阻调速、转子斩波变阻调速、串级调速和双馈调速等多种调速方式。由于变流装置设置在转子侧，处理的仅是转差功率而非全部的电磁功率，因而具有调速装置容量小、投资省的显著特点，在各类调速中颇具特色。

1. 串级调速　绕线转子异步电动机串级调速的基本思想是在转子回路中串入一个与转子同频的附加电动势 E_f，进行转差功率的吸收或补充，实现速度的调节，其原理性电路如图 28.3 - 31 所示。当 E_f 的相位与转子电流 I_2 相位相反，提供附加电动势 E_f 的装置吸收电功率，增大 E_f 将使转差功率 $P_s = 3I_2^2 R_2 + 3E_f I_2$ 增加，电动机转差率 s 增大，转速降低，在同步速以下作亚同步串级调速运行；如果 E_f 与 I_2 相位相同，提供附加电动势 E_f 的装置将有功功率 $3E_f I_2$ 补充至转子回路，补偿部分、甚至全部的转子电阻固有损耗 $3I_2^2 R_2$，电动机定子侧提供的转差功率 P_s 减小，甚至变负，电动机转速升高，甚至超过同步速，在同步速以上作超同步串级调速运行。

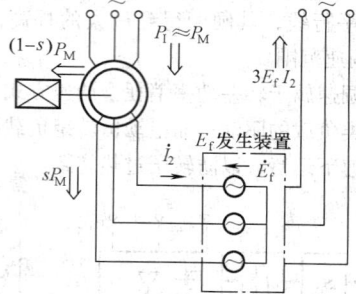

图 28.3 - 31　串级调速原理图

实际串级调速系统中，附加电动势 E_f 通常通过静止变流器引入。为了避免调速时 E_f 必须跟踪转差频率的技术难点，可采用交-直整流器将转子交流变成直流，这样可以采用有源逆变器直流侧逆变电动势作为 E_f 吸收或补充转差功率来实现串级调速功能。图 28.3 - 32 为采用晶闸管逆变器实现的亚同步串级

调速系统。由于转子侧采用不控整流器，决定了转差功率只能从电动机转子流向电网，仅能在同步速以下运行。当有源逆变器触发超前角 $\beta=90°$ 时，电动机速度最高；当 $\beta=\beta_{min}=30°$ 时，速度最低。由于变流装置处理的仅为电动机的转差功率，当电动机调速范围不宽（如风机、水泵类负载仅需同步速以下 30%），串级调速装置容量小（约为额定功率的 30%）时，比较经济，但这也限制了串级调速系统的最低运行转速，特别是不允许采用串级调速装置起动电动机。因此串级调速系统需采用专门的起动电阻（如频敏变阻器 R_Q）起动，只有当起动完毕进入高速后才可将串级调速装置投入，进行向下的调速运行。

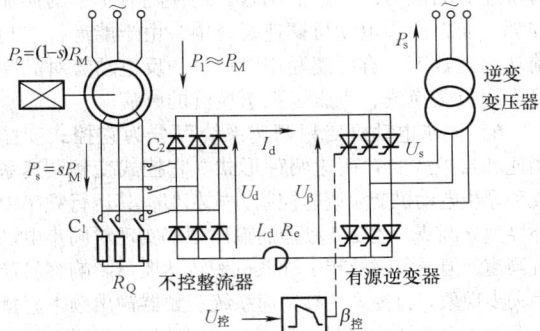

图 28.3-32 晶闸管亚同步串级调速系统

串级调速系统机械特性如图 28.3-33 所示，是一簇平行而下斜的直线。改变逆变角 β 实现调速。由于特性较软，除一些调速范围不宽、调速精度要求不高的场合，如风机、水泵调速可采用开环控制外，一般需采用速度及电流负反馈的双闭环调速系统。双闭环串级调速系统可以采用双闭环直流调速系统同样的方法进行系统综合、设计，也可采用直流调速系统用的控制单元。变流装置中的开关器件、滤波电抗器的选择原则也与之相同。

串级调速的功率因数较低，须采取相应措施来

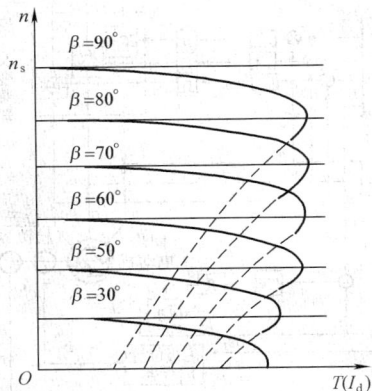

图 28.3-33 串级调速系统机械特性

改善。

2. 双馈调速 若将晶闸管亚同步串级调速系统的转子侧不控整流器改为可控整流并工作在逆变状态，同时使用电网侧变流器工作在整流状态，如图 28.3-34 所示，则转差功率可以从电网输入至转子回路，使电动机处于定、转子双向馈电状态，两部分功率汇集变成机械功率从轴上输出。由于转差功率流向反向，$P_s=sP_M<0$，$s<0$，表明电动机转速高于同步速，构成超同步串级调速运行，或称双馈调速系统，此时电动机轴上输出功率可以大于额定功率。

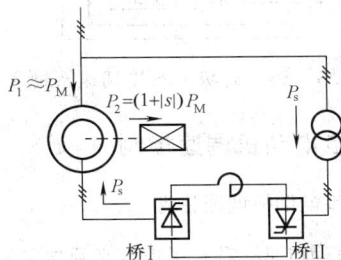

图 28.3-34 双馈调速系统

双馈调速系统中定、转子的功率流向可以双向控制，从而具有四象限运行能力，这是通过控制两变流器的移相触发角实现的，如图 28.3-35 所示。

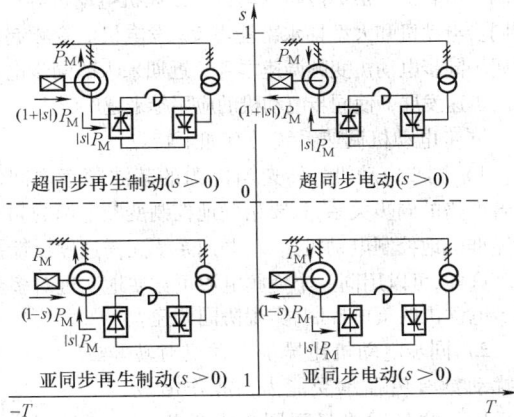

图 28.3-35 双馈调速系统四象限
运行时的功率流向

一般中、小功率双馈调速系统采用图 28.3-34 所示交-直-交变流方式，其中转子侧变流器须采用强迫换流晶闸管变流电路或自关断器件的 PWM 整流器；大功率双馈调速系统则采用交-交变频器，可利用电网电压实现晶闸管自然换流，图 28.3-36 为一种采用三相中零式交-交变频器构成的双馈调速系统主电路。

双馈调速可用于有四象运行要求的高性能调速系统中，更由于变频装置设置在转子侧，除具有装置容量小的特点外，更可用于高压电动机的变频调速，在

国外已被用于大容量高速泵的传动。此外，由于可运行在再生制动亦即发电状态，构成变速恒频双馈发电系统，用于风力、水力及各种可再生能源发电利用中。

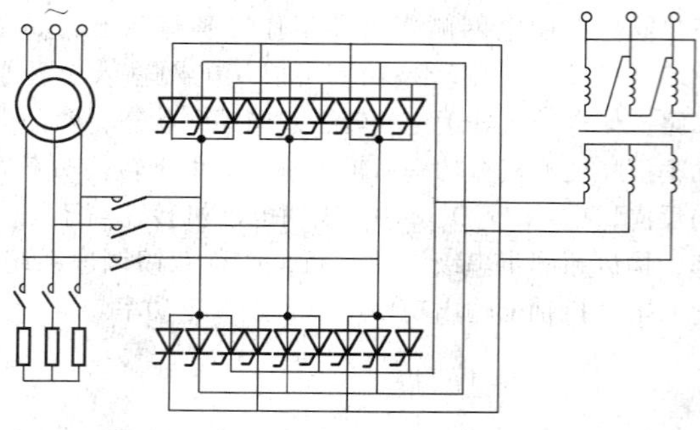

图 28.3－36 大功率双馈调速系统主电路

3.3 同步电动机调速控制

3.3.1 同步电动机调速特点

同步电动机是一种转子速度必须与定子旋转磁场速度保持同步才能产生恒定电磁转矩的交流电动机，因此它的调速方法只有变频调速。

同步电动机变频调速应用范围十分广阔，其功率覆盖面非常广阔，从瓦级的永磁无刷直流电动机到万千瓦级的大型轧机、窑炉传动电动机、鼓风机电动机等；大型同步电动机和大型抽水蓄能电动/发电机的变频起动亦属于同步电动机变频调速之列。近期来永磁同步电动机的迅速发展，使同步电动机的应用越来越广泛。

同步电动机调速系统具有如下特点：

1) 同步电动机的转速与电源的基波频率之间保持着严格的同步关系，只要精确地控制变频电源的频率就能准确地控制电动机速度，调速系统无需速度反馈控制。这样，可以用同一个变频电源可方便地实现对多台同步电动机的集中控制，实现协同调速。

2) 同步电动机比异步电动机对转矩扰动具有更强承受能力，能作出较快反应。这是因为只要同步电动机的功角作适当变化就能改变负载转矩，而转速始终维持在原同步速不变，因而转动部分的机械惯性不会影响同步电动机对转矩的快速响应。相反，异步电动机负载转矩变化时，必须要求转差率变化才能改变电磁转矩，电动机转速也就要相应地变化，而转动部分的惯性阻碍了转矩响应的快速性。这样，同步电动机比较适合于要求对负载转矩变化作出快速反应的交流调速系统中。

3) 由于同步电动机能从转子侧进行励磁，即使极低的频率下也能运行，故它的调速范围比较宽阔。异步电动机转子电流靠电磁感应产生，在频率很低的情况下转子中难以感生必需大小的电流，所以它的工作频率受到限制，调速范围比较窄。

4) 同步电动机可以通过调节转子励磁来调节电动机的功率因数，故有可能使之运行在 $\cos\varphi = 1$ 的状态下。此时电枢铜耗最小，也可减小变频器容量。

5) 异步电动机须从电源侧吸收滞后的无功电流，即电动机电流在相位上滞后于逆变器的输出电压。此时如采用晶闸管逆变器，必须采用强迫换流措施，要求有复杂的换流回路、昂贵的换流电容器和具有快速关断能力的快速晶闸管，还伴随有不小的换流损耗。而在同步电动机调速系统中，由于能运行在超前功率因数下，有可能利用电动机的反电动势对晶闸管实现负载换流，克服了强迫换流的弊病。

6) 同步电动机变频调速系统可分为它控式变频调速和自控式变频调速两种形式。它控式变频调速系统和异步电动机变频调速控制方式相似，其运行频率由外界独立调节，改变变频器的输出频率实现对同步电动机调速，但受负载及转子轴系机械转动惯量影响容易产生失步现象。自控式变频调速系统变频器输出频率直接受电动机自身转速控制，每当电动机转过一对磁极，控制变频器的输出电压或电流正好变化一周期，电压、电流周期与转子速度始终保持同步，不会出现失步现象，但此时同步电动机要设置转子磁极位置检测机构。

3.3.2 他控式同步电动机变频调速系统

作为交流电动机的一种，同步电动机也是一个多变量、强耦合、非线性、时变的复杂系统，要获得优良的调速特性，变频调速系统必须采用矢量变换控制。图 28.3－37 为采用气隙磁场定向、交-交变频器供电的同步电动机变频调速矢量变换控制系统。

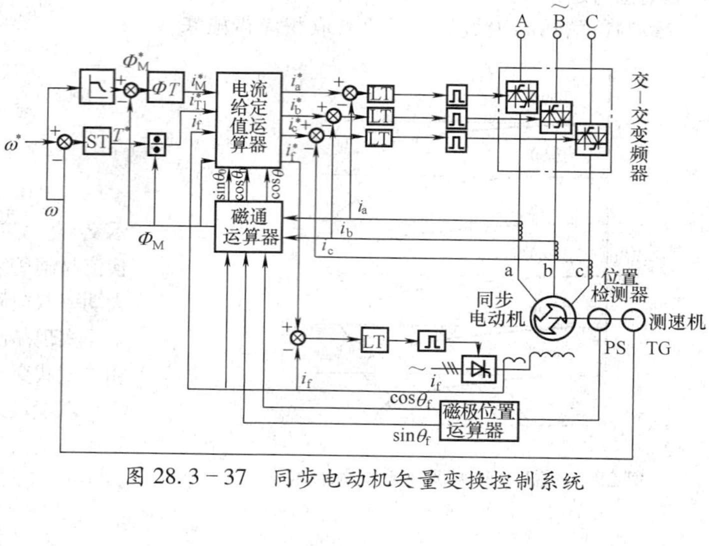

图 28.3－37 同步电动机矢量变换控制系统

系统主控制指令为速度给定信号 ω^*。ω^* 与测速机 TG 实测的转子速度 ω 相比较，其误差信号经速度调节器 ST 作 PI 运算，输出为保持速度给定所需的转矩给定值 T^*。通过除以观测得到的气隙磁通 Φ_M，得到电枢电流等效转矩分量给定值 i^*_{T1}。与此同时，根据实际转速的大小，按基频以下恒磁通（恒转矩）、基频以上弱磁通（恒功率）的调节规律，由函数发生器给出气隙磁通给定值 Φ^*_M。磁通调节器 ΦT 依据（$\Phi^*_M-\Phi_M$）误差信号进行 PI 调节，输出控制气隙磁通有效值 Φ_M 所需的电动机磁化电流给定值 i^*_M。磁极位置运算器根据转子位置检测器 PS 检测到的转子磁极位置、经计算并输出转子磁极 d 轴相对于定子绕组（A 相轴线）的空间位置角 θ_f（以正弦、余弦形式给出），供坐标旋转变换使用。磁通运算器根据输入定子电流 i_a、i_b、转子励磁电流 i_f 及转子磁极位置角 θ_f，计算气隙磁通 Φ_M 的大小、位置角 θ_0 及电动机功率角 $\theta=\theta_f-\theta_0$。电流给定值运算器则根据电动机磁化电流给定值 i^*_M、定子电流转矩分量给定值 i^*_{T1}、转子励磁电流 i_f 及磁通运算器的输出，计算出按直流电动机方式解耦控制后的同步电动机定、转子电流给定值 i^*_a、i^*_b、i^*_c 及 i^*_f，再经电流闭环，控制交-交变频器和励磁用可控整流器，实现同步电动机的矢量变换控制。

大型交-交变频同步电动机变频调速矢量变换控制还可采用阻尼绕组磁链定向控制，除具有与气隙磁链定向控制完全相同的稳态特性外，由于阻尼磁链不受高次谐波扰动，可获得更强的磁链抗扰动性，更适合于高性能的传动控制，如轧钢机主传动。

3.3.3　自控式同步电动机变频调速系统

自控式同步电动机变频调速系统由一台带转子磁极位置检测器的同步电动机和一套功率半导体逆变器组成。如果同步电动机为电励磁型式并配置晶闸管型逆变器，往往称为无换向器电动机；如果同步电动机为永磁型并配置以自关断器件构成的逆变器（功率电子开关），往往称为永磁无刷直流电动机。

1. 无换向器电动机　无换向器电动机有两种不同的系统结构形式：一种是直流无换向器电动机（自控式同步电动机交-直-交变频调速系统），如图 28.3-38 所示，它是将电网交流电经可控整流器变成大小可调直流、再经过晶闸管型逆变器转换成频率可调交流，供给同步电动机实现变频调速。另一种是交流无换向器电动机（自控式同步电动机交-交变频调速系统），如图 28.3-39 所示，它是采用交-交型

晶闸管变频器直接将电网频率交流转换成可变频率交流，供给同步电动机实现变频调速。直流无换向器电动机系统简单，所用晶闸管元件少、耐压要求低，但因工作在极性不变的直流电源上，存在逆变器晶闸管元件的换流问题。交流无换向器电动机的变频器可依靠电网电压实现自然换流，换流可靠，但所用元件数目多，耐压要求高。

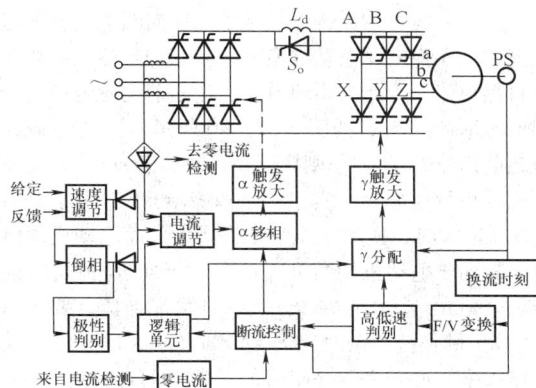

图 28.3-38　直流无换向器电动机

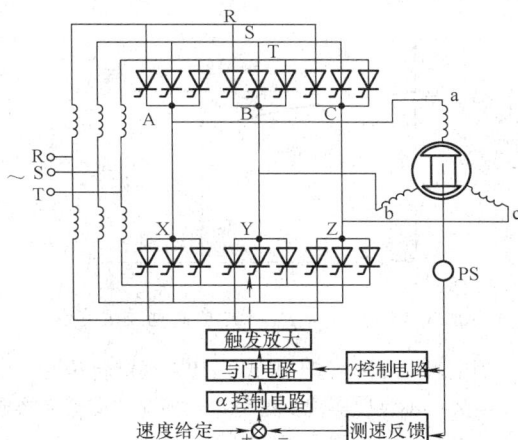

图 28.3-39　交流无换向器电动机

可以看出，所谓无换向器电动机，其实就是一种通过半导体变流器把电网频率电功率转变成可变频率电功率供给同步电动机进行变频调速的系统，只是变流器输出频率不是由外界独立调节、而是受与电动机转子同轴安装位置检测器的控制，是一种"自控式变频器"供电方式，具有变频器输出频率和同步电动机转速始终同步而不会失步的特点。进一步的分析还可发现，从电刷以内看直流电动机本质上是一台交流同步电动机，整流器起机械式逆变器的功能，电刷起检测磁极空间位置的作用，因此无换向器电动机与直流电动机有相同的结构形式，也具有相似的机械特性，可以通过调节电枢电压来

实现调速。

无换向器电动机系统中的位置检测器有多种类型，其中应用较广的有霍尔元件式、光电式、接近开关式及电磁感应式。也可以利用电枢反电势作间接位置检测，实现无位置检测器运行，但还需采取其他方式确定转子初始位置。

无换向器电动机逆变器晶闸管的可靠换流是该类电动机可靠运行的关键，决定了无换向器电动机的过载能力。无换向器电动机逆变器多利用电枢反电势实现自然换流，为此必须使电枢电流超前电枢电压一个"换流超前角"γ，如图 28.3 – 40 所示。γ_0 为空载换流超前角，若 γ_0 太小则换流不可靠，若 γ_0 太大将使电磁转矩脉动加大，实用中常取 $\gamma_0 = 60°$。由于负载电流 I 增大时，换流重叠角 μ 将增大，而电动机端电压将随同步电动机功角 θ 而前移，至使 γ_0 恒定时换流剩余角 $\delta = \gamma_0 - \theta - \mu$ 减少。为保证可靠换流，要求由 δ 折算出的换流剩余时间 $t_\delta = \delta / \omega$（$\omega$ 为逆变器最大工作频率）必须大于晶闸管的关断时间 t_q。当 $t_\delta \approx t_q$ 时，无换向器电动机达到换流极限，也即其最大负载能力（过载倍数）。

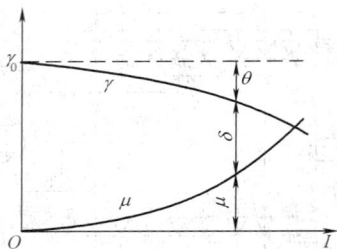

图 28.3 – 40 γ、μ、δ 与负载电流 I 关系

当电动机起动或转速低于 10% 额定转速时，电枢反电势小不足以实现反电势自然换流，交流无换向器电动机可采用电网电压实现自然换流，而直流无换向器电动机则采用断续电流法强迫换流。此时由转子磁极位置检测器检测到换流时刻时，通过移相触发控制将可控整流器推至逆变状态，使逆变器各晶闸管断流而关断；在确保有效断后再给该导通的元件送触发脉冲使之开通。为加快断流和恢复电流，电抗器旁并联有晶闸管 S_0（如图 28.3 – 38 所示），正常工作时阻断，换流时导通，以衰减电抗器中电流实现快速断流。

为增大换流极限、提高过载能力，常用措施有：γ_0 随负载自动调节，即恒换流剩余角 $\delta = C$ 控制；减小交轴电抗、减小电枢反应，以减小功角 θ；减小电枢漏抗或转子磁极加装阻尼绕组，以减小换流重

迭角 μ；随负载增加加强励磁，使 γ、μ 随 I 变化趋缓等。

直流无换向器电动机控制系统如图 28.3 – 38 所示，包括电源侧的调速控制和电动机侧的四象限运行控制两部分。调速控制部分和直流电动机调速系统基本相同，是一个由速度环和电流环构成的双闭环系统，包括有逻辑控制和零电流检测单元。逻辑单元用来控制逆变器的触发脉冲分配，以实现四象限运行；零电流检测单元用来检测低速断流法换流时电流是否为零。电动机侧控制系统包括转子位置检测器 PS 和 γ 脉冲分配器，它根据四象限运行需要将相应触发脉冲分配、输送至逆变器各晶闸管，实现逆变器有效控制。

交流无换向器电动机控制系统框图如图 28.3 – 39 所示，也是一个速度与电流的双闭环控制系统。由于交-交变频器晶闸管元件既起对交流电源的整流作用，又起将整流后电流分配给同步电动机电枢绕组的作用，因此晶闸管触发信号一方面受来自电流调节器的 α 移相控制，另一方面受来自位置检测器的 γ 移相控制；两者相与后综合控制交—交变频器，实现电动机的自同步控制及四象限运行。

由于无换向器电动机工作原理与直流电动机相似，故工程设计中可采用与直流电动机相似的数学模型和控制系统工程优化方法。

无换向器电动机具有直流电动机那样的优良调速特性，又没有换向器，结构简单，无须经常维护，可做成无接触式，易于同时实现高速和大容量化，常用于纺织、水泥、化工、制糖、矿山、交通和军工等比较恶劣的应用场合。目前国外已制成单机容量超过 5MW、轧钢机主传动用无换向器电动机。此外无换向器电动机控制系统还可用来解决大型同步电动机的起动，如美国某电站 425MW 扬水发电机配置了 20MVA 无换向器电动机起动装置；我国宝钢一号高炉大型鼓风机用 48MW 同步电动机也是采用无换向器电动机方式起动。

2. 永磁无刷直流电动机 永磁无刷直流电动机主要由永磁同步电动机、转子磁极位置检测器、功率电子开关（逆变器）三部分构成，是一个典型的机电一体化调速系统。图 28.3 – 41 为一台三相全桥主电路式永磁无刷直流电动机的组成结构。

虽然三相永磁无刷直流电动机应用最广，但从减少转矩脉动、扩大单机容量等目的出发开发出多相电动机，如四相、五相，甚至十相、十二相、十八相。绕组为分布式或集中式，配置以半桥或全桥形式主电路，如图 28.3 – 42 所示。

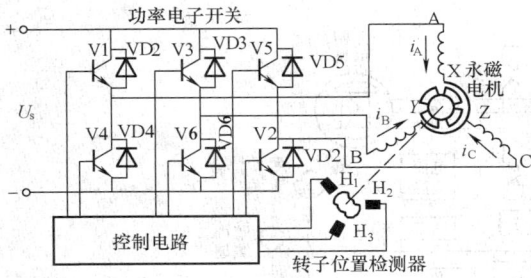

图 28.3－41　永磁无刷直流电动机的组成

在离散的位置检测信号控制下电枢各相电流为矩形波。为产生最大转矩，减小转矩脉动，应准确控制功率电子开关元件的换流，使各相定子电流产生的电枢磁场和转动的转子永磁磁场在空间上始终能保持近似垂直的关系。这样，经历换向过程的电枢磁场将是跳跃式的步进磁场，由此产生的电磁转矩将存在较大的脉动，尤其低速时会造成转速波动。这是永磁无刷直流电动机的固有特点和问题，通常要通过增加磁状态数来解决，因此常采用多相主电路结构和几相同时通电的导通方式运行。

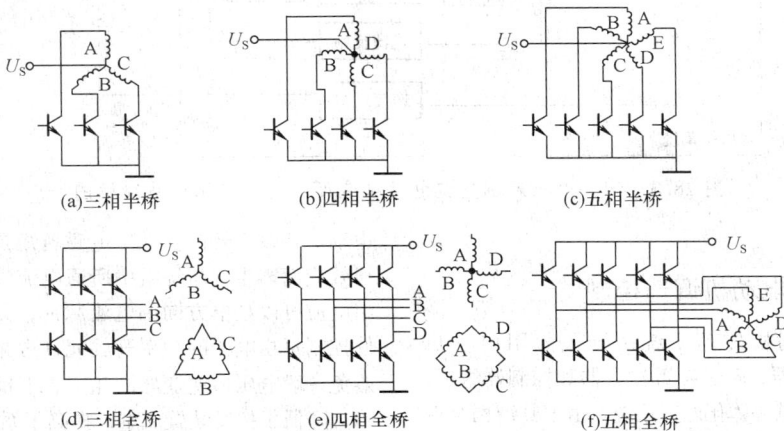

(a)三相半桥　　(b)四相半桥　　(c)五相半桥

(d)三相全桥　　(e)四相全桥　　(f)五相全桥

图 28.3－42　常用多相永磁无刷直流电动机主电路形式

电动机的永磁转子多采用钕铁硼等稀土永磁材料，常采用瓦片型永磁体直接粘贴在转子铁轭上，构成面贴式结构，故其气隙磁场沿转子表面呈矩形分布。功率电子开关（逆变器）用于给定子各相绕组在一定时刻、通以一定时间长短的恒定直流电流（方波电流），以便与转子矩形永磁磁场作用产生持续、恒定的电磁转矩。功率开关器件一般采用 GTR、MOSFET，较大容量电动机采用 IGBT 或 IPM 模块。各相绕组通电顺序、通电时刻和通电时间长短取决于转子磁极与定子绕组的空间相对位置，这是由转子位置检测器感知、产生出多相位置信号，并经逻辑处理、功率放大后形成功率开关元件的触发信号来控制定子绕组的通、断(换向)。永磁无刷直流电动机中常用的位置检测器多为霍尔磁敏元件，故这种电动机常被称为霍尔电动机。图 28.3－43 为四极电动机用霍尔位置传感器电路结构。此外，光电式位置传感器也是常用位置检测元件。由于位置检测器有机械安装、维护和运行可靠性等问题，近期出现了无位置检测器的运行控制方式，它利用电动机定子绕组反电势作为转子磁极的位置信号。目前已有无位置检测器永磁无刷直流电动机专用控制芯片供选用。

由于永磁无刷直流电动机永磁磁场呈方波分布，

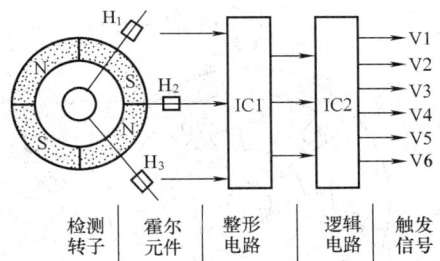

图 28.3－43　四极电动机用霍尔位置检测器电路

永磁无刷直流电动机多采用速度、电流双闭环控制，典型双闭环系统框图如图 28.3－44 所示，其中速度反馈采用脉冲测速以适应微机的数字控制。由于永磁无刷直流电动机相电流为矩形波，所需控制的仅是电流幅值，故可采用 PWM 控制来实现，以产生等幅、等脉宽、定周期的脉宽调制信号，控制功率电子开关的通、断时间，进而控制电枢电流、电磁转矩及电动机转速，获得如同并激直流电动机那样的调压调速特性。

永磁无刷直流电动机结构简单，调速性能优良，运行可靠，维护方便，其功率范围可从数瓦至上千千瓦，广泛用于自动化伺服与驱动、计算机外设、家用电器、汽车电器、车辆及舰船电驱动等民用、工业及

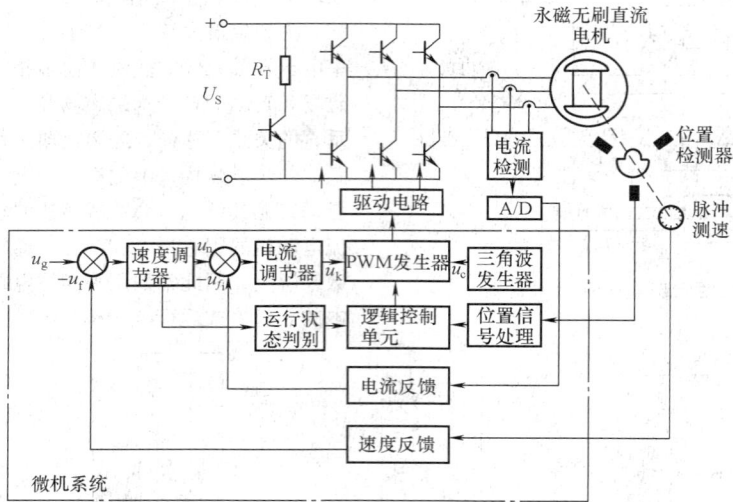

图 28.3－44　永磁无刷直流电动机速度、电流双闭环系统框图

军工领域。

3.4　开关磁阻电动机调速控制

　　开关磁阻电动机传动系统由开关磁阻电动机（SRM）、功率变换器、转子位置检测器和控制器组成，也是一个典型的机电一体化调速系统。由于其结构及控制简单，运行可靠且效率高，在性能和成本等各方面均具一定优势，近年来其开发和应用得到了重视。

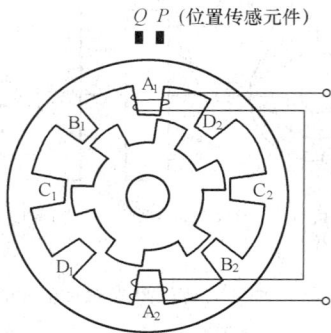

图 28.3－45　开关磁阻电动机的基本结构

　　图 28.3－45 为一台典型开关磁阻电动机结构，其定、转子均为凸极，一般转子齿数比定子齿数少 2 个。定子齿上绕有集中线圈，两空间位置相对的定子线圈串联成一相绕组；转子由铁心迭片而成，其上无绕组。开关磁阻电动机的工作机理基于磁通总是沿磁导最大的路径闭合的原理。当定、转子齿中心线不重合、磁导不为最大时，磁场就会产生磁拉力，形成磁阻转矩，促使转子转到磁导最大的位置。这样，当定子各相绕组中依次通入电流时，电动机转子将一步步地沿通电相序相反的方向转动。如果改变定子各相的通电次序，

电动机将改变转向。由于电磁转矩是靠定、转子的凸极效应而产生，与绕组中所通电流方向无关，因此绕组电流可以是单方向的电流脉冲，无须交变。这样可使控制每相电流的功率开关元件数减少一半，而且可避免一般电压型逆变器同相上、下桥臂元件直通的故障，降低了控制装置成本，提高了系统可靠性。

　　由于定、转子的凸极，开关磁阻电动机相绕组电感 L 及相应的相绕组磁链 $\psi = L i$ 随转子位置 θ 而变化，构成了电磁转矩产生的基础，如图 28.3－46 所示。当电感随定、转子间位置角 θ 增大而增大（$\partial L / \partial\theta > 0$）时，由旋转电动势与电流引起的电磁功率为正，产生驱动转矩；当电感随 θ 角增大而减小（$\partial L / \partial\theta < 0$）时，由旋转电动势与电流引起的电磁功率为负，产生制动转矩。这样，电磁转矩的调节主要是通过控制功率变换器开关元件的开、关时刻，即导通角 α_1 和截止角 α_2 来实现的。

　　开关磁阻电动机是一个复杂的非线性系统，其电流和转矩控制及性能受很多因素制约，颇为繁杂。其中功率开关导通角 α_1 对电流影响很大，是控制开关磁阻电动机电流的主要手段。随着 α_1 的减小，电流直线上升段时间 $t_1 = (\theta_1 - \alpha_1) / \omega_r$，（$\omega_r$ 为电动机转速）增加，电流显著增大，电磁转矩相应增加。功率开关断角 α_2 则影响电源对电动机相绕组的供电时间长短和续流过程，对电磁转矩控制也有直接影响。实用中多采用保持 α_2 固定而改变 α_1 的方式来控制开关磁阻电动机的电流和转矩。

　　开关磁阻电动机机械特性如图 28.3－47 所示。低速时通电时间较长，常采用斩波（PWM）实现相电流的恒流控制（CCC 方式），通过改变设定电流的

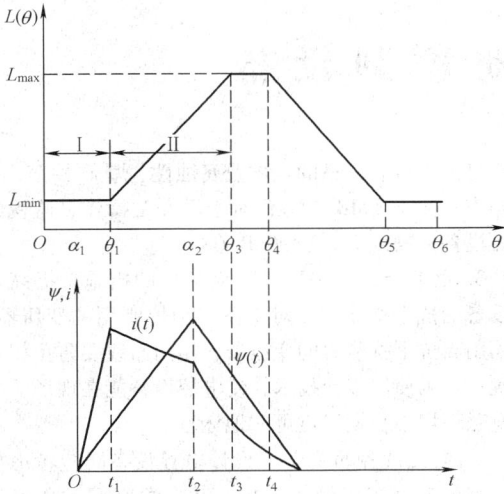

图 28.3-46　开关磁阻电动机相电感、相磁链及
相电流波形

大小来控制输出转矩，实现恒转矩运行。当电动机进入较高速度后，功率开关导通时间缩短，电动机电流达不到限流值，此时主要控制导通角 α_1（APC 方式）实现恒功率控制。当电动机转速进一步升高后，导通角 α_1、关断角 α_2 达极限值，电动机进入恒 α_1、α_2 的运行方式（θ_c 固定），电动机转矩与转速二次方成反比，呈现串励电动机的机械特性。

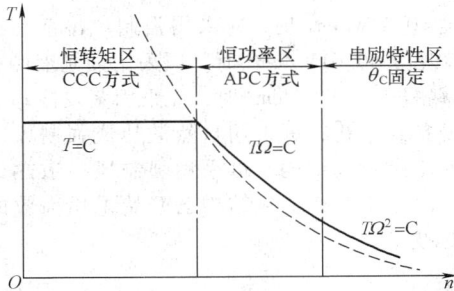

图 28.3-47　开关磁阻电动机机械特性

开关磁阻电动机由于运行模式比较复杂，一般多采用微机数字控制，控制系统中较为特殊的部分是其转子位置检测系统和功率变换器。为准确控制定子绕组通电时刻（开、关角），在电动机轴端安装有位置检测器，作为通电时刻控制的定位基准信号，如图 28.3-45 所示。其中位置传感元件 P 安放在定子 A 相绕组轴线上，另一元件 Q 放在沿电动机正转的通电相序方向距元件 P 为 $\theta_r/4$ 处（θ_r 为转子齿距角）。转轴上则安装一个与转子齿数相同、齿槽宽各占 $\theta_r/2$ 的齿盘，其齿槽轴线与转子齿槽轴线重合。当电动机旋转时，P、Q 两传感元件输出原始位置信

号，经逻辑组合，可获得功率开关相位控制基准，再加上根据运行条件确定的移相角，即可定出各相开关元件的换流时刻，实现正、反转、电、制动运行。

开关磁阻电动机传动系统中功率变换器的作用是：①起开关作用，使相绕组及时通、断，保证电动机产生预期的转矩。②为电动机系统提供能源。③为绕组储能提供回馈路径。图 28.3-48 和图 28.3-49 所示为满足这些要求的两种四相开关磁阻电动机用功率变换器电路结构图。图 28.3-48 能将绕组中释放出来的能量贮存在公共电容中，再通过升压斩波器回馈至电源，提高能量利用率。图 28.3-49 中电动机每相绕组均与两功率开关元件串联，当 V1、V2 同时导通时，电源 U_s 向绕组供电；当其中一个开关元件（如 V1）阻断时，绕组可经另一开关元件（V2）和二极管（VD2）闭合，维持续流。当 V2 再阻断时，绕组电流经两个二极管 VD1、VD2 反接至电源上，将绕组贮能回馈至电源。分步关断有利于电动机噪声控制。

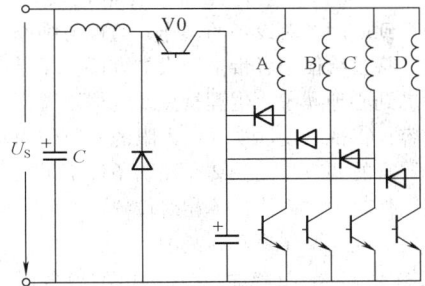

图 28.3-48　带公共贮能电容的功率变换器

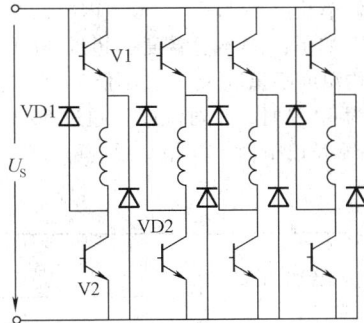

图 28.3-49　两开关串联的功率变换器

开关磁阻电动机传动系统是近 20 多年来开发成功的一种新型电气传动装置，由于起动转矩大、运行效率高、运行方式多样且结构简单，被应用于矿山机械、航空起动/发电机、车辆电驱动、家用电器及高速风力发电系统等场合。但由于运行机理上的原因，振动与噪声是开关磁阻电动机一个比较突出的问题，直接影响到它的推广应用。因此，如何解决振动与噪声的问题一直是该类电动机重要的研究内容。

第 4 章 电气传动控制设备

4.1 电气传动控制设备的设计

电气传动控制设备是指电气传动过程中控制用电设备的开关电器与控制、测量、保护和调节装置组合，以及上述电器和装置与互相联接部分、辅件、外壳和支持件的成套设备的通称。

电气传动控制设备设计的内容包括装配图、接线图及与产品有关的结构选型、风机选型、电子元器件散热器的选型、导线的选型设计等。按标准结构选型不能满足要求时，应考虑进行结构设计。

4.1.1 电气传动控制设备产品设计要考虑的因素

1. 人机关系 它是元器件在电控设备中的布置，关系到使用者对设备的操作、监视与维修。若布置得体，将会给使用者带来极大的方便。元器件的布置应考虑到心理现象、生理特点及规律。通常要考虑如下内容：①视敏度、视界、人眼的调节作用及颜色对视觉器官的调节作用。②在照明条件不足或超出视界范围以外时，能弄清物体相对位置。③肢体的活动范围、灵敏度及操作最有利范围。

2. 环境因素 对室内安装的电控设备而言，自然环境将影响到设备的可靠运行，设备噪声将影响到操作者的效率及身心健康。一般室内电控设备对环境因素的要求如下：①环境温度不超过 40 ℃；24h 周期内的平均温度不超过 35 ℃，不低于−5 ℃。②最高环境温度为 40 ℃时，相对湿度不超过 50%。当环境温度为 20 ℃及以下时，其相对湿度可允许为 90%。

③空气中不得有过量的尘埃及腐蚀性、爆炸性气体。④噪声不大于 80dB（A），对于不经常操作、监视的电控设备，噪声不大于 90dB（A）。

3. 电磁干扰 采取经济而有效的措施来提高电控设备的抗干扰能力，对于调节和控制用的变压器，应采用高抗干扰能力的变压器；柜内布线要防止相互干扰；正确使用接地技术，使电控设备能在现场严酷的电磁环境中长期稳定可靠地运行。

4. 电控设备的安全 设计电控设备时应考虑如下内容：①直接接触的防护。②设置必要的危险标志。③电控设备内部应设置保护接地螺钉或保护接地母线。④装置的所有金属连接件应保证可靠的电连续性，各金属连接件与保护导体间的电阻值不得超过 0.1Ω。⑤电气间隙和爬电距离见表 28.4 − 1。

5. 电控设备的散热 电控设备内部布设了大量的发热元件，设备工作时内部温度将升高。保证电控设备内元器件经过长期工作后，其内部温度不超过元器件中温度要求最低者的温度，这是保证电控设备可靠使用的主要问题之一。当设备内部热功率密度 ≤0.122W/cm³ 时，可采用自然散热；当热功率密度 <0.43W/cm³ 时，应采用强制风冷散热；当热功率密度 <0.61W/cm³ 时，应采用强制液冷；当热功率密度 <1.22W/cm³ 时，应采用蒸发冷却。故对于防护式结构，可采用自然散热或强制风冷散热；对于密封式结构，可采用强制风冷散热或蒸发冷却。近年来，密封结构已开始采用高效的热管散热技术。

表 28.4 − 1　　　　　　　　　　　电气间隙和爬电距离　　　　　　　　　　　（mm）

额定绝缘电压 U_i /V	额定电流 ≤63A		额定电流 >63A	
	电气间隙	爬电距离	电气间隙	爬电距离
$U_i \leq 60$	2	3	3	4
$60 < U_i \leq 300$	4	6	6	10
$300 < U_i \leq 660$	6	12	8	14
$660 < U_i \leq 800$	10	14	10	20
$800 < U_i \leq 1500$	14	20	14	28

4.1.2　电气传动控制设备的布置原则

进行电控设备设计时，首先要注意的是人身和设备的安全。对于喷弧设备，应注意其喷弧距离或增设阻隔电弧的设施。进行电器元器件布置时，应考虑到监视、操作、连线及维修的方便，并力求整齐美观，布线时则应防止线间的串扰。

1. 操作件的操作方向

布置操作件时，操作件的操作方向应尽可能和设备的运动方向及其效应相适应。表 28.4-2 列出了操作件的操作方向与其对应的最终效应关系。

2. 电气传动控制设备的导线颜色与导线选择

（1）导线颜色。电控设备中应根据裸导线、母线和绝缘导线的颜色来标志和识别导线，或根据电路去选择导线颜色。电控设备的导线颜色见表 28.4-3。

（2）导线选择。绝缘导线的额定电压应与电路的额定电压或对地电压相适应。必要时，用于较高工作电压的导线应采取绝缘措施。铜芯塑料绝缘导线的允许载流量见表 28.4-4，铜母线的允许载流量见表 28.4-5。

表 28.4-2　操作件的操作方向与其对应的效应

操作件类型	操作方向	对应的效应
旋转运动：手轮、手柄、旋钮	顺时针旋转	物理量[①]增加、起动、开通
	逆时针旋转	物理量减少、停止、断开
直线运动：把手、操作件	向上↑、向右→、向前（离开操作者）⊕	投入运行、起动、加速、闭合电路，执行部件向上运动、向右运动、向前运动
	向下↓、向左←、向后（向着操作者）⊙	退出运行、停止、减速、分断电路，执行部件向下运动、向左运动、向后运动

① 物理量包括电流、电压、功率、速度、亮度和温度等量。

表 28.4-3　电控设备的导线颜色

导线颜色	所标志的电路
黑	装置和设备的内部布线[①]
棕	直流电路的正极
红	交流三相电路的第三相，晶体管的集电极，半导体二极管、整流二极管或晶闸管的阴极
黄	交流三相电路的第一相，晶体管的基极，晶闸管和双向晶闸管的门极
绿	交流三相电路的第二相
蓝	直流电路的负极，晶体管的发射极，半导体二极膏、整流二极管或晶闸管的阳极
淡蓝	交流三相电路的中性线，直流电路的中间线
白	双向晶闸管的主电极，装置及设备内部无指定用色的半导体电路的布线
黄-绿双色	保护接地线
红、黑色并行	用双芯导线或双根绞线连接的交流电路

① 整个装置及设备内部布线有混淆时，允许选指定用色外的其他颜色（如橙、紫、灰、绿蓝和玫瑰红等）。

表 28.4-4　铜芯塑料绝缘导线的允许载流量　　　　（A）

环境温度 /℃	导线截面积/mm²											
	1	1.5	2.5	4	6	10	16	25	35	50	70	95
25	18	22	30	40	50	75	100	130	160	200	255	310
30	17	20	28	37	47	70	93	121	149	186	237	288
35	15	19	25	33	43	64	85	110	136	170	216	263
40	14	17	23	30	38	57	76	99	122	152	194	236

注：表中系单根导线载流量，如电线成捆或在行线槽中布线，建议按表中 1/2 载流量选择导线。

表 28.4-5 铜母线的允许载流量（环境温度为 45℃）

厚×宽/mm	3×20	4×30	4×40	5×50	6×60	6×80	8×80	(8×80)×2
电流/A	204	352	463	636	833	1 095	1 251	1 939

注：当平装时，60mm 宽以下母线，应减少电流5%；60mm 宽以上母线，应减少电流8%。

3. 电气传动控制设备指示灯和按钮颜色

指示灯、按钮颜色及其含义见表 28.4-6，对于按钮，"停止"、"断电"或"事故"用红色；"起动"或"通电"优先选用绿色，允许用黑、白或灰色，交替按压后改变功能的，用黑、白或灰色；点动或微动时，优选黑色，可用白、灰或绿色；复位按钮，用蓝、黑、白或灰色；同时用作停止或断开的复位按钮用红色。

表 28.4-6 指示灯、按钮颜色及其含义

颜色	指 示 灯			按 钮	
	含 义	说 明	举 例	含 义	举 例
红	危险或告急	有危险或须立即采取行动	润滑系统失压，温度已超安全极限，因保护器件动作而停机，有触及带电或运动部件的危险	处理事故	紧急停机，扑灭燃烧
				"停止"或"断电"	正常停机，停止电动机运行，装置局部停机，切断开关，带有"停止"、"断电"功能复位
黄	注意	情况有变化或即将发生变化	温度（或压力）异常，当仅能承受允许的短时过载	参与	防止意外情况，参与抑制反常状态，避免不需要的变化（事故）
绿	安全	正常或允许进行	冷却通风正常，自动控制系统运行正常，机器准备起动	"起动"或"通电"	正常起动，起动电动机，接通一个电控装置（投入运行）
蓝	按需要指定用意	除红、黄绿三色外的任何指定用意	"遥控"指示，选择开关在设定位置	上列颜色未包含任何用意	—
白	无特定用意	不能确切用红、黄、绿时	—	无特定用意	除单功能的"停止"或"断电"按钮外的任何功能
黑、灰	—	—	—		

4.2 电气传动系统的数字及逻辑控制和系统总线

电气传动系统的数字及逻辑控制即采用计算机或 PLC 进行控制。数字及逻辑控制通常可以归结为以下几点：

（1）数据采集及处理。即对被控对象的被控参数进行实时检测，并输给计算机进行处理。

（2）实时控制。即按设计的控制规律计算出控制量，实时向执行器发出控制信号。

传动系统数字及逻辑控制设计的主要内容见下文说明。

4.2.1 选择总体方案

1. 确定系统的结构和类型 根据系统要求，确定采用开环还是闭环控制。闭环控制还需进一步确定是单闭环还是多闭环控制。实际可供选择的控制系统类型有操作指导控制系统、直接数字控制（DDC）系统、监督计算机控制（HXi）系统、分级控制系统、分散型控制系统（DCS）、工业测控网络系统等。

2. 确定系统的构成方式 系统的构成应优先选择采用工业控制机来构成系统的方式。工业控制机具有系列化、模块化、标准化和开放结构，有利于系统设计者在系统设计时根据要求任意选择，像搭积木般地组建系统。这种方式可提高研制和开发速度，提高系统的技术水平和性能，增加可靠性；也可以采用通用的可编程序控制器（PLC）或智能调节器来构成计算机控制系统（如分散型控制系统、分级控制系统、工业网络）的前端机（或下位机）。

3. 现场设备选择 主要包含传感器、变送器和执行机构的选择。这些装置的选择要正确，它是影响系统控制精度的重要因素之一。

4. 其他方面的考虑 总体方案中还应考虑人-机联系方式、系统机柜或机箱的结构设计、抗干扰措

施等方面的问题，以及微机在整个控制系统中的作用是计算、直接控制还是数据处理。经过研究画出整体方案的系统组成框图，为进一步设计提供依据。

4.2.2　建立数学模型，确定控制算法

对任何一个具体的控制系统设计，首先应建立该系统的数学模型。数学模型是系统动态特性的数学表达式，它反映了系统输入、内部状态和输出之间的关系，它为计算机进行计算处理提供了数据，由此产生不同的控制算法。控制算法正确与否直接影响控制系统的品质，因此正确地确定控制算法是系统设计中的重要工作之一。

随着控制理论和计算机控制技术的不断发展，控制算法越来越多。常用的有：机床控制中使用的逐点比较法和数字积分法；直接数字控制系统中的 PID 调节的算法；位置数字随动系统中的最少拍控制算法；最优控制、随机控制和自适应控制的控制算法。在系统设计时，根据设计的控制对象和不同的控制性能指标要求以及所选用的微机的处理能力来选定某种控制算法。在选择控制算法时，应注意以下几点：

1. 控制算法对系统的性能指标有直接影响　所选定的算法应满足控制速度、控制精度和系统稳定性的要求。例如：要求快速跟随的系统可选用最少拍控制的直接设计算法，具有纯滞后的系统最好选用达林算法或施密斯补偿算法；对于随机控制系统应选用随机控制算法。

2. 具体到一个控制对象上，必须有分析地选用控制算法，有时还要进行某些修改　例如；对某一控制对象选用 PID 算法时，为了使系统得到更好的快速性，可加 Bang-Bang 控制来对其作适当改进。

4.2.3　硬件的设计与实现

采用总线式工业控制机进行系统的硬件设计，可以解决工业控制中的众多问题。由于总线式工业控制机的高度模块化和插板结构，可以采用组合方式来大大简化计算机控制系统的设计。采用总线式工业控制机，只需要简单地更换几块模板，就可以很方便地变成另外一种功能的控制系统。在计算机控制系统中，一些控制功能既能用硬件实现，亦能用软件实现，故系统设计时，硬件、软件功能的划分要综合考虑。

1. 选择系统的总线和主机机型　系统采用总线结构，具有诸多优点。采用总线，可以简化硬件设计，用户可根据需要直接选用符合总线标准的功能模板，而不必考虑模板插件之间的匹配问题，使系统硬件设计大大简化，系统可扩展好。仅需将按总线标准研制的新的功能模板插在总线槽中即可；系统更新性

好，一旦出现新的微处理器、存储器芯片和接口电路。只要将这些新的芯片按总线标准制成各类插件，即可取代原来的模板而升级更新系统。

内总线选择：常用的工业控制机内总线有两种，即 PC 总线和 STD 总线。根据需要选择其中一种，一般常用 PC 总线进行系统的设计，即选用 PC 总线工业控制机。

外总线选择：根据计算机控制系统的基本类型，如果采用分级控制系统 DCS 等，必然有通信的问题。外总线就是计算机与计算机之间、计算机与智能仪器或智能外设之间进行通信的总线，它包括并行通信总线（IEEE - 488）和串行通信总线（RS - 232C）。另外还有可用来进行远距离通信、多站点互联的通信总线 RS - 422 和 RS - 485。具体选择哪一种，要根据通信的速率、距离、系统拓扑结构、通信协议等要求来综合分析才能确定。但需要说明的是 RS - 422 和 RS - 485 总线在工业控制机的主机中没有现成的接口装置，必须另外选择相应的通信接口板。

2. 选择输入输出通道模板　一个典型的计算机控制系统，除了工业控制机的主机以外，还必须有各种输入输出通道模板，其中包括数字量 I／O 口、模拟量 I／O 等模板。

PC 总线的并行 I／O 接口模板多种多样，通常可分为 TTL 电平的和带光电隔离的。通常和工业控制机共地装置的接口可以采用 TTL 电平，而其他装置与工业控制机之间则采用光电隔离。对于大容量的数字量输入输出系统往往选用大容量的 TTL 电平接口模板，而将光电隔离及驱动功能安排在工业控制机总线之外的非总线模板上，如继电器板（包括固体继电器板）等。

模拟量输入输出模板包括 A／D、D／A 板及信号调整电路等。模拟量输入模板输入可能是 0～±5V、1～5V、0～10mA、4～20mA 以及热电偶、热电阻和各种变送器的信号。模拟量输出模板输出可能是 0～5V、1～5V、0～10mA、4～20mA 等信号。选择模拟量输入输出模板时必须注意分辨率、转换速率、量程范围等技术指标。

系统中的输入输出模板，可按需要进行组合，不管哪种类型的系统，其模板的选择与组合均由生产过程的输入参数和输出控制通道的种类和数量来确定。

3. 选择变送器和执行机构　变送器是能将被测变量（如温度、压力、物位、流量、电压、电流等）转换为可远传的统一标准信号 4～20mA，且输出信号与被测量变量有一定的对应关系。在控制系统中其输出信号被送至工业控制机进行处理，实现数据采集。

常用的变送器有温度变送器、压力变送器、液位

变送器、差压变送器、流量变送器、各种电量变送器等。系统设计人员可根据被测参数的种类、量程、被测对象的介质类型和环境来选择变送器的具体型号。

执行机构是控制系统中必不可少的组成部分，它的作用是接受计算机发出的控制信号，并把它转换成调整机构的动作，使生产过程按预先规定的要求正常运行。

执行机构分为气动、电动、液压几种类型。气动执行机构的特点是结构简单、价格低、防火防爆；电动执行机构的特点是体积小、种类多、使用方便；液压执行机构的特点是推力大、精度高。常用的执行机构为气动和电动的。

在计算机控制系统当中，将 4～20mA 电信号经电气转换器转换成标准的 0.02～0.1MPa 气压信号之后，即可与气动执行机构（气动调节阀）配套使用。电动执行机构（电动调节阀）直接接受来自工业控制机的 4～20mA 输出信号实现控制作用。

另外，执行机构还有各种有触点和无触点开关，实现开关动作。电磁阀作为一种开关阀在工业中也得到了广泛的应用。

在系统中，选择气动调节阀、电动调节阀、电磁阀、有触点和无触点开关之中的哪一种，要根据系统的要求来确定。但要实现连续的精确的控制目的，必须选用气动或电动调节阀，而对要求不高的控制系统可选用电磁阀。

4.2.4 软件的设计与实现

用工业控制机来组建计算机控制系统不仅能减小系统硬件设计工作量，而且还能减小系统软件设计工作量。一般工业控制机都配有实时操作系统或实时监控程序，各种控制、运算软件、组态软件等，可使系统设计者在最短的周期内开发出目标系统软件。

一般工业控制软件把工业控制所需的各种功能以模块形式提供给用户。其中包括控制算法模块（多为 PID）、运算模块（四则运算、开方、最大值/最小值选择、一阶惯性、超前滞后、工程量变换、上下限报警等数十种）、计数/计时模块、逻辑运算模块、输入模块、输出模块、打印模块、CRT 显示模块等。系统设计者根据控制要求，选择所需的模块就能生成系统控制软件，因而软件设计工作量大为减小。为了便于系统组态（即选择模块组成系统），工业控制软件提供了组态语言。

若从选择单片机入手来研制控制系统，系统的全部硬件、软件均需自行开发研制。自行开发控制软件时，应先画出程序总体流程图和各功能模块流程图，再选择程序设计语言，然后编制程序。程序编制应先

模块后整体。

现代工业通常是采用工业控制计算机或可编程序控制器（PLC）通过通信网络进行分散控制，以达到各生产机械统一运行的目的。现场总线是用于过程控制现场仪表与控制室之间的一个标准的、开放的、双向的多站数字通信系统。近十几年由于现场总线的国际标准不能建立，现场总线发展的种类较多，约有 40 余种：如德国西门子公司 Siemens 的 ProfiBus，法国的 FIP，英国的 ERA，挪威的 FINT，Echelon 公司的 LONWorks，PhenixContact 公司的 InterBus，RoberBosch 公司的 CAN，Rosemounr 公司的 HART，CarloGarazzi 公司的 Dupline，丹麦 ProcessData 公司的 P–net，PeterHans 公司的 F–Mux，以及 ASI（ActraturSensorInterface），MODBus，SDS，Arcnet，国际标准组织-基金会现场总线 FF：FieldBusFoundation，WorldFIP，BitBus，美国的 DeviceNet 与 ControlNet 等。

现场总线的种类主要有：基金会现场总线 FF；ProfiBus；WorldFIP；ControlNet / DeviceNet；CAN 等。

1. 基金会现场总线 FF　现场总线基金会包含 100 多个成员单位，负责制订一个综合 IEC / ISA 标准的国际现场总线。它的前身是可互操作系统协议 ISP（Interperable System Protocol）。

——基于德国的 ProfiBis 标准和工厂仪表世界协议 WORLD（World Factory Instrumentation Protocol）。

——基于法国的 FIP 标准。ISP 和 WORLDFIP 于 1994 年 6 月合并成立了现场总线基金会。

基金会现场总线采用国际标准化组织 ISO 的开放化系统互联 OSI 的简化模型（1、2、7 层）。另外增加了用户层。

2. ProfiBus　ProfiBus 自 1984 年开始研制现场总线产品，现已成为欧洲首屈一指的开放式现场总线系统，欧洲市场占有率大于 40%，广泛应用于加工自动化、楼宇自动化、过程自动化、发电与输配电等领域。1996 年 6 月 ProfiBus 被采纳为欧洲标准 EN50170 第二卷。PNO 为其用户组织，核心公司有 Siemens 公司、E+H 公司、Samson 公司、Softing 公司等。

ProfiBus 技术特性：ProfiBus 以 ISO7498 为基础，以开放式系统互联网络（Open System Interconnection, OSI）作为参考模型，定义了物理传输特性，总线存取协议和应用功能。ProfiBus 家族包括 ProfiBus–DP，ProfiBus–PA，ProfiBus–FMS。ProfiBus–DP（Decentralized Periphery）是一种高速和便宜的通信连接，用于自动控制系统和设备级分散的 I / O 之间进行通信。ProfiBus–FMS（FieldBus Message Specification）用来解决车间级通用性通信任务。与 LLI（Lower Layer Interface）构成应用层，FMS 包括了应用协议并向用户

提供了可广泛选用的强有力的通信服务，LLI 协调了不同的通信关系并向 FMS 提供了不依赖设备访问数据链层。ProfiBus－PA（Process Automation）专为过程自动化而设计的，它可使传感器和执行器接在一根共用的总线上。根据 IEC61158－2 国际标准，ProfiBus－PA 可用双绞线供电技术进行数据通信，数据传输采用扩展的 ProfiBus－DP 协议和描述现场设备的 PA 行规。当使用电缆耦合器时，ProfiBus－PA 装置能很方便的连接到 ProfiBus－DP 网络。

3. WorldFIP　WorldFIP 协会成立于 1987 年 3 月，以法国 CEGELEC、SCHNEIDER 等公司为基础开发了 FIP（工厂仪表协议）现场总线系列产品。协会有 100 多个成员，产品在法国市场占有率大于 60%，欧洲约占 25%。产品适用于发电与输配电、加工自动化、铁路运输、地铁和过程自动化等领域。

1996 年 6 月 WorldFIP 被采纳为欧洲标准 EN50170。WorldFIP 是一个开放系统，不同系统、不同厂家生产的装置都可以使用 WorldFIP，应用结构可以是集中型、分散型和主站-从站型。

WorldFIP 现场总线构成的系统可分为三级：过程级、控制级和监控级。这样用单一的 WorldFIP 总线就可以满足过程控制、工厂制造加工系统和各种驱动系统的需要了。

WorldFIP 协议有物理层、数据链路层和应用层组成。应用层定义为两种：MPS 定义和 SubMMS 定义。MPS 是工厂周期/非周期服务，SubMMS 是工厂报文的子集。物理层的作用能够确保连接到总线上的装置间进行位信息的传递。介质是屏蔽双绞线或光纤。传输速度有 31.25kbit／s、1Mbit／s 和 2.5Mbit／s，标准速度是 1Mbit／s，使用光纤时最高可达 5Mbit／s。WorldFIP 的帧由三部分组成，即帧起始定界符（FSS）、数据和检验字段，以及帧结束定界符。

应用层服务有三个不同的组：BAAS（Bus Arbitrator Application Services）、MPS（Manufacturing Periodical／a Periodical Services）、SubMMS（Subset of Messaging Services）。MPS 服务提供给用户：本地读/写服务、远方读/写服务、参数传输/接收指示、使用信息的刷新等。处理单元通过 WorldFIP 的通信装置（通信数据库和通信芯片组成）挂到现场总线上。通信芯片包括通信控制器和线驱动，通信控制器有 FIPIU2、FIPCO1、FULLFIP2、MICROFIP 等，线驱动器用于连接电缆（FIELDRIVE、CREOL）或光纤（FIPOPTIC／FIPOPTIC－TS）。通信数据库用于在通信控制器和用户应用之间建立链接。

4. ControlNet／DeviceNet　ControlNet 的基础技术是在 Rockwell Automation 企业于 1995 年 10 月公布。

1997 年 7 月成立了 ControlNetInternational 组织，Rockwell 转让此项技术给该组织。组织成员有 50 多个如 ABB Roboties，Honeywell Inc.，Yokogawa Corp.，Toshiba International，Procter&Gamble，Omron ElectronicsInc. 等。

传统的工厂级的控制体系结构由五层组成，即工厂层、车间层、单元层、工作站层、设备层。而 Rockwell 自动化系统简化为三层结构模式：信息层（Ethernet，以太网）、控制层（ControlNet，控制网）、设备层（DeviceNet，设备网）。ControlNet 层常传输大量的 I／O 和对等通信信息，具有确定性和可重复性的，紧密联系控制器和 I／O 设备的要求。它具备如下特点：

（1）ControlNet 在单根电缆上支持两种类型的信息传输：有实时性的控制信息和 I／O 数据传输，无时间苛求的信息发送和程序上／下载。

（2）ControlNet 技术采取了一种新的通信模式，以生产者/客户模式取代了传统的源/目的模式它不仅支持传统的点对点通信，而且允许同时向多个设备传递信息。生产者/客户模式使用时间片算法保证各节点实现同步，从而提高了带宽利用率。

（3）ControlNet 使用同轴电缆可达 6km，节点数 99 个，两个节点间距离最长达 1000m，48 个节点距离可长达 250m，采用光纤和中继器后通信距离可达几十公里。

ControlNet 应用于过程控制，自动化制造等领域。

5. CAN　CAN（Controller Area Network）称为控制局域网，属于总线式通信网络。CAN 总线规范了任意两个 CAN 节点之间的兼容性，包括电气特性及数据解释协议。CAN 协议分为两层：物理层和数据链路层。物理层决定了实际位传送过程中的电气特性，在同一网络中，所有节点的物理层必须保持一致，但可以采用不同方式的物理层。CAN 的数据链路层功能包括帧组织形式，总线仲裁和检错、错误报告及处理，确认哪个信息要发送，确认接收到的信息及为应用层提供了接口。CAN 网络具有如下特点：CANBUS 网络上任意一个节点均可在任意时刻主动向网络上的其他节点发送信息，而不分主从。通信灵活，可方便地构成多机备份系统及分布式监测、控制系统。网络上的节点可分成不同的优先级以满足不同的实时要求。采用非破坏性总线裁决技术，当两个节点同时向网络上传送信息时，优先级低的节点主动停止数据发送，而优先级高的节点可不受影响地继续传输数据，具有点对点、一点对多点及全局广播传送接收数据的功能。通信距离最远可达 10KM／5KBPS，通信速率最高可达 1MBPS／40M。网络节点数实际可达 110 个。每一帧的有效字节数为 8 个，这样传输时间短，受干扰的概率低。每帧信息都有 CRC 校验及其他检错措施，数据出错率极低，可靠性极高。通信介质采用廉价的双绞线即可，无特殊要求。在传输信息出错严重时，节点可自动切断它与总线的联系，以使总线上的其他操作不受影响。

4.3 电控设备可靠性与抗干扰

4.3.1 可靠性设计

可靠性是通过设计、制造直至使用的各个阶段的共同努力才得以保证的。"设计"奠定产品可靠性的基础，"制造"实现产品的可靠性设计目标，"使用"则是验证和维持产品可靠性目标。为了达到设备所要求的可靠性指标，除了传统的设计技术外，还要采用各种分析、预测和保证产品可靠性的方法和原则，以较少的费用，设计出所要求的可靠性。保证产品可靠性设计的原则包括以下几点：

（1）简单化和标准化：选用可靠的零部件、减少零部件数目和简化结构。

（2）失效经验的反馈应用。

（3）FMECA（故障模式影响和危害度分析）、

FTA（故障树分析）和设计评审，通过建立模型帮助设计者及早有效地找出设计中的故障和隐患。

（4）安全裕度设计，使工作应力低于额定值，降低元件故障率，保证整机目标实现。

（5）冗余设计，为完成规定功能，增加多余的零部件或设备数，即使其中一部分发生故障，也不会引起整机或系统的故障的冗余设计。

（6）维修性设计，即设计时就要考虑维修的可能性和应采取的维修策略和措施。

（7）可靠性试验。

4.3.2 抗干扰设计

电控设备的抗干扰设计包括将设备本身产生的电磁干扰减小到最低程度，同时提高设备对外来干扰的抑制能力。抗干扰设计的基本原则应该是抑制干扰源（产生干扰的元件、设备或信号，像雷电、继电器、晶闸管、电动机、高频时钟）、切断干扰传播路径（导线的传导和空间的辐射），在选用器件时考虑提高敏感器件的抗干扰性能。一些最基本的抗干扰技术见表 28.4 - 7 所示。

表 28.4 - 7 一些基本的抗干扰措施

措 施	适 用 范 围	方 式
电路／器件	旋转机械	采用 RC、LC 滤波器等
	继电器等感性负载	采用 RC、二极管器件等
	电子电路	采用旁路电容器、压敏电阻、积分电路、光隔离器等
滤 波	电源电路	用常模、共模滤波器、铁氧体磁珠、电源变压器、非线性电阻器等
	信号电路	用共模滤波器、传输滤波器等
屏 蔽	壳、套、罩	用机壳、盒、箱、屏蔽网、板、室等
	封装插件	用衬、垫圈、密封材料等
布 线	配线	用分类走线、屏蔽线、绞合线、同轴电缆等
	连接器	用带屏蔽的接插件、滤波连接器等
接 地	结构（件）	通过建筑物、机房、柜、箱、屏、底盘等接地
	电路、导线	各种电缆的外皮接地

4.4 电控设备的使用及维护

4.4.1 电控设备的使用要点

（1）对各电控设备有完整的技术图样资料，供掌握基本原理；有完整的调试数据，供维护参考；有尽可能完备的仪器仪表及检修工具，并掌握其使用方法；有运行操作规范和检修规范，严格执行规范。

（2）运行时，应先接通控制电源，再接通电动机励磁电源，起动风机、油泵、水泵及其他辅助设

备，接通主回路进线开关，在系统完全正常的情况下，最后接通电动机回路主开关；停止运行时，应先断开电动机回路主开关，再断开主回路进线开关，停止风机、油泵、水泵等辅助设备，最后断开控制电源。

（3）系统运行时，如果测量控制单元各点工作电压，需使用高阻抗电压表。使用万用表时，须特别注意不要误用电阻档、电流档和其他档测量电压，以免造成被测点短路，进而引起系统故障。用示波器测量波形应应用高输入阻抗探头，必要时将被测点经运

算放大器隔离后再用示波器测量；严禁用同一台示波器同时测量强电和弱电信号，以免引起短路。测试高压回路时要注意人身和设备安全，测试人员要带高压绝缘手套，站在绝缘橡胶板上进行测试，必要时应对示波器采取安全接地措施，或将示波器用绝缘板垫起，以提高其对地耐压水平。

（4）任何情况下应避免带电插拔控制单元和其他可插拔电子元器件。

（5）应配备适量的备用控制单元、电子元器件和各种电器元件，重要设备应有离线备用电控系统。

（6）当系统发生故障时，应根据不同情况分别进行处理，并及时修复更换下来的单元。对于现代化的电控系统，应尽量配备故障自诊断系统，以便及时发现和处理故障。

4.4.2　定期维护注意事项

（1）各种元器件安装及接线紧固螺钉应在设备投入运行 3~6 个月后普遍紧固一次，以后每年检查一次。

（2）对连线焊接处，应经常检查有无虚焊、脱焊或被腐蚀的地方，发现问题及时处理。

（3）每隔一定时间应对各种具有触头电器的触头清理一次，对磨损严重的应予以更换。低压断路器、

接触器等带负载跳闸后，应及时检查主触头有无损伤。

（4）在清理控制单元的灰尘时，应采用吸尘的方法，禁止用布或毛刷直接清理。避免用手接触单元接插件的导体部分，以免因汗液、油污等造成接插件接触不良。

（5）定期清扫空气过滤器、风道和风机等通风散热设备，保证通风散热良好。

（6）定期检修润滑系统，更换润滑油脂（包括电控柜上的风机轴承）。

（7）经常检查电动机火花、噪声及振动情况，检查绕组及轴承温度是否正常；清理电刷，对磨损严重的应予以更换。

（8）定期检测各电控装置的绝缘电阻，检查接地电阻。

（9）定期检查各种操作电器及给定电位器，对接触不良及磨损严重的电器及时予以更换。

（10）每隔一年应对各种保护电器的动作值检查一次，确保动作正确。

（11）每年对控制单元的整定值检查一次，发现参数变化较大时，应仔细查找原因，慎重处理。

（12）定期检查变流器的输出波形、脉冲相位和管压降是否正确。对于并联和串联器件的整流设备，应定期参照原数据检查均流均压情况。

第 5 章 电气传动应用实例

生产机械的负载转矩 T_L 随转速 n 而变化的特性 $T_L = f(n)$ 称为负载特性，通常有恒转矩负载、恒功率负载和风机、水泵类负载三种类型。

5.1 恒转矩负载

负载转矩 T_L 与转速 n 无关，在任何转速下，T_L 总保持恒定或大致恒定，这类负载称为恒转矩负载，它多数呈反抗性的，即负载转矩 T_L 的极性随转速方向的改变而改变，总是起反阻转矩作用，如图 28.5－1（a）所示。轧钢机、造纸机、传送带、搅拌机、挤压成形机、机床等摩擦类负载均属此类负载。还有一种位能性转矩负载，T_L 的极性不随转速方向的改变而改变，如图 28.5－1（b）所示，电梯、卷扬机、起重机、抽油机等的提升机构属此类。

这类生产机械所需电动机功率应与最高转速下的负载功率相适应，对电气传动的基本要求是要有足够的起动和过载转矩。

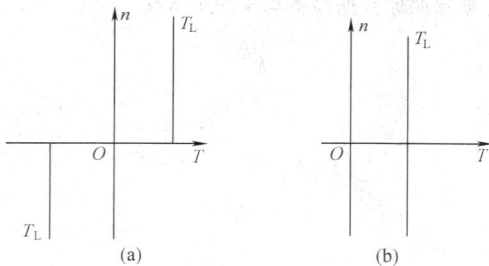

图 28.5－1 恒转矩生产机械的负载特性
(a) 恒转矩负载；(b) 位能性转矩负载

电梯中的电力拖动系统即为恒转矩负载的实例。电梯电力拖动系统由曳引电动机、速度反馈装置、电动机调速控制系统和拖动电源系统等部分组成。曳引驱动系统作为电梯的核心部分，对电梯的起动、加速、稳速运行和制动减速起着控制作用，其性能直接影响电梯的起动、制动、加减速度、平层精度和乘坐舒适性等指标。对曳引电动机有如下的技术性能要求：

（1）电动机为短时重复工作制，应能频繁起动、制动及正反转运行。

（2）能适应一定的电源电压波动，有足够启动力矩，能满足轿厢满负荷起动、加速的要求。

（3）起动电流小。

（4）要有较硬的机械特性，不会因电梯载重的变化而引起电梯运行速度的过大变化。

（5）要有良好的调速性能，尤其在低速时，转矩不能下降太大，避免造成电动机步进。

（6）应运行平稳、工作可靠、噪声小且维护简单。

目前应用于电梯的电力拖动系统主要有：①单、双速交流电动机拖动系统；②交流电动机定子调压调速拖动系统；③直流发电机-电动机晶闸管励磁拖动系统；④晶闸管可控整流直接供电拖动系统；⑤VVVF 变频变压调速拖动系统。

单、双速交流电动机拖动系统采用开环控制方式，线路简单，价格较低，目前仍在电梯上广泛应用。其缺点是舒适感较差，一般被用于载货电梯上这种系统控制的电梯速度在 $1m/s$ 以下。

交流电动机定子调压调速拖动系统国外已大量应用于电梯。这种系统采用双向晶闸管固态调压器作主电路，采用可控硅闭环调速，加上能耗或涡流等制动方式，使得它所控制的电梯能在中低速范围内大量取代直流快速和交流双速电梯。它的舒适感好，平层准确度高，而造价却比直流电梯低，结构简单，易于维护，多用于 $2m/s$ 以下的电梯。

直流电动机具有调速性能好，调速范围大的特点，因此很早就应用于电梯，采用发电机-电动机组形式驱动，它控制的电梯速度达 $4m/s$。但机组体积大，耗电多，维护工作量较大，造价高，因此常用于对速度、舒适感要求较高的建筑物中。

晶闸管可控整流器直接供电拖动系统在工业上早有应用，但用于电梯上需要解决舒适感问题，尤其是低速段，比起电动机-发电机组形式的直流电梯，它有很多优点，如机房占地节省 35%，重量减轻 40%，节能 25% 到 35%。世界上最高速度的 $10m/s$ 电梯就是采用这种系统，其调速比达 $1：1200$。

VVVF 变频变压系统控制的电梯采用交流电动机驱动，却可以达到直流电动机的水平，目前控制速度已达 $6m/s$。它具有体积小、重量轻、效率高、节省能源等优点，几乎包括了以往电梯的所有优点，是目前最新的电梯电力拖动方式。

电梯是垂直运动的运输工具，无需旋转机构来拖动，更新的电梯拖动系统实际上就是直线电动机拖动系统。

对电梯传动系统的控制是以速度给定曲线为依据、利用模拟或数字控制装置、针对曳引电动机的不同调速方式构成闭环或开环的速度控制系统，实现电梯运动状态的控制。为使电梯的运行既满足乘客的舒适感又能够高效率运行，可采用抛物线-直线速度曲线控制电梯。大多数电梯控制系统把速度给定曲线分成加加速段、匀加速段、减加速段、匀速运行段、加减速段、匀减速段、减减速段 7 段，其控制曲线如图 28.5－2 所示。

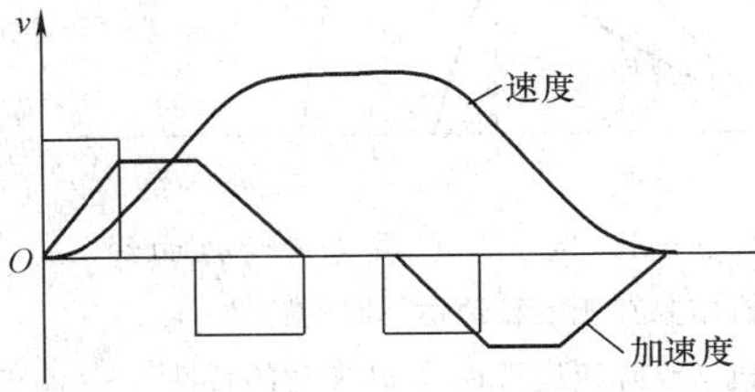

图 28.5－2　电梯常用速度给定曲线

基于 DSP 变频控制的变频电梯控制框图如图 28.5－3 所示。

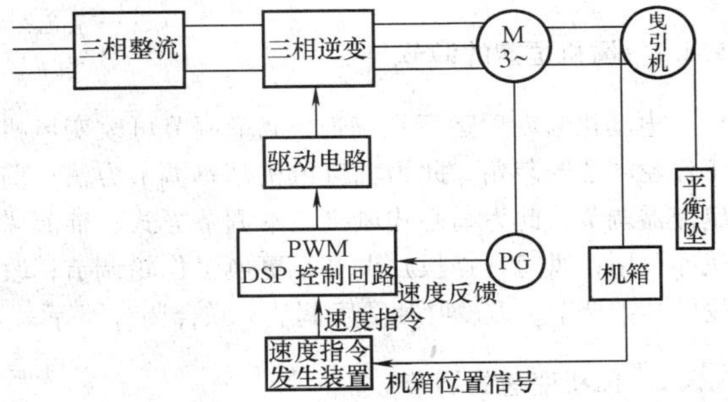

图 28.5－3　变频电梯控制框图

主回路包括三相整流和逆变电路。控制回路以 DSP 为控制核心，完成对电流、电压的采样、实际转速和位置的获取。同时控制器根据设定速度 v 和设定的各个阶段的加速度 a 和加速度变化率确定出速度控制曲线，与测得的电动机实际转速构成速度闭环，按照一定的控制策略，通过对速度的控制实现对加速度变化率的控制。

5.2　恒功率负载

当负载功率恒定，或负载功率为某一定值时，负载转矩与转速成反比，称为恒功率负载，其负载特性曲线如图 28.5－4 所示。机床的主轴驱动、造纸机、卷纸机塑料胶片生产机械的中央传动部分、卷扬机等均属恒功率负载。对于恒功率机械要求电气传动装置有足够功率和起动转矩外，还要求有足够的过载转矩。

卷取轧机一般由主机，卷取机和开卷机组成，图

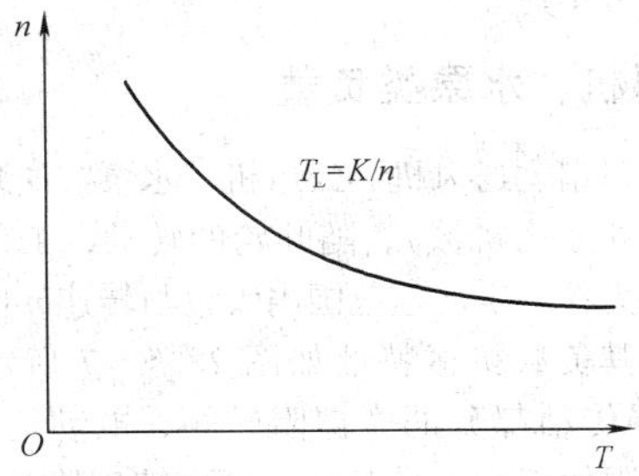

图 28.5－4　恒功率类负载

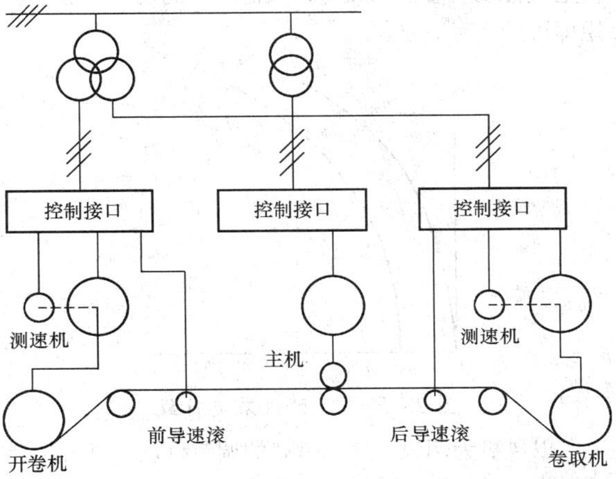

图 28.5－5　卷取轧机传动系统

28.5－5 为一典型的卷取轧机传动系统。对每套卷取机而言，一台作卷取工作时，另一台作开卷工作，并带后张力轧制。初始道次压下量大，轧制速度低，轧制力矩大；后面道次压下量小，速度高，要求电动机具有恒功率特性。对厚度进行自动控制时，在机架的入口和出口装有测厚仪，根据实测厚度和设定板厚度之差调节轧机压下。压下的传动方式有电动和液压。传动控制的框图如图 28.5－6 所示。

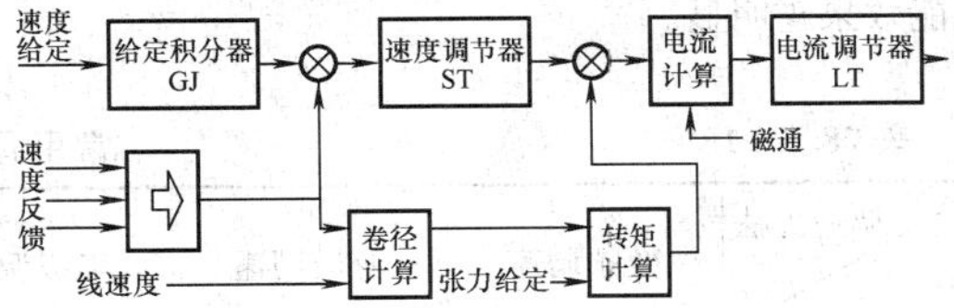

图 28.5－6　卷取轧机传动控制框图

在对卷取轧机进行控制时，轧机机架和开卷机要进行自动减速控制。卷取机要进行恒线速张力控制。卷取控制可以通过对传动机构选择不同类型的张力控制方式。完成线速度对卷取机的速度给定的转换和张力给定对电动机的力矩给定转换，控制方式主要有直接张力控制或间接张力控制，电流电势复合控制或最大力矩控制方式，张力恒定采用速度补偿还是力矩补

偿方式等方法。

5.3 风机、水泵类负载

对于风扇、通风机、鼓风机、水泵、油泵等流体机械（风机水力机械），随叶轮的转动，工作介质对叶片的阻力在一定转速范围内大致与转速 n 的二次方成正比，其负载机械特性如图 28.5－7 所示，图中 T_{L0} 是机器传动都分的摩擦阻转矩，电动机起动时，速度低，阻力矩小，易起动；额定速度附近运行时，较小的转速变化将使机械出力有较大变化。这类机械对电气传动装置要求较低，仅需足够的功率和起动转矩即可。

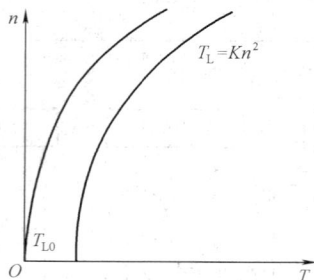

图 28.5－7 风机泵类负载

以风机为例说明这类负载的调节机理。风机包括排风机、送风机、引风机，其基本原理是通过改变风机本身的特性曲线，或者外部的管网阻力曲线，或者同时改变二者来得到所需的工况。

风机特性用其压力、流量关系来表征

$$P_{\mathrm{w}} = QH/\eta_{\mathrm{w}}$$

式中，P_{w} 为风机轴功率（kW）；Q 为风量（m^3/s）；H 为风压（kPa）；η_{w} 为风机效率。

风机的特性曲线如图 28.5－8 所示。驱动电动机耗用功率越接近理想曲线就越节能。调节深度越大，节能效果越明显。

风机的风量调节具体分为两类：风机恒速的调节和风机变速的调节。

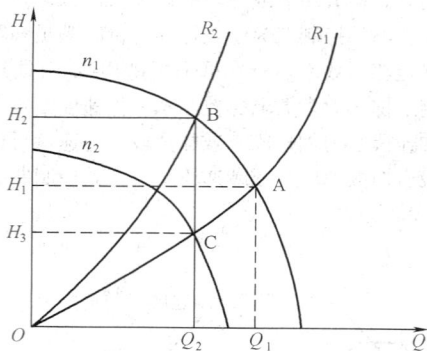

图 28.5－8 风机、水泵运行特性曲线
n_1—风机水泵在额定转速运行时的特性；
n_2—风机水泵降速运行在 n_2 转速时的特性；
R_1—风机水泵管路阻力最小时的阻力特性；
R_2—风机水泵管路阻力增大到某一数组时的阻力特性

5.3.1 风机恒速的调节

电动机起动后运行在满速，流量调节可改变风机工作轮叶片安装角，此为轴流风机基本调节方法；前倒流器调节，此为离心式风机基本调节方式，轴流风机亦可用；风门（挡板）调节；更换工作轮调节；改变叶片数调节；改变叶片宽度调节；联合调节等等。

5.3.2 风机变速的调节

采用调速传动方式来调节风机电动机转速，进而调节风机风量，其节能效果显著。风机的调速方法有绕线转子异步电动机转子串电阻调速、电磁调速电动机调速、液力耦合离器调速、调压调速、变极调速、调压变频（VVVF）调速等等。常用调速方式及其比较见表 28.5－1。

表 28.5－1 常用调速方法及比较

调速方法　　特点	变频调速	变极调速	串级调速	液力耦合器调速	调压调速	电磁调速电动机调速	转子串电阻调速
适用电动机	笼型、同步电动机	多速异步电动机	绕线转子异步电动机	异步电动机	高阻转子异步电动机	电磁调速电动机	绕线转子异步电动机
调速原理	改变电源频率 f	改变极对数 p	改变电动机转差率 s	改变耦合器转差率 s	改变电源电压 U	改变电动机转差率 s	改变电动机转差率 s
调速范围	1:5～1:10	1:4/3～1:4	1:2～1:4	1:5	—	1:10	1:2～1:3
平滑性	无极	好、有极	好、无极	好、无极	好、无极	好、无极	有极或无极

续表

调速方法 特点	变频调速	变极调速	串级调速	液力耦合器 调速	调压调速	电磁调速电 动机调速	转子串电阻 调速
控制方式	$U/f=C$ 常数	开关切换	转差功率回 馈电网、速度 电流闭环调节	调节勺管 位置	调节电源 电压	调节励磁 电流	调节转 子串联 电阻
可靠性	较高	高	较高	高	较高	高	较高
效率	高	高	较高	较低	较低	较低	低
维护维修	复杂	方便	较复杂	较容易	一般	方便	较方便
对电网污染	有	无	有	无	有	小	无
优点	无需换电动机、调速平滑、精度高，易于实现自动控制和软起动	改造方便、价廉、环境适应性强	内反馈式串极调速，对大、中功率电动机调速仅控制转子部分，电压较低，使用方便安全	坚固耐用，环境适应性强，对设备保护性能好	控制简单	坚固耐用，环境适应性强，简单易行、价廉，易于实现自动控制	设备简单，调速方便
缺点	维护维修要求高，大、中容量价格昂贵	无法平滑调速，速度变化大	价格较贵，调速范围不宜过大，否则设备大、占地大	有转差损耗，效率较低，有油水系统，电动机与设备之间必须有一定的安装位置	效率较低，适应性较差，不适应普通异步电动机	较差损耗大，效率较低，调速比大时更是如此	效率低，特性软，调速精度差

5.4　电力牵引

电力牵引是指采用电动机驱动车辆方式。根据电动机的动力来源，电力牵引可分为直流电动机牵引和交流电动机牵引。电力牵引的特点是"三大一高"（牵引力大、制动力大、起动牵引力大和运行速度高）。

5.4.1　直流牵引

无论是工矿运输还是城市运输中的电气车辆，直流牵引电传动在当前，以至在今后相当长时期内仍将是各种车辆的主导传动方式。直流电传动车辆通常由直流架线或蓄电池供电，运输距离短、起动和制动频繁，采用斩波调速是相当有利的。采用晶闸管斩波调速的窄轨工矿电动机车，其牵引力要比相同粘重的变阻调速电动机车大 15%~20%，节电约 20%，若加装再生制动节电可达 40%，这对容量有限的蓄电池机车尤为重要。

直流牵引中广泛采用 GTR 斩波器或 GTO 斩波器。由于无需强制换流回路，可使功率主电路大大简化；器件工作频率高，可减少平波电抗器和滤波器容量，甚至可以不必设置平波电抗器，既改善了车辆运行

性能，又可实现小形轻量化。但值得指出，GTO 或 GTR 斩波器必须采用吸收回路等保护措施来限制导通时的冲击电流和关断时的冲击电压，确保斩波器的可靠运行。

5.4.2　交流牵引

交流牵引电动机不存在换向器，结构大大简化，具有转速高、功率大、体积小、重量轻等优点。交流电传动技术在车辆实际运行中具有显著经济效益。交流牵引的主传动系统多采用交-直-交变流形式，如图 28.5-9 所示。其中整流侧为 PWM 整流器，逆变侧为双电平电压型逆变器，中间回路采用电感、电容储能设备，传动部分采用异步牵引电动机。

在这种结构中，电路网侧变流器与牵引电动机通过

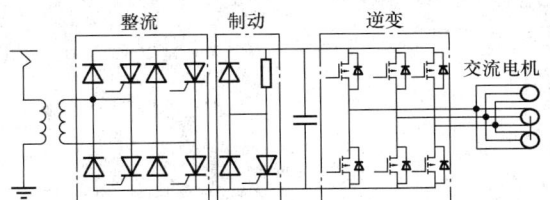

图 28.5-9　交流电力牵引主传动系统

中间回路储能设备解耦,使得对接触网的反作用(谐波与无功电流)可以通过对网侧变流器的控制加以解决。采用 PWM 整流器的电力机车系统其输入端功率因数为 1,输入电流近似正弦,从而提高了机车的电磁兼容性能,实现能量双向流动实现可再生制动,使机车的机械磨损减轻,寿命延长。由逆变器输出频率和幅值可变的三相电压,通过选择适当的 PWM 调制技术,可在牵引电动机输入端提供正弦电压、正弦电流或在电动机中提供正弦磁场。

交流牵引电动机控制方式主要有转差频率矢量控制、磁场定向控制和直接转矩控制。基于交流电动机稳态模型的转差频率矢量控制不能满足机车对高动态性能传动系统的要求,已实用化的矢量控制技术和直接转矩控制技术目前已成为机车电传动系统主要的控制方式。

5.5 电动汽车

电动汽车主要由三大模块组成:动力蓄电池组及其管理模块、电动机及其控制系统、动力总成控制系统。电动机及其控制系统是电动汽车的心脏。

相比传统的电动机及其控制方式,电动汽车的电动机及其控制有特殊的要求:

(1)电动机处于频繁起动、加减速,变速范围宽和须制动回馈。要求有良好的控制性能。低速(恒转矩区)运行应能够提供大转矩,满足起动、爬坡等要求;高速运行时要能能够提供高转速和实现恒功率控制,以满足汽车高速行驶及超车的要求,并确保电驱动系统的安全。

(2)在整个运行范围内要求高效率,包括电动机、控制器及相应传动方面的综合效率。目的是增加电动汽车一次充电的行驶距离。同时应考虑在滑行或下坡时的制动动能的再生回收和利用,在宽功率变化范围内都有较高效率。

(3)有较强的过载能力、快速的动态响应及良好的加速性能,以适应路面变化及频繁起动和刹车等复杂运行工况。

(4)电动机和控制系统能承受大电流冲击以提高起动和加速转矩,有较长时间过载能力。

(5)由安装空间及自重限制,要求电动机体积小、重量轻,有较高的功率密度。

(6)电动机结构上要考虑电动汽车的传动和悬挂问题。

(7)考虑环境承受能力,在抗振、防水、防潮、防尘、防霉、通风散热给予充分注意。目前在电动汽车常用的电动机包括有刷直流电动机、异步电动机、开关磁阻电动机、无刷直流电动机及永磁同步电动机。针对各种类型的驱动电动机,采用不同的控制方法。控制技术对电动汽车系统性能有很大影响,采用不同的控制方式,其输出也不同。对低速小功率的微型电动汽车来说,由于性能不高,一般采用简单的开环控制方法,但对高性能的电动汽车,除了要研究先进的电动机外,还要采用先进的电动机控制方法,如变压变频(VVVF)、矢量控制(VC),模型参考自适应控制(MRAC)、直接转矩控制(DTC)和变结构控制(VSC)等都已被广泛地应用到电动汽车的控制系统中来,并取得了良好的效果。

参 考 文 献

［1］ 许大中，贺益康. 电机控制. 2 版. 杭州：浙江大学出版社，2002.
［2］ 贺益康，潘再平. 电力电子技术. 北京：科学出版社，2004.
［3］ 杨兴瑶. 电动机调速原理与系统. 北京：中国水利水电出版社，1979.
［4］ 陈伯时. 电力拖动自动控制系统—运动控制系统. 3 版. 北京：机械工业出版社，2003.
［5］ 电气工程师手册第二版编辑委员会. 电气工程师手册. 第二版. 北京：机械工业出版社，2004.
［6］ 天津电气传动设计研究所. 电气传动自动化技术手册. 北京：机械工业出版社，1993.
［7］ 王兆安，黄俊. 电力电子技术. 4 版. 北京：机械工业出版社，2000.
［8］ 许大中. 晶闸管无换向器电动机. 北京：科学出版社，1984.
［9］ 张琛. 直流无刷电机原理及应用. 北京：机械工业出版社，1996.
［10］ 吴建华. 开关磁阻电机设计与应用. 北京：机械工业出版社，2000.
［11］ 杨玉珍，江祥贤. 电气传动自动控制原理与设计. 北京：北京工业大学出版社，1997.
［12］ 陈家斌. 电气设备运行维护及故障处理. 北京：中国水利水电出版社，2000.
［13］ 王仁祥，王小曼. 通用变频器选型. 应用与维护. 北京：人民邮电出版社，2005.
［14］ 朱正光，胡亚非. 风机变频调速应用综述. 煤矿机械，2005(7)，p5－6.
［15］ 中国工控网. 现场总线种类及标准介绍.
［16］ W. D. Weigel(德). 先进的交流电传动现状和展望. 变流技术与电力牵引，2004(3)，p1－7.
［17］ 《机械工程手册》电机工程手册编辑委员会. 电机工程手册：电动机卷. 北京：机械工业出版社，1996.
［18］ 《机械工程手册》电机工程手册编辑委员会. 电机工程手册：自动化与通信卷. 机械工业出版社，1996.

三垦力达电气推动中国电气传动领域的发展

1986 年，香港力达企业集团的创始人陆斐董事长以企业家独特的判断力，将日本三垦的 VVVF 电源产品引入到中国大陆并命名为变频器。从而推动了交流变频调速在中国电气传动领域的应用与发展。1999 年香港力达有限公司在中国江阴成功设立了三垦力达电气（江阴）有限公司，将三垦变频技术、生产及严格的品质管理体系引入中国，并引进了整条生产流水线和完善的检测设备，同时加强了市场推广和扩大销售网络，通过 20 多年的努力，奠定了稳定的三垦用户群体；同时也建立了良好的技术服务体系，并为中国培养了大批变频器应用人才。

2003 年 9 月日本三垦入股三垦力达电气（江阴）有限公司，企业走上了自主研发的发展道路。公司于 2005 年 4 月在上海张江高科技园区成立了技术研发部，将三垦力达定位成三垦变频器的研发、生产基地，掀开了企业发展的新篇章。

三垦变频器一直与世界微计算机控制技术、电力半导体技术、交流调速控制理论同步发展，并率先实现产品化。在第一个推出了基于 GTR（大功率晶体管）的 V 系列变频器后，相继推出了基于 16 位单片机的高可靠性 MF 系列变频器，第一个推出了具有液晶显示面板及针对化纤行业卷绕横动扰动功能的 L 系列变频器，率先推出了基于无速度传感器矢量控制技术及 32 位 RISC 的高性能、静音式 I 系列通用变频器，并针对中国巨大的恒压供水行业需求，第一个推出了恒压供水专用选购件 IWS，可通过一台变频器控制多台水泵实现变频泵固定方式或循环方式运行，在中国变频恒压供水领域取得了优异的业绩。

SAMCO-VM05 系列变频器是三垦推出的五代高性能、多功能静音式通用变频器，它具有过载能力为 150% 和 120% 两个系列，最大功率达到 315kW。在通用变频器的基础上又推出了卷绕行业专用变频器 HALLMARK-WD 系列、高速纺织专用变频器 HALLMARK-HW 系列及专用于 EPS 应急电源的 HALLMARK-IU 系列电源，将变频器技术从调速领域拓宽到了电源领域。

2006 年三垦力达推出了高可靠性的 SUPERDRIVE-A7 系列高压变频器。采用单元串联式结构，双 32 位高性能 DSP 及 FPGA 的控制技术为其先进的控制功能提供了强有力的支持。6kV 系列最大功率 2500kW、10kV 系列最大功率 4500kW。在电源设计上采用双回路冗余技术、在功能上具有控制电源上电开机自检、自动的节能功能提高了电机的运行效率，可实现进一步节能、自动节能计算功能帮助用户实时掌握节约电费的情况、正反转的转速跟踪功能实现了风机类负载在自由运转状态下的起动、人性化的操作界面设计使用户操作更直观方便、完善的保护功能大大地减小了故障的发生、低电压补偿功能使输入电源即使发生瞬时停电也能实现不停机的可靠运行、基于模糊控制理论的智能 PID 控制技术使用户可方便地实现高性能的闭环控制。从此三垦力达电气（江阴）有限公司成为国内为数不多的集高低压变频器的技术研发、生产及市场营销为一体的专业变频器生产厂家。

2008 年三垦力达推出了代表当今最新技术的 SAMCO-SVC06 系列高性能、高端低压通用变频器。此系列变频器采用先进的无速度传感器矢量控制技术，先进的电机参数辨识及在线估计技术，先进的磁链估计技术，无论是在调速范围还是在动态响应、控制精度及低频转矩上均得到了很大的提高。无速度传感器控制模式下，调速范围达 1：200（以 50Hz 为基准）、电流环响应速度达 2000rad/s、速度环响应达 100rad/s、速度控制精度达 ±0.05%，在低频时的转矩输出为 150% 1min 及瞬时 200% 的转矩输出能力；有速度传感器控制模式下，调速范围达 1：1000（以 50Hz 为基准）、电流环响应速度达 2000rad/s、速度环响应达 250rad/s、速度控制精度达 ±0.01%。除了优越的控制性能外，它还具有优越的控制功能，可方便地实现速度控制、位置控制及转矩控制，可广泛地应用于印刷、造纸、机床、搬运机械等高精度、高性能应用场合。

三垦力达始终走在行业的前列，为行业发展做出了表率。三垦力达第一个将变频器商品化并引入国内市场，使国内企业与世界同步认识和应用电力电子高科技产品，为行业的形成奠定了基础。并且成立了自己的行业协会，为中国培养了大批变频器应用和销售推广人才也让更多客户享受到了高科技为他们带来的效益。

"引进来，走出去"是中国变频器企业成功发展的必经之路。我们即将进一步引入新技术，将之用于新型变频器的研发及以变频器产品为核心，拓展到相关的电力电子产品的研发、生产与销售中去，而不仅仅是局限在变频器这一个领域的发展将成为三垦力达未来的发展方向。

《电气工程师手册》篇目结构

序号	篇 名	主 编	主编单位
第1篇	常用数据与资料	詹琼华	（华中科技大学）
第2篇	电气工程理论基础	倪光正　徐德鸿	（浙江大学）
第3篇	高电压物理基础	李盛涛　王友功	（西安交通大学）
第4篇	电气安全	孙亲锡	（华中科技大学）
第5篇	电工材料	李盛涛　王友功	（西安交通大学）
第6篇	电气测量和仪表	王小海	（浙江大学）
第7篇	开关电器	荣命哲	（西安交通大学）
第8篇	限制电器	钟力生	（西安交通大学）
第9篇	变压器与互感器	陈乔夫　夏胜芬　孙剑波	（华中科技大学）
第10篇	电机	辜承林	（华中科技大学）
第11篇	电线电缆	曹晓珑	（西安交通大学）
第12篇	电力电子器件与设备	钱照明　徐德鸿	（浙江大学）
第13篇	高电压试验技术	陈昌渔	（清华大学）
第14篇	火力发电与水力发电	周双喜	（清华大学）
第15篇	核能发电	周羽	（清华大学）
第16篇	新能源发电	王革华　赵争鸣	（清华大学）
第17篇	输电系统	涂光瑜 陈陈	（华中科技大学） （上海交通大学）
第18篇	配电系统	刘东	（上海交通大学）
第19篇	电力系统继电保护、通信及监测与控制	程时杰	（华中科技大学）
第20篇	电力系统规划与电力市场	程浩忠	（上海交通大学）
第21篇	电气照明	徐殿国	（哈尔滨工业大学）
第22篇	电加热	赵荣祥	（浙江大学）
第23篇	电化学与电池	陈立铭	（浙江大学）
第24篇	自动控制与系统	赵光宙　韦巍	（浙江大学）
第25篇	电器设备智能化	耿英三	（西安交通大学）
第26篇	电力设备在线检测与故障诊断	成永红	（西安交通大学）
第27篇	楼宇自动化	王凌云	（华中科技大学）
第28篇	电气传动控制	贺益康	（浙江大学）

杭申控股集团有限公司

　　杭申集团创建于1996年，以2000元资本、5个人、为上海华通开关厂生产电器胶木配件、产值仅几万元起家。之后进入低压电器行业，经过40多年艰苦创业，励精图治，百折不挠，坚持科技创新，走研发制造中、高档产品之路，核心竞争力不断提升，在上千家制造企业中脱颖而出，成为低压电器行业重点骨干企业之一。随后，杭申集团跳跃式发展，人力、物力、财力等综合实力大增，2003年收购了苏州变压器厂，2004年又收购了已有百年历史的"中华老字号"上海华通开关厂，一举拓展了电气主业，主导产品覆盖了252kV以下的高低压电器元件、高低压成套开关设备、变压器等，拥有"杭申"电气、"华通"开关、"江灵"变压器在国内享有盛誉的三大知名品牌。杭申商标为中国驰名商标，已成为集研发、制造、销售为一体的著名电气专业制造企业，是中国电气工业100强企业。

　　杭申集团总部地处杭州市萧山区，下设杭州之江开关股份有限公司、上海华通开关厂有限公司、苏州杭申星州变压器有限公司等12家子公司，在杭州、上海、苏州、南宁、泰国曼谷等建有专业生产制造基地。现有职工1600余人，占地面积28万 m^2，总资产20亿元，净资产7亿元，2007年销售预计达15亿元。杭州之江开关股份有限公司专业生产"杭申"牌HS系列智能型万能式断路器、智能型塑料外壳式断路器、智能型剩余电流动作断路器、智能型双电源自动切换装置、微型断路器、交流接触器、负荷隔离开关、电涌保护器等低压电器产品及高低压成套开关设备，其中HS系列万能式断路器为中国名牌产品；上海华通开关厂有限公司专业生产"华通"牌126kV、252kV GIS为代表的智能型高压电器产品及高压断路器和隔离开关等；苏州杭申星州变压器有限公司专业生产"江灵"牌35kV级及以下油浸式、干式电力变压器、磁性调压器、特种变压器、电抗器、非晶合金变压器等产品。产品畅销全国各地，大量用于国家重点工程，并出口加拿大、伊朗、泰国、俄罗斯、新加坡等十多个国家。

　　杭申集团十分重视人才与创新，分别与浙江大学、西安交通大学、清华大学、河北工业大学、华北电力大学、东北电力大学、上海电器科学研究所（集团）有限公司、西安高压电器研究所、天津电气传动设计研究所、武汉高压电器研究院、中国电力科学研究院等国家重点大学、科研单位建立了长期的合作关系，共同研发高新技术产品。杭申集团还建立了国家级博士后工作站、省级技术研发中心，是国家级高新技术企业，拥有一大批包括享受国务院特殊津贴的资深专家在内的中高级专业技术人员，自主研发的产品始终处于国内领先水平，多次获得国家级、省级科技成果进步奖和新产品奖，拥有近百项专利，强大的技术实力为企业的快速持续发展奠定了雄厚的基础。

　　杭申集团1998年通过了ISO 9000质量管理体系认证，之后又通过了ISO 14000环境管理体系、二级计量检测体系及企业标准化良好行为AAA级等认证，全面推行了卓越绩效管理，是机械工业管理进步示范企业。杭申集团多年来投巨资进行技术改造，从德国、美国、日本、瑞士、意大利引进了近百台世界最先进的加工、试验设备，针对HS系列低压断路器制定了目前国内最先进的全智能、全自动化装配检测流水线，实现了设计、加工、制造网络化，检测自动化，保证了产品的制造精度、工艺一致性和质量稳定可靠，产品均按国家规定取得了CCC认证和生产许可证，获质量信得过、无投诉产品称号，是质量诚信明星企业，全国诚信经营信誉十佳企业。

　　向国际品牌挑战，创民族电气品牌，一直是杭申人的梦想。杭申集团"十一五"期间将继续加大投入力度，继续走创新道路，继续深化品牌建设，立志通过几年、十几年甚至几十年把杭申打造成世界名牌，把公司建成世界一流的电气设备制造供应商。

电气工程师手册篇目

篇 目	章 目
第 1 篇 常用数据与资料	1. 计量单位和量纲　2. 物理常数和常用材料物理性能　3. 电工标准　4. 数学公式
第 2 篇 电气工程理论基础	1. 电磁现象及物理规律性　2. 电磁场的分析与计算　3. 电磁场优化设计基础　4. 电网络分析　5. 电网络综合　6. 磁路　7. 电子技术基础　8. 电能质量　9. 电磁兼容
第 3 篇 高电压物理基础	1. 电介质的极化、电导与损耗　2. 气体放电的基本物理过程　3. 气体间隙的击穿强度　4. 气体中的沿面放电　5. 液体与固体介质的击穿
第 4 篇 电气安全	1. 电气安全常用术语　2. 安全电压与安全电流　3. 电气装置的接地与接零　4. 电气装置的绝缘、屏护和间距　5. 防雷保护　6. 触电急救
第 5 篇 电工材料	1. 绝缘材料　2. 半导体材料　3. 导体和超导材料　4. 电工合金　5. 磁性材料　6. 特殊光、电工能材料
第 6 篇 电气测量和仪表	1. 电气测量概论　2. 电量测量　3. 磁量测量　4. 非电量的测量　5. 常用电测仪表　6. 自动测试系统
第 7 篇 开关电器	1. 开关电器基础　2. 低压开关电器　3. 高压开关电器　4. 成套开关设备
第 8 篇 限制电器	1. 电抗器　2. 电压互感器和电流互感器　3. 避雷器
第 9 篇 变压器与互感器	1. 变压器的额定值、技术标准　2. 变压器原理　3. 变压器的设计要点　4. 变压器试验　5. 干式电力变压器　6. 变流（整流）变压器　7. 互感器
第 10 篇 电机	1. 基础知识　2. 同步电机　3. 异步电机　4. 直流电机　5. 控制电机　6. 新型特种电机　7. 电机的运行与控制　8. 电机的选择与维护
第 11 篇 电线电缆	1.1 裸电线与裸导体制品　1.2 绕组线　1.3 电气装备用绝缘电线　1.4 电气装备用电缆　1.5 输配电电力电缆　1.6 通信电缆　1.7 光纤和光缆
第 12 篇 电力电子器件 与设备	1. 概论　2. 电力电子器件　3. 电力电子电路　4. 电力电子技术应用和装置
第 13 篇 高电压试验技术	1. 高电压试验基本要求　2. 交流高电压试验设备　3. 直流高电压试验设备　4. 冲击电压发生器　5. 冲击电流发生器　6. 稳态高电压的测量　7. 冲击高电压的测量　8. 绝缘监测和诊断
第 14 篇 火力发电与 水力发电	1. 火力发电　2. 水力发电　3. 发电厂电气系统

篇　目	章　目
第 15 篇 **核能发电**	1. 核能发电概述　2. 核能发电的理论基础　3. 压水堆核电厂系统　4. 压水堆核电厂仪表和控制系统　5. 核电厂安全　6. 核电厂的测试、运行和退役
第 16 篇 **新能源发电**	1. 概念　2. 风力发电　3. 太阳能光伏发电　4. 生物质能发电　5. 地热发电　6. 海洋能发电
第 17 篇 **输电系统**	1. 输电系统概述　2. 交流输电　3. 高压直流输电　4. 输电线路　5. 变电所
第 18 篇 **配电系统**	1. 配电系统的组成及基本结构　2. 配电系统的分析模型及信息模型　3. 配电系统中的开关、变压器及线路设备　4. 配电系统电源、负荷及电能质量　5. 配电自动化及配电管理系统　6. 配电系统节能与需求侧管理　7. 配电设备及系统试验
第 19 篇 **电力系统继电保护、通信及监测与控制**	1. 电力系统继电保护　2. 电力系统通信　3. 电力系统调度自动化　4. 电力系统自动控制
第 20 篇 **电力系统规划与电力市场**	1. 电力负荷预测　2. 电力系统电源规划　3. 电力网络规划　4. 电力市场　5. 需求侧管理
第 21 篇 **电气照明**	1. 电气照明技术基础　2. 电气照明系统　3. 智能电气照明网络　4. 电气照明的典型应用
第 22 篇 **电加热**	1. 电加热概论　2. 电阻加热　3. 电弧炉　4. 感应加热　5. 特殊加热设备
第 23 篇 **电化学与电池**	1. 电化学基础及应用　2. 电化学应用技术　3. 化学电源
第 24 篇 **自动化控制与系统**	1. 总论　2. 经典控制理论　3. 现代控制理论　4. 智能控制　5. 其他控制技术　6. 自动控制系统
第 25 篇 **电器设备智能化**	1. 电器设备智能化概论　2. 电器设备的智能监控　3. 电器的智能操作　4. 电器智能化的关键共性技术　5. 电器智能化技术在配电网自动化中的应用
第 26 篇 **电力设备在线检测与故障诊断**	1. 电力设备在线检测与诊断概述　2. 发电机在线检测与诊断　3. 电力变压器在线检测与诊断　4. GIS 在线检测与诊断　5. 断路器在线检测与诊断　6. 电力电缆在线检测与诊断　7. 避雷器在线检测与诊断　8. 绝缘子在线检测与诊断　9. 电容型设备在线检测与诊断　10. 电力设备状态诊断与寿命评估技术
第 27 篇 **楼宇自动化**	1. 楼宇自动化的一般概念　2. 常用检测装置与执行装置　3. 楼宇自动化监控系统　4. 楼宇自动化系统通信协议　5. 系统集成　6. 系统设计与主要产品介绍
第 28 篇 **电气传动控制**	1. 概述　2. 直流调速传动　3. 交流调速传动　4. 电气传动控制设备　5. 电气传动应用实例